KÜRSCHNERS
MUSIKER-HANDBUCH
2006

Kürschners Musiker-Handbuch 2006

Solisten, Dirigenten
Komponisten, Hochschullehrer

5. Ausgabe

Redaktion:
Axel Schniederjürgen

K · G · Saur München 2006

Redaktionelle Mitarbeit
Diana Feßl
Marco Frei
Stefan Pautler
Elisabeth Richter
Alexander Seelos
Steffen Stolz

Anschrift der Redaktion
K. G. Saur Verlag
Kürschners Musiker-Handbuch
Ortlerstr. 8
D-81373 München
Tel.: 089/76902 111
Fax: 089/76902 333
E-Mail: saur.musik-kuerschner@thomson.com
Internet: www.saur.de/kmh

Bibliografische Information Der Deutschen Bibliothek
Die Deutsche Bibliothek verzeichnet diese Publikation
in der Deutschen Nationalbibliografie; detaillierte bibliografische Daten
sind im Internet über *http://dnb.ddb.de* abrufbar.

∞

Gedruckt auf säurefreiem Papier

Printed in the Federal Republic of Germany

Satz: Mathias Wündisch, Leipzig
Druck/Bindung: Strauss GmbH, Mörlenbach

ISBN-10: 3-598-24212-3 · ISBN-13: 978-3-598-24212-0

Inhalt

Vorwort

Kürschners Musiker-Handbuch geht zurück auf das Jahr 1929, in dem Dr. Erich Müller von Asow in Dresden erstmals ehrgeizig versuchte, „einen möglichst vollständigen Überblick über die lebenden deutschen Musiker zu geben". Wie schon damals gilt noch heute das redaktionelle Prinzip, mit dem jeweiligen Eintrag keine Wertung vorzunehmen, denn das Werk soll „sowohl als Spiegel unserer Zeit, als auch für eine spätere Zeit als Materialsammlung dokumentarischen Wert besitzen".

Daher finden sich in unserem Handbuch allseits bekannte Künstler Seite an Seite neben solchen, die weniger im Mittelpunkt der Aufmerksamkeit stehen oder sich noch am Beginn ihrer Karriere befinden. Solisten, Sänger, Komponisten, Dirigenten, Intendanten der Musiktheater sowie Lehrende an Musikausbildungsstätten, deren Schaffensschwerpunkt im deutschprachigen Raum liegt, werden ebenso berücksichtigt wie deutschsprachige Musiker, die im Ausland tätig sind. Insgesamt sind knapp 12.000 biographische Einträge versammelt, die – neben Kontaktadressen – einen Überblick geben über den persönlichen Werdegang und das künstlerische Schaffen, Mitgliedschaften in Ensembles und Fachverbänden, Musikpreise und Auszeichnungen sowie die wichtigsten Werke und/oder Einspielungen. Die Angaben beruhen zu einem großen Teil auf der Selbstauskunft der eingetragenen Personen, die alle angeschrieben und befragt wurden.

Erstmals hatten die Empfänger des Fragebogens die Möglichkeit, den kostenlosen Eintrag um eine – kostenpflichtige – Porträtabbildung zu ergänzen. Von diesem Angebot wurde erfreulicherweise einiger Gebrauch gemacht, damit wird das Verzeichnis entscheidend aufgewertet. Mit der vorliegenden 5. Ausgabe hat der K. G. Saur Verlag den Titel des Werkes geringfügig verändert. Wir hoffen, dass der neue Name *Kürschners Musiker-Handbuch* dem Werk besser gerecht wird und für längere Zeit Gültigkeit behalten wird.

Der Anhang bietet neben einem Register, in dem die Personen nach Berufen geordnet werden, und dem Festkalender, der für die nächsten Jahre die runden Geburtstage der verzeichneten Personen auflistet, über 3.100 Adressen und Kurzbeschreibungen von wichtigen Einrichtungen des Musiklebens in Deutschland, Österreich und der Schweiz: Konzertdirektionen und Künstleragenturen, Festivals, Ausbildungsstätten, Musiktheater, Verlage, Wettbewerbe sowie Orchester und Ensembles, die der ernsten Musik zuzuordnen sind.

Unser hoher Anspruch auf Vollständigkeit schließt redaktionelle Fehler leider nicht immer aus. Ergänzungsvorschläge und Korrekturen nehmen wir jederzeit gerne entgegen. Wir ermuntern alle Musikerinnen und Musiker, der Redaktion aktuelle Angaben zu ihrem Werdegang formlos mitzuteilen. Unser Dank gilt allen, die durch ihre Auskünfte und ihre freundliche Unterstützung dieses Werk ermöglicht haben.

München, im November 2005 — Die Redaktion

Redaktionelle Hinweise

Aufbau der Einträge

Ein Eintrag setzt sich aus folgenden Angaben zusammen:

Biographische Daten:
Nachname, Vorname (Pseudonym), akademische Grade, Beruf/Instrument; Postanschrift, Telefon, Telefax, E-Mail; Zweitanschrift, Telefon, Telefax, E-Mail; Web-Site/Homepage [Geburtsort, Geburtsdatum]. Schwerpunkt. – **Ausb:** Ausbildung, Studium, Kurse, Angabe von Fach, Lehrer, Institution, Ort und Zeitraum. **Laufb:** Laufbahn, beinhaltet Position, bedeutende Engagements mit Angabe der Rolle, Wirkungsort, Jahreszahl. **Pr:** Ehrungen, Preise und Stipendien, Mitgliedschaften in Akademien. **Ens:** Mitgliedschaft in Orchestern und Ensembles. **Mitgl:** Mitgliedschaft in Musikfachverbänden und -vereinigungen

Daten zum musikalischen Schaffen und Werk:
Komp: Auflistung der wichtigsten Kompositionen mit Angabe von Titel, Genre, Entstehungsjahr, Ort, Institution, Ausführenden, Dirigent und dem Jahr der Uraufführung. **AuftrKomp:** Auflistung der wichtigsten Auftrags-Kompositionen mit Angaben wie oben sowie Angabe des Auftraggebers. **Aufn/RF:** CD-, Schallplatten- und DVD-Aufnahmen, Rundfunkmitschnitte mit Angabe von Komponist, Genre, Titel, Rolle, Institution, Ausführenden, Dirigent. **UA:** Ur- und Erstaufführung von Werken anderer mit Angabe von Komponist, Genre, Titel, Rolle, Ort der UA, Institution, Dirigent und Jahr. **Zug:** Solisten zugeeignete Werke, speziell für die Musikerin oder den Musiker komponierte Werke mit Angaben wie oben. **Sonst:** Sonstige (künstlerische) Leistungen, insbesondere Veröffentlichungen. **Lit:** Veröffentlichungen über die Musikerin, den Musiker.

Notwendige Zeilenumbrüche bei E-Mail- und URL-Adressen werden ohne Trennstrich getrennt.

Kennzeichnungen der Einträge

Der Inhalt der Einträge beruht, soweit möglich, auf Angaben der Musikerinnen und Musiker selbst.

Rein redaktionell erstellte Einträge wurden mit (Red.) gekennzeichnet.

Bei Einträgen, die mit einem (*) gekennzeichnet sind, konnte die Adresse nicht nachgewiesen werden; diese Einträge werden bei der nächsten Ausgabe nicht mehr erscheinen, sofern sie bis dahin nicht verifiziert werden können.

Das Werk verzeichnet grundsätzlich die lebenden Musikschaffenden. Während des Bearbeitungszeitraums Verstorbene sind mit einem Eintrag vertreten, der das Sterbedatum beinhaltet.

Anordnung der Einträge

Die Sortierung der Einträge erfolgt nach: Nachname, Vorname, Ort der Postanschrift.

Redaktionsschluss war der 4. November 2005.

Abkürzungen

Abt	Abteilung
Acad	Academy, Academia, Académie
Accad	Accademia
aD	außer Dienst
Afl	Altflöte
Akad	Akademie
Akk	Akkordeon
AKM	Staatlich genehmigte Gesellschaft der Autoren, Komponisten und Musikverleger
allg	allgemein
Altersb	Altersbeschränkung
am	amerikanisch
ao	außerordentlich
apl	außerplanmäßig
aplProf	außerplanmäßige(r) Professor(in)
Arb	Arbeit
Arr	Arrangement, Arrangieren
Art	Artikel
Ass	Assistent(in), Assistenz
Auff	Aufführung(en)
Aufn	Aufnahme(n)
Auftr	Auftrag/Aufträge, Auftritt(e)
Ausb	Ausbildung
ausschl	ausschließlich
AustrOrt	Austragungsort
Ausz	Auszeichnung
b	bei
Bar	Bariton
Bd	Band
Bde	Bände
BDG	Bundesverband Deutscher Gesangspädagogen
Bearb	Bearbeitung
Berat	Beratung
bes	besonders
Blasorch	Blasorchester
BlechBl	Blechbläser
Blockfl	Blockflöte
BR	Bayerischer Rundfunk
BVK	Bundesverdienstkreuz
Cemb	Cembalo
Ch	Chor
ChefDgt	Chefdirigent(in)
ChM	Chormusik
ChW	Chorwerk
Cons	Conservatory, Conservatoire, Conservatorio
DAAD	Deutscher Akademischer Austauschdienst
darst	darstellend
dass	dasselbe
ders	derselbe
Dgt	Dirigent(in)
dies	dieselbe
Dipl	Diplom
Dir	Direktor(in)
Dirig	Dirigieren
div	diverse
DKIV	Deutscher Komponisten-Interessenverband
DKM	Domkapellmeister(in)
DKV / dkv	Deutscher Komponistenverband
DMR	Deutscher Musikrat
DOV	Deutsche Orchestervereinigung
Doz	Dozent(in)
Dpt	Departement
DRS	Radio- und Fernsehgesellschaft der deutschen und der rätoromanischen Schweiz
dt	deutsch
DTKV	Deutscher Tonkünstlerverband
Dtschld	Deutschland
EA	Erstaufführung
ebd	ebenda
Einl	Einladung
Einsp	Einspielung
Elektr	Elektronik
elektron	elektronisch
Eng	Engagement
engl	englisch
Ens	Ensemble
EPTA	Euroean Piano Teachers Association
Ersteinsp	Ersteinspielung
Erz	Erziehung
ESTA	European String Teachers Association
europ	europäisch
ev	evangelisch
Ex	Examen
f	für
Fag	Fagott
Fak	Fakultät
Ferienks	Ferienkurs(e)
FestW	Festwoche(n)
Fl	Flöte
FrCh	Frauenchor
freischaff	freischaffend
frz	französisch
FS	Festschrift
FSp	Festspiel(e)
Fssg	Fassung
Fstv	Festival
Gastdgt	Gastdirigent(in)
GastDoz	Gastdozent(in)
GastProf	Gastprofessor(in)
Gastsol	Gastsolist(in)
Gastsp	Gastspiel(e)
GDBA	Genossenschaft Deutscher Bühnenangehöriger
gem	gemischt
GEMA	Gesellschaft für Musikalische Aufführungs- und Mechanische Vervielfältigungsrechte
Ges	Gesang
Gesch	Geschichte
Gest	Gestaltung
GF	Geschäftsführer(in)
Git	Gitarre
GMD	Generalmusikdirektor(in)
gr	groß
Grd	Gründer(in)
Grdg	Gründung
GVL	Gesellschaft zur Verwertung von Leistungsschutzrechten
H	Hochschule
H f M	Hochschule für Musik
Hb	Handbuch
HdK	Hochschule der Künste
Hfe	Harfe
Hg	Herausgeber(in)
HL	Hochschullehrer(in)
Hn	Horn
HolzBl	Holzbläser
HonProf	Honorarprofessor(in)
HR	Hessischer Rundfunk
IGNM	Internationale Gesellschaft für Neue Musik
Imp	Improvisation, Improvisieren
INÖK	Interessengemeinschaft Niederösterreichische Komponisten
Inst	Institut
Instr	Instrument, Instrumental
int	international
Intend	Intendant(in)
Intpr	Interpretation, Interpret(in)
iR	im Ruhestand, in Rente
ital	italienisch
jew	jeweils
Jh	Jahrhundert
KamCh	Kammerchor
KamEns	Kammerensemble
KamKonz	Kammerkonzert(e)
KamM	Kammermusik
KamOp	Kammeroper
KamOrch	Kammerorchester
Kant	Kantate
Kap	Kapelle
Kapm	Kapellmeister(in)
Kat	Kategorie
kath	katholisch
KB	Kontrabass
KiCh	Kirchenchor
KiM	Kirchenmusik, Kirchenmusiker(in)
Kl	Klavier
Klar	Klarinette
klass	klassisch
KlSp	Klavierspiel
KM	Kammermusiker(in)
KMD	Kirchenmusikdirektor(in)
komm	kommissarisch
Komp	Komponist(in), Komposition, Komponieren
Kompks	Kompositionskurs(e)
Kons	Konservatorium
Konz	Konzert(e)
Konzm	Konzertmeister(in)
KonzM	Konzertmusik
KonzR	Konzertreihe
Korr	Korrepetitor(in), Korreptition
KS	Kammersänger(in)
Ks	Kurs(e)
Kt	Kanton
KtP	Kontaktperson
Künstl	Künstler(in)
künstl	künstlerisch
KV	Kammervirtuos
L	Lehrer(in)
Laufb	Laufbahn
LAuftr	Lehrauftrag
LBeauftr	Lehrbeauftragte(r)
Ldshauptst	Landeshauptstadt
Ldsth	Landestheater
Lex	Lexikon
Lit	Literatur
Lt	Laute
Lt	Leiter(in)
Ltg	Leitung
m	mit
M	Musik

MAkad	Musikakademie
Mar	Marimbaphon
MD	Musikdirektor(in)
MDR	Mitteldeutscher Rundfunk
Med	Medaille
Met	Metropolitan
Mezzosop	Mezzosopran
MFstv	Musikfestival
Min	Ministerium, Minister(in)
Mitarb	Mitarbeiter(in), Mitarbeit
Mitgl	Mitglied
Mitschn	Mitschnitt(e)
ML	Musiklehrer(in)
Mot	Motette
MPäd	Musikpädagogik
MrCh	Männerchor
MSch	Musikschule
Mstrkl	Meisterklasse(n)
Mstrks	Meisterkurs(e)
Mstrs	Meistersänger(in)
Mstrsch	Meisterschüler(in)
MTh	Musiktheater
MTheorie	Musiktheorie
MWiss	Musikwissenschaft
nat	national
NatTh	Nationaltheater
NBG	Neue Bachgesellschaft
NDR	Norddeutscher Rundfunk
NÖBV	Niederösterreichischer Blasmusikverband
NRW	Nordrhein-Westfalen
Ob	Oboe
ÖGZM	Österreichische Gesellschaft für zeitgenössische Musik
ÖKB	Österreichischer Komponistenbund
Okt	Oktett
Op	Oper
Optte	Operette
Orat	Oratorium
Orch	Orchester
OrchKonz	Orchesterkonzert(e)
OrchM	Orchestermusik
OrchW	Orchesterwerk(e)
ORF	Österreichischer Rundfunk
Org	Orgel
Organ	Organisation
Österr	Österreich
österr	österreichisch
Päd	Pädagogik
Perc	Percussion
PF	Postfach
Philh	Philharmonie, Philharmoniker, Philharmonisch u. Ä.
Pian	Pianist
Picc	Piccoloflöte
Pk	Pauke
Plak	Plakette
Pos	Posaune
Pr	Preis
Prfg	Prüfung
PrG	Preisgeld
priv	privat
Prod	Produktion
Prof	Professor(in)
ProgrLt	Programmleiter(in)
Prom	Promotion
Prtr	Preisträger(in)
Publ	Publikation(en)
Qua	Quartett
Qufl	Querflöte
Qui	Quintett
Reg	Regisseur(in)
regelm	regelmäßig
Rep	Repetitor(in)
RF	Rundfunk
RSO	Radio-Symphonieorchester
S	Sänger(in)
Sax	Saxophon
Schallpl	Schallplatte(n)
Schlgw	Schlagwerk
Schlgz	Schlagzeug
SchM	Schulmusik
SDR	Süddeutscher Rundfunk
Sem	Seminar
SGNM	Schweizerische Gesellschaft für Neue Musik
Sinf	Sinfonie, Sinfoniker, Sinfonisch u. Ä.
SinfOrch	Sinfonieorchester
Slg	Sammlung
SME	Schweizerische Musik Edition
SMPV	Schweizerischer Musikpädagogischer Verband
Soc	Society
Sol	Solist(in)
Solorep	Solorepetitor(in)
Son	Sonate
Sop	Sopran
SpZ	Spielzeit
ständ	ständig
stellv	stellvertretend
Stift	Stiftung
Stip	Stipendium, Stipendiat(in)
Str	Streicher
StrOrch	Streichorchester
StrQua	Streichquartett
StrQui	Streichquintett
Stud	Studium, Student(in)
STV	Schweizerischer Tonkünstlerverein
SUISA	Schweizerische Gesellschaft für die Rechte der Urheber musikalischer Werke
SWF	Südwestfunk
SWR	Südwestrundfunk
Symph	Symphonie, Symphoniker, Symphonisch u. Ä.
SymphOrch	Symphonieorchester
Synth	Synthesizer
TB	Tonband, Tonbandzuspielung
Tb	Tuba
Ten	Tenor
Th	Theater u. Ä.
ThWiss	Theaterwissenschaften
TKV	Tonkünstlerverein
Tonmstr	Tonmeister(in)
Tr	Träger
Trp	Trompete
u	und
U	Universität u. Ä.
ua	unter anderem
UA	Uraufführung(en)
umfangr	umfangreich
Univ	Universität u. Ä.
Unterr	Unterricht
v	von
V	Violine
va	vor allem
Va	Viola, Bratsche
Vcl	Violoncello, Cello
VDS	Verband Deutscher Schulmusiker
Verb	Verband
Vermittl	Vermittlung
Veröffentl	Veröffentlichung(en)
Verpfl	Verpflichtung
versch	verschieden
VK	Verdienstkreuz
Vors	Vorsitzende(r)
WBeitr	Werkbeitrag
WDR	Westdeutscher Rundfunk
Wettb	Wettbewerb
Wiss	Wissenschaft
wiss	wissenschaftlich
zahlr	zahlreich/e
zeitgen	zeitgenössisch
Zentr	Zentrum
Zs	Zeitschrift
zT	zum Teil
ZusArb	Zusammenarbeit

Verzeichnis der Musikerinnen und Musiker

A – Z

A

Abbado, Claudio, Dirigent; Cerrara Murica, Corso Giovecca 38, I-44100 Ferrara, T: 03 08 95 99 20, F: 03 08 26 35 20, *info@musikadler.de*; c/o Konzert-Direktion Hans Adler, Auguste-Viktoria-Str 64, D-14199 Berlin [Mailand 26.6.1933]. **Ausb:** Unterr V (M Abbado), Stud Dirig (A Votto), Kl (F Gulda) Kons Mailand, Stud Dirig (H Swarowsky) Akad f M Wien 55–58. **Laufb:** Debüt La Scala Mailand 60, Wiener FSp 61, Salzburger FSp 65, Dgt Wiener Philh ab 65, Musikal Ltg Berliner Philh Orch 66, MD La Scala Mailand 67–86, später MD u künstl Dir ders, Hauptdgt Wiener Philh 71, ChefDgt London Symph Orch 79–87, MD Wiener Staatsop 86–91, GMD d Stadt Wien 87, 1. Dgt u 5. künstl Berater dess 89, künstl Ltg Berliner Philh 89–02, Ltg OsterFSp Salzburg 94, Grd u Lt Lucerne Fstv Orch bis 10. **Pr:** Kussewitzki-Pr Berkshire M Center Tanglewood 58, Mitropoulos-Pr New York 63, Prtr d japan 'Praemium Imperiale' 03, Echo-Pr 05, Ehrenbürgerschaft d Stadt Luzern 05. – **Aufn/RF:** CDs, zuletzt: Konz f Fl, Hf, Klar 01, Viva España (sinf M) 01, Les Preludes (sinf M) 01, Fierrabras (Op) 01, Falstaff (Op) 01, Messe in c-Moll, Kv 427 01, 24 / 96-Overtures (Op) 01. **Sonst:** Grdg Jugendorch d Europ Gemeinsch 78, Grdg Gustav-Mahler-Jugendorch, Grdg Chamber Orch of Europe; Veröff: D klingende Haus 95. **Lit:** F Hager: C A. Den Anderen i d Stille hören 2000, C Försch: C A. Die Magie d Zusammenklangs 01, D D Scholz: Mythos Maestro 01. (Red)

Abbott, Geoffrey W, Dirigent; c/o Theater Augsburg, Kasernstr 4–6, D-86152 Augsburg, PF 111949, D-86044 Augsburg. **Laufb:** Dgt Th Augsburg. (Red)

Abdrazakov, Askar, Sänger; c/o Theater Basel, Elisabethenstr 16, CH-4051 Basel. (*)

Abel, Bruce, Prof, Bariton, Hochschullehrer; Johannes-Daur-Str 16, D-70825 Korntal-Münchingen, T: (07 11) 2 34 86 08, F: 2 34 86 08. **Laufb:** Prof (Ges) Staatl H f M u Darst Kunst Stuttgart. – **Sonst:** Vors Förderverein Int Koloraturgesangs-WettbS Geszty. (Red)

Abel, Jenny, Violine; Sekretariat Jenny Abel, Lautenbacher Str 17, D-76593 Gernsbach, T: (0 72 24) 99 08 22, F: 6 95 20; c/o Südwestdeutsche Konzertdirektion Erwin Russ GmbH, Charlottenpl 17, D-70173 Stuttgart, T: (07 11) 1 63 53 11, F: 1 63 53 30, *info@sksruss.de* [Husum]. 19. u 20. Jh **Ausb:** Stud (M Rostal, H Szeryng), Förderung d H Rosbaud, R Kempe, H Schmidt-Isserstedt. **Laufb:** KonzTätigk als Sol m Orch u KamMusikern wie W Kempff, P Badura-Skoda, L Hokanson, R Szidon, A Giles) in Europa, USA, Kanada, Südamerika, Asien, Neuseeland, Australien, 1. Sol aus d BRD m Orch d zentr Philh Ges Peking in China, Auftr b Fstvs ua Athen, Edinburgh, Luzern, Schleswig-Holstein, mehrf Gast 'Cantiere int d'Arte' Montepulciano, Fstv 'The Golden Rose of Peace' Sarajewo; Sol m gr Orch u Dgt, V-Abende m Kl u Hfe, Mstrkl California State U Los Angeles, Royal Acad Dublin, Int Mosel FestW; Friedenskonz d Nationen Sarajewo m Philharm Orch Sarajewo als MBotschafterin d dt Auswärtigen Amtes. **Pr:** zahlr Pr f Einsp, Pr 'Pro Musica' Verband d M- u ThKritiker Rumänien 98. **Ens:** Duo m M Ungureanu (Kl) u m A Giles (Hfe). – **Aufn/RF:** zahlr LPs u CDs, ua Ersteinsp Gesamtwerke v J G Pisendel, R Emig, Y A Papaioannou, V Blumenthaler, Pascal Bentoiu, R Schumanns, J Brahms, B Bartóks, H Villa-Lobos, G Rosenfeld, S Wagner, G Bacewicz, T Ibragimova u V Dinescu. **UA:** ua 2 Werke v H W Henze, 4 Werke v Y A Papaioannou, 5 Werke v G Rosenfeld, außerdem v R Emig, T Ibragimova, V Blumenthaler u V Dinescu. **Zug:** ua Werke v Y A Papaioannou, G Rosenfeld, R Emig, T Ibragimova, V Blumenthaler u H W Henze wie 'Tirsi, Mopso, Aristeo' (f V solo), UA Montepulciano.

Abel, Konrad von, Dirigent; Tellhöhe 8, D-82131 Stockdorf, T: (0 89) 89 53 04 68; c/o Musikproduktion Jörg Höflich, Enhuberstr 6–8, D-80333 München, T: (0 89) 52 20 81, F: 52 54 11, *hoeflich@musikmph.de*; *www.musikmph.de* [Stuttgart 13.3.1958]. Symphonik, Bruckner **Ausb:** Mitgl Hymnus-Chorknaben 67–74, Stud Kl u MTheorie MH Stuttgart 78–83, Mstrkl (S Celibidache) 76–86, Stud Phil u M Wiss Ludwig-Maximilians-Univ München 86–89. **Laufb:** Künstl Ass S Celibidache b Münchner Philh 86–96; Grdg MonteverdiCh München 91, Künstl Dir Acad Int de Musique / Association Celibidache Besançon seit 98, Grdg u Chefdgt Orch des Régions Européennes seit 99; Gastdgt (Orch Sinf Siciliana di Palermo, Filarmonici di Torino, Orch Aless Scarlatti di Napoli, Orch Sinfonica di Bari, Orchestre Régional de Picardie, Berner Symph Orch, Münchner Philh), Mstrkse in Dir u KamM u Seminare üb musikal Phänomenologie (Dtld, Frkr, Schweiz, Italien, Japan) seit 89; KonTournee z Wiederentdeckung v H Kaminski u seinem Kreis i Dtld u Frk 04, Eröffnungskonzert Fstv de Mexico en el Centro Historico 05 mit TV–Live-Übertrg, Chef-Dir SymphOrch des Conservatoire National Bordeaux seit 04. – **Aufn/RF:** CDs m MonteverdiCh München: Brahms: Requiem 99, Distler: Geistliche Chormusik op 12 05; Live-CDs mit Orch des Régions Européennes: Schönberg: Verklärte Nacht, Schostakowitsch: Streichersinfonie in F 00, Kammersymphonie in c, Haydn: Sieben Letzte Worte (Fassg f SymphOrch) 01, Beethoven: Große Fuge (Fassg Weingartner), Bartok: Divertimento f StrOrch, Bacri: Sinfonietta 03, Grieg: Holberg Suite, Toldrà: Vistas al Mar 05, Kaminski; Werk f StrOrch, Schwarz-Schilling: Intr u Fuge 05. **UA:** Bacri: Sinfonietta, Dt EA 02, Dubugnon: Mélodies 03, Weinberg Kammersymph op.145 frz EA, Heinz Schubert: Vom Unendlichen, Kaminski: Werk f StrOrch 04. **Zug:** Samuel Maynez Vidal: Jarabe 05.

Abel, Yves, Dirigent; c/o Deutsche Oper Berlin, Richard-Wagner-Str 10, D-10585 Berlin. **Laufb:** u a Metropolitan Op, San Francisco Op, Lyric Op Chicago, Op Nat de Paris, Nederlandse Op, Glyndebourne Fstv; Erster Ständiger Gastdirig Dt Op Berlin seit 05; Mitbegrd u Lt d 'Opéra Français de New York'. (Red)

Abels, Norbert, Dr, Dramaturg; Ernst-Lüttich-Str 6, D-61440 Oberursel. **Laufb:** ChefDram Op Frankfurt SpZ 03/05, GastDram Th u Philharm Essen SpZ 04/05. (*)

Ablinger, Peter, Komponist; c/o Zeitvertrieb Wien Berlin, Dr. Siegwald Ganglmair, Zollergasse 5/13, A-1070 Wien, *ablinger@mur.at*; *ablinger.mur.at* [Schwanenstadt 15.3.1959]. KamM, Elektronik, Klangkunst, Rauschen, Wirklichkeit **Ausb:** StudPriv Komp (G Neuwirth) 79, Stud Komp (R Haubenstock-Ramati) MH Wien 81/82. **Laufb:** Ltg 'Klangwerkstatt' 90–92, Ltg Insel Musik 97; Ltg versch KonzR, zuletzt 'Musik f d Blick nach draußen'. **Pr:** Förderpr Akad d Künste Berlin. **Ens:** Ens Zwischentöne. – **Komp:** Weiss/Weisslich 7, UA Wien 01; Quadraturen V, UA Donaueschingen, SWR Orch, Dgt: S Cambreling 2000. **Aufn/RF:** CDs: La Fleur de Terezín/Monolith I u II, Annahme 2, Anfangen (:Aufhören) 96; Grisailles 1–100 2000; 'Der Regen, das Glas, das Lachen', Ohne Titel /14 Instrumentalisten, Quadraturen IV 2000; Weiss/Weisslich 8, Nerz u Campari 01; Verkündigung 02. **UA:** A Lucier, G Nussbaumer, A Suzuki, N Mashayekhi, R Julius, Ch Wolff, M de Alvear, A Benger. **Sonst:** Grdg u Ltg Ens Zwischentöne, zahlr Veröffentl. **Lit:** Ch Becher: 'Im Raum d Präsenz. E Annäherung an P A' 93; S Sanio: 'Portrait P A' (Neue Zs f M 159/1) 98; dies: 'Muster, Ränder, Tote Winkel' (Positionen 44) 2000; A Veijvar: 'wie die Zeit vergeht!'; M Fein: 'Drei Klangflächen. Der österr Komp P A' (Zs f Lit u Kunst) 96; L Jeschke: 'P A, Instr u ElektroAkust Ortsbezogene Verdichtung' (FS Experimentalstudio Freiburg) 97; V Straebel: 'Modelle d Raumverdichtung in d M' (Kat Ausst 'High Density') 99; Ch Metzger u R Hoyer (Hg): 'melodie in d Neuen Musik' (Musik im Dialog) 99; V Straebel: 'Alternativen z KonzSaal' (Positionen 40) 99; F Kawohl: 'Jenseits d Werkbegriffs' (Gesch d M im 20. Jh 75–2000) 2000; M de Alvear (Hg): 'P A' (The New Generation of Mystery) 2000; Österr Komp unserer Zeit 94; Lex zeitgen M aus Österr 97.

Absenger, Karl, Regisseur; Stadttheater, Am Theaterpl 7, A-2500 Baden. **Laufb:** Spielltg Stadtth Baden b Wien. (Red)

Achatz, Egon, Mag, Prof, Hochschullehrer, Dirigent; Bergheimer Str 36b, A-5020 Salzburg, T: (06 62) 45 71 88, *egon.achatz@salzburg.at*; Univ Mozarteum, Abt f Dirigieren, Komposition u Musiktheorie, Zentrum im Berg, Fürbergstr 18–20, A-5020 Salzburg. **Laufb:** Prof U Mozarteum Salzburg, Kapm Ballaststoff-Orch. (Red)

Achatz, Maximilian, Regisseur; Opernhaus, Kaiser-Josef-Pl 10, A-8010 Graz. **Laufb:** Reg Opernhaus Graz. (Red)

Achilles, Michael, Prof, Flötist, Hochschullehrer; Hasenwinkel 12, D-32805 Horn-Bad Meinberg, T: (0 52 34) 48 07, F: 82 02 09. **Laufb:** Sol NDR SinfOrch, Prof (Flöte) HfM Würzburg, HfM Detmold. **Ens:** Trio Palladio seit 88. – **UA:** ua H Schaeuble: Concertino f Fl u StrOrch op 47, UA m Saarländ KamOrch, Dgt: K Ristenpart 66. **Zug:** R Müller-Dombois: C Stamitz G-Dur Konz op 29, Fssg f 2 Fl. (Red)

Achilles, Susanne, Pianistin; Steinbeck 33, D-45239 Essen, T: (02 01) 40 91 55, F: 40 91 55, *s.achilles@folkwang-hochschule.de*; *www.wolpetrio.de* [Bochum]. zeitgen Klaviermusik u Kammermusik **Ausb:** Stud SchulM, Kl (L Maxsein) Folkwang H Essen, Stud Kl (Y Bernette), Theorie/analyse (G Ligeti, Liedbegl (A Reimann) MH Hamburg, Mstrkse b P Badura-Skoda in Wien u F Zadra in Rom. **Laufb:** nat u int KonzTätigkeit seit 82, ZusArb m Komp wie K Saariaho, J Tenney, N A Huber, J Fritsch, D Hahne, D Reith, M Stahnke ua; multimediale Projekte, Sol zahlr Fstvs u KonzReihen ua Int Fstv f elektr M Tokio 84, PAN MFstv Seoul 84, Warschauer Herbst 85, Folkwang Fstv d Künste Essen 85, Inventionen Berlin 85, ICMC Den Haag 86, Genfer Sommer 86, CompM Düsseldorf 86, Ijsbreker Amsterdam 86, M auf d 49sten Karlsruhe 86, 10 Jahre INSELM Berlin 88, ruhrworks New York 89, Musica verticale Rom 89, Ex machina Essen 90 u 96, documenta IX (Concert permanent) Kassel 92, CMS Concerts Köln 93, Trapezium Amsterdam u Den Haag 95, 25 J feedback Köln 96, KlangArt Osnabrück 97, Novembermusic Gent/'sHertogenbosch 99, EXPO Hannover 2000, JhKlWerke Bonn 2000, Notes en Blocs Paris 01, MärzM Berlin 03, Grdg Wolpe Trio 92, Doz (Kl) Folkwang-H Essen seit 88. **Ens:** Wolpe Trio seit 92. **Mitgl:** GNM Ruhr. – **Aufn/RF:** zahlr Schallpl- u CD-Prod, nat u int RF-Aufn. **UA:** über 100 Werke zeitgen Komp. **Zug:** zahlr Werke.

Achucarro, Joaquin, Klavier; c/o Konzert-Direktion Hans Adler, Auguste-Viktoria-Str 64, D-14199 Berlin, T: (0 30) 8 95 99 20, F: 8 26 35 20, *info@musikadler.de*. (Red)

Acker, Dieter, Dr hc, Prof, Komponist, Hochschullehrer; Kleist Str 12, D-85521 München-Ottobrunn, T: (0 89) 6 01 33 66, F: 6 01 29 72, *composeracker@aol.com*; H f Musik u Theater, Arcisstr 12, D-80333 München; *www.composeracker.de* [Hermannstadt 3.11.1940]. **Ausb:** Stud (Komp) MH Klausenburg 58–64. **Laufb:** Theorie- u KompL 64–69, dass Robert-Schumann-Kons Düsseldorf 69–72, dass MH München 72, Prof (Komp) ebd seit 76, Gast-Prof (Komp) MH Peking 85, Jurymitgl div int KompWettb (ua Wien, München, Turin, Tarragona, Alcoi). **Pr:** Komp-Pr 'Prager Frühling' 66, Stamitz-Pr Stuttgart 70, Komp-Pr d Stadt Stuttgart 71, Komp-Pr Marl 71, Komp-Pr Lyons-Club Düsseldorf 72, Komp-Pr 'Stroud-Fstv' England 73, Hitzacker-Pr 74, Prix 'Henriette Renié' d Acad d Beaux Arts/Paris 88, Stamitz-Pr Mannheim 90. **Mitgl:** DKV, Verb Münchener Tonkünstler. – **Komp:** StrQua Nr 1 64, UA Prag, Prager Frühling, Dvorak-Qua 66; Marginalien f Vcl solo 71, UA Witten, S Palm 73; KlarQui 73, UA England, Th King 73; Tiraden II (f Klar, Kb u Str) 74, UA Wuppertal 76, Dgt: H-M Schneidt (Auftr: SinfOrch d Stadt Wuppertal); Symph Nr 1 77/78, UA München, Musica viva 79; 'Nachtstücke' (f Fl u Altfl) 78 (Auftr: S Eppinger, F Michael); 'Mörike Son' (f Vcl, Kl) 78 (Auftr: G Teutsch); 'Hölderlin-Son' (Kl) 78, UA Basel, P Roggenkamp 80; Konz f Fag u Orch 79/80, UA Bozen 80; Konz f V u Orch 81, UA Mainz, Pfälz MTage 82 (Auftr: Land Rheinl-Pfalz); 'Rilke-Son' (V u Kl) 83, UA München, I

Ozim, G Ludwig 85; StrTrio Nr II 83 u Nr III 87 (Auftr: Budapest Trio); Konz f Str-Orch 84, UA Herford 86 (Auftr: NW-Philh); Konz f Kl u Orch 84, UA München, 'Musica viva' – Biennale, K Schilde, H M Schneidt 90; Son f Va u Kl 85 (Auftr: T Dussaut, T Popa); KlQua Nr I 86 (Auftr: T Dussaut, Budapest Trio); HfenQua 86 (Auftr: M A Rohde, Riesenbogen-Ens München); ObQua 88 (Auftr: M Helmrath, Budapest Trio); 'Zwischen Tag u Traum' (f Fl, Altfl, Kl) 88 (Auftr: Münchner FlDuo, E Weinzierl, E Wächter); M f Str u Hfe 88, UA München, MGraf, Phil KamOrch, M Helmrath 90; 'Caprice' (f Hf solo) 89, UA Paris 90; M f Ob u Str 89, UA Klausenburg (Cluj/Rumänien), Dgt: P Sbarcea 90; M f 2 Hn u Str 91 (Auftr: Concentus Hungarus, Budapest); M f Va, Hfe u Str 92, UA München, M A Rohde, Han An Liu 93; Trio f Klar, Va u Kl 92, UA München, R Manno, T Popa, M Schäfer 93; Son f Kl Nr II 93 (Auftr: P Roggenkamp); Son f 2 Kl, UA Barcelona, B Uriarte, K H Mrongovius 94; Septett Nr I 94 (Auftr: Archeaus-Ens, Bukarest); Notturno f 13 Solostr 94, UA Bukarest, Athenäum 94 (Auftr: Camerata acad, München); 'Trinklieder' (f VokalQua u Kl) 94 (Auftr: Serenata Lirica, München); Trio f EnglHn, V, Kl 95 (Auftr: Adamus Trio); Son f Fag u Kl 96 (Auftr: A Fürch, U Mund); Son f Pos u Kl 97 (Auftr: Antidogma Musica, Turin, Berrie Webb); SaxQua 97 (Auftr: Art Core Sax); 'Equale III' f 4 Fag 97 (Auftr: Fagottissimo, Stuttgart); Son f Ob u Kl 97 (Auftr: J Adamus, Prag); 'Ein jegliches hat seine Zeit' (Mot) 97, UA Dresden, Meißner Kantorei, Dgt: Ch Brödel 98; Scene spezzate 98, UA SacroMonte di Varallo 98 (Auftr: Antidogma Musica, Turin) 98; 'Relief I/II' (f Schlgz u Kl) 98, UA Saint Raphael/Frankreich, T Miroglio, A Aprodu 99; Son f Trp u Org 99 (Auftr: C Rippas); 'Fresko' (f gr Orch) 99, UA Sibiu/Hermannstadt (Rumänien), Dgt: P Sbarcea 99 (Auftr: Philh Orch d Stadt Sibiu); Symph Nr III 99, UA Kyoto, Kyoto SymphOrch, Dgt: U Mund 01; 'Gebet' n Mörike 2000, UA Budapest, Meißner Kantorei, Dgt: Ch Brödel 2000; Septett Nr II 2000, UA Bukarest 2000 (Auftr: Archaeus-Ens Bukarest); 'Singe, mein Herz' (Hesse), UA Dgt: R Kreile 2000 (Auftr: Dresdner KreuzCh); KlQui Nr II 2000, UA Bukarest, Fstv f Neue M 01 (Auftr: Ass Spaziomusica Cagliari); Qui f Ob, Kl, Fag, V, Vcl 01; UA München, Archaeus Ens 01; Spuren e Tragödie (f Kl) 01, UA München, M Schneidt 03; Odysseus (Einakter) 02 (Auftr: Antidogma Musica, Turin); 'Am Rande d Tages' 02 (Auftr: Münchner FlEns, E Weinzierl u E Wächter); Son f Hn u Kl 03 (Auftr: M Tosello, Turin); Son f Fl u Kl Nr II 03; Das Buch d Weisheiten (f gem Ch) I 03 u II 04; Meditation f Vcl u Kl 03 (Auftr: G Teutsch); Trio f SopSax, AltSax u Kl 03 (Auftr: Ch Kirschke); Deus refugium (f gem Chor) 04 (Auftr: Antidogma musica Torino); 'Tagträume' (Duo f Alt- u BarSax) 04 (Auftr: Ch Kirschke); Capriccio f Fl solo 04 (Auftr: A Adorján); Lamento e danza 'Equale IV' (f 4 Hfn) 05. **Sonst:** zahlr Veröffentl eigener Komp. **Lit:** ua in: Men of Archievement; The Grove Dictionary; Baker's Biographical Dictionary of Musicians; Biography Fame Int; Who's who in the arts – Germany-Austria-Switzerland; Who's who in Westdtschld; 'Wer ist wer' – das dt Who's who; MGG; P Hollfelder: 'KlM'; Brockhaus Enzyklopädie; Altmann Musiklex; Kom d Gegenwart im Dt KompVerband; Das gold Buch hervorragender Persönlichkeiten d BRD; Persönlichkeiten in München.

Acker, Eva, Prof, Sängerin, Hochschullehrerin; Hochschule f Musik u Theater, Harvestehuder Weg 12, D-20148 Hamburg. **Laufb:** Prof (Ges) H f M u Th Hamburg. (*)

Acker, Heinz, Prof, Hochschullehrer; Mittlerer Rainweg 57, D-69118 Heidelberg, T: (0 62 21) 80 84 63, F: 80 84 63 [Hermannstadt 2.12.1942]. Musiktheorie, Dirigieren **Ausb:** Stud (SchM, Dirig) MH Klausenburg/Cluj 60–65. **Laufb:** Prof (MTheorie, schulprakt KlSp) Staatl H f M u Darst Kunst Mannheim, Lt JugendsinfOrch Bruchsal, Tourneen: Großbritannien 84, Italien 86, Spanien 87, DDR 90, Moskau 91, Israel 92, Spanien 93, England/Holland 95, St Petersburg 97, Kirgisistan 97, USA 98, Paris 99, Jordanien/Syrien 2000, Siebenbürgen 2001. **Pr:** 1. Pr Landeswettb JugendsinfOrch Baden-Württemberg 83, 91, 94, 1. Pr '4. Dt OrchWettb' Gera 96. – **UA:** H Sadler: 'Symphon Tryptichon' (f 2 Orch), UA Bruchsal, Bruchsaler Barocktage 89. **Sonst:** Grdg JugendsinfOrch Bruchsal 81.

Ackermann, Kurt, Sänger; c/o Theater, Am Goethepl 1–3, D-28203 Bremen, PF 101046, D-28010 Bremen. **Laufb:** Gast-Sol Bremer Th SpZ 00/01 u 04/05, Staatsth Oldenburg. (Red)

Ackermann, Martin, Bariton; c/o Lore Blümel Opern- und Konzertagentur, Heiglhofstr 49, D-81377 München, T: (0 89) 8 59 38 64, F: 8 59 37 59, *opkoag-bluemel@t-online.de* [Siegen 1965]. **Ausb:** Stud (OpGes) Folkwang-H Essen 88–96, Mstrkse (G Vishnevskaja, J Metternich). **Laufb:** Gastsol Dt Op a Rhein Düsseldorf 91–94, Mitgl Opstudio Op Bonn ab 93, Sol Mecklenburgisches Staatsth Schwerin 96–2001, Op Leipzig seit SpZ 2001/02. **Pr:** Stip Richard Wagner-Stift u Salzburger Sommerakad, Conrad-Ekhof-Pr 2000. (Red)

Ackermann, Neville, Tenor; c/o Pocket Opera Company, Gertrudstr 21, D-90429 Nürnberg. **Laufb:** Gastsol Gaiety Th Dublin 97, Sol Pocket Opera Company Nuernberg. – **Aufn/RF:** R Wagner: Parsifal, m Welsh Nat Op Orch, Dgt: R Goodall 84. (Red)

Ackermann, Renate, Prof, Regisseurin, Hochschullehrerin; Am Stadtgarten 3, D-76137 Karlsruhe, T: (07 21) 38 55 49. **Ausb:** Stud(MTh-Regie) Universität, Staatsop u H f M u Darst Kunst Hamburg. **Laufb:** Eng a Abendspielleiterin Hamburgische Staatsop, Städtische Bühnen Frankfurt u Bayerische Staatsop München, Assistentin v A Everding, J Flimm, A Freyer, G Friedrich, J P Ponelle und H Wernicke, erste SpielLt u Regisseurin Städtische Bühnen Frankfurt 81–86, Prof Staatl H f M Karlsruhe 86, Lt d Inst f MTh 93. (Red)

Ackermann, Richard, Bass; Chemin du Devin 72, CH-1012 Lausanne, T: 02 16 53 40 40. **Laufb:** Sol Stadtth Bern seit SpZ 03/04. (Red)

Acs, Janos, Dirigent; c/o Oper Frankfurt, Untermainanlage 11, D-60311 Frankfurt/Main. **Laufb:** Dgt Stadtth Bern, Dgt Op Frankfurt SpZ 04/05. (Red)

Ad-El, Shalev, Cembalo; c/o The Dorian Consort, Claudia Dora, Blumenrain 23, CH-4051 Basel, *shalevadel@yahoo.com*; *www.phil.muni.cz/~shalev/* [Israel 1968]. **Ausb:** Stud Royal Cons Den Haag. **Laufb:** Sol m Israeli Philh Orch, Israeli Chamber Orch, Haifa Symph Orch, Dgt Oslo Baroque Soloists seit 91, ständ Gastdgt Philh Orch Halle seit 97, MDir Accad Daniel (IL), Händel Festspiel-Orch 04. **Ens:** Il Gardellino, The Dorian Consort. (Red)

Adam, Doris, Piano; c/o Künstlermanagement Till Dönch, Roegergasse 24–26/G2, A-1190 Wien, T: (01) 4 70 80 83, F: 4 79 69 71, *management@doench.at*; *www.doench.at* [Wien]. **Ausb:** Stud Kl (H Medjimorec) H f M Wien bis 92. **Laufb:** Konz ua m Wiener KamOrch, Brucknerorch Linz, NTO – Niederösterreichisches Tonkünstlerorch, Symphonieorch Basel, Philharmon Orch Flandern, KamOrch Lausanne, Stuttgarter Philh, City of Birmingham Symph Orch, Royal Philh Orch Liverpool, Auftritte Carinth Sommer Ossiach, Brucknerfest Linz, Musikal Sommer Wien, Badener Beethoventage, Schubertiade Hohenems, Bregenzer Frühling, Wiener Frühlingsfstv, Wiener FestW, KamM m K Adam, Mitgl d Wiener Philh u Symphoniker, Ltg e Klasse (KonzFach Kl) Kons d Stadt Wien seit 99. **Pr:** 1. Pr R. Heydner-Wettb Wiener MH 86, Bösendorfer-Stip Wien 87, Finalistin Int KlWettb Clara Haskil Vevey, Würdigungspr d Bundesmin f Wiss u Forsch 92, 1. Pr Bösendorfer-Wettb Wien 93, Kulturförderungspr d Stadt Baden 94. (Red)

Adam, Karin, Violine; c/o Künstlermanagement Till Dönch, Roegergasse 24–26/G2, A-1190 Wien, T: (01) 4 70 80 83, F: 4 79 69 71, *management@doench.at*; *www.doench.at* [Wien]. **Ausb:** Stud V (F Samohyl) MH Wien. **Laufb:** Zus-Arb m Wiener Symph, Wiener KamOrch, Mozarteumorch Salzburg, City of Birmingham Symph Orch, Royal Philh Orch Liverpool, Royal Scottish Orch, Staatskapelle Berlin, Stuttgarter Philh, Hamburger Symphoniker, Düsseldorfer Symphoniker, Philharmon Staatsorch Bremen, Württemberg Philh, Tivolis SymfOrk Kopenhagen, Tokyo Symph u Tokyo Metropolitan Orch, Polish National Radio Symph Orch, Prager Symphoniker, Händel Fstv Orch Washington, Orch Symphonique de la R.T.B.F. Bruxelles, RTL Orch Luxemburg, Belg KamOrch, Basler SinfOrch, Auftritte Carinth Sommer, Klangbogen Wien, Bruckner Fstv, Wiener FestW, Europalia Brüssel, Schwetzinger FSp, BBC Proms London, Tsukuba Int M Fstv, New York Carnegie Chamber M Hall, Mstrkse b Int MFstv Allegro Vivo u b Cartusiana – Gutenstein seit 98. **Pr:** 1. Pr Int Joseph Joachim Wettb 81, Mozart-IntPr f junge Künstler d Mozartgemeinde Wien 82. **Ens:** Duo m D Adam. (Red)

Adam, Marc, Intendant; c/o Lübecker Theater GmbH, Beckengrube 16, D-23552 Lübeck. **Laufb:** GenIntend Lübecker Th seit SpZ 03/04, ab SpZ 07/08 Intend Stadtth Bern. (Red)

Adam, Marius, Bassbariton; c/o Allee Theater – Hamburger Kammeroper, Max-Brauer-Allee 76, D-22765 Hamburg. **Laufb:** Sol KamOp Hamburg. (Red)

Adam, Philippe, Pianist, Dirigent, Solorepetitor; c/o Bühnen d Stadt Köln, Offenbachpl, D-50667 Köln, PF 101061, D-50450 Köln, T: (02 21) 7 08 80 78, 01 74–4 03 53 64; Taepperweg 2, D-50769 Köln, T: (02 21) 7 08 80 78, 01 74–4 03 53 64, *Adamusique@gmx.de* [Paris 18.7.1957]. Oper **Ausb:** Stud (Kl, KamM) Kons Paris 73, Aufbaustud HarmonieL, Analyse, Kontrapunkt, KamM, Vokal-Instrumental-KlBegl, Dirig, Solorep (S Zapolski) 79–81. **Laufb:** Korr Lyon 84, Heidelberg 86, Augsburg 88, Wuppertal 91, Basel 94, Köln seit 99. **Pr:** 2. Pr Kl 78, 2. Pr KamM 78, Prtr Dirigat 81, 2. Pr Solorep 83.

Adam, Stefan, Bariton; c/o Staatstheater Kassel, Friedrichspl 15, D-34117 Kassel, T: 01 76 41 06 03 66, F: 01 21 26 19 63 02 07, *adam.stefan-bariton@gmx.de* [Recklinghausen 7.2.1963]. Konzert (Lied u. Oratorium), Oper **Ausb:** Stud Ev KiM Robert-Schumann-H Düsseldorf 85–89, Stud Ges (E Moser, D Jacob, K Moll) MH Köln 90–96, Mstrkse (F Müller-Heuser, Th Adam), Liedgestaltung (J Glauß), Opernschule (A Homoki, M Hampe, J Jenisch). **Laufb:** Sol Th Hagen 94–01 u 04/05, Städt Bühnen Münster 01–04, Staatsth Kassel 04–06, GastSol Landesth Flensburg 02–03. **Pr:** Förderpr d Fördervereins Th Hagen, Förderpr Verein d Theaterfreunde Münsters u d Münsterlandes. **Ens:** 'DREI MAL NEU' Düsseldorf (Ens f neue Musik) 88–99. – **Aufn/RF:** Weber: Silvana, m Philh Orch Hagen, Dgt: G Markson 96; Wolf-Ferrari: Das Himmelskleid, m Philh Orch Hagen, Dgt: G Markson 96; Mendelssohn: Erste Walpurgisnacht, Schnittke: Faust-Kantate, m NDR-Konz m Radiophilh Hannover, Dgt: L Botstein 2000; S Wagner: Bruder Lustig, m Philh Orch Hagen, Dgt: G Fritzsch 01. **UA:** O G Blarr: Jesus-Geburt (Orat), UA Düsseldorf 92; H-M Lonquich: Auf d Rand d Mauer (Orat), UA Köln 93; H Banter: Der blaue Vogel (Op), UA Hagen 99.

Adam, Theo, KS, Prof, Bassbariton; c/o Sächsische Staatsoper, Theaterpl 2, D-01067 Dresden, T: (03 51) 2 68 39 97, F: 2 68 39 97 [Dresden 1.8.1926]. Oper, Lied, Konzert **Ausb:** Stud Ges (R Dittrich) MH Dresden. **Laufb:** Sol Kom Op Berlin, Sächs Staatsop Dresden (04/05), Staatsop Berlin, Wiener Staatsop, Bayer Staatsop München, Met Op, San Francisco, Paris, etc. **Pr:** Ehrenmitgl Kom Op Berlin, Ehrenmitgl Semperop Dresden. – **Aufn/RF:** zahlr CDs. **UA:** Cerha: 'Baal', Salzburg 80; Dessau: 'Einstein', Berlin 81; Berio: 'Un Re in ascolto', Salzburg 81. **Sonst:** Schriften u Bücher.

Adami, Herbert G, Bass; c/o Staatstheater Cottbus, Karl-Liebknecht-Str 136, D-03046 Cottbus, T: (03 55) 7 82 40, (01 72) 8 61 45 01, F: 79 13 33, *webmaster@Herbert-G-Adami.de*; *www.herbert-g-adami.de* [Hollfeld b Bayreuth]. **Ausb:** Stud Ges (Prof Irmgard Hartmann-Dressler) HdK Berlin 73–80. **Laufb:** Sol Staatsth Cottbus seit 92 (04/05), Staatsoptte Dresden SpZ 04/05. (*)

Adamka, Attila, Violine, Konzertmeister; Lindenhofstr 22, CH-4052 Basel, T: 06 12 71 25 60, *a.adamka@sinfonieorchesterbasel.ch*. **Laufb:** 2. Konzm SinfOrch Basel. **Ens:** Erato-Quartett. (Red)

Adams, Robin, Bariton; c/o Stadttheater Bern, Nägeligasse 1, CH-3000 Bern 7. **Ausb:** Stud Ges (P MacMahon, P A Wilson) Royal Scottish Acad of M and

Drama Glasgow, Stud (C Blaickner-Mayo) Wien. **Laufb:** Glasgow 96 (Tarquinius 'The Rape of Lucretia', Edinburgh Fstv u Japantournee 96 (Ferryman 'Curlew River', Wien 97 (Billy Budd 'Billy Budd'), Covent Garden Fstv 98, Wiener KamOp 98/99, Antwerpen 99, Fstv 'Mozart in Schönbrunn' d Wiener KamOp 99, Royal Northern Coll of M Manchester 99/2000, Linzer Landesth 99 u seit 2000/01, auch tätig im Lied- u OratBereich, ua Barbican Centre London, Graz u MSommer Riedenburg; Mitgl Stadtth Bern, Gastsol Ldestheater Linz SpZ 03/04, Op Frankfurt SpZ 04/05. **Pr:** Prtr zahlr Wettb u Ausz, ua 'Silver Med of the Worshipful Comp of the City of London', 'Countess of Munster Scholarship', Liedpr d Royal Acad. – **UA:** W Henderickx, J Tielmans: Op 'Triumph of Spirit over Matter' (Kunstenaar Beck) Muziekth Transparant u Th de la Monnaie Brüssel 2000. (Red)

Adelmann, Stefan, Prof, Kontrabass, Hochschullehrer; Reuthersberg 1, D-96135 Stegaurach, T: (09 51) 20 11 25; Hochschule f Künste, FB Musik, Dechantstr 13–15, D-28195 Bremen. **Laufb:** Prof (Kontrabass) H f Künste Bremen, Sol Bamberger Symph. (Red)

Aderhold, Peter, Dirigent, Komponist; Buttmannstr 5, D-13357 Berlin, T: (01 71) 6 53 69 88, *mail@peteraderhold.de*; *www.peteraderhold.de* [Berlin 22.3.1966]. **Ausb:** Stud Dirig (O Koch) u Komp (G Kochan) MH 'Hanns Eisler' Berlin 82–88. **Laufb:** Kapm V-Th Rostock 88–93, Kapm Krefeld/Mönchengladbach 94–95, stellv GMD Stadtth Bremerhaven 95–2000, Gastdgt Landesth Linz 99, Grd u Chefdgt Landesjugendorch Mecklenburg/Vorpommern, Dgt Berliner KamOp SpZ 03/05. **Pr:** 3. Pr KompWettb DDR-Musiktage 84, 'Pr d Kritik' 90, Prtr d KompWettb 'Teatro minimo' Ophaus Zürich 01. – **Komp:** 'Musik f Fl u Orch', UA Halle, m Hallesche Philh, O Koch 83; 'Miniaturen' (f V u Kl u f V u KamOrch), UA Berlin, H f M 83; 'Frieden' (Kant f Bar u Streichqua u f Bar u KamOrch), UA Berlin, C Mewes, Solistenqua d Kom Op Berlin 85; 'Kammersinfonie' (f kl Orch), UA Berlin, Orch d H f M 86; 'Diana' (BallettM n H Heine), UA Berlin, Berliner SinfOrch, Dgt: Aderhold 90; 'Chaconne' (f 2 V, 2 Bra, Vcl), UA Staatsop Berlin 99; Lieder nach dem 'Hohelied Salomos' (f Sop u Orch). **AuftrKomp:** 'Sobald fünf Jahre vergehen', SchauspielM nach F G Lorca, UA 97 (Auftr: Stadtth Bremerhaven); 'Odysseus u d Fremde' (KamOp in einem Akt), UA 01 (Auftr: OpHaus Zürich); 'Luther' (Op), UA 03 (Auftr: OpHaus Erfurt).

Adler, Bernhard, Sänger, Gesangspädagoge; c/o Theater der Stadt Koblenz, Clemensstr 5, D-56068 Koblenz. (*)

Adler, Mark, Sänger; Teutstr 18, D-45879 Gelsenkirchen, T: (01 63) 7 18 31 69, *markadler@web.de*. **Laufb:** Sol Schillerth NRW Wuppertal-Gelsenkirchen, Gast-Sol NOB Berlin SpZ 00/05, Sol MTh im Revier Gelsenkirchen seit SpZ 03/04. (Red)

Adler, Ronald H, Musikalischer Leiter; c/o Bayerische Staatsoper, Brieffach, D-80075 München. **Laufb:** Musikal Lt d Jungen Ensembles Bayer Staatsop München SpZ 03/04. (Red)

Adolfsen, Hans, Hochschullehrer; Hochschule Musik u Theater Zürich, Florhofgasse 6, CH-8001 Zürich, *hans.adolfsen@excite.com*. **Laufb:** Doz (Korr, Liedgestaltung) MH Winterthur Zürich, GastDoz (Korr) MH Luzern. (Red)

Adorf, Margarete, Violine; c/o Rundfunk-Sinfonieorchester, Funkhaus Hallberg, D-66100 Saarbrücken. **Laufb:** stv 1. Konzm RF-SinfOrch Saarbrücken. (Red)

Adorján, András, Prof, Flöte, Hochschullehrer; Hochschule für Musik und Theater, Arcisstr 12, D-80333 München [Budapest]. **Ausb:** Stud (Fl) b J-P Rampal u A Nicolet. **Laufb:** SymphOrch d Südwestfunks Baden-Baden 73/74, SymphOrch d Bayer RF 74–88, Prof (Fl) H f M u Darst Kunst Köln 87–96, H f M u Th München seit 96. **Pr:** J-Gade-Pr Kopenhagen 68, 1. Pr Int FlWettb Montreux 68 und Paris 71, Pr d Dt Schallplattenkritik 88.

Adorján, Dávid, Violoncello; Brennerpassstr 2, D-81547 München, T: (0 89) 64 51 41; c/o Deutsches Symphonieorchester Berlin, Masurenallee 8–14, D-14057 Berlin [Köln 1972]. **Ausb:** Stud b Jan Polasek u Heinrich Schiff, Stip b Frans Hehnerson 96, Stip d KamM-Akad 'Villa Musica' Mainz. **Laufb:** Stimmführer d Celli ua Int Symp Orch Israel u Orch Akad d BR unter L Maazel, S Vegh, M Gielen, Y Menuhin u D Shallon, Gast als Solocellist b Kölner RF-SinfOrch seit 96, Sol Dt SymphOrch Berlin. **Pr:** Bundesprtr Wettb 'Jugend Musiziert' 86, Kulturförderpreis Gasteig 93, 1. Pr Int Cellowettb in Gorizia, Italien 94. **Ens:** Adorján Streichtrio, Grdgsmitgl Ensemble Variable. (*)

Adorján, Gabriel, Violine, Konzertmeister; c/o Norddeutsche Konzertdirektion, Twischlehe 5, D-27580 Bremerhaven, PF 310265, D-27538 Bremerhaven, T: (04 71) 9 82 49 82, F: 9 82 49 80, *grevesmuehl.ballett@t-online.de*; c/o Komische Oper, Behrenstr 55–57, D-10117 Berlin; *www.grevesmuehl.de*. **Laufb:** Konzm Kom Op Berlin SpZ 03/05. **Ens:** Zürcher Klaviertrio, Adorján Streichtrio. (Red)

Adrion, Gernot, Viola; c/o Rundfunk-Sinfonieorchester Berlin, Charlottenstr 56, D-10117 Berlin. **Laufb:** stv Sol u Stimmführer RF-SinfOrch Berlin. (Red)

Adt, Christoph, Prof, Hochschullehrer, Dirigent; Templerstr 8, D-82194 Gröbenzell, T: (0 81 42) 44 73 48, F: 44 73 49, *christoph.adt@musikhochschule-muenchen.de*; H f Musik u Theater, Arcisstr 12, D-80333 München, T: (0 89) 28 92 74 52, *christoph.adt@musikhochschule-muenchen.de*. **Ausb:** Stud (T Ungar, F Leitner) MH Stuttgart. **Laufb:** Prof (OrchLtg) H f M u Th München, freier Dgt.

Aeberhard, Matthias, Tenor; Seestr 29a, CH-8594 Güttingen, T: 07 16 95 41 44, 07 86 13 89 82, *aeberhard@lake.ch*; c/o Laurent Delage Artists Management, Siebensterngasse 46/1/44, A-1070 Wien, T: (01) 4 03 63 49, *office @delage.at* [Olten 18.6.1974]. Opern-, Konzert und Liedsänger **Ausb:** gesangl Ausbildung b S Kramp u C Smith, Stud Gespäd Kons Winterthur 94–99, Mstrkse b E Schwarzkopf, M Salminen u C Ludwig. **Laufb:** Int OpStudio 99–01, EnsMitgl Th Luzern 01–05, freischaff ab 05, Gast Selzacher FSp, Stadtth Klagenfurt 05. **Pr:** WerkPr des Kantons Solothurn 01. **Ens:** Gitarre u Gesang (Liedprojekt m Michael Erni).

Aegler, Gottfried, Klarinette, Blockflöte, Saxophon, Akkordeon; Lindenmatte, CH-3762 Erlenbach i Simmental, T: 03 36 81 16 65, F: 03 36 81 16 80, *musik.aegler@tiscalinet.ch*; *www.thoeni-edition.ch* [Erlenbach i Simmental 10.5.1932]. E- u Volksmusik **Ausb:** Stud Klar Kons Bern (Br Goetze), PrivUnterr (T Friedli), Kse (Prof A Prinz), Stud Sax Schweizer MPäd Verb b Ch Roellinger. **Laufb:** Klar Thuner StadtOrch 75–02. **Pr:** Goldener Violinschlüssel 89. **Ens:** Klar Thuner KamSol 81–86, Bassetthn KlarQui Philharmonia 88–99, seit 96 Altsax im SaxQua 'Spectrum'. **Mitgl:** Verb S MInstr-Händler 70–02, Verb S Musikalien-Händler seit 70, Verb S Volksmfreunde seit 75. – **Sonst:** verlegerische Tätigkeit: Blasmusik und Akkordeonmusik, Kammermusik (Schwerpunkt Klar u Sax).

Aeschbacher, Marianne, Violine; Turnerstr 25, CH-4058 Basel, T: 06 16 81 80 41. (Red)

Aeschbacher, Matthias, Dirigent; Beekkamp 6, D-45470 Mülheim/Ruhr, T: (02 08) 37 25 21, F: 37 25 21 [Zürich 14.4.1945]. **Ausb:** Stud Musikakad Zürich, Kl (A Aeschbacher). **Laufb:** Solorep Op Zürich 64, 1. Kapm Op Zürich 68, Musikal Oberltr Bühnen d Stadt Essen 76, GMD Hansestadt Lübeck 78, Gastdgt Bayer Staatsop, Hamb Staatsop, Gran Th de Liceu Barcelona, Gastdgt Residenz Orch Den Haag, NDR-SinfOrch, Bamberg Symph, Orch de la Ciudad de Barcelona, 1. Lehrer Schleswig-Holstein MFestival Orch 87, 1. Dgt Th u Philh Essen 91–98, Chefdgt Aalborg Sinf Orch (Dänemark) ab 05. – **Aufn/RF:** div SchallplAufn.

Aeschlimann, Charles, Flöte, Hochschullehrer; Salachstr 5, CH-6045 Meggen, T: 04 13 77 30 01. **Laufb:** Doz (Fl, Orchausb) MH Luzern, Doz Kons Neuchatel, Sol Luzerner SinfOrch. (Red)

Afanasenko, Viktor, Tenor; c/o Theateragentur Luisa Petrov, Glauburgstr 95, D-60318 Frankfurt/M, T: (0 69) 5 97 03 77, F: 5 97 48 08, *LuisaPetrov@web.de*; c/o Erich Seitter Bühnen- und Konzertvermittlung, Opernring 8/13, A-1010 Wien, T: (01) 5 13 75 92, F: 5 12 93 51, *agentur.seitter@aon.at*. **Laufb:** Sol Mussorgskij-Th St Petersburg, Linzer Landesth, Gastsol Landesth u Kammerspiele Salzburg, MTh Bonn, Mannheim, Berlin, Essen (03/04), Hamburg Staatsoper, Gastsp Europa, USA, Japan. **Pr:** 1. Pr russ Gesangswettb 87. (Red)

Agache, Alexandru, Sänger; c/o Bayerische Staatsoper, Brieffach, D-80075 München. (Red)

Agafonov, Mikhail, Tenor; Hebelstr 5, D-68161 Mannheim, T: (06 21) 1 78 19 43; c/o Agentur Seitter, Opernring 8/13, A-1010 Wien, T: (01) 5 13 75 92, F: 5 12 93 51, *office@agentur-seitter.at*. **Laufb:** Sol Dt Op Berlin, Volksop Wien, Sächs Staatsop, Nationalth Mannheim seit SpZ 03/04, Th u Philh Essen SpZ 04/05. (Red)

Agatha, Rainer, Pauke; c/o MDR Sinfonieorchester, Augustuspl 9a, D-04109 Leipzig. **Laufb:** Sol MDR SinfOrch Leipzig. (Red)

Agathonos, Anna, MA, Opernsängerin, Mezzosopran; Munckelstr 13, D-45879 Gelsenkirchen, T: (02 09) 3 61 70 75, 0 17 88 35 49 89, F: (02 09) 1 55 51 28, *agathonosmezzo@web.de* [Athen 31.7.1971]. Belcanto, Mozart, Lied, Oratorium **Ausb:** Stud Ges (G Kahry), Lied u Oratorium (E Mathis) Univ f M Wien bis 99. **Laufb:** Cnipal OpStudio Marseille 99/01, KamOp Schloß Rheinsberg 99, Fstv Int d'Aix-en-Provence 2000, Rossini Op Fstv 02, Op Avignon 2000, Op Marseille 02, Sol MTh im Revier Gelsenkirchen SpZ 04/05. **Pr:** 3. Pr int GesWettb G Aragall Girona 99, 1. Pr Op int GesWettb Marmande 2000. **Ens:** Sol MTh im Revier Gelsenkirchen seit SpZ 01/02. – **Aufn/RF:** Rossini: 'La Cenerentola', Fstv d'Aix-en-Provence 2000 (Radio France 3); DiArta Angeli: 'Elia', m Bratisl SympOrch, Dgt: Schuben 97. **UA:** E Schneider: 'Das Salome-Prinzip' UA 02; A Müllenbach: 'Die Todesbrücke', RuhrTriennale 03.

Ager, Klaus, Prof, Komponist, Hochschullehrer; Univ Mozarteum, Abt f Dirigieren, Komposition u Musiktheorie, Höfelgasse 7, A-5020 Salzburg, T: (06 62) 6 62 68 77, *klaus.ager@moz.ac.at* [Salzburg 10.5.1946]. Kammermusik **Ausb:** Stud Dirig (Wimberger), Komp (Bresgen) U Mozarteum Salzburg, Stud MWiss (Croll) ebd, Stud Komp (Messiaen), elektroakust Komp (P Schaeffer) Cons NS Paris. **Laufb:** Ass (MTheorie) H Mozarteum Salzburg 73–81, Gastprof (MAnalytik) ebd 78–85, UProf (MAnalytik) ebd seit 86, stv Rektor 91–95, Rektor 95–2000, künstl. Lt Fstv f zeitgen M 'ASPEKTE Salzburg' seit 77. **Ens:** Lt 'Österr Ens f Neue M' 75–85, künstl Lt 'ASPEKTE New Music Ens' seit 95. – **Komp:** 'elf u ...' op 9 73, UA Klagenfurt 91; BETA (f gem Chor u Klangerzeuger) 75, UA Athen 76; 'Fades the light from the sea' (f Orch) 81, UA Salzburg 81; Gesang zur Nacht op 43 85 (f Sop u KamEns), UA Lüneburg 85; Serenade f Hammerkl u Ens op 60, 1. UA Toronto 91; KEATS (f Sop u KamEns) op 62, UA Stuttgart 92; Sinfonie (f Bläser u Schlgw) op 63, UA Salzburg 92; Agnus Dei (f 2 Sprecher u KamEns) op 67, UA Düsseldorf 94; MODOS IA (f Fl u KamEns) op 49, 2. UA Venedig 98. **UA:** als Dgt m Österr Ens f Neue M ca 150 UA 75–85. **Zug:** zahlr.

Agnas, Urban, Prof, Hochschullehrer, Trompete; Kyffhäuserstr 49, D-50674 Köln, T: (02 21) 7 21 82 92, *urban.agnas@telia.com*. **Laufb:** Prof (Trp) H f Musik Köln. (Red)

Agnesens, Udo, Komponist, Pianist, Kurator; Saarstr 3, D-12161 Berlin, T: (0 30) 22 19 05 74, 01 70–8 66 57 84, F: 22 19 05 75, *info@insightpiano.com*, *udoagnesens@web.de*; *www.insidepiano.com*, *www.acutemusic.de* [Beckum 10.7.1961]. Pianist: KamM, Liedintpr, zeitgen M, Synthesizer; Komp: zeitgen M, elektron M, Multimedia **Ausb:** Stud Kl (G. Herzog-Blacher, M. Migdal, R

Becker), Komp (F.-M. Beyer) UdK Berlin, weitere Stud b O. Messiaen u G. Klebe. **Laufb:** Konz m sol u klass KamMRepertoire, Pianist Avant-Garde Trio MURILAG seit 89, ZusArb m J Tmim u Toladá Dance Company 93–95, Produktionen f Radio, Organisation v KonzReihen 'Brainstorming' 84–89, 'Klangbrücken' 88, 'comPositionen' 93–97, sol Konz u Konz m div KamMPartnern seit 96, nachHALL multimedia music fstv seit 2000; acute music fstv seit 03. **Pr:** Stip Centre Acanthes Paris 87/94, Senatsverw f Kulturelle Angelegenheiten Berlin, Studiopr Berlin Rock News 91, Auswärtiges Amt d BRD. **Ens:** insightpiano project seit 95, ens nachHALL seit 2000, Schöneberger Kl-Trio seit 2001. **Mitgl:** DKV, INM Berlin eV, Freunde d Berliner Saxophon Quartetts eV. – **Komp:** Christof Dohm (Oratorium), UA '50 Jahre Israel' 94; Minneapolis Concert (Sax-Qua & Bläser-Ensemble), UA Dayton, Ohio 98; Flor de Cano (Kl), UA teilw durch Komp; Haiku 'Rausch d Lebens', UA BKA Berlin; Saxophonqua No 3 (SaxQua), UA Kammermusiksaal d Philharmonie; Violinkonz; Konz f Saxophonqua u Orch; Konz f Sax u Orch. **Aufn/RF:** LP: Das Neue Universum auf AN-KLÄNGE (vielklang); CD: BERLIN 22–09–91 auf IDYLLEN (vielklang), Tokyo Silhouettes auf SILHOUETTES, Rausch des Lebens, 3. Saxophonquartett. **Sonst:** acute music festival, concert & production, Ausstellung Lichtklang.

Agrafiotis, Alexis, Dirigent, Komponist; c/o Zeitgenössische Oper Berlin, Immanuelkirchstr 38, D-10405 Berlin, *agrafiotis@gmx.de* [Salzburg 16.6.1970]. Klassik bis Moderne, bes 20. Jh **Ausb:** Kl (Bakopoulou) MAkad Athenaeum Athen 88–91, Komp (E Urbanner), MTheorie (de la Motte), Dirig (U Lajovic) MH Wien 91–96. **Laufb:** Solorep Th Görlitz 97, Solorep m Dgt-Verpfl Th Lübeck ab 98, Gastdirigate: Städt Orch Thessaloniki 93, 95, 96, 98, SinfOrch Karlsbad 95, Philh Györ 96, Staatsorch Athen 97, Staatsorch Thessaloniki 2000, Staatsop Athen 2001, Lt v KamMKonz Th Lübeck, Solorep Zeitgen Op Berlin SpZ 03/05. **Mitgl:** Griech Komponistenverband. – **Komp:** Klavierkonz, RF-Orch Athen, A A, Dgt: A Pilarinos 93; Sinf in e Satz, Staatsorch Thessaloniki, Dgt: A A 2000; 5 Griech Tänze, Staatsorch Thessaloniki, Dgt: A A 2000; Musik f Vcl u 7 Instr, UA Lübeck, H-Chr-Schwarz-Oktett d Philh Orch 2001; TheaterM: Goethe: Faust I Lübeck 99; Brecht: Baal, Th Lübeck 2000. **AuftrKomp:** KamKonz Kl u 12 Spieler, UA Athen, Gr Ens Zeitg Musik, A A, Dgt: T Antoniou 95 (Auftr: Megaron Mousikis Athen). **Aufn/RF:** Klavierkonz, RF Athen 94. **UA:** E Kikou: Meteorismi, Staatsorch Thessaloniki 2000.

Ahlert, Bernd, Prof, Hochschullehrer, Gitarre; Hamburger Konservatorium, FB 5, Sülldorfer Landstr 196, D-22589 Hamburg; *www.berndahlert.de* [Greifswald 1952]. **Ausb:** Stud (Git) H f Künste Bremen. **Laufb:** Prof (Git) Hamburger Kons. (Red)

Ahluwalia-Fernandes, Marialena, Mag, Prof, Hochschullehrerin; Univ f Musik u Darst Kunst, Joseph Haydn Inst, Anton-von-Webern-Pl 1, A-1030 Wien. **Laufb:** ao UProf U f Musik u Darst Kunst Wien. (Red)

Ahmann, Philip, Dirigent; c/o Junge Kammeroper Köln, Florastr 93, D-50733 Köln. **Laufb:** Stellv ChefDgt Junge Kammerop Köln seit SpZ 03/04. (Red)

Ahrens, Hans Georg, KS, Bass; Lügumklosterstr 13, D-24106 Kiel, T: (04 31) 33 66 68; c/o Bühnen der Landeshauptstadt Kiel, PF 1660, D-24015 Kiel. **Laufb:** Sol Bühnen d Ldshauptst Kiel. (Red)

Ahrens, Iris, Kontrabass; c/o Rundfunk-Sinfonieorchester Berlin, Charlottenstr 56, D-10117 Berlin. **Laufb:** Vorspielerin RF-SinfOrch Berlin. (Red)

Ahrndt, Thomas, Violoncello; c/o Berliner Symphoniker, Christstr 30, D-14059 Berlin. **Laufb:** Vorspieler Berliner Symphoniker. (*)

Aichinger, Wolfgang, Prof, Hochschullehrer, Violoncello; Univ f Musik u Darst Kunst, Hellmesberger-Inst, Rennweg 8, A-1030 Wien, T: (01) 7 11 55 45 00, *aichinger@mdw.ac.at* [Wolfsberg, Kärnten]. **Ausb:** Stud (Vcl) U f Musik u Darst Kunst Wien (F Litschauer, V Orloff, V Erben u A Navarr) OrchAkad d Berliner Philharmonischen Orchester, weitere Stud bei E Finke. **Laufb:** Wiener Symphoniker seit 79, Ass v Valentin Erben U f Musik u Darst Kunst seit 84, selbst L ebd seit 98, Mstrks i Rahmen d Wiener Musiksem, ao UProf (Vcl) U f Musik u Darst Kunst Wien. **Pr:** Prtr Jugend musiziert. **Ens:** Ens Vienna Concertino seit 86. (Red)

Aichner, Lorenz, Solorepetitor, Dirigent; c/o Theater Erfurt, Walkmühlstr 13, D-99084 Erfurt, PF 100554, D-99005 Erfurt. **Laufb:** Solrep. Dgt u Ass d GMD Th Erfurt SpZ 03/05. (Red)

Aigner, Albert, Prof, Hochschullehrer, Gitarre; Mühlenstr 91, D-23552 Lübeck, T: (04 51) 7 98 28 43, F: 7 07 00 34; Musikhochschule, Große Petersgrube 17–29, D-23552 Lübeck, T: (04 51) 1 50 53 26, F: 1 50 53 00 [Merkstein b Aachen]. KamM **Laufb:** LAuftr (Git) MH Lübeck 71, Doz ebd 74, Lt GitKl u Prof (Git u Fachdidaktik) ebd seit 74, Solokonz KamM, KonzReisen Dtschld u Europa, Mitbegrd zahlr nat u int Fortbildungskse f Lehrer u konzert Künstler, ua Schweinfurter Sem f Git u Mandoline, GitSem Altheim/Österr, Sylter GitSem, Ebenfurther GitSem, GitSem Übach-Palenberg, Mstrkse Judenburg, Knittelfeld, Lockenhaus, Kronstadtn, Meran, Moskau, Juror Regional-, Landes- u Bundeswettb 'Jugend musiziert' u KamMWettb. **Ens:** Duett Konzertant, m D Kreidler; Wiener GitTrio seit 96. **Mitgl:** 1. Vors Dt Tonkünstlerverb (DTKV) Landesverb Schleswig-Holstein u Ortsverband Lübeck. – **Aufn/RF:** zahlr LP- u CD-Prod f Git solo u KamM, zahlr RF- u Fernsehprod.

Aigner, Oliver, Sänger; c/o Junge Kammeroper Köln, Florastr 93, D-50733 Köln. (Red)

Aikin, Laura, Sopran; c/o Künstleragentur Dr Rudolf Raab u Dr Horst Böhm, Plankengasse 7, A-1010 Wien. **Ausb:** Stud Indiana Univ b M Harshaw, Stud b b R Grist (München), Unterr b B Eisenfeld (Mailand). **Laufb:** Sol Op Zürich, Staatsop Wien, Op Amsterdam, La Scala Mailand, Semperop Dresden, Bayer Staatsop München, Op Florenz, Op Chicago, OpHaus Zürich, Dt Op Berlin, Op Santa Fé, Salzburger FSp, Met Op New York, Gast: Fstv Salzburg, Melbourne, Edinburgh, Luzern, Wien, Berlin u Schleswig-Holstein, ZusArb m Münchner Philharmonikern, Staatskap Dresden, Konz m Ens Intercontemporain, Tournée m SWR Sinfonieorch Baden-Baden, Gastsol Dt Staatsop Berlin SpZ 03/04, Op Frankfurt SpZ 04/05. (Red)

Ailakowa, Nedjalka, KS, Prof, Sopran, Hochschullehrerin; St-Petersburger Str 30/309, D-01069 Dresden, T: (03 51) 4 95 27 27; Hochschule f Musik, PF 120039, D-01001 Dresden. **Laufb:** Prof (Ges) H f M Carl Maria v Weber Dresden. (Red)

Aimard, Pierre-Laurent, Prof, Hochschullehrer, Pianist; 4 Rue Juliette Lamber, F-75017 Paris, T: (01) 40 54 05 46, F: 42 12 01 51, *plaimard@hotmail.com*; H f Musik, Dagobertstr 38, D-50668 Köln [Frankreich 1957]. zeitgen Musik **Ausb:** Stud Kl (Y Loriod, M Curcio) Kons Paris. **Laufb:** Sol Ensemble Inter-Contemporain (P Boulez) 76–94, Prof (Kl) H f Musik Köln; Arbeit m P Boulez, S Celibidache, S Ozawa, Z Mehta, C v Dohnanyi, A Davis, G Sinopoli, C Dutoit, K Nagano, Chicago Symph Orch, Cleveland Orch, Boston Symph Orch, San Francisco Symph, London Philharmonic, Royal Concertgebouw Ork, St Petersburg Philh u a; Konz auf versch Fstv ua Tanglewood, Wien, Salzburg, Köln. **Pr:** Int Wettb 'Olivier Messiaen' 73. – **Aufn/RF:** ua: G Ligeti: Melodies f Orch, Piano Conc, Mysterries of the Macabre (Tromp KamOrch), m Schönberg Ens; O Messiaen: Turangalîla-Symph, m BPO, Dgt: K Nagano. (Red)

Ainsley, John Mark, Sänger; c/o Bayerische Staatsoper, Brieffach, D-80075 München; c/o Oper Frankfurt, Untermainanlage 11, D-60311 Frankfurt/Main. **Laufb:** Sol Bühnen d Stadt Köln, Bayer Staatsop München seit SpZ 03/04, Gastsol Op Frankfurt SpZ 04/05. (Red)

Aitken, Robert, Prof, Hochschullehrer, Flöte; Kaiser-Joseph-Str 174, D-79098 Freiburg, T: (07 61) 3 31 53; 14 Maxwell Avenue, Toronto, Ontario M5P 2B5, Kanada, T: (4 16) 4 81 49 67, F: 4 81 00 40, *nmc@interlog.com.* **Laufb:** Prof (QuFl) Staatl H f M Freiburg. (Red)

Aken, Frank van, Sänger; c/o Opernhaus Halle, PF 110554, D-06019 Halle; c/o Deutsche Oper am Rhein, Heinrich-Heine-Allee 16a, D-40213 Düsseldorf. **Laufb:** Sol Dt Op am Rhein Düsseldorf-Duisburg (03/05), Sol Kom Op Berlin, Gastsol Th Dortmund SpZ 03/04, Th Bremen SpZ 04/05. (*)

Åkerlund Salzmann, Lina Maria, Sopran, Hochschullehrerin; Höhenstr 10, CH-9500 Wil St Gallen, T: 07 19 12 19 09. **Laufb:** Doz (Ges) MH Winterthur Zürich. (Red)

Akerlund, Lina Maria, Prof, Hochschullehrerin, Sängerin; H Musik u Theater, Hirschengraben 46, CH-8001 Zürich, *l.akerlund@tbwil.ch.* **Laufb:** Prof H M u Th Zürich. (*)

Akhmedov, Firus (Pseud: Bachor), Komponist; Klemkestr 84a, D-13409 Berlin, T: (0 30) 48 47 65 68, *Firus.Bachor@t-online.de*; *members.tripod.de/int3/Coren* [Duschanbe, Tadschikistan 19.11.1942]. Sinfonie, Kammermusik, Klaviermusik **Ausb:** Stud Gnesin-MH Moskau (H Litinsky, A Khachaturian, E Khagagortian), Stud (Komp, Kl, Theorie) MH Taschkent. **Laufb:** Doz (Komp, Kontrapunkt, Theorie) MH Duschanbe 71–76, Vorsitz d KompVerbandes v Tadschikistan, freier Komp seit 96. **Pr:** b KompWettb d UdSSR 69 u 76, Jugendpremium v Tadschikistan 77, Berliner Kino-Fest-Pr 86, Verdienter Kunstschaffender v Tadschikistan 90. – **Komp:** 'Mahnmal d unbekannten Soldaten' (Poem f Orch), UA Orch Radio Moskau, Dgt: Y Aranovich 69; Makomi Ischq (Op-Ballett), UA Samarkant 89; Omar Chajjam (Op); Die schöne Duwalroni (Ballett), UA Duschanbe 86; Marakanda (Poem), UA Moskau 70; Erste Sinfonie, UA Moskau 89; Zweite Sinfonie, UA Tbilissi 80; Dritte Sinfonie 80 (A v Webern gewidmet); Vierte Sinfonie 'Busurg', UA Taschkent 81; 'Zeichnungen auf der Seide' (24 Präl u Fugen f Kl), UA St Petersburg, III. Int MFstv, Dgt: V Skorikov 92. **AuftrKomp:** 'Pesn Oktjabrju' (Kant), UA Moskau, m Lett RF-Chor, Staatsorch d UdSSR, Dgt: J Khachidse. **Aufn/RF:** Son f V u Vcl, m A Futer u V Simon. **Lit:** H Gerlach: 'Porträt – F B' (Musik u Gesellschaft) 77; dies: 'Zum Musikschaffen in der Sowjetunion'.

Akimoto, Juriko, Solorepetitor; Alfredstr 148, D-45131 Essen, T: (02 01) 2 20 04 20. **Laufb:** Solorep Musikth Essen. (Red)

Akyol, Taner, Dipl-Komp, Komponist, Saz-(Langhalslaute aus Anatolien) Spieler; Adalbertstr 11, D-10999 Berlin, T: 0 17 36 04 84 40, F: (0 30) 61 78 93 81, *akjol@gmx.de* [Türkei 1.4.1977]. Neue Musik, Anotolische Volksmusik **Ausb:** Stud Komp (H Kyburz) H f M Hanns Eisler Berlin. **Pr:** Hanns Eisler KompPr 99, 1. SolPr b '3. MPr d Kulturen in Berlin 1998', 'MusicaVitale 98'(als Baglama-Saz-Spieler). **Ens:** 'CORNUKOPIA' ens f musikal grenzüberschreitungen. – **Komp:** Das Leben, UA Berlin 98; KlStück, UA Berlin 99; Air f Solo-Fl, UA Berlin 2000; Üzgünüm, UA Berlin 01; Arabesk Sakalar, UA Berlin 02; DUVARINIZ, UA Berlin 03; Die Heimatlosen Kinder, UA Berlin 03. **AuftrKomp:** 'An Sie' f KamM, UA Berlin 'Klangwerkstatt 1997'(Auftr: MSch Kreuzberg Berlin). **Sonst:** Zusammenschluss v schulinternen u -externen Freunden zu e int/interkult Ens ('Cornocopia').

Alagna, Roberto, Sänger; c/o Bayerische Staatsoper, Brieffach, D-80075 München. (Red)

Alamilla, Glen, Sänger; Staatstheater, Oberer Schloßgarten 6, D-70173 Stuttgart. **Ausb:** Stud Curtis Inst of Music in Philadelphia, USA. **Laufb:** Sol Staatsth Stuttgart. (Red)

Alber, Jonas, mag art, Dirigent, Generalmusikdirektor; c/o Staatstheater Braunschweig, Am Theater, D-38100 Braunschweig, PF 4539, D-38035 Braunschweig, T: (05 31) 1 23 41 30, F: 1 23 41 23, *info@jonasalber.com*; c/o Konzert-Direktion Hans Adler, Auguste-Viktoria-Str 64, D-14199 Berlin, T:

(0 30) 8 95 99 20, F: 8 26 35 20, *info@musikadler.de*; *www.jonasalber.com* [Offenburg 11.3.1969]. Oper, Konzert **Ausb:** Stud V u Dirig MH Freiburg 89–92 (Diplom); Dirig (Leopold Hager) H f M u Darst K Wien 92–96 (Diplom). **Laufb:** 1. Kapm Staatsth Braunschweig 97–98; GMD Staatsth Braunschweig u Chefdgt Staatsorch Braunschweig, 98–07; Gastdgt ua: Op Frankfurt 02–04, Dt Op Berlin 04, Volksop Wien 05, WDR Sinfonieorch Köln, Sinfonieorch d BR München, Dresdner Philh, Tonkünstlerorch Wien. – **Aufn/RF:** CDs m Staatsorch Braunschweig: R Schumann: Sämtl Sinfonien, 'Manfred'-Ouvertüre, 99–2000; J Sibelius: Sinf Nr 2, 'Finlandia', 98; F Mendelssohn-Bartholdy: Sinf Nr 3, 'Schottische', 'Die Hebriden'; R Strauss: 'Macbeth', 01; C Franck: Sinf d-Moll, 'Le chasseur maudit', 03; A Dvořák: Sämtl Werke f V u Orch, 01; J Brahms: Doppelkonz a-Moll, 02; G Mahler: Sinf Nr 3 d-Moll, 04; Rundfunkmitschn: M Ravel: 'Daphnis et Chloé' ua, m WDR Sinfonieorch Köln, 01. **UA:** Philippe Boesmans: 'Reigen', 'Wintermärchen', 'Julie' dt EA.

Alber, Michael, Chordirektor; Böhmisreuteweg 31, D-70199 Stuttgart, T: (07 11) 6 40 44 72, *michael.alber@staatstheater-stuttgart.de*; Staatstheater, Oberer Schloßgarten 6, D-70173 Stuttgart [Tuttlingen 2.3.1963]. a cappella (Hörsinfonik, Opernchorrepertoire), zeitgen Musik **Ausb:** MH Stuttgart, MH Wien, MH Trossingen. **Laufb:** LAuftr (Dirig) MH Trossingen 92/93, ChorDir Staatsth Stuttgart SpZ seit 03/04, regelm Einstud u Konz m SWR Vocalens. – **Aufn/RF:** Lachenmann: 'Das Mädchen m d Schwefelhölzern', Dgt: Zagrosek, Chor: M Alber; Ch Seither: 'waters, earth and air', Dgt: M Alber. **UA:** M Stroppa: Cantilena; A Vianao: La Trama; Klötzki; Ito.

Albèra, Philippe, Künstlerischer Leiter; c/o Ensemble Contrechamps, Rue de la Coulouvrenière 8, CH-1204 Genève, T: 02 23 29 24 00, F: 02 23 29 68 68, *concerts@contrechamps.ch*; *www.contrechamps.ch*. **Laufb:** künstl Lt Ens Contrechamps Genf. (Red)

Albers, Günther, Dirigent; Loxbaumstr 10a, D-58097 Hagen, T: (01 72) 5 63 76 86. **Laufb:** Dgt Dt Op am Rhein Düsseldorf-Duisburg, 1. Kapm Th Hagen SpZ 04/05. (Red)

Albert, Marian, Sänger; c/o Anhaltisches Theater Dessau, Friedenspl 1a, D-06844 Dessau. **Laufb:** Gastsol Anhalt Th Dessau SpZ 03/05. (Red)

Albert, Mikhail, Solorepetitor; Am Pannesbusch 82, D-42281 Wuppertal, T: (02 02) 55 74 46. **Laufb:** Solorep Th Hagen. (Red)

Albert, Stefan, Komponist; Kaschlgasse 6/21/22, A-1200 Wien, T: (01) 3 30 93 73. – **Komp:** Reise durch die Welten f KamOrch. (Red)

Albert, Thomas, Prof, Hochschullehrer, Violine; Tütenbrook 21, D-27367 Hellwege, T: (04 21) 33 66 77; Shenandoah University, 1460 University Drive, Winchester, VA 22601, U.S.A., T: (5 40) 6 65 46 22, *talbert@su.edu*. **Laufb:** Prof (BarockV/Barockorch) H f Künste Bremen, Intend Musikfest Bremen. (Red)

Albert, Werner Andreas, Dirigent; Rankestr 19, D-90461 Nürnberg, T: (09 11) 46 98 21. **Laufb:** ZusArb m namhaften dt Orch, Orch in Sydney, Melbourne, Brisbane, künstl Lt Bayer Landesjugendorch, Doz MH Nürnberg, Titular-Prof Univ of Queensland. – **Aufn/RF:** zahlr prämierte CDs, ua P Hindemith: Gesamteinsp aller Orchesterw u Konz, H Pfitzner: Orchesterw, E W Korngold, R Volkmann, H Goetz, B Frankel, E Pepping. (Red)

Albrecht, Carlos, Prof, Hochschullehrer, Tonmeister; Uhlenburgstr 45, D-32760 Detmold, T: (0 52 31) 39 05 30, 01 71–4 45 22 44, F: 39 05 31, *carlos.albrecht@t-online.de*; Hochschule f Musik, Neustadt 22, D-32756 Detmold, *albrecht@hfm-detmold.de*. **Ausb:** Stud Ton- u Bildingenieur Robert-Schumann-Kons u FH Düsseldorf 69–72. **Laufb:** BerufsM 68–69, angestellter Toningenieur Tonstudio Bauer (heute Bauer Studios GmbH) seit 72, fr Tonmeister u Produzent seit 85, fr Mitarb WDR u SDR, SWF Ludwigsburg; LBeauftr H f M Detmold seit 92, Prof (M-Übertragung) ebd seit 96. (Red)

Albrecht, Christoph, Prof, Präsident der Bayerischen Theaterakademie; c/o Bayerische Theaterakademie August Everding, Prinzregentenpl 12, D-81675 München, T: (0 89) 2 18 50 [Bad Elster, Vogtland 9.12.1944]. Monteverdi bis Ruzicka **Ausb:** Stud (ThWiss, MWiss, Germanistik) FU Berlin, U München. **Laufb:** Dramaturg, später Ltg künstl Betriebsbüro u Chefdisponent Staatsop Hamburg 72–77, künstl Betriebsdir Op Köln 78–81, Betriebsdir Hamburg Ballett John Neumeier Staatsop Hamburg 81, LAuftr U Hamburg, Intend Sächs Staatsop Dresden 91–03, Präs Bayer ThAkad München seit 03. – **Sonst:** Hg '10 Jahre John Neumeier u d Hamburger Ballett' 83, 'Sol d Hamburger Balletts' 85–91.

Albrecht, George Alexander, GMD, HonProf, Dirigent, Hochschullehrer; Hoher Weg 8, D-99425 Weimar, T: (0 36 43) 90 20 57, F: 90 20 58; c/o Thomas Voigt Artist & Project Management, Kurfürstendamm 157, D-10709 Berlin, T: (0 30) 34 90 21 99, F: 34 90 21 45, *info@voigtmanagement.de* [Bremen 15.2.1935]. Konzert, Oper **Ausb:** Stud V (H Grevesmühl, Komp (A Barkhausen, Kl (M Landes-Hindemith), Dgt (P v Kempen). **Laufb:** GMD Staatsop Hannover 61–93, ständ Gastdgt Semperop Dresden 93–96, GMD Dt NatTh u Staatskap Weimar 96–02, HonProf (Dirig) H f M 'Franz Liszt' Weimar. **Pr:** Goldmed d G Mahler-Ges Wien, BVK. **Mitgl:** Präsident d H Pfitzner-Ges 80–90, Präsident d Edition W Furtwängler-Ges seit 94. – **Aufn/RF:** Schulhoff: Sinfonien, Philh Hungarica 95; Mozart: 'Jupiter' (Sinf), 'KlarKonz', Staatskap Weimar 96; 'Liszt in Weimar', Staatskap Weimar 98; 'Humperdinck, Wagner, Strauss in Weimar' Staatskap Weimar 99; Furtwängler: 1., 2. u 3. Sinf, Staatskap Weimar 2000. **UA:** A Reimann: Doppelkonz; R Hindemith: KlKonz; W Furtwängler: 1. Sinfonie; M Obst: 'Caroline', UA Weimar 99; W Rihm: '1. Sinfonie'; M Trojahn: 'KlarKonz'. **Zug:** K H Stockhausen: 'Jubiläum'. **Sonst:** 'Das sinfon Werk H Pfitzners', 'Die Sinfonien G Mahlers'.

Albrecht, Gerd, HonProf, Generalmusikdirektor; c/o Konzert-Direktion Hans Adler, Auguste-Viktoria-Str 64, D-14199 Berlin, T: (0 30) 8 95 99 20, F: 8 26 35 20, *info@musikadler.de* [Essen 1935]. **Laufb:** GMD Th Lübeck 62, GMD Hamburg 88, ChefDgt RSO Kopenhagen 98, Doz (Dirig) H f M u Th Hamburg. **Pr:** Grimme-Pr 74, Musiker d Jahres 84, Pr Caecilia, Edison-Pr. – **UA:** Werke v Fortner, Ligeti, Henze, Reimann, Kirchner. (Red)

Albrecht, Hansjörg, Dirigent, Orgel, Cembalo, Klavier; Koglerhof, Hahilingastr 2, D-82041 Oberhaching, T: (0 89) 66 66 56 59, 01 72–7 72 99 68, F: 66 66 54 21, *hansjoergalbrecht@yahoo.de*; *www.hansjoerg-albrecht.com* [Freiberg, Sachsen 1972]. Konzert, Bach, Spätromantik, Klassische Moderne **Ausb:** Stud Org (G Dickel, Th Mechler) u Dirig (K-P Seibel) in Hamburg u Köln. **Laufb:** Dresdner Kreuzch 81–91, Ass-Org St Michaelis Hamburg 91–98, musikal u künstl Ltg d KamMReihe 'Freitag-Nacht-M' in St Michaelis Hamburg seit 95, freischaff seit 98, intensive ZusArb m Peter Schreier, Europa, Israel, USA, Japan, künstl Ltg Münchener Bach-Ch u Münchener Bach-Orch seit 05. **Pr:** Stip Rudolf-Mauersberger-Stift. – **Aufn/RF:** Händel:Org-Konz; Poulenc: Org-Konz, Tschech Philh, Dgt: Peter Schreier 03; Händel, Bach: Oratorien+Passionen m Peter Schreier; Orgel+Schlagwerk 20. Jh, Madrid, Auditorio de la Musica m Juanio Guillem. **UA:** Naji Hakim: Orgelkonzert Nr 1, m Staritz-Qua, Fstv 'Euroart-Prag' 05. **Zug:** Axel Langmann: Kreuzesschläge (f Org) 89. **Sonst:** Grdg Ens 'concerto agile' 2000.

Albrecht, Marc, Dirigent; c/o Konzertdirektion Hans Ulrich Schmid, Königstr 36, D-30175 Hannover, PF 3409, D-30034 Hannover, T: (05 11) 3 66 07 60, 3 66 07 27, 3 66 07 39, F: 3 66 07 34, *mail@kdschmid.de, cos@kdschmid.de*; *www.kdschmid.de* [1964]. dt Opern, Opern Janaceks **Ausb:** Stud H f M Hannover, H f M Wien. **Laufb:** pers Ass v C Abbado Gustav Mahler Jugendorch Wien, Ass GMDu Kapm Op Hamburg 88, 1. Kapm Semperop Dresden bis SpZ 04/05, GMD Staatsth Darmstadt; ZusArb ua m Concertgebouw Orch Amsterdam, City of Birmingham SymphOrch, Orch Philharm de Radio France, Orch Sinf Nazionale RAI Turin, Finish Radio Orch, Mahler Chamber Orch Ferrara, Staatsorch München, Dt SinfOrch Berlin, Bamberger Symphoniker, NHK Symph Orch Tokyo 02 u 03, Dallas Symph Orch 04, Münchner Philharmoniker, Tonhalle Orch Zürich, Orch Nat de Lyon, Orch dell'Acad Nazionale di St Cecilia Rom 04; 1. Gastdgt Dt Op Berlin seit SpZ 01/02 (05), Gastvertr Semperop Dresden, Gast Fläm Op Antwerpen Gent 01, OpHäuser hmburg, München, Stuttgart, Brüssel u Rom, Bayreuther u Salzburger FSp 03, Bastille Op Paris 05, Teatro Real Madrid 05. **Pr:** 1. Pr DgtWettb Salzburg, Ferenc Fricsay Wettb Berlin. – **UA:** P Ruzicka: Op Celan Semperop Dresden 2001.

Albrecht, Matthias, Prof, Hochschullehrer; Hochschule für Musik und Theater Hamburg, Harvestehuder Weg 12, D-20148 Hamburg. **Laufb:** Prof (Klar) H f M u Th Hamburg. (Red)

Albright, Dale, Sänger, Regisseur; Grassmayrstr 10, A-6020 Innsbruck, T: (05 12) 56 16 31. **Laufb:** Sol, Gastreg Tiroler Landesth Innsbruck SpZ 03/05. (Red)

Alden, David, Regisseur; c/o Bayerische Staatsoper, Max-Joseph-Pl 2, D-80539 München, PF 101404, D-80080 München, T: (0 89) 21 85 01, F: 21 85 11 33, *info@st-oper.bayern.de*; *www.bayerische.staatsoper.de* [New York]. **Laufb:** Debüt Met Op New York ('Wozzeck') 79, Insz Los Angeles M Center, Santa Fé Op, Long Beach Op, Nederlands Op, English Nat Op, Scottish Op, Edinburgh Fstv, Wiener Volksop, Kom Op Berlin, New Israeli Op, Bayer Staatsop München ('Tannhäuser', 'L'incoronazione di Poppea', 'Ariodante', 'Rinaldo', 'Pique Dame', 'Il ritorno d'Ulisse in patria'), Münchner OpFSp ('La forza del destino') 05. (Red)

Alder, Jonathan, Prof, Hochschullehrer; Stubenrauchstr 4, D-12161 Berlin, T: (0 30) 8 51 16 39, F: 8 51 16 39, *janalder@arcor.de* [Cambridge 24.5.1949]. Liedbegleitung, KamM **Ausb:** Westminster Abbey Choir School, London; The King's School, Canterbury; Trinity Coll, Cambridge; King's Coll Cambridge; Guildhall School, London. **Laufb:** Prof (Repertoire) H d Künste Berlin, Mozarteum Salzburg, HdK Bremen; KamMpartner v C. Ludwig, P. Fournier u C. Studer; Mitarb RSO u DSO Berlin; Kl-Begleiter Gesangsstudio Salzburg 80–2000; Mitarb u KamMpartner Berliner Philh seit 89. **Pr:** Duo-Pr Paris, 1. Pr Hamb Brahms-Wettb, Stip Corp of London f Kl-Begleitung. **Ens:** Berliner Philh; Philh Geigen Berlin. – **UA:** Lampersberg: Insel Hombroich, UA Neuss; Mitarb Reihe 'Musik d Gegenwart'.

Alegret, David, Tenor; Volksoper, Währinger Str 78, A-1090 Wien. **Laufb:** Sol Volksop Wien. (Red)

Alessandri, Reinhard, Sänger; c/o Tiroler Landestheater, Rennweg 2, A-6020 Innsbruck, T: (01) 51 44 40, F: 5 14 44 32 15, *office@volksoper.at*; *www.volksoper.at*. **Laufb:** Sol Staatsop Wien, Volksop Wien SpZ 03/04, Gastsol Tiroler Ldsth SpZ 04/05, Sol Lehár Festival 05. (*)

Alessandrini, Rinaldo, Dirigent; c/o Van Walsum Management Deutschland, PF 3409, D-30034 Hannover, T: (05 11) 3 66 07 23, F: 3 66 07 24, *mrobertson@vanwalsum.com*; *www.vanwalsum.co.uk*. **Laufb:** Dgt Op Frankfurt. (Red)

Alex, Constantin, Prof, Dirigent, Pianist, Organist; Invalidenstr 110, D-10115 Berlin, T: (0 30) 20 93 27 39, F: 20 93 27 26, *constantin.alex@musik.hu-berlin.de*; *www.hu-berlin.de/musik* [Rendsburg 3.10.1963]. Symphoniekonz, Orat, Orgelkonz **Ausb:** Stud Dirig, Kl (Bloemeke, Kretschmar-Fischer) MH Detmold 83–87. **Laufb:** Korrep/Kapm Nationalth Mannheim 88/89, Op Frankfurt/M 89–93, UnivMDir Humboldt Univ Berlin seit 93, Ass v Sir G Solti Salzburger FSp 92–95. **Ens:** Lt: Humboldts Philharm Chor, Humboldts Student Philharmonie, cappella academica. – **Sonst:** Grdg 'Sommerop' Humboldt Univ Berlin.

Alexandre, Ingrid, Sängerin; Bärenloch 4, CH-7000 Chur; c/o Theater Biel Solothurn, Theatergasse 16–18, CH-4500 Solothurn. (Red)

Alföldi, Zsuzsa, Sopran; Bühlstr 8, CH-8707 Uetikon am See, T: 04 44 32 24 20 [Budapest]. Oper, Operette **Ausb:** Stud (Gesang) Franz Liszt

Akad Budapest, Tschaikowsky-Kons Moskau, Int OpStudio Op Zürich SpZ 87/88. **Laufb:** Mitgl Op Zürich SpZ 88–90, 1. Sop Stadtth Luzern 90–94, Teatro Communale Treviso (P Maag), Op Leipzig ('Cosí fan tutte', Fiordiligi) SpZ 96/97, Th Erfurt 97/98, Th Freiburg i.B., Menuhin-Fstv Gstaad ('Figaro', Contessa), Neujahrskonzerte Montreal, Chicago, Florida, Calgary 2000–05, Gastsol Th Biel Solohurn seit SpZ 03–04. **Pr:** 1. Pr Toti dal Monte-Wettb Treviso 92. – **Aufn/RF:** R Flury: OrchLiederzykl 'Der Schleier d Mutter', Solothurn, St Galler Tonhalle 96 (Live-Mitschn); O Schoeck: 'Venus' (Lucille), Dgt: M Venzago (CD); 'Richard Wagner u seine Züricher KompFreunde' (Lieder v W Baumgartner, F Hünerwadel u H Schulz-Beuthen), m Ch Keller 98 (CD).

Algieri, Stefano, Tenor; c/o Landestheater Salzburg, Schwarzstr 22, A-5024 Salzburg, T: (0 22 36) 4 10 04, F: 41 00 44, *es@art-mgmt.com*; c/o Esther Schollum Artists' Management, Guntramsdorfer Str 12/2, A-2340 Mödling b Wien; *www.art-mgmt.com/de/algieri.htm*. **Laufb:** Syracuse (New York) 84, 'Andrea Chénier' (Titelrolle) Op du Rhin Strasbourg u Lyon 89, 'Macht d Schicksals' (Don Alvaro) 90, 'Katja Kabanova' (Boris) Op de Bastille Paris, dass Dt Op Berlin, Auftritte Amsterdam, Barcelona, Bielefeld, Bonn, Dublin, Essen (03/04), Leipzig, Lissabon, Tel Aviv, Köln, St Gallen, zahlr nordam Bühnen, Sol Saarländ Staatsth Saarbrücken 2000/01, 'Otello' (Titelrolle) Th Bielefeld 01. (*)

Aliberti, Lucia, Sopran; c/o Konzert-Direktion Zagovec, Hans-Böckler-Str 23, D-65468 Trebur-Astheim, T: (0 61 47) 91 96 60, F: 91 96 62, *agentur@zagovec-artists.de*; *www.zagovec-artists.de*. (Red)

Alicca, Vojtech, Sänger; c/o Stadttheater Gießen, PF 111128, D-35356 Gießen. **Laufb:** Sol Luzerner Th. (*)

Aliev, Eldar, Bass; Helmholtzstr 16, D-30165 Hannover, T: 01 76 23 77 62 82. **Laufb:** Gast-Sol Dt Staatsop Berlin SpZ 00/01. (Red)

Alizade, Louisa, Sängerin; c/o Volksoper Wien, Währinger Str 78, A-1090 Wien, T: (01) 51 44 40, F: 5 14 44 32 15, *office@volksoper.at*; *www.volksoper.at*. **Laufb:** Sol Volksoper Wien seit SpZ 03/04. (Red)

Allemandi, Antonello, Dirigent; c/o Theater St Gallen, Museumstr 1/24, CH-9004 St Gallen. **Laufb:** Dgt Bühnen d Stadt Köln; Dgt Dt Oper Berlin SpZ 03/04, Gastdgt Th St Gallen SpZ 04/05. (Red)

Allemano, Carlo Vincenzo, Sänger; c/o Opernhaus Halle, PF 110554, D-06019 Halle (Saale). **Laufb:** Sol Bayer Staatsop München, Op Nizza SpZ 02/03, Gastsol Op Halle SpZ 04/05. (*)

Allen, Tom, Tenor; c/o S Sintow-Behrens Int Promotions & Management, Schleibingerstr 8, D-81669 München, T: (0 89) 44 21 89 00, F: 44 21 89 03, *office@sintow-behrens.com*; *www.sintow-behrens.com* [Chicago, USA 1965]. **Ausb:** Stud (Anglistik), Stud Manhattan School of Music New York, Stud Ges (M Dunn, A Rolfe-Johnson) Britten-Pears School of Advanced Musical bis 91, Mstrks (B Nilsson, G Souzay, M Katz). **Laufb:** Debüt Mozart: 'Don Giovanni' (Don Ottavio) New Israeli Op Tel Aviv 94, Staatsth Darmstadt 95, Gastsol: Carnegie Hall, Alte Op Frankfurt, Gewandhaus Leipzig, Philh München, Staatsth Stuttgart, Mannheim, Otto-Th Postdam 02, Op Vest Bergen 02, Berliner KamOp 02, Liederhalle Stuttgart m Gächinger Kantorei 03; Konz: Dresdner Kreuzkirche, FSp: Salzburger Mozartwoche, HändelFSp Halle, London Op Fstv, MFSp Sanssouci 02, Schwarzwald Fstv 03; ZusArb m K Masur, M Gielen, G Bertini, M Honeck, C Spering, E zu Guttenberg, H Rilling, Dt Staatsop Berlin u Th Basel SpZ 04/05, Bayerische Staatsop. **Pr:** Sonderpr Glory of Mozart Int Competition Toronto 91, Pr Musica Sacra Bachwettb New York 91, Mozartwettb Salzburg 95. – **Aufn/RF:** CDs: Bach: 'Weihnachtsoratorium' (Evangelisten), Dgt: E zu Guttenberg, 97; Mozart: 'Ascanio in Alba' m Musica ad Rhenum, 02; DVD: J ter Veldhuis: 'Paradiso' 02.

Allende-Blin, Juan, Komponist; Bredeneyerstr 141, D-45133 Essen, T: (01 79) 5 24 92 48 [Santiago de Chile 1928]. **Pr:** Karl-Sczuka-Pr 83. – **Komp:** Transformations II (Org), 52; Echelons (Org), 62–68; Mein blaues Klavier (Org), 70; Transformations V (Org), 87; Drei Rilke-Lieder, 51; Souffle f zwei Chöre u Projektionen, 72; Rapport sonore / Relato sonoro / Klangbericht (Musikhörspiel), 83; Tagebuchgesänge, 87, UA Essen; Transformations VI (f 14 Instr), 99, UA Museum Folkwang, Essen. **AuftrKomp:** Des Landes verwiesen (KamOp), 78, UA Berlin (Auftr Berliner FestW); Walter Mehring – ein Wintermärchen, 98, UA Berlin, (Auftr Berliner FestW). **Lit:** S Fricke u W Klüppelholz (Hg): 'J A-B – ein Leben aus Erinnerung u Utopie' 02. (Red)

Allers, Hans-Günther, Komponist; Kastanienweg 14, D-96152 Burghaslach, T: (0 95 52) 62 33 [Hamburg 17.1.1935]. **Ausb:** Musiklehrerexamen Trossingen, Stud Kl (Hauschildt, E. Besch), Theor (Wohlfahrt), Komp (H. Poser, E.-G. Klußmann, W. Girnatis) MH Hamburg. **Pr:** 1. Pr Komp-Wettb Int Horngesellschaft 84, Honorable Mention d Int Horn Society 87. – **Komp:** Der kleine Wanderzirkus op 11 (Orchw) 78, UA Hamburg, Hamburger Sinfoniker, Dgt: Brückner-Rüggeberg 80; Divertimento f sechs Violoncelli op 15 79, UA München, Kölner Cellisten 80; Trio f Horn, Violine u Klavier op 27 84; UA Towson, Maryland, Int Horn Society 85; Konzertouvertüre (Pro Iuventute) op 46 (Orchw) 88; Neun Miniaturen f Orch op 53 91; Musica Serena op 79 (Bläserquintett), UA Coburg 99; Variationen m Fuge op 82 (Bläserquintett), UA Neustadt/Aisch 2000. (Red)

Allmayer, Silke, Horn; c/o Sonus Brass Ensemble, Christoph Thoma, Steingasse 23/2/5, A-1030 Wien, T: (06 76) 4 00 57 44, *sonus.brass@chello.at, c.thoma@jeunesse.at*; *www.sonusbrassensemble.at*. **Ausb:** Stud MUni Mozarteum Salzburg 93–98, KonzDipl; Landeskons f Vorarlberg Feldkirch 98–2002, LDipl. **Laufb:** Mitgl SymphOrch Vorarlberg, Soloauftr m JugendsinfOrch Dornbirn in Spanien, Österreich, Dtschld; Substitut b Mozarteum Orch Salzburg, L (Hn) MSch Bregenz u Bregenzerwald. **Pr:** Prtr b 'Jugend musiziert' u Strausswettb Mozarteum Salzburg. **Ens:** Sonus Brass Ens. (*)

Allroggen, Gerhard, Dr phil, Prof, Musikwissenschaftler, Hochschullehrer; Waldweg 42, D-22393 Hamburg, *allroggen@muwi.upb.de*; c/o Carl-Maria-von-Weber-Gesamtausgabe, Gartenstr 20, D-32756 Detmold, T: (0 52 31) 97 56 63; *www.weber-gesamtausgabe.de* [Bochum 19.5.1936]. dt Frühromantik **Ausb:** Stud Kapm (H Schmidt-Isserstedt, W Martin) H f M Hamburg 56–61, Stud (MWiss) U Frankfurt u U Hamburg, Prom Dr phil 67, Habil Ruhr-U Bochum 77. **Laufb:** Lt Chor u Orch Ruhr-U 67–69, Ass Mwiss Inst ebd 69–77, Privatdoz 77, Prof MH Detmold 77, UProf Paderborn 79, Mitarb Neue Mozart-Ausgabe, Ausgabe d Musikal Werke v E. T. A. Hoffmann, Ausgabe d literar Werke v Hoffmann, Hg Werke, Schriften, Tagebücher u Briefe C M v Weber.

Almaguer, Carlos, Sänger; c/o Oper Leipzig, Augustuspl 12, D-04109 Leipzig. (*)

Almeida, Marco de, Prof, Hochschullehrer, Klavier; Hochschule f Musik u Theater, FB 2, Harvestehuder Weg 12, D-20148 Hamburg. **Laufb:** Prof (Klavier) H f M u Th Hamburg. (*)

Alperyn, Graciela, Mezzosopran; c/o Lore-M. Schulz International Artists Management, Zittelstr 8, D-80796 München, T: (0 89) 3 08 70 92, F: 3 08 70 93, *gracielaalperyn@aol.com, mennicken@mennicken-pr.com*; *www.gracielaalperyn.com* [Buenos Aires]. Oper, Konzert, Lied **Ausb:** Buenos Aires. **Laufb:** Sol Op u Konz Th St Gallen SpZ 00/01, Sol Mecklenb Staatsth Schwerin SpZ 03/04, Rheinop Düsseldorf, Stuttgarter Philh, Münchner Symph, Teatro Colon, Buenos Aires, LA Ludwigshafen, Staatsop Prag, Sao Paolo, NatOp Budapest. – **Aufn/RF:** G A, Portrait (CD), G Verdi, Il Trovatore (Azucena), Dgt I Anguélov (Gesamtaufn, CD), Bizet: 'Carmen', Verdi: 'Requiem'.

Alshuth, Ulrich, Violine; c/o WDR Sinfonieorchester, D-50600 Köln [Gumbinnen 1941]. **Ausb:** Stud (V) b H Hilf, B Hamann, H Heller u S Gawriloff. **Laufb:** Stimmführer WDR SinfOrch Köln seit 71. **Mitgl:** Mitgründer Salon-Orchester Cölln. (Red)

Alteheld, Matthias, Pianist, Klavierpädagoge, Korrepetitor, Dirigent; Redtenbacherstr 1, D-76133 Karlsruhe, T: (07 21) 2 03 05 45, F: 2 03 05 45 [Lemgo 29.4.1971]. Liedgestaltung, Kammermusik **Ausb:** Stud (Schulmusik, Kl, Gesang) MH Detmold 92–97, Aufbaustud Liedgestaltung (H Höll) MH Karlsruhe. **Pr:** Pr f beste Klavierbegl beim 'Paula-Lindberg-Salomon-Wettb' Berlin 95, Stip Dt Musikwettb Berlin 99, Liedduopr Graz 2000, Liedduopr Stuttgart 01. **Ens:** Trio m P Grehl (Fl) u H Dönneweg (Fag), Liedduos m E Grekova (Sop) u H Vramsmo (Bar).

Altenburg, Gunther, Hochschullehrer, Gitarre; Akad f Tonkunst, Abt. Städtische Musikschule, Ludwigshöhstr 120, D-64285 Darmstadt, T: (06 11) 30 02 63, *gunther.altenburg@t-online.de*; Wiesbadener Musik- & Kunstschule, Schillerpl 1–2, D-65185 Wiesbaden. **Laufb:** Doz (Git, Methodik) Wiesbadener Musikakad, Doz (Git) Akad f Tonkunst Darmstadt. (Red)

Altenburger, Christian, Prof, Violine; c/o Künstlermanagement Till Dönch, Roegergasse 24–26, A-1090 Wien, T: (01) 4 70 80 83, F: 4 79 69 71, *management@doench.at*; U f Musik u Darst Kunst, Inst f Streich- u andere Saiteninstrumente, Seilerstätte 26, A-1010 Wien; *www.christian-altenburger.at, www.kdmueller.de/de/bio/altenburger.html* [Heidelberg]. **Ausb:** Stud (V) MH Wien, Stud (D DeLay) Jullliard School New York. **Laufb:** Prof (V) MH Hannover 90–01, Prof MH Wien seit 01, künstl Lt Musiktage Mondsee ab 99, Konz m Berliner Philh, Chicago Symph Orch, Concertgebouw Orch Amsterdam, New York Philharmonic, Wiener Philh ua, Strawinsky VKonz auf Österr-Tournee d Wiener Symph, Hindemith-Konz Wiener MVerein, Debüt Oslo Philh, Recitals Gr Saal d Musikvereins u Wigmore Hall, 2 Auftr Salzburger FSp 96, Bregenzer FSp 96, Salzburger FSp m Camerata Academica Salzburg u Mozarteumorch 99, KamKonz Bregenzer FSp, als Sol u KamM Gast Dresdner MFSp, Kuhmo Fstv, MFestW Luzern, Marlboro Fstv, Musiktage Mondsee, Mozart Woche Salzburger FSp, Pablo Casals Prades, Ravinia Fstv, Salzburger FSp, Stavanger Fstv, Wiener FestW. **Pr:** Mozart-Interpretationspr d Wiener Mozartgemeinde 80. – **Aufn/RF:** K Schwentsik: VKonz, RSO Wien, Dgt: R Davies. **UA:** K Schwentsik: VKonz; G Schedl: VKonz; H Schmidinger: VKonz. **Zug:** G Schedl: VKonz. **Sonst:** künstl Lt Schwäbischer Frühling.

Altenburger, Sylvie, Prof, Hochschullehrerin, Viola; Staatliche Hochschule für Musik, Schwarzwaldstr 141, D-79102 Freiburg i Br, *s.altenburger@t-online.de*. **Ausb:** Stud b Serge Collot u Bruno Pasquier Cons Nat Superieur de Musique Paris 77–80, Stud Va (Yuri Baschmet), Stud KamM (György Sebók). **Laufb:** Sol Ens Intercontemporain (Lt Pierre Boulez) 80–83, KonzTätigkeit m zahlr Ens f zeitgen M, Mitbegrdg Rubin Qua 92, ZusArb m Komp M Monnet, T Murail, B Jolas, L Berio, K-H Stockhausen, J C Feldhandler, I Xenakis; Prof (KamM) Staatl H f M Freiburg seit 02. **Pr:** 1. Pr CNSM/Paris 80.

Altenhof, Andreas, PR/Dramaturgie; c/o Neuköllner Oper eV, Karl-Marx-Str 131–133, D-12043 Berlin, *info@neukoellneroper.de*; *www.neukoellneroper.de*. **Laufb:** Geschäftsf Dir Kurt-Weill-Fest Dessau 93–01, Dram (Direktorium) Neuköllner Op Berlin SpZ 03/05.

Alter, Bernd-Johannes, Landesposaunenwart, Hochschullehrer; Kirchsteg 30, D-02828 Görlitz, T: (0 35 81) 76 64 93 [2.3.1944]. **Laufb:** Doz (Blechblasinstr) H f KiM Görlitz. (Red)

Althammer, Thomas, Tenor; c/o Konzertdirektion Fritz Dietrich, Sigmund-Freud-Str 1, D-60435 Frankfurt/Main, T: (0 69) 54 45 04, F: 5 48 41 07, *info@konzertdirektion-dietrich.de*; c/o Pfalztheater, Willy-Brandt-Pl 4–5, D-67655 Kaiserslautern; *www.konzertdirektion-dietrich.de* [Augsburg 1969]. **Laufb:** Sol Th a d Rott Eggenfelden SpZ 03/04, Pfalzth SpZ 04/05. (Red)

Altmann, Gunda, Prof, Hochschullehrerin, Cello; Orangeriestr 22, D-01326 Dresden, T: (03 51) 2 61 01 03, F: 2 61 01 03; Hochschule f Musik, PF 120039, D-01001 Dresden [1951]. KamM, KiM **Ausb:** Stud H f M Carl Maria v Weber

Prof Sylvie Altenburger

Dresden (Prof I Schreier, Prof E-L Hammer). **Laufb:** L H f M Carl Maria v Weber Dresden seit 89, Prof (Vcl) seit 93; Unterr Sächs SpezialSch f M. (Red)

Altner, Stefan, Cembalo, Orgel; c/o KaiserKonzerte, GutsMuthsstr 41, D-04177 Leipzig, T: (03 41) 4 01 18 79, (01 74) 3 25 10 16, F: 6 88 55 70, *info@kaiserkonzerte.de*; *www.kaiserkonzerte.de* [Leipzig 1956]. **Ausb:** MH Leipzig (H. Kästner, H. Sahling, W.H. Bernstein). **Laufb:** KiM Zossen, GF Münchener KamOrch, Cemb d Münchener Philh, GF d Leipziger ThomanerCh seit 93. **Ens:** Take Two For Four, Tasti e Fiati. (Red)

Altorfer, Rainer, Dirigent; Allschwilerstr 75, CH-4051 Basel, T: 06 13 02 97 95. **Laufb:** Studienlt Th Basel. (Red)

Álvarez, Carlos, Sänger; c/o Wiener Staatsoper, Opernring 2, A-1010 Wien. **Laufb:** Sol Wiener Staatsop, Op Zürich. (Red)

Alvarez, Marcelo, Tenor; c/o Columbia Artists Management GmbH Germany, Albrechtstr 18, D-10117 Berlin, T: (0 30) 20 64 80 78, F: 20 45 34 80, *info@cami.com*; c/o Bayerische Staatsoper, Brieffach, D-80075 München; *www.marceloalvarez.com* [Córdoba, Argentinien]. **Laufb:** Debüt 'La Sonnambula' Teatro la Fenice Venice 95, Auftritte Met Op, Teatro alla Scala, Royal Op, Covent Garden, Op National de Paris Bastille, Staatsop Berlin, Dt Op Berlin, Teatro Colon Buenos Aires, Teatro Carlo Felice Genoa, Teatro Giuseppe Verdi Trieste, Op Hamburg, Teatro Communale di Bologna, Th du Capitole Toulouse, Sol Staatsop Wien, Sol Staatsop München 03, Chicago Lyric Op 04. **Pr:** Echo Klassik 02. (Red)

Alvear, Maria de, Komponistin; Werderstr 21, D-50672 Köln, T: (02 21) 5 10 72 66; *www.mariadealvear.com, www.world-edition.com* [Madrid 27.10.1960]. Neue Musik, KamM **Ausb:** Abschl 'Neues Musiktheater' MH Köln. **Laufb:** Konz im In- u Ausland, RF- u TV-Aufn, TV-Dokumentarfilm 99. **Pr:** KompPr d Stadt Koblenz, Bernd-Alois-Zimmermann-Pr. – **Komp:** Sexo (Orchw), UA Basel 95; Vagina (Orchw), UA Frankfurt 96; Sexo Puro (KamM), UA Donaueschingen 98; Libertad (KamM), UA Frankfurt 98; World (Orchw), UA New York; Purismo (KamM), UA Frankfurt.

Alves da Silva, Luiz, Kontratenor; Mühlebachstr 148, CH-8008 Zürich, T: 0 13 83 24 21. (Red)

Amacher, Ulrich, Tenor; c/o Pocket Opera, Barbara Wiederkehr, Oberdorfstr 12, CH-8112 Otelfingen, T: 0 18 44 54 14, *info@pocketopera.ch*. (Red)

Amann, Michael, Mag Art, Komponist; Stollgasse 6/12, A-1070 Wien, T: (01) 5 26 34 38, F: 5 26 34 38, *m.amann@aon.at*; *www.michael-amann.at* [25.2.1964]. Kammer- u Ensemblemusik **Ausb:** Stud (Musikerz) MH Wien 86–91, Komp (Urbanner) ebd 90–95. **Laufb:** KompForum Mittersill 99, Fstv expon Spittal/Drau 02, composer-in-residence Kons Wien 05. **Pr:** Staatstip f Musik 95, Th-Körner-Pr 97, Förderpr d Stadt Wien 93, mehrere ArbStip. – **Komp:** Musik f Orch 93/94, UA Wien, Radio-Kulturhaus, Pro Arte Orch, Dgt: V Symonidis 94; 'Oxen of the sun' (f KamOrch) 96, UA Wien, Konzerthaus, Wiener KamOrch, Dgt: L Biagioni 96; 'Fantasie' f Ens, UA Wien, Radio-Kulturhaus, 'die reihe' 97 (Auftr: ORF); 'Pau' (F Ob solo) 99, UA 99; 'Verfinsterung/Erstarrung' 01, UA Wien, Porgy & Bess 01; 'Machautnette' (f Ens), UA Th am Kornmarkt Bregenz (Auftr: ens plus, Land Vorarlnberg) 01; Konz f Kl u Orch 01, UA Sofia 03; 'Light thickens' (f Ens) 04, UA KompForum Mittersill 04; 'Maze 2 (Der Faden d Ariadne)' (f StrTrio), UA H-v-Karajan-Centrum Wien (Auftr: Stadlertrio) 04; 'Maze 3 (al fresco)' (f großes Ens in 3 Gruppen), UA Kons Wien (Auftr: Kons Wien) 05. **Aufn/RF:** CDs: 'Neue Saiten' (StrQua), 'Piano Project 03 (KlKonz). **Lit:** B Günther: M A (Lex zeitgen M aus Österr) 97.

Amanuma, Yuuko, 2. Kapellmeisterin, Komponistin; PF 1737, D-39007 Magdeburg, T: (01 51) 11 62 24 12, *ZUR06153@nirfty.com* [Satima, Japan]. **Ausb:** Stud Komp, Dirig u Ges National Tokyo University of Fine Arts, Mozarteum Salzburg u H f M u Th Hannover. **Laufb:** Gastprof Shanghai Normal Uni seit 94, Korrep v Leonard Bernstein Schleswig-Holstein MFstv, 2. Kapm u Studienlt Th d Ldeshauptstadt Magdeburg seit 99, Composer in residence seit 03; ('Aida') Gastsp Japan m Th d Ldeshauptstadt Magdeburg 03, ('Das verräterische Herz') Japan u Korea m Ens d Th Magdeburg. **Pr:** Edvard van Beinum-Pr d Int Dgt-Mstrkl Hilversum/Holland. – **Komp:** 'Das verräterische Herz', UA Magdeburg 01; 'Die Rose u die Nachtigall', UA Magdeburg 03. **Aufn/RF:** Chopin: KlKonz Nr 2, Sol: R Brautigam, m Radio Filharm Orkest, Dgt: Y Amanuma 88.

Amberger, Wolfgang, Sänger; c/o Staatsoperette Dresden, Pirnaer Landstr 131, D-01257 Dresden. **Laufb:** Sol Staatsoptte Dresden SpZ 03/05. (Red)

Ambos, Sabine, Blockflöte; c/o Catharina Bürklin Künstler- und Konzertmanagement, August-Siebert-Str 12, D-60323 Frankfurt/M, T: (0 69) 95 50 48 80, F: 95 50 48 81, *kontakt@sabine-ambos.de*; *www.sabine-ambos.de*. **Laufb:** LehrBeauftr HfM Frankfurt. **Pr:** Lenzewski-Pr 01. **Ens:** Ens Mediolanum, Camerata Köln, Oslo Baroque Soloists. (Red)

Ambros, Hermi, KS, Sängerin, Hochschullehrerin; Regensburger Str 19, D-01187 Dresden, T: (03 51) 4 71 06 73; Hochschule f Kirchenmusik d Ev.-Luth. Landeskirche Sachsens, Käthe-Kollwitz-Ufer 97, D-01309 Dresden. **Laufb:** Sol Sächs StaatsOp Dresden, Doz (Ges) H f KiM d Ev-Luth Landeskirche Sachsen Dresden. (Red)

Ambrosio, Enrique, Tenor; c/o CICADA.con Agentur & Management, Gubener Str 3b, D-10243 Berlin, T: (0 30) 29 00 13 35, 0 17 13 64 52 77, F: (0 30) 29 00 58 97; *www.cicada-con.de* [Mexiko 1970]. **Ausb:** Stud (Ges) Mexico City u New York. **Laufb:** OpStudio Zürich 94–96, Gastsol Ldsth Linz SpZ 2000/01, Sol Anhalt Th Dessau SpZ 04/05. (Red)

Amelung, Philipp, Chorleiter, Dirigent; Ysenburgstr 1, D-80634 München, T: (0 89) 16 55 41. **Laufb:** komm Lt Münchener Bach-Chor. (Red)

Amesmann, Eugene, Sänger; c/o Stadttheater Baden, Theaterpl 7, A-2500 Baden bei Wien; c/o Volksoper Wien, Währinger Str 78, A-1090 Wien, T: (01) 51 44 40, F: 5 14 44 32 15, *office@volksoper.at*. **Laufb:** Sol Stadtth Baden, Volksop Wien SpZ 03/04. (Red)

Amiras, Gabriel, em Prof, Konzertpianist, Hochschullehrer; Am Dettingerberg 46, D-72488 Sigmaringen, T: (0 75 71) 64 59 93, F: 64 59 92, *amiras@t-online.de, johannagabor@yahoo.com*; *www.pianomasterclass.com* [Turda, Rumänien 25.10.1936]. klass-romant-moderne Klavierlit u deren Interpretationsprobleme **Ausb:** Kl-Mstrklasse (H Neuhaus) Tschaikowski-Kons Moskau 55–62, Mstrks f KonzPianisten (A Brendel, P Badura-Skoda, J Demus) Wiener FestW 67–68, Abschluss m 1. Pr, Mstrkse (A Rubinstein) Fontainbleau 70 u (Y Lefebure) St-Germain-en-Laye. **Laufb:** Prof MH Klausenburg 62–71, Prof MH Bukarest 71–89, GastProf Cons supérieure de Musique Paris 91 u H f M u darst Kunst Graz 92, Prof C4 (Kl) Staatl H f M Trossingen seit 93, umfangreiche KonzTätigkeit ua in Frankreich, Spanien, Italien, Schweiz, Dtschld, Tschechoslowakei, Polen, Ungarn, Russland, Bulgarien, Rumänien, Jugoslawien, Lateinamerika, m Orch-, Solo- u Kammerkonz 65–85. **Pr:** Prtr int KlWettb, ua Berlin 51, Warschau 55, Bukarest 64, Wien 67/68. **Ens:** '3 Pianöre' d MH Trossingen. – **Aufn/RF:** Debussy: 'Images I u II', Ravel: 'Gaspard de la nuit' 90; Schumann: 'Sonate 1 fis-moll op 11', 'Sonate 2 g-moll op 22', 'Symphon Etüden op 13' 95; Beethoven: 'KlSonaten op 109, 110 u 111' 97; zahlr Schallp u CDs sowie insges über 300 int Aufz f RF u TV. **Sonst:** int Mstrkse ua Paris 90, Wien-Graz 93, Rom 94, Charkov 95, Trossingen 99, Arad 99/2000, Stuttgart 01; Jurymitgl zahlr int Wettb, ua Busoni-Wettb Bozen, Enescu-Wettb Bukarest, Rachmaninow-Wettb Moskau, Horowitz-Wettb Kharkow. **Lit:** zahlr nat u int Presseberichte, Art i Lex ua 'Who's who in the World', 'Men of achievement'.

Amlinger, Birgit, Dr, Dramaturgin; c/o Vereinigte Bühnen Graz, Kaiser-Josef-Pl 10, A-8010 Graz. **Laufb:** Dram Vereinigte Bühnen Graz SpZ 03/05. (Red)

Ammann, Dieter, Prof, Komponist, Hochschullehrer; Wuhrmattstr 15, CH-4800 Zofingen, T: 06 27 51 33 61 [17.5.1962]. Kammermusik, Musik f Orchester **Ausb:** Stud (SchM) Luzern, Jazzschule Bern, Theorie, Komp (R Moser, D Müller-Siemens) Basel, Kurse (W Lutoslawski, W Rihm, D Schnebel). **Laufb:** LAuftr Kons u ASK Luzern, Doz (Theorie) MH Luzern, Prof (Komp u Theorie) MH Luzern (Fakultäten I u II), Composer in Residence 18. Int MusikFstv Davos 03. **Pr:** nat u int Ausz, Hauptpr Int competition for composers (in honour of L Berio) IBLA-Foundation New York, Franz Liszt-Stip Weimarer Kulturstadt Europas 99, 1. Pr Young Composers in Europe Leipzig, 1. Pr int KompWettb Neue Musik Fstv Niederrhein Herbst. **Mitgl:** Juryvorstand WettbKommission Stadt u Kanton Luzern, Präsidium IGNM Zentralschweiz. – **Komp:** zuletzt: Gehörte Form – Hommages (f V, Va u Vcl) 98; Violation (f Vcl u Ens) 99; Boost (f Orch) 01, UA Luzern, Kultur- u Kongresszentrum 01; Core (f gr Orch) 02, UA Luzern, Lucerne Festival 02; Geborstener Satz (StrQua) 03, UA Boswil 03.

Ammann, Hans J, Intendant; c/o Theater Biel-Solothurn, Schmiedengasse 1, CH-2502 Biel 3, PF, CH-2500 Biel 3. **Laufb:** Intend Th Biel-Solothurn seit SpZ 03/04. (Red)

Ammann, Marion, Sopran; Efringerweg 13, CH-4143 Dornach, T: 06 17 02 25 11, 07 92 98 78 22, F: 06 17 02 25 11; c/o Gerstel International Opera Management, Stockerstr 10, CH-8002 Zürich, T: 04 17 63 91 88 01, F: 04 42 53 14 53, *gerstel@swissonline.ch* [Zürich 30.7.1964]. Oper, Konzert **Ausb:** Stud Ges (H Fischer) Akad f Schul- u KiM Luzern 86–91, Mstrkse (E Haefliger, E Mathis, K Widmer, H Rilling), OpStudio Biel 95–97. **Laufb:** Gastsol Th Luzern 99, Nationalth Weimar 99, Th St Gallen 2000, Op Zürich 2000, Basler Th, Luzerner Th, Osterfsp Luzern, FSp Montreux, Th Biel/Bienne-Solothurn SpZ 00/01; Op. Helsinki 05/06. **Pr:** Migros-StipPr, Kulturförderungspr Kanton Graubünden, Stip Richard Wagner Verband Bayreuth 98. – **Aufn/RF:** B Martinu: Gilgamesch-Epos, Winterthurer Stadtorch, Dgt: K Scheuber, Radio DRS; L Janacek: 'Amarus', Radio DRS; Beethoven: Christus a Ölberg, Osterfsp Luzern 03, Dgt: A Koch, DRS Radio. **Lit:** Kritiken in Musik u Th, OpWelt, Opéra int.

Ammerbach, Klaus-Dieter, Hochschullehrer; Zum Berggarten 64, D-34130 Kassel, T: (05 61) 1 47 18. **Laufb:** Doz (Kammermusik f Holzbläser) Musikakad Kassel. (Red)

Amon, Reinhard, Mag, Prof, Hochschullehrer, Klavier, Tonsatz; Göllnergasse 21, A-1030 Wien, T: (01) 9 52 57 68; Univ f Musik u Darst Kunst, Inst Anton Bruckner, Anton-von-Webern-Pl 1, A-1030 Wien, *amon@mdw.ac.at*. **Laufb:** ao UProf (Tonsatz, Gehörbildung, Methodik Kl klavierprakt Fächer) U f M u Darst Kunst Wien. (Red)

Amoretti, Alessandro, Solorepetitor; Bachstr 78/80, D-28199 Bremen, T: (04 21) 5 97 66 54, (01 76) 27 13 49 71; Bremer Theater, PF 101046, D-28010 Bremen. **Laufb:** Studienltr u Solokorrep Musiktheater Bremen. (Red)

Amou, Akie, Sängerin; c/o Komische Oper, Behrenstr 55–57, D-10117 Berlin. **Laufb:** Sol Kom Op Berlin SpZ 03/05. (Red)

Amoyal, Pierre, Violine; c/o Konzertdirektion Tobischek, Zimmermannstr 59, D-45239 Essen, T: (02 01) 8 40 51 75, F: 8 40 51 76, *tobischek@arcor.de*; c/o Baron & Weingartner Internationale Künstleragentur, Bösendorferstr 4/12, A-1010 Wien, T: (01) 4 89 61 54, *office@baronartists.com*; *www.tobconcert.de*, *www.amoyal.com*. **Ausb:** Stud (J Heifetz). **Laufb:** Prof Cons National, Kons Lausanne, künstl Dir SommerMAkad Lausanne 91. **Pr:** 1. Pr Cons National Supérieur Paris. – **Aufn/RF:** ua: Grieg: Violinsonate, m Frederic Chiu; Prokofjev: Violinsonaten, m Frederic Chiu. (Red)

Amsler, Eva, Flöte; c/o The Dorian Consort, Claudia Dora, Blumenrain 23, CH-4051 Basel. **Ausb:** Stud Fl (G Rumpel) Kons Bern, (A Nicolet) Freiburg iBr, Mstrkse b A Jaunet u J Galway. **Laufb:** stellvetr Solofl SinfOrch St Gallen, Doz (Qufl) Ldeskons Vorarlberg Feldkirch. **Ens:** Dorian Consort. (Red)

Amtmann, Emanuel, Prof, Orgel, Hochschullehrer; Burggasse 5, A-8010 Graz, T: (03 16) 82 21 94; c/o Univ f Musik u Darst Kunst, Inst 7, Jakominisstr 3–5, A-8010 Graz, T: (03 16) 3 89 32 11, F: 3 89 30 71, *emanuel.amtmann@kug.ac.at*. **Laufb:** Domorg Bischofskirche Graz seit 66, Prof (Solokorr, Klassenkorr, Generalbass) U f M u Darst Kunst Graz. (Red)

An, Johannes, Tenor; c/o Bühnen der Landeshauptstadt Kiel – Opernhaus am Kleinen Kiel, PF 1660, D-24015 Kiel [Seoul 1974]. (Red)

Anacker, Christoph, Kontrabass; c/o Staatskapelle Berlin, Unter den Linden 7, D-10117 Berlin, T: (01 79) 2 90 95 85 [Berlin 7.8.1979]. **Ausb:** H f M 'Hanns Eisler' Berlin b B Sonderling u E Laine. **Laufb:** Sol Staatskap Berlin.

Anastassov, Orlin, Bass; c/o Oper Leipzig, Augustuspl 12, D-04109 Leipzig. **Laufb:** Sol Hamburg Staatsop, Dt Op Berlin, Staatsop Wien, Op Leipzig, Gastsol Bad Staatsth Karlsruhe SpZ 00/01, Gastsol Dt Staatsop Berlin SpZ 03/04. (*)

Anatchkov, Svetosar, Konzertmeister, Violine; Aussiger Str 8, D-94315 Straubing, T: (01 73) 3 88 97 95 [Sofia 7.8.1971]. **Ausb:** Stud b G Schneider, I Oistrach u R Ricci MH Sofia u München. **Laufb:** 1. Konzm Orch d Staatsth am Gärtnerpl München. **Ens:** Duo Violine/Klavier m S Anatchkova.

Anatchkova, Susanne, Pianistin; Aussiger Str 8, D-94315 Straubing, T: (0 94 21) 7 43 79 [Straubing 1.4.1967]. Sololiteratur, Kammermusik **Ausb:** Stud b F Berger MH München. **Laufb:** ua Sol europ Wochen Passau. **Ens:** Duo Violine/Klavier m S Anatchkov, KlQui m Sol d GärtnerplTh München.

Andel, Gabriele, Sängerin; c/o Volksoper Wien, Währinger Str 78, A-1090 Wien. **Laufb:** Solokorr Volksop Wien. (Red)

Ander-Donath, Claudia, Konzertmeisterin; c/o Philharmonisches Orchester Gera, Küchengartenallee 2, D-07548 Gera. **Laufb:** Stellv 1. Konzm Philharmon Orch Gera. (Red)

Ander, Eva, Prof, Hochschullehrerin, Klavier; Auf dem Meisenberg 18, D-01099 Dresden, T: (03 51) 8 04 19 20 [Dresden 31.10.1928]. **Ausb:** Stud H f M Dresden 45–50. **Laufb:** Prof (Kl) H f M Carl Maria v Weber Dresden, LBeauftr (Kl, KamM) H f Musik Hanns Eisler Berlin, Konz als Sol ua m Dresdner Staatskap u Dresdner Philh (unter R Kempe, K Masur, H Schmidt-Isserstedt, K Tennstedt ua), KamMPartnerin v R Ricci, R Odnoporoff, P Fournier, H Schiff. **Pr:** C M v Weber Pr 50, Kunstpr d DDR 70. – **Aufn/RF:** zahlr RF- u Schallpl-Aufn.

Anderes, Cornel, Viola; c/o Sinfonieorchester Basel, Barfüsserpl 8, Casino Basel, CH-4051 Basel, T: 06 12 05 00 95, *c.anderes@sinfonieorchesterbasel.ch*. **Laufb:** Doz (Va) MH Luzern, Mitgl SinfOrch Basel. **Ens:** Die Kammermusiker Zürich. (Red)

Andersen, Hilke, Sängerin; Hartmannstr 10 a, D-30171 Hannover, T: (05 11) 3 94 06 00. **Laufb:** Sol Kom Op Berlin, Sol Op Hannover seit SpZ 03/04. (Red)

Andersen, Stig, Tenor; c/o Caecilia Lyric Department, Rennweg 15, CH-8001 Zürich, T: 0 12 21 33 88, F: 0 12 11 71 82, *caecilia@caecilia-lyric.ch*; *www.caecilia.ch*. **Laufb:** Gastsol Bayer Staatsop München, Dt Op Berlin, Pp Zürich, Gastsol Nationalth Mannheim SpZ 00/01, Ensmitgl Det Kongelige Teater Kopenhagen. (Red)

Andersson, Thilo, Sänger; Kirchpl 1, D-95028 Hof, T: (0 92 81) 14 02 84. **Laufb:** Sol Nordharzer Städtebundth Halberstadt/Quedlinburg, Sol Th Hof seit SpZ 03/04. (Red)

Andersson, Ulric, Tenor; c/o Stadttheater Bremerhaven, PF 120541, D-27519 Bremerhaven; c/o Artists Management Verena Keller, Lohwisstr 52, CH-8123 Ebmatingen, T: 04 49 80 15 13, F: 9 80 36 86, *keller.verena@bluewin.ch* [Borlänge, Schweden]. **Ausb:** MH Malmö 84–93, Abschluss als Kantor, Sänger, Chorpädagoge, OpAkad Kopenhagen 93–97. **Laufb:** EnsMitgl Th Bremerhaven 97–99, Gastsol Th d Ldeshauptstadt Magdeburg 99–04, OpHaus Malmö 2000–02, Königl OpHaus Kopenhagen 01–02, Th Bremerhaven 01/05.

Andonian, Andrea, Mezzosopran; c/o Eutiner Festspiele, Jungfernstieg, D-23691 Eutin, PF 112, D-23691 Eutin, T: (0 45 21) 8 00 10, F: 30 01, *info@eutiner-festspiele.de* [Aurora, CO, USA]. Oper, Konzert **Ausb:** Stud (W Shearon) Stetson U Florida, (H Laird) Cincinnatti Coll Cons of Music. **Laufb:** OpStudio Kölner Op 76–78, Vereinigte Städt Bühnen Krefeld/Mönchengladbach 78–85, Op Stadt Köln seit 85, Gastsp: Dt Op Berlin, Royal Op House Covent Garden, Staatsop Berlin, Frankfurt, Dresdner FSp 96 u 97, Kölner Philh 97–2000, Sol Eutiner FSp SpZ 03/05. – **Aufn/RF:** Schumann: Requiem f Mignon, Düsseldorfer Symph, Dgt: B Klee 83; Dvořák: Stabat Mater 83; Weill: Der Silbersee, Kölner RF-SinfOrch 89; Höller: Der Meister u Margarita 91 (WDR).

Andrae, Axel, Fagott; An der Burgaue 7, D-04178 Leipzig, T: (03 41) 4 42 67 78; c/o MDR Sinfonieorchester, Augustuspl 9a, D-04109 Leipzig. zeitgen Musik, Musik v 1600–1750, Intpr auf histor Instr (Dulzian- u Barockfag) **Ausb:** Stud MH Leipzig (Prof W Seltmann). **Laufb:** Sol MDR SinfOrch seit 88. **Pr:** Prtr Int Fag-Wettb Toulon 88 u Markneukirchen 90. **Ens:** Ens Sortisatio. (Red)

Andreae, Marc, Dirigent; via Moretto 6, CH-6924 Sorengo, T: 09 19 66 56 46, F: 09 19 66 19 33, *marc.andreae@bluewin.ch*; c/o Konzertdirektion Martin Müller, Uhrs Knäppken 8, D-59320 Ennigerloh-Ostenfelde, T: (0 25 24) 26 34 80, F: 26 34 81, *info@kdmueller.de*; *www.marcandreae.ch* [Zürich]. Konzert **Ausb:** Stud (N Boulanger) Zürich, (F Ferrara) Rom u Siena. **Laufb:** Ass v P Maag 67/68, Chefdgt Orch della Radiotelevisione della Svizzera Italiana 69–90, künstl Dir Th Angelicum Mailand 90–93, Gastdgt ua Münchner Philh, Philh Staatsorch Hamburg, RF-SinfOrch Berlin, HR Frankfurt, NDR Hamburg, WDR Köln, MDR Leipzig, Bamberger u Wiener Symph, Orch National de France, Orch Philh de Radio France ua Straßburg, FSp ua Salzburg, Wien, Berlin, Paris, Mailand, Florenz, Luzern, Zürich, Ascona, Lugano, Gastsp Philh Staatsorch Halle, Radio-Philh Hannover, Orch Nat de Belgique, Athener Staatsorch, Orch Filarmonica UNAM Mexico, NHK Tokyo, Yomiuri Tokyo. **Pr:** AIDEM Dgt-Wettb Florenz, UBS-Kulturpr 2000, Ehrenmitgl ital Brucknerges seit 78, Grand Pr du Disque (2 x). **Mitgl:** Schweiz Tonkünstlerverein, American Orch Legue. – **Aufn/RF:** ca 50 CDs. **UA:** ca 100 UA. **Zug:** zahlr Werke f Orch. **Sonst:** m 22 Jahren Grdg SinfOrch Pro Arte Zürich, Grd Orch dell' Insubria 99, Conductor in Residence (Göttingen), Erstveröff OrchWerke v Schumann, Liszt, Weber, Tschaikovsky, Rossini, Donizetti.

Andreas, Erich, Prof, Hochschullehrer, Klavier; Augustaplatz 4d, D-12203 Berlin; Univ d Künste, Fak Musik, PF 120544, D-10595 Berlin. **Laufb:** em Prof (Kl) UdK Berlin. (Red)

Andree, Elmar, Sänger; Mozartstr 28, D-55271 Stadecken-Elsheim, T: (0 61 36) 92 43 75, (01 77) 2 36 37 56; c/o Theater Altenburg-Gera, Küchengartenalle 2, D-07548 Gera. **Laufb:** Sol Staatsth Mainz, Gastsol Landesth Detmold SpZ 03/04, Gastsol Th Altenburg-Gera SpZ 04/05. (Red)

Andreescu, Florentina, Violine, Konzertmeisterin; c/o Vorpommersche Theater & Sinfonieorchester GmbH, Anklamer Str 106, D-17489 Greifswald, PF 179, D-17461 Greifswald. **Laufb:** Konzm Philharmon Orch Vorpommern. (Red)

Andres, Daniel, Komponist, Orgel, Chorleiter, Musikkritiker, Dirigent; Zentralstr 41, CH-2502 Biel, T: 03 23 25 41 01, F: 03 23 25 41 02, *dpandres@bluewin.ch*; *www.swissclassic.net/andres.htm*, *www.danielandres.net* [Biel 6.3.1937]. **Ausb:** LDipl Org (O Schärer), Theorie u Komp (S Veress) Kons Bern, KonzAusbild (Org) ebd, Mstrks Komp (K Serocki) MAkad Basel. **Laufb:** Kapm, ChDir, Korrep Stadtth Biel u Bieler SymphOrch 72–77 u 84–89, Präs Bieler Sommerakad seit 86, Präs u künstl Ltg Bielersee-Fstv seit 90. – **Komp:** VKonz 76, UA Biel, Bieler Symph Orch, M Freund, Dgt: J Meier 77; Nachtigall d tausend Geschichten (Op) 78/82, UA Biel, Dgt: A Joho 83; Movimenti (f gr Orch) 89, UA Sheboygan (USA) 90, Teplice (CZ); Missa a capella (Messe f vier Stimmen a capella) 91, UA Biel, SolEns 92; Streichqua, UA Prag, KocianQua 95; Streichsextett (f 2 V, 2 Vl, 2 Vlc) 2000; Was ist der Mensch (f Alt-Solo, Org, Orch) 02; Duo f V u Vcl 04. **Sonst:** Grdg Camerata Biel 62 (aufgelöst 66); MKritiker b 'Bieler Tagblatt'; Autobiografie: Mösli – Eine Kindheit 04.

Andres, Simon, Hochschullehrer; Kannenbühlweg 3, CH-6280 Hochdorf, T: 04 19 10 60 65; Musikhochschule Luzern, Fak I, Zentralstr 18, CH-6003 Luzern. **Laufb:** Doz (Korr Fl, Klar) MH Luzern. (Red)

Andres, Susanna, Violine; Claragraben 152, CH-4057 Basel, T: 06 16 81 61 45. (Red)

Andresen, Jörn Hinnerk, Chordirektor, Kapellmeister; c/o Theater der Stadt Koblenz, Clemensstr 5, D-56068 Koblenz. **Laufb:** Stellv Chdir Th Plauen-Zwickau, Chdir u Kapm Th Koblenz. (*)

Andretta, Giancarlo, Prof, Dirigent, Hochschullehrer; via Santa Bona Nuova 3 B, I-31100 Treviso; c/o Balmer & Dixon Management AG, Kreuzstr 82, CH-8032 Zürich, T: 0 13 63 62 80, F: 0 13 61 93 55, *dixon@badix.ch* [Bassano del Grappa]. **Ausb:** Venedig, Castelfranco Veneto, Wiener MH. **Laufb:** ua: mehrjährige Tätigkeit Staatsop Wien, Ass (P Steinberg) Radio SinfOrch Wien 90, Prof (Kl) MH Wien 90, Konsulent d Intend u ständ Gastdgt Op Graz 94–97, Chefdgt u künstl Lt Orch Filarmonica Veneta Treviso, Teatro Olimpico Vicenza, 1.ständ Gastdgt Teatro La Fenice Venedig, Gastdgt Veneto-Fstv, NatTh Prag, Slowak Philharmonie Bratislava, NatOrch Athen, Thessaloniki Fstv, KamOrch Davos Fstv, Stadtorch Winterthur, Rossini: 'Torvaldo e Dorliska' Konzhaus Wien, 'La cambiale di matrimonio' Rossini Fstv Wildbad 97, 'Nabucco' Tampere 98, 'Il barbiere di Siviglia' Königl Op Kopenhagen 99, 'Simone Boccanegra' Tampere 2000, 'Le Nozze di Figaro' Teatro La Fenice

2000. – **Aufn/RF:** Lalo-CD m Basler SinfOrch; Aufn m Radio SinfOrch Wien, BR-Orch. (Red)

Androsch, Peter, Komponist; Domgasse 5/3, A-4020 Linz, T: (07 32) 78 40 59, F: 78 40 59, *androsch@servus.at* [Wels, Österreich 12.1.1963]. E-Musik **Ausb:** vorwiegend Autodidakt. **Laufb:** Mitgl (Git) d Ensembles Monochrome Bleu, Camorra, Soundso 81–93: Tourneen u Gastsp in Österr, Dtd, DDR, Spanien, Italien, Yugoslawien, Ungarn, USA, Portugal, Polen, Fstv ua Ars Electronica 87, Fstv d polit Liedes (DDR) 88. **Pr:** Pr d Jury FilmFstv San Sebastian 94, Kunstförderungspr d Stadt Linz 95, Talentförderungsprämie f Musik d Ldes Oberösterreich 96, Publicity-Pr d Austro-Mechana Wien 99, Landeskulturpr f Musik Oberösterreich 2000. – **Komp:** Hasenjagd (Filmmusik), 1994, UA San Sebastian, Filmfestival; Binga Music (Elektroakustik) 1997, UA Johannesburg; Kombinate (Kmk) 01, UA Wien, Schauspielhaus, Klangforum Wien. **AuftrKomp:** komplizierte tiere (Op) 1993, UA Plauen, Vogtlandtheater (Auftr: VogtlandTh Plauen; Geschnitzte Heiligkeit (Op) 1996, UA Linz, Int Brucknerfest, Klangforum Wien (Auftr: Brucknerfest Linz); Memorabilien (Orch) 1997, UA Wien, Konzerthaus, Österr Kammersymphoniker (Auftr: Konzerthaus Wien); Schreber (Op) 1999, UA Klagenfurt, Stadttheater (Auftr: StadtTh Klagenfurt); Bellum Docet Omnia (Wiener Fassung/Chor), 2000, UA Wien, Konzerthaus (Auftr: Konzerthaus Wien); Zeichner im Schnee (Op) 01, UA Linz, Landestheater (Auftr: LandesTh Linz); Domino (3 Stimmen, Schlgz), UA 01 (Auftr: Brucknerhaus Linz). **Aufn/RF:** 4 Opern-UA, bisher 10 CDs. **Lit:** div Kataloge v Musikfstv, 'Musik aus Österreich' (Lex zeitgen Komp d 20. Jhdts).

Andruk, Babette, Violine, Hochschullehrerin; Akad f Tonkunst, Ludwigshöhstr 120, D-64285 Darmstadt, T: (0 61 51) 9 66 40, *akademie-fuer-tonkunst@darmstadt.de*. **Ausb:** HfM Budapest. **Laufb:** Doz (V) Akad f Tonkunst Darmstadt. **Ens:** Trio Dounia. (Red)

Andsnes, Leif Ove, Klavier; c/o Konzertdirektion Hans Ulrich Schmid, Königstr 36, D-30175 Hannover, PF 3409, D-30034 Hannover, T: (05 11) 3 66 07 60, 3 66 07 27, 3 66 07 84, F: 3 66 07 34, *mail@kdschmid.de, ij@kdschmid.de*; *www.kdschmid.de, www.andsnes.com* [Karmoy, Norwegen 1970]. **Ausb:** Stud MKons Bergen (Prof J Hlinka). **Laufb:** 5 Konz London Symph Orch Londoner Barbican 01, Tournee in Dtl u Osteuropa, St Petersburger Philh 01, Konz Tonhalle Orch Zürich, Wiener Symph, Chicago Symph Orch, Cleveland Orch u New York Philh Orch, Tourneen Australien u Japan, m Norwegian Chamber Orch in Spanien u Italien als Dgt u Sol 02. (Red)

Anger, Ain, Bass; c/o ALLEGRO artist management, Rosenstr 2, D-10178 Berlin, T: (0 30) 2 43 10 21 66, F: 2 43 10 25 94 [Estland 1971]. **Ausb:** Stud (Ges) Estnische MAkad Tallinn seit 96, Kse b Orlowitz, Christou, M Lehtinen, H-G Ahrens, S Jurinac, M Pelo. **Laufb:** Sol Estonia Th Tallinn 96, Gastsol Op Vanemuine Tartu 96, Sol Op Leipzig 01–04, Gastsol Dt Op Berlin u Opéra de Montpellier 02, Wiener Staatsop SpZ 04/05, Opéra Bastille Paris 05, Sol Savonlinna Opernfstv 04, Konz m New York Philh Orch 02, Saint Louis Symph Orch, Tokyo Symph Orch 05. **Pr:** 2. Pr Tiit Kunsik-Wettb 97, Diplomand d 4. Int Mirjam Helin GesWettb 99. (*)

Anger, Gunther, Prof, Hochschullehrer, Klavier; F-Freiligrath-Str 6, D-01705 Freital, T: (03 51) 6 41 49 54, F: 6 41 49 00, *Gunther.Anger@t-online.de*; Hochschule f Musik, PF 120039, D-01001 Dresden [Freital, Sachsen 7.4.1956]. KamM (Klavier ua) **Ausb:** MSchule Freital 63–68, Spezialschule f M Dresden 68–73, Stud Kl (G G Mirwis) Tschaikowski-Kons Moskau 73–78. **Laufb:** KonzReisen Europa, Asien, Amerika als Duo- u Triopianist seit 78, Prof (Kl) H f M Carl Maria v Weber Dresden seit 93. **Ens:** Berliner Brahms-Trio. – **Aufn/RF:** CDs: Lebens(t)räume, m Th Rosenbusch (V), m Werken v Brahms, Tschaikowsky, Dvorak, Kreisler, Wienjawski ua; m J Faßmann (V), m Werken v D Schostakowitsch 03.

Angerer, Anne, Oboistin; c/o Orsolino Quintett, Jan Wessely, Thomasiusstr 13, D-04109 Leipzig, T: (03 41) 9 93 94 88, F: 9 93 94 89, *anne.angerer@orsolino.de*; *www.orsolino.de* [Berlin 1973]. **Laufb:** SolOb Symph Berlin 97, SolOb SWR Radio Symph Orch Stuttgart seit 98. **Pr:** 3. Pr 46. Int ARD M Wettb 97; Gewinner Dt Musikwettb f KamM u Pr d Dt Musikrates 2000; 2. Pr Int ARD-Wettb 01 München. **Ens:** Orsolino Qui. (Red)

Angerer, Dieter (Pseud: Stin Ranlow), Komponist, Arrangeur, Horn; Baumgasse 44/1/18, A-1030 Wien, T: (06 50) 7 20 42 22, *dieter.angerer@chello.at* [Leoben 6.4.1952]. E-Musik, Hörner, Blasmusik **Ausb:** Stud Horn (F Gabler) MH Wien 68–76. **Laufb:** Bühnenorch Staatsop Wien 74, ML SOS-Kinderdorf Hinterbrühl 84–99, Musikal Lt Wiener Waldhornverein 96–97, Tourneen OpernballOrch Wien, Djakarta 97, Dgt BezBlasorch Donaustadt St Georg Kagran seit 98. **Pr:** Staatl Würdigungspr Kulturamt Wien. **Ens:** Wiener Waldhornverein, WHE. **Mitgl:** Int Horn Society, ÖKB. – **Komp:** Tango Desolato (Fl, V, Kl); Commedia (Fl, V, Kl); Capriccio UA 98; Bagatelle; Bel Abbozzo; Festmusik op 61 f Brassqui; Staubtiachl Polka (Zither); Lumpenpolka. **AuftrKomp:** 'Canzone per Carina' f Karin Leitner (Fl) UA 98. **Aufn/RF:** CDs: Vienna Sinfony dreams (Fantasia per due) ORF Sinfonieorch; Wiener Waldhornverein fast modern. **Sonst:** zahlr Komp f Waldhn, Alphn, Jagdhn, Fl, Git, Zither, Fag, Arr f Orch; OrchEinrichtung f Lumpazi Vagabundus, KamM-Arr.

Angerer, Hansjörg, Prof, Hochschullehrer, Horn; Hermann-Löns-Str 11, A-5020 Salzburg, T: (06 62) 83 47 26, F: 83 47 91, *hansjoerg.angerer@aon.at*; Univ Mozarteum, Abt f. Blas- u Schlaginstrumente, Schrannengasse 10a, A-5020 Salzburg, T: (0 52 34) 6 88 06, F: 6 88 06, *hansjoerg.angerer@moz.ac.at* [Rattenberg 1955]. **Ausb:** Stud Hn (E. Giuliani) Innsbruck, (J. Mayr), (M. Höltzel) Mozarteum Salzburg, Repertoirestud b H. Baumann, Dirigieren b E. Seipenbusch. **Laufb:** Hn Innsbrucker Symphonieorchester 76–81, UProf (Hn) U Mozarteum Salzburg 88, Prof (Hn) H f Musik Nürnberg-Augsburg, Abt Nürnberg 2000. – **Aufn/RF:** zahlr CD-Einsp (Ventilhn, Naturhn, HnEns).

Angerer, Paul, Prof, Viola, Violine, Orgel, Klavier, Komponist, Dirigent; Estepl 3/26, A-1030 Wien, T: (01) 7 14 12 71, F: 7 14 12 71, *info@concilium.at*; Unter Nalb 21, A-2070 Retz, T: (0 29 42) 25 85, F: 2 58 54; *www.concilium.at* [Wien 16.5.1927]. Barock, Klassik, klass Moderne **Ausb:** Wiener MH, Kons d Stadt Wien 32/33–46. **Laufb:** Organist u Chorlt St Thekla Wien 40, Bratschist Wiener Symphoniker 47, Bratschist Tonhalle Zürich 48, Bratschist Orch de la Suisse Romande Genève 49, 1. Solobratscher Wiener Symphoniker 53–57, Lt u Chefdgt KamOrch Wiener Konzerthausges 56–63, Komp u Kapm Wiener Burgth 60–90, Salzburger u Bregenzer FSp, ständ Gastdgt Orch Sinfonica di Bolzano e Trento 'Haydn' 64–86, 1. Kapm Th d Stadt Bonn 64–66, Musikal Oblt Ulmer Th 66–68, Opchef Salzburger Landesth 67–72, Lt Südwestdt KamOrch Pforzheim 71–82, LBeauftr MH Wien 82–92, Lt Ens Concilium Musicum seit 82, Gastdgt, Moderator ORF83–01, anschl Radio Stephansdom. **Pr:** Pr f Va Concours Int Genève 48, 1. Pr Orgelwettb Haarlem 54, Österr Staatspr 53, Förderungspr Theodor-Körner-Stift 58, 1. Pr Salzburger OpWettb 59, 'Man of Achievement' Cambridge 73, Kulturpr Stadt Wien 83, Musik-Würdigungspr Land Niederösterreich 87, Pr d Landes Niederösterreich f Mozartforsch 94, Nestroy-Ring Stadt Wien 98, österr Ehrenkreuz f Wiss u Kunst I. Kl 02. **Ens:** Lt Concilium Musicum Wien. – **Komp:** Werke f alle Sparten; TV-Oper 'Die Passkontrolle', Salzburg 56; zahlr AuftrKomp f Solisten u Ensembles, ua ORF, Salzburger Ldsth, Radio Wien, Fritz-Erler-Schule Pforzheim, Jeunesses musicales Wien, Claves Schweiz, FSp Altenburg, Stift Geras. **Aufn/RF:** zahlr Platten, CDs, FB-Mitschn, TV-Filme. **UA:** ua David, Genzmer, Orff, Bialas, Hartmann. **Sonst:** wiss Aufsätze in Fachzeitschriften u Jahrbüchern; 'Und s'ist alles noch wahr' Briefe eines Eipeldauers (Wiener Kulturgeschichte); 'Mozart auf Reisen' (Die Resiebriefe L Mozarts). **Lit:** einschlägige Lex.

Angerhöfer, Bernd, Basstuba; c/o MDR Sinfonieorchester, Augustuspl 9a, D-04109 Leipzig. **Laufb:** Sol MDR SinfOrch Leipzig. (Red)

Angermann, Gerda, Prof, Cello; c/o Karl Henke, Zum Forellenbach 11, D-22113 Oststeinbek/Hamburg, T: (0 40) 7 12 37 01, 01 60–96 51 10 34, F: 7 13 85 25; Bismarckallee 2, D-24105 Kiel, T: (04 31) 33 13 24 [Hamburg]. **Ausb:** Stud b H Schüchner, E Mainardi. **Laufb:** als Konzm ua R Strauss: Don Quixote-Solopartie; Gastsol Schleswig-Holstein-MFstv, Sol gr Orch z B: NDR-SinfOrch Hamburg, Gürzenich-Orch Köln, Philh Orch Dortmund u Kiel, Hamburger Symph, Stuttgarter Philh, RadioPhilh Hannover, Orch della Svizzera Italiana/Lugano, Auff v Vcl-Konz europaweit. **Ens:** 'Trio Divertimento Hamburg'. – **Aufn/RF:** CDs ua: Bach- u Reger-Suiten, Kodaly-Solo-Son, Henze: Serenade, Hindemith: Solo-Son, Werke f Vcl solo; NDR: Tschaikowsky: Pezzo capriccio, NDR-SinfOrch, Dgt: W Boettcher; F Danzi: Mozart-Variationen, NDR-SinfOrch, Dgt: W Boettcher; R Volkmann: VclKonz, NDR Radio Philh Hannover; Casella: VclKonz, NDR SinfOrch u Radio Lugano Orch. **UA:** E Koch-Raphael: Vcl-Konz, Kiel Philh Orch, Dgt: A Kontarski; T Böttger: KlTrio, NDR Hamburg. **Zug:** M Goldstein: Solo-Son. **Lit:** RF-Portaits DW, NDR, WDR.

Angermayr, Daniel, Regisseur; Wiener Kammeroper, Fleischmarkt 24, A-1010 Wien [Vöcklabruck, Österreich]. **Laufb:** Reg Wiener Kammerop. (Red)

Anglberger, Albert, Prof, Hochschullehrer, Chorleiter; Ainhausener-Str 39, A-5221 Lochen, T: (0 77 45) 83 96; Univ Mozarteum, Abt f Dirigieren, Komposition u Musiktheorie, Zentrum im Berg, Fürbergstr 18–20, A-5020 Salzburg, *albert.anglberger@moz.ac.at*. **Laufb:** UProf (Chorltg) U Mozarteum Salzburg. (Red)

Anguélov, Ivan, Dirigent; c/o Beate J. Mennicken, Sonnenstr 50, D-94113 Tiefenbach, Haselbach, T: (0 85 09) 18 20, F: 93 49 05, *mennicken.beate@t-online.de, ivan-anguelov@web.de*; c/o Oper Leipzig, Augustuspl 12, D-04109 Leipzig; *www.ivananguelov.com* [Kavala, Griechenland]. Oper, Opern-Gala-Konzerte, Sinfoniekonzerte, CD-Produktionen **Ausb:** Stud (Dirig, Komp) MH Sofia, Kurse (W Sawallisch, I Markevich) in Moskau, München u Frankreich. **Laufb:** GMD NatOp in Plovdiv bis 80, MLtg Op Bienne, Gastdgt Lausanne Op, Orch Philh de Monte-Carlo seit 86, Bonn 90–92, NatOp Bratislava 94–98, ständ Gastdgt Op Leipzig seit 92, 1. Gastdgt Slowak RF-SinfOrch Bratislava, Gast Staatsop Stuttgart, Stuttgarter Philh, Dt Op Berlin(01/05), Kölner Op Münchner Symph, Robert-Schumann-Philh ua; Dirig ua auch in Catania, Toulouse, Paris, Marseille. **Pr:** Pince Rainier III Stip Monte Carlo, Furtwängler-Pr 1995. – **Aufn/RF:** G Verdi, 'Il Trovatore' (Gesamtaufn) 99 (CD); Berühmte OpChöre 2000 (CD); G Bizet, C Saint-Saens, Sinfonien u Dvor£ák: 6. Sinf u Böhm Suite 01 (CD); zahlr Sängerrezitals, ua R D Smith, J Treleaven, S Larin, S B Anthony; TV: Bayer Fernseh-Pr 3sat, Benefiz Op-Gala, Brüssel ZDF, 'Les Contes d'Hoffmann' TRT; RF: Op-Gala Basel 2000, m E Gruberova, N Shicoff SR 1.

Anhalt, Berthold, Schlagzeug, Hochschullehrer; Akad f Tonkunst, Ludwigshöhstr 120, D-64285 Darmstadt, T: (0 61 51) 9 66 40, *akademie-fuer-tonkunst@darmstadt.de*; c/o Staatstheater Darmstadt, Georg-Büchner-Pl 1, D-64283 Darmstadt. **Laufb:** Doz (Schlgz) Akad f Tonkunst Darmstadt, Staatsth Darmstadt. (Red)

Anhorn, Carmen Maria, Opernsängerin (Mezzosopran); Bavariaring 24, D-80336 München, T: (0 89) 54 40 38 26, F: 54 40 38 27 [Luzern 5.8.1956]. Oper, Konzert **Ausb:** Stud (S Gäwiller, C Smith) MH Zürich 75–80, (B Fassbaender) OpSchule Bayer Staatsop 80–82, Vorb Dramatischen Mezzosop (J Loibl) München seit 98. **Laufb:** Bayer Staatsop 80–87 (Boheme, Musetta; Don Giovanni, Zerlina; Così fan tutte, Despina; Zauberflöte, Papagena; Hänsel u Gretel, Gretel; Ariadne, Najade; Vier Grobiane, Lucieta; Elektra, 5. Magd; Palestrina, Ighino; Figaro, Cherubino; Lustige Weiber, Anna), Gast Mailänder Scala, Athen, Peking, Shanghai, freiberufl in Trier, Bordeaux, Wiener Volksop, Gast Hamburg Staatsop, Op voor Vlaanderen, Florenz, Palermo, Turin, Bayreuth 89/90,

GastspReise Japan 90, Konz Mozart-Requiem 91, Schubert-Messen u Weihnachtsorat Halle 92, Belsazar Brühler Schlosskonz 93, Peer Gynt Gasteig München 95, 'Mozart's Requiem' u 'Davidde penitente' Bratislava 96, 'An die Hoffnung' Jena 96, Verdi-Requiem Theatinerkirche München 97, Carmen Ulm 98, Sommerfstv Merzig 99, LAuftr MH München seit 2001. **Pr:** 3. Pr Belvedere-Wettb 87. – **Aufn/RF:** versch RF-, LP-, Fernseh-Aufn (Nuri in Tiefland).

Anifantakis, Boris, Kapellmeister, Studienleiter; Moltkestr 30, D-32756 Detmold, T: (0 52 31) 30 74 33, (01 62) 3 64 34 97. **Laufb:** Kapm u Studienlt Landesth Detmold. (Red)

Anissimov, Alexander, Dirigent, Bass; c/o Pro Arte Stefan Dörpinghaus, Rosenweg 7, D-42499 Hückeswagen, T: (0 21 92) 8 30 05, 01 77–6 63 40 66, F: 93 18 81, *info@proarte-online.de*; c/o Konzert-Direktion Zagovec, Hans-Böckler-Str 23, D-65468 Trebur-Astheim, T: (0 61 47) 91 96 60, F: 91 96 62, *agentur@zagovec-artists.de*; *www.proarte-online.de*. (Red)

Anneser, Gisela, Hochschullehrerin, Blockflöte; Wredestr 24, D-97082 Würzburg, T: (09 31) 41 64 63. **Laufb:** Doz (Blockfl) Hermann Zilcher Kons Würzburg. (*)

Ansel, Wolfgang, Dr, Prof, Operndirektor, Hochschullehrer; Lehderstr 66, D-13086 Berlin, T: (0 30) 40 04 36 47, 0 17 02 82 65 26, F: 40 04 36 49, *wolfgang.ansel@freenet.de*; Hochschule f Musik u Theater, Harvestehuder Weg 12, D-20148 Hamburg [Berlin 25.4.1955]. **Ausb:** Stud Opernregie (E. Fischer u Prof. H.-J. Irmer) H f M „Hanns Eisler" Berlin, Mstrsch v H. Kupfer u C. Mielitz Staatsop Dresden 78–83. **Laufb:** OpDir Th u Orch Neubrandenburg/Neustrelitz SpZ 03/04, Prof (Szen Unter) H f M u Th Hamburg. (Red)

Ansorge, Christina, Sängerin; c/o Allee Theater – Hamburger Kammeroper, Max-Brauer-Allee 76, D-22765 Hamburg. **Laufb:** Sol KamOp Hamburg. (Red)

Antesberger, Günther, Dr, Komponist; Weidenweg 27, A-9020 Klagenfurt, T: (04 63) 2 56 57. – **AuftrKomp:** zB 'Missa Iuventutis Ossiach' (f gem Ch, Org) 2002, UA Singkreis Köttmannsdorf, Ltg: H Moser, Org: M Nowak, 03. (Red)

Anthony, Susan B, Sopran; Wegenerstr 6, D-30175 Hannover, T: (0 89) 2 91 61 66 12, F: 29 16 16 67, *kursidem@opern-agentur.com*, *tschaidse@opern-agentur.com*; c/o Austrokonzert International, Gluckgasse 1, A-1010 Wien, T: (01) 5 13 26 57, F: 5 12 61 54, *office@austroconcert.com*; *www.opern-agentur.com*, *www.susan-anthony.com* [Michigan]. Oper, Konzert **Laufb:** Gastsol Op Nat de Paris 02–04, New Nat Th Tokyo 02–04, Washington Op 03, Sächs Staatsop Dresden 03–05, MTh Essen, Bayer Staatsop München, Dt Op Berlin 03–05, Wiener Staatsop 03–05, Hamburg Staatsop 04; ZusArb m Dgt: D Barenboim, J Conlon, Sir C Davis, Z Mehta, R Muti, W Sawallisch, G Sinopoli; Ltg v Mstrkl an d Indiana U u Western Michigan U. **Pr:** zweifache Ausz als 'Sängerin d Jahres' durch d Zs 'Opernwelt', Ausz m Doktortitel h.c. 03. – **Aufn/RF:** Zemlinsky: 'Der Traumgörge'; Soloportrait; Le Roi Artus. **UA:** 'K', Op Nat de Paris 02.

Anton, Gus, Komponist, Intendant, Musikdirektor; Beethovenstr 60, D-51643 Gummersbach, T: (0 22 61) 2 34 47, F: 2 93 13 [Remscheid 16.3.1938]. **Ausb:** Stud Kl, Dirig, Chorlt (Pillney, von der Nahme, Hammers, Petzold) Staatl H f M Köln, (L.v. Matacic) Mozarteum Salzburg. **Laufb:** Kulturbeauftr u Lt d Th d Stadt Gummersbach seit 74, Lt bekannter Chöre, Dgt Symphonieorch d Oberberg Kreises, Vors d Bergischen Chorfestes, Komp u Arrangeur, Intend u MDir Th Gummersbach 74–06. – **Komp:** 'Vom Menschen' Kant f Männerchor, Schlgw u Org, 'Samagonski' f Männerchor, Schlgw u Kl, Requiem quasi una fantasia f Vl u Männerchor, Skizzen f StrOrch, Kleine Messe in G f Männerchor u Org, Missa brevis romantica f Frauenchor u Kl, Ein Männlein steht im Walde (Variationen f Kl), Sonaten-Sätze, Werke f StrOrch, ca 300 Chorkomp u ca 500 Bearb f Chor. **Aufn/RF:** 10 CDs, u. a.: F Schubert: Gesamtwerk f Männerchor, F Schubert: 'Die schöne Müllerin' f Männerchor u Kl.

Antonacci, Anna Caterina, Sängerin; c/o Bayerische Staatsoper, Brieffach, D-80075 München. (Red)

Antonicek, Theophil, Dr, Prof, Musikwissenschaftler; Blechturmgasse 33/5, A-1050 Wien, T: (01) 9 41 33 82, *antonicek@chello.at* [Wien 22.11.1937]. **Laufb:** Ao Prof Univ Wien, Lt d Publ 'Denkmäler d Tonkunst in Österreich', Wiss Ltg Anton Bruckner Inst Linz. **Pr:** wirkl Mitgl Österr Akad d Wiss, ord Mitgl Sudetendt Akad d Wiss u Künste, Dr hc Masaryk-Univ Brünn. – **Sonst:** div Publ z MWiss.

Antonini, Giovanni, Flöte, Dirigent; c/o Kammerorchester Basel, Kanonengasse 37, CH-4051 Basel, T: 06 12 62 36 36, F: 06 12 62 36 37, *mail@kammerorchesterbasel.ch*; *www.kammerorchesterbasel.ch* [Mailand]. **Laufb:** Gastdgt KamOrch Basel, WDR SinfOrch Köln, Camerata Academia Salzburg, Scottish Chamber Orch. **Ens:** Grd u Lt Il Giardino Armonico. (Red)

Antonioli, Jean-François, Klavier; ch de Fontenay 11, CH-1007 Lausanne, T: 02 16 16 23 87. (Red)

Antonsen, Ole Edvard, Trompete; c/o Konzertdirektion Hörtnagel, Oranienburger Str 50, D-10117 Berlin, T: (0 30) 30 88 77 30, F: 30 88 77 33, *agentur@hoertnagel.com*; *www.hoertnagel.com*. zeitgen Musik **Laufb:** Mitgl Oslo Philh Orch, Konz ua m Berliner Philh, Dresdner Philh, MDR SinfOrch Leipzig, Museumsorch Frankfurt, Orch Beethovenhalle Bonn, Orch de la Suisse Romande, Tschech Philh, English Chamber Orch, London Fstv Orch, BBC National Orch of Wales, Orch National de Belgique, Prag Symph, Atlanta Symph, Bergen Philh, Trondheim Symph, Acad of St Martin in the fields, Kioi Sinfonietta Tokyo, Israel Chamber Orch, New European Strings, Stockholm Chamber Orch, Australian Chamber Orch, Norwegian Chamber Orch, Europa-Tournee m Württembergischem KamOrch Heilbronn u Trondheim Sol 2000/01, Gast b Scottish Chamber Orch, Basque National Orch, Seoul Philh Orch sowie d Staatsphilh Rheinland-Pfalz 04/05, ZusArb ua m M Jansons, K Nagano, J Tate, J Belohlavek, J Levi. **Pr:** 1. Pr CIEM Wettb Genf 87, 1. Pr UNESCO Wettb Bratislava 89. (Red)

Antonucci, Stefano, Sänger; c/o Opernhaus Zürich, Falkenstr 1, CH-8008 Zürich. **Laufb:** Sol Dt Op Berlin, Op Zürich SpZ 04/05. (Red)

Anzellotti, Teodoro, Akkordeonist, Hochschullehrer; Bayernstr 18, D-79100 Freiburg, T: (07 61) 1 37 73 33, F: 1 37 73 33, *teodoro@anzellotti.de*; Hochschule f Musik, Schwarzwaldstr 141, D-79102 Freiburg; *www.anzellotti.de* [Candela 12.12.1959]. Neue Musik **Ausb:** Stud Akk (Habermann) MH Karlsruhe 79–84, (Noth) MH Trossingen 85–87. **Laufb:** LTätigk H f M u Th Bern-Biel ab 87, GastDoz Schloss Solitude 90, Debüt Wittener Tage f neue KamM 91, Doz Int Ferienks f Neue M Darmstadt 94, 96, Konz Donaueschinger MTage m SWR Orch, Dgt: M Gielen 95, GastSol BR SymphOrch 97, GastSol Berliner Symph 98; ZusArb m M Kagel ab 89, H Hollinger ab 91, L Berio ab 92, W Rihm ab 92, V Globokar ab 94, K Stockhausen ab 97, G Kurtág 98, M Jarrell; Tourneen nach Russland 90, Korea 93, Spanien 96, Holland 96, Dtld m Arcata KamOrch 97, Schweiz m Coll Novum 97, Japan 2000. **Pr:** 1. Pr Ispringer Akk-Wettb 75, 1. Pr MPr Stadt Bensheim 78, 1. Pr AkkWettb Dt Harmonika Verband 78, Stid Fördergem dt Kunst 80, Pr int AkkWettb St-Etienne 81, Pr int AkkWettb Reggio Emilia 82, 1. Pr H Herrmann Wettb 85, Stip GradFöd BaWü 86, MPr ital Kulturmin 86, Stip Kunststift BaWü 88, Stip Djerassi Foundation 89. **Ens:** Ens Modern Frankfurt 83, Ens 13 Karlsruhe 87, Ens Aventure Freiburg 90, ens recherche Freiburg 93, Ens Contrechamps Genf 93, Collegium Novum Zürich 95, Ens Varianti 98. – **Aufn/RF:** Recital Mittschnitte v zahlr europ RF Stationen. **UA:** ua H Hollinger: Beiseit, UA Wittener Tage f neue KamMusik 91; G Stäbler: Ruck-verschieben-Zuck, UA RF SinfOrch Saarbrücken, Dir J Kalitzke 92; D Schnebel: Medusa, UA 93; M Kagel: Episoden, Figuren UA 94; V Globokar: Dialog über Luft UA 94; L Berio: Sequenza XIII UA Rotterdam 95; M Hidalgo: Gran Nada UA Schwetzinger Fstsp 96; R Moser: Inbilder UA m Kölner RF Orch 97; S Sciarrinos: Vagabonde blu UA 98; M Pintscher: Figura I UA m ArdittiQua 98; G Kurtág: ...c'erano due fiori... UA 98; S Sciarrinos; AkkKonz UA 2000; R Riehm: AkkKonz UA m BR SymphOrch 02. **Sonst:** Grd Trio Klar, Akk u Kontrabaß 97, Konz u Organ Int AkkWoche Biel 99. **Lit:** Push and Pull der Akkordeonist T. Anzellotti Deutschlandradio (Porträt), 'Die Kunst der Verführung' SWR Fernsehen (Porträt); 'Notenschschlüssel' SWR Fernsehen (Porträt).

Aoe, Hiroaki, Kontrabass; c/o Komische Oper, Behrenstr 55–57, D-10117 Berlin. **Laufb:** Sol Orch d Komischen Op Berlin. (Red)

Apap, Gilles, Violine, Konzertmeister; c/o ART WORKs Berlin, Agentur Vera Giese, Kantstr 14, D-10623 Berlin, T: (0 30) 31 50 38 60, 31 50 38 60 62, F: 31 50 38 61, *artworksberlin@aol.com*; *www.artworksberlin.de* [Algerien 1963]. **Ausb:** Stud V Kons Nizza, H f M Lyon u Curtis Inst of Music Philadelphia. **Laufb:** Konzm Santa Barbara Symph Orch, ZusArb ua m Solti, Abbado, Menuhin; Doz an d Menuhin Acad Gstaad u d Menuhin School London. **Pr:** 1. Pr Yehudi Menuhin Wettb in d Kat Zeitgen M 85. – **Aufn/RF:** Themenabend über G A b ARTE. (Red)

Aparicio, José, Sänger; Wiener Kammeroper, Fleischmarkt 24, A-1010 Wien. **Laufb:** Eng Wiener Kammerop. (Red)

Apel, Hans-Werner, Laute; c/o Tournee- & Projektmanagement Gisela Krüger, Charlottenburger Str 17, D-13086 Berlin, T: (0 30) 9 72 67 17, 01 72–3 10 46 69, F: 97 60 99 00, *krueger.konzertmanagement@t-online.de*, *lautten.compagney@t-online.de*; *www.konzertmanagement.com*, *www.lauttencompagney.com*. **Laufb:** Fstv m 'Lautten Compagney': ua Bach-Tage Berlin, Bayreuther Barock Fstv, Dresdener MFSp, Händel-FSp Halle 03, MFSp Potsdam, FestW Hannover-Herrenhausen, Kissinger Sommer, Mozart-Fest Schwetzingen, Holland-Fstv f Alte M Utrecht; Performance 'Bach-Arkaden' zur EXPO 2000 Hannover. **Ens:** LtDuo 'Lautten Compagney' m W Katschner seit 84. (Red)

Apel, Winfried, Prof, Hochschullehrer, Klavier; Geierswacht 60, D-01774 Malter, T: (0 35 04) 61 83 46, F: 61 83 46 [Thüringen 1954]. **Ausb:** Unterr Kl (A Webersinke) Dresdner SpezialSch f M bis 1972, Stud Moskauer Tschaikowski-Kons (L Oborin, J Sak), H f M Carl Maria v Weber Dresden (A Webersinke) bis 82. **Laufb:** Prof (Kl) H f M Carl Maria v Weber Dresden seit 92; KonzTourneen (Sol, KamM) Dtschld, Ost- u Westeuropa, Asien, Japan. **Pr:** 1. Pr IV. Int J-S-Bach-Wettb Leipzig 72. – **Aufn/RF:** 2 Schallpl m Werken v L v Beethoven ua.

Appel, Erich, Prof, Hochschullehrer, Klavier; Gartenweg 11, D-90530 Wendelstein, T: (0 91 29) 43 81; H f Musik, Hofstallstr 6–8, D-97070 Würzburg. **Laufb:** Prof (Kl) H f M Würzburg. (Red)

Araiza, Francisco, Prof KS, Tenor; c/o Opernhaus Zürich, Schillerstr 1, CH-8008 Zürich, *faraiza@aol.com*; *www.francisco-araiza.ch* [Mexico City 4.10.1950]. Oper, Lied, Konzert **Ausb:** Stud (Org) MSch Univ Mexiko 66–70, (MBA) Univ Mexiko 68–72, Stud Ges (I Gonzalez) u dt Repertoire (E Kubacsek) Kons Mexiko 70–74, Mstrkl R Holm u E Werba H f M München 74–75. **Laufb:** Gastsol Op Mexiko City seit 76, Op München seit 78, Op Wien seit 78, Op Hamburg 79, Op Paris seit 81, Op Mailand 82, Op Berlin seit 82, Op San Francisco 82, Op London 83, Op Houston 83, Op New York seit 84, Op Chicago 84, Op Rom 86, Op Barcelona 88, Op Florenz 89, Op Parma 89, Op Venedig 90, Op Buenos Aires 90, Op Verona 91, FSp Bayreuth 78, FSp Salzburg seit 80, FSp Edinburgh 84, FSp Bregenz 86, Op Madrid 87, FSp Macerata 87, Strauss FSp Garmisch-Partenkirchen 93 uva; Japan Recital Tours 86, 88, 90, 92, 94, 96, 98, 2000; ZusArb m Dgt u Reg: ua K Böhm, H v Karajan, C Kleiber, Sir C Davis, J Levine, C Abbado, R Muti, S Ozawa, G Patane, W Sawallisch, N Harnoncourt, D Barenboim, A Everding, O Schenk, G Friedrich, G Strehler, F

Zeffirelli, R Polanski, R Wilson; gibt Mstrks seit 96; Prof H f Musik Sttgart seit 03, Liederabend Ophaus Zürich u Fstv Cervantino Mexico 06, Mozart Op-Gala FSp Bad Urach 06. **Pr:** Prtr Bayer RF-Wettb d ARD, Orphée d'Or 84, Dt SchallplPr 84, KS d Wiener Staatsop 88, Ausz 'Bestes musikal Ereignis 88' f Liederabend Tokio, Mozart-Med d Univ Mexiko City 91, M del Monaco-Pr 'Otello d'Oro' 95, Goldener Merkur München 96. **Ens:** EnsMitgl Op Zürich seit 77. – **Aufn/RF:** CDs: Catalani: La Wally, Dgt: Steinberg; Donizetti: Maria Stuarda, Dgt: Patané; Gounod: Faust, Dgt: Davis; Mozart: Così fan tutte, Dgt: Muti; Ders: Don Giovanni, Dgt: Marriner; Ders: Die Entführung aus dem Serail, Dgt: Wallberg; Ders: Idomeneo, Dgt: Davis; Ders: Die Zauberflöte, Dgt: Karajan; Offenbach: Contes d'Hoffmann, Dgt: Tate; Puccini: La Bohème, Dgt: Guadague; Rossini: Barbiere di Seviglia, Dgt: Marriner; Ders: La Cenerentola, Dgt: Marriner; Ders: Viaggio à Reims, Dgt: Abbado; Verdi: Falstaff, Dgt: Karajan; Weber: Der Freischütz, Dgt: Davis; Solo: F A – The Romantic Tenor, Dgt: Weikert ua; Porträt 'F A: Ich bin ein Romantiker' ZDF 92. **Lit:** C Baumann, 'Stimmen der Welt: F A' (Bildmonographie) 88, 'Große Sänger' 89; J Kaiser u W Schels, 'Musikerporträts' 97.

Arandes, Elaine Ortiz, Sängerin; Rheinstr 14, D-80803 München, T: (0 89) 36 26 67; c/o Staatstheater am Gärtnerplatz, PF 140569, D-80455 München. **Laufb:** Sol Staatsth am Gärtnerpl München. (Red)

Aranyi-Aschner, Georg, Prof, Komponist; Kalvarienbergstr 51/IV/20, A-8020 Graz, T: (03 16) 68 33 96 [1923]. – **Komp:** z B 'Bläserqui' 62, 2. Bläserqui (Widmung: Eichendorff Qui); 'Die Tragödie eines Malers. Musikal Dichtung f Kontrafag u Kl' 80. (Red)

Arapian, Armand, Bariton; c/o Secrétariat Artistique Muriel Denzler, Rue de la Cure 12, CH-2022 Bevaix, T: 03 28 46 26 12, F: 03 28 46 37 87, *secret.art @muriel.denzler.com*; *www.arapian.com, www.murieldenzler.com* [Marseille 1.1.1953]. Oper **Ausb:** Cons de Musique de Marseille 69–73; Cons National Supérieur de Musique de Paris (Janine Micheau u Xavier Depraz) 73–76. **Laufb:** Debut Limoges 77, Gastsol Marseille 81–2000, Berlin Staatsop 91–01, Frankfurt Op 92–99, Berlin Dt Op 94/95, Hamburg Staatsop 98/99, Wien Staatsop 99–01, Essen, Mannheim, Freiburg, Basel 92/93, Luzern 94–2000, St Gallen 94/95, Regio Torino 96/97, Th Impérial Compiègne 98–05, Toulouse 99/00, 03/04, Genf 01/02, 03/04, Fstv Int Aix-en-Provence 02, Amsterdam 02/03, Fstv Jardins Musicaux 95–05. **Pr:** Premier Prix de Chant 75, Premier Prix d'Art Lyrique 76, Victoires de la Musique 97, Golaud/Pelléas et Mélisande, Prod Oper Lille, Dgt Casadesus; Orphée d'Or de l'Académie du Disque Lyrique 04, CD Titelrolle „Polyphème" v Jean Cras. – **Aufn/RF:** Komitas, Armenian Songs and Dances, m Klavier Vincent Leterme 95; Debussy: Pelléas et Mélisande/Golaud, m Orch. Nat. Lille, Dgt Casadesus, 96; Bizet: La jolie fille de Perth/Ralph, m Ung Staatskammerorch, Dgt Pillement 98; Cras: Polyphème/Titelrolle, m Orch Symph Luxembourg, Dgt Tovey 03; Offenbach: Les Contes d'Hoffmann/Die 4 Bösewichter, Dgt Casadesus, 2000. **UA:** Franz EA Christophe Colomb/Titelrolle v Milhaud, Opéra Marseille 84; Schweizerische EA Un re in ascolto/Prospero v Berio, Grand-Théâtre Genf 02; Uraufführung Le Balcon/Le Général v Eötvös, Fest Int Aix-en-Provence 02; Uraufführung Et si Bacon/Bacon v Cattin, La Chaux-de-Fonds 05. **Zug:** Ledjag, Lied v Garbis Aprikian 02; Le Général in Le Balcon v Peter Eötvös, Fstv Int Aix-en-Provence 02; Bacon in Et si Bacon... v François Cattin, Temple Allemand La Chaux-de-Fonds 05. **Sonst:** A A, „Moine, poète et musicien – Le voyage de Komitas" Musiktheater, Gesang A A, Klavier V Leterme; A A, „Celui qui pansa..." Musiktheater.

Arason, Jón Rúnar, Tenor; Hummelsteiner Weg 32, D-90459 Nürnberg, T: (01 62) 7 47 66 59, *runartho@t-online*; c/o Stiftung Staatstheater Nürnberg, Richard-Wagner-Pl 2–10, D-90443 Nürnberg. ital Oper **Laufb:** Sol Th Nürnberg SpZ 03/04.

Arbel, Carsten, Sänger; c/o Landesbühnen Sachsen, Meißner Str 152, D-01445 Radebeul. **Laufb:** Sol Landesbühnen Sachsen (03/05), Gast-Sol Staatsoptte Dresden SpZ 00/04. (Red)

Arbenz, Emanuel, Klavier; Largitzenstr 52, CH-4056 Basel, T: 06 13 81 65 87. (Red)

Ardam, Elzbieta, Mezzosopran; Gartenstr 38, D-61596 Frankfurt/Main, T: (0 69) 62 98 32; c/o Oper Frankfurt, Untermainanlage 11, D-60311 Frankfurt/Main. **Ausb:** Stud MAkad Poznan. **Laufb:** Sol Teatr Wileki Poznan 83–87, Th de la Monnaie Brüssel 87–91 (Ottone, 'L'Incoronazione di Poppea', Orfeo 'Orfeo e Euridice', Stubenmädchen 'Reigen'), danach ZusArb m S Cambreling u L Bondy, Debüt (Orfeo, Dgt: R Muti) Mailänder Scala 89, Gast Salzburger FSp 92 u 94, Ens Op Frankfurt (Waltraute u Zweite Norne 'Ring', Geneviève 'Pelleas et Melisande', Duchessa d'Ostheim 'Luisa Miller', Ottone 'Die Krönung d Poppea', Suzuki 'Madame Butterfly', Mezzosop 'Un re in ascalto') seit SpZ 99/2000 (03/04). **Pr:** Prtr int MWettb Genf u Barcelona, Tschaikowsky-Wettb Moskau. (Red)

Arditti, Irvine, Violine; c/o Sonia Simmenauer Impresariat, Bornstr 12, D-20146 Hamburg, T: (0 40) 42 31 31 11, F: 42 31 31 13, *Sonia.Simmenauer @impresariat-simmenauer.de, info@ardittiquartet.com*; c/o Künstleragentur Dr. Raab & Dr. Böhm, Plankengasse 7, A-1010 Wien, T: (01) 5 12 05 01, F: 5 12 77 43, *office@rbartists.at*; *www.impresariat-simmenauer.de, www. ardittiquartet.com.* **Laufb:** ständ Doz (Streicher) Darmstädter Sommerkurse f Neue Musik 82–96, Tourneen nach Mexiko, USA, Japan m Arditti-Qua SpZ 99/2000. **Pr:** Int Music Critics Award 92, 'Chamber Ens Award' d Royal Philharmonic Society, Ernst-v-Siemens-Musikpr. **Ens:** Arditti-Qua. – **Aufn/RF:** über 80 Aufn m Arditti-Qua. **UA:** Schaeffer: VII. Streichqua, UA Schaz, Kirch St Martin, Arditti-Qua, 97. **Sonst:** Grdg Arditti-Qua 74. (Red)

Arellano, Margarita De, Opernsängerin; c/o Bayerische Staatsoper, Brieffach, D-80075 München; c/o Robert Gilder & Co, Enterprise House 59–65, Upper Ground, London SE1 9PQ, Vereinigtes Königreich, T: (0 20) 79 28 90 08 [USA]. Belcanto **Ausb:** Stud U of Miami Florida, Bachelor of Music, Juilliard School New York, Master of Music, Stud (B Langer, R Loving) Bayer Staatsop München, (L Arner) Met Op New York, Mstrkurse (A Kraus, E Steber, J Wustman). **Laufb:** Sol Staatsth Stuttgart, Berliner Philharmoniker, Wiener Philharmoniker, Israel Philharmoniker, Münchner Philharmoniker. **Pr:** Met Op Competition. – **UA:** Kernis: Simple Songs (f Sop), UA Wien, Musikverein 01.

Arend, Katharina, Klarinette; c/o Niedersächsisches Staatsorchester, Opernpl 1, D-30159 Hannover. **Laufb:** 1. Sol Niedersächs StaatsOrch Hannover. (Red)

Arenkens, Paul, Sänger; c/o Neue Opernbühne Berlin NOB, Goltzstr 13, D-10781 Berlin. **Laufb:** Sol NOB Berlin SpZ 03/05. (Red)

Arens, Judith, Sopran; Frankfurter Str 47, D-41236 Mönchengladbach, T: (0 21 66) 94 08 04, 01 79–6 78 55 78; c/o Konzertdirektion Tobischek, Zimmermannstr 59, D-45239 Essen, T: (02 01) 8 40 51 75, F: 8 40 51 76, *tobischek@ arcor.de.* **Laufb:** Sol Städt Bühnen Krefeld/Mönchengladbach seit 01. (Red)

Arens, Rolf-Dieter, Prof, Hochschullehrer, Klavier, Solist, Kammermusiker; Hauptstr 31, D-04463 Großpösna, T: (03 42 97) 1 60 40, F: 1 60 41, *rektor@ hfm-weimar.de*; H für Musik 'Franz Liszt', Inst f Tasteninstr u Alte Musik, Pl der Demokratie 2/3, D-99423 Weimar, T: (0 36 43) 55 51 15, F: 55 51 17 [Zinnwald 16.2.1945]. **Ausb:** Stud (Kl, Kl-KamM) H f M Leipzig (H Volger, L Schuster), Mstrkse b P Badura-Skoda. **Laufb:** Doz MH Weimar u Leipzig 70–86, Prof f Kl u Kl-KamM Weimar seit 86, Rektor d H f M 'Franz Liszt' Weimar seit 01, int KonzTätigkeit in Europa, Asien, Japan, Südamerika, Jurorentätigkeit b int Wettb, künstl Lt d Sommerakad Schloss Hundisburg 93–99, Grd d KamMVereinigung Weimarer Solisten 95, Lt Mstrkse Schweiz u Südkorea. **Mitgl:** Präs d Franz-Liszt-Ges Weimar e. V. 97–99. – **Aufn/RF:** RF- u TV-Prod, CDs. **Sonst:** Vors Int Liszt-Kl-Wettb Weimar seit 94, künstl Lt Listfstv Weimar seit 2000.

Arévalo, Octavio, Tenor; c/o Theateragentur Dr.Germinal Hilbert, Maximilianstr 22, D-80539 München, T: (0 89) 2 90 74 70, F: 29 07 47 90, *agentur@ hilbert.de.* **Laufb:** Sol Bühnen d Stadt Köln. (Red)

Argast, Patricia, Sopran; Wentzingerstr 80, D-79106 Freiburg, T: (07 61) 27 29 43, F: 27 29 43, *pargast@web.de*; Magnolienpark 2, CH-4053 Basel, T: 06 13 32 07 85, F: 06 13 32 07 85 [Basel-Stadt 11.3.1966]. Klassik, Konzert **Ausb:** Stud Ges (A Meyeroltersleben, I Most) 88–93, Aufbaustud Ges Staatl H f M Freiburg/Br 93–95, Mstrkse b A Varnay (Münchner Singschul' 97), E Mathis, fortführende Studien b M Honig, Amsterdam seit 2000. **Laufb:** Freiburger Th 89/90, Staatsop Hamburg 91, Sommerfsp Leipzig 96, Sommerfsp Xanten 98, KonzLaufbahn in ganz Europa seit 88, KonzTournee Padua, Innsbruck, Besançon, Granada u Freiburg 2000, LAuftr (Ges) H f M Freiburg i Br seit 03. **Pr:** Stip 'Kiefer Hablitzel-Stift' u STV 93 u 94. **Ens:** seit 02 Merian-Trio m Katarzyna Bury (Fl) u Dominik Hormuth (Kl).

Argiris, Aris *siehe* Papagiannopoulos, Aris

Arguirov, Kostadin, Sänger; Willy-Lohmann-Str 4, D-06844 Dessau, T: (03 40) 2 20 35 21. **Laufb:** Sol Anhaltisches Th Dessau 01/05. (*)

Arias, Raúl Teo, Violine; c/o Bamberger Symphoniker, Mußstr 1, D-96047 Bamberg, PF 110146, D-96029 Bamberg; Höcherbühl 11, D-96049 Bamberg, T: (09 51) 5 25 83, *RTArias@aol.com*; *www.bambergerstreichquartett.de* [México City 7.9.1964]. Konzert, Kammermusik **Ausb:** V-Unterr b Emmanuel Arias y Luna MH México City, b Gerhart Hetzel MH München 84–86, Kurt Guntner 87–89, Mstrks 89–91. **Laufb:** seit 93 Stimmführer Bamberger Symph – Bayer Staatsphilh; Aushilfe ua als 1. Konzm Orquesta Sinf de Euskadi m M Venzago, G Varga, Bilbao Orquesta Sinf m JJ Mena, Basel Sinf-Orch; Münchner Philh m S Celibidache, Z Mehta, uva 88–93; Bayer RSO m L Maazel, M Jansons, R Muti, uva; Chamber Orch of Europe m C Abbado, I Fischer, CM Giulini, M Perahia 93–94. **Pr:** ARD Wettb Finalist 91 (Duo V/Kl m A Merkle). **Ens:** 1. Violine Bamberger Streichqua; Armand Streichtrio. – **Aufn/RF:** Friedrich Kiel: Streichqua Op 53 Nr 1, Walzer Op 73, 04; C Schumann: Romanzen Op 22 (BR) 88; Mozart: Sonate e Moll KV 304 (BR) 88; Bach/Markevitch: Das musikal Opfer, (Sol) m Bamberger Symph, Dgt J Nott 01; KA Hartmann: 8. Sinf, (Sol) m Bamberger Symph, Dgt I Metzmacher 97; Brahms: Horntrio m R Baborak, (BR) 02; Brahms: Sextett u Tschaikowsky: Souvenir de Florence m I van Keulen u Solisten d Bamberger Symph 01. **UA:** E Arias y Luna: Estampas mexicanas Op 39 (f V, Va, Fl u Hfe), UA Bamberger Symph 2000; E Arias y Luna: Octeto Op 51 (f Str), UA Bamberger Streichqua u Amernet Qua, UNAM México City 04 (beides zugeeignete Werke). **Lit:** Dicc de la Música Española e Hispanoamericana.

Arkaeva, Oxana, Sopran; Trillerweg 3, D-66123 Saarbrücken, T: 0 17 26 15 70 98; Saarländisches Staatstheater, Schillerpl 1, D-66111 Saarbrücken. **Laufb:** Sol Kammerop Frankfurt (03/04), Gast-Sol Op Frankfurt SpZ 00/01, Saarländ Staatsth seit Sp 02/03. (Red)

Arlt, Konrad (Pseud: Konrad), Sänger; Drakestr 69, D-12205 Berlin, F: (0 30) 8 33 66 90; *www.cantothek.com* [Berlin 9.7.1951]. Oper, Liedgesang **Ausb:** Stud (L Michels, M v Winterfeldt, K Rehm, A Pfeifle) Päd H Berlin. **Laufb:** Dt Op Berlin 77–80, Staatsop Stuttgart 82, Frankfurt/M 86, Norske Op Oslo 88–93, Staatsth Wiesbaden bis 95, jetzt freischaffend, Schauspieler f Film, Th, Rezitator, Gesangspäd seit 2000. – **Aufn/RF:** Lortzing: Regina, Dgt: D Bernet, 84 (RAI Turin); Carmina burana, Wiesbaden 93. **UA:** P Glass: Echnaton, Stuttgart, Dgt: D R Davies 84. **Sonst:** Grdg Junges Op- u Konzens Stuttgart 85.

Årman, Erik, Sänger; c/o Staatstheater am Gärtnerplatz, PF 140569, D-80455 München. **Laufb:** Sol Neue Op Wien, Ulmer Th, Gärtnerpl-Th München. (Red)

Arman, Howard, Prof, Chordirektor, Dirigent, Komponist; c/o MDR Chor, Augustuspl 9a, D-04109 Leipzig, T: (03 41) 3 00 87 55, F: 3 00 87 53, *howardarman@aol.com*; *www.howardarman.com*, *www.mdr.de* [London]. **Laufb:** Künstl Lt MDR Chor Leipzig, Dgt Volksop Wien, Luzerner Th SpZ 04/05, Händel-FSp Halle 06 (Admeto, Re di Tessaglia), Op Köln 06 (Cosi fan tutte), Turku/Finnland 06 (Don Giovanni), Hong Kong 06 (Don Giovanni). **Pr:** Händel-Pr 96, 'Echo'-Pr 02 (CD Rachmaninov 'Vesper' op.37) und 05 (CD Grann 'Der Tod Jesu'). – **Komp:** 'Weihnachtshistorie', UA Gewandhaus Leipzig 04; 'Fuga' für Orchester, UA Meiningen 04.

Armbruester, Fred, Komponist, Musiksoziologe, Musikpädagoge, Behaviorist; Marienstr 27, D-36039 Fulda, T: (06 61) 7 57 00 [Saarbrücken 27.6.1934]. **Ausb:** 6 Jahre Kons Heidelberg, U Examen Soziologie (Th. W. Adorno), Psychologie (Thure v Uexküll), Medizin, Prom, Habil. **Laufb:** Komp f Rundfunk u Fernsehen. **Pr:** b 7 prominenten int Wettb 6mal Nr 1, 1mal Nr 2. – **Komp:** Concert d Pegasus (Orchw) 57/58, UA Hannover, NDR, Dgt: P Falk 59; Die Bilder d Orpheus (Orch-Rhapsodie) 58/59, UA Köln, WDR, Dgt: S Köhler 93; Souvereign Africa (Orch-Suite) 86, UA München, BR 86; Trust In Peace (Konz) 90/91, UA Erfurt, Städt Philharmonie, Dgt: W Rögner 93; Return To Light (Orch-Rhapsodie) 92/93, UA München 96; The Name Of Charity Is Love (Sinf Phantasie) 94; You Shall Be Responsible (KamM) 94, UA Fulda, 1250-Jahr-Feier 94. **Sonst:** zahlr wiss Expertenveröffentl in Musiksoziologie u Musikpädagogik.

Armbrust, Rainer, Klavier; c/o Ensemble Spieltrieb, Andrea Wurmbäck, Spiegelstr 23, D-97070 Würzburg, *info@EnsembleSpieltrieb.de*. **Laufb:** 2. Kapm u Lt d Schauspielmusik Mainfranken Th Würzburg, freischaff Rep. (Red)

Armentia, Arantxa, Sopran; Karl-Wiser-Str 2b/II/5, A-4010 Linz, T: (07 32) 78 26 55; c/o John & Elisabeth Goodman, Dopschstr 20/3/11, A-1210 Wien, T: (01) 2 59 20 27, F: 2 59 61 24, *johngoodman@goodman.at* [Spanien]. **Ausb:** Stud Ges Cons Superior de Música Madrid b Pedro Lavirgen, Fortsetzung d Ausb in Dtschld b Prof Maria Venuti, Kurse b Sena Jurinac, Alfredo Kraus, Teresa Berganza, Gérard Souzay. **Laufb:** Auftr OpMadrid (Rossini, Mozart, Strauss, Henze), Las Palmas, Karlsruhe, Baden-Baden u Meiningen, Konz u Liederabende in Spanien, Italien, Österreich, Frankreich, Dtschld u in d Schweiz, Gastsol Nationalth Mannheim, Staatsth Stuttgart, Meininger Th u Teatro Real de Madrid, Sol Ldsth Linz SpZ 03/05. **Pr:** Stip d span Kulturmin, d Alexander-von-Humboldt-Stift u d Richard-Wagner-Verbandes Karlsruhe. (Red)

Armiliato, Fabio, Tenor; c/o Wiener Staatsoper, Opernring 2, A-1010 Wien, T: (01) 5 14 44 22 50 [Genua]. **Laufb:** Sol Op Zürich SpZ 00/01, Gast-Sol Op Frankfurt SpZ 00/01, Sol Wiener Staatsop SpZ 03/05. (Red)

Armiliato, Marco, Dirigent; c/o Bayerische Staatsoper, Brieffach, D-80075 München; c/o Wiener Staatsoper, Opernring 2, A-1010 Wien. **Ausb:** Stud Paganini Kons Genua (Kl). **Laufb:** Dgt Hamburg Staatsop, GastDgt Dt Op Berlin (03/05), Bayer Staatsop München, Wiener Staatsop. (Red)

Arming, Christian, Dirigent, Musikdirektor; c/o PRIMUSIC Konzert- und Musiktheaterproduktionen GmbH, Herrengasse 6–8/2/22, A-1010 Wien, T: (01) 5 32 71 24, F: 5 32 71 40, *office@primusic.at*; c/o Caecilia Lyric Department, Rennweg 15, CH-8001 Zürich, T: 0 12 21 33 88, F: 2 11 71 82, *caecilia@caecilia-lyric.ch*; *www.primusic.at* [Wien 1971]. **Ausb:** Stud (K Österreicher, L Hager) H f M Wien. **Laufb:** Chefdgt Janacek Philh Ostrava 96–02, MD Th Luzern u Chefdgt Luzerner SinfOrch seit 02, Chefdgt New Japan Philh Tokio seit 03.

Armstrong, Karan, HonProf, Prof, KS, Mezzosopran, Hochschullehrerin; c/o Boris Orlob Management, Jägerstr 70, D-10117 Berlin, T: (0 30) 20 45 08 39, F: 20 45 08 49, *info@orlob.net*; *www.orlob.net* [Montana, USA]. **Ausb:** Stud (Ges) Concordia College Moorhead, Minnesota 63, Stud b L Lehmann, F Zweig, T de Garmo u D Verhines Los Angeles. **Laufb:** Eng Met Op New York, Mitgl New York City Opera, Sol Wiener StaatsOp, Dt Op Berlin, Königl OpHaus Stockholm, Finn NatOp Helsinki, Kom Op Berlin SpZ 04/05, Gastsp Münchner FSp 76, Gastprof (Ges) H d Künste Berlin seit 96, HonProf seit 2000. **Pr:** 1. Pr d US-Auditions New York, KS Stuttgart 85, 'Berliner KS' 94, BVK 1. Kl 98. – **Lit:** R R Reif: K A. Das Mädchen aus dem goldenen Westen 95. (Red)

Arndt, Andreas, Prof, Hochschullehrer, Violoncello; Blenkerweg 12, D-44265 Dortmund, T: (02 31) 46 08 41, 01 72–8 00 54 99; Hochschule f Musik, Neustadt 22, D-32756 Detmold [Heidelberg]. **Ausb:** Stud Vcl (G U v Bülow) H f M Heidelberg-Mannheim, Stud Vcl (W Boettcher) Berlin u (J Goritzki) Düsseldorf. **Laufb:** Gastsol Berliner Philh Orch, Mitgl European Community Youth Orch, Gürzenich-Orch Köln; Doz Freie KunstHS Alfter b Bonn 83–86, Prof (KamM) H f M Detmold. **Ens:** Auryn Qua seit 81. (Red)

Arndt, Sylvia, Sängerin; Max-Planck-Str 7, D-04105 Leipzig, T: (03 41) 4 77 34 16, F: 4 78 37 22, *kontakt@atemzentrum-leipzig.de* [Halle/S 15.7.1948]. Musical, Chanson, Schauspiel **Ausb:** Stud PopM, Schausp, Chanson (G May) H f Musik Weimar 68–73, (Ges) H f M u Th Leipzig 76–80. **Laufb:** Sol u Regieass Op Halle 73–84, Sol Op Leipzig 84–99, Tourneen dtspr Raum 96, 98, freischaff seit 99, Sol Musikal Komödie Leipzig ab 99 (03/04), Gastsp Linz, Bielefeld 2000.

Arndt, Wolfram, Prof, Hochschullehrer, Posaune; Rosenweg 5, D-84079 Bruckberg, T: (0 87 65) 93 95 26, F: 93 95 27, *arndtpietsch@aol.com*; H f Musik u Theater, Arcisstr 12, D-80333 München [Stuttgart 2.3.1964]. sinfon Musik, Oper, BlechbläserkamM, Solo **Ausb:** Stud (J Doms, S Cieslik) UdK Berlin 83–85, Unterr (K-H Duse-Utesch). **Laufb:** Mitwirkung Berliner Philh 86, Solo-Pos Dt Op am Rhein Düsseldorf (Düsseldorfer Sinfoniker) 87–91, Solo-Pos Berliner Philharmoniker 91–99, Solo-Pos Bayreuther FSp 90–99, GastProf Musashino-MH Tokio seit 96, Mitgl Belchbläserens d Berliner Philh 91–99, German Brass seit 2001, Prof (Pos) H f M u Th München, Int Juror, Sol, KamM, OrchM, Mstrkse Japan, USA, Italien, England ua. **Pr:** 1. Pr Bundeswettb 'Jugend musiziert' 83, Stip d Herbert-v-Karajan-Akad, Dt Stift Musikleben, Studienstift d Dt Volkes, Oscar-Vera-Ritter-Stift, Axel-Springer-Stift, Dt Musikrat. **Ens:** Blechbläserens d Berliner Philh bis 99, German Brass seit 01. – **Aufn/RF:** sämtl Aufn Berliner Philh, 91–99 (bes VIII. Mahler, Dgt: Abbado 95); TV-Life-Mitschn Boléro, Waldbühne Berlin, Dgt Barenboim 98, Dgt: Prêtre 92; Brahms: Sinfonien, Dgt: Harnoncourt 97; Blechbläserens d Berliner Philh 98. **UA:** H Siebert: Rondean de Blech, UA Berlin, KamMSaal d Berliner Philh 92. **Sonst:** Grdg 'Schmuh & Brassers' 01.

Arnecke, Jörn, Komponist; Immenhof 19, D-22087 Hamburg, T: (0 40) 3 80 91 95, *ja@arnecke.de*; *www.arnecke.de* [Hameln 1973]. Musiktheater, Orchester, Kammermusik **Ausb:** Stud (Komp, MTheorie) MH Hamburg 94–97, Komp (G Grisey) Kons Nat Sup Paris 97–98, (P M Hamel) MH Hamburg 90–2000. **Laufb:** Teilzeit-Prof MH Hamburg seit 01, Werke verlegt b Edition Gravis seit 04. **Pr:** Förderpr Göttinger Symph Orch 99, KompWettb Bayer Staatsop u Op Zürich 01, Paul-Hindemith-Pr Schleswig-Holstein M Fstv 04. **Mitgl:** Dt Kompverb, Gesellschaft f MTheorie. – **Komp:** Erstarrung (f Sop, Sprecher, Ens), UA Hannover 2000 (Auftr: Expo); Folie (f Orch), UA Bayreuth, Fstv junger Künstler 2000 (Auftr: Fstv junger Künstler); Das Fest im Meer (MTh), UA Hamburg 03 (Auftr: Staatsop Hamburg); In Stille – StrQua Nr 1, UA München 03 (Auftr: Bayer Staatsop); Inschriften (2. StrQua), UA Düsseldorf 04 (Auftr: Tonhalle Düsseldorf); Drei Helden (MTh), UA Rheinsberg 04 (Auftr: MAkad Rheinsberg); Butterfly Blues (MTh), UA Hamburg 05 (Auftr: Staatsop Hamburg); Gezeiten (f Orch), UA Heidelberg 05 (Auftr: Th u Philh Orch Heidelberg). **Aufn/RF:** RF: Folie, m Orch Schleswig-Holstein M Fstv, Dgt L Zagrosek 04 (Dtld R Berlin); CD: Frage, m Göttinger SymphOrch, Dgt J Arnecke 99; Das Fest im Meer, m Philh Staatsorch Hamburg, Dgt C Meister 03.

Arnim, Arnulf von, Prof, Hochschullehrer, Klavier; Rotariusstr 4, D-44229 Dortmund, T: (02 31) 73 40 74, F: 73 14 58, *arnimcervo@aol.com*; Folkwang-Hochschule, Klemensborn 39, D-45239 Essen [Ahrensburg 2.2.1947]. Solo- u KamM **Ausb:** MH Frankfurt 66–70, Paris 71, Stuttgart 72–75. **Laufb:** Prof (Kl) H f M Detmold, Abt Dortmund 80, Grd u Ltg Sommerakad Cervo 89, künstl Lt Int Schubert-Wettb Dortmund ab 93, Prof FolkwangH 03. **Pr:** 1. Pr 'Viotti' Vercelli 75, 1. Pr 'Canals' Barcelona 77, 3. Pr 'Busoni' Bozen 78. – **Aufn/RF:** zahlr CDs Solo u KamM. **Sonst:** Mstrkse Weimar 94/95, Musakino (Tokio) 96–01, Hans Marteau seit 96, weitere Kse Rußland, USA, Italien, Jurymitgl 'Busoni', London, Oita ua, KamM m F P Zimmermann 81–86, U Hölscher, S Gawriloff, D Geringas u a.

Arnold, Jennifer, Mezzosopran; c/o Anhaltisches Theater, Friedensplatz 1 a, D-06844 Dessau, *mezzo@jenniferarnold.com*; *www.jennifer-arnold.de* [Minneapolis, USA]. **Ausb:** Stud Stanford U, Stud Manhattan U of Music New York, (R Falcon, M Dunn, M Peters), Mstrkse (E Lear, R Crespin, V Zeani, R Resnik). **Laufb:** Auftritte OpHäuser in USA, Italien, Spanien, Dtschld, Mitgl Bühnen d Landeshauptstadt Kiel seit 1998 (03/04) ('Carmen' 98 Ring (K Harms) Kieler Th 2000: Waltraute 'Götterdämmerung', Fricka 'Walküre', daneben Nicklausse 'Hoffmanns Erzählungen', Else 'Schimmelreiter', Erda 'Siegfried', Fricka 'Rheingold', Romeo 'Capuletti e i Montecchi', Fenena 'Nabucco') seit SpZ 98/99, Gast Tel Aviv (Bianca 'The Rape of Lucretia') 2000, Konz m D Baldwin Nizza 99, Konz m I Thomas u E Own Philadelphia 2000, Gastsol Anhalt Th Dessau SpZ 03/05, Op im Schlossgarten FSp Eurin SpZ 04/05. (Red)

Arnold, Lothar, Komponist; Brendstr 7, D-75210 Keltern, T: (0 72 36) 67 59, *LArnold839@aol.com, lotharamold@aol.com*; Frankenstr 4, D-75210 Keltern [Ettlingen 10.1.1959]. KamM **Ausb:** vor Studienbeginn Bad Kons Karlsruhe, MTheorie, Komp (E W Velte, R Weber), Kl (H Seidemann, L Gyimesi, R Denmarck) Karlsruhe 79–87. **Laufb:** Tutor MH u LBeauftr Inst f MWiss, LTätigkeit an MSchulen. **Pr:** mehrere Pr b 'Jugend Musiziert' (Landesebene), Sonderpr Stadt Pforzheim 78, 1. Pr Stadt Ludwigsburg m Film 'Der Stand d Dinge' (R Staub) Komp d FilmM. – **Komp:** Musik f V u Streichorch, UA Karlsruhe 84; Duo f zwei Gitarren (Git-Soli), UA Tennenbach 92; Bicinium (KamM), UA Karlsruhe 82; Duo f Querfl u Akk (KamM), UA Waldbronn 93; Trio f Flöte, Klar u Git (KamM), UA Gaggenau 93; Misterioso (BläserM), UA Bretten 91; Musik f Kl, Querfl u Vcl (KamM), UA Karlsruhe 84; Chant des Girouettes 99. **AuftrKomp:** Zehn kleine Stücke f Fl u Akk, UA Karlsruhe 89 (Auftr: Dt AkkLehrerverband); Zehn leichte Duette f Klar o Fl u Akk 01 (Auftr: Dt AkkLehrerverband). **Aufn/RF:** Arnold: 'Duo f zwei Git', m C u A Sciola-König 93. **UA:** Pyong Uk Yi: 'Psalm' (Kl); Wolfstieg: 'Trio f Fl, Vcl u Kl' (Kl); Goebel: 'Trio f Fl, Vcl u Kl' (Kl); Kasassaglov: 'Duo f Vcl u Kl' (Kl).

Arnold, Peter, Prof, Hochschullehrer, Horn; An der Sommerhalde 2, D-67659 Kaiserslautern, T: (06 31) 7 83 29, F: 9 75 96, *edition.fouquet-arnold@t-online.de*; Hochschule f Musik u Darst Kunst, N 7,18, D-68161 Mannheim [Trier 16.4.1952]. **Ausb:** Stud (K. Arnold) Mannheim, (H. Baumann) Essen. **Laufb:** Prof (Hn) Staatl H f M u Darst Kunst Mannheim. **Ens:** Philh Orch Essen, SWR-Rundfunkorch Kaiserslautern (Solohornist), Württemberg Kammerorch, Mithras-Oktett, Südwestdt Rundfunksolisten. (Red)

Arnold, Rolf-Rüdiger, Intendant; Diusburger Philharmoniker, Neckarstr 1, D-47051 Duisburg. **Laufb:** Intendant Duisburger Philh. (Red)

Arnold, Rotraut, Sängerin; Lachnerstr 34, D-80639 München, T: (0 89) 1 67 86 02, (01 71) 5 75 14 55; c/o Staatstheater am Gärtnerplatz, PF 140569, D-80455 München [Coburg]. **Laufb:** Sol Staatsth am Gärtnerpl München. (Red)

Arnold, Sheila, Klavier; c/o Jens Gunnar Becker Konzert- u Künstler-Agentur, Grünstr 13, D-58313 Herdecke, T: (0 23 30) 7 03 89, (01 72) 8 15 97 90, F: 75 07, *becker@beckerkonzert.de, sheilaarnold@web.de*; *www.*

sheilaarnold.de [Tiruchirapalli, Indien]. **Ausb:** H f M u Th Hannover (K-H. Kämmerling) 90–99. **Pr:** Int MozartWettb Salzburg 95, Concours Clara Haskil 95, Concurso José Iturbi, Valencia 2000, Stip d Studienstift d Dt Volkes (91–97), Best of NRW 2000. (Red)

Arnold, Stanislav, Prof, Hochschullehrer, Trompete; Univ f Musik u Darst Kunst, Inst 4, Brandhofgasse 21, A-8010 Graz, T: (03 16) 3 89 32 13, F: 3 89 30 41, *stanislav.arnold@kug.ac.at*. **Laufb:** o UProf (Trp) U f Musik u Darst Kunst Graz. (Red)

Arnold, Stefan, Prof, Hochschullehrer, Klavier; Univ f Musik u Darst Kunst, Inst f Tasteninstrumente, Lothringerstr 18, A-1030 Wien [Würzburg 1963]. **Ausb:** Stud (Kl) H f Musik Würzburg (K Hjort) 82, H f Musik u Theater Hannover (H Leygraf) 83–85, U Mozarteum Salzburg 85–89 u H f Musik Hans Eisler Berlin. **Laufb:** U Prof (Kl) U f Musik u Darst Kunst Wien. **Pr:** 1. Pr Int Bösendorfer-Wettb Salzburg 88. (Red)

Arnold, Wolfgang, Hochschullehrer, Klavier; Ringstr 18, D-97222 Rimpar, T: (0 93 65) 97 27. **Laufb:** Doz (Kl) Hermann Zilcher Kons Würzburg. (Red)

Aronica, Roberto, Tenor; c/o Wiener Staatsoper, Opernring 2, A-1010 Wien, T: (01) 5 14 44 22 50; c/o Columbia Artists Management GmbH, Till Janczukowicz, Albrechtstr 18, D-10117 Berlin, T: (0 30) 20 64 80 78, F: 20 45 34 80, *info@cami.com*; *www.wiener-staatsoper.at* [Civitavecchia, Italien]. Op v Rossini, Verdi, Donizetti u Puccini **Ausb:** Stud (Ges) b C Bergonzi u an der Accad Chigiana Siena. **Laufb:** Debüt Op Santiago de Chile 92, Sol Bayer Staatsop München, Auftritte: Dt Op Berlin, Sächs Staatsop Dresden, Hamburg Staatsop, Op Zürich, Wiener Staatsop, Met Op, Royal Op House Covent Garden London, Th du Capitole Toulouse. (Red)

Aronsky, Peter, Klavier; Auf Oberrüti 20, CH-6048 Horw, T: 04 13 40 34 34. (Red)

Aronson, David, Dirigent; c/o Wiener Staatsoper, Opernring 2, A-1010 Wien. **Laufb:** Dgt u Solokorr Wiener Staatsop. (Red)

Arp, Klaus Michael, Prof, Dirigent, Komponist, Hochschullehrer; Schillerstr 60, D-67071 Ludwigshafen, T: (06 21) 67 55 56, F: 67 83 13, *klarpus@t-online.de*; Staatl Hochschule f Musik u Darst Kunst, N7, 18, D-68161 Mannheim [Soltau, Niedersachsen 2.4.1950]. **Ausb:** Stud Kl (E Besch), Komp (C Hohlfeld), Dirig (W Brückner-Rüggeberg) 68–75. **Laufb:** Rep u Gastdgt Hamburg Staatsop 75–85, 1. KapM Koblenz 81–87, Chefdgt Radio-SinfOrch SWR 87–95, künstl Lt Villa Musica seit 92, Prof (OrchLtg, OrchErziehung) MH Mannheim seit 93. **Ens:** Künstl Lt Villa Musica Rheinld-Pfalz. **Mitgl:** Vorstandsmitgl ZukunftsInitiativeRheinlandPfalz, Kuratoriumsmitgl Dt PhonoAkad. – **Komp:** 'Ogygia' (Op nach F v Unruh), UA 89; 'Concerto nostalgico' (f Kb u kl Orch), UA 93, J Saksala, Radio-SinfOrch SWR; 'A Man With A Horn' (Ein Porträt v. M Davis) (Konz f Waldhn, Str u Percussion); UA 99, P Arnold, Kurpfälz KamMOrch; Concertino f V u Orch, UA Ekaterinburg 2000, M Zinman, Ural Philh Orch. **AuftrKomp:** 'Ogygia' 89 (Auftr: 200. Jubiläum Theater Koblenz). **Aufn/RF:** I Lachner: 'Die Regenbrüder' Radio-SinfOrch SWR, Bad Urach 91; L Spohr: 'Faust' 93; T Loevendie, I Strawinsky, P de Sarasate: 'Chant du Rossignol'. **UA:** V D Kirchner: Bildnis III, Shibolet; T Loevendie: 'Chant du Rossignol' (OrchFassung); L Graugaard: 'Upon This Yellow Sands' ua. **Zug:** V D Kirchner: Ahasver (szen. Purgatorium).

Arpin, Christopher, Repetitor; Ringstr 48–50, D-53225 Bonn, T: (02 28) 46 74 24. **Laufb:** Korr MTh Bonn, stellv StudLt MTh Bonn SpZ 04/05. (Red)

Arróniz, Mauricio, Sänger; Rorschacher Str 105, CH-9000 St Gallen, T: 07 12 44 04 07, *centurymercutio@hotmail.com* [Mexiko 13.5.1972]. **Laufb:** Sol Konz u Th St Gallen.

Arsentieva, Joulia, Sängerin; c/o Theater Görlitz, PF 300463, D-02809 Görlitz. **Laufb:** Sol Wiener Kammerop, Gastsol Th Görlitz SpZ 04/05. (Red)

Arter, Matthias, Oboe, Komponist, Dirigent, Hochschullehrer; Agnesstr 47, CH-8004 Zürich, T: 0 14 92 50 69, 0 78–8 50 50 69, *marter@marterart.ch, octomarion@dplanet.ch*; *www.marterart.ch* [Zürich 10.10.1964]. KamM, Improvisation, unbegleitete Soloprogramme **Ausb:** Stud (Ob) b Th Indermühle, H Holliger. **Laufb:** Solist u Improvisator, Doz (Ob, KamM, Imp) H f M u Th Bern seit 98, Tourneen China 91, Neuseeland/Australien m aequatuor 99, Armenien, Albanien 2000. **Ens:** Octomania, Arion-Qui, 4VentiQuattro, aequatuor, Duo AZ, Collegium Novum Zürich. – **Komp:** zuletzt: 3 Klstücke 99; another beautiful day (f Kl, Vcl u zwei weitere MusikerInnen) 99; Música (f Stimme solo) 99. **Sonst:** Grdg Ens Octomania 87, Duo Arter/Hochuli 90, Ens aequatuor 91, Arion-Qui 95, Duo AZ 97, Duo Arter/Zaugg 99. (Red)

Arteta, Ainhoa, Sängerin; c/o Bayerische Staatsoper, Brieffach, D-80075 München. (Red)

Artmann, Andrea, Sopran; c/o Konzertdirektion Fritz Dietrich, Sigmund-Freud-Str 1, D-60435 Frankfurt/M, T: (0 69) 54 45 04, F: 5 48 41 07, *info@konzertdirektion-dietrich.de*. **Ausb:** HfM Saarbrücken. **Ens:** Gilvan Singers. (Red)

Artmeier, Alfred, Komponist; Thaddäus-Eck-Str 50, D-81247 München, T: (0 89) 8 11 15 81 [Schwarzbach 16.12.1925]. **Ausb:** Musikprivatstud (J. Haugg). **Laufb:** Sologitarrist beim BR, Bayer Staatsop, Staatsth am Gärtnerpl, ca 15.000 Schallplattentiteleinsp, 6-jähr LTätigkeit f Gitarre Trappsches Kons München, Lt Abt Frühe Musik 70–90, Laienmusik, In- u Ausländ Volksmusik am BR, Grdgsmitgl Programmausschuss Dt Musikrat f d Laienorchesterwettb. **Pr:** Carl-Orff-Med, Otto-Jochum-Plak, Sudetendt Volkstumspr, BVK. – **Komp:** Freut euch in aller Welt op 190 (Advents- u Weihnachtszyklus), UA Hammelburg, Bayer MusikAkad 95; Gitarrismen op 192 (Gitarrenkonzert). (Red)

Artzt, Susanna, Mag, Pianistin; Gartengasse 12, A-2352 Gumpoldskirchen, T: (0 22 52) 6 34 39, (06 64) 5 80 11 68, *artztmanagement@hotmail.com*; *www.susanna-artzt.com* [Sisak, Kroatien 14.2.1972]. Klaviermusik d Jahrhundertwende 1870–1950 **Ausb:** Klasse v Vladimir Krpan an d Musikakad Zagreb, Abschluss d KlKonzFachstud m Auszeichnung, Stud in Wien b Paul Badura-Skoda, Klasse v Michael Krist u Peter Efler Wien, Mstrkse ua b Murray Perahia, Jacob Lateiner, Rudolf Kehrer u Evgenij Timakin. **Laufb:** Solo-Abende, solist Auftr m Orch, Mitwirkung in versch KamM-Ens u RF-Prod, Solo-Tournee Dtschld 99, Debüt-Recital im Wiener Musikverein 02. **Pr:** 1. Pr kroat JugendklWettb, Prtr Wettb 'KlMusik d 20. Jh u Österr KlMusik nach 1945' in Wien sowie b Int MWettb 'Palma d'Oro' in Italien, Stip d Alban Berg Stift u Yamaha Music Austria. **Ens:** Arsio Piano Duo. – **Aufn/RF:** RF B Bjelinski: Kammerkonzert f Kl u Orch in a-Moll, Kroat RF Radio Televizija Zagreb, Prod u Live-Mitschn z 80. Geb d Komp; CD m Werken v Debussy, Lili Boulanger, Scriabin, 02. **Lit:** Piano News: Solo-Cd zur CD d Monats Januar/Februar 03 gewählt.

Arvidsson, Björn, Sänger; c/o Theater Dortmund, Kuhstr 12, D-44137 Dortmund; c/o Cecilia Music Concept – Franz-Georg Stähling, Brauweilerweg 183, D-50933 Köln, T: (02 21) 8 00 00 70, F: 8 00 00 71, *staehling@cecilia-cmc.de*. **Laufb:** Sol Landesth Coburg, Sol Th Dortmund SpZ 04/05. (Red)

Arx-Widmer, Hanni von, Orgel; Bergstr 38, CH-4500 Solothurn, T: 03 26 22 62 71. (Red)

Asawa, Brian, Sänger; c/o Bayerische Staatsoper, Brieffach, D-80075 München. (Red)

Asbjörnsen, Lars, Querflöte, Hochschullehrer; c/o Concertino Agentur, Nerotal 24, D-65193 Wiesbaden, T: (01 71) 2 07 88 98, (06 11) 1 80 56 56, F: 1 80 56 57, *lars@norflute.com, concertino-wiesbaden@t-online.de*; Wiesbadener Musik- & Kunstschule, Schillerpl 1–2, D-65185 Wiesbaden; *www.norflute.com/hello.htm, www.concertinowiesbaden.de/Lars.htm* [Trondheim, Norwegen]. **Ausb:** Stud Østlandets Musikkonsn Oslo u FolkwangH Essen b Prof. Matthias Rütters. **Laufb:** Oslo Philharmonic Orch, Folkwang KamOrch, Doz (Querfl, Methodik) Wiesbadener Musikakad. **Ens:** Aeolus Duo.

Aschan, Josef, Prof, Komponist; c/o Anni Aschan, Tristacher Str 42 D, A-9900 Lienz/Osttirol, T: (0 48 52) 7 22 74; *www.musica.at/Aschan/leben.htm* [Krumpendorf 1916]. **Ausb:** Stud staatl akad H f M Berlin ab 42, Violinkurs (R Klopèie) Laibach 64–70, Musikks (Zehetmair, T Zimmermann) Mozarteum 82–90, Ks V (Altenburger) Lienz 93. **Laufb:** Geiger im Berliner Rundfunkorch, ViolinL Kärntner Landeskons 46–70, Geiger m Collegium musicum Klagenfurt, ViolinL u Lt d Stadtorch Lienz seit 72, Komp ab 71. – **Komp:** Imp f V Solo a-Moll. (Red)

Ashikawa, Mariko, Prof, Hochschullehrerin, Korrepetitorin, Klavier; Ubierstr 140, D-53173 Bonn, T: (02 28) 3 69 86 01; H f Musik, Dagobertstr 38, D-50668 Köln. **Laufb:** Prof (Korr Vcl) H f Musik Köln. **Pr:** 3. Pr ARD Wettbewerb München (Cello-Kl-Duo, Best Accompanist Pr Int Tschaikowskij-Wettb Moskau. **Ens:** Shevlin Trio. (Red)

Ashkenazy, Dimitri, Klarinette; c/o Konzertdirektion Fritz Dietrich, Sigmund-Freud-Str 1, D-60435 Frankfurt/Main, T: (0 69) 54 45 04, F: 5 48 41 07; c/o Konzert Agentur GmbH, Homelstr 34, CH-4114 Hofstetten, T: (0 41) 6 17 33 03 73, F: 6 17 33 03 74, *dashkenazy@concertagency.com*; *www.konzertdirektion-dietrich.de* [New York 1969]. **Ausb:** Unterr b G Sisini, Kons Luzern 89–93. **Laufb:** ZusArb ua m Dt SymphOrch Berlin, Royal Philh Orch, Filarmonici della Scala, Japan Philh Orch, St. Petersburger Philh, Tschech KamOrch, Sinfonia Varsovia, Helsinki Philh, Camerata Academica Salzburg, Camerata Bern, Kodaly-Qua, Brodsky Qua, Carmina-Qua, Peter Maxwell Davies, Krzysztof Penderecki, Cristina Ortiz, Edita Gruberová, Barbara Bonney. **Ens:** Schweizer Jugend-SinfOrch 92–93, Gustav Mahler Jugendorch 93–95. – **UA:** M Tutino, 'Piano americano' Konz f Klar u Orch 94, F del Corno, 'Passages' f Klar u Orch 97. (Red)

Ashkenazy, Vladimir, Dirigent, Klavier; Käppelistr 15, CH-6045 Meggen [Gorki 6.7.1937]. **Laufb:** MD Royal Philh Orch, Cleveland Orch, Chefdgt u Künstl Lt Dt SymphOrch Berlin 89–99, Chefdgt Tschech Philh seit 98, MD European Union Youth Orch u Ehrendgt Philh Orch. **Pr:** 2. Pr Chopin Wettb Warschau 55, 1. Pr Concours musical int Reine Elisabeth Brüssel 56, Tschaikowsky-Wettb 62. – **Aufn/RF:** KlKonz v Mozart, Beethoven, Chopin, Rachmaninow, Prokofjew u Scriabin; Beethoven, VSon m I Perlman. (Red)

Asllani, Sokolin, Bariton; c/o Stadttheater Klagenfurt, Theaterpl 4, A-9020 Klagenfurt [Fushé Arréz, Albanien]. **Ausb:** Unterr MGymn, Stud Kons Tirana, OpKl Kon d Stadt Wien. **Laufb:** Sol Op Tirana, Sol KamOp Wien SpZ 03/04, Stadtth Klagenfurt SpZ 04/05. (Red)

Asmus, Bernd, Prof, Komponist, Hochschullehrer; Staatl Hochschule f Musik u Darst Kunst, Urbanstr 25, D-70182 Stuttgart, *bernd.asmus@t-online.de, bernd.asmus@mh-stuttgart.de*; *www.berndasmus.de* [Marburg/Lahn 22.3.1959]. zeitgen Musik **Ausb:** Stud (Git, Vcl) FolkwangH f Musik, Th u Tanz in Essen 80–84, Stud (MWiss) Albert-Ludwigs-Univ Freiburg 84–86, Stud (Komp, MTheorie) MH Freiburg b Prof. Klaus Huber, Emmanuel Nunes, Prof. Peter Förtig 85–89, KompKrs 'Int Summer School' Dartington, England 87. **Laufb:** Tutor (Harmonielehre) Univt Freiburg 87–90, LBeauftr (MTheorie) MH Karlsruhe 89–93, 'ICARUS' Projekt Blindenschule Yotsukado, Japan 90, 'La voix dans toutes ses états' Projekt Centre George Pompidou, Paris 92, Lehrstuhlvertretung (MTheorie) MH Freiburg 92–93, Prof (MTheorie/Neue Medien) MH Karlsruhe seit 93, Grd Ges f Musik & Ästhetik Freiburg 97, Prof (MTheorie) Staatl H f M u Darst Kunst Stuttgart seit 2001, GastDoz (DAAD) universitas negeri medan (UNIMED) Medan/Nordsumatra/Indonesien 02. **Pr:** 1. Pr KompWettb Steir Herbst Graz 86, DAAD-Stip 87, Komp-Stip d MH Freiburg 89, KompStip Atelierhaus Worpswede 91, 1. Pr KompWettb f Kl Gueret

93, Stip Heinrich-Strobel-Stift d SWF Freiburg 95. – **Komp:** Malaiische Liebeslieder (Mezzosop u Ens), UA Graz 86; Conga-Trio (3 Schlgz), UA Freiburg 87; KNELL (Kl solo), UA Darmstädter Ferienkurse 88; malang mujur (Kl u Live-Elektr), UA Freiburg 95; far beyond (Alt u Altfl), UA Leipzig 97; Klang unter (Sop, Klar, Vcl, Kl), UA Aachen 97; Seats re caned any size considered ring (Picc), UA Paris 01, How many parts (f Va, Afl), UA Paris 03. **AuftrKomp:** Tanzmusik I (Biwa, Sho u Schlgz), UA Tokyo 91 (Auftr: Galerie TOM, Tokyo); Tanzmusik II (Schlgz solo), UA Freiburg 92 (Auftr: Land Baden-Württemberg); Quintett (singende Säge, V, Va, Vcl), Ua Mannheim 92 (Auftr: ens recherche Freiburg, Ges f Neue M Mannheim); Gewölk (Ens), UA Paris 96 (Auftr: Ens Erwartung Paris); Zeitbrunnen (Ens), UA Perpignan 98 (Auftr: Ens Linéa Strasbourg); The Kirghiz Light (Ens), UA Zürich 99 (Auftr: Ens SurPlus Freiburg); Vertiefung (Bassklar, Kb, Donnerblech), UA Freiburg 01 (Auftr: Ens Aventure Freiburg), Force of Circumstance (Ens), UA Insel Hombroich 02 (Auftr: Stift Insel Hombroich). **Sonst:** 'Die Zeit steht still im Fadenwerk' zu Wagners Knüpftechnik im Parsifal (Richard Wagner, Konstrukteur d Moderne) 99; Grd u künstl Lt Ens Omega Karlsruhe 2001. **Lit:** M Roth: 'Konturen d Unschärfe, Mikrointervallik i Werk v B A, Musik & Ästhetik, 02.

Asper, Ulrich, Dr, Prof, Hochschullehrer; Hochschule Musik u Theater, Hirschengraben 46, CH-8001 Zürich, *ulrich.asper@doz.hmt.edu*. **Laufb:** Prof (KiMges) HMT Zürich. (Red)

Asriel, Andre, Prof, Komponist; Karl-Marx-Allee 141, D-10243 Berlin, T: (0 30) 4 22 71 70 [Wien 22.2.1922]. **Ausb:** Stud Wiener Staatsakad 36–38, Licentiateship (Komp) d Royal Acad of Music 41, Stud b E H Meyer (Komp) u F Osborn (Kl), Stud MH 47–48, Reifeprüfung (Kl) 48, Mstrschüler Komp (Hanns Eisler) Akad d Künste d DDR 50–51. **Laufb:** Doz ab 50, Prof MH ‚Hanns-Eisler' ab 67, Em 80. **Pr:** Nationalpr d DDR 51, FDGB-Kunstpr 70, Vaterländ Verdienstorden 74. – **Komp:** Div Lieder (Klavierlieder) 38–71; Div Jugendlieder (Chorw) 49–65; Div Songs u Balladen 50–75; 32 Komp zu DEFA-Filmen 55–84; Div Komp f Konzertgit 61–88; Sechs Fabeln nach Äsop (gem Chor a capp) 67, UA Staatsop Berlin 68; sowie div KamM seit 38.

Assmann, Gertrud, Violine, Hochschullehrerin; Konrad-Adenauer-Str 32, D-63073 Offenbach, T: (0 69) 89 45 32; c/o Dr. Hoch's Konservatorium, Sonnemannstr 16, D-60314 Frankfurt, T: (0 69) 21 24 48 22, F: 21 24 48 33, *mail@dr-hochs.de* [Offenbach 1.2.1927]. Pädagogik **Ausb:** MH Heidelberg b Stanske 47–54, MH Köln b Zitzmann 54–56 (KonzEx). **Laufb:** Konztätigkeit Duo V u Kl 58–74, Doz (V) Dr Hoch's Kons Frankfurt. – **Aufn/RF:** RF-Aufn: Dvorak: Son F-Dur, SWR 58; Grieg: Son G-Dur, SWR 68. **Sonst:** Veröffentl: 'Geigentechnik im Aufbau' 67; 'Gertrud Assmann Stiftung Dr Hoch's Stipendienfonds' 98.

Atamanchuk, Natalia, Sängerin; Bielefelder Str 6, D-49082 Osnabrück, T: (05 41) 25 95 38. **Laufb:** Sol Städt Bühnen Osnabrück SpZ 03/04. (Red)

Ataneli, Lado, Bariton; c/o Wiener Staatsoper, Opernring 2, A-1010 Wien; c/o Erich Seitter Bühnen- und Konzertvermittlung, Opernring 8/13, A-1010 Wien, T: (01) 5 13 75 92, F: 5 12 93 51, *office@agentur-seitter.at*. **Laufb:** Sol Bayer Staatsop München, Dt Op Berlin, Wiener Staatsop, Hamburg Staatsop. (Red)

Athanasiadis, Caroline, Sängerin; c/o Volksoper Wien, Währinger Str 78, A-1090 Wien. **Laufb:** Sol Volksop Wien seit SpZ 03/04. (Red)

Atkin, Jeremy, Dirigent, Repetitor; c/o Mainfranken Theater Würzburg, Theaterstr 21, D-97070 Würzburg, T: (09 31) 3 90 80. **Laufb:** Korrep m Dirigier-Verpfl Vorpommersche Th- u SinfOrch Stralsund, Repet Mainfrankenth Würzburg. (Red)

Attenberger, Evelyn, Sängerin; Abensberger Str 8, D-93345 Hausen, T: (0 94 48) 92 09 40; c/o Theater an der Rott, Pfarrkirchener Str 70, D-84307 Eggenfelden. **Laufb:** Sol Th an der Rott Eggenfelden. (Red)

Attenberger, Hans, Dirigent; Abensberger Str 8, D-93345 Hausen, T: (0 94 48) 92 09 40; c/o Theater an der Rott, Pfarrkirchener Str 70, D-84307 Eggenfelden. **Laufb:** Dgt Th an d Rott Eggenfelden. (Red)

Attl, Elisabeth, Dirigentin, Klavier; 4 Viktorgasse 20, A-1040 Wien, T: (01) 5 05 76 56; c/o Volksoper Wien, Währinger Str 78, A-1090 Wien [Wien]. **Ausb:** Stud (Kl) H f M Wien, Stud Dirig (J Moore) USA, (M Gielen) Salzburg u (L Hager) Wien. **Laufb:** Ass Volksop Wien 98/99, Debüt als Dgt Volksop Wien, Ass d GMD Gran Teatro del Liceu Barcelona 99–01, Ass v Werther Wien 2000 u L Miller Wien 01, Eng Volksop Wien seit SpZ 03/04; Konz m Orquesta del Gran Teatro del Liceu, Symph Orch Szeged, KamOrch Alte Univ, Loh Orch Sondershausen, Philh Brandenburg 03. (Red)

Au, Christian von der *siehe* Auer, Christian

Aubert, Marc-Henri, Klavier; av du Temple 13, CH-1012 Lausanne, T: 02 16 53 45 93. (Red)

Aubert, Roger, Klavier; route de Pressy 48, CH-1253 Vandoeuvres, T: 02 27 50 11 17. (Red)

Auer, Christian (Pseud: Christian von der Au), Schauspielmusiker; Am Herzoggraben 14, D-85435 Erding, *c.j.auer@web.de*; Am Herzoggraben 14, D-85435 Erding, T: 01 79–6 96 39 15; *www.christianauer.com* [Passau 1966]. Musical, Film, Schauspielmusiken **Ausb:** Stud Kl, Querfl, Komp (N J Schneider) MH München 94–98. **Laufb:** SchspM Th Dinkelsbühl SpZ 03/05, div Tourneeth. – **Komp:** 4 Musicals, ca 20 Schauspielmusiken. **AuftrKomp:** Cyrano v Bergerac, Moses, Der Wilddieb beim Dinner for One (alle für 04).

Auer, Erich, Prof, Sänger; c/o Volksoper Wien, Währinger Str 78, A-1090 Wien. **Laufb:** Sol Volksop Wien. (Red)

Auer, Gerhard, KS, Sänger; Heideweg 32, D-82256 Fürstenfeldbruck, T: (0 81 41) 9 16 15; c/o Bayerische Staatsoper, Brieffach, D-80075 München. **Laufb:** Mitgl Ens Bayer Staatsop – NatTh München. (Red)

Auer, Maeve, Prof, Hochschullehrerin, Violine; Univ f Musik u Darst Kunst, Hellmesberger-Inst, Rennweg 8, A-1030 Wien [London 1949]. **Ausb:** VStud in Wien b Franz Samohyl 62–71, KonzFachdipl m Auszeichnung, Stud b Hilde Langer-Rühl u Orrea. **Laufb:** Mitgl d Wiener Solisten, dann Primgeigerin d Ensembles Contraste Günther Theuring, Aufbau d Int Musiktage Schloss Breiteneich-Stift Altenburg 69–76, KonzTätigkeit als Sol m Orch sowie als Duo-Partnerin m Kl in ganz Europa, Nah- u Fernost, Fernseh- u Tonaufzeichnungen f ORF u BBC, Mstrkl u KamMKurse in Österreich, Großbritannien u China 71–92, Lehrtätigkeit an d H f M Wien seit 8, zunächst assistierend in d KonzFachabt (Kl Prof Michael Frischenschlager), ab 85 Kl f V u Va in d Abt Musikp, Studienrichtungen ME, IME sowie IGP (bis 92 Fach 'Lehrpraxis'), Auftr m Mitgl d Wiener Symphoniker. (Red)

Auer, Walter, Flöte; Marokkanergasse 13, A-1030 Wien, *walter.auer@orsolino.de*; *www.orsolino.de* [Villach 24.11.1971]. **Ausb:** Stud Fl (Kofler) MH Mozarteum Salzburg 92–96, Fl (Blau, Pahud) OrchAkad d Berliner Philh Orch 96–98. **Laufb:** Sol (Fl) Radio Philh d NDR Hannover 01–03, Sol (Fl) Orch d Wiener Staatsop seit 03. **Pr:** 2. Pr Int Flötenwettb Cremona 96, 1. Pr Dt MWettb KamM Bonn (Orsolino-Qui) 2000, 2. Pr Int MWettb ARD München (Orsolino-Qui) 01. **Ens:** Orsolino Quintett.

Auerbach, Lera, Komponistin, Pianistin; c/o Impresariat Simmenauer GmbH, Bornstr 12, D-20146 Hamburg, T: (0 40) 42 31 31 11, F: 42 31 31 13, *sonia.simmenauer@impresariat-simmenauer.de*; c/o Internationale Musikverlage Hans Sikorski, Johnsallee 23, D-20148 Hamburg, *duffek@sikorski.de*; *www.impresariat-simmenauer.de* [Tscheljabinsk 1973]. **Ausb:** Juilliard School of Music/NY b R Beaser; MusikH Hannover. **Laufb:** Eröffnung W Disney Hall Los Angeles mit 1.Violinkonz, Solist G Kremer 03; Artist in residence Brahms-Haus Baden-Baden 2000+04; Composer in residence: Lockenhaus Fstv 01; Orch Ens Kanazawa, Japan 04/05; American Youth Symphony, Los Angeles 03/05; Musikfest Bremen 05/06; Vertonung des Märchens 'Die kleine Meerjungfrau' f Royal Danish Ballet Copenhagen 05. **Pr:** Poet of the year Int Puschkin-Gesellchaft 96; Paul-Hindemith-Pr 05; Composer of the year 05; Förderpr DLF 05. – **Komp:** Sonata No 2 for Violin+Piano op.63 01; Lonely Suite 02 UA San Francisco 04; Concerto No 1 f Violin and Orch op.56 2000/03 UA Los Angeles 04; String Quartett No.1 op.79 04 UA Luzern 05; The Little Mermaid op.80 04 UA Kopenhagen 05; 'Dreams and Whispers of Poseidon' 05; Dialogues on Stabat Mater (Auftr Musikfest Bremen und Festival Luzern) 05. **Aufn/RF:** 24 Preludes for Violin+Piano op 46 m V Gluzman, A Yoffe; T'filah for Violin solo op 33, V Gluzman ; Prelude for Violin+Piano op.31.

Auerbach, Rainer, Trompete; c/o Staatskapelle Berlin, Unter den Linden 7, D-10117 Berlin. **Laufb:** Sol Staatskap Berlin. (Red)

Auersperg, Heide, Prof, Hochschullehrerin; Univ f Musik u Darst Kunst Graz, Inst 12, Hauptpl 8, A-7432 Oberschützen, T: (03 16) 3 89 32 14, F: 3 89 31 21, *heide.auersperg@kug.ac.at*. **Laufb:** o UProf (V, Va) U f Musik u Darst Kunst Graz. (Red)

Aufenanger, Friedhelm, Komponist; Marchstr 12, D-53225 Bonn, T: (02 28) 46 77 73, F: 46 77 73 [7.10.1955]. **Ausb:** Stud (Komp) MH Köln 76–82, MH Stuttgart 82–84, MH Salzburg 84, (B Schaeffer) MH Krakau 86–87, Stud (MWiss) U Bonn 75–77. **Pr:** DAAD-Stip (Stud Krakau) 86 u 87, 2. Pr KompWettb Stadt Koblenz 81, 1. Pr Stadt Bonn 89, 3. Pr KompWettb KlM f Kinder Berlin 93; 3. Pr KompWettb Stadt Balingen 2000. – **Komp:** 'v Beethoven' (Orch) 88, UA Bonn, Orch d Beethovenhalle, Dgt: A Delfs 89; 'Sinngedichte' (Chor) nach G E Lessing 93, UA Worpswede, Landesjugendchor Niedersachsen, Dgt: P Henn 93; 'Vermutungen über d Alltag' 88, UA Bonn, Beethovenhaus, Enif-Ens, Mezzosop: Chr Ascher 89; 'Missa in dies profestos' 94, UA Riga, KamChor 'Versija' 95; 'Sons l'amour' 91, UA Berlin, Akad d Künste, trio basso 92; 'Suite w dawnym stylu' (Barockens) 94, UA Krakau, Ens 'fiori musicali' 96; 'Elias' (Orat) 96–98, UA Bonn 98; 'Musica serena' 98, UA Balingen, Ens d MH Trossingen, Dgt: H Cromm 2000. **AuftrKomp:** Nachsatz (zu KV 477) (Orch) 90, UA Bonn, Orch d Beethovenhauses Bonn, Dgt: H Imig 91 (Auftr: Orch d Beethovenhaus Bonn); Praeludien u Fuge (KamEns) 90, UA Bonn, Beethovenhaus 92 (Auftr: Orch d Beethovenhaus Bonn); Mädchen, Mädchen (S, S, B, 3 BaHn) 95, UA Bonn, Beethovenhaus 95 (Auftr: Orch d Beethovenhauses Bonn); Reklame (KamKonz) 96, UA Bochum, Dgt: W Sellner 97 (Auftr: Bochumer Symphoniker).

Aufrichtig, Karl, Sänger; c/o Stadttheater St Pölten, Rathauspl 11, A-3100 St Pölten. **Laufb:** Sol Th St. Pölten SpZ 03/04. (Red)

Augenstein, Kurt, Sänger; c/o Oper im Schloßgarten, Jungfernstieg, D-23701 Eutin, PF 112, D-23691 Eutin. **Laufb:** Sol Op im Schloßgarten Eutin. (Red)

Auguin, Philippe, Dirigent, Generalmusikdirektor; Prinzregentenufer 5, D-90489 Nürnberg, T: (09 11) 5 30 98 77; c/o Stiftung Staatstheater Nürnberg, Richard-Wagner-Pl 2–10, D-90443 Nürnberg, T: (09 11) 2 31 35 07, F: 2 31 37 69 [Nizza 1961]. **Laufb:** 1. Kapm Staatsop Stuttgart, GMD Niedersächs Staatsth Braunschweig, GMD d Stadt Nürnberg u Chefdgt d Nürnberger Philharmoniker seit 98, Gastdgt b zahlr Orch, OpHäusern u Festivals wie ua Bayer Staatsop München, Met Op, Staatsop Hamburg, Sächs Staatsop Dresden, Op Köln, Royal Op House Covent Garden, Dt Op Berlin, BBC Symph Orch, Royal Philharmon Orch, Wiener Philharmoniker, Tschech Philh, Orch Nat de France, Salzburger FSp, Musiksommer Bad Kissingen, Ravenna Fstv. **Pr:** Honorarkonsul d Rep Frankreich seit 02.

Aumaier, Leonore, Prof, Hochschullehrerin, Klavier; Univ f Musik u Darst Kunst, Inst Ludwig van Beethoven, Rennweg 8, A-1030 Wien [Wien]. **Ausb:** Stud (Kl, Korr) Kons d Stadt Wien (D Iliew, D P. Lutz). **Laufb:** UProf U f Musik u Darst Kunst Wien 91. (Red)

Aurich, Frieder, Sänger; Deutsches Nationaltheater, PF 2003, D-99401 Weimar [Karl-Marx-Stadt 1969]. **Ausb:** Stud Ges (M. Trappe-Wiel, H. Zabel u A. Ude) MH Dresden. **Laufb:** Sol Dt NationalTh Weimar seit 99. (Red)

Ausborn, Ursula, Harfe; c/o MDR Sinfonieorchester, Augustuspl 9a, D-04109 Leipzig. **Laufb:** Sol MDR SinfOrch Leipzig. (Red)

Aussel, Roberto, Prof, Hochschullehrer, Gitarre; Unter Krahnenbäumen 81, D-50668 Köln, T: (02 21) 1 39 10 33, *aussel@awanadoo.fr*; H f Musik, Dagobertstr 38, D-50668 Köln [La Plata, Argentinien]. **Ausb:** Stud Kons Juan Jose Castro von Buenos Aires (J M Zarate). **Laufb:** o UProf (Git) H f Musik Köln seit 94. **Pr:** Pr Int Gitwettb Radio France Paris 75, Pr Int Gitwettb Porto Alegre (Brasilien) 75, Pr Int Gitwettb Alirio Diaz in Caracas (Venezuela) 76. (Red)

Aussem, Armin, Prof, Hochschullehrer, Oboe; Sperberweg 5, D-66129 Saarbrücken, T: (0 68 05) 34 36; H f Musik Saar, Bismarckstr 1, D-66111 Saarbrücken [Köln 1944]. **Ausb:** Stud MH Köln. **Laufb:** Mitgl b Tokio Metropolitan Symph Orch, EnsMitgl OrchTrier, Münster, Sol RF-SindOrch Saarbücken, Prof (Ob) H d Saarlandes f Musik u Th Saarbrücken seit 96. (Red)

Aust, Jan, Intendant; c/o Theater Lüneburg GmbH, An den Reeperbahnen 3, D-21335 Lüneburg, PF 2829, D-21318 Lüneburg. **Laufb:** Intend Th Lüneburg seit SpZ 03/04 bis 09. (Red)

Auweiler, Birgit, Sängerin; c/o Musikalische Komödie der Oper Leipzig, Dreilindenstr 30, D-04177 Leipzig. **Laufb:** Sol Th Erfurt, Musikal Komödie Leipzig. (*)

Auyanet, Yolanda, Sopran; c/o Iberkonzert, Rodriguez Arias 23, E-48011 Bilbao, T: (0 34) 9 44 10 47 46, F: 9 44 21 85 82, *agencia@iberkonzert.com* [Las Palmas]. **Laufb:** Sol Konz u Th St Gallen, Sol SemperOp Dresden. (Red)

Avenhaus, Silke, Klavier; c/o Cecilia Music Concept – Franz-Georg Stähling, Brauweilerweg 183, D-50933 Köln, T: (02 21) 8 00 00 70, (01 72) 9 20 72 48, F: 8 00 00 71, *staehling@cecilia-cmc.de*; *www.silke-avenhaus.de* [Karlsruhe]. **Ausb:** Stud Kl (B Bodalia, K Schilde) München, (G Sebök) Indiana U, Bloomington, S Végh u Andras Schiff. **Laufb:** ZusArb m T Zehetmair, I Grafenauer, B Schmid, Ch Poppen, I Faust, J Widmann, J Vogler, M L Neunecker, Richard-Strauss-Tage 05, Schlossth Fulda SpZ 04/05. **Pr:** Kulturpr d Stadt München 97, Bayer Staatsförderpr 98. **Ens:** Munch-Trio. – **UA:** ua v Werke v W Hiller, J Widmann, M Aam, A Nakamura u H Eder. (Red)

Aventin, Ingeborg *siehe* Friedl-Aventin, Ingeborg

Avery, James, Prof, Hochschullehrer, Klavier; Kaiserstuhlweg 2, D-79346 Endingen, T: (0 76 42) 37 88, F: 37 88, *avery@mail.skylink.de* [1937]. **Laufb:** Prof (Kl) Staatl H f M Freiburg. (Red)

Avery, Michael, Repetitor; c/o Bühnen d Stadt Köln, Offenbachpl, D-50667 Köln, PF 101061, D-50450 Köln. **Laufb:** Rep Bühnen d Stadt Köln.

Avramova, Snejinka, Sängerin; Orionstr 6, D-85716 Unterschleißheim, T: (0 89) 3 10 75 37; c/o Staatstheater am Gärtnerplatz, PF 140569, D-80455 München. **Laufb:** Sol Staatsth am Gärtnerpl München, Bayer Staatsop München. (Red)

Ax, Emanuel, Klavier; c/o Askonas Holt, Ms Alexandra Schulz, Lonsdale Chambers, 27 Chancery Lane, London WC2A 1PF, Vereinigtes Königreich, T: (05 11) 3 66 07 60, F: 3 66 07 34, *mail@kdschmid.de*; Berliner Philharmoniker, Herbert-von-Karajan-Str 1, D-10785 Berlin [Lvov, Polen 1949]. **Ausb:** Stud Juilliard Schl (M Munz). **Laufb:** Konz Münchner Philh (Levine), BBC Symph Orch (Slatkin), Orch de la Suisse Romande, Orch Nat de Lyon, Orch Nat de France 2001/02, KonzR Tonhalle-Orch (Zinman), Sol Wien, Mailand, London, Lissabon, Orch Philh de France, Pianist in Residence der Berliner Philh. (Red)

Axelrod, John, Musikdirektor; c/o Luzerner Theater, Theaterstr 2, CH-6002 Luzern. (Red)

Aydin, Özgür, Klavier; c/o Konzertdirektion Fritz Dietrich, Sigmund-Freud-Str 1, D-60435 Frankfurt a M, T: (0 69) 54 45 04, F: 5 48 41 07, *info@konzertdirektion-dietrich.de, ozgur@ozguraydin.com*; Florastr 67, D-13187 Berlin; *www.konzertdirektion-dietrich.de, www.ozguraydin.com.* (Red)

Aydintan, Atila, Prof, Hochschullehrer, Violine; Hochschule f Musik u Theater, Emmichpl 1, D-30175 Hannover. **Laufb:** Prof (V) H f M u Th Hannover. (Red)

Azarmi, Nassrin, Sängerin; Sexdlitzstr 5, D-40476 Düsseldorf, T: (02 11) 9 89 46 30. **Laufb:** Sol Dt Op am Rhein Düsseldorf-Duisburg. (Red)

Azesberger, Kurt, Tenor; c/o Künstleragentur Dr. Raab & Dr. Böhm, Plankengasse 7, A-1010 Wien, T: (01) 5 12 05 01, F: 5 12 77 43, *office@rbartists.at*; c/o Austrokonzert International, Gluckgasse 1, A-1010 Wien, T: (01) 5 13 26 57, F: 5 12 61 54, *office@austroconcert.com*; *www.rbartists.at.* **Ausb:** Altsol Sängerknaben Stift St Florian, Stud Bruckner-Kons Linz, Stud (MPäd, MGesch) MH Wien, Stud Ges (H Rössl-Majdan, K Equiluz) ebd, Ex (Lied, Orat) 87, IntprKse Bach-Passionen (P Schreier). **Laufb:** Konz Österr, Dtschld, Niederlande, Großbritannien, Schweiz, Italien, Frankreich, Spanien, Tschechien, Slowakei, Fstvs: ua Salzburger FSp, Schubertiade Feldkirch, Int Brucknerfest Linz, Carinth Sommer, Styriarte Graz, Glyndebourne Fstv, BBC Proms ua, ZusArb m London Philh Orch, Concertgebouworkest, Residenz Orch Den Haag, Orch de Chambre de Lausanne, Concentus Musicus, Bachakad Stuttgart unter Dgt wie Abbado, Fedosejev, Frühbeck de Burgos, Hager, Harnoncourt, Herreweghe, Östman, Plasson, Rilling, Welser-Möst, Landesth Linz, Brucknerhaus Linz, Staatsop Berlin 95, KonzTournee m Israel Philh Orch (Matthäuspassion) 95, Wiener Volksop 96/97, Salzburger Oster- u Sommerfsp 97; Konz m zeitgen M (Zender: Winterreise; Britten: Serenade f Ten u Hn; ders: D verlorene Sohn; Weill: Propheten, aus 'D Weg d Verheißung'); Liederabende, va Schubertiade Schwarzenberg (Krenek: Reisebuch aus d österr Alpen; Schubert: Winterreise; Schumann: Dichterliebe; Wolf: Ital Liederbuch); Glanzpartien Op: Mozart: La Clemenzia di Tito (Titus) Landesth Linz u Volksop Wien; ders: Idomeneo (Hoher Priester) FSp Baden-Baden u Salzburg; Strauss: Elektra (Ägisth) Brucknerhaus Linz unter F Welser-Möst u Staatsop Berlin unter D Barenboim; Wagner: Rheingold (Froh) Catania; ders: Tannhäuser (W v d Vogelweide) Accad di S Cecilia Rom; Berg: Wozzek (Narr) unter C Abbado. **Pr:** Mozart-IntprPr f junge Künstler Bundesmin f Unterr u Kunst 91. – **Aufn/RF:** CDs: Schmidt: Das Buch m Sieben Siegeln, MVerein Wien, Dgt: H Stein 96; Bach: Cantatae profanae (harmonia mundi), Dgt: R Jacobs; Kreiser: Krösus, Dgt: R Jacobs; Schubert: Lazarus, Dgt: H Rilling; Schönberg: Jakobsleiter, Dgt: E Inbal; Francaix: L' Apocalypse selon St Jean; Mozart: Missae Breves, Dgt: N Harnoncourt; Mozart: Krönungsmesse, Dgt: L Hager.

B

Baader-Nobs, Heidi, Komponistin; Maiengasse 22, CH-4123 Allschwil, T: 06 14 81 42 78 [Delémont 5.12.1940]. **Ausb:** Stud MTheorie, Komp (R Suter, J Wildberger) Kons Basel. – **Komp:** Lamento (f 16 Stimmen a cappella) 84; Confrontation (f Kl) 86; Bifurcation (f Tb u Kl) 90; Spires (f V solo) 93; Duo pour Hansheinz (f V solo) 96. (Red)

Baba, Michael, Sänger; Jahnstr 5, D-82166 Gräfelfing, T: (0 89) 74 91 13 82; c/o Lore Blümel Opern- und Konzertagentur, Heiglhofstr 49, D-81377 München, T: (0 89) 8 59 38 64, F: 8 59 37 59, *opkoag-bluemel@t-online.de.* **Laufb:** Sol Staatsth am Gärtnerpl München, Gastsol Anhaltisches Th Dessau SpZ 00/04, Städt Bühnen Münster SpZ 00/01. (Red)

Babajanian, Karine, Sängerin; Staatstheater, Oberer Schloßgarten 6, D-70173 Stuttgart [Eriwan, Armenien]. **Ausb:** Stud (Prof. Mangasarian u Prof. Sazandarin) am Staatskons Eriwan. **Laufb:** Ensmitgl Armenian Nat Opera, Th d Stadt Koblenz, Th in Bielefeld, Staatsop Stuttgart seit SpZ 03/04. (*)

Babajanyan, Karine, Sopran; c/o Gerstel International Opera Management, Stockerstr 10, CH-8002 Zürich, T: 04 17 63 91 88 01, F: 04 42 53 14 53, *gerstel@swissonline.ch*; Hasenbergstr 99, D-70176 Stuttgart [Jerewan, Armenien 1.12.1968]. Oper **Ausb:** Stud Romanos Melikian Music Coll 83–87, Yerevan Staate Cons (Mangasarian, Sazandarian) 93–98. **Laufb:** Armenian Nat Op ('Otello', Desdemona; 'Cavalleria rusticana', Santuzza; 'Il Trovatore', Leonora) 96/99, Tournee in Israel, Israel Sinfonietta Beer Sheva 99, Mitgl Th Koblenz 99/01, Debüt Kom Op Berlin 2000 ('Manon Lescaut', Titelpartie), Tournee m H Rilling 2001, EnsMitgl Th Bielefeld 01/05, Staatsth Stuttgart 03/06, Th Erfurt SpZ 04/05, Th u Philh Essen SpZ 04/05. **Pr:** Prtr A Isahakian GesWettb 96, Austro-German Music Wettb 96, Finalistin Ranieri I Cestelli Competizione dell'Opera Hamburg 98, Stip d Richard-Wagner-Verbandes Bayreuth 01.

Babajanyan, Mikael, Bariton; c/o Cecilia Music Concept – Franz-Georg Stähling, Brauweilerweg 183, D-50933 Köln, T: (02 21) 8 00 00 70, F: 8 00 00 71, *staehling@cecilia-cmc.de* [Erewan, Armenien]. ital Oper, Konzert **Ausb:** Mstrks (T Krause) Kons Erewan 01. **Laufb:** Sol Th Dortmund SpZ 01/05, Gastsol Op Hannover SpZ 01/03; Oregon Bach Fstv 01, Bartok/Mozart Fstv Budapest 03, FSp Schwerin 03/04.

Babanov, Dmitri, Horn; c/o Konzerthaus Berlin, Gendarmenmarkt, Charlottenstr 57, D-10117 Berlin. **Laufb:** Sol Berliner SinfOrch. (Red)

Babcock, David, Komponist, Hochschullehrer, Klavier; Hafengasse 5/10, A-1030 Wien, T: (01) 7 18 90 68, *musikforum@aon.at* [Buffalo 27.3.1956]. **Ausb:** U Michigan 78, U Cambridge, HfM Wien 84. **Laufb:** L (Harmonielehre, Kl) U f M u Darst Kunst Wien. **Pr:** Theodor-Körner-Pr 2000. – **Komp:** 4 Sinf, zahlr W f KamM. (Red)

Baberkoff, Peter, Prof, Komponist; Am Wasserfall 10a, D-79868 Felberg-Falkau, T: (0 76 55) 13 32, *info@baberkoff.com*; *http://www.baberkoff.com* [Russe, Bulgarien 10.10.1929]. **Ausb:** Stud (V) Sofia, Stud (Komp) Prag, Stud (Komp u Dirig) b Schiske, Schwaroinsky Wien. **Laufb:** Prof (Dirig) Staatl MH Freiburg i Br 87–97. – **Komp:** Quatro movimenti per archi (Str-Orch), UA 82; In Memory (gr Orch), UA Würzburg 86; Poème pour un ange (KamM), UA 89; Sonate f Fl, Va, Hfe u Schlgz (KamM), UA Essen 92; Adagio f Str (Str-Orch), UA 98; Vier sinfonische Gesänge (Sop u gr Orch), UA 99. (Red)

Babinsky, Margarete, Pianistin; c/o agentur legato, Jürgen Partaj, Seilerstätte 5, A-1010 Wien, T: (01) 5 12 76 59, F: 5 12 83 70, *mail@legato.at*; *www.babinsky.at* [Wien 7.1.1966]. Klassik (Barock bis Modern, Vorliebe f Mozart u Schubert) **Ausb:** Konzertfach Kl (M Kriss, R Kehrer) U f Musik Wien 81–89, Konzertfach Kl (K H Kämmerling) U 'Mozarteum' Salzburg 89–91. **Laufb:** Konz b d meisten führenden Veranstaltern Österreichs, Tourneen nach Belgien, Dtschld, Frankreich, Großbritannien, Italien, Portugal, Spanien, Tschechien, Ungarn, Ägypten, Israel, Marokko, Senegal, Ostafrika, Japan, Brasilien, Fstvs ua Wiener Sommerfstv 'Klangbogen', Salzburger Schloßkonz, Schloßkonz in Grafenegg, Fstv 'Jugend Europas' Moskau, Fstv 'Mozart' Dakar, 2. Int MFSp Rabat, KlPartner: W Hink, K Adam, L Leskowitz, C Stradner, Korr Wiener MusikU seit 95. **Pr:** 'Wiener Flötenuhr' d Mozartgemeinde Wien 99, Begabtenstip d Stadt Wien, 2. Pr int KlWettb Newport, 2. Pr Int KlWettb 'Citta di Senigallia', mehrere Sonderpr f beste KamMInterpret. **Ens:** Klavierduo Babinsky-Busch. – **Aufn/RF:** Mozart: Klaviersonaten 93; Schubert: Klaviersonaten 98; Chopin: Preludes 98; Die besten Stücke f Gourmets 98; Rachmaninow: Klavierwerke 2000.

Baborak, Radek, Horn; c/o Art Productions Irena Nemecek, Müllerstr 15, D-80469 München, T: (0 89) 23 00 01 82, F: 23 00 08 52, *music@art-productions.com* [Pardubice 1976]. **Ausb:** Konzervatorium Prag 89–94. **Laufb:** Sol Berl Philh 2002. **Pr:** 1. Pr MWettb Concertino Prag 89, 1. Pr Int Rundfunk-Wettb v UNESCO 93, 1. Pr Int Wettb Genf 93, 1. Pr Int InstrWettb Markneukirchen 94, 1. Pr ARD Wettb 94, Grammy Classic Award Tschech Rep 95, 1. Pr ARD Wettb 97, Davidoff Prix 01, Mostly Class Award 02. **Ens:** Afflatus Quintet. (Red)

Bàcanu, Bogdan, Prof, Hochschullehrer, Marimbaphon; Classic Concert Salzburg – Artist Management, Glaneggerstr 55, A-5082 Salzburg-Groedig, T: (0 62 46) 7 66 53, F: 7 68 54, *mail@bogdanbacanu.com*; *www.bogdanbacanu.com*, *www.marimba.at* [Bukarest 31.7.1975]. Solomusiker **Ausb:** Unterr MSch Bukarest, George Enescu MGymn Bukarest, ua b K Abe in Japan, M Skinner in England, B Lilljequist in Schweden, S Fink in Dtschld, P Sadlo U Mozarteum Salzburg. **Laufb:** m 13 Jahren Eng als Schlagwerker Bukarester Philh 'George Enescu', Tourneen ua in Rumänien, Österr, Schweiz, Türkei, Norwegen, Holland, Dänemark, Spanien, Frankreich, Japan, Korea, Australien, Zypern, Griechenland, Kanada u USA; SolKonz (Kl u Schlgw) m div Orch, weltweite Sol-Konz, Mstrkse u Konz m Orch 97–02, Auftr b MFstv wie The Biennial in Brisbane Australien, Princeton Marimba Fstv, Percussion Fstv of Thessaloniki; Grd u künstl Lt Marimbafstv Linz, Grd u Lt PRISMA-Percussion, Prof Bruckneruniv Linz, Gastprof Princeton Marimba Fstv New York, Gastprof Univ of Melbourne. **Pr:** 1. Pr KlWettb aller rumän MSchulen 85, Keiko-Abe-Pr b World Marimba Competition Stuttgart 96. – **UA:** M Ravel: 'Left Hand Piano Concerto' (Arr f Marimba v B Bàcanu), UA Zeltsman Marimba Fstv USA 03; J Rodrigo: 'Concierto de Aranjuez' (Arr f Marimba v B Bàcanu), UA Rumänien, Bukarester Philharmoniker 03. **Zug:** H M Schalle: 'Concerto for Marimba and Orchestra', UA m Bukarester Philh 98, Aufn (Dgt Dennis R Davis) 01. **Sonst:** Jury-Mitgl II. Int Marimba Wettb Belgien 04, Endorser f ADAMS Marimbas 96.

Bacca, Daisy, Klavier; les Fontaines, CH-1867 Ollon, T: 02 44 99 28 28. (Red)

Bacelli, Monica, Sängerin; c/o Bayerische Staatsoper, Brieffach, D-80075 München. (Red)

Bach Bachtischa, Michael, Komponist, Cellist, Bildender Künstler; c/o Atelier BACH.Bogen, Im Schellenkönig 56b, D-70184 Stuttgart, *bach.bow@wanadoo.fr*; BP 70022, F-67161 Wissembourg; *pro.wanadoo.fr/bach.bogen/* [Worms 17.4.1958]. **Ausb:** Stud (Vcl) b P Fournier u J Starker. **Laufb:** int Konz, RF- u TV-Aufn, Komp, Saiten- u Klanginstallationen. **Pr:** Gaudeamuspr Rotterdam 81, Kranichsteiner MPr Darmstadt 82, Millenium Pr Würzburg 2000. – **Komp:** '18–7–92' f Vcl 92; Tonhöhen u Glissandi (f Vcl u 3 Tonbänder) 92; Ohne Titel (f Vcl m Rundbogen) 92; Notation 1 and 2 (f Stimme) 93/94; Notation f 15 Strings and 5 Players (Saiteninstall), UA je Donaueschinger MTAge 94 (Auftr: SWR); 50 Sounds (f Akk) 95; 52 Sounds (f V) 95/98; Paganini non ripete (f Va) 2000; 5 Pithces, 2 Voices f Clarinet 2000; A-E-G-C f Microtonal Piano 2000, UA Schloss Kapfenburg b Aalen (Auftr: Int MSchAkad) u Murbach (f Vcl) 2000, UA Murbach /Elsass, Fstv Printemps Rhénan 2000 (Auftr: SWR); Karpfens'bug f String Players and Singers 2000; Karpfens'teich f wind instr 2000; NURHAUFFÜGUR 1–7 f Vcl and Live-electronics 2000, UA Donaueschinger MTAge 2000 (Auftr: SWR); 57 Sounds f Organ 2000; Notation f Chamber Orch 2000, UA je Worms Fstv Rhein Frühling 01 (Auftr: SWR); Souvenir de Paganini (f 12 Vcl) 04. **Aufn/RF:** CD: The art of the curved bow 96 (J S Bach: Suite in C-Dur, D Schnebel: 5 Inventionen f Vcl 87, Mit diesen Händen f Stimme u Vcl 92); B A Zimmermann: M f Cello and Piano; J Cage: 'ONE 8' 91; J Cage u M B: 'Ryonanji-Material' f Vcl u 3 Lautspr 92; Z Kodály: Son op 8 f Vcl solo, M B: Soundboards 3 94. **UA:** J Cage: ONE8 and 108 f Vcl m Rundbogen u gr Orch, m SDR SinfOrch Stuttgart 91; D Schnebel: Mit diesen Händen f Stimme u Vcl m Rundbogen, UA (Gedenkveranst 75. Geb H Böll) Gürzenich Köln 92. **Sonst:** neue Cellotechniken, Buchveröffentl 'Fingerboards & Overtones', Entwickl e Rundbogens (BACH.Bogen) f Vcl, V u Va 90, Sonderpostwertzeichen Dt Post AG z '75 J Donaueschinger MTage Dtld' m Motiv Autograph v M Bachtischa, visuelle Arb ua: 'Fingerboards' I–III 90 u IV–VII 94–98, 'Mit diesen beiden Händen' 94, 'Lagauche' 95, 'Olévano' 95; Saiteninstall m R Hoffleit: 'Schloss Kapfenburg besaitet...', 'Strings and pillars', 'Jungfernfahrt' 2000. **Lit:** J Prichett: On Bach and the curved bow 96; E Roelcke: D Zwang z Freiheit, in: D Zeit 50/91; U Sommer: Klangspuren, in: Neue Zs f M 11/93; Musicage 96 ua.

Bach Nissen, Per, Bass; c/o Theater Stralsund, Olof-Palme-Pl, D-18439 Stralsund, PF 1351, D-18403 Stralsund, T: (0 38 31) 2 64 60, *perbachnissen@hotmail.com*; Hjejlen 67, DK-6270 Tønder; *www.theater-vorpommern.de* [Vejle, Dänemark 29.4.1969]. Basso Catabile **Ausb:** Stud (Ges) Royal Welsh College of Music and Drama Cardiff, Trinity College of Music London, OpStudio 'La Monnaie' Brüssel. **Laufb:** Gastsol Th Brandenburg, Th Nordhausen, British Youth Op 2000, Pegasus Op 01, London Op Players, Europ Chamber Op, Ens Th Vorpommern Stralsund seit 02; ZusArb m Dgt: ua Sir S Rattle, A Pappano, M-W Chung, B Haitink u C Rizzi.

Bach-Röhr, Christiane, KS, Sängerin, Hochschullehrerin; Karl-Marx-Str 84, D-12625 Waldesruh, T: (0 30) 5 66 06 60; H f Musik 'Hanns Eisler', Charlottenstr 55, D-10117 Berlin. **Laufb:** LBeauftr (Ges) H f M 'Hanns Eisler' Berlin. (Red)

Bach, Hans-Georg, Klarinette, Hochschullehrer; Univ d Künste, Fak Musik, PF 120544, D-10595 Berlin, T: (0 30) 3 18 50, F: 31 85 26 35, 31 85 26 59, *presse@udk-berlin.de*. **Laufb:** Doz U d Künste Berlin. (*)

Bach, Josef, Komponist; Haus auf der Waldau, Ahornstr 15, D-70597 Stuttgart, T: (07 11) 7 68 42 56 [Schmiedeberg 31.3.1921]. **Ausb:** MH Pressnitz 35–36, Militärmusikschule Prag 37–38, (Violine) Kons Dresden 39–41. **Laufb:** 1. Geiger Sinfonieorch Bayreuth 47, Fränkisches Landesorch Nürnberg 49–56, Kur- u Sinfonieorch Baden-Baden 57, Bad Staatskap Karlsruhe 66, Lt eines eigenen Schrammel-Quartetts. – **Komp:** Let us begin op 1 (Orchw) 52, UA Nürnberg 53; Singende Geigen op 2 (Orchw) 52, UA Nürnberg, Fränk Land-Orch Nürnberg, Dgt: L. Eysoldt 53; Danse exotique op 3 (Orchw) 54, UA Nürnberg, Fränk Land-Orch Nürnberg, Dgt: L. Eysoldt 55; Polka, Ländler u Galopp (Miniaturvolksmusik) 54, UA Baden-Baden 60; Verbius Unitis (Konzertmarsch) 79; UA Bonn 80. (*)

Bach, Konrad, Dirigent, Musikdirektor; c/o Thüringer Landestheater, Theaterpl 4–7, D-99817 Eisenach, PF 1449, D-99804 Eisenach, T: (0 36 91) 25 61 44. **Laufb:** Thüringer Landesth Eisenach: Solorep m Dgt-Verpfl, MD ebda SpZ 03/05. (Red)

Bach, Marion, Sängerin; Heiligenberg 35, D-98547 Schwarza, T: (03 68 43) 7 04 91, (01 72) 3 03 35 17, F: 7 04 91, *info@marion-bach.de*; *www.marion-bach.de* [Suhl 16.2.1968]. **Ausb:** GesStud H f M 'F. Liszt' Weimar 88–91. **Laufb:** Chorsol u Sol OpChor am Südthüring Staatsth Meiningen. (Red)

Bacher, Martin, Sänger; c/o Jekyll & Hyde, Goldgasse 1, D-51103 Köln, *mail@martinbacher.de*; c/o Performing Artists, Zieglergasse 7, A-1070 Wien, *artists@performingcenter.at*; *www.martinbacher.de* [Zürich 23.5.1974]. Musical **Ausb:** Stage School of M, Dance and Drama Hamburg 95–96, Performing Arts Studios Vienna, Wien 96–99. **Laufb:** 'Rocky Horror Show' Circuszelt Merzig 2000, 'Evita' FSp Bad Hersfeld 01, 'Sisi' Ronacher Wien 01, 'Hair' Op Bonn 01, 'Mozart!' Neue Flora Hamburg 02, 'Jekyll & Hyde' Musical Dome Köln 03.

Bacher, Rosina, Sopran; Deliusstr 4, D-52064 Aachen, T: (02 41) 3 03 09, F: 3 03 09; c/o Concertino Agentur, Nerotal 24, D-65193 Wiesbaden, T: (06 11) 1 80 56 56, F: 1 80 56 57, *concertino-wiesbaden@t-online.de*. **Ausb:** Mozarteum Salzburg. (Red)

Bachhuber, Birgit, Harfe; c/o NRD Radiophilharmonie, Rudolf-von-Bennigsen-Ufer 22, D-30169 Hannover. **Laufb:** Sol NDR RadioPhilh Hannover. (Red)

Bachl, Alexander, Prof, Hochschullehrer, Klarinette; Hochschule f Musik u Theater, Harvestehuder Weg 12, D-20148 Hamburg. **Laufb:** Prof (Klar) H f M u Th Hamburg. (Red)

Bachler, Klaus, Intendant, Schauspieler; Burgtheater Wien, Dr Karl-Lueger-Ring 2, A-1010 Wien, T: (01) 5 14 44 41 40, 5 14 44 41 00, F: 5 14 44 41 03; c/o Bayerische Staatsoper, Max-Joseph-Pl 2, D-80075 München; *www.burgtheater.at* [Fohnsdorf, Steiermark 29.3.1951]. **Ausb:** Stud (Schauspiel) Max-Reinhardt-Seminar Wien. **Laufb:** Eng Salzburger Ldsth, künstl Ltg Schiller-Th Berlin 87–90, Intend Wiener Festwochen 92–96, Wiener Volksop 96–99, Burgth Wien 99–08, Bayer Staatsop ab 08. (Red)

Bachlund, Gary, Tenor; c/o Peter Seyfferth Artists Management, Av de la Concorde 385, F-06190 Roquebrune Cap Martin, *peter@seyfferth.de*; c/o Musicaglotz, 11, rue le Verrier, F-75006 Paris [Los Angeles, USA 1947]. **Laufb:** Gastsol Staatsth Kassel, Gastsol Vereinigte Bühnen Graz. (Red)

Bachmaier, Ute, KS, Sopranistin; c/o Theater Magdeburg, Universitätspl 9, D-39104 Magdeburg, PF 1240, D-39002 Magdeburg [Karl-Marx-Stadt (Chemnitz)]. **Ausb:** Stud (Kl u Ges) H Karl-Marx-Stadt u H f M 'Carl Maria v Weber' Dresden 72–76. **Laufb:** Th Magdeburg: Kinderchor, 1. Eng 86, seither Sol, Gastsp als 'Königin der Nacht' Staatsop Berlin, Staatsth Hannover, Rostock u Semperop Dresden, 'Carmina Burana' in Singen u Frankreich 92/97, Gastsol Bad Hersfelder FSp 96. **Pr:** 3. Pr OpWettb Gera 85/2. Pr 87, 'Prager Frühling Ehrendiplom 86, Bad Hersfelder OpPreis 96. (Red)

Bachmann, Armin, Prof, Hochschullehrer, Posaune; Bachstr 9, CH-4628 Wolfwil, T: 06 29 26 03 32, F: 06 29 26 03 51, *a.bachmann@ggs.ch*; H für Musik 'Franz Liszt', Inst f Bläser u Schlagwerk, PF 2552, D-99406 Weimar, *armin.bachmann@hfm-weimar.de*. **Laufb:** Prof (Pos) H f M 'Franz Liszt' Weimar. (Red)

Bachmann, Leo, Komponist, Tuba; Flurstr 87, CH-8047 Zürich, T: 04 44 01 29 19, *leo@bachman.ch*; *www.bachman.ch* [Hochdorf 13.3.1956]. zeitgen Musik **Ausb:** Stud Kons Luzern 80–84, Tuba (B Stewart) New York 94–95. **Ens:** Kontra-Trio, Igors, Nadelöhr. – **Komp:** 'Palette of Sounds' (13 Stücke f Tuba solo), UA New York, Swiss Inst 95; Triolo (ImpKonzept f Trio) 96; Multiplex (f Bläser u/oder Streicherens beliebiger Grösse u Zuspielband) 99; Panorama (Cb-Fl, Cb-Sax, Cb-Tuba u 7-spuriges Zuspielband) 04. **Aufn/RF:** 'Diligent Places', Werke v T K J Mejer u L B, m Kontra-Trio; 'Palette of Sounds' v u m L Bachmann, Tb-Solo; 'Disseminate', Werke v P Niblock, m Kontra-Trio (Kontradictionaries); 'Fired City', Werke v F Denyer, m Kontra-Trio (Resonances of ancient sins). **UA:** P Niblock: Kontradictionaries 2000; A Lucier: Sestina 2000.

Bachofner, Philipp, Flöte; Neuguet, CH-8820 Wädenswil, T: 0 17 80 11 35, F: 0 16 80 20 74, *philippbachofner@artarena.ch* [Zürich 1953]. **Ens:** cosmoquintet, Feine Klänge, Belcanto Ens. – **Sonst:** m Brita Ostertag (Fl) Organ KonzReihe 'Musik im Schloss'. (Red)

Bachor *siehe* Akhmedov, Firus

Bachtadze, Michael, Sänger; Theater, PF 100353, D-33503 Bielefeld. **Laufb:** Sol Th Bielefeld. (Red)

Backhaus, Peter, Klavier; Marktwasserweg 5, D-98617 Meiningen, T: (0 36 93) 47 88 92. (Red)

Backhaus, Simon, Kontrabass; c/o HR Sinfonieorchester, Bertramstr 8, D-60320 Frankfurt a M. **Laufb:** Vorspieler HR SinfOrch Frankfurt a M. (Red)

Backlund, Ann-Marie, Sopran; Walter-Leiske-Str 28, D-60320 Frankfurt. (Red)

Backlung, Ann-Marie, Sängerin; c/o Dietrich Eberhard Gross Künstleragentur, Eschenweg 19, D-61440 Oberursel, T: (0 61 72) 93 41 44, F: 93 41 45, *d. e.gross@grossagentur.de*; c/o Oper Frankfurt, Untermainanlage 11, D-60311 Frankfurt/Main. **Laufb:** Sol Op Frankfurt seit SpZ 03/04. (Red)

Badaracco, Carla, Pianistin; via Somaini 9, CH-6900 Lugano, T: 09 19 22 08 76 [26.3.1915]. Pädagogik **Ausb:** (b E Pozzoli) Cons G Verdi Milano 33, (b A H Langenhan) Scuola di Concertismo Berg/CH 42/52. **Laufb:** Radioaufn (ua Monteceneri 36–65, Sottens 51, 53, 54, Beromünster 54), Konz ua Amici della Musica Lugano, Volkshochschule Aargau, TV Svizzera Italia, Mailand, Mitgl i KamM Ensembles. – **Sonst:** Mitarb b 'The lost tradition in music: rhythm and tempo in Bach's time' 53.

Badea, Alexandru, Tenor; c/o Rainer Zagovec Konzert- u Theateragentur, Hans-Böckler-Str 23, D-65468 Trebur-Astheim, T: (0 61 47) 91 96 60, F: 91 96 62, *agentur@zagovec-artists.de*; c/o Secretariat Artistique Muriel Denzler, Rue de la Cure 12, CH-2022 Bevaix, T: (0 32) 8 46 26 12, F: 8 46 37 87, *secret.art@murieldenzler.com*; *www.zagovec-artists.de* [Oradea, Rumänien]. **Laufb:** Sol Konz u Th St Gallen, Gastsol Bad Staatsth Karlsruhe SpZ 00/01, Gastsol Mecklenburgisches Staatsth Schwerin SpZ 03/04, Sol Nationalth Mannheim SpZ 03/04, Sol Lehár Festival 05. (Red)

Bader, Anita, Sopranistin; Breiter Weg 254, D-39104 Magdeburg, T: (03 91) 7 33 27 83; c/o Theater Magdeburg, PF 1240, D-39002 Magdeburg. **Laufb:** Sol Th d Landeshauptstadt Magdeburg, Staatsth am Gärtnerpl München.

Bader, Hans-Dieter, KS, Sänger; Schulenburger Mühle 14, D-30855 Langenhagen, T: (05 11) 78 18 14, 0 17 12 83 03 07, F: (05 11) 78 18 14; c/o Niedersächsische Staatstheater Hannover, Opernpl 1, D-30159 Hannover. **Laufb:** Sol u Gastsol Op Hannover. (Red)

Badinski, Nikolai, Komponist, Violine; Fröaufstr 3, D-12161 Berlin, T: (0 30) 85 07 94 04, F: 85 07 94 04, *badinski@gmx.de*; *www.badinski.8m.com* [Sofia, Bulgarien 19.12.1937]. Konz (Sinf u KamM), M f Choreographien **Ausb:** Staatsexamen, Dipl MAkad Sofia 61, Mstrkl Komp (R Wagner-Régeny) Akad d Künste Ost-Berlin (Dipl) 70, Mstrkl (m Leistungsstip) Komp u KamM (L Dallapiccola, F Donatoni) Accad Chigiana di Siena (Dipl) 75–76. **Laufb:** langjähr Tätigkeit als Doz f Komp, Kontrapunkt, KamM, V, ZusArb m Ligeti, Stockhausen, Xenakis, GastProf U Stockholm u Kopenhagen 71, Gastvorl u Vorträge in Europa u USA, Ass (Komp) v M Deutsch Sorbonne u L'École Normale de Musique Paris 82, ArbAufenthalte Elektron Studio Utrecht 83/84, Composer-in-Residence Kalifornien 87, Visiting Prof Stanford University San Francisco. **Pr:** Mitgl Europ Akad f Künste, Wiss u Lit Paris seit 83, 1. Pr ua b Int Komp-Wettb Stockhausen, Viotti, Int Triest-Pr f Sinf Musik 78, Rom-Pr (Villa Massimo) 80, Paris-Pr 82, Stip d frz Regierung 85/86, 'Man of the year' 97. **Ens:** Grdg: G F Händel-Ens Halle, Strqua Halle (Primarius). – **Komp:** über 140 Werke, ua Violinkonzert Nr. 3 71/72, UA Berlin, Chr Edinger, Berliner Philh Orch, Dgt: C Halffter 80; 2. Amekdil (Sinfonie) 'AaAaN' 78, UA Baden-Baden, Sinf-Orch d SWF, Dgt: L Zagrosek 80; 3. Amekdil (Sinfonie) 'Situazioni mobili') 80/81; Begegnungen von Unendlichkeiten (f elektron verst u Tb) 82, UA Hannover, L Kupkovic 83; Die 'trunkene' Fledermaus (musikal Spaß f Orchester) 91/92, Dgt: A Albrecht; Seven Memorial Stones 93/94, UA Salzburg, Mozarteum 97, Five visions at the window (Perc) 96/97, UA Nürnberg 97, Crystals (2 Kl) 99/2000, Fragilità e Vitalità (Kl, Instr) 2000. **AuftrKomp:** Berliner Divertimento (Fl, Klar, KB, Schlgw) 68, UA Gewandhaus Leipzig 74 (Auftr: W Felsenstein); Widerspiegelungen der Weisheit (Sol, Chor, Orch), Dgt: H. Hilsdorf 83/84, UA Berliner Philh 85 (Auftr: Sing-Akad Berlin); Schwebendes Berliner Märchen 83–86, UA 37. FestW Berlin 87 (Auftr: Berliner FestW). **Aufn/RF:** mehrere CDs u zahlr Aufn ua Konz f V Nr 3 m Berliner PhilhOrch (SFB Berlin), Amekdil Nr 2 (Sinf) 'AaAaN' m SWF SinfOrch, Dgt: L Zagrosek (SWF Baden-Baden), D trunkene Fledermaus f Orch (WDR Köln), Seven Memorial Stones (Requiem) m Camerata Academica Salzburg, Dgt: S Cambreling (ORF). **Sonst:** N B: '..Zwischen den Klängen.. Durchlöchertes Tagebuch, Erkenntnisse eines Musikers' 03. **Lit:** KompPorträts ua in Rom, Paris, Berlin, Venedig, San Francisco, Zürich, Florenz, Padua, Sofia u Varna, mehrere Art in bedeutenden Zss, ua 'D Orchester', 'Neue Zs f Musik'.

Badura-Skoda, Paul, Klavier; c/o Baron & Weingartner Internationale Künstleragentur, Bösendorferstr 4/12, A-1010 Wien, T: (01) 4 89 61 54, F: 4 89 61 54 44, *office@baronartists.com*; c/o Konzertdirektion Tobischek, Zimmermannstr 59, D-45239 Essen, T: (02 01) 8 40 51 75, F: 8 40 51 76, *tobischek @arcor.de*; *www.baronartists.com*, *www.badura-skoda.com* [Wien 6.10.1927]. **Ausb:** Stud Kons Wien, Mstrks b E Fischer. **Laufb:** Ass v E Fischer, ZusArb m W Furtwängler, H v Karajan, L Mazel, Z Mehta, S Ozawa, G Szell, K, Sir Ch Mackerras, Sir G Solti, K Nagano, J E Gardiner, Jurymitgl b wichtigen int Wettb, Mstrks. **Pr:** Österreich Ehrenkreuz f Wiss u Kunst 76, Bösendorfer-Ring 78, Ritter d Ehrenlegion 93, 'Commandeur des Arts et des Lettres' 97. – **Aufn/RF:** mehr als 200 Einsp, ua kompl Zyklen d KlSon v Beethoven, Mozart u Schubert. (Red)

Bae, Jae-Chul, Tenor; Königsberger Str 46, D-66121 Saarbrücken, T: (01 74) 6 05 70 50; Saarländisches Staatstheater, Schillerpl 1, D-66111 Saarbrücken. **Laufb:** Sol Dt Op am Rhein Düsseldorf-Duisburg, Opern-Ens d Saarländ Staatsth seit 04/05. (Red)

Baechle, Janina, Mezzosopran; c/o Erich Seitter Bühnen- und Konzertvermittlung, Opernring 8/13, A-1010 Wien, T: (01) 5 13 75 92, F: 5 12 93 51, *office @agentur-seitter.at* [Hamburg 24.6.1968]. Op, Lied d 19./20. Jh, dramat Mezzo **Ausb:** Stud (MWiss, Gesch) U Hamburg 90–95, (G Litz, H Schwarz) H f M u Th Hamburg 94–2000. **Laufb:** Sol Staatsth Braunschweig, Th Basel, Gastsol Mainfranken Th Würzburg SpZ 2000/01, Staatsop Hannover ab 2001/02, Debüt Wiener Staatsop SpZ 04/05, Gastsol Tiroler Ldsth SpZ 04/05. **Pr:** 3. Pr I Cestelli Competizione dell'Opera 98. – **UA:** Friedrich: Nachtgesänge, UA 96. **Zug:** Friedrich: Nachtgesänge (5 Lieder f Mezzosop u Kl) 94/96.

Bächli, Samuel, Dirigent, Musikdirektor; Sternstr 5, D-45888 Gelsenkirchen, T: (02 09) 27 00 29. **Laufb:** 1. Kapm Schillerth NRW Wuppertal-Gelsenkirchen, MDir MTh im Revier Gelsenkirchen seit SpZ 03/04, Gastdgt Th St Gallen SpZ 03/04. (Red)

Bähr, Frank, Schlagzeug; c/o WDR Sinfonieorchester, D-50600 Köln. **Laufb:** 1. Schlagz WDR SinfOrch Köln. (Red)

Baehr, Guido, Sänger; 10, Rue des Alliés, F-57600 Forbach, T: 03 87 88 79 03, F: 03 87 88 79 03, *guidobaehr@web.de*; Saarländisches Staatstheater, Schillerpl 1, D-66111 Saarbrücken [Dernbach, Westerwald 6.4.1963]. Oper, Operette, Musical, Konzert **Ausb:** SchM, GesPäd MH Detmold, Ges (H Kretschmar) 82–90. **Laufb:** Sol Städt Bühnen Nürnberg 91–97, Sol Saarländ Staatsth Saarbrücken seit 98, LAuftr (Ges) U Erlangen 95–97, LAuftr (Ges) MH Mannheim seit 03, Gast Aachen, Bern, Coburg, Detmold, Essen, Hannover, Karlsruhe, Köln, Krefeld-Mönchengladbach, München, Münster, Osnabrück, Vevey-Montreux, Würzburg, Wuppertal, Zürich, KonzReise n Japan 2000, Gastsol Th Aachen SpZ 04/05. **Pr:** VDMK-Wettb (Ges), Nachwuchswettb Int Richard-Strauss-Gesellschaft München 90.

Bähr, Hannelore, Sängerin; c/o Pfalztheater Kaiserslautern, Willy-Bandt-Pl 4–5, D-67655 Kaiserslautern. (Red)

Bähre, Katrin, Sängerin; c/o Theater der Stadt Koblenz, Clemensstr 5, D-56068 Koblenz. **Laufb:** Gast-Sol Landesth Detmold SpZ 00/01, Sol Stadtth Koblenz seit SpZ 03/04. (*)

Bänninger, Christian, Komponist; Otto C Bänninger-Weg 7, CH-8032 Zürich, T: 0 13 81 06 44, *cbaenninger@swissonline.ch*; *www.psm-musiktheorie.ch* [Zürich 19.5.1953]. **Ausb:** Kons Zürich (Kl: H Andreae) 76, HfM Zürich (Theo u Komp: H-U Lehmann) 80. **Laufb:** Grd Priv Schule f Musiktheorie 82. **Mitgl:** SMDV, STV. – **Komp:** 'Danse à Ravel' f Fl u Kl, UA Zürich 78; 'I remember 74' f StreichOrch, UA Einsiedeln 81; 'Barbouillage', UA Lugano 83; 7 Lieder nach G Benn, UA Zürich 85; 3 Sätze f SinfOrch, UA Lugano 88; 2 Sätze f Sax-Qui, UA Brütten 88; Sext f V, Va, Vcl, Fl, Ob u Klar, UA Zürich 88; 2 Sätze f V u Kl (Auftr d Stadt Zürich) 88; 'Wenn schlanke Lilien ...' f gem Chor a capella, UA Zürich 90; Menuett f Orch 99; VSon in 4 Sätzen 2000.

Bänsch, Patricia, Sängerin; c/o Theater Görlitz, Demianipl 2, D-02826 Görlitz, PF 300463, D-02809 Görlitz. **Laufb:** Sol Th Görlitz seit SpZ 03/04. (Red)

Baer, Axel, Sänger; c/o Bremer Theater, Am Goethepl 1–3, D-28203 Bremen, PF 101046, D-28010 Bremen. **Laufb:** Gastsol Th Bremen SpZ 03/05. (Red)

Baer, Madeleine, Gesangspädagogin, Opern- u Konzertsängerin (Sopran); Witikonerstr 323, CH-8053 Zürich, T: 0 13 81 89 62 [Brugg, Schweiz 11.11.1922]. Unterrichten, Opernaufführungen, Oratorien, Liederabende **Ausb:** KonzAusb Kl (F Carpi) 52–53, Stud Ges (P Hentke) Op Schule Akad f M Wien 53–55, (T Pattiera) ebd 54/55, Stud priv Ges (M Carpi) 65–75. **Laufb:** Debüt KamOp Wien 55, Stadtth Basel 57, OpHaus Zürich (ua Zauberflöte, Pamina; Carmen, Micaela; Freischütz, Ännchen) 60–69, Liederabende im In- u Ausland, Oratorien, Messen, L (Ges) an div Schulen (Zürich, Baden). **Pr:** Diplom Concours int Genf 52, 1. Pr Ges d Musikfreunde Wien 54, 1. Pr Concours Int de Chant Verviers Belgien 57. **Ens:** Schweiz Tonkünstler Verein. – **Aufn/RF:** O Schoeck: Besuch in Urach, Basler SymphOrch, Dgt: J M Auberson 77 (RF Aufn). **Sonst:** eigene Gesangsschule seit 71.

Baer, Monika, Hochschullehrerin, Violine; Hochschule Musik u Tanz, Florhofgasse 6, CH-8001 Zürich, *monika.baer@doz.hmt.edu* [Zürich]. **Ausb:** HfM Dresden. **Laufb:** Doz (Alte Musik, BarockV) MH Winterthur Zürich. **Ens:** KamOrch Basel 99–05. (Red)

Bär, Olaf, Bariton; Kleinlugaer Str 25, D-01259 Dresden, T: (01 72) 3 44 09 68; c/o Sächsische Staatsoper, Theaterpl 2, D-01067 Dresden [Dresden]. **Ausb:** H f Musik Dresden. **Laufb:** Sol Sächs Staatsop Dresden (01/05), Op Zürich. **Pr:** Pr b versch int Wettb, Schumann-Pr d Stadt Zwickau 98. (Red)

Baer, Walter, Komponist; Schlösslistr 12, CH-8044 Zürich, T: 04 43 62 59 25, F: 04 43 62 59 25, *wabaer@smile.ch* [Zürich 7.4.1928]. **Ausb:** KlDipl Kons Zürich, Unterr Komp (P Müller, R Kelterborn), Kl (C Marek). **Laufb:** AbtLtg SchM Kons u MH Zürich 74–93, Guest Composer m Auff New Music Fstv Bowling Green State U Ohio 85 u 87, Referate an MH u U in Dtld, Österreich, Italien u Türkei. **Pr:** 1. Pr KompWettb d zehn Schweizer Städte, KompPr AG Europ Chorverbände 92. **Mitgl:** STV, Schweizer MPädag Verband. – **Komp:** zuletzt: Passagen III (drei KlStücke) 98; Minne ist so wunderlich (Gesänge) 98; Erscheinungen (f Kl) 99; A travers les arbres (Trio f V, Vcl u Kl) 01; Konzertstück f Kl u Orch 02; Das Symposion des Xenophanes (Kant f soli, 2 Chöre u InstrEns) 03, UA Zürich, Slowen KamChor 03; Wintermusic (f KamOrch) 04, UA Sofia 05; Orphische Gesänge (f KamOrch) 05, UA Plovdiv 05; Cantus gemellus (f 2 SoloV u Orch) 05.

Baeriswyl, Henri, Komponist; rue de Lausanne 82, CH-1700 Fribourg. (Red)

Bärtsch, Manuel, Klavier; Reuchenettestr 29, CH-2502 Biel, T: 03 23 41 99 50. (*)

Bärtsch, Nik, Komponist, Klavier; Hafnerstr 47, CH-8005 Zürich, T: 04 42 72 16 06, *contact@nikbaertsch.com*; *www.nikbaertsch.com* [Zürich 3.8.1971]. **Ausb:** Stud Univ Zürich 89–01, MH Zürich bis 97. (Red)

Bärtschi, Hannes, Viola; Wolfbachstr 17, CH-8032 Zürich, T: 04 42 53 28 30, F: 04 42 53 28 31, *hannes@amarquartett.ch*; c/o Lukas Wigger, Wolfbachstr 17, CH-8032 Zürich, T: 04 42 60 30 10, 0 76–5 80 30 67, F: 08 60 44 26 03 0 10, *sekretariat@amarquartett.ch*; *www.amarquartett.ch* [Männedorf, Schweiz 17.1.1977]. Streichquartett **Ausb:** MH Zürich (Nicolas Corti) 98–02, Stud b Prof Wolfram Christ Freiburg 02–03. **Pr:** Kiwanis-MPr 98, Berti Alter-Pr f Päd 99, Millennium Aw London String Qua Comp 2000, 2. Pr Genf (Streichqua) 01, 2. Pr 4. Int Wettb 'Franz Schubert u d Musik d Moderne' Graz 02; Professur als Qua Int Sommerakad Lenk. **Ens:** Amar Qua. – **Aufn/RF:** Gesamtaufn aller Hindemith-Streichqua. **Zug:** M Wettstein: Verdis Traum; B Skrzypczak: Streichqua; W Blank: Satz f Streichqua. **Sonst:** eigenes Fstv 'Hommage an Hindemith' Zürich, jedes Jahr Vergabe eines KompAuftr.

Bärtschi, Werner, Komponist, Klavier; Kometsträsschen 25, CH-8200 Schaffhausen, T: 05 26 20 46 46, F: 05 26 20 46 47, *baertschi.w@rezital.ch*; *www.rezital.ch* [Zürich 1.1.1950]. J S Bach, C Ph E Bach, Mozart, Beethoven, Chopin, Liszt, Satie, Ives, Webern, Scelsi, Cage **Ausb:** Stud Kl (S Savoff, J Wyttenbach, R Mäser), Komp (A Schibler, K Huber, R Kelterborn), OrchDir (E Schmid) U Zürich u Basel. **Laufb:** als Pianist weltweit tätig. **Pr:** Grand Pr de Disque d Acad du disque française 83. **Mitgl:** KompSekretariat Zürich, Schweizer Musiked, STV, SMPV, Präs MKomm Stadt Zürich 90–92. – **Komp:** f Orch, Ch u Orch, Kam- u VokalM, KlWerke, ua: In Trauer u Prunk (Kl) 83/84; Duett f V u Klar 86/87, Ab nach Singapur! (Sop, Kl) 86/87; Toccata a due (f Fl, Kl) 87; 'Partitur (zu e Teamwork)' (Schlgz, Str, Soloinstr) 86–88; Frühmorgens am Daubensee (Kl) 86/88; D Majestät d Alpen (gr Orch) 88/89, KonzSatz f Kl u Orch (Kl u Orch) 91/92; Verlust u Heimkehr (Ch, Orch) 94/95; Wiederkehrende Signale (Kl, StrQua) 95/96; Federkopf (Rhapsod Scherzo f Orch) 96; Vergeblichkeit (Quin f Altfl, V, Hfe, Schlgz, Kl) 96/97; Stapfen (Ges, Fl, Klar, V, Vcl, Kl) 97; 'und siehe...' (3 Ch, Str, Glasharmonika) 98; Schoeck: Toccata (Bearb f StrSextett o StrOrch) 98/99; D Bleistiftzeichnung – Ein Ritual (f Sprechstimme, Ob, V, Va, Vcl, 4 Stimmen) 99; Three lines (Kl) 2000; HAJC (Kl) 01; Bogensang (Kl, Keyboard) 01; 3 Arten, sich am eignen Schopfe a d Sumpf zu ziehen (Kl, StrQua) 03. **Aufn/RF:** zahlr LPs u CDs. **UA:** ua J Cage, K Huber, W Killmayer, T Riley, D Schnebel, W Vogel. **Sonst:** Grd u künstl Lt KonzR 'Rezital' Zürich, künstl Lt MKollegium Züricher Oberland, Sinfonietta Wetzikon, Gestalter programmat ausgerichteter Zyklen u Fstvs, ua Satie-Saison 80/81, Ives-Zyklus 85/86, Juni-FestW 91 (J Joyce/J Cage) Zürich, Hg Notened v Werken v Z Fibich, W Vogel, Hg ausgewählter Schriften v Satie u Ives in dt Übers, 'Die unvermeidl M d J Cage' 69; 'M d Entfremdung – entfremdete M' 81/82; 'Ratio u Intuition in d M' ('Kunst u Wiss') 84, italian translation 89; Zu meinem KlStück 'In Trauer u Prunk' 89, TV-Filme, 1 Kinofilm ('Justiz' n Dürrenmatt); Komponistensekretariat Zürich (Kollektiver Selbstverl).

Bäßler, Klaus, Prof, Hochschullehrer, Pianist; Am Weinberg 5, D-14532 Kleinmachnow, T: (03 32 03) 2 06 41, F: 2 16 36 [Zwickau 22.7.1937]. **Ausb:** Robert-Schumann-Kons 51–55, Stud Kl (H Steurer) MH Leipzig 55, Stud Kl (H Roloff) H f M Berlin 56–61, Stud (H Czerny-Stefanska, L Stefanski) Krakau 65/66. **Laufb:** Prof (Kl) H f M 'Hanns Eisler' Berlin, KonzTätigkeit im In- u Ausland seit 62. **Pr:** Ausz Wettb d dt H Freiburg/Br 58, Robert-Schumann-Wettb Zwickau 63, Tschaikowski-Wettb Moskau 66.

Bäßler, Marleen, Prof, Hochschullehrerin, Klavier; Am Weinberg 5, D-14532 Kleinmachnow, T: (03 32 03) 2 06 41, F: 2 16 36. **Ausb:** Stud Kl (G Puchelt, H-E Riebensahm) H f Musik Berlin, Tschaikowsky-Kons Moskau. **Laufb:** Prof UdK Berlin, KonzTätigkeit im In- u Ausland.

Bästlein, Ulf, Mag, Dr phil, Prof, Hochschullehrer, Bass-Bariton; Univ f Musik u Darst Kunst, Jakoministr 3–5, A-8010 Graz, T: (03 16) 3 89 32 18, F: 3 16 32 48 59, *baestlein@gmx.de* [Flensburg 19.6.1959]. Lied, Oratorium, Oper **Ausb:** Stud (Latein/Dt, Philosophie, Grch) Freiburg 78–80, Stud (Ital/Lat) Rom 80–81, Stud (Dt, Latein, Philosophie, Kunstgesch) Wien 81–82, Staatsex (Latein) U Freiburg 83, Gesang (A Meyerolbersleben) Staatl MH Freiburg 83, Staatsex (Deutsch) 84, Prom Dr phil 89. **Laufb:** Stadtth Heidelberg 87, Stadtth Augsburg 88, Staatsth Hannover 89, Staatsop Hamburg 90, Stadtth Lübeck 89, Doz MH Lübeck 93, Prof 99, Doz Folkwang-H Essen 86, GastProf (Gesang) U f Musik u Darst Kunst Graz 2000, UProf ebd. **Pr:** 2. Pr UDMK-Gesangswettb Berlin 88, Sonderpr Meistersänger Wettb Nürnberg 90, Promotionsstip Studienstift d Dt Volkes 85, Stip Rosenberg-Stift 87. – **Aufn/RF:** ua Schubert, Mendelssohn, Schumann, Heller ua: Lieder nach Gedichten v Heinrich Heine, m S Laux 90; Krasa: Rimbaud-Lieder, Ens Aventure 94; Schubert: Winterreise, m S Laux 95; Schubert: Sollst sanft in meinen Armen schlafen: Lieder zu d Themen 'Nacht' u 'Tod', m S Laux 96; Meyerbeer, Schubert, Schumann, Wolf, Lortzing, Liszt, Chopin, Schoeck, Eisler ua: Trunken müssen wir alle sein: Weinlieder aus drei Jh, m S Laux 98; Schubert: Goethe Lieder, m S Laux 99; Beethoven: 9. Symph, Anima Aeterna SymphOrch u Chor, Dgt: J v Immerseel 99. **UA:** G Sollina 'Mittersill' 101, G Sollina: Konz 'Variazioni sul Caso A Webern', UA Palermo, Teatro Biondo, Dgt: G Sollina. **Zug:** F Döhl: 'Celan Lieder', UA Hamburg, Akad d Künste, m F Döhl.

Bätzel-Chong, Barbara, 1. Konzertmeisterin; c/o Philharmonisches Orchester, Dalbergsweg 2, D-99084 Erfurt, PF 100554, D-99005 Erfurt. **Laufb:** 1. Konzm Philharmon Orch Erfurt. (Red)

Bätzner, Aglaia, Klavier; Lessingstr 46, D-76135 Karlsruhe, T: (01 73) 2 36 70 80; c/o Konzert & Künstler Agentur Jens Gunnar Becker, Grünstr 13, D-58313 Herdecke, T: (0 23 30) 7 03 89, F: 75 07, *becker@beckerkonzert.de* [1968]. **Ausb:** Stud Prof Georg Sava HdK Berlin, Unterr b Alfred Brendel, György Sebok, Radu Lupu, Andras Schiff. **Pr:** 1. Pr 5. 'Murray Drannoff Two Piano Competition' Miami/Florida 95, 1. Pr 15.Int M Wettb Caltanissetta Province 99. **Ens:** Duo Bätzner-Marton. (Red)

Bäumer, Hermann, GMD, Dirigent, Generalmusikdirektor; c/o PR2 classic, Kreuznacher Str 63, D-50968 Köln, T: (02 21) 38 10 63, F: 38 39 55, *office@pr2classic.de*; *www.pr2classic.de* [Bielefeld 1965]. **Ausb:** Stud SchM MH Detmold (Kl, ChorLtg, OrchDirigat, Pos). **Laufb:** Soloposaunist Berliner Philh 92–03, GMD in Osnabrück seit 04, Bamberger Symph, Ass Simon Rattle Salzburg 04, RIAS Jugensorch, Iceland Symph Orch, Rheingau MF. **Pr:** 1. u 2. Pr KamMwettb Barcs/Ungarn u Tokio m TRITON Trombone Quartet. **Ens:** Brass partout (künstl Lt). – **Aufn/RF:** Skand/russ Orginallit bei BIS, Henze 'Wundertheater' 05. **UA:** Nowitz 'Bestmannoper' 06.

Bäz, Thomas, KV, Violoncello; c/o Dresdner Philharmonie, PF 120424, D-01005 Dresden. (Red)

Bagger, Boris Björn, Gitarre, Komponist; Albstr 59, D-76275 Ettlingen, T: (72 43) 33 22 80, 0 17 16 00 71 00; *www.borisbagger.de* [Karlsruhe]. **Ausb:** Stud Git (M Sicca, S Prunnbauer) MH Karlsruhe u Freiburg, Mstrkse (J Bream, N Yepes, W Lendle, S Behrend). **Laufb:** Arb m namhaften Sol, KonzReisen Europa u Kanada, LAuftr MH Karlsruhe seit 90, künstl Lt Europ Kulturtage 92, Mitbegrd Camerata Karlsruhe 78, Grd Dt GitQua 89. **Pr:** Musikpr d Rep Estland 94, Marienland-Orden 02.

Baghdassarians, Serge, Schauspielmusiker; c/o bremer shakespeare company, Theater am Leibnizplatz, PF 106665, D-28066 Bremen. **Laufb:** SchspM Th Kneifzange Berlin SpZ 03/04, bremer shakespeare company SpZ 04/05. (Red)

Bahk, Jehi, Violine; Schuetzengasse 13/12, A-1030 Wien, T: (01) 9 68 13 70, 06 99–19 68 13 71, F: (01) 9 68 13 71, *jehi.bahk@gmx.net*; c/o Norddeutsche Konzertdirektion Melsine Grevesmühl GmbH, Twischlehe 5, D-27580 Bremerhaven, T: (04 71) 9 82 49 82, F: 9 82 49 80, *grevesmuehl.ballett@t-online.de*; *www.jehibahk.com* [1971]. **Pr:** 5. Pr Int Streich Quartet Wettb London 97. **Ens:** Hugo Wolf Qua. (Red)

Bahl, Arno, Sänger; Valentin-Limmer-Str 4, D-84307 Eggenfelden, T: (0 87 21) 42 16; c/o Theater an der Rott, Pfarrkirchener Str 70, D-84307 Eggenfelden. **Laufb:** Sol Th an d Rott Eggenfelden. (Red)

Bahner, Gert, Prof, Hochschullehrer, Dirigent; Breisgaustr 51, D-04209 Leipzig, T: (03 41) 4 12 20 97. **Laufb:** LBeauftr (musikal Einstudierung, MTh, Op, vokale Korr) H f M Hanns Eisler Berlin. (*)

Bahner, Joyce-Carolyn, Klavier; Steinauweg 27, CH-3007 Bern, T: 03 13 71 98 36, *joyce.bahner@reichel.ch*. **Ens:** Duo m Jean-Luc Reichel, Duo m Nora Gyimesi, Ens Lundi Soir. (Red)

Bahr, Reinhard, Prof, Hochschullehrer; Keinmoorigen 9a, D-21218 Seevetal, T: (0 41 05) 24 41, *reinhard.bahr@hfmt-hamburg.de*; Hochschule f Musik u Theater, FB 1, Harvestehuder Weg 12, D-20148 Hamburg. **Laufb:** Prof (MTheorie, Komp, Theorie, Ornamentik) H f M u Th Hamburg. (Red)

Bahr, Stephan, Akkordeon; Rohlfsstr 8A, D-99423 Weimar, T: (0 36 43) 51 10 44, F: 51 10 44. **Pr:** Stip Dt Musikwettb KamM 98. **Ens:** Duo Bahr/Gläßer. (Red)

Baich, Lidia, Violine; c/o Künstlersekretariat Buchmann GmbH, Schachnerstr 27, A-1220 Wien, T: (01) 2 03 63 57, F: 2 04 37 50, *office@buchmann.at*; c/o Konzertdirektion Tobischek, Zimmermannstr 59, D-45239 Essen, T: (02 01) 8 40 51 75, F: 8 40 51 76, *tobischek@arcor.de*; *www.buchmann.at* [Leningrad]. **Ausb:** Stud (B Kuschnir) Kons Wien seit 90. **Laufb:** Konz ua Musikverein Wien, Konzhaus Wien, Grazer Musikverein, Mozarteum Salzburg, Alte Op Frankfurt, Warschauer, Moskauer, St Petersburger Philharmnie, Wiener FestW, Haydnfsp Eisenstadt uam, BR-Orch, Hong Kong Philharmonic Orch, St Petersburg Philharmonic Orch, NHK Symphony Orch, RSO Wien, Wiener Concertverein, Wiener Kammerorch. – **Aufn/RF:** zahlr CD-, RF- u Fernsehproduktionen. (Red)

Baier, Barbara, Sängerin; Sedanstr 27, D-89077 Ulm, T: (07 31) 9 31 72 76; Staatstheater, Oberer Schloßgarten 6, D-70173 Stuttgart. **Laufb:** Sol Ulmer Th 97–02, Sol Staatsop Stuttgart. (Red)

Baier, Mathias, Fagott; Müritzstr 5, D-10318 Berlin, *mathbaier@aol.com*; *www.mathiasbaier.de* [Rostock 25.7.1965]. Kammermusik, Orchester, Unterrichtstätigkeit **Ausb:** Stud Fag (F Finsch) H f M Hanns Eisler Berlin 82–87. **Laufb:** Grdgsmitgl d BlQui Kammervereinigung Berlin 84, Substitut/Praktikant Staatskap Berlin 84–87, Sol Staatskap Berlin ab 87, Mitgl d Bayreuther FSpOrch seit 93. **Pr:** m Kammervereinigung Berlin 2. Pr Int.KamMWettb Colmar 88, 2. Pr ARD-Wettb München 89 u 93; Gewinner d Dt.Musikwettb Bonn 91. **Ens:** Kammervereinigung Berlin, Berliner Fagottqua, Berliner Bläsersol. **Mitgl:** Int Double Reed Society (IDRS) Dt. – **Aufn/RF:** versch CD-Produktionen als Mitgl d Kammervereinigung Berlin u d Berliner Fagottqua.

Baier, Stefan, Prof, Hochschullehrer, Orgel; H f Kath Kirchenmusik u Musikpädagogik, Andreasstr 9, D-93059 Regensburg. **Ausb:** Stud Kath. KiM, Org und Cemb (K.-F. Wagner, W. Zerer, M. Radulescu u G. Murray) Fachakad für Kath. Kirchenmusik Regensburg, MH Wien u München. **Laufb:** Prof (Org, Cemb) H f Kath KiM Regensburg. (Red)

Bailey, Simon, Bariton; c/o Oper Frankfurt, Untermainanlage 11, D-60311 Frankfurt, T: (0 69) 26 95 83 77. (Red)

Baillie, Alexander, Prof, Hochschullehrer, Cello; Rutenstr 10, D-28203 Bremen, T: (04 21) 3 36 54 32, F: 3 37 98 48, *alexander_baillie@t-online.de*; Hochschule f Künste, FB Musik, Dechantstr 13–15, D-28195 Bremen, T: (04 21) 3 01 92 16; *www.baillie.de* [1956]. **Ausb:** Stud (J. Dickson, A. Shuttleworth) Royal College of Music London, b A. Navarra Wien. **Laufb:** Prof (Vcl/KamM) H f Künste Bremen. **Ens:** Cello Sound Bremen. (Red)

Baird, Janice, Sopran; c/o PR Sekretariat artist communication, Beate I Mennicken, Sonnenstr 50, D-94113 Haselbach/Tiefenbach, T: (0 85 09) 18 20, F: 93 49 05, *mennicken.beate@t-online.de, janice@janicebaird.com*; c/o Theateragentur Dr Germinal Hilbert, Maximilianstr 22, D-80539 München, T: (0 89) 2 90 74 70, F: 29 07 47 90, *agentur@hilbert.de*; *www.mennicken-pr.com, www.janicebaird.com* [New York]. Oper, Konzert, Wagner, Strauss **Ausb:** City U of New York, HB Actor's Studio, Mstrkrs B Nilsson, G Simionato. **Laufb:** Gastsol Dt Staatsop Berlin SpZ 99/00, Dt Op Berlin 00/01, Städt Th Chemnitz SpZ 00/01, Hess Staatsth Wiesbaden SpZ 00/01, GastSol Op Leipzig 01/02, Sevilla 01/02, Op du Rhin Strasbourg 01/02, Nat Th Tokio 01/02, Op de Bellas Artes Mexico City 01/02, T Colon Buenos Aires, Th Essen, T de la Maestranza Sevilla, Th du Capitole Toulouse 02/03/04, Massimo Bellini Catania 03, Teatro Felice Genua 03, Op Zürich 05, Op Stuttgart 05. – **Aufn/RF:** Wagner u Strauss, Dgt: I Anguélov 01 (CD), Beethoven, Fidelio, konzert Auff, Dgt F Luisi (TV–Life-Übertrag MDR Leipzig 2000).

Baisch, Markus, Dirigent, Chordirektor; c/o Meininger Theater, Bernhardstr 5, D-98617 Meiningen. **Laufb:** Korr u Dgt Neuburger Kammerop, Chdir Meininger Th. (Red)

Baker, Andrea, Mezzosopran; c/o Konzertdirektion Hans Ulrich Schmid, Königstr 36, D-30175 Hannover, T: (05 11) 3 66 07 60, F: 3 66 07 34, *mail@kdschmid.de* [Massachusetts, USA]. **Laufb:** Sol Th Nürnberg, Op Hannover, Gastsol Th Bielefeld SpZ 00/01, Staatsth Kassel SpZ 00/01, Sol Th Augsburg SpZ 03/04. **Pr:** Prtr Met Op Nat Auditions New York 94, Ausz Wagner Verb New York u Northern California. (*)

Bakow, Boris, Prof, Hochschullehrer, Sologesang; Bergstr 11, A-5020 Salzburg, T: (06 62) 87 62 85, F: 22 09; Univ Mozarteum, Abt f Gesang, Schrannengasse 10a, A-5020 Salzburg, T: (06 62) 87 62 85, *boris.bakow@moz.ac.at* [Mociu 6.9.1943]. **Laufb:** UProf (Sologesang) U Mozarteum Salzburg. (Red)

Baksa, Andreas, Musiker (Violine), Komponist; Westbahnstr 1b/18, A-1070 Wien, T: (06 76) 7 03 26 68 [Brasov/Rumänien 23.9.1950]. **Ausb:** Stud V (E Izsak), Lyzeum f Musik u darst Kunst Brasov (Kronstadt) 60–69, (I Nagy, E Junger) Kons 'Ghe Dima' Cluj (Klausenburg) 69–73. **Laufb:** Eng Staatsop Klausenburger 73–75 (Tournee Italien 73 u 74, Livorno Teatro Goldoni), Eng Niederösterr Tonkünstlerorch seit 75 (Tourneen n Griechenl, BRD, Belgien, USA, Japan, Korea, Taiwan), als Dgt zahlr Konz in Österr, Ungarn, Rumänien, Slovakei, Tschechien, Bulgarien u China. **Pr:** Anerkennungspr d Ldes Niederösterr 85, Förderungspr d Ldes Niederösterr 89, Anerkennungsurkunde d Stadt Györ 93, Dipl de onoare u Dipl de excellenta Kulturinspektorat Satu Mare. **Ens:** Tonkünstler-Quartett Wien 90–92 (Japan-Tournee), Musikal Lt 'Ens l'arco' seit 96. **Mitgl:** ÖZGM, ÖKB. – **Komp:** '4 Temperamente' op 11, UA Linz, Brucknerhaus 86; 'Impressionen aus Schloßhof' op 10, UA Wien, KonzHaus 87; 'Symph concertante' op 9, UA ORF Wien 87; Konz f Brassens u Orch op 19, UA Prag, Smetanasaal 92; 'Die Jahreszeiten' op 20, UA Györ 93; Symph Nr 2 'Breitenseer Erntedank' op 12, UA Satu Mare 97; 'Decameron' op 34 (Tanzth), UA Csorna; Violinsonate op 25, UA Sofia/Bulgarien 01; Symph concertante op 9, gew Brjan Khadem-Missagh; Symph op 12, gew J Karabtchewsky; 'Tryptichon' op 15, gew Vienna Brass. **AuftrKomp:** Op 15 (Auftr: Vienna Brass); Op 24 (Auftr: Vienna Flautist); Op 27 (Auftr: Jerusalem Trio); 'Monarchia-Monarchia' op 28 (Ballett), UA Györ 94 (Auftr: Györer Ballett); Op 29 (Auftr: Györer KlarEns); Op 30 (Auftr: Szegeder Franz-Liszt-Kons); Symph op 38, (Auftr: Stadt Kronenburg); 'Milenium Hungaricum' Oratorium op 40, (Auftr:Stadt Csorna), UA Csorna 2000; Konzert f V u BlasOrch op 43, Auftr: ÖGZM) UA Wien, ORF 02. **Aufn/RF:** CDs: 'Alles Walzer', m Vienna Brass; 'Die Schöne Galathée', 'Berlin 91', m Brassissimo; 'Dance Concertante', m Tonkünstler KamOrch, Sol: B K Missagh, Dgt: Ders; 'Impressionen aus Schloßhof', m Vienna Flautists, Wiener Tonkünstler Qua, Preßburger Symph, Dgt: G Regenhard; 'Die Jahreszeiten' op 20 (Orat f Soli, Chor, Orch), m Philh Orch Györ, Chor d Alten Burse, Coll Vocale Marchfeld, Dgt: G Kugi, Sol: D Handel, H-U Bahk; 'Fanfare for a New Theater', m Vienna Brass; 'Monarchia-Monarchia' op 28 (Ballett), m Philh Orch Györ, Dgt: G Kugi, Sol: E Bellai; 'Ebony Music 3', m Clarinet Consort Györ; Konzert f Kl u Orch op 36, Dgt: A Vasicek, Sol: T Kreuzberger. **Sonst:** Grd u Musikal Lt d 'Symph Orch Gänserndorf' 83–96, Künstl Lt 'Raba Festival' Ungarn seit 96. **Lit:** 'Österr Komp', zahlr Art in Kurier, Standard, Wiener Ztg, Kronen Ztg, NÖ-Nachr, Forum Marchfeld, Kopf, Österr M-Zs ua.

Bakst, Lawrence, Sänger; Fritschestr 51, D-10627 Berlin, T: (0 30) 31 01 24 06. **Laufb:** Sol Op im Schlossgarten Eutin, Gastsol Städt Bühnen Freiburg SpZ 00/01, Th Augsburg SpZ 00/01, Gastsol Pfalzth Kaiserslautern u Nationalth Weimar SpZ 03/04, Gastsol Th Münster 05. (Red)

Balanesco, Gustavo, Prof, Pianist, Künstlerischer Leiter; c/o Pierrot Lunaire Ensemble Wien, Bindergasse 11/24, A-1090 Wien, T: (01) 3 17 91 66, F: 3 17 20 32, *office@pierrotlunaire.at*; *www.pierrotlunaire.at*. Klassik u Romantik, 20. Jh **Ausb:** Stud Moskauer Staatl Tschaikowskij-Kons. **Laufb:** Gastprof u. a. in Buenos Aires, New York, Chile, La Habana, Rom, Paris, Berlin und Moskau. Grd u künstl Lt versch Int Fstv.· Konz als Solist u Kammermusiker insb m Werken des 20. u 21. Jhs in Europa, USA, Asien u Südamerika. **Ens:** Gründer Pierrot Lunaire Ensemble Wien.

Balatsch, Norbert, Prof, Chordirektor; Stiegengasse 2, A-1060 Wien, T: (01) 5 86 41 73; c/o Wiener Sängerknaben, Augartenpalais, A-1020 Wien, T: (01) 2 16 39 42, *office@wsk.at* [1928]. **Ausb:** Wiener Sängerknabe 38–44. **Laufb:** Mitgl Wiener AkadKamCh 47, dessen Lt seit 50, Mreferent b ChLtKsen im Auftr d Bdesmin, Mitgl Wiener StaatsopCh 52, Lt Wiener MännerGesVerein 53, Studienlt d Extrach d Wiener Staatsop, 2.ChDir d Wiener Staatsop 67, 1.ChDir d Wiener Staatsop 68–83, ChDir Bayreuther FSp 72–02, Lt Philh Chorus London 75–80, ChLt Acad di Santa Cecilia 83, GastchDir Met Op New York 90–92, ChDir Wiener Sängerknaben 99–01. **Pr:** Goldener Ehrenring d Stadt Bayreuth, Orden f Kunst u Wiss, Orphée d'or, Grammy. (Red)

Balazs, Lorant, Sänger; Nibelungenstr 9 A, D-75179 Pforzheim, T: (0 72 31) 31 41 77. **Laufb:** Sol Stadtth Pforzheim. (Red)

Baldaszti, Ingeborg, Klavier; c/o Künstleragentur John & Elisabeth Goodman, Dopschstr 20/3/11, A-1210 Wien, T: (01) 2 59 20 27, F: 2 59 20 27, *johngoodman@goodman.at*; *www.goodman.at* [Wien]. Klassik, zeitgen portug u span Musik, Salonmusik **Ausb:** musikal Ausb (E Dvorak-Weisshaar, H Graf) Wiener MH, (D Iliew) Kons d Stadt Wien. **Laufb:** Konz m Orch wie NHK Symph Orch Tokyo, Royal Scottish Nat Orch, Radio SinfOrch Frankfurt, Dresdner Philharmonie, Bamberger Symph, Berner SymphOrch, Niederösterr Tonkünstler (ua H Stein, V Ashkenazy, W Weller, B Weil, D Kitajenko, J Simonow), Gast Schubertiade Feldkirch, Wiener Klangbogen, Berliner Festtage, Schwetzinger FSp, Fstv 'Pianisti non solo' Teatro La Fenice Venedig, KamM m Wiener StrQua, Eichendorff-Qui Wien. **Pr:** b in- u ausländ Wettb, ua 'Grand Prix Franz Schubert' d Int Schubert-Ges, Künstlerin d Jahres österr Kultur-Zs 'SIM's' 95. – **Aufn/RF:** Sol zahlr RF- u Fernsehaufn, ua f BBC Schottland, BBC London, NHK, ORF, div dt Sender, BBC-Dok über d Leben v F Schubert 96, TV-Film über F Liszt f portugies Fernsehen, erste Solo-CD m Werken v Schubert u Liszt 97, CD m Werken v Chopin u Schubert 98, Solo-CD 'Soirée de Vienne' 99.

Baldemaier, Ernst, Posaune, Hochschullehrer; Anton-Bartl-Str 6, D-82327 Tutzing, T: (0 81 58) 30 77; Richard Strauss Konservatorium, Gasteig, Kellerstr 6, D-81667 München. **Laufb:** Mitgl d Münchner RFOrch seit 67, LBeauftr (Pos) Richard Strauss Kons München seit 74. (Red)

Baldini, Roland, Prof, Hochschullehrer, Violine; Lampestr 12, D-04107 Leipzig, T: (01 71) 3 13 34 40; Hochschule f Musik u Theater, PF 100809, D-04008 Leipzig [Wien 1946]. **Ausb:** Stud (E. Steinbauer) in Wien, (J. Geise) in Salzburg), (M. Rostal) in Bern (F. Gulli) in Siena u Triest. **Laufb:** Prof (V, KamM) H f M Felix Mendelssohn Bartholdy Leipzig seit 94. **Ens:** Residenz-Solisten Salzburg. (Red)

Baldvinsson, Magnus, Bass; Schwarzwaldstr 112–114, D-60528 Frankfurt a M, *katmagaria@aol.com*; c/o Oper Frankfurt, Untermainanlage 11, D-60311 Frankfurt [Island]. **Ausb:** Stud Ges School of Singing Reykjavík, Stud Ges Indiana U Bloomington, USA. **Laufb:** Erstes Eng Kentucky Opera, Debüt San Francisco Opera 92, Sol San Francisco 93 (König 'Ariodante'), Sol Th Detmold 95, Vereinigte Städt Bühnen Krefeld-Mönchengladbach 96–98 (ua Orest 'Elektra', Elviro 'Xerxes', Ferrando 'Il Trovatore', Doktor 'Wozzeck', Sparafucile u Monterone 'Rigoletto', Bartolo 'Figaros Hochzeit'), Sol Op Frankfurt/M seit SpZ 99/2000 (ua Goldhändler 'Cardillac', Fürst Gremin 'Eugen Onegin', Sarastro 'Zauberflöte', Zaccaria 'Nabucco', Manou 'Graf des Crieux', Graf Boland 'Fierrabras', Walter 'Luisa Miller'), Sol Darmstadt 2001 (Procida 'Vespri Siciliani'), Savonlinna OpFstSp Finnland 2001 (Ramfis 'Aida'), Oratorien u Konz. **Pr:** Florence Bruce Award d San Francisco Op 91, Adler Fellowship 92, 93. – **UA:** 'Wenn die Sonne aufgeht' b Kong Su Krefeld /Mönchengladbach 97–98.

Baleff, Pavel, Dirigent; Wegscheiderstr 14, D-06110 Halle (Saale), T: (03 45) 2 09 87 71. **Laufb:** Musikal Oberlt Kammerop Dresden, 1. Kapm Volksth Rostock, Gastdgt Berliner Symphoniker SpZ 00/01, Dgt u 1. Kapm Op Halle seit SpZ 03/04, Dgt Kom Op Berlin SpZ 04/05. (Red)

Balet, Jean-Jacques, Klavier; rue J-Dalphin 41B, CH-1227 Carouge, T: 02 23 43 73 62. **Ausb:** Sion b A Baruchet-Demierre, Cons National Sup Paris b L Gousseau, MH Wien b D Weber, A Dorfman, T Varga. **Laufb:** Pianist, Kammermusiker, Begleitung, Zeitgen M, Konz in d Schweiz, Frankreich, Dtschld, England, Niederlande, Spanien, Italien, Korea, USA, Brasilien, Japan, Hochschullehrer Cons Sup de Genève. – **Sonst:** Mitgl StiftRat Musikwettb Genf. (Red)

Bàlint, János, Prof, Hochschullehrer, Flöte; Martin-Luther-Str 29, D-32756 Detmold; Kecskernéti u 8, H-1053 Budapest, T: +36 1 3 37 00 13, F: 3 37 00 13, *balintfl@axelero.hu*. **Laufb:** Soloflötist Budapest Symph Orch 81–91, Prof (Fl) H f Musik Detmold. **Pr:** 1. Pr int Wettb in Ancona 84. (Red)

Balint, Magdalena, Violine; c/o Stadttheater St Pölten, Rathauspl 11, A-3100 St Pölten. **Laufb:** Konzm Th St. Pölten SpZ 03/04. (Red)

Balint, Robert, Violinist; Allertinger Str 12, D-94113 Tiefenbach, T: (0 85 09) 93 48 53; Südostbayerisches Städtetheater, Fürstbischöfliches Opernhaus, Gottfried-Schäffer-Str 2 und 4, D-94032 Passau. **Laufb:** Sol Südostbayer Städteth Passau. (Red)

Balissat, Jean, Komponist, Dirigent; CH-1082 Corcelles-le-Jorat, T: 02 19 03 12 39 [Lausanne 15.5.1936]. **Ausb:** Stud (MTheorie, Komp, Dirig) Lausanne u Genf, Unterr (Hn, Perk). **Laufb:** Präsident Swiss Musicians Association 86–90, Präsident SUISA Foundation f M seit 91. (Red)

Balke, Michael, BM, Dipl, Pianist, Dirigent; Fruchtallee 13, D-20259 Hamburg, T: (0 40) 29 89 82 40, F: 29 89 82 40, *email@michaelbalke.com*; c/o Allee Theater – Kammeroper Hamburg, Max-Brauer-Allee 76, D-22765 Hamburg; *www.michaelbalke.com* [Braunschweig 26.4.1979]. Liedbegleitung, Kammermusik, Oper **Ausb:** Stud Dirig (Ch Zimmerman), Kl (F Weinstock, J Tocco) Cincinnati Cons of M 97–01, KamM LaSalle Qua, Cincinnati 98–01, Liedbegl K Griffiths/Cincinnati 98–01, Stud Kl (J Tocco) MH Lübeck 01–03; Mstrkl Tokyo String Qua, M Pressler, V Rosenbaum 99–02. **Laufb:** Musikal Ltg Jg MTh Hamburg 03, Dgt Mitglieder d NDR, Hamburger Symph, Philh Staatsorch – MHalle Hamburg 03; Musikal Ltg u Dgt Hamburger KamOp seit 03; Konz m Brunsvik Trio in Deutschland, Frankreich, Italien, USA 98–03; Liederabende m S wie T Santiago/NY, M Maniaci/Cincinnati, J Papila/Dresden u Hamburg,

Op Fstv Lucca 99, Dirig-Debüt Monteverdi: 'L'incoronazione di Poppea' Cincinnati 98. **Pr:** Sonderpr Jeunesses Musicales 02, 3. Pr Int KamMWettb Val Tidone/Italien 01, 1. Pr Wyoming M Comp 01, Prse b 'Jugend musiziert' 95–96. **Ens:** Pianist Brunsvik Trio u Contemp M Ens/Cincinnati. – **Aufn/RF:** SWR Tauberbischofsheim 02; CD (geplant f Frühjahr 04): Lieder v Brahms, Mahler, Berg, Strauss (m J Papila, Mezzosop).

Ball, Manfred, Ksch, HonProf, Sänger; Josef-Sterr-Str 8, D-81377 München, T: (0 89) 7 14 01 24; H f Musik u Theater, Arcisstr 12, D-80333 München [Hannover]. **Laufb:** Sol Staatsth am Gärtnerpl München. **Pr:** Bayer Kammerschauspieler 77, Honorarprof f Sprachgestaltung HfMTh München 91. (Red)

Ballard, Derrick, Bass; c/o Staatstheater Kassel, Friedrichspl 15, D-34117 Kassel. (Red)

Balleys, Brigitte, Mezzosopran, Hochschullehrerin; Conservatoire de Lausanne, Rue de la Grotte 2, CH-1002 Lausanne; c/o Caecilia Lyric Department, Rennweg 15, CH-8001 Zürich, T: 0 12 21 33 88, F: 2 11 71 82, *caecilia @caecilia-lyric.ch*; *www.caecilia.ch/newPres/bio/bal.htm.* (Red)

Ballhaus, Lothar, Sänger; Hainichener Str 8, D-09599 Freiberg, T: (0 37 31) 2 14 16. **Laufb:** Gastsol Th Freiberg. (Red)

Balli, Heinz, Orgel; Herrengasse 9, CH-3011 Bern, T: 03 13 12 10 69 [Bern 1941]. **Ausb:** Stud Org (E Peter), Kl (S Eggli) Kons Bern, Org (M-C Alain) Paris, Mstrkse (A Heiller) Wien, (L F Tagliavini) Bologna. **Laufb:** Organist Basler Münster. **Pr:** 1. Pr Int Orgelwettb Bologna 71, Prtr Wettb d Schweizer Fernsehens 71. (Red)

Balmelli, Bruno, Sänger; Marienstr 22, D-10117 Berlin, *mail@ brunobalmelli.de*; Dt Oper am Rhein, Heinrich-Heine-Allee 16a, D-40213 Düsseldorf. Oper **Ausb:** OpStudio Zürich. **Laufb:** EnsMitgl Dt Op am Rhein Düsseldorf-Duisburg seit 2000, Gastsol Schleswig-Holstein Ldsth u SinfOrch Schleswig SpZ 2000/01, Sol Kom Op Berlin SpZ 04/05, Gastsol ua OpHäuser Leipzig, Chemnitz, Nantes, Stuttgart, Graz; OpFSp Heidenheim SpZ 04/05 (La Traviata, Rigoletto); ZusArb ua m d Rotterdam Philh Orch, Dresdner Philh Orch, Radiorchestra della Svizzera Italiana.

Balogh, Bors, Kontrabass; c/o Niedersächsisches Staatsorchester, Opernpl 1, D-30159 Hannover. **Laufb:** 1. koord Sol Niedersächs StaatsOrch Hannover. (Red)

Balshai, Tal, Komponist, Musiklehrer, Pianist; Wilhelmshavener Str 16, D-10551 Berlin, T: 0 17 95 05 81 87, *mail@talbalshai.com*; *http://talbalshai.com* [Jerusalem 1969]. **Ausb:** Stud klass u Jazzkl in Jerusalem, Tel Aviv uBerlin, Unterricht in Komp u Orchestration, Teilnahme an zahlr Mstrks. **Laufb:** Komp v Musik f Film, Th u Hörspiel, musikal Ltg/Pianist b verschiedenen Theaterproduktionen, Begleitpianist m Nigel Kennedy u Roy Hargrove auf, sowie m d United Nations Qua, The Organics, Christof Griese Qua. (*)

Baltsa, Agnes, KS, Mezzosopran; c/o Theateragentur Dr Germinal Hilbert, Maximilianstr 22, D-80539 München, T: (0 89) 2 90 74 70, F: 29 07 47 90; c/o Wiener Staatsoper, Opernring 2, A-1010 Wien; *www.agnesbaltsa.homestead. com*, *www.hilbert.de* [Lefkas, Griechenland 19.11.1944]. **Ausb:** Stud MAkad Athen, (Schoener) MH München. **Laufb:** Debüt Op Frankfurt aM ('Figaros Hochzeit', Cherubino) 68, Op Berlin, Wien, Mailand, London, München, New York u Chicago; Repertoire: Sesto, Idamantes, Orfeo, Octavian, Komponist, Rosina, Cenerentola, Isabella ('L'Italiana in Algeri'), Carmen, Eboli, Santuzza, Azucena, Dalila, Elisabetta ('Maria Stuarda'), Romeo ('I Capuleti e I Montecchi'), Fedora, Hérodiade (Massenet), Fidès ('Le Prophète), Kundry ('Parsifal'), Küsterin ('Jenufa'); Salzburger FSp (ua als Carmen, Eboli, Octavian, Dorabella) seit 70; zahlr KonzTourneen durch Europa, die USA, Südamerika, Japan; Konz m 'Liedern meiner Heimat' m S Xarhakos. **Pr:** Maria-Callas-Stip, österr KS 80, Ehrenmitgl Wiener Staatsop 88, Prix du Prestige Lyrique, Dt SchallplPr, Goldene Med d Stadt Wien, Goldene Med d Stadt Athen, Wilhelm-Furtwängler-Pr, Goldenes Ehrenzeichen d Ldes Wien, Kreuz d Griechischen Ehrenlegion, Mitgl d Europ Akad f Kunst u Wiss seit 93. – **Aufn/RF:** Einsp d gesamten Repertoires m H v Karajan, K Böhm, L Bernstein, R Muti, G Sinopoli, S Ozawa, L Maazel, C Davis u C Abbado. **Sonst:** Fernsehfilm 'Duett' v X Schwarzenberger. **Lit:** Ch Baumann, A B. Eine Bildmonographie 86. (Red)

Balzer, Klaus, Komponist; Barstr 9, D-10713 Berlin, T: (0 30) 86 42 31 55, F: 8 73 96 82, *balzer.ludwig@t-online.de*; Waitzstr 28, D-10629 Berlin, T: (0 30) 3 24 69 58, F: 32 70 92 74 [Kassel 30.3.1946]. **Ausb:** Dipl KonzFach Git (Scheit), H f M u Darst Kunst Wien 71, Stud (MWiss) U Wien 71–74. **Laufb:** freier Musiker u Komp (Th- u FilmM) seit 75, Entwicklung v Computer-Kompositions-Programmen seit 87. – **Komp:** Ein Sommernachtstraum 86, Burgth Wien; Goldberg-Variationen 92, Basel. **Sonst:** u. a. Proceedings of 14th and 16th Int Computer Music Conference Köln 88, Glasgow 90.

Balzereit, Charlotte, Harfe; Floragasse 3 Top 10, A-1040 Wien, T: (01) 5 03 61 72, F: 5 03 61 72, *charlottebalzereit@hotmail.com* [Wiesbaden 8.4.1980]. Barock bis Moderne **Ausb:** Unterr Hf (J Kerber) 87, Stud Hf (H Storck) H f M u Th München 91, Dipl 99, Mstrkl 2001, Stud (I Moretti) Cons Supérieur Paris 2000/01. **Laufb:** Mitgl Bundesjugendorch 95–98, Auftritt m 'ens recherche' seit 98, Gast SymphOrch BR 98, Sol-Hf Bayer Staatsop München 99–2000, Tourneen m SymphOrch d BR 2000–01, Tournee m Silk Road Ens 2001, Solo-Hf Wiener Staatsop/Philh 2001, Sol im In- u Ausland, ua Schleswig-Holstein Fstv, Rheingau-Fstv, Mecklenburger u Ludwigsburger FSp, Weltharfenkongresse Seattle, Kopenhagen u Prag. **Pr:** vier 1. Pr Solo u KamM Bundeswettb 'Jugend musiziert' 93–95, Sonderpr d Präs d H f M u Th München 97, Stip u Zonta-MPr Dt MWettb – Aufn Bundesauswahl 'Konz Junger Künstler' 99, 1. Pr Wettb d Dt MH 2000, 1. Pr Lyon 91, 1. Pr Lily-Laskine-Wettb Paris 93, 2. Pr Wettb KonzGes München 96, 1. Pr Franz-Josef-Reinl-Wettb Wien 96, Stip Menuhin Stift 94, Stip Villa Musica 96–2000, Studienstift d Dt Volkes 99, Stip Jütting-Stift Stendal 01. **Ens:** ens recherche (Neue Musik). – **Aufn/RF:** RF-Aufn BR, Dt Welle u NDR; CDs: Fantasien f Hf; Lachner: Konz f Hf u Orch d-moll; Rosetti: Son f Hf (auf histor Instr) 02. **UA:** W Buchenberg: 5 Phantastereien 01.

Bamert-Galli, Dorothea, Sopran; Friedheimstr 54, CH-8057 Zürich, T: 0 13 12 70 39. (Red)

Bamert, Felix, Akkordeon; Neuengasse 16, CH-2502 Biel, T: 03 23 23 55 11. (Red)

Bamert, Matthias, Dirigent; 23 Danes Ct, St Edmunds Terrace, London NW8 7QR, Vereinigtes Königreich, T: (0 20) 74 83 38 50; Intermusica Artists' Management Ltd, 16 Duncan Terrace, London N1 8BZ, Vereinigtes Königreich [Ersiten, Schweiz 5.7.1942]. **Laufb:** MD Radio Orch SR Basel 77–83, 1.Gastdgt Scottish National Orch, Dir Glasgow MFstv Musica Nova 85–90, Dir Fstv Luzern 92–98, Associate Guest Conductor Royal Philh Orch. (Red)

Bammes, Götz, KV, Flöte; c/o Dresdner Philharmonie, PF 120424, D-01005 Dresden. (Red)

Ban, Tetsuro, Dirigent, Generalmusikdirektor; c/o Erich Seitter Bühnen-und Konzertvermittlung, Opernring 8/13, A-1010 Wien, T: (01) 5 13 75 92, F: 5 12 93 51, *office@agentur-seitter.at* [Kyoto, Japan 1968]. **Ausb:** Stud (Komp) Städt KAkad Kyoto, Stud Dirig (K Österreicher) MH Wien. **Laufb:** Korr m Dirigierverpfl NHK Osaka RFChor, Ass v M T Thomas u C Eschenbach Pacific MFstv Sapporo 92, 1. Kapm Th Brandenburg, Kapm Kom Op Berlin seit SpZ 98/99, Gastdgt Tokyo City PhilhOrch, Yomiuri Nippon SymphOrch, Japan PhilhOrch, Op de Marseille, Philh St Petersburg, KamOrch Wien, Houston SymphOrch ua; Dgt Landesth Eisenach SpZ 04/05, ab SpZ 05/06 GMD Landesth Eisenach. **Pr:** 1. Pr Int DgtWettb Besançon 95, Int MWettb Genf.

Banasik, Christian, Komponist; Zietenstr 11, D-40476 Düsseldorf, T: (02 11) 4 95 77 94, F: 72 14 42, *c.banasik@t-online.de*; *home.t-online.de/home/ c.banasik/* [Siemianowice, Polen 1.10.1963]. KonzM, Elektr M, FilmM (Hörspiel, Akust Kunst) **Ausb:** Komp (G Becker, D Terzakis) Robert-Schumann-H Düsseldorf, (H Zender) H f M u Darst Kunst Frankfurt/M. **Laufb:** Mitbegrd u Lt Ens 'Go Ahead', Vors FB Musik Künstlergilde NRW 94–97, stellv Bundesvors ebd 97–2000, Organisation u Ltg versch multimedialer Veranstaltungen u Konz m elektroakust Musik, Entwickl algorithm Kompsoftware 91–93. **Pr:** Johann-Wenzel-Stamitz Förderpr 91, Luigi-Russolo-Pr 93, 1. Pr 5. KompWettb f Synth u ComputerM Braunschweig 94, Musikförderpr Ldeshauptst Düsseldorf 95, Ausz Int KompWettb 'la musica contaminata' Como 96, Stip Franz-Grothe-Stift 94, Arbeitsstip Filmstift NRW 98, KompStip Stift Kunst u Kultur d Landes NRW 2000, Produktionsstip Filmstift NRW 01. – **Komp:** Doppelkonz f Altsax, V u Orch (KonzM), UA Düsseldorf, Tonhalle 89; Poetry I u II – in the focal point... (KonzM), UA London, BBC 91; Baumblütenzeit in Werder – AFSTS 1 (FilmM), UA Frankfurt, Alte Op 93; Spending again what is already spent (KonzM), UA Berlin, Philh 95; Begegnung VI (Elektr), UA Düsseldorf, Tonhalle 96; Wenn d Klagestimmen d Stadt (KonzM), UA Brühl 97; ...letzte Gebärde offener Münder (Elektr), UA Radio Bremen 99; I see a voice (Elektr), UA Düsseldorf, Tonhalle 99; Der Partner, UA WDR 2000.

Banaudi, Antonella, Sängerin; c/o Stadttheater Gießen, PF 111128, D-35356 Gießen. (*)

Banchini, Chiara, Dirigentin, Violine; Austr 71, CH-4051 Basel, T: 06 12 71 17 92 [Lugano]. **Laufb:** künstl Lt Ens 415 Genf. (Red)

Bandel, Martin, Fagottist; c/o Neue Lausitzer Philharmonie, Promenadenstr 60, D-02827 Görlitz. **Laufb:** Sol Neue Lausitzer Philh SpZ 02/03. (Red)

Bandi, Janos, Tenor; Nagyszalonta u 64, H-1112 Budapest; c/o Hessisches Staatstheater, Postfach 3247, D-65022 Wiesbaden. **Ausb:** Stud (Gesang) Franz Liszt-Akad Budapest bis 81. **Laufb:** EnsMitgl Ungar Staatsop Budapest, Schwerpunkt: dramat Partien d ital Repertoires u dt Fach (Des Grieux, Cavaradossi, Kalaf, Edgardo, Herzog v Mantua, Alfredo, Manrico, Otello, Riccardo, Radames, Canio, Erik, Bacchus), Auftr in Europa, regelm Gast Nationalth Prag, Taipeh 97 (Erik), 98–99 Otello: Bremen (m G Neuhold), Darmstadt (m M Albrecht), Staatsth Saarbrücken (m L Wagner), Basel (m J Jones), West Australian Op Queensland 2000 ('Il Trovatore'), Wiesbaden 2000 (Hermann 'Pique Dame'), Op National du Rhin Straßburg 2001 (Kalaf 'Turandot'), Saarbrücken 2001 (Des Grieux 'Manon Lescaut'), Th u Philh Essen SpZ 04/05. **Pr:** Gewinner Gesangswettb Belg RF u Fernsehen 83. (Red)

Banerjee, Neil, Tenor; c/o Esther Schollum Artists' Management, Guntramsdorfer Str 12/2, A-2340 Mödling b Wien, T: (0 22 36) 4 10 04, F: 41 00 44, *es @art.mgmt.com* [London, Ontario, Kanada]. **Ausb:** Stud U Western Ontario. **Laufb:** KamOp Linz 2001, Th Bielefeld seit 2001, Debüt Bregenzer FSp SpZ 03/04, Th St Gallen SpZ 04/05. (Red)

Banfield, Volker, BM, MM, Prof, Piano, Hochschullehrer; Hochschule f Musik u Theater, Harvestehuder Weg 12, D-20148 Hamburg, T: (0 40) 42 84 82.6 02, *volker@banfield.de*; *www.banfield.de.* Klaviermusik d 19. u 20. Jh **Ausb:** Stud (Kl) MH Detmold 58–65, Juilliard School New York 65–67, MH München 67/68, U of Texas 68–71. **Laufb:** KonzTätigk weltweit; KonzReisen in d ehem UdSSR, USA, Südamerika, Iran u Europa, Auftr ua b Berliner FestW, Donaueschinger Musiktage, Bonner Beethoven Fest, Warschauer Herbst, Wien Modern, Münchner Klaviersommer, Southbank Fstv London u Biennale Zagreb; Doz MH München 72–75, Prof MH Hamburg seit 75. **Pr:** Stern d Monats Fonoforum, Diapason d'Or Diapason Paris, Mitgl d Freien Akad d Künste Hamburg, Ehrenmitgl d Gustav Mahler Ges Hamburg. – **Aufn/RF:** ca 90 RF-Produktionen f ARD u int Radiostationen, CD-Veröff f WERGO u CPO. **UA:** ua Müller-Siemens: Klavierkonz u Solowerke, Ligeti: Etüden (9), Killmayer: Nocturnes. **Zug:** ua Müller-Siemens: Klavierkonz; Ligeti: Etüden (3).

Bangs, Linda, Saxophon, Hochschullehrerin; In der Hohl 16, D-64367 Mühltal, T: (0 61 51) 59 72 43, *L.Bangs@saxophonorchester.de*; *www.saxophonorchester.de*. **Ausb:** Stud b Laurence Wyman am SUNY, Fredonia u Sigurd M. Raschèr. **Laufb:** Doz (Sax) Akad f Tonkunst Darmstadt, Doz Univ Mainz. **Ens:** Raschèr Saxophonqua, Süddt Saxophon-KamOrch. (Red)

Baniewicz, Vera, Sängerin; c/o Komische Oper, Behrenstr 55–57, D-10117 Berlin. **Laufb:** Sol Op Hannover, Kom Op Berlin, Th d Stadt Trier. (*)

Bankl, Wolfgang, Bass; Schubertpl 3, A-2540 Bad Vöslau, T: (06 64) 4 31 61 81, *wolfgang.bankl@aon.at*; c/o Agentur Seitter, Opernring 8/13, A-1010 Wien, T: (01) 5 13 75 92, F: 5 12 93 51, *office@agentur-seitter.at*; *www.bankl.at* [Wien 29.5.1960]. Oper, Konzert **Ausb:** Stud V (G Hallama) MSchule Baden 68–77, Gesang (D Weber u D Lutz: Lied; W Kmentt: Op) Kons d Stadt Wien 84–89. **Laufb:** Gast Liceo Barcelona, OpHaus Zürich, Bregenzer FSp, Wiener FestW, Musiktage Bad Urach, Chatelet Paris, Mann Auditorium Tel Aviv, OpHaus Köln, Accad di Santa Cecilia Rom, OpHaus Kiel 89–93, Sol Wiener Staatsop seit 93, GastSol Op Halle, Sol Volksop Wien SpZ 03/04, Gastsol Ophaus Graz SpZ 04/05. **Pr:** Anerkennungspr (Darst Kunst) d Stadt Baden 98. – **Aufn/RF:** Winterreise, m Kl: N Pfafflmeyer 98; Der Rosenkavalier, m Wiener Philharmoniker, Dgt: C Kleiber 94; Der Zigeunerbaron, m BR-Orch, Dgt: L Hager 98; Die Jahreszeiten, m Haydn-Philh, Dgt: A Fischer 98; Fux: Il fonte delle salute, m Wiener Akad, Dgt: M Haselböck 2000; Matthäuspassion, m SymphOrch Oviedo, Dgt: M Valdéz 01. **UA:** R Clemencic: Apokalypsis. **Sonst:** Grdg Ens Giro d'Arte 01.

Bannasch, Barbara, Komponistin, Kirchenmusikerin, Chorleiterin; Henri-Dunant-Str 12, D-50374 Erftstadt, T: (0 22 35) 46 10 92, F: 46 39 93, *info@BarbaraBannasch.de*; *www.BarbaraBannasch.de* [Karlsruhe 5.2.1962]. Neue Musik, Philosoph Musik **Ausb:** (KiM) Wuppertal 80–82, Stud (MWiss) U Köln 83–89, Stud Komp (G Kröll) Rhein MSch 87–92. **Laufb:** KiM Remscheid, Erftstadt, Hürth seit 82, ChLtg Erftstadt seit 93, Doz (Theorie) seit 2000. – **Komp:** zuletzt: WortKlangMelodie über d Trauer, n 3 Gedichten v A Krautschik (Va, Alt, Org) 96, UA Essen-Überruhr, Stephanuskirche 96; Klangbilder zur Passion (Singsprech Ch, Sprecher, Sprecherin, Org) 97, UA Köln-Marienburg, Reformationskirche 98; Psalmdiaphonie CXXX, n e Gedicht v E Lasker-Schüler u Stimmen z 130. Psalm (Sop, Va, gr Org, Alt, Vcl, kl Org) 97, UA Köln, St Aposteln 97; Sanctusdiaphonie B (3 gem Chöre, Org) 2000, UA Brühl, Christuskirche 2000; Zeitmusikraum-Raummusikzeit (Sprecher, Org, Lautsprecher) 2000, Hürth-Gleuel, Martin-Luther-Kirche 2000; Epiphaniasdiaphonie B (Org) 2000/01, UA Hürth, St Severin 01; Schöpfungsdiaphonie CIV o durchscheinende Elemente (KinderChor, KiChor, versch Instr) 01, UA Hürth-Gleuel, Martin-Luther-Kirche 01.

Bannon, Kenneth, Sänger; Querumer Str 60, D-38104 Braunschweig, T: (05 31) 50 29 13. **Laufb:** Sol Staatsth Braunschweig SpZ 01/05. (Red)

Banse, Fred, Sänger; c/o Düsseldorfer Operette, Schlesische Str 94, D-40231 Düsseldorf. **Laufb:** Sol Düsseldorfer Operette. (Red)

Banse, Juliane, Prof, Sopran, Hochschullehrerin; Ziegenstadel 10, D-86911 Dießen, T: (0 88 07) 94 61 62, F: 94 61 63, *juliane.banse@aol.com*; c/o Künstlersekretariat am Gasteig, Rosenheimer Str 52, D-81669 München, T: (0 89) 44 48 87 90, F: 4 48 95 22, *team@ks-gasteig.de*. **Ausb:** GesUnterr (P Steiner, R Rohner), Stud (B Fassbaender, D Evangelatos) MH München, vollständ Balettausbildung. **Laufb:** Debüt (Pamina) Kom Op Berlin 89, Eng Op Brüssel, Leipzig, Salzburg, Glyndebourne, Dt Op Berlin, Wiener Staatsop, Op Köln, Op Zürich, Bayer Staatsop München, San Francisco Op, KonzSängerin, Liederabende, KamKonz, Sol Op Zürich, Bayer Staatsop München, Staatsop Wien, Hamburg Staatsop SpZ 03/04; Konz m B Haitink u BR-SymphOrch München 05 (ua Mahler: 4. Sinf), Salzburger FSp 06 ('Figaro'), Op Frankfurt SpZ 06/07 (Wagner: 'Meistersinger', Rollendebüt m Eva); Liederabende m H Deutsch u W Rieger; ZusArb ua m Abbado, Previn, Maazel, Chailly, Blomstedt, Slatkin u Giulini, 06 m Harnoncourt, Nagano u Welser-Möst. **Pr:** ua 1. Pr GesWettb d Kulturforums München 89, 1. Pr Wiener 'Grand Prix Franz Schubert' 93, Artist in Residence BodenseeFSp 06. – **Aufn/RF:** CDs m Werken v J S Bach, A Berg, J Brahms, A Dvorák, M Reger (Duette m MSop: B Fassbaender u Kl: C Garben), P Hindemith, C Loewe, G Mahler, F Mendelssohn-Bartholdy, W A Mozart, K Penderecki, O Schoeck, F Schubert, R Schumann, Villa-Lobos, Piazolla, R Strauss, Lieder v Schubert u Berg m A Schiff (geplant 06/07). **UA:** W Rihm: Deus passus, UA Stuttgart u Salzburg, Dgt: H Rilling; J Widmann: 'Versuch über d Fuge' (5. StrQua), UA Köln 05 m Artemis-Qua; J S Bach: 'Alles mit Gott und nichts ohn' ihn' (entdeckte Arie), UA Kunstfest Weimar 05 m A Schiff.

Bante, Helga, Prof, Hochschullehrerin; Große Ackerhofsgasse 7, D-99084 Erfurt, T: (03 61) 5 51 87 58; c/o H für Musik 'Franz Liszt', Pl der Demokratie 2/3, D-99423 Weimar [Erfurt]. Op, Lied, Konz **Ausb:** HfM Leipzig (H Forner) 65–68, Th Zwickau 68–70, Landesth Eisenach 70–73, Städt Bühnen Erfurt 73–88, Doz HfM Weimar 88, Prof HfM Leipzig seit 92. **Laufb:** Prof (Ges) H f Musik 'Franz Liszt' Weimar. – **Sonst:** Tourneen in Litauen u Polen bis 90.

Banter, Harald, Prof, Komponist; Wieselweg 10, D-51109 Köln, T: (02 21) 84 37 50, F: 84 53 00 [Berlin 16.3.1930]. Crossover, Hörspielmusik, Filmmusik **Ausb:** Tonmstr-Ausb, Stud Komp (G Haentzschel, B-A Zimmermann, H W Henze). **Laufb:** Lt WDR-Mediaband 52–73, Lt Programmgruppe Unterhaltende Musik WDR 74–79, Redakteur u Produzent WDR 80–95, Lt d Seminars 'Musikmarktanalyse' MH Köln seit 76. **Pr:** GEMA Ehrenring, Silbernes Blatt d Dramatiker-Union, Med f bes Verdienste um die dt Musik d DKIV, Ehrenmitgl GEMA. **Mitgl:** Vorstandsmitgl DKV, Beiratsvors Dt KompArchiv. – **Komp:** ca 100 Hörspielmusiken u ca 25 Fernseh-Filmmusiken f WDR 58–74; Diana Sorpresa (Ballett), UA WDR 60; Märchenbilder (Suite f Orch), UA WDR 62; Prolog 2000 f großes Orch (Konzert), UA Kölner Gürzenich 73; Amores (Liebeselegien), UA WDR 81; Phädra (Rhapsodisches Konzert), UA Kölner Philh 95; Die Reise (Sinfonische Kante), UA WDR-Köln 99; Der blaue Vogel (Op), UA Hagen 99. **Aufn/RF:** OrchWerke, B Berthold, M Kliegel, Nordwestdt Philh, Dgt: M Jurowski; Amaryllis, G Shearing, Orch R Farnon. **UA:** H W Henze: Maratona di danza, UA Gr Sendesaal d WDR m RF-SinfOrch, Harald Banter-Ens, Dgt: H Rosbaud 57. **Sonst:** Grdg Harald Banter-Ens (später Media-Band) 52, Akkord-Lex 82. **Lit:** 'Tonfolgen – Ein Leben m richtigen u falschen Noten' (Autobiogr); Robert v Zahn: 'Jazz in Köln'; Andreas Vollberg: 'Von Trizonesien zur Starlight-Ära'.

Bantzer, Claus, Komponist; Heimhuder Str 29, D-20148 Hamburg, T: (0 40) 45 37 44 [Marburg 10.10.1942]. **Ausb:** Stud Kl, Dirig, Komp (K. Hessenberg) Frankfurt, Stud Orgel. **Laufb:** Bühnenmusiken f Dt Schauspielhaus Hamburg 74, Organist an St Johannes, Hamburg-Harvestehude seit 75, Filmmusiken seit 80. **Pr:** 1. Pr Chorwettb Hamburg 84, 3. Pr Chorwettb Hannover 85, Bundesfilmpr f Filmmusik 87. – **Komp:** Fantasie über ein 'Kyrie'-Thema (Geistl Orgelwerk) 70, UA Hamburg 70; Musik zu Shakespeares 'Was ihr wollt' (Bühnenmusik) 74, UA Hamburg, Dt Schauspielhaus 74; Missa popularis (Jazz-Messe) 79/80, UA Hamburg 80; Concerto in drei Sätzen (KamM) 82, UA Marburg 82; Winterbilder nach H. Heine, F. Hölderlin u Anonymus (3 Lieder) 87/88, UA Hamburg 88. (Red)

Bara, Daniel, Violine; Kaiser-Friedrich-Allee 39, D-93051 Regensburg, T: (0 89) 4 48 66 57; c/o Theater Regensburg, Bismarckpl 7, D-93047 Regensburg. **Laufb:** 2. Konzm Philharmon Orch Regensburg. (Red)

Barabás, Sári, KS, Sängerin; Auf der Eierwiese 13, D-82031 Grünwald, T: (0 89) 6 49 35 37; c/o Staatstheater am Gärtnerplatz, Gärtnerpl 3, D-80469 München [Budapest 1914]. **Laufb:** Sol Staatsth am Gärtnerpl München. (Red)

Barachovsky, Anton, Violine; c/o Philharmoniosches Staatsorchester Hamburg, PF 302448, D-20308 Hamburg. **Laufb:** Konz Philh Staatsorch Hamburg. (Red)

Barainsky, Claudia, Sopran; c/o Konzertdirektion Hans Ulrich Schmid, Königstr 36, D-30175 Hannover, PF 3409, D-30034 Hannover, T: (05 11) 3 66 07 77, 3 66 07 60, 3 66 07 27, F: 3 66 07 34, *fh@kdschmid.de*, *mail@kdschmid.de*; *www.kdschmid.de* [Berlin]. Oper, Konzert, Lied **Ausb:** Stud (I Figur, D Fischer-Dieskau, A Reimann) H f M Berlin. **Laufb:** Debüt Stadtth Bern ('Entführung a d Serail', Konstanze) 93, ('Lulu', Lulu) 94; (Reimann: 'Melusine', Melusine) Semperop Dresden 94; (Sophie, Musetta, Blonde) Dt Op am Rhein; (Blonde) Hamburg Staatsop; (Königin d Nacht, Nono: 'Al gran sole carico d'amore', Solo-Sop) Staatsth Stuttgart; (Königin d Nacht) Bühnen d Stadt Köln; (Reimann: 'Bernarda Albas Haus', Martirio) Bayer Staatsop München; (Reimann: 'Bernarda Albas Haus', Martirio u Königin d Nacht) Kom Op Berlin; (Marschner: 'Hans Heiling', Anna) Dt Op Berlin; (Wagner: 'Das Rheingold', Woglinde) Nat Th Tokyo 01; (Zemlinsky: 'Der Zwerg', Donna Clara)Th Royal de la Monnaie 03; (Zimmermann: 'D Soldaten', Marie) Nederlandse Op Amsterdam 03, Gastsol Badisches Staatsth Karlsruhe SpZ 04/05; Tourneen m Bdesjugendorch 95, Junge Dt Philh 97, 2000, 03 ZusArb m Philh Orch London, Berliner Philh, Dt SymphOrch Berlin, RSO Berlin, NDR-SinfOrch Hansestadt Hamburg, Bamberger Symph, Gewandhausorch Leipzig, Koninklijk, Concertgebouwork Amsterdam, Klangforum Wien, ens modern, Ens Intercontemp Paris ua unter Albrecht, Blomstedt, Eschenbach, Gielen, Haenchen, Herreweghe, Mehta, Metzmacher, Harding, Nott, Schiff, Sinopoli, Thielemann, Tilson Thomas, Zagrosek. **Pr:** Echo Klassik 02. – **Aufn/RF:** Schreker: 'Vom ewigen Leben' (OrchLieder), m DSO Berlin; P. Ruzicka: OrchLieder; Webern: KlLieder; Reimann: KlLieder; Szymanowski: KlLieder; Prokofjew: KLieder; Hartmann: 'Das Wachsfigurenkabinett', m DSO Berlin, Dgt R Epple; Ullmann: 'Der zerbrochene Krug', m DSO Berlin, Dgt G Albrecht; L Nono: 'Al gran sole carico d'amore', Staatsop Stuttgart, Dgt L Zagrosek; Lost objects; M. Pintscher: 'Herodiade-Fragmente', m RF-Orch d NDR, Dgt C Eschenbach; M. Gurlitt: 'Die Soldaten', m DSO Berlin, Dgt G Albrecht; Sandstroem:'High Mass', m Gewandhausorch, Dgt H Blomstedt; Haydn: 'Die Schöpfung', Orch u Chor d Dt Op Berlin, Dgt C Thielemann. **Zug:** Reimann: 'Lady Lazarus' 92; Reimann: 'Bernarda Albas Haus: MARTIRIO' 2000; Pintscher: 'Schneebilder' 2000/01; Reimann: OrchLieder UA 04.

Baranowska, Barbara, Sängerin; Meißnerstr 45, D-34134 Kassel, T: (05 61) 4 00 07 39, *anna-baranowska@gmx.de*; c/o Torner Künstlermanagement Agentur, Alsterdorfer Str 577, D-22335 Hamburg, T: (0 40) 50 04 97 35, F: 50 04 97 38, *torner@t-online.de* [Elblag 1971]. **Laufb:** Sol Volksop Wien SpZ 03/04, Th Erfurt 05. (Red)

Baranowski, Krzysztof, Violine; c/o Philharmonisches Kammerorchester Wernigerode gGmbH, Bahnhofstr 16, D-38855 Wernigerode, T: (0 39 43) 94 95 14, *baranow@freenet.de*. **Laufb:** Konzm Württemberg Philharmonie Reutlingen, Konzm Philharmonisches KamOrch Wernigerode. (Red)

Baransky, Pavel, Sänger; c/o Hamburgische Staatsoper, PF 302448, D-20308 Hamburg. (Red)

Baráthová, Petra, Sängerin; c/o Bühnen der Stadt Köln – Opernstudio, PF 101061, D-50450 Köln. (Red)

Barbacini, Maurizio, Dirigent; c/o Wiener Staatsoper, Opernring 2, A-1010 Wien, T: (01) 5 14 44 22 50; c/o Columbia Artists Management GmbH, Till Janczukowicz, Albrechtstr 18, D-10117 Berlin, T: (0 30) 20 64 80 78, F: 20 45 34 80, *info@cami.com*; *www.wiener-staatsoper.at*. **Laufb:** GastDgt Th St. Gallen SpZ 03/04, Dgt Wiener Staatsoper SpZ 04/05, Op Frankfurt SpZ 04/05. (Red)

Barbe, Helmut, Prof, Komponist; Wilhelmstr 100, D-13593 Berlin, T: (0 30) 3 61 42 97, F: 3 61 42 97 [Halle/Saale 28.12.1927]. **Ausb:** Stud (Pepping, Grote)

Berliner KiMSchule, A-Prüfung 52. **Laufb:** Kantor St Nikolai-Kirche Berlin-Spandau 52–75, zahlr KonzReisen m d Kantorei St Nikolai, 1.Gesamtauff Matthäuspassion v Bach in Norwegen (Bodø 1987), Doz Berliner KiMSchule 55–75, LKMD Berlin West 72, Prof (MTheorie) H d Künste Berlin 75, Ruhestand 93. – **Komp:** Canticum Simeonis (Kant) 58, UA Berlin, St Nikolai 59; Der 90. Psalm (Mot), UA Kassel 65; Golgatha (Kant), UA Alzey 73; Herbst (Chorlieder) 88, UA Berlin 89; Potsdamer Tedeum (Kant) 92, UA Potsdam 93; Lichte Nacht (Chorlieder) 97, UA Berlin 98; '1648' (KamOrat) 97/98, UA Heidelberg 98; Canti di Ungaretti 98, UA Heidelberg 99; Gedanken über d Zeit (Kant) 99, UA Heidelberg 2000; Jahresringe (Chorlieder) 99, UA Heidelberg 01; Todesfuge (Kant) 02, UA Weinheim 05; Von den Engeln (Kant) 04, UA Berlin 05. **Aufn/RF:** CDs: Dt Volkslieder in Sätzen f gem Ch, Berliner Vokalens, Dgt: B Stegmann; Gedanken über d Zeit, Berliner Vokalens, Dgt: B Stegmann. **Lit:** G Seeley: German Protestant Choral Music since 1925 69.

Barcaba, Peter, Mag, Prof, Hochschullehrer, Klavier; Univ f Musik u Darst Kunst, Inst Ludwig van Beethoven, Rennweg 8, A-1030 Wien [Wien 1947]. **Ausb:** Stud (Kl) i Wien (D Leischner, J Dichler), Detmold (C Hansen) u Warschau (H Stefanski), KompStud b Alfred Uhl, DirStud b H Swarowski u MTh nach H. Schenker b Franz Eibner. **Laufb:** Lehrtätigkeit (KlKlasse, Tonsatz) U f Musik u Darst Kunst Wien seit 80, ao UProf ebd. **Ens:** Duo m Y Gutmann (Va), König-Quartett, Goldberg-Quartett, Stradivari-Sextett. (Red)

Barcellona, Daniela, Mezzosopran; c/o Theateragentur Dr Germinal Hilbert, Maximilianstr 22, D-80539 München, T: (0 89) 2 90 74 70, F: 29 07 47 90; c/o Staatsoper, Opernring 2, A-1010 Wien; *www.hilbert.de.* **Laufb:** Sol Bayer Staatsop München, Wiener Staatsop. (Red)

Barchmann, Reiner, Hochschullehrer, Kontrabass; Lerchenweg 7, D-01454 Großerkmannsdorf, T: (0 35 28) 41 77 22. **Laufb:** Doz (Kb) H f Musik Carl Maria v Weber Dresden, Mitgl Sächsische Staatskapelle Dresden. (Red)

Barcos, George, Komponist; rue Le-Corbusier 22, CH-1208 Genève, T: 02 27 89 07 15; *www.musicedition.ch/special/barcos.htm* [Bogota, Kolumbien 21.9.1946]. **Ausb:** Stud (Git, Komp), Stud (Komp) MAkad Basel ab 74. **Laufb:** Doz (Git) Cons of Popular M seit 77. – **Komp:** Suite para Quinteto (f Bläserqui) 86; Four Songs for String Trio and Piano 88; Trois Préludes pour Tuba et Piano 90; El Circulo de la Nostalgia (f 2 Git) 90; Canciones Tropicales (f Git solo) 91; Nine Progressive Pieces (f KlarTrio) 91; Cuentos Peregrinos (f Git u KB) 97; Humores (f 4 Git) 01–02. (Red)

Bardenhagen, Boris, Viola; c/o Staatskapelle Berlin, Unter den Linden 7, D-10117 Berlin. **Laufb:** stv Sol Staatskap Berlin. (Red)

Barenboim, Daniel, Klavier, Dirigent; c/o Deutsche Staatsoper, Unter den Linden 7, D-10117 Berlin, PF 345, D-10109 Berlin, T: (0 30) 20 35 46 29, F: 20 35 46 26; c/o Konzert-Direktion Hans Adler, Auguste-Viktoria-Str 64, D-14199 Berlin, T: (0 30) 8 95 99 20, F: 8 26 35 20, *info@musikadler.de*; *www.daniel-barenboim.com* [Buenos Aires 1942]. **Ausb:** Stud (Kl) b d Eltern seit 47, Stud Dirig (I Markevich) Salzburg 54, Stud HarmonieL, Komp (N Boulanger) Paris 55. **Laufb:** erstes öffentl Konz Buenos Aires 50, int SolDebüt Wien u Rom, anschl Paris 55, London 56, New York (m L Stokowski) 57, seitdem regelm Tourneen Europa, USA, Südamerika, Australien, Fernost, Dirigierdebüt m Philh Orch London 67, ChefDgt Orch de Paris 75–89, Debüt OpDgt Edinburgh Fstv 73, FSp Bayreuth 81 99, ChefDgt Chicago Symph Orch seit 91, Künstl Ltg u GMD Dt Staatsop Berlin seit 92, ChefDgt Staatskap Berlin auf Lebenszeit. **Pr:** Buber-Rosenzweig-Med 04; Pr 'Principe de Asturias' in d Sparte Völkerverständigung 02; Gr VK m Stern 02; Toleranzpr d Ev Akad Tutzing 02. – **Aufn/RF:** Schallplattenaufn auch als Pianist seit 54. **Sonst:** Grdg West-Eastern-Divan Orch 99. **Lit:** Autobiogr 'Musik mein Leben' 02.

Bares, Peter, Organist, Komponist; Kirchpl 6, D-53489 Sinzig, T: (0 26 42) 4 24 83 [Essen 16.1.1936]. Kirchenmusik **Ausb:** Stud KiM (Kaller, Reda) Folkwang-H Essen. **Laufb:** Org Essen, Düsseldorf, Sinzig, KiM St Peter Köln seit 92, Lt v 20 Int Studienwochen f Neue Geistl M, Sinziger OrgWochen, int KonzTätigkeit, LAuftr Dtschld, Holland, Polen. **Pr:** div Auszeichnungen, Haarlem-Dipl. – **Komp:** über 2500 Komp, Messen, Motetten, e liturg Gesangbuch: Salve festa dies, ChSätze, OrgM, KamM. **Aufn/RF:** Schallpl u CDs; RF- u TV-Aufn in Dtschld, Holland, Polen, Tschechien, Österr, Spanien.

Bareza, Niksa, Dirigent, Generalmusikdirektor; Ulmenstr 57, D-09112 Chemnitz, T: (03 71) 3 55 64 26, (01 60) 8 44 64 37; c/o Austrokonzert International, Gluckgasse 1, A-1010 Wien, T: (01) 5 13 26 57, F: 5 126 1 54, *office @austroconcert.com* [Split]. **Laufb:** Dgt Hamburg Staatsop, GMD OpHaus Chemnitz SpZ 01–06, Gastdgt Badisches Staatsth Karlsruhe Spz 04/05. – **Aufn/RF:** CDs: R Wagner: 'Ring d Nibelungen', Graz 90 (auch Video); Kelemen: versch Werke; Strauss: 'Alpensinfonie'; E Wolf-Ferrari: 'Il Campiello' (Ausz 'Le Timbre de platine').

Barfuß, Michael, Komponist; Langemarkstr 24, D-46045 Oberhausen, T: (02 08) 20 26 17 [Oldenburg 1957]. **Ausb:** Stud (M, Germanistik) Uni Oldenburg. **Laufb:** Musikal Lt, Reg u Komp Staatsth Oldenburg u Landesbühne Wilhelmshaven 76–91, Musikal Lt u Reg Junges Th Göttingen 92, Musikal Lt u Reg Th Oberhausen seit 93, Musikal Lt SchSp Bonn SpZ 04/05. **Pr:** Oberhausener Theaterpreis 96. (*)

Bargel, Martin, Kapellmeister, Repetitor; Aschegasse 2, D-09599 Freiberg. **Laufb:** Ass d GMD, 2. Kapm u Studienlt Th Freiberg. (Red)

Bargielski, Zbigniew, Dr, Dr habil, Komponist; Quellenstr 24a/11/12, A-1100 Wien, T: (01) 6 06 69 44, F: 6 06 69 44, *z.bargielski@utanet.at* [Łomża, Polen 21.1.1937]. Orch **Ausb:** Stud Komp Warschau, (N Boulanger) Paris, Doktorat MAkad Krakau, Habil Krakau. **Pr:** Ausz u Pr UNESCO Paris 81, 95, Med f Verdienste um die poln Kultur, Offizierskreuz d Ordens 'Polonie Restituta', Anton-Benya-Pr 2000, Pr Poln KompVerband 01. – **Komp:** Traumvogel (f Akk u Schlgz) 80; Es ist noch Nacht, noch e Laut (f Mezzosop u Orch) 81; Epitaphium (f 2 V) 82; Sonnenlieder (f Mezzosop, Bar, Bass, Chor u KamEns) 83; Abschiedsnacht (f Akk u StrQua) 84/85; Stilleben m Geschrei (3. StrQua) 85/86; Im Niemandsland (Orat) 89; Requiem f Orch 92; Trigonalia (f Git, Akk, Schlgz, KamOrch) 94; 4. Streichqua 96. **AuftrKomp:** ua v KonzHaus Wien, TU Wien, Österr RF, Stadt Graz, 'Warschauer Herbst', 'Steir Herbst', Alban-Berg-Qua, Hugo-Wolf-Qua. **Sonst:** 'Z B o swojej operze Widma nie klamia' (Z B über seine neue Op nie klamia) (Ruch muzyczny 18) 74. **Lit:** Z B: 'Versunkene Flamme' f V, Vcl u Akk (Wien modern) 85; Z Dabek: Tworczosc Z B (Das Schaffen Z Bs) (Ruch muzyczny 23) 79; A Haefeli: Die Int Ges f N Meusik 82; M Lasser: Komp u Werk Z Bs (Das Akkordeon 11) 86; M Podhajski: Problemy techniki kopozytorskiej w wybranych utworach (Kompositionstechn Probleme poln Akk-Komp) (Zeszyty naukwe. Akademia Muzyczna im Stanislawa Moniuszki w Gdanksu) 86; K Raculewski: Polska twórczosc kompozytorska 1945–1984 (Schaffen Poln Komp 1945–1984) 87; D Schrade: Das Akkordeonwerk Z Bs 96.

Baricelli, Carlo, Tenor; Staatstheater, Oberer Schloßgarten 6, D-70173 Stuttgart. **Laufb:** Sol Staatsth Stuttgart. (Red)

Barkmin, Gun-Brit, Sopran; Komische Oper, Behrenstr 55–57, D-10117 Berlin, T: (0 30) 20 26 00, F: 20 26 04 05, *info@komische-oper-berlin.de*; c/o Columbia Artists Management GmbH, Till Janczukowicz, Albrechtstr 18, D-10117 Berlin, T: (0 30) 20 64 80 78, F: 20 45 34 80, *info@cami.com*; *www.komische-oper-berlin.de.* **Ausb:** Stud Rostock u Dresden, Mstrkse b E Schwarzkopf, C Bergonzi, H Haenchen. **Laufb:** Gastsol Op Wien, Sol Stadtth Freiberg, Sol Kom Op Berlin SpZ 2000/06. **Pr:** Meisterstip d Freistaats Sachsen, Daphne Pr 02. (Red)

Barlow, Klarenz (Clarence Albertson), Prof, Komponist, Hochschullehrer; Merheimer Str 214, D-50733 Köln, T: (02 21) 73 43 03, F: 73 43 03; Kerkstraat 24D, Niederlande-1017 GL Amsterdam [Kalkutta, Indien 27.12.1945]. **Ausb:** Stud U Kalkutta (Naturwiss) bis 65, Trinity Coll of Music London (Kl) 65, MH Köln (Komp u Elektron M) 68–73. **Laufb:** Komp (Computer-M), Arb an elektron Studios in Köln, Utrecht, Stockholm, Paris, Amsterdam, Chicago Den Haag, Doz Ferienkse f Neue M Darmstadt 82–94, Prof (Computer-M) H f Musik Köln seit 84, Künstl Lt Inst f Sonologie am Königl Kons Den Haag 90–94, Prof (Komp u Sonologie) seit 94, Mitbegrdg u Ltg GIMIK Initiative Musik u Informatik Köln seit 86. **Pr:** ua Kranichsteiner Musikpr Darmstadt 80, Förderpr d Stadt Köln 81. **Mitgl:** Int Akad f Elektroakust M Bourges. – **Komp:** ua 'Çogluotobüsisletmesi' (f Kl) 75–79, UA Darmstadt 80; 'Im Januar am Nil' (f 2 Sopransax, Schlgz, Kl, 4 V, 2 Vcl, KB) 81–84, UA Paris 84; 'Orchideae Ordinariae or the twelft root truth' (f gr Orch u Kl) 89, UA Donaueschingen 89. (Red)

Barnett, Marilyn, Solorepetitorin; c/o Deutsche Staatsoper, Unter den Linden 7, D-10117 Berlin, PF 354, D-10109 Berlin. **Laufb:** Musikal Einstudierung Dt Staatsop Berlin. (Red)

Barras, Vincent, Klavier, Musikwissenschaftler; ch de Carabot 48, CH-1213 Onex, T: 02 27 57 55 72. (Red)

Barsch, Thomas, Violine, 1. Konzertmeister; c/o Philharmonisches Orchester, Karl-Liebknecht-Str 136, D-03046 Cottbus. **Laufb:** 1. Konzm Philharmon Orch Cottbus (01/05). (*)

Barschewitsch, Viktor, Violine; c/o MDR Sinfonieorchester, Augustuspl 9a, D-04109 Leipzig. **Laufb:** Stimmführer MDR SinfOrch Leipzig. (Red)

Barsky, Irina, Sängerin; c/o Allee Theater GmbH – Hamburger Kammeroper, Max-Brauer-Allee 76, D-22765 Hamburg. (*)

Barstow, Josephine, Sängerin; c/o Bayerische Staatsoper, Brieffach, D-80075 München. (Red)

Barta, Attila, Violine; c/o Stadttheater Pforzheim, Am Waisenhauspl 5, D-75172 Pforzheim. **Laufb:** 1. Konzm Städt Orch Pforzheim. **Ens:** Capella Animato. (Red)

Bartels, Bernd, Trompete; c/o MDR Sinfonieorchester, Augustuspl 9a, D-04109 Leipzig. **Laufb:** Sol MDR SinfOrch Leipzig. (Red)

Bartels, Wolf-Eike, Prof, Hochschullehrer, Sprecherziehung/Liedgestaltung; Ringstr 5, D-09247 Kändler, T: (0 37 22) 40 30 26; Hochschule f Musik, PF 120039, D-01001 Dresden [Köthen 1944]. **Ausb:** Stud (Ges/Op) H f Musik „Franz Liszt", Weimar 63–69. **Laufb:** Sänger Landestheater Halle 75, Staatsoperette Dresden 78–83, Sorb Nationalens Bautzen 83, Prof (Sprecherz) H f M Carl Maria v Weber Dresden 93. (Red)

Bartha, Alexander, Konzertmeister, Violine; c/o Hessisches Staatstheater, PF 3247, D-65022 Wiesbaden; Philharmonisches Orchester, Küchengartenallee 2, D-07548 Gera [Göttingen 1967]. **Laufb:** 1. Konzm Philharmon Orch Gera, 1. Konzm Hess Staatsth Wiesbaden. (Red)

Bartha, Clarry, Sopran; c/o Rainer Zagovec Theater- u Konzertagentur, Hans-Böckler-Str 23, D-65468 Trebur-Astheim, *agentur@zagovec-artists.de.* **Laufb:** Sol MTh Bonn, Gastsol Th Nürnberg SpZ 00/01, Tiroler Ldsth SpZ 04/05. (Red)

Bartha, Julia, Piano; Landwacht 11, D-37075 Göttingen, *kontakt@juliabartha.de*; *www.juliabartha.de.* **Laufb:** Schleswig-Holstein Musikfstv 95, Schumann-Heine-Abend m Cornelia Froboess 01. **Pr:** 3. Pr ex aequo 48. 'G.B. Viotti' Int M Wettb Vercelli 97. (Red)

Barthe, Julia, Sopran; Woltersstr 18, D-22453 Hamburg, T: (0 40) 5 11 84 31, F: 5 11 84 31, *Julia.barthe@t-online.de*; *www.julia-barthe.de* [Hamburg 24.8.1965]. Konzertgesang, Lied, Oratorium **Ausb:** Stud MWiss, Gesch

(G Litz) MH Hamburg 86–93, StudPriv Ges (R Behle). **Laufb:** div Auftr unter Ltg v H Rilling Stuttgart 92–95, Braunschweig Dom, (A Pärt: Johannespassion) 01, Dortmund Reinoldikirche (Bach/Mendelssohn: Matthäuspassion) 2000, ebd (Brahms: Requiem) 01, Hamburg St Jacobi (Bach: Matthäuspassion) 2000, Göttingen (Mendelssohn: Paulus) 01, zahlr Auftritte Hamburg St Michaelis (ua Bach-Kantaten, Mozart-Requiem, Saint-Saëns Weihnachtsorat), Hamburger Mariendom (Mozart c-Moll-Messe) 03, Fstv 'Euriade' 05, Brahms Requiem Mhalle Hamburg 05. – **Aufn/RF:** CD 'Chanson d'amour' Liebeslieder f Sop u Hfe 03; CD 'con voce festiva', Hochzeitsm f Sop, Trp, Ob u Org 01. **UA:** W A Schultz: Die Schöpfung ist zur Ruh gegangen (f Sop-Solo) 91; O Korte: Wintergesänge (Vertonung japan Haikus) 92; G Friedrichs: Psalmen f Sop u Orgel 92; F Kuckuck: Und es war Hisoshima (Orat) 95; D Goris: M Hausmann – Lieder 2000; W A Schultz: Sharakan f Sop u V 03.

Barthel, Ernst R, Prof, Hochschullehrer; Kamp 7, D-23858 Heidekamp, T: (0 45 33) 79 23 79, F: 79 23 79. **Laufb:** Musikal Lt Lübecker Sommeroptte SpZ 03/04. (Red)

Barthel, Thomas, Klavier, Korrepetitor, Dirigent; c/o Opernhaus Zürich, Falkenstr 1, CH-8008 Zürich, T: 0 12 68 64 00, F: 0 12 68 64 01; *www.opernhaus.ch*. **Laufb:** Solokorrepetitor u Dgt Op Zürich seit 94. (Red)

Bartholomäus, Bartholomäus, Schauspielmusiker; c/o Theater Strahl, Urbanstr 45, D-10967 Berlin. **Laufb:** SchspM Th Strahl Berlin SpZ 03/05. (Red)

Bartling, Stefan, Komponist; Traubenstr 50, D-70176 Stuttgart, T: (07 11) 29 13 60 [Bremen 24.2.1963]. **Ausb:** Kompositionsstud (N.A. Huber) Essen, (W. Rihm) Karlsruhe, (P. Heiningen) Helsinki. **Pr:** Pr 'Forum Junger Komponisten' d WDR-Köln, Stip d Heinrich-Strobel-Stift u Akad Schloß Solitude. – **Komp:** Abwesenheit (KamM), UA Essen 86; Supercello (KamM), UA Karlsruhe 90; dulcineaprinzip (Orch), UA Köln; Frauenfigur (Lied), UA München 92; Mit Namen (Elektroakust), UA Helsinki 94; Patt (KamM), UA Hombroich 99; Doubles (Orchw), UA Stuttgart 2000. (*)

Bartnig, Hella, Dr, Dramaturgin; Bonner Platz 5, D-80803 München, T: (0 89) 32 30 76 80; c/o Bayerische Staatsoper, Brieffach, D-80075 München. **Laufb:** ChefDram Bayer Staatsop – NatTh München SpZ 03/04. (Red)

Bartoli, Cecilia, Sopran; c/o Opernhaus Zürich, Falkenstr 1, CH-8008 Zürich. **Laufb:** Sol Bayer Staatsop München, Op Zürich, Auftritte Met Op, Salzburger FSp, Scala di Milano, Th an der Wien, Staatsop unter den Linden, Houston Grand Op, Royal Op House Covent Garden, ZusArb m D Barenboim, P Boulez, M-W Chung, R Chailly, A Fischer, J Levine, Sir S Rattle u F Welser-Möst, Concentus Musicus Wien, Il Giardino Armonico, Akad f Alte Musik Berlin, The Acad of Ancient Music, Les Arts Florissants, Freiburger Barockorch, The Orch of the Age of Enlightenment, Recital m D Barenboim, J Levine, A Schiff u J-Y Thibaudet, Tournée (Salieri-Arien) 03, Gastsol Dt Staatsop Berlin SpZ 04/05. – **Aufn/RF:** 10 Opern-Gesamteinsp, zahlr preisgekrönte Solo-CDs. (Red)

Bartolini, Lando, Tenor; c/o Künstleragentur Hollaender-Calix, Grinzinger Allee 46/2, A-1190 Wien, T: (01) 3 20 53 17, 3 28 47 33, F: 3 20 53 17, *office.hollaender-calix@chello.at*; *www.rbartists.at* [Florenz]. Oper **Ausb:** Stud Ges (N Moscona) Acad of Vocal Arts. **Laufb:** Debüt 'Cavalleria Rusticana' (Turiddu) New York City Op 73, Gastsol Mailänder Scala, Arena di Verona, San Carlo Th Neapel, Auftritte auch in Wien (Wiener Staatsop), Hamburg, Bonn, München, Paris (Palais Bercy, Op Comique), Lissabon, Budapest, London (Covent Garden Op), Met Op New York 91, Florenz 91, Tokio u Seoul; Gastsol Rotterdam 97/98, Dt Op Berlin 98/99, Staatsth Karlsruhe SpZ 00/01, Hamburg Staatsop SpZ 99/2000, 01/02, Griech Staatsop Athen 2000/01, Puccini Fstv Torre del Lago SpZ 96/97, 02/03, ZusArb m Dgt wie R Muti, G Sinopoli, L Maazel, A Gavazzeni, L Gardelli. **Pr:** Mario Lanza Stip 68. – **Aufn/RF:** ua Arienplatte (LP); 'Respighi Semirama' m E Marton, Dgt: L Gardelli.

Bartolomey, Franz, Prof, Violoncello; Bastiengasse 46, A-1180 Wien, T: (01) 4 70 95 19, *franzbartolomey@gmx.at*; c/o Wiener Philharmoniker, Bösendorferstr 12, A-1010 Wien [Wien]. Op, KamM, Konz, Solo **Ausb:** H f M Wien (R Krotschak). **Pr:** Int Vcl-Wettb: Prtr Budapest 63, Moskau 66, Wien 67. **Ens:** Erster SolVcl Wiener Philh, Wiener Virtuosen. **Mitgl:** Rotary Club Wien Nordost. – **Aufn/RF:** R Strauss: Don Quixote, m Wiener Philh, Dgt A Previn (CD). **Sonst:** Hg: M Marais: Folies d'Espagne f Vcl solo (Doblinger Verl).

Bartolova, Janet, Sängerin; c/o Vereinigte Städtische Bühnen, Odenkirchener Str 78, D-41236 Mönchengladbach, T: (0 21 66) 18 77 91, (01 73) 1 97 79 02. **Laufb:** Sol Vereinigte Städt Bühnen Krefeld u Mönchengladbach. (Red)

Bartosch, Michael, Dirigent; c/o Komische Oper, Behrenstr 55–57, D-10117 Berlin. **Laufb:** Dgt Kom Op Berlin SpZ 03/05. (Red)

Bartosz, Bogna, Mezzosopran, Alt; c/o Konzertbüro Andreas Braun, Sülzgürtel 86, D-50937 Köln, T: (02 21) 9 42 04 30, F: 94 20 43 19, *braun@angel.de*; *www.konzertbuero-braun.de*. **Ausb:** Danziger Musik-Akad, H d Künste Berlin b I Figur, Mstrkse b A Reimann, A Stolte u A Reynolds. **Pr:** 1. Pr u Sonderpr IX. Int Johann Sebastian Bach-Wettb Leipzig. (Red)

Bartz, Anjara Ingrid, Opernsängerin (Mezzosopran); c/o NWB Apollon & Hermes PR Arts-Media-Services Production, Im Flögerhof 12, D-53819 Neunkirchen-Seelscheid, T: (0 22 47) 91 21 64, F: 91 21 65, *post@bartz-a-voce.de*; c/o Theater Bonn, Am Boeselagerhof 1, D-53111 Bonn; *www.bartz-a-voce.com, www.bartz-voice.com* [Aachen]. jugendl dramat Mezzo, Op, Lied, Konz, Hosenrollen, Mozart, Strauss **Ausb:** Stud (Kunstgesch) Univ Köln, (Gesang) MH Köln, b J Bise-Delnon, E Mathis u B Fassbaender. **Laufb:** Gastsol Stadtth Aachen, Opernstudio Düsseldorf 87/88, Badisches Staatsth Karlsruhe 88–93, Op Bonn seit 93, Bayer Staatsop München seit 99, Gastsp ua Op Frankfurt, Prinzregenten-Th München, Int Händel-FSp Karlsruhe, SommerFSp Eutin, Staatsth Wiesbaden, Nationalth Mannheim, Op de Vallonie Liège, Op Düsseldorf, Op Köln, Op Strasbourg, Op Luxembourg, Th an der Wien, Tonhalle Zürich, Liederabende u Konz, Auftritte in RF u TV. – **Aufn/RF:** CDs: Lieder v Mahler, Brahms, Wagner 97; 'Stille Nacht – Silent Night' 2000; 'Liebessehnsucht' (m WDR RF-Orch) 2000; R Wagner: 'Die Walküre' (Bayer Staatsop München) 02.

Baruth, Rainer, Repetitor; Am Kleinen Felde 1, D-30167 Hannover, T: (05 11) 7 01 12 87; c/o Neidersächsische Staatstheater Hannover, Opernpl 1, D-30159 Hannover. **Laufb:** Solorep Op Hannover. (Red)

Barz, Ulrike, Sängerin; c/o Städtische Theater, Käthe-Kollwitz-Str 7, D-09111 Chemnitz, PF 756, D-09007 Chemnitz. **Laufb:** Gastsol Städt Th Chemnitz SpZ 00/05. (Red)

Barzen, Andrea, Viola; c/o WDR Rundfunkorchester, D-50600 Köln. **Laufb:** Sol WDR RundfunkOrch Köln. (Red)

Basa, Sibrand, Sänger; Schleiermacherstr 5, D-90491 Nürnberg, T: (09 11) 5 98 88 28, F: 5 98 88 28; c/o Stiftung Staatstheater Nürnberg, Richard-Wagner-Pl 2–10, D-90443 Nürnberg. **Laufb:** Sol Th Nürnberg. (Red)

Basch, Wolfgang, Trompete; c/o Oper Frankfurt, Untermainanlage 11, D-60311 Frankfurt am Main, T: (0 69) 2 12 02, F: 21 23 74 99, *info@oper-frankfurt.de*; Saalgasse 14, D-60311 Frankfurt aM, T: (0 69) 29 72 47 86, F: 29 72 47 87. **Laufb:** Op Frankfurt 2003.

Baschung, Christina, Sängerin, Gesangslehrerin; Süsterstr 43, D-49074 Osnabrück, T: (05 41) 2 61 53, F: 2 61 53, *christina.baschung@uos.de*. **Ausb:** priv Gesangsunterr (ua b R Alva) Royal Acad of M London 59–62, Städt MSch Biel 62–65, Stud Int OpStudio OpHaus Zürich 65–66, priv Gesangsunterr (M Berzé) 65–92. **Laufb:** Eng b Städtebundth Biel-Solothurn 67–69, Städt Bühnen Regensburg 69–72, Städt Bühnen Flensburg 72–76, Th am Goethepl Bremen 76–80, Staatsth Braunschweig 81–83, Th d Stadt Nürnberg seit 91; Gast: OpHaus Zürich, Op Forum Enschede, Städt Bühnen Osnabrück, Stadtth Passau, Sommerarena Baden/Wien; LAuftr: KreisMSch Osnabrück seit 80, (Gesang, Stimmbildung) U Osnabrück seit 85, Gastsp u Konz in Österr, Niederlande, Dänemark, Verein Arab Emirate, Kenia.

Bashkirova, Elena, Klavier; c/o Künstlersekretariat Schoerke GmbH, Grazer Str 30, D-30519 Hannover, T: (05 11) 40 10 48, 40 10 49, F: 40 74 35, *info@ks-schoerke.de*; *www.ks-schoerke.de*. **Ausb:** Tschaikowsky Kons. (Red)

Bashmet, Yuri, Viola; c/o Künstleragentur Dr Raab & Dr Böhm, Plankengasse 7, A-1010 Wien, T: (01) 5 12 05 01, F: 5 12 77 43, *office@rbartists.at*; c/o Van Walsum Management Deutschland, PF 3409, D-30034 Hannover, T: (05 11) 3 66 07 23, F: 3 66 07 24, *hans@vanwalsum.com*; *www.rbartists.at* [Rostow 1953]. **Ausb:** Stud (V Borisovsky, F Druzhinin) Kons Moskau. **Laufb:** Prof Kons Moskau, KonzTätigkeit, Zus Arb m Berliner Philh, Royal Concertgebouw, Boston Symph, Chicago Symph, Montreal Symph, Los Angeles Philh, Philh Orch London, S Richter, N Gutman, Borodin Qua, G Kremer, V Mullova, M Rostropowitsch, M Vengerov. **Pr:** 1. Pr Int Va-Wettb München 76, Int Artist in Residence Bath Fstv 98. **Ens:** Moscow Soloists. – **UA:** ua A Schnittke, Va-Konz 86, S Gubaidulina, Va-Konz, m Chicago Symph Orch, Dgt K Nagano 97, B Britten, Doppelkonz f V u Va, m G Kremer u Hallé Orch, Dgt K Nagano 98. (Red)

Basile, Alexia, Sängerin; Kasinopl 4, D-26122 Oldenburg, T: (04 41) 9 57 21 10, *basilelex@yahoo.de*. Oper **Ausb:** Dipl MH Karlsruhe u OpSchule Karlsruhe. **Laufb:** Sol Staatsth Oldenburg, Gast Bonn, Kiel, Hagen, Baden-Baden.

Basiner, Marc, Sänger; c/o Städtische Theater, Käthe-Kollwitz-Str 7, D-09111 Chemnitz, PF 756, D-09007 Chemnitz. **Laufb:** Gastsol Städt Th Chemnitz SpZ 00/05. (Red)

Basler, Susanne, Violoncello, Hochschullehrerin; H Musik u Theater, Hirschengraben 46, CH-8001 Zürich, *susanne.basler@doz.hmt.edu*. **Ausb:** Stud b Gaspar Cassadó, André Navarra, Leonard Rose u Siegfried Palm. **Laufb:** Prof HMT Zürich. **Pr:** Wettb Colmar, Hannover u Genf. (Red)

Bassand, Anne, Harfe; c/o Konzert Agentur Suzanne Gfeller GmbH, Homelstr 3, CH-4114 Hofstetten, T: 06 17 33 03 73, 07 92 18 66 33, F: 06 17 33 03 74, *gfeller@konzert.ch, konzert.sg@magnet.ch*; *www.konzert.ch*. **Ens:** Duo Beat-Lütolf/Bassand. (*)

Bastian, Gabriele, Oboe; c/o Rundfunk-Sinfonieorchester Berlin, Charlottenstr 56, D-10117 Berlin. **Laufb:** Sol RF-SinfOrch Berlin. (Red)

Batey, Paul, Sänger; Spiegelstr 10, D-38820 Halberstadt. (*)

Bathe, Marion, Solorepetitorin; Rathausstr 26, D-24103 Kiel, T: (04 31) 8 88 18 31. **Laufb:** Solorep m Dgt-Verpf Bühnen d Landeshauptstadt Kiel SpZ 03/04.

Batiashvili, Lisa, Violine; c/o Harrison/Parrott Ltd, 12 Penzance Place, London W11 4PA, Vereinigtes Königreich. **Pr:** Leonard Bernstein Award 03 (Schleswig-Holstein MFstv). (Red)

Batik, Roland, Klavier, Komponist; Marktpl 1, A-2444 Seibersdorf, T: (0 22 55) 72 71; c/o Schreibmaier Promotions, Argentinierstr 71, A-1040 Wien, T: (01) 5 05 35 26, F: 5 05 02 86, *management@schreibmaier.at* [Wien 1951]. **Laufb:** Debüt Wiener MVerein 75, Grdg R-Batik -Trio 77, im Kl-Duo m Paul Gulda Konz m Wiener Symph, Poln KamOrch, Mozarteum-Orch ua in ganz Europa; Bregenzer FSp, Carinth Sommer, Wiener MSommer ua. **Pr:** SchallplPr 'Wiener Flötenuhr'. – **Aufn/RF:** 3 CDs ('Roots' – WEA, 'Streams' – WEA, 'Neighbourhood' – WEA), Gesamtaufn Mozart-KlSonaten. (Red)

Båtnes, Elise, Violine; c/o WDR Sinfonieorchester, D-50600 Köln [Trondheim 1971]. **Ausb:** Stud (V) Juilliard Summer School Colorado u Mozarteum

Salzburg. **Laufb:** 1. Konzm WDR SinfOrch Köln seit 04. **Pr:** 1. Pr int KamM-wettb Melbourne 95. (Red)

Batori, Eva, Sopran; c/o Agentur Seitter, Opernring 8/13, A-1010 Wien, T: (01) 5 13 75 92, F: 5 12 93 51, *office@agentur-seitter.at*; *www.agentur-seitter.at*. **Laufb:** Sol Bühnen d Stadt Köln, Gastsol Op Halle/Saale SpZ 03/04.

Batoukova, Elena, Mezzosopran; c/o Bühnen- u Konzertvermittlung Erich Seitter, Opernring 8/13, A-1010 Wien, T: (01) 5 13 75 92, F: 5 12 93 51, *office @agentur-seitter.at*; *www.agentur-seitter.at*. **Ausb:** Stud Gnessin-MH, Kons Moskau (Prof Schumilova). **Laufb:** Gastsol Tiroler Ldesth Innsbruck.

Batschelet, Bernhard A, Dr, Komponist, Flöte; Missionsstr 7, CH-4055 Basel, T: 06 12 61 89 28. (Red)

Battaglia-Tomaschett, Renaldo, Dirigent; Acherli 55, CH-6467 Schattdorf, T: 04 18 70 51 59, *renaldo-battaglia@gmx.net* [Henau 29.8.1949]. **Laufb:** Dgt collegium musicum uri, Studentench u Studentenorch Uri. (Red)

Battaglin, Siro, Repetitor; c/o Bühnen der Stadt Köln – Opernhaus, PF 101061, D-50450 Köln. **Laufb:** Solorep Op Hannover, Solorep Op Köln seit SpZ 03/04. (*)

Batzdorf, Wolf-Dieter, Prof, Violine, Konzertmeister, Hochschullehrer; Kavalierstr 16, D-13187 Berlin, T: (0 30) 4 83 51 81; c/o Staatskapelle Berlin, Unter den Linden 7, D-10117 Berlin. **Laufb:** LBeauftr (V) H f Musik Hanns Eisler Berlin, Konzm Staatskap Berlin. (Red)

Bauche, Burkhard, Studienleiter, Kapellmeister; Johann-Sebastian-Bach-Str 23, D-38820 Halberstadt, T: 0 17 77 36 26 88, *Bouche.music@t-online.de* [Berlin 1.4.1966]. Oper, Operette, Musical, Klavierbegleitung **Laufb:** Studienlt u Kapm Staatsth Braunschweig 01–05.

Baucke, Juliane, Hornistin; c/o Hessisches Staatstheater Darmstadt, Georg-Büchner-Pl 1, D-64283 Darmstadt, *julianebaucke@gmx.de*. Schüttelreime **Ausb:** Stud (W Wilhelmi) Folkwang-H Essen 88–95, (R Vlatkovic) MH Stuttgart 95–98. **Laufb:** Sol Th Ulm 93–99, Th Bielefeld 99–2002, Staatsth Darmstadt seit 02. **Ens:** HnQua 'D Rheintöchter'.

Bauckholt, Carola, Komponistin; Münsterer Str 37, D-51063 Köln, T: (02 21) 6 40 23 26 [Krefeld 1959]. **Ausb:** Stud b Mauricio Kagel MH Köln 78–84. **Ens:** Mitbegrd d Thürmchen Ens 91. – **Sonst:** Mitbegrd d Thürmchen Verlages 85. (Red)

Bauer-Huppmann, Julia, Mag, Prof, Hochschullehrerin, Sängerin; Univ f Musik u Darst Kunst, Inst Antonio Salieri, Rennweg 8, A-1030 Wien. **Laufb:** UProf (Ges) U f Musik u Darst Kunst Wien. (Red)

Bauer-Jara, Erika, Prof, Hochschullehrerin, Klavier; Univ f Musik, Inst f Streich- u andere Saiteninstrumente, Seilerstätte 26, A-1010 Wien. **Laufb:** Prof Kl U f M u Darst Kunst Wien. (*)

Bauer-Schenk, Günther, Prof, Hochschullehrer, Dirigent; Lichtenbuscher Str 184, B-4731 Eynatten, T: +32 87 86 60 48, *G.Bauer3@gmx.de*; Im Sachsenlager 20, D-60322 Frankfurt. **Laufb:** Prof (Korr) H f M u Darst Kunst Frankfurt/M. (Red)

Bauer-Theussl, Franz, Prof, Dirigent; Kohlstatt 47, A-4866 Unterach, T: (0 76 65) 85 72; Operetten Festspiele Bad Ischl, Kurhausstr 8, A-4820 Bad Ischl. **Ausb:** Musikakad Wien. **Laufb:** Dgt Operetten-FSp Bad Ischl, Dgt Bregenzer FSp, Lt See-FSp Mörbisch, Dgt Landesth Salzburg. **Pr:** Ehrenkreuz f Wissenschaft u Kunst I Kl. **Ens:** Stadtth Baden, GMD Amsterdam. (Red)

Bauer, Andreas, Sänger; Große Kirchgasse 4, D-09456 Annaberg-Buchholz, T: (0 37 33) 67 65 01. **Laufb:** Gastsol Städt Th Chemnitz SpZ 00/05, Sol Th Annaberg-Buchholz 03/05. (*)

Bauer, Christof, stellv Chordirektor; Niederwaldstr 40, D-01277 Dresden, T: (03 51) 3 10 28 48; c/o Sächsische Staatsoper, Theaterpl 2, D-01067 Dresden. **Laufb:** Stellv Chordir u Studienlt Sächs Staatsop Dresden.

Bauer, Eric, Dirigent; rue de Contamines 29, CH-1206 Genève, T: 02 23 47 99 65. (Red)

Bauer, Franz, Kontrabass; c/o Volksoper Wien, Währinger Str 78, A-1090 Wien. **Laufb:** Sol Orch d Volksop Wien. (Red)

Bauer, Friedrich, Prof, Viola; c/o Volksoper Wien, Währinger Str 78, A-1090 Wien. **Laufb:** Sol Orch d Volksop Wien. (Red)

Bauer, Gesine, Sängerin; Düsseldorfer Operette, Schlesische Str 94, D-40231 Düsseldorf. **Laufb:** Sol Düsseldorfer Optte. (Red)

Bauer, Hartmut, Sänger; c/o Oper im Schlossgarten, Am Schlossgarten 7, D-23701 Eutin. **Laufb:** Sol Schillerth NRW Wuppertal-Gelsenkirchen, Op im Schloßgarten Eutin SpZ 03/05, Gastsol Lübecker Th SpZ 03/04. (Red)

Bauer, Julia, Sopran; c/o Stadttheater Gießen, PF 111128, D-35356 Gießen. **Laufb:** Sol Staatsth Cottbus, SeeFSp Mörbisch 05. (*)

Bauer, Peter, Sänger; c/o Landesbühnen Sachsen, Meißner Str 152, D-01445 Radebeul. **Laufb:** Sol Landesbühnen Sachsen SpZ 03/05. (Red)

Bauer, Sabine, Blockflöte, Cembalo, Hochschullehrerin; Akad f Tonkunst, Ludwigshöhstr 120, D-64285 Darmstadt, *sa.bauer@gmx.de*; *www.camerata-koeln.de*, *www.lastagione.de* [Köln]. **Ausb:** Stud b Michael Schneider, Walter van Hauwe, Harald Hoeren, Andreas Staier, Gustav Leonhardt. **Laufb:** Doz (Blockfl, Cembalo) Akad f Tonkunst Darmstadt, Doz H f M u Darst Kunst Frankfurt/ M. **Ens:** Camerta Köln, La Stagione Frankfurt. (Red)

Bauer, Stephan, Kontrabassist; Grabengasse 14, D-94032 Passau, T: (08 51) 9 34 75 06; Südostbayerisches Städtetheater, Fürstbischöfliches Opernhaus, Gottfried-Schäffer-Str 2 und 4, D-94032 Passau. **Laufb:** Sol Südostbayer Städteth Passau. (Red)

Bauer, Thomas E, Bariton; Lerchenauer Str 33, D-80809 München, T: (0 89) 3 00 15 43, 01 73–3 50 82 74, *contact@bauer-hielscher.de*; *www.bauer-hielscher.de* [1970]. **Ausb:** Mitgl Regensburger Domspatzen, Stud Ges (H Blaschke, S Mauser, H Deutsch, H-M Schneidt) München. **Laufb:** Debüt (W Hiller: Op 'Peter Pan', Captain Hook) Prinzregententh München, Salzburger FSp (W Rihm: Op 'Jakob Lenz', Titelpartie) 2000, Orch- u Chorkonz, Liederabende ua m S Mauser u A Kontarsky, Sol Operetten FSp Bad Ischl SpZ 03/04. **Pr:** Stip Dt Musikwettb 97, Kulturförderpr d Bayer Staatsreg u d Ernst v Siemens-Stift, Schneider-Schott MPr 03. **Ens:** Duo m U Hielscher. – **Aufn/RF:** R Schumann: Lieder, m U Hielscher. **Sonst:** Grdg Vokalens 'Singer Pur'. (Red)

Bauer, Wolfgang, Prof, Hochschullehrer, Trompete; In den Gälesgärten 15, D-71729 Erdmannhausen, T: (0 71 44) 89 86 71, F: 89 86 72, *wolfgangbauertrompete@t-online.de*; Hochschule f Musik u Darst Kunst, Urbanstr 25, D-70182 Stuttgart [Heilbronn]. **Ausb:** Stud (K Groth) OrchAkad d Berliner Philh Orch, Stud (L Köhler, E H Tarr). **Laufb:** Sol (Trp) Radio Sinf-Orch Frankfurt u Symph-Orch BR, Prof (Trp) Staatl H f Musik u Darst Kunst Stuttgart. **Pr:** Gewinner Dt MWettb Bonn u Int MWettb d ARD München. – **Aufn/RF:** zahlr KamM- u Solo-CDs, RF- u Fernsehaufn (HR, BR, NDR, WDR etc), CD 'Der Froschkönig' 05. **UA:** R Schtschedrin: TrpKonz, europ EA; D Sawer: TrpKonz dt EA, F Ticheli: TrpKonz dt EA. **Zug:** ua v B Krol, W Grunelius. **Sonst:** Grdg Barockens Wolfgang Bauer Consort u Stuttgart Brass.

Bauermeister, Jean-Philippe, Komponist; rue des Moulins 21, CH-2004 Neuchâtel, CP, CH-2004 Neuchâtel. (Red)

Baum, Hans-Dieter, Prof, Hochschullehrer, Dirigent; H f Musik 'Hanns Eisler', Charlottenstr 55, D-10117 Berlin. **Ausb:** Kl- u Orgelunterr, Stud H f M Halle, H f M Berlin, Dirig (H Förster), Komp (R Wagner-Régeny), Kl (S Stöckigt). **Laufb:** Rep Städt Bühnen Magdeburg, 1. KapM u Musikal ObLt Hans-Otto-Th Potsdam, Chefdgt RF-Orch Berlin 90–92, ZusArb m Berliner Symph, Gastdgt OpHäuser u Orch d In- u Auslands, Doz H f M 'Hanns Eisler' Berlin seit 79, Prof (Dirig) ebd 88. (Red)

Baum, Ute, Sopran; c/o Städtische Theater, Käthe-Kollwitz-Str 7, D-09111 Chemnitz, PF 756, D-09007 Chemnitz [Kitzingen]. **Ausb:** Hermann-Zilcher-Kons Würzburg, Mstrkrs b KS Walter Berry, Denis O'Neil u KS Edith Mathis, Studien b Prof Luisa Bosabalian Stuttgart ui Eberhard Storz (Gärtnerplatzth München). **Laufb:** Musical-Theater Basel 95–97, Optte 'Feuerwerk' in Stuttgart 97–98, Eng am Staatsth Kassel, Städt Bühnen Bielefeld, Mittelsächs Th in Freiberg, SpZ 03/04: Sol Städt Th Chemnitz SpZ 03/05, Süddt Kammerop Weißenhorn. **Pr:** Stip d Richard-Wagner-Verbandes 93, Prtr d VDMK-Landeswettb 94. (Red)

Bauma, Brigitte, Mag Art, Sopran; Braunschweiger Str 12, D-32756 Detmold, T: (0 52 31) 30 06 63, 01 72–5 72 90 22, F: 30 06 33, *bmbauma@aol.com*; *www.landestheater-detmold.de* [Graz, Österreich 7.9.1965]. Oper, Operette, Kammermusik **Ausb:** Stud Kl, Ges (Klivinyi, G Schmaranz) Kons d Stadt Graz 78–83, Stud Ges, musikdram Darst (Handl, Malaniuk, Sukis, Pöppelreiter) U f M u darst Kunst Graz 83–88, Dipl 88, Sponsion z Mag art 89, Unterr Ges (M Melani) Accad Ottorini Respighi Rom 89, Privatunterr J L Fecht seit 90. **Laufb:** Vereinigte Bühnen Graz 90–92, Mitgl Bayreuther FSpChor 91, Sol als lyr Sop Stadtth Hildesheim 92–97, Sol als jugendl-dram Sop Landesth Detmold seit 97 (04/05), 'Madame Butterfly' Meiningen 93/94, 'Don Carlos' Eisenach, Kom Op Berlin 99/2000 u Rudolstadt 2000/01, 'Hochzeit d Figaro' Koblenz 99/2000, 'Gasparone' Dessau 99/2000, 'Ariadne auf Naxos' Magdeburg 01/02, 'Tosca', Görlitz 03/04. **Pr:** Richard Wagner Stip 86, Gundula Janowitz Stip 88, Würdigungspr d österr Bundsmin f Wiss u Forschung 88, mehrmalig 1. Pr 'Jugend musiziert' Österr, Seminfinalistin 'Int Belvedere-Wettb' Wien 88, 1. Pr 'Int Robert Stolz-Wettb' Hamburg 88, 3. Pr 'Int Wettb F Schubert u Musik d 20. Jh' Graz 89, Semifinalistin 'Int Wagner-Stimmen-Wettb' Strasbourg 94. **Ens:** 'grenzenlos', Trio 'Cantante con corno'. – **Aufn/RF:** KonzMitschn Österr RF u Österr TV 85–90, ua 'Seniorenclub' 89; Bruckner: 'Te Deum', Lt M Horvat Slowen RF 88. **UA:** Fueter/Hürlimann: 'Stichtag', UA St Gallen 98. **Sonst:** Mitgl d Jury im 'Int Robert Stolz Wettb' Hamburg seit 99, Mitgl d Jury v 'Jugend musiziert' NRW seit 03.

Baumann, Andreas, Prof, Hochschullehrer, Regisseur; Dresdner Str 330, D-01640 Coswig, T: (0 35 23) 6 38 42, F: 70 01 77, *Baumann-Coswig@t-online.de*; Hochschule f Musik, PF 120039, D-01001 Dresden [Coswig 20.5.1949]. Oper **Ausb:** Stud OpRegie (ua G Friedrich) H f M Hanns Eisler Berlin 68–72. **Laufb:** Ldsbühnen Sachsen Radebeul 72–77, Städt Bühnen Chemnitz 78–80, OpHaus Halle 81–90, Grdg Sächs KamOp 89/90, Prof (künstl Lt OpKl) H f M Carl Maria v Weber Dresden. **Pr:** Händelpr d Stadt Halle.

Baumann, Birgitt, Sängerin; c/o Theater Görtlitz, Demianipl 2, D-02826 Görlitz, PF 300463, D-02809 Görlitz. **Laufb:** Sol Th Görlitz. (Red)

Baumann, Christoph, Prof, Musiker, Dozent (Klavier); Kanzlerrain 19, CH-5430 Wettingen, T: 05 64 26 89 11, F: 05 64 26 89 11, *baumos@pop.agri.ch*; *www.baumannhaemmerli.ch* [Baden 26.6.1954]. improvisierende Musik, Komposition, Theatermusik **Ausb:** Jazzschule Bern (Dipl) 75–79; Improvisationskse. **Laufb:** LTätk MSchule Baden 77–82, Lehrer (Impr) Kons Zürich 82–90, Doz (Theorie, Kl) H f M Luzern seit 83, Lehrer (Kl) Jazzschule St Gallen 85–86, Krse f Impr seit 83, Sommerkrse Cluny 96–99, Mitarb Reihe Jazz Baden 80–90, Jazzreihe Theater a d Winkelwiese 90–93, Jazzfstv Zürich 92–93, Tourneen i Russland, Europa, Cuba, Madagaskar, Peru, Bolivien, Auftr a versch Fstvs. **Pr:** Förderpr d Kuratoriums d Kantons Aargau 89 u 03. **Ens:** Mentalities, Baumann-Hämmerli-Sextett, Cadavre exquis, Afro Exrage, Swissimprovisers Orchestra, Hausquartett, Ton 03, Potage de Jour. **Mitgl:** SMS, STV. – **Komp:** versch Komp f Stummfilme, FilmM, multimed Theater, FSp, BühnenM, TanzTh, Hörspiele; ua Eigentlich wollte er nur für kurz verreisen

(SymphOrch, Latin Perc, Sax) 86 (Auftr: Migros); Der Tag des Herrn (2Bl, 4 CassGeräte, 2 Sequenzer) 87 (Auftr: Tonkünstlerverein); Signet (Auftr: Cosmo Quin); Attinghausen (SprechOp) 93 (Auftr:Tellspiel Altdorf, Theaterhaus Gessnerallee; Sekunden, Quarten u weitere Sehenswürdigkeiten (GitQuar 1) (Auftr: Eos4tett) 2000; Déviation et autres situations impossibles (2 Fl u Jazztrio) (Auftr B Ostertag, P Bachofner 01, Crossvolution (gem Ens) 03, Algo d todo (gem Ens) 04; Zwischenfall in Schattendorf (Big Band) 05 (Auftr Zürich Jazz Orch). **Aufn/RF:** div Jazz Aufn, Hörspiele. **Sonst:** Mitorg d Tagung f Impr Luzern 90, 93, 96, 99; Hörspiele, Theaterarbeit, Stummfilm-Livemusik-Projekte, Son et Lumière Spektakel. **Lit:** F X Nager: ' Von morgens bis Mitternacht'.

Baumann, Elmar, Querflöte, Hochschullehrer; Uhlandstr 16, D-65189 Wiesbaden; Wiesbadener Musik- & Kunstschule, Schillerpl 1–2, D-65185 Wiesbaden. **Laufb:** Doz (Querfl) Wiesbadener Musikakad, Sol Staatsth Wiesbaden. (Red)

Baumann, Felix, Komponist; Kürbergstr 29, CH-8049 Zürich, T: 04 43 42 57 72, F: 04 43 42 57 72, *felix.baumann@doz.hmt.edu*; *www.felixbaumann.ch* [Speicher 11.1.1961]. **Ausb:** Stud (Kl, SchM, Dirig) Akad f Schul- u KiM Luzern, Theorie, Komp (R Moser, D Müller-Siemens), Rhythmus (P Favre) MAkad Basel. **Laufb:** Doz (theoret Fächer) H f M u Th Zürich seit 92, Ltg Studio f Neue M MH Winterthur Zürich seit 99 sowie Abt Theorie u Komp seit 03, Mitarb in Vorständen KompForum u IGNM Zürich. **Pr:** Werkjahr d Stadt Zürich f Komp 02. – **AuftrKomp:** zuletzt: 'nah/hautnah' (f KamSprecher u Ens), UA Zürich, Ens f neue Musik 94; Poren (f 3 Bassetthn) 99; Spöttisch leicht – 5 Lieder n Gedichten v Sarah Kirch (f Singstimme, Klar, V, Vcl u Kl) 99/2000; Kadenzen f d Vcl-Konz in D-Dur v J Haydn, Hob VII b:2 2000; menschenfleisch (f 16 Str 03, UA Tonhalle Zürich 03; praktisch alle Werke AuftrArb.

Baumann, Franz David, Komponist, Trompete; c/o musikverlag christofer varner, Fraunhoferstr 12, D-80469 München, T: (0 89) 23 68 77 90, F: 23 68 77 91, *info@musikvarner.de*; *www.musikvarner.de*. Orchester- u Kammermusikwerke, Lieder **Pr:** MusikPr München 88, Dt Schallpl-Pr 98 u 2000. **Ens:** Grdg 'Panama Ens' 89. – **AuftrKomp:** FilmM zu 'Sing Vogel, sing' (Auftr Kl Fernsehspiel ZDF).

Baumann, Franziska, Flöte, Gesang, Komponistin; Lochgutweg 11, CH-3095 Spiegel, T: 03 19 74 17 74. (Red)

Baumann, Gerrit, Schlagzeug, Hochschullehrerin; Gradweg 3, D-49134 Bissendorf, T: (0 54 02) 88 03. **Laufb:** Doz (Schlgz) FH Osnabrück, Kons. (Red)

Baumann, Helmut, Sänger; c/o Bremer Theater, Am Goethepl 1–3, D-28203 Bremen, PF 101046, D-28010 Bremen. **Laufb:** Balletttänzer, Regisseur Thalia Th Hamburg, freischaff Regisseur, künstl Dir Th d Westens Berlin 84, Gast-Sol Th Bremen (J Herman/H Fierstein: Musical La Cage aux Folles, Albin/Zaza) SpZ 00/05. – **UA:** J Herman/H Fierstein: Musical La Cage aux Folles, europ EA Berlin 85. (Red)

Baumann, Herbert, Komponist; Franziskanerstr 16, Aptm 1419, D-81669 München, T: (0 89) 4 80 77 45, F: 4 80 77 45; Herbert-Baumann-Stiftung, Friedrich-Stein-Str 10, D-97421 Schweinfurt, T: (0 97 21) 2 01 90 10, F: 2 01 90 15; *www.komponisten.net/baumann* [Berlin 31.7.1925]. Orchester- u Kammermusik, Musik f Zupfinstrumente, Ballettmusik, Bühnen- u TV-Musik **Ausb:** Stud Komp (P. Höffer, B. Blacher) u Dirig (S. Celibidache) Int MInst Berlin 46–51. **Laufb:** Komp u musikal Lt Dt Th Berlin 47–53, Staatl Bühnen Berlin 53–70, anschl Bayer Staatsschausp München (ca 500 BühnenM auch f zahlr andere Th), freiberufl seit 79, Vors Münchener Tonkünstlerverband 76–81, im Team 'Studio f Neue M' München 78–83, H-Baumann-Stift 98. **Pr:** Man of Achievement Cambridge 73, Silb Ehrenzeichen GDBA 79, Dipl d'Onore 81, Ehrenmitgl BDZ 91, GEMA-Ehrenurkunde 98, BVK 98. **Mitgl:** GEMA, Verb Münchner Tonkünstler, Dt Komp Verb. – **Komp:** 'M f Orch', UA Berlin 51; 'Rotor' (f Orch), UA Berlin 55; Ital Suite (f Orch), UA Berlin 55; Konz (f Git u Str), UA Berlin 58; Kantate f den Frieden (Orat), UA Berlin 63 (Auftr: Fr Volksbühne Berlin); Toccata concertante f Orch, UA München, Münchner Philh 75; Quin (KamM), UA BR 83; Alice in Wonderland (BallettM), UA Hess Staatsth Wiesbaden 83 (Auftr: Hess Staatsth Wiesbaden); Rumpelstilzchen (BallettM), UA Stadtth Augsburg 86 (Auftr: Städt Bühnen Augsburg); 'Per ottoni', UA München 86; Würzburger Konz (2 Git u StrOrch), UA Krakau, Staatsphilh 91 (Auftr: Duo Tedesco); Konz (f Mand, Git u StrOrch), UA Lugano 92; Psalmen-Triptychon (f gem Ch u StrOrch) ; Verwandl e Barockthemas (KamKonz), UA Alte Op Frankfurt/M 94 (Auftr: Philh Geigen Berlin, Berliner Philh Orch); Verwandl e Barockthemas (KamKonz), UA Alte Op Frankfurt/M 94 (Auftr: Philh Geigen Berlin, Berliner Philh Orch); zahlr KamM u BühnenM ua f Dt Th Berlin, Staatl Bühnen Berlin, Bayer Staatsschausp, Burgth Wien, AkadTh Wien, Th i d Josephstadt Wien, SchauspHaus Zürich, Thalia-Th Hamburg, Hess Staatsth Frankfurt u Wiesbaden, Württemberg Staatsth Stuttgart, SchauspHaus Hansa Berlin, Hebbelth Berlin, Kreuzgangsp Feuchtwangen; Fernsehsp ua f Berlin, Wien, Baden-Baden, HR, Südfunk Stuttgart, ARD, ZDF, ORF, Dän TV; zahlr Hörspiele. **Aufn/RF:** 'Toccata concertante' (f Orch), m Münchner Philh, Dgt: R Alberth; StrQua in C, m Mitgl d Münchener Philh; 'Strophen', m Philh Cello-Duo München; 'Tanzvariationen', m Qua tedesco, UA BR; 'Sequenzen', m Bayer LandesZO, Dgt: H Baumann; 'Tiergeschichten', UA München, BR; 'HerbstM', m Mitgl d Münchner Philh; Var über e Thema v Schubert, UA BR, m Ens Cello x 12) BR; zahlr CDs ua: Balletmusik zu 'Alice im Wunderland' und 'Rumpelstilzchen', 'Kammermusik für Bläser', 'Musik für Streicher', 'Three Concertos', 'Vögel, Früchte und Wind', 'Ballade', 'Concerti da camera'. **Lit:** ua Monografie 'H Baumann' (div Autoren), 'MStadt Berlin zw Krieg u Frieden', 'Dt Th', 'Biographie e Th', 'Th in Berlin', '...dann spielten sie wieder – D Bayer Staatsschausp 1946–86' 'D gr Ober- u Niederbayer Blasmusikbuch', 'D gr Buch d ZupfM', 'Wer ist wer? – d dt Who's who'.

Prof Jürg Baur

Baumann, Hermann, Horn; c/o Jens Gunnar Becker Konzert- u Künstler-Agentur, Grünstr 13, D-58313 Herdecke, T: (0 23 30) 7 03 89, F: 75 07, *becker@beckerkonzert.de*; *www.beckerkonzert.de* [Hamburg 1934]. **Laufb:** Sol (Hn) in versch Orch, weltweite KonzReisen, Doz (Hn) Folkwang-H Essen, Mstrks in aller Welt. **Pr:** 1. Pr ARD-Wettb München 64. – **Aufn/RF:** zahlr Aufn u RF-Einsp. (Red)

Baumann, Michael, Prof, Hochschullehrer, Korrepetititor; Stockmattenweg 11b, D-79114 Freiburg, T: (07 61) 8 11 58; Hochschule f Musik, Schwarzwaldstr 141, D-79102 Freiburg [1948]. **Ausb:** Stud (Kl, Org, Liedgest) Karlsruhe, Freiburg u Rom. **Laufb:** Prof (Klkammermusik, Kammermusik f Bläser, Korrepetition) Staatl H f Musik Freiburg 83. **Pr:** Auszeichn b int Bach-Wettb in Leipzig, Musica Sacra Nürnberg, Bundesauswahl Konzerte junger Künstler. (Red)

Baumann, Rasmus, Dirigent; c/o Hessisches Staatstheater Kassel, Friedrichspl, D-34117 Kassel [Gelsenkirchen 23.11.1973]. **Ausb:** Stud Kl (MPäd u KonzFach) Folkwang H Essen 93–2000, Dirig MH Frankfurt aM 96–99. **Laufb:** Solorep m Dgt-Verpfl Aalto Th Essen SpZ 98/99-SpZ 01/02, 2. Kapm Aalto Th Essen SpZ 02/03, 1. Kapm u stellv GMD Staatsth Kassel ab SpZ 03/04.

Baumgärtel, Christian, Lyrischer Tenor; Bleibtreustr 40, D-10623 Berlin, T: 01 72 62 11 31 6, *Okrisi@aol.com*; c/o Hamburgische Staatsoper, PF 302448, D-20308 Hamburg [Berlin]. Oper, Operette, Kunstlied, auch Musical **Ausb:** Stud Gesang, Kl (C Lehmann) MH Hannover 86–89, (D Jacob) MH Köln 89–92, (M Rhodes) Trier seit 98. **Laufb:** div Produkt Bayer Staatsop München, Teatro alla Scala di Milano (2x inaugurrazione), Parma, Berlin, Brüssel, Amsterdam, Toronto, Leipzig, Dresden ua, Sol Semperop Dresden SpZ 03/04, Staatsop Hamburg SpZ 04/05. **Pr:** O E Hasse Pr f darst Kunst d Stadt Berlin. – **Aufn/RF:** Monteverdi: Incoronazione di Poppea 97 (Gesamtaufn); J Strauß: Eine Nacht in Venedig, 98; Kniefall vor Warschau, A Marik 97; Monteverdi: Il ritorno di Ulisse in Patria; Gluck: Armida, R Muti. **UA:** div OpAuftrWerke, ua Kniefall v Warschau, D Verwandlung.

Baumgärtner, Gunda, Sängerin; c/o Musikalische Komödie der Oper Leipzig, Dreilindenstr 30, D-04177 Leipzig. **Laufb:** Gastsol u Sol Musikal Komödie Leipzig seit SpZ 00/01. (*)

Baumgartner, Andreas Hérm, Dirigent, Trompete; c/o S Sintow-Behrens Int Promotions & Management, Schleibingerstr 8, D-81669 München, T: (0 89) 44 21 89 00, F: 44 21 89 03, *office@sintow-behrens.com*; *www.sintow-behrens.com* [Wasserburg/Inn 1974]. **Ausb:** Stud (P Lachenmeir) MH München, Stud Dirig, Kl (M Gielen, J Rotter, S Mauser) Int H f M u Darst Kunst Mozarteum Salzburg, private Stud (A Ruppert, J Fischer) München. **Laufb:** Dgt b div JugendOrch Rosenheim u Augsburg; Hospitant seit 97 u Ass v Z Mehta Bayer Staatsop – NatTh München (Urauff A Reimann: 'Bernarda Albas Haus' ua). **Ens:** Grdg Kairos-Ens 2001. – **Sonst:** Initiierung KonzR 'Blick zurück nach vorn' (Gegenüberstellung Komp 20. Jh – Bildende Kunst d Klass Moderne) Neue Pinakothek München 2001. (Red)

Baumgartner, Roland, Prof, Komponist; Strohgasse 12, A-1030 Wien [St Pölten 18.2.1955].

Baumgartner, Stephan, Fagott, Komponist; Hinterbergstr 15, CH-8044 Zürich, T: 0 12 51 54 57. (Red)

Baumgartner, Tanja Ariane, Sängerin; c/o Luzerner Theater, Theaterstr 2, CH-6002 Luzern. **Laufb:** Sol Th Luzern seit SpZ 03/04. (Red)

Baumgratz, Wolfgang, Prof, Hochschullehrer, Orgel; Sandstr 10, D-28195 Bremen, T: (04 21) 3 39 83 63; Hochschule f Künste, FB Musik, Dechanatstr 13–15, D-28195 Bremen [Meersburg 1948]. **Ausb:** Stud Org (W Dallmann) Heidelberg, (L Doerr) Freiburg i Br. **Laufb:** Domorganist am Dom zu Bremen 79, Dgt Bach-Ch Delmenhorst/Bremen 90–92, Prof HdK Bremen. (Red)

Baur, Jürg, Prof, Komponist, Hochschullehrer iR; Nagelsweg 74, D-40474 Düsseldorf, T: (02 11) 4 36 01 26 [Düsseldorf 11.11.1918]. KamM, Vokalw,

OrchW, Solo-Konz **Ausb:** Komp (Ph Jarnach), Orgel (M Schneider) MH Köln 37–39, Fortsetzung d Stud MH u U Köln 46–51; vier Staatsex. **Laufb:** Doz Robert-Schumann-Kons Düsseldorf ab 46, InstDir 65–72, Prof (Komp) MH Köln 71–90, Kantor Pauluskirche Düsseldorf 52–66, GastDoz LandesKiM-Schule Rheinland 59–71, GastDoz Rahner-Akad Köln 88–03. **Pr:** Robert-Schumann-MPr 57, Rom-Stip (Villa Massimo) 60 u 68, Komponistenreise UdSSR 68 u 79, Prof 69, BVK 1. Kl 69, 1. Vors Landesverb VDMK 71–93, Ehrengast Villa Massimo Rom 80, Verdienstorden NRW 90, Musikpr Stadt Duisburg 94, MPr Gerh Maasz-Stift u Ehrenring Dt Schubert-Ges 97, Ehrenmitgl der Gema 04. **Mitgl:** DTKV seit 47 (1. Vors Ldesverb NRW 71–93), dkv, GEMA seit 63, Ehrenmitgl DMR seit 88. – **Komp:** Concerto romano f Ob u Orch (KonzM) 60, UA Münster 61; Romeo u Julia (KonzM) 62, UA Düsseldorf 62; 'Heptameron' (f Kl) UA Düsseldorf 65; 'Perchè' (Orat, d Düsseldorfer MVerein z 150jähr Jubiläum zugeeignet) UA Düsseldorf 68; Pentagramm (Konz f Bläserquin u Orch) 68, UA Essen, Dgt W Egk 66 (Auftr: WDR); Abbreviaturen f StrOrch 68, UA Zagreb 69 (Auftr: Zagreber Biennale); Musik m Robert Schumann f Orch (KonzM) 71, UA Hannover 72; Concerto da camera (f Blockfl u Orch) UA Essen 75; Kontrapunkte 77 (f HolzblTrio) UA Düsseldorf 77; Sinfon Metamorphosen über Gesualdo (KonzM, H Baur zugeeignet) 81, UA Bremen 82; Sinfonie e Stadt 83, UA Duisburg 83 (Auftr: Stadt Duisburg z Stadtjubiläum); 2.Sinf 'Aus d Tagebuch d Alten' (KonzertM) 86, UA Dortmund 88; Sentieri musicali, Sinf auf Mozarts Spuren (KonzM) 90, UA Hannover 91; Frammenti (KonzMk) 96, UA Duisburg 97; Konzertante Suite f Vcl u gr Orch 2000, UA Kiel 01; Mit wechselndem Schlüssel (Liederzyklus f Bar u Orch) 2000, UA Bonn, Beethovenhalle, WDR-Orch 02 (Auftr: Int Beethovenfest Bonn). **Aufn/RF:** '2.Violinkonz' in Form e Ballade, J Ozim, SFB Orch; 'Quintetto sereno' (Bläserqui) SWF 63; 'Et respice finem', Späte Skizzen f StrQua, Auryn-Qua 96; 'Frammenti', sinfon Erinnerungen an F Schubert, WDR Orch Köln 97; 'Giorno per Giorno' Musik f Orch u Tenor, SWF Orch Baden-Baden 98; 'Mit wechselndem Schlüssel', WDR Köln 02. **Sonst:** Über Anton Weberns 'Bagatellen f StrQua' 67, Beitr z Op-Premieren d Dt Op a Rhein Düsseldorf, Neue M i Rheinland 96. **Lit:** H P Krellmann: Ich war nie 'Avantgardist' 68; J B: Aspekte seines Schaffens 90; Der Komp J B 93; O Drechsel: J B, Das Klavierwerk 98; O Drechsel: Werkverzeichnis 2000; M Güdelhöfer: J B, Die späte KamM 02; L Wallerang: Die OrchWerke v J B als Dialog zw Tradition u Moderne 03; O Drechsel; J B, Ausgew Aufs u Vorträge 03.

Baur, Peter, Prof, Pianist, Hochschullehrer; Musikhochschule Fak II, Dreilindenstr 93, CH-6006 Luzern, *pbaur@mhs.fhz.ch*; *www.musikhochschule.ch* [15.11.1956]. Lied- u Kammermusik **Ausb:** Mstrkse b I Gage 86–87, Nl Lee 89, U Reinemann 89. **Laufb:** Gastdoz Hogeschool v d Kunsten Utrecht 88–96, Doz (Kl, Liedduop, Ens, KamM) MH Luzern, Studienlt VokalM MH Luzern 00–05, Abteilungslt Klassik MH Luzern seit 05; daneben Begleitung v Liederezitals u Masterclasses (lucerne festival, 'Klangbogen' Wien, Fstv du Périgord Pourpre, du Périgord Noire, d'Auvers–sur Oise et CIFM de Nice). **Pr:** Förderpr Kuratorium AG 84 m Atelier-Aufenth in Paris. – **Aufn/RF:** CDs: J W Brennan: Bestiarium 91; N Medtner: Lieder, m C Vitale 03; France music: Schumann: „Der Rose Pilgerfahrt" 92.

Bausch, Stefan, Dramaturg; c/o Landestheater Eisenach GmbH, Theaterplatz 4–7, D-99817 Eisenbach. **Laufb:** Dram Volksth Rostock SpZ 03/04, ChefDram u Stellv d Intend Th Eisenach SpZ 04/05. (Red)

Bavouzet, Jean-Efflam, Prof, Hochschullehrer, Klavier; 26, av Dode de la Brunerie, F-75016 Paris, T: +3 3145 27 22 10, F: 42 24 96 08, *EfflamB@aol.com*; H f Musik, Neustadt 22, D-32756 Detmold; *www.jwentworth.com/bavouzet/bavouzet.htm*. **Laufb:** Auftr m int Orch: z B Gürzenich Orch Köln, Bournemouth Symph, Hallé Orch/Manchester, Weimar Staatskap, Hong Kong Philh, Calgary Philh, Utah Symph, Symph Nat d Belgique, Debüt Boston Symph Orch 2002, Berliner Sinf Orch 2003, Orch d Paris 2003; Prof (Kl) H f Musik Detmold seit 99. **Pr:** Beethovenwettb Köln 86, Steven de Groote Chamber Music Pr 89. – **Aufn/RF:** Ersteinsp Ohana: Etüden 94. (Red)

Bay, Hans, Komponist; Dorfstr 18, D-02799 Waltersdorf, T: (03 58 41) 7 27 93 [Zittau 25.2.1940]. **Ausb:** Stud (Musik u Mathematik) Päd Inst Halle 58–62, Kompositionsstud (M. Weiss) Dresden 68–73. **Laufb:** Fachlehrer (Musik) Zittau seit 62, Christian-Weise-Gymnasium ab 82, Fachberater f Musik seit 70, StudR 88. – **Komp:** Bläserqui 69; 'Capriccio' f Kl, Blechblasinstr u Schlgz 71; Musica variata f Streichorch 72; Zwei Klavierstücke 72, UA Dresden, Jürgen Fritzsche 72; Moments musicaux 73; Kammermusik f Fl, Klar, Kl u Schlaginstr 76, UA Dresden 77; Divertimento f Blockfl, Streichinstr u Schlgz 86; UA Görlitz 88. (*)

Baydar, Erdem, Bass; c/o Südthüringisches Staatstheater Meiningen, Bernhardstr 5, D-98617 Meiningen. (Red)

Bayer, Hans-Jörg, Prof, Pauke, Hochschullehrer; Trollinger Str 12b, D-76228 Karlsruhe, T: (07 21) 47 30 19; Hochschule f Musik, PF 6040, D-76040 Karlsruhe. **Laufb:** KamM Bad Staatskap, Prof (Pauke) H f M Karlsruhe. (Red)

Bayer, Maria, Prof, Hochschullehrerin, Gesang; Laudongasse 56, A-1080 Wien, T: (01) 40 81 62 70; Univ f Musik u Darst Kunst, Inst Antonio Salieri, Rennweg 8, A-1030 Wien, *bayer@mdw.ac.at*. **Laufb:** o UProf U f Musik u Darst Kunst Wien (Ges, Stimmbildung, Lehrpraxis). (Red)

Bayerl, Sabine, Dr, Dramaturgin; c/o Neue Opernbühne Berlin NOB, Goltzstr 13, D-10781 Berlin, T: (0 30) 21 75 35 88 [Weiden, Oberpfalz 1970]. **Laufb:** Dram NOB Berlin SpZ 03/05.

Baykov, Vladimir, Bassbariton; Spisergasse 43–23, CH-9000 St Gallen, T: 07 12 20 32 25, 07 63 34 99 92, F: 07 12 42 06 07, *vladbaykov@bluewin.ch*; Pudovkina 6–2–54, Moskau 119285, Russland, T: +7 09 51 43 86 97, +7 92 62 06 37 03, *vladimir_baikov@mail.ru* [Moskau 30.7.1974]. romantische

Vladimir Baykov

Oper, Oratorium und Lied **Ausb:** Chem-Techn Mendeleev-Univ (Dipl: Kybernet Ing) 92–97; b E Novikova, MSchule 'Prokofiev' Moskau 92–96; b Prof P Skusnichenko (Sologes), Tschaikovsky-Kons Moskau 96–01; postgrad Kse f pädagog Tätigkeit an Hochschulen, Tschaikovsky-Kons Moskau 01–03; Galina Wishnewskayas Zentrum f OpGes Moskau 02–04; Mstrkse ua b Kurt Widmer, Gustav Kuhn, Mstislav Rostropovich, Paata Burchuladze, Svetlana u Jewgeni Nesterenko. **Laufb:** Sol Op Prokofiev Moskau 92–98; Op Stanislawsky Moskau 98–01; Op Helsinki 2000; Staatsphilh Moskau seit 2000; Aalto Th Essen 03; La Monnaie Op Brüssel 04, 06; Op Malmö 04; Nationalth Lissabon 05; Konz u Th St Gallen 04–07. **Pr:** ua 1. Pr Nat Ges-Wettb 'Bella Voce' Moskau 97; Prtr Int Ges-Wettb Rimsky-Korsakov St Petersburg 98; 2. Pr Mirjam Helin Int Singing Comp Helsinki 99; Prtr Int Ges-Wettb 'Neue Stimmen' Gütersloh 99; 3. Pr Maria Callas Int Music Comp Athen 01; Prtr Queen Elizabeth Int Singing Comp Brüssel 04.

Bayley, Clive, Sänger; c/o Bayerische Staatsoper, Brieffach, D-80075 München. (Red)

Bazdorf, Christian, Trompete; c/o Staatskapelle Berlin, Unter den Linden 7, D-10117 Berlin. **Laufb:** Sol Staatskap Berlin. (Red)

Bazsinka, Zsuzsanna, Sängerin; Hohenzollernstr 55, D-45128 Essen, T: (02 01) 22 51 16 [Budapest]. **Laufb:** Sol Op Karlsruhe SpZ 1990/94, Sol Musikth Essen SpZ 03/05. (*)

Bazu, Marius, Prof, Hochschullehrer, Dirigent; Oberer Landweg 76A, D-21035 Hamburg, T: (0 40) 7 35 19 89, F: 7 35 19 89, *MariusBazu@aol.com*; Hochschule f Musik u Theater, Harvestehuder Weg 12, D-20148 Hamburg [14.6.1950]. **Laufb:** Dir Landesjugendorch d Freien u Hansestadt Hamburg, Prof (Orchltg) H f M u Th Hamburg, L Staatl JugendMSch Hamburg.

Beatus, Otto, Schauspielmusiker; c/o Staatsschauspiel Dresden, Theaterstr 2, D-01067 Dresden. **Laufb:** Lt SchspM Staatsschsp Dresden SpZ 03/04, als Gast SpZ 04/05. (Red)

Beaumont, Francisca, Sängerin; c/o Hamburgische Staatsoper, PF 302448, D-20308 Hamburg. **Laufb:** Sol Meininger Th – Südthüringisches Staatsth, Staatsop Hamburg SpZ 04/05. (Red)

Beaumont, Maite, Sängerin; c/o Hamburgische Staatsoper, PF 302448, D-20308 Hamburg. (Red)

Becher, Christoph, Dr, Dramaturg; c/o Hamburgische Staatsoper, Große Theaterstr 34, D-20354 Hamburg, PF 302448, D-20308 Hamburg, *Christoph.Becher@hamburgische-staatsoper.de* [Fürstenhagen 1.1.1963]. **Ausb:** Stud (MWiss) Gießen 82–89. **Laufb:** Dramaturg Wiener Konzerthaus 90–98, leitender Dramaturg Hamburg Staatsop seit 98. **Pr:** Jubiläumspr Böhlau Verlag Wien 99. – **Sonst:** C Becher: Die Variantentechnik am Beispiel Alexander Zemlinskys, 99.

Becher, Tilo, Schlagzeuger; c/o Neue Lausitzer Philharmonie, Promenadenstr 60, D-02827 Görlitz. **Laufb:** Neue Lausitzer Philh 02/03. (Red)

Bechler, Peter, Violine, Konzertmeister; c/o Erzgebirgisches Sinfonieorchester, Bambergstr 9, D-09456 Annaberg-Buchholz. **Laufb:** Konzm Erzgebirg Sinfonieorch Aue, Konzm Th Annaberg-Buchholz 03/05. (Red)

Bechstein, Kathrin, Sängerin; c/o Südostbayerisches Städtetheater, Ländtorpl 2–5, D-84028 Landshut. **Laufb:** Sol Th Augsburg, Gastsol u Sol Südostbayer Städteth Landshut. (Red)

Becht, Hermann, KS, Sänger; Rotensoler Str 36, D-76359 Marxzell-Schieberg, T: (0 72 48) 59 07; c/o Hamburgische Staatsoper, PF 302448, D-20308 Hamburg. **Laufb:** Sol Dt Op am Rhein Düsseldorf-Duisburg (03/05), Sächs Staatsop Dresden (03/04), Hamburg Staatsop (03/04). (Red)

Becht, Nicola, Sängerin; c/o Junge Kammeroper Köln, Florastr 93, D-50733 Köln. (Red)

Beck-Neuwirth, Johannes Leonhard *siehe* Beck, Johannes Leonhard

Beck, Johannes, Sänger; Perlacher Str 84, D-81539 München, T: 0 17 25 92 57 11, (0 89) 69 76 03 52, F: (0 40) 36 03 40 59 14, *johannes@*

ohlmannbeck.de; c/o Staatstheater am Gärtnerplatz, PF 140569, D-80455 München; *www.ohlmannbeck.de* [Eisenstadt, Österreich 5.2.1969]. **Ausb:** Stud Gesang (W Gamerith) MH Graz 86–92, Dass (J Forwell) Baylor U Waco/Texas 92–93, Dass (C Hoffmann) Juilliard School New York 93–94, dass Int Opstudio OpHaus Zürich 94–95, OpStudio Bayer Staatsop München 95–97. **Laufb:** Sol Staatsth am Gärtnerpl seit 96, Gastsol Bayer Staatsop München 97–2000, Gastsol Musikal Komödie Op Leipzig 99–2000, Gastsol Wiener KamOp 97. **Pr:** 1. Pr Int Eisteddfod Comp Llangollen/Wales 95, 2. u 3. Pr Österr Bundeswettb 'Jugend musiziert' Leoben.

Beck, Johannes Leonhard, Prof, Hochschullehrer, Gitarre; Eppinkstr 167 a, D-46535 Dinslaken, T: (0 20 64) 42 30 70; Folkwang Hochschule, Klemensborn 39, D-45239 Essen, T: (02 01) 4 90 30, F: 4 90 32 88 [Aachen 27.3.1942]. originale Gitarrenmusik d 19. u 20. Jhs, lateinam Kunstmusik f Gitarre **Ausb:** Stud Git (K-H Böttner) Musiklehrersem Kons Düsseldorf 63, Git (K-H Böttner) Musiklehrersem Kons Köln 64–65, Folkwang H Essen 66–68, Fortbildungslehrgänge (K Scheit) 62, 63, 64, 68, (R Brojer) 76/77, (A Carlevaro) 90, 95, 96. **Laufb:** LAuftr Folkwang Kons 66–70, Doz Kons d Stadt Duisburg 70–76, Prof (Git) Folkwang-H Essen seit 76, Sol Eröffnungskonz GitarrenFstv München 69, GitDuo E Schönholzer-L Beck 65–68, Italientournee m Ens Continuum 72, Siegerlandorch 75, Konz Schweiz, Österr, Niederlande, Belgien, Dtschld. **Pr:** 1. Pr Bundesausscheidung 'Europ AG zur Förd d künstl Nachwuchses' Bochum 67, 1. Pr 'Fstv Européen' Belgien 67, Prix d'Excellence m KonzEng d Europ Beamtenbundes Brüssel. **Ens:** Git-Duo mit Ingo Borgardts seit 03. **Mitgl:** EGTA. – **Aufn/RF:** ua W Fürstenau: Ommegang (Git, Ob, V), Vakantiedagboek (Ob, Git), Trois Pièces (V, Git), WDR Köln 77; A Meyer v Bremen: Bagatellen (V u Git), WDR Köln 79. **UA:** W Fürstenau: Trois Pièces pour une noble Femme (V u Git) 69, 5 Reflexionen auf Bilder v Max Ernst, Psalmodia über 'Du sollst nicht töten (f 2 Git), Serenata Polonia (f 2 Git); H Villa-Lobos: Gitarrenkonz, dt EA Duisburg, OrchVerein d Stadt Duisburg, Dgt: V Fritsche 72; L Schmidt: Für Wolfram Fürstenau, UA Duisburg 93; A Meyer: Trauminspiration (f 2 Git), UA Duisburg 03; Wanja van Winsen: 11 Miniaturen, dt EA Folkwang H 04; Carles Guinovart: Variacions Pédagogiques, dt EA 05. **Zug:** W Fürstenau: Hommage à A Giacometti 66; A Meyer v Bremen: Sonatina I (f Git) 70; Bagatellen (f V u Git 70); V Fritsche: 2 Nocturnes 70; B Ammann: Haikus (f Git) 71; F Ch Gerhard: Praeludium-Fantasie-Fuge 82; L G Acuña: Caprichos Iberoamericanos 88, Tríptico (Homenaje à A Yupanqui) 89; D Visser: Thème varie et Finale d'après M Ponce 89; J M Zenamon: Epitafio à B de Las Casas 89; W Fürstenau: Sonata Dialektika 91; L Schmidt: Für Wolfram Fürstenau, 92/93; T Medek: 3 Shakespeare-Sonett-Zuordnungen I 96, II 98, III 02. **Sonst:** Grdg GitDuo E Schönholzer (CH) u L Beck (BRD) 65, Mitbegrd u Vorstandsmitgl European Guitar Teachers Assn 85 bis 89; Veröffentl: Harmonielehre auf d Git 72, Fünffingeranschlag 75, 19th Century Studies for Five Fingers of the Right Hand 06, Aufsätze in Fach Zss (Zupfmusik/Gitarre, Gitarre aktuell). **Lit:** J Powrozniak: Gitarrenlex, Interview in Zs Git aktuell (1/2 01).

Beck, Ludwig, Tuba; Wiesenweg 15, D-94330 Aiterhofen, T: (0 94 21) 6 25 84, *ludwig@brass-unlimited.de*; *www.brass-unlimited.de* [19.8.1968]. **Ausb:** Richard-Strauss-Kons München. **Ens:** brass-unlimited. (Red)

Beck, Timothy, Posaune; c/o WDR Sinfonieorchester, D-50600 Köln. **Laufb:** Sol WDR SinfOrch Köln. (Red)

Bečka, Daphne, Sängerin; Mainstr 31, D-97334 Nordheim, T: (0 93 81) 66 20; c/o Volkstheater Rostock, PF 102215, D-18004 Rostock. **Ausb:** Kons Maastricht (Prof Mya Besselink) 84–90. **Laufb:** Landestheater Coburg 90–94, Staatstheater Braunschweig 95, Sol MainfrankenTh Würzburg 02. (Red)

Beckedorf, Sebastian, Solorepetitor; c/o Stadttheater Hildesheim, Theaterstr 6, D-31141 Hildesheim. (Red)

Becker-Bender, Tanja, Master of Music, Violine; Adolf-Kröner-Str 26, D-70184 Stuttgart, T: (07 11) 24 40 21, F: 4 59 38 86, *info@tanja-becker-bender.de, tbeckerbender@gmx.net*; c/o Südwestdeutsche Konzertdirektion Erwin Russ, PF 104262, D-70037 Stuttgart, T: (07 11) 1 63 53 11, F: 1 63 53 30, *info@sksruss.de*; *www.tanja-becker-bender.de* [Stuttgart 11.2.1978]. solistische Violinwerke u Kammermusik vom Barock bis zum 21. Jh **Ausb:** Unterr V (H Zehetmair, W Marschner), Jungstud (W Melcher) MH Stuttgart 92–96, Stud (D Takeno) Guildhall Sch of M and Drama London 96, Stud (G Pichler) Wien 97–2000, Stud (R Mann) The Juilliard Sch New York seit 2000 (Master of M 02, derzeit Artist Dipl); Mstrkse (N Brainin, D DeLay, F Gulli, H Krebbers, S Mintz). **Laufb:** KonzDebüt als Sol Salzburger Schlosskonz 89, sol Auftr ua unter K Masur, G Albrecht, F Luisi, U Segal, A Witt, J Faerber, C Mandeal; Sol Tokyo Philh Orch 2000, Jerusalem Symph Orch 01, RSO d SWR Stuttgart 02, Philh Georges Enescu Bukarest 02, Yomiuri Nippon Symph Orch (Tournee Japan, Dtschld 03), Prager KamOrch 03, Schleswig-Holstein MFstv Orch 03, Staatl Ungar SymphOrch, Philh Orch Monte-Carlo, Belg NatOrch, Singapore Symph Orch, Orch de la Suisse Romande, Stuttgarter KamOrch; USA-Debüt Chautauqua Fstv (Brahms V-Konz) 97; Fstvs: Aspen MFstv, Rheingau MFstv, FSp Mecklenburg-Vorpommern, Schwetzinger FSp, Int Fstv Flandern, Schleswig-Holstein MFstv; KamM b 'Chamber M Connects the World' d Int Kronberg Acad m G Kremer, B Pergamenschikow, Y Bashmet, A Steinhardt 2000 u 02; Südamerika-Tournee 02 (Einladung d Mozarteum Argentino Buenos Aires). **Pr:** 1. Pr Bundeswettb 'Jugend musiziert' 92 u 96, 1. Pr Jakob Stainer-V-Wettb 93, Sheldon Morgenstern Award d Eastern MFstv/USA 94, 1. Pr Concours Int de M de Chimay/Belgien 95, Gewinn InstrWettb Dt Stift MLeben 96, 97, 99, 2000, 02, 03 (seit 02 verb m Leihgabe e V v G Guarneri del Gesù, 1728), 1. Pr. Int V-Wettb 'Premio Rodolfo Lipizer' 96, 2. Pr Concours Int d'Exécution Musicale CIEM Genf 98, Bunkamura Orchard Hall Award Tokyo 2000, 3. Pr u Sonderpr (f beste Auff e zeitgen Werkes) Int V-Wettb 'Premio Nicolò Paganini' Genua 01; Stip 'Villa Musica' Mainz, 'Podium Junger Musiker', Kunststift Baden-Württemberg, Eastern MFstv/USA, Aspen Mstv/USA, Studienstift d Dt Volkes, Dt M-Wettb m Aufn in 'Bundesauswahl Konz Junger Künstler', Gerd-Bucerius-Förderstip d ZEIT-Stift, Patenschaft e Förderes d Dt Stift MLeben z Weiterstud Juilliard Sch New York. **Ens:** Dalibor-Qua m O Kern (Kl), G Benziony (Va), S Klinger (Vcl). – **Aufn/RF:** zahlr TV- u RF-Aufn, z B ZDF, Arte ('Stars von morgen' 2000, moderiert v M Caballé), zahlr dt, österr, Schweizer, belg, brit, portug, israel, ital, amerikan RF-Sender; CDs: A Dvorák: Werke f Vl u Kl 98, Bach: Son u Partiten f Vl solo 02. **UA:** R Hempel: 'Duell' (VKonz), m Stuttgarter KamOrch, Ltg: A Zapf 97. **Sonst:** Zykl Auff 6 Son u Partiten f V Solo v J S Bach sowie d 10 V-Son v Beethoven; Gesprächskonz, Auff selten gespielter V-Konz (z B Elgar, Korngold, Stravinsky, Weill).

Becker-Foss, Hans-Christoph, Prof, Hochschullehrer, Orgel; Hochschule f Musik u Theater, Emmichpl 1, D-30175 Hannover [Höxter 1949]. **Ausb:** Stud (KiM) i Bremen (Org b H Heintze u E Ehlers, Kl b W Bohle u B v Rohden, Chorleitung b U Gronostay, studienbegleitende Weiterbild b Nikolaus Harnoncourt u G Leonhardt). **Laufb:** Lt Hastedter Kantorei Bremen 73–79, Kantor Hamelner Marktkirche und Kreiskantor f d Kirchenkreis Hameln-Pyrmont seit 79, LBeauftr (Org) H f M u Th Hannover seit 80, Prof ebd 93. (Red)

Becker Urban, Franz, Sänger; Lüder-von-Bentheim-Str 14, D-28209 Bremen, T: (04 21) 3 47 98 88. **Laufb:** GastSol Staatsth Oldenburg SpZ 03/04. (Red)

Becker, Andreas, KS, Sänger; Friedrichstr 30, D-44137 Dortmund, T: (02 31) 14 49 45. **Laufb:** Sol Th Dortmund. (*)

Becker, Josef, Sänger; Charlottenstr 16, D-12247 Berlin, T: (0 30) 7 74 60 54. **Laufb:** Sol Dt Op Berlin. (*)

Becker, Jürgen, Prof, Chorleiter, Hochschullehrer; c/o Dresdner Philharmonie, Am Altmarkt, D-01005 Dresden, T: (0 35 22) 50 27 88, F: 50 27 88, *RJ75Becker@gmx.de*; Hochschule f Musik, PF 120039, D-01001 Dresden [22.12.1946]. Chor **Ausb:** Stud SchM Franz-Liszt-H Weimar 65–69. **Laufb:** ML, Fachberater u ChLt in Großenhain (Sachsen) 69–89; Gründung d Jugendch d Dresdner Philh 89, Berufung z ChDir 90, Lt d Philh KinderCh; Konzreisen in Europa, USA, Japan u Australien, Rundfunk-, Fernseh- u CD-Produktionen. **Ens:** Chordir, Lt Philh Kinderch Dresden u Jugendch Dresdner Philh. – **Aufn/RF:** Neubert, Der singende Fisch (MDR); CDs: Porträt, Begegnung, mehrere CDs m Weihnachtsliedern, zahlr RF-Prod. **Zug:** G Katzer, abends; G Neubert, Der singende Fisch; J Herchet, Pfingstkantate; VokalM v R Lischka, H Gadsch ua.

Becker, Klaus, Prof, Hochschullehrer, Oboe; Hochschule f Musik u Theater, Emmichplatz 1, D-30175 Hannover, *Becker-Oboe@t-online.de* [Köln 22.6.1953]. Oboe, KamM **Ausb:** Stud (H Hucke) MH Köln 70–74, weiterf Stud priv (H Winschermann, H Holliger) 74–76. **Laufb:** Solo-Ob Kölner Gürzenich-Orch 72–86, Solo-Ob SinfOrch d BR 86–90, Prof (Ob) H f M u Th Hannover seit 90, weltweit Tourneen als Sol u KamMusiker. **Pr:** 2. Pr (Brüder-Busch-Pr) ARD-Wettb München 81, Förderpr d Landes NRW 82. **Ens:** Linos-Ens. – **Aufn/RF:** Zimmermann: ObKonz 90 (BR); 'Harmoniemusiken zu Mozarts Opern' (Zyklus), Linos-Ens 91 (WDR/Capriccio); Lutoslawski: Doppelkonz (Ob, Hf, SinfOrch), Hf: Maria Graf Dgt: L. Köhler 98 (Saarländ RF); Schönberg: Bearb gr orch Werke (Zyklus), Linos-Ens 99/2000 (WDR/Capriccio). **UA:** v Bose: Parerga; v Bose: Lorca-Lieder; Müller-Siemens: Refuge; Francoix: Dixtuor; Lonquich: Pierrot blanc. **Sonst:** Grdg Linos-Ens 77/78.

Becker, Markus, Prof, Klavier, Hochschullehrer; Hochschule f Musik u Theater, Emmichpl 1, D-30175 Hannover, T: (05 11) 3 10 02 81, F: 3 10 03 61, *Pressestelle@hmt-hannover.de, info@markusbecker-pianist.de*; c/o Cecilia Music Concept GmbH, Franz-Georg Stähling, Brauweilerweg 183, D-50933 Köln, T: (02 21) 8 00 00 70, (01 72) 9 20 72 48, F: 8 00 00 71, *staehling@cecilia-cmc.de*; *www.hmt-hannover.de, www.markusbecker-pianist.de* [1963]. **Ausb:** Stud b K-H Kämmerling, L Vlasenko, A Brendel. **Laufb:** Prof (KlKamM, EnsSp, Gehörbildung) H f Musik u Th Hannover seit 93, regelm FstvAuftr ua Salzburg, Berlin, Montpellier, KlFstv Ruhr, Kissinger Sommer, Schleswig-Holstein-Fstv, Beethovenfeste Bonn, Konz ua Alice Tully-Hall (New York), St. John's Smith Square (London), Th des Champs Elysées (Paris), Teatro Municipal (São Paolo), Mozarteum Salzburg, Gewandhaus Leipzig, Philh Berlin, Prinzregententh München, Kölner Philh, Konz m d Berliner Philh, RFOrch d NDR, WDR u SWF, Bochumer Sinfonikern, Philh Staatsorch Halle, Kölner KamOrch, Heidelberger Sinfonikern; ZusArb m Dgt: Cl Abbado, A Francis, C Kalmar, B Klee, L Köhler, O Maga, H Müller-Brühl, S Sloane, T Fey. **Pr:** 1. Pr Int Brahms-Wettb Hamburg 87, Dt Schallplattenpr 2000 u Echo-Klassik-Pr 2000, 01 f d ges KlWerk v M Reger. (Red)

Becker, Rainer, Prof, Hochschullehrer, Klavier; Halberstädter Str 2, D-10711 Berlin, T: (0 30) 8 91 37 18, F: 8 91 37 18; Univ d Künste, Fak Musik, Inst f Künstlerische Ausbildung, PF 120544, D-10595 Berlin. **Laufb:** Prof (Kl) U d Künste Berlin. (Red)

Becker, Reinhard, Prof, Hochschullehrer, Gesang; Friedrichshöhe 10, D-42799 Leichlingen, T: (0 21 74) 3 02 58. **Laufb:** Prof (Gesang) H f Musik Köln, Abt Wuppertal. (Red)

Becker, Ulrich, Oboe; c/o Münchner Philharmoniker, Kellerstr 4, D-81667 München. **Laufb:** Sol Münchner Philh. (Red)

Beckerhoff, Ulrich, Prof, Hochschullehrer, freischaffender Musiker u Komponist; Rheinstr 10, D-28199 Bremen, T: (04 21) 59 12 23, F: 5 97 56 23 [Münster, Westf 6.12.1947]. Tourneen, CD-Produktion, Kompositionen **Ausb:** Stud Münster u Köln, Unterr (R Platt) 68–73. **Laufb:** Prof (Jazztrp, EnsLtg) Folkwang H Essen, künstl Lt int Jazzworkshops Trier, Bremen u Berlin, künstl Berater b Kulturstadt Europas Weimar 99. **Pr:** 1. Pr bester Trp int Jazzjamboree Osnabrück 66 u 67, 1. Pr int Jazzfstv Loosdrecht (Holland) 71, Förderpr d fr

Hansestadt Bremen 79. **Ens:** NDR Big Band, Manfred Schoof Big Band, Jazzpool NRW, Uli Beckerhoff Group, Uli Beckerhoff Trio, 'La Voce'. – **Auftr-Komp:** BühnenM f Schauspielh Bochum, S Snajder: Die Windsbraut (Regie: W Schroeter) 98; FilmM: Das Geheimnis (Regie: R Thomé). **UA:** J Balke: Il Cenone, UA Voss-JazzFstv Norwegen 93. **Sonst:** Grdg Jazztrack, Riot u Changes, 'La Voce'.

Beckert, Anja *siehe* Clementi, Anja

Beckmann, Irvin, Prof, Hochschullehrer, Dirigent; Hochschule f Musik u Theater, FB 1, Harvestehuder Weg 12, D-20148 Hamburg. **Laufb:** Prof (Dirig, Korrepetition) H f M u Th Hamburg. (Red)

Beckmann, Judith, Prof, Hochschullehrerin, Sopran; Hochschule f Musik u Theater, Harvestehuder Weg 12, D-20148 Hamburg. **Laufb:** Prof (Gesang) H f M u Th Hamburg. (*)

Beckmann, Matthias Michael, Dipl-Musiker, Cello, Künstlerischer Leiter; Friedrich-Inhauser-Str 4, A-5026 Salzburg, T: (06 62) 84 66 42, 06 76–4 04 06 02, F: (06 62) 84 66 42, *salzburg@mozartquartett.com*; *www.mozartquartett.com* [1.5.1966]. Feinste KamM aus Salzburg, W A Mozart u M seiner Zeit **Ausb:** Stud Vcl (C Reichardt) Meistersingerkons Nürnberg 74–82, Unterr Vcl (R Faupel) Nürnberg 82–86, Vcl-Studien b W Nothas, A Navarra, W Pleeth 88–94, Mstrkl-Dipl, Stud (KamM) München 94/95. **Laufb:** Solo-Vcl KamOrch J S Bach 90–93, ML f Vcl H f M München 92/94, Solo-Vcl Mozarteum Orch 95–05, Freier Musiker (Aushilfe) SinfOrch d BR München, Bayer Staatsop München, Philh Nürnberg, Cellist d Mozart Qua Salzburg seit 96, KamM ua m I Grafenauer, P Romero, R Vlatkovic, M M Kofler, S Azzolini, M Turkovic; Tourneen 95–05: China, Japan, Europa; Konz Salzburger FSp, Mozartwoche, Int Fstvs. **Ens:** Mozart Quartett Salzburg, Salzburger Mozart Consort. – **Aufn/RF:** CDs: 'Mozarts Flötenquartette', m M M Kofler (Fl); 'Der frühe Mozart', m M M Kofler (Fl); 'W A Mozart – Zeit für's ICH'; 'Eine kl Nachtmusik u Horndivertimento', m R Vlatkovic (Naturhorn). **UA:** Beethoven: Allegretto, h-moll, Österr EA, m Mozart-Qua 01. **Sonst:** Grdg u Künstl Ltg Mozart Qua Salzburg seit 96, Mozart-Zyklus im Salzburger Mozart-Wohnhaus 2000–06, CD-Label 'Mozartiana-Classics' seit 01, Art-Agentur 'Salzburg Musik.at' seit 05.

Beckschäfer, Max, Komponist, Dozent; Nymphenburger Str 35, D-80335 München, T: (0 89) 18 95 64 70 [Münster, Westf 23.2.1952]. Vokalmusik, Kammermusik **Ausb:** Stud Richard-Strauss-Kons München 65–73, Stud KiM u Komp (W. Killmayer) 75–82. **Laufb:** Chorlt u Organist München 76–87, LAuftr (MTheor) MH München seit 88, Stellvertr Prof 95–98, Akad Rat u Doz (MTheorie) H f M Augsburg 01. **Pr:** Richard-Strauss-Stip 87, Felix-Mottl-Gedenkpr 80, MStip d Stadt München 81, 2. Pr Erdinger Orgelwoche 85, Villa Massimo-Stip 87/88, Förderpr f M Stadt München 88, 1. Pr Valentin-Becker-Chorwettb Bad Brückenau 93, Flammabis Wettb. – **Komp:** Cantico Delle Creature (Kant), UA München 93; Frammenti E Stanze Di Michelangelo (Vokalzyklus), UA München 93; Sobre Los Angeles (Kant), UA München 93; Chiuso Fra Cose Mortali (Solokant), UA Ingolstadt 95; Streichqua (KamM), UA Ingolstadt 97; Sappho-Gesänge f Alt u Hfe (Liederzyklus), UA Nürnberg 97; Musik f 9 Streicher (Suite), UA Kirchheim 99 (Auftr: Augsburger Kammerorch); 'Occulta humana – Die 7 Todsünden' (BallettM f Ch u Orch), UA m Dresdner Kreuzch, Ballett d 'Palucca Schule Dresden', Orch H f M 'Carl Maria v Weber' Dresden, Dgt R Kreile Dresden 03; 'Schneemannlieder' f Bar u Kl n Ged v A v Schirnding, UA München 03 (Auftr: Bayer Akad d Schönen Künste); 'Mit summenden Wörtern', Lieder f Bar u Kl n Ged v H Bender; 'Eingeschneit', Lieder f Countertenor u Zither n Ged v T Stroheker; 'Meergespräche' f Countertenor solo. **Aufn/RF:** CDs: m Vokalmusik; Münchner Flötenensemble; 2 Flöten u Harfe; Weihnachtslieder; Weihnachtslieder Singphonic Christmas.

Beczala, Piotr, Tenor; Franz Hainzl Artists' Management, PF 17, A-1043 Wien, T: (01) 5 86 45 36, F: 5 85 55 51, *office@hainzl.net*; *www.beczala.com* [Polen]. Mozart, Verdi, Puccini, Tschaikowski **Ausb:** Stud b J Ballarin, P Lisizian, N Gedda, S Jurinac. **Laufb:** Linzer Landesth 92, danach Zürich, Wiener Staatsop, Staatsop Berlin, Dt Op Berlin, Hamburg, Montpellier, Cleveland, Paris, London Covent Garden, Bilbao, Bologna, Salzburger FSp, Gastsol Op Frankfurt SpZ 04/05. – **Aufn/RF:** DVD: Entführung aus dem Serail, Zauberflöte, Simplicius, Lustige Witwe, Eugen Onegin; CD: Simplicius, Die Entführung aus dem Serail, Korl Roger, Die Rheinnixen, Berlioz: Roméo et Juliette, Iolanta.

Bednarik, Josef, Musiker (Oboe); Gesellschaft der Freunde der Wiener Oboe, Lastenstr 13, A-1230 Wien, T: (01) 8 69 55 44, F: 8 69 55 44, *bednarik@wieneroboe.at*; *www.wieneroboe.at* [Mödling 26.8.1964]. **Ausb:** Stud Tonsatz (David, Dürr), Komp (Schwertsik), Ob (Lorenz) MH Wien, Ob (Turetschek) MH Oberschützen, Dipl 92. **Laufb:** Oboist Orch d Wiener Volksop seit 85, Hofmusikkapelle seit 01. **Ens:** Orchester der Wiener Volksoper, Wiener Johann Strauss-Orchester, Hofmusikkapelle, Wiener Oboentrio. – **Komp:** Schwing Schweet (ObTrio) 1987/1992; Pâtisserie (ObQua: Ob, V, Va, Vcl) 94, UA KonzHaus Wien. **AuftrKomp:** Digestif for six (Kl, Strquintett) KamMEns d Wiener Volksop. **Aufn/RF:** CD Wiener Oboentrio 93, Pâtisserie aux quatre saveurs, Ens Laetitia Universi, Ltg: E Pawlik Mascal 97. **UA:** mehrere Oboentrios v A Wykydal, A Wagendristel, J Holik, U D Soyka, W Leitner, R Stiegler, St Albert. **Zug:** J Holik: Oboenkonzert, Peppone, Vier Peppis für Josef Gattermayer Oboentrio, Mancusi Trio f Ob, Ob d'amore u Eh, St Albert, Trivertimento, A Wykydal, Sonata for Pepi. **Sonst:** Grd Wiener Oboentrios, Präs d Ges d Freunde d Wiener Oboe.

Bednarski, Piotr, Tenor; c/o Städtische Theater, Käthe-Kollwitz-Str 7, D-09111 Chemnitz, PF 756, D-09007 Chemnitz. **Ausb:** Stud Lodz. **Laufb:** Eng Warschau, seit 81 vorwiegend in Dtschld tätig (Hildesheim, Krefeld, Oldenburg, Trier, Kiel, Leipzig, Dresden, Berlin, Wiesbaden, Rostock), Sol Städt Th Chemnitz seit 96 (04/05). (Red)

Beek, Johan van, Prof, Hochschullehrer, Klavier; Zubenstr 11, D-78588 Denkingen, T: (0 74 24) 8 49 47. **Laufb:** Prof (Kl, Methodik) Staatl H f Musik Trossingen. (Red)

Beele, Altfried, Komponist, Kirchenmusiker, Orgel, Klavier; Hohe Haar 40, D-45277 Essen, T: (02 01) 58 51 97, F: 54 50 29 23 [Essen-Werden 22.7.1934]. Komposition, Improvisation-Jazz, Klassik, Lehrbeispiele f Schüler u Musikstudenten **Ausb:** Stud KiM Folkwang-H Essen 65–69. **Laufb:** Kirchenmusiker seit 67, Lt v Instrumental- u Chorensembles seit 67. **Pr:** 2. Pr int 'Concerto grosso', Kompositions-Wettb d europ Barockgesellschaft 94, 'goldene Madonna' f bes Verdienste in der Kirchenmusik d Bistums Essen 95, 2. Pr Salon-Musik Wettb Berlin 97. **Ens:** Mitgl Bläserens 50–54, Pianist i versch Jazz- u Tanz-Combos 53–63. **Mitgl:** Dt Komp-Verb. – **Komp:** Rhythm Messe: 'Nun lob mein Seel den Herren' (geistl ChorM) 70, UA Essen 73; Missa Da Pacem (geistl ChorM) 79, UA Essen 84; Latin Chorus (Concerto-grosso) 84; Glocken-Suite (Suite) 86, UA Essen 89; Trio f Fl, Kl u Vcl (KamM) 96; Konzerttango 'Serena', UA Berlin 97, 'Meditation' f G Kremer (f Streicher-Ens u SoloV) 02. **Aufn/RF:** A Beele: Rhythmische Messe, WDR 75. **UA:** A Beele: Rhythm Messe, UA Essen 73, ders: Missabrevis, UA Essen 78; ders: Missa Da Pacem, UA Essen 84; ders: Veni Creator Spiritus (Streicher u SoloFl), UA Essen 85. **Sonst:** CD: Org m Impr (Klassik u Jazz-Themen) 98 (Klassik, Folklore, 'Fantasie u Fuge' ua) 04 (Benefizkonz f Misereor), MCs Kl m Impr versch Stilrichtungen ua f 2 Kl.

Beer, Birgit, lry Koloratursopran; c/o Künstleragentur Elke Wiemer, Exerzierstr 9, D-13357 Berlin, T: (0 30) 46 60 78 03, 01 71–2 72 11 78, F: 46 60 78 17, *mail@agentur-wiemer.de*; *www.agentur-wiemer.de* [Lübeck]. **Ausb:** Stud Kunst, M, Ges. **Laufb:** Eng Städt Bühnen Augsburg, Wiener Volksop, Staatsth a Gärtnerplatz München, Mitgl Ens Op Bonn 92–97, Gastsol Dt Op Berlin, Bayer Staatsop München, Staatsop Wien, Staatsop Hamburg, OpHaus Köln, Op Leipzig, New Israeli Opera Tel Aviv, regelm Gastsol Sächs Staatsop Dresden, Sol Aalto-Th Essen seit SpZ 97/98, Gastsol Wiener SommerFSp Schönbrunn, Oster- u SommerFSp Salzburg, 'Wiener J Strauß Konzert-Gala' 02/03.

Beer, Jeff, Komponist; Gumpen 2, D-95685 Falkenberg/Opf, T: (0 96 37) 4 44, F: 4 88, *atelierjeffbeer@aol.com*; *www.atelierjeffbeer.de* [Mitterteich/OPf 19.4.1952]. **Ausb:** Stud (Komp, Schlgzg/Pauke, Kl) MH Würzburg, Mstrklasse (Schlgzg, Komp). **Laufb:** LAuftr (Perc) MH Frankfurt bis 82, seither freiberufl Tätigkeit als Perc-Sol, Komp, Bildender Künstler. **Pr:** traditioneller Pr Stadt Regensburg 70, 1. Pr Dt Musikwettb Bonn 77, Stip Oskar- u Vera-v-Ritter-Stift, KompPr Musikal Akad Würzburg 78, 1. Pr Wettb d Dt MH, Doppelstip Studienstift d Dt Volkes, Spezialpr Int Wettb z Interpretation zeitgen Musik Radio France 80, Förderpr Dt Phonoakad Hamburg, Stip Cité Int des Arts Paris 82, Bayer Staatspr f Musik u Bildende Kunst 85. – **Komp:** Orchesterstück I (Orchw), UA 81; Warka (KamM), UA Frankfurt 92; Bout no plays I, UA Würzburg, Tage f Neue Musik 93; 'Lichtmund II' f Stimmen u Schlgz (Chorw), UA Erlangen, Hugenottenkirche 94; Three drawings (Kirchenmusik), UA München, Liebfrauendom 97; Sechs Gesänge aus 'Isis' (KamM), UA Würzburg, MH 98. (Red)

Beer, Katja, Sopran; c/o Künstleragentur Tobias Kade, Ammonstr 72, D-01067 Dresden, T: (03 51) 4 90 67 94, 01 72–3 66 29 07, F: 4 90 67 93, *tobias-kade@gmx.de*; *www.kuenstleragentur-kade.de*. zeitgen Komp **Ausb:** Stud (Ges) MH Hamburg u Julliard School New York. **Laufb:** Sol Kom Op Berlin. (Red)

Beermann, Frank, Dirigent; c/o Oper Leipzig, Augustuspl 12, D-04109 Leipzig, *info@frank-beermann.com*; c/o Theateragentur Dr Germinal Hilbert, Maximilianstr 22, D-80539 München, T: (0 89) 2 90 74 70, F: 29 07 47 90; *www.frank-beermann.com*. **Laufb:** Dgt Hamburg Staatsop, Dgt Op Leipzig. (Red)

Beetz, Günther, Prof, Hochschullehrer, Trompete; Fontanestr 5, D-67251 Freinsheim, T: (0 63 53) 91 55 52, F: 91 55 52, *G.Beetz@gmx.net*; Hochschule f Musik u Darst Kunst, N 7,18, D-68161 Mannheim. **Ausb:** Stud H f M Trossingen. **Laufb:** Prof (Trp) Staatl H f M u Darst Kunst Mannheim seit 90. **Ens:** German Brass. (Red)

Beetz, Ulrich, Prof, Violine, Hochschullehrer; Hoher Weg 12a, D-99423 Weimar, T: (0 36 43) 40 06 23; H für Musik 'Franz Liszt', Inst f Streicher u Harfe, PF 2552, D-99406 Weimar, *ulrich.beetz@hfm-weimar.de*; *www.abgegg-trio.de*. **Laufb:** Konzm SinfOrch d SWR Baden Baden-Freiburg 76–96, Prof (Str-KamM) H f Musik 'Franz Liszt' Weimar seit 95. **Ens:** Collegium aureum u Collegium musicum des WDR 70–85, Qua Collegium aureum, Beetz-Qua, ABEGG-Trio seit 76. (Red)

Beez, Joachim, Dr, Prof, Hochschullehrer; Plauesche Str 17, D-99310 Arnstadt, T: (0 36 28) 4 43 20, F: 58 57 66 [Fehrenbach 1.4.1936]. Liedschaffen, Chormusik, Bläserkammermusik **Ausb:** Stud Komp (J Cilenšek) Kl (H Lamann) MH Weimar 55–60, OrchLtKs (G Wiesenhütter) Sonderhausen/Thür 64/65, ChorltKs (H Müller, D Knothe) Berlin 66, KompKse b L Dubrovay, R Kelterborn, F Rabe, F Geißler, S Köhler, S Matthus, G Kochan, F Goldmann, S Thiele, G Rosenfeld, G Erdmann, KO Treibmann, P H Dittrich 76–89. **Laufb:** L (MTheorie, Gehörbildung, Kl) MSch Mühlhausen 60–66, Prof (MTheorie, Gehörbildung, Komp, Instrumentation, Kl) Université Royale des Beaux Arts Phnom Penh 67–70, Prof (MTheorie, Gehörbildung) H f M 'Franz Liszt' Weimar 70–2001. **Pr:** Carl-Maria-von-Weber-Pr Dresden 61, 3. ChorKomp-Pr Prager Frühling 66, 1. Pr BlasM Baden-Württemberg 96. – **Komp:** Signale (Parabel f 8 Hn), UA Dresdner HnClub, Dgt: P Damm 89; Bach 2000 (Omaggio a J S Bach), UA Weimar, KamCh Franz-Liszt HS, Dgt: J Puschbeck 2000; Moments trombpiano (Pos, Kl), m A Bachmann (Pos) u A Mikhailuk (Kl), UA Budapest 01; Klavierkonz. **AuftrKomp:** Concertino (Va u Orch), m K H Koch (Va), UA

Stralsund, Dgt: P Gülke 75; Episoden d Zeit, (Kant f Chor u Orch), UA Bergen/Rügen, Dgt: J Fockenbrock 80; Rhönklänge (doppelchör Mot m Sopran, Bariton, Kl), UA 21. ArbFSp d DDR Halberstadt, Dgt: K Enders 86; Ich will d Tag entdecken (Chorzykl m Sopran), UA 22. ArbFSp d DDR Bad Freienwalde, Dgt: K Sprenger 88. **Aufn/RF:** KlarSonatine, Klar: W Müller, Kl: J B, RF d DDR, UA 72; Wem der Frieden in das Herz gedrungen (Chorzykl), RF d DDR, UA 11. Hallesche Musiktage, Dgt: S Bimberg 74; HnSonatine, Hn I Vincze, Kl J B; RF d DDR, UA 78; Greife wacker nach der Sünde (MrChZykl) RF-Chor Berlin, Dgt: A Zimmermann 87. **UA:** A Streichardt: Mühlhäuser Ballade (Chor, Orch), UA Mühlhausen/Thür, ArbSinfOrch, Dgt: J B 65; S Müller: Nocturne romantique (Hn, Kl), UA Weimar, Einsp RF d DDR, Hn: I Vincze, Kl: J B 79. **Sonst:** Diss 'KamM f Blasinstr i d DDR' Martin-Luther-U Halle/Saale 84, musikanalyt Veröffentl.

Begemann, Hans Christoph, Sänger; c/o Agentur f Musiktheater u Konzert Hannagret Bueker, Fuhsestr 2, D-30419 Hannover. **Ausb:** Stud b Claus Ocker u Ernst Haefliger in Hamburg, KonzEx b Aldo Baldin in Karlsruhe. **Laufb:** Sol Th Giessen, Sol Th Wuppertal, Sol Staatsth Darmstadt seit 97 (04/05). **Pr:** 'Erster Prtr' d Int Schubert-Wettb Osaka. – **Aufn/RF:** CD-Einsp Wilhelm Petersen-Lieder. (*)

Bégert, Mady, Klavier, Cembalo, Orgel; rue de la Prairie 31, CH-2300 Chaux-de-Fonds, T: 03 29 68 43 64. (Red)

Behle, Daniel, Sänger; c/o Oldenburgisches Staatstheater, Theaterwall 28, D-26122 Oldenburg. **Laufb:** Sol Bühnen d Landeshauptstadt Kiel SpZ 03/04, GastSol Städt Bühnen Münster SpZ 03/04. **Pr:** Erna-Schlüter-Pr 05. (*)

Behle, Renata, Prof, Sopran, Hochschullehrerin; Hochschule f Musik u Theater, FB 3, Harvestehuder Weg 12, D-20148 Hamburg. **Ausb:** Stud (Ges) Musikakad Graz. **Laufb:** Prof (Ges) H f M u Th Hamburg, Sol Staatsth Stuttgart, MTh Essen, MTh Bonn, Sächs Staatsop Dresden SpZ 03/05, Op Köln SpZ 03/04, Hamburger Staatsop SpZ 04/05. **Pr:** Graf-Coudenhove-Pr, Stip nach Rom u Bayreuth. (Red)

Behnke, Anna-Katharina, Sopran; c/o Herwald Artists, Strd. Roten Kreuzes 64, D-76228 Karlsruhe, T: (07 21) 9 47 39 39, F: 9 47 39 37, *info@herwald-artists.com* [Wuppertal]. **Ausb:** Stud MH München. **Laufb:** Debüt KamOp Wien (Figaros Hochzeit, Susanna), Biennale München (U Zimmermann: Die wundersame Schustersfrau, Titelpartie) 88, Sol Op Bonn SpZ 88/89, Gastsol Nationalth Prag 90, Sol Op Basel 93, Op Karlsruhe 95, Bastille-Op Paris 98, Sol Dt Op am Rhein Düsseldorf-Duisburg, Gastsol Op Halle (Poulenc: Die begnadete Angst; Verdi: Aida, Titelpartie; Wagner: Tannhäuser, Elisabeth) SpZ 2000/04, Konz Wien, München, Paris, Lyon, Gastsol Staatsth Braunschweig SpZ 03/05, Mailänder Scala. **Pr:** Staatl Förderpr f junge Künstler 88. – **Aufn/RF:** D Schostakowitsch: Op Lady Macbeth v Mzensk (Live-Mitschnitt); B Bartók: Op Herzog Blaubarts Burg, Judith, Orch Op Halle, Dgt: R Epple. (Red)

Behr-König, Anette, Violine, 1. Konzertmeisterin; Hindenburgstr 18, D-27211 Bassum, T: (0 42 41) 38 10. **Laufb:** 1. Konzm Philharmon Staatsorch d Freien Hansestadt Bremen (bis 04/05). (Red)

Behrend, Jan F, Prof, Hochschullehrer, Schlagzeug; Hochschule f Musik u Theater, Harvestehuder Weg 12, D-20148 Hamburg. **Laufb:** Prof (Schlgz) H f M u Th Hamburg. (Red)

Behrens, Ursula, Sopran; c/o Nord-Süd-Programm Internationale Künstlerzentrale, Bürgerreuterstr 37, D-95444 Bayreuth, T: (09 21) 16 71, F: 8 32 54, *info@nord-sued-programm.de* [Landshut 20.5.1973]. (*)

Behringer, Harald Rolf, Komponist; Schneckenburger Str 11, D-86150 München, T: (0 89) 47 97 82 [Gunzenhausen 1.6.1930]. – **Komp:** Augsburger Konzert (KamM) 50, UA Augsburg 60; 'Der glückliche Prinz' nach Wilde (Ballett-op) 70, UA München, Th d Jugend 70; Points (KamM) 73, UA Regensburg, Bayer Tonkünstlerfest 74; Is-ness (KamM) 74, UA Stuttgart, Dt Musikfest 74; L'Avvertura (Orchw) 80, UA München, 4. Bayer Tonkünstlerfest 81. (*)

Behrmann, Karsten, Prof, Hochschullehrer, Blockflöte; Schwartauer Allee 6, D-23554 Lübeck, T: (04 51) 4 79 95 75. **Laufb:** Prof (Blockfl), Dekan FB1 H f M Detmold. (Red)

Beidler-Badertscher, Katharina, Sopran, Gesangspädagogin; Moosgasse 15, CH-3282 Bargen, T: 03 23 92 21 83, F: 03 23 93 73 07, *beidler@bluewin.ch* [St Gallen 12.7.1948]. Oratorium, Lied **Ausb:** Stud (J Stämpfli) MH Bern, Dipl 79. **Laufb:** jährliche Konz m Dresdner Kreuzchor bis 88, Fstv Monteverdi Buenos Aires, Tournee Italien u Schweden, Wagner Fstv Frankreich, Musique d'Eté Paris, Liszt-Tournee Schweden. **Pr:** 3x Kiefer-Halblitzel-Stift. **Ens:** Artémis. **Mitgl:** SMPV, STV, VMS, VBMS. – **Aufn/RF:** ua Frankfurt (div J S Bach, m RF-Chor Frankfurt), Hof, München, Berlin (div Weihnachtsorat), Stuttgart (div J S Bach, A Bruckner), Dresden (Weihnachtsorat). **UA:** F Pantillon: 'clameur du monde'; J Kobelt: 'Messe'. **Lit:** div Art in Presse, RF, TV.

Beil, Michael, Komponist; Eisenbahnstr 15, D-10997 Berlin, T: (0 30) 42 80 85 56, *post@michaelbeil.de* [Weinheim 1963]. **Ausb:** Stud in Stuttgart 84–93. **Laufb:** Lehrtätigkeit MSch Kreuzberg seit 96, Grdg d Gruppe 'SKART' zus m Stephan Winkler, 'cue:zero' SKART-Veranst im Auswärtigen Amt Berliner FSp 2000, künstl Ltg Klangwerkstatt Berlin, Fstv f zeitgen Musik seit 2000, 'content pour rien' SKART-Veranst z Thema Remix in ZusArb m d Berliner Ges f Neue Musik 01, 'Pulsare' SKART-Veranst m Live-Musik, elektron Musik u Videos Künstlerhaus Bethanien Berlin 01, Vorst Initiative Neue Musik Berlin (INM) 01–03, En Arrière, Staatsop unter d Linden 03. **Pr:** Ausz KompWettb 'Camillo Togni' in Brescia 92, Aufenthaltsstip Schloss Wiepersdorf/Neubrandenburg 92, Aufenthaltsstip d Berliner Senats f d 'cité des arts' in Paris 02/03. – **Komp:** Cantor Concertante 93, Aus Eins mach Zehn 01. (Red)

Beilharz, Manfred, Dr, Intendant; Hessisches Staatstheater, PF 3247, D-65022 Wiesbaden, T: (06 11) 13 22 64, F: 13 22 44, *intendanz@staatstheater-wiesbaden.de*; *www.staatstheater-wiesbaden.de* [Böblingen 1938]. **Ausb:** Stud (Germanistik, ThWiss, Jura) jurist Staatsexamen, Prom Th- u Urheberrecht München 67. **Laufb:** Regieass Münchner KamSpiele, Oberspielleiter u Chefdramaturg Westfäl Landesth 68, Intend Tübingen, Freiburg, Kassel, Generalintend Th d Bundesstadt Bonn, künstl Lt MTh Bonn, Ltg Bonner Biennale, künstl Lt ITI Fstv Th d 'Welt' Bonn, Düsseldorf, Duisburg, Köln; Hess Staatsth Wiesbaden 02, künstl Lt Wiesbadener Biennale – Neue Stücke aus Europa 04. **Pr:** Mitgl Akad f Darst Kunst Frankfurt, Europ ThKonvention (ETC) Paris/Brüssel. **Mitgl:** Präs Int Theaterinst (ITI) Paris u dt ITI-Zentrum Berlin, Vors Dramaturg Ges Berlin, Vorstand Goethe-Inst – Inter Nationes, Vorstand Hess ThAkad Frankfurt a Main. – **Sonst:** Grdg Studiobühne U München.

Beimpold, Ulrike, Sängerin; c/o Volksoper Wien, Währinger Str 78, A-1090 Wien. **Laufb:** Sol Volksop Wien, Lehár Festival 05. (Red)

Beinke, Eckart, Komponist; Krumme Str 29a, D-26131 Oldenburg, T: (04 41) 50 83 09, F: 50 83 09, *contact@eckartbeinke.de*; *www.eckartbeinke.de* [Oldenburg 20.8.1956]. neue Musik **Ausb:** Stud Komp (J.-P. Ostendorf) Bremen, (G. Grisey) Cons Nat Paris, elektro-akust Komp Cons Nat Bordeaux. **Laufb:** Teilnahme Weltmusiktag 98. **Ens:** oh ton-ensemble. – **Komp:** 1. Saxophonquartett, UA Worpswede 93; 'auch so, durch die Schatten' (Kam-Orch), UA Oldenburg 95; 'nasse augen schließe zu' (Fl, perc), UA Bremen 95; Item 6 zehn (Bar-Sax), UA Berlin 95; Introversion III (Sax, Perc, Kl), UA Bordeaux 96; Das Verstecken von Krankheit (Ensemble), UA NDR 98; Die Würde des Menschen ist antastbar (2 Perc), UA Oldenburg 98.

Beisch, Katja, Blockflötistin, Barockoboistin; Kasparstr 43, D-50670 Köln, T: (02 21) 72 23 31, *kontakt@katjabeisch.de*; Lethenbergweg 25, D-53332 Bornheim, T: (0 22 27) 92 99 62, F: 92 99 64; *www.katjabeisch.de* [4.3.1969]. Barockmusik **Ausb:** SchM, Instrumentalpäd, Bfl MH Köln b Günther Höller, Konz-Ex Bfl MH Köln u Kons Rotterdam b Han Tol; Stud Bfl b Pedro Memelsdorff (Mailand), Mstrkse Bfl b Walter van Hauwe; Privatstud Barockoboe b Michael Niesemann (Köln), Mstrkse Barockoboe b Martin Stadler u Paul Dombrecht. **Laufb:** zahlr Konz in Dtld, Gast auf renommierten Fstvs f Alte Musik wie Stockstädter Musiktage, Arolser BarockFSp, Tage Alter Musik Osnabrück, Konz in USA, Kanada, Brasilien, Estland, Niederlande, Schweiz. **Pr:** 2. Pr Int Wettb f Blockfl solo London 99, 1. Pr m Ens 'Il Dolcimelo' Int Wettb f Alte Musik Neuburg a d Donau 2000. **Ens:** 'Il Dolcimelo', Kölner Oboen-Band, Kölner Blockflöten-Trio, Irene Kurka & Katja Beisch. **Mitgl:** Gedok Köln. – **Aufn/RF:** mehrere RF-Aufn m d HR, SWR, WDR, Fernseh-Live-Mitschn NDR; CDs: 'One charming night' 96, 'Affettuoso' 97, 'Ffor severall ffriends' 2000, 'Concerti grossi' 04.

Beisert, Rosemarie, Sängerin; Josephspl 8, D-95444 Bayreuth, T: (09 21) 51 49 67; c/o Theater Regensburg, Bismarckpl 7, D-93047 Regensburg. **Laufb:** Sol Coburger Sommer-Optte SpZ 03/05, Sol Th Regensburg. (Red)

Beissel, Heribert, Prof, Dirigent, Künstlerischer Leiter; Kölner Str 4, D-53424 Remagen, T: (0 26 42) 33 43; c/o Klassische Philharmonie, Belderberg 24, D-53113 Bonn, T: (02 28) 65 49 65, F: 63 48 50. **Laufb:** Künstl Lt Klass Philharmonie Bonn, Gastdgt Anhalt Th Dessau SpZ 00/01, GMD Brandenburg Staatsorch Frankfurt/Oder seit 01. (Red)

Belamaric, Neven, Sänger; c/o Komische Oper, Behrenstr 55–57, D-10117 Berlin, T: (0 30) 69 59 97 37, F: 69 59 97 39, *neven.belamaric@t-online.de* [Šibenik, Kroatien 3.6.1949]. Oper, Lied, Orat **Ausb:** Stud (Prof Šir) H f M Zagreb 73, Stud (Prof E Werba) H f M Wien 82. **Laufb:** Sol Wiener Staatsop 79–82, Mussorgsky: 'Boris Godunov' (Boris), Verdi: 'Don Carlo' (Filip), 'Märchen von den Zaren Saltan' (Saltan); Slowen Staatsop Ljubljana 82–86, 'Faust' (Mephisto), Kroat Staatsop Zagreb 86–94, 'Blaubarts Burg' (Blaubart), Coburg, Cottbus 94–96, Kom Op Berlin seit 96 (04/05). **Pr:** 'Judita' Fstv Split, 'Goldene Plak' Fstv Ljubljana, Bester Künstler Kroatiens 99. – **Aufn/RF:** div Einsp, LP u CD, ua C Schreker: 'Irrelohe', F Cerha: 'Netzwerk'.

Belcher, Daniel, Bariton; c/o Columbia Artists Management GmbH, Till Janczukowicz, Albrechtstr 18, D-10117 Berlin, T: (0 30) 20 64 80 78, F: 20 45 34 80, *info@cami.com*; *www.cami.com*. **Laufb:** Sol Staatsth Stuttgart. (Red)

Bell, Daniel, BM, MM, Violine; c/o Impresariat Simmenauer, Henriette Haage, Bornstr 12, D-20146 Hamburg, T: (0 40) 42 31 31 12, F: 42 31 31 13, *henriette.haage@impresariat-simmenauer.de*, *daniel.bell@petersenquartett.de*; c/o Künstlervermittlung Klaus Eisenberger, Peter-Jordan-Str 8, A-1190 Wien, T: (01) 3 68 13 63, F: 3 69 23 23, *Eisenberger@classic-music.at*; *www.impresariat-simmenauer.de*, *www.petersenquartett.de* [Großbritannien]. Kammermusik **Ausb:** Stud Chetham's School of Music in Manchester, Curtis Inst of Music in Philadelphia u Cleveland Institute of Music b Donald Weilerstein (ehem Primarius d Cleveland Qua), b David Takeno in London u Reinhard Ulbricht in Dresden. **Laufb:** Umfangreiche sol Tätigkeit in Großbritannien, ua Wigmore Hall, Purcell Room in London, Cheltenham Int Music Fstv, Gastsol in Holland, d USA u Japan, Einladung v Claudio Abbado als Konzm d Gustav Mahler Orch. **Pr:** ua 1. Pr Royal Overseas League Competition, London. **Ens:** Petersen Qua. – **Aufn/RF:** Beehoven: StrQua op 18/6, 18/2, 135 2000; Beethoven: StrQua op 18/3, 127 02; Krenek: StrQua Nr 1, 7 02; Schostakowitsch: Qua Nr 1 u 4, KlQui 05.

Bell, Emma, Sängerin; c/o Komische Oper, Behrenstr 55–57, D-10117 Berlin. **Laufb:** Sol Kom Op Berlin SpZ 03/05. (Red)

Bell, Kevin, Sänger; c/o Deutsche Oper Berlin, Richard-Wagner-Str 10, D-10585 Berlin. **Laufb:** Sol Dt Op Berlin. (*)

Beller-Carbone, Nicola, Sopran; Via di Fabbrica 9, I-50020 San Casciano in Val di Pesa, T: 05 58 24 43 00, F: 05 58 24 43 00, *nicolabellercarbone@virgilio.it*; c/o Herwald Artists, Str d Roten Kreuzes, D-76228 Karlsruhe, T: (07 21) 9 47 39 39, *info@herwald-artists.com*; *www.bellercarbone.net* [Mannheim]. Oper **Ausb:** Stud Schauspiel Escuela de Arte Dramatico Zaragoza 84–87, Ges Escuela Superior de Canto Madrid 88–91, OpStudio d Bayer Staatsop 91–93, Privatstud Ges (A Varnay) 91–93, (J Loibl) 94–99. **Laufb:** Schauspielerin Film, Th u TV Spanien 88/91, Kurt Weill-Liederabende Spanien, Frankreich, Portugal 88/91, Japan-Tournee m W Sawallisch (Bayer Staatsop) 92, EnsMitgl Gärtnerplatzth München 93/96, Nationalth Mannheim 97–01, Gasteng Städt Bühnen Augsburg, Kölner Philharmonie, SeeFSp Mörbisch, Staatsschausp München 95–01, Staatsth Mainz, Staatsth Würzburg, Aalto-Th Essen 99/00 u 04/05, DOR Düsseldorf 99/02, Semperop Dresden 99/02, Bayer Staatsop 02, Nationalth Mannheim 03, Gärtnerplatzth München SpZ 03/04, Staatsth Braunschweig SpZ 04/05, Staatsth Darmstadt SpZ 04/05. **Pr:** Bertelsmann Wettb 93, Staatl Förderpr f Darst Künstler 96.

Bellheim, Markus, Pianist, Hochschullehrer; Hofstallstr 6–8, D-97070 Würzburg, T: (09 31) 45 18 49 [Hamburg 1973]. **Ausb:** Stud MH Hannover, Frankfurt/Main u Würzburg bis 98, Meisterklassendipl b E Appel 2000, Stud b Y Loriod Paris 98/99. **Laufb:** KonzTätigk b Fstv u KonzReihen im In- u Ausland (ua Schubertiade Feldkirch, Beethovenfest Bonn, Dresdner Tage d zeitgen Musik, Accad Filarmonica Romana, Olivier Messiaen au pays de la Meije, Mozartfest Würzburg, MFSp Bratislava, Nuova Consonanza Roma), Sol m div Orch im gesamten europ Raum ua m d Münchner RF-Orch, d Orch del Teatro di San Carlo/Napoli u d Orch philharmonique de Nice, Konz m Ens Intercontemporain, Ens Itinéraire u Accroche Note, Doz (Kl, Korr) Hermann Zilcher Kons Würzburg bis 01 u H f M Würzburg seit 01. **Pr:** Stip Studienstift d dt Volkes, Stip Cité Int des Arts, Kulturpr d Stadt Würzburg 98, 1. Pr u 2 Sonderpr Int Messiaen-Wettb Paris 2000, Bayer Staatsförderpr 01, Nominierung f Victoire de la Musique Classique MIDEM 02. – **Aufn/RF:** zahlr Aufn f div europ RF- u TV-Anstalten, CD m Werken v Liszt, Debussy, Strawinsky, Messiaen u Benjamin 02. (Red)

Bellini, Gabriele, Dirigent; c/o Stadttheater Gießen, Berliner Pl, D-35390 Gießen, PF 111128, D-35356 Gießen. **Laufb:** GastDgt Stadtth Gießen seit SpZ 03/04. (Red)

Bellmann, Renate *siehe* Stoll-Bellmann, Renate

Bellroth, Uwe, Oboe; c/o Niedersächsisches Staatsorchester, Opernpl 1, D-30159 Hannover. **Laufb:** stv Sol Niedersächs StaatsOrch Hannover. (Red)

Bellugi, Piero, Dirigent; c/o Konzert-Direktion Hans Adler, Auguste-Viktoria-Str 64, D-14199 Berlin, T: (0 30) 8 95 99 20, F: 8 26 35 20, *info@musikadler.de* [Florenz]. **Laufb:** Orch Sinf di Sanremo. (Red)

Belobo, Jacques-Greg, Bassbariton; c/o Esther Schollum Artists' Management, Guntramsdorfer Str 12/2, A-2340 Mödling b Wien, T: (0 22 36) 4 10 04, 06 76–5 45 46 54, F: 41 00 44, *es@art.mgmt.com*; c/o Künstleragentur Tobias Kade, Ammonstr 72, D-01067 Dresden, T: (03 51) 4 90 67 94, 01 72–3 66 29 07, F: 4 90 67 93, *tobias-kade@gmx.de*; *www.art-mgmt.com* [Yaoundé, Kamerun]. **Ausb:** Stud (Ges) Yaoundé/Kamerun, SommerAkad Nizza (M Piquemal), Staatl MH Nizza (R Garnière) seit 97, Cons Nat Sup de M et de Danse Paris (I Guillaud) 98–01. **Laufb:** Mitgl Junges Ens Bayer Staatsop München 02, regelm Gastsol Op Gelsenkirchen, Sol Semperop Dresden 03–05. **Pr:** 1. Pr Nat Wettb f Klass Ges 96, 1. Pr Aguimucla-Wettb 97, 1. Pr Int Wettb Diapason Abidjan/Elfenbeinküste 97, 2. Pr Int GesWettb Genf 2000, 5 Pre Int Belvedere-Wettb Wien 02 ua. (Red)

Belohlavek, Jiri, Dirigent; c/o Artists Management Company, Holbeinstr 31, CH-8008 Zürich, *amc@artistsmanagement.com* [1946]. **Laufb:** Dgt Kom Op Berlin, Philharmonia Prag 94, Dgt RSO Berlin 05. (Red)

Beltrami, Matteo, Dirigent; Staatstheater, Oberer Schloßgarten 6, D-70173 Stuttgart [1975]. **Laufb:** Operndir Staatsth Stuttgart. (Red)

Béltran, Tito, Sänger; c/o Bayerische Staatsoper, Brieffach, D-80075 München. **Laufb:** Sol Bayer Staatsop München, Staatsop Wien. (Red)

Bemmann, Wolfgang, Prof, Hochschullehrer, Oboe; Brunnenstr 9, D-01219 Dresden, T: (03 51) 4 70 67 73. **Laufb:** Mitgl Dresdner Philh, Prof (Ob) H f M Carl Maria v Weber Dresden. **Ens:** Ens 'musica viva'. (Red)

Benary, Peter, Dr phil, Komponist, Musikwissenschaftler; Rigi-Str 30, CH-6006 Luzern, T: 04 14 10 68 49 [Erfurt 17.9.1931]. Musikwiss: 18. Jh, A Bruckner, Analyse **Ausb:** Stud (Komp, Kl, Chorltg) MH Weimar, (MWiss, Neue dt Lit) U Jena. **Laufb:** Doz (MTheorie, MGesch, KamM) Kons Luzern 61–96, GastDoz (Gregorianik ua) Schola Cantorum Basiliensis 61, Doz (MWiss) MH Luzern. **Pr:** Casino Divonne-les-Bains Paris 63, Premio di Città Triest 69, Kulturpr Stadt Luzern 87. – **Komp:** Chor-, Orgel-, Klavier-, OrchWerke, KamM. **AuftrKomp:** 'Der Sieg der Aphrodite' (Ballett), UA Luzern, Stadtth 79; 2.Sinf, UA Luzern, MFestW 73, 4. StrQua, UA Luzern, MFestW, Endillion-Qua 82. **Sonst:** zahlr mwiss Publ, ua 'Die dt KompLehre d 18. Jhs' 61.

Benda, François, Prof, Hochschullehrer, Klarinette; Av Du Grammont 22, CH-1007 Lausanne, T: 06 12 72 98 03, F: 06 12 72 98 03; Univ d Künste, Fak Musik, Inst f künstl Ausbildung / Orchesterinstr u Dirigieren, PF 120544, D-10695 Berlin, T: (0 30) 31 85 25 83. **Laufb:** Prof (Klar) H d Künste Berlin. (Red)

Bender, Philippe, Dirigent; c/o Lübecker Theater GmbH, Beckergrube 16, D-23552 Lübeck. **Laufb:** Gastdgt Lübecker Th. (Red)

Bender, Wolfgang, Violine, Komponist; c/o Simone Heilgendorff, Claudius v Wrochem, Jagowstr 16, D-10555 Berlin, T: (0 30) 6 92 45 88, F: 6 92 45 88, *wb@kairosquartett.de*; *www.kairosquartett.de* [1963]. Neue Musik, Komponist Pop-Musik **Ausb:** Stud V b B Hartog u E Fischer, KamM b Ch Poppen sowie Kl/Impr b W Norris in Berlin u Detmold. **Laufb:** Mitwirkung im Ens Oriol, deWestfäl Kammerphilh u d Dt Kammerak Neuss, teilweise als Stimmführer, ThMusiker an der Schaubühne u Schillerth Berlin, als Komp u Improvisator Partner b Lesungen d Schauspielerin Blanche Kommerell, Mitgl v work in progress Berlin, Mitarbeit b experimentellen Tanz/Musik-Projekten, Komp d M u Mitwirkung b Performances v Maren Strack u Johann Lorbeer. **Ens:** Kairos Qua. – **UA:** m Kairos Qua. **Zug:** s d Kairos Qua gewidmete Werke.

Benedict, Andy *siehe* Pflüger, Andreas

Bengl, Volker, Sänger; Marschallstr 6, D-80802 München, T: (0 89) 33 73 03; c/o Staatstheater am Gärtnerplatz, PF 140569, D-80455 München. **Laufb:** Sol Staatsth am Gärtnerpl München, Sächs Staatsop Dresden (03/04), Gastsol Musikal Komödie Leipzig SpZ 00/01. (Red)

Bengtson-Opitz, Elisabeth, Prof, Professorin für Gesang; Pöseldorfer Weg 3, D-20148 Hamburg, T: (0 40) 2 80 73 77, F: 2 80 73 77, *ebohh@aol.com*; Am Gerhardshain 42, D-24763 Rendsburg, T: (0 43 31) 2 22 65 [Göteborg 18.12.1945]. Lieder in 10 Sprachen aus 1000 Jahren **Ausb:** Stud (Engl, Dt, Span) U Göteborg 65–70, Staatsexamen, Stud Gesang (H Günter) MH Freiburg 70–77, Künstl Dipl u Gesangspäd Dipl. **Laufb:** OpEng Freiburg, Würzburg, Stuttgart, Ulm 77–82, freischaff Sängerin (Optte, Lied) 82–88, Prof (Gesang) H d Künste Berlin 88–94, Prof (Gesang) H f M u Th Hamburg seit 94. **Pr:** schwed MPr Villa San Michele (Capri), DAAD-Stip. **Mitgl:** Team 'Sängersprechstunde' Uni-Klinik Eppendorf, Vorstandsmitgl BDG. – **Komp:** Vertonungen v Gedichten v R Gernhardt. **Aufn/RF:** CD: 'Schöne Töne' (Ged v R Gernhardt) 2000; Skandinav Lit, 80er Jahre (SWF), FS-Sendungen in Schweden u Italien. **UA:** kirchl UA moderner Werke ua v G Witschurke. **Sonst:** Veröffentl: Symbole u Metaphern in Volks- u Kunstlied, BDG-Doku 94, Symbole u Metaphern in Schuberts 'Schöne Müllerin', BDG-Doku 97; Vortr: Symbole u Metaphern in Mahlers 'Des Knaben Wunderhorn', Berlin 98, Symbole u Metaphern in einigen Liedern v J Brahms, Berlin 03; Projekte 02/03: Clara u Robert Schumann, szenisches Konz in ZusArb m den Fachbereichen MWiss u MThRegie H f M u Th Hamburg, Frauenkriminalität im Lied, szenisches Konz in ZusArb m dem Fachbereich Schauspiel H f M u Th.

Bengtsson, Maria Cecilia, Sopran; c/o Opernagentur – Suzana Djordjevic, Maassenstr 14, D-10777 Berlin, T: (0 30) 2 16 82 14, *bueroberlin@opernagentur.com*; c/o Komische Oper Berlin, Behrenstr 55–57, D-10117 Berlin, T: (0 30) 20 26 00, F: 20 26 04 05, *info@komische-oper-berlin.de*. **Ausb:** Stud Ges (B Heuer-Christen) Staatl H f M Freiburg 95–2000. **Laufb:** Gastsol Th Freiburg 99, Sol Volksop Wien 2000–02, Kom Op Berlin seit 02, Klangbogen Fstv Wien 03, Berliner FSp, Lieder- u Orat-Abende in d Schweiz, Dtld, Brasilien u Schweden, Konz ua in Lissabon, Bad Homburg u Wien 05. (Red)

Benker-Steiner, Matthias, Viola; c/o Konzerthaus Berlin, Gendarmenmarkt, Charlottenstr 57, D-10117 Berlin. **Laufb:** stv Sol Berliner SinfOrch. (Red)

Benkert, Claudia, Harfe; Dr.-Külz-Str 32, D-01445 Radebeul, T: (03 51) 8 30 01 78; Landesbühnen Sachsen, Meißner Str 152, D-01445 Radebeul. **Laufb:** Sol LdesBühnen Sachsen. (Red)

Bennett-Gutherz, Verena, Klavier; Grutweg 11, CH-4132 Muttenz, T: 06 14 61 08 95. (Red)

Bennett, Gary, Tenor; c/o Cecilia Music Concept – Franz-Georg Stähling, Brauweilerweg 183, D-50933 Köln, T: (02 21) 8 00 00 70, F: 8 00 00 71, *staehling@cecilia-cmc.de*; c/o Saarländisches Staatstheater, Schillerpl 1, D-66111 Saarbrücken; *www.cecilia-cmc.de*. **Laufb:** Sol Saarländ Staatsth Saarbrücken, Gastsol Lübecker Th SpZ 00/01, Gastsol Th Aachen SpZ 03/04, Th Meiningen 04/05. (Red)

Bennett, Gerald, Klavier; Grutweg 11, CH-4132 Muttenz, T: 06 14 61 08 95. (Red)

Bennett, Marilyn, Sängerin; Am Finkenherd 10, D-58093 Hagen, T: (0 23 31) 2 99 76. **Laufb:** Sol Th Hagen. (Red)

Benninghoff, Ortwin, Prof, Komponist; Timpenstr 19, D-46117 Oberhausen, T: (02 08) 66 10 53 [Oberhausen 1946]. **Ausb:** Stud (Ev KirchenM, Dirig, Ges) a d Robert-Schumann-H Düsseldorf bis 72. **Laufb:** Doz Gerhard-Mercator-Univ Duisburg seit 74, Mitbegr u Lt Ens Neue Musik u Akadem Konz 88, Lt d Lektorats West/Verlag Neue Musik 92–99, Cheflektor d Sternschen Musikverlags seit 99, Musikal Lt Ens un poco. **Pr:** 3. u 1. Pr KompWettb d Ostdeutschen Kulturrats (93, 96), Johann-Wenzel-Stamitz-Sonderpr 98. **Mitgl:** Künstlergilde Esslingen, Vorstandsvors d Interessenverb Demokratischer Komponisten, Jury-Mitgl Wettb 'Jugend musiziert' Nordrhein-Westfalen. – **Aufn/RF:** Es kommt ein Schiff geladen, Acht kl Choralvorspiele f Org, 90; Der Tag bricht an, Fünf Choralvorspiele f Org, 91; Fünf kleine Motetten f vierst gem Chor a cappella, 93/94. (Red)

Beno, Alexander, Violine; c/o Pro Arte Stefan Dörpinghaus, Rosenweg 7, D-42499 Hückeswagen, T: (0 21 92) 8 30 05, 01 77–6 63 40 66, F: 93 18 81, *info@proarte-online.de*; *www.proarte-online.de*. **Ausb:** Stud Teschemburg u Bukarest. **Laufb:** Vorspieler V Niederrhein Sinf Krefeld-Mönchengladbach. **Ens:** Franz-Lehár-Ens. (Red)

Benz, Robert, Prof, Hochschullehrer, Klavier; Friedrich-Ebert-Str 3, D-64625 Bensheim, T: (0 62 51) 7 50 29, F: 6 46 25, *prof.robertbenz@t-online.de*; Hochschule f Musik u Darst Kunst, N 7,18, D-68161 Mannheim [Apatin, Jugoslawien 26.1.1954]. **Ausb:** Stud Kl (N Taneda) MH Karlsruhe, außerdem Dir u Komp, Stud (R Lhevinne, M Canin) Juilliard School New York. **Laufb:** Prof (Kl) Staatl H f M u Darst Kunst Mannheim 90. **Pr:** 1. Preis Busoni-Wettb Bozen, 1. Pr Int Liszt-Bartók-Klavierwettb Budapest. (Red)

Berau, Thomas, Sänger; Trollblumenweg 17a, D-68259 Mannheim, T: (06 21) 82 27 98, 0 17 96 92 10 73, F: (06 21) 82 27 98, *mail@thomasberau.de*; c/o Nationaltheater Mannheim, PF 102362, D-68023 Mannheim; *www.thomasberau.de* [Ingolstadt 1965]. Oper, Oratorium, Lied, zeitgen Musik **Ausb:** Stud Gesang (Ch Lehmann) MH Würzburg 87–96; Stud Liedklasse (I Gage) MH Zürich 93–95. **Laufb:** Sol Nationalth. Mannheim 03/04, Gastsol Th Nürnberg SpZ 00/01, Debüt Bayer Staatsop 01, Debüt Staatsop Stuttgart 01, Interpret d Schubertschen Winterreise m Ballett Nürnberg (Prinzregententh München), Ludwigsburger FSp, Bayer Theaterpr 2000. **Pr:** Mozartfestwettb Würzburg, Int Wiener Musikwettb, Int Wettb 'F Schubert u d Musik d 20. Jh'. – **UA:** Lieder ua v Eggert, Lege, Kampe, van Ejiden, Perrenoud. **Zug:** 'Krausseriana' Liederzyklus f Bar u Klavier v M Eggert nach Texten v H Krausser.

Berchtold, Bernhard, Tenor; c/o Badisches Staatstheater Karlsruhe, D-76125 Karlsruhe, T: +43 6 769 35 95 03; Merianstr 38, A-5020 Salzburg, T: (06 62) 87 16 74, F: 87 16 74 [Innsbruck 25.11.1967]. **Ausb:** Gesang (V Prestel) Kons Innsbruck, (H Banisteanu) Mozarteum Salzburg, Lied (H Höll). **Laufb:** Ens-Mitgl Badisches Staatsth Karlsruhe seit 03/04, Teatro Comunale di Bologna, Staatsop Hannover, Landesth Salzburg und am Staatsth Wiesbaden, Styriarte-Fstv Graz 05, Salzburger FSp 06. **Pr:** 3. Pr 4. Int Wettb 'Franz Schubert u d M d Moderne' Graz 2000. (Red)

Beretta, Mario, Komponist, Dirigent; Predigerpl 2, CH-8001 Zürich, T: 0 12 61 26 18. (Red)

Bereznai, Zsuzsa, Dipl MLehrerin Ges, Sängerin; Hüxstr 75, D-23552 Lübeck, T: (04 51) 3 97 34 59, F: 3 97 34 58 [Budapest]. Konzert, Oper, Operette **Ausb:** Stud (Ges) H f M Freiburg b I Most 96, T Sato-Schöllhorn 98, B Göpfert 02. **Laufb:** Sol Lübecker Sommeroptte SpZ 03/04.

Berg, Anette, Intendantin; c/o Bühnen der Landeshauptstadt Kiel – Opernhaus am Kleinen Kiel, PF 1660, D-24015 Kiel, T: (02 21) 22 12 83 00, F: 22 12 82 19. **Laufb:** Operndir Bühnen d Stadt Köln. (Red)

Berg, Golo, Dirigent, Generalmusikdirektor; c/o Anhaltisches Theater, Friedenspl 1 a, D-06844 Dessau; c/o Oper Leipzig, Augustuspl 12, D-04109 Leipzig [Weimar 1968]. **Ausb:** Stud Dirig, Kl, Ges, Komp, Va H f M 'Franz Liszt' Weimar 85–91. **Laufb:** GMD Th Hof u Chefdgt Hofer Symphoniker, Gastdgt Anhalt Th Dessau SpZ 00/01, GMD Anhalt Th Dessau SpZ 03/05, Dgt Leipzig. (Red)

Berg, Matthias, Horn; Hohenackerstr 30, D-73733 Esslingen, T: (07 11) 3 00 55 07. Solo-Konzerte, Klassik u Romantik **Ausb:** Unterr Horn (J Kotulan) MH Freiburg, Stud Horn (I James) ebd 81–87, Stud jur Univ Freiburg 81–88, int Mstrks, PrivUnterr (H Baumann, M Hölzel, P Damm). **Laufb:** Sol Marl (R Strauss: 1. Hornkonz) Philharmia Hungarica 81, Sol Junges Philharm Orch Stuttgart Dgt: M Schreier 84–89, Tourneen USA, Japan, England, Frankreich, Spanien, Dtschld, Polen, Schweiz, Doz Mstrks (Horn) im In- u Ausland. **Pr:** 1. Pr Jugend musiziert 81, Prix spéc de classic Int Hornwettb Toulon 86, Förderpr d Wirtschaft am Oberrhein 91. **Ens:** Duo M Berg u M Decker (Hn, Kl), 'Reinecke-Trio' (Ob T Hashimoto, Kl M Decker, Hn M B), 'Berg Trio' (Mezzospr J Berg, Kl A Kortel, Hn M B)Quartett 'Classic Horns', Blechblquint 'Penta-Brass'. – **Aufn/RF:** zahlr RF-, TV-, LP- u CD-Prod; versch Solo-CDs (Hn u Kl, Hn u Org); Beethoven, Strauss, Cherubini ua HnKonz 91 u 01 (CDs). **Sonst:** Mitbegr mehrerer Ensembles.

Berg, Michael, Dr, Prof, Hochschullehrer, Musikwissenschaftler; Thomas-Müntzer-Str 31, D-99423 Weimar, T: (0 36 43) 90 34 18; H für Musik 'Franz Liszt', Inst f Musikwiss Weimar/Jena, PF 2552, D-99406 Weimar, *michael.berg@hfm-weimar.de* [Leipzig 1938]. **Ausb:** Stud H f Musik 'Franz Liszt' Weimar, Diss phil 84, Habil U Rostock 94. **Laufb:** Prof (MWiss) H f Musik 'Franz Liszt' Weimar 98. (Red)

Berg, Stephen A, Komponist; Am Gutshof 1, D-36093 Künzell-Keulos, T: (06 61) 3 52 62, F: 7 14 81 [Bremerton, WA, USA 29.4.1945]. **Ausb:** Stud Bachelor of Music Education U Michigan 63–67, (Horn, Komp) MH Köln 70–73, (Schulmusik) MH Frankfurt 76–78. **Laufb:** Orchesterhornist, Free Jazz Hornist, Hornist Ensemble Musica Negativa 66–81, Lehrer MH Fulda seit 76. – **Komp:** Eric's Analysis – Ground Bass (KamM) 88, UA Fulda 90; Warum hören wir nicht auf Kassandra? (Madrigal) 89, UA Fulda 94; Drei Stücke f Fl, V u Vcl 87/91, UA Tann 93; John left his Garage (Performance) 92, UA Fulda 92; Drei Stücke f Kl 92, UA Fulda 93; Two Short Stories (Blechbläser-Qua), UA Fulda 98; The Stubborn Blues (Trio), UA Fulda 99. (*)

Berg, Terence Vanden, Sänger (Tenor); Ursulinenstr 63, D-66111 Saarbrücken, T: (06 81) 9 38 96 46. **Laufb:** Sol Th im Viertel Saarbrücken, Chor Saarländ Staatsth Saarbrücken. (*)

Berg, Thomas, Prof, Hochschullehrer, Violine; Univ d Künste, Fak Musik, PF 120544, D-10595 Berlin, *thosube@t-online.de*; Univ f Künste, Fak Musik, PF 120544, D-10595 Berlin [1953]. **Ausb:** Stud (V) H f Musik Würzburg (I Petrosjan), H f Musik Köln (G Kehr), Folkwang-Hn Essen (S Gawriloff). **Laufb:** Philh Orch Dortmund 78–79, Orch d Dt Op Berlin seit 79, Mitwirk Bayreuther FSp 80–01, GastProf (V) U d Künste Berlin seit 2000. **Ens:** Götz-Quat, Charlottenburger Streichquar, Ens Camerata Instrumentale d Deutschen Op Berlin. (Red)

Berg, Ursula Maria, Violine; Koppensteinstr 1, D-50935 Köln [München 15.8.1972]. klass Violinliteratur, Kammermusik: Duo Violine-Klavier **Ausb:** Dipl-Musikerin, staatl geprüfte ML, Mstrkl-Dipl MH München, Artist Dipl Indiana Uni of Bloomington/USA; Stud V (E Sebestyèn) MH München 90–96, parallel Stud KamM (E Besch); (Mstrkl V b F Gulli) Indiana Uni of Bloomington 96/97; (Mstrkl V b G Pichler) MH Wien 97/98. **Laufb:** 1. Konzm Gürzenich-Orch Kölner Philharmoniker, Solo- u KamKonz In- u Ausland. **Pr:** Bundespr 'Jugend musiziert' 90, Kunstförderpr Stadt Augsburg 95, Felix-Mottl-Gedächtnispr 96, Gewinnerin Int Brahms-Concerto Comp of the Indiana Uni Bloomington 97, 1. Pr (Premio Trio di Trieste) Int KamMWettb Triest, 1. Mozartpr 98. **Ens:** Duo Berg-Triendl. – **Aufn/RF:** 1. CD: Werke f V u Kl v Strauss: Son Es-Dur; J Sulz: 4 Stücke op 17; K Szymanowsky: Notturno e Tarantella op 28; 2. CD: Son f V u Kl v R Fuchs (1–3), vol 1 op 20, 77, 95 u vol 2 (in Vorbereitung).

Bergauer, Karl, Komponist; Hauptstr 125, A-2124 Kreuzstetten, T: (0 22 63) 3 89 94, F: 3 89 94, *noten@bergauer.at*; *www.bergauer.at* [Kreuzstetten 22.2.1960]. Bläsermusik **Ausb:** Stud (Trp, Päd) MH Wien, Stud (Jazz, Komp) Kons Wien. **Ens:** Saitenwind.

Bergemann, Donatus, KM, Kontrabass; c/o Dresdner Philharmonie, PF 120424, D-01005 Dresden. (Red)

Berger-Tuna, Helmut, Bass; Ulmenweg 1, D-70771 Leinfelden-Echterdingen, T: (07 11) 94 96 97; Württembergisches Staatstheater, Oberer Schlossgarten 6, D-70173 Stuttgart. **Ausb:** Stud (Ges, OpDarst) H f M u Darst Kunst Wien. **Laufb:** KamOp Wien, Landesth Linz 69–72, Op Graz 72–77, Württemberg Staatsop Stuttgart seit 77, Gastsp ua Dt Op Berlin, Bayer Staatsop München, Dt Staatsop Berlin, Staatsop Hamburg, Staatsop Wien, Mailänder Scala, Op Zürich, Grand Opéra Paris, Covent Garden London, Salzburger FSp, Bregenzer FSp, Op Düsseldorf, Frankfurt, Dresden, Kom Op Berlin, Lissabon, Barcelona, Madrid, Amsterdam, Bordeaux, Nancy, Oslo, OpFSp Bergen, Königl Op Kopenhagen, Santa Cecilia Rom, Teatro la Fenice Venedig, SeeFSp Mörbisch, Op Teheran, Music Center Los Angeles, Seattle Op. **Pr:** Kammersänger 85. (Red)

Berger, Cornelia, Sängerin; Eschbachstr 50, D-42659 Solingen, T: (02 12) 4 79 31, (01 73) 6 46 62 38. Oper, Konzert **Ausb:** Stud Ges (D Jacob) MH Köln. **Laufb:** Salzburger FSp 86, Mailänder Scala 86, Staatsop München 2000/01, Sol Dt Op am Rhein Düsseldorf-Duisburg SpZ 01/05.

Berger, Friedemann, HonProf, Hochschullehrer, Klavier; Finsterwalderstr 43, D-80997 München, T: (0 89) 8 11 58 27, F: 8 11 58 27; H f Musik u Theater, Arcisstr 12, D-80333 München. **Laufb:** Doz (Kl, Kl-KamM) H f M u Th München. (Red)

Berger, Gary, Komponist; Elisabethenstr 3, CH-8004 Zürich, T: 0 12 41 01 89, *garyberger@neuemusik.ch*; *www.neuemusik.ch/garyberger* [Baden 11.2.1967]. Komp f Ens u Solo-Instr m u ohne Elektr, TB-Werke, auch Interpret Live-Elektr **Ausb:** Stud (Schlgz) MH Zürich, Komp (J Estrata) Unité Polyagogique Informatique du CEMAMU Paris 94–95, (G Bennett) MH Zürich 96–99, KompSem (K Huber, L Francesconi, C Barlow, C Czernowin), KompDipl b D Claus 99–02, Ausb (Elektroakust M) Schweizer Zentr f ComputerM. **Laufb:** Konz u Auff in d Schweiz, Dtschld, Frankreich, Österreich, Italien, Schweden, Belgien, Argentinien, Brasilien, USA, künstl Lt KonzR m moderna Wädenswil, Doz (Live-Elektr) H f M Winterthur-Zürich, Mitbegrd Ens NOTSTROM Zürich. **Pr:** Prtr Concurso Int de M Eletroacústica de São Paulo 99 u 01. **Ens:** Ens Strom, Ens NOTSTROM Zürich. – **Komp:** im selben raum (f TB) 97, UA Zürich, Schweizer Zentr f CompM 97; Zeitrisse (f TB) 98, UA Basel, MAkad 98; Link (Alt-Sax u Life-Elektr) 98, UA Wädenswil, m moderna, m R Gubler 98. **AuftrKomp:** unknüpfbar zerrissen (f TB) 99, UA Zürich, Tage f Neue M 99 (Auftr: Tage f Neue M Zürich); Furchen (f TenBasspos u Schlgz) 99, UA Göteborg 99 (Auftr: KammarensN Stockholm); Langsam (f Schlgz u Live-Elektr) 99, UA Basel (Auftr: MKreditkomm Basel); Zellen (f Ens) 99, UA Wädenswil, m moderna, Ens STROM (Auftr: Präsidialdep d Stadt Zürich); Kryptogramm (f Bass/Sopransax u Live-Elektr) 99, UA Zürich (Auftr: Landeskirche d Kantons Zürich); strung (TB) 2000, UA Schaffhausen (Auftr: Neue Klänge Schaffhausen); lichtempfindl Erinnerungen (f Bassfl, Alt-Sax, Va, Git, Schlgz u Live-Elektr) 2000, UA St Moritz, 2. Fest d Künste, m Ens CATTRALL, Dgt: M Kissoczy (Auftr: Ens CATTRALL Zürich); doppelte Wendung (f St, Schlgz, Live-Elektr) 2000, UA München, M zwischen d Stühlen (Auftr: Duo Canto Battuto, GNOM Baden); X-ation (f Ob u Live-Elektr) 2000, UA Zürich, Helferei Grossmünster (Auftr: Präsidialdep d Stadt Zürich); mâts (f BarSax u Live-Elektr) 01, UA Basel, Europ Musikmonat 01 (Auftr: Europ Musikmonat 01); bitmap (f SaxQua u Live-Elektr) 01, UA Palazzo Liestal, ARTE Qua 01 (Auftr: ARTE Qua); zah (f Vcl, BarSax u Elektr) 02, UA MPodium d Stadt Zürich, m I Frank (Vcl) u R Gubler (BarSax) 02 (Auftr: KonzReihe m moderna); scri (f St, BarSax, Schlgz u Live-Elektr) 02, UA Fstv Neue M Rümlingen, B.E.A.M. – the basel electric art messengers 02 (Auftr: Pro Helvetia – schweizer Kulturstift); spins (f Schlgz u Live-Elektr) 03, UA MPodium d Stadt Zürich, m G Frisch (Schlgz) 03 (Auftr: G Frisch). **Sonst:** Mitbegrdg Ens Strom. **Lit:** Composer of the Week 28: G B: 'Eine digitale Synthese v Raum, Optik u Klang' Europ Musikmonat 01 Basel; Positionen, in: Beiträge z Neuen Musik 48/01; Herausfinden, welches meines ist ...; Zur Verfügung u Geschichtlichkeit d Materials, div Artikel in Schweizer Tagezeitungen.

Berger, Günter, Prof, Komponist; Am Poggenpohl 2–4, D-27801 Dötlingen, T: (0 44 33) 5 37. (Red)

Berger, Julius, Prof, Hochschullehrer, Violoncello; Hochschule f Musik, Maximilianstr 59, D-86150 Augsburg, T: (08 21) 45 04 16 10; *www.juliusberger.de* [Augsburg 20.10.1954]. **Laufb:** Prof (KamM, Vcl) H f M Nürnberg-Augsburg, Abt Augsburg.

Berger, Rudolf, künstlerischer Leiter; c/o Volksoper Wien, Währingerstr 78, A-1090 Wien, T: (01) 5 14 44 30, F: 5 14 44 32 15, *office@volksoper.at*; *www.volksoper.at*. **Laufb:** Dir u künstl Lt Volksop Wien 03–07.

Berggold, Ulrich, KM, KV, Kontrabass; c/o Deutsche Oper Berlin, Richard-Wagner-Str 10, D-10585 Berlin. **Laufb:** 1. Sol Orch d Dt Op Berlin. (Red)

Bergh, Ilja, Komponist; Anton-Pichler-Str 1, D-81241 München, T: (0 89) 8 20 16 67 [Berlin 22.1.1927]. **Ausb:** Königl Dän Kons 57, Stud (B Hungerford, R Schmid) München 60–64. **Laufb:** Konz, ThM. – **Komp:** Firenze (Kl-Solo), UA Flensburg 73; Aegina (Doppel-Duo), UA Kopenhagen 78; Sound/Colour/ Injections (Kl), UA Kopenhagen 89; Before Sunrise (Symphon Poem), UA 84; Before Sunrise (Kl-Trio), UA München 99; Der Mann, der nicht totgesprochen sein möchte (KamOp); 1733 Noten – fast zu kurz, UA 99. (Red)

Bergius, Allan, Kapellmeister; Bäumchesweg 55, D-41239 Mönchengladbach, T: (0 21 66) 62 13 33, (01 73) 9 57 18 85; c/o Vereinigte Städtische Bühnen, Odenkirchener Str 78, D-41236 Mönchengladbach. **Laufb:** 2. Kapm m Dgt-Verpfl Städt Bühnen Krefeld/Mönchengladbach SpZ 03/04. (Red)

Bergland, Schönfried *siehe* Keller, Niklaus A

Bergmann, Rupert, Bassbariton; c/o Wiener Kammeroper, Fleischmarkt 24, A-1010 Wien. **Laufb:** Sol Neue Op Wien, Pocket Opera Company Nuernberg, Wiener Kammerop SpZ 04/05. (Red)

Bergmann, Tanja, Sängerin; c/o Junge Kammeroper Köln, Florastr 93, D-50733 Köln. (Red)

Beringer, Ekkehard, Kontrabass; c/o NDR Sinfonieorchester, Rothenbaumchaussee 132–134, D-20149 Hamburg. **Laufb:** Stimmführer NDR SinfOrch Hamburg. (Red)

Beringer, Karl-Friedrich, Dirigent, Chorleiter; Raiffeisenstr 19, D-91575 Windsbach, T: (0 98 71) 6 17 34; c/o Windsbacher Knabenchor, Heinrich-Brandt-Str 18, D-91575 Windsbach. **Laufb:** Künstl Lt Windsbacher Knabenchor seit 78. (Red)

Berka-Schmid, Gertraud, Dr med, Prof, Hochschullehrerin; Univ f Musik u Darst Kunst, Inst f Musik- u Bewegungserziehung s Musiktherapie, Rennweg 8, A-1030 Wien, T: (01) 7 11 55 25 83, *berka-schmid@mdw.ac.at*; *www.mdw.ac.at/I113/a3/Lehrende/berka_schmid.html*. **Laufb:** o UProf U f Musik u Darst Kunst Wien. (Red)

Berkovitz, Françoise, Klavier, Hochschullehrerin; av Florimont 6, CH-1006 Lausanne; Conservatoire de Lausanne, Rue de la Grotte 2, CH-1002 Lausanne. (Red)

Bermudez, Gabriel, Sänger; c/o Opernhaus Zürich, Falkenstr 1, CH-8008 Zürich. (Red)

Bernard, Frank, Dirigent, Solorepetitor; Karl-Liebknecht-Str 125, D-03046 Cottbus, T: (03 55) 3 81 98 07. **Laufb:** Solorep m Dgt-Verpfl Staatsth Cottbus (01/05). (Red)

Bernardini, Alfredo, Oboe; Toussaintstraat 40/HS, Niederlande-1054 AT Amsterdam, T: (0 20) 6 18 86 87 [Rom 1961]. **Laufb:** intensive ZusArb m Barockens wie Hesperion XX, Le Concert des Nations, La Petite Bande, La Stravaganza Köln, Freiburger Barockorch, The English Concert, Bach Collegium Japan, Prof (Barockob) Sweelinck-Kons Amsterdam seit 92. **Pr:** Solistendipl Kgl Kons Den Haag 87, Klassik-Pr Cannes 95. **Ens:** Zefiro. – **Aufn/RF:** A Vivaldi, Oboen-Konz. (Red)

Bernardy, Hélène, Sängerin; c/o Dietrich Eberhard Gross Künstleragentur, Eschenweg 19, D-61440 Oberursel, T: (0 61 72) 93 41 44, F: 93 41 45, *d.e.gross @grossagentur.de*; c/o Opernhaus Chemnitz, Käthe-Kollwitz-Str 7, D-09111 Chemnitz, T: (07 21) 3 50 57 92, F: 3 50 58 43 [Messancy, Belgien 30.7.1968]. **Ausb:** Stud Cons Royal de Liège 88–92, Stud (MWiss) U Brüssel 86–88. **Laufb:** Sol Stadtth Chemnitz 97–2000, Sol Bad Staatsth Karlsruhe seit SpZ 2000/01, Gastsol Marseille (Parsifal, Walküre, Prinz Igor) 96/97 u 97/98, Antibes (Don Giovanni, Donna Anne) 2000, Dublin (Walküre, Sieglinde) 2000, Liège (Holländer, Senka) 2001, Göteborg (Aida) 2001, Gastsol Städt Th Chemnitz SpZ 03/04. **Pr:** 1. Pr Konz-Gesang 91, 1. Pr Op 92, 1. Pr KamM 92. – **Aufn/RF:** Mahler: Symph Nr 2 'Resurrection', R-Schumann-Philh, Dgt: O Coetoni.

Bernasconi, Silvano, Komponist; Casa Am Bach, CH-6803 Camignolo. (*)

Bernau, Götz, Violine, Konzertmeister; Torfstr 28, D-13353 Berlin, T: (0 30) 4 54 48 65, F: 45 48 28 00, *Concerto.Berlin.L.Bernau@t-online.de*; c/o Berliner Symphoniker, Christstr 30, D-14059 Berlin; *www.concertoberlin.de* [Braunschweig]. **Ausb:** Stud V (v Stumpff) H f M Hannover u (M Strub) Detmold. **Laufb:** 1. Konzm Berliner Symphoniker seit 69, künstl Ltg Pihtipudas Kulttuuripäivät Finland 85–2000; freischaff tätig. **Pr:** BVK f seine musikpäd Arbeit. – **Aufn/RF:** CD 'Fruits des Operas', OpMelodien in Komp f V u Kl (m E Scholl, Kl). **Sonst:** Gdg KlQui 'Pihtipudas Kvintetti' 88. (Red)

Berndt, Anke, Sängerin; Rathenaupl 19, D-06114 Halle (Saale), T: (03 45) 5 17 10 68; c/o Theater Altenburg-Gera, Küchengartenallee 2, D-07548 Gera [Oschersleben]. **Ausb:** MSch Oschersleben, Stud Gesang (G Schriever) MH Leipzig 84–90, Gesang (V Hruba-Freiberger) 92. **Laufb:** Sol Op Halle seit 90 (ua Figaros Hochzeit, Susanna; Die lustige Witwe, Hanna Glawari; Der Vogelhändler, Kurfürstin), Gastsol Op Kiel, Th Altenburg-Gera SpZ 04/05. **Pr:** Förderpr 'Freunde d Op Halle' 98. (Red)

Bernecker, Michael, Hochschullehrer, Orgel; Lüdinghauser Weg 22, D-13583 Berlin. **Laufb:** Doz (Kl, künstl Orgelsp, lit Orgelsp, Imp) Erzbischöfl KiMSchule Berlin bis 02. (*)

Berner, Christoph, Klavier; Schlagergasse 7/5, A-1090 Wien, T: (01) 4 03 49 42; c/o Esther Schollum Artists' Management, Guntramsdorfer Str 12/2, A-2340 Mödling b Wien, T: (0 22 36) 4 10 04, F: 41 00 44, *es@art.mgmt.com* [Wien 1971]. **Ausb:** Stud U f M u Darst Kunst Wien (I Joo, H Graf, H Petermandl), MstrSch v M Tipo Fiesole/Italien 93–95. **Pr:** 1. Pr 'Bösendorfer-Wettb' 95, 2. Pr 10. Int Piano Wettb 'L v Beethoven' Wien 97. (Red)

Berner, Cordula, Sängerin; Kollenrodtstr 69, D-30161 Hannover, T: (05 11) 3 90 61 71, (01 79) 4 95 17 77. **Laufb:** Sol Niedersächs Staatsth Hannover SpZ 03/04. (Red)

Berner, Florian, Cello; 7 Sigmundsgasse 3, A-1070 Wien, T: (06 99) 17 24 93 04, (06 99) 19 67 13 32, *florian.berner@onemail.at*; *www.hugowolfquartett.com* [Wien 28.9.1973]. **Ausb:** Univ f M Wien 91–99, Stud u Mstrkse mit Alban Berg Qua, Amadeus Qua. **Laufb:** Musikverein, Konzerthaus Wien, Wigmore Hall, Carnegie Hall, Philh Berlin u Köln, Japan, Nord- u Südamerika; Edinburgh Fstv, Schubertiade Schwarzenberg. **Pr:** Sonderpr d Wiener Philh; Pr d Stadt Salzburg; 1. Pr StreichquaWettb Cremona 95; Europ KamMpr. **Ens:** Hugo Wolf Quartett. – **Aufn/RF:** ORF, DLR Berlin, TV Tokio (Beethoven Cellosonaten), Unitel (Schubert Rosamunde u Bach solo), KBS, NHK, BBC3. **UA:** Cerha: Streichquartett No. 4; Johannes Maria Staud: Dichotomie, Dirk D'Ase: Die Leidenschaften des Don Juan ua.

Bernet, Dietfried, Dirigent; c/o Bregenzer Festspiele, Platz der Wiener Symphoniker 1, A-6900 Bregenz, PF 311, A-6900 Bregenz, T: (0 55 74) 40 70, F: 40 74 00; c/o Tiroler Landestheater, Rennweg 2, A-6020 Innsbruck, T: (05 12) 5 20 74, F: 52 07 43 33. **Laufb:** Dir Dt Staatsoper Berlin, Dgt Staatsop u Volksop Wien, Gastdgt Tiroler Landesth SpZ 04/05, Bregenzer FSp 05. (*)

Bernhard, Manni *siehe* Große-Schware, Hermann

Bernhard, Peter, Sänger, jugendlich dramatischer Tenor; Zugspitzstr 49, D-86163 Augsburg, T: 0 17 76 87 49 84 [Brugg, Schweiz 2.5.1963]. dt u frz Oper **Ausb:** Schauspieldipl Kons f M u Th 86–90, Betreuung durch B Martig (Sop) 95–03, durch KS N Gedda 99–03. **Laufb:** Landesbühnen Sachsen Dresden 91–95, Stadtth St Gallen 95–98, freischaff (Spartenwechsel: Debüt Opernsänger Stadtth Luzern 99) Stadtth Luzern, Op Köln, Classic Open Air Solothurn 98–03; Th Augsburg 03–05. **Pr:** Kulturförderungspr d Kurat 01. – **Aufn/RF:** Auber: Fra Diavolo (Titelpartie), Stadtth Biel-Solothurn, Dgt: A Joho 2000; Offenbach: Hoffmanns Erzählungen (Titelpartie), ebd, Dgt: K Kopecky 02; Verdi: Rigoletto (Duca), Th Augsburg, Dgt: R Piehlmayer 03. **Sonst:** Grd Badener MFestW 2000.

Bernhard, Susanne, lyrischer Koloratursopran; Düsternbrooker Weg 35 a, D-24105 Kiel, T: (04 31) 8 88 88 90 [München 17.1.1976]. **Ausb:** H f M München 95–2000, HauptfachL (extern): D Schneider. **Laufb:** Silvestergala Prinzregententh München 97 (Eng durch A Everding), Wendy in UA v 'Peter Pan' (W Hiller); Sol Bühnen d Landeshauptstadt Kiel, Fstv 'L'Été musical dans la vallée du Lot' 2000, Soloabend m Savannah Symph Orch, Georgia (USA) 2001, Sol Bühnen d Landeshauptstadt Kiel SpZ 03/04. – **Aufn/RF:** Silvestergala 97 (RF-Mitschn); Festkonzert 90. Geb H Genzmer (RF-Mitschn); W Hiller: 'Eduard auf dem Seil' (Op), konzert UA, Münchner RF-Orch (Live-Mitschn); CDs: W Hiller: 'Peter Pan' 98; 'Steingartenstille'; Liederabend m Werken v Schumann, Brahms, Fauré, Strauss, Debussy, H Schuch (Kl) 01; J S Bach: Hochzeitskantate BWV 202, Bay KamPhilh, Dgt: M Helmrath. **UA:** W Hiller: 'Peter Pan' (Op, Wendy), Prinzregententh München 98; W Hiller: 'Eduard auf dem Seil' (Op), Herkulessaal Münchner Residenz 99.

Bernhöft, Takashi, Violine; c/o Theater Aachen, Hubertusstr 2–8, D-52064 Aachen. **Laufb:** stellv Konzm Th Aachen. (Red)

Berning, Judith, Sängerin; Von-Coels-Str 193, D-52080 Aachen, T: (02 41) 1 80 52 15; c/o Theater Aachen, Hubertusstr 2–8, D-52064 Aachen. **Laufb:** Sol Th Aachen SpZ 03/05. (Red)

Bernius, Frieder, Prof, Dirigent; c/o Musik Podium Stuttgart, Christophstr 5, D-70178 Stuttgart, PF 102630, D-70022 Stuttgart, T: (07 11) 2 39 13 90, F: 2 39 13 99, *info@musikpodium.com*; *www.MusikPodium.com*. Konzert, Oper **Ausb:** Stud (M, MWiss) Tübingen, Stuttgart 67–74, Mstkl S Celibidache, W Rowicki u O Suitner. **Laufb:** Konz in Kanada, USA, Israel, Wien, Sydney, Gastdgt London Philh Orch, RIAS Kammerchor, Choeur et Orch de la Suisse Romande, Semperop dresden, Sinf Varsovia, Festivals ua Bruckner-Fest Linz, Salzburger Mozartwoche, Ruhrfestsp Recklinghausen, Schwetzinger FSp, Dresdner MFSp, Tourneen m Weltjugendchor d Jeunesses musicales. **Pr:** BVK am Bde 93, 10 Pr d Dt Schallplattenkritik 86–01, Verdienstmed d Ldes Baden-Württemberg 02. **Ens:** Grd u Lt Kammerchor Stuttgart, Barockorchester Stuttgart, Klass Philh Stuttgart. – **Aufn/RF:** mehr als 70 Einsp v Op, Oratorien, Chor- u OrchWerken, ua J D Zelenka, 'Missa Omnium sanctorum' u 'Missa Dei Patris', W A Mozart, Requiem, F Mendelssohn-Bartholdy, M zu Shakespeares 'Sommernachtstraum', G Ligeti, 'Lux aterna', J G Namann: 'Aci'; 'Leonora'. **Sonst:** Grd Stuttgarter Kammerchor 68, Grd Int Festtage Alter Musik 87, Grd Barockorch u Klass Philh Stuttgart 91, Mirbegr ChorWerk Ruhr 99.

Bernreuther, Martin, Orgel, Cembalo; c/o Diözese Eichstätt, Leonrodplatz 4, D-85072 Eichstätt, T: (0 84 21) 5 09 31, F: 5 02 59, *kirchenmusik@bistum-eichstaett.de*; c/o CCM Classic Concerts Management, Mühlenstr 22, D-86842 Türkheim, T: (0 82 45) 96 09 60, F: 96 09 80, *info@ccm-international.de* [Waldsassen 1969]. **Ausb:** HfM München 89–95. **Laufb:** Domorganisten Eichstätt 02. **Ens:** Duo m Gábor Boldoczki (Trp). – **Aufn/RF:** Mozart: Messe c-Moll. (Red)

Bernsdorf, Gabriele, Sängerin; Bergstr 6, D-06108 Halle, T: (03 45) 2 08 37 22 [Mühlhausen/Thüringen]. **Ausb:** Stud Gesang (Ch Schroedter) MH Weimar. **Laufb:** Debüt m Natschinsky: Mein Freund Bunbury, Cecily; Festeng Th d Altmark Stendal, Halle (Irma La Douce, Titelheldin; Sweet Charity; Hallo, Dolly!; My Fair Lady, Eliza; Cabaret, Sally Bowles; Kiss me Kate, Kate; West Side Story, Anita; My Fair Lady, Mrs Pierce; Der Mann v La Mancha, Aldonza) ab 80, Gastsol Leipzig, Senftenberg, Tournee- u Fernsehprod, Moderation OpHaus-Prod Let's do it, Chansonette bzw Diseuse, Sol Op Halle SpZ 04/05. (Red)

Bernstein, Richard, Bassbariton; c/o Künstleragentur Dr Raab & Dr Böhm, Plankengasse 7, A-1010 Wien, T: (01) 5 12 05 01, F: 5 12 77 43, *office@rbartists.at, rb@richardbernstein.com*; c/o Columbia Artists Management GmbH, Till Janczukowicz, Albrechtstr 18, D-10117 Berlin, T: (0 30) 20 64 80 78, F: 20 45 34 80, *info@cami.com*; *www.rbartists.at, www.richardbernstein.com*. **Laufb:** Met Op, Central City Op, Auftritte m Houston Symphony Orch, Gast Grant Park M Fstv Chicago, Teatro Comunale di Firenze, Op Company of Philadelphia, Th du Capitole Toulouse, San Diego Op, Japan-Tour (Saito Kinen Fstv, Lt S Ozawa), China-Tour, Sol Bayer Staatsop München 06. (Red)

Berry, Anita, Sängerin; c/o Bayerische Staatsoper, Brieffach, D-80075 München. (Red)

Berry, Judy, Sängerin; c/o Oper im Schlosspark, Schloss Eutin, D-23701 Eutin, T: (02 02) 73 84 87. **Laufb:** Sol Schillerth NRW Wuppertal-Gelsenkirchen, Op im Schloßgarten Eutin SpZ 03/05, Gast-Sol Bremer Th SpZ 00/01. (Red)

Berten, Nina, Sopran; Landestheater, Schwarzstr 22, A-5020 Salzburg. **Laufb:** Sol Landesth Salzburg. (Red)

Berthold, Beatrice, Prof, Hochschullehrerin, Klavier; Hochschule f Musik u Theater, Emmichpl 1, D-30175 Hannover. Russ Virtuosenlit, Interpr span u südamerikan Werke **Ausb:** Stud MH Wien, Köln, Freiburg, Solkl (R Kretschmar-Fischer) MH Detmold, Konzex. **Laufb:** Prof (Kl) H f M u Th Hannover seit 99. **Pr:** Prtr Wettb GEDOK, Int Young Concert Artists Competition of Tunbridge Wells, Pr d dt Schallplattenkritik. – **Aufn/RF:** zahlr Fernsehproduktionen, ua: C. Rachmaninoff – Das unbekannte Klavierwerk (ARD) 89; Junge Talente aus Op u Konz, Portrait B Berthold (ZDF) 90; Clara Schumann – Die Frau auf d Geldschein (ARD) 96; zahlr RF-Aufn f dt u ausländ Sender. (Red)

Bertók, Liana, Konzertpianistin, Komponistin; Alois-Andritzki-Str 61, D-02625 Bautzen, T: 0 17 36 96 52 23, F: (0 35 91) 60 22 18, *Liana-Bertok@web.de*; *www.lianabertok.de* [Ocna Mures, Rumänien 23.9.1959]. Konzert **Ausb:** Höhere Schule f Kunst Iasi (Rumänien). **Laufb:** Tourneen durch Schweiz, Österreich, Liechtenstein, Polen. **Mitgl:** Einzelmitgl Sächs Musikrat. – **Komp:** Rondo capriccioso (f Streichqua), UA 2000; 'Bilder aus d Klever Gärten' (f Kl u Orch) UA 01; D gestohlene Krone (Musical), UA Bautzen 03; 'In Memoriam Karl August Kocor' (f Sop, 2 Ch u Orch), UA Bautzen 04; 'Das Spiel' Kindertanztheater; 'Sapphische Lieder'. **Aufn/RF:** CD Edition 'Liana Bertók spielt Liana Bertók und Hans Thiemann' 03. **UA:** Kl u KamM v Ulrich Pogode, Jan-Paul Nagel, Detlef Kobjela. **Zug:** Dieter Brauer: Semitonales Klavierstück II.

Bertram, Anke-Elisabeth, Dipl-Gesangspädagogin, Kirchenmusikerin, Hochschullehrerin; Pestalozzistr 12, D-02826 Görlitz, T: (0 35 81) 40 33 63 [7.10.1966]. **Laufb:** Doz (Singen, Sprechen, Chorltg) H f KiM Görlitz. (Red)

Bertram, Hans Georg, Dr, Prof, Komponist; Oberer Mönchelenweg 7, D-73732 Esslingen, T: (07 11) 37 70 33, F: 37 70 33; c/o Susanne Pertiet, Kiebitzreihe 4, D-24837 Schleswig, T: (0 46 21) 5 27 69, F: 5 17 79, *info@susanne-pertiet.de*; *www.hans-georg-bertram.de* [Gießen 27.8.1936]. Orgelmusik, Oratorien, Kammermusik, Instrumentalkonzerte, Orchesterwerke **Ausb:** Stud Ev KiM (H A Metzger), Org (A-Examen 60), Komp (J N David) MH Stuttgart, musikwiss Prom (G. Reichert) U Würzburg 63. **Laufb:** Kantor u Organist Gießen 63, Doz KiMSchule Esslingen 78, KMD Stadtkirche Esslingen, Prof KiMH Esslingen 88. **Pr:** Förderungspr J-W-Goethe-Stift 67, Prtr Organisten-Komponisten-Wettb Zwolle 72, Prtr KompWettb d Merseburger-Musikverlages 75, Esslinger Kultur-Pr 92. **Mitgl:** dkv, Esslinger Künstlergilde, Int J N David-Ges. – **Komp:** D Reiche Mann u d arme Lazarus (Orat), UA Lich Oberhessen 71; Seligpreisungen (Sinf), UA Speyer 78 (Auftr: Ev Ldskirche d Pfalz); Coeur du soleil, Konz f Kl u Orch (Solo-Konz), UA Esslingen 88; Ecce Homo f Soli, Ch u Orch (Passion), UA Esslingen 92; D Hirtenflöte (Geistl Kant), UA Ludwigsburg 95; Canto per un altro mondo, 2. Sinf f gr Orch, UA Ludwigsburg 96; 2. StrQua, UA Esslingen 96; Serenata Romana (Son), UA Schleswig 97; L'Infinito (Son f Hf u Orgel), UA Dublin 97; 3. StrQua, UA Köln 99; Kaskade (Konz f Kl u Orch), UA Tübingen 02; Wir sehen dir entgegen (Psalmszene), UA Stuttgart, Maulbronner KamCh 03 (Auftr: Ev Ldskirche in Württemberg). **Sonst:** Material – Struktur – Form. Studien z musikal Ordnung bei J N David 65; Der geheimnisvolle Brahms: Versuch über op 116 u op 122 2000. **Lit:** S Haist: H G B. Komp u Kirchenmusiker 99.

Bertram, Manfred, KS, Sänger; Türkismühler Str 26, D-66113 Saarbrücken, T: (06 81) 4 44 30; Saarländisches Staatstheater, Schillerpl 1, D-66111 Saarbrücken [17.7.1936]. **Laufb:** Sol Saarländisches Staatsth Saarbrücken. (Red)

Bertrand, Michel *siehe* Peschek, Alfred

Bertsch, Matthias, Mag, Dr, Prof, Hochschullehrer, Trompete; Univ f Musik u Darst Kunst, Inst Musikal Akustik, A v Webernplatz 1, A-1030 Wien, T: (01) 7 11 55 43 21, *bertsch@mdw.ac.at*; *www.bias.at/mb* [Kehl 15.11.1966]. **Ausb:** Stud (Mwiss) U Wien, Privatstud (Trp). **Laufb:** ao Uprof U f Musik u Darst Kunst Wien. **Ens:** Grdg BigBand d U Wien. **Mitgl:** Int Trumpet Guild; Dt, Österr & Amerikan Akustische Ges. – **Sonst:** Trumpet Research Project Vienna.

Bertschinger, Jaël, Harfe; Kapfsteig 66, CH-8032 Zürich, T: 04 43 82 01 91. **Ausb:** Stud Hfe Kons Zürich (I Ewig, E Guibentif), L- u OrchDipl; postgrad Stud Trinity College of M London (S Williams, I Barford). **Laufb:** Konz-Sol, Orch Op Zürich, StadtOrch Winterthur, SinfOrch Basel. **Ens:** Mitgl 'Ensemble Pyramide'. (Red)

Berwaerts, Jeroen, Trompete; c/o NDR Sinfonieorchester, Rothenbaumchaussee 132–134, D-20149 Hamburg, T: (02 11) 37 67 77. **Laufb:** Stimmführer NDR SinfOrch Hamburg. **Pr:** 3. Pr 49.Prager Frühling, Int M Wettb 97. (Red)

Berzon, Vitali, Prof, Hochschullehrer, Klavier; Fallerstr 5, D-79336 Herbolzheim, T: (0 76 43) 4 06 16; Hochschule f Musik, Schwarzwaldstr 141, D-79102 Freiburg [1945]. **Ausb:** Stud Kons St Petersburg. **Laufb:** Solist KamPhilh Petersburg 70–90, Doz Sibelius-Akad Helsinki 92–95, 1995, Prof (Kl) Staatl H f Musik Freiburg 95. **Pr:** Prtr Allruss Wettb in Moskau 65, Prtr Long-Thilault-Wettb in Paris 67. (Red)

Besançon, André, Dirigent, Musikalischer Leiter, Hochschullehrer, Trompete; ch. des Pignets 3, CH-1028 Préverenges, T: 02 18 01 55 30. **Laufb:** Mitgl Orch de Chambre de Lausanne, künstl Lt Collège des Cuivres de Suisse Romande. (Red)

Besig, Jürgen, Violine; c/o Konzertdirektion Andrea Hampl, Karl-Schrader-Str 6, D-10781 Berlin, T: (0 30) 4 78 26 99; *www.konzertdirektion.de* [Berlin 1951]. **Ausb:** Stud MH München. **Laufb:** Mitgl SinfOrch BR seit 74. **Pr:** Pr d Bayer Kultusmin, Pr d dt Musikrates, Prtr Maria Canals Wettb Barcelona u Belgrad. **Ens:** Concertino München. (*)

Bespalovaite, Irena, Sängerin; Welzheimer Str 20, D-70180 Stuttgart, T: (07 11) 4 20 76 47; Staatstheater, Oberer Schloßgarten 6, D-70173 Stuttgart. **Ausb:** Stud (Ges) in Vilnius und am Mozarteum in Salzburg. **Laufb:** Sol Staatsth Stuttgart SpZ 03/04. (Red)

Bessel, Margaretha (Pseud: Laura Lavendel), Sopran; Ludwig-Reinheimer-Str 2, D-60439 Frankfurt/M, T: (0 69) 97 84 02 25, *info@margaretha-bessel.de*; c/o Agentur Charisma, Höhenstr 36, D-63571 Gelnhausen, T: (0 60 51) 88 87 40, F: 88 87 41, *info@laura-lavendel.de*; *www.laura-lavendel.de* [Bad Boll]. **Ausb:** Stip Ev. Studienwerkes Villigst 92–98, MH Frankfurt/M, MH Karlsruhe, priv GesStud New York b Cornelius L. Reid, Int GesMstrks Jessica Cash (London), Kurt Equiluz (Wien), Charlotte Lehmann, (Hannover), Cornelius Reid (New York), Hilde Zadek (Wien). (Red)

Besser, Volkmar, Oboe; c/o Staatskapelle Berlin, Unter den Linden 7, D-10117 Berlin. **Laufb:** Sol Staatskap Berlin. (Red)

Best, Horst, MD, Komponist [1940]. geistl M **Laufb:** Ltg 'Männergesangverein Mozart 1880'. – **Komp:** 'Herr gib uns Frieden', 'Segne o Herr'. (Red)

Best, Julius, Sänger; Im Weißlich 3, D-76275 Ettlingen, T: (0 72 43) 76 96 35, (01 70) 5 81 16 72; c/o Stadttheater Bern, Nägeligasse, CH-3000 Bern 7. **Laufb:** Sol Hamburg Staatsop, Stadtth Bern SpZ 04/05, Gastsol Theater Freiburg SpZ 02/04. (Red)

Best, Matthew, Sänger; Staatstheater, Oberer Schloßgarten 6, D-70173 Stuttgart. **Ausb:** Stud Kings College Cambridge u National Opera Studio b O. Kraus, R. Lloyd u. P. McGuigan. **Laufb:** Sol Staatsth Stuttgart. (Red)

Betta, Giuliano, Repetitor, Kapellmeister; c/o Vereinigte Städtische Bühnen, Odenkirchener Str 78, D-41236 Mönchengladbach. **Laufb:** Solorep Städt Bühnen Münster SpZ 03/04, Kapm Mönchengladbach/Krefeld. (*)

Bettendorf, Carl Christian, Komponist; Feuerbachstr 23a, D-65195 Wiesbaden, T: 0 17 88 47 13 74, F: (06 11) 4 05 03 51, *ccb2003@columbia.edu*; 835 Riverside Dr, Apt 5H, New York, NY 10032, U.S.A., T: (2 12) 7 40 49 91, F: 7 40 49 91 [Hamburg 26.7.1973]. **Ausb:** Stud Komp (H J v Bose) MH München 93–99, (W Rihm) MH Karlsruhe 99–2001, (T Murail) Columbia U New York seit 2001. **Laufb:** Künstl Lt Ensemble 'piano possibile' München. **Pr:** Förderpr Stadt Halberstadt, Stip Franz Grothe-Stift sowie Fanny Carlita-Stift, Leonhard- u Ida-Wolf-Gedächtnispr f Musik d Stadt München, Postgraduiertenstip MH München, Stip DAAD. – **Komp:** Love Songs (Ten u Kammerensemble) 93/94, UA München 94; 3 Stücke f Streichquartett (KamM) 95, UA Amsterdam, Gaudeamus-Stift 96; Chronoi 96, UA München 96; Escorial (Op) 96/97, UA München 97; Cryptic Circle (Orchw) 97, rev 98, UA München 97, rev Fass Jena 02; Nachtstück u Arie (Ens u Sop od TB) 98, UA München 99; Journey (KamM) 99, UA Toronto 99; Palimpsest (Ens) 2000/01, UA Weimar 01; Perpetuum (Ens) 01, UA München 01.

Bettens, Etienne, Prof, Bassbariton; ch de Champ-Rond 37, CH-1010 Lausanne, T: 02 16 52 47 01. (Red)

Bettin, Matthias, KM, Dr, Violine; c/o Dresdner Philharmonie, PF 120424, D-01005 Dresden. (Red)

Betz, Alexander, Violine, 1. Konzertmeister; c/o Nordharzer Städtebundtheater, Spiegelstr 20a, D-38820 Halberstadt, PF 1145, D-38820 Halberstadt. **Laufb:** 1. Konzm Orch d Nordharzer Städtebundth. (Red)

Betz, Karl, Prof, Hochschullehrer, Klavier; D-85304 Prambach 7, T: (0 84 41) 30 10, F: 30 20; H f Musik, Hofstallstr 6–8, D-97070 Würzburg. **Laufb:** Prof (Kl) H f M Würzburg. (Red)

Beuerle, Hans Michael, Dr, Prof, Dirigent, Hochschullehrer; Steinackerstr 23, D-79117 Freiburg, T: (07 61) 6 68 93, F: 6 59 36, 6 96 46 91; Hochschule f Musik, Schwarzwaldstr 141, D-79102 Freiburg [1941]. Chor-Orchester-Werke von Spätrenaissance bis Moderne **Ausb:** Stud SchM, V (K A Herrmann), Aufbaustud Dirig (Zwißler, Rilling) H f M u Darst Kunst Frankfurt/M 62–69, Stud Germanistik (Burger, Stoecklein, Brackert, Kimpel), MWiss (Finscher), Philosophie (Adorno, zur Lippe) U Frankfurt/M, Prom 75. **Laufb:** Lt Knabenchor Laubacher Kantorei 71–72, LAuftr f Chorlt H f M Trossingen 73–77, Prof (Chorlt) H f M Karlsruhe 77–80, Prof (Chor- u OrchLt) Staatl H f M Freiburg seit 80, Aufbau u Ltg d Kammerchors Frankfurt ab 66, später Anton-Webern-Chor Freiburg, Ltg Freiburger Bachchor u Bachorch seit 83; KonzReisen m diesen Ens u Gastdgt in Europa, USA u Japan, künstl Lt 71. Bachfest d Neuen Bachges Freiburg 96, Gastdgt Gare du Nord Basel SpZ 04/05. **Pr:** 1. Pr Int Chorwettb Europ RF-Anstalten (Kammerchor Frankfurt) 84, Förderpr Ernst v Siemens Musikstift (Anton-Webern-Chor) 01. **Ens:** Lt Chor d Staatl H f M Freiburg, Freiburger Bachchor, Freiburger Bachorch, Anton-Webern-Chor Freiburg. – **Aufn/RF:** Bruckner: Requiem d-Moll, Laubacher Kantorei 72 (LP);

Chormusik um 1900, KamChor Frankfurt 77 (LP); O Vecchi: L'Amphiparnaso, KamChor Frankfurt, O Freienstein 79 (LP); J Brahms: Ein dt Requiem, Freiburger Bachchor u -orch, Ch Oelze, K McMillen 92 (CD); J Brahms: Weltl Lieder u Gesänge a cappella u m Kl, Anton-Webern-Chor Freiburg, T-A Körber 95 (CD); J Haydn: Die Jahreszeiten, Freiburger Bachchor u -orch, M Boog, H P Blochwitz, P Lika 97 (CD); Goethe-Vertonungen v Mendelssohn, Brahms u Schumann, Freiburger Bachchor, B Hölzl, C Elsner, D Roth 99 (CD), Mittschn d BR: 'Vom Volkslied zur Avantgarde – G Ligeti zum 80. Geb' m Anton-Webern-Chor Freiburg u K Hemmerle 03. **UA:** R Finkbeiner: 'Brüder' (f 18 Stimmen u Life-Elektr) 71; E Stiebler: 'Intonation f Chor u Orgel' 71; H Darmstadt: 'Momente d Stille' (f Chor) 72; W Rihm: 'umhergetrieben, aufgewirbelt' (f Chor, MSop, Bar u Fl) 81; S Parkin: 'Chants des oiseaux' (f 16-stimm Chor u Instr) 81; P Förtig: 'Akrostichon' f 4–8-stimm gem Chor, 3 Vokalsoli u InstrEns) 82; P Förtig: 'Canticum Psalmi' (f 5-stimm Chor a cappella) 85; P Förtig: 'Improperien' (f 5-stimm gem Chor, Vokalsoli u InstrEns) 88; E Kiem: 'Je parle de si loin' (f MSop, Chor u 20 Instr) 92; W Rihm: 'Maximum est unum' (f MSop, 2 Chöre u Orch) 96; B Wulff 'Atacama' (f Chor, Schlginstr u 2 Klar) 98.

Beuger, Antoine, Komponist; Am Sandbach 24, D-42781 Haan, T: (0 21 29) 49 54, F: 49 54, *beuger@wandelweiser.de*; *www.wandelweiser.de/komponisten/antoine_beuger.html* [Oosterhout, Niederlande 3.7.1955]. Neue Musik **Ausb:** Komp (Ton de Leeuw) u Fl (Koos Verheul), Sweelinck Cons Amsterdam 73–78. **Laufb:** künstl Lt Reihe 'Klangraum' Düsseldorf seit 94. **Pr:** X. Int Komp-Sem Boswil 91, Forum junger Komponisten WDR Köln 92, 6th Int Kazimierz Serocki Composers Compet Warschau 98. – **Komp:** 'schweigen, hören' (Schlgz solo, Orch) 90, UA Köln, MDR-SinfOrch, G Schenker, Dgt: F Goldmann 92; fourth music for marcia hafif (3) (f Orch) 97, UA Donaueschingen, SWF-SinfOrch, Dgt: O Henzold 97; fourth music for marcia hafif (4) (Akk, Orch) 98, UA Warschau, Polish Radio Symph Orch, K Baran, Dgt: Z Hàmar 98; 'etwas' (lied) (Mezzosop, Kl) 95, UA Donaueschingen, P van Oosten, H Henck 95; 'wort für wort' (geraum) (6 SprecherInnen, elektron Klänge) m u nach Oswald Egger (Lyrik) 01/03, UA Donaueschingen 03. **Sonst:** Grdg Wandelweiser Komponisten Ens 95.

Beuret, Denis, Komponist, Posaune; Monterban 41, CH-1623 Semsales, T: 02 69 18 50 17, F: 02 69 18 60 68, *webmaster@denisbeuret.ch*; *www.denisbeuret.ch* [Delémont 1965]. Elektronische Kontrolle mit Sensoren **Ausb:** ECJM Delémont 92–98, Kons Le-Chaux-de-Fonds 94–96, Kons Lausanne 97–99. **Ens:** Tromboom, Beuret-Bühler-Vankeulken Trio. **Mitgl:** USDM, ASM-STV, SMS, SSRS. – **Komp:** 'Ma corne mamuse', JMEB, F.Bourges 04; '3 eme à gauche' f Basspos und Elektronik, Ramont 04; Andere hergestellte Kompositionen Bern 04, Andere hergestellte Kompositionen Düdingen 05. **Zug:** Interaktive Werke f Akustische Instrumente und Elektronik. **Sonst:** Projekte, Ausstellungen.

Beuschel, Karlheinz, Dirigent; Röntgenstr 65, D-95032 Hof, T: (0 92 81) 9 32 01 [1923]. **Laufb:** Kapm Th Hof. (Red)

Bevier, Stefan, Dirigent; Niebuhrstr 3, D-10629 Berlin, T: (0 30) 8 82 29 79, F: 8 81 54 01 [16.6.1958]. **Ausb:** Kbunterr (W Wagner) Mannheim 72, KiM-Seminarausb (Göttsche) Speyer 74, Gesangsunterr (P Lohmann) 76, Kb (R Zepperitz) u Gesang (J Hoefflin) H d Künste Berlin 77, MWiss (Dahlhaus) TU Berlin 77, Stud (F Witt) 79, Dirigierstud (S Celibidache) 81, Gesangs-Mstrkl (F Schuch-Tovini) Wien 81–82, Stud (Stimmphysiologie, Unterrichtsdidaktik), Abschlußprfg (Kb) UdK Berlin 82, Liedinterpret (D Fischer-Dieskau, A Reimann) Berlin, Abschlußprfg (Gesang/MTh) UdK Berlin 86. **Laufb:** Ass u Stimmbildner (KMD K Horchreither) Bach-Chor an d Kaiser-Wihelm-Gedächtnis-Kirche 77, Mitgl Orchakad Berliner Philharmon Orch 79, ständ Aushilfe Berliner Philharmon Orch ab 79, int KonzTätigkeit, Doz Sommerakad Berlin 84, freiberufl Tätigkeit als Gesangspäd u in d Dgtausb seit 86, Chefdgt Studio-Chor Berlin 88–96, Durchführ u Programmgestalt gr sinfon u chorsinfon Konz Philh Berlin, Organisation u Durchführ v Konz f Int Symp u Kongresse seit 88, eigene KonzR Berliner Philh seit 94, Gastdgt im Ausland seit 89, GMD Poln Philharmoniker 90–94, Chordir Stadtsingechor Halle, Lt Sem Sologesang (Ausbildungsinst d Stadt Halle) 91–97, 1. Dgt Breslauer KamOrch Leopoldinum 92–99, Art Dir u Chefdgt Breslauer KamOrch Leopoldinum bis 2001, 1. Dgt Philharmon Orch Stettin u ständ Gastdgt Chor d TU Stettin 94–98, Gastdgt Russian Nat Orch Moskau u Moskauer KamChor 94, Chefdgt Barock Orch Berlin seit 97, Guest-Chorus-Master Philharmonia Chorus London seit 99, Gastdgt Op Dnepropetrovsk, Ukraine seit 2000. **Pr:** Stip Herbert-v-Karajan-Stift 79, Prtr Int Gesangtswettb Fransico Viñas Barcelona 84, Schubert-Prtr 84, Teiln Bundesauswahl 'Konz junger Künstler' d Dt Musikrates 84. – **Aufn/RF:** div RF- u Schallplattenprod seit 84. **Sonst:** Grdg freier BerufsKamChor European Vocal Soloists 88, Grdg Bevier Musikverlag/Kulturmanagement 89, Grdg u Chefdgt Fstv Orch Berlin 99, Grdg Fstv Leopoldinum Breslau 2000.

Beyer, Frank Michael, Prof, Hochschullehrer, Komponist; Söhtstr 6, D-12203 Berlin, T: (0 30) 8 33 80 51 [Berlin 8.3.1928]. **Ausb:** Stud KiMSch Berlin, Komp (E Pepping), virt OrgSpiel, Kl MH Leipzig. **Laufb:** KiM 49–62, KonzTätigkeit, Doz H f Künste Berlin 60, Prof (Komp) ebd 68–93. **Pr:** Mitgl Akad d Künste Berlin, Mitgl Bayer Akad d schönen Künste, Kunstpr Stadt Berlin f d junge Generation 57, Villa Massimo-Stip 63, Stip Cité int des arts Paris 68, Ehrengast Villa Massimo 96–97. – **Komp:** 'Versi' f StrOrch 68, UA Berlin, BPO, Dgt: H Zender 68; Rondeau imaginaire (Orchw) 72, UA Berlin, RSO Berlin, Dgt: L Maazel 73; Diaphonie (Orchw) 76, UA Nürnberg, Phil Orch Nürnberg, Dgt: J Belohlàvek 76; Canticum Mose et agni 76, UA Berlin, Monteverdi Ch, London, Dgt: J E Gardiner 77; Streichfantasien zu e Motiv v J S Bach (StrQua m Kb) 77, UA Berlin, Brandis Qua, Fssg f StrOrch 78, UA BPO, Dgt: G Sinopoli 80; De Lumine (M f KamEns) 78, UA Hamburg, Ens 'das neue werk', Dgt: D Cichewiecz 79; Griechenland (M f 3 Str-Gruppen) 81, UA Berlin, Berliner Philh Orch, Dgt: S Ozawa 82; M d Frühe (VKonz), UA Berlin, K Blacher, RSB, Dgt: H-M Schneidt 93; Canto do giorno (VclKonz) 99, UA Berlin, M Sanderling, RSB, Dgt: G Mega; Fuga fiammata f Orch, UA München, BR, Dgt: U Schirmer 01; 'Et resurrexit' (f 12-st Ch), UA RF-Ch Berlin, Dgt: S Halsey 03. **Aufn/RF:** „Musik der Frühe", „Canto di giorno", „Liturgia". **Lit:** F M B. Archive zur M d 20. Jhs. Bd 2.

Beyer, Hans-Joachim, Prof, Hochschullehrer, Sänger; Ring 22, D-04416 Markkleeberg, T: (03 41) 3 58 79 10, 0 17 29 30 76 06; Hochschule f Musik u Theater, PF 100809, D-04008 Leipzig [Leipzig]. **Laufb:** GastSol Musikal Komödie Leipzig SpZ 03/04, Prof (Ges) HfMuT Leipzig seit 92. **Pr:** 1. Pr Paula-Lindberg-Salomoon Wettb 89, 1. Pr Int Hugo-Wolf-Wettb in Stuttgart, 1. Pr Int Brahmswettb in Hamburg, 2. Pr Int Hugo-Wolf-Wettb, 1. Pr Int Johann-Sebastian-Bach-Wettb Leipzig. (Red)

Beyer, Hermann, Komponist; Wäldleinstr 3, D-97236 Randersacker, T: (0 93 03) 9 98 45, *hermann.beyer@mail.uni-wuerzburg.de* [Staffelstein 14.2.1953]. **Ausb:** Stud Komp (B. Hummel) MH Würzburg 69–76. **Laufb:** Doz (Gehörbildung, Musiktheorie) Kons Nürnberg seit 77, MH Würzburg seit 82, Mitbegrd Ensemble Chamäleon Würzburg, Dgt seit 76, ständ ZusArb m Ensemble Kontraste Nürnberg (Studlt u Dgt) seit 93, Beschäftigung m computerunterstützter Komp u Klangerzeugung seit 91. – **Komp:** Musik f 2 Pos, Schlgz u Org 74, UA Würzburg 74; 'Is there anything else you would like ...?' f Kl-Duo 83, UA Nürnberg 83; Preludio funebre f 2 Trp u 3 Pos (KamM) 84, UA Nürnberg 84; Ein 'Woyzeck' f 5 Bläser (KamM) 88, UA Würzburg, Rouseau-Qui 88; 'Ciaccona e fuga a 7' f einen Waldorf-Microwave-Synthesizer 93, UA München 93. (Red)

Beyer, Keiko, Prof, Hochschullehrerin; Hochschule für Musik und Theater Hamburg, Harvestehuder Weg 12, D-20148 Hamburg. **Laufb:** Prof (KamM) H f M u Th Hamburg. (Red)

Beyer, Mathias, Cello; c/o Christoph Henschel, Seebergweg, D-83730 Fischbachau, T: (0 80 28) 14 32, F: 17 47, *henschel.schwind@t-online.de*. **Pr:** 1. Pr 2. Int KamM Wettb Osaka 96. **Ens:** Henschel Quartet. (Red)

Beyer, Susanne, Sängerin; c/o Thüringer Landestheater, Theaterpl 4–7, D-99817 Eisenach, PF 1449, D-99804 Eisenach. **Laufb:** Sol Thüringer Landesth Eisenach. (Red)

Beyer, Thomas, Flöte; c/o Staatskapelle Berlin, Unter den Linden 7, D-10117 Berlin. **Laufb:** Sol Staatskap Berlin. (Red)

Beyer, Willi, Prof, Hochschullehrer, Kontrabass; Musikhochschule, Große Petersgrube 17–29, D-23552 Lübeck. **Laufb:** Prof (Kb) MH Lübeck. (*)

Beyerle, Hatto C, Univ Prof, Hochschullehrer, Viola; Hochschule f Musik u Theater, Emmichpl 1, D-30175 Hannover, T: (05 11) 3 10 05 07, *hattobeyerle@t-online.de* [Frankfurt a M 20.6.1933]. **Ausb:** Stud (Va) i Freiburg i Br (U Koch), Wien (V b R Odnoposoff, Komp b A Uhl u Dirig b H Swarowsky). **Laufb:** Prof (Va u KamM) Wiener Musikhochschule 64–87, H f M u Th Hannover seit 87, Basel 90–04 und Fiesole seit 98; Lt Konzertvereinigung d Wiener Konzerthausgesellschaft 85–98. **Pr:** zahlr Schallplattenpr. **Ens:** Wiener Solisten 60–70, Alban Berg Qua 70–81, Wiener KammerEns 82–98. **Mitgl:** Accademia Europea del Quartetto (Fiesole), ECMA, Europäisches Kulturforum Grossraming.

Bezler, Willibald, Prof, KMD, Hochschullehrer, Kirchenmusiker; Oberhofenstr 15, D-73479 Ellwangen-Schrezheim, T: (0 79 61) 32 50, F: 56 15 87, *willibald.bezler@gmx.de*; Hochschule f Musik u Darst Kunst, Urbanstr 25, D-70182 Stuttgart [Ellwangen 25.7.1942]. KiM, Orgel-Imp **Ausb:** Stud (KamM, Gesang) MH Stuttgart 63–69. **Laufb:** Prof (Orgel-Imp) Staatl H f M u Darst Kunst Stuttgart, Juror KiM-, Imp-, KompWettb, Kse f Org-Imp, KiM Basilika St Vitus Ellwangen, Ltg OratCh Ellwangen. **Pr:** Imp-Wettb ua SWR 98, KompPr KiM Baden-Württ 02, 2. Pr DCV Rottenburg-Stuttgart. **Mitgl:** Diözesan-Cäcilien-Verb, Komm KiM Diözese Rottenburg-Stuttgart, Verein f zeitgen liturg M Tübingen. – **Komp:** 'Johannes-Passion' (f ChGruppen), UA Ellwangen 92; 'Lukas 18' (f 5 Pauken), UA Ellwangen 2000; 'Biblia Organum' (f Org u Schlgz), UA Rottenburg 01; 'Missa Veritatem in Caritete', UA Ellwangen 89. **AuftrKomp:** Psalm 47 (Ch, Mar, Tamtam), UA Stuttgart 02; Kreuzworträtsel f 4 Schlgz u Zuspiel, UA Stuttgart 02; Psalm 146 (Bar, Ch, Orch, Schlgz), UA Stuttgart 03.

Bezold, Talia von, Sopran; c/o Ensemble Reflexion K, Beatrix Wagner, Reeperbahn 20a, D-24340 Eckernförde, T: (0 43 51) 76 70 75, F: 76 70 75. **Ens:** Reflexion K. (*)

Bezuyen, Arnold, Sänger; c/o Wiener Staatsoper, Opernring 2, A-1010 Wien, T: (01) 51 44 40, *information@wiener-staatsoper.at*. **Ausb:** Stud in Alkmaar b Theo Jobst u int Niederländ OpZentrum. **Laufb:** Sol Hamburg Staatsop, Gastsol Bremer Th SpZ 00/01, Staatsth Kassel SpZ 00/01, Augsburg, Bayreuther FSp, Wiener Staatsop seit 2002. (Red)

Bhagwati, Sandeep, Komponist, Festivalmacher, Dirigent, Regisseur, Medienkünstler; Thomasiusstr 24, D-10557 Berlin, T: (0 30) 85 07 92 30, *s_bhagwati@t-online.de* [Bombay, Indien 1963]. **Ausb:** Stud Dirig, Komp u MTheorie (K Prestel, R Maedel, B Schaeffer u R Huber) Mozarteum Salzburg, Komp (W Killmayer) MH München, Mstrks b E Denisow u H-J v Bose, Studienjahr in musikal Informatik IRCAM/Centre Pompidou Paris u b T Murail u B Ferneyhough. **Laufb:** Grd d KonzReihe Kammer-Musik-Utopien München 90, Grd d Fstv A*DEvantgarde 91 (künstl Lt bis 95), m Gerd Kühr Lt d AmateurKompWerkstatt d Münchener Biennale f zeitgen M 92–94, Gastkurator Fstv 'Rasalila' Berlin 03, Grd Fstv 'KlangRiffe' Karlsruhe 03, Workshops f Kinder u Jugendliche sowie Kurse an Volks- u MH, Prof (Komp u Multimedia) MH

Karlsruhe seit 2000/01; künstl Arb im Bereich Komp, Erforschen neuer ThFormen m Computer u neuen Medien ua 'Three Women' Centre Pompidou Paris 97, 'Ramanujan' Münchener Biennale 98, 'D Gesänge d Ghat-Biwa' Fstv Eclat Stuttgart 99, Performances u Installations ua 'Mind the Gaps' Linz 95, 'Schnee Schrift Sprache Schweben' München 95, 'Making music' Stadthaus Ulm 2000, 'neither here nor there' Haus d Kulturen d Welt Berlin 2000; Gastkomp b IRCAM 97, ZKM 98/99, IEM Graz 98. **Pr:** Europ KompPreis d Berliner Akad d Künste, Förderpr d Stadt München, Residenzen (zBCité des Arts Paris 95–97, Fondation Royaumont 97, Fondation Pour Que L'Esprit Vive 97, Composer-in-residence Beethovenhalle Bonn 99). – **Komp:** Ramanujan (Op) 98, UA Münchner Biennale 98; why sing why cry (f V, Vcl) 2000, UA Bombay, Sangat Millenium Fstv 2000; Tothose born for away from home (Mezzosop, V u Vcl) 03, UA Darmstadt 03. **AuftrKomp:** Entrances (f gr Orch) 2000, UA Bonn, Orch d Beethovenhalle 2000 (Auftr: Stadt Bonn); Wörterbuch d Winde (f chin u europ Ens) 01, UA Märzmusik Berlin 02 (Auftr: Berliner FSp); Rasas (f Ens) Path 1 03, UA Frankfurt Alte Op, Ens Modern 03 (Auftr: Frankfurt/Main); cliff! (Hörstück n U Draesner), UA Dtschldradio 04 (Auftr: DLR); Invisible Harmonies f 2 Fl (f G henkel u A Adorjan), UA München 04 (Auftr: M Steinbeis); Inside: A Native Land (f Pos, 8 EnsGruppen, 8 Kanal Live-Elektr), UA Berlin, M Svoboda (Pos) 05 (Auftr: Land Württemberg); Loves Laws & Wars (MTh), UA 06 (Auftr: Ens Modern). **Sonst:** Veröff v theoret Texten z aktuellen Situation d Künste ua 'Komponieren im 21. Jh' 99; Ausstellung 'D Musik d Ghat-Biwa' 02; Gast b int ästhet Symposien, Vorträge, RF-Sendereihen.

Bibl, Rudolf, Prof, Dirigent; c/o Opernhaus Graz, Kaiser-Josef-Pl 10, A-8010 Graz, T: (03 16) 80 08; c/o Volksoper Wien, Währinger Str 78, A-1090 Wien. **Laufb:** Dgt Volksop Wien, Ophaus Graz SpZ 04/05, SeeFSp Mörbisch 05. (Red)

Bichlmeier, Wolfgang, Posaune; c/o Saarländisches Staatsorchester, Schillerpl 1, D-66111 Saarbrücken. **Laufb:** Sol Saarl StaatsOrch. (Red)

BICK *siehe* Häfner, Michael

Bickers, Helen, Sängerin; Falkenstr 12, D-30449 Hannover, T: (05 11) 44 08 53, 2 71 69 10, F: 2 71 78 73, *mail@buekervoice.de*; c/o Agentur f Musiktheater u Konzert Hannagret Bueker, Fuhsestr 2, D-30419 Hannover; *www.buekervoice.de* [Atlanta, GA, USA]. **Ausb:** Stud Univ Atlanta (b Elisabeth Colson), Baltimore u Graz, Stud Catholic Univ of America in Washington DC. **Laufb:** Sol Op Hannover seit 95, Gastsol Dt Op Berlin, Op Düsseldorf, Op Washington DC, zahlr Konz USA u Europa. **Pr:** Pr Met Opera Nat Council Auditions, Meistersinger-Wettb Graz, int Belvedere-Wettb Wien, Concorso Int per Voci Verdiane Busseto. (*)

Bicket, Harry, Dirigent; c/o Bayerische Staatsoper, Brieffach, D-80075 München, T: (0 20) 73 04 40 00, F: 72 12 94 60; c/o The Royal Opera House Covent Garden, London WC2E 9DD, Vereinigtes Königreich. **Laufb:** Dgt-Debüt Glyndebourne Fstv Opera 96; Debüt Florida Grand Op u Op Australia, Met Op 96/97; häufiger Gast English Nat Op, Dgt b zahlr brit Orch (Bournemouth Sinfonietta, Orch of St John's Smith Square, City of London Sinfonia, Ulster Orch), BBC Scottish Symph Orch, Houston Symph, Minnesota Orch, New World Symph; Dgt Bayer Staatsop München, Dgt Orch of the Age of Enlightenment Royal Op House Covent Garden 03/04. (Red)

Bicks, Lydia, Sopran; c/o Südthüringisches Staatstheater Meiningen, Bernhardstr 5, D-98617 Meiningen. **Laufb:** Sol Meininger Th – Südthüringisches Staatsth. (Red)

Bidlingmaier, Inge, Sängerin; Neulindenstr 26a, D-79106 Freiburg i Br, T: (07 61) 5 55 91 89. **Laufb:** Sol Th Freiburg. (*)

Bidzinski, Boguslaw, Sänger; c/o Opernhaus Zürich, Falkenstr 1, CH-8008 Zürich. (Red)

Bieber, Clemens, Sänger; Waltraudstr 4 a, D-14169 Berlin, T: (0 30) 81 49 84 10. **Laufb:** Sol Dt Op Berlin SpZ 01/05, Kom Op Berlin, Sächs Staatsop Dresden (03/04). (Red)

Biebuyck, Wolfgang, Sänger; Markgrafenstr 85, D-10969 Berlin, T: (0 30) 25 29 34 68, *wolfgang.biebuyck@arcormail.de* [Roeselaare, Belgien 5.8.1966]. ital Oper **Ausb:** Stud V (R Werthen) MH Gent 84–87, Stud Gesang (G Binge) MH Lübeck 87–90, dass (Workman) MH Hamburg 90–96, Stud (MWiss) U Hamburg 93–96. **Laufb:** Sol Opstudio Dor Düsseldorf 96–97, Sol Stadtth Aachen 97–2000, Sol Landesth Mecklenburg Neustrelitz; Gastverträge: Wuppertal 94, Mannheim 95, Brüssel 97, Bilbao 99. – **Aufn/RF:** Donizetti: Don Sebstiana, m Sinfonieorch Aachen, Dgt: E Boncompagni. **UA:** C Brückner: Der Basilisk, UA Hamburg 90; B Koblenz: Die Kinder v Bela, UA Hamburg 95.

Biegel, Erik, Sänger; Im Prüfling 29, D-60389 Frankfurt, T: (0 69) 4 69 32 85; Hessisches Staatstheater, PF 3247, D-65022 Wiesbaden [Nürnberg]. **Ausb:** Stud Gesang (K Markus) Frankfurter H f M u Darst Kunst 91–97. **Laufb:** Mitgl OpCompagnie 'Febi Armonici', versch Tanzth-Projekte, Sol Staatsth Stuttgart, Op Bonn, Hess Staatsth Wiesbaden (SpZ 03/04). (Red)

Biegenzahn, Heinrich, Mag Art, Klarinette, Akkordeon, Saxophon; Rittersprorngasse 34, A-1220 Wien, T: (02 22) 2 24 94 63, (01) 2 85 59 09, F: 2 85 59 09, *hbiegen@hotmail.com*; *groups.msn.com/MagartHeinrichBiegenzahn* [Wien 2.10.1970]. Barock bis Gegenwart, Wiener Lied **Ausb:** Stud MH Wien Klar (A Prinz) 84–95, Schubert Kons Akk (H Kaleta, W Maurer), Mstrkse b A Hertel, Mstrkse b W Subitsky, I Jaskewitsch, M Bonnay, J Sidorow in Kragujevac, Jugoslawien 90 u b W Boeykens (Klar) u b M Bonnay (Akk), Nizza 92. **Laufb:** Sol (Akk) KonzHaus Wien (Reihe 'Musica Juventutis'), Japan-Tourneen als Sol u OrchMusiker d Strauss-Gala Orch Wien 98, 01, 03. **Pr:** Jungmusikerleistungsabzeichen f Klar u Sax 83, 84, 85, Horst Stein-Stip, Stip d Carl Michael Ziehrer Stift, Prtr Int Wettb f virtuose AkkM Frankfurt/Oder 91. **Mitgl:** HVÖ (Harmonikaverb Österreich), VAMÖ. – **Aufn/RF:** CD 'On and Of the Keys' (Vienna Modern Masters, VMM), Strawinsky, Solotarjow, Krenek (Klar, Akk).

Biehal, Viktoria, Sängerin; c/o Junge Kammeroper Köln, Florastr 93, D-50733 Köln. (Red)

Biel, Michael von, Komponist, bildender Künstler; Brabanter Str 5, D-50674 Köln, T: (02 21) 5 10 88 06 [Hamburg 1937]. **Ausb:** Stud Toronto, Wien, New York (M Feldman ua), London, Köln (K Stockhausen), Darmstädter Ferienkse f Neue M 61–63, Stud (J Beuys) Düsseldorfer Kunstakad 68–69. **Laufb:** Komp-Auftr WDR f elektron M-Fassung 64, 'composer in residence' State Univ New York Buffalo 65–66. – **Sonst:** Lit- u Werkübersicht (bis 83) in: Neuland 3, hg v H Henck, Bergisch-Gladbach 83, S 100 ff. (Red)

Bieler-Wendt, Helmut (Pseud: HB-W), Komponist; Aixer Str 5, D-72072 Tübingen, T: (0 70 71) 68 93 33, 0 17 11 55 71 79, F: (0 70 71) 68 93 33, *musicircus@usa.net*; c/o HBW's MusiCircus, Gablonzer Str 29–31, D-76185 Karlsruhe, T: (07 21) 95 68 00, F: 9 56 80 99 [Karlsruhe 17.7.1956]. intermediale Projekte, FilmM, Imp, BühnenM **Ausb:** Stud V (H Börner), Kl (G Reinhold), Komp u Improvisation (E W Welte, W Rihm) Staatl MH Karlsruhe 75–88. **Laufb:** Komp, Interpret u Improvisator seit 76, Aufführungen u Konz, Vorstand INMM Darmstadt 99. **Pr:** Stip d Städte Karlsruhe u Darmstadt, d Fördergem Dt Kunst, d Min f Wiss u Kunst Baden-Württemberg. – **Komp:** Im fremden Garten (Musik f zwei Vcl) 82, UA Darmstadt, Michael Bach, Biruta Alle 82; Fünf geistliche Lieder (mittl Stimme, Kl), UA Mannheim 85; Die Ewigkeit, UA Karlsruhe 86; Er u über Er (Musik f e sprechenden Cellisten), UA Landau 94; Kammerkonzert Nr. 1, UA Karlsruhe 96; Reflexzonen (Tonbandkomp), UA Vlotho 96. **AuftrKomp:** Uroboros, UA Karlsruhe 84 (Auftr: zum 100-jähr Bestehen d Bad Kons Karlsruhe); '799' – Aspekte e Zeitenwende, UA Paderborn 99 (Auftr z Ausst 'Charlemagne – the making of Europe'). **Aufn/RF:** Tonträger- u RF-Produktionen. **Lit:** 'Freispiel' Buch & CD.

Bieler, Helmut, Prof hc, lt Akadem Dir, Komponist, Pianist, Hochschullehrer; Humboldtstr 10, D-95444 Bayreuth, T: (09 21) 6 72 11, *bielerhelmut@compuserver.de*; Kampenwandstr 23, D-83253 Rimsting, T: (0 80 51) 30 98 78 [Gersfeld/Rhön 7.6.1940]. Neue Musik **Ausb:** Stud (Komp, SchM, Kl) MH München b F X Lehner, Fr Wührer, A Schoer, künstl u pädagog Staatsexamina 65/66. **Laufb:** Prof (MPäd) Un Bayreuth; Auff im In- u Ausland u b zahlr Fstvs, ua Biennale Zagreb, Saxophonweltkongress Washington, Gaudeamus-Woche Amsterdam, Aspekte Salzburg, Neue Musik Lüneburg, Weltmusiktage Aarhus, Kazan, Moskau, Ars-nova-tage Nürnberg, Studio f Neue Musik Berlin; KonzTätigkeit als Pianist m Neuer u trad Musik. **Pr:** Kulturpr Stadt Bayreuth 92, Kulturförderungspr Stadt Nürnberg 89. **Ens:** Pianist 'Ens Musica Viva'. **Mitgl:** DTKV, Europ Konferenz Neuer Musik, Jeunesse Musicales. – **Komp:** Zwischen Zeit u Raum 76 (Auftr: BR); Der Ackermann aus Böhmen 77, UA Bad Hersfeld 77; Memorandum (Kurzop), UA Biennale Zagreb, Pocket Opera Nürnberg 83; Rondel f 8 SoloFl u Orch 83; Miserere Domine (Messe) 84/85, UA Bayreuth, Musica Bayreuth 85; Schattierungen 89, UA Bayreuth, A Golembiowski, H Bieler 89; Helle Nachtgedanken f Bläserqui 93, UA Bamberg, 4. Tage d Neuen Musik 93; Oratio 93, UA München, Ev Kirchentag 93; Introduktion u Fantasie über 'Verleih uns Frieden gnädiglich', UA Bayreuth 93; Konz f Va u KamOrch, UA Halle/Saale 95, Permutationen f StrOrch 99; Choralvorspiele. **Aufn/RF:** RF-, Schallpl-, CD- u TV-Aufn (BR, NDR, SDR, MDR, RIAS, SWF, Dt Welle, Radio Bremen). **UA:** G Friedrichs: Nachtritt II; M Drude: Trio; W Graf: '... ins Schweigen'; H W Erdmann: Histoires imaginaires, Spektren VIII, Colores VI, Klangmodulation II; D Einfeldt: Passacaglia m Rumbarhythmus; G Domhardt: Nachklang III. **Zug:** G Friedrichs: Nachtritt II; G Domhardt: Nachtklang III. **Sonst:** Grdg 'Ens Musica Viva' 81.

Bieler, Ida, Prof, Hochschullehrerin, Violine; Wiedstr 23, D-50859 Köln, T: (0 22 34) 7 05 59; Robert-Schumann-Hochschule, Fischerstr 110, D-40476 Düsseldorf [Virginia, USA]. **Ausb:** Juilliard School New York (R Ricci, O Shumsky), Köln (M Rostal), London (N Milstein). **Laufb:** Konz Marlboro M Fstv, Casals Fstv Puerto Rico, Australian Fstv of Chamber M, Schubertiade Hohenems/Österreich, Schwetzinger u Ludwigsburger FSp, Paris Fstv Chatelet, Konzm Gürzenich Orch-Kölner Philh 82–88; Prof H f Musik u Darst Kunst Frankfurt 88–93, Prof Robert-Schumann-H Düsseldorf u Ltg Mstrkl f V seit 93. **Ens:** Melos-Qua seit 93, Xyrion-Trio, Heine Qua. (Red)

Bieri, Adrienne, Gesang; ch de Lucinge 16, CH-1006 Lausanne, T: 02 13 12 66 93. (Red)

Bierkamp, Andreas, Sänger; c/o Theater Lüneburg GmbH, PF 2829, D-21318 Lüneburg. (Red)

Bierlmeier, Josef, Trompete; c/o Münchner Rundfunkorchester, Rundfunkpl 1, D-80300 München. **Laufb:** Sol Münchner RFOrch. (Red)

Biermann, Norbert, Studienleiter m Dirigierverpflichtung; Heinrichstr 23, D-64283 Darmstadt, T: (0 61 51) 29 20 43. **Laufb:** Studienlt m Dgt-Verpfl Staatsth Darmstadt (01/05). (*)

Biesenbender, Volker, Hochschullehrer; Hochschule Musik u Tanz, Tössertobelstr 1, CH-8400 Winterthur, *b.volker@freesurf.ch* [Duisburg]. **Ausb:** Unterr Yehudi Menuhin School England, Stud (V) Hannover b André Gertler u Tel Aviv b Rami Schevilov, Stud (Ges u histor Spielpraxis) Basel. **Laufb:** Doz (Imp) MH Winterthur Zürich. **Pr:** KunstPr d Kantons Baselbiet 99. (*)

Bigenzahn-Ullmann, Elisabeth, Mag phil, Prof, Hochschullehrerin, Orgel; Bennopl 8/28, A-1080 Wien, T: (01) 4 08 60 04, F: 40 51 06 64; Univ Mozarteum, Abt f Tasteninstrumente, Schrannengasse 10a, A-5020 Salzburg, *elisabeth.bigenzahn-ullmann@moz.ac.at*; *www.elisabeth-ullmann.at* [Zwettl, Niederösterreich]. Bach, Österr OrgelM aller Epochen **Ausb:** KiM, Päd (Radulescu) MH Wien 70–75, Orgel (Forer) MH Salzburg 75–78. **Laufb:** UProf

(Orgel) U Mozarteum Salzburg, Künstl Lt Orgelfest Stift Zwettl seit 84. **Pr:** 1. Bach-Pr Leipzig 76, 1. Bruckner-Pr Linz 78. **Ens:** Piccolo Concerto Wien. – **Aufn/RF:** Hindemith-Sonaten, Georg Muffat Gesamteinsp, Gottlieb Muffat, Mozart: Gesamte Kirchensonaten, Orgellandschaft Wien, Portrait Egedacher-Orgel Zwettl, G C Wagenseil: Concerti per Organo, Kerel-Portrait Pernegg. **UA:** G v Einem: Orgelkonz. **Sonst:** Bach-Zyklus Salzburg.

Bihler Shah, Rose, Sängerin; Feldmochinger Str 56, D-80993 München, T: (0 89) 1 49 17 33, F: 14 34 23 41, *info@rosebihlershah.de*; *www.rosebihlershah.de*. **Laufb:** Sol Fr LandesTh Bayern Miesbach seit 92, Staatsth a Gärtnerpl München 96, Südostbayer Städteth Passau 89 u 90. **Ens:** 'Sarband' bis 95, 'D Lustprinzip' seit 92, 'Fräulein Rosemarie & ihre Lieben' seit 04. – **Aufn/RF:** über 20 LPs bzw CDs, darunter: G Coates: Indian Sounds (Symph Nr 8), musica-viva-ens Dresden, Dgt: J Wirrmann 91; W Hiller: Die Gesch v kl blauen Bergsee u d alten Adler, Dgt: W Seitzer 96; L v de Montserrat, Sarband 93. **UA:** P Kreuder: Lola Montez, Fr Landesth Bayern, Dgt: R Maier-Kleeblatt 03.

Bihlmaier, Hans Norbert, Dirigent; Am Grünland 6 1/2, D-86169 Augsburg, T: (08 21) 70 58 28. **Laufb:** Dgt Philharmon Orch d Stadt Augsburg, 1. Kapm Th Augsburg. (Red)

Bik, Jeroen, Sänger; c/o Theater u Orchester GmbH Neubrandenburg/Neustrelitz, Friedrich-Ludwig-Jahn-Str 14, D-17235 Neustrelitz. **Laufb:** Sol Stadtth Gießen, Sol Th u Orch GmbH Neubrandenburg/Neustrelitz SpZ 03/04. (Red)

Bikkembergs, Kurt, Musiker, Dirigent, Komponist; Sterrebos 30, B-3512 Stevoort, T: 0 11 59 27 56, F: 0 11 59 27 56, *bik.k@tiscali.be, kbikkembergs@vlaamseopera.be* [Hasselt, Belgien 5.8.1963]. Chorkomponist **Ausb:** Stud (MPäd, Komp, ChLtg, Orchltg) Lemmensinst Leuven 81–91, ChKomp, ChLtg (H Krato, R Sund) Krems 86–92, ChLtg (T Brown) 90. **Laufb:** Doz (Harm, Kontrap, Chorltg, Komp) u Chorlt Lemmensinst Leuven 86, Free-lance Chorlt fläm RF-Chor 93 u fläm Op 96, Grdg KamChor 'Capella di Voce' 98, ChorLt fläm Op 02, Kapm Kathedrale Brüssel 02. **Pr:** Bürgermeister-Meyers-Pr Hasselt 91, 2. Pr ChKompWettb Harmonia Hilversum 92, Pr 'Cera-Jeugd & Muziek Vlaanderen' f Komp 93, Kulturausz Provinz Limburg 93, 'Pr f vokale Komp' Waregem 94, 2. Pr 'KompWettb Alphons Diepenbrock' Rotterdam 98–2000, Gulden Spoor Limburg 03. – **Komp:** ua Missa i h Sancti Quintini (Ch, Org) 91, UA Hasselt, Kathedrale, Cap Sancti Quintini, Dgt: K Bikkembergs 91; Triptiek (Ch) 93, UA Waregem, Hptkirche, WVI Voc Ens, Dgt: Van Daele 94. **AuftrKomp:** ua zuletzt: Speculum animi (Kant) 2000, UA Utrecht, St Nicolai-Kirche, Dgt: A Wissink 2000 (Auftr: Utrecht); Incipit Apocalypsis Ioannis Apostoli (Org) 98–2000, UA Leuven, Lemmensinst, Dgt: K B 2000 (Auftr: Konzertver Lemmensinst); Even such is time – Tantum ergo (Ch, BlechBl) 01, UA Halle/S, Dgt: K B 01 (Auftr: Int KinderChFest Halle), Edel Vlamingen, thoont uwen aert (Orat) 01, UA Stadsschouwburg Kortrijk, Dgt S Haenebalcke 02; Debarim (Kant) 02, UA Keizerber Leuven, Dgt J Peeters 02; Da pacem, Domine (Ch, 3 Harmon) 03, UA Barcelona, Europa Cantat, Dgt: B Giaux 03; Missa brevis (Ch) 02, UA Kathedrale Brüssel, Dgt: D Staelens 03; Historietas del viento (Ch) 03, UA St Pieter leuven, Dgt: D Manneke 03. **Aufn/RF:** ua Laudate Dominum Ps 117, Komorni zbor AVE, Dgt: A Hauptmann 92 (CD u RF); Missa i h Sancti Norberti, Musa Horti, Dgt: P Dejans 94 (CD); Romania III, Marcato, R Gailly 98 (CD u RF); Sacred works, Cap di Vove, Dgt: K B 03 (CD); Speculum animi, Dgt: A Wissink 2000 (RF); Incipit Apocalypsis Ioannis Apostoli 98–2000, Dgt: K B 2000 (RF). **UA:** Swerts: '...ein Gleiches...', Brüssel 01; Nees: 'De Zee is een orkest', Wetteren 01; Ceuleers: 'Te Deum', Brüssel 01; Slootmaekers: 'Alma Redemptoris mater', Mol 03; Van Steenberge: 'Ave Regina caelorum', Mol 03. **Zug:** Slootmaekers: Rembrandt-Triptiek, Hasselt 2000; Mannecke: '¡Almenos Flores/Almenos Cantos!', Leuven 03. **Sonst:** Veröffentl in Belgien, Niederlande, Polen, Großbrit u Dtschld. **Lit:** 'Unvollendete Biografie' (Vlaanderen Jg 47/4).

Bildstein, Anja, Mezzosopran; c/o Stadttheater Hildesheim, Theaterstr 6, D-31141 Hildesheim, *anja.bildstein@gmx.de*. Oper **Ausb:** H f M Mannheim b Katarina Dau, Mstrkse b Anna Reynolds, Neil Semer. **Laufb:** Gast Staatsop Stuttgart 98/99, FestEng als Sol Th Hildesheim seit 01. **Pr:** Wagnerstip 97.

Bilenko, Ilia, Solorepetitor; c/o Theater Nordhausen, PF 100244, D-99722 Nordhausen. (Red)

Bilgeri, Wolfgang, Horn; c/o Sonus Brass Ensemble, Christoph Thoma, Steingasse 23/2/5, A-1030 Wien, T: (06 76) 4 00 57 44, *sonus.brass@chello.at, c.thoma@jeunesse.at*; *www.sonusbrassensemble.at*. **Ausb:** IGP-Stud (Prof H Brandt), KonzFachstud Landeskons f Vorarlberg; Mstrks b J Alessi. **Laufb:** Mitgl SymphOrch Vorarlberg, Substitut b Klangforum Wien u Tiroler SymphOrch Innsbruck, L ('Tiefes Blech') MSch Bregenzerwald u Leiblachtal. **Ens:** Sonus Brass Ens. (*)

Bilgram, Hedwig, Hammerflügel, Cembalo, Orgel; c/o Konzertdirektion Hörtnagel, Neufahrner Str 23, D-81679 München, PF 860520, D-81632 München, T: (0 89) 9 82 92 80, F: 98 29 28 33, *konzert@hoertnagel.de*; *www.hoertnagel.de* [Memmingen]. **Ausb:** Kl (Th Kraushaar), Stud Kl (Fr Wührer) Or (K Richter) H f Musik München. **Laufb:** Continuo b Münchner Bachchor u orch, LBeauftr (Or, Cemb) H f Musik München 61–98, Tourneen i Europa, USA, Kanada, Russland, Japan (m M. André). **Pr:** 1. Pr Wettb Dt Hochschulen 56, 1. Pr Int MWettb d ARD 59. **Ens:** Haydn Ens Berlin seit 90. – **UA:** H Genzmer: Orgelkonz, Nürnberg 71. (Red)

Bill, Eveline Inès, Sängerin; Severinstr 36, D-19053 Schwerin, T: (03 85) 5 55 91 23. **Laufb:** Gastsol ensemb!e Th Biel/Bienne-Solothurn SpZ 00/01, Sol Mecklenburg Staatsth Schwerin SpZ 03/04. (*)

Biller, Georg Christoph, Prof, Dirigent, Thomaskantor; c/o Thomanerchor Leipzig, Hillerstr 8, D-04109 Leipzig, T: (03 41) 98 44 20, *info@thomanerchor.de*; *www.thomanerchor.de* [Nebra/Unstrut 1955]. **Ausb:** Thomaner 65–74, Stud OrchDirig (ua K Masur) H f M Leipzig 76–81. **Laufb:** solist Tätigkeit als Lied- u Oratoriensänger, Dgt Leipziger Gewandhauschor 80–91, Doz (ChLtg) MH Frankfurt/M u Detmold 91/92, Thomaskantor seit 92, Prof (Chorltg) H f M u Th Leipzig 94–04, Prof (Chorltg) H f M Detmold seit 05. **Pr:** Sächs Akad d Künste seit 96.

Billig, Hans, Flöte; c/o Münchner Philharmoniker, Kellerstr 4, D-81667 München. **Laufb:** stv Sol Münchner Philh. (Red)

Billy, Bertrand de, GMD, Dirigent, Generalmusikdirektor; c/o Wiener Staatsoper, Opernring 2, A-1010 Wien; c/o Opern-Agentur Michael Lewin – Büro Wien, Wasagasse 12/1/3, A-1090 Wien, T: (01) 3 1060 96, *herzl@opern-agentur.com* [Paris 1965]. **Ausb:** Stud (Va, V) Conservatoire National Superieur de Musique Paris. **Laufb:** als Musiker (Va, V) ua b Orchestre Colonne, Orchestre Symphonique de Jeunes, Eng als Dgt ua Royal Op House Covent Garden London, Pariser Op Bastille, Monnaie Brüssel, Staatsop Berlin, Hamburg u München, Washington Op, Los Angeles Op, 1. Kapm u stellv GMD Anhaltisches Theater Dessau 93–95, ständ Gastdgt Wiener Staatsop seit 96, 1. Kapm u stellv GMD Wiener Volksop 96–98, ständ Gastdgt Met Op New York seit 97, ChefDgt u GMD Gran Teatre del Liceu Barcelona 99–04, ChefDgt RSO Wien seit 02, Salzburger FSp, Wiener Klangbogen u Osterklang Fstv seit 99. – **Sonst:** Grdg Academie de L'Ile Saint Louis. (Red)

Bilz, Manuel, Oboe; c/o WDR Sinfonieorchester, D-50600 Köln. **Laufb:** Sol WDR SinfOrch Köln. (Red)

Bimberg, Siegfried, Dr, Prof, Komponist, Dirigent, Musikwissenschaftler; Ernestusstr 24, D-06114 Halle, T: (03 45) 5 23 25 54 [Halle 1927]. Jugend- u Kinderlieder, Chorwerke, Kinderoper; alte u neue Chormusik **Ausb:** Stud Psychologie, MPäd, MWiss. **Laufb:** Verl-Lektor 53–58, Prom 53, Habil 56 u 81; Uni-Doz Berlin seit 57, Halle seit 62, Prof ebd 64, Lehrstuhlinh (MPäd) 69–92; Grdg KamCh Hallenser Madrigalisten 63, Dgt bis 80, zahlr Konz In- u Ausland, Workshops, Ateliers, Lehrgänge f ChLt. **Mitgl:** Fr Dt Akad d Wiss u Künste Bonn. – **Aufn/RF:** div Schallpl, RF-Prod, TV, CD. (Red)

Binde, Angela, Horn; c/o Musicians' Management – Musik Exclusiv, Dr Christoph Cornaro, Rotenberggasse 16, A-1130 Wien, T: (01) 8 79 74 16, F: 8 79 74 16, *agentur.cornaro@aon.at*; c/o Wiener Kammerphilharmonie, Schlösselgasse 24, A-1080 Wien [1972]. **Laufb:** Hornistin Wiener Kammerphilh. (Red)

Binde, Christian, Horn; c/o Musicians' Management – Musik Exclusiv, Dr Christoph Cornaro, Rotenberggasse 16, A-1130 Wien, T: (01) 8 79 74 16, F: 8 79 74 16, *agentur.cornaro@aon.at* [Duisburg 1966]. histor Aufführungspraxis, Naturhorn, Barockhorn **Ausb:** Stud Essen u MH Köln b E Penzel. **Laufb:** Hn Nordostdt Philh u Chursächs Philh 93–97, derzeit freischaff. **Ens:** Wiener KamPhilh, Wiener Akad. – **Aufn/RF:** Dimmler: Sinf Concertante f 2 Hn u Orch, Schwetzingen, L'Orpheo Barockorch, SWR 03.

Binder, Beppo, Sänger; c/o Stadtth Baden b Wien, Theaterpl 7, A-2500 Baden b Wien. **Laufb:** Sol Stadtth Baden b Wien. (Red)

Binder, Claudia-Ulla, Komponistin, Klavier; Goldbrunnenstr 142, CH-8055 Zürich, T: 0 14 51 80 86. (Red)

Binder, Franz, Sänger; Karl-Wiser-Str 2b/I/4, A-4020 Linz, T: (07 32) 66 17 71. **Laufb:** Sol Landesth Linz SpZ 03/05. (Red)

Binder, Oliver, Dramaturg; c/o Theater Dortmund, Kuhstr 12, D-44137 Dortmund. **Laufb:** Dram Th Dortmund SpZ 03/05. (Red)

Binge, Günter, Prof, Hochschullehrer; Hagenowweg 4, D-23564 Lübeck, T: (04 51) 60 25 75, F: 60 61 68; Musikhochschule, Große Petersgrube 17–29, D-23552 Lübeck, T: (04 51) 1 50 51 43, F: 1 50 53 00, *Guenter.Binge@mh-luebeck.de*; *www.caruso.de/GuenterBinge.html*. **Ausb:** Stud (SchM) H f M u Th Hannover, Germanistik (H Mayer), Stud (Ges) MH Hamburg. **Laufb:** Th Aachen, Staatsth Saarbrücken, Gast an zahlr Bühnen In- u Ausland (ua Rossini: Barbier v Sevilla, Figaro; Mozart: Così fan tutte, Guglielmo; Wagner: Tannhäuser, Amfortas), Prof (Ges) MH Lübeck seit 86, Rektor ebd 88–91, Intendant österr MFstv 'Judenburger Sommer', Mstrkse (Ges) In- u Ausland, Dram opera lubeca (junge Op Lübeck) SpZ 03/04. **Pr:** 1. Pr Grotrian-Steinweg-KlWettb, 1. Pr VDMK-Gesangswettb Berlin. – **UA:** im Bereich d Neuen M UA u EA, ua Stockhausen, Henze, Bialas, Hummel; A Reimann: 'Nachtstück', Ersteinsp auf LP. **Sonst:** zahlr Fachbeiträge über Gesangskunst. (Red)

Bingert, Jens, Dirigent; c/o Bühnen der Stadt Köln – Opernhaus, Offenbachpl, D-50667 Köln, PF 101061, D-50450 Köln. **Laufb:** Dgt Bühnen d Stadt Köln. (Red)

Binggeli, Ueli, Fagott; Tannzapfenhubel, CH-3150 Schwarzenburg, T: 03 17 31 22 65. (Red)

Binnewies, Birgit, Koloratursopran; Gottschedstr 33, D-04109 Leipzig, T: (03 41) 2 22 97 27, 01 71–9 99 99 92, F: (03 41) 2 22 97 27; *www.birgit-binnewies.com*. Oper, Konzert **Ausb:** Stud Dipl f Lied, Orat, Oper (J Beckmann) MH Hamburg. **Laufb:** Sol Op Leipzig, MTh Essen, Bühnen d Ldshauptst Kiel, Dt NatTh Weimar, OpHaus Halle, Op im Schlossgarten Eutin 03/05.

Bircher, Urs, Dr, Intendant, Regisseur; c/o Stadttheater Hildesheim, Theaterstr 6, D-31141 Hildesheim. **Laufb:** Intend u Reg Th Hildesheim seit SpZ 03/04. (Red)

Birckner, Hannelore, 1. Violine; c/o Staatskapelle, Theaterpl 2, D-99423 Weimar. **Laufb:** stellv Konzm Staatskapelle Weimar. (Red)

Bird, Jennifer, Sängerin; Pappelstr 125, D-28199 Bremen, T: (04 21) 5 96 23 72, (01 72) 8 97 93 69. **Laufb:** Sol Landesth Coburg, Sol Th Bremen SpZ 04/05. (Red)

Birke, Corinna, Sängerin; Im Schilf 7, D-26133 Oldenburg, T: (04 41) 7 51 73, F: 7 51 73, *riebi2000@aol.com.* Oper, Konzert, Lied **Ausb:** Stud (Sologesang) MH München 88–93, Mstrkl Op ebd 93–95. **Laufb:** Eng Gärtnerplatzth München 94/95, Stadtth Heidelberg 96–98/99, Stadtth Hildesheim 2000/01, Gast Augsburg, Lübeck, Oldenburg. **Pr:** 1. Pr VDMK-Gesangswettb, Stip d Dt Bühnenvereins.

Birke, Dorothee, Violine, Hochschullehrerin; Akad f Tonkunst, Ludwigshöhstr 120, D-64285 Darmstadt, T: (0 61 51) 9 66 40; *www.akademie-fuer-tonkunst.de.* **Laufb:** Doz (V) Akad f Tonkunst Darmstadt. (Red)

Birken, Andreas, Dr, Komponist, Publizist; Kreienkoppel 3, D-22399 Hamburg, T: (0 40) 6 02 92 94, *A.Birken@t-online.de*; *www.a-birken.de* [Stuttgart 12.9.1942]. Orch- u KamM **Ausb:** MH Stuttgart 62–63, U Tübingen 63–70. **Laufb:** UAss 70, hauptberufl Journalist seit 78, freier Publizist 01. **Mitgl:** dkv. – **Komp:** Bläserquintett op 4 66, UA Tübingen 67; Suite f 10 Bläser op 23 82, UA Karlsruhe 85; Les très riches heures du Duc de Berry f Kl op 25 83; Divertimento f Orch op 26 83, UA Hamburg 86; Spiel f acht Bläser op 34 86, UA Karlsruhe 89; sowie: div Stücke f Orch, Kammerens u Kl.

Birkenkötter, Jörg, Komponist; Buddenacker 8e, D-44309 Dortmund, T: (02 31) 4 77 10 65, F: 20 66 74, *j.birkenkoetter@gmx.de* [Dortmund 19.5.1963]. **Ausb:** Stud Komp (N A Huber), Kl (D Kraus, C Vickers) Folkwang-H Essen 82–89, Aufbaustud Komp (H Lachenmann) MH Stuttgart 90–94. **Laufb:** Künstlerhof Schreyahn 89/90, Villa Massima Rom 94/95, Int Künstlerhaus 'Villa Concordia' Bamberg 01; Vertretungsprof f Komp H f M u Darst Kunst Frankfurt a M 02/03. **Pr:** ua Beethovenpr Bonn, Gaudeamus KompPr Amsterdam, Schneider-Schott-MPr. **Mitgl:** Gesell f Neue Musik. – **Komp:** Solo (f Vcl) 86, UA Bern 88; ... zur Nähe – voran (f großes Orch) 87/88, UA Bonn 89; ... kaum einen Hauch (f Klar, Vcl, Kl) 88, UA Bern 88; Vier Stücke (f Akk) 89, UA New York 89; Klänge Schatten (f KamEns) 89/90, UA Köln 90; Entwurf e Landschaft (f 5 Schlgz) 90–92, UA Köln 92; Wiederholte Annäherung (f Klar, Posm Vcl, Kl) 92(93, UA Amsterdam 93; Spiel/Abbruch (f Ens u Elektr) 93/94, UA Köln, Musik triennale 94 (Auftr: WDR); Halt! (f Ens) 95, UA Moskau 95; gekippte Genauigkeiten (f Orch m oblig Kl) 95/96, UA Darmstadt 96 (Auftr: Int Minst Darmstadt); gekoppelt – getrennt 97 (f Orch m 2 Kl), UA München, musica viva 97 (Auftr: BR, musica viva); Sieben Stücke n Gedichten v F Hölderlin u P Celan (f Vokalens u Instr) 94/95, UA Stuttgart 95; Vier Stücke (f Ens) 96, UA Melbourne 96 (Auftr: Ens Modern); Vorgespräch über Fragment (f Sopr, Kl) 97; getrennt – untrennbar (f Fl, Klar, Trom, V, Vcl, Schlgz) 98, UA Witten 98; ins weite ... (f AltFl, Ob, Klar, V, Va, Vcl, Schlgz, Kl) 98, UA Darmstadt 98; UA Ludwigslust 97; Schwebung u Strenge (f Kl) 91, UA Seoul, PanMusic-Fstv; in nomine ... (f Fl, Klar, V, Va, Vcl, Schlgz, Kl) 99, UA Nürnberg 99; Schwebende Form (f Fl, Klar, V, Va, Vcl, Schlgz, Kl) 99, UA Nürnberg 99; Streichtrio, UA Berlin 2000 (Auftr: Dtschld-Radio Berlin); Départ (f 4 Vokalstimmen nach Rimbaud) 2000, UA Dortmund 01; Tripelkonz (f Sax, Schlgz, Kl, Org) 02/03, UA Stuttgart 03 (Auftr SWR); Schumann ist der Dichter (f Orch) 04, UA Dortmund 04 (Auftr Philh Orch Dortmund); Départ, 2 Versuch über Rimbaud (f 6 Vokalstimmen, Pos, Schlgz), UA Wittener Tage f Neue Kammermusik 03 (Auftr WDR); Drei Sätze u Coda (f Sax, Schlgz, Kl), UA Berlin Musikbiennale 01 (Auftr Berlin Musikbiennale); paysage neuf (f Schlgz Solo), UA Saarbrücken, M i 21. Jh 01 (Auftr SR), Werk f vier Schlgzeuger 04. **Aufn/RF:** 'gekoppelt – getrennt', m SymphOrch Bayer RF, H-K Yim u S-T Kiebler (Kl); 'getrennt – untrennbar', m Ives Ens; 'Sieben Stücke n Gedichten v F Hölderlin u P Celan', m Neue Vokalsolisten Stuttgart, Ens Varianti, Ltg M Schreier; 'Schwebung u Strenge', m H-K Yim (Kl); 'Spiel/Abbruch', m Musikfabrik NRW, Ltg J Kalitzke; 'Wiederholte Annäherung', m Qua Avance; "... zur Nähe – voran', m Kölner RF-SinfOrch, Ltg D R Davies.

Birnstein, Renate M, Komponistin, Hochschullehrerin; Cranachstr 75, D-22607 Hamburg, T: (0 40) 89 39 76, F: 89 39 76; Hochschule f Musik u Theater, Harvestehuder Weg 12, D-20148 Hamburg [Hamburg 17.11.1946]. **Ausb:** Stud Klavier (M. Alvers) u Komposition (D. de la Motte G. Ligeti) MH Hamburg. **Laufb:** LAuftr MH Lübeck 73, LTätigkeit MH Hamburg seit 74, Prof (Komp, MTheorie) MH Hamburg seit 88. **Pr:** Stip Stift Künstlerhaus Boswil Schweiz, Pr Komp-Wettb Hitzacker 78, Bach-Pr-Stip d Stadt Hamburg 79, Stuttgarter Förderungspr 78, 'Rom-Pr' d Villa Massimo 82/83, Mgl Freie Akad d Künste Hamburg seit 88. – **Komp:** in terra (Chorw) 78, UA Hamburg, NDR-Chor 79; scatola (OrchW) 78/79; 5 Stücke f Streichorch 79/80; Sextett f 6 Ensembles (Orch); Oktett (KamM) 84, UA München, 'ars nova ensemble' Nürnberg, Dgt: H Heider 85; Streichqua 86; 5 Lieder f Sop u Orch nach A v Droste-Hülshoff 90/92; Les temps (Klavierzyklus) 94–01; Les formules magiques (Klaviertrio) 99. **AuftrKomp:** Oktett (KamM) f d 'ars nova ensemble' Nürnberg, UA München 84 (Auftr: BR).

Birsak, Florian, Pianoforte, Cembalo; Innsbrucker Bundesstr 22, A-5020 Salzburg, T: (06 64) 1 30 80 48, *florian.birsak@moz.ac.at* [Salzburg 27.11.1972]. Barock, Klassik **Ausb:** Stud Cemb, Fortepiano (L Brändle, A Spiri, K Gilbert) MH Mozarteum 88–96, Stud Cemb (L U Mortensen) MH München 97–99. **Laufb:** LBeauftr (GB, Cemb) Mozarteum. **Pr:** 3. Pr 7. Int Mozart Wettb Salzburg 99, 2. Pr Brügge 95. **Ens:** Bell'Arte Salzburg.

Birschel, Tilman, Sänger; c/o Oper an der Leine, Im Wiesenkampe 14, D-30659 Hannover. **Laufb:** Sol Op a d Leine Hannover seit SpZ 03/04. (Red)

Birve, Marie, Sängerin; c/o Marie Birve Musikproduktion, Rådmansgatan 11 A 2tr, S-21146 Malmö, T: (0 40) 23 38 79, F: 23 38 79, *mariebirve@hotmail.com*; *www.geocities.com/mariebirve/MarieBirve.htm.* **Ausb:** Post Dipl Vocal Training (L Sarti) Guildhall School of Music and Drama London 93–95, OpKs (Sarti) ebd 95–97, (L Watson) Nat Op Studio London 97–98. **Laufb:** Op Semplica in Malmö 92, Scott Op Glasgow 99, Neath Op Wales 99, Brit Youth Op Covent Garden, Linbury Th 2000, Queen Elisabeth Hall London, Buckingham Palace. **Pr:** Halbfinale 17. Int Hans Gabor Belvedere GesangsWettb 98, Gewinner Edwin Rund GesangsWettb Norwegen 94. – **UA:** J Johansson: 'Den yttersta dagen', UA Schwed Radio 2000.

Bischof, Andrea, Violine; Univ f Musik u darstellende Kunst, Institut Anton Bruckner, Anton-von-Webern-Pl 1, A-1030 Wien, T: (01) 7 11 55 48 01, *bischof@mdw.ac.at.* **Laufb:** Konzm u Sol Österr Bachsolisten, Doz (KamM) MH Wien. **Ens:** Concentus Musicus, Str-Qua 'Mosaiques'. (Red)

Bischof, Hubert, Sänger; Am Wembach 60, D-64354 Reinheim, T: (0 61 62) 8 13 57. **Laufb:** Sol Staatsth Darmstadt.

Bischof, Madeleine, Kontrabass-Querflöte; Hohrütistr 15, CH-6020 Emmenbrücke, T: 04 12 80 93 55. **Ens:** KONTRA-Trio. (Red)

Bischof, Rainer, Dr, Komponist; Canovagasse 7, A-1010 Wien, T: (01) 5 05 88 36 [Wien 1947]. **Laufb:** Generalsekr Wiener Symph. – **Komp:** 50 bereits aufgeführte Werke. **Sonst:** zahlr Schriften z Themenkreis M u Phil, z B 'Vom europäischen Geist: Gedanken z Musik u z Kunst'; Hg 'Ein Jahrhundert Wiener Symphoniker' 2000. (Red)

Bischoff, Andrea, Oboe, Hochschullehrerin; Rotseestr 20, CH-6006 Luzern, T: 04 14 20 23 42, F: 04 14 20 23 49, *andreabischoffch@yahoo.de*; Musikhochschule Luzern, Fak I, Zentralstr 18, CH-6003 Luzern [Schlieren 25.4.1972]. **Ausb:** Lehr u OrchDiplom (L Pellerin) MH Zürich 91–96, Konz- u Solistendiplom (H Holliger) MH Freiburg iBr 96–01. **Laufb:** Solooboistin Luzerner SinfOrch seit 97, Doz (Ob) MH Luzern. **Ens:** SinfOrch Luzern, Schweizer Nonett.

Bisegger, Ronald, Dirigent; Jungholzstr 22, CH-8050 Zürich, T: 0 13 11 72 03. (Red)

Biss, Jonathan, Klavier; c/o ICM Artists, 4–6 Soho Square, London W1D 3PZ, Vereinigtes Königreich [1980]. **Ausb:** Indiana University u Curtis Institute of Music Philadelphia. **Laufb:** ZusArb m Daniel Barenboim, Herbert Blomstedt, James Conlon, Charles Dutoit, James Levine u Neville Marriner. **Pr:** Leonard Bernstein Award 05 (Schleswig-Holstein MFstv). (Red)

Bissegger, Hansruedi, Klarinette; c/o ensemble für neue musik, Sekretariat, Hegibachstr 58, CH-8032 Zürich, T: 0 13 83 81 81, F: 0 13 83 82 14, *ensemble@access.ch*; *www.ensemble.ch* [1957]. **Pr:** 1. Pr. Int KamMusWettb Martigny 85. **Ens:** ensemble f neue musik, Philharmon Werkstatt Schweiz. (Red)

Bissinger, Rolf, Querflöte, Hochschullehrer; Dr. Hoch's Konservatorium, Hebelstr 15–19, D-60318 Frankfurt, T: (06) 9 15 00 40, F: 5 96 15 76, *mail@dr-hochs.de*; *www.dr-hochs.de.* **Laufb:** Doz (Querfl) Dr Hoch's Kons Frankfurt. (Red)

Bitter, Adele, Violoncello; c/o Deutsches Symphonie-Orchester Berlin, Charlottenstr 56, D-10117 Berlin, T: (0 30) 30 10 67 12 [Berlin 1973]. **Ausb:** Stud (Vcl) HfM Frankfurt/Main b Prof Gerhard Mantel, HfM Hanns Eisler Berlin bProf Josef Schwab. **Laufb:** Konzm Bad Staatskapelle Karlsruhe, SoloVcl Bad Staatsth Karlsruhe 99–2000, St SympchOrch Berlin seit 01. **Ens:** Danae Qua. (Red)

Bitterlich, Antje, Sängerin; Johannisstr 28, D-24937 Flensburg, T: (01 79) 3 97 65 08; Schleswig-Holstein Landestheater, Lollfuß 53, D-24837 Flensburg. **Laufb:** Sol Schleswig-Holstein Landesth u SinfOrch Schleswig. (Red)

Bitterlich, Tom, Sänger; c/o Städtische Theater, Käthe-Kollwitz-Str 7, D-09111 Chemnitz, PF 756, D-09007 Chemnitz. **Laufb:** Gastsol Städt Th Chemnitz SpZ 00/05. (Red)

Bittermann, Thomas, Gitarre, Hochschullehrer; Dr. Hoch's Konservatorium, Hebelstr 15–19, D-60318 Frankfurt, T: (0 69) 9 15 00 40, F: 5 96 15 76, *mail@dr-hochs.de*; *www.dr-hochs.de.* **Laufb:** Doz (Git) Dr Hoch's Kons Frankfurt. (Red)

Bittner-Kunstreich, Maike, Violoncello, Hochschullehrerin; Dr. Hoch's Konservatorium, Hebelstr 15–19, D-60318 Frankfurt, T: (0 69) 9 15 00 40, F: 5 96 15 76, *mail@dr-hochs.de*; *www.dr-hochs.de.* **Laufb:** Doz (Vcl) Dr Hoch's Kons Frankfurt. (Red)

Bittner, Gottfried, Klavier, Hochschullehrer; Dr. Hoch's Konservatorium, Hebelstr 15–19, D-60318 Frankfurt, T: (0 69) 9 15 00 40, F: 5 96 15 76, *mail@dr-hochs.de*; *www.dr-hochs.de.* **Laufb:** Doz (Kl) Dr Hoch's Kons Frankfurt. (Red)

Biwank, Christina, KM, Viola; c/o Dresdner Philharmonie, PF 120424, D-01005 Dresden. (Red)

Biyik, Cenk, Tenor; c/o Badisches Staatstheater, Baumeisterstr 11, D-76137 Karlsruhe, T: (07 21) 3 55 72 32, F: 37 32 23. **Laufb:** EnsMitgl Bad Staatsth Karlsruhe. (Red)

Bizzotto, Renato, Oboist; conVentus Bläserquintett, Ammannsmatt 4, CH-6300 Zug, T: 04 17 41 42 85, F: 04 17 41 42 85, *info@conventus.ws*; *www.conventus.ws.* **Ens:** conVentus Bläserquintett.

Bjarnason, Olafur, Tenor; c/o Staatstheater Braunschweig, Am Theater, D-38100 Braunschweig, PF 4539, D-38045 Braunschweig, *Olafur.Bjarnason@freenet.de*; *www.olafur-bjarnason.de* [Reykjavìk]. **Ausb:** Stud Gesang (M Horne, C Barlow) USA, (G Raimondi) Italien. **Laufb:** EnsMitgl Regensburg, Musikth Gelsenkirchen, Sol MTh Bonn, Gastsol Schillerth NRW Wuppertal-Gelsenkirchen SpZ 00/01, Th Regensburg SpZ 00/01, Staatsth Kassel SpZ 00/01, Gastsol Staatstheater Braunschweig SpZ 02/05, Karlsruhe, Köln, Island, Lettland, Uruguay, USA, Rollen ua Rodolfo, Manrico, Don José. **Pr:** Stip Met Op. (Red)

Bjelik, Martin, Prof mag phil, Komponist (bis 92), Arrangeur, Pauke; Burggasse 58/14, A-1070 Wien, T: (01) 5 23 82 98 [Wien 31.7.1940]. **Ausb:** Stud

Komp (K Schiske, Prof v Einem), Schlgz (R Hochrainer) Akad f M u Darst Kunst Wien 59–67, (Geschichte) Univ Wien, LA-Prüf (M, Geschichte) 64. **Laufb:** Mitgl NÖ-Tonkünstlerorch 65–2000, Paukist ebd seit 70. **Pr:** Pr d Wiener Kulturfonds 67 u 72, Förderungspr T-Körner-Stift 68, Förderungspr Stadt Wien 69, Förderungspr d Ldes NÖ 80. **Ens:** Mitgl Ens Kontrapunkte (Kl, Schlgz) seit 66. – **Komp:** Rondo f Kl u Schlgz (Xylophon u 2 Bongos), UA Wien 66; Konturen (Oktett f Kl, Fag, Hn, 2 V, Va, KB), UA Wien 74; Solostück f V, UA Feldkirch 80; Mobile f Orch, UA Wien 86. **AuftrKomp:** Verformungen, UA Wien, Ens Kontrapunkte, Dgt: P Keuschnig 92 (Auftr: Ges d MFreunde Wien); Nachtstück f Orch, UA Bregenz, Wiener Symph, Dgt: E Binder (Auftr: UnterrMinisterium, f d Bregenzer FSp). **Aufn/RF:** Trio in B, m Concordia Trio (ORF-Prod-Aufn 86).

Bjerno, Majken, Sängerin; c/o Oper Leipzig, Augustuspl 12, D-04109 Leipzig. **Laufb:** Sol Nationalth Mannheim, Op Leipzig seit SpZ 03/04. (*)

Björn-Larsen, Jens, Prof, Tuba, Hochschullehrer; Hochschule f Musik u Theater, Emmichpl 1, D-30175 Hannover [Kopenhagen 1965]. **Laufb:** Danisches Radio SymphOrch seit 87, Doz Royal Danish Conservatory of Music, Prof H f M u Th Hannover. **Pr:** 1. Pr Concours Int d'Execution Musicale in Genf 91. (Red)

Blacher, Kolja, Violine, Hochschullehrer; c/o Impresariat Sonia Simmenauer, Bornstr 12, D-20146 Hamburg, T: (0 40) 42 31 31 11, F: 42 31 31 13, (0 30) 80 90 63 69, *Sonia.Simmenauer@impresariat-simmenauer.de*, *mail@kolja-blacher.com*; c/o Hochschule f Musik u Theater Hamburg, Harvestehuder Weg 12, D-20148 Hamburg; *www.impresariat-simmenauer.de*, *www.kolja-blacher.com* [Berlin 1963]. **Ausb:** Juilliard School of Music New York (D De-Lay), Salzburg (S Végh) 85–87. **Laufb:** 1. Konzm d Philh Orch Berlin 93–99, Prof (V u KamM) MH Hamburg 99, Gast-Lt Camerata Bern.

Black, Lynton, Bass; c/o Bayerische Staatsoper, Brieffach, D-80075 München [Huddersfield, Großbritannien]. **Ausb:** Stud Royal Acad of Music London. **Laufb:** English Touring Op, English Bach Fstv, FSp Aix-en-Provence, 1. Bassist D'Oyly Carte Op seit 94, Sol Th Basel, Staatsop München, Th Royal de la Monnaie Brüssel SpZ 02/03. (Red)

Blacyczek, Annette, Sängerin; Sachsenstr 16, D-32756 Detmold, T: (0 52 31) 3 88 59, (01 77) 7 47 42 75. **Laufb:** Sol Landesth Detmold. (Red)

Bladerer, Michael, Kontrabass; c/o Wiener Philharmoniker, Bösendorferstr 12, A-1010 Wien. **Ens:** Sol Wiener Philh. (Red)

Blaha, Peter, Dramaturg; c/o Staatsoper Wien, Opernring 2, A-1010 Wien, T: (01) 51 44 40. **Laufb:** Dram Staatsop Wien SpZ 03/05. (Red)

Blaimschein, Franz, Komponist; Wilhelm-Neuber-Gasse 34, A-2380 Perchtoldsdorf, T: (01) 8 69 33 03, 06 99–12 02 51 03. – **Komp:** 'Die sieben Raben' (Kinder-Kantate f Kindergruppen, Ch, Kl, Rec, Git, Perc, Triangle, Xylophone, m Erzähler u versch Charakteren (Vater, Mutter, 7 Kinder, Schwester, Tiere d Waldes), ins Katalan übertr v M Martorell. (Red)

Blanchard, Sabine, Sängerin; c/o Theater Nordhausen, PF 100244, D-99722 Nordhausen. (Red)

Blanck, Kirsten, Sopran; c/o Balmer & Dixon Management AG, Kreuzstr 82, CH-8032 Zürich, T: 04 32 44 86 44, F: 04 32 44 86 49, *mail@badix.ch*; *www.badix.ch/voc/blanck.html* [Neumünster 1965]. **Ausb:** Stud (J Beckmann) H f Musik Hamburg. **Laufb:** ua: zahlr Konzauftritte, Bühnen Hansestadt Lübeck 85, 87–90, Staatsth Saarbrücken 86/87, Op Kiel 90–95, freischaff seit SpZ 95/96, Mozart: 'Die Zauberfl' (Königin d Nacht) in ganz Dtschld, Münchner OpFSp 95, Gastsp Japan m Staatsop Berlin, Wagner: 'Parsifal' Bayer Staatsop München, Bayreuther FSp 99' Der Rosenkavalier' (Sophie) Triest, San Francisco, Staatsop Wien 2000, 'Ariadne auf Naxos' (Zerbinetta) Scala Mailand, Dgt: G Sinopoli 2000, Sol Dt Op Berlin, Sächs Staatsop Dresden, Staatsop Wien, Th Dortmund SpZ 04/05, GastSol Th Bielefeld SpZ 04/05. **Pr:** Prtr versch Wettb, ua Bdeswettb Gesang Berlin. (Red)

Blank, William, Komponist, Perkussion; ch François-Chavaz 56, CH-1213 Onex, T: 02 27 93 14 01, *music@williamblank.net*; *www.williamblank.net* [Montreaux 1.8.1957]. **Ausb:** Stud (Perc, Komp, Kl) Kons Genf. **Laufb:** Doz (Perc) Kons Genf, Mitgl Swiss Romande Orch. **Pr:** 1. Pr KompWettb Genf 86. **Ens:** Ens Contretemps, Ens Linea. (Red)

Blanke, Heidi, Sängerin; c/o Theater Lüneburg GmbH, An den Reeperbahnen 3, D-21335 Lüneburg, T: (0 41 31) 4 21 00; *www.theater-lueneburg.de*. **Laufb:** Sol Op Hannover, Th Lüneburg ('Der Vogelhändler', Christel). (Red)

Blankenburg, Elke Mascha, Dirigentin. **Ausb:** Stud KiM, Chor u OrchLtg MH Heidelberg, Schlüchtern u Köln sowie b Hans Swarowsky in Wien ab 63. **Laufb:** Kirchenmusikerin an d Christuskirche Köln-Dellbrück 70–90, Grd d Chores 'Kölner Kurrende', Gastdgt in Frankreich, Italien, Holland, Schweiz, Österreich, Ungarn, Estland, Lettland, Litauen, Polen, Tschechoslowakei, Grd d 'Int Arbeitskreis Frau u Musik' (heute Sitz in Kassel) 78, künstl Lt d 1. 'Int Komponistinnen Fstv' in Bonn/Köln 80 (ua Wiederauff d 1. v einer Frau komponierten Op: 'La liberazione di Ruggiero' v Francesca Caccini, 1587–1640), Grd d 'Leonarda Ens Köln' 81 (UA vorwiegend v Vokalwerken aus Renaissance u Barock v Komponistinnen), UA d 'Orat nach Bildern d Bibel' v Fanny Mendelssohn 84, Grd d Clara Schumann Orch Köln (einziges professionelles FrauensymphOrch d BRD 86, Veranstaltung d 1. 'Int Komponistinnen-Fstv d Stadt Unna' u Grd d 'Fanny-Mendelssohn-Wettb' 87, Berufung als Dgt d Landesjugendorch d Landesmusikrat Niedersachen 88, Grd d Int Komponistinnenbibliothek d Stadt Unna 89, freie Dgt seit 90, künstl Lt d Forschungsprojektes 'Musikerinnen in d BRD' 91, Grd d Orch Clara Schumann m Gabriella Pallenberg 95, Grd u Lt Accad Musicale Europea Francesca Caccini in Rom 96, Tätigkeit als Publizistin u Referentin, Ausbau d Int Dirigentinnen-Archiv Köln IDAK, Gastprof Chordirigieren am Cons di Musica in Frosinone, Italien seit 02. **Pr:** 1. Pr m d Kölner Kurrende Chorwettb NRW 82, 2. Pr m d Kölner Kurrende Dt Chorwettb, Dirigierstip d Dt Musikrates 82, 3. Pr m d Kölner Kurrende Int Chorwettb Arezzo, Italien 86, Kulturpr 'Die besondere Frau' d Firma AVON – München f d Wiederentdeckung u UA d Werke v Komponistinnen 86, Ernennung z 'Stadtmusikerin' (Stip) d Stadt Unna 89, Silbermedaille m d Kölner Kurrende Int Chorwettb Riva del Garda, Italien 94, Verleihung d BVK am Bande durch d Bundespräsidenten Roman Herzog 99. – **Sonst:** E M Blankenburg: 'Dirigentinnen im 20. Jh' 03. (Red)

Blaser, Hans-Peter, Hochschullehrer; Hochschule Musik u Theater, Florhofgasse 6, CH-8001 Zürich, *hpblaser@bluewin.ch* [Bern 1.6.1952]. **Ausb:** Stud Kons Bern u Basel, Mstrkse (OrchDgt) Wien, Privatunterr (Komp) b Jean Balissat, Ausb NLP-Practitioner 97. **Laufb:** Doz (Dirig, BlasM) MH Winterthur Zürich seit 85, Doz MH Bern seit 86, künstl Ltg Markgräfler VerbandsblasOrch seit 97, Mitgl d Kantonalen MKommission, Vorstandsmitgl WASBE – Schweiz seit 84. (Red)

Blaser, Pierre-André, Tenor; rue de l'Ancienne-Poste 1, CH-1305 Penthalaz, T: 02 18 61 15 91. (Red)

Blasi, Angela-Maria, KS, Sopran; Franz Hainzl Artists' Management, PF 17, A-1043 Wien, T: (01) 5 86 45 36, F: 5 85 55 51, *office@hainzl.net*; *www.angelamariablasi.com* [New York]. Puccini, Mozart, Gounod, Lieder, Konzerte **Ausb:** Stud (D Parnell, S Riggs, J Metz) Loyola Uni of Los Angeles. **Laufb:** Eng Wiesbaden 82, STOP München 85, Salzburger FSp 85–87 ('Zauberflöte', Pamina), Mailand, Florenz, Wien, London, Met New York, Peking (Turandot), Genf, Sydney (Mme Butterfly), Gastsol Op Frankfurt SpZ 04/05. **Pr:** Prtr Met Op Comp, Bayer KS seit 94. – **Aufn/RF:** Video- u CD-Prod; 'La Bohème' (Conlon), 'Il re pastore' (Marriner), 'Samson' (Harnoncourt), 'Johannespassion' (Harnoncourt), 'Jahreszeiten' (Harnoncourt), Mahlers 8. Symph (Sinopoli).

Blasius, Martin, Bass; c/o Cecilia Music Concept – Franz-Georg Stähling, Brauweilerweg 183, D-50933 Köln, T: (02 21) 8 00 00 70, F: 8 00 00 71, *staehling@cecilia-cmc.de* [Schwelm 5.6.1956]. Oper, Oratorium **Ausb:** (b E Ilerhaus) Folkwang H Essen 76–83. **Laufb:** FestEng Gelsenkirchen, Hannover, Dt Op am Rhein Düsseldorf/Duisburg 91–96, freischaff ab 96, Gastsol Aalto-Th Essen, Sol Saarländ Staatsth Saarbrücken, Gastsol Städt Bühnen Münster SpZ 00/04, Landesth Linz SpZ 01/02, Gastsol Th Aachen SpZ 03/04, Th St Gallen SpZ 04/05.

Blattert, Susanne, Sängerin; c/o Oper Bonn, Am Boeselagerhof 1, D-53111 Bonn. **Ausb:** Stud Gesang (J Beckmann) MH Hamburg. **Laufb:** Debüt Gelsenkirchen (Hänsel) 88, Sol Aalto Th Essen, Op Bonn seit 97 (03/05), Gastsp Dtschld u int, Gastsol Th Aachen SpZ 04/05. **Pr:** Stip Gesang MH Hamburg, Preistr Würzburg, Stuttgart, Toulouse. (*)

Blau, Andreas, Flöte; c/o Berliner Philharmoniker, Herbert-von-Karajan-Str 1, D-10785 Berlin. **Laufb:** Sol Berliner Philh. (Red)

Blaumer, Mario, Violoncello; Reppersbergstr 34, D-66119 Saarbrücken, T: (06 81) 5 77 79; c/o Rundfunk-Sinfonieorchester, Funkhaus Hallberg, D-66100 Saarbrücken [München 1958]. **Ausb:** Stud b Jan Polasek, Valentin Erben u Heinrich Schiff. **Laufb:** Sol RF-SinfOrch Saarbrücken seit 1985, Dozent MH Saarbrücken. **Pr:** 1. Bundesprtr d Wettb 'Jugend musiziert', 'Europ Pr', Stip d Dt Musikrates u d Alban Berg Stift. **Ens:** Linos-Ens. (Red)

Blaumer, Stephan, Viola; c/o WDR Sinfonieorchester, D-50600 Köln [München 1957]. **Ausb:** Gaststud Richard-Strauss-Kons München, Stud (Va) i Berlin (R Moog) u Freiburg (U Koch). **Laufb:** Ens-Mitgl WDR SinfOrch Köln 80, Sol 97. (Red)

Blechinger, Alexander, Komponist; Hirschfeldweg 5, A-1130 Wien, T: (01) 8 04 61 68, F: 8 02 01 13, *schoene_neue_musik@surfeu.at*; *members.surfeu.at/schoene_neue_musik* [Wien 5.3.1956]. schöne neue Musik, klass, harmon Musik, Filmmusik **Ausb:** Stud Tonsatz (A Kubizek), Komp (F Cerha), Dirig (O Suitner), Schlgw (H Berger), Jazzschlgz (F Ocmez), Medienkomp (P Kont), Tonsatz (H Schenker, F Eibner), Korr (H Goertz), OpDirig (K Etti), Instrumentation (J M Dürr) MH Wien 75–85, daneben Kl (J Behar) u Ges (F Kubik). **Laufb:** künstl Lt 'Harmonia Classica' seit 82, Filmkomp ('Anne m den roten Haaren', 'Tao Tao') seit 83, Auff New Hampshire MFstv USA 94–2002, Int MFstv Kiev, Wiener FestW, Wiener Musiksommer, Fstv Europ Musik. **Pr:** Theodor Körner Pr. **Mitgl:** Osterr KompBund, Interessenverb Niederösterr Komp, IGZM, ÖGZM, Österr Musikrat, Musikergilde, AKM. – **Komp:** Song of Constitution, UA Wien, Gr Musikvereinssaal 87 u Alabama, USA 88; 2. Hn-Konz, UA Wien, Gr Musikvereinssaal; Fagottkonz, UA USA, Wien, Kiev, Int Double Reed Soc 97–98, 01; A space overture, UA New Hampshire 01 (Auftr: New Hampshire Music Fstv); La Fuerza Flamenca, UA Malaga 01; D Böse Sieben, UA Wien, KonzHaus 92; Violinkonz, UA Venezuela 96; 'Muhammeds Traum' (Ballett), UA Wien, Staatsop, 2000; Die Vertriebenen, UA Wien, Gr Musikvereinssaal 01; A Space Suite, UA New Hampshire 02; 1919 Märzgedenken, UA Wien 04; zahlr AuftrWerke f Film u Fernsehen, in- u ausländ Inst u versch Intpr. **Aufn/RF:** 5 LPs u 34 CDs, ua Heimatrecht ist Menschenrecht 2000 (Auftr: Dt Schulverein). **Sonst:** Grdg Harmonia Nova 82, später Harmonia Classica, Verein v Komp f schöne neue M. **Lit:** Who's Who, Österr Komp unserer Zeit, Musik-Jb, Der Produktionskay, Creation-Prod, Lex zeitgen Musik aus Österr.

Blechschmidt, Gert, Violine, Konzertmeister; c/o Neue Elbland Philharmonie, Kirchstr 3, D-01591 Riesa, PF 400102, D-01579 Riesa, T: (0 35 25) 7 22 60, *info@neue-elbland-philharmonie.de*; *www.neue-elbland-philharmonie.de*. **Laufb:** Konzm Neue Elbland Philharmonie Riesa. (Red)

Bleck, Holger, Direktor; c/o Wiener Kammeroper, Fleischmarkt 24, A-1010 Wien. **Laufb:** Dir Kammerop Wien seit SpZ 03/04. (Red)

Blees, Frank, Bassbariton; c/o Cecilia Music Concept – Franz-Georg Stähling, Brauweilerweg 183, D-50933 Köln, T: (02 21) 8 00 00 70, F: 8 00 00 71, *staehling@cecilia-cmc.de, Frankblees@aol.com*; *members.aol.com/KAlbert44/FrankBlees.html* [Neunkirchen, Saarland]. Wagner u Strauss **Ausb:** Stud Kons Saarbrücken, privat b E Köth, G Kuchta, W Berry; Mstrkse b B Nilsson, R Alexander u T Sharpe. **Laufb:** Eng Op Kaiserslautern u St Pölten, Mitgl Ens 'Opera Forum Jong' Enschede (NL) 88–90, freischaff seit 88, Auftr Wiener KonzHaus 99, Teatro Massimo Palermo 01, Teatro Carlo Felice Genova 2002, OpKonz Kärnten u Ferrara, Op Leipzig, Gast Tbilisi/Georgien, Gastsol MTh im Revier Gelsenkirchen SpZ 04/05, Th Bielefeld 05.

Bleicher, Stefan J, Prof, Hochschullehrer, Orgel; H Musik u Theater, Hirschengraben 46, CH-8001 Zürich, *info@stefanjohannesbleicher.de*. **Laufb:** Prof HMT Zürich. (Red)

Bleidorn, Matthias, Tenor; Rostocker Str 1, D-03046 Cottbus, T: (0 35 55) 47 49 51. **Laufb:** Sol Staatsth Cottbus SpZ 03/05. (*)

Blendinger, Herbert, Prof, Komponist; Luigi Kasimirgasse 30, A-8045 Graz, T: (03 16) 69 11 74, F: 69 11 74 [Ansbach 3.1.1936]. **Ausb:** Staatsexamen Komp (F Y Lehner), Va (G Schmidt) MH München 61. **Laufb:** Solobratschist Rheinisches KamOrch Köln 62, Solobratschist Bamberger Symponiker 63, Solobratschist Bayer Staatsop München 67–81, Doz f KamM MH Würzburg 80, Prof (Va, KamM) MH Graz 81, Em 88. **Pr:** Saltirc Cup Edinburgh 60, Förderungspr Stadt Nürnberg 62, Düsseldorf 67, München 75, Staatl Förderungspr d Landes Bayern 67. – **Komp:** 'Concerto tonale' f Vcl u Orch op 22 (Konzertmusik), UA München 73; Konz f Streichqua u Orch op 24 75, UA München, Sinnhoffer Quartett, Bayer Staatsorch, Dgt: W Sawallisch 76; 'Media in vita' Symph Szenen op 35 (Oratorium), UA München, Bayer Staatsorch, Dgt: W Sawallisch 80 (Auftr: Bayer Staatsop München); Konz f Va u Orch op 38 81, UA Recklinghausen, H Blendinger, Westf SymphOrch, Dgt: K A Rickenbacher 83; Streichseptett op 41 (zugeeignet: Salzburger Solisten); Konz f Kl u Orch op 42, UA Nürnberg, E Gröschel, Nürnberger Symph, Dgt: K Seibel (zugeeignet: E Gröschel); Suite f Hfe op 43 (zugeeignet: G Herbert); Versuchung op 46 (Kammerop) 85/86; Requiem op 75 (Oratorium), UA Graz, Domchor Graz, Dgt: J Düller 2000.

Blenner, Serge, Komponist; Löwenstr 30, D-20251 Hamburg, T: (0 40) 42 10 24 23, *serge@blenner.com*; *www.blenner.com* [Mulhouse 23.4.1955]. **Ausb:** Stud (Komp) Kons Mulhouse. – **Aufn/RF:** La Vogue, 80; Magazin Frivole, 81; Fracture Interne, 82; Plaisir Ardent, 85; La Dimension Prochaine, 86; Les Architectes du Temps, 87; Equateur, 88; Musique Esthétique, 88; Cosmos, 90; Babylone, 91; Libération, 92; Musique Esthétique Vol 2, 93; Sympolique, 93; Vision et Poésie, 95; Amour, 97; Ars Oratoria, 99; Virualis, 01; Miroir de Soi 04.

Bley, Stefan, Dipl.-Sänger, Hochschullehrer; Grüner Graben 10, D-02826 Görlitz, T: (0 35 81) 31 52 15, F: (0 35 81) 31 56 51, *Stefan.Bley@t-online.de* [Meißen 4.5.1954]. Oper/Oratorium **Ausb:** Stud (Gesang) MH Dresden 72–77, Meisterkl (Gesang) MH Berlin 78. **Laufb:** Solist (Bass) Th Görlitz seit 78, Doz (Singen, Sprechen) H f KiM Görlitz seit 88.

Bloch, Boris, Prof, Klavier, Hochschullehrer; Wilhelmstr 9, D-45219 Essen, T: (0 20 54) 97 14 15, F: 97 14 16; c/o Konzertdirektion Tobischek, Zimmermannstr 59, D-45239 Essen, T: (02 01) 8 40 51 75, F: 8 40 51 76, *tobischek@arcor.de* [Odessa]. **Ausb:** Stud (D Bashkirov) Tschaikowsky Kons Moskau, Abschluß 73. **Laufb:** Sol der Dtschld-Tournee d Jungen Dt Philh, Dgt: K Kondrashin (ua Berliner FestW) 80, Prof (Kl) Folkwang-H Essen seit 85, Liszt-Kl-Abende z 100.Todestag Carinthisches Sommer Fstv, Philh Berlin, Schauspielhaus Berlin, Tonhalle Düsseldorf, Kl-Fstv Bergamo u Bescia 86, musikal Lt Op Odessa 93–95, Kl-Kurs Int Sommerakad Mozarteum Salzburg seit 90, Kl-Kurs Musik-Sommerks Franz-Liszt-H Weimar seit 96, Europ Liszt-Nacht Weimar 99, Juror nat u int Kl-Wettb. **Pr:** 1. Pr Young Concert Artists Int Auditions New York 76, Silbermed Artur Rubinstein Piano Masters Competition Tel Aviv 77, Premio Busoni Concorso Busoni Bozen 78, Grand Prix Int du Disque Liszt 90, Pr 'Excellence Disque', Goldene Ehrennadel Int Liszt-Ges Wien. – **Aufn/RF:** Liszt: Opernparaphrasen; Mussorgsky: Klavierwerk; Busoni: Klavierkonzert, Dgt: C Eschenbach. **Lit:** Filmporträt Erstes Russisches öffentl-rechtl Fernsehen (ORT) 97. (Red)

Bloch, Rüdiger, Intendant; c/o Vorpommersche Theater & Sinfonieorchester GmbH, Anklamer Str 106, D-17489 Greifswald, PF 3114, D-17461 Greifswald, T: (0 38 34) 5 72 20, F: 5 72 22 42, *theater@t-online.de*; c/o Vorpommersche Theater & Sinfonie-Orchester GmbH, Olof-Palme-Pl, D-18439 Stralsund, T: (0 38 31) 2 64 60, F: 2 64 61 05; *www.theater-vorpommern.de*. **Laufb:** Intend Th Greifswald-Stralsund seit SpZ 03/04.

Bloch, Werner, dipl. Violinlehrer, Dirigent, Musikwissenschaftler; Franz-Lang Weg 16, CH-4500 Solothurn. **Laufb:** Dipl VLehrer Kons Basel 37, pens L (V, Va d'amore, Blockfl), Lt MSchule Stadt Solothurn bis 75, 2 Jahre ISME_vorstandsmitgl u Lt ISME-Kongress Montreux. **Pr:** Kulturpr Regierungsrat d Kantons Solothurn, Ehrenmitgl STV. **Mitgl:** Präs Ortsgruppe Solothurn, Schweiz MPäd Verb (SMPV), Ehrenpräs SMPV, Grd u Vorstandsmitgl D-A-C-H (MVerbd d dtschspr Lder).

Blochwitz, Hans Peter, Sänger; Hochschule der Künste, Papiermühlestr 13a, CH-3000 Bern 22, T: 03 16 34 93 93, F: 03 16 34 93 90, *musik@hkb.bfh.ch*; c/o Volksoper Wien, Währinger Str 78, A-1090 Wien, T: (01) 51 44 40, F: 5 14 44 32 15, *office@volksoper.at*. **Laufb:** H f M u Th Bern-Biel 02/03, Sol Volksop Wien SpZ 03/04. (Red)

Bloemeke, Karl-Heinz, Prof, Hochschullehrer, Dirigent; Hindenburgstr 27, D-32760 Detmold, T: (0 52 31) 56 55 16; Hochschule f Musik, Neustadt 22, D-32756 Detmold, T: (0 52 31) 97 56 31, F: 97 59 72 [Düsseldorf 4.7.1949]. **Ausb:** NWD Musikakad Detmold, Kapm-Stud, weitere Stud b H Swarowski, Wien, u F Ferrara, Rom. **Laufb:** Kapm Bielefeld, Coburg 73–78, stv GMD StaatsTh Darmstadt 78–81, stv GMD NationalTh Mannheim 81–85, Prof (Dirig) H f M Detmold u Ltg H-Orch ebd seit 85, Chefdgt Folkwang KamOrch 91–2000, Gastdgt Karlsruhe, Hannover, Düsseldorf 91–97, Konzertreisen: ges europ Ausland, USA. **Pr:** Förderpr d Landes NRW 77. **Mitgl:** JMD, Mitgl Ausschuss DOW im DMR, Mitarbeit Dirigentenforum d DMR.

Blömer, Rüdiger, Komponist; Bismarckstr 25, D-52066 Aachen, T: (02 41) 5 49 47, *ruedigerbloemer@web.de*; *www.ruediger-bloemer.de* [Mönchengladbach 15.11.1960]. zeitgen Musik **Ausb:** Stud V MH Köln/Aachen 82–88, Tonsatz, Komp (Nobis) ebd 88–92. **Laufb:** Doz (MTheorie) MH Köln/Aachen seit 92. **Pr:** Otto Ditscher KompPr 95. – **Komp:** Dezentral, UA Musikfabrik NRW 95; Viderunt omnes fines terrae (Orat), UA Mönchengladbach 2000; STRAVA XI (Klar,Sax, Tapes u Tanz), UA Ens Mönchengladbach 01. **Aufn/RF:** CDs: Stravaganze; Sektionen.

Blohn, Sabine von, Sängerin; Saarländisches Staatstheater, Schillerpl 1, D-66111 Saarbrücken. **Laufb:** Mitgl im Opernch d Saarländ Staatsth m Soloverpflichtung seit 87. (Red)

Blomann, Karl-Heinz, Komponist; Effmannstr 14, D-45239 Essen, T: (02 01) 4 90 26 72, *Karl.blomann@t-online.de*; *www.mediatec-online.de/aspects* [Herne 11.9.1955]. **Laufb:** in versch künstl Bereichen tätig seit 73, Grdg Plattenlabel AufRuhr Records 83, Tourneen, Teilnahme Next Wave Festival New York, Hörspielproduktionen, Theater- u Filmmusiken. **Pr:** DGB-Kulturpr 89. – **Komp:** Aspects of Law and Order, UA Dortmund 97, sowie 'Maschinenstürmer', 'Maschinenhaus in leeren Hallen'. **AuftrKomp:** Menschen unter dem Mond, UA Herne 91 (Auftr: 24. ev Kirchentag); Mécanique Mon Amour, UA Essen 93 (Auftr: Rhein Musikfest 93). (Red)

Blomann, Ulrich, Komponist; Albertstr 13, D-44649 Herne, *UBlomann@aol.com*; An der Dommelmühle 1, D-34508 Willingen/Rattlar, T: (0 56 32) 92 77 74; *ab-art-ensemble.de* [Herne 5.10.1957]. Neue Musik **Ausb:** Saxophon- u Kompositionsstud Graz, Hamburg u New York. **Laufb:** E-Komponist: int KonzTätigkeit m Ensembles zeitgen Musik, Doz (Musiktheorie) U Dortmund. – **Komp:** Particell Da Requiem, UA Leverkusen 91; Kontaktion 1, UA München, 25. Ev Kirchentag 93; Kontaktion 2, UA Hamburg, 26. Ev Kirchentag 95; sowie Kmk, Werke f Orgel, Radio- u TV-Auftragskompositionen.

Blomberg, Tilmann von, Sänger; Hufelandstr 9, D-10407 Berlin, T: (0 30) 42 85 66 68. **Laufb:** Gast-Sol Th Bielefeld SpZ 00/01, Gastsol Neuköllner Op. (Red)

Blomenkamp, Thomas, Komponist; Wienenweg 24, D-40670 Meerbusch, T: (0 21 59) 27 78, F: 27 78, *tho.blo.comp@gmx.net*; *www.meerbuscher-kulturkreis.de/kuenstlergalerie/musik/blomenkamp.htm* [Düsseldorf 25.5.1955]. Lied, Kammer- u Orchestermusik, Musiktheater **Ausb:** Stud (Kl) Robert Schumann-H Düsseldorf 75–82, Stud (Komp) Staatl MH Köln 75–81. **Laufb:** freischaff seit 82. **Pr:** Förderpr Land NRW 82, Int KompWettb Budapest 83, Duisburger MPr 94. – **Komp:** 4 Lieder f Sop u 6 Instr, UA Salzburg 82; 3 Fragmente f Bläserqui, UA Budapest 84; Szene f Oktett, UA Düsseldorf 86; Symph Satz f Orch, UA Düsseldorf 94; Torso u Canto f 16 Str, UA Essen 97; Penta f Fl, StrTrio u Harfe, UA Venlo 96; 'Der Idiot' (Op), UA Krefeld 01; 3 Gesänge f Bass-Bar u Orch, UA Detmold 02; M f V, Vcl, Kl u Orch, UA Bad Salzuflen 04; 3 Stücke für 4 V, 2 Va und 2 Vcl, UA Berlin 04. **Sonst:** Ausstellung zu Leben und Werk, Zentralbibliothek Düsseldorf 05.

Blomstedt, Herbert, Dr hc mult, Dirigent, Kapellmeister; c/o Künstler-Sekretariat am Gasteig, Rosenheimer Str 52, D-81669 München, T: (0 89) 44 48 87 90, F: 4 48 95 22, *team@ks-gasteig.de*; *www.ks-gasteig.de*. **Ausb:** Stud Königl Kons Stockholm, U Uppsala, Stud (Dirig) Julliard School of Music New York, (zeitgen M) Darmstadt, (Renaissance- u BarockM) Schola Cantorum Basel. **Laufb:** Debüt als Dgt m Stockholmer Philh Orch 54, ChefDgt Philh Orch Oslo, Dän u Schwed RSO bis 83, ChefDgt Staatskap Dresden 75–85, Gastdgt ua Bamberger Symph, Berliner u Münchner Philh, Concertgebouw Orch Amsterdam, London Philh, Chicago u Boston Symph Orch, New York u Los Angeles Philh, Israel Philh Orch, Ehrendgt NHK-Symph Orch Tokio, Konz m San Francisco Symph Orch, MD ebd 85–95, Edinburgh, Salzburg, München, Luzern m San Francisco Symph Orch, Tourneen Europa 90, 93, 95, ChefDgt NDR-SinfOrch Hamburg 96–98, Kapm Gewandhausorch Leipzig 98–05. **Pr:** mehrf Dr hc, Gr VK 03. **Mitgl:** Königl-Schwed MAkad. – **Aufn/RF:** LPs m Staatskap Dresden über 130 Werke, ua Beethoven u Schubert: alle Sinfonien; C Nielsen: Orchesterwerke, m Dän Radio-SinfOrch; J Sibelius u C Nielsen: alle Sinf, m San Francisco SymphOrch; zahlr CDs m Gewandhaus Leipzig; Werke v B Bartók, J Brahms, A Bruckner, R Wagner, F Chopin, E Grieg, P Hindemith, F Mendelssohn-Bartholdy, C Orff, R Strauss.

Bloos, Tobias, Violoncello; c/o Cornelia Gartemann, Jagowstr 8, D-10555 Berlin; c/o NDR Radiophilharmonie, Rudolf-von-Bennigsen-Pl 22, D-30169 Hannover [1976]. **Laufb:** stv Sol NDR RadioPhilh Hannover. **Pr:** Eduard-Söring-Pr 96, Stip Dt Musikwettb KamM 98. **Ens:** Trio Germinal seit 92. (Red)

Bloser, Wolfgang, Prof, Hochschullehrer, Klavier; Hölderlinweg 27, D-73730 Esslingen, T: (07 11) 3 00 71 31, F: 3 00 51 66, *Wbloser@aol.com*; Hochschule f Musik u Darst Kunst, Urbanstr 25, D-70182 Stuttgart; *wbloser-pianist.de* [Mühlacker 26.12.1947]. **Ausb:** Klavierkse (F Wührer, H Leygraf), Stud Kl (L Gierth) MH Stuttgart 72–76. **Laufb:** Konz m G Albrecht in Ingolstadt u Tonhalle Zürich 77, Konz m K Münchinger ua b Würzburger Mozartfsp 77–80, LAuftr Staatl H f Musik Trossingen 79–96, Prof (Kl) Staatl H f M u Darst Kunst Stuttgart 96. **Pr:** 1. Pr Mendelssohn-Bartholdy Berlin 76. – **Aufn/RF:** LP: Werke v F Liszt 77; Werke v F Liszt u M Mussorgsky (Prod ZDF); B Bartók: Konz m Münchner Philh Dgt: G Albrecht.

Blovsky-Miller, Adelheid, Prof, Hochschullehrer, Harfe; Univ f Musik u Darst Kunst, Inst f Streich- u andere Saiteninstrumente, Seilerstätte 26, A-1010 Wien, T: (01) 7 11 55 23 00/23 15, F: 7 11 55 23 99, *blovsky-miller@mdw.ac.at.* Streich- u Saiteninstr **Laufb:** o Uprof (Hfe) U f Musik u Darst Kunst Wien. (Red)

Blovsky, Hilde, Prof, Hochschullehrerin; Univ f Musik u Darst Kunst, Inst f Streich- u andere Saiteninstrumente, Seilerstätte 26, A-1010 Wien. **Ausb:** Prof U f Musik u Darst Kunst Wien. **Laufb:** Prof. (Red)

Bluebone *siehe* Haussner, Gert

Blüml, Georg, Sänger; c/o Städtische Bühnen Münster, Neubrückenstr 63, D-48143 Münster. **Laufb:** Sol Freies Landesth Bayern Miesbach SpZ 03/04, Th Münster. (Red)

Blum, Dominik, Dirigent, Pianist, Keyboarder; Schlosserstr 28, CH-8400 Winterthur, T: 05 22 22 03 66, F: 05 22 22 03 66, *domi@dominikblum.ch, domiblum@chroma.ch*; *www.dominikblum.ch* [Adliswil 24.9.1964]. Zwölftonmusik, Serialismus, zeitgen Improvisation, Elektronik **Ausb:** Stud (Kl) Winterthur 84–87, dass (U P Schneider) Bern 87–90, Chor/EnsLtg (K Scheuber) ebd 85–90, OrchLtg (T Yeh) ebd 95–97. **Laufb:** Dgt Stadtth Bern, Tourneen: Puschin (Rußland) 95, Polen/Ukraine (Ens f neue Musik Zürich) 97, Argentinien/Paraguay 98, Rußland/Aserbaidschan 99, div Tourneen m Steamboat Switzerland durch Europa, USA, Kanada; Duo Camenisch-Blum 01, Raving Song System 02, KonzReihe Paralleluniversum Gaswerk Winterthur 02. **Pr:** Kulturförderpr Stadt Winterthur 98; Kulturpr Kulturstift Winterthur 01. **Ens:** Steamboat Switzerland. – **Aufn/RF:** R Irman: Schwarzes Glück, DRS Zürich 90; H Meier: Klavierwerke, Ersteinsp 2000/CD 01. **UA:** R Irman: Schwarzes Glück 90; div Werke v S Hayden u K Powell, ua 'dB' f Hammond, E-Bass, Drums 68; D Dramm: Orange Slice, UA Niederlande, Belgien, Dtschld 2000. **Zug:** Werke f Sechzehnteltonkl v M Kilchenmann, M Imholz, U P Schneider, B Pröve. **Sonst:** Grdg Steamboat Switzerland 95; Auftr an F Profos: large composition Nr 1, UA Gaswerk Winterthur 03; Auftr an T Läubli: Werk f Sax u Hammond-Org, UA Qbus Uster 03. **Lit:** Musiktexte 07/03, R Schönenberger: Über die Ästhetik v Steamboat Switzerland.

Blum, Pia, Klavier, Komponistin; Efringerstr 19, CH-4057 Basel, T: 06 16 81 69 64, F: 06 16 81 69 64, *pia-blum@bluewin.ch* [Dagmersellen, Schweiz 7.8.1967]. zeitgen Musik **Ausb:** Stud Kl (E Rademacher), Impr u Komp (U P Schneider) MH Bern, (W Fähnrich) MH Basel, Unterr b M Schroeder. **Laufb:** Int Ferienkse Darmstadt 99, Auff v M Feldman: 'Triadic Memories' b Forum Neue M Luzern, Auftr als Pianistin b d europ Kl-L-Tagung. **Pr:** Emmy-Herz-Diemand-Pr f zeitgen M MH Wien. **Ens:** V-Duo m P Sonderegger, Impr-Duo m S Feingold. **Mitgl:** Schweizer Tonkünstlerverein, FMF (Frauenmusikforum), SMPV. – **Komp:** 'Portrait' (V, Tonband, Kl), UA Atelier Gusewski Runenberg 02; 'Adagio' (Fl, Kl), UA Lyceum-Club Basel 01; 'Omnia tempus habent' (Fl), UA Kath Erwachsenenbild Basel 02; 'Verrückt nach Licht' od 'Ich verlasse mich auf Gott' (Org, Kl) 02. **AuftrKomp:** 'Collage à M Duchamp' (6 KB), UA MAkad Basel 2000 (Auftr: C Brunner). **Aufn/RF:** 'Grün', Kunstraum Riehen (Beyeler Mus), f D v Rechenberg (CD); M Feldmann: 'Triadic Memories' (Radio LoRa Zürich 02, CD 04). **UA:** z B T Müller: 'Wiegenlied', 'Rast'; P Sonderegger: '73 Pezzi degli Scrovegni'. **Zug:** T Müller: 'Rast'; H N Kuhn: 'Gehörbildung'; M Schroeder: 'Ohne Titel'. **Sonst:** Performance, spartenübergreif Projekte (m M Prinzhorn) Akad d Bild Künste Wien, Improvisationskonzepte. **Lit:** mehrere Zeitungskritiken.

Blumberg, Thorsten, Pauke, Schlagzeug; c/o WDR Rundfunkorchester, D-50600 Köln. **Laufb:** stv Sol WDR RundfunkOrch Köln. (Red)

Blumeier-Braun, Christiane, Sängerin; Patriotischer Weg 86, D-18057 Rostock, T: (03 81) 66 98 91; c/o Volkstheater Rostock, PF 102215, D-18004 Rostock. **Laufb:** Sol Volksth Rostock.

Blumenthal, Myjala *siehe* Pansegrau, Maike

Blumenthaler, Volker, Komponist; Hastverstr 25, D-90408 Nürnberg, T: (09 11) 36 38 54, F: 3 60 97 30, *info@volker-blumenthaler.de*; *www.volker-blumenthaler.de* [Mannheim 1951]. Kammermusik, Lied, Kammeroper **Ausb:** Stud Vcl, Komp, Tonsatz (H Vogt, J Baur) Mannheim u Köln. **Laufb:** Einl d H W Henze z 'Cantiere int d'arte' Montepulciano/Italien 77 u 82, Int Ferienkse f Neue Musik Darmstadt 94 u 98, Cross-Sound-Fstv Juneau Alaska 2000, LBeauftr (Theorie) MH Köln seit 79, Doz (Komp, Theorie) H f M Nürnberg-Augsburg seit 92, Mitorgan Tage f Neue Musik Nürnberg, Gastvorl in Taiwan 90 u USA (Harvard) 97. **Pr:** Stip Dt Akad Villa Massimo Rom 82, 1. Pr Förderpr Stuttgart, Bernd-Alois-Zimmermann-Stip Köln, Pr 'Concours Int d Comp Musicale Op & Ballet Génève' (f Sinfonie 'Leviathan') 87 ua. – **Komp:** SPEC (f Erhu solo u KamOrch) 2000, UA Cross Sound-Fstv Juneau Alaska 2000; Labili arti f 3 Blockfl u Akk 01, UA Donaueschingen 02; ricalda, ricresce, rigonfia f Erhu, Vcl u Kayagûm 02, UA Darmstadt 02; inbilderzerfliessend (f KamEns) 03, UA Künstlerhaus Hannover, Ens PHORMINX, 03 (Auftr GNM Hannover); hoti chronos (f S u Ens) 04, UA Wiesbaden 05 (Auftr Fondation M. von Cronenbold). **Sonst:** 'Streifzüge' Komment z Neuer Musik 2000; 'D Hölderlin-Metapher', Zwischen/Töne – Neue Folge Bd 1, 02; '2 x 2' CD Blumenthaler/Meijering 05. **Lit:** H-W Heister: 'Zerbrechlichkeit u Ausbruch. Der Komp V B' Musik Text 25, 88; Klangraum: '40 J Neue Musik Köln 45–85', 91; J Krämer: 'Der Komp V B', in: Komp d Gegenwart (KdG), 4/03.

Blumina, Elisaveta, Klavier; c/o Konzertagentur Heide Stock, Mesmerweg 2, D-30655 Hannover, T: (05 11) 3 94 31 14, F: 3 94 31 15, *heide.stock@gmx.de*; *www.heidestockagentur.de.* (Red)

Blunier, Stefan, GMD, Dirigent, Generalmusikdirektor; c/o Konzertdirektion Hans Ulrich Schmid, Königstr 36, D-30175 Hannover, PF 3409, D-30034 Berlin, T: (05 11) 3 66 07 60, 3 66 07 27, 3 66 07 69, F: 3 66 07 34, *mail@kdschmid.de, ep@kdschmid.de*; *www.kdschmid.de* [Bern 1964]. **Ausb:** Stud Kl u Komp Bern, Stud Dirig (Prof Peters) Folkwang-H Essen ab 84. **Laufb:** Korr u 2. Kapm Mainz, 1. Kapm Augsburg u NatTh Mannheim, GMD Staatsth Darmstadt 01–11, NDR-SinfOrch Hamburg, Gastdgt Staatsop Hannover, MKollegium Winterthur, RSO Frankfurt, Radio Philh Hannover 2002/03, Dgt Kom Op Berlin SpZ 04/05, Staatsop Hamburg SpZ 04/05, Op Leipzig. **Pr:** Gewinner int DgtWettb Berlin (Ferenc Fricsay Wettb) u Salzburg. (Red)

Blunk, Yvonne, Sopran; c/o Kammeroper Dresden, Bayreuther Str 8, D-01187 Dresden. **Laufb:** Gast-Sol KamOp Dresden SpZ 00/01, EnsMitgl ebd 03/05. (Red)

Bluth, Sebastian, Bariton; Schulzestr 14, D-13187 Berlin, T: (0 30) 4 78 33 62, F: 4 78 33 62 [Berlin]. Lied, Oratorium, Oper **Ausb:** Stud (Ges) H f M 'Hanns Eisler' Berlin 91–98, Liedklasse (D Fischer-Dieskau) H d Künste 92–97. **Laufb:** Schubertiade Feldkirch 96 u 98, Wiederaufbaukonz Frauenkirche Dresden 98, Israel-Tournee 99/2000, Bachwoche Ansbach 2000 u 03, Brandenburgische Sommerkonz 01, Dresdener Musikfsp 03. **Pr:** Liedpr f Interpretation Nürnberger Meistersängerwettb 99. – **Aufn/RF:** CDs: Schumann: Lieder 98; Brüggemann: Lieder 2000; Bach: Kantaten, Windsbacher Knabenchor, Dgt: K F Beringer 2000; Lehar: Tatjana (rom Op in 3 Akten), RF-SinfOrch Berlin, Dgt: M Jurowski 01; div RF-Aufn; Gebel: Johannes-Passion, Dgt: L Rémy 02; C P E Bach: Matthäus-Passion (Weltersteinsp) 03. **UA:** H Breuer: Liedbearb. m Bachakad Berlin. **Lit:** Porträt April 01 ORB u WDR.

Boainain, André, Prof, Hochschullehrer (Klavier); Augartenstr 17, D-76137 Karlsruhe. **Laufb:** Prof MH Karlsruhe seit 83, Teilprof (Kl) H f M u Th Hamburg seit 99. (Red)

Bobach, Björn, Opern- und Konzertsänger; Wirtsgrund 24, D-06450 Coburg, T: (0 95 61) 42 74 00, (01 70) 3 03 17 21, *bjoernb@mac.com*; *www.bjoernbobach.de.* Oper **Ausb:** Stud Ges (E Wiens) Robert-Schumann-H Düsseldorf 95–98; Darst Kunst, Ges, MTh (P Maus) H d K Berlin 98–01. **Laufb:** während Stud Gast ua Op Köln, RIAS Berlin; 2 Jahre Kölner OpStudio m zahlr Rollen auf Hauptbühne u in Kinderop 01–03, freischaff Gastiertätigkeit an div Th, OpStudio Op Köln 01–03, Sol Th Coburg SpZ 04/05. **Pr:** Stip Richard-Wagner-Verb, Stip Acad Musicale de Villecroze. – **Aufn/RF:** Hindemith: Operntriptychon, m RIAS Jugendorch, Deutschlandradio, Dgt: H Bäumer 98.

Bobby, James, Sänger; Sunset Lodge, Cuddesdon, Oxford OX44 9EU, Vereinigtes Königreich, T: (0 77 60) 36 27 73, *jamespbobby@hotmail.com*; c/o Theater Biel Solothurn, Theatergasse 16–18, CH-4500 Solothurn. (Red)

Bobro, Bernarda, Sängerin; c/o Stadttheater Klagenfurt, Theaterpl 4, A-9020 Klagenfurt; c/o Volksoper Wien, Währinger Str 78, A-1090 Wien. **Laufb:** Sol Volksop Wien, GastSol NOB SpZ 00/05, Sol Stadtth Klagenfurt SpZ 03/05. (Red)

Bocelli, Andrea, Sänger; c/o Opernhaus Zürich, Falkenstr 1, CH-8008 Zürich. (Red)

Bocharova, Oxana, Sängerin; Hessisches Staatstheater, PF 3247, D-65022 Wiesbaden. **Laufb:** Sol Hess Staatsth Wiesbaden. (*)

Bock, Hans Jörg, Sänger; Kleiberweg 27, D-74821 Mosbach, T: (01 70) 3 21 33 16; c/o Pfalztheater, Willy-Brandt-Pl 4–5, D-67655 Kaiserslautern. **Laufb:** Sol Th Hof SpZ 03/04, Gastsol Schleswig-Holstein Landesth u Sinfonieorch Schleswig, Gastsol Eduard-von-Winterstein-Th Annaberg, Pfalzth Kaiserslautern. (Red)

Bockelmann, Thomas, Intendant; c/o Staatstheater Kassel, Friedrichspl 15, D-34117 Kassel. **Laufb:** GenIntend Städt Bühnen Münster SpZ 03/04, Intend Staatsth Kassel ab SpZ 04/05.

Bockschweiger, Manfred, Trompete, Hochschullehrer; Fasanenweg 10A, D-64380 Roßdorf, T: (0 60 71) 95 16 77, F: 95 16 77, *Bockschweiger@t-online.de* [Freising 22.3.1966]. Klass Musik, Sinfonik, zeitgen Musik **Ausb:** Stud (P Lachenmeir) MH München 83–91. **Laufb:** Orch (Trp) StaatsTh Darmstadt seit 93, Doz (Trp) Akad f Tonkunst Darmstadt seit 97, Doz (Trp) MH Nürnberg-Augsburg 03–04. **Pr:** Kultur-Förderpr Landkreis Freising 91. **Ens:** DA's Blech. – **Aufn/RF:** CDs: Genzmer: m Brass Primeur 02; Sacred Concert 02; Virtuosa capricciosa 04; cest anisi 04; Furiosa 05. **UA:** Meijering: 'Sonate f Trp u Kl' 01; J Cotton: 'Night Music' 03; Wittich: 'Sonata Representation' 03; Janetzki: Sonate f. Trp u Kl' 06. **Zug:** Wittich: 'Blues-Riff-Song' (f 8 Trp). **Sonst:** 'Five for two' – Duette in 4 Bd f 2 Trp; 'Sternstunden d TrompPäd' – Fred Schweiger.

Bodalia, Bianca, Klavier, Hochschullehrerin; Richard Strauss Konservatorium, Gasteig, Kellerstr 6, D-81667 München, T: (0 89) 48 09 84 10. **Laufb:** Doz (Kl), stellv Dir Richard Strauss Kons München. (Red)

Bode, Barbara, Oboe; c/o Bamberger Symphoniker, Mußstr 1, D-96047 Bamberg, PF 110146, D-96029 Bamberg. **Laufb:** Sol Bamberger Symph. (Red)

Bode, Sabine, MA, Hochschullehrerin, Regisseurin; Brummgasse 3, D-97877 Werheim, T: (0 93 42) 85 89 45, *regiebode@aol.com.* **Ausb:** Stud U Münster. **Laufb:** Doz (OpSchule) Hermann Zilcher Kons Würzburg 98–01, freischaff Regisseurin, ua Würzburg, Coburg, Pforzheim, Landshut seit 98.

Bodenstein-Hoyme, Ruth, Komponistin; Borsbergstr 18b, D-01309 Dresden, T: (03 51) 3 10 48 41; Böhmischer Weg 13, D-01809 Dohna, T: (0 35 29) 52 26 31, F: 52 26 32 [Wurzen 13.3.1924]. **Ausb:** MH Leipzig Klavier (O. Keller, R. Fischer, M. Ludwig, P. Schenk) 42–44 u 46–50, Staatsexamen, Zusatzstud MH Dresden, Hauptfach Komp (M. Weiss, K. Zoephel) 66–71, Abschlußexamen. **Laufb:** Lehrtätigkeit Dresden 53–84, Kons Doz (Kl) bis 72, Künstl O.A. MH 72–84, freischaffend: päd, pianistisch u rege Vortragstätigkeit ab 84. **Pr:** ua 2. Pr KompWettb MH Dresden 69, VKM-Ehrennadel Bronze 64, Silber

73, Pestalozzi-Med Bronze 76, Silber 88, C.M.-v.-Weber-Plakette MH Dresden 82, Clara-Zetkin-Med 89, A.-Schweitzer-Med 93. – **Komp:** Sonatine 1967 (KamM), UA Dresden, MH 68; Liederzyklus nach Versen v Georg Maurer (KamM), UA Dresden, MH Aula 74; Zehn Variationen f zwei V u Kb (KamM), UA Dresden 76; 'Impressionen' Baritonzyklus (KamM), UA Dresden, MH Aula 81 (Auftr: MH); In memoriam J Seb Bach u A Schweitzer (Streichtrio), UA Dresden 85; Heitere Ouvertüre (Orchw), UA Pirna, Staatl Sinfonieorch 85; Kleine Kantate (Bar u Kl), UA Dresden, Dreikönigskirche 95. (*)

Boder, Michael, Dirigent; 9 Rögergasse 24–26, Stg 1, A-1090 Wien, T: (01) 5 32 48 06; c/o Opern-Agentur Michael Lewin, Büro Wien, Wasagasse 12/1/3, A-1090 Wien, T: (01) 3 10 60 96, F: 3 10 60 94, *lewin@opern-agentur.com*. **Ausb:** Stud (Dirig) H f M Hamburg u Florenz. **Laufb:** Gastdgt Staatsop Hamburg u Köln, Royal Op Covent Garden London, regelm Gastdgt Wiener Staatsop, häufiger Gastdgt Op San Francisco, Dt Staatsop Berlin, Bayer Staatsop München, ChefDgt Op Basel 89–93, Dgt Semperop Dresden 03–08, Dt Staatsop Berlin SpZ 04/08, ZusArb m d NHK Symph Orch Tokio, Oslo Philharmon Orch, RSO Wien, Wiener Symphonikern, Bamberger Symphonikern, Tschechischen Philh Prag, Berliner Philharmonikern, Gürzenich Orch Köln. – **UA:** Penderecki: 'Ubu Rex'; Reimann: 'Das Schloss'; Trojahn: 'Was Ihr wollt'; Reimann: Orchlieder 'Finite Infinity', m Tonhalle Orch Zürich; Cerha: 'Der Riese v Steinfeld', UA: Staatsop Wien 02; Dusapin: Faustus, Staatsop Berlin 06.

Bodoky-Krause, Annamaria, Prof, Hochschullehrer, Klavier; Univ f Musik u Darst Kunst, Inst 2, Brandhofgasse 21, A-8010 Graz, T: (03 61) 3 89 32 28, *bokra@axelero.hu*. **Ausb:** Stud F Liszt Akad f Musik Budapest, Diplom Master of Arts, MusikH München. **Laufb:** ao UProf (Kl) Univ f Musik u Darst Kunst Graz. (Red)

Bodoky, Gergely, Flöte; c/o Deutsches Symphonie-Orchester Berlin, Masurenallee 8–14, D-14057 Berlin. **Laufb:** Sol Dt SymphOrch Berlin. (Red)

Böck, Herbert, Prof, Hochschullehrer, Dirigent; Vivenotweg 12, A-3411 Weidling, T: (0 22 43) 2 66 26; c/o Künstleragentur Dr Raab & Dr Böhm, Plankengasse 7, A-1010 Wien, T: (01) 5 12 05 01, F: 5 12 77 43, *office@rbartists.at* [Hollabrunn 10.12.1958]. **Ausb:** Wiener Sängerknaben, Stud MH Wien (Ob, Dirig, Tonsatz u Musikerziehung). **Laufb:** Solooboist d ORF-SymphOrch 85–90, Künstl Lt d Concentus Vocalis, künstle Lt d Wiener Singakad m Dirigierverpflichtung am Wiener Konzerthaus 89–98, Vertragsprof (Chor-, EnsLtg) U Mozarteum Salzburg seit 95, Dgt Wiener Jeunesse Orch seit 89.

Böcker, Eva, Violoncello; c/o Ensemble Modern, Schwedlerstr 2–3, D-60314 Frankfurt, T: (0 69) 94 34 30 10, F: 94 34 30 30, *info@ensemble-modern.com*; *www.ensemble-modern.com* [Herford, Westf 1966]. **Laufb:** Doz Kons Strasbourg. **Pr:** zahlr Pr m Ens Modern. **Ens:** Ensemble Modern. – **Aufn/RF:** zahlr Schallpl, CDs, RF-Mitschn m Ens Modern. **UA:** zahlr EA/UA m Ens Modern.

Böckheler, Thomas, Hochschullehrer, Klavier; Fliederweg 6, D-82269 Walleshausen, T: (0 81 95) 15 73, F: 15 75; Hochschule f Musik u Theater, Arcisstr 12, D-80333 München. **Laufb:** LBeauftr (Kl, Methodik, Didaktik, Unterrichtspraxis) H f M u Th München. (Red)

Boeckheler, Ulrich, Violoncello; c/o Pro Arte Kiel Konzertagentur, Voorder Winkel 18, D-24220 Flintbek, T: (0 43 47) 70 84 96, (01 72) 6 46 25 68, F: 70 84 95, *konzertagentur@proarte-kiel.de*; *www.proarte-kiel.de*. **Ausb:** Stud H f M Detmold. **Laufb:** Mitgl Tübinger KamOrch 72–76. (*)

Böer, Roland, Kapellmeister, Dirigent; c/o Oper Frankfurt, Untermainanlage 11, D-60311 Frankfurt am Main, T: (0 69) 2 12 02, F: 21 23 74 99, *info@oper-frankfurt.de*; c/o Van Walsum Management Deutschland, PF 3409, D-30034 Hannover, T: (05 11) 3 66 07 23, F: 3 66 07 24, *mrobertson@vanwalsum.com*; *www.oper-frankfurt.de*. **Laufb:** Dgt Dt Op am Rhein Düsseldorf-Duisburg, Musikal Lt Kammerop Frankfurt, Kapm Op Frankfurt SpZ 03/05. (Red)

Böhlke, Andreas, Horn; c/o Konzerthaus Berlin, Gendarmenmarkt, Charlottenstr 57, D-10117 Berlin. **Laufb:** stv Sol Berliner SinfOrch. (Red)

Böhm, Barbara, Violine; c/o Philharmonisches Orchester Gera, Küchengartenallee 2, D-07548 Gera. **Laufb:** Stellv Konzm 2. Violinen Th Altenburg-Gera seit SpZ 03/04. (Red)

Böhm, Bernhard, Prof, Hochschullehrer; Böhmsches Haus, Kreuzstr 9, D-76359 Marxzell, T: (0 72 48) 50 70, F: 93 34 08, *Bernhard.Boehm @t-online.de*; *www.bernhardboehm.de* [Nürnberg]. Blockfl, Traversfl, histor Holzblasinstr **Ausb:** Stud H f M Stuttgart 69–71, H f M Karlsruhe 71–78, Blockfl-Dipl, Mstrkl. **Laufb:** Prof (Block- u Traversfl, Hist HolzblInstr) H f M Würzburg seit 79; Konz i Europa; Kurse u Konz 2000/01 ua Festv Cantiere (Montepulciano), Festv Alte Musik, St.Petersburg, Fränkischer Sommer; KonzReisen Süd- u Nordamerika 02/03, Japan. **Ens:** Duo Böhm – Hübscher, Duo Flauti e cello, Hedos-Ens, Bläserens Il Curioso. **Mitgl:** 1. Vors Landesarbeitsgemeinschaft Alte-Musik-Bayern eV. – **Aufn/RF:** als Solist div Solo- CDs, Boismortier: Suiten, m Hedos-Ens 89; Platti: Flötensonaten 90; Monteclair: Concerts 93; Renaissance Love Songs 97; Greensleeves, Duo Böhm/Hübscher 87/98; Welche Wonne...(Mozart i Bearb s Zeit) 93; Der musikal Dialog (BR), Duo Flauti e cello 2000/01; Musik z Zt T Riemenschneiders (um 1500) m Il Curioso 03.

Böhm, Daniel, Bariton; Leublfingstr 9A, D-93053 Regensburg, T: (09 41) 7 85 18 59, 01 79–2 12 06 47, F: 7 85 18 46, *Boehm-Regensburg@t-online.de*; *www.operissimo.com/performances/Daniel Böhm* [Mannheim 28.7.1970]. Op, Optte, Konz **Ausb:** D Heistermann-Dieterich 87–90, Opschule Kons Mainz 94–96, R Grünhagen 96–03, H Blaschke 98–03. **Laufb:** Sol OpStudio Dt Op a Rhein Düsseldorf 96–98, Sol OpStudio La Monnaie Brüssel 97–98, Sol Zwingenberger SchlossFSp 97–01, Sol NatTh Mannheim 2000, Sol Th Baden-Baden 2000, Sol Düsseldorfer Optte 98–04, Sol Th Regensburg 01/02, Sol seit SpZ 03/04, Optte Düsseldorf SpZ 04/05. **Pr:** Bundespr 'Jugend musiziert' 93. – **Aufn/RF:** Schulze/Schneider: L'invenzione degli angeli, UA Oper, Dgt: K Schulze 03. **UA:** Lopez: Kurzop 'Mozart u d graue Bote', UA Düsseldorf, Dt Op a Rhein, Dgt: M A Schlingensiepen/F Corke 98; Mouchagier: Kurzop 'Leviathan', UA Düsseldorf, Dt Op a Rhein, Dgt: M A Schlingensiepen/F Corke 98; Bartel: Kurzop 'Hast Du nicht achtgegeben?', UA Düsseldorf, Dt Op a Rhein, Dgt: M A Schlingensiepen/F Corke 98, Kisters/Venstedt: 'Das laboratorium mundi des Herrn Agrippa', UA Erfurt, junge philharmonie thüringen, Dgt: H Rotman 02.

Böhm, Henryk, lyr Bariton; Braunlager Str 3, D-38124 Braunschweig, T: (05 31) 35 39 06, (01 72) 3 53 49 69, F: 8 74 42 62, *henryk.boehm@t-online.de* [Dresden]. Oper, Lied, Konz **Ausb:** Stud (C Junghanns) MH Dresden 89–96. **Laufb:** Mitgl Dresdner Kreuzchor 78–85, Sol Staatsth Braunschweig (04/05), Gaststol Th d Landeshauptstadt Magdeburg SpZ 00/01. **Pr:** 1. Pr Int Robert Schumann Wettb Zwickau 96, 2. Pr Bundeswettb Gesang Berlin 96, Stip Dt Musikwettb 97. – **Aufn/RF:** H Villa-Lobos: 10. Sinf, m Stuttgarter SWR Orch, Dgt: C St Clair 99; R Schumann: Kerner-Lieder, m H Bräunlich, 2000 (MDR-Kultur). **Sonst:** Grdg LiederabendR 'Das Lied in Dresden' 98.

Böhm, Kurt, Komponist, Dirigent, Pianist; c/o Parktheater, Klausenberg 6, D-86199 Augsburg [30.5.1952]. **Ausb:** Stud Kl Konzertfach (R Hanser), Dirig (H Swarowsky) H f M u darst Kunst Wien 70–76. **Laufb:** SchauspH Bochum 79–86, Düsseldorf, Turku (Finnland), Nationalth Weimar, Musikal Lt Parkth Augsburg (04/05), Tourneen Israel, Rußland, Südamerika, GastSchspM Th Bonn SpZ 04/05. – **Komp:** 'Lysistrata' v F K Waechter (Rockop) 98. **AuftrKomp:** derzeit Auftr v Nationalth Weimar.

Böhm, Lothar, Prof, Hochschullehrer, Horn; Kitzbühler Str 3b, D-01217 Dresden, T: (03 51) 4 01 35 67, F: 4 01 35 67; Hochschule f Musik, PF 120039, D-01001 Dresden [Berlin 4.2.1942]. KamM **Ausb:** Stud H f M 'Hanns Eisler' Berlin 61–64. **Laufb:** Solohn Th d Stadt Cottbus 63–66, Solohn Dresdner Philh 66–96, LBeauftr (Hn) H f M Dresden 68–96, HonProf 93–96, Prof (Hn u KamM) seit 96. **Pr:** Prtr "Carl Maria von WeberWettb d Stadt Dresden 61. **Ens:** 'Blechbläserens Ludwig Güttler' 78–97.

Böhm, Matthias, Chordirektor; c/o Städtische Theater, Käthe-Kollwitz-Str 7, D-09111 Chemnitz, PF 756, D-09007 Chemnitz, T: (03 71) 6 96 98 40. **Laufb:** Chordir Städt Th Chemnitz SpZ 01/05. (Red)

Böhm, Rainer, Komponist; Samariterstr 12, D-10247 Berlin, T: (0 30) 4 26 24 22, *rainerboehm@web.de* [23.2.1952]. Theater-, Kammermusik, Musiktheater **Ausb:** Stud Komp u Dirig (Prof R Zechlin, D Knothe) H f M Hans Eisler Berlin 70–76, Mstrschüler b R Zechlin Akad d Künste d DDR 76–79. **Laufb:** musikal Lt Berliner Ens 84–93, sonst freischaff. **Pr:** Kritikerpr d Berliner Zeitung 78 u 82, Hanns-Eisler-Pr 83. – **Komp:** 'Quasimodos Hochzeit' (Op), UA Staatsth Cottbus, Libretto: G Killing, musikal Ltg: GMD R Petersen 98; 'Verwehte Zeit' (Konz f HnQua u Orch), UA Cottbus, Dgt: GMD R Petersen, Philh Orch Cottbus 03.

Böhme, Brunhard, Prof, Hochschullehrer, Violoncello; Erfurter Str 56, D-99423 Weimar, T: (0 36 43) 90 16 58; H für Musik 'Franz Liszt', Inst f Streicher u Harfe, PF 2552, D-99406 Weimar [Weimar 1943]. **Ausb:** Stud (Vcl) H f Musik 'Franz Liszt' Weimar 60–66 (L Pieper). **Laufb:** Mitgl Weimarer Kammerorchesters seit 61–71, L H f Musik 'Franz Liszt' Weimar seit 71, ao Prof (Vcl) ebd 87, o Prod ebd 93. **Ens:** Schumann-Trio. (Red)

Böhme, Friedemann, Kirchenmusiker, Hochschullehrer; Erich-Pfaff-Str 6, D-02625 Bautzen, T: (0 35 91) 4 36 04 [Berlin 11.10.1956]. **Ausb:** Stud (H Kästner) H f Musik Leipzig 75–82. **Laufb:** Mitgl Thomanerchor Leipzig 67, Doz (Orgel, Kl, Chor-, OrchLtg) H f KiM Görlitz, Organist u Kantor Dom St Petri Bautzen. **Ens:** künstl Lt 'Sorb Jugendens' Sorb Gymnasium Bautzen.

Böhme, Rainer, Prof, Hochschullehrer, Orgel; Freiherr-vom-Stein-Allee 19, D-99425 Weimar, T: (0 36 43) 51 14 83, F: 51 14 83. **Laufb:** Prof (Org) H f Musik 'Franz Liszt' Weimar. (Red)

Böhme, Ulrich, Prof, Hochschullehrer, Orgel; An den Linden 20, D-04178 Leipzig, T: (03 41) 9 41 02 17; Hochschule f Musik u Theater, PF 100809, D-04008 Leipzig. **Laufb:** Prof (Org) H f M Felix Mendelssohn Bartholdy Leipzig. (Red)

Boehmer, Konrad, Dr, Prof, Komponist, Hochschullehrer, Publizist; Singel 402, Niederlande-1016 AK Amsterdam, T: (0 20) 6 24 85 38, *konboeh@xs4all.nl*; Instituut voor Sonologie, Juliana van Stolberglaan 1, Niederlande-2595 CA Den Haag; *www.kboehmer.nl* [Berlin 24.5.1941]. Konz, KamM, Solo-Komp, Op, elektron M **Ausb:** Stud (MWiss, Soziologie, Philosophie) U Köln, Prom Köln 66, Komp (G M Koenig) 59–61. **Laufb:** Dir Inst f Sonologie Königl MH Den Haag. **Pr:** Vors Conseil Int des Auteurs de Musique 89–95, Vizevors BUMA (NL), Rolf Liebermann Pr 83. **Mitgl:** Genootschap v Nederlandse Componisten. – **Komp:** zuletzt: Hymnulus scissus (Eisleriana) (f Fl, Klar, V, Vcl, Kl), UA Leipzig, Gewandhaus, S Schleiermacher, Ens Avantgarde 98; Nuba (f Fl, Va, Hf), UA Amsterdam, Stedelijk Museum, Ens Alternance 98; Three Obscene Songs – Blumenstück – Postmoderne Steilblüte -Printemps Parisien (f Sol), UA Repenburg, Leiden (NL), Hortus Botanicus, Old Orangerie, 'Flora Concerts 2000' R Alexander, R A Morgan, D Winkler Prins 2000; Orpheus unplugged (Texte v A Ostermaier) (Kl u Tb) 99/2000, UA Landsberg, N Hodges 2000; Logos Protos (elektr f Stimmen, Schlgz), UA Amsterdam, F Meritis, Ens Perlon, 2000; Ouroboros (f Kl) 02, UA Heilbronn 03; Circe et circenses (5 Vokalsol, Kl) 01/02, UA Wiesbaden 03; Il Combattimento (f Orch, SoloV, SoloVcl) 89, UA Utrecht 03. **Lit:** Komp d Gegenwart.

Böhnert, Jutta, Koloratursopran; c/o Boris Orlob Management, Jägerstr 70, D-10117 Berlin, T: (0 30) 20 45 08 39, F: 20 45 08 49, *info@orlob.net* [Baden-Baden]. **Ausb:** Stud Ges (S Geszty) MH Stuttgart 93–98. **Laufb:** Staatsop Stuttgart – Junge Op 97–98, Bühnen d Ldshauptst Kiel 98, Gast Niedersächs Staatsth

Hannover 99, Dt Op am Rhein Düsseldorf 01, festes EnsMitgl Op Nürnberg 98–02, Zeitgen Op Berlin 02, festes EnsMitgl Staatsth Kassel 02–03, Philh Köln 04, Bayreuther FSp 04, Luzerner Th seit 04, Gastsol Op Halle SpZ 04/05. **Pr:** Stift 'Int Sylvia Geszty-Wettb' Luxemburg 96, ThPr Mittelfränk Wirtschaft 2000.

Böhning, Jürgen, Trompete; c/o Konzerthaus Berlin, Gendarmenmarkt, Charlottenstr 57, D-10117 Berlin. **Laufb:** Sol Berliner SinfOrch. (Red)

Böhnisch, Carola, Dr, Dramaturgin; c/o Staatstheater Cottbus, Lausitzer Str 33, D-03046 Cottbus, T: (03 55) 7 82 41 09, F: 79 13 33, *c.boehnisch@staatstheater-cottbus.de* [20.6.1954]. Oper, Operette, Musiktheater **Ausb:** ThH 'Haus Otto' Leipzig, Stud ThWiss 73–77, Forsch-Stud MWiss Karl-Marx-Uni Leipzig 77–80. **Laufb:** Gastdramat Bremer Th a Goethepl 94 u 96, Rostocker Volksth 03, Dram Staatsth Cottbus SpZ 03/05.

Böhnlein, Stephan, Pauke; c/o Rundfunk-Sinfonieorchester, Funkhaus Hallberg, D-66100 Saabrücken. **Laufb:** Sol RF-SinfOrch Saarbrücken. (Red)

Boehr, Erdmuthe, Prof, Hochschullehrer, Querflöte; Hochschule f Musik u Theater, Emmichpl 1, D-30175 Hannover [Hannover]. **Ausb:** Stud b Karl Kirsten (Hannover), Prof. Burghard Schaeffer (Hamburg), Gaston Crunelle u Christian Lardé (Paris). **Laufb:** Prof (Querfl) H f M u Th Hannover seit 82. (Red)

Boeke, Kees, Hochschullehrer, Blockflöte, Gambe; Hochschule Musik u Tanz, Florhofgasse 6, CH-8001 Zürich, T: +39 05 75 89 70 10, *keesboeke@libero.it*; Campodalti 212 P, I-52020 Pergine Valdarno, *kees.boeke@libero.it*; *www.o-livemusic.com* [Amsterdam 1950]. Hochschullehrer, Blockflöte/Gambe **Ausb:** Stud Kons Den Haag b Frans Bruggen, Anner Bijlsma 67–69. **Laufb:** Doz Kons Den Haag u Sweelinck Kons Amsterdam, ZusArb m Deller Acad 72–82. Mstrkse Urbino 75–82, künstl Ltg San Floriano Musica 83–93, ZusArb m Accad Musicale Chigiana Siena seit 84, MDir Ens Cantica Symphonia seit 96, Doz (Blockfl, Alte Musik, KamM) MH Winterthur Zürich. **Ens:** Tetraktys; Duix; Cantica Symphonia.

Bölk, Tino, Horn; c/o MDR Sinfonieorchester, Augustuspl 9a, D-04109 Leipzig. **Laufb:** Sol MDR SinfOrch Leipzig. (Red)

Boelli, Marcy Jean, Tenorstreichinstrumente; Leonard Bernstein-Str 8, A-1220 Wien, T: (06 99) 10 04 84 66. **Ens:** Les Menestrels (ens f alte m). (*)

Bömer, Ruth, Prof, Hochschullehrerin, Blockflöte; Hoher Weg 24, D-01109 Dresden, T: (03 51) 8 80 56 56. **Laufb:** Prof (MPäd, Fl, Blockfl) H f Musik Carl Maria v Weber Dresden. (*)

Bömers, Julia, Dramaturgin; Aubergstr 10, A-4040 Linz, T: (07 32) 60 43 34; c/o Landestheater Linz, Promenade 39, A-4020 Linz. **Laufb:** Dram Th Hagen, Dram Landesth Linz. (Red)

Bönig, Andrea, Alt; 9 Ferstelgasse 6, A-1090 Wien, T: (01) 9 58 16 95, *andrea@boenig.de*; c/o Volksoper Wien, Währinger Str 78, A-1090 Wien, T: (01) 5 14 44 30 [Bamberg 1964]. dt Repertoire, Konz **Ausb:** Stud Ges (D Grobe) Berlin, Stud Ges (K Widmer) Basel, Unterr b L Hagenau, I Hartmann-Dressler, A Varnay. **Laufb:** Debüt Gran Teatre Liceu Barcelona, Gastsol Mailänder Scala, Theater Meiningen, Theatre Châtelet Paris, EnsMitgl Staatsop Berlin 95–97, Staatsop Wien 97–99, Gastsol Dt Staatsop Berlin 2000–03, Dt Op Berlin, EnsMitgl Volksop Wien seit 03, Salzburger OsterFSp, Bayreuther FSp, Klangbogen Fstv Wien; ZusArb ua m d Berliner Philharmonikern, Chicago Symph Orch, Bergen Philh Orch, ZusArb m Dgt: ua Abbado, Barenboim, Levine, Mehta, Sinopoli. – **Aufn/RF:** Nicolai: D lustigen Weiber v Windsor, Dgt H Froschauer (WDR); Flotow: Martha, Dgt T Netopil (ORF); Beethoven: Chorfantasie, Dgt D Barenboim; Wagner: Ring-Zyklus, Barcelona (DVD); Berg: Lulu, Zürich (DVD).

Bönig, Winfried, Dr, Prof, Hochschullehrer, Orgel; Ehrenstr 43, D-50672 Köln, T: (02 21) 2 50 98 00, F: 2 50 98 01, *winfried.boenig@t-online.de*; H f Musik, Dagobertstr, D-50668 Köln [Bamberg 1959]. **Ausb:** Stud (Org) b W Wünsch, H f Musik u Theater München (Org b F Lehrndorfer, Dir b F Schieri). **Laufb:** ChDir u Organist a St. Josef i Memmingen 84–98, Prof (Orgel, Orgelimp) H f Musik Köln 98, Domorganist Köln 01. (Red)

Bönisch, Angelika, Cellistin, Barockcellistin; Würzburger Str 22, D-26121 Oldenburg, T: (04 41) 8 85 01 77 [Kölleda 22.9.1971]. **Ausb:** Stud Vcl (M-L Ewald) MH Weimar 89–95, Stud BarockVcl (P Carrae) UdK Berlin 96–99. **Laufb:** freiberufl Cellistin, Barockcellistin Weimar 89–95, Rostock 95–99, Oldenburg seit 99.

Bönisch, Thomas, Chordirektor, Kapellmeister; Würzburger Str 22, D-26121 Oldenburg, T: (04 41) 8 85 01 77; c/o Staatstheater Oldenburg, Theaterwall 28, D-26122 Oldenburg [Warin 26.10.1968]. Musiktheater, Chorsinfonik, a-cappella-Chormusik **Ausb:** Stud Chordir (G Frischmuth), OpDir (H-J Leipold, G Kahlert) MH Weimar 89–95, Stud Chor (E-O Söderström) OpDir (J Panula) Sibelius Akad Helsinki 94. **Laufb:** Chordir u KapM Stadtth Bremerhaven 94–96, 2. Chordir Volksth Rostock 96–99, Chordir u KapM Staatsth Oldenburg seit 99. – **Sonst:** Grdg 'Johann-Sebastian-Bach-Ens' Weimar 92.

Boer, Jeanette de, Prof, Hochschullehrer, Klavier; Univ Mozarteum, Abt f Tasteninstrumente, Zentrum im Berg, Fürberstr 18–20, A-5020 Salzburg, T: (06 62) 61 98 52 26, F: 61 98 30 33, *jeanette.de_boer@moz.ac.at* [Utrecht]. **Ausb:** Stud (Kl, KamM) H f Musik Utrecht (M Evertse, J van den Boogert u G Frid) u U Mozarteum Salzuburg (W Wolf). **Laufb:** ao UProf U Mozarteum Salzburg 89. (Red)

Börger, Roland, Prof, Hochschullehrer; Heinrich-Zille-Str 12, D-04668 Grimma, T: (0 34 37) 91 59 00, F: 91 59 11, *rboerger@hmt-leipzig.de*; Hochschule f Musik u Theater, PF 100809, D-04008 Leipzig, *rboerger@hmt-leipzig.de*. **Laufb:** Prof (ChorDgt) H f M Felix Mendelssohn Bartholdy Leipzig. (Red)

Börner, Heiko, Sänger; Mainfranken Theater, Theaterstr 21, D-97070 Würzburg. **Laufb:** Sol Nordharzer Städtebundth 01–02, Sol Mainfranken Th Würzburg seit 04. (Red)

Börner, Ruth, Prof, Hochschullehrerin, Blockflöte; Hoher Weg 24, D-01109 Dresden, T: (03 51) 8 80 56 56; Hochschule f Musik, PF 120039, D-01001 Dresden. **Laufb:** Prof (Blockfl) H f M Carl Maria v Weber Dresden. (Red)

Boesch, Florian, Bariton; c/o Volksoper Wien, Währinger Str 78, A-1090 Wien; c/o Künstleragentur Dr. Raab & Dr. Böhm, Plankengasse 7, A-1010 Wien, T: (01) 51 20 50 10, F: 5 12 77 43, *office@rbartists.st*. **Ausb:** U f M Wien b R Holl, Ks b A Carangelo. **Laufb:** Sol Stadtth Klagenfurt, Gastsol Op Zürich 03, Volksop Wien seit SpZ 03/04, Staatsop Stuttgart 05/06. (Red)

Boesch, Rainer, Komponist; rue St-Laurent 4, CH-1207 Genève, T: 02 27 35 17 65. (Red)

Boesen, Albert, Violine; Gänsheidestr 109, D-70186 Stuttgart, T: (07 11) 2 48 67 22; c/o Blue Orchid Artist Management, Kirchstr 33, D-73342 Bad Ditzenbach, *office@blueorchid.de* [Trier 1938]. **Ausb:** HfM Saarbrücken. **Laufb:** Philh Orch Berlin 66–67, KonzM RSO Stuttgart 68–99. **Ens:** Stuttgarter Solisten seit 70. – **Aufn/RF:** zahlr CDs. (Red)

Boesiger, Christiane, Sopran; c/o Künstleragentur Dr. Raab & Dr. Böhm, Plankengasse 7, A-1010 Wien, T: (01) 5 12 05 01, F: 5 12 77 43, *office@rbartists.at*; *www.rbartists.at*. **Ausb:** Stud Gesang (H Hotter, S Jurinac) Op-Studio d Bayer Staatsop. **Laufb:** EnsMitgl Volksop Wien u Staatsth am Gärtnerplatz München, int Gastsp ua Gran Teatro del Liceo Barcelona, Op Zürich, Staatsop Hamburg, Nationalth Mannheim 98/99 (Lulu), Stadtth Klagenfurt 98–2000, Landesth Linz 99, Mozartwoche Salzburg 2000, Landesth Salzburg 2000, Kom Op Berlin (Pamina 'Zauberflöte', zudem Konz- u Liedtätigkeit, ua Musiksommer Gstaad, Int Musikfestwochen Luzern, KonzTournee Frankreich, Dtschld, Österr. (Red)

Böttcher, Eberhard Fritz, Komponist; Ilevollen 2, N-7018 Trondheim, T: 0 73 53 19 73, F: 0 73 53 19 73 [Berlin 1.11.1934]. KamM **Ausb:** Stud Komp (F Metzler), Ob, MTheorie Städt Kons Berlin 52–56. **Laufb:** zahlr Konz u Tourneen in Skandinavien u Mitteleuropa, bedeutende Veranstaltungen: Kompositionsabend Otto-Braun-Saal/Kulturzentrum Berlin 89; Kunstamt Berlin-Charlottenburg: 'Trio Berlin' 94; Matinee-Konz 'Trio Nidaros' Trondheim Kunstmuseum 95; Yamaha-Saal Wien 'Gustav Mahler Ens' 2000. **Pr:** Carl-Maria-v-Weber-Pr Dresden 57, Kulturpr Stadt Trondheim 97. **Mitgl:** Norweg KompVerband Oslo seit 79, Interessengem Niederösterr Komp Wien seit 94. – **Komp:** Fantasia Sinfonica (f Orch), UA Trondheim Symfoniorkester, Dgt: J Starek 72; Konz f Hn u StrOrch, UA Trondheim, I James, Dgt: O W Bang 78. **AuftrKomp:** 'Serenade' (f HfQui), UA Sveriges Radio Stockholm 82 (Auftr: IGMN Ny Musikk); 'Drei Solostücke' (f V), UA P Raffaelli, Cremona (Auftr: IGNM Ny Musikk); 'Chants sans Paroles' (Fl, Hf), UA Trondheim, TSO 89 (Auftr: IGNM Ny Musikk). **Aufn/RF:** 'Veni Creator Spiritus', Nidaros Domkantori Trondheim 92; 'Zwei Sätze f Bläserqui', Trondheim Wind Qui 95; 'Toccata Innovata', F Friedrich 96; 'Concerto Ripieno' u 'Divertimento Concertante' 98; Fantasia Sinfonica (f Orch), Wien, Moravian Philharm Orch Olomouc, Dgt: J Mikula 98; Konz f Hn u StrOrch, Oslo, Trondheim Symfonieorkester, R Gjerde, Dgt: J Starek 93. **Sonst:** Grdg u Ltg Trondheimer KompGruppe seit 85.

Böttcher, Horst, Prof, Hochschullehrer, Klarinette; Salierring 26, D-50677 Köln, T: (02 21) 2 40 15 21; Robert-Schumann-Hochschule, Fischerstr 110, D-40476 Düsseldorf. **Laufb:** Prof (Klar) Robert Schumann H Düsseldorf. (Red)

Boettcher, Marianne, Prof, Violine, Hochschullehrerin; Ithweg 14, D-14163 Berlin, T: (0 30) 8 13 40 83, F: 81 49 88 18, *marianne.boettcher@berlin.de*; Univ d Künste, Fak Musik, PF 120544, D-10595 Berlin [Berlin]. **Ausb:** Stud V (W Kirch, M Schwalbé) H f M Berlin, Stud V (H Szeryng) Genf, (F Gulli) Siena 61–69. **Laufb:** HonProf (V) U d Künste Berlin, UA Zieritz, Zigeunerkonz, Berliner FestW 84; Zieritz, Zigeunerkonz m Moskauer Philh Moskau 88; Zieritz, Zigeunerkonz m Hallische Philh Dresdner Zentrum f zeitgen Musik 89; New York Carnegie Recital Hall 82, UdSSR-Tourneé (Moskau, Riga, Tallin, St Petersburg) 90, Wieniawski Fstval 2001. **Pr:** J W Stamitz-Pr 86; Ehrendipl Accad Chigiana; Bundesauswahl Konz d dt Musikrates. – **Aufn/RF:** A Schnittke: Violinkonz, Radio Sinf Orch Berlin; Berliner FestW Konz; F Schreker u seine Schüler: A Hába, G v Zieritz, E Krenek, Mitschnitt (SFB) 78; Zieritz, Zigeunerkonz, Berliner FestW 84 (SFB); CDs: Romantischer Salon 92; Augustyn Bloch 96. **UA:** Werke f V solo, V u Kl, V u Orch ua v K H Wieken, G v Zieritz, W Steffen, A Samter, D Erdmann, J Klein, L Voigtländer, H Zaft, G Näther, A Bloch.

Böttcher, Thomas, Violine; c/o Konzerthaus Berlin, Gendarmenmarkt, Charlottenstr 57, D-10117 Berlin. **Laufb:** stv Konzm Berliner SinfOrch. (Red)

Böttcher, Thomas, Sänger; c/o Volksoper Wien, Währinger Str 78, A-1090 Wien. **Laufb:** Stellv Chordir Volksop Wien. (Red)

Boettcher, Wolfgang, Prof, Hochschullehrer, Violoncello; Tristanstr 11, D-14109 Berlin, F: (0 30) 8 03 60 61; c/o Künstlersekretariat Rolf Sudbrack, Gösselkoppel 54a, D-22339 Hamburg, T: (0 40) 5 38 21 65, F: 5 38 20 49, *Rolf.Sudbrack@t-online.de* [Berlin 30.1.1935]. Bach bis Boulez, Konzert **Ausb:** Stud (Klemm, Blacher, Pepping) U d Künste Berlin 54–59, (M Gendrou) Saarbrücken 58. **Laufb:** Solocell Berliner Philharmoniker 61–76, em Prof (Vcl) U d Künste Berlin, Lt Hitzacker Sommerl Musiktage 87–92, Sol Hindemith-Konz Stuttg Radio-Philh (S Celibidache) 76. **Pr:** ARD München 58, HS-Wettb Köln 67, Mitgl Bayer Akad d Schönen Künste. **Ens:** Brandis Qua, Philh Sol Berlin, Duo Ulf Hoelscher/W Boettcher, Duo Trede/Boettcher. – **Aufn/RF:** F X Mozart: Son op 19; Brahms: Doppelkonz, Stuttgarter RadioPhilh, U Hoelscher; Zimmermann: Canto di Speranza, Berl Philh; Dutilleux: Cellokonz, Dgt: Zender; Lutoslavski: Cellokonz, Dgt: Haenchen; Solowerke 20. Jh; Ligeti: Cellokonz, SWF, Dgt: E Bour; Schumann: Cellokonz, Saarländ RF, Dgt: Zender. **UA:** A Reimann: 'Solo', Stuttgart; ders: Doppelkonz Hannover; v Giselher, Klebe: 2. Cellokonz, m Berliner Philh, Dgt: D Barenboim; V D Kirchner: 'Saitenspiel'; B Blacher: Son f 2 Vcl (auch Fassung m Orch). **Zug:** A Bloch: Supplicazioni, Duetto; H Vogt: Cellokonz; Elemente; Schröder: Essay; A Reimann: 'Solo II'; M Baumann: Cellosonate. **Sonst:** Grdg Philh Sol Berlin, Die 12 Cellisten, Brandis-Qua; Buchpubl: 'Das Violoncello', 'Kadenzen'.

Boettger, Andreas, Prof, Hochschullehrer, Schlagzeug; Hochschule f Musik u Theater, Emmichpl 1, D-30175 Hannover. **Ausb:** Unterr b M. Camera Guinea 68, Stud (Schlgz) H f M Freiburg b Prof. B. Wulff 76–81. **Laufb:** ZusArb m Ens Modern, Projekt 'Yellow Shark' m Frank Zappa, Prof (Schlgz) H f M u Th Hannover seit 94, freier Mitarb Radio Symph Orch Frankfurt u Chamber Orch of Europe. **Ens:** Ens v Karlheinz Stockhausen. (Red)

Böttger, Thomas, Komponist, Klavier; Wesselyring 63, D-22297 Hamburg, T: (0 40) 51 71 84 [Neustrelitz 15.8.1957]. KamM, Liedbegl **Ausb:** H f Musik 'Hanns Eisler' (Komposition R. Zechlin) 80–81, Stud Warschau (T. Baird) 81–83, Mstrschüler Akad d Künste Berlin. **Laufb:** LAuftr MH Lübeck 89–90, Freier Mitarb NDR Hamburg seit 97, als Pianist Konz in mehreren Europäischen Ländern. **Pr:** Hanns-Eisler-Pr v Radio DDR 78, Pr d 'G-Maasz-Stift' 87. **Ens:** Mitgl 'Trio Divertimento Hamburg'. – **Komp:** Concertino f Ob u Str op 1 (Konzert) 77, UA Th Neustrelitz 78; Klavierkonzert Nr. 1 op 9 79/80, UA Berlin, Metropol-Th 81; 3 Sätze (KamM) 83, UA Berlin, Palast d Republik 83; Città del futuro (KamM) 96, UA Hamburg 96. **AuftrKomp:** Duo f Vcl u Kl op 3 (KamM) 78, UA Berlin 78 (Solo-Cellist d Dt Staatsop Berlin, Karl-Heinz Schröter); Duo f 2 Git (KamM) 80/81, UA Berlin 81 (Git-Duo B. Richter, D. Rumstig); Nocturne f 14 Str op 14 (Orchestermusik) 81, UA Berlin, Dt Staatsop 81 (Dt Staatsop, Berlin).

Böttinger, Peter, Hochschullehrer, Orgel; Brettacherweg 34/1, D-71334 Waiblingen, T: (0 71 51) 2 14 23. **Laufb:** Doz (OrgellitSp, Orgelimp, Kontrapunkt, Gehörbildung) H f KiM Rottenburg. (Red)

Bogan, Karen, Sängerin; c/o Elysium between two continents, Klosterhof 4, D-82347 Bernried, *Elysiumbtc@aol.com.* **Laufb:** Gastsol München. (Red)

Bogányi, Bence, Fagott; c/o Rundfunk-Sinfonieorchester Berlin, Charlottenstr 56, D-10117 Berlin. **Laufb:** Sol RF-SinfOrch Berlin. (Red)

Bogenhardt, Helmut Gerhard, Komponist; Wittbräuckerstr 342a, D-44267 Dortmund, T: (02 31) 48 40 71 [Dortmund 16.1.1929]. **Ausb:** 'Mus Gymnasium' Ff/M b K. Thomas, Staatsexamen in Musik 50. **Laufb:** Grdg 'Dortmunder Sängerknaben' 49, Grdg 'SAKURA-Verlag Helmut Bogenhardt oHG, Dortmund' 69, Lt e Musikschule Dortmund 72–89. – **Komp:** an die 400 Kompositionen u Bearbeitungen, u. a.: Spiegelbilder (Ch, Orchmusik) 86; Serenade (Orch); Die Klage des Narziss (Ch) 97. (Red)

Boggasch, Roger, Generalmusikdirektor; c/o Städtebundtheater Hof, Kulmbacher Str 5, D-95030 Hof. **Laufb:** Musikdir Südostbayer Städteth Landshut, Orchlt Orch d Südostbayer Städteth Passau, GMD Th Hof seit SpZ 03/04. (*)

Bogner, Andrea, Sängerin; c/o Dietrich Eberhard Gross Künstleragentur, Eschenweg 19, D-61440 Oberursel, T: (0 61 72) 93 41 44, F: 93 41 45, *d.e.gross @grossagentur.de*; c/o Hessisches Staatstheater Darmstadt, Georg-Büchner-Pl 1, D-64283 Darmstadt [Wien 5.3.1971]. Konzert, Oper **Ausb:** OpStudio Kons d Stadt Wien (W Kmentt), KonzEx MH Mainz (C Eder). **Laufb:** OpTournee Japan 94, KonzTournee Italien, KamOp Frankfurt 95, Sol Stadtth Koblenz 96–99, Sol Staatsth Mainz 99/2000, Sol Staatsth Darmstadt seit 2000/01 (04/05)). **Pr:** Int Gesangswettb Köln, Stift Hohnen. – **Aufn/RF:** F v Suppé: 'Die schöne Galathee'. **Lit:** 'Opernwelt' 96/97 u 98/99.

Bogner, Anna-Maria, Sopran; Dr.-Hiller-Str 17, D-85221 Dachau, T: (0 81 31) 8 39 71, F: 8 39 50, *anna-maria@bogner.net*; *www.bogner.net* [München]. zeitgen Musik **Ausb:** Stud MH München b E Mathis u b P Curtin (Boston). **Laufb:** Bachfest Schaffhausen, Europ FestW Passau, Staatsth Gärtnerplatz München, European Months of Culture Lubljana, Aldeburgh-Fstv England; Recitals u KamMKonz b Int Tanglewood Music Fstv Lenox/Mass 94, 95 u 96. **Pr:** MStip d Landeshauptstadt München 96. – **Aufn/RF:** zahlr RFAufn m BR, ORF, BBC London, zahlr CD-Produktionen. (Red)

Bogner, René, Violine; c/o MDR Sinfonieorchester, Augustuspl 9a, D-04109 Leipzig. **Laufb:** Vorspieler MDR SinfOrch Leipzig. (Red)

Boguslawski, Ruth, Sängerin; Mainzer Str 59, D-66121 Saarbrücken, T: (06 81) 6 37 80, *DDesgr001@aol.com.* jidd Musik **Laufb:** Sol Th im Viertel Saarbrücken. (Red)

Bogza, Anda-Louise, Sopran; c/o Oper Leipzig, Augustuspl 12, D-04109 Leipzig; c/o Columbia Artists Management GmbH, Till Janczukowicz, Albrechtstr 18, D-10117 Berlin, T: (0 30) 20 64 80 78, F: 20 45 34 80, *info@cami. com*; *www.oper-leipzig.de.* **Laufb:** Sol Op Leipzig. (*)

Bohn, Rüdiger, Musikalischer Leiter, Kapellmeister, Theaterleiter; Bendigstr 6, D-12557 Berlin, T: (0 30) 65 01 59 18. **Laufb:** Musikal Lt Zeitgen Op Berlin, 1. Kapm Lübecker Th, Lt d Zeitgen Op Berlin SpZ 03/05, Dgt Kom Op Berlin SpZ 04/05. (*)

Bohner, Clarens, Fagott; c/o Konzertdirektion Fritz Dietrich GmbH, Sigmund-Freud-Str 1, D-60435 Frankfurt/Main, T: (0 69) 54 45 04, 54 56 58, F: 5 48 41 07, *fdietrich@konzertdirektion-dietrich.de, svolz@konzertdirektion-dietrich.de*; *www.konzertdirektion-dietrich.de* [Karlsruhe 1969]. **Ausb:** Stud Hannover (K Thunemann), päd u künstl Dipl 97, Stud Mannheim (A Rinderspacher) 98–2000. **Laufb:** Mitgl Schleswig-Holstein-Fstv-Orch 92, EU Youth Orch 92/93, Prakt Philh Staatsorch Hamburg 94, stellv Sol Philh Orch Stadt Freiburg seit 94. **Pr:** 2. Bundespr 'Jugend musiziert' 89, Pr Int MWettb Genf 95, Stip Kunststift Baden-Württemberg. **Ens:** 'Delos-Quintett'. (*)

Bohnke, Robert-Alexander, Klavier; Denzenberghalde 13, D-72074 Tübingen, T: (0 70 71) 2 36 02. (Red)

Bohórquez, Claudio, Violoncello; Pappelallee 5a, D-10437 Berlin, T: 0 17 27 25 88 95; c/o Künstlersekretariat am Gasteig, Rosenheimer Str 52, D-81669 München, T: (0 89) 44 48 87 90, F: 4 48 95 22, *team@ks-gasteig.de*; *www.claudiobohorquez.com* [Gifhorn 1976]. **Ausb:** Jungstud (D Geringas) MH Lübeck 91, (H-Ch Schweiker) MH Köln, Abt Aachen 91, Stud (B Pergamenschikow) Köln seit 94, Hanns-Eisler-H f Musik Berlin. **Laufb:** Konz m Tokyo Philharmonic Orch Tokyo 95, Penderecki: Bratschenkonz (Fssg f Vcl) Musik-Biennale Zagreb, m Sinfonia Varsovia (K Penderecki), Schleswig-Holstein-Fstv (C Eschenbach) 99, KamM Ravinia Fstv 2000; Schumann: Cello-Konz, Ravinia Fstv Chicago Symph Orch, Dgt: D Barenboim 01, Konz m NHK Symph Orch Tokio (Dgt: J Märkl, J Hirokami) 01, Boston Symph Orch 03, Tanglewood m Boston Symph Orch 04: Dvorák Cello-Konz u Brahms Doppelkonz, m C Tetzlaff, GastProf H f M 'Hanns Eisler' Berlin seit 03. **Pr:** RF-Wettb 'Concertino Praga' Prag 91, Jugend Tschaikowsky-Wettb Moskau 91, Int Rostropowitsch-Wettb Paris 94, Int Cello-Wettb Scheveningen, 1. Pr Concours Int d'Execution Musicale 95, 1. Pr u Bunkamura Orchard Hall Award Genf 95, Musikförderpr Prix Davidoff Hamburg 96, Landgraf-v-Hessen-Pr Kronberg 96, Grand Prix, Sonderpr f beste KamM-Interpretation u Sonderpr 'Zweijähr Leihgabe d Instruments v Pablo Casals' 1. Int Pablo Casals Competition Kronberg 2000. – **Aufn/RF:** Fernsehauftritte 'Achtung Klassik' (ZDF), ECHO d Stars 2000, 'Stars v Morgen' (ARTE). **UA:** Concerto Grosso (f 3 Vcl u Orch), Dt EA Hamburg, NDR Musikhalle, NDR-SinfOrch Hamburg, Sol: C Bohorquez, A Noras, B Pergamentschikow, Dgt: K Penderecki 2001. **Sonst:** Installationsprojekt 'Raum f Pablo Casals', m K-P Kirchner.

Bohrenfeldt, Dorit, Sängerin; c/o Allee Theater GmbH – Hamburger Kammeroper, Max-Brauer-Allee 76, D-22765 Hamburg. (*)

Bohrmann-Fortuzzi, Susanne Hannah, Alt; Apostel-Paulus-Str 19, D-10825 Berlin, T: (0 30) 22 49 83 86, *mail@susanne-bohrmann.de*; *www. susanne-bohrmann.de* [Berlin]. Konzert, Oratorium, Oper **Ausb:** Stud b N Sharp H f M Hanns Eisler Berlin, Mstrks b H Hotter 92, 94 u 95, b F Barbieri 96. **Laufb:** ChSol Komische Op Berlin 99–02, seit 04 LAuftr H f M 'Hanns Eisler' (Ital f S). **Pr:** Hanns Eisler-Pr 95, 2. Pr f Ges u Perc. – **UA:** P Köszeghy: 'WaW'.

Boissen, Pablo, Korrepetitor; Burgstr 81, CH-9000 St Gallen, T: 07 12 88 68 62. **Laufb:** Korr Konz u Th St Gallen. (Red)

Boissy, Nathalie, Sängerin; Hochkalter Str 12, D-81547 München, T: (0 89) 69 37 56 92, F: 69 37 56 92; c/o Lore Blümel Opern- und Konzertagentur, Heiglhofstr 49, D-81377 München, T: (0 89) 8 59 38 64, F: 8 59 37 59, *opkoag-bluemel@t-online.de.* **Laufb:** Sol Staatsth am Gärtnerpl München (03/04), Staatsth Stuttgart.

Bokor, Robert, Violine; c/o Sinfonieorchester St. Gallen, Museumsstr 1/25, CH-9004 St Gallen. **Laufb:** 2. Konzm Th St. Gallen seit SpZ 03/04. (Red)

Bolarinwa, Victor, MMus (Boston Univ), GTCL (London), LTCL (London), Orchesterdirigent; Stiftsbogen 70, D-81375 München, T: 0 17 96 06 54 38, F: (0 89) 70 60 47, *sinfoniettadachau@gmx.de, sinfonietta.dachau@web.de*; *www. sinfonietta.dachau.online.ms.* **Ausb:** Stud M Trinity Coll of Music London 64–67, Bakkalaureus GTCL u Dgt-Dipl LTCL 68, Post-grad Stud (Komp) Boston U, Master of Music 69–70, Teiln an Int Dgtksen d NOS Hiversum 69–70, Mstrkse f Dgt (S Celibidache) Bologna, Stuttgart, Zürich, Mainz, München, (F Ferrara) Bologna, Siena, ZusArb m R Kempe b Münchner Phil, Mstrks f Dgt (K Münchinger) Stuttgart 72–96. **Laufb:** Chefdgt u künstl Lt Boston Pro Arte SymphOrch 69–70, Chefdgt u künstl Lt Neuperlacher Kam-Orch München, Gastdgt Bayr Staatsth am Gärtnerplatz München. **Pr:** 4. Pr Int Dimitri-Mitropoulos-Dgt-Wettb New York 71. – **Aufn/RF:** Einladung d Sapporo SymphOrch n Japan zu Konz u RF-Aufn, Studioprod im BR m Münchner Philh. **UA:** J Schumann: 'Cello-Konz', UA 80; Ders: 'Cello-Messe', UA 2000. **Sonst:** Grdg SymphOrch d Kreisstadt Dachau: 'Sinfonietta Dachau'. **Lit:** 'Das Orchester' 24/3 76.

Boldoczki, Gábor, Trompete; c/o Concertino Agentur, Nerotal 24, D-65193 Wiesbaden, T: (06 11) 1 80 56 56, F: 1 80 56 57, *concertino-wiesbaden@t-online.de* [Szeged 1976]. **Laufb:** Sol Schlossth Fulda SpZ 04/05. **Pr:** Grand Prix de la Ville de Paris 98, Prix Davidoff 99.

Boldt-Fierla, Marianne, Blockflöte, Hochschullehrer; Hofgutstr 1, D-65232 Taunusstein. **Laufb:** Doz (Blockfl) Wiesbadener Musikakad. (Red)

Bolens, Nicolas, Komponist; rue de Vermont 6, CH-1202 Genève, T: 02 27 33 30 82, 0 79–7 76 42 22, *nicolas14@bluewin.ch* [Genf 1.10.1963]. **Ausb:** Stud Kl (Ch Montandon, E Athanassova), Komp (J Balissat) bis 88. **Laufb:** Doz (Kl) Jacques-Dalcroze Inst Genf 88–04, (Kontrapunkt) Kons Neuenburg seit 93 u Kons Genf seit 97, (Komp) Kons Genf seit 01. **Pr:** 1. Pr Wettb Kons Genf 92, NachwuchskompWettb Lausanne KamOrch 93. – **Komp:** Instants – Silences (f 2 Kl) 92; Tres Sonetos de Amor (f Sop u Kl) 96; Il Croco (f Bass, Kl u Vcl) 97; Terres (f Ch, Kl, Perc) 2000; ... Wie dein Atem (f a cappella-Ch) 02; Cinq Divagations (f Sax, Pos, Akk, Kl, Perc) 03. (Red)

Bolgari, Olga, Sopran; c/o Neue Oper Wien, Herminengasse 10/Tor 23, A-1020 Wien, T: (01) 2 16 27 69, F: 2 16 27 69, *NeueOperWien@music.at*; c/o Melos Konzerte, Salesianergasse 12/11, A-1030 Wien, T: (01) 7 14 91 96, F: 7 14 91 91, *info@melos.at* [Moldawien]. Lyrischer Koloratursopran **Ausb:** Stud MH Kishinew/Moldavien, Stud (Ges) MH Wien, (MWiss) U Wien. **Laufb:** Konz Teatro Carlo Felice Genua 97, Konz u TV-Prod m Mexican State Symph 98, Tournee Italien m Orch Sinf Abruzzese 98, Konz Buenos Aires 98, Tournee Dtschld 98, Konz Wien u Rom 99, Tournee m Camerata Siciliana Sizilien 2000, Sol Neue Op Wien SpZ 04/05. **Pr:** Spezialpr 'Int Tagliavini Op Comp

99. – **Aufn/RF:** J Brahms: Dt Requiem, Mexican State Symph 98, R Strauss: 4 letzte Lieder, Cairo State Symph 2000.

Bollacher, Sebastian, Dipl MErz, Bassbariton; Benzstr 6, D-70806 Kornwestheim, T: (07154) 808057, *Sbollacher@aol.com* [Ludwigsburg 31.10.1966]. Op, Optte, Konz, Lied **Ausb:** Stud Ges (J Hamari) H f M Stuttgart 88–93, Aufbaustud (W Long) ebd 93–95. **Laufb:** Mitgl Extrach d Staatsop Stuttgart, Eng Volksth Rostock seit 94, Gastsol Kom Op Berlin 96, Staatsop Stuttgart 96 u 01, Stadtth Gießen 97, Staatsth Kassel 99 u SpZ 03/04, Hess Staatsth Wiesbaden SpZ 03/04, Mitgl Opernch d Ludwigsburger FSp. **Pr:** Förderpr GesWettb d Kulturkreises d Bdj 92, Förderpr GesWettb d Leipziger Op 92, Stip R Wagner-Verband 93. – **Aufn/RF:** C Loewe: Balladen (CD) 2000; P Haas: 4 Lieder nach chin Poesie, J Nembov, SWR 2000; V Ullmann: Herbst, T Zimmermann, SWR 2000. **UA:** M Constant: 'Sade/Teresa' (Marquis de Sade), UA Gießen 97; H W Henze: 'Das Urteil d Kalliope' (Adonis), UA Gießen 98.

Boller, Bettina, Violine; Biberlinstr 43, CH-8032 Zürich, T: 013802475. (Red)

Bolli, Frédéric, Dipl Math, Komponist; St-Stephans-Pl 5, D-78462 Konstanz, T: (07531) 455748, *fbi.music@freesurf.ch* [La Chaux-de-Fonds 16.8.1953]. Vokalmusik, Theatermusik, Chansons, Orchesterwerke, Kammermusik **Ausb:** Stud (Mathematik, MWiss) U Zürich, Dipl, Stud Ges (R A Hartmann, I Neumann) Zürich, (E Seyfert) Konstanz, Mstrks (M Stader), Unterr Komp (R U Ringger). **Laufb:** Mitgl Sängervereinigung Frauenfeld, versch Basspartien Thurgauer Barockens, Tournee m eigenem Chansons-Programm. **Ens:** Thurgauer Barockens. **Mitgl:** STV. – **Komp:** 'Lamento u Epilog' (f KamOrch), UA Ittingen, Thurgauer KamOrch, Dgt: J Lasserre 86; 'Pentagramm' (f 5 Str u Fl), UA Winterthur, Ens L'accordo 88; 'Ich lag in einem Schlafe' (f Sop, Ch u Orch), UA Winterthur, KamChor Winterthur, Dgt: C Bachmann, Sopr: B Sutter 95; 'Trödelmarkt d Träume' (Liederzyklus nach Gedichten v M Ende), UA Winterthur, Sol: Franziska Bolli, B Koestler 97; 'Laura' (Kriminal-KamOp), UA Frauenfeld, Zürich, St Gallen 2000 Ltg u Sänger: Frédéric Bolli; Rondello per archi 01; 13zu2 (13 KlStücke) 2000–02. **Sonst:** Grdg Vokalens 'Freds Bollyphoniker', Prod d eigenen Kriminal-KamOp 'Laura'.

Bolliger, Albert, Orgel; Alte Landstr 18, CH-8802 Kilchberg, T: 0447 1553 19, F: 0447 1553 19, *albert.bolliger@bluewin.ch*; *www.sinus-verlag.ch*. **Ausb:** Stud Org (A Marchal) Paris u KonzDipl (H Vollenweider). – **Sonst:** Gründung Sinus-Verlag AG 90. (Red)

Bollon, Fabrice, Dirigent; c/o PRIMUSIC Konzert- und Musiktheaterproduktionen GmbH, Herrengasse 6–8/2/22, A-1010 Wien, T: (01) 5327124, F: 5327140, *office@primusic.at*; *www.primusic.at* [Paris 1965]. **Ausb:** Mozarteum Salzburg b Nikolaus Harnoncourt u Michael Gielen. **Laufb:** Debüt als Ass u Korrepetitor Salzburger FSp, Gastdgt in dt OpHäusern, Chefdgt Brügge 94–98, 1. Kapm u Stellv d GMD Städt Th Chemnitz SpZ 01/04. – **UA:** große Anzahl v Urauff: Werke d portugies Komp Emmanuel Nunes, Maurizio Kagel sowie Kompositionen des in Bombay geborenen Komp Sandeep Bhagwati (ua die Kammerop 'Masse, Macht, Mensch' Münchner Staatsop 1996). (Red)

Bologna, Sergio, Bariton; c/o Gerstel International Opera Management, Stockerstr 10, CH-8002 Zürich, T: 0417639188 01, F: 0442531453, *gerstel@swissonline.ch*. **Laufb:** Sol Stadtth Basel SpZ 03/04. (Red)

Bolotowski, Igor, Violine; c/o Niedersächsisches Staatsorchester, Opernpl 1, D-30159 Hannover. **Laufb:** komm Vorspieler Niedersächs StaatsOrch Hannover. (Red)

Bolstadt, Anne, Sängerin; c/o Deutsche Oper am Rhein, Heinrich-Heine-Allee 16a, D-40213 Düsseldorf, T: (0160) 98356882. **Laufb:** Sol Dt Op am Rhein Düsseldorf-Duisburg SpZ 03/05, Sol Kom Op Berlin SpZ 03/05. (Red)

Bolton, Ivor, Dirigent; c/o Orchesterhaus Mozarteum, Erzbischof Gebhart Str 10, A-5020 Salzburg, T: (0662) 843571. **Laufb:** Dgt Op Leipzig, Bayer Staatsop München, Bregenzer FSp, ChefDgt Mozarteum Orch, Ldsth Salzburg SpZ 04/05. (Red)

Bolz, Horst-Dieter, Prof, Hochschullehrer, Trompete; Singener Str 32, D-78247 Hilzingen, T: (07731) 44502; Staatl Hochschule f Musik, Schultheiß-Koch-Pl 3, D-78647 Trossingen. **Laufb:** Prof (Trompete, Blechbläser-Methodik) Staatl H f Musik Trossingen. (Red)

Bomhardt, Jens, Kontrabass; c/o NDR Sinfonieorchester, Rothenbaumchaussee 132–134, D-20149 Hamburg. **Laufb:** stv Stimmführer NDR SinfOrch Hamburg. (Red)

Bonanomi, Marc-Antoine, Kontrabass; av des Collèges 62, CH-1009 Pully, T: 021 7287985. **Ausb:** Kons Bern, MH München. **Laufb:** Orch Symph Royal Sevilla 90–92, 1. Sol-KB Orch de Chambre de Lausanne u Prof MKons Neuchâtel seit 92. (Red)

Boncompagni, Elio, Dirigent; c/o Konzert-Direktion Zagovec, Hans-Böckler-Str 23, D-65468 Trebur-Astheim, T: (06147) 919660, *agentur@zagovec-artists.de*. **Laufb:** GMD SinfOrch Aachen 95–02. (Red)

Bondas, Marina, Violine; c/o Rundfunk-Sinfonieorchester Berlin, Charlottenstr 56, D-10117 Berlin. **Laufb:** Vorspielerin RF-SinfOrch Berlin. (Red)

Bondy, Luc, Intendant; c/o Wiener Festwochen, Lehárgasse 11, A-1060 Wien. **Laufb:** Intend Wiener Festwochen bis 08. (Red)

Bone, Gabriela, Sängerin; c/o Neue Oper Wien, Herminengasse 10/Tor 23, A-1020 Wien, T: (01) 2162769, F: 2162769, *NeueOperWien@music.at*. **Laufb:** Sol Volksop Wien, Staatsth am Gärtnerplatz München SpZ 03/04, Neue Op Wien SpZ 04/05. (Red)

Bonfadelli, Stefania, Sopran; c/o Wiener Staatsoper, Opernring 2, A-1010 Wien [Verona]. **Ausb:** Stud (Ges, Kl) Kons Mantua. **Laufb:** Sol Th Rieti, Sol Th Dijon, Auftritte Mailänder Scala, Royal Op House, Covent Garden London, Bayer Staatsoper, Sol Wiener Staatsop seit 97, Op Zürich Spz 04/05, Gastsol Dt Op Berlin SpZ 03/05. **Pr:** GesWettb 'Mattia Battistini' Rieti. (Red)

Bonilla-Torres, Daniel, MM, Opern-, Konzertsänger, Schauspieler; Wiener Str 265, D-70469 Stuttgart, T: (0711) 8178310, F: 8178311, *daniel_bontorr@arcor.de* [Ponce, Puerto Rico 25.10.1944]. Ital Oper, Lied, Konzert **Ausb:** Stud Ges (A Otein), OrchDir (V Teva), ChorDirig (S Rainis) MH Puerto Rico 63–67; Stud Polit Wiss, Philosophie U Puerto Rico 64–68; Stud Op u Drama MH MSM (Lucas, Langton), Ges (G Carelli), Op (G Schick) 69–74; MET Studio73–75. **Laufb:** Houston Grand Op 74–75; Fstv Casals Puerto Rico 75; Züricher Op 75; Stuttgarter Staatsop 78–86; Op de Puerto Rico 86; Bayer Staatsop 'Sommer-FSp' 80; Schleswig-Holstein Th u SymphOrch 87–94; Kieler Op 99–2000; Bolzano 2000/01; Vignola 'Sommerfest' 01; Tourneen: (Mde-BA) Japan, Italien, Griechenland 03–04; Kom Op Berlin 05–06. **Pr:** Lucrezia Borgia Pr Span Regierung, Kathryn Long Foundation Pr Met Op Assoc NY, Kulturpr (Ges) Inst de Cultura de Puerto Rico. – **Aufn/RF:** Verdi: 'Alzira' Orch d BR, Gerdelli 83; Verdi: 'Attila' NJ StaatsOp u Orch, Sillipigni 72; P Glass: 'Satyagraha' Württemberg Staatsop, Russel-Davies, Dt EA 84 (ZDF). **UA:** M Kagel 'Die Erschöpfung d Welt', Württemberg Staatsop, UA 80; P Glass: 'Satyagraha' Württemberg Staatsop, Dt EA 84; A Piazzolla 'Maria de Buenos Aires', Kieler Op, EBAuff 99.

Bonin, Christin, Sopran; St Jakob Str 11, D-82319 Starnberg, T: (08157) 997345, F: 997342, *chrbonin@msn.com* [Saarlouis 19.2.1964]. Messe, Oratorium, Oper, Operette, Musical **Ausb:** U Koblenz, MH Köln, Privatstud (Prfg Dt Bühnenverein) in Köln, Berlin u Hamburg. **Laufb:** Chor u Solo (Op, Optte, Musical) Stadtth Koblenz 84–86, Tourneen, Solo-GastSp (Op, Optte, Musical, Messe, Orat) 87–91, Chor u Solo Staatsth Karlsruhe 91–92, Solo-GastSp u Chor Bayer Staatsop 92–94, freie KonzSängerin f Op, Optte, Musical u va Messe/Orat seit 94. **Pr:** Bdeswettb Ges Berlin 85. – **Sonst:** CD-Aufn, Eigenkomp, eigene Texte (Projekt: OpLibretto).

Bonitatibus, Anna, Sängerin; c/o Bayerische Staatsoper, Brieffach, D-80075 München. (Red)

Bonitz, Fred, Sänger; c/o Landesbühnen Sachsen, Meißner Str 152, D-01445 Radebeul. **Laufb:** Sol Landesbühnen Sachsen. (Red)

Bonitz, Laurentius, Orchesterdirektor; c/o Beethoven Orchester Bonn, Wachsbleiche 1, D-53111 Bonn, T: (0228) 4549311, F: 4549325, *Laurentius.Bonitz@bonn.de*; *www.beethoven-orchester.de*. Konzert **Ausb:** Stud V (L David, T Varga, P Borciani) MH Detmold, Quartetto italiano. **Laufb:** OrchDir Wuppertaler SinfOrch 92–95, SONARE Qua Frankfurt, Orch Staatsth Darmstadt, Beethoven Orchester Bonn SpZ 02/05. **Mitgl:** Beethoven Competition, Dt Telekom. – **Aufn/RF:** Streichqua v Mozart, Krenek, Hindemith, M Haydn, A Bruckner, Rheinberger. **Sonst:** künstl Ltg Konz u Symposien 'Villa Prieger Bonn', Rhein StrAkad, Kritikerwerkstatt R Schumann.

Bonnema, Albert, Tenor; c/o Artists Management Zürich, Rütistr 52, CH-8044 Zürich, T: 0448218957, F: 0448210127; c/o Württembergisches Staatstheater, Oberer Schlossgarten 6, D-70173 Stuttgart; *www.artistsman.com*. **Laufb:** Sol Kom Op Berlin SpZ 03/04: Sächs Staatsop Dresden SpZ 03/04, Hamburg Staatsop, Staatsth Stuttgart, Op Köln, Gastsol Ophaus Graz SpZ 04/05. (Red)

Bonnemann, Heinz, Sänger; c/o Düsseldorfer Operette, Schlesische Str 94, D-40231 Düsseldorf. **Laufb:** Gast-Sol Düsseldorfer Optte SpZ 00/05. (Red)

Bonnen, Dietmar, Komponist; Piccoloministr 330, D-51067 Köln, T: (0221) 634896, *info@obst-music.com*; *www.obst-music.com* [Köln 27.7.1958]. Neue Musik **Ausb:** Stud M u Kunst Köln u Düsseldorf 81–90. **Laufb:** regelm Konz-Reisen u Prod in Europa, Südamerika u Asien seit Anfang 90er Jahre. **Ens:** Russ-Dt KompQua, Trepanini, Ens Palla, Fleisch. – **Komp:** Die Nachtwache (Konz f Akk u StrOrch) 88; Beijing 93; Blau (Zykl f Kl) 94; Muspilli 94; Rodini/Solovki/Archangelos 94/95; Adagio (f Tasteninstr) 95; Ich lag in tiefer Todesnacht 96; Miles after Miles 97; Qui über e Folge v Tönen b Bach (Bläserqui) 97; Gazimagusa (Elektr M) 99; danse medièvale (Bläserqui) 99; Ouroboros 02; Rand 03. **Aufn/RF:** ca 40 CD-Prod m eigenen Komp u Interpretationen v Fremdkomp, darunter Palla (KamOp) 94; Algarabìa 96; Scetis 01; io tengo un Calabron in un orciuolo 01; Grünberg-Variationen 01; Chill Out Williamsburg 2000; Ouroboros 02; into silence 02; remixtura 03.

Bonvin, Daniel, Prof, Posaune, Hochschullehrer; Univ Mozarteum, Abt f Blas- u Schlaginstrumente, Schrannengasse 10a, A-5020 Salzburg; Bunzlauerstr 40, D-80992 München, T: (089) 1493106, F: 1493106, *dany.bonvin@t-online.de*; *www.danybonvin.de* [Montana, Wallis 26.11.1964]. **Ausb:** Stud (B Slokar) MH Bern, Lehr- u Solistendipl. **Laufb:** Sol Münchner Philh seit 82, UProf (Pos) U Mozarteum Salzburg seit 99. **Pr:** 1. Pr Concours National Suisse, m Quatuor de cuivres de Fribourg, Prtr int Wettb Toulon u Vercelli, Schweizer Solistenpr AMS Basel, Echo, m Blechschaden 99 u 02. **Ens:** Blechschaden, Trio con Brio, Münchner Posaunenquartett. – **Komp:** Marche du Boulanger 93. **Aufn/RF:** Soloalbum Tombone Fstv; Ovation (m Werken v Albrechtsberger, Wagenseil, Larsson, Godel, Daetwiller). **Sonst:** Grdgsmitgl Münchner Posaunenquartett.

Boog, Maya, Sängerin; Hammerstr 132, CH-4051 Basel, T: 061681 0585. **Laufb:** Sol Landesth u Kammerspiele Salzburg, Klagenfurt, Th Basel. (Red)

Books, Donald, Prof, Hochschullehrer; Klosterwiesgasse 22, A-8010 Graz, T: (0316) 912353; Univ f Musik u Darst Kunst, Inst 10, Jakoministr 3–5, A-8010 Graz, T: (0316) 3893230, F: 3893101, *donald.books@kug.ac.at*. **Laufb:** Prof (Solokorr, Klassenkorr) U f Musik u Darst Kunst Graz. (Red)

Boost, Katja, Alt; Scheidertalstr 50, D-65329 Hohenstein, T: (06128) 857136, F: 857136, *katja@katjaboost.de*; c/o Cecilia Music Concept –

Franz-Georg Stähling, Brauweilerweg 183, D-50933 Köln, T: (02 21) 8 00 00 70, F: 8 00 00 71, *staehling@cecilia-cmc.de*; *www.katjaboost.de* [Wiesbaden 13.4.1972]. Konzert, Oper, Lied **Ausb:** H f M Mainz 91–96 u H f M Stuttgart 96–99 b G Charlent u J Hamari. **Laufb:** Junges Ens NatTh München 99/2000, Sol Bühnen d Stadt Köln 2000–04, Gastsol Vereinigte Bühnen Graz SpZ 03/04, seit 04 freischaff, Engagements Meckl Staatsth Schwerin, Staatsth Kassel, Dt Op Berlin, Stadtth Bremen, Badisches Staatsth Karlsruhe, Hessisches Staatsth Wiesbaden, Liederabende u Konz in Dtld (ua Mahler: 'Lied v d Erde' u 2. Sinf; Verdi: Requiem), Konztournee nach Indien m Mahlers 'Lied v d Erde' im Auftr d Goethe-Inst 99, künstl ZusArb ua m N Lehnhoff, J Tate, C Thielemann, F Luisi, J Märkl, R Carsen, G Albrecht, P Auguin, M R Bosch, P Jordan. – **UA:** G Stäbler: 'Cassandra Complex' (Stimme Cassandras), UA 2000 (Eröffnung d MaiFSp 2000 Staatsth Wiesbaden).

Bopp, Charles-Joseph, Dirigent, Flöte; Vor Eichweg 14, CH-4411 Seltisberg, T: 06 19 11 81 78. **Laufb:** künstl Lt Art Ens. **Ens:** Art Ensemble Basel. (Red)

Borboudakis, Minas, Komponist, Pianist; Ottweiler Str 6, D-81737 München, T: (0 89) 62 72 87 12, F: 62 72 87 13, *MinasBorboudakis@gmx.de*; Pediados 70, GR-71201 Heraklion, T: (28 10) 28 16 07; *www.minasborboudakis.com* [Heraklion, Kreta 19.4.1974]. Musik d 20. u 21. Jh **Ausb:** Stud Kl u Theorie 'Apollo' Kons Heraklion (G Kaloutsis) bis 92, Stud Komp (W.Hiller), Kl (O Dressler, U Mitrenga) Richard-Strauss-Kons München bis 97/98, Meisterk b L Berio, G Crumb, W Hiller, R Kehrer, A Nasedkin, Meisterk W Rihm Mozarteum Salzburg, KompStud M Hamel HS f Musik Hamburg bis 02. **Laufb:** Auftritte als Komp b Münchener Biennale u Musik d 20. Jhs (Saarländ RF), Int KamM Fstv Lockenhaus 02, Fstv 'Les Moustiques' Basel, Schwetzinger FSp 05; Zs-Arbeit m SWR SinfOrch Stuttgart, BR SinfOrch München, StaatsOrch Athen, Ens Modern, Camerata Athen. **Pr:** Richard-Strauss-Stip 95, Stip d Sommerakad Mozarteum Salzburg 2000, Stip d Stadt München 03, Tübinger KompStip 03, Bay Musikförderpr 04, Int KamM-Pr R Shchedrin 04. – **Komp:** Nachklänge III (KamM), UA Sapporo, Japan 97; Chorochronos I (KamM), UA München, Gasteig 98; 'Krousis' f 2 Orch, UA Philharmonie München, m Symph- u RF-Orch d BR, Dgt: A Weiser 99 (Auftr: BR); Konz f Kl, Streicher, Harfe u Schlgz, UA München, m Bayer Kammerphilharmonie, Dgt: M Hellmrath (Auftr: Künstlerhaus München); 'Eulogitaria' f Schlgz solo, UA Basel 02; 'Cassiopeia' f metallisches Schlgz u Str, UA Bad Brückenau 02; 'Maiandroi', UA Athen 05; 'Archesonon' f Schlgz u Orch, UA Liederhalle Stuttgart, Dgt C St Clair; 'Entropic Polyphonies' f Ens, UA KonzHaus Berlin. **Aufn/RF:** CD: 'P Sadlo spielt M B'. **Sonst:** verlegt im Verl Moeseler Wolfenbüttel.

Borchard, Kirsten, Sängerin; c/o Stadttheater Gießen, PF 111128, D-35356 Gießen. (*)

Borchert, Julia, Sopran; c/o Theateragentur Heidi Steinhaus, Auerfeldstr 26, D-81541 München, T: (0 89) 93 93 01 10, 01 70–4 45 82 00, F: 93 93 01 11, *info@heidi-steinhaus.de*; *www.heidi-steinhaus.de* [Bad Pyrmont]. **Ausb:** FolkwangH Essen, Stud b Ingeborg Most (Freiburg). **Laufb:** Sol Op Hannover 97–01, GastSol München, Köln, Düsseldorf u Stuttgart, Sol NatTheater Mannheim 91–97 u 01–03, Bayreuther FSp 04/05/06. **Pr:** Beste Nachwuchssängerin 97.

Borchev, Nikolay, Bariton; c/o Bayerische Staatsoper, PF 101404, D-80080 München; c/o Opern-Agentur Manuela Kursidem + Elene Tschaidse, Tal 28, D-80331 München, T: (0 89) 29 16 16 61, F: 29 16 16 67, *kursidem@opern-agentur.com*; *www.bayerische.staatsoper.de* [Pinsk/Weißrussland]. **Ausb:** H f Musik "Hanns Eisler" Berlin b H Reeh, Mstrkse ua b J Varady u D Fischer-Dieskau. **Laufb:** EnsMitgl Bayer Staatsop seit 04/05. **Pr:** 1. Pr int Gesangswettb "Bella voce" Moskau 98. (Red)

Bording, Peter, Sänger; c/o Theater u Philharmonie Essen, Opernpl 15, D-45128 Essen, T: (01 72) 5 41 98 94; *www.peterbording.com* [Amsterdam]. ital u frz Oper, Mozart **Ausb:** Stud Sweelinck Cons Amsterdam 86–91, Guildhall School of M and Drama London 91–93. **Laufb:** Dtschld-Debüt Th Dortmund, Sol Staatsth Braunschweig 95–97, Staatsth Darmstadt 97–2000, MTh Essen, Gastsol NatTh Mannheim, Staatsth Darmstadt SpZ 02/03, dt, frz u ital Fach (ua Pelléas, Figaro/Barbier, Marcello, Silvio, Papageno, Danilo, Eisenstein), Oratorien u Konz, Sol MTh Essen SpZ 03/05. **Pr:** British Council Fellowship 92, 1. Pr Int Gesangswettb Alexander Girardi 96, 3. Pr Cristina Deutekom Concours 96.

Borel, Felix, Violine; Ferdinand-Weiß-Str 47, D-79106 Freiburg, T: (07 61) 2 02 41 20; Staatliche Hochschule für Musik Freiburg i Br, Schwarzwaldstr 141, D-79102 Freiburg i Br [Karlsruhe 1974]. **Laufb:** V Th Basel, Doz f V MH Freiburg 2001. **Ens:** Est! Est!! Est!!! (Red)

Borer, Pascal, Sänger; Mühlegasse 67, FL-9487 Gamprin, T: 3 73 52 74, F: 3 73 52 74, *borer-fl@adon.li* [Basel 2.1.1948]. Unterricht **Ausb:** Stud (K Widmer) Kons Basel 69–75, (E Häfliger) MH München 76–78. **Laufb:** Studio Op Zürich 78–79, Basel 80–82, KamOp Wien 82–84, St Gallen 84–93. **Pr:** Genf 76, Maria Canals Barcelona 77.

Boreyko, Andrey, Dirigent; c/o Berliner Konzertagentur Monika Ott, Dramburger Str 46, D-12683 Berlin, T: (0 30) 5 14 48 58, F: 5 14 26 59, *BerlinKonzert.Ott@t-online.de*; c/o Harrison/Parrott Ltd, Artist and Project Management, 12 Penzance Place, London W11 4PA, Vereinigtes Königreich; *www.berlinkonzert-ott.de* [St Petersburg]. zeitgen Komp (B Dean, L Desjatnikow, B Franke, S Gubaidulina, G Kantscheli, K Meier, V Silvestrow, A Raskatow) u europ M d 1. Hälfte d 20. Jhs **Ausb:** Stud Dirig, Komp (E Kudriavzewa, A Dmitriev) Rimski-Korsakow-Kons St Petersburg. **Laufb:** Dgt MTh St Petersburg 85, Staatl SymphOrch u KamTh Uljanowsk 87–89, GMD Philh Orch Jekaterinenburg 89–92, GMD Philh Poznan/Polen 92–95, ChefDgt Russ NatOrch 98–01, ChefDgt u GMD Jenaer Philh 98–03, 1. Gastdgt Vancouver Symph 98–03, Music Director Winnipeg Symph Orch seit SpZ 01/02, Gastdgt Kom Op Berlin SpZ 04/05, ChefDgt Hamburger Symphoniker seit SpZ 04/05, 1. Gastdgt RSO Stuttgart d SWR seit SpZ 04/05; Gastdgt RSO Wien b d Wiener FestW 06; Tourneen ua m Jeunesses Musicales World Orch Asien 98, Russ NatOrch USA 2000, Tschech Philh USA 03/04, Münchner Philh Europa 04; Ltg OpKurs 'Eugen Onegin' H f M Weimar u Mstrkl; Chefdgt SymphOrch Bern ab SpZ 05/06. **Pr:** Prtr G-Fitelberg-Dgt-Wettb Katowice 87, Prtr K-Kondrashin-Dgt-Wettb Amsterdam 89, Vorst d Dt MVerleger-Verb, Ausz 'Bestes Konz-Progr d Saison' Jena 99/2000, 2000/01 u 02/03, Ehrendgt d Jenaer Philh. – **Aufn/RF:** ua A Ginastera: BallettM; V Silvestrov: Monodia, Sinf Nr 5; T Takemitsu: Nostalghia; A Arutjunjan: Konz f Trp u Orch; M Vainberg: Konz f Trp u Orch op. 94; R Glière, Konz f Hn u Orch; E Bloch, Sinf Es-Dur, Evocations-Sinfonische Suite, Trois poèmes juifs; A Pärt: Lamentate. **UA:** B Britten: Konz f V u Va, dt EA m Jenaer Philh; S Gubaidulina: VaKonz, dt EA m Staatsphilh Rheinland-Pfalz; L Desjatnikow: 'Russ Jahreszeiten', UA St Gallen, G Kremer u Kremerata Baltica.

Borg, Anne, Prof, Hochschullehrerin, Klavier; Dunantstr 10, D-66119 Saarbrücken, T: (06 81) 85 39 73; H f Musik Saar, Bismarckstr 1, D-66111 Saarbrücken [Malta]. **Ausb:** Kl (A P England, D Hare), (W Blankenheim, R Leonardy) MH d Saarlandes Saarbrücken, (V Margulis) Freiburg, Mstrks L N Naumow, D Kraus, J Uhde. **Laufb:** Prof (Kl) H d Saarlandes f M u Th Saarbrücken, zahlr Konz in Dtschld, Malta, Russland, Frankreich, England, Ägypten, Indien, Auftr in TV u RF, Ks u Konz in Zypern u Griechenland 04 u 05. **Pr:** 1. Pr KlWettb Malta Song Festival 67. **Mitgl:** Jurorin b Jugend musiziert. – **Aufn/RF:** CDs: Fantasie – Impromptu, KlWerke v Mozart, Schumann, Schubert u Chopin 99; Schubert: Sonate a-moll D 537 (op posth 164) u Schumann: Davidsbündler-Tänze op 6 02.

Borgardts, Ingo Sebastian, Instrumentalpädagoge, Gitarre, Klarinette, Xylophon; Sibyllenweg 24, D-46537 Dinslaken, T: (0 20 64) 5 08 38 [Dinslaken 16.6.1962]. bearb f Gitarre solo: frz Musette, dt Volkslieder; bearb f Instrumentalensembles **Ausb:** Stud Instr-Päd Git Folkwang H (J L Beck) 89–94, Fortbildung b R Froese 87, 88, 93, R Evers, P Hock, H g Brill 91, D Smyers 93, J Hübscher 94, 95. **Laufb:** Instr-Päd seit 93, Landesth Neuss Bühnenmusik zu F G Lorea 'Don Perlimplin' 92. **Ens:** Duo m Ulrich Ingenboldt 94–96, 99, 03; Duo m Heike Jorzig 91–95; Duo m Norbert Strauß 93–98; Duo m Johannes Leonhard Beck seit 03. **Mitgl:** EGTA. – **Sonst:** Literatur und Musik zu Heine 97, über Liebe 98; Landesth Neuss: Literatur und Musik – I B's Balladenlager 98.

Borgolte, Cornelius, Schauspielmusiker; c/o Schauspielhaus Zürich, Rämistr 34, CH-8001 Zürich. **Laufb:** SchspM Th Freiburg seit SpZ 03/04, Schausspielhaus Zürich SpZ 04/05. (Red)

Borin, Per, Prof, Hochschullehrer, Dirigent; Hochbergweg 27, D-73525 Schwäbisch Gmünd, T: (07 11) 2 12 46 09, *pms_borin@yahoo.de*; Staatl Hochschule f Musik u Darst Kunst, Urbanstr 25, D-70182 Stuttgart [Fellingsbro, Schweden 1954]. **Ausb:** Stud Dir (J. Panula, E. Ericson) MH Stockholm u Sibeliusakad in Helsinki, Stud b H. Blomstedt USA, F. Ferrara Italien. **Laufb:** GMD Landesth Flensburg Schleswig-Holstein Landesth u Sinfonieorch Schleswig, Prof (Dir) Staatl H f M u Darst Kunst Stuttgart 2000. (Red)

Borisewitz, Kristof, Bass; c/o Artists Management Verena Keller, Lohwisstr 52, CH-8123 Ebmatingen, T: 04 49 80 15 13, F: 04 49 80 36 86, *keller.verena@bluewin.ch*. **Laufb:** Sol MainfrankenTh Würzburg SpZ 03/04, Gastsol Tiroler Ldsth SpZ 04/05. (*)

Borissova, Katia, Mag, Musikal Ltg u Solorepetition; c/o Bayerische Staatsoper, Brieffach, D-80075 München, T: 0 16 01 90 49 78, F: (0 89) 21 85 12 03, *Katjabori@t-one.at*; Uferstr 171/1/2, A-5071 Wals-Viehhausen, T: (06 62) 85 32 63 [Bourgas, Bulgarien 29.1.1959]. Konzert, Oper, Lied **Ausb:** (Konzertfach Kl) Musikakad Sofia, Bulgarien 82. **Laufb:** Solorep Landesth u Kammerspiele Salzburg, Künstl Lt 'Junges Ens' d Bayer Staatsop München, regelm Eng Salzburger FSp seit 97. **Pr:** Pr f beste Begleitung Rimsky-Korsakov-Wettb St Petersburg 98.

Bork, Robert, Bariton; c/o Boris Orlob Management, Jägerstr 70, D-10117 Berlin, T: (0 30) 20 45 08 39, F: 20 45 08 49, *info@orlob.net*; *www.orlob.net* [Chicago]. **Ausb:** Stud (Ges) Wheaton College Illinois, Indiana Univ, H f M Köln. **Laufb:** EnsMitgl Kölner Op, Eng Mailänder Scala, Hamburgische Staatsop, Opera du Rhin Strasbourg, Théâtre du Capitole Toulouse, La Fenice Venedig, Nederlandse Opera, Royal Flanders Opera Antwerpen. (Red)

Borling, Glen, Hochschullehrer; Rütihofstr 21, CH-8713 Uerikon, T: 04 49 26 48 92. **Laufb:** Doz (Alte Musik, Naturhn, Hn) MH Winterthur Zürich. (Red)

Bormann, Eckhart, Fagott; c/o MDR Sinfonieorchester, Augustuspl 9a, D-04109 Leipzig. **Laufb:** Sol MDR SinfOrch Leipzig. (Red)

Bormann, Irmgard, Konzertdramaturgin; c/o Städtische Theater Chemnitz, Käthe-Kollwitz-Str 7, D-09111 Chemnitz, PF 756, D-09007 Chemnitz. **Laufb:** KonzDram Städt Th Chemnitz SpZ 03/05. (Red)

Bormann, Ruth, Sängerin; Wurmstr 14/E, A-4010 Linz, T: (07 32) 77 30 39. **Laufb:** Sol Ldesth Linz SpZ 03/05. (Red)

Born, Bettina, Prof, Klavier; Hochschule f Musik, Inst. Streicher u Harfe, Hauptgeb Fürstenhaus, Pl d Demokratie 2/3, D-99423 Weimar, PF 2552, D-99406 Weimar [Plauen 1969]. **Ausb:** HfM Leipzig. **Laufb:** HfM Weimar seit 86. (Red)

Bornemann, Barbara, Sängerin; c/o Deutsche Staatsoper, Unter den Linden 7, D-10117 Berlin, PF 354, D-10109 Berlin. **Laufb:** Sol Sächs Staatsop Dresden, Gastsol Dt Staatsop Berlin SpZ 00/01 u SpZ 03/05, Op Frankfurt SpZ 00/01. (Red)

Bornheimer, Nicole, Klarinette; c/o Münchner Rundfunkorchester, Rundfunkpl 1, D-80300 München. **Laufb:** Sol Münchner RFOrch. (Red)

Bornhöft, Achim Christian, Komponist; Neckarhalde 38, D-72070 Tübingen, T: (0 70 71) 94 27 45, F: 94 27 45, *achim.bornhoeft@web.de*; *www.achim-bornhoeft.de; www.sumtone.de* [Essen 3.11.1966]. Komposition, Choreographie **Ausb:** Theorie u Kl b Prof G Lisken 84–86, Kl b H Kommerell 86–88, Folkwang H Essen (Komp) b Prof N A Huber, Prof D Reith 88–94, CCRMA Stanford Univ Elektr Komp 94–95. **Laufb:** Doz f Komp Univ Duisburg 96–98; Doz f elektr Komp Folkwang H 98–99; Künstl Ltg Tanzensemble „tobecontinued" 97–99; Dozent f MuWi Univ Tübingen 05–06. **Pr:** 1. Pr Forum junger dt Komponisten 87, 1. Pr KompWettb CNM Bielefeld 90, Felix Mendelssohn-Bartholdy Förderpreis 90, 1. Pr Bundeshochschulwettb Komp 91 Folkwangpreis 93, DAAD-Stip Computer Center for Research in Music and Acoustics (CCRMA), Stanford Univ/USA 94–95, KompStip d Heinrich-Strobel-Stift SWR 98, ArbeitsStip ZKM Karlsruhe 01, AtelierStip Mummelsee 03. **Mitgl:** Dt Komponistenverband, GNM, DEgEM. – **Komp:** „Nächte zwischen den Gezeiten" Strquart 89 UA 90 Berlin Felix M-Bartholdy-Preis; „artificial clichés" UA 91 Goethe Inst Hongkong; „Brentano, Wiegenlied" 16 St u Tb 93 UA Melbourne 93, DE EA Weltmusiktage 95; „Waiden" Orch 94, UA Düsseldorfer Altstadtherbst 94; „invar" Choreogr 96, UA Schauspielhaus Recklinghausen 96 (Auftr Kultursekretariat NRW); „Beantworter" (Mezzosopran, Bar, Kl) UA Ludwigslust 97 (Auftr Deutschland Radio, Berlin); „Collector's Cut" E-Git 97 UA Münster „Skulptur.Projekte 97"; „local blue" Kammerorch 98 UA Amsterdam 98; „Lumen B" Choreogr 98 UA 01.12.1998 Essen (Auftr Ministerium f Wissensch u Forsch NRW); „Infrarot" 4 Schlgzg u Tb 99 UA Ulanbator Festival „Roaring Hoofs" 99; „Ellis Is." Choreogr 99 UA Dresden Tage f zeitgen Musik 99; „Thin as pain" Choreogr 2003 UA 01.04.2003 Genf (Auftr Pro Helvetia); ''Immer mehr – Reklame Ensemb 03 UA Hannover 03 (Auftr Hannov Gesellsch f Neue Musik) ; „Perfor" Tr,Schlgzg 04 (Auftr ULTRASCHALL Festival). **Sonst:** Grdg d Vereins 'Gombitza Sisters eV', e Vereinig v bildenden Künstlern, Filmschaffenden, Choreographen, Komponisten u ausübenden Musikern, Philosophen u Architekten 94; Grdg d Vereins 'Neues Theater f Bewegung, Sprache u Klang eV' 97.

Boros, Monica, 1. Konzertmeisterin; c/o Thüringen Philharmonie, Reinhardsbrunner Str 23, D-99867 Gotha, T: (0 36 21) 75 17 76, F: 75 17 75, *info@thueringen-philharmonie.de.* **Laufb:** Konzm Thüringen Philharmonie Gotha – Suhl. (Red)

Borowska-Isser, Joanna, Mag, Prof, Hochschullehrerin, Gesang; Univ f Musik u Darst Kunst, Inst 7, Jakoministr 3–5, A-8010 Graz, T: (03 16) 3 89 32 32, F: 3 89 30 71, *joanna.borowska@kug.ac.at.* **Laufb:** UProf (Gesang) U f Musik u Darst Kunst Graz. (Red)

Borowski-Tudor, Sonja, Mezzosopran; c/o Konzertdirektion Tobischek, Zimmermannstr 59, D-45239 Essen, T: (02 01) 8 40 51 75, F: 8 40 51 76, *tobischek@arcor.de*; Opernhaus Graz, Kaiser-Josef-Pl 10, A-8010 Graz, T: (03 16) 80 08; *www.tobconcert.de.* **Laufb:** Sol Th Dortmund (03/04), Kom Op Berlin, Staatsth Oldenburg, Gastsol Staatsth Mainz SpZ 00/01, Gastsol Th Bremen SpZ 03/04, Gastsol Ophaus Graz SpZ 04/05, GastSol Anhalt Th Dessau SpZ 04/05. (Red)

Borowski, Daniel, Bass; c/o Konzertdirektion Hans Ulrich Schmid, Königstr 36, D-30175 Hannover, PF 3409, D-30034 Hannover, T: (05 11) 3 66 07 60, 3 66 07 27, 3 66 07 77, F: 3 66 07 34, *mail@kdschmid.de, fh@kdschmid.de*; *www.kdschmid.de* [#Lódź]. **Ausb:** Stud (Ges) MAkad Warschau u National Op Studio London. **Laufb:** Sol Op Warschau u Pozen, Sol Dt Staatsop Berlin, Gastsol Op Frankfurt SpZ 00/01, Gastsol Dt Staatsop Berlin SpZ 03/04, Auftritte Liverpool, London, Niederlande, Opéra du Rhin Straßburg, Glyndebourne Fstv, Fstv Schwetzingen, Op Utrecht, Spoleto Festival USA, Grand Th de Genève, Galakonz m E Gubberova u N Shicoff in Basel, Sol New York City Op bis SpZ 03/04, Konz Teatro Massimo di Palermo u Teatro Bellini di Catania (Dgt N Bareza), Gastsol Boston Lyric Op, Nat Symph, Montpellier Fstv m Orch Nat de France, Dgt: M Minkowski. – **Aufn/RF:** Verdi 'Jerusalem', Mozart 'Zauberflöte', Opern Gala 2000 (Lt I Anguélov), Rossini 'Stabat Mater' Lt M Creed u m Rias KamCh.

Borowy, Gabriele, Sängerin; Eichestr 22, D-17033 Neubrandenburg, T: (03 95) 3 68 52 80; c/o Landestheater Mecklenburg Neustrelitz / Neubrandenburg, Friedrich-Ludwig-Jahn-Str 14, D-17235 Neustrelitz. **Laufb:** Sol Landesth Mecklenburg Neustrelitz. (Red)

Borrits, Vincent, Dirigent; c/o Staatsoperette, Pirnaer Landstr 131, D-01257 Dresden. **Laufb:** Dgt Staatsoperette Dresden. (*)

Borrmann, Matthias, Solorepetitor; c/o Theater Görtlitz, Demianipl 2, D-02826 Görlitz, PF 300463, D-02809 Görlitz. **Laufb:** Solorep Th Görlitz. (Red)

Borsch, Susanna, Blockflöte; Kramatweg 55/2, Niederlande-1095 JW Amsterdam, T: (0 20) 6 68 72 83, F: 6 68 72 83, *sborsch@trio-lds.de*; *www.trio-lds.de* [Hamburg 1974]. **Laufb:** Mitgl. 'Interval Chamber Amsterdam' 99. **Pr:** Stip Dt Musikwettb KamM 98. **Ens:** Les doux Siffleurs. (Red)

Borst, Martina, Sängerin; Holbeinstr 1, D-30177 Hannover, T: (05 11) 69 54 13, F: 69 08 92, *MartinaBorst@t-online.de.* vielseitiges Repertoire bis zur Moderne (Oper, Konzert, Lied) **Ausb:** Stud Ges (E Cavelti) MH Frankfurt, künstl Reifeprüf Ges. **Laufb:** Sol Mannheim, Dortmund, Hannover, Gastsol Wien, Paris, Dt Op Berlin, Staatsop Berlin, Semperop Dresden, Teatro Colón Buenos Aires, Leipzig, Frankfurt, Bonn, Genf, Düsseldorf, Warschau, FSp Bregenz, Salzburg, Schwetzingen. **Pr:** Prtr VDMK Musikwettb. – **Aufn/RF:** zahlr CDs u RF- sowie Fernsehproduktionen, ua Iomelli (Op): La Didone abbandona, Dgt: F Bernins 95. **UA:** Rihm: Hamletmaschine, UA Mannheim.

Borst, Werner, Pauke, Schlagzeug; c/o Wolfgang Dersch, Hoppestr 22, D-93049 Regensburg, T: (09 41) 2 80 20 35, F: 2 80 20 36, *info@brass-unlimited.de*; *www.brass-unlimited.de* [1962]. **Ausb:** MHSch Stuttgart 83–88. **Laufb:** Philh Orch Regensburg 89. **Ens:** brass-unlimited. (Red)

Borter, Christoph, Gitarrist; Pestalozzistr 18, CH-3007 Bern, T: 03 13 71 36 46, *mail@christophborter.ch*; *www.christophborter.ch* [Bern 22.1.1974]. Gitarrenmusik aller Epochen **Ausb:** Git (S Schmidt) H f M u Th Bern 95–99, Git (A Ponce) Ecole Normale de Musique Paris 98–2000. **Laufb:** Ass MH Bern 2000–02, Rezitate: Salle Cortot Paris, Nat Concert Hall Dublin. **Pr:** 1. Pr 7. Int GitWettb Charleroi 2000, Förderpr Yamaha Music Foundation of Europe.

Bortnick, Evan, Sänger; Philippsbergstr 15, D-65195 Wiesbaden, T: (06 11) 5 11 29; c/o Johann-Strauß-Orchester Frankfurt, Günther Gräf, Münzenbergerstr 17, D-61352 Bad Homburg. **Laufb:** Sol Th an d Rott Eggenfelden, Sol Johann-Strauß-Orch Frankfurt. (Red)

Bosch, Marcus R, GMD, Dirigent; Deliusstr 4, D-52064 Aachen, T: (0 68 97) 60 13 90, F: 60 13 91, *marcus.bosch@mail.aachen.de*; *www.marcus-bosch.de, www.kammerphilharmonie.ch* [Heidenheim 28.10.1969]. Oper, Konzert, Oratorium **Ausb:** Unterr (Kl, Klar, KB, Org, Ges), Stud (SchM, Dirig) MH Heidelberg-Mannheim 90–95. **Laufb:** GMD Th Aachen seit 02/03, ChefDgt Kammerphilh Graubünden. **Pr:** Händel-FörderPr. – **Sonst:** Grdg Schloßop Haldenstein Graubünden 2000.

Bose, Hans-Jürgen von, Prof, Komponist, Hochschullehrer; H f Musik u Theater, Arcisstr 12, D-80333 München [München 24.12.1953]. **Ausb:** Stud Komp MH Frankfurt/M. (H.U. Engelmann, K. Billing) 72–76. **Laufb:** freiberufl Komp 76–91, GastProf Mozarteum Salzburg (Komp) 91–92, Prof (Komp) H f M u Th München seit 92. **Pr:** 1. Pr Hitzacker 76, Berliner Kunstpr 77, Kritikerpr Berlin 81, Schneider-Schott-Pr 86, Biennale Pr f neues Musiktheater 90, Prix Monacco 92, Pr d C.- u-S.-Kaske-Stift in Anerkennung seiner päd Verdienste 98. – **Komp:** Die Nacht aus Blei (Ballett) 80/81, UA Berlin, Dt Op 81; Die Leiden des Jungen Werthers (Op) 83/84, UA Schwetzingen, FSp 86; 3. Streichquartett 86/87, UA Saarbrücken, Arditti Quartett 90; 63 Dream Palace (Op) 89, UA München, Ensemble Modern, Dgt: A. Mounk 89; Scene (Orchw) 91, UA London, London Sinfonietta, Dgt: E. Howarth 91. **Auftr-Komp:** 'Schlachthof V' (Op), UA Münchner OpFSp, Dgt: P Daniel 96 (Auftr: Bayer Staatsop); 'Dt Motette' (3 Sol u Orch) 98, UA Münster, Dgt: Ch Voß 2000 (Auftr: anläßl d 350. Jahrestages d Westfäl Friedens); 'Prometheus' (KamOrch, Tenor, Bar, Sprecher), UA m Scharoun-Ens, Y Windmüller, K F Voigt, Ch Bautzer, Dgt: A Mounk 2000 (Auftr: EXPO Hannover); 'Der Ausflug ins Gebirge' (Counter u Kl), UA m Ch Robson, P Ronner 2000 (Auftr: FSp u Bayer Staatsop); '2. Violinkonz', UA m Th Zehetmair, Dgt: Ch Arming 2000 (Auftr: Rias-Jugendorch); 'Kaleidoskop' (Vier Bagatellen f Vcl, Kl u Orch), UA m S Hess, M Eggert, Bayer Staatsorch, Dgt: F Luisi 01 (Auftr: Bayer Staatsop). **Aufn/RF:** ua 'Konz f Ob u Orch', Donaueschingen, m SWF-Orch, B Glaetzner, Dgt: M Gieley.

Bosenius, Daniela, Sopran; c/o Konzertdirektion Fritz Dietrich, Sigmund-Freud-Str 1, D-60435 Frankfurt a M, T: (0 69) 54 45 04, F: 5 48 41 07, *info@konzertdirektion-dietrich.de, mail@bosenius.info*; *www.bosenius.info* [Köln]. **Ausb:** HfM Saarbrücken. **Laufb:** Neue OpSch Zürich 02, Th Gummersbach 05. (Red)

Bossard, Corrado, Hochschullehrer; c/o Zuger Trompetentrio, Willi Röthenmund, Wiesenweg 5, CH-6312 Steinhausen, T: 04 17 41 26 15, F: 04 17 41 26 15, *trompetentrio@trumpet.ch, wiro@gmx.ch*; *www.trumpet.ch/trio/index.htm* [Zug 1962]. **Ausb:** Stud Kons u MH Zürich b Henri Adelbrecht. **Laufb:** Doz (Trp) MH Winterthur Zürich. **Ens:** Zuger Trompetentrio. (Red)

Bossert, Christoph, Prof, KMD, Hochschullehrer, Orgel; Staatl Hochschule f Musik, Schultheiß-Koch-Pl 3, D-78647 Trossingen, T: (0 71 31) 16 21 77, F: 16 21 93, *Christoph.Bossert@t-online.de* [Schwäbisch Hall 5.9.1957]. J S Bach, dt Romantik bis Reger, Gegenwart **Ausb:** Stud KiM Org (W Jacob), Cemb (K Gilbert), Komp (U Süße, H Lachenmann) 78–87, Stud MWiss, Org, Cemb (L F Tagliavini) U Fribourg 82–83. **Laufb:** LTätigkeit MH Stuttgart 87–91, H f KiM Esslingen 87–92, Prof (Org) MH Trossingen seit 91, Org Frauenkirche Esslingen 86–92, weltw Konz, Juror int OrgWettb, Fachberat int OrgBauproj. **Pr:** 1. Pr (Joh-Pachelbel-Pr) Int OrgWoche Nürnberg 79, Stip StudStift d Dt Volkes 80, Pr d MH Stuttgart – Rotary Stift 81, Lili Boulanger Memorial Fund Inc Boston 89, Ivan-Lucacic-Pr Varazdin/Kroatien 92. – **Komp:** Choralvorsp m Interludien 86, UA H P Schulz; KlStück I 91, UA C B. **AuftrKomp:** Guillaume d Machaut Messe d Notre Dame 'in d Art e Kontrafaktur' (3 VokGruppen, Instr), UA SDR, SF-Ch Stuttgart, Dgt: K-M Ziegler 86; 'Lombardement' (Org, elektr Verstärker), UA Nürnberg, St Sebald, H-P Schulz 86; 'Mozarts letztes Jahr' M f e Liturgie, UA Kassel, Kasseler MTage 89; 'Mementoso' (Org, Schlgz), W Jacob, S Fink, UA SWR Baden-Baden 89; In Excelsis: Über e Gloria-Fragment v Mozart (5 VokGruppen zu 7 Stimmen, 18 Instr), Stuttgart, Europ MFest, SF-Chor, Dgt: R Huber 91 (Auftr: SDR Stuttgart). **Aufn/RF:** J S Bach: OrgWerke nach fremden Themen (Passacaglia c-moll, Tocc u Fuge F-dur, Fantasie u Fuge g-moll ua), Strasbourg, St Thomas; F Mendelssohn Bartholdy: 6 Präl u Fugen op 3 f Kl, OrgFssg v C B, Castelrotto; M Reger: 3 Choralphantasien op 52, Giengen/Brenz; M Reger: Zwölf Stücke op 59, Mönchengladbach/Rheyd; M Reger: Stücke op 7, 1. Suite op 16, Marienberg; J S Bach/Franck/Reger/Cage: OrgWerke; RF-Mitschn/Prod: OrgReise SDR Stuttgart, Bad Wimpfen, Schwäbisch Hall-Comburg, Oberstenfeld 91; dass, Hüffenhardt, Hoffenheim, Heidelberg 94; 4-teil SendeR: 'Zyklus o Sammlung' – Das Wohltemperierte Kl II, SWR Baden-Baden 99; 4-teil SendeR: M Reger – Das Orgelwerk, SWR Baden-Baden 2000. **UA:** zuletzt: F Incardon: 'Die Welt ist fort, ich muß dich tragen', UA Trossingen, MH Trossingen 01. **Sonst:** M Reger: OrgZyklus Stuttgart – Auff aller gr OrgWerke Regers in 9 Konz (Reger u d Dt Romantik, Reger u d 20. Jh I u II) 86; Transkription v Mendelssohn: '6 Präludien u Fugen f Kl' op 35 f Org; VISIO DEI Grundsatzart zu Bachs OrgWerk (ProgrBuch d Int OrgWoche Nbg) 85; Musikal Systematik u Eschatologie – Bachs Wohltemperiertes Kl als Paradigma (Int Symp 'J S Bach') 2000; Grd u künstl Lt '1. Int Woche f Neue OrgM' Trossingen 97 (m jährl Folgeveranst); Initiator d Prozesses 'D Orgel als Europ Kulturgut'; Mitgrd Cage-Projekt Halberstadt: Auff ORGAN²/ASLSP v J Cage in d Burchardikirche Halberstadt über d Zeitraum v 639 J.

Bosshard, Andres, Komponist, Live-Electronics; Wildbachstr 62, CH-8008 Zürich, T: 0 13 82 20 94. (Red)

Bosshart-Mumme, Beate, Gesang; Tiergartenstr 5, CH-8802 Kilchberg, T: 0 17 15 19 01. (Red)

Bosshart, Res, Intendant; c/o Südthüringisches Staatstheater, Bernhardstr 5, D-98617 Meiningen. **Laufb:** Intend Südthüring Staatsth Meiningen SpZ 03/04 bis 07. (Red)

Bosshart, Verena, Flöte; ch Rayon-de-Soleil 22, CH-1260 Nyon, T: 02 23 61 90 08. (Red)

Boßler, Irmela, Prof, Hochschullehrerin, Flöte; Bergstr 5, D-04425 Taucha, T: (03 42 98) 6 60 62; Hochschule f Musik u Theater, PF 100809, D-04008 Leipzig. **Laufb:** Prof (Blasinstr, Schlgz) H f M u Th Felix Mendelssohn Bartholdy Leipzig. (Red)

Bostock, Douglas, Dirigent; Seestr 68, D-78479 Reichenau, T: (0 75 34) 12 36; *www.douglasbostock.com* [England 1955]. **Laufb:** Gastdgt Münchner Symphoniker. (Red)

Bostridge, Ian, Sänger; c/o Bayerische Staatsoper, Brieffach, D-80075 München. (Red)

Both, Sarah, Sängerin; c/o Theater Gummersbach, Reininghauser Str, D-51643 Gummersbach. **Laufb:** Sol Th Gummersbach seit SpZ 03/04. (Red)

Botha, Johan, KS, Tenor; c/o Opern-Agentur M Kursidem & E Tschaidse, Tal 28, D-80331 München, T: (0 89) 2 91 61 66 12, F: 29 16 16 67, *johan.botha@opern-agentur.com*; c/o Wiener Staatsoper, Opernring 2, A-1010 Wien; *www.johan-botha.com* [Rustenburg, Südafrika 1965]. **Ausb:** Stud Ges (E Muller) Techn H Pretoria. **Laufb:** Debüt Staatsth Roodeport 89, Gastsol ua Gran Teatre del Liceu Barcelona, Kom Op Berlin, La Monnaie Brüssel, Staatsop Berlin, Dresden u Hamburg, Grand Théâtre Genève, Royal Op House London, Mailänder Scala, Volksop Wien, Wiener Staatsop 96, Met Op New York seit 97, Lyric Op Chicago seit 98, Op Los Angeles 2000, Op Bastille Paris 2000, Dt Staatsop Berlin SpZ 2000/01 u 03–05, Staatsop Dresden 01, Op Australia Sydney 01, Bayreuther FSp 90, Salzburger FSp seit 98, FSp Baden-Baden, Klangbogen Fstv 2000; Konz ua m d Bergen Philh Orch, Cleveland Orch, Royal Philh Orch London, London Symph Orch, Münchner Philharmonikern; ZusArb ua m C v Dohnanyi, C Abbado, D Barenboim, M Gielen, L Maazel, Sir G Solti, J Levine, G Sinopoli; freischaff seit SpZ 93/94. **Pr:** KS d Staatsop Wien 03. (Red)

Bothmer, Ferdinand von, lyr Tenor; 5 Zeuggasse 3, A-1050 Wien, T: (01) 5 81 27 98, *fvonbothmer@yahoo.de*; c/o Konzertdirektion Hans Ulrich Schmid, Königstr 36, D-30175 Hannover, T: (05 11) 3 66 07 60, 3 66 07 27, 3 66 07 33, F: 3 66 07 34, *mail@kdschmid.de, ds@kdschmid.de* [München 3.10.1971]. **Ausb:** Stud MU Wien seit 95. **Laufb:** Sol Volksop Wien seit SpZ 03/04. **Pr:** 2. Opttenpr Belvedere Wettb Wien 98.

Bott, Oli, Komponist, Vibraphonist; PF 670113, D-10207 Berlin, T: (0 30) 41 72 48 48, F: 41 72 48 49, *info@olibott.com*; *www.olibott.com.*

Bottomley, Catherine, Konzertmeisterin; c/o Philharmonisches Orchester, Bertoldstr 46, D-79098 Freiburg. **Laufb:** 2. Konzm Philharmon Orch d Stadt Freiburg. (Red)

Botvinov, Alexey, Klavier; c/o Music Promotion Helene Kern, Korneliusstr 2, CH-8008 Zürich, T: 0 13 82 05 57, F: 0 13 82 05 20, *alexbotv@hotmail.com, info@botvinov.com, helene.kern@bluewin.ch*; *www.botvinov.com, www.nurkultur.ch* [Odessa 8.9.1964]. Bach: Goldberg-Variationen, Rachmaninow **Ausb:** Stud Kl (S L Mogilevskaya) H f M Odessa u (A A Kardaschow) Kons Odessa 81–85, Ass v Prof Gornostayeva Kons Moskau 87–89. **Laufb:** Gastsol Op Zürich u Düsseldorf, Dt Op Berlin seit 01 (zB Rachmaninows 2. KlKonz unter d Ltg v Ch Thielemann 05), Chopin-Fstv Polen, Zürcher FSp, SommerFSp Murten Classics 03, Gastsp m Goldberg-Variationen in 15 Ländern, Tourneen m Moskau Radio SymphOrch, Recitals in Europa; Juror Int KlWettb A Rubinstein Polen 02; L Kons Odessa. **Pr:** 3. Pr Allunions-Rachmaninow-Wettb Moskau 83, 3. Pr Bach-Wettb Leipzig 88, 2. Pr Clara-Schumann-Wettb Düsseldorf 94. – **Aufn/RF:** Bach: 'Goldberg-Variationen' 97; Brahms: 'Händel-Variationen'; Chopin: '7 Nokturne' 98; Bach: Konz d-Moll; Mozart: Konz d-moll; Beretta: 'Mozart in the sky', m Musichi di Praga, Dgt: M Beretta 2000; Rachmaninov – Botvinov plays Rachmaninov 02. **UA:** A Karamanov: Konz Nr 3 'Ave Maria'; M Beretta: '4 Lichtblicke'; J Freidlin: Konz Nr 1, '3.Serenade'.

Bou, Felipe, Bass; c/o Oper Leipzig, Augustuspl 12, D-04109 Leipzig, T: (03 41) 1 26 12 61; c/o Columbia Artists Management GmbH, Till Janczukowicz, Albrechtstr 18, D-10117 Berlin, T: (0 30) 20 64 80 78, F: 20 45 34 80, *info@cami.com*; *www.oper-leipzig.de*. **Laufb:** Gastsol Op Frankfurt SpZ 2000/01, Sol Op Leipzig. (*)

Boucly, Philippe, Flöte, Hochschullehrer; Engelhardstr 29, D-81369 München, T: (0 89) 76 16 76; c/o Bayerischer Rundfunk, Symphonieorchester, Rundfunkpl 1, D-80300 München. **Ausb:** Stud b Marcel Moyse, Roger Bourdin, James Galway, Michel Debost, Jean Pierre Rampal. **Laufb:** Sol Orch Nat d Capitole dToulouse 79, Sol Dt Op Berlin 84, Sol SymphOrch BR seit 88, Doz (Fl) Richard Strauss Kons München seit 94. **Pr:** 1. Pr MWettb Prag 77, Paris 76, Barcelona 82, 1. Pr Cons Nat Supérieur d Paris 80. (Red)

Boulez, Pierre, Dirigent, Komponist; c/o Festspielhaus Baden-Baden, Beim Alten Bahnhof 2, D-76530 Baden-Baden [Montbrison 26.3.1925]. **Ausb:** Stud Komp b O Messiaen Kons Paris 43, b A Vaurabourg u R Leibowitz 45/46; Int Ferienkse f Neue M Darmstadt 52. **Laufb:** Doz Int Ferienkse f Neue M Darmstadt u Dgt d Darmstädter Kammerens 55–67; ständiger Gastdgt Orch d SWF 58; Doz Musikakad Basel 60–63; Principal Guest Conductor Cleveland Orch 67–72; Chefdgt BBC Symph Orch 71–75, New Yorker Philh 71–77; Grd d 'Institut de Recherche et de Coordination Acoustique/Musique' Paris, Lt 76–92; Grd u Lt 'Ens InterContemporain'; Principal Guest Conductor Chicago Symph Orch 95. **Pr:** Ernst-von-Siemens-Musikpr 79, Praemium Imperiale 89, Pr d Dt Schallplattenkritik 95, Berliner Kunstpr 96, Polar Music Pr 96, Goldene Ehrenmed d Stadt Baden Baden 04. (Red)

Bousková, Jana, Harfe; c/o Konzertdirektion Hans Ulrich Schmid, Königstr 36, D-30175 Hannover, PF 3409, D-30034 Hannover, T: (05 11) 3 66 07 60, F: 3 66 07 34, *ep@kdschmid.de*. **Laufb:** Gastsol Staatsphilh Rheinland-Pfalz, PhilhOrch Freiburg u Lübeck, Südwestdt Philh Konstanz, Musikal Akad Mannheim, MDR Leipzig, Orch Aachen, Konstanz, Wiesbaden, Hagen, Innsbruck, Philh Orch Heidelberg, Mainz. (Red)

Bousso, Joseph, Master of Music, Kapellmeister, Korrepetitor; Ferdinand-Weiss-Str 137, D-79106 Freiburg, T: (07 61) 2 85 63 51, 01 74–9 52 44 97, *joseph.bousso@verizon.net, josephbousso@hotmail.com*; Theater Freiburg, Bertoldstr 46, D-79098 Freiburg [New York City 25.8.1976]. Allg Standardrepertoire f Op u Symph **Ausb:** Stud Dirig (O-W Mueller) Curtis Inst of M Philadelphia 97–2000, Bachelor's Degree of M (OrchLtg) 2000, Stud Dirig (O-W Mueller) Juilliard School New York City 2000–02, Master's Degree of M (OrchLtg) 02. **Laufb:** Kapm u Korr Th Freiburg, Neujahrskonz m d Euregio SymphOrch Passau 05, Familienkonz m d Freiburger Philh Orch 05. **Pr:** H v Karajan-DgtStip 02.

Bouton, William, Konzertmeister; Corneliusstr 23, D-80469 München, T: (0 89) 2 02 15 98, F: 20 00 97 14, *EditionBouton@bouton.de*; c/o Symphoniker, Drächslstr 14, D-81541 München. **Laufb:** Konzm Münchner Symphoniker. (Red)

Bovensmann, Arno, Sänger; c/o Junge Kammeroper Köln, Florastr 93, D-50733 Köln. **Laufb:** Sol Junge Kammerop Köln seit SpZ 03/04. (Red)

Bovet, Guy, Orgel, Komponist; CH-1321 Arnex-sur-Orbe, T: 02 44 41 54 62. (Red)

Bovey, Pierre-André, Komponist, Flöte; Monbijoustr 37, CH-3011 Bern, T: 03 13 81 57 23 [Lausanne 17.10.1942]. Kammermusik, Solo-Rezital **Ausb:** LDipl Fl (A Bosshard) Bern, KonzDipl (A Saunet) MH Zürich, Stud Komp (R Looser) Biel. **Laufb:** LTätigkeit (Fl) Kons Biel seit 93, jeden Sommer Tourneen u Ks in Frankreich. **Ens:** Ltg 'Intercity Fluite Players', Mitgl 'Trio Coriolan'. **Mitgl:** Schweizer Tonkünstlerverein, Schweizer MPäd Verein. – **Komp:** ca 60 Werke; z B 'Echappées (f Fl, Vcl, Kl) Bern 85; 'Périple' (f V, StrOrch) 90, 'Les Saisons de la Flûte' (f FlEns) 95–2000; 'Ad Parnassum' (f Strqua, Kl, Glockenspiel); 4 Miniatures (f Kl) 01. **AuftrKomp:** 'Périple' (f Vcl, StrOrch) 91, UA Huttweiler KamOrch/Olten, V: M Kunz (Auftr: Huttweiler KamOrch); '2 Episodes' (f Altfl in G u Org) 96, UA P A Bovey u Ph Laubscher (Auftr: Kons Biel). **Aufn/RF:** CD: P A Bovey Flöte; Œuvres de Charles Koechlin et PA Bovey 48. **Zug:** E Mattmann: Variationen f Fl solo, P-A Vincent: Musik f die Seele f BassFl solo; V Janos: Prélude f Altfl solo. **Lit:** Bibliothèque cantonale et universitaire Lausanne: P-A Bovey, Fluitist and Composer, catalogue des œuvres par J-L Matthey 95.

Boving, Stephan, Sänger; Pellenzstr 8, D-50676 Köln, T: (02 21) 2 40 94 85, (01 73) 2 50 72 56. **Laufb:** Sol Landesth Detmold, Gastsol Th Hagen SpZ 03/04, Sol Oper im Schlossgarten FSp Eutin SpZ 04/05, Stadtth Gießen SpZ 04/05. (Red)

Bow, Glenn *siehe* Glembotzki, Reinhold

Bowers, Evan, Tenor; c/o Dietsch Internationale Künstleragentur, Thierschstr 11, D-80538 München, T: (0 89) 3 40 86 30, F: 34 08 63 10, *JWDietsch@t-online.de*; c/o Opernhaus Graz, Kaiser-Josef-Pl 10, A-8010 Graz, T: (03 16) 80 08. **Laufb:** Sol Op Leipzig, Th Basel, Stadtth Klagenfurt, Gastsol Vereinigte Bühnen Graz SpZ 03/05, Sol Th u Philh Essen SpZ 04/05. (Red)

Bowien, Carsten, musikalischer Leiter, Dirigent, Pianist; Eichenallee 24, D-22605 Hamburg, T: (0 40) 81 90 19 27. **Ausb:** Stud (Kl, Dirig) MH Detmold u München. **Laufb:** Gastvertr Gärtnerplatzth München, Festeng Solorep u Studienlt m DirigVerpfl Passau, Chordir u Dgt Landesth Detmold bis 01, Dgt u stellv OrchManager Musical-Hall Stuttgart 01–02, musikal Lt Junges MTh Hamburg seit 02. (Red)

Bowman-Hester, Mark, Opernsänger (Spiel- u Charaktertenor); Kettelerstr 11, D-48147 Münster, T: (02 51) 9 87 96 91, 0 17 07 55 41 04, F: (02 51) 9 87 96 93, *mbowmanh@aol.com* [Roxboro, NC, USA 27.6.1956]. **Ausb:** Stud University of North Carolina at Chapel Hill (BM) 74–79, Stud Eastman School of Music (MM) 79–81, Dr. Stud Indiana University, Bloomington 81–85, Stud Houston Opera Studio 86–87. **Laufb:** FestEng: Th d Stadt Heidelberg 87–90, Staatsth Darmstadt 90–92, Städt Bühnen Münster seit 96; Gast: Bayer Staatsop München, Teatro Nacional de São Carlos Lissabon, Das Meininger Th (Südthüring Staatsth), Freiburger Th, Grand Theatre de Limoges, Städt Bühnen Lübeck, Stadtth Luzern, Süddt KamOp Weißenhorn, Berliner KamOp, Vogtland Th Plauen, Houston Grand Op, Orlando Op, Th d Landeshauptstadt Erfurt, Niedersächs Staatsop Hannover, NatTh Mannheim, Wuppertaler Bühnen, Op Leipzig (Musikal Komödie), Th u Philh Essen, Gelsenkirchen Musikth im Revier,

Städt Bühnen Osnabrück, Stadtth Bielefeld, Hess Staatsth Wiesbaden, Saarländ Staatsth, Bühnen d Landeshauptstadt Kiel, Staatsth Braunschweig, Stadtth Gießen, Hans-Otto-Th (Potsdam), Bieler Musikth, Staatsth Kassel, Th Dortmund, Mittelsächs Th Freiberg, Stadtth Hildesheim, Zeitgen Op Berlin SpZ 04/05. **Pr:** Performers Certificate, Eastman School of Music 81, 1. Pr Met Op Nat Auditions 84, 1. Pr Nat Op Assocation 86, Förderpr Musik- u ThFreunde Münster 97.

Boyde, Amadeus, Repetitor; c/o Landesbühnen Sachsen, Meißner Str 152, D-01445 Radebeul. **Laufb:** Rep Landesbühnen Sachsen. (Red)

Boyde, Andreas, Klavier; c/o Michael Kocyan Artists Management, Wielandstr 37, D-10629 Berlin, T: (0 30) 31 00 49 40, F: 31 00 49 84, *artists@kocyan.de*; *www.andreasboyde.com* [Oschatz]. Gesamtwerk v Johannes Brahms **Ausb:** Stud H f M Dresden b Ch Holzweissig u A Webersinke, Guildhall Sch of M and Drama London b J Gibb. **Laufb:** Konz m Sächs Staatskap Dresden, Berliner SinfOrch, Malaysian Phil Orch, Symph, London Philh Orch, SymphOrch d Bolschoi-Th, Hallé Orch Manchester, Bournemouth SymphOrch, Israel Northern SymphOrch; Auff Schumann-Zyklus Düsseldorf 95, Prag Radio Orch, Zürcher KamOrch, Bamberger Symph, London Mozart Players, Gast Recital Dresdner MFSp 98, Solopianist Eröffnungskonz d Dresdner Sinf 98, Int Beethovenfest Bonn 01, Tournee mit UA Schuhmann, Tournee mit Bolshoi SinfOrch in GB 01, Prager Herbst 03, Beethoven Zyklus Santiago de Chile 03. – **Aufn/RF:** zahlr RF- u TV-Aufn, CDs m Werken v Schumann, Mussorgskij, Ravel, Tschaikowsky, Rachmaninoff, Dvorak, Schoenfield, Brahms. **UA:** P Schoenfield: 'Four Parables' (KlKonz), europ EA, m Dresdner Sinf 98. **Zug:** J Pickard: KlKonz, UA Dresden 2000. **Sonst:** Veröffentl der Rekonstruktion d 'Schubert-Variationen' v Robert Schumann 2000 (UA New York).

Bozhkov, Milen, Sänger; Wienerstr 58a/Wg 1, A-8020 Graz, T: (06 99) 12 63 99 80; Opernhaus, Kaiser-Josef-Pl 10, A-8010 Graz. **Laufb:** Ens Nationalop Sofia 99–2000, Sol Opernhaus Graz seit 04/05. (Red)

Bozic, Wolfgang, Prof, Dirigent, Hochschullehrer; Severingasse 17, A-1090 Wien, T: (01) 4 09 91 21; Univ f Musik u Darst Kunst, Inst 1, Brandhofgasse 21, A-8010 Graz, T: (03 51) 3 89 32 34, F: 3 89 30 11, *wolfgang.bozic@kug.ac.at* [Graz 9.11.1947]. **Ausb:** Stud Kl, Dirig H f M u darst Kunst Graz, Stud (B Maderna) Mozarteum Salzburg, (F Ferrara) Cons di S Cecilia Rom. **Laufb:** 1. Dgt Vereinigte Bühnen Graz 75–01, SpZ 04/05, o UProf (Technik d Korrep u d Partiturspiels) U f M u Darst Kunst Graz seit 86, enge ZusArb m Teatro Verdi Trieste seit 98, Gastdgt RSO Wien, Budapester Symph, NÖ Tonkünstlerorch, Basler OpHaus, Staatsth Saarbrücken, Staatsop Hamburg, Kom Op Berlin (bis SpZ 04/05), Dgt Volksop Wien, Gastdgt Ldesth Linz SpZ 03/04, Lehár Festival 05, GMD Staatsop Hannover ab SpZ 06/07. **Pr:** Prtr Karl-Böhm-Wettb 81. (Red)

Brachmann, Hardy, Sänger; Bahnhofstr 35, D-03046 Cottbus, T: (03 55) 79 51 15. **Laufb:** Sol Staatsth Cottbus (04/05). (*)

Bracht, Roland, KS, Bassbariton; Waldenbucher Str 31, D-70771 Leinfelden-Echterdingen, T: (07 11) 79 60 67; c/o Künstleragentur Dr. Raab & Dr. Böhm, Plankengasse 7, A-1010 Wien, T: (01) 5 12 05 01, F: 5 12 77 43, *office@rbartists.at*. **Laufb:** Sol Staatsth Stuttgart, Dt Op Berlin. (Red)

Brady, Paul, Sänger; Teichstr 3, D-26122 Oldenburg, T: (04 41) 7 69 65; c/o Staatstheater Oldenburg, Theaterwall 28, D-26122 Oldenburg. **Laufb:** Sol Staatsth Oldenburg. (Red)

Bräckelmann, Barbara, Mezzosopran; Lachterweg 22, D-44149 Dortmund, F: 01 77–7 86 95 79, *barbara@braeckelmann.de*; c/o Pfalztheater, Willy-Brandt-Pl 4–5, D-67655 Kaiserslautern [Darmstadt 23.11.1967]. Oper, Konzerte, Liederabende **Ausb:** Stud OpDarstStudio (C Gernot-Heindl) 90–93, Stud Ges (M Bürgener) MH Würzburg 94–01. **Laufb:** Sol Th Hof seit 2000–02, Pfalzth Kaiserlautern seit 02, Gastsol Th Gera 99–01. – **UA:** T Völker: 'Klein Zack', J Joneleit: 'Liederzyklus'.

Brähler, Simone, Sopran; Hessisches Staatstheater, PF 3247, D-65022 Wiesbaden. **Laufb:** Sol Hessisches Staatstheater Wiesbaden. (Red)

Bräm, Thüring, Master of Arts, Komponist, Dirigent, Hochschullehrer; Lerchenstr 56, CH-4059 Basel, T: 06 13 61 79 36, *tbraem@mhs.fhz.ch* [Basel 10.4.1944]. **Ausb:** (Kl, Dirig, Komp) Basel, Stud (MWiss) Univ Basel u Heidelberg, Kompstud, Master of Arts (Komp) Univ of California Berkeley. **Laufb:** Dgt u Korr Curtis Inst of M Philadelphia, Santa Fe Summer Op, Aspen M Fstv 70–73, Ltg MSchule MAkad Basel 73–87, künstl Ltg Reihe 'KamKunst Basel' 74–87, ChefDgt Regio-Ch Binningen/Basel seit 76, Präs Jeunesses Musicales de Suisse 84–90, Doz (Orch) MH Luzern, Dir Kons Luzern seit 87, Junge Philh Zentralschweiz seit 87. **Pr:** Edwin Fischer-Anerkennungspr. – **Komp:** 3 Streichqua 90/93/98; 'Litteri un Schattä/Lucie Ombre' (Orat) 96; 5 Eichendorff Lieder (f Tenor u Orch) 96; Dix Préludes: Le pas s'est éloigné – le marcheur s'est tu (f Kl) 98; A Monk's Tale (f Git solo) 99; 'Dirge' (Konz f V u 10 Blechbl) 99/2000. **AuftrKomp:** ua f Pro Helvetia, Stadt Basel, IMF Luzern, Radio DRS, Danzig, BBC Singers.

Brämer, Dorothee, Prof, Hochschullehrerin; Urbanstr 48, D-70182 Stuttgart, T: (07 11) 23 50 84, F: 2 34 91 13, *braemer@baleari.de* [9.4.1940]. HF-Rhythmik-Musik u Bewegung, Bühnenarbeit m Musiker/Innen u Architekt/Innen, zeigenöss Musik **Ausb:** Stud Folkwang-H Essen. **Laufb:** Prof (Rhythmik) Staatl H f M u Darst Kunst Stuttgart, Lehrtätigkeit i London, Sidney, Moskau, Genf, Wien, Dresden, Köln u Essen. – **Aufn/RF:** Infofilm über Rhythmik, SWR Kultur Südwest 99, CD u DVD v diversen Auff. **Sonst:** Projektarb m U Stuttgart Architektur, Auff: 'Zeit bricht' Adriana Hölszky, Kaiser v Atlantis (Choreographie), Musik – Raum – Körper Wilhelm-Th (Inszenierung), Staatsgalerie Stuttgart: Openair-Projekt 'Die Badenden' v Picasso m Werken v U Süße u J Palmer u. a. 05, intermediale Projekte.

Bräuning, Antje, KM, Violine; c/o Dresdner Philharmonie, PF 120424, D-01005 Dresden. (Red)

Bräuninger, Jürgen, staatl gepr M-L, MA, Dr of Music, Komponist, Hochschullehrer; University of KwaZulu-Natal, School of Music, Durban 4041, Südafrika, *brauning@ukzn.ac.za*; *www.ukzn.ac.za/music/adunw.html* [Stuttgart 13.9.1956]. elektron Musik **Ausb:** Stud M (Süsse, Karkoschka) H f M u Darst Kunst Stuttgart bis 82; Komp (Strange, Wyman) San Jose State Uni/California bis 83; Dr of Music Uni of Natal 99. **Laufb:** Tutor Studio f elektron M d H f M u Darst Kunst Stuttgart 77–82; LAuftr (elektron Tasteninstr, Computeranwend) ebd 84/85; LAuftr (experimentelle M, Perform) Staatl Akad d bild Künste Stuttgart 84/85; seit 85 Lecturer, dann Associate Prof Uni of Natal Durban. **Pr:** 1. Pr LandesMWettb (Sektion Rock/Pop) Baden-Württemberg 77, Mention 7th Int Electroacoustic M Comp Bourges/Frankreich 79. – **Komp:** Saxomanie f Sax(e) solo u Orch, SDR Stuttgart, Studiotage leichter M 81; Xherone (Computer-Video) 86, Tage f Neue Musik Stuttgart 86; 'Bass auf' 82; M Rossi/U Süsse, 03; 'Yeah!' 84; M Rossi/U Süsse, 03; '... anywhere far' 91; M Rossi/U Süsse, 2000; 'ihlathi', 98; Yinkosi Yeziziba f umrhube u udloko Musikbögen, Stimmen, Perc u elektron Klänge 02 (Auftr: SWR); 13 very short movies 4 sax 0 electronics (SaxQua), Stockholm SaxQua, New Music Indaba, Grahamstown, Südafrika; Transfigured Ritual f Trp, Kl, Vcl, elektr Bass, Umblätterer, DVD u simultane Projektion v M Derens, (Stummfilm 'Ritual in Transfigured Time' 46), New Music Indaba, Grahamstown. **Sonst:** J Bräuninger: 'Southern Cones: Music out of Africa and South America' 2000 (CD companion introduction), in: Leonardo M Journal Vol 10 pp 71–72; ders: 'Gumboots to the rescue' 98, in: South African Journal of Musicology Vol 18, pp 1–16.

Bräunlich, Hendrik, Klavier; August-Bebel-Str 32, D-04275 Leipzig, T: (03 41) 4 62 61 58; c/o Hochschule für Musik 'Felix Mendelssohn Bartholdy', Grassistr 8, D-04107 Leipzig, T: (03 41) 9 12 77 29, F: 9 12 77 29 [Leipzig 1969]. **Ausb:** erster KlUnterr 74, Stud (Korrep u Kl) H f M u Th 'Felix Mendelssohn Bartholdy' Leipzig 86–92, Aufbaustud (KamM/Liedgestaltung) 92–95, Mstrkl (KamM/Liedgestaltung) b Prof. K-P Kammerlander 96–98, Kse b H Höll, E Schwarzkopf, Mstrkl v D Fischer-Dieskau, priv Stud b Ch Spencer, P Schreier u E Schwarzkopf. **Laufb:** künstl Mitarbeiter MH Leipzig seit 94, Konz Schleswig-Holstein Musikfstv, Musikfstv Mecklenburg-Vorpommern, Op Leipzig, Rheingau Musikfstv, Musiksommer d MDR, Fstv Int de Musique Tibor Varga, Wiederaufbau-Konz d Dresdner Frauenkirche, Dresdner Galeriekonz v DeutschlandRadio, Konzertreihe 'Das Lied in Dresden', Staatsth Braunschweig, offizieller Begleiter f d Fach Gesang 10. u 11. Int J-S-Bach-Wettb Leipzig 96 u 98, Begleiter e Mstrkl v P Schreier 99, offizieller Begleiter 2. Int Hilde-Zadek-Wettb 2000. **Pr:** Pr f Klavierbegl Mendelssohn-Wettb Berlin 93, Förderpr f Klavierbegl 6. Int Brahms-Wettb Hamburg 94, Stip Dt Musikwettb 97, Pr f Klavierbegl 1. Int Hilde-Zadek-Wettb Passau 98. – **Aufn/RF:** CD-Einsp: Karl Ottomar Treibmann: Zyklus 'Hölderlin'. (Red)

Bräutigam, Andreas, Dr, Violine; Schröderstr 10, D-10115 Berlin, T: (0 30) 2 81 19 79, F: 2 81 19 79, *braeutigam@unitedberlin.de*. **Ausb:** Stud (V) MH Franz Liszt Weimar. **Laufb:** V Orch d Kom Op Berlin, Mitbegr d Ens UnitedBerlin (Ens f Neue Musik) 89. – **Aufn/RF:** CD United Colors of Berlin, Lt Vladimir Jurowski; Juro Metsk, Lt Peter Hirsch; Luigi Nono, Lt Peter Hirsch. (Red)

Bräutigam, Matthias, KV, Cello; An der Spitze 46, D-01738 Dorfhain, T: (03 50 55) 6 11 95 [Gotha 1958]. **Ausb:** Stud H f M Franz Liszt Weimar b Prof Böhme 75–80. **Laufb:** Eng 1. Solocellist Dresdner Philh, Konz in Tschechien, Bulgarien, Holland, Italien u Großbritannien, LAuftr Vcl H f M Franz Liszt Weimar. **Pr:** Bachpreisträger b Int Bachwettb in Leipzig 80. **Ens:** Dresdner Barocksolisten, musica-viva-ensemble, Duo Matthias u Sabine Bräutigam. (Red)

Bräutigam, Sabine, Klavier, Hochschullehrerin; An der Spitze 46, D-01738 Dorfhain, T: (03 50 55) 6 11 95; H für Kirchenmusik, Käthe-Kollwitz-Ufer 97, D-01309 Dresden. **Ausb:** Stud MH Leipzig (Prof H Volger) u Weimar (Prof R-D Arens). **Laufb:** Ass H f M Weimar, Doz f Kl an d H f KiM Dresden seit 82, Ernennung zur Prof H f KiM Dresden 01. **Ens:** Duo Matthias u Sabine Bräutigam. (Red)

Bräutigam, Volker, Prof, Hochschullehrer, Orgel; Schwägrichenstr 7, D-04107 Leipzig, T: (03 41) 2 22 97 37; Hochschule f Musik u Theater, PF 100809, D-04008 Leipzig [Frohnau, Erzgeb 23.5.1939]. Kirchenmusik d 20. Jhs **Ausb:** Stud Orgel (W Schetelich, R Köbler), Komp (J Weyrauch, W Weismann, C-E Ortwein), Dirig (K Thomas, F Jung) H f Musik Leipzig 57–64. **Laufb:** Mitgl Dresdner Kreuzchor 49, Filmkomp DEFA 62–64, Kantor Heilandskirche Leipzig 62–94, Int KonzTätigkeit (USA, Sowjetunion, Skandinavien, Alpenländer, Niederlande) seit 74, Prof (Orgel) Ev H f KiM Halle, Prof (Orgel) H f Musik Leipzig 92. – **Komp:** Konz f Cemb u Streicher 62; Nelly-Sachs-Lieder 72, UA Rameau-Trio, G Pohl (Auftr: Gewandhaus Leipzig); Markuspassion, UA Leipzig 81; 'De Angelis' (Konz f Orgel, Str, Spr, Perc), UA G Burkhardt, Orch Dessau 85 (Auftr: Stadtk Wittenberg); Klangfiguren (f Org, Cemb, Synth), UA Halle, H f KiM, M Brönut, G Zischams 96; Improvisationen über Perotin, Thomanerchor, Dgt: Biller 99 (Auftr: MDR). **Aufn/RF:** Konz f Cemb u Str, Weimarer Staatskap, M Bräutigam, Dgt: F Bezel 62 (Dtschld-Sender); Markuspassion, H f Musik Stuttgart, Dgt: H Wolf 93 (MDR); Nelly-Sachs-Lieder, Leipzig 93 (MDR). **UA:** E Kreissel: Konz f Orgel u Orch 82. **Zug:** H Bornefeld: 24 Inventionen. **Sonst:** Beitrag 'S Reda' (Credo Musicale) 68, 'Zur Frage d Inégalité in Bachs Musik' (Bach als Ausleger d Bibel) 85.

Brahn, Lux, Klarinette; General-Wille-Str 375, CH-8706 Meilen, T: 0 19 23 15 42, F: 0 19 23 40 35, *clarinetto@genswein.com*. **Laufb:** Sol u Kammermusikerin, Konz in Europa u USA, Workshops, Unterrichtstätigkeit div MH. (Red)

Braica, Ioan Cristian, Kontrabass; c/o HR Sinfonieorchester, Bertramstr 8, D-60320 Frankfurt a M. **Laufb:** Vorspieler HR SinfOrch Frankfurt a M. (Red)

Bramall, Anthony, GMD, Dirigent; c/o Badisches Staatstheater, Baumeisterstr 11, D-76137 Karlsruhe, D-76125 Karlsruhe, T: (07 21) 35 5 72 32, F: 37 32 23, *orchesterinspektor@bstaatstheater.de.* **Ausb:** Stud (Ges) Guildhall School of Music and Drama London, Stud (Dirig) b V Tausky 78–80. **Laufb:** Gastdgt Südwestdt KamOrch 85, Kapm, Studienlt u Ass d GMD Städt Bühnen Augsburg 85–89, Gast Staatsth Braunschweig 88, Dgt Landesth Coburg 89/90, Niedersächs Staatsth Hannover bis 95, Dgt Sächs Staatsop Dresden 92 (03/04), GMD Vereinigte Städt Bühnen Krefeld u Mönchengladbach seit 95 u Orchlt Niederrhein Sinfoniker, GMD Badisches Staatsth Karlsruhe seit 02/03; Gastdgt Nationalth München 03–05. – **Aufn/RF:** CD-Einsp m Slowak Philh u Slowak RFOrch 87, RIAS Berlin 88, Berliner Philh u RSO (Reihe 'Rias stellt vor') 98, Aufn Radio-Philh d NDR Hannover.

Brand, Helmut Michael, KMD, Komponist, Kantor; Ev Bezirkskantorat Tuttlingen Süd, Heinrich-Rieker-Str 11, D-78532 Tuttlingen, T: (0 74 61) 1 29 02, F: 91 08 86, *Helmut.Michael.Brand@t-online.de* [Stuttgart 27.4.1959]. Chorltg, Org, Komp **Ausb:** Stud MH Stuttgart (KiM A) 78–85, Stud Org Strasbourg (D Roth) 84–85. **Pr:** KMD seit 97. – **AuftrKomp:** 'Mein Kraft u mein Scheitern bist du' f Ch u kl Orch, UA Stuttgart 02 (Auftr: Verb Ev KiM Württemberg). **Aufn/RF:** CDs: 'Frz Orgelromantik aus d Ev Stadtkirche Tuttlingen' 98; 'Musik f Hn u Org' 2000 m M Berg (Hn), H Brand (Org); 'Geistl Musik Birnau – W A Mozart – Birnauer Kantorei' 02. **Sonst:** Org u ChM (7 Ch-Hefte), Mitautor d Lehrbuchs 'Probieren u Studieren'.

Brandenburg, Hans-Jörn, Komponist; Hagelberger Str 57, D-10965 Berlin, T: (0 30) 78 99 21 98, F: 78 99 21 98 [Bardowick 24.9.1957]. **Ausb:** Stud Schulmusik Schwerpunkt Tonsatz/Komposition (H. Lachenmann, L. Kupkovic), Musikethnologie Hannover, Modellversuch Popmusik Hamburg. **Laufb:** Grenzgänger zwischen U- u E-Musik, 'The Black Rider' (Musikal Lt, Co-Arrangeur), UA Hamburg, Thalia Th 90, SchspM Berliner Ens SpZ 04/05. – **Komp:** 'Der Rabe von London' (Filmmusik), UA ARD u ARTE 94/95; 'Wartesaal Deutschland' (Bühnenmusik), UA Berlin, Dt Th 95; 'Dr Jekyll u Mr Hyde', UA Berlin, Volksbühne am Rosa-Luxemburg-Platz 96; 'Villon' (Musical), UA Schauspiel Kiel 96; 'William Ratcliff' (Musikal Schauerdrama), UA Düsseldorf, Schauspielhaus 97; 'The Legend' (Musical), UA Hong Kong Convention & Exhibition Center, China 98. (Red)

Brandes, Torsten, Komponist; Schloß Hamborn 93c, D-33178 Borchen, T: (0 52 51) 38 94 13, *To_Brandes@aol.com* [Bremerhaven 17.9.1959]. **Ausb:** Autodidakt, Stud Komp (F. Deckner), Pädagogik u Komp (P.M. Riehm) 81–85, Stud anthroposoph Studienseminar Stuttgart 86–89. **Laufb:** freischaff Musiker, Doz Eurythmeum Stuttgart (Musik u Theor) 89–91, Musiklehrer, Chorleiter u Orchesterleiter Bremen seit 91, Oberstufenmusiklehrer Schloß Hamborn seit 98. **Pr:** Stift d Vereinigten Volks- u Raiffeisenbanken Niedersachsens 95 u 97. **Ens:** Ens f Neue Musik Hamborn. – **Komp:** 5 kleine Stücke f Git, UA Stuttgart, T. Brandes 88; 5 Komp f Vcl u Kl, UA Stuttgart, M. Schmidt, N. Yamamoto 89; Streichqua Nr. 1, UA Bremen, Morgenstern-Qua 92; 4 Lieder nach Paul Celan, UA Stuttgart, A Ziegler, M Nödinger 93; Symph Kantate, UA Ottersberg, S Paßow, Chor d Brandenburger Th, Brandenburger Symponiker 95; Facce della notte, UA Bremen 96; Symph Nr 1, UA Ottersberg S Paßow, Chor d Brandenburger Th, Brandenburger Symphoniker 97. (Red)

Brandhofer, Alois, Prof, Hochschullehrer, Klarinette; Rosenweg 10, A-5301 Eugendorf, T: (0 62 25) 8 71 09, F: 8 71 09; Univ Mozarteum, Abt f. Blas- u Schlaginstrumente, Schrannengasse 10a, A-5020 Salzburg, *alois.brandhofer @moz.ac.at* [Grabenegg 19.6.1951]. **Laufb:** UProf (Klar) U Mozarteum Salzburg. (Red)

Brandis, Thomas, Prof, Hochschullehrer, Violine; Eichenallee 5a, D-14050 Berlin, T: (0 30) 3 02 36 00, F: 3 02 35 40 [Hamburg 1935]. **Ausb:** erster V-Unterr 41, Stud V (E Hauptmann) Staatl H f M Hamburg 52, (M Rostal) London 57. **Laufb:** KonzM Hamburger Bach-Orch 57, KonzM Hamburger Symph 59, KonzM Berliner Philh Orch 62–83, Doz (V) U d Künste Berlin 76 u 83; als Sol ZusArb m H v Karajan, K Böhm, H Schmidt-Isserstedt, J Keilberth, E Jochum, K Tennstedt, 1. Geiger Brandis-Qua Berlin seit 76, Konz in Europa, Japan, Südamerika, Mstrkl u Ferienkse (V u KamM), Juror auf int Wettb; Prof (V) U d Künste Berlin. **Pr:** Prtr Wettb d ARD München 57. **Ens:** Brahms-Trio Hamburg, Philh Sol Berlin, Duo m D Levine, Brandis-Qua Berlin. (Red)

Brandkamp, Kornelia, Flöte; Schlieperstr 32, D-13507 Berlin, T: (0 30) 43 77 69 44, F: 43 77 69 45; c/o Deutsches Symphonieorchester Berlin, Masurenallee 8–14, D-14057 Berlin [Anholt, Westf]. **Ausb:** Stud Qufl (K Zoeller) HdK Berlin. **Laufb:** Sol Dt SymphOrch Berlin, Mitgl Consortium Classicum u FSpOrch d Bayreuther FSp, KonzReisen als Sol m d Dt KamPhilh, Jungen Dt Philh, Dt SymphOrch Berlin (V Askhenazy), Gastsol Berliner FestW, Schleswig Holstein MFstv. **Pr:** Stip d Studienstift d dt Volkes u d H v Karajan Stift d Berliner Philh Orch; als Mitgl d Ma'alot-Qui: 1. Pr ARD-Wettb München, KammWettb Martigny u Dt MWettb Bonn. (Red)

Brandl, Alfons, Tenor; c/o Konzert Agentur Suzanne Gfeller, Homelstr 3, CH-4114 Hofstetten, T: 06 17 33 03 73, F: 06 17 33 03 74, *singphoniker@ concertagency.com.* **Pr:** 'Singphoniker': 1. Pr int ChWettb Gorizia/Italien 88, Prix Charles Cros v Radio France ua. **Ens:** Mitgl Ens 'Singphoniker'. (Red)

Brandl, Rudolf, Dr, Prof, Komponist; Otto-Lauffer-Str 37, D-37077 Göttingen. Choral **Laufb:** Prof Univ Göttingen. – **Sonst:** wiss Beratung CD 'Vesper am Karfreitag, die Gesänge z Ritus d Kreuzabnahme' Dt orth Dreifaltigkeitskloster Bodenwerder-Buchhagen. (Red)

Brandmüller, Theo, Prof, Komponist, Hochschullehrer; Erlenweg 12, D-66265 Heusweiler-Holz, T: (0 68 06) 80 00 80, F: 80 00 82, *t.brandmueller @netzwerk-musik-saar.de*; Am Jugendwerk 6, D-55122 Mainz, T: (0 61 31) 3 17 25; *www.hfm.saarland.de/brandmueller/* [Mainz 2.2.1948]. OrchM, MTh, KamM, ChM, M f Org **Ausb:** Kompositionsstud Mainz (W. Fussan), Stud Detmold (G. Klebe), Köln (M. Kagel), Madrid (C. Halffter), Paris (O. Messiaen). **Laufb:** Prof (Komp, MTheorie, Orgelimp) H d Saarlandes f Musik u Th Saarbrücken seit 79, Titularorganist Ludwigskirche Saarbrücken seit 81, Mitgl Consociatio Int Musicae Sacrae Rom, Doz Int Ferienkurse Darmstadt 86, 88. **Pr:** Förderpr SWF Baden-Baden 77, 1. Kompositionspr Stadt Stuttgart 77, Rompr d Villa Massimo 79, Großer Kunstpr d Saarlandes 86, Kunstpr d Landes Rheinland-Pfalz 88. **Mitgl:** Dt Kompverb, Werkausschuss der GEMA. – **Komp:** 'Hommage à Perotin' f Org 78, UA Paris, Notre Dame 78; 'Venezianische Schatten' f Orch 81, UA ZDF, RSO Berlin, Dgt: P Ruzicka 82; Konz f Org u Orch 81, UA Leipzig, Neues Gewandhaus, RSO Leipzig, Dgt: M Pommer 91; Cis-Cantus II, UA Vancouver 87; 'Antigone' 2. Klanggesang f gr Orch 88, UA Bukarest, Ateneul Roman, SinfOrch G Enescu, Dgt: C Halffter 90; Und der Mond heftet ins Meer ein langes Horn aus Licht u Tanz 92/93, UA Saarbrücken, RSO Saarbrücken, Trio basso, Dgt: M Viotti 93; 'Cis – umsungend', 4 Klangfabeln f Chor, UA Amsterdam 96. **Aufn/RF:** Konzorg b Radio Fance, BBC London, WDR, NDR, SFB, MDR, SWR, SR; Aufn v Komp b allen dt RF-Anstalten u Radio Hilversum; CD-Aufn b col legno, Dabringhaus-Grimm, EMI-Electrola, Mottete-Ursina. **UA:** UA b zahlr int Fstv: ua Musik im 21. Jh, Donaueschinger Mtage. **Zug:** H Lohse: 'Die 7 Todsünden' f Org; Th Lauck: 'Gardinger Tagebuch' f Org. **Sonst:** Arrièregarde – Avantgarde, Texte z Musik 80–98, hg S Fricke ua 98.

Brandstätter, Michael, Solokorrepetitor; Merangasse 47, A-8010 Graz, T: (03 16) 10 14 91 11. **Laufb:** Solokorr Vereinigte Bühnen Graz. (Red)

Brandstetter, Adelheid, Sängerin; Schaufußstr 34, D-01277 Dresden, T: (03 51) 3 14 88 03. **Laufb:** Sol Staatsoptte Dresden, Sol Sommer-Optte Coburg SpZ 04/05. (Red)

Brandstetter, Norbert, Hochschullehrer, Klavier; Schulstr 7a, D-93087 Alteglofsheim, T: (0 94 53) 89 60, (01 75) 4 62 42 29; Hochschule f Kath Kirchenmusik u Musikpädagogik, Andreasstr 9, D-93059 Regensburg. **Ausb:** Stud (Kl, SchM) MH München. **Laufb:** Doz (Kl, KlMethodik) KiMSchule Regensburg. (Red)

Brandstetter, Rainer, Sänger; Landestheater, Schwarzstr 22, A-5020 Salzburg. **Laufb:** Sol Landesth Salzburg. (Red)

Brandt, Andreas van den, Schauspielmusiker; c/o Uckermärkische Bühnen Schwedt, Berliner Str 46–48, D-16303 Schwedt/Oder, T: (0 33 32) 53 80, F: 53 81 24, *mail@theater.de.* **Laufb:** SchspM Schleswig-Holstein Landesth SpZ 02/03. (Red)

Brandt, Christoph, Horn; c/o WDR Sinfonieorchester, D-50600 Köln. **Laufb:** Sol WDR SinfOrch Köln. (Red)

Brandt, Christopher, Gitarre, Komponist; Germaniastr 32, D-60385 Frankfurt, T: 0 17 28 51 82 30. **Pr:** Stip Dt Musikwettb KamM 98. (*)

Brandt, Gunhild, Prof, Hochschullehrerin; Am Siedlungseck 4, D-04451 Borsdorf, T: (03 42 91) 8 68 85; Hochschule f Musik u Theater, PF 100809, D-04008 Leipzig. **Laufb:** Prof (Instr Korrep, KamM Kl) H f M Felix Mendelssohn Bartholdy Leipzig. (Red)

Brandt, Karl-Heinz, Opern- und Konzertsänger; Richardisstr 9, D-79540 Lörrach, T: (0 76 21) 16 33 00, F: 16 33 01, *kbrandt.tenor@t-online.de* [Eschweiler 1.6.1958]. Op, Konz **Ausb:** Stud Ges (P.Ziethen) MH Münster 78–84. **Laufb:** Sol Th Aachen 84–86, Sol Th Gelsenkirchen 86–93, freiberufl 93–98, Sol Th Basel seit 98, Gast Th Karlsruhe 89, Th Düsseldorf 90, Th Wuppertal u Gelsenkirchen 93–98, Th Potsdam 94, Sol Eutiner OpFSp 93–99, Konz Alte Op Frankfurt m M Schneider u La Stagione Frankfurt, Philh Köln u Berlin, m Bamberger Symph u H Zender, Konz m F Bernius sowie in Polen, Island, Spanien, Frankreich, Holland, Belgien; Gast Staatsop Hannover SpZ 02/03.

Brandt, Konrad, Prof, Hochschullehrer, Kirchenmusiker; Ev Hochschule f Kirchenmusik, Kleine Ulrichstr 35, D-06108 Halle. **Ausb:** KiM EHK Halle/S 62–67. **Laufb:** KiM Ev. Petrusgemeinde Halle-Kröllwitz 66–82, Doz (MTheorie, MWiss) Ev H f KiM Halle. (Red)

Brandt, Lukas, Solo-Oboist, Musikpädagoge (Oboe, Kammermusik, Bläserarbeit); Zum Rott 14, D-49078 Osnabrück, T: (05 41) 4 43 02 27, F: 4 43 02 28, *lbrandt@uos.de* [Hannover 12.12.1957]. Orchester; Sololiteratur vom Barock bis zur Moderne **Ausb:** Stud Ob (W Liebermann) MH Lübeck 80–84, Konz-Examen 84, PrivStud (G Passin) Berlin 84–86. **Laufb:** Junge Dt Philharmonie 81–83, Solo-Oboist SymphOrch Osnabrück seit 83, Solokonz m Orch (Strauss, Mozart, Bach ua), KamKonz NDtschld, LBeauftr Kons, FH Osnabrück u U Osnabrück. **Ens:** 'Poulenc-Duo' (Ob u Kl) 86–90, 'Trio Mariano' (Ob, Vcl u Cemb) 92–98. **Mitgl:** Dt OrchVereinigung.

Branisteanu, Horiana, Prof, Hochschullehrerin, Sologesang; Ignaz-Harrerstr 57, Top 74–76, A-5020 Salzburg, T: (06 62) 88 62 21; Univ Mozarteum, Schrannengasse, A-5020 Salzburg, T: (06 62) 88 62 21, *horiana. branisteanu@moz.ac.at* [Galati 18.10.1942]. **Laufb:** UProf (Sologes) U Mozarteum Salzburg. (Red)

Branny, Helmut, Prof, Hochschullehrer, Kammermusiker; Schmidts-Weg 4, D-01737 Oberhermsdorf, T: (03 51) 4 76 39 11, F: 6 55 53 96; Hochschule f Musik, PF 120039, D-01001 Dresden [1957]. **Ausb:** Stud (KB) H f M Dresden. **Laufb:** Ltg Dresdner Kapellsolisten, Prof H f M Dresden. **Ens:** Sächs Staatskap Dresden. (Red)

Branoff, Peter, Sänger; Wilhelm-Erben-Str 7/6, A-5020 Salzburg, T: (06 62) 43 44 95. **Laufb:** Sol Landesth u Kammerspiele Salzburg, Gastsol Stadtth Baden b Wien SpZ 00/01. (*)

Braschkat, Peter, Prof, Hochschullehrer, Kapellmeister; Hebelstr 7, D-68161 Mannheim, T: (06 21) 2 82 07, F: 1 56 91 79, *arcopemo@onlinehome.de*. **Laufb:** Kapm an den Opernhäusern in München, Dortmund, Heidelberg u Mannheim, Kuenstl Lt d Heilbronner Sinfonieorchesters, Doz (Dir) H f M u Darst Kunst Mannheim 74, Lt Ens INCONTRO. (Red)

Brass, Nikolaus, Dr, Komponist; Sudetenstr 4a, D-82296 Schöngeising, T: (0 81 41) 1 00 95 [Lindau 1949]. **Ausb:** U München u Freie U Berlin (Stud Medizin); priv KompStud b P Kiesewetter MH München u H Lachenmann in Hannover; H f M Berlin (Stud Komp) b F M Bayer. **Laufb:** Stud b Darmstädter Ferienks 80–86 (prägendes Zusammentreffen m M Feldman); Einladung Gaudeamus-Fstv Holland 81 (m Komp 'Traumrede') u KompSem Boswil 82; Auff b 'Musik d Zeit' WDR Köln 81, 'Cantiere d'arte' Montepulciano 86, Donaueschinger MTage 88, MProtokoll Graz 91, 'musica viva' München 97, Wittener MTage f neue KamM 2000, 'eclat' Fstv f neue M Stuttgart 01, MFest d MGNM München; Tätigkeit als Arzt, seit 82 Redakteur einer Medizin-Ztg. **Pr:** Pr b KompWettb d Jürgen-Ponto-Stift 81 (f StrTrio 'Morgenlob'); Förderpr M d Ldshauptstadt München 99. **Mitgl:** MGNM. – **Komp:** ua: 'Traumrede' (VokalKomp), UA Gaudeamus-Fstv Holland 81; 'Passatempi' (f 2 Kl), UA Musik d Zeit WDR Köln 81; 'Nachtmusik' (f Ens), UA Boswil 82; 'Morgenlob' (StrTrio), UA Angers 84; 'Landschaft d Vergangenheit' (f Orch) 85/86, UA Donaueschinger MTage 88; KlTrio 87/89, UA Stuttgart 89, erweiterte Fssg 91; 'music by numbers' (Duo f V u Kl), UA München 99; 'similar sounds' (f Orch), UA eclat Festv f neue M Stuttgart 01; 2. StrQua 2000, UA München 02, definitive Fssg UA MFest d MGNM München 05; 'structures of echo – lindauer beweinung' (f 32 Stimmen u Orch) 02, UA m SWR SymphOrch u SWR VokalEns Stuttgart, Dgt: R Huber 03; 'lost and found' (f SaxQuar), UA MFest d MGNM München 05. (Red)

Bratchkova, Dora, Prof, Violine, Hochschullehrerin; Goerdelerstr 73, D-66121 Saarbrücken, T: (06 81) 81 43 91, F: 8 30 40 66, *videnov@t-online.de*; Hochschule f Musik u Darst Kunst, N 7,18, D-68161 Mannheim. **Ausb:** b B Lechev. **Laufb:** Primaria d staatl bulgar Streichqua, Doz am Kons in Sofia, 1. Konzm RF-Sinfonieorch Saarbrücken, Prof (V) H f M u Darst Kunst Mannheim. **Pr:** Prtr Bachwettb in Leipzig, Curci-Wettb in Neapel u Tschaikowski-Wettb in Moskau. (Red)

Bratschke, Detlef, Cembalo, Orgel, Sänger, Dirigent; Hamburger Str 152, D-28205 Bremen, T: (04 21) 7 20 32; c/o Ars Musica – MusikAgentur Julia Ortmann, Rötebuckweg 35, D-79104 Freiburg, T: (07 61) 5 56 34 94, F: 5 56 35 34, *julia.ortmann@ars-musica.com*. Musik d 16. u 17. Jh **Ausb:** KnabenCh Hannover, Stud KiM Hannover u Freiburg i Br. **Laufb:** Grdg u Ltg 'Orlando di Lasso Ensemble', künstl Dir Balthasar-Neumann-Ch (Dgt Thomas Hengelbrock) seit 92, Doz H f M Bremen Bereich Alte Musik (VM/Ens). (Red)

Brattaberg, Rúni, Bass; c/o Staatstheater Mainz, Gutenbergpl 7, D-55116 Mainz. (*)

Brauel, Henning, Komponist; Heidestr 116, D-73431 Aalen, T: (0 73 61) 6 21 36 [Hannover 1.7.1940]. **Ausb:** Stud MH Hannover Klavier, Komposition (A. Koerpen u H. Sutermeister), Meisterschüler Mozarteum Salzburg (H.W. Henze). **Pr:** ua Berliner Kunstpreisstip, DAAD-Stip, Stuttgarter Förderungspr, Maria-Ensle-Pr d Kunststift Baden-Württemberg. – **Komp:** Paganini-Paraphrasen (Orchw) 66, UA Hannover 68; Vier Orchesterstücke 72, UA Bremen 73; 'Ophelia' nach Rimbaud (Sop u Orch) 73, UA Nürnberg 73; Les fenêtres simultanées (Orchw) 76, UA Zürich 76; 'Die Kaiserin von Neufundland' nach Wedekind (Ballett) 78, UA München 78. (Red)

Brauer, Matthias, Chordirektor; Sächsische Staatsoper, Theaterpl 2, D-10167 Dresden [Dresden]. **Ausb:** Stud (Org, Kapm, Chorltg) in Dresden und Weimar. **Laufb:** Eng in Weimar, Cottbus u 2. Chordir Berliner Staatsop, Chordir Sächs Staatsop Dresden 95/96, künstl Lt Sinfoniechor Dresden – Extrachor der Sächs Staatsop Dresden eV. **Ens:** Dresdner Kreuzchor. (Red)

Brauer, Ruth, Schauspielerin, Sängerin, Tänzerin; Kochgasse 3–5, A-1080 Wien, T: (06 99) 10 00 78 17, *ruthbrauer@aol.com* [Wien 8.2.1972]. Musical, Chanson **Ausb:** Stud Ges (J Poppel), Schauspiel (I Krottendorf), Tanz (K Dudy) Th a d Wien, Abschluss 93. **Laufb:** Th a d Wien, Goetheth Bremen, Schauspielhaus Wien, Langraftournee, Th d Westens Berlin, Renaissance Th Berlin, Englishth Frankfurt ua; Rollen: Julia (Romeo u Julia), Audry (Little Shop of Horrors), Momo, Judy (Judy Garland), Sally (Cabaret), Eliza (My Fair Lady), Marie (Guys and Dolls), Constanze (Mozart), Drusilla (Krönung der Popeia), Serena (Fame), Hodel (Anatevka), Mascha (Mascha Kaleko, Chanson Progr), GastSol Th Bremen SpZ 04/05, ThVerein Wiener Metropol SpZ 04/05.

Braun, Claudia, Sopran; Ebertstr 1, D-45879 Gelsenkirchen, T: (02 09) 4 08 43 30, 01 79–4 99 92 05; c/o Konzertdirektion Tobischek, Zimmermannstr 59, D-45239 Essen, T: (02 01) 8 40 51 75, F: 8 40 51 76, *tobischek@arcor.de*. **Laufb:** Sol MTh im Revier Gelsenkirchen, Th & Philh Essen. (Red)

Braun, Gerhard, Prof, Komponist; Dornröschenweg 12, D-70567 Stuttgart, T: (07 11) 71 36 47, F: 71 24 97, *glbraun@t-online.de* [Heidenheim 27.2.1932]. **Ausb:** Musikstud MH Stuttgart (Flöte), Kompositionsunterricht Darmstadt (K. Lechner). **Laufb:** Doz (Fl, theoret Fächer) Akad f Tonkunst Darmstadt 63–73, MH Karlsruhe ab 73, Prof (Fl) seit 80, KonzTätigkeit, RF- u Tonträgeraufn, Lt mehrerer Kammermusik-Ensembles. **Pr:** Dt Händel-Pr 95. – **Komp:** 'Fragmente' nach F Hölderlin (KamM) 80, UA Stuttgart, Stg Ens f Neue Musik 74; Sgraffiti (KamM) 79, UA Stuttgart, Stgt Ens f Neue Musik 80; 'Magnificat' f Fl-Solo 79, UA Mannheim, G Braun; Spectacle 80, UA München, Kolberg-Perc-Ens 81; 'Gärten d Nacht' nach Recha Freier (KamM) 83, UA Hannover, M Bräsen, A Struck, M Liss 84; 'Sulamith', 12 lyrische Episoden nach d Hohenlied Salomonis (KamM) 92/93, UA Karlsruhe, Flautando-Ensemble 93. **AuftrKomp:** Zeitzeichen (KamM) 86, UA Nürnberg, Ars Nova Ens Nürnberg 86 (Auftr: BR). **UA:** H Lachenmann, M Kagel, H-J Hespos, W Heider, E Karkoschka, F Döhl, W Rihm ua. **Zug:** ua v W Heider, K Lechner, H Bornefeld, M Spahlinger, F Döhl, E Karkoschka. **Sonst:** ca 250 Editionen alter M b versch Verlagen.

Braun, Hans-Peter, KMD, Hochschullehrer, Kirchenmusiker; Rappenberghalde 29, D-72070 Tübingen, T: (0 70 71) 56 11 90, F: 4 13 49; Hochschule f Musik, Schultheiß-Koch-Pl 3, D-78647 Trossingen [Tübingen 1950]. **Ausb:** Stud (KiM) H f KiM in Esslingen u MH Trossingen. **Laufb:** Doz (MTheorie) Staatl H f Musik Trossingen, Stiftsmusikdirektor in Tübingen seit 95. (Red)

Braun, Lioba, Mezzosopran; c/o Theateragentur Dr Germinal Hilbert, Maximilianstr 22, D-80539 München, T: (0 89) 2 90 74 70, F: 29 07 47 90, *sienel@hilbert.de*; *www.lioba-braun.de*. Oper: R Wagner, R Strauss, Konzerte: G Mahler, Dvorak **Ausb:** A-Examen KiM, Dipl Staatsexamen (Ges). **Laufb:** Sol Bayreuther FSp 94–2003, Mailänder Scala 94, Staatsop Wien 01, Gran Teatro Liceu Barcelona, Berliner Philh, OsterFSp Salzburg unter C Abbado, Mahler Zyklus unter L Maazel 02, Teatro Real Madrid, S Cecilia Rom 03. – **Aufn/RF:** RF: 3. Mahler, BR München 01; TV: 2. Mahler, Bayer FS, ARD 02.

Braun, Martin, Kapellmeister; c/o Oper Frankfurt, Untermainanlage 11, D-60311 Frankfurt/Main. **Laufb:** Kapm u stellv musikal Lt Th Wuppertal SpZ 03/04, Kapm Op Frankfurt SpZ 04/05, 1. Kapm u stellv GMD Th u SchlossFSp Heidelberg SpZ 04/05. (Red)

Braun, Peter Michael, Prof, Komponist, Hochschullehrer iR, Musiktheoretiker; Wiesenstr 13, D-67482 Altdorf/Pfalz, T: (0 63 27) 96 97 89, 0 17 26 39 40 65, F: (0 63 27) 96 97 89 [Wuppertal 2.12.1936]. **Ausb:** Stud Städt Kons Dortmund 48–56, MH Köln (F Martin, B A Zimmermann, H Eimert) 56–59 u 65–68, NWD MAkad Detmold (G Klebe) 59–61, Darmstädter Ferienkse seit 58. **Laufb:** Int Auff ab 59, LTätigk: Asien 73–74, Rhein MSch Köln 74–76, Prof (Komp, Theorie) MH Heidelberg-Mannheim 78–99, Prof (Komp, Theorie) Staatl H f Musik u darst Kunst Mannheim 99–01. **Pr:** mehrere Pr u Stip (ua Villa Massimo Rom, Cité Int Paris). **Mitgl:** dkv, Künstlergilde, Humboldtges, Else-Lasker-Schüler-Ges. – **Komp:** Transfer (OrchW) 65–71, UA Köln 69; Eichendorff (MTh) 74–92; 'Reise in der Zeit' f Kl 77–83, UA Mannheim (A Sorg) 94, 'The Sleeping Beauty' f Violoncello-Soli (Ballett) 76–77, UA Mannheim 93; Die schöne Lau (Märchen in Musik) 84–86, Lyrische Fragmente (Singstimme u KamEns) 01/02, UA Wuppertal 02. **AuftrKomp:** 'Die Juden' (KamOp), UA Kaiserslautern, Dgt: G Cox 97 (Auftr: Bezirksverband Pfalz); 'Die Herrlichkeit Gottes' (SinfKant), UA Speyer, Dgt: U R Follert 02 (Auftr: Land Rheinland-Pfalz). **Aufn/RF:** 'Terms' f 9 Instr, Bonner Ens f Neue Musik, Dgt: P M Braun 74; 'Serenata Palatina', SymphOrch SWF Baden-Baden, Dgt: A Tamayo 93; 'Drei Choräle' f 4 Pos, Triton Trombone Qua 96. **Sonst:** zahlr Druckausg, ua: 'Ein harmonikaler Zugang zur Musiktheorie'. **Lit:** G Rebscher: 'Natur in d Musik' 76, 'D Musik in Geschichte u Gegenwart' 2000.

Braun, Ralph, Violine, Konzertmeister; Richard-Wagner-Weg 7, D-96450 Coburg. **Laufb:** Konzm Landesthorch Coburg. (Red)

Braun, Richard, Prof, Hochschullehrer, Klavier; Hohenfriedberger Str 34, D-44141 Dortmund, T: (02 31) 41 71 05, F: 41 71 08. **Ausb:** Stud Köln, Hannover, Paris, (b H Schmidt-Neuhaus, H Leygraf, Y Lefebure); Mstrkse ua b C Arrau, V Gornostajewa, T Nikolajewa. **Laufb:** Prof (Kl) seit 83, Dekan H f M Detmold, Abt Dortmund seit 91; Gastkse Unis Korea (Seoul Nat Uni, Pusan, Kwangju); Künstl Ltg Int Fstv Dortmunder Schubertzyklus 97 u Fstv 'The Next Generation' Harenberg City-Center Dortmund 01/02. – **Sonst:** Publ: Programmbuch Fstv 'Dortmunder Schubert Zyklus' – Hg u Texte 97; 'Harenberg Klaviermusikführer' – Supervis u Artikel 98; Programmbuch Fstv 'The Next Generation' Dortmund – Hg u Texte 01; 'Harenberg Komponistenlexikon' – Artikel 01. (*)

Braun, Rolli, Sänger; c/o Stadttheater Baden, Theaterpl 7, A-2500 Baden bei Wien. **Laufb:** Sol Stadttheater Baden SpZ 03/05. (Red)

Braun, Rupprecht, KS, Sänger; Waldstr 20, D-66130 Saarbrücken, T: (0 68 93) 29 43; Saarländisches Staatstheater, Schillerpl 1, D-66111 Saarbrücken. **Laufb:** Sol Saarländisches Staatsth Saarbrücken. (Red)

Braun, Russell, lyr Bariton; c/o Wiener Staatsoper, Opernring 2, A-1010 Wien, T: (01) 5 14 44 22 50, *andante@russellbraun.com*; c/o Columbia Artists Management GmbH, Till Janczukowicz, Albrechtstr 18, D-10117 Berlin, T: (0 30) 20 64 80 78, F: 20 45 34 80, *info@cami.com*; *www.wiener-staatsoper.at*. **Laufb:** Auftritte Met Op, Salzburger FSp, Lyric Op Chicago, Op de Paris, Hamburg Staatsop, Canadian Op Company, Op Québec, Konz m Orch de Paris, Liederabend Weill Recital Hall (Carnegie Hall) New York, Gastsol Toronto, Barcelona 02/03, Sol Wiener Staatsop. **Pr:** JUNO 01. – **Aufn/RF:** 'Dido and Aeneas' (Telarc, CBC Records), 'Soirée Française', 'Serata Italiana' m M Schade (CBC Records). (Red)

Brauneiss, Leopold, Dr, Lehrer, Komponist, Musiktheoretiker; Märzstr 47/7, A-1150 Wien, T: (01) 9 83 55 95, F: 9 83 55 95, *Leo.brauneiss@izone.at*; *www.inoek.at* [Wien 12.10.1961]. **Ausb:** Stud (MWiss, Gesch) U Wien 79–88, Stud Kl (Merz) MH Wien 81–90. **Laufb:** Lehrer J M Hauer Kons 90, Lt Abt I 92, Lehrer Päd Inst Baden 99. **Pr:** Würdigungspr Bundesmin f Wiss u Forsch 86, Anerkennungspr Stadt Wiener Neustadt f M 92, Anerkennungspr d Landes Niederösterreich f M 01. **Mitgl:** Vorstandsmitgl d Interessengem niederösterr Komp (INÖK). – **Komp:** Cantus (f Streichqua), UA Wiener Neustadt, Karmeliterkirche, Streichqua d J M Hauer-Kons 91; Didymoi (f Orgel), UA Wien, Augustinerkirche, m A Pach 98; Radix (f Kl), UA Wiener Neustadt, Stadtth, m E Russo 2000; Tranquillo (f V solo), UA Lockenhaus Kirche m G Kremer 02; Kykloi (f StrOrch), UA Lockenhaus Kirche m Kremerata baltica, Dgt: H Schiff. **AuftrKomp:** Bucolica f Fl u KamOrch, UA Wien, KonzHaus, m M Kofler, Österr KamSymph, Dgt: E Theis (Auftr: Österr KamSymph), Novum Organum (f Org u Orch), UA Lockenhaus Open Airm W Capek, Musica sacra

Lockenhaus, Dgt: W Horvath (Auftr: Orgelfest Lockenhaus). **Sonst:** Zahlen zwischen Struktur u Bedeutung, Frankfurt/M ua 97.

Braunfels, Michael, Prof, Komponist; Dransdorferstr 40, D-50968 Köln, T: (02 21) 38 36 60, F: 38 36 60 [München 3.4.1917]. **Ausb:** Stud Klavier (Navacovic) u Dirig (B. Walter) Wien 37, Kons Basel Solistendipl (P. Baumgartner) 47–49, Komposition-Stud (F. Martin) 55/56. **Laufb:** freier Pianist u Komponist, KonzReisen durch alle westeuropäischen Musikmetropolen, Asien, Afrika, Klavierklasse a d MH Köln 54–85, Prof 69. – **Komp:** Cembalo-Konzert op 11 (Konz) 56, UA Mainz, I. Sallina 60; Divertimento über 3 Volkslieder op 17 69, UA Köln, M. Braunfels, WDR Kam-Orch, Lehan 70; Concerto sereno op 22 74/76, UA Remscheid, B. Pergamentschikow, M. Braunfels 79; Concerto a tre op 25 78, UA Darmstadt 79; Das Parlament op 31 (Sinf-Satiren) 81, UA Karlsruhe 82. (Red)

Brauns, Dagmar, Prof, Hochschullehrerin, Klavier; Carl-Ferdinand-Streichhan-Str 12, D-99425 Weimar, T: (0 36 43) 77 72 03; H für Musik 'Franz Liszt', Inst f Tasteninstr u Alte Musik, PF 2552, D-99406 Weimar, *dagmar.brauns@hfm-weimar.de*. **Laufb:** Prof (Kl) H f Musik 'Franz Liszt' Weimar. (Red)

Braunstein, Guy, Hochschullehrer+Violine; c/o Berliner Philharmoniker, Herbert-von-Karajan-Str 1, D-10785 Berlin; c/o Künstlersekretariat Astrid Schoerke, Grazer Str 30, D-30519 Hannover [Tel Aviv 1971]. **Ausb:** Stud (V) in Tel Aviv b C Taub, New York b G Dicterow u P Zuckermann. **Laufb:** 1. Konzm Berliner Philh Orch, GastProf (V) HdK Berlin. **Ens:** Qua Hubermann. (Red)

Braunstein, Lawrence, Violine; c/o NDR Sinfonieorchester, Rothenbaumchaussee 132–134, D-20149 Hamburg. **Laufb:** stv Konzm NDR SinfOrch Hamburg. (Red)

Brauß, Martin, Prof, Hochschullehrer; Hochschule f Musik u Theater, Emmichpl 1, D-30175 Hannover [Mannheim 20.12.1958]. **Ausb:** Stud (SchM, Germanistik, Philosophie) Univ. Heidelberg/Mannheim u Hannover, Stud (Dgt) b Prof. Rolf Reuter (Berlin). **Laufb:** Grd u Ltg d Ch d Med H Hannover 82–88, 1. Künstl Ass v Prof. Heinz Hennig KnabenCh Hannover, Dgt d JugendSinfOrch Hannover 85–99, Ass GMD u Stellv ChDir NiederSächs Staatsop Hannover 87–92, Dgt Niedersächs KamOp 88–91, Ltg d Hannoverschen OratorienCh 89–98, Prof (MTheorie) H f M u Th Hannover seit 92, ZusArb m Musica viva Hannover, Ens Köln, Neues Ens Hannover. **Pr:** 1. Pr Int Brahms-Wettb Hamburg 85. (Red)

Brecht, Norbert, Klavier, Hochschullehrer; Dr. Hoch's Konservatorium, Hebelstr 15–19, D-60318 Frankfurt, T: (0 69) 9 15 00 40, F: 5 96 15 76, *mail@dr-hochs.de*; *www.dr-hochs.de*. **Laufb:** Doz (Kl) Dr Hoch's Kons Frankfurt. (Red)

Breckheimer, Björn, Dipl-Musicaldarsteller, Sänger; Niederhofheimer Str 11–13, D-65719 Hofheim [Frankfurt/Main 3.5.1977]. Musical, Pop **Ausb:** Stud U d K Berlin 98–02. **Laufb:** Sol Neue Flora Hamburg u SchlossFSp Ettlingen 03/04, Landgraf Tournee 'Blue Jeans'. **Pr:** 1. Pl GesWettb NRW, 2. Pl Bundeswettb Ges, Sonderpr Günter Neumann Stift. – **Aufn/RF:** CDs: Leadsänger 'Basic Mind' 98, 2000, 01, 02; Love Bite 01; Titanic 03. **UA:** Weill: Live Life, UA H d K Berlin; Lund: Live Bite, UA Neuköllner Op Berlin; Yeston: Titanic, dt EA Hamburg.

Bredenbach, Ingo, Prof, KMD, Hochschullehrer; Kastanienweg 6, D-72144 Dußlingen, T: (0 70 72) 92 21 48, F: 91 56 17 [Wuppertal 22.3.1959]. Kirchenmusik **Ausb:** Stud Ev KiM (A-Ex) Folkwang-H Essen 79–85. **Laufb:** Kantor Meerbusch 83–87, Bezirkskantor Nagold 87–98, Ernennung z KMD 96, Prof (OrgellitSp, Orgelimp) u Rektor H f KiM Tübingen seit 98. – **Komp:** f Kinderchor: 'Von allerlei Tieren'; 'Heut singt d Salamanderchor'; 'Vom Stern geweckt'; 'Bremer Stadtmusikanten'; 'Max & Moritz'; 'Heitern & Weiters' (6 W Busch-Lieder); '3 Balladen', Choralvorspiele f Org; Chormusik; Musik f PoSChöre. **Aufn/RF:** 'Vom Stern geweckt', m Ev Kinderchor u Jugendchor Nagold; 'Max u Moritz', m Ev Kinderchor u Jugendchor Nagold; 'Höhepunkte Hanseat Orgelkunst' (Orgelwerke v D Buxtehude). **Sonst:** Autor u Mithg Lb 'Probieren & Studieren'.

Bredohl, Tobias, Klavier; c/o GWK, Fürstenbergstr 14, D-48145 Münster [Münster 1974]. **Ausb:** PrivSchüler (G WEichert), Unterr Komp u Theorie (H Höfer), Stud (G WEichert) H f M Detmold 94–99. **Laufb:** Konz in ganz Europa seit 95, Sol m div. Orch. **Pr:** div Pr b 'Jugend musiziert', 85–92, 2. Pr Int. KlWettb Karlsbad 94, Pr Int. Schubert-Wettb Dortmund 97, GWK-FörderPr Musik 99.

Breedt, Michelle, Mezzosopran; c/o Konzert-Direktion Hans Adler, Auguste-Viktoria-Str 64, D-14199 Berlin, T: (0 30) 8 95 99 20, F: 8 26 35 20, *info@musikadler.de*; *www.musikadler.de*, *www.michellebreedt.com/MFrames.htm* [Südafrika]. **Laufb:** EnsMitgl Staatsth Braunschweig 90, Sol Sächs Staatsop Dresden (04/05), Gastsol Tiroler Ldsth SpZ 00/01, 03/05, Wiener Staatsop, Debüt ('Meistersinger v Nürnberg') Bayreuther FSp 2000, Th u Philh Essen SpZ 04/05, Wiener Festw 04, Gastsol Wiener Staatsop u Dt Op Berlin 05/06, Bayreuther FSp 06. **Pr:** Eberhard-Waechter-Med 02. (Red)

Breidenbach, Ernst, Klavier, Hochschullehrer; Verdistr 4, D-64291 Darmstadt, T: (0 61 50) 66 09, F: 66 09, *Ernst.Breidenbach@t-online.de*; *www.ernstbreidenbach.de* [Langen, Hessen 16.7.1956]. Solo, KamM, Neue Musik **Ausb:** Stud Kl, KamM (W Hoppstock, R Hoffmann) Akad f Tonkunst Darmstadt, (A Kontarsky, G Ludwig) MH Köln. **Laufb:** Doz (Kl) Akad f Tonkunst Darmstadt. **Pr:** 2. Pr Bundeswettb d Kons, Fachschulen u Hochschulinst. – **Aufn/RF:** zahlr CD-Veröffentl seit 95, ua: Die wichtigsten Duos f Kunstharmonium u Kl; zuletzt: R Finkbeiner: 'Birkenau', Mitgl d Ens Modern, Dgt: F Ollú. **UA:** R Finkbeiner: sämtl UA seiner Werke seit 80: den Guten, schönen Waren 81; Zwischen-Akt-Musiken 83; Senza amore 85; mussika sackra 87; Mißglücktes 89; aborti 94 ua. **Zug:** R Finkbeiner: 33 KurzStücke 2000. **Sonst:** D Klavierwerk v S Karg-Elert; Klaviermusik d 20. Jh.

Breiding, Jörg, Prof, Hochschullehrer, Chorleiter; Rosskampstr 15, D-30519 Hannover, T: (05 11) 88 42 63; FolkwangHochschule, Klemensborn 39, D-45239 Essen [Hannover 1972]. **Ausb:** Stud (Dir) H f M u Th Hannover, Unterr b G. Müller-Lorenz in Lübeck, K.-H. Blömecke in Detmold u H. Hennig in Hannover. **Laufb:** Ltg Knabenchor Hannover 02, Prof (Chltg) FolkwangH Essen 05. (Red)

Breit, Edda, Cellistin; Rokitanskygasse 41, A-1170 Wien, T: (06 99) 13 15 88 86 [Mödling]. **Ausb:** Stud Vcl u Kl MH Graz, Wien u Detmold. **Laufb:** Mitglied d Wiener Kammerorch u Kammermusikerin. **Ens:** Mitwirkung in verschiedenen Ens v Barock bis Moderne, v Concentus Musikus bis Ensemble Modern. (Red)

Breitenfeld, Roland, Komponist; Moosgrund 8, D-79110 Freiburg, T: (07 61) 13 51 24, F: 13 51 24, *BreitenfeldFR@t-online.de*; *www.breitenfeld-net.de* [Dresden 26.11.1952]. Konzert, szen Werke, Multimedia, Werke mit Live-Elektronik u Computerumgebung **Ausb:** Stud Musikwiss Halle 74/75, Kompositionsstud Zeuthen (P.-H. Dittrich) 78–84, Kompositionsstud MH Dresden (W. Krätzschmar) 80–82, Aufbaustud Komposition (K. Huber u E. Nunes) u elektron Musik (M. Maiguashca) 85–89. **Laufb:** Mitgl Dresdner Kreuzchor 63–69, Mitarb Sächs Landesbibliothek Dresden (Musikabt) 72–84, freier Mitarb Ricordi-Verlag Mailand 87–94, Grdg 'profectio-initiative freiburg' m D O Lee 91, freier Mitarb d Experimentalstudios d Heinrich-Strobel-Stift d SWR Freiburg seit 92, als Interpr u Komp Neuer Musik m Live-Elektr Teiln an zahlr int Fstvs: Donaueschingen 90, 93, 02 u 05, Cagliari 92, Salzburg 93 u 97, Dresden 94, Lissabon 95, Huddersfield 95, Seoul 95, 96 u 98, Berlin 95, 2000 u 04, Wien 95, 02, 03 u 04, Darmstadt 96 u 2000, Brüssel 97, Akiyoshidai/Japan 98, Bochum 2000, Ancona 2000, Basel 01, Quito/Ecuador 02, Stuttgart 03, Edinburgh 03, Freiburg 04, Hamburg 04, Wiesbaden 04, Bukarest 04 u 05, Bludenz/Feldkirch 05, Bremen 06. **Pr:** Studienaufenthalt (KompPr) Stift Künstlerhaus Boswil 94, Arbeitsstip Stift Kulturfonds Berlin 94, Stip d Ldes Baden Württemberg 95, Stip d Heinrich-Strobel-Stift d SWR Baden-Baden 98. **Ens:** profectio-initiave freiburg; K O (Klangobjekt) – Studio Ens Freiburg. **Mitgl:** dkv, Tonkünstlerverein Baden-Württemberg. – **Komp:** Einblick I (Konzert) 82/92), UA Dresden 82; Imaginäre Szene Nr. 1 (Szen Konzert) 87/90, UA Freiburg 90; automats (Multimedia) 89, UA Freiburg, H. Leiberg 90; Imaginäre Szene Nr. 2 (Szen Konzert) 93, UA Karlsruhe 93; ...it will be in peace (Konzert) 95, UA Rottenburg 95; HM 98 (Konzert) 95, UA Seoul 98, 'Von Stimmen umwittert...' (Konz-Zykl), UA Freiburg 2000 (Auftr: SWR Baden-Baden); Einblick III (Konz) 01, UA Freiburg 01; Stones of Tranquility (Steinskulpturen v L Kubach u M Kropp, Elektronik) 02, UA Scottsdale/Arizona, USA 02; Einblick II (Konz) 03, UA Wien 03; Zeitläuf(t)e (StrQua, Live-Elektronik) 03, UA Freiburg 03; 'Blaues Licht' (f Ges, 16 Instr u Live-Elektr), UA Offenburg 04 (Auftr: Offenburger Ens, Ltg G Möhringer-Groß); 'Annunciazione' (f Org, Schlgz u Live-Elektr), UA Freiburg 05; 'Imaginäre Szene Nr. 3' (Szenisches Konz u Live-Elektr), UA Freiburg 05. **Aufn/RF:** L Nono: Prometeo, Salzburg, Ens modern, P Rundel, Dgt: I Metzmacher 93. **UA:** M Maiguashca, G E Winkler, Donoung Lee, C M Cârneci, A Digboy, B Lang, K Huber, P H Dittrich, J M Stand: 'Berenice' (Op). **Sonst:** Grdg profectio-initiative (m Donoung Lee) 91, Grdg K O – Studio Freiburg (m M Maiguashca) 98, Veröff: 'Die KompTechnik v Klaus Huber...' 94. **Lit:** A Fervers: 'R B – ein Dresdner in Freiburg' (Portrait-Sendung DLF Köln) 99.

Breiter, Andreas, Komponist, Schauspielmusiker; Ernst-Schneller-Pl 6, D-08058 Zwickau, T: (03 75) 30 18 25, F: 30 18 25, *breiter-an@web.de*; *home.tiscali.de/breiter* [Altentreptow 6.7.1959]. **Ausb:** Komp (J Cilenšek) MH Weimar 77–82. **Laufb:** Solorep Th Zwickau 82–89, wiss Ass (Tonsatz, schulprakt Musizieren) Päd H Zwickau 89–92, L (Kl) Robert-Schumann-Kons Zwickau 93–94, Lt SchauspM Th Zwickau seit 94, Lt SchauspM Th Plauen-Zwickau seit 2000. – **Komp:** Vier Tanzszenen (KonzM) 87, UA Bautzen 88; Der Rabe (KonzM) 91, UA Zwickau 92; Der Zinsgroschen (KiM) 91/92, UA Dom Zwickau 92; Die Zauberlaterne (Musical), UA Th Zwickau 96; Harlekinaden (KonzM) 97/98, UA Zwickau 98; Magnificat (f Ch u Orch) 2000; Musik f KB u StrOrch (KonzM), UA 2000; Dr Jekyll and Mr Hyde (Ballett), UA Zwickau 2000, Th (Auftr: Th Zwickau); Paar-Tänze (KonzM, f Ob u Git), UA 01.

Breith, Stephan, Konzertmeister, Cello; Eifelstr 13a, D-65232 Taunusstein, T: (0 61 28) 4 83 35; c/o Hessisches Staatstheater, PF 3247, D-65022 Wiesbaden. **Laufb:** Konzm Celli Orch d Hess Staatsth Wiesbaden. (Red)

Breitlow, Matthias, Schlagzeug; c/o Ensemble Antares, Benquestr 56, D-28209 Bremen, T: (04 21) 50 74 86, F: 16 82 29 36, *mbreitlow@t-online.de* [Verden 1972]. **Ausb:** HfM Hannover. **Laufb:** Neuen Philh Westfalen, Philh Orch Kiel, SinfOrch Göttingen, Dt KamPhilh Bremen. **Pr:** Pr d Int Stockhausen-Kurse Kürten. **Ens:** Ens anthos, Duo Dialog, Ens Antares. (*)

Breitner, Walter, Dr, Komponist, Dirigent, Pianist; Kremser Landstr 39, A-3100 St Pölten, T: (0 27 42) 38 66 44, (06 64) 3 34 20 56, *lilo.walter@theiner-breitner.at*; Unternberg 119, A-2880 St Corona, T: (0 26 42) 26 01; *www.theiner-breitner.at* [Wien 11.1.1936]. zeitgen österr Musik, Impressionismus, Spätromantik **Ausb:** Stud MWiss (Schenk), Kunstgesch (Swoboda) U Wien 54–60, Stud Komp (Uhl), Kl (Valenzi), Dirig (Swarowsky) MAkad Wien 54–60. **Laufb:** Dir Landesth Linz 60–66, Th d Ldshauptst St Pölten 69–72, 75–96, OpHaus Graz 72–74, LTätigkeit (Liedkl) Bruckner Kons Linz 64–69, LTätigkeit (DgtKl) Kons Stadt Wien 68–2001. **Ens:** KlDuo Theiner & Breitner. – **Komp:** StrQua 74, UA Linz 74; Kinderreime (Morgenstern), UA Linz 84; Madrimombascubiscaya, UA St Corona 92; Merowingische Toccata, UA Withering 96; Tangenten (Doderer), UA Wien 97; Toccata infernale, UA Wien 97; Csokor-Lieder, UA Wien 2000. **AuftrKomp:** Klaviertrio, UA Linz 69; Messe (f Altsolo, gem Ch u Blasorch/Orgel), UA Wien 98; Gral goes TV, UA Wien 98; 14 Spiegel (Mayröcker), UA 2000; Hommage à Edualc Yssubed, UA Montevideo 01; Fried-Lieder, UA Wien 01. **Aufn/RF:** I Strawinsky: Sonate, m H Langer, W Breitner 68; D Milhaud: Scaramouche, m dens 68; W B: Klaviertrio, m E Arzt, J Kaltenböck, W Breitner 69; ders: StrQua (Bratislava StrQua) 74; ders: Kinderreime, m H Schubert 84; ders: Madrimombacubiscaya, Theiner & Breitner 93; Heimo Erbse: Sonate op 3, Theiner & Breitner 95; A Uhl: Commedia musicale, Theiner & Breitner 95; P Kont: Heptameron, Theiner & Breitner 96; ders: Ital Suiten, Theiner & Breitner 96; F Dallinger: Suite, Theiner & Breitner 97; B Sulzer: Colloquium, Theiner & Breitner 97; A Kubizek: Pro u Contra, Theiner & Breitner 97; W B: Gral goes TV, Vokal Ens G Nenning 98; ders: Hommage à E Yssubad, m L Theiner 01. **UA:** Lit f KlDuo v B Sulzer, H Gottermeyer, P W Fürst, F Weiss, E Eder de Lastra, A F Kropfreiter, F Dallinger, A Kubizek, P Kont, R Bonelli, R Clemencic, H Erbse, N Theodoroff, K Haidmayer, R Heller, K A Hueber, U Küchl, F Leitermeyer, J-L Petit, F Thurauer, F Zebinger, D Kaufmann, K Schwertsig. **Zug:** zahlr, vgl UA.

Brembeck, Christian, Organist, Cembalo, Clavichord, Klavier, Dirigent; Johannes-Brahms-Str 7, D-82223 Eichenau, T: (0 81 41) 7 25 97, F: 3 80 25, *christian.brembeck@web.de*; *www.christian-brembeck.de* [München]. **Ausb:** Stud MH München, MstrklDipl (F Lehrndorfer). **Laufb:** Sol in bedeutenden Kirchen u KonzSälen, zahlr Fstvs, Organist m Tölzer Knabenchor seit 87, zahlr Gastsp in Europa, Konz als CembSol u EnsMitgl, ständ Dgt Cappella Istropolitana Bratislava 92–97, Lt Neue Hofkap München, Gast Fstv Mähr Herbst Brünn, Gast Lt Münchener Bachsol, Amati-Ens, Munich Sinfonietta, Ens Musica poetica Freiburg, Thüringer Sinf Rudolstadt, Orch d slowak RF, Studienlt Münchner Biennale, Münchner Prinzregententh, Spoleto-Fstv. **Ens:** Organic Brass, Cosi facciamo. – **Aufn/RF:** zahlr Schallpl u CDs; Bach: Goldberg-Variationen; Kuhnau: Bibl Historien-Sonaten; Kettner: CembKonz; Rossini: 'Petite Messe'; Keiser: Markus-Passion; Bernhard: 20 Geistl Concerte, 'Bach u die Italiener'. **UA:** W Rihm: 'Unbenannt', UA Münchner Philh. **Sonst:** Grd Parthenia Vocal & Parthenia Baroque. (Red)

Bremer, Christian, Kapellmeister; c/o Stadttheater Hildesheim, Theaterstr 6, D-31141 Hildesheim. (Red)

Bremsteller, Ulrich, Prof, Hochschullehrer, Kirchenmusiker; Hochschule f Musik u Theater, Emmichpl 1, D-30175 Hannover. **Laufb:** Prof (ev KiM) H f M u Th Hannover bis 02. (Red)

Brenciu, Marius, Tenor; c/o Pieter G Alferink Artists Management BV, Herengracht 340, Niederlande-1016 CG Amsterdam, T: (0 20) 6 64 31 51, F: 6 75 24 26, *info@alferink.org* [Brasov, Rumänien 11.11.1973]. **Ausb:** Stud b I Voineag H f M Bukarest. **Laufb:** Ass v Prof I Voineag H f M Bukarest, Sol NatOp Bukarest, Gastsol Op de Nancy, Op Nat de Lyon, Op de Paris Bastille, Dt Op Berlin, New Israeli Op Tel Aviv, OP Genf, Teatro alla Scala Milano, Teatro del maggio Musicale Florenz, Welsh Nat Op; Konz u Orat b Enescu FSp m Scala Orch (Eröffn-Konz), Händelprogramm m Acad of Ancient Music u Ltg v P Goodwin, Liederabende m Werken v Schubert, Schumann, Grieg, Mozart, Fauré, Beethoven, Franck, Brahms, Duparc, Strauss, Tschaikowsky, De Falla, Respighi, Enescu, Perlea, Jora u Bretan. **Pr:** Prtr Julian Gayarre Int Wettb, George Enescu Wettb, 1. Pr Jeunesse Musicale 97, 2. Pr u OpPr Queen Elizabeth Wettb in Brussels 2000, 1. Pr u Liedpr Cardiff 'Singer of the World' Wettb.

Brendel, Adrian, Violoncello; c/o Ingpen&Williams Ltd, St. George's Court 7, 131 Putney Bridge Road, London WCZE 9, Vereinigtes Königreich, T: +44 (20) 73 79 73 36, F: 73 79 73 38, *info@ingpen.co.uk* [London 1976]. **Ausb:** Stud (W Pleeth, A Baillie) Winchester Coll, Cambridge Univ, MH Köln. **Laufb:** rege KonzTätigkeit, enge zusArb m A Brendel. **Ens:** Klaviertrio Elisabeth Batiashvili/Adrian Brendel/Till Fellner.

Brendel, Alfred, Pianist; c/o Künstlersekretariat Schoerke GmbH, Grazer Str 30, D-30519 Hannover, T: (05 11) 40 10 48, 40 10 49, F: 40 74 35, *info @ks-schoerke.de*; *www.alfredbrendel.com, www.ks-schoerke.de* [Wiesenberg 5.1.1931]. **Ausb:** KlUnterr (S Dezelic) Zagreb, Stud Kl, Komp (A Michl, L v Kaan) Kons Graz, Staatsprüf Kl MAkad Wien 47, Mstrkse (E Fischer) Luzern 49, 50, 56, (P Baumgartner, E Steuermann). **Laufb:** Debüt KamMSaal Graz 48, Konz London, Paris, New York, Wien, Berlin, München, Amsterdam, europ u amerikan Fstvs, KonzTournee m Beethoven-Sonaten-Zyklus 82/83, Schuberts 'Winterreise' u 'Schwanengesang' m M Goerne 99/2000, int Mstrkse, Rheingau Musik Fstv Oestrich-Winkel SpZ 02/03. **Pr:** Prtr Busoni Wettb Bolzano 49, Grand Pr Liszt Gesellschaft, Pr Mondial du Disque, Edison Award, Grand Pr des Disquaires, Gr Pr de l'Acad Charles Gros, Dt SchallplPr, Wiener Flötenuhr, Dr hc Oxford u Cambridge, KBE 89, Leonie-Sonning-Pr 02, E v Siemens-Pr 04. – **Aufn/RF:** ua Solo- u OrchW v Bach, Beethoven, Haydn, Liszt, Mozart, Mussorgsky, Schubert, Schumann, Weber; Mozart: KlKonz, St Martin-in-the-Fields, Dgt: N Marriner; Brahms: KlKonz Nr 2, Berliner Philharm, Dgt: C Abbado; Schönberg: KlKonz, Dgt: M Gielen; Schubert: Forellenqui. **Sonst:** Nachdenken über Musik 77 (engl 76), Musik beim Wort genommen 92 (engl 90), Fingerzeig 96 (engl 98), Störendes Lachen während d Jaworts 97, Kleine Teufel 99, Ausgerechnet ich – Gespräche 01. (Red)

Brendel, Daniela, MA, Dramaturgin; Schüsselbuden 2, D-23552 Lübeck, T: (04 51) 3 97 34 00, *d.brendel@theaterluebeck.de* [Memmingen 4.11.1964]. **Ausb:** Stud (ThWiss) LMU München. **Laufb:** Dram Lübecker Th SpZ 03/04.

Brendel, Wolfgang, Prof, KS, Hochschullehrer, Bariton; Rat-Jung-Str 23, D-82340 Feldafing, T: (0 81 57) 40 11, (0 81 57) 45 38, F: 32 58, *wbrendel@aol.com*; c/o Opern-Agentur Kursidem & Tschaidse, Tal 28, D-80331 München, T: (0 89) 2 91 61 66 12, F: 29 16 16 67, *kursidem@opern-agentur.com, tschaidse@opern-agentur.com* [München 20.10.1947]. Oper **Ausb:** Stud Ges (R Sartorius) H f M Wiesbaden. **Laufb:** ua Sol Bayer Staatsop München 71–86, Gastsol Lyric Op of Chicago 82, Covent Garden seit 85, Hamburg Staatsop, Dt Op Berlin seit 93, MTh Essen 03/04, Staatsop Wien, Met Op New York, Semperop Dresden SpZ 04/05, Bayreuther FSp seit 85; Prof (Ges) H f M u Th München. **Pr:** KS d Bayer Staatsop München 77, 1. Pr Dt MH u Konservatorien Mannheim 68, BVK 95. – **UA:** Isang Yun: Op 'Sim Tjong' (Kaiser), UA Bayer Staatsop, Dgt: Rennert/Sawallisch 72; G Bialas: Orat 'Lamento di Orlando', UA Philh am Gasteig, Dgt: Celibidache 88.

Brennan, John Wolf, Komponist, Klavier, Orgel; Hofmattstr 5, CH-6353 Weggis/Luzern, T: 04 13 90 27 77, F: 04 13 90 27 61, *johnwolf@brennan.ch, brennan@swissonline.ch*; *www.brennan.ch, www.cmc.ie/composers/brennan.html* [Dublin 13.2.1954]. **Ausb:** U Fribourg, Creative Music Studio New York, Kons u Akad f Schul- u Kirchenmusik Luzern, Royal Irish Acad of Music Dublin, Swiss Jazz School Bern, Komp-Meisterkurse (J Wilson, E Denisov, E Morricone, K Huber). **Laufb:** KonzReisen in Europa, Russland, Ukraine, Japan, USA, 'klangschiff – e la nave va più' m d Dampfschiff 'Schiller' d SGV Vierwaldstättersee 91, Performance 'Perlendes Licht' m A Kägi Aarau 96, Workshops u Vorträge, ua f d ETH Zürich (Cortona-Wochen), pädagog Tätigkeit, Lt MSommer Weggis. **Pr:** Werkjahr d Dienemann-Stift/Stadt Luzern 89, Förderpr d Sarna Jubiläumsstift 91, Stip d Stift BINZ39 Zürich/Tyrone Guthrie Centre Annaghmakerrig Irland 93, Pr d NFA National Flute Association 93, Anerkennungspr d Jubiläumsstift UBS Zürich 94, London-Stip d Zuger Kulturstift Landis & Gyr 97. **Ens:** Qua Pago Libre, OrgTrio Pipelines, Trio Aurealis, Sculpted Sound, Momentum, MinuteAge, Entropology, HeXtet, OrganIC VoICes. – **Komp:** ua 'Drei ver-flix-te Flötenstücke' 80–92; 'SprüchGägeSprüch' (dialekt Kantate) 91; 'Pandämonium' (f Orgel solo) 94. **AuftrKomp:** 'Epithalamium', 'Frictions' (Auftr: Moscow Ens for Contemporary Music); 'Nearly charming' (Auftr: Journées Hindemith); 'A Golly Gal's Way to Galway Bay' (Auftr: J Galway); 'Alef Bet – an Oriental Peace Piece' (Auftr: O Meiraz); 'Moskau-Petuschki', 'Sri Salami' (Auftr: Th Maralam Zürich); 'Robert Walsers Felix-Szenen' (Auftr: yoyo Zürich); 'Euratorium' (Auftr: Chorgemeinschaft contrapunkt Basel), 'Silly Blooze' (Auftr: M Worms Amsterdam), 'Fanfare for the Common Sense' (Trp Ens Luzern), 'Atanos' (Auftr: A Formenti), 'Discombobulated Rug Cutters' (Auftr: M Unternährer), 'Sonata pentatonica' (Auftr: P Waters). **Aufn/RF:** Pago Libre : 'Cinemagique' m A Shilkoper (Hn), T Theissing (V, Ges), D Patumi (Bass), J W Brennan (Kl), Momentum 2: m G Coleman (Bcl), Ch Wolfrath (Perc), A Zimmerlin (Vcl), J W Brennan (Kl), Pipelines: m H Kennel (Trp, AlpHn), M Unternährer (Tb), J W Brennan (Org), Entropology:: m S Picard (Sax), E Prevost (Perc, Schlgz), J W Brennan (Kl). **Sonst:** Grdg Ens Pago Libre.

Brenner, Rudolf A, Violine; Ostring 54, CH-3006 Bern, T: 03 13 51 04 60. (Red)

Brenninger, Klaus, Komponist, Lautw; Maierklopfen 38, D-85461 Bockhorn, T: (0 80 84) 14 41, F: (0 89) 20 01 93 01 [München 4.6.1964]. **Ausb:** Stud Kons Augsburg (Git, Laute, Kl) 83, parallel Gesangsstud München, Unterricht u Studien in Alter Musik (Ingolstadt, München, Northallerton, London) 89. **Laufb:** als Autodidakt: Kompositionen f Kammerensemble 95. – **Komp:** Partita über Christ ist erstanden (KamM), UA Erding 96; Alleluia, Versus et Jubilus (KamM), UA Erding 96; moments musicaux minimaux (Str-Trio), UA München 97; Kupelwieser-Paraphrasen (KamM), UA München 97; Movimenti (KamM), UA München 98; Kammerkonzert f Vcl solo u 21 Instrumente (KamM), UA Waldkraiburg 99; Snox, Fnep, Knyt (3 Saxophonquartette). (Red)

Breschke, Manfred, Sänger; c/o Staatsoperette Dresden, Pirnaer Landstr 131, D-01257 Dresden. **Laufb:** Sol Staatsoptte Dresden SpZ 03/05. (Red)

Breslik, Pavol, Tenor; c/o Laurent Delage International Artists Management, Albertpl 8, A-1080 Wien, T: (01) 4 03 63 40, F: 4 03 63 40, *laurent@delage.at*; *www.delage.at* [Slowakei 1979]. **Ausb:** U f Musik Bratislava, Opernstudio CNIPAL Marseille, Mstrks b I Minton, M Mesplé, P Dvorsky u W Matteuzzi. **Laufb:** Staatsop Prag 01, Op Klosterneuburg 02, Th Royal de la Monnaie Brüssel 05/07, Staatsop Berlin 05/06, Wiener Festw, Th a Wien 06, Ensmitgl Staatsop Berlin seit 03/04. **Pr:** 1. Pr 35. A-Dvorak-Wettb 2000. (Red)

Bretschneider, Kai, Fagott, Barockfagott, Kontrafagott; Zur Großen Wiese 29, D-03051 Cottbus, T: (03 55) 54 45 09, *bonni.ah@t-online.de*. Orchester-, Kammermusik **Ausb:** Stud Fag (Prof Seltmann) MH Leipzig 81–86. **Laufb:** Mitgl LdesTh Altenburg 85–88, Philh Orch Staatsth Cottbus seit 88. **Ens:** Bach-Consort Cottbus, M laetitia-Leipzig, Brandenburg FagQua; Aushilfe b Concerto Brandenburg, Leipziger BarockOrch, Mitteldt Barockcompagney ua. – **Sonst:** Grd Brandenburg FagQua.

Bretschneider, Silke, Viola, Barockbratscherin; Zur Großen Wiese 29, D-03051 Cottbus, T: (03 55) 54 45 09, *bonni.ah@t-online.de*. Orchester-, Kammermusik **Ausb:** Stud Viola (Prof Matz, Hallmann) H f M Leipzig 81–87. **Laufb:** Mitgl Philh Orch Cottbus. **Ens:** Bach-Consort Cottbus.

Bretschneider, Wolfgang, Dr, Prof, Hochschullehrer; Ahrstr 8, D-53175 Bonn, T: (02 28) 69 40 51, F: 69 40 52, *w.bretschneider@gmx.de*; H f Musik, Dagobertstr 38, D-50668 Köln [Dortmund 1941]. geistl Musik d 19. u 20 Jh **Ausb:** Stud (Philos, Theol, Päd, Mwiss) Bonn u München, Prom Mwiss, Stud Org (F Lehrndorfer, J Langlais, G Bovet ua). **Laufb:** HL MH Köln u Düsseldorf, Pastoralsem (KiM u Liturgie) Köln, kath-theolog Fak U Bonn, Landespräses d Allg Dt Cäcilienverb, Org Münsterbasilika Bonn, zahlr Konz im In- u Ausland, Tourneen n USA, Philippinen, Europa. **Pr:** BVK. **Mitgl:** Allg Cäcilienverb f Dtschld, Zentralkomitee d Dt Katholiken, Liturgiekommission d Dt Bischofskonf. – **Aufn/RF:** zahlr CD's (ua m H D Hüsch). **Sonst:** Hg: ges Orgelschaffen v J Rheinberger; 'OrgM zu Feiertagen u bes Anlässen' (9 Bde).

Bretschneider, Wolfgang, Komponist; Kuphalstr 6, D-18069 Rostock, T: (03 81) 8 00 54 31, F: 8 00 54 31, *wolfgang.bretschneider@gmx.de*; *www.*

betreutes-singen.de [Karl-Marx-Stadt 21.12.1961]. Lied, Kmk, ThM **Ausb:** Kompositionsstud Berlin 82–87. **Laufb:** Lt SchauspielM VolksTh Rostock bis 92, danach freiberufl. **Ens:** Dt Komponisten Interessenverband. – **Komp:** ca 30 Schauspielmusiken, Musik f Orch, Kammermusik versch Besetzungen, ca 200 Lieder u Chansons, 4 Musicals n eigenem Libretto. **AuftrKomp:** ua Die Schneekönigin, UA Rostock, VTR 87; Lucie & Karl-Heinz, UA Rostock, Compangnie de Comédie 96, Stadtth St Gallen 99; Annabella u d Eiscrèmemann, UA Rostock, Compagnie de Comédie 99; Die Kranichprinzessin, UA ebd 2000; Call By Call (Liedth) 03; Wie d Stoiler in d Stadt fuhren (Kant), Rostock 03. **Aufn/RF:** Berührung (Lieder u Chansons n Texten v M K Blumberger), m R Mewis (CD).

Brettingham-Smith, Jolyon, Prof, Hochschullehrer, Komponist; Christopherusweg 26, D-14476 Groß Glienicke, T: (03 32 01) 5 04 94, *brettingham-smith@t-online.de*; U d Künste, Fak Musik, PF 120544, D-10595 Berlin [Southampton 9.9.1949]. **Ausb:** Stud Cambridge, Heidelberg, Berlin (Mstrschüler Isang Yun) 68–75. **Laufb:** künstl Ass FU Berlin (MTheorie) 70–75, Gastdgt Bielefelder Op 74–75, Musikdir Castlebar, Rep Irland 77–79, Doz Darmstädter Ferienkse 78, Artist in Residence California Arts Center 80, GastProf H d K Berlin 82–84, Prof 85, Dekan FB Musik 88–90, Dir Inst f Musiklehrer-Ausb 91–95, Dir Inst f Neue Musik 96. **Pr:** 1. Pr 'Nürnberger Tage d Zeitgen Musiktheaters' 73, IGNM – 'Europ Jahr d Musik' 85. – **Komp:** The Death of Cuchulain (Op), UA Bielefeld 75; Im Aonar Seal (KamM), UA Dublin 79 (Auftr: Arts Council Ireland); The Waste Sad Time (Musikth), UA Berlin 83 (Auftr: SFB); Approaches To Dun Aengus (Orch), UA Leverkusen (S Palm) 86; Alles zwei Seiten, UA ICC Berlin 87; Dopplereffekt (Red Shift) (Op) (Auftr: Berliner Kammerop); Final Approach (Orch), UA Berlin 99 (Auftr: 50 Jahre Berliner Luftbrücke). (Red)

Breuer, Edith Maria, Mezzospran; c/o Eduard-v-Winterstein-Theater, Buchholzer Str 67, D-09456 Annaberg-Buchholz. **Laufb:** Sol E-v-Winterstein-Th Annaberg-Buchholz Spz 04/05. (Red)

Breuer, Heribert, Prof, Hochschullehrer, Chorleitung, Komponist; Univ d Künste, Fak Musik, Inst f Musikwiss, Musiktheorie, Komposition u Musikübertragung, PF 120544, D-10595 Berlin, T: (0 30) 8 05 10 73, F: 8 05 10 73, *berliner.bachakademie@t-online.de.* **Ausb:** Stud i Heidelberg, Berlin u Köln (H Rilling, K Hochreither u B Alois Zimmermann). **Laufb:** Kantor u Organist d Hauptkirche St. Aegidien zu Lübeck 68, künstl Lt d Würzburger u Aachener Bachtage 74–82, Prof (ChLtg, MTheorie) U d Künste Berlin 82, Organist an St. Matthäus i Berlin 91–02. **Ens:** Lt Hugo-Distler-Chor 89–91. (Red)

Breuer, Hermann, künstlerischer Direktor, Intendant; c/o Thüringen Philharmonie, Reinhardsbrunner Str 23, D-99867 Gotha, T: (0 63 21) 75 17 76, F: 75 17 75; Brüsselstr 11b, D-37079 Göttingen, T: (05 51) 60 03 15, *Hermann. Breuer@arcor.de* [Sieglar b Bonn]. Konzert **Ausb:** Stud MH Detmold b Prof Martin Stephani, Mstrkr b Hans Swarowski u Franco Ferrara. **Laufb:** OpKapm Bielefeld 75, Eng Freiburg/Br 79, stellv Chefdgt Göttinger SymphOrch 82, Chefdgt d LandessinfOrch Thüringen, Gotha 91, nach Zusammenschluss dLandessinfOrch Thüringen, Gotha m d ehem Thüringen Philharmonie Suhl zur Thüringen Philharmonie Gotha – Suhl künstl Dir 99, ab 06 Intend. – **Aufn/RF:** CD-Serie 'Musik am Gothaer Hof', zahlr RF- u TV-Aufn f d MDR, NDR, WDR, HR, Saarländ RF, ZDF. **UA:** K Dietrich: 8. Sinfonie.

Breuer, Reiner Maria (Pseud: René Wallenstein), Komponist, Dirigent, Dozent; Tiroler Str 52, D-60596 Frankfurt/M, T: (0 69) 63 42 73, F: 63 42 73, *mail @dr-hochs.de*; *www.dr-hochs.de/html/wallenstdozentenvitae_s-z.html* [Aachen 29.1.1947]. **Ausb:** Staatsex, Dipl MH Köln 68–75, Mozarteum Salzburg 64 u 71, Paris (N Boulanger) 74, Stuttgart (S Celibidache) 77, (F Ferrara) Accad Chigiana Siena 82. **Laufb:** Staatsth Karlsruhe 75–78, Th d Stadt Bonn 78–79, LAuftr (musiktheoret Fächer) versch MInst seit 83, Prof (V) Dr Hoch's Kons Frankfurt. **Pr:** Ernst-Fischer-Pr 81, 3. Pr 23.Rencontres Int de Chant choral Tours 84. – **Komp:** Der Kanalrat (KamOp) 83–84; Requiem de Toledo (ChorM) 84; Von e Ungarischen Reise (KamM) 84, UA Stockholm 86.

Breuer, Wolfram, Prof, Hochschullehrer; Rhöndorfer Str 82, D-50939 Köln, T: (02 21) 42 59 78, F: 9 12 81 81 57; Hochschule f Musik, Dagobertstr 38, D-50668 Köln. **Laufb:** Prof (Tonsatz, Gehörbildung) H f Musik Köln. (Red)

Breunig, Peter, Repetitor; Eisenbahnstr 53, D-67655 Kaiserslautern, T: (06 31) 3 61 26 22, 01 70–1 86 86 29, *PetBreu@aol.com.* Oper (Strauss, Wagner) **Ausb:** Kl, Cemb Richard-Strauss-Kons München. **Laufb:** Südthüring Staatsth Meiningen SpZ 99/2000, Landesth Detmold SpZ 2000/01, Pfalzth Kaiserslautern seit SpZ 01, Solorep Pfalzth Kaiserslautern seit SpZ 03/04.

Breuninger, Albrecht, Prof, Violine, Hochschullehrer; Hochschule f Musik, PF 6040, D-76040 Karlsruhe. **Ausb:** Stud (J. Rissin) H f M Karlsruhe. **Laufb:** Prof (V, KamM) H f M Karlsruhe. **Pr:** 2. Pr 'Queen Elisabeth of Belgium' Int M Wettb Brussels 97. (*)

Breuninger, Jörg, Violoncello; c/o Rundfunk-Sinfonieorchester Berlin, Charlottenstr 56, D-10117 Berlin. **Laufb:** Vorspieler RF-SinfOrch Berlin. (Red)

Breuninger, Sebastian, Violine; Körnerstr 52, D-04107 Leipzig, T: (03 41) 9 62 86 49; c/o Gewandhausorchester, Augustuspl 8, D-04109 Leipzig. **Laufb:** Konzm Dt Symphonie-Orch Berlin. **Pr:** Special Pr 7. Int Mozart Wettb Salzburg 99. (Red)

Breznik, Franz Josef, Musikalischer Leiter; Neulinggasse 23, A-1030 Wien, T: (02 22) 7 14 67 60. **Laufb:** Musikal Oberlt Stadtth Baden b Wien. (Red)

Briban, Roxana, Sängerin; c/o Oper Leipzig, Augustuspl 12, D-04109 Leipzig. (*)

Bric, Ion, Sänger; Versbacher Str 44, D-97078 Würzburg, T: (09 31) 2 87 81 28; Mainfranken Theater, Theaterstr 21, D-97070 Würzburg [Bad Godesberg]. **Laufb:** Sol Mainfranken Th Würzburg. (Red)

Brieger-Ungelenk, Barbara, Prof, Hochschullehrerin, Klavier; Johannesstr 52, D-78056 VS-Schwenningen, T: (0 77 20) 6 29 62, F: 95 65 42; Hochschule f Musik, Schultheiß-Koch-Pl 3, D-78647 Trossingen. **Laufb:** Prof (Kl, Korr) Staatl H f Musik Trossingen. (Red)

Brieske, Michael, Bass; Luisenstr 14, D-99817 Eisenach, T: (0 36 91) 88 19 09, F: 88 19 09, *michael.brieske@web.de* [Osnabrück 4.4.1968]. Oper, Oratorium **Ausb:** Stud (A Eggers) UdK Berlin 90–93, (P Maus) ebd 93–97, Privatstud (H Brauer) seit 98. **Laufb:** zahlr freie Op-Produktionen seit 95, ua Herzog Blaubart (Hamburg 99), Arkel (Berlin 2000); Sol Thüringer Landesth Eisenach SpZ 00/05, wichtige Partien: ua Landgraf, Basilio, Herzog Blaubart, Baculus, Timur; regelm Verpfl in Oratorien (ua Brahms, Haydn, Bach).

Briggs, Hope, Sopran; Staatstheater, Oberer Schloßgarten 6, D-70173 Stuttgart. **Laufb:** Sol Staatsop Stuttgart. (Red)

Brillembourg, Fredrika, Mezzosopran; Altmannstr 11, D-28209 Bremen, T: (04 21) 34 19 51; c/o S Sintow-Behrens Int Promotions & Management, Schleibingerstr 8, D-81669 München, T: (0 89) 44 21 89 00, F: 44 21 89 03, *office@sintow-behrens.com* [New York]. frz u ital Fach **Ausb:** Stud (Ges) Vassar College USA, Münchner Singschul' ab 94. **Laufb:** Sol Th Bremen in 'Werther' (Charlotte), 'Carmen' (Titelpartie), 'Faust' (Margherite), Cherubino, Orphée, 'Rosenkavalier' (Octavian), Komponist ua) seit SpZ 95/96 (04/05), Gastsol Staatsth Kassel, Op Brüssel, Alte Op Frankfurt, Sächs Staatsop Dresden SpZ 03/04 u Fstv Aix-en-Provence; Konz in Caracas, Basel, Toronto, Los Angeles, m City of Birmingham Symph Orch, m Berliner Symphonikern (Arien v Rossini, Donizetti, Bizet) in d Berliner Philh u Südamerika-Tournee m Auftr in Caracas, Sao Paulo, Nuenos Aires u Mexico City 01; ZusArb m Regisseuren wie W Schroeter, W Decker, C Loy, K Beier u Dgt wie A Pappano, M Albrecht, S Oramo, A Jordan, C Prick, P Auguin, G Neuhold u M Zanetti. (Red)

Brilova, Elena, Sängerin; Fischerstr 27, D-40477 Düsseldorf, T: (02 11) 5 14 14 84, (01 73) 2 93 84 10. **Laufb:** Sol Dt Op am Rhein Düsseldorf-Duisburg. (Red)

Briner, Andres, Dr, Musikwissenschaftler, Dirigent; Hadlaubstr 45, CH-8006 Zürich, T: 0 13 62 27 40, *aebriner@bluewin.ch* [Zürich 31.5.1923]. Leben u Werk P Hindemiths, neuere M seit 1880, Komp in d Schweiz, MGesch Zürichs **Ausb:** Stud Germanistik u MWiss (P Hindemith) Kons u Univ Zürich 43–52. **Laufb:** Stiftungsrat d Hindemith-Stift seit 68, Präsident ders 86–98, Doz Department of M d Univ Pennsylvania Philadelphia 55–64, Feuilletonredakteur d Neuen Zürcher Zeitung f d Bereich M u MWiss 64–88. (Red)

Bringmann, Isabell, Sopran; c/o Stadttheater Hildesheim, Theaterstr 6, D-31141 Hildesheim, T: (01 72) 7 51 54 67. **Laufb:** Sol Stadtth Hildesheim. (Red)

Bringolf, Régis, Violine; 3 Hainburger Str 19, A-1030 Wien, T: (01) 7 14 49 70, 06 99–10 93 57 87, 06 99–10 41 43 28; c/o Norddeutsche Konzertdirektion, Twischlehe 5, D-27580 Bremerhaven, T: (04 71) 9 82 49 82, F: 9 82 49 80, *grevesmuehl.ballett@t-online.de* [Lausanne 1970]. **Ens:** Hugo Wolf Qua. (Red)

Brinkmann, Bernd E, Oberstudienrat, Orchesterleiter, Komponist; Mommsenstr 8, D-47906 Kempen, T: (0 21 52) 5 26 33 [Rheinhausen 7.12.1945]. **Ausb:** Stud (SchM) MH Köln 67–70. **Laufb:** KonzReise USA 93, Dgt Primo Mozart Fstv Rom 95. **Pr:** Sonderpr KompWettb d Sängerbundes NRW f zeitgen ChorM. **Ens:** Lt Collegium Musicum Krefeld. – **Komp:** 1. Sonatine f Str, UA Krefeld 85; 2. Sonatine f Str, UA Haarlem 86; Quari-nett f Cl u StrQua, UA Moers 97; Die Chorprobe f Frauenchor, UA Heek 98. **Lit:** in: Chr Dohr: Musikleben u Komponisten in Krefeld (20. Jh).

Brinkmann, Bodo, Sänger; Birkenstr 121, D-82024 Taufkirchen, T: (0 89) 6 12 83 38. **Laufb:** Sol Dt Op am Rhein Düsseldorf-Duisburg (03/05), Gastsol Städt Bühnen Münster SpZ 00/01. (Red)

Britton, Rhodri, Dirigent, Sänger; c/o Staatstheater Mainz, Gutenbergpl 7, D-55116 Mainz, T: (0 61 31) 21 45 81, F: 21 45 82, *rhodribritton@t-online. de* [Haverfordwest, Wales 1961]. Musiktheater **Ausb:** Stud (Altphilologie/ Philosophie) Balliol Coll Oxford 79–83, Stud (Ges, Kl) Royal Acad of Music London 83–86, Dirig (I Musin) MH St Petersburg 98. **Laufb:** Sol Welsh Nat Op, Scottish Op, Op 80, Berliner KamOp, Sol (Bass) Landesth Eisenach 91–95, Studienlt Th Luzern 95–98, Doz Royal Acad of Music 98–2000, Stellv Studienlt u Solorep Staatsth Mainz SpZ 01/03, Studienlt Th Dortmund SpZ 04/05. – **Sonst:** Übersetzungen d KamOp v S Oliver.

Britz, Vanessa, Flöte; c/o Saarländisches Staatsorchester, Schillerpl 1, D-66111 Saarbrücken. **Laufb:** Sol Saarl StaatsOrch. (Red)

Brix, Kerstin, Sängerin; Wehrspick 16, D-47807 Krefeld, T: (0 21 51) 5 72 00, (01 77) 2 04 76 63; c/o Vereinigte Städtische Bühnen, Odenkirchener Str 78, D-41236 Mönchengladbach. **Laufb:** Sol Städt Bühnen Krefeld/Mönchengladbach seit SpZ 03/04. (Red)

Broad, Charles Robin (Pseud: Prof Lenny Finkensteiner, Chazbie), Dipl, Prof, Sänger, Chordirektor, Pianist, Komponist, Arrangeur, Kabarettist, Dozent, Regisseur, Autor; Richard-Wagner-Str 9, D-66111 Saarbrücken, T: (06 81) 3 90 83 50, F: 3 01 43 33, *Cantorea@faxvia.net, Cantorea@web.de*; 2 Chalford, Finchley Road 177, Hampstead, London NW3 6LG, Vereinigtes Königreich [Ayr, Schottland 22.5.1943]. Chordirektor, Kapellmeister **Ausb:** MSchule Royal Artillery Woolwich, Kent, Guildhall Sch of M and Drama 61–65, Mozarteum Salzburg 65, Staatl H f M München 65–67. **Laufb:** Sol Stadtth St Gallen 68–73, Chordir BürgliSch 73–75, Prof (Ges) Cons Queensland, Australien 75–77, Chorrep Nat Th 77–78, Chordir/KapM Staatsth Lübeck 78–89, Stadtth Hagen

89–91, Staatsth Saarbrücken 91–94, freiberufl seit 94, Tourneen m Mozartop Salzburg, Wien 75, Gilvansingers 99, Ens CantOrea Saarland ab 2000, Kleinkunst/Cabaret als Prof Lenny Finkensteiner 'Schubertbrille' Ein-Mann-Th ua, Kleine Montagskonz Rathausfestsaal Lübeck 83–89, Cafe Classic Konz Saarbrücken 98–2000. **Pr:** Besson Goldmed Woolwich, England, Gregory Hast Pr, May Cattel Stip, British Song Prize Guildhall London, Associate Guildhall Sch of M and Drama Licentiate of Royal Acad, Fellowship Trinity Coll of M London. **Ens:** CantOrea. **Mitgl:** Bühnengenossenschaft. – **Komp:** M zu 'D Widerspenstigen Zähmung', Mannheim, NatTh 76–77; 'Jim Knopf' (Kinderstück), Lübeck, Bühnen d Hansestadt 80; 'French Frescoes' 87; 'Tally-Ho!'; 'Jazzonate' (f Hn, Kl, Bass u Schlgw) 88; Neubearb 'Dreigroschenop', Staatsth Saarbrücken 92; 'Denkmal' (Andenken an Architekt Stengel), UA Schloss Saarbrücken 95; 'Rodrigo der Cid', UA Detmold 2000 (Auftr: Grabbe Ges Detmold); 'Wessobrunner Gebet' (Kant); 'Lampenfieber'; 'Hymne f St Antonius'. **Aufn/RF:** CD: Von 'Guten Mächten' (C R B, Mercadente, Bizet, Schubert ua), Ens CantOrea; Schubert: Lieder, Radio Zürich 73; Strawinsky: Mawra, Radio Lugano 73; Travis; Nachthelle; Schubert, Mozart u Marcello ua 70–75. **UA:** Autor/Regie: 'The Geneva Twist' (Stück m M f Frauen), UA Uni-Th Saarbrücken 03. **Sonst:** Grdg Ens CantOrea 94, Art ua 'Singing in the Bayreuth Chorus' (Opera Mag) 75 u 'Chorsol' (Alla Breve MH Saarbrücken) 2000. **Lit:** Wer ist Wer in Dtschld; Bühnen-Jb d Genossenschaft.

Brochhagen, Franz, Dirigent; c/o Staatstheater Darmstadt, Georg-Büchner-Pl 1, D-64283 Darmstadt [Bergisch Gladbach 28.1.1964]. zeitgen Musiktheater, Operette, Kinder- u Jugendkonz **Ausb:** Stud Ob, Kl (C Schneider, W Neuhaus) MH Köln 83–88, Kl (L Hoffmann) MH München 88–90, Dirig (M Gielen) MH Salzburg 88–91, Kl, Dirig (J Perry) Rice U Houston/Texas 90–91. **Laufb:** Gastdgt Th Erfurt SpZ 96/97, 1. koord KapM Staatsth Darmstadt seit 97, Gastdgt Dt Nationalth Weimar SpZ 00/01, Gastdgt RSO Hess RF 01–03, Gastdgt Op Nürnberg SpZ 02/03, Gastdgt Vogtland Philh u Kapm Staatsth Darmstadt SpZ 03/04, Landesth Eisenach SpZ 04/05. – **UA:** J Müller-Wieland: Die Versicherung (Op), UA Darmstadt 99; W Mitterer: KA u d Pavian (Raumkonz) Darmstadt 2000.

Brock, Hannes, Sänger; Mittelstr 5, D-58095 Hagen, T: (0 23 31) 18 12 00, (01 73) 8 54 49 95. **Laufb:** Sol Th Dortmund. (Red)

Brockhaus, Daniel, Sänger; c/o Pfalztheater Kaisersluatern, Willy-Brandt-Pl 4–5, D-67655 Kaiserslautern. (Red)

Brockman, Kimberly, Sopran, Musikpädagogin; Bachweidstr 3b, CH-9011 St Gallen, *kbrockman@sunrise.ch* [USA 21.2.1964]. Konzert, klassisch u Jazz **Ausb:** Ithaca Coll School of Music Ithaca, New York 82–86, OpStudio Köln, OpHaus d Stadt Köln 94–95. **Laufb:** Op d Stadt Köln 94–95, Sol Konz u Th St Gallen 95–02, Lt JugendMSchule Waldkirch-Bernhardzell St Gallen 01, GesPädagogin KiMSchule St Gallen 03. – **UA:** P Nørgård: Die Göttl Kirmes (Op), UA Th St Gallen 95; T Hürlimann: Stichtag (Op), UA Th St Gallen 98; G Zinsstag: 'Ubu Cocu' (Op), UA Th St Gallen 01; T Flury: Potenza dell'amore (Madrigalzyklus), UA Einsiedeln, m Int Vokalsol 01; A Previn: 'A Streetcar Named Desire', Schweizer UA 02.

Broderick, Kathleen, Sopran; c/o Artists Management Zürich, Rütistr 52, CH-8044 Zürich, T: 04 48 21 89 57, F: 04 48 21 01 27; c/o Nationaltheater Mannheim, Am Goethepl, D-68161 Mannheim; *www.artistsman.com.* **Laufb:** Sol Nationalth Mannheim, Gastsol Op Frankfurt SpZ 04/05, Gastsol Engl Nat Op London, Gastsol Semperop Dresden. (Red)

Bröcheler, John, Sänger; c/o Lore Blümel Opern- und Konzertagentur, Heiglhofstr 49, D-81377 München, T: (0 89) 8 59 38 64, F: 8 59 37 59, *opkoag-bluemel@t-online.de.* **Laufb:** Sol Staatsth Stuttgart, Bayer Staatsop München, MTh Bonn, Sächs Staatsop Dresden SpZ 03/04. (Red)

Brödel, Christfried, KMD, Dr, Dr hc, Prof, Kirchenmusiker, Hochschullehrer; Käthe-Kollwitz-Ufer 81, D-01309 Dresden, T: (03 51) 3 10 30 15, F: 3 10 30 15, *broedel@gmx.de* [Elsterberg 17.12.1947]. Dirigieren: Zeitgen Musik, Musik v J S Bach **Ausb:** Stud (Math) Leipzig 66–71, Musik (H-J Rotzsch) Leipzig 66–72, (E Schmidt) Meißen 69–80, (A Reuther) Leipzig 69–78. **Laufb:** Prof (Chorltg), Rektor H f KiM d Ev-Luth Landeskirche Sachsen Dresden. **Pr:** Ehrenprom MAkad 'Gh Dima' Cluj-Napoca (Klausenburg) 94, BVK 01. **Ens:** Leipziger UnivChor, Meißner Kantorei 61. **Mitgl:** Direktorium Neue Bachgesellschaft Leipzig, Vizepräs Konferenz d Lt kirchl u staatl Ausbildungsstätten f KiM u d Landeskirchenmusikdir i Bereich der EKD. – **Aufn/RF:** G Neubert: 'Laudate Ninive' (Orat) 89; Drude: Weihnachtsorat 97; Lohff: Requiem f einen poln Jungen. **UA:** D Acker: Mot 'Ein jegliches hat seine Zeit'; Ders: Mot 'Herr, schicke was du willst'; A Bloch: Canti per coro ed organo (f Chor u Orgel); V Bräutigam: Orat 'Markuspassion'; T Buchholz: ChorW a cappella 'Missa solaris'; H Darmstadt: Psalm 115 (f zwei Chöre, Orgel u Kl); M Drude: Mot 'Der 39. Psalm'; Ders: Weihnachtsoratorium; H Gadsch: Missa de profunctis (Chor u Instr); J Herchet: mehrere Kant; W Jentzsch: ChorW 'Pater noster' ; Ders: ChorW a cappella 'Choral in der 3. Dimension'; W Krätzschmar: 'und schon jetzt' (sequenza lauda); T Kupsch: Stabat mater (Chor u Orch); D Lohff: Requiem f e poln Jungen; M Weiss: Mot Vier Psalmen; Ders: Mot 'Hüter, wird die Nacht der Sünden'; M Weissing: Te Deum Laudamus (Sop, Chor, Orgel). **Zug:** T Buchholz: Liber ecclesiastes – fragmentum II; H Darmstadt: ChorW a cappella – Kyrie u Gloria aus d 'Missa hebraica'; H Frederichs: Thomas-Müntzer-Kant (Sprecher, Chor u Orgel); J Herchet: Kant 'meriens tempelgang'; Ders: Kantate zum letzten Sonntag im Kirchenjahr; M Weiss: Mot '...aber die Liebe ist die größte unter ihnen'; H P Türk: doppelchör Mot 'Gebet aus Siebenbürgen'.

Bröder, Alois, Komponist; Grüner Weg 28, D-64285 Darmstadt, T: (0 61 51) 42 53 70, F: 42 53 70, *info@alois-broeder.de*; Heinrichstr 112, D-64287 Darmstadt, T: (0 61 51) 42 23 10; *www.alois-broeder.de* [Darmstadt 20.1.1961]. Orchestermusik **Ausb:** Git (Olaf Van Gonnissen) Akad f Tonkunst Darmstadt 82–86; Komp (privat b Cord Meijering u Dietrich Boekle) 83–85; Komp (Toni Völker) Akad f Tonkunst Darmstadt 85–89; Komp (Manfred Trojahn) Robert-Schumann-H Düsseldorf 93–95; elektron Komp (Hans Ulrich Humpert) H f M Köln 95–99. **Pr:** Komp-Wettb ua: 'Contest for orchestra works to commemorate the semicentennial of the Tokyo Metropolitan Government' 93; Stip ua: Cité Int des Arts, Paris 98; Moldau-Stip d Ldes Hessen 03. – **Komp:** 'Isôt als blansche mains' f großes Orch, UA Tokio 93; 'Blumen legen', f Bläserqui, UA Hamburg 94; 'Her-z-eigen' f V, Hn u Kl, UA Hamburg, I Dithmar, B Künkele, M Adachi-Wachter 97 (Auftr: Staatsop Hamburg); '6 MÄRZ-Gedichte' f Ges u Ens, UA Halle 98; 'Sept Variations' f Orch, UA Darmstadt 2000; 'Left Silence' f Mezzosop u großes Orch, UA Bielefeld 01; 'Sredi Polnoci/Mitten um Mitternacht' f großes Orch, Sop, Mezzosop u Männerchor, UA Ljubljana, RTV Slovenija Symph Orch, Dgt: L Shambadal 03 (Auftr: Slowen RF); 'Lachen. Weinen. Blühen. Vergehen.' f Mezzosop u großes Orch, UA Krefeld, Niederrhein Sinfoniker, Dgt: K Duryea 04 (Auftr: Vereinigte Städt Bühnen Krefeld u Mönchengladbach) 'Vingt Moments' f Orch, UA Freiberg 05. **Aufn/RF:** CDs: 'Isôt als blansche mains', '6 MÄRZ-Gedichte', '6 neue MÄRZ-Gedichte', 'Tombeau...', 'Sprünge', 'Blumen legen', 'Im Irrenhaus' (Wiesbaden). **Sonst:** zahlr Veröff.

Bröhl, Ricarda, Prof, Hochschullehrerin, Querflöte; Vor der Lohweide 33A, D-99092 Erfurt, T: (02 21) 48 75 81; Univ Mozarteum, Abt f Musikpädagogik Innsbruck, Innrain 15, A-6020 Innsbruck [Köln 7.3.1948]. **Ausb:** Stud Folkwang-Hochschule Essen, danach bei studium bei M. Moyse u B. Kuijken. **Laufb:** Mitglied d Pierrot Ensembles Köln, d Coelner Stadtpfeiffer, UProf (Querfl) U Mozarteum Salzburg seit 93. (Red)

Brömsel, Hans-Christian, Violine, Konzertmeister; c/o Orchester d Landesbühnen Sachsen, Meißner Str 152, D-01445 Dresden-Radebeul. **Laufb:** 1. Konzm Orch d Landesbühnen Sachsen Radebeul. (Red)

Brömsel, Ralf-Carsten, KV, Prof, Hochschullehrer, Violine, Konzertmeister; Behrischstr 4, D-01277 Dresden, T: (03 51) 3 16 14 38, F: 3 12 52 63, *broemsel@t-online.de*; Hochschule f Musik, PF 120039, D-01001 Dresden [23.12.1956]. Violinliteratur, Kammermusik, Oper, Konzert **Ausb:** Unterr b Prof Brinkmann SpezialSch f M Dresden seit 65; Stud h f M Carl Maria v Weber Dresden 74–79; Mstrkl (V) Dresden/Leipzig b Prof G Schmahl, Mstrkse Weimar b Prof M Rostal; Staatsex 79. **Laufb:** Eng Staatskap Dresden, Konzm Dresdner Philharmonie seit 81, Konzm u künstl Lt Philh KamOrch 91–2000, Primarius Philh StrQua Dresden 92–98; umfangr KonzTätigkeit in Europa, Israel, Mittelasien, Japan, Kanada, USA, Mittel- u Südamerika; LAuftr (V) H f M Carl Maria v Weber Dresden seit 95, Prof (Orch-Studien u -Soli) ebd. **Pr:** 1. Pr Int MWettb Markneukirchen 73, Prtr 5. Int Bach-Wettb Leipzig 76, Ernennung z KV 96. **Ens:** musica-viva-ensemble Dresden 81–91, Grd u Primgeiger Dresdner Philh StrQua 91–98, Lt Philh KamOrch Dresden 91–2000, Duo concerto seit 98. – **Aufn/RF:** M Weiss: Konz f V u Orch, UA Dresden, Dresdner Philh, J Winkler 79 (RF- u CD-Aufn); J P Thilman: Konz f V u Orch, UA Dresden, Staatskap Dresden, H Blomstedt 81 (RF-Prod).

Brogli-Sacher, Roman, Dirigent, Generalmusikdirektor; c/o CICADA.con Agentur & Management, Gubener Str 3b, D-10243 Berlin, T: (0 30) 29 00 13 35, 01 71–3 64 52 77, F: 29 00 58 97, *info@cicada-con.de*; *www.cicada-con.de.* ital Oper, zeitgen Musik **Ausb:** Stud (Pos, Dirig) MH Zürich, Bern, Luzern u Wien ua b J Kalmar, E Körner, M Atzmon u F Nagy. **Laufb:** Kapm u Ass d GMD Stadtth St Gallen, 1. Kapm Op Halle seit 97, stellv GMD Op Halle seit SpZ 99/2000, GMD Lübeck SpZ 03/04; ZusArb m d Bochumer Symphonikern, Georgischen Staatsorch, Berliner Symphonikern SpZ 2000/01. (Red)

Brohm, Sabine, Sängerin; Josef-Hegenbarth-Weg 17, D-01326 Dresden, T: (03 51) 2 68 54 23; c/o Sächsische Staatsoper, Theaterpl 2, D-01067 Dresden. **Laufb:** Sol Sächs Staatsop Dresden (01/05), Staatsoptte Dresden SpZ 03/04. (Red)

Broitman, Ruben, Sänger; c/o Pfalztheater, Willy-Brandt-Pl 4–5, D-67655 Kaiserslautern. **Laufb:** Sol Dt Op am Rhein Düsseldorf-Duisburg, Nationalth Mannheim, Gastsol Pfalzth SpZ 04/05. (Red)

Bromberger, Birgit, KV, Flöte; c/o Dresdner Philharmonie, PF 120424, D-01005 Dresden. (Red)

Bron, Patrick, Komponist; rue du Marché 31, CH-1820 Montreux, T: 02 19 63 73 61. (Red)

Bron, Zakhar, Prof, Hochschullehrer, Violine; Eigelstein 61, D-50668 Köln, T: (02 21) 9 12 33 91, F: 9 12 33 93, *zakhar.bron@doz.hmt.edu*; H f Musik, Dagobertstr 38, D-50668 Köln; *www.zakharbron.com* [1947]. **Ausb:** Stud Stoliarski Schule f Musikc in Odessa, Gnessin Kons Moskau (B Goldstein), Tschaikovsky Kons Moskau (I Oistrach). **Laufb:** Ass v I Oistrach a Tschaikovsky Kons Moskau, L in Novosibirsk, Prof (V) MH Lübeck, Prof (V) H f Musik Köln seit 97, Prof HTM Zürich. (Red)

Bronder, Peter, Sänger; c/o Oper Frankfurt, Unhtermainanlage 11, D-60311 Frankfurt/Main. **Laufb:** Sol Kom Op Berlin SpZ 03/04, Gastsol Op Frankfurt seit SpZ 03/04. (Red)

Bronikowski, Marcin, Bariton; c/o Theateragentur Dr Germinal Hilbert, Maximilianstr 22, D-80539 München, T: (0 89) 2 90 74 70, F: 29 07 47 90; Mydlarska 15A/26, Polen-04-690 Warschau, T: (0 22) 8 12 60 26, F: 8 12 61 46, *marbron@kki.net.pl*; *www.hilbert.de*, *www.marcin-bronikowski.art.pl* [Warschau 28.5.1968]. Oper **Ausb:** Stud Tromp, Kl K Szymanowski Coll of Music Warschau 83–87, Gesang (R Ruskov) Bulgarian Acad of Music Sofia 87–92, Mstrks Intpr Rossini Musik (A Zedda) Rossini FSp Pesaro 92, Mstrks Intpr (C

Bergonzi) Teatro alla Scala Mailand 94. **Laufb:** Sol Bregenzer FSp, Dt Op Berlin, Bayer Staatsop München, Royal Opera House Covent Garden London, Op du Rhin Strasbourg, Teatro Euskalduna Bilbao, New Israeli Op Tel Aviv, Kapstadt FSp, San Sebastian FSp, Warschau Staatsop, Helsinki, Hamburg Staatsop, Teatro Verdi Trieste, Macau FSp, Shanghai Op, Martina Franca FSp, Mallorca Op, Schleswig-Holstein FSp, Kölner Philh, Miami Philh, Gastsol Op Frankfurt SpZ 03/04. **Pr:** 1. Pr Pamplona 92, 1. Pr Bilbao 92, 3. Pr Verviers 91, 3. Pr Warschau 92, 3. Pr Pretoria 94, Finalist Bernstein Jerusalem 96, 4. Pr Oslo 97, 1. Pr Helsinki 99. – **Aufn/RF:** CDs: Donizetti: 'Maria Stuart' m Gruberova u Viotti, Donizetti: 'Il Paria' (CD f 'Bongiovanni'); RF: Szymanowski: 'Stabat Mater', Semperop Dresden 99 (MDR); 'Lucia di Lammermoor, Schleswig-Holstein FSp 03 (NDR); 'Der Jacobiner', Kölner Philh 03 (WDR); Op, Konz (RTVE Madrid). **Sonst:** Gala-Konz m J Carreras f 50th Anniv of UNICEF. **Lit:** M Helin: Autobiography 2000, Who is Who (Musik-Enciclopedie Polen), Opern-Lex Polen.

Bronisch, Kai, Sänger; Steindamm 14, D-20099 Hamburg, T: (0 40) 2 80 10 84. **Laufb:** Gast-Sol Anhaltisches Th Dessau SpZ 00/01 u 04/05. (Red)

Bronkalla, Andreas, Dramaturg; Gasstr 36, D-67655 Kaiserslautern, T: (06 31) 3 61 47 62; c/o Pfalztheater Kaiserslautern, Willy-Brandt-Pl 4–5, D-67655 Kaiserslautern. **Laufb:** Dram Pfalzth Kaiserslautern SpZ 03/04. (Red)

Bros, José, Tenor; c/o Theateragentur Dr Germinal Hilbert, Maximilianstr 22, D-80539 München, T: (0 89) 2 90 74 70, F: 29 07 47 90, *agentur@hilbert.de*; c/o Staatsoper, Opernring 2, A-1010 Wien; *www.hilbert.de* [Barcelona]. **Ausb:** Stud Kons Barcelona b J F Puig. **Laufb:** Debüt 'Carmina Burana' Palma de Mallorca 87, Sol Sabadell Op, Auftritte Greco Th Fstv Barcelona, Holland, Berlin, Zurich, Rome, Parma, Neapel, Lisbon, Maggio Musicale Fiorentino, La Scala, Sol Hamburg Staatsop, Bayer Staatsop München, Wiener Staatsop. **Pr:** Francisco-Viñas-Pr 86. (Red)

Brotbeck, Conradin, Hochschullehrer, Violoncello; Hochschule f Musik u Theater, Papiermühlestr 13a, CH-3000 Bern 22, T: 03 16 34 93 93. **Ens:** Aria Quartett. (Red)

Brotbeck, Roman, Hochschullehrer; Hochschule der Künste Bern, Papiermühlestr 13 h, CH-3000 Bern 22, T: 03 16 34 91 70, F: 03 16 34 91 71, *roman.brotbeck@hkb.bfh.ch* [Biel 1954]. **Ausb:** Stud (MWiss, Literaturkritik) Univ Zürich. **Laufb:** MRedakteur u MProd b Radio DRS2 82–88, Doz (MGesch, Analyse) an div MH seit 83, Forschungsauftr d Schweizerischen NatFonds zur M d 20. Jhs 88–94, Präsident STV 96–02, Dir H f M u Th Bern 99–03, Ltg Bereich M an d HdK Bern HKB seit 03. – **Sonst:** zahlr Publ u Referate va zur M d 20. Jhs. (Red)

Brousek, Gabriele, Dramaturgin für Konzerte; c/o Theater Augsburg, PF 111949, D-86044 Augsburg. (Red)

Brown, Barnaby, Viola; c/o Berliner Symphoniker, Christstr 30, D-14059 Berlin. **Laufb:** Sol Berliner Symphoniker. (*)

Brown, Douglas V, Solorepetitor; Bismarckstr 90, D-10627 Berlin, T: (0 30) 3 13 49 00. **Laufb:** Solorep Dt Op Berlin. (Red)

Brown, Ian, Dirigent, Klavier; c/o Konzertagentur Dagmar Körner, Bergstr 15, D-85120 Hepberg, T: (0 84 56) 15 30, F: 21 09, *koerner.konzerte@t-online.de*; *www.konzertagentur-koerner.de*. Kammermusik, Dirigat, Klavier **Laufb:** ChefDgt Leopoldinum Orch Breslau 2000. **Pr:** KamMEns 94, Gramophone Award, Grammy-Nominierung, Royal Society Music Award f Chamber Ens 02. **Ens:** The Nash Ens of London. – **Aufn/RF:** Birtwistle: 'Pulse Shadow', m Arditti Qua, C McFadden (Sop); ders: 'The Woman and the Hare'; Beethoven, Mozart: Quintette f Bl u Kl; Fauré: 'La bonne chanson' op 61, KlTrio op 120, KlQua op 15 u op 45; Lloyd Webber: Kammermusik.

Brown, Lila, Prof, Hochschullehrerin, Viola; Vonkeln 56, D-42349 Wuppertal, T: (02 02) 2 47 29 40, F: 2 47 29 40 [Conecticut, USA]. **Ausb:** Stud Julliard School; Salzburg (S Vegh). **Laufb:** Mitgl Boston Symph Orch 82–85, LBeauftr (Va) H f M Wien 86–92, Sol 'Camerata Academica' Salzburg u Wiener KamOrch, Grdg u Ltg KamMFstv 'Music from Salem', Prof (Va) H f Musik Detmold, Abt Dortmund seit 96. **Ens:** 'Ensemble Modern' 92–98. (Red)

Brown, Valery, Repetitor; Werderstr 36, D-76137 Karlsruhe, T: (07 21) 38 94 78. **Laufb:** Solorep Bad Staatsth Karlsruhe. (Red)

Brownless, Edmund, B Mus, M Mus, Sänger, Gesangslehrer, Chorleiter; Dr. Hochs Konservatorium, Sonnemannstr 16, D-60314 Frankfurt a M, T: (0 69) 94 13 94 38, F: (0 89) 14 88 21 98 79, *ebrownless@gmx.net*; Rebenstr 6, D-60599 Frankfurt a M; *www.edmundbrownless.de* [Norwich 7.6.1955]. Gesang, Vokal, Belcanto **Ausb:** McGill Univ Montréal; Schola Cantorum Basiliensis; Unterr b C L Reid, New York. **Laufb:** Domchor d Hereford Cathedral, England; Konz in Europa u Nordamerika; Doz (Ges, Alte M) Dr Hochs Kons Frankfurt/M. **Ens:** Ltg Das Consort Franckfort, Ltg Vokalens Alta Musica, Tenor' e Liuto. – **Komp:** Kirchenlieder. **Aufn/RF:** Zahlr Aufn ua m Sequentia, Ens Gilles Binchois, Clemencic Consort, Joshua Rifkins Bach Ens. **UA:** Claus Kühnl: VerStrömung 02. **Sonst:** 'Thoughts on Simple Singing: Towards a More Adequate Vocal Terminology', in: A Bybee u J E Ford: The Modern Singing Master: Essays in Honor of C L Reid, 02.

Bru, Ricardo, Violoncello; c/o Volksoper Wien, Währinger Str 78, A-1090 Wien. **Laufb:** Sol Orch d Volksop Wien. (Red)

Bruchez, David, Trombone; Böndlerstr 2, CH-8802 Kilchberg, T: 04 33 33 03 64. **Pr:** 2. Pr ex aequo 54. Int MWettb Genf 98. (Red)

Bruchmann, Klaus-Peter, Komponist; Nelkenstr 1, D-16556 Borgsdorf, T: (0 33 03) 40 32 42 [Borgsdorf b Berlin 16.10.1932]. symphon UnterhaltungsM **Ausb:** Stud Theor u Komp (M Trapp, F Metzler, W Sieber) Städt Kons Berlin. **Laufb:** freischaff Komp seit 61. **Pr:** Theodor-Körner-Pr, KompPr d VDK, Kunstpr d FDGB (DDR), KompPr Cava dei Tirreni (Italien). – **Komp:** konzertante Musik (OrchW) 63, UA Berlin, gr RF-Orch, Dgt: R Hanell 64; Crescendo f Orch (OrchW) 65, UA Berlin, gr RF-Orch, Dgt: R Hanell 65; Concertino (Konz) 74, UA Berlin, H-J Scheitzbach, RF-Orch Berlin, Dgt: R Hanell 74; Toccata (Konz) 77, UA Berlin, Zentrales Orch d NVA, Dgt: G Baumann 78; Partita nach Themen v G Ph Thelemann (Konz) 81, UA Berlin, Zentrales Orch d NVA, Dgt: G Baumann 81, Concertino PerTimpani E Orchestra, UA Sonthofen, Dgt: M M Jannetti. **Lit:** in Zss.

Bruckmann, Ferdinand, Prof, Komponist, Pianist; Landwehr 23, D-47906 Kempen, T: (0 21 52) 73 25, F: 73 25 [Mülheim/Ruhr 29.5.1930]. **Ausb:** Stud Kl, Klar, Komp (F Martin) MH Köln 50–56. **Laufb:** KonzTätigkeit (Kl, Klavichord) 64–68, LTätigkeit in Japan MH Osaka, Kobe Coll, Prof Osaka-U of Arts, LAuftr U Essen 68, LAuftr U Duisburg 78. – **Komp:** KamM, Lieder, KlM, Orchwerke (ua 4 Klavierkonz). **AuftrKomp:** KlKonz II, UA Mönchengladbach, Niederrh Sinf, Dgt: R Satanowski 74 (Auftr: Stadt Krefeld). **Aufn/RF:** Mitgl Osaka Phil 64–68; Niederrhein Sinfoniker, Dgt: R Satanowski 73; Kiewer KamOrch 'Archi', Dgt: O Benninghoff 01. **UA:** S Cosacchi: Klavierkonz, UA SWF 61; S Cosacchi: 'Frage u Antwort', UA Krefeld 59; Y Asano: 3 Klavierstücke, UA Osaka 67. **Zug:** J Zedamanis: Romant Fantasie; Y Asano: 3 Klavierstücke; St Cosacchi: 'Frage u Antwort' op 107. **Sonst:** Neuausg d 15 Sinf v Bach 70; Zusammenhänge zw Klbau u KlKomp im Schaffen Beethovens 1886 u 1993.

Bruckner, Heinrich, Arrangeru, Trompeter; Argentinierstr 55, A-1040 Wien, T: (01) 5 04 36 12, F: 5 04 36 12; *www.artofbrassvienna.com, www.tonus.at.tf* [Wien 1965]. Orchester, Brassqui, Histor Blasinstr (Naturtrompete, Zink) **Ausb:** TrpStud am Kons d Stadt Wien b Prof Schwameis u Prof Brugger (Dipl m Auszeichnung) 77–85, Fortsetzung d Stud an d U f M u darst Kunst Wien b Prof Pomberger. **Laufb:** Eng Bühnenorch d Österr Bundesth 82–86, 1. Trompeter d Wiener Symphoniker seit 87, Gastprof f BlechblKamM an d U f M u Darst Kunst Wien seit 95, Mitgl 'Art of Brass Vienna', umfangreiche solist Tätigkeit im In- u Ausland. **Pr:** mehrfacher Prtr 'Jugend Musiziert', 3. Pr b 'Helmut Wobisch Gedächtniswettb'. **Ens:** Pro Brass, Die Reihe, Kontrapunkte, Concentus Musicus, Österr Kammersymphoniker, Klangforum Wien, Wiener Concertverein, Art of Brass Vienna, Ens Tonus als Naturtrompeter u Zinkenist seit 99. – **Aufn/RF:** L Mozart: Konz f Trp u Orch, m Art of Brass Vienna; Strauß und Co; Miles, Monk & More; Classics for Brass; That's Brass; Alice kommt nicht nach Hause; Letter day. **UA:** G Kabik: Concertante f Kl, Trp, Va u Orch; R Bischof: 'Assotiationen', f Trp Solo; R Süss: Son f Trp u Kl. **Sonst:** Arrangements veröffentl b Primverlag, Doblinger. **Lit:** F Keim: Tormpeter-Taschenbuch.

Bruckner, Otto, Prof, Hochschullehrer; Goldeggasse 32, A-1040 Wien, T: (01) 5 03 28 04; Univ f Musik u Darst Kunst, Inst 6, Bürgergasse 3, A-8010 Graz, T: (03 16) 3 89 60 08, F: 3 89 60 88, *otto.bruckner@kug.ac.at*. **Laufb:** o UProf (Orgel) U f Musik u Darst Kunst Graz. (Red)

Bruckschen, Jörg, Sänger; c/o Pfalztheater Kaiserslautern, Willy-Brandt-Pl 4–5, D-67655 Kaiserslautern. (Red)

Bruder, Thomas, Cello, Konzertmeister; c/o Städtische Theater, Käthe-Kollwitz-Str 7, D-09111 Chemnitz, PF 756, D-09007 Chemnitz. **Laufb:** Konzm Robert-Schumann-Philharmonie Chemnitz. (Red)

Brück, Alexander von, Prof, Generalmusikdirektor; c/o Landesbühnen Sachsen, Meißner Str 152, D-01445 Radebeul, T: (03 51) 8 95 40, F: 8 95 42 01. **Laufb:** GMD u Musikal Oberlt Landesbühnen Sachsen Radebeul bis 05. (*)

Brück, Markus, Bariton, Regisseur; Geschwister-Scholl-Allee 45, D-14532 Kleinmachnow, T: (03 32 03) 8 24 57, (01 73) 3 01 06 92, F: 8 24 58, *info@MarkusBrueck.de, markusbrueck@aol.com*; *www.markusbrueck.de* [Speyer 15.8.1972]. Oper, Konzert **Ausb:** b Prof R Leisenheimer, K H Herr, (Prof A Ramirez) MH Mannheim, (Prof K Moll) MH Köln. **Laufb:** Sol Th Hagen 95–97, Pfalzth Kaiserslautern 97–99, Staatsth Wiesbaden 99–2001, Dt Oper Berlin seit 01 (04/05), Bregenzer FSp, Sol Hamburger Staatsop SpZ 04/05. – **Aufn/RF:** Wolf: 'Kirisk'(Op), m RSO Ljubljiana, Dgt: L Shambadal. **UA:** Febel: 'Beauty'(Op), Th Hagen 96; Stäbler: 'Cassandra'(Op), Staatsth Wiesbaden 2000; Danner: 'Merlin in Soho'(Op), Dt Oper Berlin 01.

Brückel, Gerhard, Sänger; Luisenthal 5, D-41199 Mönchengladbach, T: (0 21 66) 18 54 14, F: 18 54 14 [Langgöns/Oberhessen 13.6.1955]. Orat, Lied, Op **Ausb:** Gesang (M Gründler) MH Frankfurt/M 79–86. **Laufb:** OpStudio d Bayer Staatsop 86–88, Verein Städt Bühnen Krefeld u Mönchengladbach 88–91, freischaff seit 91. **Pr:** Förderpr Walter Kaminsky-Stift b Bundeswettb Gesang Berlin 82.

Brückner, Jörg, KM, Horn; c/o Dresdner Philharmonie, PF 120424, D-01005 Dresden. (Red)

Brückner, Jörg, Sänger; c/o Anhaltisches Theater, Friedenspl 1a, D-06844 Dessau, T: (01 71) 6 05 70 72, *KONTAKT@joergbruckner.com*; *www.joergbrueckner.com*. **Ausb:** Stud (Ch Lehmann) H f M Würzburg, Privatstud Musik-Kinesthesie (E Huber-Contwig), Mstrkse b A Varnay, A Kraus, C Reid. **Laufb:** Franz-Josef-Weisweiler-Stip Dt Op Berlin, Sol Anhalt Th Dessau SpZ 02/03 u 03/05. – **UA:** S Matthus: 'Kronprinz Friedrich', Regie: G Friedrich, Dgt R Reuter.

Brüggemann, Christian, Tenor; c/o Konzertdirektion Fritz Dietrich, Sigmund-Freud-Str 1, D-60435 Frankfurt a M, T: (0 69) 54 45 04, F: 5 48 41 07, *info@konzertdirektion-dietrich.de*; *www.christianbrueggemann.de* [Hanau]. **Ausb:** H f Musik u darst Kunst Frankfurt/M b M Gründler u C Spencer. **Laufb:** Landesth Detmold 92–97, Landesth Flensburg 98/99, Tiroler FSp Erl 03–05. (Red)

Brüggemann, Jürgen, Klarinettist; c/o Staatstheater Braunschweig, Am Theater, D-38100 Braunschweig, PF 4539, D-38035 Braunschweig. **Laufb:** Sol Staatsth Braunschweig SpZ 03/04. (Red)

Brüggen, Henrike, Pianistin; Fundstr 25, D-30161 Hannover, T: (05 11) 3 88 03 79, 0 17 96 72 27 30, F: (05 11) 3 88 03 79, *henrikebrueggen@hotmail.com* [Stadtoldendorf 20.11.1977]. **Ausb:** Stud Kl (H Köhler, K-H Kämmerling) H f M u Th Hannover seit 97. **Laufb:** Konz seit 95, ua m Sinfonia Varsofia, Göttinger Sinfoniker, Schwetzinger FSp, FSp Mecklenburg-Vorpommern. **Pr:** Stip Oskar u Vera Ritter Stift 93–95, Stip Dt MWettb 99, BuAuswahl Konz Junger Künstler 01; 1. Pr Int Steinway-KlSpiel-Wettb 94, BuPr 'Jugend musiziert' 95, 96. – **Aufn/RF:** Radioaufn b NDR, SWR u DeutschlandRadio.

Brügger, Roger, Klavier; Sonnrainweg 14, CH-5430 Wettingen, T: 05 64 26 69 19. (Red)

Brümmer, Ludger, Komponist; Elburger Str 4, D-49740 Haselünne, T: (01 79) 3 97 85 91, (0 59 61) 68 32 [Werne 1958]. **Ausb:** Musik-, Kunst- u Päd-Stud 78–83, KompStud b Nicolaus A Huber u D Reith Folkwang-H Essen 83–89. **Laufb:** ZusArb m d Choreogr Susanne Linke u m d Nederlands Dans Th 91–92; Mitgl d Jury d Prix Ars Elektronica; KompAuftr d Akad d Künste Berlin, d ZKM Karlsruhe, d Klangart Osnabrück u d ICMA f d ICMC 97/Thessaloniki 95–96; LAuftr a elektro Studio d TU Berlin, a Inst Archimedia/Linz, ICEM d Folkwang-H Essen. **Pr:** Folkwang-Pr, Essen; Busoni-Pr d Akad d Künste Berlin; DAAD-Stip, Visiting Scholar a Center f Computer Research in Music and Acoustic (CCRMA) Stanford Univ 91–93; Goldene Nica d Ars Electronica/Linz; Grand Prix – Pierre d'or Bourges 97. – **Aufn/RF:** CRI – the listening room. (Red)

Bründl, Manfred, Prof, Hochschullehrer; Ins Umpferstedter Holz 1, D-99441 Süßenborn, T: (0 36 43) 50 26 29; *www.manfredbruendl.de* [Regensburg 18.9.1959]. Cross-over (Jazz, Klassik) **Ausb:** MH Graz 80–85. **Laufb:** Prof (Kb, E-Bass Jazz) H f M 'Franz Liszt' Weimar, Dt Goethe-Institute: N-Afrika, S-O-Asien-Torunee 91, Kanada 94, S-Amerika 95. **Pr:** Arbeitsstip (Jazzpr) Stadt Frankfurt/Main 94. **Ens:** Composers Orchestra Weimar, Bründl's Bass-lab. **Mitgl:** Landesmusikrat, DMR. – **Komp:** 'JODO', Composers Orch Weimar, Belvedere Weimar 2000 (DLF Köln). **AuftrKomp:** 'Farblichtklänge', Art Ensemble Wiesbaden, Funkhaus, Saarländ RF 97.

Brüsch, Hartmut, 1. Kapellmeister, Vertreter des GMD; Frühlingstr 12, D-27570 Bremerhaven, T: (04 71) 1 70 17 67. **Laufb:** 1. Kapm u Vertr d GMD u Lt d Jugendmusikarb Stadtth Bremerhaven SpZ 01/05. (Red)

Bruggaier, Roswitha, Barockvioloncello, Viola da Gamba, Hochschullehrerin; Dr. Hoch's Konservatorium, Hebelstr 15–19, D-60318 Frankfurt, T: (0 69) 9 15 00 40, F: 5 96 15 76, *r.bruggaier@le-gout-etranger.com*; *www.le-gout-etranger.com* [1962]. **Ausb:** H f M Frankfurt b Prof. Jörg Wiederhold, Prof. Gerhard Mantel, Stud bRainer Zipperling, Mstrks b Anner Bylsma, Wouter Möller, Lidewij Scheifes, Jaap ter Linden. **Laufb:** Doz (Barockvcl, Va da Gamba) Dr Hoch's Kons Frankfurt seit 89. **Ens:** Le Goût Étranger. (Red)

Bruggmann, Kornelia, Sängerin; Im Winkel 5, CH-8225 Siblingen, T: 05 26 82 17 53. (Red)

Bruhn, Bettina, Prof, Hochschullehrerin; Am Weingarten 101, D-99439 Ramsla, T: (03 64 52) 7 05 36; H für Musik 'Franz Liszt', Inst f Tasteninstr u Alte Musik, PF 2552, D-99406 Weimar, *bettina.bruhn@hfm-weimar.de*. **Laufb:** Prof (Kl, Kl-Didaktik) H f Musik 'Franz Liszt' Weimar. (Red)

Bruins, Robert, Sänger (Tenor); c/o Staatstheater am Gärtnerplatz, Gärtnerpl 3, D-80469 München, PF 140569, D-80455 München. **Laufb:** Eng Königl Op Gent, Wien u Luzern, 80 freischaff Tenor seit 80, Sol Staatsth am Gärtnerpl München. (*)

Brumberg, Leonid, Prof, Klavier; Angeligasse 86, A-1100 Wien, T: (01) 6 07 19 94 [Rostow]. (Red)

Brummer, Johannes, Prof, Hochschullehrer, Klavier; Kraßniggstr 58, A-9020 Klagenfurt, T: (04 63) 22 00 07 [Klagenfurt]. zeitgen Musik; Liedbegleitung **Ausb:** Stud Kärntner Landeskons, Mozarteum Salzburg, zahlr Mstrkse i Ausland (va Frankreich u Dtschld). **Laufb:** LTätigkeit (Kl, Korr, MTheorie) Kärntner Landeskons seit 80, zahlr Konz In- u Ausland (z B m J Alessi, B Fink, C Svanberg). **Ens:** Duo m Gilbert Sabitzer (Sax). **Mitgl:** Bundesfachbeirat u Organisator Landeswettb 'Prima la Musica', Vorsitz Österr Ges f zeitgen M (ÖGZM). – **Aufn/RF:** RF-Aufn, CDs. **Zug:** Komp v A Wüküdal u G Kühr. (Red)

Brune, Willy, Komponist; Humecke 9, D-58566 Kierspe, T: (0 23 59) 29 01 76. **Laufb:** Kreis-ChLtg Lüdenscheider KinderCh (MstrCh). – **Komp:** Tjebje Pojem (Geistl Lied russ-dt f MännerCh TTBB a capella). (Red)

Bruneder, Wolfgang, Mag, o Univ Prof, Hochschullehrer, Gesangspädagogik; Univ f Musik u Darst Kunst, Inst Antonio Salieri, Rennweg 8, A-1030 Wien, T: (01) 7 11 55 47 01, F: 7 11 55 47 99, *bruneder@mdw.ac.at* [Linz 1941]. Lied, Oratorium, Chor **Ausb:** H f M Wien, Univ Wien. **Laufb:** Musikerzieher a AHS, Stimmbildner b d Wiener Sängerknaben u a Wiener Musikgymnasium, L (Ges) U f Musik u Darst Kunst Wien seit 75, o UProf ebd 95, Vorstand des Inst Antonio Salieri. **Ens:** ChLt Schola Contorum. **Mitgl:** Vorstandsmitgl Bund Österr Gesangspäd (BÖG).

Bruninx, Piet, Bass; Lärchenstr 11, D-30161 Hannover, T: (05 11) 3 88 21 21. **Laufb:** Sol Stadtth Hildesheim. (Red)

Brunmayr-Tutz, Linde, Dr, Prof, Hochschullehrerin; Hauptstr 10, D-78647 Trossingen, T: (0 74 25) 32 50 95, F: 32 52 85, *linde.tb@utanet.at*; Hochschule f Musik, Schultheiß-Koch-Pl 3, D-78647 Trossingen [Salzburg]. **Ausb:** Stud Medizin u Blockfl in Innsbruck, Schweizer Bundesstip u TraversflStud b Hans-Martin Linde an d Schola Cantorum Basilensis, Mstrkr b Johann Sonnleitner u Nikolaus Harnoncourt am Mozarteum Salzburg, ab 85 Stud b Barthold Kuijken (Traversfl), Wilbert Hazelzet u Riccardo Kanji (Ens) am Königl Kons in Den Haag. **Laufb:** Auftr als Solistin u m d führenden Barockorch Europas (Freiburger Barockorch, Wiener Akad, Fiori Musicali Bremen, Bach Collegium Japan ua), Professorin f Traversflöte H f MTrossingen u Lt d dortigen Inst f Alte Musik seit 91, Doz auf verschiedenen Mstrks u künstle Lt d Int Sommerakad f Alte Musik in Innsbruck. **Pr:** Stainer-Pr d Landes Tirol 96. (Red)

Brunner, Anna, Violine; Landoltstr 15, CH-8006 Zürich, T: 04 43 63 82 57, F: 04 43 63 82 57, *anna@amarquartett.ch*; c/o Lukas Wigger, Wolfbachstr 17, CH-8032 Zürich, T: 0 44 12 60 30 10, 0 76–5 80 30 67, F: 8 60 12 60 30 10, *sekretariat@amarquartett.ch*; *www.amarquartett.ch* [Zürich 28.1.1972]. Streichquartett solo **Ausb:** LDipl u KonzReifepr m Ausz (T Füri) MAkad Basel 88–95, Stud (A Berg Qua) Köln m KamMDipl, Encounters Köln (I Stern) 99. **Laufb:** Grdg (m Maja Weber) Amar Qua, Hindemith-Inst Frankfurt überträgt d Ens Namen Paul Hindemith Qua 95, Kölner Philh 99, Basel Casino 2001, Int MFestW Interlaken 2001, Lucerne Fstv, Int FestW 2002, Gast Wigmore Hall London, St Petersburg. **Pr:** 1. Pr 6. Int StreichquaWettb Bubenreuth 98, Millennium Award Int StreichquaWettb London 2000, 2. Pr 4. Int Wettb 'Franz Schubert u d Musik d Moderne' Graz 2000, 2. Pr Int WEttb Genf 01. **Ens:** Amar Quartett. **Mitgl:** Schweizer Musikerverband, Schweizer MPädag Verband. – **Komp:** in Auftr gegeben: M Wettstein: Imaginäre Szenen a d Op Macbeth 01; Chr Henking: 'Carimata I & II'; B Skrzypczak: 4. StrQua 04; W blank: 'Satz' f StrQua 05; C Charnère: StrQua 06. **Aufn/RF:** div CDs, ua M Wettstein: 'Imaginäre Szenen aus d Op Macbeth' (f StrQua), Op Zürich; H W Henze: Streichqua, Klavierquin, Lucerne Fstv 02, Hindemith: alle StrQua; F Brum: 3. StrQua, O Schoeck: 2. StrQua 05. **UA:** F Vögelin: 2. StrQua (f StrQua u St), Werke v R. Suter, M Wettstein, C Henking, P Engel, B Skrzypczak, Chr Henking, W Blank: 'Satz'. **Zug:** M Wettstein: 'Imaginäre Szene'; W Blank: 'Satz'. **Sonst:** Hindemith-Projekt z 40. Todestag in Zürich u Basel 04; Hommage an Hindemith: 'Tanz um Streicher' 05 u 'Dramatische Meisterwerke – musikal Leichtigkeiten' 06.

Brunner, Christoph, Schlagzeug; Landstr 1, CH-5415 Rieden. (Red)

Brunner, Eduard, Prof, Hochschullehrer, Klarinette; Altneugasse 18, D-66117 Saarbrücken, T: (06 81) 58 21 71; Anton-Meindl-Str 13, D-81245 München, T: (0 89) 88 09 51 [Basel]. **Ausb:** Stud MH Basel u b Louis Cahuzac (Paris). **Laufb:** 1. SolKlar Sinfonieorch d Bayrischen RF, Prof (Klar, KamM) H d Saarlandes f Musik u Th Saarbrücken. (Red)

Brunner, Ernst, Schlagzeug; Jugendmusikschule d Stadt St Gallen, Rorschacher Str 25, CH-9004 St Gallen, T: 07 12 24 59 59, F: 07 12 24 51 64, *jugendmusikschule@stadt.sg.ch*; Kasernenstr 10, CH-9100 Herisau. (Red)

Brunner, Eva, Diskantstreichinstrumente; c/o Les Menestrels, ensemble für alte musik; Dr Michel u Klaus Walter, Laudongasse 25/6, A-1080 Wien, T: (01) 4 08 27 44 14, F: 4 08 27 44 22, *music@menestrels.at*; *www.menestrels.at*. **Ens:** Les Menestrels (ens f alte m). (*)

Brunner, Heidi, Sopran; c/o Jeniffer Bredtmeyer, Barbarossastr 5, D-10781 Berlin, T: (0 30) 2 17 22 43, *bredtmeyerBJPA@aol.com*; c/o Opernagentur Kursidem & Lewin, Büro Berlin Suzana Djordjevic, Maassenstr 14, D-10777 Berlin, T: (0 30) 2 16 82 14, F: 2 15 97 76, *bueroberlin@opern-agentur.com*; *www.heidibrunner.com* [Luzern]. Oper, Konzert, Lied, Oratorium **Ausb:** Stud (Ges, Org, Dirig) Zürich, Luzern, Basel. **Laufb:** FestEng Ldsth Dessau 93–95, Gastsol Staatsop Berlin, Staatsop München, Gran Teatro del Liceu Barcelona, Ens-Mitgl Wiener Staatsop u Volksop 96–99, Sol Wiener Volksop seit SpZ 03/04, Kom Op Berlin SpZ 04/05, Gastsol Th an d Wien 05, Rossini-Fstv Wildbad, Salzburger FSp, Klangbogen u Osterklang Fstv Wien, Wiener Festwochen, Konz ua in Bad Kissingen, Basel, Lissabon, Luzern, München, Paris, Valencia, Lyon. **Pr:** Migros-StudPr 88/89, Künstlerpr Luzern 98. – **Aufn/RF:** CDs: Mozart: Cosí fan tutte (Dorabella); ders: Le nozze di Figaro (Marzellina); ders: Don Giovanni (Donna Elvira); Solo-CD: Mozart, Wagner, Haydn, Respighi 03; ORF: Idomeneo Idamantes, RSO Wien, Dgt: B d Billy, Klangbogen Wien 03.

Brunner, Richard, Sänger (Tenor); c/o Opernhaus Halle, Universitätsring 24, D-06108 Halle (Saale), PF 110554, D-06019 Halle (Saale) [USA]. **Laufb:** Sol div US-Op, Europa-Debüt Op Nizza SpZ 88/89, Spoleto-Fstv 89, FSp Bayreuth, Staatsop Wien, Sol Staatsop Hamburg, Staatsop Tel Aviv, Schott Nationalop, Königl Op Oslo, Irische Nationalop Dublin ua, Sol Dt Op Berlin, Kom Op Berlin, Gastsol Staatsth Darmstadt SpZ 2000/01, Op Halle SpZ 00/05, Op Frankfurt SpZ 2000/01. (*)

Brunner, Vladislav, HonProf, Hochschullehrer, Flöte; Leerbachstr 120, D-60322 Frankfurt; Hochschule f Musik u Darst Kunst, Eschersheimer Landstr 29–39, D-60322 Frankfurt. **Laufb:** HonProf (Fl) H f M u Darst Kunst Frankfurt/M. (Red)

Brunners, Katharina C, Kontrabass; c/o NDR Sinfonieorchester, Rothenbaumchaussee 132–134, D-20149 Hamburg. **Laufb:** stv Stimmführerin NDR SinfOrch Hamburg. (Red)

Bruns, Benjamin, Sänger; Bremer Theater, PF 101046, D-28010 Bremen, T: (01 73) 3 44 08 86 [1980]. **Ausb:** Stu Ges b R. Behle. **Laufb:** Gastsol Städt Th Chemnitz SpZ 03/04, Sol Bremer Th. (Red)

Bruns, Jürgen, Dirigent; Proskauer Str 19, D-10247 Berlin, T: (0 30) 4 26 68 31, F: 4 26 68 31, *info@kammersymphonie-berlin.de*, *j.a.bruns@t-online.de*; *www.kammersymphonie-berlin.de* [Greifswald 25.1.1966]. **Ausb:** Stud (V) MH 'Hanns Eisler' 83–88, Dirig (R Reuter) 90–92, (C Bruck) Pierre-Monteux-School Maine/USA 91–92. **Laufb:** musikal Lt Ens KamSymph Berlin, Dgt Brandenburg Philh Potsdam. **Pr:** IMFC 93–94. **Ens:** Kammersymphonie Berlin. – **Aufn/RF:** F Schreker: D Geburtstag d Infantin, KamSymph Berlin

98; K Rathaus: Ouvertüre, Staatsorch Frankfurt 01; K Weill: 2. Sinf; B Goldschmidt: Suite op 5; Gerhard: Concertino, KamSymph Berlin 01. **UA:** ua V Bruns: KamSymph 91; C Demeniconie: Concerto mediteraneo 94; D Glauert: 9 Karikaturen 01. **Sonst:** Grdg KamSymph Berlin.

Bruns, Martin, Sänger (Bariton); Mariahilfpl 1, D-81541 München, T: (0 89) 48 99 85 73, (07 31) 3 98 09 65, F: (07 31) 3 98 09 84, *julia.ortmann@arsmusica.com*; c/o ArsMusica – MusikAgentur Julia Ortmann, Beyerstr 42, D-89077 Ulm; *www.arsmusica-musikagentur.de*. Konzert, Oper **Ausb:** Stud (V) MH Basel 79–83, (Gesang) Juilliard School New York 88–92. **Laufb:** Mitgl Berner SinfOrch 85–87, Mitgl Hess Staatsth Wiesbaden 93–96. – **Aufn/RF:** CD-Aufn. **Sonst:** Bearb v Schuberts 'Schöner Müllerin' f Bar u Git, ZusArb m Ch Hammer.

Bruns, Peter, Prof, Violoncello, Hochschullehrer; c/o Konzertdirektion Andrea Hampl, Karl-Schrader-Str 6, D-10781 Berlin, T: (0 30) 4 78 26 99, (01 72) 3 80 56 45, F: 4 78 37 92, *hampl@konzertdirektion.de*; Hochschule f Musik, PF 120039, D-01001 Dresden; *www.konzertdirektion.de, www.peterbruns.de* [Berlin]. Konzertsolist u Kammermusik **Laufb:** GastSol StaatsKap Dresden, Auditorium Les Halles Paris, Berliner Philh, KamMFstv Kuhmo, Fstv Prussia Cove, St. Prée u Ambronay, SemperOp Dresden, Leipziger Gewandhaus; künstl Lt KamMFstv Schloss Moritzburg 93–2000, Prof (Vcl) H f M Carl Maria v Weber Dresden seit 98. **Ens:** Dresdner Klaviertrio, Dgt Mendelssohn KamOrch Leipzig. – **Aufn/RF:** F Schubert: '1st movement of Arpeggione sonata' (f Vcl u Kl); R Schumann: 'Fantasy pieces no 1, no 2, no 3' (f Vcl u Kl); G Fauré: 'Sicilienne, Après un Reve'; E Bloch: 'From Jewish Life'; J S Bach: 'Prélude of suite no 5 u 6 f Vcl solo'; A Dvořák: 'short clip from 1st movement of the cello concerto'; O Messiaen: 'Louange à l'Éternité de Jésus'; A Dvorák: VclKonz h-Moll op. 104, J Haydn: VclKonz C-Dur u D-Dur, E. Denisov: Variationen über den Haydn-Kanon 'Tod ist ein langer Schlaf' f Vcl u Orch, J Haydn: VclKonz D-Dur.

Brusatti, Charlotte, Mag, Dr, Prof, Hochschullehrerin, Korrepetitorin; Univ f Musik u Darst Kunst, Leondard Bernstein Institut f Blas- u Schlaginstrumente, Seilerstätte 26, A-1010 Wien [1947]. **Ausb:** Kl-, Vokal u Instrumentalbegleitung an d Akad f Musik u darst Kunst in Wien (jetzt U f Musik u darst Kunst Wien) u MWiss an d U Wien. **Laufb:** KonzTätigkeit im In- u Ausland (KamM u SolBegleitung), Korrep an d U f M u Darst Kunst Wien seit 70, Prof ebd. (Red)

Bruschke, Klaus, Posaune; c/o HR Sinfonieorchester, Bertramstr 8, D-60320 Frankfurt a M. **Laufb:** Sol HR SinfOrch Frankfurt a M. (Red)

Bruson, Renato, KS, Bariton; c/o Wiener Staatsoper, Opernring 2, A-1010 Wien; c/o Opernhaus Zürich, Falkenstr 1, CH-8008 Zürich. **Laufb:** Sol Wiener Staatsop, Op Zürich, Gastsol Op Frankfurt SpZ 00/01. (Red)

Brust, Holger, Pauke; c/o Bamberger Symphoniker, Mußstr 1, D-96047 Bamberg, PF 110146, D-96029 Bamberg. **Laufb:** Sol Bamberger Symph. (Red)

Brustaux, Yves, Perkussion, Hochschullehrer; chemin des Marais 109, CH-1255 Veyrier, T: 02 27 84 11 37; c/o Ensemble Linea, Centre international de Schlagzeug, rue de la Coulouvrenière 8, CH-1204 Genève. **Laufb:** Doz Kons Genf. **Ens:** Linea. (Red)

Brutscher, Markus, Tenor; Kirchstr 39, B-4700 Eupen, T: (02 21) 9 42 04 30, F: 94 20 43 19, *braun@angel.de*; *www.konzertbuero-braun.de* [Landsberg/Lech]. (Red)

Bruyn, Christian de, Prof, Hochschullehrer, Klavier; Unterbergscheid 10, D-51789 Lindlar, T: (0 22 66) 24 59, 0 17 12 64 28 92, F: 24 59, *cdebruyn@web.de*; Robert Schumann Hochschule, Fischerstr 110, D-40476 Düsseldorf [Wuppertal 12.12.1940]. Liedpianist, Kammermusikpartner **Ausb:** Stud (SchM, Klavierlied, KamM) MH Köln 60–67, (Phil, MWiss) U Köln u Bonn. **Laufb:** Doz (Liedbegl, Kl) Robert Schumann H Düsseldorf 71, Grd Pierrot Ens Köln 79–85, Gastprof (Lied) Musashino Acad Tokyo 80–82, Gastprof (Liedinterpr) H f M u Th Rostock, Prof (Liedbegl, Kl) Robert Schumann H Düsseldorf seit 96. – **Aufn/RF:** H Eisler: Palmström, EA m Pierrot Ens Köln 80; A Schönberg: KamSinf/Lieder op 22, EA m Pierrot Ens Köln 80; J Hoven: 'Die Heimkehr' (Lieder n H Heine), M Schäfer (3 CDs); F Schubert: 'Lieder n Novlis u F Schlegel, m M Schäfer. **UA:** Schönberg-Greissle: Lieder op 22, UA 80.

Bryjak, Oleg, Bass; Bonnenring 18, D-47877 Willich, T: (0 21 54) 42 83 57, (01 72) 2 10 34 42; c/o Erich Seitter Bühnen- und Konzertvermittlung, Opernring 8/13, A-1010 Wien, T: (01) 5 13 75 92, F: 5 12 93 51, *office@agentur-seitter.at* [Kasachstan 27.10.1960]. **Laufb:** Sol Dt Op am Rhein Düsseldorf-Duisburg (03/05), Dt Op Berlin, Staatsop Wien, Freies Landesth Bayern Miesbach, Gastsol Dt Staatsop Berlin SpZ 00/01. (Red)

Bryner-Kronjäger, Brigitte, Prof, Hochschullehrerin, Querflöte; H Musik u Theater, Hirschengraben 46, CH-8001 Zürich, *brykro@bluewin.ch*. Kammermusik **Laufb:** Prof (Fachdidaktik) HMT Zürich. (Red)

Brzoska, Matthias, Dr, Dr habil, Prof, Hochschullehrer; c/o Folkwang-Hochschule, Klemensborn 39, D-45239 Essen, PF 4428, D-45224 Essen [Frankfurt 24.6.1955]. frz Musik, Musiktheater **Ausb:** Stud U Marburg 77–81, Prom TU Berlin 86, Habil U Bayreuth 92. **Laufb:** wiss Mitarb HdK Berlin 81–86, Forschungsprojekt DFG Paris 86–89, Prof (MWiss) Folkwang H Essen. **Pr:** Dt Musikeditions-Pr 02, Buch d Jahres 04. **Mitgl:** Ges f MForsch Kassel, Soc nat de musicologie Paris, Int Ges f MWiss Basel, Inst f dt MKultur im östl Europa Bonn. – **Sonst:** 'Die Idee d Gesamtkunstwerks' 95; Hg 'Krit Meyerbeer-Werkausgabe: Le Prophète'; Hg 'Die Geschichte der Musik' 2001, 3 Bde. **Lit:** New Grove 2nd ed.

Bubach, Nina, Sopran; An der Weingass 47, D-52072 Aachen, T: (02 41) 17 29 75, *nbubach@mto-music.de*; c/o Musik im Konzept, Kantstr 154a, D-10623 Berlin, T: (0 30) 31 80 66 96, F: 31 80 66 97 [Stuttgart 17.10.1975]. **Ausb:** Unterr Kl, Ges (R Schmitz) Mahlburg 90, Unterr Ges (H Lawson, J Bakker) 91, Stud Ges (M. Takanashi) H f M u Darst Kunst 95–97, Stud (MWiss, Russisch) U Salzburg u tänzer Ausb (klass Balletts, Steptanz u Flamenco) Zentrum f Tanz u Bühne Salzburg 97/98, Stud Ges (I Reichelt) Robert-Schumann-H Düsseldorf seit 98, Diplom 03. **Laufb:** Mitw b Prod d OpSchule Düsseldorf seit 98, Sol StaatsTh Oldenburg 01–03, Tecklenburg 03, GastSol Staatsth Oldenburg SpZ 03/04, rege KonzTätigk Lied- u Orat. **Mitgl:** GEMA.

Bucelis-Dehn, Jutta, Prof, Hochschullehrerin, Gesang; Blumenstr 20, D-97980 Bad Mergentheim, T: (0 79 31) 4 34 38, F: 4 47 15. **Laufb:** LBeauftr (Ges) H f M Würzburg. (Red)

Buchberger, Hubert, Prof, Hochschullehrer, Kammermusiker; Huizener Str 30a, D-61118 Bad Vilbel, T: (0 61 01) 4 20 24, F: 4 20 25; Hochschule f Musik u Darst Kunst, Eschersheimer Landstr 29–39, D-60322 Frankfurt [Frankfurt/Main 1951]. **Ausb:** Stud V, KamM (H. Stanske u G. Weigmann) H f M u Darst K Frankfurt/M 70–77. **Laufb:** Primarius d Buchberger-Qua seit 74, Prof (Str-KamM) H f M u Darst Kunst Frankfurt/M seit 88. **Pr:** Prtr int Wettb in Portsmouth, Hannover u Evian. (Red)

Buchbinder, Rudolf, Piano; c/o Künstlersekretariat Schoerke GmbH, Grazer Str 30, D-30519 Hannover, T: (05 11) 40 10 48, 40 10 49, F: 40 74 35, *info@ks-schoerke.de*; c/o Columbia Artists Management GmbH, Till Janczukowicz, Albrechtstr 18, D-10117 Berlin, T: (0 30) 20 64 80 78, F: 20 45 34 80, *info@cami.com*; *www.ks-schoerke.de, www.buchbinder.net* [1946]. **Ausb:** Schüler v B Seidlhofer. **Laufb:** Konz in Europa, USA, Südamerika, Australien, Japan. – **Aufn/RF:** J Strauß: Walzer u Ouverturen 99; Brahms: Klavierkonz Nr 1 u 2 m Concertgebouworkest, Dgt: N Harnoncourt; Beethoven: Klaviersonaten; Diabelli's Walzer. (Red)

Bucher, Pia, Posaune; Hausmatt 77, CH-4539 Farnern, T: 03 26 36 28 78. (Red)

Buchheister, Uta, lyr Mezzosopran; Arndtstr 28, D-10965 Berlin, T: 0 17 32 17 01 85, *utacontact@yahoo.de* [Hagen]. zeitgen M **Ausb:** Stud (Ges) H f M 'Hanns Eisler' Berlin, Mstrkl b S Jurinac, R Berghaus, W Rieger u W Matteuzzi. **Laufb:** Gastsol Op Baden-Baden, Theatre de Champs-Elysées Paris, Staatsth Kassel, Volksth Rostock, Staatsoptte Dresden, NatTh Weimar, Sol Landesth Mecklenburg Neustrelitz 99–02, Ravinia Fstv Chicago, Lieder- u Chansonabende ua in Spanien, Schweiz, England u versch Ländern d Nahen Ostens. **Pr:** Stip Studienstift d dt Volkes, Prtr Wettb 'Das Schubertlied' Wien. (Red)

Buchholz, Helmut, Sänger; c/o Kammeroper Frankfurt, Sternstr 31, D-60318 Frankfurt/Main. **Laufb:** Sol Kammeroper Frankfurt seit SpZ 03/04. (Red)

Buchholz, Matthias, Prof, Hochschullehrer, Viola; Alte Kölner Str 15, D-51503 Rösrath, T: (0 22 05) 55 09, F: 55 09, *matthiasbuchholz@gmx.de*; H f Musik, Dagobertstr 38, D-50668 Köln; *www.matthias-buchholz.com* [Hamburg]. **Ausb:** Stud b H Fukai MH Hamburg 74–78, Impulse d LaSalle Qua 78/79, Stud b B Giuranna Makad Detmold 79–80, b M Tree Curtis-Inst Philadelphia 80–82. **Laufb:** Konz als Va erst m Brahms-Qua Hamburg, dann m Ridge-Qua New York in d europ Metropolen, in USA, Kanada, Südamerika u im Fernen Osten seit 76, Prof (Va) H f Musik Köln. **Pr:** Prtr Dt MWettb Bonn 78, Coleman Competition Los Angeles 81 u Int MWettb Budapest 84. **Ens:** Linos-Ens, Ens Contrasts Köln, Heine Qua.

Buchholz, Thomas, Prof, Komponist, Hochschullehrer; Schulstr 6, D-06108 Halle/Saale, T: (03 45) 2 03 26 49, F: 2 03 26 49, *buchholz.komponist@t-online.de*; *www.buchholz-komponist.de* [Eisenach 27.8.1961]. **Ausb:** Stud (Sologesang, MPäd, Komp) H f Musik Leipzig, Mstrsch Komp (R Zechlin) Akad d Künste Berlin 89–92. **Laufb:** wiss Ass (MTheorie) MLU Halle 88–92, wiss Mitarb Schützakad Thüringen 92–96, wiss Mitarb Händelhaus Halle seit 98, Komp-Auftrr z vielen europ Fstv, ua St Petersburg, Brno, Vilnius, Prag, Lahti, Salzburg, Vors d Ldesverbandes Sachsen Anhalt Dt Komp eV seit 95, Prof (Komp) Staatl Komitas-Kons Eriwan (Armenien) seit 99, LAuftr H f Musik Leipzig seit 2000, künstl Lt Fstv 'Hallische Musiktage'. – **Komp:** KamSinf VI 'Todesfuge' (KamM), UA XXIV.Hallische Musiktage 94 (Auftr: LVDK Sachsen-Anhalt); KamSinf VII 'Ex-sequi', UA Bad Köstritz 95 (Auftr: Int Schützeges); KamSinf X 'Gethsemane' (OrchW), UA Halle, XXVII. Hallische Musiktage 96 (Auftr: Georg KamOrch); Armenia Clamans (Chormusik, Soli), UA Eriwan 99 (Auftr: Armen Staatschor); Trois Airs Baroques (BarockV u Truhenorgel), UA Boston 99 (Auftr: John Holloway); Ricercare u Choral (KamM), UA Leipzig, Rhein Bachkollegium 2000; 'ORPWD – Kein Ort, nirgendwo' f Ch (ChorW), UA Magdeburg 2000 (Auftr: MDR f d Chor d MDR); 5 Torsi nach Heiner Müller (ChorM), UA Leipzig, ars-nova-ens 01; Dt Messe nach Luther (ChorM), UA Halle, Hillard Ens 02; Harmonie in Aufruhr (KamOp), UA Halle 02. **Aufn/RF:** CDs: KamSinf VI–IX 98; ERUPTION 2000; Chorwerke 01. **Sonst:** wiss Aufsätze über d Verhältnis v BarockM u Moderne. **Lit:** G Richter: Art T W B (KDG) 92; Art T W B (Int Lex Neue LautenM) 99.

Buchwald, Jan, Sänger (Bariton); c/o Hamburgische Staatsoper, Große Theaterstr 34, D-20354 Hamburg, PF 302448, D-20308 Hamburg, *Jan.Buchwald@nexgo.de*; *www.hamburgische-staatsoper.de* [Solingen 29.3.1974]. **Ausb:** Stud Hannover b C H Müller, Studien b A Orth (Berlin), K Kelly-Moog (Köln), Mstrkse b N Shetler u I Gage 96–2000, Mstrkse b H Hotter u D Fischer-Dieskau. **Laufb:** Debüt 'Billy Budd', Mitgl Int OpStudio d Hamburgischen Staatso 2000–02, Sol Niedersächsisches Staatsth, Sol Op Hamburg seit 02/03. – **Aufn/RF:** Weill: Der Protagonist (Op), m Dt SymphOrch Berlin, Dgt: J Mauceri 2000; Heine: Buch der Lieder (Lieder versch Komp), m C Garben (Kl) 02; O Neuwirth: Bählamms Fest (Op), m Philh Orch Hamburg 02 (NDR). **Sonst:** Veröffentl: Brahms: Die schöne Magelone als Hörspielfassung (in Vorbereitung). (Red)

Buck, Peter, Prof, Hochschullehrer, Violoncello; Am Sonnenweg 63, D-70619 Stuttgart, T: (07 11) 47 37 72, F: 4 79 08 82; Hochschule f Musik u Darst Kunst, Urbanstr 25, D-70182 Stuttgart. **Laufb:** Prof (Vcl) Staatl H f M u Darst Kunst Stuttgart. **Ens:** Melos-Qua. (Red)

Bucsky, Sandor Istvan, Prof, Hochschullehrer, Tasteninstrumente; Univ Mozarteum, Abt f Tasteninstrumente, Erzbischof-Gebhard-Str 4/5, A-5020 Salzburg, T: (06 62) 84 96 10. **Laufb:** Prof Mozarteum Salzburg, Inst f Tasteninstrumente. (Red)

Budagjan, Geworg, Violine; c/o Bamberger Symphoniker, Mußstr 1, D-96047 Bamberg, PF 110146, D-96029 Bamberg. **Laufb:** stv Stimmführer Bamberger Symph. (Red)

Budde, Elmar Bernard, Dr, Prof em, Hochschullehrer i R; Malteser Str 4, D-79400 Kandern-Riedlingen, T: (0 76 26) 97 76 70, F: 97 76 70 [Bochum 13.6.1935]. Gesch d Komp, Auff-praxis, Schubert, Webern **Ausb:** Stud (Kl) MH Freiburg 56–60, (MWiss) U Freiburg 61–64. **Laufb:** Prof (MWiss) H d Künste Berlin bis 01. – **Sonst:** Krit. Neuausg d Lieder v F Schubert zus m D Fischer-Dieskau. **Lit:** Fs 'Töne – Farben – Formen' zum 60. Geb 95.

Büchler, Claudio, Komponist, Chordirektor; c/o Tiroler Landestheater, Rennweg 2, A-6020 Innsbruck. **Laufb:** Chordir u Kapm Tiroler Ldsth SpZ 03/05. (Red)

Büchler, Giullermo, Violine; c/o Wiener Symphoniker, Lehargasse 11, A-1060 Wien. **Laufb:** Konzm Wiener Symphoniker SpZ 03/05. (Red)

Büchler, Willy, Violine, Dirigent; c/o Künstlersekretariat Buchmann, Schachnerstr 27, A-1220 Wien, T: (01) 2 03 63 57, F: 2 04 37 50, *office@buchmann.at*; *www.buchmann.at*. **Ausb:** Wiener MHsch b J Sivo Mstrks b S Accardo. **Ens:** Konzm Wiener Symphoniker seit 95, Grd u Lt Kammerorch Musica Viva Wien, Eos-Quartett, Gastdgt Strauss Fstv Orch Wien. (Red)

Büchner, Björn, Sänger; c/o Pfalztheater Kaiserslautern, Willy-Brandt-Pl 4–5, D-67655 Kaiserslautern. (Red)

Büchner, Jana, Sängerin (Sopran); c/o Städtische Theater, Käthe-Kollwitz-Str 7, D-09111 Chemnitz, PF 756, D-09007 Chemnitz, *sopran-j.buechner@web.de* [Dresden]. Op, Konz, Lied **Ausb:** H f M 'Carl Maria v Weber' Dresden (Gesangsstud b Prof I Hahn-Tolksdorf, KS Elisabeth Legge-Schwarzkopf) 88–94. **Laufb:** Eng Stadtth Freiberg 91–92, Sol Städt Th Chemnitz 92–05, Sol Staatsth am Gärtnerplatz München 02–04, Staatsth Braunschweig 03–04, StaatsOp Dresden 01–04, AaltoTh Essen 03–05, Staatsop Hamburg 04–05, Dresdner Kreuchor u Philh 98–05, ThomanerCh u GewandhausOrch Leipzig 04, Jenaer Philh 03–05. **Pr:** Wagner-Stip 01, Mozart-Pr 02. – **Aufn/RF:** CD: T Rasch: 'Mein Herz brennt', m Dresdner Symph, Dgt: J Garewe (Dt Grammophon) 04; RF-Aufn: G A Homilius: 'Lobe den Herrn' (Kant), m Dresdner KamCh, Dgt: H C Rademann (MDR) 98; J Massenet: 'Cendrillon' (Fee), m Chemnitzer Op, Dgt: F Bollon (DLR) 01; Liederabend m Mozart, Mendelssohn u Hensel, m B Wiederanders (DLR) 03; O Respighi: WeihnachtsKant, m Philh Chemnitz, Dgt: N Bareza (DLR) 04; F Mendelssohn: 'Lobgesang', m Philh Chemnitz, Dgt: N Bareza (DLR) 04.

Büchner, Ljudmila, Dipl-Klavierpädagogin, Hochschullehrerin; James-von-Moltke-Str 11, D-02826 Görlitz, T: (0 35 81) 31 08 22, 87 77 06, F: 87 77 06, *ljudmila.buechner@web.de* [Gorlowka, Ukraine 3.2.1950]. **Laufb:** Doz (Kl) H f KiM Görlitz. **Mitgl:** EPTA Sektion Dtschld, DTKV Sachsen. – **Sonst:** eigenes Musik- u Klavierstudio (priv Musikschule).

Büchner, Roland, Domkapellmeister, Chorleiter; c/o Musikgymnasium der Regensburger Domspatzen, Reichsstr 22, D-93055 Regensburg, T: (09 41) 7 96 20 [Karlstadt/Main 1954]. **Ausb:** Stud KiM, Org Fachakad f Kath KiM u MErziehung Regensburg, KiM MH München. **Laufb:** Stiftskapm Altötting, Ltr KonCh Fachakad f Kath KiM u MErziehung Regensburg u Doz f Org u ChLtg, Domkapm Regensburger Domspatzen seit 94. (Red)

Büchsel, Walter, Flöte; c/o HR Sinfonieorchester, Bertramstr 8, D-60320 Frankfurt a M. **Laufb:** stv Sol HR SinfOrch Frankfurt a M. (Red)

Bücker, André, Intendant; c/o Nordharzer Städtebundtheater, PF 1145, D-38820 Halberstadt, T: (0 39 41) 6 96 50, F: 44 26 52, *info@nordharzer-staedtebundtheater.de*; c/o Musikdirektor Johannes Rieger, Nordharzer Städtebundtheater, PF 1145, D-38820 Halberstadt, T: (0 39 41) 69 65 58, F: 44 26 52; *www.nordharzer-staedtebundtheater.de*.

Bücker, Heinrich, Dr, Prof, Hochschullehrer, Regisseur; Jülicher Str 10, D-41199 Mönchengladbach, T: (0 21 66) 60 26 35; c/o Hamburgische Staatsoper, PF 302448, D-20308 Hamburg. **Laufb:** Prof (Studiopraxis) Robert Schumann H Düsseldorf, Reg Staatsop Hamburg SpZ 04/05. (Red)

Bügler, Jacqueline, Sopran; Dorfstr 98, CH-8954 Geroldswil/Zürich, T: 04 47 48 10 34 [Mannheim]. Solistin Operette, Musical u Oper **Laufb:** feste Jahresvertr: Landesth Coburg, Ophaus Nürnberg, Stadt-Th Bern, OpHaus Zürich, Staatsth Mainz, Stadtth Winterthur, dann freischaffend, Gastsp im süddt Raum u Bremen, sowie Schweiz, außerdem Gärtnerplatz-Th München, Volksop Wien, Capitol (OpHaus) Toulouse 78, anschl Tournee in allen großen Städten Frankreichs, Th Mogador à Paris 79. **Mitgl:** Bayer Versorgungskammer, Versorgungsanstalt d Dt Bühnen München. – **Lit:** Paul Suter: Sänger Lex, Sängerinnen u Sänger in d Schweiz v 1900 bis heute 89.

Bühl, Gregor, Dirigent; Güntherstr 24, D-30519 Hannover, T: (05 11) 8 44 27 03, F: 8 44 27 05; Deutsche Oper Berlin, Richard-Wagner-Str 10, D-10585 Berlin. **Laufb:** Musikal Ass v G Albrecht, Hamburger Staatsop 91–95; 1. Kapm Staatsop Hannover 95/96; Gastdirig u a Dt Symph-Orch, Kom Op Berlin, Königl Op Stockholm. **Pr:** Ferenc-Fricsay-Stip. (Red)

Bühler-Fey, Rosemarie, Prof, Hochschullehrerin, Sängerin; Kallstadter Str 14, D-67125 Dannstadt, T: (0 62 31) 91 61 49, F: 91 61 50, *buehler-fey@gmx.de*; H f Musik Saar, Bismarckstr 1, D-66111 Saarbrücken [Freiburg]. **Ausb:** H f M Freiburg. **Laufb:** Prof (Ges) H d Saarlandes f Musik u Th Saarbrücken. (Red)

Bühler, Hermann, Instrumentalist (ua Altsax, Klar, Bassklar), Komponist, Produzent, Instrumentallehrer; Birmensdorferstr 469, CH-8055 Zürich, T: 0 14 61 05 59, F: 0 14 61 05 59, *info@dreamscape.ch*; *www.dreamscape.ch* [Näfels 19.12.1962]. Komp, Imp **Ausb:** Autodidakt Ausb in Einzellektionen u Workshops (U Leimgruber) 85, (A Braxton) 89, (F Rzwesky) 90, (K Berger) 99, (M Lotfi) 99, (E Parker) 2000, LPatent Schaffhausen 84, Stud (Päd, Phil) U Zürich 84–87, Stud MWiss (E Lichtenhahn), Kunstwiss (S v Moos), ostasiat Kunstwiss (H Brinker) U Zürich 92–2000. **Laufb:** KonzReisen USA, Mexico, Italien, Belgien u Dtschld seit 90, Privatlektionen (Sax, Klar) Glarus, Los Angeles, Zürich seit 85, Administrative Lt Workshop f impr Musik Zürich seit 95, Prod v Radiosendungen über impr Musik seit 98, Lt v Musiklagern m Kindern Küsnacht, Glarus seit 99, LAuftr (Sax, Gehörbildung, Arrangement) Acad of Contemporary Music Zürich 90–94, LAuftr (Sax) Jazzschule St Gallen 90–95, Auftritte ua: Jazz Fstv Willisau 86, Jazz Fstv Zürich 86, L.A.C.E. Los Angeles 90, Knitting Factory New York 93/94, Jazz in Flight San Francisco 95, Fstv Cervantino Guanajuato Mexico 96, Marstall Th München 99. **Pr:** Pro Helvetia, Swiss Radio Selection. **Ens:** ua Attractors, urban dialogues, Earth Bound, Arman seit 99, Sojourn seit 92. – **Komp:** Earth Bound, UA Los Angeles 90; Stücke f Septett, UA Zürich 92; Kind, UA Zürich 93; Schön ist es..., UA Zürich 99; Attractors, UA Küsnacht 2000. **Aufn/RF:** Earth Bound; Sojourn; Solar Myth of Fear; Lugano Live. **Sonst:** Hg: WIM-Radio Days (Musiksampler); Terra Nova Musiklager (Musiksampler); Dance with me (Interplay Collective m J Wickihalder).

Bühlmann, Matthias, Fagott; Kirchgasse 1, CH-4058 Basel, T: 06 16 92 24 34, *m.buehlmann@sinfonieorchesterbasel.ch*. **Ausb:** Fag (J Stavicek) Basel, L-, Konz-, SolDipl. **Laufb:** Sol (Fag) Orch Philharmonique Suisse, KamOrch Basel, Sol (Fag) SinfOrch Basel seit 2000. **Ens:** camerata variabile, Arion-Qui. (Red)

Bührer, Urs, Komponist; Bachtelstr 20, CH-8304 Wallisellen, T: 0 18 31 20 69 [Neuhausen am Rheinfall 13.12.1942]. **Ausb:** Stud Kontrapunkt u Komp (P Müller), Kl (W Frey, K Engel) MH Zürich, Stud Org (E Müller) MAkad Basel, Weiterbildung Org (G Litaize) sowie Instrumentation u Komp (P Wissmer) Paris. **Laufb:** Doz (MTheorie) ua KiMAbt MH Zürich, Organistenamt in Wallisellen, Konz als Pianist u Organist. – **Komp:** Concertino (f Org) 63; Sechs Miniaturen (f Fl, Kl) 65; Capriccio (f Fl) 66; Psaume 130 (f Org) 68; Kleines Konzert (f Fl, Org) 71; Kaleidoskop (f Org) 73; Episoden (f Pos, Org) 75; Sonata (f Kl) 75; Suite (f Cemb) 77; Crescendo (f Vcl solo) 79; Missa brevis (f Ch u Org) 81/82; Ein Wandertag (f Kl) 92/93; Aus der Tiefe (f Kontrafag, Kl) 96. (Red)

Bülow, Anne, Violine; c/o Berliner Symphoniker, Christstr 30, D-14059 Berlin. **Laufb:** stv Stimmführerin Berliner Symphoniker. (*)

Bülow, Gert von, Prof, Violoncello, Barockcello, Hochschullehrer; Wollenweberstr 24, D-18055 Rostock, T: (03 81) 4 59 15 50, F: 4 59 15 51, *gvb@mail.nu*; Hochschule für Musik und Theater Rostock, Am St-Katharinenstift 8, D-18055 Rostock [Kopenhagen 4.3.1946]. intensive Studien zu Stilfragen u Affektanalyse v Barock bis Gegenwart **Ausb:** Stud H f M Kopenhagen, Abschluss 68, weitere Stud b G Piatigorsky Los Angeles 69, P Fournier Genf. **Laufb:** weltweite KonzTätigkeit, GrdgMitgl Int Akad f KamM Kronberg/Ts 92, Grdg Edison-Trio m F-I Zichner (Kl) u Y Rubinstein (V) 94, Konz Bach-Zyklus (sämtl Suiten f Vcl) Peking, Shanghai u Tianjin (EA d Originalfassg auf Barockinstr in China) 2000, Prof (Vcl, BarockVcl, KamM) H f M u Th Rostock seit 95, Gastvorl Peking u Shanghai 2000–02. **Ens:** Ens Fontainebleau (Barock), Edison Trio. – **UA:** T Takemitsu: VclKonz 'Orion and Pleiades' (EA i skandinav Raum), zahlr dän Werke (Solokonz u KamM). **Zug:** ua Y J Trede: Konz f Vcl 88, Werke v V Holmboe, P Rovsing Olsen, H-D Koppel, S Westergaard.

Bülow, Katharina von, Mezzosopran; An der Verbindungsbahn 10, D-20146 Hamburg, *vonbuelow@gmx.net* [Lübeck 1968]. Oper, Konzert, Lied, Mozart, Strauss, frz Oper **Ausb:** Stud Ges (A Schoonus, J Beckmann) H f M u Th Hamburg, Dipl 94/95, Mstrkl Liederintpret (I Gage), Mstrkse b B Fassbaender, S Jurinac, D Baldwin, L Sarti, L Nubar. **Laufb:** Sol Städt Bühn Münster ('Hänsel u Gretel', Hänsel; 'Hochzeit d Figaro', Cherubino; 'My Fair Lady', Eliza Doolittle ua) ab 96/97, Sol Th Bremen seit SpZ 01/02, Gastsol Köln, Kassel, Kiel, Lübeck, Sol Op Bremen 01, Staatsth Braunschweig SpZ 03/05. **Pr:** Prtr Bdeswettb Ges, 2mal Stip DAAD. – **Aufn/RF:** RF: S Corbett: Noach (Op), Dgt G Jackson 02. **UA:** D Glanert: Joseph Süß 99; M Tsangaris: Orpheus, Zwischenspiele; S Corbett: Noach 01.

Bünten, Wolfgang, Sänger; Auweg 2 a, A-6401 Inzing; c/o Stadttheater Klagenfurt, Theaterpl 4, A-9020 Klagenfurt. **Laufb:** Sol Bühnen d Stadt Köln SpZ 01/05, Op Leipzig SpZ 00/01, Stadtth Klagenfurt SpZ 03/05, Gastsol Tiroler Ldsth SpZ 04/05. (Red)

Bünz-Elfferding, Anke, Flöte, Hochschullehrerin; Dorfstr 26, D-83646 Wackersberg, T: (0 80 41) 74 02 82; Univ d Künste, Fak Musik, PF 120544, D-10595 Berlin, T: (0 30) 3 18 50, privat: (0 30) 8 55 65 32, F: 31 85 26 35, *presse@udk-berlin.de*. **Laufb:** Doz U d Künste Berlin, Doz Leo-Borchard-MSch Berlin. (Red)

Bürgener, Monika, Prof, Hochschullehrerin, Sängerin (Alt); Am Gemeindeweg 41c, D-97249 Eisingen, T: (0 93 06) 98 07 55, F: 98 07 55; c/o Konzertdirektion Fritz Dietrich, Sigmund-Freud-Str 1, D-60435 Frankfurt a M, T: (0 69) 54 45 04, F: 5 48 41 07. **Laufb:** Prof (Ges) H f M Würzburg. (Red)

Bürkholz, Thomas, Komponist, Dirigent; Blankenfelder Str 94, D-13159 Berlin; c/o Volkstheater Rostock, PF 102215, D-18004 Rostock [Leipzig 26.2.1949]. Orchestermusik, Op, Musical **Ausb:** Stud MH Leipzig. **Laufb:** Mitgl in populären Rockbands, Berufsverbot in d DDR 73–77, freiberufl Komp, Regisseur u Produzent, vornehml im ThBereich seit 78, stellv Intendant ThProjekt 'The Ma' Berlin. **Pr:** Kritikerpr Verband dt Journalisten 85. **Mitgl:** Vizepräs Dramatikerunion, Beiratsmitgl Künstlersozialkasse. – **Komp:** ua: Der Soldat u d Feuerzeug (Märchenmusical) 78/79, UA Leipzig, Schauspielhaus 79; Rockballade (Musical), UA Leipzig, Schauspielhaus 82; Die Säulen d Memnon (sinfon Melodram) 83, UA Leipzig, Kongresshalle 84; Wege (Orat) 84/85, UA Leipzig, Gewandhaus 85; Wege (Orat), UA Leipzig, Kogresshalle 85; Botschaften (1. Sinf), UA Leipzig 86; ...und welchen Weg du gehst (Ballett), UA Dresden, Semperop 87; Vier Stücke nach Skulpturen v E Barlach (OrgZyklus, Nr 1), UA Altenburg, Schloßkirche 88; Werther (StreichQua), UA Berlin, Konzerhaus a Gendarmenmarkt 99; Nacht d Angst (Rockmusical), UA Rathen, Felsenbühne 91; Kassensturz (Musical), UA Berlin, Ratibor Theater 93; Der gestiefelte Kater (Musical), UA Berlin, Theater Karlshorst; Mabel King & Texas Jack (George Grosz Revue), UA Berlin, Neue Nationalgalerie 95; Die Zeit kommt, die Zeit geht (Zwanziger Jahre Revue), UA Berlin, Friedrichstadt Palast 97; Magische Insel (Musikalische Revue), UA Putbus, Marstall 99; Rheinsberger Maskerade (KamOp), UA Rheinsberg, Schloßtheater 2000; Der Zauberer von Oz (Musical), UA Theatersommer Garmisch-Partenkirchen 2000; Heisser Sommer (Einrichtung u Bearb d Musicals n d gleichnamigen DEFA Musikfilm v G u T Natschinski), UA Rostock, Volkstheater 03.

Bürthel, Jacob, Komponist; Alte Landstr 27, D-50129 Bergheim, T: (0 22 71) 5 20 37 [25.7.1926]. – **Komp:** 'Elegy', Bearb: 'Pfeifer Tim aus Galway' (irische Volksweise), 'Farewell' (irisches Volkslied) ua. (Red)

Büsching, Rainer, KS, Sänger; Terrassenufer 25, D-01069 Dresden, T: (03 51) 4 41 49 45; c/o Sächsische Staatsoper, Theaterpl 2, D-01067 Dresden. **Laufb:** Sol Sächs Staatsop Dresden SpZ 03/05, Gastsol Anhalt Th Dessau SpZ 03/05, Sol Staatsoptte Dresden SpZ 03/04. (Red)

Büse, Rainer, Sänger; Siegfriedstr 4, D-49477 Ibbenbüren, T: (0 54 51) 1 44 41, F: 1 44 41. **Ausb:** U München MWiss 64–66 (Prof Georgiades), MH München (Prof Blaschke, Prof Glettenberg). **Laufb:** Stadtth Aachen 72–77, Th a Goethepl Bremen 78–86, Gastsp Karlsruhe, Essen, Oldenburg, Kiel, Hannover, Wiesbaden, Bonn, Krefeld, Paris, Barcelona, London, Genua, Montpellier, Nizza, Rom, Catania, Palermo. **Pr:** 2. Pr s'Hertogenbosch / Holland, 1. Pr Hugo Wolf Wettb Graz / Österreich. – **Aufn/RF:** Lieder f BBC, Radio Bremen, BR, Agnese di Hohenstaufen. (Red)

Büsing, Otfried, Prof, Komponist, Hochschullehrer; Kaiser-Joseph-Str 255, D-79098 Freiburg, T: (07 61) 2 45 39, F: 2 64 14, *otfried.buesing@t-online.de*; *www.otfried-buesing.de* [Delmenhorst 29.11.1955]. **Ausb:** Mstrkl Komp (A Koerppen) MH Hannover 74–82, Abschlüsse künstl Fachprfg (SchM, KiM A, MTheorie), Konzex (Komp). **Laufb:** LAuftr MH Hannover 77, Doz (Theorie) MH Detmold 83, Prof (Theorie) Staatl MH Freiburg 91. **Pr:** Niedersächs Nachwuchsstip f Komp 81, Stip Mozartstift Frankfurt 85–88, Rompr Villa Massimo 86 (Studienaufenthalt 88/89), Studienaufenthalt Experimentalstudio Freiburg d SWF Baden-Baden 87, Baden-Württemberg KompPr KiM 2000. **Mitgl:** VDMK, DKV. – **Komp:** Und ich erzähle... (Orat), UA Freiburg 93; 'Break' f Kl u KamEns (KamKonz), UA Freiburg 95; Dies illa (Kantate), UA Freiburg 95; Psalms of Qumran (Chorkantate), UA Freiburg 97; Picknick im Felde (KamOp), UA Freiburg 97; Images virtuelles (KamM), UA Budapest 98; Affaire (OrchStück), UA Freiburg 99; Das Licht der Engel (orat Szenen) UA Freiburg 01; Konz f Orgel u Orch, UA Freiburg, C Klomp, Dgt: J Fritzsch 01 (Auftr: Konferenz d Ämter f KiM Land Baden-Württemberg); Abend (Kant), UA Leipzig 03 (Auftr: KiM-Inst d MH Leipzig); music for a very old saxophone (KamM), UA Weimar 02; Lieder von einer Insel f Baßbar u Kl, UA Saatsop Berlin 06. **Sonst:** Publ sämtl Komp.

Buess, Alex, Komponist, Saxophon; c/o Daniel Buess, Duggingerhof 52, CH-4053 Basel [Basel 1954]. **Ens:** Ens Phoenix. (Red)

Buess, Daniel (Pseud: DABU), Schlagzeug; Duggingerhof 52, CH-4053 Basel, T: 06 13 31 08 78, F: 06 13 31 08 78, *dabuess@datacomm.ch*; *www.ensemble-phoenix.ch*, *www.skinandspeech.com* [Basel 28.1.1976]. experimentelle komp u imp Musik, Elektr **Ausb:** Schlgz (S Schmid) MH Basel 94–98, (I Nakamura) H f Musik Karlsruhe 98–2000. **Pr:** Riehener Kulturpr 99. **Ens:** Ens Phoenix Basel (Vorstandsmitgl), How2, Cortex, 16–17, Katarakt. – **Aufn/RF:** Cortext, Fstv TonArt Bern; How2, Turing Machine; 16–17, Mechanophobia. **UA:** ua A Buess: Parallaxe A, m Ens Phoenix Basel (Auftr d Buess); V Heyn: Kowalskis Katz, m Katarakt (Auftr. D Buess); P Racine: Promenade, m Ens Phoenix Basel (Auftr D Buess). **Zug:** G Berger: Langsam; A Buess: Schizophrenie; R Gubler: Blätter v Kupferdraht.

Büttner, Reinhard, Horn; c/o Rundfunk-Sinfonieorchester Berlin, Charlottenstr 56, D-10117 Berlin. **Laufb:** stv Sol RF-SinfOrch Berlin. (Red)

Büttner, Ute, Sängerin; c/o Städtische Theater, Käthe-Kollwitz-Str 7, D-09111 Chemnitz, PF 756, D-09007 Chemnitz; c/o Pfalztheater Kaiserslautern, Willy-Brandt-Pl 4–5, D-67655 Kaiserslautern. **Laufb:** Gastsol Städt Th Chemnitz SpZ 00/05. (Red)

Buffle, Christine, Sängerin; c/o Caecilia Lyric Department, Rennweg 15, CH-8001 Zürich, T: 0 12 21 33 88, F: 0 12 11 71 82, *caecilia@caecilia-lyric.ch*. **Laufb:** Sol Kom Op Berlin, Tiroler Ldsth SpZ 04/05. (Red)

Buhler, Philippe, Komponist, Dirigent; rte de la Foule 4, CH-1315 La Sarraz, T: 02 18 66 64 12. (Red)

Buhlert, Klaus, Schauspielmusiker; c/o Theater Freiburg, Bertoldstr 46, D-79098 Freiburg i Br. **Laufb:** SchspM Th Freiburg seit SpZ 03/04. (Red)

Buhrow, Jens Olaf, Repetitor; c/o Staatstheater am Gärtnerplatz, PF 140569, D-80455 München. **Laufb:** Solorep m Dgt-Verpfl Städt Bühnen Osnabrück, Rep Thüring Landesth Eisenach SpZ 03/04, Solorep Gärtnterpl-Th München. (*)

Bujor, Metodie, Sänger; c/o Oper Leipzig, Augustuspl 12, D-04109 Leipzig. (Red)

Bukac, Vladimir, Prof Mgr, Bratschist, Hochschullehrer; Sopotska 60/640, CZ-18100 Prag, T: +42 60 3 19 43 40, *vbukac@volny.cz*; Grüne Str 19, D-01067 Dresden; *www.talichquartet.cz* [Tschechien 1964]. Konzert, Aufnahmen **Ausb:** H f M Prag, Ausb b N Grumlíková, (Prof Marschner) H f M Freiburg, Mstrkse (O Kryssa, O Kagan; U Koch f Va). **Laufb:** Sol Japan (Osaka, Tokyo, Nagoya) 90–93; regelm Konz Israel, England (BBC), Dtld, Tschech Rep, Japan, Amerika (Carnegie Hall); z B Wigmore Hall London, Th Champs-Elysseé, Herkulesaal München ua; Prof (Va) H f M Carl Maria v Weber Dresden seit 02. **Pr:** Beethoven's Hradec, Concertino Praga 78, Franco-tchique Academie d la musique Telc. **Ens:** Talich Qua. **Mitgl:** Jurymitgl vieler Wettb. – **Aufn/RF:** Reger: 3 Solosuiten f Bratsche solo; Martinú: VaSon, Concert-Rhapsody m Orch; Bartók: Concerto; Kalivoda: 6 Nocturnos. **Lit:** Who is who (Tschech Rep) 03.

Bull, Douglas, Fagott; c/o Deutsches Symphonie-Orchester Berlin, Masurenallee 8–14, D-14057 Berlin. **Laufb:** stv Sol Dt SymphOrch Berlin. (Red)

Bullock, Susan, Sängerin; c/o Semperoper, Theaterplatz 2, D-01067 Dresden. **Laufb:** Sol Op Frankfurt seit SpZ 03/04, Semperop Dresden SpZ 04/05. (Red)

Bultmann, Gabriele, Dipl MH, Musikerin (Blockflöte); Steinmetzstr 21, D-10783 Berlin, T: (0 30) 21 75 62 83, F: 21 75 62 83, *gb@gaby-bultmann.de*; *www.rent-a-nightingale.de*, *www.gaby-bultmann.de* [Langenhagen 4.8.1967]. Alte u Neue Musik sowie Improvisation **Ausb:** Stud (Blockfl) UdK Berlin 86–92, Civica Scuola di Musica Milano 92/93, Int Mstrkse f Blockfl u Gesang. **Laufb:** europaweite Konz m 5 eigenen Ens u Soloproj seit 88, Kurstätigkeit, bes Interesse an interdisziplinärer ZusArb. **Pr:** 3. Pr VdM – Wettb 'Musik kreativ' 91. **Ens:** Rent-a-Nightingale, panta rhei, Commedia Nova, points of contact, cornucopia. – **Aufn/RF:** RF- u Fernsehmitschn b SFB, 3 CDs (Hildegard v Bingen, panta rhei, Rent a Nightingale). **Zug:** Kommission v Werken f Blockfl & Schlgz, (Duo points of contact) ua M Nishikaze, S Bassanese, A Costrantini. **Sonst:** Grdg 5 eigener Ens, Konz, MTh-Prod, Performances, Klanginstallationen.

Bumbacher, Urs, Violine; c/o ensemble für neue musik, Sekretariat, Hegibachstr 58, CH-8032 Zürich, T: 0 13 83 81 81, F: 0 13 83 82 14, *ensemble@access.ch*; *www.ensemble.ch* [1954]. **Ens:** ensemble f neue musik zürich. (Red)

Bunde-Dunbar, Ulf, Bass-Bariton; Hermann-Löns-Str 7, D-41238 Mönchengladbach, T: (01 77) 6 69 12 13, *ulfbunde@web.de*. Oper, Oratorium, Konzert **Ausb:** MH Lübeck, Dipl Bühnen- u Konzertges 97–02. **Laufb:** Sol Landesth Detmold seit 01/02; Gasteng: Stadtth Lübeck, Staatsth Schwerin, Pfalzth Kaiserslautern, Vereinigte Bühnen Krefeld/Mönchengladbach. – **UA:** Paul Suits: Die perfekte Magd, 01.

Bundgaard, Sine, Sängerin; c/o Oper Leipzig, Augustuspl 12, D-04109 Leipzig. (*)

Bungarten, Frank, Prof, Gitarre, Hochschullehrer; Hochschule f Musik u Theater, Emmichpl 1, D-30175 Hannover, T: (05 51) 5 31 72 47, F: (0 40) 36 03 02 01 95, *post@frankbungarten.de*, *management@frankbungarten.de*; Musikhochschule Luzern, Fak I, Zentralstr 18, CH-6002 Luzern; *www.frankbungarten.de* [1958]. **Ausb:** Stud MH Köln 75–82. **Laufb:** Konz als Sol Schweiz, Österr, Benelux-Staaten, Italien, Frankreich, Spanien, Großbritannien, Irland, Dänemark, Schweden, Polen, Griechenland, Türkei, Israel, Chile u Cuba, zahlr int Fstvs (ua Salzburger FSp, Frankfurter Feste, Fstv Automne de Normandie, Chamber Music Fstv Tel Aviv, GitFstv Havanna), u m div KamM-Besetzungen (ua Ens Modern, Nomos Qua, Norddt Figuralchor), Prof (Git) H f M u Th Hannover, sowie Doz (Git) MH Luzern, Mstrkse. **Pr:** Pr Bundes-HWettb, 1. Pr Int GitWettb Granada 81. – **Aufn/RF:** mehrere Solo-CDs ua m Erstaufn d Transkriptionen d Violinson v J S Bach; M Castelnuovo-Tedesco: 24 Caprichos de Goya; Elogio de la Guitarra. (Red)

Bunya, Michinori, Prof, Hochschullehrer, Kontrabass; Prof-Bauer-Str 2, D-97294 Unterpleichfeld, T: (0 93 67) 76 71, F: 4 67; H f Musik, Hofstallstr 6–8, D-97070 Würzburg. **Ausb:** Stud i Japan u b G Klaus. **Laufb:** Solokontrabassist RundfunkSinfOrch Saarbrücken, Prof (Kb) H f M Würzburg. (Red)

Buquet, Gérard, Prof, Hochschullehrer, Tuba; Gartenstr 28, D-76133 Karlsruhe, T: (07 21) 3 84 23 94, 0 17 38 69 15 09, *gerard.buquet@t-online.de*; Hochschule für Musik, PF 6040, D-76040 Karlsruhe, *Gerard.Buquet@wanadoo.fr* [1954]. **Ausb:** Stud (MWiss) Cons de Paris u Univ Strassburg, Stud (Komp) b Claude Ballif u Franco Donatoni. **Laufb:** SolTb Orch de Paris, Orch National de France, Prof (Tb) Cons Nat Supérieur de Musique Paris seit 99, Prof (Neue Musik) HfM Karlsruhe seit 2000. **Ens:** Ensemble InterContemporain seit 76, GrdgMItgl Cuivres de l'Intercontemporain. – **Sonst:** musikal Berater d Kultusmin f d Veranstaltungen z Zweihundertjahrfeier d Frz Revolution 89; Hg 'Die zeitgen Tuba'. (Red)

Burba, Malte, Trompete; c/o Konzertagentur Fahrenholtz, Hainerweg 24, D-60599 Frankfurt/M, T: (0 69) 62 97 49, F: 62 97 49, *mail@burba.de*; c/o Konzertagentur Fahrenholtz, Winterleitenweg 17 B, D-97082 Würzburg, T: (09 31) 7 84 72 30, F: 7 84 72 30, *Konzertagentur.Fahrenholtz@gmx.de*; *www.burba.de* [1957]. **Laufb:** L Peter-Cornelius-Kons Mainz, L Johannes Gutenberg-Univ Mainz. (Red)

Burch, Gabriela, Flötistin; conVentus Bläserquintett, Ammannsmatt 4, CH-6300 Zug, T: 04 17 41 42 85, F: 04 17 41 42 85, *info@conventus.ws*; *www.conventus.ws*. **Ens:** conVentus Bläserquintett.

Burchuladze, Paata, KS, Bass; c/o Künstleragentur Dr. Raab & Dr. Böhm, Plankengasse 7, A-1010 Wien, T: (01) 5 12 05 01 10, F: 5 12 77 43, *bendl@rbartists.at, office@rbartists.at*; *www.burchuladze.net, www.rbartists.at* [Tiflis 12.2.1955]. **Ausb:** Stud (O Khelashvili) Tiflis, weiterführende Stud (G Simionato, E Mueller) Mailand. **Laufb:** Mitgl OpHaus Tiflis seit 86, Royal Op House Covent Garden (Verdi: Aida, Ramfis), Teatro alla Scala, Wiener Staatsop, Bayer Staatsop, Hamburg Staatsop, OpHaus Zürich, Op National de Paris, San Francisco Op, Met Op, Salzburger FSp 87, Met Op 90/91, Covent Garden, Liceu Barcelona, Lied- u Konzertsänger, Sol Dt Op Berlin, Hamburg Staatsop, Bayer Staatsop, Th St Gallen seit SpZ 03/04. **Pr:** 1. Pr Int Wettb Voci Verdiane Busseto 81, Goldmed u 1. Pr Tschaikowsky-Wettb Moskau 82, 1. Pr Int Luciano Pavarotti Wettb 85, v russ orthod Kirche in Rang e Fürsten erhoben 98, Kammersänger durch Württemberg Staatsth Stuttgart 98. – **Aufn/RF:** CDs ua Il Barbiere di Siviglia; Simon Boccanegra; Aida; Ernani; Mozart: Don Giovanni; Requiem; La Forza del Destino; Chowanschtschina; Rigoletto, La Boheme; Nabucco; Samson et Dalila. (Red)

Burden, William, Sänger; c/o Bayerische Staatsoper, Brieffach, D-80075 München. (Red)

Buren, Philip van, Dirigent; Odenkirchener Str 12, D-41236 Mönchengladbach, T: (0 21 66) 61 20 84, (01 79) 1 13 47 06; c/o Vereinigte Städtische Bühnen, Odenkirchener Str 78, D-41236 Mönchengladbach. **Laufb:** Solorep m Dgt-Verpfl Vereinigte Städt Bühnen Krefeld u Mönchengladbach, Dgt Niederrhein Sinfoniker Mönchengladbach. (Red)

Burg, Susanna von der, Sopran; Anton-Rauch-Str 30/1, A-6020 Innsbruck, T: (05 12) 20 80 98, 06 64–2 62 27 03; c/o Lars-Oliver Schimanski Opern-und Konzertagentur, Syker Str 8, D-28307 Bremen, T: (04 21) 4 84 47 13, 01 77–5 10 15 91, F: 4 98 98 60, *info@scarpia.de*. **Laufb:** Sol Tiroler Ldsth SpZ 03/05. (Red)

Burg, Wolfgang von der, Sänger; Spitzenkamptwete 5, D-32756 Detmold, T: (0 52 31) 30 30 34, (01 72) 3 73 09 85. **Laufb:** Gast-Sol Landesth Detmold SpZ 00/01u 04/05, Staatsoperette Dresden SpZ 00/01, Sol Landesth Detmold SpZ 03/04.

Burgdorf, Barbara, Violine; c/o Bayerische Staatsop, Brieffach, D-80075 München. **Laufb:** Stellv Konzm Bayerische Staatsop. (Red)

Burgener, Hans, Violine; Waffenweg 18, CH-3014 Bern, T: 03 13 32 63 39. (Red)

Burger, Klaus, Komponist, Tuba, Posaune, Didgeridoo; Stephanienstr 28, D-76530 Baden-Baden, T: (0 72 21) 7 52 01, F: 7 52 04, *info@klaus-burger.com*; *www.klaus-burger.com* [Amberg, Bayern 2.6.1958]. Improvisation, Live-Elektronik, Konzert, Hörspiel-, Theater-, Fernsehmusik **Ausb:** Gaststud Tuba am Kons Nürnberg b Hans-Joachim Sordel ab 76, Stud Tuba an d H f M München b Manfred Hoppert 77–82, Mstrkl-Dipl m Auszeichnung MH München, Auseinandersetzung m d austral Blasinstr Didgeridoo ab 88, Unterricht in Obertonges 87/88. **Laufb:** Tubist m Orch u Ens v int Rang u als Sol ab 77 (Spezialist f schwierige zeitgen Komp), eigene Komp f Th, Fernsehfilme, Hörspiele, Performances, Klanginstallationen, ImprProjekte. **Pr:** Arbeitsstip Experimentalstudio d Heinrich-Strobl-Stift d SWR 98 u 01, Mitinhaber d 2. Pr d Kunstwettb d 5. Int Energieforums SUN21 Basel 02. – **Komp:** 'Engel – hinter den Spiegeln, jenseits der Worte' (Orat), UA Bamberg 2000. **AuftrKomp:** Musik f: Reportage v M Vetter 'Wo das Geld wächst. Die EM-TV Story' (Grimme-Pr), Doku-Film 'Alltag einer Behörde – die Staatssicherheit', Doku-Film 'Die hungernde Stadt – Leningrad im 2. Weltkrieg' u 14 Doku-Filme aus 'Schätze der Welt'. **Aufn/RF:** RF: 'Der Herr der Ringe' (Hörsp, 30teilig) 90/91 (SWF/WDR), H Lachenmann: 'Harmonica' – M f gr Orch u SoloTb, m SWR-SinfOrch, Dgt: H Zender 99 (SWR). **UA:** G F Maas: 'Aus freier Lust' (Tb solo), Konzerthaus Wien 94; J Gruner: Konz f Tb, KBKlar u Orch, Philh Hungarica, C de Roo, Philh Köln 91. **Zug:** Stäbler: 'Mai!'.

Burger, Thomas, Sänger; c/o Stadttheater Pforzheim, Am Waisenhauspl 5, D-75172 Pforzheim. (Red)

Burghardt, Benedikt, Komponist; Büttskamp 19, D-22457 Hamburg, T: (0 40) 55 92 97 73, *benedikt.burghardt@freenet.de* [Essen 1960]. KamM, Lied, Chor a cappella, Ch u Orch, Orch- u BühnenM **Ausb:** Stud M 77–86 Essen, KonzGit (H Gräf) Folkwang-H Essen, MTheorie u Komp (G Graetzer), Dirig (A Russo) Cons J J Castro, Buenos Aires/Argentinien, Harmonikale Grundlagenforschung MH Wien 95–97, Komp (T Völker) Akad f Tonkunst, Darmstadt 03–04. **Laufb:** L (M), Dgt, Sem-Ltg, Doz, Komp Wien 87–02, Hamburg seit 02. **Pr:** KompFörderpr Bundesmin WFK Wien 95, KompWettb J Reinl-Stift Wien 96, Anton-Bruckner-KompWettb Linz, KompWettb J Reinl-Stift München 97, KompFörd durch d Bundeskanzleramt Österreich, Louis Pinck-KompWettb d Saar-Sängerbundes Saarbrücken, KompFörderPr Theodor Körner Fonds 98, KompWettb Guido d'Arezzo Italien 2000, Gustav-Mahler-KompWettb Klagenfurt, Louis Pinck-KompWettb d Saar-Sängerbundes, Sonderpr d Kultusmin Saarbrücken 02. **Mitgl:** ÖKB, ÖKZM, IGNM, GEMA, GVL, DKB.

Burghausen, Ingo, Kontrabass, Komponist; c/o Anhaltische Philharmonie Dessau, Friedenspl 1 a, D-06844 Dessau [Jena 1962]. Solo-Kontrabass, Kammermusik, Musik m Kindern, S Kussewitzky **Ausb:** Stud (H-D Wenkel, G Fischer) H f M 'Franz Liszt' Weimar. **Laufb:** Solo-Kontrabassist Anhalt Philh Dessau, Komponist, Doz LdesjugendsinfOrch Sachsen-Anhalt, Ltg v KamMKsen (Bassgeigengala), Solokonz, Kamkonz m V, Org, Fl, Hfe. **Ens:** Lt int Bassgeigenorch z Bassgeigengala, Salonorch Papillon. **Mitgl:** Pro Kontrabass, J-M-Sperger-Ges, R-Wagner-Verband, Mitgl Präsidium Ldesmusikrat Sachsen-Anhalt, Vors d Ldesausschusses OrchArb im Ldesmusikrat Sachsen-Anhalt. – **Aufn/RF:** I B: 3 Stücke f SoloKB aus Thüringen (Radio Bremen), 'Musik der Titanic' (CD); RF-Prod üb S Kussewitzky (MDR u DLF). **UA:** W Schmorl: 4 x 4, f KBQua; J Reiche: Eine kleine Bassmusik, f 2 KB; 3 Stücke aus Thüringen, f SoloKB. **Zug:** W Schmorl: 4 x 4; J Reiche: Eine kleine Bassmusik; M Gaidaš: Bassingoburgala 2005 für 3 Kb. **Sonst:** mehrere Veröffentl üb S Kussewitzky (Das Orchester, MDR, DLF Köln.

Burian, Jiri, Violine, Konzertmeister; Tannenring 25, D-35428 Langgöns, T: (0 64 03) 94 01 65; c/o Stadttheater Gießen, PF 111128, D-35356 Gießen. **Laufb:** 1. Konzm Städt Philharmonie Gießen. (Red)

Buribayev, Alan, Intendant; c/o Südthüringisches Staatstheater Meiningen, Bernhardstr 5, D-98617 Meiningen. (Red)

Burkert, Dorothée, Sängerin; Fritz-Elsas-Str 36, D-70174 Stuttgart, T: (07 11) 9 07 14 72 [Menden, Saverland 30.6.1974]. Oper, Lied **Ausb:** Stud (B Schmid) MH Detmold 94–99 u ab 02, Liedduo (I Gage) Kons Zürich 99–01, (J Hamari) MH Stuttgart 2000–02. **Laufb:** EmslandFSp, 99, Junge KamOp Köln 98/99, Sol Landesth Detmold SpZ 03/05. **Pr:** 1. Pr Belcanto-Wettb Zürich 01. **Ens:** Liedduo Gotthardt/Burkert. **Mitgl:** DTKV.

Burkert, Marius, Dirigent; c/o Internationales Lehár Festival, Kurhausstr 8, A-4820 Bad Ischl, T: (0 61 32) 2 39 39 [Wien]. **Ausb:** Stud Kons d Stadt Wien, Stud (Kl, Klar, Va, Korr, Ges, ChLtg) U f M u dart Kunst Wien. **Laufb:** Eng Neue Op Wien, Stadtth Baden, Bayreuther FSp, Th Innsbruck, Wiener MVerein, Korr OpHaus Graz, Dgt Wiener KamOp 02/03, Lehár Festival 05. (Red)

Burkhardt-Mühlbach, Gisela, Prof, Hochschullehrerin, Sopran; Am Haideberg 15, D-01468 Boxdorf, T: (03 51) 4 60 92 86, F: 4 60 92 86; Hochschule f Musik, PF 120039, D-01001 Dresden [Leipzig]. **Ausb:** Ges b F Polster Leipzig, Stud b Prof E Intrau H f M Carl Maria v Weber Dresden 68–73. **Laufb:** freiberufl Tätigkeit Konz- u OratorienS In- u Ausland, OpGastSp Landesth Halle; LBeauftr (Ges) H f M Dresden seit 80, Prof ebd seit 92. **Ens:** Sol 'Capella fidicinia' Leipzig, 'Capella sagittariana' Dresden. (Red)

Burksi, Arkadius, Opernsänger; Eichenstr 51, CH-4054 Basel, T: 06 13 02 71 06, F: 06 13 02 71 06, *arkadiusburski@balcab.ch* [Radom 19.7.1954]. **Ausb:** Stud b J Karolus Kons Warschau 77–81, Stud privat b E Elstermann in Dresden 82–88, b B Pola in Verona 90–2000, b N Gedda in Morges seit 02, b G Davy in Genf seit 02. **Laufb:** Sänger im Zentralen Ens d Poln Armee 75–77, Tourneen n Sibirien, Mongolei u Korea, Eng Stadtth Freiberg in Sachsen 82–88, Eng in Stadtth St Gallen 88–91, Gastsp Basel, Eng Stadtth Pforzheim 92–94, freischaff seit 95. **Pr:** 1. Pr Wettb Junger OpSänger Dresden 86, Finalist Wettb Junger OpSänger Gera 87, Halbfinalist Belvedere Wettb Wien 88, 2. Pr Torneo Int di Musica Roma 98. – **UA:** CD 'Don Giovanni' (Komtur) 95, Aufn f d ital Fernsehen: L v Beethoven: '9. Sinfonie'(Bass-Solo) 97. **Sonst:** Grdg POLMUSIK AGENTUR Basel 01.

Burri, Jessica, Sängerin (Sopran), Hammered Dulcimer; Breuskesbachstr 2a, D-45659 Recklinghausen, T: (0 23 61) 2 56 99, F: 90 20 65, *jessica-burri@sopran-dulcimer.de*; *www.sopran-dulcimer.de* [Philadelphia, USA 4.10.1954]. Gesang m eigener Begleitung auf dem Dulcimer, sowie m anderen Instrumenten (Klangschalen, Gong u andre Klanginstrumente) **Ausb:** Stud Ges (T Paul) Eastman School of Music, Rochester, New York, USA 72–76, Ges (D Jacob) Staatl H f Musik Köln 76–81. **Laufb:** Th Oberhausen 78–79, Th Essen 79–82, Sommerfsp Eutin 82, Wuppertaler Bühnen 85, Th Solingen 92, KonzSängerin seit 79, Dulcimerspielerin seit 86, Konz Aalto-Th Essen 89 u 91, 2. Int Hackbrett-Fstv München m Tournee 91, Künstlerdorf Schöppingen 96, Tonhalle Düsseldorf 98, Berg Biennale f Neue Musik 99, 1200 Jahre Bistum Paderborn 99, Tonart-Fstv Hagen 91, 97 u 01, Tournee m Kultursekretariat NRW 02, Tournee m Emschergenossenschaft ab 06. **Pr:** 'kulturell wertvoll' anerkannt 97. **Ens:** Duo 'Inspiration – Tanz u Ton' m K E Pfaff (Ausdruckstanz) seit 02. **Mitgl:** Frauenkulturbüro NRW. – **Komp:** ua Liederzyklen: Vertonung aus d Hohenlied Salomos, UA Mülheim 96; Psalm 98 (f Sop, Dulcimer u StrQua), UA Recklinghausen 96; Klagelieder, UA Essen 98; 'Das neue Jerusalem', UA Herten 99; 'Die Vier Elemente', UA Marburg 01; 'Der Himmel', UA Raesfeld 01; Psalmen 37 u 51, UA Herten 03. **Aufn/RF:** CDs: J B: Sopran & Dulcimer; Weihnachtslieder aus Dtschld, England u Amerika; 'Native American Stories'; 'Indianische Märchen'. **UA:** G Wiesemann: 'Disparates' (f Sop, hammered Dulcimer u Triangel), UA 92; N Linke 'Liedgedicht f Jessica' (f Sop u Dulcimer), UA 98; N Linke: 'Wie ein Hauch Nr 1' (3 Spieler), UA 01. **Zug:** G Wiesemann: 'Disparates'. **Sonst:** Auff eigener MKomp f Sop u Dulcimer, Märchen- u Bibelerzählungen m Klang u Musik.

Burri, Rosemarie, Klavier; Jungfraustr 24, CH-3073 Gümligen, T: 03 19 51 03 96. (Red)

Burski, Arkadius, Sänger; Eichenstr 51, CH-4054 Basel. (Red)

Burt, Francis, o Prof, Komponist; Mayerhofgasse 12/20, A-1040 Wien, T: (01) 5 05 61 01; *www.francis-burt.at* [London 28.4.1926]. Oper, Ballett, Konzert **Ausb:** Komp (H Ferguson) Royal Acad of Music London 48–51, jeweils Summer School of Music Bryanston bzw. Darington 49–51, Komp (B Blacher) MH Berlin 51–54, Darmstädter Ferienkse 53. **Laufb:** Prof (Komp) MH Wien ab 73, Em 92, Vizepräs IGNM (Sektion Österr), Lt Inst f Elektroakustik MH Wien 89–91, Aufführungen ua: Württemberg Staatsop Stuttgart 60, Fstv Hall London 61, 64 u 65, Sadlers Wells London 61, 64, Oldenburg 63, Th an der Wien 68, Staatsop Kassel 69, Santiago de Chile 72, Nat Op Belgrad 72–78, Wiener FestW 76, Seoul 79, Wiener Staatsop 82, Salzburger FSp 84, Fstv de Paris, Contemporary Music Fstv Huddersfield 91, Barbican Centre London 94, Wien modern 95. **Pr:** Mendelssohn-Scholarship 54, Fellowship Found Européenne de la Culture 56, Associate Royal Acad of Music 57, Förderungspr Theodor-Körner-Stift 73, Würdigungspr f Musik d Bundesmini f Unterr u Kunst 78, Pr d Stadt Wien f Musik 81, Gr Silbernes Ehrenz f Verdienste um die Republik Österreich 92, Ehrenmitgl Ges f elektroakust Musik 94. – **Komp:** ua: Volpone or The Fox (Op) 52/58; rev Fassg 60/61, UA Stuttgart 60, rev Fassg Oldenburg 63; The Skull – Der Schädel (Kantate f Tenor u Orch) 53/54, rev Version 55; Der Golem (Ballett) 59/63, UA Hannover 65; Barnstable oder Jemand auf d Dachboden (Op) 67/69), UA Kassel 69; StrQua Nr 2 92/93; Hommage à Jean-Henri Fabre (bukol Fantasie) 92/93; Blind Visions (f Ob u kl Orch) 94/95; 'Bavarian Gentians 1956/2001' (f KamChor u 6 Instr) nach e Gedicht v D H Lawrence, 01, UA Wien Musikverein 01. **AuftrKomp:** f BBC, Staatsth Kassel, Manfred v Mautner Markhof, Wiener Symphoniker, Ens 20. Jh, M Melcher, Ges d Musikfreunde Wien. **Aufn/RF:** 'Und GOtt der HErr sprach' f Mezzosop, Bar, Bass, zwei Chöre, gr Orch, United Philharmonic Orch, Antiphonia Chor Klausenburg, Dgt: R Edlinger; 'Unter der blanken Hacke d Monds', 'Echoes', 'Morgana', 'Der Golem', ORF-SymphOrch, Ens d XX. Jh; Neue Musik aus Österreich II: Jamben op 5, Radio SymphOrch Wien, Dgt: H K Gruber; Hommage à Jean-Henri Fabre, Ens d XX. Jh, Dgt: P Burwik; Francis Burt z 75. Geb: StrQua 1, 2, f Alfred Schlee, KOENE Qua Wien, Creatives Centrum Wien; Fantasmagoria per orchestra op 12, Radio SymphOrch Wien, Dgt: D R Davies. **Lit:** F Endler: Die Presse; G Brunner: Artikel in MGG; 'F B-eine Gesamtdarstellung v H Kroner', in: MUSIK DOKUMENTATION F B (Musiksammlung d österr NatBib, Inst f Österr Musikdokumentation); Ch Baier: '(VORÜBERGEHEND) STÄNDIG – zu F B', in: Wien Modern-Programme 95.

Burwik, Peter, Dr, Prof, Hochschullehrer, Dirigent; Hügelgasse 12, A-1130 Wien, T: (01) 5 12 91 34; Univ f Musik u Darst Kunst, Inst f Komposition u Elektroakustik, Anton-von-Webern-Pl 1, A-1030 Wien, T: (01) 7 11 55 21 21, *burwik@mdw.ac.at*. **Ausb:** Stud (Dir) Wiener Musikakad (H Swarowsky), Dr d Theaterwiss U Wien, weiterf Stud b B Maderna i Salzburg u Darmstadt. **Laufb:** ao UProf U f Musik u Darst Kunst Wien 87, Gastdir Mährische Staatsphilh 91–94. **Ens:** Grd u Lt Ensemble 20. Jahrhundert 71. (Red)

Busch-Ebel, Ulrike, Sängerin; c/o Oper im Schloßgarten, Jungfernstieg, D-23701 Eutin, PF 112, D-23691 Eutin. **Laufb:** Sol Op im Schloßgarten Eutin. (Red)

Busch-Orphal, Ulrich, Komponist; Hebbelstr 12, D-22085 Hamburg, T: (0 40) 2 99 13 21 [Hildesheim 2.10.1955]. **Ausb:** Kl Braunschweig SMP, Dipl Komp, MTheorie (de la Motte) Hamburg 78. **Laufb:** freischaffend in Hamburg. – **Komp:** 'Ultramarin' f Kl 82, UA Hamburg 82; Cantus in terra deserta (Kl) 83, UA Hamburg 83; Pflanzenschrift (KamM), UA Braunschweig, H Deinzer, S Gawriloff, W Boettcher, V Banfield 85; Konz f Vcl u Orch (Konz) 85, UA Lübeck, Ch Peters, Orch d MH Lübeck, G Behrens 88; Sonate f Kl Nr 1 86, UA Bremen, E Koroliov 88, Sonate f Kl Nr 2 96–97. (*)

Busch, Christine, Prof, Hochschullehrerin, Violine; Olgastr 121, D-70180 Stuttgart, T: (07 11) 6 20 72 95, F: 6 20 72 96, *busch@walka.de*; Hochschule f Musik u Darst Kunst, Urbanstr 25, D-70182 Stuttgart, *mail@christine-busch.de*; *www.christine-busch.de*. **Ausb:** Stud (R. Kussmaul) in Freiburg, (B. Kuschnir) in Wien u (n. Chastain) in Winterthur. **Laufb:** Prof (V u BarockV) H f M u Darst Kunst Stuttgart 2000. **Ens:** Salagon-Qua. (Red)

Busch, Hermann J, Dr, Prof, Hochschullehrer, Orgel; Nordoststr 22, D-57223 Kreuztal, T: (0 27 32) 1 29 32, F: 58 28 28, *Busch@Musik.Uni-Siegen.de*; *www.musik.uni-siegen.de/personal/busch* [Monheim 20.2.1943]. **Laufb:** LBeauftr Orgelkunde, Fachdidaktik Org H f M Köln seit 82, LBeauftr Orgelkunde H f M Detmold 84–86.

Busch, Holger, Klavier; Auhofstr 229, A-1130 Wien, T: (06 99) 10 06 37 95. **Ausb:** Stud MH Salzburg u Wien (KonzFachklassen v Prof K-H Kämmerling u Prof M Krist). **Ens:** KlDuo 'Babinsky&Busch'. (Red)

Busch, Karlheinz, KM, Violoncello; Stammbergblick 7, D-96123 Litzendorf, T: (0 95 05) 18 38, F: (0 95 05) 80 41 32, *bsq-busch@wasy7.de*; *www.bambergerstreichquartett.de* [Neumarkt 13.10.1945]. **Ausb:** Kons Nürnberg b K Weiss 64–69; MusikH München b W Reichardt. **Laufb:** EnsMitgl Bamberger Symph seit 71. **Pr:** Fritz-Drexel-Pr 64; Schickedanz-Pr 64, Edwin-Fischer Pr 65. **Ens:** Mitgl Bamberger Steichquartett; Solistenensemble Bamberg. – **Aufn/RF:** 'Karlheinz Busch spielt Bach, eigene Improvisationen u Gottfried Müller'; Aufnahmen m Bamberger Streichquartett. **UA:** ua Gottfried Müller: Oboenquintett, Vier Intermezzi, Sommerquartett; Horst Lohse: Nachtstücke IV; Holmer Becker: Solosonate f Violoncello; Gustav Gunsenheimer: Quartett. **Sonst:** Lt KamM-Reihe der Bamberger Symph seit 86; Grd Konzertreihen 'Frühling im Schloss Seehof', 'Sommerserenaden Schloss Seehof'; Lt Konz-Reihe 'Schlosskonzerte Oberschwappach', 'Kerzenlichtkonzerte Dientzenhoferkirche i Litzendorf' ua.

Busch, Klaus, Sänger; c/o Volksoper Wien, Währinger Str 78, A-1090 Wien, T: (01) 5 14 44 30. **Laufb:** Solokorr Volksop Wien. (Red)

Busching-Brero, Susanne, Violoncello; c/o Berliner Symphoniker, Christstr 30, D-14059 Berlin. **Laufb:** Sol Berliner Symphoniker. (*)

Buschinger, Edmund, Prof, Hochschullehrer, Trompete; Im Ostholz 199, D-44879 Bochum, T: (02 34) 46 04 80; Robert Schumann Hochschule, Fischerstr 110, D-40476 Düsseldorf [Gisela, Banat, Rumänien 4.10.1941]. **Ausb:** Stud Staatl H f M 'Ciprian Porumbescu' Bukarest (Prof G Bruckler, G Adamachi). **Laufb:** 1. Solotrp NatPhilh G Enescu Bukarest 62–82, LBeauftr (Trp, KamM) H Bukarest seit 66, Lt Dir MSch Sophiesminde Flensburg seit 82, Prof (Trp, KamM) Robert-Schumann-H Düsseldorf seit 84. **Ens:** Grdg u Ltg BlEns 'Armonia'. (Red)

Busert, Patrick, Sänger; Schwartauer Allee 37, D-23554 Lübeck, T: (04 51) 4 08 28 26, (01 72) 5 22 37 03; c/o Lübecker Theater GmbH, Beckergrube 16, D-23552 Lübeck. **Laufb:** Sol Lübecker Th, Gastsol Staatsth Kassel SpZ 03/04, Sol Zeitgen Op Berlin SpZ 04/05. (Red)

Busse, Bodo, Dramaturg; Bismarckring 26, D-65183 Wiesbaden, T: (01 75) 4 93 29 20; Hessisches Staatstheater, PF 3247, D-65022 Wiesbaden. **Laufb:** Operltg Hess Staatsth Wiesbaden. (Red)

Busse, Wolf, Regisseur, Hochschullehrer; Richard Strauss Konservatorium, Gasteig, Kellerstr 6, D-81667 München, *Fidelio43@aol.com*; c/o Bayerische Staatsoper, Max-Joseph-Pl 2, D-80539 München [Gießen]. **Ausb:** Stud (Th-Wiss, KunstGesch, Germanistik) FU Berlin. **Laufb:** RegieAss u Ltg Wiesbaden u Köln 70–79 1, SpielLtg Bayer Staatsoper, Vermittler ThAgentur 79–89, Doz (OpSchule) Richard Strauss Kons München seit 89. (Red)

Butaeva, Milana, Sopran; Komische Oper, Behrenstr 55–57, D-10117 Berlin [Moskau 1973]. **Ausb:** Stud Ges (C. Richardson-Smith) H f M u Th Hannover. **Laufb:** Eng Stadttheater Bremerhaven 01/02, Sol Komische Op Berlin. (Red)

Butt, Ursula, Komponistin; Im Spiet 128, D-26506 Norden [1928]. **Laufb:** ChLtg Singverein Norden. **Pr:** Prtr KompWettb Paris. (Red)

Butter, Markus, Bariton; Wilhelm-Buck-Str 23, D-01097 Dresden, T: (03 51) 8 11 51 22, *Markus.Butter@t-online.de*; c/o Austroconcert International, Gluckgasse 1, A-1010 Wien, T: (01) 5 13 26 57, F: 5 12 61 54, *office@austroconcert.com*; *www.markusbutter.com* [Bruck a d Mur, Österreich 14.2.1973]. Op, Lied, Konz **Ausb:** Stud (Instrumental- u Gesangspäd) MusikU Graz, (KamM, Lied) J J Fux-Kons Graz, MstrklDipl (Liedgestaltung) H f M u Th München. **Laufb:** Sol Bayer Staatsop München 98–01, Dt Op am Rhein 01/05, Staatsop Berlin 02, Th St Gallen SpZ 04/05, Th an der Wien 04, 06 u 07, Sächsische Staatsop Dresden 05–07, Konz in Florenz, Rom, Lucca, Bologna, Parma u Lille. **Pr:** 2. Pr Int Gesangswettb 'Das Schubertlied' Wien 97, FSpPr Bayer Staatsop 99.

Buttkewitz, Jürgen, Komponist; Eckermannstr 80, D-12683 Berlin, T: (0 30) 9 81 69 70, F: 5 45 60 36, *jbut@freenet.de* [Berlin 2.10.1939]. Orchestermusik, Kammermusik, Konzertante Werke **Ausb:** Stud (Fagott) Dt H f Musik Berlin 57–60, Staatsex, Komp, Staatsex (G Kochan) Dt H f Musik 63–68. **Laufb:** Fagottist Berliner SymphOrch seit 61, Komponist. – **Komp:** Jeu fatal f Hfe solo, UA Berlin 73; Count-Down f Hfe solo, UA Berlin 73; 'Vita' Metamorphosen f Orch 68, UA Neubrandenburg 77; Frammenti italiani, Fantasia per orchestra (Konz) 74, UA Jena 79; Antipoden f Fl u Hfe, UA Berlin 85; Klagelied d Entführten nach e altchines Text (Konz) 75/86, UA Neubrandenburg 87; Konz f Fag u KamEns, UA Berlin 03. **AuftrKomp:** VKonz, UA Berlin 71; Ode an e Albatros nach P Neruda (Konz) 73, UA Berlin 73; Bekenntnisse, Bilder f Orch nach Gemälden v K Higashiyama (Konz) 81, UA Leipzig, Gewandhausorch, Dgt: K Masur 81; Legende v d Liebe, Op in 5 Bildern n N Hikmet 90, Geraer Th; Konz f Trp u Orch (Konz) 99, UA Berlin, Berliner SinfOrch 99. **Aufn/RF:** Ode an e Albatros, m RSO Berlin, Dgt: H-P Frank; Klagelied d Entführten, m Berliner SinfOrch, Dgt: F Buttkewitz; CDs: KamM f Solo Hfe u Hfe u Fl; Konz f Trp u Orch; Klagelied d Entführten.

Buwen, Dieter, Komponist, Organist, Hochschullehrer; Blumenstr 30, D-90513 Wintersdorf, T: (0 91 27) 71 88, F: 71 88, *dieter.buwen@odn.de* [Losheim/Saar 22.6.1955]. **Ausb:** Stud (SchM, KiM) MH Saarbrücken 75–82, (T Brandmüller) Komp u MTheorie, (P Schneider) Org ebd; (G Litaize) OrgStud Paris. **Laufb:** Doz (MTheorie) MH Nürnberg-Augsburg, LBeauftr MH Würzburg 92–98. **Pr:** 1. Pr 2. Int Orgel-KompWettb Saarlouis 99; KompPr b Fstv 'Europ Kirchenmusik' Schwäbisch Gmünd 03. – **Komp:** Quadrophonia (Org), UA Heilsbronn, Münster 89; Klangbeschreibung (Kl, Ens), UA Nürnberg, ars nova ens 90; Die Sephiroth (Sax, Org), UA Bayreuth 91; Die Abendnebel erinnern mich von fern an alte Zeiten I, UA Nürnberg, Ens Phorminx 93; Duo (Klar, Vibra), UA Nürnberg, Duo Contemporain 94; StrQua, UA Nürnberg, Artus-Qua 95; Im Schatten der wandernden Wolke (Fl, Git, Schlgz), UA Nürnberg, ens l'art pour l'art 96; ...durchzittern...I (2 V), UA Krakau 97; ... in aeternam... (V, Org), UA Saarlouis 99; Endzeit-Zeitend (Org), UA Schweinfurt, M Seiwert 01; Hochrot (Ch, Org), UA Schwäbisch Gmünd, Fstv 'Europ Kirchenmusik' 03. **AuftrKomp:** 'Exodus' (Sonata da chiesa), UA Ingolstadt 96 (Auftr: III. Tage f neue Musik in d Kirche). **Aufn/RF:** CD: Die Sephiroth, m G Priesner (Sax), D Buwen (Org); Werke v Brandmüller, Buwen, Noda, Voirpy, col legno; zahlr Werke verlegt b Ed Gravis.

Buxtorf, Brigitte, Flöte; ch de la Gravière 31, CH-1225 Chêne-Bourg, T: 02 23 48 82 83. (Red)

Bychkov, Semyon, Dirigent; c/o WDR Sinfonieorchester Köln, D-50600 Köln, *info@semyonbychkov.com*; c/o Van Walsum Management Deutschland, PF 3409, D-30034 Hannover, T: (05 11) 3 66 07 23, F: 3 66 07 24, *rbostock@vanwalsum.com*; *www.semyonbychkov.com* [St Petersburg 1952]. **Ausb:** Stud (I Musin) Kons St Petersburg. **Laufb:** Lt Mannes Coll of Music Student Orch, Chefdgt Grand Rapids Symph Orch 80, 1. Gastdgt Buffalo Philh Orch, Chefdgt Orch de Paris 89–98, Chefdgt WDR SinfOrch Köln 97/98, Chefdgt Sächs Staatsop Dresden (Lady Macbeth v Mzensk 99, Der Rosenkavalier 2000, Elektra, Parsifal, Tristan u Isolde) seit 99/2000, Debüt New York Philh 84, seitdem regelm Gast ebd sowie Boston, Chicago, Philadelphia, San Francisco, Europa-Debüt Fstv Aix-en-Provence u Berliner Philh Orch 84, Gast Royal Philh Orch, Philharmonia Orch, London Philh Orch seit 85, 1. Gastdgt Teatro Comunale/Maggio Musicale Florenz 92–98, Orch Filarmonica della Scala, Münchner Philh, Staatskap Berlin, SymphOrch BR, NDR, Tschech Philh, Concertgebouw Amsterdam, OpDirigate Fstv Aix-en-Provence, Chicago Lyric Op, Hamburg u Wiener Staatsop, Th du Châtelet, Mailänder Scala, Teatro Communale Florenz, ChefDgt Dt Staatsop Berlin u WDR Sinfonieorchester SpZ 03/04. **Pr:** 1. Pr Rachmaninow-Dirigierwettb 73, Schallplattenaufz ua Echo Dt Schallplattenpr 93, Premio Abbiati 94, 96, 98, 'Musa Polimnia' Florenz 95. – **Aufn/RF:** ua P Mascagni: Cavalleria Rusticana, Orch de Paris; P I Tschaikowsky: Eugen Onegin, Orch de Paris; G Rossini: Stabat Mater; M Ravel: Bolero ua, Orch de Paris; L Berio: Canticum Novissimi, Testamenti II – Sinfonia, m London Sinfonietta Voices, Electric Phoenix, Orch de Paris; H Berlioz: Symphonie Fantastique, Carnaval Romain, Orch de Paris; Honegger/Milhaud/Poulenc: 'Paris 1920', Chor u Orch de Paris; W A Mozart: Concert f 2 & 3 pianos, Katia u Marielle Labèque, Berliner Philharmoniker; D Schostakowitsch: Symph No 5, m Berliner Philh; Ders: Symph No 8, m dens; Ders: Symph No 11, The Year 1905, m dens; R Strauss: Also sprach Zarathustra, Don Juan, Philh Orch u Royal Concertgebouw Orch Amsterdam. (Red)

Byers, Mardi, Sängerin; c/o Lübecker Theater GmbH, Beckergrube 16, D-23552 Lübeck, T: (0 56 06) 6 01 32; c/o Pocket Opera, Sekretariat Ulrich Amacher, Binderstr 56, CH-8702 Zollikon. **Laufb:** Sol KamOp Göttingen, Pocket Op Zollikon, Lübecker Th. (Red)

Bylund, Jonas, Prof, Hochschullehrer, Posaune; Hochschule f Musik u Theater, Emmichpl 1, D-30175 Hannover. **Ausb:** Stud (Pos) Musikakad Stockholm. **Laufb:** Solopos Philh Orch v Stockholm u Oslo u Bamberger Sinf, Prof (Pos) H f M u Th Hannover. **Pr:** 1. Preis d CIEM-Genf 88, Prtr ARD-Wettb in München 89. **Ens:** Stockholm Chamber Brass. (Red)

Byrne, Elizabeth, Sängerin; Staatstheater, Oberer Schloßgarten 6, D-70173 Stuttgart [Lancashire, England]. **Laufb:** Sol Staatsop Stuttgart. (Red)

Byström, Malin, Sopran; c/o Theater Nürnberg, Richard-Wagner-Pl 2–10, D-90443 Nürnberg. **Ausb:** GesAusb Göteborger Kons, Königl OpSchule Stockholm b Jonathan Morris. **Laufb:** Sol Th Nürnberg, Gastsol Zeitgen Op Berlin SpZ 00/01. **Pr:** Swedish Acad Music Prize (zweimal), Jenny Lind Prize. (*)

Bytnarova, Karla, Mezzosopran; Tylova 510, CZ-53851 Chrast u Chrudimi, T: 01 76–20 07 93 36, +42 (06 04) 70 85 40, *Karla.Bytnarova@Seznam.cz*; Südostbayerisches Städtetheater, Fürstbischöfliches Opernhaus, Gottfried-Schäffer-Str 2 und 4, D-94032 Passau [Hořice v Podkrkonoší, Tschechien 7.11.1973]. Oper, Lied, Oratorium **Ausb:** Stud b S Šubrtova Kons Pardubice (CZ) 89–95, Stud b A Kucharsky Richard-Strauss-Kons München 95–97. **Laufb:** Sol OpStudio Bayer Staatsop München 97–98, Stadtth Coburg 98–99, NatTh Breslau 2000, Staatsth am Gärtnerpl München, Sol Südostbayer Städteth, Stadtth Pilsen SpZ 03/04, Staatsop Prag SpZ 04/05 (Carmen), NatTh Prag, KonzTournee m A Dvořák: 'Stabat Mater' n Paris, Brüssel, Metz, Dijon, Vannes u Rennes. – **Aufn/RF:** Dvořák: 'Stabat Mater', Prager RF-Orch, Dgt: R Page CD 99 (CD) u Live-Aufn Prager RF 2000; Prokofiev: 'Ivan the Terrible', Prager SinfOrch, Dgt: L Svarovsky (CD); Eben, Bohač, Raichl: Lieder, Prager RF (Aufn); Messe, Prager SymphOrch, Dgt:Altrichter, BR; Mozart: 'Requiem' (TV–Live Prag). **UA:** J Krček: 'Desiderata' (Symph), UA Dgt: J Belohlovek; J Boháč: 'Die Erinnerungen in d Zeit' (Lieder) m P Jiříkovsky.

C

Caballé Domenech, Josep, Dirigent; Staatstheater, Oberer Schloßgarten 6, D-70173 Stuttgart. **Laufb:** Dir Orch d Hess RF, WDR-Rundfunkorch, Bamberger Symph, das BBC Philh Orch, Royal Scottish Nat Orch, Schwed Radio-SymphOrch, Ulster Orchestra, Portug SymphOrch, Staatsoper Stuttgart. (Red)

Cabiria, Laura, Sängerin; c/o Stadttheater Fürth, D-90744 Köln. **Laufb:** Sol Junge Kammerop Köln SpZ 03/04, Stadtth Fürth SpZ 04/05. (Red)

Cacciari, Enrico, Klavier, Korrepetitor; c/o Opernhaus Zürich, Falkenstr 1, CH-8008 Zürich, T: 0 12 68 64 00; *www.opernhaus.ch*. **Laufb:** Solokorrep Op Zürich. (Red)

Cachemaille, Gilles, Bassbariton; c/o Balmer & Dixon Management AG, Kreuzstr 82, CH-8032 Zürich, T: 04 32 44 86 44, F: 04 32 44 86 49, *mail@badix.ch*; *www.badix.ch/voc/cachemaille.html*. frz. Musik, Mozart **Laufb:** ua: 'Carmen' Salzburger Oster- u SommerFSp, Dgt: H v Karajan 85, 'La damnation de Faust' (Mephistopélès) Strassbourg, Lausanne, Lyon, Paris, Los Angeles, Lissabon, Montreal, Berlin, Mozart: 'Don Giovanni' (Leporello), 'Le nozze di Figaro' (Figaro) Wiener Staatsop, Pariser Op, Mozart: 'Così fan tutte' (Don Alfonso) Edinburgh Fstv, Dgt: Sir C Mackerras, 'Walpurgisnacht', Dgt: N Harmoncourt, Bach: 'Auferstehung u Himmelfahrt Jesu' MFestW Luzern 2000, 'Pelleas et Mélisande' (Golaud) Dgt: P Boulez 2000, Berlioz: 'Romeo et Juliette' (Père Laurent) Tokyo, Dgt: C Dutoit 2001, GastSol Semperop Dresden SpZ 04/05. – **Aufn/RF:** zahlr Einsp. (Red)

Cada, Sybille, Prof, Hochschullehrerin, Klavier; Hebelstr 4, D-60318 Frankfurt, T: (0 69) 4 98 00 10, F: 4 98 00 20, *cada@t-online.de*; Hoschschule f Musik u Darst Kunst, Eschersheimer Landstr 29–39, D-60322 Frankfurt. **Laufb:** Prof (Kl) H f M u Darst Kunst Frankfurt/M. (Red)

Cadisch, Peter, Komponist, Klarinette; Bahnhofstr 91, CH-8803 Rüschlikon, T: 0 17 72 89 94. (Red)

Caduff, Sylvia, Dirigentin; Bellerivestr 29, CH-6006 Luzern, T: 04 13 70 48 44 [Chur]. **Ausb:** Stud Kl Kons Luzern, Mstrkse b Karajan, Kubelik, Matacic, Ferrara. **Pr:** 1. Pr Dimitri Mitropoulos DirWettb New York 66. (Red)

Caeners, Johannes, Hochschullehrer; Akad f Tonkunst, Ludwigshöhstr 120, D-64285 Darmstadt, *caeners@hotmail.com*. **Laufb:** Doz HfM Mannheim, Doz (Korr) Akad f Tonkunst Darmstadt. (Red)

Cahn, Aviel, Dr, Operndirektor; Kornhausstr 12, CH-3013 Bern [Zürich 1974]. Oper **Ausb:** GesStud Bern, JuraStud Zürich. **Laufb:** Zürcher KamOrch, künstl Betriebsbüro; China National SymphOrch, Peking, int künstl Management; Finnish National Op, Helsinki, Planning Dir; Stadtth Bern, Operndir. – **Sonst:** Diss 'Der Theaterintendant' 03.

Cajöri, Christoph, Dirigent; Bollstr 29, CH-5442 Fislisbach, T: 05 64 93 47 61. (Red)

Caleb *siehe* Choi, Woong-jo

Calle, Clara Andrada de la, Flöte; c/o HR Sinfonieorchester, Bertramstr 8, D-60320 Frankfurt a M. **Laufb:** Sol HR SinfOrch Frankfurt a M. (Red)

Calleja, Joseph, Sänger; Wiener Staatsoper, Opernring 2, A-1010 Wien [1978]. **Laufb:** Sol Wiener Staatsop. **Pr:** Prtr Belvedere-Gesangswettb Wien 97, Premio Caruso Mailand 98, u Operalia Puerto Rico 99. (Red)

Calleya, Octav, Dirigent; c/o Berliner Symphoniker, Christstr 30, D-14059 Berlin. **Laufb:** Gastdgt Berliner Symphoniker SpZ 00/01. (*)

Callhoff, Herbert, Prof, Komponist, Hochschullehrer; Lotosweg 35, D-50999 Köln, T: (0 22 36) 6 38 56, F: 6 38 56; Realt na Mara, Drom West, Glenbeigh, Co Kerry, Irland, T: (0 66) 6 81 21 [Viersen 13.8.1933]. **Ausb:** Stud (KiM, Komp, Dirig) Folkwang-H Essen. **Laufb:** Organist u Kantor St Elisabeth Düsseldorf, Doz Clara-Schumann-MH, Prof (Orgel, Tonsatz) Robert-Schumann-MH Düsseldorf seit 75, Rektor ebd 95–98. **Pr:** KompPr Stadt Neuss 84. – **Komp:** Cantos de amor y desperación (KamM) 85, UA Witten, KamMTage 86; La Danse Macabre (Orat) 86–87, UA Düsseldorf, Schola cantorum u Orch, Dgt: W Lechte 93; Concert symphonique f V u Orch (Konz) 88/89, UA Viersen, Chr Poppen 94; Symphonie Nr 1 (OrchW) 90, UA Viersen, Detmolder KamOrch, Dgt: Chr Poppen 93; Bruckner-Metamorphosen (OrchW) 90–93, UA Nowosibirsk, A Katz 97; Symphonie Nr III (OrchW) 95–97; Symphonie Nr IV (OrchW) 98/99. (Red)

Calvano Forte, Carmela, Sängerin; Obere Büschenstr 10, CH-9000 St Gallen, T: 0 71 22 07 67. **Laufb:** Gastsol Th Biel-Solothurn seit 2000. (Red)

Calvert, Mark, Sänger; c/o Theater der Stadt und Schlossfestspiele Heidelberg, PF 104420, D-69045 Heidelberg. (Red)

Cambensy, Tobias, Tenor; c/o Niebelheim Agentur & Verlag Regina Hruška, Gallgasse 76, A-1130 Wien, T: (01) 8 97 90 91, F: 8 97 90 91, *agentur@niebelheim.com* [München 1964]. **Ausb:** Musikgym d Regensburger Domspatzen, Fachakad f kath KiM u Musikerziehung Regensburg, H f M u darst Kunst Wien b F Donner u W Moore, Mag d Künste 95. **Laufb:** Debüt Salzburger FSp als 'Strojvedoucí' in Bohuslav Martinus Op 'Julietta', rege KonzTätigkeit, Radio- u RF-Aufn, CD-Einsp. (*)

Cambreling, Sylvain, Dirigent; c/o SWR Sinfonieorchester, Konzerthaus Freiburg, Konrad-Adenauer-Pl 1, D-79098 Freiburg, T: (07 61) 3 88 12 06, F: 3 88 12 13; c/o Van Walsum Management Deutschland, PF 3409, D-30034 Hannover, T: (05 11) 3 66 07 23, F: 3 66 07 24, *jvw@vanwalsum.com* [Amiens 1948]. **Ausb:** Stud Kons Paris. **Laufb:** Pos Orch Symph de Lyon 71, Stellv MD Op Nouveau Lyon 75–81, ständ Gastdgt 'Ens InterContemporain' Paris 76, GMD Th de la Monnaie Brüssel (ZusArb ua m L Bondy, P Chéreau, K-E Herrmann, P Mussbach, H Wernicke) 81, Gast Mailänder Scala 84, Met Op 85 u 89, Wiener Staatsop 91, Op Bastille Paris 92, regelm Gast Salzburger FSp (ua Debussy: 'Pelléas et Mélisande', m Philh Orch London, Regie: R Wilson; Janácek: Katia Kabanova, Regie: Ch Marthaler; Berlioz: 'La Damnation de Faust' u 'Les Troyens', Regie: H Wernicke; 'Le Nozze di Figaro', Regie: Ch Marthaler) seit 85, 'Don Giovanni' Met Op New York 2002, ZusArb m Wiener Philh, Berliner Philh, Cleveland Orch, Los Angeles Philh Orch, Cincinnati u Montreal Symph Orch, Oslo Philh Orch, BBC Symph Orch, NDR SinfOrch, Orch d BR, Ens Modern, Orch de Paris, Staatskap Dresden u Tschech Philharmonie, Dt Symph-Orch Berlin u Netherlands Radio Philh Orch, Intendant u GMD Op Frankfurt u zugl künstl Lt d Konz d Frankfurter Museumsges (Wozzek, Don Giovanni, Le Nozzi di Figaro, Regie: P Mussbach; Der Ring d Nibelungen, Regie: H Wernicke; Idomeneo, Regie: J Schütz) 93–97, 1. Gastdgt Klangforum Wien seit 97, ChefDgt SWR SinfOrch Baden-Baden u Freiburg seit 99/2000. **Pr:** Träger d Europ Dgt-Pr, Dirigent d Jahres d Zs 'Opernwelt' 93/94. – **UA:** L Berio: 'Cronaca de Luogo'. (Red)

Cammin, Heinz *siehe* Zehm, Friedrich

Campbell, John Allison, Komponist, Hochschullehrer; Schwalbacher Str 8, D-12161 Berlin, T: (0 30) 8 22 07 56 [Terre Haute, IN, USA 4.11.1950]. Orchester-, Kammer-, Chormusik, Lied, Oper **Ausb:** Komp Philadelphia 77–81, Berlin 82–86. **Laufb:** LBeauftr H d K Berlin 92–96, GastDoz Filmakad Baden-Württemberg (symphon Orchestration) 94–04, publizist tätig. – **Komp:** Sonata IX (Skrjabin/Campbell) (gr Orch), UA Stuttgart, Dgt: J Tuggle 86; Fantasia Orientale (gr Orch m Gesang), UA Berlin 89; Sonate f Klar u Kl (Blaue Säle), UA Berlin 94; Die Blauen (Lieder), UA Berlin 94; Speculum vitae (gem Chor), UA Berlin 96; Sonate f Git; Cambiamenti (Fag u Streichqua), UA Berlin 96; Bläserquin op 12 (Cambiamenti II), UA Berlin, Musagetes-Quin 01; Symph op 11 (gr Orch), UA Detroit, Orchestra Hall, Dgt: N Järvi 01 (Auftr: Detroit SymphOrch). **Aufn/RF:** Son f Klar u Kl op 5 (Blaue Säle), m S Landgrebe, S Weyhmann 94 (SFB); Die Blauen op 3, m D Wietschorke, P Mayers 95 (SFB); Symph op 11, m Detroit Symph Orch, Dgt: Neeme Järvi 01. **Sonst:** CD 'Cambiamenti'.

Campen-Bálint, Myra van, Konzertmeisterin, Violine; c/o Anhaltische Philharmonie, Friedenspl 1a, D-06844 Dessau. **Laufb:** 1. Konzm Anhalt Philharmonie Dessau. (Red)

Campestrini, Christoph, Dirigent; c/o Baron & Weingartner Internationale Künstleragentur, Bösendorferstr 4/12, A-1010 Wien, T: (01) 4 89 61 54, F:

4 89 61 54 44, *office@baronartists.com*; *www.baronartists.com* [Linz]. **Laufb:** 1. Koord Kapm Musikth Essen 99–01. (Red)

Candao, Abdul, Sänger; Ratsgasse 1, D-09456 Annaberg-Buchholz, T: (0 37 33) 42 86 42 [Davao City, Philippinen 18.6.1965]. Oper, Operette, Musical **Ausb:** Stud Sologesang (I Potenciano) Santo Tomas Cons of Music U of Manila 83–88, OpSchule (W Kmentt, W Berry, V Mirakian) Kons d Stadt Wien 91–95. **Laufb:** EnsMitgl Neue Op Wien, Sol Lübecker Sommeroptte, 41. Summer Music Fstv Zadar/Kroatien 2001, Sol Th Annaberg-Buchholz 03/05.

Candotto, Simone, Posaune; c/o NDR Sinfonieorchester, Rothenbaumchaussee 132–134, D-20149 Hamburg. **Laufb:** Stimmführer NDR SinfOrch Hamburg. (Red)

Cangemi, Veronica, Sängerin; c/o Bayerische Staatsoper, Brieffach, D-80075 München. **Laufb:** Sol Bayer Staatsop München (93/04), Gast-Sol Dt Staatsop Berlin SpZ 00/01. (Red)

Canonica, Marco-Maria, künstlerischer Direktor; c/o Stadtverwaltung Heidenheim, Opernfestspiele, Grabenstr 15, D-89522 Heidenheim, PF 1146, D-89501 Heidenheim, T: (0 73 21) 3 27 46 00, F: 3 27 46 11, *mmc@cmc-online.de* [Bern 1950]. ital Oper **Ausb:** Stud Cons u Accad de Musique Fribourg (CH), KapmSchule b F Leitner Zürich. **Laufb:** Musikal u künstl Lt Philharm Orch Heidenheim seit 83 u OpFSp Heidenheim seit 85.

Cantor-Samana, Emile, Prof, Hochschullehrer, Viola; c/o KölnKonzert, Buchmühlenstr 17–21, D-51465 Bergisch Gladbach, T: (0 22 02) 3 76 75, F: 3 87 31, *koelnkonzert@t-online.de* [Apeldoorn 1955]. **Laufb:** Prof (Va) Folkwang-H Essen, Sol Aarhus SymphOrch 03. **Ens:** Orpheus Qua. – **Zug:** 10 Werke. (Red)

Cantoreggi, Muriel, Violine; c/o Münchener Kammerorchester, Wittelsbacherpl 2, D-80333 München [1971]. **Ausb:** Cons Nat Sup de Musique Paris. **Laufb:** Konzm European Union Youth Orch 94–96, Konzm Münchener Kammerorch seit 95. **Pr:** Wettb 'Marguerite Long Thibaut' Paris 93. (Red)

Capek, Wolfgang, Mag, Prof, Hochschullehrer, Orgel; Univ f Musik u Darst Kunst, Inst f Orgel, Orgelforschung u Kirchenmusik, Seilerstätte 26, A-1010 Wien, *capek-w@mdw.ac.at*. **Laufb:** ao UProf U f Musik u Darst Kunst Wien. (Red)

Capell, Manfred, KS, Sänger; Johann-Wanner-Str 10, D-89257 Illertissen, T: (0 73 03) 4 19 29, 01 70–4 11 93 27, F: (0 73 03) 4 19 29; Am Berg 17, D-87497 Wertach [Lübeck 3.11.1934]. Oper, Oratorium, Lied **Ausb:** Dt Theater-Inst Weimar, Hebbelth-Schule Berlin, (Ges, OpRegie) H f Musik Berlin, Acad of Vocal Arts Philadelphia, USA, (E Campogalliani) Mantua. **Laufb:** Sol u Ass OpDir Op Nürnberg 57–60, Sol Städt Bühnen Osnabrück 60–62, Op Köln 62/63, Städt Bühnen Dortmund 63–66, Städt Bühnen Krefeld-Mönchengladbach 66–73, Ulmer Th seit 73, Ref d Intendanten ebd 76–79, Kammersänger 81, Gastsp ua in Warschau, Barcelona, Marseille, Nizza, Rotterdam, Linz, München, Düsseldorf, Essen, Aachen, Braunschweig, Würzburg, Freiburg u Wuppertal, Konz, Liederabende, LAuftr (Ges) U Köln 72–74 u Richard-Strauss-Kons München 81–83, Prof (Ges, Liedinterpretation, OpSchule) Landeskons Vorarlberg 82–86, Doz (Ges) u Lt OpSchule Meistersinger-Kons Nürnberg seit 83. **Pr:** 1. Pr Meistersinger-Wettstreit Nürnberg, Rotary-Stip Int Sommerakad Mozarteum Salzburg. **Mitgl:** GDBA. – **UA:** J Lukewitz: Lord it is enough; E Krenek: The Belltower; F Holländer: Das Blaue vom Himmel; C Bresgen: Der Mann im Mond; M Zafred: Hamlet; K Schwertsiek: Der lange Weg z großen Mauer; M Horvath: Lamasabathani; F Silla: Jagdszenen aus Niederbayern; B Liberda: Das Ende d Kreises; M Thurow: Gas. **Sonst:** Gastvorlesung Univ Ulm.

Capitani, Anna de, Klavier; Viktoriastr 45, CH-3013 Bern, T: 03 13 31 15 06. (Red)

Capitanucci, Fabio Maria, Bariton; Sächsische Staatsoper, Theaterpl 2, D-06067 Dresden. **Laufb:** Sol Sächs Staatsop Dresden. (Red)

Caproni, Bruno, Sänger; c/o Deutsche Oper Berlin, Bismarckstr 35, D-10627 Berlin; c/o Bühnen der Stadt Köln – Opernhaus, PF 101061, D-50450 Köln. **Laufb:** Sol Bühnen d Stadt Köln, Staatsop Wien SpZ 02/03, Dt Op Berlin SpZ 04/05. (Red)

Capt, Marlyse, Violine; Grüneckweg 8, CH-3006 Bern, T: 03 13 52 65 53. **Ausb:** Stud V (U Lehmann, E Zurbrügg) Bern, (J Piguet, M Karafilova) Genf, Mstrkse b J Amoyal, G Kurtag. **Laufb:** Doz Kons Bern, Mitgl KamOrch Basel. **Ens:** The Dorian Consort. (Red)

Capuano, Enzo, Bass; Staatstheater, Oberer Schloßgarten 6, D-70173 Stuttgart [Catanzaro]. **Laufb:** Sol Staatsth Stuttgart. (Red)

Cara, Selcuk, Sänger; c/o Bühnen der Stadt Köln – Opernhaus, PF 101061, D-50450 Köln. **Laufb:** Sol Staatsth Oldenburg SpZ 03/04, Op Köln. (*)

Card, June, Sängerin (Sopran), Opernregisseurin; Merzstr 9, D-83646 Bad Tölz, T: (0 80 41) 4 14 42, F: 7 13 43, *cardoper@hotmail.com* [New York]. klass u mod Sopranfach **Ausb:** Stud Gesang New York. **Laufb:** Eng New York Op 63–65, KamSängerin Bayer Staatsth München 67, festes EnsMitgl Op Frankfurt seit 69 (ua Titelpartie 'Jenufa', Mutter 'Stephen Climax', Hexe 'Hänsel u Gretel', Herodias 'Salome', Mutter 'Die Wände'), KamSängerin Frankfurt 86, Op- u Konz-Gastsp im In- u Ausland, ua Met Op New York; Regisseurin, Inszenierungen ua: 'Fidelio' (Frankreich) u 'Titus' (Dtschld). **Pr:** Frankfurter Kulturpr 'Harlekin' 79. (Red)

Carda, Franz, Mag, Prof, Hochschullehrer, Klavier; Univ f Musik u Darst Kunst, Inst f Gesang u Musiktheater, Penzingerstr 7, A-1140 Wien. **Laufb:** Prof U f Musik u Darst Kunst Wien. (Red)

Careddu, Silvia, Flöte; c/o Konzerthaus Berlin, Gendarmenmarkt, Charlottenstr 57, D-10117 Berlin. **Laufb:** Sol Berliner SinfOrch. (Red)

Carella, Giuliano, Dirigent; c/o Theateragentur Dr.Germinal Hilbert, Maximilianstr 22, D-80539 München, T: (0 89) 2 90 74 70, F: 29 07 47 90, *agentur@hilbert.de* [Milano]. **Laufb:** Dgt Hamburg Staatsop. (Red)

Carewe, Anna, Cello; Musikproduktion Jörg Höflich, Enhuberstr 6–8, D-80333 München, T: (0 89) 52 20 81, F: 52 54 11, *hoeflich@musikmph.de*. **Ens:** Manon Qua Berlin. (*)

Carey, Suzanne, Sopran; c/o Wiener Kammeroper, Fleischmarkt 24, A-1010 Wien [Missoula, Montana, USA]. **Ausb:** Stud (Bachelor of Music) U of Colorado, Boulder Colorado. **Laufb:** Sol Metropol Wien, Raimund Th Wien, Th Wisconsin, Colorado Lyric Op, Macky Th, Kammerop Wien SpZ 03/04. (*)

Carignani, Paolo, Dirigent, Generalmusikdirektor; c/o Oper Frankfurt, Untermainanlage 11, D-60311 Frankfurt, T: (0 69) 21 23 73 29, F: 21 23 72 03, *generalmusikdirektor.oper@stadt-frankfurt.de* [Mailand 1961]. **Ausb:** Stud Orgel, Kl, Komp (N Castiglioni) Giuseppe-Verdi-Kons, Stud OrchDir (A Galliera) ebd. **Laufb:** GMD Op Frankfurt SpZ 99/05, Künstl Lt Konz d Frankfurter Museumsorch d Alten Op, Dgt v Konz, Recitals u Op b ital OpFstv ('Fstv di Due Mondi' Spoleto, 'Rossini Op Fstv' Pesaro, 'Sferisterio' Macerata, Fstv d 'Valle d' Industria' Martina Franca), Op Rom, Neapel, Bologna, Genua, Palermo, Staatsop Wien u München, Concertgebouw Amsterdam, Op Zürich, Den Norske Op Oslo, War Memorial San Francisco, ROH Covent Garden, Dt Op Berlin (03/05), Op de la Bastille Paris, Gran Teatre del Liceu Barcelona; Zus-Arbeit m zahlr ital Orch, Detroit Symph Orch, Jg Dt Philh, Dt Symph Orch-Berlin, Göteborg Symph Orch, Münchner Philh, RF-Orch Köln u Wien ua.

Carlberg, Daniel, Mag, Repetitor; Werderstr 27, D-76137 Karlsruhe, T: (07 21) 1 74 90 91, (01 76) 23 29 12 78, *danielcarlberg@yahoo.de* [Kreuztal 5.3.1974]. **Ausb:** Stud Kl (Prof V Krajner) MH Hannover 93–97, Dirig u Korrep (Prof L Hager, Prof K Leitner) MH Wien 97–2001. **Laufb:** Studienlt Staatsth Meiningen SpZ 99/2000, Korrep m Dgt-Verpfl Landesth Linz SpZ 01–04, 2. Kapm u Ass GMD Badisches Staatsth Karlsruhe SpZ 04/05. **Pr:** Kunstpr Dr-Wolfgang-Zippel-Stift Kassel 03.

Carlsen, Toril, Sängerin; c/o Oper Leipzig, Augustuspl 12, D-04109 Leipzig. (*)

Carlson, Lenus, Sänger; Schopenhauerstr 7, D-14129 Berlin, T: (0 30) 80 90 65 37. **Laufb:** Sol Dt Op Berlin. (Red)

Carlson, Theodor, Bariton; c/o Konzert-Direktion Zagovec, Hans-Böckler-Str 23, D-65468 Trebur-Astheim, T: (0 61 47) 91 96 60, F: 91 96 62, *agentur@zagovec-artists.de* [Ann Arbor, MI, USA]. Verdi **Ausb:** Stud (Ges) U of Michigan, Juillard School New York City u OpStudio Zürich. **Laufb:** Lied- u Konz-Sänger in USA u Europa, OpEng ua Juillard Op Center New York, OpHaus Zürich, Badischen Staatsth Karlsruhe u NatTh Mannheim, Sol Th d Stadt u SchlossFSp Heidelberg, Gastsol Th Hagen SpZ 04/05. **Pr:** Puccini Foundation Award 88, 1. Pr Concours Int de Chant de Verviers 89. (*)

Carlstedt, Christian, Operndirektor, Dramaturg; c/o Theater Freiburg, Bertoldstr 46, D-79098 Freiburg i Br. **Laufb:** OpDir u Dram Th Freiburg seit SpZ 03/04. (Red)

Carlstedt, Jenny, Mezzosopran; Juri-Gagarin-Ring 45, D-99084 Erfurt, T: (03 61) 5 66 71 36; c/o Oper Frankfurt, Untermainanlage, D-60311 Frankfurt/Main. **Ausb:** Stud Ges Sibelius Akad Helsinki bis 98, Stud Ges (R Piernay) Guildhall School of Music and Drama London, Mstrkse b D Irwing, J Goldberg, F le Roux, H van der Kampf, M Horne, G Johnson, R Bowman, B Forsberg, I Gavrilovici. **Laufb:** Sol Clonter OpCompany 2000, Finn Nationalop Helsinki 01/02, Op Frankfurt seit SpZ 02/03. **Pr:** Finalistin Timo Mustakallio Wettb Savonlinna, 2. Pr Lappeenranta GesWettb 99, Prtr Susan Longfield Wettb 2000 (GSMD), Harold Rosenthal Pr, Stip d finnischen Kulturstift. – **Sonst:** Helsinki MFstv, Schleswig-Holstein Fstv, ZusArb m P Schreier, R Goodman, Finnischem RSO. (Red)

Carmignola, Giuliano, Violine, Hochschullehrer; Musikhochschule Fak I, Zentralstr 18, CH-6003 Luzern, T: 04 12 26 03 70, F: 04 12 26 03 71; *www.musikhochschule.ch*. **Laufb:** Doz (V) MH Luzern, Gastsol Schwetzinger FSp 05. (Red)

Carnarius, Kleif, Viola; c/o Komische Oper, Behrenstr 55–57, D-10117 Berlin. **Laufb:** Sol Orch d Komischen Op Berlin. (Red)

Carneiro, Marcio, Prof, Hochschullehrer, Cello; Freiligrathstr 3, D-32756 Detmold, T: (0 52 31) 2 65 33; Hochschule f Musik, Neustadt 22, D-32756 Detmold. **Laufb:** ehem Ass v A Navarra, Doz SommerAkad Sitten u Ecole Sup d M, Doz u Direktionsmitgl Cons Sup et Acad d M Tibor Varga, Prof (Vcl) H f M Detmold. **Pr:** Pr-Tr Tschaikowski-Wettb Moskau. (Red)

Caron, Dominique, Operndirektorin; c/o Stadttheater Gießen, PF 111128, D-35356 Gießen. (Red)

Carosi, Micaela, Sängerin; c/o Oper Frankfurt, Untermainanlage, D-60311 Frankfurt/Main. **Laufb:** Sol Stadtth Klagenfurt bis 04, Gastsol Op Frankfurt SpZ 04/05. (Red)

Carrai, Phoebe, Cello, Hochschullehrerin; Univ d Künste, Fak Musik, PF 120544, D-10595 Berlin, T: (0 30) 3 18 50, F: 31 85 26 35, 31 85 26 59, *presse@udk-berlin.de*. **Ausb:** Stud New England Cons of M (L Lesser), Salzburg (N Harnoncourt). **Laufb:** Doz (Vcl) Longy School of M Cambridge/Massachusetts, U d Künste Berlin, Schola Cantorum Basel. **Ens:** Musica Antiqua Köln, Sarasa Chamber Music Ens, Van Swieten Qua. (Red)

Carrara, Mario, Sänger; c/o Dietrich Eberhard Gross Künstleragentur, Eschenweg 19, D-61440 Oberursel, *d.e.gross@grossagentur.de*. **Laufb:** Sol Musikth Essen. (Red)

Carrey, Susann, Sängerin; c/o Kammeroper Göttingen eV, Alte Schule Arenborn, D-34399 Oberweser. **Laufb:** Sol KamOp Göttingen. (Red)

Carruzzo, Madeleine, Violine; Beckerstr 6a, D-12157 Berlin; Berliner Philharmoniker, Herbert-von-Karajan-Str 1, D-10785 Berlin. **Laufb:** 1.V Berliner Philharm. (Red)

Carter, Barbara, Sängerin; Bruckerstr 7, D-82284 Grafrath, T: (0 81 44) 99 65 65, F: 99 65 66, *barbara.carter@soprano.de*; *www.soprano.de* [Columbus, OH, USA]. Op, Optte, Musical **Ausb:** Capital U Columbus Ohio, Dipl (Operatic Performance) U of Toronto, Musical Acad of the West Santa Barbara Californien. **Laufb:** ua: Ensmitgl Op Essen 77–80, Ensmitgl Bayer Staatsop München 80–83, 'Barbiere di Sevilla' Teatro Liceo Barcelona 81, 'Entführung aus d Serail' ebd 84, 'Tancredi', 'Zauberfl', 'Rosenkavalier' Teatro Regio di Torino 85, 'Unverhoffte Begegnung' Bregenzer FSp 88, 'Rheingold' Rom 88, dass u 'Walküre' ebd 89, 'Parsifal' Venedig 89, 'Arabella' Dt Op Berlin 90, 'Siegfried' Rom 90, 'Götterdämmerung' ebd 91, 'Elektra' (G Sinopoli) La Scala Mailand 94, 'Elektra'-Tournee m Philh Dresden (G Sinopoli) nach Taiwan u Japan 95. **Pr:** Life Achievement Award 96, Capital U Ontario Arts Council Grant, Josephin Harper Award, Lillian Steinberg Award Toronto, Tyronic Guthrie Award Stratford Shakespearian Fstv.

Carter, Ronald, Tenor; Roermonder Str 24, D-41068 Mönchengladbach, T: (0 21 61) 82 87 51; c/o Künstleragentur Elke Wiemer, Exerzierstr 9, D-13357 Berlin, T: (0 30) 46 60 78 03, F: 46 60 78 17, *mail@agentur-wiemer.de*. **Laufb:** Gastsol Städt Bühnen Augsburg, Staatsth Hannover, Staatsth Oldenburg, Op Frankfurt, Pfalzth Kaiserslautern, OpHaus Halle, Op Basel, Tiroler Ldsth Innsbruck, Staatsop Prag, Sol Vereinigte Städt Bühnen Krefeld u Mönchengladbach. (Red)

Carulli, Michele, Kapellmeister, Generalmusikdirektor; Fliederstr 11, D-66119 Saarbrücken, T: (06 81) 9 47 44 73, 01 73–6 80 83 83; c/o Landesbühnen Sachsen, Meißner Str 152, D-01445 Radebeul [Gravina di Puglia 7.1.1958]. Konzert, ital Oper, Mozart **Ausb:** Stud Komp, OrchLtg Kons Mailand 78–83, Accad Musicale Pescarese 83–86, Brahms MSchule Wien 89/90, Mstrks b S Ozawa Tanglewood 91. **Laufb:** Ass v G Sinopoli, Assistant conductor Orch Nazionale della RAI di Torino 96–98, Co-Dgt Op Rom 98/99, Gastdgt USA, Japan, Europa, in Dtschld SymphOrch d BR, RF-Orch Frankfurt, Staatskap Weimar, Philh Gotha, Staatsth Chemnitz, 1. Kapm u stellv GMD Saarländ Staatsth SpZ 03/04, GMD Landesbühnen seit 05.

Carydis, Constantinos, Dirigent; c/o Opernhaus Graz, Kaiser-Josef-Pl 10, A-8010 Graz [Athen 1974]. **Ausb:** Stud (Kl, Harmonielehre, Kontrapunkt, Fuge) Kons Athen, Stud OrchDgt H f M München b Prof Hermann Michael. **Laufb:** Dgt Staatsth am Gärtnerpl München 99–03, Kom Op Berlin SpZ 03/05, Staatsth Stuttgart 04/05, Dgt Dt Op am Rhein SpZ 04/05, Op Graz SpZ 04/06, Hamburgische Staatsop 06, Frankfurter Oper 06. (Red)

Casapietra, Björn, Tenor; c/o MM Konzerte GmbH, Untere Königsstr 78 – 82, D-34117 Kassel, T: (05 61) 70 95 50, F: 1 50 81, *bjoern@casapietra.de*; *www.casapietra.de* [Genua 1970]. (Red)

Casciarri, Giorgio, Tenor; c/o Pro Arte Stefan Dörpinghaus, Rosenweg 7, D-42499 Hückeswagen, T: (0 21 92) 8 30 05, 01 77–6 63 40 66, F: 93 18 81, *info@proarte-online.de*; *www.proarte-online.de*. **Laufb:** Sol Dt Op Berlin. (Red)

Casimir, Olaf, Kontrabass; c/o music and arts Organisations GmbH & Co. KG, Corsicaskamp 13, D-49076 Osnabrück, T: (05 41) 9 62 96 00, F: 96 29 60 50, *info@music-and-arts.de*; c/o Schauspiel Fankfurt, Neue Mainzer Str 17, D-60311 Frankfurt/Main; *www.music-and-arts.de*. **Laufb:** SchspM Schauspiel Fankfurt SpZ 04/05. (Red)

Caskel, Christoph, Prof, Hochschullehrer, Schlagzeug; Marienberger Weg 4, D-50767 Köln, T: (02 21) 7 90 32 84, F: 7 90 32 84; H f Musik, Dagobertstr 38, D-50668 Köln. **Laufb:** Prof (Pauken, Schlgz) H f Musik Köln seit 76. (Red)

Casleanu, Liviu, Violine, Konzertmeister; Hohenzollernstr 7, D-53859 Niederkassel. **Laufb:** 1. Konzm Orch d Beethovenhalle Bonn SpZ 01/05. (Red)

Càsola, Fabio di, Klarinette, Hochschullehrer; Püntenrain 49, CH-8478 Thalheim, T: 05 22 03 11 89, 07 63 78 12 34, *info@dicasola.com*; H Musik u Theater, Hirschengraben 46, CH-8001 Zürich; *www.dicasola.com* [Lugano 28.1.1967]. Klassik, zeitgen Musik **Ausb:** Cons supérieur de musique de Genève 85–90. **Laufb:** Doz (Klar) MH Winterthur Zürich, Tournee als Sol m Russ NatOrch (Dgt: M Pletnev). **Pr:** 1. Pr CIEM Wettb Genf 90, Schweizer Musiker d Jahres 98, Patek Philippe Pr. **Ens:** Soloklar Orch d MKollegium Winterthur.

Casper, Bernd, Prof, Hochschullehrer, Klavier; Parkaue 32, D-10367 Berlin, T: (0 30) 55 49 76 14; c/o Hochschule f Musik 'Hanns Eisler', Charlottenstr 55, D-10117 Berlin [Leipzig 26.7.1938]. **Ausb:** Stud (Dirig, Komp, Kl) MH Leipzig, Kl (D Zechlin) Akad d Künste Berlin. **Laufb:** Solorep Kom Op Berlin (ZusArb m W Felsenstein, G Friedrich), Konz im In- u Ausland, ständ Pianist/Cemb Berliner SinfOrch, Kammervirtuos 81, LBeauftr H f M 'Hanns Eisler' Berlin, Prof (InstrKorr) ebd 87, Prof ebd 92. **Pr:** Kunstpr d DDR 79, Nationalpr f KamM 87. **Ens:** Bläservereinigung Berlin. – **Aufn/RF:** RF u Schallplatte: KlarSon Brahms; KlQui Mozart, Beethoven, Dessau. **Sonst:** Mitbegrd Bläservereinigung Berlin 66.

Casselman, Jane, Sopran; Leichthohl 1, D-76889 Dierbach, T: (0 63 40) 4 09; c/o Bühnen der Stadt Köln – Opernhaus, PF 101061, D-50450 Köln [USA]. **Laufb:** Sol Pfalzth Kaiserslautern, Staatsth Kassel, Op Dortmund 95–99, Staatsth Mannheim 97 (Salome, Kundry m J Märkl), Frankreich-Debüt Montpellier 97, Op Bonn 98/99 (Katerina Ismailowa, Brünnhilde), Staatsth Kassel 98/99 (Sieglinde), Dt Op a Rhein Düsseldorf 98/99 (Kundry, Salome), Wiesbaden 98/99 (Agathe), US-Debüt Philadelphia 98/99 (Salome), Bad Staatsth Karlsruhe 99 (Els 'Schatzgräber'), ebd 2000/01(Isolde), NatTh Mannheim 99–04 (Marschallin, Tosca, Elisabeth 'Tannhäuser', Kundry), Ldsth Salzburg, Gastsol Tiroler Ldsth Innsbruck SpZ 03/04, Op Köln. – **Aufn/RF:** FS-pHaus Baden-Baden m SWR Radio-Aufn.

Castellon, José-Daniel, Flöte; c/o Orchestre de Chambre de Lausanne, Rue Saint-Laurent 19, CH-1003 Lausanne, T: 02 13 45 00 20, F: 02 13 45 00 21, *ocl@vtxnet.ch*; *www.regart.ch/ocl*. **Ausb:** Stud Fl (M Beuf), C.N.S.M. (M Larrieu), Dipl Nat d'Etudes Sup Musicales (1. Fl-Pr) 84. **Laufb:** Prof Kons Nat Lyon, Mstr-Klassen in Frankreich u Ausland (Schweiz, Brasilien, Korea ua), Prof Kons Sup Genf seit 2001/02. **Pr:** 'Concours Int d'Exécution Musicale de Genève' 83. **Ens:** Sol-Fl Orch Nat d l'Op d Lyon, Orch de Chambre de Lausanne seit 90. (Red)

Caudle, Mark, Cello; c/o Akademie f Alte Musik Oberlausitz, Prof Ulrike Engelke, Neißstr 8, D-02826 Görlitz, T: (0 35 81) 87 93 24, F: 87 93 25, *U.Engelke@t-online.de*; *www.aamol.online.de*. **Ens:** KamEns d Akad f Alte M Oberlausitz, Int Barockorch Görlitz. – **Aufn/RF:** CD: The Noble Bass Viol. (*)

Cavadini, Claudio, Komponist; via Turconi 10, CH-6850 Mendrisio, T: 09 16 46 02 22. (Red)

Cavalcanti, Miguelangelo, Bariton; Grabenstr 14, A-8010 Graz, T: (03 16) 67 78 35. **Laufb:** Sol Vereinigte Bühnen Graz, Sol Th Basel. (*)

Cave, Adrian, Sänger; Kreuzstr 1, D-53945 Blankenheim, Ahr, T: (0 26 97) 90 67 49. **Laufb:** Sol Eduard-von-Winterstein-Th Annaberg, Sol Th Bremerhaven. (Red)

Caves, Erin, Sänger; Deutsches Nationaltheater, PF 2003, D-99401 Weimar. **Laufb:** Sol MTh im Revier Gelsenkirchen 98–03, Sol Dt Nationalth Weimar seit 03/04. (Red)

Cazals, Carlo, Tenor; c/o Kremke mediaworks – Agentur für alte und neue Medien, Frau Britta Wisser, Eldepark, D-19372 Garwitz, T: (03 87 22) 22 70, F: 2 27 50, *mediaworks@kremke.de*; *www.cazals.de* [Hamburg 1948]. (Red)

Ceccherini, Tito, Dirigent; c/o Esther Schollum Artists' Management, Guntramsdorfer Str 12/2, A-2340 Mödling bei Wien, T: (0 22 36) 4 10 04, F: 41 00 44, *es@art-mgmt.com*; *www.art-mgmt.com*. Barockmusik **Ausb:** Verdi-Kons Mailand b G Carmassi, A Guarneri, A Solbiati u V Parisi. Stud b G Kuhn u S Gorli. Mstrkse b J E Gardiner u G Gelmetti. **Laufb:** Doz Orchltg Landeskons Innsbruck. **Ens:** Chefdgt Ens 'Risognanze'. (Red)

Cech, Christoph, Univ Prof, Komponist, Pianist, Dirigent, Pädagoge; Neubaugasse 34/11, A-1070 Wien, T: (01) 9 71 40 79, F: 9 71 40 79, *christoph.cech@chello.at*; Institut 'Jim' für Jazz u Improvisierte Musik, c/o Bruckneruniversität Linz, Sandgasse 12–14, A-4020 Linz, T: (07 32) 60 08 08–16, *c.cech@bruckneruni.at*; *www.christoph-cech.com* [Wien 29.6.1960]. Schnittlinie Neue Musik/Jazz/improv Musik **Ausb:** Stud (Schlgw, Jazztheorie, Komp) Kons Wien 75–83. **Laufb:** Tourneen m gen Ens (Europa, Mexico, USA), LAuftr (Tonsatz) MU Wien seit 98, Lt Abt f Jazz u Improvisierte Musik Brucknerunive Linz seit 99. **Pr:** Arbeitsstip Stadt Wien 88 u 95, KompPr Kons Stadt Wien 92, Leibnitzer Kunstpr f Bigbandkomp 94, Staatstip Rep Österr 95, Publicity Pr d Austro Mechana 97, Hans Koller Pr f beste Jazz-CD d Jahres 98; 1. Pr KompWettb d Stadt Ternitz u d Österr KompBundes 03; AnerkennungsPr d Landes Niederösterr 04. **Ens:** Lt u Dgt Janus Ens, Lt u Pianist/Dgt Nouvelle Cuisine Bigband, Duo Mütter/Cech, Trio Mondautos, Trio Jubilo Elf. – **Komp:** Die Befreiung d Modulors (Op) 86, UA Schwerin, Staatsth, Dgt: O Henzold 88; Konz Nr 1 f Kl u Orch, UA Wien, ORF-Sendesaal, Radio SinfOrch, R Lehrbaumer, Dgt: H K Gruber 93; Aus allen Blüten Bitternis (Op) 96, UA Wien, KamOp, Dgt: J Wildner 96; Tripelkonz 99, UA Wien, Gr MVereinssaal, Wiener KlTrio, Dgt: Ch Eberle 99; Nachklang-Nachtklang f Vcl u Ens, UA Wien, Konzerthaus, Janus Ens, F Kleinhapl, Dgt: C Cech 2000; 'IO' f Orch, UA Linz, Brucknerhaus, BrucknerOrch, Dgt: I Ingensand; Olfeo, UA Neue Op Wien, Dgt: W Kobera 05. **Aufn/RF:** Konz Nr 1 f Kl u Orch 95; CDs m Ens Nouvelle Cuisine Bigband: Flambée 88, Elephant Terrine 90, Phrygian Flight 94; Ultimate Sentences 97, Live at Porgy&Bess 02, Mozart Revisited 05; m Ens Striped Roses: Bonsai Beat 90; '+' 91, Insection 94, Tulpen 98; m Trio Mondautos: Mondautos 93, Euroblues 99; m Ens Jubilo Elf: Missing Link 91; m Ens Camerata Obscura: Batpulse 97; m Duo Mütter-Cech: Lobgesang 97; m Janus Ensemble: Janus 1 – Things, Janus 2 – Spielmannlieder 2000, Janus 3 – Correctness 03. **Sonst:** Keyboard 1–4, 28 leichte Stücke f Keyboard in 4 Bde 91; Spiel Dich fit-leichte Etüden f Klavier 01.

Cedolins, Fiorenza, Sopran; c/o Bayerische Staatsoper, Brieffach, D-80075 München; c/o Columbia Artists Management GmbH, Till Janczukowicz, Albrechtstr 18, D-10117 Berlin, T: (0 30) 20 64 80 78, F: 20 45 34 80, *info@cami.com*. **Laufb:** Sol Bayer Staatsop München. (Red)

Cemore, Alan, Bariton; Richard Wagner Str 29, D-28209 Bremen, T: (04 21) 3 46 85 70, F: 3 46 85 72, *cemore@t-online.de*; *www.cemore.com* [Antigo, WI, USA 6.11.1958]. **Ausb:** Stud (D Smalley) U of Northern Iowa School of Music 77–81, Bachelor of Music, Stud (M Gründler) H f M u darst Kunst Frankfurt/M 81–82, Stud (M Harshaw) Indiana U School of Music 82–85, Master of Music. **Laufb:** Sol (lyr Bariton) Hess Staatsth Wiesbaden 86–88, Sol (Kavaliersbariton) Th Basel 88–90, Sol (ital Kavaliersbariton) Op Graz 90–97, Sol (ital Bariton) Th Bremen seit 98, Sol Saarländ Staatsth Saarbrücken SpZ 03/04, Konz Carnegie Hall 84, 'Die lustige Witwe' Spoleto Fstv 84, 'La fanciulla del West' ebd u Italien 85, Henze: 'The English Cat' (Tom) Alte Op Frankfurt/M 86, dass Settembre Musica Torino 86, dass Edinburgh Fstv 87 'Das klagende Lied' MaiFSp Wiesbaden 86, Gazzaniga: 'Don Giovanni' (Biagio), Busoni: 'Turandot' (Pantalone) Wexford Fstv 88, 'Tannhäuser' (Wolfram) Fstv of Perth 99. **Pr:** Rotary Int Foundation Graduate Fellowship 81–82, Cole Porter Memorial Fellowship 84–85, Prtr Int MWettb ARD München 84. – **Aufn/RF:**

'Die grossmütige Tomyris' (Doraspe), m Linde-Consort Dgt: H-M Linde 88; ARD/WDR-Fernsehserie 'Oh wie verführerisch' 95 u Album zur Serie m Ausschnitten ua aus Rigoletto, Don Giovanni, Figaro, m Münchner RF-Orch, Dgt: G Andretta, R Saccani 95; Happy Birthday George Gershwin! Gala zum 100. Geburtstag, m RF-Radio-SinfOrch Frankfurt, HR, Dgt: H Wolff 98.

Cenariu, Horatiu, Violoncello, Hochschullehrer; Ismaninger Str 35, D-81675 München, T: (0 89) 4 70 35 89; Richard Strauss Konservatorium, Gasteig, Kellerstr 6, D-81667 München. **Laufb:** Doz (Vcl) Richard Strauss Kons München. (Red)

Cenčić, Maksimilijan, Dirigent; Wiener Staatsoper, Opernring 2, A-1010 Wien. **Laufb:** Dirgt Bühnenorch Wiener Staatsop. (Red)

Cerf, Jacques, Komponist; c/o Les Mimosas, Rue du Collège, CH-1586 Vallamand-dessus, T: 02 66 77 26 54, *jacquescerf@freesurf.ch*; *site.voila.fr/compositeursuisse* [Lausanne 17.1.1932]. **Ausb:** Komp, Dirig (P Coppola). **Laufb:** Werke gespielt in Dtschld, England, Argentinien, Österreich, Kroatien, Dänemark, Finnland, Frankreich, Spanien, Italien, Japan, Bulgarien, Mexiko, USA, Schweiz; Intpr z B: R Aussel, H Bruhn, P Cerf, P Coppola, A Diaz, Ch Dobler, W Feybli, A Girard, H Imig, J Iturbi, S Koehler, A Loro, B Mersson, V Mikulka, B Polasek, A Ponce, F Travis, J de Udaeta. **Pr:** Concours Int d Guitare Radio France 61, 65, 71, 73, 75, 77. **Mitgl:** Ass Suisse des Musiciens, Suisa, Centre Int d'Echanges Culturels. – **Komp:** Kleine Stücke f Kl 38; Climat; Muances; Concerto Capriccioso; Près d l' âtre; Burlesque; Epitaphe; Angoisse; Suite romantique (Orch); Fantaisie de concert (Git); Planche inactuelle (V solo); Chatterie (Fl, Git); Aubade (StrQua); Paseo iberico (Git); Néant (Orch); Estampes lacustres (Git); Caprice élégiaque (Trp, Orch); Suite 'Automne' (Git); Espoir (GitQua); La légende d'Hiram (Orat-Ballet); Fantaisie concertante (4 Git, Orch); Poème romantique (Kl, Orch); Lamento (StrOrch); Fractales (Fl solo); Quatuor (Str); Ombres et lumières (Git); Bucoliques (Orch); Adoubement (Org, Kl); Ambiance (Org); Errance (Orch); 8ème Concerto miniatur (Hfe, Orch). **Aufn/RF:** Schallpl: Aufn v 2 eigenen Komp m Orch Nat Paris: 'Pathé Marconi'; 'Quantum'; TV Zagreb: Realisierung d 2 Ballette 'L' autre' u 'Contrastes' 71; RF: 'Concerto Capriccioso', m W Feybli (Git), Orch Radio Basel, Dgt: F Travis 77; CD: 'Espoir', m GitQua Versailles 92.

Cerha, Friedrich, Dr phil, Prof, Komponist; Kuppelwiesergasse 14, A-1130 Wien, T: (01) 8 76 71 18, F: 8 79 24 65 [Wien 17.2.1926]. **Ausb:** Stud (Komp, V) MH Wien 46–53, (Phil, Germ, MWiss) U Wien 46–50, Prom 50. **Laufb:** Vorlesungen MH Wien 59, Prof (Komp, Notation, Interpretation Neuer Musik) 74–88, Dgt (Orch, Ens, Op) b bedeutenden Inst u Fstv, Lt 'die reihe' 58–83, Präs Klangforum Wien 94–2000. **Pr:** Rom-Stip 57, Stip DAAD Berlin 70/71, Pr Stadt Wien 74, Großer österr Staatspr 86. – **Komp:** ua: 'Netzwerk' (MTh) 62–67, UA Wiener FestW, Th an der Wien 81, 'Baal' (Op) 74–80, UA Salzburger FSp 81; 'Der Rattenfänger' (Op) 84–86, UA Graz, Steir Herbst 87; 3. Teil Triptychon 'bevor es zu spät ist '(f Ten u Orch) UA 2000. **AuftrKomp:** ua v SWF Baden-Baden, NDR Hamburg, Radio Bremen, SDR, ORF Wien, Steir Herbst Graz, Bundesmin f Unterr u Kunst Wien, Fstv Royan, Koussevitzky-Found New York, ua: 'Impulse' (f Orch), UA Wiener Philharmoniker 96; 'Der Riese v Steinfeld' (Op) 97 (Auftr: Weiner Staatsop); 'Konz f Vcl u Orch', UA Berliner FSp, m H Schiff, Berliner Philharmoniker, Dgt: M Gielen 98. **Sonst:** Grdg Ens 'die reihe' f neue Musik 58. **Lit:** F Cerha: 'Schriften: ein Netzwerk' (MUSIKZEITedition: Komp unserer Zeit 28) 01.

Cerny, Florian, Sänger; c/o Oper Leipzig, Augustuspl 12, D-04109 Leipzig. **Laufb:** Sol Op Leipzig. (*)

Cerny, Stefan, Sänger; c/o Volksoper Wien, Währinger Str 78, A-1090 Wien, T: (01) 51 44 40, F: 5 14 44 32 15, *office@volksoper.at*; *www.volksoper.at*. **Laufb:** Sol Volksop Wien seit SpZ 03/04. (Red)

Cervone, Gabriele, Dr, Prof, Hochschullehrerin; Hochschule f Musik u Theater, FB 2, Harvestehuder Weg 12, D-20148 Hamburg. **Laufb:** Prof (Klavier) H f M u Th Hamburg. (Red)

Cesarini, Franco, Komponist, Hochschullehrer, Dirigent; via Ronchetto 30, CH-6900 Lugano; Musikhochschule, Florhofgasse 6, CH-8001 Zürich [Bellinzona 1961]. **Ausb:** QuerflKl v Peter-Lukas Graf am Kons Basel ab 80, KonzreifeDipl 85, Dipl als Blasorch-Dgt 87, Dipl als Lehrer f MTheorie u Komp 88. **Laufb:** umfangr DgtTätigkeit, Experte an nat u int Musikwettb, Komp, Doz (Dirig, BlasM) MH Winterthur Zürich seit 89. **Pr:** 1. Pr am schweizerischen SolWettb in Riddes, Studienpr d Stift Göhner-Migros 84. – **Komp:** f Blasorch, f Bläserens, versch Soloinstr, Kl, StrQua, Singstimme, StrOrch u SinfOrch. (Red)

Ceuninck, Laurent De, Perkussion; La Biche, CH-2054 Les Vieux-Prés, T: 03 28 53 69 07. (Red)

Chadik, Timor Oliver, Dipl-Musiker, Dirigent; Hochgewanne 36, D-67269 Grünstadt, T: (0 63 59) 20 56 78, *timor.chadik@gmx.de* [Bangkok 3.10.1976]. **Ausb:** Stud (Dir) b H Dechant u P Falk MH Würzburg 96–00; Mstrkl MH Würzburg 00–02. **Laufb:** Solorep Th Dortmund SpZ 00/01; 2. Kapm Th Dortmund SpZ 02/03; 1.Kapm Staatsth Darmstadt SpZ 04/05; Gastdgt ua Nürnberger Symph, Philh Südwestfalen, Staatsphilh Rheinland Pfalz Ludwigshafen. **Pr:** Kulturföderpr Stadt Rodgau; Prtr Int DirWettb Kerkrade (NL); Stip Richard-Wagner-Verband; Aufnahme i Dt Dirigentenforum u Förderung durch d Deutschen Musikrat 05.

Chadim, Michael, Sänger; c/o Bremer Theater, Am Goethepl 1–3, D-28203 Bremen, PF 101046, D-28010 Bremen. **Laufb:** Gastsol Th Bremen SpZ 03/05. (Red)

Chafin, Robert, Sänger; Bödekerstr 42, D-30161 Hannover, T: (05 11) 31 21 68; c/o Oper Leipzig, Augustuspl 12, D-04109 Leipzig. **Laufb:** Sol Bühnen d Landeshauptstadt Kiel, Op Leipzig seit SpZ 03/04, Gastsol Staatsth Braunschweig SpZ 03/04. (Red)

Chagas, Paulo C, Komponist; Rolandstr 74, D-50677 Köln, T: (02 21) 9 32 23 06, *nc-chagaspa@netcologne.de* [Salvador, Brasilien 1953]. **Ausb:** Stud Univ de São Paulo 73–79, Cons Royal de Musique de Liège b Henri Pousseur 80–82, Stud elektron Musik MH Köln 82–89, Diss U de Liège. – **Komp:** Bühnenmusik, KamM, Chormusik, elektroakust u multimediale Werke. (*)

Chaignaud, Jean-Luc, Bariton; c/o Bayerische Staatsoper, Brieffach, D-80075 München. **Laufb:** Sol Bayer Staatsop München, Hamburg Staatsop. (Red)

Chailly, Riccardo, Generalmusikdirektor, Dirigent; c/o Oper Leipzig, Augustuspl 12, D-04109 Leipzig. **Laufb:** Dgt Mailänder Scala, Metropolitan Op New York, Wiener Staatsop, Covent Garden London, Bayerische Staatsop München, Op Zürich, Salzburger FSp, Berliner Philh, Münchner Philh, Wiener Phil, New York Philh, London u Chicago SymphOrch, ab SpZ 05/06 GMD Op Leipzig u Gewandhauskapm. **Pr:** ua Edison Prize, Gramophone Award, Grammy-Nominierungen. (Red)

Chalier, Alexis, Hochschullehrer, Komponist; ch des Bois 41b, CH-1255 Veyrier, T: 02 27 84 34 29, F: 02 27 84 36 76, *alexis.chalier@swissonline.ch* [Genf 19.3.1960]. **Ausb:** Oboe (KonzReifeDipl, SolDipl) MH Genf 79–92 u MH Lausanne 84–87. **Laufb:** Doz u Dekan MH Lausanne seit 80, Dir Atelier choral+instr Genf seit 86. **Pr:** Bourse Marescotti Genf 84, Pr de comp de l'Orch de chambre de Lausanne 93, Mérite de Veyrier à titre artistique 94. **Ens:** Mitgl Eglogue BläserQui. – **AuftrKomp:** Trichromie (Orch) 93, UA, Orch de chambre de Lausanne 94; 'Le Mythe d'Orphee' (f Chor u Orch), UA, Orch de chambre de Lausanne 96; 'Persistana' (V solo) 98, UA Sion, Concours Tibor Varga 98; 'Eclats' (Ob, Klar, Fag, Sop) 98. **Aufn/RF:** 'Trichromie'; 'Le Mythe d'Orphé'; 'Persistana'; 'Eclats' (Radio Suisse Romande u Espace 2). **Sonst:** Grdg 'Atelier choral+instrumental' 86 u 98.

Chalker, Margaret, Sopran; c/o Opernhaus Zürich, Falkenstr 1, CH-8008 Zürich, T: 0 12 68 64 00; *www.opernhaus.ch*. **Laufb:** Sol Konz u Th St Gallen, Op Zürich SpZ 03/04. (Red)

Chalupsky, Gebhard, Rohrblattinstrumente; Liebhartsgasse 3, A-1160 Wien, T: (01) 9 47 75 12. **Ens:** Les Menestrels (ens f alte m). (*)

Chamandy, Dan, Tenor; c/o Tiroler Landestheater, Rennweg 2, A-6020 Innsbruck [Kanada]. **Ausb:** Stud U of Toronto. **Laufb:** Sol Tiroler Ldsth seit 01. (Red)

Chamandy, Jennifer, Sängerin; Innstr 59, A-6020 Innsbruck, T: (06 64) 7 82 03 30; Tiroler Landestheater, Rennweg 2, A-6020 Innsbruck. **Laufb:** Sol Tiroler Landesth. (Red)

Champert, Anne, Studienleiterin; Rosenstr 17, D-66111 Saarbrücken, T: (01 72) 6 13 41 67; Saarländisches Staatstheater, Schillerstr 1, D-66111 Saarbrücken. **Laufb:** Studienlt Saarländ Staatsth Saarbrücken. (Red)

Chance, Michael, Countertenor; c/o Konzertagentur Erika Esslinger, Spittlerstr 6, D-70190 Stuttgart, T: (07 11) 28 32 76, F: 26 14 21, *esslinger@Konzertagentur.de*; c/o Mayler Artist Management, Längenfeldgasse 26/33, A-1120 Wien, T: (01) 8 15 37 33, F: 8 12 71 67, *mam-vienna@utanet.at*; *www.konzertagentur.de*. **Laufb:** Weir: 'A Night at the Chinese Opera' (Militärgouverneur) Kent Op, Cavalli: 'Giasone' (Giasone) Innsbrucker FSp, 'A Midsummer Night's Dream' (Oberon) Glyndebourne Fstv, Konz in aller Welt, häufiger Gast Paris, Amsterdam, Stuttgart, Berlin, Sol Op Leipzig, Sol Bayer Staatsop München SpZ 03/04. (Red)

Chang, Sarah, Violine; c/o Bayerische Staatsoper, Brieffach, D-80075 München. **Laufb:** Sol Bayerische Staatsop. (Red)

Chang, Xu, Sänger; c/o Ulmer Theater, Herbert-von-Karajan-Pl 1, D-89070 Ulm [Yanji, China]. ital Oper **Ausb:** GesKl Zentrales MKons Chinas Peking bis 97, Mstrkl am jap NatInst f Kunst u M 2000. **Laufb:** Th Ulm: 'La Traviata' (Alfredo) 01/02, 'Nabucco' (Ismael) SpZ 02/03, 'La Sonnambula' (Elvino) SpZ 02/03, 'Anna Boleno' (Percy) SpZ 02/03; 'Norma' SpZ 03/04; Trovatore' (Manrico) SpZ 03/04. **Pr:** Ausz GesWettb d chines Kulturmin u TV-GesWettb Chinas 96, Finalist IV. Int GesWettb Budapest 98, 1. Pl d chines Vorauswahl z int Wettb 'Neue Stimmen' u Spezialpr im Wettb 99.

Chappuis, Marie-Claude, Mezzosopran; Maria-Theresien-Str 9, A-6020 Innsbruck, T: (05 12) 58 03 67, *chappuis@bluemail.ch*; c/o Balmer & Dixon Management AG, Kreuzstr 82, CH-8032 Zürich, T: 04 32 44 86 44, F: 2 44 86 49, *mail@badix.ch*; *www.badix.ch/voc/chappuis.html* [Fribourg, Schweiz 2.1.1969]. Oper, Oratorien u Liedsängerin **Ausb:** Stud GesLehrdipl (T Westendorp) Kons Fribourg 89–94, KonzDipl (B Zakotnik) Mozarteum Salzburg 94–97. **Laufb:** Humperdinck: Hänsel u Gretel, Hänsel 99–2000, Massenet: Werther, Charlotte 2000–01, Nicolai: Lustigen Weiber, Frau Reich 2000–01, A Honegger: Le Roi David, Fstv de La Chaise Lt: M Corboz 98; Tiroler Ldesth Innsbruck seit 98–03, Luzerner Th SpZ 04/05. **Pr:** Pr Kons Fribourg 94, Pr Migos-Genossenschaft-Bund 94, 95, 96, Pr Elsner 95, Pr Glasson 96, Ausz Mozarteum 97, Pr Freundeskreis d Tiroler Landesth 2000. – **Aufn/RF:** CDs: Langgaard: Antichrist, Dgt: N Muus; Bauermeister: Poèmes chinois, Kl: A Haering, Klar: D Ashkenazy. **UA:** R Laaggard: Antichrist. **Sonst:** Grd u künstl Lt Festival int du Lied, Die Woche des Liedes, Festival of the Lied, Fribourg Switzerland.

Charlet, André, Dirigent; CH-1041 Dommartin, T: 02 18 81 22 64. (Red)

Charlston, Terence, Cembalo; c/o Konzertagentur Esslinger, Spittlerstr 6, D-70190 Stuttgart, T: (07 11) 28 32 76; *www.konzertagentur.de*. **Ens:** London Baroque. (Red)

Chaslin, Frédéric, Dirigent; c/o Theateragentur Dr Germinal Hilbert, Maximilianstr 22, D-80539 München, T: (0 89) 2 90 74 70, F: 29 07 47 90; c/o Wiener Staatsoper, Opernring 2, A-1010 Wien; *www.hilbert.de*. **Laufb:** Dgt Wiener

Staatsop, Gastdgt Stadtth u Städt Philharmonie Gießen SpZ 00/01, Nationalth Mannheim SpZ 00/01, Dgt Dt Op Berlin SpZ 03/05, Hamburgische Staatsop SpZ 04/05. (Red)

Chastain, Nora, Prof, Hochschullehrerin, Violine, Klavier, Kammermusikerin; Musikhochschule, Große Petersgrube 17–29, D-23552 Lübeck, F: (04 51) 1 50 53 00, *nofritao@aol.com*; Mahdachstr 38, D-72770 Reutlingen, F: (0 71 21) 50 32 51; *www.menuhinfestivalpianoquartet.de* [Kalifornien 25.9.1961]. Unterricht, KamM, Solistin, Orch **Ausb:** Cincinnati Cons, Juilliard School (D Delay) 79–84, Int Menuhin Music Acad (Y Menuhin, A Lysy, A Chumachenko) 84–86, (S Vegh) 81–87. **Laufb:** Enkelin v Roy Harris, Debüt m 16 J, Sol m führenden Orch wie Orch de Paris, Cincinnati Symphonia, San Francisco Symph Orch, Württemberg KamOrch, Bern Symphony, Jerusalem Symph Orch, Nat Orch de Porto ua, Prof (V) MH Lübeck, Doz (V) MH Winterthur Zürich, Auftrr Schleswig Holstein Fstv, SchlossFSp Ludwigsburg, Menuhin Fstv Gstaad, Hitzacker Musiktage, FSp Schwetzingen, Tourneen USA, Australien, Spanien, Dtschld, Frankreich, Italien m Menuhin Fstv Piano Qua seit 89. **Pr:** Young Musicians Foundation Los Angeles 80, Ima Hogg Competition Houston Texas 81, Menuhin Wettb Paris 85, Förderpr d Wirtschaft Zürich 93. **Ens:** Menuhin Fstv Piano Qua, Trio Kreisleriana. – **Aufn/RF:** Casella: Tripel-Konz, Orqu de Castillo Y Leon; Bartok: 2. VKonz, Sinfonietta Tübingen, Dgt: Bohn 90; Stamitz: VKonz, Kurpfälz KamOrch, Dgt: Hahn 91; KlQua v Mozart, Mendelssohn-Bartholdy, Turina, Strauss, Brahms; Kl-Trios v Mozart, Casella; VSon v Mozart, Beethoven, Fauré, Debussy, Honegger. **UA:** zugeeignete Werke. **Zug:** Samuel: Doppelkonz f V u Va; Wötzer: Trio; Erding: Duo; Schnyder: VKonz. **Sonst:** Grdg Menuhin Fstv Piano Qua 89, Grdg Trio Kreisleriana 90.

Chaundy, Stephen, Sänger; c/o Volksoper Wien, Währinger Str 78, A-1090 Wien, T: (01) 51 44 40, F: 5 14 44 32 15, *office@volksoper.at*; *www.volksoper.at*. **Laufb:** Sol Volksop Wien seit SpZ 03/04. (Red)

Chausson, Carlos, Bass; c/o Opernhaus Zürich, Falkenstr 1, CH-8008 Zürich, T: 0 12 68 64 00; c/o Caecilia Lyric Department, Rennweg 15, CH-8001 Zürich, T: 0 12 21 33 88, F: 2 11 71 82, *caecilia@caecilia-lyric.ch*; *www.opernhaus.ch* [Zaragoza]. **Laufb:** Sol Sächs Staatsop Dresden SpZ 00/01, Op Zürich seit SpZ 03/04. (Red)

Chávez, Juan Manuel, Komponist; Talstr 50, D-79639 Grenzach-Wyhlen, T: (0 76 24) 88 62 [Córdoba 13.1.1958]. **Ausb:** Stud (Schlgz) Kons Córodoba, (Komp) KunstH d NatUniv Argentinien, (Schlgz) Würzburg 85, Komp (K Huber, E Nunes) Staatl H f M Freiburg ab 88, Kse b B Frneyhough Paris 92/93. **Pr:** Förderpr Ldshauptstadt Stuttgart, Accad Filarmonica Messina, Arbeitsstip Kunststift Baden-Württemberg, Heinrich-Strobel-Stift SWF, KompPr Salzburger OsterFSp. – **Komp:** ua Folklore Planétaire II (f 9 Instr) 90–91; Proto (f Streichqua) 90–91; Aura (f zwei Kl) 92. (Red)

Chavez, Monica, Sängerin; c/o Stadttheater Pforzheim, Am Waisenhauspl 5, D-75172 Pforzheim. (Red)

Chazbie *siehe* Broad, Charles Robin

Chen-Hauser, Yongfan, MA of Music, Bass; Untere Geisswiesstr 41, CH-5430 Wettingen, T: 05 64 26 31 79, 07 64 68 45 24, F: 05 64 26 31 79, *chenhauser@freesurf.ch*. Oper u Konzert **Ausb:** MH Shanghai 79–83, Chicago Musical College 87–90, Mstrks Münchner Singschule 91 u 92, L: ua N Rossi-Lemeni, U Gardini, J Metternich. **Laufb:** Sol Tiroler Ldsth Innsbruck 92–02, Th Biel Solothurn SpZ 04–07. **Ens:** Vocalens Zürich.

Chen, Pi-hsien, Prof, Hochschullehrerin, Klavier; Am Schürenfeld 18, D-51702 Bergneustadt, T: (0 27 63) 65 25, F: 65 25; Hochschule f Musik, Schwarzwaldstr 141, D-79102 Freiburg, *P.Chen@mh-freiburg.de* [Taipei, Taiwan 15.11.1950]. Klavier, Konzerte (Klavierabende, Kammermusik) **Ausb:** Stud b H-O Schmidt-Neuhaus MH Köln u b H Leygraf MH Hannover, Kse b Nikolajewa, Kempff, Geza Anda. **Laufb:** Prof (Kl) H f M Köln, Freiburg, Int Ferienkse Darmstadt 02; Solo-Konz b Schwetzinger FSp, Osaka Fstv, Luzerner FSp, London PROMS, South Banks, Fstv Huddersfield, Automne Paris, Wien Modern, Triennale Köln, KlFest Ruhr, Antasten Heilbronn, La Roque D'Antheron, Int Fstv Serra da Carivara Brasil, Int MFstv Takefu. **Pr:** 1. Pr ARD München 72, 1. Pr Int Schönberg-Wettb Rotterdam 77, 1. Pr Int Bach-Wettb Washington DC. – **Aufn/RF:** RF-Aufn: Strawinsky: Capriccio, WDR Symph-Orch Dgt: P Eötvös; CDs: J S Bach: Goldberg Variationen 85 u 03; A Schönberg: sämtl Werke f Kl z 2 Hd 96; J S Bach: D Kunst d Fuge 03; P Boulez: Drei Sonaten 04; Mitw an CDs: P Boulez Notations (solo), Sturctures II 2 Kl m B Wambach 85; I Strawinsky: 'Les Noces' 86; Y Höller: 'signals' (KlKonz) 92; O Messiaen: 'Harawi' m S v Osten 92; X Chen: 'Invisible Landscapes' m Dt KamPhilh 98; Y Höller: 'Piano Works' m K Becker 03; J P Thomas: Lost Landscapes (KlM). **UA:** Y Höller: KlKonz 92.

Chen, Yu, Sänger; Brixpl 1, D-14052 Berlin, T: (01 63) 2 67 84 07. **Laufb:** Sol Staatsop Wien, Dt Op Berlin SpZ 04/05. (*)

Chernov, Vladimir, Sänger (Bariton); c/o Künstleragentur Dr. Raab & Dr. Böhm, Plankengasse 7, A-1010 Wien, T: (01) 5 12 05 01, *office@rbartists.at*. ital u russ Op **Ausb:** Stud Moskauer Kons u OpStudio d Mailänder Scala b Giulietta Simionato. **Laufb:** Sol Hamburg Staatsop, Dt Op Berlin, int tätig, ua New York, London, Wiener Staatsop, ZusArb m Sir Georg Solti, Claudio Abbado, James Levine. (Red)

Chernyavska, Milana, Klavier; c/o ProArte Kiel Konzertagentur, Voorder Winkel 18, D-24220 Flintbek, T: (0 43 47) 70 84 96, 01 70–6 64 97 32, F: 70 84 95, *konzertagentur@proarte-kiel.de*; *www.proarte-kiel.de* [Kiew 1968]. **Ausb:** Stud Lisenko-MH Kiew 75, (Sagaidachny) Staatl Tschaikowsky Kons Kiew 85, Mstrkl (V Kreinev, D Baschkirov) Moskau 90, Sommerakad Mozarteum Salzburg, Int Mozartakad Krakau, Mstrkl (M Höhenrider) H f Musik München seit 95, KlKurs (G Oppitz) 96, Prom NatAkad f Musik Kiew 96. **Laufb:** Tourneen durch Ukraine, Rußland, Schweiz, Japan, Ungarn, Finnland, Polen, Italien, Tschechien, Doz NatAkad f Musik Kiew 92–95, LAuftr H f Musik München seit 96. **Pr:** Concertino Praga 80, Int KamMWettb Vittorio Gui Florenz 89, Int Klavierwettb Pier Lantier 94, Int KamMWettb Vladimir u Regina Horowitz Kiew 94. (Red)

Chestnut, Patrick Francis, Dirigent; Amselweg 20, D-32756 Detmold, T: (01 75) 5 24 56 12, (01 75) 5 24 56 12. **Laufb:** Gastdgt Staatsth Mainz SpZ 00/01, 1. Kapm Landesth Detmold SpZ 03/05. (Red)

Chevalier, Nicole, Sängerin; c/o Theater Freiburg, Bertoldstr 46, D-79098 Freiburg. (Red)

Chichon, Karel Mark, Dirigent; Opernhaus, Kaiser-Josef-Pl 10, A-8010 Graz. **Ausb:** Stud (c. Davis, S. Rat) Royal Acad of Music London. **Laufb:** Dirgt Opernhaus Graz. (Red)

Chiën, Wen-Pin, Dirigent; Fischerstr 27, D-40477 Düsseldorf, T: (02 11) 5 14 14 84, (01 72) 2 90 21 27. **Ausb:** Stud (Kl u Komp) Nat Taiwan Acad of Arts Taipei, Stud (Dirig) H f M u Darst Kunst Wien 90, Abschluss m Ausz. **Laufb:** Solorep m Dirigierverpfl Dt Op am Rhein Düsseldorf-Duisburg seit 96/97, Dgt ebda SpZ 04/05, Kapm ebd seit 97/98, Gastdgt Nat SymphOrch Taiwan seit 98/99. (Red)

Chiummo, Umberto, Sänger; c/o Bayerische Staatsoper, Brieffach, D-80075 München. **Laufb:** Sol Bayer Staatsop München, Gastsol Op Frankfurt SpZ 00/01. (Red)

Chiuri, Anna-Maria, Sängerin; c/o Oper Leipzig, Augustuspl 12, D-04109 Leipzig. (Red)

Chkolnik, Ilia, Prof, Trompete, Komponist; rue des Terreaux 7, CH-1003 Lausanne, T: 02 13 20 32 27. (*)

Chmel, Clemens, Violine; c/o Sinfonieorchester St. Gallen, Museumsstr 1/25, CH-9004 St Gallen. **Laufb:** Stellv 2. Konzm Th St. Gallen seit SpZ 03/04. (Red)

Chmelik, Daniel, Tenorsaxophon; c/o new art saxophone quartet, Pestalozzistr 8, D-79540 Lörrach, *rene@new-art-sax.com*. **Ens:** new art saxophone quartet. (Red)

Chmelo, Vladimir, Bariton; c/o Künstleragentur Dr. Raab & Dr. Böhm, Plankengasse 7, A-1010 Wien, T: (01) 5 12 05 01, F: 5 12 77 43, *office@rbartists.at*; *www.rbartists.at*. **Laufb:** Gastsol MTh Essen, Tiroler Ldesth Innsbruck SpZ 03/04, Th Bielefeld SpZ 04/05, Sol Staatsop Hamburg SpZ 04/05. (Red)

Cho, Young-Chang, Prof, Hochschullehrer, Cello; Beyerhahnstr 9, D-50226 Frechen, T: (0 22 34) 6 38 18; FolkwangHochschule, Klemensborn 39, D-45239 Essen, T: (02 01) 4 90 31 82 [Seoul 1958]. **Ausb:** Stud (D Soyer) Curtis Inst of M Philadelphia/USA, (L Lesser) New England Cons of M Boston. **Laufb:** Prof (Vcl) Folkwang-H Essen seit 87. **Pr:** 1. Pr Int Cello-Wettb Rostropovitch Paris, Int Cello-Wettb 'Pablo Casals' Budapest, Int Cello Wettb ARD München, Prse b int Wettb f Kl-Trios im 'Cho Piano Trio' Genf u München. **Ens:** Cho Piano Trio. (Red)

Choi, Joo Il, Bariton; c/o CICADA. con Agentur & Management, Gubener Str 3b, D-10243 Berlin, T: (0 30) 29 00 13 35, 01 71–3 64 52 77, F: 29 00 58 97, *info@cicada-con.de*; c/o Südthüringisches Staatstheater, Bernhardstr 5, D-98617 Meiningen; *www.cicada-con.de*. **Ausb:** Stud Ges (K-D Kim) Seoul u (M Pick-Hieronimi) Köln, Unterr b KS J Metternich u A Protti. **Laufb:** Sol Südthüringisches Ldsth Meiningen seit 98, Gastsp in ganz Dtld. (Red)

Choi, Seung Jin, Sänger; c/o Volkstheater, Patriotischer Weg 33, D-18057 Rostock. **Laufb:** Gastsol Schleswig-Holsteinisches Landesth u SinfOrch Schleswig SpZ 00/01, Sol Volksth Rostock SpZ 00/04, GastSol Landesth Eisenach SpZ 04/05. (*)

Choi, Woong-jo (Pseud: Caleb), Bass; c/o Luzerner Theater, Theaterstr 2, CH-6002 Luzern, T: 07 64 57 20 33, *fyliachoi@hanmail.net* [Seoul, Südkorea 7.5.1974]. Oper, Konzert, Oratorium **Ausb:** Stud Ges (K Sung-kil) Seoul Nat U 93–97, Stud Op (Meschwitz) Kons d Stadt Wien 2000–02. **Laufb:** Sol Staatsth Berdorf 'D lustigen Weiber v Windsor' (Reich) 01; Sol Grünbach am Schneeberg Haydn: 'Stabat Mater' (Bass-Solo) 01; FSpHaus St Pölten 'Satyagraha' (Kallenbach) 01; Sol Luzerner Th 'Moses in Ägypten' (Pharao), 'Armide' (Hidraot), 'D fleigende Holländer' (Daland), 'D Fledermaus' (Frank), 'Un ballo in maschera' (Silvano) SpZ 03/04. **Pr:** 1. Pr VIII. Int Ferruccio Tagliavini GesWettb Österr 02, 2. Pr IX. Int Jose Carreras GesWettb Spanien 02, 3. Pr IX. Int Canto de Bilbao GesWettb Spanien 02.

Chojnacka, Elisabeth, Prof, Hochschullehrerin, Cembalo; 17 rue Emile Dubois, F-75014 Paris, T: (0 03 31) 45 89 52 82; Univ Mozarteum, Abt f Tasteninstrumente, Zentrum im Berg, Fürbergstr 18–20, A-5020 Salzburg. **Laufb:** UProf (Cembalo unter Berücksichtigung zeitgen Musik) U Mozarteum Salzburg. (Red)

Cholette, Daniel, Klavier; Claragraben 162, CH-4057 Basel, T: 06 16 92 55 35. (Red)

Chopard, Patrice, Komponist, Musikwissenschaftler; Blücherstr 25, D-24944 Flensburg, T: (04 61) 3 15 50 94; *www.musicedition.ch/special/chopard.htm* [Zürich 28.3.1953]. **Ausb:** GitLDipl (S Thomatos) MH Zürich 77, Komp (H U Lehmann) MH Zürich 80–82, (I Nørholm) MH Kopenhagen 82–83, Fortbildung Kulturmanagement Georgsmarienhütte 92–93, Stud (MWiss, Skandinavistik) U Hamburg, MA 96. **Laufb:** GitL seit 73, LAauftr (Git) Univ Bremen 84–92, Kulturpäd u Projektmanagement Bremen seit 90, Vors Arbeiskreis Bremer Komponisten u Komponistinnen eV 96–99, MPädagoge u Komp in Flensburg seit 01. **Mitgl:** Dt Tonkünstlerverb, Schweiz Tonkünstlerverein, Dt Komponistenverb, Arbeitskreis Bremer Komponisten u Komponistinnen. – **Komp:**

Liederbuch (f tiefe Stimme u Git) 75–79, UA Zürich 82; Mikrovariationen (f Git) 77, rec 03, UA Zürich 78; Lobosiano (f Git) 78, UA Zürich 79; O'Carolan-Arrangements (KamM), UA Zürich 80; 3 Stücke f Sax 80, rev 96, UA Zürich 83; Windharp (f Git) 81/83, UA Bremen 84; Augenblicke aus d Fenster, ob d Welt noch da (KamM) 82, UA Zürich 82; Kleine Suite über e irisches Volkslied (f V, Git) 82, UA Delémont 84; Berceuse (Ballett-KamM) 83, UA Kopenhagen 92 (Auftr: Danseteater Corona); Adaptionen (KamM) 85, UA Bremen 86; Happy Birdday, Ludwig Fan (f Alt, Git) 86, UA Bremen 86; Schneelied (KamM) 87/89, UA Bremen 98; Tasten im Raum (KamM) 88, UA Zürich 89 (Auftr: Stadt Zürich); Waller Gesänge (KamM) 91/92, UA Bremen 92; Reconstrucción, Estudio de harpejos (f Git) 97; Wasser für die Stadt (4 leichte Sätze f Git) 98; River and Fjord (f Git) 03, UA Berlin 03; Airs and Islands (f Fl, Git) 03; Nor (f Git) 04; O'Carolan's Welcome (5 irische Harfenmelodien arr f Git) 04. **Aufn/RF:** Land of Erin (Radio Lausanne RSR, Zürich DRS) 84; O'Carolan Arrangements (Radio Bremen) 87 u (BBC TV DNA) 96; Tasten im Raum (Radio Zürich DRS, Radio Bremen) 89; Möwen 94. **Sonst:** 'Augenblicke aus d Fenster', m H Hehlen 82; 'O'Carolan' 80 u 97; 'Ib Nørholm. Tradition in his Music and Thinking' 99; 'Dansk musik hørt med udenlandske øren' (FS Ib Nørholm 01; 'Schneelied-Etüde'; 'Wolken' 01; Beiträge über neue Musik f div Zs. **Lit:** H Eckinger: Die einfachste Lösung finden (Neue Musikzeitung) 86; J Sommermeyer (Hg): P Chopard (Nova giulianiad 11/12) 88.

Chorzempa, Daniel, Dr, Prof, Universitätsprofessor, Piano, Orgel, Dirigent, Cembalo, Fortepiano; via dei Tavolini 7, I-50122 Firenze, *daniel@chorzempa.com*; *ww.chorzempa.com* [7.12.1949]. Kl, Org, Komp, Dirigieren, Clavichord, Cemb, Fortepiano, Musikwiss **Ausb:** Stud Uni Minnesota (MWiss) PhD 71, MH Köln (Komp, Kl, Dirig); Mstrkse Kl (W Kempff), Cemb (G Leonhardt), Dirig (Celibedache). **Laufb:** UProf (Tasteninstr) U Mozarteum Salzburg, Konz in Europa, Asien, Amerika u Afrika seit 70, Dgt seit 80, Mstrks Basel, Salzburg, Stuttgart etc. **Pr:** Bachpr d Stadt Leipzig 68, Dt Schallplattenpr, Edison-Pr, Grand Pr du Disque Franz Liszt Budapest, Premio Europeo 'Lorenzo Il Magnifico' Florenz, Presidente Onorario Assoc 'Cavazzoni' Mantua. **Mitgl:** Vorstandsmitgl Neue Bach Ges. – **Komp:** Sonett, Studio f Elektron M Köln. **Aufn/RF:** ca 50 CDs; Bach Trio Sonate (Dt SchallplPr), ders: Orgelwerke, ders: Wohltemperiert Klavier; Mozart, Händel (Edison SchallplPr), Haydn; Liszt Orgelwerke (Liszt Grand Prix du Disque); Beethoven Klaviersonaten. **UA:** zahlr.

Chou, Chia, Prof, Hochschullehrer, Klavier; Univ f Musik u Darst Kunst, Inst 2, Brandhofgasse 21, A-8010 Graz, T: (03 61) 3 89 35 99, *chia.chou@kug.ac.at*; *www.trioparnassus.com*. Kammermusik **Ausb:** Stud (Kl) H f Musik u Darst Kunst Stuttgart (L Gierth). **Laufb:** Mitgl Trio Parnassus seit 89, UProf (KamM f Steicher u Pian) U f Musik u Darst Kunst Graz. **Pr:** 1. Pr Mendelssohn-Wettb Berlin 80, Sydney Int Piano Competition 81, Bronzemed Concours Reine Elisabeth Brüssel. (Red)

Choukeyn, Plamen, Sänger; Planstr 29, D-99817 Eisenach, T: (0 36 91) 78 45 08. **Laufb:** ehem Sol Thüringer Landesth Eisenach. (Red)

Christ, Martin, Hochschullehrer, Klavier; Neuenburgstr 169, CH-2514 Schafis, T: 03 23 15 28 35, *mchrist@befree.ch*; H Musik u Theater, Hirschengraben 46, CH-8001 Zürich. **Ausb:** Stud MAkad Basel b Jürg Wyttenbach, MAkad Paris b Yvonne Lefèbure, H f M Wien b Dieter Weber, Stanislaus Neuhaus, Bruno Seidlhofer. **Laufb:** Prof (Kl) MH Winterthur Zürich. (Red)

Christ, Volker, Kapellmeister, Generalmusikdirektor; Heckerstr 12, D-69124 Heidelberg, T: (0 62 21) 7 14 06 89, *ChristVCond@aol.com*. **Laufb:** 1. Kapm u stellv GMD, SpZ 04/05 GMD Th u SchlossFSp Heidelberg. (Red)

Christ, Wolfram, Prof, Viola, Hochschullehrer, Dirigent; Maria-Theresia-Str 16, D-79102 Freiburg, T: (07 61) 89 34 39, 7 07 56 11, F: 7 07 56 12, *info@wolframchrist.de*; Hochschule f Musik, Schwarzwaldstr 141, D-79102 Freiburg; *www.wolframchrist.de* [Hachenburg, Westerwald 17.10.1955]. **Ausb:** Stud Va (U Koch) H f M Freiburg 74–78. **Laufb:** 1. SoloVa Berliner Philh Orch 78–99, Künstl Ltg Sydney Cons of Music 95–2000, Gastdgt Philh Orch Durban/Südafrika, Orch Trevigiano Treviso, Orch d Meininger Th, Stuttgarter KamOrch, ChefDgt Kurpfälzisches KamOrch Mannheim seit 04, Gastdgt Royal Danish Orch Kopenhagen 05, Künstl Ltg Akad 'Gustav Mahler' Ferrara seit 05, Gastsol Luzerner FestW, Salzburger FSp; ZusArb m Dgt: H v Karajan, C Abbado, L Maazel, Sir B Haitink, S Ozawa, Z Mehta, R Chailly, C Kleiber; Konz ua m d DSO Berlin, RSB Berlin, Dt KamPhilh Bremen, RSO Frankfurt, Philh Staatsorch Hamburg, Gewandhausorch Leipzig, Münchner Philharmonikern, Münchner KamOrch, Mahler Chamber Orch, Orch Symphonique de la Monnaie Bruxelles, RSO Helsinki, Royal Danish Orch Kopenhagen, BBC Symph Orch London, English Chamber Orch, Melbourne Symph Orch, Sydney Symph Orch Stuttgarter KamOrch; Prof (Va) H f M Freiburg seit 99. **Pr:** Prtr ARD-Wettb München 76, Grand Prix du Disque 92. **Ens:** Berliner Barocksolisten (BBS). – **Aufn/RF:** zahlr CD-Aufn m Berliner Philh, ua Bartok: VaKonz, Dgt: Ozawa; Hindemith: VaKonz, Dgt: Abbado; Mozart: Sinfonia Concertante, Dgt: Abbado; Berlioz: 'Harold in Italien', Dgt: Maazel; Strauss: 'Don Quixote', Dgt: Karajan; Hindemith: Konz f Va d'amore, Dgt: Abbado 2000.

Christensen, Birgitte, Sängerin; Wopfnerstr 12, A-6020 Innsbruck, T: (06 50) 9 51 09 51. **Laufb:** Sol u Gastsol Tiroler Ldsth SpZ 03/05. (*)

Christian, Hans, Sänger; Spiegelgasse19, A-1010 Wien, T: (01) 5 12 99 77, F: 5 12 99 77 [Wien 4.10.1929]. Oper, Operette **Ausb:** b P Schöffler u L Weber. **Laufb:** Staatsop Wien 63–93, Salzburger u Bregenzer FSp, Paris, London, Rom, Madrid, Barcelona, USA, Japan. – **Aufn/RF:** Berg: Lulu, Dantons Tod; Penderecki: Lukas Passion; Henze: Floß d Medusa. **UA:** Krenek: Kehraus um St Stefan; P W Fürst: Catalina Homar.

Christian, Thomas, Prof, Hochschullehrer, Violine; Sigmundgasse 7, A-1070 Wien, T: (01) 5 23 25 92; Lange Str 63, D-32756 Detmold, T: (0 52 31) 70 99 98, *thomas.christian.violinist@web.de*. **Laufb:** Prof (V) H f M Detmold seit 99. **Ens:** Grdg Thomas Christian-Ens (Str-Qui) 86. (Red)

Christiansen, Rainer, Violine; c/o NDR Sinfonieorchester, Rothenbaumchaussee 132–134, D-20149 Hamburg. **Laufb:** stv Stimmführer NDR SinfOrch Hamburg. (Red)

Christiansen, Yuri-Charlotte, Violoncello; c/o NDR Sinfonieorchester, Rothenbaumchaussee 132–134, D-20149 Hamburg. **Laufb:** Stimmführerin NDR SinfOrch Hamburg. (Red)

Christie, William, Dirigent, Cembalo; c/o Les Arts Florissants, 46, rue Fortuny, F-75017 Paris, T: 01 43 87 98 88, F: 01 43 87 37 31, *contact@arts-florissants.com*; *www.arts-florissants.com* [Buffalo, NY, USA]. **Laufb:** Prof Cons Nat Supérieur de Musique Paris 82–95, Gastdgt Op Zürich, Berliner Philh. **Pr:** Légion d'Honneur 93, Harvard Arts Medal 02. **Ens:** künstl Lt Les Arts Florissants. (Red)

Christinat, Lukas, Hornist, Hochschullehrer; Lindenhof 4, CH-6060 Sarnen, T: 04 16 60 96 04, *lukas_christinat@bluewin.ch*; *www.frenchhorn.ch* [Burgdorf, Schweiz 27.9.1965]. **Ausb:** Stud (F Raselli) Kons Luzern 83–85, (H Baumann) Folkwang MH Essen 85–87, (J Hefti) MH Luzern 87–88, SolDipl ebd. **Laufb:** Solohornist Luzerner SinfOrch, Doz (Hn) MH Luzern, Tournee m SWF-Orch Baden Baden, Hermann Baumann Hornqua 85, Japan-Tournee Sinfon Blasorch Bern 95, Mstrks U of Michigan 97. **Pr:** Förderpr Fridel Wald Stift 86, Edwin Fischer-Gedenkpr 88. **Ens:** Swiss Brass Consort, Lucerne Chamber Soloists. – **Aufn/RF:** 'In Memoriam' f Hn u Org, m W Sieber. **Zug:** O Waespi: Konz f Hn u Blasorch. **Sonst:** Grd Horngruppe Obwalden 95, Initiant Schweizer Horntage 97, 99, 01, 03.

Christof, Josef, Prof, Hochschullehrer, Klavier; Nürnberger Str 22, D-04103 Leipzig, T: (03 41) 4 79 95 37, *josefchristof@hotmail.com*; Hochschule f Musik u Theater, PF 100809, D-04008 Leipzig. **Laufb:** Prof (Kl) H f M Felix Mendelssohn Bartholdy Leipzig. (Red)

Christoff, Miroslav, Tenor; c/o Opernhaus Zürich, Falkenstr 1, CH-8008 Zürich, T: 0 12 68 64 00; *www.opernhaus.ch* [Plovdiv, Bulgarien 1976]. **Ausb:** Mitgl Int OpStudio Zürich 95/96. **Laufb:** Sol Op Zürich seit SpZ 96/97. **Pr:** 1. Pr 'Tscherkin'-GesWettb. (Red)

Christoph, Thom, Solorepetitor; Konkordienstr 41, D-01127 Dresden, T: (03 51) 8 58 11 71; c/o Sächsische Staatsoper, Theaterpl 2, D-01067 Dresden. **Laufb:** Solorep Sächs Staatsop Dresden. (Red)

Christopoulos, Vassilis, Dirigent; Grünwalder Str 32A, D-81547 München, T: (0 89) 69 37 07 19; c/o S Sintow-Behrens Int Promotions & Management, Schleibingerstr 8, D-81669 München, T: (0 89) 44 21 89 00, F: 44 21 89 03, *office@sintow-behrens.com*; *www.sintow-behrens.com* [München 1975]. **Ausb:** Stud (Ob, MTheorie) Kons Athen, Stud Dirig (Prof H Michael) H f M München, Dipl 98; Mstrkse/Sem b Sir Colin Davis, Z Mehta, K Österreicher, A Myrat. **Laufb:** Ständ GastDgt Staatl SymphOrch Thessaloniki, Griech NatOp Athen ('Tosca', 'Il Barbiere di Sevilla'; griech EA v Händels 'Serse'); Ltg (alternierend m N Tsouchlos) d Urauff-Insz v M Theodorakis' 'Lysistrata' 2002, Debüt NatTh Tirana ('Tosca'); KonzDgt Staatl SymphOrch d Griech RF; Athener KamOrch 'La Camerata', Georg KamOrch, Poln KamPhilh, Staatskap Weimar, Südwestdt KamOrch, Münchner Symph. **Pr:** b Dirigierwettb d Dt MH Weimar, Bad Homburger Dgt-Pr, Dimitri-Mitropoulos-Wettb Athen. (Red)

Christou, Nicolas, Prof, Bass, Bariton; 40, Chemin de l'Herbe, B-1325 Bonlez, T: 0 10 68 89 31, F: 0 10 68 89 31 [1943]. Heldenbariton **Ausb:** Stud Ges (F Anspach) Brüssel. **Laufb:** Sol NatOp Brüssel (ua Don Giovanni, Golaud, Philipp II, Jochanaan, Falstaff, Wotan, Boris), GastEng ua Amsterdam, Genf, Lyon, Strassburg, Rom, Kopenhagen, Berlin, Bremen, Frankfurt, Düsseldorf, Basel, Parma, Paris, Zagreb, Warschau, Festv Aix-en-Provence, Pafos Aphrodite Fstv Zypern, Konz ua Acad di Santa Cecilia Rom, Venedig, Florenz, Paris, über 70 weitere Rollen ua Holländer, Amfortas, Mandryka, Danton, Pogner, Gunther, Telramund, Ingo Scarafia, Germont, Nabucco, Macbeth, Amonasro, Mephisto; Prof MH Lüttig, Mstrkurse in versch Ländern.

Christova, Penka, Sängerin; Hochschule f Musik u Theater Rostock, Beim St.-Katharinenstift 8, D-18055 Rostock, *penka.christova@web.de*. **Ausb:** H f Musik Sofia (Dipl Solosängerin u Gesangspädagogin). **Laufb:** Engagements ua Dt Nationalth Weimar, Op Halle, Staatsop Varna, Volksth Rostock, LAuftr f Ges H f M u Th Rostock seit 99. **Pr:** 2. Pr Int Gesangswettb 'Maria Callas' 79. (Red)

Christoyannis, Anastassis, Sänger; Duisburger Str 11, D-40479 Düsseldorf, T: (02 11) 2 09 65 64, (01 79) 8 24 58 60. **Laufb:** Sol Dt Op am Rhein Düsseldorf-Duisburg. (*)

Chuchrova, Liuba, Sängerin; c/o Opernhaus Zürich, Falkenstr 1, CH-8008 Zürich. (Red)

Chum, Johannes, Tenor; c/o Volksoper Wien, Währinger Str 78, A-1090 Wien; c/o Künstleragentur Dr. Raab & Dr. Böhm, Plankengasse 7, A-1010 Wien, T: (01) 51 20 50 10, F: 5 12 77 43, *office@rbartists.at*. **Laufb:** Sol Kom Op Berlin, Landesth u Kammerspiele Salzburg, Volksop Wien seit SpZ 03/04, Gastsol Op Frankfurt SpZ 00/01, 04/05, Ophaus Graz SpZ 04/05. (Red)

Chumachenco, Ana, Prof, Hochschullehrerin, Violine; Kulmer Str 2, D-81927 München, T: (0 89) 93 64 37, F: 9 29 47 45; H f Musik u Theater, Arcisstr 12, D-80333 München. **Laufb:** Grdg „Munchner Streichtrio" m O. Lysy u W. Nothas 72, Prof (V) H f M u Th München, Doz (V) MH Winterthur Zürich. **Pr:** 1. Pr C. Flesch Wettb London, Silver Medal Reine Elisabeth Wettb Belgien. (Red)

Chumachenco, Nicolas, Prof, Hochschullehrer, Violine; Brandhofstr 7, D-79227 Schallstadt, T: (0 76 64) 61 75 02, F: 61 75 03; Hochschule f Musik,

Schwarzwaldstr 141, D-79102 Freiburg [1944]. **Ausb:** Stud V b Jascha Heifetz u Efrem Zimbalist/USA, Diplom Curtis Institute of Music in Philadelphia, USA. **Laufb:** Prof (V) Staatl H f Musik Freiburg seit 78, Dir u Solist d Madrider KamOrch 'Reina Sofia'. **Ens:** Dreisam Trio. (Red)

Chuquisengo, Juan José, Klavier; Westermühlstr 10, D-80469 München, T: (0 89) 1 57 52 74; c/o Musikproduktion Jörg Höflich, Enhuberstr 6–8, D-80333 München, T: (0 89) 52 20 81, F: 52 54 11, *hoeflich@musikmph.de*; *www.musikmph.de*. **Ausb:** Stud Dirig Nat Kons Lima, H f M u Th München (Prof K Schilde). **Pr:** Fellowship for Artists 96. (Red)

Chur, Heinz, Komponist; Kaulbachstr 13, D-45147 Essen, T: (02 01) 74 32 99, *heinz@chur.de*; *www.chur.de* [Essen 24.9.1948]. **Ausb:** Autodidakt. **Laufb:** freischaff Komp. – **Komp:** Sinf Nr 1 75/78; Sinf Nr 2 u 3 79/80; KlSon Nr 6 84; KlSon Nr 8 87; Sinf Nr 4 91; KlSon Nr 6, 7 u 8 96. **Aufn/RF:** Klsonaten 6, 7 u 8 (ORB); N Kitano-Klein (Kl).

Čić, Emil, Mag phil, Komponist, Musikkritiker; Siget 16B, Kroatien-10020 Zagreb, T: (01) 6 52 46 61, *emil.cic@zg.htnet.hr*, *ecic@inet.hr*; *www.emilcic.exactpages.com*, *www.emilcic.hrvati-amac.com* [Zagreb 27.4.1958]. E-Musik **Ausb:** Stud (MWiss) MAkad Zagreb 78–82, Dipl (Mag phil), Stud (Komp) H f M u darst Kunst Wien 83–88, Dipl (Komp) 87, Ks Int Summer School of Poetry, Painting, Music, ... b Fstv Gerard Manley Hopkins Monasterevin, Irland 01–05. **Pr:** Preisstip Alban Berg Stift 86, Ausz Theodor Körner Stift, Arbeitsstip d Stadt Wien 87. **Mitgl:** Croatian Freelance Artists Association, österr KompBund, kroat MWiss Ges. – **Komp:** Sinfonietta (Bearb f Orch) 87; 'Croatia' op 6 (Symphon Rhapsodie), UA Zagreb, Symphon Blasorch d Kroat Militärs, Dgt: Z Srzić 97. **Aufn/RF:** kroat RF: Kleine Rhapsodie f Fl, Symphon Rhapsodie op 6 (Variat z einem Thema v J Brahms), Kleine Rhapsodie f Oboe, Sinfonietta, Windquintett. **Sonst:** umfangr PubTätigkeit: ca 1000 Art über M; Bücher: 'D kroat M u Musiker' (kroat); 'Aspects of M in the Philosophy of Arts by Miho Monaldi, Dubrovnik 16 Jh'; Kommentar in W H Hadow: A Croatian Composer – Joseph Haydn'.

Cichewiecz, Dieter, Prof, Hochschullehrer; Franziskanerstr 16, D-81669 München, T: (0 89) 4 47 11 59, F: 4 48 34 43. **Laufb:** LBeauftr (zeitgen Komp, Porträts) H f M u Th München. (*)

Cichon, Joachim, Pauke, Schlagzeug; c/o Südostbayerisches Städtetheater, Fürstbischöfliches Opernhaus, Gottfried-Schäffer-Str 2 und 4, D-94032 Passau, T: (08 51) 9 44 02 22. **Laufb:** Sol Südostbayer Städteth Passau. (Red)

Ciesinski, Kristine, Sopran; c/o Columbia Artists Management GmbH, Till Janczukowicz, Albrechtstr 18, D-10117 Berlin, T: (0 30) 20 64 80 78, F: 20 45 34 80, *info@cami.com*; c/o Artists Management Zürich, Rütistr 52, CH-8044 Zürich, T: 04 48 21 89 57, F: 04 48 21 01 27; *www.cami.com*. **Laufb:** Lady Macbeth von Mzensk (Katerina) Scala Milano, Op Bastille Paris, Frankfurt; Salome Staatsop München, Semperop Dresden, English National Op London; Wozzeck (Marie) Hamburg Staatsop; Die Bassariden (Agave) Nederlandse Op Amsterdam. (Red)

Cincera, Andreas, Kontrabass, Violone; Sonnengartenstr 44, CH-8125 Zollikerberg, T: 0 13 92 29 88, F: 0 13 92 29 88, *cincera@dplanet.ch* [Zürich 2.1.1960]. 20. Jh, histor u polystilist Aufführungspraxis, Kleinbühnenkunst **Ausb:** L- u OrchDipl, künstl Reife (H Friedrich) Zürich, postgrad Stud (G Karr, D McTiere), Nachdipl Päd. **Laufb:** Orch d Op u Tonhalle Orch Zürich, Doz (KB Fachdidaktik, Ltg mpäd Sem, AG aF u E) Kons u MH Zürich seit 88, SchLt MSch Davos 2000–04, Doz Cons della Svizzera Italiana seit 02. **Pr:** CD-Pr Pro Helvetia 2000. **Ens:** Sol Orch Philh Suisse ORPHIS seit 84, Collegium Novum Zürich seit 93, OrchesterSolisten seit 2000. – **Sonst:** GrdgMitgl Orch Philh Suisse ORPHIS 84, OrchesterSolisten 2000.

Ciobota, Emil-Silviu, Künstlerischer Leiter, Violine; Eichsfeldstr 21a, D-46147 Oberhausen, T: (02 08) 67 78 47, F: 67 91 46, *kontakt@ciobota.de*; *www.ciobota.de* [Kronstadt]. Bach, klass OrchMusik **Ausb:** Stud in Bukarest (S Gheorghiu) u in Brüssel (K Sebestyen). **Laufb:** KonzM Philh Orch Kronstadt, Philh Orch Caracas, Sol Europ Philh Orch Brüssel, Gast-KonzM Sapporo Symph Orch, RSO Leipzig. **Pr:** 'Professeur de Violon' Akad Saint Lambert-Brüssel. **Ens:** Musikal Lt Neue Ruhr Kammerphilharmonie Oberhausen seit 90. – **Aufn/RF:** zahlr CDs: ua J Massenet: Thais; C Franck: Molto moderato.

Ciofi, Patrizia, Sängerin; c/o Theateragentur Dr.Germinal Hilbert, Maximilianstr 22, D-80539 München, T: (0 89) 2 90 74 70, F: 29 07 47 90, *agentur@hilbert.de* [1967]. **Laufb:** Sol Opernhaus Zürich. (Red)

Cipowicz, André, Solorepetitor; Torgauer Str 21, D-01127 Dresden, T: (01 62) 9 43 74 19. **Laufb:** Solorep Eutiner Festspiele. (Red)

Cizmarovic, Juraj, Violine; c/o WDR Rundfunkorchester, D-50600 Köln. **Laufb:** Konzm WDR RundfunkOrch Köln. (Red)

Claessen, Dave, Horn; c/o NDR Sinfonieorchester, Rothenbaumchaussee 132–134, D-20149 Hamburg. **Laufb:** stv Stimmführer NDR SinfOrch Hamburg. (Red)

Clar, Sigrid, Kapellmeister; Noppiusstr 7, D-52062 Aachen, T: (02 41) 4 00 69 93. **Ausb:** HfM Hamburg. **Laufb:** Th Köln, Stadtth Aachen, Stadtth Bielefeld, Staatsth Kassel. (Red)

Clark, Arcola E, Mag, Prof, Hochschullehrer, Harfe; Univ f Musik u Darst Kunst, Inst 3, Brandhofgasse 21, A-8010 Graz, T: (03 16) 3 89 32 45, F: 3 89 30 31, *arcola.e.clark@kug.ac.at*. **Laufb:** o UProf (Hf) U f Musik u Darst Kunst Graz. (Red)

Clark, Christina, Sopran; Menzhausenstr 15, D-45147 Essen, T: (02 01) 3 16 68 44. **Laufb:** Sol Th u Philharmonie Essen SpZ 03/05. (Red)

Clark, Graham, Sänger; c/o Deutsche Oper, Bismarckstr 35, D-10627 Berlin [Lancashire, Großbritannien]. **Laufb:** Gast-Sol Dt Staatsop Berlin SpZ 00/01, Sol Dt Op Berlin SpZ 04/05. (*)

Clark, Stanley, Hochschullehrer; Bodenmatte 454, CH-1714 Heitenried, T: 02 64 95 20 55, *stanzaman@bluewin.ch*; Hochschule Musik u Tanz, Florhofgasse 6, CH-8001 Zürich. **Laufb:** Doz (Pos) MH Winterthur Zürich. (Red)

Clasen, Hans-Werner, OStR, Komponist, Organist; Westerallee3, D-24937 Flensburg, T: (04 61) 5 14 76, F: 5 14 76 [1929]. Klaviermusik, Chorliteratur, Chor-u Orchesterarbeit in Schule u Kirche **Ausb:** Stud KiM (W Kraft, J Rohwer) Lübeck, SchM (H Poser, Prof Raue) Hamburg. – **Komp:** 'Einen Tag nur Sultan sein' – oriental Märchen wie aus 1001 Nacht m Ges u Tanz f Kinder u Jugendliche v R Krenzer u H-W Clasen 96; 'Rabulan, der Riese'; Psalmen, Psalmlieder, Weihnachtskant, z B 'Kantate v Eselchen', mundartl, geistl u weltl ChM. **Sonst:** 8-bänd Kl-Werk, ChMf alle Gattungen (Kirche, Sch) vielfält M f Sch, Musicals.

Claus, Rolf Dietrich, Dr phil, selbständig, freischaffend, Orgel; Rungholt 20, D-22149 Hamburg, T: (0 40) 6 77 36 93, F: 66 85 41 27, *info@clauscomputer.de*; *www.clauscomputer.de* [Jena 21.5.1949]. sächs Musik **Ausb:** Turbomaschinist im Braunkohlekraftwerk Lübbenau, Stud an versch HS/Unis, ua Jena, Münster, Bochum, Hamburg u Rostock (Physik, MWiss, KuGe), Org (H Wunderlich) MH Hamburg. **Mitgl:** GEMA, British Inst of Organ Studies (BIOS). – **Komp:** Konzert im 3. Ton, UA Jena 90, W Börner (Schuke-Org d Stadtkirche St Michael); OrgBearb v BWV 19/5: 'Bleibt ihr Engel, bleibt bei mir' 94, UA Ludlow, England 95. **Sonst:** zahltr musikwiss Arb wie ua d Buch: 'Zur Echtheit v Toccata u Fuge d-moll BWV565' Köln 95, 2. Aufl 98; 'Johann Peter Kellner, Sudien zu Leben u Werk' (in Vorb), Artikel in Ars Organi, D Kirchenmusiker, Bach Jahrbuch, Thüringer Orgel Journal.

Claus, Tilmann, Prof, Hochschullehrer, Komponist; Erzbergerpl 11, D-50733 Köln, T: (02 21) 9 76 41 51, F: 9 76 41 52; H f Musik, Dagobertstr 38, D-50668 Köln, *tilman.claus@mhs-koeln.de*. **Ausb:** Stud Komp (D Acker) München, (Jürg Baur) Köln, m DAAD-Stip (G Manzoni) Mailand; Stud Tonsatz (R Löbner) Köln; Aufbaustud Elektron Komp (H-U Humpert) im Elektron Studio d MH Köln. **Laufb:** LBeauftr (Tonsatz) MH Köln, L f MTheorie u Kl MSch Bonn, LBeauftr (Elektron Komp) Robert Schumann H Düsseldorf, Prof (künstl Tonsatz, MTheorie) u Prodekan H f Musik Detmold, Abt Dortmund. (Red)

Clay, Art, Flöte, Komponist; Inselstr 73, CH-4057 Basel, T: 06 16 31 63 32 [New York 17.3.1959]. (Red)

Clemann, Paul, Klavier; Lindenberg 17, CH-4058 Basel, T: 06 16 92 46 97 [Zürich 10.1.1953]. **Ausb:** Stud Kl (S Wyttenbach) MH Basel 72–75, (K Linder) ebd 75–78, Stud (A Kontarsky) MH Köln 78–79, KamM (W Levin) Basel. **Laufb:** KlTri m F Kellerhals (A Preisser) u B Schneider 92–96, Eng: E. Carter: Triple Duo, m J Wyttenbach Basel 87, 88, 96 u m H Holliger Wien 90, S Veress: Hommage à Paul Klee (f Kl u Str) Luzern 92, Lugano 93, St Gallen 94, Wuppertal 95, Kairo 96, Basel 97, LTätigkeit (Kl, KamM, Gehörbildung) MH Basel seit 83. **Ens:** KlDuo m Claudia Vonmoos seit 89. – **Aufn/RF:** E Carter: Triple Duo, T Demenga, H Schneeberger, Ph Racine, Dgt: J Wyttenbach 88; J Grimm: KlStücke, Basel 90; J J Dunki: Tétraptéron, J Pepi: Metamorfosis I, 92; C Delz: 'Jahreszeiten' 95; Ders: 'Sils', 96; J Wyttenbach: Divisions 97. **UA:** Ph Eichenwald: 'Faites vos jeux ...' (2 Kl), UA Basel, C Vonmoos 01; B Trümpy: Klaviertrio, UA Bern 94; ders: 4 Interludien (Kl 4-händig), UA Basel 01. **Zug:** B Trümpy: 4 Interludien.

Clemencic, Rene, Dr, Prof, Komponist, Blockflöte, Clavichord, Cembalo, Dirigent; Reisnerstr 26/7, A-1030 Wien, T: (01) 7 12 53 41, F: 7 12 50 20, *clemencic_consort@utanet.at*; *www.clemencic.at* [Wien 27.2.1928]. Komp, Alte Musik **Ausb:** Stud (Cemb, Alte M) MH Wien 50–57, Komp/Theorie (Ratz/polnauer), Blockfl (Staeps, Höffer v Winterfeld, Collette) ebd 55–62, Stud (Phil, MWiss) U Wien, Prom Wien 56. **Laufb:** Lt 'Clemencic Consort', Lt R 'Musica Antiqua' Musikverein Wien seit 68. **Pr:** Edison Award 81, Ehrenmed in Gold Stadt Wien, Musikpr Stadt Wien 97. – **Komp:** Missa Mundi, UA Palermo 85; Unus Mundus, UA Wroclaw, Fstv of Contemp M 86; Drachenkampf (Ballettpantomime), UA Spectaculum Wien 93; Estasi, UA Leningrad, Fstv of Contemp M 88; Revolution, UA Nancy 89; Opus f Fl u Str, UA Blonay, Menuhinfstv 91; Kabbala, UA Mittelfest, Cividale 92; Apokalypsis, UA Fstv Wien Modern, gr Musikvereinssaal 96; Klaviertrio Jeruschalajim, UA Fstv Hörgänge, Wien, Konzerthaus 98; Reise nach Niniveh, UA Fstv Hörgänge Wien, Konzerthaus, 99; Concerto per Archi 'Feuertrunken', UA Neapel/Caserta 2000; Der Berg (KamOp), UA 03; 2. KlTrio 'Das Haus', UA Wien ORF 04; Lamentationes Jeremiae Prophetae (Vokalens), UA Rom 05. **Aufn/RF:** TV, Radioaufn i d ganzen Welt, über 100 CD-Einsp als Sol auf Blockfl, Klavichord, Lt d eigenen Ens; Roman de Fauvel; Carmina Burana; Machault: Messe de Nostre Dame; Vivaldi: L'Olimpiade; Carvalho: Testoride Argonauta. **Lit:** Grove's 'Dictionary of Music and Musicians', MGG.

Clément-Cart, Marianne, Flöte; av du Léman 16, CH-1005 Lausanne, T: 02 13 12 63 46. (Red)

Clemente, Peter J, Violine; Lilienstr 71, D-81669 München, T: (0 89) 48 95 04 00 [1968]. **Ausb:** Stud München u Saarbrücken (A Chumachenko, V Klimov). **Laufb:** KonzReisen in Europa u Übersee. **Pr:** Bundespr 'Jugend Musiziert', Förderpr d Dt Industrie, 2. Pr ex aequo 47. Int ARD M Wettb 98. **Ens:** Clemente Trio. (Red)

Clementi, Anja, Sängerin, Schauspielerin; Dr.-Petter-Str 30, A-5020 Salzburg, T: (06 76) 3 53 81 12, *mail@anjaclementi.de*; c/o Landestheater Salzburg, Schwarzstr 22, A-5020 Salzburg; *www.anjaclementi.de* [Saarbrücken 18.9.1971]. Spieloper, Operette, Musical, Chanson **Ausb:** Stud (mus Unterhaltungsth) Kons d Stadt Wien 93–96. **Laufb:** Sol Stadtth Regensburg 96 u 97, Sol

Ldesth u Kammerspiele Salzburg seit 97, Sol Komödienspiele Porcia seit 99; Chansonsoloprogramm 'Ich möcht' so gern berühmt sein...' seit 2000; ARD-Serie 'Familie Heinz Becker' 01 u 03; ARD-Tatort 'Teufel im Leib' 04.

Clemenz, Alexandra, Harfe; c/o Staatskapelle Berlin, Unter den Linden 7, D-10117 Berlin. **Laufb:** Sol Staatskap Berlin. (Red)

Cleobury, Nicholas, Dirigent; c/o Opernhaus Zürich, Falkenstr 1, CH-8008 Zürich. **Laufb:** Musikal Lt Op Zürich. (Red)

Clerch, Joaquin de Jesus, Prof, Hochschullehrer, Gitarre; Bankstr 63, D-40476 Düsseldorf, T: (02 11) 5 15 00 31, 0 17 22 09 52 18, F: 5 15 00 31; c/o Classic Concert, Glaneggerstr 55, A-5082 Salzburg, T: (0 62 46) 7 66 53, F: 7 68 54, *office@classicconcert.com*; *www.classicconcert.com* [Havanna 8.8.1965]. Gitarre, Komposition **Ausb:** GitUnterr (L Nunez), Stud Git, M (M Cuervo, A Rodriguez) Escuela Nacional de Musica Kuba 77–84, Git, Komp (R Guerra, E Fariñas) Inst Superior de Arte Kuba 84–90, Git (E Fisk) H f M Mozarteum Salzburg 90–91. **Laufb:** Ass E Fisk Mozarteum Salzburg seit 91, LAuftr MH München, Prof (Git) Robert-Schumann-H Düsseldorf 99, Konz Athen, Concertgebouw Amsterdam, Th Royal de la Monnaie Brüssel, Paris, Prag, Belgrad, Berlin, Alte Op Frankfurt, Philh Köln, Philh München, Herkulessaal München, Salzburg, Brucknerhaus Linz, KonzHaus Wien, Palacio de la Música Barcelona, Auditorio Manuel de Falla Granada, Auditorio Nacional Madrid, Sevilla, Cemal Resit Rey Concert Hall Istanbul, Bogotá, Teatro Nacional Havanna, Rio de Janeiro, Toronto, Peking u Tokio, ua m Philh Orch Bogotá, SinfOrch BR, Sinfon Nationalorch Spanien u Kuba, Mozarteumorch Salzburg, Orch du Capitole Toulouse. **Pr:** Stip Mozarteum Salzburg 90, zahlr Pr u Ausz, 1. Pr: Int GitFstv Havanna 88, Andrés Segovia – Almuñecar Granada 90, Heitor Villa-Lobos Rio de Janeiro 92, Printemps de la Guitare Charleroi Brüssel 92, ARD-Wettb München 93, höchste künstl Ausz d Kuban Regierung 94, Würdigungspr österr Bundesmin f bes künstl Leistungen. **Ens:** KamM m R Ricci, A Spiri, G Teuffel ua. – **Komp:** Yemaya (Solo Git), UA Toronto 87; Dimelo Dulcemente (Blockfl trio), UA Salzburg, Il Dolcimelo (Salzburger Blockfl-Ens) 99; Concerto 1 (Git u Orch), UA Hallein, Git: R Gallen, Junge Salzburger Philh 01. **Aufn/RF:** CDs: 'Printemps de la Guitare' (Rezital Git) 92; 'Las Folías de España' (Git solo) 94. **UA:** L Brouwer: Concerto de la Habana (Git u Orch), UA m KamOrch Warschau, Dgt: L Brouwer 98; C: Fariñas: Concerto (Git u Orch), UA Lublin, m Orch PFL 99; F Pilsl: Konz (Git u Orch), UA Hallein b Salzburg, m Junge Salzburger Philh 2000. **Zug:** L Brouwer: Concierto de la Habana; C Fariñas: Concierto; F Pilsl: Konzert (Git u Orch).

Cleveman, Lars, Tenor; Staatstheater, Oberer Schloßgarten 6, D-70173 Stuttgart [Stockholm]. **Laufb:** Königl Op Schweden 98, Sol Staatsth Stuttgart. (Red)

Cloete, Andries, Sänger; Richard-Wagner-Gasse 46, A-8010 Graz, T: (06 99) 12 35 22 20. **Laufb:** Sol Vereinigte Bühnen Graz SpZ 03/05. (Red)

Clormann, Jury K, Prof, Hochschullehrer, Gitarre; Römerstr 206, CH-8404 Winterthur, T: 05 22 42 96 39, *jury.clormann@bluewin.ch*; *www.clormann-trechslin.ch.* span u argent GitMusik, klass Gitarre: Solo u KamM-Literatur **Ausb:** Stud klass Git b Prof Karl Scheit, Stud in München u Paris. **Laufb:** Expertentätigkeit, Konz, Seminare u Mstrks, Lehrer (klass Git, KamM u Fachdidaktik) MH Winterthur Zürich. **Ens:** GitDuo Clormann-Trechslin. – **Aufn/RF:** LPs: 'La Madrugada' (Schweizer Schallpl d Monats); 'La Mariposa'; 'La Guitarrera'; CDs: 'Guitarra Argentina'; 'Trilogia Argentina'; GitDuo Clormann-Trechslin: 'Argentinien' u 'Romantik'.

Coates, Gloria, Komponistin; Tengstr 20, D-80798 München, PF 430363, D-80733 München, T: (0 89) 2 78 01 34, F: 2 71 80 47, *103343.3557@ Compuserve.com*; *www.amc.net/members/Gloria_Coates/home.htm* [Wausau, WI, USA 10.10.1938]. **Ausb:** Stud (Luening, A Tcherepnin, Beeson) Columbia U, Louisiana U 59–67, BA, BM, MA (Komp). **Laufb:** LAuftr (Musik) Int Program U of Wisconsin 75–83, freischaff Komp ab 85, Vorträge u Konz über eigene Musik: Indien, Harvard, Brown, Wisconsin, Boston. **Pr:** Yaddo Artist's Award Mac Dowell, Norlin-Hewitt Award 82, Musica Arts Unesco Award 90. – **Komp:** 1.Symphonie (Music on Open Strings) 73, UA Warschau, Poln KamOrch, Dgt: J Maksymiuk 78; 2.Symphonie 74/88, UA New York, Brooklyn Philh Orch, Dgt: T Leon 89; 4.Symphonie (Chiaroscuro) (OrchW) 84/90, UA Stuttgart, Philh Orch, Dgt: WD Hauschild 90; 5.Choral Symphonie (OrchW), UA Berlin, RIAS Chor u Spectrum Ens, Dgt: M Creed 90. **AuftrKomp:** 6. Symphonie 1994 (KamOrch) 88/94, UA Hamburg 95 (Auftr: 25jähriges Bestehen Das Neue Werk Hamburg); 7.Symphonie (OrchW) 90/91, UA München, SinfOrch d BR, Dgt: O Henzold 97 (Auftr: SDR Stuttgart); 11.Symphonie (OrchW) 99, UA Zell/Pram, Österr 99 (Auftr: 47.Europ Wochen Paussau). (Red)

Coburger, Christoph, Komponist, Schauspielmusiker; Lilienthalstr 14, D-10965 Berlin, T: (0 30) 6 91 39 58 [Burgdorf 3.8.1964]. **Ausb:** Komp (U Leyendecker), Kl (KH Girgensohn), Orgel (J Schweppe), Dirig (KP Seibel) Hamburg. **Laufb:** ZusArb m H Goebbels, R Berghaus, H Gratzer, G Willert, M Stiefermann uva, überwiegend Bühnenmusiken f Sprechth; SchspM Schauspielhaus Düsseldorf SpZ 04/05. – **Komp:** 5 Lieder f Mezzosop u KamOrch (Orch-Lied), UA 89; fish your falls in fixed (un)folds (KamM), UA Hamburg 90; Chambres (KamM), UA Radio Bremen 91; Aus d Tagebuch e japan Hofdame (Kllied), UA Hamburg 91; Ansichten e Geisterstadt (Ballett); Metastas (Orch-Musik). **AuftrKomp:** Bukowski (Op), UA Linz 2000 (Auftr: Op Linz). (Red)

Coburn, Pamela, Sopran; c/o Boris Orlob Management, Jägerstr 70, D-10117 Berlin, T: (0 30) 20 45 08 39, F: 20 45 08 49, *info@orlob.net*; *www.orlob.net.* **Ausb:** Stud (Ges) Eastman School of Music, Juilliard School New York, Stud b E Schwarzkopf. **Laufb:** Sol Bayer Staatsop München, Kom Op Berlin, Gastsol Wiener Op, Tokyo's New National Theatre Op, Carnegie Hall New York, Salzburger FSp, Richard Strauss FSp Garmisch-Partenkirchen, ZusArb m Dgt: C Kleiber, Sir C Davis, W Sawallisch, C M Giulini, L Maazel, R Muti, Ch v Eschenbach, E Leinsdorf, N Harnoncourt, Sir G Solti, G Sinopoli, H Rilling, B Haitink, J Colon u Ch Thielemann, Gastsol Met Op New York 03, Santo Domingo Fstv 04. **Pr:** 1. Pr ARD Wettb München 80, 1. Pr Wettb Met Op 82.

Coelho, Eliane, KS, Sopran; Hauptstr 142, A-3411 Klosterneuburg, *coelhoeliane@hotmail.com*; c/o Staatsoper, Opernring 2, A-1010 Wien [Rio de Janeiro, Brasilien 20.7.1951]. Oper, Konzert, Lied **Ausb:** PrivUnterr b S Petit-Reneaux Rio de Janeiro ab 67, Stud (Architektur) U Federal de Rio de Janeiro ab 70, Stud MH Hannover ab 71. **Laufb:** zahlr Konz u d Ltg v F Ebert m Ens Neue Musik Hannover m Werken v Ives, Cage, Satie, A Berg, Schönberg, M Nobre, Nonno, A Escobar ua; Detmold 76–78, Stadtth Bremen 78–84, Op Frankfurt 84–91, Staatsop Wien seit 91; lyr Koloratursop: Königin d Nacht, Konstanze, Traviata, Sophie, Zdenka, Lulu (Bremen u Turin) ua 76–84; Int Auftr: 'Idomeneo' (Eletta) Teatro Reggio di Torino, Aix-en-Provence, Op Nizza, Catania, Basel, München u Wien; 'Salome' (Titelrolle) in Wien, München, Stuttgart, Mannheim, Berlin, Tokio, Paris Bastille, Richard-Strauss-Fstv Dresden (Dgt: G Sinopoli) ua; Repertoire Wiener Staatsop: Tosca, Butterfly, Trovatore, Ernani, Nabucco, Mefistofele (Margherita u Elena), Vespri Siciliani, Jerusalem, Macbeth, Fedora. **Pr:** KS Staatsop Wien 98. – **Aufn/RF:** F Braga: 'Jupira' (Op); C Gomes: 'Maria Tudor' (Op).

Cogran, John, Sänger; c/o Neue Opernbühne Berlin, Goltzstr 13, D-10781 Berlin. **Laufb:** Sol Stadtth Klagenfurt, Gastsol NOB Berlin SpZ 04/05. (Red)

Coku, Alexandra, Sopran; c/o Boris Orlob Management, Jägerstr 70, D-10117 Berlin, T: (0 30) 20 45 08 39, F: 20 45 08 49, *info@orlob.net*; *www.orlob.net* [USA]. **Ausb:** Stud Ges (M Harshaw) Indiana U, Stud b E Westenberger Frankfurt. **Laufb:** zahlr Eng ua Covent Garden Op London, Niederländ Op, San Francisco Op, Staatsop Wien u München, OpHäuser v Frankfurt, Düsseldorf u Köln, Op de Nancy SpZ 2000/01 u Grand Th de Genève, Auftr b Glimmerglass Fstv Op (Co-Prod m New York City Op) 2000, Op Toulouse u Marseille SpZ 01/02, New York City Op, Houston Grand Op, Dresdner MFSp u Ludwigsburger SchlossFSp, Händel FSp Halle, Dt Op Berlin, Orat- u Konz-Auftr m Dgt wie G Berini, T Frühbeck de Burgos, M Gielen, L Güttler, P Herreweghe, R Jacobs, G Jenkins, J Mauceri, J Nelson, S Sloane, S Weigle u R Weikert, Auff-Serie Schumann: 'D Paradies u d Peri' in London u d Ltg v J Eliot. **Pr:** Prtr Belvedere-Wettb Wien, Int Mozart Wettb Salzburg. – **Aufn/RF:** LP-Einsp: Schumann: 'D Paradies u d Peri' (Jungfrau); CD-Aufn v Mahler: 'Symphonie Nr 4', Niederländ Philharmonikern, Dgt: H Haenchen; Mendelssohn: 'Elias', Frankfurter OpOrch, Dgt: S Cambreling.

Cole, Deborah Lynn, Sängerin; Am Lauterbach 60, D-65232 Taunusstein, T: (0 61 28) 93 44 50, F: 93 44 52, *debcole@gmx.net*; *www.deborah-cole.de.* **Laufb:** Sol Th Wiesbaden 91–96, Sol Dt Op Berlin SpZ 03/04. (Red)

Cole, Steven, Tenor; c/o Columbia Artists Management GmbH, Till Janczukowicz, Albrechtstr 18, D-10117 Berlin, T: (0 30) 20 64 80 78, F: 20 45 34 80, *info @cami.com*; *www.cami.com.* **Laufb:** Sol Operetten-FSp Bad Ischl SpZ 03/04. (Red)

Colecchia, Gabriella, Dipl Mat Scient, Mezzosopran; Via B Cavallino 74, I-80128 Napoli, T: 08 15 46 20 74, 3 38–9 40 12 86, F: 08 15 46 20 74, *gabriellacolecchia@libero.it*; c/o Stagedoor, Via Marconi 71, I-40122 Bologna, T: 0 51 19 98 47 50, F: 0 51 19 98 47 79, *info@stagedor.it*; *www.stagedoor.it* [Neapel 26.2.1973]. ital Oper, Belcanto, Mozart, Konzert **Ausb:** Stud (Ges) Kons 'S. Pietro a Majella' Neapel, Mstrks dt. Lied Scuola Superiore di Liederistica 'Hugo Wolf' Acquasparta, Terni b E Battaglia 94, Vocalità belliniana Kons 'S. Pietro a Majella' Neapel b E Battaglia 01, Vocalità barocca, Centro di Musica Antica 'Pietà de' Turchini' Neapel b T Florio, Mstrkl 'Il cantante-attore' Fondaz 'W Walton' Ischia 97, Bottega di Peter Maag Treviso (R Resnik) 95, Accad Rossiniana Pesaro (A Zedda) 2002, Mstrkl Opera Laboratorio Palermo 01. **Laufb:** Sol Philadelphia Acad of Music 96, Teatro comunale Treviso 96, Teatro sociale Rovigo 96, Wexfordfstv 97, Teatro Verdi Sassari 97, 99 u 04, Teatro lirico Cagliari 98, 01, Semperop Dresden 99, Teatro Carlo Felice Genova 99, Macerata Opera Fstv 99, Teatro massimo Bellini Catania 2000, 01, 04 u 05, Wiener Kammerop 01, Teatro San Carlo Napoli 01, 04 u 05, Teatro massimo Palermo 01 u 05, Teatro municipale Piacenza 02, Rossini Opera Festival 02, Op Montecarlo 03, Teatro comunale Ferrara 03, Teatro Valli di Reggio Emilia 03, Teatro comunale Modena 03, Teatro Verdi Salerno 03, Japan Tour m Teatro massimo Bellini Catania 03, Stadtth Aschaffenburg 03, Teatro Mussorgsky St Petersburg 03, Lisbona Calouste Gulbenkian Foundation 04, Teatro Mercadante di Napoli 04, Teatro San Giorgi Catania (Teatro Massimo Bellini Catania) 04 u 05, Royaumont Abbey (Recital) Francia, Paris 05. **Pr:** 1. Pr 'Luciano Pavarotti Int Voice Competition' Philadelphia 95, 1. Pr '28. Toti dal Monte, Int Competition Treviso 96, 'Amadeus Pr' u Stip f GesStud von L Pavarotti u C Abbado 96, 'Gigli Pr' d Beniamino Gigli Association 04. **Ens:** BarockEns 'Cappella della Pietà de' Turchini'. – **Aufn/RF:** Verdi: 'Oberto, Conte di San Bonifacio' (Cuniza) CD, RAI, TV 99; Verdi: 'Falstaff' (Meg), CD, Radio 3 99; Rossini: 'Bianca e Falliero' (Costanza) CD 2000; Rossini: ' Tancredi' (Roggiero) CD, Radio 3 RAI 02; de Majo: 'Montezuma' (Pilpatoe) BR 03; Verdi: 'Trovatore' (Ines), Radio 3 04; Tschaikowsky: 'Pikovaja Dama' 05; DVD: Paisiello 'Serva Padrona' 05. **UA:** Italienische Premiere v 'Die Ägyptische Helena', Teatro Lirico di Cagliari 01, erste moderne Auff v G Abos: 'Stabat Mater' Napoli, Neueröffnung Sala Scarlatti 94–95; Pergolesi: 'Confitebor tibi Domine' u 'Messa di S. Emidio' 02, Anfossi: 'Salve Regina' u Logroscino: 'Stabat Mater', Festival dell'Aurora in Calabria 03.

Coleman, Barry, Sänger; c/o Staatsoperette Dresden, Pirnaer Landstr, D-01257 Dresden. **Laufb:** Gastsol Städt Bühnen Osnabrück SpZ 00/01, Anhalt

Th Dessau SpZ 02/04, Stadtth Hildesheim SpZ 04/05, Sol Staatsoptte Dresden SpZ 03/05. (Red)

Coleman, Basil H E, Dirigent, Generalmusikdirektor; Vichtenstein 8, A-4091 Vichtenstein; c/o Südostbayerisches Städtetheater, Ländtorpl 2–5, D-84028 Landshut. **Laufb:** Dgt Bayer Theaterakad August Everding München, Stadtth Bern, GMD Südostbayer Städteth seit SpZ 03/04. (Red)

Coleman, David, Dirigent; c/o Semperoper, Theaterplatz 2, D-01067 Dresden. **Laufb:** Gastdgt Staatsth am Gärtnerpl München SpZ 00/01, Dgt Semperop Dresden SpZ 04/05. (Red)

Coleman, William, Viola; c/o Impresariat Sonia Simmenauer, Bornstr 12, D-20146 Hamburg, T: (0 40) 42 31 31 11, F: 42 31 31 13, *Sonia.Simmenauer@impresariat-simmenauer.de*; *www.impresariat-simmenauer.de* [England 1976]. **Ausb:** Stud Va (T Riebl, V Hagen) Mozarteum Salzburg seit 98, (K Kashkashian) New England Cons Boston 01. **Laufb:** Solobratscher Camerata Salzburg. **Ens:** Kuss Quartett. (Red)

Coles, Mark, seriöser/Charakter-Bass; c/o Robert Gilder & Company, 91 Great Russell Street, London WC1B 3PS, Vereinigtes Königreich, *markc@markc.de*; *www.markc.de* [Philadelphia, USA]. **Ausb:** Stud Kent State Univ. **Laufb:** San Francisco Op (Die Meistersinger von Nürnberg; Jenufa; Don Giovanni, Leporello) ab 85, Debüt Dtschld (Henze: The English Cat, Arnold) 89, Berliner KamOp (Paisiellos: Der Barbier von Sevilla, Bartolo) 89, Eng Städt Bühnen Münster (Der fliegende Holländer, Daland; Rigoletto, Sparafucile; Anna Bolena, Heinrich VIII; Don Pasqual, Don Pasqual) 90–98, Gastsol Coburg (Macbeth, Banquo) 98/99 Gastsol Städt Bühnen Münster (Carmen, Zuniga) 99–2000; Kopenhagen (Show Boat, Joe) 01. **Pr:** 1. Pr Met Op Auditions Wettb San Francisco 85, Finalist Belvedere Wettb 89.

Coliban, Sorin, Bassbariton; c/o Wiener Staatsoper, Opernring 2, A-1010 Wien; c/o Agentur Seitter, Opernring 8/13, A-1010 Wien, T: (01) 5 13 75 92, F: 5 12 93 51, *office@agentur-seitter.at*. **Laufb:** Sol Stadtth Klagenfurt SpZ 03/04, Debüt Wiener Staatsop SpZ 04/05, Sol Volksop Wien SpZ 04/05. (Red)

Colín, Noé, Bassbariton; Patrizig 10/11, A-1210 Wien, T: (01) 9 46 74 98, F: 9 46 74 98, *noecolin1@hotmail.com* [Querétaro, Mexico 30.10.1969]. **Ausb:** Musikal Kunst Sch f Kinder/Mexiko 82–84, Stud Ges (Prof G González Cano) 85–89, Dipl Musikal Sch d Schönen Künste/Mexiko, (Prof E Jaso Mendoza) Nat Univ f M/Mexiko 89. **Laufb:** Palacio de Bellas Artes Mexiko Stadt 93, 95, 96, 98; Int OpStudio Prod Zürich 97; 1. Zürcher FSp 97; Tiroler Landesth Innsbruck 97, 98, 99; Rossini-Fstv Wilbad 98; Teatro Colón Bogotá 98; Teatro Cuyás Las Palmas Gran Canaria 99; Teatro Principal Mallorca 99; Teatro Cervantes Málaga 99; Volksop Wien 99, 2000, 01, 02, 03; Landesth Linz 2000, 01; Sala Nezahualcóyotl Mexiko Stadt 01; Teatro de Aguascalientes Mexiko 03; ZusArb m bed Künstlern wie J Pons, N Castel, J Dorneman, J Díaz, L Amara. – **Aufn/RF:** Rossini: Op 'Matilde di Shabran' (Aliprando) (Op), Coro da camera di Czechia, I virtuosi di Praga, Dgt: F Corti, Company Bongiovanni 98.

Collis, Andrew, Sänger; c/o Bühnen der Stadt Köln, Offenbachpl, D-50667 Köln, PF 101061, D-50450 Köln. **Laufb:** Sol Op Köln. (Red)

Colombara, Carlo, Bass; c/o S Sintow-Behrens Int Promotions & Management, Schleibingerstr 8, D-81669 München, T: (0 89) 44 21 89 00, F: 44 21 89 03, *office@sintow-behrens.com*; *www.sintow-behrens.com* [Bologna]. it Op, Konz **Ausb:** Stud Kons Bologna b P Venturi. **Laufb:** Sol Op Rom, Bologna, Venedig, Mailand, Konz in Europa u Japan, Gastsol ua Staatsop München, Royal Op House London, Arena di Verona, Op Zürich, Teatro Colón Buenos Aires, Met Op New York, Bolschoi-Th Moskau, Staatsop Wien. **Pr:** ua Gewinner G B Viotti-Wettb Vercelli 86, Concorso AsLiCo Mailand 87, Pr Lauri Volpi 94, Pr Orazio Tosi 95, Pr Cappelli 99, Matassa d'Oro 02. – **Aufn/RF:** zahlr Einsp auf CD; Fernsehübertr u Videoprod (Scala Mailand, Teatro S Carlo Neapel); CD/DVD 'Turandot' (Aufz: Verbotene Stadt in Peking) 97.

Colombini, Silvia, Sopran; c/o Caecilia Lyric Department, Rennweg 15, CH-8001 Zurich, T: 0 12 21 33 88, F: 0 12 11 71 82, *caecilia@caecilia-lyric.ch*; c/o Sächsische Staatsoper, Theaterpl 2, D-01067 Dresden. **Laufb:** Sol Musikth Essen, Sol Sächs Staatsop Dresden SpZ 03/04. (Red)

coma berlin *siehe* Klein, Georg

Commichau, Jürgen, Sänger; Elsasser Str 11, D-01307 Dresden, T: (03 51) 4 59 05 45; c/o Sächsische Staatsoper, Theaterpl 2, D-01067 Dresden. **Laufb:** Sol Sächs Staatsop Dresden. (Red)

Commichau, Kristian, Prof, Dirigent, Hochschullehrer; Am Spitzen Berg 111, D-14476 Fahrland, T: (03 32 08) 5 71 94; Institut f Musik u Musikpädagogik, Universität Potsdam, PF 601553, D-14415 Potsdam, T: (03 32 08) 5 71 94, F: 5 78 89, *kristian.commichau@vocal-concertisten.de*. **Ausb:** Stud SchM u Dirig UdK Berlin. **Laufb:** Lt d vocal-concertisten seit 87, Prof f Dirig H Postdam seit 95, ständ Gastdgt d Mecklenburger Kammersolisten, OpProd. (Red)

Compes, Werner, Opernsänger u Konzertsänger; Hoffeldstr 3, D-40235 Düsseldorf, T: (02 11) 6 91 39 86, F: 6 91 39 86; *www.werner-compes.de* [Düsseldorf]. Lied, Oper, Konzert **Ausb:** Stud Ges (Martienßen-Lohmann, P Lohmann, M del Monaco, D Fischer-Dieskau, E Schwarzkopf). **Laufb:** Eng u Gastsp an zahlr OpHäusern, m Z Mehta u Israelic Philh Orch Israelin srael, Fstvs: Ludwigsburger FSp, Münchner OpFSp, Bad Hersfelder FSp, Wratislawa Cantans, Tel Aviv OpFstv, Fstv Dijon, Sommerfstv Strasbourg, Fstv Bozen, Flandern-Fstv, Kasseler Musiktage, Schloßfsp Herrenhausen, Festl Sommer in d Wies, Frankfurter Feste, Weilburger FestW, Rheingau-Fstv, Berliner FestW, Ruhrfsp Recklinghausen, Konz- u Liedgesang, Brasilien-Tournee m Opern-Arien-Abend u Mozart-Requiem 03. **Pr:** Storm-Pr 69, Förderpr d Stadt Düsseldorf 69 u 73, 1. Pr d Tenöre int Gesangswettb Montepulciano 75, Auslandsstip Land NRW. **Ens:** Cantare-Oho, Gesangs-Männer-Qui (a capp). – **Aufn/RF:** MCs, CDs u Schallpl, ua Liederzyklen 'Dichterliebe', 'Winterreise'; 'Carmina Burana', 'Die Herzogin v Gerolstein', zahlr Fernsehauftr u RF-Sendungen im In- u Ausland.

Comploi, Franz, Prof, Hochschullehrer, Orgel, Improvisation; Erzbischof Gebhard Str 8, A-5020 Salzburg, T: (06 62) 84 00 56 [St Martin in Thurn 2.12.1954]. **Laufb:** Vertragsprof (Orgel, Imp, liturg Orgelsp) U Mozarteum Salzburg. (Red)

Conant, Abbie, Prof, Hochschullehrer; Alte Steige 4, D-78736 Epfendorf-Talhausen, T: (0 74 04) 85 31, F: 84 29, *113316.670@compuserve.com*; Hochschule f Musik, Schultheiß-Koch-Pl 3, D-78647 Trossingen; *www.osborne-conant.org/bios.htm*. **Ausb:** Stud b Dee Stewart v Philadelphia Orch, b Per Brevig v d Met Op u b Branimir Slokar Kölner MH, Abschlussexamina Temple Univ, Juilliard School, Kölner MH. **Laufb:** Soloposaunistin Münchner Philharmoniker, Prof (Pos) Staatl H f Musik Trossingen seit 92. **Ens:** Grdgsmitgl 'The Wasteland Company'. (Red)

Concetti, Andrea, Sänger; c/o Konzert u Theater St Gallen, Museumstr 1/24, CH-9004 St Gallen. **Laufb:** Sol Bayer Staatsop München, GastSol Dt Staatsop Berlin SpZ 04/05, Th St Gallen SpZ 04/05. (Red)

Connell, Elizabeth, Sopran; c/o Deutsche Staatsoper, Unter den Linden 7, D-10117 Berlin, PF 354, D-10109 Berlin. **Laufb:** Gastsol Dt Staatsop Berlin SpZ 00/01, 03/05, Op Frankfurt seit SpZ 03/04, Staatsop Hamburg SpZ 04/05. (Red)

Conners, Kevin, Sänger (Tenor); c/o Bayerische Staatsoper, Brieffach, D-80075 München [East Rochester, NY, USA]. Konzert- u Liedgesang **Ausb:** Stud Musik (T. Paul) Eastman School of Music New York, Stud Gesang (K C Kohn) Mozarteum Salzburg 85, Dipl 89. **Laufb:** Kapm St Jerome's Catholic Church New York, Eng OpStudio Bayer Staatsop München 88, EnsMitgl ebd seit 90, Münchner Op-FSp 95, FSp Bregenz, Ludwigsburg, Salzburger 'Mozartwochen', Gastverpfl Amsterdam, Basel, Braunschweig, Düsseldorf, Frankfurt, Hannover, Stuttgart, Turin, GastspReisen Nagoya u Tokyo, Debüt Scala Mailand 95. (Red)

Connolly, Sarah, Sängerin; c/o Bayerische Staatsoper, Brieffach, D-80075 München. (Red)

Conrad, Andreas, KS, Tenor; c/o Komische Oper Berlin, Behrenstr 55–57, D-10117 Berlin; c/o Agentur Seitter, Opernring 8/13, A-1010 Wien, T: (01) 5 13 75 92, F: 5 12 93 51, *office@agentur-seitter.at*. **Laufb:** Sol Kom Op Berlin SpZ 01/05, Sächs Staatsop Dresden SpZ 03/04, Th Altenburg-Gera SpZ 04/05. (Red)

Conrad, Jörg, Prof, Trompete, Hochschullehrer (Moderne u Dt Trompete); Chasa Trumbetta, Felmisrain 2a, CH-6048 Horw, T: 04 13 40 15 74, F: 04 13 40 06 83, *joerg.conrad@lte-records.ch*; Musikhochschule Luzern, Dreilindenstr 93, CH-6006 Luzern, T: 04 14 22 45 00, *jconrad@mhs.fhz.ch*; *www.trompeten-ensemble.ch*, *www.lte-records.ch* [26.7.1945]. Doz Trp f Orchausb, Trp f pädag. Ausb MH Luzern **Ausb:** Kons Winterthur (Jean Venos) 65–70, MH Zürich (Henry Adelbrecht) 70–75. **Laufb:** 2. u 3. Trp KonzVer d Stadt St. Gallen 68–71, Doz (Trp, OrchAusb) MH Luzern seit 74, Solotrp Luzerner SinfOrch LSO 71–98, stellv Solotrp seit 98, Luzerner Trompeten-Ens, Europatournee m Bamberger Sinfonikern 04, Janacek Sinfinietta (Dgt: J Nott). **Ens:** ehem Schweizerisches FSpOrch Luzern. **Mitgl:** DozVertreter u Stiftungsratsmitgl MH Luzern seit 02. – **AuftrKomp:** Luzerner Fanfare f 8 Trp u Schlgw v K Penderecki z Einweih u Eröffn d Konzsaales KKL Luzern 18.08.98; fanfare@expo.02 f 12 Trp u 3 Schlgw v F Huber z Eröffn d Schweizer Ldesausstell 14.05.02. **Aufn/RF:** Schweiz FSpOrch (Ozawa, Sawallisch, Muti etc); Luzerner SinfOrch (J Nott); Luzerner Trp-Ens (V Ashkenazy, J Nott); Eröffn d Schweiz Ldsausstellung m Kuzerner Trp-Ens (live TV- u Radioübertr) 02. **UA:** P Benary, Consort; Th Bräm, Transition m d Luzerner Trp-Ens. **Sonst:** Besitzer u Inh CD-Produktionslabel Tonstudio (CD-Herstellung). **Lit:** CDs: Heaven's Trumpets I; Heaven's Trumpets Vol II.

Constantin, Rudolf, Sänger; c/o Tomberg, Kap-von-Schiller-Str 18, D-63263 Neu-Isenburg, T: (0 69) 69 16 25, F: 69 16 25; Im Lindenflur 35, D-55627 Weiler, T: (0 67 54) 96 36 99 [Paris 16.2.1939]. Oper, Konzert **Ausb:** Stud (A u C G Cairati) Accad di Canto Milano 54–59, Kons Zürich 56–59, (N Bischoff-Warsitz) Düsseldorf 59/60. **Laufb:** Mitgl Ens Aachen, Bern, Graz, Bremen, Köln, Frankfurt/M, FSp Salzburg, Edinburgh, Flandern Fstv, Juni-FSp Zürich, Staatsop Berlin, Dt Staatsop Berlin, Semperop Dresden, Bayer Staatsop München, Wien, Staatsop Prag u Rudolfinum, Bratislava, Paris, Rom, Barcelona, Madrid, Genf, Covent Garden London, Amsterdam, Strasbourg, Marseille, Lyon, Monte Carlo, Neapel, Bologna, Genua, Kopenhagen, Brüssel, Lüttich. **Pr:** Ehrenmitgl Rencontres Wagneriennes, Patronatsverein Frankfurt/M. – **Aufn/RF:** J M Hauer: Salambo, UA Österr RF; G Doret: Les Amaillis, Radio Bern; W Egk: Irische Legende, Radio France; E Wolf-Ferrari: Der Kuckuck v Theben, Radio Bern; C M v Weber: Die drei Pintos, Radio Bern; G Enescu: Oedipe, Radio France; F Schubert: Die Zwillingsbrüder, FSp Zwingenberg; Beethoven: Lieder, Duette, Terzette, Radio Bern; Fidelio, Radio France; Berlioz: Damnation de Faust, Radio France; Gluck: Alceste, Radio Genf; Offenbach: Les Contes d 'Hoffmann, Radio Genf; Verdi: Luisa Miller, Radio Belge; Oberto, Radio France; Strauss; Arabella, Radio Espagnola; TV: Debussy: Pelleas er Melisande, TVE; Strauss: Arabella, TVE; Verdi: Luisa Miller, Belg TV; Maskenball, ZDF; Tonträger: LP: Donizetti Requiem; CD: Hauer: Salambo, Brahms: Vier ernste Gesänge; Video: Offenbach: Hoffmanns Erz. **Zug:** H Dörner: Wilhelm-Busch-Zyklus.

Constanza, Petra, Sängerin; c/o Management Euro Dialog, PF 860345, D-81630 München, F: (0 89) 47 09 92 28, *contact@petra-constanza.de*; *www.*

petra-constanza.de [Chemnitz 29.12.1959]. Musicals, Galas, Shows, Entertainment **Ausb:** Ballettausb 66–76, Unterr (Kl) 69–76, Staatl H f M u Darst Kunst Frankfurt/M 77–80, Stud Ges (L Enck) Staatl H Frankfurt 76–81. **Laufb:** ua Gastsol Musikal Komödie Leipzig SpZ 2000/01, Komödie Bayer Hof München 2001–2003, Komödie Frankfurt, Op Leipzig 2000–2002, Rollen ua Cabaret, Sally; My Fair Lady, Eliza; Evita; GastSol Th Bremen SpZ 04/05. **Pr:** 1. Pr Bundeswettb Gesang, Abt Musical Berlin 78, Hersfeldpr f Schausp 82, AZ-Stern München 85, Horticultural Soc London 87. – **Aufn/RF:** CDs: 'Heute Abend: Petra Constanza'; 'Von Kopf bis Fuß Marlene'; 'Con interno amore'; 'Hijo de la luna'. **UA:** Wonderful Olly (Olly); Lauter Gauner (Jane/Nastja); Ich, Marlene (Marlene Dietrich), UA München. **Sonst:** Jurymitgl Bundeswettb Ges Berlin 03. **Lit:** Personality Special ARD 95; Personality Special WDR 97.

Contini, Luciano, Dr, Prof, Hochschullehrer, Laute; Univ f Musik u Darst Kunst, Hellmesberger-Inst, Rennweg 8, A-1030 Wien, *contini@mdw.ac.at* [Sassari, Sardinien 1958]. **Ausb:** Stud (Git Mwiss, Lt) U Bologna, Schola Cantorum Basel (E. Dombois, H. Smith u J. Christensen). **Laufb:** ao UProf (Lt) U f Musik u Darst Kunst Wien, L Kons d Stadt Wien. (Red)

Contini, Nadine, Violine; c/o Rundfunk-Sinfonieorchester Berlin, Charlottenstr 56, D-10117 Berlin. **Laufb:** stv Stimmführerin RF-SinfOrch Berlin. (Red)

Contino, Adriana, Prof, Hochschullehrerin, Violoncello; Schulstr 39, D-79111 Freiburg, T: (07 61) 4 76 33 99, F: 4 76 33 98, *adrianacontino@web.de*; Hochschule f Musik, Schwarzwaldstr 141, D-79102 Freiburg [1954]. **Ausb:** Stud (Vcl) b Janos Starker, Helga Winold u Joel Krosnikan Indiana Univ/Bloomington. **Laufb:** Grdg The Bach Chamber Soloists New York 80, Solocellistin Stuttgarter KamOrch 87, Solocellistin im Bach Collegium Stuttgart 87–91, Prof (Vcl) Staatl H f Musik Freiburg seit 91. **Ens:** New York Chamber Orch, Brooklin Philh Orch, Mostly Mozart Ens, „Group for Contemporary Music“, New York New Music Ensemble, Caecilian Trio. (Red)

Contratto, Graziella, Dirigentin, Klavier, Lehrerin f Musiktheorie, Kapellmeisterin; c/o Orchestre des Pays de Savoie, 6, rue Métropole, F-73000 Chambéry [Schwyz 1966]. Konzert, ital u dt Oper, zeitgenössische Musik, Mahler **Ausb:** Stud Kons Luzern u Winterthur (Kl), MH Zürich u Basel (Theorie, Dirig) 89–95. **Laufb:** Pianistin, KamM, Doz (MT) Kons Luzern 91–98, Chefdgt Akad Orch Freiburg i Br 96–99, Musikal Ass (C Abbado) Berliner Philh 98–2000, Gastdgt Düsseldorfer Symph, Camerata variabile, Zuger Sinfonietta, Orch d Manhattan School of M New York, Chefdgt Orch des Pays de Savoie seit 03, Gastdgt Dt KamOrch Berlin, Bamberger Symph, Orch Sinfonica G Verdi Mailand, Manhattan Sinfonietta, Orch Nat de Lyon, Tonhalle Zürich. – **UA:** Werke v A Scartazzini, C Bauckholt, B Trümpy, B Furrer, H-W Henze, J Widman, T Demenga.

Contzen, Mirijam, Violine; c/o MünchenMusik, PF 810952, D-81909 München, T: (0 89) 93 60 93, F: 9 30 64 94, *info@muenchenmusik.de*; *www.muenchenmusik.de* [Münster 1976]. **Ausb:** MH Detmold (T Varga), Mstrkl Ecole Sup de M Sion (T Varga) 88. **Laufb:** Konz Berliner Philh, Münchner Philh, Kölner Philh, Hamburger Musikhalle, Barbican Hall London, Salle Gaveau Paris, Rudolfinum Prag, Victoria Hall Genf, National Concert Hall Dublin, Athens Concert Hall, Suntory Hall Tokio, ZusArb m RF-SinfOrch Berlin, Radio-SinfOrch Frankfurt, Württemberg KamOrch Heilbronn, Münchner KamOrch, Philh Staatsorch Hamburg, Ungar Nationalphilh, Helsinki Philh Orch, Seiji Ozawas Mito Chamber Orch, Prager KamOrch, Orch de la Suisse Romande, Orch de l'Opéra de Lyon. **Pr:** Int KamMWettb Charles Hennen 89, 1. Pr u Helena-Karaskova-Pr Int RundfunkWettb Concertino Praga 91, 1. Pr Int VWettb Tibor Varga 93, Pr d Landes Nordrhein-Westfalen 97. (Red)

Conzelmann, Curt, Violine; Billrothstr 14, CH-8008 Zürich, T: 0 13 81 89 88. (Red)

Cooley, Thomas, Sänger; c/o Dr Eike W. Grunert, Winsstr 26, D-10405 Berlin, T: (0 30) 44 05 22 29, F: 44 05 22 29, *ewgrunert@cosifacciamo.de*; c/o Staatstheater am Gärtnerplatz, PF 140569, D-80455 München [Minneapolis, USA]. **Laufb:** Gastsol Bayer Staatso, Krakauer Staatsop, Ex Machina Baroque Op, Aldeburgh Fstv (England), NOB Berlin 00/05, GastSol Staatsth am Gärtnerplatz 02/04. **Ens:** Ens f Alte & Neue Musik Così Facciamo. (Red)

Coombe, Deborah, Chordirektorin; Soltauer Str 39, D-21335 Lüneburg, T: (0 41 31) 76 07 88; c/o Theater Lüneburg GmbH, PF 2829, D-21318 Lüneburg [Ottawa, Kanada 14.6.1951]. Chorkonzerte (zeitgen, barock); Händel, Monteverdi, Charpentier **Ausb:** B Mus, B Ed, MAT (Uni Calgary 73, Uni Western Ontario 75, Washington Uni St Louis 74). **Laufb:** Chordir Th Lüneburg, Rep ebd seit 88; Canadian Youth Choir Europa-Tournee 86, 87, 88; Bach Chor Lüneburg seit 93, MSch Lüneburg (KinderCh, JugendCh) seit 95. **Pr:** Thespis Ring (Th Lüneburg), Stip (OrchDirigat) Ontario Arts Council 77–79; Stip (ChDirigat) Canada Council 83. **Mitgl:** Europa Cantat.

Cooper, Randall, Sänger; c/o Agentur f Musiktheater u Konzert Hannagret Bueker, Fuhsestr 2, D-30419 Hannover, T: (02 11) 72 23 41, F: 72 23 41. (Red)

Corbett, Sidney, Dr, Komponist; Skalitzer Str 50, D-10997 Berlin, T: 0 17 26 27 94 75 [Chicago, USA 26.4.1960]. **Ausb:** Stud U of California San Diego 78–82, Yale U 82–85, Hamburg MH 85–88 (J Druckman, B Rands, M Bresnick, P Oliveros, G Ligeti). **Laufb:** Aufführungen: Steyr Herbst, Zürich Fstv, Gaudeamus, Wien Modern Lincoln Center, Zagreb Biennale, Nationalop Helsinki, GastProf Duke U 95, Bremer Th 01/02, ECLAT Stuttgart 02, Konzhaus Berlin, Philh Berlin. **Pr:** BMI New York, ASCAP New York, Int Wettb Ensemblia Mönchengladbach 87, Irino Foundation Tokyo, Radio France Musique, Heinrich-Strobel-Stift ua. – **Komp:** 'X UND Y' (KamOp), 'NOACH' (Op in 9 Bildern, Libretto: Ch Hein), UA Th Bremen 01. **AuftrKomp:** Schwetzinger FSp, SDR, WDR, Performing Arts Chicago; Sinf Nr 1 'Tympan' (OrchW), UA Stuttgart, Villa Berg (Auftr: SDR); Posaunenkonz (OrchW), UA Nationalop Helsinki 94 (Auftr: Stadt Weinstadt); Zwei leise Gebete (Chor), UA Stuttgart 94 (Auftr: SDR); Detroit Chronicles (KamM), UA Durham 96 (Auftr: Duke Summer Arts Fstv f d Geiger N Kitchen); KamSinf (KamM), UA Leipzig, Gewandhaus 98 (Auftr: IKAB Berlin); Lieder aus d Bettlerschule (Lied), Aufn SWR 99 (Auftr: Schwetzinger FSp f Sop R Ziesak), 'NOACH' (Auftr.:Th Bremen), Sinfonie Nr.2 (Auftr.:Niederrhein Sinforch), Violinkonz (Auftr.:Concertino Basel), Gesänge der Unruhe (Auftr.:Modern Art Sextett, Konzerthaus Berlin). **Aufn/RF:** RSO Stuttgart, Philh StaatsOrch Bremen, Finn NatOrch, Ens Recherche, Philh Ens, W Swoboda, S Josel, R Ziesak, D Tannenbaum, P Veale. **Lit:** Neue ZS f M 1/98, MGG.

Corboz, Michel, Dirigent; ch du Trabandan 18, CH-1006 Lausanne [Marsens 14.2.1934]. **Laufb:** Lt Ens vocal et instrumental de Lausanne. **Pr:** Commandeur de l'Ordre des Arts et des Lettres, Ordre de l'Infant Don Henrique 99. (Red)

Corcoran, Frank, Prof, Hochschullehrer, Komponist; Hochschule f Musik u Theater, FB 1, Harvestehuder Weg 12, D-20148 Hamburg, T: (0 40) 46 35 66, *fbcorcoran@aol.com*; *www.frankcorcoran.com* [Tipperary 1.5.1944]. Komp v Orch-, Chor-, Kam-, Elektro-akust M **Ausb:** Stud (alte Sprachen, Musik, Philosophie) Maynooth/Irland, (Theologie, Renaissance Polyphonie) Rom, (MWiss) Dublin, Komp (B Blacher) Berlin. **Laufb:** Künstlerprogramm Berlin 80, Gast-Prof Berlin 81, Prof (Komp, Theorie) H f M u Th Hamburg seit 83, Fulbright GastProf USA 89–90. **Pr:** Irische Akad d Künste Dublin seit 82, Varming Pr for Irish Composers 74, FEIS CEOIL Pr 75, Dublin Symph Orch Pr 76, Bourges fstv premier prix 99 ua. – **Komp:** Symphonies of Symphonies, m ORF Sinf-Orch, Dgt: L Zagrosek 81; Zweite Sinf, m RTE SymphOrch, Dgt: C Pearce 87; KamSinf, m New Irish Chamber Orch, Dgt: D Robertson 87; Dritte Sinf, m Irish Nat SinfOrch, Dgt: R Pittmann 2001. **AuftrKomp:** Ice-Etchings for Chamber Symph, UA Bergamo 96 (Auftr: Incontri Musicali); Sweeneys Vision, UA Köln 97 (Auftr: WDR); Mad Sweeney, UA NDR Hamburg 98 (Auftr: Arts Council). **Aufn/RF:** Sinf 3, 2 u 4 (CD), KamM (CD). **Lit:** Heister: Komp d Gegenwart, MGG, New Groves Dictionary of Music and Musicians; A Klein: Die Musik Irlands ua.

Corda, Felix *siehe* Reissig, Heiko Christian

Cordes, Manfred, Dr, Prof, Hochschullehrer; Mittelstr 12, D-28203 Bremen; Hochschule f Künste, FB Musik, Dechantstr 13–15, D-28195 Bremen, T: (04 21) 3 01 92 11, F: 3 01 92 25, *m.cordes@hfk-bremen.de*. **Laufb:** Prof (Theorie u Kontrapunkt/Ensemble/Alte Musik) H f Künste Bremen. (Red)

Cordier, David, Sänger; c/o Sächsische Staatsoper, Theaterpl 2, D-01067 Dresden; c/o Oper Bonn, Am Boeselagerhof 1, D-53111 Bonn. **Laufb:** Sol Sächs Staatsop Dresden SpZ 01/05, Kom Op Berlin, Musikth Essen, Bad Staatsth Karlsruhe, Hamburg Staatsop, Gastsol Op Halle SpZ 00/01, Gastsol Zeitgen Op Berlin SpZ 03/04, Sol Op Bonn SpZ 03/05, Luzerner Th SpZ 04/05. (Red)

Corke, Francis, Chordirektor; Moerserstr 55, D-40667 Meerbusch, PF 3470, D-54224 Trier [Guildford, Großbritannien 6.10.1956]. Neue Musik **Ausb:** BA (Musik, Frz) U Southampton, Abschlußpr (Dgt) MH Düsseldorf. **Laufb:** Korr Wuppertal 84–90, Gastdgt Eutin, Gummbersbach, Japan 90–93, Studlt u Dgt Staatsth Darmstadt 93–96, Lt Studio Dt Op am Rhein 96–99; Chordir Th d Stadt Trier ab 2000. – **UA:** Schüler v M Trojahn: 4 Op (m Libretti v T Wilder), Auftr Studio Dt Op a Rhein.

Cornelius, Susanne, Sängerin; Karolingerstr 12, D-76137 Karlsruhe, T: (07 21) 81 30 78. **Laufb:** EnsMitgl Badisches Staatsth Karlsruhe seit SpZ 03/04. (Red)

Cornetti, Marianne, Sängerin; c/o Columbia Artists Management Inc, 165 West 57th St, New York, NY 10019–2276, U.S.A., T: (02 12) 8 41 95 00, F: 8 41 97 44, *info@cami.com*; c/o Bayerische Staatsoper, Brieffach, D-80075 München; *www.cami.com, www.arena.it/eng/front/documentiING/bio/cornetti.htm* [Cabot, PA, USA]. **Ausb:** Stud Duquesne Unive, Cincinnati Cons of Music, Manhattan School of Music. **Laufb:** Sol Pittsburgh Op Centre, Wolftrap Op Company, Washington Op, Met Op New York, Ascona Op, Sol Wiener Staatsop, Atlanta Op, Nashville Op, Minnesota Op, Arena di Verona SommerOpFstv 02, Auftritte m Bochumer Symphony Orch, Bregenzer FSp 05, Bayerische Staatsop. **Pr:** Catherine Shouse/Wolftrap Op Career Grant, Shoshana Foundation 'Richard F Gold Career Grant', Pennsylvania Federation of Music Clubs Award 90, Met Op Nat Council Regional Auditions Award, Minna Kaufmann Rudd Award, 1. Pr Loren L. Zachary Wettb 91. (Red)

Coronella, Andrea Cesare, Tenor; c/o Oper Leipzig, Augustuspl 12, D-04109 Leipzig; c/o Pro Arte Stefan Dörpinghaus, Rosenweg 7, D-42499 Hückeswagen, T: (0 21 92) 8 30 05, 01 77–6 63 40 66, F: 93 18 81, *info@proarte-online.de*; *www.oper-leipzig.de*. **Laufb:** Sol Op Leipzig SpZ 04/05. (*)

Corrinth, Hans Martin, KMD, Prof, Kantor, Hochschullehrer; Imberstr 30, D-76227 Karlsruhe, T: (07 21) 40 27 86, F: 40 69 77, *CorrinthHM@gmx.de*; Hochschule f Musik u Darst Kunst, Urbanstr 25, D-70182 Stuttgart [Schwelm/Westf 3.11.1941]. Orgel-Improvisation **Ausb:** Stud (Ev KiM) Herford u MH Detmold 61–65, Komp (G Klebe) MH Detmold 62–66, Orgel (A Heiller) Wien 69–71, Dirig (H Swarowsky) Wien. **Laufb:** KiMusiker Osterkirche Hamburg-Bramfeld 66–69, KiMusiker Köln 71–75, Kantor Stadtkirche Karlsruhe-Durlach ab 76, dort regelm Orat-Aufführungen, LBeauftr (Orgelimp) MH Stuttgart seit 80, Prof 94, KMD 2001. **Pr:** 2. Pr OrgelimprWettb Graz/Seckau 66, 1. Pr ImprWettb Int Orgelwoche Nürnberg 78. – **Sonst:** Grdg Vokalens Durlach 81.

Corteyn, Serge, Leiter der Schauspielmusik; c/o Theater der Gezeiten, Hunscheidstr 154, D-44789 Bochum. **Laufb:** SchspM Th d Gezeiten Bochum SpZ 03/05. (Red)

Corthy-Hildebrandt, Bettina, Sängerin; Str der Einheit 13, D-09456 Annaberg-Buchholz, T: (0 37 33) 28 81 18. **Laufb:** Sol Eduard-von-Winterstein-Th Annaberg SpZ 01/05. (Red)

Corti, Daniel, Bratsche; Marthastr 122, CH-8003 Zürich, T: 0 14 51 19 45 [Zürich 11.5.1950]. KamM, KamOrch **Ausb:** Va (O Corti), Gesang (S Gähwiler) MH Zürich 69–73, Va (S Collot), Gesang (G Tourvaine) Paris privat. **Pr:** Stip Kanton Zürich u Migros. **Ens:** Collegium Musicum Zürich 70–87, Sonaten-Duo m T Bächli 81–89, Flamenco 82–88, Eulerqua 90–2000, Die Kammermusiker Zürich. – **Aufn/RF:** Bruckner: Quin 71. **UA:** R Bredemeyer: Trio-Stücke (Trio f Klar, Va u Kl), UA Zürich 85; M Käser: 7 Stücke f Va u Kl 94.

Corti, Francesco, Dirigent; c/o Volksoper Wien, Währinger Str 78, A-1090 Wien, T: (01) 5 14 44 30; c/o Pfalztheater, Willy-Brandt-Pl 4–5, D-67655 Kaiserslautern. **Laufb:** GMD Pfalzth Kaiserslautern, Dgt Dt Op am Rhein Düsseldorf-Duisburg u Volksop Wien, Gastdgt Op Halle SpZ 00/04. (Red)

Corti, Nicolas, Prof, Bratsche, Hochschullehrer; Waserstr 20a, CH-8032 Zürich, T: 0 14 22 00 41, F: 0 12 52 86 58, *nicolas.corti@freesurf.ch*; *www.amati.ch* [7.12.1956]. **Ausb:** Stud MH Zürich 76–80, Stud (E Vardi) New York 81. **Laufb:** Doz (Va, Orchstellen, Blattsp) MH Winterthur Zürich, Mitgl Coll Musicum Zürich 76–91, Doz (Va, KamM) MH Zürich seit 96, halbe Solo Viola-Stelle i Musikkollegium Winterthur. **Pr:** Grand Pr Evian (Streichqua), Karl Klingler München, 2. dt SchallplKritikpr, 2. Pr Choc m Amati CD's. **Ens:** Amati Quartett seit 82, Trio Musaïque (Fl, Va, Hfe), Orch Musikkollegium Winterthur. – **Aufn/RF:** CDs: Bartók: 'Streichquartette No 3, 4, 6'; Beethoven: 'Streichquartett F-Dur op 59 No 1'; Zelimsky: 'Streichquartett No 1 A-Dur op 4'; Carter: 'Elegy' f StrQua; Copland: 'Sextett f Klar, StrQua, Kl'; Piston: 'Streichquartett No 1'; Schostakovich: 'Streichquartett No 12 op 133', 'Klavierquintett m B Canino (Kl); Haydn: 'Streichquartette op 50 No 1–3', 'Streichquartette op 50 No 4–6'; Hindemith u Mozart: 'Klarinettenquintette' m E Brunner (Klar); Schubert: 'Streichquintett C-Dur' m E Gustavsson (Vcl); Schubert: 'Der Tod u d Mädchen'; Janacek: 'Intime Briefe, Streichquartett No 2'; Schumann: 'Klavierquintettop 44' m U Tsachor (Kl); Yun: 'Streichquartett No 6', 'Klarinettenquintette No 1, 2' m E Brunner (Klar); Françaix: KlarQui, Trio u Streichqua, m E Brunner.

Cory, Daniel, Sänger; Theater, Kuhstr 12, D-44137 Dortmund. **Ausb:** Stud (Ges) u. a. Manhattan School of Music. **Laufb:** Sol Theater Dortmund seit 04/05. (Red)

Costea, Caterina Cellia, Sängerin; Stefan cel Mare 24, RO-5600 Piatra Neamt, T: (02 33) 21 21 06, 07 22 94 03 98, +30 69 73 08 80 81, +30 21 09 82 53 20, F: 21 21 06, *cellia_costea@yahoo.com*; c/o Agentur Seitter, Opernring 8/13, A-1010 Wien, T: (01) 5 13 75 92, F: 5 12 93 51, *office@agentur-seitter.at* [Piatra Neamt, Rumänien 2.4.1975]. **Ausb:** Stud (E Botez) H f M Piatra Neamt, Stud (M Slatinaru, I Baiasu, S Voinea, E Enachescu) U f M Bukarest. **Laufb:** Konz-Tätigk in Rumänien u Europa; Nat Op Bukarest, Verdi: 'Otello' (Desdemona) 99, Bizet: 'Carmen' (Michaela) 2000, Enescu: 'Oedip' (Antigone) 01; Stadtth Klagenfurt, Mozart: 'Nozze di Figaro' (Contessa) 01; Palazzo di Congresso Lugano, Verdi: 'Requiem' 01; Th Pamplona, Verdi: 'Trovatore' (Leonora) 01; Staatsth Stuttgart, Mozart: 'Nozze di Figaro' (Contessa) 02, Mozart: 'Finta Giardiniera' (Armida) 03; Dt Op Berlin, Mozart: 'Nozze di Figaro' (Contessa) 02; Vest Norges Op Bergen, Puccini: 'Turandot' (Liu) 02; Th du Capitol Toulouse, Mozart: 'Zauberflöte' (erste Dame) 03; Fstv: 'G Donizzetti' Bergamo 97, 'Castel del Peralada' Spanien 01, 'George Enescu' Bukarest 01, Int Fstv 'Ordino Yepes' Andorra 01, 'Flaneries Musical d'ete' Reims 02. **Pr:** 3. Pr Int Wettb 'Voci Verdiane' Busseto, Italien 98; 2. Pr Hans Gabor's Belvedere Wettb, Wien 99; 2. Pr George Enescu GesWettb, Bukarest 99; 3. Pr Bilbao 2000; 1. Pr Jullian Gayarre Pamplona 2000; 1 Pr u PublPr 'Montserrat Caballe', Andorra 01; 2. Pr 'Jaume Aragall', Girona 02; 1. Pr u PublPr Debut 02, Bad Mergentheim 02; 1. Pr u PublPr II. Int GesWettb, Peking 02; 1. Pr u PublPr XL. Int GesWettb Francisco Vinas, Barcelona 03.

Costello, Andrew, Bariton; Neustadt 8, D-35390 Gießen, T: (06 41) 3 01 23 33; c/o Konzert-Direktion Zagovec, Hans-Böckler-Str 23, D-65468 Trebur-Astheim, T: (0 61 47) 91 96 60, F: 91 96 62, *agentur@zagovec-artists.de*. **Laufb:** Sol Stadtth Gießen. (Red)

Coston, Jesse, Sänger, Regisseur; Ferdinand-Weiß-Str 71, D-79106 Freiburg, T: (07 61) 28 37 68. **Laufb:** Sol u Reg Th Freiburg. (Red)

Cotta, Erhard, Kapellmeister; Drosselweg 38, D-04451 Borsdorf-Panitzsch, T: (03 42 91) 8 68 11. **Ausb:** Stud H f M Weimar. **Laufb:** Kapm u stellv GMD Th Altenburg-Gera 89–03. (Red)

Couch, Odette, Violine; Aufhausen, Waldstr 2B, D-85258 Weichs, T: (0 81 37) 53 98 54; c/o Münchner Philharmoniker, Kellerstr 4, D-81667 München. **Laufb:** 3. Konzm der Duisburger Symphoniker 93–97, danach stv Konzm Münchner Philh. (Red)

Coucounaràs, Stelios, Komponist; Brummerskamp 8, D-22457 Hamburg, T: (0 40) 5 89 46 96; 25 Martiou, 20, GR-15237 Athen, T: (01) 6 81 49 16 [Athen 12.5.1936]. Symphonik, KamM, Lied **Ausb:** priv MStud 52–57, Stud (Kl, Komp) Staatl MH Hamburg 57–62. **Mitgl:** Dt KompVerb, Griech KompVerb. – **Komp:** Zwei Liederkreise, UA Stockholm 81 (Auftr: Schwed RF); Triviale Musik f Blechbläser (KamM), UA Eningen, Württembg Blech 89; Divertimento f Vcl u StrOrch, UA Athen 94 (Auftr: Griech RF); Divertimento f Vcl u Streichorch (KamM), UA Athen 95; Streichqua Nr 1 (KamM), Draganov Qua; Konz f Tb u Orch (Symph-Konz); Konz f Vcl u Orch (symphon Konz); Symphonie Nr 1 (symphon Musik); Symphonie Nr 2 (symphon Musik). **Aufn/RF:** SC: Konz f Vcl u Orch, Aufn Griech RF 99; Symph Nr 2, Griech RF, Konz f Trp u Orch; CD: 'Les Durs a Cuivres'. **Sonst:** div Bearb v Werken v R Wagner, J Brahms ua f Trio v Köln, Bayreuther Solisten ua.

Couloumy, Guillaume, Trompete; c/o Konzerthaus Berlin, Gendarmenmarkt, Charlottenstr 57, D-10117 Berlin. **Laufb:** Sol Berliner SinfOrch. (Red)

Courvoisier, François, Prof, Violoncello; Chemin des Roses 6, CH-1202 Genève, T: 02 27 34 06 55, F: 02 27 34 16 85, *jfcourvoisier@bluewin.ch* [29.9.1929]. (Red)

Courvoisier, Sylvie, Komponistin, Klavier; av du Rond-Point 8, CH-1006 Lausanne, T: 02 16 16 79 55, *denyse-steigmeier@worldcom.ch, info@sylviecourvoisier.com*; c/o Gare du Nord – Bahnhof für Neue Musik, Schwarzwaldallee 200, CH-4058 Basel, T: 06 16 83 13 13, *neuemusik@garedunord.ch*; *www.sylviecourvoisier.com* [Lausanne 30.11.1968]. **Laufb:** Gare du Nord Basel SpZ 04/05. **Pr:** Prix des jeunes créateurs Schweiz 96, Prix de la Création Zonta club 2000. **Ens:** Abaton, Entourloupe, Mephista, Vincent Courtois Trio, John Zorn's Cobra, Herb Robertson Quintet. – **Komp:** Poco a poco 2000; One too, Too romantisch, Too speedy (f V, Kl) 98; Sans air, sans voix (f Sop u Kl) 99; Ianicum (f Kl, V, Vcl) 2000; Abaton (f Kl, V, Vcl) 01. **AuftrKomp:** Peu à peu (f 2 Tb) 98 (Auftr: Fstv Donaueschingen). (Red)

Cousin, Alexia, Sopran; c/o Wiener Staatsoper, Opernring 2, A-1010 Wien, T: (01) 5 14 44 22 50; *www.staatsoper.at*. **Laufb:** Grand Th Genf 2000, Dresdner FSp 01, Op Paris 02, Sol Op Frankfurt SpZ 03/04, Debüt Wiener Staatsop SpZ 04/05. **Pr:** 1. Pr 'Les Voix Nouvelles'-Wettb Paris 98.

Cowan, David, BA, Dirigent; 18, rue de l'école, F-68630 Mittelwihr, T: 03 89 86 00 06, *davidcowan@wanados.fr* [Manchester, England 12.2.1961]. **Ausb:** Stud (Mathe) Uni Cambridge bis 82; postgrad Stud (Kl, Kl-Begleitung) Guildhall Sch of M and Drama London; MKons Winterthur, Kl-SolDipl. **Laufb:** LAuftr (Korrep) Mozarteum Salzburg 86–95, Korrep Salzburger FSp 93–95, Dgt Salzburger UniOrch 91–95, Stud-Lt u Kapm Bad Staatsth Karlsruhe 95–98, Musikal Dir OpStudio 'Les jeunes voix du Rhin' Op Nat du Rhin, Strasbourg 98–2000; Eng Teatro Massimo Palermo, Teatro San Carlos Lissabon, Op Ireland 01, Op Nat d Lyon 02, Dgt Stadtth Basel SpZ 01–05, Konz als Liedbegl durch Europa.

Cox, Adrian, Prof, Hochschullehrer, Klavier; Univ f Musik u Darst Kunst, Inst Ludwig van Beethoven, Rennweg 8, A-1030 Wien [London 1952]. **Ausb:** Stud (Kl) Royal Northern College of Music, U f Musik u Darst Kunst Wien. **Laufb:** o UProf U f Musik u Darst Kunst Wien. (Red)

Crabb, James, Prof, Hochschullehrer, Akkordeon; Univ f Musik u Darst Kunst, Inst 4, Brandhofgasse 5 / Zi 908, A-8010 Graz, T: (03 16) 3 89 21 07, F: 3 89 21 77, *james.crabb@kug.ac.at*. **Laufb:** GastProf (Akk) U f Musik u Darst Kunst Graz. (*)

Cramer, Frank, Dirigent; Holzstr 37, D-80469 München, T: (0 89) 2 60 91 54, F: 2 60 91 55, *Frank-Cramer@t-online.de*; c/o Dietsch Internationale Künstleragentur, Thierschstr 11, D-80538 München, T: (0 89) 3 40 86 30, F: 34 08 63 10, *JWDietsch@t-online.de* [Essen]. Oper u Konzert **Ausb:** Folkwang-H Essen, H f M u darst K Hamburg, Stud b Horst Stein u Wilhelm Brückner-Rüggeberg. **Laufb:** Dt Op am Rhein Düsseldorf-Duisburg, Op Zürich, Th Basel, Th Bern, Staatsop Budapest, Volksop Wien, Tiroler Landesth Innsbruck, Volksth Rostock, Op Halle, Staatsth Darmstadt Münchener Biennale, Sferisterio di Macerata, Teatro Verdi Trieste, Bamberger Symph, Kölner Rundfunk-Orch, Mecklenburg Statskap Schwerin, Norddt Philh Rostock, Helsingborg Symph Orch, Radio-Sinfonieorch Basel, Orch Sinf della RAI Torino, Orch della Toscana Firenze, Orquesta de Sevilla, Ungar Nationalphilh, Orch National des Pays de la Loire, Orch Philh de Nice, Delaware Symph Orch, Korean Symph Orch, Prime Philh Orch; Doz (Orchesterdirig) Staatl H f M Karlsruhe. – **Aufn/RF:** CD Einsp: L Nielsen: 1. Symph, m Danish Philh Orch; L Nielsen: 2. Symph, m Danish Philh Orch; L Nielsen: 3. Symph, m Bamberger Symph; L Spohr: Violinkonzerte, m Christiane Edinger u Slovak Radio Symph Orch. **UA:** J. Liderman: 'Antigona Furiosa', Münchener Biennale 92; A Bibalo: 'La signorina Julie', italien EA Teatro Verdi Trieste 93; J Meier: 'Dreyfus – Die Affäre', schweizer EA Th Basel 94.

Cramer, Gunilde, Prof, Hochschullehrerin, Klavier; Im Gänswasen 6, D-73669 Lichtenwald, T: (0 71 53) 4 19 07. **Laufb:** Prof (Kl) Staatl H f M u Darst Kunst Stuttgart. (Red)

Cramm, Barbara, Sängerin; Odenkirchener Str 12, D-41236 Mönchengladbach, T: (0 21 66) 61 20 84, (01 79) 1 13 47 27; c/o Staatstheater Kassel, Friedrichspl 15, D-34117 Kassel. **Laufb:** Sol Vereinigte Städt Bühnen Krefeld u Mönchengladbach, Sol Staatstheater Kassel 05. (Red)

Cranmer, Clemens *siehe* Rueger, Christoph

Crasnaru, George-Emil, Prof, Bass, Hochschullehrer; Schwertstr 45, D-42651 Solingen, T: (02 12) 2 24 52 17; c/o Pro Arte Stefan Dörpinghaus, Rosenweg 7, D-42449 Hückeswagen, T: (0 21 92) 8 30 05, 01 77–6 63 40 66, F: 93 18 81, *info@proarte-online.de* [Bukarest, Rumänien]. **Ausb:** Stud MH Bukarest, Wien (Prof G Markus), Italien (R del Monaco). **Laufb:** Gast Salzburger FSp 75; Mailänder Scala 93, 94, 95; Op de Bastille Paris 92 u 94; Amsterdam 94, 95, 96; Tokio u London 98; weitereTh Europa, Nord- u Südamerika, Asien; Prof (Ges) Robert Schumann H Düsseldorf seit 94, Mstrkse Belgien u Dtschld gehalten, Jury-Mitgl nat u int GesWettb. (Red)

Crawford, Adele, Sängerin; Tigerbergstr 10, CH-9000 St Gallen, T: 07 12 22 29 62. **Laufb:** Sol Th St. Gallen seit SpZ 03/04. (*)

Crawford, Alvin, Bass; c/o Staatstheater Kassel, Friedrichspl 15, D-34117 Kassel. (Red)

Creed, Marcus, Prof, Hochschullehrer, Chorleitung, Dirigent; Hinter den Wiesen 3, D-51105 Köln, T: (02 21) 8 37 09 68, F: 8 37 07 49; H f Musik, Dagobertstr 38, D-50668 Köln. **Ausb:** Stud King's College i Cambridge, Christ Church i Oxford u Guildhall School in London. **Laufb:** Deutsche Op Berlin (Repetitor u später Chordirektor), H d Künste ebd (Doz i Bereich Lied), Gruppe Neue Musik u Scharoun Ensemble (Pian und Dir), künstl Lt d RIAS-Kammerchores, Prof (Chorltg) H f Musik Köln 98, künstl Leit d SWR Vokalens Stuttgart seit 03, Gastdgt Op Halle SpZ 03/04, Gastdgt Badisches Staatsth Karlsruhe SpZ 04/05. (Red)

Creitz, James, Prof, Hochschullehrer, Viola; Elsterweg 7, D-78573 Wurmlingen, T: (0 74 61) 9 10 27 51, F: 9 10 27 52, *jcreitz@gmx.de*; Hochschule f Musik, Schultheiß-Koch-Pl 3, D-78647 Trossingen; *www.solisti.de* [Madison, USA 1957]. **Ausb:** Stud b Bruno Giuranna u an d Yale Univ. **Laufb:** Auftr als Sol in d Metropolen Nord- u Südamerikas, Europas, in Nah- u Fernost, ua Mailänder Scala, Sydney Opera House, Queen Elizabeth Hall, Suntory Hall, Gast b wichtigen Fstv, zB South Bank Festival (London), Int KamMWochen Neapel, den Salzburger FSp, Berliner FestW, KamMFstv in Waasa/Finnland, Horowitz Fstv in Israel, Auftr ua m Bylsma, Petracchi, Kogan, Pergamenschikow, Canino, Sitkovetsky, Goritzki, Rostropowitsch u Rampal, Doz Va u KamM auf zahlr Kursen in Dtschld, Italien, Spanien, Holland u d USA, Jurymitglied b int Wettb, Prof (Va) Staatl H f Musik Trossingen seit 91. **Pr:** UNESCO Pr 2000. **Ens:** Academia Qua 83–93. – **Aufn/RF:** b allen wichtigen Sendern in Amerika u Europa, über 20 Schallpl. (Red)

Crelier, Louis, Komponist; Av de la Gare 8, CH-2001 Neuchâtel, T: 07 96 75 49 75, *info@creliermusic.ch*; *www.creliermusic.ch* [Neuchatel 9.10.1955]. **Laufb:** Hauskomp Th Populaire Romand seit 78 (mehr als 30 Bühnemusiken), Komp v Filmmusiken seit 81. **Pr:** Vocation Award 84, Swiss TV Award 94, World Soundtrack Awards Nomination 01. **Mitgl:** World Soundtrack Academy u European Film Academy. – **Komp:** mehr als 80 Musiken f Kino u Fernsehen ua zu: COMA v Mike Figgis, A MATTER OF TIME v Hanna Slak, AZZURRO v Denis Rabaglia, DER NEBELLÄUFER v Jörg Helbling (Max-Ophüls-Preis, Saarbrücken) 96, ZAERTLICHE ERPRESSERIN v Beat Lottaz, KONZERT FUER ALICE v Thomas Koerfer, LEBEN AUF KREDIT v Sascha Weibel, ALP-TRAUM v Clemens Klopfenstein, WER KRIEGT DENN HIER EIN BABY v Denis Rabaglia (Max-Ophüls-Preis, Saarbrücken) 94.

Cremonesi, Attilio, Repetitor; c/o Luzerner Theater, Theaterstr 2, CH-6002 Luzern. **Laufb:** Rep Th Luzern SpZ 03/04, Dgt Dt Staatsop Berlin SpZ 04/05. (*)

Crespo Repetto, Carlos, Prof, Hochschullehrer, Horn; Traitteur Str 20–24, D-68165 Mannheim, T: (06 21) 40 46 66, 0 17 12 83 03 50, F: 40 46 66; Zum Hohen Bröhl 47, D-40489 Düsseldorf, T: (02 11) 40 37 17, F: 40 37 17 [Las Piedras, Uruquay 13.6.1947]. **Ausb:** Stud (G Seifert) MH Berlin. **Laufb:** Stellvertr 1. Hornist Philharmonica Hungarica 72, Solo-Hornist Nürnberger Symph 73, Düsseldorfer Symph 74–93, Mitgl d Bayreuther FSp-Orch 85–97, Prof (Hn) Staatl H f M u Darst Kunst Mannheim 92. **Ens:** German Brass. (Red)

Creswell, James, Bass; Komische Oper, Behrensstr 55–57, D-10117 Berlin. **Ausb:** Stud Yale Univ. **Laufb:** Sol Komische Op Berlin seit 04/05. (Red)

Creswell, Janice, Sängerin; c/o Staatstheater Mainz, Gutenbergpl 7, D-55116 Mainz. **Laufb:** Sol Staatsth Mainz. (Red)

Creuzburg, Adelheid, Prof, Hochschullehrerin+Blockflöte; Univ f Musik u Darst Kunst, Inst 4, Brandhofgasse 21, A-8010 Graz, T: (03 16) 3 89 32 47, F: 3 89 30 41, *adelheid.creuzburg@kug.ac.at*. **Laufb:** Prof (Blockfl) U f Musik u Darst Kunst Graz. (Red)

Creuznacher, Claus, Komponist; Wöllnerstr 11, D-04249 Leipzig, T: (03 41) 4 25 13 70 [Halle/S 17.5.1933]. Konz, Lieder **Ausb:** Stud (Draeger) Halle/S, Weimar, Dipl (Va, Komp) 59. **Laufb:** Sol (Va/stellv Va) Th Zeitz, Kleines Haus Leipzig, Großes RF-Orch Leipzig ab 62, Kammermusiker. – **Komp:** ua: Die Liebe war nicht geringer (Lieder f Bassstimme u Kl nach W Busch) 65; Nachtgedanken (Lieder f Altstimme u Kl nach Gedichten v R M Rilke) 66, UA A E Guhl, I Lange-Wandelt 66; Morgenstern (Lieder f Altstimme u Va nach Ch Morgenstern), UA Börse, Sol aus Halle/S; Miniaturen (f Tb u Schlgw), UA Leipzig, Gewandhaus, Kl Saal, D Meschke (Tb), G Mundd (Schlgw) 86. **Aufn/RF:** ua: Gegen den Krieg (Fantasie f Orch) 65 (Radio DDR); Rhapsodie f V u Orch, E Kaufmann, Dgt: W Feder 69 (Radio DDR); Altdt Variationen f Ob u Streichorch 65, K-P Gütz, Dgt: A F Guhl (Radio DDR); Konz f Ob u Saiteninstrr, K-P Gütz, Dgt: G Heinig 72; Trompetenkonz 83, H-G Beck, Dgt: H Neumann 84; Sonata conzertante 85, H Schmidt, Dgt: H Neumann 87; Tubakonz 86, D Meschke, Dgt: H Neumann 86.

Crider, Michèle, Sopran; PF 807, CH-8812 Horgen, F: 29 07 47 90, *info@michele-crider.com, hermannresinger@michele-crider.com*; c/o Theateragentur Dr. Hilbert, Maximilianstr 22, D-80539 München, T: (0 89) 2 90 74 70, F: 29 07 47 90, *agentur@hilbert.de*; *www.michele-crider.com* [Illinois, USA]. ital Oper **Ausb:** Univ of Iowa, Int Opernstudio Zürich. **Laufb:** Auftritte in La Scala, Covent Garden, Dt Op Berlin, Staatsop Wien, München, Berlin, Hamburg; Stuttgart, Wiesbaden; Sol Op Zürich, Staatsop Wien, Gastsol Op Frankfurt SpZ 00/01, Dt Op Berlin u Dt Staatsop Berlin SpZ 04/05; Sol Op Dresden SpZ 01/05, Hamb Staatsop SpZ 03/04; Fstv: Salzburg, Maggio Musicale Florence, Orange u Ravinia Fstv, Salle Pleyel Paris, London Barbican u Edingburgh. **Pr:** Finalistin Pavarotti Wettb 88, Prtr Int Musikwettb Genf 89, San Francisco Opera Award of Merit 01, Young Alumni Award Univ Iowa, Alumni Association 03. – **Aufn/RF:** Verdi: 'Un Ballo in Maschera' Dgt: C Rizzi; Boito: 'Mefistofele' (Elena, Margherita) Dgt: R Muti; Verdi: 'Requiem' Dgt: R Hickox; Wagner: 'Walküre' (Gerhilde) Dgt: C v Dohany.

Crispini, Patrick, Dirigent; rue des Buis 6, CH-1202 Genève, T: 02 27 31 79 52. **Laufb:** musikal Lt Orch des Concerts européens Genf. (Red)

Crivellaro, Paolo, Hochschullehrer, Orgel; Univ d Künste, Fak Musik, Inst f Kirchenmusik, PF 120544, D-10595 Berlin, T: (0 30) 31 85 23 57, F: 31 85-27 28, *paolo.crivellaro@libero.it*. **Ausb:** Stud (Org, Kl) i Mailand u Basel. **Laufb:** Prof (Org) U d Künst Berlin 01. (Red)

Croft, Howard Quilla, Bariton; c/o Luzerner Theater, Theaterstr 2, CH-6002 Luzern. (Red)

Croft, Richard, Tenor; c/o Bayerische Staatsoper, Max-Joseph-Pl 2, D-80539 München, Brieffach, D-80075 München, T: (0 89) 21 85 01, F: 21 85 11 33, *info@st-oper.bayern.de*; c/o Columbia Artists Management GmbH, Till Janczukowicz, Albrechtstr 18, D-10117 Berlin, T: (0 30) 20 64 80 78, F: 20 45 34 80, *info@cami.com*; *www.bayerische.staatsoper.de*. **Laufb:** Sol Bayer Staatsop München. (Red)

Crohns, Jennifer, Sängerin; Ritterstr 20, D-38100 Braunschweig, T: (01 79) 5 99 78 96. **Laufb:** Sol Th Plauen-Zwickau SpZ 03/04, Sol Staatsth Braunschweig SpZ 04/05. (Red)

Cromm, Helmut, Prof, Hochschullehrer, Komponist; Forchenweg 12, D-78658 Zimmern, T: (07 41) 3 41 41; Hochschule f Musik, Schultheiß-Koch-Pl 3, D-78647 Trossingen [1950]. **Ausb:** Stud MH Frankfurt, Main SchM u Komp b Prof Engelmann u Univ Frankfurt, Main. **Laufb:** LAuftr ua am Wiesbadener Kons, Städt Akad f Tonkunst Darmstadt), DozStelle an d MH Frankfurt, Main an, Prof f MTheorie (Harmonielehre, Kontrapunkt, Analyse, Neue Musik, Elektron Medien) u Komp an der MH Trossingen seit 80. **Pr:** Kranichsteiner Musikpr d Int Ferienkurse f Neue Musik Darmstadt 72, AVRO-Förderpr d Int Gaudeamus-Kompositionswettb in Holland 73, Kinderhörspielpr v 'terre des hommes' 85. (Red)

Croton, Peter, Laute, Gitarre; Mittlere Str 140, CH-4056 Basel, T: 06 13 21 23 74. (Red)

Csapó, Gábor, Violine; Pötterweg 2, D-24145 Kiel; c/o Bühnen der Landeshauptstadt Kiel – Opernhaus am Kleinen Kiel, PF 1660, D-24015 Kiel. **Laufb:** Konzm Philharmon Orch d Landeshauptstadt Kiel. (Red)

Cserveny, Alexandra, Komponistin; ch du Bois-Murat 18, CH-1066 Epalinges, T: 02 16 52 80 61. (Red)

Csizmadia, Florian, Dirigent, Chordirektor; Hamburgische Staatsoper, Große Theaterstr 34, D-20354 Hamburg, PF 302448, D-20308 Hamburg, *Florian.Csizmadia@hamburgische-staatsoper.de* [Mannheim 17.2.1976]. **Ausb:** Dipl-Stud OrchDirig (GMD Prof Ch Kluttig) H f M Carl Maria v Weber Dresden 96–2001. **Laufb:** Ass d GMD Mittelsächs Th Freiberg 99–2001, Dgt v Repertoireauff; Ass d ChDir Hamburg Staatsop SpZ 01/02; Lt ChDir Hamburg Staatsop seit 02. – **Komp:** Toccata pour le jour de Noel (Org), UA Weinheim St Laurentius 2000.

Csollàny, Andrea, Dipl Kl-, MTh-, HörerzL, Komponistin; Schwetzinger Str 7, D-68165 Mannheim, T: (06 21) 2 83 76, 01 71–5 81 45 99, F: (06 21) 2 83 76; *www.suedwest-web.de/csollany* [Sindelfingen 26.6.1964]. E-Musik f Ensembles, Orchester, Sinfon Blasorchester **Ausb:** Stud (Kl, MTheorie, Hörerz, KA Kl) Mannheim, Komp (W Rihm) MH Karlsruhe, Komp (D Terzakis) Kons Bern. **Laufb:** LBeauftr (Gehörbildung) MH Mannheim, Doz (Kl, MTh, SVA) MSchule Mannheim. **Pr:** KompPr Stadt Altleiningen 80, Förderpr Stadt Mannheim f Junge Komp 97, 1. KompPr Stadt Kempten 01. – **Komp:** Concertino (Konz), UA Mannheim 93; Spring Music (SaxQua), UA Mannheim 94; Der Dichter (Kant), UA Detmold 95; Aerophonie (Konz), UA Mannheim 96; Rebensuite (BlechblQui), UA Bad Dürkheim 98; Liederzyklus nach Ged v J W v Goethe (KamM), UA Heidelberg 99; Orgelkonz (Konz), UA Bad Dürkheim 2000; Nosferatu (FilmM), UA Mannheim 01. **AuftrKomp:** 'Song for the Wind' (f Sinf Blasorch), UA Freiburg 2000 (Auftr: Bund dt BlasMVerbände); 'Tombeau' (f StrOrch), UA Mannheim 2000 (Auftr: Ges f Neue Musik Mannheim); 'Organum' (f Orgel solo), UA 01 (Auftr: Christuskirche Mannheim). **Aufn/RF:** CD 'Aerophonie', m Sinf Jugendblasorch Mannheim, Dgt: S Fritzen 96. **Lit:** Komponistinnen in Dtschld 96.

Cudek, Ilona, Violine; c/o Münchner Philharmoniker, Kellerstr 4, D-81667 München. **Laufb:** stv Stimmführerin Münchner Philh. (Red)

Cuendet, Olivier, Dirigent; av du Léman 8, CH-1005 Lausanne, T: 02 13 11 32 90. (Red)

Cuénod, Hugues, Tenor; Grande-Place 21, CH-1800 Vevey, T: 02 19 21 32 19. (Red)

Cuento, Lemuel, Sänger; c/o Stadttheater Pforzheim, Am Waisenhauspl 5, D-75172 Pforzheim. **Laufb:** Sol Volksop Wien SpZ 03/04. (Red)

Cürlis, Robert, Pauke; c/o Bamberger Symphoniker, Mußstr 1, D-96047 Bamberg, PF 110146, D-96029 Bamberg. **Laufb:** Sol Bamberger Symph. (Red)

Cürlis, Stephan, Pauke; c/o NDR Sinfonieorchester, Rothenbaumchaussee 132–134, D-20149 Hamburg. **Laufb:** Sol NDR SinfOrch Hamburg. (Red)

Culmer-Schellbach, Lona, Sopran; Lutherstr 7, D-34117 Kassel, T: (05 61) 77 83 96; c/o Staatstheater Kassel, Friedrichspl 15, D-34117 Kassel. **Laufb:** Sol Staatsth Kassel, Gastsol Staatsth Braunschweig SpZ 03/04. (Red)

Cupido, Alberto, Tenor; c/o Theateragentur Dr Germinal Hilbert, Maximilianstr 22, D-80539 München, T: (0 89) 2 90 74 70, F: 29 07 47 90; c/o Hamburgische Staatsoper, PF 302448, D-20308 Hamburg; *www.hilbert.de*. **Laufb:** Sol Hamburg Staatsop, Dt Op Berlin, Staatsop Wien. (Red)

Cura, José, Dirigent, Sänger; c/o Wiener Staatsoper, Opernring 2, A-1010 Wien. **Laufb:** Sol Wiener Staatsop, Op Zürich, Sol u Dgt Hamburg Staatsop SpZ 03/04, Dt Op Berlin SpZ 04/05. (Red)

Curran, Paul, Opernregisseur; c/o Columbia Artists Management GmbH, Till Janczukowicz, Albrechtstr 18, D-10117 Berlin, T: (0 30) 20 64 80 78, F: 20 45 34 80, *info@cami.com, paulcurr@aol.com*; Staatstheater Stuttgart, Oberer Schloßgarten 6, D-70173 Stuttgart; *www.cami.com, www.paul-curran.co.uk.* **Ausb:** Stud National Institute of Dramatic Art, Sydney u Finnish National Opera, Helsinki. **Laufb:** OpReg Staatstheater Stuttgart. (Red)

Curry, Scott, Dirigent; Augsburger Str 21, D-10789 Berlin, T: (0 30) 2 13 95 48. **Laufb:** ehem Dgt Staatsth Stuttgart, Dgt NOB Berlin SpZ 04/05. (Red)

Curti, Jean-Marie, Intendant, Dirigent; Rue Centrale, CH-1248 Hermance, T: 02 27 51 12 10, F: 02 27 51 12 10, *benj@perso.ch.* **Laufb:** Grd u Lt Opéra-Studio de Genève. (Red)

Curtis, Emma, Sängerin; Lieschingstr 13, D-70567 Stuttgart, T: (01 72) 9 72 36 43; Staatstheater, Oberer Schloßgarten 6, D-70173 Stuttgart. **Laufb:** Sol Staatsth Stuttgart seit 03. (Red)

Custer, Laurenz, Pianist; Wielsteinstr 56, CH-8500 Frauenfeld, T: 05 27 21 20 20 [Frauenfeld 21.4.1930]. Konzert **Ausb:** Stud Kl, Org, Komp (M Egger, M Long, J Février, P Denza, A Mozzati, M Duparé, P Hindemith) Kons Winterthur, Zürich, Paris, Italien 48–56. **Laufb:** Dgt Stadtorch Frauenfeld 54–97, Kl L Seminar Kreuzlingen (CH) 64–95, Tournee Brasilien 57–62. **Pr:** Rudolf Ganz Pr (Kl) 56, Anerkennungspr Stadt Frauenfeld 93, Thurgauer Kulturpr 99. **Ens:** Ens Fauré (KlQua) 71–81. **Mitgl:** Schweizer MPädVerb, STV. – **Komp:** OrchM, KirchenM, Solo- u Chorges ua 4 Canzonen (f StrOrch), UA Thurgauer KamOrch, Dgt: Lasserre 88; Ballade f Trp u Kl, UA Quantaphon Schaffhausen 90; 'Aus Bucolien' (OrchSuite), UA Stadtorch Frauenfeld 98. **Aufn/RF:** G Fauré: 'Fantasie' op 111, Orch de chambre Lausanne, Radio Sinf-Orch Basel, Dgt: Desarzens 72; G Fauré: Quintette, Vict Hall Genf 77; J F Zbinden 'Concertino' (Radio Zürich); CDs m Goilar (KB) u m Brunner (Trp). **Sonst:** Temporäre Kunstgalerie. **Lit:** E Juncker: KompPortrait (Prüfungsarb SMPV) 03.

Cútitaru-Gerten, Haiganus, Konzertmeister; Karl-Uhl-Str 17, D-66386 St Ingbert, T: (0 68 94) 88 80 00. **Laufb:** Konzm Saarländ Staatsorch Saarbrücken. (Red)

Cutka, Michaela, Geige, Blockflöte, Hochschuldozentin; Uhlandgasse 8, A-1100 Wien, T: (01) 6 02 49 14; c/o Eugen Lukaschek, Zanaschkagasse 14/43/39, A-1120 Wien, T: (01) 6 67 19 13, F: 8 92 93 32, *walter.riemer@A1.net* [Wien]. **Laufb:** Dozentin MH Wien u b int Musikseminaren, Int KonzTätigkeit. **Ens:** Kammertrio Linz-Wien. (Red)

Cuttitaru-Gerten, Haiganus, Violine; c/o Saarländisches Staatsorchester, Schillerpl 1, D-66111 Saarbrücken. **Laufb:** Konzm Saarl StaatsOrch. (Red)

Cvilak, Sabina, Sopran; c/o Austroconcert, Gluckgasse 1, A-1010 Wien, T: (01) 5 13 26 57, F: 5 12 61 54, *austroconcert@ia-ac.com*; *www.ia-ac.com* [Maribor, Slowenien 1977]. **Ausb:** GesStud b Prof Annemarie Zeller u GesKurse b Kurt Widmer in Ljubljana. **Laufb:** Gastsol Vereinigte Bühnen Graz SpZ 00/01, Gastsol MDR Musiksommer 03, Gastsol Hamburg Staatsop u Sächs Staatsop Dresden 03, Mitgl Wiener Staatsop 04/05. **Pr:** Stift Wettb f junge Musiker Ljubljana, Förderpr Gesangswettb Ferruccio Tagliavini 2000. (Red)

Cyž, Jan, Komponist; Unterm Schloß 6, D-02625 Bautzen, T: (0 35 91) 30 53 23, 01 77–2 20 59 78; c/o Sorbisches National-Ensemble GmbH, Äußere Lauenstr 2, D-02625 Bautzen [Räckelwitz 3.6.1955]. Neue Musik **Ausb:** Stud (Chorgesang) MH Carl Maria v Weber Dresden 84–87, autodidakt KompVersuche, kompositorische Unterweisung (J Mětšk), Qualifizierung Fach Komp (W Krätschmar) 87–90. **Laufb:** Chorsänger Sorb National-Ens Bautzen seit 73. **Pr:** Kunstpr d Domowina in Gold im Kollektiv 87, Čišinski-Förderpr 99. – **Komp:** Bagatelle (KamM) 87, UA 91; Un poco di Lemma (KamM, 12-Ton) 89, UA 91; 'Voilà Viola' pour Va-sola et Martin Flade (KamM) 92, UA Bautzen, M Flade 92; 'Žedzenje' auf e Text v Jan Lajnert (Kunstlied), UA Bautzen, J Prasse, R Hein 96; 'Vier Lieder' auf Texte v Ingeborg Bachmann (Kunstlieder), UA Bautzen 96; Xylem (KamM), UA Cottbus, Berliner Klarinettenqua 97; 'und d Uhr schlurft wie e altes Weib auf Latschen davon' (SchauspielM), UA Dt-Sorb Volksth Bautzen, Sächs Posaunenqui 97; 'W cuzej nocy' auf e Text v J Brězan (f Mezzosop, Fl, Kl) u 'Skromnosć' auf e Text v J Brězan (f Mezzosop, Fl, Kl), Porträtkonz anläßl d 85. Geb v J Brězan, UA Bautzener Th (Dt-Sorb Volksth), T Donath, H Wiesner, F Bonatini 01 (Auftr: Sorb Künstlerbund). **Aufn/RF:** RF-Mitschn: Un poco di Lemma; W Cuzej nocy; Skromnosć.

Czarnecki, Vladislav, Dirigent; c/o Südwestdeutsches Kammerorchester Pforzheim, Westliche Karl-Friedrich-Str 257a, D-75172 Pforzheim, T: (0 72 31) 46 46 44, F: 46 46 43, *swdko-pforzheim@t-online.de* [1937]. **Laufb:** künstl Lt Südwestdt KamOrch Pforzheim 86–02. **Pr:** BVK am Bande 03. – **Lit:** H Hammel: Südwestdt KamOrch Pforzheim: 50 Jahre – ein Portrait 2000.

Czekala, Pawel, Sänger; c/o Staatstheater am Gärtnerplatz, PF 140569, D-80455 München. **Laufb:** Sol Nationalth Mannheim, Sol Staatsth am Gärtnerplatz München SpZ 03/04. (*)

Czermak, Stefan, 1. Violine; Lülanden 81 A, D-22880 Wedel, T: (0 41 03) 8 62 94; c/o Hamburger Symphoniker, Dammtorwall 46, D-20355 Hamburg. **Laufb:** 1. Konzm Hamburger Symphoniker. (Red)

Czernetzki, Leonhard, Chorleiter; Schkeuditzer Str 30, D-04178 Leipzig, T: (03 41) 4 41 95 66; c/o Musikalische Komödie, Dreilindenstr 30, D-04177 Leipzig. **Laufb:** 1. Konzm Orch Musikal Komödie Leipzig. (Red)

Czesla, Evelyn, Sängerin; c/o Theater Trier, PF 3470, D-54224 Trier. **Laufb:** Sol Th Trier SpZ 03/04.

Czurda, Jutta, Sängerin, Regisseurin; Nürnberger Str 115, D-90762 Fürth, T: (09 11) 7 09 89 97; c/o Stadttheater Fürth, D-90744 Fürth. **Laufb:** Sol u Reg Stadtth Fürth. (Red)

D

Daaliysky, Peter (Pseud: Pièr Dalàs), Bass; Goethestr 45, D-10625 Berlin; c/o Deutsche Oper Berlin, Richard-Wagner-Str 10, D-10585 Berlin [Plovdiv, Bulgarien 1963]. **Laufb:** Sol Dt Op Berlin. (Red)

Daams, Andreas, Komponist; Waldstr 17, D-47533 Kleve, T: (0 28 21) 89 56 73, *daams@absurd.de*; *www.absurd.de* [3.2.1971]. Oper, Ens **Ausb:** Komp (M Trojahn) MH Düsseldorf 92–98, Komp (H J v Bose) MH München 98–2000. **Pr:** KompPr SinfOrch Osnabrück 94, Ensemblia 95, KompPr Robert-Schumann-H 97. – **Komp:** Ludus T (Horntrio) 93, UA Frankfurt 93; SABA (Orch) 94, UA Osnabrück, Stadthalle, Dgt: J F Monnard 94; Ausblick IV (KamEns) 95, UA Mönchengladbach, Ens Avanti!, 96; göttlich stille ehren f Sop u TB, UA Schloss s'Heerenberg, m M Hardenberg 98 (Auftr: Herrensitzspektakel); Bruder Feuer (Op) 99, UA Duisburg, Dt Op a Rhein, Dgt: F Cork 99; Las Canciones f 4 Sop u 4 Celli, UA Köln, Orangerie, Dgt: Ritter 99 (Auftr: MTh Köln); Ravel – Drei Annäherungen u ein Epilog (Kl-trio), UA Kleve 05.

DABU *siehe* Buess, Daniel

Dadelsen, Hans-Christian von, Komponist; Magdalenenstr 50, D-20148 Hamburg, T: (0 40) 45 80 63, *dadelsen@hotmail.com*; *www.dadelsen.com* [Berlin 4.12.1948]. **Ausb:** Stud (D de la Motte, G Ligeti) Hamburg, Besuch Darmstädter Ferienks seit 72. **Laufb:** Doz Darmstädter Ferienks 84–94, Forschungen u Studien im Bereich neuer harmon u rhythm Modelle, Konzept f Fstv 'Beethoven hört Bob Dylan' Karlsruhe 99, seit 98 Lt Fstv 'pur oder plus' Hamburg. **Pr:** Rom-Pr Villa Massimo, Berliner Kunstpr, Steinbrenner-Pr, Förderpr d Jürgen-Ponto-Stift, Villa-Concordia-Stip Bayer Akad d Schönen Künste. **Mitgl:** Dt Kompverb. – **Komp:** Plastik-Melancholie (OrchW) 76, UA Lübeck 76; Sentimental Journey (Bläserqui, Streichqui) 78, UA Baden-Baden 78; Kamel (KamM) 88, UA Nürnberg 88; 'Esel' f Sop, Bariton u 11 Instr 89, UA Frankfurt, Scharoun-Ens 89; Zebra (f 13 Instr) 92/93; Karakoram (Streichqua) 94, UA Darmstadt, Arditti-Qua 94; Blowin (Streichqua) 99, UA Karlsruhe, Pellegrini-Qua 99; 'Eau' f Orch, UA 03 (Auftr Hamburger Camerata); Video-Op 'Cinema', UA Karlsruhe 02 (Auftr M Reichert).

Dähler-Mathieu, Ilse, Violine; Trechselstr 6, CH-3005 Bern, T: 03 13 51 24 41. (Red)

Dähler, Jörg Ewald, Cembalo, Hammerklavier, Dirigent; Grossackerstr 9, CH-3303 Münchringen, T: 03 17 61 31 30, F: 03 17 61 31 30, *barbara.daehler@bluewin.ch* [16.3.1933]. Kirchenmusik, Liedbegleitung **Ausb:** LDipl (Kl) Kons Bern, Stud (Cemb) Freiburg i Brg, Stud (Komp) Kons Bern b S Veress. **Laufb:** Doz (Cemb, Generalbass, KamM, ChLtg) Kons Bern u Schola Cantorum Basel, Grdg u Ltg d Berner Rathauskonz 65–98, Ltg Berner KamCh seit 74, Dirigent u Mstrks i Kusatsu, Japan, Int Music Academy and Int Music Chorus Festival, Tokyo, seit 87. **Pr:** Prtr MWettb München 63, Kulturpr Kanton Bern, Externe Med d Burgergemeinde Bern. **Mitgl:** Schweizer Tonkünstlerverb, Schweizer Musikpädagog Verb. – **Komp:** Das Passionsgeschehen nach dem Evangelisten Lukas (f Ch, Sprecher, PosQua, Org) 87/04. **Aufn/RF:** Bach: Matthäuspassion, Radio DRS 2, Burkard Willi: Das Jahr Radio DRS; Zelenka: Requiem c-moll, Missa Pasqualis d-dur, Radio DRS; CDs: bei claves-Verlag ca 40 Aufnahmen m Solowerken von J S Bach, F Schubert, KamM m E Haefliger, Tenor, P L Graf, Fl, H Schneeberger, V, u T Demenga, Va. **UA:** EA: J D Zelenka: Requiem c-moll, Missa Pasqualis; UA: C Pedini: Requiem, UA Kusatsu 05; A Furer: Golgotha; H Studer: Praefatio. **Zug:** A Furer: Golgotha; A Studer: Praefatio. **Sonst:** Herausgeber: J D Zelenka: Requiem c-moll f Soli, Chor u Orch AD 40; Devienne: 6 Sonaten f Fag u bc; Charpentier: Weihnachtskantate 'Un Oratorio de Noël – In nativitatem Domini canticum'.

Dähler, Jürg, Violine, Bratsche; Aeckerwiesenstr 14, CH-8400 Winterthur, T: 05 22 22 80 82, F: 05 22 22 80 63, *tonart.jd@bluewin.ch*; *www.scc-concerts.ch, www.kultur-herbst.ch* [Zürich 20.4.1962]. Solo, KamM **Ausb:** Stud (V, Va) MH Zürich 81–85. **Laufb:** Prof (Va) MH Bern 90–97, Lt Die Kammermusiker Zürich 93–2000; City of London Fstv 90, Salzburger FSp 94, Montreux Jazz Fstv 95, künstl Lt Swiss Chamber Concerts 99, Hörgänge Wien 2001, Barossa Music Fstv, Luzerner MFSp, USA/Südamerika, Japan, Australien, Europa. **Ens:** Swiss Chamber Soloists, Coll Novum Zürich, Orch Musikkollegium Winterthur, Sartory Ens. – **Aufn/RF:** Schönberg: 'Verklärte Nacht'; Schulhoff: 'Streichsextett', m Die Kammermusiker Zürich 95; Brahms: Streichsextte, m Die Kammermusiker Zürich 96; Schumann: Klquin/Klqua, m Swiss Chamber Soloists 2000; Ligeti: Violasolosonate, Salzburger FSp 94; Cerha: Violakonz, m Collegium Novum, Dgt: Cerha 98; Haller: 'Episoden', m Orch dalle Svizzera Italiana, Dgt: Kissoczy 94; Feldmann: 'The Viola in my life!, m Orch d Svizzea Italiana, Dgt: Berlusconi 93'; Holliger: 'Recicanto', m Orch MKollegium Winterthur, Dgt: Holliger 03. **UA:** Haller: 'Episoden' (f Va u Orch) 88; Schnyder: 'Violakonz' 92; Henze: 'Für Brenton' (f Va solo) 93; Ligeti: 'Fascar' (f Va Solo) 93; Brincken: 'Conc grosso f Va u StrOrch' 98, Holliger: 'Triple Hoquet' (f 3 Va), 'Recicanto' (f Va u Orch) 03. **Zug:** Druschinin: Streichtrio; Schnyder: Violakonz; Brincken: Conc grosso (Vakonz); Lehmann: 'ritenuto'. **Sonst:** Grd Sartory Ens 93, Grdgmitgl Collegium Novum Zürich 93, Mitgr Kultur Herbst Bündner Herrschaft 97, Grdgmitgl Swiss Chamber Concerts 99.

Dähler, Valérie, Bratsche; Kapellstr 75, CH-8105 Regensdorf, T: 0 13 10 37 64. (Red)

Dähne, Ute, Mezzosopran; Am Weidig 16a, D-98617 Meiningen; c/o Südthüringisches Staatstheater Meiningen, Bernhardstr 5, D-98617 Meiningen. **Laufb:** Sol Meininger Th – Südthüringisches Staatsth. (Red)

Däunert, Markus, Geiger; Neuhofstr 42, D-60318 Frankfurt/Main, T: (0 69) 59 67 32 00, 01 77–3 09 49 84, *mdaeunert@web.de* [Berlin 20.4.1970]. Kammermusik, Streichquartett **Ausb:** Stud V H f M Hanns Eisler Berlin b W K Zeller 89–93, Stud V H Weimar b J Witter 95–2000 u N Brainin 96–2000. **Laufb:** Grd Mahler Chamber Soloists 98 u Mahler Chamber Orch 97, ehemaliger Konzm, Gast b Ferrara Musica seit 98, Fstv Aix-en-Provence, Luzerner MWochen seit 99, Salzburger FSp, Mozartwochen Salzburg, Schleswig-Holstein-MFstv, Proms, Wiener Festwochen, Edingurgh Fstv. **Pr:** Prtr Treffen junger Talente d DDR 83 u 84. **Ens:** Lucerne Fstv Orch (Abbado) seit 03, Mahler Qui Berlin seit 04, Primarius Qua Borchiani Mailand seit 05. – **Aufn/RF:** K A Hartmann: 'Concerto funebre', KamOrch Weimar, Dgt: C Frank 2000; F Vacchi: 'Wanderer-Sext', MCO-Soloists 2000 (RAI); CDs m Mahler Chamber Orch, CDs u DVDs m Lucerne Fstv Orch, RF-Aufn b Dtldradio, SFB, BR, NDR, France musique u RAI. **UA:** F Vacchi: 'Wanderer-Sext', UA Mailand, MCO Soloists 2000. **Zug:** F Vacchi: 'Wanderer-Sext'.

Däunert, Ulf, Violine; c/o Komische Oper, Behrenstr 55–57, D-10117 Berlin. **Laufb:** 2. Konzm Orch d Komischen Op Berlin. (Red)

Dahinden, Roland, Komponist, Posaune; Seehof, Unteraltstadt 38, CH-6300 Zug, T: 04 17 10 80 38, *dahinden@kleeb.com*; *www.roland-dahinden.ch* [2.5.1962]. Neue Musik **Ausb:** Stud Pos, Komp (E Kleinschuster, G F Haas) MH Graz, (V Globokar) Scuola di M di Fiesole Florenz, (A Braxton, A Lucier) Wesleyan Univ Connecticut, (Vic Hoyland) Birmingham Univ England. **Laufb:** Ass v A Braxton u A Lucier an d Wesleyan Univ 92–95, Doz (Pos) MSch Zug, Gastdoz an versch MH u Univ. **Pr:** Londonstip d Zuger Kulturstift Landis & Gyr Zug 90, Pr 'Werkjahr' d Kulturdirektion d Kantons Zug 03. **Ens:** Duo m H Kleeb seit 87, Trio Dahinden-Kleeb-Polisoidis seit 92. – **Komp:** fünfhochvier (f Solo-Blechbläser) 93; string 4 # one 96/97; silberen (f Kl u Streichqua) 98; lichtweiss (f Vibraphon solo) 2000; the leaf (Klangraumprozess f weibl Stimme u Va) 05. (Red)

Dahl, Ole Kristian, Fagott; c/o WDR Sinfonieorchester, D-50600 Köln. **Laufb:** Sol WDR SinfOrch Köln. (Red)

Dahm, Christian, Sänger; Rüppurrer Str 46, D-76137 Karlsruhe, T: (07 21) 3 66 45 [Mülheim/Ruhr 7.9.1969]. Op, Orat **Ausb:** Stud Gesang (P C Runge) Robert Schumann H Düsseldorf 91–95, (Kern) MH Karlsruhe ab 95. **Laufb:** Sol Opstudio Bad Staatsth Karlsruhe seit SpZ 00/01, Gastengagements MTh im Revier Gelsenkirchen, Wuppertaler Bühnen, Op National du Rhin Strasbourg, Th Baden-Baden. – **Aufn/RF:** Schubert: 'Der häusliche Krieg' op 111, m Das Neue Orch, Dgt: C Spering 96.

Dahme, Paul, Prof, Querflöte, Hochschullehrer; Landgraf-Philipp-Str 3, D-60431 Frankfurt, T: (0 69) 52 80 84, F: 95 29 76 35 [Kiel]. **Ausb:** Stud (SchM, Fl) in Hamburg. **Laufb:** Soloflötist in Graz, Op Frankfurt 77, Soloflötist am Frankfurter Museumsorch seit 87, Doz (Querfl) Dr Hoch's Kons Frankfurt, Prof (Fl, Qufl) H f M u Darst Kunst Frankfurt. **Ens:** Carillon Ens. (Red)

Daiß, Wolfgang, Gitarre, Laute; Olgastr 100, D-70180 Stuttgart, T: (07 11) 6 49 02 03, *wolfgang.daiss@gmx.de, voccord@nuertingen.net*; c/o Eckhard Finckh, Schellingstr 53, D-72622 Nürtingen, T: (0 70 22) 3 32 40, F: 3 32 40, *f.finckh@gmx.de*; *www.voccord.nuertingen.net*. **Ausb:** Stud (Git) Staatl H f M Stuttgart b Mario Sicca. **Ens:** Duo Voccord, Trio Voccord, Horizont.

dal Monte, Duccio *siehe* Monte, Duccio dal

Dalal, Gregor, Sänger; c/o Luzerner Theater, Theaterstr 2, CH-6002 Luzern. **Laufb:** Sol Th Freiburg, Luzerner Th SpZ 04/05. (*)

Dalàs, Pièr *siehe* Daaliysky, Peter

Dalayman, Katarina, Sopran; c/o Semperoper, Theaterplatz 2, D-01067 Dresden. **Laufb:** Sol Sächs Staatsop Dresden (bis SpZ 04/05), Bayer Staatsop München, Op Nat Paris, Covent Garden London SpZ 2002/03. (Red)

Dalis, Fabrice, Tenor; c/o Austrokonzert International, Gluckgasse 1, A-1010 Wien, T: (01) 5 13 26 57, F: 5 12 61 54, *austroconcert@ia-ac.com*; *www.ia-ac.com*. **Ausb:** Stud Ges Kons Paris, daneben MWiss u Kl, Mstrks f Lied u Dt Repertoire (D Fischer-Dieskau, K Moll, Wa Meier, S Jurinac). **Laufb:** Eng OpStudio Op Bastille, OpStudio Dt Op a Rh, Sol Freiburg (Salome, 'Narraboth'; Die lustigen Weiber v Windsor, 'Fenton'; Don Giovanni, 'Don Ottavio' ua), Gastsol Köln, Dortmund, Gelsenkirchen/Wuppertal, Lübeck, Oldenburg, Fstvs Helsinki, Lille, Paris, Ens Op Nat de Lyon 99/2000, Dt Staatsop Berlin (Schostakowitsch: Die Nase, Titelpartie, unter Ltg K Nagano; Alban Berg: Lulu, 'Alwa', Wiederaufn der Op unter M Gielen) SpZ 02/03, Op Bonn 03/04. (Red)

Dalitz, Joachim, Orgel, Cembalo, Hammerklavier; Hohefeldstr 4, D-13467 Berlin, T: (0 30) 40 50 97 16, F: 40 50 97 16, *info@joachimdalitz.com*; c/o Intveen Int Musicmanagement, Schützenstr 2/1, D-78315 Radolfzell, *c.intveen@web.de*; *www.joachimdalitz.com* [Leipzig 1951]. **Ausb:** HfM Leipzig. **Laufb:** Konzerthaus Berlin 84. **Pr:** Prtr Int Bach Wettb Leipzig 76. (Red)

Dalla Torre, Silvio *siehe* Torre, Silvio Dalla

Dallapozza, Adolf, KS, Tenor; c/o Volksoper Wien, Währinger Str 78, A-1090 Wien, T: (01) 51 44 40, F: 5 14 44 32 15, *office@volksoper.at*; *www.volksoper.at*. **Laufb:** Sol Volksop Wien seit SpZ 03/04. (Red)

Dallinger, Fridolin, Prof, Komponist; Kopalstr 6, A-4070 Eferding, T: (0 72 72) 40 89, F: 40 89; Dorf 12, D-4081 Hartkirchen [Eferding, Österreich 16.2.1933]. symphon Musik **Ausb:** Stud (Kl, Dirig) MH Wien 56–58, Stud (SchM) MH Salzburg 61–63. **Pr:** Förderungspr Österr Jugendkulturwochen Innsbruck 54 u 55, Kunstförderungspr Stadt Linz 54, Österr Staatspr 65, Theodor-Körner-Pr 67, Kulturförderungspr Ld Oberösterr 68, Kulturpr Ld Oberösterr 81, Heinrich-Gleißner-Pr 97, Anton-Bruckner-Pr 03. – **Komp:** Die 7 Todsünden (Ballett) 65, UA Linz, Landesth, Dgt: R Filzwieser 68; Dass, UA d Neufssg Wien, Th an d Wien, Dgt: R Bibl 71; 2. Symph 79/80, UA Linz, Brucknerhaus, Dgt: T Guschlbauer 81; Bilder e Einstellung (Kantate) 83, UA Linz, Brucknerhaus, Dgt: R Zeilinger 84; Die Goldenen Zwanziger (Musical) 88, UA Linz, Landesth, Dgt: J Wetzler 89; 3. Symph 98/99, UA Linz, Brucknerhaus, Dgt: D R Davies 01. **AuftrKomp:** 1. Symph 75, UA Linz, Brucknerhaus, Dgt: T Guschlbauer 76 (Auftr: Land Oberösterr); Die Donau (weltl Orat) 92/93, UA Stift Engelszell, Dgt: M Sieghart 94 (Auftr: Europ Wochen Passau). **Aufn/RF:** F D: Concerto per orchestra d'archi, Bamberger Symph, Dgt: H Eder 69, weitere Aufn 71 u 78; Bläserqui, Wiener Bläserqui 70; 1. Suite f Bläserqui, Stuttgarter Bläserqui 74; Dialoge (Fl, Vcl), Wolfgang u Walter Schulz 81; 2. Streichqua, Westdt StrQua 84. **Lit:** Musikal Dok F Dallinger: Inst f Österr Musikdokumentation (Österr Nationalbib).

Prof Fridolin Dallinger

Dallinger, Gerhard, Komponist; Am Steg 17, A-6833 Weiler, T: (0 55 23) 5 37 70. (Red)

Dallmann, Christian Friedrich, Prof, Hochschullehrer, Horn; Brachfelder Str 4, D-12683 Berlin, T: (0 30) 5 12 10 34, F: 51 09 90 85, *christian-fr.dallmann@web.de*; Univ d Künste, Fak Musik, Inst f Künstl Ausbildung / Orchesterinstr u Dirigieren, PF 120544, D-10595 Berlin, T: (0 30) 31 85 25 15 [Karlsburg, Mecklenburg-Vorpommern 1955]. **Laufb:** Solohornist d Berliner SinfonieOrch 78, Mitgl u Doz int Bachakad Stuttgart seit 93, Doz d West-EasternDivan-Workshop (Barenboim) seit 99, Prof (Hn) H f Musik Detmold 2000–03, Prof (Hn) U d Künste Berlin seit 04.

Dam, José van, KS Dr hc, Bariton; c/o Artists Management Zürich, Rütistr 52, CH-8044 Zürich, T: 04 48 21 89 57, F: 04 48 21 01 27; *www.artistsman.com* [Brüssel 25.8.1940]. **Laufb:** Salzburger FSp 77, Gastsol Op de Paris, Covent Garden London, Scala di Milano, Wiener Staatsop, Deutsche Op Berlin, Th Royal de la Monnaie Brüssel, Metropolitan Op New York, Sol Op Zürich, Op Bastille Paris SpZ 04/05. **Pr:** Preis der Deutschen Musikkritik 74, Goldmed d Belgischen Presse 76, Gr. Preis d. Académie Française du Disque 79, Orphée d'Or der Académie Lyrique Française 80, Europ. Kritiker-Pr 85, Diapason d'Or u Prix de la Nouvelle Académie du Disque 93, Orphée d'Or de l'Académie du Disque Lyrique 94. (Red)

Damato, Adriana, Sängerin; c/o Opernhaus Zürich, Falkenstr 1, CH-8008 Zürich; Lennestr 36, D-40477 Düsseldorf. **Laufb:** Sol Dt Op am Rhein Düsseldorf-Duisburg, Stadtth Klagenfurt SpZ 04/05. (Red)

Damev, Misha, Dirigent; c/o Künstleragentur Dr. Raab & Dr. Böhm, Plankengasse 7, A-1010 Wien, T: (01) 5 12 05 01, F: 5 12 77 43, *office@rbartists.at*; *www.rbartists.at* [Sofia 1963]. **Ausb:** Stud Kl Zürich, Basel, Schüler v A Weissenberg Paris, N Magaloff Genf, Stud Dgt (K Österreicher) ab 93, Arbeit m M Jansons. **Laufb:** künstl Ltr Int Orpheum Fstv f Jungsol Zürich 91–2000, Ltg Lilienberg Rez u Aktionsfeld 'Kunst u Kultur' Ermatingen seit 93; Dgt b vielen europ Orch, ua Slow Philharm Ljubiljana, Zagreber Philharm, Noor Nederlands Orkest Groningen, Zürcher KamOrch, Slow Philharm Bratislava, Brünner Philharm, Sofia Philharm, ständ Gastdir Tschaikowsky SymphOrch Moskau, Luzerner Sinfonieorch, Brünner Philh. (Red)

Damiano, Daniele, Fagott; c/o Berliner Philharmoniker, Herbert-von-Karajan-Str 1, D-10785 Berlin. **Laufb:** Solo-Fag Berliner Philh. (Red)

Damkier, Brent Lee, Sänger (Tenor); An der Schierstadt 5, D-93059 Regensburg, T: (09 41) 5 86 57 28; c/o Theater Regensburg, Bismarckpl 7, D-93047 Regensburg. **Laufb:** Sol Stadtth Pforzheim, Th Regensburg (SpZ 03/04). (Red)

Damm, Annelott, Alt; Rauhentalstr 117, D-01662 Meißen, T: (0 35 21) 45 18 90; c/o Opernhaus Leipzig, Augustuspl 12, D-04109 Leipzig [Meißen]. **Ausb:** Stud MH Dresden. **Laufb:** Sol Ldesbühnen Sachsen Radebeul, Op Leipzig seit SpZ 03/04. **Pr:** Prtr 'Junge Opernsänger' Gera, Prtr Int GesWettb 'Prager Frühling' Prag 73, Prtr 'Montreal' 77. (Red)

Damm, Klaus, Sänger; Bürgermeister-Smidt-Str 13, D-27568 Bremerhaven, T: (04 71) 4 54 50, (01 72) 7 01 14 98. **Laufb:** Sol Stadtth Bremerhaven SpZ 01/05. (Red)

Damm, Peter, Prof, Horn, Hochschullehrer; Anzengruberweg 4, D-01326 Dresden, T: (03 51) 2 64 03 40; Hochschule f Musik, PF 120039, D-01001 Dresden; *www.hornistpeterdamm.de* [Meiningen 1937]. Orchestermusiker, Solist, Hochschullehrer **Ausb:** Stud Hn (K Biehlig) H f M Weimar 51–57. **Laufb:** Sol (Hn) Gera 57–59, Gewandhausorch Leipzig 59–69, Sächs Staatskap Dresden 69–02, Prof (Hn) H f M 'Carl Maria v Weber' Dresden, GastProf (Hn) H f M u Th Rostock, Präs Int Instrumentalwettb f Blasinstr Markneukirchen seit 86, Tourneen als Sol ua Europa, Japan, USA. **Pr:** div, ua Ehrenmitgl Sächs Staatskapelle Dresden. **Ens:** Kammerharmonie. **Mitgl:** Dt Musikrat, Int Horn Society. – **Aufn/RF:** R Strauss: Hornkonz, Sächs Staatskap Dresden, Dgt: H Blomstedt; dass, Dgt: R Kempe; Mozart: Hornkonzerte, Sächs Staatskap Dresden, Dgt: H Blomstedt; dass, Acad St-Martin-in-the-Fields, Dgt: N Marriner; Romant Hornkonz, Staatskap Dresden, Dgt: S Kurz; Hornkonz am Sächs Hof, Capella Sagittariana, Dgt: E Melkus; zahlr RF-Prod klass, romant u zeitgen Musik. **UA:** Werke v D Noll, Th Hlouschek, G Neubert, S Köhler, J Koetsier, B Krol ua; Werke f Hn u Orch v S Kurz, J Herchet, Th Hlouschek, S Matthus, U Zimmermann. **Zug:** div. **Sonst:** ua Bach-Jb 84; Brass Bulletin, R-Strauss-Blätter; Essay üb op 11 v R Strauss in: R S. Leben u Werk 02.

Dammann, Christian, Solorepetitor; Prager Str 77, D-27568 Bremerhaven, T: (04 71) 9 26 32 12, (01 62) 3 91 40 89; Stadttheater, PF 120541, D-27568 Bremerhaven. **Laufb:** Solorep Stadttheater Bremerhaven. (Red)

Dammann, Christoph, Dr, Opernintendant; Ritzenberg 24, D-51429 Bergisch Gladbach, T: (0 22 04) 58 97 78. **Laufb:** Stellv Operndir Bühnen d Stadt Köln. (Red)

Damrau, Diana, Sängerin (Sopran); c/o Agentur für Musiktheater und Konzert Hannagret Bueker, Fuhsestr 2, D-30419 Hannover, T: (05 11) 2 71 69 10, F: 2 71 78 73, *mail@www.buekervoice.de*; c/o Wiener Staatsoper, Opernring 2, A-1010 Wien; *www.buekervoice.de, www.diana-damrau.com* [Günzburg]. **Ausb:** Gesang MH Würzburg bis 95, Mstrkse (E Mathis, H Ludwig). **Laufb:** EnsMitgl Stadtth Würzburg 96 (Ännchen 'Der Freischütz', Gretel 'Hänsel u Gretel', Marie 'Zar u Zimmermann', Adele 'Die Fledermaus', Eliza 'My Fair Lady'), Nationalth Mannheim 98–2000 (Gilda 'Rigoletto', Oskar 'Ein Maskenball', Zerbinetta 'Ariadne auf Naxos', Sophie 'Der Rosenkavalier', Leila 'Die Perlenfischer', Olympia 'Hoffmanns Erzählungen', Königin d Nacht 'Die Zauberflöte'), EnsMitgl Op Frankfurt seit SpZ 2000/01, Gast Dt Op Berlin, Frankfurt, Hannover, Darmstadt, Saarbrücken ua, Sol (ua 'Die Fledermaus') Staatsop München ('Ariadne auf Naxos') Salzburger FSp 2001, Sächs Staatsop Dresden SpZ 03/05, Liederabende, Oratorien u Konz in Stuttgart, Düsseldorf, Frankfurt u Hamburg sowie Luxemburg, Hongkong u Calgary, Sol Wiener StaatsOp, MusicaMallorca 05, Gastsol Op Frankfurt seit SpZ 03/04. **Pr:** 2. Pr 'Mozartfest-Gesangswettb' Würzburg 96. (Red)

Dan, Paul, Prof, Hochschullehrer, Klavier; T 3, 20, D-68161 Mannheim, T: (06 21) 40 63 32, F: 1 56 55 30, *encore_dan@web.de* [1944]. **Laufb:** Prof (Kl, KlKamM) Staatl H f M u Darst Kunst Mannheim. (Red)

Danailov, Peter, Bariton; c/o Agentur Seitter, Opernring 8/13, A-1010 Wien, T: (01) 5 13 75 92, F: 5 12 93 51, *office@agentur-seitter.at*; *www.agentur-seitter.at.* **Laufb:** Sol Stadtth Klagenfurt SpZ 03/05, Sol MTh Bonn SpZ 04/05. (Red)

Dangel, Arthur, Komponist, Pianist; Landhausstr 41, D-70825 Korntal, T: (07 11) 8 38 58 85, F: 83 21 05, *adangel@t-online.de*; *www.arthur-dangel.de* [Schwäbisch Gmünd 10.9.1931]. **Ausb:** Stud SchM, Komp (J N David), Kl (J Uhde, A Kreutz) MH Stuttgart 51–57; Komp (W Fortner) MH Freiburg 57–59, Stud (Germanistik) Uni Freiburg 57–59. **Pr:** 1. Pr (Kl) HWettb Stuttgart 55, Förderungspr Stadt Stuttgart f junge Komp 55, Prof-David-Stip d Johann-Wolfgang-v-Goethe-Stift Basel verl v U Innsbruck 67, KompPr Landesmusikrat Baden-Württemberg 89. – **Komp:** Konz (f 12 Instr) op 42; 2. StrTrio op 43, UA Paris, Centre Pompidou, Dt StrTrio 85; Stabat Mater (f Stimmen a capp) op 47, UA Aalen Stadthalle, Dgt: R Huber 98; Konz f 12 Instr op 42, UA Malaga, SinfOrch Córdoba, Dgt: G I Ramos Triano 02; 'Else-Zyklus' 16 Lieder f Alt u Kl op 53, UA Tübingen U, m C Dagois u A Dangel 02; Pentaptychon V (f Alt-Sax, Org u Schlgz) op 64, 5. UA Stuttgart-Bad Cannstatt, m Kraus, Gräsle, Füsti 01; Sonate (f V u Kl) op 69, UA Stuttgart, Rotebühlzentrum, m Schall, Cramer 96; Trio (f Trp, Pos u Kb) op 78, UA Stuttgart, Rotebühlzentrum, m Sondermann, Schießer, Güttler 98. **AuftrKomp:** Eve (f gem Chor u Kl) op 40, UA Hannover, 2. Dt Chorwettb, KamChor Stuttgart, Dgt: F Bernius 85 (Auftr: Dt Musikrat); Orpheus (Konz f V u Stimmen), UA Stuttgart, Neues Schloß, Weißer Saal, m S Lautenbacher (V), KamChor Stuttgart, Dgt: F Bernius 81 (Auftr: KamChor Stuttgart). **Aufn/RF:** Eve (f gem Chor u Kl) op 40 (CD Werke A Dangel I); Orpheus (Konz f V u Stimmen) op 41 (CD Werke A Dangel II), Else-Zyklus op 53 u Kafka-Zykl op 54 (CD Werke A Dangel III); Bachmann-Zyklus op 55 u 5 KlStücke op 17 (CD Werke A Dangel IV); Sonata brevis (f Vcl u Kl) op 76, 2 u 12 Kinderliedchen (KlStücke) op 56, 1 u 7 Abschiedslieder (KlStücke) op 56, 2 (CD Werke A Dangel V); 11 KlStücke op 75 (CD Werke A Dangel VII); Pentaptychon I (f AltSax u Org) op 64, 1 (CD Werke Dangel IV); Pentaptychon II (f Alt, Bar, AltSax u Org) op 64, 2 (CD Werke A Dangel VII), Pentaptychon III (f AltSax u Org) op 64, 3 u Pentaptychon V (f AltSax, Org u Schlgz) op 64, 5 (CD Werke A Dangel VIII). **Sonst:** Veröffentl v Komp in versch Verl: Breitkopf u Härtel Wiesbaden, Chili Notes Frankfurt a M, Karin- Fischer-Verlag Aachen, Edition Musica Rinata Ditzingen, Schmid Musikverlag Calw, P J Tonger Rodenkirchen/Rhein. **Lit:** 'Unbeirrt...' FS z 70 Geb v A D Ditzingen 01.

Danhofer, Ulrike, Mag, Prof, Hochschullehrerin, Violine; Univ f Musik u Darst Kunst, Hellmesberger-Inst, Rennweg 8, A-1030 Wien, *danhofer@mdw.ac.at* [Graz]. Barock b 21. Jh **Ausb:** Stud Univ f Musik u Darst Kunst Graz, weitere Stud b F Somohyl i Wien u i d Mstrkl v M Rostal in Bern 84–87, Mstrks u. a. bei I Oistrach, W Schneiderhan, S Végh, V Klimov u W. Marschner. **Laufb:** Ltätigkeit Univ f Musik u Darst Kunst Graz 88–02, Univ f Musik u Darst Kunst Wien seit 94, UProf ebd 02, Konzm Grazer Symph Orch unter F Luisi u M Horvat 90–2000, als Sol u KamMusikerin Auftritte i ganz Europa, Japan. **Pr:** 1. Pr 'Jugend musiziert', Würdigungspr österr Bundesministerium f Wiss u Forschung, Stip W Schneiderhan-Stiftung, Luzern u Jürg-Stucki-Stiftung, Bern. **Mitgl:** österr Präs European String Teachers Asscociation (ESTA).

Daniecky, John, Tenor; Theater, Kuhstr 12, D-44137 Dortmund. Hohe Tenorpartien **Laufb:** Auftritt Metropolitan Opera New York, Washington Opera, Dresden, Düsseldorf, München, Palermo, Hannover, Weimar, Madrid und Amsterdam, Sol Th Dortmund. (Red)

Daniel, Boaz, Bariton; c/o Wiener Staatsoper, Opernring 2, A-1010 Wien, T: (01) 5 14 44 22 50; c/o Erich Seitter Bühnen- und Konzertvermittlung, Opernring 8/13, A-1010 Wien, T: (01) 5 13 75 92, F: 5 12 93 51, *agentur.seitter@aon.at*; *www.wiener-staatsoper.at* [Tel-Aviv]. **Ausb:** Stud (Ges) Univ Tel Aviv, Kons Wien 96–99. **Laufb:** Ens Staatsop Wien seit 98, Gastsol Volksop Wien 02, Dt Op Berlin 04, Salzburger FSp 02. **Pr:** Förderpr im Rahmen d Vergabe d 'E Waechter-Med' Wien 99. (Red)

Daniel, Paul, Dirigent; c/o Bayerische Staatsoper, Brieffach, D-80075 München. (Red)

Daniel, Pieter, Prof, Hochschullehrer, Violine, Dirigent; Heckstr 92, D-45239 Essen; FolkwangHochschule, Klemensborn 39, D-45239 Essen, T: (02 01) 4 90 31 34. **Ausb:** Stud b H. Szeryng, Z. Francescatti u D. De Lay. **Laufb:** Prof (V) Folkwang H Essen. (Red)

Daniel, Thomas, Prof, Hochschullehrer, Komponist; Igelpfad 5, D-53809 Ruppichteroth-Broscheid, T: (0 22 47) 81 84; H f Musik, Dagobertstr 38, D-50668 Köln [Pellworm 28.3.1949]. Alte Musik **Ausb:** Stud (MTheorie) MH Hamburg 73–78, Stud (SchM) MH/U Hamburg 71–77, Stud (MWiss) U Kiel 78–81. **Laufb:** Prof (Tonsatz) H f Musik Köln 83. **Mitgl:** Neue Bachges, Dt Gesellschaft f MTheorie. – **Sonst:** Kontrapunkt – E Satzlehre z Vokalpolyphonie d 16. Jhs 97, Der Choralsatz b Bach u seinen Zeitgenossen – E Satzlehre 2000, Zweistimmiger Kontrapunkt – E Lehrgang i 30 Lektionen 02.

Daniels, David, Countertenor; c/o Bayerische Staatsoper, Brieffach, D-80075 München. **Laufb:** Sol Bayer Staatsop München. (Red)

Daniluk, Pavel, Bass; c/o Opernhaus Zürich, Falkenstr 1, CH-8008 Zürich, T: 0 12 68 64 00; c/o Artists Management Zürich, Rütistr 52, CH-8044 Zürich, T: 04 48 21 89 57, F: 8 21 01 27; *www.opernhaus.ch.* **Laufb:** Sol Op Zürich seit 99, GastSol Kom Op Berlin. (Red)

Danker, Jürgen, Hochschullehrer, Horn; Mainzer Str 40, D-76199 Karlsruhe, T: (07 21) 88 71 64, F: 88 71 64. **Laufb:** Sol (Hn) Bad Staatskap, Doz (Hn) Staatl H f Musik Karlsruhe. (Red)

Danner, Thorsten, Sänger; c/o Pfalztheater Kaiserslautern, Willy-Brandt-Pl 4–5, D-67655 Kaiserslautern. (Red)

Danner, Wilfried Maria, Komponist, Arrangeur, Musikpädagoge, Kammermusikpianist, Liedbegleiter; Ernst-Reimbold-Str 5, D-50996 Köln, T: (02 21) 3 98 97 95, 01 76–22 20 43 75, F: (02 11) 3 98 98 02, *wilfried.danner@web.de* [Duisburg 24.4.1956]. Kammermusik, sinfon Musik, Musik- u Tanztheater **Ausb:** Stud (MPäd, Kl, KamM) Folkwang-H Essen, Stud (Komp, MTheorie, KamM, Dirig) Kölner MH, Stud (MWiss, Kunstgesch, Philosophie) U Bonn sowie Köln, Komp (J Baur, H W Henze), Mstrkl (O Messiaën, G Ligeti, L Berio). **Laufb:** Süd-, Mittel- u Nordamerika-Tourneen 82 u 85 (ua m eigenen Werken), GastDoz U 'Rio Piedras' San Juan (Puerto Rico) seit 92, Sem u Workshops Shepherd School of M, Rice-U Houston, Texas, GrdgMitgl 'Ens f Neue Musik', Ens 'Fin de siècle' Duisburg, Grdg 'Artemis-Ens' Köln-Bonn (Neue M). **Pr:** Kunstprstip d Ldes NRW, Rom-Pr Villa Massimo, DAAD-Stip Paris (Centre Pompidou, IRCAM), Composer in residence Staatsop Hamburg u Dt Op Berlin. – **Komp:** Les couleurs de la nuit (OrchW) 82–84, UA Duisburg, Duisburger Symphoniker, Ltg: L Foster 85; Comme un rayon de Lumière, extatique (OrchW); Like a rock-music – annäherung u entfernung, extension f V u Kl (KamM), 2 Streichqua, Streichtrio, Lieder. **AuftrKomp:** Die wundersame Reise d kleinen Sofie (MTh) (Auftr: MaiFSp Wiesbaden); d märchen nach ewig u drei tagen (MTh), UA Schwetzinger FSp (Auftr: Schwetzinger FSp); Die Sündflut (MTh) (Auftr: Dresdner MFSp); 'magic sculptures stripe the air, breathless...' (Crossover, sinfon M) (Auftr: Bremer MFest); 'schatten von sehnsucht, Last Blues' (Ballett/Tanzth) (Auftr: Dt Op Berlin). **Aufn/RF:** CDs, KompPortr in ARD, ZDF, 3sat, TV San Juan (Puerto Rico), n.tv Berlin, ORF Wien, Radio Hilversum, Dtschld Radio Berlin, BRF Eupen, RF Aufn WDR Köln, BR München, SR Saarbrücken, NDR Hamburg, zahlr CD Einsp. **Sonst:** Grdg 'Artemis-Verlag', Musica Nova (ausschl Werke v W M Danner), Veröffentl musikwiss, musiktheoret, musikpädagog Arbeiten, Analysen.

Danuser, Claudio, lic phil, Dipl, Bassbariton; Bühlstr 8, CH-8707 Uetikon am See, T: 0 14 32 24 20, F: 0 14 32 24 20, *claudio.danuser@mgb.ch*; *www.musicedition.ch/interpret/danuser.htm, operissimo.com/performers/danuser* [Basel 1958]. ital u frz Op, zeitgen Musik **Ausb:** Stud (MWiss, SchM) U Bern, Dipl 85, Ges (J Bise) Kons Lausanne, LDipl 84, Opkl Pescara, staatl ital Gesangsdipl 86, OpStudio Op Zürich 87/88. **Laufb:** pulizist Tätigkeit als

Musikkritiker 'Bund Bern' 78–88, Debüt als OpS Cantiere Int d'Arte Montepulciano, Mitgl Int Opstudio Op Zürich SpZ 87/88, Programmheftredakteur Klubhaus-Konz seit 88, seither freischaff Konz- u OpS ua Stadtth Bern, Biel, Grand Th de Genève, Op Zürich, Opera Factory Zürich, London, Op Genua, OpFSp Bad Hersfeld, Gastsp-Tourneen, Konz ua in Israel, London, Prag, Budapest, Gasteng Op Zürich 97, Ensmitgl Stadtth Bern 98–01, MFstv Hawaii 2000, Verdi-Galakonz m N Santi 01, gr Tournee Berlin u Brandenburg m 4sprachigem Schweizer Liederabend 01, Tournee durch Südafrika 02, OpFstv Avenches 02 u 03, KonzTournee Mongolei, Konz Südafrika 03, Gastsol Th Biel-Solothurn SpZ 03/04. **Mitgl:** Schweizer Tonkünstlerverein, Schweizer MForschenden-Ges. – **Aufn/RF:** Bizet: Op 'Don Procopio'; Grossmann: KamOp 'President da Valdei'; Derungs: Op 'Il semiader' 96; Veress: 'Elegie'; Bach: 'Johannes-Passion'; Lemeland: Op 'Le cachet rouge' 98; CD: Beretta: 'Alpsegen' (f Bar, SinfOrch) 02; Westbrook: 'Turner in Uri' (Jazzop) UA Fstv Alpentöne Altdorf, Mitschnitt Schweiz Radio DRS2 u Schweiz TV 03. **UA:** Grossmann: KamOp 'Il President da Valdei', UA Scuol 88; Radermacher: KamOp 'Das Tanzlegendchen', UA Zürich, Int Junifestwochen 90; Kelterborn: KamOp 'Julia', UA Zürich, Opera Factory Zürich 91; Beretta: 'Der Alpsegen', UA Biel, Tage f Neue Musik 92; Lemelan: Op 'Le cachet rouge', Biel, Stadtth 95; Derungs: Op 'Il semiader', UA Chur, Stadtth 96; Westbrook: 'Turner in Uri' (Jazzop), UA Fstv Alpentöne Altdorf 03; Keller: 'Uf Arde' (f Bar solo), UA Mongolei 03. **Sonst:** Hg d auf schweiz M spezialisierten CD-Labels 'Musiques Suisses' d Migros-Kulturprozents. **Lit:** 'C D – ein intellektueller Nabucco', Portrait in: Neue Zürcher Zeitung 25.04.97; 'Bariton C D: Kein typischer Sänger', Portrait in: ZS 'Classic' 03/02.

Danz, Ingeborg, Sängerin (Alt); c/o Künstlersekretariat am Gasteig, Rosenheimer Str 52, D-81669 München, T: (0 89) 44 48 87 90, F: 4 48 95 22, *team @ks-gasteig.de*; *www.ks-gasteig.de* [Witten/Ruhr]. Konzert, Lied **Ausb:** Stud (SchM) Nordwestdt MAkad Detmold, Ges (H Eckels). **Laufb:** Staatsop Hamburg, Konz- u Liedges: ZusArb m Int Bachakad Stuttgart, Windsbacher Knabenchor, Collegium vocale Gent, Europa-Tournee m Chapelle royale (Dgt: P Herreweghe) u Dgt wie Rilling, Muti, Hogwood, Konz m Royal Concertgebouwork, Bamberger Symph, Wiener Philh, NHK Symph Orch Tokyo, San Francisco Op (Dgt: H Blomstedt), Chor d BR München (Dgt: H Haenchen), SinfOrch d MDR (Dgt: M Honeck), Gewandhausorch Leipzig, Münchner Philh (Bach: h-moll-Messe), Liederabend-Tournee m J Banse, C Prégardien, O Bär 2000 u (geplant) 2003. **Pr:** Prtr Gesangswettb f Studierende d Ldes NRW, Prtr Gesangswettb VDKM (Ldes u Bdesebene), Stip Dt Musikrat u Richard-Wagner-Verbd. – **Aufn/RF:** zahlr RFf- u TV-Aufn, CDs: ua Bach: Kantate BWV 20, Messe in h-moll, Messias, Magnificat, Johannes- u Matthäuspassion, Weihnachtsorat, alle Dgt: H Rilling u Kantaten, Dgt: P Herreweghe; Brahms: Lieder, A Eckels; Dvorak: Messe in D-Dur, 4 geistl Gesänge u Stabat Mater, Dgt: H Rilling; Händel: Der Messias (Fass v Mozart); Mendelssohn-Bartholdy: Paulus, Dgt: H Rilling; Mozart: Requiem, Dgt: H Rilling; Schumann: Faust-Szenen, Dgt: P Herreweghe. **UA:** div Komp: 'Requiem d Versöhnung' (Auftr Int Bach-Akad Stuttgart).

Darbellay, Claude, Bassbariton; rue Emile-Yung 17, CH-1205 Genève, T: 02 23 47 30 76. (Red)

Darbellay, Jean-Luc, Komponist, Klarinette, Dirigent; Englische Anlagen 6, CH-3005 Bern, T: 03 13 51 16 58, F: 03 13 51 79 51, *cordebasset@freesurf.ch*; *www.jean-luc-darbellay.ch* [Bern 2.7.1946]. Komp in allen Gattungen vom Solostück zur Kammerop **Ausb:** Stud (Klar) Kons Bern, Tonsatz (Th Hirsbrunner), Komp (C Halffter, D Terzakis), Mstrks (K Huber, H Holliger, E Denissov) IMF Luzern, Sem (P Boulez) Paris, Dirig (F Ferrara) Bern. **Laufb:** Tourneen in USA, Kanada, China, Malaysia, Korea, Australien, Südamerika, ganz Europa, Präs SGNM seit 94. **Pr:** Berner SymphOrch Publikumspr OrchWettb 02, Board-Mitgl IGNM Ljubljana 03. **Ens:** 'Ludus-Ens' Bern. – **Komp:** zuletzt: Aulos (f Ob, Englhn, Heckelphon) 2000; Nova (10 Miniaturen f V u Git) 2000; Messages (f Kl solo) 2000; Oyama (f gr Orch), UA 2000 m d Orch de la Suisse Romande, Dgt F Luisi. **AuftrKomp:** f Radio France, Fstv Présences, MDR, MDR-Sommer, Orch de la Suisse Romande, Berner SymphOrch, Basler KamOrch, Orch della Svizzera Italiana, Commande de l'Etat français. **Aufn/RF:** Porträt-CD 'Résonances'; Highlights of World Music Days in Hong-Kong 02. **UA:** 'A Quattro' f 4 Hörner u Orch, m Berner SymphOrch, UA Berner Casino 02; 'Ondes', m Berner SymphOrch, 02. **Sonst:** Grdg Ludus-Ens 78, Orion-Ens 96, Spectrum-Ens 99, Fstv L'Art pour l'Art 03.

Darbellay, Olivier, Horn, Violoncello; Luisenstr 6, CH-3005 Bern, T: 03 13 51 62 13. (Red)

D'Arcangelo, Ildebrando, Sänger; c/o Staatsoper, Opernring 2, A-1010 Wien [Pescara]. **Laufb:** Sol Bayer Staatsop München, Staatsop Wien 04/05. (Red)

Darlington, Jonathan, Pianist, Dirigent; c/o Deutsche Oper am Rhein, Heinrich-Heine-Allee 16a, D-40213 Düsseldorf. **Laufb:** stellvertr. GMD Op de Bastille Paris, Dgt Dt Op am Rhein Düsseldorf-Duisburg (03/04), GMD Duisburger Philharmoniker 02/05. (Red)

Darmstadt, Gerhart, Prof, Hochschullehrer, Barockvioloncello; Hochschule für Musik und Theater Hamburg, Harvestehunder Weg 12, D-20148 Hamburg [Halle, Saale 1952]. **Ausb:** Stud Vcl (M. Dorner) Folkwang-H Essen u hist Aufführungspraxis (N. Harnoncourt) Mozarteum Salzburg, Unterr f BarockVcl b A. Bylsma. **Laufb:** Prof (KamM) H f M u Th Hamburg. (Red)

Dartsch, Michael, Prof, Hochschullehrer, Violine; Guerickestr 67, D-66123 Saarbrücken, T: (06 81) 3 90 58 04, *michael_dartsch@freenet.de*; c/o Hochschule für Musik Saar, Hochkreuzallee 182, D-53175 Bonn, T: (02 28) 4 33 15 31; *www.hfm.saarland.de* [Mayen 19.1.1964]. als MusikPäd: Elementare MusikPäd, V-Didaktik, Konzerte f Kinder; als Geiger: Alte Musik auf Originalinstr, Duo-Lit m Kl (moderne V) **Ausb:** Stud Allg MErziehung u InstrPäd (S Rabenschlag) MH Köln 85–91, Künstl Ausb V (G Wharton) Folkwang-H Essen-Duisburg 91–93, DiplPäd U Köln, Prom (b T Sprey-Wessing) 01. **Laufb:** Prof (MPäd) H f Musik Saar seit 96. **Pr:** LandesPr Hochschullehre d Saarlandes 05. **Ens:** Duo m M Tschurl (Kl); Concertino Saarbrücken. **Mitgl:** AEMS, ALMS. – **Aufn/RF:** CDs: Haydn: Sonaten (m M Tschurl) 04; Kammermusik von Händel mit Concertino Saarbrücken 04. **UA:** Zeynep Gedizlioglu: Dialog à tre 05, auch RF-Mitschnitt SR. **Zug:** Zeynep Gedizlioglu: Dialog à tre 05. **Sonst:** 'Facetten Elementarer Musikpädagogik' 02, 'Gestaltungsprozesse erfahren, lernen, lehren' 05, Der Geigenkasten, Heft I (Materialien f d Violinunterricht) 05; Redaktion Neue Musikzeitung; Beiträge f nmz, f Üben & Musizieren u f päd ZS.

Darzins, Andrea, Prof, Hochschullehrerin (Viola); Hochschule für Musik und Theater Hamburg, Harvestehuder Weg 12, D-20148 Hamburg. **Laufb:** Prof (Va) H f M u Th Hamburg. (*)

Dasch, Annette, Sopran; c/o Austrokonzert International, Gluckgasse 1, A-1010 Wien, T: (01) 5 13 26 57, F: 5 12 61 54, *office@austroconcert.com*; *www.ia-ac.com* [Berlin 1976]. **Ausb:** Stud Ges H f M München b Prof J Loibl seit 96, Kl f musikdramat Darst b Prof Christian Pöppelreiter Univ f Musik u Darst Kunst Graz 98/99, Liedkl b Ph Schulze München, Kurse b Prof W Rieger u Prof H Deutsch. **Laufb:** Sol Op Bonn SpZ 01/02, Staatsth Kassel SpZ 03/04, Semperop Dresden SpZ 04/05, Volksop Wien SpZ 04/05; Wiener Festwochen. **Pr:** 1. Pr 46. Int M Wettb Maria Canals Barcelona 2000, 1. Pr Zwickau 2000, 1. Pr 55. Concours de Genève 2000. (Red)

Dashuk, Maya, Sängerin; c/o Opernhaus Zürich, Falkenstr 1, CH-8008 Zürich. (Red)

Daskalakis, Ariadne, Prof'in, Violine, Hochschullehrerin, Solistin; Hochschule f Musik, Dagobertstr 38, D-50668 Köln; Sudermannstr 12, D-50670 Köln, T: (02 21) 2 00 52 10, F: 2 00 52 10 [Boston, USA]. **Ausb:** Stud V (S Goldberg) Juilliard School New York, (I Gronich, T Brandis) Berlin, Stud (Bachelor of Arts) Harvard U 93, KonzEx UdK Berlin. **Laufb:** Konz USA, Kanada, Europa, Israel, Japan, Sol m Nordwestdt Philh, RF-Orch d SWR, Stuttgarter Philh, Stuttgarter KamOrch, Dt KamAkad Neuss, Berliner Symphoniker, Ens Oriol Berlin, New York Virtuosi, Boston Pops, regelm Rezitale m Kl oder Cemb, Primaria d Manon Qua seit 94, Prof (V) H f Musik Köln seit 2000. **Pr:** St Louis Symph Young Artists Competition 2000, Int MWettb ARD München, Berliner Gyarfas Violinwettb, Premio Trio di Trieste, Pr ua v Mozart-Ges Dortmund, Harvard Music Assn, New England Cons. **Ens:** Manon Qua Berlin. – **Aufn/RF:** 5 CDs; Aufn ua: Sonaten v J J Raff u Sonaten v G Fauré, m Roglit Ishay; Tartini: Violinkonzerte, m Kölner Kammerorch. **UA:** Caspar Johannes Walter: 'Zeichnung', m RSO d BR, musica viva München 04; Christoph Coburger: 'Herr K u Frau N', dietheater Künstlerhaus Wien 05.

Daske, Martin, Komponist, Audio-Artist, Hörspielmacher; Neue Scheune 23, D-14548 Ferch, T: (0 30) 69 40 95 70, F: 69 40 95 71, *martin.daske@email.de*; *www.tribordstudio.de* [Berlin 16.11.1962]. **Ausb:** Stud (Ch Wolff) USA, (B Schaeffer) Krakau u Mozarteum Salzburg. **Laufb:** eigenes Prod-Studio (tribord studio) seit 93, zahlr RF-Arbeiten, Klanginstallationen, Th- u FilmM, Co-Dir d 'unerhörten musik' Berlin seit 89. **Pr:** lobende Erwähnung Prix Futura 93, KompStip Berlin 91 u 99, mehrfach 'artist-in-residence' im ZKM. **Ens:** Soundscrapers, Klangschürfer. – **AuftrKomp:** 2 mal KompAuftr Berliner Senat. **Aufn/RF:** div CDs.

Dassow, Klaus-Dieter, Prof, Hochschullehrer, Viola; Theador-Storm-Str 11, D-23858 Reinfeld, T: (0 45 33) 28 50, 0 17 24 01 77 16, F: 83 76; Musikhochschule, Große Petersgrube 17–29, D-23552 Lübeck. **Laufb:** Prof (Va, Orchstudien) MH Lübeck. (Red)

Daszak, John, Sänger; c/o Bayerische Staatsoper, Brieffach, D-80075 München. (Red)

Dau, Katharina, Prof, Hochschullehrerin; Schlossergasse 2, D-67227 Frankenthal, T: (0 62 33) 2 84 51, 0 17 52 40 84 47; Staatl Hochschule f Musik u Darst Kunst, N7, 18, D-68161 Mannheim. **Ausb:** Stud Ges (I. Bettag) am Richard-Strauss-Kons in München. **Laufb:** Prof (Gesang) Staatl H f M u Darst Kunst Mannheim. **Pr:** Staatspr d Landes Nordrhein-Westfalen. (Red)

Daubner, Otto, KS, Sänger; Peter-Zimmer-Str 43, D-66123 Saarbrücken, T: (06 81) 81 73 02; Saarländisches Staatstheater, Schillerpl 1, D-66111 Saarbrücken. **Laufb:** Sol Saarländisches Staatsth Saarbrücken. (Red)

Daum, Andreas, Sänger (Bass); Elisabeth-von-Thadden-Str 5, D-69214 Eppelheim, T: (0 62 21) 76 67 53, F: 75 97 61, *daumandreas@t-online.de*; *www.andreasdaum.de*. Bassbariton **Laufb:** Sol Th Heidelberg SpZ 03/04. Sol Staatsth Darmstadt SpZ 04/05.

Daum, Heike Susanne, Koloratursopran; c/o Theater Dortmund, Kuhstr 12, D-44137 Dortmund; c/o Theater Regensburg, Bismarckpl 7, D-93047 Regensburg. **Ausb:** Stud Ges Staatl H f M darst Kunst Stuttgart 90–94, künstl Aufbaustud bis 97, verschiedene Mstrkrs. **Laufb:** Eng Sol Stadtth Pforzheim 98, Sol Th Dortmund SpZ 02/05, Sol Th Regensburg (SpZ 03/04). **Pr:** Stip d Richard-Wagner-Verbandes Stuttgart. (Red)

Daum, Norbert, Posaune, Hochschullehrer; Bahnhofstr 42a, D-97234 Reichenberg, T: (09 31) 6 66 87 20, F: 6 66 87 21, *info@edition-crescendo.de*. **Laufb:** Doz (Pos, BlechBlEns) H f M Würzburg. – **Sonst:** Musikverlag Noten u Mundstücke f BlechBl edition-crescendo seit 2000.

Daum, Willy, Komponist, Instrumentalist (Klavier, Schlagzeug, Bandoneon); Meininger Str 12, D-10823 Berlin, T: (0 30) 78 71 45 80, F: 78 71 45 80, *willy.daum@epost.de* [Gifhorn 10.10.1959]. Komposition v elektroakust Musik **Ausb:** Stud Kl, Schlgz (Prof B v Rohden) MH Bremen 80–85. **Laufb:** Projekte m H J Hespos 87–91, BühnenM f d Bremer shakespeare company seit 87(04/05), Stip Akad Schloss Solitude Stuttgart 90/91, Artist in Residence Colorado Coll/USA 97, Arbeitsstip Akad d Künste Berlin i Studio f Elektroakust M 01/02, Kyrgysztan-KonzReise 01. – **Komp:** Kunstrasen (4 Perf-Artisten u geräuschv Bühnenbild) 93, UA Köln; Wandern, (St, Tonband) 96, UA Basel, m M Schuppe (St, Text); CLEA (KlarQua)97, UA Eschede, bremer klar qua; Käfig (Metallperc, TB) 2000, UA Berlin; Inkonferenz II (Kunstproj) 2000, UA Dortmund. **AuftrKomp:** Komp-Auftr Staatsop Hannover 02–04, div ThKomp f Salzburg (Peymann), Innsbruck, Kassel etc seit 97, div Dok-FilmM f Arte ua; 'Die Erfindung der Freiheit', 'Titus Andronicus', 'Pericles', 'Antonius u Cleopatra', 'Hamlet', 'Wie es Euch gefällt', 'Cymbelin', 'Rio Reiser o d Kampf ums Paradies', BM f die bremer shakespeare company, 87–02; 'Was Ihr wollt' (Kl), BM f Tiroler Landesth Innsbruck 97; 'Top Dogs' (Sprecher, TB), BM f Staatsth Kassel 99; 'Die Unsichtbare'(TB), BM f Salzburger FSp 01; 'Das zerstörte Troia' (Orch), Bearb d Op v G K Schürmann Braunschweig 01; 'Die Welt von unten' (Video, Live-Elektronik, Kl) 02, UA Hannover; carcrash (Op; f S, Auto-Perc, Elektronik) 02, m R R Ollertz, UA Hannover; 'Trollrap' (Orch), 'Aquariumorch' (Perc-Kinderens) 03, UA Staatsop Hannover. **Aufn/RF:** H J Hespos: 'Seiltanz', m Ens 13, Dgt: M Reichert 94; 'wandern', m M Schuppe 96; 'Musikal Begegnungen in Kyrgysztan', mit M Schuppe, M Maierhof, W Schliemann, S Mattmüller 01.

Dauner, Wolfgang, Komponist, Klavier; Herdweg 124, D-70193 Stuttgart, T: (07 71) 2 23 85 90, F: 2 23 85 70; *www.wolfgang-dauner.de* [Stuttgart 30.12.1935]. OrchMusik, Filmmusik, Jazz **Ausb:** Stud (Trp, Kl) MH Stuttgart 59. **Laufb:** Dauner-Trio 63, Lt Radio Jazz Group Stuttgart 69, Unidet Jazz and Rockens (Lt), Dauner-Mangelsdorff-Duo u Qui, Solo-Piano, Dauner-Trio 05. **Pr:** Fernsehpr Glotzmusik 74, Stern d Jahres Münchner Abendztg 71, Musiker d Jahres Sound-Leser-Poll 72, Stip Stadt Hamburg 81, Verdienstmed d Ldes Baden-Württemberg 97, German Jazz Trophy 03. – **Komp:** Psalmus Spei, UA Berlin 68; Beobachtungen, UA Berlin 69; Der Urschrei (Op in 1 Satz), UA Berlin, Philharmonie 76; Trans Tanz (Pos, Kl, gr Orch), UA Hannover, RSO 85; Feuerwerxmusik (Crossover), UA 89; Die verwachsene Froschhaut (Kam-Op), UA Stuttgart, KamTh 89; Stuttgart (Sinf Characteristica), UA 90; Homage à Joan Mirò (Crossover), UA Barcelona 92; Fanfare, UA Leichtathletik-WM Stuttgart 93; Bearb d KlSon Hob XVI Nr 45 Es-Dur f KamOrch u Kl, UA Stuttgart 03. **Aufn/RF:** Radio Jazz Group Stuttgart 69–84. **Sonst:** Mitbegrd Schallpl-Label Mood Records sowie United Jazz and Rock Ens 77, Jurymitgl 'Jazz at the Lincoln Center' New York. **Lit:** Art in 'Europa Jazz', 'Reclams Jazzlexikon'.

Daver, Mark, Repetitor; c/o Stadttheater Bremerhaven, Theodor-Heuss-Platz, D-27519 Bremerhaven, PF 120541, D-27519 Bremerhaven. **Laufb:** Studienlt u Kapm Bad Staatsth Karlsruhe, Studienlt Stadtth Bremerhaven SpZ 04/05. (Red)

David, Ana, Paukerin; c/o Neue Lausitzer Philharmonie, Promenadenstr 60, D-02827 Görlitz. **Laufb:** Sol Neue Lausitzer Philh SpZ 02/03. (Red)

David, Anja, Prof, Hochschullehrerin, Klavier; Birkenallee 33, D-32760 Detmold, T: (0 52 31) 8 97 91; Kurfürstenstr 20, D-32052 Herford, T: (0 52 21) 5 59 77 [Bünde]. **Ausb:** MAkad Detmold b Klaus Schilde, Werner Genuit, Renate Kretschmar-Fischer, Krs b Roberto Szidon. **Laufb:** Prof (Kl, Partiturspl) H f KiM Herford seit 90. (Red)

David, Imke, Viola da Gamba, freischaffende Musikerin; c/o Köhl, Schwachhauser Heerstr 317, D-28211 Bremen, T: 0 17 35 12 92 02, F: (04 21) 23 49 57, *imke.david@web.de* [Erlangen 4.6.1967]. solistisches Konzert, Ensemble Konzerte **Ausb:** Dipl-Studiengang f Solo Va da Gamba u Alte Musik (Jordi Savall) Schola Cantorum Basiliensis Basel 86–92. **Laufb:** Grdg Ens 'Consort of Seaverall Friends' m Bruder Gebhard David (Zink) 88, Grdg Royal Consorts (Gambenens) 02, Mitwirkung b Op m Rene Jacobs u im Ens m Jordi Savall, eigene Solokonz. **Pr:** 3. Pr b int 'concours musica antiqua' Brügge 96, Solowettb f alte Musikinstr u Barockgesang, Förderpr 'Orpheus' f junge Künstler, Zürich 97. **Ens:** Concerto Vocale, Hesperion XXI, The Royal Consort, Consort of Seaverall Friends. – **Aufn/RF:** Harmonia Mundi, WDR. **Zug:** Basler Komp: zeitgen Werke f Va da gamba, Solo. **Sonst:** Veröff 'Die sechzehn Saiten d ital Lira da gamba'.

David, Lukas, Prof, Hochschullehrer, Violine; Birkenallee 33, D-32760 Detmold, T: (0 52 31) 8 97 91; Hochschule f Musik, Neustadt 22, D-32756 Detmold; *www.lukasdavid.de* [Wels, Oberösterreich 1934]. Klassik, Romantik, 20. Jh **Laufb:** Lt V-Klasse Wiener MH 59–66, LBeauftr H f M Detmold bis 98; Tourneen Japan, Türkei, Griechenland 2001/02, Konz Dtschld u Österreich; Prof (V) H f M Detmold. – **Sonst:** Lukas David Chamber M Fstv (jährlich, in Lima/Peru). (Red)

David, Nicola, Sänger; c/o Anhaltisches Theater, Friedensplatz 1 a, D-06844 Dessau, *nikola.david@arcor.de*. **Laufb:** Sol Th Augsburg SpZ 00/04, Sol Anhalt Th Dessau SpZ 04/05. (Red)

David, Thomas Christian, Prof, Komponist; Fugbachgasse 16/3, A-1020 Wien, T: (01) 2 16 92 51. (Red)

Davidoff, Mikhail, Tenor; c/o Aalto Musiktheater, Opernplatz 10, D-45128 Essen, T: (02 01) 8 12 22 00; c/o Caecilia Lyric Department, Rennweg 15, CH-8001 Zürich, T: 0 12 21 33 88, F: 2 11 71 82, *caecilia@caecilia-lyric.ch*; *www.theater-essen.de/asp/ef-ges.htm*. **Laufb:** EnsMitgl Th Essen seit 99, Gastsol Sächs Staatsop Dresden, Dt Oper Berlin, Hamburg Staatsoper, Bühnen d Stadt Köln, Gastsol Vereinigte Bühnen Graz, Op Frankfurt SpZ 04/05. (Red)

Davidson, Cheyne, Bariton; c/o Opernhaus Zürich, Falkenstr 1, CH-8008 Zürich, T: 0 12 68 64 00; *www.opernhaus.ch*. **Ausb:** Case Western Reserve U, Cleveland Inst of Music, Manhattan School of Music, Int OpStudio Zürich. **Laufb:** Sol Op Zürich seit SpZ 03/04. (Red)

Davies, Dennis Russell, Prof, Dirigent, Pianist, Hochschullehrer; c/o Stuttgarter Kammerorchester eV, Johann-Sebastian-Bach-Pl, D-70178 Stuttgart, T: (07 11) 6 19 21 21, F: 6 19 21 22, *info@stuttgarter-kammerorchester.com* [Toledo, Ohio, USA 16.4.1944]. **Ausb:** Stud Kl (L Epstein, S Gorodnitski), Dirig (J Morel, J Mester) Juilliard School New York. **Laufb:** ChefDgt Saint Paul Chamber Orch 72–80, MD Cabrillo Fstv California 75–91, ChefDgt American Composers Orch New York 77–02, GMD Staatsop Stuttgart 80–87, Op Bonn 87–95, ChefDgt Orch d Beethovenhalle 87–95, ChefDgt Brooklyn Philh Orch New York 92–96, ChefDgt Stuttgarter KamOrch seit 95, ChefDgt RSO Wien 97–02, GMD Ldsth Linz seit 02, MD u ChefDgt Bruckner Orch Linz; Gastdgt ua Bayreuther FSp 78–80, Salzburger FSp, Lincoln Center Fstv New York; Projekt 'Haydn-Dekade' m d Stuttgarter KamOrch (Aufn sämtl Sinf v J Haydn) 98–09; ZusArb m Reg: ua H Kupfer, G Friedrich, A Freyer, P Zadek, R Altman, J Ljubimov, D Kurz, R Wilson, K Russell; Prof (OrchDirig) Mozarteum Salzburg seit 97. **Ens:** Mitbegr Juilliard Ens 68, Stuttgarter Bläserqui. – **Aufn/RF:** zahlr Aufn ua: E-S Tüür: Flux, RSO Wien (D Geringas), Dgt: D R Davies; P Glass: Low Symphony, Brooklyn Philh, Dgt: D R Davies; Kancheli: Caris Mere, Stuttgarter KamOrch, Dgt: D R Davies; A Pärt: Tabula Rasa (G Kremer, K Jarrett, D R Davies); K Weill: The 7 Deadly Sins, RSOrch Wien, Dgt: D R Davies.

Davies, Noel, Dirigent; c/o Athole Still International, Foresters Hall, 25–27 Westow St, London SE 19 3RY, Vereinigtes Königreich, T: (0 20) 87 71 52 71, F: 87 68 66 00 [London]. **Ausb:** Royal College of Music (Richard Austin and Conducting, Adrian Boult). **Laufb:** English Nat Op seit 74, Royal Opera House, Covent Garden, Canadian Opera Company, Houston Grand Opera, Met Op, Bergen Fstv, Dgt Bayer Staatsop München, Dgt BBC Nat Orchestra of Wales. (Red)

Davis, Sir Colin, Prof, Dirigent, Hochschullehrer; c/o Sächsische Staatsoper, Theaterpl 2, D-01067 Dresden [25.9.1927]. **Ausb:** Stud (Klar) Royal College of Music. **Laufb:** Asst Conductor BBC Scottish Symph Orch 57, Dgt Sadlers Wells 59, ChefDgt BBC Symph Orch, ChefDgt Covent Garden Op 71, MD BR RSO 83–92, Ehrendgt Sächs Staatsop Dresden seit 90, Ehrendgt London Symph Orch seit 95, 1. Gastdgt New York Philh 98, LBeauftr (OrchDirig) H f M u Th München. **Pr:** Commander of the British Empire 65, Karl Amadeus Hartmann-Med 93, Officier Legion d'Honneur 99, Maximiliansorden 2000. – **Aufn/RF:** Porträt v F Zeilinger f d BR. (Red)

Davis, E. Lee, Sänger; Schäferstr 2a, D-40479 Düsseldorf, T: (02 11) 4 92 02 92. **Laufb:** Sol Dt Op am Rhein Düsseldorf-Duisburg. (Red)

Davislim, Garrie, Sänger; Mühldamm 7, D-96450 Coburg, T: (0 95 61) 79 26 58, (01 73) 4 34 69 19, F: 79 26 58, *davislim5@yahoo.co.uk* [Australien 11.9.1970]. **Ausb:** Nat Opera Studio London 98–99. **Laufb:** Sol Städt Bühnen Krefeld/Mönchengladbach SpZ 03/04 u 04/05, Sol LandesTh Coburg 05/06. **Pr:** Gewinner Opera Foundation Australia Covent Garden Nat Opera Studio Award 98.

Davislim, Steve, Tenor; c/o Balmer & Dixon Management AG, Kreuzstr 82, CH-8032 Zürich, T: 04 32 44 86 44, F: 04 32 44 86 49, *mail@badix.ch*; *www.badix.ch/voc/davislim.html*. **Ausb:** Hn, Gesang (b J Hammond) Victorian College of the Arts, weitere Stud (b J Modenos, G Winberg, N Shicoff, L Alva), Liedkl (b I Gage), Int Opstudio Zürich. **Laufb:** Ensmitgl Op Zürich 94–2000, Sol Voksop Wien, Gastengagements ua 'Don Giovanni' (Don Ottavio) Athen, Hamburg Staatsop, Berliner Staatsop, Mozart: 'Idomeneo' (Arbace) Lausanne, 'Die Zauberfl' (Tamino) Ludwigsburger SchlossFSp 98, Verdi: 'Falstaff' (Fenton) Ferrara, Dgt: C Abbado, dass London, Dgt: B Haitink, 'The Rake's Progress' (Tom Rakwell) Wien 2000, KonzS m Tonhall Orch Zürich, BBC Symph Orch, Chicago Symph Orch, Orch de la Suisse Romande, Melbourne Symph Orch, Royal Danish Radio Orch, Cleveland Orch, Wiener Symphoniker, Dresdner Philharmonie, Orch Révolutionnaire et Romantique, Gastsol Dt Staatsoper Berlin SpZ 03/04; Gastsol Lyric Op Chicago 05. (Red)

Dawson, John, Solorepetitor; Fasanenstr 59, D-10719 Berlin, T: (0 30) 8 81 55 87. **Laufb:** Solorep Dt Op Berlin. (Red)

Dawson, Lynne, Sopran; c/o Künstleragentur Dr. Raab & Dr. Böhm, Plankengasse 7, A-1010 Wien, T: (01) 5 12 05 01, F: 5 12 77 43, *office@rbartists.at*; *www.rbartists.at* [York, Großbritannien 3.6.1956]. **Ausb:** Stud Ges Guildhall School of M London. **Laufb:** enge ZusArb ua m English Concert, Monteverdi Choir, Acad of Ancient M, Les musiciens de Louvre, Fstv v Aldeburgh, Aix-en-Provence, Brighton, Salzburg, Gastsol Op du Rhin 91, Staatsop Berlin 92, Op North Leeds 96. – **Aufn/RF:** ua H Purcell, Dido u Aeneas, Dgt R Jacobs 98; J Brahms, Ein dt Requiem, m O Bär, London Classical Players, Dgt R Norrington 98; G F Händel, Hercules, m Les musiciens du Louvre, Dgt M Minkowski 02; My personal Handel Collection 03. (*)

Daxelhofer, Christine, Cembalo, Hochschullehrerin; Henriette-Obermüller-Str 31, D-76137 Karlsruhe, T: (07 21) 47 43 18, F: 47 20 28, *cdaxelhofer@gmx.de*; Burg, CH-3438 Lauperswil [Bern 12.6.1941]. **Ausb:** Lehrdipl u KonzEx (J E Dähler) Kons Bern, (H Dreyfus) Paris. **Laufb:** LAuftr Kons Bern u Biel, Doz Staatl H f M Karlsruhe seit 84, Lt Studio f Alte Musik H f M Karlsruhe, Künstl Lt Int Händel-Akad Karlsruhe, regelm Lehr- u KonzTätigkeit in Brasilien, Argentinien, Dtld, Schweiz, Russland. **Ens:** ForTwoToPlay (Cemb-Duo), Musica Poetica (Thun). **Mitgl:** STV. – **UA:** Myriam Marbé 81; H E Frischknecht 99; J P Thomas 2000.

Dayer, Xavier, Komponist; bd St-Georges 3, CH-1205 Genève, T: 02 23 21 23 88, *Xavier.Dayer@ircam.fr* [Genf 28.3.1972]. **Ausb:** Stud Git (M Spaeter) Kons Freiburg bis 85, Stud Komp (E Gaudibert), Ks b T Murail u

B Ferneyhough Paris 96–98. **Laufb:** Doz (Orchestrierung, Kontrapunkt) Kons Genf u Neuenburg. **Pr:** Finalist NachwuchskompWettb d KamOrch Lausanne 85, Stip Patino Stift Genf 96/97, 1. Pr KompWettb 'A cappella' Bochum 98, Prtr Marescotti Stift Genf 98, Stip d Stadt Genf 99 u 2000, Prtr Bügi-Willert Stift 2000, FEMS Pr d Sandoz Stift 2000. – **Komp:** Echos (f Kl) 92–94; Trois Chants sur des poèmes de Paul Celan (f Mezzosop u Kl) 95; Promenade avant l'éveil (f Git) 96; Le Marin (KamOp) 99, UA Fstv Amadeus Meinier 99. (Red)

Daza, Alfredo, Bariton; c/o Deutsche Staatsoper Berlin, PF 354, D-10109 Berlin. **Laufb:** Debüt San Fransisco Op, Canadian Op Company Toronto 99; EnsMitgl Dt Staatsop Berlin seit SpZ 03/04. (Red)

De Arellano, Margarita *siehe* Arellano, Margarita De

de Capitani, Anna *siehe* Capitani, Anna de

De Capri *siehe* Delanoff, Robert

de Marchi, Alessandro *siehe* Marchi, Alessandro de

de Monti, Matteo *siehe* Monti, Matteo de

Dr hc Karen De Pastel

De Pastel, Karen, Mag, Dr hc, Komponistin, Organistin, Vertragslehrerin Universität, Dirigentin; Rittsteigstr 21, A-3031 Rekawinkel, T: (0 22 33) 5 54 79, 06 76–3 22 30 43, F: 5 54 79; Univ f Musik u darstellende Kunst, Inst f Tasteninstrumente, Lothringstr 18, A-1030 Wien [Bellingham, WA, USA 27.6.1949]. Konzert, Komposition, Dirigieren **Ausb:** Stud (V, Kl, Komp) U of Washington/USA 68–69, Dipl: Kl, Lied- u InstrBegl (R Hauser, F Holetschek, R Schollum) H f M u Darst Kunst Wien 72, V (E Braun-Prix) ebd 73; Komp (F Neumann) ebd 75; Org (R Scholz) ebd 82, Mag art 87, Mstrkse (A Heiller, M-C Alain, L F Tagliavani, A Rössler ua) seit 75. **Laufb:** Konz als Pianistin u V USA u Europa seit 61, Debüt Komp u V Wiener KonzHaus 72, Debüt Organistin ebd 79, Welttourneen als Organistin (Sol u m namhaften Orch) u als Komp in 20 Ländern m Auff in Wien, Berlin, München, Sofia, Budapest, Bratislava, Paris, Mailand, Vatikan, Stockholm, Oslo, Helsinki, Moskau, St Petersburg, Riga, Taipei, Tokio, Seattle, Detroit, New York ua, Solist Auftritte m Orch wie Niederösterr Tonkünstler, Seattle Symph, St Petersburg Symph, Nat Symph Taiwan, Taipeh Metropolitan Symph, Hungarian Chamber Orch ua seit 79, Stiftsorganistin Basilika u Regenschori Stift Lilienfeld/Niederösterreich seit 75, Grdg u künstl Ltg Sommerakad Lilienfeld 82–06, Doz b Mstrks in Bulgarien, Österreich, Schweden, Island, USA (Interlochen Arts Acad Seattle), Jurorin b int Wettb f Org u Cemb seit 82, Doz (Kl- u OrgPraktikum, Org f Pianisten) Univ f M Wien seit 85, Komp, vorwiegend Kl-, Org-, V-, Ges-, Ch-, KamM- u OrchWerke m ca 1000 Auff seit 75. **Pr:** sieben 1. Pr b Wettb in d USA (Kl, V, Va, Komp) 63–67, Begabtenstip u Würdigungspr Bundesmin f Wiss u Forschung Österr 73 u 75, Kulturpr Stadt Lilienfeld 87; Musik-Philosoph Ehrendoktorat World U Benson, Arizona 88, Anerkennungspr f Musik Land Niederösterr 90, Ernennung z 'Frau d Jahres' American Biographical Institution, sowie Cambridge Int Biographical Centre England 90/91, div Projektförderungen durch d Land Niederösterr seit 78, Ehrenkreuz in Gold Stift Lilienfeld 99, Silb Ehrenzeichen f Verdienste um das Bundesland Niederösterr 05. **Mitgl:** Wiener Beethoven Ges, Wiener Inst f Organologische Forschung. – **Komp:** zuletzt: 10 Lieder nach Goethe, UA St Pölten 81; Variationen über litauische Volksmelod op 37 (f BlechBl, Pk) 90, UA Lilienfeld 90; Ciacona über e litauisches Volkslied op 38 (Org) 90, UA Herzogenburg 90; Latein modale Messe op 39 (gem Ch) 91, UA Lilienfeld 93; Trilogie f Horn u Kl, UA Wien 92; 9 Stücke über ungar Volksmelod op 40 (2 Fl) 92, UA Lilienfeld 92; 5 Ch (n Texten v N Mussbacher) op 41 (gem Ch) 80–92; 6 Ch (n Texten v H Hesse) op 42 (3-stg Chor) 92, UA Lilienfeld 93; Qua op 43 (Sax) 93, UA Lilienfeld 94; Partita über 'O Heiland, reiß die Himmel auf' op 44 (gem Ch) 93, UA Lilienfeld 93; Partita über 'In dich hab ich gehoffet, Herr' op 45 (Org) 94, UA Maria Langegg 94; E kl KüchenM op 46 (Singsp f Kinderchor, Sol, StrOrch, Schlgz) 96, UA Wien, Künstlerhaus 96; Fantasie über d Bernardi-Hymnus d Zisterzienser-Ordens op 47 (Org) 96, UA Lilienfeld 96; Impress über 9 ungar Volksmelod op 48 (f StrOrch) 97, UA Wien 98; KonzStück f 2 Fl, Git u Orch, UA Stift Lilienfeld u Taipei 05. **Aufn/RF:** LPs: K De Pastel: Klangspiegel; OrgW v K De Pastel; CDs: Werke v Bach, Reger, De Pastel (Org); K De Pastel an beiden Org d Stiftsbasilika Lilienfeld; Klingende Bibliothek m Komp d Stiftes Lilienfeld; Doz d Sommerakad Lilienfeld konzertieren; F Schubert: Winterreise (Ges u Hammerkl). **UA:** Phantasie über den Bernardi-Hymnus d Zisterzienserordens f Org u Orch, MVerein Wien 01 u Taipei 03. **Sonst:** MD im Stift Lilienfeld/Niederösterreich, Ltg Int Kultur-Sommer ebd seit 78; Sterne am Orgelhimmel, Opern u Oratorien, Philharmonische Zyklen. **Lit:** Int Who's Who of Intellectuals 87; Int Who's Who in M 92/93; Österr Komp unserer Zeit 94; Lex zeitgen M Österreich 97; Who's Who Österreich 98; 5000 Personalities of the World 90; 210 Österreichische Komponistinnen 01; 2000 Outstanding Musicians of the 20th Century 02; Beiträge zur Gesch d Stiftes Lilienfeld 02.

de Secondi, Mario *siehe* Secondi, Mario de

de Simone, Bruno *siehe* Simone, Bruno de

Dean, Mikel, Sänger; J 7, 28, D-68159 Mannheim, T: (06 21) 2 20 37, (01 60) 95 71 34 83; c/o Nationaltheater Mannheim, PF 102362, D-68161 Mannheim [San Francisco]. **Ausb:** Stud (Gesang) Eastman School of Music New York. **Laufb:** Gastsol Beethovenfest Bonn, Pforzheim, Gießen 89, Eng Augsburg, Gastsp Bielefeld, Heidelberg, Bayer Staatsop, Sol NatTh Mannheim seit 95 (03/04), Op Bonn, Konz u Oratorien, Dt Op am Rhein SpZ 04/05. (Red)

Debré, Zsuzsa, Violine, Konzertmeisterin; c/o Orchester Oberhausen eV, Falkensteinstr 211, D-46047 Oberhausen, T: (02 08) 86 52 59, *orchester.ob.ev@cityweb.de*. **Laufb:** Konzm Orch Oberhausen. (Red)

Debrunner, Ruedi, Komponist, Klarinette, Klavier, Musikpädagoge; Herzoggut 11, CH-5000 Aarau, T: 06 28 22 63 54, F: 06 28 22 63 54, *ru_debru@yahoo.de*; *www.ruedidebrunner.ch*, *www.musicedition.ch/special/debrunner.htm* [26.2.1962]. **Ausb:** Kl (C Lieske) Winterthur, Klar (A Wäfler, H Leuthold) Zürich. **Laufb:** L Kantonsschule Wohlen, MH Lenzburg u Kulm, Neue Kantonsschule Aarau. – **Komp:** Skizzen (f Kl) 88/89; Quartetto fiatoforte 92; Musik f Kammerorch 94; Die helvetische Sphinx (MTh) 97; Lamère Lamour Lamort (Tanzth) 95–2000; Concerto per violino ed orchestra 2000.

Debus, Johannes, Dirigent; c/o Oper Frankfurt, Untermainanlage 11, D-60311 Frankfurt; c/o Bühnen der Stadt Köln – Opernhaus, PF 101061, D-50450 Köln. **Ausb:** Stud Dirig (K Seibel) MH Hamburg 93–98, (MWiss, Phil) U Hamburg. **Laufb:** Solorep Op Frankfurt SpZ 98/05, Op Köln, Debüt als Dgt (H W Henze: Boulevard Solitude) ebd 99 (03/04), musikal Ass v GMD P Carignani ebd seit SpZ 99/2000, musikal Ass v B Kontarsky, Ed Spanjaard u M Stenz an versch Projekten d 'Klangfiguren'-Reihe d Op Frankfurt, musikal Ltg v 'Un re in ascolto' (L Berio) ebd 2002, Konz m Ens Modern u Musikfabrik NRW. **Pr:** Stip Studienstift d Dt Volkes. – **AuftrKomp:** S Sciarrino: Op 'Macbeth' UA Schwetzingen, Schwetzinger FSp 2002. (Red)

Debus, Rüdiger, Violine; Nettelbeckstr 14, D-24105 Kiel; c/o Bühnen der Landeshauptstadt Kiel – Opernhaus am Kleinen Kiel, PF 1660, D-24015 Kiel. **Laufb:** Konzm Philharmon Orch d Landeshauptstadt Kiel. (Red)

Dechant, Hermann, Dr, Prof, Hochschullehrer, Dirigent; Murlingeng 59, A-1120 Wien, T: (01) 8 17 88 95, F: 8 13 98 20, 8 17 88 95 [Wien 29.11.1939]. Dirigieren, Komposition, Musikfoschung, Herausgaben **Ausb:** Stud (Fl) MUni Wien 51–58, (Dirig) MH Würzburg 61–66, (Komp) ebd 63–68, (MWiss, KuGe) Uni Regensburg 68–73. **Laufb:** SolFl Bamberger Symph 60–73, Studienlt Bundesjugendorch 68–75, Kurslt BundeskamMKse 'Jugend musiziert' 72–92, Prof (Dirig, Orchltg) H f M Würzburg seit 73, Chefdgt Jugendorch Bamberg 84–99, Chefdgt Oratoriench Bamberg 85–2000. **Pr:** Gr Pr Staatsakad Wien, KompPr Hof, Kulturförderpr Bamberg. **Mitgl:** Ges f MForschung, Goerres-Ges, Ges f Bayer MGesch, E T A Hoffmann-Ges Bamberg. – **Komp:** zahlr Komp aller Sparten (ausgenommen MTh). **Sonst:** zahlr Herausgaben in Dtschld, Österreich, Schweiz, Großbritannien, Frankreich, USA. **Lit:** Personenart MGG, Art 'ETA Hoffmann' MGG, Art 'Conducting' u 'ETA Hoffmann' Grove Dictionary.

Decker, Richard, Tenor; c/o Agentur Seitter, Opernring 8/13, A-1010 Wien, T: (01) 5 13 75 92, F: 5 12 93 51, *office@agentur-seitter.at*. **Laufb:** Sol Dt Op am Rhein Düsseldorf-Duisburg, Mecklenburg Staatsth Schwerin, Gastsol Staatsth Kassel SpZ 00/01, Sol Th Basel SpZ 04/05. (Red)

Decker, Willy, Prof, Regisseur; c/o Niedersächsische Staatstheater Hannover, Opernpl 1, D-30159 Hannover [Köln 1950]. **Laufb:** Inszenier ua Op Köln ('A Midsummer Night's Dream') 88, ('Billy Budd') 92, ('Faust') 88, ('La finta giardiniera') 89, ('Der fliegende Holländer') 91, ('Eugen Onegin') 93, ('La Bohème') 94, Dt Op Berlin ('Das Schloß'), Semperop Dresden ('Der Freischütz', 'Don Giovanni', 'Die Soldaten', 'Lear', 'Der Ring d Nibelungen') 01–04, Bayer Staatsop München ('Das Schloß'), Staatsop Stuttgart ('Tosca'), Hamburg Staatsop ('Pelléas et Mélisande'), ('Pique Dame') 03, Wiener Staatsop ('Lulu') 2000, ('Billy Budd') 01, Op Hannover SpZ 04/05; HonProf (MTh-Regie) H f M 'Hanns Eisler' Berlin seit 05. (*)

Dedu, Julian, Violine, 2. Konzertmeister; Christianstr 1, D-99817 Eisenach, T: (0 36 91) 21 07 21; Landeskapelle, Theaterpl 4–7, D-99817 Eisenach. **Laufb:** Stellv Konzm Landeskapelle Eisenach. (Red)

Deffner, Bernhard, Violine, 1. Konzertmeister; c/o Neue Philharmonie Westfalen, Castroper Str 12 c, D-45665 Recklinghausen. **Laufb:** 1. Konzm Neue Philharmonie Westfalen Recklinghausen. (Red)

Degebrodt, Jana, Sängerin; c/o Junge Kammeroper Köln, Florastr 93, D-50733 Köln. **Laufb:** Gastsol Schillerth NRW Wuppertal-Gelsenkirchen SpZ 00/01, Sol Düsseldorfer Optte 03/04, Junge KamOp. (Red)

Degen, Johannes, Violoncello, Hochschullehrer; Staldenweg 173, CH-8703 Erlenbach, T: 0 19 15 32 80(priv), 05 22 68 15 14(geschäftl), *johannes.degen@hmt.edu* [1953]. **Ausb:** Stud (Vcl) Kons Winterthur, Stud b Pierre Fournier in Genf u Anner Bijlsma in Amsterdam. **Laufb:** Cellist Amati-Qua 80–90, Cellist Pearl-Trio 93–2000 (Auftritte in Japan, Tschechien, Dtschld u d Schweiz), Lt MH Winterthur 96, Prof HMT Zürich. **Pr:** 1. Pr b Wettb in Evian 84 u Karl Klingler Wettb München 86, Schallplattenpr f Aufn d Amati-Qua ('Dt Schallplattenpr', 'Choc Monde de la Musique'), ua auch f UA v Vogel, Kelterborn, Nunez, Yun. (Red)

Degenhardt, Peter, Prof, Hochschullehrer, Klavier; Düsseldorfer Str 10, D-51063 Köln, T: (02 21) 64 34 42, F: 6 40 61 21, *peter.degenhardt@freenet.de*; H f Musik, Dagobertstr 38, D-50668 Köln. **Laufb:** Prof (Kl) H f Musik Köln. (Red)

Degenkolb, Tilo, Prof, Hochschullehrer; H f Musik 'Franz Liszt', PF 2552, D-99406 Weimar. **Laufb:** Prof (Werkstud) H f Musik 'Franz Liszt' Weimar. (Red)

Dehler, Monika, Sängerin; c/o Thüringer Landestheater, Theaterpl 4–7, D-99817 Eisenach, PF 1449, D-99804 Eisenach. **Laufb:** Sol Thüringer Landesth Eisenach. (Red)

Dehler, Ursula, Prof, Violine; An der Falkenburg 5, D-99425 Weimar, *ursuladehler@web.de*; H f Musik Weimar, Pl der Demokratie 2/3, D-99423 Weimar [Weimar 19.5.1958]. **Ausb:** Stud (V) H f Musik 'Franz Liszt' Weimar (F Ehlers, J Hofmann). **Laufb:** Primaria Dehler-Qua seit 81, Lt Thüringisches KamOrch seit 01, 1. Konzm Staatskapelle Weimar, HonProf (V) H f M 'Franz Liszt' Weimar seit 02. **Ens:** Thüringisches KamOrch, Dehler-Qua. – **Aufn/RF:** CDs: J Haydn: Die sieben letzten Worte Jesu Christi, m Dehler-Qua 2000; J N Hummel: Doppelkonz f V u Kl G-Dur, m Thüringisches KamOrch, Dgt G Feltz, Kl R D Arens 03.

Dehning, Martin, Prof, Hochschullehrer, Violine; Nomos-Quartett, Plantagenstr 16, D-30455 Hannover, T: (05 11) 49 23 51, F: 49 24 93, *nomos-quartett@htp-tel.de*; *www.nomos-quartett.de* [Bremen 25.9.1958]. **Ausb:** Stud V (R Shevelov) MH Hannover 77–82, Stud V (R Shevelov) Juilliard School New York 82/83, Stud V (W Hertling) MH Hannover 83–86. **Laufb:** Ens Modern 80–88, Prof (V) H f M Detmold, Abt Münster seit 97, Int KonzTätigkeit m Nomos-Qua. **Pr:** Solo Dt MWettb 84, Nomos-Qua Evian 85, Karl-Klingler 86, Oulu 89, Schneider-Schott-Musikpr 97. **Ens:** Ens Modern 80–88, Primarius Nomos-Qua seit 84. – **Aufn/RF:** CDs m Nomos-Qua: I Yun: StrQua 90; A Hölszky: 'Hängebrücken' 91; J Haydn: op 50/1–6 92/93; F Schubert: 'Tod u Mädchen'; D Schostakowitsch: StrQua Nr 8 96; F Schubert: StrQui 99 ua. **UA:** s zugeeignete Werke. **Zug:** A Hölszky: 'Hängebrücken' 89; D Müller-Siemens: StrQua Nr 1 91; J Firssowa: StrQua Nr 8 97; Mundry: StrQua 04.

Deibele, Mona, lyrischer Koloratursopran; Adolf-von-Harnack-Str 28, D-06144 Halle, T: (03 45) 5 22 60 59 [Köthen 1.11.1970]. **Ausb:** Stud Ges (v Hruba-Freiberger) MH 'Hanns Eisler' Berlin 89–91, Stud Ges (H-Chr Polster) MH Leipzig 91–94, Stud Ges (A Krans) MH München 94–95, Stud Ges (R Werner) 97–2001. **Laufb:** Sol Op Halle.

Deichstetter, Christian, Dirigent, Studienleiter; Am Bassin 2, D-14467 Potsdam; c/o Hans Otto Theater Potsdam, Berliner Str 27a, D-14467 Potsdam. **Laufb:** Studienlt Hans Otto Th Potsdam. (Red)

Dèinyan, Hayk, Bass; Düsseldorfer Str 54, D-41238 Mönchengladbach, T: (0 21 66) 13 37 81, (01 77) 3 40 65 95; c/o Vereinigte Städtische Bühnen, Odenkirchener Str 78, D-41236 Mönchengladbach. **Laufb:** Sol Dt NationalTh Weimar ('Leporello' Don Giovanni, 'Sarastro' Zauberflöte), Sol Vereinigte Städt Bühnen Krefeld u Mönchengladbach ('Fürsten Gremin' Eugen Onegin, 'Banco' Macbeth, 'Talbot' Maria Stuarda). (Red)

Dekkers, Maarten, Oboe; c/o WDR Sinfonieorchester, D-50600 Köln. **Ausb:** Stud Kons Amsterdam. **Laufb:** Sol Sinfónica Nacional Mexico-Stadt u Professor a dortigen Kons 80–87, Sol Radio Filharmonisch Orkest Hilversum, Sol WDR SinfOrch Köln 93. (Red)

Delacôte, Jacques, Dirigent; c/o Theateragentur Dr Germinal Hilbert, Maximilianstr 22, D-80539 München, T: (0 89) 2 90 74 70, F: 29 07 47 90; c/o Bayerische Staatsoper, Brieffach, D-80075 München; *www.hilbert.de*. **Laufb:** Dgt Hamburg Staatsop, Bayer Staatsop München, Semperop Dresden SpZ 04/05. (Red)

Delamboye, Enrico, Dirigent, Pianist, Kapellmeister; c/o Staatstheater Mainz, Gutenbergpl 7, D-55116 Mainz [Wiesbaden 3.2.1977]. Oper, Liedbegleitung **Ausb:** Stud Dirig (J Stulen), Kl (J Celis) Cons Maastricht 95–2000. **Laufb:** 2. Kapm u Solorep Hess Staatsth Wiesbaden seit 2000, 1. Kapm Staatsth Mainz seit 03. – **UA:** E A Klötzke: 'Die Legende vom armen Heinrich', UA Staatsth Wiesbaden 01.

Delamboye, Hubert, Sänger; c/o Bureau Pieter G Alferink, Apollolaan 181, Niederlande-1077 AT Amsterdam, T: (0 20) 6 64 31 51, F: 6 75 24 26. **Laufb:** Sol Hess Staatsth Wiesbaden, Bühnen d Stadt Köln, Staatsop Wien, Dt Op Berlin SpZ 03/04, Gastsol Op Frankfurt seit SpZ 03/04. (Red)

Delanoff, Robert (Pseud: De Capri), Komponist; Neustifterstr 23, D-80807 München, T: (0 89) 3 51 32 02, F: 1 57 66 14, *evaschieferstein@aol.com* [Troppau 3.10.1942]. Konzert, Kammermusik **Ausb:** Stud Richard-Strauss-Kons München 61–68, Abschluss m Ausz. **Laufb:** Mitgl Münchner Symphoniker 70–94, Doz Staatl Kons Istanbul 74–79, freischaff Komp seit 94. **Pr:** 1. Pr f KamM m Fl Association Nat Flute USA 96, Ehrenpr 1. Int KompWettb f KamM m Sologit Berlin 89, Sudetendt Kulturpr f Musik München 90. **Mitgl:** Verb Münchner Tonkünstler eV. – **Komp:** Konz f Git u KamOrch 73–74, UA Neuburg/Donau 95; 'Concerto' f BlechblQui 80, UA Gabrieli Ens 86; Konz f 4 Git u KamOrch 88, UA München 89; Qua f Malletinstr 90, UA München 94; Munich Concerto f Blechbläserens, UA Boston, Boston Brass 94; Hauch d Antike (Konz f Kl u Orch) 95/96; Idylle – Ade... f Blechbläserens (Suite) 99, UA Baden-Baden 99; 'Milbertshofen' Concerto f Tb u Streichqua 99. **Aufn/RF:** 'Munich Concerto' f Blechbl-Ens SWR 2000. **UA:** 'D Janitscharen waren da...', UA Rouen Frankreich, Ens de cuivre de Rouen 03.

Delapierre-Coulon, André William, Komponist, Pianist; Schillerstr 2, CH-4053 Basel, T: 06 13 61 16 86 [Genf 20.1.1921]. **Ausb:** Stud b H KLug u A Cortot in Basel 37. **Pr:** 1. Pr Int Wettb Vercelli, Italien. **Mitgl:** Schweiz MPäd-Verband, STV. – **Komp:** Streichquartett I, Neininger-Qua 52; Streichquartett II, Rybar-Qua 56; Streichquartett III, Rybar-Qua 61; Streichquartett IV, Orion-Ens 98.

Delavan, Mark, Sänger; c/o Bayerische Staatsoper, Brieffach, D-80075 München. (Red)

Delfs, Andreas, Dirigent, Musikalischer Direktor; c/o The Saint Paul Chamber Orchestra, The Hamm Building, Ste 500, 408 St Peter St, St Paul, MN 55102–1497, U.S.A., T: (5 11) 16 84 61 04; c/o Konzertdirektion Hans Ulrich Schmid, Königstr 36, D-30175 Hannover, T: (05 11) 3 66 07 60, F: 3 66 07 34, *mail@kdschmid.de* [Flensburg]. **Ausb:** Stud Dirig (C v Dohnanyi, K Seibel, W Brückner-Rüggeberg) MH Hamburg, Stud (S Ehrling, J Mester) Juillard School New York. **Laufb:** Resident Conductor (Stellv v L Maazel) Pittsburgh SymphOrch, Chefdgt Stadtth Bern, GMD Niedersächs Staatsth Hannover 97–2000, Chefdgt Milwaukee Symph Orch seit 97, Dgt Philadelphia Orch, National Arts Center Orch Ottawa, St Paul Chamber Orch, SinfOrch Atlanta, Denver, Detroit, Houston, Pittsburgh, Dgt London Philh Orch, Tonhalle Orch Zürich, SinfOrch HR Frankfurt, SWR Baden-Baden, Freiburg, MDR Leipzig, SinfOrch Berlin, Dänisches RFSinfOrch Kopenhagen, ZusArb m Houston SymphOrch, National SymphOrch Washington, New World SymphOrch, St Paul Chamber Orch ua SpZ 00/01, Gastdgt Op Stockholm, Op Stutgart, New York City Op, seit 2002 Musikal Dir d Saint Paul Chamber Orchestra. (*)

Deliano, Donato, Repetitor; Groner Str 2b, D-37073 Göttingen. **Laufb:** Solorep KamOp Göttingen, Dgt Brüder-Grimm-MärchenFSp Hanau 03. (*)

dell'Antonio, Camillo, PGSMD, Dr med, Tenor, Arzt; Penzinger Str 108, A-1140 Wien, T: (01) 8 95 89 45, F: 8 95 89 45, *dellantonio@classic-singer.com*; *www.classic-singer.com* [Steyr 2.4.1962]. Oper **Ausb:** Kons Innsbruck 85–87, Guildhall School of Music and Drama London 87–89, Stud u Postgrad Stud (T Hemsley), Stud (Med) U Innsbruck, Prom 87. **Laufb:** Debüt Stadtth Koblenz 91, Raimundth Wien 92–93, Innsbrucker Landesth 94, Th f Vorarlberg Bregenz 95, Anhalt Th Dessau 96–98, Vereinigte Bühnen Graz 99, 00–01, Neue Op Wien 99, 01–02, 04/05, Gastsol Vereinigte Bühnen Graz SpZ 03/04. – **Aufn/RF:** 'Lustige Witwe'; 'Feuer u Flamme' (Solo-CD), Kl: M Kusuhara-Schüssler. **UA:** N Zehm: Op 3 'Visions 2000', UA 87; Ders: Op 8 'Liebeslieder m bitterem Geschmack', UA 88; Ders: Op 13 'Liebe illusionen', UA 90.

Delnon, Georges, Intendant; c/o Staatstheater Mainz, Gutenbergpl 7, D-55116 Mainz; c/o Theater Basel, Elisabethenstr 16, CH-4051 Basel. **Laufb:** Intend Staatsth Mainz 03–06, ab SpZ 06/07 Th Basel. (Red)

Delor, François, Komponist, Orgel; pl de la Taconnerie 5, CH-1204 Genève, T: 02 23 10 23 21. (Red)

Delorko, Mario-Ratko, Komponist, Pianist, Dirigent; Montebruchstr 2, D-45219 Essen, T: (0 20 54) 1 52 25, F: 87 13 08, *delorko@gmx.de*; *www.delorko.de* [Hamburg 15.8.1959]. Gesch d Kl, m 20 histor Instr auf d Bühne **Ausb:** Robert-Schumann-Kons Düsseldorf 65, (Kl u Komp) MH Rheinland 71, Kl (B Roderburg, L Auerswald, G Ludwig, O Alexejewa, N Economou), Komp (M Kelemen, J Baur, G Becker), Dirig (N Varon). **Laufb:** Doz H f M u Darst Kunst Frankfurt a. M. seit 2000, zahlr Verpfl f Recitals u Klkonz im Ausland u Übersee, Begleiter bekannter Sänger u Sängerinnen. **Pr:** 16 erste Pr b Jugend musiziert' Kulturförderprtr Ldeshauptst Düsseldorf. – **Komp:** 'Zeitklang', e Zyklus f Kl (KonzM), UA Ramat Gan/Israel 87; Die Ey (Op), UA Düsseldorf 91; Sonate f zwei Kl (Kl Solo), UA Düsseldorf 91; Mörrfried-Lieder (Lied), UA Düsseldorf 93; Midi-Sonate (Elektroakust), UA Düsseldorf 93; Später vielleicht d Heimkehr (Elektroakust), UA Düsseldorf 96; Otmar-Alt-Sonate (Konzstück), UA Hamm 99. **Sonst:** Grdg Privatinst f pianist Studien 86, 1. Vors 'Concerto Grosso Frankfurt'. **Lit:** regelm in 'Piano-News'.

Demare, Jack *siehe* Siebert, Denis

Demenga, Patrick, Violoncello; Burgerstr 14, CH-3063 Bern, T: 03 19 22 19 83. (Red)

Demenga, Thomas, Violoncello, Komponist; Selibühlweg 11, CH-3006 Bern, T: 03 13 51 37 35, F: 03 13 51 37 81, *cello-demenga@freesurf.ch* [Bern 1954]. **Ausb:** Stud Vcl Bern, (A Janigro) Stuttgart, (M Rostropowitsch) Basel, Juillard School of M New York. **Laufb:** L MSch d MAkad Basel 81, Ltg d Vcl-Klasse MH Basel seit 82, als Solist Auftr ua m H Holliger, G Kremer, T Zimmermann, künstl Ltg Davos-Fstv seit 01. – **Komp:** 'Ubik' f 14 Solostr 84; 'Soloper due' 91. (Red)

Demierre, Jacques, Komponist, Klavier; rue de la Poterie 3, CH-1202 Genève, T: 02 23 29 48 38, *jacdem@geneva-link.ch*; c/o Gare du Nord – Bahnhof für Neue Musik, Schwarzwaldallee 200, CH-4058 Basel, T: 06 16 83 13 13, *neuemusik@garedunord.ch* [Genf 4.11.1954]. **Laufb:** Gare du Nord Basel SpZ 04/05. (Red)

Demmler, Jürgen, Prof, Musiker (Saxophon), Hochschullehrer; Im Bosch 3, D-76547 Sinzheim, T: (0 72 21) 8 56 85, F: 8 56 86, *juergen.demmler@t-online.de*; *www.juergen-demmler.com* [Ludwigshafen a Rhein 10.7.1958]. sinfon Musik, Kammermusik, solist Werke **Ausb:** Stud Klar (H Pfeifer) Ludwigshafen/

Rhein 71–76, Stud OrchM, Klar, Sax (H Pfeifer) Staatl H f M Heidelberg-Mannheim 77–81, KonzAusbild Staatl H f M Heidelberg-Mannheim 81–84. **Laufb:** Klar SWR-SinfOrch Baden-Baden u Freiburg; Doz (Sax, Methodik) Staatl H f M Freiburg i Br, Mitarb d ZS 'rohrblatt' u 'Tibia'. **Ens:** Grdg d Dt Sax-Ens 77, Mitgl Südwestdt Bläservgg (Bläseroktett) seit 81, Grdg u Mitgl Philh Ens Baden-Baden seit 90, Duo m Pianist P Grabinger. – **Aufn/RF:** zahlr CD-Veröffentl in Dtschld u USA (Aurophon, Bayer Records, Equilibrium). **UA:** enge ZusArb m d Komp Braxton Blake (Stuttgart, Ann Arbor).

Dencker, Helmut, Prof, Komponist; Univ f Musik u Darst Kunst Graz, Inst f Komposition, Musiktheorie, Musikgeschichte u Dirigieren, Brandhofgasse 21, A-8010 Graz, T: (03 16) 3 89 30 10, F: 3 89 30 11, *hdencker@yahoo.de*; *www.dencker.at* [Husum 1944]. **Ausb:** Stud (KiM) MH Lübeck 68–72, Stud (Komp) b Andrej Dobrowolski Univ f M u darst Kunst Graz 72–78, Diplomprüfg Komp m Auszeichng 75. **Laufb:** Prof (MGesch d 20. Jh u MTheorie) Univ f M u darst Kunst Graz seit 76. **Pr:** Dr- Eduard Coudenhove-Pr 75; Staatsstip f Komp d Rep Österr 76; Kunstförderpr d Stadt Graz 77; Ausz KompWettb Int Competition Musica Nova Prag 93. – **Komp:** Stylus phantasticus I (f 8 Lautsprechergruppen, ADAT-Tonband) 90–93, UA 11/93 Graz; Cambiamenti (f Klar, V u Kl) 98, UA 12/98 Graz, ContrastTRIO, Wien; Patchwork/Stückwerk (Duo f 2 Kl) 02, UA 11/02 Graz, Claudia Micheletti u Ruriko Tanaka-Kern (Kl).

Denecke, Rotraud, Sängerin; Geußnitzer Str 10, D-06712 Zeitz, T: (0 34 41) 21 75 12, 01 73–3 85 84 32, F: 21 75 12, *info@kolorit.de*; *www.kolorit.de* [Blankenburg, Harz]. **Ausb:** Stud (Ges) H f M u Th 'Felix Mendelssohn Bartholdy' Leipzig. **Laufb:** Gastsol Vogtlandth Plauen 97/98, Ltg Konz- u GastspEns KOLORIT seit 96. (Red)

Dénes, István, Generalmusikdirektor; Rotter Bruch 26A, D-52068 Aachen, T: (02 41) 94 90 80; Städtisches Orchester, Am Augustinerhof, D-54224 Trier, T: (06 51) 7 18 34 64. **Laufb:** GMD Th d Stadt u Städt Orch Trier. (Red)

Dengler-Speermann, Annemarie, Prof, Hochschullehrerin, Violoncello; Oberried 2, D-82418 Murnau, T: (0 88 41) 67 88 20, F: 67 88 20; Hochschule f Musik, PF 6040, D-76040 Karlsruhe. **Laufb:** Prof (Vcl, Str-KamM) Staatl H f Musik Karlsruhe. (Red)

Denhof, Robert, Komponist, Dirigent, Pianist, Sänger, Verleger, Dozent; Forellengrund 3, D-49479 Ibbenbüren-Loggenbeck, T: (0 54 51) 99 69 85, F: 99 69 85 [Aksu, Kasachstan 7.6.1945]. alle Sparten **Ausb:** Stud (Einzeltonakk, Dirig) BerufsH Pawlodar 65–70, (Gesang, Kl, Dirig) MPädagog Staatsinst Swerdlowsk, Komp, MTheorie (W Utkin) Staatskons J Witol Riga 78–79, (Komp, MTheorie) MPädagog Staatsinst Rostow 80–81, (Komp, musiktheoret Disziplin) Staatskons Alma Ata 82–86. – **Komp:** Russischer Alter Fluß Kama (chorsinfon Poem) 78; Sonate f Querfl u Kl; Concerto grosso, UA Alma-Ata 86; Chor-Konz Nr 1; Sinf Nr 1; Konz f Sax-Bariton; Konz f Va u Streichorch; Konz f Fl u sinfon Orch, UA Russland 88; Anatolij Gaisin (Son f Bajan), UA Alma Ata 87; Sinf Nr 2, UA Münster, Dgt: D Spätlie 99, Duette f V u Vcl op 17, UA New Orleans USA 01; Medeo f Sax u Orch op 153, UA Alma Ata 02; Kasachische Suite f V u Kl op 54, UA Osnabrück 02; Etude Nr 1 f Kl, UA Osnabrück. **Aufn/RF:** Streichqua Nr 1, Radio Bremen, Schochetmannqua 90; Konz f Fl u sinfon Orch, Bremen, K F Ascher 94; Streichqua Nr 2, Siegburg, Siegburg Qua 99; Son f Cello u Git, Wuppertal 99; Sinf Nr 2, Münster, Dgt: D Späthe 99; Duo f Zither, München, Duo Concertante P Hamberger, T Temerson 01, Concerto grosso op.52 Sinf Orch Moskau 04.

Denhoff, Johannes, 1. Konzertmeister; Alter Rautheimer Weg 29, D-38126 Braunschweig, T: (05 31) 6 78 60 [Ahaus, Westf 12.3.1958]. **Ausb:** Stud V (Mstrkl M Rostal) MH Köln 76–82, Stud V (KamMKl Amadeus-Qua) MH Köln 79–82. **Laufb:** KonzM Remscheider Sinf 82–84, KonzM Staatsorch Braunschweig seit 84 (04/05), Mitgl Dennoff-KlTrio 77–85, Sol m Philh Hungarica, Tschechoslowak KamOrch Prag, Südwestdt KamOrch, Duopartner v A Kontarsky seit 98, Konz im In- u Ausland. **Pr:** Bundessieger 'Jugend musiziert' 72, 74, 76. **Ens:** Primarius 'Braunschweiger StrQua'. – **Aufn/RF:** Live-CDs: Beethoven: Violinkonz, Staatsorch Braunschweig, Dgt: P Auguin 97; Beethoven: 10. Son f Kl u V, Szymanowsky: Mythes, Franck: Sonate, A Kontarsky 2000. **UA:** M Dennoff: 1. Klaviertrio, 2. Klaviertrio, 'Champs de Mars', 'Umbrae', Duo Lirico, 'Omaggio' ua; G Bialas: Klaviertrio.

Denhoff, Michael, Komponist, Cello; Greifswalder Weg 57, D-53119 Bonn, T: (02 28) 76 88 24, F: 76 88 24, *michael@denhoff.de*; *www.denhoff.de* [Ahaus 25.4.1955]. **Ausb:** Komp (J Baur, H W Henze), Vcl (S Palm, E Blöndal Bengtsson), KamM (Amadeus-Qua) ab 73; Konzex (Vcl) 80, Dipl (Komp) 83. **Laufb:** künstl Lt akad Orch Bonn 85–92, Cellist Ludwig-Qua Bonn seit 91, GastProf Kons Hanoi (Vietnam) 97 u 99. **Pr:** Komp-Pr Hitzacker 74, Bergisch Gladbach 80, Förderpr d Ldes NRW 77, Niedersachsen 91, Stuttgart 77, Dortmund 80, Villa Massimo-Stip 86/87, Droste-Hülshoff-Pr 89, Arbeitsstip Villa la Collina 96. – **Komp:** Atemwende (Kl-Zyklus nach P Celan) 84–86, UA div Orte; Traumbuch e Gefangenen (Orat) 87, UA Bonn, Dgt: D R Davis 89; Nachtbild (Mahler-Momente) (KamEns) 89, UA Hamburg 89 (Auftr: Philh Staatsorch Hamburg); Hebdomadaire – 52 Stücke v Jahr (f e Pianisten) 90, UA div Orte; Der Pelikan (KamOp) 90–92, UA Münster 92 (Auftr: Städt Bühnen Münster); Innenräume...Erinnernd (f gr Orch), UA Bonn 94 (Auftr: Stadt Bonn); Mallarmé-Zyklus (12 Qua f 12 Musiker) 95/96, UA Hamburg 97 (Auftr: Philharmonie Hamburg); Hauptweg u Nebenwege 98, UA Bonn 2000; In unum Deum (Orat), UA Berlin 03 (Auftr: Dt Bischofskonferenz); Magnificat (Orat), UA Münster 05 (Auftr z 1200-jährigen Bistumsjubiläum); 9 StrQua; Skulpturen I–V (Kl-Zyklus), UA div Orte; Inventionen I–XII f player-piano(s), UA div Orte. **Aufn/RF:** CDs: Solo-Recital: Campanula – Werke v J S Bach, V Blumenthaler, M D, B A Zimmermann, G Kurtág; M D: Mallarmé-Zyklus, Pro Nova Ens d Duisburger Philharmoniker, Dgt: M D; The Cello in my life (Duo-CD m B Wollenweber, Kl). **UA:** Mitwirkung (Vcl) b div UA, ua v G Bialas u I Yun. **Sonst:** Grdg Denhoff-Kltrio 77; Veranstalter Konz-Reihe 'Jahr100Klavierstücke', Bonn 2000. **Lit:** MGG; T Schäfer: Michael Denhoffs 'Nachtbild': Nähe als Hindernis, in: Modellfall Mahler – Kompositorische Rezeption in zeitgen Musik 99.

Denisova, Elena, Violine; c/o Art Productions Irena Nemecek, Müllerstr 15, D-80469 München, T: (0 89) 23 00 01 82, F: 23 00 08 52, *music@art-productions.com*; *www.elena-denisova.com* [Moskau]. **Laufb:** Musikal Lt Klagenfurter Ens SpZ 03/04. **Pr:** Concertino Pr Prag. **Ens:** Gustav Mahler Ens. (Red)

Denk, Stefan, Klarinette, Bassetthorn; c/o Ebony-Ensemble, Finkenstr 27, D-94369 Rain, *info@ebony-ensemble.de*; *www.ebony-ensemble.de* [Deggendorf 16.6.1966]. **Ausb:** Leopold-Mozart-Kons Augsburg. **Laufb:** Philh Orch Regensburg. **Ens:** Ebony-Ens. (Red)

Denkinger, Sven Olaf, Sänger; c/o Volksoper, Währinger Str 78, A-1090 Wien. **Laufb:** Sol Volksop Wien. (Red)

Denoke, Angela, Sopran; Landhausstr 126, D-70190 Stuttgart, T: (07 11) 2 62 32 06; c/o Balmer & Dixon Management AG, Kreuzstr 82, CH-8032 Zürich, T: 04 32 44 86 44, F: 04 32 44 86 49, *balmer@badix.ch* [Stade]. **Ausb:** H f M u Th Hamburg. **Laufb:** ua: Sol Staatsth Stuttgart, Sächs Staatsop Dresden (03/04), Staatsop Wien, Berg: Kantate 'Der Wein' Philharmonie Berlin, Dgt: I Fischer 96/97, 'Wozzeck-Fragemente' Wien, Dgt: R Norrington 96/97, 'Der Rosenkavallier' (Marschallin) Dt Staatsop Berlin u Wiener Staatsop 97, dass Staatsop Dresden SpZ 00/05, 'Wozzeck' (Marie) Salzburger FSp 97, dass Hamburg Staatsop 98, Op de Paris-Bastille 99, Konzengagements Mahler: 'Zweite Sinf' Madrid, Dgt: C Abbado, dass Rom, Turin, Dgt: G Sinopoli 97/98, Schreker: 'Vom ewigen Leben' Wien, Dgt: DR Davies 97/98, 'Katja Kabanova' Salzburger FSp 98, Wagner: 'Tannhäuser' (Elisabeth) Dt Staatsop Berlin, Dgt: D Barenboim 99, dass Staatsop Wien 2000, Wagner: 'Walküre' (Sieglinde) Staatsth Stuttgart 99, Gastsol NDR SinfOrch 99, 'Wozzeck-Fragmente' m Radio-SinfOrch Frankfurt 99, Strauss: 'Vier letzte Lieder' Florenz, Mantua, Dgt: Z Mehta 99, dass Palermo, Rom, Dgt: G Sinopoli 2000/01, Mahler: 'Klagendes Lied' Concertgebouw Amsterdam, 'Capriccio' (Gräfin) Amsterdam 2000/01, Beethoven: 'Sinf Nr 9' Berlin, Dgt: D Barenboim, dass Wien, Dgt: C Abbado 2000/01; Wiener Staatsop SpZ 04/05, Gastsol Dt Staatsop Berlin SpZ 04/05; Auftr Barcelona, Bolshoi Th Moskau, MVerein Wien, Covent Garden London 06. **Pr:** Künstl d Jahres 'Opernwelt' 99. – **Aufn/RF:** 'Wozzeck' (Marie). (Red)

Denschlag, Daniela, Altistin; c/o Deutsche Oper, Bismarckstr 35, D-10627 Berlin, *info@herwald-artists.com* [Worms]. **Ausb:** Stud Biologie, Ges (R Piernay) MSch Mannheim. **Laufb:** EnsMitgl NatTh Mannheim 99, Debüt (Erda 'Rheingold'), SpZ 2000/01 (Hänsel, Charlotte, Czipra), Gastsp OpHaus Bremen 2001 (Principessa 'Adriana Lecouvreur'), Op de Lyon 2001 (Rusalka, Ariadne auf Naxos), Chatelet Paris 2002 (Dryade, 'Ariadne auf Naxos', Konz m SWR Lyon (Das Lied von d Erde), Staatsth Darmstadt (Mahler: Symph Nr 2), Sol Dt Op Berlin SpZ 04/05, Wiener Staatsop SpZ 04/05. (*)

Dent, Clara, Oboe; c/o Rundfunk-Sinfonieorchester Berlin, Charlottenstr 56, D-10117 Berlin [Berlin 1973]. **Ausb:** Stud (A Jensen) H f M u Darst Kunst Mozarteum Salzburg 87–91, Stud (L Koch) ebd 91–92, Stud (G Passin) MH München 92–98, Abschluß MstrklDipl. **Laufb:** Solokonz m Staatsorch Thessaloniki 91, Solokonz m Münchner Symphonikern u Pforzheimer KamOrch 95–96, Solokonz m Philharmon Orch Bad Reichenhall, Poln KamPhilh, Orch d Stadt Baden-Baden, Orch d Staatsop Bremen 97, Solokonz m KamOrch 'Viruosi di Praga', Bonner TelekomOrch, Münchner Bachkollegium 98, Solo RF-SinfOrch Berlin 99. **Pr:** 1. Pr (Ob) Bundeswettb Jugend musiziert 89, Semifinale int Wettb 'Prager Frühling' 96, Prtr int ARD Wettb München 96, 2. Pr 54. Int MWettb Genf CIEM 98, Förderpr Münchner Kulturvereinigung 99. (Red)

Denzler, Doris, Prof, Hochschullehrerin, Gesang; Staatl H f Musik u Darst Kunst, N 7, 18, D-68161 Mannheim, T: (0 62 26) 4 07 40; Ambelwiesenstr 14, D-74927 Eschelbronn, T: (0 62 26) 4 07 40. **Laufb:** Prof (Ges) Staatl H f M u Darst Kunst Mannheim. (Red)

Deppert, Heinrich, Prof, Hochschullehrer; Mühlstr 20, D-71655 Vaihingen, T: (0 70 42) 9 20 14, F: 9 89 07. **Laufb:** Prof (MTheorie) Staatl H f M u Darst Kunst Stuttgart. (Red)

Derbès-Chédel, Arlette, Alt; rue des Vollandes 7, CH-1207 Genève, T: 02 27 36 25 91. (Red)

Derilova, Jordanka, Sängerin; c/o Staatstheater Braunschweig, Am Theater, D-38100 Braunschweig, PF 4539, D-38035 Braunschweig. **Laufb:** Sol Nationalth Mannheim, Staatsth Braunschweig SpZ 04/05, Sol Anhalt Th Dessau SpZ 04/05. (Red)

Derks, Renée, Dirigent; Viergrenzenweg 198, Niederlande-6291 BX Vaals, T: (0 43) 3 06 45 25. **Laufb:** Dgt Th Aachen. (Red)

Derntl, Doris, Sängerin; c/o Stadttheater St Pölten, Rathauspl 11, A-3100 St Pölten. **Laufb:** Sol Th St. Pölten SpZ 03/04. (Red)

Dersch, Wolfgang, Posaune; Hoppestr 22, D-93049 Regensburg, T: (09 41) 2 80 20 35, F: 2 80 20 36, *wolfgang@brass-unlimited.de* [Straubing 12.1.1970]. **Ausb:** Richard-Strauss-Kons München. **Ens:** brass-unlimited. (Red)

Derschmidt, Maria Elisabeth, Mag, Prof, Hochschullehrerin, Blockflöte; General-Keyes-Str 13/7, A-5020 Salzburg, T: (06 62) 43 91 32; Univ Mozarteum, Abt f Blas- u Schlaginstrumente, Schrannengasse 10a, A-5020 Salzburg, T: (06 62) 6 19 80, F: 61 98 30 33. **Laufb:** Prof Univ Mozarteum Salzburg, Inst f Blas- u Schlaginstrumente. (Red)

Dersen, Peter *siehe* Enders, Anton

Derungs, Gion Antoni, Komponist, Orgel; Arlibonstr 34, CH-7000 Chur, T: 08 13 53 27 58. (Red)

Derungs, Martin, Komponist, Klavier; Bäckerstr 54, CH-8004 Zürich, T: 0 12 41 58 14, *martinderungs@gmx.ch* [Chur 12.5.1943]. **Ausb:** Stud Org (L Favini), Kl (H Andreae), Komp (P Müller) Kons u MAkad Zürich ab 62, SolDipl Org (E Müller) MAkad Basel 67, Unterr Komp (G Bialas) München 67–71. **Laufb:** Redakteur 'Deutsche Welle' Köln 71–74, Programmgestalter d MKollegiums Zürcher Oberland 78–87, Präsident d MKooperative Schweiz 79–84, LBeauftr (Cemb, Generalbass, KamM) Staatl H f M Karlsruhe 80–84, StiftRat d Künstlerhauses Boswil 80–89, Präsident STV 93–96, Mitgl d MKommission d Stadt Zürich seit 94. **Pr:** Werkjahr d Stadt Zürich 87. – **Komp:** Septett, op 2 (f Fl, Klar, Fag, Streichqua) 66/67; 'angreifen...ruhen...verflüchtigen', op 4 (f Org) 68; Interpolation, op 6 (f 11 Streicher) 68; 'quasi...', op 8 (f V, Cemb) 69; Aus Märchenzeit, op 18 (f Lt, Git, Hf, Cemb) 73; Kanon, op 19 (f Fl, Cemb) 74; Echos de détresse (f 2 Kl) 78; Winteraustreiben (f Ch) 82; Hornung, op 29 (f Hn) 86; Kaleidoscope, op 31 (f V) 87; Contrasti sospesi, op 36 (f Bläserqui) 88; Donozella (f 2 Bfl) 89; Nachtstück, op 57 (f V) 95; Idyll, op 62 (f KamOrch) 98; Cantiga, op 68 (f Counterten, V) 2000; Intents dal destin, op 82 (f Sop, Fl) 02. (Red)

Desch, Otmar, Schauspielmusiker, Komponist, Arzt; Der oberste Brückenschlag 40, D-39596 Jarchau, T: 0 17 23 13 97 78; *www.desch-musicproduction.de* [Billerbeck 11.8.1942]. Schauspielmusik, Musical, Filmmusik, sakrale Musik **Ausb:** Stud Komp (Höfer), Kl (Hellwig) MH Münster, Stud Komp (M Kagel) MH Köln, Stud (Medizin) U Münster (abgeschl). **Laufb:** Städt Bühnen Münster u Ldsbühnen Wilhelmshaven 61–81, freischaff in Berlin 81–01, Th d Altmarkt Stendal 01-vorauss 05. **Ens:** Duo Romantique (Barock-M). **Mitgl:** GEMA. – **Komp:** Pick Up (Musical), UA Münster 76; Fried, süßer Vogel (Orat), UA Berlin 01; Hänsel u Gretel (MärchenM), UA Stendal 02 (Auftr: Th d Altmark); Till Eulenspiegel (BühnenM), UA Stendal 03; Rumpelstilzchen (MärchenM), UA Stendal 03; Dies irae (KlKonz); KlKonz Nr II 05; Aufruf des Dalai Lama (Orat), UA Stendal 05.

Deschenaux, Valentine, Sopran; Herbststr 7A, D-83022 Rosenheim, T: (0 80 31) 23 00 49 [Fribourg, Schweiz]. **Ausb:** Stud (M Kohler-Bouyer) Kons Biel seit 84, Stud (M-T Ott-Mercanton) Kons Lausanne 88, Abschl m LDipl 92, Stud (R Grist, M Goritzki) H f Musik München 93, KonzDipl 96, Abschluß Aufbaustud 97. **Laufb:** ua Liederabende u -matineen in Trier 95, München Residenz 96 u Haus d Kunst 97, Starnberg 96, Konz in Macôn 96, Bergamo 97, OpPartien OpSchule H f Musik München 97, Prinzregententh München 97 (Susanna), Staatsth Kassel 98 (Pamina), München 98 (Konstanze), Th Lübeck 99, Th Regensburg 2000. (Red)

Descher, Kerstin, Mezzosopran; Knieperstr 12, D-18439 Stralsund, T: (0 38 31) 44 47 45; c/o Vorpommersches Theater- u Sinfonieorchester, Olof-Palme-Pl, D-18439 Stralsund [1969]. **Ausb:** MH Köln b Waldtraut Schulte-Grewe u Monica Pick-Hieronimi, Mstrkr b Dietrich Fischer-Dieskau, Tom Krause, Brigitte Fassbaender u Irwin Gage. **Laufb:** Sol Stadtth Pforzheim 98/01, Ens Landesth Vorpommern seit 02. **Pr:** Prtr d Landeswettb NRW f Ges 96, Stip d Richard-Wagner-Verbandes Kategorie Op. – **UA:** Alt-Part Welturauff d Oratoriums 'Remember the earth whose skin you are' v Kate Waring. (*)

Desponds, André, Hochschullehrer, Pianist, Komponist; Hochschule Musik u Tanz, Florhofgasse 6, CH-8001 Zürich, T: 07 96 64 02 86, *andre@desponds.com* [Locarno 7.2.1958]. Chopin, Schubert, Gershwin, Jazz-Pop-U-Musik, Improvisierte Musik, Stummfilmbegleitung **Ausb:** Stud (Kl) MH Zürich b Sava Savoff u MH München b L Hoffmann. **Laufb:** Doz (Imp u KamM) MH Winterthur Zürich. **Pr:** Clio Pr f beste FilmM 95. **Ens:** Gershwin Piano Quartet, Duo m Noemi Nadelmann, Trio m M Mandozzi (V) u O Mandozzi (Vcl). **Mitgl:** SMPV, EPTA. – **Komp:** „The World of Credit Suisse“ (f gr Orch) 94; „L'Homme Orchestre“ (f Orch u Sol) UA Luzerner Festwochen 94; „Musik der Welten“ (f gr. orch u 15 Sol) 98; „Es war einmal die Schweiz“ 02; div. FilmM. **Aufn/RF:** div. Einspielungen f RF u TV ua „L'Homme Orchestre“ m Clown Dimitri A Desponds (TV); CDs: Nadelmann/Desponds: Gershwin-Porter; Gershwin Piano Quartet; Gong und Klang; The World of Credit Suisse; The Story of Piano; DVD: „Es war einmal die Schweiz“ 02. **Sonst:** Zahlr Konz auch f Kinder u Jugendliche; Kse üb ''Rhythmisches u metrisches Bewusstsein.

Dessel, Louisa van, Horn; c/o WDR Rundfunkorchester, D-50600 Köln. **Laufb:** Sol WDR RundfunkOrch Köln. (Red)

Dessi, Daniela, Sängerin; c/o Wiener Staatsoper, Opernring 2, A-1010 Wien. **Laufb:** Sol Dt Op Berlin, Wiener Staatsop SpZ 04/05. (Red)

Dethleffsen, Bendix, Solorepetitor; Cranachstr 70, D-45147 Essen, T: (02 01) 17 84 30 91. **Laufb:** Solrep Th u Philharmonie Essen SpZ 03/05. (Red)

Deuflhart-Schreck, Angelika, Klavier, Hochschullehrerin; Waldweg 26, D-83558 Maitenbeth, T: (0 80 76) 81 51; Richard Strauss Konservatorium, Gasteig, Kellerstr 6, D-81667 München. **Laufb:** Doz (Kl) Richard Strauss Kons München. (Red)

Deuschel, Christian, Trompete; c/o Saarländisches Staatsorchester, Schillerpl 1, D-66111 Saarbrücken. **Laufb:** Sol Saarl StaatsOrch. (Red)

Deutsch, Bernd Richard, Komponist; Ybbsstr 29/16, A-1020 Wien, T: (01) 8 12 64 06 [Mödling/NÖ 1.1.1977]. **Ausb:** Stud Joseph-Matthias-Hauer-Kons Wiener Neustadt -95, Univ f M u darst Kunst Wien b Dietmar Schermann, Erich Urbanner u Dieter Kaufmann ab 95. **Pr:** Anerkennungspr d Landes Niederösterreich 94, Ernst- Vogel-Pr 95, 2. Pr KompWettb Biennale Neue Musik Hannover 97, Theodor-Körner-Pr 97, Ernst-Krenek-Pr Wien 03. – **Komp:** Gespräch über Bäume (f Kl), Die Verwandlung (KamOp in 9 Szenen nach Franz Kafka, ...minus X (f BassKlar, Mar u Kl), Zwischenräume (f Vcl u Kl), Martyrium (Kant f Sprecher, zwei Gesangsolisten, gem Chor, großes Orch u Elektronik), Distanz (f Klar u Rezitation), Fixe Ideen UA April 2001, SWR Stuttgart. (Red)

Deutsch, Helmut, Prof, Hochschullehrer, Pianist; Frölichstr 10 1/2, D-86150 Augsburg, T: (08 21) 15 21 15, F: 15 21 15, *hedeutsch@yahoo.com*; H f Musik u Theater, Arcisstr 12, D-80333 München [Wien 24.12.1945]. Liedbegleitung, Kammermusik **Ausb:** Stud (KlM) MH Wien, (Komp, MWiss) Uni Wien. **Laufb:** Liedbegleiter v I Seefried, J Banse, B Bonney, G Bumbry, I Cotrubas, B Fassbaender, A Kirchschlager, R Ziesak, O Bär, D Henschel, W Holzmayr, T Moser, Ch Pregardien, J Protschka, A Schmidt, P Schreier, B Skovhus, B Weikl ua; 12-jähr ZusArb m H Prey; LTätigkeit MH Wien 67–79, Prof (Liedgestaltung) H f M u Th München, IntprKse in Europa u Japan, Instrumentalsol Op Zürich, Mitgl d Ens d Op Frankfurt. **Pr:** KompPr d Stadt Wien 67. – **Aufn/RF:** zahlr (viele davon preisgekrönt); ua: Schubert: Goethe. Lieder u Balladen (m H Prey); ders: Die schöne Müllerin (m J Protschka); ders: Winterreise (m B Weikl); Loewe: Balladen (m H Prey); Brahms: Die schöne Magelone (m H Prey); Schumann: Span Liederspiel ua (m Shirai, Lipovsek, Protschka, Hölle); ders: Dichterliebe ua (m B Skovhus); Korngold/Mahler: Lieder (m A Kirchschlager); Mahler: Lieder (m Y Samejima); Brahms: Lieder (m O Bär); Wolf: Ital Liederbuch (m D Upshaw, O Bär); Dvorak, Bartok, Schubert: Violinwerke (m Ch Altenburger) ua.

Deutsch, Helmut, Prof, Hochschullehrer, Orgel; Hochschule f Musik, Schwarzwaldstr 141, D-79102 Freiburg; Keltenring 78, D-79199 Kirchzarten, T: (0 76 61) 98 95 41, F: 98 95 42, *h-deutsch@t-online.de*; *www.h-deutsch.de* [Saarlouis 20.11.1963]. **Ausb:** Stud KiMus u Org MH Saarbrücken b P Schneider u A Rothkopf 81–92, Privatstud b Z Szathmáry (Freiburg) u X Darasse (Toulouse). **Laufb:** Konzorg, ML, Prof (Orgel) Hochsch f Mus Freiburg seit 2000, Konz u Intprkse i Europa u Asien, Gastdoz Royal Acad of M London. **Pr:** 1. Pr Walter-Gieseking-Wettb Saarbrücken 89, „Dom Speyer“ 91, Liszt-Wettb Budapest 93, Diapason d'or f CD Liszt Orgelwerke 04. – **Komp:** Orgtransk Sibelius 2. Sinf, UA Kyoto 01. **Aufn/RF:** Liszt: Orgelwerke 93, Couperin Messe Couvents, Marchand: Te Deum m. Ens Canticum, Dgt: C Erkens 96, Liszt: Symph Dichtungen i Orgeltranskr 98, Mozart: Orgelwerke 02. **Sonst:** Orgtranskr Les Préludes v Liszt.

Deutsch, Karl-Georg, Prof, Hochschullehrer, Violine; Am Pappelgrabe 9, D-99425 Weimar-Taubach, T: (03 64 53) 8 19 14; H für Musik 'Franz Liszt', Inst f Streicher u Harfe, PF 2552, D-99406 Weimar. **Laufb:** Prof (V, Str-Didaktik) H f Musik 'Franz Liszt' Weimar. (Red)

Deutschmann, Gerhard, Stud-Dir, Komponist, Musikpädagoge; Lange Gasse 17, D-96482 Ahorn, T: (0 95 61) 1 02 76, F: 1 02 76 [Königsberg 4.5.1933]. Instrumentalmusik, Chorwerke **Ausb:** Stud H f M München 51–57. **Laufb:** L (M) Coburg seit 58, Ltg KonzCh 'Sängerkranz Coburg' u Ch d Mus Gym Albertinum Coburg, seit 96 i R. **Pr:** 1. Pr Int Wettb 'Canto Coral' Barcelona 75, 6mal Prtr Val. Becker-Wettb Bad Brückenau 73–01. – **Komp:** La Musica – Kant, Concertino f Kl, Te Deum, Die Weihnachtsgeschichte, Sinf in E, Okna-Fenster, Schottische Suite, Var über e Thema v M Franck f Orch; Requiem; Messe. **Sonst:** MKritiker f Tageszeitungen. **Lit:** Deutschmann-Werke-Verz (Kölner Musikbeitr H 8).

DeVol, Luana, Sopran; 1908 Grey Eagle St, Henderson, NV 89074, U.S.A.; c/o Theateragentur Dr Germinal Hilbert, Maximilianstr 22, D-80539 München, T: (0 89) 2 90 74 70, F: 29 07 47 90; *www.operdiva.com* [San Mateo, CA, USA]. Verdi, Strauss, Wagner **Ausb:** Stud (J Thomas, J Parlova u V Rosza). **Laufb:** Th Aachen 84–87, Th Mannheim 87–2000, Sol Staatsth Stuttgart, Th Basel, Gastsol Nationalth Mainz SpZ 2000/01, Teatro alla Scala 90, 99/2000, Op Paris seit 98, Sol Sächs Staatsop Dresden 03–05, Sol MTh Essen 03–05, Sol Madrid 03/05, Dt Op Berlin SpZ 04/05, Staatsop Hamburg SpZ 04/05, Wiener Staatsop SpZ 04/05, Richard-Strauss-Tage Garmisch-Partenkirchen 05, Barcelona 05/06, Metropolitan Op New York 06, Los Angeles 06; Mstrks Las Vegas 02/03 u New York 04. **Pr:** Sängerin d Jahres – Opernwelt 97 u 2000, Ehrenmitgl Wagner-Verb Trier. – **Aufn/RF:** CD: Canterino: Op Arien; DVD: Wagner: Götterdämmerung, m Op Stuttgart.

Devoyon, Pascal, Prof, Hochschullehrer, Klavier; Detmolder Str 4, D-10715 Berlin, T: (0 30) 85 73 03 09, F: (0 40) 36 03 15 58 53, *pdevoyon@aol.com*; Univ d Künste, Fak Musik, Inst f Künstl Ausbildung/Klavier, PF 120544, D-10595 Berlin; *www.pascaldevoyon.com*. **Laufb:** Prof (Kl) U d Künste Berlin u Conservatoire de Musique Genf, Dir Festival-Akad MusicAlp in Courchevel, Frankreich. **Pr:** 2 Pr Viotti, Bussoni u Tschaikovski, 3. Pr Leeds. (Red)

Dewal, Martha, KS, Sängerin; Fuchsweg 10, D-89081 Ulm, T: (07 31) 38 42 66. **Laufb:** Sol Coburger Sommer-Operette 00/05, Gastsol Ulmer Th SpZ 00/01. (Red)

Dewald, Thomas, Prof, Sänger (Tenor); Heidesheimer Str 33, D-55124 Mainz, T: (0 61 31) 4 43 43, F: 4 43 43 [Losheim a See 2.11.1960]. Lied, Oratorium, Oper, Operette **Ausb:** Stud KiM, Gesang (R Gilvan) MH Saarbrücken 78–83. **Laufb:** erstes festes Eng als 1. lyr Tenor Städt Bühnen Freiburg 84–87, danach freischaffend, Gast ua Staatsop Hamburg, Op Frankfurt/M, Nationalth Mannheim, Bad Staatsth Karlsruhe, Staatsth Mainz, Saarl Staatsth Saarbrücken, Städt Bühnen Freiburg, Op Zürich, Th Royale Brüssel, Königl Op Gent, Partien (ua Tamino, Zauberflöte; Titelpartie, Idomeneo; Don Ottavio, Don Giovanni; Ferrando, Cosi fan tutte; Ernesto, Don Pasquale; Amenofe, Mose; Lenski, Eugen Onegin; Boris, Katja Kabanova; Lukullus, Die Verurteilung d Lukullus), umfangr FSpTätigkeit, ua Dtschld, Italien, Großbritannien, Finnland, Luxemburg, Spanien, Russland, Polen, nat u int Konz ua Berlin, Dresden, Frankfurt, Hamburg, München, Köln, Luxemburg, Amsterdam, Antwerpen, Kopenhagen, Helsinki, London, Paris, Wien, Bregenz, Genf, Mailand, Turin, Palermo, Sevilla, Valencia, Rio de Janeiro, Bukarest, Danzig, Königsberg, ZusArb m zahlr Dgt (ua Ch Dutoit, H Stein, N Santi, G Albrecht, L Hager, S Cambreling, H Haenchen, A Parrot, H Holliger, I Metzmacher), Prof (Gesang) Johannes Gutenberg-U Mainz seit 95. **Pr:** Förderpr Int Belvedère OpSängerwettb Wien 82, 1. Pr

Bundeswettb Gesang Berlin 82, Prtr Concours Int De Chant s'Hertogenbosch 82, Prtr Walter Gruner Liedwettb London 83. – **Aufn/RF:** TV: W A Mozart: 'Cosi fan tutte', Insz R Berghaus, Freiburg/Br, Städt Bühnen 85; G Rossini: Guglielmo Tell, Op Zürich, Dgt: N Santi 87; CDs: H Berte: Das Dreimädlerhaus, RFOrch WDR, Dgt: A Walter; F Kiel: Missa solemnis RF-Chor u Orch WDR, Dgt: H Froschauer; F Lehar: 'Liebessehnsucht', RFOrch WDR, Dgt: H Froschauer; Ders: Gala 'Gold u Silber', RFOrch WDR, Dgt: H Froschauer; C Orff: Catulli Carmina, Königl Fläm Philh, Dgt: M Tang; Ders: Trionfi, Königl Fläm Philh, Dgt: M Tang; G Puccini: Messa di Gloria, Gürzenich Orch Köln, Dgt: V Hempfling; G Rossini: Petite Messe Solennelle, Dgt: C Spering; V Ullmann: 'Der zerbrochene Krug', DSO Berlin, Dgt: G Albrecht; H A Marschner: Der Vampyr, RF-Chor u Orch WDR, Dgt: H Froschauer.

Dewis, Michael, Bariton; Stadttheater, PF 120541, D-27519 Bremerhaven. **Ausb:** Stud Guildhall School of Music and Drama, Guildhall Opera School u National Opera Studio. **Laufb:** Royal Opera at Covent Garden, Sol Stadtth Bremerhaven. **Pr:** Guildhall Schubert Pr, Anna Wyburd Award for Lieder, Harold Rosenthal Award for Opera, Schubert Soc of Great Britain's Lieder Pr. (Red)

Deyneka, Yulia, Viola; c/o Staatskapelle Berlin, Unter den Linden 7, D-10117 Berlin. **Laufb:** Sol Staatskapelle Berlin. (Red)

di Càsola, Fabio *siehe* Càsola, Fabio di

Di Sapia, Marco *siehe* Sapia, Marco Di

Diadkova, Larissa, Sängerin; c/o Bregenzer FSp, Platz der Wiener Symphoniker 1, A-6900 Bregenz, PF 311, A-6900 Bregenz. **Laufb:** Sol Staatsop Wien, Sol Dt Op Berlin SpZ 04/05, Bregenzer FSp 05. (*)

Diamond, Randy Dean, Sänger; c/o Tiroler Landestheater, Rennweg 2, A-6020 Innsbruck, T: (05 12) 5 20 74; c/o Musikalische Komödie der Oper Leipzig, Dreilindenstr 30, D-04177 Leipzig. **Laufb:** Gastsol Staatsth Braunschweig SpZ 00/01, Gastsol Stadtth Hildesheim SpZ 03/04, Gastsol Tiroler Ldsth SpZ 04/05, Pfalzth SpZ 04/05. (Red)

Diaz, Mario *siehe* Trelles Diaz, Mario

Diaz, Mario, Sänger; c/o Lübecker Theater GmbH, Beckergrube 16, D-23552 Lübeck. **Laufb:** Sol Lübecker Th seit SpZ 03/04. (*)

Dick, Johannes, Schauspieler, Sänger, Komponist, Autor; Kaltenbäckgasse 1, A-1140 Wien, T: (01) 9 44 12 24, F: 9 44 12 24, *johannes.dick@gmx.at*; *www.johannesdick.at.nr* [Wien 18.11.1975]. Musiktheater, Chanson, Kabarett **Ausb:** Stud Schauspiel, Ges, Tanz, Tonsatz, Dirig Kons Wien 93–97, privat Ges (I Olofsson-Plautz, R Schörg, S Vittucci). **Laufb:** EnsMitgl Stadtth St Pölten 99/2000; Gastsol Stadtth Baden b Wien 97, 2000, 01; EnsMitgl ThTage Bad Kissingen 02, 03; Gastsol u Autor/Komp Renitenzth Stuttgart 04; Arrangeur v 'Achtung. Selten. Die Comedian Harmonists', KonzHaus Klagenfurt 99. – **Komp:** 'Das Dingsbums, das man Liebe nennt' (Optte, M, Arr u Liedtexte), UA Th Akzent Wien, Dgt R Opratko 96; 'Das Greingold oder Marder unter uns' (Musikal Komödie, M, Arr u Liedtexte), UA Stadtth Grein 02; 'Im Türkischen Bad', Phantasie f Orch, UA Baden b Wien, Haus d Kunst, Dgt F J Breznik 01; Fass f SinfOrch: UA Götzis, SinfOrch TonArt, Dgt M. Pferscher 03; 'Liebesliedwalzer f zwei stark Kurzsichtige', f Sop, Bar u Kl, UA Wien 97. **UA:** G Kreisler: 'Der Aufstand der Schmetterlinge', satir Op (Sänger), UA Sofiensäle Wien 2000.

Dickel, Werner, Prof, Hochschullehrer, Viola; Vonkeln 56, D-42349 Wuppertal, T: (02 02) 2 47 29 40, F: 7 99 59 41; H f Musik Köln, Abteilunge Wuppertal, Friedrich-Ebert-Str 141, D-42117 Wuppertal [Offenbach 1959]. **Ausb:** Stud Köln, Utrecht u Salzburg b R Moog, N Imai u S Végh. **Laufb:** Prof (Va, KamM) H f Musik Köln, Abt Wuppertal 95. **Ens:** Camerata Academica Salzburg 84–86, Chamber Orchestra of Europe 86–88, Ens Modern Frankfurt 87–94. (Red)

Dickie, John, Sänger; Josef-Kollmann-Str 35, A-2500 Baden b Wien, T: (0 22 52) 8 44 99, F: 4 58 97 [London 5.9.1953]. Oper, Operette, Konzert, Lieder **Ausb:** Stud (Ges) MH Wien 73–76, Stud (Ges) Kons Wien 76–78, Rollenstud Italien Op (F Contini) Florenz 77–78. **Laufb:** Sol Volksop Wien 77–79 u 87–92, Wuppertaler Bühnen 79–82, NatTh Mannheim 82–85, Op Hamburg 85–87, Wiener Staatsop seit 92, Gastsol Vereinigte Bühnen Graz SpZ 03/04. – **Aufn/RF:** Gluck: Orpheus u Eurydike, ORF-Fernsehfilm; CDs: Mozart: Tenorarien; ders: Così fan tutte; ders: Apollo u Hyazinth; J Strauß: D Fledermaus. **UA:** Schnittke: Gesualdo (Don Fabrizio Caraffa).

Dickinson, William, Hochschullehrer; Angensteinerweg 5, CH-4144 Arlesheim, T: 06 17 01 38 60; Hochschule Musik u Tanz, Tössertobelstr 1, CH-8400 Winterthur, *wdickinson@intergga.ch*. **Laufb:** Doz (Alte Musik, KamM) MH Winterthur Zürich. (Red)

Diebschlag, Peter, Tenor; c/o CICADA.con Agentur & Management, Gubener Str 3b, D-10243 Berlin, T: (0 30) 29 00 13 35, 01 71–3 64 52 77, 01 79–5 45 81 82, F: 29 00 58 97, *diebschlag.rosenthal@t-online.de*; *www.cicada-con.de* [München 9.1.1979]. Konzert, lyrischer Opern-, Operettentenor **Ausb:** Stud (H Forner) H f M u Th 'Felix Mendelssohn-Bartholdy' Leipzig 99–04. **Laufb:** Mitgl 'Trierer Sängerknaben' 89–98, Gastsol Op Leipzig 2000, Sol Anhalt Th Dessau SpZ 02–05. **Pr:** Gewinner Albert-Lortzing-Wettb Leipzig 02. – **UA:** L Lombardi: 'Dmitri – oder der Künstler u die Macht' (Sohn).

Diederich, Stefan, Korrepetitor; c/o Musikalische Komödie der Oper Leipzig, Dreilindenstr 30, D-04177 Leipzig. **Laufb:** Korrep Anhalt Th Dessau, Dgt Musikal Komödie Leipzig. (*)

Diefenthal, Margit, Sängerin; Zwingergasse 5 A, D-98617 Meiningen, T: (0 36 93) 50 97 84; c/o Württembergisches Staatstheater, Oberer Schlossgarten 6, D-70173 Stuttgart. **Laufb:** Sol Staatsth Stuttgart, Meininger Th, St Gallen. (*)

Dieltiens, Roel, Cellist, Hochschullehrer; Hochschule für Musik, Florhofgasse 6, CH-8001 Zürich, *roel.dieltiens@versateladsl.be*. **Laufb:** Doz (Vcl, Alte Musik) MH Zürich. (Red)

Diendorfer, Christian, Mag, Komponist; Turmburggasse 8/18, A-1060 Wien, T: (01) 5 96 94 55, F: 5 96 94 55, *chr.diendorfer@aon.at*; *www.diendorfer.net* [Mistelbach 1957]. Musik f Ens u Orch, Solowerke **Ausb:** Stud Komp (F Burt, R Haubenstock-Ramati), MPäd, Kl, Blockfl MH Wien; (elektr Musik) TU Berlin. **Laufb:** Arb f Th u Klanginstallationen Niederösterr Donaufstv 88, Elektr Beschallungskonzepte f Ausstellungen 90, Unterr (Kl, Theorie) Gymnasien u MSchulen seit 90, zalr Fstvs ua Wien Modern, Hörgänge, Bregenzer FSp, Start Fstv aktueller Musik Salzburg, Dgt eig Werke. **Pr:** mehrere nat Pr, Auslandstip, Endauswahl prix ars electronica Linz 87. – **Komp:** Souffleusen, UA Wien, Musikverein, Dgt: P Keuschnik 98; Solarplex, UA Linz,Brucknerhaus u Wien, KonzHaus, Wiener KamOrch 2000; Double UA RSO Slowenien Wien, Mozarteum Orch Salzburg, Dgt: J Kalitzke 01; Sleep and See, UA m Ens 'die reihe' Radiokulturhaus ORF Wien, Dgt: W Kobéra 01. **AuftrKomp:** Schraffur, m Ens 20.Jh 96 (Auftr: Ministerium); Souffleusen 98 (Auftr: Ges d Musikfreunde Wien); Solarplex, 2000 (Auftr: Brucknerhaus); Sleep and See 2000/01 (Auftr: ORF/Jeunesse). **Aufn/RF:** Schraffur, m Ens 20.Jh, Dgt: P Burwik; Souffleusen, m Ens 'opera nova' Zürich, Dgt: F Welser-Möst; Double (gr Orch), m Mozarteum Orch Salzburg, Dgt: J Kalitzke 01; Sleep and See, m Ens 'die reihe', m S Kreisler Dgt:W Kobéra 01; 'setzt fort' m Koehne Qua; 'Hahnentritt' m G Schneider. **Lit:** Lex zeitgen M aus Österreich; H Görtz: Österr Komp unserer Zeit; E Filipetti: I Fiati 96; C Fastner: Wien Modern Almanach 98; R Lepuschitz: Hörgänge Almanach 2000; U Magnes: österr Musikzeitschrift 01.

Diener, Melanie, Sopran; c/o Balmer & Dixon Management AG, Kreuzstr 82, CH-8032 Zürich, T: 04 32 44 86 44, F: 04 32 44 86 49, *info@melanie-diener.de*, *mail@badix.ch*; *www.melanie-diener.de*, *www.badix.ch/voc/diener.html* [Schenefeld]. Oper, Konzert, Lied **Ausb:** Gesang (S Geszty) MH Stuttgart, (R Piernay) Mannheim, Mstrks (S Jurinac, B Fassbaender), Stip (C Montané, L Hokanson) Indiana U 94. **Laufb:** ua: Brahms: 'Requiem' Zürich, Paris, Turin, Cleveland, 'Missa Solemnis' Kopenhagen, Dgt: G Bertini, Leipzig, Dgt: H Blomstedt, Rom, Dgt: W Sawallisch, Hamburg, Dgt: C Eschenbach 2000, Mozart: 'Konz-Arien' Prag, Dgt: Sir N Marriner, Mozart: 'Idomeneo' (Ilia) Garsington Op Fstv 96, dass Bayer Staatsop München 97, Mozart: 'Die Zauberfl' (Erste Dame) Salzburger FSp, Dgt: C v Dohnanyi 97, Strauss: 'Vier letzte Lieder' London, Frankfurt, Madrid, Scala Mailand, Dgt: S Bychkov SpZ 97/98, Salzburger FSp, Dgt: C Abbado 98, Mozart: 'Così fan tutte' (Fiordiligi) Royal Op House Covent Garden London, Dgt: Sir C Davis 98, dass Op Nat de Paris 98, dass Ferrara, Dgt: C Abbado 2000, dass Met Op New York 2001, Weber: 'Der Freischütz' (Agathe) Royal Op House Covent Garden London, Dgt: B Haitink 98, dass Staatsop Wien 98, Wagner: 'Die Walküre' (Sieglinde) Monte Carlo, Dgt: M Janowski 2000, Sol Bayer Staatsop München, Wiener Staatsop, Wagner: 'Lohengrin' (Elsa) Bayreuth FSp, Dgt: A Pappano 2001, Mahler: 'Symph Nr 2' Amsterdam Concertgebouw u a, Dgt: R Chailly 2001, Mozart: 'Don Giovanni' (Donna Elvira) London Covent Garden bzw Salzburger FSp, Dgt: C Davis bzw N Harnoncourt 2002, Mozart: 'Nozze di Figaro' (Contessa) Staatsop München, Dgt: Z Mehta 2002, Gastsol Dt Staatsop Berlin SpZ 04/05, Sol Op Zürich Spz 04/05; Auftr Weimar, Tonhalle u OpHaus Zürich, Salzburger FSp 06, Wiener Staatsop u Hamburgische Staatsop 06 u 07. **Pr:** DAAD-Stip 94, Prtr Salzbuger Mozart-Wettb, Kirsten-Flagstad-Pr Int Königin Sonja Gesangswettb Oslo. – **Aufn/RF:** Beethoven: 'Sinf Nr 9', Dgt: P Herreweghe; Berlioz: 'Roméo et Juliette', Dgt: P Boulez; Korngold: 'Die Kathrin', Dgt: Brabbins; Mahler: Sinf No 2, Dgt: R Chailly; Schönberg: Surre-Lieder, Dgt: R Craft; Alban Berg: Der Wein, Dgt: M Gielen; Strauss: Vier letzte Lieder, Dgt: D Zinmann; Puccini: 'Le Villi', Dgt: M Guidarini.

Dierick, Ulrike, Prof, Hochschullehrerin, Violine; H f Musik Saar, Bismarckstr 1, D-66111 Saarbrücken, T: (06 81) 81 31 03. **Ausb:** Stud b Heinz Stanske, Henryk Szeryng, Wolfgang Schneiderhan. **Laufb:** Prof (V) H d Saarlandes f Musik u Th Saarbrücken. (Red)

Dierig, Gerhard, Sänger; c/o Junge Kammeroper Köln, Florastr 93, D-50733 Köln. **Laufb:** Sol Junge Kammerop Köln seit SpZ 03/04. (Red)

Dierksen, Uwe, Posaune; c/o Ensemble Modern, Schwedlerstr 2–3, D-60314 Frankfurt, T: (0 69) 94 34 30 10, F: 94 34 30 30, *info@ensemble-modern.com*; *www.ensemble-modern.com* [Hannover 1959]. **Pr:** zahlr Pr m Ens Modern. **Ens:** Ensemble Modern. – **Aufn/RF:** zahlr Schallpl, CDs, RF-Mitschn m Ens Modern. **UA:** zahlr EA/UA m Ens Modern.

Diermaier, Joseph, Mag art, Komponist; Schönngasse 16/28, A-1020 Wien, T: (01) 33 72 32 46, (06 99) 11 21 17 76, *joseph@diermaier.com*; Haiden 123, A-5280 Braunau/Inn, T: (0 77 22) 8 75 36; *www.diermaier.com* [Braunau, Inn 29.1.1964]. Elektron Musik, Kammermusik **Ausb:** Stud MTheorie, Git Bruckner-Kons Linz 85, KonzGit Mozarteum Salzburg 86, Komp (B Schaeffer, G Kühr) ebd 88–94, int Mstrkse in Österr, Dtschld, Russland, USA. **Laufb:** Lektor Universal Edition Wien, freischaff Komponist, Gastkomp Centro Tempo Reale Florenz 03–04. **Pr:** Förderungspr d Salzburger Ldesregierung 93, Förderung Kulturinst d Oberösterr Ldesregierung 96 u 97, Förderungspr austromechana, 1. Pr Int Mozartwettb Salzburg 97, Finalist Int ALEA III KompWettb 98, Theodor Körner-Pr 98, Stip Stanford U 97 u Colgate U 99, KompStip Wiener Symphoniker 02. **Ens:** Österr Ens f Neue Musik Salzburg 88–95. **Mitgl:** Vorstandsmitgl Österr MEdition 98–03, seit 05 Vorstands- u Grdgmitgl Klangart.at (Verein zur Förderung v Klang u Kunst). – **Komp:** mehr als 40 Werke, ua Subito (f Schlgz u computergeneriertes TB), UA Kultursommer Salzburg 93 (Auftr ÖENM/ H Grassl); Kontrahage I (f Kl solo), UA Fstv f zeitgen M St Petersburg 94; Malheur (Monodram f KamEns u 1 Schauspieler), UA KonzHaus

Wien 96 (Auftr Österr KompBund/L Knessl); harmonices et cadenza (GitKonz) 93, UA Finale ALEA III Boston 98; Niribo (Kinderop, konz Fass), UA m T Brauer Radiokulturhaus Wien 01; Ispirazione (Lieder m Git), 04; Konglomerat (Suite f großes Orch), 04; Horrend – Joplin life in Ragtime, 05. **Zug:** Blicke, Momente, Augenblicke op 22 f Fag u TB (f M Turhovic); Latin Suite op 38 (f A Pierri). **Sonst:** Veröffentl v Bearb u Kompositionen: Fünf Bilder (f Fl solo); My Violin (f V solo), 22 Studien (f Kl solo); KlStücke XXVI (f Kl solo); Morgenstern(e) (Liederzyklus f Kl solo nach Texten v C Morgenstern); Sylphen-Tanz (aus 'Fausts Verdammung' v H Berlioz, f Fl u Kl); Scheherazade op 35 (v Rimskij-Korsakow, f 2 Fl bzw 2 V u Kl); Scheherazade op 35 (v Rimskij-Korsakow, f Ens in variabler Besetz); Jack in the Box (v E Satie, OrchFass v D Milhaud, f StrQua); Children's Corner (v C Debussy, f 2 fl bzw 2 V u Kl); Children's Corner (v C Debussy, f Ens in variabler Besetz).

Diesselhorst, Jan, Violoncello; Bergstr 19 b, D-14109 Berlin, T: (0 30) 8 05 24 06; c/o Berliner Philharmoniker, Herbert-von-Karajan-Str 1, D-10785 Berlin; *www.die12cellisten.com* [Marburg 1954]. **Ausb:** Stud Vcl (A Molzahn) Frankfurt aM, (W Boettcher) Berlin. **Laufb:** Cellist Berliner Philh seit 77. **Ens:** Philharmonia Qua Berlin, Die 12 Cellisten d Berliner Philh. (Red)

Diestler, Thomas, Countertenor; c/o Artists Management Verena Keller, Lohwisstr 52, CH-8123 Ebmatingen, T: 04 49 80 15 13, F: 04 49 80 36 86, *keller.verena@bluewin.ch* [Graz]. Oper, Barockoper, Moderne, Konzert **Ausb:** MH Graz u Wien. **Laufb:** Gastsol Tiroler Landesth Innsbruck SpZ 00/01, Sol Südostbayer Städteth SpZ 03/04, Th u Philh Essen SpZ 04/05, Bayer StaatsOp 02/03 u 04/05. – **UA:** B Koblenz: Recherche, Münchener Biennale 99.

Dietrich, Cornelia, Mezzosopran; Kalkstr 3 c, D-40885 Ratingen, T: (0 21 02) 3 78 04, (01 72) 2 11 88 54, F: 3 78 04, *dietrich.cornelia@t-online.de.* **Laufb:** Gastsol Lübecker Th SpZ 00/01, Zeitgen Op Berlin SpZ 00/01, Gastsol Th Dortmund SpZ 03/05, Th Mannheim SpZ 03/04, Sol Lehár Festival 05, Dt Op am Rhein Düsseldorf-Duisburg SpZ 04/05. (Red)

Dietrich, Karin, Dramaturgin; Mathildenstr 58, D-64285 Darmstadt, T: (0 61 51) 42 55 67. **Laufb:** Dram Staatsth Darmstadt SpZ 03/05.

Dietrich, Karl, Prof, Komponist, Hochschullehrer; Auf dem Dürbache 10, D-99438 Weimar-Legefeld, T: (0 36 43) 84 98 84 [Wachstedt/Eichsfeld 9.7.1927]. **Ausb:** Stud HarmonieL, Komp (Prof Dr Dr H-J Moser, O Gerster, H Riethmüller, W Niggeling), MPäd (Prof W Friedrich, Dr R Münnich, Dr A Krauß) Uni Jena u MH Weimar 47–52. **Laufb:** Ass Staatl MH Weimar (Imp, Gehörbildung, Tonsatz), Doz (Tonsatz, Komp) ebd, Prof H f Musik 'Franz Liszt' Weimar, Lt Abt Komp/Tonsatz bis 89. **Pr:** Kunstpr d FDGB 71, Kunstpr d DDR 75, Kunst- u Litpr Stadt Weimar 83. **Mitgl:** stellv Vors Landesverb Thüringen im dkv. – **Komp:** Dramat Szenen (Konz), UA Philh Erfurt 74; Sinf Nr 4 – contra bellum – Sinfonik (OrchW), UA Gotha, Staatl SinfOrch 81; Konz f Vcl u Orch, UA Staatl SinfOrch Thüringen, Sitz Gotha, m Solocellist d Dt Staatsop Berlin: H-J Scheitzbach, Dgt: MD L Seyfarth 83; Die Wette d Serapion (heitere Op), UA Gera 84; Pervonte od 'Die Wünsche' (Op), UA Stralsund 89; Memorial f Streichorch (gr Streichorch), UA Eisenach, Bach-Tage 94; Konzertantes Präludium f SinfOrch (Sinfonik), UA Gotha, Ldes-SinfOrch 97; Sinf Nr 8 'Portrait eines Schauspielers', SinfOrch Gotha-Suhl; ua. **AuftrKomp:** Sinf Nr 7 'Sinfonia Erfordia' (OrchW), anlässl 1250-Jahrfeier d Stadt Erfurt, UA Philh Erfurt, GMD W Rögner, Philh Orch Erfurt 92. **Aufn/RF:** Dramat Szenen f 3 Fl-Instr (1 Sol u gr Orch), Sol Kom Op Berlin: W Tast, RSO Leipzig, GMD H Kegel; Sinfonie Nr 4 – contra bellum – SSO Gotha, MD L Seyfarth; Sinf Nr 7 'Sinfonia Erfordia' (OrchW), anlässl 1250-Jahrfeier d Stadt Erfurt, UA Philh Erfurt, GMD W Rögner, Philh Orch Erfurt 92; RF-Aufn MDR Thüringen, Sender Weimar: 'Wir sind nur ein zerbrechlich Krug' (n Texten v E Wanderer, f mittlere Singstimme u Kl) Wien; 'Heidewald-Lieder' (n Texten v Morgenstern, Krüss, Ringelnatz ua) m KS J Prkno (Bar) u Prof M Högner (Kl). **Lit:** Prof Dr H Rudloff u Dr E Kneipel: Analysen v sinf u konzertanten Werken.

Dietrich, Stefanie, Sängerin; Kesselbergstr 4, D-81539 München. **Laufb:** Sol Schloßfestspiele Ettlingen SpZ 01/05, Sol Staatsth am Gärtnerplatz München SpZ 03/04. (Red)

Dietrich, Thomas, Sänger; c/o Pocket Opera Company, Gertrudstr 21, D-90429 Nürnberg. **Laufb:** Sol Pocket Opera Company Nuernberg. (*)

Dietz, Dorothee, Korrepetitorin; Doppelreihe 13, D-06849 Dessau, T: (03 40) 8 50 03 02, *ddd.de@gmx.de* [Dessau 8.4.1952]. Oper, Operette, Musical **Ausb:** Stud Korrep (J Fincke, H-T Röhr) MH Dresden 70–74, Stud Chordirigieren (H Pflüger) MH Dresden 88–92. **Laufb:** Korrep Anhalt Th Dessau 74–88, ChorDir ebd 88–96, Korrep ebd ab 96 (04/05).

Dietz, Eberhard, Musikschuldirektor, Dirigent; Köhnestr 39, D-45968 Gladbeck, T: (0 20 43) 4 39 85, F: 4 39 85, *Dietz.gladbeck@t-online.de* [Heidelberg 1.5.1947]. ital Oper, klass u romant Konzertmusik **Ausb:** Stud Dgt (F Travis), Kl (W Behrens), Ob (H Holliger) MH Freiburg 66–70, Stud (MWiss) U Erlangen 82–85. **Laufb:** LTätigk MH Freiburg 69–70, MH Heidelberg 72–74, Kapm Gelsenkirchen 74–77, Essen 77–80, Nürnberg 80–87, LTätigk MSch Schwabach, KonzReferent u Dgt Recklinghausen 86–90, Dir MSch Gladbeck seit 1990. – **Sonst:** Workshops, Musicalprojekte, Großveranstaltungen m pädagog Hintergrund.

Dietze, Annemarie, Prof, Hochschullehrerin, Violine; Canalettostr 32b, D-01307 Dresden, T: (03 51) 4 41 42 75. **Laufb:** Prof (V) H f Musik Carl Maria v Weber Dresden. (*)

Dietze, Jürgen, KM, Komponist, Oboe; Lenaustr 13, D-04157 Leipzig, T: (03 41) 5 90 42 04; c/o MDR Sinfonieorchester, Augustuspl 9a, D-04109 Leipzig [Leipzig 1954]. Kammermusik f Oboe d 20. Jh **Ausb:** Stud Ob (B Glaetzner), Komp (P Herrmann) MH Leipzig 70–76. **Laufb:** Gewandhausorch Leipzig 76–78, MDR-RF-SinfOrch Leipzig seit 78, Sol ebd seit 82, Konz in POolen, Slowakei, Bulgarien, Ukraine, Dt, Nicaragua, Mongolei. **Pr:** 8 Pr u Dipl b int Wettb in Dtschld, Tschechoslovakei u Frankr. **Ens:** Trio Brillante Leipzig (Fl, Ob, Kl). **Mitgl:** Vorstandsmitgl Int Doppelrohrblattges Dtschld eV. – **Komp:** Toccata f Kl 72; 3 Duos f 2 V, UA 73; Bläser Qui, UA 75; HnQua 83; Lykaritos f Ob solo, UA 93; Variationen über e ungar Volkslied f Ob, EnglHn, Fag 98; Romanze u Ballade f Fag u Kl 01/02; Fantasie f EnglHn, Vcl u Kl 03; 3 Frauenchöre nach ungar Lyrik 03; 'Kaleidoskop', Pentatonische Stücke f V, Fagottino, Fag u Kontraforte 04; Duo f V u Vcl 83/04; 'Jona' (Singspiel) 05. **Aufn/RF:** Haydn: ObKonz, KamOrch Zilina, Dgt: J Valta 79; Jolivet: 'Serenade f Ob u Kl', 80; Milhaud: 'Sonatine f Ob u Kl' 80; Dutilleux: 'Son f Ob u Kl' 80; Slavicky: 'Suite f Ob u Kl' 80; Ranki: 'Don Quijote' f Ob u Kl 80; Schenker: 'Monolog f Ob solo' 80; S matthus: ObKonz, Philh Halle, Dgt: matthus 88; C F P Kram: 'Lomir sich iberbetn' f Ob u Va 99. **UA:** P Herrmann: 'Gravitation' (Trio f Fl, Ob, Kl), UA Leipzig 02. **Zug:** P Kerekes: 'Quotienten' (Trio f Fl, Ob, Kl), UA München 03 (gewidm Trio Brillante).

Dietzelt, Frank, Prof, Hochschullehrer, Fagott; Hochschule für Musik und Theater Hamburg, Harvestehuder Weg 12, D-20148 Hamburg. **Laufb:** Prof (Fag) H f M u Th Hamburg. (*)

Dijk, Pieter van, Prof, Hochschullehrer, Orgel; Hochschule f Musik u Theater, FB 2, Harvestehuder Weg 12, D-20148 Hamburg, T: +31 7 25 12 05 28, F: +31 7 25 12 05 28, *rpvandijk@planet.nl* [1958]. **Ausb:** Stud (Bert Matter) Arnhem Cons, weiterf Stud b G. Leonhardt, M.-C. Alain u J. Raas. **Laufb:** Prof (Orgel) H f M u Th Hamburg. **Pr:** Prtr Orgelwettb Deventer 79 u Innsbruck 86. (Red)

Dijkstra, Peter, Dirigent, Chorleiter, Bariton; c/o Sorek Artists Management, Burgemeester Patijnlaan 805, Niederlande-2585 CC Den Haag, T: 07 03 31 79 02, F: 07 03 31 79 02, *info@sorekartists.com*; Bayerischer Rundfunk, Rundfunkpl 1, D-80300 München, T: (0 89) 59 00 22 43, F: 59 00 31 52; *www.peterdijkstra.nl* [1978]. **Ausb:** Stud (Ges, Ch- u OrchDirig) Königl Kons Den Haag u H f M Köln b M Creed, Mstrkl b E Ericson u T Kaljuste. **Laufb:** ZusArb ua m d Niederländischen KamCh, Niederländischen RF-Ch Hilversum, RF-Ch Stockholm, RF-Ch Helsinki, RIAS KamCh, SWR Vokalens; Künstl Ltg Ch d BR 05–09. **Pr:** Kersjes van de Groenkanpr f OrchDirig 02, Eric Ericson Award 03. (Red)

Dilbèr, Sopran; c/o Bayerische Staatsoper, Brieffach, D-80075 München; c/o Theateragentur Dr Geminal Hilbert, Maximilianstr 22, D-80539 München, T: (0 89) 2 90 74 70, F: 29 07 47 90 [Xinjing, China 1958]. **Ausb:** Musikakad Peking. **Laufb:** Deb Finn Nationalop, Gast Op Hamburg, Stuttgart, Dortmund, Frankfurt, Bonn, Venedig, Edinburgh u Stockholm, Salzburger FSp 95, Sol Bayer Staatsop. **Pr:** 2. Pr Gesangswettb 'Mirjam Helin' Helsinki 84. (Red)

Dill, Anke, Prof, Violine, Hochschullehrerin; Cottastr 65, D-70180 Stuttgart, T: (07 11) 4 70 98 36, *Anke.Dill@web.de*; Hochschule f Musik u Darst Kunst, Urbanstr 25, D-70182 Stuttgart [Stuttgart]. **Ausb:** Stud (V) b N. Chastain, S. Ashkenasi, Y. Kless u. D. Weilerstein. **Laufb:** Prof (V) H f M u Darst Kunst Stuttgart 2000. **Pr:** Possehl Musikpr 2000. (Red)

Diller-Dörnenburg, Eva, Prof, Hochschullehrerin, Violine; Breite Str 7, D-41236 Mönchengladbach, T: (0 21 66) 2 32 91; H f Musik Köln, Abt Aachen, Theaterstr 2–4, D-52062 Aachen. **Laufb:** Prof (V, Fachdidaktik) H f Musik Köln, Abt Aachen. (Red)

Dillmann, Klaus, Prof, Violine, Hochschullehrer; Diezer Str 48, D-65549 Limburg, T: (0 64 31) 33 04. **Laufb:** Prof (V) Dr Hoch's Kons Frankfurt. (Red)

Dimigen, Christiane, Oboe; c/o Konzertbüro Nikolaus Schmidt, Kirchenallee 22, D-20099 Hamburg, T: (0 40) 28 05 66 17, F: 28 05 66 18, *info@schmidtkonzert.de*; *www.schmidtkonzert.de.* **Laufb:** Lockenhaus Fstv, Schleswig-Holstein MFstv, Niedersächs Musiktage, Kissinger Sommer (mit 'Albert-Schweitzer-BläserEns'). **Ens:** Mitgl 'Albert-Schweitzer-BläserEns'.

Dimitriadis, Foula, Mezzosopran; c/o Lars-Oliver-Schimanski Opern- und Konzertagentur, Syker Str 8, D-28307 Bremen, T: (04 21) 4 84 47 13, 01 77–5 10 15 91, F: 4 98 98 60, *info@scarpia.de*; *www.scarpia.de.* **Laufb:** Gastsol Tiroler Landesth Innsbruck SpZ 00/01, Sol Volksop Wien SpZ 03/04. (Red)

Dimitrieva, Masha, Klavier; c/o Alber Concert Theater GmbH, Gleimstr 5, D-81677 München, T: (0 89) 29 45 65, F: 2 28 93 59, *info@alber-concert.de*; c/o Eventagentur & Künstlervermittlung Uwe Penner, Priel 20, D-85408 Gammelsdorf, T: (0 87 66) 93 98 66, F: 93 98 77, *UPenner@t-online.de* [Simferopol]. Kammermusik **Ausb:** Stud Kons Moskau 81–85, Tschaikowski-Kons Moskau (P Messner, M Fjodorowa), H f M u Th Hannover (Prof D Wilde). (Red)

Dimitrov, Daniel, Sänger (Bass); c/o Alina Wodnicka Künstler Management, Horner Heerstr 18, D-28359 Bremen, T: (04 21) 3 64 99 33, *info@opern-und-kuenstleragentur-wodnicka.de*; *www.kmwo.de/men3.html* [Bulgarien]. **Ausb:** Stud Ges (Bass) Staatl H f M Sofia ab 93, Abschluss GesDipl, Aufbaustud (Ges) Int OpStudio Zürich, Mstrkse ebd u European Op Center Manchester. **Laufb:** int KonzTätigk in Bulgarien, England, Schweiz, Italien, Dtschld seit 97, Sol Th Heidelberg SpZ 03/04. (Red)

Dimitrov, Dimitar, Violine; c/o Luzerner Sinfonieorchester, Zentralstr 44, CH-6003 Luzern. (Red)

Dimitrov, Ivan, Sänger; buchenstr 1, D-28844 Weyhe-Leeste, T: (04 21) 8 09 22 68, (01 71) 3 29 88 70, *ivdimitrov@surfeu.de* [Stara Zagora, Bulgarien 24.12.1957]. **Ausb:** Stud (Kl) Cons Sofia 79–84, (Ges) ebd 83–87. **Laufb:** Pfalzth Kaiseslautern 92–95, Sol Bad Staatsth Karlsruhe 97/02, Sol MTh Bremen SpZ 03/05.

Dimitrov, Ivan, Prof, Violine; c/o Wiener Symphoniker, Lehargasse 11, A-1060 Wien. **Laufb:** Konzm Wiener Symphoniker SpZ 03/05. (Red)

Dimitrov, Liuben, Klavier; c/o Konzertdirektion Andrea Hampl, Karl-Schrader-Str 6, D-10781 Berlin, T: (0 30) 4 78 26 99, 01 72–3 80 56 45, F: 4 78 37 92, *hampl@konzertdirektion.de*; *www.konzertdirektion.de* [Bulgarien]. Konz, KamM (Duo) **Ausb:** Stud Kl (Ganev) H f M Sofia, Unterr b W Krajnew H f M Hannover. **Laufb:** Auftr KonzHaus u Staatsop Berlin, Casals Hall Tokyo, Salle Cortot Paris, Lincoln Th Miami, Herkules-Saal München, Bradley Hall Chicago, Poly Th Peking, Op Th Rouen, Teatro Municipal do Rio de Janeiro, Borromini Hall Rom u Kiew Philh; ua MDR-MSommer, Ludwigsburger SchlossFSp, Rheingau MFstv, Schwetzinger FSp, MFSp Mecklenburg-Vorpommern, Schleswig-Holstein MFstv, Ravello MFstv, Rouen MFstv; Eröffnung d Olymp WinterSp Salt Lake City 02; ZusArb m RF-Orch München, Hannover u Kaiserslautern, Nordwestdt Philh, New World Symph, Savannah Symph, Sofia Soloists String Orch, Sofia Philh, Bulgar Nat-RF-Orch, Beijing Symph, Moscow Symph Orch, Stuttgarter Philh. **Pr:** m d Duo: 1. Pr Bellini-MWettb Italien 95, ARD-MWettb München 96, Tokio KlDuo-Wettb 96, Dranoff KlDuo-Wettb Miami 97, Künstler d Jahres 01. **Ens:** Genova & Dimitrov seit 95. – **Aufn/RF:** Weltersteinsp sämtl KlDuo-Werke v Schostakowitsch 99 u Vladigerov 2000; 'Chormusik aus Renaissance u Romantik' 99; sämtl KlWerke z 4 Hd v J S Bach 01; Martinu, Schnittke: 'Concertos for two pianos' 01; 'America for two': Bernstein, Copland, Gershwin; Französische Konzerte f zwei Klaviere – Milhaud, Poulenc, Casadesus; M Clementi – Klaviersonaten f zwei; J Ch Bach – Sämtliche Werke für Klavierduo.

Dimitrova, Tzveta, Mag art, Komponistin, Pianistin; Fasangasse 46/49, A-1030 Wien, T: (06 99) 10 62 54 48, *tzvetak@hotmail.com*; *www.pressetext.com* [Stara Zagora, Bulgarien 25.10.1968]. **Ausb:** Stud MTheorie, Komp (Tekeliev) MAkad Sofia 87–98, Stud Komp (Urbanner) U f Musik u Darst Kunst Wien 98–2003. **Laufb:** regelm KonzTätigkeit als Pianistin ab 92, Musikredakteurin Bulgar Privatradiosender '99' 92, Korr Vokalfak Staatl MAkad Sofia 94–98, Korr U f Musik u Darst Kunst Wien 98–2001, Korr d ThProd 'Vivace' (Prod u Regie: B Blankenship) u Orch 'Klangforum' Wien 2000–2001. **Pr:** 3. Pr 'Nikola Stefanov' Sofia 93, 2. Pr 'Nikola Stefanov' 94, Spezialpr f Komp Int Wettb 'Musik u Th' 94, ÖESTIG-Pr f hervorr Interp d zeitgen Komp 94, Außerordentl Auslandsstip Bundesmin f Wiss u Forschung 99. – **Komp:** 'Metamorphose' (f Kl u KamOrch), UA Wien, U f Musik u Darst Kunst, Dgt: A Estráda; 'Enthüllung – Dialoge' (Dyptichon f Klar u Kl), UA Wien, ORF 99. **Aufn/RF:** A Tekeliev: 'Gedächnis', 'Wut' (KlWerke), Bulgar Nationalradio 94; J Harvey: 'Smiling immortal' (KlPartie), Wien, Dgt: P Burwik 01. **Lit:** s www.pressetext com (unter d Namen 'Dimitrova').

Dimow, Dimtscho, Posaune; c/o Neue Lausitzer Philharmonie, Promenadenstr 60, D-02827 Görlitz. **Laufb:** Sol Neue Lausitzer Philh SpZ 02/03. (Red)

Dimowa-Florian, Ljuba, Prof, Hochschullehrerin, Klavier, Korrepetition; Koksche Str 33b, D-49080 Osnabrück, T: (05 41) 8 61 44 [Sofia]. **Laufb:** Prof (Kl, Korr) FH Osnabrück, Kons. (Red)

Dineen, Kathryn, Mezzosopran; c/o Lars-Oliver-Schimanski Opern- und Konzertagentur, Syker Str 8, D-28307 Bremen, T: (04 21) 4 84 47 13, 01 77–5 10 15 91, F: 4 98 98 60, *info@scarpia.de*. **Laufb:** Sol Staatsth Oldenburg, Th Lübeck, Staatsoptte Dresden, Flensburger Th; Gastsol Gießen, Bremer Th. (*)

Dinescu, Violeta, Prof, Komponistin, Hochschullehrerin; Presuhnstr 39, D-26133 Oldenburg, T: (04 41) 4 29 79, F: 9 49 04 55, *violeta.dinescu@uni-oldenburg.de*; *www.dinescu.net*, *www.uni-oldenburg.de/musik/lehre/dinescu.html* [Bukarest 13.7.1953]. Kammerorchestermusik, Opern, Ballette, Filmmusik (Stummfilm) **Ausb:** Stud (Komp, Kl, Päd) Kons Ciprian Porumbescu Bukarest bis 77, Bachelor (Komp, Kl, Päd) 77, Master (Komp) 78. **Laufb:** Doz (MTheorie, Kl, Harmonielehre, Kontrapunkt, Ästhetik) G Enescu MSchule Bukarest 78–82, LAuftr u Gastvorl an mehreren U in Dtschld, USA, SA seit 82, Doz (Theorie, Kontrapunkt, HarmonieL) H f ev KiM Heidelberg 86–91, H f M Frankfurt aM 89–91, Executive Board Member of Int League of Woman Comp, Doz (MTheorie, Harmonielehre, Kontrapunkt, Kl) Fachakad f ev KiM Bayreuth 90–94, Prof (angew Komp) U Oldenburg seit 96. **Pr:** mehrere Stip in Rumänien, Dtschld, Schweiz, Österreich, Frankreich seit 72, zahlr int Pr u Ausz seit 75, ua in Rumänien, Dtschld, Kanada, USA, Italien, England, Kolumbien, Südafrika, Ungarn, Polen, Österreich, Ukraine, Moldawien, Portugal, Taiwan. – **Komp:** Echoes (Kl), UA Bukarest 81; Auf der Suche nach Mozart ..., UA Mannheim 83; Din Cimpoiu (KamM), UA Bukarest 84; Figuren II (2 Git), UA Heidelberg 85; Zebaoth (Bar, 2 Org) 85; Dies Diem Docet (Kl), UA Frankfurt 86; Strqua – Din Terra Lonhdana, UA München 87; Dona nobis pacem (Mezzosop, Vcl), UA Bonn 87; TABU (StummfilmM), UA Frankfurt 88; Lichtwellen (KamM), UA Boswil/Schweiz 91; Ichthys (KamM), UA 91; Fresco (JugOrch), UA Heidelberg 92; Mein Heim ein Stein (KamM), UA München 92; Tautropfen (KamM), UA Weinheim 92; les Ruga (KamM), UA Edenkoben 96; Vortex-Wolken (Orchw), UA Ulm 98; Effi Briest (Ballett), UA Magdeburg 98. **Auftr-Komp:** Akrostichon (Orch), UA Wiblingen 83 (Auftr: Wiblinger FSp); Der Kreisel (Ballett), UA 85 (Auftr: Th Ulm); Hunger u Durst (KamOp n E Ionesco), UA Freiburg 86 (Auftr: Th Freiburg); Der 35. Mai (Kinderop), UA Mannheim 86 (Auftr: NatTh Mannheim); Eréndira (Op), UA München 92 (Auftr: Münchner Biennale); Schachnovelle (KamOp), UA Schwetzingen 94 (Auftr: Schwetzinger FSp); Tabar (Konz f 4 Schlgz u gr Orch), UA Mannheim 2000 (Auftr: Musikal Akad Mannheim); Schattenspiegel (Orch), UA Baden-Baden, Dgt W Stiefel 2000 (Auftr: Baden-Badener Orch). **Aufn/RF:** CDs z B: D'un matin de Printemps, KamM v Komponistinnen 94; V Barock z Moderne 95; In yet longer light's delay – music from the setting century series, vol 1 96; Mind with motion – m from the setting century series, vol 2 96; Mouvements dynamiques – JugGitOrch Baden, Würzburg 97; Without compression 'Trio Diritto' – Neue M f Bfl 98; European M Project Schönberg/Dinescu/Schreker 98; Mein Heim ein Stein – V D/'Trio Contraste' 99; Portrait V D 2000; RF-Aufn: 'Der 35. Mai' SWR Stuttgart; 'L'Orax' SFB Berlin; 'Schachnovelle' SWR Stuttgart u Radio Bremen; 'Produktionen' DRS Bern u SWR Stuttgart; MCs: Akrostichon (Orch) 83; Loc Maria (Perc, Org) 85; Dona nobis pacem (Mezzosop, Vcl, Schlagwerk) 87; Kybalion (StrOrch) 91; Fresco (JugOrch) 92 ua. **Lit:** MGG, Personenteil; E-M Houben (Hg): Immer wieder neu überraschend anders 99.

Dinglinger, Wolfgang, Dr, Prof, Hochschullehrer, Kirchenmusiker; Ringstr 73, D-12205 Berlin, T: (0 30) 8 33 38 02, F: 8 33 38 02, *diwo@hdk-berlin.de*; Univ d Künste, Fak Musik, Inst f Kirchenmusik, PF 120544, D-10595 Berlin. **Laufb:** Prof (MTheorie, Ltg 'Ökumen Inst f KiM') U d Künste Berlin. (Red)

Dings, Manfred, Prof, Hochschullehrer; H f Musik, Bismarckstr 1, D-66111 Saarbrücken [Borken]. **Ausb:** Stud MH Aachen u Detmold (KiM, SchM, Org, Mtheorie, Hörerziehung, Komp, Erziehungswiss), Univ Bielefeld (Germanistik, Erziehungswiss) 80–87. **Laufb:** KiM, LBeauftr MH Detmold u Münster, freiberufl L, Prof (MTheorie) H f Musik Saar 89, Prorektor ebd seit 97. (Red)

Dinic, Srboljub, Dirigent; Brunngasse 8, CH-3011 Bern, T: 03 13 81 33 27. **Laufb:** Korr Th Basel, ChefDgt Th Bern seit SpZ 03/04. (Red)

Dinkel, Philippe, Klavier, Musikwissenschaftler; Solothurnerstr 231, CH-4600 Olten, T: 06 22 12 54 20; Conservatoire de Musique de Genève, CP 5155, CH-1211 Genève 11. **Laufb:** Dir Cons de Musique de Genève. (Red)

d'Intino, Luciana, Mezzosopran; c/o Opernhaus Zürich, Falkenstr 1, CH-8008 Zürich, T: 0 12 68 64 00; *www.opernhaus.ch*. **Laufb:** Gast Staatsop Wien, Met Op New York, Covent Garden London, Op National Paris, Nederlandse Op, Teatro Colón Buenos Aires, Teatro Municipal Santiago, Teatro Reál Madrid, Sächs Staatsop Dresden, Marseille, Bilbao, Santander u Peking, Sol Op Zürich, Bayer Staatsop München seit SpZ 03/04. **Pr:** Finalistin Callas-Wettb d RAI. (Red)

Dippmann, Manfred, Horn; Fontanepl 23, D-03050 Cottbus, T: (03 55) 47 08 54, F: (0 12 12) 5 19 70 32 59, *manfred.dippmann@web.de*; *www.mnex.de/hornundorgel* [Dresden 9.6.1967]. Konzerte f Horn u Orgel **Ausb:** Stud Hn (P Damm) MH Dresden. **Laufb:** Hn Philharm Orch Staatsth Cottbus seit 89, rege KonzTätigk m KMD R Seeliger (Hn u Org) im In- u Ausland seit 99, seit 03 auch m M v Einsiedel. – **Aufn/RF:** CDs: 'Musik f Hn u Org' 02; 'Jesus bleibt meine Freude' 04.

Diry, Roland, Klarinette, Hochschullehrer; Dr. Hoch's Konservatorium, Hebelstr 15–19, D-60318 Frankfurt, T: (0 69) 9 15 00 40, F: 5 96 15 76, *mail@dr-hochs.de*; *www.ensemble-modern.com/deutsch/em/bios/diry.htm*. **Ausb:** H f M Frankfurt/M u Hannover. **Laufb:** Doz (Klar) Dr Hoch's Kons Frankfurt. **Pr:** Stip d Studienstift d Dt Volkes, zahlr Pr m Ens Modern. **Ens:** Ensemble Modern. – **Aufn/RF:** zahlr Schallpl, CDs, RF-Mitschn m Ens Modern. **UA:** zahlr EA/UA m Ens Modern. (Red)

Dißmeier, Michael, Dramaturg; Deutsches Nationaltheater, PF 2003, D-99401 Weimar [1969]. **Ausb:** Stud (Musikth-Regie) HfM Hamburg. **Laufb:** MDram Dt NationalTh Weimar SpZ 03/04. (Red)

Ditisheim-Faller, Elise, Klavier; rue Temple-Allemand 119, CH-2300 Chaux-de-Fonds, T: 03 29 13 26 06. (Red)

Dittebrand, Jürgen, Sänger; Karl-Halle-Str 17a, D-58097 Hagen, T: (0 23 31) 2 62 23. **Laufb:** Sol Th Hagen. (Red)

Dittmann-Bennert, Rosemarie, Sängerin; c/o Theater Altenburg-Gera, Küchengartenallee 2, D-07548 Gera. **Laufb:** Sol Th Altenburg-Gera. (Red)

Dittmann, Jochen, Trompete; c/o Niedersächsisches Staatsorchester, Opernpl 1, D-30159 Hannover. **Laufb:** 1. Sol Niedersächs StaatsOrch Hannover. (Red)

Dittmann, Peter, Sänger; Hinter der alten Schule 34, D-99198 Büßleben, T: (03 61) 4 21 14 80. **Laufb:** Sol Th Erfurt. (Red)

Dittrich, Andrea, KM, Violine; c/o Dresdner Philharmonie, PF 120424, D-01005 Dresden. (Red)

Dittrich, Marie-Agnes, Dr phil, Prof, Hochschullehrer; Univ f Musik u Darst Kunst, Inst f Analyse, Theorie u Geschichte d Musik, Anton-v-Webern-Pl 1, A-1030 Wien, T: (01) 7 11 55 35 16, *dittrich@mdw.ac.at*. Komposition, Musiktheorie, Dirigentenausbildung **Ausb:** Stud U Hamburg. **Laufb:** o Uprof U f M u Darst Kunst Wien.

Dittrich, Paul-Heinz, Prof, Komponist, Hochschullehrer; Am Seegarten 7, D-15738 Zeuthen, T: (03 37 62) 7 02 10, F: 82 38 43 [Gornsdorf/Erzgeb 4.12.1930]. zeitgen Musik **Ausb:** Stud MH Leipzig, Meisterschülerstud (Komp) Akad d Künste Berlin. **Laufb:** Professor (Komp) H f Musik Hanns Eisler Berlin, künstl Lt Brandenburg Colloquium f Neue Musik (BNCM). **Pr:** Mitgl Akad d Künste Berlin, Mitgl Sächs Akad d Künste Dresen, 1. Pr f Komp Künstlerhaus Boswil/Schweiz, Ehrenpr 6. Wettb f Komp d ital Ges Neue Musik, Pr d UNESCO Paris, Hanns-Eisler-Pr, Kunstpr, Nationalpr u Pr der Berliner Musikkritik ua. – **Komp:** Engführung (Sop, Vokalisten, Orch u Elektr), UA Donaueschingen 81; Die Verwandlung (KamOp), UA Metz 83; ETYM f Orch (gr Orch), UA Leipzig 84; Glückloser Engel (Sop u KamOrch), UA New York 97; 'Zerbrochene Bilder' KamOp (KamOrch), UA Rheinsberg 2000; Concert avec plusieurs instruments Nr I–IX (Konz); KamM I–XIV (in unterschiedl Besetzung); Poesien (lit-musik Projekt). **Lit:** Texte zur Musik 03.

Dittrich, Uta, Dipl-Korrep, Chorleiterin; c/o Staatstheater Oldenburg, Theaterwall 28, D-26122 Oldenburg, T: +41 2 22 52 80, 0 17 52 08 91 90 [Potsdam 20.7.1974]. **Laufb:** Korrep Stadtth Görlitz SpZ 2000/01 u 01/02, stellv ChorDir u Solorep Staatsth Oldenburg seit SpZ 02/03.

Dixon, Janice, Sopran; Werderstr 12, D-68165 Mannheim, T: (06 21) 40 42 53; c/o Konzert-Direktion Zagovec, Hans-Böckler-Str 23, D-65468 Trebur-Astheim, T: (0 61 47) 91 96 60, F: 91 96 62, *agentur@zagovec-artists.*

de. **Laufb:** Sol Nationalth Mannheim, Staatsth am Gärtnerpl München, Gastsol Staatsth Kassel SpZ 00/01, Gastsol Staatsth Darmstadt SpZ 03/04. (Red)

Djafar-Zadeh-Karimi, Forough, Prof, Hochschullehrerin, Querflöte; Univ f Musik u Darst Kunst, Inst Franz Schubert, Rennweg 8, A-1030 Wien [Teheran]. **Ausb:** Stud (Fl) U f Musik u Darst Kunst Wien (B Gisler-Haase, R Wolf). **Laufb:** Lehrtätigkeit (Fl) U f Musik u Darst Kunst Wien, ao UProf ebd. **Pr:** Prtr Wanas-Stift d Wiener Philharmoniker, 1. Prtr int Wettb d Wiener Musikseminars. **Ens:** Grdg Webertrio 86, Wiener Musikforum 89–94. (Red)

Djambazian, Daniel, Sänger; Barmer Str 33, D-40545 Düsseldorf, T: (01 63) 7 84 66 11; Deutsche Oper am Rhein, Heinrich-Heine-Allee 16a, D-40213 Düsseldorf [Marseille]. **Ausb:** Stud Ges in Rom. **Laufb:** Eng nach Genua u Düsseldorf, Sol Dt Op am Rhein seit 02/03. (Red)

Djavadi, Asita, Sängerin; Theater Lüneburg, An den Reeperbahnen 3, D-21335 Lüneburg, T: (0 41 31) 75 20, 01 72–4 17 18 43; *www.theater-lueneburg.de* [Ettingen 13.9.1971]. Musical, Jazz, Soul **Ausb:** Stud Musical, Show (S Walden, P Kock) UdK Berlin 94–98. **Laufb:** Sol Th Lüneburg, Th d Westens Berlin, Th Dortmund, Neuköllner Op Berlin, Th/Komödie Fürth, Th Kassel, Schloßfsp Ettlingen, Kom Op Berlin, Dtschld-Tournee 'Schöne u d Biest', Staatsth am Gärtnerplatz München SpZ 03/04, Th Lüneburg.

Dobay, Kinga, Sängerin; c/o Oper Leipzig, Augustuspl 12, D-04109 Leipzig. **Laufb:** Sol Th a d Rott Eggenfelden u ElblandFSp Wittenberge SpZ 03/04, Op Leipzig. (*)

Dobber, Andrzej, Bariton; c/o ALLEGRO artist management, Rosenstr 2, D-10178 Berlin, T: (0 30) 2 43 10 21 66, F: 2 43 10 25 94. **Ausb:** Stud Kl, Org, Ges (H Łazarska) Staatl H Krakau. **Laufb:** Debüt als Bassist Mailänder Scala, Sol Städt Bühnen Nürnberg, Sol als Bar Op Frankfurt 91–93, Gastsol NatOp Warschau, Op Darmstadt, Essen, Karlsruhe, Köln, Malaga, Toulouse, Montpellier, Bayer Staatsop München, Semperop Dresden 02–08, Volksop Wien, Sol Kom Op Berlin SpZ 03/05, Op Leipzig, GastSol Dt Staatsop Berlin 04–06, Op Leipzig 04/05, Bastille Paris 05/06, Konz m d Münchner Philharmonikern, Bayerischen RFOrch, Berliner RFOrch, Berliner Sinfonikern, Concertgebouw Amsterdam, Süddeutschen Philh, Warschauer Philh; ZusArb m Dgt: ua G Bertini, S Cambreling, R Chailliy, Sir Cn Davis, Sir R Norringhton, A Ostmann, H Rilling, G Sinopoli, S Soltesz, P Steinberg, Ch Thielemann. **Pr:** Stip Nürnberger Kons, Vancouver-Pr, Pr Schwetzinger FSp, Presse- u Publikumspr d Belvedere-Wettb Wien, 1. Pr Int ARD-GesWettb München 90. – **Sonst:** ZusArb m BR Orch, Berliner RFOrch, Berliner Sinfonikern, Concertgebouw Amsterdam, Münchner Philharmonikern, Süddt Philh, Warschauer Philh. (Red)

Dobberthin, Wolf, staatl gepr ML, Schauspielmusiker, Musiklehrer f Saxophon, Flöte u Klavier, Saxophonist, Keyboarder; Oberdorf 3, D-55469 Budenbach, T: (0 67 66) 7 89, 01 70–7 27 10 94; c/o Hessisches Staatstheater, PF 3247, D-65022 Wiesbaden [Wiesbaden 20.8.1965]. Jazz, elektr Musik, Filmmusik, Theatermusik, Gospel **Ausb:** Stud Fl (M Boldt-Fierla) Kons Wiesbaden 86–89, Sax (R Müller-Irion) ebd 88–90, Aufbaustud Jazz-Sax MH Frankfurt 90/91. **Laufb:** SchspM Hess Staatsth Wiesbaden 93–05, musikal Ltg div Musicals, musikal Lt u Komp Göttingen 98 u 99, Karlsruhe SpZ 01/02; Tournee n Amerika (Vorprogr M Etheridge) 98, Opener J Brown, J Cocker, T Turner, B B King ua. **Ens:** 'Swinging Sax + Singing Pipes' (Sax u Org), 'XANG' (Gospel), 'Gospel Organizers' (Org-Trio). – **AuftrKomp:** Film- u GerauchsM f ARD, ZDF u Sat 1. **Aufn/RF:** 14 CDs u LPs, ua 'Night Tales' m The Dawn 88 (LP); 'Mean Dog' m Sunnyland Blues Band 97 (CD); 'Organizers Live' 03 (CD); 'The Message' m XANG 04 (CD); zahlr Veröffentl als Sideman; 2 Stummfilmprojekte sowie div FilmM. **UA:** Murnau: 'Faust' (Neuvert), UA Simmern 98; Lang: 'Metropolis' (Neuvert), UA Alterkülz 99. **Zug:** 'Fazz und Zwoo' (ThM), UA Karlsruhe 01. **Sonst:** eigenes Produnktionsstudio seit 01. **Lit:** Künstlerportraits, Interviews u Artikel in div Zeitungen u Zs.

Doberauer, Steffen, Tenor; c/o Bühnen der Landeshauptstadt Kiel – Opernhaus am Kleinen Kiel, PF 1660, D-24015 Kiel [Lucklum 1976]. (Red)

Dobler, Charles, Prof, Klavier; Imp du Terret 5, F-83380 Les Issambres, T: 04 94 96 96 51, F: 04 94 96 96 51, *chudobler@wanadoo.fr* [Niedergoesgen 3.5.1923]. Solo, Kammermusik, Gesprächskonzerte, Neue Musik **Ausb:** Stud (P Baumgartner) Kons Basel 42–48, (Horbowski) Stuttgart, (Léfebure u Mainardi) Salzburg, (Otterloo) Hilversum 56, Kse ua b Kletzki, Münch, Cortot, Fischer. **Laufb:** Konz solo u M Orch, KamM, Mstrkl in über 50 Ländern (ua Univ Nord- u Südamerika, Russland, Fernost); Konz als Dgt u zT Sol-Kl m Brixi-KamOrch Prag in Tschechoslowakei, Schweiz u Frankr. **Pr:** Ehrenmitgl SMPV, Orden v Peru u Seoul. **Ens:** Schimmertrio Suttgart, City of London Trio. **Mitgl:** Vorstand STV, Vizepräs EPTA. – **Aufn/RF:** zahlr RF-Aufn in der Schweiz, Dtschl (NWDR, NDR, HR, SDR, BR, SWF), Österr, Großbrit (BBC), Russland, Südamerika ua; TV-Auftr Südamerika, Russland, Schweiz, Großbrit ua. **UA:** Milhaud-Poulenc: Konz (EA); UA v Kelterborn, Furer, Michans, Ginastera ua; LP- u CD-Aufn in Genf, Prag u London. **Zug:** zahlr Solo-Werke, Konz v Schweizer Komp, Tetrzian, Pflueger, Alemann, Zbinden ua. **Sonst:** 2 Hefte Schweizer KlavierM d Gegenwart.

Dobler, Fabian, Dipl-Musiker, Dipl-MPäd, Dirigent, Pianist; Kniebisstr 14, D-78224 Singen, T: 0 17 12 83 25 30, F: (0 40) 36 03 38 95 95, (0 77 31) 4 19 09, *FDobler1@aol.com* [30.8.1965]. Oper, Konzert **Ausb:** Stud Kl, Dirig, Komp/Analyse (Kämmerling, Jöris/Köhler, Koerppen) MH Hannover 83–89. **Laufb:** Stellv GMD u KapM Th Hof 96–98, Musikal Lt Th 'Die Färbe' Singen 98/99, KapM u Ass d GMD Th d Ldshauptst Magdeburg 99–2001, Gastdgt an zahlr Th, MH Trossingen u Südwestdt Philh, freischaff als Pianist u Dgt im In- u Ausland seit 01, Dgt MTh Neuschwanstein seit 01, 1st Guest Conductor Teatro Argentino Buenos Aires 03. **Pr:** Kulturpr Int Bodenseekonferenz 91, Stip Richard-Wagner-Verb 92. – **Aufn/RF:** Koerppen: 2 Sonaten über HCD (2 CDs); CDs ua: Chopin: 12 Etüden op 10, Brahms: op 117 89; Aufn f ORF, NDR, SWR; Liszt Transkriptionen (Animato) 02. **UA:** Kl: A Koerppen: 2 Sonaten über die Töne HCD 88, Dgt: A B Meyers: Op 'Detendants Rosenberg', UA Magdeburg, Th d Ldshauptst 99.

Dobner, Martin, Kontrabass; c/o Rundfunk-Sinfonieorchester, Funkhaus Hallberg, D-66100 Saabrücken. **Laufb:** Sol RF-SinfOrch Saarbrücken. (Red)

Dobosch, Dietmar, Violine, 1. Konzertmeister; c/o Mittelsächsische Philharmonie, Borngasse 1, D-09599 Freiberg. **Laufb:** Konzm Mittelsächs Philharmonie Freiberg (Th Freiberg). (Red)

Dobrowolny, Miro, Komponist; Heinz-Ditgens-Str 5, D-41063 Mönchengladbach, T: (0 21 61) 1 35 72, 0 17 26 41 01 78, F: 1 64 67 [1959]. **Laufb:** musikal Lt ART Ens NRW. – **Komp:** Tabernaculum, Ritual f Solisten, Chor, Instrumente im Raum, Orchester u Zuspielung, UA 28.06.03 Ensemblia 2003 Mönchengladbach Fstv. (Red)

Dobrzanska, Barbara, Sängerin; Wilhelmstr 30, D-76137 Karlsruhe, T: (01 73) 3 12 05 73; c/o Markus Stauber, Internat Agentur f Musiktheater u Konzert, Baaderstr 12, D-80469 München. **Laufb:** Sol Th Dortmund (03/04), Düsseldorfer Operette, Sol Badisches Staatsth Karlsruhe.

Döbereiner, Doris, Blockflöte, Hochschullehrerin; Herbststr 11, D-82467 Garmisch-Partenkirchen, T: (0 88 21) 7 38 84, *doris.doebereiner@freenet.de*; Richard Strauss Konservatorium, Gasteig, Kellerstr 6, D-81667 München [Klagenfurt]. **Laufb:** Doz (Blockfl, Alte Musik, Methodik, Didaktik, Unterrichtspraxis) Richard Strauss Kons München. **Ens:** Ens Il Suono Barocco. (Red)

Döberlein, Wolfgang, HonProf, Hochschullehrer, Klavier; H u Inst f evang Kirchenmusik, Wilhelminenstr 9, D-95444 Bayreuth, *Wolfgang.Doeberlein@t-online.de*. **Ausb:** Stud (E. Appel) Nürnberg, Mozarteum Salzburg (A. Kontarsky) u MH Würzburg (P. Hollfelder, K. Hjort), Mstrkl A. Hamary. **Laufb:** HonProf H f Evang. KiM Bayreuth 01, Doz MH Würzburg. **Pr:** Prtr Würzburger Hochschulwettb f Pianisten 86, Kulturprtr d Stadt Rehau 98. (Red)

Döbler, Rudolf, Flöte; c/o Rundfunk-Sinfonieorchester Berlin, Charlottenstr 56, D-10117 Berlin. **Laufb:** stv Sol RF-SinfOrch Berlin. (Red)

Döderlein, Albrecht, Intendant; c/o Theater Dortmund, Kuhstr 12, D-44137 Dortmund. **Laufb:** Intend Th Dortmund seit 03. (Red)

Döhl, Friedhelm, Dr, Prof, Komponist, Hochschullehrer; Viktoriastr 13, D-23560 Lübeck, T: (04 51) 79 77 00; Musikhochschule, Grosse Petersgrube 17–29, D-23552 Lübeck [Göttingen 7.7.1936]. **Ausb:** Stud Komp (W Fortner), Kl MH Freiburg, (MWiss, Lit- u Kunstwiss) U Freiburg u Göttingen, Prom (Diss üb A Webern) 66. **Laufb:** Doz Robert-Schumann-Kons Düsseldorf 64–67, Rom 67–68, Prof MWiss Inst d FU Berlin 69–74, Dir MAkad Basel 74–82, Prof (Komp) MH Lübeck seit 82, Rektor MH Lübeck 91–94, Grd VeranstaltungsR 'Forum junger Komp', 'Werkstatt Neue Musik', Auff v Komp im In- u Ausland, Kooperation m Bildenden Künstlern u Schriftstellern. **Pr:** Rompr Villa Massimo 67/68, Förderpr d Lder NRW u Berlin 68 u 71, Mitgl Freie Akad d Künste Hamburg seit 86, Ehrenmed 'Bene merenti' d Hansestadt Lübeck. **Ens:** Gruppe Neue Musik, Grd Ens Modern, Süll-Ens. **Mitgl:** Präs Int Ges f Neue Musik, Sektion Dtschld 80–83. – **Komp:** Soloinstr, KamM, Vokalwerke, Orch, Live-Elektr, MTh, Ballett, Raum-Kompositionen. **AuftrKomp:** 'Melancolia' f gr Orch m Ch u SopSolo, UA 68 (Auftr WDR Köln); 'Winterreise', StrQui, UA 86 (Auftr) Radio Bremen); 'Medea', Op in 3 Akten, UA Kiel 90 (Auftr Ld Schleswig-Holstein); 'Requiem 2000', UA Kassel 2000 (Auftr St Martin, Kassel u HR). **Aufn/RF:** zahlr int RF-Aufn, zahlr CDs, Friedhelm-Döhl-Edition (Dreyer-Gaido) seit 03. **Sonst:** Grdg Studio f Neue Musik, Grdg Studio f Elektron Musik, Außereurop Musik, Musik u Th Basel, Grdg Ens Modern, Künstl Org R 'Musica Viva/Begegnungen' Reinbek 86–88, NDR-Fstv 'Das Neue Werk' Lübeck 87, 'Forum Junger Komponisten' u 'Werkstatt Neue Musik' Lübeck' 82, Grdg Brahms-Fstv Lübeck 92. **Lit:** Metzler KompLex; Komp d Gegenwart; New Grove; MGG.

Döhl, Riklef, Prof, Hochschullehrer; Hochschule für Musik und Theater Hamburg, Harvestehuder Weg 12, D-20148 Hamburg. **Laufb:** Prof (KamM HolzBl) H f M u Th Hamburg. (Red)

Dördüncü, Bahar, Klavier; c/o Contrechamps, rue de la Coulouvrenière 8, CH-1204 Genève, *concerts@contrechamps.ch*; *www.contrechamps.ch*. **Ens:** Ens Contrechamps, Duo Dördüncü. (Red)

Döring, Andrea, Flöte; c/o MDR Sinfonieorchester, Augustuspl 9a, D-04109 Leipzig. **Laufb:** Sol MDR SinfOrch Leipzig. (Red)

Döring, Ralf, Mag, Prof, Hochschullehrer; Univ f Musik u Darst Kunst, Inst f Gesang u Musiktheater, Penzinger Str 7, A-1140 Wien. Sologesang u Musikdramat Darstellung **Ausb:** Studium H f Musik u Theater „Felix Mendelssohn Bartholdy" in Leipzig, Staatsexamen als Opern-, Konzert-, und Liedsänger, sowie als Gesangspädagoge. **Laufb:** o UProf U f Musik u Darst Kunst Wien seit 87. (Red)

Döring, Ute, Sängerin; Richard-Sorge-Str 22, D-10249 Berlin, T: 0 17 76 02 51 54, F: (0 30) 42 02 85 19, *ute-doering@web.de*; *www.ute-doering.de* [Berlin 4.6.1963]. Oper, Lied, Neue Musik **Ausb:** Stud (Ges, Liedinterpr) HdK Berlin 87–91, KlPäd ebd 84–88 (P Maus, D Fischer-Dieskau), Stud priv (N Enns, G Rohmert, P Iljunas). **Laufb:** EnsMitgl: Th Ulm 91–95, Bühnen d Stadt Köln 95–98, Gastsol: Schubertiade (Österr) 94–97, Bayreuther FSp 95, Mailänder Scala 98 u 2000, Köln 98–04, Wiener Klangbogen 99, Amsterdam 99, Frankfurt aM 99, Bonn 01, Städt Bühnen Osnabrück SpZ 01/02, San Francisco Op 02, ECLAT-Fstv Stuttgart 02, Op Dortmund 03/05, Hess Staatsth Wiesbaden SpZ 03/04 u 05/06. **Pr:** 2. Pr Bdeswettb Ges (Chanson/Jazz) 79. – **Aufn/RF:** C Franck: Les Béatitudes, Kölner Philh, Gürzenich-Orch,

Dgt P Neumann 97 (WDR); J Strauss 'Die Fledermaus', Neujahrskonz, Leipziger Gewandhaus, Dgt M Honeck 99 (MDR); H Pfitzner: Lieder (SWR); A Berg: Lulu-Suite, m Gürzenich-Orch, Dgt J Conlon 03. **UA:** B Türcke: 4 Lieder nach Texten v P Celan 86; G Wharton: 5 Pierrot-Tangos (f KamEns), UA Philharmonie Köln 01; S Corbett: KamOp X u Y (f Frauenstimme, Git u TB), UA ECLAT-Fstv Stuttgart 02; W Florey: Lieder f Singstimme u KlTrio n Texten v F Danielis, UA Venedig 02; W Florey: At the edge of the world (n Texten v J Adler) f Ges, Knabenchor, sinfon Blasorch, UA Altenberg 02. **Lit:** Porträt (Dt Welle) 97; Thema Musik (Porträt) SWR 03.

Doernberg, Martin, LRAM, Komponist, Pastor iR; Feldstr 19, D-31542 Bad Nenndorf, T: (0 57 23) 66 50 [Eschwege 4.3.1920]. Instrumentalmusik, Geistliche Chormusik **Ausb:** Unterr Komp (A Rawsthorne, S Wolpe). **Laufb:** Emigration n Großbritannien 39, L (M, Religion) seit 48, Rückkehr nach Dtld 60, ML Hermann Lietz-Schule Bieberstein, ev-luth Pastor 70, Komp. **Mitgl:** Hannoversche Ges f Neue M. – **Komp:** Adagio f StrOrch, 2 KlSon, Geistl ChM, leicht spielbare InstrM. **Aufn/RF:** Adagio f StrOrch, Bernbacher (Radio Bremen); 1. KlSon, Prießnitz (NDR Hannover); Geistl ChM, Niedersächs Singkr Tröndер (NDRHannover). **Sonst:** Beitr in 'Unterwegs mit meiner Musik. Komponieren heute' 03/04.

Dörner, Axel, Komponist; Pappelallee 5, D-10437 Berlin, T: (0 30) 6 92 11 07 [Köln 1964]. **Ausb:** Stud (Kl) Kons Arnheim/NL 88–89, Stud (Kl, Trp) b Malte Burba MH Köln 89–96. (Red)

Dörner, Hans, Kammermusiker; Auf der Heide 30, D-59823 Arnsberg, T: (0 29 37) 3 23, F: 3 23 [Hachenburg 28.3.1940]. Komp **Ausb:** Stud (Pos, Kl) MH Köln 59–64. **Laufb:** Sol (Pos) Philh Orch Dortmund 70–96. **Pr:** BlasM-Verband Baden/Württemberg. – **Komp:** Wilhelm-Busch-Vertonungen f Orch, Kant f Männerchor accapella u Bläserqua-Begleitung, Lyderzyklus 'Und d Moral v der Geschicht' f Bar u Kl. **AuftrKomp:** 'Die Botschaft d Stalingrad-Madonna' (f Bar u Orch), Text: H Hauser. **Aufn/RF:** Lyderzyklus 'Und d Moral v d Geschicht' f Bar u Kl.

Dörner, Wolfgang, Prof, Dirigent, Hochschullehrer; Hochschule f Musik, Schultheiß-Koch-Pl 3, D-78647 Trossingen, T: (0 74 25) 94 91 35, F: 33 64 35, *doernerP@mh-trossingen.de* [Wien 1959]. **Ausb:** Stud (Dir) b Prof. Österreicher in Wien. **Laufb:** GMD d Hansestadt Lübeck 87, Prof (Dir) HfM Trossingen seit 03/04. (Red)

Dörpholz, Florian, Trompete; Breitewiesen 19, D-75210 Keltern-Weiler, T: (0 72 36) 98 08 03, F: 98 08 04, *Floriandoerpholz@gmx.de*; c/o Rundfunk-Sinfonieorchester Berlin, Charlottestr 56, D-10117 Berlin [Karlsruhe 30.12.1978]. **Ausb:** Stud MH Karlsruhe seit 99/2000. **Laufb:** Mitgl London SymphOrch 93, Berliner SinfOrch 94–96, Junge Dt Philh 99–2001, Europan Youth Orch 2001, Aushilfe als stellv Sol Nationalth Mannheim, Sol Hess RF 2001, Sol RF-SinfOrch Berlin. **Pr:** 1. Bundespr Trp Solo 'Jugend musiziert' 97, Stip Dt MWettb Berlin 01. **Ens:** BlechblQui, HR-Brass.

Dörrie, Doris, Regisseurin; c/o Staatstheater am Gärtnerplatz, PF 140569, D-80455 München. **Laufb:** Filmreg, seit 2001 auch Opreg (2001 Cosi fan tutte u 2003 Turandot Staatsop Berlin, 2005 Rigoletto Bayerische Staatsop u Madame Butterfly Staatsth Gärtnerplatz München). (*)

Dörrie, Martin, Prof, Hochschullehrer; Hochschule f Musik u Theater, Emmichpl 1, D-30175 Hannover, *m.doerrie@gmx.de*; *www.martin-doerrie.de* [Hildesheim 1952]. **Ausb:** H f M u Th Hannover b K.-H. Kämmerling, Stud b V. Perlemuter (Paris). **Laufb:** Prof (Kl) H f M u Th Hannover seit 83. **Pr:** Concours Int d'exécution musicale 72, Wettb d MH d BRD Essen 75, Dt MWettb Bonn 78, Paloma o' Shea Santander 80. (Red)

Dörsam, Matthias, Komponist; Fahrenbacherstr 22, D-64658 Fürth/Odw, T: (0 62 53) 2 14 28, *matthiasdoersam@gmx.de*; *matthiasdoersam.de* [Mannheim 7.8.1960]. **Ausb:** Stud (Klar, Fl, Sax, Arranging, Komp) MH Mannheim u Swizz Jazz School Bern. **Laufb:** Arbeit als Komp f versch Musikstile, freier Musiker in Orch, in Studios, b Konz, b RF- u Fernsehproduktionen. – **Komp:** Konz f Jazzband u Orch; Old world new world (Konz f Marching Band u Symph Blasorch); Four Fantasies; Games of characteristics (f Fg u Kl); Concertino f Akk u Streichorch; Fünf Lieder; Drei f zwei; Trauern (f Kl u Streichorch). (Red)

Doeselaar, Leo van, Prof, Hochschullehrer, Orgel; Burg. Lambooylaan 17, Niederlande-1217 LB Hilversum, T: (0 35) 6 24 07 53, F: 6 24 20 91, *leovandoeselaar@xs4all.nl*; Regensburger Str 16, D-10777 Berlin; *www.leovandoeselaar.net*. **Ausb:** Stud (Org, Kl) i Den Haag (G Akkerhuis), Sweelinck Conservatorium Amsterdam (Org b A de Klerk, Kl b J Wijn). **Laufb:** Prof (künstl OrgSpiel) U d Künste Berlin, Organist-Titulair a d Van Hagerbeer-Orgel (1643) i d St. Pieterskerk in Leiden. **Pr:** Prix d'Excellence f Orgel, Tonkunst-Jubiläumpr 80, Silberne Freundeskranz d Concertgebouws i Amsterdam 81. (Red)

Dohl, Jergi *siehe* Paulmichl, Herbert

Dohmen, Albert, Bass-Bariton; c/o Theateragentur Dr Germinal Hilbert, Maximilianstr 22, D-80539 München, T: (0 89) 2 90 74 70, F: 29 07 47 90; c/o Hamburgische Staatsoper, PF 302448, D-20308 Hamburg; *www.hilbert.de* [Krefeld]. dt Fach (Wagner bis Strauss) weltweit in Oper u Konzert **Laufb:** Sol Staatsop Wien, Dt Op Berlin, Bayer Staatsop München SpZ 03/04, Staatsop Hamburg seit SpZ 03/04. **Pr:** 1. Pr Bundeswettb Ges Berlin 76, Grammy Award f Meistersinger m G Solti. – **Aufn/RF:** Strauss: Friedenstag, 'Kommandant', Dresdner Philh, Dgt: G Sinopli; Zemlinsky: Florentiner Tragödie, 'Simone', Concertgebouw Amsterdam, Dgt: R Chailly; Krasa: Verlobung im Traum, 'Fürst', DSO Berlin, Dgt: L Zagrossek. **UA:** Bose: Die Leiden d jg Werther, 'Albert', Hamburger Staatsop, Schwetzigen.

Dohmen, Andreas, Komponist; Wiesbadener Str 30, D-45145 Essen, T: (02 01) 75 33 35 [Viersen 10.4.1962]. **Ausb:** Kb, Komp (R Heister, D Torkewitz) Folkwang-H Essen, Mstrks (F Donatoni) Accad Musicale Chigiana Siena 87, 88, 89, 90; Komp (F Donatoni) Mailand u Biella 88–90. **Laufb:** LAuftr (MTheorie) Folkwang-H Essen seit 92; LAuftr (MTheorie) H f Musik Dortmund 2001–02, Auff ua b Fstvs: ECLAT Fstv Neue Musik Stuttgart 97, 99, 2002, Musik im 20. Jh Saarbrücken 98, Tage f Neue Musik Zürich 99, Donaueschinger Musiktage 2000, Wittener Tage f neue KamM 2001. **Pr:** Stip DAAD 88–90, dipl di merito Accad Musicale Chigiana 89, 90, 1. Pr Premio Valentino Bucchi 90, Folkwang-Pr f Komp 91, Auswahl z Forum junger Komp d WDR 92, 1. Pr KompWettb d Ldeshauptst Stuttgart 94, Auswahl d GNM f d Weltmusiktage 98. – **Komp:** Block, gespalten – geschnitten (Musik f Ulrich Rückriem) (f kl Orch) 92–94, UA Stuttgart, m Ens Varianti, Dgt: M Schreier 97; Portraits u Wiederholung I (f 7 Stimmen) 97/98, UA Kassel, m Neue Vokalsol Stuttgart, Dgt: M Schreier 98. **AuftrKomp:** Portraits u Wiederholung I (f 7 Stimmen) 97/98, UA Kassel, Neue Vocalsolisten Stuttgart, Dgt: M Schreier 98 (Auftr: Musik d Jahrhunderte Stuttgart); first time painting (time scan) (f Ens) 98, UA Karlsruhe, Ens 13, Dgt: M Reichert 98 (Auftr: Ens 13); colla parte, to cover (f Ens) 98/99, UA Mainz, Ens Aventure 99 (Auftr: Ens Aventure); Musik f Gerhard Richter (Portraits u Wiederholungen II) (f gr Orch) 99/2000, UA Donaueschingen, SWR-Orch Baden-Baden u Freiburg, Dgt: L Zagrosek 2000 (Auftr: SWR); frottages (f Ens) 2000/01, UA Witten, Ens Modern, Dgt: K de Roo 01 (Auftr: WDR); Kuhlmanns Zahlen (f Sop, 4 Männerst u Ens) 01, UA Stuttgart, m A Luz, Neue Vocalsol Stuttgart, Ens Modern 02 (Aufr: Musik d Jahrhunderte Stuttgart). **Aufn/RF:** RF-Mitschn d Komp in Dtschld ua b WDR, HR, MDR, SDR, SWR, SR; CDs: per forza... (come da lontano), m Ens Musica Viva Dresden, Dgt: J Wirrmann 93; Portraits u Wiederholung I, m Neue Vocalsol Stuttgart, Dgt: M Schreier 99; Musik f Gerhard Richter (Portraits u Wiederholung II), M SWR-Orch Baden-Baden u Freiburg, Dgt: L Zagrosek 01; frottages, m Ens Modern, Dgt: K de Roo 02.

Dohn, Christiane, Flöte; c/o Münchner Rundfunkorchester, Rundfunkpl 1, D-80300 München. **Laufb:** Sol Münchner RFOrch. (Red)

Dohn, Robert, Prof, Hochschullehrer, Querflöte; Ringstr 27, D-73666 Baltmannsweiler, T: (0 71 53) 4 23 32; Hochschule f Musik u Darst Kunst, Urbanstr 25, D-70182 Stuttgart. **Ausb:** Stud Peter-Cornelius-Konservatorium in Mainz. **Laufb:** Solo-Flötist b Radio-Sinfonieorch d Südwestrundfunks Stuttgart 83–2000, Prof Staatl H f M u Darst Kunst Stuttgart. (Red)

Dohnányi, Christoph von, Dirigent; c/o NDR Sinfonieorchester, Rothenbaumchaussee 132, D-20149 Hamburg, T: (0 40) 41 56 24 01, *sinfonie@ndr.de*; c/o Konzert-Direktion Hans Adler, Auguste-Viktoria-Str 64, D-14199 Berlin, T: (0 30) 8 95 99 20, *info@musikadler.de* [Berlin]. **Laufb:** Chefdgt u Intend Hamburg Staatsop 78–84, Chefdgt u künstl Lt The Cleveland Orchestra 84–02, Chefdgt Philharmonia Orchestra London seit 97, design Chefdgt NDR Sinf-Orch, musikal Lt Op Zürich SpZ 04/05. (Red)

Dohnányi, Oliver von, Dirigent; Renoirova 2a, CZ-15200 Praha-Hlubocepy, T: (0 42 02) 2 51 81 24 85, 01 72–7 46 49 79, *o.v.dohnanyi@volny.cz* [Trenčín, Slowakei 2.3.1955]. große Symphon u Opernmusik **Ausb:** Stud Dirig (V Neumann) MH Prag 74–79, Dirig (O Suitner) MH Wien 79–80, Mstrkse (F Ferrara, I Markevich, A Jansons). **Laufb:** Slovak RF-SinfOrch 79–86, GMD Slovak Nationalth 86–89, Slowak Philh 86–89, GMD Nationalth Prag 93–97, Gast Yomiuri Nippon SinfOrch, St Petersburg Phil, Royal Liverpool Phil, Engl Nat Op North (Leeds), Staatsop Wien, San Carlo, Mannheim, Karlsruhe, München ua. – **Aufn/RF:** Smetana: Libuše (Op); Verdi: Opera Choruses; Bach: Violinkonzerte; Russ Komp, Engl Chamber Orch. **UA:** U D Soyka: Klavierkonz.

Dohr, Stefan, Horn; c/o Berliner Philharmoniker, Herbert-von-Karajan-Str 1, D-10785 Berlin; c/o Cadenza Concert, Franz Josef Kai 3, A-5020 Salzburg, T: (06 62) 84 05 05, F: 8 40 50 54, *office@cadenza-concert.at*. **Laufb:** Sol Berliner Philh. (Red)

Dolder, Peter, Regisseur; Landestheater, Schwarzstr 22, A-5020 Salzburg. **Laufb:** Reg Landesth Salzburg. (Red)

Dolezal, Christian, Sänger; Volksoper, Währinger Str 78, A-1090 Wien. **Laufb:** Sol Volksop Wien. (Red)

Doll, Barbara, Kammermusikerin, Violine; HKB – Hochschule der Künste Bern, Fachbereich Musik, Papiermühlestr 13a, CH-3000 Bern 22, T: 03 16 34 91 90, F: 03 16 34 91 71, *barbara.doll@hkb.bfh.ch*; *www.hkb.bfh.ch*. **Ausb:** Stud H d Künste Berlin b Thomas Zehetmair, Thomas Brandis, Guildhall School of Music and Drama London b David Takeno, Mstrkrs b Sandor Végh, Shmuel Ashkenasi, Ernst Kovacic, Unterr b György Kurtág, György Sebök, Tákács-Qua, Borodin-Qua. **Laufb:** Doz (KamM, -orch) MAkad Kassel, Doz (V, KamM) HdK Bern seit 04. **Pr:** 2. Pr 3. Int Wettb 'Franz Schubert' u d M d Moderne Graz 97, mehrfache Pr 'Jugend-musiziert'-MWettb. (Red)

Doll, Ingrid, Mag, Prof, Hochschullehrerin, Gesangspädagogik; Univ f Musik u Darst Kunst, Inst Antonio Salieri, Rennweg 8, A-1030 Wien [Wien]. **Laufb:** o UProf (Ges) U f Musik u Darst Kunst Wien. (Red)

Dollé, Daniel, Regisseur; Volksoper, Währinger Str 78, A-1090 Wien. **Laufb:** Reg Volksop Wien. (Red)

Domay, Wolfram, 2. Kapellmeister und Studienleiter; Kleine Judengasse 3, D-96450 Coburg, T: (0 95 61) 51 34 59, 01 74–9 20 04 08, F: (0 40) 75 11 04 82 97, *wdomay@compuserve.de* [11.11.1966]. Oper, Sinfonik **Ausb:** Stud MPäd, MWiss (B Kontarsky, J Starek) MH Frankfurt/M 87–91, Germanistik, ThWiss U Frankfurt/M 91–93, Stud OrchDirig (G Wich, P Falk, H-R Förster) MH Würzburg 93–98, Aspen Music Summer School/USA (D Zinman, M Sidlin) 97. **Laufb:** Ass Jugend SinfOrch Hessen u Studio f Neue Musik MHs Frankfurt/M 89–91, künstl Lt Junge Sinfoniker Frankfurt 93–96, Solorep m Dgt-Verpfl Vogtland-Th Plauen 98–2000, Solorep m Dgt-Verpfl Landesth Coburg 2000/01, 2. Kapm/Studienlt ebd seit 2001/02 (03/04). **Pr:** Teiln DgtForum d Dt Musikrates 96–99, Stip Ev Studienwerk Villigst, Stip Richard-Wagner-Verband. **Ens:** Jugend SinfOrch d Landes Hessen, KamChöre d MH Frankfurt u Würzburg. – **Sonst:** Grdg Junge Sinfoniker Frankfurt 93.

Dombrowski, Martin, Prof, Hochschullehrer; H f Musik, Hofstallstr 6–8, D-97070 Würzburg. **Laufb:** Prof (Kl, schulprakt KlSp) H f M Würzburg. (Red)

Domingo, Plácido, KS, Tenor, Dirigent, Generaldirektor; c/o Placido Domingo – Office Germany, PF 2018, D-68710 Schwetzingen; Opernring 2, A-1010 Wien. **Laufb:** Sol Staatsop Wien, GMD Washington u Los Angeles, Metropolitan Op New York SpZ 06/07. – **Aufn/RF:** R Wagner: 'Tristan u Isolde' m N Stemme 05. **UA:** ua T Duns: 'The Last Emperor', UA Metropolitan Op New York SpZ 06/07; D Catan: 'Il postino', UA Los Angeles Op 09 m R Villazon. (Red)

Domnick, Christina, Solorepetitorin, Dirigentin; Jakobstr 5, D-99423 Weimar, T: (0 36 43) 49 24 57, *CDomnick@web.de* [Hamburg 24.12.1974]. Musiktheater **Ausb:** Stud (Dirig) MH Lübeck 94–2000. **Laufb:** Solorep m DirVerpfl Th Bremen seit SpZ 2000/01; Solorep m DirVerpfl Dt Nationalth Weimar seit 05/06. – **Lit:** Int ArbKreis Frau u M eV: 'Europ Dirigentinnenreader'.

Donath, Antje, Violine; Brennerstr 8, D-99423 Weimar. **Ens:** Duo Donath (mit Heiner Donath). (Red)

Donath, Heiner, Gitarre; Brennerstr 8, D-99423 Weimar, T: (0 36 43) 51 71 74, F: 51 71 74, *h.donath@freenet.de* [Jena 1968]. **Ausb:** Stud Git (J Rost) MH Weimar 85–90, 91–93, (A Ponce) ENM Paris 94. **Laufb:** LAuftr MH Weimar seit 95. **Pr:** 3. Pr Fernando-Sor-Wettb 94 u 95, 5. Pr Printemps de la Guitare Walcourt 98, 6. Pr 7. Int Gitarren Wettb Frühlingsgitarre 2000. **Ens:** Duo Donath (m A Donath, V). – **Aufn/RF:** CDs: Fernando Sor-Recital 95; Musik d Wiener Klassik (V, Git) 2000. **UA:** L Vollmer: 'Vergnügl Gesch a d Leben d gr Don Quichotte (Git, StrQua) 95; B Opitz: Rummelplatz-Suite 97; B Böhme: Duo f V u Git 99; J K Hildebrandt: Annäherung IV (V, Git) 01. **Zug:** B Böhme: Duo f V u Git op 99, UA 99.

Donati, Walter, Bariton; c/o Pro Arte Stefan Dörpinghaus, Rosenweg 7, D-42499 Hückeswagen, T: (0 21 92) 8 30 05, 01 77–6 63 40 66, F: 93 18 81, *info@proarte-online.de*; *www.proarte-online.de*. **Laufb:** Sol Mecklenburgisch Staatsth Schwerin, EnsMitgl Bad Staatsth Karlsruhe seit SpZ 03/04, Stadth Gießen SpZ 04/05. (Red)

Donauer, Karlheinz, Univ Prof, Mag art, Hochschullehrer, Gesang; Univ f Musik u Darst Kunst, Inst 7, Jakoministr 3–5, A-8010 Graz, T: (03 16) 3 89 32 59, F: 3 89 30 71, *karlheinz.donauer@kug.ac.at* [Graz 17.7.1941]. Oratorium, Chanson, Melodram **Ausb:** Stud (SchM, Chordirigieren) MAkad Graz 59–64. **Laufb:** UProf (OratGes) U f M u Darst Kunst Graz, zeitw auch LAuftr (Dirig, Sprecherz, Singen f Schauspieler, Chordirigieren), auch U f M u Darst Kunst Wien, (Korrep) America Inst of Musical Studies Graz, neben d HTätigkeit viele Chorltkse, Chortourneen u Kabaret-Chanson-Auftr. **Ens:** Duo Evelyn u Karlheinz Donauer. – **Komp:** Chansons u Melodramen. **Aufn/RF:** M Gielen: Pentaphonie, UA London, Dgt: Gielen (ORF Wien); M Gielen: Die Glocken sind auf falscher Spur (ORF Wien); Zahlr Aufn b Steir Herbst Graz, ua Bussotti: Polaczek (ORF Graz); Cerha: Exercises (ORF Wien); Liszt: Melodramen (ORF Burgenland); G Klimek: Chansons (ORF Steiermark); H Wolf: Lieder (ORF Kärnten). **UA:** W Bloch: Die Legende v Türhüter (Melodram). **Zug:** K Haidmayer: Chansons.

Donderer, Florian, Violine, Hochschullehrer; c/o Ensemble Oriol, Erkelenzdamm 59–61, Elisabeth-Hof, Portal I, D-10999 Berlin, *florian@donderer.de*. **Ausb:** Unterr V (M Nordstrom, B Hartog), Stud (D Takeno) H d Künste Berlin, Guildhall School of M and Drama London, Berlin (T Brandis), Stip Karajan-Akad Berliner Philh Orch 92–94, weitere Stud b S Ashkenazy, J Silverstein, G Kurtag u Borodin Qua. **Laufb:** Ass v T Brandis Berlin bis 99; Sol Bremer Musikfest, Berliner FestW, Musikfstv Mecklenburg-Vorpommern, Konz m European Community Chamber Orch, Dt KamPhilh Bremen, Konzm Ens Oriol, Dt KamPhilh Bremen; Prof (V) MH Groningen seit 02; Konz m A Weithaas, P Kuusisto, T Tetzlaff, S Azzolini, I Goritzki, J Zoon 03/04. – **Aufn/RF:** CDs: Strauss: 'Meamorphosen' m A Carewe 01, Strawinsky: 'L'histoire du soldat', Dgt. P Järvi, 02.

Doneva, Svetlana, Sängerin; Bergstr 24, CH-8700 Küsnacht, T: 07 97 82 35 93, *svedtlanadoneva@hotmail.com*. (Red)

Donner, Franz, Prof, Hochschullehrer; Univ f Musik u Darst Kunst, Inst f Gesang u Musiktheater, Penzinger Str 7, A-1140 Wien, T: (01) 7 11 55, F: 7 11 55, *donner@utanet.at*; T: (01) 8 04 34 95, F: 8 02 86 43; *www.e-stage.org*. Sologesang u Musikdramat Darstellung **Laufb:** o UProf U f Musik u Darst Kunst Wien. (Red)

Donose, Ruxandra, Mezzosopran; c/o Opern-Agentur M Kursidem & E Tschaidse, Wasagasse 12/1/3, A-1090 Wien, T: (01) 3 10 60 96, F: 3 10 60 94, *herzl@opern-agentur.com, fan@ruxandradonose.com*; c/o Columbia Artists Management GmbH, Till Janczukowicz, Albrechtstr 18, D-10117 Berlin, T: (0 30) 20 64 80 78, F: 20 45 34 80, *info@cami.com*; *www.opern-agentur.com, www.ruxandradonose.com*. **Laufb:** StaatsOp Wien, San Francisco Op, San Diego Op, Dt Op Berlin, StaatsOp Dresden, Teatro La Fenice, Th de la Monnaie Brussels, Royal Op, Op Company Toronto, Auftritte Covent Garden, San Francisco, m RAI Orch, Glyndebourne Fstv. **Pr:** 1. Pr ARD Int GesWettb München 90. (Red)

Dopfer, Jörn, Prof, Hochschullehrer, Bariton; Hochschule f Musik u Darst Kunst Frankfurt a M, Eschersheimer Landstr 29–39, D-60322 Frankfurt a M [Bremerhaven]. **Ausb:** Stud (Ges) H f M u Th Leipzig ab 92 (H Forner). **Laufb:** VertrProf (Ges) H f M u Darst Kunst Frankfurt a M 99, Prof H f M u Th Hamburg. (Red)

Dora, Claudia, Violine; St. Johanns-Vorstadt 33, CH-4056 Basel, T: 06 12 61 33 80, *claudia.dora@bluewin.ch*; *www.skit-online.com* [St. Gallen 6.12.1960]. KamM, alte Musik auf modernen Instrumenten **Ausb:** LDipl 82, SolDipl V (U Lehmann) Kons Bern 85. **Laufb:** KonzM KamOrch Basel 90–2000, Doz Bern H f M u Th Biel 93–01. **Ens:** Trio Basilea (KlTrio) seit 86, The Dorian Consort seit 90. – **UA:** J Frey: Klaviertrio 89; D Glaus: In Hora Mortis (KlTrio) 87–94; P Sonderegger: Missa incontri 90; A Schweizer: Cosmos 1 'Farben' (KlTrio) 91. **Sonst:** Grd The Dorian Consort 90.

Dorak, Martina, Sopran; c/o Volksoper Wien, Währinger Str 78, A-1090 Wien, T: (01) 5 14 44 30; *www.volksoper.at*. **Laufb:** Sol Op Zürich SpZ 00/01, Volksop Wien SpZ 00/01 u seit 03/04. (Red)

D'Orazio, Ugo, Dirigent, Pianist; Behaimstr 8, D-10585 Berlin, T: (0 30) 34 09 52 71, *ugo.dorazio@berlin.de*; c/o Deutsche Oper Berlin, Richard-Wagner-Str 10, D-10585 Berlin [Mailand 5.3.1967]. ital Op **Ausb:** Kons Mailand (Komp), U Mailand 91, KlDipl 96. **Laufb:** StaatsOp Hamburg 02, OpStudio Zürich 02–03, Th Bielefeld 03–04, Solorep Dt Op Berlin seit 04.

Dorda, Gerhard, Dr, Komponist; Triester Str 11, D-81669 München, T: (0 89) 49 51 70; Schloßstr 9c, D-83250 Marquartstein [Troppau 24.5.1932]. **Ausb:** Komp (E Hlobil) Akad f Mus Künste Prag u München (A Zehelein). **Pr:** Sudetendt Kulturpr f Musik 84, BVK a Bande f wiss Arbeit u Musik 87. – **Komp:** Missa Regina Pacis (geistl ChorW) 79, UA München, Grünwalder Singkreis 79; Fantasia Capricciosa (Suite f Schlgz) 81, UA München 81; Pater noster (Kantate), UA München, Münchner Singkreis, Bayer Staatsorch 85; Ackermann u Tod (Orat) 88; UA München 88. **AuftrKomp:** Intrada Monacensis (OrchW) 84, UA München 84 (Auftr: Sudentendt Tag 84). **Sonst:** 'Die Musik u d Metaphysik', Ringvorträge H f M u Th München 02–03. **Lit:** Böhmen, Mähren, Sudetenschlesien (Lex zur Dt Musikkultur) 2000; in: Who's Who in Music.

Dorfmann, Leonid, Klavier; c/o Hollstein Business Service eK, Badestube 12, D-36251 Bad Hersfeld, T: (0 66 21) 7 81 76, F: 5 16 10, *office@hollstein.de*; *www.hollstein.de* [Vilnius 1963]. **Ausb:** Stud MH Vilnius, Mstrkl Moskauer Tschaikowsky-Kons, Stud Pianistenmstrkl, KamM- u Liedbegleitungsmstrkl H Frankfurt, Mstrkl Freiburg u Salzburg, Stud Kapm Frankfurt/M. **Laufb:** Konz in USA, ehem UdSSR, FSpsommer Klaus, Italien, Griechenland, Schleswig-Holstein-MFstv, Kissinger Sommer, Alte Op Frankfurt, Konz m R Katilius seit 91. **Pr:** b int Wettb. **Ens:** Künst Lt Dietzenlecher Kammerorchester. – **Aufn/RF:** Alte Oper Frankfurt 91. **UA:** R Schtschedrin: 3. Klaviersonate, europ UA Kissinger Sommer.

Babette Dorn

Dorn, Babette, MA, Pianistin, Autorin, Kulturmanagerin; Besigheimerstr 2, D-74369 Löchgau, T: (0 71 43) 2 81 18, F: 87 06 08, *BabetteDorn@gmail.com*; Via Schener 1, I-31030 Castelcucco, T: (04 23) 56 37 08, F: 56 37 08; *www.Babette-Dorn.de* [Braunschweig 28.8.1966]. Kl solo (Mozart, Schubert, NS-verfolgte Komponisten), KamM, Lied **Ausb:** Stud Kl (R Kretschmar-Fischer) MH Detmold 85–90, (K Richter) MH Stuttgart 90–93, (F Gei) Mailand, Master of Arts Kulturmanagement Ludwigsburg 03. **Laufb:** Konz solo u KamM ua in Japan, Nahost, USA (Cleveland 97, New York 98, Texas 04), Kanada, Südamerika, Italien, Österreich, Schweiz, Frankreich 06; GesprächsKonz m Komp v Fromm-Michaels ua in Mainz, Trier, Detmold, Hamburg, Düsseldorf, Bielefeld, Dresden, Berlin; GesprächsKonz m H Hachmann zu Mozarts Da Ponte-Opern 05; LAuftr (KMusik, Korr) MH Stuttgart 93–97, (Lied) Kons Castelfranco Veneto seit 01, Masterclasses (Kl solo, Lied) North Texas Univ 04. **Pr:** Sonderpr Int Schubert-Kl-Wettb Dortmund 91, Pr d Dt Schubert-Ges 92, Stip Villa Musica Mainz 92–96. **Ens:** Ens Punto It, Klavierduo m F Faes, Trio Callot m K Grötsch u J Kaliunaite. **Mitgl:** Jury-Mitgl Int Klavierwettb Casale Monferrato 04 u 06. – **Aufn/RF:** Godowsky: Passacaglia, Castelnuovo-Tedesco: Tänze Davids (SWR solo-Prod, 2000); Mozart: Don Giovanni + Figaro (solo-CDs 06); Mitschn u a Trio Magonza (Mosel-Festwochen, SWR 99), solo Konzerthaus Berlin (DLF 03), Trio Callot (Schloßkonzerte Bruchsal, SWR 05), Ravel m F Faes (TV-Prod, RAI-Sat Italien 99). **UA:** EA d Klavierwerke v Ilse Fromm-Michaels (Tacet 99). **Sonst:** zahlr Veröffentlichungen über Ilse Fromm-Michaels (ua MGG2), Notenedition Passacaglia; Aufsatz 'Innov Kultursponsoring' 05; Hg 'Heine-Liederbuch' 05, lit-mus Veranstaltungen m Co-Hg J-C Hauschild 06.

Dorn, Dieter, Regisseur, Intendant; c/o Residenz Theater, Max-Joseph-Pl 1, D-80539 München [Leipzig]. **Laufb:** Oberspiellt Münchner Kammerspiele 76–83, Intend Münchner Kammerspiele 83–01, Intendant Bayer Staatsschausp seit 01/02, Inszenier ua StaatsopWien, Bayer Staatsop München ('Wozzeck', 'Così fan tutte', 'Le nozze di Figaro'), Salzburger FSp ('Ariadne auf Naxos' 79, 'L'Upupa u der Triumph d Sohnesliebe' 03), Bayreuther FSp ('Der fliegende Holländer' 90), Met Op ('Tristan u Isolde'). **Pr:** Kainz-Med d Stadt Wien 72, Dt Kritikerpr 73, Mitgl Akad d Künste Berlin, Dir Abt Darstell Kunst d Bayer Akad d Schönen Künste seit 86. (Red)

Dorn, Reinhard, Sänger (Bass); c/o Theater der Bundesstadt Bonn, Am Boeselagerhof 1, D-53111 Bonn. **Laufb:** Sol Städt Bühnen Krefeld/Mönchengladbach, Bad Staatsth Karlsruhe, Bayer Staatsop München, Sächs Staatsop Dresden SpZ 03/05, Bühnen d Stadt Köln, MTh Bonn (Osmin), Gastsol Staatsop Berlin, Brüssel, Wien, Stuttgart, (Partien u a: Leporello, Papageno, Figaro), MTh Bonn SpZ 04/05, Hamburgische Staatsop SpZ 04/05. (Red)

Dornbusch, Karin, Klarinette; c/o camerata variabile, Sekretariat, Nonnenweg 30, CH-4055 Basel, T: 06 12 61 20 05, *contact@cameratavariabile.ch*; *www.cameratavariabile.ch*. **Ausb:** Stud H d Künste Berlin, MAkad Basel. **Laufb:** Sol, KamM in Schweden u im Ausland, Sol Königl Philharmon Orch Stockholm, Schwed RF-SinfOrch, SinfOrch Basel, SinfOrch Dubrovnik, schwed KamOrch Musica Vitae, Sol KonzR Rising Stars 97/98, mehrmalige Auftritte im schwed RF u Fernsehen. **Pr:** 1. Prtr Der Solistenpr 96 Königl Musikal Akad v Schweden, 1. Pr Förderpr d Basler Orchges. **Ens:** camerata variabile. (Red)

Dorsch, Helge, Prof, Hochschullehrer, Dirigent, Pianist; Lohstr 115a / Hexbachtal, D-45359 Essen, T: (02 01) 3 16 50 76, 01 71–5 34 21 24, F: 3 64 36 13, *ProfDorsch@aol.com*; Robert Schumann Hochschule, Fischerstr 110, D-40476 Düsseldorf; *www.helgedorsch.com* [Penzberg, Bayern]. **Ausb:** Stud (Dirig, Kl, Komp) MAkad München, Sommerkse b Prof H Swarowsky Ossiach u Wien. **Laufb:** Solorep Bayer Staatsoper – NatTh München; FSp Salzburg, Bregenz, Bayreuth; Gastprof H f Musik München 97–98; Dgt Loreley-FSp 98–03; Prof (Partienstud, Liedgestaltung) H f Musik Detmold, Abt Dortmund; Dgt Op of New Jersey 2000–02; Prof H f Musik Düsseldorf seit 03; Dgt u Studienlt Tiroler FSp in Erl seit 04.

Dorsch, Thomas, Dirigent; Westpreußenweg 1, D-30900 Wedemark, T: (01 60) 5 21 66 94, *thomasdorsch@web.de*; c/o Stadttheater Hildesheim, Theaterstr 6, D-31141 Hildesheim. Musiktheater **Ausb:** Stud (Komp, Dirig) H f M u Th Hannover 88–98. **Laufb:** Chordir, Dgt, 1. Kapm u Ass d musikal Oblt, Gastdgt Stadtth Hildesheim. **Pr:** Niedersächs Min f Wiss u Kultur, Fazit Stift d FAZ.

Dorschner, Wolfgang, Kapellmeister; Carl-von-Ossietzky-Str 215, D-09127 Chemnitz, T: (03 71) 72 21 63, F: 72 21 63, *w.dorschner@web.de* [Berlin 5.6.1937]. Musiktheater **Ausb:** Stud Dirig (H Ahlendorf) Städt Kons Berlin 55–61. **Laufb:** 1. Kapm u Chordir Th Freiberg 72–80, Lt Gewandhauskinderchor Gewandhaus zu Leipzig 80–82, 1. Kapm u Chordir Mittelsächs Th Freiberg-Döbeln 82–01.

Dorst, Tankred, Regisseur, Dramatiker, Schriftsteller; Karl-Theodor-Str 102, D-80796 München, T: (0 89) 3 07 32 56 [Oberlind b Sonneberg, Thüringen 19.12.1925]. **Laufb:** Insz 'Ring des Nibelungen' Bayreuther FSp 06. **Pr:** Georg-Büchner-Pr 90, Kultureller Ehrenpr d Stadt München 05. (Red)

Dorwarth, Agnes, Prof, Blockflöte, Hochschullehrerin; Hochschule f Musik, Schwarzwaldstr 141, D-79102 Freiburg, *Agnes.Dorwarth@gmx.de* [1953]. **Ausb:** Stud in Freiburg u Salzburg (hist Aufführungspraxis b N. Harnoncourt). **Laufb:** Prof (Bfl) H f M Freiburg i Br 03. (Red)

Dosch, Wolfgang, Sänger, Regisseur, Dramaturg; c/o Nordharzer Städtebundtheater – Theater Halberstadt, Spiegelstr 20a, D-38820 Halberstadt, *wolfgang.dosch@gmx.net*. Musical, Operette **Ausb:** Stud (OpRegie) MH Wien, (Gesang, Schausp, Optte, Musical) Kons Wien, (Th- u MWiss) U Wien. **Laufb:** Sol m Dramat-Verpfl Staatsoptte Dresden, NatTh Mannheim, Op Leipzig, Th a d Wien, Raimundth Wien, Op Halle, Op Chemnitz, Städt Bühnen Regensburg, Wiener Staatsop, Dram Staatsoptte Dresden SpZ 03/04. **Pr:** Robert-Stolz-Med. – **Aufn/RF:** Stolz: Robert Stolz u sein Jh, ORF 81; Bernstein: 'Mass', Wiener Staatsop, ORF 82; Lehár: Lustige Witwe, Mörbisch Fstv 94. **UA:** Cerha: Netzwerk; Kratochwil: Kantate; Kolmann: Chansons; Frieberger: Der Einsiedler. **Zug:** Frieberger: Der Einsiedler; Kratochwil: Kantate; Kolmann: Chansons. **Sonst:** Präs 'Wiener Opttenges', Vorstand 'Int Franz-Lehár-Ges'; Veröffentl: Wiener Johann-Strauß-Ges, Ges f unterhaltende Bühnenkunst, Wiener Volksop, Staatsoppte Dresden.

Doss, Mark S, Sänger; c/o Oper Frankfurt, Untermainanlage 11, D-60311 Frankfurt/Main. **Laufb:** Sol u Gastsol Op Frankfurt seit SpZ 03/04. (Red)

Dostal, Roman, Dirigent; Heinrich-Wallmann-Weg 3, A-5020 Salzburg, T: (06 62) 64 12 79, F: 64 27 40, *roman.dostal@gmx.at* [Bad Ischl 29.10.1943]. Konz, Op, Mozart, Musical **Ausb:** Musik-Stud Violine (Th Müller) Mozarteum Salzburg, Kampm-Klasse (G Wimberger), Sommerkurse (B Maderna) Int Sommerakad Mozarteum. **Laufb:** RIAS Berlin, Konz Europa u USA, Tourneen Belgien, Dtschld, Holland, Österr, Schweiz, Gastdgt Landesth Salzburg u Volksop Wien. **Pr:** Gr Verdienstzeichen des Landes Salzburg. – **Aufn/RF:** m RIAS-Orch u Radio SinfOrch Berlin 68, RF- u Fernsehprod als freischaff Dgt Belgien, Dtschld, Österr, USA, LP-Prod bei EMI-Electrola.

Dostal, Ulrike, Sängerin; c/o Staatstheater am Gärtnerplatz, Gärtnerpl 3, D-80469 München, PF 140569, D-80455 München [Regensburg 1976]. **Laufb:** Sol Staatsth am Gärtnerplatz München SpZ 03/04. (Red)

Dott, Daniela, Sängerin; Staatstheater, Oberer Schloßgarten 6, D-70173 Stuttgart [Koblenz]. **Ausb:** Stud (E. Moser) MH Köln. **Laufb:** Sol Staatsop Stuttgart. **Pr:** Mozartprtr d Stadt Koblenz, Finalistin d Belvedere-Wettb in Wien 04. (Red)

Doucet, Renaud, Regisseur; Volksoper, Währinger Str 78, A-1090 Wien. **Laufb:** Reg Volkoper Wien. (Red)

Doufexis, Stella, Mezzosopran; c/o KünstlerSekretariat am Gasteig, Rosenheimer Str 52, D-81669 München, T: (0 89) 44 48 87 90, F: 4 48 95 22, *team@ks-gasteig.de*; *www.ks-gasteig.de*. **Ausb:** Stud (Prof I Figur) HdK Berlin, Mstrkl b A Reimann u D Fischer-Dieskau, weitere Stud b Anna Reynolds. **Laufb:** Mitgl Städt Th Heidelberg 95–97, Eng Th Royal de la Monnaie Brüssel, Dt Staatsop Berlin, Scottish Op, Barcelona, Ferrara; Sol Bayer Staatsop München, Gran Teatre del Liceu Barcelona SpZ 02/03, Kom Op Berlin SpZ 04/05.

Douliba, Oleg, Violine, 1. Konzertmeister; c/o Bremer Philharmoniker GmbH, Wüste Stätte 11, D-28195 Bremen [Lviv (Lemberg), Ukraine 11.1.1966]. **Ausb:** Spezial-MSchule Lviv 73–84, Stud (V) Kons Lviv 84–89. **Laufb:** Hauptfachlehrer (V) Spezial-MSchule u Konzm KamOrch d Stadt Lviv, Mitgl d 1. V i Dt Symphonie Orch Berlin (ehem RSO Berlin) 93, stellv Konzm ebd 95, 1. Konzm Philharmon Staatsorch d Freien Hansestadt Bremen seit 96 (04/05). **Pr:** 3. Pr d Ldeswettb f V Kiew 88, Stip d Karajan-Stift i d OrchAkad d Berliner Philharmoniker 90.

Douvier, Philip, Viola; Stanzer Zeile 47, D-12209 Berlin, T: (0 30) 79 70 87 58, F: 79 70 87 59, *philip@douvier.de*; *www.thibaud-trio.de* [Berlin 23.11.1970]. Streichtrio/-quartett **Ausb:** Hdk Berlin 93–99; Folkwang-Hochschule Essen. **Laufb:** regelm Konzertreisen m Jacques Thibaud Trio Berlin (Europa, USA, Japan). **Pr:** zweimal Gewinner d JugendkompWettb Berlin; Stip d Dt. Musikrates 99; Stip d Villa Musica; Stip „live music now"; Stip der Otmar-Alt-Stift. **Ens:** Jacques Thibaud Trio u Jacques Thibaud Quartett Berlin; Berlin Piano Quartet. – **Aufn/RF:** CD: Beethoven Streichtrios op.9. **Sonst:** Arrangeur f. KamM (Streichtrios bis -oktette, Klavierqua, -quin).

Dovico, Enrico, Dirigent; Ifflandstr 3, D-68161 Mannheim, T: (06 21) 3 97 43 37, (01 74) 4 31 44 05; c/o Bühnen der Stadt Köln – Opernhaus, PF 101061, D-50450 Köln. **Laufb:** 1. Kapm u stellv GMD Hessisches Staatsth Wiesbaden, Dgt Op Köln seit SpZ 03/04, 1. Kapm u stellv GMD Nationalth Mannheim SpZ 03/04. (Red)

Dovis, Pieter Willem, Sänger; c/o Oper im Schloßgarten, Jungfernstieg, D-23701 Eutin, PF 112, D-23691 Eutin. **Laufb:** Sol Op im Schloßgarten Eutin. (Red)

Dowd, Jeffrey, Tenor; Lilienstr 16, D-45133 Essen, T: (02 01) 44 47 39, *jefdowd@yahoo.com*; c/o Agentur Seitter, Opernring 8/13, A-1010 Wien, T: (01) 5 13 75 92, F: 5 12 93 51, *office@agentur-seitter.at*; *www.jeffreydowd.com*. **Laufb:** Sol Musikth Essen SpZ 03/05, Kom Op Berlin, Gastsol Op Frankfurt SpZ 00/01, Sol Volksop Wien SpZ 04/05. (Red)

Downing, Nigel, Hochschullehrer, Hornist; Kehrwiesenstr 8, CH-8630 Fägswil, T: 05 52 40 14 30, F: 05 52 40 14 30, *nigel.downing@gmx.ch*; *www.hornweb.ch* [Haslemere, England 18.1.1959]. **Ausb:** Stud Royal Coll of Music London 77, Royal Northern Coll of Music Manchester 78, Weiterb b Jack Meredeth (München) u Erich Penzel (Köln). **Laufb:** Staatsth Darmstadt 80–86, Tonhalle Orch Zürich 87, Doz (Hn, OrchStellen, Blattsp, KamM) MH Winterthur Zürich 92. **Pr:** Stip 77. – **Sonst:** Singing on the Wind – Aspects of Horn Playing 02.

Dragićević, Sascha Janko, Komponist; Thürmchenswall 68, D-50668 Köln, T: (02 21) 13 57 90, 01 79–5 98 48 40, *saschadrg@aol.com*; *www.sascha-dragic´evic´.com* [6.3.1969]. Neue Musik **Ausb:** Stud Komp (K Meyer, Y Höller) Dipl 98, Elektr Komp (H-U Humpert), Kl (K Oldemeyer) MH Köln Dipl 03. **Laufb:** ZusArb m d Dresdner Zentrum f zeitgen M, KompAuftr f KamOp, KompAuftr d Kunststift NRW f ein Werk f d Ens Modern 05. **Pr:** 1. Pr Komp-Wettb Forum Ost/West Köln 98, Stip d Konrad-Adenauer-Stift 98/99, 1. Pr int KompWettb MTage Hitzacker 99, 1. Pr int Piano-Composers-Cup Wolfenbüttel 99, Förderpr Opernfreunde Bonn 02, Prtr d Bernd-Alois-Zimmermann-Pr d Stadt Köln 04. **Mitgl:** Dt KompVerb, Klang-Köln eV. – **Komp:** ua Windschatten (f StrQua); Näherkommende Ferne u Nähe kommender Ferne (f Kl); 'Malerba' (f Kl, Klar, Pos, Vcl), UA oh-ton ens 99; QUARKS (f Kl u TB), UA MH Köln, P Alvarcs (Kl) 01; Wasser u Feuer (Sop u 6 Instr), UA Köln, e-mex ens 01, KamOp f Kinder u Jugendl, UA Semperop, Kleine Szene 03 (Auftr: Dresdner Zentrum f zeitgen M). **Sonst:** Grdgmitgl Kölner KompGruppe SCHISMA.

Draxinger, Franz, Horn; c/o Konzertagentur Dagmar Körner, Bergstr 15, D-85120 Hepberg, T: (0 84 56) 15 30, F: 21 09, *koerner.konzerte@t-online.de*; *www.konzertagentur-koerner.de* [Waldkirchen 1964]. **Laufb:** Sol Münchner RF Orch 87. **Pr:** 1. Pr Int Musikwettb Tokio, Würth-Pr. **Ens:** Arcis Qui. (Red)

Drcar, Alexander, Dirigent; c/o Hamburgische Staatsoper, Große Theaterstr 34, D-20354 Hamburg, PF 302448, D-20308 Hamburg. **Ausb:** Stud Dirig (K Österreicher) Wiener MH. **Laufb:** Kapm seit 92, musikal Lt Stadtth Klagenfurt 96–99, Gastdgt Ulm, Luzern, Gran Teatro del Liceu Barcelona 97, Korr u Ass Christoph v Dohnanyi 97, Neueinstud 'Simplicus Simplicissimus' Wiener Klangbogen, musikal Lt Prod 'Elegie f junge Liebende' Odeon 98, ZusArm m Kärntner SinfOrch, Gastdgt Philh Maribor, Südwestdt Philharmonie Konstanz, Kasugai City Orch Japan, Slowen Philh Ljubljana seit 97, Wiedereröffnung d Stadtth Klagenfurt 98/99 ('Hoffmanns Erzählungen'), Gastdgt Op Frankfurt,

Staatsth Braunschweig SpZ 04/05, Wiener KamOp ('Die Fledermaus'), Japan-Tournee, Dgt Hamburg Staatsop SpZ 03/04. – **UA:** P Androsch: Op 'Schreber', UA Stadtth Klagenfurt 99; G Kreisler: Op 'Aufstand d Schmetterlinge', UA NetZZeit 2000; P Androsch: Op 'Zeichner im Schnee', UA Landesth Linz 2000/01. (Red)

Drechsel, Herbert, Prof, Hochschullehrer, Klavier; Andreas-Schlüter-Str 9, D-40789 Monheim, T: (0 21 73) 5 28 19, F: 5 28 19, *Herbert.Drechsel@gmx.de* [Köln 22.9.1930]. **Ausb:** b M Jansen-Füssel Köln 40–54, MLehrersem VDTM Köln 47–49. **Laufb:** Doz (Kl, KamM) 63, Prof 74, 1. Prorektor Robert-Schumann-H Düsseldorf 87–95, 1. Amerika-Tournee m über 60 Recitals 55, KamMPartner ua v J u R Kussmaul, S Végh, G Janzer, J Wolf, F Klein, Pianist Mitarb Mstrkse Ges Luzern 64–71. **Pr:** Finalist Concours Int de Piano Genève 55. – **Komp:** H Searle: Concertino f Kl u Orch, Dgt: H Scherchen 54 (Auftr: Scherchen).

Drechsel, Oliver, Konzertpianist, Komponist, Hochschullehrer; Schlossberger Weg 1, D-40789 Monheim/Rhein, T: (0 21 73) 93 14 71, 01 79–3 91 68 98, F: (0 21 73) 93 14 71, *email@odrechsel.de*; *www.odrechsel.de* [Langenfeld/Rheinland 10.5.1973]. **Ausb:** Kl (P Gililov) MH Köln 91–98, Mstrkse (P Feuchtwanger, K H Kämmerling). **Laufb:** LAuftr (Kl) MH Köln 2000, Ass v P Gililov (Kl, KamM) Mstrks Nagano 2000, Doz (KlM aus 4 Jh) Karl-Rahner-Akad Köln 2000, Künstl Lt C Bechstein Centrum Köln 03, KamM-Konz. **Pr:** 1. Pr KompWettb Siegburg 95, Förderpr Rhein Kulturpr 98, Pr 'Best of NRW' 03, 'Stern d Monats' 03, Sonderpr d Dt Musikedition 03. **Ens:** TonArtEns. – **Komp:** 'Der Urton' f Bläserqui u Streichqui, UA Köln 03. **Aufn/RF:** J Baur: Das Klavierwerk (CD) u Kl-Lieder (CD); fantasia (CD); J C H Rinck: Das Klavierwerk (CD); F Kiel: Das Klavierwerk (CD); J W Wilms: Kl-Werke (CD); Kl-Son v Neefe u Beethoven (CD); Dialogo Werke f Vcl u Kl (CD). **UA:** Baur: Nachklang f Bar u Kl 99; Herkenrath: Sonate f Kl 2000. **Zug:** Herkenrath: Sonate f Kl. **Sonst:** Edt: Jürg Baur: Das Klavierwerk; Werkverzeichnis Jürg Baur; Edt: J W Wilms: Das Klavierwerk (2 Bde).

Drechsel, Uwe, Intendant, Regisseur; c/o Städtebundtheater Hof, Kulmbacher Str 5, D-95030 Hof. **Laufb:** Intend u Reg Städtebundth Hof seit SpZ 03/04. (Red)

Drechsler, Nanny, Dr, Prof, Hochschullehrerin; Egonstr 53, D-79106 Freiburg, T: (07 61) 3 23 04, F: 3 23 04. **Laufb:** Prof (MTheorie) Staatl H f Musik Karlsruhe. (*)

Drefahl, Jutta, Prof, Hochschullehrerin, Klavier; Am Waldeck 47, D-65779 Kelkheim, T: (0 61 95) 7 43 92. **Laufb:** Prof aD (Kl) H f M u Darst Kunst Frankfurt/M. (*)

Dreier, Klaus, Klavier, Hochschullehrer; Dr. Hoch's Konservatorium, Hebelstr 15–19, D-60318 Frankfurt, T: (0 69) 9 15 00 40, F: 5 96 15 76, *mail@dr-hochs.de*; *www.dr-hochs.de*. **Laufb:** Doz (Kl) Dr Hoch's Kons Frankfurt. (Red)

Drescher, Christian, Sänger; c/o Volksoper Wien, Währinger Str 78, A-1090 Wien, T: (01) 51 44 40, F: 5 14 44 32 15, *office@volksoper.at*; *www.volksoper.at*. **Laufb:** Sol Volksop Wien seit SpZ 03/04. (Red)

Drescher, Manfred, Sänger (Tenor); c/o Städtische Theater, Käthe-Kollwitz-Str 7, D-09111 Chemnitz, PF 756, D-09007 Chemnitz. **Laufb:** Sol Parchim, Frankfurt/Od, Plauen, Rostock, Städt Th Chemnitz seit 64 (04/05). (Red)

Drese, Cornelia, Sängerin; Erasmusstr 11a, D-40223 Düsseldorf, T: (02 11) 31 48 64; c/o Theater Lüneburg GmbH, PF 2829, D-21318 Lüneburg. **Laufb:** Gastsol Mainfranken Th Würzburg SpZ 00/01, Städt Th Chemnitz SpZ 00/04. (Red)

Dressel, Gernot, Blockflöte, Hochschullehrer; Chriesibüelhalde 4, CH-6043 Adligenswil, T: 04 13 70 48 24. **Laufb:** Doz (Blockfl) MH Luzern. (Red)

Dressel, Matthias, Sänger; c/o Theater an der Rott, Pfarrkirchener Str 70, D-84307 Eggenfelden. **Laufb:** Sol Th a d Rott Eggenfelden SpZ 03/05. (Red)

Dreßler, Friedmann, Violine, Komponist; c/o Duisburger Philharmoniker, Neckarstr 1, D-47051 Duisburg. **Laufb:** V Duisburger Philh. (*)

Dreßler, Günter, Sänger; c/o Sächsische Staatsoper, Theaterpl 2, D-01067 Dresden. **Laufb:** Sol Sächs Staatsop Dresden. (Red)

Dreßler, Olaf, Klavier, Hochschullehrer; Gustav-Meyrink-Str 15, D-81245 München, T: (0 89) 83 02 43; Richard Strauss Konservatorium, Gasteig, Kellerstr 6, D-81667 München [Dresden]. **Laufb:** Doz (Kl) Richard Strauss Kons München. **Pr:** 1. Pr u Goldmedaille Maria Canals-Wettb Barcelona, 1. Pr u 'Palma d'Oro' Finale Ligure. (Red)

Dressler, Rudolf (Pseud: Uz Wiedensahl), Komponist, Musiker (Violine, Viola); Braunsdorfer Str 113, D-01159 Dresden, T: (03 51) 4 12 52 01 [Dresden 19.3.1932]. Kam- u OrchM, U-Musik-Arrangements, VokalM, Zyklen, ChorM **Ausb:** Stud (V, Va) Dresden, Komp priv (J P Thilman, O Reinhold). **Laufb:** Mitgl sächs Staatskap Dresden, Komp, SchM, KamM, Orch- u UnterhaltungsM, KamVirtuose. **Pr:** Bronzemed d VDK d DDR 84. **Ens:** Va Rothqua d Sächs Staatskap 64–71. – **Komp:** 'Miniaturen' f Bläserqui (KamM), UA Dresden 64; Gershwin-Variationen (Orch-Musik), UA Dresden 71; Hornkonz (Orch-Musik), UA Dresden 73; Oktett f Streicher u 3 Bläser (KamM), UA Berlin 82; Die kleine Mariette (Ballett), UA Görlitz 84; Salzspiele (f Kinder) (Op), UA Bad Reichenhall 96; Lessingiaden (Traktate über d Wein f Chor u Orch), UA Bautzen 2000; Swing-Konzertino (f Sax u Streichorch), UA Bad Reichenhall 2000. **Aufn/RF:** zahlr Aufn ua m Musikern d Sächs Staatskap, Dresdner Philh, Landesbühnen Sachsen, Schweriner Staatskap, BSO, Landesth Görlitz, Gothaer SinfOrch, versch Chöre u Sol, Laien Orch u Ens. **Sonst:** 15 Jahre Vors d KamMBeirates d Sächs Staatskap, Ltg d Pensionisten-Ens 'Arco-Belcanto' seit 97.

Drevinskas, Algirdas, MA, Tenor; Bruchwiesenstr 27, D-66111 Saarbrücken, T: (06 81) 3 90 73 31, F: 3 90 73 31, *Algirdas.drevinskas@gmx.de*; Sparnu 3a-2, Litauen-5280 Birzai, T: (0 20) 3 79 44, F: 3 79 45, *birzieciu.gintaras@takas.lt* [Birzai, Litauen 18.12.1965]. Oper, Operette, Oratorium **Ausb:** Stud Ges (S Larin) MAkad Vilnius 89–91, (V Noreika) ebd 91–95, (J Loibl) U f M u darst Kunst Graz 93–98, Musikdramat Darst (C Pöppelreiter, W Schmid) ebd 97–98, Dipl 98. **Laufb:** Litau Nationalop Vilnius 91–94, Stadtth Leoben, Sol Saarländ Staatsth Saarbrücken, Düsseldorfer Operette, Sol Saarländ Staatsth SpZ 03/04. **Pr:** Final Wettb Wagner-Vbd Graz 96, Semifinal Förderprwettb d KonzGes München 97. **Ens:** Ens f mod Musik 'Cantus' Graz. – **Aufn/RF:** W A Mozart: Op 'Die Hochzeit d Figaro', Orch U Graz, Dgt: W Schmid 98; J S Bach: Orat 'Hohe Messe h-moll', Vokalens '83, Neues Saarländ KamOrch, Dgt: B Leonardy 99. **UA:** A Schnittke: 'Gesualdo' (Fabrizio Caraffa), dt EA, Saarbrücken 2000; D Sawer 'The Panic' (Young Man), dt EA, Saarbrücken 02.

Drewanz, Hans, Prof, Dirigent; c/o Konzertdirektion Hans Ulrich Schmid, Königstr 36, D-30175 Hannover, PF 3409, D-30034 Hannover, T: (05 11) 3 66 07 60, 3 66 07 27, 3 66 07 39, F: 3 66 07 34, *mail@kdschmid.de, cos@kdschmid.de*; c/o Stadttheater Bern, Nägeligasse 1, CH-3000 Bern 7, T: 03 13 29 51 11, F: 03 13 29 51 66, *info@stadttheaterbern.ch*; *www.kdschmid.de* [Dresden]. **Ausb:** Stud MH Frankfurt/M. **Laufb:** StudLt u pers Ass v Sir G Solti Op Frankfurt, GMD Städt Bühnen Darmstadt 63, Dgt Bühnen Düsseldorf-Duisburg, Frankfurt/M, NatTh München ua, Dgt Dt Op Berlin, Stadtth Bern, Königl Op Stockholm seit SpZ 99/00, Gastdgt Staatsth Darmstadt SpZ 00/01, Konz Finnland, Frankreich, Niederlande, Italien, Polen, Schweden ua, regelm Gastdgt NHK-Orch, Yomiuri-Orch Tokio, Gastdgt Op Frankfurt u Stadtth Bern seit SpZ 03/04. **Pr:** Goethe-Plak d Landes Hessen 94, Silberne Verdienstplak Darmstadt. (Red)

Drgac, Karel, Mag, Festspiel-Direktor, Regisseur; c/o Opern Air Gars – Intern. Opernfestspiele, Hauptpl 83, A-3571 Gars am Kamp, T: (0 29 85) 3 30 00, F: 3 30 64, *opernair@aon.at*; PF 150, A-1092 Wien, T: (01) 3 10 20 26, F: 3 19 15 86, *opernair@aon.at*; *www.opernair.at*. Oper **Laufb:** Dir Opern Air Gars SpZ 03/05.

Dries, Michael, Bass; c/o Tiroler Landestheater, Rennweg 2, A-6020 Innsbruck, T: (05 12) 5 20 74; c/o Bühnen der Stadt Köln – Opernhaus, PF 101061, D-50450 Köln. **Ausb:** Stud Bayer Singakad 90–95, Priv Gesangsunterr (H Elbert) seit 94, OpWorkshop Bad Orb 94, GastStud (OpSchule) MH München 95–98, Mstrks (K Moll) Münchner Singschul' 97. **Laufb:** Gastsol Stadtth Passau 98 (Ataliba 'Alzira'), Landesth Magdeburg 98 (Ochs 'Rosenkavalier', Festeng Hess Staatsth Wiesbaden seit 98, Gastsol Landesth Erfurt, FSp auf den Domstufen 99, FestEng Stadtth Augsburg seit 99, Sol Dt Op am Rhein Düsseldorf-Duisburg, Volksop Wien SpZ 03/04, Sol Tiroler Ldsth SpZ 04/05, Op Köln. **Pr:** 2. Pr 'Jugend musiziert' 95. (Red)

Driessen, Bart, Bass; Theater, Kuhstr 12, D-44137 Dortmund [Niederlande]. **Ausb:** Stud (Ges) Sweelinck Kons Amsterdam, Stud Kons Utrecht. **Laufb:** Eng Landesth Coburg SpZ 97/98, Mitgl Opstudio NL 99, Nat Reisop NL, Sol Th Bremen (L Nono: Intolleranza; G Puccini: Tosca, Cesare Angelotti) SpZ 00/01, Oper Dormund seit 03/04. (Red)

Drömann, Till, Dirigent; Kleine Domfreiheit 9–10, D-49074 Osnabrück, T: (05 41) 3 35 76 84, 01 79–5 17 30 23, F: (05 41) 3 35 76 84, *drofmanntill@aol.com*; c/o Städtische Bühnen Osnabrück, Domhof 10–11, D-49074 Osnabrück [Heidelberg 20.2.1972]. **Ausb:** Stud Dirig, Kl (Gielen, Leygraf) Mozarteum Salzburg 91–95. **Laufb:** Rep, Kapm, Ass d GMD Th Hagen 95–2000, Rep Salzburger FSp 98, Ltg Arbeitsphase Neue Musik, m Junge Dt Philh Frankfurt 2000, 2. Kapm Städt Bühnen Osnabrück u Osnabrücker SymphOrch. – **UA:** F Gerhardt: 'double (jardin secret)'; A Strauch: Paraphrase über 'Bist du net bei mir'; F Zeller: 'Wo'; J M Sanchez Verdú: 'Im Rauschen d Stille'; W Hoban: 'Nachtstrahl'; H Thomalla: 'Kontrapunkt 1'; H Jentzsch: 'ERRTAUMINNEN'.

Drole, Ruben, Sänger; c/o Opernhaus Zürich, Falkenstr 1, CH-8008 Zürich. (Red)

Drop, David, Violine; c/o Rundfunk-Sinfonieorchester Berlin, Charlottenstr 56, D-10117 Berlin. **Laufb:** Vorspieler RF-SinfOrch Berlin. (Red)

Drude, Matthias, Prof, Komponist, Hochschullehrer; Weißer-Hirsch-Str 16, D-01326 Dresden, T: (03 51) 2 68 22 05, F: 2 66 66 54, *Drude.DD@t-online.de*; Hochschule f Kirchenmusik, Käthe-Kollwitz-Ufer 97, D-01309 Dresden; *www.m-drude.de* [Prisser/Dannenberg 18.5.1960]. Oratorium, Kammermusik **Ausb:** Stud (SchM), MTheorie, Komp (D de la Motte, U Leyendecker), MH Hannover u Hamburg 78–88. **Laufb:** LAuftr (MTheorie) MH Hannover u Lübeck, Doz (MTheorie) H f KiM Dresden seit 93, LAuftr (MTheorie) MH Dresden seit 95, 1. Vors d LV Sachsen im Dt KompVerband seit 2001. **Pr:** Arbeitsstip, Aufenthalt Künstlerhof Schreyahn 87, 2. Pr Niedersächs Nachwuchsstip 90, Ernst-Fischer-Pr 93, KompPr d Sächs Musikrats 2000. – **Komp:** Ouvertüre f Orch (sinf M) 84, UA Berlin, Berliner Philharmon Orch, Dgt: R Peters 85; Sinfonietta (sinf M) 87, UA Hitzacker 87; Variationen f Orch (sinf M) 87, UA Nordhorn 91: Puppenspiele (sinf M) 90, UA Köln 93; Nocturne f V u Akk (KamM) 90, UA Magdeburg 91; Der 139. Psalm (geistl Motette), UA Dresden 95; Weihnachtsorat (Orat) 95/96, UA Dresden 97; Von den Mühen der Heimkehr (Orat), UA Halle 2000; Stationen der Passion Jesu, UA Dresden 04. **Aufn/RF:** M D: Weihnachtsoratorium (CD) 98.

Druschel, Frank, Chordirektor; c/o RIAS-Kammerchor, Charlottenstr 56, D-10117 Berlin, T: (0 30) 20 29 87 30, F: 20 29 87 40, *info@rias-kammerchor.de*; *www.rias-kammerchor.de*. **Laufb:** Chordir RIAS-Kammerchor Berlin seit 98. (Red)

Dubrovskaya, Lydia, Prof, Hochschullehrerin, Violine; Hochschule f Musik Nürnberg-Augsburg, Abt. Augsburg, Maximilianstr 59, D-86150 Augsburg, *lydia.dubrovskaya@web.de*. **Laufb:** Prof (V) H f Musik Nürnberg-Augsburg, Abt Augsburg. (Red)

Dubrovsky, Ruben, Violoncello; c/o Bach Consort Wien, Porzellangasse 22/1/14, A-1090 Wien, T: (01) 3 10 91 84, F: 3 10 91 84, *ruben.dubrovsky@bachconsort.com*; Mersich & Kiess OEG, Erlaaer Pl 2/2/19, A-1230 Wien, T: (01) 8 17 87 73, F: 8 17 87 73, *mersich-kiess@akis.at*; *www.bachconsort.com* [Buenos Aires 9.10.1968]. J S Bach **Ausb:** b V Glagol Cons Nacional Buenos Aires, b M Carneiro H f M Detmold, b E Isaakadze David Oistrach Akad Ingolstadt, Mstrkse b M Rostropovich, B Greenhouse, Z Nelsowa, D Geringas, KamM (Alban Berg Qua, Guarneri Qua, Amadeus Qua, E Feltz). **Laufb:** Regelm Konz i Wiener Musikverein. Zusammenarb m Emma Kirkby, Bernarda Fink, Carlos Mena. **Ens:** Beethoven-Ens Wien seit 95, Bach Consort Wien.

Dubrowsky, Ruben, Cello; c/o Mersich & Kiess OEG, Erlaaer Platz 2/2/19, A-1230 Wien, T: (01) 8 17 87 73, F: 8 17 87 73, *office@mersichkiess.at*; *www.mersichkiess.at* [Buenos Aires 1968]. **Laufb:** Cons Nacional Buenos Aires b V Glagol, H f Musik i Detmold b M Carneiro u David Oistrach Akademie i Ingolstadt b E Isaakadze. **Ens:** Grd Bach Consort Wien, Mitgl Wiener Kammerphil u Beethoven-Ens Wien seit 95. (Red)

Ducret, André, Dirigent; rte de Treyvaux 61, CH-1649 Pont-la-Ville. (Red)

Duda, Antoni, MA, Dirigent; Papiermühlstr 29, D-67655 Kaiserslautern, T: (06 31) 6 97 73 [Orzegow 3.4.1938]. Oper, Operette **Ausb:** Stud Kl, Theorie, Komp (Prof Prof W Szolonek) MAkad Kattowice/Polen 56–62, Dirig (Prof K Stryja) m Ausz ebd 66–71. **Laufb:** Kapm Städt Op Bytom/Polen 71–84, später Gr Th Lodz, Solorep u Kapm Städt Bühnen Osnabrück 84–89, Kapm u Studienlt LdesTh Detmold 89–91, Kapm u Studienlt PfalzTh Kaiserslautern 91–2001, Kapm u MChef Städt Bühnen Op u Ballett Bytom/Polen seit 01.

Dudea, Gregor, Violinist; c/o Staatstheater Braunschweig, Am Theater, D-38100 Braunschweig, PF 4539, D-38035 Braunschweig. **Laufb:** Sol Staatsth Braunschweig SpZ 03/04. (Red)

Dudley, Margaret, Fagott; c/o HR Sinfonieorchester, Bertramstr 8, D-60320 Frankfurt a M. **Laufb:** stv Sol HR SinfOrch Frankfurt a M. (Red)

Düchtel, Norbert, Prof, Hochschullehrer, Orgel; Josef Geller-Str 11, D-93152 Nittendorf/Undorf, T: (0 94 04) 27 60, (01 77) 7 56 49 49, F: 63 74, *norbert.duechtel@t-online.de*; Hochschule für Musik, Neustadt 22, D-32756 Detmold [Würzburg]. **Ausb:** Stud MH Würzburg, Paris, Prag u München. **Laufb:** Doz (Orgel, Orgelmethodik) KiMSchule Regensburg, KonzTätigkeit weltweit, JuryMitgl, Prof HfM Detmold 04. (Red)

Düerkop, Renate, dramat Sopran; Wittstocker Str 21, D-10553 Berlin, T: (0 30) 39 10 42 68, F: 39 10 42 68, *v.diva@web.de* [Coburg 2.10.1967]. Oper **Ausb:** Stud Ges (Grumbach) H f Musik München 87–95, Privatunterr (Ges) b Metternich, Hartmann. **Laufb:** Sol Op Pforzheim 95–97, Sol Op Kaiserslautern 97–99, Sol Op Halle 99–01, Partien: Titus (Vitellia), Ariadne auf Naxos (Ariadne), Rosenkavalier (Marschallin), Fliegender Holländer (Senta), Fidelio (Leonore), Tosca (Tosca), Maskenball (Amelia), Tannhäuser (Venus), Gastsol Meininger Th 03. **Pr:** VDMK Wettb 88, Förderpr Meistersängerwettb 93, Richard-Strauss-Plak 94. – **Aufn/RF:** N J Schneider: 'Klänge d Lichts', CD 94. **UA:** V D Kirchner: 'Mythen'; W Hiller: 'Eduard auf d Seil' (Briscarlatina), UA Halle.

Dünki, Jean-Jacques, Klavier, Komponist; Bruderholzallee 12, CH-4059 Basel, T: 06 13 63 04 84, F: 06 13 63 04 85, *dunki@tiscali.ch* [Aarau 28.2.1948]. Musik d 2. Wiener Schule **Ausb:** Stud Kl (R Mäser), Dipl (Sol) MAkad Basel, Studienjahre Berlin, London, New York, Baltimore (ua L Fleisher, P Feuchtwanger, Ch Rosen), Ks Kl (M Pollini, C Helffer, E Picht-Axenfeld), Dirig (M Gielen), hist Aufführungspraxis (N Harnoncourt), musikwiss Vorlesungen (C Dahlhaus) Berlin, (M Haas) Basel, musikal Analyse (H Keller) London. **Laufb:** Gast Fstv Berlin, Graz, Donaueschingen, Genf, Lt (Klasse f Kl u KamM) MAkad Basel seit 84, gibt Kurse in der Schweiz, Dtschld, Frankreich, England, USA, Japan, Lateinamerika. **Pr:** Arnold-Schönberg-Pr Rotterdam 81. **Ens:** opera nova Zürich, Concerts Aurore Basel. **Mitgl:** STV. – **Komp:** Lutezia 1842 78, UA Basel 78; Tétraptéron 0-IV 81–92, vollständ UA 92; Kammerstück II 85, UA Zürich 85; Kammerstück V 87/94, UA Paris 94; Pessoa – Moment 92, UA Basel 92; Figures 97, UA Cheltenham 97; Jumelles (f V, Org) 98; Contes obliques I+II (f Kl) 2000; schwerverstimmt (f Va) 2000/01; Kreuzungen (f 6 Vcl) 02; Pavane (f 4 Klar) 03; cas obliques f 4 Bl u Kl 93–04; Ingrimm 05. **Aufn/RF:** Portrait (CD) 91; CDs m EA v Reger, Schreker, Berg, Webern, Schönberg. **UA:** A Zimmerlin: Klavierstücke 2, 4, 5, 9; A Knüsel: 'Fließendes – Festgehalten'; M Schroeder: 'Ich bin am Ende'; P Strauch: Quatre miniatures. **Zug:** R Kelterborn: 'Adagio con interventi'; J Wildberger: 'Kammerkonz'; P Strauch: 'La beauté ... (éclat)'. **Sonst:** Anreger v neuer Musik f Fortepiano u Clavichord; 'Schönbergs Zeichen' Wien 05. **Lit:** J-P Amann: Musique pour une fin de siècle 94; div Art in 'Neue Zürcher Ztg', 'Basler Ztg', 'Dissonanz'.

Dünser, Richard, Prof, Hochschullehrer, Komponist; Univ f Musik u Darst Kunst, Inst 1, Palais Brandhof, Brandhofgasse 21, A-8010 Graz, T: (03 16) 3 89 32 64, F: 3 89 30 51, *richard.duenser@kug.ac.at*; Steinriegel 82, A-8442 Kitzeck, T: (0 34 56) 37 80; *www.kug.ac.at/inst1/info/personal/duenser/start.htm* [Bregenz]. **Ausb:** Univ f M u darst Kunst Wien (Francis Burt), Post-Graduate-Stud b Hans Werner Henze in Köln, Kompositionsstip Tanglewood / USA. **Laufb:** LBeauftr Unive Mozarteum Salzburg, o UProf (MTheorie) U f Musik u Darst Kunst Graz. **Pr:** WürdigungsPr d BMUK, FörderungsPr d Theodor-Körner-Stif, ArbeitsStip d Stadt Wien, StaatsStip f Komposition d Rep Österreich, FörderungsPr d Stadt Wien, Förderungsgabe d Vorarlberger Landesregierung. (Red)

Dünser, Stefan, Trompete; Zielstr 19a, A-6840 Götzis, T: (0 55 23) 5 17 75, F: 5 17 75; c/o Sonus Brass Ensemble, Christoph Thoma, Steingasse 23/2/5, A-1030 Wien, T: 06 76–4 00 57 44, *sonus.brass@chello.at*, *c.thoma@jeunesse.at*. **Ausb:** Stud Trp (Prof L Hilbrand) Landeskons Feldkirch, Barock- u moderne Trp (Dr E H Tarr) MH Basel seit 91, KonzDipl 95. **Laufb:** Solotrp SymphOrch Vorarlberg, Unterr MSch Dornbirn u 'Lehrpraxis' i Auftr d Landeskons Feldkirch. **Ens:** Camerata Bregenz, Edward Tarr Trumpet Ens, Ens 'new-art', Sonus Brass Ens. – **Sonst:** Autor u Hg progressiver UnterrMaterialien, TrpSchule 'Der Trompetenfuchs' (2 Bde). (Red)

Dürmüller, Jörg, Tenor; Mümmelmannsberg 40, D-22115 Hamburg, T: (0 40) 71 67 97 97. **Laufb:** Sol Kom Op Berlin. (Red)

Dürr, Franziska, Bratsche; c/o Badisches Staatstheater, D-76125 Karlsruhe. **Laufb:** Konzm Bad Staatskapelle Karlsruhe. (*)

Dürr, Karl-Friedrich, KS, Dr phil, Bassbariton; Paradiesstr 27, D-70563 Stuttgart, T: (07 11) 7 35 32 67, F: 7 35 32 67; Staatstheater, Oberer Schloßgarten 6, D-70173 Stuttgart [Stuttgart 18.4.1949]. Konzert (Passionen bis Moderne), Opern (Mozart bis Moderne) **Ausb:** Privatstud (G Reich) Stuttgart, Gast OpSchule d MH Stuttgart 79/80, Gesangsausb (versch L) seit 70, (G Reich) 74–80, Prom U Stuttgart 78. **Laufb:** Sol Staatsth Stuttgart seit 80; Rollen ua W Rihm: Jacob Lenz (Jacob Lenz) 80, Mozart: Die Hochzeit d Figaro (Figaro) 83, Mozart: Don Giovanni (Leporello) 84, A Berg: Wozzeck (Wozzeck) 85, B A Zimmermann: Die Soldaten (Eisenhardt) 85, Wagner: Parsifal (Klingsor) 88, Mozart: Cosí fan tutte (Don Alfonso) 90, Weill: Mahagonny (Alaska W Joe) 92, Mozart: Don Giovanni 93, Strauss: Rosenkavalier (Faninal) 94, Berg: Lulu (Athlet/Tierbändiger) 97, Rossini: Il barbiere di Siviglia (Bartolo) 98, Mozart: Le nozze di Figaro (Bartolo) 02; Lortzing: Wildschütz (Baculus) 05; H W Henze: Pollicino, Schwetzingen 80; B A Zimmermann: Ich wandte mich..., HR u WDR 88; K Schwertsik: Starckdeutsche Lieder u Tänze, New York 88; H J Hespos: Taff, Berlin 88; B A Zimmermann: Die Soldaten, Tournee Moskau u Leningrad 89; Krenek: 3 Einakter, Schwetzingen u Wiener FestW 90; Brecht-Liederabend, EXPO 2000 Hannover, MUTARE Ens. – **Aufn/RF:** B A Zimmermann: 'Die Soldaten' (Eisenhardt), UA Stuttgart, Dgt: B Kontarsky 88; ders: 'Ich wandte mich...' Ekklesiast Aktion, Orch WDR, Dgt: David Shallon; Ph Glass: Satyagraha, Stuttgart, Dgt: D R Davies (DVD). **UA:** H J Hespos: 'TAFF', UA Radio SinfOrch Berlin, Dgt: M Bamert 88; S Erding: 'La mia isola vera', UA Triest 86. **Zug:** H J Hespos: 'TAFF'.

Dürrler, Brigitte, Prof, Hochschullehrerin, Sopran; Rottfeldstr 11, D-40670 Meerbusch, T: (0 21 59) 83 50. **Laufb:** Prof (Ges) Robert Schumann H Düsseldorf. (*)

Dufour, Marie, Orgel; av Floréal 17, CH-1006 Lausanne, T: 02 16 16 49 11. (*)

Dufour, Marie-Jeanne, GMD, Dirigentin; Litschstr, CH-8852 Altendorf, PF 49, CH-8852 Altendorf, T: 05 54 42 70 27, F: 05 54 42 70 27, *dufour.mj@freesurf.ch* [Gümligen 12.3.1955]. Oper, Konzert **Ausb:** Stud (G Rumpel) Kons Bern u Zürich 74–78, Mstrks (R Benz) Bordeaux 78; Mstrks (O Suitner) Salzburg 79. **Laufb:** Mus Ass Op Zürich 80–87, 1. Kapm u stellv GMD Staatsth Wiesbaden 90–92, GMD Staatsth Meiningen 95–99, Premiere Dt Op Berlin (C Floyd: Susannah) 97, musikal Lt Int OpStudio d Op Zürich 2000/03, Gast-Dgt Staatsop Hamburg, Dgt Ballettzentrum Hamburg SpZ 03/04. **Pr:** ORF Dirigentenpr 79. **Mitgl:** Schweizer Tonkünstlerverein. – **Aufn/RF:** CD: Reger: Lustspielouvertüre, Mozartvariationen, Böcklin-Suite (Konz z 125. Geb v M Reger, Dgt: M Dutour). **UA:** E Rihm: Jakob Lenz (KamOp), EA Op Zürich 82; U Zimmermann: D weiße Rose (KamOp), EA Op Zürich 86. **Lit:** E Roelcke: Der Taktstock; M Blankenburg: Dirigentinnen.

Duftschmid, Lorenz, Prof, Hochschullehrer, Viola da Gamba; Rudolfstr 13, A-4040 Linz, *ViolDuft@tiscali.de*; Univ f Musik u Darst Kunst, Inst 15, Leonhardstr 15, A-8010 Graz, T: (03 16) 3 89 32 63, F: 3 89 31 51, *lorenz.duftschmid@kug.ac.at*. **Laufb:** GastProf (Einf in d Aufführungsprobleme d Alten Musik, Va da Gamba) U f Musik u Darst Kunst Graz. **Ens:** Ens Armonico Tributo Austria. (Red)

Dugger, Adrienne, Sängerin; c/o Semperoper, Theaterplatz 2, D-01067 Dresden, T: 07 12 42 05 05, *info@theaterstgallen.ch*. **Laufb:** Sol Dt Op Berlin, Konz u Th St Gallen SpZ 03/04, Semperop Dresden SpZ 04/05. (Red)

Duis, Thomas, Prof, Klavier, Hochschullehrer; Stummstr 3, D-66130 Saarbrücken, T: (06 81) 8 81 55 54, F: 8 81 55 57, *info@thomas-duis.de*; c/o Künstlersekretariat Rolf Sudbrack, Gösselkoppel 54a, D-22339 Hamburg, T: (0 40) 5 38 21 65, 5 38 20 49, F: 5 38 72 20, *Rolf.Sudbrack@t-online.de*; *www.thomas-duis.de* [Frankfurt/M 1958]. **Ausb:** Stud (Kl) b K Gerecke (Wiesbaden), K-H Kämmerling (Hannover), F Waterman (Leeds). **Laufb:** Gastsol ua Harrogate Fstv, Rheingau M Fstv, Schleswig Holstein Fstv, KlFstv Ruhr, Kissinger Sommer, Braunschweig Classix, MFSp Saar, MaiFSp Dresden, ZusArb ua m d RF-SinfOrch Frankfurt, Dt SinfOrch Berlin, Sydney Symph Orch, SinfOrch d Bayer, Hessischen u Norddt RF; Prof (Kl) H f M Graz ab 94, H f d Saarlandes f M u Th Saarbrücken ab 98, Rektor H f M Saar seit 04. **Pr:** Stip d Dt MRats, Stip d Dt Studienstift, 1. Pr Arthur-Rubinstein-Wettb Tel Aviv 86, Prtr Int Wettb d ARD München 88. (Red)

Duisburg, Johannes von, Bassbariton; c/o Agentur Seitter, Opernring 8/13, A-1010 Wien, T: (01) 5 13 75 92, F: 5 12 93 51, *office@agentur-seitter.at*; c/o Künstleragentur Tobias Kade, Ammonstr 72, D-01067 Dresden, T: (03 51) 4 90 67 94, 01 72–3 66 29 07, F: 4 90 67 93, *tobias-kade@gmx.de*; *www.agentur-seitter.at* [Dresden]. **Ausb:** Stud (Ges) HdK Berlin. **Laufb:** Op Köln, Eng Mecklenburgisches Staatsth Schwerin 91, GastSol Th Hagen SpZ 03/04, Bregenzer FSp, freischaff tätig seit 93.

Duka Löwenstein, Andrea, Violine; c/o Norddeutsche Konzertdirektion, Twischlehe 5, D-27580 Bremerhaven, PF 310265, D-27538 Bremerhaven, T: (04 71) 9 82 49 82, F: 9 82 49 80, *grevesmuehl.ballett@t-online.de*; *www.grevesmuehl.de* [Berlin 1975]. **Ausb:** Stud V (Z Bron) Lübeck, (V Tretjakov) Köln, KamMStudiengang Alban Berg Qua Köln, (D DeLay) Juilliard School of M New York 99–01. **Laufb:** Debüt m VKonz v Mendelssohn-Bartholdy, Dgt G Albrecht Hamburg 94, Auftritte m Russ Nationalorch, Dt Symph-Orch Berlin, Dresdner Philh, Münchner Philh; Fstv ua Menuhin-Fstv Gstaad, Schleswig-Holstein Fstv, Berliner FestW, Brahmsfest Hamburg; USA-Debüt 02. – **Aufn/RF:** F Schubert: Sonaten f V u Kl, m P Moll; J B Foerster: 'Cyrano de Bergerac'-Suite u Konz f V, m Tschech Philh, Dgt G Albrecht; E Wellesz: VKonz u 'Prosperos Beschwörungen', m Radio Symph Orch Wien, Dgt G Albrecht.

Dumicz, Marek, Violine; Volgersweg 31, D-30175 Hannover, T: (01 72) 5 14 28 44, *szymanowskiquartet@hotmail.com*; Hochschule f M u Th Hannover, Emmichpl 1, D-30175 Hannover, T: (05 11) 3 10 02 81, F: 3 10 03 61, *Pressestelle@hmt-hannover.de*; *www.szymanowski-quartet.com*. **Laufb:** Doz (KamM) H f M u Th Hannover. **Pr:** 2. Pr 3. Int KamM Wettb Melbourne 99, 2. Pr 3. Int KamM Wettb Osaka 99. **Ens:** Szymanowski Qua. (Red)

Duminy, Philippe, Sänger (Bariton); c/o Konzert u Theater St Gallen, Museumstr 1/24, CH-9004 St Gallen, T: 07 12 42 05 05, *info@theaterstgallen.ch*; c/o Opernhaus Zürich, Falkenstr 1, CH-8008 Zürich [Boulogne]. **Laufb:** Sol Konz u Th St Gallen, Op Zürich. (Red)

Dumitrescu, Dan Paul, Sänger; c/o Wiener Staatsoper, Opernring 2, A-1010 Wien. **Laufb:** Sol Staatsop Wien. (Red)

Dumno, Hilko, Klavier; Engelthaler Str 26, D-60435 Frankfurt/M, T: (0 69) 54 80 54 00, F: 54 80 53 32. **Ausb:** Stud (Kl) b G Weichert MH Detmold ab 92, Aufbaustud (KamM u Liedbegl) b R Hoffman u Ch Spencer MH Frankfurt 97–01, Mstrkse b T Quasthoff, C Prégardien, W Rieger u G Johnson. **Laufb:** LAuftr H f M u darst Kunst Frankfurt seit 01. **Pr:** Stip Dt Musikwettb Berlin 01, Yehudi Menuhin Förderung 99, Kammermusikpr d Polytechn Ges Frankfurt 2000. (*)

Dumrese, Stefanie, Viola; c/o Niedersächsisches Staatsorchester, Opernpl 1, D-30159 Hannover. **Laufb:** Sol Niedersächs StaatsOrch Hannover. (Red)

Dunaev, Andrej, Sänger; Deutsche Oper am Rhein, Heinrich-Heine-Allee 16a, D-40213 Düsseldorf, T: (01 62) 8 42 25 47. **Laufb:** Sol Dt Op am Rhein. **Pr:** Prtr d Wettb „belle voce", „Neue Stimmen" sowie „Orfeo" (Hannover), Prtr Tschaikowsky-Gesangswettb in Moskau 02, Spezialpr d Belvedere-Wettb in Wien 2000. (Red)

Dunbar, Lea-ann, Sängerin; Feldstr 39, D-31141 Hildesheim, T: (0 51 21) 88 42 24, 0 17 74 59 79 78, F: (0 51 21) 88 42 24, *Lea-anndunbar@web.de*; c/o Vereinigte Städtische Bühnen, Odenkirchener Str 78, D-41236 Mönchengladbach [North Carolina, USA 9.1.1975]. Oper, Operette, Oratorium **Ausb:** Stud (Gesang) St Olaf Coll Minnesota/USA 93–97, Gesang (G Binge) MH Lübeck 97–2000. **Laufb:** Sol Stadtth Hildesheim, Sol Vereinigte Städt Bühnen Krefeld u Mönchengladbach SpZ 03/04.

Duncan, Rachael, Sopran; Mecklenburgisches Staatstheater, Alter Garten 2, D-19055 Schwerin, *rachaelduncan@mc-uk.com*; c/o Cecilia Music Concept – Franz-Georg Stähling, Brauweilerweg 183, D-50933 Köln, T: (02 21) 8 00 00 70, F: 8 00 00 71, *staehling@cecilia-cmc.de*; *www.mc-uk.com/rachaelduncan*. **Laufb:** Sol Stadtth Gießen 01–03, Sol Mecklenburg Staatsth Schwerin seit 03/04. **Pr:** Conrad-Ekhof-Pr 05. (Red)

Dunin, Timothy, Prof, Hochschullehrer, Kontrabass; Univ f Musik u Darst Kunst, Inst 12, Hauptpl 8, A-7432 Oberschützen, T: (06 99) 11 03 03 69, *timothy.dunin@chello.at* [Canberra, Australien 1.2.1969]. **Ausb:** Stud Canberra Inst of the Arts (unter M McBride) 87–91, H f M u Darst Kunst Graz/Oberschützen (unter Prof J Auersperg) 91–95. **Laufb:** Eng Wiener Staatsop/Wiener Philharmoniker 95–03, UProf Univ f M u Darst Kunst Graz. **Ens:** Table 6.

Dunshirn, Ernst, Dirigent; c/o Wiener Staatsoper, Opernring 2, A-1010 Wien. **Laufb:** Dgt u Chordir Staatsopchor Staatsop Wien. (Red)

Dunst, Wolfgang, Posaune; c/o Berliner Symphoniker, Christstr 30, D-14059 Berlin. **Laufb:** Sol Berliner Symphoniker. (*)

Duport-Cellich, Denise, Klavier; rte de Passeiry 40, CH-1284 Passeiry-Chancy. (*)

Dupras, Louis, Geschäftsleiter, Flötist; Gurtengartenstr 29, CH-3095 Spiegel b Bern, PF 145, CH-3095 Spiegel b Bern, T: 03 19 71 75 43, F: 03 19 71 75 43, *louis.dupras@bluewin.ch* [St-Jérôme, Québec, Kanada 10.8.1954]. Führung u Projekt-Management in den Bereichen Musik u Kultur **Ausb:** Sommerakad, 'Jeunesses Musicales du Canada' Orford, Quebec 73–75; Dipl d'études collégiales (Fl), Quebec 76; Dipl d'études collégiales (Jura), Quebec 76; Certificat d'études de troisième cycle (Fl), Quebec 76; Mstrkse m J Galway, London u Edinburgh 76; SolDipl (Fl) Kons f M Bern 79; Unterr b A Jaunet, Zürich 79–81; Zeitgen-KamM-Kse Kons Bern 81 u 83; Mstrks b A Jaunet, Thun (CH) 84; Mstrks b T Wye, Sion (CH) 87; Didaktikausb Kons Zürich 87–88; Weiterb (Hist AuffPraxis) Staatl MH Trossingen 92, b B Kuijken in Markt Wald 93 u Schola Cantorum Basiliensis Basel 93–95; Seminar A Technik Bern 97; Berufl Intervisionsgruppe n Balint b A Trenkel Bern 97–98; Seminar 'Neuro-linguistic programming' Bern 98; Weiterb Jazz (M Jaggi) Bern 97–99; Berufl Supervision u Coaching, lic phil T Rütschi, Bern 98–2000; Seminar Butoh (jap Tanz) I Thormann, Bern 01; NachdiplKs Kulturmanagement, H f Gestaltung u Kunst Luzern 02; Akad Zürich 03. **Laufb:** Grdg u Geschäftsltg d Barockens 'Die Freitagsakademie' Bern 93–2000; freischaff Berater f kult Projektmanagement seit 02; GF Ens 415 Genf u Franche-Comté (F) seit 2000; Projektbeauftr Europ Fstv Assoc Genf, Coppet 01–03. – **Aufn/RF:** 6 CD-Aufn m dem Label Zig-Zag Territoires. **Sonst:** m Ens 415: Konz u KonzTourneen in Frankreich, Schweiz, Dtschld, Portugal, Spanien, England, Belgien, Slowenien, Holland, Estland u Russland seit 2000, Projektltg Koproduktion m 3 Orch (Ens 415, Akad f Alte Musik Berlin, Concerto Köln) 03, Koordination d EFA Jubiläumsfstv 02 Genf, Coppet, Lausanne; m 'Freitagsakad' zahlr Konz in d Schweiz 93–2000, KonzTournee m Ens Vocal de Lausanne in d Schweiz, Frankr, Monaco u Japan; KonzTournee mit Chor u Orch in Japan.

Dur, Anna Maria, Messzosopran; c/o Cecilia Music Concept – Franz-Georg Stähling, Brauweilerweg 183, D-50933 Köln, T: (02 21) 8 00 00 70, F: 8 00 00 71, *staehling@cecilia-cmc.de*; *www.cecilia-cmc.de*. **Laufb:** Gast-Sol Th Augsburg SpZ 00/01, Gastsol Ldesth Linz SpZ 03/04. (Red)

Duras, Johanna, Sängerin; c/o Pieter G Alferink Artists Management BV, Herengracht 340, Niederlande-1016 CG Amsterdam, T: (0 20) 6 64 31 51, F: 6 75 24 26, *info@alferink.org*. (*)

Duryea, Kenneth, Kapellmeister; Cäcilienstr 25, D-41236 Mönchengladbach, T: (0 21 66) 4 68 73; c/o Vereinigte Städtische Bühnen, Odenkirchener Str 78, D-41236 Mönchengladbach. **Laufb:** Kapm u Stellv d GMD im künstl Bereich Vereinigte Städt Bühnen Krefeld u Mönchengladbach, 1. Kapm u stellv GMD Niederrhein Sinfoniker Mönchengladbach. (Red)

Duschl, Carl-Heinz, Oberlehrer (DDR), Musikpädagoge, Klavier; Kloster 4, D-14793 Ziesar, T: 0 17 73 08 46 95, (03 38 30) 1 29 82 [Berlin 15.2.1935]. sinfon Konzertformen f gr Orchester, Blasorchester, Kammermusik **Ausb:** Unerr Fachgrundsch f M Weimar 50–55, Stud Komp (O Gerster) MH Leipzig 57–60, Meisterkl Komp (G Kochan) MH Berlin 81–83. **Laufb:** künstl Lt Bezirksmusikkorps d FDJ Potsdam 72–73, Dir MSch Schwedt/Oder 78–89, Dgt JugendBlOrch Ziesar 91–96, Dgt Ens f elektr M Postdam-Mittelmark seit 97. **Mitgl:** KompVerb d DDR 79–89. – **AuftrKomp:** 'Tonanzen' f monoph Synth u gr Orch, UA Frankfurt/Oder 84 (Auftr: KompVerb DDR); 'Bläserqui', UA Schwedt 85 (Autr: KompVerb DDR); 'D Katzenlieder' f Sop, Bar u StrQua, UA Schwedt 86 (Auftr: KompVerb DDR); 'Variationen f Kl u Orch n M Praetorius', UA Frankfurt/Oder 87 (Auftr: KompVerb DDR); '6 Phasen f gr Orch u Band', UA Weimarhalle 95 (Auftr: MSch Weimar 'Ottmar Gerster'). **Aufn/RF:** 'Toccata capriccio' f Kl u Orch, RF-SinfOrch Radio, Dgt: R Hanell, Radio DDR I 87, 'Progressionen' f gr Blasorch, Mitschn d Bundesakad f mus Jugendbildung Trossingen 95. **Sonst:** 'J A P Schulz in Schwedt', in: Schwedter Jahresblätter 80. **Lit:** J Beez: Diss über d KamM d DDR, MH Weimar; KompVerb d DDR (Hg): Urauff d DDR-Musik i d Jahrgängen 80–88.

Dussmann, Rupert, Solorepetitor; c/o Deutsche Staatsoper, Unter den Linden 7, D-10117 Berlin, PF 354, D-10109 Berlin, T: (0 30) 21 96 89 88, F: 21 96 89 88, *rupertdussmann@msn.com* [Llandrindod Wells, Großbritannien]. **Laufb:** Musikal Einstudierung Dt Staatsop Berlin.

Dussmann, Silvana, Sopran; Franz Hainzl Artists' Management, PF 17, A-1043 Wien, T: (01) 5 86 45 36, F: 5 85 55 51, *office@hainzl.net*; *www.silvanadussmann.com* [Wien]. Strauss, Mozart, Verdi, Bellini **Ausb:** Stud MH Wien, b G Kahry, R Streich. **Laufb:** Sol Innsbruck, Graz, Wiener Volksop, Wiener Staatsop, Wiener FestW, München, Frankfurt, Hamburg, Dublin, Essen, Tel Aviv, Tokio; ZusArb m Dgt wie de Billy, Fisch, Harnoncourt, Mehta, Östman, Prêtre, Soltesz, Viotti, Young; Gastsol Dt Staatsop SpZ 04/05. **Pr:** Prtr int Wettb. – **Aufn/RF:** div TV-Prod u CDs.

Dustdar, Ramin, Sänger; c/o Volksoper Wien, Währinger Str 78, A-1090 Wien; c/o Wiener Kammeroper, Fleischmarkt 24, A-1010 Wien. **Laufb:** Sol Musicalfstv Bruck/Leitha, Stadtth Klagenfurt, Volksop Wien seit SpZ 03/04, Wiener Kammerop SpZ 04/05. (Red)

Dutilly, Céline, HonProf, Hochschullehrerin, Klavier; Schießstättstr 24, D-80339 München, T: (0 89) 50 77 28, *dutillyceline@hotmail.com*; H f Musik u Theater, Arcisstr 12, D-80333 München. **Laufb:** HonProf H f M u Th München. (Red)

Dutka, Jacek, Magister, Chorleiter, Tenor, Organist, Gesangspädagoge; Luise-Blume-Str 3, D-30659 Hannover, T: (05 11) 6 47 67 66, F: 6 47 67 66; c/o Niedersächsisches Staatstheater, Opernpl 1, D-30159 Hannover [Limanowa 16.10.1946]. **Ausb:** MAkad Krakau 73. **Laufb:** Chorsänger Krakauer RFChor 70–73, Krakauer Philh 74–79, Detmolder LdesTh 79–89, Niedersächs Staatsth Hannover seit 89, Chorlt ebd SpZ 02/03, GesPäd U Hildesheim seit 90. **Mitgl:** GDBA 79–89, VdO seit 89.

Dutoit, Charles, Dirigent; CH-1309 Chavannes-le Veyron, T: 02 18 61 24 71 [Lausanne 7.10.1936]. **Ausb:** Stud Kons Lausanne (V, Kl, Orchltg) Lausanne u Genf (Bratsche, Orchltg) Dipl (Dirig) 58, Accad Musicale Chigiana Siena (A Galliera) 57–59, Tanglewood (Orchltg) 59. **Laufb:** Sol (Bratsche) versch Orch Europas u Südamerikas, Lt Studentenchöre u -orch in d Schweiz, Gastdgt Orch de la Suisse romande u Lausanner Kammerorch ab 59, Dgt Radio Züich 64–66, de Falla: 'Der Dreispitz' 65–67, Tschaikowsky: 'Schwanensee', Symph-Orch Bern 68–78, Gastdgt Scala u Berliner Philharmoniker 73–75, Lt Nat Symph-Orch Mexiko, Symph-Orch Göteborg, Orch Symph Montréal 77–02, künstl Lt Sommersaison Orch v Philadelphia, MD Orch Nat de France 90, Chefdgt NHK-SymphOrch Tokio 96. – **UA:** Sutermeister: 'Quadrifogliosa' 77; McCabe: 'Symponie Nr 3' 78; Matthus: 'Konz f Trp, Pauke u Orch'; Denissow: 'Konz f Bratsche u Orch' 86. (Red)

Duven, Richard, Violoncello; Hochwildpfad 6, D-14169 Berlin, T: (0 30) 8 13 29 37; Berliner Philharmoniker, Herbert-von-Karajan-Str 1, D-10785 Berlin, T: (0 30) 25 48 80, F: www.die 12cellisten.com [Köln 1958]. **Ausb:** Stud Vcl (D Cahen) Wuppertal, (W Boettcher) Berlin. **Laufb:** Mitgl Berliner Philh seit 86. **Pr:** 1. Pr dt HWettb München 83. **Ens:** Scharoun Ens, Die 12 Cellisten d Berliner Philh. (Red)

Dvorak-Weisshaar, Elisabeth, ao Univ Prof, Hochschullehrerin, Klavier; c/o Univ f Musik u Darst Kunst, Inst f Tasteninstrumente, Lothringerstr 18, A-1030 Wien, T: (06 76) 4 05 73 45, F: (01) 4 06 33 42, *peter.dvorak@utanet.at* [Wien]. Klavier-Vorbereitung, Musikpädagogik **Ausb:** Akad f M u Darst Kunst Wien, Prof Marianne Lauda 55–57, Prof Richard Hauser 57–69. **Laufb:** H f M u Darst Kunst Wien 'Ergänzende Lehrveranstaltung Klavier' 69–77, U f M u Darst Kunst Wien, Progmatisierung 76, seit 77 'zentrales künstler Fach Klaviervorbereitung Abt Konzertfach' u 'Musikpädagogik' 84, Habil als ao Univ Prof 03; Als Solist: Orienttournée Teheran, Instanbul, Beirut, Kairo 67, Berlin, Amsterdam, Kopenhagen 68, London, Köln 70, tit ao UProf U f Musik u Darst Kunst Wien. **Pr:** Anerkennungsdipl f d Teiln an d Weltausstellung Brüssel 58, Int Klavierwettb Genf 60: 1. Silbermed u Diplom, Int Tschaikowski KlWettb Moskau 62, Abgangspr d Ministeriums f Wiss u Forschung 69, Pr Stift Bösendorfer 69. – **Aufn/RF:** Platten: Klavierkonz cis-moll v K Etti, unter d Ltg d Komp; Klavierkonz Cesar Bresgen, Dgt: Wöss, österr EA; RF-Aufn als Solist im österr RF Wien, Hess RF, BBC; Film über F Liszt d ORF Wien; TV (ORF Wien) Sonate f 2 Kl u Schlgz Béla Bartók, TV Teheran anläßl Orienttournée; (NHK Tokyo): Fernseh-Film über Unterricht f Takeshi Kakehashi (f Debut Carnegie Hall, New York) u zur Teiln am Chopin Wettb, Warschau. **Sonst:** Auftritte als Solist bei Orchesterkonz; Gesellschaftskonz d Ges d Musikfreunde in Wien (Gr Musikvereinssaal), Dgten: Wallberg, Richter, Wiener Symph; Veranstaltungen d Jeunesse Musicale m NÖ Tonkünstlerorch, Konzertzyklus d Ges d Musikfreunde, Dgt Swarowsky; Großer Konzerthaussaal Wien, Dgt Woess; Festwochenkonzert Wien (Gr Sendesaal). **Lit:** Musica Nova, Tokyo 02–05; Österr Festwochenzeitschrift 06.

Dvorsky, Miroslav, Tenor; c/o Austroconcert, Gluckgasse 1, A-1010 Wien, T: (01) 5 13 26 57, F: 5 12 61 54, *austroconcert@ia-ac.com*; Trstinka ul 28, SK-84106 Zahorska Bystrica; *www.ia-ac.com.* **Ausb:** Stud Ges (I Cernecka) Kons u H f M Bratislava, Stip (L Silvestri) Mailänder Scala. **Laufb:** Staatsop Wien (Verdi: 'Simone Boccanegra', Gabriele Adorno), Dt Staatsop Berlin ('La Bohème'), Teatro del Maggio Musicale Fiorentino ('Macbeth'), Canadian Op Toronto ('Jenufa'), Teatro Carlo Felice Genova ('La Bohème'), Teatro Giuseppe Verdi Triest ('Die Verkaufte Braut'), Cincinnati Op ('La Traviata') SpZ 02/03, Dt Staatsop Berlin u Sächs Staatsop Dresden SpZ 03/05.

Dvorsky, Peter, KS, Tenor; c/o Austrokonzert International, Gluckgasse 1, A-1010 Wien, T: (01) 5 13 26 57, F: 5 12 61 54, *office@austroconcert.com*; *www.austroconcert.com.* Tenorgestalten ital u slaw Op **Ausb:** Stud Ges Kons Bratislava (Prof E Ernecká), StudAufenthalt Mailänder Scala (Prof R Carosi, Prof G Lugga) 75. **Laufb:** Debüt Op Slowak NatTh Bratislava 72, Sol Staatsop Wien, Schleswig-Holstein Musik Fstv 04, Dt Staatsop Berlin Spz 04/05, Sächs Staatsop Dresden SpZ 04/05. **Pr:** 1. Pr staatl GesWettb Mikulás Schneider-Trnaský in Trnava 73, PrTr Moskau Int Wettb P.I. Tschaikowsky 74, Sieg Kat Männer Int Wettb in Genf 75. (Red)

Dziecielski, Tomasz, Sänger; c/o Neue Opernbühne Berlin NOB, Goltzstr 13, D-10781 Berlin; c/o Städtische Theater Chemnitz, Käthe-Kollwitz-Str 7, D-09111 Chemnitz. **Laufb:** Gastsol Städt Th Chemnitz SpZ 00/05, Gastsol NOB SpZ 03/05, Staatsoptte Dresden SpZ 03/05. (Red)

Dzierlatka, Arié, Komponist; rue de la Scie 7, CH-1207 Genève. (Red)

Dzwiza, Gerhard, Prof, Hochschullehrer, Kontrabass; Hochschule für Musik und Theater Hamburg, Harvestehuder Weg 12, D-20148 Hamburg. **Laufb:** Prof (KB) H f M u Th Hamburg. (*)

E

Eaton, Stewart, Prof, Hochschullehrer, Viola; Manstedtener Str 21, D-50259 Pullheim-Geyen, T: (0 22 38) 8 31 92, 01 72–2 57 15 47, F: 5 21 08, *EatonStewart@aol.com*; Hochschule f Musik, Neustadt 22, D-32756 Detmold [Aylesbury, Großbritannien]. **Ausb:** Stud (Va, Kl) London, Florenz u Aachen. **Laufb:** SoloVa Orch d 'Teatro alla Scala' Mailand 79/80, Gastsol EXPO 2000 Hannover, Konz ua m d Chamber Orch of Europe, Acad of St Martin-in-the-fields, KamM ua m B Pergamenschikow, I van Keulen, P Orth, Trio opus 8; Doz Folkwang HS Essen seit 2000, Prof (KamM) H f M Detmold. **Ens:** Auryn Qua seit 81. (Red)

Ebbecke, Michael, KS, Sänger; Landhausstr 212, D-70188 Stuttgart; Staatstheater, Oberer Schloßgarten 6, D-70173 Stuttgart. **Laufb:** Sol Staatsth Stuttgart. (Red)

Ebel, Gudrun, Sängerin; Badener Str 19, D-90518 Altdorf, T: (0 91 87) 72 47 [Hamburg]. **Ausb:** GesStud b Prof Husler im Tessin u Schülerin v Erna Berger. **Laufb:** 1. Eng Landesth Coburg, Debüt als 'Blondchen' 68, Sol Th Nürnberg seit 73/74. (*)

Ebenhöh, Horst, MMag, Komponist; Dürnsteiner Wald 13, A-3601 Dürnstein, T: (0 27 11) 2 41, F: 2 41, *office@ebnet.at*; *www.ebnet.at* [Wien 16.5.1930]. alle Bereiche der E-Musik, ausgenommen elektronische **Ausb:** Stud MPäd, Kl (Raupenstrauch, Hauser, Leischner) Akad f Musik u Darst Kunst Wien, Geographie (Bobek) U Wien. **Laufb:** Prof an Gymnasien in Wien u Niederösterr, freier Komp. **Pr:** ua Förderpr Stadt Wien, Förderpr d Landes Niederösterr, 2 Förderpr d Wiener Kunstfonds, Förderpr d Th-Körner-Stift, Förderpr d Bundesmin f Unterr u Kunst, Anerkennungspr Los Alamos, Pr Città di Trieste, Würdigungspr d Landes Niederösterreich. **Mitgl:** ÖGZM, ÖKB, IGNM, INÖK, Ordentl Mitgl d AKM. – **Komp:** ua Konz f Vl, Vl u Vla, Vcl, Ob, Fag, Pos, Kl; Konz f Sax-Qua u kl Orch, UA New York, Wiener SaxQua, Ens f Viennese Music, Dgt: H Earle 90; Sultan zu verkaufen (Op), Teil-UA Wien, NÖT-Orch, Dgt: A Eschwé 91; Konz f Baritonsax u kl Orch, UA Krems, Philharm Brno, M Engebretson, Dgt: A Hauser 95; Triancia (Ob, Klar, Fag), UA Cluj, Trio Aulos 96; Klavierstücke, UA Rom, Fstv 'Nuovi Spazi Musicali', Th Hlawatsch 96; Kirchenlieder, UA Scheibbs, J Chomenko, J Zimmerl 96; Trio f Klar, Vcl u Kl, UA Prag, Prager KlarTrio 98; Quests, UA Wien, M Sturgeon, A Takahashi, I Minda 2000. **AuftrKomp:** 1. Konferenz f Schlgz, UA Wien, ORF-Supercussion 83 (Auftr: ORF-Ens 'Supercussion'); Zwei festl Sätze f Blechbl, UA Wien 86 (Auftr: Österr Akad d Wiss); Streichquin, UA Odessa, Quin d Odessa-Philh 92 (Auftr: KM-Ver Odessa-Philharm); Spiel f Dreizehn, UA Wien 95 (Auftr: Ens 'Collage' d Wiener Philh); Melker Orgelstücke, UA Melk, Org: W Capek 96 (Auftr: Niederösterr Landesreg); Konz f 3 Schlgz u Orch, UA Wien 94 (Auftr: Ens M Perkarski, Moskau). **Aufn/RF:** fast alle OrchW ORF-Prod bzw Mitschnitte; CDs: 'Die Pfaffenberger Nacht', 'Divertipentephonien', 'Vcl-Konz, Konz f dopp Schlgz u Orch', 'Konz f Kl, Bl u Schlgz'. **Sonst:** Beginn d autor Neuvertonung v Dürrenmatt: 'Herkules u d Stall d Augias', in d Form d 'Szenischen Hör-Spiels' (szen im KonzSaal) 03. **Lit:** T Antonicek: 'KompPorträt H E' (Mitt d Österr Ges f MWiss 3/11) 80; Vollst Verz aller Musikwerke v H E (Verl Robitschek, Wien).

Ebenstein, Thomas, Tenor; c/o Primusic Konzert- und Musiktheaterproduktionen GmbH, Herrengasse 6–8/2/22, A-1010 Wien, T: (01) 5 32 71 24, F: 5 32 71 40, *office@primusic.at*; *www.primusic.at* [Kärnten 1979]. **Ausb:** Stud Wiener MU (H Lazarska). **Laufb:** Liederabend Carinth Sommer 2002, Salzburger OsterfSp 2003, Ruhr-Triennale (Zauberflöte) 2003, EnsMitgl Komische Op Berlin seit 04, KlangBogen Wien 05. **Pr:** 1. Pr Int A-Dvorak-Wettb 01. (Red)

Eberhard, Alexander J, Viola, Komponist; Salesianergasse 10, A-1130 Wien, T: (01) 9 45 83 80. **Ausb:** Stud U f M u darst Kunst Wien b Prof Wolfgang Klos u Joseph Haydn Kons Eisenstadt b Yossi Gutmann, Dipl 98. **Laufb:** Konz im Wiener KonzHaus, Joseph Haydn-Saal im Schloss Esterhazy, Nuevo Teatro Circo in Cartagena, Athener KonzHaus Megaron Mousikis u im Wiener Musikverein, Solokonz im Jazzclub Porgy & Bess Wien, 'Am Plafond' d Wiener Volkstheaters u b d 'Langen Nacht d neuen Klänge' im Wiener KonzHaus. **Ens:** Sputnic, Capella Lutherana Wien, Symphonic Ens Aktuell v Franz Welser-Möst, Egon Wellesz Qua. (Red)

Eberhardt, Cornelius, Prof, Generalmusikdirektor, Dirigent; Darmstädter Str 11/7, D-80992 München, T: (0 89) 15 42 30, F: 15 42 30, *cornelius.eberhardt@t-online.de* [Oberaudorf 3.1.1932]. Oper u Konzert **Ausb:** H f Musik München 54–56, Accad Chigiana Siena 59. **Laufb:** Lt SymphKonz d Münchne Philh f d Jugendkulturwerk 64–79, GMD Regensburg 69–77, MD Corpus Christi Symph 75–2000, Prof H f Musik München 77–97, Präs ebd 91–95, MD American Inst of Musical Studies seit 78, Gastdgt Münchner Symph seit 2000, Gastkonz Wien, Berlin, Lissabon, Nord- u Südamerika. **Pr:** Staatl Förderpr f junge Künstler 69, BVK 96. – **UA:** ua P J Korn, R Mors, T Pierson, L Weiner. **Sonst:** Grdg Regensburger Musikschule 72.

Eberhardt, Dorothee, Dr phil, B Mus, LTCL, Komponistin; Venusstr 4, D-82205 Gilching, T: (0 81 05) 27 88 05, 01 79–2 94 24 12, F: 27 88 04, *post@doroeberhardt.de*; *www.doroeberhardt.de* [Memmingen 1952]. Kammer- u Orchestermusik **Ausb:** Stud (Orientalistik, Phil, Griech) Würzburg u Tübingen, Prom 79; Stud MWiss, Komp (A Tucapsky) u Klar Univ u Trinity College London seit 80. **Laufb:** freie Mitarb f MVerlage, Komp u MPäd London, München seit 92. **Mitgl:** Münchener TKVerb, GEDOK, musica femina. – **Komp:** Time Changes I–III f Kl solo 89–90; KlTrio Nr 1 98; Magpaco f gr Orch 93–95, UA 96 (Auftr BR); Sträusse f V, Klar in B, Vcl, Kl 99–2000; Salamanca f Klar in B solo 01; KLTrio Nr 2 02; D Bremer Stadtmusikanten: ein Märchen f Stimme u Kl (auch V) 03; StrQua Nr 2 03; Kinémata (Bewegungen) f Qufl, Klar, StrOrch u Perc 04, UA 05 (Auftr Münchener KamOrch); Pasitos f Klar u Kl 05. **Aufn/RF:** CDs: 'Klaviernacht' 95; 'Dorothee Eberhardt' 99; 'Judith Pfeiffer' 01; 'Dorothee Eberhardt' 04.

Eberle, Alexander, Dirigent, Repetitor, Chordirektor; c/o Theater & Philharmonie Essen GmbH, Opernpl 10, D-45128 Essen, T: (02 01) 8 12 22 33, (01 72) 7 07 29 84. **Laufb:** Dgt, Rep u Chordir Musikth Essen. (Red)

Eberle, Christoph, Dirigent; Bolgenach 93, A-6952 Hittisau, T: (0 55 13) 22 48, F: 22 48, *christiane.eberle@aon.at* [Hittisau, Vorarlberg 3.4.1959]. **Ausb:** Stud LdsKons Vorarlberg bis 80, Stud Klar u Dirig (A Brandhofer, P Schmidl, O Suitner) H f M u Darst Kunst Wien bis 86. **Laufb:** Int Konz als Klar ua m Wiener KamMusiker, Nielsen-Qua, Artis-Qua in Wien, München, Lissabon, Hongkong, Tokio, Debüt als Dgt m Wiener KamOrch im Wiener KonzHaus 86, ChefDgt SymphOrch Vorarlberg 88–05 u Camerata Bregenz seit 88, 1. Dgt Haydn Orch Bozen 97–99, ChefDgt Wiener KamOrch 99–04 u ständ Gastdgt Royal Scottish Nat Orch seit 99/2000, MD Ldsth Salzburg SpZ 04/05; MTh: Semper-Op Dresden (W A Mozart: Figaros Hochzeit u Cosi fan tutte; E Humperdinck: Hänsel u Gretel) 89 u 90, Stadtth Klagenfurt, St Gallen, Ulm, Wiener Volksop (G C Menotti: Der Konsul) 98, Debüt Wiener Staatsop (G Verdi: La Traviata) 98, musikal Ltg Vorarlberger Ldsth seit 90, Fstv ua: Schubertiade Feldkirch, KamMFstv Lockenhaus, Bregenzer FSp, Rheingau Fstv, Bodensee-Fstv, Bregenzer Frühling, Gastdgt ua Buenos Aires, München, Frankfurt, Tokyo, Wien, Salzburg, ZusArb ua m Bach-Collegium München, Philh Orch London, Prager Symph, Brucknerorch Linz, RF-Orch Saarbrücken, RF-Orch SWF, RSO Wien, Orch Nat de Belgique, New Zealand Symph Orch, Liverpool Philh, BBC-Philh. **Pr:** Wettb 'Jugend musiziert' Leoben, Finalist Int L-Bernstein-DgtWettb Jerusalem 95. – **Aufn/RF:** zahlr CD-Prod u RF-Aufn (ORF u SWF) seit 90, Fernsehaufzeichn Konz RAI, ORF, ZDF seit 93, versch Doku-Sendungen, zahlr Konz-Live-Mitschn div RF-Anstalten in Europa u Übersee.

Eberle, Friedhelm, Sänger; c/o Musikalische Komödie der Oper Leipzig, Dreilindenstr 30, D-04177 Leipzig. (*)

Eberle, Karel, Violine; c/o Münchner Philharmoniker, Kellerstr 4, D-81667 München. **Laufb:** stv Konzm Münchner Philh. (Red)

Veronika Eberle

Eberle, Veronika, Violine; Schmuzerring 28, D-86609 Donauwört, T: (09 06) 69 89, F: 69 89, *Drs.Eberle@t-online.de*; c/o Münchner Konzertdirektion Hörtnagel GmbH, PF 860520, D-81632 München, T: (0 89) 98 29 28 29, F: 98 29 28 33, *konzert@hoertnagel.de*; *www.hoertnagel.de* [Donauwörth 26.12.1988]. V u Kl, Sol m Orch, KamM **Ausb:** Stud (V) Kons München b Olga Voitova seit 98; Jungstud H f M u Th München b A Chumachenco seit 01, Unterr b C Poppen 01, Mstrkse b R Rozek, H Zehetmair, N Chastain. **Laufb:** Solodebüt 1998, Konz ua m Münchener KamOrch, Berliner, Bamberger u Münchner Symph, Zürcher KamOrch, RSO Berlin, Philh Orch Heidelberg, Staatsphilh Rheinland-Pfalz, nordböhmische Philh, Orch Sinf di Milano (Dgt: Y Kreizberg), Dresdner MusikFSp (Dgt: H Haenchen), Schleswig-Holstein-MFstv, „Mozart-FSp" Schwetzingen, FSp Mecklenburg-Vorpommern, Bonner Beeethovenfest ua. **Pr:** Jugend musiziert, Sonderpr Dt Stift Musikleben 01, 1. Pr Int VWettb Y Neaman Mainz 03, Publikumspr FSp Mecklenburg-Vorp 04, 1. Pr IntrWettb Dt Stift Musikleben Hamburg 04, Förder- u Publikumspr Schleswig-Holstein MFstv 05, Stip J-Ponto-Stift 01–04, Stip MFstv Heimbach 05, Stip Dt Stiftung Musikleben. – **Aufn/RF:** Mitschnitte BR, DLR, NDR, MDR, WDR. **Lit:** Harald Eggebrecht: Große Geiger.

Ebert, Andreas, Komponist, Klavier, Trompete; Plauensche Str 10, D-08223 Falkenstein, T: 0 17 96 63 33 80, *pianoebert@gmx.de* [Rodewisch, Vogtland 17.8.1977]. **Ausb:** KlUnterr (H Pistorius) Vogtlandkons 'Clara Wieck' Plauen 87–97, 10-fach Teiln 'Sommerks Klavier' (Prof A Pistorius) Plauen, Stud (Prof A Pistorius) H f M u Darst Kunst Mannheim 97–2000, Dipl-MPäd Kl; Mstrkse (Prof Y Malinin) Moskau, (P Feuchtwanger) London, (Prof D Blumenthal) Brüssel; Stud Instr-Päd (Prof B Bloch) Folkwang-H Essen 2000/01, Aufbaustud Kl (Prof. Boris Bloch). **Pr:** zahlr erste Pr b Regional- u Landeswettb. (Red)

Ebert, Wolfgang-Heinrich, Komponist; Sterzinger Str 27, D-83024 Rosenheim, T: (0 80 31) 4 22 01 [Amberg 1950]. **Ausb:** Stud Pädagogik, dann Komp in Würzburg (Bertold Hummel) u München (Peter Jona Korn u Rochus Gebhardt), Kl b Halina Siedzieniewska-Alberth, V b Gudrun Schaumann, Stud d Sozialpädagogik. **Laufb:** zunächst Tätigkeit als Musiklehrer, ua Fachobersch Rosenheim u Volkssch Fürstätt, jetzt freier Komp. – **Komp:** Werke unterschiedl Gattungen: Lieder, KamM, Kl- u OrgWerke, westöstl KlImpr auf MC, Orch- u Chorwerke sowie d Bühnenmusik zu Dürrenmatts 'Romulus der Große'. (Red)

Eberth, Michael, Hammerflügel, Cembalo, Hochschullehrer; Deutsches Schauspielhaus, Kirchenallee 39, D-20099 Hamburg [München]. **Ausb:** Stud b Karl Maureen u Hedwig Bilgram, Stud b Jean-Claude Zehnder (Cemb u Org) u Jean Goverts (Hammerflügel) Schola Cantorum Basiliensis Basel, Stud b Jos van Immerseel, Kenneth Gilbert, Luigi F. Tagliavini, John Gibbons, Harald Vogel, Michael Radulescu, Johann Sonnleitner u Gustav Leonhardt. **Laufb:** Doz (Hammerflügel, Cembalo, Methodik, Didaktik, Unterrichtspraxis, Alte Musik, InstrrKde) Richard Strauss Kons München, Chefdramaturg Dt Schauspielhaus Hamburg. (Red)

Ebertseder, Gabriele, Sängerin; Nymphenburger Str 148, D-80634 München, T: (0 89) 1 70 83 87, *ebertseder@kulturinbayern.de*. **Ausb:** GesStud Richard StraussKons, Mstrkl 86–88, Studio f OpDarstellung Gernot Heindl, b KS Hugh Beresford, Dr Bruno Hetzendorfer u Rhea Jackson. **Laufb:** Tourneen m d Münchner OpBühne 88–96, Eng Stadtth Baden b Wien, EnsMitglied d Bühne 64, Zürich 92/93, Stückverträge b Albert Concert, München, BC E, Hannover, Sol Th Hof, Freies Landesth Bayern Miesbach (SpZ 03/04), KonzTätigkeit ua m H Hellberg, Wien, Auftritte i Polen (Lodz, Stettin), Frankreich, NL, DK, Österreich.

Eberz, Alfons, Sänger; Gleueler Str 319, D-50935 Köln, T: (02 21) 43 80 31; c/o Oper Bonn, Am Boeselagerhof 1, D-53111 Bonn. **Ausb:** Stud (Math, Wirtschaftstheorie), Stud (Gesang) Kölner MH. **Laufb:** Sol Würzburg 83–85, Musikth Gelsenkirchen 85–86, Dt Op am Rhein Düsseldorf-Duisburg 86 (m dieser Tournee ua Moskau, Brüssel, Wien, Japan), Op Hannover, Hamburg Staatsop, Op Bonn seit SpZ 00/01, Gastsol ua Wiener Staatsop (Matteo/Arabella), Sächs Staatsop Dresden SpZ 03/05, Sol Oper Kiel SpZ 03/04. (Red)

Ebi, Guido, Sänger; Marokkanergasse 9/7, A-1030 Wien, T: (01) 7 10 91 68, F: 7 10 91 68 [Stuttgart 18.6.1967]. **Ausb:** OpSch Kons Wien, Mstrks b H Hotter 94. **Pr:** Stip Richard-Wagner-Stip-Stift, Prtr Concours Int d' Oratorio et de Lied Clermont-Ferrand/Frankreich. – **Aufn/RF:** U Gasser: Von der unerbittlichen Zufälligkeit des Todes, Dgt: P Bauer, SDR 95; C Peralta: De igitur o la locura de elbehnon, Univ de los Andes, Bogota/Kolumbien 02. **Zug:** C Peralta: Sóngoro Cosongo 92/93, Text: N Guillen, UA Wien.

Ebner, Karl-Michael, Sänger; c/o Wiener Staatsoper, Opernring 2, A-1010 Wien, T: (01) 51 44 40; c/o Volksoper Wien, Währinger Str 78, A-1090 Wien. **Laufb:** Sol Volksop Wien seit SpZ 03/04, Wiener Staatsop SpZ 04/05. (Red)

Ebner, Matthias, Flöte; Bachmattenstr 2, CH-4102 Binningen, T: 06 13 01 71 33. **Ens:** Sabeth Trio. (Red)

Eccarius, Michael, Dramaturg, Regisseur; Ulmenstr 22, D-09112 Chemnitz, T: (03 71) 42 12 18; c/o Eduard-von-Winterstein-Theater, Buchholzer Str 67, D-09456 Annaberg-Buchholz. **Laufb:** Chefdram u Oberspiellt Eduard-von-Winterstein-Th Annaberg-Buchholz SpZ 03/05. (Red)

Eckardstein, Severin von, Klavier; Von Galen Str 4, D-57072 Siegen, T: (02 71) 4 57 68; c/o Jens Gunnar Becker Konzert- und Künstleragentur, Grünstr 13, D-58313 Herdecke, T: (0 23 30) 7 03 89, F: 75 07, *becker@beckerkonzert.de* [Düsseldorf 1978]. **Ausb:** Stud Robert Schumann H Düsseldorf, MH Lübeck, Salzburger Mozarteum, Uni d Künste Berlin (K Hellwig). **Pr:** 3. Pr Int Chopin Wettb Göttingen 90, 1. Pr 'Incontro Int per Giovani Pianisti' Senigallia/Italien, 2. Pr Int Wettb f Junge Pianisten Ettlingen 96, 1. Pr Artur-Schnabel-Wettb Berlin 98, 2. Pr ex aequo 48. Int ARD MWettb 99, Königin-Elisabeth-Pr Brüssel 03. (Red)

Eckardt, Friedrich, Dr, Hochschullehrer; Vilbeler Landstr 253, D-60388 Frankfurt/M, T: (0 61 09) 2 12 15 [Eibau]. **Ausb:** Hf KirchM Dresden, H f M Dresden b Prof. Elsbeth Plehn. **Laufb:** Doz H f M Hanns Eisler Berlin, Doz (Gesang) Akad f Tonkunst Darmstadt, Stimmbildner Th d Stadt Frankfurt/M. (Red)

Eckardt, Tomas, Dozent, Klarinette; Hessisches Staatstheater, Christian-Zais-Str 3, D-65189 Wiesbaden; Winkeler Str 9, D-65197 Wiesbaden, T: (06 11) 44 18 55, F: 7 32 86 94, *tj.eckardt@wiesbaden.netsurf.de* [Stuttgart 6.5.1963]. **Ausb:** Unterr Klar (H Renner) Ulm 72–77, (H Pfeifer) Mannheim/ Ludwigshafen ab 76, Jungstud (W Triebskorn) Stuttgart 77–81, Stud (H Pfeifer) Mannheim/Ludwigshafen 82–87, Stud Philosophie Mainz 88–90, Zusatzausb als Therapeut 96–99. **Laufb:** BundesjugendOrch 83, Doz (Klar, Methodik) Wiesbadener Musikakad, stellvertr Soloklarinettist Hess Staatsth Wiesbaden. **Pr:** Förderpr Museumsgesellschaft Ulm 80, Bundesprtr Jugend musiziert 81.

Ecke, Kirsten, Harfe; Arnikastr 24, D-82216 Maisach, T: (0 81 41) 4 04 52 33. **Pr:** Stip Dt Musikwettb Sol Berlin 99. (Red)

Ecker, Heinz Klaus, KS, Sänger; Laufer Str 30 d, D-90571 Schwaig, T: (09 11) 5 07 40 52, 0 17 12 08 52 00, F: (09 11) 5 07 52 26; c/o Stiftung Staatstheater Nürnberg, Richard-Wagner-Pl 2–10, D-90443 Nürnberg. **Laufb:** Sol Th Nürnberg. (Red)

Eckerle, Felix, MA, Dramaturg; c/o Mainfranken Theater Würzburg, Theaterstr 21, D-97070 Würzburg, T: (09 31) 3 90 81 47, F: 3 90 81 02, *felix.eckerle@stadt.wuerzburg.de* [Karlsruhe 26.5.1970]. **Ausb:** Stud U Karlsruhe 92–98, Stud (Kulturmanagement) FernU Hagen. **Laufb:** Regieass MainfrankenTh Würzburg 98–01, Dram ebd seit 01. **Mitgl:** Dramaturg Ges.

Eckermann, Antje, Sängerin; c/o Pfalztheater Kaiserslautern, Willy-Brandt-Pl 4–5, D-67655 Kaiserslautern. (Red)

Eckert, André, Bass; c/o Sächsische Staatsoper, Theaterpl 2, D-01067 Dresden; c/o Künstleragentur Tobias Kade, Ammonstr 72, D-01067 Dresden, T: (03 51) 4 90 67 94, 01 72–3 66 29 07, F: 4 90 67 93, *tobias-kade@gmx.de* [Dresden]. **Ausb:** Stud (Ges) MH Dresden, Mitgl OpStudio Sächsische Staatsop Dresden 87. **Laufb:** Gastsol Sächs Staatsop Dresden seit 2000, Op im Schlossgarten Eutin, Meininger Th – Südthüringisches Staatsth, Staatsop Hamburg, Op Leipzig, Staatsoptte Dresden 02–04, Städt Bühnen Münster SpZ 02/03. **Pr:** Prtr Int Dvorak-Wettb. (Red)

Eckert, Anorthe, Solorepetitorin; Ziegelhofstr 35, D-26121 Oldenburg, T: (04 41) 9 84 89 30. **Laufb:** Solorep Staatsth Oldenburg SpZ 03/04. (*)

Eckert, Dieter, Alphorn; c/o Prof Armin Rosin, Urbanstr 64, D-70182 Stuttgart, T: (07 11) 51 21 01, 01 72–7 11 18 85, F: (07 11) 51 55 61, *prof.armin.rosin@t-online.de*. **Ens:** Alphorn-Terzett Armin Rosin.

Eckert, Gerald, Komponist, Cellist, Dirigent; Ensemble reflexion K, Reeperbahn 20a, D-24340 Eckernförde, T: (0 43 51) 76 70 75, F: 76 70 75, *gerald.eckert@freenet.de*; c/o Edition Gravis Musikverlag, PF 1107, D-65301 Bad Schwalbach, T: (0 61 24) 37 19, F: 34 72, *editiongravis@t-online.de*; *www.geraldeckert.de*, *www.editiongravis.de* [Nürnberg 1960]. zeitgen Musik (einschl elektron Musik), Ensemble-, Orchestermusik, szen Werke **Ausb:** Stud (Physik) Uni Erlangen-Nbg; (Vcl, Kl, Dirig) Kons Nürnberg, (Mathe) Uni

Erlangen-Nbg 87–92; Stud Komp (W Jentzsch) seit 89; weitere Komp-Stud b W Zimmermann; Stud Komp (N A Huber) u elektroakust Komp (D Reith) Folkwang-H Essen 92–95; KompKse b J Dillon, B Ferneyhough, J Harvey; Arbeits- u Forschungsaufenth 'Center f Computer Research in M a Acoustics' (CCRMA) Stanford Uni Kalifornien 96–97. **Laufb:** Doz Int Ferienkse Darmstadt, Int Fstv Akiyoshidai/Japan 98; LBeauftr (Komp, Architektur) TU Darmstadt; freischaff in Essen u Eckernförde, KonzReisen Litauen u USA 02, Aserbaidschan 04, Belfast u Schweiz 04, Mongolei 05. **Pr:** Prtr Luigi-Russolo-Wettb Italien 93, C Gulbenkian-Pr Portugal 93, 3. Pr NDR-KompWettb 94, Auswahl d Werkes 'Aux mains de l'espace' f Weltmusiktage Essen 95, Stip Fondation Royaumont Frankreich 95, Kranichstein-Pr 96, 3. Pr Int KompWettb Biennale Hannover 97, Stip Heinrich-Strobel-Stift 99, ICMC Hongkong 96 u Singapur 03, S Martirano Competition USA 03, 1. Pr Bourges 03, Weltmusiktage 04, 1. Pr int E-Schneider-Komp-Wettb 05, Stip Akad d Künste Berlin 05, Stip Venedig 06. **Ens:** Ens reflexion K. **Mitgl:** DegeM. – **Komp:** L'etaidue des fins éclat, éparse (f V), UA m I Arditti Strasbourg 97; Nachtschwebe (f gr Orch), UA Darmstadt, NDR, Dgt: J Kalitzke 98; Nachtschwebe 98, NDR, Dgt Kalitzke, Darmstadt; Bruchstücke erstarrtes Lot (f Ens), UA Zürich, Sur Plus 99; dem schweigenden Antlitz (f Fl), UA B Wagner (Fl) 2000; Schwebe verlöschend (Fl, Perc), UA Ens reflexion K 02; Nachtbogen (Fl, Vcl), UA Ens Aventure, Dgt: J Avery 02; des Nichts verlorene Schatten, UA Ens Aventure 02; offen – fin de terre, UA Freiburg, Ens Aventure, Dgt: J Avery 02; pfadlos die Nacht (f Ens), m Ens Ascolta, UA Eclat Fstv 04; Feld 3. (f Fl, Hfe), m B Wagner, E Ignatjeva, UA Amsterdam 05; An den Rändern d Maßes, UA Freiburg 05. **Aufn/RF:** 'Aphel', NDR 96; 'Nachtschwebe', HR 98; 'Bruchstücke ... erstarrtes Lot, DRS 99; 'gefaltetes Moment' Radio Bremen 99; 'des Nichts, verlorene Schatten', SWR 02, 'offen – fin des terres', SWR 02; 'L'étendue des fins éclats, éparse', SWR 02; 'erinnerte Zeit, gebrochen', SWR 03; 'Aufbrüche – Verwerfungen', BR 03 u MDR 04; 'An den Rändern d Maßes', SWR 05; 'des Säglichen Zeit', HR 05; 'Schatten, aufgeworfen', HR 05; CDs: 'Zeitspuren' 99, 'Nachtbogen' 02. **Sonst:** Veröff Katalog eig Bilder u Tuschezeichnungen 95, Ausstellungen u Installationen. **Lit:** Artikel über 'dem schweigenden Antlitz', in: Flöte aktuell 4/99, Artikel über 'gefaltetes Moment', in: Polyphony & Complexity 02, Blatt im KdG 04, M Nanni: 'Über d Ende', zur KamM G Eckerts, in: CD-Booklet, col legno WWE 1CD 20231.

Eckhoff, Jessica, Sopran; Rosenstr 2, D-73033 Göppingen, T: (0 71 61) 65 99 08, F: 50 21 69, *jessica.eckhoff@freenet.de*; c/o Theater Augsburg, Kasernstr 4–6, D-86152 Augsburg. **Ausb:** Stud Ges (I Möller) MH Freiburg 92–98; Mstrkse b B Tempesta 92–97, R Capecchi 93, W Hollweg 94. **Laufb:** Gastsol SchlossFSp Ludwigsburg 97, Sol Schleswig-Holstein Landesth Flensburg SpZ 97/98, Gastsol Th Oldenburg, SchlossFSp Heidelberg 02, Th Augsburg SpZ 03/04.

Eckhoff, Sören, Hochschullehrer, Chordirektor, Korrepetitor; Grundweg 24, D-97265 Hettstadt, T: (09 31) 4 67 52 77; H f Musik, Hofstallstr 6–8, D-97070 Würzburg. **Laufb:** Doz (OpSchule) Hermann Zilcher Kons Würzburg, Doz (Korr) H f M Würzburg, Operndir, Chordir u Kapm Mainfranken Th Würzburg, Chordir Th Heidelberg SpZ 03/04, Chdir Th Augsburg SpZ 04/05, ab SpZ 05/06 Lt Opch Leipzig. (Red)

Eckoldt, Andrea, Prof, Hochschullehrerin, Violine; Reinhold-Becker-Str 17, D-01277 Dresden, T: (03 51) 3 11 84 73, F: 3 11 84 72; Hochschule f Musik, PF 120039, D-01001 Dresden [Dresden]. **Ausb:** Stud Sächs SpezialSch f M, H f M Carl Maria v Weber Dresden (Prof W Hartwich, Prof H Rudolf), Dipl MPäd. **Laufb:** L (V) Sächs SpezialSch f M seit 81, Fachrichtungsltg (hohe Str) ebd seit 87, Prof (V) H f M Carl Maria v Weber Dresden. (Red)

Ecseghy, Janos, Violine; Holzbachtal 17, D-75334 Straubenhardt, T: (0 72 48) 93 46 99; c/o Badisches Staatstheater, D-76125 Karlsruhe. **Laufb:** 1. Konzm Badisches Staatsth Karlsruhe seit SpZ 03/04. (Red)

Edelbauer, Martin, Sänger; Scheffelstr 4, D-21337 Lüneburg, T: (0 41 31) 5 18 70; c/o Theater Lüneburg GmbH, PF 2829, D-21318 Lüneburg. **Laufb:** Sol Th Lüneburg. (Red)

Edelmann, Paul Armin, Bariton; c/o Künstleragentur Dr. Raab & Böhm, Plankengasse 7, A-1010 Wien, T: (0) 1 5 1205 01, F: 5 1277 43, *office@rbartists.at*; *www.paul-armin-edelmann.com* [Wien]. **Ausb:** H für Musik u darst Kunst Wien b KS O Edelmann 86–92. **Laufb:** Gastsol Wiener Staatsop, Kom Op Berlin, Gastsol Op Frankfurt 05, Wiener Volksop 05. (Red)

Edelmann, Peter, Bariton; c/o Agentur Seitter, Opernring 8/13, A-1010 Wien, T: (01) 5 13 75 92, 06 76–7 50 57 41, F: 5 12 93 51, *office@agentur-seitter.at, peter@peteredelmann.com*; c/o Columbia Artists Management GmbH, Till Janczukowicz, Albrechtstr 18, D-10117 Berlin, T: (0 30) 20 64 80 78, F: 20 45 34 80, *info@cami.com*; *www.agentur-seitter.at, www.peteredelmann.com*. **Ausb:** Stud Ges (O Edelmann) MH Wien. **Laufb:** Konz Budapest, Wien, Bozen, Salzburg, Wexford Op Fstv/Irland; Debüt Staatsop Hamburg 89, EnsMitgl Dt Op Berlin seit 90 (Papageno, Wolfram, Valentin, Marcello, Figaro, Guglielmo); Lieder-Rezitals Dtld, Österreich, Frankreich, Japan, USA; regelm Gast Newport MFstv/USA seit 90; Gast Staatsop Dresden, München, Volksop Wien, Staatop Wien, Op Graz, OpttenFstv Mörbisch; weitere Eng z B: Paris (Oedipe, Phorbas), Zürich Op (Lustige Witwe, Danilo), Tokyo (Tannhäuser, Wolfram), New Israeli Oo Tel Aviv (Papageno), MFstv San Sebastian (Fledermaus, Eisenstein), Op Royale d Wallonie Liège (Guglielmo u Dottore Malatesta); unter Dgt wie L Foster, Ch Thielemann, R Frühbeck de Burgos, B Weil, R Weikert, L Hager, J E Gardiner ua; zuletzt: Macau MFsvt (Carmina Burana), Th de la Monnaie Brüssel (Rezital m Bruder Paul-Armin), Prag (Tristan, Melot), Madrid (Matthäuspassion), Berlin (Papageno u Wolfram); 02 u 03: Staatsop Berlin (Zar u Zimmermann, Zar), Dublin (Carmen, Escamillo), Stuttgart (Fledermaus, Eisenstein), Seattle (Eugen Onegin, Onegin), Bregenz (Don Pasquale, Dottore Malatesta), Las Palmas Op Fstv (Ariadne auf Naxos, Harlekin), Andechs b München (Die Kluge, König; Carmina Burana), Washington Op (Fledermaus, Dr Falke), Macau Fstv (Zauberflöte, Papageno), Op di San Carlo Neapel (Elektra, Orest). **Pr:** 1. Pr Mozartpr Int Belvedere Wettb Wien 89 ua. – **Aufn/RF:** zahlr Aufn f TV, auf Video u CD; zuletzt: Neue Lieder (CD).

Edelmann, Ulrich, Prof, Hochschullehrer, Violine (Konzertmeister); Otto-Reitz-Weg 1, D-61267 Neu-Anspach, T: (0 60 81) 96 48 86, F: 44 34 05; Hochschule f Musik u Darst Kunst, Eschersheimer Landstr 29–39, D-60322 Frankfurt [Bad Mergentheim 1963]. **Ausb:** Vstud H f M Stuttgart b R Odnoposoff, Tschaikowsky-Kons Moskau b V Klimov, Indiana-U Bloomington b M Fried. **Laufb:** Prof (V) H f M u Darst Kunst Frankfurt a M, 1. Konzm HR SinfOrch Frankfurt a M, seit 98 Tutor Europ Jugend SinfOrch. **Pr:** 78 2. Pr BWettb Jugend musiziert, 80 1. Pr BWettb Jugend musiziert, 86 Rotary-MPr. **Ens:** 80–84 Konzm BJugendOrch, seit 86 Primarius Süddt StrOktett.

Eder de Lastra, Erich, Komponist; Streckerpl 1/7, A-1130 Wien, T: (01) 8 21 04 75. (Red)

Eder, Claudia, Prof, Mezzosopran; Hochschule für Musik Mainz, Binger Str 26, D-55122 Mainz, T: (0 61 31) 3 93 04 51, *singingsummer@uni-mainz.de*. **Laufb:** Eng in Wiesbaden, Düsseldorf, Wien, Prof f Gesang HfM Mainz 88. – **Sonst:** Ltr Sommerschule Singing Summer, Ltr Mstrkl Int Fstv f junge Opernsänger Schloss Rheinsberg. (Red)

Edin, Günter, Komponist [1941]. – **Komp:** Essay f StrQua (oder Streichorch). (Red)

Edinger, Christiane, Prof, Hochschullehrerin, Violine; Königin-Luise-Str 32, D-14195 Berlin, T: (0 30) 8 32 50 31; Musikhochschule, Große Petersgrube 17–29, D-23552 Lübeck, T: (04 51) 1 50 51 62, F: 1 50 53 00 [Potsdam]. **Ausb:** Stud (V Brero) H f M Berlin, (J Fuchs, N Milstein) Juilliard School of M New York. **Laufb:** Debüt als Sol m Berliner Philh Orch, Konz m Orch Europa u Amerika, KonzReisen Asien, Südamerika, Russland, Prof (V) MH Lübeck seit 94. **Pr:** MPr Stadt Berlin u Dt Kritikerpr, Mitgl Freie Akad d Künste Hamburg. **Ens:** Primaria Edinger-Qua. – **Aufn/RF:** zahlr RF- u TV-Prod in Europa u USA, LPs u CDs: div Werke f V solo, va v Bach u Penderecki; sämtl VKonz v Mozart; Konz v Spohr, Hartmann, E Franck, K Szymanowski. **UA:** C Halffter: VKonz Nr 1 u 2; P M Hamel: VKonz; H Lazarof: VKonz; F Döhl: VSon; T Brandmüller: VSon; Penderecki: VSon Nr 1, UA; Penderecki: VKonz Nr 1, DEA; Einem: VKonz, EA; Badinski: VKonz Nr 3. **Zug:** B Blacher: 4 Ornamente; H Lazarof:VKonz Nr 3; F Döhl: Solo f V; P M Hamel: 3 kleine Stücke u 2 Zwischenspiele.

Edlinger, Richard, Dirigent; Im Schloss, A-2444 Seibersdorf, T: (06 76) 3 55 17 70, F: 3 40 26 58, *richard_edlinger@hotmail.com*. **Laufb:** Dgt Wiener Kammerop, Dgt United Philh Vienna. (Red)

Edwards, Sian, Dirigent; c/o Oper Frankfurt, Untermainanlage 11, D-60311 Frankfurt. **Laufb:** Dgt Op Frankfurt. (Red)

Effner, Johannes, Violinist; c/o Neue Lausitzer Philharmonie, Promenadenstr 60, D-02827 Görlitz. **Laufb:** Sol Neue Lausitzer Philh 02/03. (Red)

Effron, David, Dirigent; c/o Lübecker Theater GmbH, Beckergrube 16, D-23552 Lübeck. **Laufb:** Gastdgt Lübecker Th. (Red)

Efler, Peter, Prof, Hochschullehrer; Univ f Musik u Darst Kunst, Inst f Tasteninstrumente, Lothringerstr 18, A-1030 Wien, T: (01) 7 11 55, F: 7 11 55. Tasteninstrumente **Laufb:** o UProf U f Musik u Darst Kunst Wien. (Red)

Egel-Goldschmidt, Thomas, Prof, Hochschullehrer, Violine; Hauptstr 131a, D-79379 Müllheim, Baden, T: (0 76 31) 57 36; H f Musik, Hofstallstr 6–8, D-97070 Würzburg. **Laufb:** Prof (V, KamM) H f M Würzburg. (Red)

Egelhof, Maria, Prof, Hochschullehrerin, Violine; Hirschgrund 47, D-23627 Groß Grönau, T: (0 45 09) 79 93 28, 0 17 13 86 01 88, F: 79 93 29, *mariaegelhof@t-online.de*; Musikhochschule, Große Petersgrube 17–29, D-23552 Lübeck, T: (04 51) 1 50 51 70, F: 1 50 53 00. **Ausb:** Stud (U Dierick) Saarbrücken, Konz-Kl (Y Neaman) Guildhall School of Music and Drama London. **Laufb:** Sol u KamM, Lt V- u KamMKse, Gast zahlr int Fstvs, Ass Y Neaman Peter-Cornelius-Kons Mainz, Prof (V, Fachdidaktik, Unterrichtspraktikum) MH Lübeck. **Pr:** nat u int Pr, zahlr Stip ua Studienstift d Dt Volkes, Jürgen-Ponto-Stift, Myra-Hess-Trust. **Ens:** Brahms-Trio. (Red)

Eger, Birgit, Sängerin; Parkallee 157, D-28209 Bremen, T: (01 70) 8 64 63 91. **Laufb:** Sol Th Bremen SpZ 03/05. (Red)

Egermann, Eberhard, Hochschullehrer, Kirchenmusiker, Komponist; Bautzner Landstr 120B, D-01324 Dresden, T: (03 51) 2 68 36 04 [Chemnitz 29.3.1933]. **Ausb:** Stud KiMSchule Görlitz 53–58, weiterführ Studien b A Stier, K Thomas, W Ehmann, G Schubert. **Laufb:** Kantor u Organist Dresden-Klotzsche/Hellerau 58–68, Maria u Martha-Kirche Bautzen 69, Doz (liturg Orgel) H f KiM d Ev-Luth Landeskirche Sachsen Dresden 79–2001, KMD Zittau 91–98. **Pr:** Liederwettb z 6. Vollversamml LWF 77; Wettb z Komp v geistl Kant Arbeitsgemeinschaft ev KiMusiker in den ev Ki in der DDR 77; Auszeichn Europa-Fstv 93; 1. Pr Georg-Muffat-Kompositionswettb Salzburg/Passau 03. – **Komp:** ua Geistl Konz 'Der Herr ist König' (Singst, Tr, Org); Partita f Trp u Orgel; Kant f Kinderchor; zahlr Geistl Konz, Liederzyklen, OrgelM.

Eggebrecht-Kupsa, Renate, Geigerin, Produzentin; Wessobrunner Str 37, D-81377 München, T: (0 89) 7 14 23 57, F: 71 00 08 50, *tro@troubadisc.de, renate.eggebrecht@online.de*; *www.troubadisc.de* [12.8.1944]. Kammermusik **Ausb:** Stud V Musikakad Lübeck b Hans Hilf u Kl b Wilhelm Rau, Stud V b Friedrich Wührer, Stud MH München, private Stud, Mstrks b Max Rostal u Seymion Snitkovsky sowie KamMKurse b La-Salle-Qua. **Laufb:** Gustav-Mahler-Fstv Toblach 81 u 82, Grd Fanny Mendelssohn Qua 86, Frauenmusikfest München 88 u 89, Grd Label Troubadisc 91, Schleswig-Holstein Musikfest

Renate Eggebrecht-Kupsa

92, Chard-Fstv England 95, Grd Duo Eggebrecht (V)/Kupsa (Vcl) 2000, Chard Int Fstv Moraviae (Tschechien) 03. **Pr:** Germaine-Tailleferre-Ges Paris. **Mitgl:** Int Federation of the Phonographic Industry. – **Aufn/RF:** CD-Einspielungen: F Mendelssohn-Hensel: KamM; G Tailleferre: gesamte KamM; D Milhaud: StreichQua Nr 1–8; A Bliss: StrQua Nr 1 u 2; KlKamM v M Reger zus m W Lorenzen (Kl) u S Mauser (Kl); CD Weltersteinspielungen ua KamM v G Bacewicz, Duo-Son v N Skalkottas, A Vieru u D Nicolau 'Strassenmusik No 16'; Weltersteinspielung V-Soloson op 61 v J Senfter u D Nicolau; CD-Einspielungen d Soloson v Honegger, Skalkottas, Schulhoff, Bacewicz, Bartók, Milhaud, Hindemith, Bloch, Martynow u Vieru; M Reger: Erste Gesamteinsp d Werke f V Solo. **UA:** F Mendelssohn-Hensel: Klavierqua 1822, UA München 88; V Dinescu: 'Terra Lonhdana' (StrQua) 84, UA München 88; F Yamaguchi: 'Qua f Fl, Ob, V u Vcl', UA Berlin 89; ders: 'Oktett f Klar, Hn, Fag, 2 V, Va, Vcl, KB', UA Berlin 89; M Kubo: 'Qui f Git u StrQua', UA Wiesbaden 89; R Birnstein: 'StrQua, UA Wiesbaden 89; D Nicolau: Duo f V u Vcl, UA München 03. **Zug:** D Nicolau: 'Strassenmusik No16' op 210; D Nicolau: Son f V Solo op 228. **Sonst:** Erstveröffentl Fanny Hensel, geb Mendelssohn-Bartholdy: StrQua Es-dur u KlQua As-dur, Furore Verlag, Kassel; CD-Erstveröffentl F Mendelssohn-Hensel: KamM 'Das Jahr', Kl-Zyklus 'Das Jahr'; N Boulanger: ges Liedschaffen, D Milhaud Edition, 3 Vol; Kl-KamM, Duo f V u Vcl im 20. Jh, 2 Vol, V Solo i 20. Jh, Edition 3 Vol; Erst-Edition d Gesamteinspielung d Werke f V Solo v M Reger; Ausstellung: 'Komponistinnen gestern u heute' MH München 89. **Lit:** Portrait in 'Klassik heute' 99.

Egger, Bertram, Mag, Prof, Hochschullehrer, Klarinette; Univ f Musik u Darst Kunst, Inst 4, Brandhofgasse 21, A-8010 Graz, T: (03 16) 3 89 32 69, F: 3 89 30 41, *bertram.egger@kug.ac.at*. **Laufb:** UProf (Klar) U f Musik u Darst Kunst Graz. (Red)

Eggers, Anke, Prof, Hochschullehrerin, Mezzosopran; Hagenowweg 4, D-23564 Lübeck, T: (04 51) 60 25 75, F: 60 61 68; Musikhochschule, Große Petersgrube 17–29, D-23552 Lübeck, *Anke.Eggers@mh-luebeck.de*. **Ausb:** Stud Hamburg. **Laufb:** LBeauftr (Ges) MH Lübeck, Prof (Ges) H d Künste Berlin; Mstrkse London, Wien, Oslo, Helsinki, Moskau, Peking, Shanghai, Washington ua. (Red)

Eggert, Moritz, Dipl, Mstrkl-Dipl, Komponist, Pianist; Hohenzollernstr 74, D-80801 München, T: (0 89) 39 45 75, F: 39 45 75, *eggy@moritzeggert.de*; *www.moritzeggert.de* [Heidelberg 25.11.1965]. Musiktheater, Kammer-, Vokalmusik, Performance, Orchester-, elektronische Musik **Ausb:** Kl (W Wagenhäuser), Komp (C Kühnl) Dr Hoch's Kons Frankfurt 75–85, Kl (L Hokanson, KompKolloquien H-U Engelmann) H f M u Darst Kunst Frankfurt/M 85–86, Komp (W Killmayer), Mstrkl (Killmayer, H-J v Bose) H f M München 86–94, Kl (R Havenith) Frankfurter MH 92, PostgradStud Komp (R Saxton) Guildhall Sch f M and Drama London 92, Stud (O Knussen, A Goehr) Tanglewood USA 93. **Laufb:** regelm Konz als Pianist, Sol u in Ens seit 76, erste Komp ua auch f Film u Th 80–82; Amerika-Tournee, weltweites Internetprojekt 'Variations IV.01', Initiierung v 'Neue Dichter Lieben – Münchner Edition' (20 UA) 01; Mexiko-Tournee 02. **Pr:** Prtr int Gaudeaumus Wettb Rotterdam 89, Stip Tanglewood als 'fellow in comp' 93, Cité Int des Arts 94–95, Dt Studienzentr Venedig 95, Villa Massimo Rom 96–97, Schneider-Schott-Pr Salzburger OsterFSp, 1. Pr ad Referendum KompWettb d SMC Quebec 96, Siemens-Förderpr 97, Bayer Staatsförderpr 98, 2. Pr A-Zemlinsky-Wettb f Komp 99, Prtr 3. Int 'Città di Udine'-Komp-Wettb Italien 2000, Pr b Concorso Int di Comp Chitarristica P Barsacchi, Auswahl f 'M at the Anthology' Comm Program New York 01, 2. Pr Salvatore Martirano Award/Illinois, USA, 2. Pr Int Comp Competition of the Molinari-Qua/Montréal, Kanada, Freie Akad d Künste Mannheim u Bayer Akad d Schönen Künste, 1. Pr Left Coast Chamber Ens Comp Competition San Francisco 03. **Ens:** A*DEVANTGARDE-Ens seit 89. **Mitgl:** dkv, Pro-Klassik, Bayer Tonkünstlerverband. – **Komp:** Lunu (Op), UA München, Th Halle 50 92; Vexations (KamM), UA Tanglewood M Fstv 93; Hämmerkl (Klzyklus), UA Starnberg, See-Fstv 95; Bad Attitude (KamM), Salzburger OsterFSp 95; Helle Nächte (Op), UA 4.Münchner Biennale 97; Et In Arcadia Ego (2. Streichqua), UA Pescocostanzo, Moto-Perpetuo-Fstv 97; Number Nine (Orchzyklus), UA Ophaus Nürnberg 99; Der Andere (Stimme u Ens), UA Hannover, EXPO 2000; Croatoan (Str-Qua u Schlgzg), UA EXPO 2000; Auf d Suche nach d KlaNNg (Hörstück), UA HR 2000; Neue Dicher Lieben (Liederzyklus) 99/2000, UA EXPO 2000; Goldberg spielt (Kl u gr Ens) 99/2000, UA Fredener MTage 2000; Narziss (Blockfl, Schlgz) 2000; Riff (2 E-Git, Effektgeräte) 01; Number Nine IV Scapa Flow (Orch) 2000/01, UA Int Wolfegger MTage 01; La Risposta (Akk, Vcl) 02; There was a building (or: the 58th street broiler, f S u Tonband, Text: B Katchor) 02; Paradies Berlin (Liederzyklus f Stimme u Kl) 03; Dr Popels fiese Falle (Op), Frankfurt 04. **AuftrKomp:** Wir sind Daheim, UA Mannheim, Schnawwl Th, Dgt: W Koloseus 98 (Auftr: NatTh Mannheim); 'Percussiv' (Ballett), UA Nürnberg, OpHaus, Philh Orch Nürnberg, Dgt: C Reuter 99 (Auftr: OpHaus Nürnberg); Krausseriana (Bar u Kl), UA Mannheim, Schauspiel 99 (Auftr: Th Berau); 'The Trap' (BühnenM), UA Prag, Th Laterna Magica 99 (Auftr: Laterna Magica); The sleeper wakes, UA Amsterdam, Concertgebouw, Swingle Singers 2000 (Auftr: Swingle Singers); Goldberg spielt, UA Freden, Camerata Freden, M Eggert 2000 (Auftr: Fredener Musiktage); Dr Popels fiese Falle (Kinderop), UA Op Frankfurt (Auftr: Op Frankfurt). **Aufn/RF:** Fortner: KamM; v Bose: Labyrinth II; Eggert: Porträt-CD; ders: Neue Dichter Lieben; ders: Außer Atem; ders: Hämmerklavier, ders: Wide Unclasp; Dt Musikrat: Neue M in Dtschld 1950–2000 (2 Veröffentl). **UA:** ua W Killmayer, H W Henze, H-J v Bose, J Müller-Wieland, J Widmann, M A Turnage, M Epstein, D Lang, C Sanchez, C Kühnl, M Schmitt, S Bhagwati, A F Singer, F Schwenk, E Grosskopf, E Poppe, Ch Seither. **Zug:** ua v S Bhagwati, M Schmitt, C Kühnl, E Grosskopf, A Strauch, D Schroyens, A Werner, H-J v Bose, J Widmann, H-Ch v Dadelsen. **Sonst:** Grdg A*DEVANTGARDE-Ens f junge Komp 91; zahlr Publ: D Mythos v d ungeliebten Neuen M 01; 'Über-Rausch' 02, in: Anfänge-Erinnerungen zeitgen Komponstinnen u Komponisten an ihren frühen Instrumentalunterr, hrsg v M Saxer; 'Zu Doktor Popels fiese Falle' 02, in: Aufbrüche: Op Frankfurt 1987–2002 ua. **Lit:** Film 'One Man Band – D Komp M E', BR 96; Schriften über M E: D Brandenburg: 'Schönheit, um zu überleben', in: Die Dt Bühne 68. Jahrgang/Nr4//1997; M Rösler: 'Unser Problem ist nicht die Tradition, sondern d Traditionelle', in: Piano News 01; C Silva: 'La música alemana abre sus fronteras', in: Milenio (Mexiko) 11.5.02; W Grimmel: 'Vielfalt als Ziel-D Komponist M E', in: Neue Zs f M, Jan/Feb 98.

Eggimann, Ulrich Simon, Sänger; Than, CH-3436 Zollbrück, T: 03 44 96 78 94, 07 97 85 51 12, F: 03 44 96 78 94, *eggimann.u@freesurf.ch*; *www.eggimann-bariton.ch* [Bern 21.4.1958]. Oper, Konzert, Lied **Ausb:** Stud (MTheorie) SMPV Bern 82–85, Stud Gesang (T Nakazawa) 80–85; Stud Gesang (R A Hartmann), Schauspiel (P Rasky) MH Zürich 85–87, Abschluss Op-Dipl, Lehrdipl SMPV Bern 94–97. **Laufb:** Gastsol: Stadtth Bern SpZ 87/88, Th Basel SpZ 87/88, Op Zürich SpZ 90/91, Th d Hansestadt Lübeck SpZ 96/97, Oper Avenches 97/98 u 00/01, Landesth Linz SpZ 00/01, Th Biel Solothurn seit 88. – **Aufn/RF:** J Meier: Zoobär (Op), UA Zürich, MH, Dgt: J Meier 87; M Derungs: Anna Gördi, UA Stadtth Biel, Dgt: D Klajner 90/91; J Meier: Fuchs u Pilger, UA Stadtth Biel, Dgt: J Meier 94/95; Schubert: Winterreise 03. **Sonst:** Lt Gesangsens VOC-E seit 94, Reg Emmentaler Liebhaberbühne ELB seit 91, künstler Lt Casino Theater Burgdorf seit 98.

Eggler, Iris, junger lyr Sopran; Wagnerstr 21, CH-3007 Bern, T: 03 13 71 42 63, *iris.eggler@gmx.ch*; Aspihof, CH-9527 Niederhelfenschwil, T: 07 19 47 12 78 [15.11.1980]. Mozartopern, Oratorien (Bach), Kantaten (Monteverdi), Messen (Fauré, Mozart), Liederabende **Ausb:** Stud Ges (I Frauchiger) H f M u Th Bern 97–03, Lehrdipl f Ges 01, SolDipl 03, Mstrks b D Ferro (New York), T Westendorp (Niederlande), B Schlick (Dtld), I Gage (Lied). **Laufb:** Sol Schlossop Haldenstein Chur 01, Th Visp 03, Stadtth Bern SpZ 03/04, Johannespassion Berner Münster. **Pr:** 1. Pr Int Wettb d Lyceum Club Schweiz, zweimalige Prtr Migros Stip Pr, 2. Pr Elvira-Lüthi-Stift, Stip Friedl Wald Stift Basel.

Egidi, Hans, Viola; c/o Caroline Martin Musique, 126, rue Vieille du Temple, F-75003 Paris, T: 01 42 74 49 01, F: 01 42 74 46 17. **Ens:** Quatuor Sine Nomine. (Red)

Egli, Hansjakob, Dirigent; Oezlige 29, CH-6215 Beromünster, T: 04 19 30 36 14; *www.voki.ch* [Luzern]. **Ausb:** Stud Kl Kons Luzern, KamMKse (S Végh ua), Akad f Sch- u KiM. **Laufb:** Dgt VokalEns Luzern. (Red)

Eglitis, Peteris, Sänger (Bariton); c/o Oper Frankfurt, Untermainanlage 11, D-60311 Frankfurt/Main. **Ausb:** Stud (Gesang) Kons Westminster, Choir College. **Laufb:** Dtschld-Debüt Kammerop Schloss Rheinsberg 95, Sol Städt Bühnen Münster, Dt Op am Rhein Düsseldorf-Duisburg (ua Papageno, Figaro, Astradamaros), Nationalth Mannheim, Konz, Gastsol OpHaus Nürnberg SpZ 03/04, Op Frankfurt SpZ 04/05. **Pr:** Gewinner zahlr int Wettb, Stip Met Op Competition, Stip Wagner Gesellschaft New York. (Red)

Egloff, Michaela, lyrischer Sopran m Kolotatur; Operettencocktail, Antoniterstr 13, D-79106 Freiburg, T: (07 61) 28 80 88, 01 72–6 31 13 82, *m.egloff@freenet.de*; *www.operettencocktail.de* [Freiburg i Br]. Operette **Ausb:** priv Ges-Stud b Maria Zahlten-Hall 87–92; M-Stud PH Freiburg bis 90; einige Semester MWiss U Freiburg; Ges-Stud b Heidemarie Tiemann MH Freiburg seit 92; Ges-Stud/Mstrkse ua b Maria Candida Caliccio 95–98, Herbert Handt, Prof Kurt Rapf u Prof Arturo Sergi. **Laufb:** meist freischaffend tätig seit 90; Eng ua Stadtth Freiburg 89–92, St Pauli Th Hamburg 93, Konzertdirektion Landgraf 95, Stadthalle Wien, Landesbühne Rheinland-Pfalz 98, Europa Musical Th 98–05, Theater am Ring Villingen 99; Ensemblemitg Carl-Th Villingen-Schwenningen 2000–02; wieder freischaff tätig seit Herbst 02 ua Dt Kammerschauspiele, Kammerop Ulm/SAP-SinfOrch 03/04, Musikbühne Mannheim 04, 3Länder-Theater Basel/Riehen seit 04, Operina-Ens seit 05. – **UA:** Paul Bear u Hans Hauser: 'Im Schatten Tallards' (Op), UA 99.

Egri, Monika, Pianistin; Kaltwasserstr 1, A-3413 Kirchbach, T: (0 22 42) 65 21; c/o Künstlermanagement Till Dönch, Roegergasse 24–26/G2, A-1190 Wien, T: (01) 4 70 80 83, F: 4 79 69 71, *management@doench.at*; *www.egri-pertis.com* [Budapest 1966]. **Ausb:** Stud Budapest, KlDiplom b Prof Heinz Medjimorec MH Wien. **Pr:** Int Klavierduo-Wettb in Finale Ligure, Italien, 11. Int Klavierduo-Wettb in Caltanissetta, Italien. **Ens:** Klavierduo Monika Egri & Attila Pertis. (Red)

Egüez, Eduardo, Hochschullehrer; Sierenzerstr 14, CH-4055 Basel, T: 06 13 81 58 73; Hochschule Musik u Tanz, Tössertobelstr 1, CH-8400 Winterthur. **Laufb:** Doz (Alte Musik, Laute, Theorbe, KamM) MH Winterthur Zürich. (Red)

Ehrensperger, Gisela, KS, Sängerin; c/o Staatstheater am Gärtnerplatz, PF 140569, D-80455 München. **Laufb:** Sol Staatsth am Gärtnerpl München, Stadtth Klagenfurt. (*)

Ehrensperger, Vera, Sängerin; Brüggliäcker 41, CH-8050 Zürich, T: 0 13 21 76 40, *vera.ehrensperger@bluemail.ch*; *www.veraehrensperger.com* [Zürich]. **Ausb:** Stud Ges (R Rohner) MH Zürich 88–93. **Laufb:** EnsMitgl Stadtth Freiburg 93/94, Stadtth Hof 94–97, Gast Stadtth Klagenfurt 98/99, Gast Hoofdstadoptte Amsterdam 98–00, Gast Th Biel-Solothurn 03/04, Konz Barock, Klassik in d ganzen Schweiz. **Pr:** Migros-Studienpr 91 u 92, Belcanto-Wettb Zürich 98. **Ens:** Ens Turicum seit 98. – **Aufn/RF:** J N Garcia: Missa Pastoril, m Ens Turicum, Dgt: L A da Silva, M Weibel (CD); G B Pergolesi: Missa a 5 voci, Ens Turicum, Dgt: L A da Silva, M Weibel; A d Santos Cunha: Responsorios para officio da Sexta-feira Santa, m Ens Turicum, Dgt: L A da Silva, M Weibel (CD); G B Pergolesi: Missa a 5 voci, Ens Turicum, Dgt: L A da Silva, M Weibel.

Ehrhardt, Susanne, Blockflöte, Klarinette; Uhlandstr 14, D-04177 Leipzig, T: (03 41) 49 13 43. Alte Musik. (*)

Ehrhardt, Werner, Violine, Künstlerischer Leiter; c/o Concerto, Am Grauen Stein, D-51105 Köln, T: (02 21) 9 83 41 90, F: 98 34 19 99, *info@concerto-koeln.de*; *www.concerto-koeln.de*. **Laufb:** Künstl Lt u Konzm Concerto Köln.

Ehrich, Hans-Hermann, Sänger; Im Felde 15, D-49134 Wallenhorst, T: (0 54 07) 34 71 27. **Laufb:** Sol Städt Bühnen Osnabrück, Op im Schlossgarten Eutin SpZ 01/05, Th Gummersbach SpZ 04/05. (Red)

Ehricht, Thomas, Komponist, Hochschullehrer; An den Bleichen 1, D-18435 Stralsund, T: (0 38 31) 39 40 40 [Halle/S 25.7.1940]. **Ausb:** Stud (SchM), Examen 63, Stud (Komp), Abschluß 73 Franz-Liszt-H Weimar, Mstrsch Akad d Künste d DDR 85–87. **Laufb:** Musikdramaturg Th Greifswald 82–88, Doz (Theorie, Komp, Analyse) H f M u Th Rostock seit 88. **Pr:** Hanns-Eisler-Pr v Radio DDR 81. – **Komp:** Stabat mater, UA 78; Die Stimme unter dem Sand, UA 80; Kassandra-Monolog, UA 86; Streichqua, UA 87; 'Untergang' – 5 Trakl Lieder, UA 87; Trio f V, Vcl u Kl, UA 91; Sonate f Vcl u Kl, UA 94. (Red)

Ehrismann, Alfred, Klavier; Höhenstr 29, CH-8620 Wetzikon, T: 0 19 32 21 42 [Winterthur 16.5.1926]. **Ausb:** Stud (M) Kons Winterthur, Univ Zürich u Cons Nat de Paris (Lazare-Lévy). **Laufb:** Konz als Sol v SymphKonz, b KlAbenden u als KamMusiker im In- u Ausland seit 1947, Doz MH Zürich-Winterthur. (Red)

Ehritt, Reinhard, Trompete; c/o WDR Rundfunkorchester, D-50600 Köln. **Laufb:** Sol WDR RundfunkOrch Köln. (Red)

Ehrke, Sven, Sänger; c/o Staatstheater Darmstadt, Georg-Büchner-Platz 1, D-64283 Darmstadt. **Laufb:** Sol Th Dortmund, Gastsol Pfalzth Kaiserslautern SpZ 00/01, Sol Staatsth Darmstadt SpZ 04/05. (Red)

Ehrler, Hans-Heinrich, Sänger; Alt-Gorbitzer Ring 14, D-01169 Dresden, T: (03 51) 4 12 22 93. **Laufb:** Sol Th Freiberg. (Red)

Ehrlich, Robert, Prof, Hochschullehrer, Blockflöte; Schillerweg 31, D-04155 Leipzig, T: (03 41) 69 01 06 20, *robert_ehrlich_de@yahoo.de*; Hochschule f Musik u Theater, PF 100809, D-04008 Leipzig. **Laufb:** Prof (Blockfl) H f M Felix Mendelssohn Bartholdy Leipzig. (Red)

Ehwald, Christian, Hochschullehrer, Dirigent; H f Musik 'Hanns Eisler', Charlottenstr 55, D-10117 Berlin, T: (03 91) 5 69 39 84 [Eberswalde 1953]. **Ausb:** Stud (H Förster) MH Berlin, Dirigierstud (A Jansons) Kons Leningrad. **Laufb:** freischaff Dgt 80, Chefdgt Jenaer Philh 81–88, ZusArb m Dt Staatsop Berlin, ua Abraxas, Schwanensee u Eugen Onegin, Lt Berliner Staatskap b Konz u Tourneen, England 85, Australien u Neuseeland 86, Gastdgt Berliner Philh Orch (Bartók: Herzog Blaubarts Burg), Lt Gewandhausorch Leipzig, Dgt Prager Symph, Slowak Philh Bratislava, in Japan Ltg Konz d Yomiuri Nippon Symph Orch u NHK Orch Tokyo, Ltg Konz SinfOrch d Radio della Svizzera Italiana Lugano seit 92, Chefdgt u Musikal Oblt Bühnen d Stadt Magdeburg 98/99, regelm Gast Allg Musikges Luzern, Lt SinfOrch d BR in OrchPrüfungen 92 u im Schlußkonz d ARD-Wettb 93; Prof (Dirig/H-SinfOrch) H f M 'Hanns Eisler' Berlin seit 2002, GMD Magdeburg SpZ 03/04. **Pr:** Bronzemed u 3. Pr 6. Karajan-Dirigierwettb 79. – **Aufn/RF:** Fernsehaufz f SinfOrch d WDR Köln, Konz RAI Roma, m Berliner Staatskap, RF-Orch Berlin, Leipzig, Prag u Bratislava, Slowak Philh Bratislava, Jenaer Philh. (Red)

Eibinger, Thomas, Prof, Hochschullehrer, Posaune; Univ f Musik u Darst Kunst, Inst 4, Brandhofgasse 21, A-8010 Graz, T: (03 61) 3 89 37 41, *thomas.eibinger@kug.ac.at* [Graz 9.4.1972]. **Ausb:** Stud J. J. Fux Kons Graz (J Steinacher), Univ f Musik u Darst Kunst (91/92 J Pöttler, 92–2000 b C Svanberg). **Laufb:** 1. Posaunist im Grazer Sinf Orch 92–97, Mitgl J. Österr Philh 95, Solopos OpOrch Rom 97–2000, 1. Pos Grazer Philh Orch seit 2000, VProf U f Musik u Darst Kunst Graz. (Red)

Eichberg, Søren Nils, Komponist, Pianist, Dirigent; Aquinostr 17, D-50670 Köln, T: (02 21) 9 12 33 12, F: 9 12 33 12, *info@eichberg.net*; *www.eichberg.net* [Stuttgart 1973]. **Ausb:** Stud Kl (T Ernst u F Gürtler) Königl MAkad Kopenhagen, Stud Kl (A Waldma) u Dirig (M Luig) H f M Köln. **Laufb:** Auff d Komp in Österreich, Belgien, Dänemark, Estland, Dtschld, Italien, Neuseeland u USA; Gastdgt Südwestfäl Philh, Orch d H f M Köln, Österr Ens f Neue Musik, Reval Ens, I Musici Brucellensis, The New Fromm Players; Auftr als Pianist in Dänemark, Finnland, Dtschld, Österreich, Großbritannien, Polen, Israel. **Pr:** 1. Pr Queen Elisabeth Int Competition for Composers Brüssel 01 f d Komp 'Qilaatersorneq' f V u Orch, Pr Karic Piano Competition London 2000, Stip f Komp Tanglewood USA. – **Komp:** 'Scherben' f Kl (veröffentlicht b Universal Edition Wien); Qilaatersorneq (f V u Orch), UA Gran Prix Reine Elisabeth 01; Haervaerk (f Kl u Ens), UA Tallin 02; Z.N.S. (F Kl u Orch), UA Prix Finaliste Reine Elisabeth 03. **AuftrKomp:** ua f Int KlWettb Ferruccio Busoni in Bozen, Int Piano Fstv Tallinn, Odense Symph Orch, Nat Radio Neuseeland, ARD-Wettb, Int Double-Reed Society, Dän RF. **Aufn/RF:** 'Missa Brevis' v Chris Christoffels.

Eichberger, Myriam, Prof, Hochschullehrerin, Blockflöte; Am Horn 53, D-99425 Weimar, T: (0 36 43) 49 94 41, F: 49 94 41; H für Musik 'Franz Liszt', Inst f Tasteninstr u Alte Musik, PF 2552, D-99406 Weimar, *myriam.eichberger@hfm-weimar.de*. **Ausb:** Stud MusikH Karlsruhe (G Braun), Schola Cantorum Basiliensis (M Piguet u C Steinmann), Koninklijk Cons Den Haag (R Kanji). **Laufb:** Prof (Blockfl) H f M 'Franz Liszt' Weimar 95. **Ens:** Musica Letitiae, Cantus Thuringia u Capella Thuringia. (Red)

Eiche, Markus, Bariton; c/o Balmer & Dixon Management AG, Kreuzstr 82, CH-8032 Zürich, T: 04 32 44 86 44, F: 04 32 44 86 49, *mail@badix.ch*; Auf der Höhe 5, D-76327 Pfinztal, T: (07 21) 46 39 96, (01 71) 3 83 98 64; *www.badix.ch/voc/eiche.html* [St Georgen 1969]. **Ausb:** Stud (Gesang) MH Karlsruhe, Staatl H f M u Darst Kunst Stuttgart. **Laufb:** ua: umfangr KonzTätigkeit im In- u Ausland, ua: 'Carmina Burana' Nationalth Istanbul, Brahms: 'Requiem' Moskau, Dgt: W Gönnewein, Reimann: 'Nachtstücke' Expo 2000, zahlr Liederabende in Dtschld u Spanien, 'Le Nozze die Figaro' (Conte Almaviva) Sommer-Stagione Prager Ständeth 97, Gastengagement Cui: 'Der gestiefelte Kater' (Menschenfresser) Staatsth Stuttgart 97, Busoni: 'Doktor Faustus', 'Don Carlos' Salzburger FSp 99, 'Wozzeck' (Handwerksbursche) Scala Mailand 2000, Strauss: 'Capriccio', Dgt: P Steinberg 2000, Sol Kom Op Berlin, Luzerner Th SpZ 04/05. **Pr:** Stip Richard Wagner Verband 96, 1. Prtr Robert-Saar Gesangswettb Bad Kissingen 96, Stip Stift Podium Junger Musiker 98, 1. Pr Generalitat de Catalunya int Gesangswettb Francesco Viñas Barcelona 98, Sonderpr f beste Orat- u Liedinterpr. – **UA:** Sotelo: 'De Amore' (Baritonpartie), UA: München, Biennale 99, Tournee Amsterdam, Enschede, Antwerpen, Madrid; Saariahos: 'L'Amour de loin', UA: Salzburg, FSp, Dgt: K Nagano 2000. (Red)

Eichenauer, Ulrich, Viola; c/o School of the Arts, 1533 South Main St, Winston-Salem, NC 27117–2189, U.S.A., POB 12189, Winston-Salem, NC 27117–2189, U.S.A., T: (3 36) 7 70 33 61, *eichenaueru@ncarts.edu*; *www.ncarts.edu/ncsaprod/music/facstringsone.asp*. **Laufb:** L North Carolina School of the Arts. **Ens:** Mendelssohn String Qua. (Red)

Eichenberger, Markus, Komponist, Klarinette, Repetitor; Hirtenhofring 4, CH-6005 Luzern, T: 04 13 60 74 79; Am Wasser 116, CH-8049 Zürich. **Laufb:** Solorep u Korr Luzerner Th. (Red)

Eichenlaub, Markus, Prof, Hochschullehrer, Orgel; Ferdinand-Dirichs-Str 12, D-65549 Limburg/Lahn, *markus.eichenlaub@t-online.de*; Folkwang-Hochschule, Klemensborn 39, D-45239 Essen, T: (02 01/49 03–1 16; *www.markuseichenlaub.de* [Herxheim, Pfalz 27.1.1970]. **Ausb:** Stud (Org) Staatl H f M Karlsruhe (kirchenmusikalisches A-Ex m Ausz), Stud Org (P v Dijk) H f M Hamburg (Schwerpunkt Alte Musik), KonzEx H f M Stuttgart. **Laufb:** musikal Ass b Münster-Kantor Villingen, Domorganist Limburg/Lahn seit 98, Prof (Org) Folkwang-H Essen seit 2000/01, rege KonzTätigkeit im In- u Ausland. **Pr:** Stip Stift Kulturkreis d dt Wirtschaft u d Ldes NRW, zahlr Pr u Ausz b nat u int OrgWettb, 1. Pr Int Schnitger-OrgWettb Alkmaar (NL) 97. – **Aufn/RF:** div CDs, darunter: Cantoclarino (Barocke Arien), zus m a Rouff (Sop) u P Leiner (Trp); Die große Rudolf v Beckerath-Orgel zu Herxheim/Südpfalz (m Werken v J S Bach, D Buxtehude, J Pachelbel u F A Guilmant) 97; Jubilennium 2000 (m Werken v Albinoni, Bellini, Bach, Vivaldi ua), zus m B Kratzer (Trp), Limburger Dom 2000; Dt Orgelromantik 01; Steinmeyer-Orgel, St. Maria Landau (Mendelssohn, Rheinberger) 01; Klais Organ (m Werken v J Alain u C-M Widor), Limburger Dom 02; Cavaillé-Coll-Orgel, Notre-Dame-de-la Croix, Paris (R Vierne) 04; Weltreise durch die Orgelmusik 04; Imperial March: Göckel-Orgel im Westerwälder Dom zu Wirges (Elgar, Hollonay, Strimer, Zoellner, Salome, Reveyron) 04. **UA:** P Petkow: Sanctificatio (6 BlechBl, Org), UA Magdeburg 05. **Zug:** J Pfiester: Präludium, Air u Chaconne (f Org u Trp); T Glanc: Bossa Nova (f Org).

Eichenwald, Philipp, Komponist; Gempenstr 46, CH-4053 Basel. (*)

Eicher, Peter, Prof, Hochschullehrer, Klavier; Im Kästenbusch 6, D-67434 Neustadt, W, T: (0 63 21) 35 55 15, F: 35 55 14, *PEicher@t-online.de*; Hochschule f Musik, PF 6040, D-76040 Karlsruhe. **Laufb:** Prof (Kl) Staatl H f Musik Karlsruhe. (Red)

Eichhorn, Alexia, Konzertmeisterin; c/o Hofer Symphoniker, Klosterstr 9–11, D-95028 Hof. **Laufb:** Konzm Hofer Symphoniker. (Red)

Eichhorn, Benedikt, Schauspielmusiker; c/o Theater Strahl, Urbanstr 45, D-10967 Berlin. **Laufb:** SchspM Th Strahl Berlin SpZ 03/05. (Red)

Eichhorn, Friedemann, Dr, Prof, Hochschullehrer, Violine; H f Musik 'Franz Liszt', PF 2552, D-99406 Weimar [Speyer]. **Ausb:** MH Mannheim (V Gradow) 87–92, Int Menuhin Music Academy (A Lysy) 92–95, Julliard School (M Pardee). **Laufb:** Prof (V) H f M 'Franz Liszt' Weimar, künstl Lt SchlossFSP Zwingenberg.

Eichhorn, Klaus, Prof, Hochschullehrer; Hochschule f Künste, FB Musik, Dechantstr 13–15, D-28195 Bremen, T: (0 30) 3 25 52 82, F: 3 25 83 90, *eichhorn.org@gmx.de, k.eichhorn@hfk-bremen.de*; Dernburgstr 13, D-14057 Berlin [Engeln 26.8.1949]. 16.–18. Jh **Ausb:** Stud KiM Cemb (G Kastner) H d Künste Berlin 70–74. **Laufb:** LBeauftr H d Künste Berlin, Staats- u Domchor 73–80, Orgel 91–96, Doz (Org) KiMSchule Halle/S ab 91, Konz u Aufn m og Ens sowie unter Dgt wie F Bernius, H C Rademann, H Arman, J E Gardiner, Prof (Org, Generalbaß) H f Künste Bremen. **Ens:** Musical Compagney, Gast b Concerto Palatino, Musica Fiata, Fiori Musicali, Capella Orlandi. – **Sonst:** Grdg u Ltg 'Capella Cantorum' (Vokalens m Knaben- u Männerstimmen) Berlin 81.

Eichhorn, Rainer, Kapellmeister, Klavier; Grabental 9 A, D-99817 Eisenach, T: (0 36 91) 84 13 90, 25 61 44; c/o Thüringer Landestheater, Theaterpl 4–7, D-99817 Eisenach. **Ausb:** Stud Kons Zwickau u H f M 'Felix Mendelssohn Bartholdy' Leipzig, Staatsexamen (Pk/Schlgz) 64 u (Dirig) 71. **Laufb:** Schlgz Gewandhausorch Leipzig, Kapm Bühnen d Stadt Gera, Dgt Philh Jena, 1. Kapm Thüringer Landesth Eisenach bis 05. **Ens:** Thüringer Salonqui. (Red)

Eichinger, Bernd, Regisseur; c/o Deutsche Staatsoper Unter den Linden, PF 354, D-10109 Berlin. **Laufb:** Filmproduzent, Reg Parsifal Berliner Staatsop März 06. (Red)

Eichler, Jörn, Sänger; Gabelsbergerstr 51, D-75175 Pforzheim, T: (01 79) 6 62 38 96. **Laufb:** Sol Stadtth Klagenfurt, GastSol Th Freiburg SpZ 03/04, Sol Ldsth Linz SpZ 04/05. (Red)

Eichmann, Dietrich, Komponist, Pianist; Geibelstr 4, D-12205 Berlin, T: (0 30) 44 73 66 85, *kontakt@dietrich-eichmann.de, concerts@oaksmus.de; www.dietrich-eichmann.de* [Erlangen 21.1.1966]. Neue Musik, Impro **Ausb:** Schüler v A v Schlippenbach 82–85, W Rihm 86–92, F Rzewski 93–96. **Pr:** Stip Music Omi Summer Residency 03. **Mitgl:** Neue Komp Ges 96–2000. – **Komp:** Trio f Hn, V u Kl, UA Karlsruhe 90; Mirlitonnades (2 Mezzosop, Live-Elektr, gr Ens), UA Berlin 91; Damnation Du Pouls (Pos, Kl, Saxqua), UA Karlsruhe 91; Piano Qua The Late 92 (vier Kl), UA Liège 93; La Pulsation Intégrale (Ballett), UA Paris 96 (Auftr: Op de Lyon u Cie Larsen Paris) Komp f Fl u Kl, UA Freiburg 01; Study Nr 508 f Schlz; UA New York 03, Die letzte Äußerung d delph Orakels f Chor u Ens, Flight for Liudas sowie weitere Kamu OrchM, Jazz, Peformances. **Sonst:** künstl Lt 'oaksmus'.

Eichner, Engelbert, Mag art, MAS, Solorepetitor, Regieassistent; c/o Salzburger Landestheater, Schwarzstr 22, A-5020 Salzburg, T: (06 62) 62 24 60, *engelbert.eichner@aon.at*; *www.engelbert-eichner.de* [Frankfurt/Main 2.5.1974]. **Ausb:** Stud Dirig, OrchLtg (M Gielen), ChorLtg (Karl Kamper) U f M u darst Kunst Mozarteum Salzburg 93–99, Stud (Kulturmanagement) Int Center for Culture and Media Management Salzburg 96–99, Doktoratstud U f M u darst Kunst Mozarteum Salzburg in Mitbetr durch U f M u darst Kunst Wien u Johannes-Kepler-U Linz 99–03. **Laufb:** zahlr Auftr als Pianist u Dgt in Dtld, Österr, Italien u England seit 90, Internship Dt Op Berlin 97, Veranstaltungsmanager u künstl Lt Projekt 'Carmina Burana' Salzburg 97 sowie Arvo-Pärt-Fstv 'klang d stille' Salzburg 99, Pressereferent HaydnFSp Eisenstadt 2000, Projektkoord Projekt: 'Popstar Philip Glass!? Entdecken.' U Mozarteum Salzburg 02, Korrep Int Sommerakad Salzburg 02, Interimskorrep Th in Erfurt 02, Solorep u Dgt Ldsth u Kammerspiele Salzburg SpZ 04/05 u 05/06. – **Aufn/RF:** CDs: Orff: 'Carmina Burana' 97, P Ritzen: 'Chinese Folksongs Transcriptions' 98.

Eickelmann, Udo, Sänger; c/o Musikalische Komödie der Oper Leipzig, Dreilindenstr 30, D-04177 Leipzig. (*)

Eickholdt, Alfred, Prof, Hochschullehrer, Gitarre; Unterer Eickeshagen 17, D-42555 Velbert, T: (0 20 52) 8 22 13, F: 14 71; H f Musik Köln, Abt Wuppertal, Friedrich-Ebert-Str 141, D-42117 Wuppertal. **Ausb:** Stud (Git) H f Musik Köln, Abt Wuppertal. **Laufb:** GitKl H f Musik Köln, Abt Wuppertal seit 81, Prof (Git) ebd. **Ens:** duo da camera. (Red)

Eickhorst, Konstanze, Prof, Hochschullehrerin, Klavier; Brehmerstr 16, D-23564 Lübeck, T: (04 51) 7 07 36 16, F: 7 07 39 44; Musikhochschule Lübeck, Große Petersgrube 17–29, D-23552 Lübeck, T: (04 51) 1 50 51 88; *www.proclassics.de/eickhorst.htm* [Bremen 6.5.1961]. **Ausb:** Stud (E Fexer) MSchule Bremen 66–72, (K H Kämmerling) H f M u Th Hannover 72–84, Unterr (V Perlemuter) Paris zw 78 u 82. **Laufb:** Prof (Kl) MH Lübeck seit 98, Prof MH Hannover 89–98, als Sol regelm KonzTätigk, Tourneen: Nordafrika 83, Mittel-/Südamerika 86, Südostasien 98, Eng b Fstv: Ravinia 96, Berlin 86 u 89, Salzburg 89, Luzern 89 ua, Sol unter Dgt wie Eschenbach, Leitner, Davis, Schneider, Vegh, Metzmacher. **Pr:** 1. Pr dt HWettb Kl solo 78, 1. Pr dt HWettb Duo 79, Prtr dt MWettb 80, Grand Pr Int Clara-Haskil-Wettb 81, 2. Pr Int Bach-Wettb Toronto 85, Bronze-Med Int Königin-Elisabeth-Wettb Brüssel 87, 1. Pr Int Geza-Anda-Wettb Zürich 88. **Ens:** Linos-Ens seit 79. – **Aufn/RF:** zahlr RF-Aufn, Live-Mitschn, CDs: ua J S Bach: Goldberg-Variationen BWV 988; L Farrenc: Quintett Nr 1 a-moll, Quintett Nr. 2, Linos-Ens; W A Mozart: Quintett Es-dur, Hummel: Septett d-moll, Linos-Ens; S Prokofieff: Quintett g-moll, L Janácek: Concertino, Jugend, Linos-Ens; C Schumann: Klavierwerke; C Schumann: Lieder, G Fontana (Sop); Geschwister der Romantik – Fanny & Felix Mendelssohn, m K M Vogler; Fesca: 2 Septette, Linos-Ens; Reinecke: 2 Klavierquartette, Klavierquintett, Linos-Ens; Farrenc: Klavierwerke; Ries: Septett u Oktett. **UA:** D Müller-Siemens: Refuge, UA Bangkok 98, Linos-Ens; X Thoma: Son f Va u Kl, UA Lübeck 94, B Westphal (Va). **Sonst:** Wiener Urtext Ed: Fingersätze u Interpretationshinweise, Mendelssohn: Lieder ohne Worte. **Lit:** mehrere Interviews, ua 'Piano News' Jan/Feb 01; Radiosend: Thema M – Zur Person: K E (SWR2) Jan 03.

Eidenbenz, Peter, Dirigent; Grütstr 45, CH-8704 Herrliberg, T: 0 19 15 11 53. (Red)

Eikötter, Uwe, Tenor; Hebelstr 11, D-68161 Mannheim, T: (06 21) 1 22 57 55; c/o Nationaltheater Mannheim, PF 102362, D-68023 Mannheim. **Laufb:** Sol Nationalth Mannheim seit SpZ 02/03. (Red)

Einarsdottir, Thora, Sängerin; Wilhelmstr 6, D-65185 Wiesbaden, T: (06 11) 3 60 24 98, 0 17 74 65 02 25; Hessisches Staatstheater, PF 3247, D-65022 Wiesbaden. **Ausb:** Stud (Ólöf Kolbrún Hardardóttir) Reykjavík School of Singing, (L. Sarti) Guildhall of School of Music and Drama in London. **Laufb:** Sol Hess Staatsth Wiesbaden seit 01. **Pr:** Ridder af Dannebrogsordenen 97. (Red)

Einfeldt, Dieter, Prof, Komponist, Hochschullehrer; Immenhagen 6, D-22955 Hoisdorf, T: (0 41 07) 49 50 [Hamburg 11.4.1935]. Neue Chor- u InstrumentenM **Ausb:** Stud Komp (E G Klussmann), Dirig (H Schmidt-Isserstedt), Klavier (E Schönsee) Hamburg 49–62. **Laufb:** Lt Hamburger U-Orch 58–61, Bundesvorstand Musikal Jugend Dtschlds 63–75, dort Lt int Orchkurse, Prof (Komp, Theorie) H f M u Th Hamburg seit 72, Lt Studio f Neue Musik, Programmberater beim NDR f Neue Musik 88, Grd u Lt KonzR Neue Musik im Gespräch in d Patriotischen Gesellschaft Hamburg. **Pr:** 1. Pr Musikal Jugend 67, Kuhlau-Pr Stadt Uelzen 70, PantaRhei-Festival-Kompositionspr Würzburg 02. **Mitgl:** Freie Akad d Künste Hamburg, Patriot Gesellschaft Hamburg, DKV. – **Komp:** 'Rotation' f 76 Schlaginstr (KamM), UA Hamburg 71; Palast Hotel Thanatos (Op), UA Hannover 72; 'Gomorrha'-Requiem f Hamburg (Orat), UA Hamburg 86; Unsere Zeichen sehen wir nicht (Orat), UA Hamburg 88; 'Somniloquie' f gr Orch (Sinfonik), UA Hamburg 89; Konz f V oder Vcl u Schlgzens (Solokonz), UA Hamburg 92; 'Reminiszenzen' Konz f Saxophon(e) u gr Schlgzens (Solokonz); sowie Sinf, Opern, Liederzyklen, Solokonz etc. **AuftrKomp:** Sinfonia Consenza 62 (Auftr: Bayer Akad d Schönen Künste); Sinfonia da Camera 86, Sinfonia brevis 90 u Sinfonia sacra 97 (Auftr: Land Schleswig-Holstein). **Aufn/RF:** RF: Gomorrha-Requiem f Hamburg, m Hamburger Symphoniker, Chor d H f M Hamburg, Ltg: K Vetter 87 (NDR); CDs: Somniloquie f Orch 90, Reminiszenzen f Sax u Perc 2000. **Sonst:** Einfeldt/Jahn: Kreativ sein mit den vorhandenen Möglichkeiten, in: Namen, Daten, Fakten 85. **Lit:** Lex 'Komponisten der Gegenwart'; L Lesle: Vertonte Schrecken des Bombenkrieges, in: Die Welt Dez 86; W Burkhardt: Gomorrha – Requiem f Hamburg, erster Höhepunkt des Musica-Medien-Kongresses in: Süddt Zeitung Nov 87; G Schneider: Einfeldts Requiem 'Gomorrha', in: Oper u Konzert Heft 1/88.

Einfeldt, Peggy, Schauspielmusikerin; Mildenauer Str 45, D-09471 Königswalde; c/o Eduard-v-Winterstein-Theater, Buchholzer Str 67, D-09456 Annaberg-Buchholz. (Red)

Einhaus, Franz-Josef, Prof, Hochschullehrer, Bariton; Bismarckstr 18, D-50672 Köln, T: (02 21) 51 49 51, 0 17 22 91 41 86; Musikhochschule, Große Petersgrube 17–29, D-23552 Lübeck, T: (04 51) 1 50 51 43, *Franz-Josef.Einhaus@mh-luebeck.de*. **Laufb:** Prof (Ges) MH Lübeck. (Red)

Einicke, Ingo, Posaune, Horn; Querstr 11, D-99817 Eisenach, T: (0 36 91) 21 61 06; Thüringer Landestheater, Theaterpl 4–7, D-99817 Eisenach [Sangerhausen 1966]. **Ausb:** HfM Weimar, HfM Detmold. **Laufb:** Landesth Eisleben, Sol Landeskap Eisenach. **Ens:** Thüringer Alphornqua seit 98, Hornbl-Ens Suhl. (Red)

Eiselmair, Gerda Maria, lyrischer Mezzosopran; c/o Musikbühne Mannheim Astoria eV, Ludwig-Frank-Str 29, D-68199 Mannheim, T: 0 17 72 82 62 79 [Linz]. Oper, Lied, (Kirchen)Konzert, Operette u Musical **Ausb:** Stud (M-, Ges-, Tanz- u InstrPäd, Bfl, Kl) Kons Linz, 'Mozarteum' Salzburg, MH Wien, Ges (M Schartner) Salzburg, (B Greiner) Linz, (P Hamblin) Karlsruhe, SomAkad, Mstkse u Workshops ua b S Molcho, J Hamari, A Reynolds, I Borkh, J Cesh, K Widmee, G Mey. **Laufb:** Sol Musikbühne Astoria eV Mannheim SpZ 03/04, Salzburger KamOp, Volksop Wien, Stadtth Koblenz, Tourneen durch Österr, Schweiz u Dtld.

Eisenberg, Matthias, Orgel; c/o Künstlersekretariat Rolf Sudbrack, Gösselkoppel 54a, D-22339 Hamburg, T: (0 40) 5 38 21 65, F: 5 38 72 20, *Rolf.Sudbrack@t-online.de*; c/o Bubu-Concerts, Widderter Str 45, D-42657 Solingen, T: (02 12) 8 01 14, 81 64 68, F: 81 64 80, *info@bubu-concerts.de*; *www.sudbrackmusik.de* [Dresden 1956]. **Ausb:** Stud Org (W Schetelich) H f M 'Felix Mendelssohn Bartholdy' Leipzig. **Laufb:** Mitgl Dresdener Kreuzch, 1. Org Gewandhaus Leipzig 80–86, KiM Frankfurt u Hannover, KiM Keitum/Sylt seit 92, Initiator KonzZyklus an d Silbermannorgeln Rötha, Künstl Ltg u Sol Konz-Reihe Oybin; GastProf Int MSem Weimar 85, Gastkse u Mstrkl ua Stockhohn, Buenos Aires, San Juan. **Pr:** Prtr ua Leipziger Bachwettb, Improvisationswettb Weimar. – **Aufn/RF:** zahlr Schallpl u RF-Aufn, zahlr CDs, Bach: Orgelwerke 1–10; Liszt: Dante-Sinfonie, m Gewandhausorch Leipzig, Dgt: K Masur, Martini, Lübeck, Bach, Loeillet: Trp u Org, m L Silberski. **Sonst:** Musikal Mitwirkung in d DDR-Fernsehprod über d Leben J S Bachs. (Red)

Eisenberger, Christian, Violine; Schönburgstr 13, A-1040 Wien, T: (01) 5 04 19 39; c/o Künstlervermittlung Klaus Eisenberger, Peter-Jordan-Str 8, A-1190 Wien, T: (01) 3 68 13 63, F: 3 69 23 23, *Eisenberger@classic-music.at*. **Ausb:** MH Wien Kl v Günter Pichler, 3 Jahre Stud b Ernst Kovacic, Wiener Musikgymnasium. **Laufb:** 1. Geiger 'Jeunesse-Weltorchester', unter Claudio Abbado Konzm Wiener H-SymphOrch, Int KonzTätigkeit m Klangforum Wien, Concentus Musicus Wien, Konzm Wiener Kammerorch 90–93, SymphOrch Vorarlberg, Haydnorch Bozen, Wiener Kammerphilh u Philh Wien, KonzTätigkeit m d Chamber Orch of Europe seit 91 (permanent member seit 96). **Ens:** Grd Joseph Haydn Qua Wien (Primarius). (Red)

Eisenburger, Michael, Sänger; c/o Theater Lüneburg GmbH, PF 2829, D-21318 Lüneburg. (Red)

Eisenfeld, Brigitte, lyr Koloratursopran; c/o Staatsoper Unter den Linden, Unter den Linden 7, D-10117 Berlin, PF 354, D-10109 Berlin, T: (0 30) 20 35 40, F: 20 35 44 80, *pressoffice@staatsoper-berlin.de*; *www.staatsoper-berlin.org*. **Ausb:** Stud (Ges) H f M 'Hanns Eisler' Berlin, Unterr b KS M Corelli. **Laufb:** Ens Dt Staatsop Unter den Linden Berlin seit 1974, Gastsol Wiener Staatsop 92, Sächs Staatsop Dresden 96–98, Classic Opern Air Fstv Berlin, Innsbrucker FSp 94, Gastsp ua in Japan, Italien, Spanien, Schweiz. (Red)

Eisenhoffer-Meyer, Catherine, Harfe; ch de la Perrousaz 7, CH-1286 Soral, T: 02 27 56 29 71. (Red)

Eisenmann, Klaus, Prof, Hochschullehrer, Dirigent; Staatl H f Musik und Darst Kunst, N 7, 18, D-68161 Mannheim; Kazmaierstr 6, D-68809 Neulußheim. **Ausb:** Stud (Kl, Dirig, Komp) MHochschule Mannheim (R Laugs u H Vogt). **Laufb:** GMD Stadttheater Pforzheim 78–97, Prof (Dirig, Partitursp) Staatl H f M u Darst Kunst Mannheim 87, Lt Opernschule ebd 02–04, Lt Stamitz-Orchester Mannheim seit 04. (Red)

Eisermann, Dirk, Tenor; Seestr 17a, D-63075 Offenbach, T: (0 69) 86 62 53, *dirk.eisermann@web.de*; *www.trio-lyrico.de*. dt Oper, romant Oratorium, (zeitgen) Lied **Ausb:** Stud (KiM, SchM) Hannover, Ausb (Ges) H Hannover u Frankfurt. **Laufb:** Eng Op Frankfurt, Liederabende u Konz m Op-, Optte- u Musical-Repertoire, Gastsol Kassel, Darmstadt u Bern, SchlossFSp Zwingenberg, Yehudi Menuhin-Fstv Gstaad, Stimmbildner u ChDgt, L f Ges, Trp u Kl priv u MSch. **Ens:** Frankphoniker (Frankfurt/M), Trio Lyrico (Offenbach). – **UA:** Th Köhler: 'Verfall, Schweigen, Untergang', Liederzyklus (UA). **Sonst:** Grdg 'Trio Lyrico' (Lied, zeitgen M, Rezitation), Veranstalter d Mozartfestes Offenbach 06.

Eisinger, Detlev, Klavier; Dorfstr 2, D-82436 Tauting, T: (0 88 47) 8 98, F: 8 98, *info@detlev-eisinger.de*; c/o Konzertdirektion Fritz Dietrich, Sigmund-Freud-Str 1, D-60435 Frankfurt/M, T: (0 69) 54 56 58, 54 45 04, F: 5 48 41 07, *info@konzertdirektion-dietrich.de*; *www.detlev-eisinger.de* [München 26.11.1957]. Bach, dt Klassik u Romantik, Schubert, Wagner-Transkriptionen **Ausb:** Stud Kl (E Then-Bergh) MH München bis 80. **Laufb:** Bach: Wohltemperiertes Kl, Bd I u II in München, Wien, Salzburg, Graz, Klagenfurt, Innsbruck, Liechtenstein 85–86; Stip Paris 86; Berlin Philh Debüt 87; Südafrika-Tourneen 87–94; Zykl Auff sämtl Beethoven-Son in Gießen, Halberstadt u Bernried; Liederabend m Hermann Prey, Madrid 95; Einführungsvortr zu d Opern R Wagners f d Bayreuther FSp seit 02. – **Aufn/RF:** Bach: Das Wohltemperierte Kl Bd I u II, Goldberg-Variationen; Chopin: Werke m Bamberger Symph; Liszt: KlM; D Scarlatti: Sonaten; Werke v Beethoven, Balakirew, Smetana; Populäre KlM 'Von Bach bis Chopin'; Lyr KlM 'Quiet Classics'; Wagner: Transkriptionen (Liszt, Wolf, Brassin).

Eisner, Anja, Dr, Dramaturgin; Schlossberg 19, D-99817 Eisenach, T: (03 91) 5 61 83 11 [Prenzlau]. **Ausb:** Th-H 'Hans Otto' Leipzig 75–80. **Laufb:** Chef-Dram Th Magdeburg SpZ 03/04.

Eistert, Ulrich, Prof, Chordirektor, Kapellmeister, Klavier; Finkenstr 11, D-70794 Filderstadt, T: (07 11) 77 51 40, *Ulrich.Eistert@t-online.de* [Weisswasser 30.12.1935]. Oper, Konzert **Ausb:** Stud Dirig (W v d Nahmer, W Sawallisch) MH Köln. **Laufb:** OpHaus Köln 59–64, Staatsth Braunschweig 64–69, Staatsth Hannover 69–72, Dir Staatsopernchor Staatsth Stuttgart 72–01, Prof u Lt OpChKlasse MH Stuttgart 72–01, zahlr MusikFSp (zB Heidenheim, Bad Urach, Schwetzingen). **Pr:** Ehrenmitgl Staatsth Stuttgart. **Mitgl:** GEMA. – **Aufn/RF:** 'O, welche Lust ...'. Beliebte OpChöre, m Staatsopernchor u StaatsOrch Stuttgart; L Nono: Al gran solo carico d'amore, m StaatsOp Stuttgart; ders: Intolleranza 1960, m StaatsOp Stuttgart; B A Zimmermann: Die Soldaten, m StaatsOp Stuttgart. **Sonst:** TV, CD, DVD. **Lit:** Staatsop Stuttgart (Hg): Staatsopernchor Stuttgart – 30 Jahre m U E 01.

Eitler, Thomas, Chordirektor; Saarbrückener Str 25, D-28211 Bremen, T: (04 21) 4 76 04 41. **Laufb:** 1. Kapm Th d Stadt Koblenz, Chordir MTh Bremen SpZ 03/05. (Red)

Eitrich, Roland, Prof, Hochschullehrer, Violine; Neubühlauer Str 17, D-01324 Dresden, T: (03 51) 2 68 20 31; Hochschule f Musik, PF 120039, D-01001 Dresden. **Laufb:** Prof (V) H f M Carl Maria v Weber Dresden. **Ens:** Dresdner Philharmonie (1. V). (Red)

Ejsing, Mette, Alt; Franz Hainzl Artists' Management, PF 17, A-1043 Wien, T: (01) 5 86 45 36, F: 5 85 55 51, *office@hainzl.net*; *www.hainzl.net* [Dänemark]. Wagner u Mahler **Ausb:** Stud (K Buhl Moller, I Bjoner) Kopenhagen. **Laufb:** Bayreuther FSp, Wiener Staatsop, Staatsop Berlin, Mailänder Scala, Wiener Konzerthaus, Sol Dt Op Berlin SpZ 04/05.

Ek, Klara, Sängerin; Staatstheater, Oberer Schloßgarten 6, D-70173 Stuttgart. **Ausb:** Stud Königl Musikkons in Stockholm u Stockholmer Opernschule b C. Rutenberg, R. Vignoles, T. Schuback, M. Tatlow, K. Meyer und B. Nilsson. **Laufb:** Sol Staatsop Stuttgart. (Red)

El Sigai, Ingrid, Sängerin; c/o Kammeroper Frankfurt, Sternstr 31, D-60318 Frankfurt/Main. **Laufb:** Sol Kammeroper Frankfurt seit SpZ 03/04. (Red)

Elbe, Christina, Sängerin; Staatsoperette, Pirnaer Landstr 131, D-01257 Dresden. **Laufb:** Sol Staatsoptte Dresden. (Red)

Elbert, Jochen, Sänger; Moritzstr 9, D-65185 Wiesbaden, T: (06 11) 37 03 96; Hessisches Staatstheater, PF 3247, D-65022 Wiesbaden. **Laufb:** Sol Hessisches Staatsth Wiesbaden, Gastsol Stadtth Pforzheim. (Red)

Elchlepp, Isolde, KS, Sängerin; Großer Hillen 26, D-30559 Hannover, T: (05 11) 5 17 97 97, (01 72) 5 13 67 86, F: 5 17 97 97. **Laufb:** Sol Op Hannover, Kom Op Berlin, Bayer Staatsop München, Gastsol Städt Bühnen Münster SpZ 00/01, Sächs Staatsop Dresden SpZ 03/04. (Red)

Eldinnouh, Heidrun, Violine, Hochschullehrerin; Dr. Hoch's Konservatorium, Hebelstr 15–19, D-60318 Frankfurt, T: (0 69) 9 15 00 40, F: 5 96 15 76, *mail@dr-hochs.de*. **Laufb:** Doz (V) Dr Hoch's Kons Frankfurt. (*)

Elfer, Peter, Prof, Hochschullehrer, Klavier; Univ f Musik u Darst Kunst, Inst f Tasteninstrumente, Lothringerstr 18, A-1030 Wien. **Laufb:** o UProf U f M u Darst Kunst Wien. (Red)

Elgart, Bill, Schauspielmusiker; c/o Theaterei Schloß Erbach, Schloß, D-89155 Erbach. **Laufb:** SchspM Theaterei Schloß Erbach SpZ 03/05. (Red)

Elger, Antje, Klavier; c/o Offenes Ohr Dresden, Barlachstr 8, D-01219 Dresden, T: (03 51) 4 72 13 60, F: 4 72 13 61, *music@offenesohr.com*; *www.offenesohr.com/dresden* [Dresden]. Kammermusik, Bach **Ausb:** Stud MH 'Carl Maria v Weber' Dresden bis 93 (A Zenziper). **Ens:** Duo m U Kroggel (Vcl). (Red)

Elgeti, Susanne, Komponistin; Wilhelmshavener Str 47, D-10551 Berlin, T: (0 30) 39 03 99 00, 39 03 99 02, F: 39 03 99 01, *elgeti.su@snafu.de*. **Ens:** Die Maulwerker. (*)

Elhorst, Hans, Prof, Hochschullehrer, Oboe; Ernst-Duis-Weg 19, D-79219 Staufen, T: (0 76 33) 8 33 84; Hochschule f Musik, Schwarzwaldstr 141, D-79102 Freiburg. **Laufb:** Prof (Ob, Methodik, Orchstudien) Staatl H f Musik Freiburg. (Red)

Elina, Päivi, Sängerin; Richard-Strauss-Str 115, D-81679 München, T: 0 17 26 30 92 67; c/o Staatstheater am Gärtnerplatz, PF 140569, D-80455 München. **Laufb:** Sol Staatsth am Gärtnerpl München. (Red)

Ellegiers, Koenraad, Violine; c/o WDR Sinfonieorchester, D-50600 Köln. **Laufb:** stv Stimmführer WDR SinfOrch Köln. (Red)

Ellemunter, Alois, Viola; c/o Berliner Symphoniker, Christstr 30, D-14059 Berlin. **Laufb:** Sol Berliner Symphoniker. (*)

Ellen, Donna, Sopran; Sieveringerstr 144/2/1, A-1190 Wien, T: (06 76) 5 23 82 40, *donnaellen@aon.at*; c/o Künstlermanagement Till Dönch, Roegergasse 24–26/G2, A-1090 Wien, T: (01) 4 70 80 83, F: 4 79 69 71, *management@doench.at*; *www.donnaellen.com* [Fergus, Kanada]. **Ausb:** Wilfrid Laurier Univ b V Martens, Canada Op Piccola, Opstudio d Op Zürich, Mstrkr b H Rilling u E Ameling, Arbeit m KS Renate Holm. **Laufb:** Engagement Landesth Linz 87, OpttenFSp Bad Ischl 01, Sol Staatsth Stuttgart SpZ 2000/01, Grand Th d Genève 02, Wiener Staatsoper 02–04, Saarl Staatsth 04, Volksop Wien 04/05, Komische Op Berlin 04/05. (Red)

Ellenberger, Wolfgang, Konzertpianist, Arzt; ClassiCulturCentrum, Am Gückelberg 1 a, D-74722 Buchen, T: 0 16 08 35 33 21, F: (0 62 81) 56 35 38, *Wolfgang@Ellenberger.name*; *www.Ellenberger.name* [München 1.8.1955]. **Ausb:** Kl-Dipl Hamburg (Prof Eckart Besch) 77, Konz-Examen Lübeck (Prof Conrad Hansen) 84, Musiktherapie Hamburg 75–77. **Laufb:** Priv Kl L seit 73, Yamaha-Msch Hamburg-Pöseldorf FachbereichsLt Kl 75–76, Korrep Scala Mailand 87 u 89, Mstrks Kl 91–99 (31 Ks), Ltg 3 Chöre (Jugend/Frauen/Männer/Gem Chor) 97–98 ua. **Pr:** Steinway-KlWettb Hamburg 72, Stip Richard-Wagner-Verb Würzburg 87. – **Sonst:** 'Relativitätsformel d Klavierspiels': Vorträge m Demonstrationen am Instr u Videobsp 96–99, Veröffentl: Fingersatzsystem (neue musik zeitung) 88, Hrsg Fingersatz-Edition: ca. 50 Titel KlM seit 95, Veröffentl u Auff einer eigenen Adaptation Op 'Hänsel u Gretel' v Humperdinck f MSch Buchen 97, 'Reisetagebuch eines Konzertflügels' 97, 'Handbuch d Ellenberger Methode' 97.

Ellensohn, Jürgen, Trompete; c/o HR Sinfonieorchester, Bertramstr 8, D-60320 Frankfurt a M. **Laufb:** Sol HR SinfOrch Frankfurt a M. (Red)

Ellermann, Jens, Prof, Hochschullehrer; Trautenwolfstr 3, D-80802 München, T: (0 89) 38 80 86 03, F: 38 85 92 76; c/o Hochschule für Musik und Theater München, Arcisstr 12, D-80333 München. **Laufb:** Prof (V) H f M u Th Hannover u München. (Red)

Ellinghaus, Wolfram, Hochschullehrer; Geisebrink 11, D-32584 Löhne, T: (0 57 32) 8 24 99. **Laufb:** Doz (Trp) H f KiM Herford. (Red)

Elliott, James, Sänger; c/o Opernhaus Zürich, Falkenstr 1, CH-8008 Zürich. (Red)

Ellwardt, Andreas, Posaune alter Mensur; c/o Angela u Holger Höring, Luisenstr 29, D-12557 Berlin, T: (0 30) 6 51 91 70, F: 6 51 91 70. **Ausb:** Stud Pos (Prof J Doms, Prof J Mittelacher) H d Künste Berlin, KonzEx. **Laufb:** OrchM ua Kairo, Hallesche Philh, Jenaer Philh, BerlinerSymph, Philh Orch Staatsth Cottbus; Doz MSch Berlin-Wilmersorf 88–95; KonzTätigkeit als freiberufl M In- u Ausland. **Ens:** Ens f Alte M 'Musica Antiqua Coepenicciensis' seit 99. (Red)

Elmgren, Asa, Sängerin; 3 Hintzerstr 11, A-1030 Wien, T: (06 64) 5 04 51 18; Schöckstr 52, CH-9004 St Gallen, T: 07 12 45 95 58. **Laufb:** Sol Konz u Th St Gallen, Sol Wiener Staatsop. (Red)

Elsas, Christian, HonProf, Hochschullehrer; Rothesteinstr 13, D-37242 Bad Sooden-Allendorf, T: (0 56 52) 49 20, F: 62 77; H f Musik u Darst Kunst, Eschersheimer Landstr 29–29, D-60322 Frankfurt/M. **Laufb:** HonProf (Kl) H f M u Darst Kunst Frankfurt/M. (Red)

Elser, Joachim, Posaune; c/o Staatskapelle Berlin, Unter den Linden 7, D-10117 Berlin. **Laufb:** Sol Staatskap Berlin. (Red)

Elser, Konrad, Prof, Hochschullehrer, Klavier; Musikhochschule, Große Petersgrube 17–29, D-23552 Lübeck, T: (04 51) 1 50 51 03, F: 1 50 53 00, *konrad.elser@web.de* [Schwäbisch-Gmünd]. **Ausb:** Stud Kl (P Buck) MH Stuttgart, Kl

(A Jasiniski, M Argerich, N Magaloff, O Maisenberg). **Laufb:** Konz In- u Ausland als Sol u KamMPartner, LBeauftr MH Stuttgart u H f KiM Eßlingen, Prof (Kl, KamM) MH Lübeck seit 92. **Pr:** Bronze-Med Int MWettb Genf 82, Prtr Dt MWettb Bonn 84, 1. Pr Concours Int de Piano Epinal 85, Prtr Busoni-Wettb Bozen 87, Int Schubert-Wettb Dortmund 89.

Elsner, Christian, Sänger; Butzbacher Str 1, D-35510 Pohl-Göns, T: (0 60 33) 6 04 80; c/o Künstlersekretariat am Gasteig, Rosenheimer Str 52, D-81669 München, T: (0 89) 44 48 87 90, F: 4 48 95 22, *team@ks-gasteig.de* [Freiburg i Br]. **Ausb:** Stud Ges (M Gründler) MH Frankfurt 87–95, dann privat 95–01, Liedkl (D Fischer-Dieskau) HdK Berlin 91–94, privat (N Semer) New York seit 01. **Laufb:** Op Heidelberg, München, Oslo, Salzburger FSp; Op Darmstadt 97–03 (Gast); Liedrez Alte Opr, MHalle, Glocke, Gewandhaus, Luzerner FestW, Wigmore Hall London, Th Royal d l Monnaie Brüssel, Ravinnia, Schubertiade Feldkirch; Konz Gewandhaus (Blomstedt), Carnegie Hall (Jansons), Musikhalle (Eschenbach), Semperop (Luisi), Musikverein (Honeck), Berwaldhall (Giulini), Concertgebouw (Haenchen). **Pr:** Stip Studienstift d Dt Volkes, Stip Richard Wagner-Verb u Franz Völker-Kreis, 1. Pr Walther Gruner-Liederwettb London 93, 2. Pr ARD Wettb 94. – **Aufn/RF:** CDs: Dichterliebe/Liederkreis op 39, Schöne Müllerin, Winterreise (Fass f Ten u StrQua), Ausgew. Lieder v Hessenberg, Kreutzer, Loewe, Lehar, A u G Mahler, Schubert u Zemlinsky; viele RF-Aufn b BR, SDR, DLR, SFB, HR, SR, SWF, WDR, NDR, MDR, ORF ua. **Zug:** Schubert: 'Winterreise' als Bearb f Ten u StrQua v J Josef. **Sonst:** Vorwort zu W Müller: 'Winterreise'; Kinderbuch: 'Lennie u die Zauberflöte'. **Lit:** 'Das Schubertlied u seine Interpreten'.

Elsner, Fred, Sänger, Hochschullehrer; H f Musik, Hofstallstr 6–8, D-97070 Würzburg. **Laufb:** Gastsol Anhalt Th Dessau SpZ 00–01, Gastsol Mainfranken Th Würzburg 01–02, LBeauftr (Ges) H f M Würzburg. (Red)

Elsner, Hermann, Blockflöte, Hochschullehrer; Nadistr 137, D-80809 München, T: (0 89) 3 51 51 53; Richard Strauss Konservatorium, Gasteig, Kellerstr 6, D-81667 München, T: (0 89) 48 09 84 13. **Laufb:** Doz (Blockfl, Alte Musik, Akustik), stellv Dir Richard Strauss Kons München. (Red)

Elßner, Christian, Prof, Hochschullehrer, Bassbariton; H f Musik, PF 120039, D-01001 Dresden [Seifhennersdorf/Oberlausitz 1.10.1934]. Ausb v Opern- u Konzertsängern, Kurse **Ausb:** Stud Ges MH Leipzig 53–55, MErz U Leipzig 55–56, Ges (R-F Schmidt) MH Leipzig 56–58, Sprechwiss/ Stimmtherapie (H Krech) U Halle 60–62, Mstrkse (W Domgraf-Fassbaender) Weimar seit 62. **Laufb:** Stimmbildner RF-Chor Leipzig u RF-Jugend- u Kinderchor 58, Doz (ChGes) MH Weimar 59, Lektor (Ges) Inst f MWiss U Halle 62, Doz (Ges) H f M Dresden 68, aoProf seit 84, oProf (Ges) H f M Dresden seit 87, Studio d Staatsop Dresden 83–89, GastProf Kraków 92–94, oProf (Ges) Wroclaw 97, Mstrkse Int OratFstv Wratislavia Cantans seit 87, Gesamtpoln Winterkse Duszniki-Zrój, Karpacz u Rybna seit 84, Kraków seit 99, Przemysl seit 97, Studio Nationalth Prag 88 u 89.

Elverum, Ann-Christin, Sängerin; c/o Opernhaus Halle, Universitätsring 24, D-06108 Halle/Saale, PF 110554, D-06019 Halle/Saale. **Laufb:** GastSol Op Halle/Saale seit SpZ 03/04. (*)

Emerson, Stewart, Prof, Hochschullehrer, Sänger, Klavier, Dirigent; Bertramstr 132a, D-13467 Berlin, T: (0 30) 4 04 04 88, F: 40 00 98 07; H f Musik 'Hanns Eisler', Charlottenstr 55, D-10117 Berlin, T: (0 30) 90 26 98 56 [London]. **Ausb:** Stud Kl (Prof H Platts, Prof J Barstow), Ges (Prof L v d Pump), Dirig (Prof Ch Adey) Royal College of M London. **Laufb:** stellv Dgt Abbey Op, Dgt Apollo Singers, St Paul's Fstv Orch, Enfield Grand Op; Studiorep seit 84 u anschl Solorep (m Dirigierverpflicht) Op Köln, Doz OpSch Kölner MH, Lt OpStudio Kölner Op seit 91, Liedbegl; musikal Lt 'MTh/OpSch' H f Musik 'Hanns Eisler' Berlin seit 95.

Emge, Ralf, Tenor; c/o Konzertdirektion Fritz Dietrich, Sigmund-Freud-Str 1, D-60435 Frankfurt a M, T: (0 69) 54 45 04, F: 5 48 41 07, *info@ konzertdirektion-dietrich.de* [Alzenau 1970]. **Ausb:** Rhein Kantorei, LBeauftr HfM Frankfurt/M. **Ens:** Ltg Singkreis Leidersbach. (Red)

Emmerlich, Gunther, Sänger (Bass); c/o Konzert- u Veranstaltungsagentur Rudolf, Neue Reihe 12A, D-18059 Rostock, T: (03 81) 4 00 10 67, *rudolf-agentur@t-online.de*. **Ausb:** H f M Weimar. **Laufb:** Mitgl Ens Semperop Dresden 72–92, Gastsol Th Meiningen SpZ 03/04, Staatsoptte Dresden SpZ 04/05. (Red)

Emmert, Heidi, HonProf, Hochschullehrerin, Orgel; H f Kath Kirchenmusik u Musikpädagogik, Andreasstr 9, D-93059 Regensburg. **Ausb:** Stud (G. Weinberger) Detmold, (M.-C. Alain) Paris u (R. Saunders) Rochester/USA. **Laufb:** HonProf H f Kath. KiM Regensburg 03. **Pr:** Prtr ARD-Wettbewerb München, ION Nürnberg, Chartres. (Red)

Emmert, Ilka, Kontrabass; c/o Rundfunk-Sinfonieorchester, Funkhaus Hallberg, D-66100 Saarbrücken. **Laufb:** Sol RF-SinfOrch Saarbrücken. (Red)

Empt, Wilhelm, Prof, Hochschullehrer; Grafenmühlenweg 80, D-51069 Köln, T: (02 21) 68 72 12. **Laufb:** Prof (Tonsatz) H f Musik Köln. (Red)

Enachescu, Sorin, Prof, Klavier, Hochschullehrer; Grünstadter Weg 22, D-12559 Berlin, T: (0 30) 7 52 11 64. **Laufb:** Prof (Kl) U d Künste Berlin. (Red)

Enciñas, Ignacio, Tenor; c/o Theater & Philharmonie Essen, Opernplatz 10, D-45128 Essen; c/o Konzert-Direktion Zagovec, Hans-Böckler-Str 23, D-65468 Trebur-Astheim, T: (0 61 47) 91 96 60, F: 91 96 62, *agentur@zagovec-artists.de*. **Laufb:** Sol Dt Op Berlin, Gastsol Bad Staatsth Karlsruhe SpZ 00/01, Th u Philh Essen SpZ 04/05. (Red)

Enckelmann, Ville, Dirigent, Solorepetitor; Kehn 67, D-47918 Tönisvorst, T: (0 21 56) 49 50 91, *ville.enckelmann@netti.fi* [Lathi, Finnland 30.10.1976]. **Laufb:** Solorep König Op Stockholm 99/2000 u Dt Op am Rhein Düsseldorf-Duisburg seit SpZ 2000/01, seit SpZ 03/04 ebd auch als Dir.

Ende, Michael, Tenor; c/o Theater Aachen, Hubertusstr 2–8, D-52064 Aachen, T: (02 41) 9 10 78 09; c/o Konzertdirektion Fritz Dietrich, Sigmund-Freud-Str 1, D-60435 Frankfurt/M, T: (0 69) 54 45 04, F: 5 48 41 07, *info@ konzertdirektion-dietrich.de* [Salzgitter]. **Ausb:** MH Hannover. **Laufb:** Sol Th Aachen. (Red)

Endelweber, Alfred, Prof, Hochschullehrer, Blockflöte; Univ f Musik u Darst Kunst, Inst Franz Schubert, Rennweg 8, A-1030 Wien, T: (0 27 32) 8 27 83, F: 82 78 31, *alfred.endelweber@onemail.at* [Amstetten 1944]. **Ausb:** Stud (Musikerz, Bfl) Musikhochschule Wien u U Wien (Germanistik, Mwiss). **Laufb:** Regenschori a d Stadtpfarrkirche Krems – St.Veit 70, o UProf (Bfl, KamM) U f Musik u Darst Kunst Wien 72. **Pr:** Horus Sacra Musica Krems, Wiener Blockflötenens 72–85. (Red)

Ender, Jeanette, Sängerin, Dipl-Kulturmanager; c/o Kammeroper, Bayreuther Str 8, D-01187 Dresden, T: (03 51) 4 72 57 87, F: 4 72 57 87, *enderdd @aol.com*; *www.kammeroper.de* [31.7.1965]. Oper, Operette, Musical, Konzert **Ausb:** Stud (Gesang) H f Musik 'Hanns Eisler' Berlin 84–87, (Gesang) H f Musik 'C M v Weber' Dresden 87–90, (Prey, Schech) Münchner Singschule 92, Stud (Kulturmanagement) VWA Dresden 01–03. **Laufb:** Mitgl Kinderchor d Dresdner Philh 74–84, Festeng Sol 89–96, Gastsp Nordhausen, Dessau, Hannover, Hildesheim Dresden, Dortmund, Leipzig, MS Arkona 90–99, künstl Lt KamOp Dresden 99, EnsMitgl ebd 00/05. **Pr:** Stip Dr Doerken-Stift Herdecke 98. – **Sonst:** Lt 'Die Unterhaltung f Ihre Gäste' – Veranstaltungsmanagement 96.

Ender, Thomas, Sänger, Theaterleiter; c/o Kammeroper, Bayreuther Str 8, D-01187 Dresden, T: (03 51) 4 70 12 96, F: 4 70 12 97, *enderdd@aol.com*; *www. kammeroper.de*. Op, Optte, Musical **Ausb:** Stud PH Zwickau, DiplL (Dt, Musik) 78–82, Stud (Gesang) MH Weimar, SolDipl. **Laufb:** Gastsol Oldenburg, Dresden, Nordhausen, Koblenz, Gelsenkirchen 90–99, Regisseur KamOp Dresden 99–2001, Gastsol KamOp Dresden SpZ 00/01, EnsMitgl u Dir KamOp Dresden SpZ 03/05. **Pr:** Richard-Wagner-Stip. – **Sonst:** Grd u Dir KamOp Dresden 99.

Enderle-Champney, Wendy, Viola, Hochschullehrerin; Morgentalstr 2, CH-8038 Zürich, T: 04 44 82 27 07; c/o Hochschule Musik u Tanz, Tössertobelstr 1, CH-8400 Winterthur [Ohio, USA]. **Ausb:** Stud Univ Bloomington, Indiana u Menuhin MAkad Gstaad. **Laufb:** Doz (Va) MH Winterthur Zürich seit 92, Schwetzinger FSp 2001 (mit 'Carmina Quartett'). **Pr:** Jeunessse Musicales Viola Wettb Belgrad 82. **Ens:** Mitgl 'Carmina Quartett'. (Red)

Enderle, Matthias, Violine; c/o Barbara Golan-Oehninger, Stettbachstr 131h, CH-8051 Zürich, *golan@bluewin.ch*. **Ausb:** Stud Kons Winterthur. **Laufb:** Schwetzinger FSp 2001 (mit 'Carmina Quartett'). **Ens:** 'Carmina Quartett'. (Red)

Anton Enders

Enders, Anton (Pseud: Peter Dersen), Komponist; Cornwallisstr 7, D-76534 Baden-Baden, T: (0 72 23) 5 22 52, 01 75–3 85 88 82, *anton.enders@web.de* [Komotau 30.3.1923]. Orchesterwerke, Kammer- u Chormusik **Ausb:** Dt HInst f Musik Prag 44, (J Haas, H Rosbaud) Akad f Tonkunst München 46–49, Tonmstrausb Nürnberg 53. **Laufb:** freischaff als Komp, b SWF Baden-Baden seit 55. **Pr:** Sudetendt Kulturpr Wien 59, Pr d Ostdt Kulturrates 89. **Mitgl:** Verband Dt Tonmeister, Künstlergilde Esslingen, dkv. – **Komp:** Egerländer Tänze. Nr 1–5; Böhm Tänze f Orch (Konz), UA BR 51; 'Festl Präludium' f Orch (Konz), UA Wien, ORF, K Etti 59; Sinf Nr 1 (Konz), UA Südfunk Stuttgart, O Maga 62; Reflektionen über d Wenzelschoral (Konz), UA Rohr, Klosterkirche 91; Fünf Stücke f 9 Bläser (Konz), UA Waldkirch, Cuperus-Ens, Dgt: M Lehmann 93; Andreas-Gryphius-Lieder (Konz), UA Baden-Baden, C Jaminais-Spalinger, E Schwoll, U Serr 98; 3 Meditationen (Konz), UA Baden-Baden 98;

Meine Zeit...Psalm 31,16 (Chor), UA Baden-Baden 99; Rilke-Lieder (Konz), UA Baden-Baden, G Brucker-Sieg, E Schwoll, M Nobs 99; 'Aus tiefer Not ...' (Chor u Orch), UA Baden-Baden 05. **Lit:** Lexikon z dt MKultur Böhmen, dkv, R Quoika: 'Der Sinfoniker A E im Sudetenland' V/1963; Südtt Komponisten im 20. Jh, Verzeichnis zeitgen symph Werke, Komponisten der Gegenwart, dkv.

Enders, Joachim, Solorepetitor; Eichwiesenstr 8, D-64285 Darmstadt, T: (0 61 51) 42 50 57, F: 42 50 57. **Laufb:** Solorep Staatsth Darmstadt (01/05). (Red)

Enders, Werner, KS, Tenorbuffo; Werlseestr 98, D-12587 Berlin, T: (0 30) 6 45 56 04 [1924]. **Laufb:** Ens Kom Op Berlin seit 57, Ehrenmitgl ebd seit 93. **Pr:** Titel KS 57, Nationalpr f Kunst u Lit 62. (Red)

Endres, Anke, Sopran; Würzburger Str 20, D-97265 Hettstadt, T: (09 31) 28 60 72; Mainfrankentheater Würzburg, Theaterstr 21, D-97070 Würzburg; *http://217.69.237.90/bios/musiktheater/endres.php* [Weißenburg]. **Ausb:** Stud Ges (E Storz, M Bürgener) H f Musik Würzburg 93–99, Opernsch Würzburg, Mstrkse (E Kirkby), Münchner Singschul (S Jurinac, H Hotter) 99, Kaiserslautern (V Lambrache) seit 99. **Laufb:** Debüt SommerFSp Kranichstein (Ännchen 'Freischütz', GastSol Mainfranken Th Würzburg 96–2000, EnsMitgl Mainfranken Th Würzburg seit 2000, Konz- u OratS. **Pr:** Finalistin (Operette) Belvedere-W Wien. (Red)

Endres, Christine, Violine; c/o MDR Sinfonieorchester, Augustuspl 9a, D-04109 Leipzig. **Laufb:** Vorspielerin MDR SinfOrch Leipzig. (Red)

Endres, Michael, Prof, Hochschullehrer, Kl; H f Musik 'Hanns Eisler', Charlottenstr 55, D-10117 Berlin [Sonthofen 1961]. **Ausb:** Stud (Kl) b K Schilde u K H Mrongovius i München, Juilliard School New York (J Lateiner) u London b P Feuchtwanger. **Laufb:** Prof (Kl) H f Musik Köln seit 93, H f Musik 'Hanns Eisler' 03. **Pr:** Prtr Geza Anda Wettb Zürich, Artists Int Competition New York, Int Schubert-Wettb Dortmund. (Red)

Engel, Irmtraut, Violine; c/o Saarländisches Staatstheater, Schillerpl 1, D-66111 Saarbrücken. **Laufb:** 1. V Saarl Staatsth. (Red)

Engel, Karl, Prof, Klavier; Clos du Soleil ch du Closalet 2, CH-1822 Chernex, T: 02 19 64 80 54. (Red)

Engel, Konrad Maria, Dipl-MErz, Klavier; Königsworther Str 19, D-30167 Hannover, T: (05 11) 81 40 06, *konradengel@freenet.de* [Lich 15.5.1977]. Klassik (Barock bis Moderne) **Ausb:** Stud Kl (Kämmerling) MH Hannover. **Pr:** 1. Pr Bundeswettb 'Jugend musiziert' 90 u 96, 1. Pr Int Wettb Usti nad Labem 90, 1. Pr Grotrian-Steinweg-Wettb 91, 93 u 95, Stip Studienstift d Dt Volkes seit 94, Finalteiln Int Bach-Wettb Leipzig 98, Stip Dt MWettb Bonn 99, Stip Dt MWettb Berlin 01. **Ens:** Duo Schirmer/Engel (Vcl u Kl). – **Aufn/RF:** Beethoven: Klaviersonate op 10/3, NDR Hamburg 96; Debussy: Son f Vcl u Kl, SFB 2000.

Engel, Paul, Komponist; Reimmichlstr 18, A-6600 Reutte, T: (0 56 72) 6 76 74. (Red)

Engel, Till, Prof, Hochschullehrer, Klavier; Brückstr 30, D-45239 Essen, T: (02 01) 49 38 98; FolkwangHochschule, Klemensborn 39, D-45239 Essen, T: (02 01) 4 90 31 48 [Basel 1951]. **Ausb:** Stud Kl (Prof B Ebert), Komp (Prof H Sutermeister) H f M Hannover. **Laufb:** KonzReisen Nordamerika, vord Orient, Europa, Gastsol Wiener Philh, Fstv Strings Luzern, NDR SymphOrch, New York Chamber Orch ua; Prof (Kl) Folkwang-H Essen. **Pr:** Sonderpr H-Rektorenkonferenz 95. (Red)

Engelbach, Christoph, Viola; c/o MDR Sinfonieorchester, Augustuspl 9a, D-04109 Leipzig. **Laufb:** stv Sol MDR SinfOrch Leipzig. (Red)

Engelbert, Cordula, Musikdramaturgin; Wendenstr 1, D-38100 Braunschweig, T: (05 31) 1 76 33; c/o Staatstheater Braunschweig, Am Theater, D-38100 Braunschweig. **Laufb:** Dram Staatsth Braunschweig SpZ 03/05.

Engelen, Robin, Dirigent; Kernerstr 26, D-70182 Stuttgart, T: (07 11) 2 99 12 83; Staatstheater, Oberer Schloßgarten 6, D-70173 Stuttgart [Köln 1974]. **Ausb:** Stud Dir (W-D Hauschild, G Wand) MH Karlsruhe. **Laufb:** Solorep 99 u Kapm Staatsop Stuttgart 03. **Ens:** Ens Klangwerk. (Red)

Engelhard, Brigitte, Prof, Klavier, Cembalo, Hochschullehrerin; Georg von Nissen Str 16/2, A-5020 Salzburg, T: (06 62) 82 11 56; Univ Mozarteum, Abt f Tasteninstrumente, Zentrum im Berg, Fürbergstr 18–20, A-5020 Salzburg, T: (0) 6 6261 98 55 20, F: 61 98 30 33, *brigitte.engelhard@moz.ac.at* [Salzburg]. **Ausb:** Stud Kl (K Neumüller, J Jensen) u Cemb (L Brändle) Mozarteum Salzburg. **Laufb:** zahlr Auftr als Solistin u konzertierende Partnerin ua v I Grafenauer, I Goritzki, B Glaetzner, K T, S Gawriloff, R Staege, Konz in Europa, USA, Japan u Südostasien, b Berliner FestW, Hitzacker Musiktage, Ludwigsburger FSp, Lüneburger Bachtagen, Bremer Tagen f Alte M u Braunschweiger Tagen f Zeitgen M, ordentl Prof Mozarteum Salzburg. **Pr:** Prtr Mozartwoche Salzburg 73. **Ens:** Salzburger Barockens. (Red)

Engelhardt, Christian A, Sänger; Steinweg 4, D-95271 Grub am Forst, T: (0 95 60) 98 10 67. **Laufb:** Sol Coburger Sommer-Operette. (Red)

Engelhardt, Marc, Prof, Hochschullehrer, Fagott; Petersberger Str 45, D-66119 Saarbrücken, T: (06 81) 5 89 32 90, *m.u.m.engelhardt@t-online.de*; Friedenstr 25, D-71711 Steinheim, T: (0 71 44) 2 23 57 [Radevormwald, Rheinland 1961]. **Ausb:** Vorstudium b G Pfitzenmaier i Köln, Stud (Fag) MusikH Hannover (K Thunemann) ab 82. **Laufb:** Sol RFSinfOrch Saarbrücken seit 86, Lehrauftr MusikH Saarbrücken 95, Lt HauptfachKl Fag Stuttgarter MusikH 98, Prof ebd 04. (Red)

Engelhardt, Susanne, Sängerin; Bergbahnstr 7, D-01324 Dresden, T: (03 51) 2 68 51 38. **Laufb:** Sol Th Freiberg. (Red)

Engelke, Helmut, Dipl-Phys, Dr, Viola; Ahornweg 33, D-71155 Altdorf, T: (0 70 31) 60 94 32. **Ens:** KamEns d Akad f Alte M Oberlausitz, Int Barockorch Görlitz. (Red)

Engelke, Ulrike, Prof, Blockflöte; Ahornweg 33, D-71155 Altdorf, T: (0 70 31) 60 66 44, F: 60 43 24. **Laufb:** Prof, künstl Lt u GF Dresdner Akad f Alte M. **Ens:** KamEns d Akad f Alte M Oberlausitz, Int Barockorch Görlitz. (Red)

Engelmann, Hans Ulrich, Dr, Prof, Komponist, Hochschullehrer; Park Rosenhöhe, Engelweg 15, D-64287 Darmstadt, T: (0 61 51) 7 79 79, F: 7 79 79 [Darmstadt 8.9.1921]. Op, MTh, Orch-, Kam-, VokalM **Ausb:** Musikstud, MWiss, Philosophie, Lit, Komp (Heiss, Fortner, Krenek, Leibowitz, Adorno) U Frankfurt/M, Darmstadt, Heidelberg. **Laufb:** oProf f Komp Staatl H f Musik Frankfurt/M, Mitarb an Th u RF, GastProf In- u Ausland, Dgt, Regisseur, Vors d Sekt Hessen-Rheinland/Pfalz-Saarland im DKV, Kurator Akad Darmstadt. **Pr:** Komp-Pr U Frankfurt/M 47, Komp-Pr Harvard U 49, Pr Dt Industrie 55, Rompr Villa Massimo 60, 67, 83, Int RF-Pr Prag 60, Stereo-Pr Dt RF-Industrie 69, Merck-Med 81, Goethe-Med Hessen 86, BVK 91, Hess Verdienstorden 97. – **Komp:** 'Die Mauer' (dramat Kantate), UA Hamburg, Dgt H Spitz; 'Eidophonie' (Ch u Schlgz), UA Berlin, Dgt: P Ronnefeld; 'Omnia tempos habent' (Ch a capella), UA Leipzig, Dgt: G Ch Biller. **AuftrKomp:** Doctor Faust's Höllenfahrt (Op), UA Hamburg, Dgt: M Mödl 51 (Auftr: NDR-Hamburg); Partita (OrchW) 53, UA Donaueschingen, Dgt: H Rosbaud 55 (Auftr: SWF Baden-Baden); Der Fall van Damm (MTh) 66/67, UA Köln, Dgt: M Gielen 68 (Auftr: WDR-Köln); Ophelia (MTh) 69, UA Hannover, Dgt: K Bernbacher 69 (Auftr: NDR-Hannover); Commedia humana (MTh) 72, UA Hamburg, Dgt: S Palm 73 (Auftr: NDR-Hamburg); Revue (MTh) 72/73, UA Bonn, Dgt: R Weikert 73 (Auftr: Städt Bühnen Bonn); Stele f Büchner (Orat) 86/87, UA Darmstadt, Dgt: H Drewanz 87 (Auftr: Staatsth Darmstadt); Konz f Schlgz u Orch, UA Darmstadt, Dgt: R Riedel 2000 (Auftr: Orch Merck); 'Theatermusik' (f gr Orch), UA Darmstadt, Dgt: S Blunier 01 (Auftr: Staatsth Darmstadt); 'Per Luigi' (KamEns) m Ens Phorminx 96 (Auftr: Int Musikinstitut Darmstadt). **Aufn/RF:** CD: 'Aria', m Südtt Sax-Orch, Dgt: L Bangs; 'Black Invocations', m Mutare Ens, Dgt: G Müller-Hornbach; 'Les chansons', m Mutare Ens, Dgt: G Müller-Hornbach; 'Commedia humana', m NDR-Chor, Dgt: H Franz; 'Ezra Pound Music', m Orch Bayr RF, Dgt: W Rowicki; 'Integrale' (Sax/Kl), m L v Ooostrom/N Watzinger; 'Leopoldskron', m Orch Merck, Dgt: P Lücker; 'Memoires' (Git), m O v Gonissen; 'mini-music', m S Müller Hornbach (Vcl); '99 Takte f Cemb', m A Vischer. **Sonst:** 'Béla Bartóks Mikrokosmos' 53, Autobiographie: 'Vergangenheitsgegenwart', Erinnerungen u Gedanken 01. **Lit:** 'Comedia humana', H U E u sein Werk 85.

Engelmann, Susanne, lyr Sopran; c/o Landesbühnen Sachsen, Meißner Str 152, D-01445 Radebeul, T: (03 51) 8 95 40, F: 8 95 42 01, *landesbuehnen @dresden-theater.de*; *www.dresden-theater.de*. **Laufb:** Sol Junge Kammerop Köln SpZ 03/04, Landesbühnen Sachsen SpZ 04/05, Dresdner MFSp 01. (Red)

Engels, Gottfried, Prof, Hochschullehrer, Kontrabass; Neusser Str 426, D-50733 Köln, T: (02 21) 76 94 86, *gottfriedengels@web.de*; H f Musik, Dagobertstr 38, D-50668 Köln. **Laufb:** Prof (KB) H f Musik Köln. (Red)

Engels, Johannes, StD, Blockflöte, Traversflöte, Musikwissenschaft, Dozent; Lärchenhof 4, D-97265 Hettstadt, T: (09 31) 46 71 22, *johannes.engels@stadt.wuerzburg.de* [Eschweiler]. dt u ital Blockflötenmusik, frz Opernmusik 17./18. Jh **Ausb:** Stud (Blockfl, Qufl) MH Rheinland Köln 68–77. **Laufb:** Doz u Studiendir (Blockfl, Fachmethodik) Hermann Zilcher Kons Würzburg seit 78, LTätigkeit (MWiss Bereich u Blockfl) H f M Würzburg seit 01, KonzTätigkeit Solo, KamKonz m alter u neuer M, OrchTätigkeit m Blockfl, mod Querfl u barocker Traversfl an versch Häusern, Juror Wettb 'Jugend musiziert' auf regionaler, Lds- u Bundesebene, Kurstätigkeit u Kursltg 'Jeunesses musicales' Schloss Weikersheim u Jugendfstv Bayreuth, Fortbildungssem f ML in versch päd u musikal Bereichen, ua Bundesakad Trossingen, Bayer MAkad Hammelburg, Sommerakad U Bayreuth, regelm dramaturg Tätigkeit f Op u Ballett 'forum junger kunst' Bayreuth, Vors Förderverein 'Compagnie Fontainebleau' m Schwerpkt 'barocke OpPraxis', Projektltg Bayreuth, Berlin u Südfrankreich, Mitarb (Marketing u) Mainfranken Th Würzburg seit 01, Fachbereichslt FB Kultur u Kulturmanager d Stadt Würzburg seit 03. – **Aufn/RF:** RF- u CD-Aufn im In- u Ausland.

Engels, Stefan, Prof, Orgel; c/o Hochschule f Musik u Theater Leipzig, Grassistr 8, D-04107 Leipzig, T: (03 41) 21 44 55, *sengels@hotmail.com*; *www.hmt-leipzig.de* [Nettetal-Kaldenkirchen 14.2.1967]. **Ausb:** Privatstudium in Orgel und Klavier b Wolfgang Seifen 82–83; Stud KiM (Org, Kl) KiMH St Gregorius-Haus Aachen 83–86; Studium der kath. Kirchenmusik an der Robert-Schumann-Hochschule Düsseldorf 87–90; Aufbaustud Chorlt b Prof. Hömberg an der MH Köln 91–92; Stip (Org) b Robert Anderson, Southern Methodist Univ Dallas, USA 93–95; Stip (Org) b Wolfgang Rübsam, Northwestern University Chicago, USA. **Laufb:** Kantor u Org St. Cornelius in Viersen-Dülken 87–90; Künstl Lt Kirchenmusikalischen Konz an St. Cornelius; Univ-Org Northwestern University Chicago 95–96; Organist an der Fourth Presbyterian Church in Chicago 97–99; Künstl Lt des Int OrgFstv; Prof f künstl Orgelspiel Westminster Choir College in Princeton (USA) 99–05; Prof f künstl Orgelspiel H f Musik u Theater Leipzig seit 05/06; Weltweite Konzerttätigkeit/ Mstrkse. **Pr:** GoldMed Int Orgel Festival u Wettb Calgary 98; Finalist Int Orgelwettb d American Guild of Organists in New York 96. **Mitgl:** Karg-Elert Gesellschaft; American Guild of Organists; Gesellschaft der Orgelfreunde. – **Aufn/RF:** CDs: The complete Organ Works of Dupri, Vols. 6 & 8; CD Einspielung Great European Organs in St. Matthias Berlin (Karg-Elert, Reger, Messiaen, Germani) 01; z. Zt. Weltersteinspielung d Gesamtwerks f Orgel v Sigfrid Karg-Elert, erschienen Vols. 1 & 2.

Engels, Ulrike, Musikalische Leiterin, Dirigentin; c/o Oper an der Leine, Im Wiesenkampe 14, D-30659 Hannover. **Laufb:** Musikal Lt Op a d Leine Hannover SpZ 03/04, Dgt SpZ 04/05. (Red)

Engelsviken, Henrik, Tenor; Staatstheater, Oberer Schloßgarten 6, D-70173 Stuttgart. **Laufb:** Sol Staatsth Stuttgart. (Red)

Engerer, Brigitte, Klavier; c/o Konzertdirektion Tobischek, Zimmermannstr 59, D-45239 Essen, T: (02 01) 8 40 51 75, F: 8 40 51 76, *tobischek@arcor.de*; c/o Melos Konzerte Wien, Salesianergasse 12/11, A-1030 Wien, T: (01) 7 14 91 96, F: 7 14 91 91, *info@melos.at*; *www.tobconcert.de*. (Red)

Englbrecht, Bernd, Dr, Prof, Hochschullehrer, Klavier, Komponist; Gerichtstr 2c, D-32756 Detmold [Regensburg 1968]. Komposition, Jazz, Chorleitung **Ausb:** Stud SchM München 88–93, Stud Komp München b W Hiller 90–95, Stud MWiss Salzburg b G Gruber 94–98. **Laufb:** Doz (Chor, unterrichtsprakt KlSp) Hermann Zilcher Kons u MH Würzburg 96–02, Prof (Schulprakt InstrSp/Imp) H f M Detmold 01. **Pr:** Förderpr E v Siemens Stift 96. **Ens:** Renner Ens Regensburg 87–03. – **Komp:** ChM verlegt b Edition Ferrimontana u Schott M Int.

Englert, Giuseppe G, Komponist; Bis bd La Tour-Maubourg 86, F-75007 Paris, T: 01 45 51 26 79. (Red)

Enguita, Eugenia, Sängerin; c/o Opernhaus Zürich, Falkenstr 1, CH-8008 Zürich. (Red)

Enke, Hagen, Dipl Kapellmeister, Assistent des Chordirektors; c/o Theater Bielefeld, Brunnenstr 3–9, D-33602 Bielefeld. Oper/Konzert **Ausb:** Stud (Chor-, OrchDirig, Komp) H f M Hanns Eisler Berlin 90–98. **Laufb:** Ass d Chordir Kom Oper Berlin 98–03, Kommissar Chordir Kom Oper Berlin 03–04, ChorDir m DgtVerpfl Th Bielefeld seit 04. – **Sonst:** Grdg Ens CosMusica.

Enns, Norma, Prof, Sängerin, Hochschullehrerin; Seeadlerring 23, D-30916 Isernhagen, T: (05 11) 6 15 15 16, F: 6 15 18 14, *norma.enns@hmt-hannover.de*; Hochschule f Musik u Theater, Emmichpl 1, D-30175 Hannover, T: (05 11) 3 10 02 84, F: 3 10 02 03 [Manitoba, Kanada]. Konzert: Lied, Oratorium, zeitgen Musik **Ausb:** Stud KiM, Stud SchM (Va, Kl, Ges) Brandon U, dort B Mus Hons, Stud (V Martens) Wilfred Laurier U, (T Lindenbaum) Sommer OpSchule Detmold, (W Reimer, C Spolvint) H f M u Th Hannover 73–78, OpDipl u Konz-Examen. **Laufb:** Sol (Va) Kitchener-Waterloo Symph Orch, Hamilton Symph, MAss u Korr Wilfred Laurier U 72–73, int KonzTätigk in Europa, Asien, USA m Orat, Lied u zeitgen M, langj ZusArb m Ens L'art pour L'art, L PrivStudio seit 78, L Braunschweiger MSchule, LBeauftr H f M u Th Hannover seit 87, Prof H f M u Th Hannover seit 94, GastProf Tohu Gauen School of M Tokyo, Taiwan Nat U Taipei u Hsinchu 00, Mstrkl Europ Akad Montepulciano, Vize-Präs Bundesverbandes Dt GesPädagogen seit 2000, Fachsprecherin Ges H f M u Th Hannover seit 01. **Pr:** Wawanesa Mutual Insurance Co Cenntennial Scholarship 66–70, John E. Robbins Scholarship. **Ens:** Wawanesa String Quartet, Ens L'art pour L'art seit 83, Musica Viva Hannover, Das Neue Ens ua. **Mitgl:** Bundesverband Dt GesPäd. – **Aufn/RF:** in allen dt RF-Anstalten sowie in Österr, NL, Kanada, Skandinavien; CDs u Tonträger: m L'art pour L'art, Chamber M Y Yun, Per Nörgaard Portrait NDR Hamburg, R Febel: Hannovermusik ua.

Enßle, Nicole, Sängerin; Johannesstr 18a, D-99084 Erfurt, T: (03 61) 6 44 77 66; c/o Theater Erfurt, PF 800554, D-99031 Erfurt [1972]. **Laufb:** Sol Thüringer Landesth Eisenach 00 bis 04, Opch Th Erfurt seit SpZ 04/05. (Red)

Entling, Cornelia, Mezzosopran; Ferdinand-Rhode-Str 14, D-04107 Leipzig, T: (03 41) 4 22 60 00, (01 79) 2 27 29 80, F: 4 22 60 00, *cornelia.entling@web.de* [Weimar]. Konzert, Oper, Lied **Ausb:** Stud (SchM) MH Weimar, Stud (Ges) b H Riess MH Leipzig 93–97, b V Hruba-Freiberger MH Weimar 97–98, Mstrkrs b S Geszty. **Laufb:** Sol Op Leipzig 98–01, seit 01 freischaffend, LA f Ges KiM Inst d H f M u Th Felix Mendelssohn Bartholdy Leipzig seit 97, SchM-Abt d H f M Franz Liszt Weimar seit 02, Sol Op Neapel 03, Sol Op Toulouse 04, Sol Op Genua 04. **Pr:** Richard-Wagner-Stip 97, Stip d StudStift d Dt Volkes 94–98. **Mitgl:** BDG. – **Aufn/RF:** Krenek 'Sardakai' Op RSO Berlin 2000, Neubert 'Persephone' Op GewandhausOrch 01, Wagner 'Parsifal' Op Genua 04. **UA:** Zimmermann 'Pax Questuosa' Op UA 98 m GewandhausOrch, Op Leipzig; Krenek 'Sardakai' Op UA 2000, Konzerthaus RSO Berlin; Neubert 'Persephone' OpUA 01 m GewandhausOrch, Op Leipzig; L Lombardi 'Dmitri' UA 2000 m GewandhausOrch, Op Leipzig.

Eötvös, Peter, Prof, Komponist, Dirigent, Hochschullehrer; c/o International Eötvös Institute, Naarderweg 56, Niederlande-1261 BV Blaricum, T: (0 35) 5 33 59 40, F: 5 31 32 65, *eotvosp@hotmail.com*; *www.eotvospeter.com* [Szekelyudvarhely, Transsylvanien 2.1.1944]. Oper, Orchester-, Ensemblemusik **Ausb:** Stud (Komp) Budapest Akad f M, Stud (Dirig) H f Musik Köln. **Laufb:** regelm Arb m Stockhausen-Ens 68–76, ZusArb m Elektron Studio d WDR Köln 71–79, Dgt Eröffnungskonz IRCAM Paris 78, musikal Lt Ens intercontemporain 78–91, principal guest conductor BBC Symph Orch 85–88, 1. Gastdgt Budapest Fstv Orch 92–95, ChefDgt Radio KamOrch Hilversum seit 94, 1. Gastdgt Nat Philh Orch Budapest seit 98, Prof (Dgt) H f Musik Karlsruhe seit 92, Prof (EnsLtg, Neue Musik) H f Musik Köln 98–2000. **Pr:** Officier de'l Ordre des Arts et des Lettres 88, Bartók-Pr Ungarn 97, Pr Claude Rostand 97, Grand Pr de la Critique 98, Victoires de la M classique et du Jazz 99, Grand Prix Acad Charles Cros 99, Diapason d'or de l'année 2000, ECHO Pr 2000, Pr Caecilia Belgien 2000, Ch u S Kaske Pr 2000, Mitgl Akad d Künste Berlin, Szechenyi Akad d Künste Budapest, Sächs Akad d Künste Dresden, Kossuth Pr Ungarn 02, Royal Philh Society M Award 02, Commandeur dans l'Ordre des Arts et des Lettres 03. – **Komp:** zuletzt ua: Atlantis (Orch) 95, UA Köln, WDR SymphOrch, Dgt: P Eötvös 95; Shadows (KamOrch) 96, UA Ludwigshafen, SWF Orch, Dgt: H Zender 96; Psy (Fl, Vcl, Zymbal o Kl o Hf o Bassmar) 96, UA Mönchengladbach, Ens Köln 97; 3 Schwestern (Op) 96/97, UA Lyon Op, Dgt: K Nagano, P Eötvös 98; 2 poems to Polly (Solo f sprech Vcl-Spieler) 98; 2 Monologues (Bar u Orch) 98, UA Frankfurt, SWF Symph Orch, W Drabovicz, Dgt: P Eötvös 99; Replica (Va u Orch) 98, UA Mailand, Orch Fil della Scala, K Kashkashian, Dgt: P Eötvös 99 (Auftr: Orch Fil della Scala); As I crossed a bridge of dreams (KlangTh) 98/99, UA Donaueschingen, Ens Varianti Stuttgart, C Bloom, M Svoboda, G Buquet, Dgt: M Schreier 99 (Auftr: Donaueschingen Fstv u Ld Baden-Württemberg); zeroPoints (Orch) 99, UA London, London Symph Orch, Dgt: P Boulez 2000 (Auftr: London Symph Orch, Philh Köln, Th des Champs Elysées, Carnegie Hall ua); Paris-Dakar (f Pos, BlechBl u Perc) 2000, UA Budapest, L Göz, Budapester Jazz Sol 01; Snatches of a Conversation (2 Trp u Ens) 01, UA Basel, Ens Phoenix, Dgt: J Henneberger 01 (Auftr: Europ Musikmonat 01 Basel)Jet Stream (Tr solo, Orch) 02, UA London, BBC SymphOrch, Dgt: P Eötvös 02; IMA (Ch, Orch) 02, UA Köln, WDR Orch, Dgt: S Cambreling, 02; Le Balcon (Op) 01/02, UA Aix-en-Provence, Ens Intercontemporain, Dgt: P Eötvös 02; 'CAP-Ko' (Konz f Kl, Keyboard u Orch), UA musica viva München 06 m P-L Aimard, P Eötvös u BR-SymphOrch (Auftr: BR-Symph Orch, Orch de La Suisse Romande, Concertgebouworch u R France). **Sonst:** Grdg Int Eötvös Inst u Stift f junge Dgt u Komp 91.

Eppel, Henner, Prof, Hochschullehrer, Flöte; Wiesenweg 8, D-69121 Heidelberg, T: (0 62 21) 47 41 06, F: 43 68 69, *seeleeppel@web.de*; Hochschule f Musik u Darst Kunst, Eschersheimer Landstr 29–39, D-60322 Frankfurt [Kelkheim 11.5.1947]. **Ausb:** Stud SchM MH Frankfurt 66–70, KonzEx 71, Fl (W Richter). **Laufb:** Solofl Würzburg 70–74, Solofl Heidelberg 74–94, Prof (Fl) H f M u Darst Kunst Frankfurt/M seit 94. – **Zug:** K H Stahmer: Aristofaniada. **Sonst:** Hg v FlWerken.

Eppinger, Niklas, Cello; Lerchenfeldstr 30, D-80538 München, T: (0 89) 24 20 59 66. **Laufb:** Sol Münchner Philh 02. **Pr:** 2. Pr 47. Int ARD M Wettb 98, 3. Pr 52. Prager Frühling Int M Wettb 2000. (Red)

Epple, Roger, GMD, Dirigent; c/o Opernhaus Halle, Universitätsring 24, D-06108 Halle (Saale), PF 110554, D-06019 Halle (Saale), T: (03 45) 5 11 00, F: 5 11 03 33, *kontakt@opernhaus-halle.de*; c/o Konzertdirektion Hörtnagel, Oranienburger Str 50, D-10117 Berlin, T: (0 30) 3 08 87 70, F: 30 88 77 33, *agentur@hoertnagel.com*; *www.opernhaus-halle.de* [Heimenkirch, Allgäu]. Mozart, Schubert, 2. Hälfte 19. Jh, 20./21. Jh **Ausb:** Stud (MWiss, Kunstgesch) Univ München, Dirigieren (H Michael) H f Musik München. **Laufb:** Festeng als Dgt Op Leipzig 90–94, 1. Kapm NatTh Mannheim 94–96, GMD u Lt d SinfOrch Op Halle 96–04 (SpZ 04/05 Gastdgt), Gastdgt Bayer Staatsop München, Staatsop Stuttgart, Bad Staatsth, Graz, Leipzig, Essen, Bremen, Dt Staatsop Berlin SpZ 04/05, Staatsop Hamburg SpZ 04/05, Op Köln 05, Gastdgt b Konz in ganz Europa, Südamerika, USA u Kanada, regelm Gast b div Fstv, ua MaggioMusicale Florenz, Int MFSp Luzern, Dresdener MFSp, Biennale München, ZusArb ua m Orch National de Belgique, Dt SinfOrch Berlin, Concerto Köln, Ensemble Modern, Gewandhausorch Leipzig, Royal Flanders Philharmonic, Orchestre Philharmonique de Radio France, Netherlands Radio Symphony Orchestra, Dresdner Philh, RFSinfOrch Berlin, MDR SinfOrch, Münchner RFOrch, Grd u Lt sinfonietta Leipzig u Ens f Neue Musik München. **Pr:** BMW-MThPr f beste musikal Leistung d Biennale München, Prtr Echo Klassik 02 (f Aufn v Hartmanns 'Wachsfigurenkabinett'), Bayer Theaterpr f Glanert-UA. – **Komp:** 'En Gedi', UA München, Dgt: R Epple 85; 'Et in Arcadia ego', UA München, Dgt: R Epple 90. **Aufn/RF:** 16 CDs, zahlr Ersteinsp als Dgt ua: Zimmermann: 'Metamorphosen' 97; Liszt: 'Faust-Sinf' 99; Hindemith, Toch, Krenek: 'Windsymphonies', m Dt SymphOrch Berlin 2000; Lang, Gordon, Wolfe: Orat 'Lost Objects', m Concerto Köln, RIAS-KamChor, Bang on can-ens 01; Hartmann: 5 kl Op 'Wachsfigurenkabinett', m Mitgl Dt SinfOrch Berlin 2000, S Wagner: 'Sonnenflammen'; Versch Komponisten, m Münchener RunfunkOrch, Klazz-Brothers and Cuba Percussion; E Wellesz: Sinf Werke u OrchLieder, m Dt SinfOrch Berlin, S Koch u R Klepper; H W Henze: Elegy for young Lovers, m Orch Philh d Radio France (Paris), J Rogers, R Williams, P Klaveness, A Andersen, T Randle, D Wilson-Johnson, D Miles-Jones; K M Atterberg: Värmlansrhapsodie, ViolinKonz u KonzOuvertüre op 4, m RundfunkSinfOrch Berlin, U Wallin; P Dessau: Werke f grosses Orch, m Dt Sinf Orch Berlin; F Liszt: Eine Faus-Sinf, m Orch, Ch u ExtraCh d OpHauses Halle, KiM-H u JugendCh Halle; Best of Klassik 02, m Mitgl Dt Sinf-Orch Berlin; Musik i Dtld 1950–2000, m OpHaus Halle; Verbotene Klänge – Komponisten i Exil, m Dt Sinf-Orch Berlin; RF-Produktionen u -Mitschnitte f BR, MDR, Dtschldradio, RAI, WDR, HR, SWR, nord- u südam Sender. **UA:** ua Turnage: 'Hans', UA München; v Bose: 'Concertino per H w H', UA München; Schnittke: 'Dialog f Bassklar u Ens', UA Leipzig; Grünauer: 'Antiphonen', UA Halle; Schleiermacher: 'Konz f Theremin u Orch'; Glanert: 'Leyla u Medjnun', UA München, Biennale; Grünauer: 'Winterreise', UA Luzern, Int MusikFSp; Lang, Gordon, Wolfe: 'Lost Objects', UA Dresden, MusikFSp; Yu: 'The White Snake', UA München, Biennale. **Zug:** ua Schwenk: 'Epi*metheus'; Dadelsen, Koblenz: 'Ikarus', UA München, Biennale, Dgt: R Epple.

Epstein, Bernhard, Dirigent, Repetitor; c/o Niedersächsische Staatstheater Hannover, Opernpl 1, D-30159 Hannover [Stuttgart 1973]. **Ausb:** Stud (Kl u Dirig) Stuttgart, Hannover u Berlin. **Laufb:** Ltg d Jungen Sinfoniker Württemberg u d Jungen Süddt Kammerchors, Dirigate b Berliner Symph u Litauisches Nationalorch, Opernprod m UdK Berlin u Junge Kammeroper Köln, Solorepetitor m Dirigierverpflichtung Th d Stadt Koblenz seit 01, Kapm Noedersächsisches Staatsth SpZ 04/05. **Pr:** Klassik-Sonderpr d Dt Stift Musikleben 92. (*)

Epstein, Joshua, Prof, Violine, Hochschullehrer; H f Musik Saar, Bismarckstr 1, D-66111 Saarbrücken, *jeviolin@t-online.de* [Tel Aviv]. **Ausb:** Stud b Yariv Ezrahi u Paul Ben-Haim, Stud (Mathematik u Physik) Univ Jerusalem 55–58, Stud Cons Royale de Musique Brüssel b Arthur Grumiaux u Chapelle Musicale Reine Elisabeth b André Gertler. **Laufb:** Doz H f M u Th Hannover 66–73, Doz

MH Würzburg 74–78, Prof (V, KamM) H d Saarlandes f M u Th Saarbrücken seit 78. **Pr:** Preistr Concours Reine Elisabeth Brüssel, Sibelius-Wettb Helsinki, Carl-Flesch-Med London, Paganini-Wettb Genua. (Red)

Epstein, Moshe Aron, Prof, Hochschullehrer, Kammermusiker; Hochschule für Musik und Theater Hamburg, Harvestehuer Weg 12, D-20148 Hamburg, T: (040) 60442211, *flute@MAEpstein.de*; *www.MAEpstein.de* [Israel 8.8.1952]. Prof f Querflöte, Solo-Tätigkeit, klass Musik **Ausb:** Stud Qufl, (U Töplitz), Dirig, MTheorie MAkad Tel-Aviv, Dipl 75, Sol-Dipl 76. **Laufb:** Sol-Fl Israel Sinfonietta, Tourneen in Israel, Europa u USA, Chef d Bereichs Blasinstr, d Inst f OrchInstr u Dekan d Fak f Performing Arts Jerusalem Rubin Acad of Music and Dance, MD u Dgt KamOrch d Akad 86–99, ZusArb m Israel Chamber Orch, Israel Sinfonietta, Israel Kibbutzim Chamber Orch, Tel-Aviv Symph Orch; Prof (Qufl) H f M u Th Hamburg seit 99, Lt Mstrkse in Dtschld, Frankr, Holland, USA, Japan u Israel. **Pr:** 1. Pr FlWettb MAkad Tel-Aviv. **Ens:** Trio ISLO (Fl, Va, Hfe), Trio 'Gabriel' (Sop, Fl, Org oder Cemb). **Mitgl:** DGfF, NFA. – **Aufn/RF:** CD m Werken v J S u C P E Bach, m C v Blohn (Org) 91. **Sonst:** Übungsheft f Qufl 'Mind Your Fingers' 99.

Erb, Helmut, Prof, Hochschullehrer; Am Lindenpl 5, D-67365 Schwegenheim, T: (06344) 4731, F: 5745, *Prof_HErb@t-online.de*; H f Musik, Hofstallstr 6–8, D-97070 Würzburg. **Laufb:** Prof (Trp, KamM) H f M Würzburg. (Red)

Erbe, Teresa, Sängerin; Lorenzer Str 21, D-90402 Nürnberg, T: (0911) 2425173, (0170) 6425141; c/o Stiftung Staatstheater Nürnberg, Richard-Wagner-Pl 2–10, D-90443 Nürnberg. **Laufb:** Gastsol Städt Bühnen Freiburg SpZ 00/01, Th Augsburg SpZ 00/01. (Red)

Dr Cornelia Erben-Toaspern

Erben-Toaspern, Cornelia, Dr, Flöte, Musikschulleiterin; Riemannstr 38, D-04107 Leipzig, T: (0341) 3025401, F: 30690016, *ctoaspern@t-online.de*; *www.debussy-trio.de* [Leipzig]. **Ausb:** Stud Qufl (B Herrmann, E List) H f M Leipzig, Mstrkse (J-C Gérard, E Haupt), Stud Biochemie u Prom Univ Leipzig 84, Staatsex Qufl 83, MPäd- u OrchDipl H f M Leipzig 2000. **Laufb:** Sol Acad Orch Leipzig u a Leipziger Orch, zahlr KammM-Konz m Erben-Familienqua u Debussy-Trio u a in Dtld, Österreich, Schweiz, Frankreich, Belgien, Bulgarien, New York, Lehrtätigkeit FH Lausitz Cottbus, Lt Kreismusikschule Bitterfeld seit 03. **Pr:** mehrf 1. u 2. Pr Wettb 'Junge Talente' 68–75 u JS Bach Wettb f Schüler u Jugendliche 72 u 74. – **Komp:** Rilke d'amore, Thomas König, UA Magdeburg 95 m Debussy-Trio. **Aufn/RF:** CDs 'Französ Musik f Flöte, Harfe u Ges', m Debussy-Trio 92; 'Ars Quitilinga' Komp z d Teilen d Quedlinburger Domschatzes f KamOrch u Jazzband v Th König m musica juventa 95; 'Kabinettstücke' u a Th König: 'Rilke d'amore', m Debussy-Trio 98; Live-Konzertmitschn MDR. **UA:** Thomas König: Rilke d'amore, Ars Quitilinga.

Erben, Christian, Violoncello; Paul-Küstner-Str 16, D-04177 Leipzig, T: (0341) 4420002 [Leipzig 1959]. **Ausb:** Stud b Bernhard Günther u Josef Schwab, Berlin ab 76; b Friedemann Erben, Leipzig 79–81. **Laufb:** Eng in Bautzen u Cottbus, Mitgl Großes RFO Leipzig, Gewandhausorch Leipzig seit 89; kammermusikal Tätigkeit ua im Duo m Ute Erben (Kl) u Leipziger Klavierquartett. **Pr:** 1. Pr Bachwettb f Schüler u Jugendliche 75.

Erben, Frank-Michael, Musiker, 1. Konzertmeister; Vierzigackerweg 6, D-04416 Markkleeberg, *frank-m.erben@t-online.de*; *www.Gewandhaus-Quartett.de* [Leipzig 7.9.1965]. Klassik Solo-Kammermusik **Ausb:** bereits m 7 Jahren Aufn in MH Leipzig, Stud (K Hertel) MH 'Felix Mendelssohn Bartholdy' Leipzig 82–87. **Laufb:** seit d 9. Lebensj Konz als Sol m dt u europ Orch, 1. Konzm GewandhausOrch seit 87. **Ens:** Primarius Gewandhaus-Qua Leipzig seit 93. – **Aufn/RF:** CD- u DVD-Aufn als Sol d Gewandhausorch, ua P de Sarasate: 'Carmen-Fantasie', Gewandhausorch, Dgt: K Masur; Mendelssohn: Violinkonz, Gewandhausorch, Dgt: K Masur; Beethoven: späte Streichqua, Gewandhaus-Qua; Mendelssohn/Schumann: Streichqua, Gewandhaus-Qua; Schostakowitsch/Strawinsky/Prokofjew: Streichqua, Gewandhaus-Qua.

Christian Erben

UA: E Maggini: Streichqua Canto VII, Canto XIV, Canto XXI, UA Zürich, Tonhalle 97, Lugano 98, Leipzig 2001; G Kochan: Klavierqui, UA Leipzig, Gewandhaus 2000. **Zug:** O Kröger: Violinkonz, UA Leipzig, Gewandhaus, Gewandhausorch, Dgt: D Kitajenko 2001. **Sonst:** weltweite Tourneen m Gewandhaus-Qua.

Prof Mathilde Erben

Erben, Mathilde, Prof, Hochschullehrerin (Klavier); Rathenaustr 14 a, D-04416 Markkleeberg, T: (0341) 3384824 [16.2.1930]. Kammermusik **Ausb:** Stud (Kl) Leipzig b A Rohdeil 48–52, Aspirantur Leipzig b R Fischer 52–55. **Laufb:** Prof (Kl u KamM) H f M Felix Mendelssohn Bartholdy Leipzig bis 05; Konz als Solistin bis 02 ua. Tournee durch UdSSR 60, 68, 74 m F Erben u USA 92 m C Marczyk (Vcl). **Ens:** Duo m Friedemann Erben 57–82; FamilienEns seit 72, Duo mit Frank-Michael Erben. – **Aufn/RF:** Beethoven: Variationen f Violoncello u Klavier m F Erben 70.

Erben, Valentin, Prof, Violoncello, Hochschullehrer; 6 Girardigasse 3, A-1060 Wien, T: (01) 5041832, F: 5047973; Univ f Musik u Darst Kunst, Inst f Striech- u andere Saiteninstrumente, Seilerstätte 26, A-1010 Wien, *erben@mdw.ac.at* [1945]. **Ausb:** Stud b W Reichardt (München), T Kühne (Wien) u Conservatoire de Paris (A Navarra), KamM b J Hubeau u J Calvet. **Laufb:** o UProf (Vcl) U f Musik u Darst Kunst Wien 73, GastProf H f Musik Köln seit 93. **Pr:** Grand Prix de Conservatoire f Vcl und KamM, 1. Pr Int VclWettb d ARD in München. **Ens:** Alban Berg Qua. (Red)

Erben, Volker, Musikdirektor, Hochschullehrer, Dirigent, Pianist; Selliner Str 22, D-01109 Dresden, T: (0351) 8805556, 585556. **Laufb:** Doz (Partitursp) H f Musik Carl Maria v Weber Dresden. (Red)

Erber, Gerhard, Prof, Hochschullehrer, Klavier, Dirigent; Käthe-Kollwitz-Str 111, D-04109 Leipzig, T: (0341) 4791289; Hochschule für Musik 'Felix Mendelssohn Bartholdy', Grassistr 8, D-04107 Leipzig. **Laufb:** Prof (Kl) H f M Felix Mendelssohn Bartholdy Leipzig, Prof (Dirigieren) H f M 'Franz Liszt' Weimar. (Red)

Erding-Swiridoff, Susanne, Komponistin, Hochschullehrerin; Am Postgütle 14, D-74523 Schwäbisch Hall, T: (0791) 6793, F: 71213 [Schwäbisch

Hall 16.11.1955]. **Ausb:** Komp (M Kelemen), Stud (SchM, Anglistik) Stuttgart 74–79, Komp (D Acker) München 80/81, Sommerkurse England (PM Davies), Yale U Connecticut, Montréal (J J Nattiez), Buenos Aires (A B Rottenbach). **Laufb:** Doz Staatl MH Stuttgart seit 79, GastDoz Mannheim, Heidelberg, Wien, Akad Tutzing, Weikersheim, zahlr Protraits u RF-Aufn. **Pr:** zahlr nat u int Pr u Ausz in Stuttgart, Rom, Trieste, Mannheim, Dresden, Sevilla, Bonn, Stip Kunststift Baden-Württemberg 81 u 82, Rom Pr (Villa Massimo) 87/88. – **Komp:** 'Ausweg' f Streichqua 84, UA Kassel 87; Joy (KamOp) 87/88, UA Kiel, Opstudio 86; Der Schneemann (Op) 89/90, UA Ulm 90; Peter Schlemihl (Marionettenop f V, Va u Vcl) 91, UA München 92; Maske u Kristall I–XII (KamMZyklus) 91–94. (Red)

Erdmann-Abele, Veit, Komponist, Musikredakteur; Kammweg 48, D-72762 Reutlingen, T: (0 71 21) 2 25 92, F: 29 03 88, *veit.erdmann@emailpostamt.de*; *www.erdmann-abele.de* [Reutlingen 16.4.1944]. Kammermusik, Chormusik, Musiktheater **Ausb:** Stud (Germanistik, M) Tübingen u Stuttgart 64–72. **Laufb:** freiberufl Tätigkeit 72–74, MRedakteur SDR Stuttgart (jetzt SWR) seit 74, Lt Städt Musica-Nova-R Reutlingen seit 89. **Pr:** Förderpr MH Stuttgart 69, KompPr Schwäb Sängerbund 76, Förderpr Stadt Stuttgart 76, Valentin-Eduard-Becker-Pr Stadt Brückenau 81 u 83, KompPr Stadt Solingen 81, KompPr Dt Harmonika-Verband Bezirk Ostwestfalen-Lippe 85, KompPr Bund Dt Zupfmusiker u Bad Sängerbund 85. – **Komp:** Sonata per due (Fl, Kl), UA Essen 81; Fantasie in sechs Bildern (Streichorch), UA Bad Herrenalb 85; Kreuzweg (Passionskant), UA Filderstadt 89; Musikbriefe an Bellini's Norma (Kl solo), UA Berlin 97; Metronomie (sechs Duos f zwei Git), UA Koblenz 98; Requiem f e Baum (Ch, Org, Marimbaphon), UA Reutlingen 98; Klangbild Winand Victor I u II (I: Kl solo, II: Streichtrio), UA 96/99; Johann-Sebastian – eine konzertante Verbeugung (f Solofag u KamOrch), UA Moskau, Kons, M Engelhardt, Dgt: K P Hahn 2000 (Auftr: Moskauer Philh); Sonnengesang d Hl Franziskus (f gem Ch u Marimbaphon), UA Basel, Dgt: G Hausammann 01 (Auftr: Ens Muttenz); Fluchtwege (KamOp) n U Zürn 02, UA Reutlingen 05. **Aufn/RF:** KamMProd b SWF u SDR (jetzt SWR).

Erdmann, Annemarie, Violine; c/o Komische Oper, Behrenstr 55–57, D-10117 Berlin. **Laufb:** 2. Konzm Orch d Komischen Op Berlin. (Red)

Erdmann, Dietrich, Prof, Hochschullehrer, Komponist, Chorleiter; Biesalskistr 12, D-14169 Berlin, T: (0 30) 8 13 20 87; Eichenweg 21, D-83313 Siegsdorf/Vorauf, T: (0 86 63) 96 83 [Bonn 20.7.1917]. Solokonz KamM **Ausb:** Vcl (Niedermayr), Chorltg (Thomas), Dirig (Gmeindl) MH Berlin, Reifeprfg (Chorltg), PMP (Komp) 38, Abschlußprfg Komp (Höffer) 42. **Laufb:** Humboldt-Oberschule 45–48, PH Berlin 47, Prof 54, Reisen n Brasilien (Konz/Kse) Sao Paulo, Rio de Janeiro, Teresopolis 65, 66, 67, oProf 68, Vors VDMK Berlin, H d Künste Berlin 80, em 82, Reisen in UdSSR 89, Konz Wilna, Moskau, Leningrad 94, Einladung U Cincinnati/USA Konz 94. **Pr:** BVK 87, JW-Stamitz-Pr 88, Humboldt-Plak 98, Ehrenvors Dt Tonkünstlerverband Berlin, Ehrenmitgl BDZ. – **Komp:** Konz f Kl u Orch (Solokonz) 49/50, UA Radio SinfOrch Berlin 51; Konz f Mandoline u Orch (Solokonz) 79, UA Sapporo/Japan 80; Konz f Sax (Sop/Alt) u Orch (Solokonz) 89, UA Bremerhaven 89; Réminiscences f Orch (sinfon Musik) 96, UA Baden-Baden, Philh 97; Konz f V u kl Orch (Solokonz), UA Berlin 88, Konz f Vcl u kl Orch (Solokonz), UA Berlin; Concertino f Xylorimba u Zupforch, UA Friedrichshafen 98. **AuftrKomp:** Spectrum f Orch (sinfon Musik) 75, UA Ostrawa (CSSR) 75 (Auftr: Studio Neue Musik); Musica Multicolore 81/82, UA Berlin 83 (Auftr: Radio SinfOrch Berlin, FestW); Concerto f Vcl u Orch (Solokonz) 85, UA Berlin 87 (Auftr: Berliner FestW); Hymne an die Sonne (Kant f Sop, Bar, Chor u Orch), (Auftr: RIAS Berlin); Fantasia colorata f Ten-Sax, UA Berliner FestW 87. **Aufn/RF:** Saxophonwerke, Detlef Bensmann; Klaviertrio (Abbegg-Trio) Bonn 92, Puchelt (Kl), Dgt: Fricsay 51; Resonanzen f Saxophonqua Rascher; Serenita notturna, Bachtage, P Schwarz; Lamento f 2 Fl, K B Sebon Hall/Tirol; Improvisation f 4 Holzbläser, Hannover, Südwestdt Bläserqua 71; Nuancen f KamEns, Mannheim, D Cichiewicz 78; Vier Skizzen f Streichqua, Berlin, FestW, Dolecal-Qua 91. **Sonst:** Mitbegrd Arbeitskr f Neue Musik 35, Grdg Studio Neue Musik 62, Arbeitskreis f KamM 72. **Lit:** U Stürzbecher: Werkstattgespräche 71, W Burde: Musica Multicolore, Werk u Vita 87; A Krause-Pichler, N Schüler (Hg): Die Gleichheit v Neu u Alt 97; W Burde: Werkverzeichnis.

Erdmann, Helmut W, Prof, Komponist, Hochschullehrer; Fortbildungszentrum f Neue Musik, An der Münze 7, D-21335 Lüneburg, T: (0 41 31) 30 93 90, F: 30 93 90, *erdmann@neue-musik-lueneburg.de*; Hochschule f Musik u Theater, Harvestehuder Weg 12, D-20148 Hamburg; *www.neue-musik-lueneburg.de* [Emden 2.10.1947]. **Ausb:** MStud Braunschweig 68, Orchdipl Fl (KH Zöller), Komp (D de la Motte), elektr Musik (W Krützfeldt) Hamburg 68, MusikLPrfg 71. **Laufb:** LTätigkeit MSch Lüneburg seit 71, LBeauftr U Lüneburg seit 74, U Göttingen seit 85, Prof (Komp/Live-Elektronik) H f M u Darst Kunst Hamburg seit 92, künstl Lt Fstv Neue Musik in Lüneburg seit 75, Lt Fortbildungszentr f Neue Musik Lüneburg seit 77. **Pr:** Stip Villa Massimo Rom 77, Stip Cité Int des Arts Paris 80/81, Stip Stanford U Kalifornien 83, Stip Casa Baldi Olevano/Rom 85 u Cité Int des Arts, Gast im Atelierhaus Worpswede 88/89, Niedersächs Künstlerstip 90, Kulturpr Landkreis Lüneburg 91, Jahresstip d Ldes Niedersachsen 96/97, Präs Europ Konferenz d Veranstalter Neuer Musik seit 98. **Ens:** Ens Musica Viva Bayreuth seit 80, Michael Sell Ens Frankfurt seit 91, Varius Ens. – **Komp:** Raumkomp I 69, UA Hamburg 70. **AuftrKomp:** Konstellationen (OrchW) 74, UA Braunschweig 74 (Auftr: 25-jähr Bestehen d Braunschweiger MGes); Nonett 81, UA Lüneburg, Münchner Nonett 81 (Auftr: Fstv Neue Musik in Lüneburg); IN TERRA PAX, 'Rotenburger Requiem' 84/85, UA Rotenburg, 5.Int Jugendchorfstv 85 (Auftr: Stadt Rotenburg anl d Europ Jahres d Musik u d Unesco Jahres d Jugend); Sequentia de Sanctissimia Trinitate I 91, UA Lüneburg, 18.Fstv Neue Musik in Lüneburg 92 (Auftr: ev Kirche 2.Medienmesse in Lüneburg); Texturen 96/97, UA Nürnberg, ars-nova-ens 97 (Auftr: BR, Studio Nürnberg); Luther-Orat 98/99, UA Lüneburg, 25.Fstv Neue Musik in Lüneburg 99 (Auftr: Hanns-Lilje-Stiftg Hannover) sowie zahlr weitere Werke: Orch-, Vokal- u KamM, Elektr- u Computermusik. **Sonst:** Grdg Varius-Ens 71. (Red)

Erdmann, Johannes von, Orgel, Hochschullehrer, Kirchenmusiker, Cembalist; Triftstr 13, D-60528 Frankfurt, T: (0 69) 67 73 91 80, F: 67 73 91 80, *vonjoh2@web.de* [Frankfurt 6.6.1960]. Musik d 19. u 20. Jhs (M Reger/ M Dupré) **Ausb:** Stud (SchM, KiM), Org (H-J Bartsch), Cemb (C Pfeiffer) MH Frankfurt 79–84, OrgSolokl (M C Alain) Paris 84–86. **Laufb:** Doz (Org) Dr Hoch's Kons Frankfurt seit 89, A-KiM-Stellen Bistum Limburg Lorch/Rh 87–2001 u Frankfurt/M seit 2001, Doz (Org) Staatl H f M Frankfurt seit 2001, Kse Imp u z Spezialgebieten d OrgM, Konz in Europa, USA, MFest Warschau, MFest Prag, Rheingau MFstv, MFstv Normandie ua. **Pr:** 1. Pr Paris 85, Pr d'Excellance Paris 86, Kulturpr d Rheingau-Taunus-Kreises 98. – **Aufn/RF:** Fernsehaufn f HR 3, SW 3, poln Fernsehen, RF-Aufn f Radio France, Dtschld-Funk, HR 2; CDs: M Dupré: OrgWerke; Festl Musik, m M Burba (Trp u Altpos); Klangbilder frz Musik m C Dürichen (Fl); RF-Einsp a d neuen Sauer-Org d Frauenfriedenskirche Frankfurt/M u d Fischer & Krämer-Org St Martin z Lorch/Rh. **UA:** R R Klein: Orgelmesse; J Guillou: Intermezzo f Fl u Org. **Zug:** R R Klein: Orgelmesse. **Sonst:** zahlr Aufsätze z KiM in d Zs 'KiM im Bistum Limburg'.

Erdmann, Mojca, Sängerin; c/o Komische Oper Berlin, Behrenstr 55–57, D-10117 Berlin [Hamburg 1975]. Oper, Lied, Konzert, zeitgen Musik **Ausb:** b Prof Hans Sotin MH Köln 95–97, b Prof. Peter Maus HdK Berlin 98–01, Mstrks b Klesie Kelly u Christoph Prégardien. **Laufb:** Sol Kom Op Berlin SpZ 03/05, Gastsol Th Görtlitz SpZ 03/04, Gastsol Dt Staatsop Berlin SpZ 04/05, UA Op Madrugada v Ichiro Nodaira unter Kent Nagano b Schleswig-Holstein-MFstv 05. **Pr:** 1. Pr Bundeswettb Gesang Berlin 02, NDR-Musikpr 05. – **Aufn/RF:** F Lehar: Liebessehnsucht; E Kalman: Die Csardasfürstin, Dgt: R Banynge 03.

Erffa, Christoph von, Violoncello, Hochschullehrer; Akad f Tonkunst, Ludwigshöhstr 120, D-64285 Darmstadt [Coburg 22.11.1954]. Neue M, Barock-Vcl **Ausb:** MH Stuttgart (W Taube) 74–78, MH Frankfurt (G Mantel) 79–81. **Laufb:** Doz (Vcl) Akad f Tonkunst Darmstadt. **Ens:** Duo Christina Ascher (Alt) u Christoph v Erffa (Vcl), Duo Arpeggione: Olaf v Gonnisse (Git) u Christoph v Erffa (Vcl). **Mitgl:** ESTA. – **Aufn/RF:** Max Reger: Sonate F-Dur op.78; Heinrich Kaminski: 'M f Vcl u Kl' m Sören Lundström. **UA:** Karl-Wieland Kurz: 'Sonate f Vcl u Kl', 'Die Übriggebliebenen' (f Vcl u Kl) 98. **Zug:** Ezra Sims: 'If I told him' (f Va u Vcl) 96, 'Three parlor songs' 2000; Toni Völker: 'Es will vieles werden' (f Mezzosop u Vcl).

Erhard, Michael, Schauspielmusiker; Rüdesheimer Str 127, D-64285 Darmstadt, T: (01 72) 6 71 79 67; c/o Hessisches Staatstheater Darmstadt, Georg-Büchner-Pl 1, D-64283 Darmstadt. **Laufb:** Lt d SchspM Staatsth Darmstadt SpZ 03/05. (Red)

Erhold, Margarita, Prof, Hochschullehrerin; Sparbersbachgasse 17/III/8, A-8010 Graz, T: (03 16) 84 42 75; Univ f Musik u Darst Kunst, Inst 3, Brandhofgasse 21, A-8010 Graz, T: (03 16) 3 89 23 09, F: 3 89 27 09, *margarita.erhold@kug.ac.at*. **Laufb:** Prof (Solokorr, Klassenkorr) U f Musik u Darst Kunst Graz. (Red)

Erichson, Birgit, Cello; c/o Abegg Trio, PF 1113, D-37001 Göttingen, *abeggtrio@hotmail.com*; *www.abegg-trio.de*. **Laufb:** LBeauftr f KamM Franz-Liszt-H Weimar. **Ens:** Mitgl 'Abegg-Trio'. (Red)

Ericsson, Hans-Ola, Prof, Hochschullehrer, Orgel; Kolmilavägen 46, S-94163 Piteå, T: (07 05) 35 13 79; Hochschule f Künste, FB Musik, Dechantstr 13–15, D-28195 Bremen, *h.ericsson@hfk-bremen.de* [1958]. **Laufb:** Prof H f Musik in Piteå u an d Univ zu Luleå, Schweden 89, GastProf (Orgel) H f Künste Bremen. (Red)

Erkrath, Carl-Heinz, Sänger, Operndirektor; Schrobenhausener Str 18, D-80686 München, T: (0 89) 5 70 72 68; c/o Staatstheater am Gärtnerplatz, Gärtnerpl 3, D-80469 München [Dresden]. **Ausb:** Dirigier-, Kompositions- u Gesangsausb Kons Dresden, Gesangs- u Schauspielstud H f M Dresden, Regiestud b Prof Götz Friedrich. **Laufb:** Eng an verschiedenen Th d DDR als Sänger, Lt d Musikth Plauen 78, Sol Staatsth am Gärtnerpl München, OpDir Th Plauen-Zwickau ab 03/04. (Red)

Erkrath, Hagen, Sänger; Hauptstr 62, D-08056 Zwickau, T: (03 75) 2 70 53 32, 01 73–3 94 17 38; c/o Theater Plauen-Zwickau gGmbH, Gewandhausstr 7, D-08056 Zwickau. **Laufb:** Sol Vorpommersche Th- u SinfOrch GmbH Stralsund, Th Plauen-Zwickau. (Red)

Erler, David, Countertenor; c/o Die Weimarer Hofsänger, Rittergasse 1, D-99423 Weimar, T: (0 36 43) 90 19 42. **Pr:** Stip Dt Musikwettb KamM 98. **Ens:** Die Weimarer Hofsänger. (*)

Erler, Michaele, Querflöte; Naumburger Str 6, D-34225 Baunatal, T: (05 61) 49 75 56; Stadt Kassel, Musikakad, Karlspl 7, D-34117 Kassel. **Laufb:** Doz (Querflöte) Musikakad Kassel. (Red)

Erlich, Nachum, Prof, Hochschullehrer, Violine; Reutweg 4, D-76530 Baden-Baden, T: (0 72 21) 39 02 86, F: 39 02 85, *mail@erlich.de*; Hochschule f Musik, PF 6040, D-76040 Karlsruhe; *www.erlich.de* [Jerusalem 1959]. **Ausb:** Stud (Y. Kless) Rubin-Kons Jerusalem, Mstrkl (M. Rostal) Kons Bern, Mstrks b N. Milstein u H. Szeryng, Stud b S. Staryk. **Laufb:** Prof (V) Staatl H f Musik Karlsruhe seit 91. (Red)

Erlwein, Helmuth M, Sänger; Sonnenstr 41, D-94072 Bad Füssing, T: (0 85 31) 91 36 66. **Laufb:** Sol Th an d Rott Eggenfelden. (Red)

Ermold, Thilo, KM, Kontrabass; c/o Dresdner Philharmonie, PF 120424, D-01005 Dresden. (Red)

Erne, Bernhard, Dirigent; Kreuzstr 31, CH-8610 Uster, T: 0 19 40 96 46. (Red)

Erni, Michael, Komponist, Gitarre, Hochschullehrer; Wilberg 11, CH-4657 Dulliken, T: 06 22 95 51 58, *m.erni@guitarmusic.ch*; *www.guitarmusic.ch* [Olten 4.4.1956]. Klass GitMusik, KamM, elektr Git u Orch **Ausb:** Stud Kons u MH Zürich (L- u KonzDipl), Stud (M Rubio) Kons Bern (SolDipl), Unterr b J Schöllmann, Mstrkl (A Segovia) Kons Genf, Mstrks b P Romero 88. **Pr:** Werkpr Kanton Solothurn 86, Diploma Merito Int KompWettb Viareggio, Italien 97, Anerkennungspr d Stadt Olten 2000. **Ens:** Swiss Chamber Trio. – **Komp:** Estudios diabolicos (f Git) 89; Melodramen nach Gedichten v Nietzsche 89; Konz f Git u Orch 91; Triptycon u Finale (f Git) 91; Lamento (f Org, Git) 92; Skyline (f 2 Kl) 94/95, UA Rom 95; Konstruktionen (f Git, Streichqua) 97; Musical for three (f Fl, Ob u Git) 98; Variationen über d Capriccio Nr 24 v Paganini (f elektr Git) 03; Connection (f elektr Git u Orch) 02; Der Turmbau zu Babel u seine Labyrinthe (f elektr Git) 04. **Aufn/RF:** CDs: Vivaldi, Giuliani: Konzerte f Git u Orch; Nietzsche-Melodramen v M Erni, m G Westphal (Sprecher); Albeniz, Granados: Works for guitar.

Ernst-Mosuraitis, Wilja, Mezzosopran; Körnerstr 12, D-76135 Karlsruhe, T: (07 21) 85 60 16. **Ausb:** Stud Gesang (Litz) H f M u Th Hamburg. **Laufb:** Debüt (Carmen) Staatsop Vilnius, Sol Vereinigte Bühnen Krefeld-Mönchengladbach 88–90, Bad Staatsth Karlsruhe seit 90 (03/04), Gastsol Op Bonn, Konz Dtschld u int. **Pr:** 1. Pr Felix Mendelssohn Bartholdy Gesangswettb, Anerkennungspr Wettb d Richard Strauss Ges. (Red)

Ernst, Christian, Komponist; Asterstr 43, D-52525 Heinsberg-Randerath, T: (0 24 53) 33 52 [Geilenkirchen 3.10.1967]. Klaviermusik, Lieder, Kammermusik, sinfonische Musik **Ausb:** Stud (KiM) MH St-Gregorius-Haus Aachen 89–91, Stud Komp (H Delnooz) Cons Maastricht 89/90, Stud (LAmt M, Dt) U Köln 91–96, Stud (LAmt Theologie) ebd 99–01, Stud priv Komp (T Medek) seit 01. **Laufb:** Teiln 'Treffen junger Komp' Weikersheim 87 u 88, Einlad d Konrad-Adenauer-Stift z Autorenwerkstatt Cadenabbia/Italien 95. **Pr:** 1. Pr Landeswettb 'Jugend komp' 85, 1. Pr KompWettb MSchule Übach-Palenberg 86, 2. u 3. Pr Landeswettb 'Jugend komp' 87. zwei 2. Pr Landeswettb 'Jugend komp' 89, 1. Pr KompWettb d E-Humperdinck-Ges Siegburg 02. – **Komp:** ua: Poem (f V u Kl) 84–86, UA Duisburg, Mercatorhalle, K Sovicek, O Benninghoff 87; Sonnenaufgang im Nebel (f SaxSex) 85, UA Jabeek/NL 85; Son (f Kl), UA Erkelenz, Cusanus-Gym, C E (Kl) 87; Eröffnung (f FanfOrch) 86/87, UA Jabeek/NL, St Caecilia, Dgt: W Sturmans 87; Concertino (f Fl u Kl) 86/97, UA Bornhöved, Vicelinkirch St Jacobi, K Rettinghaus, C Ernst 97; Scherzo f 5 Spieler (f Klar, V, Vcl, Kl u Schlgw) 87, UA Weikersheim, Musikal Bildungsstätte, J Klemm, V Nippes, T Grossenbauer, M Liss-Wiemann, A Fries 87; Eine Vision v ewigen Leben (f Orgel) 88/89, UA Aachen, Kap St-Gregorius-Haus, C Ernst 89; Liederzyklus n Gedichten v H Hesse (f Ges u Kl) 87–97; UA Karlsruhe Bürgersaal, m R Schmitz-Malburg (Ges) 97; Son (f Vcl u Kl) 98, UA Aachen St Gregorius-Haus, m R Bartz (Vcl), 98; KamSon (f Altquerfl u Kb) 2000, UA Jülich, Christuskirche, H-J Basten, P Heinen 2000; Vocalise (f Vcl u Kl) 95/01, UA Heinsberg Gym, m U Gröhn (Vcl) 01; Armenische Bilder (f Vl u Kl) 03, UA Heinsberg-Randerath Evang Kirche, I Geambasu u M Reiser 03. **AuftrKomp:** 'Mittelalterl Konz' (CembKonz f Cemb, 2 Fl u StrOrch), UA Übach-Palenberg, Hütte d Begegnung, I Mommerz, Dgt: C Ernst 01 (Auftr: Verein Freunde d KamM Übach-Palenberg); Son (f Fl u Kl) 01, UA Maastricht, Kons, m O Futyma (Fl) 03 (Auftr: Dr B Ollertz, Scheifendahl); 3 romant Studien (f Kl) 88–02, UA Jülich Christuskirche 02 (Auftr: Dr I Holweg, Mönchengladbach); KonzRhapsodie (f Vcl u Kl) 02, UA Gangelt-Breberen Pfarrheim, m U Gröhn (Vcl) 02 (Auftr: A Joerißen, Kreuzrath). **Aufn/RF:** 'Elegie' (f Ob, Klar, Fag) m Mitgl d Arcis-Qua München 88; 'Armenisches Bild' (f 2 Vcl) m Duo Mandello Aachen 02. **Sonst:** Veröff: 'Armenische Bilder' f 2 Vcl. **Lit:** 'Janus' – Fragen a d Künstler C E, in: G Sonntag, D Reiff (Hg): Janus Zs f Lit u Bild Nr 10/97; Eintrag C E in Kürschners Dt Lit-Kal 02/03.

Ernst, Frank, Sänger; Schützenstr 1, D-02826 Görlitz, T: (0 35 81) 41 00 05. **Laufb:** Sol Th Görlitz. (*)

Ernst, Gerhard, Sänger; c/o Theater Baden bei Wien, Theaterplatz 7, A-2500 Baden b. Wien, T: (0 22 52) 4 83 38, F: 4 83 38 40; c/o Volksoper Wien, Währinger Str 78, A-1090 Wien; *www.stadtheater-baden.at*. Operette, Musical u Schauspiel **Ausb:** Schauspiel u Ges Wien. **Laufb:** Sol in Mainz, Krefeld, Münster, Dortmund, Niederlande, Belgien, Spanien, Vereinigte Bühnen Graz, Burgtheater, Th in der Josefstadt, Volksop Wien seit 01, Th Baden b Wien SpZ 04/05, ThVerein Wiener Metropol SpZ 04/05. (Red)

Ernst, Hartmut, Prof, Hochschullehrer, Sänger; Hochstr 15, D-32051 Herford, T: (0 52 21) 14 47 40; Hochschule für Kirchenmusik, Parkstr 6, D-32049 Herford. **Ausb:** Stud (SchM, MWiss, Ges) MH u Univ Freiburg b Brigitte Münz, Klaus-Dieter Kern69–76, Stud b Günter Reich, Hans Hotter u Kurt Widmer. **Laufb:** Prof (Gesang) H f KiM Herford. (Red)

Ernst, Jan, Prof, Hochschullehrer, Orgel; Hochschule f Musik u Theater, FB 2, Harvestehuder Weg 12, D-20148 Hamburg [1961]. **Ausb:** Sud Org (H. Vogel) Bunde, (R. Kirn) Hamburg) u (H. v. Nieuwkoop) Amsterdam. **Laufb:** Kirchenmusiker am Schweriner Dom seit 93, Prof (Orgel) H f M u Th Hamburg. (Red)

Ernst, Johannes, Saxophon; c/o Palast Orchester, Sybelstr 22, D-10629 Berlin, T: (0 30) 31 01 97 73, F: 31 01 97 75, *kontakt@palast-orchester.de*; c/o ARDESA e. V., Günter Priesner, Rötenäckerstr 2, D-90427 Nürnberg; *www.palast-orchester.de*, *www.ardesa.de* [Warburg 3.12.1963]. klass u zeitgen Musik **Ausb:** Stud UdK Berlin, KonzEx 91, (Klasse Londeux) Cons Bordeaux 87/88. **Laufb:** KonzReisen Europa, Japan, USA, Doz UdK Berlin seit 91, H f M 'Hanns Eisler' seit 2000, Sol f DSO, RSB, MDR ua, OrchM Berliner Philh. **Pr:** DAAD-Stip 87, Berliner KompPr m I Mundry 91. **Ens:** United Berlin, Palast Orch Max Raabe. – **Aufn/RF:** CDs: Sax + X 'Zeitgen KamM', SaxKonz, Charming Weill (Palast-Orch), in Vorb: Zeitgen Sax-Konz (mdr). **Sonst:** zahlr UA, ua 5 Konz (Hosokawa, Schleiermacher ua) u KamM (Gubaidulina, Oehring ua); Entd im Bereich virtuoser KamM d 20er Jahre.

Ernst, Norbert, Sänger; Bismarckstr 51, D-40210 Düsseldorf, T: (02 11) 3 55 85 33. **Laufb:** Sol Dt Op am Rhein Düsseldorf-Duisburg SpZ 03/05. (Red)

Ernst, Reinhold, KM, Horn; c/o Saarländisches Staatsorchester, Schillerpl 1, D-66111 Saarbrücken. **Laufb:** Sol Saarl StaatsOrch. (Red)

Ernst, Siegrid, Prof hc, Komponistin; Hodenberger Str 10, D-28355 Bremen, T: (04 21) 25 93 58, F: 25 93 58 [Ludwigshafen 3.3.1929]. KamM, Orchesterwerke, Liederzyklen, Musik f Kinder **Ausb:** Stud Kl (Rehberg, Leopolder, Hauser), Komp (G Frommel) Heidelberg, Frankfurt/M, Wien 50–56, Darmstädter Ferienkse (Stockhausen, Ligeti). **Laufb:** KonzTätigkeit, RF-Prod u pädagog Tätigkeit, Gremienarbeit im Dt Musikrat u int, Mitbegrd u Vors Int Arbeitskreis Frau u Musik u Int Congress on Women in Music, DKV–Vorstand. **Pr:** Stip Cité Int des Arts Paris, Prof hc Interamerican U of Humanistic Studies. **Mitgl:** dkv, GEDOK, Tonkünstler. – **Komp:** '7 Miniaturen nach japan Haiku' (Alt, Vcl, Kl), UA Heidelberg 61; 'Variationen' f Orch, UA Ludwigshafen/Rhein 67; 'Wohin...' f 3 Gruppen (Stimme, Str, Org), UA Bremen 72; 'Quattro mani dentro e fuori' (f 2 Spieler a Flügel auf Tasten u Saiten), UA Bremen 75; 'Damit es anders anfängt zwischen uns allen...' (Kantate), UA Hannover, Tage Neuer Musik 83; 'Wege' (Stimme, Sax, Vcl, Klangsäule), UA 88 (Auftr: Kulturinst Komponistinnen Heidelberg); 'Jaga u d kleine Mann m d Flöte' (Kinderop), UA Hagen 91; Concertantes Duo f Blockfl u Schlgz (KamM), UA Bremen 91; 'e...staremo freschi!' (TenSax solo), UA Pesaro 92; 'Hommage' (Sop, Pos, Schlgzg, Org), UA 92 (Auftr: Jubiläum Heilig-Geist-Kirche Wolfsburg); 'Triade' (KamEns), UA Bremen 'musica nova' 94; 'Noch sind d Wege offen...' (Orat), UA Bremen 97; 'Peace Now' f Orch, UA Olomouc 97; 'Spirale' (10 Humoresken f Sop solo), UA Nürnberg 97; 'Spaltung' (f Kl u Elektr), UA 98 Bremen; 'zwiefach versatil' (Bfl, Fl), UA 01 Bremen; Naselang, das Elefantenkind (Sprecher, Kl) UA Bremen 03 (Auftr Dua pianoforte); 'Para' (Sop, Fl, Vcl, Kl), UA Gegenwelten Fest Heidelberg-Dilsberg 04. **Aufn/RF:** 5 CDs m KamM- u OrchWerken VIENNA MODERN MASTERS ua, Elektronik+Eins; Oratorium; Facetten (zeitgenossen 26 Hastedt). **Lit:** div Lex (ua Cohen, Grove, Riemann, Olivier, Sperber); B Philipp: 'Komponistinnen d Neuen Musik' 93; 'Annäherungen! Berichte, Interviews u Selbstdarstellungen v Komp' 97.

Eröd, Adrian, Bariton; Aegidigasse 10/30, A-1060 Wien, T: (01) 5 81 15 11, 06 99–14 20 44 84, *a.eroed@inode.at*; c/o Allegro Artist Management, Stella Business Park, Lars Sonckin Kaari 16, FIN-02600 Espoo, T: (09) 46 20 07, F: 52 59 42 00, *allegro.artist@dlc.fi*, *allegro@allegroartist.com* [Wien 1970]. **Ausb:** Stud Ges (F Lukasovsky) H f M u Darst Kunst Wien, Stud Gesang (W Berry) Opernschule Wien bis 96 (Dipl). **Laufb:** Sol Wiener KamOp 95–97, Ldestheater Linz 97–2000, Volksop Wien 2000–03, Wiener Staatsop 01, EnsMitgl Wiener Staatsop seit 03/04, Fstv Osterklang Wien, Teatro La Fenice Venedig, SchlossFSp Ludwigsburg, Int Beethovenfest Bonn, Klangbogen-Fstv Wien 2000, 01, Wiener Festwochen 06, zahlreiche Konz u Liederabende, ua m d Wiener Symphonikern, Brucknerorch Linz, SWR SymphOrch, Wiener u Berliner Philh (ua Rattle, Harnoncourt, Muti, Rilling, Luisi). **Pr:** Würdigungspr d Ministeriums f Wissenschaft u Kultur, Finalist 4. Int LiedWettb japan Schubert-Ges Osaka 94, 2. Pr Int Gesangswettb 'Ada Sary' Nowy Sacz 95, Prtr Int Belvedere Wettb Wien 96, Eberhard Waechter-Med 98.

Eröd, Ivan, Dr, em Prof, Komponist, Hochschullehrer; Gumpendorferstr 9, A-1060 Wien, T: (01) 5 87 72 30; Univ f Musik u Darstellende Kunst, Abt 1, Anton-von-Webern-Pl 1, A-1030 Wien, T: (01) 7 11 55 21 00. Komp, MTheorie, Dgt-Ausb **Laufb:** em o UProf U f Musik u Darst Kunst Wien. (Red)

Erpenbeck, Christoph, Sänger; Wilhelmstr 7, D-47877 Willich, T: (0 21 54) 91 17 82, (01 71) 4 77 56 91; c/o Vereinigte Städtische Bühnen, Odenkirchener Str 78, D-41236 Mönchengladbach [Essen]. **Ausb:** Stud Gesang (T Joesten) Folkwangmusikschule Essen, (I Reichelt) Robert-Schumann-H Düsseldorf. **Laufb:** Sol Dt Op am Rhein Düsseldorf-Duisburg, Vereinigte Städt Bühnen Krefeld u Mönchengladbach (03/04), Gastsol Op Bonn. **Pr:** Stip Richard-Wagner-Stift 86, 1. Pr Hochschul Wettb Gesang Düsseldorf, 2. Pr VDMK Landeswettb Duisburg. (Red)

Ertel, Ralph, Tenor; Lornsenpl 9, D-22767 Hamburg, T: (0 40) 38 61 50 16, 01 77–2 47 21 67; c/o Cecilia Music Concept – Franz-Georg Stähling, Brauweilerweg 183, D-50933 Köln, T: (02 21) 8 00 00 70, F: 8 00 00 71, *staehling@cecilia-cmc.de* [Crivitz 1.10.1972]. **Ausb:** Kons Schwerin, H f Musik u Theater Rostock, Opschule b M Pohl. **Laufb:** Sol Allee Th/Hamburger Kammerop 99–02, Stadtth Osnabrück 02–05. (Red)

Erxleben, Michael, Violine; c/o Neues Berliner Kammerorchester, Körnerstr 30, D-15366 Neuenhagen, *info@nbko.de*; c/o Solveig Schibilsky, Parkstr 61, D-13187 Berlin [Dresden 1960]. **Ausb:** Unterr V (A Dietze) 65–77, Stud (M Waiman) Kons St Petersburg 77–78, Mstrkl (W Scholz) H f M 'Hanns Eisler' Berlin 78–82. **Laufb:** Sol Münchner Philh, Philh Orch Berlin, Königl Concertgebouw Ork Amsterdam, Konz Japan, China, USA ua, 1. Konzm Berliner Sinfonie-Orch, Künstl Lt u Konzm Neues Berliner KamOrch seit 91. **Pr:** 1. Pr Louis Spohr-Wettb, Johann-Sebastian Bach-Wettb, KamMWettb Florenz. – **Aufn/RF:** CDs: VKonz v Mozart, Schostakowitsch, Schönberg, Strawinsky, Hartmann, m Neues Berliner KamOrch. (Red)

Eschen, Andreas, Klavier, Hochschullehrer; Nostitzstr 29, D-10965 Berlin, T: (0 30) 6 91 79 09. **Laufb:** Doz U d Künste Berlin. (Red)

Eschenbach, Christoph, Dirigent; c/o NDR Sinfonieorchester, Rothenbaumchaussee 132, D-20149 Hamburg; *www.greatconductors.com/deutsch/*

eschenbach/ [Breslau 20.2.1940]. **Ausb:** b W Eschenbach 48–59, b H-O Schmidt-Neuhaus MH Köln, Kl (E Hansen), Orchltg (W Brückner-Rüggeberg) Hamburg. **Laufb:** Engagements in Salzburg, Aix-en-Provence, Spoleto, Tanglewood, Berlin als Solist u Dgt, Debüt als Dgt (Bruckner: 'Symphonie Nr 3') 72, Verdi: 'La Traviata' Darmstadt 78, Gastdgt 79–83, GMD Philharmonie v Rheinld-Pfalz Ludwigshafen 79–83, 1.Gastdgt Tonhalle-Orch Zürich 81, Lt 82–86, Chefdgt Houston Symphony Orch 88, MD Ravinia Festivals 95, Intend u künstl Lt Schleswig-Holstein Musik Festival seit 99, Chefdgt NDR-Sinfonieorch Hamburg 98/99–04, des Chefdir. Philadelphia Orchestra, GastDgt Dt Staatsop Berlin SpZ 04/05. **Pr:** 1. Pr Hamburger Steinway-Wettb, Gewinner Clara-Haskil-Wettb Luzern 65, Leonard-Bernstein-Pr 90. – **UA:** Bialas: 'Concerto lirico' 68; Henze: 'Konzert f Kl u Orch Nr 2' 68; Egk: 'Spiegelzeit' 79; Liebermann: 'Ferdinand' 84; Blacher: 'Prélude u Konzertarie' 85; Ruzicka: 'Drei Bruchstücke' 86; Rihm: 'Unbenannt' 86; Rihm: 'Ritualtänze' 88. **Zug:** Reimann: 'Variationen f Kl' 79. (Red)

Eschenburg, Hans-Jakob, Violoncello; c/o Rundfunk-Sinfonieorchester Berlin, Charlottenstr 56, D-10117 Berlin. **Laufb:** Sol RF-SinfOrch Berlin. (Red)

Eschenburg, Martin, Kontrabass; c/o MDR Sinfonieorchester, Augustuspl 9a, D-04109 Leipzig. **Laufb:** stv Sol MDR SinfOrch Leipzig. (Red)

Eschenburg, Ulrike, Violine; c/o Staatskapelle Berlin, Unter den Linden 7, D-10117 Berlin. **Laufb:** stv 1. Konzm Staatskapelle Berlin. (Red)

Escher-Weibel, Peter Alfredo *siehe* Escher, Peter

Escher, Christof, Dirigent; Demianipl 2, D-02826 Görlitz, T: (0 35 81) 47 47 18; c/o Neue Lausitzer Philharmonie GmbH, Promenadenstr 60, D-02827 Görlitz [Zürich]. **Laufb:** GMD Th Görlitz, GMD Neue Lausitzer Philh Hoyerswerda. (Red)

Escher, Peter, Lehrer, Dirigent, Komponist; Schöngrundstr 43, CH-4600 Olten, T: 0 62/2 12 41 01 [Basel 9.10.1915]. **Ausb:** Privatstud (M Brefin, J Zuber, H Klug) Rudolf Steiner-Bildungsstätte f Musik Basel, Kse Basler Kons, Privatunterr Kontrapunkt (W Müller v Kulm), Instrumentation (R Moser), Dirig (G Becker). **Laufb:** Dgt versch Chöre Basel u Olten, Lt Stadtorch Olten 61–82, Kantonaldgt d Chöre d Stadt Basel 59–63, MusikL MädchenObSch/Dipl-MittelSch Basel 58–81, Exp b Gesangs- u Musikfesten, Kolumnist (OP- u KonzAufführ). **Pr:** 1. Pr ex aequo f StrQua IV op 55 Int KompWettb Vercelli 50, 1. Pr f Naga-Uta op 48 ebd 51, 2. Pr f Concertino per pianoforte ed orch op 41 Int KompWettb Genua 53, Kunstpr Stadt Olten 75, Kulturpr Kanton Solothurn 84, Kunstpr Kanton Solothurn 2000, Prämierungen Basler Musikkreditkomm u Musikpr Grenchen. **Mitgl:** Präs Musica Helvetica 60–83, Schweiz Berufsdgt-Verband, Nordwestschweiz Chordgt-Verband. – **Komp:** zahlr Komp: KamM (f Str u Bläser), ua BURLA op 63 (Fl, Hn u Kl) 52; Qua VI op 146 (f Str) 89/90; Konz Werke, ua Preludio op 147 (f Fl, Klar, V, Vlc u Str) 91; Werke f Blasorch, ua Konz op 134,1 (f Fl u Blasorch); Symphon Werke, ua Notturno op 149 (Symph Fragment f gr Orch) 91; ChorW, ua Drei Humoresken (H Sichert) op 67 (f gem Chor u Kl) 52; Lieder d Mädchen op 73 (6 Gesänge f Frauen- oder Mädchen-Chor a capp) (Auslese aus d frühen Ged v Rainer Maria Rilke); Lieder, ua 14 Lieder (Christian Morgenstern) op 13 39/46; NARZISS (H Sichert) op 83 (Pastorale f Sop, Klar u Kl) 57; KlMusik, ua Variationen über e Thema v Beethoven op 11 44; Ballade f Kl op 109 71; Dramat Werke, ua Johanna die Wahnsinnige (H Sichert) op 79 (gr Op in 3 Akten). **AuftrKomp:** ua Capriccio op 125 (f Blasorch); Hortulus op 158; Dornacher Friedenskantate op 163; Petit prélude sur le nom BACH/HCAB op 164. **Aufn/RF:** zahlr RF-Aufn Radiostudio Basel, Studio Zürich, ua: Klavierkonz I op 41; Naga-Uta op 48; Klavierkonz II op 82; Piece pour Clar Seule op 84, Sol: E Brunner; Concertino per Flauto op 100; Capriccio op 125. **UA:** Rossini: Petite Messe solennelle, Schweiz EA Basel; Puccini: Missa de Gloria, Schweiz EA Olten. **Lit:** Musikpr Grenchen 58–93; Schweizer Komp unserer Zeit 93; Oltner Neujahrsblätter 95; Solothurner Jb 01.

Eschrich, Kayode, Schauspielmusiker; c/o Uckermärkische Bühnen Schwedt, Berliner Str 46–48, D-16303 Schwedt/Oder, T: (0 33 32) 53 80, F: 53 81 24, *mail@theater.de* [Leipzig 4.4.1961]. **Laufb:** SchspM Schleswig-Holstein Landesth SpZ 02/03, Uckermärkische Bühnen Schwedt. **Ens:** the art of voices. (Red)

Eschwé, Alfred, Dirigent; Bastieng 71/9, A-1180 Wien, T: (01) 4 70 33 61, F: 4 79 29 99, *fredel@utanet.at*; c/o Volksoper Wien, Währinger Str 78, A-1090 Wien, T: (01) 5 14 44 30 [Wien 22.8.1949]. Oper, Konzert **Ausb:** Stud Kl (Iliew), V (Berey), Dirig (Swarowsky) Kons u H f M Wien 72–75. **Laufb:** Raimundth Wien 76–79, Städt Bühnen Osnabrück 79–83, Op Kiel 83–86, Wiener KamOp 86–89, Wiener Volksop seit 89, Wiener Staatsop seit 03, Gastsp Teatro Verdi Triest 91–96 u 01, Teatro Reggio Turin 95, Teatro Bellini Catania 96, Teatro Massimo Palermo 98 u 99, Hamburg Staatsop 99–2005; regelm Konz-Tätigkeit m Wiener Symph, Niederösterr Tonkünstler, RSO Wien, SymphOrch Wiener Volksop, Kieler Philh, Orch d SDR Stuttgart, Orch Philh des Pays de la Loire, Philh Bratislawa, RF-Orch Bratislawa, Orch d SWR Kaiserslautern, Orch d MDR Leipzig, Staatsphilh Rheinland-Pfalz, Wiener Akad Philh, Orch-Ges Biel, Wiener Johann-Strauß-Orch, Volksop Wien.

Eser, Matthias, Percussion, Schlagzeug, Hochschullehrer; c/o ensemble für neue musik, Sekretariat, Hegibachstr 58, CH-8032 Zürich, T: 0 13 83 81 81, F: 0 13 83 82 14, *ensemble@access.ch* [1964]. **Laufb:** Doz (Orchstellen, Blattsp, Schlgz) MH Winterthur Zürich, Mitgl StadtOrch Winterthur, Mitgl Philharmon Werkstatt Schweiz. **Ens:** ensemble f neue musik zürich, Schweizer Schlagzeug Ens. (Red)

Esper, Simeon, Sänger; Theater, PF 100353, D-33503 Bielefeld. **Laufb:** Sol Th Bielefeld. (Red)

Espig, Holger, Viola; c/o Staatskapelle Berlin, Unter den Linden 7, D-10117 Berlin. **Laufb:** stv Sol Staatskap Berlin. (Red)

Espina, Lorena, Mezzosopran; c/o CICADA.con Agentur & Management, Gubener Str 3b, D-10243 Berlin, T: (0 30) 29 00 13 35, 01 71–3 64 52 77, F: 29 00 58 97; *www.cicada-con.de* [Argentinien]. Oper u Oratorium, klassromant Lied, Musicals, Operetten **Ausb:** Stud (Ges, Kl) Nat Kons u Teatro Colón Buenos Aires, Stud Ges (A Bridges), Lied u Orat (T Kerbl) Linz. **Laufb:** freischaff seit 91 in Österr u Dtld (ua Ldsth Linz, Stadtth Klagenfurt, Wiener KamOp, Volksop Wien, Bregenzer FSp 94, SeeFSp Mörbisch, OperettenFSp Bad Ischl, Op Leipzig, Staatsop Budapest u Münchner Philh), Gastsp in Dtld, Ungarn, Italien, Malta, Chile, Uruguay, Brasilien u Spanien. – **Aufn/RF:** Zandonai: Francesca da Rimini.

Espitalier, Matthias, Kontrabass, Hochschullehrer; Wolfsgangstr 87, D-60322 Frankfurt/M, T: (0 69) 95 51 81 40; Dr. Hoch's Konservatorium, Hebelstr 15–19, D-60318 Frankfurt, T: (0 69) 9 15 00 40, F: 5 96 15 76, *mail@dr-hochs.de*. **Laufb:** Doz (Kb) Dr Hoch's Kons Frankfurt. (Red)

Eßbach, Gerhard, Prof, Hochschullehrer, Posaune; Leutewitzer Ring 62, D-01169 Dresden, T: (03 51) 4 12 57 79, F: 4 12 57 79; Hochschule f Musik, PF 120039, D-01001 Dresden. **Ausb:** Lehre Akk-Bau Klingenthal Harmonikawerke, musikal Ausb R-Schumann-Kons Zwickau 59–62, Stud MH Felix Mendelssohn Bartholdy Leipzig. **Laufb:** Solopos Hallische Philh 64, Gewandhausorch Leipzig 67–82, Sächs Staatskap seit 82, Prof (Pos) H f M Carl Maria v Weber Dresden seit 94. **Ens:** Blechbl-Ens 'Ludwig Güttler'. (Red)

Esser, Heribert, Dirigent; c/o Opernhaus Halle, PF 110554, D-06019 Halle. **Ausb:** Stud H f M Köln. **Laufb:** Kap Opernhäuser v Freiburg, Wiesbaden u Köln, GND Staatstheater Braunschweig 62, Direktor Elder Con University of Adelaide 87–94, Ständiger GastdDgt Philh StaatsOrch Halle seit 04. (*)

Esser, Stefan, Sonderschulkonrektor, Musikpädagoge, freischaffender Komponist; Im Scheffengarten 7, D-51381 Leverkusen, T: (0 21 71) 3 37 81, F: 7 33 80 01, *Puetz-Esser@t-online.de*; *www.stefanesser.homepageprogramme.de* [Leverkusen 25.4.1966]. Komp Klassik **Ausb:** Stud (Kl, Gesang, Tonsatz, Chorlt) U Köln 88–93. **Laufb:** Spanientourneen m M Schlechtriem 86 u 87. **Ens:** KlPartner v M Schlechtriem (Vcl) 85–89. – **Komp:** 'Meditation' (f Vcl u Kl) 85/91; 'Sonata ostinata' (f Fag u Kl) 91, UA Solingen 92; 'Sarnia' (sinf Impressionen f Orch) 91, UA Köln 92; Concertino f Alt-Sax u kl Orch 92, UA Köln 93; 'Fantasie über e Thema v Eduard Tubin' (f Kl) 92, UA Bonn 96; 'Die Frage' (Melodram f Sprecher u Kl) 93, UA Leverkusen 94; 'Värmeland-Variationen' (f gem Chor u Kl) 94, UA Leverkusen 95; 'Dona nobis pacem' (f 3-stimm gem Chor a cappella) 94; Son f Vcl u Kl 94–96, UA Leverkusen 97; 'Leonce u Lena' (4 Charakterstücke f Kl), UA Leverkusen 98; 'Variationen f Zwei' (f zwei Celli) 99, UA Witzhelden 99; 2 Elegien f Klaviertrio 99; 'Nachtgesang II' (f Sop, Fl, Vcl, Kl), UA Münster 01 (Auftr: Städt Bühnen Münster); 'Felix' (Kindersingspiel), UA 02 (Auftr: Kulturabt Bayer Leverkusen); 'Herbstbilder – 3 Poems' (f Vcl solo) 02, UA Leverkusen 03; 'Wo die wilden Kerle wohnen' für Erzähler u Kl, UA Leverkusen 04; 'Des Kaisers neue Kleider', für Erzähler u Kl, UA Brühl 05.

Essinger, Martin W, Dramaturg Musiktheater u Konzert; c/o Theater Bielefeld, Brunnenstr 3–9, D-33602 Bielefeld, PF 100353, D-33503 Bielefeld. **Laufb:** Dram Th Bielefeld SpZ 03/05. (Red)

Essl, Jürgen (Pseud: Georg Less), Prof, Hochschullehrer f Orgel u Improvisation, Komponist; Baumreute 9, D-70199 Stuttgart, T: (01 60) 94 66 43 01, *juergen.essl@onlinehome.de*; Hochschule f Musik u Darst Kunst, Urbanstr 25, D-70182 Stuttgart; *www.juergen-essl.de* [Kirchheim/Teck 25.9.1961]. Solist (Orgel) **Ausb:** Stud KiM (L Lohmann) MH Stuttgart 83–87 u 89–90, Stud Orgel (M Radulescu) MH Wien 87–89. **Laufb:** Bezirkskantor Sigmaringen 90, Prof (Künstl u Litug Orgelspiel) MH Lübeck 97, Dgt Eröffnungskonz Brahms-Fstv Lübeck 2000, Sol Fstv Kassel, Linz, Lissabon, Lübeck 2000, Mailand 03, Graz 04, 05, Prag 04, Fribourg 04 etc, Prof (Org) H f M u Darst Kunst Stuttgart 03. **Pr:** Komp-Pr KiM Baden-Württemberg 03. **Mitgl:** Gründungsmitgl Buxthude-Gesellschaft (IDBG). – **Komp:** 'Wann wird Frieden' (f Chor u Ens), UA Karlsruhe, Katholikentag, Hauptgottesdienst 92 (Auftr: Katholikentag Karlsruhe); 'Capriccio sopra la serenita' op 16,1 (f Orgel), UA Treviso, Orgelfstv 96 (Auftr: Fstv Treviso); Missa brevis op 14 95, UA Sigmaringen, Stadtkirche; Magnificat op 17 97, UA Kölner Philharmonie; De Angelis op 19 98, UA Stuttgart, Domkirche, Dgt: M Dücker; 'Demoltokata' op 21, 03, UA Madrid, Rundfunksaal; 'Forgotten message' op 24 (Ob, Vcl, Org), UA Rottweil 03; 'Pavana L. op 26, 05, UA Münster, Dom (Auftr Domkapitel). **Aufn/RF:** Françaix: Orgelwerk, SWR 95; CD: Tunder, Buxtehude, Bach in Roskilde 01; Norddt BarockM; G Finger: Sonaten, Barockorgel Lübeck, Ersteinsp NDR; Ochsenhauser Orgenbuch, SWR 04; Improvisationen Brüssel Kathedrale, mg-music 05. **Zug:** J Jirasek: viribus unitis (Org) 03. **Sonst:** Veröffentl v OrgWerken (Doblinger) u Chorwerken (Carus). **Lit:** Lex zur Dt Musikkultur; K Bechmann: Repertorium Orgelmusik I.

Essl, Karlheinz, Dr, Komponist, Improvisator; c/o Sammlung Essl, An der Donau-Au 1, A-3400 Klosterneuburg, T: (0 22 43) 3 70 50 30, F: 3 70 50 22; *www.essl.at* [Wien 15.8.1960]. Computer-aided composition, realtime composition, Improvisation, chamber music, sound installations **Ausb:** Stud Komp (F Cerha), Elektro-Akust Musik (D Kaufmann), Kontrabaß (H Schneikart) MH Wien 81–87, Stud (Musikwiss u Kunstgeschichte) Wien 79–89, Prom 89. **Laufb:** Kontrabassist in KamM- u Jazz-Formationen, Entwicklung von Software-'Environments' f 'Algorithmische Komposition', 'Composer in Residence' Darmstädter Ferienkurse f Neue Musik 90–94, Projekt Partikel-Bewegungen m H Naegeli 92/93, WIEN MODERN, musikprotokoll Graz, Kompauftr IRCAM Paris 92/93, Salzburger FSp 97, ISEA Chicago 98, versch Realisierungen d work-in-progress fLOW 98/99, L f ('Computer Aided Composition') Bruckner-Kons Linz, Gastvorlesungen Graz, Toronto, Kopenhagen, Wien, Realtime-Komp, Improvisationskonzepte, Klanginstallationen, 'site'-spezifische Musik- u Raum-Performances, Internet-Projekte, Musikintend 'Sammlung Essl – Kunst d Gegenwart', Ars Musica Brüssel 03, composer-in-residence (musik aktuell 03, AKZENTE Brucknerhaus Linz 04). **Pr:** Körnerpr Wien 86, Leopold St Pölten 02; WürdigungsPr f Kultur d Landes Niederösterreich. **Mitgl:** IGNM. – **Komp:** www.essl.at/works.html. **AuftrKomp:** zuletzt: REplay PLAYer (computer music-performance/interaktive Computer Installation) 2000/2001, UA ORF Kunstradio, K Essl 2001 (Auftr: ORF Kunstradio); upward, behind the onstreaming it mooned (str qua) 2000/2001, UA Wien Konzerthaus, EOS Qua Wien 2001 (Auftr: EOS Qua Wien); ALLgebrah (electronic music) 2001, UA Wien, Narrenturm, K Essl, M Grill 2001 (Auftr: Festival Wien Modern); ex machina (6 perc) 02, UA Steir Herbst, Studio Percussion Graz. **Aufn/RF:** Rudiments (Werke 86–93); (c)RUDE (elektr M) 2001. **Sonst:** zahlr Veröffentlichungen z zeitgen Kompositionstheorie. **Lit:** NZfM 2/98; PARNASS 5/99; New Grove Dictionary 2nd ed 01; Lexikon zeitgen Musik aus Ö, hrsg v B Günther 98; Österr Musiklexikon (ÖAW Wien 02); ÖMZ 7/97.

Esslinger, Paul, Komponist, Gitarre; Gotenstr 11, D-10829 Berlin, T: (0 30) 7 88 57 11, F: 7 82 47 67, *EsslingerP@aol.com*; *www.paul-esslinger.de* [Schweinfurt 2.12.1952]. KamM, FilmM, Jazz **Ausb:** Stud MH Trossingen, Berlin. **Laufb:** Musiker u Komponist seit 76. **Pr:** 2. Pr Wettb Neue Salonmusik Berlin, Ausz f Musik z Film 'Hauptsache ich bin beim Film' Kinderfilmfstv in Gijon (Spanien). – **Komp:** Fantasie Nr 1 E-Moll f Kl-Solo 84, UA Berlin 84; 'Berlin-Rhapsodie' f KamOrch 86, UA Berlin 86; Trio Nr 12 f 3 Kontrabässe 89, UA Berlin, Kroll Th 90; 7 'KlangBilder' f Kl 91, UA Villingen 91; Saxophon-Qua Nr 2 91, UA Berlin, Saalbau Neukölln 92.

Eßmann, Fritz, Prof, Hochschullehrer, Fagott; Rebhuhnweg 29, D-47877 Willich, T: (0 21 54) 73 50. **Laufb:** Prof (Fag, KamM) Robert-Schumann-H Düsseldorf. (Red)

Esterházy, Christine Gräfin, Dr, Sängerin; Pildenauer Str 21, D-94140 Ering/Inn, T: (0 85 73) 91 30 85, F: 91 30 86. **Ausb:** Prom Dr phil U Salzburg 97. **Laufb:** Venus (Tannhäuser) Teatro di San Carlo Neapel 98, seither div Fernsehauftr u Liederabende. – **Lit:** div Pressemitteilungen.

Esterhazy, Paul, Dr, Generalintendant, Regisseur; c/o Theater Aachen, Hubertusstr 2–8, D-52064 Aachen, T: (02 41) 4 78 74 00, F: 4 78 72 00, *intendanz @mail.aachen.de*; *www.theater-aachen.de* [Wien 26.4.1955]. Regie (Oper, Neues Musiktheater), Übersetzungen (Opernlibretti) **Ausb:** Stud (Jura, Theaterwiss) U Wien. **Laufb:** GeneralIntend Th Aachen.

Estermann, Kurt Alexander, Prof, Hochschullehrer, Kirchliche Komposition; Haymongasse 4c, A-6020 Innsbruck, T: (05 12) 57 20 92; Univ Mozarteum, Abt f Dirigieren, Komposition u Musiktheorie, Schrannengasse 10a, A-5020 Salzburg, *kurt.estermann@moz.ac.at* [Innsbruck 13.10.1960]. **Laufb:** UProf (kirchl Komp) U Mozarteum Salzburg. (Red)

Estlinbaum, Elke, Kammersängerin, Sängerin; Unter den Birken 1, D-70619 Stuttgart, T: (07 11) 42 13 94, F: 42 13 94, *thagfrank@freenet.de* [Breslau 21.6.1940]. Oper **Ausb:** MH Stuttgart. **Laufb:** ehem Sol Staatsth Stuttgart.

Estoppey, Laurent, Saxophon; quai Perdonnet 7, CH-1800 Vevey, T: 02 19 22 13 83. (Red)

Eterno, Sara, Sängerin; Komturstr 7, D-79106 Freiburg i Br, T: (07 61) 2 85 57 41. **Laufb:** Sol Landesth Salzburg SpZ 03/04, Gastsol Th Freiburg i. Br. SpZ 04/05. (Red)

Etezadzadeh, Jasmin, Sopran; c/o Staatstheater Mainz, Gutenbergpl 7, D-55116 Mainz. (Red)

Eto, Kimbo Ishii, Dirigent; c/o Yuta Westberg (Nish), Feurigstr 36, D-10827 Berlin, T: (0 30) 46 60 64 70, *kimboie@yunisono.de*; Komische Oper, Behrenstr 55–57, D-10117 Berlin. **Laufb:** Dgt Kom Op Berlin. (Red)

Ettinger, Dan, Dirigent; c/o Deutsche Staatsoper Berlin, PF 354, D-10109 Berlin [1971]. **Laufb:** Conductor in Residence New Israeli Op Tel Aviv seit 99/2000; Erster Gastdirig Jerusalem Symph Orch 02–03; Kapm u Ass d GMD D Barenboim Dt Staatsop Berlin seit 03; GMD Israel Symph Orch ab September 05. (Red)

Euler, Christian, Prof, Hochschullehrer, Viola; Univ f Musik u Darst Kunst, Inst 3, Brandhofgasse 21, A-8010 Graz, T: (03 16) 3 89 32 73, F: 3 89 30 31, *christian.euler@kug.ac.at*; c/o Konzertdirektion Fritz Dietrich, Sigmund-Freud-Str 1, D-60435 Frankfurt a M, T: (0 69) 54 45 04, *info@ konzertdirektion-dietrich.de*. **Laufb:** o UProf (Va, KamM) U f Musik u Darst Kunst Graz. **Ens:** Trio Kontraste. (Red)

Euteneuer-Rohrer, Ursula, Komponistin, Hochschullehrerin; 9, rte de Seltz, F-67930 Beinheim, T: 03 88 86 34 28 [Karlsruhe 26.4.1953]. **Ausb:** Kl (Ryhing, Seidemann), Komp (EW Velte) MH Karlsruhe, SMP MTheorie 76, SMP Kl 78, Konzexamen Komp 81, Stip Darmstädter Ferienks f Neue Musik 76, 78, 82. **Laufb:** Tutorium (Theorie) MH Karlsruhe 76 u 80, RF- u S-Produktionen, KonzReisen u versch Publ z Neuen Musik, L (Theorie, Kl, Komp) Bad Kons Karlsruhe seit 93. **Pr:** 3. Pr Int Fanny-Mendelssohn-Wettb Unna 89, 1. Förderpr Int Wettb f Komponistinnen d GEDOK Mannheim, Stip b Isang Yun, Musica Viva, Pforzheim 89 u 90. – **Komp:** Selbstgefällig droht d vermeintl Ordnung d scheinbare Chaos zu vernichten (2 Schlgz u Kl), UA Karlsruhe 85; Metamorphosen (KamM), UA Karlsruhe 87; Was ist d Schuld (Orgel solo), UA Mannheim 89; Stille ist Raum (Schlgzqua), UA Paris 89; Kantate (KamM); 3.Schlagzeugqua (KamM), UA Karlsruhe 94; Periphonie (KamM), UA Musikschulkongress Karlsruhe 97. (Red)

Evangelatos, Daphne, Prof, Sängerin, Hochschullehrerin; St-Veit-Str 53, D-81673 München, T: (0 89) 4 31 70 22, F: 4 31 70 94, *evangelatos@antinea.de*; H f Musik u Theater, Arcisstr 12, D-80333 München, T: (0 89) 28 92 74 02, F: 28 92 74 08 [Athen]. **Laufb:** Prof (Gesang) u Prorektor d H f M u Th München, Sol Kom Op Berlin, Bayer Staatsop München. (Red)

Evans, Allan, KS, Bass; Collinistr 5, D-68161 Mannheim, T: (06 21) 15 38 03 [Macom, GA, USA]. **Ausb:** Stud Juilliard School of M New York 62–66, MH München, Mozarteum Salzburg, b H Zadek Wien. **Laufb:** Sol Stadtth Trier 68–72, Gastsol Wiener Kammerop 68–70, Sol Stadtth Bremen 73–76, Sol Op Zürich 76–79, Sol Stadtth Basel 77–87, Sol Nationalth Mannheim 87–99, Sol Bühnen d Ldeshauptst Kiel, Gastsol Städt Bühnen Münster SpZ 00/04, Sol Stadtth Klagenfurt u Schleswig-Holstein Landesth Schleswig SpZ 03/04. (Red)

Evans, Rebecca, Sängerin; c/o Bayerische Staatsoper, Brieffach, D-80075 München. **Laufb:** Sol Bayer Staatsop München. (Red)

Evers, Jürgen, Oboe; c/o Münchner Rundfunkorchester, Rundfunkpl 1, D-80300 München. **Laufb:** Sol Münchner RFOrch. (Red)

Evers, Reinbert, Prof, Hochschullehrer, Gitarre; Lortzingstr 3, D-48145 Münster, T: (02 51) 3 67 69, 01 72–7 22 69 05, F: 4 82 33 60, *dekan.mhs@uni-muenster.de*; c/o Musikhochschule Münster, Ludgeripl 1, D-48151 Münster, T: (02 51) 4 82 33 69, F: 4 82 33 60; *www.reinbertevers.de* [Dortmund 23.8.1949]. Lautenwerke J S Bachs, klass Repertoire, Neue Musik **Ausb:** Stud (MWiss, Phil, Germanistik) U Bochum 69–85, Stud Git (M Kersting) MH Düsseldorf 71–76, Stud Git (K Scheit) Akad f M u Darst Kunst Wien 76–78. **Laufb:** Prof (Git) seit 76, Dekan (FB 5) H f M Detmold, Abt Münster seit 95, Künstl Lt Europ Musikrat Münsterland seit 99, zahlr Tourneen, ua Ostafrika 87, Westafrika 90, Russland 90–92, Korea, Japan (jährl seit 94), China 95, 96 u 04, Balt Staaten seit 96, Chile, Columbien 2000, Venezuela, Kuba 2001. **Pr:** Förderpr d Stadt Dortmund 81. **Mitgl:** 1. Vors Gesellschaft f Neue M Münster 99, Gesellschaft 'pro Gitarre' MS. – **Aufn/RF:** 12 LPs u 18 CDs ua H W Henze: Royal Wintermusic 83; J S Bach: Lautenwerke 85, 87, 95; H W Henze: El Cimarron 91; Integration, Werke f Git u KamOrch 98. **UA:** H W Henze 76; G Becker 77; Th Brandmüller 79; M Trojahn 79/89; L Lombardi 81; E Denisov 81/91; J P Ostendorf 89/90; P Vasks 90; A Ruoff; S Corbett; A Vieru 97; D Schnebel 97/98, 04; O Narbutaite 99; O Balakauskas 2000, 03; J Kondo 2000; E M Marton. **Zug:** E Denisov: GitKonz; J Kondo: Calamintha; E Denisov: Son f Git; A D Ruoff: GitKonz; S Corbett: Variations; L Lombardi: Thamor y Amnon; A Vieru: GitKonz; P Vasks; Sonate f Git; B Dunor; Rauchzeichen; B Spasso: Lecume du Sons. **Sonst:** GitDuo Weigel-Evers seit 84, Duo Schlgz u Git m M Ardeleanie seit 86 u Duo Fl-Git m R Aitken (Fl) seit 92.

Evers, Silke, Sopran; Scharoldstr 4, D-97080 Würzburg, T: (09 31) 3 59 63 59; Mainfrankentheater Würzburg, Theaterstr 21, D-97070 Würzburg [Bonn 1972]. **Ausb:** Stud (Ges) in Köln u Düsseldorf. **Laufb:** Gastsol Th Hagen u Städt Bühnen Münster SpZ 03/04, Sol Mainfranken Th Würzburg seit 03. **Pr:** Stip Dt Musikwettb KamM 98, Prtr Liedwettb Franz Schubert u d Moderne in Graz 03. **Ens:** Les doux Siffleurs. (Red)

Evian, Mihnea, Violine; c/o Münchner Rundfunkorchester, Rundfunkpl 1, D-80300 München. **Laufb:** Stimmführer Münchner RFOrch. (Red)

Evreux, Pierre, Tenor; Falkmannstr 2, D-32756 Detmold, T: (0 52 31) 61 55 73; Landestheater, Theaterpl 1, D-32756 Detmold [Lyon 1971]. **Ausb:** Stud Conservatoire Natl Superieur de Musique de Lyon, Opéra Studio Lyon, Privatstud b N. Gedda. **Laufb:** Eng Théâtre des Champs-Élysées Paris 99, Opéra National de Lyon 2000, Opéra de Tourcoing 01, Sol Landesth Detmold seit 03. (Red)

Evyapan, Zeki, Chordirektor; Quisdorfer Str 2, D-23701 Eutin, T: (0 45 21) 7 21 98. **Laufb:** ChorDir Op im Schloßgarten Eutin SpZ 03/05. (Red)

Ewald, Cornelia, Ass. Chordirektion; Staatstheater, Lausitzer Str 33, D-03046 Cottbus. **Laufb:** Ass d Chordir Staatsth Cottbus. (*)

Ewald, Kaspar, Komponist; Schillerstr 23, CH-4053 Basel, T: 06 13 31 83 44, F: 06 13 31 83 44 [Liestal 3.10.1969]. **Ausb:** Stud MTheorie, Komp (R Moser, D Müller-Siemens) MAkad Basel 90–96, Stud Kl (H Feigenwinter) JazzSch Basel 92–94, Sem FilmM (E Morricone) 92. **Laufb:** Doz (Tonsatz, Gehörbildg) H f M Zürich seit 2000. **Pr:** Werkjahrbeitrag Stift Christoph Delz Basel 97, Förderpr M Kanton Basel-Land 2000, Kantonalbank-Pr 01, Stip Nico Kaufmann-Stift 03. **Ens:** Exorbitantes Kabinett. **Mitgl:** STV, SME, IGNM (Vorstandsmitgl). – **Komp:** 'Baschtr' (EnsStück) 94, UA Basel, MAkad, Dgt: J Wyttenbach 95; 'Helix f Felix' (Piano solo) 98, UA Winterthur, Kons, F Profos 98; 'Brambilla' (Musical) 98/99, UA Roxy Birsfelden, Dgt: B Kinzler 99; 'Große NachtM' (OrchZyklus) 2000/01, UA KV Liestal, Dgt: B Hofstetter 01. **AuftrKomp:** Fakir (V, Kl) 95, UA Basel, Stadtcasino 96 (Auftr: Basler M Forum); Trabantenspiel (Schlgzqua) 2000, UA Rümlingen, Kirche 2000 (Auftr: Neue M Rümlingen); M f Rhythmsection, Sängerin u 11 Bläser, UA Basel, Komödie, Dgt: K Ewald 01 (Auftr: Europ MMonat 01); 3 Rosetten f SaxQua 01 (Auftr: New Art Sax Qua), 3 Stücke f BlOrch 2000, UA Pratteln, Kuspo, Dgt: B Hofstetter 2000 (Auftr: JugendBlOrch Dreiland); Wolken (Ch u Ens) 01, UA Münchenstein, Kuspo, Dgt: J Baur u R Urech 01 (Auftr: Gym Münchenstein); Monolith (f Orch) 02, UA Marten Arteplage, Dgt: P A Monot 02 (Auftr: EXPO 02, Nonvel Ens Contemp); Ritt, Lamento (SaxQua) 03, UA Liestal, Palazzo 03 (Auftr: ARTE Qua); Etude (f Vcl) 03, UA Zürich, MH 03 (Auftr: MH Zürich); 2 Supermärsche, anfang v Ende, Schlussspirale (3 Trp, 1 Hn, 2 Pos) 03, UA Basel, Gare du Nord 03 (Auftr: Ens Brassilisk). **Sonst:** Grdg Jazzgroßformation 'Exorbitantes Kabinett', CD 'Räuber' m ders. **Lit:** Neue Zs f M 2/01, M im Baselbiet 01.

Ewaldt, Peter, Kapellmeister; Kleingmainergasse, A-5020 Salzburg, T: (06 62) 82 07 26od (06 64) 2 12 48 06. **Laufb:** 1. Kapm Ldsth Salzburg SpZ 03/05, Dgt Th Aufstand Wels SpZ 04/05. (Red)

Ewerhart, Rudolf, Dr, Prof, Dirigent, Spieler v Tasteninstrumenten, Musikwissenschaftler; Kirchstr 1, D-56653 Wassenach, T: (0 26 36) 47 32, F: 47 32 [15.6.1928]. Chorleitung, musikal Quellenkunde, Editionen **Ausb:** Stud (Kath KiM) MH Köln 46–49, Orgel (Kraft), Chorltg (K Lechner) MH Freiburg 49–51, Stud (Gesang) MH Köln 51–54, Stud (MWiss) U Freiburg 49–51, U Köln 51–53, Prom Köln 53. **Laufb:** Dir u Organist Konz m sämtl Händel-OrgKonz b RAI Turin 81, zahlr Konz im Ausland, vorwiegend Italien, Österr u Schottland, Freier Mitarb WDR Köln 52–54, LTätigkeit: Doz KiMSchule Münster 55–64, Dir ebd 64–74, Prof u Lt Inst f kath KiM MH Köln 72–92. **Pr:** Cavaliere d Päpstl Gregorius-Ordens 81. **Ens:** Cembalist 'Dt Barocksol'. – **Aufn/RF:** Konz u Aufn als Sol u Dgt WDR, SWF, NDR, Radio Bremen, RIAS Berlin, Radio Hilversum, Autor v SendeR, LPs: Aufn sämtl OrgelW v Händel als Organist an Histor Orgeln, m Coll Aureum; Erstaufn Monteverdi.Opern u Händel-Orat, Aufn geleitete Konz (Wallonien-Fstv), Belg RF u dass Glasgow, BBC. **Sonst:** Grdg u Ltg Santini-KamCh, Veröfftl div Art, ca 200 Ed alter Musik, vorwiegend Erstausgaben, Betreuer e Slg histor Tasteninstr (Burghaus Wassenach) seit 96, KonzR ebd. **Lit:** Lex Riemann, Lex Honegger-Massenkeil, Enciclopedia della Musica 63/64.

Exl, Engelbert, Komponist, Oboe; Dr Höllriglstr 13, A-2130 Mistelbach, T: (06 99) 13 66 52 50. – **Komp:** Fantasiestück f Oboe u Blasorch. (Red)

Eyberg von Wertenegg, Wilhelm, KS, Sänger (Bassbariton); Karlstr 116, D-89073 Ulm, T: (07 31) 6 02 17 70; Ulmer Theater, Herbert-v-Karajan-Pl 1, D-89073 Ulm, T: 01 71–6 34 34 44 [Wien 6.2.1955]. Helden- u Charakterbariton im dt Fach **Ausb:** Privatunterr Ges (W Velden) Wien 71–77, (Klein, Kmentt) OpSchule Kons Stadt Wien 76–78, MH Graz 78–79. **Laufb:** EnsMitgl OpHaus Graz 78–86, Wiener StaatsopChor 86–88, Ldesth Coburg 88–92, Th Ulm seit 92, Gastsp Staatsth Saarbrücken (Amfortas, Falstaff, MLehrer), Stadtth Augsburg (Alberich, Wotan), Südthüring Staatsth Meiningen (Wotan) 01, Kammersänger 01.

Eyberg, Michaela, Cellistin; c/o Hermann Swietly, Kreitnergasse 23/9, A-1160 Wien, *swietly-klaviertrio@chello.at*; *members.chello.at/h.swietly/Default.htm* [Wien]. **Ausb:** Stud Vcl (R Matuschka) Kons Wien 68–78. **Laufb:** Pädag (Vcl) Wiener MSch u Unterr (Vcl) an versch Oberstufengymn seit 75, LAuftr Wiener MU seit 88, Unterr (KamM) b versch österr Sommerksen. (*)

Eychmüller, Susanne, Violoncello; c/o WDR Sinfonieorchester, D-50600 Köln. **Ausb:** Stud b P Buck (Melos-Quartett), B Pergamenschikow, H Schiff u William Pleeth. **Laufb:** stv Sol WDR SinfOrch Köln seit 85. (Red)

F

Fabisch, Bruno, Hochschullehrer; Dr. Hoch's Konservatorium, Hebelstr 15–19, D-60318 Frankfurt, T: (0 69) 9 15 00 40, F: 5 96 15 76, *mail@dr-hochs.de*; *www.dr-hochs.de/html/fabischdozentenvitae_a-g.html*. **Ausb:** MH Köln. **Laufb:** Doz (Gesang) Dr Hoch's Kons Frankfurt. (Red)

Facini, Francesco, Sänger; c/o Pfalztheater Kaiserslautern, Willy-Brandt-Pl 4–5, D-67655 Kaiserslautern. (Red)

Fadayomi, Morenike, Opernsängerin; Scharnhorststr 23, D-40477 Düsseldorf, T: (02 11) 4 84 92 09, (01 71) 2 88 33 34, *MSFadayomi@t-online.de*; *www.morenikefadayomi.com* [London 23.4.1963]. Oper, Operette **Ausb:** Tanz u Gesang Colombo Dance Factory Zürich 82–85, Ges (U Preier) Wien seit 87. **Laufb:** Musicals Cats Hamburg 85–87, A Chorus Line Wien 87–88, Les Miserables Wien 88–89, zahlr Optten in Baden (Wien) u Bad Ischl 90–93 u 03, Eng Stadtth Basel 93–96, Dt Op a Rhein seit 97 (03/05), Gärtnerplatzth München 96–99, Op Kairo 91, Op Frankfurt 97, Volksop Wien 93, Bregenzer FSp 99, Sol Lehár Festival 05. – **UA:** Ötvös: Drei Schwestern (Natascha), Dt EA Dt Op a Rhein 2000.

Fadle, Heinz, Prof, Hochschullehrer, Posaune; Arminiusweg 10a, D-32760 Detmold, T: (0 52 31) 8 91 93, 01 71–9 57 83 36, F: 98 23 54, *Fadleheinzprof@aol.com*; *www.hfm-detmold.de/hochschule/personen/fadle/*. **Ausb:** Stud (W. Walther) Nordwestdt Musikakad Detmold 60–64. **Laufb:** Soloposaunist Philh Orch d Stadt Dortmund 64–68, Soloposaunist Philh Staatsorch Hamburg 68–86, Mitgl Bayreuther Festspielorch 66–72, Doz MH Lübeck 70–86, Prof H f M Detmold 86, em 05. **Ens:** Ltg Blechbl-Ens 'Trombonly'. (Red)

Fadle, Jörg, HonProf, Hochschullehrer, Klarinette; Forstweg 80, D-13465 Berlin, T: (0 30) 4 06 10 41. **Laufb:** HonProf (Klar) H d Künste Berlin. (Red)

Fähndrich, Walter, Komponist, Viola; Piodina 20, CH-6614 Brissago, T: 09 17 93 00 70, *wf@musicforspaces.ch*; *www.musicforspaces.ch* [Menzingen 1944]. M f Räume, Viola-Solo, Imp **Ausb:** Stud (MTheorie, Va) Kons Luzern 65–71. **Laufb:** weltweite M-Installationen seit 80, int Tätig als Va-Spieler m Eigenkomp seit 81, Doz (Imp) MAkad Basel seit 85. **Mitgl:** STV. – **Sonst:** Hg d Buchreihe 'Improvisation', Ltg d 'Int Tagung f Imp Luzern' 90, 93, 96, 99, 02 u 05.

Fagen, Arthur, Dirigent, Generalmusikdirektor; c/o Theater Dortmund, Hansastr, D-44137 Dortmund; c/o Balmer & Dixon Management AG, Kreuzstr 82, CH-8032 Zürich, T: 04 32 44 86 44, F: 04 32 44 86 49, *mail@badix.ch*; *www.badix.ch/cond/fagen.html* [New York]. **Laufb:** ua: Ass (C v Dohnanyi) Frankfurt/M, 1. Kapm u stellv GMD Kassel, Chefpositionen Braunschweig u Flanders Op Antwerpen/Gent, Dgt Met Op New York, regelm Gastdgt Lyric Op Chicago, Gastdgt Dt Op Berlin, Hamburg Staatsop, Bayer Staatsop München, New Israeli Op, ständ Gastdgt Staatsop Wien seit 99, Konzdgt in Europa u USA, GMD Dortmund 02/05, Dgt Semperop Dresden SpZ 03/04. **Pr:** Sieger Baltimore- u Gino Marinuzzi-Wettb. – **Aufn/RF:** zahlr Einsp, ua: Rossini-CD m V Kasarova u R Vargas, zahlr RF- u Fernsehaufn. **Lit:** Dokumentarfilm 'In Search of a Maestro'. (Red)

Fahnert, Kai-Uwe, Sänger; c/o Allee Theater GmbH – Hamburger Kammeroper, Max-Brauer-Allee 76, D-22765 Hamburg; *www.Kai-Uwe-Fahnert.de* [Leipzig 26.9.1964]. Oper, Konzert **Ausb:** H f M Felix Mendelssohn Bartholdy Leipzig 87–93. **Laufb:** Sol Nordharzer Städtebundth, Gastsol Staatsth Braunschweig, Staatsth Cottbus SpZ 02/03, Japan Tournee 03, Sol Berliner Kammerop u Gastsol NOB Berlin SpZ 04/05.

Fahrland, Marco, Sänger; c/o Musikalische Komödie der Oper Leipzig, Dreilindenstr 30, D-04177 Leipzig. (*)

Fain, Rosa, Prof, Hochschullehrerin, Violine; Marschallstr 19, D-40477 Düsseldorf, T: (02 11) 4 98 20 00; Robert Schumann Hochschule, Fischerstr 110, D-40476 Düsseldorf. **Laufb:** Prof (V, KamM) Robert-Schumann-H Düsseldorf. (Red)

Faiss, Bettina, Klarinette; Preysingstr 18, D-81667 München, T: (0 89) 45 86 75 15 [Weingarten 1974]. **Ausb:** Stud (Prof H-D Klaus) MH Detmold ab 94. **Laufb:** Kammermusikerin, Eng SymphOrch d BR seit 2000. **Pr:** zahlr Landes- u Bundespr b 'Jugend musiziert' 86–93, Stip Oscar-Vera-Ritter-Stift 90, Pr d Tonkünstlerverb Baden-Württ, Stip Stift Villa Musica seit 98, Stip Orchesterakad München 99/2000, Ausz b 'Dt Musikwettb Solisten 99': Stip u Aufn in d Bundesauswahl 'Konz junger Künstler'. **Ens:** Landes- u Bundesjugendorch, Junge Dt Philh, DaPonte-Oktett seit 97. – **Aufn/RF:** zahlr CD-Produktionen, ua m Haydn-Ens 99, Einsp f ZDF u SWR. (Red)

Falcón, Juan Carlos, Tenor; c/o Theater Görlitz, Demianipl 2, D-02826 Görlitz, PF 300463, D-02809 Görlitz. **Laufb:** Sol Th Hof, GastSol Pfalzth Kaiserslautern, Th Görlitz seit SpZ 03/04. (Red)

Falk, Holger, Sänger; c/o Stadttheater Gießen, PF 111128, D-35356 Gießen. **Laufb:** Sol Mariahilfer Op Wien. (*)

Falk, Peter, Prof, Hochschullehrer, Dirigent, Klavier; Kazböckstr 19, D-86157 Augsburg, T: (08 21) 52 67 49, F: 52 81 63; Zeller Str 13, D-97276 Margetshöchheim, T: (09 31) 46 41 29. **Laufb:** Prof (OpSchule, Dirig, Klavierauszugsspiel) H f M Würzburg seit 83, Lt Opernschule H f M Würzburg, Chefdgt Hessische RF-Orch Frankfurt 85–93, Chefdgt SWR RF-Orch Kaiserslautern. (Red)

Falk, Rainer, Komponist, Gitarrist; Huberstr 3, A-4203 Altenberg, T: (0 72 30) 7 09 52, *r.falk@eduhi.at*; *www.rainerfalk.com* [Linz 11.5.1963]. Komp f Gitarre **Ausb:** Stud Git (M Seidel) Mozarteum Salzburg 80–87, (E Fisk) MH Köln 87–89, Git Lehrf (M Langer) Kons Linz 95–98. **Pr:** 1. Pr Wettb 'Das Podium' Linz 97; 3. Pr KompWettb Osnabrück 99. **Ens:** NEUMA (Mittelalterl M). – **Komp:** zahlr Werke f Gitarre. **Aufn/RF:** 5 CDs m eig Komp (f Git); Wassermusik f Therme Geinberg.

Falkenau, Ute, Schauspielmusikerin, Komponistin; Theater im Palais, Palais am Festungsgraben, D-10117 Berlin. SchspM **Ausb:** H f M 'Hanns Eisler' Berlin. **Laufb:** SchspM Th i Palais Berlin SpZ 03/05, Dt Th Berlin, Lt SchspM Maxim Gorki Th Berlin, Doz SchspM SchSch 'Ernst Busch' Berlin.

Falkenhausen, Achim, Dirigent, Kapellmeister; Martinusweg 10, D-31135 Hildesheim, T: (0 51 21) 6 97 20 75, F: 6 97 20 76, *AFalkenhausen@AOL.com* [München 29.9.1964]. **Ausb:** Stud (MWiss) U München 86–88, Stud Dirig (G Wich) MH Würzburg 88–92. **Laufb:** 1. KapM u ChDir Th Hof 92–96, KapM u ChDir Schillerth Wuppertal 97/98, KapM, ChDir u stellv GMD Stadtth Hildesheim, Dgt Orch d Stadtth Hildesheim seit 98.

Falquet, René, Dirigent; chemin de Roffens, CH-1121 Bremblens, T: 02 18 01 65 40. (Red)

Faltin, Renate, Prof, Hochschullehrerin, Sopran; Kol.Goldregen Weg 3 54, D-12349 Berlin, T: (0 30) 70 13 24 79, *renate_faltin@web.de*; H f Musik 'Hanns Eisler', Charlottenstr 55, D-10117 Berlin [Parchim 16.1.1946]. **Ausb:** Stud (Ges) H f M Hanns Eisler Berlin 64–69, Aspirant (Freiwald-Lange) ebd 76–79. **Laufb:** Eng an versch Th ua Schwerin, Rostock, Halle, Leipzig, Staatsoptte Dresden, Metropolth Berlin, Weimar, Staatsop Berlin 69–90, Prof (Ges) H f M 'Hanns Eisler' Berlin seit 90. – **Aufn/RF:** RF-Aufn: J A P Schulz: 'Die Fee Urgele' 88. **Sonst:** 'Singen lernen? Aber logisch!' 2000.

Faludi, Stefan, Cello; c/o Mahler Chamber Orchestra eV, Heinrich-Roller-Str 16–17, D-10405 Berlin, T: (0 30) 4 17 17 90, 89 09 19 15, 01 75–2 43 88 08, F: (0 30) 41 71 79 29, *mco@mahler-chamber.de*. **Ens:** Berliner Cellharmoniker, Mahler Chamber Orch. (Red)

Faludy, Krisztina, Prof, Hochschullehrerin, Fagott; Neudorf 135, A-8046 Stattegg, T: (03 16) 69 48 77, F: 69 48 77; Univ f Musik u Darst Kunst, Inst 4, Brandhofgasse 21, A-8010 Graz, T: (06 76) 3 22 67 63, *krisztina.faludy@kug.ac.at* [Budapest 29.5.1958]. Fagott-Lit, Bearb **Ausb:** Franz Liszt MAkad Budapest, H f Musik München. **Laufb:** Eng als Solo-Fagottistin Philh Orch d Stadt Dortmund 84, o UProf (Fagott) U f Musik u Darst Kunst Graz seit 97. **Pr:** Viotti-Pr Vercelli 85. – **Aufn/RF:** CDs mit dem KamOrch 'Westdeutsche Sinfonica'; Solo-CD „Projekt 1".

Fandrey, Birgit, Sängerin (Sopran); c/o Sächsische Staatsoper, Theaterpl 2, D-01067 Dresden. **Laufb:** Sol Staatsop Dresden SpZ 03/05. (Red)

Fanger, Peter, Generalmusikdirektor; c/o NOVUM, Kirchstr 3, D-01591 Riesa, PF 400102, D-01579 Riesa, T: (0 35 25) 7 22 60, F: 72 26 49. **Laufb:** GMD Neue Elbland Philharmonie Riesa. (Red)

Fankhauser, David-Erich, Sänger; Keplerstr 11, D-35390 Gießen, T: (06 41) 2 58 24, (01 79) 5 32 68 71. **Laufb:** Sol Stadtth Gießen seit SpZ 03/04. (Red)

Fankhauser, Renate, Sängerin; Weiherburggasse 1a, A-6020 Innsbruck, T: (06 64) 3 93 65 95; Tiroler Landestheater, Rennweg 2, A-6020 Innsbruck. **Laufb:** Sol Tiroler Landesth Innsbruck. (Red)

Fankhauser, Rupert, Prof, Hochschullehrer, Klarinette; Univ f Musik u Darst Kunst, Inst Franz Schubert, Rennweg 8, A-1030 Wien. **Ausb:** Stud U f Musik u Darst Kunst Wien, Orchesterakad der Berliner Philh. **Laufb:** Lehrtätigkeit (Klar) U f Musik u Darst Kunst Wien 97, ao UProf ebd. **Pr:** SoloKlar Gustav-Mahler-Jugendorch, Kärntner Sinfonieorch/Stadttheater Klagenfurt 85–2000, SoloKlar Cape Town Symphony Orchestra, vienna clarinet connection seit 99. (Red)

Fanning, Franklin, Prof, Hochschullehrer, Cembalo; Univ f Musik u Darst Kunst, Inst f Gesang u Musiktheater, Penzingerstr 7, A-1140 Wien, *fanning@mdw.ac.at*. **Laufb:** Prof U f Musik u Darst Kunst Wien. (*)

Fantini, Norma, Sängerin; c/o Deutsche Staatsoper, Unter den Linden 7, D-10117 Berlin, PF 354, D-10109 Berlin. **Laufb:** Gastsol Dt Staatsop Berlin SpZ 00/01 u 03/05, Sol Hamburg Staatsop seit SpZ 03/04, Bayer Staatsop München SpZ 03/04, Op Zürich SpZ 04/05. (Red)

Farcas, Ioana-Maria, Hochschullehrerin; Richard Strauss Konservatorium, Gasteig, Kellerstr 6, D-81667 München. **Laufb:** Doz (Korr) Richard Strauss Kons München. (Red)

Farcas, Valentina Maria, Sopran; c/o Agentur Seitter, Opernring 8/13, A-1010 Wien, T: (01) 5 13 75 92, F: 5 12 93 51, *office@agentur-seitter.at*; *www.agentur-seitter.at* [Bukarest 14.10.1975]. Konzert, ital Op, Neue M **Ausb:** MSch u Musikgymnasium 'George Enescu', Abitur m Hauptfach Kl, Stud H f M Bukarest (Hauptfach Klavier) ab 94, GesUnterricht b Prof Rodica Creniceanu u Florin Farcas u b ihrem Vater (Solo-Tenor an der Nationalop Bukarest), Stud Folkwang-HS Essen (Hauptfach Ges/Musikth) b KS Prof Csilla Zentai, mehrere Mstrkrs Kl. **Laufb:** Gastvertrag Grillo-Theater Essen, Sol Meininger Th – Südthüring Staatsth 99, Sol Kom Op Berlin seit SpZ 02/03 (04/05). **Pr:** 1. Pr Nationalwettb Rumänien (Kl), 2. Pr Mozart-Wettb Constanta (Kl), 2. Pr InterprWettb rumän Komp (Kl), Finalistin (vierter Platz) 3. Int Gesangswettb Ferruccio Tagliavini, Österreich, 1. Pr d Jury u 1. Pr d Publikums int Robert-Stolz-Wettb, Wiener Optte, Hamburg, 2. Pr int Johann-Strauss-Wettb, Wien, Opttenpr 'Neue Stimmen' – Int GesWettb, Gütersloh, Finalistin Montserrat Caballé Int Singing Competition. – **Aufn/RF:** CD: c-moll Messe Mozart (mit Hordic Chamber Choir). **UA:** Schmidt: 'Das Buch mit 7 Siegeln', m Bach-Ch Mainz (Ltg Ralf Otto).

Fardilha, Jóse, Sänger; Staatstheater, Oberer Schloßgarten 6, D-70173 Stuttgart [Lissabon]. **Ausb:** Stud b C. de Castro. **Laufb:** Sol Staatsth Stuttgart. (Red)

Farina, Franco, Sänger; c/o Columbia Artists Management Inc, 165 West 57th St, New York, NY 10019–2276, U.S.A., T: (02 12) 8 41 95 00, F: 8 41 97 44, *info@cami.com*; *www.cami.com*. **Laufb:** Gastsol Nationalth Mannheim SpZ 00/01, Gastsol Dt Staatsop Berlin SpZ 04/05, Sol Dt Op Berlin SpZ 04/05, Wiener Staatsop SpZ 04/05. (Red)

Farkas, András, Dirigent; ch des Bouvreuils 12, CH-1009 Pully, T: 02 17 28 47 27. (Red)

Farnocchia, Serena, Sopran; Staatstheater, Oberer Schloßgarten 6, D-70173 Stuttgart. **Laufb:** Sol Staatsop Stuttgart. (Red)

Fassbaender, Brigitte, Dr hc, Prof, Mezzosopran, Intendantin, Regisseurin; c/o Tiroler Landestheater, Rennweg 2, A-6020 Innsbruck, T: (05 12) 52 07 41 01, F: 52 07 43 37, *tiroler@landestheater.at*, *intendanz@landestheater.at*; *www.landestheater.at* [Berlin 3.7.1939]. Opern-, Konzert- u Liedgesang **Ausb:** Stud Ges (W Domgraf-Fassbaender) MH Nürnberg 57–61. **Laufb:** Bühnendebüt u EnsMitgl Bayer Staatsop München 61, ebd f 10 J, dann freischaff, Bayreuther FSp, EnsMitgl Dt Op am Rhein Düsseldorf-Duisburg seit 65, Auftritte Mailänder Scala, Royal Op House Covent Garden London, Grand Op Paris, Met Op New York, Wiener Staatsop, Gastsol u Konz in Zürich, Stockholm, Helsinki, Kopenhagen, Genf, Salzburger FSp, Glyndebourne, KonzSängerin, Liedintpr, Rücktritt als S 95, Prof MH München, OpDir Staatsth Braunschweig 95–98, Intend Tiroler Ldsth seit 99, Reg Op Hannover SpZ 04/05. **Pr:** KS Wiener Staatsop u Bayer Staatsop München 70, Fellow Royal College of M Manchester, Mitgl Bayer Akad d Schönen Künste; 2mal BVK, Bayer Verdienstorden, Maximiliansorden, Tiroler Adlerorden; Frankfurter MPr, Berliner KritikerPr ua. **Mitgl:** Dt Musikrat. – **Aufn/RF:** ua: E Humperdinck, Hänsel u Gretel (Hänsel), m Wiener Philh, Dgt G Solti 78 (CD 97); G Puccini, Manon Lescaut, Dgt G Sinopoli 84; R Wagner, Tristan u Isolde (Brangäne), m Staatskap Dresden, Dgt C Kleiber 86; Liszt/Strauss: Lieder, m I Gage 87; Brahms, Liebeslieder, m W Sawallisch 87; G Verdi, Il Trovatore (Azucena), Dgt C M Giulini; W A Mozart, Così fan tutte (Dorabella), Wiener Philh, Dgt K Böhm 90; J Strauß, Fledermaus (Orlofsky), Dgt C Kleiber (Video) 90; F Schubert, Lieder, m G Johnson 90; R Strauss, Rosenkavalier (Octavian), Dgt C Kleiber (Video) 91; J Brahms, Alt-Rhapsodie ua, Tschech Philh, Dgt G Sinopoli 91; R Strauss, Elektra, Dgt C Abbado (Video) 91; G Mahler, Sinf Nr 2, Dgt G Sinopoli 96; F Schubert, Winterreise 02; über 100 Schallpl-Einsp, TV- u OpFilme. **Sonst:** Art/Aufsätze über M in versch Publ dt Verlage. **Lit:** Biografie v W E v Lewinski, div Op- u M-Anthologien.

Fassbender, Christina, Flöte; Wexstr 20, D-10715 Berlin, T: (0 30) 85 73 20 75 [Buchholz 19.12.1973]. **Ausb:** Stud (J Cl Gerard) MH Stuttgart seit 93, (M M Kofler) Mozarteum Salzburg seit 98. **Laufb:** Sol (Fl) Kom Op Berlin seit 99. **Pr:** 3. Pr 33. Markneukirchen Int Instr Wettb 98, Prtr Dt Musikwettb Berlin 01.

Fassbender, Hedwig, Prof, Sopran, Hochschullehrerin; Rothschildallee 9, D-60389 Frankfurt, *fassbenderhedwig@t-online.de*; Hochschule f Musik u Darst Kunst, Eschersheimer Landstr 29–39, D-60322 Frankfurt. **Ausb:** Stud MH Köln, München (E Haefliger). **Laufb:** Eng Th Freiburg 82, EnsMitgl Th Basel 85–87 (Hänsel, Cherubino, Dorabella, Idamante, Orlowsky), freischaff seit 87, ua Amsterdam (Marguerite 'La damnation de Faust') Regie H Kupfer, Staatsop Hamburg 90/91 (Idamantes), 94 Regie v H Wernicke (Carmen), Debüt Op de la Bastille Paris 93 (Nicklausse 'Les contes d'Hoffmann'), 95 Wechsel in dramat Fach (Brangäne, Geschwitz, Kundry Sieglinde), Basler Th 96 (Baba the turk 'Rake's Progress'), Op du Rhin Straßburg(Judith), KonzSängerin Straßburg (Ilka, Mere Marie), Frankfurt 99–2000 (Mutter 'Hänsel u Gretel', Marie 'Wozzeck'), Scala Mailand, Dublin u Perth (Judith), Saarbrücken 2001 (Isolde), Lyon, Kopenhagen, Nancy 2002(Venus in Pariser Fssg), Lyon 2002 (Marschallin), Prof (Ges) HfM Frankfurt/Main seit 99. **Pr:** Prtr Hugo-Wolf-Wettb Wien, Mozartfest-Wettb Würzburg, Bundesauswahl 'Konz junger Künstler'. – **Aufn/RF:** ua G. Mahler: Totenlieder, Lied v d Erde. **UA:** P Manoury: La 60ieme parallele, Chatelet Paris 97 UA, Genf 2002 Roberto Zucco UA.

Faßmann, Jörg, Violine, Hochschullehrer; Plattleite 12, D-01326 Dresden, T: (03 51) 3 10 80 89; c/o Pro Arte Kiel Konzertagentur, Voorder Winkel 18, D-24220 Flintbek, T: (0 43 47) 70 84 96, F: 70 84 95 [Dessau 1966]. **Ausb:** Stud (V) H f M Leipzig u Dresden. **Laufb:** Mitgl Sächsische Staatskap Dresden 87, Konzm ebd seit 89, Doz (V) H f M 'Carl Maria v Weber' Dresden. **Pr:** Prtr Int Bachwettb Leipzig, Int MWettbewerb Markneukirchen. **Ens:** Dresdner StreichTrio (mit S Herberg u M Pfaender) seit 95. (Red)

Fatton, Anita, Violine; Portmoosstr 3, CH-2560 Nidau, T: 03 23 31 89 58, *anita.fatton@hkb.bfh.ch*. **Ausb:** Guildhall School for Music London. **Laufb:** Konzm Schweizer Kammerorch, Doz HKB Bern. **Ens:** Aspenden Piano Trio, Nouvel Ens Contemporain. (Red)

Faulstich, Gerhard, Prof, Hochschullehrer, Bariton; Hochschule f Musik u Theater, Emmichpl 1, D-30175 Hannover, *profaulsti@aol.com*. **Laufb:** Prof (Gesang) H f M u Th Hannover. (Red)

Faulstich, Otmar, Fachakademiedozent iR; Weichser Damm 17, D-93059 Regensburg, T: (09 41) 40 11 25 [Schonungen 16.12.1938]. kath Kirchenmusik **Ausb:** Stud (Theol, klass Phil, MWiss) U Würzburg 57–63, Stud (kath KiM) Kons Würzburg 63–66. **Laufb:** Domkantor Würzburg 65–83, Doz (Tonsatz, Formenlehre, Partitursp) KiMSchule Regensburg seit 83, Doz H f kath KiM u MPäd Regensburg seit 01. – **Komp:** Lat Ord 69; Dein Reich komme 85; Lobpreis d Schöpfung 93; Zu dir Herr 96; Hall-Ehre sei dir 98; I Ps 100, II Herr, erbarme dich, III Dir zur Ehre lasst uns singen (f Ch, Sol u Tamtam, Vibraphon, Keybord), UA St Cäcilia Regensburg 99 (Auftr z 125jähr Bestehen d KiMSchule Regensburg); Das Gebet Jesu: Unser Vater im Himmel 2000; 'Kommt, singt unserem Gott' (f Ch, Gem, Org, Bläser), UA St Emmeram Regensburg 02, m Regensburger Domspatzen, (Auftr f d Abschlussgottesdienst d Diözesan-Jubiläen d Bistums Regensburg).

Fausch, Georg, Intendant; Fürst-Franz-Josef-Str 56, PF 29, FL-9490 Vaduz, T: 2 32 70 92, F: 2 32 72 64, *gfa@adon.li*. **Laufb:** Präs Opttenbühne Vaduz. **Mitgl:** MusiktheaterVereinigung.

Faust, Georg, Violoncello; c/o Berliner Philharmoniker, Herbert-von-Karajan-Str 1, D-10785 Berlin, T: (0 30) 25 48 80; *www.berliner-philharmoniker.de*, *www.die12cellisten.com*. **Ausb:** tud Vcl (S Palm) Köln, (B Greenhouse) New York, Mstrkse b E Mainardi, G Piatigorsky. **Laufb:** 1. Solocellist Philharmon Staatsorch Hamburg 80–83 u NDR-SinfOrch 83–85, 1. Solocellist Berliner Philh seit 85. **Pr:** 1. Pr Dt MWettb 76, Prtr ARD-Wettb 77, Int Tschaikowsky-Wettb Moskau 82. **Ens:** Arnold Schoenberg Trio, Die 12 Cellisten d Berliner Philh. (Red)

Faust, Isabelle, Hochschullehrerin, Violine; c/o Impresariat Sonia Simmenauer, Bornstr 12, D-20146 Hamburg, T: (0 40) 42 31 31 11, F: 42 31 31 13, *Sonia.Simmenauer@impresariat-simmenauer.de*; c/o PRIMUSIC Konzert- und Musiktheaterproduktionen GmbH, Herrengasse 6–8/2/22, A-1010 Wien, T: (01) 5 32 71 24, F: 5 32 71 40, *office@primusic.at*; *www.impresariat-simmenauer.de*. **Ausb:** Schülerin v D Zsigmondy u C Poppen. **Laufb:** KonzReisen europ Ausland, Israel, Japan, USA, regelm Teiln an int MusikFSp, Rezitaltourneen Dtschld, Italien, Frankreich, London, Wien SpZ 2000/01, GastProf (V) UdK Berlin. **Pr:** b int Wettb, Gramophone Award Young Artists of the Year 97. – **Aufn/RF:** ua: Bartók: Solo Son, Son f V u Kl Nr 1; Bartók: Son Nr 2, Rhapsodien Nr 1 u 2, Rumän Tänze; Haydn: Violinkonz, m Münchner KamOrch, Dgt: C Poppen; zahlr Aufn d Hänssler Edition Bachakad, m Bach-Collegium Stuttgart, Dgt: H Rilling. (Red)

Faust, Michael, Prof, Flöte; Worringer Str 21, D-50668 Köln, T: (02 21) 4 50 43 24, 01 79–1 40 42 64, F: 73 07 44, *mfaust@post.com*; Robert Schumann Hochschule, Fischerstr 110, D-40476 Düsseldorf; *www.mfaust.de* [Köln 1959]. **Ausb:** Stud (K H Zöller) Hamburg, (A Nicolet) Basel. **Laufb:** Solo (Fl) Orch di Santa Cecilia Rom, Solo (Fl) Münchner Philharmoniker, Solo (Fl) Kölner RF-SinfOrch seit 88, Prof Robert Schumann H Düsseldorf; Solokonz New York (Carnegie), Washington, Boston, Los Angeles, Tokyo, Osaka, Paris ua. **Pr:** 1. Pr Bundeswettb 'Jugend musiziert' 77, 'Pro Musicis Award New York 86'. **Ens:** Contrasts, Zephyr Bläserqui. – **Aufn/RF:** ua: Ibert, Nielsen, Bernstein, Martinu: Flötenkonzerte, m Kölner RF-SinfOrch, Dgt: A Francis, 2000; 'Bach to Mozart, 3 Cds, Fl u Cemb 96. **UA:** M Kagel: 'Das Konzert', FlKonz, UA 03. **Zug:** M Trojahn: Qui f Fl u StrQui; A-M Longquich: Laudes; ders: Cantica; Y Höller: Scan f Fl solo. **Sonst:** Grdg Ens Contrasts 89, Grdg Zephyr 03.

Fauth, Gerald, Prof, Hochschullehrer; Honneferstr 15, D-10318 Berlin, T: (0 30) 5 08 22 21, F: 5 08 22 21, *Geraldfauth@aol.com*; Sattelhofstr 32, D-04179 Leipzig, T: 01 79–6 61 10 43 [Dresden 23.7.1959]. KamM m Kl in allen

Besetzungen, klass Solokonz **Ausb:** Stud Kl (A Webersinke) MH Dresden 77–83, Zusatzstud Kl (L N Wlassenko, M Pletnjev) Tschaikowski-Kons Moskau 83–84, MstrSchüler Akad d Künste Berlin 86–89. **Laufb:** Prof (Kl, KamM) H f M 'Hanns Eisler' Berlin, Prof (Kl, KamM) H f M u Th 'F Mendelssohn-Bartholdy' Leipzig seit 01. **Pr:** 1. Pr KamM Maria-Canals-Wettb Barcelona 87, 1. Pr Kl-Solo 8. Int J-S-Bach-Wettb Leipzig 88. **Ens:** Grdg Trio ex aequo 87.

Favaro-Reuter, Jeanette, Dr, Prof, Hochschullehrerin, Sängerin; Ferdinand-Lassalle-Str 10, D-04109 Leipzig, T: (03 41) 1 49 44 43, *duetto090 @t-online.de*; Hochschule f Musik u Theater, PF 100809, D-04008 Leipzig. **Laufb:** Prof (Ges) H f M Felix Mendelssohn Bartholdy Leipzig. (Red)

Faveyts, Tijl, Sänger; c/o Theater St Gallen, Museumsstr 1/24, CH-9004 St Gallen. (Red)

Favre, Christian, Klavier; ch des Oches 14, CH-1041 Bretigny-sur-Morrens, T: 02 17 31 38 80. (Red)

Favre, Max, Dr, Klavier, Musikwissenschaftler; Jägerstr 5, CH-3074 Muri, T: 03 19 51 10 79. (Red)

Favre, Pierre, Schlagzeug, Hochschullehrer; Musikhochschule Fak I, Zentralstr 18, CH-6003 Luzern. **Laufb:** Doz (Schlgz) MH Luzern, Gare du Nord Basel SpZ 04/05. (Red)

Favrod, Maxime, Perkussion (Marimba); rue de la Tour 1, CH-1162 St-Prex, T: 02 18 06 19 07. (Red)

Febel, Reinhard, Prof, Hochschullehrer, Komposition; Hauptstr 6, D-83395 Freilassing, T: (0 86 54) 57 48 38; Univ Mozarteum, Abt f Dirigieren, Komposition u Musiktheorie, Alpenstr 48, A-5020 Salzburg, T: (06 62) 6 19 80, *reinhard.febel@moz.ac.at* [Metzingen 3.7.1952]. **Ausb:** Komp (K Huber) Freiburg. **Laufb:** UProf (Komp) U Mozarteum Salzburg. **Pr:** Beethoven-Pr Bonn, Stip Villa Massimo Rom 83/84. – **Komp:** Variationen f Orch (OrchW) 80, UA Stuttgart; Konz f Schlgz u Orch 81, UA Hagen 81; Innere Stimmen (Kl solo) 82, UA Stuttgart, SDR, James Avery 82; Euridice (KamOp) 83, UA München, Staatsop 83; 'Das Unendliche' nach e Gedicht v Giacomo Leopardi (Sop, Bar, Orch) 84, UA Stuttgart, SDR, Dgt: P Eötvös 84. **Sonst:** Mitbegrd Tage f Neue Musik Stuttgart. (Red)

Fechner, Manfred, Dr phil, Prof, Hochschullehrer; Otto-Devrient-Str 14a, D-07743 Jena, T: (0 36 41) 44 65 48, F: 35 74 22, *manfred.fechner@jetzweb.de*; Röderauer Str 48, D-01127 Dresden, T: (03 51) 8 58 04 54 [Dresden 30.12.1941]. mitteldt Barockmusik **Ausb:** Stud MWiss (H Besseler) U Leipzig 61–65, Stud (Va) MH Leipzig 69–71. **Laufb:** Prof (MWiss), wiss Mitarb H f M Carl Maria v Weber Dresden. – **Sonst:** 'Studien z Dresdner Überlieferung v Instrumentalkonzerten dt Komponisten d 18. Jh' 99; 'Großbesetzte Konzerte v J F Fasch' 2000.

Fedeli, Denise, Dirigentin; via Luganetto 2, CH-6962 Viganello, T: 09 19 71 50 24, F: 09 19 71 50 24, *denisefedeli@gmx.net*; c/o Prima International Artists Management, piazza de' Calderini 2/2, I-40124 Bologna, T: 0 51 26 40 56, F: 0 51 23 07 66, *prima@primartists.com*; *www.virtualtv.ch/denisefedeli.htm* [Lugano]. **Ausb:** Stud Cons 'G.Verdi' Mailand (Kl, Komp, Dirig) Dipl 85/89, Accad Musicale Pescara (Dirig) 89. **Laufb:** ZusArb m Ungar Philh, Sinf Orch Münster, Orch d 'Maggio Musicale Fiorentino', Sinfonica Siciliana, Regional Orch d Toscana, KamOrch Padua, KamOrch d Veneto, Haydn-KamOrch Bolzano u Trento, Bulgar RadiosinfOrch, Panstwowa Philh Olsztyn, Staatsphilh Oradea, Philh Minsk, Orch della Svizzera Italiana u insbes m Sinf Orch d Emilia-Romagna 'A.Toscanini' seit 94; Opernproduktionen f schweizer RF u Fernsehen (Otello, Rigoletto, Aida, Il Barbiere di Siviglia, Lucia di Lammermoor, Tosca, Bohème, Trittico, Così fan tutte), Fstv 'Di Nuovo Musica' 91, Chefdgt d Ens OGGIMUSICA (Förderg d schweizer zeitgen M); Doz Cons della Svizzera Italiana Lugano seit 91. **Pr:** Stip d Migros-Gen-Bund 86–88, 1. Pr Int Wettb d 'Accad Musicale Pescarese' Assisi 87, Prix d'Etude d STV 90. – **AuftrKomp:** Miraggi (Orch), 91 (Auftr: RTSI). **Aufn/RF:** ua Rota: 'Notte di un nevrastenico' (Op). **UA:** Lamberto Coccioli: 'Magma'.

Feder, Astrid von, Sängerin; Am Sender 2, D-24943 Flensburg. **Laufb:** Sol Schleswig-Holsteinisches Landesth u Sinfonieorch Schleswig, Sol Eutiner FSp SpZ 03/05. (*)

Fedin, Alexander, Tenor; c/o Bühnen der Stadt Köln – Opernhaus, Offenbachpl, D-50667 Köln, T: (02 21) 72 90 06, F: 7 32 56 54, *875@gmx.net*; c/o Staatstheater Braunschweig, PF 4539, D-38035 Braunschweig. Konzert, Oper **Ausb:** Stud (Ges, GesPäd) Moskauer Kons, b Prof Götz in Wien u b B Bartoletti in Mailand, Mstrkl b C Bergonzi u A Kraus. **Laufb:** Sol ua Dt Op Berlin, Kom Op Berlin, Münchener Staatsop, Hamburger Staatsop, Wiener Staatsop, Salzburger FSp, Mailänder Scala, Royal Op House Covent Garden, Wiesbaden, Stuttgart, Kopenhagen, Birmingham, Glasgow, Rom, Verona, Venedig, Florenz, Neapel, Lissabon, Madrid, Budapest, Tokio u Seoul, Op Köln. **Pr:** Ferdinand-Marx-Pr d Dortmunder Op. – **Aufn/RF:** Rachmaninow: 'Aleko', Dgt: D Kitaenko 90; Tschaikowski: 'Eugen Onegin', Dgt: V Fedoseev 88; Skriabin: Symphonien, Dgt: D Kitaenko 95; Mussorgski: 'Boris Godunov', Dgt: C Abbado 94; Tschaikowski: 'The Tchaikovsky Experience', Dgt: N Järvi 97.

Fedoseyev, Vladimir, Dirigent; c/o Paul Steinhauer Public Relations & Communications, Hermanngasse 3, A-1070 Wien, T: (01) 52 49 64 70, F: 52 49 64 75, *office@PaulSteinhauer.com*; *www.PaulSteinhauer.com*, *www.vladimir-fedoseyev.com* [Leningrad]. **Ausb:** Mussorgsky-Schule, Stud Gnessin-Akad u Tschaikowsky-Kons Moskau. **Laufb:** Chefdgt Tschaikowsky Symph-Orch v Radio Moskau seit 74, ZusArb m Orch d BR, RSO Stuttgart, Staatsorch Hamburg, Orch Nat de France, Orch Philh de Radio France, Orch in Italien, Skandinavien, Schweiz, 1. Gastdgt Tokyo Philh Orch, Arb an OpHäusern wie La Scala, Wiener Staatsop, Op di Roma ua, Bregenz, Maggio Musicale Fiorentino, Op Zürich, Chefdgt Wiener Symph seit 97, Beethoven-Zyklus Wiener KonzHaus m Wiener Symph 98–2000, Jubiläumstournee '100 Jahre Wiener Symph' USA 2000. **Pr:** ua Großes Silbernes Ehrenzeichen d Rep Österr 96. – **Aufn/RF:** Rimsky-Korsakov: Die Mainacht (Grand Prix 'Goldener Orpheus' Paris), zahlr Einsp, Progr m Wiener Symph auf CD seit 95. (Red)

Fehenberger, Lorenz, Tenor; c/o Chor des Bayerischen Rundfunks, Rundfunkpl 1, D-80300 München. **Ausb:** Gesangstud Münchner Kons in d Gruppe f Alte Musik unter d Ltg v Martin Zöbeley, Ausb b seinem Vater, KS Lorenz Fehenberger, u Nikolaus Hillebrand. **Laufb:** Mitgl d Chores d BR München seit 90, auch als Sol tätig. (Red)

Fehlandt, Stefan, Viola; Eintrachtstr 3, D-16515 Zühlsdorf, T: (03 33 97) 2 99 18, 2 99 47, 01 72–3 12 80 74, F: 2 99 48, *kontakt@vogler-quartett.de*; *www.voglerquartet.com* [Neubrandenburg]. **Ausb:** H f M 'Hanns Eisler' Berlin (E. Krüge, A .Lipka) 81–87. **Laufb:** L H f M Hanns Eisler Berlin. **Pr:** 2. Pr Int InstrWettb Markneukirchen 85. **Ens:** Vogler String Qua. (Red)

Feibel, Norbert, Komponist; Austr 36a, D-66386 St Ingbert, *Feibel@t-online.de* [St Ingbert, Saarland 1944]. **Ausb:** Stud (Päd) Peter-Wust-H Saarbrücken 64–67, parallel Ausb KiM. **Laufb:** Org St Konrad-St Ingbert 58–68, Mitgl versch Bands als Org u E-Bassist 59–74, L Grund- u HauptSch seit 67, Org u ChLtg Kath KiCh 'St Johannes' St Ingbert/Rohrbach seit 68, Dgt Pfarrorch Rohrbach seit 68, Städt Orch St Ingbert (symph besetzes Amateurorch) seit 87. – **Komp:** zahlr Komp u Arr f prakt Gebrauch.

Feidman, Giora, Klarinette; c/o Bubu-Concerts, Widderter Str 45, D-42657 Solingen, T: (02 12) 8 01 14, 81 64 68, F: 81 64 80, *info@bubu-concerts.de*; *www.bubu-concerts.de* [Buenos Aires 1936]. **Laufb:** Mitgl Orch d Teatro Colon Buenos Aires, Sol Israel Philharmonic Orch Tel Aviv, Dtld KiTournee (m M Eisenberg u Ens) 02 u 04, Voices Of Soul Dtld Tournee (m G Schmid u W Weigel) 04, Gast Op Dortmund. – **Aufn/RF:** zahlr CDs. **Sonst:** Musiker u Schauspieler zB in: 'Jenseits der Stille' u 'Schindlers Liste', Tango u Klezmer Aufn u Konz.

Feigel, Peter Christian, Kapellmeister; Friedrichstadtpalast, Firedrichstr 107, D-10117 Berlin. **Laufb:** Chefdir u künstl Ltr Polizei-orch Berlin 03, 1. Kapm Friedrichstadtpalast Berlin seit 04. (Red)

Feigl, Joseph, Chordirektor; c/o Lübecker Theater GmbH, Beckengrube 16, D-23552 Lübeck. **Laufb:** Chdir Lübecker Th seit SpZ 03/04. (Red)

Feinstein, Diego, Dr, Hochschullehrer; Grebensteiner Str 8, D-34127 Kassel, T: (05 61) 89 35 77; Stadt Kassel, Musikakad, Karlspl 7, D-34117 Kassel. **Laufb:** Doz (Theorie, Kammermusik, Neue Musik) Musikakad Kassel. (Red)

Feis, Doreen Maria De, Sängerin (Sopran); Bleicherstr 6, D-31137 Hildesheim, T: (0 51 21) 27 09 17, F: 27 09 17; c/o Theater der Stadt Gummersbach, Reininghauser Str, D-51643 Gummersbach. **Laufb:** Sol Th Gummersbach. (Red)

Feit, Pierre, Prof, Hochschullehrer, Oboe; Schmachtenbergstr 177, D-45219 Essen, T: (0 20 54) 40 08; FolkwangHochschule, Klemensborn 39, D-45239 Essen, T: (02 01) 4 90 31 49. **Laufb:** Prof (Ob) Folkwang-H Essen. **Ens:** Pierre Feit Concertino. (Red)

Feith, Erwin, Tenor; Johann-Förster-Str 5a, D-91126 Schwabach, T: (0 91 22) 8 20 99; c/o Konzertdirektion Fritz Dietrich, Sigmund-Freud-Str 1, D-60435 Frankfurt a M, T: (0 69) 54 45 04, F: 5 48 41 07, *info@konzertdirektion-dietrich.de* [Ayl]. **Ausb:** HfM Saarbrücken. **Laufb:** Sol Th Bremen 90–96, Th Nürnberg 96–01, Gastsol Pfalzth Kaiserslautern SpZ 03/04. **Pr:** Hersfelder OpPr 99. (Red)

Féjer, András, Posaune; c/o Deutsches Symphonie-Orchester Berlin, Masurenallee 8–14, D-14057 Berlin. **Laufb:** Sol Dt SymphOrch Berlin. (Red)

Felder-Hurd, Linda, Viola; Weinbergstr 74, CH-8408 Winterthur, T: 05 22 22 84 46; Künstlersekretariat Thea Fehr, Hohrütistr 29, CH-8302 Kloten, T: 0 18 13 43 67, *thfehr@markus.ch* [Michigan, USA]. **Ausb:** Stud Jacksonville U, Juilliard Sch of M New York (Stud m Juilliard-Quartett). **Laufb:** versch Sol- u KamMKonz (m Ostschweizer KamOrch ua), stellv Sol-Va StadtOrch Winterthur seit 81. (Red)

Felder, Alfred, Komponist, Violoncello; Weinbergstr 74, CH-8408 Winterthur, T: 05 22 22 84 46, *felder.music@freesurf.ch*, *felder.music@spectraweb.ch*; *www.zb.unizh.ch/SONDERSA/musik/Felder/Felder.htm* [Luzern, Schweiz 2.9.1950]. **Ausb:** Stud (Vcl, Komp) Kons Luzern, H f Musik Mozarteum Salzburg, Lehr- u KonzDipl (Vcl). **Laufb:** Konz als Sol u KamM in d meisten Ländern Europas, in Kanada, Indien, China, Japan; L (Vcl) MSch u Kons Winterthur seit 81, als Komp Auff in Dtschld u GB, Ballade-Tournee Konz ua in London, Japan-Tournee d Zürcher KamOrch pasarporlacalle, in USA Konz ua San Francisco Rhythm, Südafrika u Russland, Lucerne Vision m Fstv Strings Lucerne Konz in Italien, Spanien, Frankr, 4 Konz Traviata-Fantasy. **Pr:** Ausz ESTA M f Jugendliche. **Ens:** KlTrio. – **Komp:** Elemente Musik f gr Orch, UA Zürich; Vision music, UA Strings Lucerne Fstv pasar por la calle f StrOrch Zürich; Im See ist Feuer f V, Vcl u Orch, UA Zürich; Labyrinth StrTrio, UA Winterthur; second attention KlTrio, UA Winterthur; Chant for Va solo od V solo; Ort wo m Seele erstarkt f Kl, Vc, UA m Klavier Zürich; Nightchant f Fl, Va, Hfe, UA Zürich; Traviata-Fantasy f Vcl u Kl, UA Barcelona; Rhythm f Kl, UA San Francisco USA; zu den Rändern f Va, BassKlar, Kl, UA Winterthur; AuftrKomp f Stadt Zürich, Kanton Zürich, Fstv Strings Lucerne, KamSolisten Zürich, Forum f Neue Musik Luzern, Tonhalle Zürich.

Feldhofer, Herbert, Komponist; Koppstr 86/36, A-1160 Wien, T: (01) 4 92 86 25 [Wien 29.1.1938]. **Ausb:** Stud Ob (Spurny), Komp (Frankl) Kons d Stadt Wien 56–61, Stud Ob (Hadamovsky) Akad f M 61–64, Komp (A Uhl) H f M Wien 64–72. **Pr:** Theodor-Körner-Pr f M 69, 75, 93. – **Komp:** ua: 'Wiener Walzer', UA ORF-SymphOrch, Dgt: K Etti 68; 'Kleine Suite f Bläserqui',

UA ORF-Bläserqui 72; 'Fast e gediegene Musik f StrOrch', UA Mozartsaal d Wiener KonzHauses, 1. FrauenkamOrch v Österr, Dgt: L Zechner 88; 'Bläserdecett m obligatem JazzSchlgw', UA Nitra, Kaschau (Slowakei), Eichendorff-Qui Wien u Bläserqui Bratislava 91; 'D Blumenpräsidentin' (Märchenmusical) kleine Fssg, UA Wien, Künstlerhaus-Th 96; 'Tanzsuite' (f gr SymphOrch), UA Konz d Österr Ges f zeitgen M, Niederösterr Tonkünstlerorch, Dgt: P Keuschnig 2000; Wienerlieder, zT publ. **AuftrKomp:** Divertimento (f StrOrch), 1. Gioco-so, 2. Elegie, 3. Valse melancholique, 4. Beschwingt 93 (Auftr: KompFörderung d Gemeinde Wien); KAFFEE MELANGE (Walzer) f Kl solo (Auftr: Komp-Wettb f Solo-KonzStücke, ÖKB, Koch-Musikverlage). **Aufn/RF:** versch CDs m U-Musik. **Lit:** B Günther: 'Musik aus Österr'.

Feldhoff, Heinz, Sänger (Bass); Rebenweg 5, D-69493 Hirschberg, T: (0 62 01) 5 14 68; c/o Theater der Stadt und Schlossfestspiele Heidelberg, PF 105520, D-69045 Heidelberg. **Laufb:** Sol Th d Stadt u Schlossfestspiele Heidelberg. (Red)

Feldmann, Nina, Sängerin; c/o Junges Musiktheater Hamburg eV, Conventstr 8–10, D-22009 Hamburg, T: (0 40) 25 49 10 40, F: 25 49 11 30, *Info@junges-musiktheater.com*. **Laufb:** Sol Städt Bühnen Bielefeld, Gastsol Landesth Detmold, Junges Musikth Hamburg. (Red)

Feldmann, Rainer, Prof, Gitarre, Hochschullehrer; Güntherstr 7, D-10318 Berlin, T: (0 30) 5 22 26 45, F: 5 22 26 45; Univ d Künste, Fak Musik, PF 120544, D-10595 Berlin. **Laufb:** GastProf (Git) d Künste Berlin. (Red)

Feldmann, Walter, Komponist; c/o Carus-Verlag GmbH, Sielminger Str 51, D-70771 Leinfelden-Echterdingen, T: (07 11) 7 97 33 00, F: 79 73 30 29, *info@carus-verlag.com* [Glarus 1965]. **Ausb:** Stud Frz, Latein, MWiss Univ Zürich, Flöte (D Hunziker) Aarau. **Laufb:** Flötist in div Schweizer u int Orch; als Komp u Flötist ZusArb m Choreograph G Hernandez (tHEL danse) Paris, künstl Lt Fstv Tage f Neue M Zürich. **Ens:** Fl-Oktett 'les joueurs de flûte'. – **Komp:** Streichqua. (Red)

Felix, Michael, Prof, Hochschullehrer, Orgel; Rüttmattstr 10, D-79713 Bad Säckingen, T: (0 77 61) 67 71, F: 91 91 19; Hochschule f Musik, Schwarzwaldstr 141, D-79102 Freiburg [1947]. **Ausb:** Stud b L. Doerr u A. Luy. **Laufb:** Prof (Orgel, liturg Orgelsp) Staatl H f Musik Freiburg. **Pr:** Mendelssohn-Bartholdy-Pr in Orgel in Berlin 72, Premier Prix d'orgue de Conservatoire Lausanne (Schweiz) 76, 1. Pr Int Orgelwettb in Duisburg 77. (Red)

Felke, Claudia, KS, Sängerin; Firmungstr 38, D-56068 Koblenz, T: (02 61) 1 41 46; c/o Theater der Stadt Koblenz, Clemensstr 5, D-56068 Koblenz. **Laufb:** Sol Stadtth Koblenz seit seit SpZ 03/04. (Red)

Feller, Harald, Prof, Hochschullehrer, Orgel, Komponist, Chorleiter; Johann-Biersack-Str 18, D-82340 Feldafing, T: (0 81 57) 25 34, F: 25 34, *comp@hfeller.org*; H f Musik u Theater, Arcisstr 12, D-80333 München; *www.hfeller.org* [München 1951]. **Ausb:** Stud MH München Orgel (F. Lehrndorfer) u KiM, Stud Paris (M. Claire Alain). **Laufb:** Prof (Orgel) H f M u Th München 83. **Pr:** Felix-Mottl-Pr 78; Felix-Mendelssohn-B-Pr. Berlin, Pr d JON Nürnberg, Förderpr f Musik d Bayer Staates 79, 1. Pr Improvisationswettb Haarlem (Holland) 83, KompPr zum 100jähr Bestehen des Berliner Domes 05. – **Komp:** Oberuferer Christgeburtspiel (Chor, Orch, Soli), UA Feldfaing 03; Feldafinger Messe f Chor u Orch, UA Feldafing 02; Concerto (Org, Orch); Suite Leonesa, UA Leon 04; Symphonie, UA Ingolstadt, Org: F Hauk. **Aufn/RF:** zahlr. CD-Produktionen; Messiaen Nativité, Pfingstmesse; Tournemire L'Orgue Mystique; Liszt/Reubke (ausgez. mit Granprix int du disque Liszt 83); Poulenc-Konz mit LandesjugendOrch (Schallplatten-Pr. f d Jugend 80).

Fellmann, Dieter, Konzertmeister; c/o Staatstheater Kassel, Friedrichspl 15, D-34117 Kassel. **Laufb:** 2. Konzm Orch d Staatsth Kassel, Doz Jugend SinfOrch d Landes Hessen. (Red)

Fellner, Till, Klavier; c/o Künstlermanagement Till Dönch, Roegergasse 24–26/G2, A-1190 Wien, T: (01) 4 70 80 83, 06 64–3 01 18 81, F: 4 79 69 71, *management@doench.at*; c/o Künstlersekretariat Schoerke GmbH, Grazer Str 30, D-30519 Hannover, T: (05 11) 40 10 48, 40 10 49, F: 40 74 35, *info@ks-schoerke.de*; *www.doench.at, www.tillfellner.com* [Wien 1972]. **Ausb:** Stud Kons Wien b H Sedo-Stadler, Stud b A Brendel, M Farkas u O Maisenberg. **Laufb:** ZusArb m Acad of St. Martin-in-the-Fields, BBC Symphony Orch, Camerata Salzburg, Chicago Symphony Orch, City of Birmingham Symphony Orch, Los Angeles Philharmonic Orch, Orch de Paris, Wiener Philharmoniker, Wiener Symphoniker, Philharmonia Orch London, London Symphony Orch, Württemberg KamOrch, London Philharmonic Orch, WDR-Sinfonieorch Alban Berg Qua, H Schiff, Th Zehetmair, Dgt: C Abbado, A Davis, N Harnoncourt, Ch Hogwood, H Holliger, M Janowski, Sir N Marriner, K Nagano, M Plasson, L Slatkin, C Traunfellner, F Welser-Möst, Auftritte Schubertiade Schwarzenberg, Wiener FestW, Mostly Mozart Fstv New York, Tanglewood Fstv, Fstv de La Roque d'Antheron, Fstv Montreux-Vevey, KlFstv Ruhr, Schleswig-Holstein MFstv, Mozartwoche Salzburg, Salzburger FSp, Edinburgh Fstv, Rezital-Zyklus (m 1. Band v J S Bachs 'Das Wohltemperierte Klavier' u letzten 5 KlSon L v Beethovens) Brüssel, London, Lyon, Rom, Paris u Wien, Tournee m H Schiff (Duoabende ua München, Berlin, London, Lissabon u Madrid), Solorezitals Zagreb, Mailand, London, Brüssel u a, Fstv: Schwetzingen u Aldeburgh, 3-teiliger KonzZyklus (2. Band 'Das Wohltemperierte Klavier' Werken v Brahms, Liszt, Kurtág, Ligeti, Franck u Messiaen) 03/04, Konz m C Abbado 04, Montreal Symph Orch (Dgt K Nagano) 05, Philh Orch London (Dgt V Ashkenazy) 05. **Pr:** 1. Pr Concours Clara Haskil Vevey, Mozart-Interpretationspr d Mozartgemeinde Wien 98. **Ens:** Klaviertrio Elisabeth Batiashvili/Adrian Brendel/Till Fellner. – **Aufn/RF:** zahlr CD-Einsp. (Red)

Felsch, Christine, Kontrabass; c/o Deutsches Symphonie-Orchester Berlin, Masurenallee 8–14, D-14057 Berlin. **Laufb:** stv Sol Dt SymphOrch Berlin. (Red)

Felsenstein, Johannes, Generalintendant; c/o Anhaltisches Theater, Friedenspl 1a, D-06844 Dessau. **Laufb:** Lt d Musikth Anhaltisches Th Dessau, GenIntend Anhalt Th Dessau SpZ 03/05. (Red)

Feltz, Eberhard, Prof, Hochschullehrer; Schlieperstr 33, D-13507 Berlin, T: (0 30) 4 01 85 35, F: 4 01 85 35 [Königsberg]. **Ausb:** Stud (W Scholz) Berlin, (M Waiman) Leningrad. **Laufb:** H f Musik 'Hanns Eisler' Berlin seit 63, Prof (V u KamM) ebd 85, Prof n neuem Recht ebd 92, Mstrkl in Europa u USA, künstl Beirat d Int Sommerakad f KamM Niedersachsen. **Pr:** Ehrenmitgl Kurat d Karl-Klingler-Stift. – **Sonst:** zahlr Publ u Vorträge z V- u KamMLit, methoddidakt Themen. (Red)

Feltz, Gabriel, Dirigent, Generalmusikdirektor; c/o Stuttgarter Philharmoniker, Leonhardspl 28, D-70182 Stuttgart, T: (03 65) 8 27 90, F: 8 27 91 35, *schmidt@theater-altenburg-gera.de*; c/o Berliner Konzertagentur Monika Ott, Dramburger Str 46, D-12683 Berlin, T: (0 30) 5 14 48 58, F: 5 14 26 59, *BerlinKonzert.ott@t-online.de*; *www.theater-altenburg-gera.de* [Berlin 1971]. **Ausb:** Stud (Dirig, Kl) H f M 'Hanns Eisler' Berlin bis 94. **Laufb:** Ass b G Albrecht Staatsop Hamburg, Dgt Städt Bühnen Lübeck 95–97, Th Bremen 97–01, Gastdgt Bayer Staatsop München seit 99, Stadtth u Städt Philh Gießen SpZ 2000/01, GMD Philh Orch u Th Altenburg-Gera 01–05, Gastdgt SymphOrch d BR 03/04, Semperop 04, ChefDgt Stuttgarter Philh seit 04/05; Dtl-Tornee m d BdsJugendOrch 06, Konz m d NatThOrch Mannheim 06; ZusArb ua m d Dt SymphOrch Berlin, RF-SinfOrch Berlin, RFOrch Köln u Leipzig, Frankfurter Op- u Museumsorch, Orch d Flämischen Op Antwerpen, Staatskap Weimar, Essener Philharmonikern, Orch d Beethovenhalle Bonn, Mecklenburg Staatskap Schwerin, Dresdner Philharmonikern, RIAS-Jugendorch Berlin, Hamburger Symphonikern, Philharmonischen Orch Heidelberg, Bamberger Symphonikern 05. **Pr:** 1. Pr 4. Berliner DgtKs d Ferenc-Friscay-Ges 93, Finalist d Bonner DgtWettb, Prtr DgtForum d Dt MRates 99. – **Aufn/RF:** OrchWerke v O Respighi, J Suk u R Strauss (m d Philh Orch Th Altenburg-Gera) sowie v F Witt u J N Hummel (m d Thüring KamOrch Weimar); aktuelle CD: Werke v Prokofjew als Weltersteinsp (m d Radio-Philh d NDR Hannover) 04. (Red)

Feltz, Kerstin, Prof, Hochschullehrerin, Violoncello; Univ f Musik u Darst Kunst, Inst 3, Brandhofgasse 21, A-8010 Graz, T: (03 16) 3 89 32 79, F: 3 89 30 31, *kerstin.feltz@kug.ac.at*. **Laufb:** o UProf (Vcl) U f Musik u Darst Kunst Graz. (Red)

Fenes, Roland, Bassbariton; Friesenstr 44, D-39108 Magdeburg, T: (03 91) 6 22 42 75; c/o Theater Magdeburg, PF 1240, D-39002 Magdeburg. **Laufb:** Sol Th d Landeshauptstadt Magdeburg. (Red)

Fenigstein, Victor, Komponist; Cité Ledenbierg 14, L-5341 Moutfort, T: 35 50 01, F: 35 50 01 [Zürich 19.12.1924]. – **Komp:** Konz f Ob (od Sopr sax) u Streichorch, UA RTL, S: N Mattern 61; Etudes concertantes 'i muratori' (Solo Vcl, MSop u gr Orch), UA RTL, Dgt: V Fenigstein 67; Three events (f Kl u klass Orch), UA RTL, Dgt: P Cao 73; Seventeen millions (f MSop, Sprecher u gr Orch), UA RTL, Dgt: D-P de Villiers 82; Die heilige Johanna d Schlachthöfe (Singespiel in 5 Akten), UA Städt Bühnen Augsburg, Dgt: H N Bihlmaier 86; Sonnets I-CLIV (Shakespeare) (Gesang m u ohne InstrBegleitung), UA einzelne Nrn; Die Mutter d Mörders (Singesp f MSop, Bar u einige Instr), UA Bielefeld/Kunsthalle, Dgt: D-P de Villiers 89; Saint Joan of the stockyards (Brecht, engl F Jones) Singsp in 5 Akten 02. **AuftrKomp:** Sechs Tänze – Berlockentänze f KlarQua, UA Zürich, Rathaus 80 (Auftr: Regierungsrat d Kantons Zürich).

Fenner, Sören, Sänger; c/o Staatsoperette Dresden, Pirnaer Landstr 131, D-01257 Dresden. **Laufb:** Sol Staatsoperette Dresden. (Red)

Fenton, Eric, Sänger; Theater, PF 100554, D-99005 Erfurt. **Laufb:** Sol Th Erfurt. (Red)

Fenyö, László, Violoncello; c/o HR Sinfonieorchester, Bertramstr 8, D-60320 Frankfurt a M. **Laufb:** Sol HR SinfOrch Frankfurt a M. (Red)

Fenzl, Helmut-Friedrich, Komponist; Nibelungenstr 7, D-13465 Berlin, T: (0 30) 4 01 12 62 [Weiden/OPf 3.5.1953]. **Ausb:** Stud (Pos, Kl, Schlgz) Richard-Strauss Kons München 74–76, Pos (J Doms, W Hagen), Komp (F M Beyer) UdK Berlin 76–82. **Laufb:** freier Komp u MusikL in Berlin seit 82, zahlr Aufführungen sowie KamM-Aufn. **Mitgl:** Dt Kompverb, DTKV. – **Komp:** ua 'Capriccio in E' (f Pos u Orch), UA Berliner Philharmonie 2000, Berliner Sinfoniker, m B Slokar. **Sonst:** Kurzfilme 'Der Reisende', 'Sonata erotica'.

Feranec, Peter, Dirigent; c/o Opernhaus Zürich, Falkenstr 1, CH-8008 Zürich; c/o Künstleragentur Dr. Raab & Dr. Böhm, Plankengasse 7, A-1010 Wien, T: (01) 5 12 05 01, F: 5 12 77 43, *office@rbartists.at* [Bratislava 1964]. **Ausb:** Bratislava, Int Bartók-Seminar b P Eötvös, Kons St. Petersburg b M Jansons und Kons Wien b K Oesterreicher. **Laufb:** Chefdgt Bolschoitheater, Prager Nationalth, Gastdgt St. Petersburger Philh 97–2000, Chefdgt Slowak Nationalth 01–02, Dgt Bühnen d Stadt Köln, Dt Op u Komische Op Berlin, musikal Lt Op Zürich SpZ 04/05. (Red)

Fergurson, Karen, Sängerin; Möserstr 31, D-49074 Osnabrück, T: (05 41) 2 02 76 00; c/o Städtische Bühnen, Domhof 10/11, D-49074 Osnabrück. **Laufb:** Sol Städt Bühnen Osnabrück. (Red)

Ferlin, Daniel S, Sänger; c/o Stadttheater Baden b Wien, Theaterpl 7, A-2500 Baden b Wien. **Laufb:** Gastsol Stadtth Baden b Wien SpZ 00/01. (*)

Fernandes, Debra, Sängerin; Tiroler Landestheater, Rennweg 2, A-6020 Innsbruck, T: (06 50) 5 30 54 50 [New York]. **Laufb:** Sol Tiroler Landesth Innsbruck. (Red)

Fernandez, Alonso, Violine, stellv Konzertmeister; c/o Landestheater Detmold, Theaterpl, D-32756 Detmold. **Laufb:** Stellv 1. Konzm Orch d Landesth Detmold. (Red)

Fernandez, Andion, Sängerin; Uhlandstr 101, D-10715 Berlin, T: (0 30) 8 03 67 59. **Ausb:** HdK Berlin. **Laufb:** Franz-Josef-Weisweiler-Stip Dt Op Berlin, Sol Dt Op Berlin SpZ 03/05. (Red)

Ferrand, Hannes, Dirigent; Falterer Berg 19, D-84307 Eggenfelden, T: (0 87 21) 91 25 30, F: 91 25 30, *Hannes.Ferrand@t-online.de* [Weimar 29.7.1963]. Operette, Oper, Konzert, Unterhaltungsmusik **Ausb:** Stud Dirig, KlKorrep (R Reuter, H J Leipold, W D Arens, Geilert) MH Weimar 81–86, Mstrkse b K Masur 83/84 u R Hanell 87/88. **Laufb:** Lt HS Op: 'D gestiefelte Kater', 'D Hochzeit d Figaro' 83/84, Chordir Landesth Altenburg 84–86, 1. Kapm Metropolth Berlin 86–97, musikal Lt SommerFSpTecklenburg 94–98, Gastdgt Staatsth Cottbus, Brandenburg, Halberstadt, Breslau, Zürich, Chur, wien, München, Münchner Symph, Jenaer Philh, Brandenburger Sinfoniker, Westsächs SinfOrch Ohilh Greiz-Reichenbach, musikal Lt Th a d Rott Eggenfelden 99–02, freischaff seit 03.

Ferri, Ursula, Mezzosopran; Waldweg 17, CH-8847 Egg, T: 05 54 12 69 89. **Laufb:** Sol Op Zürich 99–01. (Red)

Ferrier, Claude, Komponist; Schwarzenbachweg 22, CH-8049 Zürich, T: 0 13 41 12 09, *ferriercuadros@econophone.ch*; *www.musicedition.ch/special/ferrier.htm*, *www.swiss-music.net/ferrier* [Rom 13.2.1963]. zeitgen Musik, Musik aus d Anden **Ausb:** Stud (V) Rom 75–82, Harmonie, Kontrapunkt, Komp, Kl (M Cardi) 89–93, (indian Hf, Panfl) Peru 86–88, Weiterbildung (K Huber), TheorieL-Dipl Komp (J Balissat) Cons de Lausanne 93–97, Analyse-Sem Kons Lima 2000, Gast peruan RF 2000. **Pr:** Kontrapunkt- u KompPr Kons Lausanne 97, 3. Pr Schweizer Wettb f junge Komp 97, Nebenpr 5. Concurso de Composición 'Pablo Sorozabal' San Sebastián 99, Finalist Komp- u Arrangement Wettb didakt Werke Erziehungs- u Kulturdir Kanton Basel-Land 2000, 2. Pr Europ KompWettb f Chöre u Singschulen Kathedralen in Amiens, Frankreich; Mitgl STV. – **Komp:** Musique pour les quatre éléments 96, UA Lausanne, OCL, Dgt: J-L Cobos 97; Silhouettes 96–99, UA Villeneuve 99; Condensations 98, UA Zürich 99; Enigmes 99; Quatuor 'Marquis de Saxe'; Sextuor 'EC21'; In Anno Jubilaei 2000; La Croix du Sud (f V u Orch) 2000.

Fervers, Andreas, Komponist, Pianist; Im Mattenbühl 1.2, D-79211 Denzlingen, T: (0 76 66) 9 90 03, F: 9 90 03, *a.r.fervers@t-online.de* [Solingen 1957]. **Ausb:** Stud Kl (G Ludwig, H Bojé) MH Köln 76–82, Reifeprüf 82, Konz-Ex 84; Komp (J Baur) MH Köln 78–82; Komp (K Huber) MH Freiburg 82–86, Reifeprüf 86. **Laufb:** ua Portrait-Konz Konzerthaus Freiburg 03. **Pr:** 2. Pr Mendelssohn-Wettb 82, 2. Pr KompWettb Stuttgart 84, 1. Pr KompWettb Hitzacker, Stip Strobel-Stift d SWR 87, Prtr 'Forum jg Komp' WDR 89. – **Komp:** 'Sextett' (f Fl, Klar, Kl, Mar, Va, Vcl) 83; 'TD' (Etüde f gr Trommel solo) 84; 'Einfarbig gebündelt' (f 16 Instr) 86; 'Schlgz-Qua' 89; 'Zwei Worte' 91; ' II. StrQua' 97; '*Liht(j)a' (f Git, Vcl) 01; 'E 71' (Hörstück, radiophon) 02; 'Bilodi' (f Ob, Klar, Fag) 03 ua. **Aufn/RF:** Werke auf Portrait-CD, 'Ten String Music' (Klangwelten), RF-Kantor (Feature, Hörspiel).

Feßmann, Klaus, Prof, Hochschullehrer, Klangkünstler; Hohenlehenstr, D-72127 Kusterdingen-Wankheim, T: (0 70 71) 3 57 95, F: 36 05 33, *fessmann@supra-net.net*; Univ Mozarteum, Orff-Institut, Frohnburgweg 55, A-5020 Salzburg, T: (06 62) 61 98 61 25, F: 61 98 61 09, *klaus.fessmann@moz.ac.at*; *www.klangsteine.com/index_e.shtml*. **Laufb:** Prof (MTheorie) U Mozarteum Salzburg. (Red)

Feuerstein, Herbert, Sänger; c/o Bühnen der Stadt Köln – Opernhaus, PF 101061, D-50450 Köln. (Red)

Fey, Thomas, Dirigent; c/o Music Masters Management, Riedstr 1, CH-6343 Rotkreuz, T: 04 17 99 59 29, F: 04 17 99 59 31, *mmm@pobox.ch*; *www.musicmasters.ch* [1960]. Sinf u SolKonz v Mozart, Haydn, Beethoven, Orat v Händel, Walzer v Strauß **Ausb:** Stud Kl u Dirig MH Heidelberg-Mannheim, Kse 'AuffPraxis d Alten M' (N Harnoncourt) Salzburger Mozarteum 88–91, im Rahmen Schleswig-Holstein-MFstv Dirigierkse (L Bernstein). **Laufb:** Grdg Heidelberger MotCh 85 u Schlierbacher KamOrch 87. (Red)

Feybli, Walter, Prof, Hochschullehrer, Gitarre; Baslerstr 243a, CH-4123 Allschwil, T: 06 14 81 06 24, *w.feybli@bluewin.ch*; H Musik u Theater, Hirschengraben 46, CH-8001 Zürich. **Ausb:** Stud MAkad Basel b Konrad Ragossnig, Mstrkse b Alirio Diaz, Oscar Caceres u Turibio Santos. **Laufb:** Prof (Git, Blattsp) MH Winterthur Zürich u MH Basel. **Pr:** 1. Pr Int Wettb Alessandria u 'Fernando Sor' (Palermo/Rom), Pr Concours Int d'Execution Musicale Genf 75, ORTF Paris 79. – **Aufn/RF:** CDs: 'Cordoba', Romancero Gitano m Cantapella Helvetica, Dgt: C Cajöri; 'Alhambra', span M f Git Solo; 'M aus Spanien u Lateinamerika' (2 Git); 'The Guitar Artistry of Walter Feybli u Daniel Erni' (2 Git); 'Concert Guitar Trio'.

Feyerabend, Klaus, Sänger; Riegerbusch 50, D-58091 Hagen, T: (0 23 31) 7 26 20. **Laufb:** Gastsol Th Dortmund SpZ 00/01. (Red)

Feyertag, Maximilian, Fagott; c/o Agentur Legato, Seilerstätte 5, A-1010 Wien, T: (01) 5 12 76 59, F: 5 12 83 70, *mail@legato.at*; *www.legato.at*. **Ausb:** Stud Wien (C Öhlberger), Perfektionsstud (M Turkovic, M Werba). **Laufb:** Sol Wiener Volksop seit 89. **Ens:** Mitgl 'quintett.wien'. (Red)

Fheodoroff, Nikolaus, Dr, Komponist; Weidenweg 6, A-9020 Klagenfurt, T: (04 63) 2 52 77. (Red)

Fiala, Tamara, stellv Konzertmeisterin; Haidelweg 22 b, D-81241 München, T: (0 89) 82 08 12 33; Symphoniker, Drächslstr 14, D-81541 München. **Laufb:** Stellv Konzm Münchner Symphoniker. (Red)

Fichter, Thomas, Executive Director; c/o musikFabrik, Ensemble für Neue Musik, Maarweg 149–161, D-50825 Köln, PF 450745, D-50882 Köln, T: (02 21) 7 19 47 19 40, F: 7 19 47 19 47, *musikfabrik@musikFabriknrw.de*; *www.musikfabriknrw.de*. **Laufb:** Executive Dir musikFabrik Landes Ens NRW.

Fichtl, Silvia, Sängerin (Mezzosopran); c/o Pfalztheater, Willy-Brandt-Pl 4–5, D-67655 Kaiserslautern. **Laufb:** Ens Bayer Staatsop München seit 91, Gast-Sol Erfurt, Klagenfurt, Sol OpernFSp München (Elektra, La Traviata, Meistersinger v Nürnberg ua) 2001, Sol Th Augsburg SpZ 03/04, Gastsol Pfalzth SpZ 04/05. (Red)

Fichtner, Jürgen, Kontrabass; c/o WDR Sinfonieorchester, D-50600 Köln. **Laufb:** Sol WDR SinfOrch Köln. (Red)

Fideli, Marina, Mezzosopran; c/o Bühnen der Landeshauptstadt Kiel – Opernhaus am Kleinen Kiel, PF 1660, D-24015 Kiel. (Red)

Fieber, Pavel, Sänger, Regisseur; c/o Badisches Staatstheater, Baumeisterstr 11, D-76137 Karlsruhe. **Laufb:** Gen-Intend u Operndir Bad Staatsth Karlsruhe 97–02, Reg SpZ 04/05, Gastsol Th d Stadt Trier SpZ 03/04, künstl Lt d Luisenburg FSp Wunsiedel. (Red)

Fiebig, Constanze, Viola; c/o Konzerthaus Berlin, Gendarmenmarkt, Charlottenstr 57, D-10117 Berlin. **Laufb:** stv Sol Berliner SinfOrch. (Red)

Fiebig, Jens Uwe, Schauspielmusiker; Uhlandstr 122, D-10717 Berlin, T: (0 30) 16 42 21 15. **Laufb:** SchspM FSp Schloß Neersen Willich SpZ 03/04, Th Aachen SpZ 04/05. (Red)

Fiebig, Tino, Dirigent; Walter-Heise-Str 24, D-04517 Leipzig, T: (03 41) 6 89 58 18; c/o Opernhaus Halle, PF 110554, D-06019 Halle (Saale). **Laufb:** Solorep u Dgt Op Halle seit SpZ 03/04. (Red)

Fiebiger, Lothar, KV, Trompete; c/o Dresdner Philharmonie, PF 120424, D-01005 Dresden. (Red)

Fiedler, Achim, Dirigent; c/o Pro Arte Frankfurter Konzertdirektion, Staufenstr 4, D-60323 Frankfurt, T: (0 69) 9 71 24 00, F: 97 12 40 40; c/o Festival Strings Lucerne, Dreilindenstr 93, CH-6006 Luzern, T: 04 14 20 62 63, F: 04 14 20 62 73; *www.proarte-frankfurt.de* [Stuttgart 1965]. **Ausb:** Unterr (Kl, V), Stud V (S Gawriloff) MH Köln, Stud V (J Glickman), Dirigierstud (F Gallini) Mailand 90/91, künstl Aufbaustud OrchLtg (T Ungar) MH Stuttgart 91–94, als 'conducting fellow' z Mstrksen (G Meier, S Ozawa, B Haitink) Tanglewood, DgtForum Mstrkse (D Kitajenko, I Metzmacher, F Brüggen, P Gülke). **Laufb:** Dgt Südwestdt KamOrch Pforzheim, Philh Orch Györ/Ungarn, Württemberg Philh Reutlingen, Konz m Tanglewood Music Centre Orch, Berliner Sinf-Orch, KamOrch Carl Philipp Emanuel Bach, Radiophilh d NDR Hannover, SinfOrch d MDR, Gastdgt ua Wiener KamOrch, Philh Hungarica, Bochumer Sinf, Sinf-Orch Wuppertal, Real Orquesta Sinf Sevilla, Orquesta Sinf de Tenerife, Ass B Haitink 95, Ass C M Giulini 98, künstl Lt Fstv Strings Lucerne seit 98/99. **Pr:** Carl-Flesch-Stip d Guildhall School London 89/90, Förd Dt Musikrat, Pr Int Dirigierwettb ua Grzegorz Fitelberg Dgt-Wettb Katowice/Polen 95, Cadaques 96, H v Karajan-Stip 97. (Red)

Fiedler, Dietmar, Sänger; c/o Landesbühnen Sachsen, Meißner Str 152, D-01445 Radebeul. **Laufb:** Sol Landesbühnen Sachsen. (Red)

Fiedler, Eric, Dr, Hochschullehrer; Dr. Hoch's Konservatorium, Hebelstr 15–19, D-60318 Frankfurt, T: (0 69) 9 15 00 40, F: 5 96 15 76, *mail@dr-hochs.de*; *www.dr-hochs.de*. **Laufb:** Doz (Alte Musik) Dr Hoch's Kons Frankfurt. (Red)

Fiehl, Horst, KS, Sänger; Buschstr 21, D-58099 Hagen, T: (0 23 31) 3 96 50 47. **Laufb:** Sol Th Hagen. (Red)

Filges-Hillerin, Nivia, Repetitorin; c/o Theater Nordhausen, PF 100244, D-99722 Nordhausen. (Red)

Filip, Felicia, Sängerin; c/o Volksoper Wien, Währinger Str 78, A-1090 Wien. **Laufb:** Gast-Sol Th Dortmund SpZ 00/01, Sol Volksop Wien SpZ 04/05. (Red)

Filipcic, Carin, Sopran; c/o Stadttheater Klagenfurt, Theaterpl 4, A-9020 Klagenfurt, T: (03 16) 80 08. **Laufb:** Sol Kammerop Wien SpZ 03/04, Stadtth Klagenfurt 04/05, Gastsol Ophaus Graz 04/05. (*)

Filipova, Elena, Sopran; c/o Andante Oper & Konzert, Wolfgang Eichelmann, An der Rehwiese 10, D-81375 München, T: (0 89) 70 05 84 08, F: 5 80 89 41, *wolf.eichelmann@netsurf.de* [Pasardjk, Bulgarien 2.12.1957]. **Ausb:** Stud Kl, Ob, später Ges Staatl MAkad Sofia. **Laufb:** Sol Staatsth Karlsruhe 81–86, Gast Hamburg Staatsop, Op Frankfurt, Stadtth Bern, Op Nürnberg, Staatsth Hannover, Luxemburg, Teatro Liceu Barcelona, Antwerpen, Gent, Wiener Staatsop 94, Dt Op Berlin 96, Konz in D, Österr, Schweiz, Frankreich u Italien, RF- u TV-Send. (Red)

Filippini-Salati, Dafne, Klavier; via Campo dei Fiori 26, CH-6942 Savosa, T: 09 19 66 90 63. (Red)

Filippini, Rocco, Violoncello; Campo dei Fiori 26 Crocifisso, CH-6942 Savosa, T: 09 19 66 90 63. (Red)

Finckh, Franziska, Viola da Gamba, Barockcello; c/o Trio Voccord, Eckhard Finckh, Schellingstr 53, D-72622 Nürtingen, T: (0 70 22) 3 32 40, F: 3 32 40, *voccord@nuertingen.net* [Tübingen 29.11.1971]. **Ausb:** Stud Va da Gamba H f M Karlsruhe (P Ros), Sch Cantorum Basiliensis Basel (P Pandolfo, A Rooley, Chr Coin), SolDipl 2000; Mstrkse b W Kuijken, S Cunningham, Ph Pierlot, Ch Medlam. **Laufb:** Fstv Int en el Camino de Santiago, Hesca y Zaragoza; Th Basel 99/2000: 'la Guerra d'Amore', künstl Lt: R Jacobs; FestW f Alte Musik Innsbruck 99; CD Performances Berkeley USA 01: Concerto vocale, Lt: R Jacobs; Luzerner Th, Lt: A Cremonesi 03. **Pr:** Förderpr f Va da Gamba Wettb Kulturkreis (BDI) 99, Stip d Kunststift Baden-Württemberg 03. **Ens:** Trio Voccord, Gli Scarlattisti, L'Arpa Festante, Labyrinto, la Cetra-Barockorch

Basel. – **Aufn/RF:** Ersteinsp d 6 VSon v E-C Jacquet de la Guerre m 'la Beata Olanda' 2000.

Finger, Peter, Komponist, Gitarre, Verleger; Katharinenstr 34, D-49078 Osnabrück, PF 1945, D-49009 Osnabrück, T: (05 41) 71 00 20, F: 7 10 02 22, *peter @acoustic-music.de*; *www.peter-finger.com* [Weimar 11.10.1954]. GitM **Ausb:** MStud Münster ab 75. **Laufb:** Konz u Tourneen im In- u Ausland, jährl Tourneen USA, Japan, Europa seit 95. **Pr:** 1. Pr Jugend musiziert 62, 2. Pr Jugend musiziert 69, Ernst-Fischer-Pr f OrchM 82, Niedersächs Nachwuchsstip d Kultusmin 84, 1. Pr KompWettb Staatsth Oldenburg 85. – **Komp:** 'Der Totentanz' nach Goethe (Git), UA Frankfurt/M, Alte Op 80; 'Multimedia Suite' f Git 90, UA Osnabrück, Lagerhalle 90; Innenleben 90, UA Italien 90; Moment Musical (Git) 92. **Aufn/RF:** erste Schallplatte 73, Schallplattenaufn ab 74.

Fingerle, Günther, Sänger; c/o Pfalztheater Kaiserslautern, Willy-Brandt-Pl 4–5, D-67655 Kaiserslautern. (Red)

Fink, Adelheid, Sopran; Hellmut-Hartert-Str 28, D-67655 Kaiserslautern, T: (06 31) 3 10 96 02; c/o Pfalztheater, Willy-Brandt-Pl 4–5, D-67655 Kaiserslautern [Ulm]. **Ausb:** MusikH Köln b D Jacob. **Laufb:** Ensmitgl Südostbayer Städteth Passau 95–99, Th Regensburg 99–02, Sol Pfalzth Kaiserslautern seit 02. **Pr:** Fördpr d Bayer Staatsreg 01. (Red)

Fink, Bernarda, Mezzosopran; c/o Künstleragentur Dr. Raab & Dr. Böhm, Plankengasse 7, A-1010 Wien, T: (01) 5 12 05 01, F: 5 12 77 43, *office@ rbartists.at*; *www.rbartists.at* [Buenos Aires]. Konz, Lied, Op **Ausb:** Stud (Ges, Musik) Instituto Superior de Arte del Teatro Colón. **Laufb:** Konz m London Philh, Tschech Philh, Wiener Philh, Chamber Orch of Europe, Gewandhaus Orch Leipzig, Orch de la Suisse Romande, Acad of St Martin in the Fields, Engl Baroque Soloists, Concerto Köln, Akad f Alte Musik Berlin, Grand Th de Génève, Tschech Nationalop Prag, OpHäuser Montpellier u Innsbruck, Rennes, Salzburg, Barcelona, Nederlandse Op, Teatro Colón, Salzburger FSp, Salzburger Mozartwoche, Wiener FestW, Ludwigsburger Schloßfsp, Beethovenfest Bonn, Fstv Prager Frühling, Tokyo Sommer Fstv, Fstv de Montreux, Gast Concertgebouw Amsterdam, Carnegie Hall New York, Sidney Op House, KonzHaus Wien u Japan, Gast KamMSerie d Berliner Philh Orch, Liederabend-Debüt Wigmore Hall London 2000, Liederabende in Sarajevo 2000, Paris 2000, Th an der Wien 05. **Pr:** Grammy Award (Aufn Giulio Cesare), Diapason d'Or, Grammophon Award (Einsp Maddalena ai Piedi di Cristo). – **Aufn/RF:** ca 50 CDs, ua Monteverdi, Händel, Bach, Rameau, Hasse, Caldara, Haydn, Mozart, Schubert, Rossini, Bruckner, Schumann, Brahms.

Fink, Elena, Sopran; c/o Wuppertaler Bühnen GmbH, Bundesallee 260, D-42103 Wuppertal; *www.elenafink.de* [Pforzheim 1976]. **Ausb:** Unterr (Kl, V, Musiktheorie, Ges) Badisches Kons Karlsruhe (ab 4. Lebensj), Stud Ges (I Braig-Unertl) MH Karlsruhe, Stud b Pick-Hieronimi, R Leisenheimer, K Moll u J Engelskamp MH Köln ab 96 Mstrkse b J Beckmann, J Hamari u K Moll, Dipl m Ausz 02. **Laufb:** festes Lied-Duo m M Wierig seit 97, Sol Semperop Dresden, Kom Op Berlin, Op Leipzig, Staatsth Oldenburg, Op Wuppertal Festeng 01–04, Gastsol Op Frankfurt SpZ 04/05. **Pr:** 1. Bundespr Wettb 'Jugend musiziert' 95, Stip Walter-Kaminsky-Stift 95, Sonderpr d Landes Baden-Württemberg 95, Förderpr d Europ MAkad 96, Förderpr Dt Welle 96, Stip Richard-Wagner-Verb 99, Förderstip f Nachwuchssol d Kölnischen Rückversicherung u d WDR 2000.

Fink, Franz, Hochschullehrer, Flöte; Hollerweg 20, D-93080 Pentling, T: (0 94 05) 96 19 77, (01 70) 9 69 19 77, F: 96 19 78, *floetenfink@t-online.de* [München 1953]. **Ausb:** (Qufl, Ges, Blockfl) Richard-Strauss-Kons München 72–80, Mstrks (G Scheck) ebd 80–81; Qufl MH Würzburg 81–82, Mstrks (G Pohl) ebd 84; (Qufl, künstl Dipl) Mozarteum Salzburg 83/84, Mstrks (B Kuijken) ebd 92–93. **Laufb:** Doz (Qufl, Blockfl) KiMH u U Regensburg, Ltg QuflQua 'Flutelight'. **Ens:** Regensburger Barockens, Ens f alte Musik 'La Sfera'. **Mitgl:** Verband ostbayer Tonkünstler, Dt Ges f Fl.

Fink, Hans Joerg, Klavier; Missionsstr 80, CH-4055 Basel, T: 06 12 74 02 93, F: 06 12 74 08 51. **Ausb:** Stud Musikakad Basel b K Linder u O Frugoni, Solistendiplom 75, weitere Stud in Rom, Wien, Los Angeles, Mstrks b A Brendel. **Laufb:** Sol u Kammermusiker, Mitgl versch Ens, KonzTourneen ua in Venezuela, Bulgarien, Ukraine, Israel, Indien, jährl Teiln am Schleswig Holstein Fstv seit 87, Lehrer Musikakad Basel. **Pr:** ua Förderpr d Kanton Solothurn 77, 1. Pr Int Max Reger Wettb Sonderhausen. (Red)

Fink, Johannes, HonProf, Hochschullehrer; Fritz-Meyer-Weg 36, D-81925 München, T: (0 89) 95 59 96; H f Musik und Theater, Arcisstr 12, D-80333 München. **Laufb:** LBeauftr (Gambe, Methodik, Didaktik Vcl) H f M u Th München. (Red)

Fink, Manfred, Tenor; Chattenweg 2, D-61184 Karben, T: (0 60 39) 4 57 23, 01 60–01 00 20 19; c/o Künstleragentur Tobias Kade, Ammonstr 72, D-01067 Dresden, T: (03 51) 4 90 67 94, 01 72–3 66 29 07, F: 4 90 67 93, *tobias-kade@ gmx.de* [Frankfurt am Main 1958]. **Laufb:** Ens Dt Op am Rhein Düsseldorf-Duisburg seit 81, Gastsol ua Dt Op Berlin, Staatsop Berlin, Kom Op Berlin, Scala Mailand, Th Görlitz SpZ 04/05. (Red)

Fink, Marcos, Bassbariton; c/o Primusic, Herrengasse 6–8/2/22, A-1010 Wien, T: (01) 5 32 71 24, F: 5 32 71 40, *office@primusic.at*; c/o Landestheater Salzburg, Schwarzstr 22, A-5020 Salzburg; *www.primusic.at* [Buenos Aires]. Lied **Ausb:** Stud Ges b Ivan Ivanov u Victor Srugo, Mstrks b Philippe Huttenlocher, Wolfgang Schöne, Erik Werba u Aldo Baldin, Ausb in London b Heather Harper u Robert Sutherland. **Laufb:** Sol Konz Bach-Akad Buenos Aires, ab 90 Tätigkeit in Europa: Mitgl d Salzburger Landesth (03/04), Tätigkeit als int KonzS. **Pr:** Orphée d'Or 98. – **Aufn/RF:** Orat slowen u anderer Komp im Rahmen d Projektes 'Musica Sacra Slovenica'. (Red)

Fink, Siegfried, Dr hc, Prof, Komponist, Hochschullehrer; Schlesierstr 8, D-97078 Würzburg, T: (09 31) 2 47 86, F: 2 94 46, *ProfFink@t-online.de*; Daphnestr 32, D-81925 München, T: 01 71–1 27 06 21 [Zerbst/Anhalt 8.2.1928]. Konzert, Perkussion **Ausb:** Stud (Pauke) MH 'Franz Liszt' Weimar, Schlgz (A Wagner), Komp (H Riethmüller) 47–51. **Laufb:** Orch: Weimar, Magdeburg, Lübeck, Hannover, LTätigkeiten: Kons Magdeburg, Akad Lübeck, MH Hannover, MH Würzburg seit 65, Prof (Pauke, Schlgz) 77, Lt Studio f Percussion, GastDoz: Barcelona, Istanbul, Kairo, Porto, Zagreb ua, Konz in aller Welt, Sem u Mstrkl: Ägypten, Brasilien, Bulgarien, Frankreich, Holland, Hong Kong, Italien, Japan, Jugoslawien, Korea, Luxemburg, Österreich, Polen, Portugal, Schweden, Schweiz, Spanien, Südafrika, Türkei, Ungarn, USA. **Pr:** Pr d Kritik Madrid 69, 1. Pr Kurzfilmtage Oberhausen 84, Kulturpr Würzburg 85, BVK am Bande BRD 86, Ehrendipl Uni Barcelona 88, Dr hc Rep Bulgarien, Lifetime Achievement in Education Award 02, Hall of Fame 03. **Ens:** Ens Neue Musik NDR Hannover, Ars Nova Nürnberg. **Mitgl:** 'percussive arts society', dkv. – **Komp:** Concertino f Vibrafon u Streichorch (Konz), UA Hannover 59; Plaisanterie (Konz/Tanz), UA Barcelona 66; Trommel-Suite (Konz), UA Bonn 77; Top – kapi (4 Perkussionisten), UA Bonn 80; Jeux pour quatre (4 Perkussionisten), UA Luxembourg 86; Trio oriente (3 Perkussionisten), UA Würzburg 87; Im Wechsel des Entfaltens... (KiM), UA Heidelberg 98; marche funèbre pour Percussion, UA Würzburg 2000; Konz f Perc u StrOrch, UA Peking 02. **Aufn/RF:** Hashagen: 'mobile szenen', Nürnberger Symph 75; Beguerel: 'concierto para percussion', RSO Frankfurt 77; Soler: 'requiem para percussion', Orch Staatsth Kassel 78. **Sonst:** Kurator Inst f Begabtenforsch u Begabtenförderung in d Musik U Paderborn, Beirat Orch Philharmonie d Nationen (J Frantz), Begrd u Hrsg Serien 'Percussion Studio', 'a battere', 'Percussion Solo & Ens' ua, Fachautor 'Das neue Lex f Musik'. **Lit:** 'Revista Musical Catalan' Barcelona 44/88, 'Würzburg heute' 71/01, 'drums and percussion' 2/03.

Fink, Walter, KS, Bassbariton; c/o Wiener Staatsoper, Opernring 2, A-1010 Wien; c/o Agentur Seitter, Opernring 8/13, A-1010 Wien, T: (01) 5 13 75 92, F: 5 12 93 51, *office@agentur-seitter.at*. **Laufb:** Sol Wiener Staatsop, Sol Bayer Staatsop München SpZ 03/04. (Red)

Finke, Eberhard, HonProf, Hochschullehrer, Violoncello; Dohnenstieg 21, D-14195 Berlin, T: (0 30) 8 32 42 10. **Laufb:** HonProf (Vcl) H d Künste Berlin. (Red)

Finke, Martin, Opernsänger; c/o Bühnen der Stadt Köln – Opernhaus, Offenbachpl, D-50667 Köln, PF 101061, D-50450 Köln, *nc-finkema@netcologne.de* [Rhede, Westfalen]. Oper u Konzert **Ausb:** Stud M Folkwang-H Essen 63–67, Stud Ges (H Wesselmann). **Laufb:** Städt Bühnen Augsburg, Staatsop Hamburg, Op Zürich, Staatsth Stuttgart, Sol Op Köln, Gast Italy Fstv Perugia 72, Op Roma 73, Lyon 74, Op Zürich 74, USA-Debüt Pittsburgh Op 75, Bayreuther FSp 77, Glasgow Scottish Royal Op77, Op Nat de Paris 78, La Fenice 80, Teatre Liceu Barcelona 83, Teatro Real Madrid 84, Th Monnai Brüssel 85, Salzburger FSp 85, Wiener Staatsop 87, Th de Chatelet Paris 88, Nice Op 91, Mailänder Scala 92, Tokio u Yokohama 92, Op du Rhin Strasbourg 97, Sydney Opera 99, Op de Bastille 03. – **Aufn/RF:** Jessel: 'Schwarzwaldmädel' 76; Schubert: 'Die Verschworenen' 77; Offenbach: 'Die schöne Helena' 80; Dittersdorf: 'Doktor u Apotheker' 81; Lehár: 'Friederike' 81; Kienzl: 'Der Evangelimann' 81; Lehár: 'Land d Lächelns' 82; Millöcker: 'Gasparone' 82; Puccini: 'Pagliacci' 83; Lehár:Giuditta' 83; Strauss 'Ariadne auf Naxos' 88; Höller: 'Meister u Margarita' 2000. **UA:** H Reutter: 'Hamlet', Staatsop Stuttgart 80; H W Henze: 'Die engl Katze', Schwetzingen, Staatsop Stuttgart 83; K Penderecki: 'Die schwarze Maske', Salzburger FSp 86; M Trojahn: 'Limonen aus Sizilien', Op Köln 03. **Lit:** Opera Backstage abgeschminkt...

Finkensteiner, Prof Lenny *siehe* Broad, Charles Robin

Finnendahl, Orm, Prof, Komponist, Hochschullehrer; Seelingstr 47, D-14059 Berlin, T: (0 30) 3 41 24 05; Hochschule f Musik, Schwarzwaldstr 141, D-79102 Freiburg. **Ausb:** Stud (Komp u MWiss) b Frank Michael Beyer, Gösta Neuwirth u Carl Dahlhaus Berlin 83–90, b Helmut Lachenmann Stuttgart 95–98, California Inst of the Arts Los Angeles 88/89. **Laufb:** künstl Lt Kreuzberger Klangwerkstatt 91–95, Unterrichtstätigkeit ua elektron Studio d TU Berlin u d Inst f Neue Musik H d K Berlin (Lt 96–2000), Lehrtätigkeit Inst f Computermusik u elektron Medien (ICEM) Folkwang-H Essen 2000, Prof H f M Freiburg/Br 04. **Pr:** versch Stip u Pr, ua 2. Pr b KompPr d Ldshauptst Stuttgart 97, Busoni-Pr d Akad d Künste Berlin 99, Anerkennungspr d Ars Electronica Linz 01, 1. Pr CynetArt Award in Dresden 01. (Red)

Finsch, Fritz, Prof, Hochschullehrer, Fagott; Zaucher Weg 10, D-12527 Berlin, T: (0 30) 6 75 98 00; H f Musik 'Hanns Eisler', Charlottenstr 55, D-10117 Berlin. **Laufb:** LBeauftr (Fagott, Methodik) H f M 'Hanns Eisler' Berlin. (Red)

Finster, Robert, Prof, Hochschullehrer, Blockflöte; Univ f Musik u Darst Kunst, Inst 12, Hauptpl 8, A-7432 Oberschützen, T: (0 13 16) 3 89 32 82, F: 3 89 31 21, *robert.finster@kug.ac.at*. **Laufb:** UProf (Blockfl) U f Musik u Darst Kunst Graz. (Red)

Finsterbusch, Andreas, Violine; c/o Konzerthaus Berlin, Gendarmenmarkt, Charlottenstr 57, D-10117 Berlin. **Laufb:** Konzm Berliner SinfOrch. (Red)

Fiolka, Daniel, Dipl-Sänger, Dipl-GesL, Bariton; Rennsteigweg 20, D-58093 Hagen, T: 0 17 72 80 87 44, F: (0 38 31) 30 90 79, *daniel.fiolka@freenet.de*; c/o Vorpommersche Theater- u. Sinfonieorchester GmbH, PF 1351, D-18403 Stralsund; *daniel-fiolka.com* [Hagen 28.8.1974]. Oper, Lied, Konzert **Ausb:** PrivUnterr b B Müller-Grosse Folkwang-H Duiburg 90–94, Stud Ges (P-C Runge) MH Köln, Abt Aachen 94–2000, Mstrks b J Hamari 2000, 01 u 02, b R Leisenheimer 03. **Laufb:** Gastsol Th Puccini Meran 99, Sol Studio Dt Op am Rhein 99–01, Gastsol Landesth Detmold SpZ 2000/01, Sol Th Vorpommern Stralsund seit 01,

SchlossFSp Zwingenberg, Rossini Fstv Wildbad. **Mitgl:** GDBA. – **UA:** Beeson: 'Cyrano', UA Th Hagen 94; Sibelius: 'D Sturm', UA Th Vorpommern 02.

Fiore, John, Dirigent; c/o Deutsche Oper am Rhein, Heinrich-Heine-Allee 16a, D-40213 Düsseldorf, T: (02 11) 8 99 36 06, F: 8 92 91 43; c/o Tonhalle Düsseldorf, Ehrenhof 1, D-40479 Düsseldorf [New York]. **Ausb:** Stud Eastman School of Music. **Laufb:** Dirigierassistenzen Op San Francisco, Chicago u New York (Met Op) folgten, in Europa Ass v Daniel Barenboim b d Bayreuther FSp, ZusArb m Zubin Mehta u Leonard Bernstein; Dirigierdebüt in San Francisco m Gounods 'Faust' 86, derzeit GMD Düsseldorfer Symphoniker, Chefdgt Dt Op am Rhein Düsseldorf-Duisburg (03/05), Dgt Bayer Staatsop München, Dgt Dt Op Berlin SpZ 03/04. (Red)

Fiorillo, Maria Elisabetta, Mezzosopran; c/o Theateragentur Dr Germinal Hilbert, Maximilianstr 22, D-80539 München, T: (0 89) 2 90 74 70, F: 29 07 47 90; c/o Hamburgische Staatsoper, PF 302448, D-20308 Hamburg; *www.hilbert.de*. **Laufb:** Sol Bayer Staatsop München, Sol Hamburg Staatsop, Gastsol Op Frankfurt SpZ 2000/01. (Red)

Firkins, Angela, Prof, Querflöte, Hochschullehrerin; Musikhochschule, Große Petersgrube 17–29, D-23552 Lübeck, F: (04 51) 1 50 53 00, *firkinscircus@aol.com*; c/o Konzertbüro Nikolaus Schmidt, Kirchenallee 22, D-20099 Hamburg, T: (0 40) 28 05 66 17, F: 28 05 66 18, *info@schmidtkonzert.de* [Hamburg 1964]. **Ausb:** Stud Fl (J-C Gérard) Hamburg, (W Bennett) Freiburg, (P Meisen) München, Mstrks A Jannet, A Nicolet, P-L Graf. **Laufb:** Intpr KamM, Sol u Orch, Konz In- u Ausland, Mitgl Bundesjugendorch, Junge Dt Philh, Jugendorch d Europ Gemeinschaft, Solofl Hamburger Symph 88–93, Solofl Radiophilh Hannover d NDR 94, Prof (Querfl, KamM) MH Lübeck seit 97. **Pr:** mehrere 1. Pr 'Jugend musiziert', Pr Dt MWettb 85, 1. Pr Wettb d Dt H 86, Prtr zahlr Wettb, ua Dt MWettb, ARD-Wettb m Albert-Schweitzer-Qui, Pr d Dt Schallplattenkritik m Albert-Schweitzer-Qui. **Ens:** Mitgl 'Albert-Schweitzer-Qui'. – **Aufn/RF:** zahlr CDs u RF-Aufn.

Firrincieli, Sandra, Sängerin; Hessisches Staatstheater, PF 3247, D-65022 Wiesbaden, T: (01 77) 4 65 02 25, *sandrafirrin@aol.com* [Hannover 21.1.1974]. Konzert **Ausb:** Stud MH Hannover 94–2000, Solokl (C Richardson-Smith) ab 2000. **Laufb:** KamOp (Frau Reich) Schloss Rheinsberg 99; Gasteng Staatsop Hannover 99–01, Ludwigsburger SchlossFSp 01, Sol Hess Staatsth Wiesbaden (03/04). **Pr:** 1. Pr Richard-Wagner-Gesangswettb Saarbrücken 2000, Stip Richard-Wagner-Verband 2000.

Fisch-Sao Marcos, Maria Livia, Gitarre; quai Charles-Page 29, CH-1205 Genève, T: 02 23 21 08 63. **Laufb:** Doz Kons Genf. (Red)

Fischbach, Klaus, Prof, Kirchenmusiker, Komponist; Kleine Eulenpfütz 12, D-54290 Trier, T: (06 51) 4 36 04 62, F: 9 94 50 61, *KlausFischbachTrier@t-online.de* [Wallenborn 5.7.1935]. Kirchenmusik **Ausb:** Stud KiMSchule Trier, MH d SaarLdes (KiM, Musikerz, Komp, OrgKonzReife). **Laufb:** mehrjährige Tätigkeit als Kirchenmusiker u MusikL im Saarland, Dir MSchule Krefeld 71–73, Domkapm u Lt Bischöfl KiMSchule Trier 73–2000, Lt Trierer Domchor 73–2000. **Pr:** Concorso Polifonico Int Guido d'Arezzo Italien 79, Komp-Wettb d Österr Sängerbundes 78, Carl-Engels-Stift Mülheim, Valentin-Becker-KompPr Brückenau. – **Komp:** Die Welt ist voll Musik (Volkslieder-Suite), UA Bad Brückenau 73; Trierer Domfestmesse (Liturg ChorW) 78, UA Trier, Trierer Domchor, Bläser d RSO Saarbrücken 78; Dt Messe (Liturg ChorW) 78, UA Linz, Trierer Domchor, Bl d RSO Saarbrücken ua 78; In te speravi, Domine (Motette) 79, UA Arezzo 80; Oberweseler Liebfrauenmesse (Plenariumsmesse) 81; UA Oberwesel, Trierer Domchor, Bläser d Rhein Philharmonie Koblenz 81. **Aufn/RF:** als Dgt: Beethoven: Missa solemnis, Trierer Domchor, Radio SinfOrch Saarbrücken; Brahms: Ein dt Requiem; Bruckner: Messen e-moll u f-moll; Bach: Motetten, Trierer Domchor, Radio SinfOrch Saarbrücken. **UA:** ua Schroeder: Trierer Dommesse 74; Heckmann: Missa pro pace; Magnificat. **Sonst:** Grd u Lt Madrigalchor Klaus Fischbach Saarbrücken 62.

Fischer-Dieskau, Dietrich, Dr hc mult, KS, Bariton, Dirigent; Lindenallee 22, D-14050 Berlin, T: (0 30) 3 01 93 32; *www.mwolf.de/start.html, www.fischer-dieskau.de* [Berlin 28.5.1925]. **Ausb:** früh KlUnterr, Unterr (Ges) b Prof. G A Walter, in amerikan Kriegsgefangensch (bis 47) autodidakt Stud (Ges), Stud (Ges) MH Berlin b Prof H Weissenborn 47–48. **Laufb:** Debüt Vertretung Badenweiler 47, 1. Liederabend Leipzig, Auftritt Berliner Titania-Palast, 1. lyr Bariton Städt Op Berlin 48, Gastsol England, Niederlande, Schweiz, Frankreich u Italien, Edinburgher FSp seit 52, ständ Gast Bayreuth ab 54, Salzburg ab 56, Auftritte haupts Dt Op Berlin u Münchener Nationalth, Gastsol Wiener Staatsop, Londoner Covent Garden Op, Hamburger Staatsop, USA-Tourneen seit 54, KonzSol bis 92, L, Dgt, Rezitator u Buchautor ausschl seit 93, zahlr Mstrkl. **Pr:** Dr hc Univ Oxford, Univ Paris-Sorbonne, Yale Univ USA, Univ Heidelberg, Kunstpr d Stadt Berlin 50, Grand Prix du Disque seit 55, Goldener Orpheus Mantua 55, Bayer KS 59, Mozart-Med 62, Berliner KS 63, Electrola Ehrenring 70, Naras Award 72, Léonie-Sonning-MPr Kopenhagen 75, Goldenes Grammophon d Polydor 75, Rückert-Pr Schweinfurt 79, Pr d Präs d Akad Charles Gros Paris 80, E-v-Siemens-Pr 80, Pour le mérite 84, Schumann-Pr Zwickau 87, Hindemith-Pr, Commandeur des Arts et Lettres Paris 95, Plak d Freien Akad d Künste Hamburg 96, Grosser Pr d Vereinigung d int MKritiker Paris 97, Edison Pr Amsterdam mehrf, Prix Mondial Montreux mehrf, Großer Dt SchallplPr mehrf, Grammy mehrf, 10 Pr f Schubert-Lieder f Männerstimme 69–71, Ehrenmitgl Royal Acad of Music London, Kgl Schwed Akad Stockholm, Wiener Konzerthausges, Int Schumann-Ges, Dt Op Berlin, Am Acad of Arts and Sciences, R-Kempe-Ges London, Mitgl Akad d Künste Berlin, Bayer Akad d Schönen Künste München, Accad Santa Cecilia Rom, Polar-MPr 05. **Mitgl:** Int Musikrat, Int Hugo-Wolf-Ges, Int Richard-Strauss-Ges. – **Aufn/RF:** zahlr Aufn, Schallpl u CDs; Porträt im BR 05. **Sonst:** mehrere Publikationen, Maler, zahlr Ausstellungen seit 60. (Red)

Fischer-Dieskau, Manuel, Violoncello, Dirigent; Petersbergstr 17, D-66119 Saarbrücken, *mdieskau@yahoo.de* [Berlin 15.12.1963]. Kammermusik / Streichquartett **Ausb:** HdK Berlin (Wolfgang Boettcher); Indiana Univ (Janos Starker). **Laufb:** Sol RF-SinfOrch Saarbrücken. **Ens:** Cherubini-Qua, Mullova-Ens, Phoenix-Qua. – **Aufn/RF:** zahlreiche CD-Veröffentlichungen. (Red)

Fischer-Dieskau, Martin, Prof, Dirigent, Hochschullehrer; Hochschule f Künste, FB Musik, Dechantstr 13–15, D-28195 Bremen, T: (04 21) 30 12 33; c/o Konzertbüro Andreas Braun, Sülzgürtel 86, D-50937 Köln, T: (02 21) 9 42 04 30, F: 94 20 43 19, *braun@angel.de*. ital Oper, Moderne **Ausb:** Stud (Dirig, Violine, Kl) Berlin, Wien, Siena, Mstks (F Ferrara, S Ozawa, L Bernstein). **Laufb:** Th Bern 91, Prof (Dirig, Orchltg) H f Künste Bremen seit 94. (*)

Fischer-Münster, Gerhard, Komponist, Musikdozent, Dirigent, Instrumentalist; Auf den Zeilen 11, D-55424 Münster-Sarmsheim, T: (0 67 21) 4 67 27, *Fischer-Muenster@gmx.de*; *www.fischer-muenster.de* [Münster-Sarmsheim 17.11.1952]. sinfon Orchesterwerke, Kammermusik **Ausb:** Stud (Klar, Kl, V, Komp) Kons u U Mainz. **Laufb:** RF, TV, int Auff, KonzTätigkeit als Dgt, Klar u Pianist, Doz (Klar, Imp/Komp) P-Cornelius-Kons Mainz, Lt Sinf Blasorch, Lt Bläserens, UA b int Fstvs, Juror b versch MWettb, Mitarb b div Lehrpl (z B VdM), Kultur i Landkreis, Gastdoz an div Inst (z B Uni Mainz), Int Fstvs: Dtschld, Schweiz, Österreich, Japan, Luxemburg, Niederlande, USA, Kanada, Großbritannien ua. **Pr:** zahlr Förderpr d Ldes Rheinl-Pfalz u Schweiz, Hon Member IBC Advisory Council Cambridge 97, Ehrenmitgl Research Board d American Biographical Centre USA 2000. **Mitgl:** dkv, DTKV, World Ass f Symph Bands and Ens (WASBE). – **Komp:** Sonatina morbosa (Vcl, Kl), UA Noirmoutier/Frankreich 79; Fossilien (KamM), UA Amsterdam 81; Campana (Org), UA Bremen 81; Intermezzo triofonale (OrchW), UA Zürich, m RF-Blasorch 83; M de table (KlQua), UA Brüssel 83; Impromptu (KamM), UA Berlin 86; Geldschein-Son (Kl), UA Mainz 88; Capriccio (OrchW), UA Brig/Schweiz 91; 'Im Anfang war das Wort' Sinf Nr 4 (OrchW), UA Luxembourg, Europ Jugendorch 93; Brass Appeal (BlechblEns), UA Breisach 94; Haiku-Lieder (Konz, Lied), UA Mainz; Sinf I, UA Staatsth Mainz 02; D Wasserfall (2 Ch u Orch), UA Staatsth Mainz 03; Sinf Nr 5, UA Mainz 05, weitere 3 Sinf, zahlr sinf Dichtungen (z B Daliphonie, Concertino f Kl u Orch, Der Herr ist König, Radolfzeller Messe), VokalW (n Texten v S Genzken-Dragendorff, E Roth, H Erhardt, W Shakespeare, B Pulley-Grein, H Leifhelm, E Charlotte-Leich, R Auener, H Rössler, O Weiler, R Jordan-Clarin; Messetexte, Psalmen), KamM in div Besetz. **AuftrKomp:** Sinf Bilder über Mainz (OrchW), UA Lahnstein 84 (Auftr: Ldesregierung Rheinland-Pfalz); Ges v d Gestirnen (Chor u Orch), UA Uster/Schweiz 85 (Auftr: Int Fstv Schweiz); Sinf Nr 1 (OrchW) (Auftr: Ldesreg Rheinl-Pfalz); 'Psychodrom' (OrchW), UA 91 (Auftr Ldesmusikrat Rheinl-Pfalz); fast alle sonst AuftrW. **Aufn/RF:** z B als Dgt: F-M: 'Morgenserenade', Ens d Kons, ZDF; 'Personata', Sinf Blasorch d Landes Rheinl-Pfalz, SWR Ferns; 'Orat Szenen z Weihnachtsgesch', TourneeEns Rhein-Nahe-Mosel u T Strasser-Rost (Sop), K-H Pickel (Ten), ZDF ca 76; Jordan-Clarin: 'Ballettmusiken' m Bläserens d Uni Mainz, Radio GW Italien; als Pianist: F-M: 'Cassazione', eig KamEns, ZDF; 'Scherzo', Bläserens d Kons, ZDF; als Klar: Spohr: '5 dt Lieder', R Haub (Sop), G Nieß (Kl), SWR; Zehm: 'Sonatina giocosa'; Bartok: '2 Stücke'; F-M: 'Philosophie e Filous', W Schamschula (Kl), SWR; F-M: 'Haiku-Lieder', SWR; CD: Sinf Nr 5, m SinfOrch PCK, Dgt G Sahler 05. **Sonst:** 'Kreativ Üben'; 'Harmonie aus d Einklang' (wiss Arb über tonale u histor ZusHänge); Mitarb b Lehrpl d VdM; Grd Sinf Blasorch Kons Mainz, Grd Bläserens ebda, Grd e Archivs ' Komp aus Hessen, Saarland, Rheinland-Pfalz' ebda. **Lit:** 2000 Outstanding Musicians of the 20th Century; Men of Achivement; Dictionary of Int Biography; Das neue Lex d Blasmusikwesens; Komp d Gegenwart; S Geissler: 'F M – Leben u Werk'; Wer ist wer Dtschld; Who is Who in Music; Who is Who of Intellectuals (GB); Who is Who in Contemp M (USA); Who is Who in the 21st Century; Leading Intellectuals of the World (USA); Who is Who int in M; 500 Leaders of Influence (USA); Leading Intellectuals of the World, Great Minds of the 21st Century (GB).

Fischer-Poerschke, Andra, Sängerin; c/o Theater Nordhausen/Loh-Orchester Sondershausen GmbH, Käthe-Kollwitz-Str 15, D-99734 Nordhausen, Pf 100244, D-99722 Nordhausen. **Laufb:** Sol Th Nordhausen/ Sondershausen SpZ 03/04. (Red)

Fischer, Adam, Dirigent, Generalmusikdirektor; c/o Nationaltheater Mannheim, Am Goethepl, D-68161 Mannheim, T: (06 21) 1 68 02 30; c/o Künstleragentur Dr. Raab & Dr. Böhm, Plankengasse 7, A-1010 Wien, T: (01) 5 12 05 01, F: 5 12 77 43, *office@rbartists.at*; *www.nationaltheater.de* [Budapest 1949]. **Ausb:** MSchule Budapest, Stud Kl, Komp Béla-Bártok Kons Budapest, Dirig (H Swarawsky) Wien. **Laufb:** GMD Freiburg 80–82, Gast Bayer Staatsop München, Debüt Op Paris 84, Mailänder Scala 86, GMD Kassel 87–92, USA-Debüt San Francisco 81, Debüt Royal Op House Covent Garden 89, Grd u künstl Dir d Österr-Ungar Haydnphilh 91, Metropolitan Op New York 94, Chefdgt Sinfonietta d Dän RFs seit 99, Konz m Chamber Orch of Europe, GMD NatTh Mannheim seit 00–05, Dgt 'Ring d Nibelungen' FSp Bayreuth 01 u 02, Musikal Lt Op Zürich, Gastdgt Staatsop Wien, Bayer Staatsop München SpZ 03/04. **Pr:** 1. Pr Centelli-Wettb Mailand 73, Dgt d Jahres 2002 d Zeitschr 'Opernwelt'. **Ens:** Österr-Ungar Haydnphilh seit 91. (Red)

Fischer, Anne-Kathrin, Sängerin; c/o Musikalische Komödie der Oper Leipzig, Dreilindenstr 30, D-04177 Leipzig. **Laufb:** Sol Musikal Komödie Leipzig. (Red)

Fischer, Annette, Sängerin; c/o Markus Zohner Theater Compagnie, Via Lambertenghi 9, CH-6900 Lugano, F: 09 19 21 47 17, *markus@zohnertheater.ch*. **Laufb:** Sol Kammeroper Frankfurt SpZ 03/04, Markus Zohner Theater Compagnie SpZ 04/05. (Red)

Fischer, Béla, Dirigent, Komponist; c/o Re Nova Classics, Andreas Zadeyan, Herzgasse 92, A-1100 Wien, *azrnc@aon.at*. **Laufb:** Korrep an d Wiener Staatsop, Dgt u Geige Ens Lucnica, eigene Komp – zahlr Konz v Klass Opttenrepertoire bis Musicals. (Red)

Fischer, Carola, Sängerin (Mezzosopran); Ströbitzer Str 104, D-03048 Cottbus, T: (01 72) 3 51 93 88. **Laufb:** Sol Staatsth Cottbus (01/05). (Red)

Fischer, Dominik, Viola; c/o Casal-Quartett, Oberdorf 20, D-79790 Kadelburg, T: (0 77 41) 80 96 74; c/o Ars Musica – MusikAgentur Julia Ortmann, Beyerstr 42, D-89077 Ulm, T: (07 31) 3 98 09 65, F: 3 98 09 84, *julia.ortmann@ars-musica.com*. **Pr:** Stip Dt Musikwettb KamM 98. **Ens:** Casal-Qua. (*)

Fischer, Eckhard, Prof, Hochschullehrer, Violine; Auguststr 6, D-32756 Detmold, T: (0 52 31) 3 57 76, 01 71–6 20 79 97, F: 2 56 04, *fischer@hfm-detmold.de*; Linzer Str 61, D-70469 Stuttgart, T: 01 71–6 20 79 97, F: (07 11) 85 24 18. **Laufb:** Prof (V) H f M Detmold. **Ens:** 'Trio Opus 8' m M Hauber (Kl) u M de Secondi (Vcl) seit 86. (Red)

Fischer, Edith, Klavier; rue des Granges 9, CH-2300 La Chaux-de-Fonds. (*)

Fischer, Franz Peter, 1. Konzertmeister; Mainfranken Theater, Theaterstr 21, D-97070 Würzburg. **Laufb:** 1. Konzm Philharmon Orch Würzburg. (Red)

Fischer, Gerd, Trompete; c/o MDR Sinfonieorchester, Augustuspl 9a, D-04109 Leipzig. **Laufb:** Sol MDR SinfOrch Leipzig. (Red)

Fischer, Gudrun, KS, Prof, Hochschullehrerin, Sängerin; Wilhelm-Külz-Str 2, D-99423 Weimar, T: (0 36 43) 90 30 24, F: 90 30 24; Hochschule für Musik 'Franz Liszt', PF 2552, D-99423 Weimar [Liegnitz]. Konzert, Lied, Oper, Operette **Ausb:** H f M Musik 'Franz Liszt' Weimar b E Kern 57–63, Kapitanfy in Budapest. **Laufb:** Prof (Gesang) H f Musik 'Franz Liszt' Weimar, Dt NatTh Weimar 65–93, fester Gastvertrag Dt Staatsop Berlin 68–79 (Partien: Susanna, 'Figaro'; Königin Schemacha, Rimski-Korsakow: 'Der goldene Hahn'; Musetta, 'Boheme'; Blondchen, 'Entführung'; Nanetta 'Falstaff'), Gastsol Staatsop Dresden 72–78 (Partien: Susanna, 'Figaro'; Adele, 'Fledermaus'), Konz in Brüssel u Antwerpen, seit 89 mehrfach LAuftr Mukogawa U Osaka. **Mitgl:** Verb Dt GesPäd, R Wagner Verb 03, Förderverein d Dt NatTh Weimar, Vorstandsmitgl Förderverein H f M Weimar. – **Aufn/RF:** zahlr RF-Aufn.

Fischer, Hanne, Mezzosopran; Pallasstr 12, D-10781 Berlin, T: (0 30) 23 63 27 14; c/o Allegro Artist Management, Rosenstr 2, D-10178 Berlin, T: (0 30) 2 43 10 21 66, F: 2 43 10 25 94. **Ausb:** Stud Ges (I Bjoner, V Thordal) Königl Dänisches Kons 87–93, Mstrkl K Ricciarelli. **Laufb:** Sol Opernhaus Kiel 93–97, Königl Op Kopenhagen seit 97, Opernhaus Bonn 97–99, Berliner Staatsoper 04, Gastsol Glyndebourne Festival 95, Konz m d Dänischen RFOrch, BBC Symph Orch London 03, RF-SinfOrch Berlin 05, ZusArb m Dgt: ua M Honeck, T Koopman, L Segerstam, M Schönwandt, Y Terminakov, D Barenboim. **Pr:** Kritikerpr f d Darst d Sextus in Mozarts 'La clemenza di Tito' 04, Noilly Prat MPr f d Titelpartie in Offenbachs 'La Perichole'. – **Aufn/RF:** zahlreiche Aufn f Fernsehen, RF u CD. (Red)

Fischer, Inga, Sopran; c/o Konzertdirektion Fritz Dietrich, Sigmund-Freud-Str 1, D-60435 Frankfurt/M, T: (0 69) 54 45 04, F: 5 48 41 07, *info@konzertdirektion-dietrich.de*; c/o Theater Erfurt, Walkmühlstr 13, D-99005 Erfurt [Stuttgart]. **Ausb:** Stud Ges (I Reichelt) Robert-Schumann-H f M Düsseldorf, Ks (A Auger, E Schwarzkopf, A Reynolds). **Laufb:** EnsMitgl Aalto-Th Essen (Mozart: Zauberflöte, Pamina; Händel: Julius Cäsar, Kleopatra; Dvořák: Rusalka, Titelpartie ua) 92–97, Sol Staatsth Kassel, Gastsol Staatsop Stuttgart, Op Bonn (Puccini: La Bohème, Mimi; Wagner: Das Rheingold, Freia ua), Gastsol Theâtre du Capitole Toulouse (Wagner: Walküre, Ortlinde), Th Heidelberg (de Majo: Iphigenie auf Tauris, Titelpartie) 99, Sol Th Hagen, Th Ulm (Strauss: Salome, Titelpartie), Sol Staatsth Mainz 2000, Gastsol Th Bremen (Tschaikowsky: Eugen Onegin, Lisa ua) SpZ 00/01, Sol Th Erfurt SpZ 03/04. (Red)

Fischer, Johannes, Prof, Hochschullehrer, Blockflöte; Neugarten 18a, D-83209 Prien, T: (0 80 51) 12 76, F: 12 76. **Laufb:** Prof (Kl) H f M u Th München, Doz (Blockfl) Akad f Tonkunst Darmstadt. (Red)

Fischer, Julia, Violine; c/o Künstlersekretariat am Gasteig, Rosenheimer Str 52, D-81669 München, T: (0 89) 44 48 87 90, F: 4 48 95 22, *team@ks-gasteig.de*; *www.ks-gasteig.de* [München 1983]. **Ausb:** VUnterricht (H Thelen), KlUnterr (V Fischer), (L Dubrowskaya) Leopold-Mozart-Kons, (A Chumachenko) MH München. **Laufb:** Ravina-Fstv Chicago 98/99, Konz m Chicago Symph Orch, Mostly Mozart Fstv New York 2000, Konz m SymphOrch d BR (L Maazel) 2000, Bayer Staatsorch (Z Mehta) 2001, Russian Nat Orch (A Lazarev) 2002, Tschaikowsky-Symph Orch (V Fedossejev) 2002, St Petersburger Philh (Y Temirhanov) 2002, Debüt Berliner u New Yorker Philh 2003. **Pr:** Int Yehudi-Menuhin-Violinwettb 95, 8. Eurovisionswettb f Junge Instrumentalisten 96, 'Prix d'Espoir' 97, EIG-Musikpr 98, 'Förderpr Deutschlandfunk 2000' 2000. – **Aufn/RF:** Vivaldi: Vier Jahreszeiten, Acad of St Martin in the Fields, DVD 2002.

Fischer, Mathis, Violine; c/o Staatskapelle Berlin, Unter den Linden 7, D-10117 Berlin. **Laufb:** stv Konzm Staatskapelle Berlin. (Red)

Fischer, Matthias, Posaune; c/o Münchner Philharmoniker, Kellerstr 4, D-81667 München. **Laufb:** stv Sol Münchner Philh. (Red)

Fischer, Peter, Komponist, Kapellmeister; c/o S Schweiger, Schwarzstr 21, A-5020 Salzburg, T: (06 62) 84 73 52; Località i Sodacci, I-53010 Monti in Chianti, SI, T: 05 77 74 71 24 [Leipzig 10.9.1929]. **Ausb:** Stud (Kapm, Komp) H f Musik Dresden, Mstrkl f Komp (Eisler, Dessau, Wagner-Regeny) Akad d Künste Berlin. **Laufb:** musikal Lt u Komp f SchauspielM Dt Th Berlin 53–61, Europa-Tourneen m E Busch, W Langhoff, G May 55–60, KamSp München 61–70, Dtschld-Schweiz-Tourneen m Th Giehse 69–72, Schillerth Berlin, Schaubühne Berlin, SchauspielM an allen größeren Bühnen Dtschlds, Österr, Schweiz, Frankreichs, Italiens, Film- u FernsehM. – **Komp:** Lieder im Sitzen zu singen (Kunstlieder), UA 69, Hochzeitsmusiken (Musik f e Schauspiel), UA Zürich, Schauspielhaus 70; Der haarige Affe (Bühnenmusik), UA Berlin, Schaubühne Berlin 80; Der Sizilianer (Comédie-Ballett), UA Frankfurt/M 89; Was ihr wollt (Bühnenmusik), UA 89, neue Fassung 92, Hamburg, Thalia Th, Josephstadt Wien; 'Emilia, Bilder e Landschaft' (gr Orch) 96; 17 Elegien u Gesänge f hohen Tenor (Kunstlieder), UA München, BR 98; Canti fiori (30 Lieder); Concertino f Altsax u KamOrch; Cyrano de Bergerac (Suite f KamOrch), UA Wien 2000; Die Prinzessin m d langen Nase (Opera buffa). **UA:** Weill: Johnny Johnson, Dt EA Th d Westens Berlin 96.

Fischer, Peter-Michael, Dr, Prof, Hochschullehrer; Falkenweg 5, D-76199 Karlsruhe, T: (07 21) 88 33 32, F: 88 33 62. **Ausb:** Stud (Elektrotechnik, Physik, KuGe, MWiss) U Karlsruhe, Stud (MTheorie, Ges) MH Karlsruhe. **Laufb:** Prof U Karlsruhe, Doz (MWiss) Staatl H f M Karlsruhe. – **Sonst:** Buch: 'Die Stimme d Sängers'.

Fischer, Rudolf, Hochschullehrer, Kirchenmusiker; Wittelsbacher Str 5, D-93049 Regensburg, T: (09 41) 2 80 31 88. **Ausb:** Stud (KiM) MH Regensburg u München b Prof. Dr. Johannes Berchmanns Göschl OSB. **Laufb:** Doz (dt Liturgiegesang, gregorian Choral) KiMSchule Regensburg. (Red)

Fischer, Sebastian Matthias, Chordirektor; c/o Landesbühnen Sachsen, Meißner Str 152, D-01445 Radebeul, T: (03 51) 8 48 16 46, (03 51) 8 95 42 24, *sm_fischer@web.de* [Reichenbach/Vogtland 28.3.1953]. **Ausb:** Unterr KiM (Semrau, J Schäfer, W Bruhns u H Gleim) KiMSch Halle 73–79; Stud OrchDirig (Neuhaus) MH Dresden 85–89. **Laufb:** Ass KiMSch Dresden 79–81, Chordir Th Halberstadt 81–85, Chordir Ldsbühnen Sachsen seit 85 (04/05).

Fischer, Theo (Pseud: Hellmut Jordan), Prof, Komponist, Dirigent, Privatdozent; Auf den Zeilen 11, D-55424 Münster-Sarmsheim, PF 34, D-55424 Münster-Sarmsheim, T: (0 67 21) 4 38 57, F: 4 46 50 [Münster-Sarmsheim 14.10.1926]. Vokal- u Instrumentalmusik, Lehrtätigkeit **Ausb:** Stud P-Cornelius-Kons u Sem f MErz Mainz, V (A Stauffer), Kl (L Wandel), Komp (H O Hiege), Dirig (H Berthold, Fischer, König), PMP, Künstl Reife (V); Stud (MWiss, SchM, Chor- u Orchltg) Wiesbaden u Frankfurt. **Laufb:** Konzm 46, freischaff Dgt, Verlagslektor, Doz, fr Mitarb b RF, Gym-MDir SGG Bingen/Rhein 62–87, DKV Sektionsvors Hessen, Rheinland-Pfalz, Saarland, Gastdgt RF- u ThOrch, Mitgl Aufsichtsrat d GEMA, GastDoz, Komp. **Pr:** künstl Ausz Beaux Arts Paris 47, Komp Ausz Den Haag 67, Silb Ähre BRD 68, HonProf 69, Verleih MD Fachverb Dt BerufsChLt 72, Münzenschild I. Kl in Gold 75, Verdienstorden d BRD 76, P-Cornelius-Plak 78, Kultusmin RLP, St Hildedardis-Med Bingen 81, Ehrenplak d DAS Frankfurt/M 86, Ehrenplak f kult Schaffen am Mittelrhein 94, Verdienstsiegel I. Kl d VG Rhein-Nahe 96, Verdienstorden d Ldes Rheinland-Pfalz 97, Ordre Européen du Mérite Musical, Ritter d Ordens 99, Ehrenurkunde d GEMA f 50-jähr MitglSchaft 99, LitPr 2000 Vgg Mainz/Bingen 2000, Plaqu d'Honneur de l'Union Grand-Duc Adolphe Luxemburg 01. **Mitgl:** DKV, GEMA, Stefan-George-Ges, Fachverb Dt BerufsDgt. – **Komp:** 'Gau-Algesheim unsre kleine Stadt' (650-Jahrfeier) 05; 'Weinheim – schöne Zweiburgenstadt' (Folklorical z 1250-Jahrfeier) 05. **Aufn/RF:** z B: Es ist beim Weine wie im Leben, ChGemeinschaft Thomann, HnQua d Rhein Philh Koblenz, Dgt: W Thomann 80 (SWR); Nun danket m fröhl Liedern (Kant), Mainzer Blechbl-Ens, Ch Bingen-Kempten, J Schmeckenbecher, Dgt: W Reitz 88; Advent – öffnet d Tor z Weihnachtszeit, Collegium vocale, Liederkranz Weiler/Bingen, BlEns Hess Staatsth Wiesbaden, Dgt: H-G Ackva 92 (SWR); Romantische Hornsuite, HQua d Hess StaatsTh Wiesbaden 04 (SWR). **UA:** zuletzt: Lasst uns Grenzen überwinden (Europical), UA Europarat Strasbourg 03. **Lit:** R Wolff: E Künstler u sein Werk 80; Th Sonntag: S-George Forsch, Werkanalysen St George-Zyklus 83; G Dean, W Reitz, J Schadt: 'Skizzen e Partnerschaft' 86; G Steinschulte: 'Der Komp Prof Th F' (GEMA-News) 88; H Rectanus: 'M als Vielfalt u Einheit' 81, 86, 91, 96; 'The Horn Call' Th Fischer 87; F Baum: 'Heimatverb Komp, Dgt u MPäd' 97; E Hinkel: 'M – die e Heimat hat' 2000; R Walter: 'Heimat-LitPr f d Musiker Prof Th Fischer' 01; A Seger: SWR, 'Zum 75. Geburtstag' 01.

Fischesser, Christof, Tenor; c/o Badisches Staatstheater, Baumeisterstr 11, D-76137 Karlsruhe, D-76125 Karlsruhe, T: (01 77) 27 07 07 53. **Laufb:** EnsMitgl Bad Staatsth Karlsruhe seit SpZ 03/04, Gastsol Dt Deutsche Staatsop Berlin SpZ 04/05. (Red)

Fischetti, Leandro, Sänger; c/o Bühnen der Stadt Köln – Opernstudio, PF 101061, D-50450 Köln. (Red)

Fisk, Eliot, Prof, Hochschullehrer, Gitarre; Vierthalerstr 6, A-5020 Salzburg, T: (06 62) 87 57 21; Univ Mozarteum, Abt f Streich- u Zupfinstrumente, Zentrum im Berg, Fürbergstr 18–20, A-5020 Salzburg, T: (06 62) 61 98 53 26, F: 61 98 30 33, *eliot.fisk@moz.ac.at*. **Laufb:** UProf (Git) U Mozarteum Salzburg. (Red)

Fister, Roland, Solorepetitor, Dirigent; Albrecht-Dürer-Str 41, D-96450 Coburg, T: 0 17 36 68 86 67, *rolandfister@t-online.de* [Baden-Baden 27.10.1972]. **Ausb:** Stud Schlgz (Treßelt) MH Stuttgart 93–97, Stud Kapm (Gülke) MH Freiburg 96–2000. **Laufb:** Solrep m DgtVerpfl Ldsth Coburg 01–03, Dgt Orchester'91 Hamburg seit 01, Studienlt Ldsth Coburg seit 03.

Fitzgerald, Maria, BMus (Hons) FTCL, Studienleiterin und Dirigentin; Charles-Lindbergh-Str 9, D-93049 Regensburg, T: (09 41) 2 96 64 33, F: 2 96 64 33, *marbo@ngi.de* [Nottingham 18.7.1967]. **Ausb:** BMus Cork 88; Ausb (Begleitung, Rep) Guildhall 92–94; Nat Op Studio London 94–95. **Laufb:** English Nat Op 95–96; Malmö Musikth 97–00; ThRegensburg seit 00. **Pr:** Sir Henry Richardson Stip; Irish Arts Council Stip; Engl Nat Op Stip; Richard-Wagner-StipStift.

Fitzka, Heinz, Sänger; c/o Neue Oper, Herminengasse 10/Tor 23, A-1020 Wien. **Laufb:** Sol Neue Op Wien. (Red)

Fitzner, Christian, MD, Dirigent, Musikalischer Leiter; c/o Philharmonisches Kammerorchester Wernigerode, Bahnhofstr 16, D-38855 Wernigerode, T: (0 39 43) 94 95 14, F: 94 95 29, *info@kammerorchester-wr.de*. **Laufb:** Musikal Lt, MD Philharmon Kammerorch Wernigerode. (Red)

FitzPatrick, Carole, Sopran; Wodanstr 6, D-90461 Nürnberg, T: (01 73) 3 52 82 34; c/o Stiftung Staatstheater Nürnberg, Richard-Wagner-Pl 2–10, D-90443 Nürnberg [Florida]. **Ausb:** Stud (Ges, MWiss) U of Texas, Ges (D Yatrick-Cross) New York, Promotion MWiss Yale U. **Laufb:** Eng Städt Bühnen Dortmund 88, EnsMitgl Städt Bühnen Osnabrück, Eng Städt Bühnen Nürnberg (Puccini: La Bohème, Mimi; Bizet: Carmen, Micaela ua) seit 96, Gastsol Staatsop Hannover, Wiesbaden, NatTh Mannheim, Dt Op am Rhein ua, Sol Kom Op Berlin (Wagner: Rienzi, Irene; F Lehár: Die lustige Witwe, Hanna Glawari ua) seit 99, Tourneen m Radio-Philh Hannover, Orch de Bretagne ua, Gastsol Vereinigte Bühnen Graz SpZ 03/04. **Pr:** Prtr div GesWettb u Stip. (Red)

Fitzpatrick, Stephen, Harfe; c/o Staatskapelle Berlin, Unter den Linden 7, D-10117 Berlin. **Laufb:** Sol Staatskap Berlin. (Red)

Flad, Ulrich, Prof, Hochschullehrer, Posaune; Zum Höhenstein 82, D-53783 Eitorf, T: (0 22 43) 8 27 40, F: 84 31 39, *u.m.flad@t-online.de*. **Laufb:** Prof (Pos) H f Musik Köln. (Red)

Flade, Frank, Solorepetitor, Chirdirektor; c/o Staatsoperette Dresden, Pirnaer Landstr 131, D-01257 Dresden. **Laufb:** Solrep m Dgt-Verpfl Staatsoptte Dresden SpZ 03/04, ChDir Theater Aachen SpZ 04/05. (Red)

Fladt, Hartmut, Dr, Prof, Komponist, Hochschullehrer; Ihnestr 58, D-14195 Berlin, T: (0 30) 8 31 13 31, F: 83 22 80 15, *fladt@aol.com*; Univ d Künste, Fak Musik, Inst f Musikwiss, Musiktheorie, Komp u Musikübertragung, PF 120544, D-10595 Berlin; *http://artistswithoutfrontiers.com/hfladt* [Detmold 7.11.1945]. **Ausb:** Komp (R Kelterborn) Detmold, Komp, MWiss Berlin, Prom (C Dahlhaus) 73. **Laufb:** Editor Richard-Wagner-Gesamtausgabe München, Mitgl Lt-Gremium d Hanns-Eisler-Gesamtausgabe Berlin, Prof (MTheorie) U d Künste Berlin, U f Musik u Darst Kunst Wien. **Pr:** Karl-Hofer-Pr Berlin 85, Carl-Orff-Pr 94/95. – **Komp:** Fest- u Gedenksprüche (Chor-Satiren), UA Berlin 77; Von d Freundlichkeit d Welt. Gegenlied (Chor-Szene), UA Berliner FestW 77, Ohne Angst Leben (Sinf Kantate) 79, UA Berliner FestW 80; Lied v d apokalypt Reitern (Chorstück), UA Berlin 83; Nachtgesänge (Lieder-Szenen), UA Berlin/Minsk 83; Marie (Ballett), UA Berlin 90; Salomo, König d Könige (Op), UA München 96. (Red)

Flake, Matthias, Schauspielmusiker; c/o Gandersheimer Domfestspiele, Stiftsfreiheit 13, D-37581 Bad Gandersheim. **Laufb:** GastSchspM Städt Bühnen Münster SpZ 03/04, SchspM Gandersheimer DomFSp 04. (Red)

Flaksman, Michael, Prof, Hochschullehrer, Violoncello; Haltweg 7, D-67434 Neustadt, Weinstr, T: (0 63 21) 48 02 40, 0 17 73 18 34 72, F: 9 22 04, *mflx@gmx.net*; N 4, 21, D-68161 Mannheim, T: (06 21) 18 03 69 90, F: 8 62 44 49, *flaksman@muho-mannheim.de* [Akron 3.5.1946]. **Laufb:** Prof (Vcl) Staatl H f M u Darst Kunst Mannheim seit 91.

Flammer, Ernst Helmuth, Dr phil, Komponist; c/o Edition Gravis Musikverlag, Adolfstr 71, D-65307 Bad Schwalbach, *antasten@t-online.de*; 33, rue des Rosiers, F-74004 Paris, T: 01 44 59 39 65 [Heilbronn 15.1.1949]. alle Gattungen ernster Musik außer Op **Ausb:** Stud (Mathematik, Physik) U Freiburg ab 69, Stud (MWiss, MTheorie) U Freiburg ab 74, Prom 80, Stud Komp (K Huber, B Ferneyhough, P H Dittrich) MH Freiburg ab 76. **Laufb:** freischaff Komp m div LAuftr ab 80, Vortragsreisen, zahlr KompAuftr aus d In- u Ausland, künstl Lt Ensemblia Mönchengladbach 85–87, desgl ens recherche Freiburg 85–90, danach regelm Unterrichtstätigkeit in Salzburg, Paris, Darmstadt, zahlr Mstrks als GastL in Darmstadt, Dresden, Gera, Newcastle, Odessa, St Petersburg, Salzburg, Grd u Lt Festival '... antasten ..', Int Pianoforum Heilbronn seit 93. **Pr:** 2. Carl-Maria-v-Weber Pr d Dresdener Musikfsp 79, Dipl u Förderpr 'Valentino-Bucchi'-Wettb Rom 80, Förderungsstip d Heinrich-Strobel-Stift d SWF 81, KompPr Stadt Stuttgart f junge Komp ernster M 82, Reinhold-Schneider-Förderpr Stadt Freiburg 84, Förderpr Bach-Akad Stuttgart 85, Förderstip d Kunststift Baden-Württemberg 86, Int Goffredo-Petrassi-Pr Parma 87, Stip Cité Int des Arts 89, Stip Künstlerhof Schreyahn 90. **Ens:** Aventure Freiburg seit 01, Janus-Ens Karlsruhe seit 2000. – **Komp:** Der Turmbau zu Babel (Orat) 81/82, UA Hannover 83; Zeitzeichen – Zeitmaße (Konz) 85–87, UA London, S Stürmer, BBC-Orch, Dgt: L Zagrosek 88; interferenza mente sovrapossizione 88–89, UA Baden-Baden 90; La Trinité (Konz), UA Metz 91; superverso (Orgelzyklus in 12 Tl), UA Gesamtzyklus Bremen 92; Capriccio (Konz) 92, UA Freiburg 93. **AuftrKomp:** ua: Durch d Erde geht e Riß gegen d Vergessen (OrchW), UA Heilbronn 91 (Auftr: Stadt Heilbronn); Das erschwiegene Wort...ausgeweitet... (Schlgzkonz), UA Freiburg 94 (Auftr: japan Regierung); Phasenweise still u ohne Grenze (KamM), UA Basel 96 (Auftr: KamMVereinigung Basel); Se mettre en route vers l'infini...Il faut traverser... (KamM), UA Paris 97 (Auftr: GRM/Radio France); 6666003261 D 4901150 M 9804050 oder: Der Mensch steht im Mittelpunkt (OrchW), UA Freiburg 99 (Auftr: Stadt Freiburg); insges über 60 AuftrKomp i In- u Ausland. **Aufn/RF:** nahezu ges Werk in RF u Aufn dokumentiert, teilw mehrfach, bisher 3 Porträt-CDs; KamM (m Ens Aventure) 01; Orgelwerke (m C-M Moosmann) 01. **Zug:** ua v V Blumenthaler, J Herchet, D Minciacchi, F Miroglio, A Radvilovitch. **Sonst:** 'Polit Engagement als kompositor Problem' (Diss) 81; Aufbau ensemble recherche 85, Grdg Perspektiven, R f Neue M Heilbronn 90, Grdg '... antasten ...', Int Pianoforum Heilbronn 93, Ltg div KonzR f Neue M; Aufbau Janus-Ens Karlsruhe 2000; Texte über Musik I 2000. **Lit:** Grove's 'Dictionary of Music and Musicians'; Div kleinere Aufss ua v P Becker, V Blumenthaler etc.

Flechl, Elisabeth, Sopran; c/o Theater Baden bei Wien, Theaterpl 7, A-2500 Baden bei Wien, T: (0 22 52) 4 83 38, F: 4 83 38 40; c/o Künstleragentur Dr. Raab & Dr. Böhm, Plankengasse 7, A-1010 Wien, T: (01) 5 12 05 01, F: 5 12 77 43, *office@rbartists.at*. **Laufb:** Sol Landesth u Kammerspiele Salzburg, Operetten FSp Bad Ischl, Klagenfurt u Wien; Sol Volksop Wien SpZ 03/04, Th Baden b Wien SpZ 04/05, Ldsth Salzburg SpZ 04/05. (Red)

Fleck, Andreas, Violoncello; c/o Casal Quartett, Hauptstr 1, D-79801 Hohentengen, T: (0 77 42) 85 85 52, *casal@afleck.de*; c/o Ars Musica – MusikAgentur Julia Ortmann, Rötebuckweg 35, D-79104 Freiburg, T: (07 61) 5 56 34 94, F: 5 56 35 34, *julia.ortmann@ars-musica.com*; *www.casalquartett.com* [Augsburg]. KamM 16.-18. u 20. Jh **Ausb:** HfM Winterthur (Carmina Qua) 96–2000, HfM Köln (A Berg Qua) 97–01. **Laufb:** KonzReihen u Fstv weltweit, zB Rheingau-FSp, Styriarte, Ottawa Chamber-Fstv, Fstv 'Bosnischer Sommer' seit 01. **Pr:** Stip Dt Musikwettb KamM 98, Stip Dt Musikwettb KamM 99. **Ens:** Casal-Qua, La Ciaccona. – **Aufn/RF:** CD: Confession 05. **UA:** M Wettstein: Constanzes Traum. **Zug:** U Stranz: 4. Qua 2000; D Ammann: Geborstener Satz 03.

Fleck, Markus, Violine; c/o Casal-Quartett, Hauptstr 1, D-79801 Hohentengen, T: (0 77 42) 85 83 66, *casal@afleck.de*; c/o Ars Musica – MusikAgentur Julia Ortmann, Rötebuckweg 35, D-79104 Freiburg, T: (07 61) 5 56 34 94, F: 5 56 35 34, *julia.ortmann@ars-musica.com*; *www.casalquartett.com* [Augsburg 23.10.1968]. KamM 16 – 21 Jh **Pr:** Stip Dt Musikwettb KamM 98; Gr Musikpr d Volksbank 04. **Ens:** Casal-Qua, La Ciaccona. – **Aufn/RF:** 8 CDs (alle m Casal-Qua).

Fleck, Thomas, Violine; c/o MDR Sinfonieorchester, Augustuspl 9a, D-04109 Leipzig. **Laufb:** Stimmführer MDR SinfOrch Leipzig. (Red)

Fleinghaus, Helmut, Dr, Prof, Hochschullehrer, Orgel; Hochschule für Kirchenmusik, Parkstr 6, D-32049 Herford, T: (0 52 21) 99 14 63 [Wuppertal-Elberfeld 24.5.1958]. OrgM d Romantik **Ausb:** Stud MH u Univ Köln (SchM, Philosophie, Pädagogik, MWiss, Evangel KiM, Org) 77–83, bProf Clemens Ganz (Org), Prof Dr Henning Frederichs (OrgImprovisation) u Prof Dr Heinrich Hüschen (Doktorvater). **Laufb:** StudRef SchM u Philosophie 84–86, Doz f MGesch, Formenkde u Org seit 85, Prof seit 91, stellv Rektor H f KiM Herford seit 95, OrgSachverständiger f Ev Ki v Westfalen 87–05, Sol (Org) b Westfäl Musikfest, Konz i Europa u USA, Doz b Seminaren in In- u Ausland. **Ens:** Musica Clarina (2 Trp u Org) 88–95. – **Aufn/RF:** CDs: Bach 'Sonaten' 87, 'musique francaise' 87, 'Musica Clarina' 94, 'Orgelmusik trotz Bach' 2000, 'De tempore' 01, ErstEinsp: B Krol 'Fantasia Notturna' f Trp u Org m F Steinle 94, N Läufer 'Sonate' OrgSolo 87, H Frederichs 'Fürwahr, er trug unsere Krankheit' OrgSolo 01, WDR-Mitschnitte: S Giussani 'Sonata' Org u Cemb m R Langnickel 98, J P Sweelinck 'Ballo del Granduca' OrgSolo 03. **UA:** N Laufer 'Sonate f Orgelsolo', Herford 86. **Sonst:** zahlr Aufs in Fach-Zss u Hb.

Fleischhauer, Jürgen, 1. Konzertmeister; Reichenbacher Str 114, D-08056 Zwickau, T: (03 75) 2 70 17 97; Philharmonisches Orchester, Gewandhausstr 7, D-08056 Zwickau. **Laufb:** 1. Konzm Philharmon Orch Plauen-Zwickau. (Red)

Fleischmann, Helena, Mag, Prof, Hochschullehrerin, Klavier; Univ f Musik u Darst Kunst, Inst Ludwig van Beethoven, Rennweg 8, A-1030 Wien. **Ausb:** Stud (Kl) U f Musik u Darst Kunst Wien. **Laufb:** ao UProf U f Musik u Darst Kunst Wien. (Red)

Fleischmann, Margit, Prof, Hochschullehrer; Gebirgsgasse 82, A-1230 Wien, T: (01) 8 89 31 35; Univ f Musik u Darstellende Kunst, Abt 6, Seilerstätte 26, A-1010 Wien. Kirchenmusik, Stimmbildung **Laufb:** o UProf U f Musik u Darst Kunst Wien. (Red)

Fleischmann, Rudolf, Prof, Hochschullehrer; Wildshut 37, A-5120 St. Pantaleon, T: (0 62 77) 63 04, F: 63 04; Univ Mozarteum, Abt f Musiktheater, Schrannengasse 10a, A-5020 Salzburg, *rudolf.fleischmann@moz.ac.at*. **Laufb:** Prof (MTh) U Mozarteum Salzburg. (Red)

Fleischmann, Thomas, Sänger; Ober-Ramstädter-Str 44i, D-64367 Mühltal, T: (01 72) 7 16 36 52; c/o Stadttheater Gießen, PF 111128, D-35356 Gießen. **Laufb:** Sol Staatsth Darmstadt. (Red)

Fleming, Renée, Sopran; c/o MünchenMusik GmbH & Co. KG, Rößelerstr 30, D-81929 München, T: (0 89) 93 60 93, F: 9 30 64 94. **Laufb:** Sol Bayer Staatsop München, Sol Dt Op Berlin SpZ 03/04, Th Aufstand Wels. (Red)

Flieder, Paul, Regisseur; Wiener Kammeroper, Fleischmarkt 24, A-1010 Wien [Wien]. **Laufb:** Dramaturg Musikth im Revier Gelsenkirchen; Regisseur u. a. in: Nationalop Athen, Deutsche Oper Berlin, Budapest, Erfurt, Freiburg, Hamburgische Staatsoper, Kaiserslautern, Lübeck, Rostock, Saarbrücken, Stettin, St. Gallen, Novi Sad, Tirana, Ulan Bator, Wiener Kammerop. (Red)

Fliegner, Christian, Chorleiter; c/o Tölzer Knabenchor, Kaminskistr 13, D-83671 Benediktbeuern, *fliegner@imail.de* [Bad Tölz 1976]. **Laufb:** Chorlt u Stimmbildner Tölzer Knabenchor. (Red)

Flimm, Jürgen, Prof, Dr hc, Regisseur; c/o Salzburger Festspiele, Hofstallgasse 1, A-5010 Salzburg; c/o Ruhrtriennale, Leithestr 35, D-45886 Gelsenkirchen, T: (02 09) 1 67 17 00, F: 1 67 17 39 [Giessen 17.7.1941]. **Ausb:** Stud U Köln. **Laufb:** Regieass Münchner Kammerspiele 68, Regisseur NatTh Mannheim 72, Oberspiellt Thalia-Th 73, Intend Schauspielhaus Köln 79–85, Intend Thalia-Th Hamburg 85–2000, Präs Dt Bühnenverein 99–03, Schauspieldir Salzburger FSp seit 01, Intend RuhrTriennale u RuhrFSp 05–07, Inszenier ua Op Zürich ('Fidelio', 'Alcina', 'Le Nozze di Figaro', 'La Périchole', 'Don Giovanni', 'Die Fledermaus', 'Così fan tutte'), Wiener FestW ('Alcina', 'Alfonso u Estrella', 'Die Fledermaus'), Salzburger FSp ('Poppea'), Bayreuther FSp ('Ring d Nibelungen'), Met Op ('Fidelio') 2000, Dt Staatsop Berlin ('Otello') 01, Op Graz ('La Grand-Duchesse de Gérolstein') 03, Met Op ('Salome'), Salzburger FSp

('King Arthur') 04, Op Zürich SpZ 04/05; Intend Salzburger FSp ab 07. **Pr:** Mitgl d Freien Akad d Künste Hamburg, d Bayer Akad d Schönen Künste u d Akad d Künste Berlin, Dr hc d U Hildesheim, Konrad-Wolf-Pr Berlin, Max-Brauer-Pr Hamburg, Biermann-Rathjen-Med Hamburg.

Flitz, Annetraud, Sängerin (Alt); Hohenklingenstr 18, D-75438 Knittlingen, T: (0 70 43) 3 26 57, F: 95 31 41, *AFlitz@t-online.de*; *www.AFlitz.de* [Remscheid]. Konzert, Oper **Ausb:** Stud Ges (Dipl) u Kl MH Karlsruhe. **Laufb:** Sol in div Op Zwingenberger FSp, Tourneen Polen, Frankreich, Spanien, eigene Musikschule, Päd f Ges u Sprechtechnik. **Mitgl:** DTKV, Vorstandsmitgl BDG. – **Aufn/RF:** Harsdörffer/Staden: 'Seelewig', Zwingenberger FSp 2000 (SWR). **UA:** P Eben: Op 'Jeremias', Dt EA Zwingenberger FSp 98; div Komp f Alt u Org v versch Komponisten. **Zug:** G Maurischat: 'Kinner riemels'.

Floare, Dorina, Viola; c/o Neue Lausitzer Philharmonie, Promenadenstr 60, D-02827 Görlitz. **Laufb:** Sol Neue Lausitzer Philh SpZ 02/03. (Red)

Flößner, Thomas, Gitarre, Hochschullehrer; Humboldtstr 8, D-65189 Wiesbaden. **Laufb:** Doz (Git, KamM) Wiesbadener Musikakad. (Red)

Flöth, Michael, Sänger, Hochschullehrer; Dr. Hoch's Konservatorium, Hebelstr 15–19, D-60318 Frankfurt, T: (0 69) 9 15 00 40, F: 5 96 15 76, *mail@dr-hochs.de*; *www.dr-hochs.de*. **Laufb:** Doz (Gesang) Dr Hoch's Kons Frankfurt, Gastsol Städt Th Chemnitz SpZ 00/01, Staatsoptte Dresden SpZ 00/01. (Red)

Flohr, Matthias, Sänger; c/o Allee Theater GmbH – Hamburger Kammeroper, Max-Brauer-Allee 76, D-22765 Hamburg. (*)

Flor, Claus Peter, Dirigent; c/o IMG Artists – Wray Armstrong, Lovell House, 616 Chiswick High Road, London W4 5 RX, Vereinigtes Königreich, T: (0 20) 79 57 58 00, F: 79 57 58 01 [Leipzig]. **Ausb:** Stud b R Reuter, R Kubelik u K Sanderling. **Laufb:** Musikal Lt Berlin Symph, Dgt Leipzig Gewandhaus u Dresden Staatskap, Gastdgt Philharmonia Orch London 91–94, Tonhalle Orch Zürich 91–96, Dgt Bayer Staatsop München, Erster GastDgt Dallas Symphony Orch, Erster Gastdgt Orchestra Sinfonica Giuseppe Verdi Mailand, Dgt Dt Op Berlin SpZ 03/04. (Red)

Florack, Erika, Alt; Palaisstr 22, D-32756 Detmold, T: (0 52 31) 2 02 30, F: 2 02 30, *schourack@hotmail.com* [Idar-Oberstein]. Oper, Operette, Oratorium, Lied **Ausb:** Stud (OpDipl) MH Hamburg u Hannover bis 72. **Laufb:** Sol Th Detmold, Bielefeld, Lübeck, Freiburg u Hannover; Eutiner Sommersp, OpFSp Madrid u ZDF-Sonntagskonz seit 72; Gastsol Landesth Detmold SpZ 03/04.

Flores, Noel, Prof, Hochschullehrer; Univ f Musik u Darst Kunst, Inst f Tasteninstrumente, Lothringerstr 18, A-1030 Wien. Tasteninstrumente **Laufb:** o Uprof i R U f Musik u Darst Kunst Wien. (Red)

Florey, Wolfgang, Komponist; Via Di Collazzi 6, I-53045 Montepulciano (SI); *www.florey.de* [Salzburg 18.3.1945]. **Ausb:** Stud MH Salzburg, Wien, Hamburg. **Laufb:** musikal Lt RuhrFSp Recklinghausen 83–91, freischaff Komponist. – **Sonst:** Mitbegrd Ens Hinz u Kunst Hamburg 68.

Flórez, Juan Diego, Sänger; c/o Opernhaus Zürich, Falkenstr 1, CH-8008 Zürich; c/o Wiener Staatsoper, Opernring 2, A-1010 Wien. **Laufb:** Sol Staatsop Wien, Sol Dt Op Berlin SpZ 04/05. (Red)

Prof Peter Florian

Florian, Peter, Prof, Hochschullehrer, Klavier; Kokschestr 33 b, D-49080 Osnabrück, T: (05 41) 8 61 44, F: 8 61 44, *Peter.florian@t-online.de*; *www.osnabrueck.de/kok* [Cluj (Klausenburg), Rumänien 11.3.1944]. Interpretation, Komposition; Tendenz 'Avantgarde zu Tonalität', Klavierpädagogik **Ausb:** MGym Cluj (Kl) 53–62, Stud MH Cluj (Kl) 62–67, MH Hannover (Kl) 72–73. **Laufb:** Konz als Sol u KamM in Europa u Asien; Mstrkse in Dtld, Türkei, Ungarn, Rumänien, China, Südkorea. **Pr:** Fstv republican Bukarest 64; Int KlWettb Barcelona 72. **Ens:** Ens variable musica nova 76–79; KlDuo Dimowa-Florian. **Mitgl:** DTKV; Vorsitz Kreis Osnabrücker Komponisten seit 96. – **Komp:** Qui f Bl u Kl 76, UA Meppen; Fan-Tasten f Kl u Sequenzer 81; Objets trouvées-CompM + Tanz 91; Minimax f Ch, Tanz u CompM 97; Reflexionen f Sax, Git u Kl 02. **AuftrKomp:** Premiere f var Besetzung 77 (Auftr: Radio Bremen); Kaleidoskop f Hn, V, Kl 77 (Auftr: Radio Bremen); Reise um den Tag f VclOrch, Tanz u Diashow, UA 85 (Auftr: Stadt Osnabrück); OsMOSE-Großperformance, UA 93 (Auftr: KlangArt-Fstv Osnabrück). **Aufn/RF:** div RF-, SchallplAufn, zahlr Prod b Radio Bremen 76–83, ua eigene Werke u zeitgen M, z B Monologe v B A Zimmermann; Serpentine f var Besetzung, ORF 84; Osnabrücker Komponisten (LP-Doppelalbum) 81; Osnabrücker Komponisten(CD)97. **UA:** unzählige UA u EA f Kl u KlKamM 68–05. **Sonst:** Grdg KlDuo Dimowa-Florian 73; Grdg Ens variable musica nova 76; Mitgestalten d Osnabrücker Künstlerwochen. **Lit:** NMZ Okt/Nov 87.

Flügge, Jürgen, Intendant; Klostergasse 8, D-76275 Ettlingen, T: (0 72 43) 10 13 81 [Darmstadt 27.5.1944]. Musical **Laufb:** Intend SchlossFSp Ettlingen, GIntend Staatsth Braunschweig 93–95, künstler Lt Fstv Thforum Braunschweig, Intend Württembergische Ldsbühnen Esslingen, Schauburg München. **Pr:** Dt Akad d darst Künste Frankfurt, Brüder-Grimm-Pr d Landes Berlin 77. **Mitgl:** Ehrenmitgl ASSITEJ, 1. Vors Fond Darst Künste.

Flury, Dieter, Dr, Prof, Hochschullehrer, Flöte, Orchestermusiker; Univ f Musik u Darst Kunst, Inst 4, Brandhofgasse 21, A-8010 Graz, T: (03 16) 3 89 32 85, F: (01) 47 93 30 01, *dieter.flury@kug.ac.at*; *dieter.flury@wienerphilharmoniker.at* [Zürich 8.7.1952]. **Ausb:** b A Jaunet. **Laufb:** o UProf (Fl) U f Musik u Darst Kunst Graz, Soloflötist Wiener Staatsop/Wiener Philh. **Ens:** Wiener Bläserensemble, Klangforum Wien, Wiener Virtuosen. – **UA:** Uros Rojko: Flötenkonzert (Konzerthaus Wien), Herbert Willi: Stück für Flöte solo.

Flury, P. Theo, lic Theol, mag mus, Hochschullehrer, Organist, Komponist; Musikhochschule Fak II, Zentralstr 18, CH-6003 Luzern; Kloster, CH-8840 Einsiedeln, T: 05 54 18 62 76, F: 05 54 18 62 76, *theo.flury@mydiax.ch*. Improvisation, Komposition **Ausb:** Stud Org (A Cerroni), Komp (D Bartolucci) Pontificio Istituto di M Sacra 86–88. **Laufb:** Doz (liturg OrgSp, OrgImp) MH Luzern, Stiftsorganist Kloster Einsiedeln. – **Komp:** 'Missa in honorem Sancti Mauritii et Sociorum' f Soli, gem Ch u Org 89; Concertino f Org u Str 90; Sinfonietta in f 92; 'Die Schöpfungswoche d Theophrastus Bombastus Paracelsus' (M zu e Geistl Spiel) 93; Konz f Cemb u Str in d 93; Fünf marianische Antiphonen f Frauench 94; 'Die Spiritualität d Zisterzienser u d Kloster St Urban im Lauf d Zeit (M auf Tonräger) 94; 'Vitrail – Fuga' f Glasharfe 95; 'Nun danket alle Gott' 98; 'Vom Licht i d Nacht' f Glasharfe 98; 'Potenza dell'amore', Madrigalzyklus zu Dantes 'Divina Commedia' 01; 'Carmen saeculare', (Orat f Soli, gem Ch, Vokalens, Kinderch, Orch u zwei Org) 02. **Aufn/RF:** CDs: Konz f Org u Blasorch 89; Drei Stücke f StrQui u Org 91; 'Te Deum' f Tenor, gem Ch, BlechBl u 2 Org 94; 'Missa in honorem Sancti Mauritii et Sociorum', orchestr Fass 96; 'Laudes Sanctae Mariae Heremitarum', Orat f Soli, Ch, Orch u Org 96; Sinfonia concertante per organo e orchestra 98.

Flury, Urs Joseph, Komponist, Violinist, Dirigent; Zelglistr 5, CH-4562 Biberist, T: 03 26 72 32 88, F: 03 26 72 32 88; *www.urs-joseph-flury.ch* [Bern 25.8.1941]. Komposition **Ausb:** Stud V (W Kägi) Biel 62–65 u (H Schneeberger) Basel 65–68, Stud (MWiss, Kunstgeschichte, Philosophie) U Bern 62–65 u U Basel 65–68. **Laufb:** Primarius Flury-Qua 61–67, Mitgl Basler KamOrch 65–68, Konzm Camerata Biel 66–67. **Pr:** Pr f M d Kantons Solothurn. **Ens:** Dgt Solothurner KamOrch u Orch du Foyer Moutier. – **Komp:** Vokalkomp: Dt Festmesse, UA 66; Soledurner Wiehnechtsoratorium, UA 83; OrchW: Sinfonietta f StrOrch, UA 79; Die kl Meerjungfrau (musikal Märchen n Andersen), UA 79; Vineta (Symph Dichtung f gr Orch), UA 2001; Instrumentalkonz: Konz f V in D, UA F Rosner 72; Conertino veneziano f V u StrOrch, UA U J Flury 74; Konz in a-moll f Vcl u Orch, UA P Fournier 78; zudem Kmk. **AuftrKomp:** BläserQui 70, UA 70 (Auftr: Triennale Grenchen); Concerto di Carnevale f Guggemusig u Orch 76, UA 77 (Auftr: MAMFI Guggemusig Solothurn); Sinfonietta 78, UA 79 (Auftr: Kuratorium f M d Kantons Solothurn); Dt Festmesse 79/80, UA 80 (Auftr: Cäcilienverb Thal/Gäu); Fantasie valaisanne f V solo 83, UA 84 (Auftr: Radio Suisse Romande, Pflichtstück Concours T Varga 84); Präludium u Variationen f V u Org 88/89, UA 89 (Auftr: Präsidialabt Stadt Zürich). **Aufn/RF:** ua: CD Konz f Violine in D, Concertino veneziano; weitere Aufn vergl Homepage. **Lit:** MGG, J W Hartnack: 'Große Geiger unserer Zeit', K Pahlen: 'Oratorien d Welt', SUISA-Stift: 'Schweizer Chorkomponisten', U Lips/A Baldassarre: 'Biograph Notizen u Werkverzeichnis'.

Fock, Manfred, Prof, Hochschullehrer, Klavier; Segeberger Landstr 161, D-24145 Kiel, T: (04 31) 71 38 68, F: 71 18 76; Musikhochschule, Große Petersgrube 17–29, D-23552 Lübeck, T: (04 51) 1 50 51 88, F: 1 50 53 00, *Manfred.Fock@mh-luebeck.de* [Kiel 1943]. **Ausb:** Privatstud Kl (M v Gynz-Rekowski), Stud (R Henry, E Hansen) MH Hamburg, (N Magaloff) Kons Genf, Mstrkse (W Kempff) Positano u (S Gorodnitzki) Philadelphia. **Laufb:** Konz Europa, Japan, USA, Auff sämtl Beethoven-Klaviersonaten Kiel u Lübeck 76, 77, 89, Ass u LBeauftr Staatl H f M Hamburg 71–73, Prof (Kl, KamM) MH Lübeck seit 80. **Pr:** Stip Studienstift d Dt Volkes, Prtr Int Wettb Vercelli, Terni, Taormina. (Red)

Födinger, Franz, Sänger; c/o Stadtth Baden b Wien, Theaterpl 7, A-2500 Baden b Wien. **Laufb:** Gastsol Stadtth Baden b Wien SpZ 00/01, SpZ 03/05. (Red)

Förster, Hans-Rainer, Prof, Hochschullehrer, Klavier, Dirigent; Mittlerer Neubergweg 13a, D-97074 Würzburg, T: (09 31) 8 16 45; Grüne Eiche 18, D-07980 Neumühle, T: (0 36 61) 43 53 58, F: 43 53 58 [Ehrenfriedersdorf, Erzgebirge 1943]. **Ausb:** Stud H f Musik 'Franz Liszt' Weimar. **Laufb:** Solorepetitor und Dgt Opernhaus Leipzig 67–71, Dgt u stellv Lt Philh Jena 71–77, danach Kapm i Weimar, musik Oberleiter u später MDir Theater der Altmark, Stendal 78–84, Lt Staatl SinfOrch Greiz 84–91, GMD 91, Chefdgt Vogtlandphilh Greiz-Reichenbach seit 92, Prof (Dirig, Orchltg) H f M Würzburg seit 94. (Red)

Förster, Heiko Mathias, Dirigent; c/o Symphoniker, Drächslstr 14, D-81541 München, T: (0 89) 4 48 66 57, F: 48 75 68. **Ausb:** Stud H f M 'Hanns Eisler' Berlin. **Laufb:** Musikal Lt d Brandenburger Th, GMD Brandenburg, Chefdgt Münchner Symphoniker, GastDgt Th an d Rott Eggenfelden SpZ 03/05. (Red)

Foky-Gruber, Gyula, Komponist; Schlichterstr 5, D-65185 Wiesbaden, T: (06 11) 37 01 72 [1927]. – **Komp:** Suite on Hungarian Folk Songs. (Red)

Foltran Mürner, Simone, Dipl, Sopran; c/o Operavoices, Roßmäßlerstr 14, D-01139 Dresden, T: 0 17 76 06 57 55, F: (03 51) 4 79 89 98, *kelticdream@ gmx.de*; *www.operavoices.de* [Porto Alegre, Brasilien 22.5.1969]. Oper, Operette, Konzert **Ausb:** Escola de Música e Belas Artes do Paraná 77–94, DiplS (I Figur, J Kaufmann) UdK Berlin, H f M Dresden Aufbaustud (OpKl b Prof H Zabel) 2000–03, Mstrks b P Schreier 01 u Sir C Davis 03. **Laufb:** Rege KonzTätigkeit in Brasilien; Mozart: 'Zaide' (Zaide) Jena 99; Gluck: 'D bekehrte Trunkenbold' (Marie) Jena 2000; Mozart: 'Figaros Hochzeit' (Gräfin) Teatro Amazonas u Teatro Sao Pedro Brasilien 2000; EnsMitgl KamOp Dresden 03/05; Rollen: ua Mimi (Puccini: La Bohème), Clorinda (Rossini: La cenerentola), Gräfin (Mozart: Figaros Hochzeit), Elvira (Mozart: Don Giovanni), Fiordilige (Mozart: Cosi fan tutte), Rosalinde (J Strauss: Die Fledermaus), Agathe (Weber: Der Freischütz). **Pr:** Pr Maria Callas, Pr Brasilien, Mozartsonderpr. **Ens:** Optte-Ens 'Grande Remasuri', Ens Cosmopolitano Berlin, 'Operavoices'. – **Aufn/RF:** Cancioneiro de Upsala m Camerata Antiqua de Curitiba, Dgt R de Regina 95; Bach: Kant 147 m Camerata Antiqua de Curitiba, Dgt C Höppner 96; H Crowl: Finismundo m Grupo Novo Horizonte, Dgt G Griffiths 96; J M Nunes Garcia: Te Christe Solum Novimus m Grupo Americantiga, Dgt R Bernarde 97; Sarmiento/Villanueva/Pantaleón/Soto: Latin-American Innovations Classic-Poetry m Ens Cosmopolitano Berlin, Dgt G Soto 03. **UA:** Sarmiento/Villanueva/Pantaleón/Soto: Latin-American Innovations Classic-Poetry m Ens Cosmopolitano Berlin, Dgt G Soto, UA Berlin 02.

Folz, Martin, Dirigent, Chorleiter, Komponist; Sichelstr 24, D-54290 Trier, T: (06 51) 1 45 55 75, F: 1 45 55 76, *MartinFolz@eurochor.de* [1961]. Chorleitung, Workshops, Konzerte **Ausb:** Stud KiM Trier 78–80, Stud KiM MH d Saarlandes 80–86. **Laufb:** KiM Pfarrkirche St. Josef, Riegelsberg, Dgt KamOrch Riegelsberg, Dgt Saarknappenchor 90–98, freischaff seit 90, Dgt Friedrich-Spee-Chor Trier seit 93, Ltr UChor Saarbrücken 94–96, Ltr UChor Trier u SinfOrch U Trier 96–2000, stellvertr Bdeschormstr 92–95, Bdeschormstr Saar-Sänger-Bund 95–2000, Doz f Chorarb Sommerakad Blieskastel seit 92 u Mettlacher Mstrkse 97, Gastdgt Orch Philh de Luxembourg, SinfOrch Karlsbad, Mainzer KamOrch, Sinfonietta Saarbrücken, Hannoversche Hofkapelle; künstl Lt Europ Zentrum f Chorkultur Trier seit 01, Lt ChorSch d Cons du Nord Ettelbrück/Lux seit 02. **Pr:** Dgt-Pr Riva del Garda/Italien 98, Kulturplakette d Stadt Trier 03. – **Komp:** 'Spuren' 97 (Auftr: 'Alte Völcklinger Hütte', Weltkulturerbe); 'Sterben Gespenster' (Musical) 97 (Auftr: LandesAkad Ottweiler/Saar); 'Irgendwie anders' (Singspiel f KinderCh, AkkEns) 2001 (Auftr: Saarländ LandesAkkVerb); 'Der Prophet' – ChorTh üb F Spee, UA 04.

Fondary, Alain, Bariton; c/o Künstleragentur Dr. Raab & Dr. Böhm, Plankengasse 7, A-1010 Wien, T: (01) 5 12 05 01, F: 5 12 77 43, *office@rbartists.at*; *www.rbartists.at*. **Laufb:** Sol Staatsop Wien. (Red)

Fontana, Gabriele, KS, Sängerin; Plankengasse 6/34, A-1010 Wien, T: (01) 5 13 91 54, F: 5 13 91 54, *WEBERFONTANA@aol.com*; Kirchröderstr 105, D-30625 Hannover, T: 01 72–4 23 90 52; *www.gabrielefontana.com www.operissimo.com/gfontana* [Innsbruck 11.2.1961]. Oper, Lied, Konzert **Ausb:** H f M Wien (I Rapf, E Werba) 76–81. **Laufb:** Sol Op Hannover seit 96, Staatsop Wien 80–82, 86–96, Hamburg Staatsop 82–86, Salzburger FSp 82/98, Gastsp Amsterdam, München, Köln, Düsseldorf, Frankfurt, Genf, Mailand, London, Glyndebourne 84/87, Bregenzer FSp 86, Philadelphia Orch (Sawallisch), Cleveland Orch (Dohnanyi), Japan Tourneen, Santa Cecilia Rom (Sawallisch) 03, München (Zubin Mehta) 03, Semper Op Dresden SpZ 03/05, Lyon 03, Kom Op Berlin 03/04, Marseille 04, Op Leipzig, Op Frankfurt 06, Bayreuther FSp 06. **Pr:** J S Bach Prtr 80, Interpretationspr R Tauber Wettb London 80, Mozartgemeinde 81. – **Aufn/RF:** Schubert: Lieder, m G Fischer 82; R Strauss: Arabella (Kiri Te Kanawa/Tate), Dgt: Zdenka 86; Bach: Kantaten, Dgt: Münchinger 84; Rheingold (1. Rheintochter), Cleveland Orch, Dgt: Dohnanyi 92; Zimmermann: Die weiße Rose (Sophie Scholl); C Schumann: Lieder, m K Enkhorst 93; F Schubert: Letzte Lieder m P Weber 90; Fledermaus (Rosalinde); 'Wine, Woman and Song', Dgt: P Guth 97. **UA:** U Zimmermann: 'Die weiße Rose' (S Scholl), UA Hamburg, Staatsop 84; A Hölszky: 'Die Wände' (Mutter), UA Wiener FestW 96.

Fontheim, Matthias, Intendant, Regisseur; c/o Staatstheater Mainz, Gutenbergpl 7, D-55116 Mainz [Krefeld 1956]. **Laufb:** ab 06 Intend Staatsth Mainz. (Red)

Fonyad-Joo, Imola, Mag, Prof, Hochschullehrerin, Klavier; Univ f Musik u Darst Kunst, Inst f Tasteninstrumente, Lothringerstr 18, A-1030 Wien. **Laufb:** ao UProf (Kl) U f Musik u Darst Kunst Wien. (Red)

Forberger, Gesine, Sängerin; Eichengrund 51, D-03051 Cottbus, T: (03 55) 3 27 57. **Laufb:** Sol Staatsth Cottbus (01/05). (Red)

Forbis, Clifton, Tenor; c/o Columbia Artists Management GmbH, Till Janczukowicz, Albrechtstr 18, D-10117 Berlin, T: (0 30) 20 64 80 78, F: 20 45 34 80, *info@cami.com*; Wiener Staatsoper, Opernring 2, A-1010 Wien; *www.cami.com*. **Ausb:** Stud Juillard Op Center, Southern Methodist Univ. **Laufb:** Sol Canadian Op Company, Vancouver Op, Pacific Op Victoria British Columbia, Ottawa's Op Lyra, Met Op New York, Op Philadelphia, Th de la Monnaie Brüssel, Op de Marseilles, Grand Th de Bordeaux, Op Bilbao u Genua, Sol Op Wien 02/03. (Red)

Forchert, Walter, Prof, Hochschullehrer, Violine; Hohe Kreuzstr 34, D-96049 Bamberg, T: (09 51) 5 60 94, F: 5 58 07; Reuterweg 64, D-60323 Frankfurt/Main, T: (0 69) 7 29 85 10 [Wunsiedel 1944]. **Laufb:** 1. Konzm Symph-Orch Berlin 67, Solo-Tournee UdSSR 68, 1. Konzm Bamberger Symph 69, Prof (V) H f M u Darst Kunst Frankfurt/M seit 93. **Pr:** Carl-Flesch-Wettb Baden-Baden 63. (Red)

Forck, Bernhard, Violine; Wolfshagener Str 56, D-13187 Berlin, T: (0 30) 48 09 68 18, F: 49 91 62 91; c/o Musikprodukton Jörg Höflich, Enhuberstr 6–8, D-80333 München, T: (0 89) 52 20 81, F: 52 54 11, *hoeflich@musikmph.de*. **Laufb:** Konzm Akad f Alte Musik Berlin. (Red)

Forck, Stephan, Prof, Cello, Hochschullehrer; Parkstr 36c, D-13086 Berlin, T: (0 30) 9 25 31 60, *kontakt@vogler-quartett.de*; H f Musik 'Hanns Eisler', Charlottenstr 55, D-10117 Berlin; *www.voglerquartet.com* [Brandenburg/Havel]. **Ausb:** Stud (Vcl) H f M Hanns Eisler Berlin 83–87. **Laufb:** Sol (ua m Hallescher u Neubrandenburger Philh), zahlr KonzReisen Europa, Amerika, Asien, LBeauftr (Vcl, KamM) H f M 'Hanns Eisler' Berlin 92, Prof (Vcl) ebd seit 99. **Pr:** 1. Pr Bachwettb f Schüler u Jugendl Leipzig 75, 82, 2. Pr Int Instrumentalwettb Markneukirchen 83, 1. Pr StrQuaWettb Evian (m Vogler-Qua) 86. **Ens:** Vogler-Qua. – **Sonst:** Grdg Vogler-Quartett. (Red)

Ford, Bruce E, Sänger; c/o Athole Still International Management Ltd, 25–27 Westow St, London SE19 3RY, Vereinigtes Königreich, T: (0 20) 81 31 52 71, F: 81 31 81 72, *tenorbruceford@gmail.com*; *www.bruce-ford.com* [Texas 15.8.1956].

Ford, Sandra, Sängerin; c/o Komische Oper, Behrenstr 55–57, D-10117 Berlin. **Laufb:** Sol Kom Op Berlin SpZ 01/05. (Red)

Ford, Stan, Mag, Prof, Hochschullehrer, Klavier; St. Lorenz, A-5310 Mondsee, T: (0 62 32) 69 54; Univ Mozarteum, Abt f Tasteninstrumente, Zentrum im Berg, Fürbergstr 18–20, A-5020 Salzburg, T: (06 62) 61 98 51 27, F: 61 98 30 33, *stan.ford@moz.ac.at* [Fort Leonhardwood 22.9.1958]. **Laufb:** UProf (Kl) U Mozarteum Salzburg. (Red)

Fordham, Simon, Violine; c/o Münchner Philharmoniker, Kellerstr 4, D-81667 München. **Laufb:** Stimmführer Münchner Philh. (Red)

Foremny, Matthias, Dirigent, Generalmusikdirektor; c/o Mecklenburgisches Staatstheater, Alter Garten, D-19055 Schwerin, T: (03 85) 5 30 01 50; c/o Konzert-Direktion Hans Adler, Auguste-Viktoria-Str 64, D-14199 Berlin, T: (0 30) 8 95 99 20, F: 8 26 35 20, *info@musikadler.de* [Münster 1972]. **Laufb:** Kapm Kom Op Berlin (bis SpZ 04/05), Gastdgt Landesth Detmold SpZ 00/01, ab 2003 GMD, Operndir u Lt d Staatskapelle Mecklenburgisches Staatsth Schwerin SpZ 03/05. (Red)

Foretic, Silvio, Komponist, Dirigent, Klavier, Sänger; Martinsfeld 32, D-50676 Köln, T: (02 21) 31 79 82, F: 31 79 82, *silfo@web.de*; Kvaternikov Trg 3, Kroatien-10000 Zagreb, T: (01) 4 66 48 00 [Split, Kroatien 1940]. **Ausb:** Stud Komp (M Kelemen) MAkad Zagreb, (H Eimert, B A Zimmermann) MH Köln. **Laufb:** Doz (MTheorie) Folkwang H Essen. **Ens:** Grdg Ens 'Fin de siècle' Duisburg. – **Lit:** ua Komp im Ruhrgebiet, Essen 90 u 95; M in Gesch u Gegenwart (MGG) 01; Komp d Gegenwart (KdG) 4/03 (25. Nachlieferung).

Forgeron, Mélanie, Mezzosopran; Theater, Hubertusstr 2–8, D-52064 Aachen, *Kontakt@Melanie-Forgeron.com*; *www.melanie-forgeron.com* [Nürnberg 1976]. **Laufb:** Eng Sommerfestsp Eutin 04, Festeng Th in Aachen 05–07. **Pr:** Prtr int Gesangswettb d Kammerop Schloss Rheinsberg 01. (Red)

Forland, Art *siehe* Kraus-Hübner, Hans

Forman, William, Prof, Hochschullehrer, Trompete; Hochschule f Musik 'Hanns Eisler', Charlottenstr 55, D-10117 Berlin [New York City]. **Ausb:** Stud Hartt School of Music Hartford, Connecticut bis 81. **Laufb:** OrchEng Dtschld, Belgien, Mitgl Ens Modern Frankfurt, OrchLtg u Instrumentalpäd, Dgt div KamOrch u Lt Workshops f Blechbläser, Prof (Trp) H f M 'Hanns Eisler' Berlin 94. **Pr:** PtTr Int MWettb, ua 'Prager Frühling' 87. **Ens:** Ens Modern Frankfurt 91. (Red)

Formisano, Davide, Flöte; c/o O.R.I.A. Maria Bruzzese, Corso Sempione 40, I-20154 Milano, T: (02) 3 31 11 22, F: 3 31 11 40, *oriabru@tin.it*; *www.davideformisano.com* [Mailand 1974]. **Ausb:** Dipl Mailänder Kons (G Cambursano) 92, Dipl Studgg 'Künstl Ausbildung' (J-C Gérard) MH Stuttgart 95, Priv-Unterr u Mstrkse (A Nicolet) 94–95. **Laufb:** SolFl Ital JugendOrch (Ltg C M Giulini) 91, JugendOrch 'Schleswig-Holstein-MFstv' (L Maazel) 92, EUYO (JugendOrch EU) 93, stellv SolFl Hamburger Staatsop 94, SolFl Philh Orch d Niederlande 96, Mailänder Scala u Philh Orch Mailänder Scala 97; Doz 'Europ Akad f Flöte' 2003, Doz 'YAMAHA Corp Summer Course' Japan 2004. **Pr:** 'Prix Spécial du Jury' Int Wettb 'Jean-Pierre Rampal' Paris 93, 2. Pr Int ARD Wettb München 95 ua. (Red)

Forno, Roberto, Korrepetitor; St Jakobsstr 46a, CH-9000 St Gallen, T: 07 12 44 60 37, *diobobi@bluewin.ch* [Biella, Italien 26.8.1972]. **Laufb:** Korr Th St Gallen seit 2000, Korr Bregenzer FSp 02.

Forrer, Felix, Musikwissenschaftler, Violine, Viola, Dirigent; Walkeweg 14, CH-5600 Lenzburg, T: 06 28 92 21 57, F: 06 28 92 21 50, *forrer@ singendesaiten.ch*; *www.singendesaiten.ch* [Rorschach 22.5.1930]. Pädagogik Violine u Viola **Ausb:** Stud Dipl V (P Rybar) Kons Winterthur 50–53, Stud V (A Gertler) Cons Royal de Musique Brüssel 53–55, Stud (Päd) Kons Zürich 65–68, Dirigierkse (E Schmid, Zürich u E Körner, Bern). **Laufb:** L (V) Kons Zürich 55–57, V Orch Zürich, Bern, Genf u Winterthur 56–72, ML Mittelschulen Schaffhausen u Wattwil 71–73, Prof (V, Va) Alte Kantonsschule Aarau 73–95, pens seit 95, Lt Orchesterverein Brugg 85–02. **Pr:** 1. Pr f V Cons Royal de Musique Bruxelles 55. – **Sonst:** F Forrer/Schoch: Geigenschule f Anfänger (3 Hefte) 75; 'Forrers Lagen-Puzzle' f V oder Va 92; 'Singende Saiten: Solostücke f V oder Va' (3 Hefte) 95; F Forrer: Haydn: Violinkonzert C-Dur; F Forrer: Vivaldi: Violinkonzert G-Dur, op 3 Nr 3; F Forrer: Vivaldi: Violinkonzert a-moll, op 3 Nr 6; F Forrer: Händel: Violinkonzert B-Dur, HWV 288; Wagner: Albumblätter f Streichorchester, bearb v F Forrer. **Lit:** Int 'Who's who in Music' 94/95.

Forst, Frank, Prof, Hochschullehrer, Fagott; Wilhelm-Külz-Str 11, D-16540 Hohen Neuendorf, T: (0 33 03) 50 43 23, *info@frankforst.com*; H für Musik 'Franz Liszt', Inst f Bläser u Schlagwerk, PF 2552, D-99406 Weimar; *www.frankforst.com, www.fagottklasse-weimar.de* [Aalen 1969]. **Ausb:** Unterricht b Privatschüler b G Hase i Stuttgart, Stud (Fag) H f M u Theater Hannover (K Thunemann) 89–92. **Laufb:** Junge Deutsche Philharmonie 90–92, SoloFag Berliner Sinfonie-Orchester seit 92, Lehrauftrag H f M 'Hanns Eisler' Berlin 96, FagKl H f Musik 'Franz Liszt' Weimar 02, Prof ebd 03. **Pr:** 1. Pr Jugend musiziert 87, Prtr Wettb 'Prager Frühling' 91. **Ens:** Camerata Salzburg. – **UA:** Dt EA Jean Françaix: Trio f Ob, Fag, Kl. **Zug:** Leo Eylar: Divertissement f Fag u StreichQua 04.

Forster, Kilian, Kontrabass, Arrangeur, Komponist, Dirigent; c/o Künstler- und Konzertagentur Grandmontagne, Tännichtgrundstr 10, D-01462 Dresden/ Niederwartha, T: (03 51) 4 54 03 04, F: 4 54 06 04. Klassik u Jazz **Ausb:** Stud MH München. **Laufb:** Sol Orch Dresdner Philh. (Red)

Forster, Ralf, Klarinette; c/o Konzerthaus Berlin, Gendarmenmarkt, Charlottenstr 57, D-10117 Berlin. **Laufb:** Sol Berliner SinfOrch. (Red)

Forster, Tobias, Klavier; c/o Künstler-und Konzertagentur Grandmontagne, Tännichtgrundstr 10, D-01462 Dresden/Niederwartha, T: (03 51) 4 54 03 04, F: 4 54 06 04. **Ausb:** Stud Kl (Prof F Hübsch), Richard Strauss Kons München, MH Franz Liszt Weimar (Prof L Chizhik). **Pr:** m Brüdern Benjamin u Kilian (Jazztrio 'KiToBeF') Jugendkulturpr Rotary-Club Landshut. **Ens:** Jazztrio 'KiToBeF'. (Red)

Forstmaier, Günther, Klarinette; c/o Bamberger Symphoniker, Mußstr 1, D-96047 Bamberg, PF 110146, D-96029 Bamberg. **Laufb:** Sol Bamberger Symph. (Red)

Forstner, Josef, Sänger; c/o Volksoper Wien, Währinger Str 78, A-1090 Wien, T: (01) 51 44 40, F: 5 14 44 32 15, *office@volksoper.at*; *www.volksoper.at*. **Laufb:** Sol Volksop Wien seit SpZ 03/04. (Red)

Fortin, Viktor, Dr, Mag, Komponist, Universitätsprofessor; Halmweg 13, A-8054 Graz, T: (03 16) 29 62 07, F: 29 62 07, *fortin@aon.at*; *www.fortin.at* [Fohnsdorf 14.5.1936]. Kammer- u Orchestermusik, Bühnenwerke, ChM, Chanson, päd Musik, KinderM zw ‚U' u ‚E', Blockflöte **Ausb:** Stud (SchM) MAkad Graz, Komp (W Bloch), Germanistik, MWiss U Graz u Wien. **Laufb:** GymnasialL (Musik, Dt) Gymnasien d Steiermark ab 65, o UProf (Blockfl, MAnalyse) U f Musik u Darst Kunst Graz 79–04. **Pr:** Großes Goldenes Ehrenzeichen d Landes Steiermark. **Mitgl:** Präs d Steirischen Tonkünstlerbundes bis 04, Ehrenpräs d Steirischen Tonkünstlerbundes seit 04. – **Komp:** 'Oooh, Pinocchio!' (Musical), UA Op Graz, Dgt: G Fruhmann 94; 'Archibalds Adventure', UA Kairo, m Cairo Symph Orch, Dgt: Ch Campestrini 97; 'Der kleine Klabautermann' f 2 Klar, 2 Bassetthn, Basskl u Erzähler (Auftr: vienna clarinet connection, A Hallwax) 98; Concertino f Fag u Str, UA Wien, Dgt: K Rupf 04. **Aufn/RF:** Konz f Sopranblockfl u Str, Ens I Dodici, Györ, m Y Weichsel; 'Archibalds Abenteuer', dt EA, AIMS Fstv Orch, Dgt: E Hölzl 99; Konz f Sprechstimme u Orch nach Texten aus Mozart-Briefen, UA Grazer SymphOrch, m K H Donauer, Dgt: E Hötzl 94; 'Oooh Pinocchio', 'Victor Fortin u Freunde', 'Missa duri montis', Chansons da Mur II'. **UA:** 'Blockflöten m Senf'. **Zug:** Aranyi-Aschner: 'Vor drei Bildern' (f SopBlockfl u Kl); K Haidmayer: 'Senfortino' (f 2 Altblockfl u Kl). **Sonst:** über 50 Publ. **Lit:** Mitteilungen d Steir Tonkünstlerbundes 3/96; Bernhard Günther (Hg): Lex zeitgen M aus Österreich, S 429 f; Mitteilungen d Steir Tonkünstlerbundes 4/04.

Fortino, Sally, künstl Lt Schlosskonz Bad Krozingen, Cembalistin, Clavichord- u Hammerflügelspielerin; Lothringerstr 107, CH-4056 Basel, T: 06 13 81 25 75, F: 06 13 21 80 35 [Bethlehem, PA, USA 11.10.1951]. Tasteninstrumentmusik d 17./18. Jh **Ausb:** Bachelor of Arts Moravian Coll USA 72, Dipl (Alte M) Schola Cantorum Basiliensis Schweiz 77. **Laufb:** künstl Lt Schlosskonz Bad Krozingen, versch Konz, Auftr (Konz u Vorträge) b Symp (ua Tage alter Musik Herne, Harmoniques/Lausanne, Clavichord-Symp/Magnano, Kloster Michaelstein, College M Soc/USA). **Ens:** div. **Mitgl:** Vorstand Schweizer Clavichord-Ges, Dt Clavichord Ges, British Clavichord Soc, Southeastern and Midwestern Historical Keyboard Soc (USA), Ges d Freunde d alten Musikinstr (Schweiz), Galpin Soc (GB). – **Aufn/RF:** Solo CD: Frauenmusik f Cemb; weitere versch CDs. **Sonst:** KonzVeranstalter in Basel: Konz-Galerie 'Pianofortino', Schwerpunkt: M f Tasteninstr (auf Instr d eigenen Slg).

Fosser, Lars, Bariton; c/o Theater Görlitz, Demianipl 2, D-02826 Görlitz, PF 300463, D-02809 Görlitz, *fosser@t-online.de*; *fosser.bei.t-online.de* [Kopenhagen, Dänemark 30.5.1967]. ital Oper **Ausb:** Stud Ges (M Dancuo) Staatl OpH Oslo 91–94, Stud b J ansorena Belcanto Italia School of Opera Florenz 99–2000, priv Studien b G Fortune Berlin seit 02. **Laufb:** Tournee m Oslo Symph Orch u Kongsberg Cantory 98, Sol Jütländ Op Aarhus u Schloss Rheinsberg 99, Sol Th Görlitz seit 01. – **UA:** Siegfried Matthus: 'König Friedrich' (König Friedrich Wilhelm I.), UA Rheinsberger Schlossth, KamOp Schloss Rheinsberg, Ltg R Reuter 99.

Foster, Catherine, Sängerin; Deutsches Nationaltheater, PF 2003, D-99401 Weimar [Nottingham]. **Ausb:** Stud Birmingham Cons, Royal Northern College of Music, London Opera Studio. **Laufb:** Sol Dt NationalTh Weimar seit 01. **Pr:** Prtr Dame Eva Turner Award. (Red)

Foster, Emma, Sängerin; Hessisches Staatstheater, PF 3247, D-65022 Wiesbaden. **Laufb:** Sol Hess Staatsth Wiesbaden. (Red)

Foster, Marc, Dirigent; c/o Luzerner Theater, Theaterstr 2, CH-6002 Luzern. **Laufb:** Dgt Volksop Wien, Gastdgt Luzerner Th SpZ 04/05. (*)

Fournier, Isabelle, Dipl Sol, Hochschullehrerin, Konzertpianistin; rue du Conseil 2, CH-1800 Vevey, T: 02 19 23 57 25, F: 02 19 23 57 25 [Sion 23.9.1967]. **Ausb:** Lehrdipl Kl (F Zoza) Lausanne 87, SolDipl (K Engel, M Studer) 91, Begl P Amoyal Lausanne 90. **Laufb:** Konz in Europa, insb Schweiz, Frankreich, Italien, Prof (Kl) Kons Lausanne. **Pr:** 1. Pr (prix virtuaité) Lausanne. **Ens:** Duo m P Huttenlocher (Bar), Trio 'Isabelle Fournier' (Kl, V, Vcl). – **Aufn/RF:** CD: 'Trois sonates de XXe siècle', V Bernard 98. **UA:** J-P Bauermeister: 'Trois sonets de Gongora' 98, UA Evian, Th A Riboud 2000.

Fowler, Bruce, Tenor; c/o Theateragentur Dr Germinal Hilbert, Maximilianstr 22, D-80539 München, T: (0 89) 2 90 74 70, F: 29 07 47 90; c/o Stadttheater Bern, Nägeligasse 1, CH-3000 Bern 7; *www.hilbert.de*. **Laufb:** Sol Sächs Staatsop Dresden SpZ 03/04, Dt Op Berlin, Hamburg Staatsop, Stadtth Bern SpZ 04/05. (Red)

Fox, Tom, Bariton; c/o Bayerische Staatsoper, Max-Joseph-Pl 2, D-80539 München, Brieffach, D-80075 München, T: (0 89) 21 85 01, F: 21 85 11 33, *info@st-oper.bayern.de*; c/o Columbia Artists Management GmbH, Till Janczukowicz, Albrechtstr 18, D-10117 Berlin, T: (0 30) 20 64 80 78, F: 20 45 34 80, *info@cami.com*; *www.bayerische.staatsoper.de* [Cincinnati, OH, USA]. **Laufb:** Sol Op Cincinati 76–80, Sol Op Frankfurt, Auftritte MET New York, San Francisco, Chicago, Washington, Berlin, Paris, Nizza, Mailänder Scala, Rom, Bologna, Turin u Brüssel, Santiago/Chile, Salzburger FSp, Sol Op Wien seit 97, Bayer Staatsop München. (Red)

Fraas, Stefan, Dirigent; Nach den Kiefern 26, D-08523 Plauen, T: (0 37 41) 13 26 21, *stefanf@pitcom.net*; c/o Konzertdirektion Fritz Dietrich, Sigmund-Freud-Str 1, D-60435 Frankfurt/M, T: (0 69) 54 45 04, F: 5 48 41 07, *info@konzertdirektion-dietrich.de*; *www.stefan-fraas.de*. **Ausb:** MSch Plauen, Stud Pädagog H Zwickau, MH Weimar u Dresden b Prof Günter Fredrich, Prof Gerd Frischmuth u Alexander v Brück, Mstrkr ua b Helmut Rilling, Heinz Rögner, A Caridis, Stud Dirig MH Zwickau. **Laufb:** 1. Kapm Vogtlandorch Reichenbach 88, Chefdgt 91, Ernennung zum MD, Intendant 95, Ehrendgt Philh Peking, Chefdgt d Folkwang Kammerorch Essen seit 2000, Dirigierkurse, LAuftr U Chemnitz/Zwickau 97, Gastprof MH Peking (OrchDirig) 01. (Red)

Fracarro, Walter, Sänger; c/o Bayerische Staatsoper, Brieffach, D-80075 München. (Red)

Fraccaro, Walter, Tenor; c/o Deutsche Oper, Bismarckstr 35, D-10627 Berlin, T: (0 30) 3 43 84 01, *info@deutscheoperberlin.de*; c/o Columbia Artists Management GmbH, Till Janczukowicz, Albrechtstr 18, D-10117 Berlin, T: (0 30) 20 64 80 78, F: 20 45 34 80, *info@cami.com*; *www.deutscheoperberlin.de*. **Laufb:** Sol Hamburg Staatsop, Sol Op Barcelona, Staatsop Wien, Op Houston, Op Dallas, Op Lisbon, Op Madrid, Op Verona, Bayer Staatsop München, Op Santiago, Op San Francisco, Auftritte Palma de Mallorca, Fstv Klangbogen, Dt Op Berlin 03–06. (Red)

Francesca-Cavazza, Maria de, HonProf, Hochschullehrerin, Sopran; Reuthwiesenstr 11, D-90425 Nürnberg, T: (09 11) 34 49 88, F: 3 00 56 12, *mariasing@t-online.de*; H f Musik u Theater, Arcisstr 12, D-80333 München. **Laufb:** Prof (Ges) H f M u Th München. (Red)

Francesch, Homero, Klavier, Hochschullehrer; Im Rietli 1, CH-8235 Lohn, T: 05 26 49 33 27, F: 05 26 40 09 86, *homero@tic.ch*; H Musik u Theater, Florhofgasse 6, CH-8001 Zürich [Montevideo 1947]. **Ausb:** Kl (S Barenda-Reves) Montevideo, (M Hindemith-Landes, L Hoffmann, Mstrkl H Steurer) MH München, Staatsex 70. **Laufb:** Wiener FestW (B Bartók: 1. KlKonzert) 73, KonzR Dtld, Europa, Nord- u Südamerika, Japan, Australien (Philh Orch New York, Dgt: K Masur, Berliner Philh, Concertgebouw Ork Amsterdam, London Symph Orch, Münchner Philh, Wiener Philh, Dgt: L Bernstein ua), Fstvs: ua Wiener u Berliner FestW, Aix-en-Provence, Schubertiade, Adelaide Fstv/Australien, Piano Ruhr, Schleswig-Holstein-MFstv, Ernesco Fstv 03; Doz (Mstrkl Kl) MH Winterthur Zürich; künstler Lt Sommerakad Lenk (Schweiz) seit 04, künstler Lt Viersener Musiksommer ab 06. **Pr:** Pr Italia 73, Dt SchallplPr 78. – **Aufn/RF:** zahlr Aufn ua: Mozart: KlSon; ders: alle Konz f Kl u Orch, Orch de l'Op de Nice, Dgt K Weise (CD); H W Henze: ges Oeuvres f Kl solo, (CD) 94; 'Musikstreifzüge' Fernsehprod WDR 96; F Chopin: Polonaisen (CD) 97; I Strawinsky: 'Les Noces', Dgt: L Bernstein; Scarlatti: Son. **UA:** H W Henze: 3. KlKonz 'Tristan' 73/74, UA London Symph Orch, Dgt: C Davis; G Masson: Piano Concerto; H Stuppner: 2 Konz.

Franci, Carlo, Dirigent; c/o Oper Frankfurt, Untermainanlage 11, D-60311 Frankfurt. **Laufb:** Dgt Op Frankfurt. (Red)

Francis, Alun, Dirigent; c/o Konzert-Direktion Hans Adler, Auguste-Viktoria-Str 64, D-14199 Berlin, T: (0 30) 8 95 99 20, F: 8 26 36 20, *info@musikadler.de*; c/o London Artists, 10 Guild Street, Stratford-upon-Avon, Warks CV37 6RE, Vereinigtes Königreich. **Laufb:** GastDgt Staatsth Mainz SpZ 00/01, GastDgt Op Halle SpZ 03/04. (Red)

Francis, Jeffrey, Tenor; c/o Opern-Agentur Michael Lewin – Büro Wien, Wasagasse 12/1/3, A-1090 Wien, T: (01) 3 1060 96, *lewin@opern-agentur.com*; *www.opern-agentur.com*. **Ausb:** Stud (Ges) Univ of Washington. **Laufb:** Gastsol ua Liceu Barcelona, La Monnaie Brüssel, Royal Op House London, Th a d Wien, Wiener Staatsop, New York City Op, Op Australia Sydney, Met Op New York, Sol Hamburg Staatsop, Gastsol Dt Staatsop Berlin SpZ 2000/01 u 03/04, Kom Op Berlin 03–05, Salzburger FSp u PfingstFSp, Osterklang u Klangbogen Fstv Wien. (Red)

Frank, André (Pseud: Andreas Schumann), Violine; c/o Deutsches Symphonieorchester Berlin, Masurenallee 8–14, D-14057 Berlin. **Ausb:** Stud (V) Spezialschule für Musik Berlin, H f M 'Hanns Eisler' Berlin 79–85. **Laufb:** Dt

Staatskapelle Berlin (Lindenoper) 85, Dt SymphOrch Berlin 87, Stimmführer 2. V ebd 89. **Pr:** Goethe-Pr Berlin 86. **Ens:** Berliner Klavierqua 84–87, Grdg Elite-Künstlerorch 93, Grdg Elite-Künstler-Trio 98. (Red)

Frank, Caroline, Sängerin; c/o Theater St Gallen, Museumstr 1/24, CH-9004 St Gallen. **Laufb:** Sol Stadtth Klagenfurt, Gastsol Staatsth Mainz SpZ 00/01, Sol Th St Gallen SpZ 04/05. (*)

Frank, Carolyn, Mezzosopran; Am Hahnenstück 39, D-68526 Ladenburg, T: (0 62 03) 18 06 10. **Laufb:** Sol Th d Stadt u SchlossFSp Heidelberg. (Red)

Frank, Gregory, Bassbariton; Hauptstr 61, D-76889 Schweighofen, T: (0 63 42) 91 99 30, (01 72) 8 11 15 38. **Laufb:** Sol Bad Staatsth Karlsruhe, Sol Eutiner FSp SpZ 03/04, Sol Op Frankfurt SpZ 03/05. (Red)

Frank, Imke, Cello; Bergstr 125, CH-8032 Zürich, T: 0 12 62 26 66, F: 0 12 62 26 67, *imkefrank@freesurf.ch*; *www.neuemusik.ch/imkefrank/* [Stuttgart]. zeitgen Musik, Improvisation **Ausb:** Mstrkl (B Pergamenschikow) Köln, SolDiplom (H Schiff, Th Demenga) Basel. **Laufb:** Konz als Sol m namhaften SinfOrch in Europa, USA, Asien, int Musikfstv (Ludwigsburger SchossFSp, Oleg-Kagan Fstv Kreuth, HändelFSp Halle, Fstv Delft, Schleswig-Holstein-Fstv. **Pr:** int Wettb Vittorio Gui Florenz, Fstv des jeunes solistes Bordeaux, Marguerite de Redding Pr Musikforum Zug, 1. Pr Nicati-Wettb f zeitgen Musik 2000. **Ens:** ISOS-Qua, Camerata Bern, Ens Antipodes, Bern/Basel Ens Phoenix, Musikforum Zug, Celloduo Frank/Schucan. – **Aufn/RF:** Recital Ludwigsburger SchlossFSp 2000, Werke v Schumann, Demenga, Cassado, Holliger, Debussy u Gubler; CDs: 'en avant', 'aus d Fugen', Werke f Vcl solo; 'Koch', Qua v M Bruch, m Isos-Qua. **UA:** zahlr. **Zug:** R Kelterborn: monodie f Vcl u Hfe; R Gubler: 'offen gefaltet'. **Sonst:** Grdg Duo Intercommunicatione, Grdg Vcl-Duo Frank/Schucan.

Frank, Markus, Dirigent, Horn; Nortorfer Chaussee 4, D-24482 Mühbrook-Hohenhorst, T: (0 43 22) 69 95 85; c/o music and arts Organisations GmbH & Co KG, Corsicaskamp 13, D-49076 Osnabrück, T: (05 41) 9 62 96 00, F: 96 29 60 50, *info@music-and-arts.de* [Schwäbisch Hall 1969]. **Ausb:** Stud Hn Nordwestdt MAkad Detmold (Prof M Höltzel) 89–93, Dirigier-Stud H f M u Th Hamburg seit 94. **Laufb:** Sol SinfOrch NDR Hamburg 94–95, 2. Kapm Bühnen d Landeshauptstadt Kiel, Gastdgt Op Hannover seit SpZ 03/04. **Pr:** 1. Pr Int InstrWettb Markneukirchen 91, BundesHWettb 92, Hornwettb Kulturkreis BDI 93; 3. Pr Int MWettb Genf 93; 2. Pr Int MWettb ARD München 94. **Ens:** Europ Hornsextett, Diaphonia Quintett.

Frank, Markus L, Kapellmeister; Anhaltisches Theater, Friedenspl 1a, D-06844 Dessau. **Laufb:** Kapm u Vertr d GMD Anhaltisches Th Dessau. (Red)

Frank, Robert, Violine; Am Hahnenstück 39, D-68526 Ladenburg; c/o Nationaltheater Mannheim, PF 102362, D-68023 Mannheim. **Laufb:** 1. Konzm Nationalth-Orch Mannheim. (Red)

Frank, Susanne, Violine; c/o Crepaz Music Management, Altenbach 17, FL-9490 Vaduz, *office@crepazmusic.com*. **Ausb:** Stud Kons Winterthur. **Laufb:** Schwetzinger FSp 2001 (mit 'Carmina Quartett'). **Ens:** 'Carmina Quartett'. (Red)

Franke, Gotthard, Dr, Chordirektor; Friedrichshof 1, D-17237 Blumenholz, T: (03 98 24) 2 01 50; c/o Theater u Orchester Neubrandenburg/Neustrelitz, Friedrich-Ludwig-Jahn-Str 14, D-17235 Neustrelitz. **Laufb:** Chordir Landesth Mecklenburg Neustrelitz. (Red)

Franke, Gudrun, Prof, Hochschullehrerin; Karl-Marx-Str 61, D-04158 Leipzig, T: (03 41) 5 21 07 07, *gudrunfranke@gmx.net*; Hochschule f Musik u Theater, PF 100809, D-04008 Leipzig. **Laufb:** Prof (Instr Korrep, KamM Kl) H f M Felix Mendelssohn Bartholdy Leipzig. (Red)

Franke, Joachim, KM, Posaune; c/o Dresdner Philharmonie, PF 120424, D-01005 Dresden. (Red)

Franke, Thomas, Prof, Hochschullehrer; Hochschule für Musik und Theater Hamburg, Harvestehuder Weg 12, D-20148 Hamburg. **Laufb:** Prof (Klar) H f M u Th Hamburg. (Red)

Franklin, Brian, Hochschullehrer, Viola da Gamba; Oetlingerstr 79, CH-4057 Basel, T: 06 16 81 55 82; Hochschule Musik u Tanz, Florhofgasse 6, CH-8001 Zürich. **Ausb:** Stud Schola Cantorum Basiliensis b Jordi Savall. **Laufb:** Doz (Va da Gamba, Fachdidaktik, Alte Musik, KamM) MH Winterthur Zürich. **Ens:** Marais Consort. (Red)

Frannek, Florian, Dirigent; Gottschedstr 22, D-04109 Leipzig, T: (03 41) 1 49 40 18; *www.frannek.de* [2.11.1971]. **Ausb:** Stud (Korr) MH Leipzig 92–93, Stud Dirig (M Honeck, R Weikert) Kons Basel 93–97. **Laufb:** Mitgl Thomanerch Leipzig 81–90 (Präfekt 88–90), Solorep m Dgt-Verpfl Op Halle 97–01, Ass d GMD u Kapm Mecklenburg Staatsth Schwerin 01–03, freischaff Dgt 03–05, 1. Kapm Schleswig-Holsteinisches Ldsth Flensburg seit 05.

Franosch, Brigitte, Sängerin; c/o Euro-Studio, Konzertdirektion Landgraf GmbH & Co KG, Lärchenweg 1, D-79822 Titisee-Neustadt. **Laufb:** Sol Düsseldorfer Operette SpZ 01/05. (Red)

Frantz, Justus, Dirigent; c/o Büro Justus Frantz, Osterbekstr 90 b, D-22083 Hamburg, T: (0 40) 27 16 60 40, *jutta.heitmann@justusfrantz.de*; *www.justusfrantz.de* [Hohensalza, Polen 18.5.1944]. **Ausb:** Stud Kl u Dirig (Prof Eliza Hanzen, Wilhelm Kempff, Wilhelm Brückner-Rüggeberg). **Laufb:** Tourneen m d Berliner Philharmonikern, Wiener Philharmonikern, Orchestre de Paris, Tschech Philh, Salzburger FSp, New Yorker Philh, Chefdgt Philharmonia Hungarica in d BRD Marl 97, Lt d 'Philh d Nationen', Gastdgt versch Orch. **Pr:** Int Musikwettb München 67. – **Sonst:** Grdg d Schleswig-Holstein-Musikfstv 86, Grdg d Int Orchesterakad auf Schloss Salzau. (Red)

Franz-Vetter, Heidrun, Prof, Hochschullehrerin; Forststr 30, D-14163 Berlin, T: (0 30) 80 90 44 42; Hochschule f Musik u Theater, Beim St-Katharinenstift 8, D-18005 Rostock. **Laufb:** LBeauftr (Gesang) H f Musik Hanns Eisler Berlin, HonProf (Ges) H f M u Th Rostock 98. (Red)

Franz, Christian, Tenor; c/o Theateragentur Heidi Steinhaus, Auerfeldstr 26, D-81541 München, T: (0 89) 93 93 01 10, 01 70–4 45 82 00, F: 93 93 01 11, *info@heidi-steinhaus.de*; *www.heidi-steinhaus.de*. **Ausb:** Stud Ges (H Blaschke) H f M München. **Laufb:** Debüt Radebeul, Regensburg (Der Freischütz, Max), Wuppertal (Der Bajazzo, Lohengrin u Canio), Staatsth Kassel (Ring, Siegmund u Siegfried), Carnegie Hall New York, EnsMitgl Staatsop Unter d Linden (Tristan u Isolde, m W Meier, Dgt: D Barenboim; Otello, Titelrolle; Siegfried u Götterdämmerung, Siegfried) seit 99/2000, Debüt Bayreuth (Siegfried, Titelrolle) 2001, Sol Op Köln, Wiener Staatsop SpZ 03/05, Dt Op Berlin SpZ 04/05.

Franz, Manolito Mario, Sänger; c/o Bayerische Staatsoper, Brieffach, D-80075 München. (Red)

Franz, Olaf, Sänger; Hessisches Staatstheater, PF 3247, D-65022 Wiesbaden. **Laufb:** Sol Hess Staatsth Wiesbaden. (Red)

Franz, Walter, Prof, Komponist; Meierhofgasse 4, A-7540 Güssing, T: (0 33 22) 25 02. (Red)

Franzius, Christopher, Violoncello; c/o NDR Sinfonieorchester, Rothenbaumchaussee 132–134, D-20149 Hamburg, T: (0 40) 35 70 99 55, F: 35 70 99 55, *e.franzius@arcor.de* [Cuxhaven]. Solocellist, Konz, KamM **Ausb:** MH Hannover (K Storck) u Moskau (D Chafran), Mstrks b R Aldulescu u F Rossi. **Laufb:** Sol Dt Oper Berlin 89–95, Sol WDR SinfOrch Köln 95–05, Mitgl Orch d Bayreuther FSp, Stimmführer NDR SinfOrch Hamburg seit 05. – **Komp:** 5 Komp f Vcl (ersch b Weja), ua Oratorium f Vcl solo, UA Karlsruhe 98. **Aufn/RF:** E P Salomen: Mania (Vcl u Ens), m NDR SymphOrch, Dgt E P Salomen 05.

Franzke, Kai, KM, Violine; c/o Deutsche Oper Berlin, Richard-Wagner-Str 10, D-10585 Berlin. **Laufb:** stv Stimmführer Orch d Dt Op Berlin. (Red)

Frasch, Albert, Kontrabass; c/o Münchner Rundfunkorchester, Rundfunkpl 1, D-80300 München. **Laufb:** Stimmführer Münchner RFOrch. (Red)

Fratz, Martin, Dirigent; Kapellstr 10, D-40479 Düsseldorf, T: (02 11) 4 91 14 30; c/o Deutsche Oper am Rhein, Opernhaus Heinrich-Heine-Allee 16a, D-40213 Düsseldorf. **Laufb:** Dgt Dt Op am Rhein Düsseldorf-Duisburg SpZ 01/05), Op Leipzig. (Red)

Frauchiger, Ingrid, Sopran, Hochschullehrerin; Gotthelfstr 16, CH-3013 Bern, T: 03 13 32 51 20; Hochschule f Musik u Theater, Papiermühlstr 13a, CH-3000 Bern. (Red)

Frauchiger, Katrin, Komponistin, Sopran; Rabbentalstr 53, CH-3013 Bern, T: 03 13 02 85 32, F: 03 13 02 85 32, *katrin.frauchiger@bluewin.ch*. (Red)

Frebold, George, Dirigent; c/o Volksoper Wien, Währinger Str 78, A-1090 Wien. **Laufb:** Solokorr Volksop Wien. (Red)

Fredricks, Olive, KS, Sängerin (Mezzosopran); Alsterdorfer Str 107, D-22299 Hamburg, T: (0 40) 5 11 36 22; c/o Hamburgische Staatsoper, PF 302448, D-20308 Hamburg [Mishawaka, USA]. **Ausb:** Stud (Ges) Indiana Univ b M Lipton, Stud (Schauspiel) Ohio Univ. **Laufb:** Staatstheater Kassel 68–73, Sol Th St. Gallen, Sol Th Lübeck, Sol Hamburg Staatsop seit 76. **Pr:** 1. Pr Liederkranz-Wettb New York 67, Fulbright Stip 67, KS Op Hamburg 89. (Red)

Freeliner *siehe* Stenz, Michael

Freeman, Anna, Prof, Hochschullehrerin, Trompete; Tiergarten 32, D-52078 Aachen, T: (02 41) 5 65 97 60, *annafreeman2138@hotmail.com*; H f Musik, Abt Aachen, Theaterstr 2–4, D-52062 Aachen, T: (02 41) 45 54 15; *www.annafreeman.de.vu/* [1954]. **Ausb:** Victorian College of the Arts (Mervyn Simpson) 76. **Laufb:** Prof (Trp, BlechBl, KamM) H f Musik Köln, Abt Aachen seit 99. **Pr:** Mensa Society, John Gaitskell Award 76, 1. Pr Victorian State A.B.C. Instrumentalist and Vocalist Solo Competition 76. (Red)

Freeman, Colenton, Sänger (Operntenor); Seltersweg 49, D-35390 Gießen, T: (06 41) 7 67 11, F: 7 67 11, *CFree200@aol.com*; *www.ColentonFreeman.com*. Op, Konz **Ausb:** BM Oberlin Coll 74–78, MM Oberlin Coll 79. **Laufb:** zuletzt: Parsifal (Parsifal), Arts Serveis de Cultura, Palma de Mallorca 99, Porgy and Bess (Sportin' Life), Freiburger Philharmonie 2001, La Boheme (Rodolfo), Bamberger Symphoniker 2001; zahlr Liederabende u Konz. – **Aufn/RF:** G Gershwin: Porgy & Bess 88; H Marschner: Der Vampyr 92.

Frehner, Hans Peter, Komponist, Flöte; Stationsstr 1, CH-8003 Zürich, T: 0 14 63 04 82, *frehner@ensemble.ch*; c/o ensemble für neue musik zürich, Hegibachstr 58, CH-8032 Zürich, T: 0 13 83 81 81, F: 0 13 83 82 14, *info@ensemble.ch*; *www.ensemble.ch* [1953]. Neue Musik, Musiktheater **Ausb:** Stud (A Magnin) MAkad Zürich bis 82, Stud (K Klemm, A Jaunet) Zürich. **Laufb:** int KonzTätigkeit als Sol u KamMusiker in Europa, Kanada u USA, Flötist in versch Orch 1981–88, Grdg u künstl Lt ensemble f neue musik zürich. **Pr:** Hegarpr Kons Zürich 80, Pr Präsidialam d Stadt Zürich 80–83, Kulurpt Kt Appenzell 91. **Ens:** die SZENE Zürich. **Mitgl:** STV, IGNM. – **UA:** D Hess: 'Stille d Nacht', UA Zürich/ens f neue m zürich, 90, N Hisada: 'Landscape', UA Hongkong /ens f neue m zürich, 92, D Hess: 'Canzoni', UA Kiev/ens f neue m zürich, 93, N Hisada: 'Das Höllenbild', UA Zürich/die SZENE Zürich m J Schlömer, 2000.

Frei, Jürg, Dr, Flöte; via Somplaz 13, CH-7500 St Moritz, T: 08 18 33 08 41. (Red)

Frei, Michael, Dirigent, Schauspielmusiker; Stauffacherstr 35, CH-3014 Bern, T: 03 13 32 69 80, *michael.frei@stadttheaterbern.ch*; c/o Stadttheater Bern, Nägeligasse 1, CH-3007 Bern. **Laufb:** Dgt u SchspM Stadtth Bern seit SpZ 03/04. (Red)

Frei, Oliver Fabian, Komponist, Musiker; Goerdelerstr 10, D-23566 Lübeck, T: (04 51) 7 09 81 45, *mail@oliverfrei.de* [Hamburg 24.7.1969]. **Ausb:** Stud (Systemat Musikwiss) U Hamburg. **Laufb:** Studien bei Prof Erdmann, SchspM. (Red)

Freibott, Albin, Komponist; Rhönstr 18, D-97708 Bad Bocklet, T: (0 97 08) 17 99, *albin-freibott@t-online.de*. **Laufb:** KreisChLt Sängerkreis Schweinfurt. (Red)

Freibott, Hermann, Hochschullehrer, Chorleiter; Weingartenstr 17, D-97072 Würzburg, T: (09 31) 87 06 38. **Laufb:** Doz (Chor-, Orchltg, Volksliedkunde, EnsLtg) Hermann Zilcher Kons Würzburg. (Red)

Freier, Jürgen, KS, Sänger; c/o Städtische Theater, PF 756, D-09007 Chemnitz. **Laufb:** Sol Kom Op Berlin, Hamburg Staatsop, Gastsol Städt Th Chemnitz SpZ 00/05. (Red)

Freimuth, Heinz-Gert, Prof, Komponist; Westf Wilhelms-Univ Münster, Sem f Liturgiewissenschaft, Johannisstr 8–10, D-48143 Münster, T: (0 25 01) 31 43(privat) [1939]. **Laufb:** Ltg Philh Ch d Stadt Münster eV, HonProf Sem f Liturgiewiss Kath-Theolog Fak WWU-Münster WS 03/04. (Red)

Freisitzer, Roland, Komponist, Dirigent; Klimschgasse 38, A-1030 Wien, T: (01) 9 66 86 17, (06 99) 10 71 13 00; c/o Universal Edition, Forsthausgasse 9, A-1200 Wien, *freisitzer@universaledition.com* [Wien 16.8.1973]. **Ausb:** Stud Komp (A Schnittke, E Denisow) Moskau, Dirigierstud (V Ponkin) ab 89. **Laufb:** MD u Chefdgt 'the moscow orchestra' 94–99, freischaff Komp u Dgt seit 99, Mitebegrd Ens Reconsil Wien. **Pr:** 1. Pr f Komp 'youngster of arts 92'. – **Komp:** evocation mozart f orch 90; cantus I f violine, vcl, kl u orch 95; cantus II f oboe u orch 96; helen's crazy midnight dance 97; horn concerto 99; cello concerto 99. **Sonst:** Grd u musikal Lt d Fstvs 'Moskau Modern' 92. (Red)

Freitag, Erik, Komponist; Schippergasse 20, A-1210 Wien, T: (01) 2 94 51 08, F: 2 94 51 08 [Wien 1.2.1940]. **Ausb:** V (Prihoda, Melkus) MH Wien 58–64, Komp (K-B Blomdahl) Stockholm 65/66. **Laufb:** Mitgl Schwed RSO 64, Stockholmer Philh Orch 67, Musiklehranst Wien 70, Composer in Residence U of Northwestern Michigan 96, Kulturzentr 'Moulin d'Andé' Paris 97. **Pr:** KompPr 'Nordelb Tage' Hamburg 71, Förderungspr Österr Bundesmin 75, Stadt Wien 78, Theodor Körner-Pr 81. – **Komp:** Helle Nacht (f StrOrch), UA Nijmegen, Dgt: K Nerbe 90; Yogiguanatzi (OrchW), UA Wien, ORF, Dgt: R Staar 95; Seis Canciones castellanas J Guridi-Orchstrier, UA Berlin, RSO Berlin, Dgt: R Frühbeck de Burgos; Passages in the Wind (f Bar u 6 Instr) (Text: J G Brown), UA Graz, Steir Herbst, M Ingham, Ens Wiener Collage, Dgt: R Staar 87; Quintett (f Klar, Hn, V, Vcl, Kl), UA Wien, Ens Wiener Collage, Dgt: R Staar 94; 'in der todesstunde von alfons alfred schmidt' (Bühnenspiel f Sänger, Sprecher u Instrumentalisten) (Text: M Amanshauser), UA Wien, WUK 99; El retablo de la catedral de Tarragona (f V u Kl), UA Wien, R Staar, T Hlawatsch 82, Fass f V solo, Fl, Ob, Kl u StrQui UA Moskau, E Bushkov, Moscow Concertino 93. **AuftrKomp:** Immagini (f KamEns), UA Moskau, Philharmonie 98 (Auftr: Ens Moscow Concertino u E Bushkov); Soul Sky (f V), UA Michigan Dennos Museum Center, E Bushkov 96 (Auftr: Dancing Bear music Series); 6 Lieder f Singst u Schlgz auf Texte v M L Kaschnitz, UA Frankfurt, A Leverenz, H Michaelis 01 (Auftr: Concerti Piccoli); Triaphonie 1–4 (I f Hn, V, Kl), UA Mailand 96, (II f Alt, Sax, V u Kl), UA Wien, ORF 97, (III f V, Kb, Git), UA Wien 98, (IV f Klar, Pos, Vcl), Wien 01 (Auftr: Ens Wiener Collage; 'Magische Kreise' (StrQua), UA Odessa, Fstv 97 (Auftr: Ens Harmonie d Welt, Odessa); Quintett (f Fl u StrQua), UA Odessa, Fstv 01 (Auftr: Ens Harmonie d Welt, Odessa). **Sonst:** Mitbegrd Ens Wiener Collage.

Freivogel, Willy, Flöte; Berliner Str 15, D-71083 Herrenberg i Gäu, T: (0 70 32) 91 91 11; c/o Südwestdeutsche Konzertdirektion Erwin Russ GmbH, Charlottenpl 17, D-70173 Stuttgart, T: (07 11) 1 63 53 11, F: 1 63 53 30, *info@sksruss.de*. **Ens:** Diabelli Trio. (Red)

Freni, Mirella, Sopran; c/o Caecilia Lyric Department, Rennweg 15, CH-8001 Zürich, T: 0 12 21 33 88, F: 0 12 11 71 82, *caecilia@caecilia-lyric.ch* [Modena 27.2.1935]. **Laufb:** Debüt Modena 55 (Micaela, Bizet: 'Carmen'), Sol Scala Mailand (Puccini: 'La Boheme' 63), Debüt Metropolitan Op New York 65, Sol Op Zürich, Dt Op Berlin. **Pr:** Cavaliere della Gran Croce della Repubblica Italiana, Légion d' Honneur 93, Ehrenwürde U Pisa 02, Galakonz 40 Jahre Met-Debüt u 50 Jahre ThDebüt New York 05 (Dgt:J Levine). – **Sonst:** Memoiren 90 ('Mio Caro Teatro'). (Red)

Frenzel, Annette, Sängerin; Staatsoperette, Pirnaer Landstr 131, D-01257 Dresden. **Laufb:** Sol Staatsoptte Dresden. (Red)

Frenzel, Kay, Sänger; c/o Landesbühnen Sachsen, Meißner Str 152, D-01445 Radebeul; c/o Landesbühnen Sachsen, Meißner Str 132, D-01445 Radebeul. **Laufb:** Gastsol Städt Th Chemnitz SpZ 00/05, Sol Landesbühnen Sachsen SpZ 03/05. (Red)

Frenzel, Uta-Maria, Prof, Hochschullehrerin, Violine; Merseburger Str 1, D-01309 Dresden, T: (03 51) 3 11 61 11; Hochschule f Musik, PF 120039, D-01001 Dresden [Görlitz 1953]. **Ausb:** Stud (R. Ulbricht) H f M „Carl Maria von Weber" Dresden 70–75. **Laufb:** Mitgl KamOrch Virtuosi saxoniae 87–91, Prof (V) H f Musik Carl Maria v Weber Dresden 96. (Red)

Fresis, Errico, Prof, Kapellmeister; Universität der Künste, Fasanenstr 1b, D-10623 Berlin, *errico@fresis.org*; *www.fresis.org* [11.12.1963]. Konzert, Oper, Neue Musik **Laufb:** Korr Wiener Staatsop 88, Korr Wiener Volksop 90, Korr u Kapm Ulm 92, Klangforum Wien 92, Studienlt u Kapm Saarbrücken 94, Frankfurter Feste 94, Ens Recherche 2000, Kapm u stellv GMD Städt Bühnen Freiburg 2000–03, Prof U d K Berlin seit 03, Gastdgt BBCSSO 01 u 03, NatTh Weimar, NatTh Mannheim u Op Graz SpZ 02/03, Th Biel Solothurn SpZ 03/04, ständ Gastdgt Staatsorch Thessaloniki seit 03. – **Sonst:** Grd Ens PanArte.

Freund, Mathias, Violine; c/o Münchner Philharmoniker, Kellerstr 4, D-81667 München. **Laufb:** Vorspieler Münchner Philh. (Red)

Freund, Stephan, Konzertmeister; Kareliaweg 5, D-08468 Reichenbach, T: (0 37 65) 6 57 01; c/o Theater der Stadt Greiz, Vogtland Philharmonie, Stavenhagenstr 3–4, D-07973 Greiz, *Vogtland-Philharmonie_dram@t-online.de*, *Vogtland-Philharmonie@t-online.de* [Graz 5.10.1959]. Orchesterliteratur, Solokonzerte **Ausb:** Stud OrchM, Päd MH Weimar u Sol-Aufbaustud ebd (Prof Ehlers, Prof Hoffmann) 77–83. **Laufb:** Konzm Vogtland Philh Greiz/Reichenbach, int Tourneen als Sol: Smetana Saal Prag 91, Pilsen, Albena/Dänemark 93, Naetsved/Dänemark 94, Nicosia/Zypern 94, Chicago/USA 98; StrQua: Spanien 98, Chicago u Milwaukee/USA 97–2000. **Pr:** KamMusiker. **Ens:** 'Freund' StrQua, Vogtland Sinfonietta, KamDuo 83–99. – **Aufn/RF:** CD StrQua: H Großmann: Musik aus der Hütte 97. **UA:** H Großmann: Diptychon f StrQua 94; ders: 2. StrQua 96; ders: Thema, Variationen u Abschluss 97. **Zug:** H Großmann: StrQua 'Musik aus der Hütte'.

Frey-Rabine, Lia, Opernsängerin (hochdramatischer Sopran), Gesangslehrerin; Kleinstr 6, D-61194 Niddatal, T: (0 60 34) 38 33, F: 87 43, *squirrelia@t-online.de* [Crosby, Minnesota USA 12.8.1947]. **Ausb:** Stud Op, Ges Indiana Univ, Bloomington, Indiana 65–71, Folkwangschule Essen 71–72. **Laufb:** FestEng: Pfalzth Kaiserslautern 72–73, Stadtth Bern 73–75, Schleswig-Holsteinisches Landesth Flensburg 75–77, Städt Bühnen Nürnberg 77–79, Th Hagen 79–84, Städt Bühnen Frankfurt 84–87; freischaff seit 87, Gastsp in Dtschld, Österreich, Schweiz, Italien, Belgien, Niederlande, Frankreich, Schweden, Island, Rumänien. **Pr:** DAAD Stip 71, WGN Auditions of the Air (Chicago) Nat Finalist 70, Metropolitan Auditions Nat Finalist 71, Förderungspr Land NRW f Junge Künstler 83, Ehrenmgl Richard Wagner Verb Freiburg 88. – **Aufn/RF:** RFMitschn Elektra: Titelpartie Staatsop Dresden 87, 90; Wagner: D Fliegende Holländer, Senta 92; Brünnhilde Reykjavik, Island 95; Salome, Rom; Parsifal, Kundry; Wozzeck, Marie. **UA:** R Mors: Der Kreidekreis, Bielefeld 83.

Frey, Jana, Sängerin; Pillnitzer Landstr 113, D-01326 Dresden, T: 0 17 33 56 41 50, F: (02 51) 3 40 03 19 [Berlin 30.6.1970]. **Ausb:** Stud H f M 'Carl Maria v Weber' Dresden 89–97. **Laufb:** Sol Anhaltisches Th Dessau seit 99 (03/04), Gastsol ua Dresden, Nürnberg, Hildesheim, Japan-Tournee m Anhalt Th Dessau 2001. **Pr:** Wagnerstip Bayreuther FSp 2001. – **Aufn/RF:** M A Walpurgis: 'Talestri, regina delle amazzoni' (Titelpartie), m Batzdorfer Hofkapelle, Dgt: T Schade 98 (RF-Mitschn u CD). **UA:** E Rautavaara: 'Das Sonnenhaus', Dt EA m Th Vorpommern 90.

Frey, Jürg, Komponist, Klarinette; Hebelweg 2, CH-5000 Aarau, T: 06 28 22 20 04, *jufrey@dplanet.ch*; Tüllinger Str 120, D-79539 Lörrach, T: (0 76 21) 8 64 45; *www.dplanet.ch/users/jufrey* [Aarau 15.5.1953]. experimentelle Musik, Klangkunst **Ausb:** Stud Komp (U P Schneider) Bern 78, Ausb L d FM Alexander-Technik Basel 82, Konzertdipl Klar (Th Friedli) Zürich u Genf 83. **Laufb:** künstl Ltg KonzReihe 'Moments musicaux' Aarau seit 85. **Pr:** Prtr Int KompSem Boswil 91, Förderung durch Kuratorium Kanton Aargau (Werkjahre 86, 98, Aufenthalt in Berlin 97). **Ens:** Wandelweiser Komponisten-Ens. – **Komp:** zuletzt: Quintett 2 (f Kl u Streichqua) 98–2000, UA Zündorf (Österr); Buch der Räume u Zeiten (f 2 Instr), UA Berlin 99; Wen I–XXIX (Zyklus f versch Soloinstr) 99/2000; l'âme est sans retenue II (f B-Klar u Tonband) 97–2000, UA Zürich; Exact Dimension without Insistence (f 2 Instr), UA Brüssel 99; Glafsered I (f Schlgz) 02; Glafsered II (f Bassklar, Kl) 02; Unhörbare Zeit (f Fl, Klar, Pos, Vcl) 03/04. **AuftrKomp:** Aufzählung. Licht. Tänzerin am Rand, UA Köln (Auftr: Rhein Musikfest). **Sonst:** Mitbegrdg Musikal Begegnungen Lentburg.

Frey, Maximilian, Prof, Hochschullehrer; Rosenstr 16, D-82319 Starnberg, T: (0 81 51) 86 39, F: 86 33, *max.frey@t-online.de*; H f Musik u Theater, Arcisstr 12, D-80333 München, T: (0 89) 28 92 74 73. **Laufb:** Prof (Chorltg, Madrigalchor) H f M u Th München. (Red)

Frey, Peter K, Kontrabass; Im Heugarten 45, CH-8617 Mönchaltorf, T: 04 49 48 06 44, F: 04 49 48 06 44; *www.tonundton.ch* [Baden, Schweiz 21.5.1941]. freie Improvisation, Installationen, medienübergreifende Projekte, Computer gestützte u generierte Musik, Unterricht **Ausb:** autodidaktisch. **Laufb:** New M America-Fstv Miami 88, Donaueschinger MTage 89, Dresdner Tage zeitgen M 90, Int MFestW Luzern 92, Int Bachfest Schaffhausen 94. **Pr:** Werkjahre Aargauer Kuratorium 98, 01. **Ens:** KARL ein KARL, adesso, Kontrabassduo Studer/Frey, Domino. – **Komp:** Kollektivkomp m KARL ein KARL: 'nine to nine', UA Burgdorf/Schweiz 87; 'KARLs Fest', UA Zürich 91; 'genaugenauf', szen Hörspiel, UA Zürich 94; 'ja', UA Zürich 96; m D Studer: 'Überlagerungen', UA Baden/Schweiz 03; Installationen: TON 93 Wetzikon/Schweiz 93, TON 95 Zürich 95 (Auftr: Stadt Zürich), TON 97 Zürich 97, TON 99 Zug/Schweiz 99, TON 2000 (Kunst am Bau) St Laurent du Verdon/F 2000, TON 2001 Uster/Schweiz 01, TON 2002 (Kunst am Bau) Uster 02.

Frey, Vital Julian, Cembalo; c/o Konzert Agentur GmbH, Homelstr 34, CH-4114 Hofstetten, T: 06 17 33 03 73, F: 06 17 33 03 74, *vitaljulianfrey@concertagency.com*; *www.konzert.ch*. **Ausb:** MusikH Freiburg u München b R Hill u Ch Schornsheim, Mstrkse b K Gilbert, Chr Jaccottet, J Christensen u A Staier. **Pr:** Thuner Kulturförderpr 2000, Prtr int Cembalo-Wettb Brugge 01, Förderpr Orpheus-Konz 03. (Red)

Freyer, Achim, Regisseur; Kadettenweg 53, D-12205 Berlin, T: (0 30) 8 33 50 37; c/o Freyer-Ensemble eV, Motzstr 63, D-10777 Berlin [1934]. **Laufb:** Prof (Bühnenbild) HdK Berlin 76–99, Inszenier ua Stuttgart ('Der Freischütz') 80, Staatsop Hamburg ('Die Zauberflöte') 82, Dt Op Berlin (Gluck:

'Orfeo ed Euridice') 82, Wiener Volksop ('La Cenerentola') 97, Salzburger FSp ('Die Zauberflöte') 97, Schwetzinger FSp ('Don Giovanni') 98, ('Die Zauberflöte') 02, Wiener FestW ('L'Orfeo') 98–99, (Schumann: 'Genoveva') 99–2000, USA-Debüt 02. **Pr:** Theaterpr ITI 99, Goldmed f Retrospektive zur Quadriennale Prag 99. **Ens:** Grd Freyer-Ens 92. (Red)

Freyer, Annedore, Prof, Hochschullehrerin, Violine; Hochschule f Musik, PF 120039, D-01001 Dresden. **Laufb:** Prof (V) H f M Dresden. (*)

Friebel, Barbara, Sängerin; Möhringer Str 60, D-70199 Stuttgart, T: (07 11) 60 88 60; Staatstheater, Oberer Schloßgarten 6, D-70173 Stuttgart. **Laufb:** Sol Staatsth Mainz 99–02, Sol Staatstheater Stuttgart. (Red)

Friebel, Frank, Klarinettist; c/o Neue Lausitzer Philharmonie, Promenadenstr 60, D-02827 Görlitz. **Laufb:** Sol Neue Lausitzer Philh SpZ 02/03. (Red)

Frieberger, Rupert Gottfried, MMag, Dr, Prof, StiftsKapm, Hochschullehrer, Orgel, Komponist, Dirigent; Praemonstratenserabtei, A-4160 Stift Schlägl, T: (0 72 81) 8 80 13 33, F: 62 60, *rgf@aon.at*; Univ f Musik u Darst Kunst, Inst f Orgel, Orgelforschung u Kirchenmusik, Sailerstätte 26, A-1010 Wien [Linz 1951]. **Laufb:** Stiftskapellmeister Stift Schlägl, Dir der Landesmusikschule Schlägl, künstl Lt Int Schlägler Musikseminare, Lehrtätigkeit U Salzburg, U Wien u U Innsbruck, Konz als Dgt u Organist europaweit. **Pr:** 1. Pr Int Orgelimprov-Wettb Haarlem 74, 1. Pr Int Orgelwoche Innsbruck 77, Th-Körner-Pr f Komp 82 u 87, Gold Verdienstzeichen d Rep Österreich 82, Ehrenring d Gemeinde Schlägl 88, Österr Ehrenkreuz f Wiss u Kunst 91, Landeskulturpr f Komp d Oö Landesreg 93, Kulturpr d Stadt Rohrbach 94. – **Aufn/RF:** ca 50 LPs u CDs. **Sonst:** Orgelsachverständiger.

Fried, Anneliese, Prof, Sängerin, Hochschullehrerin; Rätikonweg 29, D-12107 Berlin, T: (0 30) 7 86 98 57, F: 7 86 98 57, *fried.maleki@t-online.de*; H f Musik 'Hanns Eisler', Charlottenstr 55, D-10117 Berlin, T: (0 30) 90 26 98 54, F: 90 26 97 50, *abteilung.a@berlin.de* [Hagenbach, Pfalz 25.5.1950]. Oper, Konzert **Ausb:** Stud (Kl) MH Karlsruhe 70–75, Stud Ges (L West) ebd 75–80. **Laufb:** Gastsp: Niederländ Staatsop Amsterdam, Dresdner MFSp, Dt Op am Rhein Düsseldorf, Zürich, Lausanne, Genf, Paris, Marseille, Bologna, Siena ua, Festeng: Stadtth Aachen 84–92, Städt Bühnen Münster 92–93, Op d Stadt Köln 93–95, Prof (Ges) H f M 'Hanns Eisler' Berlin seit 95. **Pr:** Podium junger Sol 80, 1. Pr Dt Musikrat, 2. Pr Int Gesangswettb Paris 82, 2. Pr Int Wettb f Liedgesang Wien 82. **Mitgl:** Bundesverband Dt. Gesangspädagogen. – **Aufn/RF:** zahlr RF-Aufn, ua Bellini: 'La Sonnambula' 94.

Friede, Stephanie, Sopran; c/o Artists Management Zürich, Rütistr 52, CH-8044 Zürich, T: 04 48 21 89 57, F: 04 48 21 01 27; c/o Semperoper, Theaterpl 2, D-01067 Dresden; *www.artistsman.com*. **Laufb:** Sol Op Zürich SpZ 00/01, Sol Dt Op Berlin u Sächs Staatsop Dresden SpZ 03/05. (Red)

Friedemann, Rainer, Intendant, Regisseur; c/o Theater Hagen, Elberfelder Str 65, D-58095 Hagen. **Laufb:** Intend Th Hagen seit SpZ 03/04, Reg Op Hannover SpZ 04/05. (Red)

Friedl-Aventin, Ingeborg, Sängerin, Gesangspädagogin; Weesestr 3/5, A-4060 Leonding/Linz, T: (07 32) 67 81 65, F: 67 81 65. lyrisch-dramatischer Mezzosopran, jetzt Charakterfach-Altistin **Ausb:** Stud Bruckner-Kons Linz. **Laufb:** Eng Oldenburg, Regensburg, München; Gastsp Nürnberg, Aachen, Coburg, Karlsruhe; LAuftr Linz/OÖ.

Friedl, Hans Joachim, Komponist; Fraunhoferstr 4, D-80469 München, T: (0 89) 2 60 89 71 [Rosenheim 1959]. **Ausb:** Stud Komp u Kl MH München bis 87. **Laufb:** umfangreiche KonzTätigkeit als Pianist u KlBegleiter, mehrere Jahre LBeauftr f MTheorie u Generalbass/Partiturspiel, UA seiner Fantasie f großes Orch durch d Berliner Philharmon Orch 85. **Pr:** Musikstip d Ldeshaupst München 84, Villa-Massimo-Stip 88. – **Komp:** Werke f Kl, KamM, Orch, in d letzten Jahren hauptsächl Kunstlieder, ua ein umfangreicher geistl Liederzyklus. **Aufn/RF:** CD Hymnus 9 Magnificat f Ges u Org.

Friedl, Heinz, Klarinette; Baaderstr 66, D-80469 München, T: (0 89) 2 02 25 98, F: 20 01 92 58, *baader66@t-online.de*. **Ausb:** Stud H f M u Th Hannover b Prof Hans Deinzer. **Laufb:** SymphOrch d BR, freier Klarinettist. **Ens:** Xsemble München. (Red)

Friedl, Reinhold, Komponist, Klavier; Graefestr 5, D-10967 Berlin, T: (0 30) 6 91 81 99; c/o Timescraper Music, Fidicinstr 24, D-10965 Berlin, T: (0 30) 6 91 20 20, F: 6 94 87 32, *Timescrape@aol.com* [Baden-Baden 1964]. **Ens:** Grdg u Ltg Trio 'Piano-Inside-Out', Ens 'Zeitkratzer'. – **Aufn/RF:** CDs: 'Xtensions', 'SoundinX', 'SonX'. **Sonst:** Publ in: Positionen Magazin f Neue Musik, TAZ, Stuttgarter Ztg, Jazzthetik, Lettre Int ua. (Red)

Friedl, Werner, Sänger; c/o Landestheater und Kammerspiele Salzburg, Schwarzstr 22, A-5020 Salzburg. **Laufb:** Sol Landesth Salzburg SpZ 03/05. (Red)

Friedländer, Andreas, Klarinette; c/o Ebony-Ensemble, Sperberweg 8, D-94369 Rain, T: (0 94 29) 94 95 60, *andreas@ebony-ensemble.de*; *www.ebony-ensemble.de* [Hindenburg 1963]. **Ausb:** Leopold-Mozart-Kons Augsburg. **Laufb:** Lt MSch Straubing 90. **Ens:** Ebony-Ens. (Red)

Friedli, Irène, Alt; c/o Opernhaus Zürich, Falkenstr 1, CH-8008 Zürich, T: 0 12 68 64 00; *www.opernhaus.ch*. **Ausb:** Stud Ges (K Widmer) MAkad Basel, Dipl 91, Interpretkl D Fischer-Dieskau Berlin, Mstrks B Fassbaender. **Laufb:** GastSol Stadtth Luzern SpZ 93/94, Sol Op Zürich seit 94/95. (Red)

Friedli, Thomas, Klarinette; c/o Académie de musique de Sion, CP 107, CH-1951 Sion, T: 02 73 22 66 52, *info@amsion.ch*; c/o Orchestre de Chambre de Lausanne, Rue Saint-Laurent 19, CH-1003 Lausanne, T: 02 13 45 00 20, F: 02 13 45 00 21, *ocl@vtxnet.ch*. **Laufb:** Doz Kons Genf, Acad de musique de Sion. **Ens:** Orch de Chambre de Lausanne. (Red)

Friedrich, Eberhard, Chordirektor; c/o Deutsche Staatsoper, Unter den Linden 7, D-10117 Berlin, PF 354, D-10109 Berlin [Darmstadt 1958]. **Ausb:** Stud (H Rilling) Frankfurt aM. **Laufb:** Chordir Th d Stadt Koblenz 86–91, Chordir Hess Staatsth Wiesbaden 91–98, Choreinstud als Gast Dt Staatsop Unter den Linden Berlin seit 95, Chordir Dt Staatsoper Unter den Linden Berlin seit 98 (04/05), Ass u Stellvertr d Chordir N Balatsch d Bayreuther FSp seit 93, Chordir d Bayreuther FSp seit 2000. (Red)

Friedrich, Felix, Dr phil, Organist; Hohe Str 2, D-04639 Gößnitz, T: (03 44 93) 2 15 30, F: 7 12 25, *FelFriedrich@aol.com*; *www.felixfriedrich.de* [Hochweitzschen 25.1.1945]. Orgel, Orgelwiss **Ausb:** Stud (KiM) Dresden 63–66, Stud (KiM) H Weimar 66–71, Prom (MWiss) Martin-Luther-U Halle-Wittenberg 87. **Laufb:** Schloßorganist Altenburg seit 76, umfangreiche int KonzTätigkeit in Europa, USA u ehemal UdSSR, Konz u CD-Aufn m versch Orch u Dgt, Sol b Int Orgel- u MFstvs, zahlr RF-, TV- u Schallpl-Aufn, rege musikwiss Tätigkeit: Referate zu int Symposien, zahlr Buchpubl, Lex-Artikel, Hg v Noteneditionen, Sachberater b Orgelbauten u Restaurierungen (ua Waltershausen, Großengottern, Barth, Thomaskirche Leipzig), GastVorl an U im In- u Ausland, Jury-Tätigkeit b int OrgelWettb. **Pr:** Prtr mehrer int Orgelwettb, Ehrenplak Stadt Altenburg 84, Vizepräs Gottfried-Silbermann-Ges Freiberg, Lt 'Thüring Orgelakad' seit 91, Jahrespr d dt Schallplattenkritik 03. **Mitgl:** Neue Bachges, Ges d Orgelfreunde (GdO). – **Aufn/RF:** Schenker: Michelangelo-Sinf, m Gewandhausorch, Dgt: K Masur 85; Schmidt: Bach m sieben Siegeln, m MDR-SinfOrch, Dgt: P Schreier 98; Janáček: Glagolit Messe, m MDR-SinfOrch, Dgt: M Janowski 01; Krebs: Gesamteinsp Orgelwerke 98–01. **UA:** G Katzer: Missa profana f Orgel; F Schenker: Orgelson; K A Huber: Memento mori; G Neubert: Da pacem; R Zechlin: Verkündigung f Orgel; insges Sol b über 50 UA. **Sonst:** Publ über Orgelbau u MWiss, Hg v Noteneditionen. **Lit:** Jugendlex Musik 89, Autoren-Hb Musik 99.

Friedrich, Günter, Prof, Hochschullehrer, Violine; Langobardenstr 107, D-01239 Dresden, T: (03 51) 2 84 22 76, F: 2 84 22 76; Hochschule f Musik, PF 120039, D-01001 Dresden [Dresden]. **Ausb:** Stud V (G H A Brinkmann, Prof R Ulbricht) H f M Dresden 63–68. **Laufb:** Th d Stadt Cottbus 68–70, Mitgl Dresdner Philh, LBeauftr (V) H f M Carl Maria v Weber Dresden seit 78, Prof (V) ebd. **Ens:** Sächs Staatskap Dresden seit 77.

Friedrich, Harald, Hochschullehrer; Wendelbuckstr 6, CH-8196 Wil, T: 04 48 69 33 16, *haraldfriedrich@yahoo.de*; Hochschule Musik u Tanz, Tössertobelstr 1, CH-8400 Winterthur. **Ausb:** MH Leipzig, Stud GewandhausOrch Leipzig. **Laufb:** Sol HändelfestspielOrch Halle/Saale, Sol Düsseldorfer Symphonikern, Sol Tonhalle-Orch, Doz (Kb, Orchstellen, Blattsp) MH Winterthur Zürich seit 81. (Red)

Friedrich, Horand, KS, Sänger; Höhenstr 25, D-01734 Rabenau, T: (01 73) 9 30 05 96. **Laufb:** Sol Staatsth Cottbus (04/05). (Red)

Friedrich, Lothar, Prof, Hochschullehrer, Violine; H f Musik 'Hanns Eisler', Charlottenstr 55, D-10117 Berlin, T: (0 30) 9 25 36 83; Meyerbeerstr 113, D-13088 Berlin, T: (0 30) 9 25 36 83. **Laufb:** LBeauftr (V) H f Musik 'Hanns Eisler' Berlin. (Red)

Friedrich, Nikolaus, Klarinettist; Benzstr 17, D-68775 Ketsch, T: (0 62 02) 6 86 00, F: 6 86 33 [Schwäbisch Gmünd 18.4.1956]. Klassik **Ausb:** Stud Kl (Lautner), Klar (Giesser) MH Stuttgart, Stud (Giesser) MH Düsseldorf, Konz-Ex. **Laufb:** 1. Klar NatTh Mannheim seit 84, regelm Solokonz, KamM. **Ens:** Extempore. – **Aufn/RF:** CD-Aufn. **UA:** J C Willot, F Schwenk.

Friedrich, Reinhold, Prof, Hochschullehrer, Trompete; H f Musik, PF 6040, D-76040 Karlsruhe, *Reinhold.Friedrich@web.de*. **Laufb:** Solotrp Radio-Sinfonie-Orch Frankfurt 83–99, Prof (Trp) Staatl H f Musik Karlsruhe, ZusArb m Berliner Barock Sol, Capella Istropolitana, Dt KamPhilh, Budapest Strings, Franz-Liszt-KamOrch, Wiener u Zürcher KamOrch, Bamberger Symph, Orch Philh de la Radio France, Dt Symph-Orch Berlin, SinfOrch d NDR. **Pr:** 1. Pr ARD-MWettb 86, Pr d Dt Schallplattenkritik 97. (Red)

Friedrich, Stefan, Violine, Konzertmeister; c/o Orchester d Staatsoperette, Pirnaer Landstr 131, D-01257 Dresden. **Laufb:** Konzm II.Violinen Orch d Staatsoptte Dresden. (Red)

Friedrich, Wolf Matthias, Bariton; c/o Opernhaus Halle, Universitätsring 24, D-06108 Halle/Saale, T: (03 45) 5 11 00, *WolfMatthiasFriedrich@t-online.de*. **Ausb:** H f M 'Felix Mendelssohn Bartoldy' Leipzig (Prof. Schubert). **Laufb:** StaatsOp Dresden 82–86, Op Halle/Saale. **Pr:** 1. Pr Int Dvorak-Wettb Karlovy Vary 80. (*)

Friedrichs, Günter, Prof, Komponist, Hochschullehrer; Dorfstr 36, D-21710 Engelschoff, T: (0 41 44) 87 15, F: 61 69 82, *Prof.Friedrichs@t-online.de* [Tiegenhof b Danzig 25.12.1935]. Lieder, Musik f Kinder u Jugendliche **Ausb:** Stud (SchM) Hamburg 56–59, Komp (E G Klussmann), Analyse (O Messiaen) Paris 62–63. **Laufb:** Doz (Tonsatz) MH Hamburg 63, Prof (Komp, Theorie) H f M u Th Hamburg seit 75. **Pr:** Mitgl Freie Akad d Künste Hamburg, Förderpr d Bach-Pr Hamburg 63, 1. Pr f ChorM des LMR hamburg 79, Jo-Wenzel-Stamitz-Pr d Künstergilde Esslingen 83. – **Komp:** Interludien I–III f gr Orch 63–70, UA Hannover 63/70; Die kleine Meerjungfrau (Kinder-Ballett), UA Hamburg 92; Die Wunderflöte (Musical f Kinder) 93, Zwischen d Welten (Romeo-u-Julia-Gesch, Jugendmusical), UA 2000; Tagträumer (Jugendmusical f Soli, Chor u Bigband), UA 03; D Regenbogenstein (Kinderop). **Lit:** Riemann-Lexikon.

Fries, Jutta Maria, Sängerin; Dorotheenstr 30, D-32756 Detmold, T: (0 52 31) 30 62 22, (01 72) 1 36 61 88; c/o Volkstheater Rostock, PF 102215, D-18004 Rostock. **Laufb:** Sol Op Hannover, Sol Th Hof SpZ 03/04, Sol Landesth Detnold SpZ 04/05. (Red)

Friese, Jörg, Schauspielmusiker; Goldschmiedenstr 16, D-99817 Eisenach, T: (0 36 91) 21 29 01. **Laufb:** SchspM Freies Burgth Eisenach SpZ 03/05. (Red)

Friess, Frédérique, Sängerin; c/o Nationaltheater Mannheim, PF 102362, D-68023 Mannheim. (Red)

Friessnegg, Ernst, Konzertmeister, Violine; c/o Opernhaus, Kaiser-Josef-Pl 10, A-8010 Graz. **Laufb:** Konzm Grazer Philh Orch. (Red)

Frimmer, Monika, Sopran; Meisenweg 19, D-29690 Schwarmstedt, T: (0 50 71) 83 51, 01 71–5 74 28 67, F: (0 50 71) 81 30, *Monikafrimmer@hotmail.com*; *www.monika-frimmer.de* [Marburg/Lahn]. Konzert, Oratorium, Lied, Oper **Ausb:** Stud (Op, Konz) H f M u Th Hannover. **Laufb:** Lyr Sop Niedersächs Staatsop Hannover (Mozart: Pamina, Susanna, Ilia, Zerlina), ZusArb ua m KamChor Stuttgart (F Bernius), Ens Baroque Limoges (C Coin), Musica Antiqua (R Goebel), Freiburger Barockorch (N McGeagen), Collegium Vocale, Chapelle Royale (P Herreweghe), The Amsterdam Baroque Orch (T Koopmann), The Age of Enlightenment (G Leonhardt), Il Seminario Musicale Paris (G Lesne), Rhein Kantorei (H Max), Arnold Schoenberg Ch Wien (E Ortner), H Rilling, P Schreier. **Pr:** 1. Pr VDMK 80. **Ens:** Vokalens Tanto Canto, KamMEns De Profundis. – **Aufn/RF:** J S Bach: Kant BWV 11 u 249, Himmelfahrts- u Osterorat, Orch u Ch Age of Enlightenment, Dgt: G Leonhardt; Kant BWV 21 u 31, Bach Collegium, Dgt: M Suzuki; WeihnachtsOrat, Bach Collegium Japan, Dgt: M Suzuki; Stabat Mater (G B Pergolesi), Le Parlament de M, Dgt: M Gester; A Berg, H Pfitzner, H Wolf, G Mahler: Lieder Recital, L Klahn; D Buxtehude: Membra Jesu Nostri (Kant), Amsterdam Baroque Orch, Hannover KnabenCh, Dgt: T Koopmann; G F Händel: Der Messias (arr W A Mozart), Rhein Kantorei, Das kleine Konzert, Dgt: H Max; W A Mozart: Messen KV 192 u 194, Exeltate Jubilate, Kölner KamChor, Collegium Curtisanum, Dgt: P Neumann; Messe c-moll, Kyrie d-moll, Kölner KamChor, Collegium Curtisanum, Dgt: P Neumann; J D Zelenka: De Profundis, Miserere, Requiem, Il Findamento, Dgt: P Dombrecht.

Frisch, Niklaus, Horn; Oslistr 2, CH-8135 Langnau, T: 04 47 13 00 59. **Ausb:** Stud (W Speth) Zürich. **Ens:** Tonhalleorch Zürich, Zürcher Bläseroktett, Schweizer Bläsersolisten, FSpOrch Luzern, Bläserens Sabine Mayer. (Red)

Frisch, Torsten, Bariton; Setzbergstr 17, D-81539 München, T: (0 89) 69 38 15 83, F: 69 38 15 83, *t.g.frisch@arcor.de*; c/o Staatstheater am Gärtnerplatz, PF 140569, D-80455 München [Borna 8.7.1963]. Oper, Konzert **Ausb:** Stud (Ges) MH Leipzig 84–90, Stud b M Kupfer 90–93. **Laufb:** OpStudio Kom Op Berlin 90–93, Sol Staatsth am Gärtnerpl München seit 93 (03/04), Gastsol Staatsoptte Dresden SpZ 00/01, Gast an versch Th, ua Leipzig, Staatsop München, Pforzheim, Detmold, Chemnitz, Konz ua Gewandhaus Leipzig, Philh Berlin, Philh Warschau, London, Hamburg. **Pr:** 5. Pl u Dipl 'VIII. Int J S Bach Wettb' Leipzig 88, 3. Pl 'X. Int R Schumann Wettb' Zwickau 89, 4. Pl 'I. Paula Lindberg Salomon Wettb' Berlin 89. – **Aufn/RF:** RF-Mitschn: Telemann: 'Matthäuspassion', Michaelstein, MDR; Brahms: 'Ein dt Requiem', Dortmund; Fernsehen: 300-jähr Jub Op Leipzig, ZDF; Gretry: Op 'Zemir u Azor' (Sander); Duett aus 'Don Giovanni', Sonntagskonz ZDF 98; A Lortzing: 'Zar u Zimmermann' (Graf Ebersbach), Th am Gärtnerpl München. **UA:** P Engel: Op 'Daniel' (Titelpartie), UA München, Th am Gärtnerpl 94.

Frischenschlager, Michael, Prof, Hochschullehrer; Rochusgasse 13, Stg 1, A-1030 Wien, T: (01) 7 18 88 99; Univ f Musik u Darst Kunst, Inst f Streich- u andere Saiteninstrumente, Seilerstätte 26, A-1010 Wien, T: (01) 7 11 55 51 00, F: 7 11 55 23 99, *frischenschlager@mdw.ac.at*. Streich- u Saiteninstr **Laufb:** o UProf U f Musik u Darst Kunst Wien. (Red)

Frischknecht, Hans Eugen, Komponist, Organist, Chorleiter, Cembalist; Kräyigenweg 93, CH-3074 Muri, T: 03 19 51 61 81, F: 03 19 51 61 81 [St Gallen 8.5.1939]. **Ausb:** Stud Org (M Schneider), Komp (B Blacher), 12-Ton (J Rufer), Kontrapunkt (E Pepping) H f M Berlin 59–62, Org (O Messiaen, G Litaize), Cembalo (R Veyron-Lacroix) Paris 62–64, Theorielehrdipl (T Hirsbrunner, J-E Dähler) Kons Bern 69. **Laufb:** Konz in Europa u Amerika, Tätigkt als Organist, Chorlt Johanneskirche Bern 64–02, Grdg u Lt IGNM-Vokalsolisten Bern 70, L (Theorie, Imp) Kons u H f M Biel 83–03, Präs IGNM-Sektion Bern 77–88, Präs SMPV-Ortsgruppe Bern 78–90, während mehreren Jahren Präs Präskonferenz SMPV. **Pr:** Premier Pr Classe d'Analyse Cons Nat 64, 1. Pr Orgel-Impwettb St Albans 71. – **Komp:** zuletzt: Quintett (f Fl, Klar, V, Vcl, Kl) 99; 5 Bilder f Cembalo 2000; Dona nobis pacem (f gem Chor) 2000; So benötigt d Friede dich (f gem Chor) 01; FanSolSi f Kl 01; 4 Stücke f V u Kl 03. **AuftrKomp:** Farben (f SymphOrch), UA St Gallen, Dgt: N Wyss (Auftr: SymphOrch St Gallen); Raumklänge (f Brassband), UA St Urban, Dgt: H Frischknecht (Auftr: Brassband Schötz). **Aufn/RF:** RF-Mitschn eigener Komp m IGNM Vokalsolisten (Radio Bern): Vokalisation 75; Ohn-Mächtige 80; Eine neue Schöpfungsgeschichte 95; Farben, m RSO Basel, Dgt: M Bamert 80; CDs: 'H E Frischknecht spielt H E Frischknecht', 'Orgelmusik quer durch d 20. Jh'. **UA:** M Trojahn: Madrigal 80. **Lit:** T Hirsbrunner: 'Improvisationen, notiert' (Dissonanz 63) 2000.

Frister, Wolfgang, Repetitor; Dorfstr 10, D-02906 Quitzdorf am See, OT Petershain. **Laufb:** Rep m Dir-Verpfl Sorb National-Ens Bautzen SpZ 01/05. (Red)

Fritdum, Isabella, Regisseurin; Stadttheater, Theaterpl 7, A-2500 Baden. **Laufb:** Spielltg Stadtth Baden b Wien. (Red)

Fritsch, Jan, Schauspielmusik; c/o Junges Theater Bremen, Güterbahnhof, Tor 48, D-28195 Bremen. **Laufb:** Gastsol Th Hagen SpZ 00/01, Schauspielmusik Junges Th Bremen SpZ 03/05. (*)

Fritsch, Johannes, Prof, Komponist, Hochschullehrer; Berghovener Str 10, D-53227 Bonn, T: (02 28) 44 37 54, F: 44 37 54; c/o Feedback Studio, Genter Str 23, D-50672 Köln, T: (02 21) 52 77 63, F: 5 10 41 39, *fbstudio@web.de*; *www.genterstr.hypermart.net/feedback.html* [Bensheim 27.7.1941]. **Ausb:** Stud (MWiss, Soziologie, Philosophie) U Köln 61–65, Stud Va, Komp (B A Zimmermann) MH Köln. **Laufb:** Mitgl Stockhausen-Ens, int KonzTätigkeit 64–70, LTätigkeit Darmstadt u Köln, Prof (Komp) H f Musik Köln seit 84, Vorst Inst f Neue Musik u Musikerziehung Darmstadt 74–98, int Konz- u Vortragstätigkeit. **Pr:** Pr u Ausz d Stadt Köln, Land NRW, Villa Massimo, Biennale Paris ua. – **Komp:** Fabula Rasa/Modulation IV (elektron M), UA 64/68; Ákroasis (Orch) 66–68, UA Köln 71; Partita/Violectra (live-elektron M), UA 67/71; Der große Gesang (Ballett), UA Köln 80; 'Aschenbrödel' nach R Walser (Op) 89–95; Das bittersüße Büchlern (KamM), UA Köln 91; Konzstück f 2 Schlgz u Orch (Konz), UA München 99; zahlr Bühnenmusiken (60er-80er Jahre); zahlr AuftrKomp ua f WDR, musica viva München, Op d Stadt Köln. **Aufn/RF:** Akroasis (WDR 71); Trpkonz (Saarländ RF), Dgt: H Zender 75; Konzstück (BR), Dgt: S Cambreling 99; Kammermusiken in WDR, HR, Radio Bremen, SR. **Sonst:** Grdg Feedback-Studio, Feedback-Studio-Verlag 71, Weltmusik-Kongresse Vlotho 79, 82, 84, 86, Hg Feedback Papers seit 71 u Kölner Schriften zur Neuen Musik (m D Kämper) seit 91.

Fritsche, Dietrich, KM, Klarinette; c/o Rundfunk-Sinfonieorchester, Funkhaus Hallberg, D-66100 Saabrücken. **Laufb:** Sol RF-SinfOrch Saarbrücken. (Red)

Fritsche, Eberhard, Dirigent; Emilienstr 26, D-32756 Detmold, T: (0 52 31) 36 84 03, 01 76 24 03 76 96; Landestheater, Theaterpl 1, D-32756 Detmold [Saarbrücken 31.12.1974]. **Ausb:** Stud (Schulmusik) MH d Saarlandes Saarbrücken, Dir (L. Köhler) MH Hannover u Univ d Künste Berlin. **Laufb:** Solorep m Dirverpfl Landesth Detmold seit 03. (Red)

Fritsche, Volkmar, MD, Hochschullehrer, Dirigent, Komponist; Gluckstr 14, D-72336 Balingen, T: (0 74 33) 72 04, F: 27 50 31 [Berlin 10.3.1936]. Komp: Kammermusik, Violinkonzert, Orchesterarrangements, sakrale Kompositionen **Ausb:** (Kapm) MH Stuttgart u Freiburg, Fulbright-Stip u Stud Brandeis Univ Waltham/Boston, ua b Franco Ferrara (Siena), Igor Markevitch (Monte Carlo), Lutoslawski u Fortner. **Laufb:** Kapm an Dt OpHäusern, Doz Folkwang H f M Musik Essen, Abteilung Duisburg, Fächer Op, Dirig u MTheorie, MD d Stadt Balingen u Doz an d MH Trossingen seit 79, Gastdgt ua Württemberg Philh Reutlingen, Stuttgarter Philharmoniker, Nürnberger Symphoniker, Südwestdt Philh Konstanz, Dgt Fstv Orchestra des Blue Lake Fine Arts Camp, West Shore Symph Orch u Monterey Symph Orch Kalifornien (USA), Dgt Philh Orch Voronezh 94 (Russland), Ural-Staaten-Philh Ekaterinburg u Radio- u Fernseh-Orch Moskau 95/97, Dirigierdebüt in Japan (Toyohashi) u in Australien, Orch d Melbourne Univ 97, Australian Classical Players Melbourne 02. **Pr:** Fulbright Award, Koussevitzky, KompPr, BVK am Bande. **Mitgl:** dkv. – **Komp:** 71. Psalm f Ch, Bar, Orch, UA Balingen 99; 140. Psalm f Ch u Org 02; 'Nomos' (f SoloV u Orch) 02; Elegie f Str u Maracas, UA Balingen 82; Rondino & Prologo Sereno (Bl-Oktett) 86/02; Dialogo Cantabile f Vcl u Piano, UA 86; Hommage à l' Alzette (f Orch), UA Luxemburg 03; Meine Zeit steht in deinen Händen (in memoriam D Bonhoeffer) f Ch, Sop, Org, 4 Pauken, UA Erlangen 06; Reflexionen f KlTrio, UA 06; Cantus lugubris (PsKant) f Ch, Sop, Baßbar, Bläsertrio u Streichtrio, UA 06.

Fritschi, Beat, Gesang, Dirigent, Klavier, Orgel, Hochschullehrer; Grossweid 14, CH-8607 Aathal, T: 0 19 32 65 10, 0 12 65 63 12, F: 0 19 32 65 18, *befri@dplanet.ch* [Zürich 2.3.1953]. Chorleitung, Stimmbildner **Ausb:** Organisten- u Chorlt-Dipl MH Zürich 78, Kl- u SchM-Dipl ebd 80, Lehrdipl Gesang 84, Mstrkse Dirig (H Rilling, R Schumacher, R Jakobs, W Ehmann), Mstrkse Gesang (F Haasemann, M Deller, J Cash). **Laufb:** Doz (Chorpraktikum) MH Winterthur Zürich, Einladung als Stimmbildner u Chorlt Kapstadt 78, 80, dass in d ehemal DDR, div Tourneen m KamChor Rämibühl in Dtschld 92, 96, 2000, Frankreich 94 u Russland 01. **Ens:** Lt Gem Chor Winterthur seit 86. – **UA:** A Schibler: Messe f d gegenwärtige Zeit 79; M Beretta: EXPO 02. **Sonst:** Grdg KamChor Rämibühl Zürich, Mithg e didakt aufbereiteten Liederslg: Musik, Sekundarstufe I 99.

Frittoli, Barbara, Sängerin; c/o Bayerische Staatsoper, Brieffach, D-80075 München. **Laufb:** Sol Bayer Staatsop München, Sächs Staatsop Dresden, Opernhaus Zürich. (Red)

Fritz, Burkhard, Sänger (Tenor); Grenzstr 48, D-45881 Gelsenkirchen, T: (02 09) 9 47 06 59, 0 17 54 12 78 13, F: (02 09) 9 47 06 60, *burkhard_fritz@web.de* [Hamburg 18.3.1970]. Oper, Operette **Ausb:** priv Stud Ges (U Buge)Joh-Brahms-Kons Hamburg 89–97, Mstrkrs (A Kraus) Santander Spanien 98, Studien (A Sergi) Wuppertal seit 2000. **Laufb:** Sol Stadttheater Bremerhaven 97–00, Sol u Gastsol MTh im Revier Gelsenkirchen seit 03/04, Op im Schloßgarten Eutin seit 00, Sol Dt Staatsop Berlin SpZ 04/05. – **UA:** S Heucke: Gilgamesch-Epos, Schillerth NRW Gelsenkirchen 01.

Fritz, Patrick, Kirchenmusiker, Orgel, Kantor St. Stephan, Karlsruhe; Karl-Weysser-Str 12, D-76227 Karlsruhe, T: (07 21) 7 91 96 25, *vox-humana@gmx.de* [Offenburg 1977]. Orgel (Bach, dt Romantik) **Ausb:** Stud KiM, Org (Z Szathumáry) MH Freiburg 97–04, Stud Orgel (J v Oortmerssen) Cons Amsterdam 2000/01 u 03–05. **Laufb:** zahlr Konz in Dtschld, Konz Amsterdam (Waalse Kerk) u Alkmaar (St Laurenskerk). **Pr:** 2. Pr 'Jugend musiziert' 94; 1. Pr 'Jugend musiziert' 97, 3. Pr Int Organ Interpr Wettb for the 'Johann-Pachelbel-Pr' 2000, Stip Studienstift d Dt Volkes seit 99, 2. Pr Int OrgWettb Magdeburg 04, 1. Pr Int OrgWett Schramberg 04. – **UA:** P Förtig 'Lichtung' f Va u Org 02; J Menke 'Perspektiven' f Org 05.

Fritz, Reto E, Hochschullehrer; Strandbadstr 7, CH-8620 Wetzikon, T: 04 49 30 17 81; Hochschule Musik u Tanz, Florhofgasse 6, CH-8001 Zürich. **Laufb:** Doz (Partitursp) MH Winterthur Zürich. (Red)

Fritzsch, Ekkehart, KM, Viola; c/o Saarländisches Staatsorchester, Schillerpl 1, D-66111 Saarbrücken. **Laufb:** Sol Saarl StaatsOrch. (Red)

Fritzsch, Georg, Dirigent, Generalmusikdirektor, Violoncello; c/o Thomas Voigt Artist & Project Management, Kurfürstendamm 157, D-10709 Berlin, T: (0 30) 34 90 21 99, F: 34 90 21 45, *info@voigtmanagement.de*; c/o Bühnen der Landeshauptsadt Kiel – Opernhaus am Kleinen Kiel, PF 1660, D-24015 Kiel; *www.voigtmanagement.de*. **Ausb:** Stud (Vcl) H f M 'Carl-Maria-von-Weber' Dresden 80–86, Stud (Dirig) H f M Dresden u Leipzig 86–93. **Laufb:** SoloVcl Philh Orch Gera 86–96, ständ Gastdgt Thüringen Philh Suhl, Philh Staatsorch Halle 96–98, GMD Philh Orch Südwestfalen, Op Kiel, Musikal Oberltg Th Hagen 97–02, Gastdgt Th Erfurt SpZ 04/05, Op Halle SpZ 04/05; Prof f Dirig MH Tilburg-NL 99, Dgt Th Magdeburg, GMD Th Kiel seit SpZ 03/04. **Pr:** Pr d Dt Dgt-Forums Halle 91, Stip d Herbert-von-Karajan-Stift 93. **Ens:** Thüringer Salonqui.

Fritzsch, Johannes, Dirigent; Opernhaus, Kaiser-Josef-Pl 10, A-6900 Graz [Meißen 1960]. **Ausb:** Stud HfM »Carl Maria von Weber« Dresden. **Laufb:** GMD Städt Bühnen Freiburg 92–99, Chefdirgt Opernhaus Graz ab 06. (Red)

Fritzsch, Marion, Violinistin; c/o Hessisches Staatstheater Darmstadt, Georg-Büchner-Pl 1, D-64283 Darmstadt. **Laufb:** Sol Staatsth Darmstadt SpZ 03/04. (Red)

Fritzsche, Günter, Kammermusiker; Ginsterweg 5, D-34125 Kassel, T: (05 61) 81 94 11, (01 72) 5 69 20 15. **Laufb:** Doz (Kammermusik, Orchstudien) Musikakad Kassel. (Red)

Fritzsche, Wolfgang, Repetitor; c/o Volksoper Wien, Währinger Str 78, A-1090 Wien. **Laufb:** Solorep Stadtth Klagenfurt SpZ 03/04, Solokorr Volksop Wien SpZ 04/05. (Red)

Fritzsching, Angelika, Flöte; Reichenhainer Mühlberg 157, D-09125 Chemnitz, T: (03 71) 85 45 98, F: 85 45 98, *a.und.u.fritzsching@gmx.de*; *www.dresdnerbarockorchester.de*. Alte Musik **Ausb:** Stud H f M Dresden (Qufl) b A Schöne, Zusatzstud H f M Leipzig (Traversfl) b B Csalog, Ks f histor Auffpraxis (ua b B Kujken). **Laufb:** 85–89 stellv Solofl am RF-SinfOrch Berlin, umfangreiche kamm u sol Tätigkeit m Traversfl u Qufl, Konzreisen nach Spanien, England, Holland, Österr u Frankreich. **Pr:** Prtr b J S Bach Wettb f Schüler u Jugendliche 78, b RF-Wettb 'Concertino Praga' 80, Dipl b Int Instrwettb Markneukirchen 82. **Ens:** Dresdner u Chemnitzer Barockorch. – **Aufn/RF:** CDs m Dresdner Barockorch u Dresdner KamCh: J A Hasse: Requiem Es-Dur; J D Heinichen: Messen; J D Zelenka: Te Deum; J S Bach: Magnificat; zahlr Konzmitschn MDR.

Frizza, Riccardo, Dirigent; c/o Deutsche Oper Berlin, Richard-Wagner-Str 10, D-10585 Berlin [Brescia 1971]. **Ausb:** Stud (G Sarembe) Pescara; Cons di Musica Milano; Mstrkse (J Panula) Accad dei Filarmonici Verona u (G Gelmetti) Accad Chigiana Siena. **Laufb:** Orch Sinf di Brescia 94–2000; Gastdirig u a Rossini-Fstv Pesaro, Fstv Radio France, 43. Int Fstv Osaka, Philh Orch London, Op Monte Carlo, Op de Lyon, Th de la Monnaie Brüssel. **Pr:** Int Wettb f Orchesterdirig d Südböhm Staatsphilh 98. (*)

Froboese, Klaus, Intendant, Regisseur; c/o Opernhaus Halle, Universitätsring 24, D-06108 Halle/Saale, Pf 110554, D-06019 Halle/Saale [Bremen]. **Ausb:** OpRegie (H Arnold) H f Musik München. **Laufb:** Mitarb BR, Regieass NatTh München, Augsburg, Braunschweig 73, Stadtth Bern, Oberspiellt Städt Bühnen Regensburg 79–83, Mstrkl Inst f Performing Arts Hartford, OpRegisseur u Dramaturg Bern 83, Regieaufträge Regensburg, Kassel, SommerFSp Schloss Schönbrunn, Klagenfurth, Kaiserslautern, Würzburg, Bremerhaven, Triest, Dublin, Barcelona, Intendant, künstl Gesamtlt u Reg Op Halle/S 91 bis 2011. **Pr:** BVK 99.

Frodl, Isabelle, Cellistin; c/o Musicians' Management – Musik Exclusiv, Dr Christoph Cornaro, Rotenberggasse 16, A-1130 Wien, T: (01) 8 79 74 16, F: 8 79 74 16, *agentur.cornaro@aon.at*. **Ausb:** Stud Kons d Stadt Wien b Andreas Lindenbaum, Dipl 99. **Laufb:** Cellistin 'SymphOrch Burgenland'-Seefestspiele Mörbisch, Konz im Arnold Schönberg-Haus in Mödling, Wiener Musikverein, Wiener KonzHaus, Kunstverein Alte Schmiede Wien, Stadtinitiative Wien, 'Sargfabrik' Wien, St Pauler Kultursommer u Fstv 'Wien modern', Mitwirkung b d Prod 'Violin factory' v Jon Rose im Radiokulturhaus Wien. **Ens:** Schlosstrio Eisenstadt, Barockensemble Helios 18, Vienna Strings & Co, Egon Wellesz Qua. (*)

Fröhlich, Berndt, KV, Kontrabass; c/o Dresdner Philharmonie, PF 120424, D-01005 Dresden. (Red)

Fröhlich, Norbert, Prof, Hochschullehrer, Komponist; In Grubäcker 25, D-78647 Trossingen, T: (0 74 25) 3 26 87, *norfroe@gmx.de*; Hochschule f Musik, Schultheiß-Koch-Pl 3, D-78647 Trossingen [Essen 1960]. **Ausb:** Stud Komp b Wolfgang Hufschmidt u Kl/Cemb b Iwona Salling an d Folkwang-H Essen 74–83. **Laufb:** LAuftr f MTheorie u Komp an d Folkwang-H Essen 86–89, Doz f Komp an d H f Künste Bremen 89–90, Doz f MTheorie an d H d K Berlin 90–93, Prof (MTheorie) Staatl H f Musik Trossingen seit 93. **Pr:** Folkwang-Pr, Förderpr d Landes Nordrhein-Westfalen, WDR-Pr Forum Junger Komp u NDR-Musikpr. (Red)

Frölich, Fortunat, Komponist; Weinbergstr 73, CH-8006 Zürich, T: 0 13 63 86 38, *fortunat@kns.ch*, *fortunat.f@bluewin.ch*; 14 rue Drabka, Kasbah des Oudayas, Marokko-10'000 Rabat, T: 0 67 67 84 99; *www.fortunatfroelich.com* [Chur 9.5.1954]. Chor, Orchester, Interkulturalität **Ausb:** Stud Kons Zürich, Cons di Napoli, MH Leipzig/DDR Lehrdipl Vcl (R Looser), Gesang (H Som, H Ch Polster, D Hall). **Laufb:** Sol (Vcl) Bündner KamOrch, freischaff Komp seit 94, Interkulturelles MProgramm m Samir Essahbi (Darabuka). **Pr:** Ausz Schweizer Musikrat u Kultusmin Baden-Württemberg 91, 2. Pr Alberik Zwissig KompWettb, Förderpr Kanton Graubünden, Pr b Wettb f prof Kulturschaffen Kanton Graubünden. – **Komp:** Dr Suppastei (Volksop); Loreley (Musical); naja 89; Ley ya dschare 91; Grenzgänge 95; Prières dans l'arche 97; missaverde (f Chor, Orch) 99; La pomme, SinfOrch Zürich 01. **AuftrKomp:** Titus Feuerfuchs (Auftr: Claque Baden); Eccolo maggio – e canta la cicala, UA 90 (Auftr: Bündner KamOrch); 'Spukstunde', UA 93 (Auftr: Th Chur); Prières dans l'arche, UA 97 (Auftr: Neues Orch Basel); Suite zum Festakt, UA 98 (Auftr: Bundesamt f Kultur); Sterben f Anfänger, UA 02 (Auftr: Pro Helvetia Züricher KamOrch); Black Tell (KamOp), UA 02 (Auftr: EXPO 02). **Aufn/RF:** CDs: 'naja'; 'letter to artpepper'; 'missaverde'. **UA:** Werke v Giger, Mouthen, Clay, v Bose, Bühler, Derungs.

Froelicher, André, Komponist, Dirigent; Häsiweg 25, CH-5018 Erlinsbach AG, T: 06 28 44 02 46, F: 06 28 44 46 84, *postmaster@froelicher.ch*; *froelicher.ch* [Aarau, Schweiz 25.6.1959]. **Ausb:** Stud (Kl, Komp, Dirig, Theorie) Cons Genève 79–84, Mstrkse (MMus, Kl, Komp, Dirig) U Michigan, Ann Arbor 84–87. – **Komp:** Sakountala p orch à cordes, UA Italien 89; Toccata Tinguely, UA Rom u New York, m Duo Hitz-Sorrentino 90; Tintinnabulary, UA Rom, m KlDuo Hitz-Sorrentino 95. **AuftrKomp:** CD: Muleta f Git Duo 92. **Aufn/RF:** Archi da camera, Warschau 91; CD: P Mieg: Orchestermusik 91 (CD). **UA:** Ed Munzinger: Sinfonie A-Dur (1876, eine Wiederentdeckung).

Frömbgen, Kai, Oboe; c/o Bamberger Symphoniker, Mußstr 1, D-96047 Bamberg, PF 110146, D-96029 Bamberg. **Laufb:** Sol Bamberger Symph. (Red)

Frömbling, Sascha, Viola; c/o Fauré Quartett, Künstlersekretariat Rolf Sudbrack, Gösselkoppel 54a, D-22339 Hamburg, T: (0 40) 5 38 21 65, *Rolf.Sudbrack@t-online.de* [1974]. **Ens:** Fauré Quartett. (Red)

Froemer, Angela, Sängerin; c/o Deutsche Oper am Rhein, Heinrich-Heine-Allee 16 a, D-40213 Düsseldorf. **Laufb:** Gastsol Schillerth NRW Wuppertal-Gelsenkirchen SpZ 00/01, Sol Tourneetheater Kontra-Punkt Düsseldorf SpZ 03/05, Chor Dt Dt Op am Rhein Düsseldorf-Duisburg, Mitwirkung Ruhrfestsp Recklinghausen, Gastsol MTh im Revier Gelsenkirchen SpZ 04/05. (*)

Frohmüller-Seidel, Ingrid, Prof, Hochschullehrerin, Violoncello; Burgstr 100, D-51427 Bergisch Gladbach, T: (0 22 04) 6 66 44, F: 30 35 54; H f Musik, Dagobertstr 38, D-50668 Köln. **Laufb:** Prof (Vcl) H f Musik Köln. (Red)

Frohn, Christian, Viola; c/o Wiener Philharmoniker, Bösendorferstr 12, A-1010 Wien. **Ens:** Sol Wiener Philh. (Red)

Frohner, Martin Jeff, Dirigent; c/o Musicalfestival, Hauptpl 16, A-2460 Bruck/Leitha; c/o Theater St Gallen, Museumstr 1/24, CH-9004 St Gallen. **Laufb:** Ass d Musikal Lt u Dgt Musicalfestival Bruck/Leitha, Gastdgt Th St Gallen SpZ 04/05. (*)

Froleyks, Stephan, Prof, Hochschullehrer, Schlagzeug; Schmelenheide 17b, D-47551 Bedburg-Hau, T: (0 28 21) 6 65 45, F: 76 94 52, *froleyks.Winkels@t-online.de*; Musikhochschule, Ludgeripl 1, D-48151 Münster [Kleve 13.5.1962]. Neue Musik **Ausb:** Stud MH Hannover 82–88, Stud MH Essen 88–2000. **Laufb:** Prof (Schlgz) H f M Detmold, Abt Münster. **Pr:** Folkwang-Pr, Kunstförderpr NRW, DAAD-Stip, Akad Schloß Solitude, Schreyahn-Stip. – **Komp:** zuletzt: Von Wolffen u Wolffes Jacht (f sprech KlSpieler) 94, UA Paulo Alvares 96; hörenmachen (musikal-szen Lesung) 96, UA Hann Ges f Neue M 96; Zwiebalg (f 2 Akk) 96, UA E Moser-Duo 96; 'Uraufführung' (f Git, Stimme, Schlgz, Fl, Klar) 97, UA Biennale Hannover, l'art pour l'art; Zug u Druck (f 2 Bläsergruppen u Schlgz) 97, UA ArToll-Ens 98; In der Musik können die Töne... 66 Augenblicke f Kl solo, UA S: Paulo Alvares, Radio Bremen 98; Innen-Aussen-Mongolei (Film, Video, selbstgeb Instr, Gesang), UA Dresdner Tage f zeitgen M 99; His master's voice (Stimme, Tb, TB), UA EXPO 2000; Jetzt u gleich (ImpKonzept f 7 MusikerInnen, UA EXPO 2000; dichterlesen (Klanginst), UA Musiktage Donaueschingen 2000. **AuftrKomp:** my personal flute orchestra (f Solofl u Cassettenrec), UA Donaueschingen 01 (Auftr: Stift Kunst u Kultur in NRW). **Aufn/RF:** zuletzt: Flötentöne (HörspielM) 94, Radio Bremen; Kurt an Anna (KürzestM zu Texten v K Schwitters) 95 (CD); Über ihnen flogen Spatzen (MSzenen m Eigenbauten, Stimme u Saitenwanne) 95 (CD); Drei Menschen saßen im Garten (TB-Stck), RB 98; HISPEEDO (TB-Stck) 99 (CD); hörensagen (Hörstck m Stimmen) 2000, Sendung durch Radio Bremen, DeutschlandRadio Berlin (CD). **Sonst:** Konstr neuartiger Musikinstr, hörenmachen – Lesebuch z Hören 96.

Fromageot, Stéphane, Kapellmeister; Kohlhalden 25, CH-9042 Speicher, T: 07 13 44 26 62. **Laufb:** Studienlt u Kapm Konz u Th St Gallen. (Red)

Fromherz, Carl Philipp, Dirigent; c/o Schloss Hexenagger Veranstaltungs GmbH, Schlossbergstr 6, D-93336 Hexenagger, T: (0 94 42) 91 83 10, *info@hexenagger.de* [Göttingen 9.4.1971]. Konz, Op, Optte **Ausb:** Stud (Dirig, V) MH Dresden 93–97. **Laufb:** freiberufl seit 98, ua Krim-Philh Jalta 99/2000, Staatsop Dnjepropetrowsk 2000/01, Chefdgt Philh Dnjepropetrowsk 2000/01.

Fromm, Armin, Cellist; c/o Künstlersekretariat Rolf Sudbrack, Gösselkoppel 54 a, D-22339 Hamburg, T: (0 40) 5 38 21 65, F: 5 38 72 20, *Rolf.Sudbrack@t-online.de* [Stuttgart]. **Ausb:** Stip MH Köln b B Pergamentschikow. **Laufb:** Celkol an d MH Köln 88–97, Auftr als Solist m d Orch d Beethovenhalle Bonn, Mainzer Kammerorch, Radio SinfOrch Zagreb u Essener Philharmoniker. **Pr:** Prtr versch Wettb, z B Tonger in Köln, Prager Frühling. **Ens:** Mannheimer Streichquartett, Consortium Classicum. (Red)

Fromm, Ines, Sängerin; Birkenweg 4, D-27777 Ganderkesee, T: (0 42 23) 36 48. (*)

Fromme, Gerald, Prof, Hochschullehrer, Schlaginstrumente; Univ f Musik u Darst Kunst, Inst 4, Brandhofgasse 21, A-8010 Graz, T: (03 16) 3 89 32 90, F: 3 89 30 41, *gerald.fromme@kug.ac.at*. **Laufb:** o UProf (Schlaginstrr) U f Musik u Darst Kunst Graz. (Red)

Frommlet, Dieter, MD, Komponist, Musikdirektor, Dirigent; Schubertstr 20/2, D-71384 Weinstadt, T: (0 71 51) 69 06 96 [Weinstadt 1933]. **Ausb:** Stud (SchM) Staatl H f M Stuttgart 52–57. **Laufb:** BerufsChLtg seit 57, Ltg versch

Ch u e KamOrch, Doz (Dirig, ChPraxis, Gehörbild) Sem f ChLtg bis 83 MH Trossingen (dann d Bundesakad Trossingen angeschl) 75–97; OratAuff u viele Konz Großraum Stuttgart, Konz Ausland seit 57; Ende ChLt-Tätigkeit 98. **Pr:** b ChWettb m mehreren Ch, KompPr. – **Aufn/RF:** SchallplAufn u RF-Prod (ua eigener Werke). (Red)

Frontali, Roberto, Bariton; c/o All' Opera, Viale Mazzini, 41, I-00195 Roma, T: (06) 3 21 57 72, F: 3 21 52 52, *all_opera@virgilio.it*; c/o Columbia Artists Management Inc, 165 West 57th St, New York, NY 10019–2276, U.S.A., T: (02 12) 8 41 95 00, F: 8 41 97 44, *info@cami.com*. **Laufb:** Sol Met Op New York, Sol Wiener Staatsop, Gastsol Dt Op Berlin, San Francisco, Barcelona, La Scala Meiland, Teatro Regio Turin, Auftritte Rossini Op Fstv Pesaro, Covent Garden's Royal Opera, New National Th Tokyo, Teatro dell'Opera Rom, Opera de Nice, Bilbao Fstv, Teatro Comunale di Bologna, Int Fstv of Santander, Sol Op Zürich, Gastsol Op Frankfurt SpZ 00/01, Semperop Dresden SpZ 04/05. – **Aufn/RF:** 'Falstaff' (Sony Classical), 'Le Nozze di Figaro' (Naxos), 'Lucia di Lammermoor' (Foné), 'L'Elisir d'Amore' (Naxos), 'Il Pirata' (Berlin CD), 'La Cambiale di Matrimonio' (Fonit Cetra), 'La Straniera' (Fonit Cetra). (Red)

Froschauer, Helmut, Dirigent; c/o WDR Sinfonieorchester, D-50600 Köln, T: (02 21) 2 20 42 40, F: 2 20 23 52. **Ausb:** Wiener Sängerknaben. **Laufb:** Kapm Wiener Sängerknaben, musikal Lt 'Walt Disney Productions' in Wien b mehreren Musikfilmen m d Wiener Symphonikern (Anfang d 60er Jahre), Solokorrep Wiener Staatsop, Chordir d Gesellschaft d Musikfreunde Wien, d Bregenzer u Salzburger FSp u Chordir Wiener Staatsop 68–91, WDR RFOrch Köln seit 92: Chordir, Chefdgt seit SpZ 98/99, Ehrendgt ebd. (Red)

Froschhammer, Fritz, Komponist, Klavier, Hochschullehrer; Michl-Lang-Weg 2, D-81739 München, T: (0 89) 67 55 57, F: 67 55 57 [München 10.8.1948]. **Ausb:** Stud (ML), Konzreife Kl, Komp (PJ Korn) Richard-Strauss-Kons München, Konzdipl (Kl) MH Stuttgart. **Laufb:** Doz (Kl, Theorie, Komp) Richard Strauss Kons München seit 78. **Pr:** 1. Preisträger Kl Wettb Kons u Hochschulinst 72. – **Komp:** Son f Ob u Kl; Septemberwoche (Liederzyklus); Klarinettenqua (KamM) 87; 3 Bagatellen f Kl 89; Duo f Fagott u Gitarre 93. (Red)

Frost, Heiner, Komponist, Autor, Journalist; Gocher Str 94, D-47559 Kranenburg, T: (0 28 26) 8 01 67, *frost@t-online.de*; *www.lenzenhorst.de, www.copy-us.com* [Rees 13.11.1957]. Komposition, Dirigieren, Chorleitung **Ausb:** Stud Komp (G Becker) Robert-Schumann-H Düsseldorf 77–86. **Laufb:** Konz USA (m KamCh Haldern) 97, (m KamOrch OPUS M) 98. **Pr:** Sonderpr KompWettb 'M in Europäischen Gärten' 99 (m A Daams), Prtr Moerser LitPr 02. **Ens:** Lt KamCh Haldern, KamOrch OPUS M, VokEns 'stimmt'. – **Komp:** Heilige Brocken, op 29 (Sop, Kl), UA Kleve 90; 14 Tage im Mai, op 44 (Kl, StrOrch), UA Kleve 96. **AuftrKomp:** Patchwork, op 23 f 4 KinderCh, KlarQua, 4 Schlgz, Elektronik (Auftr: Stadt Bocholt); New York – a quiet scene for piano, op 5 (Kl, Spieluhren), UA Berlin Akad d Künste 86 (Auftr: J Jacob). **Aufn/RF:** The Orchestral Music of J Jacob: De Profundis, m J Jacob (Kl), Chamber Orch of the Rhine, Dgt: H F. **Zug:** J Jacob: De Profundis. **Sonst:** Grdg KamCh Haldern, OPUS M; Grdg u künstl Lt d KonzReihe 'reserviert', Rees; Roman: 'Lenzenhorst oder Die Zeit ausschütten' 02; J Weinrich: 'Verhängnis' – H F, ein Komp i 21. Jh (SemArb Folkwang-H Essen, s unter www.copy-us.com).

Frost, James Daniel, Sänger; Sedanstr 21, D-31134 Hildesheim, T: (0 51 21) 3 90 14; c/o Stadttheater Hildesheim, Theaterstr 6, D-31141 Hildesheim. **Laufb:** Gastsol Stadtth Hildesheim SpZ 2000/01, 04/05, Berliner KamOp SpZ 2000/01, Sol Op Leipzig u Op a d Leine Hannover SpZ 03/04. (Red)

Frowein, Cornelius, Klavier, Dirigent; c/o Konzert & Künstler Agentur Jens Gunnar Becker, Grünstr 13, D-58313 Herdecke, T: (0 23 30) 7 03 89, F: 75 07, *becker@beckerkonzert.de*; *www.beckerkonzert.de* [Frankfurt/M 1957]. 18.Jh, Mozart **Ens:** Sinfonietta Köln. (Red)

Frucht, Christiane, Klavier; c/o Hochschule f Musik u Theater, Emmichpl 1, D-30175 Hannover, T: (05 11) 3 88 25 98, *Christiane.Frucht@t-online.de*. **Ausb:** H f M u Th Hannover b Arie Vardi, State Univ of New York at Stony Brook b Gilbert Kalish, H f M Köln b Arbo Valdma u Alban Berg Qua, Msrks b Emanuel Ax, Karl-Heinz Kämmerling u Yefim Bronfman. **Laufb:** LBeauftr H f M u Th Hannover. **Pr:** 3. Pr 2. Int KamM Wettb Osaka 96, Pr 'Concours Int d Sonates Vierzon' Frankreich. 2000 war sie Stip d Stif Kunst u Kultur in NRW u d WDR (Best of NRW) 2000, Stip d Dt Musikrates b Dt MWettb KamM (m Nicole Spuhler) 01, 1. Pr d Konzertges München 01 (Zürcher Klaviertrio). **Ens:** Zürcher Klaviertrio.

Früh, Franziska, Violine, Konzertmeisterin; Ziegeleiweg 38, D-40591 Düsseldorf, T: (02 11) 33 37 61. **Laufb:** 1. Konzm Düsseldorfer Symphoniker.

Frühbeck de Burgos, Rafael, Dr hc Dr hc, Dirigent; c/o Dresdner Philharmonie, PF 120424, D-01005 Dresden, T: (03 51) 4 86 62 02, 4 86 62 87, F: 4 86 62 87, *presse-marketing@dresdnerphilharmonie.de*; c/o Künstleragentur Dr Raab & Dr Böhm, Plankengasse 7, A-1010 Wien, T: (01) 5 12 05 01, F: 5 12 77 43, *office@rbartists.at*; *www.dresdnerphilharmonie.de* [Burgos, Spanien 15.9.1933]. **Ausb:** Stud (Ges, Kl, V) H f M Bilbao 42–49, Stud Komp (D J Gómez) H f M Madrid 50–51, Stud Dgt (Lessing) H f M München 57–58. **Laufb:** Städt. Orch Bilbao 58–62, Span NatOrch Madrid 62–78 (EhrenDgt seit 98), GMD Düsseldorf 66–71, Montreal SymphOrch 74–76, Wiener Symphoniker 91–96, Dgt u ChefDgt Dt Op Berlin 92–97, RF-SymphOrch Berlin 94–2000, RAI Nat SymphOrch Turin seit 01, 1. Gastdgt 03–04 u ChefDgt seit SpZ 04/05 Dresdner Phil. **Pr:** Mitgl Real Acad de Bellas Artes de San Fernando, Madrid seit 75, Dr hc Univ Navarra, Pamplona 94, Gold-Med d Stadt Wien 95, Gold-Med d Int Gustav-Mahler-Ges Wien 96, Gold-Med d Bürgerlichen Verdienten Österr 96, Fundación Guerrero Pr d span Musik Madrid 96, Ehrenmitgl Dt Op Berlin 97, Dr hc Univ Burgos 98, Gr Kreuz d Bürgerlichen Verdienten BRD 01. – **Aufn/RF:** über 100 Einsp, ua Mendelssohn: 'Elias' u 'Paulus'; Mozart: Requiem; Orff: 'Carmina Burana'; Bizet: 'Carmen'; GesamtEinsp M d Falla; W v R Strauss m Dresdner Phil.

Frühwirth, Norbert, Prof, Hochschullehrer; Univ f Musik u Darst Kunst, Inst 2, Brandhofgasse 21, A-8010 Graz, T: (03 16) 3 89 32 93, F: 3 89 30 21, *norbert.fruehwirth@kug.ac.at*. **Laufb:** Prof (Kl, Klpraxis, Begleiten) U f Musik u Darst Kunst Graz. (Red)

Fruhmann, Günter, Prof, Kapellmeister, Hochschullehrer; A-8102 Semriach 139, T: (0 31 27) 87 01; Univ f Musik u Darst Kunst, Inst 1, Brandhofgasse 21, A-8010 Graz, T: (03 16) 3 89 32 91, *guenter.fruhmann@kug.ac.at*. **Laufb:** Kapm u Studienlt Vereinigte Bühnen Graz. (Red)

Fry, Barbara, Prof, Hochschullehrerin, Klavier; Staatl H f Musik und Darst Kunst, N 7, 18, D-68161 Mannheim, T: (07 11) 63 49 57, F: 63 24 99; Leibnizstr 22, D-70193 Stuttgart, T: (07 11) 63 49 57, F: 63 24 99. **Laufb:** Prof (Kl, KlMethodik) Staatl H f M u Darst Kunst Mannheim. (Red)

Fuchs, Christian, Sänger; c/o Pfalztheater Kaiserslautern, Willy-Brandt-Pl 4–5, D-67655 Kaiserslautern. (Red)

Fuchs, Gabriele, Prof, Sängerin, Hochschullehrerin; Gabrielenstr 20, D-80636 München, T: (0 89) 18 97 95 74, F: 18 97 95 75, *prof.gabriele.fuchs@gmx.de*; H f Musik u Theater, Arcisstr 12, D-80333 München [Laufen, Oberbayern]. **Ausb:** Stud (M. Reining) (V. Ursuleac) Mozarteum Salzburg. **Laufb:** Prof (Ges) H f M u Th München 98. **Pr:** L. Lehmann u W. Paumgartner-Med. **Ens:** Op Graz, Städt Bühnen Frankfurt, Hamburg Staatsop, Ens d Salzburger FSp. (Red)

Fuchs, Ingrid, Dr, Komponistin; Amalienstr 75/135, A-1130 Wien, T: (01) 8 77 87 49. (Red)

Fuchs, Joachim, Violine; c/o MDR Sinfonieorchester, Augustuspl 9a, D-04109 Leipzig. **Laufb:** stv Konzm MDR SinfOrch Leipzig. (Red)

Fuchs, Joachim, Sänger; Regenbogenstr 142, D-90469 Nürnberg; c/o Theater der Stadt und Schlossfestspiele Heidelberg, PF 105520, D-69117 Heidelberg. **Laufb:** Sol Th Freiberg, ppp-musiktheater München SpZ 03/04, Freies Landesth Bayern Miesbach SpZ 03/04, Th u SchlossFSp Heidelberg SpZ 04/05. (Red)

Fuchs, Peter, Oboe; Haslihalde 10b, CH-8707 Uetikon am See, T: 0 19 20 68 38. (Red)

Fuchs, Rainer, HonProf, Hochschullehrer; Dorfstr 25, D-82237 Wörthsee, T: (0 81 53) 79 68, F: 79 68; H f Musik u Theater, D-Arcisstr 12 München. **Laufb:** Doz (Kl) H f M u Th München. (Red)

Fuchs, Reinhard, Komponist; c/o Edition21, Florianigasse 1/17, A-1080 Wien, T: (01) 7 14 77 55, *office@edition21.at* [1974]. **Ausb:** Stud Komp (M Jarrell) Uni Wien seit 95, weitere Stud b B Ferneyhough, M Stroppa, M Lindberg, K Huber ua. **Pr:** 1. Pr 7. Int Mozart Wettb Salzburg 99, 2. Pr 'stasis et vita' Dtschld, Sonderpr Fond Royaumont Frankreich, Anton-Bruckner-Pr 01. – **Komp:** 'transkript' (f Stimme u Ens), 'erstickt vom röcheln verschwindet' (f Bassklar, Perc, Kl). **AuftrKomp:** 'von der wiederkehr des selben gleichsam zur jagd', UA Fstv Hörgänge 01 (Auftr: Klangforum Wien); Komp f gr Ens, UA Donaueschinger Musiktage 03. (Red)

Fuchs, Simon, Hochschullehrer; Hochschule Musik u Tanz, Florhofgasse 6, CH-8001 Zürich, *fuchsim@bluewin.ch* [Zürich 1961]. **Ausb:** Stud Kons Zürich b Peter Fuchs. **Laufb:** Doz (Ob) MH Winterthur Zürich, Sol Luzerner SinfonieOrch, Sol Züricher SinfonieOrch. **Pr:** Pr Wettb Mailand 82 u Prag 86. **Ens:** La Gran Partita Okt. (Red)

Fuchs, Wenzel, Oboe; c/o Berliner Philharmoniker, Herbert-von-Karajan-Str 1, D-10785 Berlin. **Laufb:** Sol Berliner Philharmoniker. (Red)

Fuchsberger, Hans, Sänger; c/o Wiener Staatsoper, Opernring 2, A-1010 Wien. **Laufb:** Solokorr Wiener Staatsop. (Red)

Führe, Uli, Komponist; Weberdobel 2, D-79256 Buchenbach, T: (0 76 61) 90 45 97; *www.fuehre.de* [Lörrach 1957]. Mundartlieder **Ausb:** Stud (M) Stuttgart. **Laufb:** freischaff Kirchzarten. **Pr:** Kleinkunstpr Baden-Württemberg, Johann-Peter-Hebel-Med Muettersproch-Ges Gruppe Hegau. **Ens:** Ens Trisam. – **Sonst:** Autor v Jazzkanons, div Chorsefte, Kinderlieder, Stimmicals, Handbuch f Stimmarbeit; Mitautor Schulbücher (Mikado – Lieder f d GrundSch). (Red)

Führer-Pawikovsky, Dorit, Prof, Hochschullehrerin, Flöte; Univ f Musik u Darst Kunst, Inst Franz Schubert, Rennweg 8, A-1030 Wien [Wien]. **Ausb:** Stud (Fl) MusikH Wien (H Reznicek, W Schulz). **Laufb:** VertragsL U f Musik u Darst Kunst Wien seit 91, ao UProf ebd. (Red)

Führlinger, Siegfried, Prof, Hochschullehrer, Viola; Univ f Musik u Darst Kunst, Inst f Streich- u andere Saiteninstrumente, Seilerstätte 26, A-1010 Wien, T: (01) 7 11 55 23 01, F: 7 11 55 23 99. **Laufb:** o UProf (Va) U f Musik u Darst Kunst Wien. **Ens:** Wiener Streichsextett. (Red)

Füri-Bernhard, Ursula, Sopran; c/o Caecilia Lyric Department, Rennweg 15, CH-8001 Zürich, T: 0 12 21 33 88, F: 0 12 11 71 82, *caecilia@caecilia-lyric.ch*; c/o Theater Basel, Elisabethenstr 16, CH-4051 Basel, T: 06 12 95 11 00. **Laufb:** Sol Stadtth Bern. (Red)

Füri, Thomas, Violine, Bratsche; Linde, CH-3303 Ballmoos, T: 03 18 69 00 62, F: 03 18 69 11 27, *tomfueri@bluewin.ch*. (Red)

Fürst, Paul Walter, Prof, Komponist; Westbahnstr 38, A-1070 Wien, T: (01) 5 24 76 18 [Wien 25.4.1926]. **Ausb:** Stud b Willy Boskovsky (V), b J Marx (Komp) MH Wien. – **Komp:** 'Dorian Gray' Ballett 6 Bilder op. 35 nach Oscar Wilde/E. Jandl UA 63; 'Catalina Homar' Op 7 Szenen u 1 Prolog op. 96 (1999/2000) UA Baden b Wien, Dgt Herbert Vogg, 02. (Red)

Fürst, Stella, Sängerin, Schauspielerin; Kundmanngasse 11/28, A-1080 Wien, T: (01) 9 66 67 93, F: 9 66 67 93, *stella_fuerst@hotmail.com* [Montreal, Kanada 1.4.1967]. Musiktheater, Musical, Singspiel, Operette **Ausb:** Stud Operette, Musical (L Mrazek u R Obratko) Kons Wien, Musikal Mstrks b D Baender, New York, Filmworkshops b Ch Franklin u W Glück, Stud Ges (F Lukasovsky). **Laufb:** Sol Dt Op am Rhein Düsseldorf/Duisburg, Wiener Burgth, Th id Josefstadt, Aaltoth Essen, Op Bonn, Salzburger Landesth, Linzer Landesth u v m; wichtigste Rollen: Eliza, 'My Fair Lady'; Eurydike, 'Orpheus id Unterwelt'; Fanny Brice, 'Funny Girl'; Sally Bowles, 'Cabaret'; Maria, 'The Sound Of Music'; Dolly, 'Meine Schwester u ich', Anita, 'Guiditta'. – **Sonst:** Lt Th-Verein Fürst, eig Prod: 'Heute Abend: Lola Blau v G Kreisler' 99–2000, Th Drachengasse Wien, Rabenhof; Soloprogramm: 'Traummann verzweifelt gesucht', ein Canson-Kabarett-Arien- Musical-Schlager-Pop-Abend, m O Binder (Kl).

Fürst, Sven, Bassbariton; c/o Junge Kammeroper Köln, Florastr 93, D-50733 Köln; c/o Konzertdirektion Fritz Dietrich, Sigmund-Freud-Str 1, D-60435 Frankfurt/M, T: (0 69) 54 45 04, F: 5 48 41 07, *info@konzertdirektion-dietrich.de* [Kempten/Allgäu]. **Ausb:** Ges Unterr b J Bauer München, H für Musik Würzburg b M Bürgener, weiterführender Unterr b E Wottrich, Mstrkse b I Hallstein u H Deutsch. **Laufb:** Gastsol Mainfrankenth Würzburg 01/02, Ensmitgl Junge Kammerop Köln seit 03. **Pr:** 1. Pr Armin-Knab-Wettb 99, Stip Richard-Wagner-Gesellsch 2000. (Red)

Füssel-Harris, Yvonn, Sängerin; Sedlitzer Str 72, D-01809 Heidenau, T: (0 35 29) 51 12 94; c/o Theater Altenburg-Gera, Küchengartenallee 2, D-07548 Gera. **Laufb:** Sol Th Altenburg-Gera seit SpZ 03/04, Gastsol Dt Nationalth Weimar SpZ 00/01. (Red)

Fueter, Daniel, Klavier, Komponist, Hochschullehrer; H Musik u Theater, Hirschengraben 46, CH-8001 Zürich, *daniel.fueter@hmt.edu* [Zürich 1949]. **Ausb:** Stud (MWiss ohne Abschluss), (Kl) b Sava Savoff Kons u MH Zürich, Weiterbildung (Liedbegleitung) b Irwin Gage u Esther de Bros. **Laufb:** Ballettkorrep u Lehrer f Chanson an d Schauspiel Akad Zürich, Klavierlehrer, Didaktiklehrer, Begleiter u Abteilungslt Allg Musikschule an Kons u Musikakad Zürich, Lt Musikpodium Zürich, Lt Schweizerisches Musik-Inst, Präsident d Schweizerischen Tonkünstlervereins, weitgehend freischaff 84–88, Auftr als Liedbegl, Doz (Liedgestaltung) MH Winterthur Zürich, Direktor d MH seit 98. – **Komp:** ca 100 Bühnenmusiken f Th im dtsprach Raum, daneben viele Chansons u wenig KamM, Kant u FSp, musiktheatral Stücke u Ballettmusiken f Kinder, sowie auf Libretti v Thomas Hürlimann d Op 'Stichtag' u d Optte 'Aufstand der Schwingbesen' u auf einen Text v Jürg Jegge d 'Judas Passion'. (Red)

Füzesi, Tamás, 1. Konzertmeister; Herrenkellergasse 1, D-89073 Ulm, T: (07 31) 6 39 32; c/o Philharmonisches Orchester, Herbert-von-Karajan-Pl 1, D-89073 Ulm. **Laufb:** 1. Konzm Philharmon Orch d Stadt Ulm. (Red)

Fugelsang, Bernd, Orchesterleiter; Düsseldorfer Operette, Schlesische Str 94, D-40231 Düsseldorf. **Laufb:** Orchltg Düsseldorfer Operette. (*)

Fuggiss, Carmen, Sängerin (Sopran); Friedenstr 5, D-30175 Hannover, T: (05 11) 81 65 26, 0 17 25 32 25 21, F: (05 11) 5 44 34 99, *seers.fuggiss@t-online.de* [Freiburg i Br]. Oper, Konzert **Ausb:** Stud (Kl, Gesang) MH Karlsruhe 82–84, (Gesang) MH Frankfurt/M 84–86, Dipl OpSchule. **Laufb:** feste Eng: Nationalth Mannheim 86–88, Th Würzburg 89–93, Op Hannover (lyr Koloratursop) seit 93, Salzburger FSp 92, Opéra Lyon (Ariadne-Urfassung: Zerbinetta) 96, Dresdner Maifsp 97, Biennale Berlin 2000, Charlotte Op/USA, Danziger Frühling, Schleswig-Holstein MFstv 03. **Pr:** 1. Pr Bundeswettb Gesang Berlin 82, 3. Pr ebd 90, Bayr Staatsförderpr München 92. – **Aufn/RF:** NONO: 'Como una Ola' (RAI Roma); W Rihm: 'Hamletmaschine' (hoher Sop), UA Mannheim, 'Eroberung v Mexico' UA Hamburg, 'Frau/Stimme' UA Donaueschingen (CDs); Ligeti: Le Grand Macabre (Amanda), Staatsop Hannover 98; Lili Boulanger Liedzyklus: 'Clairières dans le ciel' (SWF Baden-Baden); Lieder v Schubert, Schumann, Webern u Strauß, Kl: J Sees (SWF Baden-Baden). **UA:** W Rihm: Hamletmaschine, UA Nationalth Mannheim; ders: Eroberung v Mexico, UA Staatsop Hamburg; ders: Frau/Stimme, UA Donaueschingen.

Fuhr, Edith, Mezzosopran; Wiesenweg 6, D-64739 Höchst, T: (0 61 63) 91 23 19, (01 71) 4 86 58 47; c/o Staatstheater Mainz, Gutenbergpl 7, D-55116 Mainz. **Laufb:** Sol Staatsth Mainz. (Red)

Fuhr, Jens, Hochschullehrer; Hochschule Musik u Tanz, Florhofgasse 6, CH-8001 Zürich. **Ausb:** Stud H f M Stuttgart b Paul Buck, Stud (Liedgestalt) MH Karlsruhe b Ulrich Rademacher. **Laufb:** Doz (Korr) MH Winterthur Zürich. (Red)

Fuhrmann, Inga, Sängerin; Wohlenbütteler Str 9, D-21385 Amelinghausen, T: (0 41 32) 82 65; c/o Theater Lüneburg GmbH, PF 2829, D-21318 Lüneburg. **Laufb:** Sol Th Lüneburg. (Red)

Fuhrmann, Ulrike, Prof, Hochschullehrerin, Sängerin; Über der Sorge 27, D-99425 Weimar, T: (0 36 43) 50 24 57, F: 50 24 57; H für Musik 'Franz Liszt', Inst f Gesang/Musiktheater, PF 2552, D-99406 Weimar, *ulrike.fuhrmann@hfm-weimar.de*. **Laufb:** Prof (Ges) H f Musik 'Franz Liszt' Weimar. (Red)

Fujimura, Mihoko, Mezzosopran; c/o Theateragentur Heidi Steinhaus, Auerfeldstr 26, D-81541 München, T: (0 89) 93 93 01 10, 01 70–4 45 82 00, F: 93 93 01 11, *info@heidi-steinhaus.de*; *www.heidi-steinhaus.de* [Gifu-Ken, Japan 20.10.1966]. Oper, Konzert **Ausb:** Stud Ges (H Kimura) Nationaluniv f Kunst u M Tokyo 85–92, Ges (J Loibl) MH München 92–95. **Laufb:** Maggio Musicale Fiorentino SpZ 99/2000, New Nat Th Tokyo 2000–02, Op Leipzig SpZ 01/02, Op Stadt Köln SpZ 98/99, Staatsth Stuttgart SpZ 2000/01, Konz ua Philh München (Verdi, Requiem; Bach, Johannespassion) 2000/01, Prinzregententh München 2000/01, Gr FSpHaus Salzburg (Verdi, Requiem) 01, Sol Bayreuther FSp (Debüt Fricka) SpZ 01/02, Sol Bayer Staatsop München (Debüt Brangäne, Fricka) seit 98, Wiener Staatsop (Debüt: Brangäne) seit 2000, Dt Op Berlin seit 01, GastSol Semperop Dresden SpZ 04/05. **Pr:** 3. Pr Int GesWettb Bilbao 94, 2. Pr Int MWettb 'Carl Maria v Weber' München 94, 'Laureat du Concours' Int GesWettb 'Wagner-Stimmen' Straßburg 94, 1. Pr Int MWettb 'Maria Canals' Barcelona 95, IDEMITSU – Music-Aw 02. – **Aufn/RF:** J J Abert 'Ekkehard', m SWR RFOrch, Dgt P Falk 98 (CD); R Wagner 'Walküre', m Orch d Bayer Staatsop, Dgt Z Mehta 02 (CD) u BR 02; 'Rheingold', 'Walküre' m Bayreuther FSpOrch, Dgt A Fischer BR 02. **UA:** J Zorn, 'Rituals', Prinzregententh München u OpFSp Bayer Staatsop.

Fukai, Hirofumi, Prof, Hochschullehrer, Viola; Hochschule für Musik und Theater Hamburg, Harvestehuder Weg 12, D-20148 Hamburg; c/o NDR Sinfonieorchester, Rothenbaumchaussee 132–134, D-20149 Hamburg. **Laufb:** Prof (Va) H f M u Th Hamburg, Stimmführer NDR SinfOrch Hamburg. (Red)

Fulgoni, Sara, Sängerin; c/o Bayerische Staatsoper, Brieffach, D-80075 München. (Red)

Funderburk, Jeffrey, Dr, Prof, Hochschullehrer; Kantstr 8, D-78647 Trossingen, T: (0 74 25) 2 13 12, F: 2 13 12. **Laufb:** Prof (Blechbläser-KamM) Staatl H f Musik Trossingen. (*)

Funke, Christian, Prof, Hochschullehrer, Violine; Finkenweg 4, D-04451 Panitzsch, T: (03 42 91) 8 89 88; Hochschule f Musik u Theater, PF 100809, D-04008 Leipzig. **Laufb:** 1. Konzm Gewandhausorch Leipzig, künstl Ltg Bachorch Leipzig seit 87; Prof (V) H f M u Th Felix Mendelssohn Bartholdy Leipzig. (Red)

Funke, Hellmut, Schlagzeug; c/o NRD Radiophilharmonie, Rudolf-von-Bennigsen-Ufer 22, D-30169 Hannover. **Laufb:** stv Sol NDR RadioPhilh Hannover. (Red)

Funkhauser, Kristine Larissa, Sängerin; Kinzigweg 41, D-51061 Köln, T: (02 21) 2 83 18 37, (01 77) 3 62 48 89. **Laufb:** Sol Landesth Detmold. (Red)

Furch, Rainer, Sänger; c/o Pfalztheater Kaiserslautern, Willy-Brandt-Pl 4–5, D-67655 Kaiserslautern. (Red)

Furch, Roland, Sänger; c/o Stadttheater Gießen, PF 111128, D-35356 Gießen. (Red)

Arthur Furer

Furer, Arthur, Komponist; Hiltystr 32, CH-3006 Bern, PF 80, CH-3015 Bern, T: 03 13 52 59 66; c/o Musikverlag Müller&Schade AG, Moserstr 16, CH-3014 Bern, T: 03 13 20 26 26, F: 03 13 20 26 27, *musik@mueller-schade* [Worb, Kt Bern 28.3.1924]. Konzert, Kammermusik, Chorwerke, Lied **Ausb:** Kantonseminar Bern, Stud Kons u U Bern, Lehrdipl (V, Schulges, Chorltg). **Laufb:** Sol-Va KamOrch, V im SinfOrch u KamEns Radio Bern, Ltg d MAusb Lehrerinnenseminar Marzili Bern 52–88, Dgt mehrerer Chöre. **Pr:** 1. Ausz VI. Concorso Int di Musica 'G B Viotti' Vercelli 55, Pr d schweizer Stift Pro Arte 66, Gr Musikpr d Kt Bern 84. **Mitgl:** STV, Schweizer MPädagog Vereinigung. – **Komp:** 3 liturg Impressionen (Org); Musica per Viola sola; Reminiszenzen (Fl, Vcl, Kl); Ernst und Heiter (3 V, Vcl); Streichqua 'in memoriam' (2V, Va, Vcl); Bläser-Quin (Fl, Ob, Klar, Horn, Fag); Oboen-Concertino (Ob solo u StrOrch); Divertimento (StrOrch u 2 Kontrastinstr); Musik für Streicher; Caeciliana (gr Orch); Chor: Aus Zeit und Leid, ein Rückblick?; Ein Lied in die Haushaltung; mal was andres; Der Panther; Huhn und Karpfen; Contas gandas; Gygechaschte; Wanderlied; Ein kleines TE DEUM in deutscher Sprache; Jhesus der herre min; Golgatha; Drei lieder nach texten von kurt marti; Lob der Gottheit; Portum Inveni; Jahreszeitenlieder; Kathedrale; 'Le chant général'; Ein kleines Lied; Farbenspiel; Wysheite; Tröschterli; Der Gygechaschte (Frauenchorsatz); Vita perennis; Vivat Vita; Gygechaschte (Männerchorsatz); Ehre der Arbeit. **Aufn/RF:** Liederzyklus 'BEDENK(lich)ES; Chinderlieder; Drei lieder nach texten von kurt marti; Blumenlieder/ Divertimento; Jahreszeiten-Lieder/ Streichquartett in c; Kathedrale-Miniaturen-Divertimento f Oktett; Oboen-Concertino; 'Reminiszenzen'; Vokalmusik (Jahreszeitenlieder – Chinderlieder – Blumenlieder – BEDENK(lich)ES- Kathedrale); Kammermusik (Divertimento f Oktett-Streichquartett in c – Quintett f Bläser – Streichquartett in memoriam); Doppel-CD mit OrchM z 80. Geb (Concertino f Ob u Str – Fantasie f Kl u Orch – M f Str – Divertimento f Str u 2 Kontrastinstr – Sinfonie 1952 – 3. Violinkonzert). **Lit:** ua R Pfluger: 'D ältere Generation d Schweizer Komp d 20. Jh, in: ÖMZ 224/3 69; 'A F Portrait – Werkverz' 95; F Pantillon: 'A F Des chemins universels', in: Revue musicale de Suisse Romande 50/3 97; W Schönberger: 'es ist alles eine Frage d Meßes', in: Der Bund 27. 03.99.

Furlan, Jean-Pierre, Tenor; c/o Hamburgische Staatsoper, Große Theaterstr 34, D-20354 Hamburg, PF 302448, D-20308 Hamburg, T: (0 40) 3 56 80, F: 3 56 84 56. **Laufb:** Sol Hamburg Staatsop, Op Leipzig. (Red)

Furlanetto, Ferruccio, Sänger; c/o Wiener Staatsoper, Opernring 2, A-1010 Wien. **Laufb:** Sol Wiener Staatsop. (Red)

Furlanetto, Giovanni, KS, Bass; c/o Prima International Artist Management, Palazzo Zambeccari, Piazza de' Calderini 2/2, I-40124 Bologna, *g. furlanetto@giovannifurlanetto.com*; *www.giovannifurlanetto.com*. **Laufb:** Sol Hamburg Staatsop, Wiener Staatsop, Gastsol Op Frankfurt SpZ 04/05. (Red)

Furmancokova, Zdena, Sängerin; c/o Theater Lüneburg GmbH, PF 2829, D-21335 Lüneburg. **Laufb:** Sol Th Lüneburg, ppp-musiktheater München/ Berlin SpZ 03/04. (*)

Furmansky, Abbie, Sopran; Schloßstr 18, D-12163 Berlin, T: (0 30) 3 13 27 02; c/o S Sintow-Behrens Int Promotions & Management, Schleibingerstr 8, D-81669 München, T: (0 89) 44 21 89 00, F: 44 21 89 03, *office@sintow-behrens.com*. **Laufb:** Sol Dt Op Berlin. (Red)

Furrer-Münch, Franz, Komponist; Hohfurristr 4, CH-8172 Niederglatt, T: 0 18 50 31 37 [Winterthur 2.3.1924]. E-Musik **Ausb:** Querfl, Kl, Harmonielehre, Kontrapunkt, Komp (R Moser) Kons Basel 41–44, Stud (K v Fischer, P Müller-Zürich) U Zürich 65–73, Studio elektr M Freiburg 76, Bennington-Vermont. **Laufb:** naturwiss Studien u Forsch in Amerika: ua U Stonybrook, ForschAuftr State Uni New York; Forsch- u LTätigkeit ETH Zürich 69–89, div Gastvorträge u -vorl. **Pr:** zuletzt: Stift-Ausz Zollikon. **Mitgl:** Schweizer MForschende Ges. – **Komp:** z B: nicht Zeichen, Wandlung (Fl) 92; Stundenbuch II (Schlgz, Tonband) 94; erwarten im flachland (V solo) 94; Wort Jahr Stunde (Altfl in G, Vcl, Kl) 95/96; z 60. Geb v H Holliger: Gesänge vom schwebenden Turm (11 Szenen f Fl, Ob, V, Vcl u Glasharmonika) 99, nicht wiederkehr (Ob solo) 99; passages cinématiques (Glasharmonika, Tonband) 2000. **AuftrKomp:** l'oiseau en papier 84 (Auftr: Schweiz Kulturstift Pro Helvetia); von weit / schreiben ins meer, nach Nietzsches 'Dionysos-Dithyramben' (Sextett, Schlgz-Ens) 99/2000, UA Kunsthaus Zürich (Auftr: Schweiz Kulturstift Pro Helvetia); Orchesterblätter 01 (in Fertigstellung, Auftr: Schweiz Kulturstift Pro Helvetia). **Aufn/RF:** 'images sans cadres', swiss clarinet players 82 (CD); 'l'oiseau en papier' 89 (DRS II); 'Cello duets', P u T Demenga, 'souvenir mis en scène' 89 (Clavis); Portrait F F-M; von weit / schreiben ins meer, Ens f neue M Zürich u schweiz Schlgz-Ens. **Lit:** W Gieseler: 'Zur Semiotik graph Notation' (Melos 1/78); ders: 'Harmonik in d M d 20. Jh: Tendenzen, Modelle' 96; T Meyer: 'Aus d Tagebuch e Träumers: d Komp F F-M' (Dissonanz 37/ 93); ders: 'F F-M' (Contemporary Swiss Composers 98); ders: 'F F-M' (The New Grove); M Eidenbenz: 'Starke Schritte auf eigenen Wegen' (Dissonanz 69/01).

Furrer, Beat, Prof, Komponist, Dirigent, Hochschullehrer; Sonnleitengasse 10, A-3420 Kritzendorf; Univ f Musik u Darst Kunst, Inst 1, Brandhofgasse 21, A-8010 Graz, T: (03 61) 3 89 32 96, *beat.furrer@kug.ac.at*; *www.swissclassic. net/furrer.htm* [Schaffhausen 6.12.1954]. **Ausb:** Kl MSchule Schaffhausen, Komp (R Haubenstock-Ramati), Dirig (O Suitner) H f M u Darst Kunst ab 75. **Laufb:** o UProf (Komp, MTheorie) U f Musik u Darst Kunst Graz seit 91, Dgt Th Aachen. **Pr:** Pr d Dt Schallplattenkritik 2000, seit 05 Mitgl Berliner Akad d Künste. – **Komp:** ua: A un moment de terre perdu 90; Face de la chaleur 91; Narcissus (Op) 94, UA Graz, Steir Herbst 94; 'Nuun' Konz f 2 Kl u Orch, UA Salzburger FSp 96; 'Stimmen' f Ch u 4 Schlgz, UA Int MFestW Luzern 96; 'Begehren', konz UA steir herbst Graz 01, szen Umsetz Graz 03. **AuftrKomp:** Die Blinden (Op) 89, UA Wien, Fstv Wien modern 89 (Auftr: Staatsop Wien). **Aufn/RF:** Porträt-CD m 'Nuun', 'Still', 'Presto con Fuoco' u 'Poemas' 2000. **Sonst:** Grdg Klangforum Wien 85. (Red)

Furrer, Ulrich, Prof, Hochschullehrer, Dirigent, Pianist, Organist; Alemannenhof 7, D-79199 Kirchzarten-Burg, T: (0 76 61) 58 30; Hochschule f Musik, Schwarzwaldstr 141, D-79102 Freiburg [Bern 1.4.1942]. Oper **Ausb:** Kl-u OrgDipl Schweiz MPäd Verband 62, Stud MH Stuttgart 62/63. **Laufb:** Korr u Kapm Graz 64–71, 1. Kapm Aachen 71–73, Korr u Kapm OpHaus Stuttgart 73–78, 2. Kapm Hannover 78–84, musikal Lt d OpSchule Staatl H f M Freiburg seit 84. – **Aufn/RF:** 'Der etwas andere Klavierabend' 95; F Kroll: Lieder 01 (CDs). **UA:** O Büsing: Op 'Picknick im Felde' 97; H-P Müller: Op 'Die Gräfin v Savigny' 92; H-P Müller: (Op) 'Gardez la Dame' 97; F Kroll: Op 'The Scarlet Letter', 3. Akt, Auff m Kl 98. **Sonst:** 'Der Korrepetitor' (Hb) 92; 'Der Operndirigent' (Hb) 02.

Furtok, Boguslaw, Kontrabass; c/o HR Sinfonieorchester, Bertramstr 8, D-60320 Frankfurt a M. **Laufb:** Sol HR SinfOrch Frankfurt a M. (Red)

Fussenegger, Ingrun, Mag, Prof, Hochschullehrerin, Dirigentin, Sängerin, Kirchenmusikerin; Univ f Musik u Darst Kunst, Inst f Orgel, Orgelforschung u Kirchenmusik, Seilerstätte 26, A-1010 Wien, T: (01) 3 74 58 88, F: 3 74 58 88, *ingrun.fussenegger@chello.at*. Gregorianischer Choral **Laufb:** ao UProf (Chor- u EnsLtg) U f Musik u Darst Kunst Wien. (Red)

Fussi, Margit, Prof, Hochschullehrerin, Klavier; Univ f Musik u Darst Kunst, Inst f Gesang u Musiktheater, Penzingerstr 7, A-1140 Wien. Liedbegleitung **Laufb:** Prof U f Musik u Darst Kunst Wien. (Red)

Futamura, Miki, Hochschullehrer; Hochschule Musik u Tanz, Tössertobelstr 1, CH-8400 Winterthur, *mikifutamura@t-online.de*. **Laufb:** Doz (Korr) MH Winterthur Zürich. (*)

Futyma-Daske, Johanna, Flötistin; Heinzenstr 16, D-52062 Aachen, T: (02 41) 3 74 51, 0 17 04 81 10 50, F: 3 74 51, *Futyma-Daske@t-online.de*; c/o Trio Soli Sono, Adalbertsberg 8, D-52062 Aachen; *www.triosolisono.de*. **Laufb:** int KonzTätigkeit m Trio Soli Sono seit 92. **Pr:** Ausz b 14. Int Franz-Schubert-MWettb Monferrato/Italien, Prtr b 15. Int Wettb f Instrumentalisten u Vokalisten/Premio Rovere d'Oro Imperia/Italien 2000. – **Aufn/RF:** Trio Soli Sono – Musik f 3 Fl m Werken d 20.Jh (zT Ersteinsp) v Zempleni, Tscherepnin, Tomasi, Damase, Grabner, Daske, Szalonek, 97; zahlr RF-Einsp. (Red)

G

Gaag, Wolfgang, Prof, Hochschullehrer, Horn; H f Musik u Theater, Arcisstr 12, D-80333 München. **Ausb:** Tonmeister-Stud TU Berlin, Musikstud (Waldhorn). **Laufb:** Solo-Hornist Bamberger Symphoniker 69, Radiosinfonieorch Stuttgart 80, Münchner Philh 82–96, Prof (Hn) H f M u Th München 95, Prof (Hn) H f M 'Franz Liszt' Weimar. (*)

Gabetta-Timacheff, Sol, Violoncello; c/o Konzertdirektion Hans Ulrich Schmid, Königstr 36, D-30175 Hannover, PF 3409, D-30034 Hannover, T: (05 11) 3 66 07 60, 3 66 07 27, 3 66 07 69, F: 3 66 07 34, *mail@kdschmid.de, ep @kdschmid.de*; *www.kdschmid.de* [Cordoba, Argentinien 1981]. **Ausb:** Stud (C Waleska, L Viola, L Spiller, P Farulli), Stud M Akad Basel 92, Soldipl (I Moniguetti) 99, KamM (G Wyss). **Laufb:** Sol ua m Buenos Aires Philharmonic, Basler SinfOrch, Orch Nat de France, Symphonic of Vina de Mar (Chile), BR. **Pr:** drei 1. Pr Int Wettb Argentinien u Spanien 91, Ausz Int JugendM-Wettb Argentinien 94, Ausz Argentin Rotary Club, Rapp-Pr MAkad Basel, 1. Pr Bourse des Jeunes Interprètes v RSR 95, 1er lauréat du Concours de Lausanne, 1. Pr T.I.M. (Rom), Grand T.I.M. (Italien), 2. Pr Luis Sigall-Wettb Chile 96, 5. Pr Rostropowitsch-Wettb Paris 97, Natalia-Gutmann-Pr Tschaikowsky-Wettb Moskau 98, 3. Pr ARD-Wettb München, Crossair-Förderpr Prinzregententh München 99. (Red)

Gabler, Anna, Sopran; Zietenstr 57, D-40476 Düsseldorf, T: (02 11) 9 84 68 10, (01 72) 6 80 68 54, *anna.gabler@planet-interkom.de* [München]. Oper, Lied, Konzert **Ausb:** Stud Ges (J-H Rootering), Mstrklasse Liedgestalt (H Deutsch) MH München 94–01. **Laufb:** Mitgl d Jungen Ens d Bayer Staatsop München 2000–01, Sol Dt Op am Rhein Düsseldorf-Duisburg SpZ 01/05.

Gabler, Friedrich, Prof, Hornist; Elßlergasse 10, A-1130 Wien, T: (01) 8 76 42 39 [Wien 28.5.1931]. **Ausb:** HnStud b Prof Gottfried v Freiberg an d damaligen H f M u darst Kunst in Wien. **Laufb:** 1. Eng nach Matura in Rejkjavik (Island) als 1. Hornist, Eng an d Wiener Volksop 52 (41 Jahre lang, davon 25 Jahre am 1. Pult), Auftr m allen Wiener Orch, insb m d Wiener Philharmonikern, Grd d 'Wiener Bläserqui' (als dessen Mitgl Beteiligung b UA v Werken österr Komp), Herausgeber unveröff Manuskripte v Hornwerken, Bearbeitungen v Hornens sowie f HolzblQui (erschienen b Doblinger Wien), Tätigkeit als Juror b vielen int u nat Wettb, eigene Hornkl ab WS 64, f 21 Jahre Lt d Abt f Blas- u Schlaginstr an d H f M u darst Kunst in Wien, Prorektor v 92–96. (Red)

Gábor, Ferenc, Dirigent; c/o Neue Opernbühne Berlin NOB, Goltzstr 13, D-10781 Berlin. **Laufb:** Dgt NOB Berlin SpZ 03/05. (*)

Gábor, Ferenc, Viola; c/o Konzerthaus Berlin, Gendarmenmarkt, Charlottenstr 57, D-10117 Berlin. **Laufb:** Sol Berliner SinfOrch. (Red)

Gabor, Isabella, Direktorin; c/o Wiener Kammeroper, Fleischmarkt 24, A-1010 Wien. **Laufb:** Dir Kammerop Wien seit SpZ 03/04. (Red)

Gabriel, Alina, Flöte; c/o Staatskapelle Berlin, Unter den Linden 7, D-10117 Berlin. **Laufb:** Sol (PiccoloFl) Staatskap Berlin. (Red)

Gabriel, Beate, Sängerin; c/o Musikalische Komödie der Oper Leipzig, Dreilindenstr 30, D-04177 Leipzig. **Laufb:** Sol Musikal Komödie Leipzig seit SpZ 03/04. (Red)

Gabriel, Wolfgang, Prof, Komponist, Dirigent, em Hochschulprofessor; Hietzinger Hauptstr 118/8, A-1130 Wien, T: (01) 8 77 77 87, F: 8 77 77 87, *WSH.Gabriel@utanet.at* [Wien 9.6.1930]. Orchester- u Chormusik Bach, Wiener Klassik (bes Mozart), Romantik (bes Brahms) **Ausb:** Stud Komp (A Uhl), Dirig (H Swarowsky), Kl (G Hinterhofer) H f M u darst Kunst Wien. **Laufb:** Korrep Gesangsabt H f M u Darst Kunst Wien ab 54, o Prof, Musikal Lt OpKl, em 96, Dgt d Akad OrchVereins Wien seit 57, Dgt Chor d Bachgemeinde Wien seit 88, als Dgt zahlr OpTourneen m ‚Junge Op Wien' durch Mitteleuropa. – **Komp:** 6 Konz f Orch, UA Radio Wien: Dgt: P Angerer 63, Dgt: K Etti 67, Dgt: M v Horwath 71, Dgt: K Österreicher 74, AK OrchVerein, Dgt: W Gabriel 93; Four London Songs (Sop, Kl), UA BBC London 79; Konz f Ob, UA Wien, M Gabriel 97; Quin f Ob, 2 V, Va, Vcl, UA Wien, Küchlqua, UA Brahmssaal 98; 3 Gesänge nach Gedichten v O Wilde, UA Wien, Schubertsaal 99; Concertino f Org, Fag u kl Orch, UA Wien, M Gabriel, B Gabriel 02; Konz f Bassklar u kl Orch. **Lit:** M Kaltschmid: W G, Werkverzeichnis.

Gabrielli-Kutrowatz, Ruth, Mag, Prof, Hochschullehrerin, Sopran; Univ f Musik u Darst Kunst, Inst Antonio Salieri, Rennweg 8, A-1030 Wien. **Ausb:**

Stud (Ges) U f Musik u Darst Kunst Wien (H Rössel-Majdan u W Moore). **Laufb:** UProf (Ges) U f Musik u Darst Kunst Wien. (Red)

Gabrisch, Thomas, Prof, Hochschullehrer, Dirigent; Friederike-Fliedner-Weg 32b, D-40489 Düsseldorf, T: (02 11) 3 03 31 39, 0 17 96 78 27 13, F: 3 03 31 39, *t.grabisch@genion.de*; Robert Schumann Hochschule, Fischerstr 110, D-40476 Düsseldorf [Hamburg 1961]. **Ausb:** Stud Kapm (K Seibel, A Ceccato) MH Hamburg. **Laufb:** Korr u KapM Dt Op a Rhein Düsseldorf/Duisburg (04/05), Lt OpStudio 86–92, stellv GMD Freiburg/Br 92–94, Chefdgt Nürnberger Symph 94–97, Lt OpKl MH Düsseldorf seit 94, Prof ebd seit 97, Dekan ebd seit 2000, Gastdgt zahlr dt u ausländ Orch u OpHäuser. – **Aufn/RF:** G v Einem: Suite aus 'Dantons Tod', Nürnberger Symphoniker, BR. **UA:** W Heider: Konz f Hn u Orch (Aufn f BR); H Jörns: 'Aquädukt'; K Thieme: 'Rhapsodia festiva' (Aufn f BR).

Gackstetter, Dieter, Dr, Intendant; c/o Landestheater Coburg, Schloßpl 6, D-96450 Coburg. **Laufb:** Intend Landesth Coburg SpZ 03/05. (Red)

Gade, Axel, Sänger; c/o Pfalztheater Kaiserslautern, Willy-Brandt-Pl 4–5, D-67655 Kaiserslautern. (Red)

Gadenstätter, Clemens, Komponist; Große Sperl-Gasse 32–34, A-1020 Wien, T: (01) 2 14 15 21, *mailport@aon.at* [Zell am See 1966]. Orchester-, Kammermusik, spartenübergreifende Projekte **Ausb:** Stud U f M u darst Kunst Wien KonzFach Fl u Komp, MH Stuttgart Komp b Helmut Lachenmann. **Laufb:** LAuftr MUni Wien u Graz seit 95, Grdg 'Ens neue Musik -Wien' (m Florian Müller) 90, Hg d M-ZS 'ton' IGNM/ISCM-Sektion Österreich seit 95, Gastprof (Theorie, Analyse, Komp) MUniv Graz 03, Prof f Theorie, Analyse, Komp MUniv Graz 04. **Pr:** Förderpr Stadt Wien, WDR-KompPr (Forum jg Komponisten), Publicity-Pr d SKL-Fonds d Austro mechana, DAAD-Stip. **Ens:** Klangforum Wien 88–92. **Mitgl:** ISCM/IGNM; .werkschaft. – **Komp:** 'auf takt (f gr Orch) Salzburger FSp 99; 'PolysKopie' (f kl Orch), Donauschinger MTage 01; 'akkor(d/t)anz', MBiennale Berlin 01; 'Comic Sense' (f Kl/Keyboard, Ens), Stoffel I–III, Berliner KonzHaus; Wien Modern 03; 'Songbook#0–11', Wiener KonzHaus, Generator#3 03; 'Powered by Emphasis' (ballade 2–4) f St.; Chöre, Combo u Orch; Donaueschinger MTage 05. **AuftrKomp:** ua f Salzburger FSp, Musikbiennale Berlin, Donaueschinger Musiktage, Wiener Konzerthaus Gesellschaft, ORF, Klangforum Wien, Ens Recherche. **Aufn/RF:** CDs: C G: 'Chamber Music I' Durian; 'PolysKopie' (f Orch) Donaueschinger MTAge 01; Comic Sense (KAiROS); Portrait CD (ORF-Edition Zeitton 221).

Gadnitze, George, Sänger; Schloßwall 28, D-49080 Osnabrück, T: (05 41) 8 60 16 20, 01 79–9 09 31 29. (Red)

Gäbler, Lutz, Konzertmeister; c/o Orchester Opernhaus Halle, Universitätsring 24, D-06108 Halle, PF 110554, D-06019 Halle (Saale). **Laufb:** Konzm Orch d Ophauses Halle. (Red)

Gaede, Daniel, Prof, Violine, Hochschullehrer; c/o Künstlersekretariat Rolf Sudbrack, Gösselkoppel 54a, D-22339 Hamburg, T: (0 40) 5 38 21 65, 5 38 20 49, F: 5 38 72 20, *Rolf.Sudbrack@t-online.de*; c/o Agentur Legato, Seilerstätte 5, A-1010 Wien, T: (01) 5 12 76 59, F: 5 12 83 70, *mail@legato.at*; *www.sudbrackmusik.de*. **Ausb:** Stud (T Brandis) Berlin, (M Rostal) Schweiz, (J Gingold) USA. **Laufb:** Debüt Mozart-Fest Würzburg, Konzm Wiener Philh 94, Prof H für Musik Nürnberg Augsburg. **Ens:** Mitgl Gaede-Trio. – **Aufn/RF:** F Kreisler: 'Hommage à Kreisler', m F Moll.

Gähres, James Allen, Generalmusikdirektor; Radgasse 25, D-89073 Ulm, T: (07 31) 2 71 40; c/o Theater Ulm, Herbert-von-Karajan-Pl 1, D-89073 Ulm [Harrisburg, PA, USA]. **Ausb:** Stud Cons of Music Baltimore, Fulbright-Stip Wien b Hans Swarowsky, Mstrkl in Salzburg b Bruno Maderna. **Laufb:** musikal Ass Peabody SymphOrch, in d frühen 70er Jahren als freier Komp u Pianist in Süddtschld, anschl Tätigkeit an mehreren dt OpHäusern, ua 10 Jahre 1. Kapm Niedersächs Staatsop Hannover, 3 Jahre 1. Kapm Staatsth Braunschweig, Gastdirig New York City Op, Heidelberger MusikFSp, Poln Nationalth Posen, RFOrch Berlin, Hannover, Dt Op Berlin, Th Dortmund ('Rigoletto') u Staatsop Stuttgart 95/96, Teatro S Carlo Neapel SinfKonz m Werken v Beethoven u Bartók 96, 'Zauberflöte' Bayer Staatsop 97, RFOrch d BR Konz Regensburg 98, West Virginia SymphOrch Charleston 99, derzeit GMD Ulmer Th u Philharmon Orch d Stadt Ulm. – **Aufn/RF:** 10 CD-Einsp m Ulmer Philh. (Red)

Gärtner, Martin, Chorleiter; c/o Stadttheater Gießen, Berliner Pl, D-35390 Gießen, PF 111128, D-35356 Gießen. **Laufb:** Lt Kinderchor Stadtth Gießen. (Red)

Gärtner, Wilfried, KV, Prof, Hochschullehrer, Flöte; Rathener Str 8, D-01259 Dresden, T: (03 51) 2 02 30 60, F: 2 02 30 60 [30.6.1932]. **Laufb:** Doz (Fl) H f Musik Carl Maria v Weber Dresden, Mitgl Staatskap Dresden. **Ens:** Gärtner Bläserqui d Staatskap Dresden. – **UA:** M Kleemann: Altflötenkonzert 77, UA m Staatskap Dresden, Ltg: M Janowski.

Gage, Irwin, Hochschullehrer; Fabrikgasse 52, CH-8005 Zürich, T: 0 12 73 44 88, F: 0 12 73 44 90, *irwin.gage@doz.hmt.edu*; c/o KünstlerSekretariat am Gasteig, Rosenheimer Str 52, D-81669 München, T: (0 89) 4 44 87 90, F: 4 48 95 22, *team@ks-gasteig.de* [Cleveland, OH, USA]. **Ausb:** Stud (Kl, MWiss, Lit) U Michigan u Yale, Stud (H Lang-Rühl, E Werba) Akad f Musik u Darst Kunst Wien, Stud (O E Deutsch, H Berg), Stud (P Bernac) Paris. **Laufb:** Begl ua v A Auger, Ch Studer, B Fassbaender, C Kallisch, J Kaufmann, T Krause, D Fischer-Dieskau, G Janowitz, J Norman, R Kollo, L Popp, F Le Roux, F Araiza, P Schreier, K Streit, R Trekel, M Goerne, D Henschel, Ch Schäfer, Ch Oelze, M Bacelli, E Norberg-Schulz, M Schade, D Peckova, R Gifrey, Sol Debüt Wiener Philh 73, Mstrkse in Europa, Japan u USA, Doz (Liedinterpretation) Kons Zürich, künstl Lt (Auff sämtl Lieder v R Strauss, H Pfitzner, E Chausson u F Poulenc) Kölner Philh 98/99, Bühnenfassung Schubert: 'Winterreise' Nancy 2000, Prof HMT Zürich, Prof (Liegestaltung) H f M Saar. **Pr:** zahlr int Pr ua Grand Prix du Disque, Dt Schallplattenpr, Edison- u Grammophone-Pr. – **Aufn/RF:** ua Wolf: Ital Liederbuch, m E Ameling; Schubert: Die schöne Müllerin, m F Araiza; Liszt/Milhaud/Mahler/Brahms/Schumann: Liedzyklen op 24, 42, 64/Strauss, m B Fassbaender; Schubert/Hindemith: Das Marienleben, m G Janowitz; Schönberg/Strauss/Debussy, m J Kaufmann; Schumann, m R Kollo; Sibelius: Gesamtausg d Lieder, m T Krause; Schubert/Poulenc/Schumann: Liederzyklen op 39 u 42/Purcell/Wagner/Ravel m J Norman; Strauss: Salzburger FSp, m Ch Studer. **Sonst:** Mitbegrd KonzVerein 'Freunde d Liedes' Zürich. (Red)

Gagelmann, Stefan, Pauke; c/o Münchner Philharmoniker, Kellerstr 4, D-81667 München. **Laufb:** Sol Münchner Philh. (Red)

Gaggero, Luigi, Perkussionist, Zimbalist; D-13467 Berlin, T: 0 17 93 46 29 86, *luigi.gaggero@gmx.de* [Genua, Italien 9.8.1976]. zeitgen Musik m/f Schlagzeug u ungar Zimbal (Cimbalom) **Ausb:** Schlgz (Prof A Pestalozza) Staatl Kons 'N Paganini' Genua 93–99, (Prof E Guggeis, Prof R Seegers) H f M Hanns Eisler Berlin 2000–01 m Dipl, Zusatzstud Schlgz (Prof E Guggeis, Prof R Seegers) H f M Hanns Eisler Berlin 01–03, KonzEx (m Takemitsus Mar-Konz). **Laufb:** Solo- u KamKonz: Ultraschall-Fstv – DtldRadio Berlin 03, KonzHaus Berlin 01 u 03, Berliner Philh 01, 02, 03, Triennale Köln 2000, Biennale Venedig 01, Biennale Berlin 01, Pinakothek d Moderne München 02, Milano Musica 01 u 03, Turin Fstv Settembre M 01, Soc del Qua Mailand, Mailänder Scala, Radio France Paris 99, 03; OrchErfahrung m Berliner Philh, Münchner Philh, Mailänder Philh, Dt SymphOrch Berlin, RSO Berlin, Berliner SinfOrch, Orch d Kom Op Berlin, Staatskap Berlin, Philh Orch Heidelberg, Münchner KamOrch, Orch d Th de la Monnaie Brüssel, Orch RAI Turin, Orch del Teatro la Fenice Venedig, Orch della Toscana, Orch della Svizzera Italiana; unter Dgt wie: P Boulez, P Eötvös, M Gielen, K Gourzi, E Inbal, M Jurowski, R Muti, K Nagano, K Ono, E Pomarico, Z Peskó, Ch Poppen, A Tamayo, P-A Valade. **Pr:** 2. Pr Hanns-Eisler-Wettb f Neue M 2000, 1. Pr ebd 02. **Ens:** Itinéraire (Paris), Accroche Note (Strasbourg), Musiques Nouvelles (Bruxelles), United Berlin, Sharoun (Berlin), Spectra (Gent), Divertimento (Mailand), Neue M Köln, Echo (Berlin). – **Aufn/RF:** b Accord, Dynamic, DtldRadio, RAI, Radio France, Radio Svizzera. **UA:** I Fedele: Erinni; L Francesconi: Etude; L Francesconi: Ballata; K Gourzi: Atlantis 1; J Ha: Duktus; A Solbiati: Quaderno d'immagini; A Solbiati: Piccoli canti. **Zug:** L Berio: Linea f 2 Kl, Vibraphon, Mar; ders: Circles f Stimme, Hfe, 2 Schlgz; P Boulez: Répons, Solo-Stimmen v Vibraphon u Zimbal; ders: Sur incises f 3 Kl, 3 Hfen, 3 Schlgz; G Battistelli: Uno e trino f Schlgz; S Bussotti: Gemelli f Schlgz u Kl; J Cage: Forever and Sunsmell f Sop u Schlgz; ders: Composed Impr f kl Trommel; E Carter: Pieces f Timpani; F Donatoni: Mari f Mar; ders: Omar f Vibraphon; P Eotvos: Psy f Mar, Fl u Vcl; ders: Psalm 151 f Schlgz; M Feldman: The King of Denmark f Schlgz; J Ha: Duktus f gr Trommel; H-W Henze: 5 Scenes from the Snow Country f Mar; M Jarrell: Assonance VII f Schlgz; M Kagel: Match f 2 Vcl u Schlgz; G Kurtag: Splitter Op 6/c f Zimbal; M Lauricella: Fiabe, miti e magie f Schlgz u Kl; S Sciarrino: Esplorazione del bianco f Schlgz; A Solbiati: Quaderno d'immagini f Zimbal; T Takemitsu: Mar-Konz; ders: Towards the Sea f Alt-Fl u Mar; ders: Rain tree f Vibraphon u 2 Mar.

Gagnidze, George, Sänger; Deutsches Nationaltheater, PF 2003, D-99401 Weimar [Tiflis 1973]. **Laufb:** Eng Städt Bühnen Osnabrück, Sol Nationalth Weimar 05/06. **Pr:** 1. Pr Geswettb Città di Busseto 05. (Red)

Gahl, Dankwart, Prof, Hochschullehrer, Violoncello; Karl-Storch-Str 10, A-5020 Salzburg, T: (06 62) 62 34 88; Univ Mozarteum, Abt f Streich- u Zupfinstrumente, Zentrum im Berg, Fürbergstr 18–20, A-5020 Salzburg, T: (06 62) 6 19 80, F: 61 98 30 33, *dankwart.gahl@moz.ac.at* [Korbach, Hessen 18.12.1939]. **Ausb:** Als Stipendiat d „Deutschen Studienstiftung" Stud a d Wiener Akad f Musik und Darst Kunst (W Böttcher, R Krotschak). **Laufb:** Gründungsmitgl d „Wiener Solisten", Eng im Orch d „Wiener Symphoniker", Mitgl d „Österreichischen Streichquartetts" u d „Trio Amadé/Salzburg", Vcl- und Kammermusik-Meisterklassen i In- u Ausland, auch i Fernost, zahlr Einladungen a Jurymitglied renommierter int Wettbewerbe, ao UProf. U Mozarteum Salzburg 1983, UProf f für Vcl u Quartet in residence ebd. UProf (Vcl) U Mozarteum Salzburg. (Red)

Gaisbauer, Dieter, Prof, Komponist; Laudongasse 54/20, A-1080 Wien, T: (01) 4 07 04 88. (Red)

Gaiser, Michael, Prof, Hochschullehrer, Violine; Trockenpützstr 24, D-41472 Neuss, T: (0 21 31) 8 20 70; Robert Schumann Hochschule, Fischerstr 110, D-40476 Düsseldorf. **Laufb:** Prof (V, KamM), Prodekan Robert-Schumann-H Düsseldorf. (Red)

Gaitzsch, Steffen, KV, Violine; c/o Dresdner Philharmonie, PF 120424, D-01005 Dresden. (Red)

Gajan, Ivan, Klavier; c/o Concertino Agentur, Nerotal 24, D-65193 Wiesbaden, T: (06 11) 1 80 56 56, F: 1 80 56 57, *concertino-wiesbaden@t-online.de*. **Laufb:** Sol Sinfonietta Slovacca Zilina. – **Aufn/RF:** sämtl Trios v Mozart u Hummel.

Gál, Bernhard, Mag, Komponist; Große Mohrengasse 29, A-1020 Wien, T: +1 9 285 69 57 07, F: +1 9 285 69 57 07, *gal@bernhardgal.com*; *www.bernhardgal.com* [Wien 19.11.1971]. Neue Musik, Klangkunst, Installationskunst **Ausb:** Autodidakt KompStud seit 86; Tonmeisterausb, MUniv Wien 90–94; U Wien (MWiss) 93–98. **Laufb:** Komp M f akust Instr wie auch elektroakust M; Integration v Klang, Licht, Objekte, Videoprojektionen und Raumkonzepte in intermedialen Installationen. Konz, Ausstellungen und Klanginstallationen in Europa, Asien, Nord- und Südamerika; Werke präsentiert v Ens wie: China Found Music Workshop Taiwan, NewTon-Ens Wien, Kammerens Neue Musik

Berlin u Ens Noamnesia Chicago; Einladungen z int Fstvs (u. a. Wien Modern; Jeunesse-Fstv Wien; DonauFstv Austria; Kryptonale Berlin, ICMC Berlin; MaerzMusik Berlin; Inventionen Berlin; MATA Festival New York; New Sound, New York-Festival, NYC; Soundfield Fstv Chicago; Mutek Kanada; Musashino Public Art Fstv Tokyo), regelm Vortr u Workshops; ZusArb m Yumi Kori, P Michael Schultes, G S Sedlak, Akemi Takeya u Emre Tuncer, Kai Fagaschinski u Chao-Ming Tung. **Pr:** KompPr der Initiative Minderheiten, Österreich 2000, Karl Hofer-Pr d U d K Berlin 01, SKE-Jahresstip Wien 02, DAAD Stip Berlin 03; Österr Staatsstip f Komp 04. – **Komp:** f Video-, Tanz-, Th- u Radiokunst-Projekte. **Aufn/RF:** Solo-CDs: 'going round in serpentines' 05; 'Installationen', (Katalog/CD) 05; 'Hinaus: In den, Wald; 'relisten' 01; 'Defragmentation/blue' 2000; 'bestimmung new york' 99. **Sonst:** Einzelausstellungen / Intermediale Kunstprojekte ua: Defragmentation in ZusArb m Yumi Kori Seattle 05, DonauFstv Krems 04; Hinaus: In den Wald, Diapason Gallery, New York; Night Pulses, Linz 03; RGBuSW inguhr – hoergalerie in parochial, Berlin 03; Klangbojen 03: Hanslteich, Gutenbrunn 03; Machina temporis in ZusArb m Yumi Kori Berlin 02; RGB Kunstverein Alte Schmiede, Wien 01. **Lit:** Katalog 'Installationen' 05.

Gál, Zoltán, Viola; c/o Impresariat Sonia Simmenauer, Bornstr 12, D-20146 Hamburg, T: (0 40) 42 31 31 11, F: 42 31 31 13, *Sonia.Simmenauer@impresariat-simmenauer.de*; *www.impresariat-simmenauer.de*. **Laufb:** Keller Qua. (Red)

Galander, Gisela, Sängerin; Am Hopfenberg 27, D-99096 Erfurt, T: (03 61) 3 73 52 41 [Oberweißbach 8.9.1938]. Operette, Musical **Ausb:** Stud Ges (E Schubert) Franz-Liszt-H Weimar 57–62. **Laufb:** Sol Th Erfurt (zunächst Op, Optte, später auch Musical) seit 62 (03/04), Gast Musikal Komödie Leipzig (Halle Dolly), ZusArb m versch Orch als Sol. **Pr:** Musical-Pr (Ens-Pr) d DDR. – **Aufn/RF:** RF- u Fernseh-Auftritte.

Galczuk, Tadeusz, Mgr Solo-Gesang u Schausp, Sänger; Nettelbeckufer 1, D-99089 Erfurt [Brzeg-Dolny, Polen 11.6.1954]. Oper **Ausb:** Stud Ges (D Paziuk) MH Wroclaw 74–80. **Laufb:** Sol Staatsop Wroclaw 80–85, Bremer Th 85–92, Sol Op Hannover 92–01, Gastsol Staatsth Oldenburg SpZ 03/04, Gast Montpellier, Dortmund, Ulm, Bremen, Braunschweig, Saarbrücken, Karlsruhe, Stockholm, Dessau, Rostock, Bremerhaven. – **Aufn/RF:** C Millöcker: Optte 'Der Bettelstudent' (Jan), Film f ZDF, RAI, TVP.

Galgoczi, Sandor, Violine; Agnesstr 48, D-93049 Regensburg; c/o Theater Regensburg, Bismarckpl 7, D-93047 Regensburg. **Laufb:** 3. Konzm Th Regensburg seit SpZ 03/04. (Red)

Galkin, Nikolai, Sänger; Erlenstr 31, D-86343 Königsbrunn, T: (0 82 31) 91 94 45, (01 78) 3 19 43 97. **Laufb:** Sol Ldsth Mecklenburg Neustrelitz, Sol Th Augsburg u Gastsol Städt Bühnen Münster SpZ 03/04, Sol Ldsth Linz SpZ 04/05. (Red)

Galkin, Sonia, Sängerin; Schröderstiftstr 23, D-20146 Hamburg, T: (01 79) 5 02 41 92. **Laufb:** GastSol Staatsth Oldenburg SpZ 03/04, Th Bremen SpZ 04/05. (*)

Gallardo-Domas, Cristina, Sängerin; c/o Konzertdirektion Schmid, Königstr 36, D-30175 Hannover, T: (05 11) 3 66 07 77, F: 3 66 07 81, *fh@kdschmid.de* [Santiago de Chile]. **Laufb:** Sol Hamburg Staatsop, Bayer Staatsop München, Dt Op Berlin, Staatsop Wien, Op Zürich SpZ 04/05, Gastsol Bad Staatsth Karlsruhe SpZ 00/01. (Red)

Gallardo, José, Klavier; Parkring 25, D-68159 Mannheim, T: (06 21) 1 56 85 14, *pianist@jose-gallardo.de*; c/o Südwestdeutsche Konzertdirektion Erwin Russ GmbH, Charlottenpl 17, D-70173 Stuttgart, T: (07 11) 1 63 53 11, F: 1 63 53 30, *info@sksruss.de*; *www.jose-gallardo.de* [Buenos Aires]. **Ausb:** U Mainz. **Pr:** Johannes Gutenberg Pr U Mainz 91, 1. Pr int Kl-Wettb Cantú, Como 92. (Red)

Galler, Richard, Prof, Hochschullehrer, Fagott; Zebragasse 45, A-2230 Gänserndorf-Süd, T: (0 22 82) 7 06 47, F: 7 06 47, *galler.rich@yline.com*; Univ f Musik u Darst Kunst, Leonard Bernstein Inst f Blas- u Schlaginstrumente, Seilerstätte 26, A-1010 Wien [Graz 1967]. **Laufb:** UProf (Fag) U f Musik u Darst Kunst Wien, Sol (Fag) Wiener Symphoniker.

Galliard, Peter, Sänger (lyr Tenor); Marktstr 8c, D-25451 Quickborn, T: (0 41 06) 52 27, F: 52 27, *PeterGalliard@gmx.de*; c/o Lore-M. Schulz International Artists Management, Zittelstr 8, D-80796 München, T: (0 89) 3 08 70 92, F: 3 08 70 93, *artists@lore-m-schulz.com* [Chur 28.4.1961]. **Ausb:** Stud (R Knoll) H Mozarteum Salzburg 83–86. **Laufb:** Sol Hamburg Staatsop seit 86, Gastsp Staatsop Berlin, Dt Op Berlin, Frankfurt, Europa. **Pr:** Prtr Mozartwettb 86, Förderungspr Staatsop Hamburg 88. – **Lit:** Dt Fernsehen: Porträt über P G (NDR).

Galliford, Brian, Sänger; c/o Phoenix Artists Management, 6 Windmill Street, London W1T 2JB, Vereinigtes Königreich, T: (0 20) 76 36 50 21, F: 76 31 46 31, *info@briangalliford.com*; *www.briangalliford.com*. **Ausb:** Guildhall School of Music & Drama London (David Pollard), Stud b David Wilson-Johnson. **Laufb:** GastSol Nederlandse Op 03, Kom Op Berlin SpZ 04/05. (Red)

Gallo, Lucio, Sänger; c/o Semperoper, Theaterplatz 2, D-01067 Dresden; c/o Wiener Staatsoper, Opernring 2, A-1010 Wien. **Laufb:** Sol Bayer Staatsop München, Gastsol Dt Staatsop Berlin SpZ 00/01 u SpZ 04/05, Wiener Staatsop SpZ 04/05, Semperop Dresden SpZ 04/05. (Red)

Gallois, Pascal, Prof, Hochschullehrer, Fagott; H Musik u Theater, Hirschengraben 46, CH-8001 Zürich, T: 00 33 60 73 55 6 56, *info@pascalgallois.com*; *www.pascalgallois.com/*. **Laufb:** Prof (Fag) HMT Zürich. (Red)

Galstian, Juliette, Sopran; c/o Opernhaus Zürich, Falkenstr 1, CH-8008 Zürich, T: 0 12 68 64 00; *www.opernhaus.ch*. **Laufb:** Sol Op Zürich SpZ 03/04. **Pr:** Maria-Callas-Wettb Athen, José-Carreras-Wettb Pamplona, Int Viotti-Wettb. (Red)

Galway, Sir James, Flöte; c/o MünchenMusik GmbH & Co KG, Rößelerstr 30, D-81929 München, PF 810952, D-81909 München, T: (0 89) 93 60 93, F: 9 30 60 94; Benzeholzstr 11, CH-6045 Meggen, T: (0 41) 3 79 09 61, F: 3 7909 63; *www.jamesgalway.com* [Belfast 8.12.1939]. **Ausb:** Stud Royal College of M London, (G Crunelle, J-P Rampal) Cons Paris. **Laufb:** Mitgl BBC Symph Orch, London Symph Orch, Royal Philh Orch, 1.Flötist Berliner Philh (H v Karajan) 69–75, danach als Solist ZusArb m führenden Orch, 1.Gastdgt London Mozart Players seit 97. **Pr:** Grand Prix du Disque, OBE 01. – **Aufn/RF:** mehr als 50 CDs. **Zug:** L Liebermann, FlKonz; L Maazel, M f Fl u Orch. **Sonst:** Cross-Over-Prod Folk- u PopM. (Red)

Gambashidze, Tinatin, Prof, Hochschullehrerin, Klavier; Hochschule für Musik und Theater Hamburg, Harvestehuder Weg 12, D-20148 Hamburg [1972]. **Ausb:** Stud (N. Gabunija, T. Amerijibi, N. Kereselidze) MH in Tiflis, (V. Branfield) H f M u Th Hamburg. **Laufb:** Prof (Kl) H f M u Th Hamburg seit 01. **Ens:** Evrus Trio. (Red)

Gambill, Robert, Tenor; c/o Balmer & Dixon Management AG, Kreuzstr 82, CH-8032 Zürich, T: 04 32 44 86 44, F: 04 32 44 86 49, *mail@badix.ch*; c/o Bayerische Staatsoper, Brieffach, D-80075 München; *www.badix.xh/voc/gambill.html*. **Ausb:** Stud (Gesang) Hamburger MH. **Laufb:** ua: Gast Scala Mailand, Genf, Frankfurt, Mitgl Op Zürich 84–87, Gastengagments Met Op New York, Covent Garden London, Staatsop Wien, Berlin, Hamburg, München, Moskau, Buenos Aires, Berg: 'Lulu' (Maler/Neger) Salzburger FSp 95, 'Salomé' (Narraboth) Stuttgart 96, Covent Garden London 97, Wagner: 'Tannhäuser' Dt Staatsop Berlin, Dgt: D Barenboim 99, Wagner: Der Ring d Nibelungen (Siegmund) Dresdner Semperop, Konz ua: Beethoven: 'Neunte Sinf' Beethoven Fstv München, Dgt: L Maazel, dass Berlin, Dgt: D Barenboim, Carnegie Hall New York 2000, Dvorak: 'Stabat Mater', Schmidt: 'Das Buch m sieben Siegeln' (Johannes v Patmos), Bruch: Orat 'Moses' (Aron), Sol Bayer Staatsop München, Staatsth Stuttgart, Gastsol Dt Staatsop Berlin SpZ 00/01u SpZ 04/05, Sol Dt Op Berlin u Sächs Staatsop Dresden SpZ 03/05. – **Aufn/RF:** Beethoven: 'Neunte Sinf', Dgt: D Barenboim. (Red)

Gamma, Lorenz, Violine; c/o M. M Music Management Müller,Rueb, Hegibachstr 58, CH-8032 Zürich. **Ausb:** Kons Luzern b Gunar Larsens, Indiana Univ in Bloomington b Franco Gulli 93–96, Univ of Washington in Seattle b Steven Staryk 96–98. **Laufb:** Konm d Northwest Sinfonietta in Seattle 96–98. **Pr:** Stip d 'C.-Dienemann'-Stift, 2. Pr 4.Int Wettb 'Franz Schubert u d Musik d Moderne' Graz 2000. **Ens:** Amar Quartett. (Red)

Gampl, Johann Peter (Pseud: Jan Pieter van Gomperts), Prof, Komponist; Hinterer Lech 2, D-86150 Augsburg, T: (08 21) 4 20 96 28, *jope@gampl.com*; *www.gampl.com* [Dollnstein b Eichstätt 30.7.1947]. Schulmusik – Chor, KamM **Ausb:** Kons Nürnberg, MH München (Komp, Kl). **Laufb:** LAuftrr Richard-Strauß-Kons u MH München, LStuhl (MErziehung) U Augsburg seit 91. **Pr:** 3. Pr Komp- u Förderungswettb 'Neue SalonM' Berlin 98. **Ens:** Augsburger Bach-Collegium (Cemb, Org). – **Komp:** Birthday Eskapaden (Streichqui) 93, UA Erding 93; Tourdion (KamM) 82, UA München 82; Ballade (OrchW) 83, UA München 84; Max u Moritz (MSpektakulum) 84/85, UA Erding 85; Ludibrium (KamM) 88; Focoso (KamM) 89; 'Yue Hong' f zwei Kl 91, UA Erding 91; Porco ricercare (KamM) 91; Volkslied-Kantate (f Chor u Orch) 99; Konzertante Kinderlieder-Kantate (gem Chor, Fl, V u Kl) 01; Tanzlieder-Suite (gem Chor u Orch) 01; 6 Kanons (gl Stimmen); 'Liebe u Tod' 4 Volkslieder (gem Chor) 01; Modale Messe (gem Chor) 96; Heimstettener Ordinarium (gem Chor) 98; Motette 'Drum rege dich nicht auf' (gem Chor, 2 Pos, Orgel) 2000. **AuftrKomp:** Rückert-Lieder (f Sop, Bariton u Kl) (Auftr: Stadt Schweinfurt z Rückert-Jahr). **Sonst:** Grdg Ardeo-Verlag 93, Grdg Vokal-Ens Erding 85.

Ganassi, Sonia, Sängerin; c/o Bayerische Staatsoper, Brieffach, D-80075 München. (Red)

Gann, Michael, Sänger; Hochkalter Str 12, D-81547 München, T: (0 89) 69 37 57 94, F: 69 37 56 92, *michael.gann@web.de*; c/o Staatstheater am Gärtnerplatz, PF 140569, D-80455 München. **Laufb:** Sol Staatsth am Gärtnerpl München.

Gansch, Johann, Prof, Hochschullehrer, Trompete; Univ Mozarteum, Abt f Blas- u Schlaginstrumente, Zentrum im Berg, Fürbergstr 18–20, A-5020 Salzburg, T: (06 62) 61 98 54 24, F: 61 98 30 33, *johann.gansch@moz.ac.at* [Kirnberg 13.4.1953]. **Laufb:** UProf (Trp) U Mozarteum Salzburg. (Red)

Gantenbein, Martin, Komponist, Schauspielmusiker, Schlagzeug; Risiweg 1, CH-8706 Meilen, T: 04 49 23 00 46, F: 04 49 23 00 73, *mapgantenbein@dplanet.ch*; Hochschule Musik u Theater Zürich, Gessnerallee 11, CH-8001 Zürich, *martin.gantenbein@doz.hmt.edu* [Buchs 1959]. **Laufb:** Schauspielhaus Zürich, Th Neumarkt Zürich, Stadtth Konstanz, Junges Th Zürich, SchspM Th Luzern SpZ 03/04, Th Basel, Th Gessnerallee u Th an der Sihl Zürich SpZ 04/05, LAuftr (Rhythmus) HMT Zürich. **Ens:** 'Affront Perdu', ThGruppe 'Mass & Fieber'. – **Aufn/RF:** CD: 'Erbslein: Das Boot' 97, 'Affront Perdu: Fin de Siècle' 97, 'Heilige Bimbam: Entweder' 98, 'Krazy Kat' (Hörsp-Mitschn) 03, 'King Placebo' (Th-Mitschn) 05. (Red)

Gantner, Martin, Bariton; c/o Theateragentur Dr Germinal Hilbert, Maximilianstr 22, D-80539 München, T: (0 89) 2 90 74 70, F: 29 07 47 90; c/o Bayerische Staatsoper, Brieffach, D-80075 München; *www.hilbert.de*. **Laufb:** Sol Bayer Staatsop München, Sächs Staatsop Dresden SpZ 03/04. (Red)

Ganz, Amiram, Violine; 11, rue Nobel, F-67460 Souffelweyersheim, *ganz@altenbergtrio.at*; c/o Künstlersekretariat Eva Blancafort, Rothenbaumchaussee 30, D-20184 Hamburg, T: (0 40) 45 66 96, F: 45 66 40, *Niklas.Schmidt@t-online.de*; *www.altenbergtrio.at* [Montevideo 1952]. **Ausb:** VStud in Uruguay b Israel Chorberg, Ilya Fidlon u Jorge Risi, Stud b Richard Burgin in d USA sowie b Alberto Lysy an d Int KamMAkad Rom, Stip Moskauer Tschaikovsky-Kons b Victor Pikaisen 74–79. **Laufb:** 1. Konzm Orch Philharmonique de Strasbourg 80, Prof Straßburger Konz seit 81, Geiger d Schostakowitsch-Trios b mehr als 300 Konz in aller Welt (ua Concertgebouw/Amsterdam, Alte Op Frankfurt/M, Tschaikovsky-Kons/Moskau) 87–94, Grd d Altenberg Trios (m Claus-Christian Schuster u Martin Hornstein) 94, seither int KonzTätigkeit, Lt Seminarlehrgang KlKamM Kons d Stadt Wien. **Pr:** Gewinner Wettb 'Jeunesses Musicales', Finalist u Prtr mehrerer int Wettb (Long-Thibaud, Paris, ARD, München ua). (Red)

Ganzer, Jürgen, Prof, Hochschullehrer, Komponist; Gaudystr 1, D-10437 Berlin, T: (0 30) 4 49 61 96, F: 4 49 61 96, *j_ganzer@gmx.de*; H f Musik 'Hanns Eisler', Charlottenstr 55, D-10117 Berlin, T: (0 30) 90 26 98 85 [Potsdam 6.8.1950]. KamM **Ausb:** Stud (Akk, Komp) H f M 'Hanns Eisler' Berlin 69–75 (W Heicking, Hans u C Boll). **Laufb:** Prof (Komp, Tonsatz, Gehörbild) H f M 'Hanns Eisler' Berlin 93. **Pr:** 1. Pr AkkSolistenwettb d DDR 72, KamM-Pr d KompWettb d Rundfunksenders 'Stimme der DDR', 1. Pr. Duo-Wettb Int AkkWettb Klingenthal 985 u 86.

Garanca, Elina, Mezzosopran; c/o Staatsoper, Opernring 2, A-1010 Wien, *elina.garanca@alsteartists.com*; Zeißelstr 3, D-60318 Frankfurt, T: (01 74) 3 12 56 89; *www.elinagaranca.com* [Riga, Lettland]. **Ausb:** Stud Gesang MAkad Riga, Stud Gesang (I Gavrilovici) Wien 98. **Laufb:** Debüt (Donizetti: 'Anna Bolena', Jane Seymour) Bukarest u Athen, EnsMitgl Südthüring Staatsth Meiningen, Sol Op Frankfurt seit SpZ 2000/01, Gastsol Riga u Helsinka 2000/01, Gastsol Finnish National Op 02, Savonlinna Op Fstv Finland, Salzburger FSp, Sol Staatsop Wien 03–05, Gastsol Op Frankfurt 03–05, Auftritte m Belgium Nat Orch, RAI-Orch Torino, Gastsol Op National de Paris 05. **Pr:** 1. Pr Mirjam Helin Gesangswettb Helsinki 99, Finalostin BBC 'Cardiff Singer of the World' Wettb 01. (Red)

Garbeis, Heinrich, Komponist; Winzerstr 8/1/8, A-1130 Wien. (Red)

Garbosnik, Christian, 1. Kapellmeister; c/o Staatsoperette Dresden, Pirnaer Landstr 131, D-01257 Dresden. **Laufb:** 1. Kapm Staatsoptte u Orch d Stastoptte Dresden seit 92 (04/05). (Red)

Garcia-Ferreras, Arsenio, Dr phil, Musikwissenschaftler, Komponist, Organist; Grefrather Weg 77, D-41464 Neuss, T: (0 21 31) 8 19 00. **Laufb:** Musikpäd, Musikkritiker, 25 Jahre Musikredakteur DW Köln. – **Komp:** Messe 'Regina Pacis' (3 gleiche Stimmen, Gemeinde u Orgel). (Red)

Garcia, Guillermo, Solokorrepetitor; Wiener Staatsoper, Opernring 2, A-1010 Wien. **Laufb:** Solokorr Wiern Staatsop. (Red)

García, Ignacio, Horn; c/o Staatskapelle Berlin, Unter den Linden 7, D-10117 Berlin. **Laufb:** Sol Staatskap Berlin. (Red)

Garcia, Oscar, Violine; c/o Tonhalle-Gesellschaft Zürich, Gotthardstr 5, CH-8002 Zürich, *pr-marketing@tonhalle.ch* [Rosario, Argentinien 1949]. **Ausb:** b H Carfi. **Laufb:** Konzm Nat Radio-KamOrch Argentinien 72–74, Konzm Züricher KamOrch seit 74, Mitgl Tonhalle Orch Zürich seit 79. (Red)

Garciacano, Gerardo, Sänger; Vogelsang 69, CH-2502 Biel. (Red)

Garczynski, Ute von, Prof, Sängerin, Hochschullehrerin; Roeckstr 3, D-23568 Lübeck, T: (04 51) 3 47 27; Friedrichstr 18, D-76530 Baden-Baden, T: (0 72 21) 2 28 69. **Laufb:** Prof (Ges) MH Lübeck seit 83. (Red)

Gardner, Teresa, Sängerin; c/o Volksoper Wien, Währinger Str 78, A-1090 Wien, T: (01) 51 44 40, F: 5 14 44 32 15, *office@volksoper.at*; *www.volksoper.at*. **Laufb:** Sol Volksop Wien seit SpZ 03/04. (Red)

Gárdonyi, Zsolt, Dr hc, Prof, Komponist, Organist, Hochschullehrer; Hofstallstr 6–8, D-97070 Würzburg, T: (09 31) 4 52 13 62, *zsolt@gardonyi.de*; *www.gardonyi.de* [Budapest 21.3.1946]. Kirchenmusik **Ausb:** Stud (Komp, Orgel) MH Budapest 64–68, (KiM, MTheorie) MH Detmold 68–71. **Laufb:** Prof (MTheorie) H f M Würzburg seit 80, als Organist rege KonzTätigkeit in Europa u USA. **Pr:** Förderpr Freistaat Bayern 79, Dr hc U Debrecen 2000. **Mitgl:** DKV. – **Komp:** Divertimento (KamM), UA Würzburg 77; 'Rhapsodie' f Pos u Orgel, UA Wiesbaden 80 (Auftr: Int Orgelwoche Wiesbaden); KamKonz, UA Wiesbaden 82; Die Verkündigung (Orat), UA Nürnberg 83; 'Die Verkündigung' (Orat), UA Nürnberg 83 Preludio con Fuga (Org), UA Wiesbaden 85; Fantasie über ein ungar Danklied (Konz), UA Wiesbaden 88; Variationen (Vcl u Org), UA Debrecen/Ungarn 88; Sonata da chiesa (KamM), UA Karlsruhe 93; Psalm 8 (Chor), UA München 93; (Auftr: Dt Kirchbautag); 'Psalm 8' f Chor u Orgel, UA München 93 (Auftr: Ev KiTag); Mozart Changes (Orgel), UA Oklahoma/USA 95; Hommage à J S Bach (Orgel), UA Braunschweig 2000; Hommage à F Liszt (Orgel), UA Debrecen/Ungarn 01; Hommage à M Reger f Org, UA Buenos Aires 02 (Auftr: Int Reger-Festival); Hommage à M Reger (Org), UA Buenos Aires 02. **Zug:** C Kühnl: Hiob f Org, Kl u Sprecher 81.

Gareis, Ute, Pianistin; Taubenstr 4B, CH-9008 St Gallen, T: 07 12 44 57 84, F: 07 12 44 57 84, *gareis.pohl.klavierduo@smile.ch* [Schweinfurt 18.6.1961]. Neue Musik, Kammermusik **Ausb:** Stud b M Höhenrieder MH Würzburg 84–86, Stud b U Graf MH Köln 86–89, Aufbaustud b P Feuchtwanger London 89–92, Mstrkl b B Uriarte-Mrongovius, K-U Schnabel, V Biesenbender. **Laufb:** USA-Tournee 96 u 99, Schweden-Tournee 97 u 99, Bodensee-Fstv 01, Herzogenberg-Fstv Heiden 02; Finnland-Tournee (Beethoven: Tripelkonzert) 03. **Pr:** 2. Pr u Sonderpr 'Nuova Carisch' 8.Int KlWettb Rom 97, Kulturförderpr d Stadt Schweinfurt 97; Kulturpr d Kantons Ausserrhoden 01. **Ens:** KlDuo Gareis & Pohl, Weimar Trio, Ens en Géometrie Variable. – **Aufn/RF:** M Infante: 'Musique d'Espagne' SWF, E Pfeiffer: 'Alpstein rock'n moll' SWF, I Wyschnegradsky: 'Chant Nocturen' f Vienna Modern Masters 2017, H E Dahlgren: 'Nostalgiska Bilder' schwed RF. **UA:** E Pfeiffer: Alpstein rock'n moll, UA 01; H E Dahlgren: Nostalgiska Bilder, UA 99; J Adams: Hallelujah Junction, Europ EA 2000.

Garin, Rémi, Sänger (Tenor); 1-B, rue Aristide Briand, F-42240 Unieux, Val Ronzière, T: 04 77 10 02 72, F: 04 77 10 02 72; Orpundstr 8, CH-2504 Biel-Mett [10.2.1964]. Opern v Donizetti, Rossini, Bellini, Gounod, Poulenc **Ausb:** Ecole Nat de Musique Annecy 86, Ecole d'Art Lyrique de l'Op Nat Paris Bastille 93–94. **Laufb:** div Konz wie Franck: 'La Messe en La', Rossini: 'La Scala di Seta', Puccini: 'La Missa di Gloria', Bach: 'La Passion selon Saint Jean', Berlioz: 'Lelio', Verdi: 'Requiem', Mendelssohn: 'Lobgesang', Honegger: 'Le Roi David', Orff: 'Requiem de Cimarosa', ' Carmina Burana', Saint-Saëns: 'Samson et Dalila'; Szenisch: Donizetti: 'Lucia di Lammermoor' (Edgard), 'La Fille du Régiment' (Tonio), 'L'Elisir d'Amore' (Nemorino), Mozart: 'Entführung a d Serail' (Pedrillo), 'Zauberflöte' (Tamino), Verdi: 'Nabucodonosor' (Ismaele), Poulenc: 'Dialogues des Carmélites', Offenbach: 'Les contes d'Hofmann', Gounod: 'Faust', Berlioz: 'Benvenuto Cellini', Janáček: 'De la maison des Morts'; Sol Theater Biel Solothurn, Rossini: 'Cenerentola' 04. **Pr:** Finalist Int GesWettb Toulouse, Frankreich.

Garmendia, Ainhoa, Sopran; c/o Laurent Delage Artists Management, Albertplatz 8, A-1080 Wien, T: (01) 4 03 63 49, F: 4 03 63 49, *office@delage.at*; c/o Oper Leipzig, Augustusplatz 12, D-04109 Leipzig, T: (03 41) 1 26 10; *www.delage.at, www.ainhoa-garmendia.com* [San Sebastian 1974]. **Ausb:** Orfeón Donostiarra (San Sebastián) b A Ortega, H f Gesang Madrid b M Cid, H f Gesang u Darst Kunst Wien b H Lazarska. **Laufb:** Sol Op Leipzig seit 01; Gastsol Op Lausanne, Op Marseille, Royal Albert Hall, Gran Teatro Liceú Barcelona. (Red)

Garms, Leonhard, Korrepetitor; Opernhaus, Kaiser-Josef-Pl 10, A-8010 Graz. **Laufb:** Korr Opernhaus Graz. (Red)

Garnier, Simone, freischaffende Opern- und Konzertsängerin (dramatischer Mezzosopran); Talstr 9, D-61381 Friedrichsdorf, T: (0 61 72) 7 84 36, F: 7 84 36, *simone_garnier@yahoo.de*; *www.simone-garnier.de* [Bad Homburg vd H 20.6.1965]. Orat, ital Op, Konz, Lied **Ausb:** Gesangs- u Belcantoschule K Kaltbeitzer-Hirsch 91–95, Scuola del Becanto Appiani Oberursel 95–99, C Appiani 99–02, Mstrkrse b S Geszty, G Gilmore, W Berry. **Laufb:** Eigene Lieder- u Arienabende ua Schloßkirche Bad Homburg 98, Schwetzinger Schloß 01, Commoedienhaus Hanau 01. **Ens:** JazzvokQui 'Jazzappeal', opera piccola Offenbach.

Garo, Edouard, Prof, Komponist, Dirigent, Chorleiter; rue de la Porcelaine 16, CH-1260 Nyon, T: 02 23 61 49 45, F: 02 23 61 49 45, *edgaro@hispeed-nyon.ch* [Nyon 6.7.1935]. Gesang, Chor, Instrumentalmusik **Ausb:** Stud Komp u Ges (H Hang) Univ Lausanne u Kons ebd 57–60, (P Mollet) Genf, (S Gähwiller) Zürich. **Pr:** Grand Prix Ville de Paris avec la CVG 72. **Ens:** Grd u Lt 'Camerata Vocale de Genéve' u 'Ens Choral de la Côte'. **Mitgl:** SSA, SUISA, STV. – **Komp:** Prospectrum (Kl, Elektro-Akust) 71, UA RSR Genf; Calligrammes (5 St a cap) 74, UA RTF Paris; Les Sept contre Thèbes (4 Ch, 8-stimm, 5 Instr, 4 Schlgz) 78, UA RSR Genf; Agamemnon (Eschyle) Op 82, UA RSR Nyon; Un instant seul (STB, Sol, Ch, 11 Instr, 4 Schlgz) 89, UA Nyon; Joutes (Fl, Kl, Zymbal) 96, UA Budapest; La Grande Eclipse (Sop solo, Va) 96, UA Nyon; Traces (StrQua) 99, UA Payerne; Le Bestiaire de Marie (Sop, Klar, kl Schlgz, E-Git) 02, UA Nyon; Requiem (STB, Ch, 18 Instr) 03, noch keine UA.

Garr, Michael, Sänger; c/o Künstleragentur Elke Wiemer, Exerzierstr 9, D-13357 Berlin, T: (0 30) 46 60 78 03, F: 46 60 78 17, *mail@agentur-wiemer.de*; *www.agentur-wiemer.de*. **Laufb:** Gastsol Stadtth Hildesheim, Berliner KamSp, Neues Th Hamburg, Delphi Th Hamburg, Stadtth Klagenfurt, Op Leipzig SpZ 2000/01, FreilichtSp Schwäbisch Hall. (Red)

Garrett, David, Violine; c/o Konzert-Direktion Hans Adler, Auguste-Viktoria-Str 64, D-14199 Berlin, T: (0 30) 8 95 99 20, F: 8 26 35 20, *info@musikadler.de*; *www.musikadler.de* [1980]. **Laufb:** Konz Philh Hamburg StaatsOrch Mhalle (G Albrecht) 91, Philh München (Z Mehta) 94, Orch Nat de France Salle Pleyel Paris (Ch Dutoit) 95, Wiener MVerein (Y Menuhin) 96, Expo 2000 Hannover, KonzTournee 'Nokia Night of the Proms' durch Dtl, Belgien u Holland 02/03. – **Sonst:** als jüngster Sol aller Zeiten Exklusivvertrag m Dt Grammophon Ges 94. (Red)

Garrido Mendoza, Omar, Tenor; c/o Bad Hersfelder Opernfestspiele – Arbeitskreis f Musik eV, Nachtigallenstr 7, D-36251 Bad Hersfeld; c/o Theater Altenburg-Gera, Küchengartenallee 2, D-07548 Gera. **Laufb:** Sol Th Altenburg-Gera, Bad Hersfelder OpFSp. (Red)

Garrison, Kenneth, Sänger (Tenor); Georgenstr 102, D-80798 München, T: 0 17 27 16 40 90; c/o Sächsische Staatsoper, Theaterpl 2, D-01067 Dresden [Louisiana, USA]. **Ausb:** Stud (Gesang) Salzburg, (H Hopf) München. **Laufb:** EnsMitgl Bayer Staatsop München seit 85, Gastsol Frankfurt (Erik), Amsterdam (Anatol 'Krieg u Frieden'), Stuttgart (Max 'Freischütz'), Debüt Mailänder Scala u Staatsop Wien (Elemer u Max), München 93 (Dimitrij), Leipzig 93 (Dimitri 'Boris Godunow'), Düsseldorf 95/96 (Erik), Op National du Rhin Straßburg 95/96 (Skuratoff), Tel Aviv 97 (Oedipus Rex), Hess Staatsth Wiesbaden 98/99 (Max, Narraboth, Herodes), Semperop Dresden 99 (Lady Macbeth von Mzensk, Der Schäbige), Halle 99 (Eduard a d Seil), Leipzig 99/2000 (Herodes), Nationalth Mannheim 2000/01 (Mime, Loge), Tokyo Staatsop 2003 (Mime, Loge), Op Halle SpZ 03/04, Gastsol Pfalzth Kaiserslautern SpZ 03/04, Liceu Barcelona. – **UA:** Rinderwahn, NatTh Mannheim UA. (Red)

Garscha, Roland, Komponist, Arrangeur; Heldrunger Str 29, D-99427 Weimar, T: (0 36 43) 41 07 84 [Zebau 17.7.1934]. KamM/KamOrch, mehr als 400 Bearb/Transkriptionen **Ausb:** Dipl Franz-Liszt-H 56. **Laufb:** an versch Orch tätig als Oboist, Flötist ab 61, L an MSchulen, freischaff ab 91. **Ens:** via nova ens Weimar, Vimares-Trio (Fl, Klar, Fag), Tafelmusik-Trio Weimar. **Mitgl:**

DKV, KVTh, via nova eV Weimar, Ges Neue M. – **Komp:** Vietnam-Skizze (gr Blasorch), UA Stralsund 68; Concertino f Fl/Streicher (Streichorch), UA Stralsund 71; Zwei Epigramme (KamM), UA Frankfurt/M 93; Fünf kleine Walzer (KamM), UA Jena 97; panta rhei (Konz), UA Jena 99; canto corno (Konz); Sieben Miniaturen (Konz); Fragiles Fragment (KamM), UA Weimar 01; Ariosonetto (Ob-Konz); Countdown (Bl-qu); Ambivalento (Fl u StrTrio), UA Gera 02; Concertinetto (FlSolo, Str Orch), UA Weimar 04; Ambivalento (KlQui), UA Gera 05 (Auftr: KompVerb). **Sonst:** als Arrangeur über 400 Bearb aller Genres.

Garst, John, Sänger; Stauffenbergstr 73, D-64283 Darmstadt, T: (0 61 51) 59 91 71; Hessisches Staatstheater Darmstadt, Georg-Büchner-Pl 1, D-64283 Darmstadt. **Laufb:** Sol Pfalzth Kaiserslautern, Gastsol Eduard-von-Winterstein-Th Annaberg SpZ 00/01. (Red)

Garstenauer, Ernst, Sänger; c/o Stadttheater Bern, Nägeligasse 1, CH-3000 Bern. **Laufb:** Sol Stadtth Bern. (*)

Gartemann, Cornelia, Violine; Jagowstr 8, D-10555 Berlin, T: (0 30) 39 49 48 33 [Herford 1977]. **Ausb:** Stud V H f M Detmold. **Laufb:** 2. V Berliner Philh. **Pr:** Stip Dt Musikwettb KamM 98. **Ens:** Trio Germinal. (Red)

Gartemann, Julia, Viola; Wassergasse 4, D-10179 Berlin, T: (0 30) 39 90 63 60. **Laufb:** Va Berliner Phil. **Pr:** Stip Dt Musikwettb KamM 98. **Ens:** Trio Germinal. (Red)

Gartmann, Luzius, Violoncellist; Florastr 50, CH-8008 Zürich, T: 0 13 82 47 06, F: 0 13 82 47 08, *lgartmann@bluewin.ch*; *www.avalontrio.ch, www.ensemblechamaeleon.ch* [Chur, Schweiz 23.9.1958]. Kammermusik **Ausb:** Stud Vcl (A Navarra, C Starck u B Pergamenschikow) MH Wien. **Laufb:** Mitgl d Orch d Op Zürich seit 86, Teiln an Fstvs, mehrere Japan-Tourneen. **Pr:** Ehrendipl Musikakad Siena 81. **Ens:** Avalon Trio, Chamäleon Ens. – **Aufn/RF:** div RF- u CD-Aufn. **UA:** V Marti, S Pilyutikov u Furrer-Münch: KlarTrios; G A Derungs: VclKonz. **Zug:** F Furrer-Münch: 'Intarsia' f Cello solo.

Gasciarino, Michel, Horn; c/o Zemlinsky Quintett Wien, Reisnerstr 2/16, A-1030 Wien, T: (01) 7 12 77 78; *www.wellcom.at/zemlinsky_quintett_wien*. **Ausb:** in Frankreich u Schweiz, Stud (H Baumann) Stuttgart u Essen, Stud Naturhn. **Laufb:** Hn b Junger Dt Philh bis 86, 1. Eng Philh Hungarica Marl 87, Solohn NÖ Tonkünstlerorch seit 88, Mitwirkung b La Stagione Frankfurt, Frankfurter Kantorei, Wiener Akad, Concentus Musicus (unter N Harnoncourt). **Pr:** 2. Pr int Wettb Concertino Praga 80. **Ens:** Mitgl Zemlinsky Qui Wien, Collegium Viennense (BlOktett). – **Aufn/RF:** RF- u CD-Aufn m H Baumann u H Holliger. (Red)

Gass, Ivo, Horn; c/o Münchner Philharmoniker, Kellerstr 4, D-81667 München. **Laufb:** Sol Münchner Philh. (Red)

Gasser-Clerc, Evelyn, Gesang, Chor; Bözingenstr 60, CH-2502 Biel, T: 03 23 41 99 46. (Red)

Gasser, Ulrich, Komponist; Route de Genève 38, CH-1131 Tolochenaz, T: 02 18 01 20 54, F: 02 18 01 20 54, *ulrgasser@bluewin.ch* [Frauenfeld, Schweiz 19.4.1950]. **Ausb:** Stud (Theorie, Fl) Kons Winterthur, Stud Fl (A Jaunet), MH Zürich, KompStud (K Huber) MH Freiburg 73–77. **Laufb:** Präs Schweizer Musiked SME/EMS 94, Vorst STV 98, Vorst Suisseculture 99. **Pr:** Pr d Interpreten Int KompSem Boswil 74, Gaudeamus-MWochen Bilthoven, 2. Pr Ensemblia Mönchengladbach 82, 1. Pr Bach-Akad Stuttgart 85, Thurgauer Kulturpr 91. – **Komp:** Passion II/Stationen (f Soli, Chor, Instr), UA Esslingen, Südfunkchor Stuttgart, Dgt: K M Ziegler 77 (SDR Stuttgart); Noten VI (Zur Passion: Paraphrase III/Hoffnung) (f Orch), UA Mönchengladbach, Orch d Saarländ RF, Dgt: H Zender 79 (Saarl RF); Christusdornen (f StrQua), UA Basel, Arditti-Qua 81; Zur kalten Zeit (f 16-stg Chor), UA Stuttgart, Stiftskirche, Südfunkchor, Dgt: K M Ziegler 90 (SDR Stuttgart); Fries d Lauschenden (f Akk, Str u Schlgz), UA Tonhalle Zürich, Camerata Zürich, Dgt: R Tschupp 92 (DRS Basel); Von der unerbittl Zufälligkeit d Todes (Szen Orat f 6 Frauen- u 6 Männerst, 8 Fl u 6 Klangsteine), UA Münster Schaffhausen, Dgt: P Bauer 95 (SDR Stuttgart, DRS Zürich). **AuftrKomp:** Agenda Missae (f Org, Ch, Liturg, Gemeinde u Pos), UA St Martin, Kassel, Dgt: K M Ziegler 79; Steinstücke II (f 3 Bl, 14 Solostr), UA Donaueschingen, Orch d SWF, Dgt: S Cambreling 80 (SWF Baden-Baden); Der Vierte König (Orat f Soli, KamChor, Chor, Instr u Klangstein), UA Frauenfeld, Dgt: J Lasserre 91 (Auftr: Oratorienchor Frauenfeld, Aufn: DRS Zürich); Hymnos (Orat f Soli, Chor, Instr), UA Biel, Stadtkirche, Dgt: K G Biegert 99 (Auftr: Bach-Chor Konstanz, Aufn: DRS Zürich). **Sonst:** Grdg Forum andere Musik Kreuzlingen 92. **Lit:** R Brotbeck: Ausstein – Versuch e Laudatio f U Gasser (Dissonanz-Dissonance 32) 92.

Gast, Arvid, Prof, Hochschullehrer, Orgel; Schüsselbuden 13, D-23552 Lübeck, T: (04 51) 7 07 31 00, 0 17 32 32 58 57, *arvid.gast@web.de*; Musikhochschule, Gosse Petersgrube 17–29, D-23552 Lübeck, T: (04 51) 1 50 51 49, *Arvid.Gast@mh-luebeck.de* [Bremen 1962]. **Ausb:** Stud (Org, KiM) H f M u Th in Hannover. **Laufb:** Prof (Org) H f M u Th Leipzig 93, Prof (Org) MH Lübeck 04. **Ens:** Duo (Trp, Org) m J Pliquett. (Red)

Gast, Lothar, Komponist; Marktpl 2, D-31582 Nienburg/Weser, T: (0 50 21) 77 14 [Sedlitz 28.6.1928]. Kirchenmusik, Kammermusik, Schulmusik, Orchestermusik **Ausb:** Stud (V, Ob, Kl, Orgel, KiM) Kons Sondershausen, Cottbus, Bremen, Künstl Reife Orgel, Komp (J Bender). **Laufb:** KiMusiker Bremen-Vegesack 57–81, MSchullt Nienburg/W 81–93, KonzReisen u RF-Aufn in Dtschld, Dänemark, Niederlande, Frankreich, Schweiz, Italien, Jugendreferent u stellv Vors d Musikausschusses Sängerb Nordwestdtld 80–84, Kreischorlt Sängerkr Stolzenau 86–94, Ruhestand seit 93. **Pr:** Schnitgerpr Zwolle Eervolle Vermelding, Künstler d Jahres Accad Italia 84. **Mitgl:** DKV (Dt KompVerb). – **Komp:** Macht hoch die Tür (Kant) 67, UA Bremen 69; Das Intervall (KamM) 69, UA Bremen 70; Die Flötenprobe (KamM) 73, UA Bremen 74; Triptychon 1969 (OrchW), UA Bremen, Philharmon Staatsorch, Dgt: P Schneider 80; Requiem auf d Tod eines Christen (Messe), UA Bremen 81; Schlag auf Schlag (ChorW) 81; Mixed Pickles (KamM) 85, UA Nienburg 86; Orgelconcerto I, UA Bremen; Orgelconcerto II, UA Bremen; Introduktion u Passacaglia f Org, UA Bremen; Introduktion u Canzone f Sop u oblig Org, UA Bremen; Wir rühmen uns allein d Kreuzes (geistl Konz f Singst u oblig Org), UA Bremen; 59 Komp f d Glockensp d Nienburger Rathauses (Bearb v Liedern d Jahrkreises u Nationalhymnen), 'Weckruf' (Auftr: Stadt Nienburg). **Aufn/RF:** Die Flötenprobe; Triptychon 69; Requiem, Norddt Jugendchor, A Gast, B Ohse, Dgt: L Gast 81; Introd m Canz f Sop u oblig Org, H Zingel, L Gast; OrgKonz I, B Bergner; OrgKonz II, L Gast: Introduktion u Passacaglia f Org, W Herbst. **Sonst:** Grdg Camerata Instrumentale Bremen 63; Ev Singschule Bremen-Vegesack 71; Norddt Jugendchor 72; Vegesacker Kinderchor 64; Knabenchor Vegesacker Jungs 74. **Lit:** G Kappner: 'Singet u Spielet d Herrn', Bremer Beiträge zur Kirchenmusik.

Gasteen, Lisa, Sopran; c/o Opern-Agentur Manuela Kursidem & Elene Tschaidse, Büro Berlin, Maassenstr 14, D-10777 Berlin, T: (0 30) 2 16 82 14, F: 2 15 97 76, *bueroberlin@opern-agentur.com*; *www.opern-agentur.com* [Brisbane, Australien]. **Ausb:** Stud Ges (M Nickson) in Brisbane, San Francisco u am London Opera Studio. **Laufb:** Gastsol Lyric Op Queensland, Victoria State Op Melbourne, Australian Op Melbourne, Op Prag, Op Stuttgart, Washington Op, Dallas Op, OpHaus Zürich, Met Op New York, Dt Staatsop Berlin seit 97, Opera du Rhin Strasbourg 99, Sol Staatsth Stuttgart 99 u 02, Gastsol Th Meiningen 01, Covent Garden 02–05, Wiener Staatsop SpZ 04/05, Hamb Staatsop, Melbourne Int Fstv 96, Sydney Fstv 2000, Festival Baden-Baden 02, Konz ua m d Sydney Philh Orch, Tasmanian Symph Orch, Queensland Symph Orch, BBC Welsh Symph Orch, Florida Symph Orch. **Pr:** 1. Pr Wettb 'Cardiff Singer of the World' 91. (Red)

Gasztner, Wolff-Dietrich, Komponist; Glockenweg 8, A-4490 St Florian, T: (0 72 24) 80 97, F: 80 97 [Schönau i M 18.1.1939]. KamM **Mitgl:** Österr Komponistenbund. – **Komp:** Musik zu 'Die dreizehn Monate' (Ged v E Kästner) f 8 Instr (Querfl, Klar, Fag, Pk, V, Va, Vcl, Kb) in wechselnder Besetzung 92, UA Brucknerhaus Linz 96; Qua f V, Va, Vcl u Kl 95, UA St Valentin, Kunsthaus 96; 'Lieder eines alten Mannes' (f Bassstimme, Querfl, EnglHn, V, Va, Vcl u KB nach Ged v Franz Rieger) 96, UA Stift St Florian 96; Qua f V, Klar, Vcl u Kl 97, UA St Valentin, Kunsthaus 98; Auf d Durchreise (KamM) 99, UA Stift St Florian 2000; Trio f Klar, Fg u Tenorhackbrett 99, UA Stift St Florian 99; Herbstgesang f Alt u Streichqua nach Ged v H Hesse 01, UA Stift St Florian 01; 'Menschliche Lieder' (f Altstimme, Kl) nach Ged v E Roth 02.

Gates, John T, Dr, Sänger; c/o Stephen F. Austin State University, Dep Music, Box 13043, SFA Station, Nacogdoches, TX 75962–3043, U.S.A. [Columbia, SC, USA]. **Laufb:** Sol u ZusArb in Dtschld 89–01 ua b Städt Bühnen Krefeld-Mönchengladbach, Staatsth Saarbrücken, Städt Bühnen Frankfurt a d Oder, Hebbel Th Berlin, Staatsth Braunschweig, Wuppertaler Bühnen, Staatsth Oldenburg, Th Aachen, Th Osnabrück, Op Gelsenkirchen, Regensburger Kantorie, Bochum Symphoniker, Nürnberger Symphoniker u Niederrhein Sinfoniker. (*)

Gatscher, Wolfgang, Hochschullehrer; Dr. Hoch's Konservatorium, Hebelstr 15–19, D-60318 Frankfurt/M, T: (0 69) 9 15 00 40, F: 5 96 15 76, *mail@dr-hochs.de*; *www.dr-hochs.de*. **Laufb:** Doz (Theorie) Dr Hoch's Kons Frankfurt. (Red)

Gattermeyer, Heinrich, Mag phil, UnivProf, Komponist, Autor; Gutzkowpl 6/11/2, A-1130 Wien, T: (01) 8 76 41 76, F: 8 76 41 76 [Sierning 9.7.1923]. E-Musik, Oratorium, Oper **Ausb:** Komp (A Uhl) MH Wien 45–50, Deutsch/LAmt (E Castle) U Wien, Dipl 50, Kl (B Seidlhofer) u Orgel (A Forer). **Laufb:** Prof (Dt, Musik) Wiener Gymnasien 46–68, Prof (Komp, MTheorie, Dirig, InstrKunde) 64–91, Präs Ges f zeitgen Musik 73–84, Präs AKM 84–90, Präs Österr KompBund 92–2001, ChMstr Wiener Schubertbund 60–73, Präs Dom-Musik St Stefan Wien. **Pr:** Ehrenmitgl Österr Ges f Musik u Österr KompBund, Pr d Stadt Wien, Kulturpr Ober- u Niederösterreich, Goldene Ehrenmed d Stadt Wien. **Ens:** Wiener Schubertbund, 1.österr Frauen-KammerOrch (Vize-Präs). **Mitgl:** ÖKB, Österr Gesellschaft f Musikdokumentation. – **Komp:** 6 Orat, darunter 'Der Turmbau zu Babel' 63; 6 Messen, 3 Kl-Konz, Vl-Konz, Git-Konz, 16 Symphon Werke, Lieder-Zyklen, über 300 ChorW, 4 Fernseh-Musicals (ORF), 41 Fernseh-Pantomimen (ORF, ZDF, ARD etc); 'Kirbisch' (Op) (Auftr: Linzer Landesth); 'Stephanus' (Orat) (Auftr: Stephans-Dom Wien); 'Provokationen' (f gr Orch) (Auftr: Akadem Philh Wien); Amadeus-Symphonie f 2006 (Auftr Stadt Wien); Bruckner-Epitaph f gr Orch. **Aufn/RF:** über 40 RF-Prod, Mitschn im ORF, Bulgar RF, Tschech RF, Slowak RF, ZDF, ARD, Russland, Süd-Korea, Japan, Mexiko, USA. **UA:** zahlr UA v H E Apostel, A Uhl, G v Einem, H Lauermann, W Wagner, E Urbanner, K Schwertsig ua. **Zug:** Takenaka: Vl-Konz; M Lichtfuss: Kafka-Fragmente; W Lemberg: Konz f Orgel u Orch. **Sonst:** Grdg Akadem Singkreis Wien. **Lit:** H Goertz: H G, österr Musikrat (Beiträge z österr Musik d Gegenwart); H G, Persönlichkeit Europas; G Cerha: ÖMZ, H G (Neue Musik in Wien); H Lauermann: H G Portrait; J u Brunner/W Szmolian: 'Das Portrait': H G; H Krones: H G; Musik aus Österreich: H G.

Gatti, Daniele, Dirigent; c/o Royal Philharmonic Orchestra, 16 Clerkenwell Green, London EC1R 0QT, Vereinigtes Königreich [Mailand 1962]. **Ausb:** Stud Kl, V, Komp u Dirig Kon Mailand. **Laufb:** Debüt Mailänder Scala, Gastdgt Teatro La Fenice Venedig, Teatro Comunale di Bologna, Berliner Staatsop, Met Op New York, MDir Orch d Accad di Santa Cecilia Rom 92, ständ Gastdgt Royal Op House Covent Garden 94–97, Chefdgt Royal Philh Orch London seit 96, MDir Teatro Comunale di Bologna seit 97, Debüt Wiener Staatsop 02. (Red)

Gattringer, Wolfgang, Korrepetitor; c/o Vereinigte Bühnen, Linke Wienzeile 6, A-1060 Wien. **Laufb:** Korr Vereinigte Bühnen Wien. (Red)

Gatz, Dagmar, HonProf, Chorleiterin, Hochschullehrerin; Hochschule f Musik u Theater, Beim St-Katharinenstift 8, D-18005 Rostock, *dagmar.gatz@hmt-rostock.de* [Schwerin]. **Ausb:** Stud H f M Weimar 74–78. **Laufb:** HonProf H f M u Th Rostock 05, Leiterin d Hochschulchores u Kammerchores „Vocalisti Rostochienses" der HMT. **Pr:** Dirigentenpr Int Chorwettb in Prag 02. (Red)

Gauci, Miriam, Sopran; Franz Hainzl Artists' Management, PF 17, A-1043 Wien, T: (01) 5 86 45 36, F: 5 85 55 51, *office@hainzl.net*; c/o Theater St Gallen, Museumstr 1/24, CH-9004 St Gallen; *www.hainzl.net* [Malta 3.4.1958]. Puccini, Verdi **Laufb:** Mailänder Scala, Wiener Staatsop, Met Op New York, Paris, Bilbao, Cleveland, Rom, Florenz, Tokio, München, Hamburg, Dt Op Berlin, Staatsop Berlin, London, Zürich, Las Palmas, Barcelona, Oviedo, Th St Gallen. – **Aufn/RF:** Otello, Simon Boccanegra, La Boheme, Tosca, Madama Butterfly, Manon Lescaut, Suor Angelica, Gianni Schicchi, I pagliacci, Egmont, Verdi Requiem, Brahms Requiem; DVD: Carmen, Manon Lescaut.

Gaudibert, Eric, Komponist, Klavier; ch des Grands Champs 36, CH-1232 Confignon, T: 02 27 71 16 40, *egaudibe@worldcom.ch*. (Red)

Gauntt, Edward, Bassbariton; Ubstadter Weg 1, D-76676 Graben-Neudorf, T: (0 72 55) 2 00 38 [Texas]. **Laufb:** Sol Bad Staatsth Karlsruhe seit SpZ 03/04. (Red)

Gauthier, Daniel, Prof, Hochschullehrer, Saxophon; Vinzenz-Palotti-Str 14, D-51429 Bergisch-Gladbach, T: (0 22 04) 60 91 11, F: 96 34 22, *gauthieralliage@gmx.de*; H f Musik, Dagobertstr 38, D-50668 Köln; *www.alliage.de* [Montrèal, Kanada 14.6.1963]. klass Saxophon **Ausb:** Stud Sax Montrèal Cons 80–87 u 83–85, Sax (Londeix) Bordeaux Cons 82–83 u 85–86, Sax U de Montrèal 90–94. **Laufb:** Prof (Sax) H f Musik Detmold, Abt Dortmund seit 97, Prof (Sax) H f Musik Köln seit 03; Mitgl 'Comité Int pour le Sax', Künstl Lt 'Int SaxQua Wettb Dortmund', als Sol u KamM Konz in Kanada, USA, Argentinien, Italien, Spanien, Dtschld, Slowenien, Japan. **Pr:** Prtr Canadian Music Competition, Canadian Art Council, Ancona MuWettb. **Ens:** Alliage Qua. – **Aufn/RF:** CDs ua: A Caplet: 'Légende' (Sax u Orch), welterste Einsp. **UA:** mehrere Stücke kanad, frz u dt Komp.

Gavanelli, Paolo, KS, Bariton; c/o Theateragentur Dr Germinal Hilbert, Maximilianstr 22, D-80539 München, T: (0 89) 2 90 74 70, F: 29 07 47 90; c/o Deutsche Staatsoper, Unter den Linden 7, D-10117 Berlin; *www.hilbert.de* [Padua]. **Laufb:** Sol Bayer Staatsop München, Gastsol Dt Staatsop Berlin SpZ 00/01 u SpZ 03/04, Op Frankfurt SpZ 00/01. **Pr:** Bay KS 05. (Red)

Gavin, Julian, Tenor; c/o Artists Management Zürich, Rütistr 52, CH-8044 Zürich, T: 04 48 21 89 57, F: 04 48 21 01 27; *www.artistsman.com*. **Ausb:** Univ Melbourne, Victorian College of Arts, National Op Studio London. **Ens:** Gastsol Wiener Staatsoper, Th Graz. (Red)

Gazarian, Ruben, Dirigent; c/o Württembergisches Kammerorchester Heilbronn, Moltkestr 11, D-74072 Heilbronn, T: (0 71 31) 8 72 72, F: 62 74 39, *wko-heilbronn@t-online.de* [Eriwan 8.11.1971]. **Ausb:** Stud V (Dombajew) SpezialMSchule 'P I Tschaikowsky', (R Aharonian) Staatl Kons Eriwan, Mstrkse (J Silverstein, V Gradow, E Schmieder), Mstrks KamM (J Starker), Aufbaustud V (Ch Funke) H f M u Th 'Felix Mendelssohn Bartholdy' Leipzig 92, Konz-Ex, Stud Dirig (G Blumhagen, V Rohde) ebd 95–98. **Laufb:** KonzTätigkeit m Soloabenden u solist Auftr m Kam- u SinfOrch seit 83; Violinist Staatl KlTrio d Armen RF u Fernsehens 90, Sondervertrag Vorspieler u Sol Staatl KamOrch Armenien 90–92, 1. KonzM Westsächs SymphOrch 93, Ltg V-Kurs Staatl Kons Zaragoza 96, Sol F Geißler: VKonz 75, UA 97, ChefDgt Westsächs SymphOrch seit 99, ChefDgt Württembergisches KamOrch Heilbronn seit 02, Gastdgt ua WDR-SinfOrch, RSO Frankfurt, Stuttgarter Philharmoniker, Zürcher KamOrch. **Pr:** Sonderpr 'Bester Streicher d Wettb' 2. Int KamMWettb 'Guadamora' Pozoblanco 01, Prtr DgtWettb 'Sir Georg Solti'. **Mitgl:** Stiftungsrat Kulturstift Sparkasse Leipzig 2000–03. – **Aufn/RF:** F Geißler: Violinkonz, m Philh Orch Th Gera-Altenburg, MDR 01; CD: Werke v Komitas u Babadjanian, KlTrio d Armen RF u Fernsehens 01; CDs m B Haag u Mozart-KlKonz Maulbronn; Mitschn: HR m Württemb KamOrch Heilbronn u RSO Frankfurt, Dtl-Radio m WKO Heilbronn, WDR m WDR-SinfOrch Köln.

Gazheli, Thomas, Sänger (Bariton); Klenzestr 59, D-80469 München, T: (0 89) 2 01 39 95, (01 74) 2 30 50 14, F: 2 01 39 95, *Thomas.Gazheli@freenet.de*; *www.thomasgazheli.com* [Karlsruhe 27.7.1967]. Oper, Helden und Charakterfach **Ausb:** Stud Ges HfM Frankfurt a.M (A Maclane-Lanier) 85–89; Vervollständigung b J Metternich und D. Schneider. **Laufb:** Sol Th Freiburg 89–93, Th Basel 94–96, Staatsth am Gärtnerplatz München seit 96, Staatsoper Hamburg 96/97, Teatro alla Scala Milano 97/98, Op Bonn 97/98, Op Frankfurt 98/99, Aalto Th Essen 99/00, Dt Op am Rhein Düsseldorf-Duisburg 99/00–01, Theater an der Wien 01/02, Tiroler FSp 04, Teatro Massimo Bellini Catania 04/05, Int Fstv Santander 05/06. **Pr:** Prtr Alexander Girardi u Robert Stolz Wettb; Mitglied der Accademia di Montegral. – **Aufn/RF:** Bernstein: Candide mit Dt SymphOrch Berlin mit LORIOT, Dgt: David Stahl (Live-Aufnahme von der Berliner Philharmonie) 05; Bernstein: Candide (Mitschnitt BR – Prinzregententheater München) 03; Schulhoff: Die Wolkenpumpe m Ens Villa Musica 95; Perosi: La Passione di Cristo 95. **UA:** J Kalitzke: Der Tod des Musikers Jack Tiergarten, MaiFSp Wiesbaden; Tarnopolski : Wenn die Zeit über die Ufer tritt, Münchner Biennale 98/99.

Gazi-Laki, Krisztina, lyrischer Koloratursopran; Faunastr 23, D-40239 Düsseldorf, T: (02 11) 6 79 95 11 [Budapest]. **Ausb:** Musikakad Budapest. **Laufb:** Gastsol Op Köln, 'Die Entführung aus d Serail' (Blonde) Scala Mailand, 'Mattäuspassion' ebd, Dgt: J Ljubimow, Gastrollen FSp Edinburgh, Glyndebourne, 'Der Rosenkavalier' (Sophie) Op de Paris u Staatsop Wien, ständ Gast Staatsop Stuttgart, 'Martha' (Martha) ebd, Inszenierung: Loriot, Gastsp Barcelona, Berlin, Budapest, Bonn, Hamburg, Prag, Florenz, USA, Japan, Liederabend 'Saler u sein Wiener Freundeskreis' Dresdner MFSp. – **Aufn/RF:** Mitwirkung b über 40 Aufn. (Red)

Geanta, Leonora, Prof, Hochschullehrerin, Violine; Univ f Musik u Darst Kunst, Hellmesberger-Inst, Rennweg 8, A-1030 Wien. **Ausb:** Stud (Vl) MusikH Bukarest (Geanta, G Manoliu), U f Musik u Darst Kunst Wien (R. Odnoposoff u Franz Samohyl) u i Italien b Remy Principe. **Laufb:** Ass v W Schneiderhan a U f Musik u Darst Kunst Wien 76–85, gleichzeitig Lt Mstrkl Kons Wien, Lt Mstrkl U f Musik u Darst Kunst Wien seit 85, UProf ebd. **Pr:** 1. Pr Enescu Wettbewerb 61, Prtr Int Wiener Wettbewerb 67, Mozart-Pr b Int Carl-Flesch-Wettb London 70. (Red)

Gebauer, Adolf, Komponist, Geiger; Schulweg 90, D-42349 Wuppertal [Bachorzyn, Polen 14.5.1941]. Kammer- u Sinfoniemusik **Ausb:** Stud (V) Prager Kons 55–62 (Absolutorium), Akad d MKünste Prag (Dipl) 62–68, Stud Komp (Dipl) ebda 75–79. **Laufb:** KonzM Prager KamSol (Tourneen Kanada, USA, Belgien, Frankreich, Luxemburg, Jugoslawien, Österreich, Schweiz, Sowjetunion ua) 65–68, 1. Geiger Amsterdamer Philh 68–70, SinfOrch Wuppertal 70–72, RF-SinfOrch Prag 72–80, SinfOrch Wuppertal 80–2000. **Pr:** Pr f beste Interpr zeitgen Musik (V) Prag, beste Komp d J Violinkonz. – **Komp:** Sonatine Concertante (Suite) 76, UA Prag 76; Divertimento f StrOrch (Suite) 77, UA Prag 77; 'Vier Stimmungen' f BlechBlQui (Suite), UA Prag 78; Konz f V u Orch (Konz) 79, UA Prag 79; 5 Episoden (f Hfe solo), UA 88 (Auftr: Weltharfenkongress Wien); StrQua 'C-B-B' (Suite) 89, UA Prag 94; Elegie (f StrTrio), UA Wuppertal 90; 'Fantasy' f V u Orch (Konz) 99; Metamorphosen (f Org), UA Wuppertal 01; Kontraste f V, KB u Org 03. **Aufn/RF:** Sol Auftr m div SinfOrch u Rezitale in RF u Fernsehen; Divertimento (f StrOrch), m Musici de Praga 77; Violinkonz, m Janáček-Philh, Sol: J Tomášek 79; StrQua C-B-B, m Kocian-Qua 95; Meditation u Fantasie (f Org), Sol: J Dorfmüller 96. **Lit:** zahlr Veröffentl u Rezensionen.

Gebauer, Benny (Bertram) (Pseud: Jacques Romain, Joe Meiling), Komponist; Ganghofer Str 1, D-82229 Seefeld, T: (0 81 52) 7 01 57, F: 7 01 57 [Altsattl 26.9.1939]. **Ausb:** Stud (Klar) Leopold-Mozart Kons Augsburg, (Komp) MH München. **Laufb:** Tourneen m KamM-Ens, Studiomusiker München (SaxSol) ab 66, Welttourneen m europ Spitzenorch, ständ Gastdgt SWR-Orch. **Pr:** Pr de Jeunesse Musicale f KamM, Pr d European Broadcasting Union f konzertante Blasmusik. – **Komp:** Irische Skizzen (Tondichtung) 83, UA München 84; Polka Skurril 84, UA Berlin 85; Concert f Orch 84, UA München 85; Suite Bavarica (KamM) 84, UA München 85. **AuftrKomp:** f alle RF-Anstalten (E-Musik); ua Concertino f Blasmusik 84, UA Berlin 84 (Auftr: SFB). (Red)

Gebauer, Bruno, Sänger; Hornsche Str 15, D-32756 Detmold, T: (0 52 31) 2 78 96 [Grenzeck, Schlesien 25.11.1940]. Oper, Operette, Konzert **Ausb:** Stud (T Lindenbaum, G Weißenborn) Nordwestdt MAkad Detmold, (J Metternich) Köln, (P Kulen, J Hassan-Abdul-Wahab) Prag. **Laufb:** Sol Landesth Detmold seit 73 (04/05).

Gebauer, Claudia, Solorepetitorin; c/o Theater Altenburg-Gera, Küchengartenallee 2, D-07548 Gera. **Laufb:** Solorep Th Altenburg-Gera. (Red)

Geber-Brandt, Karin, Hochschullehrerin; Dr. Hoch's Konservatorium, Hebelstr 15–19, D-60318 Frankfurt, T: (0 69) 9 15 00 40, F: 5 96 15 76, *mail@dr-hochs.de*; *www.dr-hochs.de*. **Laufb:** Doz (Gesang) Dr Hoch's Kons Frankfurt, Doz HfM Frankfurt. (Red)

Geber, Klaus, Sänger; c/o Stadttheater Pforzheim, Am Waisenhauspl 5, D-75172 Pforzheim. **Laufb:** Sol Stadtth Pforzheim. (Red)

Gebhard, Hans, Prof, Organist, Dirigent, Komponist, Hochschullehrer; Müllenhoffweg 18, D-22607 Hamburg, T: (0 40) 8 90 33 93, F: 89 37 94 [Schwarzenbach/Saale 17.5.1929]. **Ausb:** Komp, KiM (J Haas, M Schneider) MH München 47–49, Stud (MWiss) U Kiel 63–65. **Laufb:** Stadtkantor Hof 50–59, Kiel St Nikolai 59–89, Prof (Chorlt, Orgel) MH Lübeck 76, Tourneen m St-Nikolai-Chor Kiel u KamChor Lübeck, Orgelkonz b Int Fstvs. **Pr:** Kulturpr Ldeshauptst Kiel, Händelring Verb Dt KonzChöre. **Mitgl:** Vorsitzender d Musikrates im Verb Dt KonzChöre (VDKC). – **Sonst:** Hg Harenberg Chormusikführer, Praxis d Orgelimprovisation, Aufführungspraxis VokalM.

Gebhardt, Axel, Komponist, Pianist; Steinweg 15, D-06110 Halle, T: (03 45) 2 90 17 47, *Axel_Gebhardt_Halle@gmx.de* [Halle/S 18.7.1962]. als Komp: Kammer-, Orchester- u Vokalmusik; als Pianist: ua Hall Komponisten aus Vergangenheit u Gegenwart, Internat durch Folklore beeinflusste Klavierm **Ausb:** Komp (S Thiele), Kl (H Sahling) MH Leipzig Felix Mendelssohn Bartholdy. **Laufb:** Korr Stadtsingechor zu Halle seit 85, daneben kompositor u pianist Tätigkeit. **Pr:** 3. Pr Impwettb Weimar (Thüringer Bach-Tage) 86, FDGB-Sonderpr 86, Fred-Malige-Förderpr d Sammlungsstift Leipzig 87. – **Komp:** Konz f Orch, UA Leipzig 86; Sonate f Kl (Kl solo), UA Halle/S 87; Sinfonie, UA Halle, OpHaus, Chor OpHaus Halle, Dgt: W Balzer 90 (Auftr: Leuna-Werke); Ahnung (Fl solo), UA Halle/S 91; Mach mein Leben süß (Bariton u Kl), UA Magdeburg 92; Bläserqui (KamM), UA Karlsruhe 93; 2. KlSon, UA Magdeburg, Gobelinsaal 93 (Auftr: LdsVerb Dt Komp Sachsen-Anhalt); Fünf Lieder n Rainer Maria Rilke (MSop, Kl), UA Halle, Marktschlösschen 97 (Auftr: LdsVerb Dt Komp Sachsen-Anhalt); Oedipus (Klar, Schlgw, Kl), UA Halle, Händelhaus 98 (Auftr: LdsVerb Dt Komp Sachsen-Anhalt); Zeitungslektüre (f 2 Klar), UA Magdeburg 01 (Auftr: k.o.m. bühnen u musikverlag); Fünf Klavierstücke (Gedanken über Arnold Schönberg), UA Halle 01 (Auftr: LdsVerb Dt Komp Sachsen-Anhalt).

Gebhardt, Bernd, Bassbariton; c/o Künstleragentur Elke Wiemer, Exerzierstr 9, D-13357 Berlin, T: (0 30) 46 60 78 06, F: 46 60 78 17, *mail@agentur-wiemer.de*; *www.agentur-wiemer.de*. **Laufb:** Gastsol OpHaus Chemnitz, Sol Staatsth Cottbus, Bühnen d Stadt Kiel, Gastsol Neue OpBühne Berlin 2000–05,

Sol Berliner KamOp SpZ 03/04, Gastsol Th Görlitz SpZ 03/04, Th Altenburg-Gera SpZ 04/05, Fstv M & Th Saar, Op Leipzig. (Red)

Gebhardt, Martin, Sänger; Emil-Finck-Str 27, D-09456 Annaberg-Buchholz, T: (0 37 33) 42 96 10. **Laufb:** Sol Eduard-von-Winterstein-Th Annaberg-Buchholz Spz 01/05. (*)

Gebhardt, Regine, Sängerin (Mezzosopran); c/o Konzert-Direktion Hans Adler, Auguste-Viktoria-Str 64, D-14199 Berlin, T: (0 30) 8 95 99 20, F: 8 26 35 20, *info@musikadler.de*; Binger Str 69, D-14197 Berlin, T: (0 30) 82 70 84 59, F: 82 70 84 59, *gebhardt-regine@berlinwebmail.de*; *www.musikadler.de* [Bad Oldesloe]. Konzert u Lied, zeitgen Musiktheater, 'Verfemte Musik' **Ausb:** Stud Ges (I Hartmann-Dressler, I Figur) zeitgen Lied (A Reimann) H d K Berlin 79–85. **Laufb:** Gast Schwetzinger FSp 82, Gastsol Berliner KamOp seit 83, Berliner FestW 84, Gastsol Th d Westens 85, Dt Op Berlin 86, Bayer KamOp Veitshöchheim 88–90, Neuköllner Op seit 91, Dresdner MFSp 92, KonzReise n Boston 93, Gastsol Greifswalder Bachwoche seit 94, Leipziger UnivMusiktage 96 u 2000, Doz (Ges) U d K Berlin seit 98, div Liederabende in Dtschld u Polen seit 98, Gastsol Carousel Th Berlin 02/03. – **UA:** H Chemin-Petit: 'Kassandra' (Op), UA 82; ders: 'D Rivalinnen' (Op), UA 84; W Radeke: 'Damaskus' (bibl Op), UA 89; W T McKinley: 'Emsdettener Totentanz', UA 92; ders: 'D Baum d Lebens', UA 94; F Schwemmer: 'D kl Muck' (Op), 'Angela' (Op) 02.

Gebhardt, Rochus, Komponist; Thymianweg 4, D-81375 München, T: (0 89) 70 36 92 [Würzburg 4.11.1922]. **Ausb:** Komp (K Höller, C Orff), Klar (H Obermüller) MH München 47. **Laufb:** Doz Bayer Staatskons d Musik Würzburg 58, Richard-Strauss-Kons München 62–87, Chordir St Benno München ab 64. **Pr:** Richard-Strauss-Stip d Stadt München 53, Stip d Kulturkreises im Bdesverband d Dt Industrie, Förderungspr f Musik d Ldeshauptst München 58. – **Komp:** Konz f 3 Gruppen u Streichorch m Pauken 62, UA Würzburg 62; Oktett (KamM) 62; 1. KamKonz f Streicher 64, UA Würzburg 64; Fluktuationen 72, UA München 72; 'Stufen' f Streichorch 77, UA München 78; 'Formationen' f neun Spieler (KamM) 84, UA Würzburg, ars nova ens Nürnberg 85. (Red)

Gebhart, Carola, Sängerin; Düsseldorfer Operette, Schlesische Str 94, D-40231 Düsseldorf. **Laufb:** Sol Düsseldorfer Optte. (Red)

Gebler, Anthony, Sänger; c/o Anhaltisches Theater, Friedenspl 1a, D-06844 Dessau. **Laufb:** Gast-Sol Anhaltisches Th Dessau SpZ 00/04. (*)

Gecer, Dilek, Sopran; c/o Landesbühnen Sachsen, Meißner Str 152, D-01445 Radebeul; c/o Lars-Oliver-Schimanski Opern- und Konzertagentur, Syker Str 8, D-28307 Bremen, T: (04 21) 4 84 47 13, F: 4 98 98 60, *info@scarpia.de*. **Laufb:** Sol Südthüring Staatsth Meiningen, Städt Bühnen Erfurt, Kom Oper Berlin, Sächs Staatsop Dresden, Philh Köln, Philh Berlin, Landesbühnen Radebeul SpZ 04/05. (Red)

Gediga-Glombitza, Roswitha, Prof, Hochschullehrerin, Klavier; Grimmelshausenstr 23, D-50996 Köln, T: (02 21) 9 35 26 66, F: 9 35 26 67, *glombitza@gmx.de*; H f Musik, Dagobertstr 38, D-50668 Köln [Mechtal, Oberschlesien]. **Ausb:** Stud (Jan Ekier) Musikakad Warschau, Stud (Heinz Schröter) MH Köln, Stud (Steuermann, Gorodnitzki, Dorfmann) Juilliard School of Music New York. **Laufb:** Marlboro Music Fstv, Lehrtätigkeit H f Musik Köln, Solo u Kammermusik, Mstrkse u Jurorentätigkeit nat u int.

Gedschold, Christoph, Dirigent; c/o Luzerner Theater, Theaterstr 2, CH-6002 Luzern, T: 04 12 28 14 40. **Laufb:** Korr u Kapm Th Luzern seit SpZ 03/04. (*)

Geers, Martin van *siehe* Seger, Andreas

Gefe, Udo, Operndirektor; c/o Oper Frankfurt, Untermainanlage 11, D-60311 Frankfurt/Main. **Laufb:** OpDir Frankfurt SpZ 03/05. (Red)

Geffert, Johannes, Prof, Hochschullehrer, Orgel; Zum Nettetal 12, D-56729 Langscheid, T: (0 26 55) 34 26, F: 96 17 83, *johannesgeffert@hotmail.com*; H f Musik, Dagobertstr 38, D-50668 Köln [Bonn 23.2.1951]. **Ausb:** Stud (KiM) MH Köln 69–73, Orgel (N Kynaston) England 73–74. **Laufb:** Lt Aachener Bachverein 74–80, KMD Bonn 80–97, Prof (Orgel, Orgelimp) H f Musik Köln. – **Komp:** 4 Lieder auf Texte v E Lasker-Schüler (f Sop u Orgel), UA Bonn 84; 'Es war, als hätt' der Himmel' (f Orgel), UA Köln, WDR 98. **UA:** zahlr. **Sonst:** Grdg 'Johann Christian Bach-Akad' (Orch zur Pflege d hist Aufführungspraxis) 91; Grdg 'Aachener Bachtage' 74.

Gehann, Horst, Konzertorganist, Dirigent, Komponist, Musikverleger; Horst Gehann Musikzentrum, Lamperter Flur 2, D-55481 Kludenbach, T: (0 67 63) 21 95, F: 21 75, *Gehann-Musik@freenet.de*; *www.g-m-v.de* [Frankfurt/M 27.11.1928]. Bach-Werke-Zyklus Darmstadt **Ausb:** MSchule Reichenberg, Stud (F X Dressler) Hermannstadt, (V Bickerich) Kronstadt, (M Jora) Bukarest, SolPrfg KonzOrganist Bukarest 55. **Laufb:** Lehr- u KonzTätigkeit in Bukarest, Darmstadt LTätigkeit bis 84, Int KonzTätigkeit, Lt Bach-Chor Darmstadt, KamOrch PRO MUSICA Darmstadt, freischaff Komp, Organist, Dgt, zahlr KonzReisen ua Europa u USA. **Pr:** Bronzene Verdienstplakette Stadt Darmstadt 98. **Mitgl:** DKV, GEMA, Vors Baußnern-Ges eV seit 92, Vors AK Südost, Inst f dt Musik im Osten eV Bergisch Gladbach 87–96, 2. stellv Vors d Ges f dt Musikkultur Südöstl Europa eV seit 96. – **Komp:** Offenbarung op 34 (Kantate) 62, UA Darmstadt, Dgt: H Gehann 75; Der 90. Psalm (Soli, gem Chor, Orgel) 67, UA Darmstadt, KamOrch Marienhöhe, Dgt: H Gehann 77; Bukarester Sonate op 39 (Org) 72, UA Düsseldorf, Dgt: H Gehann 74; Trio f V, Hn u Kl op 40 (KamM) 76, UA Darmstadt, Csammer, Speidel, Dgt: H Gehann 76; Preaambulum u Toccata op 45 (Trp u Org) 82, UA Kirchberg 87; Symphonisches Triptychon op 49, 85, UA Kirchberg Szegediner SinfOrch, Dgt: H Gehann 88; Triptychon (ChorWerk) 86; Die wundersame Geschichte vom Wirken Gottes f d Menschen op 65 (Kantate) 96. **Aufn/RF:** RF-Aufn: SWF, SFB, HR, BR, NDR, WDR, Bern, Bremen, Lausanne, Wien, Warschau, Bukarest, Wilnius, Berrien Springs, Fernsehauftritte, Tonträgereinsp, ZusArb m zahlr SinfOrch im In- u Ausland. **Sonst:** Grdg u Ltg vokal-instr KamEns PRO MUSICA Bukarest 67–72, KamChor Marienhöhe Darmstadt 74–84, KamOrch PRO MUSICA Darmstadt seit 80, Bach-Chor Darmstadt eV seit 81, Hunsrücker Musiktage 87–92, Grdg Gehann-Musik-Verlag Kludenbach seit 87. **Lit:** Komp d Gegenwart 95.

Gehlhaar, Rolf, Komponist; c/o feedback studio verlag, Genter Str 23, D-50672 Köln, *rolf@gehlhaar.org*; *www.gehlhaar.org* [Breslau 30.12.1943]. **Ausb:** Stud M, Physik Yale U 61–65, Stud M (K Stockhausen, J-C Eloy) U of California, Berkeley. **Laufb:** Ass v Stockhausen u Mitgl Stockhausen-Ens 67–70, Auftritt Expo Osaka 70, Lt KompStudio Darmstädter Ferienkse 74, 76, Doz (Komp) u Lt elektron Studio Dartington College, GB, 76, ForschAufenth IRCAM Paris 79–81, Installationen Centre Pompidou Paris u Donaueschingen 85, techn Lt Sydney Spring Fstv of M 90. **Pr:** Förderpr d Ldes NRW 73, Composer in residence NSW Cons of M Sydney 77, Stip Art Council of GB 82 u 88, ForschStip fd Experimentalstudio d Heinrich-Strobel-Stift Freiburg iBr 91, Installationen in Paris (85). **Ens:** Woodward-Gehlhaar-Ens 89, 'Chaos-Antichaos' 92. – **Sonst:** Grd Feedback-Studio u Feedback-Verlag Köln 70. (Red)

Gehren, Christian von, Dirigent; c/o Oper Leipzig, Augustuspl 12, D-04109 Leipzig, T: (03 41) 1 26 12 45, F: 1 26 13 86, *von.gehren@oper-leipzig.de* [21.5.1972]. Oper **Ausb:** Stud Dirig, Kl (W-D Hauschild) MH Karlsruhe 92–98, Stud (Dirig, Kl) MH Kopenhagen 98–01. **Laufb:** Ass v Ulf Schirmer (RF-Orch Kopenhagen, Op Paris-Bastille) seit 95, Ass v A Zedda (Op Montpellier, Schleswig-Holstein MFstv) seit 98, Musikal Einstud u Studienlt Bregenzer FSp seit 99, musikal Dir CNIPAL Marseille seit 2000, Dgt u musikal Berater d Intend Op Leipzig seit 01.

Geier, Gesche, Sopran; c/o Staatsoperette Dresden, Pirnaer Landstr 131, D-01257 Dresden, T: (03 51) 4 70 12 96, F: 4 70 12 97, *info@kammeroper.de*; c/o Theater Regensburg, Bismarckpl 7, D-93047 Regensburg; *www.kammeroper.de*. **Laufb:** Sol KamOp Dresden SpZ 03/05, Staatsoptte Dresden SpZ 04/05. (Red)

Geiger, Stefan, Prof, Hochschullehrer, Posaune, Dirigent; Hochschule für Musik und Theater Hamburg, Harvestehuder Weg 12, D-20148 Hamburg; c/o NDR Sinfonieorchester, Rothenbaumchaussee 132–134, D-20149 Hamburg [Heidenheim 1967]. **Ausb:** Stud in Köln, Trossingen, Bremen, Paris und Philadelphia. **Laufb:** Sol d SinfOrch d Norddt RF Hamburg 91, Prof (Pos) H f M u Th Hamburg 97, GastProf (Dir) Hochschulorch d H f Künste Bremen seit 02. (Red)

Geiger, Susanne, Klavier; Friedrichweg 4, D-71083 Herrenberg, T: (0 70 32) 50 89 65, F: 50 89 66, *susannegeiger@t-online.de*; *www.art-ens.de* [Aalen 28.6.1955]. lit-musikal Progr, KamM, ImprM **Ausb:** MH Stuttgart (KamM, Kl-Päd). **Laufb:** Korrep f Gesang MH Stuttgart 79–86; Fanny-Hensel-Ens. **Ens:** Artemis-Ens. **Mitgl:** Frau u Musik – Int Arbeitskreis, GEDOK Stuttgart. – **Aufn/RF:** CD: S Ernst: KamM. **Zug:** E Schorr: Zoologica Poetica 97; R Schonthal: Klänge von Ferne 01; H Rosa-Herseni: Trio f V, Vcl u Kl 05.

Geilert, Reinhard, Prof, Hochschullehrer; Moskauer Str 114, D-99427 Weimar, T: (0 36 43) 20 26 36, (01 73) 3 73 98 07. **Laufb:** Prof (Korr-Ausb) H f M 'Franz Liszt' Weimar, musikal Lt Kammerop Ulm (03/04). (*)

Geilich, Peter, Dirigent; Mürwiker Str 19, D-24943 Flensburg, T: (04 61) 3 10 72 49; Schleswig-Holstein Landestheater, Lollfuß 53, D-24837 Schleswig. **Ausb:** Stud (Dirig, Kl) MH Hamburg. **Laufb:** Solorep u Kapm Schleswig-Holstein Landesth u SinfOrch Schleswig.

Geipel, Dorothea, Sängerin; Woldemarstr 21, D-32756 Detmold, T: (0 52 31) 2 65 66, (01 71) 6 45 40 19. **Laufb:** Sol Landesth Detmold. (Red)

Geise, Jürgen, Prof, Hochschullehrer (Violine); Schwarzenbergpromenade 39b, A-5026 Salzburg-Aigen, T: (06 62) 62 44 74. **Laufb:** UProf (V) U Mozarteum Salzburg. (Red)

Geise, Marianne Elisabeth, Prof, Hochschullehrerin, Querflöte; Schwarzenbergpromenade 39b, A-5026 Salzburg-Aigen, T: (06 62) 62 44 74; Univ Mozarteum Salzburg, Abt f Blas- u Schlaginstrumente, Schrannengasse 10a, A-5020 Salzburg, T: (06 62) 6 19 80, F: 61 98 30 33, *marianne.geise@moz.ac.at*. **Laufb:** UProf (Querfl, Ens) U Mozarteum Salzburg. (Red)

Geisler, Askan, Repetitor; Franz-Bielefeld-Str 17, D-45881 Gelsenkirchen, T: (02 09) 8 00 88 34. **Ausb:** Stud Kl (B Bloch) Folkwang-MH Essen 93–98, OrchDirig MH Dresden 98–01. **Laufb:** Solrep m Dgt-Verpfl MTh im Revier Gelsenkirchen seit SpZ 01/02. **Pr:** Folkwang-Pr 98. **Mitgl:** Akad MTheater heute, Dgtenforum d Dt Musikrates.

Geissler, Matthias, Prof, Hochschullehrer, Dirigent; Weiße Gasse 5, D-01067 Dresden, T: (03 51) 4 90 20 97; Hochschule f Musik, PF 120039, D-01001 Dresden. **Ausb:** Kons Zwickau, Stud (Org, Kl, Dirig) Halle 65–72, A-Ex 72; weitere Stud (Dirig) Berlin. **Laufb:** Mitgl Dresdner Kreuzchor (zunächst Knabensol, später 1. ChPräfekt) 57–65, zahlr Konz (Org), Anstellung in Torgau, Ass v Prof Höft b nat u int MSem, Doz (ChDirig) Berlin, div Einstud zeitgen ChSinf an dt Th, ChDir Dresdner Philh seit 80, Konz m Philh Ch u Dresdner Philh (Cherubini, Brahms, Beethoven, Fauré, Kodaly ua); ZusArb m zahlr dt Orch, Prager Sinf, engl u ungar Orch u M; LBeauftr (Dirig) H f M Carl Maria v Weber Dresden u HonProf ebd seit 98, LBeauftr H f KiM Dresden. **Pr:** Kunstpr Dresden. (Red)

Geißler, Severin, Sänger; c/o Stadttheater Gießen, Berliner Pl, D-35390 Gießen, PF 111128, D-25256 Gießen. **Laufb:** Sol Stadtth Gießen seit SpZ 03/04. (Red)

Geisthardt, Hans-Joachim, Komponist; Hartriegelstr 31, D-12439 Berlin, T: (0 30) 6 71 74 89 [Züllchow b Stettin 16.8.1925]. **Ausb:** Tonsatz, Komp, Kl (ua R Wagner-Régeny, H Eisler, CA Martienssen) MH Rostock u Dt H f M Berlin, Staatsex 55. **Laufb:** freischaff Komp ab 56, Korr u Lt v BühnenM Berliner Ens, MDram u -regisseur Berliner RF, dort Mitarb f Prod M d Gegenwart, musikpublizist Tätigkeit. **Mitgl:** DKV, GEMA. – **Komp:** Variationen (Konzertante Szene) 74, UA Eisenach, Wartburg 74; Triptychon f StrOrch 85, UA Berlin, Neues Berliner KamOrch, Dgt: H Schunk 88; Widmung f H Glöckner...m e feinen Silberstreif (KamOrch) 86, UA Dresden, KamOrch d Weimar Staatskap, Dgt: D-G Worm 86; Sinf Report 87, UA Berlin, Berliner SinfOrch, Dgt: H Andreescu 88; Szen Vorgang (KamSzene) f Alt u 5 Instr 90, UA Halle, Ens Konfrontation, Dgt: Th Müller 90; Introduktion u Passacaglia f StrQui u Schlgw; 3 Stücke u Dessins (Kreise u Figuren) f BlQui, StrQua i e Satz, Noveletten, Quartettino f StrQua, KamM f Fl, Ob u Git; Minimix f 2 Kl, Fantasie 1961 f V u Kl, Sonatine, Toccata, 3 choreograph Miniaturen f Kl; VokalM: 'D Silberreiher' f gr gem Chor a cap, 4 Sprüche f FrauenCh a cap, Lieder f mittl St u Kl n Brecht, f Ten u Kl n Tkaczyk, f Mezzosop u Kl n Garcia Lorca, 4 Ges f BassBar, Kl, KB u Schlgz n Tkaczyk, M f Hör- u Fernsehsp, Bühnenstücke, lit LPs wie 'D Wolkenschaf' f Spr u 10 Instr. **Aufn/RF:** Studioprodukt u Mitschn v RF u TV im Dt RF-Archiv.

Geld, Thomas van der, Prof, Hochschullehrer; Rübenbitze 7, D-53819 Neunkirchen, T: (0 22 47) 8 97 03, F: 8 97 03, *t.vandergeld@ndh.net*. **Laufb:** Prof (Harmonielehre, Gehörbildung, Mallets, Ens) Staatl H f M u Darst Kunst Mannheim. (Red)

Geldsetzer, Erika, Violine; c/o Fauré Quartett, Künstlersekretariat Rolf Sudbrack, Gösselkoppel 54a, D-22339 Hamburg, *Rolf.Sudbrack@t-online.de*. **Ausb:** HfM Köln, HfM Karlsruhe, Roy Acad of Music London. **Ens:** Fauré Quartett. (Red)

Geldsetzer, Florian, Violine, Konzertmeister; c/o Philharmoniker, Neckarstr 1, D-47501 Duisburg, T: (0 28 44) 90 80 99 [Kirchen/Sieg 18.1.1969]. ViolinM Adolf Busch, Oper, Sinfoniekonzerte, Kammermusik, Barock-V **Ausb:** MH Köln (Prof G Peters), MH Düsseldorf (Prof M Gaiser), Prof Rainer Kußmaul, 5 Jahre Barock-V b R Grebel Musica Antiqua Köln. **Laufb:** Mitgl u Aushilfe im Chamber Orch of Europe (COE) 90–96, 2. Konzm V Duisburger Philh seit 04/05. **Ens:** 'Kreisler Duo' m Ehefrau Melanie Geldsetzer (V u Kl). – **Aufn/RF:** CDs: Adolf Busch: V-Konz, m Duisburger Philh; G Bottesini: Grand Duo f KB, V u StrOrch.

Geleva, Gergana, Sängerin (Sopran); Friedrich-Ebert-Anlage 35, D-69117 Heidelberg, T: (0 62 21) 58 74 94, 01 72–6 23 14 78, F: (0 62 21) 58 74 94, *ggeleva@web.de* [Sofia 1.4.1974]. ital Oper **Ausb:** MH Sofia, Bulgarien (Prof M Pinkas) 92–97. **Laufb:** Sol Th d Stadt u SchlossFSp Heidelberg.

Gelhar, Hans, Prof, Hochschullehrer, Tuba; Richard-Wagner-Str 33a, D-50999 Köln, T: (02 21) 35 11 20, 0 17 92 17 03 92; H f Musik, Dagobertstr 38, D-50668 Köln [Hannover]. **Ausb:** Stud H f Musik u Th Hannover, Stud (Prof H Engels) H f Musik Berlin. **Laufb:** Prof (Tb) Robert-Schumann-H Düsseldorf seit 81, Prof (Tb) H f Musik Köln. **Ens:** Gürzenich-Orch Köln 66, FSpOrch Bayreuth seit 63. (Red)

Geller, Brigitte, Sopran; c/o Boris Orlob Management, Jägerstr 70, D-10117 Berlin, T: (0 30) 20 45 08 39, F: 20 45 08 49, *info@orlob.net*; c/o Komische Oper, Behrenstr 55–57, D-10117 Berlin; *www.orlob.net* [Schweiz]. **Ausb:** Stud (Qufl, Ges) MH Basel, Ks Liedinterpretat (G Wyss, I Gage), Unterr b E Mathis. **Laufb:** Sol (Fl) Neues Orch Basel, Mitgl Int OpStudios Zürich, Sol Th d Stadt Heidelberg 92–98, Sol Kom Op Berlin seit 98/99 (04/05), SchlossFSp Heidelberg SpZ 2000/01, ZusArb m Dgt: M Creed, Sir J E Gardiner, B Kontarsky, T Koopman, Gastsol Innsbrucker FestW d Alten M, Konz m KamPhilh d MDR, KamOrch Carl Philipp Emanuel Bach, Akad f Alte M Berlin, KamPhilh Berlin, Concerto Köln, Dresdner Barockorch (Dresdner MFSp), KonzReihe Rencontres Musicales de Vézelay u Konz m RIAS-KamCh (Lt M Creed), Konz Flandern Fstv, Philh Essen, Rheingau MFstv, Dresdner MFSp, KonzTournee m F Bernius. **Pr:** Miriam Helin GesWettb, Prix Encouragement de la Fondation des Prix pour la culture, mehrfache Stip Migros Stift. – **Aufn/RF:** CDs: Naumann: 'Aci e Galatea', 'Schubert's Friends' (Schubert-Werke) m U Eisenlohr (Kl).

Geller, Doris, Prof, Hochschullehrerin; Jahnstr 12, D-67283 Obrigheim, T: (0 63 59) 92 42 21, F: 92 42 22, *www.gellerdoris@aol.com*; *www.dorisgeller.de*. Gehörbildung, Intonationshören **Ausb:** Stud Fl, MTheorie, Gehörbild (P Meisen, J Driessler, M Quistorp) MH Detmold 69–75. **Laufb:** Prof (MTheorie) Staatl H f M u Darst Kunst Mannheim. **Mitgl:** GMTH, GEMA, GVL, VG Wort. – **Aufn/RF:** Schallpl z B: J S Bach: Musikal Opfer, m Kurpfälz KamOrch 85; M f Fl u Org, m H-J Kaiser, Org 86; RF-u TV-Aufn: P-M Braun: Duo f Altfl u Kl, m H Volkamer, SWF 91; D Göbel-Berggold: Amitié sans Frontières (Fl, Kl), m H Volkamer, SWF 91; B Heller: 3 Stücke (Fl, Kl), m H Volkamer, SWF 91; F X Richter: Son G-Dur (Fl, Cemb), m M Bauer, SWF 92; M Schauss-Flake: Spielstücke (Fl, Cemb), Suite (Fl, Cemb), m M Bauer, SWF 92; B Heller: M f Fl solo, SWF 96. **Zug:** H Heilmann: 'Vision' (Fl u Kl). **Sonst:** Prakt IntonationsL f Instrumentalisten u Sänger 97; Modulationslehre 01.

Gellermann, Bernd, Künstlerischer Leiter; c/o Polyarte Kulturmanagement GmbH, Am Kurpark 3, D-82467 Garmisch-Partenkirchen, T: (0 88 21) 9 66 84 80, F: 9 66 84 89, *heinke.poulsen@polyarte.de*. **Laufb:** Intend Münchner Philh 97–04, Künstl Ltg Richard-Strauss-Fstv Garmisch-Partenkirchen 06. (Red)

Gellrich, Igor, Hochschullehrer, Kontrabass; Adenauerring 62, D-64823 Groß-Umstadt, T: (0 60 78) 91 27 48, *igor.gellrich-solokontrabass@wuerzburger-philharmoniker.de*. **Laufb:** Doz (KB) Hermann Zilcher Kons Würzburg, Sol Würzburger Philh. (Red)

Gelos, Silvia, Prof Mag, Flöte; c/o Pierrot Lunaire Ensemble Wien, Bindergasse 11/24, A-1090 Wien, T: (01) 3 17 91 66, F: 3 17 91 66, *gelos@pierrotlunaire.at*; *www.pierrotlunaire.at* [Neuquen, Argentinien]. KamM, zeitgen Musik **Ausb:** U f Musik Wien b R Wolf, Mstrks b W Schülz, Peter Lukas Graf u A Nicolet. **Laufb:** Mitgl Buenos Aires Philh 88–90, KamOrch Teatro Colón Buenos Aires, Sol (Fl); Konz als Solistin (Fl) u KamM; Lt int Mstrks insbes m Werken des 20. u 21. Jhs in vielen Ländern Europas, des Fernen Ostens sowie Südamerikas. **Ens:** Grd Pierrot Lunaire Ens Wien. – **Aufn/RF:** CD States Of Mind; Körte: Kammermusik. **Sonst:** Grdgsmitgl Pierrot Lunaire Ens.

Gemert, Richard van, Sänger; Schwarzwaldstr 24, D-58093 Hagen, T: (01 73) 2 96 42 96. **Laufb:** Sol Th Hagen, Landesth u Kammerspiele Salzburg, Op im Schloßgarten Eutin 03/04. (*)

Gemert, Theo van, Sänger; c/o Oper im Schloßgarten, Jungfernstieg, D-23701 Eutin, PF 112, D-23691 Eutin. **Laufb:** Sol Op im Schloßgarten Eutin SpZ 03/05, Th Gummersbach seit SpZ 03/04. (Red)

Genaux, Vivica, Mezzosopran; c/o Bayerische Staatsoper, Brieffach, D-80075 München; c/o Theater St Gallen, Museumstr 1/24, CH-9004 St Gallen. **Laufb:** Sol Bayer Staatsop München, Gastsol Dt Staatsop Berlin SpZ 00/01, Th St Gallen SpZ 04/05. (Red)

Genet, Patrick, Violine; Sur les Vignes, CH-1128 Reverolle, T: 02 18 00 05 13, F: 02 18 00 05 14, *genet-richard@bluewin.ch*; c/o Caroline Martin Musique, 126, rue Vieille du Temple, F-75003 Paris, T: 01 42 74 49 01, F: 01 42 74 46 17; *www.quatuorsinenomine.ch*. **Ens:** Quatuor Sine Nomine. (Red)

Gennrich, Judith, Sängerin; c/o Dietrich Eberhard Gross Künstleragentur, Eschenweg 19, D-61440 Oberursel, T: (0 61 72) 93 41 44, F: 93 41 45, *d.e.gross@grossagentur.de*. **Ausb:** Univ Mainz 94–00, ZIRP-Stip 99. **Laufb:** Bay StaatsOp München, 00–01, Th Münster 02–03. (Red)

Genova, Aglika, Klavier; c/o Konzertdirektion Andrea Hampl, Karl-Schrader-Str 6, D-10781 Berlin, T: (0 30) 4 78 26 99, 01 72–3 80 56 45, F: 4 78 37 92, *hampl@konzertdirektion.de*; *www.konzertdirektion.de* [Bulgarien]. Konz, KamM (Duo) **Ausb:** Stud Kl (Ganev) H f M Sofia, Unterr b W Krajnew H f M Hannover. **Laufb:** Auftr KonzHaus u Staatsop Berlin, Casals Hall Tokyo, Salle Cortot Paris, Lincoln Th Miami, Herkules-Saal München, Bradley Hall Chicago, Poly Th Peking, Op Th Rouen, Teatro Municipal do Rio de Janeiro, Borromini Hall Rom u Kiew Philh; ua MDR-MSommer, Ludwigsburger SchlossFSp, Rheingau MFstv, Schwetzinger FSp, MFSp Mecklenburg-Vorpommern, Schleswig-Holstein MFstv, Ravello MFstv, Rouen MFstv; Eröffnung d Olymp WinterSp Salt Lake City 02; ZusArb m RF-Orch München, Hannover u Kaiserslautern, Nordwestdt Philh, New World Symph, Savannah Symph, Sofia Soloists String Orch, Sofia Philh, Bulgar Nat-RF-Orch, Beijing Symph, Moscow Symph Orch, Stuttgarter Philh. **Pr:** m d Duo: 1. Pr Bellini-MWettb Italien 95, ARD-MWettb München 96, Tokio KlDuo-Wettb 96, Dranoff KlDuo-Wettb Miami 97, Künstler d Jahres 01. **Ens:** Genova & Dimitrov seit 95. – **Aufn/RF:** Weltersteinsp sämtl KlDuo-Werke v Schostakowitsch 99 u Vladigerov 2000; 'ChMusik aus Renaissance u Romantik' 99; sämtl KlWerke z 4 Hd v J S Bach 01; Martinu, Schnittke: 'Concertos for two pianos' 01; 'America for two': Bernstein, Copland, Gershwin; Französische Konzerte f zwei Klaviere – Milhaud, Poulenc, Casadesus; M Clementi – Klaviersonaten f zwei; J Ch Bach – Sämtliche Werke für Klavierduo.

Genowa, Mariana, Violine; c/o Philharmonisches Kammerorchester Wernigerode, Bahnhofstr 16, D-38855 Wernigerode. **Laufb:** Konzm Philharmon Kammerorch Wernigerode. (Red)

Gens, Veronique, Sängerin; c/o Bayerische Staatsoper, Brieffach, D-80075 München. (Red)

Gentile, Louis, Sänger; Zur Bacher Mühle 5, D-53783 Eitorf-Bach, T: (0 22 42) 91 24 80. **Laufb:** Sol Op Leipzig, Landesth Salzburg SpZ 03/04, Gastsol MTh Bonn SpZ 04/05, Landesth Detmold SpZ 04/05, Op Hannover SpZ 04/05. (Red)

Gentner, Wolfgang, Schauspielmusiker, Schulmusiker, Kirchenmusiker, Chorleiter, Komponist; Stichlingweg 3, D-89584 Ehingen, T: (0 73 91) 5 24 78, *wolfgang.gentner@arcor.de* [Aalen 26.2.1957]. **Ausb:** Stud (SchulM) MH Heidelberg-Mannheim 77–82, (KiM) MH Wien 82–84. **Laufb:** L(M) Gym Ehingen seit 85, SchauspielM Th Schloss Erbach/Herrlingen seit 93 (04/05), Sebastian-Sailer-Tage seit 93. **Pr:** KompPr Bayer Musikrat 'Junge Leute singen gern' 96, KompPr Dt Musikrat, Dt ChWettb 98, KompPr Ev Arbeitsstelle f Neue M Hannover 2000. **Mitgl:** VDS. – **Komp:** Fantasie über 'Yesterday' (StrQua), UA Ehingen 91; Sonnenmond, UA Köln 96; Psalm 84 (Ch u Jazzband), UA Hannover 2000; Der Mond (Kinderchor u Band), UA Ehingen 2000; Orgel-Partita 'O Heiland reiß die Himmel auf', UA Oberhochen 2000; Flötensonate 01 (Auftr: Kulturzentrum Ehingen); Michel-Buch-Gedichte f Männerchor 02 (Auftr: Kulturzentrum Ehingen); Klangbilder-Bilderklang 02 (Auftr: Kulturzentrum Ehingen); Der Fall Luzifers 03 (Auftr: Seb Sailer Tage); Klangbilder-Bilderklang (Orch), UA Ehingen 02; 'Der Ölberg' (Orat), UA Obermarchtal 04; 'Partnersuche' f 5stim Chor, UA Ehingen 06.

Gentzen, Ulrich, Sänger; Linckensstr 29, D-48165 Münster, T: (0 25 01) 7 05 55. **Laufb:** Sol Städt Bühnen Münster, Düsseldorfer Optte (03/05), Gast-Sol Staatsth Braunschweig SpZ 04/05. (Red)

Genz, Christoph, Tenor; c/o Artists Management Hartmut Haase, Aalgrund 8, D-31275 Lehrte, T: (0 51 75) 95 32 32, F: 95 32 33, *artists@t-online.de*; *www.artists-haase.de* [Erfurt]. **Ausb:** Stud (MWiss) King's College Cambridge, Stud (Ges) H f M Leipzig b H-J Beyer, Mstrkse b E Schwarzkopf. **Laufb:** Mitgl Leipziger ThomanerCh, Mitgl King's College Ch, Gastsol Th Basel, Th des Champs-Elysées Paris, Mailänder Scala, Sol Hamburg Staatsop ab 01/02, Gastsol ebd seit SpZ 04/05. (Red)

Genzel, Alenka, Sängerin; c/o Komische Oper, Behrenstr 55–57, D-10117 Berlin. **Laufb:** Sol Kom Op Berlin SpZ 01/05. (Red)

Genzmer, Harald, Prof, Komponist, Hochschullehrer; Eisensteinstr 10, D-81679 München [Bremen 9.2.1909]. sinfon Musik, Kammermusik, Chorwerke, Kirchenmusik **Ausb:** H f M Berlin 29–34. **Laufb:** Studienlt Op Breslau 34–37, Prof H f M Freiburg 46–57, Prof H f M München 57–75. **Pr:** Mitgl Akad d Schönen Künste Berlin, Bayer Akad d Schönen Künste (Dir d MAbt 65–74), Bayer VerfMed in Gold 88, Bayer Maximiliansorden f Wiss u Kunst 91, Kulturpr d Bayer Ldesstift 96. – **Komp:** 1.-5.Sinf (OrchM); zahlr Werke f KamOrch, ca 200 Werke f gem Chor (ChorM), KamM (in fast allen Besetzungen), Konz. **Aufn/RF:** zahlr Werke auf CD. **Lit:** H Müllich: Die A-capella-Chorwerke H Gs 82.

Georg, Mechthild, Prof, Hochschullehrerin, Alt; Alte Kölner Str 21, D-51503 Rösrath, T: (0 22 05) 89 97 28, F: 89 97 30, *womekat.georg@t-online.de*; c/o Hochschule f Musik, Dagobertstr 38, D-50668 Köln. **Ausb:** Stud (Litwiss, Musik) Köln u Ges MusikH Düsseldorf, Ausb b I Reichelt, G Simionato, E Schwarzkopf. **Laufb:** Prof (Gesang) H f Musik Köln 98. (Red)

Georg, Uta Christina, Sängerin; c/o Vereinigte Städtische Bühnen, Odenkirchener Str 78, D-41236 Mönchengladbach [18.10.1973]. Oper (zB frz Fach, Strauss), Lied, (ua Mahler, Brahms), Konzert **Ausb:** Stud Kl (M Endres, R Gediga) MH Köln 93–97, Stud Ges (L Hammes) MH Köln 95–2000, KonzExamen ebd 03, Mstrks b C Ludwig 98. **Laufb:** Sol Hessisches Staatsth Wiesbaden 99–02, Sol Vereinigte Städt Bühnen Krefeld u Mönchengladbach seit 02, Japan-Tournee m 'Carmen' (Carmen) 03, Solo in Mahler: 2. Sinf, Kairo 04. – **Aufn/RF:** Duette: Carmen/Don Josè, Radames/Amneris (Aida); Barcarole (Offenbach); WDR RundfunkOrch, Radiosendung 05. **UA:** Mitwirk Hess Staatsth Wiesbaden: R Soiron: 'Massakerspiele'; G Stäbler: 'Cassandra-Complex', UA 2000; E-A Klötzke: 'D Legende v armen Heinrich', UA 01.

George, Donald, Tenor; c/o Boris Orlob Management, Jägerstr 70, D-10117 Berlin, T: (0 30) 20 45 08 39, 01 72–8 51 55 14, F: (0 30) 20 45 08 49, *info@orlob.net*; *www.orlob.net* [San Francisco, Kalifornien]. **Ausb:** Stud (Ges) b J Metternich Dtld. **Laufb:** Gastsol ua Lieu Barcelona, Chatelet Paris, Volksop Wien, Staatsop Wien, Op Turin, Carlo Felice Genua, Nationalop Madrid, Capitole Toulouse, Königl Op Liège, Municipal Lausanne, Staatsop Hamburg, Kom Op Berlin, Staatsop Unter d Linden, Dt Op Berlin, FSp ua Flandern Fstv, Salzburg, Blossem Fstv, London Proms, Bregenz, Jerusalem 3000 Fstv, Mozart Fest Bath, FSp d Europ Liedes Wilhelmshaven, Chiemgauer MFstv, Konz u Liederabende Dtschld u int, Staatsth am Gärtnerplatz München SpZ 03/04, ZusArb m Dgt: K Masur, Ch v Dohnànyi, G Sinopoli, L Bernstein, Sir Y Menuhin u J Tate, Gastsol Th Görlitz SpZ 04/05, Pfalzth SpZ 04/05. – **Aufn/RF:** ua: Mendelssohn: Elias, Dir: Y Menuhin; Beethoven: 9. Symphonie, Dir: F de Burgos (span RF u Fernsehen); Mercandante: Sieben Letzte Worte (Dtschld Radio); CDs ua: Verdi: Requiem, Slovak Radio Philh, Dir: A Rhabari; Mozart: La Finta Giardinera, Fstv Radio France Montpellier; Schubert: Die schöne Müllerin, Sol J Vermeulen; Rossini: Aureliano in Palmira.

Georgescu, Corneliu Dan, Komponist, (Ethno-) Musikwissenschaftler; Bismarckstr 73, D-10627 Berlin, T: (0 30) 3 41 29 95, *geodancor@aol.com*; Eichendorffstr 33, D-69239 Neckarsteinbach, T: (0 62 29) 96 02 37 [Craiova, Rumänien 1.1.1938]. **Ausb:** Stud (M Andricu, T Olah, A Mendelssohn, I Dumitrescu, T Ciortea, T Alexandru, G Breazul) MH Bukarest 56–61, Darmstädter Ferienks f moderne Musik (K Stockhausen, G Ligeti, I Xénakis, C Wolff, M Kagel) 70 u 74; Workshop for Traditional Music and Moderne Compostion Technics Slantchev Brjag 77, Breukelen 78, Amsterdam 90 (Ton de Leeuw, D Christoff, WP Malm). **Laufb:** Forscher 62–83, Lt Musikabt Inst f dialektolog Forschung 76–80, Kunsthistoriker Inst f Kunstgesch Bukarest 84–87, Forschungstätigkeit Int Inst f traditionelle Musik Berlin u FU Berlin m DFG-Vertrag 89–94. **Pr:** Pr rumän Kompverband 69, 70, 78, 82, 84, 85, Pr George Enescu rumän Akad 74, Pr Rumän RF-Anstalt 74, Thyssen-Stip 89–91. – **Komp:** Alb-Negru (KonzM), UA Bukarest 68; Model Mioritic (Op) 73, UA Klausenburg (Rumänien) 73; Armonii simple (Simples Harmonies) (KonzM) 75, UA Bukarest 80; Composition in A Square With Red, Yellow and Blue (Streichqua) 80, UA Bukarest 86; Corona Borealis (Elektroakust Musik) 8, UA Heidelberg 92; Ascendo (Orgelmusik) 91, UA Berlin 92; Et Vidi Caelum Novum (KonzM) 96, UA Berlin 96.

Georgi, Petra, Prof, Hochschullehrerin; Windischenstr 8, D-99423 Weimar, T: (0 36 43) 85 14 98; H für Musik 'Franz Liszt', Inst f Streicher u Harfe, PF 2552, D-99406 Weimar, *petra.georgi@hfm-weimar.de*. **Laufb:** Prof (Werkstud) H f Musik 'Franz Liszt' Weimar. (Red)

Georgian, Karine, Prof, Hochschullehrerin, Cello; 75 Belgrade Road, London N16 8 DH, Vereinigtes Königreich, T: (01 71) 2 41 47 59, F: 2 75 74 49, *karine@goatsltd.demon.co.uk* [Moskau]. **Ausb:** Stud Kons Moskau (Rostropovich). **Laufb:** int Karriere (frühere Sowjetunion, Ost- u West-Europa, Fernost, USA); Prof (Vcl) H f Musik Detmold seit 82, Mstrkl in England, Italien, Dtschld, Japan, Österreich; jährlich L u Sol Dartington seit 89. **Pr:** 1. Pr u Goldmed 3. Int Tschaikovsky-Wettb. (*)

Gérard, Jean-Claude, Prof, Hochschullehrer, Querflöte; Werastr 8, D-70182 Stuttgart, T: (07 11) 24 33 29, F: 2 36 10 51; Hochschule f Musik u Darst Kunst, Urbanstr 25, D-70182 Stuttgart. **Ausb:** Stud (Fl) am Conservatoire National Supérieur de Musique in Paris u b M. Moyse. **Laufb:** Prof Staatl H f M u Darst Kunst Stuttgart seit 89. **Ens:** Dt Bläsersolisten, Villa Musica, Bach-Collegiums Stuttgart. (Red)

Gerauer, Claudia, Dipl-Musikerin, Blockflöte; Theresienstr 19, D-94032 Passau, T: (08 51) 9 66 46 63, F: 9 66 46 65, *claudia.gerauer@rayuela.cc*; *www.rayuela.cc* [Passau 15.10.1970]. Renaissance, Mittelalter, Neue Musik **Ausb:** Stud Blockfl (K Boeke, M Weilenmann) MH Zürich 91–98. **Laufb:** Polen-Tournee, ua Fstv f Alte Musik Stary Sacz 2000, Fstv 'Musica Nova' Sofia 2001, Böhmen-Sachsen-Fstv 2001, UA-Zyklus m Werken schweizer Komp Zürich 2000/01, Fstv 'Printemps Musical' in Essaouira/Marroko 02, Fstv 'Moskowskoje destro' Moskau 02, 'Musica e poesia a San Maurizio' Mailand 04, Brasilientournee 05. **Pr:** Kiwanis KamMWettb Zürich 95, Int BlockflWettb Calw 95, Premio Bonporti Rovereto 97, Orpheus-Förderpr Zürich 97, Migros KamM-Wettb Zürich 99. **Ens:** Trio O'Henry seit 94. – **Aufn/RF:** RF-Mitschn: Werke v Lehmann, Pärt ua, Zürich, St Peter 96; T Müller, Baldwin-Manuscript, Zürich, Gr Saal d H 2000; Werke v Fontana, Castello ua, Prpstei St Gerold 04; Werke v Purcell, Scarlatti ua, Kapelle d Kons Feldkirch 05. **UA:** K Boeke: 'The Unfolding', UA 97; M Derungs: 'A set of pieces', UA 2000; T Müller: 'Erste Etappe in Richtung farbiger Eindrücke', UA 2000; G Tedde: 'Medio Aevo', UA 2000; A Nick: 'Trio pour flûtes à bec', UA 2000; A Schmucki: 'tatsache. eisschollen; der unzertrennliche anstoss abweichender labialität', UA 2000; G Bennett: 'Textures of Time', UA 01, M Skalsky: 'Flond', UA 05.

Gerber, Daniel, Tenor; c/o Kammeroper, Bayreuther Str 8, D-01187 Dresden, T: (05 31) 4 70 12 96, F: 4 70 12 97, *info@kammeroper.de*; *www.kammeroper.de*. **Laufb:** EnsMitgl KamOp Dresden SpZ 03/05. (Red)

Gerber, Jean-Pierre, Bass; Passerellenweg 32, CH-2503 Biel, T: 03 23 65 32 24, F: 03 23 65 32 24, *jpgerber@bluewin.ch* [Tramelan 28.3.1946]. Oper, Oratorium, Lied **Ausb:** Stud (S Jurinac) MH Zürich, Wien, (T Westendorp) Kons de Fribourg (G Bacquier) Kons de Neuchâtel. **Laufb:** Op factory Zürich 89–93, Prager u Dresdner FSp 91, USA-Tournee (Liederabend, sound painting) 97. **Pr:** 1. Pr Virtuosité Fribourg. – **Aufn/RF:** CDs: Sound Painting, m Radio Suisse Int 97; Schumann: Dichterliebe 01; J P G: Bilder in Klang 01. **UA:** R Kelterborn: Op 'Julia'; D Schneider: Op 'Alma'; C Gyger: Lieder; T Kuster: Lieder; L Mettaux: Michelangelo-Lieder.

Gerber, Klaus R, Opernsänger (Tenor); Carl-Gärtig-Str 2, D-99427 Weimar, T: (0 36 43) 41 01 81, *gerberfamily@t-online.de*; c/o Theater Altenburg-Gera, Küchengartenallee 2, D-07548 Gera [Chemnitz]. Oper, Operette, Konzert **Ausb:** Stud Ges (J Kemter) Dresden 79–86, Mstrks b J Cox u A Reynolds in Peesten u Bayreuth 90, weiterführende GesStudien b dens. **Laufb:** Spiel-Ten Th Stralsund 64–68, jugendl HeldenTen Th Meiningen 68–75, Th Görlitz 75–85, HeldenTen Dt NatTh Weimar 85–94, freiberufl seit 94, Gast: Staatsth Meiningen (ua Erik, Lohengrin, Stolzing, Florestan, Hoffmann, Kalaf) 80–97; Staatsop Dresden-Semperop (Otello) 87; Op Leipzig (Florestan) 87; Th Magdeburg (Siegfried (S), Siegfried (G konz), Turiddu) 90–95; Staatsth Cottbus (ua Turiddu, Canio, Tristan, Hoffmann) 90–95; NatTh Bratislava (Tannhäuser, Otello) 94–96; Janacek-Op Brno (Calaf, Tannhäuser) 95–96; Gastsp als Otello u Tannhäuser 95–03 in Eisenach, Passau, Coburg, Bielefeld, Stralsund, Regensburg, Halle ua; Balt Staatsop Gdansk 97–02; Tourneen als Florestan u Tannhäuser durch Deutshland, Österreich, Schweiz, Italien, Dänemark ua; Th Gera/Altenburg (Canio) 98–2000; Mainfrankenth Würzburg (Herodes, Hoffmann) 99–02, Gastsol Th Altenburg-Gera, Th Görlitz SpZ 04/05. **Pr:** Stip Richard-Wagner-Stift Bayreuth 89.

Gerber, Marelize, Sopran; c/o Wiener Kammeroper, Fleischmarkt 24, A-1010 Wien [Kapstadt, Südafrika]. **Ausb:** Stud Ges (M Coertse, R Boesch) U Südafrika, Mstrkse b G lavelli u M Halász U Pretoria, Pretoria Th OpSchule, Pro Arte Schule f Kunst, Ballett, Musik u Drama. **Laufb:** Sol Roodepoort City Op, Breytenbachth Pretoria, Oudtshoorn Nat Arts Fstv, Staatsop Pretoria, Wiener Kammerop seit SpZ 03/04; Konz in Hongkong, China u Syrien. (Red)

Gerber, Regula, Intendatin; c/o Nationaltheater Mannheim, PF 102362, D-68023 Mannheim. **Laufb:** Intend Th Bielefeld 03–05, ab SpZ 05/06 NatTh Mannheim. (Red)

Gerber, René, Komponist; rue de Neuchâtel 222, CH-2022 Bevaix, T: 03 28 46 13 16. (Red)

Gerbert, Carola, Musikdirektorin; c/o Hans Otto Theater Potsdam, Berliner Str 27a, D-14467 Potsdam. **Laufb:** Lt Musikth Hans Otto Th Potsdam. (Red)

Gerbeth, Christoph, Oboist; c/o Landesbühnen Sachsen, Meißner Str 152, D-01445 Radebeul, T: (03 51) 8 38 47 82, F: 8 38 47 82, *christoph.gerbeth@t-online.de*; *www.christoph-gerbeth.de* [Berlin 30.4.1966]. klass Orchesterrepertoire, zeitgen Musik, Oratorien u Kantaten v J S Bach **Ausb:** Stud Ob, OrchM (B Mühlbach) MH 'C M v Weber' Dresden 85–89, MSem Weimar (B Glaetzner) 88, jährl Kse b G Passin 92–97. **Laufb:** Soloob Staatl LdsBühnen Sachsen Dresden seit 89 (04/05), Orch-Akad Hamburg 90–92, HonL (Ob) H-Schütz-Kons Dresden seit 92, (OrchSpiel/Registerproben HolzBl) JugSinfOrch d HSKD seit 98, MSch d Landkr Meißen seit 2000, (Ob) Kons Zwickau seit 01, MSch Hoyerswerda seit 03, auch freiberufl Sol, OrchAushilfe, KonzTätigkeit (auch int) als Mitgl KamM-Vgg wie BlQui, Nonett und KamOrch, Jurymitgl (HolzBl) b 'Jugend musiziert' auf Regional- u LdesEbene 01 u 03. **Ens:** künstl Lt Sächs Kam-Nonett, Mitgl Opus 5 BlQui. – **Aufn/RF:** CD: 'Dresdner Zwingerkonz', F Lachner: Nonett in F-Dur, J Rheinberger: Nonett in Es-Dur, op 139, Säch Kam-Nonett 99; CD: 'Tänz Serenade im Dresdner Zwinger', (Harmoniem-Besetz), Telemann, Mozart, Debussy, Waldteufel, Dgt: H-P Preu. **UA:** T Kupsch: 'oratoire polychrome' f Ob d'amore u KamOrch, UA Dresden 99, Orch d LdesBühnen Sachsen, Ltg: GMD A v Brück; T Kupsch: 'soleils couchant' f Sop u Nonett n Texten v P Verlaine, UA Dresden 01, Sächs Kam-Nonett, A Kahn (Sop); H-P Preu: 'Tschääääääs' f Nonett u Hfe (6 Sätze), UA 02, Sächs Kam-Nonett, C Benkert (Hfe). **Zug:** T Kupsch: 'oratoire polychrome' f Ob d'amore u KamOrch.

Gergiev, Valery, Dirigent; c/o Mariinsky Theatre, 1, Teatralnaya Square, St Petersburg 190000, Russland, T: (08 12) 1 14 12 11, F: 3 14 17 44, *post@mariinsky.spb.ru*; c/o Columbia Artists Management GmbH, Till Janczukowicz, Albrechtstr 18, D-10117 Berlin, T: (0 30) 20 64 80 78, F: 20 45 34 80, *info@cami.com* [Moskau 21.9.1953]. **Ausb:** Stud Dirig Rimskij-Korsakow Kons Leningrad (Musin). **Laufb:** Dgt Armen StaatsOrch 81–85, Chefdgt u künstl Lt Kirov-Op St Petersburg 88–96, Chefdgt Rotterdam Philharm Orch 93, MD Kirov-Op u Mariinsky-Th St Petersburg seit 96, 1. Gastdgt Met Op New York 97–02, Rotterdam Philharm seit 95, Gastdgt Covent Garden London, Teatro Carlo Felice, Scala Mailand, Théâtre du Chatelet, Grd Star of the White Nights Fest St Petersburg, Mikkeli Int Fest, Rotterdam Philharm-Gergiev Fest, Oster Fest Moskau, ZusArb m Los Angeles Philharm Orch, San Francisco Symphony, Royal Concertgebouw Ork Amsterdam, Royal Philharm Orch London, Santa Cecilia Rom, Boston Symphony Orch, Chicago Symphony Orchestra, Cleveland Orch, London Philharm, London Symph, NHK Symphony Tokio, L'Orch National de France, Berliner Philharmoniker, Rheingau Fstv Oestrich-Winkel SpZ 02/03, ab 07 ChefDgt London Symph Orch. **Pr:** 1. Pr Herbert-v-Karajan-Wettb 76, Russ staatspr 94 u 99, Classic Music Aw 93, Mitgl Russ Akad d Wiss 2000, BVK, Grand Ufficiale al Merito, L'Ordre des Arts et des Lettres, Pr d russ Präs, UNESCO World Artist 03. (Red)

Gerhaher, Christian, Dr, Prof, Bariton; Nürnberger Str 67, D-80637 München, T: (0 89) 2 72 48 83; c/o KünstlerSekretariat am Gasteig, Rosenheimer Str 52, D-81669 München, T: (0 89) 44 48 87 92, F: 4 48 95 22, *team@ks-Gasteig.de*; *www.ks-Gasteig.de* [Straubing 1969]. Konzert, Lied, Oper **Ausb:** Stud (Phil, Med) München u Rom, Ges (P Kuen, R Grumbach), OpSchule d Münchener H f M, Stud Liedges (H Deutsch), Mstrkse (D Fischer-Dieskau, E Schwarzkopf, I Borkh). **Laufb:** u a: Eng Stadtth Würzburg 98–2000, Prof f Ges u Orat HfM München, Gastsol Baden-Badener FSpHaus, Münchener Gärtnerplatzth, Straßburger Op, Gérard Mortiers Ruhr-Triennale 03, Op du Rhin 04, Richard-Strauss-Tage 05, Gastsol Op Frankfurt SpZ 04/05, Salzburger FSp 06. **Pr:** int Pro Musicis Paris/New York 98, Echo Klassik 'Beste Liedeinsp' 02 u 04, Record Geijutsu Magazine Award 03. – **Aufn/RF:** CDs: Abert: 'Ekkehard' (Rudimann), Dgt P Fal; Mahler: 'Kindertotenlieder/Lieder e fahrenden Gesellen' m Hyperion-Ens, G Huber (Kl); Schubert: 'Schwanengesang', 'Winterreise', 'Die schöne Müllerin' m G Huber (Kl); Schubert/Brahms/Martin: 'Lieder', 'Gesänge d Harfners', '4 ernste Gesänge', 'Jedermann-Monologe' m G Huber (Kl); Weber: 'Der Freischütz' m Cappella Coloniensis d WDR, Dgt B Weil; Schumann: 'Dichterliebe', m G Huber (Kl); Haydn: 'Schöpfung', m Conventus Musicus, Dgt N Harnoncourt; Mendelssohn: 'Elias', m Gewandhaus-Orch, Dgt H Blomstedt; Orff: 'Carmina Burana', m Berl Philh, Dgt S Rattle.

Gerhards, Fritzdiester, Dr, Intendant, Regisseur, Autor; Hohlstr 14, D-76855 Annweiler-Gräfenhausen, T: (0 63 46) 30 28 80, F: 30 28 80 [Wuppertal 2.2.1935]. Oper, Musical, Kammeropern **Ausb:** Stud U Wien. **Laufb:** Intend Städt Bühnen Oberhausen 77–90, Intend SchloßFSp Ettlingen 91–03, Intend IndustrieFSp Wetzlar seit 97; als Regisseur ua tätig in Italien, Spanien, Portugal, Schweiz, Polen u Norwegen, Jury-Mitgl Bdeswettb es Berlin seit 22 Jahren. **Pr:** 'L'ordre du Merite culturel' (Polen) 91.

Gerhardt, Alban, Violoncello; c/o Markus Bröhl – artists and concerts, Sülzburgstr 113, D-50937 Köln, T: (02 21) 2 82 51 85, (01 78) 5 29 68 37, *markusbroehl@artistsandconcerts.de, alban@albangerhardt.com*; c/o Künstleragentur Dr. Raab & Dr. Böhm, Plankengasse 7, A-1010 Wien, T: (01) 51 20 50 10, F: 5 12 77 43, *office@rbartists.at*; *www.albangerhardt.com*. **Ausb:** H f M Köln (Frans Helmerson, Boris Pergamenchikov). **Laufb:** KamMPartner v B Pergamenschikov, L Vogt, F-P Zimmermann, I Faust, T Zimmermann sowie Vogler- u Petersen-Qua, KamM-Fstvs Newport, Vancouver, Kuhmo, Schleswig Holstein, Schubertiade Feldkirch, Int VclFstvs St Petersburg, Manchester, Hamburger u Dresdner Philh, Bamberg Symph, Gewandhausorch Leipzig, Rundfunkorch d MDR, BR, HR, NDR, SWF u WDR, London Philh Orch, Royal Scottish Nat Orch, BBC Scottish Symph, BBC Philh, Orch Nat de Belgique, Orch Suisse Romande, Mozarteum Orch Salzburg, Tonkünstler-Orch Wien, Houston u Chicago Symph, Nat Symph Washington, St. Petersburger Philh, Shinsei Symph Tokyo u Nagoya Philh Orch, Hong Kong Philh, Dt KamPhilh, Birmingham Symph Orch, Rotterdamer Philh, Orch Philh de Monaco, Lahti Symph, Baltimore Symph, Münchner Philh, Symph Orch Vancouver, Nederland Philh, Philh London, Trondheim Symph, Berliner Symph Orch, Birmingham Symph Orch, Chicago Grant Park Fstv 05, Edinburgh Fstv 05, Bejing Fstv 05, Philadelphia Orch 05, Los Angeles Philh, Bremer Philh 05. **Pr:** ARD- ud Dt Musikwettb 90, Pr Leonard Rose Wettb 93. – **UA:** mehrere VclKonz u KamM-Werke. (Red)

Gerhardt, Axel, Prof, Hochschullehrer, Violine; Eitel-Fritz-Str 22, D-14129 Berlin, T: (0 30) 8 02 77 33, F: 8 02 55 01; Univ d Künste, Fak Musik, PF 120544, D-10595 Berlin. **Laufb:** GastProf (V) U d Künste Berlin, Stimmführer (V) Berliner Philh. (Red)

Gerhardt, Jörg, Bassposaune; c/o Konzerthaus Berlin, Gendarmenmarkt, Charlottenstr 57, D-10117 Berlin. **Laufb:** Sol Berliner SinfOrch. (Red)

Gerhold, Hartmut, Musikakademiedirektor, Hochschullehrer f Flöte u Flöten-Methodik; Carsonweg 37, D-64289 Darmstadt, T: (0 61 51) 71 19 54 [Hannover 9.10.1939]. Kammermusik, zeitgen Musik **Ausb:** Stud (SchM, MWiss) MH u U Freiburg 59–63, Stud Fl (H-P Schmitz) MH Detmold 64–68. **Laufb:** 1. Fl Hamburger Symph 67/68, Niederrhein Sinfoniker 68–73, Grdgs-Dir KMS Cloppenburg 73–78, Dir Städt Kons Osnabrück 78–91, Dir u Doz (Fl, Methodik, KamM) Akad f Tonkunst Darmstadt 91–04, Tourneen (m Trio Pleyel) Großbritannien, Italien, Griechenland, Südostasien 75–85, int Fstvs f zeitgen Musik (Palermo, Brüssel, Bangkok, Mönchengladbach, Witten ua). **Ens:** Trio Pleyel 69–96, Ens Continuum Dortmund 70–74, Leitungsgruppe Dt KamMKurs seit 89. – **Aufn/RF:** RF- u TV-Aufn (Fl solo, m Trio Pleyel, sonst KamM) WDR, RB, SFB, HR, SWF, DLF, NDR, SR, ZDF, NOS, BRT, ORF, SRG, Malta TV, Madras BC, Columbo BC. **UA:** Hespos: Duma; F Döhl: 'Der Abend – Die Nacht'; I Yun: Qua; EA: W Lobanow: Modulation u Solfeggio; S Gubaidulina: Sonatina; S Pawlenko: Sonata; E Firsowa: Zwei Inventionen; W Schut: Sonata breve. **Sonst:** Grdgsmitgl Trio Pleyel (Fl, Vcl, Kl) 69–96, Aufsätze zu mwiss u mpäd Fragen ua in Fs H-P Schmitz 91, Fs N Delius 92, Fs H Moeck 97, TIBIA, Musik u Bildung. **Lit:** Who is Who in d Bdesrep Dt 96; Wer ist was in d Kulturpolitik – Hb d Dt Kulturrates 99.

Geri, Rudolf, Dirigent; c/o Parktheater, Klausenberg 6, D-86199 Augsburg. **Laufb:** Musikal Lt Parkth Augsburg. (Red)

Geri, Wolfgang, Komponist; Dr Lammers Str 28, D-25746 Heide (Holstein). **Ausb:** Musikstud (Theorie, Harmonielehre, MWiss, Chorlehre etc), Klavierstud. – **AuftrKomp:** 10 Werke f gr RF-Orch, Dgt: E Smola (Auftr: SWR); 18 Werke f gr RF-Orch, Dgt: K Rehfeld, H Schröder (Auftr: SDR Stuttgart); 15 Werke f Gr RF-Orch, Dgt: E Börschel, Ch Stalling (Auftr: HR Frankfurt). (*)

Geringas, David, Prof, Dirigent, Cellist, Hochschullehrer; c/o Berliner Konzertagentur Monika Ott, Dramburger Str 46, D-12683 Berlin, T: (0 30) 5 14 48 58, F: 5 14 26 59, *BerlinKonzert.ott@t-online.de*; H f Musik 'Hanns Eisler' Berlin, Charlottenstr 55, D-10117 Berlin. **Ausb:** Stud Vcl (M Rostropovich) Kons Moskau 63–73. **Laufb:** Debüt USA 76, Prof (Vcl) H f M Hamburg 77, MH Lübeck 80, H f M 'Hanns Eisler' Berlin seit 2000; Mstrkse (Vcl) weltweit, Gastsol ua Berliner Philharm Orch, Wiener Symph, London Philharmonic Orch, Chicago Symphony, Israel Philharmonic, unter Dgt: G Albrecht, V Ashkenazy, C Eschenbach, S Rattle, M Rostropovich, W Sawallisch ua, KamMusiker b Fstv u KonzReihen, Sol Mecklenb Staatskap, KamPhilharm d MDR-Leipzig, Jenaer Philharm, Hamburger Symphoniker ua, ständ Gastsol Litauisches KamOrch Vilnius u Südwestdt KamOrch Pforzheim, Gastsol Orch d Beethovenhalle Bonn (Int BeethovenF 02), Dt Symphonie-Orch Berlin, Wiener Symphonikern, Luzerner Sinfonieorch, Russ Nationalorch, NHK Symphony Orch Tokyo, ZusArb als Gastdgt: Orch u Mecklenburg Staatskap, KamPhilh d MDR-Leipzig, Jenaer Philh, Hamburger Symphoniker, KamOrch Wiener Symphoniker, Kremerata Baltica, Orch Regionale della Toscana, Orch Sinfonica Siciliana, Orch da camera di Padova, Forum Philh in Holland, OFUNAM Orch Mexico-City, zukünftig Sinfonieorch d Dänischen RF Kopenhagen, ständ Gastdgt Litauische KamOrch Vilnius. **Pr:** 1. Pr u Goldmed Tschaikowsky-Wettb 70, Stip Herb-v-Karajan-Stift 75, Jahrespr d Dt SchallplKritik 94, Pr 'Kultur Aktuell' v Ldskulturvbd Schleswig-Holst, höchst Orden Litauens 99, Grand Prix du Disque f d Aufn d 12 VclKonz v Boccherini u d Diapason d'Or f KamM v Dutilleux, Litauischet Nationalpr f Kunst u Kultur 02, f 1. CD-Einsp als Dgt 'Choc de la Musique' d MZs „Le Monde de la Musique". **Ens:** Duo (m T Geringas Kl). – **Aufn/RF:** über 40 CDs: ua J S Bach: Suiten f Vcl solo, L Boccherini: 12 Concerti per il vlc (Orch da Camara di Padova, Dgt B Giuranna), J Brahms: Sonate f Kl u Vcl Nr 2, op 99 (m T Geringas Kl), B Goldschmidt: Cellokonz (Magdeburg Philharm, Dgt: M Husmann), S Gubaidulina: 7 Worte f Vcl, Bajan, Str, P Hindemith: d kpl Cellokonz (Queensland Symph Orch, Dgt: W A Albert). **Zug:** J-P Saraste: Cellokonz. (Red)

Gerlach, Arnfried, Violine; c/o Berliner Symphoniker, Christstr 30, D-14059 Berlin. **Laufb:** Stimmführer Berliner Symphoniker. (*)

Gerlach, Sonja, Sängerin; Werrastr 8, D-55122 Mainz, T: (0 61 31) 5 76 37 70, (01 77) 6 89 24 61. **Laufb:** Sol Opstudio Bad Staatsth Karlsruhe, Sol Staatsth Mainz SpZ 03/04, Sol Th an der Rott Eggenfelden SpZ 04/05. (*)

Gerloff, Wolfgang, KV, Prof, Hochschullehrer, Trompete; Aspichring 30, D-01474 Schullwitz, T: (01 72) 7 99 92 00; Hochschule f Musik, PF 120039, D-01001 Dresden. **Laufb:** Prof (Trp) H f Musik Carl Maria v Weber Dresden. (Red)

Gerner, Hermann, Komponist, Studienleiter; Bürgermeister-Smidt-Str 214, D-27568 Bremerhaven, T: (04 71) 2 28 02, F: 9 41 21 05, *gernerhb@aol.com* [Mauerkirchen, Österreich 15.11.1939]. musica nova, Lied, Oper **Ausb:** Stud (V) Bruckner-Kons Linz ab 54, Stud Dirig, Kompks (C Bresgen, H W Henze) Mozarteum Salzburg ab 63. **Laufb:** Korr Salzburger FSp 66 u 67, Engagements Staatsth Oldenburg, Stadtth Bremerhaven (Dgt, Studlt, Komp, Lt d SchauspM) ab 73 (04/05)). – **Komp:** Kammermusik, UA Bremerhaven 87; Sechs Lieder nach chines Gedichten (Lied), UA Bremerhaven 90; Five (OrchW) 90; Heimgeführt ins Vergessen (Lied), UA Burg Hagen im Bremischen 92; W-7 Fragmente (V, Kl), UA Bremerhaven 97; Nie habe ich solche Einsamkeit verspürt (KamM), UA Bad Bederkesa 98; Sonnengesänge (OrchW), UA Braunau/I (Österreich) 99, Jenseits d Liebe (f Mezzosop u KamOrch), Miniaturen II (f KamEns), UA Bremerhaven 03.

Gernot-Heindl, Christel, Prof, Hochschullehrerin; Höxter Str 1a, D-32805 Horn-Bad Meinberg, T: (0 52 33) 72 93. **Laufb:** Prof (OpSchule) H f M Würzburg. (*)

Gerogiev, Ilian, Schauspielmusiker; c/o Vorpommersche Landesbühne Anklam, Leipziger Allee 34, D-17389 Anklam. (Red)

Gerstberger, Christina, Sängerin; Marienstr 31, D-06844 Dessau, T: (03 40) 2 30 35 44. **Laufb:** Sol Anhalt Th Dessau SpZ 03/05, Gastsol Op Frankfurt SpZ 00/01. (Red)

Gerstenberger, Katrin, Sängerin; Parkstr 17, D-64807 Dieburg, T: (0 60 71) 98 09 88 [Halle/S 31.10.1965]. Oper (Strauss, Mozart, Verdi, Wagner) **Ausb:** Stud (Kl) Kons Halle 72–83, Gesang (G Fischer) MH Weimar 84–

90. **Laufb:** Sol Staatsth Darmstadt SpZ 00/05. **Pr:** 1. Pr OpSängerwettb 90. – **Aufn/RF:** Saariaho: Op 'L'amour de loin ', Staatsth Darmstadt 03 (Mitschn u Life-Übertr d Premiere in hr2).

Gersthofer, Frank, Sänger; Raiffeisenstr 2, D-76872 Winden/Pfalz, T: (0 63 49) 99 02 22, (01 71) 7 57 34 88. **Laufb:** Stellv u Sol Operndir Bad Staatsth Karlsruhe, Sol OpFSp Heidenheim SpZ 04/05 (La Traviata), Gastsol Pfalzth SpZ 04/05. (Red)

Gerwig, Heinz, Tenor; c/o Hans Peter Swoboda, Im Trierischen Hof 2, D-60311 Frankfurt, T: (0 69) 28 58 64, F: 6 03 11 53, *mail@frankphoniker.de*; c/o Theater der Stadt Koblenz, Clemensstr 5, D-56068 Koblenz; *www.frankphoniker.de* [Engers/Rhein]. **Ausb:** Stud (C Bajew). **Laufb:** ChS Th Koblenz, Mannheim, Frankfurt, zahlr Konz im In- u Ausland, ua Bad Hersfelder FSp, Verpfl in zahlr KiKonz. **Ens:** Frankphoniker Frankfurt/M. (*)

Gerwin, Thomas, MA, Komponist, Medienkünstler; c/o inter art project – Media Art Studio, Calvinstr 13, D-10557 Berlin, T: (0 30) 39 74 17 34, F: 39 74 17 35, *inter.art.project@t-online.de*; *www.inter-art-project.de* [Kassel 8.2.1955]. multimediale Komp, elektroakust Musik, Radiokunst, Installationen **Ausb:** Stud (Git, Fl) Kons Kassel 75–78, Stud (MWiss, Linguistik, Phil) U Tübingen 78–84, Stud (Komp, Elektr) MH Stuttgart 87–90. **Laufb:** Musiker u Komp Landesth Tübingen 84–87, Lt 'Tübinger RaumKunstTage' 88–90, Aufbau u Ltg Audiothek u IDEAMA beim ZKM Karlsruhe 90–98, Ltg inter art project – Studio f Medienkunst Karlsruhe/Berlin seit 96, freischaff Komp u Medienkünstler seit 98. **Pr:** Karl-Sczuka-Förderpr 99, Selection Award Am Comp Forum 99, ICMC Hongkong, Patras, Göteborg, ISCA Nagoya 02. **Ens:** Jazz MIXTRUM, OMNIBUS, ART Wave Ens, Berliner Lautsprecher-Orch. **Mitgl:** Vizepräs Dt Ges f elektroak M 93–97, Mitbegr World Forum for Acoustic Ecology 94, Board Member ebd 98–2000, Präs Ges f multisensoriale Kunst (Gfunk) seit 01. – **Komp:** 'Art Waves' (2 Maler, 2 Musiker, 2 Schausp), 9 UA an versch Orten 85–87; 'Polymerisation' 89, UA Stuttgart, Wilhema Th, Dgt: D Kosviner; 'Karlsruhe – Klangbilder einer Stadt', UA Karlsruhe, ZKM Multimediale 4 95; 'Klangkörper' (TB u Tanz), UA Tokyo, Sound Electro Media 95; 'Welt klingt', UA Karlsruhe, Stockholm, Darmstadt simultan 98. **AuftrKomp:** Töne einer Ausstellung (Installation u CD) 92 (Auftr: 40 Jahre Haus d Geschichte Baden-Württb Stuttgart); 'KlangWeltKarte' (interaktive Klang-Licht-Installation) 97 (Auftr: ZKM Karlsruhe); 'Soundscape EU Pavillon' (Installation u Gesamtkonzept) UA Hannover 2000 (Auftr: EXPO 2000, Europahaus f EU); 'Fontaine de Vaucluse' (M f exp Dokumentarfilm v W Lehmann u F Krautkrämer) 2001. **Aufn/RF:** CDs: 'Schauplatz Südwest' 92; 'Karlsruhe – Klangbilder einer Stadt' 95; 'Wattenmeer-Suite' 96; 'FLUSS DURCHS OHR' 98; 'Welt klingt' (Telekonz) 99; CD-ROM: 'Soundbox 2.0' 99; 'CYNETart 2000' 2000; 'En Red O' 2000; 'Globalisierung' 2001. **Sonst:** Grdg OMNIBUS 80, ART Wave Ens 85, 'Tübinger RaumKunstTage' 88, EU-Pavillon EXPO Hannover 2000, MAKING SENSE I+II Berlin, 7 Solo-CDs, zahlr CD-Beteiligungen. **Lit:** Art ua G Kauffmann: 'T G: Klingende Welt' (Neue Zs f M) 97; T G – Über akust Ökologie u integrale Kunst (MTexte 66) 96.

Gessendorf, Mechthild, Sopran; c/o Columbia Artists Management GmbH, Till Janczukowicz, Albrechtstr 18, D-10117 Berlin, T: (0 30) 20 64 80 78, F: 20 45 34 80, *info@cami.com*; *www.cami.com* [München]. **Ausb:** Stud (J Metternich) MH München. **Laufb:** Sol Hamburg Staatsop, Sol Bayer Staatsop München 81, Salzburger FSp 82, Bregenz 83, Debüt USA 83, Met Op New York 86, Covent Garden 87, Scala Mailand 88, Wiener Staatsop 84, Fstv Savoulinna, Ravello, Carinth Sommer, Aix-en-Provense, London Proms, Santander, Op Paris, Op Zürich, Op Lyon, Montpellier, Dt Op Berlin, Op San Diego, Op Monte Carlo, Bologna, Köln, Düsseldorf, Tetro Colon Buenos Aires, Staatsop Stuttgart, ZusArb m Kubelik, v Dohnanyi, Muti, Levine, Masur, Nagano, Davies ua. – **Aufn/RF:** Schoeh: Penthesilea, Dgt: G Albrecht; Busoni: Turandot, Dgt: K Nagano; Beethoven: Egmont, Dgt: D Russel-Davies.

Gesseney-Rappo, Dominique, Komponist, Dirigent; CH-1537 Champtauroz, T: 02 66 66 13 92. (Red)

Gessler, Maria, Sängerin (Sopran); Fischerstr 2, D-09599 Freiberg, T: (0 37 31) 20 28 28; c/o Theater Freiberg, Borngasse 1, D-09599 Freiberg. **Laufb:** Sol Th Freiberg. (*)

Gettler, Rachel, Sängerin; Alter Darmstädter Weg 56, D-64380 Roßdorf, T: (0 60 71) 48 99 11, F: 48 99 12; c/o Oper Bonn, Am Boeselagerhof 1, D-53111 Bonn. **Laufb:** Sol Kom Op Berlin SpZ 01/05, Sol Op Bonn SpZ 03/04. (Red)

Geyer-Linsmann, Bernhard, Violine, Konzertmeister; c/o Orchester d Staatsoperette, Pirnaer Landstr 131, D-01257 Dresden. **Laufb:** Konzm I.Violinen Orch d Staatsoptte Dresden. (Red)

Geyer, Helen, Dr, Prof, Hochschullehrerin, Musikwissenschaftlerin; Am Hainstein 17, D-99817 Eisenach, T: (0 36 91) 74 48 54, F: 74 27 47; H für Musik 'Franz Liszt', Inst f Musikwiss Weimar/Jena, PF 2552, D-99406 Weimar [Werneck/Schweinfurt 1953]. **Ausb:** Stud (MWiss, Kl H f M Würzburg, kath. Theologie (Patristik), christl. Archäologie und Germanistik U Würzburg, Prom 82, Habil U Frankfurt a M. **Laufb:** wiss. Mitarb Inst für MWiss U Regensburg, Prof (MWiss) H f Musik 'Franz Liszt' Weimar 97. (Red)

Geyer, Karl Albert, Dirigent; c/o Philharmonie, Schloss Solms, Solmsstr 1, D-76530 Baden-Baden, T: (0 72 21) 93 27 91, F: 93 27 94. **Laufb:** Kapm u Dgt Baden-Badener Philharmonie. (Red)

Geyer, Roland, Intendant; Vereinigte Bühnen, Linke Wienzeile, A-1060 Wien. **Laufb:** Intendant Oper/KlangBogen u OsterKlang Festival Wien. (Red)

Geyer, Sebastian, Bariton; c/o Stadttheater Heidelberg, PF 105520, D-69045 Heidelberg; c/o Opernagentur Inge Tennigkeit, Kempener Str 4, D-40474 Düsseldorf, T: (02 11) 5 16 00 60, F: 51 60 06 16 [Ulm]. Oper, Konzert, Lied **Ausb:** MH Würzburg, MH Mannheim b R Piernay, U Mainz b C Eber. **Laufb:** Sol Staatsth Stuttgart, Stadtth Gießen SpZ 03–06, Stadtth Heidelberg seit SpZ 05/06. **Pr:** Kulturpr d Stadt Ulm, Mozart Fest Wettb, Erika-Köth-Wettb.

Geyrhofer, Klemens, Bariton; c/o Primusic, Herrengasse 6–8/2/22, A-1010 Wien; c/o Volksoper Wien, Währinger Str 78, A-1090 Wien [Oberösterreich 1973]. **Ausb:** Mitglied d St Florianer Sängerknaben, Stud 'Lied u Oratorium' sowie Gesangspädagogik b Prof David Lutz am Kons Stadt Wien, seit 96 Stud Sologes b Prof H Lazarska U f M Wien. **Laufb:** zahlr Liederabende im In- u Ausland, Auftr in OpProd, Sol Volksop Wien, EnsMitgl Bad Staatsth Karlsruhe SpZ 03/04. **Pr:** 1. Pr Int Robert Schumann Wettb Zwickau sowie Sonderpr Int Sommerakad Salzburg. (*)

Gfrerer, Ute, Sängerin; c/o Opernhaus Graz, Kaiser-Josef-Pl 10, A-8010 Graz, T: (03 16) 80 08. **Ausb:** California State U Northridge, Los Angeles (Bachelor of Music), Schauspielunterr (J Axelrod) Los Angeles, Gesangsunterr (James O'Neil, A Aichhorn, J Cash) Berlin, Wien, London. **Laufb:** EnsMitgl Volksop Wien seit 96, Sol Op Zürich SpZ 03/04, Stadtth Klagenfurt, Gatsol Ophaus Graz 04/05. **Pr:** Prtr Belvedere Wettb Wien 88. (Red)

Gheorghita, Ulpia, Sängerin; Ste Luce 4, CH-1003 Lausanne, T: 02 13 11 79 70, 07 87 23 62 57, *ulpia@bluemail.ch*. (Red)

Gheorgiu, Tio, Klavier; c/o Hochschule für Musik „Franz Liszt" – Internationaler Liszt Wettbewerb, PF 2552, D-99406 Weimar. **Pr:** 1. Pr Int Liszt-Wettb 05 (1. Kat). (Red)

Ghita, Florin, 2. Konzertmeister; Schloßstr 4, D-07407 Rudolstadt, T: (0 36 72) 34 12 60; c/o Thüringer Symphoniker, Anger 1, D-07407 Rudolstadt. **Laufb:** 2. Konzm Thüringer Symphoniker Saalfeld-Rudolstadt. (Red)

Giacomini, Giuseppe, Tenor; c/o Gerstel International Opera Management, Stockerstr 10, CH-8002 Zürich, T: 04 17 63 91 88 01, F: 04 42 53 14 53; *www.giuseppegiacomini.com* [Veggiano]. **Laufb:** Gastsol Bayer Staatsop München, Staatsop Wien, Op Zürich 2000. (Red)

Gibson, Laurie, Opernsängerin; Wilhelmstr 14, D-67655 Kaiserslautern, T: (06 31) 9 29 22, F: 9 29 22, *elk3@arcor.de*; c/o Pfalztheater Kaiserslautern, Willy-Brandt-Pl 4–5, D-67655 Kaiserslautern. **Ausb:** Syracuse U 80–84, Florida State U 84–87, Züricher OpStudio 90–91. **Laufb:** Linzer Landesth 91–93, Gastsol Stadtth Bielefeld 93–95, danach freischaff, Gelsenkirchen, Wuppertal, Würzburg, Dortmund, Gastsol Pfalzth seit 97.

Gibson, Nancy, Sängerin (Sopran); Harthweg 1 B, D-09116 Chemnitz, T: (03 71) 3 54 04 53; c/o Städtische Theater Chemnitz, Käthe-Kollwitz-Str 7, D-09111 Chemnitz [Toronto]. **Ausb:** Stud Ges Univ of Toronto, London u OpSchule Glasgow. **Laufb:** Sol Städt Th Chemnitz (04/05), OpGastsp u Konz Venedig, Washington, Prag, Toronto, Tel Aviv, Vancouver, Leipzig, Berlin. **Pr:** Gewinnerin Eckart Gramattee Wettb f zeitgen Musik, John D Miles Liederpr Glasgow. (Red)

Giefer, Willy, Komponist; Kaiserstr 136, D-50321 Brühl, T: (0 22 32) 21 04 85, F: 50 65 95, *nc-gieferwi@netcologne.de* [Koblenz 29.12.1930]. **Ausb:** Stud (KiM) Koblenz u Köln 48–54, Sem (Komp) int Ferienks Darmstadt 62–64, Stud Komp (BA Zimmermann, GM Koenig) MH Köln. **Laufb:** KiM in Brühl, Hilden, Düsseldorf 51–67, freischaff Komp ab 67. **Pr:** SIMC Rom 2. Pr int KompWettb 61, 3. Pr Schumann-Wettb Düsseldorf 81; 1. Pr KiMWettb Neuss 82. **Mitgl:** Dt Komp-Verb, Int Ges f neue M. – **Komp:** In illa hora (Kant) 60, UA Palermo 62; Pro-Kontra (KamEns) 70, UA Witten 71 (Auftr: Stadt Witten); alles was odem hat (Kant) 81, UA Neuss 82; du darfst ein Mensch sein (Kant) 81, UA Düsseldorf 86; Confluentes (StrQua) 83/84, UA Witten 84 (Auftr: WDR Köln); Piano-forte (Konz) 86, UA Düsseldorf (Auftr: Ens f neue M Düsseldorf); Land Israel (Holocaust-Kant) 87/88, UA Frechen 88 (Auftr: Stadt Frechen z 50. Jahrestag d Reichspogromnacht); Irrlichter (Will-o' the whisp) (Konz) 89/90, UA Leamington/Spa (England) 90 (Auftr: Warwickshire-SymphOrch); täuscht mich das trommelfell, Max Ernst (Vokal-Trio) 90, UA Lissabon 91 (Auftr: Stadt Brühl); Watergames (SaxQua), UA Brühl, Ens Tetraphonics 99; Der Riss im Himmel (KamOrch) 2000, UA Brühl 2000 (Auftr: Stadt Bonn); Vox (Org, SaxQua) 02, UA Landsberg/Lech (Auftr: Landsberger Konzerte). **Aufn/RF:** Alles geben die Götter (KamEns, Alt-Solo) 63, Bonner Ens neue Musik 73; Aphorismen (Kl), A Kontarsky 70; Eines Schattens Traum (Kant), Stuttgarter Ens neue Musik 73 (WDR Köln); Diskontinuum (Bläsersext), Düsseldorfer Bläsersext 76 (WDR Köln); Canti (Ens), Bonner Ens neue Musik 75 (WDR Köln); Concerto per archi (StrOrch), Chur-Cölner KamOrch Bonn, Dgt: H Beißel 74 (WDR Köln); Relief (Orch), Siegerland-Orch, Dgt: J Rotter 82 (WDR Köln).

Giehl, Ernst, Posaune, Hochschullehrer; Richard Strauss Konservatorium, Gasteig, Kellerstr 6, D-81667 München; c/o Bayerischer Rundfunk, Symphonieorchester, Rundfunkpl 1, D-80300 München [Monheim]. **Ausb:** Stud b Prof. Scherzer (Augsburg) u Prof. Stern (München). **Laufb:** Orch Landesth Innsbruck 67–68, Orch Dt Op Berlin 68–75, SymphOrch BR seit 75, Doz (Pos) Richard Strauss Kons München. **Ens:** Berliner Blechbläser Qui, Bavaria Blechbläsersol. (Red)

Gielen, Michael, Dirigent; Sudermannstr 8/12, D-79114 Freiburg, T: (07 61) 89 30 62 [Dresden 20.7.1927]. **Ausb:** Privatstud (Kl, Komp) Buenos Aires 40–50. **Laufb:** Kapm Staatsop Wien 51–60, Chefdgt Kgl Op Stockholm 60–65, Chefdgt Belg NatOrch Brüssel 68–72, OpDir Frankfurt 77–87, Chefdgt SWR SinfOrch Stuttgart 86–98, Prof Mozarteum 87–95, ständ Gastdgt SWR SinfOrch Stuttgart, Staatskap Berlin, 1. Gastdgt Berliner SinfOrch SpZ 00/01, Dgt Dt Staatsop Berlin SpZ 03/05. **Pr:** Adorno-Pr Frankfurt 86, Großer MPr Wien 97, Cannes Classical Lifetime Achievement Award 2002. – **Komp:** Var f 40 Instr, UA Frankfurt 59; Ein Tag tritt hervor, UA Stockholm 65; die glocken sind auf falscher spur, UA Saarbrücken 70. **AuftrKomp:** Pflicht u Neigung, UA Bremen u Paris, Ens Modern u EIC 90; Streichqua 83, UA La Salle Qua

85. **UA:** B A Zimmermann: 'Die Soldaten', UA 65; Ligeti: 'Requiem' 63 ua. **Lit:** P Fiebig (Hg): M G, Dirigent, Komponist u Zeitgenosse 97.

Gielnik, Wojciech, Konzertmeister; Am Fließ 1 B, D-15326 Schönfließ, T: (03 36 02) 4 59 51; c/o Brandenburgisches Staatsorchester, Lebuser Mauerstr 4, D-15230 Frankfurt/Oder. **Laufb:** Konzm 2. Violinen Staatsorch Frankfurt/O. (Red)

Gien, Laurence, Sänger (Bariton); Ravenspurgerstr 4, D-86150 Augsburg, T: (08 21) 2 29 18 67, *laurence.gien@augsburg.netsurf.de*; c/o Agentur Sänger Vermittlung, Hartungstr 15, D-20136 Hamburg; *www.augsburg.netsurf.de/gien/home.html* [Johannesburg, Südafrika]. **Ausb:** Gesangsausb U Kapstadt, München. **Laufb:** Festeng Münchner Gärtnerplatztheater SpZ88/89 u Staatsth Kassel 94–98, Sol Staatsth Braunschweig seit 2000 (04/05). (Red)

Gieron, Thomas, Cello; Horfstr 38, D-76228 Karlsruhe, T: (07 21) 9 45 43 59; c/o Badisches Staatstheater, D-76125 Karlsruhe. **Laufb:** Konzm Badisches Staatsth Karlsruhe seit SpZ 03/04. (Red)

Giesecke, Mark Andreas, Dipl-Musiker, Komponist, Solist, Buchautor; Fr-Hölderlin-Str 5, D-74821 Mosbach, T: (0 62 61) 89 38 23, F: 89 38 23, *wesamark@t-online.de*; *www.wesamark.de* [Neumünster 22.5.1964]. Neue Musik, Barockmusik, Jazz **Ausb:** Dipl-Musiker Hauptfach Perkussion (ua S Fink) MHS Würzburg, staatl gepr MusikL, staatl gepr Chor- u Orchlt. **Laufb:** tätig in Stilistiken v Barock u Klassik über E-Musik Avantgarde u Jazz bis zu Minimal Music, KonzSol uva, Konz u Tourneen in D, A, Ch, F, CS, BG, P, USA seit 85, Beirat f Vibrafon b 'Percussion Creativ' seit 95, Präs d Sektion D d 'Percussive Arts Society', Pas (USA). **Pr:** Prtr KamMWettb Musikal Akad Würzburg 90, 94, Semifinalist New York Competition New York City. **Ens:** Consortium Classicum, Concierto 17-Hundert, Richard-Steuart-Barockens, Junge Dt KamSol, Kostowa-Giesecke-Duo, Karl-Berger-Mag-Duo. **Mitgl:** Fachbeirat f Vibraphon 'Percussion Creativ eV' seit 95, Präs dt Sektion 'Percussive Arts Society' seit 97. – **Komp:** Autumn Falls (Jazzballade), UA Sofia (Bulgarien) 92; Sechs Miniaturen f Marimba Solo (klass Moderne), UA Syke b Bremen 93; Alexander's Walz (Jazz-Waltz), UA Heidelberg 98; Absolute Draws Near Lydia (klass Moderne), UA Henau (Schweiz) 99; We Got Harmony (Big-Band-Stück); Theme and Pulsations (SinfOrch). **Aufn/RF:** W Kostowa u M A G m Orch d BR, Dgt: I Sutherland (BR), TV- u RF-Aufn in Bulgarien, Frankreich, Portugal, Schweiz u fast allen öff-rechtl Sendern in Dtschld. **UA:** N G Rosauro, 5 Cirandas Brasileiras, UA Sofia 92; Y Dimitroff, Dasselbe ist nicht dasselbe, UA Sofia 94. **Zug:** Werke v N Rosauro, T Minkin, P Horton, E Thomass, D Paliev uva, dem Kostowa-Giesecke-Duo zugeeignet. **Sonst:** Grd 'Trio Percutens' u Kostowa-Giesecke-Duo; Clever üben, sinnvoll proben, erfolgreich vorspielen 2000 ua Fachbücher. **Lit:** Komponisten d Gegenwart 2000, Porträtsendung Dt Welle 94, Porträt in Drums & Percussion.

Giesecke, Nils, KS, Sänger; Advokatenweg 47, D-06114 Halle, T: (03 45) 5 23 19 41 [Leipzig]. **Ausb:** Stud Gesang (E Schubert) MH Leipzig, Gesang (J Kempter) Dresden 68–73. **Laufb:** Mitgl Thomanerchor; Sol Th Eisenach, Gera, Op Halle (Tschaikowski: Eugen Onegin, Lenski; Puccini: La Bohème, Rudolf; Verdi: La Traviata, Alfred ua) seit 80, Gastsol Op Leipzig, Staatsop Dresden, Fstv Leipzig, Magdeburg, Zwickau, Innsbruck, Konz Europa u Japan, Sol Op Halle SpZ 04/05. **Pr:** Leipziger Bach-Wettb 80, Wettb junger OpSänger d DDR 81. (Red)

Giesecke, Nils, Sänger; Advokatenweg 47, D-06114 Halle, T: (03 45) 5 23 19 41, *opernhaus@halle.de*. **Laufb:** Sol Th Wolfsburg, Sol Landesth Halle. (Red)

Gieseler, Achim, Komponist; Grossbeerenstr 77, D-10963 Berlin, T: (0 30) 2 51 37 07, F: 2 51 49 09, *AGieseler@compuserve.com* [Göttingen 11.3.1953]. **Ausb:** Musikstud Hannover. **Laufb:** experimentelle Arbeiten im Bereich d Minimal Music, elektron Musik u m Jazz-u Rockbands, Schwerpunkte: MTh, Weltmusik (außereurop u elektron Verknüpfungen) seit 80, Gast SchauspM Dt Th Berlin SpZ 03/04. **Pr:** Niedersächs Künstlerstip 86, Stip Cité des Arts Paris 88/89. – **Komp:** Westend (Rockmusical) 79/80, UA München 80; Futuristen 84, UA Hannover, Tage d neuen Musik 85; Blue Moon (computerintegr MTh), UA Hannover 85; Ocean Alpha 86/87, UA Berlin 88; L'Air, La Terre 89/90, UA Osnabrück 91. (Red)

Giesen, Tobias Klaus, Dipl-Musiker, Komponist; Lessingstr 42, D-48485 Neuenkirchen, T: (0 59 73) 60 02 10, F: 60 02 14, *tobias@tgtools.de*; *www.tobiasgiesen.de* [Münster, Westfalen 26.12.1970]. Neue Musik (E) **Ausb:** Stud (Mathe) Uni Oldenburg 91–93, Stud Komp (H Winbeck) MH Würzburg 93–01. **Laufb:** L MH Würzburg 99–01, freischaff Softwareentwickler Bereich Musiknotation. **Pr:** Sonderpr Mozartwett. Salzburg 98, 1. Pr Gustav-Mahler-Wettb Klagenfurt 98, 2. Pr Günther-Bialas-Wettb, 1. Pr Wettb 'Musik in Europäischen Gärten' Kleve 2000, 1. Pr KompWettb 10 Jahre ORB. – **Komp:** 'Fünf Gedankenszenen' f Stimmen u Ens 01; '... u glühte für mich.' f Sol u Orch 2000; 'an Schumann' f StrQua 2000; 'Musik f Orch Nr. 2' 2000; '... wie die Erinnerungswunde' f KlTrio u Ens 99; 'Hiob II' f Vcl u Ens 98; 'Abfuhr' f V u Zuspiel-CD (Auftr: Bayer Akad d Schönen Künste) 01. **Aufn/RF:** '... u glühte für mich.', Basel Sinfonietta, Kleve, DLF Köln 2000; 'an Schumann', Hába-Quartett, Würzburg, BR 01.

Gießer, Hermut, Prof, Hochschullehrer, Klarinette; Gemünder Str 10, D-50374 Erftstadt, T: (0 22 35) 36 93; Robert Schumann Hochschule, Fischerstr 110, D-40476 Düsseldorf. **Laufb:** Prof (Klar) Robert-Schumann-H Düsseldorf. (Red)

Gietzen, Herbert, Dirigent; Südanlage 21c, D-35390 Gießen, T: (09 41) 5 99 27 84 21, F: 5 99 27 84 21, *H.Gietzen@freenet.de* [Koblenz 28.10.1947]. Oper, Konzert **Ausb:** Stud (SchM, Germanistik) H f M u darst Kunst Berlin 66–70, Dirig (H Ahlendorf), Komp (F-M Beyer) 70–73, Dirigierks (F Ferrara) Hilversum 72. **Laufb:** Solorep Bielefeld 73–76, 1. KapM u stellvertr GMD Stadtth Gießen seit 76, Musikal Dir BurgFSp Dreieichenhain b Frankfurt 91–94, zahlr nat u int Verpflichtungen, ua Gastdgt Op Wuppertal, Karlsruhe, Lübeck, Hannover, Frankfurt, Nürnberg, Riga, Konz Hannover, Berlin, Koblenz, Essen, Toulouse, Triest, Philadelphia ua, musikal Gesamtltg Fernsehsendung 'Anneliese Rothenberger stellt vor – ein Gala-Abend m jungen Künstlern', Dgt Abschlusskonz d 'Wittener Tage f Neue KamM', Doz Int Ferienks 'Jeunesse musicale' Ingesund, wdh Doz- u DgtTätigkeit Int Sommerakad Schloß Pommersfelden, Dgt europ EA v G C Menotti: 'Juana la Loca' m anschließ mehrf Gastverpfl 'Festival dei Due Mondi' Spoleto u Charleston. **Pr:** 1. Pr Bdesauswahl Konz Junger Künstler Hannover 72, 3. Pr Int Karajan-Dgt-Wettb Berlin 73. – **Aufn/RF:** RF-Aufn NDR Hannover, SFB, RIAS Berlin, WDR, RAI.

Gigelberger, Felix, Violine; c/o Musikalische Komödie der Oper Leipzig, Dreilindenstr 30, D-04177 Leipzig. **Laufb:** 1. Konzm Musikal Komödie Leipzig seit SpZ 03/04. (*)

Giger, Christian, Komponist; rue de l'Ecluse 36, CH-2740 Moutier, T: 03 24 93 57 92, *ch.giger@vtx.ch*; *www.fournier-musique.com/giger*. (Red)

Giglberger, Daniel, Violine; Adamstr 5, D-80636 München, T: (0 89) 15 89 05 94; Münchener Kammerorchester, Wittelsbacherpl 2, D-80333 München. **Laufb:** Konzm Münchener Kammerorch. (Red)

Giglberger, Stefan, Violoncello; c/o Konzerthaus Berlin, Gendarmenmarkt, Charlottenstr 57, D-10117 Berlin. **Laufb:** Sol Berliner SinfOrch. (Red)

Gilbert, Barbara, Sängerin; Saarländisches Staatstheater, Schillerpl 1, D-66111 Saarbrücken, T: (06 81) 5 73 51. **Laufb:** Sol Saarländisches Staatsth Saarbrücken, Gastsol Stadtth Koblenz SpZ 03/04. (Red)

Gildein, Uwe, Solorepetitor; c/o Kammeroper Göttingen eV, Alte Schule Arenborn, D-34399 Oberweser. **Laufb:** Solorep KamOp Göttingen. (Red)

Giles, Alice, Harfe; c/o Südwestdeutsche Konzertdirektion Erwin Russ GmbH, Charlottenpl 17, D-70173 Stuttgart, PF 104262, D-70037 Stuttgart, T: (07 11) 1 63 53 11, F: 1 63 53 30, *info@sksruss.de*; *www.sksruss.de*. (Red)

Gilfry, Rodney, Bariton; c/o Columbia Artists Management GmbH, Till Janczukowicz, Albrechtstr 18, D-10117 Berlin, T: (0 30) 20 64 80 78, F: 20 45 34 80, *info@cami.com*; *www.cami.com, www.gilfry.com*. **Ausb:** Stud California State Univ Fullerton, Univ of Southern California b M Singher. **Laufb:** Sol Bayer Staatsop München, Op Zürich, Paris, Wien, London, Berlin, Hamburg, Schleswig-Holstein Fstv, Auftritte Dallas Op 03, Münchner FSp, Los Angeles Op, m Cleveland Orchestra, Angeles Philharmonic, Chicago u London Symphony Orch, Recitals Clayton State College u Claremont, Radioshow "Los Angeles Opera Notes on Air" (105.1 FM Los Angeles) 03, San Diego Op, San Francisco Op 04. (Red)

Gilhofer, Eva, Sängerin, Schauspielerin; Heinrich-Heine-Str 68, D-28211 Bremen, T: (04 21) 23 77 47, (01 60) 96 73 46 99, *EvaGilhofer@t-online.de* [Dortmund 18.3.1939]. Oper, Konzert **Ausb:** Brucknerkons Linz/Donau 57–63. **Laufb:** Th Luzern 63–65, Th Basel 65–81, Mozartwoche Interlaken 67–72, Staatsth Darmstadt 71–83, Bregenzer FSp 74, 75, FSp Schwetzingen 81, Dt Op Berlin 99, Staatsth Stuttgart 83, Th Bremen seit 84 (03/04), Th d Westens Berlin 85, Staatsop Hamburg 90–93 u 99, Gast Op Zürich u Th St Gallen, Bregenzer FSp, Sol Dt Op am Rhein Düsseldorf-Duisburg SpZ 03/04, Sol Th Bremen SpZ 04/05. **Pr:** Goldener Schlüssel Stadt Interlaken, KS Bremen 02. – **Aufn/RF:** A Lortzing: Der Waffenschmied, ZDF; F Kafka: Die Verwandlung, NDR. **UA:** P Burkhard: 'Bunburry' 65; H Holliger: 'Der mag Tänzer' 70; I Jun: 'Der Traum d Liu Tun' 70; G Klebe: 'Fastnachtsbeichte' 83; M Panni: 'The Banquet' 98; V Kissel: 'Mondkind' 2000; J Kresnik: 'Vogeler' Libretto: Ch Klimke 03; G Battistelli: 'El ottono del Patriarca' 04; J. Kalitzke: 'Inferno' 05.

Gililov, Pavel, Prof, Hochschullehrer, Klavier; In den Weingärten 16 a, D-53797 Lohmar, T: (0 22 06) 94 95 68, *pavel.gililov@t-online.de*; H f Musik, Dagobertstr 38, D-50668 Köln. **Ausb:** Stud Kons St Petersburg. **Laufb:** Prof (Kl) H f Musik Köln seit 82. **Pr:** Pr Nat Klavierwettb Moskau, Chopin-Wettb Warschau u Viotti-Wettb Vercelli. (Red)

Gill, Brian, Pianist; Merkurstr 27, CH-8032 Zürich, T: 04 32 68 00 07, *gillbass@bluewin.ch*. **Ausb:** Stud State Univ of New York, College at Purchase, Bachelor of Fine Arts. **Laufb:** Korrep Prix de Lausanne, Colombo Dance Factory u Tanzhaus Wasserwerk, Musical Director Schauspielhaus Zürich u Vaudeville Th. (Red)

Gille, Markus, Sänger (Heldentenor); c/o CICADA. con Agentur & Management, Gubener Str 3b, D-10243 Berlin, T: (0 30) 29 00 13 35, F: 29 00 58 97, *info@cicada-con.de*; *www.cicada-con.de*. **Ausb:** Stud MH Leipzig u Detmold Gesang, Stud (Ges) Rubin-Acad Tel Aviv b Prof. T Rachum. **Laufb:** Sol Th in Israel, Dtschld seit 02. (*)

Gillhaus, Christine, Prof, Klarinette, Hochschullehrerin; Chiemseegasse 3/4, A-5020 Salzburg. **Laufb:** GastProf (Klar) U Mozarteum Salzburg. (*)

Gilman, Jacob, Violine, Hochschullehrer; Richard Strauss Konservatorium, Gasteig, Kellerstr 6, D-81667 München. **Laufb:** Doz (V) Richard Strauss Kons München. (Red)

Gilmore, Gail, Mezzosopran; c/o Konzert-Direktion Zagovec, Hans-Böckler-Str 23, D-65468 Trebur-Astheim, T: (0 61 47) 91 96 60, F: 91 96 62, *agentur@zagovec-artists.de*; *www.zagovec-artists.de* [Washington]. (Red)

Gilsdorf, Hildegard, Klarinette; c/o Südostbayerisches Städtetheater, Fürstbischöfliches Opernhaus, Gottfried-Schäffer-Str 2 und 4, D-94032 Passau. **Laufb:** Sol Südostbayer Städteth Passau SpZ 03/04. (Red)

Gilsdorf, Rainer, Tenor; Ingrimstr 34, D-69117 Heidelberg, T: (0 62 21) 38 13 95, (01 71) 78 16 0 42, *info@rainergilsdorf.com*; c/o Konzertdirektion Fritz Dietrich, Sigmund-Freud-Str 1, D-60435 Frankfurt/M, T: (0 69) 54 45 04, F: 5 48 41 07, *info@konzertdirektion-dietrich.de*; *www.rainergilsdorf.com* [Mainz]. **Ausb:** HfM Freiburg. **Laufb:** Th Freiburg, Th Regensburg, Th Coburg, Staatsth Mainz, Staatsth Kassel. (Red)

Gilvan, Raimund, Prof, Hochschullehrer, musikalischer Leiter; Am Ordensgut 2a, D-66119 Saarbrücken, T: (06 81) 5 89 63 91; c/o Konzertdirektion Fritz Dietrich, Sigmund-Freud-Str 1, D-60435 Frankfurt a M, T: (0 69) 54 45 04, F: 5 48 41 07. **Laufb:** Prof (Gesang) H d Saarlandes f Musik u Th Saarbrücken, musikal Lt 'Gilvan Singers' Saarbrücken. (Red)

Gimaletdinow, Sonja, Prof, Hochschullehrerin, Korrepetition (instrumental); Hochschule f Musik, PF 120039, D-01001 Dresden [Bärenstein, Kr Annaberg 31.1.1959]. Konzert, Kammermusik aller Stilepochen **Ausb:** Stud Kl (G Kupfernagel, K-H Naumann), Liedkorr (E Hermann, S Skigin), Instrkorr (M Knolle) H f M 'Carl Maria v Weber' 75–81. **Laufb:** Doz H f M 'Carl Maria v Weber' Dresden seit 81, Prof (Instrkorr) H f M 'Carl Maria v Weber' Dresden seit 94, offizielle Korrep Int InstrWettb Markneukirchen, ständ Begleiterin b Probespielen id Dresdner Philh. **Ens:** ständ Gast 'Dresdner Bläserqui' d Dresdner Philh.

Ginzel, Reiner, Prof, Hochschullehrer, Solist (Violoncello), Dirigent, Komponist; Kellerwiese 6, D-82327 Tutzing, T: (0 81 58) 99 32 90, F: 99 32 91; Hochschule für Musik und Theater München, Arcisstr 12, D-80333 München. Solo u KamM **Ausb:** Stud (Vcl, Komp, Dirig) MH Dresden 70–75 (Vcl b K Grosch). **Laufb:** 1. Solo-Cellist Dresdner Philh 75–78, SinfOrch SWR Baden-Baden 79–86, Prof (Vcl, KamM) H f M u Th München seit 86, Sol Tätigkeit m Radio SinfOrch Baden-Baden, Stuttgart, Bratislava, Dresdner Philh, Münchner Bachsol, Mannheimer KamOrch, Ens 13 ua, Dgt in München, Dresden, Budapest, Prag, Tokio ua, Tournee Europa, Amerika, Afrika, Asien (alljährl Japan), Int Jury Tätigkeit (ua ARD-Wettb). **Ens:** Dt Streichtrio. **Mitgl:** GEMA. – **Komp:** Große Suite f Orch 89; Die Ruinen der Nippenburg 89; Elegie f Vcl u Org 94; Rondo f Orch 95; Agnus Dei f gr Orch UA Bautzen/Görlitz 98; Epilog f Vcl u Org 02. **Aufn/RF:** über 30 CDs; Haydn: Konz D-Dur; Boccherini: Konz B-Dur; Dvořák: Konz h-moll; Schostakowitsch: Konz Es-Dur; Kabalewski: Konz g-moll. **UA:** Penderecki, Henze, Kelemen, Flammer, Hölzky, Meyer ua. **Zug:** ua v Penderecki, Henze, Meyer, Hölzky. **Sonst:** editor Arbeit b versch MVerlagen, versch MProd (auch als Moderator) b dt TV-Anstalten.

Ginzel, Reinhart, Tenor; Mühlenstr 20, D-14558 Nuthetal, T: (03 32 00) 8 58 36, F: 8 58 36, *reinhartginzel@gmx.de*; c/o Konzert-Direktion Hans Adler, Auguste-Viktoria-Str 64, D-14199 Berlin, T: (0 30) 8 95 99 20, F: 8 26 35 20, *info@musikadler.de* [Wernigerode]. Orat, Op, Optte **Ausb:** Stud (MWiss, Germanistik) Karl-Marx U Leipzig 65–70, Stud (Gesang) H f Musik Leipzig 71–75, Dipl-MWiss. **Laufb:** Sol Staatsop Dresden 86–93, Op Leipzig 85–93, Staatsoptte Dresden 92–96, Staatsth Braunschweig 93–95, Gastsol Th d Landeshauptstadt Magdeburg SpZ 00/04, Musikal Komödie Leipzig SpZ 00/01. – **Aufn/RF:** CDs: Monteverdi: Marienvesper, m Dresdner Kreuzchor, Dgt M Fläming 84; Alt-Bachsches Archiv, m Cap Fidicinia, Dgt H Grüss 84; Fasch: Missa Brevis, m Virtuosi Saxaniae, Dgt L Güttler 88; Zelenka: Missa Dei Patris, m Virtuosi Saxaniae, Dgt L Güttler 89; Gurlitt: Wozzeck, m SymphOrch Berlin, Dgt G Albrecht 95; Waltmann: Wachsfigurenkabinett, m SymphOrch Berlin, Dgt R Epple 99.

Ginzer, Frances, Sopran; c/o Oper Frankfurt, Untermainanlage 11, D-60311 Frankfurt/Main. **Laufb:** Sol Dt Op am Rhein Düsseldorf-Duisburg, Gastsol Op Frankfurt SpZ 00/02, 04/05, Sol Dt Op Berlin u OpHaus Nürnberg SpZ 02/03. (Red)

Gionfriddo, Roberto, Sänger; Wakenitzmauer 3b, D-23552 Lübeck, T: (04 51) 7 06 03 63; Feldbachstr 11, CH-9000 St Gallen. Oper, Konzert (Kirche), Lied, Operette **Ausb:** Stud MH Frankfurt/M u MH Lübeck b U Niss u J Morris. **Laufb:** Sol Lübecker Th, Th St Gallen. **Pr:** J-Fehling-Pr.

Giordani, Marcello, KS, Tenor; c/o Columbia Artists Management GmbH, Till Janczukowicz, Albrechtstr 18, D-10117 Berlin, T: (0 30) 20 64 80 78, F: 20 45 34 80, *info@cami.com*; *www.cami.com*. **Laufb:** Sol Bayer Staatsop München, Op Zürich; Dt Op Berlin SpZ 03/05, Gastsol Op Frankfurt SpZ 03/04. (Red)

Giordano, Massimo, Tenor; c/o Deutsche Oper Berlin, Bismarckstr 35, D-10627 Berlin; c/o Oper Leipzig, Augustuspl 12, D-04109 Leipzig. **Laufb:** Sol Op Zürich, Dt Op Berlin SpZ 04/05, Gastsol Op Frankfurt SpZ 04/05, Op Leipzig. (Red)

Giordano, Roberto, Pianist; c/o Oper Frankfurt, Untermainanlage 11, D-60311 Frankfurt. (Red)

Giovaninetti, Reynald, Dirigent; Wiener Staatsoper, Opernring 2, A-1010 Wien. **Laufb:** MD u Generaldir Opéra du Haut-Rhin u Opéra de Marseille bis 75, Dirgt Wiener Staatsop. (Red)

Gipali, Giuseppe, Sänger; c/o Bayerische Staatsoper, Brieffach, D-80075 München. (Red)

Girard, Alain, Oboe; c/o Les Roseaux Chantants, Crêt-Blanc 8, CH-2502 Biel, T: 03 23 23 63 54, *les@roseaux.ch*. **Ens:** Les Roseaux Chantants. (Red)

Girard, Valerie, Sopran; Linderhofstr 27, D-81377 München, T: (0 89) 71 90 92 50, 01 72–6 99 59 67, F: (0 89) 71 90 92 51, *vgirard@gmx.de*; *www.valeriegirard.com* [New York]. Oper, Konzertsolistin, Liederabende **Ausb:** Stud New England Cons of M Boston USA, Stud Juillirad School New York, Aufbaustud American Op Center New York, Goldovsky Op Inst New York, Int OpStudio Zürich. **Laufb:** Festeng New York City Op u Op Zürich 79–80, NatTh Mannheim 80–87, Dt NatTh Weimar 94–97, freischaff Gast Bremer Th, Semperop Dresden, AaltoTh Essen, Städt Bühnen Frankfurt/Main, Staatsth Karlsruhe, Staatsth Stuttgart, OpHaus Zürich, Th du Châtelet Paris, Op de Marseille, New York City Op, St Luke's Chamber Ens Op New York; Konz m Berliner Sinf-Orch, HändelFSpOrch Halle, Staatsorch Rhein Philh Koblenz, Lincoln Center Chamber Ens New York u b FestW f Alte M Innsbruck, La Philh de Lorraine Metz, Int MozartFSp Prag, Ravinia Fstv Chicago, Carnegie Recital Hall New York; ZusArb m Dgt wie G A Albrecht, R Armstrong, L Bernstein, S Comissiona, H Griffiths, A Jordan, M Jurowsky, B Klee, C Kluttig, F Leitner, D Levi, J Lockhart, G Patané, W Rennert, D Runnicles, N Santi, P Schneider; L erziehungswiss H Rheinland-Pfalz Koblenz 90–92, zahlr Privatschüler seit 85. **Pr:** 1. Pl u Stip Met Op Auditions, Debüt-Rezital Carnegie Hall East-West Artists Competition, Auditions of the Air WGN-Illinois Op Guild, 1. Pl f Lied u KamM Concert Artists Guild New York. – **Aufn/RF:** Mozart: KonzArien, m Virtuosi di Praga 91; Haydn: 'Theresien Messe', m Virtuosi di Praga 94; Ravel: 'Schéhérazade', m Staatsorch Rhein Philh 94; Haydn: 'D Schöpfung', m Mládí-KamOrch Bonn; zahlr RF-Mitschn u TV-Aufn f ARD, RIAS Berlin, SWF Baden-Baden, ORF Tirol, Radio France Paris, WOXR Radio New York, WNYC Radio New York, WGN-Illinois Radio Chicago. **Sonst:** künstl Dir ital MFSp 'Camerata di Colombaia' Toskana seit 03.

Girard, William, Solorepetitor; Kaiserslauterer Str 66, D-70499 Stuttgart, T: (07 11) 8 89 33 79; Staatstheater, Oberer Schloßgarten 6, D-70173 Stuttgart. **Laufb:** Solorep Staatsth Stuttgart. (Red)

Girardi, Sulie, Mezzosopran; c/o Volksoper Wien, Währinger Str 78, A-1090 Wien [Chicago, USA]. **Ausb:** Stud (BM, MM) Indiana U Bloomington. **Laufb:** Sol Op de Monte Carlo, Op Bergen, Saarländ Staatsop Saarbrücken, Op Lausanne, Op Nat du Rhin Strasbourg, Op Lyon, Th de Caen, Th des Artes Rouen, Stadtth Baden, Wiener Kammerop, Volksop Wien SpZ 04/05. (Red)

Girod, Dirk, Dirigent; Goldernstr 43, CH-5000 Aarau, T: 06 28 24 49 85, F: 06 28 24 49 85. **Laufb:** musikal Lt Aargauer KamOrch. (Red)

Girolami, Renato, Sänger; c/o Musiktheater Essen, Opernpl 10, D-45128 Essen; c/o Volksoper Wien, Währinger Str 78, A-1090 Wien. **Laufb:** Sol Musikth Essen SpZ 03/05, Sächs Staatsop Dresden SpZ 03/04, Hamburg Staatsop, Volksop Wien SpZ 04/05. (Red)

Gisler, Barbara, Prof, Hochschullehrer, Flöte; Univ f Musik u Darst Kunst, Leonard Bernstein Inst f Blas- u Schlaginstrumente, Seilerstätte 26, A-1010 Wien, T: (01) 7 11 55 24 11, F: 7 11 55 24 99, *gisler@mdw.ac.at*. **Laufb:** o UProf (U f Musik u Darst Kunst Wien. (Red)

Giulianelli, Consuelo, Harfenistin; Sierenzerstr 14, CH-4055 Basel, T: 06 13 81 58 73, F: 06 13 81 58 73, *info@consuelogiulianelli.net*; *www.consuelogiulianelli.net* [Rapallo, Italien 26.9.1965]. Harfe u Gesang **Ausb:** KonzDipl MAkad Basel 93, Lehrdipl Cons di Verona 87, Sprachmatura Liceo Linguistico Manzoni Mailand 85, Mstrkl Hfe (P Jamet, M Nordmann, H Rosenzweig, M Galassi). **Laufb:** Italien-Tournée m Accad Bizantina (Ltg L Berio) 89, SolHfe SinfOrch Luzern 93/94, SolHfe Musikkollegium Winterthur 98, 03, Rezitals in USA, Italien, Türkei, Dänemark, Frankreich, Schweiz 89–03; Prof Ldskons Feldkirch, Doz MSch Zug seit 92. **Pr:** 2. Pr 'Salvi' HfenWettb 89, 1. Pr 'Il concertista' Taranto 87, 1. Pr 'Città di Chieti' 88, 1. Pr ACADA/ENDAS Genova 89. **Ens:** Ens Phoenix Basel f neue Musik, Musik Forum Zug f neue Musik, Collegium Novum Zürich f neue Musik. – **UA:** J Wyttenbach: 'Laut Käfig' (f Sop u Hfe), G Globokar: 'La prison' (f Ens). **Zug:** C Cavadini: 'O Qohelet' (f Fl u Hfe), 'Sora Aqua' (f Hfe) 'Ocre Solari' (f Stimme u Hfe), R Kelterborn: 'Monodie' (f Vlc u Hfe), R Grisoni: 'Suite Elvetica' (f Fl u Hfe).

Giurca, Florentina, Sängerin; Jupiterstr 29, CH-3015 Bern, T: 03 19 44 10 10. **Laufb:** Sol Stadtth Bern. (Red)

Gjevang, Anne, Alt; c/o Theateragentur Dr Germinal Hilbert, Maximilianstr 22, D-80539 München, T: (0 89) 2 90 74 70, F: 29 07 47 90 [Oslo 1948]. **Ausb:** Stud Ges Oslo, Elevin Ch Osloer Op, staatl Stip f 5-jähr Auslandsausb: Accad di Santa Cecilia Rom u Wien (Liedges b E Werba), Stud Wien (G Hornick). **Laufb:** KonzDebüt Wien, OpDebüt Th Klagenfurt 72, Eng Stadtth Ulm 73, Stadtth Bremerhaven 77–79, Staatsth Karlsruhe 79–80, Mitgl Ens Op Zürich 84–88, FSp Bayreuth (Ring, 'Erda') 83–90, Debüt Met Op New York ('Erda') 87, Gastsol Op Köln ('Erda') 90, Covent Garden Op London ('Erda') 92, Th de la Monnaie Brüssel (Suor Angelica, 'Principessa') 95, Op Dortmund u Sächs Staatsop Dresden u Amsterdam (Elektra, 'Klytämnestra') 95/96, De Nederlandse Op (Siegfried, 'Erda') 98; zahlr Konz (Mahler- u Lied-Intpr), Volksop Wien SpZ 04/05. – **Aufn/RF:** Werke v J S Bach, Lieder v G u A Mahler uvm. (Red)

Gläser, Michael, Prof, Chorleiter, Hochschullehrer; c/o Bayerischer Rundfunk, Rundfunkpl 1, D-80300 München, T: (0 89) 59 00 22 43, F: 59 00 31 52, *michael.glaeser@web.de*; H f Musik u Theater, Arcisstr 12, D-80333 München, T: (0 89) 28 92 74 70 [Chemnitz 1957]. **Ausb:** Leipziger Thomanerchor 67–78, Stud Ges (H Rieß), Dirig (A Pieske, W-D Hauschild, D Knothe) Leipzig u Berlin 78–85. **Laufb:** künstl Ltg Ch d BR 90–05, Gastdgt dess ab 05, Prof (ChDirig) H f M u Th München. (Red)

Gläser, Thomas, Repetitor; c/o Landesbühnen Sachsen, Meißner Str 152, D-01445 Radebeul. **Laufb:** Rep Landesbühnen Sachsen. (Red)

Glaesner, Ellen, Dr, Hochschullehrerin, Dozentin; Rüdesheimer Str 21, D-65197 Wiesbaden, T: (06 11) 4 49 12 41, *ellen.glaesner@web.de* [Bonn 13.10.1961]. Klavierpädagogik, Oper, Instrumentenkunde **Ausb:** Stud (MWiss, Frz, ThWiss) U München 81–87, Kl 89, Prom (Mahling) U Mainz 96. **Laufb:** Doz (InstrKde, Hörerz, Kl, MusikWiss, MÄsth/MSoziologie) Wiesbadener MAkad, seit 89. **Mitgl:** Ges f Musikforschung, Ges f Bayer Musikgeschichte. – **Sonst:** Buchbespr (Musik in Bayern); Diss: Strukturelemente d frühen opéra comique aufgezeigt an Bsp v Egidio Romualdo Duni.

Gläßer, Gerhard, Prof, Hochschullehrer, Schlagzeug; Adolf-Brütt-Str 54, D-99438 Bad Berka, T: (03 64 58) 4 11 07; H für Musik 'Franz Liszt', Inst f Bläser u Schlagwerk, PF 2552, D-99406 Weimar, *gerhard.gläßer@hfm-weimar.de*. **Laufb:** Prof (Schlgz) H f Musik 'Franz Liszt' Weimar. (Red)

Gläßer, Hendrik, Schlagwerk, Percussion; Wichernstr 27, D-01445 Radebeul, T: (03 51) 8 62 84 05. **Laufb:** LdsBühnen Sachsen SpZ 03/04. **Pr:** Stip Dt Musikwettb KamM 98. **Ens:** Duo Bahr/Gläßer. (Red)

Glaetzner, Burkhard, Prof, Oboe, Hochschullehrer; Hochbaumstr 41, D-14167 Berlin, T: (0 30) 8 17 45 71, F: 84 72 75 40, *burkhard.glaetzner@freenet.de*; c/o Künstlersekretariat Rolf Sudbrack, Gösselkoppel 54a, D-22339 Hamburg, T: (0 40) 5 38 21 65, F: 5 38 20 49, *Rolf.Sudbrack@t-online.de* [Posen 29.5.1943]. E-Musik **Ausb:** SpezialSch f Musik Berlin 58–61, Stud Ob (H W Wätzig) H f Musik 'Hanns Eisler' Berlin 61–65, Aspirantur H f Musik 'Hanns Eisler' Berlin 65–66. **Laufb:** Solo-Ob RF-SinfOrch Leipzig 66–82, LAuftr (Ob) H f Musik 'Felix Mendelssohn Bartholdy' Leipzig ab 69, oProf ebd 82, Künstl Lt 'Neues Bachisches Collegium Musicum' Leipzig 87, Konz-Reisen in Europa, Südamerika u Asien seit 68; Prof (Ob) U d Künste Berlin. **Pr:** 2. Pr Int MWettb 'Prager Frühling' Prag 68, 2. Pr Int MWettb Budapest 70, Kritikerpr M-Biennale Berlin 71 u 81, Kunstpr d DDR 80, NatPr DDR 82, Dt Schallplatten-Pr 88, Grdg-Mitgl Freie Akad d Künste zu Leipzig. **Ens:** Neues Bachisches Collegium Musicum Leipzig, Trio Aulos, Ensemle Bellevue. – **Aufn/RF:** über 50 Schallpl-Einsp m Alter u Neuer Musik. **UA:** ua ObKonz R Bredemeyer, G Katzer, P H Dittrich, F Goldmann, F Schenker, Ch Schmidt, L Lombardi. **Zug:** ca 100 Werke. **Sonst:** Grdg Trio 'Aulos' 68, Grdg Gruppe Neue Musik 'Hanns Eisler' 70.

Glander, Matthias, Klarinette; Robert-Koch-Str 27, D-15569 Woltersdorf, T: (0 33 62) 7 56 28, *contact@trioapollon.de*; c/o Staatskapelle Berlin, Unter den Linden 7, D-10117 Berlin; *www.trio-apollon.de*. Orch- u KamM **Ausb:** Stud Klar (H Radünz) H f M 'Hanns Eisler' Berlin, Unterr b E Koch 81–83 u O Michallik 84–86. **Laufb:** Mitgl Berliner Staatskap seit 83, 1. Solo-Klar ebd seit 85, Solo-Klar Bayreuther FSpOrch seit 92; Ltg d HolzBl d Arabisch-Israelischen West-Eastern-Divan-Jugendorch seit 99; ZusArb ua m D Barenboim, Yo Yo Ma, O Suitner, Sir Y Menuhin, S Weigle, H Haehnchen. **Ens:** 'Trio Apollon' m F Schwartz (Va) u W Kühnl (Kl).

Glandien, Lutz, Komponist; Elsenstr 37, D-12435 Berlin, T: (0 30) 5 33 52 19, *Lutz.g@snafu.de* [Oebisfelde 4.6.1954]. **Ausb:** Stud (Komp) MH 'Hanns Eisler' Berlin, Mstrkl f Komp (G Katzer) Akad d Künste Berlin. **Laufb:** freischaff in Berlin seit 83. **Pr:** Voya Toncitch Pr Paris, Pr Int Forum junger Komp WDR Köln, Anerkennung b 2. u 4. Int Rostrum f elektr Musik, Komp-Stip Berlin 90/92. – **Komp:** Weiter so (Streichqua u TB), UA Dresden 89; 365 (Kl solo), UA Schwein, Schleiermacher 90; u war es noch still (KamM), UA Witten, Ens Modern 90; Konz f Tb u Orch, UA Berlin, BSO, Dgt: M Vogt 92; Schattenspiel (Kl u TB), UA Berlin, J Burns 93; Konstellation Vier Vier, UA Berlin, Modern Art Sextett 98; Domestic Stories (Liederzyklus). (Red)

Glanert, Detlev, Komponist; Manitiusstr 16, D-12047 Berlin, T: (0 30) 6 24 74 30, F: 6 24 74 30, *DGlanert@aol.com* [Hamburg 6.9.1960]. Oper, Orchestermusik, Kammermusik **Ausb:** Stud b D de la Motte u G Friedrichs Hamburg 81–88, Stud b H W Henze Köln 85–89, Stud b F M Beyer Berlin 88, Sommerks b O Knussen Tanglewood 86. **Pr:** Bachpr-Stip Hansestadt Hamburg 87, Stip f Berliner Künstler in d Türkei durch Senat v Berlin 88, Förderstip Rolf Liebermann 89, Mitarb Cantiere int d'Arte Montepulciano 89–92, Rolf-Liebermann-Oppr 93, Kompstip Berliner Senat 90, Stip Dt Akad Villa Massimo Rom 92/93, Stip Villa Aurora Los Angeles 99, Mitgl Freie Akad d Künste Hamburg. – **AuftrKomp:** Sinf Nr 1 85, UA Berlin 85; 'Der Spiegel d großen Kaisers' (Op) 89–93, UA Mannheim 95; Konz f Kl u Orch 94, UA Berlin 94; Drei Wasserspiele (nach Th Wilder) (KamOp), UA Bremen 95; Musik f V u Orch 95, UA Darmstadt 96; Sinf Nr 3 f Orch, UA London 96; 'Katafalk' Metamorphosen f gr Orch, UA Mannheim 98; Joseph Süß (Op) 97–98, UA Bremen 99; Scherz, Satire, Ironie u tiefere Bedeutung (Op) 99–2000, UA Halle 01. **Aufn/RF:** Mahler: Skizze, London Symphonietta, Dgt: O Knussen 92; Sinf Nr 2, Münchner Philh, Dgt: P Daniel 92; Sinf Nr 1, Scottish BBC, Dgt: M Stenz 93; 'Der Spiegel d großen Kaisers', Mannheimer Nationalth, Dgt: J Märkl 95; 'Joseph Süß', Bremer Th, Dgt: R Mühlbach 99; 'Katafalk', Melbourne Symph Orch, Dgt: M Stenz 2000; Sinf Nr 3, Scottish BBC, Dgt: M Brabbins 01; 'Scherz, Satire, Ironie u tiefere Bedeutung', Op Halle, Dgt: R Epple 01.

Glaser, Anette Yasmin, Sängerin; Eichenstr 8a, D-69502 Hemsbach, T: (0 62 01) 4 65 25, 0 17 26 25 11 66, F: (0 62 01) 4 65 25.

Glaser, Carola, Sängerin; Aschegasse 4, D-09599 Freiberg, T: (01 74) 7 64 82 09. **Laufb:** Sol Staatsth Oldenburg, Th Freiberg SpZ 04/05. (Red)

Glasl, Georg, Zither, Hochschullehrer; Rothenberg Süd 14, D-82431 Kochel, T: (0 88 51) 58 99, *Georg.Glasl@t-online.de* [Kochel 1957]. **Laufb:** Doz (Zither, Methodik, Didaktik, Unterrichtspraxis) Richard Strauss Kons München. (Red)

Glass, Elisabeth, Violine; c/o Berliner Konzertagentur Monika Ott, Dramburger Str 46, D-12683 Berlin, T: (0 30) 5 14 48 58, F: 5 14 26 59, *kontakt@elisabeth-glass.de*; *www.elisabeth-glass.de* [Berlin]. **Ausb:** erster VUnterr m 6 Jahren, als 9-jährige H d Künste Berlin (renommierte Kl v Prof S Gawriloff), Stud H d Künste Berlin b Prof Th Brandis, Stud b I Ozim, Z Bron u Th Zehetmair, U-M Haiberg. **Laufb:** Debüt im Alter v 16 Jahren m Berliner Sinfonikern (Ltg Sir Yehudin Menuhin), Konz m Orch Dt Op Berlin, London Symphony Orch (Lt M Tilson-Thomas), RF-Sinfonieorch Berlin (Lt R Frühbeck de Burgos, H Blomstedt, H Stein), Gast Berliner FestW, Kuhmo Chambermusic Fstv, Schwetzinger FSp. **Pr:** 1. Bundespr 'Jugend musiziert' m 13 Jahren, 1. Pr Int Yehudi-Menuhin-Wettb. – **Aufn/RF:** CD-Einsp 'Poeme' v E Chausson m MDR-Symphonieorch (Lt M Viotti), Mozarts Konz A-Dur u Mendelssohns e-Moll Konz. (Red)

Glass, Paul, Komponist, Hochschullehrer; Villa Sorriso, CH-6914 Carona, T: 09 16 49 70 40, 0 76–3 31 70 40 [Los Angeles 19.11.1934]. **Ausb:** Dipl (B Blacher, I Dahl, H Friedhofer) U of Southern California 56, Stud (G Petrassi) Rom, (R Sessions) Princeton, (W Lutoslawski) Warschau. **Laufb:** Doz (Theorie, Komp) Cons della Svizzera Italiana Lugano, MUnterricht Franklin College Sorengo. **Pr:** Pr Los Angeles Chamber Symph, Broadcast Music Inc, Kulturdpt Warschau, SME, Am Soc of Composers, Authors and Publishers. – **Komp:** ua Un piccolo giro (f Streichqua) 95; Corale per Margaret (f Streichorch) 95; Distanza (f Streichqua od -qui) 95. **AuftrKomp:** WDR, Associazione Musica Mendrisiotto, Settimane musicali di Ascona, Pro Helvetia. (Red)

Glass, Roland, Sänger; c/o Städtische Theater Chemnitz, Käthe-Kollwitz-Str 7, D-09111 Chemnitz. **Ausb:** Stud Ges Dresden. **Laufb:** Sol Städt Th Chemnitz seit 78 (04/05). (*)

Glassl, Roland, Prof, Viola, Hochschullehrer; Im Meisental 62, D-67433 Neustadt, T: (0 63 21) 48 77 59, F: 39 07 08, *rglassl@web.de*; Hochschule f Musik u Darst Kunst, Eschersheimer Landstr 29–39, D-60322 Frankfurt; *www.rolandglassl.de* [Ingolstadt 1972]. **Ausb:** Stud (A. Chumachenco) MH München, (A. Arad) Indiana Univ in Bloomington/ USA. **Laufb:** Prof H f M u Darst Kunst Frankfurt 04. **Pr:** 1. Pr Lionel Tertis Int Viola Comp in England, 1. Pr Int Viola Wettb in Wien, 2. Pr 'Primrose Int Viola Comp' in Guelph/Kanada, 1. Pr Viola-Wettb d Dt Viola-Ges in Celle, 1. Pr 'Washington Int Comp for strings'. **Ens:** Mandelring Qua.

Glaßner, Alois, Mag, Univ Prof, Hochschullehrer, Chormusiker, Dirigent; Univ f Musik u darst Kunst, Inst Anton Bruckner, Anton-von-Webern-Pl 1, A-1030 Wien, T: (01) 7 11 55 48 00, F: 7 11 55 48 99, *glassner@mdw.ac.at*. **Ausb:** MH Wien (KiM, Org, Dirig, GesPäd), MH Stockholm b Eric Ericson (89/90). **Laufb:** UProf f Dirig U f Musik u Darst Kunst Wien, KMD an St. Augustin, Wien 93–05, Lt Webern KamCh d U f Musik Wien seit 99, Lt d Salzburger BachCh seit 03. **Pr:** Ferdinand-Grossmann-Pr 04. – **Aufn/RF:** Dirigent einer CD-Reihe KiM St Augustin Wien m Messen v Mozart, Haydn, Schubert, Puccini u H Reiter.

Glaßner, Bernhard, Prof, Hochschullehrer, Klavier; Hochschule f Musik u Darst Kunst Frankfurt, Eschersheimer Landstr 29–39, D-60322 Frankfurt a M. **Laufb:** Prof (Kl) H f M u Darst Kunst Frankfrt/Main. (Red)

Glatte, Jessica, Sängerin; c/o Staatsoperette Dresden, Pirnaer Landstr 131, D-01257 Dresden. **Laufb:** Sol Staatsoptte Dresden. (Red)

Glaus, Daniel, Komponist, Kirchenmusiker, Organist, Hochschuldozent; Bürkiweg 19, CH-3007 Bern, T: 03 13 71 81 86, *d.gl@bluewin.ch*; H Musik u Theater, Hirschengraben 46, CH-8001 Zürich [Bern 16.7.1957]. zeitgen Musik, J S Bach, Musik d Renaissance u d Frühbarocks **Ausb:** Stud Theorie (T Hirsbrunner), Org (H Gurtner, L F Tagliavini), Dirig (P Theissen, E Schmid) Kons Bern, Stud Komp (K Huber) Freiburg, Stud Org (G Litaize, D Roth) Paris, Kse u Begegnungen m L Nono, G Grinsey, T Murail ua. **Laufb:** Kirchenmusiker Stadtkirche Biel, Doz (MTheorie, Komp) H M u Th Winterthur Zürich, (Org) H d Kunst Bern, Lt Forschungsprojekt INNOV-ORGAN-UM, zahlr Kompauftr, int KonzTätigk als Organist. **Pr:** 1. Pr OrgWettb Schweizer Organisten unter Dreissig 82, 1. Pr KompWettb Robert Schumann Schweiz 83, 2. Pr KompWettb Olivier Messiaen Bergamo 87, Werkjahr Kt Bern (Paris-Stip) 86 u Stadt Zürich 91. **Mitgl:** STV, Schweizer MPädagog Verein, Berner Organistenverein. – **Komp:** Florestan u Eusebius f Orch 80/81; Trilogie (KiRaumM) 83/84; Hüllen d Abgrunds (Orat z Joh.-Offenb) 86/87; Sunt lacrimae rerum (Orat f d Planeten d Lebens) 88/89, UA Berner Münster, D Sölle, A Muschg u K Marti 89; De Angelis I u II 90, UA Neue Musik in d Kirche Kassel 90; De Angelis III–V (in Memoriam L Nono) 90–93; Kompositionen z Meister Eckhart (Orat) 94/95, UA Predigerkirche Erfurt 95; D hellen Nächte (KamOp) 96/97; Tiphereth, UA Int AkkWoche Biel 99; Réminiscences f Vcl u Orch 99; Sephiroth-Zykl (10 Stücke je kamM- u Orchfass) seit 99; 3. Sephiroth-Symph, UA m Berner SymphOrch, Ltg F Bollon 03. **Sonst:** Konzeption Bieler 'Schwalbennesterorgel', Metzler 94, Mitverf 'Trossinger Orgeldeklaration 97', Begrd Bieler Werkstatt f Alte Musik, Initiant IV. Int Kongresses f Kirchenmusik Ittingen 97.

Glauser, Elisabeth, Alt; Heubuck 51, D-79289 Horben, T: (07 61) 2 99 56. (Red)

Glauß, Jürgen, Prof, Hochschullehrer, Klavier; Burgmauer 22, D-50667 Köln, T: (02 21) 25 25 76, F: 25 25 76, *juergen.glauss@gmx.de*; H f Musik, Dagobertstr 38, D-50668 Köln. **Laufb:** Prof (Liedbegltg) H f Musik Köln. (Red)

Glawischnig, Birgit, Gitarre; c/o Niebelheim Agentur & Verlag Regina Hruška, Gallgasse 76, A-1130 Wien, T: (01) 8 97 90 91, F: 8 97 90 91, *agentur@niebelheim.com*. **Ausb:** Studium klass Git an d Wiener MH, weitere Stud in Italien b Flavio Cucci. (Red)

Gleim, Helmut, KMD, Prof, Hochschullehrer, Orgel, Dirigent; c/o Georg-Friedrich-Händel-Gesellschaft, Große Nikolaistr 5, D-06108 Halle a d Saale; Mittelstr 14, D-06108 Halle a d Saale, T: (03 45) 50 31 36 [Lüdenscheid 3.7.1935]. **Ausb:** Evang H f Kirchenmusik, Org b H Wunderlich i Hamburg. **Laufb:** Prof (Orgel, Dirig, Chorlt) Ev H f KiM Halle. **Pr:** Int Händelpr d Stadt Halle 98, BVK a Bande 01. **Mitgl:** ua Vorstand Int HändelFSp Halle.

Gleißner, Rudolf, Prof, Hochschullehrer, Violoncello; Wellingstr 8, D-70619 Stuttgart, T: (07 11) 47 32 11, F: 47 33 28; Hochschule f Musik u Darst Kunst, Urbanstr 25, D-70182 Stuttgart [Nürnberg 1942]. **Ausb:** Stud in Nürnberg,

München (W. Reichardt) u Detmold (Navarra), Kurse b A. Navarra, E. Mainardi u Pablo Casals. **Laufb:** 1. Solocellist b Radio-Sinf-Orch Stuttgart seit 69, Prof (Vcl) Staatl H f M u Darst Kunst Stuttgart seit 78. **Ens:** Mitgl Stuttgarter Solisten seit 70.

Glembotzki, Reinhold (Pseud: Glenn Bow), Komponist; Ossietzkyring 32, D-30457 Hannover, T: (05 11) 4 38 25 09 [Hannover 4.12.1939]. **Ausb:** Stud (Kl, V, Pos, Tonsatz) 57–64. **Laufb:** freier Komp, Arrangeur u Musiker seit 64. – **Komp:** Der Schatz im Höllental (FilmM Orch) 79; Herzogin-Victoria-Luise-Marsch (Konz-Marsch) 80, UA Braunschweig, Heeresmusikkorps 1, Hannover 51; Schneeweisschen u Rosenrot (BühnenM) 82, UA Trebgast 83; Endstation Sehnsucht (SchauspM) 84, UA Hannover 84; Peer Gynt (ThM), UA Braunschweig, Staatsth 86. (Red)

Glemser, Bernd, Prof, Klavier, Hochschullehrer; Holzweg 15, D-97297 Waldbüttelbrunn, T: (09 31) 40 54 70, F: 40 54 70; c/o Music Masters Management, Riedstr 1, CH-6343 Rotkreuz, T: 04 17 99 59 29, F: 04 17 99 59 31, *mnm @pobox.ch* [Dürbheim 1962]. **Ausb:** Stud Kl (V Margulis) MH Freiburg 81–89. **Laufb:** Prof (Kl) MH Saarbrücken 89, Prof (Kl) H f M Würzburg seit 96, Tournee durch China 97, Tournee USA (Rachmaninov Nr.3) 99, Philadelphia 2000, Konz in Europa, USA, Kanada, Südamerika, Japan, Hongkong, Australien, Neuseeland, Gast b versch Fstv (u a: Schubertiade Feldkirch seit 96, Schanghai 99, Luzern, Rheingau M-Fstv, FSp Mecklenburg-Vorpommern). **Pr:** 17 erste Pr u Spezialpr in int Wettb (ua : Cortot, Rubinstein, Tschaikowsky, Busoni, Callas) seit 81, 1. Pr ARD Wettb 87, Europ Andor Foldes Pr 92, Europ Pianistenpr 93. – **Aufn/RF:** R Strauss: Burlesque, Fernsehprod 95; Tschaikowsky: Nr.1, Fernsehen u Radio China 96; RSI/ARD Rezitals 97; zahlr CDs, ua Tschaikowsy: sämtl Klavierkonz, Rachmaninow: sämtl Werke f Kl u Orch, Lutoslawski: Paganini-Variationen, Prokofiev: Klaviersonaten, Schumann: Klavierwerke, Scriabin: Klaviersonaten, Chopin: Werke f Cello u Kl, Lalo: Cello-Sonate u Chants russes (Vcl: M Kliegel). **Sonst:** künstl Ltg Fstv Mittelrheinische Musikmomente 01.

Glemser, Wolfgang, Prof, Klavier, Hochschullehrer; Ströbitzer Str 113, D-03055 Cottbus, T: (03 55) 2 19 02, *wglemser@debitel.net*. **Laufb:** Solist, Prof Kons Cottbus. (Red)

Glennon, Giulia, Solorepetitorin; Heckerstr 63, D-34121 Kassel, T: (05 61) 3 16 98 90 [Newport, Wales 28.5.1970]. **Ausb:** Stud (MWiss) Oxford U 88–91, (Drama, OpSchule) Guildhall School of Music 92–93. **Laufb:** Studienlt Stadtth Würzburg 98–2000, Solorep u Kapm Staatsth u Orch d Staatsth Kassel seit 2000.

Gleue, Jutta, Prof, Hochschullehrerin; Rheinvillenstr 9, D-68163 Mannheim, T: (06 21) 82 37 05 [Hannover]. **Ausb:** Stud (Regie u Ges) Folkwangh Essen. **Laufb:** Regieass u 1. Spielleiterin an d Oper d Stadt Köln 76–84, szen Ltg OpSchule Staatl H f M u Darst Kunst Mannheim 94. (Red)

Glinz, Christian, Solorepetitor; c/o Theater Freiburg, Bertoldstr 46, D-79098 Freiburg i Br. **Laufb:** Solorep Staatsth Braunschweig seit SpZ 03/04. (*)

Glöckler, Tobias, KM, Kontrabass; c/o Dresdner Philharmonie, PF 120424, D-01005 Dresden. (Red)

Gloede, Ulf, Tenor; Schillerstr 35, D-01326 Dresden, T: (03 51) 2 64 01 29, *ulfgloede@freenet.de* [Dresden 21.7.1967]. Bach, dt Lied **Ausb:** Stud (Ges) H f M Carl Maria v Weber Dresden 88–94, Dipl, Staatsex; Kse b KS E Schwarzkopf, A Baldin, A Ude, S Skigin, Prof R Berghaus; weitere Ausb b KS J Hartfiel, KS C Casapietra, R Biskup. **Laufb:** Eng Landesth Mecklenburg GmbH Neustrelitz 96–99; Eng Op Halle 99–2001; freischaff seit 01; Gastverträge: Het MTh Amsterdam, Halle, Kassel, Wuppertal, Rostock, Mainz, Gießen, Görlitz, Nordhausen, Neustrelitz, Coburg, Freiberg, Brandenburg, Halberstadt; Konz u Prod ua b Dresdner MFSp, Bachfest Leipzig 2000, Sächs-Böhm MFstv, Geraer Bachfesttage, SinfOrch Pirna, Vogtland-Philh Greiz/Reichenbach, Neubrandenburger Philh, Philh KamOrch Wernigerode, MSch Ravensburg, Mitteldt KamPhilh Schönebeck/E u z Schönebecker OpttenSommer 03; Liederabende, KiM; als Spieltenor/lyrischer Ten gesungene Partien: z B Rossini: 'Otello', Jago; 'La Traviata', Alfredo; UA J W Woesten: 'Die weiße Fürstin', Der Bote; K Weill: 'Der Silbersee', Severin usw; seit Fachwechsel: 'Der Freischütz', Max; 'Die Zauberflöte', 1. Geharnischter; 'Die Fledermaus', Eisenstein; 'Wiener Blut', Graf Zedlau; 'Mme Pompadour', René; im ständ Rep: Bach: 'Weihnachtsoratorium', 'Johannes-' u 'Matthäuspassion', Evangelist/Ten; Händel: 'Johannespassion'; Haydn: 'Schöpfung'; Dvorak: 'Messe in D-Dur'; F Hidas/ Mozart: 'Requiem'; Britten: 'Serenade f Ten Solo, Hn and Strings'; Lieder v R Strauss, R Schumann, F Schubert, H Wolf, J Brahms, S Prokofjew, Salmhofer.

Gloger, Daniel, Countertenor; Elisabethenstr 46, D-70197 Stuttgart, T: (07 11) 9 93 30 39. **Laufb:** Sol Nationalth Mannheim, Theaterhaus Stuttgart, Semperop Dresden SpZ 04/05. (Red)

Glorius, Günter *siehe* Rabe, Emil

Glose, Kathleen, Mezzosopran; Schletterstr 3, D-04107 Leipzig, T: (03 41) 6 89 92 41, 01 77–6 73 38 30, F: 6 89 92 41 [Bergen 7.3.1970]. Oper **Ausb:** Stud Ges (Prof Beyer) MH Leipzig 88–96, künstl Aufbaustud (Prof Kern-Pöschel) 96–98. **Laufb:** Gastsol Th Erfurt 99, Städt Th Chemnitz SpZ 03/04, Sol Th Freiberg seit 03.

Glountchadze, Naira, Sängerin; Leharstr 26, D-66113 Saarbrücken, T: (06 81) 4 37 83; Saarländisches Staatstheater, Schillerpl 1, D-66111 Saarbrücken. **Laufb:** Sol Saarländ Staatsth. (Red)

Glüxam, Wolfgang, Prof, Hochschullehrer, Cembalo; Univ f Musik u Darst Kunst, Inst Ludwig van Beethoven, Rennweg 8, A-1030 Wien, T: (01) 3 19 76 31; *www.gluexam.com* [Melk, Niederösterreich 1958]. **Ausb:** Stud (Org) H für Musik Wien (A Mitterhofer), Sweelinck-Kons Amsterdam (Cemb b T Koopman). **Laufb:** ao UProf (Cemb) U f Musik u Darst Kunst Wien 85. **Pr:** Prtr Wettb in Brugge, Belgien 79 u Nijmegen, Holland 80. (Red)

Glunz, Stefan, Sänger; c/o Neue Opernbühne Berlin NOB, Goltzstr 13, D-10781 Berlin. **Laufb:** Sol NOB Berlin SpZ 03/05, Landesth Mecklenburg SpZ 03/04. (Red)

Gluzman, Vadim, Violine; c/o Impresariat Sonia Simmenauer, Bornstr 12, D-20146 Hamburg, T: (0 40) 42 31 31 11, F: 42 31 31 13, *Sonia.Simmenauer@ impresariat-simmenauer.de, vadim@vadimgluzman.com*; c/o PRIMUSIC, Herrengasse 6–8/2/22, A-1010 Wien, T: (01) 5 32 71 24, F: 5 32 71 40, *office@ primusic.at*; *www.impresariat-simmenauer.de, www.vadimgluzman.com* [Zhitomir, Ukraine 1973]. **Ausb:** Stud V (Z Bron), (Y Kless) Rubin Acad of M Tel Aviv, (A Fomin) USA, (D DeLay, M Kawasaki) Juilliard School of M New York. **Laufb:** Tournee m SinfOrch d SWD-RFs, Dgt H Schiff 98, Solist Bernstein Serenade v J Neumeier in Hamburg 98, Gastsol Dresdner Philh, Orqu Sinf de Sevilla, Orch Philh du Luxembourg, Münchner Philh, ZusArb ua m Chicago Symph, Houston Symph, Seattle Symph, Boston Pops, English String Orch, Jerusalem Symph, Monte Carlo Philh, KREMERata Baltica, Winterthur Orch, Orch de Colonne Paris, Orch de la Suisse Romande, KamPhilh Salzburg, Sinf-Orch d NDR Hannover. **Pr:** Corpus Christi Wettb, Irving Klein Wettb, Tibor Varga Wettb, CIEM Genf, Pr u Stip d Henryk Szeryng Stift 94. (Red)

Gmelin, Bernhard, Prof, Hochschullehrer, Violoncello; Hochschule für Musik und Theater Hamburg, Harvestehuder Weg 12, D-20148 Hamburg [Kiel]. **Ausb:** Stud (A. Troester) H f M u Th Hamburg, (A. Navarra) Paris. **Laufb:** 1. Solo-Cellist NDR Hamburg seit 74, Prof (Vcl) H f M u Th Hamburg. (Red)

Gnauck, Gritt, Sängerin (Mezzosopran); Zur alten Fähre, D-45219 Essen [Bad Salzungen]. **Ausb:** Stud (Ges) Schwerin u Dresden 87–93, OpStudio Staatsop Hamburg 94–97. **Laufb:** EnsMitgl Aalto Musikth Essen SpZ 98/05 (Cornelia 'Julius Caesar', Orlofsky 'Fledermaus', Cherubino 'Le Nozze di Figaro', Mercedes 'Carmen' ua). (Red)

God, Kelly, Sopran; Theater, PF 100554, D-99005 Erfurt [1975]. **Ausb:** Stud Ges (M. Besselink) 'Cons voor Muziek' Maastricht. **Laufb:** Sol Th Erfurt seit 02/03. **Pr:** Prtr Belvédère-Wettb Wien 01, 'Henriëtte Hustinx'-Pr Maastricht 03. (Red)

Goda, Masako, Sopran; c/o Chor des Bayerischen Rundfunks, Rundfunkpl 1, D-80300 München, T: (0 89) 59 00 22 43, *chordesbr@brnet.de* [Kyoto]. **Ausb:** Stud H d K Kyoto, Konz u KamMExamen MH Lübeck, Mstrkr b Judith Beckmann. **Laufb:** Lübecker Sommeroptte 2000, Sol Volksth Rostock 2000–02, Chorsol d BR seit 02. (Red)

Godor, Antoine, Sänger; c/o Neue Opernbühne Berlin NOB, Goltzstr 13, D-10781 Berlin. **Laufb:** Sol NOB Berlin SpZ 03/05, Gastsol Landesth Mecklenburg Neustrelitz SpZ 03/04. (Red)

Goebbels, Heiner, Prof, Komponist; c/o Artmobil GmbH, attn Klaus Schaeffer, Ulrichstr 18, D-60433 Frankfurt aM, T: (0 69) 9 51 17 80, F: 95 11 78 40, *mail.hg@gmail.com*; *www.heinergoebbels.com, www.artmobil.de, www.ricordi.de* [Neustadt/Weinstraße 17.8.1952]. **Laufb:** Musikal Ltr Schauspiel Frankfurt aM 78–80, Komp v SchauspielM f Bochum, Köln, Hamburg, München, Stuttgart, Wien, Düsseldorf, M f Film u Video seit 80, BallettM u MThProjekte, GastprofMH Karlsruhe 97/98, Prof U Gießen seit 99, composer-in-residence Lucerne Fstv 03. **Pr:** Karl-Szczuka-Pr, Hörspielpr d Kriegsblinden, Prix Futura, Prix Italia, Honorary Fellowship Award Darlington Arts College 98, Kritikerpr f M 03, Mitgl Akad d darst Künste Frankfurt, Akad d Künste Berlin. – **Komp:** zuletzt:'Landschaft mit entfernten Verwandten' (Op) 02; 'Aus einem Tagebuch' 03. (Red)

Goebel, Elmar, Sänger; c/o Neuburger Kammeroper eV, Drususstr 9, D-53111 Bonn. (Red)

Goebel, Reinhard, Dirigent; Ringstr 30, D-57076 Siegen, T: (02 21) 9 42 04 30, F: 94 20 43 19, *braun@angel.de*; *www.konzertbuero-braun.de* [Siegen 31.7.1952]. Barock **Ausb:** MWiss U Köln, MH Köln b F-J Maier, Folkwangschule Essen b S Gawriloff, Kse b E Melkus u M Leonhardt. **Laufb:** ZusArb ua m d Orch Beethovenhalle Bonn, RSO Saarbrücken, Münchner KamOrch, Orch d Kom Op Berlin, Tonhalle-Orch Zürich, Zürcher KamOrch, Royal Philh Orch London, Orch d Kgl Op Kopenhagen, SymphOrch d BR. **Pr:** zahlr int Pr, u. a. Deutscher Schallplattenpr 81, Grammophone Award, Prix Caecilia u Jahrespr d Dt Schallplattenkritik 93, Schallplattenpr Echo-Klassik 94 u 02, Staatspr Nordrhein-Westfalen 97, Telemann-Preistr 02, Cannes Classical Award 02. **Ens:** Grd u Lt Musica Antiqua Köln. (Red)

Göckeritz, Christfried, Prof, Hochschullehrer; Hochschule f Musik u Theater, Beim St-Katharinenstift 8, D-18005 Rostock [Mildenau]. **Laufb:** Prof (Dir/ Partiturspiel/Korr) HMT Rostock, Rektor seit 04. (Red)

Gödde, Wilfried, Konzertmeister; Drei Linden 13, D-67657 Kaiserslautern, T: (06 31) 4 76 86; c/o SWR Rundfunkorchester, Fliegerstr 36, D-67657 Kaiserslautern. **Laufb:** Konzm SWR RFOrch Kaiserslautern. (Red)

Göetjes, Wiebke, Sängerin; c/o Theateragentur Belcanto, Freischützstr 35, D-81927 München, T: (0 89) 93 35 66, *info@theateragentur-belcanto.de*; c/o Hessisches Staatstheater, Friedrichspl 15, D-34117 Kassel. **Ausb:** Kons Utrech, Opernkl Kons Den Haag. **Laufb:** Eng Staatsth Meiningen, Staatsth Stuttgart, Stadtth Pforzheim, Opera Rotterdam, Opera Amsterdam, Volksth Rostock, Staatsth Kassel seit SpZ 02/03. (*)

Göhrig, Heinz, KS, Sänger; Abraham-Wolf-Str 49b, D-70597 Stuttgart, T: (07 11) 2 36 50 11; Staatstheater, Oberer Schloßgarten 6, D-70173 Stuttgart [Heidelberg]. **Ausb:** Stud (Ges) H f M Heidelberg. **Laufb:** Sol Staatsth Stuttgart seit 88. (Red)

Göhring, Florian, Sänger; c/o Theater Lüneburg GmbH, PF 2829, D-21318 Lüneburg. (Red)

Goeldner, Katharine, Mezzosopran; c/o Künstleragentur Dr. Raab & Dr. Böhm, Plankengasse 7, A-1010 Wien, T: (01) 5 12 05 01, F: 5 12 77 43, *office@rbartists.at*; *www.rbartists.at*. **Ausb:** Stud Mozarteum Salzburg. **Laufb:** Ens-Mitgl Ldesth Salzburg u Staatsth Kassel ('Le nozze di Figaro', Cherubino; 'La Cenerentola', Angelina; 'Hänsel u Gretel', Hänsel), Konz m RSO Wien, Mozarteum Orch Salzburg, Orch d Haydn-FSp, Berliner SinfOrch, Orch della Svizzera Italiana, Orch Philh de France, USA-Tournee 99, Debüt Carnegie Hall 01, Debüt Toulouse, New York City Op, Th Chatelet Paris, Op de Lyon u Salzburger FSp 02. **Pr:** Prtr Wettb in Genf u Toulouse, Belvedere-Wettb Wien. (Red)

Gönnenwein, Wolfgang, Prof, Dirigent, Musikpädagoge; c/o Pinnacle Arts Management, Thierschstr 11, D-80538 München, T: (0 71 41) 9 39 60, F: 93 96 77 [Schwäbisch Hall 29.1.1933]. **Laufb:** Chorlt Süddt Madrigalchor Stuttgart seit 59 u Musikal Ltg Ludwigsburger Schlossfsp seit 73, Prof f Chorleitung an der H f M u Darst K Stuttgar seit 68, Intendant d Staatsth Stuttgart 85–92, Ernennung zum künstl Lt d Pfingstfsp Baden-Baden 96. (Red)

Göpfert, Andreas, Prof, Hochschullehrer; Lilienstr 6, D-66119 Saarbrücken, T: (06 81) 58 54 47, F: 5 89 47 97, *a.goepfert@hmt.uni-sb.de*; H f Musik Saar, Bismarckstr 1, D-66111 Saarbrücken, T: (06 81) 96 73 10 [Dresden 26.8.1947]. ChorM a cappella, Chorsinfonik **Ausb:** Dresdner Kreuzchor (R Mauersberger), Stud SchM, MWiss U Halle 66–71. **Laufb:** Mitgl Dresdner Kreuzchor 58, Lt Hallenser Madrigalisten 80–99, Prof (Chordirigieren) seit 96, Lt HChor H d Saarlandes f Musik u Th Saarbrücken, Lt Ev Chorgem a d Saar, Vizepräs ADC, Stellv Vors AMJ. **Pr:** Debrecen, Marktoberdorf, Tolosa, EBU d BBC (alle m Hallenser Madrigalisten). – **Aufn/RF:** als Dgt d Hallenser Madrigalisten: La Bella Ninfa (Europ Madrigale) 89; Herr, dein Ohren zu mir neige (Geistl ChorM) 95; Mendelssohn in England 98 (CDs); Bach: Johannesassion; Mozart: Requiem uam (Mitschnitte-CD). **UA:** Th Kramer: Eine alte dt Weihnacht, Motette u 'Aber die Liebe ...'. **Zug:** ChorW v S Bimberg, G Domhardt, W Krätzschmar, Th Krämer, Th Hertel.

Göpfert, Bernd, Dr, Prof, Hochschullehrer, Sänger, Musikwissenschaftler; Hochschule f Musik, Schwarzwaldstr 141, D-79102 Freiburg, *b.goepfert@mh-freiburg.de* [1949]. Lied, Oratorium, Ensemblegesang **Ausb:** Stud (Ges, Mwiss, Germanistik u Philosophie) in Darmstadt u Frankfurt 69–76. **Laufb:** KonzS seit 72, Prof (Ges u Methodik) Staatl H f M Freiburg seit 89. – **Sonst:** Veröffentl über Ges: ua 'Stimmtypen u Rollencharaktere in d dt Oper v 1815–1848', 77; 'Handbuch d Gesangskunst', 02.

Göpfert, Heidrun, KS, Sängerin; Georgstr 26, D-09111 Chemnitz. **Laufb:** Sol Städt Th Chemnitz SpZ 01/05. (Red)

Görgen, Karl-Josef, Prof, Hochschullehrer; Römerstr 31, D-53894 Mechernich-Harzheim, T: (0 24 84) 91 15 25; H f Musik, Dagobertstr 38, D-50668 Köln. **Laufb:** Prof (musikal Einstudierung, MTh) H f Musik Köln. (Red)

Goergen, Viviane, Konzertpianistin, Klavier; Nelkenstr 1, D-63322 Rödermark, T: (0 60 74) 9 88 60, F: 9 88 60, *viviane.goergen@gmx.net*; *www.viviane-goergen.de* [Paris 17.6.1948]. vergessene KomponistInnen, Romantik, 20er Jahre **Ausb:** Stud (Kl, Theorie) Mh Luxemburg 59–65, (Kl, KamM) MH Nancy 66–68, (Kl, KamM) MH Paris 68–73. **Laufb:** Konz: Prager Philh 80, 85; Alte Op Frankfurt/M 83, 84; Sächs Staatsop Dresden 96, Kopenhagen Europarat 97, NatGalerie Berlin 98, MFstv Sanssouci 02. **Pr:** 1. Pr Daniel Milan 67, Ordre de Mérite Luxemburg 93. **Ens:** Duo Graf-Goergen (Kl, Vcl). – **Aufn/RF:** Mendelssohn: Klavierkonzert (RTL), Dgt: L de Froment 74; Brahms/Beethoven: CER (Radio de la Suisse Romande) 81; Feininger, Richter, Bauhaus (Rias Berlin, Dtschld-Radio, DJ Radio) 94; Debussy, Schumann, Feininger (Radio Berlin), Sempergalerie 96. **UA:** P R Fricker: 'Episode', UA London 72; K D Richter: 'Peintures', UA CERN 81; ders: 'Feininger Impulse', UA Städel Frankfurt/M 87, ders: 'The Way I follow', UA Luxemburg, Schloss 01. **Sonst:** Grdg Inst f musikal-mentales Interpretationstraining 94, Zertinum f musikal-mentales Training 03. **Lit:** G Stein: Die Chopinsche Tonpeitsche 82; B N Enkelmann: Das Erfolgsmagazin 90; ders: Die Formel d Erfolges 92; Luxemburger Revue 94; Zweite Heimat: Erfolgreiche Frauen (FAZ) 2000; Therapie gegen Lampenfieber (Télécran) 02; Balance Lampenfieber (tempra 365); Film (RTL) 02.

Göring, Kathrin, Dipl-MPäd, Dipl-Sänger, Mezzosopran; c/o Oper Leipzig, Augustuspl 12, D-04109 Leipzig [Köthen 9.3.1974]. Oper, Konzert, Lied **Ausb:** Stud (J Kovaříková) H f M u Th Leipzig 92–99, Stud (H Zabel) H f M Dresden 99–2001. **Laufb:** OpStudio Köln 99/2000, EnsMitgl Op Leipzig seit 2001. **Pr:** Stip Dt Musikwettb Berlin 01, 2. Pr u Sonderpr 'Alexander Girardi Wettb' Coburg 01.

Göritz, Daniel, Dr, Gitarrist, Komponist; Danziger Str 8, D-10435 Berlin, T: (0 30) 4 49 86 30, F: (0 40) 36 03 13 09 95, *danphilgo@aol.com, 1673-517@onlinehome.de*; *www.daniel-goeritz.de* [Berlin 10.12.1965]. klass u zeitgen Musik **Ausb:** Stud (Git) MH Berlin 86–91, div Mstrkse ua m J Williams, D Russell, M Barrueco, Stud (Komp, Git) Royal Northern College of Music, UK 91–93, Prom Manhattan School of Music, New York 94–96. **Laufb:** Mitwirk b zeitgen KamM-, Ens-, OrchW m Gitarre, ua klass-trad Recital-Progr, Git-Solo, Git-Duo, m Flöte, Konz Deb Carnegie Hall New York, Zephyrus Duo 97, Sol Ensemble Modern 99, Konz Zephyrus Fl.&Git Duo Chicago 2000, M Hess Concert Series, Eng ua m KamEns f Neue Musik Berlin, Ens Aventure, Ens Musikfabrik, Ens Modern, Crosstown Ens New York, Manhattan Contemp Ens, SEM-Ens New York, Akanthos Ens, Manchester, BBC Philharmonic Orchestra, Musica Viva Ens Dresden, Ens Mosaik Berlin, Ens United Berlin, Staatskapelle Berlin, DSO Berlin, Berliner Philh, LBeauftr MH H Eisler Berlin. **Pr:** Spezialpr d Jury Int GitWettb Kutna Hora 88, 1. Pr Int KompWettb Huddersfield Int Contemp M Fstv 94, Förderpr f Komp Senatsverw f kult Angelegenheiten d Stadt Berlin 95, 1. Pr KamMWettb 'Artists Int' New York, Komp-Stip Akad d Künste Berlin 2000–02. **Ens:** Zephyrus Duo. – **Komp:** Gyve (Ob, Hfe) 93, UA Huddersfield Fstv 93; Silhouettes (V) 96, UA Montreal, Sol J A Derome 96; Oktan (Okt) 99, UA Dresdener Tage d Zeitgen M, Gruppe Neue Musik 'Hanns Eisler', Dgt: F Goldmann 99; Falle (V, Vcl, Zuspiel), Akad d Künste Berlin, Fstv WinterMusic 01, KamEns Berlin; DecaDance II (Trp, Zuspiel, Live-Elekronik), Akad d Künste Berlin, Fstv WinterMusic 02, Sol W Forman. **AuftrKomp:** No Fairytale? (Fl, Ob, Klar, Kontra Fag, Perc, E-Git, V, Vcl, KB) 95, UA KonzH Berlin, KamEns f Neue Musik, Dgt: R Kluttig (Auftr Senatsverw f kult Angelegenheiten Stadt Berlin). **UA:** div. **Sonst:** Hrsg: G Zamboni, Lautenwerke (1718) in GitTranskr.

Goerke, Arn, Kapellmeister; Am Rathauspl 3, D-95191 Leupoldsgrün, T: (0 92 92) 96 79 25. **Laufb:** Kapm Th Hagen, 1. Kapm Th Hof SpZ 04/05. (Red)

Goerne, Matthias, Bariton, Hochschullehrer; c/o Michael Kocyan Artists Mgmt, Wielandstr 37, D-10629 Berlin, T: (0 30) 31 00 49 40, F: 31 0 049 84, *info@matthiasgoerne.de*; Robert Schumann Hochschule, Fischerstr 110, D-40476 Düsseldorf; *www.matthiasgoerne.de* [Weimar 1967]. Oper, Liedgesang **Ausb:** Stud Ges (H-J Beyer) Leipzig, (D Fischer-Dieskau, E Schwarzkopf). **Laufb:** Op Köln (Henze: Der Prinz v Homburg, Titelrolle) 92, Op Zürich 93, Op Köln (Wagner: Tannhäuser, Wolfram, Dgt: J Conlon) 96, Debüt Met Op New York (Mozart: Zauberflöte, Papageno), Debüt Salzburger FSp (Papageno) 97, Op Zürich (A Berg: Wozzeck, Titelrolle, Dgt: C v Dohnányi) 99 u 2000, Sol Op Zürich, int KonzTätigkeit, ZusArb m Orch (Berliner Philh, Int Bachakad Stuttgart, Chapelle Royale, Concentus musicus, Concertgebouwork Amsterdam, Dt SinfOrch Berlin, Gewandhausorch Leipzig ua) u Dgt (C Abbado, H Rilling, P Herreweghe, N Harnoncourt, R Chailly, V Ashkenazy, C Mackerras, K Masur, L Zagrosek, H Blomstedt ua), Tournee m Schuberts 'Winterreise' u 'Schwanengesang' (A Brendel, Kl) 99/2000, Sol Op Zürich SpZ 03/05, Semperop Dresden SpZ 04/05, Prof Robert Schumann H Düsseldorf; Tournee Japan u Korea, Konz ua m New York Phil, Liederabende m E Leonskaja u C Eschenbach, Staatsop Unter den Linden Berlin (Verdi: 'La Traviata', Germont, Rollendebüt), Op haus Zürich (E d'Albert: 'Tiefland', Sebastiano, Rollendebüt) SpZ 05/06. **Pr:** 1. Pr Hugo Wolf Wettb 90, Ehrenmitgl Royal Acad of Music London 01. – **Aufn/RF:** J S Bach: Kantaten BWV 82 'Ich habe genug', BWV 56 'Kreuzstab-Kantate' u BWV 158 'Der Friede sei mit dir', Camerata Academica Salzburg, Dgt: R Norrington; Ders: h-moll-Messe, Akad f Alte Musik Berlin, RIAS-KamChor, Dgt: R Jacobs; Ders: Matthäus-Passion, Bach-Collegium Stuttgart, Gächinger Kantorei, Dgt: H Rilling; Ders: Matthäus-Passion, Concentus musicus, Dgt: N Harnoncourt; M Braunfels: Die Vögel, Dt SymphOrch Berlin, Dgt: L Zagrosek; H Eisler: Hollywood-Liederbuch, E Schneider; F Schreker: Die Gezeichneten, Dt SymphOrch Berlin, Dgt: L Zagrosek; F Schubert: Goethe-Lieder, A Haefliger; Ders: Winterreise, G Johnson; R Schumann: Dichterliebe op 48, Liederkreis op 24, V Ashkenazy; Ders: Liederkreis (Eichendorff) op 39, E Schneider; H Wolf: Lieder, Concertgebouwork Amsterdam, R Chailly. (Red)

Goerner, Nelson, Klavier; c/o Andante Oper & Konzert, Wolfgang Eichelmann, An der Rehwiese 10, D-81375 München, *wolf.eichelmann@netsurf.de*; c/o Austroconcert International, Gluckgasse 1, A-1010 Wien, T: (01) 5 13 26 57, F: 5 12 61 54, *office@austroconcert.com* [San Pedro, Argentinien 1969]. **Ausb:** Stud Staatl Kons Buenos Aires (J Carlos, C Scalcione), 2 Stip f Kons Genf (M Tipo). **Laufb:** Debüt Teatro Colon Buenos Aires. **Pr:** 1. Pr 'F-Liszt Wettb' 86 u Int MWettb Genf 90. (Red)

Goerner, Stephan, Prof, Cello; Univ f Musik u Darst Kunst, Brandhofgasse 21, A-8010 Graz, T: (03 16) 3 89 32 72, *stephan.goerner@bluewin.ch*; c/o Crepaz Music Management, Altenbach 17, FL-9490 Vaduz, *office@crepazmusic.com*. **Ausb:** Stud Kons Winterthur. **Laufb:** Schwetziger FSp 2001 (mit 'Carmina Quartett'), UProf (KamM) U f Musik u Darst Kunst Graz seit 04. **Ens:** 'Carmina Quartett'. (Red)

Görsch, Ursula, Komponistin, Hochschullehrerin; Kurfürstenallee 27b, D-28211 Bremen, T: (04 21) 44 83 21, *ugoersch@web.de*; c/o Valley View University, POB 9358 Airport, Accra, Ghana, T: (21) 50 89 98, *ugoersch@web.de* [Bremen 4.3.1932]. KamM, Chormusik, Orchestermusik **Ausb:** Päd H (Fachrichtung Musik), weiteres Stud (M) Karlsruhe, Stud (Querfl), Kurse in Darmstadt u Salzburg. **Laufb:** freie Mitarb RfRB, KompTätigkeit, 5 Jahre Auslandsschuldienst in Istanbul, Univ Bremen seit 85, Valley View University in Accra/Ghana seit 97. **Pr:** Pr Gerhard-Maasz-Stift 90. **Mitgl:** Dt Komponistenverband, Dt Tonkünstlerverband, Int Arbeitskreis 'Frau u Musik', Landesmusikrat Bremen, Arbeitskreis Bremer Komponisten, Künstlergilde Esslingen. – **Komp:** ua: Sie kamen durch die Wüste (szen Kantate) 82, UA Bremen 82; Diarium (f QuerflQui) 84; Quartetto festivo (f Holzbl) 86, UA Bremen 88; KonzStück (Konz) 88, UA Bremen 88; Punctum contra punctum (KamM) 89, UA Neustadt/Weinstraße 90; Cantata curiosa (f vierst gemischt Chor u KamMEns) 89, UA Friedrichshafen 90; Transformationen (f gr Orch m umfangr Schlgz) 90, UA Bremen 90; Drei Gesänge v Menschen (KamM) 91, UA Lüneburg 91; Chiffren (f Fl solo), UA Erfurt 94; Es ist alles eitel (f Bariton u Vcl) 2000; Farbenwechsel (f 2 Fl) 01; Duo f Vl u Kl, UA 01; Quintago (f V solo) 02. **Aufn/RF:** 'Transformationen f gr Orch. **Sonst:** Grdg 1. Jugendkammerorch in d Türkei, KonzReihe 'Klavier- u KamM a d Valley View U Accra/Ghana'. **Lit:** Porträt Neue Musikzeitung 87/88, 2 Interviews Viva Voce (Frauen Musik-Archiv Frankfurt/M), Artikel in: 'Komponistinnen in Dtschld', Handbuch 'Komp d Gegenwart i Dtschld' (DKV), 'Komponistinnen aus 800 Jahren', 'The World Who is Who of Women'.

Görtz, Heide, Prof, Hochschullehrerin, Klavier; Hektorstr 3, D-10711 Berlin, T: (0 30) 3 23 73 65, F: 32 70 16 85, *hgoertz@hdk-berlin.de*; Univ d Künste, Fak Musik, Kurt-Singer-Inst f Musikergesundheit, PF 120544, D-10595 Berlin [Cuxhaven]. **Ausb:** Stud (Kl) MusikH Hamburg (C Hansen). **Laufb:** Lehrtätigkeit MusikH Hamburg u Köln 74–82, Prof (Kl, Kl-Methodik) U d Künste Berlin 90. (Red)

Görtz, Herbert, Prof, Dirigent, Hochschullehrer; c/o Theater Aachen, Hubertusstr 2–8, D-52064 Aachen; Alkuinstr 2, D-52070 Aachen, T: (02 41) 45 54 12. **Laufb:** Dgt Th Aachen, Prof (Sinfonie-, Kammerorch, Musikal Einstudierung Musikth), stellv Dekan H f Musik Köln, Abt Aachen. (Red)

Göschl, Johannes, Dr, Prof, Hochschullehrer; Westermühlstr 7, D-80469 München, T: (0 89) 26 89 91, F: 26 01 98 95, *J.B.Goeschl@web.de*; H f Musik u Theater, Arcisstr 12, D-80333 München. **Laufb:** Prof (gregorian Choral) H f M u Th München. (Red)

Göss, Martin, Prof, Hochschullehrer; Hirtenbuck 2, D-91605 Gallmersgarten, T: (0 98 43) 16 11; H f Musik, Hofstallstr 6–8, D-97070 Würzburg [Gallmersgarten 9.5.1936]. **Ausb:** Stud (W G Daum) Kons Würzburg 53–57, Ex 56. **Laufb:** Solopos Stadtth Würzburg, Städt Bühnen Freiburg/Br 57–59, Staatsop Hannover 59–67, Radio SinfOrch HR Frankfurt/M 67–83, LAuftr H f Musik Frankfurt u Würzburg, Mitgl Orch Bayreuther FSp 69–89, oProf (Pos, KamM) H f M Würzburg seit 83. – **Sonst:** Orchesterstudien f Pos.

Gössling, Christhard, Prof, Hochschullehrer, Solo-Posaunist; H f Musik 'Hanns Eisler', Charlottenstr 55, D-10117 Berlin, T: (0 30) 90 26 98 00, F: 90 26 97 01, *rektorat@hfm.in-berlin.de*; c/o Neuer Marstall, Schkoßplatz 7, D-10178 Berlin, T: (0 30) 9 02 69 92 00, F: 9 02 69 92 99; *www.hfm-berlin.de* [Westfalen]. **Ausb:** Stud Pos (W Walther) MAkad Detmold. **Laufb:** Solopos Gürzenich Orch Köln, Solopos Berliner Philh 84, OrchVorstand Berliner Philh 92–98, Stiftungsratmitgl Osterfsp Salzburg, Doz Herbert v Karajan Stift Berlin seit 85, GastProf (Pos) H f Musik 'Hanns Eisler' Berlin seit 95, Prof (Pos) ebd seit 2000, Rektor ebd seit 2000.

Göthel, Lothar, Prof, Hochschullehrer, Dirigent; Am Geyersberg 12, D-99192 Kornhochheim, T: (03 62 02) 9 03 68; H f Musik u Theater, PF 100809, D-04008 Leipzig [Delsnitz 24.6.1937]. ital u dt Oper **Ausb:** Stud Dirig (F Jung) H f M Leipzig 54–59. **Laufb:** L Staatsth Cottbus 71, Op Kons Landesth Halle/Saale 78, Prof (Werkstud) OpSch H f M 'Franz Liszt' Weimar, LAuftr H f M u Darst Kunst Leipzig. **Pr:** zahlr int Org- u OrgImpWettb. – **UA:** T Medek: Einzelstücke f Orch ('Das zögernde Lied'), 4. SinfKonz, UA Staatsth Cottbus 77.

Göttsching, Manuel, Komponist; Fuggerstr 19, D-10777 Berlin. (Red)

Götz, Cornelia, Sängerin (Koloratursopran); c/o Komische Oper Berlin, Behrensstr 55–57, D-10117 Berlin; *www.goetz.de* [Waiblingen]. **Ausb:** Stud b Christiane Hampe MH Karlsruhe, b KS Ruthilde Boesch u Max-Reinhardt-Seminar in Wien. **Laufb:** Eng OpHaus Nürnberg, Dt Op Berlin 99–2000, Sol Staatsth am Gärtnerplatz München, Gastsol Staatsth Kassel u SemperOp Dresden SpZ 03/05, Sol Luzerner Th SpZ 03/04, Kom Op Berlin SpZ 04/05, Staatsop Hamburg SpZ 04/05. (Red)

Götz, Ralf, Horn; c/o Gewandhausorchester, Augustuspl 8, D-04109 Leipzig. **Ausb:** Stud Spezialschule f M Halle/Saale, H f M 'Felix Mendelssohn Bartholdy' Leipzig (H Märker). **Laufb:** Mitgl GewandhausOrch 83. **Pr:** Prtr int Musikwettb Markneukirchen 82 u 84. **Ens:** Gewandhaus-BläserQui seit 84, BachOrch. (Red)

Goetze, Kai von, Kontrabass; c/o HR Sinfonieorchester, Bertramstr 8, D-60320 Frankfurt a M. **Laufb:** Sol HR SinfOrch Frankfurt a M. (Red)

Goetze, Ria, Prof, Hochschullehrerin, Klavier; Peter-Janssen-Str 17, D-40237 Düsseldorf, T: (02 11) 63 65 57. **Laufb:** Prof (Kl, KamM) Robert Schumann H Düsseldorf. (Red)

Götze, Thomas, Schauspielmusiker; c/o Theater Junge Generation, Meißner Landstr 4, D-01157 Dresden. **Laufb:** SchspM Th Junge Generation Dresden SpZ 03/04, StaatsSchsp Dresden SpZ 04/05. (Red)

Goetzel, Sascha, Dirigent; Böcklinstr 53, A-1020 Wien, T: (01) 7 28 10 65, 06 99–12 73 30 95 [Wien]. **Ausb:** Stud MH Graz, New York, (J Panula) Sibelius Acad Finnland. **Laufb:** Substitut Wiener Philh, Dgt Niederösterr Tonkünstler Orch, Wiener KamOrch, Wiener Volksop, OpDebüt Wiener Staatsop u Tiroler Landesth SpZ 02/03, 04/05, Dgt Wiener Staatsop 03/04, Wiener OpBall 03. (Red)

Götzen, Guido, Bass; c/o Opernhaus Zürich, Falkenstr 1, CH-8008 Zürich, T: 0 12 68 64 00; *www.opernhaus.ch* [Düsseldorf 1959]. **Ausb:** Stud Ges (J Metternich) Köln, OpStudio Köln 87. **Laufb:** Sol Stadtth Bern 88/89, Bayer Staatsop München 89–94, Op Zürich seit SpZ 03/04. **Pr:** Belvedere Wettb 87. (Red)

Goetzke, Bernd, Prof, Hochschullehrer, Klavier; Hochschule f Musik u Theater, Emmichpl 1, D-30175 Hannover [Hannover]. Klaviermusik 20. Jh **Ausb:** Stud (K.-H. Kämmerling) H f M u Th Hannover, Schüler v A. B. Michelangeli. **Laufb:** Prof (Kl) H f M u Th Hannover seit 82. (Red)

Goffing, Dieter, Bariton; c/o Konzertdirektion Fritz Dietrich, Sigmund-Freud-Str 1, D-60435 Frankfurt/M, T: (0 69) 54 45 04, F: 5 48 41 07, *info@konzertdirektion-dietrich.de*. Oper, Operette, Konzert **Ausb:** Stud SchM, Ges (Ph Huttenlocher, S Nimsgern) MH Saarbrücken, Stud (MWiss) U Saarbrücken, Aufbaustud Ges (J Tamaru) Kons Mainz, StudPriv (H Kretschmar). **Laufb:** Sol Landesth Detmold 96–99, Gastsol ebd 99–02, Sol Th Plauen-Zwickau. **Pr:** 1. Pr Richard-Wagner-Wettb Mainz 95.

Gogg, Moritz, Mag art, Sänger; c/o Hamburgische Staatsoper, Große Theaterstr 34, D-20354 Hamburg, PF 302448, D-20308 Hamburg, T: 0 16 36 11 20 45, *moritz.gogg@gmx.at*; c/o Volksoper Wien, Währinger Str 78, A-1090 Wien [Graz 2.3.1974]. Oper, Oratorium u dt Lied **Ausb:** Stud Ges (H Lazarska), Lied (W Berry, R Holl) MU Wien 93–2000, Dipl m Ausz 2000. **Laufb:** Sol Wiener KamOp 99–01, Ldesth Salzburg, Gastsol Landesth Linz SpZ 2000/01, OpFSp St Margarethen 99, OpStudio d Hamburg Staatsop 01–03, EnsMitgl Hamburg Staatsop seit 03, Sol Volksop Wien SpZ 04/05. **Pr:** 2. Pr 'Jugend musiziert' 91, 2. Pr Int GesWettb 'Ferruccio Tagliavini' 97, Prtr Int Sommerakad Mozarteum Salzburg 98. – **Aufn/RF:** E Kálmán: Gräfin Mariza, m Wiener Opernballorch, Dgt U Theimer 99; S Prokofjew: Die Liebe zu d 3 Orangen, Dgt A Eschwe 02 (NDR-Mitschnitt); G F Händel: Giulio Cesare, Dgt: A De Marchi (NDR-Mitschnitt); R Keiser: Der lächerliche Prinz Jodelet, Dgt: A De Marchi (NDR-Mitschnitt). **UA:** J Arnecke: 'Das Fest im Meer' (Gino), Hamburg Staatsop 03.

Gogolin, Lisa, Klavier, Hochschullehrerin; Lessingstr 4, D-15366 Neuenhagen, T: (0 33 42) 8 05 21; c/o Univ d Künste, Fak Musik, PF 120544, D-10595 Berlin, T: (0 30) 3 18 50, F: 31 85 26 35, 31 85 26 59, *presse@udk-berlin.de*. **Laufb:** Doz U d Künste Berlin. (Red)

Gogou, Elisavet, Solorepetitorin; Theater, PF 100554, D-99005 Erfurt. **Ausb:** Stud (Dir) b L. Herbig in Düsseldorf. **Laufb:** Solorep Th Erfurt seit 03/04. **Pr:** 1. Prtr „YAMAHA Foundation of Europe". (Red)

Gohl Moser, Käthi, Violoncello, Barockvioloncello; Hegenheimermattweg 6, CH-4123 Allschwil, T: 06 14 81 90 42, F: 06 14 82 19 00, *gomos@balcab.ch*. Kammermusik **Ausb:** Franz Liszt Akad Budapest 73/74 (Stip), Stud (Vcl) H f M Zürich bis 78. **Laufb:** Studienltg H f M Basel.

Gohl, Michael, Klarinette, Dirigent; An der Specki 33, CH-8053 Zürich, T: 0 14 22 29 87. (Red)

Gohl, Verena-Barbara, Mezzosopran; Ausserfeldstr 10, CH-8911 Rifferswil, T: 0 17 64 24 20 [Winterthur 1959]. **Ausb:** Stud (K Graf) Kons Winterthhur, (B Fassbaender) MH München, Weiterb (V Rozsa) London, (D Hall) Bern, Mstrks Liedinterpr (I Gage). **Laufb:** Eng OpStudio d Bayer Staatsop 83–85, danach Bayer Staatsop München, Bühnen Augsburg, Heidelberg, Luzern, Konz In- u Ausland (Orat, OrchLieder ua), als freiberufl Sängerin Liederabende m I Gage, U Voegelin u C Gieré. – **AuftrKomp:** versch RF- u CD-Aufn. (Red)

Gohritz, Siegfried, Prof, Hochschullehrer, Sänger; In den Vierteln 50, D-99438 Hetschburg, T: (03 64 58) 4 19 94, *hengstbachhof@t-online.de*; H für Musik 'Franz Liszt', PF 2552, D-99406 Weimar, *siegfried.gohritz@hfm-weimar.de*. **Laufb:** Prof (Ges) H f M 'Franz Liszt' Weimar. (Red)

Golan, Itamar, Klavier; c/o Conservatoire National Supérieur de Musique et de Danse, 209 avenue Jean Jaurès, F-75019 Paris, T: (01) 40 40 46 47, F: 40 40 47 27, *instrum@cnsmdp.fr* [Vilnius]. **Ausb:** New England Kons Boston. **Laufb:** Sol Israel Philharmonic, Sol Berliner Philh Orch. **Ens:** Trio m Shlomo Mintz u Matt Haimovich. (Red)

Golay, Yumi, Sopran; Zehntenhausstr 16, CH-8046 Zürich, T: 04 43 71 68 59 [Tokio]. Mozart, romant Komp (E Grieg ua) **Ausb:** Stud StaatsU f Kunst u M Tokio, Stip Rotary-Club Int, Stud Genf m KonzDipl, Mailand, Stuttgart, Mozarteum Salzburg. **Laufb:** OpStudio Zürich, Op Luzern, Schweizer GastspOp; Konz Schweiz, Dtschld, Ungarn, Frankreich, Österreich, USA, Japan. (Red)

Golbs, Petra, Sängerin; Klosterstr 06, D-03046 Cottbus, T: (01 79) 9 42 95 10. **Laufb:** Sol Staatsth Cottbus SpZ 03/05. (*)

Goldberg, Reiner, Tenor; c/o Deutsche Staatsoper, Unter den Linden 7, D-10117 Berlin, PF 354, D-10109 Berlin. **Laufb:** Sol Dt Staatsop Berlin SpZ 01/05, Sächs Staatsop Dresden; Gastsol Vereinigte Bühnen Graz SpZ 03/04, Sol Hamburger Staatsop SpZ 04/05. (Red)

Golder, Andrew, Bassbariton; c/o Theater Bielefeld, Brunnenstr 3–9, D-33503 Bielefeld, T: (04 63) 5 52 66. **Ausb:** Stud Royal Coll of Music u RCM Op School London, weitere Stud (R Llewellyn, R Herincx), Mstrkl (J Baker, G Evans). **Laufb:** rege Konz- u Orat Tätigkeit, ua Paris, London, Truro-Kathedrale u St Endellion Fstv, Kathedrale Monaco, Bayreuth, Op- u Musical ua in Th Royal Drury Lane London, Op de Caen, Grand Th de Tours, Th du Châtelet Paris, Berliner Staatsop, Op de Nice, Grand Th de Limoges, Sol Stadtth Klagenfurt SpZ 2000/01 u 03/04, Gast Volksop Wien, Luzern 2001, Teatro de la Maestranza Sevilla 2001, Wiener Fstw 2003, GastSol Th Bielefeld SpZ 04/05. – **UA:** A Detweiler: Op 'König Saul' (David). (Red)

Goldfeld, Denis, Violine; Narzissenweg 5, D-23617 Stockelsdorf, T: (04 51) 4 94 65 27 [Ufa, Russland]. **Ausb:** Spec M School f Gifted Children 83–89, MH Lübeck 90–2000. **Pr:** 1. Pr Russ Nat V Competition 85, Samson François Foundation Pr Paris 96. (Red)

Goldhammer, Siegmund, Komponist, Dirigent, Musikdirektor; Kötztinger Str 13, D-10318 Berlin, T: (0 30) 5 08 24 44, F: 5 08 24 44 [Bielen 8.3.1932]. konzertant-sinfon Bläsermusik **Ausb:** Stud MH Sangerhausen, Eisleben, Weimar 49–52, Stud (Dirig, Komp) MH Hanns Eisler Berlin 61–67. **Laufb:** Lt e Militärorch 72–81, MD 75, freischaff Komp u Dgt ab 82, künstl Lt Gr Blasorch Berlin 91–92, Dgt u künstl Lt I. Brandenburgisches Garde Blasmusikkorps d Musik- u Kunstschule Fürstenwalde 99–2001. **Pr:** Theodor-Körner-Pr 80, Kunstpr d Gewerkschaften 88, Vaterländ Verdienstorden (Br) 89, Hoffmann-v-Fallersleben-Med 97, Dirigentennadel i Gold 2000. **Mitgl:** Dt Komponistenverband seit 90. – **Komp:** Concertino f Hn u Gr Orch 67; Concertino f Klar u Gr Orch 68, UA Berlin, R Hanell 69; Concertino f Kl u Blasorch (Konz) 70, UA Berlin, S Stöckigt, G Baumann 71; Konz f sinfon Blasorch 73, UA Berlin, Zentrales Blasorch Berlin, Dgt: G Baumann 74; Musikalisches Feuerwerk (Rhapsodie, sinfon Blasorch) 82, UA Berlin, Zentrales Blasorch Berlin, Dgt: H Sommer 82; Konz f Trp u sinfon Blasorch 86, UA Berlin 87; Concertino f Ob, Fagott u sinfon Blasorch 87, UA Berlin 87; Concertino f Hn u sinfon Blasorch 88, UA Berlin 88. **Aufn/RF:** Bearbeitg d Op 'Zauberflöte' (f sinf Blasorch u Ens), UA Leipzig-Trebsen, RF-Blasorch Leipzig, Dgt: J Wehner 96; Bearbeitg d Op 'Hänsel u Gretel' (f sinf Blasorch u Ens), konz Auff Leipzig, Gewandhaus, RF-Blasorch Leipzig, Dgt: J Wehner 97.

Goldmann, Friedrich, Prof, Komponist, Dirigent, Hochschullehrer; Windscheidstr 2, D-10627 Berlin, T: (0 30) 3 23 87 64, F: 32 70 76 35; Univ d Künste, Fak Musik, Inst f Neue Musik, PF 120544, D-10595 Berlin [Siegmar-Schönau 27.4.1941]. OrchMusik, Ens/KamMusik, Schauspielmusik **Ausb:** Mitgl Dresdner Kreuzchor 51–59, Spezialsem f Komp b K Stockhausen Darmstädter Ferienkse f neue M 59, Stud (Theorie u Komp) H f M 'Carl Maria v Weber' Dresden 59–62, Mstrkl (R Wagner-Régeny) Dt Akad d Künste Berlin 62/64, Stud (Musikwiss) Humboldt-Univ Berlin 64–68. **Laufb:** musikal Mitarb 'Berliner Ens', freischaff Komp seit 68, Prof (Komp/Neue M) H d Künste Berlin seit 91, Prof U d Künste Berlin 01–06. **Pr:** Hanns-Eisler-Pr 73, Kunstpr d DDR 77, Mitgl Akad d Künste Berlin 78, Nationalpr d DDR 3. Kl 87, Mitgl Akad d Künste Berlin (West) 90, Mitgl Sächs Akad d Künste Dresden seit 97. **Mitgl:** Präs d Ges f Neue M (DDR) 90, Präs d Dt Sektion d IGNM seit 91–97. – **Komp:** Sinfonie 1, UA Leipzig, Dgt: H Kegel 73; Opernfantasie R. Hot, UA Staatsop Berlin, Dgt: F Goldmann 77 (Auftr: Staatsop Berlin); Inclinatio Temporum (f Orch), UA Dresden, Dgt: Blomstedt 81 (Auftr: Staatskap Dresden); Klavierkonzert, UA Leipzig m Caspar (Kl), Dgt: Masur 81 (Auftr: Gewandhaus); Ensemblekonzert 1, UA Paris m Ens modern, Dgt: Eötvös 83 (Auftr: Ens modern); Sinfonie 3, UA Berlin, Dgt: F Goldmann 87; Spannungen eingegrenzt (f Orch), UA Berlin, Dgt: F Goldmann 89; Sinfonie 4, UA Berlin, Dgt: Goldmann 89 (Auftr: Berliner FestW); Klangszenen 1 (f Orch), UA Baden-Baden, Dgt: Goldmann 91 (Auftr: SWF Baden-Baden); Klangszenen 2 (f Orch), UA Berlin, Dgt: Barenboim 94 (Auftr: Berliner FestW); 2. Streichquartett, UA Berlin m Arditti-Qua 97 (Auftr: Berliner FestW); Klangszenen 3, UA Berlin, Dgt: Inbal 03; 'Herzstück' f Sop, Fl u Git, UA Berlin 04; Trois en quatre (Liszt-Interludien), UA Weimar, Dgt: Rotman 05. **Aufn/RF:** CD: Spannungen eingegrenzt, m RSO Hannover, Dgt: I Metzmacher u Klangszenen 1, m RSO Stuttgart, Dgt: G Goldmann 94; Sinf 1, Sinf 3, Inclinatio Temporum, m Staatskap Berlin, Dgt: G Goldmann 02; Oboenkonz, m RSO Frankfurt, Dgt: G Goldmann 04.

Goldschmidt-Pahn, Maria, Prof, Flötistin, Hochschullehrerin; Hochschule Musik u Theater, Florhofgasse 6, CH-8001 Zürich, *maria.goldschmidtpahn @doz.hmt.edu*; c/o Ensemble opera nova Zürich, Christine Theus, Weinbergstr 148, CH-8006 Zürich; *www.operanova.ch* [Halle/Saale]. **Ausb:** Stud (QuerFl) H f M 'Hanns Eisler' Berlin b Hertha Mergl, Stud MAkad Basel b Aurèle Nicolet u Peter Lukas Graf, Unterr b Prof. Linde Brunmayr. **Laufb:** Prof (Querfl, Alte Musik, Traversfl) MH Winterthur Zürich, Sol Orch Op Zürich. **Ens:** opera nova Zürich. (Red)

Goldschmidt, Maria *siehe* Goldschmidt-Pahn, Maria

Goldstein, Tanja, Schauspielmusikerin, Dirigentin; Kronenweg 2, D-72768 Reutlingen, T: 0 17 76 36 49 62, *tanja.goldstein@web.de*; c/o CICADA.con Agentur & Management, Gubener Str 3b, D-10243 Berlin, T: (0 30) 29 00 13 35, 01 71–3 64 52 77, F: 29 00 58 97, *info@cicada-con.de*. **Ausb:** Stud Dirig (L Herbig) 98–03 'Robert-Schumann-Hochschule' Düsseldorf 98–03, begl Stud ua b J v Steen, S Young. **Laufb:** ChefDgt Johann-Strauss-Orch Baden-Württemberg seit 01, Dgt FreilichtSp Tecklenburg seit 02, musikal Ltg BurgFSp Jagsthausen seit 03, ZusArb ua m d Bergischen Symphonikern, Württemb Philh Reutlingen, Berliner Sinfonikern 05. (Red)

Golisch, Stefanie, Sängerin; Kohlmannstr 6, D-28359 Bremen, T: (04 21) 2 43 60 94 [Bremen]. **Laufb:** Sol KamOp Dresden SpZ 03/04; organisator Ltg, Dgt u Solo-S 'Sinfonietta Bardou'. (Red)

Gollasch, Jörg, Schauspielmusiker; c/o Deutsches Theater, Schumannstr 13 a, D-10117 Berlin. **Laufb:** SchspM Staatsth Mainz SpZ 03/04, Burgtheater SpZ 04/05, Dt Th Berlin SpZ 04/05, Düsseldorfer Schauspielhaus SpZ 04/05, Schauspiel Frankfurt SpZ 04/05. (Red)

Golle, Jürgen, Prof, Komponist; Comeniusweg 7, D-08056 Zwickau, T: (03 75) 29 73 94 [Zwickau 4.11.1942]. **Ausb:** Stud Päd Inst Zwickau 62–66, Direkt- u Fernstud, Aspirantur Komp (W Weismann) MH Leipzig 65–71, Studaufenthalt Kons St Petersburg 81. **Laufb:** LTätigkeit (Mtheorie, Tonsatz) PH Zwickau seit 67, jetzt TU Chemnitz/Zwickau, Doz 84, Prof 93. **Pr:** Prtr V-E-Becker-KompWettb Bad Brückenau 91, 1. Prtr KompWettb Bad Sängerbund 92, KompPr d AG Europ Chorverbände 99. – **Komp:** 7 Lieder nach Wolfgang Borchert (Stingstimme u Kl) 68, UA Leipzig 68; An den Frühling, 4 Madrigale (5-stg gem Chor a cappella) 69, UA Leipzig 70; Partita über 'Es ist e Schnitter, heißt d Tod' (OrgelW), UA Altenburg, F Friedrich 89; Lichtzeichen (ChorW) 90/91; Son f Vcl u Kl 90, UA Zwickau 91.

Golovanova, Jaroslavna, Sängerin (dramatischer Sopran); Starokonyshenii pereylok 28, kb 20, Moskau 121002, Russland, T: (0 95) 2 41 55 33 [29.11.1972]. Oper, Konzert, zeitgen Musik **Ausb:** Stud (Kl, Dirig, Ges) Tschaikowsky Kons Moskau 90–94, Stud Ges (K Moll) MH Köln 94–2000, Stud Ges SolKl (E Glauser) MH Bern seit 99. **Laufb:** Sol Stadtth Bern, Sol Capello Villa Duria 2000, Konz m Baden-Baden-Philh, Köner Philh, RF-Orch SWF, Berner Symph Orch, Moskauer Symf Orch, Liederabende u KamM-Konz Russland, Spanien, Dtschld, Schweiz, Händel-Wochen Köln u Italien, Partien ua Tschaikowsky: 'Evgeniy Onegin' (Tatyana); Tschaikowsky: 'Pique Dame' (Lisa); Verdi: 'La forza del destino' (Leonore); ders: 'Trovatore' (Leonore); Mozart: 'Le nozze di Figaro' (Gräfin); Dvorak: 'Rusalka'. **Pr:** Teiln Münchner Singschule, Teiln Salzburger Mozarteum, Gewinnerin Wettb Schweiz, Bundesstip MH Bern. – **Aufn/RF:** Schönberg: 2. StrQua (f Sop Solo u Qua), Salzburger Mozarteum 01, Weihnachtskonzerte m Kaiserslauterner Philh Orch, Rheingoldhalle Mainz 02. **UA:** G Frid: 'Das Tagebuch d Anne Frank' (Anne), Bern, Stadtth Bern, KamOrch 01. **Lit:** Almanach 01; 'Der Bund' 01.

Goltz, Conrad von der, Prof, Violinist, Hochschullehrer; Meisenriederweg 10, D-93152 Nittendorf, T: (0 94 04) 62 77, F: 62 77; H f Kath Kirchenmusik u Musikpädagogik, Andreasstr 9, D-93059 Regensburg, T: (09 41) 83 00 90 [Berlin 18.6.1928]. Kammermusik, Frühförderungspädagogik (Hochschullehre) **Ausb:** (W Hanke) MH Hamburg, (T Varga) MH Detmold, Mstrkse b W Schneiderhan u M Rostal. **Laufb:** LBeauftr (Frühförderung, V, KamM) H f M Würzburg u (V) KiMSchule Regensburg; 1. Konzm Oslo Philh u Philh Staatsorch Bremen, L Akad f M u Th Hannover, Prof H Würzburg seit 63. **Pr:** BVK a Bande. **Ens:** dt-engl Mozart-Ens, Brahms-Trio (m K Hjort, J Polasek, L Hoelscher). **Mitgl:** ESTA. – **Aufn/RF:** J S Bach: 6 Son u Partiten; G Ph Telemann: 3 Solo-Phantasien, Method Son, J Brahms: 3 Son u Scherzo, Trio op 87, KlQu op 26, 2 Sextette. **UA:** M Jobst: VKonz, UA Nürnberg (BR). **Zug:** E Maimardi: VSon, F E Spannheimer: KlTrio. **Sonst:** Orientierungsmodelle f V-Unterr.

Goltz, Gottfried von der, Prof, Violine, Konzertmeister, Hochschullehrer; Turnseestr 10, D-79102 Freiburg, T: (07 61) 70 69 35, F: 7 07 31 63, *goltzfbo @t-online.de*; Freiburger Barockorchester, Bertoldstr 45, D-79098 Freiburg, T: (07 61) 70 57 60, F: 7 05 76 50, *info@barockorchester.de* [1964]. **Ausb:** Stud V (K v d Goltz, R Shevelov) Hannover, Juillard School New York, (R Kußmaul) H f M Freiburg. **Laufb:** Mitgl SinfOrch NDR Hamburg, Musikal Ltg Freiburger Barockorch, Prof (BarockV) H f M Würzburg 97, Prof (BarockV) H f M Freiburg 04. **Ens:** Freiburger Barockorchester. (Red)

Goltz, Joachim, Bariton; Kaufhausgasse 9, D-09599 Dresden, T: 0 16 29 42 55 49, F: (0 37 31) 20 35 35, *joachimgoltz@hotmail.com*; *www. joachim-goltz.de* [Mannheim 29.7.1973]. **Ausb:** Stud Ges (I Russ) H f M Detmold 99–02, (C Thomas) ebd 02–04. **Laufb:** Sol Junge KamOp Köln SpZ 03/04, Th Freiberg SpZ 04/05 u 05/06.

Gomez-Martinez, Miguel Angel, Dirigent, Komponist; 54 a, rue de Lausanne, CH-1110 Morges; c/o Balmer & Dixon Management AG, Kreuzstr 82, CH-8032 Zürich, T: 04 32 44 86 44, F: 04 32 44 86 49, *mail@badix.ch*; *www. badix.ch/cond/gomez.html* [Granada 17.9.1949]. **Ausb:** Stud Granada, Madrid, USA, (H Swarowsky) Wien. **Laufb:** Chefdgt RTVE Orch Madrid 84–87, künstl Lt u Chefdgt Op Madrid 85–91, Chefdgt Bask NatOrch San Sebastian 89–93, GMD Mannheimer NatTh u Chefdgt Musikal Akad 90–93, Chefdgt Hamburger Symph 92–99/2000, Ehrendgt auf Lebenszeit, Chefdgt Neue Finn Op Helsinki 93–96, Chefdgt Op Bern 2000–04, künstl Dir u Chefdgt Orqu de Valencia 97–05, ständ Gastdgt an d gr Ophäusern d Welt, KonzTätigkeit Europa, USA, Ferner Osten, La Scala Mailand, Teatro Real Madrid, Gesamtltg Int Jg OrchAkad ab 04, koord GMD Mannheim ab 04. **Pr:** Gold Medaille d Stadt Granada 84, Zivilverdienstkreuz (v König Juan Carlos überreicht), Ehrenbürger d XX. Jh d Stadt Granada neben M de Falla u F Garcia-Lorca. – **Komp:** Sinf del Descubrimiento (MännerCh, Orch), UA Mannheim 92 (Auftr: Provinz Sparkasse Granada); 'Cinco Canciones Sobre Poemas de Alonso Gamo' (Sop, Orch) 96, UA Hamburg 96; Suite Burlesca (Orch) 73, UA Valencia 99. **Aufn/RF:** zahlr Einsp, ua CD: Sinf del Descubrimiento (MännerCh, Orch), UA Mannheim, Sop u NDR-MännerCh, Hamburger Symph 92.

Gomperts, Jan Pieter van *siehe* Gampl, Johann Peter

Gonnissen, Olaf van, Prof, Gitarre, Hochschullehrer; Walter-Schwagenscheidt-Str 3, D-61476 Kronberg, T: (0 61 73) 17 43, *ovg@ vangonnissen.de*; Hochschule f Musik u Darst Kunst, Eschersheimer Landstr 29–39, D-60322 Frankfurt; *www.vangonnissen.de* [Tiengen/Oberrhein]. **Ausb:** Stud Git (H. Teuchert) H f M u Darst Kunst Frankfurt aM 70–75. **Laufb:** Prof (Git) H f M u Darst Kunst Frankfurt/M seit 99, Doz (Git) Akad f Tonkunst Darmstadt, Prof (Git) H f M u Th Hamburg. **Ens:** „Frankfurter Gitarrenduo“, Mutare Ens Frankfurt, World Guitar Ensemble. (Red)

Gonsi, Bernd, Sänger; Lichtweg 4, D-08066 Zwickau, T: (03 75) 47 51 89; c/o Theater Zwickau, Neuberinpl, D-08056 Zwickau. **Laufb:** Sol Th Plauen-Zwickau. (*)

Good, Anny, Gesang; Stüssistr 90, CH-8057 Zürich, T: 0 13 61 48 01. (Red)

Goodman, Barbara, Sängerin; c/o Theater St Gallen, Museumsstr 24, CH-9004 St Gallen. **Laufb:** Sol Th St Gallen SpZ 03/04. (Red)

Goodwin, Paul, Dirigent; c/o Kammerorchester Basel, Kanonengasse 37, CH-4051 Basel. **Laufb:** Nationalth Mannheim, Dgt Kammerorchester Basel. (*)

Gordon-Stewart, Miriam, Sängerin; c/o Hamburgische Staatsoper, PF 302448, D-20308 Hamburg. (Red)

Goretzko, Stefany, Alt; Eichenstr 20, CH-9320 Arbon, T: 07 12 44 14 17. **Laufb:** Gastsol Ulmer Th SpZ 00/01. (Red)

Goris, Dominique, Komponist, Klavier; Schlüterstr 4, D-20146 Hamburg, T: (0 40) 4 10 44 09; c/o Agentur Polter, Bachstr 72, D-22083 Hamburg, T: (0 40) 2 10 20 36, F: 2 10 20 36 [Hamburg 1959]. **Ausb:** Stud Kl u Komp. **Laufb:** zahlr Konz In- u Ausland seit 83. **Pr:** Stip Freie- u Hansestadt Hamburg 83, 86, 87. – **Komp:** ua Son nr 1 f Kl 91/92, UA Taipeh 95; Konz f Va u gr Orch 93, UA Zürich 95; 16 Préludes f Kl (Stimmungsbilder n Gedichten v M Kaléko) 94, UA Berlin 94; Toccata f Marimbaphon 94, UA Hamburg 95; Son f Vcl u Kl 95, UA Hamburg 96; Kammersymph f 3 BlechBl, 3 Schlgz, Hfe u StrOrch 95, UA Kopenhagen 96; Son f V u Kl 96, UA New York 97; StrQua 96, UA Hamburg 97; Konz f V u gr Orch 96/97, UA Tiflis 98; Son Nr 1 f V solo 97, UA Hamburg 97; Son f Va solo 97, UA Hamburg 98; son Nr 3 f Kl 2000, uA Tiflis 01; Symph Nr 1 01, UA St Petersburg 02. **AuftrKomp:** 5 Lieder f Sop u Kl, n Gedichten v M Hausmann 98/99, UA Oldenburg 2000 (Auftr: Edith Russ Stift); Duo f Schlgz u Kl 03, UA Hamburg 03 (Auftr: Hamburg Ballett J Neumeier). **Sonst:** Mitbegrdg u künstl Ltg int Kulturprojekt 'arte mondo'; weitere Projekte: 'Doppelnatur d Musik – Musik u Philosophie', 'Musik u Architektur', 'Musik u Literatur', int KompProjekt 'Musik im Austausch'; Ltg Projekte d Reihe 'Musik in Schulen'.

Goritzki, Ingo, Prof, Hochschullehrer, Oboe; Landhausstr 20, D-70190 Stuttgart, T: (07 11) 52 37 63, F: 52 40 10, *ingogoritzki@netscape.net*; Hochschule f Musik u Darst Kunst, Urbanstr 25, D-70182 Stuttgart [Berlin]. **Ausb:** Stud Ob (H. Winschermann) u Kl (K. Schilde) Nordwestdt Musikakad Detmold, Kurse b P. Casals u S. Végh. **Laufb:** Solo-Oboist SymphOrch Basel, später Radio-SymphOrch Frankfurt/M, Prof H f M u Darst Kunst Stuttgart. (Red)

Goritzki, Johannes, Prof, Hochschullehrer, Cello; Morper Allee 25, D-40699 Erkrath, T: (02 11) 24 65 75, F: 24 59 69; Robert Schumann Hochschule, Fisherstr 110, D-40476 Düsseldorf. **Ausb:** Stud b Casals, Navarra, Cassado. **Laufb:** Prof (Vcl, KamM) Robert-Schumann-H Düsseldorf, Musikal Lt Dt KamAkad Neuss/Rhein. **Pr:** 'Grand Pr d Discoboles d L'Europe' f CD O Schoeck Vcl-Konz. (Red)

Goritzki, Markus, Prof, Hochschullehrer, Sänger; Reiterstr 12, D-79100 Freiburg, T: (07 61) 80 73 84, *mgflieger@web.de*; Hochschule f Musik, Schwarzwaldstr 141, D-79102 Freiburg [1950]. **Ausb:** Stud (Kindenbaum, Blaschke, Kaminski, Werba) in Detmold, Berlin, München. **Laufb:** Prof (Gesang) Staatl H f Musik Freiburg seit 97. **Ens:** Bayer Staatsop München. (Red)

Gornik, Sonja, Dipl ML, Dipl S (ab 06), Sopran; c/o Staatstheater Mainz, Gutenbergpl 7, D-55116 Mainz, T: (0 61 31) 73 20 09, 01 77–2 33 15 52, *sonja_gornik@yahoo.com* [Heusweiler 1.5.1976]. Oper, Oratorium **Ausb:** H f M Mainz b C Eder, Dipl ML, ab Sommer 06 Dipl Ges. **Laufb:** seit 04 Mitgl Junges Ens Staatsth Mainz, 04 u 05 Prod b KamOp Schloss Rheinsberg, 05 Gast Staatsth Darmstadt, seit 05 LAuftr MH Mainz Nebenfach Ges. **Pr:** Volker u Vera Doppelfeld Pr, 2. Pr Mstrsks Neustadt a d Weinstr, Bayreuth-Stip 05. **Ens:** Junges Ens Staatsth Mainz. – **Sonst:** Opprojekte: Mozart: 'Zauberflöte' (Königin); Rossini: 'Il barbiere di Seviglia' (Marcellina); Holzbauer: 'Il figlio delle selve' (Arsinda); Humperdinck: 'Hänsel u Gretel' (Gretel); Telemann: 'Der geduldige Sokrates' (Amitta); K Weill: 'Der kleine Mahagonny' (Jessie).

Gorny, Konstantin, Bass; Akademiestr 24, D-76133 Karlsruhe, T: (07 21) 2 15 49, F: 2 03 10 67 [Moskau 25.2.1966]. ital Oper, Konzert **Ausb:** Stud (Prof Skusnitschenko)Tschaikowsky-Kons Moskau 88–93, div Mstrkl ua b Prof H Ludwig Mozarteum Salzburg. **Laufb:** Sol Badisches Staatsth Karlsruhe seit 97, Eng ua in Genua, Palermo, Neapel, Turin, Lepzig 95/96, Dresden 96/97, Liceu Barcelona 98. – **Aufn/RF:** Verdi-Gala unter Z Mehta ua m Domingo, Raimondi, Devia, Dessi 01.

Gorywoda, Lech-Rudolf, MA, Dirigent; Sportweg 12, CH-3097 Liebefeld, T: 03 19 72 22 94 [17.5.1947]. Chorleitung, Piano **Ausb:** Kl, Dirig, Komp MAkad Warschau 67–72. **Laufb:** Teatr Wielki Warschau 72–82, Nationalth Mannheim 83–91, Chordir Stadtth Bern seit 91. – **Aufn/RF:** Chorlt u Vorb f LPs in Warschau 74–80, L Rózycki: Op 'Eros u Psyche'; S Prokoffiev: Kant 'Ivan d Schreckliche'; W Rihm: 'Die Hamletmaschine', CD Mannheim 91. **UA:** W Rihm: 'Die Hamletmaschine', UA Mannheim 91; 4 UA poln Komp Warschau 72–80, UA Bern 93–2000: K Sonnenburg: 'Faust II. Akt, R Libermann: 'Medea' III. Akt; K Saariaho: 'L'Amour de loin' Neufssg.

Gostomsky, Dieter, Prof, Hochschullehrer; Erikastr 15, D-51427 Bergisch Gladbach, T: (0 22 04) 6 58 59. **Laufb:** Prof (Tonsatz) H f Musik Köln. (Red)

Gothe, Arnd, Sänger; Bismarckstr 4, D-58089 Hagen, T: (0 23 31) 91 43 04, F: 91 43 04, *Mrgothe@aol.com*; *www.musensohn.de*. Oper, Konzert, Lied **Ausb:** Stud (Gesang) MH Frankfurt 87–89, Stud Gesang (Staempfli) Folkwang-H Essen 89–94. **Laufb:** Sol Th Hagen (03/04), Sol Th Bonn 94–96, Th Passau, Th Plauen 96–99. – **Aufn/RF:** S Wagner: 'Bruder Lustig'. **UA:** K Schwertsik: 'Der ewige Frieden', UA Op Bonn 95; M Panni: 'Das Urteil d Paris', UA Op Bonn 96; H Banter: 'Der blaue Vogel', UA Th Hagen 99; K Mechem: 'Tartuffe', europ EA, Th Hagen 01.

Gottfried, Stefan, Mag, Prof, Hochschullehrer, Cembalo; Univ f Musik u Darst Kunst, Inst Ludwig van Beethoven, Rennweg 8, A-1030 Wien, *gottfried@mdw.ac.at*. **Ausb:** KlUnterr b L Aumaier, Stud (Kl, Hn) Kons der Stadt Wien, U f Musik u Darst Kunst Wien (Kl b M Hruby, Cemb b G Murray, Komp, MPäd), Schola Cantorum Basiliensis, Basel (Generalbass u hist Tasteninstr J Christensen, Stud (Mathematik) TU Wien. **Laufb:** ao U Prof U f Musik u Darst Kunst Wien. (Red)

Gottlieb, Felix, Prof, Hochschullehrer, Klavier; Buchenstr 4, D-79194 Gundelfingen, T: (07 61) 5 95 03 85, F: 5 95 03 85, *felixgottlieb@web.de*; Hochschule f Musik, Schwarzwaldstr 141, D-79102 Freiburg [1944]. **Ausb:** Stud (E. Gilels, T. Gutman) Tschaikowsky-Kons. **Laufb:** Prof (KlKamM, Kl) Staatl H f Musik Freiburg seit 95. **Pr:** 1. Pr Moskauer Wettb f d beste Mozartinterpr 64, Prtr 5. Int Tschaikowsky Wettb 74. (Red)

Gottraux, François, Violine; Chemin de la Potteilaz 69, CH-1030 Bussigny, T: 02 17 02 32 03, F: 02 17 02 32 03; c/o Caroline Martin Musique, 126, rue Vieille du Temple, F-75003 Paris, T: 01 42 74 49 01, F: 01 42 74 46 17; *www.quatuorsinenomine.ch/*. **Ens:** Quatuor Sine Nomine. (Red)

Gottschick, Friedemann, KMD, Prof, Kantor, Organist; Alec-Moore-Str 15, D-21339 Lüneburg, T: (0 41 31) 6 67 14 [Breslau 30.3.1928]. Lied, (geistl) Chor, Orgel **Ausb:** Stud (E Pepping, G Schwarz, J N David), KiMSchule Spandau, KiMSchule Düsseldorf. **Laufb:** Kantor Düsseldorf, Lt Ev KiMSchule Rheinland 67–76, Lt Kantorei Bethel 76–91. **Mitgl:** dkv. – **Komp:** Der 30.Psalm (Mot), UA Düsseldorf 54; Es war ein reicher Mensch (Mot), UA Kassel 58; Gib uns Leben (Kant) UA, Wuppertal 75; zuletzt: Iwan, Grauer Wolf u Feuervogel (Singsp), UA Bethel-Bielefeld 90; Der du die Zeit in Händen hast (Kant), UA Detmold 92; Loben e Leben lang (Kant), UA Hardegsen 98; Gottes Brünnlein hat Wasser d Fülle (Psalmkant), UA Lüneburg 99; Variationen über einen altkirchl Hymnus f Orgel; UA Remscheid 01; Die Emmausjünger (Mot), UA Lüneburg 03; Danket, klaget, hoffet! (Kant) UA Remscheid 05; Kirchenlieder in 'Gotteslob', ev Gesangbuch, Gesangbuch d reform Schweiz, kath Gesangbuch Schweiz. **UA:** D de la Motte: Es wartet alles auf dich 69; J H E Koch: Lektion über Liebe 75.

Gottschick, Jörg, Sänger; c/o Neue Opernbühne Berlin, Goltzstr 13, D-10781 Berlin. **Laufb:** Gastsol NOB Berlin SpZ 00/05, Sol Berliner Kammerop SpZ 03/04. (Red)

Gottschick, Sebastian, Violine, Dirigent; Sybelstr 25, D-10629 Berlin, T: (0 30) 3 27 42 20, F: 3 27 42 20; c/o Musikproduktion Jörg Höflich, Enhuberstr 6–8, D-80333 München, T: (0 89) 52 20 82, F: 52 54 11, *hoeflich@musikmph.de* [Düsseldorf 1959]. **Ausb:** Stud (V, Komp) Köln u Berlin, Dirig Hamburg u Juilliard School New York, Master of Arts 89. **Laufb:** KonzM Ens Oriol 89, Künstl Ltg Ens Oriol 93–99, Gastsp m dens im In- u Ausland, ua Bodensee-Fstv, Musiktage Niedersachsen, Berliner FestW, Dresdner Tage f Neue Musik, Bachtage Ansbach, Ungarn, Österreich, Italien, Portugal, Mexico u USA, Gast Berliner KamOp, Hans-Otto-Th Potsdam, Th Basel, Musikal Lt (ua Händel: Flavio; 'Rapimento' m H Wernicke u M Kagel f Gastsp Teatro La Fenice Venedig) Musikal Ltg NOB Berlin seit 94 (04/05), Gastdgt ua Klangforum Wien, Orquesta Filarmónica de Gran Canaria, Athelas Sinfonietta Kopenhagen, SinfOrch Basel, Phoenix-Ens Basel, SDR-SinfOrch Stuttgart, Orquesta Comunal de Madrid, European Community Chamber Orch, RIAS-Jugendorch, Junge Dt Philharmonie, Ens United Berlin, Konz als Geiger u Bratscher, Gastdgt Gare du Nord SpZ 04/05. **Pr:** Stip Dt Studienstift 77–84, Stip Dt Akad Austauschdienst u Bruno-Walter-Stift 87–89, KompPr Stadt Düsseldorf 76. **Ens:** Ens Oriol, Manon Qua. – **Komp:** 'Zwei Orchesterstücke' 76; 'Orchesterstück' 81. **Aufn/RF:** M Ronnefeld: 'Am Abend tönen die herbstlichen Wälder', m Athelas Sinfonietta Kopenhagen, CD 99. **Sonst:** Hg v Ronnefeld: Sämtl Werke. (Red)

Prof Dr Clytus Gottwald

Gottwald, Clytus, Dr, Prof, Musikwissenschaftler, Chorleiter, Komponist; Uhlandweg 3, D-71254 Ditzingen, T: (0 71 56) 54 93, *Clytus.Gottwald@t-online.de*; *www.clytusgottwald.de* [Bad Salzbrunn, Schlesien 20.11.1925]. zeitgen Musik, Musik d 15. Jhs **Ausb:** Prom Frankfurt/M 61. **Laufb:** Lt Schola Cantorum Stuttgart 60–90, Red SDR 69–88, Mitgl Planungskommission IRCAM Paris 74–78, Stip (Musikpaläographie) Dt Forschungsgemeinschaft 61–04. – **Aufn/RF:** Atelier Schola Cantorum (10 CDs). **UA:** ca 80 UA. **Zug:** G Ligeti: 'Lux aeterna uva'. **Sonst:** Grdg Schola Cantorum Stuttgart 60, zahlr Veröffentlichungen, zahlr. Transkriptionen f Chor. **Lit:** C DeFotis: 'From the Work and Writings of C G' 88.

Gottwald, Franziska, Mezzosopran; c/o Boris Orlob Management, Jägerstr 70, D-10117 Berlin, T: (0 30) 20 45 08 39, F: 20 45 08 49, *info@orlob.net*; *www.orlob.net*. **Ausb:** Stud (Ges) H f M Saarbrücken, Hannover u Weimar, Mstrks b E Battalia, N Shetler u D R Davies. **Laufb:** Gastsol Niedersäch StaatsOp Hannover, Dt NatTh Weimar, Th Bielefeld SpZ 03/04, Sol Dt NatTh Weimar 98–01, Zeitgen Op Berlin SpZ 04/05. **Pr:** Int Leipziger Bachwettb 02. (Red)

Goujon, Dominique, Prof, Hochschullehrer, Dirigent; Dreinepperstr 68, CH-8708 Männedorf, T: 04 47 90 23 15; Männerchor Stäfa, Schulhaus Kirchbühl, CH-8712 Stäfa [Compiègne]. **Laufb:** Th Hagen 85, Op Kiel 92–98, Prof (Korr) MH Lübeck, ChLtg Stäfa. (Red)

Gould, Stephen, Tenor; Wimbergergasse 39, A-1070 Wien, T: (01) 5 26 41 03; c/o Caecilia Lyric Department, Rennweg 15, CH-8001 Zürich, T: 0 12 21 33 88, F: 2 11 71 82, *caecilia@caecilia-lyric.ch*; *www.stephengould.org*, *www.caecilia.ch/newPres/bio/gou.htm* [Roanoke, VA, USA]. **Ausb:** Stud (J Moriarty) New England Cons of M Boston, Massachusetts, (J Fiorito) New York. **Laufb:** EnsMitgl Center for American Artists d Lyric Op of Chicago 88–90, Gast in Boston u Los Angeles, Fachwechsel v Bariton z Heldentenor, Sol Ldesth Linz ('Peter Grimes', Titelpartie; 'Ariadne auf Naxos', Bacchus; 'Samson et Dalila', Samson; 'The Rake's Progress', Tom Rakewell; 'Der Freischütz', Max) seit 99, Sol Bayer Staatsop München ('Tristan u Isolde', Melot; 'Irische Legende', Geier; 'Fidelio', Florestan) seit 00, Gastsol Vereinigte

Bühnen Graz u Ldesth Linz SpZ 03/04, Berliner Staatsop 03/04, Dt Op 03/04, Semperop Dresden SpZ 04/05; Bayreuther FSp 04/05. (Red)

Gourari, Anna, Klavier; c/o Concerto Winderstein GmbH, Leopoldstr 25, D-80802 München, PF 440446, D-80753 München, T: (0 89) 38 38 46 10, F: 33 79 38, *info@gourari.com, artists@winderstein.de*; *www.gourari.com* [Kasan 3.10.1972]. **Ausb:** MSchule f Hochbegabte 79–89, Stud (L Hoffmann, G Pirner) H f Musik München. **Laufb:** ZusArb m L Maazel, Z Mehta, Sir C Davis, I Fischer, LBeauftr H f M München seit 97. **Pr:** 1. Pr: Kabalewskij-Wettb 86, Chopin-Wettb Göttingen 90, Int Clara-Schumann-KlWettb Düsseldorf 94, Staatl Förderpr f junge Künstler 99, Echo Klassik 2000, Echo Klassik 2001. – **Aufn/RF:** ua Beethoven: Konz f Kl u Orch Nr 3 c-moll, op 37, m Robert-Schumann-Orch, Dgt J Kussmaul; Strauss: 'Parergon' Konz f d linke Hand, 'Panathenäenzug', Konz f d linke Hand, m Bamberger Symph, Dgt A Rickenbacher; Beethoven: Klavierkonz Nr 3 c-moll, Sonate 'Pathétique', 32 Variationen c-moll, m Sächs Staatskap Dresden, Dgt C Davis; Scrjiabin, Préludes; Chopin, Vier Scherzi.

Gourzi, Konstantia, Prof, Dirigentin, Komponistin, Hochschullehrerin; H f Musik u Theater, Arcisstr 12, D-80333 München, T: (0 89) 28 92 74 85, F: 28 92 74 49, *kgourzi@musikhochschule-muenchen.de*; c/o PR Management Quint-essenz, Ferchenbachstr 7, D-80995 München, T: (0 89) 1 50 50 99, F: 1 50 37 76, *info@quint-essenz.com*; *www.konstantiagourzi.com, www.ensemble-oktopus.com* [Athen]. **Ausb:** Stud (Kl, Komp, Dirig) Kons Athen, H d K Berlin, Ass b G. Kurtág u C. Abbado. **Laufb:** Tätigk m P Eötvös an d 'Int Eötvös Inst Foundation', Ass (C Abbado) Berliner Philh, ZusArb m G Kurtág 93–96, m int Konz-Projekt 'Zeitzonen' nach Nord- u Südamerika, Skandinavien, Ungarn, Spanien, musikal Lt Ens attacca berlin, Auftr Berliner FestW m attacca berlin, Mentorin Workshop 'Interpretation – Realisation' KompWerkstatt Saarbrücken 99, künstl Lt Ens 'Echo' H f M Hanns Eisler Berlin, Dirigat 'Nacht d Klassik' Hamburg 2000, Dgt Dt Staatsop Berlin SpZ 03/04, Prof (EnsLt) H f M u Th München. **Pr:** Prtr DMR, 1. KompPr Fanny-Mendelssohn-Wettb 91, 2. Pr 1. Int Wettb f Dgt zeitgen M Paris 95, mehrere Stip als Dgt u Komp, ua H d K Berlin, Onassis Stift, Senat f kulturelle Angelegenheiten Berlin, DAAD. **Mitgl:** Hanns Eisler Freundeskreis. – **Komp:** noch fürcht ich (Kl solo), UA Berlin 92; atlantis 1 (Stimme, Zymbal), UA Venedig 2000; Mykene (gr Orch), UA Frankfurt, HR Orch, Dgt: K Gourzi (Auftr: HR 02); Philemon u Baucis (Op), UA Berlin, m echo ens, Unter den Linden, Dgt: K Gourzi (Auftr Magazin Unter den Linden); Fünf Lieder f Lefkas (StrOrch), UA Fstv Lefkas 05. **Aufn/RF:** va Arte/ZDF-Dokumentarfilm 'Hanns Eisler' m attacca berlin, BR-Portraits, Konz SWR Stuttgart. **UA:** va Mamangagis: Op, UA Athen, Kamerata Athen 97; Haydn/Gourzi: Op, UA Berlin 03; 'Mykene', Orch UA/Gourzi, HR 02. **Lit:** E Roelcke: Der Taktstock; M del Alvear: The new generation of mystery – Künstler d XXI. Jhs.

Gouthro, Susan, Sopran; c/o Bühnen der Landeshauptstadt Kiel – Opernhaus am Kleinen Kiel, PF 1660, D-24015 Kiel. (Red)

Govi, Michele, Sänger; Via Guarneri del Gesú 3, I-26100 Cremona, T: 0 37 22 48 44, *govim@inwind.it*. (Red)

Goy, Jean-Paul, Oboe; rue de l'Ale 4, CH-1003 Lausanne, T: 02 13 12 27 87; c/o Orchestre de Chambre de Lausanne, Rue Saint-Laurent 19, CH-1003 Lausanne, T: 02 13 45 00 20, F: 02 13 45 00 21, *ocl@vtxnet.ch*. **Ens:** Orch de Chambre de Lausanne. (Red)

Graap, Lothar, Cembalo, Komponist; Münchener Str 22, D-15566 Schöneiche bei Berlin, T: (0 30) 4 64 38 97 93 [Schweidnitz 15.6.1933]. Besetz u Formen i Hinblick auf gottesdienstl Praxis **Ausb:** Stud Kons Görlitz seit 49; Stud Tonsatz, Komp (E Wenzel), Org (H Schneider) KiMSch Görlitz, Kse b H Bornefeld u S Reda. **Laufb:** KiM Niemegk/Kreis Belzig 54–57, Kantor u Org Klosterkirche Cottbus seit 57, Ltg Fach Org Kons Cottbus 91. **Pr:** KMD 81. – **Komp:** f Org, KinderCh, Tasteninstr u Fl, Tastensinstr u Ges, Blechblinstr u gem Ch. (Red)

Grabe, Winfried, Violine [München]. **Ausb:** V-Stud MH München b Prof Otto Büchner u Prof Kurt Guntner, als Primarius d 85 gegründeten Seraphin-Qua Stud KamM b Melos-Qua an d MH Stuttgart u b Franz Beyer in München. **Laufb:** Tätigkeit im Bayer Staatsorch u b d Münchner Philharmonikern 84–89, regelm Eng v SymphOrch d BRseit 92, freiberufl tätig, seit 91 Konzm d Amati-Ens München, d Augsburger Kammersol u d Würzburger Bachorch, Sol m einem Repertoire v Barock b zur Moderne, künstl Lt d Ens Haar seit 92, Debüt in Wien, Köln u Düsseldorf m d NES Chamber Orch u d Geiger Dmitry Sitkovetzky 94, KamMPartner v Sitkovetzky auf zahlr Fstv, ua in d USA u Skandinavien, Auftr als 'Geigender Kabarettist' m eigenen Solo-Programmen. – **Komp:** Tätigkeit als Komp im Bereich d Filmmusik, zB f d Filme 'Schlafes Bruder', 'Comedian Harmonists', zu Dana Vavrovas Kinofilm 'Hunger' u zu Johannes Kiefers Kurzfilm 'Gregors größte Erfindung'. (Red)

Grabmeier-Müller, Roswitha, Sängerin; Kapellstr 19, D-40479 Düsseldorf, T: (02 11) 5 13 63 55. **Laufb:** Sol Landesth u Kammerspiele Salzburg. (*)

Grabmeier, Ludwig, Prof, Sänger, Hochschullehrer; Kaiserswerther Str 115, D-40474 Düsseldorf, T: (02 11) 59 14 40, 0 172 24 30 904, F: 5 36 74 11; Robert Schumann Hochschule, Fischerstr 110, D-40476 Düsseldorf. **Laufb:** Sol Dt Op am Rhein Düsseldorf-Duisburg, Prof Robert Schumann H Düsseldorf. (Red)

Grabner, Frithjof Martin, Prof, Hochschullehrer, Kontrabass; Marschnerstr 3, D-04109 Leipzig, T: (03 41) 2 25 19 73, 01 71–3 92 68 09, *fgrabner@t-online.de*; Hochschule f Musik u Theater, PF 100809, D-04008 Leipzig, *grabner@hmt-leipzig.de*. **Laufb:** Prof (KB) H f M Felix Mendelssohn Bartholdy Leipzig. (Red)

Grabowski, Thomas, Korrepetitor, Hochschullehrer; c/o Opernhaus Zürich, Falkenstr 1, CH-8008 Zürich, T: 0 12 68 64 00; Musikhochschule, Florhofgasse 6, CH-8001 Zürich. **Ausb:** Stud (Kl) Northwestern U Evanston/USA 69–74. **Laufb:** Musikal Einstudierung Op Zürich, Doz (Korr) MH Winterthur Zürich.

Gracher, Beate, Dipl-OpSängerin, Dipl-MErz (Ges), Sängerin (Sopran), Dozentin (Gesang); Wilhelmsaue 120, D-10715 Berlin, T: (0 30) 8 61 27 37, F: 8 61 27 37, *beategracher@aol.com* [Trier 19.7.1960]. Konzert, Oratorium, Lied **Ausb:** (b Ch Lehmann) H f M u Th Hannover, (b A Bernard) Dt Op Berlin. **Laufb:** Doz (Ges, Stimmphysiologie) Erzbischöfl KiMSchule Berlin, Wiederaufn regelm KonzTätigkeit seit 99. – **UA:** J Firsova, T Brandmüller, J Nannweiler, H Berlinski; 'Das Erste ist vergangen' (Christushymnus f Sop, Bass, gem Chor u KamOrch), UA im Rahmen d EXPO-Weltausstellung Hannover 2000.

Gradinger, Bettina, Violine; c/o Volksoper Wien, Währinger Str 78, A-1090 Wien. **Laufb:** Konzm Volksop Wien seit SpZ 03/04. (Red)

Gradow, Waleri, Prof, Hochschullehrer, Violine; Talstr 115, D-68259 Mannheim, T: (06 21) 79 76 44, F: 79 76 44; Hochschule f Musik u Darst Kunst, N 7,18, D-68161 Mannheim. **Ausb:** Stud (L Kogan)Tschaikowsky Cons Moskau. **Laufb:** Prof (V) Staatl H f M u Darst Kunst Mannheim, Prof (V) Folkwang H Essen, 'Artist Prof for Violin' Denton U of North Texas. **Pr:** 1st Int Jean Sibelius Violinwettb in Helsinki 65, Harriet Cohen Award for Music in London 66, Outstanding Professional Award" d American Biographical Institute 02. **Ens:** Konzm Moskauer KamOrch, Konzm Nürnberger u Bamberger Symph, Primarius Schubert-Qua i Düsseldorf. – **Aufn/RF:** LPs: S Prokofieff: Sonate Nr 2 f V u Kl; ders: 5 Melodien f V u Kl, CDs: A Schnittke: 2 Sonaten f V u Kl; ders: A Paganini f V solo; A Glasunow: Konz f V u Orch, m Münchner Philh. **Sonst:** künstl Lt 'European Violin Center' i Mannheim, Mstrkl i New York, Baltimore, Paris, Seoul, Tokio, Riva de Garda, Ascona, Locarno.

Gräbner, Hans-Martin, Musikalischer Leiter; c/o ppp-musiktheater, Trostberger Str 6, D-81671 München, T: (0 92 09) 1 61 47. **Laufb:** Musikal Lt ppp-musiktheater München SpZ 03/04, SchspM Studiobühne Bayreuth SpZ 04/05. (Red)

Graef, Friedemann, Komponist, Saxophonist; Neue Kantstr 20, D-14057 Berlin, T: (0 30) 3 22 33 60, 01 72–7 71 91 47, F: 3 22 33 60, *Freegraef@aol.com*; *www.saxophoneconcepts.de* [Berlin 9.1.1949]. Jazz, sakrale Musik, multimediale Events, Symphonik **Ausb:** UdK Berlin, außereurop M in USA. **Laufb:** Auff eigener Werke Philharmonie St Petersburg 99, Carnegie Hall New York 94, ARD 83, 02. **Pr:** Pr d Ldes NRW, Paul Woitschach-Pr, Förderpr Union Dt Jazzmusiker, Stip Berliner Senat z Stud außerwestl Musik in USA, mehrfach Studiopr Berliner Senat. **Ens:** Berliner Saxophon Qua 83–01. **Mitgl:** dkv. – **Komp:** Concerto Grosso I–III (18-stg gr Blasorch u Perc-Ens) 84/88, UA Berlin, Tempodrom, 250 Musiker, Dgt: F Graef 88; Nachtstück (Konz) 88; UA Berlin, Staatsbibliothek 91; Symph Nr 1 (gr Orch), UA Prag 96; Aroma Portraits (StrOrch) UA St Petersburg 2000. **AuftrKomp:** Indogermanica Suite (Kantate) 83, UA Berlin, Philharmonie 83 (Jazz-Fstv Berlin); Bald seit ihr im Garten (KamSinf) 92; UA Emsdetten 92 (kath Kirche Emsdetten); Konz f Fl u Orch, UA Berlin, Berliner Symphoniker, Dgt KB Sebon 94; Filmmusik f ARTE (Stummfilmvertonung). **Aufn/RF:** Solo m eigenen Werken (Fernsehgottesdienst ARD) 2000. **UA:** zahlr m Berliner Sax Qua, zahlr UA f Sax u Orgel, ua v H Genzmer. **Sonst:** Publ eigener Komp, Grdg Berliner Sax Qua 82. **Lit:** 'Musik zum Lesen' 99.

Gräff-Schestag, Matthias, Kammermusiker, Hochschullehrer; Birkenweg 15 G, D-64295 Darmstadt, T: (0 61 51) 33 94 55, *graeffschestag@t-online.de*; Akad f Tonkunst, Ludwigshöhstr 120, D-64285 Darmstadt; *www.graeff-schestag.de*. **Ausb:** Univ Mainz, MH Frankfurt/M (Hartmut Höll, Rainer Hoffmann, Joachim Volkmann), Mstrkrs b Dietrich Fischer-Dieskau, Dr. Erik Werba, Brigitte Fassbaender, Gérard Souzay, Dalton Baldwin. **Laufb:** Doz (KamM) Akad f Tonkunst Darmstadt, Doz H f M Frankfurt/M. (Red)

Grätzel, Matthias, Sänger; Hochwaldstr 1A, D-82131 Gauting, T: (0 89) 2 80 56 47, F: 28 80 96 04. **Ausb:** Stud (Gesang) Mozarteum Salzburg. **Laufb:** Festeng Hof u Osnabrück, freischaff seit 93/94, Sol Mecklenburg Staatsth Schwerin, Gastsol Landesth Coburg SpZ 00/01, Op Halle SpZ 03/04, Gastsol Eduard-von-Winterstein-Theater Annaberg-Buchholz SpZ 04/05.

Graewe, Georg, Komponist; Viktoriastr 59, D-44787 Bochum, T: 01 7 16 95 81 30 [Herne 28.6.1956]. **Laufb:** Komp, Pianist u Ens-Lt seit 74. – **Komp:** 'Six Studies' f Kl-Solo 87, UA Berlin, G Graewe 87; Variations for Chamber Ens 88, UA Köln, Gruben Klangorch 88; Flavours A (KamM) 90/91, UA Donaueschingen, Ph Wachsmann, M Poore, G Graewe 91; Fragmente 001–007 (KamM) 91, UA Amsterdam, Gruben Klangorch 91; Flavours B 91/92, UA Berlin, Gruben Klangorch 92. **Aufn/RF:** 15 Veröffentlichungen unter eigenem Namen. (Red)

Graf-Adnet, Carmen, Prof, Hochschullehrerin, Klavier; Univ f Musik u Darst Kunst, Inst Ludwig van Beethoven, Rennweg 8, A-1030 Wien [Vitória, Brasilien]. **Ausb:** Stud (Kl) MusikH Rio de Janeiro, Brasilien, i d Schweiz (J Turczynski), Wiener Musikakademie (B Seidlhofer). **Laufb:** em o UProf U f Musik u Darst Kunst Wien. (Red)

Graf, Daniel Robert, Prof, Hochschullehrer, Violoncello; Am Helgenacker 17, D-79294 Sölden/Br, T: (07 61) 4 57 04 02, 0 17 39 45 73 51, F: 4 57 04 02; Hochschule f Musik u Darst Kunst, Eschersheimer Landstr 29–39, D-60322 Frankfurt [Basel]. **Ausb:** Stud b A. Wenzinger, P. Fournier in Paris. **Laufb:** HonProf (Vcl) H f M u Darst Kunst Frankfurt/M, 1 Solocellist Oper Frankfurt.

Graf, Hans, Musikdirektor, Dirigent; c/o Konzertdirektion Hans Ulrich Schmid, Königstr 36, D-30175 Hannover, PF 3409, D-30034 Hannover, T: (05 11) 3 66 07 60, 3 66 07 27, 3 66 07 39, F: 3 66 07 34, *mail@kdschmid.de, cos@kdschmid.de*; *www.kdschmid.de*. **Laufb:** Chefdgt Mozarteum Orch 84–94,

MD Houston Symph, Calgary Philharmonic Orch u Lt Orch National Bordeaux Aquitaine sowie d Op de Bordeaux. **Pr:** 1. Pr Karl Böhm Wettb. (Red)

Graf, Kathrin, Sopran; Alte Landstr 8, CH-8273 Triboltingen, T: 07 16 64 13 01, F: 07 16 64 13 01, *kathringraf@solnet.ch*; *www.kathringraf.ch.* (Red)

Graf, Konrad, Pauke, Schlagzeug; c/o HR Sinfonieorchester, Bertramstr 8, D-60320 Frankfurt a M; Alte Str 28, D-61118 Bad Vilbel, T: (0 61 01) 12 82 51, *konradgraf@web.de* [Singen 1964]. zeitgen M, sinf M, Barock-, Jazz-, Rockmusik **Ausb:** MH Freiburg 85–89, Abschluss 91. **Laufb:** Sol HR SinfOrch Frankfurt a M, Lehrbeauftr MH Frankfurt 01–05, Tourneen n Japan, China, Taiwan, USA, Brasilien, Argentinien, Uruquay, Chile, Italien, Frankreich, Spanien, Solo-Konzerte m d HR-SinfOrch: R Smith Percussion-Concerto 96, Takemitsu: From me flows what you call time, 96 u 2000. **Pr:** 2. Pr Int Wettb f Schlgz-Duos i Avignon 85. **Ens:** Schwarz/Weiss (Org, Euphonium, Schlgz). **Mitgl:** DOV. – **Zug:** A Hepp: SchlgzQua 04. **Sonst:** CD.

Graf, Lisa, Sängerin; c/o Theater Aachen, Hubertusstr 2–8, D-52064 Aachen, T: (02 41) 9 55 92 12. **Laufb:** Sol Th Aachen SpZ 03/05. (Red)

Graf, Maria, Prof, Harfe, Hochschullehrerin; Bergstr 4, D-14550 Groß Kreutz, T: (03 32 07) 5 10 36, F: 5 10 37, *mariagraf1@gmx.de*; c/o Künstleragentur Dr. Raab & Dr. Böhm, Plankengasse 7, A-1010 Wien, T: (01) 5 12 05 01, F: 5 12 77 43, *office@rbartists.at* [München]. **Ausb:** Stud (Harfe) b U Lendtrodt, München u P Jamet, Paris. **Laufb:** Auftr in d meisten europ Ländern u Japan, Konz m SymphOrch d BR, Staatskap Dresden, Berliner Philh, Sol Salzburger FSp, KamMFstv Lockenhaus, Münchner Philh unter S Celibidache, Solohf Berliner Philh, unter H v Karajan, Prof MH Hamburg seit 88, Prof H f M 'Hanns Eisler' Berlin seit 97. **Pr:** Int Pr u Ausz. – **Aufn/RF:** CDs, ua Solo-Recital m frz Hf-M; Bach-Programm; Mozart-Konz, m I Grafenauer u Acad of St Martin in the Fields; Aufn Reichardt-Lieder, m D Fischer-Dieskau; Lutoslawski: Konz f Klar u Hf, m E Brunner; Nachtlieder, m D Fischer-Dieskau, Cherubini Qua.

Graf, Otto, Komponist, Klavier; Riedstr 16, CH-6010 Kriens, T: 04 13 40 30 04. (Red)

Graf, Peter, KV, Horn; c/o Dresdner Philharmonie, PF 120424, D-01005 Dresden. (Red)

Graf, Peter-Lukas, Flöte, Dirigent; Allschwilerweg 52, CH-4102 Binningen, T: 06 13 02 74 59, F: 06 13 02 74 59, *p-l.graf@dplanet.ch, info@peterlukasgraf.ch*; *www.peterlukasgraf.ch* [5.1.1929]. Konzerte, Meisterklassen **Ausb:** Stud (A Jaunet) Zürich, Fl (Moyse, Cortet), Dirig (Bigot) Paris. **Laufb:** Solofl Stadtorch Winterthur, Schweizerisches FSpOrch Luzern, Dgt Sinf u Op Luzern, Prof MH Basel. **Pr:** ARD-Wettb 53, Lifetime Achievement Award d USA Nat Flute Ass, Premio alla carriera 'Flauto d'oro' d Falaut Ass Italien. – **Aufn/RF:** umfangr Diskografie. **Sonst:** Check-up f Flötisten; Interpretation; The Singing Flute.

Graf, Richard, MA, Komponist; Nelkengasse 115, A-2821 Lanzenkirchen, F: (0 26 27) 4 55 09, *office@richardgraf.com*; *www.richardgraf.com* [Wiener Neustadt 1967]. Kammermusik, elektr Musik, ComputerMusik, ungewöhnl Instrumente **Ausb:** Stud (InstrPäd, Git) MH Wien 86–93, Stud (Komp, Jazz) Berklee Coll of Music 93–94, Stud (MWiss) U Wien 95–97. **Laufb:** Eng: Staatsop Wien, Volksop Wien, Burgth Wien seit 90, LAuftr U of Southern California 95, freischaff seit 95, Künstlersymposium Korea 03. **Pr:** Würdigungspr Bundesmin f Wiss u Forsch f bes künstl Leistung 93, Theodor-Körner-Pr 98, Kulturpr d Ldes Niederösterr 99, Find It – Ideenwettb Jeunesse Österr 2000. **Ens:** New Ton Ens, Rich Art Ens. **Mitgl:** INÖK, ÖKB. – **Komp:** 'Ursachen u Nebenwirkungen' (Fl, Git, Vcl), UA Lockenhaus 98; 'auf der flucht' (CompM), UA ORF 99; 'Fragmente über Bartók' (f 8 Fl, Perc, Toneinsp), UA Wien, Vienna Flautists 2000; 'digital blues' (CompM), UA Seoul 01. **AuftrKomp:** 'Zyklus f vier Gitarren', UA Lockenhaus, GitQua Vienna; Liebesbrief (f gem Chor), UA Gloggnitz; 'Melos' (f 8 Fl), UA Hinterbrühl, Vienna Flautists; Differences, UA Göttingen, Göttinger SymphOrch 02; Tenjo (f TenBanjo), UA Münster 02; cinema Paradiso, UA 02 (Auftr: Land Niederösterr); Sekunden d Ewigkeit, UA Reichenau, Wiener Glasharmonika Duo. **Aufn/RF:** Contemporary Classical Guitar 97; Geräuschkünstler 99; G Grisey: 'Les Espaces Acoustiques', m Radio SinfOrch Wien, Dgt: P-A Valade 2000; auf d flucht 02; Fragmente über Bartok 02; Sekunden d Ewigkeit ORF 03. **UA:** M M Mary: Laberinto cruel; W Wagner: 'Lamento'. **Zug:** W Wagner: 'Lamento'. **Sonst:** umfangr PublTätigkeit.

Graf, Stephan, Kontrabass; c/o Münchner Philharmoniker, Kellerstr 4, D-81667 München. **Laufb:** Vorspieler Münchner Philh. (Red)

Graf, Wolfram, Dipl, Dr phil, Komponist, Hochschullehrer, Organist; Ossecker Str 10, D-95030 Hof, T: (0 92 81) 85 02 00, F: 85 02 00, *wolframgraf@web.de*; *www.wolfram-graf.de* [Dornstetten 20.12.1965]. Komponist, Organist **Ausb:** Stud Generale FH Stuttgart 87, Stud (Orgel) MH Karlsruhe 88–90, Orgel (L Krämer) MSchule Saarbrücken 90–93, Dipl 93, Aufbaustud Komp (Brandmüller) 93–95, künstl Reifeprfg 95, Stud (Religions- u MWiss) U Bayreuth 95–97, Prom (MWiss) U Bayreuth 2001. **Laufb:** LAuftrag (MTheorie, künstl Orgelsp) U Bayreuth 97–05, LAuftr (Komp, Analyse, Formenlehre) H f ev KiM Bayreuth seit 2000. **Pr:** 1. Pr KompWettb BlasMVerb Baden-Württemberg 99 (auch 5. Pr), 3. Pr KompWettb BDBV 2000, 3. Pr Int Org-KompWettb Saarlouis 05. – **Komp:** Requiem-Metamorphosen (Orch), UA Leipzig 92; Evolution I u II (Kl), UA Sindelfingen 93; Violinkonz (V solo, Schlgz, Streichorch), UA Sindelfingen 95; Dissolutiones (Konzetuden Orgel solo), UA Sindelfingen 95; Trio über F-B-C (Kl-Trio), UA Stuttgart 97; Weltenstimmungen (KamM), UA Nürnberg 98; Apokalypsis (gr SymphOrch, 2 Frauenstimmen), UA Hof 99; Anrufung I–III (Ch u Orch), UA Freudenstadt 2000; Zeitschritte (Symph f Str-Orch), UA Bayreuth 01; Wort (Org Solo), UA Böblingen 01; Wandlung (Konz f Schlgz u SymphOrch), UA Hof 03. **Lit:** M Kaufmann: Komponieren f ein kosm Instr – W G u seine W f Org (Org Int 5) 99; M Kaufmann: Hölderlin-Vertonungen (Musikland Baden-Württ – FS z 50-jähr Bestehen d Tonkünstlerverein) 99; E Oertle: Offenheit als Chance – Ein Porträt d Komp W G (Clarino 3/01); H Wagner: Das Spiel m d Intervallen: W Gs 'Metamorphoses Intervallorum' (Ioculator Dei – FS A Schröder) 99; J Vater: Immer wieder neue Wege gehen – Der Komp u Organist W G (Das Goetheanum 27/04).

Grafe, Manfred, MD, Dirigent, Komponist, Arrangeur, Musikdirektor, Hochschullehrer; Alemannenstr 13, D-01309 Dresden, T: (03 51) 3 10 50 79, F: 3 10 50 79 [Löbau 25.5.1935]. Unterhaltungsmusik (Operette, Musical, Ballett), Bearb v Werken Offenbachs u Zeitgen **Ausb:** Fachgrundschule f Musik Görlitz 59, Stud Dirig (W Steinhardt) u Komp/Tonsatz (Knauth) Kons Schwerin 53–56, Stud Dirig (R Neuhaus) u Komp/Tonsatz (W Bänsch) Kons u MH Dresden 56/57, Staatsexamen (Dirig, Komp) 57. **Laufb:** Chordir u Kapm Meißen ab 57, 1.Opttekapm Gerhard-Hauptmann-Th Görlitz ab 61, 1. Kapm Staatsoptte Dresden ab 70, MD Staatsoptte Dresden, Musikal Oblt Staatsoptte Dresden ab 76, Lt Orch d IG Wismut Karl-Marx-Stadt (später staatl Orch Sachsen/Chemnitz) ab 87, Auflösung d Orch 93, danach freiberufl als Dgt, Komp u Arrangeur, LTätigkeit (Instrumentation, Instrkde) MH Dresden seit 92, Gastdgt an Th u Orch, freie Mitarb als Arrangeur WDR Köln seit 01. – **Komp:** Alla Bolero (OrchW) 64, UA Grölitz, ThOrch Görlitz 64; Dresdener Suite (OrchW) 79, UA Dresden, Orch d Staatsoptte Dresden, Dgt: G Joseck Pastorella f Ob u kleines Orch (Konz), UA Marienkirche Annaberg-Buchholz, M Letz 88; Memory of Canada (Klar, Vcl, Kl) 90, UA Hohenstein-Ernstthal 91; Böhm Weihnachtsmusik (2 Ob, 2 Fag, Glockenspiel), UA Chemnitz 90; Schloßpark-Divertimento (KamM) 92; Fantasie über d engl Weihnachtslied 'Amazing Grace' (Fl, Kl), UA Rathauskonz Hohenstein-Ernstthal, U Schmidt 94 'Trio' f 2 Klar u Fagott (KamM), UA Altenberg 97; Menuetto grazioso, UA Th Görlitz 97. **Aufn/RF:** versch Filmmusiken f d Fernsehen d DDR 87–89, CDs: Shwibbogen – Original Winter- u Weihnachtslieder aus d Erzgeb, m R Thoss, Westsächs KamOrch Zwickau, 98; Weihnachten m Gunther Emmerlich, m Mitgl d Staatskap Dresden (Cappella musica), 01; Weihnachten m dem Lausitzer Blechbläserensemble, 03.

Grafenauer-Ruppel, Irena, Prof, Hochschullehrerin, Flöte; Rablstr 37, D-81669 München, T: (0 89) 4 48 72 51; Univ Mozarteum, Abt f Blas- u Schlaginstrumente, Alpenstr 48, A-5020 Salzburg, T: (06 62) 6 19 80, F: 61 98 30 33 [Ljubljana]. **Ausb:** Stud (B Camapa, K Zöller, A Nicolet). **Laufb:** 1. Solofl SymphOrch d BR ab 77, ZusArb m R Kubelik, C Davis, B Haitink, L Bernstein, S Vègh, Sol Europa, Amerika, Japan, Asien, Australien u Afrika seit 87, KamM (m G Kremer, Philhar Duo Berlin, M Graf, B Engelhardt, O Maisenberg, M Argerich, R Levin, H Deutsch, E Fisk, S Auenhaus, Hagen Qua ua), Sol Berliner Philh, Dt KamPhilh, Chamber Orch of Europe, Acad of St Martin in the Fields, SymphOrch d BR, o Prof Mozarteum Salzburg seit 87, Gast Salzburger FSp 95, Tourneen Europa, Japan, Korea, Taiwan, Nord- u Südamerika, Konz Griechenland, Italien, Dtschld, Skandinavien, Serbien 98. **Pr:** Gewinner int Wettb, ua Belgrad 74, Genf 78, München 70. – **Aufn/RF:** CD-Aufn ua Bach: Sämtl Sonaten (f Fl u Cemb), m B Engelhardt; Frz M f Fl u Hf, Recital m M Graf, Bach: Gesamtaufn 'Brandenburg Konz', Dgt: P Schreier; W A Mozart: Sämtl Flötenqua, m V u C Hagen, Dgt: G Kremer. **UA:** K Penderecki: Flötenkonz, Dgt: K Penderecki; S Gubaidulina: Impromptu, m Dt KamPhilh. (Red)

Grager, Frederic, Sänger; Wopfnerstr 6, A-6020 Innsbruck, T: (06 50) 2 34 22 91. **Laufb:** Sol Tiroler Ldsth SpZ 03/05. (Red)

Graham, Christine, Sopran; Landestheater, PF 2342, D-96412 Coburg, T: (01 77) 2 16 90 55. **Ausb:** Master of Music an d Univ of Washington in Seattle. **Laufb:** Sol Landesth Coburg. **Pr:** Prtr Nat Mozart Comp in Liverpool u Metropolitan Opera Nat Council. (Red)

Graham, David Paul, Komponist; Tilsiter Str 2, D-53117 Bonn, T: (02 28) 67 56 54, F: 67 56 54 [Stratford-upon-Avon 22.1.1951]. **Ausb:** Musikstud (BA, B of Mus) Reading, Mstrkl (H W Henze) Köln 80–83. **Laufb:** Animatore culturale Montepulciano 83–86, seither Lt Kompkl Clara-Schumann-MSchule Düsseldorf, bes Engagement im Bereich Komp m Jugendlichen. – **Komp:** Symphony for Harp, Keyboards and Percussion (Symph), UA London 68; Scheinwelten (Revue), UA Düsseldorf 93; 9 Bagatellen (KamM), UA Siegburg 94; Das Märchen Borbei (11 Rose-Ausländer-Lieder) (Lieder), UA Düsseldorf 96; Schobers Licht (Solostück), UA Bonn 98; Balada de un dia de Julio (MTh), UA Camagüey (Kuba) 98; Die Ballade vom Big Mac (MTh), UA Düsseldorf 99. (Red)

Graichen, Ullrich, Sänger; c/o Musikalische Komödie der Oper Leipzig, Dreilindenstr 30, D-04177 Leipzig. (Red)

Gramann, Heinz, Dr, Hochschullehrer; Zum Sonnenufer 6, D-59469 Ense, T: (0 29 38) 18 41. **Laufb:** Doz (MWiss, MTheorie, Gehörbildung) FH Osnabrück, Kons. (Red)

Gramss, Eike, Intendant; c/o Stadttheater Bern, Nägeligasse 1, CH-3000 Bern 7, T: 03 13 29 51 11. **Laufb:** Intend Stadtth Bern SpZ 03/04 bis 07/08. (Red)

Gramß, Nele, Sopran; Walburerweg 10, D-96476 Bad Rodach, T: (0 95 64) 47 61, *gramss.mark@t-online.de*; *www.home4u.de/movimento* [Coburg]. frz Lied 20. Jh, Frühbarock, Ensemble **Ausb:** Stud b M Honig Kons Amsterdam 87–92, seit 92 stimml Betr v M Bürgener, B Schlick u A Reynolds. **Laufb:** LAuftr MH Würzburg seit 04, ZusArb m H v d Kamp, H Max u P Herreweghe. **Ens:** Ens Movimento, Gesualdo Consort Amsterdam. – **Aufn/RF:** Cavalieri: 'Lamentationes Jeremiae' m Gesualdo Consort, Ltg: H v d Kamp 02; H Schütz: 'Musikal Vesper', Dgt P Neumann 03; CPE Bach: 'Litaneien, Motetten' 05; C Gesualdo: 'Madrigale 1.-3. Buch' 05. **UA:** L Santana: 'Shiva...', UA Bremen 02; V Olive: 'Magnificat', UA Münster m Movimento 03.

Grandinger, Günther, Komponist; Ghersburgstr 8, D-83043 Bad Aibling, T: (0 80 61) 78 29 [Starnberg 26.2.1931]. **Ausb:** V (Huber), Dirig (Knappe), Komp (Geierhaas) MH München 48–52, Komp (Sutermeister) MH Hannover 68–72. **Laufb:** Violine in versch Orch (Reutlingen, Detmold, Oldenburg, RF-Orch Hannover) 52–78. – **Komp:** Variationen f V allein 69, UA Hannover, H Bosse 70; De profundis clamavi ad te Domine f Orgel 70, UA Braunschweig 71; De profundis f Fl u Orch (OrchW) 83; Ludus intervallorum, 7 Sätze f Orch (OrchW) 83; Abschied e Clowns (Fantasie Kl solo) 84. (Red)

Grandjean, Wolfgang, Dr, Prof, Hochschullehrer, Komponist, Musikwissenschaftler, Klavier; Folkwang Hochschule, Klemensborn 39, D-45239 Essen, T: (02 01) 49 21 27. **Ausb:** Stud (MTHeorie, Kl, Komp) i Saarbrücken (H Konietzny) u Bonn, Prom ebd, Stud MusikH Köln (K Stockhausen u H U Humpert). **Laufb:** Doz Folkwang H Essen 73, Prof (MTheorie) ebd 79.

Grandt, Michael, Prof, Hochschullehrer, Klavier; Kudowastr 16, D-14193 Berlin, T: (0 30) 8 25 41 05. **Laufb:** Prof (Kl-Begl) U d Künste Berlin. (Red)

Graner, Anton, Sänger; Talstr 40a, CH-9200 Gossau, T: 07 13 80 06 34, *Anton.GRANER@gmx.at*; c/o Stadttheater St Gallen, Museumstr 1, CH-9004 St Gallen [Wien 13.4.1975]. Mozarttenor, Lied, Konzert (Oratorium) **Ausb:** Stud Ges (KS H Rössel-Majdan) Goethenistisches Kons Wien, privat b M Pabst, Stud (Instrumental-GesPäd) U Wien. **Laufb:** Sol Wiener Schauspielhaus SpZ 2000/01, Sol Stadtth Klagenfurt SpZ 03/04, Sol Stadtth St Gallen seit SpZ 03/04.

Granlund, Victoria, Sängerin; c/o Theater Bielefeld, Brunnenstr 3–9, D-33602 Bielefeld, PF 100353, D-33503 Bielefeld. **Laufb:** Sol Th Bielefeld SpZ 03/05. (Red)

Grappe, Boris, Bariton; c/o Musicaglotz, 11, rue Le Verrier, F-75006 Paris, *general@musicaglotz.com*; *www.musicaglotz.com* [Besancon, Frankreich]. **Ausb:** Stud b R Döring u W Moore U f M u darst Kunst Wien, weitere GesAusb b M Honig u G Smits. **Laufb:** Sol Wiener Musikverein, Wiener KamOper, Th de La Monnaie Brüssel, Op de Nice, Op Leipzig, Barbican Center London, Th du Capitole Toulouse, Aix-en-Provence FSp, Basoti Op Inst San Francisco, Op de Rennes, Teatro Calderòn Valladolid, Liceu Salamanca, Th des Champs-Elysée Paris, Centro di Musica antica Neapel, KamOp Wien SpZ 03/04. (Red)

Grassl, Herbert, Komponist; Samstr 32, A-5023 Salzburg, T: (06 62) 66 13 94; Univ Mozarteum, Abt f Dirigieren, Komosition u Musiktheorie, Zentrum im Berg, Fürbergstr 18–20, A-5020 Salzburg, T: (06 62) 61 98 51 23, F: 61 98 30 33, *herbert.grassl@moz.ac.at* [Laas, Vinschgau-Südtirol 1948]. **Ausb:** Stud (MErz)MH Mozarteum, Trp, Chorltg u Komp b C Bresgen u B Schäffer, CompM b I Radauer, Habilitation in Komposition 04. **Laufb:** künstl Lt u Dgt d ÖENM (Österr Ens f Neue M) 88–98; UnterrTätigkeit Salzburger MSchWerk, FH Multi Media Art, ao UProf. U Mozarteum Salzburg 04; Entw d 'Klangmobile' 91: bespielbare, pedalangetriebene Dreiräder, Eskorte f J Cage v Flughafen Salzburg 91, auch Stadtbespiel ua Salzburg, Dresden, Maastricht, Arnheim, Bozen, Wien, Villach, zuletzt in Seoul im Rahmen d IGNM WeltMTage. **Pr:** Österr Förderungspr f Komp 79 u 82, Pr d 1. Österr Spar-Casse-Bank (KompAuftr f Fstv Wien Modern) 95. – **Komp:** szen Werke: 'Grodek' (Trakl), 'ich bin eine Blume auf d Wiesen d Sharon' (Das Hohelied), 'sturmpatrull' (A Bronnen), 'Mein Kampf' (G Tabori), 'Madonna Diana' (Estermann, Steiner), 'Die andere Seite' (Kubin), 'in fremden Städten' (Mitgutsch), aufgeführt ua im Salzburger Landesth, Klagenfurter Künstlerhaus, Th in d Drachengasse Wien, Wiener Künstlerhaus, Brucknerhaus Linz; Auff v 6 OrchWerken (meist Auftr): RSO Wien, Österr KamSinf, Haydn-Orch Bozen-Trient, Danziger SinfOrch, Salzburger Mozarteum-Orch; KamMStücke in versch Besetzung u Solostücke, z T Zuspielband (CompM); KompAuftr f Geistl M ('Quare Domine?', 'Quis medebitur tui?', Erler Messe); Komp f offene Räume: neben Stadtbespiel d Projekt Salzacharche (O Beck), M im Laaser Marmorbruch auf 2250 m Höhe ua. (Red)

Gratschmaier, Wolfgang, Sänger; Wiesenweg 12, CH-9000 St Gallen, T: 07 12 22 25 67, *wolfgang.gratschmaier@gmx.de*; c/o Volksoper Wien, Währinger Str 78, A-1090 Wien, T: (01) 51 44 40, F: 5 14 44 32 15, *office@volksoper.at*. **Laufb:** Sol Konz u Th St Gallen, Volksop Wien seit SpZ 03/04. (Red)

Gratzer, Herwig, Dirigent; c/o Stadttheater Klagenfurt, Theaterpl 4, A-9020 Klagenfurt. **Laufb:** Dgt Stadtth Klagenfurt. (Red)

Grau, Hans-Martin, Prof, Hochschullehrer, Fagott; Hochschule für Musik und Theater Hamburg, Harvestehuder Weg 12, D-20148 Hamburg. **Laufb:** Prof (Fag) H f M u Th Hamburg. (Red)

Graves, Denyce, Mezzosopran; c/o Opera Art SRL, Via Isolalta Forette 11, I-37068 Vigasio VR, T: 04 56 64 99 11, F: 04 56 64 99 12, *madradi@tin.it*; c/o Columbia Artists Management Inc, 165 West 57th St, New York, NY 10019–2276, U.S.A., T: (2 12) 8 41 95 00, F: 8 41 97 44, *info@cami.com*; *www.denycegraves.com*. **Laufb:** Sol Op Houston/Texas, Spoleto Fstv Charleston, Minnesota Op, Covent Garden Op London, Staatsop Wien, Sol Bühnen d Stadt Köln, Dt Op Berlin, Met Op, Michigan Op, Washington Op, Th, Recital-Tour USA 03/04, Virginia Arts Fstv, Teatro Real Madrid, Orlando Op, Op Carolina, Op Colorado, Ravinia Fstv, Dallas Op, Gastsol Bayer Staatsop. – **Aufn/RF:** u a:'Voce di Donna' (m Münchner RFOrch) 99, 'Hamlet' (m London Philharmonic) 93, 'Vestale' (m La Teatro alla Scala) 93, 'Concert for Planet Earth Rio' (m Municipal Th of Rio de Janeiro) 92, 'Rigoletto (m Met Op Orch) 92. (Red)

Grazzi, Alberto, Fagott; Via Revere 18, I-46100 Mantua, T: (03 76) 26 31 79; *www.ensemblezefiro.it*. **Ens:** Zefiro. (Red)

Grazzi, Paolo, Oboe; Vicolo Chiodare 3, I-46100 Mantova, T: (03 76) 36 06 24; *www.ensemblezefiro.it*. **Ens:** Zefiro. (Red)

Gredler, Edgar, Violoncello; c/o Münchner Rundfunkorchester, Rundfunkpl 1, D-80300 München. **Laufb:** Stimmführer Münchner RFOrch. (Red)

Gredler, Matthias, Cello; 19 Wallmodeng 11, A-1190 Wien, T: (06 76) 9 17 44 42; c/o Konzertdirektion Andrea Hampl, Karl-Schrader-Str 6, D-10781 Berlin, T: (0 30) 4 78 26 99, 01 72–3 80 56 45, F: 4 78 37 92, *hampl@konzertdirektion.de*; *www.wienerklaviertrio.at* [München 1975]. **Ausb:** Stud Vcl (H Schiff u C Hagen) Salzburg u Wien 90–98, Unterr b M Hornstein u M Perenyi. **Laufb:** Solo-Vcl Münchner KamOrch. **Ens:** 'Viatores-Qua', 'Wiener Klaviertrio' m S Mendl (Kl) u W Redik (V) seit 01. (Red)

Greenberg, Sylvia, Prof, Sopran, Hochschullehrerin; Franz Hainzl Artists' Management, PF 17, A-1043 Wien, T: (01) 5 86 45 36, F: 5 85 55 51, *office@hainzl.net*; H f Musik u Theater, Arcisstr 12, D-80333 München; *www.sylviagreenberg.com* [Bukarest, Rumänien]. Mozart, Strauss, Mahler **Laufb:** Debüt m Israel Philh unter Z Mehta, danach Zürich, Glyndebourne, Wiener Staatsop, Mailänder Scala (Lucia), Bayreuther FSp, Hamburg, München, Stuttgart, Köln, Frankfurt, Helsinki, Paris, Aix-en-Provence, Amsterdam, New York, Philadelphia, Sol Dt Op Berlin SpZ 04/05; ZusArb m Maazel, C Abbado, Bertini, Blomstedt, Chailly, v Dohnányi, Flor, Frühbeck de Burgos, Harnoncourt, Lopez-Cobos, Luisi, Mehta, Muti, Norrington, Rilling, Sawallisch, Soustrot, Tilson Thomas, Varviso. – **Aufn/RF:** Die Entführung aus dem Serail, Die Schöpfung, L'anima del filosofo, Un re in ascolto, Carmona Burana.

Greger, Andreas, Prof, Violoncello, Hochschullehrer; Monbijoustr 4A, D-10117 Berlin, T: (0 30) 2 82 26 30; c/o Agentur Legato, Seilerstätte 5, A-1010 Wien, T: (01) 5 12 76 59, F: 5 12 83 70, *mail@legato.at*. **Laufb:** LBeauftr (Vcl, OrchStud) H f Musik Hanns Eisler Berlin, Sol Staatskap Berlin. **Ens:** Mitgl Gaede-Trio. (Red)

Grehl, Pirmin, Flöte; Goltzstr 38, D-10781 Berlin, T: (0 30) 39 40 82 87, F: 39 40 82 87, *pgrehl@yahoo.de*; c/o Konzerthaus Berlin, Gendarmenmarkt, Charlottenstr 56, D-10117 Berlin [Rodalben 8.11.1977]. **Ausb:** Stud Fl (R Greiss-Armin) MH Karlsruhe 96–01, Fl (J Zoon) H f M Berlin seit 01. **Laufb:** Sol (P Boulez) ...explosante-fixe... Paris 99, solist Auftr ua Ludwigsburger FSp, Fstp Mecklenburg-Vorpommern, Sol Berliner SinfOrch. **Pr:** Stip Dt Musikwettb Sol Berlin 99, Prtr 1. Int FlWettb Krakau 99. **Ens:** Bunt, Janus, Omega. – **UA:** zahlr, ua Kelterborn, Maiguashca, Dinescu. **Sonst:** Diplomarb über Sonatine v P Boulez (unveröff).

Greifensteiner, Markus, Pauke, Schlagzeug; Derfflingerstr 21, D-10785 Berlin, T: (0 30) 23 00 57 37, *markusgreifensteiner@o2online.de* [Bad Brückenau, Bayern 22.1.1981]. **Ausb:** Stud b E Guggeis u R Seegers MH Hanns Eisler Berlin 99–02, Stud b T Lutz u D Punto U d K Berlin seit 02. **Laufb:** OrchPraktikant Jenaer Philh 04/05. **Pr:** Hanns-Eisler-Pr f Komp u Intpr zeitgen Musik. **Ens:** SchlagzEns U d K Berlin. – **Aufn/RF:** Sibelius: En Saga, 04; Tschaikowsky: Sinf Nr 1 04; Blakanskas: Sinf Nr 4 05; ders.: Konzertstücke f Orc Nr 2 05; Ciurlionis: Das Meer 'Jura' – Sinf Dichtung 05 (alle Jenaer Philh, Dgt M Sanderling).

Greiner-Neumann, Annett, Violine; c/o MDR Sinfonieorchester, Augustuspl 9a, D-04109 Leipzig. **Laufb:** stv Konzm MDR SinfOrch Leipzig. (Red)

Greiner, Gottfried, Violoncello; c/o Münchner Rundfunkorchester, Rundfunkpl 1, D-80300 München. **Laufb:** Stimmführer Münchner RFOrch. (Red)

Greiss-Armin, Renate, Prof, Flöte, Hochschullehrerin; Westl Hauptstr 2, D-75399 Unterreichenbach, T: (0 72 35) 98 00 98, F: 30 99, *renate@greiss-armin.de*; Hochschule f Musik, PF 6040, D-76040 Karlsruhe [Husum 25.5.1949]. **Ausb:** Stud Fl (Schochow) MH Hamburg 68–69, Fl (Nicolet) MH Freiburg 69–73. **Laufb:** Ass Prof Nicolet MH Freiburg 73–75, Philh Staatsorch Hamburg 75–80, Prof (Querfl) Staatl H f M Karlsruhe seit 80, Mitgl Bayreuther FSp 83, Südamerika-Tournee 84, Mstrkse in Asien, Italien, Schweiz, Estland, Dtschld. **Pr:** 1. Pr Dt HWettb 73, Silbermed Int MWoche Genf 73, 2. Pr Dt MWettb. **Ens:** Merlin-Quatuor.

Grekova, Evgenia, Sopran; c/o Künstleragentur Tobias Kade, Ammonstr 72, D-01067 Dresden, T: (03 51) 4 90 67 94, 01 72–3 66 29 07, F: 4 90 67 93, *tobias-kade@gmx.de* [Kurgan, Russland 19.12.1974]. dt, russ u frz Musik **Ausb:** Stud (Ges) Akad Sveschnikov Moskau 93–97, Aufbaustud (Ges) MH Karlsruhe 97–01, Mstrks b E Mathis, E Schwarzkopf u M Horne. **Laufb:** Gasteng Staatsth Stuttgart 98–99, Gast FSp Bayreuth 02, EnsMitgl Op Nürnberg 01–05. **Pr:** Schumannwettb Zwickau 99, Sonderpr 4. Int Wettb 'F Schubert u M d Moderne' Graz 2000, Förderpr Richard-Strauss-Ges München 2000, Prtr Liedkunst Stuttgart 01, 1. Pr Meistersinger-Wettb d BR 02, 1. Pr Int GesWettb f Mozart u Belcanto Passau 05. – **Aufn/RF:** SWR-Aufn: ua Werke v Strawinsky, Milhaud, Prokofjew, Busoni 99, 2000, 2001.

Gremmel, Jens-Uwe, Prof, Hochschullehrer; Hochschule f Musik u Theater, Emmichpl 1, D-30175 Hannover. **Laufb:** Prof (Kl) H f M u Th Hannover seit 91. (Red)

Grenda, Slawomir, Kontrabass; c/o Münchner Philharmoniker, Kellerstr 4, D-81667 München. **Laufb:** Sol Münchner Philh. (Red)

Greuel, Thomas, Sänger; Lövenstr 5, D-52245 Titz/Jackerath, T: (0 21 64) 4 83 76, (01 60) 7 75 96 77. **Laufb:** Gastsol Dt NationalTh Weimar SpZ 00/01, Sol Dt Op am Rhein Düsseldorf-Duisburg SpZ 03/05. (Red)

Greull, Mischa, Hornist; conVentus Bläserquintett, Ammannsmatt 4, CH-6300 Zug, T: 04 17 41 42 85, F: 04 17 41 42 85, *info@conventus.ws*; *www.conventus.ws*. **Ens:** conVentus Bläserquintett.

Greutter, Roland, Violine, Konzertmeister; c/o NDR Sinfonieorchester, Rothenbaumchaussee 132–134, D-20149 Hamburg. **Laufb:** Konzm NDR-SinfOrch. (Red)

Greve, Anja, Repetitorin; c/o Landesbühnen Sachsen, Meißner Str 152, D-01445 Radebeul. **Laufb:** Rep Landesbühnen Sachsen. (Red)

Greve, Dietrich, HS-Diplom, Sänger; Junghansstr 18, D-01277 Dresden, *GreveDietrich@aol.com* [Jena 9.5.1965]. Oper, Konzert **Ausb:** Stud (Oper/Konzert) MH Dresden 85–93, Msterschüler (Fischer-Dieskau) 91–93, Mstrkrse (T Adam, E Battaglia ua). **Laufb:** Mitgl Dresdner Kreuzchor 75–83, EnsMitgl Op Chemnitz seit 91, Gastsp ua als Wolfram in Venedig 96, Weill: 'Der Weg der Verheißung' New York u Tel Aviv 99, 2000; wichtige Partien: Wolfram, Don Giovanni, Sixtus Beckmesser, Barbier, Donner, Gunther, Nick Shadow, Sol Städt Th Chemnitz SpZ 03/05. **Pr:** Semifinale Int Wettb 'Eurpoa lädt die jungen Sänger der Welt ein' 90, Fialist Int Harthauer-OpWettb Wien 91, Richard-Wagner-Stip Bayreuth 91, 4 Pl IX.Johann-Sebastian-Bach-Wettb 93.

Grevesmühl, Detlev, Violine, Konzertmeister; Lepsiusstr 68, D-12163 Berlin; c/o Norddeutsche Konzertdirektion Melsine Grevesmühl GmbH, Twischlehe 5, D-27580 Bremerhaven, T: (04 71) 9 82 49 82, F: 9 82 49 80, *grevesmuehl. ballett@t-online.de*. **Laufb:** Konzm Orch d Dt Op Berlin. (Red)

Grewel, Volker, Horn; Wiesenweg 23, D-53121 Bonn, T: (02 28) 9 78 96 61; c/o Konzertdirektion Andrea Hampl, Karl-Schrader Str 6, D-10781 Berlin, T: (0 30) 4 78 26 99, 01 72–3 80 56 45, F: 4 78 37 92, *hampl@konzertdirektion.de*. **Ausb:** Stud Hn (W Wilhelmi) Folkwang H f M Essen, (E Penzel) H f M Köln. **Laufb:** Mitgl Junge Dt Philh, JugendOrch d Europ Gemeinschaft (ECYO), Beethoven Orch Bonn 89, Solo-Hn ebd seit 03. **Pr:** 1. Pr int MWettb ARD München 89 (m Ma'alot Qui), Kulturpr d Stadt Velbert 90. **Ens:** Ma'alot Qui. (Red)

Gribow, Thomas-Michael, Kapellmeister, Studienleiter; Harthweg 1 b, D-09116 Chemnitz, T: (03 71) 3 89 95 28. **Laufb:** Kapellm u Koord Studienlt m Dgt-Verpfl Städt Th Chemnitz (03/05). (*)

Gridchuk, Andrey, Viola; c/o Deutsche Oper Berlin, Richard-Wagner-Str 10, D-10585 Berlin, T: (0 30) 31 80 92 77, 01 79–2 90 96 01, F: (0 30) 31 80 92 77, *gridchuk@freenet.de*; Riehlstr 18A, D-14057 Berlin [Irkutsk 14.11.1961]. E-Musik **Ausb:** b Y Yankelevich, Z Gilels, B Belenky MSpezialSchule d Moskauer Kons 69–80, (F Druzhinin) Moskauer Kons 81–86, Ass (Y Bashmet) ebd 88–91. **Laufb:** Sol (Va) Moskauer Sol 86–92, Sol m 'Orch de Radio France' 95, Sol unter R Chailly 99 u 2002, Sol Orch Dt Op Berlin. **Pr:** Gewinner Nat Va-Wettb d UdSSR 84, 1. Pr Nat Va-Wettb 'Maurice Vieux' 89. **Ens:** Moskauer Sol, Stradivari Sextett, Arte Trio. – **Aufn/RF:** CDs: Bruch: 8 Stücke op 83, Meinecke Trio op 274 97; N Roslavet: Sonaten f Va u Kl Nr 1, 2 92. **UA:** Dzemski: Konz f 2 Stradivari. **Sonst:** Grdg Arte Trio 94.

Grieder, Stephan, Orgel; Breisacherstr 115, CH-4057 Basel, T: 06 16 91 41 90. (Red)

Griep, Gerhard, Konzertmeister; c/o Bochumer Symphoniker, Prinz-Regent-Str 50–60, D-44795 Bochum. **Laufb:** Konzm Bochumer Symphoniker. (Red)

Griepentrog, Hans, Sänger (Bass); c/o Theater Bielefeld, Brunnenstr 3–9, D-33602 Bielefeld, PF 100353, D-33503 Bielefeld, T: (05 21) 5 22 06 92, F: 5 22 06 94, *grptg@gmx.de* [Münster 1968]. **Ausb:** Stud (I Most) MH Freiburg, (H Sotin) MH Köln, (R Piernay) MH Mannheim. **Laufb:** Dt Op Berlin 97–2000, ua Parsifal (Titurel), Aida (König), Mahagonny (Sprecher, Joe); Th Bielefeld seit 2000 (03/05), ua Il Trovatore (Ferrando), Cenerentola (Alidoro), Lucia (Raimondo), Alfonso, Eremit.

Griffith, Lisa, Sängerin; Rosmarinstr 14, D-40235 Düsseldorf, T: (02 11) 2 38 20 47, (01 72) 2 62 01 28. **Laufb:** Sol Dt Op am Rhein Düsseldorf-Duisburg. (Red)

Griffiths, Hilary, Prof, Dirigent, Pianist, Musikdirektor; Graf-Adolf-Str 28, D-51065 Köln, T: (02 21) 6 20 18 60, (01 72) 4 00 72 81, F: 6 20 10 47, *Griffiths@hilarygriffiths.com*; Hochschule f Musik u Darst Kunst, N 7,18, D-68161 Mannheim; *www.hilarygriffiths.com* [Leamington Spa, Großbritannien 18.3.1949]. Oper, Konzert **Ausb:** Stud Trinity Coll Oxford 67–70, Royal Acad of Music London 71–72, London Op Centre 74–75, Accad Chigiana Siena, Cons G Verdi Mailand 75–76. **Laufb:** Kapm Op Stadt Köln 76–90, Lt OpStudio 87–90, MD Th Oberhausen 90–92, GMD Regensburg 93–97, Chefdgt Staatsop Prag 95–96, Chefdgt Staatsop Istanbul 2001, MD Eutiner FSp seit 91, FSp: Edinburg 83, Schwetzingen 86, Prag 91, Wiesbaden 97, Perth (Australien) 97, Prager Frühling 2000, regelm Gastdgt Teneriffa seit 2000, Gastdgt Semperop Dresden, Düsseldorf, Hannover, Bremen, Dortmund, Aachen, Schwerin, Belfast, Bogotá, Montreal, Eindhoven, Rotterdam, den Haag, Barcelona, Madrid, Reykjavik, Oslo, Tournee Japan 92–96, HongKong 96, Spanien 99, Musikal Lt FSp Eutin SpZ 04/05. **Pr:** Prtr b int DgtWettb AIDEM in Florenz u Marinuzzi in San Remo. – **Aufn/RF:** Jommelli: Te Deum u Messe D-Dur, Virtuosi di Praga, Prager KamChor 2001 (CD); Weber: Gesamte Klavierwerke zu 4 Händen, Th Hannig 2001 (CD); Cimarosa: Il matrimonio segreto, Schwetzinger FSp, Regie Hampe 86 (Video+SF3); Ravel, Poulenc, Saint-Saens, Rotterdam Philh (RF); Mozart, Kodály, Schubert, BBC Welsh (WDR, West End Hits); Leoncavallo: La Bohème, Staatsop Prag 03 (CD). **UA:** G Konzelmann: Das Gauklermärchen, UA Op Stadt Köln 88; Rota/Griffiths: Lulu, UA Op Stadt Köln u WDR3, Hirsch: S2/6 – f Lilith, UA Hofer Symph 94.

Griffiths, Howard, Dirigent; Laubholzstr 46, CH-8703 Erlenbach, T: 04 49 91 65 10, *howardgriffiths@bluewin.ch, direktion@zko.ch*; c/o Kaech Artisits, Wolfgang Mohr, Graumannsweg 19, D-22087 Hamburg, T: (0 40) 25 33 67 93, F: 25 33 67 96, *WJMohr@t-online.de*; *www.howardgriffiths.ch* [Hastings 24.2.1950]. Sinfonik, Oper, Neue Musik **Ausb:** Ass Royal Coll of M London 68–71. **Laufb:** künstl Lt u Chefdgt Zürcher KamOrch, künstl Lt Orpheum Stift f Jge Musiker. **Mitgl:** STV. – **Aufn/RF:** ua: Wellesz: Concerto f piano and orch, Divertimento f small orch, m K A Kolly, Luzerner SinfOrch 98; Die Gesch v Babar, OrchKonz f Kinder 99; Mahler: Symph No 4 in G major, m Northern Sinf of England 99; Haydn: 'Die Schöpfung', m E Gruberova, A Scheidegger, A Reiter, Zürcher KamOrch, Zürcher KamKnaben 99; Ries: Symph No 1 in D major, Symph No 2 in C minor, m Zürcher KamOrch 2000; A Saygun: Symph No 1, Conc da camera, m Northern Sinf of England 2000; Bach: KlKonz m Zürcher KamOrch 04; O Schoeck: 'Erwin u Elmire' m Zürcher KamOrch 05; 'Frequenzen #1-Schostakowitsch, 14. Sinf', CD u Buch 05.

Grigorev, Alexej, Sänger; Sleewijkstr 78, Niederlande-1107 TW Amsterdam, T: (0 20) 6 97 06 92, F: 6 97 05 61, *a.grigorev@freeler.nl* [Kirovograd 4.3.1968]. Op, Orat, Konz **Ausb:** Stud (H Meens) Sweelinck Cons Amsterdam 91–96, Stud Int Opera Studio Amsterdam 97–98. **Laufb:** EnsMitgl Staatsth Darmstadt 98/99, Gastsol Volksth Rostock SpZ 2000/01, Amsterdam u Barcelona 2001, Lyon, Paris Brüssel, Wien, Nantes 2002, Amsterdam 2003. **Ens:** Rostock, Darmstadt. – **Aufn/RF:** Rachmaninov: 'Aleko', m Omroepkoor, RSO, TROS-Niederlande, Dgt: Lazarev 99; Märchen Opern, Dgt: M Jurovsky (WDR); Berlioz: 'Benvenuto Cellini', m Rotterdams Phil Orch, Dgt: V Geraiev; Il re Pastore, Dgt: J Wentz; Mitridate, Dgt: J Wentz. **UA:** P Escande: Carmina Elegia, UA Amsterdam 01; K Penderecki: Die 7 Tore v Jerusalem, UA Dtschld; Boccherini: Gioas Re di Giuda, UA FSp Saar.

Grigorian, Stella, Sängerin; c/o Artists Management Zürich, Rütistr 52, CH-8044 Zürich, T: 04 48 21 89 57, F: 04 48 21 01 27; c/o Wiener Staatsoper, Opernring 2, A-1010 Wien; *www.artistsman.com* [Tiflis/Georgien]. **Ausb:** Dipl f Sologes, Lied und Op Kunstakad Tiflis, Stip d Karajan-Stift am Wiener Kons, b Jean-Pierre Blivé in Nizza, Meisterklassen b KS Christa Ludwig. **Laufb:** Sol Wiener Staatsop, Gastsol Vereinigte Bühnen Graz SpZ 03/04. (Red)

Grima, Danielle, Sängerin; Langerfelder Str 37, D-42389 Wuppertal, T: (02 02) 60 77 62; c/o Nidersächsische Staatstheater Hannover, Opernpl 1, D-30159 Hannover. **Laufb:** Sol Schillerth NRW Wuppertal-Gelsenkirchen, Gastsol Op Hannover seit SpZ 03/04. (Red)

Grimaud, Hélène, Klavier; c/o Konzertdirektion Hans Ulrich Schmid, Königstr 36, D-30175 Hannover, PF 3409, D-30034 Hannover, T: (05 11) 3 66 07 60, F: 3 66 07 34, *mail@kdschmid.de*. **Laufb:** Philh StaatsOrch Hamburg (V Fedoseyev), RSO Frankfurt (H Wolff), GewandhausOrch Leipzig (H Blomstedt), Tournee Göteborgs Symf (N Järvi) Berlin, Köln, Stuttgart, Frankfurt, Konz m Boston SymphOrch (David Zinman) u Philadelphia Orch (I Metzmacher); Debüt Bayer Staatsop – NatTh München 03/04. **Pr:** 'Victoires de la Musique' Sol d Jahres 2000, 'Officier dans l'ordre des Arts et des Lettres' 02, Echo-Pr 05. (Red)

Grimm, Anne, Sopran; c/o Pieter G Alferink Artists Management BV, Herengracht 340, Niederlande-1016 CG Amsterdam, T: (0 20) 6 64 31 51, F: 6 75 24 26, *Alferink@worldonline.nl* [Holland]. **Ausb:** Stud Ges (E Spoorenberg u M Honig) Sweelinck Cons Amsterdam, Studien b N Barker London, Mstrkse ua b K Equiluz, E Ameling, D Ferro u J van Nes. **Laufb:** Mitgl Int Op Center Holland, USA-Tournee, Europa-Tournee m Amsterdam Baroque Orch, Lied-Tournee in Kanada u USA, Auftr b Ravinia Fstv Chicago, Oude Muziekfstv Utrecht, Dresdner u Bremer FSp, HändelFSp Halle, Holland Fstv 2000 m Combattimento Consort Amsterdam, MFSp Potsdam Sanssouci, Konz regelm m Amsterdam Baroque Orch, Dgt: T Koopman ua b FSp Salzburg, Amiens u Ambronay, m Amsterdamer Bach Solisten im Amsterdamer Concertgebouw, ZusArb m G Chmura u Radio Symfonie Orkest, Nederlandse Bachvereinigung u Ltg v J van Veldhoven, Liederabende in Amsterdam u Kanada, Gast Nat Reisop; KonzEng m Noord Nederlands Orkest. **Pr:** Stip Fonds voor de Podiumkunsten. – **Aufn/RF:** CD-Aufn: Bach: 'Kantaten', T Koopman; A de Literes: 'Los Elementos', Al Ayre Espanôl, Dgt: E Lopez Banzo, 'Musikal Dialoge aus d 17. Jh', Nederlandse Bachvereinigung.

Grimm, Jim, Komponist; Beim Goldenen Löwen 14, CH-4052 Basel, T: 06 12 72 31 87. (Red)

Grimm, Justus Emmanuel, Cello; Hohenzollernstr 1, D-56068 Koblenz, T: 0 17 93 98 56 40; c/o Konzertdirektion Fritz Dietrich, Sigmund-Freud-Str 1, D-60435 Frankfurt a M, T: (0 69) 54 45 04, F: 5 48 41 07, *info@konzertdirektion-dietrich.de* [Hamburg 1970]. **Laufb:** 1. SoloVcl d Königl Op Brüssel. **Pr:** 1. Pr Violoncello-Wettb d MH Köln 94, Pr d Deutsch HWettb u Stip d Deutsch Musikrates 94, 1. Pr Int Wettb 'Gaspar Cassado' 98, 1. Pr 45. Maria Canals Barcelona Int M Wettb 99. **Ens:** Duo Wiek-Grimm. (Red)

Grimm, Klaus, Fagott, Hochschullehrer; Weitzbachstr 9, D-65207 Wiesbaden, T: (0 61 22) 98 05 22, *klausgrimm@freenet.de* [Frankfurt/M 29.9.1954]. **Ausb:** Stud Fag (H Winter) MH Frankfurt 73–79. **Laufb:** Doz (Fag) Dr Hoch's Kons Frankfurt, Doz (Fag) Peter Cornelius Kons Mainz, 1. Solofag Philh Orch Staatsth Mainz. **Ens:** Aulos-Qui Frankfurt/M 76–82.

Grimmel, Werner (Pseud: Werner Müller-Jakobs, Martin Wohlrab, Walter Schwarzert, Walter Rab), Komponist, Hochschullehrer, Musikjournalist; Reutener Str 76, D-88142 Wasserburg, *wmgrimmel@tesionmail.de*; Uferweg 5b, D-88131 Lindau, T: (0 83 82) 53 41, F: 53 41 [Dettingen/Erms 24.9.1952]. **Ausb:** Stud (KiM) Esslingen, A-Prfg 78, Stud (MWiss) Tübingen, Komp (M Kelemen) Stuttgart. **Laufb:** LAuftr (MTheorie) MH Stuttgart 81–85, Doz (Komp, MTheorie) Cecilia Acad of Music Bangkok 83–84, seither freiberufl als Komp, Musikjournalist in Stuttgart u Lindau, Doz Studienkreis Musik Stuttgart. **Pr:** 'Drei Orchstücke' ausgewählt z Aufführung b Forum Junger Komp Hilchenbach (Juryvors: I Yun) 83. **Ens:** Dgt Ens Stuttgart u versch Chöre (Neuer Ch Stuttgart, Liebeslieder-Chor Lindau ua), Lt Walter Rab Blues Band 72–76. **Mitgl:** Dt Komp-Verb. – **Komp:** Hölderlin-Zyklus (VokalM) 79, UA Stuttgart 80; Entre deux mers, Septett (KamM) 80, UA Stuttgart 80; Drei Orchstücke, den Flüchtlingen v Guatemala u El Salvador (OrchW) 82, UA Hilchenbach, Südwestfäl Philharmonie, Dgt: J Shintani 83; Die Wut über d verlorene Paradies (KamM) 83/84, UA Bangkok 84; Die Geschichte v reichen Mann u vom armen Lazarus (gr Kantate) 85; Im Mutterleib vernommene Gespräche (KamM) 86, UA Stuttgart 86; Lais (KamM) 89/90, UA Stuttgart 90; Abendphantasie (VokalM)

79/93, UA Stuttgart 93; In warmem Golde fließen (VKonz) 2000, UA Stuttgart, Sol: J Schall, Dgt: R H P Platz 01 (Auftr: SWR); Drei Studien (f SechzehnteltonKl) 01, UA Heilbronn, Sol: D Blum 01 (Auftr: Int Pianoforum Heilbronn u Klaviermanufaktur Sauter); Drei Studien (f 1/16 Ton Kl) 01/03, Fass f Ballett Wasserzeichen v Katja Erdmann-Rajski, UA Stuttgart 05; Drei Mörike-Lieder (Bar, Kl) 04, UA Marbach, m C Sökler (Bar), M Hadulla (Kl) (Auftr Int Hugo-Wolf-Akad Stuttgart). **Sonst:** Artikel u Essays i FAZ, Stuttgarter Zeitung, Neue Zs f Musik, Neue Musikzeitung, Kultur/Stuttgart, Schwäbische Zeitung, taz, Salzburger Nachrichten ua, Sendungen f SWR, Deutschlandradio ua.

Grimmer, Walter, Prof, Violoncello, Hochschullehrer; Grand Rue, F-84340 Malaucène, *walter.grimmer@wanadoo.fr*; *www.acanthes.com/grimmer.html* [Rorbas 9.3.1939]. Konzert **Ausb:** Stud (R Sturzenegger) MH Zürich 54–57, Stud (M Gendrou) MH Saarbrücken 57–61, Mstrkse b E Mainardi, P Casals. **Laufb:** SolVcl SinfOrch Bern, Dgt: P Klecki 65–71, freischaff Solist, Prof (Vcl) H f M u Th Zürich 85–02. **Ens:** Berner StrQua 72–84, Arion-Trio 84–94. – **Aufn/RF:** Brahms: Sonaten; Holliger: Quartett u Chaconne; Lechenmann: 'Gran Torso'; Portrait-CD. **UA:** schweizer EA d VclKonz v Lutoslawski 75 u Yun 83 in Zürich; Dusapin: VclKonz, Dt EA Saarbrücken 01. **Zug:** Dusopin: 'Immer'; Wildberger: 'Tantôt libre...'; Yun: Etuden; K Huber: 'Lazarus I/II'; ders: 'D Seele muss v Reittier steigen, UA Donaueschingen 02. **Sonst:** Hg: 'D Kunst d Cellospiels v M Gendrou'.

Grimmer, Wolfgang, Sänger; c/o Theater Altenburg-Gera, Küchengartenallee 2, D-07548 Gera. **Laufb:** Sol Th Görlitz, Gastsol Th Altenburg-Gera SpZ 04/05. (Red)

Grin, Leonid, GMD, Dirigent; c/o Saarländisches Staatstheater, Schillerpl 1, D-66111 Saarbrücken; *www.theater-saarbruecken.de*. **Laufb:** Gastdgt Op Halle SpZ 00/01, GMD Saarländ Staatsth seit SpZ 03/04. (Red)

Grinberg, Anna, Korrepetitorin; c/o Theater Magdeburg, PF 1240, D-39002 Magdeburg. (Red)

Grindenko, Tatjana, Violine; c/o Forum Artium, Am Kasinopark 1–3, D-49114 Georgsmarienhütte, T: (0 54 01) 3 42 23, *info@forum-artium.de* [Kharkow, Ukraine]. **Pr:** 1. Pr u 'Orpheus' Weltjugendfestival-Wettb Sofia, 1. Pr Allunions-Wettb 69, 4. Pr Tschaikowsky-Wettb 70, 1. Pr Wieniawski-Wettb 72. (Red)

Grisebach, Peter, Intendant; c/o Stadttheater Bremerhaven, Theodor-Heuss-Pl, D-27568 Bremerhaven, PF 120541, D-27519 Bremerhaven. **Laufb:** Intend Stadtth Bremerhaven SpZ 03/05. (Red)

Grishko, Vladimir, Tenor; Pinnacle Arts Management, Thierschstr 11, D-80538 München, T: (0 89) 3 40 86 30, F: 34 08 63 10; Theater, Am Boeselagerhof 1, D-53111 Bonn. **Laufb:** Sol Th Bonn. (Red)

Gritton, Susan, Sängerin; c/o Bayerische Staatsoper, Brieffach, D-80075 München. **Laufb:** Sol Bayer Staatsop München, English Nat Opera London SpZ 02/03. (Red)

Grob, Jean-Marc, Dirigent; ch des Clochetons 17, CH-1004 Lausanne, T: 02 6 26 37 38. (Red)

Grobauer, Wilhelm, Komponist; Weidenegg 25, A-3632 Traunstein, T: (0 28 78) 4 54. (Red)

Grobe, Ralf, Bassbariton; c/o Allee Theater GmbH – Hamburger Kammeroper, Max-Brauer-Allee 76, D-22765 Hamburg. (*)

Groben, Françoise, Cello; c/o Cecilia Music Concept GmbH – Franz Georg Stähling, Brauweilerweg 183, D-50933 Köln, T: (02 21) 8 00 00 70, 01 72–9 20 72 48, F: 8 00 00 71, *staehling@cecilia-cmc.de*; *www.cecilia-cmc.de* [Luxemburg]. Konzert **Ausb:** Stud MH Köln (B Pergamenschikow), Amadeus Qua, W Pleeth, D Schaftran. **Laufb:** Sinfonieorch des BR 90, NHK-Orch Japan Suntory Hall 96, Jerusalem Symphony 96, St. Petersburger Philh 98; Fstv: Bratislava, Kuhmo, Montpellier, Wallonie, Berliner Festwochen, Schleswig-Holstein MFstv, Davos; Dgten: Svetlanov, Kitayenko, Rostropovitsch, Harding. **Pr:** 2. Pr Int Tschaikowsky-Wettb Moskau. **Ens:** 'Alloys-Ens', Zehetmair-StrQua 98. – **Aufn/RF:** Poulenc: Kammermusik integrale; Busoni: Cellowerke; Hartmann, Bartok, Schumann Streichquartette.

Grobholz, Werner, Konzertmeister, Violine; c/o Münchner Philharmoniker, Kellerstr 4, D-81667 München [München 1942]. **Ausb:** Stud (W. Heutling, M. Strub, W. Isselmann) MH Detmold, in München b O. Büchner. **Laufb:** 1. Konzm Münchner Philharmoniker. (Red)

Grochowski, Gerd, Bassbariton; Nevelstr 53, D-44795 Bochum, T: (02 34) 4 52 48 67, 01 72–2 04 13 03; c/o Konzertdirektion Tobischek, Zimmermannstr 59, D-45239 Essen, T: (02 01) 8 40 51 75, F: 8 40 51 76, *tobischek@arcor.de*. **Laufb:** Sol Saarländisches Staatsth Saarbrücken, Op Leipzig, Op Bonn u Op Frankfurt SpZ 03/04. (Red)

Gröner, Ulrich, Prof, Hochschullehrer, Violine; Hochschule Musik u TTheater, Tössertobelstr 1, CH-8400 Winterthur, *ulrich.groener@gmx.de*; c/o Südwestdeutsche Konzertdirektion Erwin Russ GmbH, Charlottenpl 17, D-70173 Stuttgart, T: (07 11) 1 63 53 11, F: 1 63 53 30, *info@sksruss.de* [Ulm]. **Ausb:** Stud MH b Jean Laurent u Kurt Guntner, Mstrkl v Max Rostal (Köln), Krse b Semjon Snitkovsky (Moskau). **Laufb:** KamMFstv 'Wolfegger Wintermusik' u 'Musik im Publikum' Ravensburg, Konzm Ens 13 Baden-Baden seit 87, Prof (V) MH Winterthur Zürich seit 93. **Pr:** int Wettb Colmar, Florenz, Trapani, Stip u Pr Dt MWettb. **Ens:** Beethoven Trio Ravensburg, Heine Qua. (*)

Gröning, Hans, Bariton, Regisseur; c/o Künstleragentur Tobias Kade, Ammonstr 72, D-01067 Dresden, T: (03 51) 4 90 67 94, 01 72–3 66 29 07, F: 4 90 67 93, *tobias-kade@gmx.de, hansgroening@web.de*; Komische Oper Berlin, Behrenstr 55–57, D-10117 Berlin, T: (0 30) 20 26 00, F: 20 26 04 05, *info@komische-oper-berlin.de*; *www.kuenstleragentur-kade.de* [Hildesheim 15.5.1965]. **Ausb:** Privatstud (G Schröter) 90–95. **Laufb:** GastSol Berliner KamOp 2000–05, Ens Th Eisenach 96–04, Gastsol Kom Op Berlin 04–06, Debüt als Reg 'Jim Knopf u Lukas d Lokomotivführer' Koprod Th Eisenach u Meiningen 03, Insz 'Zar und Zimmermann' SchlossFSp Wernigerode 04.

Grönlund, Peter, Tenor; Haubachstr 35, D-10585 Berlin, T: (0 30) 34 78 76 47, F: 36 40 71 00, *peter.gronlund@wanadoo.fr*; *www.gronlunds.dk/pg.htm* [Kopenhagen]. Belcanto, Oratorium (Evangelist), Lied **Ausb:** Stud Kons f M Kopenhagen, Dipl 85; OpAkad Kopenhagen Dipl 88. **Laufb:** Sol Städt Bühnen Münster 89–92, Tiroler Ldesth 92–94, Nationalth Mannheim 94–95, freischaff ab 95, Gastsol in ganz Europa, ua Prag, Kopenhagen, Wien, Innsbruck, Dublin, Rom, Malmö, Rotterdam u div Th in Dt, Gastsol Staatsth Darmstadt 2000–04. – **Aufn/RF:** CDs: G F Händel: 'Messias' (Gesamtaufn); F Schubert: Es-Dur Messe, Dgt F Bernius; C Nielsen: Werke f Chor u Soli; RF: F Schubert: 'Die schöne Müllerin', Danmark Radio 92. **UA:** C Nielsen: 'Maskarade', Tiroler Ldesth 93; Ph Glass: 'In the Penal Colony', Staatsth Darmstadt 02.

Grössler, Ralf, Dipl Kirchenmusiker, Komponist, Kirchenmusiker; Birkenweg 8, D-27801 Dötlingen-Voßberg, T: (0 44 31) 14 99, F: 91 71 15, *ralf.groessler@gmx.de* [Bitburg 12.7.1958]. **Ausb:** Stud (ev KiM) Bayern u München, A-Examen 82. **Laufb:** Kantor Alexanderkirche Wildeshausen, viele Konz m eigenen Werken im In- u Ausland. **Mitgl:** Dt KompVerb. – **Komp:** Gospelmesse (Messe), UA Fürstenfeldbruck, Erlöserkirche 85; Gospelsinf (Sinf), UA Fürstenfeldbruck, Erlöserkirche 87; Missa parvulorum Dei (Messe), UA Fürstenfeldbruck, Erlöserkirche 89; Living Dreams (Musical), UA Wildeshausen, Alexanderkirche 92; I set my foot on the Gospelship (Sinf Variationen), UA Bremen 96; Mass of Joy (Messe), UA Wildeshausen, Alexanderkirche 98; Our Father in Heaven (Symph Rhapsodie), UA Wildeshausen, Alexanderkirche 02.

Groethuysen, Andreas, Klavier; c/o Classic Communication – Johanna von Mikusch-Buchberg, Max-Weber-Pl 8a, D-81675 München, T: (0 89) 4 70 56 86, F: 4 70 61 52, *info@classic-comm.com*; *www.classic-comm.com* [München]. **Ausb:** H f M München. **Ens:** Duo Tal & Groethuysen 85. – **Aufn/RF:** zahlr CDs. (Red)

Grötsch, Kerstin, Prof, Hochschullehrerin, Klarinette; Grevenbroicher Weg 54, D-40547 Düsseldorf, T: (02 11) 4 98 48 28, F: (0 30) 4 84 98 93 45, *k.groetsch@gmx.net*; Robert Schumann Hochschule, Fischerstr 110, D-40476 Düsseldorf [Frankfurt am M 2.2.1969]. Kammermusik, auch hist Klar, musikliter Progr **Ausb:** Stud (H Hepp) Akad f Tonkunst Darmstadt 88–93, H f M u Darst Kunst Stuttgart (U Rodenhäuser), Mstrkse (H Deinzer, M.Pressler). **Laufb:** Vol Orch d Staatsth Darmstadt 90–91, Stellv Soloklar Philh Staatsorch Mainz 93, Soloklar Phil Orch d Stadt Gelsenkirchen 94–97, Neue Philh Westfalen seit 99, Doz HfM u Theater München 97–01, Prof (Klar) Robert-Schumann-H Düsseldorf seit 01. **Pr:** 1. Pr Dt Konservatoriumswettb 90/93, Stip u Förderpr d Stift Villa Musica 92–94, Vorstandsmitgl Stift Villa Musica 98–04. **Ens:** Frankfurter Bläserserenade 89–94; Trio Magonza; Trio Callot; Armonia da Camera; Ensemble musica letra. – **Aufn/RF:** G Klein: Divertimento, B Martinu: Serenade, R Strauss: Sonatinen, m Ens Villa Musica; L Spohr: Konz Nr 4, m Staatsorch Rhein Philh Koblenz, Dgt: C Kluttig; W A Mozart: Entf aus d Serail, m RSO Frankfurt, Dgt: M Viotti 92; I Yun: Rondell, H Villa-Lobos: Trio, SWR 95; Live-KonzMitschn: HR, SR, SWR, WDR. **UA:** Isang Yun: Oktett f Bläser, m Stuttg Bläserakad 95; J Cage: 68 f Orch, m RSO Frankurt; J Kalitzke: Zirkus Francy, m Philh Orch Gelsenkirchen, Dgt: J Kalitzke 96.

Grötzinger, Heike, Mezzosopran; c/o Theateragentur Heidi Steinhaus, Auerfeldstr 26, D-81541 München, T: (0 89) 93 93 01 10, 01 70–4 45 82 00, F: 93 93 01 11, *info@heidi-steinhaus.de*; *www.heidi-steinhaus.de*. **Ausb:** Stud (Ges) H f M Köln. **Laufb:** Sol Städt Bühnen Münster, Sol Stadtth Bremerhaven SpZ 03/04, Sol Bayer Staatsop München SpZ 03/04.

Grötzschel, Gerd, Viola; c/o HR Sinfonieorchester, Bertramstr 8, D-60320 Frankfurt a M. **Laufb:** Sol HR SinfOrch Frankfurt a M. (Red)

Groh, Holger, Konzertmeister; c/o Steirische Gesellschaft f Musikfreunde, Albrechtgasse 3/4, A-8010 Graz, T: (03 16) 82 21 84, F: 82 21 84 20, *musikfreunde@grazer-symphoniker.at*; *www.grazer-symphoniker.at* [Weiz, Steiermark 27.7.1976]. **Ausb:** Stud (F Diethard) 'Johann-Joseph-Fux'-Kons Graz bis 91, Stud (A Staar) U f Musik u darst Kunst Oberschützen, Graz bis 97. **Laufb:** zahlr Auftr als Sol m Orch in Europa, Substitut Wiener Philh u Wiener Staatsop 99, KonzM SinfOrch Burgenland, Stimmführer 'Neue Österreich-Ungar Haydn-Philh', KonzM 'Grazer Symphon Orch' seit 2000, 1. KonzM 'Wiener Bachsolisten' seit 2001, künstl Lt Grazer Symph Orch ab 04/05. **Pr:** 1. Pr 'Jugend musiziert' 89, 2. Pr 'Jugend f Mozart' 91, 2. Pr 'Concorso interregionale' 88, 1. Pr 'Jugend musiziert' 91. (Red)

Groh, Markus, Prof, Klavier, Hochschullehrer; Weigold & Böhm International Artists & Tours GmbH, c/o Yvonne Weigold, Streitfeldstr 19, D-81673 München, T: (0 40) 28 05 66 22, F: 28 05 66 44, *weigold@weigold-boehm.de*; c/o Künstleragentur Dr. Raab & Dr. Böhm, Plankengasse 7, A-1010 Wien, T: (01) 51 20 50 10, F: 5 12 77 43, *office@rbartists.at*; *www.markusgroh.com* [1970]. **Ausb:** Stud b Prof. Richter (Stuttgart), Stud b Prof. Hans Leygraf, UdK Berlin u Mozarteum Salzburg 89–98. **Laufb:** Mitbegr u Künstl Lt Beberseer Musiksommer, Prof (Kl) H f M u Th Hannover. **Pr:** 1. Pr Tonkünstlerverband Baden-Württemberg, 1. Pr Grotrian-Steinweg-Wettb Braunschweig, 1. Pr Steinway-Wettb Hamburg, 1. Pr Karel-Kunc-KamMPr Bad Dürkheim, Stip d Bundespräs (Stift preuß Kulturbesitz) 91, 2. Pr Senigallia, 1. Pr Artur-Schnabel-Wettb Berlin 88, 2. Pr Marsala 90, Pr Ettlingen 90, Pr Santander 90, 1. Pr d Dt MWettb Bonn u SpezialPr d Vereins Schumannhaus Bonn 93, 2. Pr Mendelssohn-Wettb Hamburg, 1. Pr Concours Reine Elisabeth Brüssel 95. (Red)

Groh, Norbert, Pianist, Hochschullehrer, Dirigent; Richard Strauss Konservatorium, Gasteig, Kellerstr 6, D-81667 München, *schoepf-groh@t-online.de.* **Ausb:** Stud (Kl, KamM, Liedbegleitung u Dgt) München, Karlsruhe u Freiburg. **Laufb:** Doz (Kl, Korr, unterrichtsprakt KlSp) Richard Strauss Kons München. (Red)

Grohotolsky, Michael, Chorleiter; Jura Soyfergasse 1/21/3, A-1100 Wien, T: (06 99) 10 36 06 27, *michael.grohotolsky@gmx.at.* **Laufb:** ChorLt Neue Op Wien seit SpZ 03/04. (Red)

Groier, Ulrike, Prof, Hochschullehrerin, Blockflöte; Univ f Musik u Darst Kunst, Inst Franz Schubert, Rennweg 8, A-1030 Wien [Wien]. **Ausb:** Stud (Bfl) H f Musik Wien (H M Kneihs). **Laufb:** Lehrtätigkeit (Bfl) U f Musik u Darst Kunst Wien seit 76, UProf ebd. **Pr:** Wiener Blockflötenens 72–85, Vokalens NOVA. (Red)

Groissböck, Günther, Bassbariton; c/o Opernhaus Zürich, Falkenstr 1, CH-8008 Zürich; c/o Agentur Seitter, Opernring 8/13, A-1010 Wien, T: (01) 5 13 75 92, F: 5 12 93 51, *office@agentur-seitter.at*; *www.opernhaus.ch/d/kuenstler* [Waidhofen/Ybbs 1976]. **Ausb:** Stud (Ges) Kons Wien 96, Univ f M u darst K Wien 97 b R Döring, b R Holl (Lied u Orat) seit 01, Mstrkse b S Jerusalem, K Moll u S Ghazarian. **Laufb:** Debüt Wiener Kammerop 02, Salzburger FSp 02, Stadtth Klagenfurt 02, Wiener Staatsop 02/03 (Stip d Herbert v Karajan-Zentrums) u 03/04, Op Strassburg 03, Engagement als 1. Bass Op Zürich seit SpZ 03/04. **Pr:** 1. Pr Wettb Gradus ad parnassum Innsbruck 01. (Red)

Grollitsch, Günther, Sänger; c/o Bremer Theater, Am Goethepl 1–3, D-28203 Bremen, PF 101046, D-28010 Bremen. **Laufb:** Gastsol Th Bremen SpZ 03/05. (Red)

Grolms, Thomas (Pseud: Ulrich Roon), Dr, Dozent; Lilienthalstr 28, D-10965 Berlin, *TGrolms@gmx.de* [13.2.1950]. **Ausb:** Stud (KiM, SchM, GesPäd, Ges) H f M Berlin 69–75, Stud Medizin, Prom med Fak FU Berlin. **Laufb:** Doz (Gesang, Sprecherz, Stimmpflege) Erzbischöfl KiMSchule Berlin, Stimmbildung im Staats- u Domchor Berlin (U d Künste Berlin, ökumen Inst f KiM, Fak M).

Gromis, Gary, Solorepetitor; c/o Deutsche Staatsoper, Unter den Linden 7, D-10117 Berlin, PF 354, D-10109 Berlin. **Laufb:** Musikal Einstudierung Dt Staatsop Berlin. (Red)

Gronich, Ilan, Prof, Hochschullehrer, Violine; Rönnestr 7, D-14057 Berlin, T: (0 30) 3 23 98 33, F: 32 76 52 29; Univ d Künste, Fak Musik, Inst f Künstl Ausbildung / Orchesterinstr u Dirigieren, PF 120544, D-10595 Berlin [Tel Aviv 26.10.1942]. **Ausb:** Stud (L Fenyves, O Partos) MAkad Tel-Aviv 57–62, (I Galamian, D Delay) Juillard School of Music New York 67–69. **Laufb:** Primarius Israel KamEns 70–71, Primarius Israel Str Qua 74–81, Primarius Kreuzberger Str-Qua 82–87, künstl Lt Oriol Ens Berlin seit 89, Prof (V, KamM) U d Künste Berlin. – **Sonst:** Grdg Ens Oriol Berlin 89.

Gronostay, Uwe, Prof, Hochschullehrer, Dirigent; Dernburgstr 59, D-14057 Berlin, T: (0 30) 3 22 64 05, F: 3 25 82 58. **Laufb:** Prof (ChLtg) U d Künste Berlin. (Red)

Groop, Monica, Mezzosopran; c/o Künstleragentur Dr Raab & Dr Böhm, Plankengasse 7, A-1010 Wien, T: (01) 5 12 05 01, F: 5 12 77 43; c/o Bühnen d Stadt Köln, Offenbachpl, D-50667 Köln. **Laufb:** Sol Bayer Staatsop München, Sol Op Köln SpZ 03/04. (Red)

Groos, John, Dirigent; Kantendorfer Str 7, D-95182 Döhlau, T: (0 92 86) 96 58 54. **Laufb:** Dgt u Rep Städtebundth Hof seit SpZ 03/04. (Red)

Groot, Niek de, Prof, Hochschullehrer, Kontrabass; FolkwangHochschule, Klemensborn 39, D-45239 Essen [Rotterdam]. **Ausb:** ua Koninklijk Cons Den Haag 81–83, Banff Centre for the Arts Kanada 90–91; Mstrkl b F Helmerson, L Claret, H Shapiro. **Laufb:** Sol u KamMusiker, Nederlands Philh Ork 86–87, Bergen Philh Orch 87–91, Concertgebouw Ork seit 96, Prof (KB) Folkwang-H Essen seit 96, Ltg div Mstrkl, Teiln zahlr Fstvs (Schleswig-Holstein, Potsdam-Sanssouci, 'Pablo Casals', 'Orlando', Carthago, Middelburg, Oslo, Bergen, Venedig, Delft, Buffalo). **Ens:** Nieuw Ens Amsterdam 86–93.

Grootens, André, Musikalischer Leiter; Hirtenhofstr 80, CH-6005 Luzern, T: 04 13 60 49 62, *andre.grootens@invoice-maedchenchor.ch.* **Laufb:** Doz (Chor) MH Luzern, MLtg 'In voice' MädchenCh. (Red)

Groppenberger, Walter, Prof, Hochschullehrer, Klaiver; Univ f Musik u Darst Kunst, Inst 2, Brandhofgasse 21, A-8010 Graz, T: (03 16) 3 89 33 09, F: 3 89 30 21, *walter.groppenberger@kug.ac.at.* **Laufb:** o UProf (Kl)U f Musik u Darst Kunst Graz. (Red)

Gropper, Thomas, Prof, Bariton, Hochschullehrer; Sedanstr 28/Rgb, D-81667 München, T: (0 89) 44 48 92 66, F: 44 48 92 66; H f Musik u Theater, Arcisstr 12, D-80333 München [Braunlage 1969]. **Laufb:** Prof H f M u Th München. (Red)

Gropper, Wolfgang, Generalintendant; c/o Staatstheater Braunschweig, Am Theater, D-38100 Braunschweig, PF 4539, D-38035 Braunschweig, T: (05 31) 1 23 41 01, F: 1 23 41 03, *WolfgangGropper@staatstheater-braunschweig.de* [Prien a Chiemsee, Oberbayern]. **Ausb:** z Schauspieler u Volljuristen. **Laufb:** Inszenierungen in München (KamSpiele, Volksth, Gärtnerplatz-Th), Krefeld, Saarbrücken, Hannover, Braunschweig, Santiago de Chile; OberspielLt d Schauspiels a Staatsth Hannover seit 83, Schauspieldir Staatsth Braunschweig 86–91, GenIntend Vereinigte Bühnen Krefeld u Mönchengladbach seit 91, GenIntend Staatsth Braunschweig seit 97 (04/05).

Groschopp, Holger, Klavier; Peter-Vischer-Str 21, D-12157 Berlin, T: (0 30) 8 55 96 97, F: 8 55 96 97, *Holger.Groschopp@t-online.de*; c/o Konzertdirektion Andrea Hampl, Karl-Schrader Str 6, D-10781 Berlin, T: (0 30) 4 78 26 99, 01 72–3 80 56 45, F: 4 78 37 92, *hampl@konzertdirektion.de* [Berlin 20.9.1964]. Kl solo, KamM, Liedbegleitung, Neue M, I Yun, F Busoni **Ausb:** Stud Kl (G Sava), Komp (I Yun) u Liedintpr (A Reimann, D Fischer-Dieskau) HdK Berlin bis 91. **Laufb:** ZusArb ua m d Berliner Philharmonikern, Dt SymphOrch Berlin, Sol b div Fstvs (Berlin, Salzburg, Montepulciano ua), Tourneen i In- u Ausland. **Pr:** Prtr Brahms-Wettb f Kl Hamburg. **Mitgl:** Vorstand Int Isang Jun Gesell. – **Aufn/RF:** CDs: Busoni-Transkriptionen 01 u 05; Melodramen 02; Jun-KamM 05.

Grose, Cynthia, Sängerin; Hermannstr 2, D-56170 Bendorf, T: (0 26 01) 91 33 00; c/o Theater der Stadt Koblenz, Clemensstr 5, D-56068 Koblenz. **Laufb:** Sol Th d Stadt Koblenz. (Red)

Grosgurin, Daniel, Prof, Cello, Hochschullehrer, künstlerischer Leiter; Unterer Rheinweg 46, CH-4057 Basel, T: 06 16 43 08 58, F: 06 16 43 08 54, *danielgrosgurin@netcourrier.com*; c/o Konzert & Künstler Agentur Jens Gunnar Becker, Grünstr 13, D-58313 Herdecke, T: (0 23 30) 7 03 89, F: 75 07, *becker@beckerkonzert.de* [Genf, Schweiz 13.7.1949]. Konzert: Solo, Kammermusik **Ausb:** Stud (C Viala, P Fournier) Cons de Musique de Genève, (J Starker) Indiana U Bloomington, USA. **Laufb:** Prof f Vcl Cons supérieur de M Genf, künstl Lt Les Solistes de Genève, Sol m Orch de la Suisse Romande, bedeut Kulturorch in Dtschld, Österr u Schweiz; Auftritte auf Fstvs, ua 'Eastern Music Fstv' (USA), Recitals in London, Paris, Tokyo. **Pr:** Silberne Med b Int MWettb Genf 75, 2. Pr u Sonderpr 'Cassadó' Wettb Florenz 77. **Mitgl:** ESTA. – **Aufn/RF:** CDs: G Cassadó: pièces favorites; 'Le violoncelle et l'opéra' 03. **UA:** Sol Werke v A F Marescotti, P M Braun, B Karrer, R Felder, P Angerer; KamM v R Kelterborn. **Lit:** 'Who's who in Music'.

Groskopff, Martin, Violine, Konzertmeister; c/o Philharmonisches Orchester Gera, Küchengartenallee 2, D-07548 Gera. **Laufb:** Stellv 1. Konzm Philharmon Orch Gera. (Red)

Groß, Friedbert, Komponist; Käthe-Kollwitz-Str 12, D-01458 Ottendorf-Okrilla, OT Medingen, T: (03 52 05) 5 30 16, F: 5 30 16 [Medingen 20.4.1937]. Chormusik, Kammermusik, Orchestermusik, angew Musik i Sport u Tanz **Ausb:** Stud MH Carl Maria v Weber Dresden, Abschluss (Komp, Tonsatz, Kl, Chorltg) 60. **Laufb:** Mitgl Dresdner Kreuzchor 47–55, Doz (Komp, Musikpäd) Leipzig seit 61, Abgeordneter Sächs Landtag 90, Kultusmin Freistaat Sachsen seit 93. – **Komp:** Divertimento f Hörner u Streichorch 76, UA Nordhausen, Hovaqua Radio-SinfOrch Leipzig, ThOrch Nordhausen 81; Konz f Cembalo u Orch 78, UA Leipzig, Akad-Orch U Leipzig, Dgt: G Erber 79; Son f Hörner u Kl 81, UA Magdeburg, Hornqua Radio-SinfOrch Leipzig, Dgt: P Meyer 85; Suite im alten Stil (OrchW) 85, UA Leipzig, Bläser u Streicher Radiophilharmonie Leipzig 86; Sammlung jidd u hebräischer Folklore-Bearb f Leipziger Synagogalchor 75–04.

Groß, Johannes, Tenor; c/o Rößner und Hahnemann Gastspieldirektion, Rautenstr 2, D-99734 Nordhausen, T: (0 36 31) 6 26 10, F: 62 61 13; *www.roessner-hahnemann.de* [Dortmund 1960]. **Laufb:** Aalto Th Essen. **Ens:** German Tenors (mit Ch Polus, L del Rio). (Red)

Große-Jäger, Hermann, Prof, Hochschullehrer; Wichernstr 62, D-33330 Gütersloh, T: (0 52 41) 3 41 21. **Laufb:** LBeauftr (Musikvermittlung) H f Musik Detmold. (*)

Große-Schware, Hermann (Pseud: Manni Bernhard), Komponist; Franziskanerstr 20, D-41063 Mönchengladbach, T: (0 21 61) 5 25 61, F: 95 28 52, *grosseschw@aol.com*; *members.aol.com/grosseschw/index.htm* [Castrop-Rauxel 1.4.1931]. Chormusik, Kammermusik, Lied, Orchesterwerke **Ausb:** Stud SchM, Komp (H Schroeder) MH Köln, Kölner Kurse f Neue Musik (Kagel), Jazzkurs MH Köln. **Laufb:** Tätigkeit als Chorlt, MSchullt, Schulmusiker. **Pr:** zahlr KompPr f ChorW. **Mitgl:** DKV (Vors Landesverb NRW), DTKV. – **Komp:** Der Herbst d Einsamen (ChorW), UA Köln 70; Ahnungen u Erinnerungen (OrchW), UA Krefeld 85; 4 Chöre auf Texte v Rose Ausländer (ChorW), UA Düsseldorf 86; 8 Lieder auf Texte v Matthias Buth (Lied), UA Mönchengladbach 91; Musik f Streichqua u Cembalo (KamM), UA Mönchengladbach 92; On Jazz – 3 Essays (KamM), UA Dresden 92; Tierisch-Satyrisch, 3 Heinrich-Heine-Songs, UA Viersen 98. **AuftrKomp:** Musik f StrQua u Cemb, UA Mönchengladbach 92; 3 Psalm-Motetten, UA Hamburg 03.

Grossenbacher, Bernardo, Komponist, Dirigent; Polygonstr 1, CH-3014 Bern; Postlagernd, CH-3001 Bern [Bern 11.10.1942]. symphon Chorwerke d 20. Jh, mikrotonale Kompositionen u Synthese klass Avantgarde-Modern Jazz **Ausb:** Stud H f M Biel (Hauptfach Orgel, Nebenfach Klavier), Stud Bern, Basel, Stuttgart.

Grossenbacher, Thomas, Hochschullehrer; Hochschule Musik u Tanz, Tössertobelstr 1, CH-8400 Winterthur [Zürich]. **Ausb:** Stud Kons Zürich b Claude Starck u MH Lübeck b David Geringas, Unterr b U.M. Haiberg, M. Pressler, R. Mann, V. Ashkenazy, G. Ligeti u La Monte Young. **Laufb:** Doz (Vcl) MH Winterthur Zürich, Sol Tonhalle-Orch Zürich, ZusArb m Carmina Qua Zürich. **Ens:** Trio Caleidoscopio. (*)

Grossi, Bruno, Flöte; c/o Gabor Mezaros, Via Ponte Tresa 4a, CH-6924 Soregno [Bellinzona 1965]. **Ausb:** Stud Zürich (A Jaunet), Kons Genf (M Larrieu), MAkad Basel (P-L Graf, A Nicolet). **Laufb:** Ass v M Larrieu Kons Genf, Mitgl Orch Ital Schweiz seit 97. **Ens:** Il Nonetto Svizzero. (Red)

Grosskopf, Erhard, Komponist; Zietenstr 28, D-10783 Berlin, T: (0 30) 2 16 52 38, *mail@erhardgrosskopf.de*; *www.erhardgrosskopf.de* [Berlin 17.3.1934]. **Ausb:** Stud-Anf (Medizin, Philosophie) U Frankfurt/M 55–56, Stud KiM (E Pepping) Berlin-Spandau 57–59, Komp (E Pepping, B Blacher) Mh Berlin 60–64. **Laufb:** Doz Berliner Kons 64–66, seitdem freischaff Berlin, Auftr f dt Kugelpavillon b d EXPO 70 Osaka ('Dialectics'), 1. Raumkomp f

Berliner Philh u Berliner Philh Orch, Dgt: M Gielen ('HörM') 71, künstl Lt KonzReihe INSEL M Berlin 78–98, Einlad Int Ferienkse f Neue M Darmstadt 82–92, Ballett 'Lichtknall' Dt Op Berlin (Grosskopf – Freyer – Childs) 87, ZusArb m A Freyer Burgth Wien ('Phaethon') 90/91, Teiln 'grenzenlos Berlin-Istanbul' 97. **Pr:** Prix d'Italia f elektr M 72, Villa Massimo Rom 66/67 u 77, Mitgl Akad d Künste Berlin seit 94. **Mitgl:** BGNM, GNM, GEMA. – **Komp:** 'Son concertante 2' (V Sol, Orch) 87, UA Berlin, Sol: C Edinger, Dgt: B Maderna 89; Nexus f Fl, Perc u EA, UA Berlin SFB FestW 68; 3 Stücke f Kl, UA Berlin 78; Qui über d Herbstanfang (Orch), UA Berlin, SFB MdG RSO, DSO, Dgt: J Mercier; Erinnerungen f Klar, Kl, Perc u EA, UA Rom, Sol: M Riessler, M Schroeder, R Schulkowsky 88; StrQua Nr 3 98, UA Berlin, Akad d Künste, Arditti-Qua 2000. **AuftrKomp:** Dialectics (3 Instr u EA), UA Osaka, Kugelpavillon Expo 70 (Auftr: BRD), HörM, UA Berlin, Berliner PhilhOrch, Vcl: E Finke, Dgt: M Gielen 71 (Auftr: Berliner FestW); Schattensprung, UA Berlin (Auftr: MetaM 78); Slow Motion (f Koto u Orch), UA Tokio, New Japan PhilhOrch, Sol: T Sawai, Dgt: M Ishii (Auftr: T Sawai); Harmonien (Duo f 2 Kl), UA Bremen, KlDuo Scholz/Persson (Auftr: pro m nova 82); Lichtknall (Ballett in 3 Teilen), UA Berlin, m A Freyer, L Childs 87 (Auftr: 750 Jahrfeier Berlin); Sinf – Zeit d Windstille 89/90, UA Berlin, SFB MdG, DSO, Dgt: M Husmann 93 (Auftr: SFB); L+L&L – der dunkle u d helle Wahn (MTh f KamMGruppen u Sop) 92–95 (div Auftraggeber); Plejaden (7 ähnl Stücke f Kl u Orch), UA Berlin, RSO Berlin, Kl: U Oppens, Dgt: V Bieliauskas 03 (Auftr: MaerzM/Berliner FSp). **Sonst:** Prozess M (Night Tracks/Looping), ProgrTexte z Diskussion 1 73; G E/U Baehr: ENT-ART, Mythos Berlin, Ästhetik u Kommunikation 87; Von der Wiener Sch z Computer, Geist u Körper in d M, Tonalität als Prozeß 88. **Lit:** P Bockelmann: E G u das OrchWerk 'Qui über d Herbstanfang' (LP-Kass) 70–80; C Fox: Loops. Overtones and E G (Contact 33); C Roesler/E G: Der Comp ist nicht d Komp 87/88; R Michaelis: E Glanz, E Flug, e Feuer (Die Zeit 48) 87; U Dibelius: Moderne M II 65–85; H Rohm: Wandlungen – Der Komp E G (BR München) 95; F Lovisa: minimal-m, Entwicklung, Komp, Werke 96; C Metzger: E G (Komp d Gegenwart) 99; M Demmler: Sensible Poetik 2000; H-K Metzger/E G: 'Hörmusik' 01; D Schleissing: 12 Stücke f StrQua 03; V Straebel: Plejaden 03; M R Entreß: Kristalline Abstraktionen, noble Klanggesten – die OrchM d Komp E G 03.

Großkreutz, Joachim, Dramaturg; c/o Komische Oper, Behrenstr 55–57, D-10117 Berlin. **Laufb:** Dram Kom Op Berlin SpZ 03/05. (Red)

Großmann, Linde, Prof, Hochschullehrerin, Klavier; Blissestr 48, D-10713 Berlin, T: (0 30) 82 70 78 13, F: 82 70 78 13; Univ d Künste, Fak Musik, Inst f Künstl Ausbildung / Klavier, PF 120544, D-10595 Berlin [Weimar 16.11.1955]. Gesch u Theorie d Klavierspiels, Meth d Kl-Unterr **Ausb:** Kl (J Lerche) MH Weimar 74–75, (M Grinberg, A Alexandrow) Russ MAkad Moskau 75–81. **Laufb:** Doz (Kl, KlMethodik) MH 'Franz Liszt' Weimar 81–92, Prof (Kl, KlMethodik) U d Künste Berlin seit 92. **Ens:** Berliner KlDuo m S Widulin (Schwerpkt zeitgen Musik). **Mitgl:** Vorstandsmitgl Dt Sektion d EPTA. – **Sonst:** Art (Üben u Musizieren) 6/93 u 1/01, Art (EPTA-Dokumentationen) 96, 98/99, 99/2000; Art 'Klavierspiel' (MGG); Art (Pianisten in Berlin).

Grossmann, Peter, HonProf, Hochschullehrer; Großbuchfeld 6, D-96114 Hirschaid, T: (0 95 43) 16 19, *grossmann7@hotmail.com*; Hochschule f Musik, Am Katharinenkloster 6, D-90403 Nürnberg. **Laufb:** HonProf (Korr) H f Musik Nürnberg-Augsburg, Abt Nürnberg. (Red)

Grossmann, Robert, Komponist, Laute, Musikwissenschaftler; Canovastr, CH-7417 Paspels, T: 08 16 55 19 49. (Red)

Grote, Manfred, Komponist; Auf der Heide 26, D-16348 Wandlitz, T: (03 33 97) 6 19 76 [Berlin 12.7.1942]. **Ausb:** Stud (MErz, Gesch) 63–67, Stud (Komp) 70–74. **Laufb:** L Hochschuldienst Humboldt-U Berlin 67–75, Th Berlin ab 75, freischaff ab 85, Produzent v Tonträgern f Verlage. – **Komp:** Der verlorene Pfennig (Ballett) 80, UA Ludwigsfelde 80; Lieder aus dem Zaubergarten (Liederzyklus) 83, UA Köln 84; Cantando duodram – Lebenskreis (KamM) 85, UA Leverkusen 91; Die schwarzen Vögel (Kinderop) 86, UA Görlitz 87; Der Zaubergarten (KamM) 90, UA Berlin 92. (Red)

Grote, Siegfried, Intendant, Regisseur; Margaretenhof 8, D-45888 Gelsenkirchen, T: (02 09) 8 22 12, (01 71) 9 56 33 12, F: 8 22 12. **Laufb:** Intend u Künstl Lt Op im Schloßgarten Eutin SpZ 03/05, Reg Th Gummersbach SpZ 04/05. (Red)

Groth, Hartwig, Viola da Gamba, Hochschullehrer; Andersenstr 6, D-90482 Nürnberg, T: (09 11) 50 18 83, F: 50 18 91; Hochschule f Musik, Abt Nürnberg, Veilhofstr 34, D-90489 Nürnberg [Bielefeld]. **Ausb:** Stud MH Hannover b Heinrich Haferland, Königl Konsl Den Haag b Wieland Kuijken. **Laufb:** Doz (Va da Gamba, Alte Musik) Richard Strauss Kons München, Doz H f M Abt Nürnberg. (Red)

Groth, Konradin, Prof, Hochschullehrer, Trompete; Salzachstr 32, D-14129 Berlin, T: (0 30) 8 01 13 39, F: 8 01 13 39; Univ d Künste, Fak Musik, Inst f Künstl Ausbildung / Orchesterinstr u Dirigieren, PF 120544, D-10595 Berlin. **Laufb:** Sol Berlin Philh Orch 74–98, Prof (Trp) U d Künste Berlin. (Red)

Grothaus, Uwe, Fagott; c/o NRD Radiophilharmonie, Rudolf-von-Bennigsen-Ufer 22, D-30169 Hannover. **Laufb:** Sol NDR RadioPhilh Hannover. (Red)

Grothkopf, Bettina, Sopran; c/o Konzertdirektion Fritz Dietrich, Sigmund-Freud-Str 1, D-60435 Frankfurt/M, T: (0 69) 54 45 04, F: 5 48 41 07, *info @konzertdirektion-dietrich.de*; *www.konzertdirektion-dietrich.de*. **Ausb:** HfM Leipzig. **Laufb:** Sol Th Stralsund, Sol Allee Th Hamburg. (Red)

Grube, Christian, Prof, Hochschullehrer, Chorleiter; Univ d Künste, Fak Musik, PF 120544, D-10595 Berlin, T: (0 30) 31 85 27 28. **Laufb:** em Prof UdK Berlin. (Red)

Grube, Cornelius, Intendant; c/o Württembergische Philharmonie, Marie-Curie-Str 8, D-72760 Reutlingen, T: (0 71 21) 82 01 20, *grube@ wuerttembergische-philharmonie.de*; *www.wuerttembergische-philharmonie. de* [Köln 13.9.1967]. Klassik, Oper, Neue Musik **Ausb:** Stud (Vcl) MH Detmold 89–93, MH Würzburg 93–94, European Mozart Acad 94–95, (Kulturmanagement) MH Hamburg 95–97. **Laufb:** Organisator Lt Int Mstrkse Carl-Flasch-Akad 98–2000, OrchManager Bad-Bad Philh 98–2000, OrchDir Staatsth Kassel 2000–03, Int Württemb Philh Reutlingen seit 03. – **Sonst:** Brahms-Jahr Hamburg 97; (Hg) Fs H M Lonquich 98; (Hg) Die Württembergische Philh kocht 04.

Grube, Florian, Oboe; c/o Rundfunk-Sinfonieorchester Berlin, Charlottenstr 56, D-10117 Berlin. **Laufb:** stv Sol RF-SinfOrch Berlin. (Red)

Gruber, Alexandra, Klarinette, Hochschullehrerin; Richard Strauss Konservatorium, Gasteig, Kellerstr 6, D-81667 München; c/o Münchner Philharmoniker, Kellerstr 4, D-81667 München [Freudenstadt 1974]. **Ausb:** Stud (Klar) H f M Stuttgart 94–99. **Laufb:** Klar Bachkollegium Stuttgart, Stuttgarter KamOrch, Doz (Klar) Richard Strauss Kons München seit 2000, Sol Münchner Philh. **Pr:** zweifache PrTägerin 'Jugend musiziert'. (Red)

Gruber, Ferry, KS, Sänger; Planegger Str 8, D-82166 Gräfelfing, T: (0 89) 85 24 41; c/o Bayerische Staatsoper, Brieffach, D-80075 München. **Laufb:** Sol Bayer Staatsop München, Staatsth am Gärtnerpl München. (Red)

Gruber, Heinz Karl (HK), Komponist, Dirigent; Pönningerweg 11, A-1160 Wien; c/o Intermusica Artists' Management Ltd, 16 Duncan Terrace, London N1 8BZ, Vereinigtes Königreich [Wien 3.1.1943]. zeitgen Musik **Ausb:** Wiener Sängerknaben, Wiener H f M (KB, Horn, Elektron Filmmusik, Tanz, Komp) b A Uhl, Erwin Ratz, H Jelinek, 57–63, Mstrkl b Gottfried v Einem. **Laufb:** KB in Kammerorchester 'die reihe' u im Niederösterreich Tonkünstlerorch 63–69, Mitglied d ORF-SymphOrch seit 69, dirigierte d ORF-SymphOrch, RSO Berlin, Scottish Chamber Orchestra, Ensemble Modern, London Sinfonietta, Ensemble 'die reihe' (künstl Lt ab 1984), gründete m Kurt Schwertsik u Otto M Zykan d Ens 'MOB art & tone ART', musikal Lt Op Zürich SpZ 04/05. **Pr:** Pr d Jugendkulturwoche Innsbruck, Förderungspr d Stadt Wien 69, Theodor Körner-Stift 70 u 77, d österr Unterrichtsmin 75, Würdigungspr f Musik d Unterrichtsmin 79, Musikpr d Stadt Wien 89. – **Komp:** Frankenstein!! (Red)

Gruber, Petra, Sängerin; Walkmühlgasse, D-96450 Coburg, T: (0 95 61) 79 51 38. **Laufb:** Sol Landesth Coburg SpZ 03/05. (Red)

Gruberová, Edita, KS, Sopran; c/o Theateragentur Dr Germinal Hilbert, Maximilianstr 22, D-80539 München, *agentur@hilbert.de*; *www.gruberova. com* [Bratislava 23.12.1946]. **Ausb:** Stud Kl, Ges KonsBratislava, Stud Ges (M Medvecká, Prag, R Boesch, Wien). **Laufb:** Debüt ('Barbier v Sevilla', Rosina) Bratislava 68, EnsMitgl Th Banská Bystrica 69–71, Sol Staatsop Wien (Debüt als Königin d Nacht 70, dann 'Ariadne auf Naxos', Zerbinetta 76) seit 72, Salzburger FSp (Königin d Nacht) 74, Debüt (Königin d Nacht) Met Op 77, 'I Capuleti e i Montecchi' (Giulietta) Royal Op House Covent Garden 84, ständ Gastsol Op Zürich, Sol Hamburg Staatsop, Bayer Staatsop München seit SpZ 03/04, Dt Op Berlin SpZ 04/05, Semperop Dresden SpZ 04/05, KonzHaus Dortmund 06, MVerein Wien 06 u 07. **Pr:** Ehrenmitgl Wiener Staatsop 88, Bayer Maximiliansorden f Wiss u Kunst 99, Echo-Schallplattenpr 99, Bayer u Österr Ks. – **Aufn/RF:** s. www.gruberova.com/discog.htm. **Lit:** Niel Rishoi, E G – Ein Portrait 96. (Red)

Grubinger, Martin, Schlagzeug, Percussion; c/o Künstleragentur Dr. Raab & Dr. Böhm, Plankengasse 7, A-1010 Wien, T: (01) 5 12 05 01, F: 5 12 77 43, *office@rbartists.at*; *www.rbartists.at/grubinger.htm* [Salzburg 1983]. **Ausb:** Stud b Prof Leonhard Schmidinger am Bruckner Kons Linz seit 97, U Mozarteum Salzburg seit 2000. **Laufb:** Eng Jeunesse Jugendorch, Klangforum Wien, Ens 'die reihe', Camerata Salzburg u Bruckner Orch Linz. – **UA:** Komp von J M Sanchez Verdú 05. **Zug:** Komp von A Koppel, B Hart. (Red)

Grudzinska-Pisarek, Ewa, Konzertmeisterin; c/o Südostbayerisches Städtetheater, Gottfried-Schäffer-Str 2 u 4, D-94032 Passau. **Laufb:** Konzm Orch d Südostbayer Städteth Passau. (Red)

Grüger, Nikolaus, Horn, Hochschullehrer; Josephspitalstr 6, D-80331 München, F: (0 89) 2 60 36 07. **Laufb:** Doz (Hn) Richard Strauss Kons München. (*)

Grümbel, Thorsten, Sänger; Nordstr 76, D-40477 Düsseldorf, T: (02 11) 4 01 26 27, (10 78) 2 34 87 80; c/o Theater Aachen, Hubertusstr 2–8, D-52064 Aachen. **Laufb:** Sol Dt Op am Rhein Düsseldorf-Duisburg (03/05), Gastsol Th Hagen SpZ 00/01, Gastsol Th Aachen SpZ 03/04. (Red)

Grün, Andreas, Komponist, Gitarrist, Autor, Herausgeber; Memeler Str 40, D-76227 Karlsruhe, T: (07 21) 49 35 89, F: 49 35 89, *kontakt@andreas-gruen.de*; Jogailos g 8–14a, Litauen-01116 Vilnius, T: +3 705 261 84 79; *www. andreas-gruen.de* [Pforzheim 4.8.1960]. KamM **Ausb:** Stud (SchM, Git) MH Karlsruhe 80–86, Stud (MWiss) U Karlsruhe 81–85, Stud Git (K Ragoßnig) MH Wien 86–88, Stud Komp (W Rihm) MH Karlsruhe 88–92, Stud Komp (R Kelterborn) MAkad Basel 92–93. **Laufb:** LAuftr (Git) MH Karlsruhe 89, Ltg 'KamM-Werkstatt Blonay' 92–95, künstl Ltg R 'Musikdiagonale Karlsruhe' 94–97, LAuftr (Instrumentalprakt Ks Git) MH Mannheim seit 04. **Pr:** 2. Pr Int KamM-Wettb Schweinfurt 01. **Ens:** Camerata Instrumentale Freiburg. – **Komp:** Streichtrio Nr 1: schatten ... spuren ...splitter ... – ... 87, UA Tübingen 87; Capriccio über mi-chae-la (Fl) 85/88, UA Karlsruhe 89; Ricerca(r) (Altfl, Klar, Bassklar) 89, UA Karlsruhe 90 (Auftr m Unterstützung d Kulturmin Baden-Württ); fragwürdig (V, Trp, StrOrch) 89, UA Karlsruhe 93; Klaviertrio Nr 1 90–91, UA München 92; Da es aber nicht so ist (StrQua) 91, UA Luzern 91; 'Gesang zur Nacht' (tiefe Stimme u Kl, nach G Trakl) 92–93, UA Karlsruhe 94; ... wie der Sonne Strahl die Pflanzen (Bassfl, Kl) 93, UA Freiburg 94 (Auftr m Unterstützung d Kulturmin Baden-Württ); Die Hölderlin-Vertonungen d Josquin Desprez (Git) 97/99, UA Tel Aviv 99; Odyssee (Vcl, Kl) 02, UA Karlsruhe 03 (Auftr m Unterstützung d Kulturmin Baden-Württ). **Aufn/RF:** F Werder: Three Night Pieces (Fl u Git) 90; F Tarrega: GitWerke 91; H Marschner: Bagatellen (Git solo) 99; Ch d'Aichelbourg: Werke f Mand u Git 01; L Boccherini: Gitarrenqui (Git u StrQua) 01; M Castelnuovo-Tedesco: Qui (Git u StrQua) 01; F Michael: Nocturnal (Fl u Git) 04; CD 'Towards the sea', Werke v D Scarlatti, A Präger, R Shankar, T Takemitsu (Fl u Git) i Vorb. **UA:** R Riehm: Lamento di Tristano (2 Git); G Sfiridis: Adieu quitte le demeurant (Git, V, Va, Vcl); Th Heyn: 3 Diferencias (Fl u Git); F Werder: the importance of being frank (2 Fl, Git, Kl, Vcl); F Michael: Nocturnal (Fl u Git); F Werder: Triphony (Fl, Git, Schlgz); S M Schneider: Je suis encore un chêne (Git); Ders: KamM (Sop, Fl, Git, Schlgz); F Schwenk: Suite Arrabalesque (Fl u Git) ua. **Zug:** D Glanert: Drei Sonette nach Gedichten v W Wondratschek op 22a 93; S M Schneider: Das Kalkwerk (Op nach Th Bernhard) 98. **Sonst:** Ernst Krenek: Suite f Git allein. E analyt Betracht (Git u Laute) 83; Gitarrenmusik um 1960 (Git u Laute) 86; Ch Baron d'Aichelbourg u seine 4 Duos f Mandoline u Git 06; Wiederentdeck u Veröff d Werke v R Dressler, Ch Baron d'Aichelbourg ua.

Grün, Georg, Prof, Hochschullehrer, Dirigent; c/o KammerChor Saarbrücken, Lessingstr 24, D-66121 Saarbrücken, T: (06 81) 68 46 07, F: 68 46 08, *Gruen@KammerChor-Saarbruecken.de*; c/o ArsMusica-MusikAgentur Julia Ortmann, Rötebuckweg 35, D-79104 Freiburg, T: (07 61) 5 56 34 94, F: 5 56 35 34, *julia.ortmann@ars-musica.com*; *www.kammerChor-saarbruecken.de* [Cochem 15.9.1960]. **Ausb:** SchM, KiM (A-Examen), Dirig (V Hempfling), MH Saarbrücken, Stud (MWiss). **Laufb:** Prof (Chorlt, Chorerz) Staatl H f M u Darst Kunst Mannheim, Lt KamChor Saarbrücken, Lt Neue Mannheimer Schule, Juror u Gastdgt im In- u Ausland, Lt int Mstrkse f Chorlt. **Pr:** zahlr int 1. Pr b ChorWettb, Gewinner Dt ChorWettb Regensburg 98. – **Aufn/RF:** zahlr CD-Einsp, zahlr Einsp Saarländ RF. **UA:** zahlr Werke f d KamChor Saarbrücken.

Grün, Svetlana, Violoncello; c/o Berliner Symphoniker, Christstr 30, D-14059 Berlin. **Laufb:** stv Sol Berliner Symphoniker. (*)

Grünauer, Ingomar, Prof, Komponist, Hochschullehrer; Höhenstr 3, D-61389 Schmitten, T: (0 60 82) 93 02 54, F: 93 02 54 [Melk 11.8.1938]. Musiktheater **Ausb:** Komp (Schiske) MAkad Wien 59, Dirig (Swarowsky) ebd 61. **Laufb:** Kapm Heidelberg 61–68, L an Grund- u Hauptschulen 68–82, Prof (Ästhetik, Kommunikation) FH Frankfurt. **Pr:** Kulturpr Stadt Wiesbaden 82. – **Komp:** Die Mutter (KamOp), UA Basel 88; König f e Tag (Op), UA Luzern 90; Die Rache e russ Waise (KamOptte), UA Saarbrücken 93; Winterreise (Op), UA Luzern, FestW 94; Antiphon (OrchW), UA Halle/S 97; Benjamin-Musik (KamM), UA Wiesbden 97; Trilogie d Sommerfrische (Op), UA Hannover, Expo 2000; Palermomusik f Akk u Orch, UA Erfurt, S Schulz, Dgt: Gugerbauer 02; 'Cantor – Die Vermessung des Unendlichen' (Op), UA Halle 06.

Gründler, Martin, Prof, Hochschullehrer, Gesang; Gartenstr 12, D-61462 Königstein, T: (0 61 74) 2 17 37. **Laufb:** Prof aD (Ges) H f M u Darst Kunst Frankfurt a M. (Red)

Grüneis, Raoul, Kapellmeister, Generalmusikdirektor; Liebfrauenstr 5, D-64289 Darmstadt, T: (0 61 51) 9 67 65 99, (01 73) 91 38 29; c/o Theater Regensburg, Bismarckpl 7, D-93047 Regensburg. **Laufb:** Kommiss GMD Staatsth u -orch Oldenburg, 1. Kapm Staatsth Darmstatdt SpZ 02/05, Gastdgt Stadtth Gießen SpZ 03/04, GMD Th Regensburg. (Red)

Grünenthal, Eberhard, Prof, Hochschullehrer, Flöte; Herman-Löns-Str 60, D-15366 Neuenhagen, T: (0 33 42) 20 11 39, F: 2 03 09 22 12; Hochschule f Musik u Theater, Beim St-Katharinenstift 8, D-18005 Rostock [Berlin 31.5.1934]. **Ausb:** Berufsvollschule f Musik d Dt H f M Berlin ab 59, Stud Fl (E Milzkott) Dt H f M Berlin, Staatsex 56. **Laufb:** Mitgl Thomanerchor 45–50, 1. Fl Kulturorch Frankfurt/O 56–57, 2., dann 3. u stellv 1. Fl RF-SinfOrch Berlin 57–61, Solofl ebd 61–82, Solofl KamOrch Berlin ab 63, Kammermusiker 65, Kammervirtuose 72, Mitgl nat u int Jurys, Kse z Interpr, Methodik sowie KamM, LAuftr H f M 'Hanns Eisler' Berlin 58, Lt HKl ebd 61, Doz ebd 77, HonProf ebd 81, Prof (Fl) ebd 82, Prof nach neuem Recht 92, Prorektor seit 96. **Pr:** 1. Pr Fach KamM Fest Junger Künstler Chemnitz 56, Goethe Pr d Stadt Berlin 80. **Ens:** Mitgl Bläserqui d RF-SinfOrch Berlin. (Red)

Grüner, Axel, Horn; c/o Staatskapelle Berlin, Unter den Linden 7, D-10117 Berlin. **Laufb:** Sol Staatskap Berlin. (Red)

Grünert, Christa, Prof, Hochschullehrerin, Gesang; Bonhoefferstr 19, D-99427 Weimar, T: (0 36 43) 42 08 20. **Laufb:** LBeauftr (Ges) H f Musik 'Franz Liszt' Weimar. (Red)

Grünhagen, Norbert, Prof, Hochschullehrer; Brabantstr 16, D-40235 Düsseldorf, T: (02 11) 6 91 16 74, F: 6 91 16 74. **Laufb:** Prof (MTheorie, Tonsatz, FormenL) Robert-Schumann-H Düsseldorf. (Red)

Grünkorn, Andreas, Violoncello; c/o Deutsches Symphonie-Orchester Berlin, Masurenallee 8–14, D-14057 Berlin. **Laufb:** Sol Dt SymphOrch Berlin. (Red)

Grünwald, Alexander, Sänger; c/o Bremer Theater, Am Goethepl 1–3, D-28203 Bremen, PF 101046, D-28010 Bremen. **Laufb:** Gastsol Th Bremen SpZ 03/05. (Red)

Grünwoldt, Lars, Bariton; Berlin Kammeroper, Kottbusser Damm 79, D-10967 Berlin. **Laufb:** Sol Berliner Kammerop. (Red)

Grütter, Martin, Komponist; In den Grüben 191, D-84489 Burghausen, T: (0 86 77) 32 18, *Martin.Gruetter@gmx.de*; *composers21.com/comdocs/gruetterm.htm* [Trostberg 24.8.1983]. Kammermusik, Klaviermusik **Ausb:** b Dieter Acker MH München 99–01. **Pr:** Bundeswettb Jeunesses Musicales 97–99/01, 2. Pr Wettb d Robert-Schumann-Ges Düsseldorf 99, Prof Barbarino Musikpr d Stadt Burghausen 2000, 02. – **Komp:** va KamM u KlMusik, ua 'Orion Musik d Sterne – Musik d Nacht' f Chor, Sprecher, Kl, TB 01, UA Burghausen 02; 'gleich einem roten Mond, der in d Tiefe stürzt' f Fl, Klar, V, Vcl, Kl 2000/01, UA Weikersheim 01 (2. Fassung UA Halle 02); 'Wurzelstock-Sonate' f Kl 02/03; 'voll eines seltsam sternenhaften Lebens' f Fl, Klar, V, Vcl, Kl, Perc u 2 Sprecher 03; weitere Ua in München, Düsseldorf, Weikersheim, Burghausen ua durch Interpr wie Minguet-Qua, Ens EST!EST!!EST!!!, SymphOrch Bad Reichenhall, A Skonnas (V) ua.

Grüttner, Boris, Violine; c/o Theater Nordhausen/Loh-Orchester Sondershausen GmbH, Käthe-Kollwitz-Str 15, D-99734 Nordhausen, PF100244, D-99722 Nordhausen, T: (0 36 31) 6 26 00, F: 6 26 01 47; Hubertusweg 52, D-99706 Sondershausen, T: (0 36 32) 5 03 05 [Greifswald 15.2.1960]. Konzert, Oper, Operette, Musical **Ausb:** Stud MH Weimar 77–81. **Laufb:** 1. Konzm Loh-Orch Sondershausen seit 81, Koordinierender 1. Konzm Th NDH/Loh-Orch SDH GmbH seit 92, Stellv Konzm ebd seit 93.

Grützmann, Lutz, Posaune; c/o MDR Sinfonieorchester, Augustuspl 9a, D-04109 Leipzig. **Laufb:** Sol MDR SinfOrch Leipzig. (Red)

Grützmann, Susanne, Prof, Klavier, Hochschullehrerin; Jägerstieg 41a, D-14532 Kleinmanchow, T: (03 32 03) 7 73 11, F: 7 73 11; c/o Konzertdirektion Andrea Hampl, Karl-Schrader-Str 6, D-10781 Berlin, T: (0 30) 4 78 26 99, 01 72–3 80 56 45, F: 4 78 37 92, *hampl@konzertdirektion.de* [Leipzig 1964]. **Ausb:** Stud Kl (D Zechlin) H f M 'Hanns Eisler' Berlin. **Laufb:** Konz ua m d Gewandhausorch Leipzig, Bayer Staatsorch München, SinfOrch d Bayer RF, Dt SinfOrch Berlin, Berliner SinfOrch, RSO Stuttgart, SinfOrch d Südwestfunks Baden-Baden, Dresdner Philh, Frankfurter Museumsorch, Niederländischen Philh, Slowakischen Philh, ZusArb m Dgt: W Sawallisch, K Masur, S Cambreling, H Haenchen, H Zender; Prof (Kl) H f M Köln. **Pr:** R-Schumann-Wettb Zwickau 81, Vianna da Motta Wettb Lissabon 83, Bach-Wettb Leipzig 84, 1. Pr ARD-Wettb München 89. (Red)

Grujic, Tijana, Sängerin; c/o Landestheater Linz, Promenade 39, A-4010 Linz. **Laufb:** Sol Staatsth Mainz SpZ 03/04, Ldsth Linz SpZ 04/05. (Red)

Grundheber, Franz, KS, Bassbariton; c/o Hamburgische Staatsoper, Große Theaterstr 34, D-20354 Hamburg, PF 302448, D-20308 Hamburg; c/o Artists Management Zürich, Rütistr 52, CH-8044 Zürich, T: 04 48 21 89 57, F: 8 21 01 27. **Laufb:** Sol Hamburg Staatsop (bis SpZ 04/05), Bayer Staatsop München, Wiener Staatsop, Dt Op Berlin SpZ 04/05, Semperop Dresden SpZ 04/05. (Red)

Grunelius, Wilhelm von, Prof, Hochschullehrer, Klavier; Hessenallee 12, D-14052 Berlin, T: (0 30) 3 04 34 70, F: 3 04 34 70, *mail@wilhelm-grunelius.de*; Univ d Künste, Fak Musik, Inst f Künstl Ausbildung / Klavier, PF 120544, D-10595 Berlin; *www.wilhelm-grunelius.de* [Heidelberg 1942]. **Ausb:** Stud (Kl, Komp) i Hannover u Berlin (H Chemin-Petit u K Engel), Komp- und Analysekurse b N Boulanger. **Laufb:** Prof (Kl) U d Künste Berlin 78. (Red)

Gruner, Joachim, KV, Komponist, Kammermusiker; Boxhagener Str 119C, D-10245 Berlin, T: (0 30) 2 91 32 48 [Berlin 18.8.1933]. sinfon Musik **Ausb:** Pauke, Schlgz (Lembens), Komp, Kontrapunkt (Blacher, Pepping, Hartwig) MH Berlin-Charlottenburg 53–58. **Laufb:** Schlgz Staatskap Schwerin 58–59, Städt Bühnen Erfurt 59–62, Kom Op Berlin 62–98. **Pr:** Hanns-Eisler-Pr 78, FDGB-Kunstpr 88. – **Komp:** Konz f Tb u Orch (Konz) 77, UA Berlin, Kom Op, D Unkrodt, J Willert 78; Konz f Trp (hoch Es) u Orch Nr 1 (Konz) 86, UA Berlin, J Harjanne, Radio-SinfOrch Helsinki, Dgt: L Segerstam 87; Konz f sieben Blechbläser (Konz) 87, UA Leipzig, Blechbläser-Ens Gewandhaus, Gewandhauschor, Dgt: K Masur 87; Konz f Pos u Orch (Konz), 88/89, UA Berlin, Staatskap Berlin, J Heinel, Dgt: J-P Weigler 91; Konz f Trp u Orch Nr 2 (Konz) 90, UA Dresden, Dresdner Philharmonie, J Harjanne, Dgt: D A Miller 92; Doppelkonz f Tb, Kontrabaßklar u Orch (Konz) 90/91, UA Köln, Philharmonia Hungarica, K Burger, M Riessler, Dgt: K de Roo 91; Konz f Hn u Orch (Konz) 93, UA Orch Kom Op Berlin, Dgt: Shao-Chia Lü 96. **Lit:** U Stürzbecher: Komp in d DDR 79.

Grunewald, Eugenie, Mezzosopran; c/o Künstleragentur Dr. Raab & Dr. Böhm, Plankengasse 7, A-1010 Wien, T: (01) 5 12 05 01, F: 5 12 77 43, *office@rbartists.at*; c/o Columbia Artists Management Inc, 165 West 57th St, New York, NY 10019–2276, U.S.A., T: (2 12) 8 41 95 00, F: 8 41 97 44, *info@cami.com*; *www.eugeniegrunewald.com, www.rbartists.at*. **Ausb:** Stud Ohio State Univ. **Laufb:** Auftritte Aspen Fstv, Tulsa Op, Connecticut Op, Michigan Op Theatre, Op Pacific Caracas Venezuela, Austin Lyric Op, Orlando Opera, Opera Bergen, Concert Association of Greater Miami, San Francisco Op, Teatro de la Maestranza, Lyric Op of Chicago, Gran Teatre del Liceu Barcelona, Glimmerglass Op, Sol Op Hamburg, Florida Grand Op, New York City Op, Baltimore Op, Op Illinois, Teatro Real of Madrid, ZusArb m Opera Orch of New York, New World Symphony, Collegiate Chorale, St. Louis Symphony, Boston Philh, Tulsa Philh, VARA Radio, Oratorio Society of Washington, SWF-Sinfonicorch Freiburg, Musikverein Wien, Auftritt 'Pavarotti Plus' Konz 94, Sol Hamburg Staatsop SpZ 03/04. **Pr:** 1. Pr 'Enrico Caruso' Int GesWettb 90. (Red)

Gruszecki, Peter, Komponist; Kliebergasse 9/9, A-1050 Wien, T: (01) 5 56 84 02. (Red)

Gruzman, Grigory, Prof, Hochschullehrer, Klavier; c/o Konzertdirektion Richard Berg, Messeler Weg 21, D-64807 Dieburg, T: (0 60 71) 2 31 34, F: 8 12 54, *KonzertdirektionBERG@medianet-world.de*; Hochschule f Musik u Theater, FB 2, Harvestehuder Weg 12, D-20148 Hamburg; *www.konzertdirektionberg.de, www.gruzman.com* [St Petersburg 1956]. **Ausb:** Stud Kons St. Petersburg, MHJerusalem b G. Haimowsky, MH Freiburg b V. Margulis. **Laufb:** Prof H f M u Th Hamburg seit 98. **Pr:** Prtr d int Klavierwettb v Monza u Vercelli (Italien). **Ens:** Schostakowitsch-Trio. (Red)

Grygas, Christian, Bariton; c/o Künstleragentur Elke Wiemer, Exerzierstr 9, D-13357 Berlin, T: (0 30) 46 60 78 06, F: 46 60 78 17, *mail@agentur-wiemer.de*; *www.agentur-wiemer.de*. **Laufb:** Gastsol Städt Bühnen Münster, Volksth Rostock, Staatsth Schwerin, Th d Jugend Wien, Neuköllner Op, Sol Junge Op Lübeck SpZ 03/04, GastSol Lübecker Th SpZ 03/04, Volksth Rostock SpZ 03/04, Staatsoperette Dresden 05. (Red)

Gstaltmayr, Barbara, Musikalische Leitung; Wissmannstr 11, D-14193 Berlin, T: (0 30) 31 50 61 06, F: 31 80 82 45; c/o Zeitgenössische Oper Berlin, Immanuelkirchstr 38, D-10405 Berlin. **Laufb:** Musikal Ltg Zeitgen Op Berlin SpZ 03/05. (Red)

Gsteiger, Thomas, MA, Musikdramaturg, Musiktheaterregisseur; Max-Pechstein-Str 9, D-08056 Zwickau, T: (03 75) 2 04 93 84, *th.gasteiger@web.de* [Biel, Schweiz 13.5.1958]. Musical, Barockoper, Wagner **Ausb:** Stud (Germanistik, Gesch, MWiss) Uni Zürich 79–81, LMU München (ThWiss, Germanistik, Gesch) 81–85, b A Everding, H Clemen. **Laufb:** Dram Op Zürich 86–91, Regieass m Regie- u SpVerpfl Mittelsächs Th 91–96, Regie Batzdorfer BarockFSp 94–96, Regie Staatsop Sofia SpZ 94/95, Dram m Regie- u SpVerpfl Th Plauen-Zwickau 96–05, Regie L Cherubini: 'Lo sposo di tre e marito di nessuna' 05. **Mitgl:** Dram Gesellschaft. – **Komp:** Prinz Rosenrot (SchauspielM), UA Zürich 87. **UA:** Libretti zu: Z Pololáník: 'pierrot' 99; A Breiter: 'Dr Jekyll u Mr Hyde' 2000. **Sonst:** Übersetzung v Libretti a d Ital u Franz; Ausstattungen; zahlr Programmheftbeiträge; MThworkshops; Tanzthlibretti.

Guarin, Claudia, Sängerin; c/o Wiener Kammeroper, Fleischmarkt 24, A-1010 Wien. **Laufb:** Sol Volksop Wien bis 05, Wiener Kammerop SpZ 04/05. (Red)

Guarnaschelli, Nury, Hornistin; Breitenfurterstr 384, A-1230 Wien, *nurygu@aon.at*; c/o artsprojects Kristel Josel, Meytensgasse 14, A-1130 Wien, T: (01) 8 76 07 55, F: 8 76 07 55, *office@artsprojects.com*; *www.viennabrass.com* [Santa Fe, Argentinien]. klass Musik **Ausb:** Musikkons Santa Fe, Stud b G Nalli Buenos Aires 79–84, Stud b G Seifert H d K Berlin 84–88, Stip Karajan Akad b G Seifert 84–88, Stip b A Iervolino New York 81. **Laufb:** solist u kammermusikal Auftr in Argentinien u Europa ua Konz b Yehudi Meniuhin Fstv Gstaad, Luzern Fstv, Lysy Fstv, in Bern, Genf (Victoria Hall), Queen Elizabeth Hall London, Berlin, Stuttgart, Wien, Spanien, Slovenien, Ungarn u Italien, Sol m Stuttgarter Philharmonikern, RIAS Berlin, SOB Berlin, KamOrch d sloven RF, RSO Wien (ORF), Mozartorch Wien, Orquesta Estable del Teatro Colon, Orquesta Nacional de Camara de Montevideo, Sinfonicas de Santa Fe, Rosario, Corrientes, Mendoza u Parana in Argentinien, Orquesta Juvenil de Radio Nacional; ständ Aushilfe b Berliner Philharmon Orch, im Orch d Dt Op Berlin u im SymphOrch Berlin 84–88, 1. Hn d Gustav Mahler Jugendorch (Dgt: C Abbado) 87–90, 1. Hn b FSpOrch Gustav Mahler Festes Kassel 91, 1. SolHn Stuttgarter Philharmonikern 88–92, Eng RSO Wien seit 93, SolHn ebd seit 96, LAuftr (Hn) Josef Matthias Hauer Kons Wiener Neustadt seit 2000, Grdg HnEns 'Austrian Horns'. **Pr:** 1. Pr Mozarteum Argentino b VII. Auswahl Junger Sol d Stadt Mar del Plata 81, 1. Pr IX. Wettb f Junge Sol Santa Fe 82, Konex Pr f Klass Musik Buenos Aires 89, 1. Pr Int HnWettb 'Città di Porcia e Alpe Adria' Italien 91. **Ens:** Vienna Brass; Austrian Horns. – **Aufn/RF:** solist Aufn, TV u CD-Produktionen div SolKonz m d RSO Wien, Aufn m Vienna Brass u Austrian Horns.

Gubaidulina, Sofia, Komponistin; c/o Internationale Musikverlage Hans Sikorski, Johnsallee 23, D-20148 Hamburg, *pr@sikorski.de* [Tschistopol, UdSSR 24.10.1931]. **Ausb:** Stud (Kl u Komp) Kons Kazan b G Kogan bis 54, Kons Moskau (Komp) b N Peiko bis 59. **Laufb:** freie Komp seit 63, Gründg d Gruppe Astraea m V Artyomov u V Suslin 75. **Pr:** Mitgl d Akad d Künste Berlin, Freie Akad d Künste Hamburg, Königl Musikakad Stockholm, Prix de Monaco 87, Koussevitzky Int Record Award 89 u 94, Pr Franco Abbiato 91, Heidelberger Künstlerinnenpr 91, Russ Staatspr 92, Ludwig-Spohr-Pr 95, Praemium Imperiale Japan 98, Sonning Pr Denmark 99, Goldmed d Freunde d Stockholmer Konzerthauses 2000, Goethe-Med d Stadt Weimar 01, Polar Music Pr Sweden 02, Living Composer Cannes Classical Awards 03. – **Komp:** zuletzt: ua 4. StrQua, UA New York 94 m Kronos Qua; 'Dancer on a Tightrope', UA Washington 94; Konz f Va, UA m Y Bashmet u Chicago Symph 97 (Dgt: K Nagano); "Two Paths (A Dedication to Mary and Martha)' (f 2 Va u Orch), UA New York Philharm 99 (Dgt: K Masur) 'Light of the End', UA Boston SymphOrch 03 (Dgt: K Masur); neues OrchW, UA Philadelphia 06 (Dgt: S Rattle, Auftr: Philadelphia Orch, Pittsburgh SymphOrch). **AuftrKomp:** ua f BBC, Berliner FestW, Library of Congress. **Lit:** M Kurtz: 'Sofia Gubaidulina' 01. (Red)

Guber, Carola, Mezzosopran; Waisenhausstr 32, D-41236 Mönchengladbach, T: (0 21 66) 12 70 67, 0 17 14 84 33 95, F: (0 21 66) 3 48 03 05; c/o Konzert-Direktion Zagovec, Hans-Böckler-Str 23, D-65468 Trebur-Astheim, T: (0 61 47) 91 96 60, F: 91 96 62, *agentur@zagovec-artists.de* [Braunschweig]. **Ausb:** Stud Ges H Hannover. **Laufb:** Sol Op Hannover, Sol Vereinigte Städt Bühnen Krefeld u Mönchengladbach SpZ 03/04, Th Erfurt SpZ 04/05. **Pr:** Förderpr Niedersächs Landesreg 92, Prtr 'Int KoloraturGesWettb Sylvia Geszty' 94. (Red)

Gubler, Rico, Prof, Komponist, Saxophon; Bergstr 125, CH-8032 Zürich, T: 0 12 62 26 49, *ricogubler@neuemusik.ch*, *ricogubler@access.ch*; *www.neuemusik.ch/ricogubler* [Richterswil b Zürich 12.1.1972]. Zeitgenössische Musik, Improvisation, klass Saxophonrepertoire, Transkriptionen **Ausb:** Sax (I Roth) MAkad Basel, (M Weiss) Kons Zürich, Lehrdipl (J-M Goury) CNR de Boulogne-Billancourt, Komp (B Trümpy) Basel, (S Sciarrino) Florenz. **Laufb:** Sol Auftr b Fstv: ua Donaueschingen, Steirischer Herbst, Biennale München, Wien Modern, Salzburger FSp (99–05); Prof f Sax Conservatorio della Svizzera Italiana Lugano. **Pr:** Studpr Migros Genossenschaftsbund u d Ernst Göhner Stift 97 u 98, KompWettb KamSprechchor Zürich 96, Composer in Residence Arc Romainmôtier 97, Pr du Club de mécénat suisse en France 98, Kulturelle Ausz Kanton Zürich 99, Stip Künstlerhof Schreyahn 01, Stip Landis & Gyr London 01/02, Werkjahr d Stadt Zürich 04. **Ens:** Trio Lepic, CATTRALL, musica moderna, Duo Urs Leimgruber & Rico Gubler, Collegium Novum Zürich, notstrom, 4 tenors. – **Komp:** zuletzt 4 Suiten f Viktor (f Klar, Sax, V, Vcl, Piano) 2000; KOR (Ens) 2000/01, UA Rümlingen 01 (Auftr: Tage f Neue M Rümlingen); 4 Suiten f Viktor, UA Basel 01 (Auftr: Musikmonat Basel); Ortswechsel (Op), UA 06 Kunstfest Weimar. **Aufn/RF:** Viktor, Soloprod (CD); O Neuwirth: Long Rain, 01; O Neuwirth 01. **UA:** ua C Czernowin, O Neuwirth, N Vassena, S Hayden, L Berger, A Hilario, A Buess, H Varo, T Müller. **Sonst:** päd W, Arb Saxapproach.

Gudbjörnsson, Gunnar, Tenor; c/o Boris Orlob Management, Jägerstr 70, D-10117 Berlin, T: (0 30) 20 45 08 39, F: 20 45 08 49, *info@orlob.net*; c/o Deutsche Staatsoper, PF 354, D-10109 Berlin; *www.orlob.net* [Reykjavik, Island]. **Ausb:** Stud (M Demets) Neue MSch Reykjavik bis 87, Stud Berlin u London (National Op Studio), Kse u PrivUnterr (E Häfliger, H-L Kuhse, M Rhodes, N Gedda, R Goldberg). **Laufb:** Sol Isländ Ophaus, Hessisches Staatsth Wiesbaden 91–95, Op Nat de Lyon 95–97, Gastsol Th Capitole de Toulouse, Op de Marseille, Grand Th de Geneve, Op de Bastille Paris, Teatro di São Carlo Lissabon, Königl Munt Th Brüssel, Frankfurter Op, Dt Op Berlin, Staatsop München, Hamburg u Wien, Sol Bayer Staatsop München u Op Köln, Teatro Comunale Bologna 03, Dt Staatsop Berlin seit 99, Konz u Liederabende Pariser Salle Gaveau u Salle Pleyel, Alte Op Frankfurt, Royal Albert Hall, Wigmore Hall, Berliner Philh (m Philharmonisches Orch), Synphony Hall Chicago (m Chicago Synphony Orch) u Royal Op House London, Aix-en-Provence Fstv, Buxton Festival, Schwetzinger FSp 03, ZusArb m Israel Philharmonic Orch, Singapore Sinphony Orch, Orch d La Fenice in Palafenice, Radio Sinfonie Orch. – **Aufn/RF:** CD: Isländische Lieder, 'Die Schöne Müllerin u Dichterliebe', 'Verschiedene Werke m Acad of St. Martin-in-the-Fields u Royal Philharmonic Orch', RFAufn f Radio France, HR, BBC, ORF u Rikisutvarpid Island, Konz u Studioaufn m Dän RFOrch, Ens Modern, Wiener Sinfonikern u Orch Philharmonique de Radio France. **UA:** Braunfels: 'Heilige Johanna', UA Sockholm m Radio SinfOrch.

Gudmundsson, Einar, Sänger; Volksoper, Währinger Str 78, A-1090 Wien [Reykjavik, Island]. **Laufb:** Sol Volksop Wien seit 03. (Red)

Gülbadamova, Sofja, Klavier; Arnimstr 19e, D-23566 Lübeck, *Sofja.Guelbadamova@gmx.de* [Moskau 1981]. **Ausb:** HfM Lübeck. **Laufb:** Sol Lübecker Philh Orch. **Pr:** Prtr Int Stravinsky-Wettb 95, Bärenreiter-Spezialpr 99. (Red)

Guelbard, Lev, Violine (Konzertmeister); c/o Staatsorchester Oldenburg, Theaterwall 28, D-26122 Oldenburg. **Laufb:** 1. Konzm Oldenburg Staatsorch. (Red)

Gülke, Peter, Dr phil, Prof, Dirigent, Musikwissenschaftler; c/o Berliner Konzertagentur Monika Ott, Dramburger Str 46, D-12683 Berlin, T: (0 30) 5 14 48 58, F: 5 14 26 59, *BerlinKonzert.ott@t-online.de* [Weimar 29.4.1934]. Oper u Konzert v Barock bis zur Moderne **Ausb:** Stud (Vcl, MWiss, Germanistik, Romanistik u Philosophie) H f M Weimar 52–54, Univ Jena 54–56, Univ Leipzig 56–57, Prom 58, Habil 85. **Laufb:** Kapm Rudolstadt 59–64, Chef-Dgt Stendal 64–67, Potsdam 67–69, Stralsund 72–76, Kapm Dresden 76–81, GMD Weimar 81–83, GMD Wuppertal 86–96, Prof (Dirig) Freiburg 96–01. **Pr:** Edison-Schallplattenpr f d Gesamtaufn v Schrekers 'Irrelohe' 95, Sigmund-Freud-Pr d Akad f Sprache u Dichtung Darmstadt 95, Mitgl d Sächs Akad d Künste seit 96, Van der Heydt-Pr d Stadt Wuppertal 96, Mitgl d Akad f Sprach u Dichtung Darmstadt 97, Karl-Voßler-Pr München 98, österr Ehrenkreuz f Wissensch u Kunst 1. Kl 02. **Mitgl:** Dt Musikrat, Dirigentenforum. – **Aufn/RF:** Schallplattenaufn d Sinfon Fragmente v Franz Schubert m Staatskap Dresden, Werke v Schönberg, Berg u Webern m KamOrch d Jungen Dt Philh, Udo Zimmermanns 'Der Schuhu u d fliegende Prinzessin', Werke v Beethoven, Britten, Baird, Benda, Eberwein, Glasunow, Kirchner, Leyendecker, Ravel, Schumann, Tscherepnin u Schreker. **Sonst:** Bücher ua üb Musik d MA, Guillaume Du Fay, Mozart, Beethoven, Schubert, Brahms, Bruckner, zahlr Edit u Aufs. **Lit:** MGG.

Gueller, Bernhard, GMD, Dirigent; c/o Blue Orchid Artist Management, Kirchstr 33, D-73342 Bad Ditzenbach, T: (0 73 34) 39 88, F: 38 40, *office@blueorchid.de*; *www.gueller.com*. **Ausb:** HfM Stuttgart. **Laufb:** Dgt RSO Stuttgart, Dgt RSO Stockholm, GMD SymphOrch Nova Scotia Halifax 02, Chefdgt Nürnberger Symph 05. **Pr:** Pr Dgtwettb d Dt RF-Anstalten 79. (Red)

Gülzow, Susanne, Prof, Hochschullehrerin; Wormser Str 5, D-22761 Hamburg, T: (0 40) 8 10 08 45, 0 17 25 13 93 99, F: 8 90 50 84; Musikhochschule, Große Petersgrube 17–29, D-23552 Lübeck. **Laufb:** Prof (Gesang) MH Lübeck. (Red)

Günschmann, Eva Maria, Opernsängerin (Mezzosopran); Merianstr 12, D-54292 Trier, T: 0 17 76 59 35 30, F: (0 40) 36 03 73 65 56, *EvaGuenschmann@aol.com* [Bad Harzburg/Goslar 15.5.1965]. Oper, Konzert, Lied **Ausb:** Stud Ges (H-F Kunz), Kl, Dirig Karlsruher MH 85–91, 1. Staatsex SchM; privat GesStud b S Colombo (Bar) 94–9; OpSch MH Stuttgart, Bühnenreifeprüf. **Laufb:** Gast Linzer Landesth 96, Mitgl Ens Stadtth Pforzheim 97–2000 u Stadtth Trier seit 01; Repertoire/ges Partien: Gluck: Orfeo (ital); Tschaikowsky: Eugen Onegin (Olga, dt); Strauß: Rosenkavalier (Octavian); Verdi: Luisa Miller (Herzogin Friederike, dt); Smetana: Verkaufte Braut (Ludmilla, dt), Strauß: Fledermaus (Orlofsky), Bartòk: Herzog Blaubarts Burg (Judith, dt); Verdi: Troubadour, (Azucena, ital); J Sarì: Sonnenfinsternis (Mutter, dt, UA); Verdi: Forza del destino (Preziosilla, ital); Mozart: Zauberflöte (Zweite Dame); L Janácek: D schlaue Füchslein (Fuchs, dt); W Hiller: Pinocchio (Blaue Fee, dt, UA); Strauß:

E Walzertraum (Friederike, dt); E Humperdinck: Hänsel u Gretel (Hänsel, dt); M Gurlitt: Nord Ballade (Elsalill, dt, UA); im Konz folg Altpartien seit 91: Mendelssohn: Elias, Paulus; h-Moll-Messe, Matthäuspassion, Weihnachtsorat, Magnificat; J S Bach: Kant; Dvorak: Stabat Mater; Pergolesi: Stabat Mater; Händel: Messias; Saint-Saens: Orat de Noel; Schnittke: Requiem; Schumann: Faustszenen; Vivaldi: Magnificat u Gloria; Haydn: Nicolaimesse; Salieri: Messe D-Dur; Beethoven: Messe C-Dur; Rossini: Petite Messe Solenelle; Ravel: Shéhérazade. **Pr:** Nominierung z Nachwuchskünstlerin d J 98 ('Opernwelt') f Rolle d Oktavian. – **Aufn/RF:** M Gurlitt: Nord Ballade (Elsalill), UA Stadtth Trier 03, SWR-Mitschn u Send d SWR, DtldFunk. **UA:** M Gurlitt: Nord Ballade 00, W Hiller: Pinocchio 02.

Günther, Alexander, Sänger; Kuhlmannstr 11, D-99423 Weimar, T: (0 36 43) 85 25 63, F: 77 17 81, *a.a.guenther@t-online.de*; Deutsches Nationaltheater, PF 2003, D-99401 Weimar; *www.alexanderguenther.com* [Magdeburg 5.9.1965]. Op, Optte, Musical **Ausb:** Stud Gesang (H Kremers) MH Weimar 86–92. **Laufb:** Sol Dt Nationalth Weimar seit 92. **Pr:** Orpheuspr Bad Hersfeld 92, Nominierung z Sänger d Jahres – Opernwelt 99. – **UA:** K Weill: 'The Firebrand of Florence', Dt EA, Dgt W Marshall, 05.

Günther, Carola, Mezzosopran; Zietenstr 13, D-58097 Hagen, T: (0 23 31) 3 86 03 90, F: (0 12 12) 5 13 71 75 69, *Car.gue@web.de*; *www.lyrischermezzosopran.de* [Magdeburg 19.1.1970]. Oper, Oratorium, Konzert, Lied **Ausb:** Stud (Ges) H f M Leipzig 88–94, Dipl, künstl Aufbaustud (Ges) H f M Leipzig 94–97, (Ges) The Juilliard School New York 97–99. **Laufb:** Sol KonzR Sarajevo 99, Sol Philarmonie Kielce Polen 99/00, Sol Bachfest Leipzig 2000, Sol Th Aachen SpZ 2000/01, Gastsol Th Görlitz SpZ 2000/01, Sol Marlboro Music Fstv USA 2000/01, Sol Bochumer Symphoniker 02–04, Sol Th Hagen seit SpZ 02/03–05, Sol Musik Theater i Revier Gelsenkirchen Spz 05/06. **Pr:** Citibank Studienpr Musik 97, 2. Pr Oratorio Society Comp New York 98, Sonderpr XI. Int. J. S. Bach Wettb Leipzig 98. – **UA:** R Füting: '... erst im erschrockenen Raum', Manhattan School of M Composers' orch, Dgt: G B Cortese 99.

Günther, Christian, Dirigent, Solorepetitor, stellv. Chordirektor; Außer der Schleifmühle 47, D-28203 Bremen, T: (04 21) 33 65 93 03, (01 77) 7 44 96 45, F: 5 32 02, *info@bremertheater.com*; *www.pianopossibile.de*. **Laufb:** MLt piano possibile – Ens f Neue Musik, Solorep, Dgt, stellv Chordir Mth Bremen SpZ 03/05. **Ens:** piano possibile – Ens f Neue Musik. (Red)

Günther, Gertrud, Prof, Hochschullehrerin, Sopran; Lönsstr 12, D-01259 Dresden, T: (03 51) 2 02 39 70, *hgsmd.guenther@arcor.de*; Hochschule f Kirchenmusik, Käthe-Kollwitz-Ufer 97, D-01309 Dresden [Dresden 1959]. Konz, Orat **Ausb:** HfM Leipzig u Magdeburg (Ges) bis 84, Mstks L Fischer 83, L Bosabalien 90. **Laufb:** Prof (Ges) H f KiM Dresden; freischaff Konz- u Orat-Sängerin (Fstv in Utrecht, Bachfest Leipzig, Echternach, Musiksommer Meckl-Vorp, Polen, Rumänien, Ukraine); Zusammenarb m Berliner Domkantorei, Rostocker Motettenchor, Thomanerchor Leipzig, Meißner Kantorei; GastProf bei Kursen d Int Bachakad Stuttgart in Cluj Napoca u Donezk 04. – **Aufn/RF:** E Pepping: Liederbuch nach Gedichten v P Gerhardt, m D Baumgarten (Kl); H Schütz: Weihnachtshistorien, m Ens Alte Musik Dresden, Dgt H Arman 93; G Ph Telemann: Kant (MDR/CD) 97; H Frederichs: Passionserz d Maria Magdalena (CD) 98; F Mendelssohn: Der 95. Psalm, L Boulanger: Der 130. Psalm, A Honegger: Der Totentanz, m Sinfonietta Dresden, Dgt Ch Brödel 03; J F Doles: Lieder, m M Röder (Cemb) 03. **UA:** M Drude: Weihnachtsorat (CD) 97; H Frederichs: Passionserz der Maria Magdalena (CD) 98; D Lohff: Requ f einen poln Jungen (CD) 98; M Drude: 'Für deine Ehre habe ich gekämpft, gelitten' Stationen der Passion Jesu (CD) 2000. **Zug:** H-P Türk: Der 117. Psalm f S u Org.

Günther, Ingo, Schauspielmusiker; c/o Südthüringisches Staatstheater Meiningen, Bernhardstr 5, D-98617 Meiningen. **Laufb:** SchspM Theaterhaus Jena SpZ 03/04. (Red)

Günther, Jens-Uwe, Komponist, Pianist, Dirigent; Gottschedstr 31, D-04109 Leipzig, T: (03 41) 3 01 49 08, F: 3 01 49 08, *jens.u.guenther@gmx.de* [Magdeburg 18.4.1937]. Komp, Liedbegleitung, musikal Arb m Schauspielern **Ausb:** Stud Komp, Kl u Dirig (Gerster, Geissler, Weissmann, Volger, Jung) H f Musik Leipzig 59–64. **Laufb:** Komp u Schauspkapm Städt Bühnen Erfurt 64–67, dass Dt NatTh Weimar 67–74, freischaff Komp 74–85, Doz (Musikerz) ThH Leipzig 85–91, musikal Lt Staatsschausp Dresden 91–94, dass Schausp Leipzig seit 94, Komödie Dresden SpZ 03/04, Doz f Musikerz u Dram Unterr H f M u Theater Leipzig seit 01. **Pr:** Kunst- u Litpr Stadt Weimar 79, Ehrennadel Verband d Komp u Musikwiss 81, 1. Pr Wettb f KammerOp f 'CID' nach Grabbe (Detmold) 01. – **Komp:** Konz f Orch Nr 1 (sinf gr Orch), UA Erfurt 71; Konz f Streichqua, Bläserqui u Orch (sinf gr Orch), UA Erfurt 75; Scherz, List u Rache (KamOp), UA Weimar 76; Konz f Schlgz u Orch Nr 1 (sinf gr Orch), UA Erfurt 77; Recital Collage Shakespeare (Vokalsinf), UA Stralsund 78; Konz f ‚modern'-Qua u Orch (sinf), UA Erfurt 80; Dona Juanita (Op), UA Stralsund 81; D erklärte Weiberfeind – Lessing, UA Weimar 81; Konz f Kl u Orch Nr 2, UA Schwerin 82; D Widerspenstigen Zähmung (Ballett), UA 87; Konz f Big Band u Orch, UA 89; Der Alchymist (KamOp) 94; 13 Bagatellen f Klar u Kl, UA Leipzig 97. **Sonst:** Musikdramaturg Arbeiten: Die vergleichende Komp v Werken d Komp K Weill, H Eissler u P Dessau b Texten v B Brecht; Melodie, Harmonie u Rhythmus im Werk v J Kosma.

Günther, Kai, Sänger; c/o Theater Erfurt, PF 100554, D-99005 Erfurt. **Laufb:** Sol Vorpommersche Th- u Sinfonieorch GmbH Stralsund, Sol Th Erfurt SpZ 04/05. (Red)

Günther, Ute, Flöte; c/o MDR Sinfonieorchester, Augustuspl 9a, D-04109 Leipzig. **Laufb:** stv Sol MDR SinfOrch Leipzig. (Red)

Günzel, Kai S, Sänger, Schauspieler; Ulrichgasse 16B, D-50678 Köln [Bautzen 28.8.1967]. Musical, Chanson **Ausb:** Stud (Schausp) Akad f darst Kunst Ulm 95–99, Stud Ges (S Schöneich, H Pape, M Speer) Ulm 98–99. **Laufb:** Gastsol Th Dortmund ('Entführung a d Serail', 'Victor u Victoria') SpZ 00/01, Gastsol Th Bamberg ('Elvis') 01/02, Th Erlangen 01/02, Doz (Musical, Schausp) Schule f Performing Arts Nürnberg 02/03.

Günzel, Marcus, Sänger; Staatsoperette, Pirnaer Landstr 131, D-01257 Dresden. **Laufb:** Sol Staatsoperette Dresden. (Red)

Günzler, Thomas, Sänger; c/o Opernfestspiele Heidenheim, Stadtverwaltung, PF 1146, D-89501 Heidenheim, T: (02 31) 5 02 55 47. **Laufb:** Sol Pfalzth Kaiserslautern, Chor Musiktheater Dortmund, Sol OpFSp Heidenheim (La Traviata u Rigoletto SpZ 04/05). (Red)

Güra, Werner, Sänger (Tenor); c/o Sächsische Staatsoper, Theaterpl 2, D-01067 Dresden. **Laufb:** Sol Sächs Staatsoper Dresden SpZ 01/05, Gastsol Dt Staatsop Berlin SpZ 03/05. (*)

Gürbaca, Tatjana, Dipl, Regisseurin; Fredericiastr 6/1, D-14059 Berlin, T: 0 16 21 05 18 12, *tatjanaguerbaca@gmx.de*; *www.delage.at* [Berlin 1973]. **Ausb:** Stud HfM »Hanns Eisler« Berlin, Mstrks b R. Berghaus u P. Konwitschny. **Laufb:** Reg Ophaus Graz (Puccini: Turandot, 01), Dt Staatsop Berlin (Strawinsky: Mavra, 02), Volksop Wien (Dallapiccola: Il prigioniero, 03), FSphaus Baden-Baden (Purcell: Dido u Aeneas, 03), Th Regensburg (Mascagni/Leoncavallo: Cavalleria rusticana/Bajazzo, 04), Th Luzern (Mozart: Cosi fan tutte, 04; J M Kraus: Soliman II/Mozart: Zaide, 06), Thalia Th u Vereinigte Bühnen Graz (Menotti: The old Maid and the Thief, 05), Ophaus Vereinigte Bühnen Graz (Offenbach: Les contes d' Hoffmann, 05), Stadtth Bern (Tschaikowsky: Mazeppa, 05), Ophaus Leipzig (Hersant: Le moine noir, 06), Gastreferentin u -Doz EMAA U Zürich 04, Int Fstv in Perm 05, ab Okt 05 VertargsL-Stelle an d Kunst-U Graz. **Pr:** Ring Award b 2. Int Regiewettb in Graz 2000, Nomminierung Beste Nachwuchskünstl 'Opernwelt' 01.

Gürsching, Albrecht, Prof, Komponist; Hindenburgdamm 67, D-25421 Pinneberg, T: (0 41 01) 58 60 33, F: 58 60 33 [Nürnberg 9.9.1934]. **Ausb:** Stud Komp (Bialas) Stuttgart u München, Ob (Winschermann) Detmold, Studienstift d Dt Volkes. **Laufb:** LAuftrag seit 64, Prof (Theorie, Komp, Ob, Holzbläser-KammerM) Hamburg seit 68, pens seit 99. **Pr:** Förderpr Stadt Stuttgart 64, Mitgl Freie Akad d Künste Hamburg seit 69, Richard-Wagner-Med Bayreuth (KamM) 75, 2. Pr Chorwettb Hamburg 79. – **Komp:** Piccola Partita (KamM) 91, UA Hamburg 95; Phantasie m Vcl u Kl (KamM, Vcl, Pf), UA Eckelshausen 95; Epitaph (KamM, StrQua) 96, UA Berlin 98; Tempi respirati (KamM, Kl-Trio) 96, UA Hamburg 99; Caput Mortuum (Solo Orgel) 97, UA Bremen 98; Streichquartett Nr 7 (KamM, StrQua) 97, UA Witten 98; Sonata (Solo Kl) 97, UA Hamburg 99; Morçeau d'église (Pos, Org) 99, UA Heidenheim 99; Quatrain (V, Kl) 98/99, UA Berlin 01; Pezzo Accello (Vcl, Akk) 99, UA Kloster Caldern, Eckleshäuser FSp, m J Berger (Vcl) u S Hussong (Akk) 03; Oktett f Str 99, UA Berlin, H Hanns Eisler 02; König Oedipos (Sophokles, Übertr v J Keller) 2000–03; Sinfonie f Orch 02, UA Mainz, Dgt: GMD C Rückwardt 04; Die Würde des Alls (f KinderCh, Pf) 02, UA Ulm, Ulmer Spatzen, Dgt: H de Gilde. **AuftrKomp:** Objet retrouvé (f BlQui) 99, UA KamMKs IM (Bund) Schloss Rheinsberg 02 (Auftr: Jugend musiziert); 5 Bagatellen (f SaxQua) 02/03, UA Ulan Baatar, Stockholm SaxQua 03 (Auftr: Fstv 'Roaring Hoofes' Mongolei). **Sonst:** Art 'Bläserkammermusik', in: MGG.

Gürsching, Andreas, Prof, Komponist, Hochschullehrer; Sielwall 20, D-28203 Bremen, T: (04 20) 7 94 16 29, F: 7 94 16 29; Hochschule f Künste, FB Musik, Dechanatstr 13–15, D-28195 Bremen, T: (04 21) 3 01 92 26, F: 3 01 92 25, *a.guersching@hfk-bremen.de* [Stuttgart 4.7.1963]. **Ausb:** Komp (NA Huber), V (A Mandeau), Tonsatz Folkwang-H Essen 84–90, Komp (A Lucier) Wesleyan U Connecticut 92–93. **Laufb:** Mitgl in versch Ens f Neue Musik (V) u künstl Lt bis 93, danach freischaff Komp u LBeauftr an versch. MHs, Prof H f Künste Bremen seit 98. **Pr:** Komppr Fstv Saitenklänge 88, Folkwangpr f Komp 90, DAAD-Stip 92, ausgewählt f Aufführung b Weltmusiktagen 95. – **Komp:** Lieder auf d Flucht (KamM), UA Essen 86; L'istesso tempo – con alcune licence (KamM), UA Gorizia 90; Plus ça change, plus c'est la même chose (KamM), UA Mailand 91; Déjà vu (KamM), UA Essen 91; Time to begin again! – with a disturbance of waiting (KamM), UA Dortmund 93; 'Nicht mehr...f Ohren' m 3 klingenden Wegen (KamM), UA Middletown (Conn) 93; Eingriff u Wiederholung (Orgel), UA Nürnberg 94; In the Nick of Time (KamM), UA Bremen 2001. **AuftrKomp:** L'istesso tempo – con alcune licenze (KamM), UA Gorizia, Ens Recherche, Dgt: J Avery 90 (Auftr: Nuove Sincronic); Neues Stück (KamM), UA Freiburg, Ens Aventure 2001 (Auftr: Ens Aventure). **Aufn/RF:** Plus ça change, plus c'est la même chose (KamM), Capricorn Ens (BBC London) 92; L'istesso tempo, con alcune licenze (KamM), Ens Nuove Sincronie 92; dass, Das Neue Ens (Radio Bremen) 99; Eingriff u Wiederholung (Orgel), Jacob 2000. **Sonst:** Über 'Per Forza...' v Andreas Dohmen (Positionen, H 13) 92; Zum Umgang m Tonalität bei Alexander Skrjabin (MTheorie H 1) 99. **Lit:** A Dohmen: Die Farben der Zeiten – über A G u seine Komp 'Plus ça change, plus c'est la même chose' (Positionen H 19) 94.

Gürtler, Sebastian, Konzertmeister; Volksoper, Währinger Str 78, A-1090 Wien. **Laufb:** Konzm Volksop Wien. (Red)

Güther, Christiane, Prof, Hochschullehrerin; Agavensteig 53, D-12437 Berlin, T: (0 30) 6 31 11 93; Univ d Künste, Fak Darst Kunst, PF 120544, D-10595 Berlin, T: (0 30) 6 31 11 93. **Laufb:** Prof (Sprecherziehung) H d Künste Berlin. (Red)

Güttler, Ludwig, Prof, Trompete; Weltestr 16, D-01157 Dresden, T: (03 51) 4 21 04 01, 4 21 20 30; c/o Bubu-Concerts, Widderter Str 45, D-42657 Solingen, T: (02 12) 8 01 14, 81 64 68, F: 81 64 80, *info@bubu-concerts.de*. **Ausb:** Stud

MH 'Felix Mendelssohn – Bartholdy' Leipzig. **Laufb:** SolTrp Händel-FSp-Orch Halle seit 65, SolTrp Dresdner Philh 69–80, LBeauftr MSeminar Weimar u Prof (Trp) H f M 'Carl Maria v Weber' Dresden bis 90, Grd Leipziger Bach-Collegium 76, Grd Virtuosi Saxoniae 85, Blechbläserens Ludwig Güttler 87. **Ens:** Duo 'Trompete – Orgel' m KMD F Kircheis. (Red)

Güttler, Michael, Dirigent; c/o Artists International Management – Birgit Schmid-Salm, POB 2146, Morristown, NJ 07962–2146, U.S.A., *MichaelGuettler@aol.com*; c/o Sächsische Staatsoper, Theaterpl 2, D-01067 Dresden [Steinheidel 1.5.1966]. Op, Konz **Ausb:** (V) BezirksMSchule Paul Büttner Dresden 73–81, PrivUnterr (Trp) 79–83, Kl PrivUnterr u Stud (G Philipp) H f M Carl Maria v Weber Dresden 82–92, Chorlt Ass d Lt (C Hauschild) d Singakad Dresden 80–84, OrchDirig (D-G Worm, A v Brück, S Kurz) H f M Carl Maria v Weber Dresden 86–92, Aufbaustud (S Kurz) 92–94, Mitgl Förderprogramm DgtForum d Dt Musikrates 94–98. **Laufb:** rege Gasttätigkeit an int Ophäusern u SinfOrch seit 95, Chefdgt Kärntner SinfOrch u Opchef Stadtth Klagenfurt seit 99, Direttore principale Orch Sinfonica di Bari seit 2000, Dgt Semperop Dresden SpZ 03/04. **Pr:** 1. Pr DgtWettb d Europ Gemeinschaft 'Franco Capuana' Spoleto 96, 1. Pr 'Bottega' Treviso 94, 1. Pr Int DgtForum Hamm 93.

Güttler, Wolfgang, Prof, Hochschullehrer, Kontrabass; Brunnenstr 24, D-75335 Dobel, T: 0 17 26 23 57 17, F: (07 21) 2 84 02 [Kronstadt/Rumänien]. **Ausb:** Stud b Josepf Prunner/Bukarest. **Laufb:** KB b Berliner Philh Orch 75–85, Prof (Kb) Staatl H f Musik Karlsruhe. **Pr:** Int MWettb Gend 1973. **Ens:** Grdg Ens Trio Basso (1982), Grsg Ens Geatles f 16 Kontrabässe (1991), Ens Consortium Classicum. – **Zug:** W v Hans-Joachim Hespos u Jean Françaix. (Red)

Gugerbauer, Walter E, Dirigent, Generalmusikdirektor; c/o Philharmonisches Orchester, Dalbergsweg 2, D-99084 Erfurt, PF 100554, D-99005 Erfurt, T: (03 61) 2 23 31 70, F: 2 23 31 73; c/o Opernhaus Halle, PF 110554, D-06019 Halle. **Laufb:** GMD Philharmon Orch Erfurt, GMD u Musikal Oberlt Th Erfurt, Erster ständ Gastdgt Op Hannover. (Red)

Guggenberger, Wolfgang, Trompete, Hochschullehrer; Schumannstr 4, D-86391 Stadtbergen, T: (08 21) 43 53 60, F: 4 33 95 24, *w-guggenberger@gmx.de*; Hochschule f Musik, Schultheiß-Koch-Pl 3, D-78647 Trossingen [Sonthofen/Allgäu 19.5.1957]. **Ausb:** Stud (R Quinque) R Strauss-Kons München 77–81, (H D Bolz) MH Trossingen 81–83, (V Cichowitz) Northwestern U Chicago 83–85. **Laufb:** Doz (Trp, Methodik, Didaktik, UnterrPraxis) Richard Strauss Kons München, Konz u Mstrks in zahlr europ Ländern sowie in Südostasien, USA u Mexico. **Pr:** Bundespr 'Jugend musiziert' 75, Europ Pr 75, Pr Dt MWettb Bonn 78. – **Aufn/RF:** CDs: Rokoko/Romantik, Musik f Trp u Org; voice & trumpet, M f Sop, Trp u Org; Trio Troppo Piano, M f Trp, Pos u Kl. **Sonst:** Grdg Ens 'Trio Troppe Piano' (Trp, Pos, Kl) 94; Grdg Ens 'voice & trumpet' (Sop, Trop, Org) 95; Notenausgaben Reihe 'Clarino Cantabile'; 'Basics plus' Studien f 1 od 2 Trp; Fachaufsätze.

Guglhör, Gerd, HonProf, Dirigent, Hochschullehrer; Zapfweg 3, D-81241 München, T: (0 89) 83 54 36, F: 82 98 89 93, *Gerd.Guglhoer@gmx.de*; H f Musik u Theater, Arcisstr 12, D-80333 München [1952]. **Ausb:** Stud MPäd, ChLt (K. Suttner) (M. Frey) H f M u Th München 73–77, Mstrkl F. Schieri. **Laufb:** ChLt Akademischer Gesangverein München 80–95, Grdg Orpheus-Kammerchor 82, Prof H f M u Th München. (Red)

Gulda, Paul, Dirigent, Klavier; c/o Theaterverein Wiener Metropol, Hernalser Hauptstr 55, A-1170 Wien; c/o PRIMUSIC Konzert- und Musiktheaterproduktionen GmbH, Herrengasse 6–8/2/22, A-1010 Wien, T: (01) 5 32 71 24, F: 5 32 71 40, *office@primusic.at* [Wien]. **Laufb:** Dgt Wiener Kammerop, ThVerein Wiener Metropol SpZ 04/05, Gastprof U f M Wien 01–03. (Red)

Gulda, Rico, Klavier; c/o Konzertbüro Dagmar von Vietinghoff-Scheel, Lange Furche 44, D-72072 Tübingen, T: (0 70 71) 7 35 66, F: 7 66 12, *gulda@chello.at*; *www.ricogulda.com* [Zürich]. **Ausb:** Unterr (Kl) b L Hoffmann, Stud Kl (N Flores) H f M Wien, Mstrkse b D Bashkirov, O Maisenberg. **Laufb:** Japantournee 96, Neujahrskonz m d Mozarteum Orch Salzburg 97/98, Künstler Ltg MSommer Klaus, Konz ua m d Wiener Philharmonikern, Orch Nat de Belgique, Orch Sinf Milano, Wiener KamOrch, Bruckner Orch Linz, Tschechischen Philh Brünn, Gastsol Münchner Kl-Sommer, KlFstv Ruhr, Bregenzer Frühling, Wiener FestW, Ludwigsburger SchlossFSp, Klangbogen Wien, DonauFstv; Doz Mozarteum Salzburg bis 2000, Nagoya Univ of Arts, Hansei Univ Seoul, Wiener Schubert Kons. (Red)

Gumos, Karolina, Sängerin; c/o Theater Dortmund, Kuhstr 12, D-44137 Dortmund. **Laufb:** Sol Th Dortmund SpZ 03/05. (Red)

Gumz, Gisela, Prof, Hochschullehrerin; Hochschule f Musik u Theater, FB 2, Harvestehuder Weg 12, D-20148 Hamburg, T: (0 40) 8 90 21 70, F: 88 16 81 88. **Laufb:** Prof (Cembalo) H f M u Th Hamburg. (Red)

Gundermann, Daniel, Tenor; c/o Konzert & Künstler Agentur Jens Gunnar Becker, Grünstr 13, D-58313 Herdecke, T: (0 23 30) 7 03 89, F: 75 07, *becker@beckerkonzert.de* [Sondershausen/Thüringen 1973]. **Ausb:** Ges Kons Max Reger Sondershausen 81, MSchule Hanns Eisler Leinefelde 84, H f M 'Franz Liszt' Weimar 89, Stud (C Hilpisch) MH Weimar 93. **Laufb:** Sol Landesth Coburg, Sol Schleswig-Holsteinisches Landesth Flensburg 02–04, FestEng Th Neubrandenburg/Neustrelitz ab 05. **Pr:** Stip Werner Richard – Dr. Carl Dörken Stift, Stip Richard Wagner Verband. – **Aufn/RF:** Mitwirkung an RF- u Fernsehproduktionen. (*)

Gundlach, Willi, Dr, Prof, Chorleiter; Markusstr 13, D-44265 Dortmund, T: (02 31) 77 41 37 [Oberhausen 15.5.1929]. **Ausb:** Lehramtsstud PH Braunschweig, MHS u TH Hannover, Gymnasiallehrer, Stud d MWiss in Kiel u Köln, Promotion. **Laufb:** Doz f Musikerziehung PH Flensburg 60, Prof PH Dortmund seit 63, OProf f Musik u ihre Didaktik Univ Dortmund 80–94, zahlr Veröffentlichungen z Musikdidaktik, Arbeiten über Fanny Hensel-Mendelssohn, Grd u Lt d Kammerchores d Univ Dortmund seit 78, Grd u Lt d Int Musikwoche CAMPUS CANTAT seit 85. – **Aufn/RF:** CD-Einsp m d Kammerchor d UNI Dortmund, va Werke v H Distler u F Hensel-Mendelssohn.

Gunia, Paul Vincent (Pseud: Paul Vincent), Komponist; Auerbergweg 8, D-86836 Graben, T: (0 82 32) 95 78 80, F: 95 78 81 [Bergheim/Erft 1.12.1950]. Film- u Fernsehmusik, Rock&Pop **Laufb:** Studiomusiker München, Hamburg, Köln, Frankfurt, Berlin 70–85, Komp, Arrangeur u Musikproduzent seit 72, Filmmusikkomp seit 79. **Pr:** Dt Fernsehpreis 01. – **Komp:** 'Wandlungen' f Streichqua 77/78, UA München, Sonnleitner-Qua 78; 'Blues' f Streichqua 77/78, UA München, Sonnleitner-Qua 78; Sonne (Klangbild) 81, UA München, Mitgl Bayer Staatsorch u Münchner Philharm 82; 'Berceuse' f Streichqua 85, UA München, Modern String Qua 85; Der Golem (Op) 83–93, UA München 94, Liane (Fernseh-Musical ARD). **Sonst:** Das Rock-Guitar-Buch.

Gunn, Nathan, Sänger; c/o Bayerische Staatsoper, Brieffach, D-80075 München. (Red)

Gunnarsson, Vidar, Sänger; c/o Hessisches Staatstheater Kassel, Friedrichspl 15, D-34117 Kassel [Reykjavík]. **Ausb:** Stud Ges (G Cortes, F Sällström) Stockholm. **Laufb:** Sol Isländ Op, Staatsth Wiesbaden 90–95, Aalto-Th Essen, Staatsth Kassel, Op Bonn seit 97, Gastsol Dt Staatsop SpZ 04/05. (Red)

Gunsenheimer, Gustav, Prof, Komponist; Voitstr 10, D-97422 Schweinfurt, T: (0 97 21) 2 34 11, F: 2 34 11 [Kunzendorf, Niederschlesien 10.3.1934]. **Laufb:** Lehrer, Kantor, Chorlt, Organist, Cembalist, Komp, jetzt als KMD u Chordir in Schweinfurt. **Pr:** BVK, Stadtmed Stadt Schweinfurt, Bayer Staatsstip Mozarteum Salzburg (Orff-Inst). – **Komp:** Sonnengesang (Kantate), UA Schweinfurt, Th 83; Konz Nr 1 f Cembalo u Orch (Konz), UA Schweinfurt, Th 84; Nie stille steht die Zeit (Kantate), UA Schloß Mainberg b Schweinfurt 88; Rückertsuite (Orch-Suite), UA Schweinfurt, Rathausdiele 88; Lasset den Lobgesang hören (Kantate), UA Hilpoltstein 98; 6 Rondos (Orch-Kl); Suite Baroque (Orch-Suite f Querfl u Str), UA Starnberg. (Red)

Guntner, Kurt, Prof, Hochschullehrer, Violine; Habichtweg 4, D-82152 Krailling, T: (0 89) 8 57 18 02; Hochschule f Musik u Theater, Arcisstr 12, D-80333 München. **Laufb:** Prof (V, KamM) H f M u Th München. (Red)

Guo, Sen, Sopran; c/o Artists Management Verena Keller, Lohwisstr 52, CH-8123 Ebmatingen, T: 04 49 80 15 13, F: 04 49 80 36 86, *keller.verena@bluewin.ch*. **Laufb:** Dt Op Berlin, Op Zürich. (Red)

Guo, Yanyu, Sängerin; c/o Volksoper Wien, Währinger Str 78, A-1090 Wien. **Laufb:** Sol Staatsth Braunschweig, Gastsol Th Bielefeld SpZ 00/01, Gastsol Staatsth Braunschweig SpZ 03/04, Sol Volksop Wien SpZ 04/05. (Red)

Guramulta, Oana, Repetitorin; Mecklenburgisches Staatstheater, Alter Garten 2, D-19055 Schwerin. **Laufb:** Solorep Mecklenburgisches Staatsth Schwerin. (*)

Gurevich, Boris, Solorepetitor; Berliner Str 111, D-45145 Essen, T: (02 01) 6 46 28 26. **Laufb:** Solorep MTh Essen. (Red)

Gurina, Alina, Sängerin; c/o Stadttheater Gießen, PF 111128, D-35356 Gießen. (*)

Guryakowa, Olga, Sängerin; c/o Bayerische Staatsoper, Brieffach, D-80075 München. (Red)

Guschlbauer, Theodor, Dirigent; c/o Opernhaus Zürich, Falkenstr 1, CH-8008 Zürich; c/o Künstleragentur Dr Raab & Dr Böhm, Plankengasse 7, A-1010 Wien, T: (01) 51 20 50 10, F: 5 12 77 43, *office@rbartists.at* [Wien 1939]. **Ausb:** Stud Kl u Vcl Wien, DgtAusbildung b Hans Swarowsky, Stud b Lovro v Matacic u Herbert v Karajan. **Laufb:** 1. Kapm Wiener Volksop u Landesth Salzburg, Ernennung zum Opernch Lyon 69, Berufung nach Linz 75, Chefdgt d Orchestre Philharmonique de Strasbourg seit 83, musikal Lt Staatsphilharmonie Rheinland-Pfalz 97–01, Dgt Kom Op Berlin SpZ 03/04, Fstv: Salzburg, Aix-en-Provence, Orange, Verona, Luzern, Montreux, Bregenz, Oxford, Flandern-Fstv, Prager Frühling, Maggio Musicale Fiorentino, Auftr Wien, Hamburg, München, Köln, Paris, Genf, Brüssel, Lissabon, Op Zürich 05. **Pr:** Mozart-Pr d Goethe-Stift Basel, österr Ehrenkreuz f Wiss u Kunst, Prix d'Honneur d Fondation Alsace, frz Ehrenlegion 97.

Gustafson, Nancy, KS, Sopran; c/o Theateragentur Dr Germinal Hilbert, Maximilianstr 22, D-80539 München, T: (0 89) 2 90 74 70, F: 29 07 47 90; *www.hilbert.de*, *www.nancygustafson.com*. **Ausb:** Stud (Musikerziehung) Mount Holyoke Coll, BA 78, Stud (Vocal Perf) MM 80. **Laufb:** Sol Bayer Staatsop München, Staatsop Wien, Gastsol Royal Op House, Met Op, S Francisco Op, Chicago Lyric Op, La Scala Mailand, Op Rom, Op Turin, Op Bastille Paris, Hamburger Staatsop, Op Frankfurt SpZ 00/01. **Pr:** Dr hc (Musik) Mount Holyoke Coll, KS Staatsop Wien. – **Aufn/RF:** CDs: 'Pavarotti & friends'; Puccini: 'La Boheme', Dgt. Nagano; Massenet: 'Herodiade', Dgt: Viotti; Wagner: 'Rheingold', 'Walküre' m Bayer Staatsop, Dgt: Sawallisch; Ferko: 'Stabat Mater'; Mahler: 'Symphonie Nr 2, Dgt: Mehta; DVDs: Janacek: 'Katja Kabanova', Tschaikowsky: 'Pique Dame', Strauss: 'Fledermaus'.

Gustafsson, Ulla, Sängerin; Bismarckstr 38, D-10627 Berlin, T: (0 30) 3 48 27 02, F: 3 42 35 49 [Västra Tunhem, Schweden 23.12.1964]. Oper (Wagner), Konzert **Ausb:** Stud Th- u OpHochschule Göteborg bis 90, Mstrkl (B Nilsson, I Hartmann-Dressler). **Laufb:** Staatsop Unter d Linden Berlin (ua Die Walküre, Sieglinde) 93–94, Gastsol Sylvesterkonz m Berliner Philharmon Orch 94, Covent Garden 94, Osterfsp Salzburg 95, weitere Gastsp, ua Bilbao, Paris, Rio de Janeiro, Göteborg, Stuttgart, Charleston, London, Wien, Florenz, mehrere Liedprogramme, freischaff seit 97. **Pr:** Birgit Nilsson Stip Musikal Akad Schweden, Pr Schwed Künstlerfonds Stip.

Gut, Rosmarie, Hochschullehrerin; Albrechtstr 13, CH-8406 Winterthur, T: 05 22 03 58 16; Hochschule Musik u Tanz, Tössertobelstr 1, CH-8400 Winterthur. **Ausb:** Stud b Christoph Lieske. **Laufb:** Doz (Korr, Blattsp) MH Winterthur Zürich. (Red)

Gut, Ursula, Komponistin, Orgel; Mayweg 8, CH-3007 Bern, T: 03 13 72 14 38. (Red)

Gutgesell, Felix, Konzertmeister; Poststr 9, D-38100 Braunschweig; Staatsorchester, PF 4539, D-38035 Braunschweig [1976]. **Ausb:** Stud (W. Forchert) MH Frankfurt. **Laufb:** Konzm Staatsorch Braunschweig. (Red)

Guth, Peter, Prof, Dirigent, Violine; Schubertgasse 3, A-1090 Wien, T: (01) 3 19 56 97, F: 3 19 64 65, *peter@guth-strauss-vienna.at*; c/o Künstlersekretariat Buchmann, Schachnerstr 27, A-1220 Wien, T: (01) 2 03 63 57, F: 2 04 37 50, *office@buchmann.at*. **Ausb:** Stud Musikakad Wien u Kons Moskau b David Oistrach. **Laufb:** Tätigkeit als Solist u Mitgl d Wiener Trio, 1. Konzm RSO Wien, Lt d Johann-Strauss-Ens d Wiener Symphoniker, künstl Lt d Johann-Strauss-Fstv. **Pr:** m d Wiener Trio 1. Pr int Musikwettb München 61. (Red)

Guther, Cero *siehe* Pollerberg, Dirk

Guthmann, Frank-Michael, Violoncello; Oberer Stephansberg 16, D-96049 Bamberg, T: (09 51) 2 97 49 59, (01 72) 7 68 47 76, F: 2 97 49 59, *fmguthmann@aol.com*; c/o Bamberger Symphoniker, Mußstr 1, D-96047 Bamberg [Lahr (Schwarzwald) 8.4.1975]. **Ausb:** MH Karlsruhe b M Ostertag 87–03, MH Basel b I Monighetti 97–98, Orch-Akad Berliner Phil 98–99, Mstrks b H Schiff, S Isserlis, R Kirshbaum, KamMUnterr b W Boettcher, R Kussmaul, K Kashkashian. **Laufb:** stv. Sol Bamberger Symph. **Pr:** Prtr Dt Musikwettb KamM 98, 1. Pr Int Joseph Joachim KamMWettb Weimar 99, Allianz-Pr FSp Meck-Pomm 02. **Ens:** Trio Echnaton. – **Aufn/RF:** Reger, Martinu, Schnittke: StrTrios, 99; Bach: Goldberg-Variationen (StrTrioFssg), 01; Mozart, Kirchner: StrTrios 04. **UA:** V D Kirchner: StrTrio 02; E Sauter: Musique romantique pour violoncelle seul et trio à cordes, 05.

Gutjahr, Elisabeth, Prof, Hochschullehrerin; Nigerstr 2, D-81675 München, T: (0 89) 41 43 99 39, F: 41 43 99 39, *Elisabeth.Gutjahr@ludwigmusical.com*; Alpirsbachstr 16, D-78628 Rottweil, T: (07 41) 1 74 59 36, F: 1 74 59 37, *mhrhy@web.de*. **Ausb:** Stud Rhythmik u Tonsatz in Stuttgart u Köln. **Laufb:** Prof (Rhythmik) Staatl H f Musik Trossingen seit 87. (Red)

Gutman, Natalia, Prof, Cello, Hochschullehrerin; c/o Künstleragentur Helge Rudolf Augstein, Sebastianspl 3, D-80331 München, T: (0 89) 26 02 43 33, F: 26 02 43 44, *AgenturHRA@aol.com*; *www.agenturHRA.com* [Kazan, UdSSR]. **Ausb:** Stud Vcl (M Rostropowitsch) Kons Moskau. **Laufb:** Auftritte m allen führenden Orch u deren Dgten, enge ZusArb auf dem Gebiet d KamM m M Argerich, Y Bashmet, E Kissin, E Wirssaladze, künstl Lt Oleg Kagan Musikfest Kreuth; Prof (Vcl) H f M u Darst Kunst Stuttgart. **Pr:** Prtr Tschaikovsky-Wettb Moskau 62, 1. Pr ARD-Wettb München 67. – **Aufn/RF:** S Gubaidulina, Rejoice! f V u Vcl, m O Kagan; D Schostakowitsch, Klaviertrio Nr 2, m S Richter, O Kagan 97; M Ravel, Klaviertrio a-moll, m S Richter, O Kagan 97; A Schnittke, Son f Vcl u Kl, m A Nassedkin, V Lobanov 2001. **UA:** A Schnittke, Konz f Vcl u Orch Nr 1, m Münchner Philh 86. **Zug:** A Schnittke, Konz f Vcl u Orch Nr 1.

Gutmann, Yossi, Prof, Hochschullehrer; Ganglbauergasse 38, A-1160 Wien, T: (01) 4 94 12 26; Univ f Musik u Darst Kunst, Inst 3, Brandhofgasse 21, A-8010 Graz, T: (03 16) 3 89 23 09, F: 3 89 27 09, *yossi.gutmann@kug.ac.at* [Tel Aviv]. **Laufb:** GastProf (KamM) U f Musik u Darst Kunst Graz. (Red)

Guttenberg, Enoch zu, Dirigent; c/o Chorgemeinschaft Neubeuern, Am Gasteig 7, D-83115 Altenmarkt-Neubeuern, T: (0 80 35) 10 31, 10 32, F: 84 92; c/o Austroconcert International, Gluckgasse 1, A-1010 Wien. **Ausb:** Stud (Komp, Dirig) München u Salzburg (B Paumgartner, A Dorati). **Laufb:** Grdg ChGemeinschaft Neubeuern 67, Ltg ders seit 67, Ltg Caecilienverein Frankfurt 81–87, Gastdgt Orch d MDR Leipzig 93–96, Grdg Orch 'KlangVerwaltung' 97, regelm Gastdgt Münchner Philh, Intend u künstl Ltg Herrenchiemsee FSp seit 99. **Pr:** BVK 1. Klasse 91, Bayer Verdienstorden 01. (Red)

Guttmann, Wolfgang, Mag, Prof, Hochschullehrer, Gitarre; Dorrekstr 1, A-5400 Hallein, T: (0 62 45) 7 43 97, *wguttmann@chet.at*; Univ Mozarteum, Abt f Streich- u Zupfinstrumente, Schrannengasse 10a, A-5020 Salzburg, T: (06 62) 6 19 80, F: 61 98 30 33, *wolfgang.guttmann@moz.ac.at* [Hallein 11.9.1948]. **Laufb:** UProf (Git) U Mozarteum Salzburg. (Red)

Guzman, Salvador, Sänger (lyr Tenor); c/o Opernfestspiele Heidenheim, Stadtverwaltung, PF 1146, D-89501 Heidenheim [Santiago de Chile 15.1.1961]. Oper, Operette, Konzert **Ausb:** Stud Ges (A Baldin) MH Karlsruhe 89–91, Mstrkse (E Häfligen, A Reynolds, J Wagner). **Laufb:** Festeng Landesth Eisleben, Th Ldeshauptstadt Magdeburg, Gastsp Th Osnabrück, Baden-Baden, Hildesheim, Lüneburg, Schwerin, Rostock, Plauen-Zwickau, Eggenfelden, Wiener KamOp, Würzburg, Halle, Danzig, Eisenach, Stadtth Hildesheim SpZ 03/04, OpFSp Heidenheim SpZ 04/05 (Il Trovatore).

Gwilt, Richard, Violine, Komponist; 23 The Croft, Hungerford RG17 0HY, Vereinigtes Königreich, *notes@rgeditions.com*; c/o Konzertagentur Esslinger, Spittlerstr 6, D-70190 Stuttgart, T: (07 11) 28 32 76; *www.gwilt.net*. **Ens:** London Baroque. – **Komp:** Ganz Lieb (Suite) 94, Two Oscar Wilde settings 98, Three Joyce settings 01. (Red)

Györbiro, Gabriella, Violine; c/o NDR Sinfonieorchester, Rothenbaumchaussee 132–134, D-20149 Hamburg. **Laufb:** stv Konzm NDR SinfOrch Hamburg. (Red)

Gysin, Erica, Klavier; Byfangweg 45, CH-4051 Basel. (*)

H

Ha, Hyeong-Joon, Sänger; c/o Stadttheater Pforzheim, Am Waisenhauspl 5, D-75172 Pforzheim. (Red)

Ha, Man-Taek, Sänger; c/o Vereinigte Städtische Bühnen, Odenkirchener Str 78, D-41236 Mönchengladbach. (Red)

Haack, Stephan, Violoncello; c/o Münchner Philharmoniker, Kellerstr 4, D-81667 München. **Laufb:** stv Sol Münchner Philh. (Red)

Haag, Ansgar, Intendant; c/o Ulmer Theater, Herbert-von-Karajan-Pl 1, D-89073 Ulm, T: (07 31) 1 61 44 00, F: 1 61 16 19, *a.haag@ulm.de*; Das Meininger Theater, Südthüringisches Staatstheater, Bernhardstr 5, D-98617 Meiningen, T: (0 36 93) 45 12 60, F: 88 02 54, *intendanz@das-meininger-theater.de*; *www.theater.ulm.de* [Stuttgart 5.7.1955]. Opern-Regie **Ausb:** Stud (ThWiss, Psych, Amerikanistik) Ludwig-Maximilians U München u U of California Berkeley. **Laufb:** Regieass Münchner KamSp 75–78, Dramaturg Bühnen d Stadt Bonn 78–81, Staatsth Darmstadt 81–83, SpielLt Vereinigte Bühnen Krefeld u Mönchengladbach SpZ 83/84, Hasuregisseur Staatsth Darmstadt 84–89, Gastdoz (ThWiss) H Darmstadt 85–88, OberspielLt Salzburger LdsTh 89–94, Intend Th Ulm 94 bis 06; Gastregien Staatsop Leningrad 89, SchauspHaus Zürich 91, Stadtth Klagenfurt 92 u 93, Pfalzth Kaiserslautern 97, Op Ireland Dublin 99, Bad Staatsth Karlsruhe 2000, Hess Staatsth Wiesbaden 2000, Stadtth Bern 2001, Reg Stadtth Klagenfurt SpZ 04/05, seit SpZ 05/06 Intend Meininger Th. **Pr:** Bayr ThPr f Regie 89, Einl Österr ThTreffen Graz (gleichzeitig 2 Inszen) 90, Goldener Hanswurst f herausragende künstl Leistungen Stadt Salzburg 92, Bayer Staatspr 98, Einl d Korngold-Ges z Korngold-Fstv NatTh Brünn 02. – **Sonst:** Autor einiger Theaterstücke u Hörspiele (z T b ORF u HR gesendet).

Haag, Babette, Marimbaphon; c/o Luitgard Rheinwald, Schönstr 78a, D-81543 München, T: (0 89) 62 26 94 20, *Luitgard.Rheinwald@freenet.de*; *www.magic-drums.com*. **Ausb:** HfM Freiburg 88–94. **Laufb:** Mitgl Junge Dt Philh, Sol Philh d Schleswig-Holstein Musik Fstv, Rheingau MFstv, Berliner Festwochen, Gastsol RFO des BR, Frankfurter Museumsorch, Staatsth Oldenburg, Württemb KamOrch Heilbronn, Musikcoll Schaffhausen, Poln KamPhilh, Philh Thüringen, Orch Plauen/Zwickau. **Pr:** Prtr 'Konzerte junger Künstler' 91. **Ens:** Duo Arparimba, Trio Tricolore. – **Aufn/RF:** CDs: Magic Drums 98, Impressionen f Harfe u Marimbaphon 99, Magic Marimba 02, Melodies for Percussion 05.

Haag, Georg, Viola; c/o Pro Arte Stefan Dörpinghaus, Rosenweg 7, D-42499 Hückeswagen, T: (0 21 92) 8 30 05, 01 77–6 63 40 66, F: 93 18 81, *info@proarte-online.de*; *www.proarte-online.de*. **Ausb:** Stud Isai/Rumänien u Köln (Amadeus-Qua). **Laufb:** Sol Niederrhein Sinf Krefeld-Mönchengladbach, Doz Va u KamM Kurse in Dtschld, Frankreich, Spanien. **Pr:** 1. Pr Colmar 74, Silbermedaille Bordeaux 76, 2. Pr Karl-Klingler-Wettb Hannover 79. **Ens:** Franz-Lehár-Ens. (Red)

Haag, Gudrun, Harfe, Hochschullehrerin; Unterbrunner Str 22A, D-82131 Gauting, T: (0 89) 8 50 37 81, *postmaster@gudrunhaag.de*; Richard Strauss Konservatorium, Gasteig, Kellerstr 6, D-81667 München; *www.gudrunhaag.de* [Lohr]. Sol- u KamM, Op, KonzOrch **Ausb:** Stud Hf (T Reichling) MH Würzburg, (M Kahn-Damase, L Laskine, A Cortot) Paris. **Laufb:** Harfenistin Münchner Philh unter Dgt wie W Sawallisch, L Maazel, S Celibidache, Z Mehta u C Davis, Doz (Hf) Richard-Strauss-Kons München seit 74. **Pr:** 'Musikförderpr' d bayer Staates 80, Schwabinger Kulturpr 85, Günther-Klinge-Kulturpr 88, BVK 01. **Ens:** Duo Arparimba, Trio Animé, Trio Tricolor. – **Aufn/RF:** zahlr FilmM u RF-Aufn, ua Werke v H Genzmer, I Strawinsky, U Zimmermann, mehrere CD-Einsp, ua L Thoma: 'Heilige Nacht', m H Baur (Sprecher); 'Schläft e Lied in allen Dingen', Dichtung u Musik, m G Westphal (Sprecher); O Schoek: 'Lieder', m K Streit (Tenor); Duo-CD 'Arparimba – Musik f Harfe u Marimba', Ludwigsburger FSp. **Zug:** Komp v H Genzmer, J Koetsier, J M Damase, M Schmitt u a.

Haag, Hanno, Komponist, Dirigent, Violinist; Rosenstr 7, D-67150 Niederkirchen, PF 18, D-67158 Ellerstadt, T: (0 63 26) 98 22 82, F: 98 22 82, *hanno.haag@t-online.de* [St Ingbert 21.2.1939]. **Ausb:** Stud MH u U Saarbrücken, München, Köln (Hauptfach V). **Laufb:** OrchMusiker bis 75, seither KamM (Mannheimer KamDuo), Dgt, Komp, Dir Tourneen Spanien u Frankfreich alljährl, Kanada 81, 85, 98, Finnland 90, 96, 03, Australien 91, 95, 98, KamM Kanada 81, Malta, Italien 83, Spanien 85, Türkei 88, Australien 89, Südafrika 2000. **Pr:** Komppr: Marl 71, Altleiningen 80, Verband Dt Freilichtbühnen 87, Roodepoort (Südafrika) 89, Mozartges Kurpfalz 91, Johann-Wenzel-Stamitz-Pr 95, Freie Akad d Künste Mannheim, 1. Pr Dt OrchWettb Gera m Capella Palatina 96. **Ens:** Mannheimer KamDuo, SalonQua Jalousie. **Mitgl:** dkv, DTKV, Pfitzner-Ges. – **Komp:** Streichqua, UA Mannheim 71; Konz f Pos u Streichorch, UA Mannheim 81; Nachtfahrt f tiefe Stimme u Streichorch, UA Mannheim 84; Cantica Sacra, 7 Altarbilder f gr sinfon Blasorch, UA Stuttgart 90; Konzertante Szenen f Tb u Streichorch (Konz), UA Mannheim 91; Je me souviens (Streichtrio f V, Va, Vcl), UA Mannheim 92; Die Spatzenplage (KamOp), UA Kaiserslautern 96; Son et couleur (KlTrio), UA Mannheim 2000; Franziskus (Orat), UA Otterberg 01. **UA:** zugeeignete Werke. **Zug:** H Heilmann: Hymnus 63; R R Klein: Fioretti 92, F Michael: Graffiti 96, F Werder: Sonate V 89, F Werder: Sinf The Mannheim Connection 87. **Sonst:** Grdg JugendsinfOrch Mannheim 77, Grdg Capella Palatina 89.

Haag, Ivo, Klavier; Klavierduo Adrienne Soós & Ivo Haag, Aeschenthürlistr 11, CH-6030 Ebikon, T: 04 14 40 84 17, 0 76–3 70 84 17, F: 04 14 40 84 17, *haag-soos@klavierduo.ch*; *www.klavierduo.ch* [Baar, Zug 19.1.1962]. Klavierduo **Ausb:** Stud Kl, Liedbegl (I Gage) MH Zürich, priv Studien b E Fischer;

Stud Kl (P Soymos), KamM (F Rados) Franz-Liszt-Akad Budapest. **Laufb:** Lucerne Fstv 97, 2000 u 02; Schubertiade Feldkirch 97, MTage Mondsee 97, Davos Fstv zuletzt 98; ZusArb m Camerata Bern, Südwestdt KamOrch Pforzheim, Luzerner SinfOrch, Litauisches KamOrch, Musikkollegium Winterthur ua. **Pr:** Stip Migros-Genossenschaftsbd; div Werkbeitr d Kt Zug, Gewinner Projektwettb d Schweiz Kulturstift Pro Helvetia. **Ens:** Klavierduo Adrienne Soós & Ivo Haag. – **Aufn/RF:** CDs: Debussy, Koechlin: 'Werke f Kl z vier Händen', KlDuo Adrienne Soós u I Haag; Schumann: 'Bilder aus Osten', 'Zwölf Klavierstücke', 'Ball-Szenen'; H Huber: Präludien u Fugen (op Nr.100); Werke v D Ammann, U Mäder, P Benary, R d'Alessandro u A Honegger; Mitschn: Lucerne Fstv Piano, DRS 2, 02; zahlr weitere Aufn u Mitschn. **UA:** D Ammann: 'regard sur les traditions'; D Glaus: 'Tastendes Leuchten'; L Tihanyi: 'Matrix'; P Benary: 'Bach-Variationen', U Mäder: 'stossen, schieben, ziehen – am Rand'; K Meyer: Impromptu multicolore op 92'; M Roth: 'DuElle'; L Laveglia: 'Muadib'; A Brenner: 'Schattenwürfe', F Schüeli: 'Riffs 2'.

Haag, Michael, Sänger; Kurfürstenstr 12, D-45138 Essen, T: (02 01) 3 19 98 69, F: 3 19 98 69, *haag.michael@t-online.de*; *www.theater-essen.de* [Trier 26.5.1966]. **Ausb:** Stud (I Pantea) Kons Luxemburg bis 96, Mstrks (D Evangelatos) MAkad Bonn, (I Pantea) Mozart-Akad Prag, (K Meier) Mozarteum Salzburg, (A Schmidt, R Piernay) Bach Akad Stuttgart, (P Schreier) MAkad Sion, priv Stud (T Adam). **Laufb:** Festeng Th St Gallen 97–99, freischaff Gast Mannheim, Münster, Düsseldorf, St Gallen, Luxemburg u b FSpProd 99–02, Festeng Aalto-Th Essen seit 02 (04/05). **Pr:** Prtr 'Concours p les jeunes Sol' Luxemburg, 'European Comp f Youth Prize' Antwerpen, 'MstrSWettb Nürnberg', 'Int GesWettb f Wagnerstimmen' Bayreuth/Saarbrücken, 'Concours Int d'Art Lyrque de Vivonne', Finalist ua b Int GesWettb 'Das Schubert-Lied' Wien. – **Aufn/RF:** wichtige RF-Aufn: F Schubert: Liederabend, Venedig 93; F Schubert: 'Prometheus', Köln 94; M Ravel: 'L'Heure espagnole' u I Strawinsky: 'Pulcinella Suite', m RTL-Orch Luxemburg, Dgt: L Hager, 94; J S Bach: 'h-moll-Messe' (Magnificat), Dgt: K Redel, Rom 94; R Wagner: 'Tristan u Isolde' (König Marke Monolog), m Nbger Symph, Dgt: W Gayler, Nbg, 97, R Wagner: 'Tristan u Isolde' (König Marke Monolog) u 'Die Meistersinger v Nbg' (Flieder-Monolog), m Saarländ Staatsorch, Dgt: S Köhler, Saarbrücken 2000; W A Mozart: 'Don Giovanni' (Leporello), Mozart-Fstv Cluj (Ro) 2000; L Berio: 'Canticum', Zürich 01; M Haydn: 'Requiem' (La Psalette de la Lorraine), m Les musiciens de Luxembourg, Dgt: P Cao, Luxemburg 02; CD-Aufn: C Starck: 'Litanei', m Trierer KonzChor, Kurpfälz KamOrch, Dgt: M May, 98; J Haydn: 'Missa solemnis', m Collegium cantorum St Gallen, Südwestdt Philh Konstanz, Dgt: M Schwarz, 02. **UA:** C Kerger: Op 'Rinderwahn', NatTh Mannheim 2000; M Derungs: 'Requiem', Zürich 02 (DRS-Aufn).

Haake, Hildebrand, Prof, Hochschullehrer; Am Wiesendamm 2, D-32549 Bad Oeynhausen, T: (0 57 31) 74 13 20 [Stadthagen 20.3.1960]. Chormusik a cappella, Chorsymphonik u Oratorien **Ausb:** Stud Chor- u EnsLtg (Prof W Wehnert) u Stud Ges (Prof G Faulstich) H f M u Th Hannover. **Laufb:** Prof (Chor-, Orchltg) H f KiM Herford, LBeauftr (Chorltg, KiM) H f M u Th Hannover, Eurotreff Wolfenbüttel 89, Festival f Europ Chormusik Passau 91, Westfälisches Musikfest (WDR) 93 u 03, künstl Ltg Herforder Chorfesttage 97, 2000 u 02. **Mitgl:** AMJ. – **Aufn/RF:** Vater Unser-Vertonungen, m Chor d Hochschule f KiM Herford, Dgt: H Haake 91; C Goudimel/J P Sweelinck: Kompositionen zum Genfer Psalter, Westfäl Kantorei, Dgt: H Haake 03; S D Sandstrøm: En ny himmel, Westfäl Kantorei, Dgt: H Haake, 03. **UA:** J H E Koch: Passion nach Lukas (f Orch, Soli, 2 Chöre) 01, m Mitgl d Nordwestdt Phil, Bläserens K Saretzki Bochum, Projektchor, Westfäl Kantorei, Dgt: H Haake 03.

Haarbeck, Hans-Joachim, Prof, Kantor, Hochschullehrer, Orgel; Ginsterweg 20, D-77887 Sasbachwalden, T: (0 78 41) 66 78 63. **Laufb:** Prof (Orgel) Staatl H f Musik Karlsruhe. (Red)

Haas, Bernhard, Prof, Hochschullehrer, Orgel; Steinbruchstr 52, D-70186 Stuttgart, T: (07 11) 46 44 84; Hochschule f Musik u Darst Kunst, Urbanstr 25, D-70182 Stuttgart. **Laufb:** Prof Staatl H f M u Darst Kunst Stuttgart. (Red)

Haas, Eva-Maria, Sängerin; c/o Stadttheater Pforzheim, Am Waisenhauspl 5, D-75172 Pforzheim. (Red)

Haas, Georg Friedrich, Komponist, Hochschullehrer; Univ f Musik u Darst Kunst, Brandhofgasse 21, A-8010 Graz, T: (03 16) 3 89 37 02 [Graz 16.8.1953]. **Ausb:** KompStud H f M u darst Kunst Graz ua b Ivan Eröd u Gösta Neuwirth, Kl (Doris Wolf) u Musikpäd 72–79, postgraduelles Stud b Friedrich Cerha H f M u darst Kunst Wien 81–83, Besuch d Darmstädter Ferienkurse 80, 88 u 90, Teilnahme am 'Stage d'Informatique Musicale pour compositeurs' am IRCAM Paris 91. **Laufb:** ao UProf U f Musik u Darst Kunst Graz. **Pr:** Stip d Salzburger FSp 92/93, Sandoz Pr 92, Förderungspr f Musik d Bundesmin f Wiss, Forschung u Kultur 95, Ernst Krenek-Prd Stadt Wien f d Kammerop 'Nacht' 98, Next Generation-Komponist b d Salzburger FSp 99, Stip d DAAD in Berlin 99/2000. – **Komp:** konzertante UA 'Nacht' (Kammerop in 24 Bildern) b d Bregenzer FSp 96, szen UA 'Nacht' b d Bregenzer FSp 98, VKonz 'Ausgewähltes Werk' b Int Rostrum of Composers 2000, composer-in-residence b Collegium Novum Zürich m d Aufführung mehrerer Werke, darunter Premiere '...aus freier Lust... verbunden' f Bassfl, Bassklar u 2 Schlgz 01, UA 'flow and friction' f Sechzehnteltonkl zu 4 Händen b Fstv 'Antasten' in Heilbronn 01, Dt EA v 'Torso u ...sodass ich's hernach mit einem Blick gleichsam wie ein schönes Bild... im Geist übersehe' im Konzerthaus Berlin m d Berliner Symphonikern unter Peter Hirsch, 'in vain' f 24 Instr, 1. Auff m Lichtkomp v Katja Krusche, Dgt Emilio Pomarico (Klangforum Wien) in Graz (musikprotokoll) u in Wien (Wien Modern) 01. **AuftrKomp:** 'Blumenstück', AuftrWerk d Stuttgarter Fstv Neue Musik Eclat UA 01, ' terrae fine' f V solo (Ernst Kovacic), AuftrWerk d Alban Berg Stift b d Klangspuren Schwaz/Tirol UA 01, ' tria ex uno' f V, Vcl, Fl, Klar, Kl, Schlgz in München, AuftrWerk d Münchener Biennale UA 02, 'In iij. Noct', 3. StrQua, AuftrWerk d Klangspuren Schwaz in Franzenfeste, Italien (Fstv Transart), UA 02, 'die Pferde u die Ratten u die Lerche' (Kammerop), AuftrWerk d Bregenzer FSp u NetzZeit Wien, m Sylvain Cambreling, Klangforum Wien UA 03, 'Natures mortes' f Orch u Akku im Auftr f Donaueschinger Musiktage, SWR SinfOrch Baden-Baden/Freiburg UA 03. (*)

Haas, Hans-Joachim, Prof, Dipl Ing, Hochschullehrer, Tonmeister; Robert Schumann Hochschule, Inst f Musik u Medien, Georg-Glock-Str 15, D-40474 Düsseldorf, T: (02 11) 4 91 82 70, F: 4 91 82 72, *hans-joachim.haas@musikundmedien.net* [Schwetzingen 1945]. **Ausb:** Stud (TonIng) FH u Robert-Schumann-H Düsseldorf. **Laufb:** TonIng ZDF Mainz, Ltg FB Ton u AbtLtg SWF Mainz, Prof (AufnLtg/E-M) u Dekan FB 2 98–2000 (Ev/kath KiM, MPäd, Ton u Bild) Robert-Schumann-H Düsseldorf, geschäftsführ Dir Inst f M u Medien.

Haas, Ingo de, Violine, Konzertmeister; c/o Frankfurter Museumsorchester, Untermainanlage 11, D-60311 Frankfurt. **Laufb:** Konzm Frankfurter Museumsorch. (Red)

Haas, Thomas, Violine; c/o Euler Quartett Basel, David Lauri, Benkenstr 21, CH-4054 Basel, T: 06 12 81 34 05, *info@euler-quartett.ch*. **Ens:** Euler Quartett Basel. (Red)

Haas, Ulrich, Tuba; Am Murbach 2, D-42799 Leichlingen, T: (0 21 75) 24 71, F: 8 84 93 37, *ulli-haas@melton-tuba-quartett.de*; *www.melton-tuba-quartett.de*. **Laufb:** Mitgl Duisburger Sinf. **Ens:** Melton Tuba Qua (mit H Triebener, M Hötzel, H Müller). (Red)

Haase, Erika, Prof, Hochschullehrerin, Klavier; Herderstr 13, D-64285 Darmstadt, T: (0 61 51) 66 32 46. **Laufb:** LBeauftr (Kl) H f M u Th Hannover. (Red)

Haase, Jürgen, Sänger; Staatsoperette, Pirnaer Landstr 131, D-01257 Dresden. **Laufb:** Sol Staatsoperette Dresden. (Red)

Habereder, Agnes, Sängerin; Kastanienweg 6, D-89555 Steinheim, T: 0 17 02 06 10 54, F: (0 73 29) 91 98 85 [Kelheim/Donau 2.4.1954]. 20. Jh, R Strauss, R Wagner, Wiener Schule **Ausb:** Stud Gesang (R Grumbach, E Werba) MH München 74–79, (M Tonelli) Florenz 79–83. **Laufb:** Mozartfest Augsburg 79, Bayr FSp 83–86, Semperop Dresden 83–88, Zürich 83–92, Wiener FestW 83 u 94, RAI Turin 88/90, Salzburger FSp 93, Biennale München 91 (Rihm: Dies); Semperop 85 (Zimmermann: Pax Questuosa); Maggio Musicale Fiorentino 80–84, Münchner OpernFSp 92. **Pr:** 1. Pr VDMK Berlin 76, Mozartwettb Würzburg 79. **Mitgl:** BDG, Tonkünstlerverband. – **Aufn/RF:** Pfitzner: 'Von dt Seele', Düsseldorfer Symph, Dgt: H Hollreiser 85. **UA:** F Schwenk: Brentano-Lieder 99; F Schwenk: Oppenheim-Lieder 01. **Zug:** K D Richter: Harlekinsträne (f Fl u Gesang); F Schwenk: Oppenheim-Lieder. **Sonst:** 'Gruppe 99' – ZusArb m d Komp F Schwenk, M Beckschäfer, P Wittrich, R Spring. **Lit:** The New Grove Dictionary of Opera.

Haberfeld, Susannah, Sängerin; Blumenweg 16, CH-8008 Zürich, T: 0 19 10 94 49, F: 0 19 10 34 50; c/o Stadttheater Bern, Nägeligasse 1, CH-3000 Bern 7. **Laufb:** Gastsol ensemb!e Th Biel/Bienne-Solothurn SpZ 00/01, Sol Stadtth Bern SpZ 04/05. (Red)

Habermann, Ingrid, Sopran; *kontakt@ingrid-habermann.at*; *www.ingrid-habermann.at*. **Laufb:** Sol Op Antwerpen 02–03, Op Reinsberg 05. (Red)

Hablitzel, Michael, Cello; c/o Pro Arte Stefan Dörpinghaus, Rosenweg 7, D-42499 Hückeswagen, T: (0 83 73) 86 71, 01 77–6 63 40 66, (0 21 92) 8 30 05, F: 93 18 81, *info@proarte-online.de*; *www.proarte-online.de*. **Ens:** Franz-Lehár-Ens. (Red)

Hablowetz, Silvia, Mezzosopran; Gartenstr 4, D-76133 Karlsruhe, T: (07 21) 9 57 65 19 [Arolsen]. **Ausb:** H f M Detmold, Mstrks b Helmut Kretschmar, Brigitte Fassbaender u Thomas Quasthoff. **Laufb:** Gastsol Th Bielefeld SpZ 00/01, Gastsol Theater Detmold, Münster, Hannover, Berlin u Wien, Sol Th Bielefeld, EnsMitgl Badisches Staatsth Karlsruhe seit SpZ 03/04. **Pr:** 1. Pr 'Jugend musiziert', 1. Pr Dt Gesangswettb VdMk Berlin. (Red)

Hackett, William, Sänger; Johannes-Filzer-Str 49, A-5020 Salzburg, T: (06 62) 62 86 13; c/o Salzburger Landestheater, Schwarzstr 22, A-5020 Salzburg. **Laufb:** Sol Landesth u Kammerspiele Salzburg. (Red)

Hackhausen, Guido, Sänger (Tenor); Spiegelstr 15, D-08056 Zwickau, T: (01 79) 1 12 99 34, *guido.hackhausen@planet-interkom.de* [Wuppertal 17.10.1971]. **Ausb:** Stud Ges, MTh (R Goldberg) H f M 'Hanns Eisler' Berlin 94–01, Stud (MWiss, ThWiss) FU Berlin 93–2000, Unterr b M Fischer-Kupfer seit 02. **Laufb:** Sol (lyr Tenor, jugendl Heldenten) Mittelsächs Th Freiberg 01–03; Th Plauen-Zwickau seit 03/04.

Hackl, Karlheinz, Prof, Sänger; c/o Burgtheater, Dr-Karl-Lueger-Ring 2, A-1014 Wien; c/o Volksoper Wien, Währinger Str 78, A-1090 Wien, T: (01) 51 44 40, F: 5 14 44 32 15, *office@volksoper.at*. **Laufb:** Sol Volksop Wien seit SpZ 03/04. (Red)

Hackl, Werner, Prof, Komponist; Durchlaufstr 5/33, A-1200 Wien, T: (01) 3 33 81 88, F: 3 33 81 88, *hackl@music.at*. moderne Musik **Laufb:** Mitgl TonkünstlerOrch, Prof MUni Wien. **Mitgl:** Präs Österr Ges f zeitgen M (ÖGZM). (Red)

Hackner, Dominik, Komponist; Markt 5, D-53489 Sinzig, T: (0 26 42) 4 65 23; c/o Musikverlag Vogt & Fritz, Inh Elke Tober-Vogt, Friedrich-Stein-Str 10, D-97421 Schweinfurt, T: (0 97 21) 2 01 90 10, F: 2 01 90 15, *vogtfritz@t-online.de* [Bad Neuenahr 1968]. **Laufb:** Ltg Bayer Landeszupforch 01, Dgt Mülheimer Zupforch 02. **Ens:** Zupforch Heimersheim. – **Komp:** Sketchbook, Tanz-Suite op. 57 für Zupforch. (Red)

Haddock, Marcus, Tenor; c/o Columbia Artists Management GmbH, Till Janczukowicz, Albrechtstr 18, D-10117 Berlin, T: (0 30) 20 64 80 78, F:

20 45 34 80, *info@cami.com*; c/o Bayerische Staatsoper, Brieffach, D-80075 München, T: (0 89) 21 85 01, F: 21 85 11 33, *info@st-oper.bayern.de*; *www.cami.com, www.marcushaddock.com*. **Laufb:** Eng Th Aachen 88, Sol Op Bonn 92, Bühnen d Stadt Köln, Met Op, Los Angeles Op, Op de Monte-Carlo 02/03, Dallas Op 03/04, Gastsol Bayer Staatsop München 05/06. (Red)

Hadelich, Augustin, Komponist, Geiger, Pianist; c/o Concertino Agentur, Nerotal 24, D-65193 Wiesbaden, T: (06 11) 1 80 56 56, F: 1 80 56 57; Loc Sorgbugnano 23, I-56046 Riparbella, T: 05 86 69 90 19, F: 05 86 69 69 35 [Cecina, Italien 14.4.1984]. **Laufb:** Wunderkindkarriere seit 7.Lebensjahr, Geiger, Komp u Pianist seit 10.Lebensjahr. **Pr:** Pr d'Espoir Menuhin 95, Regio-Förderpr Basel 97. – **Komp:** Thema m Variationen aus 1001 Nacht (V solo), UA Livorno 96.

Hader, Widmar, Komponist; Siegensteinstr 2, D-93057 Regensburg, T: (09 41) 6 74 33, F: 6 74 33 [Elbogen/Eger 22.6.1941]. **Ausb:** Stud Mozarteum Salzburg 60–61, MH Stuttgart 61–65, U München 65–67. **Laufb:** Komp, Musikerz, Chor- u Orchlt Stuttgart 68–90, externer L (Tonsatz, Gehörbildung) KiMSchule Rottenburg, Dir Sudetendt Musikinst Regensburg seit 90. **Pr:** Förderpr d Johann-Wenzel-Stamitz-Pr 75, Südmähr Kulturpr 88, Großer Sudetendt Kulturpr 96, Nordgaupr 02. **Mitgl:** Vizepräs Sudetendt Akad d Wiss u Künste. – **Komp:** Fragen (Org) 72; nomoi (OrchW) 73, UA Stuttgart 74; Zeit d Sanduhren (Liederzyklus) 76, UA Denkendorf 76; Divertimento (Konz) 77, UA Stuttgart 77; Passacaglia ex E (Kl) 81, UA Baden-Baden 82; Cantus traductus (Konz) 83, UA Stuttgart 85; Jan Hus (Op) 99; Ein Lied vom Menschen (Ballett) 85, UA Washington DC 85; Das Licht der Lichter (ChorW), UA Mähr Weißkirchen, Hranice 02; Des Schöpfers Ruh (ChorW), UA Kirchheim/Teck 03; Lebensläufe (OrchLieder), UA Regensburg 04; Stifter-Gesänge (Liederzyklus), UA Ottobeuren 05. **Lit:** K-P Koch: Art Widmar Hader, in: Lex zur Dt Musikkultur Böhmen Mähren Sudetenschlesien, 2000.

Haderer, Emil, Posaune; c/o NRD Radiophilharmonie, Rudolf-von-Bennigsen-Ufer 22, D-30169 Hannover. **Laufb:** Sol NDR RadioPhilh Hannover. (Red)

Hadley, Jerry, Sänger; c/o George M Martynuk Inc, 64 East 94th Street, New York, NY 10128, U.S.A., *georgemartynuk@msn.com*. **Laufb:** Sol Hamburg Staatsop, Bühnen d Stadt Köln, Dt Symph Berlin 05 (Bernstein: 'Candide'), Opera Bastille Paris u Madrid 05 (Janacek: 'Aus einem Totenhaus'). (Red)

Hadorn, Verena, Flöte (Querflöte); Brunnwiesenstr 37, CH-8049 Zürich, T: 0 13 41 21 26, 07 96 26 93 45, F: 0 13 41 21 36, *verenahadorn@verenahadorn.ch*; *www.verenahadorn.ch* [Worb, Schweiz]. KamM **Ausb:** Stud Basel (b U Lehmann u R Meylan) u Paris (b M Debost), Mstrkse b J Galway u A Nicolet. **Laufb:** freischaff Flötistin, wechselnde Ens, Konz in Dtschld, Österreich, Frankreich, Italien, England. **Ens:** ua Orch Philh Suisse, KamOrch Kobelt, Consortium musicum. (Red)

Häberli, Mariann, Prof, Violine, Hochschullehrerin; General Guisan-Str 6, CH-4054 Basel, T: 06 13 01 24 09, 0 79–4 22 75 91, F: 06 13 01 24 09, *haeberli@solucion.ch, mariann.haeberli@doz.hmt.edu*; Hochschule f Musik u Theater, Florhofgasse 6, CH-8001 Zürich [Vevey]. **Ausb:** Stud MAkad Basel b B. Langbein, S. Zöldy, Juilliard School b I. Galamian 77 u 78, Indiana Univ Bloomington b J. Gingold 79. **Laufb:** 1. Konzm Dänisches RFOrch Kopenhagen 80–82, Grd Euler Qua 83, Doz (V, KamM) Kons Biel 87–92, Doz (V) MH Winterthur Zürich seit 89. **Ens:** Euler Qua Basel. (Red)

Haebler, Ingrid, Klavier; Golsweg 94, A-5412 St Jakob am Thurn, T: (02 21) 9 42 04 30, F: 94 20 43 19, *braun@angel.de*; *www.konzertbuero-braun.de*. Wiener Klassik, Mozart u Schubert **Ausb:** Stud i Wien u Salzburg b H Scholz sowie b N Magaloff u M Long. **Laufb:** Konz m allen gr Orch u Dgten d Welt, jährl Konzreisen n Japan. **Pr:** 1.Preis Int Schubert-Wettb Genf u b Münchener ARD-Wettb 54, zahlr int Schallplattenpr. (Red)

Haefeli, Walter, Violoncello; Dreibeinskreuzstr 19, CH-4500 Solothurn, T: 03 26 22 19 10 [20.11.1917]. (Red)

Haefely Sublet, Iris, Klavier; Schützengasse 71D, CH-2502 Biel, T: 03 23 41 98 28, *iris.haefely@freesurf.ch* [Solothurn 14.11.1965]. Neue Musik, KamM **Ausb:** Stud (Kl) MH Biel u Basel, Mstrkse (C Helffer, B Canino). **Laufb:** vorwiegend kamMusikal KonzTätigkeit (vorw Neue Musik), Lt künstl u päd Projekte Schweiz u Frankreich. **Ens:** Mitgl versch KamMEns. – **Aufn/RF:** div RF-Aufn. **UA:** div.

Haefliger, Daniel, Violoncello, Musikwissenschaftler; le Verger rue de la Gare 5, CH-1270 Trélex, T: 02 23 69 16 96. (Red)

Haefliger, Ernst, Tenor; Spina, CH-7277 Davos Glaris, T: 08 14 20 30 10; c/o Konzert-Direktion Hans Adler, Auguste-Viktoria-Str 64, D-14199 Berlin, T: (0 30) 8 95 99 20, F: 8 26 35 20, *info@musikadler.de*. **Laufb:** Dt Op Berlin 52–72. – **Sonst:** Die Kunst des Gesangs, Schott, Mainz 2000, Die Singstimme, Schott, Mainz 05. (Red)

Haefliger, Pius, Musikpädagoge, Dirigent, Komponist; Krauerhusmatte 1, CH-6206 Neuenkirch, T: 04 14 67 04 45, F: 04 14 67 04 45, *music@piushaefliger.ch*; *www.piushaefliger.ch, www.dirigieren.ch* [Sursee 28.1.1961]. **Ausb:** Stud (Klar) Kons Luzern, Stud Fl, Kl, Org u Sax, Stud Kontrapunkt (A Jenny) KiMAkad Luzern, Mstrks Dirig (E Schelle, R Schumacher) Freiburg iBr, Lugano u Amsterdam. **Laufb:** Ständ akkredit Zuzüger (Klar, Sax) Luzerner SinfOrch, Grd u Lt Ens Opus Novum Luzern 90–94, KonzTournee (Glasunow-SaxKonz) m Festival Strings Lucerne, Kapm Stadtth Sursee seit SpZ 01/02. **Pr:** 2maliger Förderpr Dirig STV, Komp-Werkjahr d Dienemann-Stift Luzern, 1. Pr Sarna-KompWettb (f 'Visions') 89, Prtr div KompWettb Schweiz, Ukraine, Griechenland. **Ens:** Grd u Lt Ens Opus Novum 90–94. – **Komp:** Suite f Brass Band 86; 'Visions' f symphon Blasorch 91; 'Divertimento' f Marimbaphon u KamEns 89; Pflichtstück Eidgenöss MFest Lugano 91; Finalstück im 'Olympia Int Comp Pr' Athen 91; 'Spiegelungen' f Kl solo 94; 'Consequenza' f Altsax 95; 'A Question and it's undesirable Answer' f Altsax 95; 'Bach-Tango' f KamOrch (kompon f d OrchVerein Reiden) 96; 'Cantus Nr 1' f StrOrch (kompon f d OrchVerein Reiden) 96; 'Oszillationen' f Klar, Kl u Schlgz 96; 'Recitativo, Aria & Danza' f Git u StrOrch 97; 'Nahe – Näher' Raummusik f 10 Soloinstr u einen Dgt 97; 'The voice' f Stimme, Vibraphon, Kl u StrOrch (kompon f R Schneider Sikora) 98; 'Pizzango', Tango f StrOrch (kompon f d OrchVerein Reiden) 2000; 'Ultra Short Wave' f 2 Solokl, Blechbläserqui u Pauken (kompon f d Quinario-Brass-Qui Luzern) 02. **AuftrKomp:** Der offene Kreis (Klar u Kl) 86 (Auftr Migros-Matinée-Konz); Chicago Pictures (f symph Blasorch) 91 (Auftr MGes Emmen); Ikaros (f StrOrch, PiccoloFl, Ob (EnglHn), Klar, Fag u Hn) 92 (Auftr Armonia-KamOrch Luzern); Kaleidoskop (f gr symph BlasOrch) 94 (Auftr Int Festtage Uster); Nahe – Näher (RaumM f Sprecherin, V, Bassklar, Ob, Subkb, Querfl, Kl u 4 Schlgz) 97 (Auftr Emmer Kulturdach); 'Da waren's nur noch zwölf' (f Brass-Qua u Marimbaphon) 99 (Auftr Berner Kantonale MKommission). **Sonst:** Grdg u Ltg 'Ens Opus Novum' Luzern 90–94.

Häfner, Michael (Pseud: BICK), Sänger, Percussionist, Schauspieler; Theodolindenpl 4, D-81545 München, T: (0 89) 64 50 79, F: 64 50 79, *michaelhaefner@hotmail.com*; c/o Staatstheater am Gärtnerplatz, PF 140569, D-80455 München; *www.wawanco.de* [München 14.10.1959]. Musical, Afro-Brasil-Cuba Perc, FstvManagement, Ausbildung **Ausb:** Stud Schausp (A Wunsch-König) Neue Münchner Schauspielschule 82–85, Stud (F Silla) Int School of Percussion München 83–86. **Laufb:** Sol Landesth Coburg 87–92, Stadtth Ingolstadt 93, Staatsth am Gärtnerpl München 95–02, EXPO 93 Korea-Tour m Dudu Tucci Band, L the-latin-groove-school. **Ens:** Orquesta Wawanco, Quizumba, latin lover, HIAS. **Mitgl:** GDBA. – **Aufn/RF:** CDs: Latin Lover m O Belmonte, Percussiontools auf Fiesta Latina, Quizumba, Wawanco, Back-BeatRiders. **UA:** Balett Junge Choreographen Muffathalle München. **Sonst:** Initiator d Sambafstv Coburg 82, Festivaldir bis 96, Initiator Sambafstv Weil/Rhein 2000, Dir seit 01. **Lit:** Porträt im Bayer Fernsehen (C Reiber), Dipl-Arb (Univ Coburg).

Häger, Klaus, Prof, Hochschullehrer, Bariton; Hochschule f Musik u Theater, Beim St-Katharinenstift 8, D-18005 Rostock; c/o Artists Management Hartmut Haase, Aalgrund 8, D-31275 Lehrte, T: (0 51 75) 95 32 32, F: 95 32 33, *artists@t-online.de* [Wuppertal 1965]. **Laufb:** Sol Dt Staatsop Berlin, Kom Op Berlin, Staatsop Hamburg SpZ 04/05, Prof (Ges) HMT Rostock 04. (Red)

Haeger, Martina, Sängerin; c/o Staatsoperette Dresden, Pirnaer Landstr 131, D-01257 Dresden, T: (03 51) 2 03 48 00. **Laufb:** Sol Staatsoptte Dresden. (Red)

Häggander, Mari Anne, Sopran; c/o Kungliga Operan, Box 16094, S-10322 Stockholm; *www.operan.se*. **Ausb:** HfM Göteborg. **Laufb:** Sol Op Bonn, Op Hamburg, Op Frankfurt, Op Bayreuth, Op München. (*)

Hämäläinen, Jari, Generalmusikdirektor; c/o Stadttheater Pforzheim, Am Waisenhauspl 5, D-75172 Pforzheim, T: (0 72 31) 39 27 19 [Helsinki, Finnland 1963]. **Ausb:** Sibelius Akad Helsinki (Kl, Ges, Dirig), Examen als KonzPianist 87. **Laufb:** Ass d GMD Finn Nationalop Helsinki u Dgt Op FSp Savonlinna 85–90, Chordir u Kapm Staatsth Braunschweig 92, Eng Hildesheim 90, GMD Stadtth u Städt Orch Pforzheim seit SpZ 97/98. (Red)

Haemhouts, Ben, Posaune; c/o Bamberger Symphoniker, Mußstr 1, D-96047 Bamberg, PF 110146, D-96029 Bamberg. **Laufb:** Sol Bamberger Symph. (Red)

Hämmerli, Jürg, Chordirektor; c/o Opernhaus Zürich, Falkenstr 1, CH-8008 Zürich, T: 0 12 68 64 00; *www.opernhaus.ch*. **Laufb:** Chordir Op Zürich. (Red)

Haenchen, Hartmut, Prof, Dirigent, Intendant; Malerstr 28, D-01326 Dresden, T: +31 (0 20) 6 64 20 87, F: 6 75 23 43, (03 51) 2 66 68 50, *hartm@haenchen.net*; Chopinstraat 31, Niederlande-1077 GM Amsterdam; *www.haenchen.net* [Dresden 21.3.1943]. Oper, Sinfonik, Chorsinfonik, Kammerorchester **Ausb:** Stud (Dirig, Ges) MH Dresden 60–66, Stud Kons Leningrad 67, Hosp (H v Karajan, P Boulez) 70–76. **Laufb:** Mitgl Dresdner Kreuzchor 53–58, Dgt R F, Singakad u Philh Halle 66–71, Kapm Th Zwickau 71–72, Dgt Dresdner Philh 72–76, Gastdgt Staatsop u Staatskap Dresden 75–86, Gastdgt Staatsop Berlin 71–97, GMD Staatsth Schwerin 76–80, Künstl Lt KamOrch Carl Philipp Emanuel Bach Berlin seit 80, Gastdgt Kom Op Berlin 81–98, Chefdgt Niederl Philh u Niederl KamOrch 86–2002, GMD Niederländ Op 86–99, Gastdgt Royal Op House Covent Garden 90–94, Intend Dresdner MFSp 02–08, Tourneen Europa, Asien, Amerika, Kanada. **Pr:** Kunstpr d DDR, 1. Pr C M v Weber, Händelpr, Dt Schallplattenpr, Pr d Dt Schallplattenkritik, Akad d Künste Sachsen, Ehrenbürger Amsterdam, Ritter im Orden d Niederländ Löwen. – **Aufn/RF:** über 100 CDs. **UA:** über 50 UA. **Zug:** I Petric: Dresdner Konz. **Sonst:** 14 Bücher; Gustav Mahler – Fiktive Briefe 99–02; Von der Unvereinbarkeit v Macht u Liebe – Wagners ‚Ring' 99. **Lit:** ua B van Putten: Twijfel als Wapen, H Hover Muziek 96.

Hänggeli, Heinz, Hochschullehrer; Aeussere Hintergasse 10, CH-8353 Elgg, T: 05 23 64 37 01; Hochschule Musik u Tanz, Tössertobelstr 1, CH-8400 Winterthur [Basel 1938]. **Ausb:** Stud (Schlgz) MAkad Basel. **Laufb:** Mitgl Basler Orch-Ges, Th-Orch, Basler Kam-Orch 57–62, Sol StadtOrch Winterthur, Doz (Schlgz, Fachdidaktik) MH Winterthur Zürich seit 68. (Red)

Haenggli, Urs, Hochschullehrer; Werkstatt für Alte Musik, Seefeldstr 174, CH-8008 Zürich, *urs.haenggli@gmx.ch*; *www.werkstatt-alte-musik.ch* [Zürich]. Alte Musik, zeitgen Improvisation **Ausb:** LDipl Blockfl (M Weilenmann) HMT Zürich, (C Steinmann) KonzEx Schola Cantorum Basiliensis; weitere Studien z AuffPraxis b J B Christensen u MWiss Sem d Uni Basel, ChLt-Ausb 95–97. **Laufb:** ständ musikal Lt Barockorch 'Capella Concertante' 86–90, Mitinitiant u Organisator Int Tage f Neue Blockfl-M (Begegnung Schweiz-Osteuropa 93, Incontro Schweiz-Italien 97, Europa-Arab Welt 'Jadal' 02), LTätigkeit HMT Zürich. **Ens:** div Ens f Alte u Neue M: Ars Noviqua, ens diferencias, Trio III VII XII ua.

Hänni, Hannah E, Sängerin; Ring 13, CH-2502 Biel, T: 03 23 22 27 73. (Red)

Hänsch, Bernhard, Sänger; c/o Theater Altenburg-Gera, Küchengartenallee 2, D-07548 Gera. **Laufb:** Sol Th Altenburg-Gera. (Red)

Hänschke, Bernd, Komponist, Hochschullehrer; Andreasstr 73, D-47441 Moers, T: (0 28 41) 5 88 70, F: 50 75 14, *b.haenschke@t-online.de* [Duisburg 1948]. **Ausb:** Stud (SchulM) Staatl H f M Köln, Stud (Komp) b J Blume u H U Humpert, Stud (Komp) Mstrkl v Hans Werner Henze/Köln. **Laufb:** musikal Lt trio modern, Lt d Ens Neue Musik MH Dortmunder seit 2000. **Ens:** Grdg Henze-KamEns 89; Grdg EuHenzeNord m d dän Komp Mogens Christensen 98. (Red)

Häser, Frank, Bass; c/o Staatstheater Mainz, Gutenbergpl 7, D-55116 Mainz. (*)

Häßner, Heidrun, Sängerin (Mezzosopran); Fischerinsel 6/15.09, D-10179 Berlin, T: (0 30) 2 01 36 64, *haessner@debitel.net*; *home.debitel.net/user/haessner* [Berlin 3.5.1964]. Op, Optte, Musical, Konz **Ausb:** Stud (Gesang, Kl) MH Berlin 'Hanns Eisler' 80–85, Dipl 88–90. **Laufb:** Mitgl Kinderstudio Kom Op Berlin 72–78, OpHaus Chemnitz 85–88, Th Senftenberg 88–90, Kleist-Th Frankfurt/O 90–98; Gastsol: Th Lüneburg SpZ 98/99, KamOp Hamburg SpZ 99/2000, Landesth Detmold SpZ 00/01, Landesth Wittenberg SpZ 00/01; Konz ua Philh Berlin (Mozart, Requiem) 99, Frauenkirche Dresden (Bach, Magnifikat) 2000, Gastsol Landesbühnen Sachsen SpZ 03/04. **Ens:** 'societa chorale' Berlin seit 99. – **UA:** G Humel: Op 'Heinrich's Fieber' (Ulrike v Kleist), UA Kleist-Th Frankfurt/Oder 94; J Zulueta/J Romano: 'Ein Tango f Toulouse Lautrec' (Gräfin Adele), UA Landesth Detmold 2000.

Hässy, Günter, Komponist; An der Hülle 15, D-50259 Pulheim, T: (0 22 38) 5 65 43, F: 8 31 44; *www.edition-haessy.de* [Birkenfeld 15.1.1944]. **Ausb:** Stud (Schulmusik, Komp, Kapm) Köln, Studiendir. **Laufb:** Lt 'Junge Sinfonie Köln' seit 68. **Pr:** Förderpr d Theatergemeinden 81. – **Komp:** 'Der Kalif Storch' oder 'Die Prinzessin Lusa' op 111 (Märchenop) 59, UA Köln 90; Suite Bohemienne (Orchw) 78, UA Köln 78; Suite Granadina (Orchw) 81, UA Köln 81; Der Zwerg Nase (Jugendop) 81, UA Köln, Opernhaus Schosserei 81; Gallina op 122 (Ouvertüre) 93, UA Köln, Philharmonie 93, sowie weitere Opern, KamM, Str-Quart etc. (Red)

Häublein, Hans, Cello; Lugbank 6, D-96049 Bamberg, T: (09 51) 5 23 61; c/o Bamberger Symphoniker, Mußstr 1, D-96047 Bamberg. **Laufb:** Sol Staatsth Stuttgart, Sol Bamberger Symphoniker, Lehrbeauftr HfM Stuttgart 87. (Red)

Häusermann, Ruedi, Komponist; Kronenpl 8, CH-5600 Lenzburg, T: 06 28 91 62 36. (Red)

Häusler-Altinok, Inci, Prof, Hochschullehrerin, Klavier; Univ f Musik u Darst Kunst, Inst Ludwig van Beethoven, Rennweg 8, A-1030 Wien, *haeusler-altinok@mdw.ac.at*. **Laufb:** UProf U f Musik u Darst Kunst Wien. (Red)

Häusler, Andreas, Hochschullehrer; An den Mühltannen 57, D-97080 Würzburg, T: (09 31) 9 28 90. **Laufb:** Doz (Korr) Hermann Zilcher Kons Würzburg u H f M Würzburg. (Red)

Haffner, Eszter, Prof, Hochschullehrer, Violine; Univ f Musik u Darst Kunst, Inst 12, Hauptpl 8, A-7432 Oberschützen, T: (03 61) 3 89 37 22, *eszter.haffner@kug.ac.at* [Budapest 1969]. **Ausb:** Stud Musikakad Budapest (A Kiss, F Rados u G Kurtág), U f Musik u Darst Kunst Wien (J Sivó u G Schulz) u i Utrecht (V Liebermann u P Hirschhorn). **Laufb:** Doz (V, KamM) U f Musik u Darst Kunst Wien seit 97, eigene Geigenklasse ebd seit 01, Uprof (V) Univ f Musik u Darst Kunst Graz seit 02. (Red)

Hagedorn, Elizabeth, Master of Music, Opernsängerin, Sopran; Gerhart-Hauptmann-Str 6, D-55124 Mainz, T: 0 17 28 26 62 92, *elhagedorn@aol.com*; c/o Staatstheater Mainz, Gutenbergpl 7, D-55116 Mainz [USA]. Oper, bes dt Oper **Ausb:** Stud BMuEd U of Wisconsin, Stud (Ges, Päd) MM U of Colorado. **Laufb:** Gastsol Staatsop Prag 92–93, Oldenburg Staatsth 99/2000, Sol Mainfranken Th Würzburg, Gastsol Staatsth Mainz 2000/01, Badisches Staatsth Karlsruhe 02/03, Dte Op am Rhein 03, Staatsth am Gärtnerplatz 03, Spoleto Fstv 03, Sol Staatsth Mainz 01–04. – **Aufn/RF:** Veerhof: 'Desiderata', UA MDR Leipzig, Dgt L Hager. **UA:** Wagendristel: 'Der Narr', UA Wien 94; Veerhof: 'Desiderata', UA Leipzig, m MDR-Orch.

Hagen-Di Ronza, Veronika, ao UProf, Viola; Lina 50, A-5201 Seekirchen, T: (0 62 19) 71 68; c/o Hagen Quartett, Künstlersekretariat Buchmann, Schachnerstr 27, A-1220 Wien, T: (01) 2 03 63 57, F: 2 04 37 50, *office@buchmann.at* [Salzburg 5.5.1963]. **Ausb:** Stud Va (H Zehetmair) Mozarteum Salzburg, KonzDipl, Stud Va (H Beyerle) H f M Hannover, KonzExamen. **Laufb:** Japan-Tournee m W Schulz (Fl) u N Yoshino (Hfe); Gastsol Salzburger FSp, Salzburger Mozartwoche, KamMFest Lockenhaus, Fstv Kuhmo, Luzerner Festwochen, Schubertiade Feldkirch, Edinburgh Fstv, Schleswig-Holstein MFstv; ao UProf Mozarteum Salzburg, Mstrkse Kons Paris u Madrid. **Pr:** Prtr Int Va-Wettb Budapest 84. **Ens:** Grdgsmitgl Hagen-Qua. – **Aufn/RF:** CDs: m Brahmsson, m P Gulda (Kl); Konzertante Sinf, m A Dumay (V) u Camerata Academica Salzburg; J Joachim: op 9 u op 11. **UA:** G Schedl: Violakonz; S Gubaidulina: Violakonz (dt EA); H Eder: Violakonz, J Eröd: 'Blumenstück'. **Zug:** H Schmidt: Viola Solo per Veronica.

Hagen, Christina, KS, Sängerin; Ringstr 52, D-22145 Hamburg, T: (0 40) 6 78 43 89; *www.christina-hagen.com* [Hamburg]. Oper **Ausb:** Priv Gesangsunterr (H Nadolowitsch) Berlin, Stud Gesang (N Pöld) Hamburger MH, Abschl KonzDipl, Ex (Gesangspäd), OpDipl, weiterbildende Gesangsstud in Mstrksen (ua S Jurinac), 'Int Gesangsstudio d Herbert v Karajan-Stift' (C Ludwig) Salzburg. **Laufb:** Eng Oldenburg Statsth, Dt Op a Rhein Düsseldorf-Duisburg 84, Walküre Bayreuther FSp 89, 90, 91, KamSängerin Düsseldorf 92, dramat Mezzosop freiberuflich seit 96, Gastsp ua Wiesbaden, Hannover, Köln, Stuttgart, Hamburg Staatsop, Berliner Staatsop, Münchner Nationalth, Bolschoi-Th Moskau, Teatro Municipal Santiago de Chile, Amsterdam.

Hagen, Clemens, ao Prof, Violoncello, Hochschullehrer; Joseph-Thorak-Str 20, A-5020 Salzburg-Aigen, T: (06 62) 62 90 62; Schrannengasse 10a, A-5020 Salzburg, T: (06 62) 6 19 80, F: 61 98 30 33, *clemens.hagen@moz.ac.at* [Salzburg 3.7.1966]. **Ausb:** Stud (Vcl) Mozarteum Salzburg, Kons Basel, Unterr b W Tachezi, H Schiff. **Laufb:** KamM m Hagen Qua, G Kremer, M Argerich, O Maisenberg, P Gulda, A Schiff, M Uchida; in Residenz b Jeunesse Musicale Wien SpZ 99/2000, Tournee d Radio Philh Hannover 04 (Wien, Budapest, Zagreb), Duorecitals m I Golan in Dtld, Amsterdam u Luxemburg 05, Gastsol Styriarte Graz, Konz ua m d Berliner Philh Orch, Wiener Symphonikern, Concertgebouw Orkest Amsterdam, Camerata Academica Salzburg, Chamber Orch of Europe 04, NHK-Orch Tokio, SWR SinfOrch Freiburg, Bremer Philharmonikern 05, Cleveland Orch 06, ZusArb m Dgt: C Abbado, N Harnoncourt, F Welser-Möst, S Cambreling, H Stein, I Metzmacher, D Harding, M Honeck; Prof (Vcl, KamM) Univ Mozarteum Salzburg seit 88, Mstrkl in Amerika u Japan. **Pr:** Spezialpr d Wiener Philharmoniker 83, Karl-Böhm-Pr. **Ens:** Hagen-Qua. – **Aufn/RF:** Beethoven: Sonaten, m P Gulda; Brahms: Konz f V u Vcl, m G Kremers, Dgt: N Harnoncourt; Beethoven Triple Konz m Zehetmayr u Ainard, Dgt: N Harnoncourt. **UA:** G E Haas: Cellokonz mit BR 04.

Hagen, Lukas Johannes, Prof, Hochschullehrer, Violine; Univ Mozarteum, Abt f Streich- u Zupfinstrumente, Zentrum im Berg, Fürbergstr 18–20, A-5020 Salzburg, T: (06 62) 61 98 53 29, F: 61 98 30 33, *lukas.hagen@moz.ac.at* [Salzburg]. **Ausb:** Stud V (H Zehetmair) H Mozarteum Salzburg bis 83, Unterr b G Kremer, Studien b N Harnoncourt u W Levin. **Laufb:** Konzm Chamber Orch of Europe, Gastsol KamMFest Lockenhaus, Salzburger Mozartwoche, Salzburger FSp, ZusArb ua m O Maisenberg, H Schiff, A Schiff, V Ashkenasy; UProf (V) U Mozarteum Salzburg seit 99. **Ens:** Hagen Qua seit 81, Serapion. (*)

Hagen, Reinhard, Sänger; Dorfstr 52, D-16835 Vielitz, T: (03 39 33) 7 28 83. **Laufb:** Sol Dt Op Berlin (bis SpZ 04/05), Hamburg Staatsop. (Red)

Hagen, Werner, Prof, Dirigent, Hochschullehrer; Hochschule f Musik u Theater, FB 3, Harvestehuder Weg 12, D-20148 Hamburg. **Laufb:** Dgt Forum d Hochschule f Musik u Th Hamburg, Prof (Partien-, Ensemblestudium, musikal Lt im szen Unterricht) H f M u Th Hamburg, Studienlt NDR-Chor Hamburg. (Red)

Hagen, Wolfgang, HonProf, Hochschullehrer, Posaune; Helmut-Käutner-Weg 10, D-13591 Berlin, T: (0 30) 3 66 83 93. **Laufb:** HonProf (Pos) H d Künste Berlin. (Red)

Hager, Leopold, Prof, Dirigent, Hochschullehrer; Univ f Musik u Darst Kunst, Inst f Musikleitung, Anton-von-Webern-Pl 1, A-1030 Wien, T: (01) 7 11 55 32 11, F: 7 11 55, *hager@mdw.ac.at*; c/o KünstlerSekretariat am Gasteig, Rosenheimer Str 52, D-81669 München, T: (0 89) 44 48 87 90, F: 4 48 95 22, *team@ks-gasteig.de*; *www.ks-gasteig.de/hager.htm* [Salzburg]. Komposition, Musiktheorie, Dirigentenausbildung **Ausb:** Stud (Dirig, Orgel, Kl, Cemb, Komp) H Mozarteum Salzburg. **Laufb:** Eng Mainz, Linz, Köln, GMD Freiburg/Br, Chefdgt Mozarteumorch Salzburg, musikal Dir RTL-SinfOrch Luxemburg bis 96, zahlr KonzReisen Europa u Amerika, Gast Staatsop Wien, Bayer Staatsop München, Covent Garden London, ZusArb ua m Wiener Philh, Wiener Symph, Staatskap Dresden, Gewandhausorch Leipzig, Concertgebouw Amsterdam, London Symph Orch, Accad di Santa Cecilia, Nat Symph Orch Washington, Tschech Philh, NDR SinfOrch Hamburg, English Chamber Orch, regelm Gast Met Op New York, ständ Dgt Wiener Staatsop, Op Comique Paris, Teatro Colon Buenos Aires, Lyric Op Chicago, San Diego Op 99, Gastdgt Münchner Philh, em Uprof (Dgt) U f Musik u Darst Kunst. – **Aufn/RF:** ua J S Bach: Brandenburg Konz Nr 2; J Brahms: Altrhapsodie; A Dvořák: Sinf Nr 6; Ch W Gluck: Orfeo ed Euridice, m Kaufmann, Popp, Lipovsek, Chor d BR, Münchner RF-Orch; G F Händel: Orgelkonz op 4; J Haydn: L'Anima del filosofo od Orfeo ed Euridice, m Donath, Greenberg, Swensen, Quasthoff, Chor u Orch d BR; A Honegger: Le Roi David, m Barbaux, Rappé, Fink, Arnold, Prieur, Chor u Orch d BR; F Mendelssohn-Bartholdy: Sinf Nr 3/Schweizer Sinf, m Engl Chamber Orch; Ders: Sinf Nr 4/Ein Sommernachtstraum, m Engl Chamber Orch; W A Mozart: alle KlKonz, JugendOp u KonzArien; F Smetana: Die Moldau; R Strauss: Rosenkavalier. (Red)

Hager, Margret, Prof, Hochschullehrerin; Gärtnerstr 13, D-12207 Berlin, T: (0 30) 6 71 88 83, F: 6 71 88 83; Univ d Künste, Fak Musik, Inst f Musikwiss, Musiktheorie, Komp u Musikübertragung, PF 120544, D-10595 Berlin. **Laufb:** Prof (MTheorie) H d Künste Berlin. (Red)

Hagge, Tobias, Bass; Komische Oper, Behrensstr 55–57, D-10117 Berlin [Husum]. **Ausb:** Stud (H. Reeh, H.-G. Priese) H f M Berlin. **Laufb:** Sol Komische Op Berlin 05/06. (Red)

Hagley, Alison, Sängerin; c/o Bayerische Staatsoper, Brieffach, D-80075 München. **Laufb:** Sol Bayer Staatsop München. (Red)

Hagner, Viviane, Violine; c/o Van Walsum Management Deutschland, PF 3409, D-30034 Hannover, T: (05 11) 3 66 07 23, F: 3 66 07 24, *hans@vanwalsum.com*; *www.vanwalsum.co.uk* [München]. **Laufb:** Konz als Sol m Israel Philh Orch, Berlin Philh Orch, Dt Symph Orch, Staatskap Berlin, RSO Berlin, Philh Orch Dresden ua. (Red)

Hahn, Barbara, Opernsängerin; Mainfrankentheater, Theaterstr 21, D-97070 Würzburg. Oper **Ausb:** Stud Ges (R Knoll) Mozartuem Salzburg 85–87, Stud b H-L Kuhse Berlin 89–94, M Singer Hannover 89, M Pinzow Saarbrücken 93, R Trimborn München 95, A Beckman Zürich 97, E Rissinger Würzburg 03. **Laufb:** Sol Stadtth Bielefeld 87–88, Op Freiburg 89–91, Op Frankfurt 'D ferne Klang' (Kellnerin/Milly), Dgt: G Albrecht, 91–93, Staatsth Saarbrücken 93–96, Op Leipzig 97–98, Stadtth Würzburg 01–04, Gastvertr: OpHaus Bologna 'Hoffmanns Erzählungen' (Niklaus) 87/88, Bregenzer FSp, NatTh Mannheim, OpHaus Zürich 'D Rosenkavalier' (Oktavian) 92, Alt-Partie Aventures/Nouvelles Aventures 97. – **Aufn/RF:** CD-Aufn 'D ferne Klang' u 'D Walküre' (Grimgerde), Dgt: R Chailly, Berlin 89; TV-Aufz Hoffmanns Erzählungen, Bregenzer FSp.

Hahn, Brigitte, Sopran; c/o Theateragentur Dr Germinal Hilbert, Maximilianstr 22, D-80539 München, T: (0 89) 2 90 74 70, F: 29 07 47 90; c/o Staatsoper Wien, Opernring 2, A-1010 Wien; *www.hilbert.de* [Duisburg]. **Ausb:** Robert Schumann H Düsseldorf. **Laufb:** ua: Ldesth Coburg, Ensmitgl NatTh Mannheim 94, ständ Gast Hamburg Staatsop seit SpZ 97/98, zahlr Gastengagements ua: Mozart: 'Die Zauberfl' (Pamina), 'Mitridate' (Ismene) Gran Th de Liceu Barcelona, Mozart: 'Zauberfl' (Königin d Nacht) Stuttgart, Hannover, Basel, Köln, Barcelona, Mannheim, Krasa: 'Die Verlobung im Traum' (Sina) Washington Op, 'Le Nozze di Figaro' (Contessa) Basel, NatOp Helsinki, Op Nat de Paris 99, Szymanowsky: 'Krol Roger' Nederlandse Op Amsterdam 2000/01, Meyerbeer: 'Robert le diable' (Alice) Dt Staatsop Berlin 2000/01, zahlr Konverpfl, ua: Brahms: 'Requiem' Strassbourg, Haydn: 'Schöpfung' ebd u Lissabon, Mahler: 'Achte Sinf' Konzhaus Stockholm, Alte Op Frankfurt, Halle, Leipzig, Mendelssohn: 'Lobgesang Sinf' Fstv Santander, Donizetti: 'Les exilés en Sibérie' (Elisabetta) Fstv Radio France, Montpellier, Konz Gewandhaus Leipzig, Bonn, Düsseldorf, Sol Sächs Staatsop Dresden (03/04), Staatsth am Gärtnerpl München, Sol Wiener Staatsop seit 99. (Red)

Hahn, Heidrun Maria, Sopran; Am Tann 4, D-75328 Schömberg, T: (0 70 84) 93 48 93, *MH994VS@aol.com*; *www.berliner-scala.de* [Mannheim 12.8.1963]. Oper, Konzert **Ausb:** Stud Ges (J Stämpfli) Bern, SolDipl 88, weitere Studien (E Schwarzkopf, G Simionato, N Orth, E Werba, P Schilhawsky, S Celibidache). **Laufb:** Staatsth Wiesbaden 88/89, Ophaus Graz 92–95, Op Chemnitz 95–97, Staatsop Prag 95–98, Konz in Europa, 03 Italientournee, SpZ 04/05 'Fidelio' in Kiew, Herbst 05 Ravels 'Shéhérazade' in Kiew u Wagner-Konz in Berlin. **Pr:** Stip Walter Kaminsky Stift München 88–92, 1. Pr GesAkad Wörgl 91. – **Aufn/RF:** Wagner: Wesendonk-Lieder, DRS Schweiz; Bach: Weihnachtsorat, Mainz, KonzHalle, z 80. Geb S Celibidache, ARD.

Hahn, Hilary, Violine; c/o IMG Artists, Carnegie Hall Tower, 152 West 57th Street, 5th Floor, New York, NY 10019, U.S.A., T: (01) 21 29 94 35 00, F: 21 29 94 35 50, *artistsny@imgartists.com*; *www.hilaryhahn.com* [Lexington, VA, USA]. **Ausb:** Stud Curtis Inst, parallel Stud Sprachen u Lit, Stud b J Laredo, KamMUnterr (F Galimir u G Graffman), 'Bachelor of Music' 99. **Laufb:** Gastsol SymphOrch BR München, Camerata Salzburg, Danish Nat Radio, RSO Frankfurt, Schweiz-Tournee m Züricher KamOrch. (Red)

Hahn, Ilse, Prof, Hochschullehrerin, Gesang; Pestalozzipl 12, D-01127 Dresden, T: (03 51) 8 48 99 31, F: 8 48 99 31; Hochschule f Musik, PF 120039, D-01001 Dresden [Leipzig]. **Ausb:** Stud (Kl, Ges) H f M Carl Maria v Weber Dresden. **Laufb:** Konz; LBeauftr H f M Carl Maria v Weber Dresden seit 70, Prof (Ges) ebd seit 87. (Red)

Hahn, Jürgen, Komponist, Trompete; Glatzer Str 5, D-10247 Berlin, T: (0 30) 44 73 76 36, 01 63–2 03 08 88, F: 44 73 76 36, *info@juergenhahn.com*; c/o Uetz Music, Voigtei 39, D-38820 Halberstadt, T: (0 39 41) 5 70 00 40, F: 57 00 41, *bruno.uetz@t-online.de*; *www.juergenhahn.com*. **Ausb:** Stud (Klass M) H f M Würzburg; Stud Jazz (Ph Harper, C Bridgewater, C Roditi) New York. **Ens:** Jürgen Hahn Qui. (Red)

Hahn, Jürgen, Sänger; c/o Junge Kammeroper Köln, Florastr 93, D-50733 Köln. (Red)

Hahn, Volker, Dr, Prof, Komponist, Hochschullehrer (em); Egon-Erwin-Kisch-Str 20, D-01067 Dresden, T: (03 51) 4 72 55 88, F: 4 72 55 88, *volker.hahn@tiscali.de* [Einsiedel b Chemnitz 15.6.1940]. OrchM, KamM, ChM **Ausb:** Stud KiMSchule Dresden, Stud Komp (M Weiss), Stud (MTheorie, Kl) MH Dresden 61–67, Mstrsch Komp (R Wagner-Régeny u J Cilenšek) Akad d Künste zu Berlin (Ost), Prom 86. **Laufb:** MPäd H f M Carl Maria v Weber Dresden seit 84, Prof (MTheorie, Methodik) seit 93, Komp 92–04, Präs-Mitgl Sächs Musikrat seit 94. **Mitgl:** DKV. – **Komp:** 'Pensieri notturni' ital Solokantate (Bar, Schlgz, Kl) 69, UA Berlin 70; Essay 'Heroische Landschaft' (Bar, Kl, Schlgz) 72, UA Dresden 73; Drei Tierfabeln 72, UA Berlin 74; KamKonz f Ob, Hf, Streicher 77, UA Schwerin 78; Concertino f Vcl u Streichorch 80, UA Dresden 81; KamKonz f Klar, Kl u Streicher 95, UA Dresden 95; Suite f Klar-Ens 98, UA Pretoria 98; 'Gespräche' f Orch 05, UA Greiz/Reichenbach 05, KlarQui 05, UA Dresden 05. **Zug:** H Flammer, J Herchet, W Krätschmar, G Schwarze, L Voigtländer: 5 Stücke f Fl (K Schulz) z 65. Geburtstag, UA Dresden 05.

Hahn, Werner, Sänger, Regisseur; Am Karweg 58a, D-58135 Hagen, T: (0 23 31) 40 51 87. **Laufb:** Sol u Reg Th Hagen. (Red)

Hahne, Dietrich, Prof, Komponist, Medienkünstler; FolkwangHochschule, Klemensborn 39, D-45239 Essen, T: (02 01) 4 90 31 70, *hahne@folkwang-hochschule.de*; *www.dietrich-hahne.de* [Bielefeld 10.6.1961]. **Ausb:** Stud (SchM, Kunst) U-GH Duisburg, Komp u Elektron Komp (W Hufschmidt, D Reith) Folkwang-H Essen, künstl Reifeprfg (Komp, elektron Komp), Medienkunst (ua W Nekes, P F Bringman, D Graf) KunstH f Medien Köln, Dipl (Audiovisuelle Medien im Bereich Medienkunst). **Laufb:** Grdgmitgl Ges Neue Musik Ruhr eV, künstl Lt Fstv EX MACHINA (m D Reith) 96 u 99, Lt d Forschungsgruppe Multimedia u Kunst d Wissenschaftsmin f d Land NRW (m D Reith), Prof FolkwangH (Komp) Essen 04, Landesmusikrat NRW seit 98. **Pr:** Folkwang-Pr f Komp, KompPr BdesHWettb, Postgraduiertenstip (2 Jahre) Folkwang-H Essen m Schwerpunkt Film u Musik, Stip Stift Kunst u Kultur NRW (2 Jahre), Vorbereitungsförderung d Filmstift NRW f interdisziplinäre Film- u Musikvorhaben (2 Jahre), 1. Pr KompWettb SinfOrch Villingen-Schwenningen, Stip European Film Music Composition Workshops. – **Komp:** Konz Nr 1 (V u Orch) 92/93; Zyklus I: 'Fourtunes' 92, UA Kassel, 'Seven up' 93, UA Köln 'Eleven' 94, UA Moskau 98; Zyklus II: 'Juno' (Orch) 94, UA Villingen-Schwenningen 95, 'Ianus' (Kl u Orch) 96/99, UA Baku 2000; Zyklus III: 'Ecoute' I–III: I 96, UA Bielefeld 97, II 97, III 97, UA Düsseldorf 97; Chthon (Erde) (zwei stereophon angeordnete, verstärkte Klanggruppen u elektron Bühnenbild) 98/99, UA Essen 99; Hymnus I; Hymnus II; Ptah (FarbRaum f 3 verstärkte Gruppen u computergeneriertes Licht) 2000–02; NUT (Kl-Trio, Soundtrack u Licht) 02; FOURMI–LION (Computeranimation d Aufführungssituation z gleichnamigen Stück im fünfstöckigen Kubus) 02; 'Auch Georgien liegt am Meer' (transmediale Bühne u choreographierter Raum f acht Tänzer) 03; Serenade, (Altfl (auch Bass-), V u Va) 04; OutOfTheCar (Ens, Video auf zwei Flächen, Soundtrack u Licht) 04/05; Moon.American.Floyd. (Video auf neun Flächen) 05; 'OneWeekFromNow' (Ens, Video auf drei Flächen, Soundtrack u Licht)05/06. **Sonst:** Grdg Ens ECOUTE (Ens d Ges f Neue Musik Ruhr eV).

Hahne, Dorothée, Komponistin; Am Schmidtgrund 4, D-50765 Köln, T: (02 21) 5 90 52 10; *www.dorotheehahne.de* [Bonn 1966]. instrument u elektron Musikstücke, Filmmusik, Lyrikvertonungen, Hörspielprojekte u Auftragskomp **Ausb:** Stud MH Köln u Düsseldorf (Trompete). **Ens:** Grd Renitent-Quartett. (Red)

Haiberg, Uwe-Martin, Prof, Hochschullehrer, Violine; Milinowskistr 14, D-14169 Berlin, T: (0 30) 8 01 89 48; Univ d Künste, Fak Musik, Inst f Künstl Ausbildung / Orchesterinstr u Dirigieren, PF 120544, D-10595 Berlin [1944]. **Laufb:** Konzm Göttinger Sinfoniker u seit 72 i NDR-Sinfonieorchester Hamburg, Prof (Vl) MusikH Lübeck 85 u U d Künste Berlin 91. **Ens:** Brahmsqua Hamburg. (Red)

Haider, Friedrich, Dirigent; c/o Theateragentur Dr Germinal Hilbert, Maximilianstr 22, D-80539 München, T: (0 89) 2 90 74 70, F: 29 07 47 90; c/o Bayerische Staatsoper, Brieffach, D-80075 München; *www.corradodeinnocentiis.com/FriedrichHaider.htm*, *www.hilbert.de*. **Laufb:** Dgt Hamburg Staatsop, Bayer Staatsoper, Op Köln, Wiener Staatsop SpZ 04/05, Semperop Dresden SpZ 04/05. (Red)

Haider, Ulrich, Horn; c/o Münchner Philharmoniker, Kellerstr 4, D-81667 München. **Laufb:** stv Sol Münchner Philh. (Red)

Haidmayer, Karl, Dr, Prof, Komponist, Klavier; Heinrichstr 16, A-8010 Graz, T: (03 16) 32 70 85, 06 64–2 14 22 19, F: 32 70 85, *karl.haidmayer@a1.met* [Hollabrunn, Niederösterreich 1.5.1927]. Orch- u KamM, Soli, SakralM, Orat, FilmM **Ausb:** Kons Graz, Univ Graz, Ks b H Federhofer (Mainz), J Marx (Wien), W Bloch (Graz). **Laufb:** Kl-Tourneen durch Europa, Afrika u Asien, Auff in Nord- u Südamerika, Asien, Afrika, Japan, Israel u Island; Prof MH Graz, Univ Wien, Kons d Stadt Wien. **Pr:** ua Österreich-Ehrenkreuz f Wiss u Kunst, Gr u Gr Goldenes Ehrenkreuz Steiermark, Goldenes Ehrenkreuz Graz, Titel 'Sir' u 'Chevalier Commander' London, Goldene Med Bulgarien, Goldenes EZ Blasmusikerverb, d Gemeinde Lassing, Niederösterreichischer Kulturpr, St Lukasakad Antwerpen, Lukasgilde, 1. Pr MProtokoll. **Mitgl:** Ehrenpräsident Steirischer Tonkünstlerbund (STB), Dombrowski-Kuratorium, Künstlergilde St Lukas Antwerpen, Kunstverein 'Werkbund' Graz; Mitgl OKB, Schlaraffia Grazia, Loge ZdVH, Royal Arch u Ritus 30°. – **Komp:** 16 gr Symph, Orat usw. **AuftrKomp:** 14. Sinf (Auftr Gemeinde Lassing), 15. Sinf (Auftr Gemeinde Gratkorn), Lao-Tse-Sprüche (Auftr Land Steiermark), 11. Sinf (Auftr KompVerb Sofia), 1. KlKonz (Auftr Stadtgemeinde Innsbruck), 12. Sinf, 'De ilnes ortam' u 'Le Porello' (Auftr Österreichischer BlasMVerb, W Suppan), Kant 'Nacht u Licht' (Auftr Wiener MännergesVerein, G Track), 'Symbiose IV' MProtokoll (Auftr P Vujica). **Aufn/RF:** zahlr Schallplatten u CDs, 40 Filmmusiken f ORF, RTV, 3sat, SWR, BBC, NBC, KOL; 2. StrQua (Leipziger Gewandhaus-Qua); 8. Symph (P Schrottner u M Letonja); 15. u 16. Symph u 3. Orat (K Pöschl); Palmström-Lieder (M Lipovsek), 1. Symph m Orch de la Suisse Romande in Genf, Dgt E Appia; 4. Sinfonietta in Manchester/Crest New York, Dgt H Meister. **UA:** ua 16 Sinf in Österreich, Schweiz, Dtld, Ungarn, Kroatien, Nord- u Südamerika, Nord-, Süd- u Westafrika, Israel, Island, England, Rumänien, Bulgarien, Pakistan, Armenien, Afghanistan, Thailand, Litauen. **Lit:** M Dunst, Ch Neunteufel u V Pacl: DiplArb über KIM v K H; K Pöschl: Diss über Sinf v K H; H Platzer: Kunstbd über d Gesamtwerk v K H; Niederösterreichisches Tonkünstlerlex, H Riemann: MLex; G Kraus: M aus Österreich; H Goertz: MHb; Die Steirische Hymne, Neufssg im 'Gurgführer'; FS v E Brixel, W Suppan, O Hafner, G Gruber; Österreichische Komp v Österreichischen MRat Basel, Kassel; R List u W Szmolyan, G Ziesel u L Theiner in 'MSlg d Österreichischen NatBibliothek'.

Hainzl, Erik, Prof, Hochschullehrer; Gföhler Str 34, A-3552 Lengenfeld, T: (0 27 19) 87 31, *Erik.Hainzl@gmx.at*; Tonkünstler-Orchester, Franz-Schubert-Pl 2, A-3109 St Pölten, T: (0 27 42) 90 80 70, F: 90 80 71. **Laufb:** GastProf (Pos, KamM) U f Musik u Darst Kunst Graz 96–02, Posaune Tonkünstler-Orch St. Pölten. **Ens:** Wiener Posaunenqua. (Red)

Haitink, Bernard, Dirigent [Amsterdam 1929]. **Ausb:** Stud Dirig (F Hupka, F Leitner). **Laufb:** Radio Filharmonisch Orkest 57, ChefDgt Royal Concertgebouw Orch Amsterdam 63–88, Ehrendgt ebd 99, ChefDgt London Philh Orch 67–79, MD Glyndebourne Opera 78–88, MD European Union Youth Orch 94–99, Principal Guest Conductor Boston Symph Orch seit 95, Ehrendgt ebd 04, MD Royal Op House Covent Garden 88–02, ChefDgt Sächs Staatskap Dresden 02–04, Gastdgt Berliner Philh, Wiener Philh, Staatskap Dresden, London Philh Orch, London Symph Orch, Salzburger FSp, BBC Proms, Fstv Luzern, BR-SymphOrch. **Pr:** KBE 77, Erasmus Pr 91, Grammy Award 04, Bruckner-Med d Ges d MFreunde Wien 04. – **Aufn/RF:** CDs ua: R Wagner, Tannhäuser 85; R

Strauss: Daphne 88; Ders: Der Rosenkavalier 91; B Bartók: Herzog Blaibarts Burg 96; W A Mozart: Die Zauberflöte 97 u 01; Ders: Don Giovanni 98; R Wagner: Der Ring d Nibelungen 2000; R Vaughn Williams: Sinf Nr 8 u 9 01. (Red)

Hajdu, Georg, Prof, Dipl-Biologe, MA, PhD, Komponist, Computermusiker; Tornquiststr 8, D-20259 Hamburg, T: (0 40) 23 51 76 10, 0 17 27 87 42 14, F: 4 28 48 20 30; Hochschule f Musik u Theater, Harvestehuder Weg 12, D-20148 Hamburg, *hajdu@musikhochschule-hamburg.de*; *www.georghajdu.de* [Göttingen 21.6.1960]. multimediale Komposition **Ausb:** Stud Komp u Theor (G. Kröll) Rhein Musikschule Köln, Dipl (Molekularbiologie) U Köln 85, Stud (J.Fritsch, K.Meyer, C.Barlow. G. Ligeti) MH Köln, Graduiertenprogr Komp (D. Wessel, A.Imbrie, J.Liderman) UC Berkeley 90. **Laufb:** Teilnahme stage d'informatique f Komponisten (IRCAM) 93, Gastdoz Bartók Festival Szombathely 94, Visiting Composer Karlsruher Zentrum f Kunst u Medientechnologie 95/96, Doz (Musiktheor u Medien) H f Musik Detmold Abt Münster, Gastdoz Musikakad Tiflis, Georgien 99, Visit Composer U of California, Berkeley 01, Prof (Multimediale Komp) H f M u Th Hamburg 02, Prof Int Bartók-Sem Szombathely, Ungarn 03. **Pr:** IBM-Pr d Ensemble Modern 90, DAAD-Stip 90–92, DeLorenzo-Pr UC Berkeley 92, Provost Forschungs-Stift-Pr UC Berkeley 93, Pr f algorithm Komp Callejón del Ruido Guanajuato (Mexico) 95, Synth Wettb Pr d Neuen Akad Braunschweig 96. **Ens:** Ens WireWorks. **Mitgl:** Dt Gesellschaft f elektroakust M, KGNM. – **Komp:** ua: LogaRhythmen (Kl) 83, Heptadecatonic Drops (f 2 automat Kl) 89, Klangmoraste (Orch) 90, Riots (Trio), Fingerprints (Kl) 93, Der Sprung (Op) 94–98, UA Münster 99, Sleeplessness (Fl u Elektr) 97, Exit (V u Elektr) 01, Story Teller (Schlgz u elektr Medien) 02. **Sonst:** Grdg Ens 'Wireworks' 96, Realisation d Internet-Performance-Environments 'quintet.net' ua f Münchner Biennale 02. **Lit:** E Hüppe: Fragmentar Überlegungen zu G Hs 'Der Sprung', MusikTexte 81/82 (99).

Hajek, Aurelia, Sängerin; c/o Komische Oper, Behrenstr 55–57, D-10117 Berlin [Stuttgart]. Konzert, Lied,Oper **Ausb:** Stud Ges (Schramm, Gsell) H d K Berlin, priv GesStud (C Castellani) Mailand, (Prof h Dressler) Berlin; Mstrkse b A Reimann 83–87, E Schwarzkopf, D Fischer-Dieskau. **Laufb:** Gastsol Berliner KamOp 89/90, Op Leipzig 90–95 u 99/2000, Staatsth Meiningen 91/92 u 94–96, Staatsth Mainz 92/93, Städt Bühnen Regensburg 94/95, Bühnen der Hansestadt Lübeck 2000/01, Sol Kom Op Berlin SpZ 01/05, Gastsol Landesth Detmold 00/01, Th Erfurt 02/03.

Hajek, Horst, Prof, Hochschullehrer, Klarinette; Univ f Musik u Darst Kunst, Leonard Bernstein Inst f Blas- u Schlaginstrumente, Seilerstätte 26, A-1010 Wien, T: (01) 7 11 55 24 01, F: 7 11 55 24 99. **Laufb:** o UProf (Klar) U f Musik u Darst Kunst Wien. (Red)

Hajossyova, Magdalena, KS, Sängerin, Hochschullehrerin; Kremmener Str 2, D-10435 Berlin, T: (0 30) 2 79 41 36. **Laufb:** LBeauftr (Gesang) H f Musik Hanns Eisler Berlin, Sol Dt Staatsop Berlin SpZ 01/05. (Red)

Hakala, Tommi, Bariton; c/o ALLEGRO artist management, Rosenstr 2, D-10178 Berlin, T: (0 30) 2 43 10 21 66, F: 2 43 10 25 94 [Riihimäki]. **Ausb:** Stud Ges (E Ruuttunen, J Ryhänen) Sibelius-Akad Helsinki bis 98, Stud Ges (R Hermann) MH Karlsruhe, Mstrkse b M Tatlow, P Berne, F Leroux. **Laufb:** Gastsol Finn Nationalop Helsinki, Sol Städtische Bühnen Nürnberg 98–01, Sächs Staatsop Dresden seit 01/02, Op Leipzig seit 01, Gastsol Bayer Staatsop, Aalto Th Essen, Opéra de Montpellier 04, Opéra du Rhin Strasbourg 04/05, Met New York 06, Savonlinna OpFSp 04, zahlreiche Konz im In- u Ausland, ua Gewandhaus Leipzig 03. **Pr:** Stip Matti Salminen Stift 97, IHK-Theaterpr 99, Stip Richard Wagner Stift Bayreuth 2000, 1. Pr Merikanto GesWettb 01, Int GesWettb Ausz 'Singer of the World' Cardiff 03. (*)

Halasz, Franz, Prof, Hochschullehrer, Gitarre; Hochschule f Musik Nürnberg-Augsburg, Abt. Augsburg, Maximilianstr 59, D-86150 Augsburg, T: (0 80 24) 44 14. **Laufb:** Prof (Git) H f Musik Nürnberg-Augsburg, Abt Augsburg. (Red)

Halasz, Judith, Sopran; c/o Wiener Kammeroper, Fleischmarkt 24, A-1010 Wien [Hamburg]. **Ausb:** Kons Wien. **Laufb:** Eng Wiener Staatsop, Wiener Kammerop, Stadttheater St. Pölten, Op Leipzig, Herbsttage Blindenmarkt. (Red)

Halász, Michael, Dirigent, Fagott; Marchettigasse 14/2/10, A-1060 Wien, T: (01) 5 95 39 36, F: 5 95 41 36, *halasz@chello.at* [Klausenburg 21.5.1938]. **Ausb:** Stuf MH Liszt Ferenc Budapest 55–56, Kon Zürich 57, MAkad Wien 57–60, Stud (Dirig) Folkwang-H Essen 65–68. **Laufb:** SolFag Philh Hungarica 57–65, Doz (Fag) Folkwang-H Essen 65–72, Kapm GärtnerplTh München 72–75, Frankfurter Op 75–77, Hamburg Staatsop 77–78, GMD Hagen 78–91, Dgt Wiener Staatsop seit 91. **Pr:** 1. Pr Genfer MWettb m Bläserqui d Philh Hungarica 62.

Halbartschlager, Alfred, Prof, Hochschullehrer, Orgel; Reisnerstr 30/8, A-1030 Wien, T: (01) 7 13 04 73, *halbartschlager@aon.at*; U f Musik u Darst Kunst, Inst Anton Bruckner, Anton-von-Webern-Pl 1, A-1030 Wien, T: (01) 7 11 55 48 01. **Laufb:** Domorganist i St. Pölten, Organist Wiener Hofburgkapelle, o UProf (Tonsatz) U f Musik u Darst Kunst Wien. (Red)

Halbwachs, Danielle, Sängerin (Sopran); c/o Hamburgische Staatsoper, Große Theaterstr 34, D-20354 Hamburg, PF 302448, D-20308 Hamburg. **Ausb:** H f M u Th Hannover. **Laufb:** Mitgl Int Opstudio 97, Sol Mecklenburgisches Staatsth Schwerin, Hamburg Staatsop seit 2001, Sol MTh Essen SpZ 03/04. **Pr:** GesWettb Kapstadt 91, Pr GesWettb s'Hertogenbosch 96, Pr Int Wettb f Wagner-Stimmen Straßburg. (Red)

Hale, Robert, Bassbariton; c/o Theateragentur Dr Germinal Hilbert, Maximilianstr 22, D-80539 München, T: (0 89) 2 90 74 70, F: 29 07 47 90, *agentur@hilbert.de*; *www.hilbert.de* [Texas, USA]. Oper, Wagner **Ausb:** Boston Univ, New England Cons of M. **Laufb:** Sol Met Op New York seit 90, Gastsol Dt Op Berlin 01–05, Hamburg Staatsop 03/04, Sächs Staatsop Dresden 04/05, Bayer Staatsop München, Scala Mailand, Wiener Staatsop, Covent Garden London, Chatêlet Op Paris, Sydney Op, Tokio Op, Salzburger FSp 90, 92, 95, Tanglewood Fstv, Bregenzer FSp. **Pr:** Singer of the Year-Wettb, EhrenDr d Southern Nazarene Univ Bethany, Oklahoma, USA. – **Aufn/RF:** zahl CDs u Video-Aufn, zB 'Barak' in 'Die Frau ohne Schatten' (Dgt: Sir G Solti, Reg: G Friedrich).

Halevi, Chen, Prof, Hochschullehrer, Klarinette; Am Steppachbrunnen 9, D-78647 Trossingen, T: (0 74 25) 32 79 82, *clarichen@free.fr*; Hochschule f Musik, Schultheiß-Koch-Pl 3, D-78647 Trossingen. **Laufb:** Prof (Klar) Staatl H f M Trossingen seit 01. (Red)

Halevy, Hadar, Mezzosporan; Sächsische Staatsoper, Theaterpl 2, D-01067 Dresden. **Laufb:** Sol Sächs Staatsop Dresden. (Red)

Hall, Gaines, Sänger; Emanuel-Geibel-Str 18, D-65185 Wiesbaden, T: (06 11) 9 10 35 07. **Laufb:** Gastsol Staatsth Kassel SpZ 00/01, Gastsol Th Bremen SpZ 04/05. (Red)

Hall, Janice, Sängerin (Mezzosopran); An der Schanz 2, D-50735 Köln, T: (02 21) 7 60 72 76, 01 73–9 11 42 74, F: 7 60 72 76, *JLHMB@aol.com*; *www.janice-hall.com* [San Francisco, USA]. Oper **Ausb:** Boston Cons of M. **Laufb:** Debüt (Menotti: 'The Medium', Monica) Op Th of St Louis, Auftr San Diego Op, Houston, New York Op, EnsMitgl Op Köln 83–92, KonzAuftr in ZusArb m Chicago Symph Orch, m Cleveland Orch u Philh Orch, Europa-Debüt (Rossini: 'Il Barbiere di Siviglia', Rosina) Hamburg Staatsop, Gast Wiener Staatsop, ('Barbier') Covent Garden, ('Bohème') Kom Op Berlin, ('Carmen') Zürich, ('Figaro') Lyric Op of Chicago, ('La Traviata') Nancy; Mitgl Salzburger FSp 85/86, Konz in Europa (Rom, Paris, Brüssel, Antwerpen ua); Sol Freiburg, Fstv of Perth, New York City Op, (R Strauss; 'Salome', Titelrolle) Th Hof 01, Gastsol Pfalzth (ua 'I Pagliacci'), ('Turn of the Screw') Ft Worth Texas SpZ 03/04, Gastsol Anhalt Th Dessau SpZ 04/05. **Pr:** GesWettb MET u San Francisco Op. – **Aufn/RF:** Videos: Agrippina, Schwetzinger FSp 85, La cambiale di matrimonio, ebd 89; Live im amerikan TV: Insz v R Scotto: 'La Traviata' 96.

Hallenberg, Ann, Sängerin; c/o Opernhaus Zürich, Falkenstr 1, CH-8008 Zürich. **Laufb:** Sol Kom Op Berlin u Op Köln SpZ 03/04, Gastsol Op Halle SpZ 04/05. (Red)

Haller, Andreas, Sänger (Bassbariton); c/o Lübecker Theater GmbH, Beckergrube 16, D-23552 Lübeck. **Ausb:** Stud (Mathematik, Statistik) U Pretoria, Ltg Computerzentrum U Westkap/Kapstadt, Stud (Ges) Südafrika. **Laufb:** Eng Op Kapstadt, Sol Op Hagen, Th Bremen (Wagner: Meistersinger, Hans Sachs; Wagner: D fliegende Holländer, Titelpartie; Strauss: Rosenkavalier, Baron Ochs ua) seit SpZ 97/98, Gastsol Op Frankfurt SpZ 00/01. (*)

Haller, Matthias, Klarinette; c/o MDR Sinfonieorchester, Augustuspl 9a, D-04109 Leipzig. **Laufb:** Sol MDR SinfOrch Leipzig. (Red)

Haller, Meinrad, Klarinette; Stöckacherstr 56, CH-3018 Bern, T: 03 19 92 82 65. (Red)

Hallmann, Dietmar, KV, Prof em, Hochschullehrer, Viola; Abendsonne 20, D-04416 Markkleeberg, T: (03 41) 3 58 82 98, *viola-da-braccio@arcor.de* [Breslau 5.4.1935]. Kammermusiker, Pädagoge **Ausb:** Stud V (G Bosse) MH Leipzig 54–57. **Laufb:** Mitgl Gewandhausorch 57–94, SolVa u Mitgl GW-Qua seit 59, Mitbegrd Bachorch, Prof (Va) H f M Felix Mendelssohn Bartholdy Leipzig seit 79, Neuberufung 92, Tourneen n Japan, Nord- u Südamerika, ganz Europa. **Pr:** 1. Pr VWettb Markneukirchen 57, Goethepr 62. **Mitgl:** 'Ständige Jury' bis 89. – **Komp:** Ballata virtuosità 84; 5 Miniaturen f junge Spieler (StrTrio) 02; 6 Bagatellen f Va u Kl 03; Stamnitz-Fantasie 05; Hoffmeister-Paraphrasen 05; Kadenzen m allen gängigen Va-Konz. **Aufn/RF:** Live-Mitschn: B Bartók: VaKonz m Gewandhausorch, Dgt: K Masur 96; M Bruch: Doppelkonz; Beethoven: kompl StrQua; div Qua ua v Berg, Schönberg, Haas, Schubert, Mozart, C Franck; Reger-Solosuiten; Stamnitz-Duo; Matz-Sonate; Märchenbilder Schumann; Schubert: ForellenQuin. **UA:** Werke v Paul Dessau, Geißler, Matthus, Gerster, Kautscheli; EA d Schostakowitsch-Sonate in Dtld; ca. 30 UA m GewandhausQua. **Zug:** W A Reuter: Konz f Va, Cemb u Orch, UA m Gewandhausorch; A Matz: Konz f Va u Orch, UA m Gewandhausorch; G Domhardt: VaKonz, UA m Gewandhausorch 82; ca 25–30 StrQua versch Komp m Gewandhausqua. **Sonst:** zahlr Transkriptionen f Va.

Hallstein, Ingeborg, Prof, Hochschullehrerin, Sopran; Tengstr 35, D-80796 München, T: (0 89) 2 71 83 38, F: 2 72 28 46; H f Musik, Hofstallstr 6–8, D-97070 Würzburg. **Laufb:** Prof (Ges) H f M Würzburg. (Red)

Halsey, Simon, Dr hc, Dirigent; c/o Rundfunkchor, Charlottenstr 56, D-10117 Berlin, T: (0 30) 2 02 98 75 70, F: 2 02 98 75 79, *info@rundfunkchor-berlin.de*; *www.rundfunkchor-berlin.de* [Kingston upon Thames, England 1958]. **Ausb:** Cambridge U 76–79, Royal Coll of M London 79–80. **Laufb:** Chefdgt City of Birmingham Symph Ch seit 82, Chefdgt Europ Voices seit 97, Chefdgt RF-Ch Berlin seit 01, Chefdgt Radio Ch Hilversum seit 02. **Pr:** Ehrendoktor U Birmingham. – **UA:** Turnage, Anderson, Weir, Pitts, Beyer. **Zug:** Turnage, Anderson, Weir, Leaving, 4 American Songs, Storm.

Haltenbergstetten, Muethardt von *siehe* Schmidt, Hartmut

Halter, Wilfried, Gitarre, Hochschullehrer; Dr. Hoch's Konservatorium, Hebelstr 15–19, D-60318 Frankfurt, T: (0 69) 9 15 00 40, F: 5 96 15 76, *mail@dr-hochs.de*; *www.dr-hochs.de*. **Laufb:** Doz (Git) Dr Hoch's Kons Frankfurt. (Red)

Halvorson, Carl, Sänger; c/o Neue Opernbühne Berlin NOB, Goltzstr 13, D-10781 Berlin. **Laufb:** Gastsol Neue Opernbühne Berlin SpZ 00/05. (Red)

Hamann, Freimut, Sänger; Steintor 7, D-96450 Coburg, T: (0 95 61) 2 67 31. **Laufb:** Sol Coburger Sommer-Operette SpZ 03/05. (Red)

Hamann, Sebastian, Violine, Hochschullehrer; c/o camerata lübeck, Hirtengarten 2, D-35043 Marburg, T: 0 17 24 57 51 16, *sebhamann@aol.com; www.camerata-luebeck.de* [Hannover 9.1.1968]. Kammermusik **Ausb:** Stud V (SolKl N Chastain) MH Lübeck, KamM (W Levin) Steans Inst for Young Artists Chicago, Mstrkse (ua T Brandis, M Fried, E Hurwitz, H Meyer, S Collot, H Schiff, W Pleeth, Beaux Arts Trio). **Laufb:** stellv KonzM Dt KamAkad Neuss 89, 2. KonzM Orch d Hansestadt Lübeck 92, 1. KonzM Philh Orch d Hansestadt Lübeck 95, 1. koord KonzM Op – Museumsorch Frankfurt/M seit SpZ 98/99, Prof (V) MH Lübeck, LBeauftr MH Frankfurt/M, Gastdoz (KamM) MH Luzern seit 2001. **Pr:** Int 'Concorso di musica G B Viotti' 95, 1. Pr 'Possehl-Wettb' 89 u 94, 1. Pr HWettb d MH d BRD 93, Stip Dt Musikrat 'Konz junger Künstler' 94. **Ens:** Künstl Lt Camerata Lübeck, Konz in zahlr KamMFormationen ua m D Geringas, S Collot, Consortium Classicum, Wolfgang Bauer Consort, Amati-Qua. – **Aufn/RF:** 2 CDs m Miró-Trio 95; als Sol: W A Mozart: 'Sinfonia concertante' 92; K Weill: Violinkonz 96; F Liszt, J Strauß, K Weill, F Kreisler: Werke 97; M Bruch: 'Schott Fantasie' 99. **Sonst:** Grd Miró-Trio.

Hamari, Julia, Prof, Hochschullehrerin, Mezzosopran; c/o Staatl Hochschule f Musik u Darstellende Kunst, Urbanstr 25, D-70182 Stuttgart, T: (07 11) 8 40 36 25(priv) [Budapest]. **Ausb:** Stud Ges (F Martins, J Sipos) Budapest, H f M Stuttgart. **Laufb:** Solodebüt ('Matthäuspassion') Wien 66; Prof (Ges) Staatl H f M u Darst Kunst Stuttgart seit 89. **Pr:** 1. Pr Erkel Wettb 54. (Red)

Hamary, András, Prof, Hochschullehrer, Klavier; Schillerstr 8, D-97072 Würzburg, T: (09 31) 7 84 14 31, F: 7 84 14 61, *hamary@gmx.net*; H f Musik, Hofstallstr 6–8, D-97070 Würzburg [Budapest 13.6.1950]. Komposition, Klavier (klassisch) **Ausb:** Stud Budapest, KonzExamen (H Leygraf) Hannover, Stud (Dirig) Stuttgart. **Laufb:** Int KonzTätigk seit 72, ua in Wien Paris, London, Zürich, Europa, USA, Mexiko u Korea, Gast b RF-Anstalten in Stuttgart, Bremen, Paris, Lausanne, Genf, Zürich u Mexico City, Grdg ens avance 83, Prof (Kl, KamM) H f M Würzburg seit 86, Lt Ens f Neue Musik d H. **Pr:** Felix-Mendelssohn-Bartholdy-Pr (Kl) Berlin 76, 1. Pr Int Debussy-KlWettb Paris 77, KompPr d Stadt Stuttgart 81, Pr Int Stockhausen-KompWettb Bergamo 83, BMW-MThPr München 88. **Ens:** avance 83–95. – **Komp:** in allen Gattungen, ua Seid still (Op), UA München, Stuttgart 90, Grido (Performance f Tänzer, Videos, Kl u Ens), Crescendo f Org, Regenzeit (Performance f TB, Live-Kl, Videobilder u Akteur), Jelek (Zeichen) 9 Stücke f Kl, Chiellino-Lieder f Sop u Ens, Unabhängigkeitsübung f Pianisten (n E Jandl), Un chant d'amour (StummfilmM), Magic Pieces (f Kl), Buen viage (f Git) n 'Los Caprichos' v Goya, D Welt Lohn (Performance f Tänzer, GesSol, Chor u gr Orch), Bartleby n H Melville (M z einer Pantomime f Orch). **AuftrKomp:** Foolish Wives (StummfilmM) (Auftr: ZDF).

Hamberg-Möbius, Martina, Sängerin; c/o Neue Opernbühne Berlin NOB, Goltzstr 13, D-10781 Berlin. **Laufb:** Sol NOB Berlin SpZ 03/05. (Red)

Hambitzer, Gerald, Prof, Hochschullehrer, Cembalo; Rilkestr 71, D-53225 Bonn, T: (02 28) 46 01 14, F: 46 01 14; H f Musik, Dagobertstr 38, D-50668 Köln [Bonn 16.12.1957]. Musik d 16.–18. Jh **Ausb:** Stud SchM, Cemb (H Ruf), KonzEx Cemb H f M Köln. **Laufb:** Prof (hist Tasteninstrr) H f Musik Köln, Lt Alte Musik. **Ens:** Concerto Köln, Arcangelo Trio Köln. – **Aufn/RF:** als Sol CembKonz v J S Bach, C Ph E Bach u F Durante, zuletzt: J C F Fischer: CembSuiten, Concerto Köln u Kölner KamOrch, Dgt: H Müller-Brühl; Bach&Silbermann: Werke v J S Bach, W F Bach u C P E Bach auf d Kopie eines Cemb v G Silbermann. **Sonst:** Grdgsmitgl Ens Concerto Köln.

Hamburger, Stephanie, Flöte, Hochschullehrerin; Dahlienstr 4, D-82152 Krailling, T: (0 89) 8 57 25 87, *mail@stephanie-hamburger.de*; c/o Richard Strauss Konservatorium, Gasteig, Kellerstr 6, D-81667 München; *www.stephanie-hamburger.de*. **Ausb:** Stud Münchner Richard-Strauss-Kons, Stud Musikakad Basel b Peter-Lukas Graf. **Laufb:** Doz (Fl) Richard Strauss Kons München. **Pr:** 1. Pr Dt Musikwettb Uelzen u Bonn. (Red)

Hamel, Peter Michael, Prof, Komponist, Hochschullehrer; Marthastr 41A, D-20259 Hamburg, T: (0 40) 60 44 99 48, F: (0 80) 5 29 57 09 22, *p.m.hamel@web.de*; Hochschule für Musik und Theater, FB 1, Harvestehuder Weg 12, D-20148 Hamburg, T: (0 40) 4 28 48 26 75, F: 4 28 48 26 66, *p.m.hamel@web.de* [München 15.7.1947]. moderne Konzertmusik **Ausb:** Komp (Büchtger) 65–68, Komp (Bialas) 68–72, MWiss (Gregoriades) 68–70, MWiss (Dahlhaus) 71–73. **Laufb:** Arb m Riedl, Feldman, Ferrari, Cage, Riley, Orff, Impgruppe Between, Vortrags- u KonzReisen durch Europa, Asien u USA, Gastprof MH Graz 93/94, Prof (Komp, Theorie, angew Musik, Imp) H f M u Th Hamburg seit 97, Grdg Interkulturelles Musikinstitut Aschau/Chiemgau 98. **Pr:** Förderpr Boswil 72, Bonn 74, Stuttgart 75, München 77, Villa Massimo 79/80, Rostrum, Paris 84, GEMA-Stift 81, Composer in residence Schleswig-Holstein Fstv 88, Carl-Orff-Wettb 94, Sektionslt Musik Freie Akad d Künste Hamburg seit 2000. **Ens:** Improvisationsgruppe Between. **Mitgl:** dkv, Gesellschaft f Neue M, K A Hertmann Gesellschaft. – **Komp:** 'Dona Nobis Pacem' (ChorM), UA Cork (Irland) 85; 2.Streichqua (KamM) 85/86, UA Darmstadt, Ferienks 87; Kassandra (Lyrikop) 84/85, UA Frankfurt, Alte Op 87; Violinkonz (KonzM) 86/89, UA München, Musica Viva 90; Shoah – Die Endlösung (Op, MTh), UA Ehrenbreitstein, Koblenz 96. **AuftrKomp:** Gestalt f Orch (KonzM) 80, UA Donaueschinger Musiktage 80; 'Missa' Kirchenmusik (Chorkonz), UA München, Gasteig 95. **Aufn/RF:** Die Lichtung (Sinf), Mitschnitt BR, Dgt: S Celibidache 88; C Edinger: Violinkonz, BR, Musica viva 90. **Sonst:** 'Durch Musik zum Selbst' (Bärenreiter). **Lit:** F Helfrich: Zwischen d Welten. Zum Komponieren v P M H 99.

Hamers, Maurice, Prof, Hochschullehrer; Hochschule f Musik, Maximilianstr 59, D-86150 Augsburg, T: +31 4 64 33 28 27, F: 4 64 33 28 27. **Laufb:** Prof (Blasorchltg) H f Musik Nürnberg-Augsburg, Abt Augsburg. (Red)

Hamilton, Ronald, Sänger, Heldentenor; Bittermarkstr 65, D-44229 Dortmund, T: (02 31) 73 59 92, F: 7 97 94 08, *ronald.hamilton@t-onlline.de* [Hamilton, OH, USA 21.5.1948]. vorwiegend dt Fach **Ausb:** Stud Ohio State Uni Columbus: Medizin 66–68, dann Ges (Prof P Hickfang) 68–71. **Laufb:** lyr Fach Ulm 73–75, Dortmund 75–77, Dt Op a Rhein 77–81, dort Wechsel ins jugendl Heldenfach bis 87; seither freischaff Brüssel 88–96, Dresden 83–90 (Lohengrin, Bacchus, Florestan), Palermo Teatro Massimo (Tannhäuser) 98, (Tristan) Triest, Orange, Hamburg, Barcelona, Salzburger FSp; Auftr Frankfurt, Berlin, Stockholm, Turin, Genf, Paris, Madrid, Buenos Aires, Rio de Janeiro, Mexico City, Met Op, ua; GastSol Th Chemnitz SpZ 04/05. – **UA:** Ph Boesmans: Reigen (Dichter), Brüssel 93; R Strauss: Frau ohne Schatten (Kaiser), EA Athen 02; R Wagner: Tristan u Isolde, EA Taipei 03.

Hamleh, Tanja, Sängerin; c/o Junge Kammeroper Köln, Florastr 93, D-50733 Köln. (Red)

Hammar, Wolfgang, Violine; Auf der Hanfröste 10, D-67112 Mutterstadt, T: (0 62 34) 92 06 10; 01 72–9 16 05 44, *wolfgang.hammar@freenet.de*; c/o Nationaltheater Mannheim, PF 102362, D-68023 Mannheim [Mainz 5.10.1966]. **Ausb:** Stud (v d Goltz) MH Würzburg 86–89, Stud (F Gulli) U Bloomington Indiana 90–91, Stud (M Schnitzler) MH Wien 91–93, OrchSem Dt Op Berlin 92–93. **Laufb:** stellv Konzm Philh Orch Lübeck 93–96, 1. Konzm Landeskap Eisenach 97–03, Konzm Nationalth Orch Mannheim. **Ens:** Eisenacher KamOrch. – **Sonst:** Grdg, künstl Lt u Konzm Eisenacher KamOrch 97.

Hammer, Christian, MD, Dirigent, Kapellmeister; c/o Volkstheater Rostock, Patriotischer Weg 33, D-18057 Rostock, PF 102215, D-18004 Rostock, T: (03 81) 3 81 46 35, *christian.hammer.vtr@rostock.de*; c/o Konzertdirektion Fritz Dietrich, Sigmund-Freud-Str 1, D-60435 Frankfurt a M, T: (0 69) 54 45 04, F: 5 48 41 07 [Bückeburg 1959]. **Ausb:** HfM Hannover. **Laufb:** Th Halberstadt 90, Dgt Staatsth Cottbus SpZ 03/04, 1. Kapm Volksth Rostock seit 02. (Red)

Hammer, Christoph, Klavier, Orgel, Violine, Viola; Gartenäcker 13, D-86938 Schondorf a Ammersee, T: (0 81 92) 9 96 97 95, (01 72) 8 40 82 99, F: 9 96 97 96; c/o Ars Musica – MusikAgentur Julia Ortmann, Rötebuckweg 35, D-79104 Freiburg, T: (07 61) 5 56 34 94, F: 5 56 35 34, *julia.ortmann@ars-musica.com*; *www.arsmusica-musikagentur.de/Hammer.html* [1966]. **Ausb:** Stud (Org) H f M München, Mstrkse, Stud (Germanistik u MWiss) Univ München u Univ of California Los Angeles. **Laufb:** Mozartfest Würzburg, Rheingau-MFstv, Fstv Mecklenburg-Vorpommern, Tage Alter M Herne, Int Fstv f Alte M Innsbruck, BarockFSp Bad Arolsen, Ltg Purcells 'King Arthur' Prinzregententh München, Ltg 'Der unendliche Ges d Orpheus' KamOp Schloss Rheinsberg, GastProf Univ of Seattle 02. **Pr:** 1. Pr (Org) Bundeswettb 'Jugend musiziert' 83, Stip Stift Maximilianeum u Studienstift d Dt Volkes. – **Aufn/RF:** Einsp b Calig (Mozart: Klavierkonzerte KV 271 u 459), Erasmus (Haydn: Schottische Lieder), Capriccio (Telemann: Harmonischer Gottesdienst), Ars-Produktion (Schumanns 'Album für die Jugend' auf d Flügel d Schumann-Hauses Zwickau), CD m d Klavierkonzert op. 4 v Danzi u Sinfonien v Toeschi u Cannabich (Capriccio), Klaviersonaten Carl Czerny (ORF). **Sonst:** ZusArb m Ch Oelze, R Müller, Ch Genz, A Steck, M Sandhoff, Schuppanzigh-Qua, Lt Barockorchester 'Neue Hofkapelle München' seit 96.

Hammer, Hanns *siehe* Schwärsky, Johannes

Hammerschmitt, Matthias, Hochschullehrer, Komponist; Schillerstr 15, D-76275 Ettlingen, T: (0 72 43) 76 97 77 [Franken 1957]. **Ausb:** Stud (Dirig) Stuttgart. **Laufb:** Korrep u Kapm Landesth Coburg 82–85, Kapm Badisches Staatsth, musikal Ltg SchlossFSp Ettlingen 88–91; Komp v Schausp-M, Balletteinlagen, Musicals; Doz Staatl H f M Karlsruhe u musikal Lt Freilufttheater Ötigheim seit 90. (Red)

Hammes, Liselotte, Prof, Hochschullehrerin, Gesang; Weiherstr 7, D-53332 Bornheim-Merten, T: (0 22 27) 24 21. **Laufb:** Prof (Gesang) H f Musik Köln. (Red)

Hampe, Christiane, Prof, Hochschullehrerin, Sopran; Schnetzlerstr 1, D-76137 Karlsruhe, T: (07 21) 38 52 12, F: 38 52 12; Hochschule f Musik, PF 6040, D-76040 Karlsruhe [Heidelberg]. **Ausb:** MH Heidelberg b Annemarie Blümer, MH München b Annelies Kupper. **Laufb:** Prof (Ges) Staatl H f Musik Karlsruhe seit 88. (Red)

Hampe, Hiltrud, Viola, Hochschullehrerin; Dr. Hoch's Konservatorium, Hebelstr 15–19, D-60318 Frankfurt, T: (0 69) 9 15 00 40, F: 5 96 15 76, *mail@dr-hochs.de*; *www.dr-hochs.de*. **Laufb:** Doz (Va) Dr Hoch's Kons Frankfurt. **Ens:** Collegium Vocale Gent. (Red)

Hampe, Michael, Dr, Prof, Hochschullehrer, Opernregisseur; Odinweg 52, D-51429 Bergisch Gladbach, T: (0 22 04) 5 61 36, F: 5 61 36; H f Musik, Dagobertstr 38, D-50668 Köln [Heidelberg 1935]. **Ausb:** Stud (Vcl) Syracuse Univ, Falckenberg Schauspielschule München, Stud (Theaterwiss, MWiss) U München, Heidelberg, Wien, Dr phil U Wien. **Laufb:** Prof (MTh, Szenische Einstudierung) H f Musik Köln. **Pr:** Großes BVK, Goldenes Ehrenzeichen d Landes Salzburg, West End (Olivier) Award London 83, Commendatore della Republica Italiana. (Red)

Hampel-Harbaum, Ulrike, Violine, Hochschullehrerin; Obere Martinisstr 43, D-49078 Osnabrück, T: (05 41) 4 87 14. **Laufb:** Doz (V) FH Osnabrück, Kons. (Red)

Hampel, Gunter, Komponist, Vibraphon, Bassklarinette, Flöte, Arrangeur, Bandleader; P-Reis-Str 10, D-37075 Göttingen, T: (05 51) 3 18 71, F: 3 17 42, *GuntHampel@aol.com*; *www.gunterhampelmusic.de* [Göttingen 31.8.1937]. Erfinder eines neuen Jazzstils: The Music of G H **Laufb:** weltweit auf Tour seit 58; eigenes Label, ZusArb ua m H W Henze, C Penderecki, W Fortner, K Boehmer, L Andriessen, D Gillespie, J Griffin, M Jackson, D Cherry, C Taylor, A Braxton, J Lee, M Brown, S McCall, A Shepp, L Bowie; Gastprof MH

Köln, Mainz, Dresden. **Pr:** Niedersachsenpr d Niedersächs Min f Kunst u Kultur 97/98, USA Downbeat jazz cwwc, best vibraphonist, composer. **Ens:** Gunter Hampel-Galaxie Dream Band, -Orchester, -Next Generation, -Music & Dance Company. – **Komp:** ca 1200 Komp. **AuftrKomp:** f Berliner Jazz Fstv, NDR Workshop u weltweit. **Aufn/RF:** ca 100 LPs, CDs, DVDs etc; seit 58 in Europa, USA, Südamerika, Kanada, Indien.

Hampel, Michael Raman, Prof, Hochschullehrer, Gitarre; Herdstr 61, D-78050 Villingen-Schwenningen, T: (07721) 409173, F: 409195, *ramanhampel@web.de*; Hochschule f Musik, Schultheiß-Koch-Pl 3, D-78647 Trossingen. **Ausb:** Stud MH Frankfurt, Main, Trossingen u Salzburg (Mozarteum) b Olaf v Gonnissen, Luis Martin-Diego u Eliot Fisk. **Laufb:** Konz als Sol u in verschiedenen KamMBesetzungen seit 84 in vielen Ländern Europas, in d USA, China, Taiwan u Südkorea, ZusArb m d 'Münchner Ensemble f Neue Musik' u d 'Ensemble der Int Gesellschaft f Musik, Schweiz', Gast b Fstv wie d 'Münchner Biennale', 'Seoul Guitar Fstv', Riedenburger Sommer, Gast als Doz oder Jurymitgl an verschiedenen AusbStätten u Univ, ua in Bern (CH), Cincinnati (Ohio, USA), Chonju (Süd-Korea), Taipeh (Taiwan), Prof (Git) Staatl MH Trossingen seit 93, Grd d 'Tage f Neue Gitarrenmusik' Trossingen 02, Trossinger Arbeitskreis f Gitarrenlehrer. – **Aufn/RF:** CDs, Aufn f d HR, SDR, ARD, DRS (Schweiz) sowie d korean Fernsehen (CBS). **UA:** Interpret zahlr UA, ua 'Oltre il Muro' d amerikan Komp Betty Olivero (München 90, m Mitgl d Münchner Philharmoniker u d Jerusalemer 'Train Theater'), sowie v Werken v Hans-Christian v Dadelsen, Babette Koblenz, Rolf Riehm etc. (Red)

Hampson, Thomas, KS, Bariton; c/o Wiener Staatsoper, Opernring 2, A-1010 Wien. **Laufb:** Sol Wiener Staatsop, Bayer Staatsop München, Op Zürich, Gastsol Dt Staatsop Berlin SpZ 03/04, Dt Op Berlin SpZ 04/05, FSp Herrenchiemsee u Salzburger FSp 05, Lt Salzburger PfingstFSp 07. (Red)

Hamvasi, Sylvia, Sängerin; Veehstr 39, D-40231 Düsseldorf, T: (0211) 9891962, (0162) 3967931. **Laufb:** Sol Dt Op am Rhein Düsseldorf-Duisburg SpZ 03/05, Staatsop Hamburg SpZ 04/05. (Red)

Hamza, Razvan, Violine; c/o Staatstheater Kassel, Friedrichspl 15, D-34117 Kassel. **Laufb:** 1. Konzm Staatsth Kassel SpZ 03/04. (Red)

Han, Kaya, Prof, Hochschullehrerin, Klavier; Otto-Laible-Str 2, D-76189 Karlsruhe, T: (0721) 9575135, F: 9575137; Hochschule f Musik, PF 6040, D-76040 Karlsruhe. **Ausb:** Stud in Tokyo u b Edith Picht-Axenfeld/Freiburg. **Laufb:** Prof (Kl) Staatl H f Musik Karlsruhe seit 99. **Pr:** Gew 44. Int Musikwettb in Genf 88. **Ens:** duo konflikt. (Red)

Han, Xiao-Ming, Prof, Hochschullehrer, Horn; Geibelstr 4, D-66121 Saarbrücken, T: (0681) 9685496, F: 9685496, *hanxiaoming@t-online.de*; H f Musik Saar, Bismarckstr 1, D-66111 Saarbrücken; *http://www.hfm.saarland.de/han/index.html* [Shanghai, China 23.2.1963]. Kammermusik **Ausb:** Unterr (H S Kwong), Stud Kons Shanghai u Peking bis 79, Stud Tanglewood Festv 81, Stud (R Mackey, C Kavalovski) New England Cons USA, Mstrkl (I James) Freiburg u (O Schmitz) München. **Laufb:** Sol Philharm Orch Peking 80, Städt Philharm Orch Würzburg 84, Sol RF-SinfOrch Saarbrücken seit 85, Prof (Hn) H d Saarlandes f M u Th Saarbrücken seit 92, Gastsol ua Berlin Philh, BR-Orch, Bamberg Symph, WDR-Orch, NDR-Orch, SWF-Orch, Stuttgart Staatsop, Op Köln. **Ens:** ua Linos Ens, German Horn Ens. – **Aufn/RF:** Mozart: Gesamte Konz f Hn, Engl Chamber Orch; Mahler: Sinfonie Nr 5 RF Symph Orch Saarbrücken; Mozart: KamM f Hn u Streicher, Chicago Symph Orch; H Borresen: Serenade f Hn, Streicher u Pk-Kes, RF Symph Orch; P v Winter: Concertante f V, Hn, Klar-B, Orch, MannheimKamOrch. **Sonst:** Grd German Horn Ensemble 91.

Han, Xiaotong, Sänger; Westerhäuser Str 73, D-38820 Halberstadt. (Red)

Handrow, Rolf, Posaune; Johannisallee 36, D-04103 Leipzig, T: (0341) 2219732, *rolf@handrow.de* [Wintersdorf 25.2.1950]. **Ausb:** Stud Pos (G Fleischer) H f M u Th Leipzig 66–70. **Laufb:** Sol-Bass-Pos Gewandhausorch Leipzig seit 78, Prof (Pos) H f M Felix Mendelssohn Bartholdy Leipzig 88–04. **Ens:** German Philharmonic Big Band. **Mitgl:** Bach-Ges, Förderverein 'Blechbläser Nachwuchs eV' Waltenhofen, Instr-Museum d Univ Leipzig. – **Komp:** Miniaturen f 4 Pos u Schlgw, UA Leipzig 98 (Auftr: Gewandhaus Leipzig). **Sonst:** Hg v Studienlit f Pos, KM f Pos u Schlgz, Bach-Kant, Solokonz.

Handschin, Theophil, Dirigent; Am Pfisterhölzli 46, CH-8606 Greifensse, T: 019412517. (Red)

Handschuh, Timo, Solorepetitor; Verdistr 41, D-70195 Stuttgart, T: (0711) 6771639; Württembergisches Staatstheater, Oberer Schloßgarten 6, D-70173 Stuttgart. **Laufb:** Solorep Staatsth Stuttgart. (Red)

Hanel, Winnie, Violine; c/o Komische Oper, Behrenstr 55–57, D-10117 Berlin, *winniehanel@wolf-ferrari-ensemble.de*. **Laufb:** Stimmführer Orch d Komischen Op Berlin. **Ens:** Wolf-Ferrari Ens Berlin seit 98.

Hangartner, Bernhard, Dr phil, Hochschullehrer, wiss Mitarbeiter; Dahlienweg 1, CH-5223 Riniken, T: 056 4421972, F: 056 4423551, *bernhard.hangartner@access.unizh.ch*; Musikwiss Inst d Univ Zürich, Florhofgasse 11, CH-8001 Zürich, T: 016344761 [Altstätten, SG 6.8.1956]. Musikwiss, Chorleitung **Ausb:** Stud (Kl) MH (ehem Kons) Zürich 77–81, Stud (MWiss) U Zürich 76–93, Lizentiat, Prom Dr phil, Stud Ges (H Fischer) 93–99. **Laufb:** Doz (MGesch) MH Luzern 88, wiss Mitarb U Zürich 93, LAuftr (Gregorianik, Notation, MGesch) U Zürich 89, Forschungsstellenlt Projekt d Schweizerischen Nationalfonds „Musik in Zürich" U Zürich 02, KiChor Kaisten 96, Klosterchor Wettingen 2000, Schola Cantorum Vocetia (Gregorianik) 02. **Pr:** Consociatio Int Musicae Sacrae 97. **Mitgl:** Vizepräs Schweizer MForschende Ges, Ortsgruppe Zürich. – **Sonst:** Hg v J Ch Bach: Solo Motets (The Collected Works of J Ch Bach 18) 89; Missalia Einsidlensia, Studien zu drei neumierten Handschriften d 11./12. Jhs ('Studien u Mitt d Benediktiner-Ordens u seiner Zweige' ErgBd 36) 95; Div Werkverzeichniss, Fs u Art.

Hanjohr-Popa, Nikolaus, Violoncello; c/o Staatskapelle Berlin, Unter den Linden 7, D-10117 Berlin. **Laufb:** stv Sol Staatskap Berlin. (Red)

Hanke, Bettina, Solorepetitorin; c/o Deutsche Staatsoper, Unter den Linden 7, D-10117 Berlin, PF 354, D-10109 Berlin. **Laufb:** Musikal Einstudierung Dt Staatsop Berlin. (Red)

Hanke, Elisabeth, Opernsängerin (dramat Alt); Sølvgade 36, 2 TV, DK-1307 Kopenhagen K, T: 033135548, 040868548, F: 033135548, *erdaart.e.hanke@mail.dk*; *www.elisabethhanke.de* [19.3.1963]. Wagner (Ring d Nibelungen), Verdi, Bizet, Modern **Ausb:** Stud Kgl Dän MKons Kopenhagen 83–89, Diplprfg 89; Stud Guildhall School of Music and Drama 89–90, OpSch Kgl Dän Th 95, Mstkrse (L Koppel, V Rosza, I Cotrubas, I Adam, A Reynolds, K Meyer, P Hamburger, R Trimborn). **Laufb:** Königl Th Kopenhagen, Königl Th Stockholm, freischaff Op- u KonzSängerin seit 89, 'Otello' (Emilia) Stockholm 98; 'RejseOperatoriumRejse' (Robbie) 2000; 'Carmen' (Carmen) Kopenhagen 2000; Sologesangsabende u KiKonz in ganz Dänemark, KonzTourneen in Dänemark, Grönland, Island ua europ Ländern, AltSol i Macbeth. **Pr:** versch Stip, ua Sonninglegat, Møjgårds Fond, Gramex legat. **Mitgl:** DSF. – **Aufn/RF:** A Brødsåard: RejseOperatoriumRejse (Robbie), Kopenhagen, Dgt: H V Christensen; G Bizet: Carmen (Carmen), Kopenhagen, Dgt: I Hasager; Klytaimnestra in 'Elektra', Kopenhagen, Dgt: Jumanowsky; Carmen zu Cats. Kabaret, Grönland; Wagner: 'Walküre' (Schwertleite), Göteborg, Dgt: K Nagano, Wagner: Rheingold (Erda), Gripsholm. **UA:** S Berg: El Campo, N Rosing-Schow: Llanto, Christianskirche Kopenhageb, Dgt: M Åkerwall; B Buckinx: Abschied, Kopenhagen 2000. **Sonst:** Grdg Ens Øresund f zeitgen Musik.

Hannan, Andrew, Komponist, Dirigent; Sophie-Charlotten-Str 55/56, D-14057 Berlin [Plymouth, England 28.4.1959]. **Ausb:** U Oxford 77–80. **Laufb:** freiberufl Komp, Pianist, Songtexter, Arrangeur u musikal Lt seit 81, Dgt Th-Verein Wiener Metropol SpZ 03/04, Lt SchspM Tribüne Berlin SpZ 04/05. **Pr:** 1. Pr Paul-Woitschach-Stift Dt Komp-Interessen Verband 99. – **Komp:** Canterville (Musical), UA Heilbronn 93; Die Kleine Hexe (Kindermusical), UA Berlin 96; Störtebecker (Revue-Musical), UA Husum 98; Konz f Trp u Orch, UA Schauspielhaus Berlin 99. (Red)

Hannemann, Gerda, Sängerin; c/o Musikalische Komödie der Oper Leipzig, Dreilindenstr 30, D-04177 Leipzig. **Laufb:** Gastsol u Sol Musikal Komödie Leipzig seit SpZ 00/01. (*)

Hanner, Vivian, Sängerin; Lampestr 8, D-04107 Leipzig, T: (0341) 2153681. **Laufb:** Sol Kom Op Berlin. (Red)

Hannula, Tero, KS, Bass; Schleinkoferstr 39, D-76275 Ettlingen, T: (07243) 31876 [Vehmaa, Südwestfinnland 1946]. **Laufb:** Sol Bad Staatsth Karlsruhe, MTh Bonn. (Red)

Hansen, Frauke, Klarinette; Trumweg 7, D-44269 Dortmund, T: (0231) 4440414, F: 4440414 [Kiel]. **Ausb:** Stud (H D Klaus) H f Musik Detmold bis 95. **Laufb:** LTätigkeit an versch H ab 85, Konz in Skandinavien, Großbritannien, Schweiz, ehem Sowjetunion, Soloklar Philh Orch Dortmund seit 90. **Ens:** Rebecca Clarke Ens. – **UA:** J Corigliano: Konz f Klar u Orch, dt EA. (Red)

Hansen, Jörn, Pauke, Schlagzeug; c/o Staatstheater Braunschweig, Am Theater, D-38100 Braunschweig, PF 4539, D-38035 Braunschweig. **Laufb:** Staatsth Braunschweig SpZ 03/04. (Red)

Hansen, Per Boye, Operndirektor; Komische Oper, Behrensstr 55–57, D-10117 Berlin. **Laufb:** OpDir Komische Oper Berlin. (Red)

Hanslik, Christian, Dipl-Klavierpädagoge, Hochschullehrer; Bäckerstr 4, D-02826 Görlitz, T: (03581) 410636 [11.11.1951]. **Laufb:** Doz (Kl) H f KiM Görlitz. (Red)

Hansmann, Christine, Sängerin; Deutsches Nationaltheater, PF 2003, D-99423 Weimar [Erfurt]. **Ausb:** Stud (H. Forner) in Leipzig, Mstrks b L. Bosabaljan, H. Günther u T. Krause. **Laufb:** Sol Dt NationalTh Weimar seit 89/90. (Red)

Hansmann, Rotraud, Prof, Hochschullehrer; Univ f Musik u Darst Kunst, Inst f Gesang u Musiktheater, Penzinger Str 7, A-1140 Wien. Sologesang u Musikdramat Darstellung **Ausb:** Studium Ges u Klav, V u Git U Graz u Amsterdam. **Laufb:** Eng Dt Op am Rhein Düsseldorf 64–67, o UProf H f Musik u Darst Kunst Frankfurt a M 85–88, UProf U f Musik u Darst Kunst Wien seit 88. **Pr:** Pr Mozart-Wettbewerb Wien 63, Pr Concorso Reine Elisabet Brüssel 66. – **Aufn/RF:** zahlr Schallplatten, ua 'Das alte Werk' – Bach, Monteverdi m Harnoncourt.

Hansmeier, Friederike, Sängerin; c/o Oldenburgisches Staatstheater, Theaterwall 28, D-26122 Oldenburg, *riki.hansmeier@freenet.de*. **Laufb:** Sol Landesth Detmold, Neuburger Kammerop, Landesth Oldenburg. (Red)

Hanson, George, Dirigent; c/o Konzertbüro Nikolaus Schmidt, Kirchenallee 22, D-20099 Hamburg, T: (040) 28056617, F: 28056618, *info@schmidtkonzert.de*; *www.schmidtkonzert.de*. **Ausb:** Stud H f M Wien, Indiana Univ u Tanglewood b F Ferrara, S Ozawa, L Bernstein; Stud Kl (J Tocco) u KamM (M Pressler). **Laufb:** Ass v L Bernstein an d Wiener Staatsop u v G Patané an d Mailänder Scala, an Covent Garden u an d Bayer Staatsop München, Dgt Atlanta Symph Orch, MD Tucson Symph Orch seit 94, Gastdgt NDR-SinfOrch seit 99, Kom Op Berlin seit 2000, Musikal Ltg Schillerth NRW Wuppertal-Gelsenkirchen, GMD SinfOrch Wuppertal 98–04; ZusArb ua m d Saint Paul Chamber Orch, RSO Berlin (heute DSO Berlin), Warschauer Philharmonikern, Philh Zagreb, Stuttgarter Philharmonikern, Bochumer Symphonikern, Philh Orch Kiel, Staatsorch Rheinische Philh Koblenz, Nürnberger

Symphonikern, Orch d Hessischen Staatsth Wiesbaden, New York Philh Orch. **Pr:** 1. Pr Stokowski-Wettb Carnegie Hall New York, Int Ungar Dgt-Wettb Budapest, Critics Choice Award v Grammophone f d OrchWerke v F Draeseke, Echo Klassik-Pr f d OrchWerke v A Rubinstein 04. (Red)

Hansson, Kristina, Sängerin; c/o Oper Leipzig, Augustuspl 12, D-04109 Leipzig. (Red)

Hanstedt, Katharina, Harfe; c/o Konzerthaus Berlin, Gendarmenmarkt, Charlottenstr 57, D-10117 Berlin. **Laufb:** Sol Berliner SinfOrch. (Red)

Hantke, Holger, Komponist; Elbchaussee 480, D-22567 Hamburg, T: (0 40) 86 03 09, F: 87 08 03 55 [Lübeck 31.1.1951]. **Ausb:** ao Stud Kl (S Brenner), Orgel (M Kluge), Komp (G Fork), Orgel-Imp (U Röhl), Chorltg (K Thomas) Schleswig-Holstein MAkad u Norddt Orgelschule Lübeck 58–69; Stud (Sprach-, Erziehungswiss) U Hamburg 70–75, Stud (Schul-, KiM) MH Hamburg, Kl (F Gebhardt), Orgel (MG Förstemann, G Dickel), MTheorie (Ch Hohlfeld), Musikpäd (H Rauhe), MWiss (H-P Reinecke) 76. **Laufb:** GymnasialL (Musik u Frz) Hamburg 76, Kantor u Organist, Komp u Arrangeur. **Pr:** 2. Pr int Orgel- u Impwettb Haarlem (Holland) 97. – **Komp:** Die Weihnachtsgeschichte f Kinder (KiM), UA Hamburg 99; Psalm 92 (His Good to praise the Lord) (KiM), UA 2000; Peter's Confession of Christ (KiM), UA 2000; Little children and Jesus (KiM), UA 2000. (Red)

Hantzschk, Joachim, Prof, Hochschullehrer; Löbauer Weg 3, D-12587 Berlin, T: (0 30) 6 45 70 39. **Laufb:** LBeauftr (V) H f Musik Hanns Eisler Berlin. (Red)

Harach, Janet, Bass; c/o Staatstheater Kassel, Friedrichspl 15, D-34117 Kassel. (Red)

Harada, Hideyo, Klavier; Am Grünen Hof 5E, D-13465 Berlin, T: (0 30) 40 10 31 93, F: 40 10 31 94, *hideyoharada@aol.com*; c/o Südwestdeutsche Konzertdirektion Erwin Russ GmbH, Charlottenpl 17, D-70173 Stuttgart, T: (07 11) 1 63 53 11, F: 1 63 53 30, *info@sksruss.de* [Yamaguchi]. **Ausb:** Unterricht (T Matsuura) NatU f Musik u Darst Kunst Tokio, Stud MH Stuttgart b L Gierth 83, Wien b R Keller u H Kann 87, Tschaikowski Kons Moskau b V Merzhanov. **Laufb:** KonzReisen Europa, Rußland, Ostasien, FSp 'Grand piano festival' Amsterdam, 'Fstv int des jeunes solistes' Antibes, Ludwigsburger SchloßFSp, 'Yokohama Int Piano Fstv', 'Rachmaninow-Fstv' Tambov, 'Janácek Fstv' Ostrava, Lt Hauptfachkl (Kl) Kons f Musik u Dramat Kunst Wien 88–93, Lt 'Int Musikseminar Akiyoshidai/Japan' seit 01. **Pr:** 'Concours Int d'Exécution Musicale' Genf 84, 2. Pr Wettb 'Klaviermusik d 20. Jh' Wien 91, 1. Pr 'Int Schubert-Wettb' Dortmund, Prtr 'Int Rachmaninow-Wettb' Moskau 93. – **Aufn/RF:** m d wichtigsten europ u japan RF- u Fernsehanstalten; 4 CDs m Werken v Schubert u S Feinberg 95, Chopin 96, Sciabin u Michio Mmiya. **Sonst:** Veröff u Essays in 'Musica Nova'.

Harada, Sadao, Prof, Hochschullehrer, Cello; Elsterstr 7, D-78573 Wurmlingen; Hochschule f Musik, Schultheiß-Koch-Pl 3, D-78647 Trossingen. **Laufb:** Prof (Vcl) Staatl H f M Trossingen. (Red)

Harden, Wolf, Klavier; Quellwasser 3, D-30880 Laatzen; *www.wolfharden.de* [Hamburg 1962]. **Ausb:** Stud (Kl) MAkad Detmold. **Laufb:** Sol Philh Staatsorch Hamburg, London Philh Orch, Krakauer Philh, Gastsol Berliner Festwochen, Schleswig-Holstein MFstv, Salzburger FSp, Schubertiade Hohenems, Hamburger MFest, Toronto M Fstv. **Pr:** Stip d Studienstift d dt Volkes. **Ens:** Trio Fontenay seit 80. – **Aufn/RF:** CDs: Bach-Variationen v M Reger, Weltersteinsp d kompletten Version v H Pfitzners KlKonz, KlWerke v E Dohnányi, Ersteinsp d KlSon v F Lehár, KlWerk v F Busoni. (Red)

Hardenberger, Håkan, Trompete; c/o Konzertdirektion H.-U. Schmid, UK-Office, 4 Addison Bridge Place, London W14 8XP, Vereinigtes Königreich [Malmö 1961]. Konzert, Rezital **Ausb:** Stud (P Thibaud) Pariser Kons, (T Stevens) Los Angeles. **Laufb:** Gastsol Finnish RSO (S Oramo), RAI Torino (J Storgårds), Royal Stockholm Philh (A Gilbert), Rezital in d Wigmore Hall London, BBC Proms 04/05, Dortmunder Konzerthaus 04/05, Orch Komischen Op Berlin 04/05, Tonkünstlerorch Wien, BBC Symph Orch 04/05, Barbican Centre 05, Artist-in-Residence Danish Nat Symph Orch 05. **Pr:** Litteris et Artibus Award Stockholm 03.

Harder, Joachim, Prof, Hochschullehrer, Dirigent; Böddingheideweg 46b, D-48167 Münster, T: (02 51) 1 36 57 47, *profharder@aol.com*; Hochschule f Musik, Neustadt 22, D-32756 Detmold, T: (0 52 31) 97 56 11 [Hannover 1950]. **Laufb:** Prof (Dirig) H f Musik Detmold, Gastdgt Berliner Symph SpZ 00/01. (Red)

Harder, Lutz-Michael, Prof, Hochschullehrer, Tenor; Hochschule f Musik u Theater, Emmichpl 1, D-30175 Hannover [Langenfeld 1951]. **Ausb:** Stud (KiM) MH Halle, MH Hamburg b Prof. Naan Pöld Gesang. **Laufb:** Sol Staatsth Hannover 80–88, Prof (Gesang) H f M u Th Hannover seit 89. (Red)

Harding, Daniel, Dirigent; c/o Mahler Chamber Orchestra eV, Heinrich-Roller-Str 16–17, D-10405 Berlin, T: (0 30) 4 17 17 90, F: 41 71 79 29, *mco@mahler-chamber.de*; *www.danielharding.com, www.mahler-chamber.de* [31.8.1975]. **Laufb:** Debüt City of Birmingham Symp Orch 94, Ass Sir S Rattle 93/94, Ass C Abbado 95/96, ChefDgt Trondheim Symph Orch 97–2000, 1. Gastdgt Norköpping Symph Orch, Gastdgt ua Mahler Chamber Orch Berlin, Berliner Philharmoniker, Gewandhausorch Leipzig, Staatskap Dresden, RSO Frankfurt, Rotterdam Philh, London Philh, Oslo Philh, Orch S Cecilia Rom, Royal Stockholm Philh, Philadelphia Orch, Los Angeles Philh Orch, Bayer Staatsop München, Royal Op Covent Garden, Welsh Op, Fstv Aix en Provence, 1. Gastdgt London Symph Orch, MD Dt KamPhilh Bremen 99–03, MD Mahler Chamber Orch Berlin seit 03, MD RSO Schweden ab 07. **Pr:** Chevalier de l'ordre des arts et des lettres 02. – **Aufn/RF:** ua Beethoven: Ouvertüren; Brahms: Sinf Nr 3 u 4, m Dt KamPhilh Bremen; Mozart: Don Giovanni, m Mahler Chamber Orch; Britten: The Turn of the Screw, m Mahler Chamber Orch. (Red)

Hardt, Ruth, Konzertdramaturgin; c/o Theater Erfurt, Walkmühlstr 13, D-99084 Erfurt, PF 100554, D-99005 Erfurt. **Laufb:** KonzDram Th Erfurt SpZ 03/05. (Red)

Harms, Hanno, Tenor; c/o Stadttheater Hildesheim, Theaterstr 6, D-31141 Hildesheim. (Red)

Harms, Kirsten, Opernintendantin; c/o Deutsche Oper, Richard-Wagner-Str 10, D-10585 Berlin. **Laufb:** Operndir Bühnen d Landeshauptstadt Kiel, Intend Dt Op Berlin SpZ 04/05. (Red)

Harneit, Johannes, Dirigent, Komponist; c/o Konzertdirektion Hans Ulrich Schmid, Königstr 36, D-30175 Hannover, PF 3409, D-30034 Hannover, T: (05 11) 3 66 07 60, 3 66 07 27, 3 66 07 69, F: 3 66 07 34, *mail@kdschmid.de, ep@kdschmid.de*; c/o Schauspielhaus Zürich, Rämistr 34, CH-8001 Zürich; *www.kdschmid.de* [Hamburg 1963]. **Ausb:** Komp (G Friedrichs), Dirig (K Seibel) MH Hamburg. **Laufb:** freier Dgt ua Bayer Staatsop München, Bremer Th, Lt Tage f Neue Musik Weingarten seit 87, versch RF-Prod f NDR, WDR, SWF, Radio Bremen, Studienlt u Kapm Oldenburg Staatsth 94, Lt Oldenburg Kam-Orch, Kapm Schillerth NRW Wuppertal-Gelsenkirchen 96–99, MD Niedersächs Staatsth Hannover SpZ 2001/02, enge ZusArb m Ens Oriol Berlin seit 92, SchspM Schauspielhaus Zürich Spz 04/05. **Pr:** 1. Pr KompWettb Hitzacker 86, Stip Schloss Solitude Stuttgart. – **Komp:** Violinkonz (f Ch Tetzlaff), UA SWF-SinfOrch Freiburg/Baden-Baden, Dgt: S Cambreling; KamOp 'idiot'. **AuftrKomp:** zahlr KompAuftrr, ua v Hamburg Staatsop, Alte Op Frankfurt, Ens Scharoun. **Aufn/RF:** CD m UA preisgekrönter Komp m Radio-Philh NDR Hannover. **UA:** zahlr UA, ua Wittener Tage f neue KamM, Kompwettb in Kooperation m Radio Bremen. (Red)

Harnisch, Rachel, Sopran; c/o Theater & Philharmonie Essen, Opernplatz 10, D-45128 Essen; c/o Caecilia Lyric Department, Rennweg 15, CH-8001 Zürich, T: 0 12 21 33 88, F: 0 12 11 71 82, *caecilia@caecilia-lyric.ch* [Brig]. **Ausb:** Stud Ges (Beata Heuer-Christen) H f M Freiburg i Br. **Laufb:** EnsMitgl Staatsop Wien 99/2000, Sol Stadtth Bern SpZ 03/04, Sol Th u Philh Essen SpZ 04/05. **Pr:** Prtr Studienpr d Migros-Genossenschaftsbundes, Ernst Göhner-Stift, 2. Pr Int Belvedere Hans Gabor-Wettb Wien 98. (Red)

Harnoncourt, Nikolaus, Dirigent; c/o Opernhaus Zürich, Falkenstr 1, CH-8008 Zürich [Berlin 6.12.1929]. **Ausb:** Stud Vcl (P Grümmer) Graz, (E Brabec) Wien. **Laufb:** Cellist Wiener Symph Orch 52–69, Prof Mozarteum Salzburg 72–93, Grdg Ens 'Concentus Musicus' Wien 53, Dgt seit 70, Monteverdi-Zyklus Op Zürich (m J-P Ponnelle) seit 75, Mozart-Zyklus 80, Konz ua in Mailand, Zürich, Amsterdam, Hamburg, Frankfurt, Wien, ZusArb m BPO, Concertgebouw Ork, Wiener Symphoniker, London Philh ua, musikal Ltg Op Zürich; Konz 65. Ball Wiener Phil, Salzburger Mozartwoche, Ophaus Zürich, Wiener Mozartjahr, Phil Berlin, Osterklang Wien, Salzburger FSp, MVerein Wien 06. **Pr:** E-v-Siemens M Pr 74, ErasmusPr 80, Hans Georg Nägli Med 82, J-Marx MusikPr 82, Mitgl Königl Schwed Akad f Musik 83, Goldenes Ehrenabz Dt SchallplKritik 85, Dr hc Edinburgh 87, PolaMusikPr 94, CaeciliaPr Belgien 96 u 98, Orden Pour le mérite 2001, E-v-Siemens M Pr 02, Kyoto-Pr 05. – **Aufn/RF:** mehrere hundert Aufn, ua Symphonien v Haydn, Mendelssohn, Mozart, Schumann, Schubert, Brahms; Bruckner: Symph Nr 3; Dvorák: Symph Nr 7 u 9; J Strauß: Walzer u Ouvertüren; Beethoven: Missa solemnis, Symphonie Nr 1 – 9, m KamOrch v Europa, Schönberg Chor; Bach: Matthäus-Passion, m Concertus musicus 2001; Bruckner: Symphonie Nr 8, m BPO 2001 (Live-Aufn Berlin 2000). **Sonst:** Musik als Klangrede 82, Der musikal Dialog 84, Gedanken zu Monteverdi, Bach u Mozart 84, Die Macht d Musik – Zwei Reden 93. (Red)

Harper-Smith, Janice, Prof, Hochschullehrerin, Sopran; Staatl H f Musik u Darst Kunst, N 7, 18, D-68161 Mannheim, T: (06 21) 1 22 50 50, F: 1 22 50 50; L14, 10, D-68161 Mannheim, T: (06 21) 1 22 50 50. **Ausb:** Stud (Kl) MH Klausenburg und Bukarest u i München b H Steurer. **Laufb:** Prof (Ges m Schwerpunkt Stimmkde u Methodik) Staatl H f M u Darst Kunst Mannheim 78. **Pr:** Förderpr Bach-Wettbewerbs Leipzig 68, Pfitzner-Preis München 70. (Red)

Harper, Michael, Sänger; c/o Neue Opernbühne Berlin NOB, Goltzstr 13, D-10781 Berlin. **Laufb:** Gastsol Neue Opernbühne Berlin SpZ 00/05. (Red)

Harrassowitz, Hermann, KMD, Prof, Kirchenmusiker i R; Neumarkter Str 30e, D-90518 Altdorf, T: (0 91 87) 90 34 39, F: 90 34 39 [Giessen/Lahn 15.9.1930]. Orgel, Chorleitung, Oboe **Ausb:** Stud b H Walcha, Weiss, Reich Staatl MH Frankfurt a Main (A-Prüfg, SchulM-Prüfg). **Laufb:** Kirchenmusiker St Lorenz Nürnberg 62–95, LAuftr (ev KiM, liturg Orgelsp) H f Musik Würzburg 78–03. **Pr:** Plak 'Soli Deo gloria' d Ldsverb ev KiChöre 91, BVK am Bande 97. **Ens:** Altdorfer Holzbläserquintett. **Mitgl:** Verband ev KiMusiker, Ldsverband ev KiChöre in Bayern, Neue Bachges. – **Aufn/RF:** zahlr Aufn im BR m Org, Ob u Chören. **UA:** versch Orgwerke v K Boßler, F Zipp u K Thieme, H G Bertram. **Zug:** div Werke v K Thieme u H G Bertram. **Sonst:** Bundesauswahl junger Künstler als Oboist 59/60, 2. Aufl Geschichte d Kirchenmusik an St Lorenz/Nürnberg 87.

Harrer-Baranyi, Klara, Prof, Hochschullehrerin, Klavier; Univ f Musik u Darst Kunst, Inst Ludwig van Beethoven, Rennweg 8, A-1030 Wien. **Laufb:** o Uprof U f Musik u Darst Kunst Wien. (Red)

Harrer, Harald, Prof, Hochschullehrer, Klarinette; Hochschule f Musik Nürnberg-Augsburg, Abt. Augsburg, Maximilianstr 59, D-86150 Augsburg, T: (08 21) 74 29 13, F: 74 29 14, *harrer.braun@t-online.de* [Krumbach 1963]. **Ausb:** Stud (G. Starke) H f M u Th München. **Laufb:** Prof (Klar) H f Musik Nürnberg-Augsburg, Abt Augsburg, Stimmführer Symph Orch d BR. **Ens:** Arcis Qui. (Red)

Harrer, Uwe, Mag, Prof, Hochschullehrer, Gesang, Stimmbildung; Univ f Musik u Darst Kunst, Inst Antonio Salieri, Rennweg 8, A-1030 Wien. **Laufb:** o UProf (Ges, Stimmbildung) U f Musik u Darst Kunst Wien. (Red)

Harrer, Wolfgang, Prof, Hochschullehrer; Alois-Behr-Str 4, A-1140 Wien, T: (01) 9 79 15 66, F: 9 79 85 66, *wolfgangharrer@utanet.at* [Wien 9.8.1953]. Solo, Kammermusik, Orchester **Ausb:** Stud (L Streicher) MH Wien 72–78. **Laufb:** Mitgl Österr RFOrch 78–96, Sol Wiener KammerOp 78–82, LBeauftr MH Wien 78–96, Prof (Kb, OrchStudien) H d Saarlandes f M u Th Saarbrücken. – **Aufn/RF:** G Schedl: Kontrabass, m ORF-Sinfonietta 84; Bottesini: Div Stücke, m Neue Wiener Solisten 87; Div Komp, m A Spitznagel 05. **UA:** Th Pernes: Konz f KB u Hfe, m ORF-Sinfonietta, Dgt: S Soltesz 82.

Harris, Russell N, Dirigent; c/o Philharmonie Südwestfalen eV, Im Langen Feld 2, D-57271 Hilchenbach, PF 1320, D-57271 Hilchenbach, T: (0 27 33) 44 97, F: 37 26, *sekretariat@philharmonie-suedwestfalen.de*; *www.philsw.de* [London]. **Ausb:** Stud Dirig, Komp, Klar u Kl (ua V Handle) Royal College of Music, weitere Ausb Dirig b A Boult u J Fürst. **Laufb:** 1. Kapm Staatsth Malmö 74, MD Norrlands Op Umea 84, Lt Nordischen Fstv f Neue Musik Malmö 84, Debüt Königl Op Stockholm 85, Doz Kons Malmö 86, Chefdgt OpHauses Göteborg 87–89, Dgt NatTh Weimar 91, GMD Th Altenburg-Gera 95–2000, Gastdgt in ganz Europa, wie b BBC Symphony Orch, Radio-SymphOrch Basel, Radio-Philh Hannover (NDR) u b bedeutenden Orch Skandinaviens, Chefdgt Philh Südwestfalen 03. **Ens:** Dgt Ens f Zeitgen Musik 'Ars Nova' u 'Spektrum'. – **Aufn/RF:** TV-Prod 'Aureole' (Ballett) m R Nurejew (Tanz) u Dän RadiosinfOrch 78, CD m Ars nova 91. **UA:** zahlr m 'Ars nova' u 'Spektrum'. (Red)

Harrison, Steven Neil, Sänger; c/o Oper Leipzig, Augustuspl 12, D-04109 Leipzig. (*)

Hartel, Heinz, Sänger; Stumpergasse 28/7, A-1060 Wien, T: (01) 9 43 06 11, F: 9 43 06 11, *heinz.hartel@aon.at* [Wien 4.4.1961]. Mozart-Opern, Operette, Kirchenmusik **Ausb:** Stud (Ges) Univ f M u darst Kunst Wien, OptteKl Kons d Stadt Wien. **Laufb:** Sol Musikal Komödie Leipzig SpZ 03/04, Gastsol Staatsth Darmstadt SpZ 03/04, Op Leipzig, Sol Ldsth Flensburg, Gastsol Dt NatTh Weimar.

Hartelius, Malin, Sopran; c/o Boris Orlob Management, Jägerstr 70, D-10117 Berlin, T: (0 30) 20 45 08 39, F: 20 45 08 49, *info@orlob.net*; c/o Opernhaus Zürich, Falkenstr 1, CH-8008 Zürich; *www.orlob.net* [Växjö]. **Ausb:** Stud Stimmb (M Bence) Kons f M Wien. **Laufb:** Ens Wiener StaatsopStudio 89/90, Sol Wiener Staatsop 90/91, Op Zürich seit 91, Gastsol Op Frankfurt 97, Staatsop Unter d Linden Berlin 98, Opéra National de Paris 99–01, Gastsol Op Bastille, Op Zürich, Bayer Staatsop München, FSp Ludwigsburg 90, Schwetzingen 91, Salzburg 92, 93, 97, 01, Münchner OpFSp 97, Dresdner MFSp 02, Aix en Provence 04, Konz ua m W Christie, P Schreier, J E Gardiner, W Sawallisch, Oslo Philh, Orch d Tonhalle Zürich, Konz m Philharmonia Orch, Berliner-Sinfonie-Orch, Mozarteum-Orch Salzburg, Cleveland Orch, Accademia Santa Cecilia, London Symphony Orch, BR Orch.

Harteros, Anja, Dipl, Sopran; c/o Deutsche Staatsoper, Unter den Linden 7, D-10117 Berlin, PF 354, D-10109 Berlin, T: (02 28) 4 79 82 28, F: 4 79 82 28; c/o Erich Seitter Bühnen- und Konzertvermittlung, Opernring 8/13, A-1010 Wien, T: (01) 5 13 75 92, F: 5 12 93 51 [Bergneustadt 23.7.1972]. Oper, Konzert **Ausb:** Ges (Hammer) MH Köln. **Laufb:** EnsMitgl Schillerth NRW 96–98, Op d Bundesstadt Bonn 98–2000, Sol Sächs Staatsop Dresden (03/04), Dt Op Berlin, MTh Bonn, Staatsop München, MTh Amsterdam, Op Lyon, Teatro Olympico Vicenza, Op Frankfurt, Salzburger FSp, Edinburgh Fstv, Wiener Staatsop, Boston Symph Hall, Maggio Musicale Fiorentino, Wigmore Hall London, Gastsol Dt Staatsop Berlin u Hamburg Staatsop SpZ 03/05, Sol Bayer Staatsop München SpZ 03/04, Semperop Dresden SpZ 04/05. **Pr:** 1. Pr 'Cardiff Singer of the world' 99. – **UA:** A Pärt: 'Como anhela la cierva', Amerikan UA.

Hartfiel, Florian, Sänger; c/o Sächsische Staatsoperette, Pirnaer Landstr 131, D-01257 Dresden. **Laufb:** Sol Semperop Dresden SpZ 03/04, Staatsoptte Dresden SpZ 04/05. (Red)

Hartfiel, Jürgen, KS, Prof, Sänger, Hochschullehrer; Schevenstr 14, D-01326 Dresden, T: (03 51) 2 64 08 87; Hochschule f Musik, PF 120039, D-01001 Dresden. **Laufb:** Prof (Gesang) H f Musik Carl Maria v Weber Dresden, Sol Sächs Staatsop Dresden SpZ 03/05, Gastsol Staatsoptte Dresden SpZ 00/05. (Red)

Hartig, Achim, künstl Lt boris blacher ens; Samariterstr 7, D-10247 Berlin, T: (0 30) 42 25 60 20, F: (0 69) 1 33 04 86 81 01, *pro.avantgarde@hartig.as*. (Red)

Hartinger, Albert, Dr phil, Prof, Hochschullehrer, Gesang; Kürsingerstr 1, A-5020 Salzburg, T: (06 62) 83 46 63; Univ Mozarteum, Abt f Gesang u Musiktheater, Schrannengasse 10a, A-5020 Salzburg, T: (06 62) 6 19 80, F: 61 98 30 33, *albert.hartinger@moz.ac.at*. **Laufb:** UProf (Gesang) U Mozarteum Salzburg. (Red)

Hartinger, Heather G, Prof, Hochschullehrerin, Gesang; Mölckhofgasse 3a, A-5020 Salzburg, T: (06 62) 84 50 69, (06 76) 6 26 95 54, F: (06 62) 84 50 69; Univ Mozarteum, Abt f Gesang, Schrannengasse 10a, A-5020 Salzburg, T: (06 62) 61 98 11, F: 61 98 30 33, *heather.hartinger@moz.ac.at* [Hammond, IN, USA 13.1.1942]. Lied, Oper, Gesangstechnik **Ausb:** Stud (BMusic, Ges) Oberlin Cons of Music Oberlin, Ohio 59–63, (Lied, Orat) Mozarteum Salzburg 66–70. **Laufb:** UProf (Ges) U Mozarteum Salzburg. **Pr:** Fulbright Stip Ges 66–68.

Hartl, Heinrich J, Komponist, Pianist (Liedbegleiter); Lauenburgerstr 3, D-90475 Nürnberg, T: (09 11) 83 57 76, *Heinrichhartl@t-online.de*; *www.hartlmusik.de* [Deggendorf 7.5.1953]. Geistl Chormusik, musikal-literar Chanson, zeitgen Kammermusik, Oper **Ausb:** Stud (Kl, Orgel, Komp u kath KiM) Mstrsinger Kons Nürnberg 72–83. **Laufb:** LTätigkeit U Erlangen-Nürnberg, KonzReise Taschkent 97, Moskau 97, Riga 96 u 98, Gernowitz 02, Ensmitgl Stadth Fürth seit 03/04. **Pr:** Kulturförderpr d Bezirkes Mittelfranken u d Stadt Nürnberg, 1. Pr f Str-Qua 'Was im Stillen erblüht' CR 93; Selma od d Reise um d Tisch (Scen Recherche m Musik), UA 01. **Mitgl:** DKV, DTKV. – **Komp:** Kami u Kaze (CD-Prod); Lina u Strano (Märchenop), Was im Stillen erblüht (Str-Qua), UA Marienbad 93; missa de pacem (Chor a cappella), UA Fürther KiMTage 96; Die Versuchung Jesu; UA Fürther KiMTage 92; Konz f Hf u Streichorch (Hf, Str-Orch), UA Lviv (Ukraine) 97; Sonate f V solo (V), UA Tafelhalle Nürnberg 94; Böhmen liegt am Meer (Strei-Qui, Sop), UA Germ Nationalmus 98; Selma oder d Reise um d Tisch, UA Stadtth Fürth 01; Wandlungen (f gr Orch) 02 (Auftr: 150 Jahre Germ NatMuseum Nürnberg), UA Ophaus Nürnberg 02; Psalm 103 (f Jugendchor, Kinderchor u gr Orch), UA Nürnberg, Meistersingerhalle 02;'Von der Jugend, dem Altar und der Vergänglichkeit', UA Wolfenbüttel 04. **Aufn/RF:** 'Missa da pacem' op 68, BR 97, 'Böhmen liegt am Meer', Coloseum, 2000; 'Selma oder d Reise um d Tisch', Coprod BR u Stadtth Fürth, 2000; Konz f Hfe u StrOrch op 72, BR, 2000; 'Lebenslied' (4 Phantasiestücke f Kl op 122), BR 04. **UA:** Weltsaxkongress Montreal 2000, Konz f Hf u Streichorch, UA Lemberg 97; KamOp 'Die Welt ist eine Scheibe'. **Lit:** D Göbel: Neue Musikzeitung 99, K Möller: Portrait d Komp (Nürnberger Nachrichten) 6.5.2000, J Schmoldt: 'Komponistenportrait' 95, C Winning: 'Aspekte zu Hartls geistlicher Chormusik'.

Hartman, Sidwill, Sänger; c/o Bühnen der Stadt Köln – Opernhaus, PF 101061, D-50450 Köln. **Laufb:** Sol Dt Op Berlin, Op Köln. (Red)

Hartmann, Carlo, Bariton; 26, rue d'Assel, L-5443 Rolling/Bous, T: 23 66 93 23, 0 91 47 29 44, F: 23 66 93 23, *harthoff@pt.lu* [Vianden, Luxemburg 29.8.1955]. dt u ital Op, Lied, Tournee-Th in Luxemburg **Ausb:** Stud Ges u Op Ettelbruck (C Welter-Jander), Cons Luxemburg (Prof J Panthea), Trier (Prof M Rhodes). **Laufb:** Gastsol Tiroler Ldsth Innsbruck SpZ 2000/01, Anhalt Th Dessau SpZ 2000/01, San Francisco Op House SpZ 01/02, Staatsth Wiesbaden 03–06 (ges Ring: Alberich), Gast Wiener Volksop 04 u 05, Op Tel Aviv 05, Staatsth Darmstadt 05. **Ens:** Saarländ Staatsth 92–97.

Hartmann, Christa-Maria, Prof, Hochschullehrerin; Wolfsberg 17, D-31832 Springe, T: (0 50 45) 78 14. **Laufb:** LBeauftr (Kl) H f M u Th Hannover. (Red)

Hartmann, Christian, Oboist; c/o Staatstheater Braunschweig, Am Theater, D-38100 Braunschweig, PF 4539, D-38035 Braunschweig. **Laufb:** Sol Staatsth Braunschweig SpZ 03/04. (Red)

Hartmann, Elke, Sängerin; Landestheater, PF1449, D-99804 Eisenach. **Laufb:** Sol Landesth Eisenach. (Red)

Hartmann, Erich, Komponist, Kontrabass; Paderborner Str 5, D-10709 Berlin, T: (0 30) 8 91 68 80 [Leipzig 26.1.1920]. KamM m KB **Ausb:** Kb (ThA Findeisen), Theorie, Komp (H Grabner) Leipzig (damals Ldskons). **Laufb:** Mitgl Berliner Philharmon Orch 43–85, Komp vorwiegend f KamM. **Pr:** Goldener Ehrenring d BPO 73, Bülow-Med d BPO 85. – **Komp:** Quartett f 4 Kontrabässe 67, UA Saarbrücken 71; Sonatine f Kb u Kl 72, UA Köln, W Güttler, M Theilen 80; Duett f Vcl u Kb 75, UA Osaka, Philh Duo Berlin 82; Sieben Stücke f Bläsertrio (KamM) 77, UA Berlin, SFB 78; Divertimento (Konz) 80, UA Berlin 83; Rhapsodie f Kb-Solo 83, UA Berlin, N Duka 85; Großes Trio (KamM), UA Berlin 98. **Sonst:** E H: Die Berliner Philharmoniker in der Stunde Null, 96; Verlag Feja Berlin.

Hartmann, Götz, Violine; c/o Rundfunk-Sinfonieorchester, Funkhaus Hallberg, D-66100 Saabrücken. **Laufb:** Stimmführer RF-SinfOrch Saarbrücken. (Red)

Hartmann, Karl-Otto, Prof, Hochschullehrer, Fagott; Scheffelweg 14, D-77830 Bühlertal, T: (0 72 23) 99 94 63 [1937]. **Laufb:** Prof (Fagott) Staatl H f Musik Freiburg seit 93. (Red)

Hartmann, Roland, Sänger (Bariton); c/o Thüringer Landestheater, Theaterpl 4–7, D-99817 Eisenach, PF 1449, D-99804 Eisenach, T: (0 36 72) 41 03 16 [Kühnhaide 16.2.1949]. Oper, Oratorium, Lied **Ausb:** Stud (E Kern) MH Weimar 68–74. **Laufb:** Sol Thüringer Landesth Eisenach (03/05), Dresdner Kapellknaben 59–65. **Pr:** Opernkritikerpr Bad Hersfeld 'Op in der Stiftsruine' 93. **Ens:** Aushilfe RIAS-KamChor Berlin. – **Aufn/RF:** S Wagner: Op 'Schwarzschwanenreich', 'Bärenhäuter', 'Wahnopfer' (CDs). **UA:** J Wallmann: 3 Lieder nach Rainer Kunze, UA Weimar 74.

Hartmann, Rudolf A, Hochschullehrer, Sänger; c/o Opernhaus Zürich, Falkenstr 1, CH-8008 Zürich. **Ausb:** Unterr (V, KL), Stud (Ges) MH München. **Laufb:** Sol Th Augsburg, Op Nürnberg, Doz (Gesang) MH Winterthur Zürich, Sol Op Zürich seit 72. (*)

Hartmann, Ulrich, Komponist, Journalist; Tulpenstr 25, D-76199 Karlsruhe, T: (07 21) 88 69 91 [Westerwald]. **Ausb:** Stud (Kl, M-Theorie) Karlsruhe. **Laufb:** M-Journalist, Hg Bad Neueste Nachrichten seit 83. **Mitgl:** Vorstandsmitgl Dt-Estnische Ges Karlsruhe. (Red)

Hartmann, Will, Tenor; Wöhler Hof 8, D-30900 Wedemark, T: (0 51 30) 37 27 28, 01 71–5 24 93 71, F: (0 51 30) 58 35 85, *whartmanns@aol.com*; *www.lore-m-schulz.com*. Oper, Operette, Konzert **Ausb:** Stud Ges (F Müller-Henser u H Sotin) MH Köln 86–93, Stud Ges (D Forlano) London seit 98. **Laufb:** Op Köln 93–96, Op Hannover seit 96, Dt Op Berlin, Op Leipzig, Bayer Staatsop München, Royal Op House Covent Garden London. **Pr:** Gewinner Alexander-Girardi-Wettb f Op u Optte Coburg 94. – **Aufn/RF:** CD: Weihnachtslieder, BBC-DVD: Mozart: 'Die Zauberflöte', Royal Op House Covent Garden, Dgt: Sir C Davies 03.

Hartung, Volker, Dirigent; c/o Junge Philharmonie, Neue Kempener Str 246, D-50739 Köln, T: (02 21) 74 54 04, F: 74 54 04. **Laufb:** Chefdgt u künstl Lt Junge Philharmonie Köln. (Red)

Hartwich, Walter, Prof, Hochschullehrer, Violine; Baumstr 6, D-01099 Dresden, T: (03 51) 8 03 06 35 [Braunau, CSSR 1932]. **Ausb:** b Prof G Bosse H Weimar u Leipzig, später b Prof G Garay. **Laufb:** Konzm Staatl SinfOrch Halle, RF-SinfOrch Leipzig, 1. Konzm Dresdner Philh seit 62 (bis 97 ebd); Prof (V, StrKamM) H f M Carl Maria v Weber Dresden. (*)

Hase, Wally, Prof, Hochschullehrerin, Flöte; Jahnstr 17, D-99423 Weimar, T: (0 36 43) 40 15 32, *wallyhase@hotmail.com*; H für Musik 'Franz Liszt', PF 2552, D-99406 Weimar [Freiburg, Breisgau 1969]. **Ausb:** Stud H f M Stuttgart ab 86, Stip WeltjugendsinfOrch USA, Stud b J-Cl Gérard, Abschluss 93, Stip d Richard-Wagner Gesellschaft Bayreuth 90, Unterr b A Nicolet. **Laufb:** Mitgl ENSEMBLE 13 Karlsruhe sowie im 'Bach Collegium Stuttgart' unter d Ltg v H Rilling 90–93, Soloflötistin Staatskapelle Weimar ab SpZ 92/93, Prof H f M 'Franz Liszt' Weimar seit 2000, als Mitgl FSpOrch Ludwigsburg Tourneen nach China, Japan u Südamerika, Fstv of the Arts Neuseeland 89, regelm Mstrkse im Rahmen v 'Jeunesses Musicales', int MFstv Weikersheim ua. **Ens:** Duo musica jani; Tritonus Wimares; Klangwerkstatt Weimar; Klingendes Mosaik; Thüringer KamOrch; Mitteldt KamOrch; Ens Arpeggio. – **Aufn/RF:** CDs: Solo-Konz: T M Eberwein: Concertante F-Dur op 67, Qui-Konz ua, Solobl d Staatskap Weimar, Thüring KamOrch, Dgt M Pommer 94; Weimarer Klassik, Thüring KamOrch, Dgt M Pommer 95; Tritonus Wimares: E Schulhoff: ua Doppelkonz f Fl u Kl, Dgt W Hilgers 2000; Festliche Weihnachtskonzerte, Thüring KamOrch Weimar, Dgt R Reuter 2000; Konzert im Weimarer Schloss, Thüring KamOrch Weimar, Dgt W D Hauschild 01; KamM: Ens Villa Musica: D Milhaud: KamSinf 1–6 92; Duo musica jani: Werke v W Fr Bach, P Hindemith, J Francaix ua 95; Tritonus Wimares: I Strawinsky: KamM 96; Klangwerkstatt Weimar: 'Entartete Musik' – Weimar u d Ambivalenz 99; W H u T Müller-Pering: Lyric pieces 02. **UA:** viele, m Staatskapelle Weimar, Klangwerkstatt Weimar u Tritonus Wimares.

Hasegawa, Akiko, Violine; c/o Theater Basel – Sinfonieorchester Basel, Elisabethenstr 16, CH-4051 Basel. (Red)

Hasel, Michael, Prof, Hochschullehrer; PF 309142, D-10760 Berlin, T: 0 17 23 91 05 99, *hasel@windquintet.de*. **Laufb:** Prof (Bläser-Ens) Staatl H f M u Darst Kunst Mannheim. (Red)

Haselbek, Willi, Schauspielmusiker; Feldstr 28, D-68259 Mannheim, T: (06 21) 79 83 27, (01 72) 7 27 00 42; Schauspiel, II. Hagen 2, D-45127 Essen. **Laufb:** Musikal Ltr Schauspiel Essen. (Red)

Haselberger, Ingrid, Mag, Sopran; Heblinggasse 18, A-3400 Klosterneuburg, T: (0 22 43) 2 66 60, F: 2 66 60, *i.haselberger@inode.at*; *http://meineseite.i-one.at/musik.haselberger/* [Wien 14.5.1959]. Konzerte, Oratorien, Alte Musik, Zeitgenössisches **Ausb:** Ges b H Rössel-Majdan Wien 91–96, b Carol Byers Wien seit 01; Mstrkse b J Cash, J Hamari, W Berry, P Hamburger. **Laufb:** Konz m klass Messen, Oratorien, zeitgen Musik; Wiener Konzerthaus, Wiener Musikverein, Congress Innsbruck, Brucknerhaus Linz; ZusArb m „Les Menestrels", Artis Qua, Klangforum Wien, Ens „Pierrot Lunaire", Sol Wiener Philh u Op; Mozart: 'Bastien u Bastienne', Rousseau: 'Le devin du village' St Petersinsel/Schweiz 01; Everhartz: 'D Kriminalkommissar' Jugendstilth Wien 02 (Urauff); Pergolesi: 'La serva padrona' Wien 03; Mozart: 'Zauberflöte' Kärnten 03. **Ens:** Ensemble Phoebus Wien; Barock & Co; sirene operntheater; les gouts réunis. – **UA:** KompGr 'Gegenklang' (M Reuter, R Wildling, M Taroncher, G Resch, R Fuchs) Wien 2000; O M Zykan: Wien, Linz, St Pölten 01/02; J Everhartz: 'D Krim-Kommissar' Jgdstilth Wien 02; Lieder v F Schreyer, D Oberegger, A Mayr, G Andergassen, in Toblach 03; Lieder v J Everhartz, A Banlaky in Wien 03.

Haselböck, Hermine, Mezzospopran; c/o Austroconcert, Gluckgasse 1, A-1010 Wien, T: (01) 5 13 26 57, F: 5 12 61 54, *austroconcert@ia-ac.com*; *www.hermine-haselboeck.com*. **Ausb:** Sologesangsstudium H f Musik in Wien b R Streich und H Krones, H für Musik i Detmold b I Ruß, Mstrk bei K Equiluz, Kurt Widmer, E Sélig-Papée, S Jurinac und M Lipovšek. **Laufb:** Styriarte Graz 04 Dgt N Harnoncourt, Concertgebouw Amsterdam, Th an der Wien, Wiener Volksoper 06 (Marcellina). (Red)

Haselböck, Lukas, Prof, Musikwissenschaftler, Komponist, Sänger; Kardinal Nagl-Pl 1/52, A-1030 Wien, T: (01) 9 43 27 57, F: 9 43 27 57, *lukas.haselboeck@chello.at* [Wien 1972]. 19./20. Jh **Ausb:** Stud (MWiss) U Wien 90–97, Stud (Komp, Gesangspäd) MH Wien 91–99. **Laufb:** Ass Inst f MAnalytik MU Wien 2001, als Sänger Mitw b int Fstvs. **Pr:** Körner-Pr 98, Würdigungspr Min 99, Pr d Czibulka-Stift 2000, Stip d Wiener Symphoniker 01. – **Komp:** Violinkonz, UA Wien, m K Adam 98; 'Schatten' (Bassklar, Schlgz, Akk), UA Wien, KonzHaus 2000; Kantate nach Th Bernhard, UA Gmunden 01. **AuftrKomp:** Cantus f Vcl u Kl, UA Wien 99 (Auftr: Ens On Line); Violinkonz, UA Wien 99 (Auftr: K Adam); Sonnentanz, UA Singapur 01 (Auftr: H Gantschacher). **Aufn/RF:** H Kratochwil: KiOp 'Franziskus', (Gesangssol), Dgt: G Danzinger.

Haselböck, Martin, Dr hc, Prof, Dirigent, Hochschullehrer, Organist, Komponist; c/o Orchester Wiener Akademie, Praterstr 25/11, A-1020 Wien, T: (01) 7 13 60 82, F: 7 12 77 07, *office@wienerakademie.at*; Univ f Musik u Darst Kunst, Inst f Orgel, Orgelforschung u Kirchenmusik, Seilerstätte 26, A-1010 Wien, T: (01) 5 12 05 01, F: 5 12 77 43, *haselboeck-m@mdw.ac.at*; *www.haselboeck.org* [Wien 23.11.1954]. **Ausb:** Stud Org, Cemb, Komp (M Radulescu, A Heiller, F Cerha), KiM, MH Wien, Paris, Dipl 74 u 76. **Laufb:** UProf U f Musik u Darst Kunst Wien, intensive KonzTätigkeit seit 70, Organist Wiener HofMKap u Augustinerkirche, Gastdgt bedeutender europ u amerikan Orch, Prof (Org) MH Lübeck seit 86, Music Director des Barockorchesters Musica Angelica in Los Angeles seit 05, Konz in Europa, russ Staaten, USA, Kanada, Südamerika, Japan, Asien, Südafrika, Neuseeland, Australien, Finnland, Gast-Dgt führender Orch. **Pr:** 1. Pr Int OrgWettb Wien-Melk 72, Ungar Liszt-Pr 86, Mozart-Pr Stadt Prag 91, Österr Ehrenkreuz f Wiss u Kunst 98, Dr hc Luther College, USA 03. **Ens:** Wiener Akad, Wiener Hofmusikkap. – **Komp:** zuletzt: Le Rappel des Tuyaux (Suite) 76/86, UA Wien, KonzHaus 86; Quattro (f 4 Tasteninstr, 2 Org, Cemb, Pf), UA Lathi Organ Fstv 87; Flötenstück u Stampede (Org) 88; Movimento f StrQua 91, UA Wien, KonzHaus 91; Diskord f Org zu 4 Händen 91; Tageszeiten (Sprecher u KamOrch) 93, UA Wien, KonzHaus 93; Epitaph (Chor u Kl) 95, UA St Konrad 95; Tantum Ergo (Chor u Org) 95, UA St Konrad 96; Konradmesse (f 3 Stimmen, 2 Perk u Org) 96, UA St Konrad 96. **AuftrKomp:** 'Will nicht mehr weiden' (Requiem f Jandl), UA 01 (Auftr: BR). **Sonst:** Jurymitgl int Wettb, Mithg Universal Orgel Ed, zahlr Art in musikal Fach-ZS u wiss FS, Grdg u Lt Barockorch 'Wiener Akad' seit 85. **Lit:** ua Riemann MusikLex, Frank/Altmann: Kurzgefaßtes TonkünstlerLex, Österr Komp d Gegenwart, The New Grove, Beiträge '94: Österr Komp unserer Zeit etc.

Haselmann, Arno W *siehe* Radeke, Winfried

Haselmann, Lena, Mezzosopran; c/o Theater Heidelberg, Friedrichstr 5, D-69117 Heidelberg, PF 105520, D-69045 Heidelberg, T: 0 16 37 84 52 27, *Haselmann@aol.com* [Heidelberg 7.1.1983]. Konzert, Oper **Ausb:** Kinderch Th Heidelberg, ersten GesUnterr m 15 J, derzeit Stud (Prof R Piernay) H f M u Darst Kunst Mannheim. **Laufb:** Eng ('Gespenstersonate', Dunkle Dame; 'Toska', Hirte; 'Manon', Rosette) Th Heidelberg 02/03, als Sol zahlr Konz (ua m Philh Orch unter GMD T Kalb im Rokoko-Th Schwetzingen u Th Heidelberg). **Pr:** 3 Mal 1. Bundespr (Ges) 'Jugend musiziert' 99, 01, 02; 1. Pr 'Den Norske Ungdommens Sangkonkurranse' Oslo 2000; Stip: Daimler-Chrysler-Stift f OpFSp Dresden 2000, Domhofstift Weinheim seit 2000, Wagner-Verb f Bayreuther FSp 02, Studienstift d Dt Volkes seit 03. – **UA:** T Hermann: 'Zeiten wie Perlenschnüre' (Liederzyklus).

Haselsteiner, Ulfried, Tenor; c/o Agentur Seitter, Opernring 8/13, A-1010 Wien, T: (01) 5 13 75 92, F: 5 12 93 51, *office@agentur-seitter.at*; *www.agentur-seitter.at*. **Laufb:** GastSol Staatsth Kassel SpZ 03/04.

Hasler, Susanne, Bratsche; Oberdorf 40, CH-8218 Osterfingen, T: 05 26 81 22 87. (Red)

Hason, Omri, Schlagzeuger; Helvetiastr 29, CH-3005 Bern, T: 03 13 51 40 24, F: 03 13 51 30 44, *omrihason@hotmail.com*; *www.omrihason.ch* [Israel 22.3.1962]. world percussion musik **Ens:** The world percussion orchXtra.

Hass, Till, Repetitor; Uhlandstr 12a, D-68167 Mannheim, T: (06 21) 3 36 32 28. **Laufb:** Solorep Nationalth Mannheim, GastDgt Landesth Eisenach SpZ 04/05, ab SpZ 05/06 1. Kapm u stellv GMD Landesth Eisenach. (Red)

Hasselmann, Kirstin, Dipl-OpS, Sängerin, Konzert- u Opernsängerin, Sopran; Lintgasse 1, D-50667 Köln, T: (02 21) 25 09 95 20, F: 25 09 95 21, *kirstin.hasselmann@t-online.de*; *kirstin.hasselmann.bei.t-online.de* [Berlin-Spandau 2.3.1964]. Konzert, Lied, Mozart, Oper, Operette, Renaissancemusik m selbstgegründetem 'Duo Parlar cantando', Sopran u Laute **Ausb:** Stud MH 'Felix Mendelssohn Bartholdy' Leipzig 82–87, L: KS E Breue, Leipziger Oper; Mstrks b R Hoff, Kom Op Berlin, HPT W Hasselmann, OpHaus Halle. **Laufb:** Staatsth Schwerin 87–89, Stadtth Görlitz 89–94, Stadtth Trier 94–97, Sol Vereinigte Städt Bühnen Krefeld u Mönchengladbach 97–01, Sol Th Trier TeilSpZ 03/04, Gastsol Wuppertaler Bühnen SpZ 03/04.

Hasselt, Michaela, Cembalo; Tischbeinstr 16, D-04229 Leipzig; *www.dresdnerbarockorchester.de*. **Ens:** Dresdner Barockorch. (*)

Hasselwander, Annelen, Chefdramaturgin; Theater Plauen-Zwickau gGmbH, Gewandhausstr 7, D-08056 Zwickau, T: (03 75) 83 46 30, F: 83 46 09, *info@theater-plauen-zwickau.de*; *www.theater-plauen-zwickau.de*. **Laufb:** Chefdramaturgin Th Plauen-Zwickau seit 04.

Hattingberg, Monika Ritter v *siehe* Ritter v Hattingberg, Monika

Hattori, Joji, Dirigent; Wiener Kammeroper, Fleischmarkt 24, A-1010 Wien [Tokyo, Japan]. **Ausb:** Stud V u Stud b R. Küchl, Y. Menuhin, M. Schwalbé u V. Spiwakow. **Laufb:** Seit Anfang 2004 Assoc Conductor Wiener KammerOrch seit 04, Künstl Ltr Tokyo Ens, Gastdirgt b d Wiener Symphonikern, d Wiener Concertverein, d New Japan Philharmonic u d Tokyo Symphony Orchestra, d London Mozart Players u d BBC Concert Orchestra, Dirigate im New National Theatre, Tokyo ab 05. **Pr:** 1. Pr Int Yehudi Menuhin Wettb England 89, Int Maazel-Vilar Dirigierwettb New York 02, Lincoln Maazel Fellowship Pr. (Red)

Hattwig, Martin, Komponist; Hahns Mühle 23, D-12587 Berlin, T: (0 30) 6 45 74 84 [Breslau 7.1.1920]. **Ausb:** musikal Ausb MTheorie, Kl, Komp (H Weiß, B v Pozniak, D Nowka, M Butting) 34–40 u 50–52. **Laufb:** ununterbrochen künstl tätig als Pianist, Komp, Arrangeur, Orchlt, musikal Oblt (RF), Film-, Kabarettarb. **Pr:** Kunstpr d DDR 73, Ehrennadel d Dt KompVerbandes (VDK) in Silber 73, in Gold 81. – **Komp:** Concertino 64 (OrchW) 64, UA Berlin, M Hattwig, R Hanell 64; Konzertante Musik (Konz) 66; Reitertanz (OrchW) 67, UA Berlin 67; Musica Serena (OrchW) 68, UA Berlin 68; Carpe Diem (OrchW, Rhapsod Adaption), UA Berlin, M Hattwig, R Hanell 69; Max Dauthenday Lieder 70; Partita moderna ad artem romanicam (Musik z Film) 72; Alltägl Lieder v Liebe 79, UA Berlin, I Koprek, W Schierke 79. (*)

Haubensak, Edu, Komponist; Dufourstr 169, CH-8008 Zürich, T: 0 13 82 49 45, F: 0 13 82 49 36, *eduhaubensak@eduhaubensak.ch*; *www.eduhaubensak.ch* [Helsinki 9.4.1954]. Musik in veränderten Stimmungen **Ausb:** Theorie, Komp MAkad Basel 75–79, Komp- u Mstrks b H Holliger, K Huber. **Pr:** Gast u Stip Istituto Svizzero di Roma 84/85, 1. Pr Int Kompsem

Boswil 84, Werkjahr Stadt Zürich 94, div Stip. **Mitgl:** STV, IGNM Zürich. – **Komp:** zuletzt: 'Veränderte Luft' (f Kl in Skordatur) 98; 'Zarathustra Destillation' (f 11 Solostimmen) 99; Klaviertrio (in Skordatur) 99/2000; 'Halo' (f Kl in Skordatur) 01; Gefärbte Variationen (f Kl in Skordatur) 02; 'Falsche Schönheit' (2 StrQua in Skordatur) 02; 'Fünf Zusammenhänge' (f Kl in Skordatur) 03. **AuftrKomp:** div KompAuftr, zuletzt: 'Falsche Schönheit', (f 2 StrQua) UA 02, Carmina Qua u Sine Nomine Quatuor in Genf, Tonhalle Zürich, Basel, Bellinzona (Auftr Pro Helvetia). **Aufn/RF:** CDs: Konz in neuer Stimmung, UA Basel Sinfonietta; KamM, Streichtrio ..., UA N Schindler; Odem (Sprachkomp), Texte: I Rakusa; Klaviermusik, Stimmungen II–V, Veränderte Luft ..., m T Bächli, Kl. **Sonst:** Mitbegrd KonzR Fabrikkomp Rote Fabrik Zürich 81–89. **Lit:** in Zs 'Positionen'; 'Du', Zf f Kultur, Nr 5, Mai 96; NZZ 02.05.03.

Hauber, Michael, Prof, Klavier, Kammermusiker, Hochschullehrer; Friedrichstr 43, D-72141 Walddorf, T: (0 71 27) 2 29 95, 01 72–7 21 37 49, F: 2 29 95, *Michael.J.Hauber@t-online.de*; Hochschule f Musik u Darst Kunst, N 7,18, D-68161 Mannheim. **Ausb:** Stud (Kl) H f M Stuttgart, Peabody Kons Baltimore (Stip d DAAD). **Laufb:** Gastsol ua BBC Scottish Symph Orch, Stuttgarter Philharmoniker; Prof (Kl, KamM) Staatl H f M u Darst Kunst Mannheim. **Pr:** Finalist 'Robert Casadesus' KlWettb Cleveland, Prtr Int Beethoven-Wettb Wien. **Ens:** Grdg u Mitgl 'Trio Opus 8' 86. (Red)

Haubold, Bernd, Prof, Hochschullehrer, Kontrabass; Gartenstr 16, D-01454 Ullersdorf, T: (0 35 28) 44 19 57, 0 17 23 70 21 76, F: 44 19 57; Hochschule f Musik, PF 120039, D-01001 Dresden [Chemnitz 1942]. **Ausb:** Direktstud FachGrundSch d H f M Carl Maria v Weber Dresden seit 57, Stud H f M Carl Maria v Weber Dresden (HF: KB, NF: Tb u Kl) seit 61. **Laufb:** L (KB) H f M Carl Maria v Weber Dresden seit 85, stellv Sol-KB Sächs Staatskap Dresden 87, OrchDir H-SinfOrch seit 95, HonProf (KB) 96, Juror Int MInstr-Wettb Markneukirchen. **Ens:** Mitgl Sächs Staatskap Dresden seit 64, Grdg-Mitgl Cappella Sagittariana Dresden, Mitgl Dresdner Kapellsol, Gast Dresdner Barocksol, Ständ Mitgl Virtuosi Saxoniae u Bayreuther FSpOrch. (Red)

Haubold, Ingrid, Prof, Sopran, Hochschullehrerin; Veilchenstr 26, D-76131 Karlsruhe, T: (07 21) 6 63 82 92, F: 6 63 82 93, *ingrid.haubold@t-online.de*; Hochschule f Musik, PF 6040, D-76040 Karlsruhe. **Ausb:** Kl u KiM MAkad Detmold, Gesang München (A Kupper), New York (E Repp, H Meyer). **Laufb:** Eng Studio Bayer Staatsop München, Landesth Detmold, Städt Bühnen Bielefeld, Gastsol Dt Oper Berlin, Staatsoper Berlin, Hamburg, Wien, FSp Bayreuth, Salzburg, Granada, Schwetzingen ua, Scala Mailand 89 ('Oberon') Dgt: S Ozawa, Met New York 91 (Leonore 'Fidelio'), Konzert u Liedrepertoire, Prof (Ges) HfM Karlsruhe. – **Aufn/RF:** zahlr RF-Aufn u Schallpl ua: K Penderecki: Polnisches Requiem, GesAufn R Wagner: D Fliegnde Holländer Dgt: P Steinberg. **UA:** W Rihm: Requiem UA FSp Salzburg Dgt: M Gielen. (Red)

Haudenschild, Doris, Sängerin; Bischofszellerstr 66b, CH-9202 Gossau, T: 07 13 85 52 93 [Baden b Zürich 25.12.1945]. **Ausb:** Stud Ges (E Werner) Amriswil (Schweiz). **Laufb:** Sol Konz u Th St Gallen (ua Papagena, Die Zauberflöte; Carolina, Heimliche Ehe; Gianni Schicchi; Jenufa; Katja Kabanova; Rosenkavalier; Macht d Schicksals; Rigoletto; Traviata; Lombardi; Vier Grobiane; Lustige Witwe, West Side Story ua. **Pr:** Förderungspr Stadt St Gallen.

Haudenschild, Emilie, Violinistin, Violinpädagogin; Schweizeraustr 11A, CH-4132 Muttenz BL, T: 06 13 12 04 33, F: 06 13 12 04 33, *e.haudenschild@sinfonieorchesterbasel.ch*; c/o Theater Basel, Elisabethenstr 16, CH-4051 Basel [Basel 8.2.1955]. **Ausb:** Stud V (A Zöldy, Végh-Qua) MH Basel 75–79, Lehrdipl m A, Solistendipl, (I Galamian, O Shumsky) Juilliard School of M New York 77–79, Mstrkrse b A Rosand, T Varga. **Laufb:** 1. Konzm SinfOrch Basel seit 86, Pädagogin z Förder v Hochbegabten, Konz als Solistin u KamM in ganz Europa, USA, Japan, Taiwan. **Pr:** Concours Int Tibor Varga Sion 79, Solistenpr STV 80, 'Grand Prix' Evian 85, 'Premier Prix' Colmar 87, Kulturpr Kt Basel 87. **Ens:** Grd u Primgeigerin Erato-Quartett Basel 83. – **Aufn/RF:** CDs: H Scherchen: StrQua Nr 1; P Glass: StrQua Nr.1 (UA); A Busch: Qui (m Sax); A Honegger: 3 StrQua; F Mendelssohn: StrQua; E Mayer: StrQua op 14; L Lombardini-Sirmen: StrQua; zahlr RF- u TV-Aufn. **UA:** P Glass: StrQua; D Gougeon: StrQua. **Zug:** P Glass: StrQua; D Gougeon: StrQua.

Haudenschild, Heinz, Viola; c/o Erato-Quartett, Schweizeraustr 11, CH-4132 Muttenz, T: 06 13 12 04 33. **Ens:** Erato-Quartett. (Red)

Hauf, Boris, Komponist; 9, Vereinsstiege 4, A-1090 Wien, T: (01) 9 46 78 14, *hauf@klingt.org* [1974]. **Ausb:** Stud SAMT (studio for advanced music & media technology) Linz, Stud (Vcl u Kl) London u Kons Wien, Stud (Sax) Bruckner-Kons Linz, Stud Fl (K Emtage, M Grauwels). **Laufb:** Grd efzeg, Mitgl ensemble 68. **Pr:** zahlr int Pr. – **AuftrKomp:** f int Fstvs, Radio- u TV, Film, Ens, Sol u Th. (Red)

Haug, Thorsten, Hochschullehrer, Horn; Wilhelmspl 12, D-02826 Görlitz, T: (0 35 81) 41 33 94 [4.11.1964]. **Laufb:** Doz (Hn) H f KiM Görlitz. (Red)

Haugg, Wolfgang, Komponist; Weddingenstr 12, D-81737 München, T: (0 89) 6 80 27 57, F: 6 80 27 57 [München 16.4.1938]. **Ausb:** Stud (MWiss) U München 58–61, Kl, Va, Komp (A Zehelein) Trapp'sches MKons. – **Komp:** Ohpopoi Basileu; Einleitungs- u Zwischenaktmusik (KamOrch); Hymnus, UA München 60; Concerto breve f Vcl u Orch (Vcl solo u Orch); Kantilene I u II (Trp u Orgel), UA München, Gasteig 91; Phrygische Musik (Orch), UA München 92. **AuftrKomp:** KiM, KamM. **Sonst:** Grdg Bläserens m Schlgz (Aufführung eigener Werke). (Red)

Haugland, Tonje, Sängerin; c/o Theater & Orchester GmbH Neubrandenburg/Neustrelitz, Friedrich-Ludwig-Jahn-Str 14, D-17235 Neustrelitz. **Laufb:** Sol Th u Orch Neubrandenburg/Neustrelitz seit SpZ 03/04. (Red)

Haugsand, Ketil, Prof, Hochschullehrer, Cembalo; Rheinaustr 18, D-51149 Köln, T: (0 22 03) 91 32 34, F: 91 32 35, *ketil@haugsand.com*; H f Musik, Dagobertstr 38, D-50668 Köln. **Ausb:** Stud Kons Amsterdam (G Leonhardt). **Laufb:** Ass u Profl Norwegian State Academy of Music Oslo 74–94, Prof (Cembalo) H f Musik Köln seit 94. **Pr:** Prix d'Excellence Amsterdamer Kons. (Red)

Haunhorst, Martin, Violine; c/o Bergische Symphoniker, Konrad-Adenauer-Str 72–74, D-42651 Solingen. **Laufb:** stellv Konzm Berg Symphoniker Solingen. (Red)

Haunold, Heinz, Violine; c/o Bruckner Orchester Linz, Promenade 39, A-4010 Linz. **Laufb:** Konzm Konzm Bruckner Orch Linz. (Red)

Haunstein, Rolf, Bariton; c/o Opernhaus Zürich, Falkenstr 1, CH-8008 Zürich, T: 0 12 68 64 00; *www.opernhaus.ch* [Dresden]. **Ausb:** Stud Ges (J Kemter) Dresden, (K Rehm) Berlin. **Laufb:** Volksth Bautzen, Th in Freiberg u Cottbus, Staatsop Dresden 71, GastSol Op Leipzig, Kom Op Berlin, Staatsop Berlin, Th Wiesbaden, Kiel u Straßburg, Sol Op Zürich seit 91. **Pr:** KS Sächs Staatsop 76. (Red)

Haupt, Christina, Prof, Hochschullehrerin, Klavier; Laubegaster Ufer 1, D-01279 Dresden, T: (03 51) 2 58 17 60, F: 2 58 17 43; Hochschule f Musik, PF 120039, D-01001 Dresden [Pirna b Dresden]. **Ausb:** Stud Kl (Ingeborg Finke) u Cemb (H Collum) Dresden, Weiterbild Cemb (I Ahlgrimm) Wien. **Laufb:** L (Kl) H f M Carl Maria v Weber Dresden seit 71, Prof ebd seit 93; ZusArb m Dresdner Barocksol, Virtuosi Saxoniae, P Schreier ua; KonzReisen Dtschld, Großbritannien, Frankreich, Kroatien, Tschechien, Polen, Luxemburg, int MFstv (Schleswig-Holstein-Fstv, Rheingau-MFstv, Passauer MWochen, Dresdner MFSp, Sächs-Böhm MFstv, Dubrownik-MFtv ua), regelm Jurytätigkeit b Wettb 'Jugend musiziert', Weiterbild f MSchL. – **Sonst:** Beteil an e MFilm. (Red)

Haupt, Diethard Stephan, Musiker; Wilhelm-Külz-Str 38, D-99084 Erfurt, T: (03 61) 2 26 33 64, *dsthaupt@arcor.de* [Jena 9.4.1964]. Klassik **Ausb:** Stud (Orgel) KiMSchule Eisenach 81–85, Stud (Dirig) MH 'Franz Liszt' Weimar 90–95. **Laufb:** Solorep m Dgt-Verpfl Th Erfurt 95–2001, Solorep Th Eisenach seit 2001, StudLt ebd seit SpZ 03/04 (04/05). **Mitgl:** Max-Reger-Vereinigung eV Jena. – **Komp:** Toccata u Fantasie f Orgel, UA Jena, Volkshaus, H Haupt (Org) 2000. **AuftrKomp:** 'Das Hohe Lied Salomos' (f Sop, Bar, Frauenterzett u Kl), UA ThHaus Jena, m J Jachmann (Sop), T J Lehmann (Bar), F Werner, E Geiler, R Jobst (Frauenterzett), Ltg u Kl D St H 95 (Auftr ThHaus Jena). **UA:** J Thäfer: Konz f Kl u Streichorch B-Dur op 5 Nr 1, UA Weimar, m D St H (Kl) 91; Enjott Schneider: Glocken-Sinf, UA Erfurt, Dgt W Rögner 99.

Haupt, Eckart, Prof, Hochschullehrer, Flöte; Laubegaster Ufer 1, D-01279 Dresden, T: (03 51) 2 58 17 60, F: 2 58 17 43, *email@eckart-haupt.de*; Hochschule f Musik, PF 120039, D-01001 Dresden; *www.eckart-haupt.de* [Zittau, Sachsen 2.11.1945]. **Ausb:** Stud Fl, Komp (Rücker, Weiss) MH Dresden 62–67, Stud Fl (List) MH Leipzig 67–70. **Laufb:** Landesth Dessau 67–68, Berliner RF 68–70, Dresdner Philh 70–81, Staatskap Dresden seit 81, Prof (Fl) H f M Carl Maria v Weber Dresden seit 70. **Pr:** Kunstpr DDR, Nationalpr DDR, Fritz-Busch-Pr Staatsop Dresden, Pr d Dt Schallplattenkritik 86 u 88. **Ens:** Lt Dresdner Barocksol. – **Aufn/RF:** M Weiss: 'multiplo' (f Solofl) 79; D Cimarosa: Doppelkonz f 2 Fl u Orch, E Haupt, RF-SinfOrch Leipzig, Dgt: W-D Hauschild 80; C P E Bach: 'Die Flötenkonz' (Gesamteinsp), KamOrch 'CPE Bach' d Staatskap Berlin, Dgt: H Haenchen 88; W A Mozart: Die Flötenqua, Dresdner Barocksol 89; A Vivaldi: 'Concerti per flauti', Dresdner Barocksol, Dgt: P Schreier 91; W A Mozart: Die Flötenson KV 10–15, A Zenzipér, F-C Dittmann 91; L Boccherini: Divertimenti f Fl, 2 V, Va, 2 Vcl u Kb ad libitum 93; Hummel, J Haydn, Gyrowetz, C M v Weber: FlTrios, A Zenzipér, G Teutsch 93; M Weiss: Flötenson 1966, C Haupt (Kl) 95; J S Bach: 'Brandenburg Konz' 5. Concerto, Virtuosi Saxoniae, Dgt: L Güttler 97. **UA:** J Herchet: Flötenkonz. **Zug:** zahlr.

Haupt, Gerhard *siehe* Ihme, Hans-Friedrich

Haupt, Walter, Dr hc, Komponist, Dirigent, Regisseur; Keltenstr 8, D-85609 Aschheim, T: (0 89) 9 03 78 37, F: 9 03 43 30, *W.Haupt@addcom.de*; *www.Walter-Haupt.de* [München 28.2.1935]. Oper u Konzert **Ausb:** Stud (Schlgz, Dirig, Komp) Richard-Strauss-Kons u MH München 55–57, ergänzende Kompstudien (H W Henze) Salzburger Mozarteum 65/66. **Laufb:** Mitgl d Bayer Staatsorch 60–97, Lt Experimentierbühne d Bayer Staatsop 69–86, Komp, Dgt, Regisseur im In- u Ausland seit 69; Laser-Light-Environment z Eröffn d Olymp Sp München 72, Komp f d EröffnShow Munich Airport Center 99, Prod v ungewöhnl Projekten im freien Raum m High-Tech u traditionellen Feuer-, Wasser- u Lichtvisionen; Dgt m zahlr in- u ausländ Orch wie Münchner Philharmoniker, ORF-SinfOrch Wien, Münchner RF-Orch, Teatro Municipal Orch Lissabon u Sao Paulo, StaatsopOrch München, Russian Nat Orch, Orchestre Metropolitain Montreal. **Pr:** Gr Pr d Münchner OpFSp 71, Kulturlöwe d Stadt Jerusalem 89, Österr Ehrenkreuz f Wiss u Kunst 91, BVK am Bande 95, Dr hc 2000, BVK 1. Kl 03. **Mitgl:** GEMA, IKV. – **Komp:** Marat (Op) 82/83, UA Kassel, Staatsth 84 (Auftr: Staatsth Kassel); Pier Paolo... (Pasolini) (Op) 86, UA Kassel, documenta 8, Staatsth (Auftr: Staatsth Kassel); Requiem (Konz) 97, UA München, Bayer Staatsop 97 (Auftr: Bayer Staatsop München); Musik f eine Landschaft; Mach-Mit-Konz; The Sky is the Limit; Fantasy Musical Dracula; Aschheimer Hymne. **Aufn/RF:** 'Requiem – im Gedenken an d Opfer kriegerischer Verbrechen' 97, Sensus, Laser, Dioramen, Feuertheater-Entrada, Requiem f ein Mädchen, Orchesterstücke 1&2, Marat. **Sonst:** Inszenator u Dgt gr Open Air-Projekte ua 'Klangwolke', 'Carmina Burana' u 'Marat'. **Lit:** ua Leopoldseder: 'Linzer Klangwolke', 'Musikstädte d Welt München', 'Carl Orff Fotodokumente' u 'Mut z Utopie'; H Wagner: 'D Oper'; T Koch: 'Piktogramm'.

Hauptmann, Cornelius, Eidgen Diplom, Konzert- und Opernsänger (Bass); Stoßäckerstr 122, D-70563 Stuttgart, T: (07 11) 9 01 86 60, F: 9 01 86 61, *sarastro@web.de*; *www.cornelius-hauptmann.de* [Stuttgart 14.6.1951]. Lied, Oratorium, Oper **Ausb:** Stud (Poettgen, Richter) MH Stuttgart 74–82, (Stämpfli) Kons Bern 80–82, Mstrkse b Fischer-Dieskau, Schwarzkopf, Hotter, Holl; künstl Betreuung durch E Schwarzkopf 82–03. **Laufb:** Staatsop Stuttgart 82–86, Op Heidelberg 86–88, Op Karlsruhe 88–89, Gastsp Bonn, Berlin (Dt Op), München, Lyon, Amsterdam, Leipzig, Madrid, Lissabon, Paris (Châtelet, Bastille), Nancy, Zürich, Hannover ua; Konz, Op u CD-Aufn m Marriner, Bernius, Masur, Norrington, Gardiner, Pinnock, Hogwood, Bernstein, Barenboim, Rilling, Herreweghe, Kuijken, Mehta, Nagano ua; Liederabende, Fstvs; Doz b Mstrksen Wales 90, Sapporo 93, Aldeburgh 95, Oberstdorf 03; Privatschüler. **Pr:** Stip H-v-Karajan-Stift 82, Prse u Auszeichn b GesWettb Salzburg, Bad Orb, Berlin, Helsinki 81–84. – **Aufn/RF:** TV- u RF-Aufn; CDs: Zauberflöte (Norrington), Entführung a d Serail (Kuijken), Idomeneo, c-moll Messe, Clemenza, Paradies u Peri, Matthäus- u Johannespassion (Gardiner), Mozart: Requiem u c-moll Messe (Bernstein), Missa sol (Herreweghe), Haydn: Stabat mater (Pinnock), Parsifal (Barenboim), Monteverdi, Schütz, Mendelssohn, Schubert(Bernius), Oedipe (Foster) ua; Video/DVD: Mozart: Requiem u c-moll Messe (Bernstein), Entführuna d Serail (Gardiner), Zauberflöte (Gönnenwein); Liedaufn: Loewe, Mozart, Silcher, Schubert ua.

Haus, Karl, Prof, Komponist, Chorleiter; Hauptstr 115, D-97453 Schonungen-Schweinfurt, T: (0 97 21) 5 93 44, F: 5 93 44 [Schweinfurt 24.9.1928]. ChM, KamM, Herausgeber schul- u musikpäd Werke **Ausb:** Stud (A Grenz) 47, (Kl, Komp, Dirig) Staatskons Würzburg 49, (Musikerz) Augsburg 53. **Laufb:** MusikL im Gymn-Dienst 54, Lt MSchule Schweinfurt sowie Chorens 63, Doz (Chorlt, Musikerz) H f Musik Würzburg 65, Prof 79. **Pr:** Förderpr d Bayer Jugendrings 63, Valentin E Becker-Komppr 59, 63 u 65, Prtr d Carl-Engel-Stift, Hans-Berge-Gedächtnispr ua. **Mitgl:** ua Dt KompVerb. – **Komp:** Vier Villanellen nach altital Texten (ChorW), UA Bad Brückenau, Schubertbund Wuppertal 63; Suite malicieuse nach F Villon (ChW), UA Konstanz 80 (Auftr: Int Jugendchtreff d Bad SBundes); Max u Moritz Streiche, UA Erlangen 82; Psalmen-Triptychon (ChorW), UA Abtei Münsterschwarzach 92; zahlr Komp u Bearb int Folklore f alle Chorgattungen; Marianische Gesänge f Sop u Kl, UA Hamburg 04. **Aufn/RF:** zahlr Aufn bes BR, Tonkassetten u CDs. **UA:** ua Hummel, Hollfelder, Möckl, Stahmer. **Sonst:** Grdg Experimentalchor d H f Musik Würzburg m zahlr UA, Chorpäd Veröffentlichungen, Grdg Karl-Haus-Stift f begabte u bedürftige Musikschüler 92. **Lit:** KompPorträt 79, 93 u 03, 'Lied u Ch', 'Ch i Gespräch 1972', 'Komp der Gegenwart', 2000, Dt KompVerb.

Hausberg, Martin, Sänger; c/o Staatstheater am Gärtnerplatz, PF 140569, D-80455 München. **Laufb:** Sol Staatsth am Gärtnerpl München. (*)

Hauschild, Thomas, Prof, Hochschullehrer, Horn; Mühlweg 13, D-04416 Markkleeberg, *Th.Hauschild@web.de*; H f Musik u Theater 'Felix Mendelssohn Bartholdy', Grassistr 8, D-04107 Leipzig [Greiz, Thüringen 4.7.1964]. **Ausb:** Stud Hn (Prof E Penzel) Köln. **Laufb:** Mitgl ThomanerCh Leipzig 74–83, Staatsorch Stuttgart 90–2001, LAuftr MH Stuttgart, lt Dgt Landesjugendorch Thüringen 96–99, Dgt Studentenphilh Tübingen seit 98, Mitgl Barockorch Stuttgart, Prof (Hn) H f Musik 'Felix Mendelssohn-Batholdy' Leipzig 01.

Hauschild, Wolf-Dieter, Prof, Dirigent, Hochschullehrer, Generalmusikdirektor; Brucknerstr 29 a, D-70195 Stuttgart, T: (07 11) 6 96 08 68, F: 6 96 08 66 [Greiz, Thüringen 6.9.1937]. Konz, Op **Ausb:** Stud Dirig, Komp (H Abendroth ua) H f Musik Weimar 54–59. **Laufb:** Chefdgt RF-SinfOrch Leipzig 79–85, Stuttgarter Philharmoniker 85–91, Chefdgt u Int Ophaus Aalto-Th Essen 81–97, Prof (Dirig) Staatl H f Musik Karlsruhe seit 89, ständ Gastdgt Norddt Philharmonie Rostock, Gastdgt Bad Staatsth Karlsruhe SpZ 00/01, Gastdirigate Finnland, Italien, Japan, Schweiz, GMD Volksth Rostock, ChefDgt Staatsphilh seit 01, GastDgt Staatsth Braunschweig SpZ 04/05. **Mitgl:** DMR (DgtForum). – **Aufn/RF:** zalr CDs in Dtschld, Schweiz u Japan, RF-Mitschn Berlin, Leipzig, WDR Köln, NDR Hannover, Radio Svizzera Italiana. **UA:** Denissow, I Yun, F Schenker, S Matthus.

Hausegger, Siegmund von, Prof, Hochschullehrer (Violoncello); Hochschule f Musik Nürnberg-Augsburg, Abt. Nürnberg, Veilhofstr 34, D-90489 Nürnberg, T: (09 11) 63 06 62, F: 63 06 62. **Ausb:** Stud (I. Güdel, A. Navarra, Fr.-J. Sellheim u. L. Parnas) in Detmold, Hannover u Boston. **Laufb:** 1. Solocellist-Philharmon Orch Bielefeld, Lt Cellokl MH Würzburg, Prof (Vcl) H f Musik Nürnberg-Augsburg, Abt Nürnberg. (Red)

Hauser, Alexis, Dirigent; c/o Dr.Raab & Dr. Boehm Künstleragentur, Plankengasse 7, A-1010 Wien, T: (01) 5 12 05 01 25, F: 43 15 12 [Wien 1947]. **Ausb:** Stud U f M u Darst Kunst Wien (Prof H Swarowsky), DirigierDipl 70, weitere Dirigierstud (F Ferrara, M Horvat, H v Karajan). **Laufb:** Debüt m Wiener Symph u San Francisco Symph 73, Debüt New York City Op 75, Debüt Japan 95, MD McGill-SymphOrch Montreal 01. **Pr:** Koussevitzky-Pr Tanglewood-Fstv 74, 1. Pr 1. Int H-Swarowsky-DgtWettb Wien 77. (Red)

Hauser, Fritz, Komponist; Bachlettenstr 5, CH-4054 Basel, T: 06 12 81 25 13, *info@fritzhauser.ch*; *www.fritzhauser.ch* [Basel 1953]. **Laufb:** Tourneen in ganz Europa, Kanada, USA, Mittl Osten, China, Baltikum, Rußland, Kirgisien, Gare du Nord Basel SpZ 04/05. – **Komp:** zuletzt: nothing will ever change (f Schlgzens) 98; Ore piccole (f 11 Schlgz) 98; Stille Nächte (f 3 Perk u Sax) 98; Zeichnung (Duo f Perk) 02; As we are speaking (Qua f Perk) 04. (Red)

Hauser, Fritz, Prof, em Hochschullehrer; Sonnenhang 24, D-72178 Waldachtal-Tumlingen, T: (0 74 43) 28 27 75 [Tuttlingen 13.3.1940]. **Ausb:** MH Stuttgart u Detmold. **Laufb:** Prof (Klar) H f Musik Detmold. **Ens:** Süddt KamEns.

Hauser, Lena, Prof, Hochschullehrerin, Sängerin; Hochschule Musik u Tanz, Tössertobelstr 1, CH-8400 Winterthur, *hauserpl@bluewin.ch*. **Ausb:** Stud Univ Vancouver, Stud b Juliette Bise, Margreet Honig. **Laufb:** Doz (Ges, Diktion) MH Winterthur Zürich seit 90. **Pr:** 1. Pr Kiwanis Gess Fstv. (*)

Hauser, Reinhard, Künstlerischer Leiter; c/o Stadttheater St Pölten, Rathauspl 11, A-3100 St Pölten. **Laufb:** Künstl Lt Th St. Pölten SpZ 03/04. (Red)

Hauser, Sigrid, Sängerin; c/o Theater St Gallen, Meuseumstr 1/24, CH-9004 St Gallen. **Laufb:** Sol Volksop Wien, Sol Th St. Gallen seit SpZ 03/04. (Red)

Hausmann, Ib, Klarinette; Am Weinberg, Schießhütte 50, D-63505 Langenselbold, T: (0 61 84) 6 42 36, F: 6 42 36, *clarinet@ibhausmann.de*; c/o Konzertbüro Nikolaus Schmidt, Kirchenallee 22, D-20099 Hamburg, T: (0 40) 28 05 66 17, F: 28 05 66 18, *info@schmidtkonzert.de*; *www.ibhausmann.de* [Berlin 4.12.1963]. Konzert, Kammermusik, klassische u Neue Musik **Ausb:** Stud Klar (E Koch) Berlin, (M Pressler) Banff, (G Kurtág) Berlin. **Laufb:** Sol (Klar) RF-SinfOrch Leipzig, Staatskap Berlin, Künstl Ltg Schlosskonz Königstein, Wiener MVerein, Minnesota Orch 2000, Tournee m Hagen-Qua Salzburg, Wien, München, Düsseldorf, Vogler-Qua (Irland), Konz m K M Brandauer, D Hope, S Nakariakov, Schubertiade Schwarzenberg (Vogler-, Pertersen-Qua), Festival SHM, Ludwigsburg, Feldkirch, Lofoten, Hagen-Open, Bebersee. **Pr:** ua 1. Pr Wettb d europ RF-Anstalten 87, 2x Pr d Dt Schallplattenkritik (f Goldschmidt u Reger). **Ens:** Serapion, Aureus, ClariNetWorks. – **Komp:** 'Ohnung' 96; 'Tree-o-log' (Klar, Vcl, Kl) 98; 'Dreisam' (Ob, Klar, Fag), Quartett 03, 'fünfst' (Kla u StrQua). **Aufn/RF:** CDs: M Feldmann: Clarinet and Stringqua, Weltersteinsp; M Reger: Complete works for clar and piano; Schumann – Berg – Brahms: edition refugium; B Goldschmidt: Früher u Später; Werke v Hindemidt, Prokofjev, Poulenc, Berg, P Bowles; E Brown: Synergie. **UA:** P H Dittrich: Kammermusik XIV, UA 05. **Zug:** ua P H Dittrich: Singbarer Rest (Klar Solo); J Wallmann: Son (Klar Solo); P H Dittrich: Kammermusik XIV. **Sonst:** Schprojekt 'Ohrwurm' 05.

Haußner-Unger, Ute, Schauspielmusikerin; Richard-Moes-Str 6, D-32758 Detmold, T: (0 52 31) 3 75 25. **Laufb:** SchspM Landesth Detmold SpZ 03/05. (Red)

Haussner, Gert (Pseud: Bluebone), Saxophonist, Gitarrist, Komponist, Pädagoge; Schießstattgasse 6, A-3400 Klosterneuburg, T: (0 22 43) 2 45 93, F: 2 45 93, *g.haussner@netway.at*; *www.music.privateweb.at/sghertso* [Wien 21.12.1963]. v Renaissance b Blues **Ausb:** Stud (Ital, Span MWiss) Univ. Wien 83–85, Lehrgang Tontechnik H f M u Darst Kunst 84–86. **Laufb:** Tourneen nach Frankreich (3), Mexico, Estland, Italien; OpEng als Sänger im Jugendstilth (Wien), als Gitarrist f Op Klosterneuburg; StudArb f österr Topacts; künstl Lt KamCh Klosterneuburg seit 87; Lehrer (Git, E-Bass, Mandoline) MSch Klosterneuburg. **Ens:** Boring Blues Band, Schola Cantorum. – **Komp:** Das gefundene Parteibuch d Katharina B. (KamOp). **Aufn/RF:** mehrere CDs. **UA:** ChW v U-D Soyka u H Holik.

Hauville, François-Xavier, Intendant; c/o Opéra de Lausanne, Av du Théâtre 12, CH-1002 Lausanne, CP 3972, CH-1005 Lausanne, T: 02 13 10 16 16, F: 02 13 10 16 90, *francois-xavier.hauville@lausanne.ch*. **Laufb:** Dir Op de Lausanne. (Red)

Havenstein, Birgit, Komponistin; Argentinische Allee 81, D-14163 Berlin [Berlin 4.1.1954]. E-Musik **Ausb:** SchM (Querfl) H d Künste Berlin, (A Jaunet) Zürich, Komp (W Szalonek) H d Künste Berlin 87–91. **Laufb:** freischaff Komp seit 92. **Pr:** Prtr Forum Junger dt Komp f OrchM 85, Prtr 8. Int Komp-Wettb d Sommerl Musiktage Hitzacker 88, Komp-Stip d Senatsverwaltung f kulturelle Angelegenheiten Berlin 88 u 92. – **Komp:** Szene f Orch (OrchW) 84/85, UA Berlin, Philharmon Orch, Dgt: R Peters 85; 'Lamento' f Str-Qua 84/85, Alles Vergessene schreit im Traum um Hilfe (Graffiti f Fl, Vcl u Hf) 87, UA Hitzacker 88; 'Qarrtsiluni-Stille', music for flute solo 89, UA Berlin 89; 'Im Jasmin' f Vcl solo 89, UA Berlin, A Carewe 89; Es gibt auch Dichter, d keine Verse machen, Septett f KamEns (KamM) 92, UA Berlin 92 (Auftr: Gedok, Berlin, m Unterstützung Initiative Neue Musik Berlin eV Senatsverw f Kulturelle Angelegenheiten Berlin, AG Frauen); Even the earth gave his secrets (KamM) 92, UA Berlin, I Wilhelmi, J Ernst, Y Ikeya-Fuchino 93; Music on an absent violoncellist (Hf solo) 93, K Hanstedt.

Havranová, Jana, Sopran; Leipziger Str 16, D-98617 Meiningen, T: (0 36 93) 47 60 52, F: 47 60 52; c/o Artists Management Verena Keller, Lohwisstr 52, D-8123 Ebmatingen [Nitra, Slowakei 20.11.1966]. Oper **Ausb:** Kons Bratislava (R Illenberger) 81–87. **Laufb:** Sol Staatsth Košice (Slowakei) 87–95, Sol Staatsop Prag 96–98, Sol Meininger Th – Südthüring Staatsth.

Hawlata, Franz, Bass; c/o ARIAS, Via Josef Weingartner 4, I-39022 Lagundo – Merano BZ, T: 04 73 20 02 00, F: 04 73 22 24 24, *info@arias.it*, *arias@rolmail.net*; c/o Wiener Staatsoper, Opernring 2, A-1010 Wien, T: (01) 5 14 44 22 50. **Ausb:** Stud (MWiss, später Ges) MH München b E Haeflinger, H Hotter, weitere Stud b E Werba. **Laufb:** Debüt u Sol Gärtnerplatzth München, Sol Kom Op Berlin, freischaff seit 92, Auftritte Op Lyon, Op Washington, Pretoria, Stadtth Würzburg, Op Dortmund, Op Amsterdam, Op San Francisco, Gastsol Washington 93–94, Staatsop Hamburg, Welsh Op Cardiff, Auftritte Wiener Volksop seit 94, Met Op New York, Sol Wiener Staatsop SpZ 02/03, 04/05, Auftritte Bayer Staatsop München 02/04, Florence May Fstv, Ludwigsburger SchlossFSp, Sol MTh Essen SpZ 03/05. **Pr:** Prtr GesWettb Cardiff u Wien. – **Aufn/RF:** R Strauss: 'Opernkonz' (m Münchner RFOrch) 92, G Puccini: 'La Fanciulla del West' (m Münchner RFOrch) 92, L Spohr Louis 'Faust' (m RFOrch SWF Kaiserslauter) 93, V E Nessler: 'Der Trompeter v Säckingen' (m Kölner RFOrch) 94, C Loewe: 'Lieder u Gesänge' 96, 'Drei Wünsche' (m RFOrch SWF Kaiserslauter) 96, A Dvorák: 'Rusalka' (Czech Philharmonic Orch) 98, 99, G Verdi: 'Franz Hawlata, Arias' 99. (Red)

Hay, Thomas, Sänger; Am Hagenacker 6, D-21407 Deutsch-Evern, T: (0 41 31) 79 17 13, F: 79 17 13; c/o Allee Theater – Hamburger Kammeroper, Max-Brauer-Allee 76, D-22765 Hamburg. **Laufb:** Sol KamOp Hamburg, Op a d Leine SpZ 04/05. (Red)

Hayashi, Naomi, Klavier; Barbarossastr 2, D-10781 Berlin, T: (0 30) 23 63 86 30, F: 23 63 86 30, *hayanaomi86@aol.com*; c/o Konzertagentur Thüringen, Freiligrathstr 8, D-99096 Erfurt, T: (03 61) 6 02 67 25, F: 6 02 67 26, *konzertagentur-thueringen@t-online.de* [Tokio 6.8.1973]. **Ausb:** MusikH Toho Gakuen b Y Kojima 92–96, H f Musik Hannover b E Steen-Nökleberg 96–98, H f Musik „Hans Eisler" Berlin b A Schmidt 99–2000, H f Musik u Th Leipzig b M Tomas 2000–03. **Laufb:** Ricital Tokio 98, Carnegie Ricital Hall 99, Konzhaus Berlin 99, Mozart: Klavierkonzert K 271 Leipzig 02. **Pr:** Prtr PTVA Klavierwettb Tokio 92, Prtr IBLA Int. Wettb 98.

Haye, Olaf, Sänger; c/o Bühnen der Stadt Köln – Opernhaus, PF 101061, D-50450 Köln, T: 0 17 17 46 61 97, *OlafHaye@t-online.de* [Kiel 13.5.1967]. **Ausb:** Stud Gesang (N Pöld) MH Hamburg 85–91. **Laufb:** Ens Th Kiel 90–92, Ens d Op Dortmund 92–95, Sol Kom Op Berlin SpZ 03/04, Op Köln, Op Frankfurt, Staatsoptte Dresden (03/04), Volksop Wien, Th de la Monnoine Brüssel, Op Nancy. **Pr:** Stip d Dt Musikrates, VdMK-Wettb Berlin, Richard-Strauss-Wettb. – **Aufn/RF:** G Rossini 'Adina' 92; G F Händel: 'Almira' 94.

Haymon, Cynthia, Sängerin; c/o Athole Still International, 25–27 Westow Street, London SE19 3RY, Vereinigtes Königreich, T: (0 20) 87 71 52 71. **Laufb:** Sol Op Leipzig. (Red)

Hays, Debra, Sängerin; Feldstr 74, D-41236 Mönchengladbach, T: (0 21 66) 3 17 95, (01 73) 9 23 28 17; c/o Vereinigte Städtische Bühnen, Odenkirchener Str 78, D-41236 Mönchengladbach. **Laufb:** Sol Vereinigte Städt Bühnen Krefeld u Mönchengladbach. (Red)

Hayward, Robert, Sänger; c/o Württembergisches Staatstheater, Oberer Schlossgarten 6, D-70173 Stuttgart. **Laufb:** Sol Staatsth Stuttgart, Bayer Staatsop SpZ 03/04, Gastsol Op Frankfurt SpZ 04/05. (Red)

Hazay, Tibor, Prof, Hochschullehrer, Klavier; Meyerhofweg 4, D-79294 Sölden, T: (07 61) 4 57 00 41, F: 40 75 78, *emdoz-tprof.hazay@t-online.de* [1937]. **Laufb:** Prof (Kl) Staatl H f Musik Freiburg. (*)

Hazebrouck, Vera van, Intendantin; c/o Deutsche Oper am Rhein, Heinrich-Heine-Allee 16 a, D-40214 Düsseldorf. **Laufb:** Intend d Düsseldorfer Symphoniker Op am Rhein Düsseldorf-Duisburg SpZ 03/05. (Red)

HB-W *siehe* Bieler-Wendt, Helmut

HDK *siehe* Kiemle, Hans Dieter

He, Hui, Sängerin; c/o Volksoper Wien, Währinger Str 78, A-1090 Wien. **Laufb:** GastSol Vereinigte Bühnen Graz SpZ 03/04, Sol Volksop Wien SpZ 04/05. (Red)

Healey, Kate (Catherine), Sängerin (Sopran); c/o Allee Theater – Hamburger Kammeroper, Max-Brauer-Allee 76, D-22765 Hamburg. **Ausb:** Stud an der MH Cincinnati, Ohio. **Laufb:** Sol Hamburg Staatsop, KamOp Hamburg. (*)

Prof Bernhard Hebb

Hebb, Bernard, Prof, Hochschullehrer, Gitarre; Landauer Weg 29, D-28279 Bremen, T: (04 21) 83 70 46, *bernard.hebb@web.de*; Hochschule f Künste, FB Musik, Dechanatstr 13–15, D-28195 Bremen, T: (04 21) 95 95 15 43; *www.bernardhebb-guitar.de* [Ludlow Mass./USA 22.2.1941]. Konzerte, Unterrichten **Ausb:** Stud Git b Francis Lapierre 55–60, in St Petersburg u Tampa, Florida 61–64, MH Wien (Karl Scheit) 65–69. **Laufb:** Prof (Git, Ens) H f Künste Bremen, Gastprof Escuela de Música de la Universidad de Guanajuato, Mexiko; Tourneen in Australien, Bulgarien, Frankreich, Dänemark, Dtld, Griechenland, Jugoslawien, Mexiko, Niederlande, Österreich, Polen, Thailand, Venezuela u USA. **Pr:** Goldenes Ehrenzeichen d Verbandes d Arbeiter-Musikvereine Österreichs (VAMÖ) 73, Pakhus Pr Denmark 02, Silberne Ehrenmünze d Stadt Zeven 05. – **Aufn/RF:** 'Interlockings' m K Behrmann 77, 'Musik für Oboe und Gitarre' m H Schaarschmidt 83, Musik am Hofe des Sonnenkönigs' m H Schaarschmidt 85, 'Musik für 2 Gitarren' m K Wollny 86, Serenade m H Schaarschmidt, 'Oboen-Sonaten des italienischen Barock' m G Ribke u H Schaarschmidt, Konzertante Barockmusik m B de Wetter Smith u G Ribke, 'Romance' m G Ribke 91, 'Guitar Impressions' m F Svit 02, 'Twilight' m G Guillén; RF: Südfunk, Radio Bremen, Radio France, Educational Radio New Hampshire, Univ Radio North Carolina, Australian Broadcasting Comission, 3MBS Radio (Australien), Bulgarien u Studio B Belgrad; TV: ARD, 'International Music Box' (USA), Belgrad TV, channel 2 Jugoslawien, Kultur TV Venezuela. **UA:** Walter Steffens: Für Soto (SoloGit) 71; Hans Georg Lotz: Interlockings (Bfl, Git) 76, Günther Kretzschmar: Partita Nr I (SoloGit) 86. **Zug:** Walter Steffens: Für Soto; Hans Georg Lotz: Konversationen f 3 Gitarren, Three Faces, Interlockings u Konzert f Gitarre und Orchestra; Günther Kretzschmar: Partita Nr. I; Hayden Reeder: Draw Near to the Bells; Uroš Dojčinović: Drei kurze Tänze op 20. **Sonst:** Mitgründer 'Zevener Gitarrenwoche'. **Lit:** Die Zupfmusik (Zs) 74, K Ragossnig: Handbuch der Gitarre und Laute 78, J Prowozniak: Gitarren Lexikon 80, A Schmitz: Das Gitarrenbuch 82, Musikblatt (Zs) 85, T Santos: Heitor Villa-Lobos and the Guitar, Staccato (Zs) 95, Gitarre aktuell (Zs) 2000, Akustik Gitarre (Zs) 01.

Hecher, Gert, Hammerklavier, Klavierpädagoge, Restaurator; c/o Mersich & Kiess OEG, Erlaaer Pl 2/2/19, A-1230 Wien, T: (01) 8 17 87 73, F: 8 17 87 73, *mersich-kiess@akis.at*; *www.mersichkiess.at* [Graz 1960]. histor Kl, Aufführungspraxis d 18. u 19.Jhs **Ausb:** Kl, MPäd (K Hübner, E Dvorak-Weishaar, A Rößler) U f Musik Wien, hist Aufführungspraxis, Stilkde (H Krones) MH Wien, Mstrkse (J Uhde, E Picht-Axenfeld), Dipl 92. **Laufb:** Mitgl int Jury Pantscho Vladigeroff Kl-Wettb Schumen (Bulgarien) 86, KonzReisen m Gamerith-Consort durch Österreich, Dtschld, Italien, Ungarn 92, Festkonz z 200.Geburtstag d Kl-Bauers J B Streicher Streicher-Hof u Musikverein Wien 96, Konz auf hist Kl Hekinan (Japan) 96, Konz in Tokio u Osaka 98. – **Aufn/RF:** Werke v Liszt 91/92; Clementi: Klaviersonaten, Slg alter Musikinstrr d Kunsthist Mus Wien 94; Aufn staatl japan Fernsehen 96; Schubert: Lieder, m H Dearing (Sop), H Faltynek (Klar) 97. **Sonst:** Restaurierung hist Kl, Grdg e Werkstatt 93. (Red)

Hechfellner, Peter, Sänger; c/o Junge Kammeroper Köln, Florastr 93, D-50733 Köln. (Red)

Hecht, Karl-Ludwig, Hochschullehrer, Dirigent; Bremer Str 74, D-10551 Berlin, T: (0 30) 3 96 67 43. **Laufb:** Doz (Orgel, Dirig, Gregorianik) Erzbischöfl KiMSchule Berlin bis 02, Ltg Knabenchor Berlin. (Red)

Hechtel, Herbert, Komponist; Bussardstr 18, D-91088 Bubenreuth, T: (0 91 31) 2 45 15; Kobergerstr 49a, D-90408 Nürnberg, T: (09 11) 36 70 26 [Ansbach 9.12.1937]. **Ausb:** Stud (SchM, Komp) MH München 58–61, Komp (E Karkoschka) Stuttgart, Stud (MWiss, Philosophie) U Erlangen 67–71. **Laufb:** erste RF-Aufn (KlTrio) 62, SchM-Erz seit 63. **Pr:** KompPr d Jeunesses Musicales 67, Kulturförderpr d Stadt Erlangen 76. – **Komp:** Retrouvant une scène lyrique (KamM) 66, UA Nürnberg 66; 'Trial' f 3 mal 3 Instr 73, UA Nürnberg 73; Elegie f e Haus aus Hauch (KamM) 81, UA Erlangen 81; 7 Epitaphe (ChorM) 96, UA Baiersdorf 96; fremd sein, 9 Fragmente f gem Chor (ChorM) 97. **AuftrKomp:** 'Einstellungen' f KamEns, (Auftr: Ars Nova-Ens Nürnberg); 'Tapetenhausmusik' od 'Der kleine Ohrenschmaus' (Radiophonie) 76, UA Nürnberg, BR 76 (Auftr: BR); 'Relatione per due' Konz f 2 Kl u Orch (Konz) 85, UA Bamberg, Erlangen 86 (Auftr: Stadt Erlangen). (Red)

Heckel, Georg, Bass; c/o Landestheater Coburg, Schlosspl 6, D-96450 Coburg, T: (01 72) 3 07 73 37. **Laufb:** Sol Opstudio Köln, Ldsth Coburg seit SpZ 01/02, Gastverträge Basel, Freiburg, Leipzig, Palermo. **Pr:** R-Wagner-Stip.

Heckmann, Heinz, Dozent; Am Urteilsgarten 11, D-54309 Butzweiler, T: (0 65 05) 7 85, F: 14 92, *liesel.heckmann@t-online.de*. Komposition **Ausb:** KiMSch Trier 50–52, KiM-Ex; Stud Komp (Prof H Konietzny), Kl, Fag, Waldhn, Dirig MH d Saarlandes 53–56, Mstrkl f Komp (H Konietzny) 56–59. **Laufb:** Doz KiMSch Trier, Fag Orch d Stadt Trier 60–65, KonzTätigkeit als Liedbegl. **Pr:** Förderpr d Ldes Rheinland-Pfalz 77, 3. Pr KompPr Freigericht 84, 3. Pr b Feuchtinger u Gleichauf Regensburg 91, 1. Pr Ciudad Ibague/Kolumbien 93, 2. Pr 'Valentin Becker' Bad Brückenau 96, Anerkennungspr Fellbach 97. – **Komp:** Friedensmotette 'Da pacem, Domine', OrgWerke: Toccata, Choral, Ostinato u Fuge, Choralfantasie über die Ostersequenz 'Victimae paschali laudes', Fantasie über d Weihnachtslied 'Stille Nacht, heilige Nacht', Metamorphosen über B-A-C-H, 'Osterjubel', Fantasie über 'Christ ist erstanden', mehrere Messen a cappella u m Org. **AuftrKomp:** Stadt u Th Trier (UA ebd): Sinf Vorspiel (BühnenM zum Märchen 'Des Kaisers neue Kleider'); 'Requiem Caniceanum' (f 5 Solostimmen, Ch u Orch); 2 Lieder f Bar u 12 Bl (Text: S Andres); Divertimento f 8 Holzbl-Instr; 4 Lieder f Sop u StrOrch (Text: S Andres); 'Elfenreigen' (Op); SWF: 'L'Epitaphe' v F Villon f 8-stimm gem Ch a c (CD); Divertimento Concertante f Fl u StrOrch; Son f Vcl u Kl; Kultusmin Rheinland-Pfalz: 'Die Vier Apokalyptischen Reiter' (Text: Pater M Ruhrmann u Joh-Apokalypse) f 4 GesSol, Ch u gr Orch(CD); Staatsth Saarbrücken: Konzertstück f Balalaika, Bajan u Orch; Hohe Domkirche Trier: 'Magnificat' f Ch u Orch (MC). **Aufn/RF:** Schallpl u CDs: versch Werke f Kl (SWF, SR); Sinf Vorspiel f Orch (Städt Orch Trier, Philh Orch Sarajevo, RFOrch SWF Kaiserslautern); 'Requiem Caniceanum' (Städt Orch u Philh Ch Trier, SinfOrch SR, Trierer DomCh); Motette z Fest d Erscheinung d Herrn f gem Ch a c (HR); Friedensmotette 'Da pacem' (SWF); 'Osterjubel' f Org u Choralfantasie über 'Wachet auf' (CD-Einsp u Prod SWF); 2 'Ave-Maria'-Vertonungen f Mezzosop u Org (CD). **Lit:** RF: einstünd KompPorträt SWF 92; zweistünd KompPorträt Klassik-Club d Jazzwelle Plus München 94; einstünd KompPorträt SR 2000; KompPorträt Bulgar RF Sofia 02; Publ: KompPorträt 'H H' 94, in: Komponisten d Gegenwart,

Handbuch d Dt Komp-Interessenverbandes; KompPorträt 97, in: Jahrbuch Kreis Trier-Saarburg, K Beckmann: Repertorium Orgelmusik, Mainz 99.

Hedgpeth, Sara, Sängerin (dramatischer Sopran); Doktorgäßchen 3 1/2, D-86152 Augsburg, T: 01 7 1482 88 15, F: (08 21) 5 08 35 73, *shedgpeth@my-box.de* [California, USA].

Hedinger, Christine, Klavier, Clavichord, Hammerflügel, Orgel; Curtgins, CH-7422 Tartar, T: 08 16 30 08 65, F: 08 16 30 08 66 [Basel 17.3.1952]. **Ausb:** Stud MH Zürich 71–78, Stud Kons Basel 78–80. **Laufb:** Teiln Aspen Fstv USA 79, Ass Boston U Music School 80–82, Tournee als Pianistin m Ballett d Zürcher Op Italien 85. **Ens:** Helios-Ens. – **Aufn/RF:** div Aufn Radio DRS; 'Die Flöte meisterhaft gespielt'; CDs: B Martinu: KamM, 90; B Martinu: KamM 99. **Sonst:** Aufsatz über K Hessenberg: Zehn kleine Präludien, op 35 f Clavichord (De Clavicordio III) 97.

Heerden, Carin van, Prof, Hochschullehrerin, Blockflöte, Barockoboe; Bäckergasse 2, A-4861 Schörfling, T: (0 76 62) 2 93 55, F: 2 93 55, *carin.vanheerden@utanet.at*; H f Musik, Dagobertstr 38, D-50668 Köln [Cape Town 25.9.1963]. **Ausb:** Stud (Blockfl, Barockob) MH Köln 83–86, (Van Hauwe) Sweelinck-Kons 86–89. **Laufb:** Vertragsprof (Blockfl) U Mozarteum Salzburg seit 93, Prof (Barockob) A Bruckner-Univ Linz, Akad f Alte Musik u Histor Aufführungspraxis ebd, Prof (Blockfl, Barockob, Alte Musik) H f Musik Köln 04. **Pr:** 1. Pr Tonger Wettb Köln 86, 2. Pr Int ARD-Wettb München 88. **Ens:** L'Orfeo Barockorch. **Mitgl:** EURPC. – **Aufn/RF:** Bach: Oboe d'amorekonz A-Dur, m L'Orfeo Barockorch, Schleswig-Holstein-Fstv, NDR 2000; Rosetti: ObKonz G-Dur, m L'Orfeo Barockorch, Schwetzinger FSp, SWR 02.

Hees, Christian, Sänger; c/o Mecklenburgisches Staatstheater, Alter Garten, D-19055 Schwerin, T: (03 85) 61 28 00, (01 72) 3 16 65 13, *christianhees@yahoo.de* [Hamburg 20.1.1955]. Oper, Operette, Oratorium **Ausb:** Stud (MWiss) U Hamburg 76–80, Gesang (E Jalbert, N Pöld, H Kagel) ebd 79–86. **Laufb:** Sol Staatsth Kassel 86–89, Stadtth Gießen 89–94, Gastsol Th Aachen 91–92, Frankfurt/M 92–93, Sol Mecklenburg Staatsth Schwerin seit 94, Gastsol Städt Bühnen Münster SpZ 2000/01; Gastverträge Las Palmas (Amigos Canarios de la Opera) 03/05; Gastvertrag regionale 2004/musikakzente 04. **Pr:** Orpheus-Pr 90.

Heesch, Franz-Georg, KMD, Hochschullehrer, Chorleiter; Musikhochschule, Große Petersgrube 17–29, D-23552 Lübeck. **Laufb:** Doz (Gemeindesingen) MH Lübeck. (*)

Hefele, Gottfried, HonProf, Klavier, Hochschullehrer; Erlenweg 8, D-86424 Dinkelscherben, T: (0 82 92) 6 16; H f Musik u Theater, Arcisstr 12, D-80333 München. **Ausb:** Stud (H. Steurer) H f M u Th München, Stud b L. Shure Boston, USA. **Laufb:** Prof (Kl) H f M u Th München 02. **Ens:** Seraphin-Trio. (Red)

Hefti, David Philip, Dirigent, Komponist, Klarinettist; Bucheggstr 41, CH-8037 Zürich, T: 04 43 82 49 50, *info@philip-hefti.ch*; *www.philip-hefti.ch* [St Gallen 13.4.1975]. Expressionismus, Neue Musik **Ausb:** Stud Komp, Dirig, Klar, KamM (W Rihm, W Meyer, E Schmid, G Bennett) MH Winterthur Zürich, Staatl H f M Karlsruhe. **Laufb:** kammusikal, solist Tätigkeit, Gastdgt Orch u Ens im In- u Ausland, Dgt, Komp, Klarinettist Int Musik-Fstv wie Luzern, Davos, Bourges, Konz in ganz Europa u Südamerika, Dgt u künstl Lt Zürcher KamEns seit 99, Doz MH Zürich seit 2000. **Pr:** Prtr versch Wettb u Stift ua Prtr Schweizer DgtWettb 99; 1. Pr G Enescu Wettb f Komp 05. **Ens:** Klar-Ens Clarino. **Mitgl:** SUISA, Schweiz Tonkünstlerverein. – **Komp:** (alle Werke sind AuftrKomp f Interpr, Orch, Fstvs, Stift, Privatpers) PeRSIgNo (f 10 Klar) 97, Metamorphosen (f Vl u Kl) 98, 'Miroirs' (f Vl u Kl) 98, DIARIUM (f Vl Solo) 99, Counterpoints on 'come, sweet death' (f Klar, BassettHn, KBKlar) 2000; DEDICATIONES (variabel) ab 2000, SATOR – Zyklus ab 02, SATOR (Konz f Klar u Orch) 02, AREPO (Konz f Vl u Orch) 03, TENET (f Sopr u Ens) 03, 'O, Star!' (f Klar solo) 03, 'O, Star! II' (f Sax solo) 04, 'Melencolia I' (f Fl, Perc u Kl) 04. **Aufn/RF:** Counterpoints on 'come, sweet death', m Ens Clarino 01; DIARIUM m S Tönz (Vl) 03; SATOR m Zürcher KamEns u Collegium Novum Zürich, V Wandeler (Klar), Dgt: D P H; 'Melencolia I', m P Racine (Fl), M Würsch (Perc), O Schnyder (Kl) 05. **UA:** Marti: 'Expansion of a Verse'; Baumann: 'Poren f 3 BassettHn'; Nied: 'oT 23'; M Wettstein: 'Schwarzes Feuer'; P Wettstein: 'Flechtwerk'. **Zug:** M Wettstein: 'Schwarzes Feuer'; P Wettstein: 'Flechtwerk'. **Sonst:** Portrait-Konz 'David Philip Hefti' in Zürich 03, 'Artist in Residence' Musikbiennale Ribeirão Preto, Brasilien 04.

Hefti, Jakob, Horn, Hochschullehrer; Dolderstr 40, CH-8032 Zürich. **Laufb:** Doz (Hn, Orchausb, KamM) MH Luzern. **Ens:** La Gran Partita Zürcher Bläseroktett. (Red)

Hegel, Horst, Violine, Viola, Hochschullehrer; Magdeburger Str 47, D-49504 Lotte, T: (05 41) 12 22 04; c/o Städtische Bühnen Osnabrück, Domhof 10–11, D-49074 Osnabrück. **Laufb:** Doz (V, Va) FH Osnabrück, Kons, Konzm Osnabrücker SymphOrch. (Red)

Hegerfeldt, Cordt-Wilhelm, Prof, KMD, Hochschullehrer (em.); Jülicher Str 18, D-41464 Neuss, T: (0 21 31) 4 27 15, F: 94 08 93 [Rendsburg 18.2.1937]. Musiktheorie, Dirigieren, Orgelkonzerte **Ausb:** Stud (W Ehmann) MH Herford 56–59, Chorleitung, Orgel, Komp, KapM (W Kraft, J Rohwer, U Röhl) MH Lübeck 60–62, KapM (H Kindler) Stadtth Bremerhaven 67–70. **Laufb:** KMD Ev Kirche im Rheinland, KonzReisen (Chor, Orgel), ua Växjö, Amsterdam, Paris, Reims, Versailles, Salzburg, Kufstein, Wien, Lübeck, Kiel, Bremen, Bremerhaven, Herford, Düsseldorf, Berlin, Ludwigsburg, Prof (MTheorie) Robert Schumann H Düsseldorf. – **Aufn/RF:** W Giefer: Psalmkonz 'Alles, was Odem hat', m Sol, Düsseldorfer Symph, Dgt: C-W H 82 (WDR 3); H Callhoff: Psalmkonz 'Alles, was Odem hat', m Sol, Düsseldorfer Symph, Dgt: C-W H 83 (WDR 3); G F Händel: 'Johannes-Passion' v 1704, m Sol, Chor, Düsseldorfer Symph, Dgt: C-W H 85 (LP); T Krämer: Psalmkantate 'Aus tiefer Not', m Sol, Düsseldorfer Symph, Dgt: C-W H 88 (WDR 3). **UA:** H Callhoff: Psalmkonz 'Alles, was Odem hat', UA Neuss, Christuskirche, Dgt: C-W H 83; W Stockmeier: 2. Symph f StrOrch u Pauken, UA Neuss, Christuskirche, Dgt: C-W H 98; W Giefer: Psalmkonz 'Alles, was Odem hat', UA Neuss, Christuskirche, Dgt: C-W H 82 (Auftr: Stadt Neuss); T Krämer: Psalmkantate 'Aus tiefer Not', UA Neuss, Christuskirche, Dgt: C-W H 88 (Auftr: Stadt Neuss); W Stockmeier: Konz f Orgelpositiv u StrOrch, UA Neuss, Christuskirche, Dgt: C-W H 96 (Auftr: Prof C-W Hegerfeldt); T Jahn: 'Magnificat 95', UA Neuss, Christuskirche, Dgt: C-W H 96 (Auftr: Stadt Neuss); W Stockmeier: 'Symphonia sacra' f Org u SymphOrch, UA Neuss, Christuskirche, Dgt: C-W H 2000 (Auftr: Verband Ev KiGemeinden in d Stadt Neuss). **Sonst:** Veröffentl.: 'Chormusik im Rhein-Kreis Neuss' 03; 'Die Pfarrkirche St. Pankratius und Wallfahrtskirche 'Zum Göttlichen Salvater' Nievenheim-Ihre Bau- und Orgelhistorie' 05.

Heher, Johannes, Mag, Komponist; Mehlführerg 18, A-1230 Wien, T: (01) 5 86 59 69. (Red)

Heicegh, Katalin, Violine; c/o Staatstheater Kassel, Friedrichspl 15, D-34117 Kassel. (Red)

Heicking, Wolfram, Dr, Prof, Komponist, Hochschullehrer; Ahornstr 11, D-16356 Seefeld, T: (03 33 98) 8 60 29 [Leipzig 19.5.1927]. **Ausb:** Stud MH u U Leipzig 46–51, Prom 59. **Laufb:** Doz MH Berlin 52, Prof (Tonsatz, Komp) 69. **Pr:** Goethe-Pr Stadt Berlin 77. – **Komp:** Rund ist d Welt (Musical) 60, UA Leipzig 61; 'Capriccio' f Klar, Kl u Orch 65, UA Berlin, Orch d Komischen Op, Dgt: K Masur 66; Wenn du schläfst, mein Kind (Chanson) 66, Kontraste (Ballett) 67, UA Berlin 68; Die Rache d Kapitäns Mitchell (FilmM) 79. (Red)

Heideker, Andreas, Tenor; c/o Badisches Staatstheater, D-76125 Karlsruhe; *www.andreas-heideker.de*.

Heidemann, Stefan, KS, Sänger; Alte Landstr 66, D-57877 Willich, T: (0 21 54) 8 72 28, (01 77) 8 72 28 00. **Laufb:** Sol Dt Op am Rhein Düsseldorf-Duisburg (03/05), Kom Op Berlin SpZ 03/04, Op im Schloßgarten Eutin. (Red)

Heider, Werner, Komponist, Dirigent, Klavier; An der Lauseiche 14, D-91058 Erlangen, T: (0 91 31) 6 65 87 [Fürth 1.1.1930]. **Ausb:** MStud Nürnberg u München. **Laufb:** freischaff Komp, Pianist, Dgt, künstl Lt ars nova ens nürnberg seit 68. **Pr:** 1. Komppr Stuttgart, Villa Massimo-Rom-Stip, Berlin-Stip, Kulturpr Städte Fürth, Erlangen, Nürnberg, Wolfram-v-Eschenbach-Kulturpr, Otto-Grau-Kulturpr, Friedrich-Baur-Pr. – **Komp:** Orch-Werke: Konflikte (Konz) 63, UA Donaueschingen, Le Perc d Strasbourg, E Bour; Konturen (Konz) 64, UA Mannheim, S Gawriloff, W Heider 67; Bezirk (Konz) 69, UA Hannover, W Heider, K Bernbacher 70; Einander (Konz) 70, UA Nürnberg, A Rosin, St Wislocki 70; 1.Sinfonie 75, UA Erlangen, Z Macal 76; Nachdenken über... (Konz) 79, UA Nürnberg, Ch Goetting, G Bertini 79; Musik-Geschichte (Konz) 82, UA Hannover, W Heider, GA Albrecht 83; Rock-Art 81, UA Erlangen, W A Albert; Schöne Aussichten (Konz) 91, UA Nürnberg, M L Neunecker, T Gabrisch; ThM: 2. Sinfonie 02, UA Fürth, F Ventura; Am Horizont (Konz) 02, UA Nürnberg, A Jacob, J Märkl. **AuftrKomp:** ca 70. **Aufn/RF:** bis 2002 ca 100 Werke publ, davon ca 55 auf LP u CD; Aufn eigener Werke b allen dt RF-Stationen. **Lit:** Komponisten in Bayern, Bd 39.

Heidrich, Konstantin, Violoncello; c/o Fauré Quartett, Künstlersekretariat Rolf Sudbrack, Gösselkoppel 54a, D-22339 Hamburg, *Rolf.Sudbrack@t-online.de* [Hamburg 1975]. **Ens:** Fauré Quartett. (Red)

Heidrich, Peter, Hochschullehrer, Violine; Hamburger Konservatorium, FB 4, Sülldorfer Landstr 196, D-22589 Hamburg [Dresden 1935]. **Ausb:** Stud (V) i Hamburg, Berlin und Köln (E Röhn M. Rostal). **Laufb:** Konzm in versch Orch 60–67, Stimmführer des NDR-Sinfonieorchesters 67–98, Dozent Hamburger Kons seit 68, Prof (V) H f M u Th Hamburg seit 93. (Red)

Heiermann, Julia, Sängerin; Düsseldorfer Operette, Schlesische Str 94, D-40231 Düsseldorf. **Laufb:** Sol Düsseldorfer Optte. (Red)

Heijnsbergen, Henk van, Bassbariton; c/o Pieter G Alferink Artists Management BV, Herengracht 340, Niederlande-1016 CG Amsterdam, T: (0 20) 6 64 31 51, F: 6 75 24 26, *alferink@worldonline.nl* [Zaandam, Niederlande 1954]. **Ausb:** Stud Ges (W Oosterkamp), Mstrkse b div Sängern u Pädagogen. **Laufb:** Konz m Dgt wie F Brüggen, R de Leeuw, H Lewis, K Bakels, I Metzmacher, K Montgomery, E de Waart u J van Zweden; Auff v Werken v K Stockhausen u dessen Ltg ua im Kulturpalast Sofia u Mailänder Scala, Operndebüt in Werber: 'D Freischütz' (Eremit) Op Forum Enschede 90/91, Eng b Op Forum, Op Zuid, de Vlaamse Op Antwerpen u Gent, Nederlandse Op Amsterdam. – **Aufn/RF:** regelm Arb b holländ RF: ua Donizetti: 'Lucrezia Borgia', Prokofiev: 'Krieg u Frieden' u 'Iwan d Schreckliche', Verdi: 'Ernani'. **UA:** Heppener: 'Een Ziel van Hout', UA Holland Fstv; Battistelli: Richard III, Vlaamse Op 04; Stockhausen: Donnerstag aus Licht; Goethals: Quadro Cervantino, Vlaamse Op 04.

Heike, Georg, Dr, Prof, Komponist; Am Mariengarten 2, D-53902 Bad Münstereifel, T: (0 22 57) 95 97 77, F: 95 97 78, *webmaster@georg-heike.de, georg.heike@uni-koeln.de*; *www.georg-heike.de* [Lodz 21.7.1933]. **Ausb:** Ks Darmstadt 56–60, Stud (MWiss, Phonetik) U Bonn 56–60. **Laufb:** oProf (Phonetik) U Köln 69–98. – **Komp:** Phonet Wanderung, UA U Köln 2000. **Sonst:** ua 'Musiksprache u SprachM', Texte z Musik 56–88. **Lit:** B J Kröger ua (Hg): FS G H 98.

Heilbut, Peter, Prof, Hochschullehrer, Komponist; Buschkamp 4, D-22339 Hamburg, T: (0 40) 59 47 33 [Sonneberg, Thüringen 1920]. Früh-Instrumentalunterricht, Improvisieren, Komponieren m Kindern u Jugendlichen (Forschungsauftr) **Ausb:** Stud (Kl, Dirig, Komp) MH Hamburg 45–52. **Laufb:** stellv Lt u Lt pädagog Bereich Staatl JugendMSch Hamburg 52–85, Doz im

VdM-Projekt 'Fortbildung vor Ort', Referent b europ Kongressen f VdM, Prof (KlMethodik) H f M Hamburg 72–87, Gastdoz an zahlr H in Dtschld, Österr, Schweden, Spanien u Schweiz, div Forschungs- u Modellversuche ua 'Instrumentales Lehren als fächerübergreifende Möglichkeit' u 'KlUnterr in Gruppen'. **Pr:** Med f Kunst u Wiss d Hansestadt Hamburg. **Mitgl:** VdM 52–88. – **Komp:** ua Just Play it (5 Mini-Suiten f Kl); Norweg Suite f Kl 51; Sonatina brevis (f Kl z 4 Hd); Waterschip down, Städtetour, Chromatik pur, Metren (Suiten f Kl z 4 Hd); Freu dich Erd u Himmelszelt (2 Altblock-/Querfl u Kl); Weihnachtsqua (BlockflQua); D Bremer Stadtmusikanten (Chorsp); Vom Büblein, das überall hat mitgenommen sein wollen (Chorsp); div Liederzyklen f Solostimme u Kl; Passion 1943 f Soli, chor u Orch, UA in Teilen NatTh Oslo 53; Katzenfuge (n KlFuge v D Scarlatti f StrOrch) 56; Kumpaney (Suite f Jugend-/Schülerorch KamBesetzung) 03. **Sonst:** Publikationen: Bücher: 'KlUnterr m Zweiergruppen' 70, 'Improvisieren im KlUnterr' 88, 'Kl spielen' 93, 'Komponieren m Kindern u Jugendlichen' 98; Artikel ua 'Musikal Früherz – Konsequenzen f d Instrumantalunterr', in: Neue MZeitung 4/75; 'Kinder komponieren', in: Üben & Musizieren 1/84; 'Klaviermethod Ausb in Dtschld – Wie gut ist sie?', in: Üben & Musizieren 4/96; 4 Klavierschulen, zahlr Bücher f Klavier, 2 Blockflötenschulen, 7 Veröff über Komponieren m Kindern, 5 Weihnachtsliederbücher ua.

Heilgendorff, Simone, Dr phil, Viola; Jagowstr 16, D-10555 Berlin, T: (0 30) 39 10 10 39, F: 39 10 10 40, *sh@kairosquartett.de*; *www.kairosquartett.de* [4.4.1961]. Neue Kammermusik, barocke u klassische Musik auf histor Instrumenten **Ausb:** Stud Va in Zürich, Stuttgart u in d USA (Master of Music). **Laufb:** Mitwirkung (oft als Stimmführerin) in selbstverwalteten Orch wie Junge Dt Philh u Sinfonietta Basel, seit längerem Konzentration auf die histor Aufführungspraxis sowie d Neue Musik ua b Concerto Köln u im Ens f Alte Musik Dresden, Ens Modern, im Aspen Contemporary Music Ens u als Mitgl v work in progress – Berlin, LTätigkeit Musikgeschichte u KamM H f M 'Hanns Eisler' Berlin 93–99, LTätigkeit Musikgeschichte U d K Berlin seit 99 u U Magdeburg. **Ens:** Grdgsmitgl Kairos Qua. **Mitgl:** Initiative Neue Musik Berlin, Violagesellschaft, American Musicological Society. – **Aufn/RF:** div CD-Veröffentlichungen. **Sonst:** div Aufsätze, Buch über J Cage u D Schnebel.

Heiligers, Eckart, Prof, Hochschullehrer, Pianist; Chlupfgasse 19, CH-8303 Bassersdorf, T: 04 48 36 71 79, F: 04 48 36 52 06, *huh.heiligers@bluewin.ch*; H Musik u Theater, Hirschengraben 46, CH-8001 Zürich, T: 04 33 05 43 23, F: 04 33 05 41 31, *eckart.heiligers@doz.hmt.edu*; *www.triojeanpaul.de* [Kleve 12.2.1964]. **Ausb:** Stud (K-H Kämmerling) MH Hannover 83–89, KonzEx 92, (L Fleisher) Peabody Cons Baltimore/USA 89–92. **Laufb:** Prof (Kl, KamM) HMT Zürich, Debüts Berlin 95, London u Paris 97, regelm Tourneen Japan, Australien, Neuseeland, USA, Konz Schwetzinger FSp, Ludwigburger Schloss-FSp, Schubertiade Hohenems, Rheingau Fstv, Schleswig-Holstein-Fstv, Braunschweig Classix, FSp Mecklenburg-Vorpommern ua. **Pr:** 1. Pr 'Viotti'-Wettb Vercelli 86, Wettb 'Maria Callas' Athen 87; m Trio Jean Paul: 1. Pr Osaka Chamber Music Comp 93, Pr d Dt Musikrates 95, 1. Pr Melbourne Chamber Music Comp 95, Pr Mozartges Dortmund 95. **Ens:** Trio Jean Paul. – **Aufn/RF:** CDs: Haydn/Beethoven/Schostakowitsch: Trios; R Schumann/W Rihm: Sämtl KlTrios; Beethoven: Trios op 1, 2/70, 2; E T A Hoffmann: Grand Trio (u Lesung P Härtling); Schönberg/Steuermann: Verklärte Nacht, Brahms: op 8, Urfassung. **UA:** M Denhoff: Trio 99. **Zug:** A Gürsching: Trio, UA 98; G Kerry: 'Im Winde', UA 2000; M Ch Redel: 'Schattenlinien' op 53, UA 01; K-Y Chong: 'Epitaph sans mots', UA 04. **Sonst:** Grd Trio Jean Paul 91.

Heilmann, Harald, Komponist; Brombacher Str 32, D-69434 Brombach, T: (0 62 72) 5 11 [Aue 9.4.1924]. **Ausb:** Kompstud MH Leipzig 46–50, Akad d Künste Berlin 50–52. **Laufb:** Lektor SMV Heidelberg, Merseburger-Verlag, Schultheiss-Verlag, freischaff Komp seit 58. **Pr:** Stamitz-Pr, BVK, Hölderlin-Med, Ehrenring Stadt Eberbach, Stip Cité Int des Arts Paris. – **Komp:** Konz f Kl u Orch 61, UA Baden-Baden, A v Buch, Baden-Baden-Orch, Dgt: HJ Wunderlich 74. **AuftrKomp:** Schöpfung u Sündenfall (szen Orat) 69, UA Heidelberg 69 (Auftr: W Dallmann f Lutherkirche Heidelberg); Gulbenkian-Concerto (Konz) 70, UA Lissabon, Gulbenkian-Orch, Dgt: Ch Ketchum 71 (Auftr: Fundacao Calouste Gulbencian); Concerto (Konz) 73, UA Lugano, H Hunger, G Krieger, RSI-Orch, Dgt: B Amaducci 74 (Auftr: RSI Lugano); Schöpfung u Sündenfall, 2.Fssg (Ballett) 74, UA Braunschweig 74 (Auftr: W Herbst f Braunschweiger Dom). (Red)

Heim, Michael, Sänger; c/o Staatsoperette Dresden, Pirnaer Landstr 131, D-01257 Dresden; c/o Musikalische Komödie der Oper Leipzig, Dreilindenstr 30, D-04177 Leipzig. **Laufb:** Sol Staatsoptte Dresden SpZ 03/05, Operetten FSp Bad Ischl SpZ 03/04. (Red)

Heimann, Robert, Chordirektor; Florastr 13, D-13187 Berlin, *robradix@yahoo.de*; Deutsche Staatsoper, Unter den Linden 7, D-10117 Berlin [Düsseldorf 20.6.1968]. **Ausb:** Stud (SchulM 88–92, ChorLtg 93–97) MH Köln, Stud (Dirig) MH Mannheim 97–2000. **Laufb:** Chor-Ass Dt Staatsop Berlin 03–05, Chor-Lt Dt Staatsop Berlin seit 05. **Ens:** Gächinger Kantorei Stuttgart.

Heimbrock, Joachim, Violine, Konzertmeister; Liebermannstr 8, D-38106 Braunschweig. **Laufb:** Konzm Staatsorch Braunschweig SpZ 01/05. (Red)

Heimbuch, Reiner, Prof, Hochschullehrer, Horn; H f Musik 'Franz Liszt', Inst f Bläser u Schlagwerk, PF 2552, D-99406 Weimar, T: (0 36 43) 8 08 14. **Ausb:** Stud H f M Franz-Liszt Weimar (K Bielig). **Laufb:** 2. Hornist Staatl SinfonieOrch Halle 62–70, LBeauftr Georg-Friedrich-Händel-Kons Halle 70–78, LBeauftr Spezialschule d H f M Weimar 78–86, Prof (Hn) H f Musik 'Franz Liszt' Weimar. (Red)

Heimerl, Mirko, Tenor; c/o Die Weimarer Hofsänger, Rittergasse 1, D-99423 Weimar, T: (0 36 43) 90 19 42. **Laufb:** Gastsol StädtTh Chemnitz SpZ 00/05, Gastsol Volksth Rostock SpZ 03/04. **Pr:** Stip Dt Musikwettb KamM 98. **Ens:** Die Weimarer Hofsänger. (*)

Hein, Hans, Prof, Hochschullehrer, Gitarre; Univ f Musik u Darst Kunst, Hellmesberger-Inst, Rennweg 8, A-1030 Wien [Breslau 1943]. **Ausb:** Stud (Git, Komp) Musikakad Wien (L Walker, A Uhl), Mstrks A Diaz. **Laufb:** L Musikakad Basel 68–71, Lehrbeauftr Mozarteum Salzburg 77–81, Doz Int Woche für Gitarre in Krems 79–82, Lehrbeauftr U f Musik u Darst Kunst Wien 80–91, dann VertragsL, L1-Prof, o. UProf (Git) ebd 2000. (Red)

Hein, Hartmut, Prof, Hochschullehrer, Gesang; Am Steinberg 16, D-96450 Coburg, T: (0 95 61) 3 72 58, F: 3 72 01, *H Hein@t-online.de*. **Laufb:** Prof (Ges, Stimmbildung) H f M Würzburg. (Red)

Hein, Ulrike, Violine; c/o Rundfunk-Sinfonieorchester, Funkhaus Hallberg, D-66100 Saarbrücken. **Laufb:** Stimmführerin RF-SinfOrch Saarbrücken. (Red)

Heindrichs, Heinz-Albert, Prof, Hochschullehrer; Auf Böhlingshof 23, D-45888 Gelsenkirchen, T: (02 09) 20 31 14, F: 27 28 24 [Brühl 15.10.1930]. Komposition **Ausb:** Stud Komp (R Petzold, F Martin) MH Köln 52–57, Stud (MWiss) U Bonn 52–57. **Laufb:** KapM Bühnen Essen u Wuppertal 57–65, Doz U Essen 66 u Prof ebd u MH Essen 70. **Pr:** Lindströmpr Köln 54, KamM-Pr Brüssel 58, BVK I. Klasse 01, Europ Märchenpr 01. – **Komp:** Liederbücher II–V, m C Henins, WDR Köln 81–85; Fries d Lauschenden, UA Köln 95; Licht Klang Staub, UA Kiel 98; Die Nonnensense, UA MusikTh i Revier 2000; Sprechzyklen m Kl n eigenen Gedichten: Blindzeichen, UA Essen 01; Vor der Stille, UA Gelsenkirchen 03, Erinnern Vergessen, UA Berlin 03. **Zug:** Liederzyklen n Gedichten v H-A H von M Denhoff, B Dimov, H-M Lonquich. **Sonst:** 25 Liederzyklen n zeitgen Dichtern, 20 Gedichtbände, 30 Einzelausstellungen d No-tationen u Musikaquarelle. **Lit:** Komponisten im Ruhrgebiet 95; Rhein Musiker 97.

Heine, Cornelius, Kapellmeister; Landestheater, PF 2342, D-96412 Coburg, T: (0 95 61) 24 87 56. **Laufb:** 2. Kapm Landesth Coburg. (Red)

Heine, Till, Fagott; Biterolfstr 3, D-80634 München, T: (0 89) 28 80 90 58, F: 28 80 90 59, *garntz@aol.com*. **Laufb:** StaatsPhilh Rheinland-Pfalz. (Red)

Heinel, Jürgen, Posaune; c/o Staatskapelle Berlin, Unter den Linden 7, D-10117 Berlin. **Laufb:** Sol Staatskap Berlin. (Red)

Heinemann, Michael, Dr phil habil, Prof, Hochschullehrer; Hochschule f Musik, FB II, Wettiner Pl 13, D-01067 Dresden, T: (03 51) 8 33 67 54, *heinemann-gaenshirt@t-online.de* [Bergisch Gladbach 5.3.1959]. **Ausb:** Stud (KiM, Päd) MH Köln 78–82, Orgel (W Stockmeier) ebd 82–85, Stud UKöln, UBonn, UBerlin 82–91. **Laufb:** PD (MGesch) TU Berlin 97, Prof (MWiss) H f Musik 'Carl Maria v Weber' Dresden 2000. **Mitgl:** Hist Komm f Schlesien. – **Sonst:** Bach-Rezeption v F Liszt 95; Hg Bach u d Nachwelt, 3 Bde, 97ff; Hg Geschichte d Musik, 3 Bde, 2001, zahlr Aufsätze u Art.

Heinemann, Rudolf, Prof, Hochschullehrer, Orgel; Univ d Künste, Fak Musik, PF 120544, D-10595 Berlin [1934]. **Laufb:** em Prof (Org, OrgImp) UdK Berlin. (Red)

Heinemeyer, Stefan, Cello; Nehringstr 21, D-14059 Berlin, T: (0 30) 88 72 17 05; *www.berliner-cellharmoniker.de*. **Laufb:** Otzberger Sommerkonzerte 02. **Pr:** 1. Pr '36. Int InstrWettb Markneukirchen f Viola u Vcl' 01. **Ens:** Berliner Cellharmoniker. (Red)

Heinicke, Michael, Operndirektor, Chefregisseur; c/o Städtische Theater Chemnitz, Käthe-Kollwitz-Str 7, D-09111 Chemnitz, PF 756, D-09007 Chemnitz. **Laufb:** OpDir u ChefReg Städt Th Chemnitz SpZ 03/05. (Red)

Heinig, Christoph, Korrepetitor; Wölfnitzer Ring 101, D-01169 Dresden, T: (03 51) 4 11 91 44; c/o Sächsische Staatsoper, Theaterpl 2, D-01067 Dresden. **Laufb:** Korrep im Staatsopernchor Sächs Staatsop Dresden. (Red)

Heinig, Günter, Musikdirektor, Kapellmeister; Am Hirschberg 20, D-07973 Greiz, T: (0 36 61) 26 19, F: 45 23 86 [Chemnitz 10.2.1933]. Klavierwerke J S Bachs, Mozart-Klavierwerke u -Sinfonien **Ausb:** Stud Dirig (Bölsche, Jung), Kl (Rohden, Steurer) MH Leipzig 51–56. **Laufb:** Dt Nat Th Weimar 56–59, OpHaus Leipzig 59–62, KapM Volksth Rostock 62–66, KapM Bühnen Gera 66–72, MD SinfOrch Greiz 72–82, L i H-Dienst H Weimar, Studienlt Gera/Altenburg 92–98, Chordir Th Altenburg-Gera 99–02, Gastkonz als Dgt: Sowjetunion, Rumänien, Tschechoslowakei ua, Klavierbegleitung Bach- u Schumann-Wettb, regelm KamMSpiel; Kl-Soloabende, Begleitung v Liederabenden, Lt Thüringer KonzertCh, Gera seit 05. **Pr:** Kunstpr d Bezirkes Gera 76. – **Aufn/RF:** m RF-SinfOrch Plzen: R Kunad: Concerto per archi 75; J Chr Bach: Sinfonia D-Dur; J Haydn: 1. Sinf 77; A Müller-Weinberg: Konz f StrOrch 77. **UA:** A Müller-Weinberg: Hör-Spiel Nr 2 (f Hn u kl Orch), UA Greiz, Staatl SinfOrch 76; Ders: Konz f StrOrch, UA Plzen 77; J Teml: Violinkonz, UA, m Sedlacek 81; F Geißler: Concertino (f Kl u Jazzband), UA als Sol u Dgt 82. **Sonst:** Veröffentl d 'Liederzyklus f Richard M' durch Konzertagentur Thüringen 05.

Heiniger, Wolfgang, Komponist, Hochschullehrer; H f Musik 'Hanns Eisler', Charlottenstr 55, D-10117 Berlin [Basel]. **Ausb:** Stud Schlgz u Elektroakust M MH Basel, Gaststud CCRMA Stanford/USA, Stud Komp Basel (T Kessler). **Laufb:** Grdg u Ltg Studiengg 'Audio-Design' H f M Basel 95–03, Co-Ltg Elektron Studio ESB 99–03, Prof (Intermediale Komp) H f M 'Hanns Eisler' Berlin seit 03. **Ens:** Mitbegrdg u Mitgl THE BEAM (Basel Electric Art Messengers), 'European Powerbook Orchestra'. – **Sonst:** Grdg (m T Kessler) 'Echt!Zeit'-Fstv. (*)

Heinisch, Eveline, Mag, Prof, Hochschullehrerin, Klavier; Univ f Musik u Darst Kunst, Lothringerstr 18, A-1030 Wien. **Ausb:** Stud Univ f Musik u Darst Kunst Wien. **Laufb:** Doz Wiener Musikseminar seit 97, Prof (Kl) U f Musik u Darst Kunst Wien. (Red)

Heinisch, Thomas, Komponist; c/o Universal Edition, Karlspl 6, A-1010 Wien, *heinisch@universaledition.com* [Wien 1968]. **Ausb:** Instrumentalstud (Hn) b Prof Josef Veleba MH Wien ab 83, Seminare z Formenlehre b Karl Heinz Füssl Carinth Sommer 83–88, Stud (Tonsatz u Komp) b Prof Reinhold Portisch Kons d Stadt Wien ab 85, Int Salzburger Sommerakad Ltg Alfred Schnittke 90, privater KompUnterricht b Christian Ofenbauer 92–95, (Komp) b Wolfgang Rihm MH Karlsruhe ab 95. **Laufb:** Lektor b Verlag Universal Edition in Wien ab 91, Gastvorlesung über Musik u Wahrnehmung Psycholog Fak d U Wien, Mitbegrd Ens Reconsil Wien 02, Auff durch Die Reihe, Ens 13, Ens Kreativ, Ens SoNoR, GAGEEGO! Ens, Klangforum Wien, Österr Ens f Neue Musik, Wiener Kammersymph, Dgt: Sylvain Cambreling, Roland Freisitzer, Johannes Kalitzke, Peter Keuschnig, Christian Ofenbauer, Manfred Reichert, Ernst Thei. **Pr:** Arbeitsstip d Stadt Wien 93, Pr d 'Int Rostrum of Composers' (UNESCO) in Paris f d EnsStück 'Abglanz u Schweigen' 97, Österr Staatsstip 96. – **Komp:** A Piece of Waste Land 97, Abseits – Aufbruch 99, Outer Dark 02. (Red)

Heinrich, Jürgen, Prof, Hochschullehrer, Schlagzeug; Albert-Schweitzer-Str 14, D-76316 Malsch, T: (0 72 46) 18 44, F: 18 44; Hochschule f Musik, PF 6040, D-76040 Karlsruhe. **Laufb:** KamM Bad Staatskap, Prof (Schlgz) Staatl H f Musik Karlsruhe. (Red)

Heinrich, Markus, Sänger; Von-Galen-Str 88, D-41236 Mönchengladbach, T: (0 21 66) 24 81 45, (01 77) 3 67 97 22; c/o Vereinigte Städtische Bühnen, Odenkirchener Str 78, D-41236 Mönchengladbach. **Laufb:** Sol Vereinigte Städt Bühnen Krefeld u Mönchengladbach. (Red)

Heinrich, Peter, Dirigent; Langeworth 125, D-48159 Münster, T: (02 51) 21 19 08; c/o Städtische Bühnen Münster, Neubrückenstr 63, D-48143 Münster [Berlin 6.4.1942]. **Ausb:** Stud Dirig (H Ahlendorf) Städt Kons u MH Berlin bis 65, Dirigentenkurs (F Ferrara) Venedig, Mstrks Chordgten (E Ericson) Wien 77. **Laufb:** Chordir u Kapm Städt Bühnen Münster, Doz (Partienstud, OpChorSchule) MusikH in d Univ Münster. **Pr:** Ges d Musik- u Theater-Freunde Münster 83.

Heinrich, Siegfried, Dirigent; c/o Oper in der Hersfelder Stiftsruine, Nachtigallenstr 7, D-36251 Bad Hersfeld. **Laufb:** Dgt Op i d Stiftsruine Bad Hersfeld seit SpZ 03/04. (Red)

Heinrichs, Bernhard, Oboe; c/o Konzertagentur Dagmar Körner, Bergstr 15, D-85120 Hepberg, T: (0 84 56) 15 30, F: 21 09, *koerner.konzerte@t-online.de*; *www.konzertagentur-koerner.de* [Hochstadt 1963]. **Laufb:** Bläservereinigg Bamberger Symph 84, Sol Op Zürich 91. **Ens:** Arcis Qui. (Red)

Heinritz, Marie-Luise, Sängerin (Mezzosopran); Karlstr 11, D-03044 Cottbus, T: (03 55) 3 27 16 [Meiningen 24.5.1937]. **Ausb:** Stud (K Walter-Lippert) Kons Meiningen 53–56, Stud (E Rose) H f Musik 'Hanns Eisler' Berlin ab 66. **Laufb:** Sol Staatsth Cottbus, Gastsol Staatsoptte Dresden SpZ 00/01, OpChor Meininger Th 56–66, Sol 'Salome' (Page), 'Carmen' (Mercedes), 'Figaros Hochzeit' (Marcellina), Eng Staatsth Cottbus (Preziosilla, Frau Reich, Olga, Annina, Fischweib, Amneris, Ulrica, Susuki, Czipia 71, Gastsp Magdeburg (Erda, Fricka), Weimar (Fischweib), Halle (Golde), Berlin Kom Op 'Piquedame' (Gräfin), Dresden Staatsoptte 'Rasputin' (Zarin-Mutter).

Heintze, Roswitha, Prof, Hochschullehrer; Univ f Musik u Darst Kunst, Inst f Musikleitung, Anton-von-Webern-Pl 1, A-1030 Wien, T: (01) 7 11 55 32 12, *heintze@mdw.ac.at*. Komposition, Musiktheorie, Dirigentenausbildung **Laufb:** o UProf U f Musik u Darst Kunst Wien. (Red)

Heinz, Gerd, Prof, Hochschullehrer, Regisseur; Talstr 13C, D-79102 Freiburg, T: (07 61) 28 04 85, F: 28 04 85; c/o Staatl Hochschule f Musik, Inst f Musiktheater, PF, D-79095 Freiburg i Br 7 [Aachen 21.9.1940]. Moderne, Vorklassik **Ausb:** Stud (Philosophie, Germanistik) Univ Köln 50–62, Stud (Regie, Schausp) Schule d Th Köln 60–62. **Laufb:** Schauspieldir Staatsth Darmstadt 70–73, Intend Schauspielhaus Zürich 82–89, OpDir Freiburg 93–97; Inszenierungen ua A Reimann: 'Lear' Staatsth Darmstadt 91, H W Henze: 'Bassariden', Teatro Real Madrid 99; Regie 'Der 17. Tag' (MFilm) DRS 90, Stadtth Bern SpZ 04/05, Reg Th Freiburg i Br SpZ 04/05; Prof (szen Ltg d OpSchule) Staatl H f M Freiburg seit 97, Ltg Inst f Musiktheater. – **Lit:** Kräger/Exinger: In welchen Zeiten leben wir 98.

Heinz, Kathrin, Sängerin; c/o Oper im Schlossgarten, Eutiner Festspiele, Am Schlossgarten 7, D-23701 Eutin. **Laufb:** Sol Th Gummersbach SpZ 03/04, Op im Schlossgarten FSp Eutin SpZ 04/05. (Red)

Heinz, Wolfgang, Dirigent, Pianist; Buowaldstr 35, D-70619 Stuttgart, T: (07 11) 4 79 38 81, *hippocampo@t-online.de*; Staatstheater, Oberer Schloßgarten 6, D-70173 Stuttgart [Wiesbaden 20.6.1966]. Musiktheater, Konzerte, Kammermusik **Ausb:** Stud (Dirig, Kl) MH Detmold 87–88, Dirig, Kl (V Wangenheim) MH Köln 88–90. **Laufb:** Regensburger Domspatzen 74–80, Solorep Aalto-Th Essen 90–92, StudLt Vogtland Th Plauen 92–94, 1. Kapm Stadtth Pforzheim 94–97, Dgt (Miss Saigon) Stuttgart 97–99, Gastdgt Matav-SymphOrch Budapest 99, Südwestdt Philh Konstanz 02, Staatsop Stuttgart 2000–02, Musikal Dir SchlossFSp Ettlingen 2000, Gastdgt Staatsop Stuttgart u Stuttgarter Ballett seit 02, Musikal Lt Junge Op Stuttgart. **Pr:** DirigWettb Olmütz 93. **Ens:** Tango Mondial.

Heinze, Andreas, Sänger, Chorleiter; Sächsische Staatsoper, Theaterpl 2, D-01067 Dresden, *andreas.heinze@semperoper.de* [1962]. **Ausb:** Stud b Prof Helga Köhler-Wellner (Ges, Pädagogik) u Prof Hans-Dieter Pflüger (Chorltg) MH Dresden 83–88; Mitgl Dresdner Kreuzchor 72–81. **Laufb:** Mitgl Chor d Sächs Staatsop Dresden seit 88, Lehrauftr Opernchorstudio Sächs Staatsop 89–99, Lt Kinderchor d Sächs Staatsop seit 94, daneben frei sol Tätigkeit im Konzertbereich. – **Aufn/RF:** CD-Aufn Rheinberger: 'Religiöse Gesänge', m Tobias Scheetz (Org). **UA:** Lothar Graap: 'Triptychon vom Glauben', UA Görlitz, m Tobias Scheetz (Org), 02.

Heinzmann, Hans-Udo, Prof, Hochschullehrer, Querflöte; Hochschule für Musik und Theater Hamburg, Harvestehuder Weg 12, D-20148 Hamburg. **Laufb:** Prof (Fag) H f M u Th Hamburg, Mitgl NDR SinfOrch Hamburg. (Red)

Heinzmann, Melitta, Prof, Hochschullehrerin, Gitarre; Univ f Musik u Darst Kunst, Hellmesberger-Inst, Rennweg 8, A-1030 Wien, T: (01) 7 11 55 45 01, *heinzmann@mdw.ac.at* [1946]. **Laufb:** Lehrtätigkeit U Mozarteum Salzburg, U f Musik u Darst Kunst Wien, o UProf (Git) ebd. (Red)

Heisch, Michael, Komponist, Musiker, Publizist; Hallwylstr 43, CH-8004 Zürich, T: 0 13 82 59 51, *heisch@access.ch*; *www.musicedition.ch/special/heisch.htm*, *www.neuemusik.ch/michaelheisch* [Schaffhausen 20.5.1963]. **Ausb:** Vorkurs Schule f Gestaltung, Theorie (M Neukom, Ch Bänninger), Chorlt, Dirig (Ch Siegmann) Priv Schule f MTheorie Zürich, Komp (J Schöllhorn, M Steinduer, H U Lehmann, G Bennett) MH Winterthur. **Pr:** Ausz Concorso Int Luigi Russolo Varese, Italien 98 (f das TB-Stück 'Edison'). **Mitgl:** IGNM Zürich, ADESSO (Forum f zeitgen M verlagsunabhäng Komp). – **Komp:** Night Bites (f StrQua u Sprecher) 2000; Vogel fliegt, Fisch schwimmt, Mensch läuft (Kammer/Hör/Spiel/Stück) 01; Chinese Cookies (f SaxQua u Sprecher) 01; wechselspielwechsel (f Orgel u Schlgz) 2000; Zettelbox (f Piano) 2000; stumpffeine Linie von Geviertlänge (f TB alleine) 2000; Schule d Schweigens (f Schauspieler u TB) 2000; Brouillage/Bruitage-Hades (f Kb) 99; 5 Logogramme (f Fl) 97; Kitchen accidents (SchlgzQua u Sprecher); Best before-see lid (2 Pianos, Celesta; Cemb, Stimme auf Tonband); 'Agnus Dei' (f Orgel u TB) (Auftr: Offene Kirche Elisabethen z 5-jähr Jubiläum); 'zu rich' (f Stimme, Vcl, Kl u Turntables) 03 (Auftr: STV f Tonkünstlerfest Lugano 03); 'Night Bites – every night' (f StrOrch u Sprecher); 'Im Bauch der Türken' (f Kl solo) 04; 'anadiplosis/parekbasis' (f Kl, Fl u Vcl) 05; 'Rondo' (Kurzop in variabler Besetzung) 05; 'Disintegration' (f Klar, Akk u KB), Trio Ruga 06. **UA:** zahlr Projekte. **Zug:** 'Carpe noctem' f Trio Atros, H Schädler, M Hochuli, M Lorenz; aus d Abécédaire: 'il giardino delle delizie (Theorbe solo) f M Hochuli; Everblacks – 5 gefälschte Wienerlieder (tiefe Stimme, Fag, Piano, Va, Kb) f O Neuwirth; 'Kykloi' (f Schlgz solo) f S Hofmann; 'Im Bauch des Türken' (Piano solo), S Berweck; 'anadiplosis/parekbasis', TMO/AMA, A Anissegas. **Sonst:** zahlr Projekte, Publizist f versch Medien z Thema Musik u Kultur. **Lit:** T Meyer: 'Sperriges aus d Computer' (Tages-Anzeiger) 30.12.99; B Herzog: 'Vogelflug im Körpertempel' (Basler Ztg) 08.03.01; B Hauser: 'Man muss diese Musik analytisch verfolgen' (Schaffhauser Arbeiterztg) 25.03.04.

Heise-Glass, Elisabeth, Violine; c/o Deutsche Oper Berlin, Richard-Wagner-Str 10, D-10585 Berlin, *kontakt@elisabeth-glass.de*; c/o Konzertdirektion Monika Ott, Dramburger Str 46, D-12683 Berlin; *www.elisabeth-glass.de* [Berlin 28.2.1971]. Solokonzerte, Kammermusik, Oper **Ausb:** Stud (V) HdK Berlin b S Gawriloff u T Brandis 80–87; MH Köln b I Ozim 87–90; MH Lübeck, Z Bron 90–92; HdK Berlin, U M Haiberg 92–97; Mstrkse b N Milstein u I Stern. **Laufb:** Debut Berliner Philh Orch, Dgt Y Menuhin 87, weitere Eng 90 u 91. Konz in Europa u Japan m erstklassigen Orch u Dgtn ua Gewandhaus Orch (Dgt K Masur), Orch Dt Op Berlin (Dgt Chr Thielemann), London Symph Orchn (Dgt M T Thomas), stv Konzm Orch d Dt Op Berlin. **Pr:** 1. Pr Bundeswettb Jugend musiziert 83; 1.Preis Yehudi Menuhin Int Violin Competition in England 87. – **Aufn/RF:** E Chausson: „Poeme“, MDR SymphOrch, Dgt M Viotti 98; Mozart, Violinkonzerte 216+219, Berliner Philh Orch, Dgt Y Menuhin 87, R Frühbeck de Burgos 90; Prokoffiev Konzert in D, RSO Berlin, Dgt R Frühbeck de Burgos 94; Mendelssohn Violinkonzert in e, BJO, Dgt C Prick 87.

Heise, Michael, Dirigent, Pianist; Fichtenweg 11, D-14547 Fichtenwalde, T: (03 32 06) 49 45, F: 6 03 40, *michael.heise@gmx.net*; *www.m-heise.de* [Berlin 22.7.1940]. Bach-Klavierliteratur **Ausb:** Abschl (Dgt, Kl) Akad d Künste Berlin, Stud (Phil, MWiss) FU Berlin. **Laufb:** Dgt Dt Op Berlin, Tourneen USA, UdSSR, Rumänien, Italien, Niederlande, Spanien, Musikal Mitarb d Intend d Dt Op Berlin SpZ 04/05. **Pr:** Prtr 1. KlWettb Steinway 54. **Ens:** Bachgesellschaft Leipzig. – **Aufn/RF:** Einsp d gesamten KlLit Bachs. **Sonst:** 'Meine Annäherung an Bach – Besprechung d Klavierzyklen'.

Heise, Reinhold, Violine, Konzertmeister; Hohenlohestr 24, D-28209 Bremen, T: (04 21) 3 46 99 89. **Laufb:** Konzm Philharmon Staatsorch d Freien Hansestadt Bremen SpZ 01/05. (Red)

Heising, Barbara, Sängerin; c/o Bayerische Staatsoper – Das junge Ensemble, Brieffach, D-80075 München. **Laufb:** GastSol Mecklenb Staatsth Schwerin SpZ 03/04. (Red)

Heißler, Wolfgang, Mag, o Univ Prof, Hochschullehrer, Komponist; Univ f Musik u Darst Kunst, Anton-von-Webern-Pl 1, A-1030 Wien, T: (01) 7 11 55 20 30 [Innsbruck 4.11.1948]. **Ausb:** Stud (Kl, Dirig, Tonsatz) R Strauss-Kons München 69 – 75, MH Berlin, Bremen, Hamburg, Wien (H Swarowsky). **Laufb:** Kapm 75 – 79 b Schweizer Tourneeth, Stadtth Lüneburg, Pfalzth Kaiserslautern; ML Soltau, Lehrbeauftragter Musikhochschule Bremen 79 – 88, U f Musik u Darst Kunst Wien seit 88 (seit 98 o Univ Prof). **Pr:** Kompositionspr 89 (Holsatia cantat), JugendMschPr Hameln 93, Pr d Landeshauptstadt Innsbruck f künsterl Schaffen 04. – **Komp:** Lieder, KamM, Kinderop, Werke f Jugendorch.

Heitz, Klaus, Prof, Hochschullehrer; Hochschule f Musik u Theater, Emmichpl 1, D-30175 Hannover. **Ausb:** Stud b André Navarra Cons Nat Supérieur de Musique Paris, Sommerkrs Accad Chgiana Siena b Pablo Casals u A. Navarra. **Laufb:** Sol Festival Strings Lucerne, 1. Sol Kölner RF Sinf Orch (WDR), Prof MH Rheinland (Köln-Aachen), Prof Cons Nat Supérieur de Musique d Paris, Prof (Vcl) H f M u Th Hannover seit 94. **Pr:** Gregor Piatigorsky-Pr. (Red)

Heizmann, Klaus-Helmut, Komponist, Dirigent, Musikproduzent; Eigerstr 2, D-65199 Wiesbaden, T: (06 11) 46 26 49, F: 46 26 66, *klausheizmann@t-*

online.de; *www.haus-der-musik.de* [Haan/Rheinland 16.5.1944]. geistl Vokalmusik **Ausb:** KiMStud Düsseldorf u Fort Wayne, Indiana/USA. **Laufb:** Dgt u MLektor (Hänssler-Verlag) 68, heute freischaff Komp b Schott. **Pr:** Dt Musikeditionspr 03. **Mitgl:** Dt Komponistenverb. – **Komp:** Israel Schalom (Orat), UA Wuppertal 89; Jerusalem Schalom (Orat), UA Basel 95; Lichter der Hoffnung (Kantate), UA Wiesbaden 95; Wir verkündigen euch große Freude (Kantate), UA Wiesbaden 96; Das Geheimnis v Zelle 10 (Kindermusical), UA Wiesbaden 96; Dank f Golgatha (Kantate), UA Wiesbaden 97; Der Stern v Bethlehem (Kindermusical), UA Wiesbaden 98; Weihnachtsorat, UA Wiesbaden 98; Danket Gott (Kantate),UA Wiesbaden 99; Der verlorene Sohn (Kindermusical), UA Wiesbaden 99; David u Goliath (Kindermusical), UA Wiesbaden 01; Halleluja! Lobet Gott (Kantate), UA Wiesbaden 01; Brunello (Musical), UA Meran 02; Lichtblicke (Kantate) UA Dresden 03. **Sonst:** insg 105 Buchveröffentl ua b Schott.

Held, Thomas, Fagott; c/o Niedersächsisches Staatsorchester, Opernpl 1, D-30159 Hannover. **Laufb:** 1. Sol Niedersächs StaatsOrch Hannover. (Red)

Helesfai, Andrea, Prof, Violine; Lerchenhalde 20, CH-8703 Erenbach, T: 04 43 61 79 39, F: 04 43 61 05 43, *andrea.helesfai@freesurf.ch*. Konzerte, Improvisation, Unterricht **Ausb:** Stud b V Tatrai, A Mihaly Franz Liszt UH Budapest, Weiterbildg m M Waimann, J Martzy, H Szeryng. **Laufb:** Mitgl u 1. V in versch Ens wie Ungar KamOrch, Ungar NatSymhonie, Zürcher KamOrch, Budapester KamEns, Tonhalle Orch Zürich bis heute, Camerata Zürich, Barock Strings Zürich; Grd Trio Turicum (StrTrio) 80; Konz u Tourneen weltweit. **Pr:** Ausz Int Mozart-Wettb Salzburg 78. **Mitgl:** Schweizer Musikerverb, MPädagog Verb, Schweizer Interpretenges, Verb Schweizer MSch. – **Aufn/RF:** B Bartók: '44 Duos f 2 V', m C Whiting u C Hopkins; E v Dohnanyi: 'Serenade f StrTrio'; CD-Einsp m Tonhalle Orch Zürich. **UA:** m Tonhalle Orch Zürich. **Lit:** Who is who in Music and Musicians Directory 90.

Helfricht, Cornelia, Sängerin (Mezzosopran); c/o PR-Sekretariat artist communication, Sonnenstr 50, D-94113 Tiefenbach, T: (0 85 09) 18 20, F: 93 49 05, *mennicken.beate@t-online.de*; c/o Oper Leipzig, Augustuspl 12, D-04109 Leipzig. **Laufb:** Sol Op Hannover, Op Leipzig. (Red)

Helg, Carl-Robert, Dirigent, Chordirektor, Klavier; Schnetzlerstr 9, D-76137 Karlsruhe, T: (07 21) 3 24 50; c/o Crea Cultura Artists Management, Spalenring 4, CH-4012 Basel, T: 06 12 81 46 72, F: 06 12 83 90 42, *info@crea-cultura.org*. **Laufb:** Grdg Carl-Robert-Helg-Ens, Mitbegrdg KonzReihe 'Musikal Stephanienbad', Chordir u Kapm Bad Staatsth Karlsruhe. (Red)

Hell, Josef, Prof, Hochschullehrer, Violione; Univ f Musik u Darst Kunst, Inst f Streich- u andere Saiteninstrumente, Seilerstätte 26, A-1010 Wien, T: (01) 7 11 55 23 13, F: 7 11 55 23 99. **Laufb:** o UProf (V) U f Musik u Darst Kunst Wien. (Red)

Hell, Michael, Violoncello; Schmellerstr 13, D-80337 München, T: (0 89) 76 21 02; c/o Münchner Philharmoniker, Kellerstr 4, D-81667 München [Wien]. **Ausb:** Stud (Vl) MH Wien. **Laufb:** Solo-Vcl Münchner Philh seit 81. (Red)

Hellbach, Daniel, Komponist; Buchenweg 17, CH-4657 Dulliken, T: 06 22 95 43 54, *hellbach@freesurf.ch* [Olten 2.2.1958]. Unterrichtsliteratur f Kinder u Jugendliche **Ausb:** Kl-Lehrdipl (G Wendling) Kons Luzern 86. **Ens:** SMPV (Schweizer Musikpäd Verband).

Hellekant, Charlotte, Mezzosopran; c/o Opernhaus Zürich, Falkenstr 1, CH-8008 Zürich; c/o Columbia Artists Management GmbH, Till Janczukowicz, Albrechtstr 18, D-10117 Berlin, T: (0 30) 20 64 80 78, F: 20 45 34 80, *info@cami.com*. **Laufb:** Sol Dt Op Berlin SpZ 03/04, Op Zürich SpZ 04/05. (Red)

Heller, Barbara, Komponistin; Müllerstr 12, D-64289 Darmstadt, T: (0 61 51) 71 21 58, *barbaraheller@t-online.de*; *www.barbara-heller.de* [Ludwigshafen 6.11.1936]. Klaviermusik **Ausb:** Stud Mannheim u München, Stud Komp b Hans Vogt (Mannheim) u Harald Genzmer (München), Stip in Siena (Filmmusik) 63, mehrere Stip d 'int Ferienkurse f Neue Musik' Darmstadt. **Laufb:** Doz f Kl MH Mannheim 58–62, freiberufl Komp u Pianistin seit 63, Dokumentation u Archivierung d Nachlasses d Darmstädter Komp Hermann Heiß 70–75, Vorstandsmitgl d 'Inst f Neue Musik u Musikerziehung' 86–93, Grdg- u zeitweise Vorstandsmitgl d 'Int Arbeitskreises Frau u Musik' seit 78, Forschungsarbeit, Lehrtätigkeit u Editionsarbeit (Werke v Fanny Hensel u zeitgen Komp). **Mitgl:** Inst f Neue Musik u MusikErz, Gedok, Epta. – **Komp:** f Kl, KamM, Lieder. **Aufn/RF:** 'Domino', U Kahl (Hn); 'Kartenspiele – Il pleut à Paris' (f Vibra- u Marimbaphon); 'Lalai – canción de cuna para despertar', R M Harda (V), C Martines (Kl); 'La Palmera – M f Fl u Kl', V Kraneis (Fl), M 'Ton-Zeichen' f Elektr, Holz- u Metallperc, Vcl, KB, Weingläser, präp Kl u Steine; 'Tre lettere Scarlattine', S-T Matthies (Kl); 'hundertmelodienbuch' (Bfl J Fischer) 06. **Sonst:** Bücher: Hermann Heiss – e Dokumentation v B H 75 (unter d Namen: Barbara Reichenbach); Die Welt im Ohr – e Vortrag m KompBeisp anläßl d Dt-Japan Tagung in Heidelberg, in: Komponistinnen 91; Meine kompositor Arb über 30 J, in: European Piano teachers Association 96; Klaviermusik v Komonistinnen v 17.–21. Jh 03; Mit d Fingern i d Luft, in: M Saxer (Hg): Anfänge 04. **Lit:** K Barlow: Am liebsten wär ich selbst Musik, in:Annäherungen an sieben Komponistinnen 87; S Pfeifer: Im Feuer ist mein Leben verbrannt ...f G Wagner 94; R Held: Dialoge zw Hören u Sehen – Austellung zum 60. Geb d Komp B H im Kunstkabinett Weimar, in: D Orchester 5/96; E Kohlhas: Klangsucht, B H wird sechzig, in: FAZ 96; M Karallus: Triumph d Sinnlich-Spielerischen, D Richards spielt KlWerke v B H, in: MusikTexte 72 97; C Hein: Und v Himmel regnet es Noten 97; V Funk: B H: Ensemblearbeit, in: Musik um uns, Komponistinnen v Mittelalter bis zur Gegenwart 99; U Levens: Begegnungen 06.

Heller, Marc, Tenor; Komische Oper, Behrensstr 55–57, D-10117 Berlin. **Laufb:** Sol Komische Op Berlin. (Red)

Heller, Richard, Komponist, Hochschullehrer; Gneisenaustr 7, D-86167 Augsburg, T: (08 21) 71 91 64, F: 71 91 64, *RSHeller@t-online.de* [Wien 19.4.1954]. Kammermusik, Sinfonik **Ausb:** Komp (E Urbanner, A Kubizek), Dirig (O Suitner), Medienkomp, Musikpubliz, kultur Management etc MH Wien, (Mathematik, abstr Logik, MWiss) U Wien, Dipl (Komp) 79. **Laufb:** freier Mitarb ORF-Fernsehen, Doz (Komp, MTheorie) Fachakad f Musik L-Mozart-Kons Augsburg 79, H f Musik Nürnberg-Augsburg, Abt Augsburg ab 99/2000, Vors Tonkünstlerverband Augsburg-Schwaben seit 93. **Pr:** Förderpr Wien 77, Kunstförderpr Augsburg 80, Förderpr d Österr Bundesmin f Unterr u Kunst 80, 2. Pr 3. Conc Int de Comp Ciudad Ibagué Kolumbien 84, 1. Ehrendipl Carl-Maria-v-Weber-Wettb Dresden 85, 1. Pr Eisteddfod 1989 Roodepoort/Südafrika (Novelette), 1. Pr KompWettb World Cello Congress III Baltimore (USA) 2000. **Mitgl:** GNM (ISCM), dkv, WASBE. – **Komp:** Rondo f 2 Kl (Auftr: Baranyi-Pfeifer); Nonet viennois (Auftr: Wiener Nonett); Wiener KamM Nr 1 (Decett) u Nr 2 (Septett),(Auftr: Wiener KamM); Orgiano (Duo f Org u Kl),(Auftr: Duo Gailit-Capek); Dialog (Auftr: Duo Contemporain); Novelette (Auftr: Trio Vindobona); Konz f 2 Kl u Orch (Auftr: Duo Valeri-Montrul); Jeu concertant (Auftr: Hense-Qua); Ballade f Kl 4-händig (Auftr: Duo Köhn-Matthies); Essay (Auftr: KlDuo Theiner-Breitner, Wien); Kaleidoskop (Auftr: DALV – Dt Akkordeonlehrer-Verb); Flash f Symph Blasorch 97 (Auftr: Mid Europe/Int Youth Orch); Diptychon f Vc u Kl (Auftr: Duo D v Albrecht-Chr Olbrich); Arabesken (2 Fl u Kl), (Auftr: Münchner FlTrio); Concertino f Orch (Homage à Béla Bartók) (OrchW), UA Augsburg 85; Streichqua 82 (KamM), UA Wien 87; Konz f 2 Kl u Orch (Solo-Konz), UA Santa Fe (Argentinien) 89; Sinfonietta (Sinf f Bläser), UA Rotterdam 91; Konz f Marimbaphon u kl Orch (Solo-Konz); Diskurs (symphon BlasorchW), UA Sonthofen 95; Konz f V u Orch (Solo-Konz), UA Augsburg 2000. **Aufn/RF:** CDs: Orgiano (Duo f Org u Kl) 2000; Organology (Org solo); Statement (f StrTrio); Novelette (KlTrio); 5 Pieces (Altsax u Kl); Diskurs (Sinf Blasorch); RF-Prod u Mitschn: Violinkonzert (RTV Ljubljana); StrQua 82 (BR); Elegie (gem Ch) (ORF); Sinfonietta (Sinf Blasorch) (NCRV Hilversum u Radio DRS); Novelette (KlTrio) (SABC Süd-Afrika); Jeux Concertant (Git Qua) (BR); Konz f 2 Kl (ORF u Radio Nac Santa Fe, Argentinien).

Hellgardt, Lorenz, Flöte; c/o Niedersächsisches Staatsorchester, Opernpl 1, D-30159 Hannover. **Laufb:** stv Sol Niedersächs StaatsOrch Hannover. (Red)

Hellmann, Christiane, Flöte; Ahornstr 16, D-12163 Berlin, T: (0 30) 7 91 26 11, *luna58de@yahoo.de*; Universität der Künste, Fak Musik, PF 120544, D-10595 Berlin, T: (0 30) 3 18 50, F: 31 85 26 35, 31 85 26 59 [Berlin 21.7.1958]. Musik d 20 Jhs, Neue Musik **Ausb:** Folkwangschule Essen 78–80, MusikH Hamburg u HdK Berlin 80–87, Konzertexamen HdK Berlin 87. **Laufb:** 2. Flötistin RSO Berlin 84–91, Doz UdK Berlin seit 87, Solistin b Fstv f Neue Musik wie: Inventionen (Berlin), Insel-Musik-Berlin, Biennale-Berlin, Tage Zeitgenöss Musik Leipzig ua. **Mitgl:** Kulturpolit Gesellschaft. – **Aufn/RF:** Tempus loquendi. Neue Musik f Flöte Vol. I 96, Hanspeter Kyburz: Malstrom-The Voynich Cipher Manuscript m. Klangforum Wien, Südfunkchor Stuttgart, Dgt: R Huber 2000; 'Klangflug' Musik des 20 Jhs für Solo-Flöte(n) 03. **UA:** Werke von P Ablinger, M Feldman, M Kubo, H-P Kyburz, G Neuwirth. **Sonst:** Zur Musik f Flöte i 20. Jh (Hb f Querflöte) 99; 'Froisssements d'ailes' für Flöte solo von M Lévinas (Tibia H 1/01).

Hellmann, Christophe, 1. koord Kapm, Dirigent, 1. koord Kapellmeister, Pianist; c/o Theater Bielefeld, Brunnenstr 3–9, D-33602 Bielefeld, PF 100353, D-33503 Bielefeld, T: (05 21) 2 38 22 39, *christophe-hellmann@web.de* [Paris 1972]. ital u frz Op **Ausb:** Stud (Dgt) Robert Schumann Hochschule Düsseldorf, Mstrkse b A Kats. **Laufb:** Solorep Staatsth Stuttgart SpZ 99–03, 1. koord Kapm Th Bielefeld seit SpZ 03/04 (04/05), Gastdgt 'O-Ton Ens' f moderne M, 'Musik-Fabrik' Köln f zeitgen M. – **UA:** F Rzewski: 'Die Perser', UA Bielefeld 03.

Hellmich, Wolfgang, KS, Prof, Hochschullehrer, Gesang; H f Musik 'Hanns Eisler', Charlottenstr 55, D-10117 Berlin, T: (0 30) 5 09 85 03; Robert-Siewert-Str 44, D-10318 Berlin, T: (0 30) 5 09 85 03. **Laufb:** LBeauftr (Ges) H f Musik 'Hanns Eisler' Berlin, Sol Kom Op Berlin. (Red)

Hellwege, Malte, Repetitor; Theater, PF 100353, D-33503 Bielefeld. **Laufb:** Solorep m Dirverpl Th Bielefeld. (Red)

Hellwig, Klaus, Prof, Hochschullehrer, Klavier; Mommsenstr 58, D-10629 Berlin, T: (0 30) 3 24 56 35, F: 3 24 49 57, *hellwig.lee@t-online.de*; Univ d Künste, Fak Musik, Inst f Künstl Ausbildung / Klavier, PF 120544, D-10595 Berlin [Essen 3.8.1941]. **Ausb:** Stud Kl (D Kraus) MH Essen 60–64, Kurse (W Kempff, G Agosti) 62, 65, 66, PrivStud Kl (P Sancan) Paris 64–68. **Laufb:** L Musashino Akad Tokio 68–69, L Westf Schule f M Münster 69–71, Prof Folkwang-H Essen 70–80, Prof (Kl) U d Künste Berlin seit 80, Konz in Italien seit 66, Japan seit 67 (ua Tokio SymphOrch, Osaka Philh), Dtschld seit 69 (ua Berliner Symph, RSO Berlin, Orch d BR, Orch d WDR, Stuttgarter Philh), England, Frankr, Belgien, Holland, Spanien, Jugoslawien, Polen, Bulgarien, Tschechien, ehem UdSSR, USA (über 20 Turneen), Kanada, Brasilien, Korea, Taiwan, Nahost, Australien, Jurymitgl zahlr Wettb. **Pr:** 7. Pr Int Wettb Long/Thibaut 65, 1. Pr Int Wettb 'G B Viotti' 66, Stip Studienstift d Dt Volkes, DAAD. – **Aufn/RF:** ca 20 Schallpl/CDs. **Zug:** Giles Swayne: 'Bits of Mrs. Bach' (Kl).

Helm, Karl, KS, Bass; Schulstr 7, D-82064 Straßlach, T: (0 81 70) 73 51. **Laufb:** Mitgl Ens Bayer Staatsop – NatTh München. (Red)

Helm, Matthias, Sänger; c/o Wiener Kammeroper, Fleischmarkt 24, A-1010 Wien. **Laufb:** Sol Neue Op Wien SpZ 03/04, Wiener Kammerop SpZ 04/05. (Red)

Helm, Wilfried, Posaune; c/o Konzerthaus Berlin, Gendarmenmarkt, Charlottenstr 57, D-10117 Berlin. **Laufb:** Sol Berliner SinfOrch. (Red)

Helm, Wilhelmina van der, Mezzosopran; c/o Theater Lübeck, Beckergrube 16, D-23552 Lübeck, T: (04 51) 7 08 80, F: 7 08 81 99, *theater@luebeck.de*. **Laufb:** Sol Lübecker Th. (*)

Helmersson, Frans, Prof, Hochschullehrer, Violoncello; Am Arndtpl 20, D-53173 Bonn, T: (02 28) 36 37 88, F: 36 38 65; H f Musik, Dagobertstr 38, D-50668 Köln. **Laufb:** Prof (Vcl) H f Musik Köln. (Red)

Helmich, Bernhard, Dr, Dramaturg; Konstantinstr 8, D-04315 Leipzig, T: (03 41) 6 81 89 61. **Laufb:** Dir Musikal Komödie Leipzig. (Red)

Helmich, Katinka, Sängerin; c/o Stadttheater Klagenfurt, Theaterpl 4, A-9020 Klagenfurt, *krisper@netcompany.at* [Lich 16.9.1977]. Konzert, Oper **Ausb:** Stud MH Frankfurt/M 97–99, Stud (Dipl) Kärntner Landeskons 99–03, Mstrks b A Althoff 03. **Laufb:** Sol Stadtth Klagenfurt SpZ 02/03/04.

Helmrath, Michael, Dirigent, Generalmusikdirektor; c/o Brandenburger Theater GmbH, Grabenstr 14, D-14776 Brandenburg, T: (0 33 81) 51 11 32, F: 51 11 60, *michael@helmrath.de*; c/o Konzertdirektion Tobischek, Zimmermannstr 59, D-45239 Essen, T: (02 01) 8 40 51 75, F: 8 40 51 76, *tobischek@arcor.de*; *www.helmrath.de* [1954]. **Ausb:** Stud Ob u Dirig. **Laufb:** SoloOb Münchner Philharmoniker 81–2000, Dirigiertätigkeit seit 89, Chefdgt Brandenburger Symphoniker seit 99, Gastdgt Opernhaus Halle 03/04, GMD Brandenburger Th SpZ 04/05. **Pr:** vgl www.helmrath.de. – **Aufn/RF:** CDs. **UA:** ua R Strauss: Klarinetten-Romanze; C Orff/J Jirasek: Lukas-Passion; P M Hamel: Passion; H Genzmer: Konz f 2 Kl u Orch; Werke v Hamel, Acker, Vestermann, Hiller, Kempff, Klusak, Ben-Amots, Sulzer, Smith. **Sonst:** Grdg Philharmon KamOrch München 89, Westfäl Sinfonietta 94.

Helms, Joachim, Sänger; c/o Landesbühnen Sachsen, Meißner Str 152, D-01445 Radebeul. **Laufb:** Sol Landesbühnen Sachsen. (Red)

Helmschrott, Robert M, Prof, HonProf U Tbilissi (Georgien), Komponist, Hochschullehrer; Nussbaumweg 23, D-85524 Ottobrunn, T: (0 89) 6 09 56 60, F: 6 09 56 60 [Weilheim 23.8.1938]. **Ausb:** Stud MH München 54–62. **Laufb:** am Richard-Strauss-Kons München tätig 69–72, Prof MH 72, Lt Forum Musica Sacra Viva München seit 79, Präs MH München seit 95. **Pr:** Rompr Villa Massimo 67, Cité des Arts Paris 75, Förderungspr München 72, Stuttgart 73, 1. Komp-Pr Avila (Spanien) 73 u Vercelli (Italien) 74, Siemens-Musikförderungspr f Musica sacra viva 83, Artist-in-Residence Mac-Dowell-Colony, NH (USA) 93, BVK 90. – **Komp:** S P O R (Chorszene) 68, UA Hannover, F v Bloh 71; Influentiae (OrchW) 75, UA München, Münch Philh, Dgt: F Prausnitz 77; Entelechiae (OrchW) 77, UA München, Münch Philh, Dgt: R Alberth 80; Empyreum (OrchW) 85; Cross and Freedom (Kantate), UA New York, Dresdner KamChor 92.

Heltau, Michael, Sänger, Kammerschauspieler; Burgtheater Wien, Dr Karl-Lueger-Ring 2, A-1010 Wien, T: (01) 5 14 44 41 40; *www.burgtheater.at* [Ingolstadt 5.7.1933]. **Laufb:** Sol Volksop Wien, Burgth Wien, Ehrenmitgl ebd seit 03, Operetten FSp Bad Ischl SpZ 03/04. (Red)

Helwig, Paul, Sänger; Ulenhorst 20, D-28329 Bremen, T: (04 21) 23 25 44, F: 2 43 72 74. **Laufb:** Mitarb 'ars musica' Münster.

Helzel, Ulrike, Mezzosopran; Pestalozzistr 55, D-10627 Berlin, T: (0 30) 8 59 34 32, F: 8 59 34 32, *ulrikehelzel@aol.com*; c/o Balmer & Dixon Management AG, Kreuzstr 82, CH-8032 Zürich, T: 04 32 44 86 44, F: 04 32 44 86 49, *mail@badix.ch*; *www.badix.ch/voc/helzel.html* [Magdeburg]. **Ausb:** Gesang (C Kern-Pöschel) MH Leipzig. **Laufb:** ua: Op Halle 93–96, Ensmitgl Dt Op Berlin seit 96 (04/05), Gastsol Op Halle SpZ 00/01, Konzengagements in Europa, Japan, USA, Tournee Bartók: 'Blaubarts Burg' m Nat Jeugd Orkest Amsterdam, Berlin, Hamburg, Frankfurt 2000, Gastsol Th Basel, Sol Dt Op Berlin (bis SpZ 04/05), Kom Op Berlin (bis SpZ 04/05). **Pr:** 2. Pr Dvorak-Wettb Karlovy Vary 90, Händel Förderpr Stadt Halle 95, Stip Richard Wagner-Stift. – **Aufn/RF:** zahlr RF-, Fernseh, CD-Produktionen.

Hemm, Manfred, Bass; c/o Boris Orlob Management, Jägerstr 70, D-10117 Berlin, T: (0 30) 20 45 08 39, F: 20 45 08 49, *info@orlob.net*; c/o Künstleragentur Dr. Raab & Dr. Böhm, Plankengasse 7, A-1010 Wien, T: (01) 5 12 05 01, F: 5 12 77 43, *office@rbartists.at*; *www.orlob.net*. **Laufb:** Sol Op Augsburg, Op Graz, Mitgl Ens Wiener Staatsop seit 88, Gastsol Hamburg Staatsop, Op Paris, Op Zürich, Semperop Dresden, Met Op New York, Buenos Aires, Tokio, Bayer Staatsop München, Philadelphia, Scala Mailand, Staatsop Berlin, Scottish National Opera 01–04, Kom Op Berlin 02/03, Fstv ua Salzburg, Aix-en-Provence, Orange, Florenz, Prag, Glyndebourne 99, Konz m RSymphOrch Berlin, ZusArb m Dgt: E Inbal.

Hemmerle, Bernhard, DKMD, Kirchenmusiker; Johannes-Gutenberg-Str 14, D-65606 Villmar, T: (0 64 82) 94 19 63, *KMDHemmerle@web.de*, *bernhard_hemmerle@web.de*; Referat Kirchenmusik im Bistum Limburg, Bernardusweg 6, D-65589 Hadamar, T: (0 64 33) 8 87 20, F: 8 87 30, *rkm.limburg@musisches-internat.de*, *rkm.hemmerle@musisches-internat.de*; *www.bernhard-hemmerle.ath.cx* [Herschbach, Uww 25.12.1949]. **Ausb:** Stud (KiM u Privatmusik) MH Frankfurt/Main 68–72. **Laufb:** Kantor an St Peter u Paul Villmar 75–94, Bezirkskantor 75–88, Referent f KiM im Bistum Limburg seit 91. **Mitgl:** Konf d Lt kath kirchenmusikal Ausbildungsstätten Dtschlds seit 88, Konf d Lt d Ämter/Referate f KiM seit 91. – **Komp:** Geistl u weltl Chorwerke (Liedsätze, Motetten) f gem Chor, Mchor ac u m Begleitung; Kanones zu Kirchenliedern. **UA:** K N Schmid: 'Der große Lopreis' (Ps 150) f gem Chor, Org u Bläser, UA Villmar 86; B Krol: 'Das Heil d Welt', UA Villmar 85; 'Villmarer Orgelheft' (m Werken v K Erhard, R Giez, E Kraus, K N Schmid, K Seckinger, J Theis), UA Villmar 85; K Seckinger: 'Drei Meditationen f Org',

Bernhard Hemmerle

UA Villmar 93. **Zug:** K N Schmid: 'Der große Lobpreis' (Ps 150); K Seckinger: 'Drei Meditationen f Orgel', 'Musik ist eine Gottesgab' (Kant f Sprecher, Soli, gem Chor, Str, Pk ad lib, Cemb u Org); B Krol: 'Das Heil d Welt' (f Org). **Sonst:** zahlr Beitr z Kirchenmusik im Bistum Limburg, z Glockenwesen u Orgelbau in versch Publ; etl Personen-Portraits in 'Biogr-Bibliogr Kirchenlexikon (BBKL)'.

Hemminki, Juuso, Sänger; Posthorngässchen 3, D-93047 Regensburg, T: (09 41) 5 84 32 55; c/o Theater Regensburg, Bismarckpl 7, D-93047 Regensburg [1971]. **Ausb:** Sibelius Akad. **Laufb:** Sol Stadtth Pforzheim. (*)

Hempel, Christoph, Prof, Hochschullehrer; Hochschule f Musik u Theater, Emmichpl 1, D-30175 Hannover, *hempel@hmt-hannover.de* [1946]. **Ausb:** Stud (KiM, LAmt f Gymnasien, Dgt, Komp, Ob) H f M u Th Hannover. **Laufb:** Doz Staatl H f M Heidelberg/Mannheim 74, Doz, Prof (MTheorie) H f M u Th Hannover seit 82. (Red)

Hempel, Dietrich, Violine; c/o Staatskapelle, Alter Garten, D-19055 Schwerin. **Laufb:** stellv 1. Konzm Mecklenburg Stasatskapelle Schwerin. (Red)

Hempel, Jörg, Bassbariton; c/o Mariedi Anders Artists Management, 535 El Camino del Mar, San Francisco, CA 94121–1099, U.S.A., T: (4 15) 7 52 44 04, F: 7 52 74 51, *info@andersmanagement.com*, *maaminc@aol.com*; c/o Austrokonzert International, Gluckgasse 1, A-1010 Wien, T: (01) 5 13 26 57, F: 5 12 61 54, *office@austroconcert.com*; *www.andersmanagement.com/sijhempel.htm* [Dresden 1969]. Oper, Oratorium **Ausb:** Dresdner Kreuzchor, Stud Ges (Ch Elsner, M Trappe-Wiel) MH Dresden, Mstrkrse b Th Adam, P Schreier, E Schwarzkopf, Th Quasthoff. **Laufb:** Sol Sächs Staatsop Dresden seit 97, Gastsol an europ OpHäusern, Konz ua m H Rilling u N McGegan, USA-Debüt 99. **Pr:** 1. Pr Antonin Dvořák Wettb. (Red)

Hempel, Klaus, Prof, Hochschullehrer, Gitarre; Hochschule für Musik und Theater Hamburg, Harvestehuder Weg 12, D-20148 Hamburg. **Laufb:** Prof (Git) H f M u Th Hamburg. (Red)

Hempel, Rolf, Prof, Komponist, Dirigent, Hochschullehrer; Rotackerweg 5, D-73733 Aichwald, T: (07 11) 3 63 06 33, 01 71–7 49 50 55, F: (07 11) 3 63 06 33, *prof.rolf.hempel@t-online.de* [Reichenbach, Vogtland 28.6.1932]. Musiktheorie **Ausb:** Stud Komp, MTheorie (ua B Blacher, E Pepping) H f M Berlin-Charlottenburg 52–57. **Laufb:** LAuftr H f KiM Tübingen seit 57, HL Staatl H f M u darst Kunst Stuttgart seit 71, Prof ebda 80, Prorektor ebda 88–90, Rektor ebda 90–97, Doz Stuttgarter Sommerkse f Neue Musik 83–85, KompKse MH Lodz (Polen), St Petersburg (Russland), Peking u Wuhan (China) 88–96. **Pr:** Förderpr Stadt Stuttgart, 1. Pr Musikal Jugend Dtschlds, Johann-Wenzel-Stamitzpr ua. **Mitgl:** Vizepräs Dt Tonkünstlerverband, 1. Vors Tonkünstlerverb Baden-Württemberg, 1. Vors Stift MForsch Baden-Württenberg, Vorstandsmitgl Stift Podium Junger Musiker. – **Komp:** Werke f Gesang u versch Instr solo, versch KamMBesetzungen, Chor, Orch u Orch m Soloinstr. **AuftrKomp:** Werke f Orch, Sol, RF. **Sonst:** Mitgrd 'Esslinger Studiokonz' 85, Mitgrd Esslinger KonzReihe 'Musik d Zeiten' 88.

Hempfling, Volker, Prof, Hochschullehrer, Dirigent; Feld 45, D-51519 Odenthal, T: (0 21 74) 46 86, F: 48 13 [Saarland 1944]. **Ausb:** Stud (KiM, Org, OrchLtg, Ges) Herford, Köln. **Laufb:** Domorg u Kantor Ev KiGemeinde Altenberg, Ltg 'Geistliche M' Altenberger Dom 72–85, KiMDir u Ltg Domkantorei Altenberg 72–97, Ltg Gürzenich-Ch Köln seit 83, GastSp m 'Kölner Kantorei' Frankreich, Belgien, Holland, Ungarn, Rumänien, Polen, Schweden, Israel; Gastdgt In- u Ausland (ua b Europa Cantat), Dgt- u StimmbildKse Dtschld, Schweiz, Belgien, Österreich, Slowenien, Spanien, USA; Prof MH d Saarland seit 85, Prof (ChLtg/Abt Ev KiM) u Ltg KamCh an Robert-Schumann-H Düsseldorf seit 93. **Pr:** 1. Pr Sparte Polyphonie 30. Int ChWettb Tolosa (m Kölner Kantorei), Stip Dt Musikrat 84/85. **Ens:** Grdg Kölner Kantorei (Schwerpkt Romantik, Gegenwart) 68. (Red)

Henck, Herbert Karl, Klavier, Pianist, Improvisator, Autor, Herausgeber; Schulstr 10, D-27446 Deinstedt, T: (0 42 84) 3 95, F: (07 21) 1 51 20 39 90, *hh@herbert-henck.de*; *www.herbert-henck.de* [Treysa 28.7.1948]. Musik d Moderne **Ausb:** Kons Mannheim (Kl) b D Rothmund, MH Stuttgart b A Erfurth, MH Köln b Aloys Kontarsky u W Hecker, KonzExamen 75. **Laufb:** freischaff Pianist (Musik d Moderne), Verf zahlr Schriften, Mstrkse in Europa, Amerika u Australien. **Pr:** 1. Pr 6. KlWettb Baden-Württemberg Stuttgart 65, 2. Pr Hochschulwettb Köln 71, Kranichsteiner Musikpr d St Darmstadt f Interpret zeitgen M 72, 1. Pr d Jury, Presse- u Publikumspr Int Gaudeamus-Wettb f Interpret zeitgen M Rotterdam 74, Förderpr NRW 82, Förderpr d St Berlin 83, Kritikerpr d Verb d Dt Kritiker Berlin 86, Schneider-Schott-Musikpr d St Mainz 89. – **Aufn/RF:** üb 50 Schallpl, ua Werke v G Antheil, J S Bach, K Barlow, J Barraqué, G Becker, P Boulez, J Cage, G Gurdjieff, N v Hannenheim, Th de Hartmann, M Hauer, Ch Ives, Ch Koechlin, F Liszt, J McGuire, T Medek, F Mompou, A Mossolow, C Nancarrow, H Otte, A Schönberg, K Stockhausen, J L Trepulka, H Zender, W Zimmermann; zahlr KlImp (LP u CD). **Sonst:** mehrere Bücher, ua Fürsprache f Hauer 98; Experimentelle Pianistik 94. **Lit:** Harenberg: Klaviermusikführer 98; J Siepmann: 'The New Grove Dict of Music and Musicians', vol 11 01; H Lück: 'Die Musik in Gesch u Gegenwart' Bd 8 02.

Henckens, Patrick, Sänger; Am Kreuter 18, D-53177 Bonn, T: (02 28) 3 50 55 71; c/o Oper Bonn, Am Boeselagerhof 1, D-53111 Bonn. **Laufb:** Sol Th d Stadt u Schlossfestspiele Heidelberg, Sol Op Bonn SpZ 03/05, Kom Op Berlin SpZ 04/05. (Red)

Hendel, Mario, KV, Prof, Fagott, Hochschullehrer; Rähnitzer Mühlweg 39, D-01108 Dresden, T: (03 51) 8 90 01 76; Hochschule f Musik, PF 120039, D-01001 Dresden. **Laufb:** Prof (Fag) H f Musik Carl Maria v Weber Dresden, Mitgl Dresdner Philh. (Red)

Hendricks, Barbara, Sopran; c/o Künstleragentur Helge Rudolf Augstein, Eduard Schmid Str 30, D-81541 München, T: (0 89) 26 02 43 33, F: 26 02 43 44, *mail@augstein.info*; *www.augstein.info*. (Red)

Hendricks, Scott, Sänger; c/o Bregenzer FSp, Platz der Wiener Symphoniker 1, A-6900 Bregenz, PF 311, A-6900 Bregenz. **Laufb:** Sol Bühnen d Stadt Köln, Bregenzer FSp. (*)

Heng, Regina, Dipl-Musiklehrerin, Trompete, Hochschullehrerin; Georg-Büchner-Str 19, D-61184 Karben, T: (0 60 39) 4 54 59, F: 93 18 12 [Hanau 13.1.1963]. pädagog Arbeit mit Kindern, LehrerInnenfortbildung, Frühinstrumentalunterricht **Ausb:** Stud H f M u Darst Kunst Frankfurt/M 84–90. **Laufb:** Doz (Trp) Dr Hoch's Kons Frankfurt, LAuftr (TrpMethodik) MH Frankfurt. **Mitgl:** Frankfurter Tonkünstlerbund. – **Sonst:** Trompetenschule 'Auf dem Schlauch geht's auch'.

Hengelbrock, Thomas, Dirigent, Violine; c/o Büro für Internationale Kulturprojekte, Wallstr 12, D-79098 Freiburg, T: (07 61) 29 62 16, F: 29 62 17, *info@kulturprojekte.com*; *www.kulturprojekte.com*. **Ausb:** Ass v W Lutoslawski, künstl Impulse v M Kagel u A Dorati. **Laufb:** Mitgrd u Lt Freiburger Barockorch 95–97, ZusArb m N Harnoncourts Concentus musicus, Amsterdamer Bachsolisten 88–91, künstl Lt Dt KamPhilh Bremen 95, MD, Dgt Volksop Wien 2000, künst Lt Feldkirch Fstv seit 01, Grd u künstl Lt Balthasar-Neumann-Ch u -Ens 03. **Pr:** Bremer MFest-Pr 2000. **Ens:** Grd u Lt Balthasar-Neumann-Chor 91, Grd u Lt Balthasar-Neumann-Ens 95. – **Aufn/RF:** A Lotti: Requiem F-Dur, Balthasar-Neumann-Ch u -Ens, Ltg: Th Hengelbrock 99. **UA:** Jan Müller-Wieland: 'König der Nacht' (Epiphanie f Sprecher, Ges u Orch), UA Feldkirch 03, K M Brandauer, Balthasar-Neumann-Orch u Sol, Ltg: T Hengelbrock.

Hengst, Bernd, KV, Prof, Hochschullehrer, Trompete; Grüner Weg 20, D-01109 Dresden, T: (03 51) 8 80 60 44; Hochschule f Musik, PF 120039, D-01001 Dresden. **Laufb:** Prof (Trp) H f Musik Carl Maria v Weber Dresden, Gast-Sol Staatsoperette Dresden SpZ 00/01. (Red)

Heninger, Ralf *siehe* Hess, Reimund

Henke, Karl, Violine; Hauke-Haien-Weg 13, D-22149 Hamburg, T: (0 40) 6 73 98 17 [Reichenberg, Böhmen]. **Ausb:** Stud (V) Dresden, Ravensburg, Stuttgart (W Schweyda), weitere Stud Hamburg, Tübingen. **Laufb:** 1. V 'Stuttgarter KamOrch' 65–69, NDR-SinfOrch seit 69, Grdg u Ltg 'Radio-Kammerorch-Hamburg' (o Dgt) 74. **Ens:** 'Trio Divertimento Hamburg'.

Henkel, Christoph, Prof, Cello, Hochschullehrer; Hochschule f Musik, Schwarzwaldstr 141, D-79102 Freiburg, *c.henkel@mh-freiburg.de* [Marburg 1946]. klass M **Ausb:** Stud (v Bülow) MH Heidelberg, (J Starker) Indiana U. **Laufb:** Prof (Vcl) Staatl H f Musik Freiburg seit 73, Solocellist NDR Hamburg 73–74, Solocellist HR 74–76. **Pr:** 1. Prtr Bundeswettb 'Jugend musiziert', Stip DAAD, 1. Prtr Wettb 'Young Concert Artists' New York. **Ens:** Dreisam Trio. – **Aufn/RF:** 20 CDs, zahlr RF-Mitschn u Aufn. **UA:** W Hofmann: Cellokonz, Celloqua, Cellosext; O Greif: Son de Requiem.

Henkel, Hans-Gottfried, Opernsänger; Schillerweg 11, D-04155 Leipzig, T: (03 41) 5 90 13 51, F: 5 90 13 51, *hghenkel@t-online.de*; c/o Musikalische Komödie der Oper Leipzig, Dreilindenstr 30, D-04177 Leipzig [Rudolstadt 19.1.1934]. Musical, Operette **Ausb:** Stud H f M 'Franz Liszt' Weimar (Staatsexamen) 53–58. **Laufb:** Nationalth Weimar 58–63, Staatsth Schwerin 63–67, Op Leipzig Musikal Komödie 67–2000, Lehrbeauftr i Muscial-Abt H f M u Theater 'Felix Mendelssohn-Bartholdy' Leipzig seit 81.

Henkel, Marianne, HonProf, Hochschullehrerin, Flöte; Brennerpaßstr 2, D-81547 München, T: (0 89) 64 51 41, F: 6 42 32 45; H f Musik u Theater, Arcisstr 12, D-80333 München. **Laufb:** Prof (Fl) H f M u Th München. (Red)

Henkel, Susanna, Violine; Waisenhausstr 67c, D-80637 München, T: (0 89) 54 82 89 58, F: 54 50 64 15, *contact@susanna-henkel.de*; *www.susanna-henkel.de* [Freiburg 1975]. **Ausb:** Stud (R Kussmaul u A Chumachenco) Freiburg u München. **Laufb:** ZusArb als Sol ua m Berliner RSO, SinfOrch Mozarteum Salzburg, Stuttgarter KamOrch, Dt KamAkad Neuss, Orch d Beethovenhalle Bonn, SinfOrch Aachen, MDR-SinfOrch Leipzig, Staatsorch Frankfurt (Oder), RFOrch d SWR, Puchon Philh Orch Seoul (Südkorea), EU Chamber Orch, Waterbury Symph Orch (USA), Florida West Coast Symph Orch, Gast b Ansbacher Bachwochen, Ludwigsburger SchlossFSp, Rheingau-Musik-Fstv, FSp Mecklenburg-Vorpommern, 'Open Chamber Music'-Fstv Prussia Cove (England), Bargemusic-Fstv New York. **Pr:** Königin-Elisabeth-Wettb Brüssel 97, Int Violinwettb Seoul (Südkorea) 97, 1. Pr Int Violinwettb Tibor Varga 98, Dt Musikwettb Sol Berlin 99, 3. Pr 7. Int Mozart Wettb Salzburg 99, 1. Pr 34. Int Instr Wettb Markneukirchen 99. – **Aufn/RF:** CDs: Debüt-CD m Werken f V solo, 'Susanna Henkel – Violine solo', 'Susanna Henkel – Sonaten f Violine u Klavier, Prokofjew u R Strauss'.

Henking, Christian, Komponist, Dirigent, Chorleiter; Fährstr 49, CH-3004 Bern, T: 03 13 02 25 01, F: 03 13 02 25 01, *c.henking@bgb.ch* [Basel 14.1.1961]. **Ausb:** MTheorie (T Hirsbrunner) Kons Bern, Kapm-Ausb (E Körner), Komp (C Halffter, D Terzakis, E Denissow). **Laufb:** Lt Berner Vokalkollegium, L H f Musik Bern. **Pr:** Bürgi-Willert Pr 2000. **Mitgl:** Groupe Lacroix. – **Komp:** 'Please rise' (f KlTrio) 94, UA Bern 94; 'Novalis 24' (f KlTrio) 96, UA Moskau 96; 'leb wohl du schöner Zedernwald' (f Alt u KamEns) 97, UA Bern, Dgt: K Zehnder; 'Leonce u Lena' (KamOp), UA Bern 03; Paragraph (f Orch) 98, UA Bern, Casino, Dgt: K Burmann 98 (Auftr: Schweiz Bundesversammlung); Qua f Fl, Va, Vcl u Kl 95, UA Bern 95 (Auftr: A Nicolet, H Forster, S Palm, B Canino); Deruda f Klar u Kl 99, UA Thusis 2000 (Auftr: E Brunner); Novalis 24 f KlTrio, UA Moskau 96 (Auftr: Moscow Rachmaninov Trio), Leonce u Lena (KamOp) (Auftr Orch OPlus, StadtTh Bern). **Aufn/RF:** Werkporträ b Müller u Schade Bern; Aufnahmen b Creative Works. **Lit:** Der Komponist C H (Dissonanz 2) 98.

Henn, Markus, Solorepetitor; c/o Sächsische Staatsoper, Theaterpl 2, D-01067 Dresden. **Laufb:** Solorep Hamburg Staatsop, Sächs Staatsop Dresden SpZ 03/05. (Red)

Henneberg, Matthias, Sänger; Am Hang 10, D-01833 Dürrröhrsdorf-Dittersbach, T: (03 50 26) 9 21 94; c/o Sächsische Staatsoper, Theaterpl 2, D-01067 Dresden. **Laufb:** Sol Sächs Staatsoper Dresden SpZ 01/05, Kom Oper Berlin SpZ 01/05. (Red)

Henneberger-Mercier, Christiane, Violoncello; av Mon-Repos 28, CH-1005 Lausanne, T: 02 13 12 40 26. (*)

Henneberger, Jürg, Dirigent, Musikalischer Leiter, Klavier; Friedhofgasse 10, CH-4057 Basel, T: 06 16 31 52 12, *conductor@ensemble-phoenix.ch*; *www.ensemble-phoenix.ch/cv_juerg.html* [Luzern 1957]. **Ausb:** Stud (J Wyttenbach) Musikakad Basel, H f M u darst Kunst Hamburg (K Seibel, Ch v Dohnànyi). **Laufb:** Staatsth Oldenburg, Th Basel (ständ Gastdgt seit 95), Dgt SinfOrch Basel, Basel Sinfonietta, Gastdgt Tonhalleorch Zürich, Ens Contrechamps, Ens Recherche, Klangforum Wien, 'die reihe' Wien, Doz MH Basel seit 89, Präs IGNM Basel seit 89, Lt ens f neue musik zürich seit 93, Lt Ens Phœnix Basel seit 98, Dgt Op Köln SpZ 03/04. **Pr:** Kulturpr d Kantons Baselland 2000. (Red)

Hennemann, Sigurd, Repetitor; c/o Landestheater Linz, Promenade 39, A-4010 Linz. **Laufb:** Solorep m Dgt-Verpfl Hess Staatsth Wiesbaden SpZ 03/04, Ldsth Linz SpZ 04/05. (Red)

Hennes, Oliver, Sänger; c/o Theater Lüneburg GmbH, PF 2829, D-21318 Lüneburg. (Red)

Hennig, Adolf, Prof, Hochschullehrer; Univ f Musik u Darst Kunst, Inst 1, Brandhofgasse 21, A-8010 Graz, T: (03 16) 3 89 33 25, F: 3 89 30 11, *adolf.hennig@kug.ac.at*. **Laufb:** o UProf (Kl, Dirigierpraxis) U f Musik u Darst Kunst Graz. (Red)

Hennig, Carsten, Komponist; c/o Editions Musicales Européennes, 127, rue Amelot, F-75011 Paris, T: (33) 1 49 23 99 87, *chennig@msn.com* [Dresden 1.7.1967]. **Ausb:** SchM H f Musik Weimar 89–92, FilmMStud Filmakad Baden-Württemberg 92–95, Komp H f M u Th Rostock seit 97. **Pr:** 2. Int Composition Pr Luxembourg 02. – **Komp:** Ein Ort Nirgens (KamM), UA Amsterdam, Paradiso 97; London 5.6.97 (KamM), UA Radio Bremen 97; Amatus Sum (KamM), UA Stockholm 68; Unter d Erde, UA Rostock 98; Fragment Parzival (Op), UA Gießen 99, Ausflug nach Sing-Sing UA 04, Die Macht der Berichterstatter UA 04, Malins Heimkehr (Op) UA Innsbruck 04. **Aufn/RF:** CD WERGO 05. (Red)

Hennig, Thomas, Komponist, Dirigent; Elsenstr 54, D-12059 Berlin, T: (0 30) 68 08 94 86, F: 68 82 22 17, *Thomas.Hennig.Berlin@t-online.de*; c/o Oper an der Leine, Im Wiesenkampe 14, D-30659 Hannover; *www.thomas-hennig.de.vu/* [Hannover 17.3.1964]. Chor, Orchester, Oper, Lied, Kammermusik **Ausb:** Stud H f M u Th Hannover 83–89, Stud (MWiss, Philosophie) Osnabrück 89–91, Int Mstrkse (Dirig) 90/91. **Laufb:** ChDir Brandenburger Th 91–98, Lt Kammerchor Brandenburg 94–04, Dgt Op a d Leine 2000–04, Dgt und Lt 'tonkunst ensemble hannover' seit 03, ChDir Staatsop Antalya seit 04, LAuftr UDK Berlin seit 04, Gastdgt Belo Horizonte Brasilien 01, Komp-Auftr Klavierkonzt Baltimore/USA 02, versch Konzertreisen ua Zürich, Danzig. **Pr:** Förderpr Land Brandenburg 98, Stip Schloß Wiepersdorf, Stip Franz-Grothe-Stift 99, Kompositionspr Woitschach-Stift 99. **Mitgl:** dkv, GEMA. – **Komp:** ua: 'Elegie einer Drehung' (f Sprecher, Ch u großes Orch) 94, UA Brandenburg; 'Das Welttheater' (Op) 97/98 (Auftr: Brandenburger Th); Trompetenkonz 99 (Auftr: Berliner Sinf); Klavierkonz 01/02, UA Baltimore/USA; 'Requiem f alle Opfer v Krieg u Gewalt' 01/02, UA Berlin 02; 'Dona nobis pacem' (Chor) 03, UA Berlin 04. **Aufn/RF:** ORB-KonzMitschn: Sarabande aus d '3 alten Tänzen', m Brandenburg Staatsorch Cottbus 94. **Sonst:** Grdg Kammerchor Brandenburg 94, Grdg tonkunst ensemble hannover (teh) 03.

Henning-Jensen, Gert, Tenor; c/o Det Kongelige Teater, POB 2185, DK-1017 København K; *www.kgl-teater.dk* [Kopenhagen]. **Ausb:** OpSch Königl Th

Kopenhagen, Mozarteum Salzburg. **Laufb:** ua: Dän RF-Chor, Engl Nat Op, 1.l yr Tenor Königl Op Kopenhagen seit 92, Rossini-Fstv Pesaro 94, 95, 'Arabella' (Matteo) Santa Fe Op Fstv 97, Wagner: 'Die Meistersinger' (David) Königl Op Kopenhagen 97, dass Met Op New York, Dgt: J Levine 98, Strauss: 'Die schweigsame Frau' (Henri) Aarhus, Dgt: M Boder 2000, 'Turandot' (Pang) Paris, dass Kopenhagen, Dgt: G Sinopoli, Gastsol Dt Staatsop Berlin SpZ 00/03. **Ens:** Renaissance Ens Ars Nova. – **Aufn/RF:** Nielsen: 'Maskerade' (Leander), Dgt: U Schirmer. (Red)

Henning, Julia, Sopran; c/o Künstleragentur Elke Wiemer, Exerzierstr 9, D-13357 Berlin, T: (0 30) 46 60 78 03, F: 46 60 78 17, *mail@agentur-wiemer.de*; *www.agentur-wiemer.de*. Op, Lied, Neue M **Ausb:** Stud Ges (S Kirchner) H f M u Th Hamburg. **Laufb:** Gastsol OpHaus Kiel, Staatsth Braunschweig, Stadtth Görlitz, Th Brandenburg, Th Görlitz SpZ 00/01, NOB 03–05, Fstv M u Th Saar. (Red)

Henriks, Daniel, Sänger; c/o Niedersächsische Staatstheater Hannover, Opernpl 1, D-30159 Hannover. **Laufb:** Sol Niedersächs Staatsth Hannover seit SpZ 03/04. (*)

Henriot, René, Violine, Konzertmeister; c/o Theater Bielefeld, Brunnenstr 3–9, D-33602 Bielefeld, PF 100353, D-33503 Bielefeld [Rostock 20.11.1953]. **Ausb:** Stud MH Leipzig 72–77, (O Kryssa) Kons Moskau 77–79. **Laufb:** Konzm Dt Staatsop Berlin 79–82, Th Bielefeld 83/05. **Ens:** FSpOrch Bayreuth, Europ Sol Luxemburg.

Henschel-Schwind, Monika, Viola; c/o Henschel Quartett – Künstlersekretariat Rolf Sudbrack, Gösselkoppel 54a, D-22339 Hamburg; *www.henschel-quartett.de* [Sindelfingen 8.8.1968]. Quartett **Ausb:** Dipl Royal Coll of Music London 88, Quartettstud Amadeus Qua London u Köln, Melos-Qua Stuttgart, (F Beyer) München. **Pr:** 1. Pr Charles Hennen Concours 93, 1. Pr Mozart Wettb Salzburg 95, 2. Prse Evian Wettb 95, 2. Prse Banff Comp Kanada 95, 1. Pr 2. Int KamM Wettb Osaka 96. **Ens:** Henschel Qua. – **Aufn/RF:** Haydn: Streichqua; Mendelssohn: Streichqua; Mozart: Klavierkonz in Streichqui-Fssg; Schubert: Streichqua; Ginastera: Streichqua; Schubert: 'Winterreise', C Elsner. **UA:** Bialas, Schmidt, Theofanidis ua. **Zug:** Schmidt, Theofanidis, Ohlsen. **Sonst:** Grdg Henschel Quartett 88.

Henschel, Christoph, Violine; c/o Concerto Winderstein GmbH, Leopoldstr 25, D-80802 München, T: (0 89) 38 38 46 11, *schmidt@winderstein.de*. **Pr:** 1. Pr 2.Int KamM Wettb Osaka 96. **Ens:** Henschel Qua. (Red)

Henschel, Dietrich, Bariton; c/o Christian Lange, Langemusic, Ludwig-Behr-Str 7, D-82327 Tutzing, T: (0 81 58) 18 32, F: 85 21; *www. dietrichhenschel.de* [Berlin 22.5.1967]. Oper, Lied, Orat **Ausb:** Stud (H Blaschke) München, (D Fischer-Dieskau) Berlin. **Laufb:** Debüt Dt Op Berlin, Henze: 'Prinz v Homburg'; Op Nat Lyon, Busoni: 'Dr Faust'; Eng Op Châtelet u La Bastille Paris; Op Berlin, Köln, Dresden, Amsterdam, Genf, Zürich, Paris, Fstv Salzburg, Aix-en-Provence u Florenz, Kom Op Berlin SpZ 04/05; ZusArb m Dgt wie Harnoncourt, Gardiner, Eschenbach, Nagano, Dohnanyi, Rattle, Thielemann, Metha; Liederabende in Europa u Japan. **Pr:** Int Hugo-Wolf Wettb. – **Aufn/RF:** Schubert: 'Winterreise' m I Gage; Wolf: 'Mörike-Lieder' m F Schwinghammer, Mahler: 'Kindertoten-, Rückert- u Wunderhornlieder', Dgt: Nagano, 'Korngold-Lieder' m H Deutsch, Busoni: 'Dr Faust', Dgt: Nagano, Lieder v Beethoven u Schubert, Schönberg: 'Jakobsleiter'; Orchesterlieder v Wolf, Dgt: Nagano. **UA:** D Glauert (Brahms): Vier ernste Gesänge, Berlin 05. **Zug:** L Berio: Stanze.

Henschel, Helmut, Sänger; c/o Sächsische Staatsoper, Theaterpl 2, D-01067 Dresden. **Laufb:** Sol Sächs Staatsoper Dresden, Staatsoptte Dresden SpZ 04/05. (Red)

Henschel, Jane, Sängerin; Sulzbachstr 43, D-40629 Düsseldorf, T: (02 11) 23 59 56, F: 23 37 41; c/o Deutsche Oper, Bismarckstr 35, D-10627 Berlin. **Laufb:** Sol Bayer Staatsop München, Dt Op Berlin, Wiener Staatsop, MTh Bonn, Dt Op Berlin SpZ 03/05. (Red)

Henschel, Markus, Violine; c/o Christoph Henschel, Seebergweg, D-83730 Fischbachau, T: (0 80 28) 14 32, F: 17 47. **Pr:** 1. Pr 2. Int KamM Wettb Osaka 96. **Ens:** Henschel Quartet. (Red)

Hensel, Lothar, Bandoneon; Mittenwalder Str 17, D-10961 Berlin, T: (0 30) 69 50 75 12, *tango-fusion@t-online.de*; c/o arcano Künstlersekretariat, Alteburgerstr 236, D-50969 Köln. **Ens:** tango fusión. (Red)

Henß, Norbert, Klavier, Hochschullehrer; Akad f Tonkunst, Ludwigshöhstr 120, D-64285 Darmstadt. **Laufb:** Doz (Kl) Akad f Tonkunst Darmstadt. (Red)

Hentrich, Wolfgang, Violine, Hochschullehrer; Kurhausstr 15a, D-01468 Friedewald, T: (03 51) 8 30 34 61; c/o Dresdner Philharmonie, Kulturpalast am Altmarkt, D-01005 Dresden, T: (03 51) 4 86 62 02, F: 4 86 62 87 [Radebeul 1966]. **Ausb:** Stud MH Dresden (G Schröter, R Ulbrich), Mstrkl G Schmahl. **Laufb:** Konzm Robert-Schumann-Philh Chemnitz seit 87, Konzm Dresdner Philh seit 96, HonProf H f M Dresden 03. (Red)

Henz-Diémand, Emmy, Klavier; Wiesenstr 21, CH-5000 Aarau, T: 06 28 22 40 52. (Red)

Henze, Gunter, Sänger; Maxim-Gorki-Str 8, D-38820 Halberstadt, T: (0 39 41) 60 24 35. **Laufb:** Sol Nordharzer Städtebundth Halberstadt/Quedlinburg. (Red)

Henze, Hans Werner, Dr hc mult, Prof, Komponist; c/o Künstlersekretariat Christa Pfeffer, Schongauerstr 22, D-81377 München, T: (0 89) 71 80 41, F: 71 05 49 91, *cp@christa-pfeffer.de*; c/o karsten witt musik management gmbh, Leuschnerdamm 13, D-10999 Berlin, T: (0 30) 6 16 92 19 20, F: 6 16 92 11 01, *info@karstenwitt.com*; *www.schott-henze.de, www.chester-novello.com/composer/696/main.html* [Gütersloh 1.7.1926]. **Ausb:** StaatsMSch Braunschweig ab 42, Stud KiM Inst Heidelberg u b W Fortner 46. **Laufb:** Korr Stadtth Bielefeld 45, Mitarb Dt Th Konstanz (H Hilpert) 48, künstl Lt u Dgt Ballett Hess Staatsth Wiesbaden 50, Mstrkl Komp Mozarteum Salzburg 62–67, GastProf Dartmouth College/NH 67, Ltätigkeit u Stud Havanna 69–70, Prof (Komp) Staatl MH Köln 80–91, künstl Dir Acad Filarmonica Romana 81, Composer in Residence Berkshire M Centre Tanglewood/MA 83 u 88, dass Cabrillo M Fstv 83, int Chair f Comp Royal Acad of M London 87, Composer in Residence Berliner Philh Orch 91, Fellow WissKolleg Berlin 91/92, President Contemporary Op Studio English Nat Op 96. **Pr:** ua Robert-Schumann-Pr Düsseldorf 51, Pr d'Italia d RAI 53, Sibelius Gold Med 56, Gr Kunstpr NRW 57, Gr Kunstpr Berlin 59, Mitgl Akad d Künste West-Berlin 60–68, Niedersächs Kunstpr 61, Mitgl Bayer Akad d Künste 64, korresp Mitgl Akad d Schönen Künste d DDR 68, Dr hc U Edinburgh 71, Ehrenmitgl Royal Acad of M London 75, Ludwig-Spohr-Pr Braunschweig 76, Ehrenmitgl Dt Oper Berlin 82, Amer Acad and Inst of Arts and Letters 82, Bach-Pr Hamburg 83, korresp Mitgl Dt Akad f Sprache u Dichtung Darmstadt 83, E v Siemens-Pr 90, Ehrenmitgl IGNM 91, Ehrenmitgl Accad Santa Caecilia Rom 95, Droste-Hülshoff-Pr 96, Kultureller Ehrenpr Ldeshauptst München 96, Dr hc U Osnabrück 96, H-v-Bülow-Med d Berliner Philh 97, Praemium Imperiale Tokio, Laurence Olivier Award 02, Chevalier de la Légion d'Honneur 03, Ehrendoktor H f M u Th München. – **Komp:** König Hirsch (Op) 52/55, UA Berlin, Städt Op, Dgt: H.Scherchen 56; Elegie f Junge Liebende (Op) 59/61, UA Schwetzingen, FSp, Bayer Staatsop 61; Der junge Lord (Op) 64, UA Berlin, Dt Op, Dgt: C v Dohnányi 65; Die Bassariden (Op) 65, UA Salzburg, FSp, Dgt: C v Dohnányi 66; We come to the River (Op) 74–76, UA London, Royal Op House Covent Garden 76; Die engl Katze (Op) 80/82, UA Schwetzingen, FSp, Württemberg Staatsop Stuttgart 82; 'L'Upupa u der Triumph d Sohnesliebe' (Op), UA Salzburg, Dgt Markus Stenz 03; sowie zahlr Ballette, Chorw, Symph, Orchw, Solokonz, KamM, Instrw, musikdramat W (vgl Werkverzeichnis ISBN 3–7957–0322–0). **Aufn/RF:** zahlr CDs, zuletzt ua 10. Sinf m Orch Nat de Montpeiller, Dgt: F Layer. **Sonst:** Grdg Cantiere Int d'Arte Montepulciano 76, Grdg Mürztaler MWerkstätten Mürzzuschlag 81, Lt 3. Mürztaler MWerkstatt, Grdg Deutschlandsberger Jugendmusikfest 84, Grdg u künstl Lt Münchener Biennale 88, Lt 'Gütersloher Sommerakad Hans Werner Henze' 89.

Henzold, Olaf, Dirigent; c/o Erich Seitter Bühnen- und Konzertvermittlung, Opernring 8/13, A-1010 Wien, T: (01) 5 13 75 92, F: 5 12 93 51, *office @agentur-seitter.at*; *www.agentur-seitter.at*. **Ausb:** MH Dresden b Hartmut Haenchen, Akad d Musischen Künste Prag b Václav Neumann. **Laufb:** Dgt 'Studio f Neue Musik Dresden' 83–86, Debüt Dt Staatsop Berlin 'Così fan tutte' 89, Kapm Op Leipzig 90, Ernennung zum Musikdir d Luzerner Th u Chefdgt d Luzerner SinfOrch 91, GMD u Lt Sinfoniekonz Saarländ Staatsorch Saarbrücken 98–01, Principal Guest Conductor Norske Op Oslo SpZ 2000/01 u Chefdgt SpZ 01/02, Dgt Op Leipzig SpZ 02/03, Gastdgt versch europ Opernhäuser. **Pr:** 1. Preis d Int Toscanini-Wettb Parma 87, 'Mendelssohn-Stip' d Min f Kultur d DDR 87.

Heo, Younghoon, Tenor; c/o Staatstheater Kassel, Friedrichsplatz 15, D-34117 Kassel [Seoul 1973]. **Ausb:** Stud (Ges) Seoul, MH Mannheim (ua b R Piernay), Guildhall School of Music and Drama London. **Laufb:** Staatsth Kassel Spz 05/06. (Red)

Hepp, Heinz, Klarinette, Hochschullehrer; Akad f Tonkunst, Ludwigshöhstr 120, D-64285 Darmstadt. **Laufb:** Doz (Klar) Akad f Tonkunst Darmstadt. (*)

Heppner, Ben, Tenor; c/o Deutsche Staatsoper, Unter den Linden 7, D-10117 Berlin, T: (0 30) 20 35 40, F: 20 35 44 80, *pressoffice@staatsoper-berlin.de, ben @benheppner.com*; c/o Columbia Artists Management GmbH, Till Janczukowicz, Albrechtstr 18, D-10117 Berlin, T: (0 30) 20 64 80 78, F: 20 45 34 80, *info @cami.com*; *www.staatsoper-berlin.org, www.benheppner.com* [1956]. **Ausb:** Stud Univ of British Columbia School of Music Vancouver. **Laufb:** Sol Canadian Op Company Toronto, Auftritte Met Op, Royal Op Covent Garden, Wiener Staatsop, Op National de Paris, Lyric Op of Chicago, Royal Swedish Op, Bolshoi Theatre, Op Seattle, Op San Francisco, Met Op, La Scala Meiland, Salzburg Fstv, Maggio Musicale Fiorentino, Zusamenarb m London Symphony, Chicago Symphony, Montreal Symphony Orch, Kölber RFOrch, Schwedeisches RFOrch, Berliner Philharmoniker, Boston Symphony, Los Angeles Philharmonic, Minnesota u Atlanta Symphony Orch, Met Orch, Oslo Philh, Minnesota u Pittsburgh Symphony Orch, Toronto Symphony Orch, Baltimore Symphony Orch, SymphOrch d BR, Sol Bayer Staatsop München, Gastsol Dt Staatop Berlin SpZ 02/03 u SpZ 04/05, Recitals Kanada u USA, Sol Semperop Dresden SpZ 04/05, Liederabend Op Frankfurt SpZ 04/05. **Pr:** 1. Pr CBC Talent Fstv 79, 1. Pr 'Birgit Nilsson', In 1997, Dr. h. c. Univ of British Columbia 97, Member of the Order of Canada 99, Vanier Award 94, Grammy Award 98 (f 'Die Meistersinger'), Juno Award. – **Aufn/RF:** zahlr Aufn ua: G Mahler: 'Sinf Nr 8 Es-dur' (m SymphOrch BR), A Dvorák: 'Rusalka' (m Czech Philh Orch) 98, 'Heppner, Ben – German Romantic Opera' (m NDR SinfOrch) 98, 'My Secret Heart' (m London Philh Orch) 99, R Strauss: 'Frau ohne Schatten' (m Sächs Staatskap Dresden) 97, 'Ariadne auf Naxos' (m Sächs Staatskap Dresden) 2000. (Red)

Herberg, Sebastian, Viola; Goetheallee 51, D-01309 Dresden, T: (03 51) 3 10 38 11, 01 72–3 52 28 28; c/o Pro Arte Kiel Konzertagentur, Voorder Winkel 18, D-24220 Flintbek, T: (0 43 47) 70 84 96, F: 70 84 95; *www.proarte-kiel.de* [Potsdam 1968]. **Ausb:** Studium Va (Th Wünsch) H f M 'Franz Liszt' Weimar 84–90, Stud Va (A Lipka) H f M 'Hanns Eisler' Berlin. **Laufb:** SoloVa Berliner SinfOrch 91–94, Sächsische Staatskap Dresden seit 94; Doz (Va) H f M 'Carl Maria v Weber' Dresden. **Ens:** Dresdner StreichTrio (m J Faßmann u M Pfaender) seit 95. (Red)

Herbert, Gisèle, Prof, Hochschullehrerin; H für Musik, Hofstallstr 6–8, D-97070 Würzburg. **Laufb:** Prof (Hf, KamM) H f M Würzburg. (*)

Herbet, Gisele, HD, Prof, Hochschullehrer, Harfe; H f Musik, Hofstallstr 6–8, D-97070 Würzburg. **Laufb:** Prof (Hfe, KamM) H f M Würzburg. (Red)

Herbig, Günther, Prof, Dirigent; c/o Radio-Sinfonieorchester Saarbrücken, Funkhaus Halberg, D-66100 Saarbrücken, T: (0681) 6022211; *www.sr-online.de* [Aussig 30.11.1931]. **Ausb:** Stud Franz-Liszt-H Weimar. **Laufb:** Kapm Dt NatTh Weimar 56–62, MD Hans Otto Th Weimar, Dgt Berliner SinfOrch 66–72, GMD Dresdner Philh 72–77, GMD Berliner SinfOrch 77–83, Principle Guest Conductor BBC Philh Orch 80–84MD Detroit Smyph Orch 84–90, MD Toronto Symph Orch 88–94, Chefdgt RF-SinfOrch Saarbrücken SpZ 01/02 bis 06/07. **Pr:** Theodor-Fontane-Kulturpr 64, Nationalpr f Kultur 75. (Red)

Herbig, Lutz, GMD, Prof, Hochschullehrer, Dirigent; Langestr 41, D-41366 Schwalmtal-Waldniel, T: (02163) 572134, F: 888647, *mail@lutz-herbig.de*; Robert Schumann Hochschule, Fischerstr 110, D-40476 Düsseldorf [Leipzig]. **Ausb:** Stud Leipzig, Dresden, Wien, Berlin; weitere Stud b V Neumann, S Celibidache. **Laufb:** Kapm Aachen u Saarbrücken, GMD Trier seit 79, GMD Münster 85–92, GastDgt b Bamberger Sinf, RSO Berlin, Münchner Philh, Symph-Orch d BR u Saarländ RF, zahlr Verpflicht Süd- u Nordamerika (Tanglewood Fstv, Eastern MFstv), Israel, Europa, Südafrika, Russland, Fernost; Unterr (Dirig) b Bayer Musikrat, Prof (Dirig) Robert-Schumann-H Düsseldorf seit 94. – **Aufn/RF:** Einsp Busoni-KlKonz (m V Banfield, Ch u SymphOrch d BR). (Red)

Herbold, Joachim, Komponist; Augustastr 2, D-51065 Köln, T: (0221) 6086740 [Zell a d Mosel 1951]. **Ausb:** Stud d Hauptfächer Kl, MTheorie (Prof R Löbner) u Komp (Prof J Baur) an d MH Düsseldorf u Köln, Stip b d int Ferienksen f Neue M in Darmstadt, Teiln an KompKursen b G Ligeti u K Stockhausen 72. **Laufb:** neben Komp Doz an der MH Köln (Tonsatz). – **Komp:** Memoria, Cinque Frammenti per Orch, Stück f Kinderklavier. (Red)

Herborn, Patrizia, Sängerin; Robertstr 13, D-51105 Köln, T: (0221) 8808554, *p.herborn@web.de* [Stralsund 28.3.1975]. Lied, Konzert, Oper **Ausb:** Stud (Prof A Fried) H f M 'Hanns Eisler' Berlin 94–2000, (J Simson) Coll of M at CU-Boulder 2000–01, Liedkl Fischer-Dieskau 98–00, W Rieger; Mstrks b A Reimann 00, M Isepp 01, T Quasthoff 01, M Georg 03. **Laufb:** Sol OpStudio Köln SpZ 03/04, Sol Th Aachen SpZ 04/05.

Herchenröder, Martin, Prof, Komponist, Hochschullehrer, Organist, Musikwissenschaftler; Gubener Str 26, D-57072 Siegen, T: (0271) 3180503, *M. Herchenroeder@t-online.de*; Univ, FB 4, Adolf-Reichwein-Str 2, D-57068 Siegen, T: (0271) 7404524, F: 7404584, *herchenroeder@musik.uni-siegen.de*; *www.musik.uni-siegen.de* [Iserlohn 12.1.1961]. **Ausb:** Stud SchM, KiM, Orgel, Tonsatz, Komp (ua J Baur, HW Henze) MH Köln, Stud (Germanistik, Päd, MWiss) U Köln. **Laufb:** Doz (Tonsatz, Komp) Kons Augsburg 92–94, seitdem Prof (MTheorie) U Siegen, LAuftr MH Köln seit 92, GastProf U of British Columbia Vancouver/Kanada 98, Kompositor vorwiegend tätig in den Gattungen KonzM, KiM, ChorM. **Pr:** Märkisches Stip 86. **Mitgl:** dkv, Kölner Ges f Neue M. – **Komp:** Tristan (Imaginäre Ballettszen f Ens), UA Philh Hungarica 87; Psalm 1987 f Ens, UA 87; Ges auf Texte v P Celan, UA Köln 89; Lieder n Mörike-Gedichten, UA WDR 90; Wachsen lassen f Kl u Orch 90; Mosaik II f Altfl u Org, UA Brühl 90; Paul-Klee-Blatt III: Linien aus Nachtlicht f Org, UA Köln 91; Metamorphosen e Idylle f Kl, UA 92; Hölderlin-Fragm f Bar u StrOrch 93, UA Köln, F-J Einhaus, Ltg: C Antunes 93; Tongitter – Sprachsuche f GitDuo n P Celan, UA Weilburger Schlosskonz 91 (Auftr: Albéniz Guitar Duos); Stücke über d Tod f Vcl u Kl, UA m A Gerhardt, B Martini 93 (Auftr: Stadt Lüdenscheid); 'WEG...STATIONEN' (Konz f Vcl u Orch), UA Augsburg, A Gerhardt, Ltg: P Gülke 95 (Auftr: Stadt Augsburg); kontakte f Vcl u Kl, UA m G Fauth, M Sanderling 96 (Auftr: WDR); zeit raum I f Org, UA Naumburg, D Modersohn 96 (Auftr: Stadt Naumburg); Inseln d Gegenwart, 3 Moments musicaux f StrOrch UA Köln MTriennale, Neues Rhein KamOrch, Ltg: C Antunes 97 (Auftr: Neues Rhein KamOrch Köln); The Tempest (Imaginär Th n W Shakespeare f Fl u Git), UA Siegen 99 (Auftr: Duos Ars Vivendi); in terra pax (Kant f Soli, Ch u Orch), UA Augsburg 2000 (Auftr: Ev Dekanat Augsburg u d Bayer Ldeskirche); zungen reden f Trp u Org 2000, UA m M Stockhausen u M Herchenröder 2000 (Auftr: Rhein Ldeskirche); zeit raum II: ströme, pfingststücke f Org, UA Naumburg, D Modersohn (Org) 01 (Auftr: Stadt Naumburg); Poems and Variations, 1. StrQua, UA Arditti StrQua 01; WinterabendM (Melencholia) f Vcl 03; Toccata f Org, UA Nürnberg, W Jacob (Org) 03; Meteor f Kl, UA München, S v Eckardstein; Landschaften – innen/außen (Konz f. 2 Git u Orch), UA Philh Südwestfalen, Dir: S Büchl, Amadeus-Guitar Duo 04 (Auftr Philh Südwestfalen); Weg nach Jerusalem (Kantate f Chor u Orch), UA Augsburg, Madrigalchor b St. Anna, Ltg: M Nonnenmacher 05 (Auftr Stadt Augsburg). **Aufn/RF:** J Baur, J S Bach, G Frescobaldi: versch Werke 95 (WDR). **UA:** ua W Stockmeier, W Michel, J Baur, P Chagas, J v Buren, Y Diederichs, A Hamary. **Sonst:** Publ: 'E Orat auf d Suche n d Urevangelium. Zu Wolfgang Stockmeiers Jesus' (M u Kirche 5) 91; 'Komponieren n Messiaen' (M u Kirche 4) 93; 'Sentieri musicali... – einige Beob z musikal Zitat in Werken J Baurs (Mitteil d ArbGem f Rhein MGeschichte Nr 85) 98; 'Neue OrgM aus Kanada' (M u Kirche 3) 99; 'J Baur' (D M in Gesch u Gegenwart) 99; 'Struktur u Assoziation. G Ligetis OrgWerke' 99; 'Neue OrgM nach 1960' (Handbuch OrgM) 02; 'From Darmstadt to Stockholm: Tracing the Swedish contribution to the development of a new organ style' (The Organ as a Mirror of Its Time) 02; 'B Hambraeus' (D M in Gesch u Gegenwart) 02; Hg 'B Hambraeus: OrgWerke 1977–2000' 03; Rezens: 'K Röhring, Paradigmenwechsel auf d Org (M u Kirche 5) 2000; 'E Jannibelli' (M u Gottesdienst 55. Jg) 1/01; 'K Hoek' (Het Org Jg 97) 01. **Lit:** L Finscher (Hg): 'M H' (D M in Gesch u Gegenwart) 02.

Herchet, Jörg, Prof, Komponist, Hochschullehrer; Schreinickenweg 16, D-01689 Weinböhla, T: (035243) 52401, *herchet4@latinmail.com*; Hochschule f Musik, PF 120039, D-01001 Dresden [Dresden 20.9.1943]. **Ausb:** Stud Komp (J P Thilman, M Weiss) u Vcl (C Dillner) H f M Carl Maria v Weber Dresden 62–65, Stud Komp (R Wagner-Régeny) H f M Hanns Eisler Berlin 67–69, Mstrschüler (P Dessau) Akad d Künste d DDR 70–74. **Laufb:** freischaff seit 74, LAuftr (Tonsatz) MH Dresden seit 81, LAuftr (Komp) seit 84, Prof (Komp, Tonsatz) H f M Carl Maria v Weber Dresden seit 90. **Pr:** Int Bodensee Kulturpr f M 93, Sächs Akad d Künste 96. – **Komp:** KamM, OrgWerke, 3 OrchWerke, 2 MThKomp; z B 'Namen Gottes' (f Org) Heft 1 (I–XIV), Heft 3 (XV–XXI), UA USA, Gary Verkade 99; 'Das geistliche Jahr' (Kant z letzten Sonntag i Kirchenjahr), UA Dresden, Christfried Brödel 2000; 'Nachtwache' (MTh n N Sachs), UA Berghaus Leipzig 93; 'Abraum' (MTh, Text: J Milbradt), UA Leipzig 97; Komp III f Orch, UA Donaueschingen 90; Komp f 4 Kl, UA, Heilbronn KlFstv, en quattro in quadro 01; 'sich verräumlichend' (gr Orch), UA Donaueschingen, Dgt R Kluttig (Auftrag SWR) 04; 'fronleichnamskantate', UA Kassel, Dgt: C Brödel (Auftr Musik in der Kirche, Kassel) 04; 'pfingstkantate', UA Leipzig, Dgt: C Brödel (Auftr Sächs-Böhm Musikfstv) 05. **Aufn/RF:** Komp f Pos, Bar, Orch, SWF Baden-Baden 80; Komp f 2 V, Va, Vcl, arditti qua wergo 94 (UA Köln 87). **Sonst:** Autor: Paul Dessau zum Gedenken, in: Sinn u Form 6/79; Bach als Mystiker, in: Bach als Ausleger der Bibel 85. **Lit:** A Kaiser: Komposition u Unterricht. Schaffenshaltung u Lehrmethode v J H, in: Musik u Gesellschaft 37/85, S. 288 ff; I–L Krummel: J H: Komposition f Ob, EnglHn, Pos, Schlgz, Kl, Va, Vcl, KB 95; L Weißgerber: J Hs Komposition III f Orch. Zum Verhältnis von Zahlenquadrat u Form als Entfaltung aus seriellem Denken 03; Ch Sramek (Hg): 'die töne haben mich geblendet', FS z 60. Geburtstag v J H 03.

Hercules-Joseph, Angela, Sängerin; Zillestr 69, D-10585 Berlin, T: 01755665236. **Laufb:** Gastsol Landesth Detmold SpZ 00/01, Schillerth NRW Wuppertal-Gelsenkirchen SpZ 00/01, Stadtth Lübeck SpZ 02/03, Stadtth Minden SpZ 02/03.

Herfert, Franz Jochen, Dr, Komponist; Stahlerstr 32, D-70839 Gerlingen, T: (07156) 49138, F: 49138 [1955]. **Ausb:** Musikstud Stuttgart u Paris. **Laufb:** 'main lecturer' Darmstädter Sommerkse seit 88. – **Komp:** ua Nituok-Sa (f Orch) 91, UA Donaueschinger Musiktage 91; Ne Naprasno (Musikth) 93; Engiri (f Kammerensemble) 95. **Sonst:** Publ R Musikkonzepte. (Red)

Herkenhoff, Ulrich, Panflöte; c/o Jens Gunnar Becker Konzert- u Künstler-Agentur, Grünstr 13, D-58313 Herdecke, T: (02330) 70389, F: 7507, *becker @beckerkonzert.de*; c/o Konzert & Künstler Agentur Jens Gunnar Becker, Grünstr 13, D-58313 Herdecke, T: (02330) 70389, F: 7507, *becker@ beckerkonzert.de*; *www.beckerkonzert.de* [Osnabrück 1966]. **Ausb:** Stud (Querfl) Richard-Strauss-Kons München, Fortbildungskl (Panfl), künstl Reifeprüfung. **Laufb:** pädagog Tätigkeit ua Musikfestwochen Arosa, Int Münchner Flötentage. **Pr:** Förderpr d Gasteig Kulturkreises München 92, Bayer Staatsförderpr f junge Künstler 96. – **Sonst:** Eröffnung d ersten offiziellen Panflötenkl in Dtschld, MSchule Bad Tölz 93. (Red)

Herlitzius, Evelyn, KS, Sängerin; c/o Agentur für Musiktheater und Konzert Hannagret Bueker, Fuhsestr 2, D-30419 Hannover, T: (0511) 2716910, F: 2717873, *mail@buekervoice.de*; c/o Sächsische Staatsoper, Theaterpl 2, D-01067 Dresden; *www.buekervoice.de*. Wagner, Strauss, 20. Jh **Ausb:** Stud H f M u Th Hamburg. **Laufb:** Sol Staatsth Stuttgart, Sächs Staatsop Dresden SpZ 04/05, Staatsop Wien, Gastsol Städt Bühnen Münster SpZ 2000/01, Gastsol Dt Op Berlin, Opéra de Monte-Carlo, Gastsol Dt Staatsop Berlin SpZ 03/04, Gastsol Th Chemnitz SpZ 04/05, Bregenzer FSp, Bayreuther FSp 01–04. **Pr:** 1. Pr Mstrs-Wettb Nürnberg 93, Christel Goltz-Pr, KS Semperop Dresden 02.

Hermann, Andreas, HonProf, Sänger, Hochschullehrer; Heßstr 86, D-80798 München, T: (089) 524154, *alex.hermann@t-online.de*; H f Musik u Theater, Arcisstr 12, D-80333 München. **Laufb:** Dgt Bayer Theaterakad August Everding München, Gastsol Op Frankfurt seit SpZ 03/04, Th u Philh Essen SpZ 04/05, Op im Schlossgarten FSp Eutin SpZ 04/05, Prof H f M u Th München. (Red)

Hermann, Christoph, Schauspielmusiker; c/o Theater Junge Generation, Meißner Landstr 4, D-01157 Dresden. **Laufb:** SchspM Th Junge Generation Dresden SpZ 03/05. (Red)

Hermann, Eva, Dirigentin; Theater an der Rott, Pfarrkirchener Str 70, D-84307 Eggenfelden. **Laufb:** Dir Th an d Rott Eggenfelden. (Red)

Hermann, Regine, Sopran; Finkenweg 15, D-42579 Heiligenhaus, T: (02056) 256939, (0170) 4705288; c/o Konzert-Direktion Zagovec, Hans-Böckler-Str 23, D-65468 Trebur-Astheim, T: (06147) 919660, F: 919662, *agentur@zagovec-artists.de*. **Laufb:** Sol Schillerth NRW Wuppertal-Gelsenkirchen, Sol MTh im Revier Gelsenkirchen seit SpZ 03/04. (Red)

Hermann, Roland, Prof, Hochschullehrer, Bariton; Huttenstr 60, CH-8006 Zürich, T: 0126247 12, F: 0126147 16, *roland-hermann@bluewin.ch*; Hochschule f Musik, PF 6040, D-76040 Karlsruhe. **Ausb:** Stud b Paul Lohmann u Margarete v Winterfeld. **Laufb:** EnsMitgl Op Zürich seit 68, Prof (Ges) Staatl H f Musik Karlsruhe seit 89. – **Zug:** Komp v Ernst Krenek, Wolfgang Fortner, Mauricio Kagel, Christobal Halffter, Hans Zender. **Sonst:** Mstrkrse i Salzburg, München, Saarbrücken, Schleswig-Holstein-Festival, Rheingau-Musik Festival. (Red)

Hermann, Sascha, Solohornist, Hochschullehrer; Schafswiese 10, D-49090 Osnabrück, T: (0541) 22641 [Montabaur 23.9.1969]. Orchestermusik **Ausb:** Stud OrchM (H Baumann) Folkwang-H Essen 91–96. **Laufb:** Doz (Hn) FH Osnabrück, Kons, Mitgl Osnabrücker SinfOrch 96, 1. Solohn ebd seit 98. **Ens:** Mitgl Folkwang-Hn-Ens.

Hermann, Sven, Diplom, Akkordeon, Komponist; c/o interzone perceptible, Mörikestr 37, D-45147 Essen, T: (02 01) 7 26 86 45, *hermann@interzone-perceptible.de*; *www.interzone-perceptible.de* [Bühl, Baden 1974]. Neue experimentelle Musik, elektrovisuell, Stummfilmmusik, Performance **Ausb:** AkkUnterricht b Teodoro Anzellotti u Alois Müller, Stud (Akk) b Mie Miki-Schenck Folkwang H Essen 95–99, Stud (Komp) b Nicolaus Huber Folkwang H Essen. **Laufb:** Grdg v 'Interzone perceptible' m d E-Bassisten Matthias Hettmer 2000, zus m M Hettmer künstl Lt v kopfHörer/experimentelle musik elektrovisuell Bühl/Baden 02, LAuftr ('Arb m elektroakust Medien u Live-Elektronik') U Dortmund (m M Hettmer) 02/03; als Komp Auff im In- u Ausland, als Intpr KonzTätigkeit neben 'Interzone perceptible', Sol u in Ens: ZusArb m Ens Musikfabrik NRW, Ens Modern Frankfurt, Ens Varianti Stuttgart, Neue Vokalsol Stuttgart, 'Giraffe bleue' Baden/Schweiz, Schlagqua Köln, WDR-SinfOrch; Auftr (Kölner Philh) Wittener Tage f Neue KamM 97, Int Ferienkse f Neue M Darmstadt 98, Eclat-Fstv Stuttgart 99, Donaueschinger MTage 99, Fstv Neue M Rümlingen/Schweiz 2000, EXPO 2000, Mönchengladbach-Fstv Ensemblia 01; Solo-KonzTournee USA 99, Performance-Aktivität m d Formation 'Jack the dog' (Chicago) 99, div MTh-Projekte m D Ott: Biel, Zürich, Bielefeld, EXPO Hannover (m Peter Zumthor), Rümlingen 99–2000; m d Intpr d Werkes 'Augenbildermusik' v M Schüttler f d 5. Nachwuchsforum d Ges f Neue Musik Köln u d Ens Modern ausgewählt 2000, m d Komp 'ILI XV' f E-Bass solo, gespielt v M Hettmer b 6. Nachwuchsforum d Ges f Neue Musik Köln u d Ens Modern vertreten 01. **Pr:** Gewinner d hochschulinternen Köhler-Osbahr-Wettb. **Ens:** interzone perceptible. – **Komp:** ipa'D'quORST, Musik z Stummfilm 'Paris qui dort' v. R Clair (Auftr Utopiales, Nantes, Science Fiction Film Festival) 03; Histoplasmose, Musik z Stummfilm 04/05; Nosferatu v F-W Murnau, Eulenspiegel Filmtheater, Essen 05. **Aufn/RF:** Interzone perceptible plays Hespos. **UA:** Werke v Heyn, Hespos, Stäbler, Rook, Schwoon, Kowalkowski. **Sonst:** StummfilmKonz i Essen.

Hermann, Thomas, Flötist; c/o Südostbayerisches Städtetheater, Fürstbischöfliches Opernhaus, Gottfried-Schäffer-Str 2 und 4, D-94032 Passau. **Laufb:** Sol Südostbayer Städteth Passau. (Red)

Hermanns, Elke, Sängerin; Bovert 17, D-40670 Meerbusch, T: (0 21 59) 5 14 78, F: 67 99 87, *Kieferfamily@gmx.net* [Düsseldorf 19.8.1960]. Operette **Ausb:** Stud Gesang (I Reichelt) MH Düsseldorf 79–85, Stud privat (G Kuchta, S Corti-Sforni). **Laufb:** Sol Düsseldorfer Optte seit 98, Mitgl Wuppertaler Bühnen, Eutin FSp 89–95, FSp Tecklenburg 88–89 ua. **Pr:** VDMK Berlin, Robert-Schulz-Wettb Hamburg, OpPr Bad Orb, Finalistin d Verdi-Wettb (Busseto), Stip Richard-Wagner-Verband.

Hermes, Pater Michael, Prof, Hochschullehrer; Klosterberg, Abt Königsmünster, D-59851 Meschede, T: (02 91) 2 99 50, *michael.osb@t-online.de*; Hochschule f Musik, Neustadt 22, D-32756 Detmold. **Laufb:** Prof (Gregorian Choral, dt Liturgie) H f M Detmold. (Red)

Hermit *siehe* Mitschke, Herbert A

Hermus, Antony, Drs, Generalmusikdirektor, Dirigent; Hedwigstr 9, D-58089 Hagen, T: (0 23 31) 18 43 29, *antonyhermus@yifan.net*; c/o Theater Hagen, Elberfelderstr 65, D-58095 Hagen, T: (0 23 31) 18 43 29, F: 18 43 29 [Oosterhout, Niederlande 1973]. **Laufb:** GMD u Kapm Th Hagen.

Hernádi, Ákos, Prof, Hochschullehrer, Klavier; Goethestr 9, D-77855 Achern, T: (0 78 41) 70 97 53, F: 70 97 53, *AHernadi@t-online.de*. **Laufb:** Prof f KlKamM Staatl H f M Trossingen. (Red)

Hernandez-Laverny, Sebastian, Chordirektor; c/o Staatstheater Mainz, Gutenbergpl 7, D-55116 Mainz. **Laufb:** ChorDir Staatsth Mainz seit SpZ 03/04. (Red)

Hernandez-Slatkine, Muriel, Klavier; av Eugène-Pittard 5, CH-1206 Genève, T: 02 23 46 26 00. (Red)

Hernández, César, Sänger (Tenor); c/o Oper Frankfurt, Untermainanlage 11, D-60311 Frankfurt a M [San Juan, Puerto Rico 1970]. **Laufb:** Debüt in New Jersey 89, Gastsol in d USA, Mexiko u Puerto Rico, Staatsop Hannover SpZ 01/02, Sol Hamburg Staatsop, Landesth u Kammerspiele Salzburg, Op Frankfurt a. M., Gastauftr auf zahlr europ Bühnen, Gastsol Op Frankfurt SpZ 03/04. (*)

Hernandez, Raul, Sänger; c/o Theateragentur Dr.Germinal Hilbert, Maximilianstr 22, D-80539 München, T: (0 89) 2 90 74 70, F: 29 07 47 90, *agentur@hilbert.de*. **Laufb:** Sol Dt Op am Rhein Düsseldorf-Duisburg. (Red)

Herold, Egbert, Sänger; c/o Theater Gummersbach, Reininghauser Str, D-51643 Gummersbach. **Laufb:** Sol Th Gummersbach seit SpZ 03/04. (Red)

Herrera, Gabriela, Sängerin; Karlsbader Str 29, D-70372 Stuttgart, T: (07 11) 2 26 12 78; Staatstheater, Oberer Schloßgarten 6, D-70173 Stuttgart. **Ausb:** Stud Juilliard School in New York, Mstrks b E. Ameling und K. Equiluz. **Laufb:** Sol Staatsth Stuttgart seit 96. (Red)

Herrmann, Arnulf, Komponist; Raumerstr 9, D-10437 Berlin, T: (0 30) 4 40 79 48, *arnulf-herrmann@berlin.de* [Heidelberg 12.12.1968]. Insturmentalmusik, (Live-) Elektronik, Kammermusik bis gr Besetzung **Ausb:** Stud Kl (G Sieber) Richard-Strauss-Kons München 89–93, Stud Komp (W Krätzschmer), MTheorie (J Herchet) H f M Carl Maria v Weber Dresden 93–95, Stud Komp (G Grisey, E Nuñes) Cons Nat Superieur de Musique et de Danse Paris 95–96, Stud Komp (F Goldmann), MTheorie (G Neuwirth, H Fladt) H d K Berlin 96–99, Dipl ebda 2000, Aufbaustud Komp (H Kyburz), Dipl (J Mainha) H f M Hanns Eisler Berlin 2000–02. **Pr:** Stip DAAD f Ks 'Komp u neue Technologie' IRCAM Paris 99–2000, Hanns-Eisler-Pr f Komp 01, Stuttgarter KompPr 03. – **Komp:** Orchestrion (f 8 Lautsprecher), UA Berlin 97; Im Inneren einer Melodie (StrQua); Sextett f Fl, Klar, V, Va, Vcl, Kl u Liveelektr, UA Berlin 01. **Auftr-Komp:** direkt entrückt (f gr Ens), UA Wittener Tage f Neue KamM, Klangforum Wien, Dgt: E Pomarico 03; PANORAMA f 6 Instr, Stimme, Liveelektr u Livevideo (n Motiven d Novelle 'Frühling' v T Lehr), UA Donaueschinger MTage 03.

Herrmann, Claudius, Violoncello; Dufourstr 59, CH-8008 Zürich, T: 04 43 80 76 46; c/o Amati Quartett, Nicolas Corti, Waserstr 20a, CH-8032 Zürich, F: 0 12 52 86 58 [Mannheim]. **Laufb:** Sol Orch Lübeck 90–91, Sol Op Zürich seit 91. **Ens:** Amati Quartett. (Red)

Herrmann, Cornelia, Pianistin; c/o PRIMUSIC Konzert- und Musiktheaterproduktionen GmbH, Herrengasse 6–8/2/22, A-1010 Wien, T: (01) 5 32 71 24, F: 5 32 71 40, *office@primusic.at* [Salzburg 1977]. **Ausb:** H Mozarteum b A Czjzek, Stud b Imre Rohmann in Salzburg u Unterricht b Ferenc Rados in Budapest seit 94, Stud U f M in Wien b Noel Flores seit 97, Teilnahme an Mstrks b Arie Vardi, Alexander Lonquich u András Schiff. **Laufb:** KonzAuftr m Bochumer Symph im Rahmen des 'Marler Debuts', Bruckner Orch Linz, Camerata Salzburg, Israel Chamber Orch (Museum of Art Tel Aviv), Kanagawa Philharmonic Orch (Minato Mirai Hall Yokohama, Japan), MDR Kammerphilh (Gewandhaus Leipzig), Mozarteum Orch Salzburg, Tokyo Metropolitan Symph Orch, solist u kammermusikal Tätigkeit, zahlr CD- u RF-Aufn. **Pr:** 1. Pr Jugend Musiziert, Gewinnerin d Int J S Bach-Wettb Leipzig 96, Sonderpr d Int Mozart-Wettb Salzburg 99, Großer Förderpr d Hildegard-Maschmann-Stift 01. (*)

Herrmann, Elisabeth, Sopran; c/o Eduard-v-Winterstein-Theater, Buchholzer Str 67, D-09456 Annaberg-Buchholz. **Laufb:** Sol E-v-Winterstein-Th Annaberg-Buchholz Spz 04/05. (Red)

Herrmann, Karl-Ernst, Regisseur; Dorfstr 2, D-19322 Zwischendeich, T: (0 38 77) 7 27 19 [Neukirch]. **Laufb:** Inszenier ua Salzburger FSp (La Clemenza di Tito, Idomeneo, Die Zauberflöte, Così fan tutte), RuhrTriennale 05. (Red)

Herrmann, Michael, Künstlerischer Leiter; c/o Rheingau-Musik-Festival, Rheinallee 1, D-65375 Oestrich-Winkel, Pf 1108, D-65367 Oestrich-Winkel, T: (0 67 23) 91 77 20, F: 91 77 19, *info@rheingau-musik-festival.de*; *www.rheingau-musik-festival.de*. **Laufb:** Künstl Lt Rheingau-M-Fstv SpZ 03/04. **Pr:** Hessischer Verdienstorden, Goethe-Plak d Hess Min f Wiss u Kunst. **Mitgl:** Vizepräsident 'European Festivals Assoc', Mitgl 'Verb d Dt Konzertdirektionen e. V.'.

Herrmann, Otto, Violine; c/o Staatskapelle Berlin, Unter den Linden 7, D-10117 Berlin. **Laufb:** stv Konzm Staatskapelle Berlin. (Red)

Prof Peter Herrmann

Herrmann, Peter, Prof, Hochschullehrer, Komponist; Stuttgarter Allee 4/1501, D-04209 Leipzig, T: (03 41) 4 12 62 36, F: 4 12 62 36, *p-h-composer@gmx.de*; Hochschule f Musik u Theater, PF 100809, D-04008 Leipzig [Chemnitz 19.12.1941]. Werke f Orch, Soloinstr, KamM, Oper, Gesang, Chor, Klavier-M; Pluralistik d Kompositionstechniken: Zwölftontechnik/Serialismus, variable Metren, Klangflächen u Mikropolyphonie, Clustertechnik, Einflüsse afrikan M, Sonoristik, postmoderne Kadenzklänge **Ausb:** Stud V, Kons Zwickau 56–60; V, Aspirantur f Komp (b Fritz Geißler, Wilhelm Weismann) HfM Leipzig 60–69. **Laufb:** Doz f SchauspielM Theater-H 'Hans Otto' Leipzig 67–70; Doz, dann Prof f Komp, H f M 'Felix Mendelssohn Bartholdy' Leipzig seit 69, Rektor 84–87. **Pr:** 2. Pr f 3. StrQua Int Komp-Wettb 'Prager Frühling' 65, Mendelssohn-Stip, Kunstpr Stadt Leipzig 69, Hanns-Eisler-Pr, Kunstpr d DDR, Kunstpr versch DDR-Organisationen u -Verb, Mitgl d Präs u Zentralvorst d Komponistenverb d DDR, Vors d Bezirksverb Leipzig d Komponistenverb d DDR, Mitgl AWA-Beirat; nach 90: Juror bei versch KompWettb. **Mitgl:** Dt Komponistenverband, Sächsischer Musikbund. – **Komp:** Sonatine f StrOrch 65, zahlr Auff m Bachorch d Gewandhauses Leipzig, Dgt: Gerhard Bosse, ua Royal Albert Hall London; Konz f Orch, UA Gewandhaus Leipzig, Dgt: Klaus Tennstedt 67; Kammersinf, UA Int Bachfest Leipzig 70, zahlr Auff ua Philharmonie Berlin; Violinkonz, UA Gewandhaus Leipzig, Dgt: Kurt Masur, Sol: G

Bosse 70; 1. Sinf, UA Berlin, RSO, Dgt: Heinz Rögner 76; 2. Sinf, UA Gewandhaus Leipzig, Dgt: Kurt Masur 86; 3. Sinf, UA Leipzig, RSO, Dgt: Wolfgang Hoyer 86; 4. Sinf, UA Sondershausen, Loh-Orch, Dgt: Anton Kolar 97; Tape Symph, UA Leipzig, H f M 99; Ten Symph, UA Leipzig, Gruppe Junge Musik d H f M, Dgt: Reinhard Schmiedel 01; Konz f Vcl u Orch, UA Leipzig u Graz, Dgt: Edo Mitic, Alexander Adiarte, Sol: Markus Herrmann 02; Op 'Der Streit', UA Leipzig, H f M 96; Op 'Macbeth' (Shakespeare); Op 'Am Südpol, denkt man, ist es heiß' (E Heidenreich); Kant-Pop-Symph, UA Leipzig, H f M, Ltg: Reinhard Schmiedel 04. **AuftrKomp:** alle Orch-Werke während DDR-Zeit; Ballett 'Die Idee', UA Op Leipzig 76. **Aufn/RF:** RF: 1. Sinf, Sonatine f StrOrch, 3. StrQua, 1. KlTrio, Konz f Orch, 2. Sinf, 3. Sinf, Konz f 4 Fl u Str-Orch (Hanns-Eisler-Pr), Tape-Sinf; Schallpl: Kleines Klavierkonz f die Jugend, Kammersinf. **Sonst:** philosph Studien; versch wiss Artikel über Musiksoziologie, Philosophie u Musikästhetik; Libretti f 2 Opern. **Lit:** F Scheider: Momentaufnahmen; Zur Musikgeschichte d DDR; W Felix: Allg Musikgeschichte (Bd 1 u 2); Beitr in versch Fachzs d DDR über Musik u Theater.

Herrmann, Ursel, Regisseurin; Dorfstr 2, D-19322 Zwischendeich, T: (0 38 77) 7 27 19. **Laufb:** Inszenier ua Salzburger FSp (La Clemenza di Tito, Idomeneo, Die Zauberflöte, Così fan tutte). (Red)

Hertel, Klaus, Prof em, Hochschullehrer, Violine; Zwickauer Str 140/207, D-04279 Leipzig, T: (03 41) 3 38 25 84 [Leipzig 14.1.1936]. **Ausb:** Stud (V, Tonsatz) H f M Leipzig 53–58. **Laufb:** Prof (V, Fachmethodik) H f M Felix Mendelssohn Bartholdy Leipzig. **Mitgl:** ESTA. – **Komp:** zahlr Komp, va m methodisch-didakt Zielsetzung. **Sonst:** Hg u Fachvorträge (publ in ESTA-ZS), Jurytätigkeit, Mstrks.

Hertel, Paul, Dr, Komponist; Lacknergasse 94/6, A-1180 Wien, T: (01) 4 70 39 12, F: 4 70 39 12, *mail@paulhertel.at*; *www.paulhertel.at* [Wien 1953]. Werke d zeitgen E-Musik (Neue Klassik), Film-, Fernseh, Bühnenmusik, musikdramat Werke, Musical, Oper, Kinderopern, Unterrichtsmusik **Ausb:** Prom (ThWiss) U Wien 78, Dipl (Komp) H f M Wien 83, Lehrgg (JazzharmonieL) Kons Wien 78/79, Lehrgg (E-Akustik) H f M Wien 79, Stud (ChDirig) H f M Wien 75/76. **Laufb:** freischaff Th-, Film- u TV-M u -komp seit 81, Auff v Werke zeitgen E-M in Österr u b wicht int Fstvs (Huddersfield, Ville d'Avray, Aspekte Salzburg, Steir Herbst, Österr Heute 1–5, SEMA, Cité Int des Arts) seit 79, zahlr Arb f ORF, SWR, ZDF, sowie div int TV- u Film-ProdFirmen, BühnenM f Frankfurt/M, Chur, Bregenzer FSp, Th f Vorarlberg, div Tournee-Prod, Volksth Wien ua, musikal Lt FreilichtSp Schwäbisch Hall 85–91, Verein Bühnen Graz 91 u 92, während d Stud bereits fr Mitarb ORF Ö1: Gestaltung/Präsentation v insges rd 200 MSendungen, Vorstandsmitgl AKM seit 2000, GF Ges f Österr M. **Pr:** ua Theodor-Körner-Pr, Staatsstip Rep Österr, div Arbeitsstip, Pr d ÖASB-Chorwettb, Förderungsp Stadt Wien, Hon Degree 'Best Como of Film M' 12. Int Fajr Film Fstv, Aufn Fr Akad d Künste Mannheim 87. **Mitgl:** Vorst d MGilde, Kuratorium d ÖMR, Mitgl ÖGZM, ÖKB, IGNM. – **Komp:** insges rd 530 Einzeltitel, ua zuletzt: 3 Phrases p le Film Muet op 59, UA Graz, Minoritensaal 97; Mystic Strings op 60, UA Eisenstadt 97; Ende & Anfang (StrOrch), UA St Petersburg, Kl Philh 99; Café Ritz op 67 (f Vcl u Kl), UA Havlickuv Brod 99; Abschiedsstück op 35/01 (Fssg f Kl u Sop), UA Wien, Alte Schmiede 01; Elster & Parzival (konzertante Fssg) op 75/01, UA Wien, Alte Schmiede 01; The Phoenix op 64, UA MidEurop-Fstv Schladming, Swiss Army Brass Band, Dgt: A Spörri 99; Elster & Parzival (Kinderop), UA Dt Op Berlin, Dgt: K McCutcheon 03. **AuftrKomp:** 25 BühnenMKomp ua f Bregenz, Wiener Volksth, Schwäbisch-Hall, Verein Bühnen Graz seit 81; Auftr f Film u TV seit 82, ua f Green Ashes 94, f 5teil TV-Serie 1000 Jahre Österreich 95, f Donaufstv 98; KompAuftr d Swiss Army Brass Band 98, UA MidEurope-Fstv 99; KompAuftr d Stadt Wien 99, UA Dt Op Berlin 03; KompAuftr f d EXPO 01, UA EXPO 02. **Aufn/RF:** 17 CDs, ua 'Casablanca Nr 1' 91; 'Enchanted Locations'; 'Green Ashes'; 'Die blaue Stunde'; 'Odyssey to mankind'; 'Dreamscapes'; 'Powerful Silence'; 'Symph in Brass II'; 'Neue Klassik'; 'imma zu wenig u nimoes zu vüü'. **Sonst:** Mitinitiator Ens Creatives Centrum/Projekt UA. **Lit:** div MLexika wie zB www.mica.at.

Hertel, Thomas, Komponist, Schauspielmusiker; c/o Schauspielhaus Leipzig, Bosestr 1, D-04109 Leipzig [1951]. **Laufb:** Musikal Lt u SchspKapm Schausp Leipzig SpZ 02/04. (Red)

Herterich, Folker, Sänger, Schauspieler; c/o Musikalische Komödie der Oper Leipzig, Dreilindenstr 30, D-04177 Leipzig [Leipzig 14.3.1950]. Oper, Operette, Musical **Ausb:** Stud Ges (Croonen) MH Leipzig 74–79. **Laufb:** Sol Musikal Komödie Leipzig. – **Aufn/RF:** RF- u TV-Aufn.

Hertling, Ralf, Dr, künstl Direktor; c/o Bühnen der Stadt Köln, PF 101061, D-50450 Köln, *ralf.hertling@stadt-koeln.de*. **Laufb:** künstl Dir u stellv Intend Op Köln SpZ 03/04.

Herweg, Rainer, Prof, Hochschullehrer, Oboe; Hochschule für Musik und Theater Hamburg, Harvestehuder Weg 12, D-20148 Hamburg. **Laufb:** Prof (Ob) H f M u Th Hamburg. (Red)

Herwig, Gerhard, Hochschullehrer, Violoncello; Mahlsdorfer Str 62, D-12555 Berlin, T: (0 30) 6 57 23 67. **Laufb:** LBeauftr (Vcl) H f Musik Hanns Eisler Berlin. (*)

Herwig, Monika, Sängerin; Sophienstr 103, D-60487 Frankfurt am Main, T: (0 69) 7 703 3968, F: (0 69) 7 703 3968, *Herwig@monikaherwig.de*; *www.monikaherwig.de* [München 6.11.1953]. Musical, zeitgen Oper, Chanson **Ausb:** Stud b Prof Leisenheimer Köln 92–94, G Halasz Wien 94–97. **Laufb:** Sol Th Hagen 90–94, GastSol Landesth Detmold SpZ 2000/01, GastSol KonzDir Landgraf 01–03. – **Aufn/RF:** 'Schon als Mädel war ich immer so erregt...', RF- u TV-Mitschn WDR 88; 'Die geliebte Stimme', TV-Mitschn WDR 94 u ORF 97. **UA:** Forche, Plangg: 'Rasputin'; Heinzel, Trautwein: 'Rattenfänger', dies: 'E Tango f Toulouse Lautrec'. **Sonst:** Autorin des Komödicals „Immer montags Cha-Cha-Cha", UA Stadtth Amberg 06.

Herwig, Regina, Harfe; Mahlsdorfer Str 62, D-12555 Berlin, T: (0 30) 6 57 23 67, F: 6 57 23 67. **Laufb:** Doz u HonProf (Hfe) UdK Berlin. (Red)

Herz, Friedemann, Orgel; c/o Konzertdirektion Andrea Hampl, Karl-Schrader-Str 6, D-10781 Berlin, T: (0 30) 4 78 26 99, *hampl@konzertdirektion.de*; *www.konzertdirektion.de*. **Laufb:** Prof MH Düsseldorf seit 83. **Ens:** Duo m R Friedrich (Trp).

Herzberg, Hans, Komponist; An der Insel 5a, D-29690 Schwarmstedt, T: (0 50 71) 38 88 [Oldenburg 21.2.1917]. **Ausb:** MSch Bad Suderode 31–34, InstrAusb, Tonsatz b Angehörigen d Staatsop Dresden ab 34, Stud Staatl MH Berlin 41–44. **Laufb:** 1. Kapm Städt Bühnen Quedlinburg 45, 1. Kapm Städt Bühnen Magdeburg 51, Musikal Oblt Stadtth Hildesheim 54, Chef e Musikkorps d Bundeswehr 56, Lt Herzberger Blasmusik. **Pr:** BVK. – **Komp:** Sinf d-Moll (Chor, Str-Orch) 45, UA Quedlinburg 47; 'Der Kreidekreis' v Klabund (SchauspM) 45, UA Quedlinburg 45; 'Romant Ouvertüre' f Str-Orch 46, UA Quedlinburg 47; 'Faust' v Goethe (SchauspM) 48, UA Quedlinburg 48; 'Die Jungfrau v Orleans' v Schiller (SchauspM) 52, UA Magdeburg 52. (Red)

Herzer, Wolfgang, Prof, Hochschullehrer, Violoncello; Univ f Musik u Darst Kunst, Inst f Streich- u andere Saiteninstrumente, Seilerstätte 26, A-1010 Wien, T: (01) 7 11 55 23 01, F: 7 11 55 23 99; c/o Wiener Philharmoniker, Bösendorferstr 12, A-1010 Wien. **Laufb:** Sol Wiener Philh, o UProf (Vcl) U f Musik u Darst Kunst Wien. (Red)

Herzl, Harald, Prof, Hochschullehrer, Violine; Liechtensteiner Str 16, A-5020 Salzburg, T: (06 62) 82 65 44; Univ Mozarteum, Abt f Streich- u Zupfinstrumente, Zentrum im Berg, Fürbergstr 18–20, A-5020 Salzburg, T: (06 62) 61 98 53 28, F: 61 98 30 33, *harald.herzl@moz.ac.at*. **Ausb:** Mstrkl b Sandor Vègh 73, H Mozarteum, MH Köln. **Laufb:** Vertragsprof (V) U Mozarteum Salzburg. **Pr:** WürdigungsPr d österr Wissenschaftsmin, WettbPr Helsinki 78, WettbPr Hannover 81. **Ens:** Amadeus Qua. – **Aufn/RF:** Sol mit Mozarteum Orch, zahlr Rundfunk u Fernsehaufn. (Red)

Herzog, Heiner, Pauke; c/o Konzerthaus Berlin, Gendarmenmarkt, Charlottenstr 57, D-10117 Berlin. **Laufb:** Sol Berliner SinfOrch. (Red)

Herzog, Marlen, Sopran; c/o Kammeroper, Bayreuther Str 8, D-01187 Dresden, T: (03 51) 4 70 12 96, F: 4 70 12 97, *info@kammeroper.de*; *www.kammeroper.de*. **Laufb:** EnsMitgl KamOp Dresden SpZ 03/05. (Red)

Herzog, Susanne, Violine; c/o Rundfunk-Sinfonieorchester Berlin, Charlottenstr 56, D-10117 Berlin. **Laufb:** stv Konzm RF-SinfOrch Berlin. (Red)

Herzog, Thomas, Dirigent; c/o Basler Festival Orchester, Delsbergerallee 74, CH-4018 Basel, T: 06 13 32 10 66, F: 06 13 32 10 66, *info@bfo.ch*; *www.bfo.ch* [Basel 28.9.1972]. **Ausb:** Stud Schlgz (S Schmid), Dirig (H Richter), Komp (R Wohlhauser) MH Basel u Zürich 91–98. **Laufb:** künstl Lt Basler Fstv Orch, designierter künstl Lt Collegium Musicum Basel, Dgt Lehár Festival 05. **Pr:** 1. Pr 'Concours pour jeunes Compositeus' Lausanne 97. – **UA:** Schweizer EA div span Zarzuelas; UA zeitgen schweiz Komp.

Hespos, Hans-Joachim, Komponist; Riedenweg 16, D-27777 Ganderkesee, T: (0 42 22) 61 71, F: 57 78, *hespos@web.de*; *www.hespos.info* [Emden 13.3.1938]. **Ausb:** immer noch lernender. **Laufb:** Niedersächs Schuldienst 62–84, zuletzt FachL (Arbeitslehre, Techn Werken, Mathematik u Deutsch) an mitbegr Schulversuch '10. Klassen an Hauptschulen' Delmenhorst, freischaff als Komp u Eigenverleger, Aufführ in aller Welt, GastDoz Rubin Acad Jerusalem (Israel), U Indiana, School of Music Bloomington, Brasilien, Japan, Canada, Doz Inst des Estudos Avancados U Sao Paulo, GastProf H f Künste Bremen, 1. Fachjuror Musik Akad Schloß Solitude Stuttgart, Lt Projektwerkstatt 'Erweiternde Komp' H f M u Th Rostock 97–99. **Pr:** zahlr KompPr u Förderungen, ua: KompPr Stift Gaudeamus Bilthoven, 1. Pr f Komp Fondation Royaumont Paris, Förderpr Land Niedersachsen, Förderungspr Stadt Stuttgart, Rompr 'Villa Massimo', Musikpr Stadt Mönchengladbach, Niedersächs Künstlerstip, Förderungspr GEMA-Stift, Kulturpr Oldenburg Landschaft, Niedersächs Kunstpr, Mitgl Freie Akad d Künste Hamburg seit 91. – **Komp:** über 180 Komp f solo, KamM, Ens, Orch, Chor, Radio, Elektroakustik, Film, Elektronik, Bühne, Szene. **AuftrKomp:** zahlr KompAuftr aus In- u Ausland seit 67. **Sonst:** Grdg R 'Neue Musik' Delmenhorst 69, 'Kulturr Hoyerswege, Zentrum Aktueller Taten' 82, 'Wiese GmbH' 93. **Lit:** vgl Homepage.

Hess, Daniel, Komponist; Glaserweg 12, CH-8400 Winterthur, T: 05 22 33 61 02. (Red)

Hess, Katja, Violine; Bahnhofstr 47, CH-8560 Märstetten, T: 07 16 57 16 06, *info@trioartemis.ch*; c/o Bonnot's Event House, Alte Landstr 133, CH-8700 Küsnacht, T: 0 19 12 02 91, F: 0 19 91 14 88. **Laufb:** Mitgl Ens Classico 93–97. **Ens:** Mitgl 'Trio Artemis'. (Red)

Hess, Reimund (Pseud: Ralf Heninger, Franky Parkmann), Dr, Komponist, Arrangeur; Winkelberger Höhe 12, D-76476 Bischweier, T: (0 72 22) 4 21 00, F: 4 95 21 [Neustrelitz 23.1.1935]. geistl u weltl Chormusik, Neue Geistl Lieder, Pop/Rock/Jazz **Ausb:** Stud (MWiss, SchM, Anglistik/Amerikanistik, Philosophie) 56–61, 1.Staatsex 61, Prom 63, 2.Staatsex (StudR) 64. **Laufb:** Musikredakteur HR 64, Abtlt U-Musik SR 67, Hauptabtlt SWF 78, SWR (Landes-Senderdirektion Mainz) 98–2001. – **Komp:** Vater unser (ChorW) 59, UA Frankfurt, HR 59; Schönster Herr Jesus (Motette) 61, UA Frankfurt, HR 61; Der 3.Psalm (ChorW) 63, UA Frankfurt, HR 63; Andere Städtchen – andere Mädchen (Kantate) 76; Die Dampflok-Story (Text James Krüss) (Szen Kantate) 77/78, UA Darmstadt 79;Jenseits der Worte (Instrumentals f d Gottesdienst) 01; Weihnachten 21 (Rock-Orat i 3 Teilen) 2004; Messe des Friedens, UA SWR

04; unbeirrt (30 Lieder) 04. **Aufn/RF:** ca 20 CDs u LPs als OrchLt, ChorLt u Bandleader (TV-Anstaltsband).

Hess, Stephen, Solorepetitor; Unter den Birken 14, D-70619 Stuttgart, T: (07 11) 42 41 36; Staatstheater, Oberer Schloßgarten 6, D-70173 Stuttgart. **Laufb:** Solorep Staatsth Stuttgart. (Red)

Hess, Wolfgang, Klavier, Hochschullehrer; An der Bitz 8A, D-60488 Frankfurt aM, T: (0 69) 76 75 41 87, F: 76 75 41 88, *piano-w.hess@t-online.de*; *www.dr-hochs.de/html/hessdozentenvitae_h-k.html*. **Ausb:** MH Frankfurt aM, MH Hannover, HdK Berlin. **Laufb:** Doz (Kl, KamM) Dr Hoch's Kons Frankfurt, LBeauftr MH Frankfurt aM. **Ens:** Clara-Schumann-Trio seit 83.

Hesse von den Steinen, Ursula, Mezzosopran; c/o Boris Orlob Management, Jägerstr 70, D-10117 Berlin, T: (0 30) 20 45 08 39, F: 20 45 08 49, *info@orlob.net*; *www.orlob.net* [Köln]. **Ausb:** Stud (Ges) H d Künste Berlin, Mstrks ua b B Fassbaender, Mstrkl b A Reimann. **Laufb:** Sol KamOp Schloss Rheinsberg, Dt Mozarttage Musica Bayreuth, Gastsol Hamburger Staatsop, Kom Op Berlin, Op Lübeck SpZ 95/96, Th Monnaie Brüssel, Op Antwerpen, Niederländ Reisop, Nationalop Prag, Th National de Toulouse, Zeitgen Op Berlin SpZ 2000/01, Sol Sächs Staatsop Dresden seit SpZ 99/00 (03/04), Konz ua zeitgen Werke, Tournee Mozart-KonzArien ua Brüssel, New York, London, Kopenhagen, Prag, Paris, EXPO 2000 Hannover m Münchener KamOrch (Lt Ch Poppen), KonzReise Frankreich u ZusArb m Concerto Köln, ZusArb m Berliner Philharmonikern, Bruckner Te Deum, Orch RAI Torino, Berliner Sinf Orch (Lt E Inbal), Konz m Sächs Staatskap (Dresdner MFSp, Lt H Blomstedt), Gastsol Op Köln, Dresdner Semperop 99–01, Grande Opéra de Paris 03/04, Badisches Staatsth Karlsruhe SpZ 04/05, GastSp Théatre Royal de la Monnaie, Nederlandse Op Amsterdam, versch Konz im In- u Ausland (ua Rheingau MFstv, Dresdner MFSp), Einl Ruhr-Triennale 03, ZusArb m Dgt: C Abbado, M Boder, H Blomstedt, M Gielen, A Pappano, S Bychkov, M Janowski, P Steinberg, G Sinopoli, E Inbal, S Weigle u H Haenchen. **Pr:** Prtr Paula-Salomon-Lindberg-Wettb 93, 2. Pr Bundeswettb Gesang/Op 94. – **Aufn/RF:** CDs ua Werke v: A v Webern, A Reimann, W Rihm; zahlr RF Aufn.

Hesse, Christine, Prof, Hochschullehrerin, Korrepetition (vokal); Zschonergrundstr 4, D-01157 Dresden, T: (03 51) 4 21 98 63; Hochschule f Musik, PF 120039, D-01001 Dresden [Chemnitz]. Liedpianistin **Ausb:** Stud (Kl, Korrep) SpezialSch f M, H f M Carl Maria v Weber Dresden (Prof A Webersinke, Prof G Geißler). **Laufb:** L H f M Carl Maria v Weber Dresden seit 82, Prof (Vokalkorr) ebd seit 94. **Pr:** BeglPr Int Dvorak-Wettb. (Red)

Hesse, Dagmar, Sängerin; Kampstr 28, D-58095 Hagen, T: (0 23 31) 7 88 07 42. **Laufb:** Sol Th Hagen. (Red)

Hesse, Horst-Peter, Dr phil, Prof, Hochschullehrer, Buchautor; Am Hopfenberg 3, D-37130 Gleichen-Weissenborn, *horst-peter.hesse@gmx.net*; *www.horstpeterhesse.de* [Hamburg 24.6.1935]. **Ausb:** Stud Hamburger Kons (Kl u Dgt), Stud U Hamburg (MWiss u Psychologie), Prom 70, Habil 78. **Laufb:** Hamburger Staatsop (Tonmstr) 70–71, wiss AssU Göttingen 74–80, Prof (MWiss) U Hamburg, Prof (MPäd) U Hildesheim 82–84, Prof (MGesch u MTh) U Mozarteum Salzburg 85–88, O UProf (MTheorie) ebda seit 88. – **Lit:** K Bachmann, W Thies (Hg): MWiss – MPraxis (Fs f H-P H z 65. Geb) 2000.

Hesse, Klaus, Sänger; c/o Pfalztheater Kaiserslautern, Willy-Brandt-Pl 4–5, D-67655 Kaiserslautern. **Laufb:** Sol Schleswig-Holsteinisches Landesth u Sinfonieorch Schleswig, Gastsol Pfalzth SpZ 04/05. (*)

Hesse, Lutz-Werner, Dr, Prof, Hochschullehrer, Komponist; Nüller Str 141, D-42115 Wuppertal, T: (02 02) 31 08 46, F: (0 20 27) 3 17 98 95, *lwhesse@gmx.net*; H f Musik, Abt Wuppertal, Friedrich-Ebert-Str 141, D-42117 Wuppertal; *www.lutz-werner-hesse.de* [Bonn-Bad Godesberg 30.4.1955]. Orchester- u Kammermusik **Ausb:** SchM, Komp (G Fork, J Baur) U Köln, (MWiss, lat Philologie, alte Gesch) 1.u 2.Staatsex, Prom. **Laufb:** Doz (MGesch, MTheorie, Gehörbildung) H f Musik Köln, Abt Wuppertal seit 84, Prof 03. **Pr:** 1. Prtr KompWettb d VdM 81, Prtr Forum junger dt Komp f OrchM 85 u Forum junger dt Komp 87. **Mitgl:** Ges f Musiktheorie, DKV. – **Komp:** 3 Nachtstücke (OrchW) 84, UA Darmstadt 84/85; 1. Symph (OrchW) 86, UA Ludwigshafen 86; Konz f Orch (OrchW) 86/87, UA Darmstadt 88; Vita di San Francesco (Geistl M) 92, UA Wuppertal 93; 2. Symph (OrchW) 90/97, UA Solingen 97; Konz f Hn u Orch (OrchW) 98/99, UA Erfurt 2000; Konz f V u Orch (2001/02), UA Weimar 03. **AuftrKomp:** 3. Symph f Org u Orch (OrchW) 99/2000, UA Wuppertal 2000 (Auftr: 100. Jahrfeier Hist Stadthalle am Johannisberg in Wuppertal); 'Tian yu di – Himmel u Erde', Konz f Zheng u Orch, UA Wuppertal 04; 'Variationen ohne Thema' (OrchW) 05, UA Wuppertal 06; 4. Symph 'abhanden gekommen' (OrchW) 06, UA Solingen 06. **Sonst:** Grdg Ens d Berg Ges f Neue Musik 99, Grdg Berg Ges f Neue Musik (BeGNM) 99; Werke veröff b: Schuberth u Co, Vogt u Fritz, Trekel, Gustav Bosse Verlag.

Hesse, Ruth, Prof, KS, Sängerin (dramatischer Mezzosopran); Haus Montsalvat, im Römischen 180, A-4830 Hallstatt, T: (06 64) 2 00 97 07, *siegwulf@aon.at* [Wuppertal 18.9.1940]. deutsche u ital Oper (Strauss, Wagner, Verdi), Konzert **Ausb:** Kons Wuppertal, priv b Lütten Scharf (Hamburg). **Laufb:** KS Wien u Berlin, Prof HdK Berlin; Sol Dt Op Berlin, Staatsop Wien, Hamburger Staatsop, Bayreuther FSp, Salzburger FSp, Köln, München, Stuttgart, Genf, Paris, Lyceo Barcelona, San Francisco, Buenos Aires, Bolschoi Moskau, Scala Milano, Tokio ua: 'Frau ohne Schatten' (Amme), 'Parsifal' (Kundry), 'Lohengrin' (Ortrud), 'Tristan u Isolde' (Brangäne), 'Ring' (Fricka u Waltraute), 'Salome' (Herodias), 'Elektra' (Klytaemnestra), 'Jenufa' (Küsterin), 'Don Carlo' (Eboli), 'Aida' (Amneris), 'Troubadour' (Asucena), Konz, Orat u Lied, Prof HdK Berlin. **Pr:** Künstlerin d Jahres Mexiko, Richard Wagner Med Bayreuth. – **Aufn/RF:** R Strauss: Frau ohne Schatten, Dgt K Böhm; R Wagner: Meistersinger, Dgt H v Karajan; R Wagner: Ring, Dgt K Böhm, H Swarowski; R Wagner: Lohengrin, Dgt H Swarowski; E W Korngold: Violanta, Dgt Janowski; H W Henze: Der junge Lord, Dgt C v Dohnanyi. **UA:** H W Henze: 'Der junge Lord'.

Hesselbarth, Sibylle, Cello; c/o MDR Sinfonieorchester, Augustuspl 9a, D-04109 Leipzig. **Laufb:** Sol SinfOrch MDR Leipzig. (Red)

Hesselmann, Constantin, Komponist, Student; Kahrstr 45, D-45128 Essen, T: (02 01) 77 17 51, F: (02 01) 79 87 08 24 [Essen 11.12.1978]. symphon Blasmusik **Ausb:** Jungstud Komp (W Hufschmidt) Folkwang-H Essen 91–96, Kurzstud Komp (ua J Williams) Boston U Tanglewood Inst 94, Allg Hochschulr 97, Stud (MWiss, Linguistik, Theater-, Film- u Fernsehwiss) U Köln seit 97, Dirigierlehrgang BundesAkad f musik Jugendbildg Trossingen 2001–2003. **Pr:** fünf 1. Pr b Kompwettb, Stip d Richard-Wagner-StipStift. – **Komp:** Contrasting Metamorphoses (Bläserqui) 93, UA Tanglewood, Massachusetts 94; Prairie Impressions (sinfon Blasorch) 92–94, UA Mercatorhalle Duisburg 95; Tetragon (sinfon Blasorch) 96, UA Mercatorhalle Duisburg 97. **AuftrKomp:** Burghof-Fanfare (sinf Blasorch) 98, UA Lörrach Burghof 98 (Auftr: Stadtmusik Lörrach); A Metropolitan Triptych (sinf Blasorch) 2000/01, UA Dortmund 01 (Auftr: Landesblasorch NRW).

Hesul *siehe* Sulzberger, Hermann

Hettmer, Matthias, Komponist; Talbogen 6, D-45133 Essen, T: (02 01) 70 88 42, *hettmer@interzone-perceptible.de*; *www.interzone-perceptible.de* [Marl 1973]. **Ausb:** Stud (E-Bass) b P Sonntag 89–93, Stud (Komp u MTheorie) b I Nagy 92–95, Stud (Komp) b N A Huber u D Reith ICEM Folkwang-H Essen 95–2000. **Laufb:** Grdg v 'Interzone perceptible' m Sven Hermann 2000, zusammen m S Hermann künstl Lt v kopfHörer/experimentelle musik elektrovisuell in Bühl/Baden 02, LAuftr 'Arbeit m elektroakust Medien u Live-Elektronik' U Dortmund (m S Hermann) 02/03, m d Interpr d Komp 'ILI XV' f E-Bass solo (Sven Hermann) b 6. Nachwuchsforum d Ges f Neue Musik Köln u d Ens Modern vertreten 01. (Red)

Heubusch, Mathias, Sänger; c/o Theater Nordhausen, PF 100244, D-99722 Nordhausen. **Laufb:** Sol Neuburger Kammerop Bonn SpZ 03/04. (Red)

Heucke, Stefan, Komponist; Nordring 43, D-44787 Bochum, T: (02 34) 68 04 20, F: 68 04 22, *heucke.stefan@cityweb.de*; *www.heucke-stefan.de* [Gaildorf 24.5.1959]. **Ausb:** Kl, Komp (R Werner, A v Arnim, G Schäfer) Stuttgart u Dortmund. **Laufb:** LAuftr (MTheorie) Staatl H f M Dortmund 89–02. **Pr:** Förderpr Stadt Dortmund 90, Stip Werner-Richard-Dr-Carl-Dörken-Stift 96–98, 1. Prtr Publikumswettb d Ruhr-Orch 02. – **Komp:** 1.Symphonie (KonzM), UA Kamen 91; Klaviertrio (KamM), UA Recklinghausen 94; Der selbstsüchtige Riese (KonzM), UA Bochum 96; Quintett (KamM), UA Dortmund 97; Konz f Bassklar u Orch (KonzM), UA Recklinghausen 94; 2.Symphonie (KonzM), UA Recklinghausen 2000; Nacht-Urnen (KiM), UA Dortmund 2000; Die Ordnung d Erde (Op/Ballett), UA Gelsenkirchen 01; Vier Etüden u e Epilog f gr Orch (KonzM), UA Cuxhaven 01; Kammersinfonie f Spr u 7 Instr (KonzM), UA Bochum 03; Konz f Vcl u Orch (KonzM), UA Bochum 04. **Aufn/RF:** Sonate f Bassklar u Kl, m H Bok, R Klaas (CD) 97; Der glückliche Prinz, m Thai-Ha Vu, E v Kalckreuth (CD) 01; Der selbstsüchtige Riese, m A Rau, G Schumacher, B Böttinger (CD) 03; Mitschn zahlr Werke durch d WDR. **UA:** Die Ordnung d Erde (Op/Ballett), MTheater i Revier 01. **Lit:** Komp d Gegenwart.

Heuer-Christen, Beata, Prof, Hochschullehrerin, Sopran; Hinterdorfstr 2, D-79232 March, T: (0 76 65) 17 15; Hochschule f Musik, Schwarzwaldstr 141, D-79102 Freiburg [1935]. **Ausb:** Stud Ges in Bern (M Helbling), Zürich (D Ammann-Goesch) u Freiburg (M v Winterfeldt), Method Fortbildung b P Lohmann. **Laufb:** Solosopranistin d Vokalqua 'Cantio sacra' f Alte Musik, Prof (Gesang) Staatl H f Musik Freiburg seit 80. (Red)

Heusch, Raimund, Chordirektor, Kapellmeister; Dorotheenstr 42, D-24939 Flensburg, T: (04 61) 5 26 29, F: 58 14 88; Schleswig-Holstein Landestheater, Lollfuß 53, D-24837 Schleswig [Eisenach 26.12.1941]. Oper, Optte, Kabarett **Ausb:** Stud Badische MH Karlsruhe (Dipl Kl), Stud MH (W-)Berlin (Dipl Dgt). **Laufb:** Kapm u Solorep (Op, Optte, Musical) Kiel, ChDir u Kapm Bremerhaven, LAuftr u Auff (Mozartkollagen) Univ Bremen, ChDir u Kapm Schleswig-Holsteinisches Ldsth Flensburg, freiberufl Org v abendfüllenden Events.

Heusinger, Detlef, Komponist; Talg 6a, A-4040 Linz, T: (06 76) 3 73 36 65 [Frankfurt/M 24.10.1956]. **Ausb:** Kompstud (HW Henze) Köln, (K Huber) Freiburg, (klass Laute, Git) Bremen u Köln, (MWiss, Philosophie, Dirig) Freiburg. **Laufb:** LTätigkeit MH Bremen 90–96. **Pr:** Förderpr: Bremen, Coppenburg, Stuttgart, Stip: Atelierhaus Worpswede, Cité des Arts Paris, Villa Massimo Rom, Steinbrenner-Stift, Strobel-Stift. – **Komp:** Von Insel z Insel (KamM) 86; Der Turm (Musikth) 86/87, UA Bremen 87; Ellipsis (OrchW) 88, UA Berlin 88; Pandora I u II (Video-Op), UA Bremen 94; Babylon (MTh), UA Schwetzingen 96; Schwarz Rot Gold (MTh), UA Frankfurt/M 98; terra incognita (Orchstück), UA Frankfurt 98. (Red)

Heuvelmans, Pamela, Sängerin; c/o Allee Theater – Hamburger Kammeroper, Max-Brauer-Allee 76, D-22765 Hamburg. **Laufb:** Sol Staatsth Kassel, KamOp Hamburg SpZ 04/05, Gastsol Stadtth Fürth u Volksth Rostock SpZ 03/04. (*)

Hewig-Tröscher, Sylvia, Klavier, Hochschullehrerin; Saarlouiserstr 74, D-80997 München, T: (0 89) 1 41 39 67, F: 14 30 33 64, *Sylvia-Hewig-Troescher@web.de*; Richard Strauss Konservatorium, Gasteig, Kellerstr 6, D-81667 München; *www.gedok-muenchen.de/kuenstlerinnen/hewig-troescher*. KamM, Liedbegl, SoloAufn **Ausb:** Stud Kl (Then-Bergh, L Hiltbrand) München u Genf, Mstrkrs b C Seemann, K Schilde u W Kempff; Stud u Dipl Org (L Rogg). **Laufb:** Doz Kons Augsburg 77–81, Doz (Kl) Richard Strauss Kons München seit 81; Konz In- u Ausland. **Pr:** Pr d GEDOK. **Ens:** Trio Orfeo. **Mitgl:** Tonkünstlerverein München, Mozartgemeinde Augsburg, GEDOK, Regionalausschuss 'Jugend musiziert' München. – **Aufn/RF:** CDs b Musica Bavarica, Calig, Arts, Bayer Records, Symicon, RF-Aufn b BR u WDR, Ars Vivendi.

Heyde, Thomas Christoph, Komponist; c/o Forum Zeitgenössischer Musik Leipzig, Karl-Tauchnitz-Str 2, D-04107 Leipzig, T: (03 41) 9 62 56 49, *info@tchey.de*; *www.tchey.de* [Leipzig 12.11.1973]. E-Musik, Kammer- u Orchestermusik, elektron Musik u Multimedia **Ausb:** Stud Komp (F Schenker) Berlin 97–99. **Laufb:** Mitarb u Künstl Berater d MDR, Lt d elektr Studio d H f Grafik u Buchkunst Leipzig 2000/01, Vorstandsmitgl div Organ, Mitbegrd Musik-Zeit-Herbstfstv Leipzig (www.herbstfestival.com) u 'Spinnerei'-Fstv Leipzig-Dresden. **Pr:** Stip (F Schenker) Akad d Künste Berlin, Stip Studienstift d Dt Volkes seit 98, Stip A-Krupp-v-Bohlen- u Halbach-Stift, Gast elektr Studio MAkad Basel. – **Komp:** 'Apparitionen III' f SoloV, 4-Kanal-TB, Live-Elektronik (elektroakust Musik) 95/96, UA Leipzig 96; Lamento? Requiem f 3 Instr, 2 Sprecher u Gesang (KamM) 96, UA Weimar 97; Kultus f Mezzo-Sop, KamChor, Live-Elektronik u TB (OrchW) 96–97, UA Leipzig 2000; No Name – e Potpourri d Erwachens (KamM) 97, UA Berlin 97; Apparitionen IV – Hörbilder f Ob, 4-Kanal-TB u Live-Elektronik (elektroak Musik) 97/98, UA Leipzig 98; Ens f präpariertes Kl (KamM) 98, UA Leipzig 98; f S, Arie f Bariton u KamEns (KamM) 98/99, UA Leipzig 99; Ich – ein Fremder (f Ens u Elektr), UA Dresden, Dgt T Engel (Auftr: Dresdner Zentrum f zeitgen M); Pianos-Chat (f Midikl), UA Leipzig (Auftr: Steingraeber); Fernen (f Blockfl-Trio u Elektr), UA Berlin (Auftr: MDR).

Heyder, Carsten, Kontrabassist; c/o Landesbühnen Sachsen, Meißner Str 152, D-01445 Radebeul. **Laufb:** LdsBühnen Sachsen SpZ 03/04. (Red)

Heyens, Gudrun, Prof, Hochschullehrerin, Blockflöte; Lutherstr 11, D-47058 Duisburg, T: (02 03) 3 46 08 76, F: 3 46 08 76, *gheyens@web.de*; Folkwang-Hochschule, Klemensborn 39, D-45239 Essen; *www.gudrunheyens.de* [Ratingen 22.1.1950]. Alte Musik **Ausb:** Stud V (F-J Maier) MH Köln 69–73, Blockfl (G Höller) ebd 70–74. **Laufb:** Prof (Blockfl), Prorektorin FolkwangH Essen. **Pr:** Dt Schallplattenpr, Dt Musikeditionspr 98, MPäd-Pr d Stadt Duisburg 04. **Ens:** Marais-Consort, Musica Antiqua Köln. **Mitgl:** z Zt Präsidentin ERTA-Dtld. – **UA:** Th Töpp '...so gesehen schreibe ich Nachtstücke' (SopBfl, Kl), 'Adne'-Doppelportrait (TenorBfl, Vcl). **Sonst:** Grdgmitgl Musica Antiqua Köln, Veröffentl d BlockflSchulwerkes 'Spiel u Spaß m d Blockfl', 'Blockfl-Technik intensiv'.

Heyer, Jörg, HonProf, Hochschullehrer, Viola; Am Haideplacken 45, D-61462 Königstein, T: (0 61 73) 96 47 14, F: 96 47 15, *Heyzur@global.net*; Hochschule f Musik u Darst Kunst, Eschersheimer Landstr 29–29, D-60322 Frankfurt/M. **Laufb:** HonProf (Va) H f M u Darst Kunst Frankfurt/M. (Red)

Heyer, Willy, HonProf, Hochschullehrer, Gesang; Maximiliankorso 63, D-13465 Berlin, T: (0 30) 4 01 73 63. **Laufb:** HonProf (Gesang) H d Künste Berlin. (Red)

Heyerick, Florian, Dirigent; Koninginlaan 22, B-9820 Merelbeke; c/o Kurpfälzisches Kammerorchester, D 6, 2, D-68159 Mannheim [Gent 1958]. **Laufb:** Dgt Kom Op Berlin, ab 2002/03 ChefDgt Kurpfälz KammerOrch. **Ens:** Vocaal Ens Ex Tempore. – **Sonst:** eigenes CD-Label Vox Temporis. (Red)

Heygster, Malte, Hochschullehrer; Schöneberger Str 8, D-33619 Bielefeld, T: (05 21) 10 47 23, *Malte@Heygster.de*. **Laufb:** Doz (Solmisation) FH Osnabrück, Dir Musik- u Kunstschule Bielefeld. (Red)

Heymel, Bastian, Dirigent; Einsteinstr 24, D-48149 Münster, T: (02 51) 9 22 63 78, F: 9 22 63 78, *Bastian.Heymel@T-Online.de* [Göttingen 9.10.1966]. **Ausb:** Stud (SchM, Ges) MH Hannover 87–92, Stud Dirig (H-D Baum) H f M 'Hanns Eisler' Berlin 94–97. **Laufb:** Solo- u Tanztheaterrep m Dgt-Verpfl Städt Bühnen Münster.

Heyn, Volker, Komponist; Rittnertstr 44, D-76227 Karlsruhe, PF 110703, D-76057 Karlsruhe, T: (07 21) 49 38 12, F: 49 38 12, *musikatz.vh@t-online.de*; *www.composers21.com/compdocs/heynv.htm* [Karlsruhe 1938]. ua Orchestermusik, Musiktheater, Kammermusik, Solo, Performance, Installationen **Ausb:** (Ges) b W Neugebauer Karlsruhe, (Schauspiel) Savitzky Actors School Melbourne ab 61, Stud (Git) b Antonio Losada Sydney, (MTheorie) b Don Andrews Sydney Cons 66–70, (Git) MH Karlsruhe, (Komp) b Werner Eugen Velte ab 72. **Laufb:** Emigration nach Australien 60, nach verschiedenen Teilzeit-Jobs ua in d stahlverarbeitenden Industrie Mitgl e reisenden ThGruppe; Europa ab 72: Grd d Gruppe f Kreative Musik, freischaff Komp seit 78. **Pr:** versch Stip, ua Heinrich Strobel-Stift d SWR u Rolf Liebermann-Stift, Kunststift Baden-Württemberg. **Mitgl:** IGNM. – **Komp:** ua tem (f Orch), UA Donaueschingen 82 (Auftr SWR); Ferro Canto (f großes Orch, Auftr SWR); Sirènes (f StrQua), UA Fstv de la Rochelle, Arditti StrQua 84 (Auftr Fstv de la Rochelle); K'mon Siggibeybe (KamM), UA Wittener Tage f Neue M 86 (Auftr WDR); Did yer hear that (f Kl), UA Alte Op Frankfurt 87 (Auftr Alte Op Frankfurt); Tap (f Klav), UA Alte Op Frankfurt 87 (Auftr Alte Op Frankfurt); Geisterbahn (MTh), UA Th im Marstall 90 (Auftr Bayer Staatsop); Panische Walzer (f großes Ens) UA Wittener Tage f Neue M 91 (Auftr WDR); NTO (f V), UA La Scala Mailand 95 (Auftr Fstv Musica per la Resistenza); Rites (f großes Ens), UA Musica Viva München 98 (Auftr BR); Pezzo (f großes Ens), UA Staatsth Oldenburg 01 (Auftr Ens Oh-ton); Makes yer wanna (f großes Ens) UA Fstv Kulturreibe Delmenhorst 03 (Auftr Sinfonietta Leipzig); Kowalski's Katz (InstrTh) UA Gare du Nord Basel 03 (Auftr Ens Katarakt Schweiz). **Sonst:** workshops u Vorlesungen Int Ferienks Darmstadt, Konz u Lectures in Japan, Australien u versch europ Ländern. **Lit:** ua R Frisius, Dükkurrahsch Monokhör, Der Komp V H (MTexte 1) 83; H Stricker, Ein Alchemist der Klänge, Der Komponist V H (Neue Zs f M) 86; R Toop, Emancipating the Anarchic Essence of Sound, V H and New German Music (Goethe Inst Sydney) 87; G Hoppe, Die instr Revolution, Entwicklung, Anwendung u Ästhetik neuer Sptechniken, 89; A Ueno, V H u d Neue M aus Dtld u Japan (MZs Ongaku Geijutsu) 94; E Schaller, V H (Grove) 96; H Dillon, V H's Wort Tem, an analysis 99; E M Houben, Alte M m neuen Ohren, 2000; F Hilberg, Dialektisches Komp (Gesch d M im 20. Jh 1975–2000).

Heyn, Walter Thomas, Komponist; Grabbeallee 15, D-13156 Berlin, T: (0 30) 4 22 39 12, 01 71-7 44 42 18, F: 48 09 84 16, *ThomasHeyn@gmx.de*; *www.thomasheyn-komponist.de* [Görlitz 14.11.1953]. Musiktheater **Ausb:** Stud Git (T Buhè, R Zimmer), Arr (G Schlotter) u Komp (C Ortwein, S Thiele) H f M 'Felix Mendelssohn-Bartoldy' Leipzig 74–80, Mstrsch (S Matthus) Akad d Künste Berlin 81/82. **Laufb:** OberAss (Tonsatz) H f M Leipzig, freischaff seit 88, Cheflektor Verlag Neue Musik Berlin 91–99, Mitbegr Label 'Kreuzberg records' 94. **Pr:** Mendelssohn-Stip d Min f Kultur 78–80, Hanns-Eisler-Pr 87, Stip Körber-Stift Hamburg 91–93. **Mitgl:** Vors Verein d Komp u MWiss seit 94. – **Komp:** ua Concerto Grosso Nr 1 (f 5 Sol u gr Orch), UA Dgt: K Masur 88 (Auftr: Gewandhaus Leipzig); Berliner Musik (f V, Va, Vcl, Fl, Klar u Kl), UA KamOrch 'Unter den Linden', Dgt: P A Kähler 88 (Auftr: DtldRadio Köln); 'Ich ist ein anderer. Rimbaud' 87 (Szen KamM), UA Berlin, KamSpiele d Dt Th, Gruppe Neue Musik 'Hanns Eisler' 92; 'Die Bakchen des Euripides' 89–92 (Op), noch keine UA; 'Traumbild (alla Tiento)' (f StrQua), UA Potsdam, Konzerthalle, Rhein Bachcoll, Dgt: K P Diller 93; Spanische Elegie (f V u Git), UA Berlin, GitFstv 94; Summer-Music (Konz f Git, Pk, Schlgz u StrOrch), UA Freylinghausensaal d Franckeschen Stift, Eröffnungskonz d 28. Hall Musiktage, m T Blumenthal, Dgt: C Kluttig 98; 'Schöner, grüner...' (3 OpParaphrasen), UA Konzerthaus, 'Lange Nacht im DtldRadio' 98; Leipziger Legende (f 4 Sol, Ch u gr Orch), UA Gewandhaus, kleiner Saal 99 (Auftr: Rat d Stadt Leipzig); 6 maurische Lieder nach Texten v Goethe (f Bar u Kl) 01; insges über 100 Opus-Nrn. **Sonst:** Grdg 'Opus KamOrch Berlin' u 'Quintetto con brio'. **Lit:** Lex 'Komponisten d Gegenwart' (Art v Dr U Liedke).

Heyng, Susanne, KS, Sängerin; Im Wismat 10, D-81247 München, T: (0 89) 8 11 91 53; c/o Staatstheater am Gärtnerplatz, PF 140569, D-80455 München. **Laufb:** Sol Staatsth am Gärtnerpl München. (Red)

Heyse, Ulrike, Sängerin; Anna-Maria-Junius-Str 62, D-96047 Bamberg, T: (09 51) 2 08 38 40. **Laufb:** Sol Landesth Coburg SpZ 03/05. (Red)

Hidalgo, Manuel, Komponist; c/o Breitkopf & Härtel, Walkmühlstr 52, D-65195 Wiesbaden [Antequera, Andalusien 4.2.1956]. **Ausb:** Stud (Medizin) U Granada 74–76, Unterricht (MTheorie u Komp) b Juan Alfonso García, Stud (Komp) b Hans-Ulrich Lehmann Kons Zürich ab 76, b Helmut Lachenmann MH Hannover u Stuttgart 79–84. **Laufb:** freier Komp, Doz Komp Kons Barcelona 02 u MH Stuttgart 02/03. – **AuftrKomp:** ua f Gaudeamos-Fstv Amsterdamm 77/78, Donaueschinger Musiktage 83 u 86, 'Musik im 20. Jh.' Saarbrücken 83 u 84, Biennale Venedig 85, Stuttgarter Tage f Neue Musik u 'Musica Nova' Bremen 91, 'Rencontres Int de Musique Contemporaine' Metz 91, Schwetzinger FSp 91, 95 u 96. (Red)

Hidjov, Plamen, Sänger; c/o Städtische Bühnen Münster, Neubrückenstr 63, D-48143 Münster [Sofia 20.3.1953]. Oper, Konzerte **Ausb:** Stud (N Aladjem) Staatl MSchule Sofia 71–75, (Ch Hadjiev) Staatl MAkad Pancho Vladigerov Sofia 75–79, Mstrkl 79–81, Aufbaustud Bach-Intpr (G Schriever) H f Musik Felix Mendelssohn-Bartholdy Leipzig 81, Mozart-Intprkurs (E Schwarzkopf) 84, Aufbaustud Verdi, russ Komp (B Christoff) Rom 88. **Laufb:** Festeng: NatOp Sofia 82–86, NatOp Lodz 90–92, Volksop Plovdiv (Bulgarien) 92–94, Pfalzth Kaiserslautern seit 95 (03/04), Gastsp: Eröffnung Teatro Metropolitano Medellin (Kolumbien) 86, Th Champs-Elysees Paris, Teatro Massimo Palermo 86, Ile de France Nat Orch, Dgt: J Mercier 87, Queen-Elizabeth Hall London, Wexford Op Fstv Irland 88, Scottish Op Glasgow 89, Liszt Fstv, Teatro Albeniz Madrid 91, Verdi: Requiem Madrid u Granada 92, Int MFstv Sofioter Musikwochen 94, Konz 'Raina Kabaiwanska-Stift' Staatsth am Gärtnerpl München 97, Landesth Linz 97, Bad Staatsth Karlsruhe 2001, Städt Bühne Heidelberg 2001. **Pr:** 1. Pr Obretenov-NatWettb Bulgarien 78, Dipl Int JungopS-Wettb Sofia 84, 2. Pr Int Francesco Paolo-Neglia Wettb Italien. – **Aufn/RF:** Mercadante: Conte Arnoldo, m R T Eireann Symphony Orch 88; Gluck: 'Der betrogene Kadi', Gershwin: 'Blue Monday', K Ph E Bach: 'Magnificat', ausgewählte Op- u Kant-Arien, alles Aufn f Bulgar NatRadio; CDs: Bach: 'Weihnachtsorat' 84; Waldrop: 'Songs of the Southwest' 93; Schubert: 'Winterreise' 94. **UA:** Verdi: 'Un giorno di Regno' (Baron Kelbar), EA auf dt Pfalzth Kaiserslautern 96/97; Glinka: 'Das Leben f d Zaren' (Sussanin) erstmals in Dtschld nach d 2.Weltkrieg (auf russ) 97/98; Sallinen: 'König Lear' (Lear), dt EA SpZ 01/02.

Hieber, Helmuth, Komponist; Obere Markthalde 70, D-72461 Albstadt-Taillingen, T: (0 74 32) 1 25 20 [Tübingen 3.3.1932]. **Ausb:** Privatunterr (H Hermann, H Degen, R Spiller, R Wiedemann, A Wolfsohn). **Laufb:** Hornist, Chorlt, Organist. – **Komp:** Ein biblisches Triptychon (Ballett) 67, UA Münster, P v d Sloot m Ens 68; Klytaimnestra (Op) 66–68; Stück f Orgel, elektr Git u Synthesizer (Ballett) 70, UA Hannover 70; Konz f Kl u Orch (OrchW) 73; Der Teutonen Not (Kom Op) 78–82.

Hiefinger, Maria, Sängerin (Alt); Am Knappenberg 65, D-44139 Dortmund, T: (02 31) 1 06 12 83; c/o Konzertdirektion Fritz Dietrich, Sigmund-Freud-Str 1, D-60435 Frankfurt a M, T: (0 69) 54 45 04, F: 5 48 41 07. **Laufb:** Th Dortmund. (Red)

Hiekkapelto, Jari, Solorepetitor, Dirigent; c/o Theater Regensburg, Bismarckpl 7, D-93047 Regensburg, T: (0 72 31) 28 16 97. **Laufb:** Studienlt m Dgt-Verpfl, Solorep Stadtth u Städt Orch Pforzheim. (Red)

Hielscher, Ulrich, Sänger; c/o Bühnen der Stadt Köln, Offenbachpl, D-50667 Köln, PF 101061, D-50450 Köln. **Laufb:** Sol Op Köln. (Red)

Hielscher, Uta, Klavier; Lerchenauer Str 33, D-80809 München, T: (0 89) 3 00 15 43, F: 3 23 88 76, *UtaHielscher@aol.com*, *contact@bauer-hielscher.de*;

www.bauer-hielscher.com [Tokio 18.1.1970]. Liedbegleitung, KamM **Ausb:** Kl (M Schäfer) MH München 91–95, Liedbegleitung (H Deutsch, W Rieger, S Mauser) 93–2001. **Laufb:** Schwetzinger FSp 98 u 2002, Schleswig-Holstein-Musikfstv 2000, Beethovenfest Bonn 2001, Tage alter Musik Stuttgart 2002, Saintes Musikfstv 2001, Mahler-FSp 2002. **Pr:** Stip Dt Musikwettb 97, 2. Pr Int KamMWettb Città di Pavia. – **Aufn/RF:** CDs: R Schumann: 'Mein schöner Stern!', m Th E Bauer; R Strauss: 'Heimliche Aufforderung!', m Th E Bauer.

Hiemetsberger, Johannes, Mag, Prof, Hochschullehrer, Chordirigent; Univ f Musik u Darst Kunst, Inst Anton Bruckner, Anton-von-Webern-Pl 1, A-1030 Wien, *hiemetsberger@chorussinenomine.at* [Kaltenberg, Oberösterreich 1971]. **Ausb:** Stud (Trp) BrucknerKons Linz, Stud (MPäd) U f Musik u Darst Kunst Wien u OrchDirigieren a Kons d Stadt Wien. **Laufb:** Lehrauftr a Diözesankons Wien 97 u U f Musik u Darst Kunst Wien 98, VertragsL (Chor- Ens-Lt) ebd 2000, ao UPRof ebd. **Pr:** Förderpr f ChorM d Erwin-Ortner-Fonds 96. **Ens:** Grdg Ens Chorus sine nomine 91. (Red)

Hiemsch, Christiane, Sängerin; c/o Bühnen der Stadt Köln – Opernhaus, PF 101061, D-50450 Köln. **Laufb:** Op Köln, Gastsol Dt Staatsop Berlin SpZ 03/04. (Red)

Hierholzer, Babette, Klavier; c/o Konzert-Direktion Hans Adler, Auguste-Viktoria-Str 64, D-14199 Berlin, T: (0 30) 8 95 99 20, *babettehierholzer@citlink.net*; *www.babettehierholzer.com* [Freiburg]. **Ausb:** Stud Kl (H Stessin) The Juilliard School, Precollege Division, New York, (P Badura-Skoda) Folkwang-H Essen u Wien, (M Tipo) Florenz, (B L Gelber) Buenos Aires. **Laufb:** Debüt m Berliner Philh 78, USA-Debüt m Pittsburgh Symph 86, Zus-Arb ua m Staatskapelle Berlin, St Louis Symph, Saskatoon Symph, Winnipeg Symph. **Pr:** Stip Studienstift d Dt Volkes u Oskar u Vera Ritter-Stift, 7malige Prtr Steinway Piano Comp Berlin, 1. Pr 'G. B. Viotti' Concorso Int di M Vercelli, Goldmed Fstv Int des Jeunes Solistes Bordeaux, 1. Pr Joanna Hodges Int Piano Comp, Andy Petlansky Memorial Aw Palm Springs, East & West Artists Pr for New York Debut 92. – **Aufn/RF:** Werke v Schumann, Couperin, Debussy, Mozart, Scarlatti. (Red)

Hieronimi, Uwe Tobias, Bariton; c/o Stadttheater Hildesheim, Theaterstr 6, D-31141 Hildesheim, T: 0 17 22 45 43 11, *t.hieronimi@gmx.de*. Musiktheater: Oper, Operette, Musical, Musikkabarett **Ausb:** MusikH Köln b D Jacob, M Pick-Hieronimi 94–2000. **Laufb:** Sol Opernstudio Op Düsseldorf/Duisburg 99–01, Sol Th Hildesheim seit SpZ 01/02.

Higi, Andreas, Prof, Hochschullehrer, Gitarre; Meginhardstr 25, D-88356 Ostrach, T: (0 75 85) 24 35, *andreashi@web.de*; Hochschule f Musik, Schultheiß-Koch-Pl 3, D-78647 Trossingen [23.6.1950]. **Ausb:** Stud Git (B Rövenstrunck), Ob (H H Boehm) MH Trossingen 67, weitere Stud (B Davezac) Paris, (G Reyne) Lyon, Mstrks (A Diaz). **Laufb:** Lehrkraft Staatl H f M Trossingen 71, Prof ebd seit 80, KonzTätigkeit in versch kammusikal Besetzungen sowie m Orch u namhaften Sol wie Gülsen, Tatu (Fl), Olaf van Gonnissen (Git), Miguel Iven (Flamencogit), Andrzey Mokry (Git), sol Auftr im In- u Ausland (Türkei, Zypern, Spanien, Kreta, Portugal, Madeira, Sizilien), RF-Prof u Schallplattenaufn. **Pr:** 1. Pr HWettb Wuppertal. **Ens:** Albeniz GitQua. – **Aufn/RF:** CD: night so blue – now blue can you get.

Hilbrich, Frank, Regisseur; c/o Luzerner Theater, Theaterstr 2, CH-6002 Luzern, T: 04 12 28 14 40. **Laufb:** Oberspiellt Mecklenburg Staatsth Schwerin, Reg Luzerner Th u Stadtth Gießen SpZ 04/05. (*)

Hilchenbach, Norbert, Intendant; c/o Städtische Bühnen Osnabrück, Domhof 10–11, D-49074 Osnabrück. **Laufb:** Intend Städt Bühnen Osnabrück SpZ 03/04.

Hild, Rudolf, Dirigent, Komponist, Kapellmeister, Arrangeur, Pianist; Am Schulgarten 32, D-98617 Henneberg, T: (03 69 45) 5 73 71, F: 5 73 72, *Rudolf.Hild@t-online.de* [10.2.1961]. Schausp, KamM **Ausb:** Dir, Komp (Leipold, Leidel) H f M 'Franz Liszt' Weimar 81–86. **Laufb:** Kapm Meininger Th 86, Schausp-Kapm Meininger Th – Südthüring Staatsth 93, freischaff seit 03. **Mitgl:** Komponistenverband Thüringen seit 90. – **Komp:** Die Schöne u d Biest (Ballett) op 77, UA Meininger Th, Dgt: R H 98; Ronja Räubertochter op 41 (SchauspM), UA 91; preludatio f jsb op 110, UA Erfurt, Kaisersaal, Dgt: H Rotman 2000; Instr d Monteverdi-op 'D Heimkehr d Odysseus' f KamOrch (Op), UA Meiningen 2000; Sequenzen f 4 StrInstr op 114, UA Meiningen, Galerie ADA, SIMA-Qua 01; Suite odierna op 139 f 2V,Vcl (KamM), UA Meiningen 02; Simboli op 145 f Klar, Vcl, Kl (KamM), UA Meiningen 02; Macbeth op 137 (SchspM), UA 02; Was ihr wollt op 142(SchspM), UA 02; Peterchens Mondfahrt op 143 (PuppenspM), UA 02; Insieme a tre op 140 f Sop, Klar, Mar (KamM) Saalfeld 03; Sonett 20 op 151 f Sop u Kl, UA Meiningen 03; 3 Intermezzi f Klar solo op 153, UA Gera 03; Intentionen op 152 (f Orch), UA Weimar 03; Mächtige – Menschen – Mörder op 147 (SchauspM), UA 03; Wie es Euch gefällt op 148 (SchauspM), UA 03. **AuftrKomp:** 'Das Erwachen' (Symph), UA Meininger Th, Dgt: R H 88. **Sonst:** Bearb d Op 'Il Ritorno d'Ulisse in Patria' (Monteverdi) f d theaterprakt Gebrauch im Sinne d hist Stilistik, über 150 registr Komp u Bearb. **Lit:** Facharb K Kaiser: 'D Komp R H'.

Hildebrandt, Horst, Dr, Prof, Hochschullehrer, Violine, Musikphysiologe; St Johanns-Parkweg 3, CH-4016 Basel, T: 06 16 81 04 43, *horst.hildebrandt@doz.hmt.edu* [Marburg]. **Ausb:** Stud (V) in Freiburg u London sowie Medizin in Freiburg, Weiterbildungen in senso- u psychomotor Therapie, Ausbildung als Dispokinesis-Therapeut. **Laufb:** Geiger in Op- u RF-Orch, Primarius Hilaros-Qua u versch Orch sowie ab 88 Ens Aventure Freiburg, L an MSch sowie Doz an MH u b Berufsorch, Juror b Streicherwettb, Betreuung v Berufsmusikern in Prävention u Therapie, Aufbau u Ltg Fachber Musikphysiologie u Musikermedizin MH Winterthur Zürich ab 97 (Schwerpunkte: Präventionsseminare, Einzelsprechstunden u psycho-physiolog Vorspieltraining sowie musikphysiolog Beratg f Methodik- bzw Fachdidaktikgruppen).

Hildebrandt, Johannes K, Komponist; Untergraben 1, D-99423 Weimar, T: (0 36 43) 50 27 20, F: 50 27 20, *JohannesHildebrandt@web.de*; Lepsiusstr 12, D-06618 Naumburg [Quedlinburg 21.11.1968]. Neue Musik **Ausb:** Komp (K Dietrich) Weimar seit 83, Komp (R Wolschina) seit 93, Dipl 94, KonzEx 98, Stud Kulturmanagement seit 98, elektroakust Komp seit 99. **Laufb:** L MSchule Weimar, Ilmenau, Erfurt seit 93, künstl Lt Weimarer Frühjahrstage f zeitgen M, Vors d Dt KompVerbandes Landesverb Thüringen, Vors d via nova-zeitgen M in Thüringen eV. **Pr:** Fördervertr (Korr, Komp) MH Franz Liszt Weimar seit 81, 1. Pr Bundesdt Orchwerkstatt Halberstadt 91, Förderpr Land Sachsen-Anhalt. **Ens:** Ens f Neue Musik via nova. – **Komp:** Szene f Ob u Orch (Konz), UA Halberstadt 91; Dialog f Bratsche u Kl (KamM), UA Darmstadt 92; Ich wandte mich um u sah an alles Unrecht (Mot), UA Erfurt 95; Gedankensuche (KamM), UA Weimar 96; Streichqua (KamM), UA Weimar 97; Szene II (Konz), UA Leipzig, MDR 98; Begegnung II (KamM), UA Weimar 99; Annäherung I (KamM), UA Frankfurt/M 01; Annäherung IV (KamM), UA Weimar 01; Klangzeichen (f gr Orch), UA Weimar 03. **Sonst:** Grd u lt Ens f Neue Musik via nova Weimar seit 94, künstl Lt Weimarer Frühjahrstage f zeitgen M.

Hildebrandt, Kathrin, Sängerin (Alt); Hohestieg 9, D-38118 Braunschweig, T: (05 31) 8 66 14 55, (01 75) 8 30 96 55, *KathrinHildebrandt@t-online.de* [Furtwangen 21.5.1969]. Oratorium, Oper **Ausb:** Stud DiplMLehrer Gesang (B Heuer-Christen) MH Freiburg/Br 94–99, Stud Gesang (B Heuer-Christen) ebd 99–2001. **Laufb:** Gastsol Städt Bühnen Freiburg SpZ 00/01 u SpZ 03/04, Sol Staatsth Braunschweig SpZ 04/05, regelm SolTätigkeit m Freiburger Bachchor, Freiburger Vokalens, Freiburger KamChor im süddt Raum, Schweiz, Frankreich, Gastsol Op de Camera Linz 2001, Tourneen durch Spanien, Italien, Israel, Brasilien (São Paulo) 2000, Sol Semperop Dresden SpZ 04/05. **Ens:** La Chapelle Rhénane. – **Aufn/RF:** Dvořak: Stabat mater (CD); Verdi: Requiem, m Freiburger KamChor (CD); M Gerbert: 12 Offestonen, m Freiburger Domkap, Dgt: R Hug 99; J S Bach: Matthäuspassion, m Freiburger KamChor 2000; K Kreutzer: Pastoralmesse, m Freiburger Domchor 2000; J S Bach: h-moll-Messe, m Freiburger KamChor 2000; J S Bach: BWV 60, SWR 2000.

Hildebrandt, Matthias St, Sänger; Str der Einheit, D-09456 Annaberg-Buchholz, T: (01 72) 7 94 09 62. **Laufb:** Sol Coburger Sommer-Operette SpZ 03/05. (Red)

Hilger, Manfred, Komponist; Am weißen Stein 11, D-53227 Bonn, T: (01 71) 6 41 44 16 [1941]. **Ausb:** Stud Staatl H f M Köln. **Laufb:** Gym-L (Dt, M), parallel Orch-u ChLtg, Ltg MSch Troisdorf seit 73; Auftr m KinderCh Remscheid ua Belgien. – **Komp:** OpWerke, BalletM, Ch-u OrchM, Messe, Kantaten, Gedichtvertonungen; Bearb zahlr dt, ungar, russ Volkslieder f Ch u Kl. (Red)

Hilger, Norbert, Violoncello; c/o MDR Sinfonieorchester, Augustuspl 9a, D-04109 Leipzig. **Laufb:** stv Sol MDR SinfOrch Leipzig. (Red)

Hilgers, Ernst-Wilhelm, Pauke; c/o Staatskapelle Berlin, Unter den Linden 7, D-10117 Berlin. **Laufb:** Sol Staatskap Berlin. (Red)

Hilgers, Walter, Prof, Hochschullehrer, Tuba; Am Sportplatz 7c, D-99425 Weimar, T: (0 36 43) 50 46 96; H für Musik 'Franz Liszt', Inst f Bläser u Schlagwerk, PF 2552, D-99406 Weimar, *walter.hilgers@hfm-weimar.de* [Stolberg, Rheinland 1959]. **Laufb:** L MusikH Düsseldorf, Aachen und Lübeck, Prof (Tb, KamM) H f M u Darst Kunst Hamburg 89–85, Prof (Bläser-KamM, Tb) H f Musik 'Franz Liszt' Weimar 95. **Ens:** Tritonus Wimares, German Brass. (Red)

Hill, Robert, Dr, Prof, Hochschullehrer, Cembalo; 56, Rue du Tilleul, F-90200 Giromaguy, T: 0 84 36 69 34, F: 0 84 36 69 35. **Laufb:** Prof (hist Tasteninstr, hist Aufführungspraxis) Staatl H f Musik Freiburg. (*)

Hille, Fritz, KS, Sänger; c/o Staatsoperette Dresden, Pirnaer Landstr 131, D-01257 Dresden. **Laufb:** Gast-Sol Bremer Th SpZ 00/01, Staatsth Kassel u ElblandFSp Wittenberge SpZ 02/03, Staatsoptte Dresden SpZ 04/05. (Red)

Hille, Paul H, Prof, Dirigent; c/o Univ f Musik u darst Kunst, Inst f Musik- u Bewegungserziehung, Rennweg 8, A-1030 Wien, *hille@mdw.ac.at* [Borghorst]. **Ausb:** Stud (Kl, Rhythmik u SchM) H f M Detmold, AusbJahr u 'Dipl de la Méthode Jaques-Dalcroze' Genf, Stud Audiopsychophonologie in Frankreich. **Laufb:** LAuftr (KlImpr, Rhythmik u Lehrprobe) Detmold 85–88 u Trossingen 90–92, Doz (Didaktik d KlImpr, Rhythmik u Erwachsenenlehrproben) U f M Wien seit 88, Unterr (Gehörbildung, Solfège u MTheorie) Performing Arts Studios Vienna seit 96, musikal Lt, Komp, Arrangeur u Pianist f 4 Progr d 'Villa Valium', ständiger musikal Begl v L McEvil u M Stadlmann, musikal Lt, Arrangeur, Kl KamOp Wien SpZ 03/04. – **Komp:** 'Rotkäppchen', UA Th d Jugend; 'Nacht u Träume', UA Jüd Museum Wien; 'Fleisch & flesh', UA Volksth. (Red)

Hillebrand, Nikolaus, Hochschullehrer, Bassbariton; Am Eulenhorst 109, D-81827 München, T: (0 89) 4 30 60 90 [Ziegenhals, Oberschlesien]. **Laufb:** Sol Op Lübeck, Sol Th Karlsruhe 74–77, Bayer Staatsop München seit 77, Doz (Methodik, Didaktik, Unterrichtspraxis, Ges) Richard Strauss Kons München. (Red)

Hillebrandt, Oskar, KS, Opernsänger (Heldenbariton); Leobendorferstr 33, A-2105 Unterrohrbach, T: (06 64) 5 34 34 00, *KsHillebrandt@mac.com*; c/o Theateragentur Heidi Steinhaus, Senftlstr 1, D-81541 München, T: (0 89) 93 93 01 10, 01 70–4 45 82 00, F: 93 93 01 11, *info@heidi-steinhaus.de*; *www.Oskar-Hillebrandt.com* [Schopfheim/Lörrach 15.3.1943]. Wagner **Ausb:** Stud Ges (J Metternich) MH Köln. **Laufb:** Staatsop München, Staatsop Berlin, Staatsop Hamburg, Staatsop Wien, Bayreuth FSp (Telramund), Glyndebourne (Mandryka), Bregenz (Holländer), Scala Milano (Telramund), Carnegie Hall

New York (Jakobsleiter m Dohnanyi), DOB (Mandryka m Sinopoli), Teatro Colon Buenos Aires (Ring-Alberich, Des Knaben Wunderhorn ua), Tokyo New Nat Theater, NHK Hall, Bunka Kaikan; USA: Seattle, Washington, Portland; Moskau Bolschoi (Telramund); Rom, Madrid, Barcelona, Lissabon, Athen, London, Stockholm, Oslo, Auckland, Wellington. – **Aufn/RF:** Thomas: 'Hamlet' (Titelpartie); Weill: 'Der Kuhhandel' (General); R Strauss: 'Des Esels Schatten' (Kenteterion); zahlr RF-Aufnahmen.

Hillenhagen-Iwanzowa, Galina, Prof, Hochschullehrerin, Klavier; Neue Schönhölzer Str 5, D-13187 Berlin, T: (0 30) 4 86 84 88; H f Musik 'Hanns Eisler', Charlottenstr 55, D-10117 Berlin [Kiew]. **Ausb:** Stud (Kl) Staatl Kons 'P I Tschaikowski' Moskau u Kiew, Mstrkl (H Neuhaus), künstl Aspirantur H f M 'Hanns Eisler' Berlin. **Laufb:** Doz H f M 'Hanns Eisler' Berlin 76, Prof (Kl) ebd 89, Prof nach neuem Recht 92, Jurorin u Referentin Weiterbildungsveranst z Thema KlUnterr m Kindern, Soloabende u Konz im In- U Ausland. – **Aufn/RF:** Film-, Fernseh- u RF-Aufn.

Hiller, Angelika, Hochschullehrerin, Gesang; Sankt-Mauritius-Str 19, D-97230 Estenfeld, T: (0 93 05) 85 05. **Laufb:** Doz (Gesang, Stimmbildung, Sprecherz) Hermann Zilcher Kons Würzburg u H f M Würzburg. (Red)

Hiller, Wilfried, Komponist; Isartorpl 2, D-80331 München, T: (0 89) 29 23 78, F: 21 56 84 15, *contact@pegasus51.de*; *www.pegasus51.de* [Weißenhorn 15.3.1941]. Musiktheater **Ausb:** Stud Kl (W Heckmann) Leopold Mozart Kons Augsburg 57–63, Komp (G Bialas) H f Musik München 63–71, ZusArb m C Orff 68–82. **Laufb:** Redakteur b BR seit 71, Doz (Komp) Richard-Strauss-Kons München seit 92, ZusArb m E Woska; 'An diesem heutigen Tage', ZDF, Bayer Staatsop 71–73; NIOBE, BR, ORF 74/76; 'Der Josa m d Zauberfiedel' 85; 'Der Geigenseppel', UA EXPO 2000; 'Aias' nach Sophokles, m A K W Meyer; MThWerke m M Ende 78–95: 'Der Goggolori' 83–85, 'Das Traumfresserchen' 90, 'Der Rattenfänger'; m R Herfurtner: Eduard auf dem Seil 99. **Pr:** Schwabinger Kunst-Pr, Villa Massimo-Stip, Richard-Strauss-Pr, Raiffeisen-Förderpr, Werner-Egk-Pr, Mitgl Bayer Akad d Schönen Künste. – **Komp:** 'An diesem heutigen Tage' (MTh), UA München 79; 'IJOB' (MTh), UA 79; 'Liebestreu u Grausamkeit' (Op-Parodie), UA Regensburg 81; 'Der Goggolori' (Volksop), UA München 85; 'Das Traumfresserchen' (Op), UA Bremen 91; 'Der Rattenfänger' (Totentanz), UA Dortmund 93; 'Der Schimmelreiter' (Op), UA Kiel; 'Eduard auf dem Seil' (Dichtermärchen nach Mörike v R Herfurtner), UA Halle 99; 'Peter Pan', UA München 97; 'Pinocchio', UA gleichzeitig München, Wien u Trier 02; 'Augustinus', UA München 05. **Aufn/RF:** 'An diesem heutigen Tage', E Woska-Wergo, ZDF 73; als Dgt eig Werke: CD 'Norbert Nackendick' (Tranquilla Trampeltreu – Der Lindwurm u d Schmetterling – Filemon Faltenreich). **Sonst:** Grdg Ens 'musik unserer zeit' München 69, Beginn Organisation 'Münchner Musiknächte' 81. **Lit:** Porträt 'Ein musikal Geschichtenerzähler' (BR Fernsehen) 97; A Hiller: Filmportrait W H (3 sat) 01.

Hilmes, Maria, Sängerin; c/o Theater Dortmund, Kuhstr 12, D-44137 Dortmund. **Laufb:** Gastsol Bad Staatsth Karlsruhe SpZ 00/01, Staatsth Kassel SpZ 00/01, Sol Th Dortmund SpZ 03/05. (Red)

Hilpert, Max, Horn; c/o MDR Sinfonieorchester, Augustuspl 9a, D-04109 Leipzig. **Laufb:** Sol MDR SinfOrch Leipzig. (Red)

Hilsberg, Esther, Sängerin, Dirigentin, Komponistin; Schönlebestr 5, D-09599 Freiberg, T: (01 77) 3 42 62 48, *esther.hilsberg@t-online.de*; *www.esther-hilsberg.de* [Berlin 26.7.1975]. **Ausb:** MH Köln (Gesang) b H Sotin, (Tonsatz) b J Schild, (Dirig) b V Wangenheim u M Luig, Mstrkse b J Kaufmann, E Moser, K Kelly. **Laufb:** Konz Berliner Philh, Kölner Philh, Gastauftr Dt Op Berlin, Dt Op am Rhein Düsseldorf, Op Magdeburg, Op Nordhausen, Op Bonn, Mainfrankenth Würzburg, Sol Nordharzer Städtebundth 01/02 u 02/03, Sol Staatsth Meiningen 03/04, Sol Th Freiberg SpZ 04/05. **Pr:** SonderPr b 'Podium Junger Gesangssolisten'. – **Komp:** 'Stabat mater' (f Ch, Soli u gr Orch), UA Berliner Philh 93; 'Die Schneekönigin' (Kinderop), UA Hohenloher Kultursommer 03 (Auftr: Junge Kammeroper Köln); 'Dantes Inferno und der Weg ins Paradies' (dramat Szenen), UA Konzerthaus Berlin 05 (Auftr: Camerata vocale). **Aufn/RF:** Dvorak: 'Te Deum', Pilsen, Berliner Philh, m RadioSymphOrch 2000; Poulenc: 'Gloria', Oratorienchor Köln, Konzertmitschn a Altenberger Dom 01; C P E Bach: 'Magnificat' u Haydn: 'Nelson-Messe', Camerata vocale Berlin, Konzertmitschn a Berliner Philh 02. **UA:** Protze: Orat 'Siehe, ich stehe an d Tür', UA Konzerthaus Berlin 96; Wille: Op 'Mio, mein Mio' (Titelrolle), UA Dt Op Berlin, Dgt: I Hilsberg 99. **Sonst:** Grdg u Lt Junge KamOp Köln.

Hilsberg, Inga, Dirigentin, Chordirektorin, Kapellmeisterin; c/o Theater Nordhausen, PF 100244, D-99722 Nordhausen [Berlin 30.11.1972]. Oper, Konzert, Musical **Ausb:** Stud Kapm (V Wangenheim) MH Köln 92–98. **Laufb:** Chefdgt Junge KamOp Köln seit 96, Dgt 'Die Schöne u das Biest' (Stella-Musicals Stuttgart) 98–2000, stellv Chefdgt 'Das Phantom d Op' (Stella-Musicals Hamburg) 2000–01, stellv Chefdgt 'Mozart!' (Stella-Musicals Hamburg) seit 01, 2. Kapm u Lt Schauspielmusik Mainfranken Th Würzburg (03/04). – **UA:** Weiss: 'Reise über d Meer' (Symph/Konz), UA Berlin, Philh, Dgt: J Hilsberg 99; Wille: 'Mio, mein Mio' (Op), UA Berlin, Dt Op, Dgt: J Hilsberg 99. **Sonst:** Grdg 'Junge KamOp Köln' 96.

Hilse, Jens, Pauke; c/o Deutsches Symphonie-Orchester Berlin, Masurenallee 8–14, D-14057 Berlin. **Laufb:** Sol Dt SymphOrch Berlin. (Red)

Hilser, Hubert, Klarinette, Hochschullehrer; Gebsattelstr 28, D-81541 München, T: (0 89) 89 22 07 58; c/o Richard Strauss Konservatorium, Gasteig, Kellerstr 6, D-81667 München. **Laufb:** Doz (Klar, Methodik, Didaktik, Unterrichtspraxis) Richard Strauss Kons München, Klar Bayer StaatsOp. (Red)

Hilverth, Alexandra, Sängerin; c/o Theaterverein Wiener Metropol, Hernalser Hauptstr 55, A-1170 Wien. **Laufb:** Sol Volksop Wien, ThVerein Wiener Metropol SpZ 04/05. (Red)

Himmelmann, Philipp, Regisseur; Schönfließer Str 95, D-13465 Berlin, T: (0 30) 40 10 96 28. **Laufb:** Inszenier ua Semperop Dresden (Britten, 'Midsummer Night's Dream') 02, (Strawinsky, 'The Rake's Progress') 03, Baden-Baden (Monteverdi, 'Orfeo) 02, Nationalth Mannheim ((Mussorgsky, 'Boris Godunov') 03. (Red)

Himpel, Florian, Klarinette; Bäumerplan 19, D-12101 Berlin, T: (01 79) 2 22 66 55; c/o Art Works, Agentur Vera Giese, Kantstr 14, D-10623 Berlin, T: (0 30) 31 50 38 60, *artworksberlin@aol.com*. **Laufb:** L (Klar) KreisMSch Leer, MSch Bremen. **Ens:** Duo Rossignol. (Red)

Hindersin, Isabel, Sängerin; c/o Stadttheater Gießen, Berliner Pl, D-35390 Gießen, PF 111128, D-35356 Gießen. **Laufb:** Sol Nationalth Mannheim, Stadtth Gießen seit SpZ 03/04. (Red)

Hindinger, Wolfgang, Oboe; c/o Niedersächsisches Staatsorchester, Opernpl 1, D-30159 Hannover. **Laufb:** 1. koord Sol Niedersächs StaatsOrch Hannover. (Red)

Hindler, Johann, Prof, Hochschullehrer, Klarinette; Univ f Musik u Darst Kunst, Leonard Bernstein Inst f Blas- u Schlaginstrumente, Seilerstätte 26, A-1010 Wien; Marktgemeindegasse 53, A-1230 Wien, T: (01) 8 89 80 36, F: 8 86 34 01 [Rothleiten 3.9.1951]. **Ausb:** KlUnterricht b J Brunader, vier Semester Unterricht b Prof K Steinwidder in Graz, danach Stud in Wien b Prof Schmidl. **Laufb:** Ass v Prof Schmidl an d U f Musik u Darst Kunst Wien 80–95, Vertragslehrer m eigener Kl ab 95, UProf ebd seit 01; Aufn in d Orch d Wiener Staatsop u d Wiener Philharmoniker. **Ens:** Mitgl versch KamM-Ens, ua d Ring-Ensembles. (Red)

Hink, Werner, Konzertmeister, Violine; c/o Wiener Philharmoniker, Bösendorferstr 12, A-1010 Wien. **Laufb:** Konzm Wiener Philharmoniker. (Red)

Hinsche, Siegfried, Komponist, Klavier, Orgel, Trompete, Flügelhorn, Gambe; c/o Uetz Music, Voigtei 39, D-38820 Halberstadt, T: (0 39 41) 57 00 40, F: 57 00 41, *bruno-uetz@t-online.de*; *www.uetz.de/music* [Sangerhausen 1940]. Bearbeitungen f Jugendblasorchester **Ausb:** Stud M Berlin. **Laufb:** M-L Dardesheim, Harsleben, Wegeleben; musikal Ltg Stadtorch u MrCh Dardesheim. **Pr:** m Stadtorch Dardesheim Dt Meister d BlasM-Verb 98 u Landesmeister 03, Dt Meister d BlasM-Verb 04. – **Sonst:** 'D BlechblSchulwerk', 'D OrchSchulwerk'.

Hinterberger, Marlene, HonProf, Hochschullehrerin, Orgel; Lecherwiese 12, D-83620 Feldkirchen-Westerham, T: (0 80 63) 4 99, F: (01 71) 80 91 50, *m.hinterberger@web.de*; H f Musik u Theater, Arcisstr 12, D-80333 München. **Laufb:** Prof (Org) H f M u Th München. (Red)

Hinterdorfer, Rudolf, Komponist; Promenade 11, A-4863 Seewalchen am Attersee, T: (0 76 22) 80 64. (Red)

Hinterhäuser, Markus, Klavier, Konzertdirektor; c/o Salzburger Festspiele, PF 140, A-5010 Salzburg [La Spezia 1959]. **Ausb:** M f H Wien u Mozarteum Salzburg. **Laufb:** Konzdir Salzburger FSp ab Herbst 06. (Red)

Hinterhuber, Christopher, Klavier; Rechte Bahngasse 8, A-1030 Wien; c/o PRIMUSIC Konzert- und Musiktheaterproduktionen GmbH, Herrengasse 6–8/2/22, A-1010 Wien, T: (01) 5 32 71 24, F: 5 32 71 40, *office@primusic.at*. **Ausb:** b A Papenberg, U f M u darst Kunst Wien b R Kehrer, A Kouyoumdjian u H Medjimorec. **Pr:** Pr Bach-Wettb Leipzig, Bach-Wettb Saarbrücken, Unisa Int Piano Competition Pretoria 2000, Geza-Anda-Wettb Zürich, 2. Pr Beethoven-Wettb Wien 01. (Red)

Hintermeier, Margareta, KS, Sängerin; c/o Wiener Staatsoper, Opernring 2, A-1010 Wien. **Laufb:** Sol Wiener Staatsop. (Red)

Hintze, Werner, Dramaturg; c/o Komische Oper, Behrenstr 55–57, D-10117 Berlin. **Laufb:** Dram Kom Op Berlin SpZ 03/05. (Red)

Hintzenstern, Matthias von, Violoncellist, Obertonsänger; Ortsstr 3, D-07980 Kühdorf, T: (03 66 25) 2 03 51, F: 2 03 51; *www.multimania.com/hanstutschku* [Eisenach 31.3.1953]. improvisierte Musik, Violoncello u Obertongesang **Ausb:** Stud (Vcl) MH Weimar 72–76, Zusatzstud Va da gamba (S Pank) H Leipzig 80–83. **Laufb:** Auftritte m Ens f intuitive Musik Bolivien, Peru, Ecuador, Columbien, Venezuela, Costa Rica u Mexico 93, Indonesien, Singapur, Philippinen, Thailand 97, Brasilien 98, Madrid 98, Paris 99, Porto 2001. **Ens:** Ens f intuitive M Weimar, Ens 'tangokonzert.de'. – **Aufn/RF:** ruth weiss: poet-performer, M v H (Vcl, Maultrommel, Obertonstimme); CD: 'A new view off matter'; K Stockhausen: Für kommende Zeiten. **Sonst:** Grdgmitgl 'Ens f intuitive M' Weimar 80, Grd Ens 'tangokonzert.de' 98. **Lit:** Zs 'Das Orchester' 99.

Hintzenstern, Michael von, Musiker (Klavier, Orgel, Synthesizer), Publizist, Radio-Moderator; Klang Projekte Weimar eV, Paul-Schneider-Str 26, D-99423 Weimar, T: (0 36 43) 5 34 20, F: 5 34 20, *hintzenstern@gmx.de*; *www.tutschku.com* [Eisenach 29.2.1956]. Orgel u zeitgen Kammermusik m Live-Elektronik **Ausb:** Stud (Org, ChLtg) Thüringer KiMSch Eisenach 75–78, Gasthörerstud (MWiss) Martin-Luther-U Halle/S 80–86. **Laufb:** Org Annenkirche Eisenach 78–83, Grdg u musikal Ltg 'Ens f Intuitive Musik Weimar ' (va Werke v K Stockhausen, Erschließung neuer Orte/Räume f d Präsentation Neuer Musik) 80, Org 'Liszt-Orgel' Denstedt b Weimar seit 83, Ltg KonzZyklen 'Denstedter Orgelmusiken' (Ehrenpatron: Y Menuhin) u 'Stadt- u Dorfkirchenmusiken im Weimarer Land', Präsidiumsmitgl i Ldesmusikrat Thüringen (Lt d AG Neue Musik) seit 94, Kurator d Konzeption f e Zyklus v 33 Konz in 22 Kirchen Europ Kulturstadtjahr 99, Gastsp in ganz Europa u Tourneen durch Lateinamerika u Südostasien. **Pr:** Prtr Int KompSeminar Boswil Schweiz 76,

Weimar-Pr 96. **Ens:** ens f Intuitive Musik Weimar. **Mitgl:** Ges f Neue Musik (GNM), Liszt-Ges. – **Komp:** 'Alea-Phonie' f variables ens 76. **AuftrKomp:** Das Kochorchester (f Küchengeräte), Eröffnung Kultur Arena Jena (Auftr: Th-Haus Jena). **Aufn/RF:** CD: 'Ausbruch d Klänge' – Konz i e Lava-Feld, Mexiko-City, Ens f Intuitive M Weimar 95, 'Klang-Reise' – Live-Mitschnitte 96–03, ens f Intuitive M Weimar 04, 'F kommende Zeiten', ens f Intuitive M Weimar, Klangregie: Kh. Stockhausen 05. **UA:** 'Es ist 5 nach 12' (radiophones Hup-Konz), UA Weimar 02. **Zug:** 'Toccata '79' v Helmut Zapf, 'Eikasia' 99 v Hans Tutschku. **Sonst:** Grdg 'Tage Neuer Musik in Weimar' 88; unabh Vereinigung f M d Gegenwart 'Klang Projekte Weimar eV' (Ehrenpatron: K Stockhausen) 89, 'Experimentalchor Weimar' 91, KonzReihe 'Neue Wege zur Musik – Wege zur Neuen Musik' 92, Grdg u Lt d ArbGruppe Neue Musik im Landesmusikrat Thüringen 95, Grdg Fstv 'Neue M Plus' 02.

Hinze, Elisabeth, Sopran; Mühlweg 49, D-06114 Halle, T: (03 45) 3 88 07 97; Opernhaus Halle, Universitätsring 24, D-06108 Halle (Saale), T: (03 45) 5 11 00, F: 5 11 03 33, *kontakt@opernhaus-halle.de* [Königsberg]. **Ausb:** Stud (Ges) MH Berlin. **Laufb:** Sol Op Halle 63–04 (Barbier v Sevilla, Rosina; Don Giovanni, Zerlina; Zauberflöte, Papagena; Così fan tutte, Despina; Freischütz, Ännchen; Fledermaus, Adele; La Boheme, Musette), Gastsol ebd seit 04, Gastsp an Häusern im In- u Ausland (My fair Lady, Mrs Pierce; Westside Story, Consuela). **Pr:** Händelpr Halle 79. (Red)

Hippe, Stefan, Komponist, Dirigent, Akkordeonist; Liesl-Kießling-Str 16, D-90763 Fürth, T: 07 00–0 00–4 47 73(07 00–0 00-HIPPE), *1@stefanhippe.de*; *www.stefanhippe.de* [Nürnberg 10.6.1966]. zeitgen E-Musik **Ausb:** Stud (Komp, Akk) Meistersinger-Kons Nürnberg, Reifeprüf (Akk) 89, Dipl Komp (H Winbeck) MH Würzburg 94, Dipl Dirig (G Wich) 96. **Laufb:** Dgt Nürnberger AkkOrch, Konz m Ens Kontraste Nürnberg. **Pr:** 2. Pr Armin-Knab-Wettb Würzburg 93, 1. Pr Int KompWettb, Sommerl MAkad Hitzacker 94, 1. Pr KompWettb Stadt Würzburg 95, Stip Cité des Arts Paris 97, Kulturförderpr Stadt Nürnberg 98, Staatl Förderungspr f junge Künstler d Freistaates Bayern 2000, Kulturförderpr Bezirk Mittelfranken 03. **Mitgl:** Dt KompVerb, TKV. – **Komp:** Jusques à la mort (Liederzyklus), UA Würzburg 90; Fresques, UA Bad Reichenhall 91; 2. StrQua, UA Hitzacker 94; MOEHB (AkkOrch), UA Horsholm/DK 96; Annacamento, UA Nürnberg 96 (Auftr: BR); Portraits (SymphOrch m AkkOrch), UA 96 (Auftr.: Hofer Symph); A Lady Di es (Op), UA Nürnberg 2000 (Auftr: 950-jähriges Stadtjubiläum Nürnberg); Credo f KamCh u 10 Blechbl 2000 (Auftr: St Lorenz Nürnberg); Faux (AkkEns), UA Malden/NL 02; Requiem (f SinfOrch, Ch, Sop solo) 05; StummfilmM zu 'Fantomas' u 'Die weiße Hölle des Piz Palü'. **UA:** Mitwirkung b rund 30 UA v Werken anderer (W Heider, M Eggert, H Zapf, B Weidner, G Haider, M M Reißenberger ua), 20 UA eigener Werke. **Sonst:** Grdg Reihe 'Accordeonova' (zeitgen Akk-Musik).

Hippler, Dietmar, Komponist; Schützenstr 45c, D-46236 Bottrop, T: (0 20 41) 2 37 38, F: 26 55 96, *dietmar.hippler@kamp.net*; *www.dietmar-hippler.de* [1956]. **Ens:** Grdg Trio Vivace 01. – **Komp:** Spiccato (violoncello-solo) 92; Gli esperti lo prevedono! (f 10 Blechbläser) 92; Labyrinthe (Zyklus f Kl) 94; Con calma! (f Git) 95; Was es ist nach d Gedicht v Erich Fried (f Alt u Kl) UA Susanne Schimmack; Todo y nada (f SymphOrch) 97; Ucelli Zelanti (Fl-Trio) 99; La forza di movimento (f SymphOrch) 2000. **Aufn/RF:** Zeitsprünge, Dietmar-Hippler-Ens 92; Philharmonic Brass, Werke v Linke/Hippler/Wiesemann, 95; Geniess' das Rauschen, Dietmar-Hippler-Ens 96. (Red)

Hirner-Lill, Rita, HonProf, Hochschullehrerin; Erlenstegenstr 118b, D-90491 Nürnberg, T: (09 11) 59 31 61, F: 59 31 61, *rita.hirner-lill@web.de*; H f Musik u Theater, Arcisstr 12, D-80333 München. **Laufb:** Doz (Gesang) H f M u Th München. (Red)

Hirsch, Bernhard, Sänger; Obere Kaplaneigasse 5, D-98617 Meiningen, T: (0 36 93) 7 99 36. **Laufb:** Sol Coburger Sommer-Operette. (Red)

Hirsch, Melanie, Sängerin; Hegelstr 76a, D-06114 Halle (Saale), T: (01 79) 2 19 30 64. **Laufb:** Gastsol Landesth Detmold SpZ 01/05, Sol Junge KamOp Köln SpZ 03/04, Sol Berliner Kammerop SpZ 04/05, Gastsol Op Halle SpZ 04/05. (Red)

Hirsch, Michael, Komponist; Gleditschstr 38, D-10781 Berlin, T: (0 30) 2 16 68 18, F: 2 16 68 18, *mi.hirsch@imails.de*; *www.hirschmichael.de* [München 1958]. Instrumentalmusik, Mischformen m Elementen v Hörspiel, Musiktheater u Oper **Laufb:** ZusArb m D Schnebel, J A Riedl, H Lachenmann ua, zahlr int Fstv ua Donaueschinger MTage, Wittener Tage f neue KamM, Musica Viva München, 'Dresdner Tage f zeitgen M', Musik-Biennale Berlin, Florida Electroacoustic Music Fstv. **Pr:** KompStip Stadt München 86, Elisabeth-Schneider-Pr f Komp 01. **Ens:** 'Freyer-Ens', 'Die Maulwerker'. – **Komp:** 'Il Viaggio' (MTh) 82/83, UA Bonn 83; 'Memoiren 1. Buch' (StrQua) 83–86; 'Beschreibung e Kampfes' (MTh), UA München 91 u Basel 95; 'Hirngespinste' (f 2 Akk), UA München 96; 'Passagen/Szenen' (Sextett) 97, UA Dresden 98; 'Le carnet d'esquisse' (Sextett), UA Barcelona 98. **AuftrKomp:** ua 'Kleinigkeit etwas mehr Meer' (MTh), UA Donaueschinger MTage 99 (Auftr: SWR); 'D stille Zimmer' (Op), UA Bielefeld, Op 2000 (Auftr: Op Bielefeld). **Lit:** G Nanck: Weder Musik noch Theater. M Hs MThProjekt 'Beschreibung e Kampfes' (Positionen 14); R Quitt: Kompension als existentieller Vorgang. Z Musik v M H (Programmheft: 'D stille Zimmer' Op Bielefeld) 2000.

Hirsch, Peter, Dirigent; c/o musicontact Egbert Zinner, Kirchenallee 22, D-20099 Hamburg, T: (0 40) 28 05 22 27, 01 73–2 32 22 66, F: 28 05 22 28, *service@musicontact.de*; *www.musicontact.de* [Köln]. **Ausb:** MH Köln. **Laufb:** Gastdgt Anhaltisches Th Dessau SpZ 00/01, Gastdgt Rundfunk-Sinforch Berlin. – **Komp:** zahlr OpProduktionen. (Red)

Hirschal, Adi, Sänger; c/o Wiener Kammeroper, Fleischmarkt 24, A-1010 Wien; c/o Volksoper Wien, Währinger Str 78, A-1090 Wien, T: (01) 51 44 40, F: 5 14 44 32 15, *office@volksoper.at*. **Laufb:** Sol Wiener Kammerop, Stadt Klagenfurt, Volksop Wien seit SpZ 03/04, ThVerein Wiener Metropol SpZ 04/05. (Red)

Hirschfeld, Berthold, Sänger; Kölner Str 60, D-54294 Trier, T: (06 51) 8 24 22 49, *angelmusic1806@hotmail.com*. Oper, Operette, Lied, Musical, Konzert **Ausb:** U Mainz, Akad f Tonkunst Darmstadt, Mstrkse (J Metternich). **Laufb:** Gastsol Volksth Rostock SpZ 00/01, Pfalzth Kaiserslautern SpZ 00/01, Th Bielefeld SpZ 00/01, Sol Th d Stadt Trier 02/03 u 03/04, Düsseldorfer Optte 03/05, Doz (Ges) H f M u Th Saarbrücken.

Hirschfeld, Caspar René, Komponist, Violine; Meraner Str 4, D-10825 Berlin, T: (0 30) 78 71 38 78, F: 78 71 39 08, *intouch@hirschfeld-music.com*; c/o Dirk Lotze Musikmanagement, Rheinallee 119, D-40545 Düsseldorf, T: (02 11) 57 07 01, F: 5 57 01 56, *hirschfeld-service@DL-musik.com*; *www.hirschfeld-music.com* [Wernigerode 21.5.1965]. Lied, MTh, KamM, Sinfonik **Ausb:** Stud Komp (U Zimmermann, W Krätzschmar), V (Ch Redder), Kl, Dirig H f M 'C-M v Weber' Dresden 82–87, Mstrsch 87–89, autodidakt Stud (Tanz, Tanztheorie). **Laufb:** Tänzer 83–95, LAuftr H f M Dresden u Berlin 87–94, Grdg u musikal Ltg 'ensemble camena' seit 96, freischaff tätig als Komponist u Musiker; Gastsol ua Salzburger FSp, Dresdner MFSp, Dresdner Tage d zeitgen M, Schleswig-Holstein-Fstv, Athen, Bregenz. **Pr:** Weber-Pr 84, Eisler-Pr 86, Mendelssohn-Stip 88/89, Göttinger GitPr 2000. – **Komp:** Rêves (Sop, Ten, KamOrch), UA Dresdner Tage d zeitgen Musik 86; Sonett VI, UA Dresdner Tage d zeitgen Musik 87; Bianca (Op), UA Salzburger FSp 91; 'Sonett VII' Konz f Kl u Ens (Konz), UA Dresder MFSp 91; Der satamarchäolügenialkohöllische Wunschpunsch (Märchenop), UA Berliner KamOp 95; Apropos Foucault (Stimme u TB), UA Paris 96; Fana-Baka (Sinfonik); Satyren, 9 ganze Nummern nach Catull (KamM), UA Berlin 96; 'Makyó-Variationen' f Kl (Kl-M), UA Berlin 97; 10 heimliche Liebeslieder (Heine), UA Tbilissi, Metechi Palace 97; Haiku II (Vcl solo), UA Sächs LdsAusstellung 99; Dt Lieder (Buch 1–3), UA Berlin 2000; Nachtstück (Ob, Hf), UA Gotha 01; sonata a 3 (V, Vcl, Kl), UA Basel 03; KlTrio, UA Evian 03; Lebensfries (Kl), UA Münster 03; 'Schatten d Nacht' (Saxqua), UA Halle 04; Psalm (Sax u Org), UA Dortmund 04; Doppelkonz f V, Vcl u Orch, UA Magdeburg 05. **Aufn/RF:** CDs: SATYREN 97, Lieder & Sonette 2000, solitudes 01, Wandlungen (KamM) 03, B-A-C-H 05, weitere CD b col legno, amphion records, Kreuzberg records. **Sonst:** Noten b Hofmeister u Verlag Neue M.

Hirschmann, Thomas, Dr, Hochschullehrer; Dromersheimer Str 16B, D-55411 Bingen, T: (0 67 21) 4 19 92; Musikakad, Schillerpl 1–2, D-65185 Wiesbaden. **Laufb:** Doz (Seminarltg, Hörerz, Tonsatz) Wiesbadener Musikakad. (Red)

Hirte, Klaus, KS, Sänger (Bariton); Waldburgstr 156, D-70563 Stuttgart, T: (07 11) 73 45 45 [Berlin-Neukölln 28.12.1937]. Operngesang **Ausb:** Stud Gesang (H Hager) MH Stuttgart 60–64, Gesang (T Tipton) 64–65. **Laufb:** festes EnsMitgl Staatsth Stuttgart seit 64, Kammersänger 76, Salzburger FSp (kleinere Partien) 66–71, Bayreuther FSp ('Meistersinger', Beckmesser) 73–76, Chicago ('Siegfried', Alberich) 73, Staatsop München ('Ring d Nibelungen', Alberich) 75, Staatsop Hamburg ('Wozzeck', Titelpartie) 81. **Pr:** Hermann-Hesse-Med 90, Gottlob-Frick-Med 99. – **Aufn/RF:** Mozart: 'Le Nozze di Figaro' (Antonio), Dgt: K Böhm 68; Wagner: 'Tannhäuser' (Biterolf), Dgt: O Gerdes 68; Wagner: 'Meistersinger' (Beckmesser), Live-Mitschn Bayreuther FSp, Dgt: S Varviso 74; Strauss: 'Die schweigsame Frau' (Morbio), Dgt: M Janowski 77; Strauss: 'Intermezzo' (Notar), Dgt: W Sawallisch 80; Strauss: 'Rosenkavalier' (Polizeikommissar), Live-Mitschn Salzburger FSp 69, Dgt: K Böhm 94; div andre Op- u Opttenaufn. **UA:** H Gefors: 'Der Park' (Oberon), UA Wiesbaden, Maifsp 92. **Sonst:** Lt VeranstaltungsR Stadt Calw/Württemberg '...in d Aula b Klaus Hirte' 88–92. **Lit:** K Schober-Wende: '100 Stuttgarter Köpfe' 2000.

Hirth-Schmidt, Uwe, Cellist; Taubenstr 53, D-10117 Berlin, T: (0 30) 22 65 22 21, F: 22 69 18 42, *uwe@jtt.info*; *www.thetrio.de* [Lahr 1972]. **Ausb:** UdK Berlin b Jean-Claude Haerrig, Strasbourg u Wolfgang Boettcher. **Pr:** Stip Dt Musikwettb KamM Bonn 99. **Ens:** Das Jacques Thibaud Trio Berlin. (Red)

Hirtreiter, Siegfried, Trompete; c/o Wolfgang Dersch, Hoppestr 22, D-93049 Regensburg, T: (09 41) 2 80 20 35, F: 2 80 20 36, *siegfried@brass-unlimited.de*; *www.brass-unlimited.de* [Hemau 3.10.1965]. **Ausb:** Richard-Strauss-Kons München 84–88, Philh Orch Regensburg 92. **Ens:** brass-unlimited. (Red)

Hirzel, Franziska, Sopran; Rheinallee 28, D-53173 Bonn, T: (02 28) 9 56 37 60, 01 72–2 90 49 38, F: (02 28) 9 56 37 62, *fhi.lbo@t-online.de*, *franziska.hirzel@vodafone.de*; Spitalstr 32, CH-8620 Wetzikon, T: 04 49 32 72 20 [Zürich]. Oper, Konzert, Lied **Ausb:** Stud Ges (P Lohmann, E Westenberger) MAkad Stadt Basel. **Laufb:** EnsMitgl Darmstadt bis 91, Gastol Lübecker Th SpZ 00/01/02/03/04, Leipzig, Hannover, Düsseldorf, Hamburg, Bonn ua, Gastsol Rouen 97, Turin 2000, Konz in Europa, Japan, China, Salzburger FSp, Holland Fstv, Fstv v Flandern, Int Beehovenfest Bonn, Rheingau MFstv, Prager Herbst, MFSp Brno u Bratislava, Op Garniér Paris, Teatro Carlo Felice Genua. **Pr:** Diapason d'or, Grand Prix de la Critique f frz EA v M Gurlitt: 'Wozzek' in Rouen. **Ens:** Ebony Band Amsterdam. **Mitgl:** SMPV. – **Aufn/RF:** CDs: R Gund: Lieder f Sop u Kl 86; F Schreker: Lieder f Sop u Kl 91; A Busch: Lieder f Sop u Kl 91; F v Suppé: Requiem, Missa pro defunctis, RF-Orch d SWF 95; A Schönberg: Moses u Aron (Mädchen), Concertgebouw Ork 95; S Wolpe: Zeus u Elida, Ebony Band Amsterdam 97; K Penderecki: Passio et mors Domini (Lukas Passion), Bonn, Beethovenhalle 99; E Krenek: Karl V. (Isabella), Bonn, Beethovenhalle 2000; B Britten: Les Illuminations, Kiev Chamber Orch, Dgt: R Kofman; F Liszt: Christus,

Beethoven-Orch Bonn, Dgt: R Kofman 05. **UA:** B Trümpy: Anima; G Klebe: Fastnachtsbeichte; R Suter: Maricafunebre, UA Zürich, Tonhalle; A Pflüger: 'Vision' (f Sop, Orch), RSI 90.

Hitzlberger, Thomas, Dr, Klavier, Hochschullehrer; Platanenstr 196, D-82024 Taufkirchen, T: (0 89) 6 14 93 41. **Laufb:** Doz (Kl, Theorie, Gehörbildung) Richard Strauss Kons München. (Red)

Hjerrild, Sune, Sänger; c/o Oper Leipzig, Augustuspl 12, D-04109 Leipzig. (Red)

Hlawatsch, Thomas, Prof, Hochschullehrer, Klavier; Univ f Musik u Darst Kunst, Inst f Streich- u andere Saiteninstrumente, Seilerstätte 26, A-1010 Wien. **Laufb:** Prof (Kl) U f Musik u Darst Kunst Wien. (Red)

Hlouschek, Theodor, Dr, Komponist; Arno-Holz-Str 3, D-99425 Weimar, T: (0 36 43) 51 50 86 [Brünn 29.9.1923]. OrchM, KamM, VokalM, Werke f Zupfinstr **Ausb:** Stud Tschech Kons, HfM Weimar 47–49, Org-Prüf, Dgt-Prüf 48, Stud (MWiss) Uni Jena, Prom 52. **Laufb:** Ass OpSch, Doz (MGesch, Instr, Dirig) VolksM-Abt HfM Weimar. – **AuftrKomp:** musikal-literar Auftragswerke Konzert-u Gastspieldirektion Magdeburg f d Dahlenwarslebener Zupforch, z B 'Jetzt bin ich 25' 74, 'Poem der Befreiung' 75. (Red)

Hoba, Markus, Violine; August-Bebel-Str 41, D-18055 Rostock, T: (03 81) 4 92 23 56; c/o Norddeutsche Philharmonie Rostock, PF 102215, D-18004 Rostock, T: (03 81) 3 81 46 00, F: 3 81 47 01. **Laufb:** Koord 1. Konzm Norddt Philharmonie Rostock. (Red)

Hobi, Martin, Prof, Hochschullehrer; Musikhochschule Fak II, Zentralstr 18, CH-6003 Luzern [Glarus 2.9.1961]. **Laufb:** Doz (KiM) MH Luzern.

Hoch, Francesco, Komponist; Casa Mimosa, Campo dei Fiori 9, CH-6942 Crocifisso di Savosa, T: 09 19 66 02 20, F: 09 19 66 02 20; c/o Edizioni Suvini Zerboni, Galleria del Corso 4, I-20122 Milano, T: (02) 77 07 07 83, F: 77 07 02 61; *www.musinfo.ch* [Lugano 14.2.1943]. **Ausb:** Dipl Komp (F Donatoni), Dipl Ges (A Jesi), Dirig (F Caracciolo, M Gusella), elektr Musik (A Paccagnini) Cons Giuseppe Verdi di Milano, KompKs (K Stockhausen, G Ligeti) Darmstadt, (S Bussotti, D Guaccero) Padua. **Pr:** Primo Pr Angelicum Milano 75, Pr Pro Arte Bern 76, Pr Jubiläumsstift UBS 91, Pr Kamsprechchor Zürich u EPTA-ESTA 95/96. **Mitgl:** Schweizer Tonkünstlerverein. – **Komp:** 'Sette bagatelle d'oltretomba' (f Orch) 80, UA Luzern, Dgt: M Andreae 91; 'Leonardo e/und Gantenbein', 82, UA Lugano, Dgt: J Wyttenbach 85; 'Sans' (f Ob u Orch) 85, UA Genf, Orch Suisse Romande, S O Zoboli, Dgt M Andreae 87 (Auftr: Stadt Genf); 'Tableau infernal' (f Orch u Chor) 92, UA Sion, Dgt: Hérimer 92 (Auftr: Novantiqua); 'La passerelle des fous' (Op) 95, UA Genf, Ens Contrechamps, Dgt: G Bernasconi 96 (Auftr: Archipel, Genf); 'Canti e danze dai nuovi gironi' (13 Instr) 95, UA Milano, Teatro alla Scala, Dgt: S Gorli 96; 'Au futur passé?' (f Sop u Orch) 71–96, UA Zürich, Orch Basel, Dgt: F Vögelin 97; The Magic Ring (Op) 2000, UA Milano, Cam del Lavoro, Dgt: Z Nagy 02 (Auftr: Pro Helvetia); 'Doppio Concerto' (f Vcl, Kl u Orch) 02, UA St Petersburg, Orch Svizzera Italiana, Dgt: M Andreae 03 (Auftr: 300. Jubiläum Philharmonia St Petersburg); 'Ave Lucanum Vale' (f Ch) 03, UA Lugano, Coro Radio Svizzera, Dgt: D Fasolis 03 (Auftr: ASM)'Percorso Novecento (f 2 Sprechstimmen, 3 S u 4 Instr) 02–04, UA Lugano, Dgt: F H 05. **Aufn/RF:** 'Memorie da requiem' RSI; 'La passerelle des fous' Radio DRS; 'Sans' Radio SR; 'Tableau infernal' Radio Suisse Romande; 'The Magic Ring' RSI; 'Percorso Novecento' RSI; 'Doppio Concerto' RSI. **Sonst:** Mitbegrd OGGImusica Lugano; F H, 'Tecnica dei Gruppi – Indeterminazione – Neofigura – Linguaggio' (Riv Mus Svizzera 2) 77; F H, Riassunto d'un Percorso Compositivo – in Dissonanz (Riv Mus Svizzera 2) 90. **Lit:** 'Idra di F H' – Analyse (Riv Mus Svizzera 2) 75; A Di Benedetto: A Colloquio con F H (Prospettive Musicali) 83/84; F Muggler: Identität u Hinterlassenschaft (Schweiz Musik-Zs 7) 86; C Piccardi: Opera Postuma? (Dissonanz) 88; Ders: Memorie da Requiem di F H (CD) 01; J Schmidt-Garre: F H (Schweizer Komponisten, Video) 01; C Piccardi: La sfida musicale di F H (Corr d Ticino) 02; P Petazzi: Magie de la Bourse (Dissonanz) 02; P Repetto: Utopie u Erinnerung (Dissonanz) 03; F H: Einflüsse auf meine Musik (Entre Denges et Denezy) 2000.

Hoch, Peter, Prof hc, Komponist; Königsberger Str 2, D-78647 Trossingen, T: (0 74 25) 74 72, *peterhoch-musicaktiv@web.de* [Pirmasens 15.9.1937]. Neue Musik f Unterr u Konz **Ausb:** Staatsex (ML), Stud MH Karlsruhe, Mstrkl f Komp (H Konietzny) Saarbrücken, (KH Stockhausen, H Pousseur) Köln. **Laufb:** Doz u stellv Dir f musikal Jugendbildung Trossingen bis 2001, künstl Tätigkeit (Bereiche Komp, musikal Grafik, freie Imp), Beschäftigung m Malerei u Lyrik (Ausstellungen, Lesungen), Aufführungen, RF-Produktionen, Vortragstätigkeit, Gastsem u Workshops im In- u Ausland, Int World Music Fstv Yokohama/Japan 2001. **Pr:** versch KompPr (Kultusmin Rheinland-Pfalz, SWF Baden-Baden ua), Prof hc Universidad Interamericana. – **Komp:** Orchesterstücke I–IV (OrchW) 82; Grüße an Orpheus (f Instr u Stimmen) 92, UA Kleinth Luzern 92; 17 Haiku nach japan Gedichten (Orgel) 93, UA Int Haiku-Symp, Japan Kulturinst U Köln 94; Hiob (Orat) 96, UA Kunstmus Singen 96; Ein Tag zieht vorüber...Intrada f Streichorch 97, UA Trossingen, Dt MSchul-Orch 97. **AuftrKomp:** ua Klangzeichen, Versuch über d Zustand d Zeit (Orat) 85, UA Weinheim 85 (Auftr: Europ Jahr d Musik); Hiob (Orat) 96, UA Kunstmuseum Singen. **Sonst:** ua Publ in in- u ausl Verlagen, zahlr musikpäd Beiträge in Fach-Zs, Gedichtband 'Musik – e Atemspiel'. **Lit:** ua P H in 'Onga-ku-gendai' 90; Süddt Komp im 20. Jh 92; Gemeinsam Musizieren – Wege aus d Vereinzelung 94; Die musikal Grafiken P Hs 94; Lex d Pfälzer Persönlichkeiten 98.

Hoche, Hubert, Komponist, Dirigent; Frühlingstr 27, D-97264 Helmstadt, T: (0 93 69) 99 03 11, *mail@hubert-hoche.de*; *www.Hubert-Hoche.de* [Neustadt/Aisch 6.9.1966]. zeitgen Musik **Ausb:** Stud Chordir (G Frischmuth), Komp (R Wolschina) H f M 'Franz Liszt' Weimar 91–97, KompKs (M Philippot) 93, Aufbaustud Komp (R Wolschina) H f M Franz Liszt Weimar 98. **Laufb:** KsLt (Ch, ChDirig, Theorie, Gehörbild) Dt Schüler Akad Überlingen 95/96. **Pr:** Stip Thüring KompVerband, Prtr KompWettb f junge Komp Weikersheim 90, Teiln 'Hochschulforum junger Komponisten' Detmold 97, 3rd Pr '2nd Ladislav Kubik Int Pr in Composition' Tallahassee 99. **Mitgl:** Via nova e V, Flammabis e V, dkv, Thüring KompVerband, Tonkünstlerverb Würzburg. – **Komp:** O quae mutatio rerum!?, UA Weimar, Mathiegka-Trio 96; Reden Versammlers, Sohns Davids, Königs in Jerusalem, UA Leipzig, Ch d MDR, Dgt: G. Frischmuth 98; MYSTIKA, UA Weimar, Ensemble via nova 99 (Auftr: KompVerband Thüringen); Back to the roots, here from the present, UA Gera, Rias Big Band u Philh Orch 99 (Auftr: via nova eV Thüringen); Variationi (Git-Solo), UA Weimar 99 (Auftr: Anna-Amalia-GitWettb Weimar); 3 Wüstenszenen (Git-Solo), UA Weimar 99 (Auftr: Anna-Amalia-GitWettb Weimar); Todesfuge (Orchw), UA Gera, Phil Orch 2000. **UA:** jährl UA eines zeitgen Werkes f sinf Blasorch. **Sonst:** Grdg H H-MVerl 97.

Hochmann, Irina, Solorepetitorin; c/o Hamburgische Staatsoper, Große Theaterstr 34, D-20354 Hamburg, PF 302448, D-20308 Hamburg. **Laufb:** Solorep Op Frankfurt, Hamburg Staatsop seit SpZ 03/04. (Red)

Hochstein, Wolfgang, Dr, Prof, Hochschullehrer, Musikwissenschaftler; Heuweg 99, D-21502 Geesthacht, T: (0 41 52) 56 09, F: 56 18, *Hochstein @t-online.de*; Hochschule f Musik u Theater Hamburg, Harvestehuder Weg 12, D-20148 Hamburg, T: (0 40) 4 28 48 25 91, F: 4 28 48 26 66 [Salzkotten 11.4.1950]. KiM d 18. u 19. Jhs, PopularM **Ausb:** SchM, Kl (K Schilde), Orgel (E Popp), Theorie, Komp (D Manicke) MH Detmold 68–71, Dr phil (H J Marx) U Hamburg 72–81. **Laufb:** Doz (schulprakt Musizieren) MH Hamburg seit 76, Prof 82, Lt Abt f SchM seit 84, Dekan FB Musikpäd 98, Vors Hasse-Ges Bergedorf u wiss Lt Hasse-Archiv Hamburg. **Pr:** Claus-Brendel-Pr f Verdienste um d Hasse-Forsch 98, Goldene Ehrennadel d Bezirksamts Hamburg-Bergedorf 99, Dt Musikeditions-Pr 99. – **Komp:** Der Sonnengesang d hl Franziskus (Kantate), UA 76; Triformium (Orgel), UA 77; Per annum ecclesiae (Orgel), UA 77; Cantiones Nativitatis (ChorW), UA 80; Fantasia u Rondo (KamM), UA 80; Reklame (ChorW), UA 89. **Sonst:** Grd u Lt Barockorch 'Cappella Elbipolis', Musikwiss Veröffentlichungen über Hasse, Jommelli, C Franck, Rheinberger ua, ca 30 Editionen. **Lit:** MGG, 2. Ausg., Pers-Teil Bd 9 (Sp 82/83).

Hochstenbach, Jochem, Dirigent, Pianist; Sophienstr 116a, D-76135 Karlsruhe, T: (01 76) 20 82 64 00 [1970]. **Ausb:** Kons Utrecht, 1994–1997 Stud b Uros Laiovic H f M Wien. **Laufb:** Kapm u Korr Landesth Linz, 1. Kapm Badisches Staatsth Karlsruhe SpZ 04/05. (Red)

Hock, Wolfgang, Prof, Hochschullehrer; Im Rad 11, D-76593 Gernsbach, T: (0 72 24) 14 08, F: 14 02, *Orchesterschule-Wolfgang-Hock@t-online.de*; *www.tk-doku.com/orchesterschule* [Zweibrücken 17.1.1936]. **Ausb:** Soldipl (S Végh) MAkad Basel. **Laufb:** Prof (V, Orchstudien) Staatl H f Musik Karlsruhe, 1. Konzm SWF-SinfOrch iR. **Pr:** BVK 83. – **Sonst:** Grdg Bad KamOrch, OrchSchule Wolfgang Hock.

Hocke, Wolfgang, GMD, Dirigent, Generalmusikdirektor, Komponist, Pianist, Organist; In der Helba 40, D-98617 Meiningen, T: (0 36 93) 50 63 47, F: 50 63 57, *wolfgang@hockemusik.de*; *hockemusik.de* [Dresden 30.1.1937]. Theater, Konzert, Oper (Mozart, Verdi, Wagner, Strauss) **Ausb:** Stud Kl (G Brandner-Siegert, Prof G Berge), Dirig (Prof E Hintze), Komp (Prof J-P Thilmann), Ob (Prof A Tolksdorf) H f M Dresden 51–59. **Laufb:** SchauspKapm u Komp Dresdner Staatsschausp; Chordir, Solorep, 1. Kapm, Chefdgt, GMD Meininger Th 59–95; Dgt Schweinfurter Ch 'Liederkranz', OrgKonz, Komp; KonzTourneen: Polen, Rumänien, Tschechien, Slowakei, Bulgarien, Sowjetunion, Griechenland, Schweiz, Frankreich, Norwegen, Luxemburg etc. **Pr:** 1. Pr (Org), 2. Pr (Kl) J-S-Bach-Wettb 50; M-Reger-Kunstpr, Kunstpr d DDR. **Mitgl:** KompVerb u Kulturbund d DDR. – **Komp:** F Schubert/W Hocke: 'D Graf v Gleichen'; W Hocke: 'D Halsabschneider' (Op), UA Dresden 84; ders: 'D gestiefelte Kater', 'Sechse kommen durch d Welt' (2 Kinderop), 11 Kinderkonz, div OrchWerke, Werk f Org, Kl, Ch, KamM etc. **AuftrKomp:** alle Werke im Auftr d Rates d Bezirkes Suhl Abt Kultur (DDR) bzw d Meininger Th (außer KamM). **Aufn/RF:** F Schubert: D Graf v Gleichen (Op), rekonstr u ergänzt, UA Meiningen 95 (MDR-Mitschn). **Sonst:** Vorträge z M u Buchlesungen; W H: 'Hinter d Kulissen'.

Höbarth, Erich, Künstlerischer Leiter; c/o Camerata Bern, Waisenhausplatz 30, CH-3007 Bern, T: 03 13 71 86 88, F: 03 13 71 38 35, *info@camerataberrn.ch*. **Laufb:** Lt Camerata Bern. **Ens:** Wiener Streichsextett, Str-Qua 'Mosaiques'.

Höcht-Opel, Andrea, Dipl, Sängerin; Baderstr 12a, D-94315 Straubing, T: (0 94 21) 7 19 69 [Straubing 17.6.1969]. Oper, Operette, Musical **Ausb:** Stud Ges (J-H Rootering) MH München 92–98. **Laufb:** Sol Volksth Rostock. **Pr:** Jugendförderpr Land Mecklenburg-Vorpommern – Vereins- u Wertbank 99. – **Lit:** Art in Tageszstg, Bayer Staatsztg 94, OpWelt 96.

Höfer-Teutsch, Cordelia, ao UProf, Hochschullehrerin, Klavier; Universität Mozarteum, Alpenstr 48, A-5020 Salzburg, T: (06 62) 6 19 80, *cordeliahoefer@onemail.at* [München]. **Ausb:** privat b A Stadler 72–76; Stud Kl (H Leygraf) Mozarteum 76–79; Dirig (G Wimberger) 79/80; Mstrkl MH München (K Schilde, KaM: H Steurer) 79–82; weitere L: T Nikolajewa, E Leonskaja, W Kempff. **Laufb:** Salzburger FSpHaus 91, Sol Mozarteumorch (unter L Segerstan); Fstv 'Mostly Mozart' New York 94; Kuhmo Fstv Finnland 99 u 2002; L Mozarteum seit 82, ao Prof seit 02. **Pr:** 1. Pr Kl solo Bundeswettb 'Jugend musiziert' Dtschld 76; Würdigungspr d Österr Min f Wiss u Forschung 79; Kurt Leimer Pr d Mozarteums. **Ens:** Salzburger Kammertrio. – **Aufn/RF:** CDs b Pan-Classic Zürich, PonyCanyon Tokyo, One-Eleven Hongkong. **Sonst:** Grdg Ens Crescendo Salzburg 01.

Höferl, Harald, Dr, Operndirektor; Schleswig-Holsteinisches Landestheater, Lollfuß 53, D-24837 Schleswig. **Laufb:** OpDir Schleswig-Holstein Landesth seit SpZ 03/04. (Red)

Höfert, Matthias, Dirigent; Ziesingweg 9, D-30419 Hannover, T: (05 11) 4 73 12 77, 01 70–7 80 92 77, F: 6 76 75 44 09, *hoefertmatthias@aol.com* [Marktheidenfeld 12.9.1968]. deutsche u ital Oper, Konzert, Populäre Klassik bis Swing u Pop **Ausb:** Komp (H Winbeck) MH Würzburg 89–92, Dirigierstud (G Wich) ebd 90–94. **Laufb:** Kapm Bühnen d Stadt Bielefeld 95–99, Chefdgt Bundespolizei-Orch Hannover seit 99, Dgt Freilichtth Tecklenburg, künstl Lt Opttenprod seit 2000, künstl Lt Niedersächs. Landesjugendblasorch (Musikrat) seit 02. – **Aufn/RF:** div CD-Prod, ua Doppelalbum 'Musik kennt keine Grenzen', 'Et in terra pax'; div RF- u TV-Prod.

Höfs, Matthias, Prof, Hochschullehrer, Trompete; Hochschule für Musik und Theater Hamburg, Harvestehuder Weg 12, D-20148 Hamburg [Lübeck 1965]. **Laufb:** Solotrp Philh Staatsorch Hamburg seit 84, Prof (Trp) H f M u Th Hamburg seit 2000. **Pr:** Hanse-Kulturpr d Stadt Lübeck 83, 1988 Eduard-Söhring-Pr 88. **Ens:** German Brass. (Red)

Högner, Günter, Prof, Hochschullehrer, Horn; Univ f Musik u Darst Kunst, Inst 12, Hauptpl 8, A-7432 Oberschützen, T: (03 16) 3 89 33 33, F: 3 89 31 21, *guenter.hoegner@kug.ac.at*. **Laufb:** o UProf (Hn) U f Musik u Darst Kunst Graz. (Red)

Höhenrieder Dornier, Margarita, Prof, Klavier, Hochschullehrerin; PF 30, D-82336 Feldafing, T: (0 81 57) 46 39, F: 46 39; c/o Laurent Delage International Artists Management, Albertpl 8, A-1080 Wien, T: (01) 4 03 63 49, F: 4 03 63 49, *laurent@delage.at* [München]. **Laufb:** Debüt Berliner Philh 92, Prof (Kl) H f M u Th München, Konz m J Levine u Münchner Philh 2003. **Pr:** 1. Pr Busoni-Wettb Bozen ua. – **Aufn/RF:** Schumann 02. (Red)

Höhn, Carola, Sopran; c/o Artists Management Hartmut Haase, Aalgrund 8, D-31275 Lehrte, T: (0 51 75) 95 32 32, F: 95 32 33, *artists@t-online.de*; c/o Lore Blümel Opern- und Konzertagentur, Heiglhofstr 49, D-81377 München, T: (0 89) 8 59 38 64, F: 8 59 37 59, *opkoag-bluemel@t-online.de*; *www.artists-haase.de*. **Ausb:** Stud (Ges) H f M 'Franz Liszt' Weimar. **Laufb:** EnsMitgl Landesth Eisenach, Landesth Altenburg, Dt Staatsop Berlin 87(04/05), Ens-Mitgl ebd seit 88 (ua Zar u Zimmermann, Marie; Christoph Kolumbus, Königin Isabella; Iphigenie en Tauride, Iphigenie; Così fan tutte, Fiordiligi; Zauberflöte, Pamina; Don Giovanni, Donna Elvira; Meistersinger, Eva, Dgt: D Barenboim; Der Freischütz, Agathe, Dgt: Z Mehta), Gast ua Hamburg Staatsop, Dt Op Berlin, Gastsp Italien, Japan, Frankreich, konz Auff v Strauss: Elektra m Chicago Symph Orch, Dgt: D Barenboim, Gastsp d Staatsop 3000-Jahr-Feier Jerusalem, Th du Châtelet Paris 96, Teatro La Fenice Venedig (Fidelio, Marzelline), Bayreuther FSp (Meistersinger, Eva) 96. – **Aufn/RF:** R Strauss: Elektra; F Busoni: Die Brautwahl, m Staatskap Berlin, Dgt: D Barenboim. (Red)

Höldrich, Robert R, Prof, Hochschullehrer, Komponist; Univ f Musik u Darst Kunst, Inst 17, Elektron Musik u Akustik, Inffeldgasse 10, A-8010 Graz, T: (03 16) 3 89 33 34, F: 3 89 31 71, *robert.hoeldrich@kug.ac.at* [Linz 9.10.1962]. **Ausb:** Stud (Elektrotechnik) TU Graz, (Komp u MTheorie) b A Dobrowolski, H M Pressl, Younghi Pagh-Paan, (Querfl) Kons Graz, intensive Beschäftigung m Elektron M, ComputerM u algorithm Komp seit 86, Dipl im Fach Querfl 87, Diplomingenieur Elektrotechnik (Nachrichtentechnik/Elektronik) 89, Dipl Komp 91, StudAufenthalt ZKM Karlsruhe (Workshop 'Computermusic m NeXT') ab 93, Dr d techn Wiss 94. **Laufb:** Ass u Lektor Inst f Elektron M Graz, Betreuung d Toningenieur-Ausb ab 89, Lehrtätigkeit (Fächer InstrKunde u Elektron M) MH Graz ab 90, Prod d CD-Reihe 'Klangschnitte – Momente Neuer Musik', Hg d Publikationsreihe 'Beiträge z Elektron M' am Inst f Elektron M Graz, Gastdoz Univ Olomouc, Tschechien (Fach 'Akustik u Computermusik'), Lehrtätigkeit (Fach 'Signalverarbeitung in Akustik u Computermusik') MH Graz 94, Lehrtätigkeit TU Graz (Fächer 'Digitale Audiotechnik – Projekt' u 'Aufnahmetechnik – Projekt') ab 95, Auff in d Niederlanden, Schweiz, Griechenland, Tschechoslowakei, Dtschld u Österr. **Pr:** Musikförderpr d Stadt Graz 88, Talentförderungspr d Ldes Oberösterreich 90, Würdigungspr d Bundesmin f Wiss u Forschung 92. (Red)

Höll, Hartmut, Prof, Pianist, Hochschullehrer; Hochschule f Musik, PF 6040, D-76040 Karlsruhe, T: 0 17 27 20 20 29, (07 21) 6 62 90, F: (0 70 71) 55 11 89, (07 21) 6 62 92 66, *kivisaari@aol.com*; *www.hfm-karlsruhe.de*. **Ausb:** Unterr b P Buck, K Richter u L Hokanson. **Laufb:** Liederabende m M Shirai (Kl) Europa, Skandinavien, Israel, Afrika, Japan, Südamerika, Russland, USA u Kanada seit 73, Liedbegleiter v D Fischer-Dieskau 82–92, Liederabende ua b d Salzburger FSp, Fstv v Edinburgh, Florenz, München u Berlin; Künstl Ltg Int Hugo-Wolf-Akad f Ges, Dichtung, Liedkunst eV; Gastprof Mozarteum Salzburg 94–03, Sibelius-Akad Helsinki 98/99, Prof (Liedgest) Staatl H f M Karlsruhe. **Pr:** Stip d Studienstift d dt Volkes, R-Schumann-Pr Zwickau 90, 'Carte blanche' Louvre Paris (zus m M Shirai) 93, ABC Int Music Award (zus m M Shirai) 97, Ehrenmitgl R-Schumann-Ges Zwickau u Philharmon Ges St Petersburg. – **Aufn/RF:** zahlr LPs, CDs, ua G Mahler: Lieder aus 'Des Knaben Wunderhorn', M Shirai, St-Martin-in-the-Fields, Dgt: N Marriner; F Schubert: Liedopera, M Shirai, C Elsner, S Genz, P Lika; A v Webern: Lieder, M Shirai. **Sonst:** Initiator 'Int Wettb f Liedkunst Stuttgart' 01 u 04. (Red)

Hölle, Matthias, KS, Bass; Vischerweg 11, D-72250 Freudenstadt, T: (0 74 41) 62 82; c/o Komische Oper Berlin, Behrenstr 55–57, D-10117 Berlin [Rottweil a Neckar]. **Ausb:** Stud H f M Stuttgart u Köln. **Laufb:** Sol Staatsth Stuttgart, Kom Op Berlin SpZ 03/05, Dt Op Berlin SpZ 03/04, Op Köln. (Red)

Höller, Günther, Prof, Hochschullehrer, Blockflöte; Talblick 21, D-51429 Bergisch Gladbach, T: (0 22 04) 8 14 38, F: 98 43 05. **Laufb:** Prof (Blockfl, Traversfl, Alte Musik) H f Musik Köln. (Red)

Höller, Maria, Mag, Prof, Hochschullehrerin, Sopran; Univ f Musik u Darst Kunst, Inst f Musikleitung, Anton-von-Webern-Pl 1, A-1030 Wien [Wels, Oberösterreich 12.8.1948]. **Ausb:** Stud (MPäd, Ges, Bfl) Brucknerkons Linz u U f Musik u Darst Kunst Wien. **Laufb:** ao UProf (Stimmbildung, Ges) U f Musik u Darst Kunst Wien. **Ens:** Sol Les Menestrels 79–90 u ORF-Chor Wien 83–89. (Red)

Höller, York, Prof, Hochschullehrer, Komponist; Herrenstrunder Str 1, D-51067 Köln, T: (02 21) 6 80 68 23, F: 6 20 92 15, *hoeller.york@netcologne.de*; H f Musik, Dagobertstr 38, D-50668 Köln [Leverkusen 11.1.1944]. **Ausb:** Stud Komp (B.A. Zimmermann, H. Eimert), Kl (A. Kontarsky) Köln, Schulmusik u Musikwiss, wichtige Impulse durch K. Stockhausen u P. Boulez. **Laufb:** Prof (Komp) Kölner MH, Künstl Lt Studio f elektron Musik (WDR). – **Komp:** Chroma (gr Orch u Live Elektronik) 72–74; Arcus (15 Instrumente, Schlgz u Tb) 78; Mythos (13 Instrumente, Schlgz u elektron Klänge) 79; Umbra (gr Orch u Tb) 79/80; Résonance (kl Orch u Computerklänge-) 81; Schwarze Halbinseln (gr Orch, vokale u elektron Klänge) 82; 'Traumspiel' nach Strindberg (Sop, gr Orch u elektron Klänge) 83; Der Meister u Margarita (Musikth) 84–89; Fanal (Trp u Orch) 89; Pensées (Konz f Kl, gr. Orch u Live-Elektronik) 90–92; Aura (gr Orch) 91–93; Widerspiel (2 Kl, gr Orch) 96–99; Aufbruch (gr Orch). (Red)

Hoelscher, Ulf, Prof, Hochschullehrer, Violine; Fröbelstr 5, D-69226 Nußloch, T: (0 62 24) 1 37 23, F: 1 66 86, *info17@ulfhoelscher.de*; Hochschule f Musik, PF 6040, D-76040 Karlsruhe; *www.ulfhoelscher.de*. Werke d Klassik u Romantik, selten gespielte Konzerte; Kammermusik **Ausb:** Stud (B Masurat) MH Heidelberg, (M Rostal) MH Köln, 3-jähr USA-Aufenth: (J Gingold) Indiana Uni Bloomington, (I Galamian) Curtis Inst of M Philadelphia. **Laufb:** Konz m gr Orch wie Berliner Philh, BBC Symph Orch London, Staatskap Dresden; m namhaften Dgt wie G Albrecht, G Bertini, A Davies, H Haenchen, R Kempe, K Masur, V Neumann, E P Salonen, M Janowski, W Sawallisch, L Slatkin, H Stein, J Tate, K Tennstedt, H Vonk, H Wakasugi, D Zinman; Prof (V) Staatl H f M Karlsruhe seit 81. **Ens:** Konz m W Boettcher (Vcl), C Piazzini u I Fountain (Kl); KamM m Ulf-Hoelscher Ens. – **Aufn/RF:** KamM-Einsp: Schostakowitsch-Werken m M Rostropowitsch u G Wishnewskaya; weitere Aufn: Schumann, Franck, Strauss, Szymanowski: Son, m M Bèroff; Schubert: Gesamtwerk f Kl u Vl, m K Engel; Hindemith: VSon, m B Koehlen; Rihm: Werke f V u Kl, m S Mauser. **UA:** O Schmidt: VKonz, UA Dortmund u Kopenhagen 72; B Tarcan: VKonz, UA Istanbul 73; V D Kirchner: VKonz, UA m Berliner Philh 84; F Hummel: VKonz, UA St Petersburg 88; A Reimann: Doppelkonz f V u Vcl, UA m W Boettcher, Hannover 89. (Red)

Hölszky, Adriana, Prof, Hochschullehrerin, Komposition; Rainerstr 2, A-5020 Salzburg, T: (06 62) 88 26 51, F: 87 33 92; Univ Mozarteum, Abt f Dirigieren, Komposition u Musiktheorie, Schrannengasse 10a, A-5020 Salzburg, T: (06 62) 6 19 80, F: 61 98 30 33, *adriana.hoelszky@moz.ac.at* [Bukarest 30.6.1953]. **Ausb:** Kompstud (S Niculescu) H f M Bukarest 72–75 u (M Klemen) H f M u darst Kunst Stuttgart 77–80. **Laufb:** Prof (Komp) H f M u Th Rostock ab 97, UProf (Komp) U Mozarteum Salzburg seit 2000. **Pr:** 1. Pr Valentino Bucchi Rom 79, Gaudeamus Pr 81, Max-Deutsch-Pr Paris 82, Schneider-Schott-Pr 90, Rom-Pr Villa Massimo 91, Aufenthalt ebd 93, Pr d dt Schallplattenkünstler. – **Komp:** Bremer Freiheit (Op) 87, UA München, 1. Biennale 88; Karawane (f 12 Schlgz) 89/90, UA Graz, Musikprotokoll 89; Lichtflug (f V, Fl u Orch) 90, UA Donaueschingen 90; Message (f Mezzosop, Bar, Sprecher, div Klangrequisiten, Live-Elektr) 90–93, UA 93; Die Wände (Op) 93–95, UA Wien, Wiener Sommer 95; Tragödia – d unsichtbare Raum (18 Instr, TB, Live-Elektr) 96/97, UA Bonn 97; High Way (f Akk u Ens) 99, UA Saarbrücken 99. (Red)

Hoeltzel, Hans Michael, Prof, Hochschullehrer, Blasinstrumente; Elbchaussee 464, D-22587 Hamburg, T: (0 40) 87 08 07 66. **Laufb:** Prof (BlSatz, BlKamM) Folkwang -H Essen. (Red)

Höltzel, Michael, Prof, Hochschullehrer, Horn; Hamburger Konservatorium, FB 4, Sülldorfer Landstr 196, D-22589 Hamburg. **Laufb:** Prof (Hn, Methodik) Hamburger Kons. (Red)

Hölzer, Sabrina, Musikalische Leitung; Sulzaer Str 12, D-14199 Berlin, T: (0 30) 8 25 94 96; c/o Zeitgenössische Oper Berlin, Immanuelkirchstr 38, D-10405 Berlin. **Laufb:** Musikal Ltg Zeitgen Op Berlin SpZ 03/05. (Red)

Hölzl, Barbara, Mezzosopran; c/o S Sintow-Behrens Int Promotions & Management, Schleibingerstr 8, D-81669 München, T: (0 89) 44 21 89 00, F: 44 21 89 03, *office@sintow-behrens.com*; c/o Künstleragentur Dr. Raab & Dr. Böhm, Plankengasse 7, A-1010 Wien, T: (01) 5 12 05 01, F: 5 12 77 43, *office@rbartists.at*; *www.sintow-behrens.com* [Bad Tölz]. Oratorium, Lied **Ausb:** Stud Ges (H Banzhaf) Richard-Strauss-Kons München, Stud (Lied u Orat) H f M u darst Kunst Wien, Mstrkrse b H Hotter, J King u KS J Metternich. **Laufb:** Konz m Wiener Symph, Wiener Philh, Concentus Musicus; ZusArb m Dgt wie W Sawallisch, S Kuijken, F Welser-Möst, N Harnoncourt, N Marriner, M Plasson, P Schreier, B Weil, P Herreweghe, V Fedosejev, R Frühbeck de Burgos, D R Davies, R Barshai, R Clemencic; Auftritte in Europa, Südamerika, USA u Japan, b Salzburger FSp, Wiener Festwochen, Schubertiade Feldkirch u Roskilde, Wien Modern, Schleswig-Holstein MFstv, Fstv Klang u Raum Irsee, Ludwigsburger FSp u Prager Frühling, M Orch wie Wiener Philharmoniker u Symphoniker, Camerata Academica Salzburg, Klangforum Wien, Concentus musicus, Acad of St Martin in the Fields, Ens Tafelmusik, Ens baroque de Limoges, Tschaikowksy SymphOrch, Götheburger Sinfonikern, Oslo Philharmonic Orch u Bamberger Symphoniker; Repertoire v d Renaissance bis z Gegenwart, barocke SakralM, Lieder u Chorwerke d dt Romantik u d klass Moderne; regelm Liederabende m R Heiber (Kl) in versch europ Ländern. **Pr:** Finalistin Int GesWettb s'Hertogenbosch, Prtr Int Robert Schumann-Liedwettb Zwickau, Würdigungspr d Rep Österr 90. – **Aufn/RF:** zahlr RF- u TV-Übertr u Konz auf

CD ua Beethoven: 'Missa solemnis'; Mozart: Messen; Schönberg: 'Lied der Waldtaube' (Gurrelieder); H Pfitzner: 'Von dt Seele', m Wiener Symph, Dgt M Sieghart; Mozart: Requiem, m Tafelmusik Toronto, Dgt B Weil; 'Transeamus usque Bethlehem' (Weihnachts-CD); Bach: Kant BWV 213 u 214; Brahms: Altrhapsodie, m SWR SinfOrch; H Reiter: 'Messe f St Augustin' (ORF). **UA:** H Reiter: 'Messe f St Augustin', UA Wien 04, D Kaufmann: 'Eine Reise ins Paradies', UA Wien 04.

Hoene, Andreas, KM, Violine; c/o Dresdner Philharmonie, PF 120424, D-01005 Dresden. (Red)

Hoene, Barbara, Sängerin; Grundstr 71 B, D-01326 Dresden, T: (03 51) 2 68 62 96; c/o Sächsische Staatsoper, Theaterpl 2, D-01067 Dresden. **Laufb:** Sol Sächs Staatsoper Dresden. (Red)

Höne, Karl-Heinz, KMD iR, Kirchenmusiker; Gerhard-Hauptmann-Str 5, D-38304 Wolfenbüttel, T: (0 53 31) 90 43 89 [Osnabrück 16.5.1924]. **Ausb:** Stud (Musik) Gregorius-Haus Aachen, Komp (Ph Jarnach, R Petzold) MH Köln. **Laufb:** Solo-Rep Stadt-Th Aachen 47–49, KiMusiker u Lt KamChor u Kam-Orch 'Collegium musicum' Krefeld 50–61, Organist, Chor- u Orch-Dgt Aachen u Eschweiler 61–63, Kantor u MDoz Osnabrück 65–85. **Pr:** Prtr mehrerer Wettb f Chorkomp. – **Komp:** Chorwerke (a-capp m Orch); Messe, UA anl Kongr f KiM Paris; Orch-Variationen, UA Aachen u Düren; Cello-Konz, UA Dortmund u Osnabrück; lat Requiem (f a-capp-Chor), UA 2. Tonkünstlerfest Baden-Württemberg. **AuftrKomp:** 'Dein sind die Zeiten', UA z 1200-Jahrfeier d Bistums Osnabrück (Auftr: Bistum Osnabrück). **Aufn/RF:** Komp, Kl-, Cemb- u OrgWerke, KamM ua WDR u SDR.

Höner zu Siderdissen, Kirsten, Sängerin; Diebrocker Str 15, D-33613 Bielefeld, T: (05 21) 9 62 07 78, (01 70) 4 68 10 99. **Laufb:** Gastsol Landesth Detmold SpZ 03/05. (*)

Hönes, Michael, Korrepetitor; Friedrichstr 30, D-44137 Dortmund. **Laufb:** Solorep Staatsth Braunschweig, Korrep Th Dortmund SpZ 03/05. (Red)

Hönig, Dieter, Bass; Märchenweg 17, D-34134 Kassel, T: (05 61) 4 14 51; c/o Staatstheater Kassel, Friedrichspl 15, D-34117 Kassel. Oper, Konzert **Laufb:** Sol Staatsth Kassel, Musikth Essen, Dt Op am Rhein Düsseldorf-Duisburg.

† **Hönigsberg,** David, Komponist, Dirigent, Klavier, Musikwissenschaftler; Hegackerstr 15, CH-5014 Gretzenbach, T: 06 28 22 06 63, F: 06 28 22 06 63, *davidhoenigsberg@hotmail.com*; *www.SibeliusMusic.com*, *www.zb.unizh.ch/sondersa/musik*, *www.yuccatree.org/prj/oopperaoo.html* [Johannesburg 28.10.1959 † 3.2.2005]. **Ausb:** Bachelor of Music Rand 87, H f M u darst Kunst Wien 87. **Laufb:** Konz in Afrika u Europa, MPäd Inst Montana Zugerberg. **Pr:** Certificate of Merit for Composition I, II Rand, 1. Pr Total Music Collection 86, SAMRO Overseas Scholarship. **Ens:** Sol (Kl) ua Mode 4 Qua. **Mitgl:** ua South African Music Guild, South African Composers' Guild (Chair), SUISA, STV. – **Komp:** ua: Fantasy on African Themes (for String Orch), UA Wien, m E Jezkova 85; 'Soweto 1976' (Sonata for Double String Orch and Perc), UA Paarl, m Cape Town Symph Orch, Dgt: W Mony 87; ON MIRO: this is the color of my dreams, UA Boston 88; Concerto for Electronic Valve Instrument and Orch, UA Johannesburg, m Transvaal Chamber Orch, B Cassidy, Dgt: R Cock 90; 5 African Dances for Piano Edition Plural Lugano, UA Zürich, m D Hönigsberg 93; KamSinf, UA Winterthur, Orch Ges, Dgt: D Christie 95; 8 Canzoni f Vcl u Kl, UA Zürich, m S Thut, D Hönigsberg 96; Tomas u d Regenbogendrache, UA Zürich, Zürcher KamOrch, Dgt: H Griffiths 96; Trio (V, Vcl u Kl), UA Zürich, m Reimann, Thut, Hönigsberg 98 (Auftr: Kids Kidney Care); 3. StrQua Renèe u Hillel Hacohen gewidmet, UA Zürich 98; 4. StrQua, UA Zürich, Zentralbibliothek 97 (Auftr: C Walton); Songs for Kate, UA Weston-Super-Mare, m Ad Hoc Ens, C Green 99; Meteomusik, UA Basel, m Basel SinfOrch, Dgt: H Griffiths 01; Popes (for Voice Bass Guitar, Contrabass, Perc and Electronic Media), m D Grannell, G Dylan Smith (Auftr: Yucca Tree Records); Chaconne f Clavichord, D Hönigsberg (Auftr: Strings Attached Th Company). **Aufn/RF:** Threnody for the Victims of Baipatong (Conc for V, Perc and String Orch), m Ukrain KamOrch Kiev, K Schamböck, Dgt: D Hönigsberg 2000 (CD); Three Pictures of an African Life (Concerto for Va u Orch), m Amadeus Fund Orch Kiev, W Mony, Dgt: D Hönigsberg 2000 (CD); Soliloquy for Vcl and Strings, m Amadeus Fund Orch Kiev, S Thut, Dgt: D Hönigsberg 2000 (CD); 5 String Qua, Ubuntu Qua, Südafrika. **Sonst:** Musikrezensent u -Kritiker 'The Star' Johannesburg. **Lit:** Current Musicology Composers Special Edition Columbia Uni.

Hönisch, Falko, Bariton; c/o Staatstheater Kassel, Friedrichspl 15, D-34117 Kassel. (Red)

Hönle, Hartwig, Violoncello; c/o WDR Sinfonieorchester, D-50600 Köln. **Laufb:** stv Sol WDR SinfOrch Köln. (Red)

Höpcker, Sabrina-Vivian, 1. Konzertmeisterin, Solistin; Am Blackenhof 19, D-33739 Bielefeld, T: (05 21) 3 05 99 20, *sabrina_vivian@hotmail.com*; An der Ruschwede 7, D-27389 Vahlde [Hamburg]. **Ausb:** Stud (M Grevesmühl) Bremen 86, (M Rostal) Bern 89, (J Ellermann) Hannover 92, (Z Bron) Madrid u Lübeck 95, (J Rissin) Karlsruhe 98, (J Ellermann) Hannover 2000, zahlr Mstrkl (I Stern, M Rostal, Z Bron, Y Neaman, A Shtern, Z Milenkovic, M Fuks, D Schwarzberg, F Andrievsky, V Klimov). **Laufb:** Konz ua: Europ Musik Fstv München (m KamOrch Rothenburg), Menton (m Jeunesses Musicales Baden-Baden), Hannover (m Göttinger Symph), Palau (m Orch de Camara Reina Sofia, Dgt: J Judd), Madrid (Orch de Freixenet, Dgt: Z Mehta), Bayer Staatsop München (m Bayer Staatsorch, Dgt: Z Mehta), zahlr Auftritte als Sol m Nordwestdt Philharm; Recitals: ua Hitzacker, Gartower Schlosskonz, Hans-Vogt-Saal Mannheim, Schlösschen Bad Nenndorf, KamM-Podium Braunschweig, Auditorio Nacional de Música Madrid, Palais des Beaux Arts Madrid; 1. Konzm Nordwestdt Philharmonie Herford. **Pr:** FMS Wettb Schleswig-Holstein 86, Int Carl Flesch-Acad 91, Bundeswettb 'Jugend musiziert' 92, Special Pr Baden-Baden 93, 'Premio Sassari' Sardegna 94, Int VWettb 'Felix Mendelssohn-Bartholdy' Berlin 95, 'Rovere d'Oro' Int VWettb 97. – **Aufn/RF:** CDs 97 u 98, Rundf- u TV Mitschn Spanien 96–2000, WDR 2000 u 01.

Höppner, Christian, Cello, Hochschullehrer; Oranienburger Str 67/68, D-10117 Berlin, T: (0 30) 30 88 10 10, *CHoeppner@t-online.de*; *www.choeppner1.de* [Berlin 1956]. **Laufb:** Präs Landesmusikrat Berlin e V, Doz U d Künste Berlin. **Pr:** BVK 01. (Red)

Hoeprich, Eric, Klarinette; c/o Konzertdirektion Andrea Hampl, Karl-Schrader Str 6, D-10781 Berlin, T: (0 30) 4 78 26 99, 01 72–3 80 56 45, F: 4 78 37 92, *hampl@konzertdirektion.de*; *www.konzertdirektion.de*. **Ausb:** Stud (Klar) Havard Univ u Königl H f M Den Haag. **Laufb:** 1. Solo-Klar Orch d 18. Jhs (F Brüggen), Konz ua m London Classical Players, Musica Antiqua Köln, Taverner Players, Acad of Ancient Music, Ens TafelM, Philharmonia Baroque Orch; LAuftr an d Königl H f M Den Haag, regelm Vorlesungen an Univ Oxford, Univ Cambridge, Laval Univ, Univ of Arizona, H f M Brüssel, Oslo, Würzburg, Korsika u San Francisco. **Ens:** Mitgl Ludwig Trio. – **Sonst:** Grdg v KamMEns: Amadeus Winds (Bläseroktett), Trio d'Amsterdam, Stadler Trio (Bassetthörner) u Ens NachtM (Bläser d Orch d 18. Jhs); Veröffentl v Art in FachZss über Klar aus d 18. u 19. Jh (eigene Slg).

Hoeren, Harald, Prof, Hochschullehrer, Cembalo; Neue Kempener Str 300, D-50739 Köln, T: (02 21) 74 19 33, F: 74 61 35, *harald.hoeren@t-online.de*; Hochschule f Musik u Darst Kunst, Eschersheimer Landstr 29–39, D-60322 Frankfurt. **Laufb:** Prof (Cembalo) H f Musik u Darst Kunst Frankfurt/M. **Ens:** Camerata Köln, Trio 1790.

Hörhold, Tina, Sängerin (Mezzosopran); Seinsheimstr 8, D-97074 Würzburg, T: (01 73) 6 07 98 46, *tinahoerhold@web.de* [Hamburg]. Oper, Lied, Konzert **Ausb:** Stud (Phonetik, MWiss) Uni Hamburg 92–94, Ges (H Stamm) HdK Berlin 94–2001, Arb m A Reynolds u J Cox seit 97. **Laufb:** Sol Wuppertaler Bühnen 01–05, Gast StaatsOp Stuttgart 04, Op Frankfurt 05, Niedersächsische StaatsOp Hannover 05, Theater Erfurt 05/06, Hess StaatsTh Wiesbaden 05/06, EnsMitgl StaatsOp Stuttgart ab 06. **Pr:** Richard Wagner Stip 99. – **Aufn/RF:** Gesamtaufn Humperdinck: 'Hänsel u Gretel' (Hänsel) 98. **UA:** K Schwertsik: 'Katzelmacher' (Marie) Wuppertaler Bühnen 03.

Hörig, Günter, Prof, Hochschullehrer, Klavier; Knoopstr 6, D-01326 Dresden, T: (03 51) 2 68 36 73. **Ausb:** KapmEx H f M Carl Maria v Weber 52. **Laufb:** Ltg Orch 'Dresdner Tanzsinfoniker', Einrichtung d Fachrichtung f Tanz- u U-M a d H f M Carl Maria v Weber 62, L (Kl, EnsSp, Ltg Big Band, Impr, Geschichte d Jazz) H f M Carl Maria v Weber seit 62, Doz ebd 84, Prof u Ehrensenator ebd 92. (Red)

Höring, Angela, Blockflöten; Luisenstr 29, D-12557 Berlin, T: (0 30) 6 51 91 70, F: 6 51 91 70. **Ausb:** Stud Ob (Prof H Wätzig), Blockfl (M Penno) H f M Hanns Eisler Berlin; Zusatzstudien (Mstrkse) zur histor Auff-Praxis Alter M b Prof U Engelke/Stuttgart u Dresden, M Verbruggen/NL, D Laurin/Schweden u Bremen. **Laufb:** OrchM, Doz Humboldt-Univ Berlin u Berliner MH, KonzTätigkeit In- u Ausland. **Ens:** Ens f Alte M Berlin 'Musica Antiqua Coepenicciensis'. – **Aufn/RF:** div CD-Einsp, RF-Aufn ua. (Red)

Höring, Holger, Orchestermusiker (Klarinette), Kirchenmusiker; Luisenstr 29, D-12557 Berlin-Köpenick, T: (0 30) 6 51 91 70, F: 6 51 91 70 [Zeulenroda, Thüringen 15.8.1957]. Früh- u Hochbarock, Vorklassik **Ausb:** Stud Klar (R Bartl) H f M 'F Mendelssohn-Bartholdy' Leipzig 75–79, KiM (D Barth) Leipzig u (W Tretzsch) Berlin; Studien z histor Auff-Praxis Alter M im Rahmen v Sem u Mstrksen seit etwa 78, ua b Prof U Engelke/Stuttgart u Dresden, Prof E Kooiman/NL, H Vogel/Ostfriesland, Dr M Sander/ Göttingen u Heidelberg. **Laufb:** OrchM (Solobassklar) Philh Orch Staatsth Cottbus, KiM Berlin-Müggelheim, KonzTätigkeit In- u Ausland, Tourneen Oberharz u Weserbergland (Sommerkonz) seit 90, Süddtld seit 2000 (Klosterkirche Weissenau, Schlosskirche Altshausen, Wallfahrtskirche Steinhausen ua) u Schweiz (Stein a Rhein, Schloss Mammern ua). **Ens:** Ens f Alte M 'Musica Antiqua Coepenicciensis'. – **Aufn/RF:** div CD-Einsp, RF-Aufn ua; z B Ens-CD: 'Alte M aus d Dorfkirche zu Berlin-Müggelheim' 95, Werke v Schaffrath, Abel, Frescobaldi, Scheidt, Händel ('Rinaldo'-Bearb f 2 Altblockfl u Bc) ua.

Hörl, Andreas, Sänger (Bass); c/o Oper Leipzig, Augustuspl 12, D-04109 Leipzig; c/o Oper Frankfurt, Untermainanlage 11, D-60311 Frankfurt/Main [München]. **Ausb:** priv Unterr (Ges) b KS H Wilbrink, Stud MH Köln b K Moll 97–99, zahlr Mstrkse b R Leisenheimer, H Winkler, M Gessendorf, H Stamm u J H Rootering. **Laufb:** Mitgl OpStudio d Hamburgischen Staatsop, Sol Staatsop Hamburg SpZ 01/05, Th Efurt SpZ 03/04, Gastsol Kom Op Berlin SpZ 04/05, Op Frankfurt SpZ 04/05, Op im Schlossgarten FSp Eutin SpZ 04/05, Op Leipzig. (*)

Hörr-Grote, Christiane, Viola; c/o Münchner Rundfunkorchester, Rundfunkpl 1, D-80300 München. **Laufb:** Stimmführer Münchner RFOrch. (Red)

Hörr, Peter, Prof, Violoncello, Hochschullehrer; Kettelburgstr 23, D-59759 Arnsberg, T: (01 63) 2 72 30 60, *phoerr@web.de*; Hochschule f Musik u Theater, PF 100809, D-04008 Leipzig; *www.peterhoerr.com* [Arnsberg]. **Ausb:** Stud Vcl (H. Schiff) Musikakad Basel, Barockcello (C. Coin) Schola Cantorum Basiliensis, weitere Stud b B. Pergamenschikow, M. Pressler und P. Zukerman. **Laufb:** Prof H f M u Th Leipzig. **Pr:** Prtr Intl Cello Comp Scheveningen 89. **Ens:** Amati-Qua 90–93, Ravina-Qua 89–95, Grdgsmitgl Mozart Piano Qua u RomantiConsort. (Red)

Hörth, Harald, Oboe; Göllnergasse 21, A-1030 Wien, T: (01) 5 03 39 79; c/o Agentur Legato, Seilerstätte 5, A-1010 Wien, T: (01) 5 12 76 59, F: 5 12 83 70, *mail@legato.at*. **Ausb:** Stud Wien (M Kautzky). **Laufb:** Sol RSO Wien 91–94, Sol Wiener Symph seit 94. **Ens:** Mitgl 'quintett.wien'. (Red)

Hösl, Hans-Wilhelm, Komponist; Heinrich-Heine-Str 2, D-04416 Markkleeberg, T: (03 41) 3 38 17 99 [Markkleeberg 13.3.1943]. **Ausb:** Stud Komp (W Weismann), Theorie (P Schenk) H f M Leipzig 61–66. **Laufb:** Schauspielrep Görlitz-Zittau 66, Th d Stadt Cottbus (heute Staatsth) 70–75, danach dort freischaff Komp, künstl Lt d (jetzigen) Vokalgruppe 'Holunder' Cottbus seit 75, künstl Mitarb Leipziger H f M u Th seit 84. – **Komp:** 1.Sinfonie, UA Cottbus 74; 1.Concertino f Kl u Orch (Konz), UA Cottbus 75; Streichqua (KamM) 79, UA Cottbus 80; 2.Sinfonie, UA Hoyerswerda 81; 2.Concertino f Kl u Orch (Concertino facile) (Konz), UA Senftenberg/NL 89; Quartett auf d leeren Saiten (KamM), UA Cottbus 89; Sorbische Suite f kl Orch (OrchW), UA Panschwitz-Kuckau 80.

Hösli, Franziska, Sängerin; c/o Junge Kammeroper Köln, Florastr 93, D-50733 Köln. **Laufb:** Sol Stadtth Basel SpZ 03/04, Junge KamOp Köln. (Red)

Hötzel, Markus, Tuba; c/o NDR Sinfonieorchester, Rothenbaumchaussee 132, D-20149 Hamburg, *sinfonie@ndr.de*. **Laufb:** Mitgl RSO Saarbrücken, Staatskap Dresden, Sol NDR-SinfOrch Hamburg 01. **Ens:** Melton Tuba Qua (mit H Triebener, U Haas, H Müller) bis 03. (Red)

Hötzl, Ernst, Dr, Prof, Hochschullehrer; Univ f Musik u Darst Kunst, Inst 1, Brandhofgasse 21, A-8010 Graz, T: (03 16) 3 89 33 43, *ernst.hoetzl@kug.ac.at*. **Laufb:** ao UProf (MGesch, musikhist Spezialvorlesung, EnsLtg) U f Musik u Darst Kunst Graz. (Red)

Hövelmann, Klaus, Prof, Hochschullehrer, Dirigent; Hans-Thoma-Str 2, D-79199 Kirchzarten, T: (0 76 61) 12 47, F: 98 06 40, *sekretariat@freiburger-kammerchor.de*. Chor- u Orchesterwerke **Ausb:** Stud (SchM Dirig, MWiss) MH Freiburg, (Germanistik) U Freiburg. **Laufb:** Prof (Chor- u OrchLtg) Staatl H f M Freiburg, GastProf Kairo 78–80, Tourneen m Freiberger KamChor in Europa, Ägypten, Neuseeland, USA, Brasilien, Tourneen m Freiburger KamOrch Europa u USA. **Pr:** BVK 97. – **Aufn/RF:** CDs: Bach: h-moll-Messe; ders: Matthäuspassion; Beethoven: Missa solemnis; Cartellieri: Gioas, Re di Giuda; Dvořák: Stabat Mater; Haydn: Die Schöpfung; Verdi: Messa da Requiem; Mendelssohn: Elias; Mozart: Requiem (u Hindemith: Trauermusik); Zelenka: Missa sanctissimae Trinitatis, Brahms, Pop etc. **UA:** Cartellieri: Gioas, Re di Giuda. **Sonst:** Grd Freiburger KamChor, Freiburger, KamOrch, KamChor Kairo.

Hofer, Doris, Blockflöte, Hochschullehrerin; Dr. Hoch's Konservatorium, Hebelstr 15–19, D-60318 Frankfurt/M, T: (0 69) 9 15 00 40, F: 5 96 15 76, *mail@dr-hochs.de*; *www.dr-hochs.de*. **Laufb:** Doz (Blockfl) Dr Hoch's Kons Frankfurt. (Red)

Hofer, Heinz, Klarinette, Hochschullehrer; Wagerenstr 7, CH-8610 Uster, T: 0 19 40 06 03. **Laufb:** Doz (Bassklar) MH Winterthur Zürich. **Ens:** Zürcher Klarinetten-Trio, La Gran Partita Zürcher Bläseroktett. (Red)

Hoff, Mario, Hochschullehrer, Sänger; c/o Deutsches Nationaltheater, PF 2003, D-99401 Weimar, T: (0 36 43) 49 94 64, *mario.hoff@web.de*; H f Musik 'Franz Liszt', PF 2552, D-99406 Weimar [Querfurt 1959]. **Ausb:** Stud Ges (H. C. Polster) HfM Leipzig. **Laufb:** Sol Dt NationalTh Weimar seit 85, HonProf (Gesang) H f Musik Franz Liszt Weimar. **Pr:** Prtr Johann-Sebastian-Bach-Wettb in Leipzig 84, Opernsänger-Wettb in Gera (Händel-Pr) 85, Wettb „Prager Frühling" 86, 1. Pr Hans-Pfitzner-Wettb in Hamburg. (Red)

Hoff, Martin, 1. Kapellmeister u Stellvertreter d GMD; Deutsches Nationaltheater u Staatskapelle, PF 2003, D-99401 Weimar [Ballenstedt]. **Ausb:** Stud Dir (Haenchen u Kurz) Kl u Korr HfM Dresden. **Laufb:** 1. Kapm u Stellv d GMD Meininger Th – Südthüring Staatsth u Orch Meininger Th 97–04, Dt Nationalth u Staatskap Weimar seit 04/05. (Red)

Hoffmann, Alf, Komponist, Orchestermusiker; Auf der Heide 7, D-58313 Herdecke, T: (0 23 30) 7 48 87, F: 7 48 87, *alf-hoffmann@eplus-online.de*; *home.eplus-online.de/kinderkonzerte/* [Mühbrook Kr. Rendsburg 24.5.1951]. Kinderkonzerte f Orchester u Kammerorch, Kammermusik, Schauspielmusik **Ausb:** V (Nauber), Dirig (Travis) Staatl. H f M Freiburg i.Br., Ex 77. **Laufb:** Mitgl Philharmon Orch Freiburg, 1.V Philharmon Orch Dortmund ab 77, Komptätigkeit m OrchW f Kinderkonz KamMW u Schauspielmusik ab 85. – **Komp:** 'Flieg, mein Drachen – flieg!' (KinderkonzStück), UA Dortmund, Opernhaus KamMFassung 89, OrchFassung 98; 'Zirkuswinter' (KinderkonzStück), UA Düsseldorf, Tonhalle 93, WDR Hörfunk-Produktion 2000; 'Vogelsang-Insektenklang' (Kinderkonzertstück), UA Dortmund, Opernhaus 96; 'Das Geheimnis der alten Eiche' (KinderkonzStück),UA Dortmund, Opernhaus 97; Das Karussell' (KinderkonzSstück), UA Dortmund, Opernhaus 2000; Schauspielmusik zu 'Momo' f Naturbühne Dortmund-Hohensyburg 98; 'Die Weihnachtsmaus' Gedicht v. J. Krüss f Orchester u Sprecher UA Dortmund, Opernhaus 97; 'Walzango' (Tangowalzer) f KamEns, UA Dortmund 88;' La pazienza' f Violine u Gitarre. **Aufn/RF:** 'Flieg, mein Drachen – flieg!' Dortmund 98 (CD); 'Zirkuswinter' (KinderKonz) WDR 2000. **Sonst:** Quintsextensemble Dortmund f Kinderkonzerte, Duo con Variazione (Violine/Gitarre).

Hoffmann, Anke, Sängerin; Brüsseler Str 83, D-50672 Köln, T: (02 21) 3 98 13 30, F: 3 98 13 30; c/o Oper Leipzig, Augustuspl 12, D-04109 Leipzig. **Laufb:** Sol Kom Op Berlin, Op im Schloßgarten Eutin SpZ 03/05, Op Leipzig. (Red)

Hoffmann, Anke, Operndirektorin, Dramaturgin; Dobbenstr 17, D-26122 Oldenburg, T: (04 41) 1 26 09. **Laufb:** Ltd Dram Staatsth Oldenburg SpZ 03/04.

Hoffmann, Daniel, Trompete, Horn, Flügelhorn, Komponist; c/o Michael von Hintzenstern, Paul-Schneider-Str 26, D-99425 Weimar, T: (0 36 43) 51 50 90, F: 51 50 90; *www.multimania.com/hanstutschku* [Elgersburg]. Neue Musik, Jazz **Ausb:** Stud MH Hn Weimar 84–87 (Prof Heimbuch u Prof Bielig), Stud Trp (E Stadler) 88–92. **Laufb:** Mitgl EFin 93 Südamerika, 95 Südostasien. **Pr:** Nachwuchspr Int Jazzworkshop Weimar 93. **Ens:** Ensemble f Intuitive Musik Weimar. – **Aufn/RF:** EFin: Live in Mexico City ('Ausbruch der Klänge'). **Sonst:** Grdg Landesjugend Big Band Thüringen 93, Grdg Jazzmeile Thüringen 94, Grdg Bauhauskapelle 98.

Hoffmann, Falk, Sänger; Rudolf-Leonhard-Str 19, D-01097 Dresden; Landesbühnen Sachsen, Meißner Str 152, D-01445 Radebeul [Dresden]. **Ausb:** HfM Dresden, Mstks seit 98 bei A Ude, M Trappe-Wiel, O Bär, A Schmidt u P Schreier. **Laufb:** Mitgl Dresdner Kreuzchor 88–97; KonzReise m Kreuzchor u Dresdner Philh 01; GastSol Th Zwickau-Plauen 03; Sol Landesbühnen Sachsen seit 03. **Pr:** Rudolf-Mauersberger-Stip 97. **Ens:** Dresdner Kreuzchor 88–97. – **UA:** H-P Preu: Weißes Gold (Musical), UA Radebeul 06; E Mayer: Passage, UA Dresden 06.

Hoffmann, Fred, Sänger; Auf d Hofstatt 12, D-55286 Sulzheim, T: (01 70) 3 06 97 70; c/o Theater Altenburg-Gera, Küchengartenallee 2, D-07548 Gera. **Laufb:** Sol Staatsth Mainz, Sol Staatsth Darmstadt SpZ 03/04, Gastsol Th Altenburg-Gera seit SpZ 03/04. (Red)

Hoffmann, Jan, Chordirektor; Stephanstr 19, D-35390 Gießen, T: (06 41) 3 01 18 35, (01 71) 2 81 84 10; c/o Stadttheater Gießen, Berliner Pl, D-35390 Gießen. **Laufb:** Stimmbildner Bachens Mainz 95–98, Doz Chorltg u Stimmbildung im Klassiksommer Hamm u b Int Chorfstv Mainz 96, LBeauftr Chorische Stimmbildung u EnsLtg Collegium Musicum Johannes-Gutenberg-U Mainz seit 96, Kammerop Schloß Rheinsberg 97, Chordir Stadth Gießen seit 98. (Red)

Hoffmann, Jean, Dirigent, Pianist, Komponist; Gemeindestr 65, CH-8032 Zürich, T: 0 12 61 20 88(priv), 07 94 00 60 27(geschäftl), *jehoffmann@dplanet.ch*. **Ausb:** (Kl) Kons Zürich, (Komp) Akad f Musik u darst Kunst Wien, Kapm-Schule b Prof Karl Maria Zwissler Frankfurt/M. **Laufb:** freischaff Dgt, Pianist, Arrangeur u Komp f Th in Dtschld u in d Schweiz, Doz Stimme-Sprache-Texte-Lieder (Gesang) MH Zürich Winterthur. (Red)

Hoffmann, Michael, Bariton; c/o Neuburger Kammeroper eV, Drususstr 9, D-53111 Bonn. Musiktheater, Konzert **Ausb:** Stud Ges (Prof Ruß, Prof Kronstein-Uhrmacher) MH Detmold 88–94. **Laufb:** Gasteng: Landesth Detmold 92–2001, Th Koblenz SpZ 98/99, Stadtth Gießen SpZ 01/02, Neuburger Kammerop seit 94, Neuköllner Op Berlin seit 97. – **UA:** Schidlowsky: Greise sind die Sterne geworden-eine moderne Passion, Berlin 2000.

Hoffmann, Petra, Sängerin; Staatstheater, Oberer Schloßgarten 6, D-70173 Stuttgart. **Ausb:** Stud b E. Cavelti in Frankfurt/M. **Laufb:** Sol Staatsth Stuttgart. (Red)

Hoffmann, Rainer, Prof, Hochschullehrer, Kammermusiker; Am Forsthaus 51, D-63263 Neu-Isenburg, T: (0 61 02) 5 21 36, F: 5 23 92, *raho.pia@t-online.de*; Hochschule f Musik u Darst Kunst, Eschersheimer Landstr 29–39, D-60322 Frankfurt [Jena]. **Ausb:** Stud (B. Hinze-Reinhold) Weimar, (K. Weiß) Frankfurt u (E. Werba) Salzburg. **Laufb:** Prof (KlKamM, Liedbegleitung) H f M u Darst Kunst Frankfurt/M. (Red)

Hoffmann, Reinald, Prof, Hochschullehrer; Hochschule f Musik u Theater, FB 5, Harvestehuder Weg 12, D-20148 Hamburg. **Laufb:** Prof (Hymnologie, Choralkde) H f M u Th Hamburg. (Red)

Hoffmann, Wilrich, Prof, Hochschullehrer; Elchdamm 56, D-13503 Berlin, T: (0 30) 4 31 96 34, F: 4 31 96 34, *wilrich.hoffmann@berlin.de* [Dinslaken 26.6.1935]. **Ausb:** Stud Komp(E Pepping, B Blacher) MH Berlin 64–68. **Laufb:** MH Berlin 70, Prof 72, LBeauftr (Instrumentenkunde) U d Künste Berlin. **Pr:** Villa Massimo Rom. – **Komp:** Orch-, Chor- u KamM. **Sonst:** Komp u Technik, Karlsruhe 75.

Hofmann, Anne, Sängerin (Sopran); Altnaußlitz 10, D-01159 Dresden, T: (01 77) 6 25 24 83 [Dresden 6.4.1978]. Oper, Operette, Film **Ausb:** Stud Ges (J Hartfiel) H f M 'Carl Maria v Weber' Dresden. **Laufb:** Gastsol KamOp Dresden SpZ 2000/01, Sol 'Roulette d Impulse' Semperop 2000, Sächs Staatsop Dresden (Papagena) SpZ 2001/02, Elblandphilh (Gretel) 2000; Neue Arminda, HProd Dresden SpZ 2001/02, Sol Staatsth Cottbus SpZ 03/05. **Pr:** 4. Pl '1. Dt Opttenpr' Frankfurt/M. **Ens:** Dresdner Salonorch 'Die Capriolen'.

Hofmann, Bernd, Sänger; Peter-Henlein-Str 35, D-90443 Nürnberg, T: (09 11) 4 39 57 43, F: 4 39 57 43; c/o Stiftung Staatstheater Nürnberg, Richard-Wagner-Pl 2–10, D-90443 Nürnberg. **Laufb:** Sol Th Nürnberg, Meininger Th – Südthüring Staatsth, Sol Staatsth am Gärtnerplatz München SpZ 03/04. (Red)

Hofmann, Dorothea, Dr, Hochschullehrerin, Pianistin, Komponistin, Buchautorin; Hauzenbergerstr 17, D-80687 München, *hofmannmusic@t-online.de*; c/o Richard-Strauss-Kons, Gasteig, Kellerstr 6, D-81667 München; *www.hofmannmusic.de* [Bamberg 1961]. 20. Jh **Ausb:** Stud (SchM, ChLtg, Kl) München u Salzburg, (MWiss, Phil) München u Augsburg. **Laufb:** Doz (Theorie, MGesch) Richard-Strauss-Kons München. **Pr:** Prtr (Kl) Int IntprWettb f zeitgen M Rotterdam 93. **Mitgl:** Dt Komponistenverband, Ges f Musikforschung. – **Komp:** ua 'The Dream of Persephone' (Kl solo), UA 02; 'Irrgartenlieder u Zaubersprüche' (Zither solo), UA 03; 'Moresca notturna' (Qufl u Hackbrett), UA 04; 'Schritte im Grasland' (4 Hackbretter), UA 05; 'Five Love Songs' (Sop u Kl), UA 05; 'Luftwirbel' (Mandolinenqua), UA 05; 1. Streichqua, UA 06. **Aufn/RF:** im BR ua George Antheil: 'Airplane Sonata', Bela Bartok: Rumän Weihnachtslieder, George Crumb: 'A little Suite for Christmas AD 1979', Toshio Hosokawa: 'Nacht Klänge', Maki Ishii: 'Nord Silber Nacht (Winter)', Tania Leon: 'Rituál', Olivier Messiaen: 'Ile de feu 1'. **Zug:** ua Margret Wolf: 'Tawlit' (Vc u Kl). **Sonst:** Die 'Rhitmorum varietas' d Johannes Werlin aus Kloster Seeon, 94; Der Komponist als Heros. Mechanismen z Bildung v kulturellem Gedächtnis, 03; zahlr Aufsätze u Essays.

Dr Dorothea Hofmann

Hofmann, Horst, Hochschullehrer; Bergweg 3, CH-8916 Jonen, T: 05 66 34 21 51, F: 05 66 34 21 51, *horuho@econophone.ch* [Brannenburg/Inn, Bayern 20.4.1943]. **Ausb:** Stud Trapp'schen Kons München u OrchVorschule d Landeshauptstadt München b Prof. Hermann Gschwendtner. **Laufb:** Sol Radio-SinfonieOrch Beromünster Zürich 63–68, Sol Tonhalle-Orch Zürich, Doz (Schlgz) MH Winterthur Zürich seit 76, Conton Perc Ens.

Prof Jörg Hofmann

Hofmann, Jörg, Prof, Hochschullehrer, Violine; Hauptstr 61/1, D-79211 Denzlingen b Freiburg, T: (0 76 66) 90 01 78 [Langula b Mühlhausen/Thüringen 12.3.1939]. Konzert u Kammermusik **Ausb:** Stud V (W Hansmann, F Ehlers) H f M 'Franz Liszt' Weimar. **Laufb:** Mitgl Berliner RF-SinfOrch 61–63, Lehrtätigkeit an d H f M 'Franz Liszt' Weimar (Ass, Doz, Prof) 63–85, Lt Weimarer KamSolisten 74–85, LAuftr (KamM) Staatl H f M Freiburg i Breisgau 85–89, Prof (V, Methodik) ebd seit 89, Mstrkse in Dtld u Frankreich; Konz als Sol unter Dgt wie C v Garaguly, M Horvath sowie als Solopartner v I Oistrach, Konz m d Brahms-Trio Weimar b Fstvs in Helsinki, Sofia, Athen u Baden-Baden, Solo- u KamKonz Staatsop Berlin, Musikhalle Hamburg, Philh Petersburg (Leningrad), Moskau, Riga, Odessa, Indien, Pakistan u Iran, Galerie- u Wartburgkonz in Dresden u Eisenach. **Pr:** Prtr Int Bachwettb Leipzig 68, Dipl Sibelius-Wettb Helsinki 70, Literatur- u Kunstpr d Stadt Weimar (Brahms-Trio) 80, Jurytätigkeit b d 'Ständigen Jury' d DDR sowie b int Wettb (zB Spohr). **Ens:** Mitgl Brahms-Trio Weimar 70–85. – **Aufn/RF:** Schallplattenaufn m d Brahms-Trio, im Rahmen d Gesamteinsp der Haydn Klaviertrios sowie Beethovens 'Irische Lieder'; RF-Aufn in Berlin, Weimar, Zürich; UA u Aufn d Klaviertrios 'Tristia' v F Liszt; UA u Aufn d AuftrWerks 'Pezzo capriccioso' v R Wolschina.

Hofmann, Karin, KV, Flöte; c/o Dresdner Philharmonie, PF 120424, D-01005 Dresden. (Red)

Hofmann, Klaus, Violine; c/o Mittelsächsische Philharmonie, PF, D-09582 Freiberg. (*)

Hofmann, Klaus, Dirigent; Lutherstr 32a, D-06886 Wittenberg, T: (0 34 91) 41 17 53 [Dessau 21.1.1937]. Musiktheater aller Genres **Ausb:** Stud Dirig (Prof Hinze u Flämig) u Stud Komp (Prof Thilman) H f M Dresden 55–58. **Laufb:** Landesth Altenburg 58–60, Städt Bühnen Erfurt 60–69, 1. Kapm Mitteldt Landesth Wittenberg seit 69, musikal Oberlt 77–95. **Mitgl:** Verb d Theaterschaffenden d DDR. – **Komp:** 'Das kalte Herz' (Op), UA Erfurt 69; 'Mein Onkel Benjamin' (Musical), UA Wittenberg 71; Bühnenmusik zu Shakespeares 'Hamlet', UA Wittenberg 72; 'Wieder übern Regenbogen' (Musical), UA Wittenberg 78; div Bühnenmusiken f Schausp, MTh heiteren Genres.

Hofmann, Magdalena Anna, Sängerin; Eibengasse 56/3/4, A-1200 Wien, T: (06 76) 9 79 22 25, *magdalenah@gmx.at* [Warschau 14.6.1976]. Oper, Lied, geistl Musik **Ausb:** Stud OpKlasse 99–02, Lied u Orat (C Hague) Kons Wien 2000–02, Mstrkse b K Widmer u W Slabbert 01–03. **Laufb:** Flotow: 'Martha' Vaduz, Liechtenstein 01, P W Fürst: 'Catalina Homar' – Welturaufführ Stadtth Baden 02, Kálmán: 'Gräfin Mariza' (Manja) Japan-Gastsp u Stadtth Baden 02 u 03, Sol Bregenzer FSp SpZ 03/04, Wiener Kammerop SpZ 04/05. **Pr:** Prtr Nico-Dostal-Wettb 01, Prtr Fidelio-Wettb Wien 02. – **Aufn/RF:** Janácek: 'Das schlaue Füchslein', m Wiener Symph, Dgt V Fedoseyey, Bregenzer FSp 03; Janácek: 'Tagebuch eines Verschollenen', Bregenzer FSp 03. **UA:** P W Fürst: 'Catalina Homar', UA Stadtth Baden 02.

Hofmann, Marion, Prof, Hochschullehrerin, Harfe; Treskowstr 39, D-13156 Berlin, T: (0 30) 4 77 47 96, F: 4 77 47 96, *saitenriss@aol.com*; Hochschule f Musik u Theater, Beim St-Katharinenstift 8, D-18005 Rostock, T: (03 81) 5 10 81 00, F: 5 10 81 01, *hmt@hmt.uni-rostock.de* [Berlin 26.8.1941]. Gesamtliteratur d Harfe: Solowerke, Solokonzerte, Kammermusik, Orchesterliteratur **Ausb:** Stud Hfe (S Weinberger), Va (C Auenmüller) H f M Hanns Eisler Berlin 59–63. **Laufb:** Sol-Hfe Berliner SinfOrch 61–01, Int Solo-Tätig, LBeauftr (Hfe) H f M Hanns Eisler Berlin, musikal Nachwuchsförderung Carl-Philipp-Emanuel-Bach-Oberschule, Gastprof f Mstrkse (Hfe) H f M u Th Rostock. **Pr:** Kritikerpr 81, Kunstpr 88, Titel 'Kammervirtuos'. **Ens:** zahlr KamMVereinigungen 61–01. **Mitgl:** Vereinigung Dt Harfenisten eV. – **Aufn/RF:** zahlr RF- u LP-Aufn ua Recital 'Virtuose Hfe'; L Spohr: 'Sonaten f V u Hfe' m J Hofmann (V); E Eichner: 'Harfenkonz'; J Francaix: KamM; I Yun: KamM; J Buttkewitz: Solo u KamM; C Saint Saëns: 'Fantasie' f V u Hfe. **UA:** ua M Schubert: 'Harfenkonz'; I Yun: 'Recontre' f Klar, Hfe, Vcl; J Francaix: 'Qui Nr 2' f Fl, Hfe, u StrTrio; J Buttkewitz: 'Jeu fatal' f Hfe. **Sonst:** Rezensionen über Harfen-CDs u Harfennoten f d Zs 'D Orch'; Jurytätigk im In- u Ausland.

Hofmann, Martina, lyrischer Sopran; Ernst-Schüler-Str 76, CH-2502 Biel, T: 03 23 41 76 08, 07 88 02 89 10, *martina_hofmann@yahoo.com* [14.4.1975]. **Ausb:** Stud Ges (P Steiner) MH Winterthur 96–99, Ges (J Thorner-Mengedoht) MH Zürich ab 99–03 Lehr- u KonzDipl Op), Schweizer Opernstudio Biel 01–03, Mstrkse b H Lohmann-Becker 95–2000, b G May (Brecht-Vertonungen) 99, b J Feldmann (Alte Musik) 99–2000, b W Holzmair 2000, b M Rinaldi u V Bacellesi (ital Op) 02, b M Schiml 03. **Laufb:** div Liederabende seit 99; Orff: 'Carmina Burana' m Coro Sonoro, Ltg M Sohn, Kirche Kirchdorf 01; Sommerkonz m Bieler SymphOrch, Ltg F Trinca 02; GastSol Th Biel-Solothurn seit 02. **Pr:** Stip Friedl Wald-Stift Basel 2000, 2. Pr Bertie Alter-Stift Zürich 01. **Ens:** Schweizer KamChor, Basler Madrigalisten. – **Aufn/RF:** Radio DRS2: Tage f Neue Musik Zürich 2000: C Czernowin: 'Manoalchadia' m F Näf (Sop), T Vucic (Fl).

Hofmann, Robert, Trompete; c/o Saarländischer Rundfunk, Funkhaus Hallberg, D-66100 Saabrücken [3.7.1968]. **Ausb:** Hermann-Zilcher-Kons Würzburg b Richard Steuart 85–89, H f M Frankfurt/Main b David Tasa 91–92. **Laufb:** Solo-Trp RSO Saarbrücken; Mitgl Orch d Bayreuther Wagner FSp seit 04; Initiator 'Radio-Brass-Saar'. **Pr:** Prtr Int Wettb d Konzertges München.

Hofmann, Thomas, Komponist, Schulmusiker; Ludwig-Sallinger-Weg 8, D-76437 Rastatt, T: (0 72 22) 15 29 42, *tho.ho@onlinehome.de* [Ommersheim 15.3.1958]. **Ausb:** Stud (SchM) MH Heidelberg, (MWiss) U Heidelberg, künstl Ausb Komp (H Schäfer) MH Heidelberg 86–89. **Laufb:** LTätigkeit (Kl, MTheorie) MSchule Wiesloch 89–91, ML Ludwig-Wilhelm-Gymnasium Rastatt seit 93. **Pr:** Ausz u Pr: Ldesmusikrat Baden-Württemberg 89 u 95, RF-Chor Berlin 95, Dt Musikrat 97. – **Komp:** ua Äusserungen (Lieder/Songs f Vok u Kl), UA Heidelberg 85; Augenblicke (Ch a capp); Spielereien (Kl), UA Heidelberg 88; Alles fließt (Organum), UA Berlin 96; Epitaph (Geistl Konz), UA Saarbrücken 97; Fragmente (Ch a capp), UA Regensburg 98; Singet (Mot), UA Lübeck, Schleswig-Holstein-Fstv 2000; 'I Vocalisti', Dgt: H-J Lustig, Schleswig-Holstein MFstv. **Aufn/RF:** Alles fließt (Organum), RF-Chor Berlin, R Gritton, S Parkman (Dtschld-Radio); Epitaph (Geistl Konz), Volkalens '83, Neues Saarländ KamOrch, B Leonardy (Saarländ RF); Fragment (Chor), m Modus Novus, Fritz ter Wey (BR). **Sonst:** div Veröffentl.

Hofmann, Torsten, Sänger; Sternstr 57, D-40479 Düsseldorf, T: (02 11) 2 20 08 68, (01 77) 3 07 79 85. **Laufb:** Sol Dt Op am Rhein Düsseldorf-Duisburg SpZ 03/05, MTh Essen SpZ 03/05, Gastsol Staatsoptte Dresden SpZ 00/01. (Red)

Hofmann, Ulrike, Violoncello; c/o Komische Oper Berlin, Behrenstr 55–57, D-10117 Berlin, T: (0 30) 20 26 00, *info@komische-oper-berlin.de*; Schenkendorfstr 8, D-10965 Berlin, T: (0 30) 6 94 91 31, F: 6 94 91 31 [Vohenstrauß 1974]. **Ausb:** Stud (Vcl) Prof Markus Nyikos HdK Berlin, b Stanislav Apolin/Prag, Karajan-Akad d Berliner Philh b Ludwig Quandt 98–03. **Laufb:** Sol (Vcl) Kom Op Berlin 03. **Pr:** Stip Dt Musikwettb 97. (Red)

Hofmann, Wilhelm, Dirigent; Bollenhagener Str 41, D-26349 Jade, T: (0 44 54) 97 91 15; c/o Staatstheater Oldenburg, Theaterwall 28, D-26122 Oldenburg. **Laufb:** Studienlt m Dgt-Verpfl Staatsth Oldenburg. (Red)

Hofmeyer, Martin, Posaune; c/o music and arts Organisations GmbH & Co KG, Corsicaskamp 13, D-49076 Osnabrück, T: (05 41) 9 62 96 00, F: 96 29 60 50, *info@music-and-arts.de*; *www.music-and-arts.de* [1966]. **Ausb:** Stud Hamburg (Prof J Mittelacher). **Laufb:** Sol Dt Op a Rhein Duisburg 89–

92, Sol Dt Op a Rhein Düsseldorf seit 92; Gastsp WDR Köln, Bamberger Sinf, Radiophilh HAanover, NDR SinfOrch Hamburg. **Ens:** Dt Blechbläser Quintett, Schleswig-Holstein FstvOrch (S Celibidache).

Hofstetter, Beat, Saxophon, Dirigent, Hochschullehrer; Wetterchrüzstr 17, CH-4410 Liestal, T: 06 19 23 10 90, *info@arte-quartett.com*; *www.arte-quartett.com* [Laufen]. **Ausb:** Stud (Sax, Dirig) Kons Basel, Northwestern Univ Chicago, H f M Karlsruhe. **Laufb:** Doz (Sax, KamM) MH Luzern u Bern. (Red)

Hofstetter, Michael, Dirigent; c/o Opernhaus Halle, PF 110554, D-06019 Halle (Saale); c/o Agentur Seitter, Opernring 8/13, A-1010 Wien, T: (01) 5 13 75 92, F: 5 12 93 51, *office@agentur-seitter.at*. **Laufb:** Kapm Staatsth Wiesbaden 91–96, GMD Stadtth Gießen 97–99, Chefdgt Orchestre de Chambre de Genève seit 01, Gastdgt Dt Op Berlin, Hamburg Staatsop, Th Basel, Th Dortmund SpZ 00/01, Op Hannover, Bad Staatsth Karlsruhe SpZ 02/03, 04/05, Op Zürich 03, Salzburger FSp, Dgt Kom Op Berlin SpZ 03/04, Gastdgt Op Halle SpZ 04/05, Chefdgt Ludwigsburger SchlossFSp 05. (*)

Hofstetter, Stefan, Oboe; Blotzheimerstr 17, CH-4055 Basel, T: 06 13 81 30 73. **Ens:** Les Roseaux Chantants. (Red)

Hogrefe, Sabine, Opernsängerin; August-Faller-Str 2 c, D-79183 Waldkirch, T: (0 76 81) 49 12 66, *shogrefe@web.de* [Lübeck]. **Ausb:** Vorstud Ges (Pinnhammer) MH Lübeck 82–84, Stud Ges (H Eckels) MH Detmold 84–91, Privstud Ges (Kagel) Hamburg 92–96, Privstud Ges (A Zapperi) München seit 97. **Laufb:** Gast Aaltotheater Essen 89, Staatsth Schwerin 89–91, FestEng Staatsth Gärtnerplatz München 94–96, Stadtth Freiburg seit 97 (03/04), Gast Staatsth Stuttgart 02. **Pr:** 1. Pr VDMK-Landeswettb NRW, OpPr Bad Hersfelder Fstsp 00. – **Aufn/RF:** Fernsehmitschn O Schöck: Vom Fischer un syner Fru Schloß Rheinsberg. **UA:** 1 Zeitungsjunge in Graf Mirabeau (S Matthus), RingUA Aalto-Th Essen 89.

Hogwood, Christopher, Prof, CBE, Dirigent, Keyboard, Publizist; c/o The Academy of Ancient Music, 10 Brookside, Cambridge CB2 1JE, Vereinigtes Königreich, T: (0 12 23) 36 39 75, F: 32 73 77, *chogwood@compuserve.com*; *www.aam.co.uk*, *www.hogwood.org* [Nottingham, England 10.9.1941]. **Ausb:** Stud (BA) b R Puyana Cambridge U 61–64, Karls U Prag 64–65, (MA) Cambridge U 67, Stud b G Leonhardt 68–69. **Laufb:** GrdgMitgl Early M Consort of London 65–76, Keyboard Acad St Martin-in-the-Fields 65–70 u Sol ebd 70–76, Grd u Lt Acad of Ancient M seit 73, künstl Lt King's Lynn Fstv UK 76–80, Hg 'M for London Entertainment' 83–97, Prof hc Keele U 86–90, künstl Lt Handel & Haydn Society Boston USA 86–01, Dgt ebd seit 01, MD Saint Paul Chamber Orch USA 87–92, 1. Gastdgt ebd 92–98, Gast Harvard U USA 88–89, künstl Berater Australian Chamber Orch 89–93, Gastprof King's Coll London 92–96 u Royal Acad of M London seit 92, künstl Lt Mozart Summer Fstv, Nat Symph Orch USA 93–01; 1. Gastdgt KamOrch Basel seit 2000 u Orqu Ciudad de Granada 01–04, Prof hc U of Cambridge seit 02. **Pr:** Mitgl Royal Soc of Arts seit 82, 1. Pl Yorkshire Post M Book Award 84, Walter Willson Cobbett Med, Worshipful Comp of Musicians 86, Commander of the British Empire 89, Ehrenmitgl Jesus Coll Cambridge UK 89 u Pembroke Coll Cambridge UK 92, Ehrenkomitee Haydn Soc GB seit 90, Ehrenmitgl Terezin Chamber M Found Boston seit 91, Finalist Giovanni Comisso Pr f Biographies 92, Ehrenmitgl Royal Acad of M London 95, U of California Los Angeles Award f Artistic Excellence 96, Scotland on Sunday M Pr, Edinburgh Int Fstv 96, Incorp Soc of Musicians Distinguished Musician Award 97, Martinu Med, Bohuslav Martinu Found Prag 99, zahlr Pr d MIndustrie wie ua Nat Acad of Recording Arts and Sciences USA, Classical Edison, Gramophone Award. **Mitgl:** American Musicological Soc, American Musical Instr Soc, Conductors' Guild USA, Incorp Soc of Musicians, Int Bohuslav Martinu Soc, Inst of Advanced Musical Studies am King's College London, Mechanical-Copyright Protection Soc, Performing Right Soc, Purcell Soc, Royal Musical Ass, Royal Philh Soc, Royal Soc of Musicians, Soc of Authors GB, Southeastern Historical Keyboard Soc USA. – **Aufn/RF:** zahlr CD- u LP-Aufn als Dgt u Keyb: ua Haydn: 'Arias & Cant' m H C Robbins Landon 90; Gounod: 'Petit Symph, Symph Nr 1', Bizet: 'L'Arlésienne' 91; 'Martinu Suite Concertante/V Conc No1', Czech Philh Orch, B Matousek (V) 02; Mozart: 'Une Petite M de Nuit', Salomon Qua, Amadeus Winds, Acad of Ancient M 02. **Sonst:** Autor/Moderator 'The Young Idea', BBC Radio London 72–82, HgMitgl 'Early M (Oxford U-Press) 93–97, HgMitgl 'Early M Performers' (Peacock Press) 02, Mitgl HgAusschuss Bohuslav Martinu Found seit 03; Mitarb u Hg zahlr Bücher, Art u M-Ed wie ua 'The Keyboard in Baroque Europe' 03; 'The Classical Clavichord' in Vorb; 'In defence of the minuet and trio' 02; 'The Copenhagen Connection: resources f clavichord players in eighteenth-century Denmark' 03; Vivaldi: 'L'Estro Armonico Op 3' 02; Mendelssohn: Overture 'D schöne Melusine' 03 u ders: The Hebrides 'Fingal's Cave', Overture op 26 in Vorb; Purcell: 'Come Ye Sons of Art' in Vorb.

Hohensee, Wolfgang August Johann, Komponist; Rudolf-Grosse-Str 33, D-10318 Berlin, T: (0 30) 5 09 02 74 [1927]. (Red)

Hohler-Kunz, Christina, Cembalo; Zimmerlistr 27, CH-4663 Aarburg, T: 06 27 91 52 31. (Red)

Holder, Albrecht, Prof, Hochschullehrer; Fronetstr 32, D-72138 Kirchentellinsfurt, T: (0 71 21) 6 71 51, F: 90 10 18, *albrecht.holder@t-online.de*; Madrider Ring 12, D-97084 Würzburg; *www.albrecht-holder.de* [Reutlingen 24.8.1958]. Fagott solo, Kammermusik, Ensemble, Dirigieren **Ausb:** Stud (H Herder) MH Stuttgart, (W Waterhouse) Royal Norther Coll England. **Laufb:** Prof (Fag) H f M Würzburg 97, Solofag Stuttgarter Philh 82–97, künstl Lt Sindelfinger KamOrch seit 02. **Pr:** Stip Studienstift d dt Volkes, Pr u Stip Dt HS-Wettb, Dt Musikwettb, Prager Frühling, Int Young Concert Artist Competition. **Ens:** Fatottissimo Stuttgart, Trio Chateau, Profive Bläserqui, Thaous-Ens. – **Aufn/RF:** CD-Ersteinsp m FagKonz v F Danzi, A Rosetti, M Molter, P v Lindpaintner ua; Lindpaintner FagKonz, m Stuttgarter Phil, Dgt: Hauschild, Stuttgart 87; Rosetti: FagKonz F-Dur, m Tschech KamOrch, Dgt: Moesus, Prag 01. **UA:** H Posegga: FagKonz Reutlingen 99; H Posegga: FagQua, d seltsamen Träume d Don Quichote 2000; A Stephenson: Drei Stücke f Fag solo, Stuttgart 01. **Zug:** D Acher: Equale III.

Holdorf, Udo, Tenor; Hehler 125, D-41366 Schwalmtal, T: (0 21 63) 94 30 74, (01 71) 2 01 83 52; c/o Primusic Konzert- und Musiktheaterproduktionen GmbH, Herrengasse 6–8/2/22, A-1010 Wien, T: (01) 5 32 71 24, F: 5 32 71 40, *office@primusic.at*. **Laufb:** Sol Dt Op am Rhein Düsseldorf-Duisburg SpZ 01/05, Sol Brenzer FSp SpZ 03/04. (Red)

Holecek, Heinz, KS, Sänger; c/o Internationales Lehár Festival, Kurhausstr 8, A-4820 Bad Ischl, T: (01) 51 44 40, F: 5 14 44 32 15, *office@volksoper.at*; c/o Volksoper Wien, Währinger Str 78, A-1090 Wien; *www.volksoper.at*. **Laufb:** Sol Volksop Wien SpZ 03/04, Lehár Festival 05. (Red)

Holecek, Sebastian, Bariton; c/o Stadttheater Klagenfurt, Theaterpl 4, A-9020 Klagenfurt, T: (04 63) 5 52 66; c/o Volksoper Wien, Währinger Str 78, A-1090 Wien. **Ausb:** H f M Wien (Prof Kanry, KS Korn). **Laufb:** Sol Volksop Wien, München (Don Giovanni, Figaro, Papageno ua), Staatsop Wien (Papageno, Harlekin, Figaro ua), Gastsp Berlin (Papageno), Barcelona (Don Giovanni), Kapstadt (Don Giovanni), Staatop Wien (Papageno), Bonn (Falke), Turin (Falke) ua, Sol Stadtth Klagenfurt SpZ 03/05, Sol Lehár Festival 05. **Ens:** Volksop Wien (3 J), München Gärtnerpl, Staatsop Wien 93–96. – **Aufn/RF:** Video 'Don Giovanni' Kapstadt 91, CD Slareker: Irrelohe, 'Moralo' Wagner 98, 'Don Giovanni' Volksop Wien 89 ua. **UA:** Dt EA Op 'Gesualdo' (Titelpartie) Saarbrücken 2000.

Holender, Ioan, Intendant; c/o Staatsoper Wien, Opernring 2, A-1010 Wien [Timisoara, Rumänien 18.7.1935]. **Laufb:** Dir Staatsop Wien seit 92. **Pr:** EhrenDr Univ Bukarest u Timisoara sowie d MAkad Sofia u Gheorghe Dima in Clu, Goldenes Verdienstzeichen d Lds Wien, Goldenes Ehrenzeichen f Verdienste um die Rep Österreich, Österr Ehrenkreuz f Wiss u Kunst 1. Kl, Clemens-Krauss-Med d KonzVereinigung Wiener StaatsopCh, Stern am Bande, Gr Goldenes Ehrenzeichen d Ital Rep 04, Europ Kultur Initiativ Pr 05. (Red)

Holik, Johannes, Mag, Komponist; Stockerauerstr 60, A-3464 Hausleiten, T: (0 22 65) 75 93 [Wien 22.11.1961]. E-Musik v Solostücken bis zu groß besetzten Chor-/OrchW **Ausb:** Unterr (V) MSchule Wien 67–78, Unterr (Kl) MSchule Klosterneuburg, Stud (MWiss) U Wien 79–81, als Komp Autodidakt. **Pr:** 2. KompPr f Hausmusik 90, Anerkennungspr d Landes Niederösterreich 92, Kulturpr Stadt Klosterneuburg 98, Klosterneuburger Sonderpr 98, Theodor-Körnerpr 02, Wiener Symph Komp-Stip. **Ens:** Ens Neue Streicher, Wiener Mozart Kammersol, Holik-Qua. **Mitgl:** ARGE Klosterneuburger Komp, Künstlerclub d Erzdiözese Wien, INÖK, ÖGZM, ÖKB, MICA. – **Komp:** ca 180 Komp, Auff in Österreich, Dtschld, Tschechien, Slowakei, Ungarn, Kanada, Mexiko, USA. **AuftrKomp:** ua f niederösterr Tonkünstlerorch, Ens Neue Streiche, Wiener Concertverein, Casino Austria, Erzdiözese Wien, Stadtgemeinde Klosterneuburg, Stadt Wien, Land Niederösterreich. **Aufn/RF:** Einsp m Ens Neue Streicher, Radio- u Fernsehaufzeichn, JeunesseOrch, NÖ Tonkünstlerorch, Wiener Konzertverein ua. **Sonst:** Notenmaterial in Eigenverlag, Apoll-Ed, Wiener Waldhornverlag, Verlag Doblinger.

Holjewilken, Uwe, Horn; c/o Rundfunk-Sinfonieorchester Berlin, Charlottenstr 56, D-10117 Berlin. **Laufb:** Sol RF-SinfOrch Berlin. (Red)

Holl, Robert, Prof, KS, Bass, Hochschullehrer; Univ f Musik u Darst Kunst, Inst f Gesang u Musiktheater, Penzinger Str 7, A-1140 Wien; Wachtbergstr 5, A-3500 Krems [Rotterdam]. Sologesang u Musikdramat Darstellung **Ausb:** Stud (J Veth, D Hollestelle), Stud (H Hotter) München. **Laufb:** Bayer Staatsop München 73–75, danach KonzSänger, Sol Wiener Staatsop, Brüsseler Op, Züricher OpHaus seit 91, Dt Staatsop Berlin 99, Bayreuther FSp seit 96, Konz m fast allen großen Orch Europas u USA in Europa, Amerika u Japan, Liederabende Europa, Israel, USA, ständ Gast int Fstvs in Europa, 'Moskauer Winter', Fstv Tours, selbst komp Lieder u Klavierstücke, Mstrkse Holland, Österr, Kanada, künstl Lt 'Schubertiaden' Holland u Österr, gestaltet im Brahmssaal d Wiener Musikvereins Zyklen m 'Poesie u Musik', o Prof U f M u Darst Kunst Wien. **Pr:** 1. Pr Int Gesangswettb s'Hertogenbosch 71, 1. Pr ARD-Wettb München 72, österr Kammersänger 90. **Mitgl:** Ehrenmitgl Ges d Musikfreunde Wien 97, Ehrenmitgl Fstv 'Carinth Sommer' 97. – **Aufn/RF:** RF- u Fernsehaufn, LPs u CDs. (Red)

Holland, Mark, Sänger; c/o Robert Gilder & Co, Enterprise House 59–65 Upper Ground, London SE1 9PQ, Vereinigtes Königreich, *rgilder@robert-gilder.com*. **Laufb:** Sol Hamburg Staatsop, Kom Op Berlin. (Red)

Holle, Ulrich, Sänger, Hochschullehrer, Schauspieler, Regisseur; Krohnstr 11, D-32756 Detmold, T: (0 52 31) 5 74 80, (01 70) 9 63 11 01 [Lauenburg, Pommern 24.4.1943]. **Ausb:** Stud H f M u Th Hannover. **Laufb:** Gastsol Landesth Detmold SpZ 00/04, L f bes Aufgaben DT Sprechen H f M Detmold, Hildesheim 69–72, Karlsruhe 72–77, Regensburg 77–79, Detmold 79–02, danach Gast u div Gastsp, Sprecher b NDR, WDR, SDR u im TV (WDR). – **Sonst:** Auftragswerk über Tinnitus 'Die Stimme in meinem Ohr', UA Bad Meinberg 02.

Holler, Martina, Harfe; c/o Concertino Agentur, Nerotal 24, D-65193 Wiesbaden, T: (06 11) 1 80 56 56, F: 1 80 56 57, *concertino-wiesbaden@t-online.de* [Regen]. **Laufb:** Sol Hamburger Symph, Sol Staatsop Hamburg 86–89. **Ens:** Duo 'Klang Dimension München'.

Hollfelder, Waldram, Diplom f Kirchenmusik, Komponist; Otto-Lilienthal-Str 1, D-90411 Nürnberg, T: (09 11) 52 38 72 [Markt Erlbach 23.11.1924]. OrchW, ChorM, OrgelW, KamM **Ausb:** Stud KiM u Komp (W Spilling, W

Fortner) Erlangen u Heidelberg, Diplom (KiM) Heidelberg 52. **Laufb:** Stadtkantor u ML Neustadt/Aisch 54–62, ML Städt Wirtschaftsschule Nürnberg 62–87, Bundeschorlt Fränk Sängerbund 73–93, Bayer Musikrat 85–97. **Pr:** Förderpr Stadt Nürnberg 59, VE Becker-KompPr 61, 65, 67, BVK a Band 80, BVK 1. Kl 93, Bayr Verdienstorden 99. **Mitgl:** Gema, Dt Tonkünstlerverband, Dt Komponistenverband. – **Komp:** 6 Bagatellen f 2 Akk 62, UA Luzern 64; Orchestervariationen nach e Thema v HL Haßler 65, UA Nürnberg 65; Concerto f Alt-Sax u Zupforch, UA Düsseldorf 97; Klangbilder f Akk-Orch (Suite), UA Nürnberg 98; Fanfare f gr Orch, UA Hof (Saale) 98; Variationen über e Thema v G Rossini, UA Bad Reichenhall 98; Konz f Trp u Orch (Konz), UA Bad Reichenhall 99; Konversationen f Fl, Vcl u Cembalo, UA Nürnberg 99; Konz f Orgel, UA Nürnberg 99; Konz f 4 Git u Orch, UA Bad Reichenhall 02. **Aufn/RF:** W H: Komponistenporträt (CD); BR: Fantasie III f Kl in B solo 2000; Kaprione f 2 Kl u Fag 2000; Capriccio f Klar in B 02; Suite f Kl in B 02; 5 kl Stücke f 2 Kl u Fag 02. **UA:** Fanfare f 16 Bl u Pken, UA Berlin, ChFest, Philh Waldbühne u Gendarmenmarkt 03 (Auftr: Dt Sängerbund); Capriccio f Kl solo, UA Pegnitz 03; Divertimento giocoso f 3 Fag u Kfag, UA München 03. **Lit:** W H – Komp in Bayern (Bd 33) 97; Musik in Bayern 60/2000.

Holliger, Erich, Hochschullehrer, Regisseur; Burgunderstr 7, CH-4051 Basel, T: 06 12 71 24 25. **Laufb:** Doz (Opkurs) MH Winterthur Zürich. (Red)

Holliger, Heinz, Prof, Komponist, Hochschullehrer, Dirigent, Oboe; Starenstr 18, CH-4059 Basel, T: 06 13 61 73 07; *www.swissclassic.net/holliger.htm, www.schott-cms.com/nocache/holl* [Langenthal 21.5.1939]. **Ausb:** Ob (E Cassagnaud), Komp (S Veress), Kl (S Savoff) Bern, Kl (Y Lefébure) Paris, Komp (P Boulez) Basel. **Laufb:** weltweite Tätigkeit als Oboist u Dgt, Prof MH Freiburg, Dgt Philharmon Staatsorch Hamburg, Musikal Lt Op Zürich, ständ Gastdgt Orch de Chambre Lausanne, Gastdgt Stadtth Fürth u Th Schweinfurt SpZ 03/04. **Pr:** 1. Pr (Ob) Int MWettb Genf 59, München 61, MPr Stadt Frankfurt, Sonning-Pr Kopenhagen, Siemens-Pr, KompPr STV, Kunstpr Stadt Basel. – **Komp:** zuletzt: Dunkle Spiegel (f Bariton u Ens) 96; 3 Lieder (f Alt u Orch) 92–93/98; Schneewittchen (Op) 97/98. (Red)

Holliger, Ursula, Prof, Harfenistin, Hochschullehrerin; Starenstr 18, CH-4059 Basel, T: 06 13 61 73 07 [Basel 8.6.1937]. **Ausb:** Stud (Hf) Musik-Akad d Stadt Basel u Cons Royal de Musique de Bruxelles b M Flour. **Laufb:** Doz Musik-Akad d Stadt Basel u MH Freiburg; weltweite KonzTätigkeit als Sol u im Ens u a m Berliner Philh, Berliner Radio Symph Orch, Wiener Philh, Los Angeles Philh Orch, I Musici di Roma, English Chamber Orch, Ensemble Modern; ZusArb m P Boulez, S Rattle, A Previn, M Gielen, Sir N Marriner, H Holliger, T Pinnock. – **Zug:** u a v E Carter, H W Henze, H Holliger, W Lutoslawski, E Krenek, F Martin, I Yun, T Takemitsu. (Red)

Holló, Mari, Klavier, Hochschullehrerin; Gabelsbergerstr 83, D-80333 München, T: (0 89) 52 61 69. **Laufb:** Doz (Kl) Richard Strauss Kons München. (Red)

Holloway, John, Prof, Hochschullehrer, Violine; Hochschule f Musik, PF 120039, D-01001 Dresden. barockes u klass Repertoire insbes seit 79, zeitgen M seit 96 **Ausb:** Stud Guildhall Sch of M London. **Laufb:** Prof (BarockV) Guildhall Sch of M London, Gastprof Indiana Uni Bloomington/ USA, Sch Cantorum Basiliensis; Unterr Workshops, Mstrkl f moderne u Barock-StrInstr, KamMEns, Orch in Belgien, Dänemark, Dtschld, England, Estland, Frankreich, Holland, Israel, Kanada, Kolumbien, Lettland, Neuseeland, Schottland, Schweden, Schweiz, USA; Prof (V, StrKamM) H f M Carl Maria v Weber Dresden seit 99. **Ens:** Menuhin Fstv Orch, Acad of St Martin in the Fields, English Chamber Orch, Georgian String Qua, div Ens f zeitgen M; Ltg Acad of Ancient M, Taverner Players, Freiburger Barockorch, Hanover Band, Künstl Ltg Indianapolis Baroque Orch/USA. – **Sonst:** Buch über VSpiel d 17./18. Jh.

Hollweg, Werner, Prof, Hochschullehrer; Sonnhalde 81, D-79104 Freiburg, T: (07 61) 1 37 87 31, F: 8 26 35 20. **Laufb:** Prof (Gesang) Staatl H f Musik Freiburg. (Red)

Holm, Dietger, Solorepetitor, Kapellmeister; Mecklenburgisches Staatstheater, Alter Garten 2, D-19055 Schwerin. **Laufb:** Kapm u Solorep Mecklenburgisches Staatsth Schwerin. (*)

Holst Larsen, Stefan, Sänger; c/o Opernhaus Zürich, Falkenstr 1, CH-8008 Zürich. (Red)

Holt, Gary B, Prof, Hochschullehrer, Klavier; Hombergstr 6, D-50996 Köln, T: (02 21) 2 45 70, *gary.holt@uni-koeln.de*; H f Musik, Dagobertstr 38, D-50668 Köln. **Laufb:** Prof (Liedgestaltung) H f Musik Köln. (Red)

Holtbernd, Benedikt, Dr, Operndirektor; Wildstr 50, D-41239 Mönchengladbach, T: (0 21 66) 2 17 17 22, (01 72) 7 87 85 75; Vereinigte Städt Bühnen Krefeld u Mönchengladbach, Theater Mönchengladbach, Odenkirchener Str 78, D-41236 Mönchengladbach, T: (0 21 66) 6 15 11 32, F: 6 15 11 35, *operndirektor@theater-kr-mg.de* [Bottrop 7.12.1962]. **Ausb:** Germanistik, MWiss (H-G Kemper, F Schläder) U Bochum, GesUnterr (H Rootering), Mstrkse b H Rilling u S Celibidache. **Laufb:** OpDir Städt Bühnen Krefeld/ Möchengladbach SpZ 03/04, MDramaturg u Lt PR u Öffentlichkeitsarb Dt Op am Rhein Düsseldorf-Duisburg, MDramaturg Stadtth Würzburg, Dramaturgieass Dt Op am Rhein Düsseldorf-Duisburg. – **Sonst:** Die dramaturg Funktionen d Musik in d Schauspielen Goethes 92; in: Dt Op am Rhein 86–96, 95 u in 'Schweizer Töne' 2000.

Holtmeier, Ludwig, Prof, Hochschullehrer, Komposition; Clauertstr 78, D-14131 Berlin, T: (0 30) 80 90 72 27 [1964]. Liedintpr **Ausb:** Stud als Jungstud b W Kassebaum MH Detmold, weitere Stud Genf (E Vercelli) u Neuchatel (O Störensen), KonzEx. **Laufb:** Konz In- u europ Ausland, IntprKse (mit W Hollweg), Präs d Ges f M u Ästhetik, L MH Freiburg 95–98, MH Hans Eisler Berlin seit 98, Prof (MTheorie) H f M Carl Maria v Weber Dresden. – **Aufn/RF:** gr Auswahl v Goetheliedern f MDR (zus m Ten J Mammel, am histor OriginalHamFl d Goethemus Weimar) 99. **Sonst:** Mithg 'Musik & Ästhetik'. (*)

Holtslag, Peter, Prof, Hochschullehrer, Blockflöte; Münzstr 1, D-21335 Lüneburg, T: (0 41 31) 39 09 20, F: 39 09 30, *woodware@t-online.de*; Hochschule für Musik und Theater Hamburg, Harvestehuder Weg 12, D-20148 Hamburg. **Ausb:** Konzertexam „cum laude" am Sweelinck, Amsterdam. **Laufb:** Prof Guildhall School of Music and Drama London 84–88 seit 1988, Gastprof Royal Acad of Music in London, Prof (Blockfl, QuFl, Ens, KamM) H f M u Th Hamburg seit 88. (Red)

Holub, Achim, Dirigent; Orchester Werkstatt Graz, Brandofgasse 4/5, A-8010 Graz, T: (06 76) 7 58 05 43, F: (03 16) 31 85 19, *achim.holub@t-online.at*; *achim.holub.bei.t-online.at* [Graz 26.7.1966]. Konzert **Ausb:** Stud (M Horvat) Graz 84–88, (M Gielen) Salzburg 89, (F Leitner) Siena 90, (J E Gardiner) Stuttgart 91, NOS Int Conductors' Masterclass Hilversum 92; (G Solti) Studienaufenth Salzburger FSp 93. **Laufb:** Ass v J E Gardiner Hamburg (NDR-SinfOrch) 93–99, Berlin (Berliner Philh), London (Philh Orch), London (Symph Orch, Monteverdi Ch), Wien (Wiener Philh) u b zahlr Prod d Dt Grammophon Ges; 1. wichtiges int Konz: English Baroque Soloists Stuttgart 91; Mitwirkung b Konz d Philh Orch London 94 u d NDR-SinfOrch Hamburg u Lübeck 94; Konz u Tourneen in Dtschld u Österreich seit 96. **Ens:** Duo: E Stettner (V), A Holub (Kl). – **Aufn/RF:** Percy Grainger: The Warriors, Philh Orch (m J E Gardiner), DGG CD 94; Mendelssohn: Schottische Sinf, Grazer Symph Orch, ORF Radio & CD 02; Beethoven: Eroica, Mozart: Pariser & Linzer Sinf; Vivaldi: Vier Jahreseiten, Orch Werkstatt Graz, CD 03. **Sonst:** 'Working Class Dirig' (Sem f Dgt Graz), Grdg 'Orchester Werkstatt Graz' 02.

Holz, Hennes, Schauspielmusiker; c/o Badische Landesbühne eV, Am Alten Schloß 24, D-76646 Bruchsal. **Laufb:** SchspM Bad Landesb Bruchsal SpZ 03/05, Inst f Plötzl Bewegung Hamburg SpZ 03/04. (Red)

Holz, Thomas, Horn; c/o Landesbühnen Sachsen, Meißner Str 152, D-01445 Radebeul. **Laufb:** Sol LdesBühnen Sachsen SpZ 03/04. **Ens:** Sächs KamNonett. (Red)

Holzapfel, Helmut, Dr phil, Sänger; Einsteinstr 23/1, D-71229 Leonberg, T: (0 71 52) 4 88 80; Staatstheater, Oberer Schloßgarten 6, D-70173 Stuttgart [Robertson, Südafrika 4.12.1941]. Bach, Deutsch-baltische Komponisten (Lieder u KamM) **Ausb:** Stud (Ges) in Stellenbosch u Wien. **Laufb:** Sol Staatsth Stuttgart seit 77. **Ens:** Weißenhorner Kammerop, Eutiner Sommerspiele u Malinconia-Ens. – **Sonst:** Notengraphiker (f Opern-KlAuszüge v Mozart u Haydn).

Holzer-Graf, Gottfried Franz, Prof, Hochschullehrer, Klavier; St. Lorenz 364, A-5310 Mondsee, T: (0 62 32) 25 44; Univ Mozarteum, Abt f Tasteninstrumente, Zentrum im Berg, Fürbergstr 18–20, A-5020 Salzburg, T: (06 62) 61 98 21 10, F: 61 98 69 29, *gottfried.holzer-graf@moz.ac.at*. **Laufb:** UProf (Org) U Mozarteum Salzburg. (Red)

Holzer, Gerhard, Komponist; Jurablickstr 14, CH-3095 Spiegel b Bern, T: 03 19 72 18 27. (Red)

Holzer, Robert, Sänger; Schlossberg 10, A-4391 Waldhausen, *Rrholzer@aol.com*; c/o Stadttheater Klagenfurt, Theaterpl 4, A-9020 Klagenfurt [Österreich]. Oper, Konzert, Lied **Ausb:** Stud b G Schulz Brucknerkons Linz, Stud b R Knoll Mozarteum Salzburg. **Laufb:** Debüt Wiener KamOp, EnsMitgl Stadtth Bern 87–91, Debüt Wiener Staatsop 91, EnsMitgl NatTh Mannheim 96–2000, Sol Stadtth Klagenfurt SpZ 03/04; Gastsol ua in Dortmund, Koblenz, Darmstadt, Staatsth Kassel, Weimar, Leipzig, Braunschweig, Graz, Salzburg, Linz, Brüssel, Madrid, Gran Teatro Liceu Barcelona, Granada Fstv, Malaga, Teatro Bellini Catania, Cagliari, Triest, Lissabon, Wexford, Amsterdam, Athen, Buenos Aires, Metropolitan Th Seoul u Santiago de Chile, Tokio, Nagoya; Lied-, KonzTätigk u Tourneen in Europa, USA, Japan u Korea; ZusArb m American SymphOrch u Dgt wie Frühbeck de Burgos, Stein, Hager, Latham-König, A Fischer, Cambreling, Steinberg, Welser-Möst, Zagrosek, Märkl, Schneider, Harnoncourt ua; künstler Ltg Schubertiade Linz, Mstrks f Intpr Bruckneruni Linz. **Pr:** Prtr Bundesjugendwettb Österr 85. – **Aufn/RF:** div TV-, RF- u CD-Prod, ua Beethoven: '9. Symph', Mozart; 'Requiem', Dgt: R Edlinger; Händel: 'Massiah'; Haydn: 'Schöpfung'; Schmidt: 'D Buch m sieben Siegeln', Wiener Symphoniker, Dgt: H Stein; Francaix: 'L'Apocalypse selon St Jean', Dgt: C Simonis; Malzat: 'Requiem solenne' u 'Missa solemnis', Dgt: B Sieberer; Gesamtaufn Bruch: 'Odysseus', Dgt: L Botstein, NDR-Hannover; Gesamtaufn Brand: 'Maschinist Hopkins', DGt: P Keuschnig, ORF-Wien; Ullmann: ' D Kaiser v Atlantis', Styriarte Graz, Dgt: P Keuschnig (DVD); 'Haydn- u Mozart-Messen, Lieder v Schumann, Wolf u Pfitzner m T Kerbl (Kl); Gesamtaufn Mozart: 'Zauberflöte', Dgt: M Halasz. **UA:** B Sulzer: '4 Lieder n F Mayröcker, UA Brucknerhaus Linz 94; Schedl: 'Riesen, Zwerge, Menschfresser, UA Carinth Sommer 01; Schapfl: 'Der kleine Prinz'. **Zug:** B Sulzer: '4 Lieder n F Mayröcker'.

Holzhäuser, Wolfgang, Prof, Hochschullehrer, Oboe; Hutbergstr 23, D-01326 Dresden, T: (03 51) 2 68 40 54. **Laufb:** Prof (Ob) H f Musik Carl Maria v Weber Dresden. (Red)

Holzkamp, Jens, Solorepetitor; Kleiststr 43, D-10787 Berlin, T: (0 30) 7 81 24 36. **Laufb:** Solorep Dt Op Berlin. (Red)

Holzmair, Wolfgang, Prof, Mag, Hochschullehrer, Bariton; Marokkanergasse 3/III/31, A-1030 Wien, T: (01) 7 14 21 79; Univ Mozarteum, Abt f Gesang u Musiktheater, Schrannengasse 10a, A-5020 Salzburg, T: (06 62) 6 19 80, F: 61 98 30 33, *wolfgang.holzmair@moz.ac.at*; *www.classic-music.at/eisenberger/curriculum/holzmair.html* [Vöcklabruck]. Lied, Kammermusik m Gesang, Oper **Ausb:** MH Wien b Hilde Rössel-Majdan u Erik Werba, WirtschaftsStud WU Wien. **Laufb:** UProf (Lied, Orat) U Mozarteum Salzburg, S ua m Orchestra of the Age of Enlightenment, Hamburger u Wiener Symphonikern, San Francisco Symph 93–94, Oslo Philh 98, Orch Nat R France 2000, Toronto Symph 2000, Scottish Chamber Orch 01–02, Dallas Symph 02, Dresdner Staatskap 02, Orch della Rai Torino 03, Münchner Philh 04, Sol ua Stadtth Bern 83–86, Gast ua Ophaus Zürich 86, Wiener Staatsop 87–90, Gärtnerplth München 89–91, Op Lissabon 91, Ophaus Leipzig 92–94, Salzburger FSp 93, Wiener Festwochen 95, Saito Kinon Fstv Japan 96/97, Los Angeles Opera 98, Teatro Reggio Turin 99, Op Cagliari 03, Opera Bastille 05, Op de Toulon 05, Dallas Op 06, Op de Lyon 06, Seattle op 06. **Pr:** Prtr b Wettb, ua Sieger Wiener Mverein 82, Grammy f CD Dt Requiem m Blomstedt, 3 Grammy-Nominierungen. – **Aufn/RF:** zahlr CDs, ua m Liedern v Haydn, Mozart, Beethoven, Schubert, Schumann, Mendelssohn, Brahms, H Wolf, Krenek, Eisler, Zeisl, Weill u Mittler; zahlr RF-Aufn, ua b Radio DRS Bern (70 Lieder v Kompinnen). **UA:** ua v Schwertsik, U Zimmermann, D Schnyder (Op 'Casanova', Hauptrolle), Denisow u Sulzer. **Zug:** ua v Schwertsik, Sulzer u E Woll.

Homann, Michael, Komponist; Zackelbergstr 19, D-39110 Magdeburg, T: (03 91) 7 33 02 20, F: 7 39 13 91, *Homann-Magdeburg@t-online.de* [Magdeburg 4.7.1954]. **Ausb:** Stud Jazzgit (Gebhardt), Kl (D. Nathow), Komp (K.-D. Kopf) Telemann-Musikschule Magdeburg 75–80; Stud (Jazzgit) H f Musik 'Franz Liszt' Weimar u 'Hanns Eisler' Berlin 81–86. **Laufb:** freischaff als Musiker u Komp in versch Formationen seit 80, Gastmusiker f versch Musicals, eigenes Tonstudio seit 93. – **Komp:** Allegretto (KamM); Frage (KamM); Sonett (KamM), Scenes for Strings, Wood and Harp (KamM); Fraktale Kreise (KamM), UA Magdeburg, KonzHalle 97. **Aufn/RF:** CD-Produktionen: Gerhard Schöne, 'Them'. (Red)

Homberger, Christoph, Sänger, Schauspielmusiker; Krähbühlstr 78, CH-8044 Zürich, T: 0 12 61 82 06; c/o Gare du Nord – Bahnhof für Neue Musik, Schwarzwaldallee 200, CH-4058 Basel, T: 06 16 83 13 13, *neuemusik@garedunord.ch*. **Laufb:** Sol Th Basel, Gare du Nord Basel SpZ 04/05, Gast-Sol Op Hannover seit SpZ 03/04, SchspM Schauspielhaus Zürich SpZ 04/05. (Red)

Hombsch, Hans, Prof, Komponist, Posaune; Hohestr 35B, D-01069 Dresden, T: (03 51) 4 71 86 33, F: 4 71 86 33 [Munzig 30.3.1935]. Bassposaune Staatsop Dresden **Ausb:** Akk 41, Trp 46, OrchSchule Wilsdruff (Pos) 49, Komp (H-H Wehding) 60, extern Stud H f M Dresden 72. **Laufb:** Pos u Arrangeur Polizeiorch 51, Stadtth Meißen 54, Jazzpos, Staatskap Dresden 56, Basspos, LAuftr H Dresden, div Tätigkeiten in Jazz u U-Musik. **Pr:** Kollektivausz Staatskap Dresden 56–01. **Ens:** BlechblEns Ludwig Güttler, Semper-House-Band, Cappella Sagittariana, Elbflorentiner, Blasewitzer, Dresdner Tanzsinfoniker ua. – **Komp:** Auf d Lande (Suite f 4 Pos) 65; Konz f Pos, Sol: M Zeumer, Staatskap Dresden 67; M f Bl u KB, Staatskap Dresden 69; StrQua, Sandner Qua, Staatskap Dresden 69; M z Jugendweihe (f Blechbl) 69; Th d jg Generation: D Lügner (BühnenM) 70; Studentensommer, Blasorch d TU Dresden 74; Begegnung i Zwinger 75; Bärnsdorfer Sinfoniette, Staatskap Dresden 76; Cubana (KonzStück f Blasorch), TU Dresden 78; 5 Pop- u Bluesetüden, Staatskap Dresden 80; Konzertante Etüde (f Basspos u Big-Band), Sol: R Lehmann, H-Big-Band 83; Fstv Rhythmus, Blasorch d BezirksMSch Dresden 83; Heitere M f Bl u Schlgz, Jugendblasorch Bischofswerda 83; D Bürger v Schilda u d Maushund (TrickfilmM) 84 (Auftr: DEFA); D Bogen (TrickfilmM) 84 (Auftr: DEFA); Ich bin der Wolf (TrickfilmM) 84 (Auftr: DEFA); Auf d Jagd (lustige Bearb f Bläser u Kb), Silvesterkonz d Staatskap 84; Arrangements u Komp f Staatl Orch Riesa, TU-Blasorch Senftenberg, Pionierblasorch Meißen, Fanfarenorch Jena ua 85; D Bürger v Schilda Nr 2 (TrickfilmM) 87 (Auftr: DEFA); 3 Ritterballaden, G Emmerlich, Semper-House-Band 87 (Auftr: TV-Send 'Schätzen Sie mal'); Tanz-Suite (f Blasorch), Pionierorch Meißen 87; Quarte (f 4 Basspos u 4 Schlgz), Gewandhausorch Leipzig 88; D weiße Katze (TrickfilmM) 88 (Auftr: DEFA); Zwischenmusiken b Gala-Musenfest Semperop 89 (Auftr: Semperop); Huhn u Eule (TrickfilmM) 90 (Auftr: DEFA); Sonatine (f Tb), BezirksMSch Dresden 90; div Bearb f Fanfarenorch d VEB Carl-Zeiss Jena. **Aufn/RF:** LPs: Lausitzer Musikanten spielen auf 79; 'Fabula rasa' D Esel als Amtmann (f Schausp u Orch) 79; Äberlausitz meine Heemt, RF d DDR, InstrGruppe Staatskap Dresden 86; D Post i Walde 86; Glück auf, Ch u Bl d Bergakad Freiberg 90. **UA:** R Lischka, R Dreßler ua. **Zug:** H-H Wehding: Concertino f Pos u Blasorch, Blasorch-RF Leipzig, Dgt: H-H Wehding 70. **Sonst:** 2 Etüden f Sax 87; 16 div Etüden f Pos 87; David Konzert (Bearb f 8 Pos u Solopos) 91; OrchStudien f Pos, Gesamtwerke v D Schostakowich, I Strawinsky 92–93.

Hommel, Christian, Prof, Hochschullehrer, Oboe; Zasiusstr 74, D-79102 Freiburg, T: (07 61) 7 05 98 80; H f Künste, FB Musik, Dechanatstr 13–15, D-28195 Bremen. **Ausb:** MH Freiburg b Heinz Holliger, James Avery. **Laufb:** Prof (Ob) H f Künste Bremen, ZusArb m Camerata Salzburg, Dt Kammerphilh, Ens Moder, Kölner KamOrch. **Pr:** Pr Int MWettb Genf u Triest, Pr d Dt Musikrates 87, FörderPr d Mozart-Ges Wiesbaden 88. (Red)

Homoki, Andreas, Regisseur, Intendant; c/o Komische Oper Berlin, Behrenstr 55–57, D-10117 Berlin. **Laufb:** Regieass u Spielltg Op Köln 87–93, Insz ua in Hamburg ('Rigoletto'), Genf, Köln, Kom Op Berlin, Bayer Staatsop München ('Idomeneo' u 'Arabella'), Op Leipzig, Dt Op Berlin, Amsterdam u Barcelona, Th Basel (Strauss: 'Elektra') 97, ('Der Rosenkavalier') 99, (szen Version v Verdis 'Messa da Requiem') 01, Chefreg Kom Op Berlin 02, Intend ebda (kommiss) 03, Intend ebda seit SpZ 04/05, Reg Paris, Brüssel.

Homrich, Martin, Sänger; c/o Sächsische Staatsoper, Nicodestr 3, D-01309 Dresden, T: (01 75) 1 62 46 98, (03 51) 2 63 30 77, *martin.homrich@mezzavoce.de*; c/o Sächsische Staatsoper, Theaterpl 2, D-01067 Dresden. **Laufb:** Sol Hamburg Staatsop, Sächs Staatsop Dresden SpZ 01/05, Staatsop Hamburg SpZ 04/05. (Red)

Honda-Rosenberg, Latica, Prof, Hochschullehrerin, Violine; Echternstr 79, D-32657 Lemgo, T: (0 52 61) 1 34 27, *Latica@Hondarosenberg.com*; Staatliche Hochschule für Musik, Schwarzwaldstr 141, D-79102 Freiburg i Br; *www.honda-rosenberg.com*. **Ausb:** Stud V (T Varga) H f M Detmold ab 81, (Z Bron) H f M Madrid, H f M Lübeck, zahlr Mstrks (W Levin, T Zimmermann, I Stern). **Laufb:** Konz ua m d Dt SinfOrch 89, Hong Kong Philh Orch, WDR RF-Orch Köln, Orch d Beethovenhalle Bonn, NDR-Radiophilh Hannover, MDR-SinfOrch Leipzig, Stuttgarter KamOrch, Orch de Chambre Lausanne, Symph-Orch Luzern, Zürcher KamOrch, Orch Nat de Belgique, Russischen Staatsorch, Tokyo Symph Orch, Prager KamOrch, Tschech Philh (Ltg V Ashkenazy) 02 u 05, Tournee m Duorecitals zus m K Gerstein 06/07, Gastsol Salzburger FSp, Rheingau MFstv, Schwetzinger FSp, Schleswig-Holstein MFstv, Jerusalem Chamber MFstv, Fstv in Gstaad u Kuhmo; Prof (V) Staatl H f M Freiburg seit 03, Mstrkl in Dtld, Frankreich, Kroatien u Portugal. **Pr:** 2. Pr Int Tschaikowsky Wettb Moskau 98, Pr d Dt MRats. **Ens:** Duo H Rosenberg / K Gerstein. – **Aufn/RF:** zahlr CDs, ua E Bloch: Gesamtwerke f V u Kl; D Schostakowitsch: Violin-Konz Nr 1 u Tschaikowsky: Violinkonz; S Prokofiew: Werke f V u Kl. **Lit:** R Noltensmeier: Konzertgespräche. Musik im Dialog 01.

Honeck, Manfred, Dirigent; c/o Künstlersekretariat am Gasteig, Rosenheimer Str 52, D-81669 München, T: (0 89) 44 48 87 90, F: 4 48 95 22, *team@ks-gasteig.de*; *www.ks-gasteig.de/honeck.htm*. **Ausb:** H f Musik Wien. **Laufb:** Mitgl Wiener Phiharmoniker, Wiener StaatsopOrch, Lt Wiener 'Jeunesse Musicales'-Orch, Ass (C Abbado) Gustav Mahler Jugendorch Wien 87/88, Debüt Wiener Volksop 89, 1. Kapm Op Zürich 91–96, musikal Lt Norweg NatOp Oslo 97–98, Konz ua m Radio-SinfOrch Berlin, Wien u Köln, Gewandhausorch Leipzig, Orch Sinfonica della Scala, SinfOrch d Dän RF, Los Angeles Phiharmonic Orch, Debüt m Wiener Philharmonikern Mozartwoche Salzburg 94, Europa-Tournee m Oslo Philharmonic Orch 96 u 2000, Hauptdgt MDR-SinfOrch Leipzig 96–99, Principal Guest Conductor Oslo Philharmonic Orch 98, Chefdgt SinfOrch d Schwed RF seit Saison 2000/01, künstl Lt 'Int Wolfegger Sommerkonz', GastDgt Semperop Dresden SpZ 04/05. **Pr:** Europ Dgt-Pr Zürich 93. – **Aufn/RF:** Johann u Josef Strauß: 'Frühlingsstimmen', m Bamberger Symphoniker; R Strauss: 'Don Juan', 'Der Rosenkavalier', 'Intermezzo', m Bamberger Symphonikern; Op-Arien v Mozart, Wagner, Berg, Korngold, Strauss, m M Goerne/Swedish Radio Orch. **UA:** Willi: Op 'Schlafes Bruder', UA Op Zürich.

Honeck, Otto, Solorepetitor; Rosengarten 7, D-65391 Lorch, T: (01 77) 6 82 71 04. **Laufb:** Solorep Op Frankfurt SpZ 01/05, Gast Musikal Einstudierung Zeitgen Op Berlin SpZ 00/01. (Red)

Honeck, Rainer, Konzertmeister, Violine; c/o Wiener Philharmoniker, Bösendorferstr 12, A-1010 Wien [Nenzing]. **Laufb:** Konzm Wiener Philh. (Red)

Honegger, Marcus, Violine; Schleswig-Holsteinisches Landestheater, Lollfuß 53, D-24837 Schleswig. **Laufb:** 1. Konzm Schleswig-Holstein Landesth SpZ 03/04. (Red)

Hoock, Christine, Prof, Hochschullehrerin, Kontrabass; Seeblick 12, D-82237 Wörthsee, T: (0 81 43) 44 71 85, F: 44 71 85, *christine.hoock@t-online.de, christine.hoock@moz.ac.at*; Univ Mozarteum, Abt f Streich- u Zupfinstrumente, Zentrum im Berg, Fürbergstr 18–20, A-5020 Salzburg, T: (06 62) 61 98 53 31, F: 61 98 30 33, *christine.hoock@moz.ac.at*; *www.christinehoock.de, www.duo-piasso.de* [24.4.1964]. **Ausb:** Stud Frankfurt/Main (G Klaus), Genf (F Petracchi), Mstks b K Stoll, D McTier, W Güttler. **Laufb:** stellv Sol-KB WDR SinfOrch Köln, o UProf (KB) Mozarteum Salzburg, Doz Robert-Schumann-H Düsseldorf, Jurorin b div europ Inst, int KamM-Tätigkeit. **Pr:** Pr Int InstrWettb Markneukirchen 89. **Ens:** Grdgsmitgl Frankfurter 'KB-Qua'; Duo Piasso, Mandelring Qua, Ens Contrasts, MusikFabrik, Rosamunde Qua. – **Aufn/RF:** CDs: 'Bassa Nova', 'Quattro Contra Bassi', 'Der Begleiter', 'Contrabajisimo'. **Zug:** Komp v G Moore, Th Witzmann, C Puntin, Th Blomenkamp, K Schwaen.

Hope, Daniel, Violine; c/o Künstleragentur Dr Raab & Dr Böhm, Plankengasse 7, A-1010 Wien, T: (01) 5 12 05 01, F: 5 12 77 43, *office@rbartists.at*; c/o Columbia Artists Management GmbH, Till Janczukowicz, Albrechtstr 18, D-10117 Berlin, T: (0 30) 20 64 80 78, F: 20 45 34 80, *info@cami.com*; *www.rbartists.at*. **Laufb:** Konz m zahlr Dgtn (M Rostropovich, K Nagano, J Tate Y Menuhin ua) und Orch (RSO Berlin, Philharmonia, RSO Wien, Royal Philharmonic, Dresdner Staatskapelle, RSO Moskau, BBC Symphony, BBC Philharmonic u. a.), Mitgl Beaux Arts Trio seit 02. **Pr:** Nachwuchskünstler d Jahres 99. (Red)

Hopfer, Joachim, Pauker; c/o Landesbühnen Sachsen, Meißner Str 152, D-01445 Radebeul. **Laufb:** Sol LdesBühnen Sachsen SpZ 03/04. (Red)

Hopfner, Heinrich, Prof, Hochschullehrer, Sologesang; Wilhelm-Backhaus-Weg 9, A-5020 Salzburg, T: (06 62) 83 22 27; Univ Mozarteum, Abt f Gesang u Musiktheater, Schwarzstr 26, A-5020 Salzburg, T: (06 62) 61 98 21 11, F: 61 98 21 09, 61 98 69 29, 61 98 69 59, *heiner.hopfner@moz.ac.at*. **Laufb:** UProf (Sologesang) U Mozarteum Salzburg. (Red)

Hoppe, Gesa, Sängerin; c/o Stadttheater Gießen, PF 111128, D-35356 Gießen; *www.bigfoot.com/~gesahoppe/* [Kiel 9.6.1969]. Konz, Lied, Op **Ausb:** Stud (Gesang) MH Detmold 89–93, Aufbaustud (Gesang, Liedklasse Höll, Opschule) MH Karlsruhe 93–96. **Laufb:** Sol Stadtth Hagen 97–2000, Stadtth Bern seit 2000, Stadtth Gießen SpZ 04/05. **Pr:** Paula-Lindberg-Salomon-Wettb 'Das Lied' 93, Bundeswettb Gesang d DTKV 96. – **Aufn/RF:** C A Castellieri: Orat 'Gioas, Re di Giuda', m T Quasthoff. **UA:** H Banter: Op 'Der blaue Vogel, UA Th Hagen 95.

Hoppe, Michael, Prof, Hochschullehrer, Orgel; Kath H f Kirchenmusik St Gregorius, Weyhestr 16, D-52072 Aachen [1966]. **Ausb:** Stud KiM u Org (P.

Heuser, H. D. Möller u W. Seifen) Robert-Schumann MH Düsseldorf ChLtg MH Köln. **Laufb:** Prof (Org) Kath H f KiM Aachen 01. (Red)

Hoppe, Michael, Sänger (Tenor); c/o Oper Leipzig, Dreilindenstr 30, D-04177 Leipzig, T: (03 41) 9 80 79 83, 0 17 13 17 65 54, F: (03 41) 1 49 67 33, *mhoppe@t-online.de* [1969]. **Ausb:** H f M u Th Leipzig, Ausb b Prof Hans Joachim Beyer (Leipzig), Neil Semer (Boston), KS Jürgen Kurth (Op Leipzig). **Laufb:** Gastsol Städt Th Chemnitz SpZ 00/01, Th Görlitz SpZ 00/01, Op Leipzig SpZ 03/04. (*)

Hoppert, Manfred, HonProf, Hochschullehrer, Tuba; Brunhildenstr 19, D-85579 Neubiberg, T: (0 89) 6 01 95 15, F: 66 00 75 99 [Göritz, Thüringen 24.11.1934]. **Laufb:** LBeauftr (Tb) H f M u Th München, GastProf (Basstb) U Mozarteum Salzburg. (*)

Hoppstock, Tilmann, Hochschullehrer; Akad f Tonkunst, Ludwigshöhstr 120, D-64285 Darmstadt, *t.hoppstock@web.de*; *www.t-hoppstock.de* [1961]. **Ausb:** Akad f Tonkunst Darmstadt, MH Köln. **Laufb:** Doz (Tonsatz, Gehörbildung, Git, KamM) Akad f Tonkunst Darmstadt, Doz Univ Mainz, GastProf Univ Pitea 03–05. **Pr:** Pr d Dt Schallplattenkritik 99. (Red)

Horak, Cornelia, Sängerin; c/o Staatstheater am Gärtnerplatz, Gärtnerpl 3, D-80469 München, PF 140569, D-80455 München [Wien]. **Ausb:** Stud Bfl Kons Wien u H f M u Darst Kunst, Goetheanisches Kons b KS Hilde Rössel-Majdan. **Laufb:** Eng Tiroler Landesth 93, Volksop Wien 99/2000, Sol Staatsth am Gärtnerpl München seit SpZ 2000/04. (Red)

Horn, Christian, Kontrabassist; c/o Staatstheater Braunschweig, Am Theater, D-38100 Braunschweig, PF 4539, D-38035 Braunschweig. **Ausb:** Stud H Dresden u Berlin. **Laufb:** Sol Kom Op Berlin, Grdgsmitgl Akad f Alte M 82, freischaff 89–93, Sol Staatsth Braunschweig seit 94, Grdgsmitgl Ens Bell'Arte Salzburg, Gastsol Neue Hannoversche Hofkapelle, Tourneen in alle europ Länder u Konz in Fernost. – **Aufn/RF:** zahlr CD-Einsp u RF-Aufn. (Red)

Horn, Erwin, Organist; Pilziggrundstr 99, D-97076 Würzburg, T: (01 72) 6 60 03 67 [Würzburg 1940]. **Ausb:** Stud Theologie, Pädagogik, MTeorie u Kim in Würzburg sowie in Essen Gregorianik. **Laufb:** Erster Regionalkantor d Diözese Würzburg, Doz f Org u MTheorie an d KiMSchule, Doz f MTheorie Kons d Stadt Würzburg ab 80, Direktor d Inst ab 97 (überführt in die staatl H f M Würzburg 01); Organist d Augustinerkirche Würzburg; Publikationen zu verschiedenen Komp (Brahms, Schubert, Franz Schmidt, Mendelssohn, Mahler, Strauss, Wagner, Frescobaldi, Hans Rott) u va Anton Bruckner. – **Aufn/RF:** Einsp v Orgeltranskriptionen v symphon Sätzen Anton Bruckners u v Partien aus Richard Wagners Musikdramen. (Red)

Horn, Günter, Komponist, Gitarrist; Markt 29, D-97421 Schweinfurt, *guenterhorn@gmx.de* [Schweinfurt 1964]. Neue Musik, improvisierte Musik **Ausb:** GitStud UdK Berlin b Prof Martin Rennert 85–89. **Ens:** Duo Stringendo, Prisma Ensemble, ensemble beyond. – **Komp:** Meditation (f Cemb (ad lib Kl) u Akk), Son (f Fl, Kl u Akk), Collage (f E-Git u Akk), Zwischen flüchtigen Augenblicken geheimer Landschaften (f Git, Akk u E-Git), UA 2000, Konferenz der Fettläuse (f Klar, E-Git, Akk u Git), UA 02, She ain't a nurse, she don't cut hairs (f Perc u E-Git), UA 02.

Horn, Volker, Sänger; Hubertusweg 29 a, D-14557 Wilhelmshorst, T: (03 32 05) 2 23 33. **Laufb:** Sol Dt Op Berlin seit 1996 (03/05). (Red)

Horn, Wolfgang, Chordirektor; c/o Musikalische Komödie der Oper Leipzig, Dreilindenstr 30, D-04177 Leipzig. **Laufb:** Chdir Musikal Komödie Leipzig. (Red)

Horndasch, Matthias, MA, Pianist, Komponist, Autor, Moderator; *MatthiasHorndasch@t-online.de*; *www.mhorndasch.de* [Hannover 17.9.1961]. Jazz im Grenzbereich zwischen Klassik u Pop, Musik f Bühne u Multimedia **Laufb:** Tourneen in ganz Dtschld u europ Ausland seit 81, Moderator in Hörfunk, TV, Internet (Talk u Talente, Die weiße Runde, Konz m Anne ua) u Specials zu Politik u Kultur seit 98. **Ens:** zahlr eigene Ens, ua The International, Leszek Zadlo-M H-Duo, MHs Elements, Horndasch Jazzrock Qua, Jazzmonauten. **Mitgl:** GUL, VG Wort, dkv, Dt Journalistenverband. – **Komp:** Die Anderen (Ballett), UA Stadtth Syke 92; Karate-Ka Mensch (Tanzth) 91/92, UA Hannover, Landesbühne 92; Premiera (Kino-FilmM) 92, UA Hannover, Komun Kino 92; Mißtraue d Idylle (FilmM TV) 93; Die Odyssee d Tracko (multimed Tanzth) 93–94, UA Stadtth Syke 94; Verhältnisse – od 18 Episoden, d d Welt bewegen (Bühnen-Spektakel), UA Garbsen, Forum-Th 95; Sex, Spiel ohne Worte, Schausp (Kl, Orgel, Synth), UA Hannover 96; Musiken f Hörfunk, ua Radio FFN, TV (ua 'Mißtraue d Idylle', ZDF 96); Groß od Klein, d ist hier d Frage (Theaterstück), UA Gehrden, Stadthalle 98; First Step To Love (Jazztanzstück), UA Nienburg, Stadtth 01; Prod f Kinder u m Kindern, ua DKSB 'Kid Connection'; 'Requiem to Mohammed' f Aktion 'Frieden f Kinder' (Auftr: UNICEF, DKSB, DKHW u TDH); Texte u Musik 'Kindische Geschichten' (NDR Hörfunk). **Aufn/RF:** zahlr LPs, CDs, Multimedias; zuletzt: CDs: 'Inside' (Kl solo) 03; Jazzmonauten: 'Yesterday and Demain' 05. **Sonst:** Taschenbuch: 'DRAUSSEN – Dorfkindheit im Postkartenformat' 03. **Lit:** dt 'Who's who' ua.

Horne, Betsy M, Mezzosopran; c/o Staatstheater Mainz, Gutenbergpl 7, D-55116 Mainz. (Red)

Hornef, Christian, Dirigent; c/o Musikalische Komödie der Oper Leipzig, Dreilindenstr 30, D-04177 Leipzig. **Laufb:** Solorep u Kapm Staatsth Mainz bis 02, Studenlt m Dgt-Verpfl Op Leipzig, Dgt Musikal Komödie Leipzig. (*)

Horner, Melanie, Sopran; c/o Staatstheater Stuttgart, Staatsopernchor, Oberer Schlossgarten 6, D-70173 Stuttgart. **Laufb:** Sol KamOp Dresden SpZ 03/04, Eng OpCh Stuttgart 05. (Red)

Hornich, Adelheid, Prof, Hochschullehrerin, Sängerin; Univ f Musik u Darst Kunst, Inst Antonio Salieri, Rennweg 8, A-1030 Wien. **Laufb:** o UProf U f Musik u Darst Kunst Wien. (Red)

Hornig, Reiner, Komponist; Simon-Dach-Str 7, D-10245 Berlin, T: (0 30) 2 91 50 25 [Ebersdorf 11.5.1935]. **Ausb:** Stud (Komp, Va) MH Dresden 53–56, (MWiss, ThWiss) HU Berlin 56–59, Dipl. **Laufb:** Musikredakteur u Regisseur Dt Fernseh-Funk Berlin 59–67, freischaff Komp, Autor, Regisseur ab 67. – **Komp:** 'Dörchläuchting' od 'Das Prunkstück' (Musical) 78, UA Wismar, Th 79; Berliner Café (Variationen f 9 Blechbläser) 82, UA Schwerin 83; Schöne Stories z Nacht (OrchW) 84, UA Schwerin, Staatsth 85. **AuftrKomp:** 'Preußische Szenerie' (Hnkonz) 87, UA Berlin, Gr RF-Orch, m S Weigle, Dgt: R Hanell 88; 'Eines Tages' (Konz f Va) 88, UA Berlin, Schauspielhaus, Berliner SinfOrch, m F Weigle, Dgt: J P Weigle 92.

Hornik, Gottfried, Prof, Hochschullehrer; Univ f Musik u Darst Kunst, Inst 10, Jakoministr 3–5, A-8010 Graz, T: (03 16) 3 89 33 42, F: 3 89 31 01, *gottfried.hornik@kug.ac.at*. **Laufb:** GastProf (spezielle Probleme d Opgesangs) U f Musik u Darst Kunst Graz. (Red)

Hornischer, Christoph, 2. Kapellmeister, Solorepetitor; Bördestr 1b, D-27616 Beverstedt, T: (0 47 47) 10 48, 01 52–05 66 24 82, *christoph.hornischer@t-online.de* [Hamburg 31.8.1967]. Oper, Operette **Ausb:** Stud (Kl) Wuppertal 89–94, Stud Kapm (Herbig) Düsseldorf 94–97. **Laufb:** 2. Kapm u Solorep Stadtth Bremerhaven 01–05.

Hornstein, Martin, Cellist; c/o Künstlersekretariat Eva Blancafort, Rothenbaumchaussee 30, D-20184 Hamburg, T: (0 40) 45 66 96, F: 45 66 40, *Niklas.Schmidt@t-online.de* [Wien 1954]. **Ausb:** Stud Wiener MH b Valentin Erben u b Harvey Shapiro an d Juilliard School New York. **Laufb:** KonzTätigkeit als Sol u KamM: Tourneen in Europa u Japan, Cellist d Wiener Schuber Trios 85–93 m über 400 int Konz (ua Teatro alla Scala Mailand, Concertgebouw Amsterdam, Salzburger FSp, KamMFest Lockenhaus, zahlr Auftritte im Wiener Musikverein, Grd d Alten Trios Wien (m Claus-Christian Schuster u Amiram Ganz) 94, Tätigkeit b int Mstrkr, Lt Seminarlehrgang f KamM am Kons d Stadt Wien. **Ens:** Altenberg Trio. (Red)

Hornsteiner, Josef, Laute, Gitarre, Hochschullehrer; Richard Strauss Konservatorium, Gasteig, Kellerstr 6, D-81667 München. **Laufb:** Doz (Laute, Git, Volksliedkde, VolksM, Alte Musik, Methodik, Didaktik, Unterrichtspraxis) Richard Strauss Kons München. (Red)

Hornung, Elisabeth, Sängerin; Reuterallee 69, D-64297 Darmstadt, T: (01 72) 6 11 46 13. **Laufb:** Sol Staatsth Darmstadt (03/05), Th Basel, Gastsol Bad Staatsth Karlsruhe SpZ 00/01, Sol MTh Essen SpZ 03/05. (Red)

Hornung, Ludwig-Michael, 2. Konzertmeister; c/o Philharmonisches Orchester, Kasernstr 4–6, D-86152 Augsburg, PF 111949, D-86044 Augsburg. **Laufb:** 2. Konzm Philharmon Orch d Stadt Augsburg. (Red)

Horowitz, Linda, Hochschullehrerin; Akad f Tonkunst, Ludwigshöhstr 120, D-64285 Darmstadt, *lhorow7000@aol.com*. **Ausb:** H f M Frankfurt/M. **Laufb:** ChorDir Theater d Stadt Heidelberg, Kapm Stadtth Kassel, Doz (Orch, Korr, Chor, Chorltg) Akad f Tonkunst Darmstadt, Gastlektorin H f M Detmold, Gastprof Scripps College. **Pr:** Konrad Adenauer Stip 80. (Red)

Horpácsy, Zsolt, Dipl Th- u Musikwiss, MA, Operndramaturg; c/o Oper Frankfurt, Untermainanlage 11, D-60311 Frankfurt/Main, T: (0 69) 21 23 75 28, F: 21 23 73 43, *zsolt.horpacsy@buehnen-frankfurt.de*; Helmholtzstr 31, D-60385 Frankfurt/Main, T: (0 69) 43 05 92 52, F: 43 05 92 52, *zsolt.horpacsy@t-online.de* [Szeged, Ungarn 18.5.1965]. **Ausb:** (Dram, ThWiss) MH Budapest 84–88, Prakt (H Kupfer) Kom Op Berlin 89–90, MWiss (Prof G Rienäcker) Humboldt-Uni Berlin 90–92. **Laufb:** Dram St Op Budapest 88–90, Dram St Th Cottbus 93–96, Dram Op Frankfurt seit SpZ 96.

Horstmann, Jan Michael, Kapellmeister; Theatergasse 4, D-09599 Freiberg. **Laufb:** Stellv GMD u 1. Kapm Th d Landeshauptstadt Magdeburg, GMD Th Freiberg. (Red)

Horton, Peter, Komponist, Gitarrist; Martin-Luther-Str 24, D-81539 München, T: (0 89) 69 56 89, F: 6 25 91 89, *peter-horton@gmx.de*; *www.peter-horton.de* [Feldsberg 19.9.1941]. moderne Kammermusik f Gitarre u Klavier, meditative Musik **Ausb:** Stud (Kl, Klar) Wien, (Git) Stuttgart, Berlin, Rio de Janeiro, (Gesang) Stuttgart. **Laufb:** Doz MH Hamburg 85–89. **Ens:** Symphonic Fingers (m S Kantcheff). **Mitgl:** DKV. – **Komp:** Suite Nr 1 (KamM), UA Stuttgart 91; Suite Nr 2 (KamM), UA Stuttgart 91; Avalon Suite (KamM), UA Regensburg 95; Oceans Inside (KamM), UA Stuttgart 95; Monotony Desert (KamM), UA Stuttgart 85; Caressing Waters (KamM), UA Stuttgart 01; Wild Silence (KamM), UA Stuttgart 01; Love is the Earth (KamM), UA Stuttgart 01; Breaking joy like Bread (KamM), UA Stuttgart 01; Finding my Father (KamM), UA Stuttgart 01.

Horus, Marc, Sänger; c/o Theater der Bundesstadt, Am Boeselagerhof 1, D-53111 Bonn, T: (03 85) 5 30 00, F: 5 30 02 00, *info@theater-schwerin.de*; *www.theater-schwerin.de*. **Laufb:** Sol Mecklenb Staatsth Schwerin SpZ 03/04, Sol MTh Bonn SpZ 04/05, Th Hagen. (Red)

Horvath, Josef Maria, em o UProf, Komponist, Klavier; Schwarzenberg Promenade 41, A-5026 Salzburg-Aigen, T: (06 62) 63 02 02 [Pécs, Ungarn 20.12.1931]. **Ausb:** Stud Kl (P Solymos), Komp (F Szabó), Dirig (L Somogyi) Liszt-Ferenc-MH Budapest 49–56, Komp (C Bresgen), Kl (K Leimer) Mozarteum Salzburg 57–61. **Laufb:** KonzPianist in Österreich, Schweiz, Frankreich (Veröffentl u Auff v Werken), Laufbahn-Abbruch 62; L Salzburger Mozarteum seit 62, Prof (Theorie u Praxis d Neuen M, Kontrapunkt, MTheorie, Kl) seit 79, em 2000. **Pr:** Körner-Pr (Österr), Österr Staatspr (Förderungspr), 1. Pr Komp-Wettb Jeunesse Musicale, Montréal 66, Lilly-Lehmann-Medaille (Stift

Mozarteum Salzburg). – **Komp:** 4 Lieder n Hölderlin (d Ehefrau zugeeignet) 58; Redundanz 1–3, UA Wien 68; Tombeau de Gigue (gr Orch), UA Baden-Baden, Dgt: E Bour 72 (Auftr: SWF); Melencolia I, UA Graz 72 (Auftr ORF); Origenes, UA Wien 76 (Auftr: Ens d 20. Jh); Musik f d Salzburger Felsenreitschule (zus m I Radauer, G Wimberger), UA 78 (Auftr: Salzburger FSp); Motette (KamCh, Bl, Org), UA Salzburg 79; Sothis I, UA Musikprotokoll Graz 87; Boogie-woogie (Kl) 87 (Auftr: Mozartwettb Salzburg); Passacaglia, UA Salzburg 89; Requiem (Ch a cappella), UA Stuttgart 90 (Auftr: SDR); Auftritt d Oberstleutnants d Guardia Civil (Szene n Garcia Lorca), UA Wien 96 (Auftr: Österr Fernsehen); Son piccola f Org 05. **Aufn/RF:** Redundanz 1–3, Ens 'Die Reihe', Dgt: F Cerha, Wien 68; Tombeau de Gigue, SWF-Orch, Dgt: E Bour, Baden-Baden 72; Melencolia I, E Kovacic, SymphOrch ORF, Dgt: M Horvath, Musikprotokoll Graz 72; Origines, Ens d 20. Jh, Dgt: P Burwick, Musikprotokoll Graz 76; Requiem, Chor d SDR, Dgt: R Huber, Stuttgart; TV-Aufn: Auftritt d Oberstleutnants d Guardia Civil, UA Wien 69. **UA:** Redundanz 2, Montréal 67; Tombeau de Gigue, Baden-Baden 72; Melencolia I, Graz 72; Musik f die Salzburger Felsenreitschule (zus m I Radauer, G Wimberger), Salzburg 78; Requiem, Stuttgart 90. **Lit:** Riemann MLexikon (Suppl), Goertz: Österr Komponisten d Gegenwart (Doblinger), Salzburger Kulturlexikon (Residenz-Verlag), Lexikon zeitgen M aus Österreich: Komponist/Innen 20. Jh (music information center austria).

Horz, Stefan, Kirchenmusiker; Goethestr 36, D-53113 Bonn, T: (02 28) 2 42 37 32, F: 2 42 37 31, *s.horz@iworld.de* [Heiligenhafen 22.5.1965]. Orgel, Cembalo **Ausb:** Stud (Kirchenmusik A) MH Köln 86–91, Orgelstud (W Zerer) MH Hamburg 93–95, Cembalostud (K Haugsand) MH Köln 94–96. **Laufb:** künstl Ltg 'musik in michaelshoven' 91–2001, Organist Kreuzkirche Bonn seit 98. **Ens:** 'chiara di luna' (Alte Musik), Gast b Concerto Köln. – **Komp:** 'music, when soft voices die' f Oboen-Trio; Peterchens Mondfahrt (Kindermusical) UA Bonn 2000. **Zug:** M Herchenröder 'ad fontes' f Orgel (ein Satz).

Hoshino, Mitsugu, Solokorrepetitor; c/o Stadttheater Klagenfurt, Theaterpl 4, A-9020 Klagenfurt, T: (04 63) 5 52 66. **Laufb:** Solokorr u Ass d Chordir Stadtth Klagenfurt. (Red)

Hosokawa, Toshio, Komponist, Dirigent; c/o karsten witt musik management gmbh, Leuschnerdamm 13, D-10999 Berlin, T: (0 30) 6 16 92 19 20, F: 6 16 92 11 01, *info@karstenwitt.com*; *www.karstenwitt.com* [Hiroshima 23.10.1955]. **Ausb:** Stud (Kl u Komp) Tokyo; (Komp) b I Yun, (Kl) b R Kuhnert, (MTheorie) b W Szaloneck, HdK Berlin ab 76; b K Huber u B Ferneyhough H f M Freiburg 83–86. **Laufb:** Teiln als Gastkomp o Doz an Fstvs zeitgen Musik in ganz Europa seit 80, künstl Dir Akiyoshidai Int Contemporary Music Seminar u Fstv 89–98, Doz Int Ferienkse f Neue Musik Darmstadt seit 90, 'Composer-in-Residence' Int Sommerakad Mozarteum Salzburg 98, Int Musikfestw Luzern 2000, musikal Lt Takefu Int Composition Workshop seit 2000. **Pr:** ua 1. Pr Valentino Bucchi KompWettb Rom 80, Irino Pr f Junge Komp 82, 1. Pr KompWettb anlässl d 100. Geb d Berliner Philh Orch 82, Arion Musikpr 84, Kompositionspr d jungen Generation in Europa 85, Kyoto Musikpr 88, Otaka Pr f 'Ferne-Landschaft' 89, Energia Musikpr 95, Rheingau Musikpr 98, Duisburger Musikpr 98, Mitgl d Akad d Kunste Berlin 01. – **Komp:** OrchW: Ferne-Landschaft I–III 87, 96, 96, 'Per-Sonare (FlKonz) 88, Landscape III 93, Super Flumina Babylonis 95, Utsurohi-Nagi 96, 'Ans Meer' (Konz f Kl u Orch) 99, 'Voiceless Voice in Hiroshima' 89/01; KamM: Sen I–VII 84–95, Vertical Time Study I–III 92–94, Voyage I–VII 97/05, 'Circulating Ocean' 05; ChW: Ave Maria 91, Tenebrae 93, Singing Trees (Requiem f Toru Takemitsu) 97; M f trad japan Instr: New Seeds of Contemplation 86/95, Fragmente I 88, Koto-Uta 99; FilmM: Shi no Toge (Sting of Death), Nemuru Otoko (Sleeping Man); Op: 'Vision of Lear' 98, 'Hanjo' 04. **UA:** 'Vision of Lear' (Op), UA Münchener Biennale 98.

Hossfeld, Christiane, Sängerin; Wallotstr 31, D-01309 Dresden, T: (03 51) 4 59 55 46; c/o Sächsische Staatsoper, Theaterpl 2, D-01067 Dresden. **Laufb:** Sol Sächs Staatsoper Dresden. (Red)

Hostettler, Michel, Komponist; rue du Molage 10, CH-1860 Aigle, T: 02 44 66 49 90, F: 02 44 66 49 90 [Avenches 24.4.1940]. **Ausb:** Stud Kons Lausanne, (B Reichel, A-F Marescotti) Genf. **Laufb:** Dgt mehrer Chöre, ua Petit Chœur du Collège de Montreux. – **Komp:** geistige u weltl ChorM, KamM, ua: Petite Suite (KamM) 85, UA Brüssel, Orch des Collèges lausannois, Dgt: J Pache, 85; Surge, illuminare (Kantate), UA Montreux 85; Sphères (f Str-Orchr) 88, UA Bern, KamOrch, Dgt: J-P Moeckli 88. **AuftrKomp:** Diptyque (f V u Orch) 91, UA Sion, Fstv Tibor Varga 91 (Auftr: RTSR); Quatuor à cordes 92, UA St Petersburg, Quatuor Sine Nomine 93 (Auftr: Pro Helvetia). (Red)

Hoteev, Andrej, Klavier; c/o Christian Geisler, Eichenallee 1c, D-21521 Wohltorf, *christiangeisler@web.de* [Leningrad 1946]. **Laufb:** Sol m SinfOrch Moskau. **Ens:** Duo m Olga Hoteeva. (Red)

Hottgenroth, Markus, Sänger; Lange Str 87, D-32756 Detmold, T: (0 52 31) 98 18 91, (01 79) 7 86 65 29. **Laufb:** Sol Landesth Detmold SpZ 03/05. (Red)

Hotz, Kurt, Hochschullehrer; Stettbachstr 169, CH-8051 Zürich, *kurt.hotz@gmx.ch* [29.8.1943]. **Laufb:** Doz (Klar) MH Winterthur Zürich. (Red)

Houben, Christian-Armand, Komponist; Adenauerallee 19, D-53111 Bonn, T: (02 28) 9 76 26 42 [Bonn 15.9.1974]. Klavier **Ausb:** Stud (Rechtswiss) U Bonn 95–01, 2. Staatsex 05. – **Komp:** 'Variationen über ein Thema in d-Moll' (Kl Solo), '12 Charakterstücke op 5' (Kl Solo), Drei Märsche op 6 (Kl Solo).

Houben, Eva-Maria, Dr, Prof, Hochschullehrerin; Stresemannstr 69, D-47803 Krefeld, T: (0 21 51) 75 16 18, F: 62 38 47, *Eva-Maria.Houben@t-online.de*; *www.evamariahouben.de* [Rheinberg a Niederrhein 15.1.1955]. Musiktheorie, Neue M, Org **Ausb:** Stud SchM Folkwang-H f M Essen, Stud Org (G Schneider) bis 81, Stud (Germanistik ab 78 u MWiss ab 81) Gerhard-Mercator-U Duisburg bis 83. **Laufb:** Prom (Kunst- u MPäd U Duisburg 86, Habil (MWiss) 90, Univ-Prof (MTheorie, M d 20. u 21. Jh) Uni Dortmund seit 93. **Mitgl:** Wandelweiser Komponisten-Ens seit 02. – **Komp:** 'voice & piano' 02, UA Kunstraum Düsseldorf m I Heyberg (Sop) u E M Houben (Kl) 03; 'ich vertraue meinem garten' (f Stimme, Fl, Pos, Kl, Perc, Vcl) 02, UA Kunstraum Düsseldorf m I Heyberg u Wandelweiser KomEns 03; 'dann' (f gr Tro, Klar) 02, UA Kunstraum Düsseldorf m T Liebezeit (gr Tro) u J Frey (Klar) 03, mittagspause (nach robert walser) 04, UA Düsseldorf m Wandelweiser Komp-Ens 05; in drei Sätzen (f KB, M Monte) 03, UA Hagen 04; ein bogenstrich (f Vcl, L Hinn), UA Dortmund 05; dreisätzig (f tromba marina, E Maldfeld) UA Köln 05; vier geschichten nach robert walser (f Klar/BassKlar, Vcl), UA Aarau 06. **Aufn/RF:** CD: E-M Houben: dazwischen, f Org; immer anders, f Org. **UA:** E-M Houben: Ch (f Org) 2000, UA Dortmund 2000; dazwischen (f Org) 2000; UA Dortmund 01; still werden (f Org) 02, UA Hagen 02; immer anders (f Org), UA Dortmund 05; noch einmal (f Org) 02, UA Dortmund 03: unfinished (f Org) 03, UA Dortmund 03; zueinander III u IV (f Org u Bläser), UA Dortmund 03; haiku I (f Fl) 03, UA München 03, haiku IV (f Org) 03, Dortmund 03; 5 haikus (f Stimme u Kl) 03, UA Düsseldorf 04; woher weiß ein klang, wohin er gehört? (f Kl) 03, UA Oldenburg 04; pianoforte (f Kl) 04, UA Düsseldorf 05; sonneries (f Kl) 04, UA Düsseldorf 05; orgelinstallation I (f Org), UA Essen 05; dreifarbig (f Org) 04, UA Dortmund 05. **Zug:** H-J Hespos: Kaleidoskopes Luftsilber (f Akk u e-bass) 01. **Sonst:** Grdg Reihe 'Komponisten-Porträts', 'neue...töne' (Workshop z Erarbeitung ausgewählter Lit der Neuen M); zahlr Publ z Neuen M, z B 'Die Aufhebung der Zeit. Zur Utopie unbegr Gegenwart i d M d 20. Jh' Stuttgart 92, 'gelb. Neues Hören' Saarbrücken 96 u 2000, 'Alte Musik mit neuen Ohren. Schubert – Bruckner – Wagner...' Saarbrücken 2000, Adriana Hölsky, Saarbrücken 2000, Juliane Klein, Saarbrücken 02, 'hespos – eine monographie', Saarbrücken 03, Violeta Dinescu, Saarbrücken 04, Hector Berlioz: Verschwindungen: Anstiftungen zum Hören, Dortmund 05; zahlr Komp, edition Wandelweiser.

Houben, Robert, Klarinette; Finkenstr 27, D-94369 Rain, T: (0 94 29) 85 76, *r.houben@ebony-ensemble.de*; *www.ebony-ensemble.de* [Spalt 23.6.1959]. **Ausb:** HfM Düsseldorf. **Ens:** Ebony-Ens. (Red)

Hough, Stephen, GRNCM, MM, Klavier; c/o HarrisonParrott Ltd, 12 Penzance Place, London W11 4PA, Vereinigtes Königreich, *jane.brown@harrisonparrott.co.uk*; *www.stephenhough.com* [Heswall, Cheshire 1961]. **Ausb:** RNCM 77–81 (Gordon Gree, Derrick Wyndham), Juilliard 81–83 (Martin Canis, Adele Marcus). **Laufb:** Fstvs: Salburger FSp, Klavierfstv Ruhr, Edinburgh, BBC Proms, Mostly Mozart, Blossom, Hollywood Bowl, Aldeburgh, Konz mit führenden Orch, ua DSO Berlin, NY Philh, Chicago Symph, Los Angeles Phil, Clecveland Orch, Philadelphia Orch, London Symph, NHK Symph mit Dgt: Abbado, Ashkenazy, Dohnányi, Dutoit, Gergiev, Fischer, Jarvi, Levine, Oramo, Rattle, Salonen, Slatkin, Tilson Thomas u Vanska. **Pr:** 1. Pr Naumburg Int KlWettb 83, Dt Schallpl-Pr, Gramophone Record of the Year, Mc Arthur Fellowship 01. – **Komp:** Angelic Song+Angelic Dance (Vcl,Kl); Lullaby (Voc,Kl); Three Marian Hymns (Kinderch,Org); Osmanthus Romp (Kl solo); Two Chambers (song) (Bariton, Kl); Suite R-B and other Enigmas; Piano Album (solo Piano).

Houtzeel, Stephanie, Mezzosopran; Pestalozzistr 1, A-8010 Graz, T: (03 16) 81 62 48, (06 64) 3 64 77 89; c/o Künstleragentur Dr. Raab & Dr. Böhm, Plankengasse 7, A-1010 Wien, T: (01) 5 12 05 01, F: 5 12 77 43, *office@rbartists.at*. **Laufb:** Sol Vereinigte Bühnen Graz SpZ 03/05. (Red)

Hove, Frank van, Sänger; Jasperallee 50, D-38102 Braunschweig, T: (05 31) 3 49 61 01, (01 73) 3 68 82 48. **Laufb:** Sol Anhalt Th Dessau, Kom Op Berlin, Sol Staatsth Braunschweig SpZ 03/05. (Red)

Hovsepian, Garegin, Bariton; c/o S Sintow-Behrens Int Promotions & Management, Schleibingerstr 8, D-81669 München, T: (0 89) 44 21 89 00, F: 44 21 89 03, *office@sintow-behrens.com*; *www.sintow-behrens.com* [Eriwan, Armenien]. **Ausb:** Unterr MSch d staatl Kons Armenien, Unterr (Ges, Kl) staatl MGym, Stud (Schauspiel) Arm Th- u Kunstakad Eriwan, Stud (A Grigorjev) MTh-Akad Moskau, (R Hansmann) MH Wien. **Laufb:** Debüt Armen Staatsop Eriwan 90–93, zahlr Gastsp im In- u Ausland, Festeng Stadtth Hildesheim 93, dann Südostbayer Städtebundth Passau, seit 97 freischaff an ua Wiener Kammerop, Teatro Verdi Busseto, Landesth Coburg, Staatsth Oldenburg, Bad Hersfelder FSp Braunschweiger KamMPodium; Konz v Rachmaninov, Tchaikovskij u ital Arie antiche, Liederabende: Puschkin-Vertonungen versch russ Komp, Moskau, St Petersburg, Wien, Boston, München, Köln, Sol Th an der Rott Eggenfelden SpZ 04/05.

Hoyem-Cavazza, Daniel, Dirigent, musikalischer Leiter; c/o Wiener Kammeroper, Fleischmarkt 24, A-1010 Wien, T: (01) 5 12 01 00, *information@wienerkammeroper.at*; *http://wienerkammeroper.at/biographien_a.htm#Cavazza* [Kiel]. **Ausb:** Stud Dirig (K Österreicher u J Kalmar), Korr (H Goertz), Kl (R Heintze) U f M u darst Kunst Wien. **Laufb:** Eng Stadtth Klagenfurt, Volksop Wien, Auftr b Fstv in Dresden, Stockholm u Odessa, Gastdgt in Bosnien-Herzegowina u Japan, 2. Kapm Stadtth Klagenfurt, musikal Lt Wiener KamOp seit 01/02. (Red)

Hoyem, Robert, Opernregisseur; 108 East Crestline Dr, Missoula, MO 59803, U.S.A., *rahoyem@trip.net*; *www.roberthoyem.com*. **Laufb:** Insz Th Coburg 76, Th St Gallen 82, Th Hagen 82, Th München 83. (Red)

Hoyer, Ralf, Dipl-Tonmeister, freischaffender Komponist, Klangkünstler, Tonregisseur; Balsaminenweg 21, D-12623 Berlin, T: (0 30) 5 66 12 76; *www.hoyerstelzenbach.de* [Berlin 13.4.1950]. MusikTheaterInstallationen, angewandte Musik, Klangregie **Ausb:** Stud (Tonmstr) H f M 'Hanns Eisler' Berlin

68–75, Mstrsch (R Zechlin, G Katzer) Akad d Künste 77–80. **Laufb:** Teiln an versch int Fstv: MBiennale Berlin 95 u 99, ACARTE-Fstv Lissabon 96, Berliner Fstw 99, Kunst i 20. Jh, MFSp Potsdam-Sanssouci 01, Konzertprojekt mit ensemble pianoplus 02, int Fstv ECHO-Skulptur u Klang, Denkmalschmiede Hoefgen 03. **Pr:** KompPr 83 u 85, Kritiker-Pr d Berliner Ztg 88, Stip d Senats v Berlin u schwed Inst 90, Stip Stift Kulturfonds 92, Projektförd Hauptstadtkulturfonds 01, Stip Denkmalschmiede Hoefgen 02, Stip Stiftung Kulturfonds 03. **Ens:** ens pianoplus. **Mitgl:** Grdgsvors 'Initiative Neue M Berlin' 90–92, Vors KompVbd Berlin 95–98, Vorst Berliner Ges f Neue M 95–2000. – **Komp:** Skulpturen – 8 Phantasiestücke (KamM), UA Berlin 79; Allg Erwartung (KamM), UA Berlin, Berliner Ens 80; ...ich war's, ich bin's... (KamM), UA Dresden 82; Ay, Don Perlimplin (Schausp-Op), UA Berlin, Maxim-Gorki-Th 87; Iphigenie – Dramma p m (KamOp), UA Berlin, Hebbel-Th 93; Verzeihung, d Kopf, musikal Szene (KamSz) 94/95, UA Berlin 95; Ich schlafe was ich denke (MTh) 95/96, UA Hebbel-Th Berlin 96; Open windows 2.0 (MThInstall) 98, UA Dresden, Staatsschauspiel Dresden 98; Annäherung/Entfernung (KamM) 98/99, UA Berlin, M f Gegenwart 99; Zauberflöte 2.2 (MTheatral Fragmente) 99, UA Th Krefeld-Mönchengladbach u Hebbel-Th Berlin 99; Landschaft m Tönen (Klanginstall) 99, Kryptonale Berlin 99; palindrom (Kl u Live-Elektr), UA Berlin, Akad d Künste 01; A Taste of 01, UA Kulturbrauerei Berlin 01, glocken geigen glas (Klanginstallation) Denkmalschmiede Hoefgen 03. **Auftr-Komp:** Ay, Don Perlimplin (SchauspOp), UA Berlin, Maxim-Gorki-Th, Dgt: S Stelzenbach 87 (Auftr M Gorki Th); Verzeihung, d Kopf (KamM), UA Berlin Podewil, Dgt: S Stelzenbach 95 (Auftr MBiennale Berlin); Open windows 2.0 (MThInstall) 98, UA Staatsschausp Dresden 98 (Auftr Staatsschausp Dresden); Landschaft m Tönen (Klanginstall) 99, UA Kryptonale Berlin 99 (Auftr Kryptonale Berlin); Annäherung/Entfernung (MThInstall) 98/99, UABerlin, Hamburger Bahnhof (ens recherche) 99 (Auftr MBiennale Berlin). **UA:** K-H Stockhausen: Mantra (Klangregie), DDR-EA, Akad d Künste 88. **Zug:** M E Keller: 'agieren u reagieren' (Kl u Elektr).

Hrasky, Rainer, Komponist; Dammweg 3, D-01591 Riesa, T: (0 35 25) 73 30 68; Ottostr 26, D-08209 Auerbach, T: (0 37 44) 21 32 53, F: 21 32 53 [Riesa 4.2.1943]. Sinfonische Orchesterwerke, Solokonzerte, Kammer- u Chormusik, Musik f Kinder **Ausb:** Kb (H Herrmann), Komp (W Bänsch, JP Thilmann, M Weiss, R Kunad), Dirig (S Kurz, R Neuhaus) MH Carl Maria v Weber Dresden 58–63, 72–76 u 80–83. **Laufb:** KB 63–80, freiberufl Komp u Dgt seit 80, Orch-Lt u Lehrer f Komp MSchule Vogtland seit 97. **Pr:** VMed d DDR f gesamtes komp Schaffen. **Ens:** 63–80 Staatl SinfOrch Riese (heue Neue Elblandphilh), 94–96 Vogtland Philh. **Mitgl:** Dt Kompverb, Sächsischer MBund. – **Komp:** 1.Sinfonie (OrchW) 78, UA Riesa 79; 2. Sinfonie 'In terra pax-pax hominibus' (OrchW) 82, UA Dresden 83 (Auftr: Sächs Staatskap Dresden); 'Valete', Konz f Pauken u Orch (Konz) 85, UA Schwerin, Philh 86; Mater terra (Orat), 88/89, UA Dresden, Lukaskirche 90; 'Da pacem', Konz f Orgel u Orch (Konz) 89, UA Berlin, Schauspielhaus 90; 'Der Teufel mit den 3 goldenen Haaren' (Kinderop), UA Reichenbach, Neuberinhaus 01. **Sonst:** Grdg einer Kompklasse f Kinder u Jugendliche an d MH Vogtland, div Kinderop-Projekte.

Hristova, Krassimira, Solorepetitorin; Muhlernstr 246, CH-3098 Köniz, T: 03 19 71 84 30. **Laufb:** Solorep Stadtth Bern. (Red)

Hruba-Freiberger, Venceslava, Prof, Hochschullehrerin, Opernsängerin; Über der Sorge 17, D-99425 Weimar, F: (03 42 94) 7 36 90 [Dublovice, Tschechien 28.9.1945]. **Ausb:** Stud Ges (Passerova, Michelova) Kons Prag 62–68. **Laufb:** OpChor Nationalth Prag 68–70, Sol Th 'J K Tyl' Pilsen 70–72, Sol Neues OpHaus Leipzig 72–88, freischaff ab 88, Doz H f Musik 'Hanns Eisler' Berlin 89–91, Prof (Ges) H f Musik 'Franz Liszt' Weimar seit 92, Gastsp als Op- u KonzSol in Europa, Amerika, Israel, Japan. **Pr:** Grand Prix pour Musique Osaka, Kammersängerin, Kunstpr d Stadt Leipzig. – **Sonst:** zahlr CDs, RF, Fernsehen, Prod im In- u Ausland.

Hruby, Jana, Sängerin; c/o Musikalische Komödie der Oper Leipzig, Dreilindenstr 30, D-04177 Leipzig. **Laufb:** Sol Musikal Komödie Leipzig. (*)

Hruby, Michael, Mag, Prof, Hochschullehrer, Klavier; Univ f Musik u Darst Kunst, Inst Ludwig van Beethoven, Rennweg 8, A-1030 Wien, *hruby@mdw.ac.at* [Wien]. Stud (Kl) U f Musik u Darst Kunst Wien (W Panhofer) **Laufb:** Musikerzieher a e Wiener Gymnasium 76–90, o UProf (Mpäd) U f Musik u Darst Kunst Wien. (Red)

Hruška, Ernst, Bassbariton; c/o Niebelheim Agentur & Verlag Regina Hruška, Gallgasse 76, A-1130 Wien, T: (01) 8 97 90 91, F: 8 97 90 91, *agentur@niebelheim.com*; *www.niebelheim.com* [Wien]. **Ausb:** GesUnterricht b J Wöber, Studio d Wiener Staatsop, Stud b KS O Wiener u RR H Deutsch u b KS W Berry. (Red)

Huang, Shao-Yin, Klavier; Hinterbärenbadstr 76, D-81373 München, F: (0 89) 7 46 95 67, *kontakt@duo-accord.de*; *www.duo-accord.de* [Kaohsiung, Taiwan]. **Ausb:** Stud (Kl) b K-H Mrongovius München 90–94, Mstrks. **Laufb:** LBeauftr H f M München, Klavierkl Landeskons Innsbruck seit 98, Konz, Int Fstv. **Pr:** zahlr Pr, ua 2. Pr 49. Int ARD M Wettb München 2000, 1. Pr Int KamMWettb 'Gaetano Zinetti' Verona 2000, 1. Pr Int Piano Duo Competition 'Murray Dranoff' Miami 01. **Ens:** Duo d'Accord. – **Aufn/RF:** zahlr CDs u RF-Aufn ua Poulenc 'Konzert f 2 Klaviere' SymphOrch d BR, Dgt: H Koivula; Ravel 'Ma mère l'oye' 'Rhapsodie Espagnol', Reger '6 Burlesken, Beethoven-Var, Strauss-Thuille 'Don Juan', Martinu 'La Fantaisie', Debussy 'Six Epigraph Antike', Milhaud 'Quatre Visage'.

Huang, Ying, Sopran; c/o Columbia Artists Management GmbH, Till Janczukowicz, Albrechtstr 18, D-10117 Berlin, T: (0 30) 20 64 80 78, F: 20 45 34 80, *info@cami.com*; *www.cami.com, www.yinghuang.com*. **Ausb:** Stud Shanghai Kons. **Laufb:** Auftritte Op Th of St. Louis, San Diego Op, Portland Op Repertory Th, Michigan Op Th, L'Op de Nice, Op Omaha, Shanghai Grand Th (w J Carreras), Nat Reisop, Op Köln, Cincinnati May Fstv, Mostly Mozart Fstv NY u Tokyo, Tanglewood Fstv, ZusArb m Honolulu Symphony, Choral Arts Soc of Washington, Orquesta Sinfonica de Madrid, Singapore Symphony Orch, Nat Symphony Orch of Taiwan, Orquesta Sinfonica Nacional de Mexico, Houston Symphony, Chicago Symphony Orch, Kölner Philh, Chamber Music Soc of Lincoln Center, Boston Symphony Orch, Scottish Chamber Orch, Berliner Philh, Hong Kong Philh, Tokyo Symphony Orch. **Pr:** 2. Pr 19. Concours Int de Chant de Paris, Sängerin d Jahres Volksrep China 93. – **Aufn/RF:** zahlr CDs u a: 'Bitter Love' 99, 'Amore II' 2000, R Danielpour: 'Elegies' 01, 'Escape Through Op' 01. **Sonst:** Titelrolle Film 'Madame Butterfly' (Puccini) 95. (Red)

Hube, Frank Maximilian, Kapellmeister; c/o Lübecker Theater GmbH, Beckergrube 16, D-23552 Lübeck, T: (04 51) 7 08 80, *theater@luebeck.de*. **Laufb:** 1. Kapm Lübecker Th SpZ 03/04. (Red)

Huber, Andrea, Sängerin; c/o Badisches Staatstheater, Baumeisterstr 11, D-76137 Karlsruhe; c/o Musikalische Komödie der Oper Leipzig, Dreilindenstr 30, D-04177 Leipzig. **Laufb:** Gastsol Vereinigte Bühnen Graz SpZ 00/01, Sol Lehár Festival 05, Musikal Komödie Leipzig. (Red)

Huber, Andreas, Klavier; Glärnischstr 19, CH-9010 St Gallen, T: 07 12 44 35 14. (Red)

Huber, Felix, Komponist, Klavier; Höhenweg 14, CH-5102 Rupperswil, T: 06 18 97 38 54, *f@ost-west-inspiration.com* [Frick, Schweiz 3.11.1952]. Improvisation, Komposition **Ausb:** Stud (F J Hirt, Z Jonas, T Hirsbrunner) Kons Bern 73–77, (V Benedetti) Jazz School Bern; StudAufenth (G Hopkins, R Santisi) Berklee College of Music Boston/USA. **Laufb:** Amerikatournee 75, Solo-Pianist (Klassik-Jazz). **Pr:** 2. Pr Int Jazz-KompWettb Monaco, Titel 'Pro Argovia Artists 01/02' Kulturstift Pro Argovia (f Duo-Programm 'Al Fresco'), 1. Pr Kompwettb z Eröffnung d Schweizer Landesausst Expo 02, 3. Pr IV Int Prokofieff KompWettb St Petersburg 03; 1. Pr KompWettb d Interlakner- u Meiringer Mfestwochen sowie d Schlosskonz Spiez u Thun. – **Komp:** 'Suite für Klavier' UA durch Olga Kotlyarova in Sankt Petersburg 03; 'fanfare@expo.02' (f 12 Trp und Schlz) UA Luzerner Trp-Ens, Dgt: Jonathan Nott 02; 'In memoriam' – Komp f Orch u improvisiertes Kl / Fantasie über ein Fugenthema von J S Bach, UA Casino Bern 2000, Felix Huber (Kl), Ltg: Martin Studer; EL CAMINO DE SANTIAGO EN SPIEZ (Komp f gem Ch a cappella), UA Ch Novantiqua, Ltg: B Pfammatter, Spiez 99; EL CAMINO DE SANTIAGO EN THUN (Komp f Fl, Ob, Hfe, V, Va u Vcl) UA Ens Pyramide Thun 99; EL CAMINO DE SANTIAGO EN MEIRINGEN (Komp f StrQuin), UA Ens 415, Ltg: C Banchini, Meiringen 99; EL CAMINO DE SANTIAGO EN INTERLAKEN (Komp f Orch), UA FstvlOrch Ernen, Dgt: G Sebök, Ernen/Interlaken 99; '9 Holzminiaturen' f Ob, Klar, Tenorsax u Fag, UA durch Quatuor Francis Poulenc, Filature Mulhouse 94. **Aufn/RF:** Einladung HR (hr2) z musikal Gestaltung d Holocaust-Gedenktages i Kassel 02 m Formation 'Ost-West Inspiration' Klezmer-Jazz-Klassik.

Huber, Franz, Dramaturg; Weingartshofstr 20, A-4010 Linz, T: (07 32) 66 27 04). **Laufb:** ChefDram Landesth Linz SpZ 03/05. (Red)

Huber, Gerold, Klavier; c/o Oper Frankfurt, Untermainanlage 11, D-60311 Frankfurt. **Laufb:** Gastsol Schwetzinger FSp 05. (Red)

Huber, Heinrich, Schauspielmusiker; Liebigstr 40, D-44139 Dortmund, T: (02 31) 9 12 87 12. **Laufb:** Lt SchspM Th Dortmund SpZ 03/05, SchspM Gandersheimer DomFSp 04. (Red)

Huber, Karl, Dr, Hochschullehrer; Lindenweg 4, D-86860 Jengen, T: (0 82 41) 9 03 41, *Dr. Karl.Huber@t-online.de*. **Laufb:** Doz (Orchstellen, Blattsp, Pos) MH Winterthur Zürich, LBeauftr Univ Augsburg. (Red)

Huber, Klaus, Prof, Komponist, Hochschullehrer; Parkstr 48, D-28209 Bremen, T: (04 21) 2 23 84 24, F: (04 21) 2 23 84 24; *www.klaushuber.com, www.swissclassic.net/huber.htm* [Bern 30.11.1924]. **Ausb:** Stud (V, SchM) Zürich 47–49, KompUnterr (W Burkhard) 47–55, V (S Geyer) 55/56, (B Blacher) Berlin 55/56. **Laufb:** Doz (V) Kons Zürich, Lehrtätigkeit (Musikgeschichte) Kons Luzern 60–63, Lt KompKl Musikakad Basel 64–73, Lt d KompSeminar Stift Gaudeamus, Bilthoven/NL 66/68/72, Lt KompKl MH Freiburg/Br 73–90, Präs STV 79–82, Tätigkeit als Gastprof seit 84. **Pr:** Beethovenpr Stadt Bonn 70, Kunstpr Stadt Basel 78, Mitgl Bayer Akad d Schönen Künste, Akad d Künste Berlin, Freie Akad d Künste Mannheim. – **Komp:** zuletzt: Plainte – Die umgepflügte Zeit II (Klagegesang) 90; Lamentationes de fine vicesimi saeculi (f Orch) 92–94; Intarsi (KamKonz) 93/94. **Sonst:** Grdg Int Kompens Boswil 69. (Red)

Huber, Michael F P, Komponist; Karl-Schweighofergasse 8/3/15, A-1070 Wien, T: (01) 9 90 35 32, 06 99–17 25 11 71, *mfphuber@vienna.at* [Innsbruck 25.11.1971]. **Ausb:** Stud Komp (I Eröd, K-P Sattler, K Schwertsik) Wien. – **Komp:** ua 'Es ist soweit' (Suite f KamOrch); 'Sinfonietta' (f KamOrch); 'Piano Trio'; 'sonata 1993'; 'Sparkantate' (f Chor, Kl, Schlgz). (Red)

Huber, Nicolaus A, Prof, Komponist, Hochschullehrer; Waldsaum 72, D-45134 Essen, T: (02 01) 44 04 91, F: 44 43 41; *www.breitkopf.de/* [Passau 15.12.1939]. Konzert, Multimedia **Ausb:** Kompstud (G Bialas, KH Stockhausen) Darmstadt, (L Nono) Venedig, Kl (O Koebel). **Laufb:** Arb im Elektron Studio Siemens/München, m J A Riedl, Prof (Komp) Folkwang-H Essen ab 74, seit 03 emeritiert; Tourneen u Kurse Venezuela 85, Japan 89, Ecuador, Schweden 90, Uruguay, Montevideo 93, Korea, Seoul 95, Wien 01, Korea 05. **Pr:** Kulturpr Stadt München 69, Darmstädter KompPr 70, Berliner Förderungspr Musik 88, Mitgl Akad d schönen Künste Berlin, Freie Akad Leipzig. **Ens:** Ens Musik-Film-Dia-Licht-Galerie J A Riedl 69–71. – **Komp:** zahlr Komp f Solo, KamM, Ens, Orch u andere Medien (Film, Video, Gerüche usw), ua Komp f Fl, Ob, Klar od Sax, Fag, Tb, Pos, V, Vcl, Akk, Kl, Org, Becken, Hfe, kl Trommeln; Anerkennung u Aufhebung (Lukas) (4 Filme, TB, Spiegel ad lib),

UA München 72; AION (TB/Gerüche), UA Köln 72; DARABUKKA (Kl solo), UA Paris 77; Morgenlied (Orch), UA Saarbrücken 81; Nocturnes (Orch), UA Donaueschingen 85; An Hölderlins Umnachtung (Ens), UA Porto 93; To' Marilyn Six Pack (Orch/TB), UA Donaueschingen 96; 'ACH, DAS ERHABENE...' betäubte fragmente f 2 Chöre à 36 Stimmen, UA Köln, Dgt: R Huber 2000; Rose Selavy (Ens), UA Köln 01; Music on Canvas (Ens), UA Gent 03; 'Werden Fische je das Wasser leid?' (Ens), UA Witten 04; Die Leber des Prometheus (Sop, Fl, Kl, V, Vcl, Klar), UA Wiesbaden 05; Solo f Stimme, UA Berlin 05; doux et scintillant (Trp), UA Berlin 05. **Aufn/RF:** zahlr LPs u CDs, alle Komp existieren als RF-Prod oder RF-Mitschn. **Sonst:** Grdmitgl MusikFabrik NRW 91, J Häusler (Hg): 'Durchleuchtungen' Schriften 2000. **Lit:** F Silecki: Das Politische in d Komp v H Lachenmann u N A Huber 2000; R Nonnenmann: Arbeit am Mythos. Studien zur Musik v N A Huber 02 ua.

Huber, Suzanne, Flöte; rte de la Chaniaz 14, CH-1807 Blonay. (Red)

Hubinger, Erwin *siehe* Platt, Peter

Hubmann, Klaus, Dr, Prof, Hochschullehrer; Univ f Musik u Darst Kunst, Inst 15, Leonhardstr 15, A-8010 Graz, T: (03 16) 3 89 33 44, F: 3 89 31 51, *klaus.hubmann@kug.ac.at*. **Ausb:** Stud (Fag) U f M u Darst Kunst Graz (R Frodl), Lehrbefähigung u Dipl 1983, Stud (Sologes) ebd (J Pöltinger) 78–84, Ergänzungsstud i Fach Aufführungspraxis, Mag art 1985, Stud Musikwiss u Germanistik Karl-Franzens-Universität, Mag. phil. 1989, Dr. phil 1991. **Laufb:** Hochschulass a Inst f Aufführungspraxis seit 87, Gründer und Leiter des Ensembles „Catkanei – Studio für Alte Musik, Graz", ao UProf (Aufführungspraxis) U f Musik u Darst Kunst Graz. (Red)

Hudezeck, Hartmut, Solokorrepetitor; c/o Volksoper Wien, Währinger Str 78, A-1090 Wien. **Laufb:** Solorep Op Frankfurt, Solokorr Volksop Wien SpZ 04/05. (Red)

Hudson, Benjamin, Violine, 1. Konzertmeister; Heinestr 41B, D-70597 Stuttgart, T: (07 11) 7 65 70 39; c/o Stuttgarter Kammerorchester eV, Johann-Sebastian-Bach-Pl, D-70178 Stuttgart, T: (07 11) 6 19 21 21, F: 6 19 21 22, *info @stuttgarter-kammerorchester.com* [Illinois, USA]. **Ausb:** Stud (V) Univ of Southern California m Mstrkl b J Heifetz, G Piatigorsky; Unterr (V) b J Gingold, J Silverstein, H Szeryng, O Shumsky, D Weilerstein. **Laufb:** 1. V b Speculum Musicae u Ens Musica Antiqua Köln, Mitgl Los Angeles Chamber Orch, Konzm Clarion Chamber Orch, NY Pops, Dance Th of Harlem, Brooklyn Philh Orch, Schwed Drottningholm Hofth-Orch, Konzm u Dgt Hannover Band London, Konzm Stuttgarter KamOrch seit 95. **Ens:** Grdg Columbia String Qua 75.

Hueber, Kurt Anton, Dr phil, Komponist; Nr 34, A-3712 Grübern, T: (0 29 58) 8 23 02 [Salzburg 9.7.1928]. Orgel, Klavier, Kammermusik, Orchester **Ausb:** Kl (F Ledwinka) 42–48, Dirig (P Walter) 45–48, Vcl (G Weigl) 45–49, Komp (J N David) 46–48 MH Mozarteum Salzburg, Reifeprfg (Kl, Dirig) 48, Stud (MWiss) U Wien 50–54, Prom 55. **Laufb:** Kapm Landesth Linz 58–60, Komp SchauspM, Ltg Zweigstelle 19 Kons Wien 62–95, Doz (Akustik) MH Wien 80–93, Vorstandmitgl INÖK, Vizepräs Int Ges f ekmelische Musik Salzburg. **Pr:** Ehrenmitgl KompGruppe Trondheim, Förderungspr Stadt Wien f Musik 67, Würdigungspr Land Niederösterreich f Musik 92. – **Komp:** 'Schwarz auf Weiß' (Op), UA Österr TV, Orch Österr RF, Dgt: K Wöss 68; Glockenspektren (f Kl u Röhrenglocken) 70; Spectrales (f Kl, Vib, Röhrenglocken, 3 Tamtam, 3 Becken), UA Wien 70; Formant spectrale (f gr StrOrch), UA Münster, Dgt: P Walter 83; Hiroshima (f KamEns), UA Bad Tatzmanndorf, Dgt: W v Zutphen 88; 1. Symph, UA Dornbirn 89; Dankos Herz (StrQua), UA Salzburg 92; Völuspa (V solo, StrOrch, Pk), UA Amstetten 93; Serenata concertante (f Fl, Ob, Kl, Fag, Hn, StrOrch) op 3 (zugeeignet d Schwester d Komp Helga); Ländliche Rondelle (f Fl, Ob, Kl, Hn, Pos u StrOrch) op 61, UA Salzburg. **Aufn/RF:** 1. Fantasie f Orgel; Bläserqui; Requiem; 'Der unbekannte W Busch'; 'Maskenspiele der Genien' (f Kl) 01. **Sonst:** 'Nachbildung d Glockenklanges...' (Acoustica 26) 72; 'Pseudoharm Partiatonreihen...' (Mikrotöne I) 85; 'Mathemat-phys Grundlage e ekmel Intervalllehre' (Mikrotöne II) 87; 'Mathem-Ekmel Harmonik' (Mikrotöne III) 89. **Lit:** K A Hueber: Musiksammlung d Österr Nationalbibl 96.

Hübl, Claudia, Dipl Musikerin, Klavier; Lessingstr 42, D-48485 Neuenkirchen, T: (0 59 73) 60 02 13, F: 60 02 14, *claudia@claudiahuebl.de*; *www.claudiahuebl.de*. Schubert, Chopin, Neue Musik **Ausb:** Stud MH Detmold, Würzburg b G Weichert, K Betz u B Glemser. **Laufb:** Klavierabende, Solokonz m OrchBegl Europa u Israel, erweiterte KonzFormen (z B Kombination v Musik, Performance u Sprache). **Pr:** Stip Vogel-Stift Würzburg 2000. – **UA:** als Sol u im Ens zahlr UA im Bereich Neue M.

Hübler, Klaus Karl, freiberufl Journalist, Komponist; Widenmayerstr 23, D-80538 München, T: (0 89) 29 27 67, F: 29 27 67 [München 12.7.1956]. **Ausb:** Stud MWiss, Komp (A Kiesewetter, B Ferneyhongh). **Pr:** div Stip, Förderpr GEMA-Stift 82, Anerkennung Hambacher Pr 85, Kranichsteiner Musikpr 88, Förderpr Stuttgart 90. – **Komp:** Feuerzauber (KamM) 81, UA Witten 83; Dialektische Fantasie, 3.Streichqua 82–84, UA Darmstadt 84; Arie dissolute (Konz) 86/87, UA Witten 88; Epiphyth (Konz) 87–89, UA Köln 89; Kryptogramm (KamM) 89, UA Hamburg 89; 2.Streichtrio (u TB) 'Queneau u ich', UA Zürich 97; Hörsermon (Spr, Vcl, Kl), UA Zürich 99. (Red)

Hübner, Dietmar, M phil, Dr phil, Dipl-Phys, Komponist; Georgstr 25–27, D-53111 Bonn, T: (02 28) 65 62 53, *hubner@iwe.uni-bonn.de* [Solingen 16.4.1968]. Klavier, Singstimme **Ausb:** Stud (Physik) U Bonn 89–93, Stud (Physik) U Cambridge 93–94, Stud (Physik) U Bonn 94–95, Stud (Philosophie) U Bonn 95–99. – **Komp:** Polonaise (Kl) 85; Five Songs of Night (Sop, Kl) 01; Trois Tableaux (Kl) 01.

Hübner, Eckart, Prof, Hochschullehrer, Fagott; Eisenlohrstr 22, D-76135 Karlsruhe, T: 0 17 27 13 47 37, (07 21) 9 82 32 23, F: 9 82 32 24, *eckart-huebner @web.de*; Univ d Künste, Fak Musik, Inst f Künstl Ausbildung / Orchesterinstr u Dirigieren, PF 120544, D-10595 Berlin, T: (0 30) 31 85 25 12, F: 9 82 32 24 [Hamburg 19.9.1960]. **Ausb:** Stud Fag (K Thunemann) MH Hannover 82–87, Dirig (Rohde) MH Leipzig 96–98. **Laufb:** Prof (Fag) H d Künste Berlin, SolFag SWR-Sinf-Orch, Dirigiertätigkeit seit 96. **Pr:** ARD-MWettb München, Dt MWettb Bonn, Pr d dt Schallplattenkritik. **Ens:** Albert-Schweitzer-Qui. – **Aufn/RF:** Reicha: Gesamtaufn Bläserqui; Rosetti: FagKonz; Soloaufn m versch Orch, va Erstaufn d Konz v Koechlin u Deviens; zahlr Ens-CDs.

Hübner, Werner, Komponist; Am Wingert 11, D-50999 Köln, *w_huebner @gmx.de* [Waldfischbach/Pfalz 11.5.1951]. – **Komp:** Talismann, UA Stuttgart 98; Goldkind, UA Zürich u Düsseldorf 99; Unter der Weide; UA Hennef/Sieg 2000; Im Grün des Lebensgartens, UA Hennef/Sieg 01.

Hülsermann, Stefan, Klarinette; Golzheimer Str 116, D-40476 Düsseldorf, T: (02 11) 44 45 91, 01 73–8 69 31 93, F: 44 45 91, *s.huelsermann@t-online.de* [Oberhausen]. Kammer- u Ensemblemusik Klassik bis 21. Jh **Ausb:** Stud (W Rupp) Robert-Schumann-H Düsseldorf, Mstrks b H Deinzer u K Leister. **Laufb:** Kölner KamOrch, Robert-Schumann-KamOrch, Folkwang-KamOrch, KamMProgramme m T Leander, LBeauftr U Köln seit 96. **Ens:** notabu.ensemble neue musik, AION-Ens.

Hülshoff, Alexander, Prof, Hochschullehrer, Cello; Mühlenstr 260, D-47475 Kamp-Lintfort, T: (0 28 42) 90 88 42, 01 72–2 50 83 73, F: 90 88 97, *alexander. huelshoff@t-online.de*; FolkwangHochschule, Klemensborn 39, D-45239 Essen; *www.alexander-huelshoff.de* [1969]. **Ausb:** Stud (M Ostertag) Karlsruhe, (L Harrell) Los Angeles. **Laufb:** Prof (Vcl, KamM, Str) Folkwang-H Essen seit 97, KonzReisen Israel, Korea, England, Kanada, Malaysia, Spanien, Portugal, Albanien, Griechenland, Niederlande, Frankreich, Rumänien, Türkei; Gast b zahlr int Fstvs (Berliner FestW, Enescu Fstv Rumänien, Kar Bum Fstv Israel, Prager Qua Herbst, Brahms Fstv Granada, Moselfestwochen, Rhein Frühling, Rhein MFest ua). **Ens:** Mitgl Sharon Qua u Amati Ens seit 97. (Red)

Hülsmann, Christoph, Sänger; Bergisch Gladbacher Str 744, D-51067 Köln, T: 0 17 74 34 46 23, *kontakt@christoph-huelsmann.de*; *www.christoph-huelsmann.de* [Rostock 29.10.1973]. Oper, Orarorium, Lied **Ausb:** Stud b W Wild MH Rostock 95–00, Stud b H C Polster MH Leipzig 00–02. **Laufb:** Sol OpStudio Köln SpZ 02/03 u 03/04, freischaff Sol f Orat.

Hünigen, Ellen, Komponistin, Hochschullehrerin; Christburger Str 27, D-10405 Berlin, T: (0 30) 4 42 61 96, *ellen.huenigen@t-online.de*; Dietrich-Bonhoeffer-Str 31, D-10407 Berlin, T: (0 30) 4 23 80 42 [Berlin 11.7.1965]. Praxis u Theorie Alter Musik **Ausb:** Komp, Kl (Tittel, Brauer) MH Hanns Eisler Berlin 84–90, Mstrkl (F Goldmann) Akad d Künste Berlin 89–91, versch Kompkurse, musikwiss Studien (Rienäcker, Kaden) HU Berlin. **Laufb:** LAuftr (Tonsatz, Gehörbildung) MH 'Hanns Eisler' u Gymn 'C Ph E Bach' seit 90, Mitgl Vokalens VOX NOSTRA Berlin seit 98, LAuftr (M-Hss d MAs) Humboldt U Berlin 01/02. **Pr:** KompPr Geraer Ferienkurs f zeitgen Musik 89, Stip Akad Schloß Solitude 90, Stip Berliner Senat 91, Stip Stift Kulturfonds 92, KompPr Festival Komponistinnen – gestern – heute Heidelberg 99. **Ens:** Vokalens VOX NOSTRA. – **Komp:** Duo f 2 Kl (KamM) 87, UA Berlin 88; Musik f Hn, Vcl, Kl u Schlgw (KamM) 87, UA Berlin 88; Percussion f 6 Spieler (KamM) 89, UA Gera 89; Momente m Miró (f 8 Instr) (KamM) 90/91, UA Dresden 92; 'Klang d Ahorn' f Pos, Bkl, TB u Videoproj (KamM) 91, UA Berlin 91; SpurenElemente (TB) 91, UA Konvergenzen 91; ...f 2 Schlgz u Kl (KamM) 91/92, UA Berlin, Klangwerkstatt 92; TEKTONIK/FENSTER (Va, Kl) 92, UA Berlin 92; SAND-STEIN (Quintone, Kl) 92, UA Berlin 92; Install-atM (4 Instr) 96, UA Berlin 96; Seestück f Orch (OrchW) 98, UA Freiburg 99; ...die tote Luft zu kaun (6 Vok, 4 Schlgw) (KamM) 99, UA Heidelberg 99; harmonie (Sop, BKl) (KamM) 01, UA Zepernick, Randspiele 01. **Aufn/RF:** Duo f 2 Kl (KamM) 87, RF d DDR 88, D Brauer, E H; Musik f Hn, Vcl, Kl u Schlgw (KamM) 87, RF d DDR 88; Perc f 6 Spieler (KamM) 89; CD MDR "Das Leipziger SchlgzEns' 95.

Hüning, Ansgar, Bariton; Klaus-Groth-Str 18, D-24937 Flensburg, T: (04 61) 18 17 19, 01 77–6 88 29 72, F: (04 61) 18 17 19; Schleswig-Holstein Landestheater, Lollfuß 53, D-24837 Schleswig [Münster 18.3.1966]. Oper, Lied, Oratorium **Ausb:** Ges Kons d Stadt Wien 89–92, Ges Kons Ferrara u Bologna 92–96, Priv Gesang (R Emili). **Laufb:** Sol Schleswig-Holstein Landesth u Sinf-Orch Schleswig, Sol Op Fstp Stiftsruine Bad Hersfeld 97–2000. **Pr:** 2. Pl Landeswettb Gesang NRW 96.

Hüningen, Ellen, Komponistin; Christburger Str 27, D-10405 Berlin [Berlin 1965]. **Ausb:** KompUnterricht b Ludwig Walter an d Spezialschule f M 'Hanns Eisler' Berlin, KlUnterricht b Almut Fischer-Brauer u ImprUnterricht bArmin Thalheim, Stud Komp/Tonsatz b Gerhard Tittel u Kl b Dieter Brauer H f M 'Hanns Eisler' Berlin 84–89, Meisterschülerin b Friedrich Goldmann an d Akad d Künste Berlin 89–91, mehrjährige Teilnahme an d Geraer Ferienkursen f zeitgen Musik; Teilnahme an d Künstl Sommeruniv Esztergom, Ungarn 86, Teilnahme am int Bartók-Seminar u -Fstv in Szombathely, Ungarn 89. **Laufb:** LAuftr f Tonsatz/Gehörbildung H f M 'Hanns Eisler' Berlin u d Spezialschule f Musik 'C. Ph. E. Bach' seit 90. **Pr:** Pr f Komp b Geraer Ferienkurs 89, Stip Akad Solitude Stuttgart 90, Stip d Berliner Senats 91, Stip d Stift Kulturfonds 92. – **Komp:** Momente mit Miro 90, Seestück f Orch 98. (Red)

Hünteler, Konrad, Prof, Hochschullehrer; Paul-Klee-Weg 61, D-48165 Münster, T: (0 25 01) 1 32 95, F: 1 32 95, *mhs@uni-muenster.de*; Musikhochschule, Ludgeripl 1, D-48151 Münster [Mechernich 12.3.1947]. histor Flöteninstr **Ausb:** Stud (Fl, Blockfl) Köln 65–68, Stud Fl (A Nicolet) Freiburg 68–71, Stud Traversfl, Blockfl (H-M Linde) Basel 69–71. **Laufb:** Prof (Fl, Traversfl, Blockfl) H f Musik Detmold, Abt Münster seit 79. **Pr:** Pr d dt Schallplattenkritik 89. **Ens:** Solofl Cappella Coloniensis 78, Solofl Orch d 18. Jhs 82. –

Aufn/RF: C P E Bach: Flötenkonz, Amsterdam Baroque Orch, Dgt: T Koopman 83; W A Mozart: Flötenkonzerte, Orch d 18. Jhs, Dgt: F Brüggen 91; G P Telemann: 'Musique de Table', Camerata d 18. Jhs 93; A Vivaldi: Flötenkonzerte, Camerata d 18. Jhs 94. **UA:** O Balakaushas: 'Tristan' (f Fl, Git, Kl). **Zug:** H-M Linde: 'Anspielungen'. **Sonst:** Grd u Lt Camerata d 18. Jhs 91. **Lit:** Porträts in 'Tibia', 'Flöte aktuell', 'Traversières'.

Hürholz, Margareta, Prof, Hochschullehrerin, Orgel; Lupusstr 36, D-50670 Köln, T: (02 21) 17 93 37 47, F: 7 32 70 57, *mhuerholz@gmx.de*; H f Musik, Dagobertstr 38, D-50668 Köln [Bad Münstereifel 1943]. **Ausb:** künstl Reifeprüfung u Konzertexamen Köln 76/78, Stud i Paris (M-C Alain). **Laufb:** Prof (Org) H f Musik Köln seit 97. **Pr:** Prix d'excellence à l'unanimité Paris 79, Prix de virtuosité à l'unanimité Paris 80, 1. Pr Deutscher Musikwettbewerb Köln 76. (Red)

Hürlimann, Hans, Komponist; Domaine Bourdic, F-34290 Alignan du Vent, T: 04 67 24 98 08, F: 04 67 24 98 96. (Red)

Hüttel, Walter, Dr sc phil, Prof, Musikwissenschaftler, Komponist, Organist; Auestr 55, D-08371 Glauchau [Glauchau 13.2.1920]. **Ausb:** Stud KiM, Komp (J N David, O Weinreich, G Ramin) MH Leipzig 38–41, 46–48, Stud (MWiss, Kunstgesch, Archäologie) U Halle-Wittenberg 48–50, Privatstud (S Glanz) Chemnitz 38, Prom HU Berlin 57, Habil ebd 77. **Laufb:** L MH Dresden 51–53 u Weimar 53–55, R-Schumann-Kons Zwickau 55–57, MSch Stendal 66–68, Jüterbog 68–81, stellv Dir Glauchau 81–85, MH Weimar, Auß Gera (Lektor) 83–90. **Pr:** Pestalozzi-Med Bronze, Silber u Gold, Kompverb Thüringen Weimar. – **Komp:** Suite Nr 9 f Kl 'Marzahnaer Festmusik', UA Marzahna 70 (Auftr: LPG Marzahna); Wilhelmsburger Orgelmusik op 61, UA Schmalkalden, Schlosskapelle, H Haupt 79 (Auftr: Rat d Kreises Schmalkalden); Feierl Intrada f Orgel op 23, UA Glauchau, Schloss, W Hüttel 82 (Auftr: MSchule Glauchau); Kantate Nr 3 op 41, UA Celle, 3 Sol, 3 Chöre, Celler KamOrch, Dgt: W Freiberg 88; Sonate f Tb u Kl, op 47, UA Leipzig, Gewandhaus, D Meschke, C Richter-Smettan 90; Konz f 2 V u KamOrch op 57, UA Glauchau, Schloss, C Törpe, M Bardehle, Dresdner KamOrch, Dgt: R Hughey 96; Konzertstück (f Fag, Git u Qufl) op 92. **Aufn/RF:** mehrere Kassetten u eine CD zu Orch- bzw KamMKomp. **UA:** J Kupfer: Inventionen f Kl, UA Oehna/Brandenburg. **Zug:** zahlr. **Sonst:** Zur Gesch d dt Volksliedes im 17. Jh 57; Stud z Musikgesch d Stadt Meerane 94; Musikgesch v Glauchau u Umgebung 95; Organologische Miszellaneen – Ein Orgelbauerlexikon 05. **Lit:** 'W H: Autobiographie u Aktionsbericht' 2000.

Hütten, Anne, Prof, Harfe, Hochschullehrerin; Alexanderstr 37, D-68519 Viernheim, T: (0 62 04) 43 97, 0 17 15 48 24 52, F: 7 19 51, *Huettenanne@aol.com*; Hochschule f Musik u Darst Kunst, N 7,18, D-68161 Mannheim [Bonn]. **Ausb:** Stud Hfe (H.J. Zingel) Staatl H f M in Köln 69–73. **Laufb:** 1. Soloharfenistin im Nationaltheater-Orch Mannheim 74, Mitgl d Bayreuther FSpOorch seit 77, Prof (Hfe) H f M u Darst Kunst Mannheim. (Red)

Hütten, Kurt Hans (Pseud: H Lamperny), Dipl-Komponist, Komponist; Mühlenstr 35/36, D-03046 Cottbus, T: (03 55) 2 23 49, F: 3 83 27 02, *Hans.Huetten@t-online.de*; *www.klangecke.de/HansHuetten* [Nossen 23.3.1943]. Bläsermusik, KamM **Ausb:** Fachgrundschule u später H f M Dresden 57, Stud (Hauptfach Komp) Dresden 80. **Laufb:** Solotrp Th Cottbus 64, Fachberater f Blechblasinstr MH Cottbus 73–76, freischaff Komp seit 85. **Pr:** 3. Pr 94 u 2. Pr Saxoniade, Pr beim MON Bayern, Verdienstmed d BDBV, Carl-Blechen-Pr, 2. Pr 'Der alte Fritz' d BDBV 99. **Ens:** künstl Lt Blasorch Cottbus eV, künstl Lt 'Liederkranz' Groß Gaglow. **Mitgl:** Brandenb Verein 'Neue Musik'. – **Komp:** Saxonia-Blues (BlasM), UA Jena 85; Im E 991 (BlasM), UA Magdeburg 86; Kleine Ouvertüre (BlasM), UA Leipzig 88; Konz f Sax u Orch, UA Radolfzell 91; Lurelei (2 Luren u Orch), UA Basel 95; 5 Miniaturen f Oboe u Vcl (KamM), UA Cottbus 96; Lausitzer Reigen (KamM), UA Cottbus 97. **Aufn/RF:** Lurelei, Blasorch Lure 96; Fünf Miniaturen f Ob u Vcl, m M u N Götzinger 97 (Momentaufn CD); Spreewaldreigen, Münchener Polizeiorch 2000; Saxophonkonz, Linz, Anton-Bruckner-Blasorch 2000; Rosenlicht, f 2 Fl, Horn, Tromp u Pos, n Bildern v S Noack 05. **UA:** H Kross: Musette-Rhapsodie. **Zug:** 2 Künstlerbücher v S Noack.

Hütter, Erich Oskar, Cello; c/o Grazer Konzertagentur Hütter, Rudolfstr 148, A-8010 Graz, T: (06 64) 3 42 56 08, F: (03 16) 30 50 15 [Graz 1973]. KamM, moderne Musik **Ausb:** Stud (H Posch, P Muller) MH Graz 88–94, 1. Dipl (A Lysy) McGill U Montreal 94, Artist Dipl Recital 94–95, Stud (R Latzko) MAkad Basel seit 95, Sommerstud (M Maisky) Acad Chigiana Siena. **Laufb:** zahlr Konz Europa u USA, als Sol b SymphOrch Basel u Graz ua; zahlr MFstv (Styriarte, NÖ-Fstv, SommerFstv Feldbach, Vienna Modern ua). **Pr:** Stip: ua Österr Bundesmin f Unterr u Kunst, Grazer MH, Accad Chigiana Siena, McGill U Montreal, Musikakad Basel, 1. Pr österr Bundeswettb 'Jugend musiziert', 2. Pr int Cellowettb Gorizia, 3. Pr int Cellowettb Stresa a Lago Maggiore, 2. Pr int Bundeswettb 'Gradus ad Parnassum' Wien. – **Sonst:** Grdg 'Int KamM-Fstv Stift Rein b Graz'. (Red)

Hüttinger, Kurt, Prof, Hochschullehrer, Klavier; Univ Mozarteum, Abt f Musikpädagogik Innsbruck, Innrain 15, A-6020 Innsbruck, T: (06 62) 61 98 67 10, F: 61 98 67 09, *kurt.huettinger@moz.ac.at* [Salzburg 12.6.1956]. **Laufb:** UProf (Kl) U Mozarteum Salzburg. (*)

Huffstodt, Karen, Sopran; c/o Theateragentur Heidi Steinhaus, Auerfeldstr 26, D-81541 München, T: (0 89) 93 93 01 10, 01 70–4 45 82 00, F: 93 93 01 11, *info@heidi-steinhaus.de*; *www.heidi-steinhaus.de* [Illinois, USA]. **Laufb:** München, Wien, Paris, Tel Aviv, Zürich, Washington, Los Angeles, Miami Houston, Gastsol Badisches Staatsth Karlsruhe SpZ 04/05 ua.

Hufnagel, Anja, Flötistin; Motzstr 19, D-10777 Berlin, T: (0 30) 2 11 74 62, F: 2 11 74 62 [Düsseldorf]. **Ausb:** Stud (Bockfl) Hoogeschool voor de Kunsten/Utrecht b Marion Verbruggen, Baldrick Deerenberg u Heiko ter Schegget, KonzEx 93. **Ens:** Trio 96 – Blockflötenens. – **Aufn/RF:** zahlr CDs. (Red)

Hufschmidt, Wolfgang, Prof, Komponist, Hochschullehrer (em); Heckstr 92, D-45239 Essen, T: (02 01) 49 47 83, F: 4 95 52 10, *w.hufschmidt@gmx.de* [Mülheim/Ruhr 15.3.1934]. **Ausb:** Stud (KiM) Folkwang-H Essen 54–58. **Laufb:** Tätigkeit als Kirchenmusiker bis 68, Prof (Komp) seit 71, Rektor Folkwang H Essen 88–96, em 96, Präs Int Hanns Eisler Ges Berlin seit 94, Mitbegrd Ges f Neue Musik Ruhr. **Pr:** Ruhrpr f Kunst u Wiss Stadt Mülheim/Ruhr 73. – **Komp:** Meissner Tedeum (Orat) 67/68, UA Meissen 68; Stephanus, Dokumentation in Bildern, Musik u Sprache, UA Düsseldorf 72; Kontrafraktur (Orch), UA Kassel 73; Exercitien III: Das Prinzip Hoffnung (nach Bloch) (KamM), UA Essen 76; Trio II, 7 Inventionen über Farben u Bilder (KamM), UA Mülheim (Ruhr) 82; Lieder ohne Worte (TB-Musik), UA 86; Ruhrwerk – Medien-Orat, UA Bochum 98. **Sonst:** 'Willst zu meinen Liedern deine Leier drehn?' – Zur Semantik d musikal Sprache in Schuberts 'Winterreise' u Eislers 'Hollywood-Liederbuch' 92; 'Struktur u Semantik – Texte zur Musik 68–98' 94; 'Denken in Tönen – Eine Einführung id Musik als Komposition' 03. **Lit:** New Grove; MGG; Komponisten der Gegenwart; Metzler Komponisten Lex; Komponisten im Ruhrgebiet.

Hug, Angela, Blockflöte; Baumgartenstr 8A, D-34130 Kassel, T: (05 61) 6 55 14, 60 22 46, F: 6 55 14, *lacapriola@hotmail.com*; *www.lacapriola.de*. Alte u zeitgen Musik **Ausb:** MH Köln b Günther Höller. **Laufb:** Doz (Blockfl, KamM) MAkad Kassel, Doz (Blockfl, KamM) Int Arbeitskr f M. **Ens:** La Capriola, Ens Il pomo d'oro. – **Aufn/RF:** CDs: Dario Castello, m Ens la Capriola; Telemann, m Ens la Capriola.

Charlotte Hug

Hug, Charlotte, Dipl SMPV, Komponistin, Musikerin (Viola, Elektronik, Stimme); Heinrichstr 250, CH-8005 Zürich, T: 04 42 71 22 82, *charlottehug@bluewin.ch*; *www.charlottehug.ch* [Zürich 31.5.1965]. Musikperformance, Komposition, Improvisation, graph Musiknotationen, Raumpartituren **Ausb:** Stud (H Crafoord) Schweiz MPäd Verb 92–97, (szen Gestalten) H f Gestaltung u Kunst 93–96, Weiterbildung (P Silverthorne) London, Weiterbildung U d Künste Berlin (Klangkunstbühne), Gestalterische Ausbildung Atelier Testa m Diplomabschluss. **Laufb:** Verbinden v Visuellem u Akust, graf Partituren, Klanginstallationen, Videoinst, Musikperformances, seit 92, Auftritte im In- u Ausland m Imp, in Verbindung m bildender Kunst, Architektur, Tanz, Lit u Film, Soloauftr m eigenen MPerformances u Komp int Festv Polen, Tschechien, Holland, Italien, England, Dtschld, Schweiz seit 93, Raumpartituren, bewegl Partituren (son/cons) seit 2000. **Pr:** Atelierstip London, mehrmaliger Beitrag f künstl Schaffen Aargauer Kuratorium 2000/03, Atelierstip i Paris (f bildende Kunst) d Kantons Zürich i d 'Cité int des Artes' 04–05, Artist in Residence Cork city of culture 05. **Ens:** London Improvisers String Quartet seit 2000, London Improvisers Orch seit 2000. **Mitgl:** STV seit 97. – **Komp:** Neuland (Va Solo, Live Elektr) 65; Diese Welt ist nicht meine Wohnung (MPerformance i Baum f Va Solo) 97, UA Züricher FSp 97; MauerrauM WandrauM (MPerformance f Va Solo u Elektr in Videoinst), UA Th an d Winkelwiese, Tage f Neue Musik Zürich 96 (Auftr: Tage f Neue M Zürich); Playground of the goddesses (Bewegl Klangskulptur) 2000, UA Schaffhausen, Hallen f Neue Kunst, F Baumann, A Bosshard 2000; Quartett 01, UA London, Royal Fstv Hall, London Musician's Collective's 10th annual fstv of exp music, m C Kraabel, A Krebs, A Neumann 01; Raumpartitur/3DPartitur 01, UA geplant Baden (CH), Forum Claque 01 (Auftr: Pro Helvita); Mounted by the gods (Filmkomp), Dgt: A Venzago; Sonorbit (Va u Elektr in Raumpartitur), UA 02; Sonorbytes Klanginstallationen m 3D Klangdiffusion 05; anderwelten, Konz-Installation f Va, Stimmen, in audio-visueller Installation Cork 05 (Auftr European City of Culture); soundworks (Auftr European City of Culture) 05. **Aufn/RF:** CD: 'MauerrauM WandrauM' (Va u Elektr) 99; CDs: 'angel gate', m P Durrant, M Wastell, T Wren, Londoner StrQua 2000; 'the hearing continues', m London

Imp Orch 01; 'Angel Gate', m P Durrant, M Wastell, T Wren; 'Certain Questions', n P Thomas 02; 'Transitions', m M Nicols, C Kraabel 02; 'Neuland', Va solo 03; Porträts u Interviews TV u RF (DRS 2, espace 2, BBC, Jazzon 3). **UA:** ua H Reber: Walking in the limits, f Streichtrio u drei Schauspieler, Regie F Krug, Lawrence Wallen Bühnenraum. **Sonst:** Ausstellungen i Baden 02, Berlin 03, St. Gallen 04, Zürich 04, Bern 05, Paris 05, Cork 05, Musikperformances, Klanginstallationen auch an speziellen Orten (Gletscher, Katakomben in Paris, 'house of detention', Magdalena Laundry i Cork, Irland ua). **Lit:** Artikel i Zs 'Du' v N Olonetzky, Artikel i 'Entwürfe. Zs f Literatur', Juni 02.

Hugenholtz, Henrietta, Sängerin; c/o Stadttheater Gießen, Berliner Pl, D-35390 Gießen, PF 111128, D-25256 Gießen. **Laufb:** Sol Stadtth Gießen seit SpZ 03/04. (Red)

Hughes, Martin, Prof, Hochschullehrer, Klavier; Univ f Musik u Darst Kunst, Inst f Tasteninstrumente, Lothringerstr 18, A-1030 Wien, *hughes@mdw.ac.at*. **Ausb:** Stud b Y Lefebure i Paris ui L Oborin i Moskau. **Laufb:** Prof (Kl) H d Künste Berlin 91–02, UProf U f Musik u Darst Kunst Wien 02. (Red)

Hughey, Jane, Sängerin; c/o Landesbühnen Sachsen, Meißner Str 152, D-01445 Radebeul. **Laufb:** Sol Landesbühnen Sachsen. (Red)

Huh, Seun-Yeun, Pianistin; Chlupfgasse 19, CH-8303 Bassersdorf, T: 0 18 36 71 79, F: 0 18 36 52 06, *syhuh@bluewin.ch*; *huhtrio.joyclassic.com* [Seoul 9.10.1966]. **Ausb:** Stud (G Ludwig) MH Köln 82–86, (P Gililov) ebd 89–92, (K-H Kämmerling) MH Hannover 86–89, StudPriv (M Curcio) London 88–92. **Laufb:** ua Baltimore Symph Orch, Debüts London 91, New York (Carnegie Weill Recital Hall) 94, jährl in Korea seit 86, jährl Mstrkse ebd seit 91, LTätigkeit MH Mannheim 95, Zürich 97. **Ens:** Huh Piano Trio. – **Aufn/RF:** Mozart: alle Sonaten u KlStücke 98–01 (5 CDs). **Sonst:** Grdg Huh Piano Trio 95.

Huhn, Ingolf, Dr, Regisseur, Intendant; c/o Theater Freiberg, Borngasse 1, D-09599 Freiberg. **Laufb:** Intend Th Freiberg SpZ 03/04, Reg Th Freiberg SpZ 04/05. (Red)

Huijpen, Jaco, Bass; c/o Deutsche Staatsoper, Unter den Linden 7, D-10117 Berlin, PF 354, D-10109 Berlin; c/o Oper Frankfurt, Untermainanlage 11, D-60311 Frankfurt/Main. **Laufb:** Sol Kom Op Berlin, Gastsol Dt Staatsop Berlin SpZ 04/05, Op Fankfurt SpZ 04/05. (Red)

Hulett, Benjamin, Sänger; c/o Hamburgische Staatsoper, PF 302448, D-20308 Hamburg. (Red)

Hulin, Jeremy, Dirigent; In der Schleh 39, D-52249 Eschweiler, T: (0 24 08) 8 16 33; c/o Theater Aachen, D-52062 Aachen. **Laufb:** Dgt SinfOrch Aachen, 1. Kapm Th Aachen. (Red)

Hulliger, Anneròs, Orgel; Oberfeldstr 54, CH-3067 Boll, T: 03 18 39 55 86, F: 03 18 39 53 83 [Dürrenroth 24.2.1947]. Interpretation **Ausb:** Primarlehrerin Lehrerseminar Marzili Bern 63–67, Lehrdipl Orgel (E Peter) 71–74, Ausb Sol-Dipl Orgel (H Balli) 75–77, Mstrkse (L F Tagliavini, H Vogel, A Heiller, M C Alain). **Laufb:** Primarlehrerin Zollikofen 68–71, Organistin Kirche Bolligen 71, KonzOrganistin Schweiz seit 80, Konz Schweiz, Italien, Frankreich, Dtschld, Österr, Holland, Dänemark, Schweden, Finnland, Kurslt Orgelreisen 92, L (OrgSpiel) MSchule Kons Bern seit 94, L (Impr) H f Musik Bern seit 94, Organistin Kirche Thierachern seit 98, Doz Schweizer VHS u Seniorenuniversität U Bern. **Pr:** Trudi Schlatter-Kulturpr 94. **Mitgl:** STK, SMPV, Bernischer Organistenverb, Frauen-Musik-Forum. – **Komp:** 'Emmentaler Suite' f Tasteninstr; 'Guggisberg-Variationen' f Tasteninstr; 'Neue Töne f d alten Berner Marsch' f Tasteninstr. **AuftrKomp:** D Glaus: Edelsteine f Orgelpositiv u Cemb 81. **Aufn/RF:** 14 Tonträger (LP, CD) 84–2000, Orgelwerke an bedeut histor Schweizer Orgeln. **UA:** F Voegelin: Encuentro y Danza (Trp u Orgel) 86. **Zug:** F Voegelin: Encuentro y Danza. **Sonst:** Ed eig Bearb: Werke f Trp u Org, Notenhefte m M f Tasteninstr 'M aus d alten Bern' ab 95.

Humbert, Axel, Sänger; c/o Junge Kammeroper Köln, Florastr 93, D-50733 Köln. (Red)

Humble, Deborah, Sängerin; c/o Hamburgische Staatsoper, PF 302448, D-20308 Hamburg. (Red)

Humburg, Will, GMD aD, Dirigent; c/o S Sintow-Behrens Int Promotions & Management, Schleibingerstr 8, D-81669 München, T: (0 89) 44 21 89 00, F: 44 21 89 03, *office@sintow-behrens.com*; *www.sintow-behrens.com* [Hamburg]. MusikTh, Konz **Ausb:** Stud b H Stein u C v Dohnanyi H f M u darst Kunst Hamburg. **Laufb:** Korr u Kapm Th Bremen 79–84, Studienlt u koord 1. Kapm Th Hagen 84–88, Gastdgt b zahlr Op u Konz im In- u Ausland ua AaltoTh Essen, Scala Mailand, Teatro Bellini Catania, Teatro Regio Turin, Teatro Comunale Genua, Teatro Filharmonico Verona, Teatro dell'Op Rom, Teatro Sao Carlos Lissabon, Teatro Palermo, Teatro Lirico Cagliari, Fstv 'Ferrara Musica', RFOrch Neapel, Orch Arturo Toscanini Parma, Orch della Toscana Florenz, Orch del Maggio Musicale Florenz, Sydney Symph Orch, StaatsOrch Athen, RFO Bratislava, Staatsop Budapest seit 95, Württemberg Staatsth Stuttgart 02–04, Semperop Dresden 03–04, Dt Op am Rhein SpZ 04/05, Dt Op Berlin SpZ 04/05; künstl Lt d Teatro Comunale u Fstv 'Laboratorio Lirico', Alessandria seit 88, GMD Münster 92–04. **Pr:** 2. Pr Int Dirigierwettb San Remo 82, Pr d Dt Musikverlegerverb 93. **Mitgl:** Hauptausschuß u Jury-Mitgl d Dirigentenforums d Dt Musikrates. – **Aufn/RF:** div CDs ua Gesamtaufn v 'La Bohème', 'Il barbiere di Siviglia', 'Il Trovatore', 'Falstaff'. **UA:** A Corghi: ' Divara – Wasser u Blut' (Op), UA Münster, Ens, Chor u Orch d Städt Bühnen Münster 93 (auch CD); ders: 'La Cetra appresa (Kant), UA 95; Bearb v Händels 'Rinaldo', UA Teatro Bellini Catania 97; 'Tat'ana' (Op), UA Mailänder Scala 2000 u 'Sen'ja', UA Münster 03; S Rendine: 'Romanza – una favola romana, UA Rom 03; div UA u ital EA v Werken v W Rihm, S Matthus u P M Davies. **Zug:** A Corghi: ' Divara – Wasser u Blut' (Op), UA Münster, Ens, Chor u Orch d Städt Bühnen Münster 93 (auch CD). **Sonst:** Veröff ua 'Musikal Bekenntnisse' Münster 94, 'Musik u Szene Münster 92–04' 04, 'Schriften zur MWiss aus Münster' Bd 20 (mehr Beitr) 04; Doku 'Maggio Musicale', It 89.

Humel, Gerald, Komponist; Claudiusstr 12, D-10557 Berlin, T: (0 30) 3 91 19 29, F: 39 10 21 14; Dünsche 4, D-29494 Trebel, T: (0 58 48) 3 30 [Cleveland, OH, USA 7.11.1931]. Theater, Ballettmusik **Ausb:** Oberlin Cons 49, BA Hofstra U 54, Royal College of M London 54–56, U Michgan 58–60, Komp (E Siegmeister, R L Finney, R Gerhard, B Blacher, J Rufer) MH Berlin 60–63. **Laufb:** freischaff Komp ab 63, Lt Ens d Gruppe Neue M Berlin sowie Universal Ens Berlin seit 65, künstl Lt Schreyahner Herbst, Fstv f zeitgen M in Niedersachsen ab 86. **Pr:** BMI-Pr 59, Fulbright Stip 60, Arthur Shepard Pr f KamM 63, Nat Inst of Arts and Letters Pr 65, Guggenheim Pr 66, Dt Kritikerpr 67, Berliner Kunstpr 73, Cleveland Kunst Pr 78, Mitgl Akad d Künste Berlin seit 80, Carl-Maria-v-Weber-Pr d Dresdner MusikFSp 84. **Ens:** Universal Ens Berlin. – **Komp:** Lilith (Ballett) 72, UA Berlin 72; Gesänge d Abschieds (f Sop u Ens) 78, UA Berlin 79; Laudatio – in memoriam I Strawinsky 80, UA Berlin, Berliner Fstw 80; Et in Terra Pax (8-stim Vokal-Ens) 86, UA Berlin 86; Universum – KlZyklus 81/87, UA Berlin 89. **AuftrKomp:** D Folterungen d Beatrice Cenci, UA Berlin 71 (Auftr: Akad d Künste Berlin); Lepini (OrchW) 77, UA Cleveland, Dgt: L Maazel 78 (Auftr: Cleveland Orch); Zwei Giraffen tanzen Tango (Ballett) 80, UA Berlin, Ens d Gruppe Neue M Berlin 80 (Auftr: Akad d Künste Berlin f Tanzth Bremen); Othello u Desdemona, UA Aachen 84 (Auftr: Hamburger Staatsop); Circe u Odysseus (Ballett) 92/93, UA Berlin, Kom Op 93 (Auftr: Kom Op Berlin); Heinrichs Fieber – e Kleist-Vision (Op), UA Frankfurt/O 95 (Auftr: Kleist Th Frankfurt/O). **Sonst:** GrdgMitgl 'Gruppe Neue M Berlin'.

Humes, Steven, Bass; c/o Bayerische Staatsoper, Max-Joseph-Pl 2, D-80539 München, Brieffach, D-80075 München, T: (0 89) 21 85 01, F: 21 85 11 33, *info @st-oper.bayern.de*; c/o Columbia Artists Management GmbH, Till Janczukowicz, Albrechtstr 18, D-10117 Berlin, T: (0 30) 20 64 80 78, F: 20 45 34 80, *info @cami.com*; *www.bayerische.staatsoper.de*. **Laufb:** EnsMitgl Bayer Staatsop München seit 03. (Red)

Huml, Karl, Sänger; Rembertistr 13/14, D-28203 Bremen, T: (04 21) 8 98 07 24, (01 73) 7 20 36 65. **Laufb:** Sol Th Bremen SpZ 03/05. (Red)

Hummel, Cornelius, Komponist; Odenwaldstr 8, D-65232 Taunusstein, T: (0 61 28) 4 24 74, F: 4 24 74; *www.corneliushummel.de* [Freiburg 20.12.1957]. **Ausb:** Stud MH Stuttgart, künstl Abschlußprfg (Vcl) 86, Kompstud. – **Komp:** Tableau surreal, UA Frankfurt, Alte Op 86; Tangoneon (Orch), UA Nürnberg, Mstrsingerhalle 87; Klangszene (3 Vcl, Schlgz), UA Wiesbaden 88; Luminiszens (21 Solostr), UA Frankfurt, Alte Op 90; notton-tonnot, UA Hannover 91; Auf dunklem Grund (Vcl-solo), UA Wiesbaden 93; Miniaturen u Klangblock, UA Wiesbaden 95; Spuren gleißenden Lichts (Vcl, Orgel), UA Wiesbaden 99; Sonne im Klangspiel d Planeten (Prélude f Orch), UA Wiesbaden 01. **AuftrKomp:** ua f Frankfurt-Feste 86, Int MaiFSp Wiesbaden 87/95, KamOrch Schloß Werneck 88 u 90. **Sonst:** Mitbegrd Qua Avance.

Hummel, Franz, Komponist; Froschgäßchen 3, D-93339 Riedenburg, T: (0 94 42) 22 51 [Altmannstein 1939]. **Ausb:** Stud (Kl) H f M München. **Laufb:** Als Pianist zahlr Konz u Schallplattenaufn, hauptsächl Komp seit 78. – **Komp:** Instrumentalkonz, Symphonik, KamM, zahlr Opern u MTh ua: König Übü, Ritter Blaubarth, Gorbatschow, Gesualdo, Ludwig II – Sehnsucht nach dem Paradies, Beuys, Styx. **Lit:** zahlr Artikel in Zs u Tagespresse. (Red)

Hummel, Martin, Hochschullehrer, Gesang; Waldkugelweg 7, D-97082 Würzburg, T: (09 31) 7 14 69, *ma.hummel@surfeu.de*; H f Musik, Hofstallstr 6–8, D-97070 Würzburg; *www.martinhummel.de* [Freiburg 1960]. Lied, Konzert **Ausb:** Stud (Gesang) MH Würzburg, Stud (Jacobs, Widmer) Scola Cantorum Basiliensis, Mstrks b P Schreier, M Honig u H Hotter. **Laufb:** Doz (Gesang) H f M Würzburg. **Ens:** Concerto Vocale, Daedalus, Musica Antiqua Köln, Konfrontation Halle, Ludwig-Senfl-Ens Basel, Magnificat San Francisco. – **Aufn/RF:** H Schütz: 'Weihnachtshistorie', m Concerto Vocale, Dgt: R Jacobs, CD 89; H Schütz: 'Auferstehungshistorie', m Concerto Vocale, Dgt: R Jacobs, CD 89; B Hummel: 'Der Schrein der Märtyrer', m Philharm Orch u Domsingknaben Würzburg, BR u CD 89; W. Jacobi: 'Sonette d Satans', m J Koval, A Fuchs, C Andreotti, CD 99; Lautenlieder d 17. Jh, m K-E Schröder, BR u CD 02; 'Complete Songs of J M Kraus' m B Steigenberger u G Wilson, BR u CD 05. **UA:** A Bröder, G Frommel, A Fuchs, B Hummel, C Hummel, C Kühnl, Ch Weinhardt, Ch Wünsch, Th Hitzlberger. **Zug:** alle Liederzyklen v B Hummel; A Bröder: '14 neue HAIKU'; Ch Wünsch: 'Neues Pfingsten'; Th Hitzlberger: 'ACHILOCHOS II'; C Kühnl: 'Vom Grunde des Brunnens' u 5 Lieder nach Kinderreimen.

Hummel, Stefan David, Komponist, Bratschist, Intendant; c/o IGNM Österreich, Landessektion Salzburg, Getreidegasse 24, A-5020 Salzburg, T: (06 62) 84 46 48, F: 84 46 48, *info@sdhummel.com*; *www.sdhummel.com* [Würzburg 13.8.1968]. Charakterstücke, Kammermusik, Ensemblemusik, Chansons **Ausb:** Stud Mozarteum Salzburg 88–95, Dipl (Va), Komp (A Müllenbach) Luxembourg 89–94, weitere Komp- u Dirigierkurse, Privatstud (G Crumb, K Kühnl, Z Gardonyi, Ch Weinhart, O Sallaberger), Managementstudien (ICCM Salzburg, Vermeulen&Partner München) 93–2000. **Laufb:** KonzTätigkeit (Va, Dgt), Doz (Musikunterr in d Oberstufe, Schwerpunkt zeitgen Musik) Rudolf-Steiner Schule Salzburg seit 97, Tätigkeit als Komp u Intend d int zeitgenöss Fstv „Musikfest Salzburg", Präsident Interessengemeinschaft d Komp Salzburg seit 2000, Mitgl Musik-Fachbeirat d Salzburger Landesregierung 04; Vizepräs Int Gesellschaft f Neue Musik IGNM Österreich 05, Vorstandsmitgl d Österr Musikrates 05, lt Referent d Rektors d Anton-Bruckner-Univ Linz 06. **Pr:** Prtr Yamaha-KompWettb Tokio, Förderpr Int Herbst-Korrespondenzen

Baden-Baden, Composer in Residence b KompForum Mittersill. **Ens:** Corona-Qua Salzburg. – **Komp:** Kantate m Gedichten v D Bonhoeffer (ChorM), UA Würzburg, MH 88; Klage (Konzstück, Va solo), UA Salzburg 91; Magic Sigus (KonzM, gr Orch), UA Mallnitz 93; Sich d Stille hingeben (Konzstück, Tenor Sol u KamOrch), UA Luxemburg 93; Jenseits d Nennbaren I (Konzstück, Sop u Kl), UA Luxembourg 94; Hymnus (KiM, Orgel), UA Bonner Münster 95; Hesperos (Konzstück, 16 Solostr); Immota Resta (Mar,V) 03; Viva! Mozart-Suite f Multiperkussion 05. **AuftrKomp:** 'Siemensfanfare' (f Blechbläserens), UA Salzburg, Siemenszentrale 01 (Auftr: Siemens); 'Politücke' (f Sprecher, StrQua, Perc), UA Salzburg, Mozarteum 01 (Auftr: start-fstv Salzburg). **Aufn/RF:** Viva! Mozart-Suite f Multi-Perkussion ORF 05. **Sonst:** Projektlt der Viva! Mozart-Suite i A d Salzburger Landesregierung f Jubiläums-Ausstellung „Viva! Mozart" 06.

Humpert, Hans Ulrich, Prof, Hochschullehrer, elektr. Komposition; Krohstr 2, D-50968 Köln, T: (02 21) 38 85 96, F: 38 85 96, *ulrich.humpert@uni-koeln.de*; H f Musik, Dagobertstr 38, D-50668 Köln [Paderborn 9.10.1940]. elektron Musik **Ausb:** MH Köln (Komp) b C Caskel (Schlgz), R Petzold u H Eimert 62–68. **Laufb:** Prof (elektr Komp) H f Musik Köln seit 72. **Mitgl:** Kölner Ges f Neue Musik.

Hundeling, Maida, Sopran; c/o Künstleragentur Elke Wiemer, Exerzierstr 9, D-13357 Berlin, T: (0 30) 46 60 78 03, F: 46 60 78 17, *mail@agentur-wiemer.de*; *www.agentur-wiemer.de*. **Laufb:** Gastsol Staatsop Prag, NatTh Prag, Th Trier, Staatsth Schwerin, Sol Thüring Landesth Eisenach 03–05. (Red)

Hunka, Pavlo, Bassbariton; c/o Artists Management Zürich, Rütistr 52, CH-8044 Zürich, T: 04 48 21 89 57, F: 04 48 21 01 27; c/o Oper Bonn, Am Boeselagerhof 1, D-53111 Bonn; *www.artistsman.com*. **Laufb:** Sol Bayer Staatsop München. (Red)

Huntgeburth, Christoph, Prof, Hochschullehrer, Flöte; Rohrweihstr 33, D-13505 Berlin, T: (0 30) 4 36 11 24, F: 4 31 00 08, *Christoph.Huntgeburth@t-online.de*; Univ d Künste, Fak Musik, Inst f Künstl Ausbildung / Alte Musik, PF 120544, D-10595 Berlin [Münster 9.12.1956]. Alte Musik **Ausb:** Stud (Fl, Blockfl) MH Münster 85–79, Stud Traversfl (H M Linde), Cembalo (R Junghanns) Schola Cantorum Basiliensis 79–82. **Laufb:** HL Kons Bern 82–85, Prof (Blockfl, Traversfl) U d Künste Berlin seit 83/84. **Ens:** Ens Sans-souci Berlin, Akad f alte Musik Berlin. – **Aufn/RF:** CDs: Romant FlötenM 89; Roman: Fl-Son 89; Mozart FlQua 91, Mozart: FlQua 94; Leclair: FlSon 96; Beethoven 96; Quantz, Benda: Flötenkonz 97. **Sonst:** Flötenbauer (hist Instr) seit 80.

Hunziker-Utagawa, Anne, Flöte; Milchgasse 25, CH-5000 Aarau, T: 06 28 24 32 64. (Red)

Hunziker, Bernhard, Dozent, Tenor, Gesangspädagoge, Kantor; Kirchgasse 15, CH-8001 Zürich, T: 0 12 52 58 02, F: 0 12 52 58 02, *hunziker.bretscher@bluewin.ch*; *www.operissimo.com* [Thun 27.8.1957]. Konz, Lied, Op (Mozart) **Ausb:** Stud MH Zürich, LDipl 81, Kantorendipl 82, Stud MH München, Mstrkl (E Haeflinger), SolDipl 86, Mstrkurse GB (P Pears, H Harper), Liedkl (I Gage) MH Zürich, Int Opstudio Zürich 87. **Laufb:** Tournee Israel als Sol m Tölzer Knabenchor 84, Eng Easter Fstv Aldeburgh 85, Op Zürich, Th Luzern, St Gallen, OpFSp Bad Hersfeld, Op Athen 97, Grdg u Management Züricher Vokal-Qua, Grd u Musikal Lt Bach-Collegium Zürich. **Pr:** Migros Genossenschafts Bund, STV, Kiefer-Hablitzelpr, CD-Pr d Pro Helvetia Kulturstift. **Ens:** Zürcher VokalQuartett. **Mitgl:** EVTA Switzerland, BDG (Bdesverb Dt GesPäd). – **Aufn/RF:** RF-Mitschn Liederabend (Brahms, Bartok, Faure) Bern 97; Rosenmüller: Venezian Vesper 98; Schweizer Lieder, Romantik/Moderne, m J J Dünki (Kl) 01. **Sonst:** Künstl Lt 'Geheimtipp am Mittag' (KamM-Reihe Zürich).

Hunziker, Dominique, Flöte; Milchgasse 25, CH-5000 Aarau, T: 06 28 24 32 64. (Red)

Hupach, Gerald, Sänger; c/o Sächsische Staatsoper, Theaterpl 2, D-01067 Dresden. **Laufb:** Sol Sächs Staatsoper Dresden. (Red)

Hupfer, Konrad, Komponist; Im Hagen 30, D-42349 Wuppertal, T: (02 02) 40 12 68 [Wuppertal 10.10.1935]. **Ausb:** Kompstud (D Schubert) Folkwang-H Essen, Fortsetzung (G M Koenig), Darmstädter Ferienkse f Neue Musik, Fortbildungssem f MSchL in Westfale, Schule f Musik Münster u Examen. **Laufb:** ML Berg MSch Wuppertal bis 83, freischaff Komp u L f Musiktheorie u Komp Wuppertal. **Pr:** Nordelb Tage f Neue KiM 70, Concours Int de Composition de Musicale 75, GEMA-Stift-Pr 84, Ev Stadtkirchenverband Köln 88, Ensemblia 95. – **Komp:** Streichqua Nr III (KonzM), UA Wuppertal 70; Minutenstücke f 2 Git u Zupforch (KonzM), UA Wuppertal 73; Modulation I f KamEns (KonzM), UA Witten 81; Orchesterbild m Amadeus (KonzM), UA Remscheid 90; Sixtant f KamEns (KonzM), UA Mönchengladbach 95; Singe, Eva, dein banges Lied nach Gedichten v Else Lasker-Schüler, UA Wuppertal 95; Baudelaire-Weerth 'Hammer u Amboß sein' (7 Hörbilder), UA Wuppertal 98. **Sonst:** Grdg Forum Neue Musik Wuppertal u NOVA Ens ebd, Grdgs- u Vorstandsmitgl Bergische Ges f Neue Musik. (Red)

Hurny, Juraj, Tenor; Laimburggasse 32, A-8010 Graz, T: (03 16) 67 19 92 [Slowakei]. ital Oper, Puccini, Verdi, Mozart, Wagner, R Strauss, Bizet, Boito, Janaček, Smetana, Mascagni, Flotow ua **Ausb:** b Prof I Černecká Bratislawa, Slowakei, b Prof G Cigna Centro di Avviamento al Teatro Lirico (Teatro Massimo di Palermo). **Laufb:** Sol Vereinigte Bühnen Graz SpZ 03/05, NatTh Bratislava, NatTh Prag, OpHaus Graz, Wiener Staatsop, OpHaus Zürich, Teatro Lyceo Barcelona, Bayer Staatsop München, Op de Marseille, Op Nat Brüssel, Op Antwerpen, Staatsop Stuttgart, NatTh Mannheim ua. **Ens:** NatTh Bratislava 72–77, OpHaus Graz seit 77. – **Aufn/RF:** div RF-, Fernseh- u CD-Aufn in d Slowakei, Österr, Canada, Spanien, Frankreich, Vatikan (Op- u Opttenarien, ital Canzonetten, Lieder, Orat, Messen, Musica Antica ua), 2 OpFilme: 'Entführung aus d Serail' (Belmonte), 'Otello' (Casio).

Huros, Karl, Cellist; c/o Staatstheater Braunschweig, Am Theater, D-38100 Braunschweig, PF 4539, D-38035 Braunschweig. **Laufb:** Sol Staatsth Braunschweig SpZ 03/04. (Red)

Hurst, John, Sänger (Tenor); Bergstr 32, D-94078 Freyung, T: (0 85 51) 22 10, 01 71–9 94 98 75, *johnhurst@firemail.de*; *www.john-hurst.com* [Norfolk, USA 1950]. Oper, Konzert **Ausb:** Stud Brevard u Mars Hill College, NC, Stud (E Werba) H f M Wien, Mozarteum Salzburg. **Laufb:** 1. Tenor Pfalzth Kaiserslautern 82–84, 1. Tenor Städt Bühnen Augsburg 84–85, 1. Tenor Ophaus Nürnberg 85–87, Gast Volksop Wien 87–94, freischaff seit 87, zahlr Gastverträge, Teiln an int FSp. **Pr:** 1. Pr I. Belvedere GesWettb Wien 82. – **Aufn/RF:** M Brand: 'Maschinist Hopkins' (CD); C Franck: Les sept paroles du Christ sur la croix. **UA:** U Zimmermann: 'Die Wundersame Schustersfrau', UA Schwetzinger FSp 82. **Zug:** W Hader: 'Die Mondleiter', UA Luxemburg, Dgt: P Cao 95.

Hurt, Leopold Josef Helmut, Komponist, Zither; Bergstr 12, D-93083 Obertraubling, T: (0 94 01) 54 31, *Ludwig.Winter@t-online.de*.

Huschke, Joachim, KM, Fagott; c/o Dresdner Philharmonie, PF 120424, D-01005 Dresden. (Red)

Huschke, Karsten, Kapellmeister; c/o Theater der Stadt Koblenz, Clemensstr 5, D-56068 Koblenz. **Laufb:** 1. Kapm Th d Stadt Koblenz. (*)

Huschke, Wolfram Joachim, Prof Dr phil habil, Hochschullehrer, Musikdidaktik, Chorleiter; Rosenweg 1a, D-99425 Weimar, T: (0 36 43) 55 51 38; Hochschule für Musik 'Franz Liszt', Institut für Schulmusik u Kirchenmusik, PF 2552, D-99406 Weimar, *christa.liebeskind@hfm-weimar.de* [Weimar 1946]. Weimar-Forschung (regionale Musikgeschichte) **Ausb:** Stud (SchulM) H f Musik 'Franz Liszt' Weimar 64–68, Diss U Halle-Wittenberg 77, Habil ebd 88. **Laufb:** ML u Chlt an d Erweiterten Oberschule 'Friedrich Schiller' Weimar 68–83, künstler Lt Jenaer Madrigalkreis/Kamch d Jenaer Philh 83–87, InstLt H f M 'Franz Liszt' Weimar 89–98, Vors d Konzils u Dekan d Fachbereichs IV (Komp, MWiss, SchM, KiM) 90–93, Rektor 93–01, Prof (MDidaktik) H f M 'Franz Liszt' Weimar 93, Präs d Dt Franz-Liszt-Gesellschaft 2000, Lt Franz-Liszt-Zentr d H f M Weimar 01. **Pr:** VK am Bande d VOrdens der BRD 04, Akad gemeinnütziger Wiss zu Erfurt 04. **Mitgl:** ua vds, Franz-Liszt-Gesellschaft e V Weimar. – **Sonst:** Gesch d Staatskap Weimar, 02.

Husemann, Wiebke, Fagott; c/o Niedersächsisches Staatsorchester, Opernpl 1, D-30159 Hannover. **Laufb:** 1. koord Sol Niedersächs StaatsOrch Hannover. (Red)

Husenbeth, Barbara, Prof, Hochschullehrerin; Römerweg 18, D-78647 Trossingen, T: (0 74 25) 46 18, F: 46 20; Hochschule f Musik, Schultheiß-Koch-Pl 3, D-78647 Trossingen. **Ausb:** Mstrks b Marion Verbruggen, Hans-Martin Linde, Günter Höller. **Laufb:** Prof (Blockfl, Methodik, KamM) Staatl H f Musik Trossingen. (Red)

Husmann, Mathias, Prof, Komponist, Dirigent, Generalmusikdirektor; c/o Konzertdirektion Fritz Dietrich, Sigmund-Freud-Str 1, D-60435 Frankfurt/M, T: (0 69) 54 45 04, F: 5 48 41 07, *info@konzertdirektion-dietrich.de* [Hamburg 21.6.1948]. **Ausb:** Stud Dirig, Kl, Komp Hamburg. **Laufb:** GMD-Ass Staatsop Hamburg 72–75, 1. Kapm Darmstadt 75–77, 1. Kapm Mannheim 76–81, 1. Kapm Dortmund 81–83, GMD Ulm 83–91, GMD Magdeburg 92–99, Prof (Dirig) H d Künste Berlin seit 97, freiberufl Gastdgt im In- u Ausland, Komp, Liedbegl, Übersetzer, GMD Vorpommersches Sinfonieorch Greifswald seit SpZ 03/04, GastDgt Staatsth Cottbus SpZ 04/05. **Pr:** Bundesauswahl dt Musikrat. – **Komp:** Sonata alla fantasia f V u Kl (KamM) 80; Die Lieder singen schöner uns die Wolken (KamM) 81, UA Mannheim 82; Trio f V, Vcl u Kl (KamM), UA Hamburg 85; Sonata alle fantasia in einem Satz (KamM) 90, UA Ulm 91; Sinfonie – Magdeburger Elegie (Sinfonie), UA Magdeburg 97; Vivaldi (KamOp) 97, UA Ulm 02; Die Zugvögel (Op) 99/2000. **AuftrKomp:** Die erzwungene Dimission (f Bar u KamOrch), UA Prenzlau 2000. **Aufn/RF:** H Eisler: Orchesterwerke; B Goldschmidt: Orchesterwerke. **UA:** V Dinescu, S Erding, W A Schultz.

Hussla, Michael, KM, KV, Violoncello; Scheelestr 36, D-12209 Berlin, T: (0 30) 7 11 63 12, F: 7 11 63 12, *michael.hussla@yahoo.de*; c/o Deutsche Oper Berlin, Richard-Wagner-Str 10, D-10585 Berlin [Bad Steben 6.11.1947]. romant Op **Ausb:** Cons Paris 65–68. **Laufb:** Sol Orch Städt Bühnen Frankfurt 74–75, Sol Orch d Dt Op Berlin, regelm Gast Bayreuther FSp. **Pr:** 1. Pr f KamM Colmar 73. **Ens:** Amati Ens 70–71, Berliner Streichqui, Arte Qua, 'Celli per Eáso'. – **Sonst:** Lt Orch-Seminar-Ausb seit 85.

Husson, Suzanne, Klavier; 24, rue de la Dôle, CH-1203 Genève, T: 02 23 45 34 70, 0 79–7 03 56 08, F: 02 23 45 34 70, *shusson@bluemail.ch, suzanneh@bluewin.ch*; *www.suzannehusson.com, www.musicedition.ch/interpret/husson* [Buenos Aires 4.4.1943]. **Ausb:** Stud (E Westerkamp de Raco) Kons 'Manuel de Falla' Buenos Aires ab 48, Ausb in Europa b A Benedetti Michelangeli, L Hiltbrand, B Seidlhofer. **Laufb:** ZusArb ua m M Argerich, P Fontanarosa, Wiener Musikverein Qua u unter d Lt v Ch Dutoit, A Jorden, H Stein, W Sawallisch, KonzTätigk umfasst TV, RF, bed FSp u KonzSäle in Europa, USA u Südamerika. **Pr:** 1. Pr 'Mozarteum Argentino', 1. Pr Genfer Kons, Prtr Wettb 'Josef-Pembaur-Stift' Bern, Wettb in Genf, Vercelli, 'Maria Canals' Barcelona, 'Vianna da Motta' Lissabon, 'Magda Tagliaferro' Paris. – **Aufn/RF:** D Scarlatti: 'Sonata in mi maggiore', 'Sonata (Toccata) in re minore'; A Ginastera: 'Danzas argentinas'; C Debussy: 'Estampes'; M Ravel: 'Gaspard de la nuit', 'Jeux d'eaux'; I Strawinsky: 'Noces', m int Sol, Groupe de perc, Grand Chœur de l'Université de Lausanne, Dgt Ch Dutoit 73; R Vuataz: 'Concert pour piano et orch', m Orch de la Suisse Romande, Dgt W Sawallisch (RSR) 92; M Martínez-Sobral: 'Guatemala, Vol 3' 99; 'Guatemala, Vol 5' 03. **UA:** ua R Asturias, R Koering, A F Marescotti, M Martínez-Sobral.

Hussong, Stefan, Akkordeon, Hochschullehrer; H f Musik, Hofstallstr 6–8, D-97070 Würzburg; Im Striegelsbrühl 9, D-78647 Trossingen, T: (0 74 25) 42 10, F: 67 26; *www.stefan-hussong.de* [Köllerbach/Saar]. **Ausb:** Stud Akk (E Tschanun, H Noth, J Macarello, M Miyata) MH Trossingen, U Toronto u Tokio. **Laufb:** ZusArb m zahlr Komp (ua S Gubaidulina, U Rojko, T Hosokawa, A Hölszky), Konz in Europa, Asien, USA, Kanada, KamMPartner T Kato, I Arditti, J Berger, Konz m Orch de la Suisse Romande, Musikfabrik NRW, Ens Modern, Klangforum Wien, Ens intercontemporain Paris, Tokyo Harmonia Chamber Orch, Tokyo KamSinf ua, GastDoz Sibelius-Akad Helsinki 89, Doz (Akk, KamM) Fachakad f Musik Würzburg seit 90, Prof Int Sommerakad Mozarteum Salzburg seit 93, Mstrkse Skandinavien, Japan, Korea, Kanada, Dtschld, Schweiz, Österr, Polen, Frankreich, Italien, Niederlande, Fstvs: Salzburger FSp, Lockenhaus, FSp Luzern, Beethoven-Haus Bonn, New Music Fstv Leipzig, Takefu-Fstv, Akiyoshidai-Fstv Japan, Asiago-Fstv, Wien Modern, Holland Fstv, Warszaw-Autumn, Fstv Nancy, Rheingau Fstv, Donaueschingen, Darmstadt, Musik i 20. Jh Saarbrücken, Triennale Cologne, Archipel Genève ua. **Pr:** Echo Klassik Pr d Dt Phonoakad i d Kategorie 'Bester Instrumentalist d Jahres' 99. – **Aufn/RF:** zahlr CDs ua m Werken v K Huber, N A Huber, M Lindberg, J Cage, T Hosokawa, A Hölsky, J S Bach, J P Sweelinck, G Frescobaldi ua); J Cage: Gesamtwerk (for V u keyboard); S Gubaidulina: Komp (Vcl u Akk).

Hutcap, Christiane, Prof, Violine, Hochschullehrerin; Rungestr 16, D-18055 Rostock, T: 0 17 75 50 49 77, *christiane.hutcap@t-online.de*; Eichendorffstr 33, D-50825 Köln, T: (02 21) 5 50 49 77, F: 5 02 84 15; *www.hutcap.de* [Köln]. **Ausb:** Mstrkl v I. Ozim MH Köln, Mstrks b S. Accardo, W. Marschner, KamMUnterr b G. Kehr MH Köln. **Laufb:** Prof (V) HMT Rostock 94. **Ens:** camerata rostochiensis. (Red)

Huth, Thorsten Oliver, Sänger; Jenaer Str 4, D-10717 Berlin, T: (0 30) 2 11 23 76 [Berlin 7.12.1961]. Op, Optte, Konz **Ausb:** Stud priv (H Nadolowitsch) Berlin, (D Grobe) H d Künste Berlin, Mstrks b KS G Schröter Dresden u KS E Büchner Berlin. **Laufb:** Sol Brandenburger Th 90–91, KamOp Schloss Rheinsberg 92, ständ Gastsol Th d Westens Berlin seit 93, Metropolth Berlin, Schillerth Berlin, Th a d Rott Eggenfelden 98–99, festes EnsMitgl Lübecker Sommeroptte u Lübecker 'Jedermann'-FSp seit 98 (03/04), div Tourneen, viele Liederabende ('Winterreise' u a), Gastsol Volks- u Komödienth 'Geisler' Lübeck 03, Th Nordhausen SpZ 04/05. – **Sonst:** Erstellung eigener Soloprogramme (zB Bass-Special 'Als Büblein klein an der Mutterbrust'), Moderationen, 'Hommage an Maria Cebotari', Carl-Loewe-Balladenabende.

Huttenlocher, Philippe, Bariton; ruelle Chaudronniers 8, CH-2000 Neuchâtel, T: 03 27 21 12 48 [Neuchâtel 29.11.1942]. **Ausb:** Stud (V) Kons Neuchâtel, Stud Ges (J Bise) Fribourg. **Laufb:** Sol Ens Vocal de Lausanne u Choeurs de la Fond Gulbenkian, Auftr Fstv Montreux, Lausanne, Straßburg, Fstv de la Wallonie, FestW v Flandern, Op Zürich (Monteverdi, Orfeo) 75, Gastsol Staatsop Wien, Berlin, Mailänder Scala, FSp Edinburgh, Konz- u Oratorienges. **Pr:** Int GesWettb Bratislava 72. (Red)

Huynen, Lilian, Sängerin; c/o Stadttheater Pforzheim, Am Waisenhauspl 5, D-75172 Pforzheim. **Laufb:** Sol Schlossfestspiele Ettlingen, Stadtth Pforzheim, Sol Stadtth Pforzheim SpZ 03/04. (*)

Huyssen, Hans, BMus, Komponist, Cellist; c/o Dr Eike W. Grunert, Montgelasstr 1, D-81679 München, T: (0 89) 99 88 49 03, F: 99 88 49 03, *hans@huyssen.de, hhuyssen@new.co.za*; *www.huyssen.de* [Pretoria 11.2.1964]. **Ausb:** Stud U Stellenbosch, Mozarteum Salzburg, MH München, Kompositionsmeisterklasse (H-J v Bose). **Laufb:** freischaff Cellist u Komp. **Pr:** Steinbrenner-Stip 92, Bayer Graduierten-Stip 94, SAMRO Special Merit Award 94. **Ens:** Musica Poetica Freiburg, Ens f Alte & Neue Musik Così Facciamo. – **Komp:** Lassus-Fantasie (OrchW), UA München 94; Vier Britting-Lieder (Orch-Lied), UA München 95; Zeitverlust (Cello-Solo), UA Salzburg 95; Kleines Weltporträt (Bläser-Qui), UA Schloß Leitheim 96. **AuftrKomp:** Audite Africam (Suite), UA Neuburg 97 (Auftr: Audi Kulturfond für d Georg KamOrch); Kammerkonz f Harfe u Streicher (Konz), UA Freden 97 (Auftr: Int Fredener Musiktage); Unerläßliches Leid (Kantate), UA München 98 (Auftr: Heinrich Schütz Ens u Siemens Kulturprogramm); silence where a song would ring (Zyklus üb /Xam-Texte), UA München 2000 (Auftr: Kulturkreis Gasteig); Als flögen wir davon (KamOrch), UA München 2001 (Auftr: Münchener KamOrch). **Sonst:** Mitbegrd Ens Refugium, cosi facciamo.

Hykel, Edgar, Dirigent, Chordirektor; Friesenstr 56, D-39108 Magdeburg, T: (03 91) 5 06 54 14, F: 5 06 54 14; c/o Stiftung Staatstheater Nürnberg, Richard-Wagner-Pl 2–10, D-90443 Nürnberg [Herzsprung 24.2.1947]. Chorsinfonik, Oper **Ausb:** Stud Dirig (H Fricke) MH 'Hanns Eisler' Berlin. **Laufb:** Chordir Meckl Staatsth Schwerin 75–90, Staatsop Hannover 90–97, Th d Landeshauptstadt Magdeburg seit 2000, Staatsth Nürnberg, künstl Lt Singakad Potsdam seit 03. **Pr:** Kunstpr 'Fritz Reuter' Schwerin 86. – **UA:** M Baumgartl: Barlach-Kant 88. **Sonst:** Grdg u Ltg Schweriner Singakad 75–90.

Hyoun, Ko Seng, Sänger (Bariton); c/o Hamburgische Staatsoper, Große Theaterstr 34, D-20354 Hamburg, PF 302448, D-20308 Hamburg. **Laufb:** Sol Konz u Th St Gallen, Hamburg Staatsop SpZ 01/05, Dt Op Berlin SpZ 04/05. (Red)

I

Iber, Michael, Pianist, Komponist; Kaiser-Friedrich-Str 46, D-10627 Berlin, T: (0 30) 3 24 91 04, F: 3 24 91 04, *kontakt@michael-iber.de*; *www.iber-online.de, members.aol.com/pianoinout* [Mannheim 1965]. **Ausb:** Stud (Kl, Komp) Staatl H f M Karlsruhe, California State University, Royal Acad of Music/London b Robert Bowman, Leonid Brumberg, Christopher Elton, Michael Finissy, Elisabeth Leonskaja, Sontraud Speidel. **Laufb:** musikal Lt Ens Piano Inside-Out. **Pr:** ua DAAD, Royal Acad of Music London, Experimentalstudio d Heinrich-Strobel-Stift Freiburg. – **Aufn/RF:** CDs (Kl) Schumann continues, Kurt Weill, early classical songs; Piano Inside-Out 1 & 2; CDs (Farbtonstücke) Der Schatten u sein Schattengeber, Cifre, Noise – die Geschichte des Lärms in der Musik. (Red)

Iberer, Helmut, Prof, Hochschullehrer; Univ f Musik u Darst Kunst, Inst 2, Brandhofgasse 21, A-8010 Graz, T: (03 16) 3 89 33 46, F: 3 89 30 21, *helmut.iberer@kug.ac.at*. **Laufb:** tit ao Prof (Klpraktikum, Kl-Klassik) U f Musik u Darst Kunst Graz. (Red)

Ickert, Bernd, Prof, Hochschullehrer, Klavier; Im Sachsenlager 13, D-60322 Frankfurt; Hochschule f Musik u Darst Kunst, Eschersheimer Landstr 29–39, D-60322 Frankfurt. **Laufb:** Prof (Kl) H f M u Darst Kunst Frankfurt/M. (Red)

Ickstadt, Alois, Prof, Komponist; Gartenstr 34, D-65817 Eppstein, T: (0 61 98) 98 19, F: 98 19 [Niederjosbach 22.9.1930]. **Ausb:** Stud (Davisson, Hessenberg, Vondenhoff, Zwißler) MH sowie J-W-Goethe-U Frankfurt, Abschluß 57. **Laufb:** L Goethe-Gymn Frankfurt 58, freie künstl Tätigkeit als Pianist, Chorlt u Komp, Lt Kinderchor d HR 61, Lt Figuralchor des HR 67, Prof H f M u Darst Kunst Frankfurt/M. **Pr:** BVK 97. – **Komp:** 'Musikalisches ABC f Kinder' nach J Krüss (Lied u Chanson), UA ARD, HR, Fernsehen 64/65; Ceylon-Legende, Musik zu ceyl Maskenspiel (FilmM), UA Frankfurt 65; 'Zum Bestehen' nach Gryphius, W v d Vogelweide, Goethe (Oratorium, Kantate), UA Eppstein 68; Fröhlich soll mein Herze springen (Kantate), UA Frankfurt, HR 79; 'Weissagungen nach Jesaja' Ewiger Friede, Erlösung d Völker (OrchLied), UA Ibbenstadt, Basilika 94 u 95; 3 geistl Madrigale: Franziskus, Der barmherzige Samariter (Geistl Madrigal), UA Frankfurt, HR 98. (Red)

Iconomou, Panajotis, Sänger; Neumarktstr 22, D-58095 Hagen, T: (0 23 31) 9 37 98 55. (Red)

Ifrim, Cosmin, Sänger; c/o Wiener Staatsoper, Opernring 2, A-1010 Wien. **Laufb:** Sol Wiener Staatsop. (Red)

Igelbrink, Christoph, Violoncello; Scharfestr 13, D-14169 Berlin, T: (0 30) 80 90 84 95; c/o Berliner Philharmoniker, Herbert-von-Karajan-Str 1, D-10785 Berlin, T: (0 30) 25 48 80 [Düsseldorf 1958]. **Ausb:** Stud Vcl (W mehlhorn, A Noras, A Janigro, P Tortelier). **Laufb:** Philharmon Staatsorch Hamburg 86, Berliner Philh seit 89. **Ens:** Philharmon Streichsextett, Athenäum-Streichquartett, Philharmon Klaviertrio, Die 12 Cellisten d Berliner Philh. (Red)

Ihl, Alfredo, Sänger, Chorleiter, Schulmusiker; Annenstr 4, D-30171 Hannover, T: (05 11) 2 83 45 38, F: 2 83 45 38, *aihl@gmx.de* [Temuco 19.11.1955]. Alte Musik bis inkl. 18.Jh **Ausb:** Stud (Schulmusik) MH Hannover 74–78, Stud (Medizin) Medizin H Hannover 80–90, Kurse (J Cash, E Tubb, E Kirkby, U Grunewald). **Laufb:** Gesangssolist seit 87 in Liederabenden und Konz f Alte Musik in Hannover, Guinesville (Florida), Salzburg, Freising; Lt Vokalens Raggio di Sol, Hannover seit 94. **Pr:** Silberdipl Int Chorwettb Riva del Garda 99. **Ens:** Lt Raggio di Sol, Lt Apostol KiCh Hannover. – **Komp:** Walzer der Erleuchteten „Männer sind wie Tee“ UA 92, Preciosa, UA 01. **Sonst:** Grdg Vokalens 'Raggio di Sol' 94.

Ihle, Andrea, Sängerin; Am Schießhaus 5, D-01067 Dresden, T: (03 51) 4 71 96 83; c/o Sächsische Staatsoper, Theaterpl 2, D-01067 Dresden. **Laufb:** Sol Sächs Staatsoper Dresden. (Red)

Ihlenfeldt, Thomas, Dirigent; c/o Berliner Kammeroper eV, Kottbusser Damm 79, D-10967 Berlin. **Laufb:** Dgt Berliner KammerOp Berlin SpZ 03/05. (Red)

Ihme, Hans-Friedrich (Pseud: Gerhard Haupt), Dipl, Komponist; Maratstr 114, D-12683 Berlin, T: (0 30) 5 43 38 27, F: 5 43 38 27, *hfihme@web.de* [Berlin 31.1.1940]. **Ausb:** Stud (SchulM) Berlin Charlottenburg 60–61, Stud (KiM) Halle 62–67, Abendstud Komp (C Ortwein), Dirig Leipzig 72–77, Mstrschüler b F Geißler Akad d Künste d DDR Berlin 77–80. **Laufb:** Kantor u Organist Berlin 67–77, Korrep BallettSch Berlin 77–83, freischaff Komp 83–85, Doz (Komp, Tonsatz) MH 'Hannseisler' Berlin seit 85. **Mitgl:** Dt KompVerband, KompVerband Berlin, Verband eV. – **Komp:** 'Fünf Gesänge' f Orgel n P Neruda74, UA Leipzig, J Dalitz 76; Variat u Passacaglia über e eig Thema f Orch 77, Vogelhochzeit/Regen (2 Tanzstudien f Kinderballett) 77, Sonate f Klavier 78, UA Berlin, D Brauer 79; Afrikanische Episode (KamBallett), UA Berlin, M Suschke, W Kraus ua 81; Sarmatisches Liederbuch (Bariton u Kl) 80, UA Berlin, S Meseck, D Brauer 81; 'Thesen' f Orch (Konz) 80/81, UA Potsdam, H Kaliga, DEFA-SinfOrch 81, 14 Couplets (Chanson, KabarettM) f Stimme u Kl 84–86, Rondo humoristico f Kl solo 86, 10 Couplets (Chanson, KabrettM) f Stimme u Kl 87–89, Katharsis (FilmM) 88, Pro homine – de homine (KamM f StrQua, Synth u TB) 89/90, Kafkas Traum (FilmM) 90, Suite f kl Hände (12 Stücke f Kl) 93, Berliner Schmunzette 96.

Iimori, Norichika, GMD, Dirigent; c/o Württembergische Philharmonie, Marie-Curie-Str 8, D-72760 Reutlingen, T: (0 71 21) 82 01 20, F: 8 20 12 28, *info@wuerttembergische-philharmonie.de*; *www.wuerttembergische-philharmonie.de/* [Kamakura, Japan 1963]. **Ausb:** Stud Toho Gakuen School of Music in Tokyo (Meisterschüler v Seiji Ozawa, Tadaaki Otaka, Kazuyoshi Akiyama u Jean Fournet). **Laufb:** Ass v W Sawallisch/Bayer Staatsop München, ständ Dgt d Tokyo Symph Orch seit 94, Hiroshima Symph Orch u Chefdgt Opera House Orch Osaka 95–02; GMD Württemberg Philh Reutlingen seit 01; Gastdgt d Moskauer RF-SinfOrch, Prager Symph, Tschech Philh, Radio-SinfOrch Frankfurt, Robert-Schumann-Philh Chemnitz,

WDR SinfOrch Köln, Radio-Philh Hannover, Philh Orch Dortmund, Basler SinfORch sowie Staatsorch Rhein Philh. **Pr:** Ehrendgt d Opera House Orch Osaka 02. – **Aufn/RF:** Strawinsky: Le Sacre du Printemps, Petruschka, Feuervogel. (Red)

Ijac, Gabriela, Violine; Am Ringofen 7, D-42327 Wuppertal, T: (0 20 58) 98 11 10; c/o Pro Arte Stefan Dörpinghaus, Rosenweg 7, D-42499 Hückeswagen, T: (0 21 92) 8 30 05, 01 77–6 63 40 66, F: 93 18 81, *info@proarte-online.de*. **Laufb:** Konzm SinfOrch Wuppertal. **Ens:** Franz-Lehár-Ens. (Red)

Ikaia-Purdy, Keith, Tenor; c/o Theateragentur Dr Germinal Hilbert, Maximilianstr 22, D-80539 München, T: (0 89) 2 90 74 70, F: 29 07 47 90; c/o Wiener Staatsoper, Opernring 2, A-1010 Wien; *www.hilbert.de* [Hawaii]. **Laufb:** Sol Wiener Staatsop, Bayer Staatsop München, Sol Badisches Staatsth Karlsruhe SpZ 04/05. (Red)

Ikeba, Ayami, Prof, Hochschullehrer, Klavier; Univ f Musik u Darst Kunst, Inst 2, Brandhofgasse 21, A-8010 Graz, T: (03 16) 3 89 33 47, F: 3 89 30 21, *ayami.ikeba@kug.ac.at*. **Laufb:** o UProf (Kl)U f Musik u Darst Kunst Graz, Prof (Kl) H f Musik Nürnberg-Augsburg, Abt Augsburg. (Red)

Ikeda, Jiro, Prof, Hochschullehrer, Querflöte; Lothringer Str 8, D-66271 Kleinblittersdorf, T: (0 68 05) 32 07; c/o Rundfunk-Sinfonieorchester, Funkhaus Hallberg, D-66100 Saabrücken. **Laufb:** Prof (Querfl) H d Saarlandes f Musik u Th Saarbrücken, Sol RF-SinfOrch Saarbrücken. (Red)

Ikeda, Megumi, Violine; Wörthstr 10, D-97082 Würzburg, T: (09 31) 4 65 53 35. **Laufb:** Stellv Konzm MainfrankenTh Würzburg, 1. Konzm Th Coburg SpZ 04/05. (*)

Ikonomou, Ioanis, Sänger; Volksgartenstr 10, D-80639 München, T: 0 17 72 30 84 65. **Laufb:** Sol Anhaltisches Th Dessau. (*)

Ilea, Catalin, Prof, Hochschullehrer, Violoncello; Bundesallee 133, D-12161 Berlin, T: (0 30) 85 96 47 34; Univ d Künste, Fak Musik, Inst f Künstl Ausbildung / Orchesterinstr u Dirigieren, PF 120544, D-10595 Berlin, T: (02 11) 24 23 07 [1940]. **Ausb:** Stud (Vcl) b G Jarosievici u D D. Dinicu. **Laufb:** 1 . Solocellist d Bukarest Philh, Prof (Vcl) U d Künste Berlin. **Ens:** Musica Nova, Trio Bukarest, Sharon-Qua. (Red)

Ilg, Christian, Countertenor/Altist; c/o Vocke und Haagen Musikagentur, Zur Bauernbrücke 34, D-59597 Erwitte, T: (0 29 45) 20 01 87, *info@vocke-musikagentur.de*; c/o Wiesel Events, Katergasse 6, D-35444 Biebertal; *www.vocke-musikagentur.de*. **Laufb:** Gast-Sol Stadtth Gießen SpZ 00/01. (Red)

Ilgenfritz, Heidi, Musiklehrerin, Hackbrett; Winzererstr 6, D-83098 Brannenburg, T: (0 80 34) 39 57, 01 71–7 91 94 00, F: (0 80 34) 80 95, *RolandLeistner-Mayer@t-online.de*; *www.Leistner-Mayer.de* [München 1968]. zeitgen Kammermusik **Ausb:** Stud Hackbrett (K-H Schickhaus), KB (C Oana), Blockfl (H Elsner) Richard-Strauss-Kons München 89–94, Aufbaustud, künstl Reifeprüfung (als erste Hackbrettspielerin) 96, Dipl-ML 02. **Laufb:** Ltg d Musikgemeinschaft Neubeuern seit 95, Ltg Neubeurer Hackbrettorch, Unterr MSch Rosenheim (Brannenburger Außenst) seit 2000, Konz in div KamM-Besetzungen In- u Ausland. **Ens:** Trio Alegría, Duo Desiderata. **Mitgl:** Tonkünstlerverband Süd-Ost Bayern, World-Cimbal-Association. – **Aufn/RF:** CDs: 'Duo Desiderata', 'Hackbrett auf alten u neuen Wegen', 'Spectrum musicum', 'Klangspuren'. **UA:** R Leistner-Mayer: 'Trio f Klar, Hackbrett u Vcl' op 85; H Baumann: 'Triplum'; I Berg: 'Ohne Titel'. **Zug:** R Leistner-Mayer: 'Six aveux d'amour' op 93 u 'Poem VIII' op 103.

Iliescu, Adrian, Violine; c/o Lübecker Theater GmbH, Beckergrube 16, D-23552 Lübeck. **Laufb:** Stellv Konzm Lübecker Th. (Red)

Ilieva, Vera, Mezzosopran; Hommerstr 11, D-54290 Trier, T: (06 51) 7 53 05, F: 7 53 05 [Sofia 9.8.1952]. Oper, Operette, Lied u Kirchenkonzerte **Ausb:** Stud H f M Sofia Bulgarien bis 75. **Laufb:** Sol Berlin, Rudolstadt, Halle, Th d Stadt Trier, Gastsol Th Bielefeld 2000–03, Wiesbaden, Oldenburg, Kaiserslautern, Saarbrücken, Kassel, Hagen, Gera, Prag, Sofia, TelAviv; über 120 Rollen in Op u Optten. – **Aufn/RF:** Lieder m Kl, RF Sofia, RF-Sendungen: SWR Ave Maria; CDs: 'D Stern v Bethlehem' Vol1 u Vol 2 'Ave Maria'; Augusta Treverorum – Trier; 'Im Tal der Glocken'. **UA:** J Meyerowitz: 'Winterballade' (Pfarrerin) 94, S Ran: 'D Dybbuk' (Freyde) 99; M Hirsch: 'D stille Zimmer' (Mutter) 2000; S Knoll: David and Saul. **Zug:** H Heckmann: 'Endlich geschah es', 'Zigeunerliebe', 'D Leben liegt in Gottes Hand', 7 Liebeslieder, 2 Ave Maria ua, A Müller-Kranich: 2 Ave Maria.

Iljinskij, Alexander, Intendant; Eisenacher Str 89, D-10781 Berlin, T: (0 30) 2 13 44 01 [Reichenbach]. **Ausb:** Stud Phil u päd Psych Leipzig, dann ThWiss. **Laufb:** L Berliner SchauspielSch Ernst Busch; NatTh Weimar, Prod v Rock- u PopM Berlin, Grdg d MClubs im Schauspielhaus (Konzerthaus am Gendarmenmarkt), Intend Friedrichstadtpalast Berlin seit 93. (*)

Ille, Georg, Violine; c/o Stadtth Baden, Theaterpl 7, A-2500 Baden bei Wien, T: (0 22 52) 4 83 38, F: 4 83 38 40. **Laufb:** Konzm Stadtth Baden SpZ 03/05. (Red)

Illerhaus, Edmund, Prof, Hochschullehrer, Bass; Am Pferdskamp 44, D-40882 Ratingen, T: (0 21 02) 5 11 88, F: 5 11 88 [Duisburg 1.12.1936]. **Ausb:** H Düsseldorf 56–63, Mstrkl MartienBen-Lohmann. **Laufb:** Prof (Bass) und Rektor a D Folkwang H Essen.

Illich, Gerlinde, Sängerin; c/o Theater Altenburg Gera, Küchengartenallee 2, D-07548 Gera. (Red)

Im, Sunhae, Sopran; c/o Balmer & Dixon Management AG, Kreuzstr 82, CH-8032 Zürich, T: 04 32 44 86 44, F: 04 32 44 86 49, *mail@badix.ch* [Cholwon, Südkorea 1976]. **Ausb:** Stud College of M/Seoul Nat U (Professor L Pak) 94–98, Stud H f M Karlsruhe (Professor R Hermann) seit 98. **Laufb:** Gastsol Op Frankfurt SpZ 00/01, Sol Dt Op Berlin, Th Basel, Staatsop Hamburg SpZ 04/05, Gastsol Op Hannover SpZ 04/05. (*)

Imai, Nobuko, Prof, Hochschullehrerin, Viola; Kaizersgracht 581F, Niederlande-1017 DR Amsterdam, T: (0 20) 3 30 30 00, F: 3 30 30 33; c/o Konzertbüro Nikolaus Schmidt, Kirchenallee 22, D-20099 Hamburg, T: (0 40) 28 05 66 17, F: 28 05 66 18, *info@schmidtkonzert.de*. zeitgen Komp **Ausb:** Stud (Va) Toho H f M Japan, Yale Univ, Juillard School New York. **Laufb:** Konz ua m d Berliner Philh Orch, Wiener Symphonikern, Königl Concertgebouw Orch Amsterdam, London Symph Orch, Boston Symph Orch, Chicago Symph Orch, NHK Symph Orch Tokio, Gastsol Marlboro Fstv, Lockenhaus Fstv, London Proms, Aldeburgh Fstv, Salzburger FSp, Int Va Fstv Kronberg, Schleswig-Holstein MFstv 05, Künstl Berat d Casals Hall Tokio, Ltg Fstv 'Va Space' Tokio; Prof (Va) H f M Detmold, Doz Kons Amsterdam, Mstrks H f M Lübeck 05. **Pr:** 1. Pr ARD-Wettb München, 2. Pr Wettb Genf, 'Suntory Hall Arts Prize' Japan 96. **Ens:** Grdg 'Michelangelo Qua' zus m M Martin, F Helmerson u A Kerr 03. – **Zug:** T Takemitsu: 'A String around Autumn' (Konz f Va). **Sonst:** Initiatorin v Hindemith-Fstv in Tokio (Casals Hall), London (Wigmore Hall) u New York (Columbia Univ) 95, Grdg KamOrch 'East West Baroque Academy'. (Red)

Imamine, Yuka, Prof, Hochschullehrerin, Klavier; Silcherweg 10, D-88212 Ravensburg, T: (0 89) 42 00 26 20, F: (07 51) 3 54 26 01, *contact@yukaimamine.com*; H f Musik u Theater, Arcisstr 12, D-80333 München; *www.yukaimamine.com/* [Kobe, Japan]. **Ausb:** Stud H f Musik u Theater München (K. Schilde, M. Höhenrieder u. M. Schäfer). **Laufb:** Prof (Kl) H f M u Th München 02. **Pr:** 1. Pr Int Schubertwettb Dortmund 93, 1. Pr Int KlWettb 'A Casagrande' 96, 3. Pr Int KlWettb 'G Anda' Zürich 97 ua.

Imamura, Chikara, Dirigent; c/o Silvana Sintow-Behrens International Promotions, Schleibingerstr 8, D-81669 München, T: (0 89) 44 21 89 00, F: 44 21 89 03, *office@sintow-behrens.com*; *www.sintow-behrens.com* [Osaka, Japan 1954]. österr Klassik u Romantik (sinf Werke v Beethoven, Schubert, Brahms, Schumann), zeitgen M **Ausb:** Kl, Ges, Komp; Stud Dirig (M Takahashi) Kunitachi-H Tokyo seit 72, (S Ozawa, Prof F Ferrara) Tohogakuen-H; OrchAkad Berliner Philh, Mstrkse (M Horvat u D Worm) Salzburger Sommerakad 78–79. **Laufb:** Dgt Tohogakuen-HOrch, RFCh Tokyo; ChLtg Tokyo Acad Ch, Jeunesses Musicales de Japon; AssDgt Cellisten d Berliner Philh 80/81, Dgt NHK Symph Orch, Tokyo Philh Orch, New Japan Philh, Osaka Philh, Kyoto Philh, Kyoto Symph, Tokyo Metropolitan Symph Orch, Sendai Philh Orch; GastSp Berliner Philh, Salzburger Mozarteum Orch, Orch Filarmonico d Scala, Mailänder RF-Orch, Sinfonia Varsovia, SinfOrch Krakau, Danzig, Posen, Dän RF-Orch, Helsinki Philh Orch ua; ChefDgt Tokyo Harmonia Chamber Orch; Ltg 'Hiroshima Peace Concert' 89; LBeauftr (Orch- u ChLtg) Kunitachi-H Tokyo seit 95; ZusArb m div Sol (S Armstrong, J Shirley-Quirk, Y Horigome, K-H Mrongovius, P Gallois, M Petri, P Damm, Ch Lindberg); GastSp Holland (Amsterdam, Rotterdam, Enschede) ua 01; 1.GastDgt Staatsop Warschau SpZ 02/03. **Pr:** 3. Pr Herbert-v-Karajan-Dgt-Wettb Japan 77, Finalist Guido Cantelli-Dirigierwettb Mailand 80, 1. Pr Grzegorz-Fitelberg-Wettb Kattowice/Polen 83. – **Sonst:** Ltg japan EA v Werken europ Komp (O Schoeck, A Pärt, K Huber, O Knussen ua). (Red)

Imbescheid, Albrecht, Komponist, Flötist; Urbanstr 139, D-73730 Esslingen, T: (07 11) 3 18 07 04, F: 9 13 98 07, *a.imbescheid@t-online.de* [Wilhelmsdorf 19.6.1950]. als Flötist zeitgen Musik; Kompositionen in allen Sparten **Ausb:** Stud SchM, Germanistik, Komp (M Kelemen) Stuttgart, Konzertexamen Fl (P L Graf) Basel. **Laufb:** Mitbegrd 'Tage f Neue Musik Stuttgart', KonzReine 'Studio im Planetarium' 77–90, MSchulLt Ostfildern. **Pr:** KompPr Stadt Stuttgart, KompPr VDM. **Ens:** Grdg 'gelberklang' (Ens f zeitgen M) 91. – **Komp:** 'Patchwork one' f Kammerens 80, UA Stuttgart, Ens l'itineraire, Dgt: P Eötvös 80; Crystal 81, UA Stuttgart 81; Traumspur (Konz) 86/87, UA Ludwigshafen, RSO Stuttgart, Dgt: P Eötvös 87 (Auftr: SDR Stuttgart); Herbst (ChorW) 87, UA Witten, KamChor Stuttgart, Dgt: F Bernius 87 (Auftr KamCh Stuttgart); Farben d Stille (KamEns) 90, UA Bremen, 'Ens 20' 90; Das Rauschen d blauen Tür (Tanzth), UA Ostfildern 97 (Auftr Land Baden-Württemberg); Nacht (Chor, 4 Pos), UA SWR-Vokalens/Varianti Stuttgart 99 (Auftr SWR Stuttgart); Verlorene Orte (KamEns), UA Esslingen, Ens 'Piano&Percussion' 2000; Zeitspur (4 Stimmen), UA Stuttgart, Éclat 2000; RE (StrQua), UA Stuttgart, Kunstmuseum 05. **AuftrKomp:** Herbst (ChorW) 87 (Auftr: KamChor Stuttgart); Das Rauschen der blauen Tür (Tanzth) 97 (Auftr: Land Baden-Württemberg); Nacht (Chor, 4 Pos) 99 (Auftr: SWR Stuttgart). **UA:** R Febel: Delta f Bassfl u TB; M Obst: Fresko f Fl u Schlgz; E M Marton: Musik f Fl u Schlgz.

Imhoff, Oscar, Sänger; Mühltalstr 18A, D-94032 Passau, T: (08 51) 9 88 56 02; c/o Südostbayerisches Städtetheater, Ländtorpl 2–5, D-84028 Landshut, T: (08 71) 92 20 80, *stadttheater.landshut@t-online.de*. **Laufb:** Sol Südostbayer Städteth. (*)

Imholz, Martin, Komponist; Türmlihausstr 13, CH-4500 Solothurn, T: 03 26 22 67 68 [17.8.1961]. **Ausb:** Stud Kl (A Ehrismann) Kons Winterthur, Ausb Ges (J Koelz). **Laufb:** KonzOrg im Vorstand d IGNM Zürich u Bern, L Kantonsschule Solothurn, ChLtg Solothurn. – **Komp:** Qua (f Sop-, Alt-, Ten- u BarSax), 84; Kalte Sonne (Trio f 3 V), 85; Für Eichendorff (Trio f Va u 2 Vcl), 86; Nadelöhr (f 7 S m Git), 86; Motto (f Sop, Kl u gr Trommel), 99; Stück f Vcl, 99; 5 Stücke f 16tel Ton Kl, 01. (Red)

Imig, Helmut, Dirigent; c/o Bühnen der Stadt Köln – Opernhaus, PF 101061, D-50450 Köln. (Red)

Immer, Andreas, Prof, Hochschullehrer, Klavier; Peterbergstr 4, D-79117 Freiburg-Kappel, T: (07 61) 6 33 36; Hochschule f Musik, Schwarzwaldstr 141, D-79102 Freiburg, *a.immer@mh-freiburg.de* [1946]. **Ausb:** Unterr b

M.Horszowski, J.Bolet u A. Brendel. **Laufb:** Prof (Kl) Staatl H f Musik Freiburg seit 80. **Pr:** Prtr Bundesauswahl 'Konzerte junger Künstler'. (Red)

Immer, Friedemann, Prof, Hochschullehrer, Barocktrompete; Gallierstr 14, D-53859 Niederkassel, T: (0 22 08) 53 30, 01 72–2 56 42 62, F: 7 34 49, *tcfimmer@t-online.de*; H f Musik, Dagobertstr 38, D-50668 Köln. **Laufb:** Prof (Trp, Alte Musik) H f Musik Köln, H f M u Darst Kunst Frankfurt/M u f Barocktrp Sweelinck-Kons Amsterdam. **Ens:** Trompeten Consortium Friedemann Immer. (Red)

Imorde, Stephan, Pianist; Waberner Weg 4, D-34590 Wabern, T: (0 56 83) 93 15 34 [Emsdetten 8.4.1965]. KamM **Ausb:** Stud Kl (R Kretschmar-Fischer) MH Detmold 85–91, Stud Kl (L Hokanson) Indiana U, School of Music Bloomington 91–92, Stud Kl (A Ugorski) MH Detmold 92. **Laufb:** Novalis-Trio 88–94, Doz (Kl, KamM) MAkad Kassel. **Ens:** Duo m Ulf Schneider (V) seit 96.

Inagaki, Yuko, Prof, Hochschullehrerin, Violine; Waldperlacher Str 9, D-81739 München, T: (0 89) 6 01 87 87, F: 6 01 26 47; H f Musik u Theater, Arcisstr 12, D-80333 München. **Laufb:** Prof (V) H f M u Th München. (Red)

Inbal, Eliahu, Dirigent; c/o Konzerthaus Berlin, Charlottenstr 56, D-10117 Berlin, F: +33 1 39 76 68 36 [Jerusalem 1936]. Symphonie, Oper **Ausb:** Stud V MH Jerusalem, KompUnterr (P Benhaim), Dirig Cons National Superieur Paris, Kse b F Ferrara, S Celibidache. **Laufb:** ChefDgt RSO Frankfurt 74–91, ChefDgt Teatro La Fenice Venedig 84–87, Ehrendgt Orch Nationale RAI Turin 94–01, ChefDgt Berliner SinfOrch 01–07. **Pr:** 1. PrInt DgtWettb Guido Cantelli 63, Dt SchallplPr 83, Officier des Arts et des Lettres, Gold Ehrenzeichen d Stadt Wien, Premio Viotti, Premio Abbiati. – **Komp:** Gesamtaufn: Strawinsky: Ballette, New Philh Orch London; Mahler: Symphonien (Dt SchallplPr 83); Schostakowitsch: Symphonien, Wiener Symph; Ravel: OrchWerke, Orch Nat de France; Strauss: Sinfon Dichtungen, Orch de la Suisse Romande; Bruckner: Symphonien, Berlioz: Symphon Weke, RSO Frankfurt. **UA:** Werke v P Ruzicka, B-Z Orgad, Z Avni, D Müller-Siemens. **Zug:** V D Kirchner: 1. Sinf, Requiem, Qui.

Incontrera, Roxana, Sängerin; c/o Sächsische Staatsoper, Theaterpl 2, D-01067 Dresden. **Laufb:** Sol Sächs Staatsoper Dresden (03/05), Gastsol Städt Th Chemnitz SpZ 00/01. (Red)

Inden *siehe* Stenz, Michael

Inderhees, Carlo, Komponist; Zionskirchenstr 34, D-10119 Berlin, T: (0 30) 4 40 70 47, F: 4 40 70 47 [Castrop-Rauxel 1955]. **Ausb:** Musikstud am Kons Cottbus u H f M 'Carl Maria v Weber' Dresden 75–82. **Laufb:** KonzTätigkeit als Pianist im Bereich d experimentellen Musik u multimediale Aktivitäten 79–89, Bühnenmusik u Mitarbeit b Inszenierungen im Sprechth 81–97, Stip, Auff im In- u Ausland, Abwendung in seinen Komp v d trad KonzForm, Arbeit va in Kollaboration m d Künstler Christoph Nicolaus an konzeptionellen Musikwerken. (Red)

Indermühle, Thomas, Prof, Hochschullehrer, Oboe; Gluckstr 1, D-76185 Karlsruhe, T: (07 21) 55 82 86, F: 55 28 24, *inderm@t-online.de*; Hochschule f Musik, PF 6040, D-76040 Karlsruhe [Bern 1951]. **Ausb:** Stud b Heinz Holliger MH Freiburg i.Br., b Maurice Bourgue/Paris. **Laufb:** Prof (Ob) Staatl H f Musik Karlsruhe seit 89. **Pr:** Prtr Int Wettb in Prag 74, Gew Int ARD-Wettb in München 76. **Ens:** Ens Couperin. (Red)

Indridadóttir, Helga Rós, Sängerin; Baumreute 84, D-70199 Stuttgart; Staatstheater, Oberer Schloßgarten 6, D-70173 Stuttgart. **Ausb:** Stud Ges (S. Kahmann) in Reykjavík. **Laufb:** Sol Staatsth Stuttgart seit 99/2000. (Red)

Ingenfeld, Dorothe, Mezzosopran; Florastr 74, D-13197 Berlin, T: (0 30) 61 20 14 20, *dorotheingenfeld@hotmail.com*; *www.dorotheingenfeld.com* [Xanten]. Konzert, Lied Oper **Ausb:** HfM Berlin 94–97, Guildhall School of Music London 97–2000 (R Piernay, A Thompson), Liedkl Dieskau 01/02. **Laufb:** Sol Berliner KamOp, KamOp Rheinsberg, Jg KamOp Köln. **Pr:** Yehudi Menuhin Stip. – **UA:** S Tramin: 'Kubla Kahn'.

Ingensand, Ingo, Dirigent; Dießenleitenweg 94, A-4040 Linz, T: (07 32) 71 13 07, F: (0 70) 71 13 07, *ingensand@a1.net*; c/o Bruckner Orchester Linz, Promenade 39, A-4010 Linz, T: (0 70) 7 61 11 80, F: 7 61 13 15, *office@bruckner-orchester.at* [Hannover 8.5.1951]. Konzerte für Jugend, Programme d 20. Jhs **Ausb:** Stip f Komp (A Koerppen Hannover) 63–65, Stud H f M Berlin 70–74, Salzburg 73. **Laufb:** Grd Consortium musicum Berlin, Ass v Mehta u Karajan, 1. Kapm Ldsth Linz, Chef-Dgt Bruckner Orch Linz 2000–02, Resident Conductor Bruckner Orch Linz seit 02, Gast: Gürzenich Orch Köln, Kom Op Berlin, Slowak Philh Bratislava, Basel, Zürich, Triest, Essen, Cuenca (E), Helsinki-Espoo, Rheinsberg, Brucknerfest Linz. **Pr:** Kulturmedaille d Landes Oberösterreich 03. – **Aufn/RF:** CD: S Matthus: 'Das Land Phantásien' n M Ende, m Bruckner Orch Linz; M Heltau: Weihnachten m d Bruckner Orch Linz. **UA:** C Coburger (Franzobel): 'Weil's Kind schlafen will' (Op); symph: T Doss: 'Lumina Din Lacrimi' u 'Sinfonic fanfare', R Frieberger: 'Etiam super cumque absque A B', G Kahowez: Sanghyang, H Rogl: 'Beginnt das Saitenspiel', H Schmidinger: 'Notizen f Orchester' u 'und das Rad des Lebens in Brand setzt' (f Ob u Str), B Sulzer: 'Die Donau – eine Linzer Wassermusik', G Waldek: 'Un ballo di goia: Tarantella'; C Cech: 'lo' (f großes Orch); A Koppel: 3. Konz f Marimbaphon u Orch.

Ingram, Alexander, Dirigent; c/o Lübecker Theater GmbH, Beckergrube 16, D-23552 Lübeck. **Laufb:** Gastdgt Lübecker Th. (*)

Ingwersen, Kerstin, Oboe; c/o NRD Radiophilharmonie, Rudolf-von-Bennigsen-Ufer 22, D-30169 Hannover. **Laufb:** Sol NDR RadioPhilh Hannover. (Red)

Inniger, David, Violoncello; Graffenriedweg 10, CH-3007 Bern, T: 03 13 72 83 68. **Ausb:** Stud Vcl (W Grimmer, J Bühler) Bern, (S Palm) Köln, Mstrkse b Beaux-Arts Trio u M Gendron. **Laufb:** Lehrtätigk MSchule Köniz. **Ens:** La Strimpellata Bern, Trio Basso di Berna, The Dorian Consort. (Red)

Inouye, Derrick, Dirigent; c/o Boris Orlob Management, Jägerstr 70, D-10117 Berlin, T: (0 30) 20 45 08 39, F: 20 45 08 49, *info@orlob.net*; *www.orlob.net*. **Ausb:** Stud (Dgt) Toho Gakuen MSchule Japan b S Ozawa, K Akiyama u T Otaka. **Laufb:** Fellowship Dgt Tanglewood 82, Auftritte m Philharmonia of London, Orch of St. Lukes New York, New Japan Philharmonic, Monte Carlo Philharmonic, New York City Op, 1. Koord Kapm Th Nürnberg, Ass Maestro Levine (Welttournee m Philharmonia Orch of London) u Verbier Fstv Orch Schweiz 99, Ass Maestro Ozawa u Dgt Saito Kinen Fstv Matsumoto Japan, Lt MEns enschlieslich zB:Yo-Yo Ma, P Frank, P Winter, S Waterston, Orch of St. Lukes, ZusArb m Maestro Franco Ferrara Acad Musicale Chigiana Siena, ZusArb m New Japan Philharmonic, New Zealand Symphony, Osaka Philharmonic, Ungarischen Staatsop, Hartford Symphony, Florida Philharmonic, Gastdgt Stuttgarter Op, New York City Op, GMD d Regina Symphony Kanada, 1. Gastdgt Norddt Philh Rostock. **Pr:** 1. Pr Vittorio Gui DgtWettb Florenz 85. – **Aufn/RF:** CD: Liveaufn Stravinsky: 'L'histoire du Soldat'.

Ioannidis, Symeon, Solorepetitor m Dirigierverpflichtung; Stadttheater Hildesheim, Osterstr 59, D-31134 Hildesheim, T: 0 17 95 17 41 26 [Thessaloniki, Griechenland 10.12.1970]. **Ausb:** Stud (V, Kl) Staatl Kons Thessaloniki, Stud (Math) U Thessaloniki, Stud (Kl) H f M Frankfurt/Main, Stud (OrchDirig) H f M Hanns Eisler Berlin. **Laufb:** Solorep m DirigVerpfl Th u Orch Neubrandenburg/Neustrelitz SpZ 03/04 u 04/05, Stadtth Hildesheim SpZ 05/06. **Pr:** 2. Pr Int KamMWettb Thessaloniki. – **Sonst:** Seminar f MTh in Bayreuth.

Ionita, Ion, Klavier, Hochschullehrer; Pariser Str 9, D-97084 Würzburg, T: (09 31) 66 17 14 [Mizil 8.6.1937]. **Ausb:** Privatstud b I Ionita (V, Kl), Privatstud Kl (Marcovici, Gheorghiu) ab 50, Gehörbildung/Solmisation (P Constantinsescu), Holz/Blechbl (Condrut, Andreoiu), Perc (Giugaru) 54–58, Stud Kons Ploiesti Kl (E Vlasie), Komp/ChorEns (Gerahian), Tonsatz/Dirig (I Baciu) 67–72, Stud Kl (Ghisoiu, Tanasescu, Siminel) MH Bukarest; Stud Chor, Dirig (L Miclea), Theorie/Solf/Dictee (L Maris, C Ionescu), Komp (G Dumitrescu), Orch (D Popovici), Canto (G Ionescu), Folklore (Comisel, Oprea), Methodik/Formenlehre (Serfezi, Csire), MGesch (Varga, O Cosma), Ästh Phil, Psychol (G Balan, D Marculescu) 72–75; II. Staatsexam Bukarest 75. **Laufb:** Doz (Kl) Hermann Zilcher Kons Würzburg 84–2000, H f Musik Würzburg 2000–02. **Pr:** 1. Pr KlBegl 54, 2. Pr Jugend musiziert 55. – **Aufn/RF:** Miniaturen, Revue, Ballett-M, Schlager 61–72, Aufn RF Bukarest. **Sonst:** Grd Cons Trio Ploiesti 55–56.

Ionitza, Alexandru, Sänger; Bruhnstr 5, D-40225 Düsseldorf, T: (02 11) 31 87 87, (01 72) 2 54 92 49, F: 34 77 29. **Laufb:** Sol Dt Op am Rhein Düsseldorf-Duisburg. (Red)

Ionova, Iva, Sopran; c/o Südthüringisches Staatstheater Meiningen, Bernhardstr 5, D-98617 Meiningen. (Red)

Iranyi, Gabriel, MA (Komp), Dr phil, Komponist; Hackerstr 8, D-12163 Berlin, T: (0 30) 7 92 01 67, F: 7 92 01 67, *gabriel.iranyi@gmx.de* [Klausenburg 6.6.1946]. KamM, OrchWerke, Konzertante Werke, Op **Ausb:** Kompstud (S Todutza) 'George Dina' MH Klausenburg 65–71, Kompkse (S Halffter, H Lachmann, B Ferneyhough) 78 u 84. **Laufb:** Teilnahme Int Gaudeamus Musik Week Holland 79, Doz H Jaschi 71–76, 'Rubin'-Academ of Music Tel Aviv U 77–81, freischaff in Berlin seit 88, Lt 'Steglitzer Forum f Neue Musik' seit 94, Lt 'Studio Neue Musik' seit 99, Ferienkse f Neue Musik, Darmstadt 78, 84, IGNM-Fstvs Tel Aviv 80, Amsterdam 86, Israel-Fstv 96, ROSTRUM Paris 86 u 99, Prom (MWiss) 2000. **Pr:** 'Gaudeamus'-Pr Holland 78, 2. Pr 'Arthur Rubinstein' Tel-Aviv 79, 1. Pr 'Valentino Bucchi' Wettb Rom 80. **Ens:** Initiative Neue Musik (ehem Vorstandsmitgl), DTKV-Berlin (Studio Neue Musik – AG). – **Komp:** 'Laudae' f 2 Kl, UA Tel Aviv 84; Quatuor pour Flutes (4 Fl), UA Centre Pompidou, Paris 88; the Hymnso of Job (Sop, Kl), UA Tel Aviv 93; 'Triplum' f Schlgz, UA Berlin 94; If I... Thee, Jerusalem (Kantate), UA Jerusalem 97; Doppelkonz f V, Vcl u Orch, UA Berlin, Philharmonie 98; 'Zwei Parabeln' n F Kafka, UA Berlin 99; 'Piano Cycle I', UA Berlin 2000; 'Due Rime di Michelangelo', UA Berlin 01. **AuftrKomp:** 'Metaphores liées' (Kl, 4-h), UA Tel Aviv (Auftr: Art Council Tel-Aviv); 'interieur' (Stimmen u Echos f Akk u Strtrio), UA Berlin 98 (Auftr: IKAB Berlin); 'Solo I' (f V), UA Berlin 99 (Auftr: Marianne Boettcher). **Aufn/RF:** 'Doppelkonz f V, Vcl u Orch', m Staatsorch Frankfurt/Oder 98; 'If I forget thee, Jerusalem...' (Kantate), m Jerusalem Symph Orch 97; KamM-Hungaroton: I Ikeya, Arcadil-Flqua, Beer-Sheva Piano-Duo, Ch Peters, Modern Art Sextett (Berlin), SFB, WDR, Radio France.

Irman, Regina, Komponistin; Wasserfurristr 48, CH-8406 Winterthur, T: 05 22 03 01 32, *regina.irman@freesurf.ch* [Winterthur 22.3.1957]. Solowerke, KamM, Chor, Musikth **Ausb:** Git (Lehrdipl) Kons Winterthur 82, Schlgz (KonzDipl m Ausz) ebd 95. **Pr:** Werkjahr d Stadt Zürich 99. – **Komp:** Ein vatter = länd Liederbogen (Mezzosop, Kl) 85/86; Ein Trauermarsch (Schlgz Trio, Sprechstimme) 87; Requiem 'An den Tod' (25 Frauen- u 3 Männerstimmen) 91–93; Drei Tänze (Sop, Sprechst/Kl, Klar, Akk) 96/97 (Auftr: Ensemble Klangheimlich); Drei Tänze (Sop, Sprechstimme/Kl, Klar, Akk) 96/97; Sculptures (f Bruce Naumann) (f Viertelton-Gamben-Qua) 97 (Auftr: Ens Concerto di Viole); Poem ohne Held, Op n A Achmatowa, Libretto P Schweiger 97–02; AuftrKomp ua f Stadt u Kanton Zürich, Pro Helvetia, Tage f Neue Musik Zürich, Int Fstv f Neue Blockfl-Musik Basel, Frauenkongress Bern, div Ens. **Lit:** Porträt-CD R I (Musikszene Schweiz, Grammont Portrait) 01.

Irmler, Heinz, Prof, Hochschullehrer, Gitarre; Univ f Musik u Darst Kunst, Inst 12, Hauptpl 8, A-7432 Oberschützen, T: (03 16) 3 89 33 51, F: 3 89 31 21, *heinz.irmler@kug.ac.at.* **Laufb:** o UProf (Git) U f Musik u Darst Kunst Graz. (Red)

Irmscher, Johanna, Prof, Hochschullehrerin, Chorleiterin; Schlüßhaldenstr 20, D-73733 Esslingen, T: (07 11) 3 26 00 36, F: 3 26 00 36, *johanna.irmscher @z.zgs.de*; H f Kirchenmusik, Gartenstr 12, D-72074 Tübingen. **Ausb:** Stud (KiM) KiMschule Esslingen u Folkwang Hochschule Essen (Org b G Schneider, Dirig b M Schmidt), Gaststudien (Komp) b W Hufschmidt, Stud (Orat) H f M u Darst Kunst Frankfurt a M, Kapellmeisterstud Staatl H f Musik Trossingen (W Hügler). **Laufb:** KiMusikerin 81–88, Prof (Chorltg, chorische Stimmbildung, Orchltg) H f KiM Tübingen 88. (Red)

Irosch, Mirjana, KS, Sängerin; c/o Volksoper Wien, Währinger Str 78, A-1090 Wien, T: (01) 51 44 40, F: 5 14 44 32 15, *office@volksoper.at*; *www. volksoper.at.* **Laufb:** Sol Volksop Wien seit SpZ 03/04. (Red)

Isaev, Iulia, Sängerin; Mozartstr 23, D-58119 Hagen, T: (0 23 34) 50 33 04. **Laufb:** Sol Op Zürich, Bayer Staatsop München, Dt Op Berlin seit 02, Teatro Nac Lissabon, Lithuanian Nat Op and Ballet Th Vilnius SpZ 02/03. (*)

Isenbürger, Cornelie, Sopran; Beckhausstr 128a, D-33611 Bielefeld, T: (05 21) 8 01 50 45, F: 8 01 50 45, *cornelie@isenbuerger.de.* Oper, Operette, klass Musical, Konzert, Lied – Barock bis Moderne **Ausb:** Folkwang-H Essen 91–93, R-Schumann-H Düsseldorf 93–96. **Laufb:** Sol Ldesth Coburg 96/99, Sol Th Bielefeld 99/05. **Pr:** Bielefelder OpTaler 01.

Ishay, Roglit Miryam, Klavier; Hohemarkstr 21, D-60439 Frankfurt/M, T: 0 17 42 00 65 86; c/o Musikproduktion Jürgen Höflich, Enhuberstr 6–8, D-80333 München, T: (0 89) 52 20 81, F: 52 54 11, *hoeflich@musikmph.de* [Israel]. **Pr:** Prtr Premio Trio di Trieste 96. **Ens:** Ens Orio, Duo m Ariadne Daskalakis. – **Zug:** Valentin Bibik: KlKonz op.138. (Red)

Ishino, Shigeo, Sänger; Am Wasserturm 6 d, D-31303 Burgdorf, T: (0 51 36) 97 27 99, (01 60) 84 41 42 63. **Laufb:** Sol Th Basel, Sol Op Hannover seit SpZ 03/04. (Red)

Ishiodori, Eri, Violine; Ostseestr 124, D-24107 Kiel; c/o Bühnen der Landeshauptstadt Kiel – Kleines Opernhaus Kiel, PF 1660, D-24015 Kiel. **Laufb:** Konzm Philharmon Orch d Landeshauptstadt Kiel. (Red)

Ishizaka, Danjulo, Violoncello; c/o Ishizaka-Trio, Etzelstr 12, D-53179 Bonn, T: (02 28) 34 91 07, F: 34 91 07 [1979]. **Pr:** Prtr Dt MWettb KamM 98, 3. Pr 20. Int KamM Wettb 'Premio Vittorio Gui' Florenz, Prtr Int ARD-MWettb München 01, Grand Prix Emanuel Feuermann 02. **Ens:** Ishizaka-Trio. (Red)

Ishizaka, Hiroshi, Dirigent; Gäßle 3, D-79111 Freiburg, T: (01 71) 2 86 01 57. **Laufb:** Dgt Th Basel, Doz StaatsH f Musik Freiburg, Solorep Op Kiel. (*)

Ishizaka, Kimiko, Klavier; c/o Ishizaka-Trio, Etzelstr 12, D-53179 Bonn, T: (02 28) 34 91 07, F: 34 91 07. **Pr:** Prtr Dt Musikwettb KamM 98, 3. Pr 20. Int KamM Wettb 'Premio Vittorio Gui' Florenz. **Ens:** Ishizaka-Trio. (Red)

Ishizaka, Kiyondo, Violine; c/o Ishizaka-Trio, Etzelstr 12, D-53179 Bonn, T: (02 28) 34 91 07, F: 34 91 07. **Pr:** Prtr Dt Musikwettb KamM 98, 3. Pr 20. Int KamM Wettb 'Premio Vittorio Gui' Florenz. **Ens:** Ishizaka-Trio. (Red)

Isler, Dorothea, Hochschullehrerin; Winterthurstr 7, CH-8413 Neftenbach, T: 05 23 15 27 87; Hochschule Musik u Theater, Florhofgasse 6, CH-8001 Zürich [Zürich]. **Ausb:** Stud b Alfred Baum, Sava Savoff, Hans Andrea. **Laufb:** Doz (Korr, Opkurs) MH Winterthur Zürich. (Red)

Isokoski, Soile, Sopran; c/o Wiener Staatsoper GmbH, Opernring 2, A-1010 Wien, T: (01) 5 14 44 22 50; *www.wiener-staatsoper.at.* **Ausb:** Stud (Ges) Sibelius-Akad Helsinki. **Laufb:** Debüt Finnische Nationalop Helsinki, Gastsol Op Hamburg, London, Mailand u Paris, Sol Bayer Staatsop München, Wiener Staatsop, Gastsol ua Dt Staatsop Berlin 00/01, Sächs Staatsop Dresden 03–05, Met Op New York 05/06, Bastille Paris 05, Covent Garden London 06, FSp Salzburg, Savonlinna, Edinburgh u Orange, gem Liederabende m M Viitasalo (Kl) ua in Helsinki, Brüssel, London, Paris, Amsterdam, Berlin, Frankfurt, München, Rom, Athen, Wien, Tokio, Moskau, St Petersburg; ZusArb m Dgt: J-P Saraste, E-P Salonen, S Ozawa, Sir C Davis, B Haitink, D Barenboim, S Rattle, R Muti u Z Mehta. **Pr:** 2. Pr BBC Singer of the World 87, 1. Pr Elly Ameling-Wettb, 1. Pr Int GesWettb Tokio, Gramophone Editor's Choice Award 02, Pro Finlandia-Medaille 02. (Red)

Israel, Christoph, Hochschullehrer, Klavier; Kollwitzstr 78, D-10435 Berlin. **Laufb:** Doz U d Künste Berlin. (Red)

Israiloff, Peter, DI Dr, Komponist, Patentanwalt, Direktor; Custozzagasse 8/8, A-1030 Wien, T: (01) 7 15 61 05 [Wien 7.11.1944]. Lieder, Instrumentalwerke f kleine Ensembles **Ausb:** Kons Wien (MTheorie u Komp) b R Seitz 74–91. **Laufb:** musikal Tätigkeit neben berufl Tätigkeit als Patentanwalt u Dir einer Höheren Techn LAnstalt. **Mitgl:** Österr KompBund (ÖKB). – **Komp:** 'Scenes grotesque' op 4 (Trio f Fl, V u Vcl), UA Nov 04; 'Quartettino' op 8 (StrQua), UA Nov 04; BläserQui op 12 (f Fl, Ob, Klar, Hn u Fag), UA Nov 04. **Aufn/RF:** CD-Mitschn: KompPortrait, Palais Lobkowitz, Eroica-Saal, Nov 04. **UA:** 'Der schlafende Schlosser' op 5 (a capella), UA 04, Benefizkonz Schubert-Kirche.

Isser-Borowski, Joanna *siehe* Borowska-Isser, Joanna

Itaya, Kazuko, Chorleiter; c/o Wiener Staatsoper, Opernring 2, A-1010 Wien. **Laufb:** Chorkorr Staatsopernchor Staatsop Wien. (Red)

Iten, Claudia, Mezzosopran; c/o Bühnen der Landeshauptstadt Kiel – Opernhaus am Kleinen Kiel, PF 1660, D-24015 Kiel. (Red)

Ito, Akiko, Sopran; c/o Konzertdirektion Fritz Dietrich, Sigmund-Freud-Str 1, D-60435 Frankfurt/M, T: (0 69) 54 45 04, F: 5 48 41 07, *info@konzertdirektion-dietrich.de*; *www.konzertdirektion-dietrich.de.* **Ausb:** MusikH Köln Abt Aachen b S Klare. **Laufb:** ständ Gast Th Aachen. (Red)

Ito, Suguru, Klavier; Seestr 115a, CH-8610 Uster, T: 0 19 41 56 06. (Red)

Iturralde, Hernan, Bass; Württembergisches Staatstheater, Oberer Schlossgarten 6, D-70173 Stuttgart. **Laufb:** Sol Staatsth Stuttgart. (Red)

Iturrizaga, Luis Eduardo, Komponist; Richard-Wagner-Str 13, D-10585 Berlin, T: (0 30) 3 41 23 43, F: 3 41 23 42 [Lima 7.8.1926]. **Ausb:** Medizinstud Lima 42–43, Musikstud (G Leguia, F Ibanez), Theorie (A Meija) Cons Nacional de Musica de Lima 41–43, priv Klavierunterr (G Caro), Kompstud (R Holzmann, A Maggionni) 52–54, Kons Madrid (J Gomez, F Calles) 54–58, Staatsexamen 58, Weiterstud (B Blacher, H F Hartig, J Ruter) MH Berlin, Teilnahme Int Ferienkse Darmstadt, viermonatiges Prakt f Elektron M (G M König) U Utrecht 68. **Laufb:** Päd Tätigkeit (Tonsatz, Kl) Berlin, Arbeitsstud UNESCO f Praktikum in Paris 68, Arbeit am 'Meteor', Teilnahme am Kompforum d IMD m Bericht über Arbeiten am 'Tonalen System von Universeller Wirkung' 90. **Pr:** Nationalkulturpr Musik Peru f Orchestervariationen 64. – **Komp:** Drei Psalmen (ChW), UA Berlin, RIAS Kammerchor, Dgt: G Arndt 68; Diamante f Flöte-Solo 63, UA Venedig, S Gazzeloni 63; Cantos de Formentor (KamM) 99. **AuftrKomp:** f UNESCO: Recherchen über neue Techniken d Behandlung d menschl Stimme m elektro-akust Prozeduren; Oboenkonz 67, UA Berlin, L Faber, RSO Berlin, B Maderna 70 (Auftr: Berliner FestW); Meteor (KamM) 68/69, UA Berlin, Akad d Künste 74 (Auftr: RIAS Berlin). (Red)

Iuga, Petru, Prof, Kontrabass, Hochschullehrer; Wagnerstr 4, D-78647 Trossingen, T: (01 62) 3 97 84 81, *basso.iuga@sfr.fr*; Hochschule f Musik, Schultheiß-Koch-Pl 3, D-78647 Trossingen [1974]. **Ausb:** Stud (Prof. Cheptea) in Bukarest, später am Kons Bern u d Cons Nationale Superieur Paris. **Laufb:** Prof (KB) HfM Trossingen 04/05. (Red)

Ivan, Simina, Sängerin; c/o Deutsche Oper, Bismarckstr 35, D-10627 Berlin. **Laufb:** Sol Volksop Wien, Wiener Staatsop, Sol Sächs Staatsop Dresden SpZ 03/04, Dt Op Berlin SpZ 04/05. (*)

Ivanov, Emil, Tenor; c/o Stadttheater Bern, Nägeligasse 1, CH-3000 Bern 7; c/o Künstleragentur Dr. Raab & Dr. Böhm, Plankengasse 7, A-1010 Wien, T: (01) 5 12 05 01, F: 5 12 77 43, *office@rbartists.at.* **Laufb:** Sol Bad Staatsth Karlsruhe, Konz u Th St Gallen, Stadtth Bern. (Red)

Ivanova, Marina, Sängerin; S 6, 29–31, D-68161 Mannheim, T: (06 21) 4 01 65 92, (01 77) 3 30 56 08, *info@marinaivanova.de*; c/o opern-agentur.de, Lameystr 14, D-68165 Mannheim; *www.marinaivanova.de* [Moskau]. Mozart, Verdi, Donizetti ua **Ausb:** Kons Moskau 88–93. **Laufb:** Sol Aalto-Th Essen 93–97, Schleswig-Holstein Landesth u SinfOrch Schleswig 97–2000, Nationalth Mannheim seit 2000, Gast Staatsth Stuttgart. **Pr:** Künstl Pr Glinka-Wettb, 1. Pr Wettb 'Neue Stimmen' Gütersloh 93. – **Sonst:** CDs: Paisiello 'Barbiere von Seviglia', Rossini: 'Barbiere von Seviglia', 'Tutto Verdi'.

Ivashchenko, Dimitri, Sänger; Brücknerstr 9, D-64291 Darmstadt, T: (0 61 51) 86 74 58, *dima.i@addcom.de*; c/o Theater Augsburg, Kasernstr 4–6, D-86152 Augsburg [Russland 1973]. **Ausb:** Stud OpSchule Karlsruhe. **Laufb:** Sol Th Augsburg, Sol Staatsth Darmstadt SpZ 04/05. (Red)

Iven, Christiane, Prof, Sopran; c/o Künstlersekretariat am Gasteig, Rosenheimer Str 52, D-81669 München, T: (0 89) 44 48 87 90, F: 4 48 95 22, *team@ks-gasteig.de*; Hochschule f Musik u Theater, Emmichpl 1, D-30175 Hannover; *www.ks-gasteig.de* [Hamburg 9.3.1965]. Op, Konz, Lied **Ausb:** Stud Ges (J Beckmann) MH Hamburg, Mstrkse D Fischer-Dieskau. **Laufb:** Sol Th Bremen 92–96, Nationalth Mannheim 96–01, Op Hannover seit 01/02, Prof (Gesang) H Hannover ab 2001, Int KonzTätigkeit. **Pr:** Dt Musikrat 90, Niedersächs Staatspr 05. – **Aufn/RF:** Schubert: Mayrhofer-Lieder; Bach: Matthäuspassion, Dgt: A Schiff, SWR.

Iveri, Tamar *siehe* Javakishvili-Iveri, Tamar

Iwai, Yoshiko, Hochschullehrerin; Hochschule Musik u Theater, Tössertobelstr 1, CH-8400 Winterthur. **Ausb:** HfM Detmold. **Laufb:** Doz (Korr) MH Winterthur Zürich. (*)

Iwer, Jörg, Dirigent und Komponist; Utrechter Str 44, D-13347 Berlin, T: (07 00) 69 08 80 70, F: 69 08 80 70, *joerg@iwer.de*; *joergiwer.com* [Essen/Ruhr 10.8.1957]. Musiktheater u Konzert **Ausb:** Stud Dirig (R Peters), Komp (W Hufschmidt), Chorlt (G Knüsel) FolkwangHs Essen 79–84. **Laufb:** Lt Ens V Essen, Folkwang Fstv f neue Musik, m G Stäbler 83–85, Eng b versch Th als Kapm 84–89, 1 Kapm Stadtth Trier 89–96, ChefDgt SinfOrch Villingen/ Schwarzw 91–01, ChefDgt u Lt SinfKonz Mittldt LdsTh Wittenberg seit 96, GMD seit 98, Gastsp in In- u Aisland, ua Thessaloniki, Taiwan, Paris, Szczecin, USA. – **Komp:** Strandgut, Sinf in G, UA Stuttgart, Liederhalle, accanto-ensemble, Ltg: J Iwer 91; Die Bremer Stadtmusikanten, Kinderballett, UA 94 (Auftr: Stadtth Trier); Le Semenze, Sinf in es, UA Villingen, Franziskaner-Konzerthaus, Sinfonieorch Villingen, Dgt: J. Iwer 95; Pauline P.: gefesselt (Op) UA 95 Dgt: J Iwer (Auftr: Stadtth Trier); Krümelnehmer (kom Op), UA Theater Nordhausen, Reg: B Schmitt, Ausst: U Stahl, Dgt: J Iwer 99; '...und hätte der Liebe nicht...' (Orat f 3 Solostimmen, Doppelqua u gr Orch), UA Hof der Univ Wittenberg, Sol u Orch d MDt Ldsth, Dgt: Fr Zacher (Auft: Lutherstadt Wittenberg 2000; Scènes pour percussion et orch, UA 2000 Franziskaner-Konzerthaus, Sol: R Weber, Dgt: J Iwer 2000; Der Wolf u die sieben Geißlein, Concerto grosso (f Spr, Tuba, Fag, 7 Soloinstr u kl Orch), UA Schloß Salzau, Spr: H-J Schatz, FstspOrch, Ltg: C Lorenz (Auftr: Schleswig Holstein Musik Festival 01. **Aufn/RF:** G Stäbler: Für später: Jetzt! u 'Windows' (LP); Prokofjew: Peter u der Wolf, Iwer: Die Bremer Stadtmusikanten. **UA:** ua D Schnebel: Memento; G Stäbler: 'Windows', 'Für später: jetzt'; W Hufschmidt: We shall overcome (Orat); W Müller-Jacobs: Drei Orchesterstücke; U Dalm: '... u breiten Schleier über alles Seiende', 'Introitus'. **Zug:** 'Le Dit de Lumiere', J-L Petit 2000. **Sonst:** Grd u Lt Ens V Essen m G Stäbler, Hrsg New Yorker Musikkaleidoskop m P Olbeter.

Izdebski, Pawel, Bass; Nachtigallenstr 4 A, D-98617 Meiningen, T: (0 36 93) 47 74 39; c/o Südthüringisches Staatstheater, Bernhardstr 5, D-98617 Meiningen. **Laufb:** Sol Meininger Th – Südthüring Staatsth. (Red)

Izsák, Andor, Prof, Direktor Europ Zentrum f Jüdische Musik d H f M u Th Hannover; Hochschule f Musik u Theater, Europ Zentrum f Jüdische Musik, PF 510545, D-30635 Hannover, T: (05 11) 3 10 04 30, F: 3 10 04 35, *izsak@ezjm.de*; *www.ezjm.de* [Budapest 1944]. jüdisch-liturgische Musik **Ausb:** Stud (Chorltg, MPäd) Franz-Liszt-H f M Budapest 68–71. **Laufb:** Organist Dohnány-Synagoge Budapest 57–67, MD Int Fstv d traditionellen jüdisch-religiösen M Paris 85–88, Dir Europ Zentrum f Jüdische M Augsburg seit 88, Übersiedlung Hannover 92, als Dir d Zentrums Organisation Fstv, Konz, Ausstellungen, Veranstaltungen. **Pr:** Gr Verdienstkreuz d Niedersächs Verdienstordens. – **Aufn/RF:** Hg CD-Reihe Die Stimme d Synagoge seit 97. **Sonst:** Grdg Lewandowski-Ch m M Lorand 62, Grdg Ges z Förderung Sakraler Jüd M eV 88; Hg SchrR d Europ Zentrums f Jüd M seit 93, Lt Hamburger SynagogalCh.

J

Jackowiak, Monika, Prof, Hochschullehrerin, Blockflöte; An der Schwakenburg 34, D-45711 Datteln, T: (0 23 63) 5 35 85. **Laufb:** Prof (Blockfl) H f Musik Detmold, Abt Dortmund. (Red)

Jackson, Graham, Dirigent, Generalmusikdirektor; Rubensstr 54, D-41063 Mönchengladbach, T: (0 21 61) 5 75 44 29, F: 5 75 44 29; c/o Erich Seitter Bühnen- und Konzertvermittlung, Opernring 8/13, A-1010 Wien, T: (0 21 66) 6 15 11 28, F: 5 12 93 51, *office@agentur-seitter.at* [Burnham, Großbritannien 1967]. **Ausb:** Cambridge U 85–88, Dirigierstud Royal Northern Coll of M Manchester 88–91. **Laufb:** 1./2. Kapm Welsh Nat Opera Cardiff 92–2000, 1. Kapm Bremer Th 2000, GMD Vereinigte Städtische Bühnen Krefeld u Mönchengladbach seit SpZ 03/04, Dgt Hamburg Staatsop, Volksop Wien, Op Frankfurt, Kom Op Berlin.

Jackson, Stanley, Sänger; c/o Oper Leipzig, Augustuspl 12, D-04109 Leipzig; c/o Musikalische Komödie der Oper Leipzig, Dreilindenstr 30, D-04177 Leipzig. (Red)

Jacob, Judith C, Sängerin; Staatsoperette, Pirnaer Landstr 131, D-01257 Dresden. **Laufb:** Sol Staatsoptte Dresden. (Red)

Jacob, Marlies, Prof, Hochschullehrerin, Klavier; Wormser Str 59, D-01309 Dresden, T: (03 51) 33 70 83, F: 33 70 83; Hochschule f Musik, PF 120039, D-01001 Dresden, T: (03 51) 3 10 09 01. Liedinterpr, Sololiteratur, KamM **Laufb:** Prof (Kl) H f M Dresden.

Jacob, Werner, Prof, Komponist, Organist; Sonnengartenstr 7A, D-90425 Nürnberg, T: (09 11) 34 11 41, F: 38 31 59 [Mengersgereuth/Thür 4.3.1938]. **Ausb:** Stud Orgel (W Kraft), Cemb (F Neumeyer), Dirig (C Ueter), Komp (W Fortner) MH Freiburg, A-Prüfung f KiM 61. **Laufb:** hauptamtl Anstellung Lutherkirche Freiburg, KMD St Sebald Nürnberg 69–90, jetzt Titularorg St Sebald, Doz Int Sommerakad f Organisten Haarlem/Holland 71–79, Prof (Org, KiM) MH Stuttgart 76–98, künstl Lt Int OrgWoche Nürnberg (ION) 85–03. **Pr:** Kulturpr Stadt Nürnberg 84, Wolfram v Eschenbach-Pr 93. **Mitgl:** Dt Komp-Verb. – **Komp:** 'Drei neue geistl Ges', UA Freiburg, Lutherkirche, Dgt: W Jacob 62 (Auftr: SWF); 'Carmina profana' (f gem Ch), UA München, Dgt: H Mende 72 (Auftr: BR); Tempus Dei – des Menschen Zeit (Mysterienspiel), UA Nürnberg, St Sebald 79; Graf Ölderland (Op), UA Nürnberg, Meistersingerhalle 88; '... sine nomine, super nomina ... III' (OrgKonz), UA Stuttgart, Liederhalle, Dgt: W A Albert 90 (Auftr: SDR); Canti di Petrarca (OrchLieder), UA Cleveland, Mus of Arts 91; 'Sinf Ekklesiastes' (ChSymph), UA Regensburg, Dgt: W Gayler 92 (Auftr: BMW); 'Memento' (symph Triptychon f Soli, Ch u Orch), UA Nürnberg, 44. ION, St Sebald, Dgt: I Metzmacher (Auftr: ION); 'quasi una cadenza' (Konz f Org u Orch), UA Nürnberg, Meistersingerhalle, Dgt: P Altrichter 96; 'Spuren – Monumentum E B' (Orch), UA Ludwigshafen, Dgt: J Kalitzke 99 (Auftr: Stadt Ludwigshafen); 'Herr, mache mich z Werkzeug Deines Friedens' (Orat f Sol, Sprecher, 2 Ch, Orch), UA Nürnberg, St Sebald 2000 (Auftr: Stadt Nürnberg); 'Voci nella notte' (OrchW), UA Prag, Dgt: W A Albert 01; 'Triptychon in Psalmis – Gesänge wider d Verzweiflung', UA Nürnberg, 52. ION, Dgt: G Grün 03 (Auftr: Siemens Arts-Program); Ritual 1 f PercEns (8 Spieler) u Org, UA Osaka, Dgt: H Okuhara 05. **Aufn/RF:** als Organist insgesamt über 90 LPs bzw CDs m OrgPorträts u OrgM v d Renaissance bis zur M d Avantgarde, ua sämtl gr OrgWerke v M Reger (8 LPs) 73, sämtl OrgWerke v J S Bach auf histor Org 85 sowie v J Brahms 99. **UA:** mehr als 150 als Organist u Dgt. **Zug:** B Hambraeus, D Schnobel, G Bucht, T Nilson, B Mather, A Lanza, W Heider, K M Komma, M Gümbel, R Hempel, K Hashagen, A Hölszky, D Pinkham, G Becker ua.

Jacobi, Christoph, Prof, Hochschullehrer, Violine; Brandvorwerkstr 89, D-04275 Leipzig, T: (03 41) 3 02 50 67; Hochschule f Musik u Theater, PF 100809, D-04008 Leipzig. **Laufb:** Prof (V) H f M Felix Mendelssohn Bartholdy Leipzig. (Red)

Jacobs, Oliver, Schauspielmusiker; Landstr 40, D-76596 Forbach; c/o Theater Baden-Baden, Goetheplatz, D-76530 Baden-Baden. (Red)

Jacobs, René, Dirigent, Countertenor; c/o Deutsche Staatsoper, Unter den Linden 7, D-10117 Berlin, PF 354, D-10109 Berlin, T: (0 30) 20 35 40, F: 20 35 42 06 [Gent]. Barock, Alte Musik, Venezianische Oper **Ausb:** Stud Ges Brüssel u Den Haag. **Laufb:** Grdg Concerto Vocale 77, Principle Guest Dir u künstler Berat f Alte M Dt Staatsoper Berlin, künstl Lt Innsbrucker FestW seit 91, Salzburger FSp 93 (Monteverdi: 'L'Orfeo'), Schwetzinger FSp u Nat Reisop SpZ 96/97, LAuftr Schola Cantorum Basiliensis. **Pr:** zahlr Kritikpr f Einsp. **Mitgl:** Ehrenmitgl Freunde u Förderer d Akad f Alte M Berlin eV seit 04. – **Aufn/RF:** ua Händel: 'Rinaldo' m Barockorch Freiburg 02; F Cavalli: 'La Calisto' 03. (Red)

Jacobsen, Rüdiger, Flöte, Hochschullehrer; Akad f Tonkunst, Ludwigshöhstr 120, D-64285 Darmstadt. **Laufb:** Doz (Fl) Akad f Tonkunst Darmstadt. (Red)

Jacobsen, Volker, Viola; c/o Impresariat Sonia Simmenauer, Bornstr 12, D-20146 Hamburg, T: (0 40) 42 31 31 11, F: 42 31 31 13, *sonia.simmenauer@impresariat-simmenauer.de*, *kontakt@artemisquartett.de*; c/o Klaus Eisenberger, Peter-Jordan-Str 8, A-1190 Wien, T: (01) 3 68 13 63, F: 3 69 23 23, *Eisenberger@classic-music.at*; *www.impresariat-simmenauer.de*, *www.artemisquartett.de* [Hamburg 1970]. **Ausb:** Stud Va (B Westphal) MH Lübeck. **Pr:** 2. Pr Dt Hochschulwettb 92, 1. Pr 4. Int Streich Quartett Wettb Paolo Borciani Pr Reggio Emilia 97. **Ens:** Duo Mirabeau, Artemis Quartett. (Red)

Jacobus, Britta, Sängerin (Mezzosopran); c/o Städtische Theater, Käthe-Kollwitz-Str 7, D-09111 Chemnitz, PF 756, D-09007 Chemnitz [Frankfurt/M]. **Ausb:** Peter-Cornelius-Kons Mainz 91–96, seit 1997 GesUnterricht b Dorothea Wirtz Wiesbaden. **Laufb:** Gastsol in Frankfurt/Main, Mainz, Leipzig uFlensburg, seit 98 Sol Städt Th Chemnitz. (Red)

Jacoby, Cynthia, Sopran; c/o Lars-Oliver Schimanski Opern-und Konzertagentur, Syker Str 8, D-28307 Bremen, T: (04 21) 4 84 47 13, 01 77–5 10 15 91, F: 4 98 98 60, *info@scarpia.de*; *www.scarpia.de*. **Laufb:** Sol Dt NationalTh Weimar. (Red)

Jacomet, Johann G, Konzertpianist, Organist; c/o Wohn- und Pflegeheim Etzel-Blick, Gartenstr 15, CH-8805 Richterswil, T: 0 17 87 47 27 [Chur 4.6.1946]. Barock, Romantik **Ausb:** Stud Kl Mailand (C Vidusso) seit 62, KonzDipl Mailand 68, Stud Org Zürich (E Vollenwyder) 75–81. **Laufb:** zahlr Konz Schweiz u Ausland. **Pr:** Prtr 'Concorso Int di Enna' Sizilien 66, Pr STV 66/67/68. **Mitgl:** STV seit 68.

Jacovo, Giuseppe, Tenor; Toosbüystr 5, D-24939 Flensburg, T: 0 17 59 86 54 14, F: (04 61) 1 68 95 90, *mail@giuseppejacovo.com*; PF 858, CH-8055 Zürich, T: 04 33 21 88 10; *www.giuseppejacovo.com* [Italien 1.5.1971]. ital u frz romantische Oper, Lied **Laufb:** Sol Schleswig-Holstein Landesth SpZ 03/04.

Jäckel, Manfred, Musikdirektor; Am Burggraben 2, D-99192 Gottstedt, T: (03 62 08) 7 11 78. **Laufb:** Chordir Thüringer Landesth Eisenach (i R). (Red)

Jaecker, Friedrich, Prof, Komponist, Hochschullehrer; An der Weide 4, D-50129 Bergheim, T: (0 22 38) 4 31 85, F: 4 31 85, *friedrich.jaecker@gmx.de*; H f Musik, Dagobertstr 38, D-50668 Köln [Soest 27.10.1950]. **Ausb:** Stud Musikhochschule Detmold (Komp, Musiktheorie, Kl, Schulmusik, MWiss) 69–75, MH Hamburg (G. Ligeti) 75–77, U Hamburg (MWiss). **Laufb:** Dozent seit 77, Prof (Tonsatz) H f Musik Köln seit 80. **Pr:** Auswahl z int Gaudeamus Musikwoche (in excelsis) 77, 1. Pr Kompositionswettb d VdM (Fragment) 80/81, Förderungspr d Ldeshauptst Stuttgart 85, Förderprämie (Turmalin), Gerhard-Maasz-Pr u Theodor-Berger-Publikumspr (Bläserquintett) 93. – **Komp:** antwort d fabelwesens (Sop, Va, Git) 74, UA Soest 75; 'Dir, immer nur Dir...' (KamOp) 77–80, UA Zagreb, pocket op comp Nürnberg 83; Turmalin (OrchW) 84; natura-anima-askesis (StrQua) 88–96, UA Köln 97; Orchester (OrchW) 96, UA Riedenburg 97; '..., Ensemble' (6 Stücke f versch Sol u Ens) 92–97; Trio (V, Va, Vcl) 98, UA Köln 99; Bratsche, Orchester (Konz) 98; Sphinx (Sop, AFl, Va) 99, UA Köln 2000; Schrei (Org) 01, UA Bonn 01. **AuftrKomp:** Beschreibung e Zerfalls (OrchW) 76, UA Lübeck 76 (Auftr: Orch d Hansestadt Lübeck); Zwei Stücke f KamOrch 80/81, UA Soest 81 (Auftr: Stadt Soest); Hahngeschrei (MTh) 85, UA Nürnberg 85 (Auftr: BR). **Aufn/RF:** in excelsis (3 Tasteninstr u 3 Schlgz) WDR 83; Turmalin (OrchW) SDR 88; Werke f Instr- u Vokalens CD 98; Portrait-CD 01.

Jaeckh, Susanne, Mezzosopran; Lessingstr 1, D-01099 Dresden, T: (03 51) 8 02 07 45, 01 77–7 93 31 62, *SusanneJaeckh@web.de* [Alfeld/Leine 4.12.1972]. Oper, Oratorium, Lied **Ausb:** Stud Ges (G Burkhardt-Mühlbach, H Petzold) H f Musik 'Carl Maria v Weber' Dresden 94–2002, Mstrkse (E Schwarzkopf, E Mathis) 2000, (M Shirai/H Höll) 2001, Aufbaustud H f Musik 'Carl Maria v Weber' seit 2000. **Laufb:** Gastsol KamOp Dresden SpZ 00/04, KonzTätigkeit. **Pr:** 'Carl-Maria-v-Weber Stip' Stadtsparkasse Dresden 2001. **Ens:** KamChor Dresden 96–98.

Jäckle, Burkhard, Flöte; c/o Münchner Philharmoniker, Kellerstr 4, D-81667 München. **Laufb:** Sol Münchner Philh. (Red)

Jäckle, Klaus, Gitarre, Komponist; Beilngrieserstr 77, D-90453 Nürnberg, T: (09 11) 6 37 04 57, F: 9 64 35 87, *Klaus.Jaeckle@t-online.de*; *www.classicalguitar.de*. span Musik, Moderne, Kammermusik **Ausb:** Stud (E Lind, M Seidel) Mozarteum Salzburg, weitere Stud (P Romero), Meisterkurse (J Bream, E Fisk, W Lendle). **Laufb:** freischaff Sol u KamM Nürnberg seit 91, Auftritte ua Schleswig-Holstein Musik-Festival, Konzhaus Berlin, Gewandhaus Leipzig, Gasteig München, Meistersingerhalle Nürnberg, Mozarteum Salzburg, in Wien, Paris, Florenz, Prag, Austin, Sacramento, Los Angeles. **Pr:** Lilli-Lehmann Med d Stift Mozarteum Salzburg 90, Wolfram-v-Eschenbach Kulturförderpr Bezirk Mittelfranken 97; Prtr Int Gitwettb Plovdiv, Bulgarien 98. **Ens:** Spanish Art Guitar Qua. – **Aufn/RF:** Rodrigo: Sämtl Lieder m Git, Sop: R Bergmann 99; Bach: Italien Konz, Ciaconna, Fl: E Riessbeck 2000. **Zug:** W Heider: Seligkeiten (Fl, Git); ders: Ausdruck (Git); K Vereno: '...schatten von sternen...' (Fl, Git); H Hartl: Stimmungen (Fl, Git); ders: Rasgueado del viento (Git); R Eespere: Motus (Git). **Sonst:** KamM f Git v Bach, Mozart, Schubert u Piazzolla.

Jaeger-Böhm, Bernhard, Prof, Hochschullehrer, Sänger; Hochschule f Musik u Darst Kunst, Urbanstr 25, D-70182 Stuttgart [1952]. **Ausb:** Stud E. Margraf, A. Baldin) HfM Karlsruhe, Auslandstud (G. Souzay) in Genf (R. Miller) u Salzburg. **Laufb:** Prof (Gesang) Staatl H f M u Darst Kunst Stuttgart. (*)

Jäger, Brigitte, Sängerin; c/o Volksoper Wien, Währinger Str 78, A-1090 Wien. **Laufb:** Sol Stadtth Baden SpZ 03/04, Volksop Wien SpZ 04/05. (Red)

Jäger, Edwin, Sänger; c/o Bremer Theater, Am Goethepl 1–3, D-28203 Bremen, PF 101046, D-28010 Bremen. **Laufb:** Gastsol Th Bremen SpZ 03/05. (Red)

Jäger, Karl-Heinz, Komponist; Pfalzstr 33, D-69254 Malsch, T: (07253) 26342, F: 26342, *jaegerkh@t-online.de* [Pretzsch 4.5.1941]. Instrumental- u Chormusik **Ausb:** Stud (Trp, Schlgz) MH Leipzig 59–64, Stud (Komp, Chorlt) MH 'Hanns Eisler' Berlin 68–74. **Laufb:** LAuftr MH Berlin u freischaff Komp, freischaff als Chorlt u Komp seit 90. **Mitgl:** Chordir Fachverb Dt Berufschorleiter. – **Komp:** Concertino f Klar u Kl 69; Concertino f Trp u Kl 82, UA Berlin 83; Musik f Orch (OrchW) 84, UA Berlin 85; Fünf Lieder f Tenor-Solo u Kl 84, UA Berlin 89; 'Metamorphosen' f 2 Git 84; Sonate f 3 Git 86; Musik f 4 Git 88; KamM f 9 Instr 89; Sieben Epigramme 89; Rundgesang (f Männerchor); Der Friede auf Erden (f gem Chor); Wer mich nach Heimat fragt. **Lit:** in: Komp d Gegenwart.

Jäggi, Andreas, Sänger, Charaktertenor, Konzert- u Liedsänger; Tiergartenrain 5, CH-4054 Basel, T: 0612818474, F: 0612818475, *ajaeggi@bluewin.ch*; *www.andreas-jaeggi.ch*. **Ausb:** b Prof M Stader Int OpStudio Zürich. **Laufb:** EnsMitgl Osnabrück, Kiel, Dortmund; Op Nat Paris, Bastille, Fstv Aix-en-Provence, Antwerpen, Nantes, Metz, Basel, Dublin ua. – **Sonst:** freischaff Kunstmaler.

Jäggin-Takahama, Sayuri, Gitarre; Mettlenstr 6, CH-8488 Turbenthal, T: 0523853695. (Red)

Jäggin, Christoph, Prof, Gitarre, Hochschullehrer; Mettlenstr 6A, CH-8488 Turbenthal, T: 0523853695, F: 0523853695, *ch.jaeggin@bluewin.ch*; H Musik u Theater, Hirschengraben 46, CH-8001 Zürich; *mypage.bluewin.ch/christophjaeggin/index.htm*, *www.musicedition.ch/interpret/jaeggin.htm* [Romanshorn, Schweiz 8.3.1956]. Neue Musik **Ausb:** Kons Winterthur bis 77, H f M u Darst Kunst Wien 77–79, Git (K Scheit), Musikpäd (H Siegenthaler), KonzDipl 79. **Laufb:** Prof (Git, Blattspiel) HMT Zürich, Gastdoz U Belo Horizonte (Brasilien), Uzejr Hagybeyov MH Baku (Aserbaidschan), Kons Karlsruhe, H f Künste Bremen, Inst Sucrense de Bellas Artes Sucre (Bolivien), Cons Nacional La Paz (Bolivien), 'Núcleo Música Nueva de Montevideo' (Uruguay), Inst de Bellas Artes Santa Cruz de la Sierra (Bolivien), Cons de Música 'M.V. Uboldi' Santa Cruz de la Sierra (Bolivien), Cork School of Music (Irland), Referent an pädag u künstl Kongr im In- u Ausland; Konz-Tourneen in Europa, Russld, Naher u Ferner Osten, Süd- u Mittelamerika; ZusArb m ua Contrechamps Genève, Neue Horizonte Bern, IGNM-Ens Basel, Serenata Basel, Collegium Musicum Zürich, Collegium Novum Zürich, Ens Opera Nova Zürich, AkadChor Luzern, Grdg u Lt Ens TaG Winterthur 91. **Pr:** Stip 'Home Swiss Wien' 78, Concordia St. Gallen 78, Anerkennung d STV 80, Rotaryklub 81, Prtr Interpretationswettb f zeitgen M d BAT-Stift 84, 93. **Mitgl:** SMPV, STV. – **Aufn/RF:** Bach: 'Suite BWV 995'; Dünki: 'Canones n A Schönberg'; Karaev: '5 Stücke'; Kelterborn: 'Ensemblebuch III', '5 Monologe'; Lehmann: 'etwas Klang v meiner Oberfläche'; Marti: 'Pluie de la peur'; Matsudaïra: 'Grating', 'Thema & Var based on the serie of SCHBEG, ARNOLD; C Neidhöfer: 'Nach Innen'; Paraskevaídis: 'el nervio de Arnold', 'solos'; Shikichi: '8 poems'; Stauder: 'Gloriette'; Suilamo: 'Eidola'; Voegelin: 'Nombres', 'Que no haya salida', 'Thebaïs'; Weissberg: 'Schwebende Trübung'; Wildberger: 'Los pajarillos no cantan'. **UA:** siehe zugeeign Werke. **Zug:** über 100 Werke ua v F Ali-zade, N Castiglioni, X Dayer, A Fernández, T Fujii, U Gasser, E Gaudibert, N Hisada, K Huber, R Kelterborn, H U Lehmann, F Karajev, Y-A Matsudara, H Marti, C Neidhöfer, G Paraskevaldis, C Prudencio, H Suilamo, R Suter, F Voegelin, D Weissberg, J Wildberger, C Wolff, J Wyttenbach, I Zelenka. **Sonst:** Artikelserie in japan Git-Zs 'The Gendai Guitar' z Aufführungspraxis barocker GitM, 'Exemplarisches Einstudieren Neuer Musik, Neue Musik im Unterricht' (1.Git-Symposium, Bd 21, SchriftenR Bdesakad f musikal Jugendbildung Trossingen), 'Schweizer GitMusik – Versuch e Einblicks' (2. git Symposium 'D Git a d Weg ins 21. Jh', SchriftenR Bdsakad f musikal Jugendbildung Trossingen), 'Schweizer GitMusik – ein Inventar' Schriften d H f M u Th Winterthur. **Lit:** H G Brill: Eidgenössisches Zeitgenössisches, in: Git + Lt 2/95; V Höh: Interview m CJ, in: Git aktuell Nr 81 03.

Jäkel, Walter, Bass; c/o Frankphoniker H P Swoboda, Im Trierischen Hof 2, D-60311 Frankfurt/Main, T: (069) 285864, F: 6031153, *mail@frankphoniker.de*, *info@oper-frankfurt.de*; *www.frankphoniker.de* [Salzburg]. **Ausb:** Opdipl Mozarteum Salzburg, Weiterbildung Int Sommerakad. **Laufb:** Mitwirkung Salzburger FSp, Op Frankfurt seit 84, Lieder- u Opabende in Dtschld u Österreich. **Ens:** Frankphoniker Frankfurt/M. – **Aufn/RF:** RF- u Fernsehaufn. (Red)

Jänicke, Yvi, Mezzosopran; Lokstedter Steindamm 88, D-22529 Hamburg, T: (040) 5605080; c/o Artists Management Hartmut Haase, Aalgrund 8, D-31275 Lehrte, T: (05175) 953232, F: 953233, *artists@t-online.de* [Berlin]. Oper, Oratorium, Lied **Ausb:** Stud SchulM, Kl, Ges (H Kretschmar) MH Detmold 83–89. **Laufb:** Bdesauswahl 'Konz junger Künstler' 89–90, Sol Krefeld/Mönchengladbach 90–91, Sol Stadtth Bern 91–93, Sol Hamburg Staatsop seit 94, Gasteng in Stuttgart, Dresden, Leipzig u Bremen, Schleswig-Holstein MFstv, Schubertiade Feldkirch, Luzerner FestW, Fstv Bergen, Lincoln Center Fstv New York. **Pr:** 2. Pr Op VdmK Berlin 88, 1. Pr Lied Int GesWettb s'Hertogenbosch 89. – **Aufn/RF:** Mahler: 'Das Lied v d Erde', m Radio SinfOrch Stuttgart, Dgt D Fischer-Dieskau 96; E Wolf-Ferrari: Italien Liederbuch u Rispetti, m B Canino; C Loewe: Lieder u Balladen; R Volkmann: Lieder; G Bizet: Mélodies; H Pfitzner: 'Der Blumen Rache'; J S Bach: 'Johannespassion'; J Weismann: Lieder (CDs). **UA:** O Ben-Amots: Chamber Music (9 Lieder v James Joyce) 85; R Liebermann: Op 'Freispruch f Medea' (Chalkiope), UA Hamburg 95.

Jäpel, Andreas, Sänger; Str d Jugend 117, D-03046 Cottbus, T: (0172) 5225089. **Laufb:** Sol Staatsth Cottbus (04/05). (Red)

Jaermann, Marc, Violoncello; ch. de la Joliette 5, CH-1006 Lausanne, T: 021616 1559; c/o Caroline Martin Musique, 126, rue Vieille du Temple, F-75003 Paris, T: 0142744901, F: 0142744617; *www.quatuorsinenomine.ch/*. **Ens:** Trio Musiviva, Quatuor Sine Nomine. (Red)

Järvi, Paavo, Dirigent; c/o Deutsche Kammerphilharmonie Bremen, Erste Schlachtpforte 1, D-28195 Bremen; c/o HR Sinfonieorchester, Bertramstr 8, D-60320 Frankfurt. **Laufb:** ChefDgt SinfOrch Cincinnati, HR-SinfOrch ab 06, bis 07 künstler Lt KamPhilh Bremen. (Red)

Jaggi, Rudolf, Dozent; Nadelberg 43, CH-4051 Basel, T: 0612611761, *jagar@balcab.ch* [Bern 21.9.1940]. Musiktheorie, Musikpädagogik, Komposition **Ausb:** Stud (SchM, MTheorie) Kons Bern 63–68, Kompstud (R Suter) MAkad Basel 76–79. **Laufb:** Theorie SMPV Schweiz seit 68, Doz Päd Inst Basel 72–01, Lt mehrerer Ch 60–01. **Pr:** 1. u 3. KompPr Kantonalverb Zürich, Pr d Musikkomm Basel, 1. Pr Kantonalverb Basel-Stadt, Mary-Long-Pr, 1. Pr Int Chorwettb Grado, Italien 2000, 1., 2. u 3. KompPr IntJugendchorwettb. **Ens:** PAL JAM-Septett. – **Komp:** Airs Auvergnats (f Orch) 66, UA Bern, Dgt: Th Hug 67; Sinf in D 67, UA Bern, gr MSaal Dgt: H Müller 68; Phasen (f Sopr, Fl, Git) 74/75 UA Basel I Pellmont 75; Partita (f gr Orch) 75/76, UA Basel, gr MSaal Dgt: A E Kaiser 77; Flucht (f Ch u Instr) 77/78 UA Basel, Dgt: K Scheuber 82; Six Bagatelles (f Fl,V,Vcl) 77 UA Genf Ens M da Camera 81; Fragebogen (Fst-sp) (f Sol, Spr, 3 Chöre, Jazzband u Orch) 82/83, UA Linz, Dgt: F Bohrer 84; Muster d Zeit (f Ch u Instr) 86 UA Basel, Dgt: V Scheidegger 86; Lamentationes (f Ch, Spr u Orgel) 83 UA Basel, Dgt: R Jaggi 83; Petrus Oratorium (f Ch, Sol, Org u Orch) 89 UA Basel, Dgt: V Scheidegger 90; Phonie (f SaxQua) UA Basel Basler SaxQua; There's M in the Air, UA Basel, KG-Chor, Dgt: R Jaggi 96; 's bliht a Blum' (f Sopr, Ch, Kl) UA Basel, Dgt: V Scheidegger 98; Romances (f GitTrio) 97 UA Riehen Basler GitTrio 98; Jidd Lieder (f Ten u Ch ac) 97 UA Basel Dgt: U Oberholzer 98; Morgenstern-Zyklus (f Ch ac) 2000 UA Grado (I) 01 Dgt: Chr Huldi (Int 1. Pr f Chöre); SaxQua 03; Paraphr üb boliv Weihnachtslieder (f Panfl, Solisten, Ch, Orch) 04 UA Basel 04, Dgt: V Scheidegger (Auftr: Chor 50); Weihnachtssuite (f 2 Sopr, alt, FrCh u Orch) 05 UA Basel 05, Dgt: V Scheidegger (Auftr: Chor 50). **Aufn/RF:** 'Phasen', Radio RSR II Genf; 'Six Bagatelles', TV Suisse romande u Radio France M Paris; 'Flucht', Radio DRS II Zürich; 'Fragebogen', Öster RF, Wien u TV d Dt Schweiz; 'Petrus', Radio DRS II Zürich; 'Basel', Radio DRS II Zürich. **Lit:** Swiss Contemporary Composers 93; Swiss Choral Composers 99; http://de.wikipedia.org/wiki/Rudolf_Jaggi.

Jahn, Gertrude, Mezzosopran; Franz Hainzl Artists' Management, PF 17, A-1043 Wien, T: (01) 5864536, F: 5855551, *office@hainzl.net*; *www.hainzl.net* [Zagreb]. Strauss, Wagner, Verdi, Mahler **Ausb:** Stud (E Werba) MAkad Wien. **Laufb:** Wiener Staatsop, Salzburger FSp, München, Berlin, Hamburg, Barcelona, Madrid, Liège, Glyndebourne, Buenos Aires, Mailänder Scala, Rom, Turin; ZusArb m Bernstein, Karajan, Böhm, Rostropovitch, Ozawa, Sawallisch, Gergiev, Mehta, Maazel, Stein, v Dohnányi, Harnoncourt, Mackerras, Runnicles; zurzeit Konzentration auf dramat Charakterfach (Amme, Herodias, Klytämnestra). – **Aufn/RF:** Rappresentazione del anima e del corpo, Das schlaue Füchslein, Frau ohne Schatten, Ascanio in Alba.

Jahn, Jörg-Wolfgang, Prof, Hochschullehrer, Violine; Pfarrgasse 1, D-75196 Remchingen, T: (07232) 70278, F: 71413, *J.W.Jahn@t-online.de*; Hochschule f Musik, PF 6040, D-76040 Karlsruhe [Saalfeld/Saale]. **Ausb:** Stud V (M. Rostal) Köln. **Laufb:** Prof (V, KamM, KamOrch) Staatl H f Musik Karlsruhe seit 72. **Pr:** 1. Pr Mendelssohn-Wettb. (Red)

Jahn, Raimund, Prof, Komponist; Amraserstr 23/II, A-6020 Innsbruck, T: (0512) 361229. (Red)

Jahn, Thomas, Komponist, Musiklehrer, Posaune; Hartungstr 8, D-20146 Hamburg, T: (040) 458619, *th-jahn@t-online.de*; *www.thomasjahn.com* [Berlin 29.12.1940]. KamM, vokal-instrumentale M, Bühnenwerke, Konz **Ausb:** Stud (Komp) H f M Berlin (West) b Heinz Friedrich Hartig 62–66; Stud (Pos) Städt Kons Berlin u H f M Hamburg 66–68, Zusammenarbeit u Stud b H W Henze i Montepulciano, Italien 75–85. **Laufb:** Mitbegr Ens Hinz & Kunzt Hamburg 71, Musikal Lt Thalia-Th Hamburg 73–74, Lektor Peer-Verlag 79–86. **Pr:** Förderpr d Bach-Pr d Freien u Hansestadt Hamburg 79, Kirchenmusikpr d Stadt Neuss 95, Pr d Dt Musikrats 98. **Ens:** Die Eppendorfer Blechbläser 93–2000, Ens Undezett Hamburg 01. – **Komp:** Tango Habanera (VKonz), UA Montepulciano 77 (Auftr Cantiere Internazionale d'Arte Montepulciano); Schade, daß sie eine Hure ist (Ballett m Gesang) nach John Ford, UA Montepulciano, Cantiere Internazionale d'Arte Montepulciano 80, Choreographie William Forsythe; Gänge (Ballett), UA Frankfurt 83 (Auftr Städt Bühnen Frankfurt); John Falstaff (Ballett), UA Basel 84 (Auftr Basler Theater); Al Fresco (Qui), UA Hamburg 88 (Auftr Ens L'art pour 'art); Background (KamEns) UA Hamburg 89, Mitgl d Philh Orch (Auftr Philh StaatsOrch Hamburg); Tender Buttons (nach Gertrude Stein) UA 1/91 Scala-Th Hamburg; Kernlieder (Liederzyklus), UA Kitchener, Ontario (Kanada) (Auftr Centre for Mennonite Brethren Studies in Canada); Magnificat (Ges u KamEns) 95, UA Neuss 96; Hüben u Drüben (Chansonzyklus) (Texte v J Fuhrmann) UA Hamburg 96; Tempo giusto (KamM), UA Hamburg 04. **Aufn/RF:** Der zoologische Palast (Op), m Danaer, Groh, Ueda, Venning ua, Ens Hinz u Kunst, Ltg: H Breidenstein, WDR 76;

Thomas Jahn

Orte u Zeiten/tempi e luoghi (Liederzyklus), m N Enns (Sop), Ens L'art pour l'art, Ltg: T Jahn, CD 91 (Col Legno AU 31811); As a wife has a cow, a lovestory (Vokalwerk), m M Höglind, Ens Sonanza, Schwed Rundfunk 92. **Sonst:** Veröffentl: I have a dream, in: Zwischen den Kulturen. Neue Aspekte d M 79; Tender Buttons. Ein poetisches MTh, in: Zwischen Aufklärung u Kulturindustrie 93. **Lit:** T J, in: Komponisten d Gegenwart, edition text + kritik 92; T J, in: Brockhaus Riemann Musiklex, Ergänzungsbd, Piper-Schott 98; Engedenken, zu T J's 'Orte u Zeiten/tempi e luoghi', in: Inlet zur CD 'Orte u Zeiten/tempi e luoghi' 91; Aufführung als work in progress. Zu T J's 'Tempo giusto' f Oktett, in: Impulse, hg v KamM heute 04.

Jahns, Annette, Alt, Regisseurin; c/o Künstleragentur Tobias Kade, Ammonstr 72, D-01067 Dresden, T: (03 51) 4 90 67 94, 01 72–3 66 29 07, F: 4 90 67 93, *tobias-kade@gmx.de*; c/o Sächsische Staatsoper, Theaterpl 2, D-01067 Dresden; *www.kuenstleragentur-kade.de* [Dresden]. **Ausb:** Stud (Ges) MH Dresden, Ausb am OpStudio d Staatsop Dresden 82–86. **Laufb:** Sol Sächsische Staatsop Dresden 86–99, Gastsol ua Bayreuther FSp, Salzburger FSp, Regiearb seit 98, freischaff tätig als S u Reg seit 99, Insz 'Madame Butterfly' Sächsische Staatsop Dresden 03, Insz 'La Cenerentola' Prinzregententh München 05. (Red)

Jakab, Eugen, Prof, Hochschullehrer, Klavier; Univ f Musik u Darst Kunst, Inst 2, Brandhofgasse 21, A-8010 Graz, T: (03 16) 3 89 33 53, F: 3 89 30 21, *eugen.jakab@kug.ac.at*; Hauptpl 8, A-7432 Oberschützen. **Laufb:** o UProf (Kl)U f Musik u Darst Kunst Graz. (Red)

Jakobi, Daniel, Dirigent; c/o Theater Aachen, Hubertusstr 2–8, D-52064 Aachen. (Red)

Jakobi, Jörg, Cembalo, Orgel; Rembertiring 45, D-28203 Bremen, T: (04 21) 32 34 77; edition baroque, Mathildenstr 18, D-28203 Bremen, T: (04 21) 79 01 19 84, *mail@edition-baroque.de* [Wittmund]. Musik d 17. u 18. Jh **Ausb:** Stud Org u Cemb Akad f Alte M, H f Künste Bremen. **Ens:** Ens Baroque, Ens HELIKON Bremen. (Red)

Jakobs, Thomas, Tenor; c/o Staatstheater Mainz, Gutenbergpl 7, D-55116 Mainz. (Red)

Jakobsch, Randall, Sänger; Hammersteinstr 5, D-30177 Hannover, T: (01 72) 4 13 63 96. **Laufb:** Sol Op Hannover, Hamburg Staatsop. (*)

Jakubowski, Antoni, Violine, 1. Konzertmeister; c/o Landestheater Detmold, Theaterpl, D-32756 Detmold. **Laufb:** 1. Konzm Orch d Landesth Detmold. (Red)

Jalass, Gudrun, Prof, Hochschullehrerin, Klavier; Brückenweg 14, D-23130 Enger, T: (0 52 24) 77 26; Hochschule f Musik u Theater, FB 2, Harvestehuder Weg 12, D-20148 Hamburg. **Laufb:** Prof (Klavier) H f M u Th Hamburg. (Red)

James, Carolyn, Sopran; c/o Theateragentur Heidi Steinhaus, Auerfeldstr 26, D-81541 München, T: (0 89) 93 93 01 10, 01 70–4 45 82 00, F: 93 93 01 11, *info@heidi-steinhaus.de*; *www.heidi-steinhaus.de*. **Laufb:** Miami Op, Op Santiago de Chile 89, Volksop Wien 90, 93/94, Met Op New York 91/92, 95, Op Köln 91, Op Bonn 93, Op Seattle, Montreal, Th de la Monnaie Brüssel 95, Op Bastille Paris 96, Gastsol Koblenz SpZ 03/04.

James, Eleanor, Sängerin; Ludwigshöher Str 12, D-81479 München, T: (0 89) 7 91 69 11, F: 7 91 69 11. (*)

James, Huw Rhys, Dirigent; c/o Musikwerkstatt Wien, Speisingerstr 149/1, A-1230 Wien, T: (06 76) 5 22 36 68, F: (01) 8 89 19 96, *office@musikwerkstatt-wien.com*; *www.musikwerkstatt-wien.com*. **Laufb:** Solokorr Volksop Wien, Dir Wiener Staatsoper, Landestheater Linz, 2002 Prof f Partiturspiel u Korrep, Lt d Jugendkammerorch d Kons Wien. **Ens:** Musica Poetica Wien. (Red)

Janailancovici, Radu, Violine, 2. Konzertmeister; Am Baumgarten 7, D-53175 Bonn; c/o Orchester d Beethovenhalle, Wachsbleiche 2, D-53111 Bonn. **Laufb:** Konzm Orch d Beethovenhalle Bonn SpZ 03/05. (Red)

Janczewski-Sosinska, Marta, Prof, Hochschullehrerin, Klavier; Keesburgstr 24, D-97074 Würzburg, T: (09 31) 7 27 23 [Warschau]. **Ausb:** Stud in Warschau (Prof Drzewiecki u Prof Losakiewicz). **Laufb:** LBeauftr (Kl) H f M Würzburg seit 79, Prof ebd 85. **Pr:** 3. Pr 7. Chopin-Wettb Warschau 65. (Red)

Janczuk, Dariusz, Kontrabass; c/o Niedersächsisches Staatsorchester, Opernpl 1, D-30159 Hannover. **Laufb:** Vorspieler Niedersächs StaatsOrch Hannover. (Red)

Janda, Elsbeth, Sängerin; Hausackerweg 35, D-69118 Heidelberg, T: (0 62 21) 2 22 10; Oststadt-Theater Mannheim, Berliner Str 9, D-68161 Mannheim, T: (06 21) 1 60 60, F: 1 60 70 [Mannheim 1923]. **Laufb:** GastSol Musikbühne Astoria eV Mannheim SpZ 03/04, Oststadt-Th Mannheim SpZ 04/05. **Pr:** BVK, Richard-Benz-Med f Kunst u Wiss d Stadt Heidelberg 04. (Red)

Janezic, Willibald, Prof, Hochschullehrer, Horn; Univ f Musik u Darst Kunst, Leonard Bernstein Inst f Blas- u Schlaginstrumente, Seilerstätte 26, A-1010 Wien, T: (01) 7 11 55 24 01, F: 7 11 55 24 99. Blas- u Schlaginstr **Laufb:** o UProf (Hn) U f Musik u Darst Kunst Wien. (Red)

Janicke, Heike, Violine; Theresienstr 19, D-01097 Dresden, T: (03 54) 4 03 16 16; c/o Philharmonie, Kulturpalast am Altmarkt, D-01005 Dresden. **Laufb:** Konzm Dresdner Philharmonie. (Red)

Janicke, Torsten, Violinist; c/o Berliner Konzertagentur Monika Ott, Dramburger Str 46, D-12683 Berlin, *tojanicke@t-online.de*; *www.torstenjanicke.de* [Dresden 19.8.1958]. **Ausb:** Spezialschule f M Dresden, Stud (H Rudolf) H f M 'Carl Maria v Weber' Dresden 76–82, Mstrkl (G Schmahl), Mstrks (O Kryssa, W Marschner, A Gertler). **Laufb:** 1. Konzm RF-SinfOrch Leipzig 82–89, 1. Konzm Essener Philharmoniker 89–91, 1. Konzm Gürzenich-Orch Kölner Philharmoniker seit 91. **Pr:** 2. Pr int Bachwettb Leipzig 80, 2. Pr int Violinwettb 'Tibor Varga' Sion 85, V-Wettb Indianapolis 86, 4. Pl ARD-Wettb München 88. **Ens:** Primarius Gürzenich Qua, Lt Gürzenich KamOrch. – **Aufn/RF:** R Strauss: Violinkonz u Sonate 99. **Zug:** H M Longnich: Triduo (Sonate f 2 V). **Sonst:** Grd Gürzenich Qua 92, Grd Gürzenich KamOrch 93.

Janiska, Mirko, Bariton; c/o Bühnen der Landeshauptstadt Kiel – Opernhaus am Kleinen Kiel, PF 1660, D-24015 Kiel. (Red)

Janiszewski, Jacek, Sänger; Am Burgfried 3, D-24937 Flensburg, T: (01 72) 4 02 80 38; Schleswig-Holstein Landestheater, Lollfuß 53, D-24837 Schleswig. **Laufb:** Sol Schleswig-Holstein Landesth u SinfOrch Schleswig. (Red)

Janke, Ansgar, HonProf, Hochschullehrer, Klavier; Erikastr 13, D-82194 Gröbenzell, T: (0 81 42) 6 02 24, *ansgar.janke@gmx.de*; H f Musik u Theater, Arcisstr 12, D-80333 München. **Laufb:** Prof (Kl) H f M u Th München. (Red)

Jankova, Martina, Sopran; Rössliwis 25, CH-8132 Egg bei Zürich, T: 0 19 84 15 42; c/o Balmer & Dixon Management AG, Kreuzstr 82, CH-8032 Zürich, T: 04 32 44 86 44, F: 04 32 44 86 49, *mail@badix.ch*. **Ausb:** Ostrava (Tschechien), MAkad Basel, (A Denygrova) Prag, Mstrks (G Kuhn, C Bergonzi, M Eliassen). **Laufb:** ua: Martinu: 'Die Marienspiele' (Pasqualina) Th Ostrava, Ensmitgl NatTh Prag ab 92, Rossini: 'Il Signor Bruschino' (Sofia) Prag, Sofia, Dgt: G Kuhn 92, Mozart: 'Don Giovanni' (Zerlina) E-Werk Berlin 97, Mitgl Opstudio Zürich 97–98, Mozart: 'La finta semplice' (Rosina), Mozart: 'Così fan tutte' (Despina), 'Boris Gudonow' (Erste Dame, Xenia), Mozart: 'Der Schauspieldir' (Madame Silberklang) Dgt: F Welser-Möst, 'Lucio Silla' (Celia) Dgt: N Harmoncourt, Haydn: 'Orphée et Euridice' (Amor) Dgt: W Christie SpZ 98/99 u 99/2000, Konzverpfl ua: Mozart: 'Requiem' Polen, Österreich, Schweiz, Italien, Dtschld, England, Japan, Dgt: N Marriner, dass Israel, Dgt: W Sawallisch, dass Salzburger FSp, Dgt: Sir C Mackerras, Liederabende Janacek Frühling Ostrava, Chopin Fstv Marienbad, Martinu Festtage, Rheingau Fstv (m C Spencer), Sol Op Zürich. **Pr:** Prtr versch Wettb, ua Int Wettb Neue Stimmen Gütersloh, Kiefer-Hablützel-Wettb Bern, Wettb Basler-Orch-Ges. – **Aufn/RF:** versch CD-Produktionen, Fernsehaufn b WDR, Arte, 3 SAT. (Red)

Jankovic-Richter, Xenia, Prof, Hochschullehrerin, Cello; Adolfstr 9, D-32756 Detmold, T: (0 52 31) 62 92 29, F: 62 92 29, *xeniajankovic@aol.com*; Hochschule f Musik, Neustadt 22, D-32756 Detmold; *www.xeniajankovic.com* [Niš, Serbien 26.10.1958]. Soloauftritte, Kammermusik **Ausb:** Unterr (Prof S Kalianov) Zentrale MSch d Moskauer Kons, Stud (Prof Navarra) MAkad Detmold, Privatstud b Prof P Fournier, Prof G Sebok, Prof S Vegh. **Laufb:** Prof (Vcl) H f M Zagreb 84–88, H f M Belgrad 88–90, Prof (Vcl, KamM) H f M Würzburg seit 90; sol Auftr m Orch wie Philh Orch London, RSO Berlin, RSO Kopenhagen, Ungar Philh, Moskauer Sinf ua. **Pr:** 1. Pr G-Cassado-Wettb Florenz. **Ens:** Munch-Trio, Boccherini-Cello-Duo. – **UA:** M Mikajlovic: Return (Vcl, gr Orch), m Belgrader Philh, Belgrad 02; A Nakamura: KlTrio m Bambusfl, Munch-Trio, WDR 99; W Hiller: Niobe (KlTrio), Munch-Trio, München 96; L Maric: Trio, Munch-Trio, Kölner Philh 98; M Åm: Trio, Bødo/Norwegen 97. **Zug:** Werke f Vcl solo m Kl o m Orch v I Jevtic, L Maric, D Despic, D Radic, V Trajkovic. **Sonst:** Vortrag über M f Vcl v serb Komp (MH Stockholm u Kons Thessaloniki 03), Redaktionsarb b Alfonse Leduc Paris.

Jankowitsch, Andreas, Sänger; c/o Neue Oper Wien, Herminengasse 10/Tor 23, A-1020 Wien, T: (01) 2 16 27 69, F: 2 16 27 69, *NeueOperWien@music.at*. **Laufb:** Sol Landesth u Kammerspiele Salzburg, Neue Op Wien SpZ 04/05. (Red)

Jankowski, Gary, Bass; Gleimstr 28, D-10437 Berlin, T: (0 30) 44 04 93 03; c/o CICADA.con Agentur & Management, Gubener Str 3b, D-10243 Berlin, T: (0 30) 29 00 13 35, 01 71–3 64 52 77, F: 29 00 58 97 [Seattle, USA]. **Ausb:** Stud (Ges, MWiss) Seattle, Bellingham/Washington, Bloomington/Univ of Indiana 84–90. **Laufb:** Sol Op Cincinnati, Milwaukee, Orlando, Indianapolis, San Jose, Chicago seit 92, Eng Op Nürnberg, Rostock, Schwerin seit 95, Gastsol Op Kiel, Op Zwickau, Sol Op Halle 99–02, Auftritte Händel-FSp Halle, Op Leipzig. **Pr:** Finalist Met Op Auditions 90. (Red)

Jannotta, Roger, Komponist; Hohenesterstr 18, D-81245 München, T: (0 89) 8 63 12 75, 86 38 91 87, F: 8 63 12 75, *jannotta@gmx.de*; 2728 Espanola UE, Albuquerque, NM 87710, U.S.A., T: (5 05) 8 84–49 40 [29.11.1943]. **Ausb:** Bachelor of Music U New Mexico 65, Master of Music New England Cons Boston 76, weitere Stud Mozarteum Salzburg, Royal Coll of Music London. **Laufb:** LTätigkeit Berkley Coll Boston 72–76, Komp u Musiker Münchner KamSp seit 78, Arr ThAkad 'August Everding' München u Münchner Symph. **Pr:** National Endowment for the Arts, Stip f Jazz-Komp 72, 3. Pr Günter Bialas KompWettb 99. – **Komp:** Creations 74; Faust 87, UA München 87; Herr u Knecht 89, UA Ludwigsburg, Schloßth 89; Karl May (FsM) 91, UA Mainz 92; Neila in d Hölle (KamM) 93; Auftr ICI Ens m Barry Guy u Maya Hernburger 05.

Janoska, Maria, Konzertmeisterin, Violine; Tiroler Landestheater / Orchestermanagement, c/o Werner Leithmayer, Universitätsstr 1, A-6020 Innsbruck. **Laufb:** Konzm Tiroler Landesth Innsbruck. (Red)

Janowski, Marek, Dirigent; c/o Theateragentur Dr Germinal Hilbert, Maximilianstr 22, D-80539 München, T: (0 89) 2 90 74 70, F: 29 07 47 90; c/o Rundfunk-Sinfonieorchester Berlin, Charlottenstr 56, D-10117 Berlin; *www.hilbert.de* [Warschau 18.2.1939]. **Ausb:** in Italien u Dtschld. **Laufb:** Korrep u Kapm in Aachen, Köln, Düsseldorf, Hamburg, GMD Freiburg i Br 73–75 u Dortmund 75–79, Chefdgt Orch Philh de Radio France Paris 84–2000, Lt Orch Philh de Monte Carlo 2000, Chefdgt Dresdner Philh 2001 bis Ende SpZ 2003/04, Künstl Lt Rundfunk-SinfOrch Berlin 02, Lt Orchestre de la Suisse Romande Genf seit 05. (Red)

Jansen Van Rensburg, Mariette, Sängerin; c/o Allee Theater GmbH – Hamburger Kammeroper, Max-Brauer-Allee 76, D-22765 Hamburg. (Red)

Jansen, Cynthia, Sängerin; c/o Bayerische Staatsoper, Brieffach, D-80075 München. (Red)

Jansen, Dorothee, Sängerin (Sopran); c/o Haydn Rawstron Ltd, 36 Station Road, London SE20 7BQ, Vereinigtes Königreich, T: (0 20) 86 59 26 59, F: 86 59 91 19, *enquiries@haydnrawstron.com*; *www.haydnrawstron.com* [Bonn]. **Laufb:** EnsMitgl Op Köln 97, Bayer Staatsop München, Scala Mailand, Paris, Lausanne, Bayreuther FSp 98 (Blumenmädchen 'Parsifal), dto 2000 (Woglinde 'Ring'); Orat- u Liedsängerin. (Red)

Janser-Mayr, Ingrid, o Prof, Hochschullehrerin, Sängerin; Erzherzog Eugen Str 34, A-5020 Salzburg, T: (06 62) 45 13 45; c/o Univ Mozarteum, Abt f Gesang u Musiktheater, Alpenstr 48, A-5020 Salzburg, T: (06 62) 6 19 80, F: 61 98 30 33 [Berlin]. Lied, Oratorium, Oper, Operette **Ausb:** Stud Ges (Prof E Schwientek), OpSch (Kl v Prof Ch Möller), Lied u Orat (Kl v Prof R Schollum) Akad f M u Darst Kunst Wien, jahrelange stimml Arb m KS R Anday. **Laufb:** 1. Eng Wiener KamOp 64–66, Landesth Salzburg 66–71, dann freischaff, regelm Mitwirkung b Salzburger FSp 68–85 u Salzburger Mozartwoche 68–83, OpGastSp Wiener Volksop, Linz, Frankfurt, Köln, Nürnberg, Ulm, Paris, Lyon, Barcelona, Palermo, Florenz, Bayreuth 74, Tel Aviv (GastSp Op Köln); seit 64 regelm KonzTätigkeit In- u Ausland ua b Wiener FestW, Salzburger FSp, Bach Fstv Albi; Partien: Ch W Gluck: 'Orfeo'; Mozart: 'Cosí fan tutte', Dorabella, ders: 'Le nozze di Figaro', Cherubino, ders: 'Zauberflöte', 3. Dame, ders: 'La finta giardiniera', Ramiro; G Rossini: 'L' italiana in Algeri', Isabella, ders: 'La Cenerentola', Angelina, ders: 'Il Barbiere di Siviglia', Rosina; E Humperdinck: 'Hänsel u Gretel', Hänsel; J Offenbach: 'Hoffmanns Erzählungen', Niklas/Stimme d Mutter, B Britten: 'The Rape of Lucretia', Lucretia; R Wagner: 'Walküre', Grimmgerde/Rossweiße, P I Tschaikowsky: 'Eugen Onegin', Olga; div kl Rollen; UProf (Ges) U Mozarteum Salzburg. – **Aufn/RF:** zahlr RF-Aufn; Schallpl: Zauberflöte, Henze Oratorien. **Zug:** E L Leitner: Drei Lieder n Texten v I Bachmann (Fall ab, Dunkles zu sagen, Die gestundete Zeit).

Jansons, Mariss, Prof, Dirigent; c/o Symphonieorchester d BR, Arnulfstr 42, D-80335 München, *symphonieorchester@br-mail.de*; *www.br-klassik.de* [Riga 14.1.1943]. **Ausb:** Stud (ChLtg) Kons St Petersburg u MAkad Wien 61–66, Dirig (Rubinovich) St Petersburg 66–72, Dirig (H Swarovsky, K Österreicher) MAkad Wien 69–71, (H v Karajan) Salzburg 70, Ass E Mavrinsky MD Leningrader Philh Orch 73–85. **Laufb:** Dgt St Petersburger Philh Orch 71–99, Prof (Dirig) Kons St Petersburg seit 89, MD Oslo Philh Orch 79–2000, MD Pittsburgh SymphOrch 97–04, ChefDgt SymphOrch u Ch d BR München 03–09, ChefDgt Royal Concertgebouw Orch Amsterdam seit 04. **Pr:** Anders-Jahre-Kulturpr, 'Commander with Star' Royal Norwegian Order of Merit 95, Künstler d Jahres 96 EMI Classics, Ehrenmitgl Royal Acad of Music London 99, Ehrenmitgl Gesellschaft d Musikfreunde Wien 01, Hans-v-Bülow-Med d Berliner Philh 03, 'Artist of the Year' d Royal Philharmonic Society 04. – **Aufn/RF:** ua D Schostakowitsch: Sinf Nr 7 'Leningrader', Leningrader Philh Orch 88; H Berlioz: Symph Fantastique, Royal Concertgebouw Orch 92; A Dvorak: Sinf Nr 5, Oslo Philh Orch; A Honegger: Sinf Nr 2 & 3, Oslo Philh Orch 94. **UA:** T Madsen: Ob Konz m Str u Perc, UA Oslo 79; S Berge: Musik f Orch, UA Oslo 81; E Urbanner: Doublebass Concerto, UA Oslo 81; A Nordheim: Venit Rex, UA Oslo 82; R Söderlind: Commission for Summer Concert at Holmenkollen, UA Oslo 84; E Andresen: Concertino f Trp u Orch, UA Oslo 92; E Grieg (F Delius): Brudefoelget drar forbi, UA Oslo 93; L Thorsen: Emergence-Luohti Boade, UA Oslo 97 (alle m Oslo Philh Orch); Moe, Galbraith, Moricz, Stock, Balada: Mozaika; Daugherty: Spaghetti Western (f EngHn u Orch); M Hersch: Ashes of Memory; Rouse: Rapture; R Schtschedrin: Lolita Serenade (alle m Pittsburgh Symph Orch).

Janßen, Nina, Dipl-OrchM, Dipl-KonzSol, Klarinette; Loc Pianella 2, I-29022 Bobbio, T: 05 23 93 64 33 [Köln 30.4.1972]. Kammermusik, solistisch **Ausb:** Stud Klar (H Deinzer) H f M u Th Hannover 91–2001. **Laufb:** Solokonz ua unter J Faerber m Württemb KamOrch, C Prick m Musikverein Steiermark, Chinatournee (Mozart: KlarKonz), Japan- u Südamerikatournee m Delos-Qui, Weilburger SchloßfSp, Bachtage Würzburg, Rheingau Musik Fstv, Tourneen Europa, Asien, Ägypten, Kuba. **Pr:** Stip Dt MWettb 97, Pr Dt MWett 94 (Delos-Qui), 1. Pr Int KamMWettb Osaka 93 (Delos-Qui), Stip Studienstift d Dt Volkes, Stip Märk Kulturkreis, Stip Schumannhaus Bonn, Stip Richard Wagner Verband. **Ens:** Delos-Qui, duo a tre, Duo m Özgür Aydin. – **Aufn/RF:** RF-Mitschn: Copland: Konz, Phil Orch, MDR 98; Boulez: Dialogue de l'ombre double, NDR 99; Brahms: Qui, Minguet-Qua, SWR 2000; Mozart: KV 622, m Württemb KamOrch, Dgt J Faerber, SWR 01; Brahms: Qui, m Casal-Qua, DLF 02; Mozart: Qui, m Casal-Qua, hr 03. **UA:** K Stockhausen: ROTARY-Bläserqui.

Janssen, Thiemo, Prof, Hochschullehrer, Orgel; Hochschule f Musik u Theater, FB 5, Harvesthuder Weg 12, D-20148 Hamburg. **Ausb:** Stud (L. Robilliard u W. Zerer) in Hannover, Lyon und Hamburg. **Laufb:** Kantor u Organist an St. Nikolaus in Friedrichshafen/Bodensee 95–2000, Organist Arp-Schnitger-Orgel der Ludgerikirche in Norden/Ostfriesland seit 2000, Prof (Orgellit, -imp) H f M u Th Hamburg. (Red)

Januszkiewicz, Mariusz, Violine, Konzertmeister; c/o Orchester des Stadttheaters Hildesheim, Theaterstr 6, D-31141 Hildesheim. **Laufb:** Konzm Orch d Stadtth Hildesheim. (Red)

Janz, Bernhard, Dr, Prof, Hochschullehrer; Lissabonnerstr 8, D-97084 Würzburg, T: (09 31) 61 16 71, *bernhard.janz@mail.uni-wuerzburg.de* [Gau-Bickelheim 21.6.1957]. E-Musik **Ausb:** Stud (SchM, MWiss, Gesch, Ital, Päd) U Mainz 77–82, Stud (MWiss) U Frankfurt/M 84–87, Prom (MWiss) U Frankfurt/M 87. **Laufb:** Wiss Mitarb Cappella-Stistina-ForschStelle d Heidelberger Akad 88–94, Habil (MWiss) U Heidelberg 94, LBeauftr (MGesch) H u Fachakad f Ev KiM Bayreuth, Extraordinarius (MWiss) U Würzburg seit 95.

Janz, Christoph, Schauspielmusiker; c/o Theater Strahl, Urbanstr 45, D-10967 Berlin. **Laufb:** SchspM Th Strahl Berlin SpZ 03/05. (Red)

Janz, Matthias, Prof, Hochschullehrer, Professor, Kirchenmusikdirektor; c/o Flensburger Bach-Chor St Marien, Dietrich-Nacke-Str 28, D-24939 Flensburg, T: (04 61) 5 35 97, F: 5 54 18; Musikhochschule, Gosse Petersgrube 17–29, D-23552 Lübeck; *www.adr.de/Flensburger-Bach-Chor/* [Lübeck 12.2.1947]. Oratorien, Orgel, Cembalo, Chormusik **Ausb:** Stud (Theologie, MWiss) U Göttingen, Heidelberg, Stud (Org, KiM, Ges, Dirig) MH Heidelberg-Mannheim, Stud Chordirig (H Rilling) MH Frankfurt. **Laufb:** Stadt- u Bezirkskantor Karlsruhe-Durlach 72–75, KMD St Marien Flensburg seit 75, Prof (Org, Chorltg) MH Lübeck seit 78, Dgt Symphon Chor Hamburg seit 85, Collegium Vocale Kiel seit 91, Landesjugendchor Schleswig-Holstein seit 93, Gastdgt NDR-Chor, viele Orch, regelm: Odense Synf-Ork, Sønderjyllands Synf-Ork, Schleswig-Holst SinfOrch, Hamburger Symph. **Pr:** BVK 97, Kulturpr d Stadt Flensburg 81. **Ens:** Flensburger Bach-Ens. – **Aufn/RF:** zahlr CD-Einsp u RF-Aufn.

Janzen, Arthur, Prof, Hochschullehrer, Tenor; Zum Stadion 29, D-40764 Langenfeld, T: (0 21 73) 85 51 04, *profa.janzen@web.de*; H f Musik, Dagobertstr 38, D-50668 Köln, *arthur.janzen@uni-koeln.de*. **Laufb:** Prof (Gesang) H f Musik Köln. (Red)

Jarchow, Peter, Dr, Prof, Hochschullehrer, Klavier; Hochschule für Musik 'Carl Maria von Weber', Wettiner Pl 13, D-01067 Dresden, PF 120039, D-01067 Dresden, T: (03 51) 49 23 60, F: 4 92 36 57; Grüne Trift 90, D-12557 Berlin, T: (0 30) 6 55 93 90; *www.hfmdd.de*. **Laufb:** Prof (MPäd) H f M Carl Maria v Weber. (Red)

Jaremko, Frank, Kapellmeister; Mittelstr 2, D-02763 Zittau, T: (0 35 83) 51 40 23 [Mühlhausen/Thüringen 12.6.1957]. Musiktheater, Konzert **Ausb:** Stud Dirig (P Gülke) H f M C M v Weber Dresden 78–81, (U Nissen) MH Franz Liszt Weimar 81–83, Dipl; Dirigierkse n R Hanell 85, H Rögner 88. **Laufb:** 2. Kapm Th Meiningen 83–86, 1. Kapm Th Eisenach 86–88, 1. Kapm Th Altenburg 88–89, HonLTätigkeit MH Weimar 88–90, MDir Th Stendal 90–94, Gastdgt Th Magdeburg u Flensburg 94, Kapm Th Coburg 95–97, 1. Kapm u ChorDir Th Freiberg seit 01. **Pr:** Prädikat 'Auszeichnung' (Dirig) 3. Int Wiener MWettb 94.

Jaros, Vladislav, Komponist, Solist (Gitarre); Moosgasse 82, CH-3053 Münchenbuchsee, T: 03 18 69 42 24, *vjaros@solnet.ch* [Karlsbad 24.4.1949]. Musik aus allen Epochen, Schwerpunkt zeitgen Musik **Ausb:** Theorie (W Kläy), Komp (S Veress). **Laufb:** MPäd u interpretator Tätigkeit (neben Komp), schriftsteller Tätigkeit. **Mitgl:** STV (Schweizer Tonkünstler Verein) u BSV (Berner Schriftsteller Verein). – **Komp:** zuletzt: 'Fugit irreparabile tempus' (f Kb-Fl u Fl-Orch) 97; Präludium u Fuge (f Git) 99; 'Quaerendo invenietis' (f Kl) 99; Sonata (f AFl); Fag-Konz (Fag u Orch); Ringelnatz-Lieder (Mezzosop u Git); Konz (f Fag u Orch) 03; Adagio (f EnglHn u Orch) 03, UA m Burgdorfer Kam-Orch, Dgt: K Zehnder 04; D Burgfest (f Orch) 05; Weihnachtsgeschichten (f Orch) 05; Drei Fugen (f Orch) 05. **Aufn/RF:** 'Die Abenteuer e Kastanienmännchens' (f BlQui u Git), m Bieler Bläserqui (Radio DRS); 'Carmen O Carmen' (f 6 Schlgz), m Berner Perc Ens (Radio DRS); 'Staub d Zeit' (Liederzyklus); 'Re-Ra' (KlarQua), m Swiss Clarinet Players; Konz f Fag u Orch (Radio DRS); Adagio f EnglHn u Orch (Radio DRS). **Sonst:** 3 Romane: Aufzeichnungen e Entwurzelten, Provenzal Requiem, Australische Winterreise.

Jaroslawski, Dieter, Komponist, Musikpädagoge, Gitarre; Hessenring 8, D-63071 Offenbach, T: (0 69) 87 33 08 [Offenbach 15.4.1952]. Solowerke mit u ohne Orch, KammerM, TanzM, VolksM **Ausb:** Stud zeitgen Satztechnik (W Linden) seit 88, Darmstädter Inst f Neue Musik 90. **Laufb:** Eintritt in ein Studio f Git 76, Ltätigkeit ebd, Kons Wiesbaden 82, LSem Wiesbaden 83/84, priv ML, erste Aufführung Darmstädter Inst f Neue Musik 92. **Mitgl:** DKIV. – **Komp:** Impromptu aus 'In Wald u Flur' (Bläserens u Kl), UA Wiesbaden 86; 'Sommer-Sonate' f Git solo, UA Wiesbaden 87; Polyphonie 90 (Konz f Mandolin-Orch), UA Fulda 90; Arie d Glücksgottes Sammlach (f Vok u Kl), UA Darmstadt 92;

'Trilogie' f Git solo (Konz), UA Offenbach 95; Alterationen (Bläserens), UA Bingen 95; Intrada (In Wald u Flur) (Bläserens), UA Mainz 98, 'Josef's Rondo' u '3modern dances' UA Offenbach 04. **Sonst:** Veröff v 'Trilogie' (Git-Solo) 95.

Jarrell, Michael, Prof, Komponist, Hochschullehrer; rue Herder 12, F-67000 Strasbourg; c/o Univ f Musik u Darst Kunst, Inst f Komposition u Elektroakustik, Anton-von-Webern-Pl 1, A-1030 Wien, T: (01) 7 11 55 21 13, *jarrell@mdw.ac.at* [Genf 8.10.1958]. Komposition, Musiktheorie, Dirigentenausbildung **Laufb:** o UProf U f Musik u Darst Kunst Wien, Doz (Komp) MH Winterthur Zürich. (Red)

Jarvis, Rosemary, Studienleiterin; Kochstr 6, A-6020 Innsbruck; c/o Tiroler Landestheater, Rennweg 2, A-6020 Innsbruck. **Laufb:** Solorep Staatsth am Gärtnerpl München, Studienlt Tiroler Landesth Innsbruck SpZ 03/05. (Red)

Jaschwili, Nana, Prof, Hochschullehrerin, Violine; Turinerstr 1, D-50668 Köln, T: (02 21) 1 39 34 95, F: 1 39 34 95, *nanajashvili@t-online.de*; Folkwang-Hochschule, Klemensborn 39, D-45239 Essen, T: (02 01) 4 90 31 85 [Tbilisi, Georgien 14.10.1949]. Solistin **Ausb:** Stud V, KamM (L Kogan) Tschaikowski-Kons Moskau 65–70, Aspirantur KonzExamen (L Kogan) 70–72. **Laufb:** Prof (V) Folkwang H Essen, Ass (L Kogan) Kons Moskau 70, Tournee m Staatskap Dresden, SymphOrch Concertgebouw Amsterdam 69, Japantournee 83, Tournee m KamOrch Litauen Spanien, Frankreich 82. **Pr:** 1. Pr VWettb Kaukasus 65, 1. Pr Wettb Soviet Union Moskau 67, 1. Pr u Spezialpr Int VWettb Jacques Thibaut Paris 67, Staatl Trio Georgien 72, Staatspr Georgien 72, Staatspr d Sowjetunion 80. – **Aufn/RF:** TV-Film Konz 71, 79; Berg: Violinkonz 'Dem Andenken eines Engels', m Moskauer Philh, Dgt: J Alexa 86; Bardanaschwili: Konz 'Serenade f V u Streichorch' 88; Frank: Sonate; Debussy: Sonate 88; Prokofiew: Sonate Nr 2; Tschaikowski: Meditation 'Wals-Suerzo'; Bizet-Waxmann: 'Carmen-Phantasie'. **Lit:** zwei Kinofilme 82, 84.

Jauernig, Jochen, Cellist; c/o Südostbayerisches Städtetheater, Fürstbischöfliches Opernhaus, Gottfried-Schäffer-Str 2 und 4, D-94032 Passau. **Laufb:** Sol Südostbayer Städteth Passau. (Red)

Javakishvili-Iveri, Tamar, Sopran; Schörgelgasse 7, A-8010 Graz, T: (06 76) 7 45 43 66, F: (03 16) 80 08 15 99, *tamariveri@aon.at* [Tbilisi, Georgien 8.9.1971]. Oper, Konzert **Ausb:** Stud Ges (G Bejuashvili), KamM (I Gersamia) Georg Staatskons bis 96, weitere Studien b I Cotrubas. **Laufb:** Sol Vereinigte Bühnen Graz SpZ 03/04, Ens Mailänder Scala, (G Verdi: 'Otello', Desdemona) Tournee Japan 03; ('Otello') Graz, (G Verdi: 'Simon Boccanegro', Amelia) Covent Garden London, (G Puccini: 'La Bohème', Mimi) Dt Op Berlin, (Mozart: 'Don Giovanni', D Anna) Sächs Staatsop Dresden, (Mozart: 'Cosí fan tutte', Fiordiligi) Salzburger FSp, ('La Bohème') Wiener Staatsop 04, vorauss ('Don Giovanni', D Anna) MET New York 05. **Pr:** 2. Pr Wettb 'Voci Verdiani' Bussetto/Italien 98, 1. Pr GesWettb W A Mozart Salzburg 99, Medaille f außergewöhnl Leistungen Wiener Staatsop SpZ 01/02, Ehrenmedaille v berühmtem Georg Staatsmann d 19./20. Jh M Abashidze. – **Lit:** Buch: 'Sterns Geburt' Georgien 02.

Jeandin, Richard-Anthelme, Klavier, Orgel, Chorleiter; ch du Vieux-Clos 9, CH-1231 Conches, T: 02 23 47 56 46, F: 02 28 30 20 32, *richard.jeandin@vtxnet.ch* [Genf 21.9.1929]. Orgel, Gregorianischer Gesang u katholische Liturgie **Ausb:** rechtswiss Ausb Univ de Genève; Stud Kl (J Aubert) Kons Sup de M de Genève 47–53, Org (E Schmid) 54–56, Text u Komp (Ch Chaix) 47–56, Gregorian Ges (P Callaz) 54–57, Org (J-J Grunenwald) Paris 59–61. **Laufb:** Prof (Kl, HarmonieL, Org) Cons Sup de M de Genève, zahlr Konz Schweiz u Ausland, stellv Dir Cons Sup de M de Genève 77–2001, Kapm Kirche Saint-Joseph Genf, Dgt Schola Saint-Grégoire. **Pr:** Medaille de vermeil Arts, Sciences et Lettres Paris. **Mitgl:** früheres Mitgl 'Commission Suisse Romande de musique sacrée', Vorsitz 'Societé des Amis et Anciens élèves' Cons Sup de M de Genève, Vorsitz 'Concours de Genève' seit 96. – **Sonst:** R A Jeandin: 'Le Cons de M de Genève 1960–85'; Grd u Ehrenpräs 'Ass des organistes et maîtres de chapelle catholiques de Genève'.

Jecklin-Speiser, Elisabeth, Sopran; Au Village, CH-1742 Autigny, T: 02 64 77 97 77. – **Sonst:** Jury Wettb Franz Schubert u d Moderne, Graz. (Red)

Jelosits, Peter, Sänger; c/o Wiener Staatsoper, Opernring 2, A-1010 Wien. **Laufb:** Sol Wiener Staatsop. (Red)

Jendryssek, Hans-Joachim, Hochschullehrer; Agricolastr 5, D-79713 Bad Säckingen, T: (0 77 61) 5 06 08. **Laufb:** Doz (Schlgw) Wiesbadener Musikakad. (Red)

Jenemann, Gerhard, Hochschullehrer, Dirigent; Süddeutscher Kammerchor, Kälberauerstr 17, D-63755 Alzenau, T: (0 60 23) 58 79; c/o Richard Strauss Konservatorium, Gasteig, Kellerstr 6, D-81667 München. **Laufb:** Doz (EnsLtg, Chorltg, Chor) Richard Strauss Kons München, Ltg Südt KamCh.

Jenis, Dalibor, Bariton; c/o Staatsoper Wien, Opernring 2, A-1010 Wien; c/o Austroconcert, Gluckgasse 1, A-1010 Wien, T: (01) 5 13 26 57, F: 5 12 61 54, *austroconcert@ia-ac.com*. **Ausb:** Stud Ges Kons Bratislava, Accad Italiana Osimo. **Laufb:** Sol Hamburg Staatsop, Landesth u KamSpiele Salzburg, Staatsop Wien, Dt Op Berlin SpZ 03/04, Gastsol Dt Staatsop Berlin SpZ 04/05. **Pr:** dreif Prtr GesWettb 'Belvedere' Wien 90. (Red)

Jenis, Eva, Sopran; c/o Semperoper, Theaterplatz 2, D-01067 Dresden; c/o Austrokonzert International, Gluckgasse 1, A-1010 Wien. **Laufb:** Wiener Staatsop, Bayer Staatsop München, Op Frankfurt, NatTh Prag, De Nederlandse Op Amsterdam, Op Zürich, Royal Op House Covent Garden London, Teatro dell'Op Roma, Teatro Regio Torino, Teatro Com Bologna, Teatro Real Madrid, Th Châtelet Paris, Op Nat de Lyon, Teatro Colon, Sol Landesth u KamSp Salzburg, Grand Th de Bordeaux ua SpZ 2002/03, Semperop Dresden SpZ 04/05. (Red)

Jenkins, Graeme, Dirigent; c/o Deutsche Oper, Bismarckstr 35, D-10627 Berlin. **Laufb:** ua Principal Guest Conductor Bühnen d Stadt Köln seit 97, Dgt Dt Op Berlin SpZ 03/05. (*)

Jenner, Erik, Tenor; c/o Kammeroper, Bayreuther Str 8, D-01187 Dresden, T: (03 51) 4 70 12 96, F: 4 70 12 97, *info@kammeroper.de*; *www.kammeroper.de*. **Laufb:** EnsMitgl KamOp Dresden SpZ 03/05. (Red)

Jennings, Graeme, Violine; c/o Sonia Simmenauer Impresariat, Bornstr 12, D-20146 Hamburg, T: (0 40) 42 31 31 11, F: 42 31 31 13, *Sonia.Simmenauer@impresariat-simmenauer.de, info@ardittiquartet.com*; c/o Künstleragentur Dr. Raab & Dr. Böhm, Plankengasse 7, A-1010 Wien, T: (01) 5 12 05 01, F: 5 12 77 43, *office@rbartists.at*; *www.impresariat-simmenauer.de, www.ardittiquartet.com* [Australien 1968]. **Ausb:** Stud Queensland Cons, San Francisco Cons of M Master's Degree 92. **Laufb:** ständ Doz (Streicher) Darmstädter Sommerkse f Neue Musik 82–96, Tourneen nach Mexiko, USA, Japan m Arditti-Qua SpZ 99/2000, Grdg Conservatory String Qua 91. **Pr:** Int Music Critics Award 92, 'Chamber Ens Award' d Royal Philharmonic Society, Ernst-v-Siemens-Musikpr. **Ens:** Arditti-Qua seit 94. – **Aufn/RF:** über 80 Aufn m Arditti-Qua. **UA:** Schaeffer: VII. Streichqua, UA Schaz, Kirch St Martin, Arditti-Qua, 97. (Red)

Sr Leonore Jenny

Jenny, Sr Leonore (Pseud: Benedikt Lopwegen), Komponistin, Chorleiterin; Sempachstr 2, CH-6210 Sursee, T: 04 19 25 86 25, F: 04 19 25 86 26; Kloster Baldegg, Sonnhaldenstr 2, CH-6283 Baldegg, T: 04 19 14 18 00, F: 04 19 14 18 18 [Grosswangen, Kt Luzern 24.12.1923]. Kirchenmusik **Ausb:** Seminar Baldegg Patent als Primarlehrerin 45, MStud (Hauptfach V) Kons Luzern, Kandidatur im Kloster Baldegg, Stud MAkad in Zürich (Dipl f SchM), Dipl f Kontrapunkt d Akad in Zürich 66, Liturgik an 'Theologie f Laien' Luzern. **Laufb:** Noviziat im Kloster Baldegg m ausschließl Berufsausb f d Kloster 49–50, Musiklehrerin u Chorlt am Lehrerinnen-Seminar d Schule Baldegg 50–90, Chorlt u Liturgikerin d Klosters Baldegg. **Mitgl:** FrauenMusikForum Schweiz. – **Komp:** vielseitiges Repertoire: dt u latein Ges f d Gottesdienst wie Messgesänge, Hymnen, Psalmen, Motetten u andere liturg Ges, InstrWerke, weltl Lieder, Musik zu Schauspiel sowie Bearbeitungen. **AuftrKomp:** 'Synonym' (f Brassband), UA Kirche Grosswangen 95 (Auftr Brassband 'Frohsinn'); 'Die Lauschenden' (Zyklus f Git solo) 99; 'Nomen est omen' (Quintett f StrQua u Querfl) UA Fraumünster Zürich 02 (Auftr Frauenchorkonzert); 3 Stücke f V u Kl 03. **Lit:** Schweizer Komponistinnen d Gegenwart.

Jensen, Bettina, Sängerin; c/o Komische Oper, Behrenstr 55–57, D-10117 Berlin. **Laufb:** Sol Luzerner Th, Kom Op Berlin bis SpZ 04/05. (*)

Jensen, Dag, Prof, Hochschullehrer, Fagott; Schopenhauerstr 5, D-30625 Hannover, T: (05 11) 5 38 98 93, F: 55 47 46 76, *jensen.dag@web.de*; Hochschule f Musik u Theater Hannover, Emmichpl 1, D-30175 Hannover, T: (05 11) 3 10 02 24; *www.dag-jensen.de* [Horten, Norwegen]. **Ausb:** Stud (T. Nedberg) MH Oslo, (K. Thunemann) Hannover. **Laufb:** Sol Bergen Philh Orch, Sol Bamberger Symp 85–88, Sol Kölner RF-SinfOrch 88–97, Sol Zusammenarb m RFS-infOrch München, Stuttgart u Köln, Würtembergisches KamOrchr Heilbronn, Camerata Academica Salzburg, Mito Chamber Orch, Norwegischen KamOrch, Prof (Fagott) H f M u Th Hannover seit 97. **Pr:** 1. Pr MWettb Jugend-Sinfoniker Norwegen, 2. Pr ARD Wettb München 84 u 90. **Ens:** Bläserens Sabine Meyer, Ens Villa Musica, Trio Amedée. – **Aufn/RF:** W A Mozart: Konz KV 191, m Ozawa/Mito Chamber Orch; A Jolivet: Konz; Joh Nep Hummel: Konz; Frz Musik f Fag u Kl; Werke v O Berg, P Hindemith, O Schoeck, O Nussio, M Schoof f Fag u Kl; S Francaix: Divertissement f Fag u Str; A Rasetti: Trois Trois pour Flute, Basson et Piano. **UA:** O Berg: Vertigo f Fag solo (UA), M Schoof: 2 Impromtus f Fag u Kl (UA), O Berg: Sonatine f Fag u Kl (UA).

Jensen, Eivind Gullberg, Dirigent; c/o Austroconcert, Gluckgasse 1, A-1010 Wien, T: (01) 5 13 26 57, F: 5 12 61 54, *austroconcert@ia-ac.com*; *www.ia-ac.com* [1972]. **Ausb:** H Trondheim (Violine und Musiktheorie), ab 96 Dirigieren b Prof J Panula Stockholm, O K Ruud, J Wang und L Hager/Wien. **Laufb:** Op Frankfurt, Komische Op Berlin SpZ 04/05. **Pr:** 1. Pr Dgtwettb d schwedischen Orchester 2000. (Red)

Jentjens, Guido, Bariton; c/o Agentur Seitter, Opernring 8/13, A-1010 Wien, T: (01) 5 13 75 92, F: 5 12 93 51, *office@agentur-seitter.at.* **Laufb:** Sol Bad Staatsth Karlsruhe, Sol Kom Op Berlin u Hess Staatsth Wiesbaden SpZ 03/04. (*)

Jentzsch, Marco, Tenor; Theater, PF 100554, D-99005 Erfurt. **Laufb:** Sol Th Erfurt. (Red)

Jeong, Ji-Yeon, Sängerin; c/o Oper Leipzig, Augustuspl 12, D-04109 Leipzig. (*)

Jeong, Min-Hee, Sängerin; c/o CNIPAL, M Founeau, 49, rue Chape, F-13004 Marseille, T: (01 62) 7 89 82 34. **Laufb:** Gastsol ensemb!e Th Biel/Bienne-Solothurn SpZ 00/01, Gastsol Südostbayer Städteth SpZ 03/04, Sol Th Coburg SpZ 04/05. (*)

Jerie, Marek, Violoncello, Hochschullehrer; Engelgasse 104, CH-4052 Basel, T: 06 13 12 05 18, F: 06 13 12 76 45, *info@khalbacht.ch, marekjerie@gmx.ch*; *www.guarneritrioprague.com* [Prag 15.12.1947]. Klassik u Romantik **Ausb:** Stud (J Apelin) Kons Prag 63–68, (P Szabo) Kons Basel 66–69, (S Vectomov) MAkad Prag 69–75, Mstrkse (Casals) 65, (Navarra) 69 u 70, (Rostropowitsch) 77. **Laufb:** als Sol u m Guarneri-Trio Prag Konz in London, Paris, Basel, München, Wien, Moskau ua, Australien, Nord- u Südamerika, Asien, Prof (Ausbildungs- u KonzKl) MH Luzern seit 79. **Pr:** mehrere int Preise. **Ens:** Guarneri Trio Prag. – **Aufn/RF:** Gesamteinsp aller Werke f KlTrio v L v Beethoven, A Dvorak, F Mendelssohn-Bartholdy, D Schostakowitsch, Schubert m Guarneri Trio Prag, sowie ua Sérénade espagnole m Ragossnig; Martinu Duo m Straus; Fiser, Vorisek, Cello Miniaturen m Klansky; Reicha Konz m Belohlavek; Brahms, Martinu m Schneider; Romantic cello m Klansky; Mozart Gesamteinsp (in Vorb) m Guarneri Trio Prag. **Zug:** ua v L Fiser, Z Bargielski, Th Bräm, E Zamecnik, M Slavicky. **Sonst:** Hg ua v J Reicha, L Boccherini, F Schubert, P I Tschaikowski, I Albéniz, E Granados, M de Falla, J Nin, B Bartok.

Jerusalem, Siegfried, KS, Prof, Tenor, Hochschulrektor, Hochschullehrer; c/o Theateragentur Dr Germinal Hilbert, Maximillianstr 22, D-80539 München, *m.s.jerusalem@t-online.de* [Oberhausen 17.4.1940]. Wagner Tenorpartien **Ausb:** Stud Folkwang-H Essen 55–60. **Laufb:** Fagottist i versch Orch 61–77, Bayreuther FSp 77–99, Prof (Ges) H f Musik Nürnberg-Augsburg, Abt Nürnberg, Rektor ebd, Engagements Met Op New York, Chicago, München, Wien, Berlin, London, Gastsol Dt Staatsop Berlin SpZ 2000/01, München SpZ 01–04, Wien SpZ 01–03, London SpZ 02/03, Met Op SpZ 02/03. **Pr:** 2x Grammy. – **Aufn/RF:** Op- u Lied-CDs, Crossover 'Glory of Love'.

Jesatko, Thomas, Sänger (Bass); Augartenstr 104, D-68165 Mannheim, T: (06 21) 1 56 14 70, (01 71) 7 01 22 96; c/o Bühnen der Stadt Köln – Opernhaus, PF 101061, D-50450 Köln. **Laufb:** Sol Nationalth Mannheim, Op Köln. (Red)

Jeschke, Edith, Sängerin; Friedenstr 18, D-38820 Halberstadt, T: (0 39 41) 44 68 89. **Laufb:** Sol Nordharzer Städtebundth SpZ 03/04. (*)

Jeschofnik, Willi, Sänger; c/o Stadttheater Klagenfurt, Theaterpl 4, A-9020 Klagenfurt. **Laufb:** Sol Stadtth Klagenfurt. (Red)

Jesgarz, Karsten, Sänger, Regisseur; Birkigtweg 8, D-95030 Hof, T: (0 92 81) 61 01 50, (01 60) 93 14 93 24. **Laufb:** Sol u Reg Th Hof. (Red)

Jeskova, Inna, Sopran; c/o Wiener Kammeroper, Fleischmarkt 24, A-1010 Wien [Minsk, Weissrussland]. **Ausb:** Stud (Chordirig u Ges) MAkad Minsk, MH Bratislava, U f M u darst Kunst Graz. **Laufb:** Sol OpStudio MH Bratislava, Ldsth Klagenfurt, Th Basel, KamOp Wien. (Red)

Jessler, Fritz, Komponist; Freischützstr 84, D-81927 München, T: (0 89) 95 62 12, F: 95 62 12 [München 29.9.1924]. Chormusik, Lt Heiligenhofer Ostersingwoche u Adventsingen Bad Kissingen **Ausb:** Stud Harmonielehre u Komp. **Laufb:** Sonderschulkonrektor u stellv Lt Berufsbildungswerk München f Hör- u Sprachgeschädigte, Lt versch Chöre, Lt d selbst gegründeten Münchner Chorkreises seit 62. **Pr:** KompWettb Zentralstelle f d dt-sprachigen Chorgesang in d Welt Solingen, 16. u 17. Valentin-Becker-Kompwettb, Volkstumspr d Schles Jugend, Adlbert-Stifter-Med d Sudetendt Landsmannschaft, Goldene Ehrennadel d Landsmannschaft Schlesien, KompPr d Ostdt Kulturrates 87, 88 u 89, KompPr Bad Sängerbund 85, BVK 91, KompPr Stadt Dessau 94, Goldmed 'Acad Int de Lutèce' Paris 97, Sonderpr Valentin-E-Becker-KompWettb Stadt Brückenau 99, KompPr Chorverband Niedersachsen-Bremen 2000. **Mitgl:** Bayer SBund. – **Komp:** ...und jauchzt ohn' Ende (Kantate) 66, UA Bislich 66; Ein kleines Lied, wie geht's nur an (Kantate), UA Stuttgart, Münchner Chorkreis, Dgt: F Jeßler 68; Kleine Osterkantate (3-stg gem Chor, Ob u Str) 81, UA Bad Kissingen, Münchner Chorkreis, Dgt: F Jeßler 82; Kleines Sündenregister (Kant), UA München, Münchner Chorkreis 90; Kantate zum guten Abend (4-stg gem Chor, 2 Fl, Str) 96, UA Straubing, Straubinger Singkreis, Dgt: F Jeßler 51; Also hat Gott d Welt gelebt (Passionskantate) 01, UA Bad Kissingen, Heiligenhofer Ostersingwoche, Dgt: F Jeßler; Wundersame heilige Nacht (Weihnachtskantate), UA 03, Dgt: S Götz. **Sonst:** Lt 'Offenes Singen' München, Lt 'Wochenendsingen' Karlsruhe, Lt 'Arnsberger Singwochen'.

Jeub, Christian, Chordirektor; c/o Staatstheater am Gärtnerplatz, Gärtnerpl 3, D-80469 München, PF 140569, D-80455 München. **Laufb:** Stellv Chdir Staatsth am Gärtnerplatz München seit SpZ 03/04. (Red)

Jiracek, Jan Gottlieb, Prof, Hochschullehrer, Klavier; Grandweg 24, D-30982 Pattensen-Reden, T: (0 51 01) 91 51 20, F: 91 52 20, *contact@jiracek.com*; Rilkepl 1/28, A-1040 Wien; *www.jiracek.com* [Hannover 1973]. **Ausb:** Mstrkl (H Leygraf) Mozarteum Salzburg bis 92, Stud (H Leygraf) HdK Berlin, Mstrks (B L Gelber, A Brendel, B Davidovich). **Laufb:** Kl-Abende Philh Berlin, Herkulessaal München, Gewandhaus Leipzig, Tonhalle Zürich, Steinway Hall London, Salle Cortot Paris, Philh St Petersburg, Kl-Fstv Ruhr, Spivey Hall Atlanta 99, Kissinger Sommer SpZ 99/2000, Luzerner FestW SpZ 99/2000, Kennedy Center Washington 2000, Tournee d Hypostift 2000, Ravinia Fstv 2000, Einladung Wiener KamOrch 2000, Lincoln Center New York 01, Tournee Japan, Südafrika 02, Amerika-Tournee 03, Gastprof U f Musik u Darst Kunst Wien 01/02, Prof ebd seit 02. **Pr:** Gewinner Steinway Wettb Hamburg 83, Maria Canals Barcelona 96, Premier Grand Prix Concours Int de Piano de Casablanca 96, Gewinner u Spezialpr f beste Intpr e Werks v O Messiaen Busoni Wettb Bozen 96, Stip Mozarteum Salzburg, Stip Studienstift d dt Volkes 93, Stip Richard-Wagner-Verband Dtschld 94, Stip Dt Musikrat 95, Finalist 10. Int Piano Wettb Van Cliburn Fort Worth 97. **Ens:** Trio Thethys (m B Weinmeister u I Hausmann). – **Aufn/RF:** CD-Prod BR München 2000. **Sonst:** 'Musical Awakenings': Educational Projects an amerikan Schulen in ZusArb m Steinway u d Van Cliburn Foundation.

Jirka, Gerd, Kontrabass; c/o Berliner Symphoniker, Christstr 30, D-14059 Berlin. **Laufb:** stv Sol Berliner Symphoniker. (*)

Jirka, Kai-Uwe, Hochschullehrer, Chordirigent; Tegeler Weg 5, D-10589 Berlin, T: (0 30) 43 72 94 21; Univ d Künste, Staats- u Domchor, Hardenbergstr 41, D-10623 Berlin, T: (0 30) 31 85 27 47, *irka@staats-und-domchor-berlin.de*. **Laufb:** Repetitor m DirVerpfl, Ass d Chordir u Lt d Extra- u Kinderchors Op Hannover, Lt Wendland SymphOrch, Lt Kinder- u Jugendchor St Petrus Springe, LBeauftr (Chor- u OrchLt) H f M u Theater Hannover; Prof (Dirig/ChLtg) U d Künste Berlin, Dir d Staats- u Domchors Berlin.

Jo, Sumi, Koloratursopran; c/o Boris Orlob Management, Jägerstr 70, D-10117 Berlin, T: (0 30) 20 45 08 39, F: 20 45 08 49, *info@orlob.net*; *www.orlob.net*. **Ausb:** Kons Suwha/Korea u Seoul, Stud (Ges) Accademia di Santa Cecilia Rom 83–86. **Laufb:** Sol Teatro Verdi Triest 86, Gastsol Op Lyon u Nizza 87, Mailänder Scala 88, Op Marseille 88, Sol Op Salzburg 89–91, Gastsol Chicago Opera 91, Op Rom 91, Covent Garden London 91–92, Teatro San Carlo Neapel 91, Met Op New York 91–92, Gastsp Op München seit 88, Wien seit 89, Paris 88, Los Angeles 93, Opéra du Rhin Strasbourg 95, Teatro São Carlos Lissabon 96, Rom 96, FSp Salzburg 88, Aix-en-Provence 95. **Pr:** GesWettb Seoul, Barcelona u Verona. (Red)

Jochens, Wilfried, Prof, Hochschullehrer, Tenor; Hochschule f Musik u Theater, Harvestehuder Weg 12, D-20148 Hamburg. **Laufb:** Prof (Ges) H f M u Th Hamburg. (Red)

Jochims, Brigitta, Prof, Hochschullehrerin, Querflöte; Flurstr 27, D-52355 Düren, T: (0 24 21) 6 38 63, F: 6 58 79. **Laufb:** Prof (Querfl) H f Musik Köln. (Red)

Jöbstl, Thomas, Wiener Horn; c/o Agentur Legato, Seilerstätte 5, A-1010 Wien, T: (01) 5 12 76 59, F: 5 12 83 70, *mail@legato.at*; *www.legato.at* [Wolfsberg, Kärnten 5.1.1978]. **Ausb:** Stud Uni f M u darst Kunst Wien (Prof R Berger) ab 92, Matura MGym Wien 97, Magister Art 2000. **Laufb:** 1. Hornist Volksop Wien seit 97, LBeauftr Uni f M Wien als Ass Prof R Berger, Hornist Orch Wiener Staatsop u Mitgl Arbeitsgruppe Wiener Philh seit 01. **Ens:** Mitgl KamMEns 'Wiener Virtuosen'. (Red)

Prof Sibylla Joedicke

Joedicke, Sibylla, Mag, Prof, Hochschullehrer; Univ f Musik u Darst Kunst, Inst Ludwig van Beethoven, Rennweg 8, A-1030 Wien, *joedicke@mdw.ac.at* [Schloß Hamborn]. Liedbegleitung, Kammermusik **Ausb:** Stud (Kl) Kons Hamburg (K Seibert), H d Künste Bremen, Meisterkurse b H Leygraf, E Leonskaja, V Margulis, U f Musik u Darst Kunst Wien (H Graf), Konzertfachdiplom ebd 93. **Laufb:** Lehrtätigkeit Musikschule Oldenburg, U f Musik u Darst Kunst Wien seit 91, ao UProf ebd, Begleiterin LiedKl v W Berry 97–2000, viele sol Auftritte, ua: Große Glocke Bremen 78, Liszt 1. KlKonz, KlAbende-Tournee d Dtld 91 ua Musikhalle Hamburg, Tourneen i viele Länder Europas, Japan, China, mittlerer Osten. **Pr:** Prtr Int Schubert-Wettb Dortmund, 2. Pr Bösendorfer-Wettb Wien, 1. Pr Gedok-Wettb Hamburg. **Ens:** Blonay-Trio, Capella con Durezza. **Mitgl:** GEDOK. – **Aufn/RF:** CDs: Darius Milhaud: Concertino d'automne, Orch de Chambre d'Autriche, Ltg: J-Ph Rouchon, m W Schröckmayr (Kl) 90; F Schubert-Lieder, m A Fechter 97; Lieder v R Franz u W Kienzl, m A Fechter 03; zahlr Mitschn Bremer RF.

Joel, Alexander, Dirigent; Ludwig-Zimmermann-Str 3, D-40213 Düsseldorf, T: (01 72) 7 94 67 83, *austroconcert@ia-ac.com*; c/o Deutsche Oper am Rhein, Heinrich-Heine-Allee 16a, D-40213 Düsseldorf; *www.ia-ac.com*. **Ausb:** Wiener MH (Kl u Komp), Kons d Stadt Wien (Prof. Schwarz u Prof. Mark), Meisterkurse u. a. b H Graf, V Fedoseyev, G Kuhn und S Celibidache, Mstrkl in Tanglewood. **Laufb:** Staatsop München, Stadtth Klagenfurt, Volksop Wien, seit 01 Erster Kapm Dt Op am Rhein Düsseldorf-Duisburg (03/05).

Joël, Emmanuel, Dirigent; c/o Dietrich Eberhard Gross Künstleragentur, Eschenweg 19, D-61440 Oberursel, T: (0 61 72) 93 41 44, F: 93 41 45, *d.e.gross @grossagentur.de*; c/o Tiroler Landestheater, Rennweg 2, A-6020 Innsbruck, *tiroler@landestheater.at* [Paris]. **Laufb:** Dgt Dt Op am Rhein Düsseldorf-Duisburg, Dgt Tiroler Landesth Innsbruck. (Red)

Joël, Marie-Helen, Sängerin; Am Dönhof 9, D-45134 Essen, T: (02 01) 44 40 29. **Laufb:** Sol Musikth Essen. (Red)

Jönsson, Lars, Klavier; c/o CONCORNO – Kulturmanagement, Löffelstr 40, D-70597 Stuttgart, T: (07 11) 6 33 90 84, F: 6 33 90 85, *info@concorno.de*; *www.concorno.de*. **Ausb:** Stud b J Ribera i. Stockholm. MusikH Frankfurt/Main b I Edelstein, R Hoffmann, H Höll und Ch Spencer. Mstrkl b Lew Naumow Tschaikowsky-Kons Moskau. **Laufb:** Doz f Liedbegleitung u Oratorium Mozarteum Salzburg u MusikH Frankfurt/Main. (Red)

Jören, Andreas, Sänger; c/o Nordharzer Städtebundtheater, Tarek Assam, PF 1145, D-38820 Halberstadt, T: (0 39 41) 69 65 53, F: 44 26 52, *info @nordharzer-staedtebundtheater.de*; *www.nordharzer-staedtebundtheater.de*. **Laufb:** Gastsol Berliner Kammerop SpZ 00/01, Sol Nordharzer Städtebundth Halberstadt/Quedlinburg SpZ 03/04. (Red)

Joeres, Dirk, Dirigent, Klavier; c/o Artists International Linda Abberton, Citadellstr 12, D-40231 Düsseldorf, T: (02 11) 8 36 81 55, F: 8 36 85 88, *abberton@artists-international.de* [Bonn]. **Ausb:** Stud (Dirig, Kl) Berlin, Köln u London, Stud Komp (N Boulanger) Paris. **Laufb:** Auftr als Pianist b int Fstv, ua Berliner FestW, Prager Frühling; Dgt seit 83, ChefDgt Westdt Sinfonia Leverkusen seit 87, fester Gastdgt Royal Philh Orch London 2000–07, Gastdgt ua Beethovenfest Bonn, Schleswig-Holstein MFstv, Brucknerfest Linz 05, MFstv Bratislava 05. **Pr:** 1. Pr Int KlWettb Vercelli 72. – **Aufn/RF:** div CD-Prod, Einsp d 2 Serenaden v Brahms (m Westdt Sinfonia). **Sonst:** Initiator d Fstv 'Dreiklang' Bonner Region 02.

Jörgensmann, Theo, Komponist; August-Bebel-Str 6, D-19412 Brüel, T: (03 84 83) 2 35 28 [Bottrop 29.9.1948]. **Ausb:** Autodidakt. **Pr:** Förderpr Stadt Aachen 80, Kulturpr Stadt Bottrop 91. – **Komp:** aesthetic direction (KamM) 92, UA Dortmund, Werkschau Ens 93. (Red)

Jörns, Helge, Prof, Komponist; Nicolaistr 49/51, D-12247 Berlin, T: (0 30) 7 71 33 93, F: 7 71 29 24, *h.o.l-joerns@t-online.de*; Au 75, A-5311 Loibichl-Mondsee, T: (0 62 32) 34 56, F: 34 56 [Mannheim 18.3.1941]. E-Musik **Ausb:** Stud (Komp, Dirig, Tonmstr) NWD-MH Detmold 62–66, Stud (MWiss) TU Berlin 66–70. **Laufb:** Organist/Kantor in Alsfeld 56–62, 1. Tonmstr RIAS Berlin 66–97, Musikrezensent b 'Die Welt' 67–71, Doz (Komp) KiMH Spandau 68–77, Doz (Komp) bischöfl KiMH Berlin 78–88, div Gastprofessuren. **Pr:** Ford-Foundation, Rompr Villa Massimo, Stamitzpr, Grammy Award etc. **Ens:** Amati-Ens 74–92. – **Komp:** Der Aquädukt (szen Oratorium) 87; UA Wien 90; Europa u d Stier (Op) 88, UA Berlin 88; Trio 1991 (Symph Nr 1) (OrchW), UA Berliner Philharmoniker 92; Spiel von Liebe u Zufall (Op), UA Schwetzingen/Karlsruhe 93; Dezett (KamM), UA Moskau 94; Der Kater v Marrakesch (Op), UA Halle/S 94/95; Concerto grosso (OrchW), UA Schwerin 98. **AuftrKomp:** seit 76 alles Auftragskomp. **Aufn/RF:** in allen dt RF-Archiven.

Johanns, Thorsten, Klarinette; c/o WDR Sinfonieorchester, D-50600 Köln. **Laufb:** Sol WDR SinfOrch Köln. (Red)

Johannsen, Daniel, Mag art, Sänger (lyr Tenor); c/o Luzerner Theater, Sempacherstr 34, CH-6003 Luzern, T: 04 12 10 40 33, F: 04 12 10 40 33, *daniel. johannsen@gmx.at*; *www.danieljohannsen.com* [Wien 22.7.1978]. Konzert (va Barock), Lied, Mozart-Oper, Ensemblegesang **Ausb:** Stud KiM i Graz u Wien b M Hopfmüller u A Mitterhofer (Org), J. Prinz u J Hiemetsberger (Chorltg), W Sauseng (Komp); Stud Sologes i Wien b M Fleischmann Klaushofer, Lied b R Holl bis 05; Mstrkse b N Gedda, D Fischer-Dieskau, Chr Ludwig, R Vignoles. **Laufb:** Evangelisten-Début 98; Tätigkeit als Konz-, Lied- u OpSänger in Europa, Kanada u Japan; regelmäßige Mitwirkung b int. Musikfestivals (Bachfeste, Tage Alter Musik Herne, Carinthischer Sommer, Israel Festival); Zusammenarb: Wiener Symphoniker, Concentus Musicus Wien, Rheinische Kantorei, Balthasar-Neumann-Chor, Akademie f Alte M Berlin, L'Orfeo BarockOrch; Optten-FstSp Bad Ischl 03, Wiener Kammerop 04; Mitgl Luzerner Opens 05/06. **Pr:** 2. Pr XIII. Int J S-Bach-Wettb Leipzig 02, 2. Pr Int Hilde-Zadek-GesWettb 03, 2. Pr XIV. Int R-Schumann-Wettb Zwickau 04, A-Everding-Förderungspr d Münchner Konzertgesellschaft 04. **Ens:** Mitgl u Sol A-Schönberg-Ch Wien. **Mitgl:** Int J-S-Bach-Ges, Int Heinrich-Schütz-Ges. – **Aufn/RF:** W Sauseng: 'Passio Iesu Secundum Ioannem', ORF-CD 337; P Planyavsky (alias P P Bach): 'Der zufriedengestellte Autobus'. **UA:** W Sauseng: 'Das Staunen des Ezechiel' (Kirchenop), Wien 02; 'Passio Iesu Secundum Ioannem', Krems 03. **Zug:** Ch Minkowitsch: Die Himmel erzählen d Ehre Gottes 2000; M Hopfmüller: Maria u Elisabeth 02. **Sonst:** Veröffentl: 'Johann Sebastian Bach und die Tenorstimme' (Eigenverlag).

Johannsen, Robin, Sopran; Kantstr 118/119, D-10625 Berlin, T: (01 62) 6 53 37 32, *rrjohannsen@netscape.net*; c/o Deutsche Oper Berlin, Richard-Wagner-Str 10, D-10585 Berlin; *www.robinjohannsen.com* [Philadelphia, USA]. Oper, Konzert **Ausb:** Carnegie Mellon Univ, Bachelor of Fine Arts in Voice Performance 95; Univ of Cincinnati, College-Cons of Music, Masters of Music in Voice Performance 98. **Laufb:** Konz in Amerika ua Alice Tully Hall (Lincoln Center), Weill Recital Hall (Carnegie Hall); Konz u Operneng m Opera Orch of New York, Cincinnati Opera Outreach, Cincinnati Symph Orch, Pine Mountain Music Fstv; Festeng Dt Op Berlin u Op Leipzig; Auftr Grosses Konzerthaus u Philh Berlin; Sol Bayreuther Fsp seit 03, 'Waldvogel' 06. **Pr:** Liederkranz Foundation Prize; Friedrich Schorr Memorial Performance Prize in Voice; Alberto Vilar Stip (American Berlin Opera Foundation).

Johannsen, Sarah, Sopran; Schauinsland 26, D-61479 Glashütten, T: (0 61 74) 61 94 62, *SJJsoprano@aol.com*. **Laufb:** Sol Staatsth Oldenburg, Gastsol Staatsth Braunschweig. (*)

Johansen, Ronnie, Sänger; c/o Oper Leipzig, Augustuspl 12, D-04109 Leipzig. **Laufb:** Sol Volksop Wien, Op Leipzig, Dt Op am Rhein Düsseldorf-Duisburg SpZ 03/04. (Red)

Johansson, Eva, KS, Sopran; c/o Theateragentur Dr Germinal Hilbert, Maximilianstr 22, D-80539 München, T: (0 89) 2 90 74 70, F: 29 07 47 90; c/o Sächsische Staatsoper, Theaterpl 2, D-01067 Dresden; *www.hilbert.de* [Kopenhagen 25.2.1958]. **Ausb:** Stud Ges Kopenhagen. **Laufb:** Debüt Königl Op Kopenhagen (Figaros Hochzeit, 'Gräfin') 58, Gastsol m Ens Dt Op Berlin in Washington (Ring, 'Helmwige', '3. Norn', 'Gutrune') 89, Gastsol Staatsop Wien (Cosí fan tutte, 'Fiordiligi') 89, Covent Garden Op London (Don Giovanni, ' Donna Anna') 90, Bayreuther FSp (Rheingold, 'Freia'; Walküre, 'Gerhilde' 88–91; Lohengrin, 'Elsa' 90/91 u 93; Meistersinger, 'Eva' 93), Dt Op Berlin (bis SpZ 04/05), Dt Op a Rh Düsseldorf-Duisburg, Sol Sächs Staatsop Dresden SpZ 03/05, Bayer Staatsop München, Gastsol Grand Op Paris, Frankfurt SpZ 03/04, Op Zürich SpZ 04/05. (Red)

John, Hans, Dr phil habil, Prof, Hochschullehrer iR; Wallotstr 16, D-01309 Dresden, T: (03 51) 4 59 22 22; Hochschule f Musik, PF 120039, D-01001 Dresden [Bad Freienwalde aO 7.9.1936]. Musikgeschichte d 19. Jh, Geschichte d ev Kirchenmusik, Dresdner Musikgeschichte **Ausb:** Stud MErziehung u Klass Philologie Halle 54–56, Humboldt-U Berlin 56–59, Prom 61, Dipl (Sologes) H f M 'Franz Liszt' Weimar 69, Habil 73. **Laufb:** Prof (MGesch) H f M Carl Maria v Weber Dresden. **Pr:** Kunstpr d Stadt Dresden 'Martin-Andersen-Nexö' 90. – **Zug:** V Hahn: 'Albumblatt f H J', Komp f Kl 02; M Weiss: Klavierstück f H J 02. **Sonst:** 3 wiss Publ, ca 200 wiss Beitr, Hg v 'Musik in Dresden'. **Lit:** M Heinemann, M Herrrmann, S Weiss: R Strauss. Essays z Leben u Werk 02 (Fs z 65 Geb).

Prof Hans-Rudolf Johner

Johner, Hans-Rudolf, Prof, Komponist, Dirigent; Kloppenheimer Str 56, D-68239 Mannheim, T: (06 21) 47 37 56 [Schaffhausen 28.9.1934]. Kompositionen f Solo-Instrumente, Ensembles u Orgel **Ausb:** MStud Kons Luzern, Ausb MAkad Zürich (staatl Dipl als BlasM- u ChDgt sowie als L f Schulges), Stud (Hauptfach Dirig) MH Karlsruhe u musikwiss Sem Univ Heidelberg ab 58, Stud Komp (H Vogt) MH Mannheim, Teiln Int Ferienkse f Neue M Darmstadt, Staatl PrivML-Prüfung (Hauptfach Komp u MTheorie) Mannheim 65. **Laufb:** Organist u ChLt St Aegidius-Kirche Mannheim-Seckenheim ab 58, ZusArb ua m d Kurpfälzischen KamOrch, Philharmon Orch d Pfalz, NatTh-Orch Mannheim sowie zahlr namhaften Solisten, Lehrtätigkeit Kurpfalzgymnasium Mannheim 64–66, H f M u Th Mannheim ab 65, Doz Staatl H f M Heidelberg-Mannheim ab 73, Lt d Ausbildungsstätte Mannheim ebd bis 76, Prof (Komp, Tonsatz, Neue M) ebd seit 79, Lt d Studienkommissionen 'MErz' u 'SchM' ebd, Prorektor ebd 80–86, LBeauftr Bischöfl Inst f KiM Speyer, Jurymitgl nat u int Wettb.

Pr: Schillerplakette d Stadt Mannheim 87, BVK am Bande 01. **Mitgl:** dkv, Schweizer Tonkünstlerverein. – **Komp:** ua Programmatische Dt Messe 74/75, UA Mannheim 75; Paraphrasen über das Vaterunser (Orch u improv Org) 78, UA Mannheim 80; Geistl Konz (Soli, Ch, Orch, Org) 91, UA Heidelberg 91; Festl Musik (4 Trp, Pken, Org) 91, UA Heidelberg 92; Messe f Sprecher u gr Orch 91, UA Mannheim-Seckenheim 93; Pfingstmesse f Org 80, UA Mannheim 81; Stud-Kantorei (Hl Geist) Heidelberg, Pfeiffer Trp-Ens Heidelberg, Jesuitenkirche Mannheim, JugendMSch Ludwigshafen. **Aufn/RF:** zahlr Werke b SDR, Studio Mannheim. **Sonst:** Grdg d Vereinigung 'Freunde f Kunst u Musik' Mannheim-Seckenheim. **Lit:** Who is Who, Kath KiM d Erdiözese Freiburg.

Johnson Herrera, Carlos, Violine; c/o Lübecker Theater GmbH, Beckergrube 16, D-23552 Lübeck. **Laufb:** 1. Konzm Lübecker Th seit SpZ 03/04. (Red)

Johnson, David, 1. Pianist u Studienleiter; Südwestkorso 18, D-14197 Berlin, T: (0 30) 8 21 08 22. **Laufb:** StudLtr Dt Op Berlin SpZ 03/05. (Red)

Johnson, David, Prof, Hochschullehrer, Horn; Hochschule Musik u Theater, Tössertobelstr 1, CH-8400 Winterthur, *david_ahq@yahoo.com*. **Ausb:** Stud New England Cons of Music Boston u Royal Acad of Music London. **Laufb:** ZusArb m Boston Op Orch, Niedersächs Staatsorch Hannover, Philh Hungarica, Radio-Sinf-Orch Basel, Doz Kons Bern u Lugano, H f M Freiburg, ZusArb m American Horn Qua, Sol Berner-Symph-Orch seit 89, Prof (Hn) HMT Zürich. (*)

Johnson, Graham, Pianist; c/o Oper Frankfurt, Untermainanlage 11, D-60311 Frankfurt. (Red)

Johnson, James, Bassbariton; c/o Künstleragentur Dr. Raab & Dr. Böhm, Plankengasse 7, A-1010 Wien, T: (01) 5 12 05 01, F: 5 12 77 43, *office@rbartists.at*; *www.rbartists.at*. **Ausb:** Lousiana State U, Curtis Inst of Music Philadelphia. **Laufb:** Bayreuther FSp 87, Met Op New York, Teatro alla Scala, Lyric Op Chicago, Op National de Paris, Teatre Liceu Barcelona, Teatro Colon Buenos Aires, Nederlandse Opera, Staatsth Stuttgart und der Deutsche Op Berlin, FSp v Bayreuth, Salzburg, Edinburgh, Aspen. (Red)

Joho, Andres, Kapellmeister; Giessereiweg 20, CH-5703 Seon, T: 06 27 75 00 28, 07 93 02 58 09, F: 06 27 75 00 28, *johoandres@bluewin.ch*. **Laufb:** 1. koord Kapm u Studienlt Th Biel Solothurn. (Red)

Jokiel, Ulrich, Schauspielmusiker; c/o Contra-Kreis-Theater, Am Hof 3–5, D-53113 Bonn. **Laufb:** Lt SchspM Schloßth Celle SpZ 03/05, Contra-Kreis-Th Bonn SpZ 04/05, Fritz Rémond Th u Volksth Frankfurt SpZ 04/05. (Red)

Joll, Philipp, Sänger; c/o Bühnen der Stadt Köln – Opernhaus, PF 101061, D-50450 Köln. (Red)

Jonas, Diethelm, Prof, Hochschullehrer, Oboe; Koberg 18, D-23552 Lübeck, T: (04 51) 3 84 68 55, F: 3 84 68 56; Musikhochschule, Gosse Petersgrube 17–29, D-23552 Lübeck, T: (04 51) 1 50 54 06 [Recklinghausen 1953]. **Ausb:** Stud Folkwang-H Essen, (Mstrkl v Lady E Rothwell-Barbirolli) Royal Acad London, (H Holliger) Freiburg. **Laufb:** 1. SolOb SinfOrch Essen, BR, SDR; Prof (Ob) Staatl H f M Trossingen seit 80, Prof MH Lübeck; zahlr Konz Europa, Japan, USA. **Pr:** Dt SchallplPr. **Ens:** BlQui Sabine Meyer, Aulos BlQui. – **Aufn/RF:** über 20 Schallpl u CD-Einsp. (Red)

Jonas, Maria, Sängerin (Sopran); Hermannstr 14, D-50321 Brühl, T: (0 22 32) 4 83 71; c/o ArsMusica – MusikAgentur Julia Ortmann, Rötebuckweg 35, D-79104 Freiburg, T: (07 61) 5 56 34 94, F: 5 56 35 34, *julia.ortmann@arsmusica.com*; *www.arsmusica-musikagentur.de/maria.html*. Interpretin Alter Musik **Laufb:** Konz m Europäischen Barockorch, English Baroque Soloists, Gastsol Teatro Regio di Parma, Teatro Comunale di Ferrara, Teatro Real de Madrid, Teatro Camoes Lisboa, Landesth Neuss, Concertgebow Amsterdam, Royal Albert Hall, Schauspielhaus Bochum, Ludwigsburg, Sol Philip Glass/Robert Wilsons Oper 'The White Raven' Lissabon, Madrid, Carnegie Hall (NYC), Lincoln Center Festival (NYC), Gastsol Th Bielefeld SpZ 03/04. **Pr:** choc de la musique f d CD 'stella splendens' m d Ens bois de cologne. – **AuftrKomp:** D Hahne: Theophanu (Konz f Stimme, Fl u Elektronik), UA 2000. **Sonst:** Grd 'convoce.coeln', 'Diphona' (improvisationsfreudiges Duo f mittelalterliche M), 'condanza' (Alte M u Moderner Tanz), ZusArb m Kölner Mittelalter Ens 'Sequentia'.

Jonas, Sir Peter, Dr mus hc, Staatsintendant; c/o Bayerische Staatsoper, PF 100148, D-80075 München, T: (0 89) 21 85 10 01, F: 21 85 10 03, *marketing@st-oper.bayern.de*; *www.staatsoper.de* [London 1946]. **Ausb:** Benedictine Worth Sch, Stud (Engl Lit) Uni of Sussex, (Op, MGesch) Royal Northern College of M Manchester u London, Eastman Sch of M Rochester New York. **Laufb:** Ass d musikal Dir Chicago Symph Orch seit 74, Dir d künstl Verwaltung d Chicago Symph Orch seit 76, Dir English Nat Op 84–93, Staatsintend Bayer Staatsop München 93–06, Vors Dt OpKonferenz 01–05. **Pr:** 'Fellow of the Royal Society of Arts', 'Fellow of the Royal College of Music' seit 89, 'Commander of the British Empire' seit 93, 'Knight' seit 2000.

Jonas, Tibor, Violine, Hochschullehrer; Heßstr 78, D-80798 München, T: (0 89) 5 42 84 29, F: 5 42 83 28. **Laufb:** Doz (V) Richard Strauss Kons München. (Red)

Jones, Brynmor, Dirigent; c/o Berliner Kammerop eV, Kottbusser Damm 79, D-10967 Berlin. **Laufb:** Musikal Lt Berliner Kammerop (-2002), Dgt Berliner Kammerop SpZ 03/05. **Pr:** Ehrenvorsitzender d Berliner Kammerop. (Red)

Jones, Dame Gwyneth, KS, Dr hc, Sopran, Regisseurin; c/o Theateragentur Dr Germinal Hilbert, Maximilianstr 22, D-80539 München, T: (0 89) 2 90 74 70, F: 29 07 47 90, *agentur@hilbert.de*; PF 2000, CH-8700 Küsnacht; *www.hilbert.de* [Pontnewynydd, Wales 7.11.1936]. ital u dt Oper, Lied, Konzert **Ausb:** Stud (A Smith, R Packer) Royal College of M London, Accad Chigiana Siena u b M Carpi Genf u Zürich. **Laufb:** Debüt ('Der Rosenkavalier', Annina) Stadtth Zürich 62, EnsMitgl Royal Op House Covent Garden London seit 63, EnsMitgl Staatsop Wien, Dte Op Berlin u Bayer Staatsop München seit 66, USA-Debüt u Debüt Mailänder Scala 66, Bayreuther FSp seit 66 ua 'Der Ring d Nibelungen' (Brünnhilde) 1976 (Jahrhundertring), EnsMitgl Met Op New York seit 72, Salzburger FSp ('Der Rosenkavalier', Marschallin) 79, Gastsol Op Köln (Elektra) 84–85, Royal Op House Covent Garden London (Salome) 86, (Turandot) 90, Staatsop Dresden ('Jenufa', Küsterin) 96, Mstrkse Royal Op House Covent Garden, Royal College of M London, in Dt u id CH, Regie-Debüt 'Der fliegende Holländer' Nationalth Weimar 03. **Pr:** KS Wien u München, Dr hc U Glamorgan and Wales, 'Dame Commander of the British Empire' 86, Shakespeare-Pr FVS-Stift Hansestadt Hamburg 87, BVK 88, Ehrenmitgl Wiener Staatsop 89, Goldenes Ehrenzeichen d Ldes Wien 91, Commandeur des Arts et Lettres 92, Österr Ehrenkreuz f Wiss u Kunst u Goldene Ehrenmed d Stadt Wien 98. – **Aufn/RF:** zahlr Aufn ua: L Cherubini: 'Medea'; R Strauss, 'Ägyptische Helena', 'Salome', 'Rosenkavalier'; R Wagner: 'Der Ring d Nibelungen', 'Fliegender Holländer', 'Parsifal', 'Lohengrin'; G Verdi: 'Requiem', 'Aida', 'Othello', 'Macbeth'; Puccini: 'Fanciulla del West'; C Monteverdi, 'Incoronazione di Poppea'; Videoaufn: 'Tannhäuser', 'Ring', 'Rosenkavalier' (Marschallin, Dgt C Kleiber), 'Fidelio', 'Poppea', 'Don Carlo', 'Turandot', 'Frau ohne Schatten' (Färberin), 'La Voix humaine', 'Die lustige Witwe', 'Aufstieg u Fall d Stadt Mahagonny'. **Lit:** Cl Mutafien: G J 80.

Jones, Julia, Dirigentin; chemin de la Plamatte 52, CH-1228 Plan-les-Ouates/GE, T: 02 27 92 32 03; c/o Oper Frankfurt, Untermainanlage 11, D-60311 Frankfurt. **Ausb:** Stud Chethams School of Music Manchester, Bristol Univ, Guildhall School of Music in London. **Laufb:** Korr Op Köln u Stuttgart 85–88, Ass v H W Henze Sommerakad Gütersloh 91, 2. Kapm u Ass d GMD Stadtth Ulm 91–95, 1. Kapm Staatsth Darmstadt 95–97, Dgt Opéra du Rhin Strasbourg, Teatro Coumunale di Firenze u Palermo, Op Australia in Melbourne, Chefdgt Th Basel 98–02, Dgt Wiener Staatsop seit 01, Dgt Dt Staatsop Berlin SpZ 03/05, Dgt Op Frankfurt SpZ 04/05, Volksop Wien. (Red)

Jones, Patrick, Sänger; Kaiser-Josef-Str 280, D-79098 Freiburg, T: (07 61) 2 92 71 77. **Laufb:** Sol Th Freiburg. (Red)

Jong, Timm de, Bass; c/o Konzertdirektion Hans Ulrich Schmid, Königstr 36, D-30175 Hannover, PF 3409, D-30034 Hannover, T: (05 11) 3 66 07 60, F: 3 66 07 34, *mail@kdschmid.de*; c/o Bühnen der Stadt Köln – Opernstudio, PF 101061, D-50450 Köln [Düsseldorf 1980]. Konzert, Lied, Oper **Ausb:** Unterr Ges (R Templin) Clara-Schumann-MSch 97, Stud Ges (H Sotin) H f M Köln seit 2000. **Laufb:** Sprecher in Mozart: 'Zauberflöte', Brühler Schlosskonz 01; Bass-Solopartie in Mozart: 'Requiem', Philh Gasteig München 02; OpStudio Bühnen der Stadt Köln seit SpZ 03/04. **Pr:** 1. Pr Wettb 'Jugend musiziert' 98, Förderpr Bundeswettb Ges Berlin 02, Stip Richard-Wagner-Stift 03. – **Aufn/RF:** CD: Händel: 'Siroe' 03.

Joó, Imola, Mag, Prof, Hochschullehrerin, Klavier; Pretschgasse 21/1, A-1110 Wien, T: (01) 7 69 88 04, F: 7 69 88 04 [Budapest]. Präklassik, Klassik, Romantik **Ausb:** nach Besuch d Béla Bartók-MAkad Stud b Hans Graf MH Wien, Stud KonzFach Kl u Päd, Dipl m Auszeichn. **Laufb:** Führung d Begabten-Kl an d U f M u Darst Kunst Wien seit 76, tit ao UProf ebd, KonzTätigkeit, Workshops u MSeminare, RF-Aufn, CD-Einsp, Mstrkse in Korea u Japan. **Pr:** Pr d Stadt Wien. **Mitgl:** EPTA. – **Sonst:** Veröffentl d Vortrages üb die 'Doch-nicht-Kodály-Methode' EPTA Graz 92.

Joos, Martina, Blockflöte; Habsburgstr 3, CH-8037 Zürich, T: 04 44 62 48 31, *martina@martinajoos.ch*, *martina.joos@switzerland.org*; *www.martinajoos.ch* [Glarus, Schweiz 15.2.1972]. Renaissance, Mittelalter, Neue Musik, Barockmusik **Ausb:** Stud Blockfl (M Weilenmann, K Boeke) MH Zürich 92–99. **Laufb:** Polen-Tournee, ua Fstv f Alte Musik Stary Sacz 2000; Fstv 'Musica Nova' Sofia 01; Böhmen-Sachsen-Fstv 01, UA-Zyklus m Werken schweizer Komp Zürich 2000/01, Tourneen: Marokko 02, Russland 02. **Pr:** Kiwanis KamMWettb Zürich 95, Int BlockflWettb Calw 95, Premio Bonporti Rovereto 97, Orpheus-Förderpr Zürich 97, Migros KamMWettb Zürich 99. **Ens:** Trio O'Henry seit 94, concerto extra vergine seit 01. – **Aufn/RF:** RF-Mitschn: Werke v Lehmann, Pärt ua, Zürich, St Peter 96; T Müller, Baldwin-Manuscript, Zürich, Gr Saal d H 2000. **UA:** M Derungs: 'A set of pieces', UA 2000; T Müller: 'Erste Etappe in Richtung farbiger Eindrücke', UA 2000; G Tedde: 'Medio Aevo', UA 2000; A Nick: 'Trio pour flûtes à bec', UA 2000; A Schmucki: 'tatsache. eisschollen; der unzertrennliche anstoss abweichender labialität', UA 2000; G Bennett: 'Textures of Time', UA 01.

Joost, Andreas, Sänger; Auf dem Plaue 14, D-52066 Aachen, T: (02 41) 57 36 95; c/o Theater Aachen, Hubertusstr 2–8, D-52064 Aachen. **Laufb:** Sol Th Aachen SpZ 03/04. (Red)

Jopp, Klaus, KM, Klarinette; c/o Dresdner Philharmonie, PF 120424, D-01005 Dresden. (Red)

Jordan, Armin, Dirigent; Bünishoferstr 234, CH-8706 Feldmeilen, T: 0 19 23 56 26; *www.swissclassic.net/jordan.htm* [Luzern 1932]. frz Musik (Debussy, Ravel, Chausson, Dukas, Chabrier), Klassiker d Moderne (Ballette Strawinsky) **Laufb:** Dgt Städtebundth Biel/Solothurn, Op Zürich, Lt Orch St Gallen, musikal Oblt Th Basel, Chefdgt KamOrch Lausanne, Chefposten als Nachfolger v H Stein Genf, Lt Orch de la Suisse romande 85–97, regelm Gast b Orch u in gr Op Europas (Wien, Hamburg, München, Brüssel, Lyon, Fstv Aix-en-Provence). (Red)

Jordan, Hellmut *siehe* Fischer, Theo

Jordan, Philippe, Dirigent; c/o Erich Seitter Bühnen- und Konzertvermittlung, Opernring 8/13, A-1010 Wien, *office@agentur-seitter.at* [Zürich

18.10.1974]. Oper, Sinfonik **Ausb:** Stud Kl, Komp, Päd (B Mersson, H U Lehmann, K Engel) Kons Zürich 91–94, Ass v J Tate b 'Ring' Paris 94. **Laufb:** Korr u 1. Kapm Ulmer Th 94–98, Kapm u Ass v D Barenboim Dt Staatsop Berlin 98–2001, GMD Ophaus Graz 2001–04, Gastdirigate: Teatro dell' Op Rom, Aalto Th Essen, Op Ireland 97, Th de la Monnaie Brüssel99, Wiener Staatsop, Grand Th Genf 2000, Th du Châtelet Paris, Op de Lyon, Semperop Dresden Spz 01/02 u 04/05, Fstv d'Aix-en-Provence, Salzburger Fstv 2002, Met Op, Op Houston 2002, Orch: Barcelona, Tonhalle Zürich, Orch de Paris, Basler Sinf-Orch, RSI Lugano, OCL Lausanne, RSO Wien, Mozarteum Salzburg, Orch de la Suisse Romande, Och de Capitale Toulouse, Dgt Dt Staatsop Berlin SpZ 03/05. – **Aufn/RF:** D Milhaud: 'Christoph Kolumbus', Dt Staatsop Berlin 98; H Birtwistle: 'The last Supper', Dt Staatsop Berlin 2000.

Jordi, Dieter, Komponist, Hochschullehrer; Wasserfurristr 48, CH-8406 Winterthur, T: 05 22 03 01 32, *dieter.jordi@freesurf.ch*; c/o Edition mikro, Timescraper Music Publishing GmbH, Fidicinstr 24, D-10965 Berlin, T: (0 30) 6 91 20 20, F: 6 94 87 32 [Zürich 3.10.1958]. **Ausb:** klass Git (A Valcro, K Scheit) Winterthur, Konzreifeprfg 78, Komp (K Huber) staatl H f Musik Freiburg 81–85. **Laufb:** LTätigkeit ua Kons Winterthur (Theorie), Sem Kreuzlingen (Git) seit 92, KonzTätigkeit (Sol, KamM) m neuer u alter Musik, Veranstalter zahlr Konz Th am Gleis Winterthur, Präs IGNM Zürich seit 91. – **Komp:** zuletzt: Ein helles Firmament (f Holzblasinstr) 90; Ein süßer Lebens-strom (f Vibraphon solo) 92; Ein Liquedamber=fluss (Klduo) 99/2000. (Red)

Jordi, Ismael, Tenor; c/o Volksoper Wien, Währinger Str 78, A-1090 Wien, T: (01) 51 44 40, F: 5 14 44 32 15, *office@volksoper.at*; *www.volksoper.at*. **Laufb:** Sol Volksop Wien seit SpZ 03/04. (Red)

Josef, Jens, Komponist, Flöte; Rothenbühler Str 7, D-81249 München, T: (0 89) 87 18 17 96; c/o Thiasos Musikverlag, Birkenweg 15g, D-64295 Darmstadt, T: (0 61 51) 33 94 56, F: 33 94 57, *thiasos@t-online.de*; *www.thiasos.de* [Solingen-Ohligs 5.8.1967]. **Ausb:** Stud Fl (Prof P Brock, P Dahme) u Komp (Prof Müller, Prof Müller-Hornbach) MH Frankfurt/M 89–97. **Laufb:** stellv Sol Norddt Philh Rostock 92–93, Fl Salonorch 'Saitensprünge' 94–95; freischaff Frankfurt als Fl, Komp, Päd, Dgt (Schleswig-Holstein-Fstv 96) seit 95, Sol 'Junge Philh' Hessen-Thüringen; Doz (Fl) Akad f Tonkunst Darmstadt seit 2000, Doz (Fl) HfM Frankfurt/M. **Ens:** Grdg u Ltg (zus m Chr Ridil) 'Gruppe Kontraste' Frankfurt 98. **Mitgl:** Frankfurter Gesell f Neue Musik. – **Komp:** 'Divertimento', UA Hann-Münden 94; 'Fünf Chansons', UA Bad Homburg 95; 'Lied im Schutt', UA Univ Osnabrück 95; 'Bizzarerien', UA Weiskirchen/Rodgau 97; 'Zehntett', UA Frankfurt 98; 'Der 102. Psalm', UA Offenbach 98; 'Konz f Orch', UA Univ München 97; 'Tango d Schatten', UA Tauberbischofsheim 2000; 'Orpheus' (KamSinf), UA Frankfurt 2000; 'Liebeslieder', UA Frankfurt 2000; 'Vier Lieder', UA Frankfurt 2000; 'Vor langer Zeit' (Orat), UA Hann-Münden 2000; 'Ritter, Tod u Teufel' (Kant), UA Offenbach 03; 'Headline: Orpheus' (KamOp), UA Hof 03; 'Aias' (Op), UA Trier 06. **Aufn/RF:** CDs: 'Tango Nuevo' 99, 'Momente' 2000, 'Winterreise' (f Tenor u Streichqua) 02, 'KamM' 04. **UA:** UA v F Gerhardt, C Ridil, G Müller-Hornbach, C Kühnl, W Lutz-Rijeka, C Brandt, T Völker, A Bröder. **Zug:** C Ridil: FlKonz; C Ridil: Märchenbilder; G Müller-Hornbach: ... wenn die Schatten der Nacht verdämmern; C Brandt: Son f AltFl. **Lit:** Art in: 'Flöte aktuell', FR, HNA, Darmstädter Echo.

Josel, Rudolf, Prof, Hochschullehrer, Posaune; Univ f Musik u Darst Kunst, Leonard Bernstein Inst f Blas- u Schlaginstrumente, Seilerstätte 26, A-1010 Wien, T: (01) 7 11 55 24 01, F: 7 11 55 24 99. **Laufb:** o UProf (Pos) U f Musik u Darst Kunst Wien. (Red)

Josel, Seth, Dr, Gitarrist; Bismarckstr 53, D-50672 Köln, T: (02 21) 37 48 56, F: 2 40 91 09, *seth.josel@netcologne.de*; *www.chaconne.com/josel* [New York 24.9.1961]. Neue Musik **Ausb:** Stud Git (M Barrueco) Manhattan School of Music 79–83, Stud Git (R Rephann u R Guthrie) Yale U 83–85, Stud (MWiss) Yale U 85–88. **Laufb:** Sol m Ens/Orch MusikFabrik 91–2000, Ens Musikfabrik NRW 97, Champ d'Action Antwerpen 98; Koninklijk Filharm Orch van Vlaanderen 98, Symphon Orch d Stadt Istanbul 99, Schlesisches Philharmon Orch Katowiscz, SWR-Sinf-Orch Baden-Baden 02, SolKonz in Belgien, Dtschld, Frankreich, Großbritannien, Israel, Italien, Kanada, Niederlande, Österreich, Schweiz, USA. **Pr:** New York String Teachers Assoc Competition 82, Int Guitar Competition, Finale-Ligure 86, Fulbright-Hays Grant 88–90, Stip Akad Schloß Solitude 92–93, Musik Kreativ Frankfurt 93, Interpretenpr d Darmstädter Ferienkse f Neue Musik 94. – **Aufn/RF:** Sol-CD m Werken v Bresnick, Corbett, Kernis, Lyon, Tenney; Sol-CD m Werken v Cage, Niblock, Tenney, Vierk; Solobeitrag: Clarence Barlow-Portrait, CDs: L Andriessen: 'De Stijl', 'De Materie' m Schönberg Ens Amsterdam; K Goeyvaerts: 'OPUS 6' m Champ d'Action Antwerpen; E Kálman: 'D Herzogin v Chicago' RF-SinfOrch Berlin; M Kagel: 'Playback Play', R Saunders: 'Molly's Song 3' u J Tenney: 'Forms 1–4' m Ens Musikfabrik NRW. **UA:** P Ablinger, L Andriessen, J Bailie, R Barrett, K Barlow, R Beaser, E Beglarian, M Bresnick, A Brett, D Brandt, J Cage, R Constable, S Corbett, G Crumb, A Curran, G De Bièvre, K Dempster, D Dramm, S van Eycken, M Fiday, C Fox, B Franke, P Gudmundsen-Holmgreen, E Harsh, G Hajdu, H W Henze, H J Hespos, E Janson, T Johnson, B Jolas, J Kalitzke, A Kernis, H W Koch, T Kramer, U Krieger, A La Berge, P Lewis, E Lyon, B Marcus, N Maw, D Moss, H Münz, C Newman, P Niblock, H Oehring, M Reudenbach, R Saunders, F Schenker, B Schober, J Sichel, L Spiegel, M Stahnke, S Stockhausen, J Tenney, C Theiler, M Trojahn, I Willcock, J Wolfe, S Wolpe, La Monte Young. **Sonst:** 'Some Thoughts concerning Sid Corbett's Arien IV: Solo Music for Guitar', Soundboard Magazine 2000; 'Is the Composer Always Right?', Soundboard Magazine, 02; 'sheerpluck: internet catalogue of modern guitar music'03.

Joshua, Rosemary, Sängerin; c/o Bayerische Staatsoper, Brieffach, D-80075 München. (Red)

Jost, Christian, Komponist; c/o Schott Musik International, Weihergarten 5, D-55116 Mainz, T: (0 61 31) 24 68 84, F: 24 62 50, *willing-stern@schott-music.com*; *www.schott-music.com* [Trier 17.10.1963]. **Ausb:** Stud (Komp) Köln 83–89, Stud (Komp, Werkanalyse u Dirig) San Francisco Cons of M. **Laufb:** freischaff Komp. **Pr:** Stip Stift Kulturfonds d Dt Volkes, Stift Kunst u Kultur d Ldes NRW, erster Composer in Residence Beethovenhalle Bonn 99/2000, Förderpr d Ernst v Siemens-Stift 03. – **Komp:** 'fragile eggshell mind' (f KamEns) 87, UA San Francisco 89; 'D indian Zyklus – 4 native american chants' (f Bari u Orch) 94, UA Cottbus 95. **AuftrKomp:** 'Magma' (gr Orch) 92, UA Darmstadt 94 (Auftr: Staatsth Darmstadt); 'Odyssee surréale' (23 Solostr) 95, UA Fredem 95 (Auftr: Int MTage Freden); 'D lange Weg des Drachen' (Kl-Konz) 97, UA Shanghai 97 (Auftr: Shanghai Symph Orch); 'Tiefenrausch' (VKonz) 97, UA Koblenz 99 (Auftr: Kultus Min Rheinl-Pfalz u Staatsorch Rhein Philh); 'on small step' (Orch) 98, UA Bremen 99 (Auftr: Dt KamPhil Bremen); 'The End of the Game' (gr Orch) 99, UA Bonn 99 (Auftr: Orch d Beethoven Halle Bonn); 'Paradox' (Mezzosop, EnglHn, Va, Cello, Kl) 99, UA Berlin 2000 (Auftr: Mozartges Hildesheim); 'DiesIrae' (Pos-Konz) 2000, UA Saarbrücken 01 (Auftr: Kultus Min Baden Würt u Saarländ RF); 'Phoenix resurrexit' (Sop, Sprecher, Ch, Orch) 97–2000, UA Bornhofen 01 (Auftr: Kultus Min Rheinl-Pfalz u Staatsorch Rhein Philh); 'Death knocks' (KamOp n W Allen) 2001, UA (konzertant) Hannover 01 (Auftr: Niedersächs MTag); 'Sinfonia – d Traum d Phoenix' (Orch) 01, UA Basel 01 (Auftr: Europ MMonat Basel); 'Cosmodromion' (SchlgzKonz) 01/02, UA Berlin 02 (Auftr: Dt Symph Orch Berlin); 'Koma' (Mezzosop, Kl) 02; UA Bern 02 (Auftr: B Hahnloser); 'Lux eterna' (SaxKonz) 03, UA Den Haag 03 (Auftr: Residentie Ork Den Haag); 'Images and Shadows' (12 Solo-Celli) 03, UA Luzern 03 (Auftr: 12 Cellisten der Berliner Philh); 'CocoonSymph' (gr Orch) 03, UA Weimar 03 (Auftr: Staatskap Weimar); 'The Changeling' (Op i 4 Akten) 02–04, UA Düsseldorf 05 (Auftr: Dt Op a Rhein Düsseldorf). **Aufn/RF:** 'Phoenix Resurrexit' (Odyssee in 4 Teilen f Sprecher, Sop, Ch, u Orch), Sprecher: Daniel Morgenroth; Sop: Wendy Waller, OpCh u Staatskap Weimar, Dgt: Jac v Steen. **Lit:** 'Das Solokonzert... eine d wunderbarsten Versinnbildlichungen d menschl Existenz'. Siemens-Förderprtr C J im Gespräch m T Schulz, in: NZ 4/2003, 54–57; H Traber: 'Die ausgezeichneten Komponisten. Über C J' (Aufs).

Journès, Claude-France, HonProf, Hochschullehrerin; Hohenzollernstr 93, D-80796 München, T: (0 89) 2 71 88 87, *Journes@web.de*; H f Musik u Theater, Arcisstr 12, D-80333 München. **Ausb:** Cons National Superieur de Musique de Paris, Stud (Kl) Paris, München, Salzburg, Siena, Mstrkl H f M u Th München. **Laufb:** LAuftr H f M u Th München, Prof ebd ab 93, Konz in Dtschld, Frankreich, Österr, Spanien, USA, Kanada, Japan, Laos, zahlr Konz m R Kubelik, R Kempe, Ltg 15 Jahre Kl- u KamMKlasse Tiroler Landeskons, Verpfl als Jurorin b Wettb. – **Aufn/RF:** zahlr RF-Aufn BR m R Kubelik, R Kempe.

Jovanovich, Brandon, Tenor; Staatstheater, Oberer Schloßgarten 6, D-70173 Stuttgart. **Laufb:** Sol Staatsth Stuttgart. **Pr:** ARIA Award 04. (Red)

Joy, Andrew, Horn; Blumenthalstr 2, D-50670 Köln, T: (02 21) 72 36 56, 1 39 66 11, F: 72 28 00, *a.joy@angel.de*; c/o Konzertagentur Heide Stock, Mesmerweg 2, D-30655 Hannover, T: (05 11) 3 94 31 14, F: 3 94 31 15, *heide.stock@gmx.de*; *www.andrewjoy.com* [Perth, Westaustralien 4.4.1952]. Barock bis heute **Laufb:** So WDR SinfOrch Köln. – **AuftrKomp:** '... eisig ist die welt aussen ...' f Ten, Hn, Schlgz u Str, UA Neuss a Rh, m A Weller (Ten), A Joy (Hn), Dt KamAkad Neuss, Dgt J Goritzki 98. **UA:** H G Pflüger, Concerto f Hn u Org 86; H G Pflüger, '... eisig ist die welt aussen ...' 98. **Zug:** H G Pflüger, ' ... eisig ist die welt aussen ...' nach B Sellin 97.

Juda, Iris, Violine, Viola; c/o Konzertbüro Nikolaus Schmidt, Kirchenallee 22, D-20099 Hamburg, T: (0 40) 28 05 66 17, F: 28 05 66 18, *info@schmidtkonzert.de*; *www.schmidtkonzert.de* [Holland]. **Ausb:** Stud b H Krebbers u S Végh in Amsterdam u Salzburg. **Laufb:** Mitgrdg u Konzm d Chamber Orch of Europe. **Ens:** Serapion. (Red)

Judisch, Aaron, Sänger; c/o Theater der Stadt und Schlossfestspiele Heidelberg, PF 105520, D-69045 Heidelberg. (Red)

Juelich, Raimund, Komponist; Poststr 9, D-40878 Ratingen, T: (0 21 02) 2 15 33 [Hüll 17.12.1949]. **Ausb:** MStud R-Schumann-Inst MH Rheinland Düsseldorf, Staatl MLExamen, Komp (D Acker) seit 70, Komp (G Becker, M Kelemen) MH Stuttgart u Düsseldorf 73–76, Dipl Künstl Abschlußprfg, Teiln Live-Elektronik-Sem Akad f mus Bildung u Medienerz Remscheid (D Salbert, K Hashagen), elektr Musik (H U Humpert) MH Köln 77–78, Kompkurse (G Ligeti, Chr Halffter, M Kagel, H Lachenmann, B Ferneyhough) Int Ferienkse Darmstadt 76, 78 u 80, Stud (Neuere dt LitWiss, Philosphie, Psychologie, Mathematik u Informatik) GH U Hagen. **Laufb:** Mitgl Live-Elektronik- u ImprEns 73–78, freischaff Komp u selbst MPäd seit 76, Arbeitsaufenthalt Künstlerhaus Boswil Schweiz 83 u 84, Gast Brahmshaus Baden-Baden 83, Mitbegrd Düsseldorfer Komp-Initiative, Teiln Tokyo Concerts, Arbeitsaufenthalt Cité Int des Arts Paris 85–86, Gast Atelierhaus Worpswede 87/88, Initiator u künstl Lt KonzR Neue Musik Ratingen 89, Gast Art-Stift Plaas in Lindau 93, Arbeitsaufenthalt Altes Spital Solothurn/Schweiz 96. **Pr:** Stip Int Ferienkse Darmstadt 76, 78 u 80, Bürgerpr f Komp Düsseldorf 78, Förderpr Ldeshauptst Düsseldorf 78, Förderpr Wettb Jürgen-Ponto-Stift Berlin 79, Förderpr Ldeshauptst Stuttgart f junge Komp 81, Förderpr Johann-Wenzel-Stamitz-Pr Künstlergilde Esslingen 82; Wettb ua: 3. Pr Int Komp-Wettb f Blechbläser KamM Budapest 88, 1. Pr int Yamaha Wettb f Sax-Komp Bremen 88, Ausz int Komp-Wettb f KamM Winterthur 96, Prtr int Komp-Wettb d Wiener Sommer-Sem f Neue Musik 97.

Jünger, Patricia, Komponistin; c/o Anigma acoustic arts, Muttenzerstr 11, CH-4142 Münchenstein 3, T: 06 14 11 15 63, F: 06 14 11 15 35, *pat.juenger@*

bluewin.ch [6.8.1951]. **Ausb:** Stud (Kl, Org, Dirig, Komp) Wien, Frankfurt aM u Paris. **Laufb:** freischaff Komp b Basel. **Pr:** Theodor-Körner-Pr Wien, Pr d Wiener Kunstfonds, Stip Alban-Berg-Stift Wien, Stip Paul-Sacher-Stift Basel, Österr Staatsstip, Karl-Sczuka Pr d SWF Baden-Baden, Ausz d Frankfurter Akad d Künste, Werkjahrstip d Kantons Aargau/Schweiz. – **Komp:** Muttertagsfeier oder Die Zerstückelung d weiblichen Körpers (elektroakust Hörstück) 84, UA Klagenfurt, Fstv Kärntner Frühling 84; Valse eternelle – ein Brief (radiophones Hörstück) 89, UA SDR 89; Die Klavierspielerin (Radioop, KamOp), UA Radioop SWF Köln 89, KamOp Basler Th 89. **AuftrKomp:** Machin's Party (KonzStück) 85, UA Zürich, Dgt P J 85 (Auftr P Sacher); Sehr geehrter Herr – ein Requiem (Radiophones Hörstück) 86, UA SWF 86 (Auftr SWF); Heller Schein (Konzstück) 88, UA Zürich, Dgt P J 89 (Auftr P Sacher).

Jürgens, Dietmar, Dr, Prof, Hochschullehrer, Komponist, Sänger; Kath Fachhochschule NW, Abt. Köln, Wörthstr 10, D-50668 Köln, T: (02 21) 7 75 71 91, (01 71) 4 45 71 00, *d.juergens@kfhnw-koeln.de, dietmar.juergens@t-online.de* [Olpe 31.5.1956]. **Ausb:** künstl Reifeprüfung Komp (G Fork) u IP-Examen Gesang MH Köln, I. u II. Staatsexamen SchM Sek II, Prom (Dr phil) Musikwiss u Päd Psychologie U Köln u Bonn. **Laufb:** LAuftr MH Düsseldorf, MH Köln u U Köln, Prof Medienpäd (Ästhetik u Kommunikation) Kathol FH NW, Abt Köln, Konzertsänger, Rezensent. – **Komp:** Drei Choralpartiten f Orgel (KiM f Orgel), UA Kölner Dom 97, Wilhelm Busch trifft Ernst Jandl (BühnenM f Keyb, Perc), UA Freie Literaturbühne Köln 97; Triptychon, Fantasie f Orgel (KiM f Orgel), UA Kölner Dom 98; Nach 'Sofies Welt' – Szen Lesungen m Musik (BühnenM), UA Freie Literaturbühne Köln 98; Narren des Glücks (BühnenM), UA Freie Literaturbühne Köln 98; Narren d Glücks (BühnenM), UA Freie Literaturbühne Köln 98; Ein Osterhymnus (KiM f Trp u Orgel), UA Altenberger Dom 2000; Fanfares en Miniature (KamM f Trp u Kl). **AuftrKomp:** insb f Th (Bühnenmusik) u Kirche. (Red)

Jürgensen-Jacobsen, Nicola, Klarinette; c/o WDR Sinfonieorchester Köln, D-50600 Köln [Bangkok, Thailand 1975]. **Ausb:** Stud (H Deinzer) H f M u Th Hannover 94–96, (S Meyer) MH Lübeck. **Laufb:** Sol (Klar) Dr Kammerphilh Bremen 98, Sol WDR-SinfOrch seit 01, Gast b Schleswig-Holstein Musikfstv, FSp Mecklenburg-Vorpommern, Rheingau Musikfstv, Ludwigsburger SchlossFSp, ZusArb ua m Poln KamPhilh, Dt SinfOrch Berlin, Nordwestdt Philh, Dt KamPhilh Bremen, RSO Berlin, Orch d Beethovenhalle Bonn, (KamM) m Sabine Meyer, Artemis Qua, Kalle Randalu, Dag Jensen, Mandelring-Qua, Hendrik Bräunlich. **Pr:** Stip Studienstift d Dt Volkes 97, Stip Dt Musikwettb, 97, Aufn 42. Bundesauswahl Konz junger Künstler 97, Förderpr d Marie-Luise-Imbusch-Stift u d Possehl-Stift Lübeck 97, Mozartpr d Mozart-Ges Wiesbaden 97, Pr d Dt Musikwettb 99, Förderstip Dt Stift Musikleben 99, Sonderpr d Marie-Luise-Imbusch-Stift 99, Förderpr Deutschlandfunk 02. – **Aufn/RF:** Debüt-CD: Werke v Debussy, Stravinsky, Berg, Brahms u Reger 01. (Red)

Jüten, Grit van, Opernsängerin; Dernerstr 221, D-44339 Dortmund, T: (02 31) 85 16 38, F: 85 16 38 [Hamburg 17.4.1944]. Oper, Konzert, Oratorium, Lied **Ausb:** MH u U München 63–67, Schauspielschule München u Berlin, Callas-Mstrkse. **Laufb:** Staatsth München 66–68, OpHaus Nürnberg 68–70, NatTh Mannheim 70–77, Int Gastsp ab 77, Op-FSp Zürich, Amsterdam, Prag, Bratislawa, Budapest, St Petersburg, Warschau, Lyon, Sidney, London, Göteborg, Salzburg, Tokio, Stockholm, Brüssel, Amerika-Tourneen ua. **Pr:** zwei 1. Pr int MWettb. – **Komp:** Cornelia Faroli (Op), UA Olympiade München, Dgt: R Kubelik 72; R M Lampertz: Chebaux (Op), UA Hilversum 80; W v Grunelius: Lieder, UA Berlin. **Aufn/RF:** Schallpl, CDs, Op-Gesamtaufn, Arien-CDs, Orat, Messen u Lieder-Prod, BR u TV, AVRO Hilversum, Eurovision u Bonn. **Lit:** in nat u int Presse, OpJournale, Portraits in RF u Fernsehen.

Jütten, Heidi, Sängerin (Mezzosopran); Rudolf-Breitscheid-Str 67, D-03046 Cottbus, T: (03 55) 3 55 54 55 [Lünen, Westfalen]. **Ausb:** Stud Ges (N Sharp) H f M 'Hanns Eisler' Berlin 93–99, Liedkl u Mstrkse ua m H Hotter, W Rieger, P Schreier, S Leiferkus, A Reynolds, D Fischer-Dieskau, J Varady. **Laufb:** Stadttheater Hildesheim, Staatsop Unter d Linden, Staatsop Prag SpZ 99/2000, AntikenFSp Trier 99/2000, Philh Berlin 2000/01, KonzHaus Berlin m BSO 2000/01, Sol Staatsth Cottbus SpZ 03/05. (Red)

Juhl, Nici, Klavier; c/o Pro Arte Kiel Konzertagentur, Voorder Winkel 18, D-24220 Flintbek, T: (0 43 47) 70 84 96, 01 70-6 64 97 32, F: 70 84 95, *konzertagentur@proarte-kiel.de*; *www.proarte-kiel.de*. **Ausb:** Stud Würzburg, School of Music Bloomington (L Hokanson) USA. **Pr:** Kl-Pr Dt Schubert-Ges 93. (Red)

JUL *siehe* Lensing, Jörg U

Jun, Attila, Bass; Raichbergstr 21, D-70329 Stuttgart, T: (01 73) 6 54 15 38; c/o Lore-M Schulz International Artists Management, Zittelstr 8, D-80796 München, T: (0 89) 3 08 70 92, F: 3 08 70 93, *artists@lore-m-schulz.com* [Seoul, Südkorea 1973]. **Ausb:** Stud Ges Seoul Nat Uni (P Kang), Stud MH Köln (Prof H Sotin). **Laufb:** Mitgl Ens Staatsth Stuttgart seit SpZ 99/2000. (Red)

Jun, Ji-Young, Sängerin (lyr Koloratursopran); Wurzgartenweg 7, D-80939 München, T: (0 89) 17 80 92 82, 01 73–2 11 79 84, F: 17 80 92 82, *jiyoung90066 @yahoo.de*; *www.geocities.com/jiyoung60099*. **Ausb:** Stud (Gesang) 'Highschool of Art' u 'Yon-Sei'-U Seoul, Stud Juilliard School of Music New York, Mstrkl (D Evangelatos) H f M u Th München. **Laufb:** Tournee m Manhattan Chamber Orch, Auftritte Salzburger Sommer Fstv, Gastsol Dt Op Berlin SpZ 2000/01, StaatsOp Berlin 2000, Semper Op Dresden 01, Hannover 99–05, Lübeck 99–01, Bern 2000–03, Kiel 2000–05, Duisburg 01, Mannheim 02, Halle 03, Altenburg Op 03–05, Staatsth Braunschweig SpZ 03/05, Klagenfurt 04, Pfalzth SpZ 04/05, Münchener Summfest m J Levine, Repertoire: Königin d Nacht, Elvira (I Puritani), Musetta, Mimi (La Boheme), Zerbinetta (Naxos), Konstanze (Entführung aus dem Serail), Liu (Turandot), Olympia (Hoffrmanns Erzählungen), Gilda (Rigoletto), Violetta (La Traviata), Lucia (Lucia di Lammermoor. **Pr:** 1. Sam Goa Kum-Wettb, 1. Pr Um Chop-Wettb, 1. Pr 'Asia Young Competition'. – **Aufn/RF:** Sommernachtstraum, m Münchener Philh, Dgt J Levine.

June, Byoung-Ho, Sänger; Zur Windmühle 44, D-58313 Herdecke, T: (0 23 30) 80 37 07; c/o Theater Hagen, Elberfelder Str 65, D-58095 Hagen. **Laufb:** Sol Th Hagen seit 2000. (Red)

Jung, Cusch, Sänger, Regisseur; c/o Theater St Gallen, Museumstr 1/24, CH-9004 St Gallen; c/o Operettenhaus, Spielbudenpl 1, D-20359 Hamburg. **Laufb:** Sol Optte Hamburg SpZ 03/04, Sol u Reg Th St Gallen SpZ 04/05. (Red)

Jung, Daniela, Violine; c/o NRD Radiophilharmonie, Rudolf-von-Bennigsen-Ufer 22, D-30169 Hannover. **Laufb:** stv Konzm NDR RadioPhilh Hannover. (Red)

Jung, Erika, Violine; c/o Philharmonisches Orchester Gera, Küchengartenallee 2, D-07548 Gera. **Laufb:** Stellv Konzm 2. Violinen Th Altenburg-Gera seit SpZ 03/04. (Red)

Jung, Fredo, Komponist, Dirigent; Friedrich-Ebert-Str 23, D-04600 Altenburg, T: (0 34 47) 50 22 50, F: 31 49 02, *fredo.jung@freenet.de* [Gotha 9.2.1949]. Cross-Over, Arr **Ausb:** 67–72 Stud (Dirig, Kl, Komp, V) H f Musik 'Franz Liszt' Weimar. **Laufb:** Solorep Dt NatTh Weimar, Kapm Städt Bühnen Erfurt, Chefdgt Landesth Altenburg bis 92, Doz (Korr u Dirig) H f Musik Weimar ab 73, H f Musik F Mendelssohn-Bartholdy Leipzig ab 94, Gastdgt Th Erfurt 99–2002, freischaff Dgt u Komp. **Pr:** 62 1. Pr Wettb 'Junge Talente' in V u Kl. **Mitgl:** Dt Kompverb, Humboldt-Gesellschaft. – **Komp:** Sonate f V u Kl op 1 (KamM), UA Weimar 72; Toccata op 3 (KamM, Kl), UA Weimar 72; Concerto Moto Crosso, OPUS HUMORIS Nr 1 (Konz), UA Erfurt 76; Saitensprünge, Violinkonz f Kl u Orch, OPUS HUMORIS Nr 3 (Konz), UA Erfurt 78; Ouvertura Tella Nova, OPUS HUMORIS Nr 5 (Konz), UA Apolda 82; Auftritts-Ouvertüre, OPUS HUMORIS Nr 13 (Konz), UA Erfurt 83; Für 2 Kreu(t)zer Musik, OPUS HUMORIS Nr 16 (Konz f gr Orch, Alt-Sax, Kl), UA Erfurt 86; Advents-Lichter (Lieder-Zyklus) f Blechbläser, kl Orch, Kl u Kinderchor, UA Leipzig, Gewandhaus 99; z. Zt. in Arb: Auftr-Werke f 'Calmus-Ensemble Leipzig' (6-stimm Vokalens), erste 5 Titel ersch auf CD 'Farbtöne' 03. **Aufn/RF:** RF-Mitschn: E Künneke: Tänzer Suite op 26 f Jazzband u gr Orch (bearb v E Weise), RF-Tanzorch u Gr RF-Orch Leipzig, Dgt: F J 90; dass, Konzerthaus, RIAS-Bigband, RIAS-Jugendorch, Dgt: F Jung 95. **UA:** J U Günther: Konz f 'Modern' Qua u Orch (Kl-Sol), m F J, UA 80; als Dgt: J U Günther: Der Widerspenstigen Zähmung (Ballett), UA Erfurt, Dgt: F J 87; G Witschurke: Violinkonz, UA Altenburg, Dgt: F J 89. **Sonst:** TV-Sendungen (Konz u Porträt), Komp u Arr f CDs von 'tacet' u 'querstand'.

Jung, Helge, Komponist; Waldstr 30, D-13156 Berlin, T: (0 30) 47 53 63 71, *helge.jung@planet-interkom.de* [Wittenberge 31.5.1943]. Kammermusik, Vokalmusik **Ausb:** Stud Komp(W Hohensee, G Kochan, R Wagner-Régeny), Kl (E Ander, R Dunckel), Fagott (F Finsch), Dirig (H Müller) H f Musik 'Hanns Eisler' Berlin 61–67. **Laufb:** Aspirantur m LAuftr 67–69, Lektor/Cheflektor Verlag Neue Musik Berlin 69–77, Pianist u Ensemblelt, freiberufl als Komp, Dgt u Konzertmanagement seit 78, GastProf GesamtH Kassel 86, Komponistenporträt U Dortmund, Dramaturg Pankower Rathauskonzerte 92–2000 u Pankower Waisenhaus-Konz 02–04. **Pr:** Premio Musicale Città di Trieste 78, OIRT-RF-Wettb Helsinki 83 u Budapest 88, Kunstpr FDGB Berlin 84, EBU-RF-Wettb Köln 87, Int KompWettb Spittal/Drau 88, Jugendmusikschulpr Hameln 89. **Mitgl:** dkv, GNM. – **Komp:** Suite galante et généreuse op 20 (KamM f Fl u Git), UA Potsdam 78; Trois Poésies Francaises op 23 (OrchW f MSop od Bar u Orch); 2. Streichqua op 31 80, UA Berlin 80; ...von Goethe: Vermischtes f Tenor u Mitspieler op 35 (KamM) 82, UA Berlin 82; Topografien (KamM), UA Berlin 89; Domine Deus meus (Psalm 7) (ChW) 87, UA Spittal/Drau 88; Konz f Posaunenqui u Orch op 74 89/90, UA Neubrandenburg 90; AusLand EinWärts (MSop, Fl u Git), UA Potsdam 91; 4. Str-Qua, UA Dessau 95; Konz f Vcl u Orch, UA Potsdam 96; Le Plus 1 (Klar u Str-Qua), UA Berlin 97; Steine sammeln, Steine verstreun... (Ein Mobile f Fl, Ob, Va, Vcl u Kl), UA Leipzig 2000. **AuftrKomp:** Mit anderen Augen. Eine Katzenmusik (KiCh, BlQua), UA Wolfenbüttel 02 (Auftr: Arbeitskreis Musik in der Jugend AMJ); Umkreisgebunden. Ein Kreuzspiel (KamOrch), UA Dresden 02 (Auftr: Dresdner Zentrum f zeitgen M DZzM). **Sonst:** Initiator u Lt mehrerer KonzProjekte wie 'Hanns Eisler' 98 u 'East Side Quotations' 99/2000. **Lit:** Komp d Gegenwart.

Jung, Helman, Prof, Hochschullehrer, Fagott; Amselweg 14, D-32756 Detmold, T: (0 52 31) 3 25 91, 01 71–2 64 82 72, F: 3 83 35, *helman.jung@t-online.de*; c/o Konzertdirektion Fritz Dietrich, Sigmund-Freud-Str 1, D-60435 Frankfurt a M, T: (0 69) 54 45 04, F: 5 48 41 07. **Laufb:** Prof (Fag) u Dekan H f M Detmold. (Red)

Jung, Hermann, Dr, Prof, Hochschullehrer; Richard-Lenel-Weg 3, D-69151 Neckargemünd, T: (0 62 23) 62 83, F: 7 27 24, *jung@muho-mannheim.de* [München 12.9.1943]. wiss Beschäftigung m Musik u Sprache, Semantik, Symbolik **Ausb:** Stud (künstl Lehramt) MH Heidelberg 63–66, Stud (MWiss, Germanistik) U Heidelberg 64–69, Wiss Ass U Heidelberg 73–77 (Prom 75). **Laufb:** Prof (MWiss) Staatl H f M u Darst Kunst Mannheim. – **Lit:** Art in: The New Grove Dictionary of M and Musicians 01; Art in: Die M in Geschichte u Gegenwart, Bd 9, 03.

Jung, Joachim, Mag, Prof, Hochschullehrer; Univ f Musik u Darst Kunst, Inst 1, Brandhofgasse 21, A-8010 Graz, T: (03 16) 3 89 33 63, F: 3 89 30 11, *joachim.jung@kug.ac.at*. **Laufb:** Uprof (Komp, Tonsatz, KiM) U f Musik u Darst Kunst Graz. (Red)

Jung, Klaus Dieter, Dirigent; Eybnerstr 4/8/39, A-3100 St Pölten, T: (0 27 42) 25 76 09, F: 25 76 09, *jungklausdieter@everyday.com*; c/o Alle Theater – Hamburger Kammeroper, Max-Brauer-Allee 76, D-22765 Hamburg [Weimar 8.12.1958]. Oper, Operette, Musical, Konzert, Liedbegleitung als Pianist **Ausb:** Stud (Kl) MS Ottmar Gerster Weimar 66–74, ext Stud (Kl, ChDirg) H f M Franz Liszt Weimar 74–77, Stud Dirg (H Förster, H-D Baum) H f M Hanns Eisler Berlin. **Laufb:** SoloKoRep u StudLt OpHaus Erfurt 84–86, 1 Kapm Vogtlandth Plauen 86–91, 1 Kapm Th St Pölten 91–96, Musik Lt Th St Pölten seit 96, Lt ZusatzCh u Elevensch Wiener StaatsOp 92–94, Gastdgt in Österreich, Dtschld, USA, China; musikal Oberltg u Dgt KamOp Hamburg, Liederabende. **Pr:** Ehrendgt des Wuhan Symph Orch China 01. **Ens:** Cantare Sonare seit 94. – **UA:** F Thürauer, R Bletschacher: Wein u Wasser, St Pölten 98; R Bletschacher, K Schwertsik (Musik): Der Grasel (Schausp), St Pölten 95; T Heyn: Krischans Ende (Op) Plauen 89. **Sonst:** Grd Ens Cantare Sonare.

Junge, Bettina, Flöte; c/o ensemble mosaik, Lehrter Str 57, D-10557 Berlin, T: (0 30) 39 03 08 30, F: 39 03 08 30, *info@ensemble-mosaik.de*; *www.ensemble-mosaik.de* [Köln 1968]. **Ens:** ens mosaik. (Red)

Junge, Michael, Sänger (Bariton); Nohraer Weg 4, D-99428 Isseroda, T: (0 36 43) 82 98 16, (01 70) 5 12 76 51, F: 82 98 16, *junge-michael@arcor.de*; c/o Staatsoperette, Pirnaer Landstr 131, D-01257 Dresden; *www.michaeljunge.de* [Beckendorf-Neindorf 28.3.1959]. Oper **Ausb:** Stud Ges (H Kremers) MH Weimar 79–84, weiterf Stud (A Reynolds, J Cox, M Ulrich). **Laufb:** Dt Nationalth Weimar 84–95, Sol Th Altenburg-Gera seit 95, Gastsol Staatsoptte Dresden SpZ 00/04, Gastsol ElblandFSp Wittenberge 02/03, Altenburg, Bielefeld, Brandenburg, Dessau, Dresden, Eisenach, Erfurt, Friedrichshafen, Karlsruhe, Meiningen, Oldenburg, Potsdam, Weimar, Zwickau; Brasilien, Liechtenstein, Polen, Sol Staatsth Cottbus SpZ 04/05. – **Aufn/RF:** W A Mozart: 'Zauberflöte' (Papageno), m Akad Orch Bonn, Dgt: C S Ooi 98; J G Rheinberger: 'Der Stern v Bethlehem', Vogtland Philh, Dgt: S Fraas 99. **UA:** R Wolschina: Martial Epigramme, UA m Suhler Philh 82; Ders: Vier Lieder nach Eva Strittmatter, UA Weimar 83; Ders: Kosmische Zeichen, UA Berlin, Berl SinfOrch, Dgt: C P Flor 87; Opitz: Drei Lieder nach Lasker-Schüler, Heym, Bierbaum, UA Jena 95.

Junge, Michael, Chordirektor, Kapellmeister; Mecklenburgisches Staatstheater, Alter Garten, D-19055 Schwerin, T: (03 85) 5 30 01 55, F: 5 30 02 00 [Berlin 19.12.1941]. Oper u Chorsinfonik **Ausb:** Stud (Dirig) MH Berlin 61–66. **Laufb:** Chordir u Kapm Mecklenburg Staatsth Schwerin, Kom Op Berlin 75–90, LAuftr MH Hanns-Eisler Berlin (Partiturspiel) seit 79.

Junghänel, Konrad, Prof, Hochschullehrer, Dirigent; Mittelstr 6a, D-50321 Brühl, T: (0 22 32) 37 07 54, F: 3 51 13, *cantus_coelln@t-online.de*; H f Musik, Dagobertstr 38, D-50668 Köln. **Laufb:** Prof (Laute, KamM) H f Musik Köln, Ltg VokalEns Cantus Cölln seit 87, Dgt Hamburg Staatsop, Th Basel seit SpZ 03/04, Staatsop Hannover SpZ 03/04, Staatsop Dresden SpZ 03/05. **Pr:** Pr d dt Schallplattenkritik, Grammophone Award, Edison Award, Grand Pr du Disque, Cecilia Award, Buxtehude-Pr d Stadt Lübeck. **Ens:** Cantus Coelln. – **Aufn/RF:** m Cantus Coelln: Monteverdi: 'Marienvesper', 'Selva morale'; J S Bach: 'Motetten', 'Frühe Kantaten', 'Messe in h-Moll'; Schütz: 'Psalmen Davids'; Rosenmüller: 'Marienvesper'; Buxtehude: Kantaten. (Red)

Junghanns, Bernd, Dr phil, Komponist; Cronschwitz 17, D-07570 Wünschendorf/Elster, T: (03 66 03) 8 83 01 [Leipzig 1941]. **Ausb:** Stud (Git, KB, Komp) H f M Weimar; (MWiss) Karl-Marx-Uni Leipzig, Prom Martin-Luther-Uni Halle 78. **Ens:** Orch- u Ens-Begl im volkskünstl Bereich. – **Komp:** KamM-Werke. **Sonst:** zahlr Arb über Sinfonik u KamM. (Red)

Junghanns, Christiane, Prof, Hochschullehrerin, Sängerin; Uhdestr 33, D-01219 Dresden, T: (03 51) 4 75 95 94; Hochschule f Musik, PF 120039, D-01001 Dresden. **Laufb:** Prof (Ges) H f M Carl Maria v Weber Dresden. (Red)

Junghans, Margarete, Sängerin; c/o Musikalische Komödie der Oper Leipzig, Dreilindenstr 30, D-04177 Leipzig. **Laufb:** Sol Musikal Komödie Leipzig. (Red)

Junghans, Matthias, Sänger; Klusstr 7, D-38820 Halberstadt; c/o Nordharzer Städtebundtheater, PF 1145, D-38820 Halberstadt. **Laufb:** Sol Nordharzer Städtebundth SpZ 03/04. (Red)

Jungmann, Michael, Pauke; c/o Konzerthaus Berlin, Gendarmenmarkt, Charlottenstr 57, D-10117 Berlin. **Laufb:** stv Sol Berliner SinfOrch. (Red)

Jungnickel, Karl, KV, Prof, Hochschullehrer, Schlagwerk; Willy-Gäbler-Weg 4, D-01705 Pesterwitz, T: (03 51) 6 50 55 10; Hochschule f Musik, PF 120039, D-01001 Dresden. **Laufb:** Prof (Schlgw) H f M Carl Maria v Weber Dresden. **Ens:** Dresdner Philh, musica-viva-ens. (Red)

Jungwirth, Helena, KS, Sopran; Hofmarkstr 21g, D-82152 Planegg, T: (0 89) 8 59 77 02; c/o Bayerische Staatsoper, Brieffach, D-80075 München. **Laufb:** Mitgl Ens Bayer Staatsop – NatTh München. (Red)

Jungwirth, Rudolf, Mag, Komponist; Paracelsusstr 12, A-4070 Eferding, T: (0 72 72) 25 61. (Red)

Jungwirth, Wolfgang, Gitarre; Prandtauerstr 61/7, A-4040 Linz, T: (07 32) 73 99 10; c/o Eugen Lukaschek, Zanaschkagasse 14/43/39, A-1120 Wien, T: (01) 6 67 19 13, F: 8 92 93 32, *walter.riemer@A1.net* [Linz]. **Ausb:** musikal Ausb am Brucknerkons in Gitarre u Komposition, Konzertfachstud MH Wien. **Laufb:** Lt GitKl Brucknerkons Wien, Solo-, Duo- u KamMKonz m zahlr UA, auch eigener Werke; RF-, TV- u Schallpl-Aufn; Kurstätigkeit u Dozent b Innviertler GitSeminar. **Ens:** Kammertrio Linz-Wien. (Red)

Juon, Julia, Mezzosopran; Heinrich-Heine-Str 20, D-34121 Kassel, T: (05 61) 2 45 20; c/o Artists Management Zürich, Rütistr 52, CH-8044 Zürich, T: 04 48 21 89 57, F: 8 21 01 27. **Ausb:** Stud (Kl) Catania, Kl (H Andreae) Kons Zürich, Gesang (H Haefeli) ebd. **Laufb:** Eng St Gallen, EnsMitgl Karlruhe, Kassel, freischaff (Fricka 'Walküre', Fricka 'Rheingold', Azucena 'Il Trovatore'), regelm Auftritte an großen Th Europas u Amerikas, Orat- u Liedsängerin, Mitwirkung an RF- u Fernsehprod sowie CD-Aufn, Sol Staatsop Hamburg, Gastsol Op Frankfurt seit SpZ 02/03, Bregenzer FSp 05, Sol Kom Op Berlin SpZ 04/05. (Red)

Juon, Lucius, Dirigent; Brändligasse 24, CH-7000 Chur, T: 08 13 53 27 82. (Red)

Jupé, Mariola, Sängerin; c/o Deutsches Nationaltheater Weimar, Theaterpl 2, D-99423 Weimar, PF 2003 u 2005, D-99423 Weimar, T: 0 17 08 24 99 45, *mariola.t.j@gmx.de* [Bergen 10.7.1975]. Oper, Oratorium, Lied **Ausb:** Stud Ges (V Hruba-Freiberger) H f M 'Franz Liszt' Weimar 94–2000. **Laufb:** Gastsol Dt Nationalth Weimar seit SpZ 2000. **Pr:** Förderpr Kurs u Wettb 'Neustadt an d Weinstr' (S Geszty). **Ens:** Gast RF-Chor Berlin seit 99.

Jupither, Marcus, Sänger; c/o Dietrich Eberhard Gross Künstleragentur, Eschenweg 19, D-61440 Oberursel, T: (0 61 72) 93 41 44, F: 93 41 45, *d.e.gross@grossagentur.de*; c/o Oper Frankfurt, Untermainanlage 11, D-60311 Frankfurt a M. **Laufb:** Sol Op Frankfurt SpZ 03/04. (Red)

Jure *siehe* Vieira, Juremir

Jurowski, Michail, Dirigent; c/o Konzert-Direktion Hans Adler, Auguste-Viktoria-Str 64, D-14199 Berlin, T: (0 30) 8 95 99 20, F: 8 26 35 20, *info@musikadler.de* [Moskau 25.12.1945]. Oper, sinf Repertoire **Ausb:** Stud (Op, symph Dgt, MWiss) Kons Moskau. **Laufb:** amtl Chefdgt Op Leipzig 99–01, Dgt Kom Op Berlin, ständ Gastdgt RF-Sinfonieorch Berlin, Gastdgt Volksth Rostock SpZ 00/01, RF-SinfOrch Berlin 03, ständ Dgt Dt Op Berlin 03/05, GastDgt Kom Op Berlin 03/05, Tonkünstler Orch Wien 03, Odense SymphOrch Dänemark 03, Op Frankfurt SpZ 03/04, Chefdgt WDR Rundfunkorch ab 06. **Pr:** Ehrenmitgl Königl 'Petersen-Berger Gesellsch' Stockholm. – **Aufn/RF:** über 50 CD-Aufn u RF-Mitschn.

Jurowski, Vladimir, Dirigent, Klavier; Sigmaringerstr 8, D-10713 Berlin, T: (0 30) 86 39 37 60, F: 86 39 37 61, *vjurowski@hotmail.com* [Moskau 4.4.1972]. Oper, Konzert, zeitgen Musik **Ausb:** Stud Dirig (v Brück) MH Dresden 90–92, Mstrks b C Davies 91, Stud Kl (Zenziper) 90–92, Dirig (R Reuter) 92–96, Liedbegl (S Skigin) MH Berlin 'Hanns Eisler' 92–96. **Laufb:** Ens Mitgl Kom Op Berlin 96–01 (2. Kapm u Ass d GMD 96, 1. Kapm 98), 1. Gastdgt Orch Sinf di Milano 'G Verdi' 2000–01, Teatro Com di Bologna 2000–03, MDir Glyndebourne Fstv 2000; Debüt Covent Garden 96, MET u Op Bastille 99, Berliner Philh Orch 03; Gastdgt London Philh Orch seit 03. – **Aufn/RF:** Kancheli: Exil 95; Meyerbeer: L'Étoile du Nord 97; Rossini: Moïse et Pharaone, R-Fest-Pesaro 97; Massenet: Werther 98; SaxWerke d 20. Jh 98. **UA:** Kancheli: 23. Psalm, UA Berlin 93; ders: Exil, UA Ferrara 94; Henze: 8. Sinf (ital EA), Orch d Accad S Cecilia Rom 97; Mathus: Paganini-Variatonen, Y Yu, Orch Kom Op Berlin 99; Saarlaho: Aile du songe, UK-Premiere, London Philh Orch 01.

Jurys, Franciszek, Violine, Hochschullehrer; Akad f Tonkunst, Ludwigshöhstr 120, D-64285 Darmstadt [Nowy Sącz, Polen]. **Ausb:** MH Katowitz, Mstrkl b Prof. S. Kawalla, T. Wronski. **Laufb:** Doz (V) Akad f Tonkunst Darmstadt, Doz MH Warschau, Juror d Int V Wettb 'Tadeusz Wronski', 2. Konzm u Sol d KammOrch d Nat Philh Warschau, Konzm u Sol d RundfunkOrch Warschau, Ltg d KamOrch 'Musica Viva'. **Ens:** Freiburger Barock Sol. (Red)

K

Kaappola, Anna-Kristina, Sängerin; c/o Oper Leipzig, Augustuspl 12, D-04109 Leipzig. (*)

Kaasch, Donald, Tenor; Staatstheater, Oberer Schloßgarten 6, D-70173 Stuttgart. **Laufb:** Sol Staatsth Stuttgart. (Red)

Kabatu, Isabelle, Sopran; c/o Theateragentur Dr Germinal Hilbert, Maximilianstr 22, D-80539 München, T: (0 89) 2 90 74 70, F: 29 07 47 90, *agentur@hilbert.de*; c/o Opernhaus Zürich, Falkenstr 1, CH-8008 Zürich; *www.hilbert.de*. **Ausb:** Stud Kons Nizza u b J-P Blivet. **Laufb:** Debüt Op Lissabon, Sol Hamburg Staatsop, Auftrite Fstv Glimmerglass New York, Op Houston, Op San Francisco, Op Tokyo, Op Rom, Bolschoi Th Moskau, Op Bastille Paris, Liceu Barcelona, Teatro Real Madrid, Dt Op Berlin, Op, Zürich, Mailänder Scala, Arena di Verona, Teatro Comunale Bologna, Hamburg Staatsop, Grand Th de Genève, Sol Wiener Staatsop 03/04, Dt Op Berlin SpZ 03/05. **Pr:** 1. Pr Viotti GesWettb Valsesia. (Red)

Kabayashi, Sachiko, Violine; c/o Südwestdeutsche Konzertdirektion Erwin Russ GmbH, Charlottenpl 17, D-70173 Stuttgart, PF 104262, D-70037 Stuttgart, T: (07 11) 1 63 53 11, F: 1 63 53 30, *info@sksruss.de*; *www.sksruss.de*. **Ens:** Lotus String Qua. (Red)

Kabitz, Christian, KMD, Cembalo, Orgel, Dirigent, Regisseur; Hofstallstr 5, D-97070 Würzburg, T: (09 31) 1 44 72, *info@kabitz.de*; *www.kabitz.de*. **Laufb:** Kantor St Johannis Würzburg 79, Lt Bachchor u Bachorch Würzburg, Lt Würzburger Bachtage, künstl Lt Bachchor Heidelberg, künstl Lt Frankfurter Cäcilien-Verein seit 88, als Dgt enge ZusArb m Bach-Collegium München u Münchner Bachsolisten. **Pr:** Staatspr d Freistaates Bayern 86. **Ens:** Grd Bach-Collegium München. (Red)

Kadar, Judy, Harfe; Schützenstr 16, D-12165 Berlin, T: (0 30) 7 92 18 59. **Ausb:** Stud High School of Music and the Arts, Stud (Psychologie, M) New York Univ, Stud Hfe (L Lawrence) Mannes College of Music New York, Stud

Sarah Lawrence College New York. **Ens:** Charivari – Ens f mittelalterl M 80–92. – **Sonst:** Grdg u Ltg 'Historical Harp Conference' Amherst, Grdg 'Int Historical Harp Society' u 'American Historical Harp Society', Grdg u Co-Ltg 'COLLAGE – forum für frühe musik'. (Red)

Käch, Marianne, Orchesterdirektorin; c/o Berner Symphonie-Orchester, Münzgraben 2, CH-3011 Bern, PF 185, CH-3000 Bern 7, T: 03 13 28 24 24, F: 03 13 28 24 25, *info@bernorchester.ch*; *www.bernersymphonieorchester.ch*. **Laufb:** Tour-Managerin 82–89, Music Promotion Manfred Gerber Schaffhausen/Schweiz; Executive Producer 90–2000, Teldec Classics Int Hamburg; Künstler- u PR-Managerin 01–02 'Käch Artist & Promotion' Hamburg u Peking; Dir Berner Symph Orch seit 02. **Mitgl:** Vizepräsidentin VESBO/Schweiz, Vizepräsidentin HKG.

Kaegi, Werner, Dr, Prof, Komponist; Wagenstraat 7, Niederlande-3581 WP Utrecht; *www.wernerkaegi.com* [1926]. (Red)

Kähler, Lia, Sängerin; c/o Rehwald, Hummelsteiner Weg 33, D-90459 Nürnberg, T: (09 11) 44 95 92. (*)

Kälberer, Inge, Komponistin; Donaustr 29, D-82140 Olching, T: (0 81 42) 1 53 40, F: 1 53 40. – **Komp:** 'Max u Moritz' Lieder f Mand solo / f Git solo, 'Notenfratz: musiktheoret Rätsel u Übungen' Mand o Git, 'TIERische Etüden' Mand u Perc, 'Im Zaubergarten' Mand solo, 'Auszählverse' 2 Mand u 2 Hände, 'Impressionen' 2 Mand u Perc, 'Geordnetes Chaos' Zupforch u Perc, 'Folk Music' Zupforch, 'Nang Yai – Ein Märchen aus Asien mit Musik' Zupforch, V, Fl, Perc. (Red)

Oliver Kälberer

Kälberer, Oliver, Komponist, Gitarre, Mandoline, Kontrabass, Sitar, Schlagzeug, Klavier; *ok@ok-music.de*; *www.ok-music.de* [Ulm 28.3.1964]. KamM in div Besetzungen, Zupfmusik **Ausb:** Stud Komp (Prof D Acker) H f M München, Dipl 87, Graduierten-Stip 90; mehrjähr StudAufenth Asien (va Indien). **Laufb:** L (Git, Mand) KreisMSch Fürstenfeldbruck seit 83, Doz (Git, Mand, MTheorie, Dirig, EnsSpiel) b Sem d Bundes Dt Zupfmusiker; Gastdgt b versch europ Zupforch, Juror Wettb 'Jugend musiziert' u int KompWettb. **Pr:** 4 1. Pr b Bayer GitWettb (erstmals 73), 3-mal Bundespreistr Wettb 'Jugend musiziert'. **Ens:** Ltg Ens Roggenstein. – **Komp:** Reihe v Stücken f Schüler, KamM- u OrchWerke f Zupfinstr, gem KamM, symphon Werke.

Kämmerling, Karl-Heinz, Prof, Hochschullehrer, Klavier; Steingasse 61, A-5020 Salzburg, T: (06 62) 88 36 16; Univ Mozarteum, Abt f Tasteninstrumente, Schwarzstr 24, A-5020 Salzburg, T: (06 62) 61 98 52 24, F: 61 98 30 33, *karl-heinz.kaemmerling@moz.ac.at* [Dessau]. **Ausb:** Staatsex m Auszeichnung Leipzig, drei Jahre Aspirantur ebd, dann Assistenz v H Steurer. **Laufb:** Lehrer a d städt MusikHe Braunschweig, Prof der Musikhochschule Hannover, Pot. U Mozarteum Salzburg 89, 90 o Prof ebd. (Red)

Kämmerling, Werner, Prof, Hochschullehrer, Gitarre; Passmannweg 23, D-44149 Dortmund, T: (02 31) 6 57 88. **Laufb:** Prof (Git) H f Musik Detmold, Abt Dortmund bis 02. (Red)

Kämper, Klaus, Cello, Komponist; c/o ensemble baroque florian prey, Hangstr 121, D-82131 Gauting, T: (0 89) 89 30 94 12, F: 8 57 71 93, *florian-prey@yahoo.de*; *www.florianprey.de*. **Ausb:** Stud Robert-Schumann-Kons Düsseldorf. **Ens:** Cherubini Qua, ensemble baroque florian prey, Thalia Qua München.

Käppel, Hubert, Prof, Hochschullehrer, Gitarre; Spechtsberg 13, D-53797 Lohmar, T: (0 22 05) 91 18 11, *artistsandfriends@t-online.de*; H f Musik, Dagobertstr 38, D-50668 Köln; *www.hubertkaeppel.de/* [Bensberg]. **Ausb:** Studium H f MusikKöln, H f Musik Basel (K Ragossnig) u b O Ghiglia i Siena u Gargnano. **Laufb:** Prof (Git) H f Musik Köln, Grdg zus m G Schmitz Gitarrenakad Koblenz 01. **Pr:** 1. Pr II. Concorso Int di Interpretazione in Gargnano, Italien 78. (Red)

Käser, Mischa, Komponist; Zurlindenstr 15, CH-8003 Zürich, T: 0 14 61 75 11, *mischa.k@gmx.ch* [Zürich 1.1.1959]. **Ausb:** Stud (Git) Winterthur, (Laute) Basel, Komp (HU Lehmann) Zürich, (R Moser) Basel. **Pr:** Werkjahr Stadt Zürich 92, Gr Pr Int MKomp Pr Reine Marie José 98. – **Komp:** zuletzt: es dünkt mein härz mich lang chli färn (scen Kantate) 99/2000; nebul (f Fl, Klar, Pos u Streichtrio) 2000; two carpets (f Sop u Vokalist) 2000. (Red)

Kaesmacher, Anja, Sopran; Sieboldstr 17, D-97218 Gerbrunn, T: (09 31) 4 65 20 90, 01 60–5 31 52 15; Mainfranken Theater, Theaterstr 21, D-97070 Würzburg [Trier 1974]. **Ausb:** Stud (Ges) H f M Würzburg bis 99. **Laufb:** Debüt Mainfranken Th Würzburg SpZ 97/98, festes Eng ebd seit 99. **Pr:** Kulturförderpr d Staates Bayern 03, Bayer Staatspr in d Sparte Darst Kunst 04. **Ens:** Blech and Voc. (Red)

Kästle, Tobias, Komponist; Burgstr 11, D-60316 Frankfurt/M, T: (0 69) 46 99 05 96, *Timbale@gmx.de* [München 15.8.1968]. **Ausb:** Stud (Schlgzg) München, Hannover, Berlin 88–95, Kompstud (P Kiesewetter) ab 90. **Laufb:** Solopauker i Orch seit 95, ZusArb m 'Azet-Dance Comp' seit 96. **Pr:** BMW-Musikthpr (beste Gesamtproduktion) 94, München Bienale 94. (Red)

Kaftan, Dirk, Dirigent; c/o Music Masters Management, Riedstr 1, CH-6343 Rotkreuz, T: 04 17 99 59 29, F: 04 17 99 59 31, *mmm@pobox.ch*; *www.cecilia-cmc.de* [Marburg 1973]. **Ausb:** Tonmstr-Stud Detmold. **Laufb:** LAuftr U Münster als Spezialist f unkonvent KonzFormen, 1. Kapm u Vertr d GMD Th Bielefeld SpZ 03/04, 2. Kapm u Solorep Städt Bühnen Münster, 1. Kapm u stellv GMD Th Dortmund SpZ 04/05. **Pr:** 1. Pr Int DgtWettb Budapest 95. (*)

Kagawa, Eriko, Hochschullehrerin; Hochschule Musik u Theater, Florhofgasse 6, CH-8001 Zürich [Tokio]. **Ausb:** Stud MH Musashino, Tokyo, MH Dresden, MH Winterthur. **Laufb:** Doz (Korr) MH Winterthur Zürich. (Red)

Kagel, Mauricio, Dr hc, Prof, Komponist, Dirigent, Regisseur; Wolfgang-Müller-Str 18, D-50968 Köln, T: (02 21) 38 39 76 [Buenos Aires 24.12.1931]. **Laufb:** künstl Berater d Agrupación Nueva Música, Buenos Aires 49, Studienltg KamOp Teatro Colón Buenos Aires 55–57, Mitarb Studio f elektron M d WDR Köln seit 57, Ltg Ens f Neue M Köln 59, Doz d Darmstädter Ferienkse 60–66, Prof (Komp) State Univ New York Buffalo 64–65, Gastdoz Film- u Fernsehakad Berlin seit 67, Ltg d Kölner Kse f Neue M u d Inst f Neue M d Rhein MSch 69–75, Prof f Neues MTh Kölner MH 74. **Pr:** Dr h c MH Weimar, Koussevitzky-Pr 65, Adolf Grimme-Pr 70 u 71, Mitgl d Akad d Künste Berlin 77, Karl Sczuka-Pr d SWF, Hörspielpr d Kriegsblinden 80, Composer-in-residence d Kölner Philharm 89, Siemens M-Pr 2000, Rolf-Schock-Pr f M 05. – **Komp:** Mehr als 100 Stücke, Filme u Hörspiele; ua 'Música para la torre' 54, 'Sur scène' 60, 'Antithese' 62, 'Phonophonie' 63 ff, 'Prima vista' 64, 'Die Himmelsmechanik' 65, 'Der Schall' 68, 'Klangwehr' 70, 'Staatstheater' 71, 'Programm' 72, '1898' 73, 'Mare nostrum' 75, 'Bestiarum' 76, 'Quatre degrés' UA 77, 'Rhythmusmaschinen' UA b Oslo 78, 'Présentation' 77, 'Der Tribun' 79, 'Die Erschöpfung der Welt' UA Stuttgart 80, 'Aus Deutschland' UA Berlin 81, 'Finale' UA Köln 81, 'La Trahison Orale/Der mündliche Verrat' UA Paris 83; zuletzt: ua 'Fremde Töne & Widerhall' (f gr Orch), UA musica viva München 05; 'Capriccio auf 2 Kl' 04, UA ARD MWettb München 05; KamSymph (f 13 Sol) 72/73, UA Neuinstrumentation v 96 b Septembre Musical Montreux 05. **Sonst:** Mitbegr d Cinemathèque Argentine 50. (Red)

Kahlert, Gunter, Prof, Hochschullehrer, Dirigent; Schubertstr 24, D-99423 Weimar, T: (0 36 43) 40 25 55, *hansgunter.kahlert@t-online.de*; H für Musik 'Franz Liszt', PF 2552, D-99406 Weimar, *gunter.kahlert@hfm-weimar.de* [Dresden 9.10.1938]. **Ausb:** Stud (Dir, Pos) H f M 'Carl Maria von Weber' Dresden u H f M 'Hanns Eisler' Berlin. **Laufb:** Opernkapm Dt Nationalth Weimar, Prof H f M 'Franz Liszt' Weimar u Ltg d Abt Dirig seit 89. **Ens:** Opern- u Sinfon Lit. (Red)

Kahn, Antje, Sängerin; Dresdner Str 50, D-01445 Radebeul, T: (03 51) 8 30 08 41, F: 8 30 08 41, *antjeKahn@web.de*. Oper, Operette, Musical, moderne Musik, Oratorium **Ausb:** Stud (Prof H Bante) MH Weimar 86–92, (Prof H Freiberger) ebd 91–92, FortbildKl (Prof R Geist) MH München 92–94. **Laufb:** Sol Landesbühnen Sachsen SpZ 03/05, Staatsoptte Dresden SpZ 03/04.

Kahowez, Günter, Prof, Hochschullehrer; Karolinengasse 12, A-1040 Wien, T: (01) 5 03 92 28; Univ f Musik u Darst Kunst, Inst f Analyse, Theorie u Geschichte d Musik, Anton-von-Webern-Pl 1, A-1030 Wien, T: (01) 7 11 55 35 22, F: 7 11 55 21 99, *kahowez@mdw.ac.at*. Komp, MTheorie, Dgt-Ausb **Ausb:** Lehrerausb in Linz, Stud MTheorie Bruckner-Kons b Helmut Eder u Komp Musikakad Wien b Karl Schiske 57–60, Teilnahme an d Darmstädter Ferienkursen f Neue Musik 61–69. **Laufb:** Notengraphiker u Musikkorrektor b Universal Edition 69–93, U f M u Darst Kunst Wien: LBeauftr 88–94, seit 94 o Prof im zentralen künstl Fach Formanalyse. – **Komp:** 70 Instr- u Vokalwerke. (Red)

Kahry, Gerhard, Prof, Hochschullehrer, Tenor; Univ f Musik u Darst Kunst, Inst f Gesang u Musiktheater, Penzinger Str 7, A-1140 Wien, T: (01) 7 11 55 20 40, *kahry@mdw.ac.at* [Wien]. Sologesang u Musikdramat Darstellung **Laufb:** o UProf (Ten) U f Musik u Darst Kunst Wien seit 80. **Pr:** Pr Int Musikwettbewerb Geneve 72. (Red)

Kai, Eijiro, Sänger; Wiener Staatsoper, Opernring 2, A-1010 Wien [Kumamoto, Japan]. **Ausb:** Stud (Ges) National Univ of Fine Arts and Music in Tokio. **Laufb:** Sol Wiener Staatsop. (Red)

Kaimbacher, Alexander, Sänger; c/o Neue Oper, Herminengasse 10/Tor 23, A-1020 Wien. **Laufb:** Sol Neue Op Wien, Luzerner Th SpZ 04/05. (Red)

Kaiser, Antje, Dramaturgin; c/o Komische Oper, Behrenstr 55–57, D-10117 Berlin. **Laufb:** Dram Kom Op Berlin SpZ 03/05. (Red)

Kaiser, Bernd, Sänger; c/o Kammeroper Frankfurt, Sternstr 31, D-60318 Frankfurt/Main. **Laufb:** Sol Kammerop Frankfurt seit SpZ 03/04, Pocket Opera Company Nuernberg. (Red)

Kaiser, Detlef, Prof, Hochschullehrer, Klavier; Grenzallee 42, D-01187 Dresden, T: (03 51) 4 11 62 76; Hochschule f Musik, PF 120039, D-01001 Dresden. **Ausb:** Stud Kl (Prof E Ander) H f M Carl Maria v Weber Dresden, Tschaikowski-Kons Moskau (Prof V Gornostajewa, Prof M Woskressenski). **Laufb:** Prof (Kl) H f M Carl Maria v Weber Dresden seit 92. **Pr:** Int M Canals-Wettb Barcelona 85. (Red)

Kaiser, Karl, Prof, Hochschullehrer, Historische Querflöten; Strombergweg 15, D-76646 Bruchsal, T: (0 72 51) 1 89 85, F: 1 89 85, *karl_kaiser@gmx.de*; Insel 8, D-79102 Freiburg i Br. Solist, Kammermusik, Orchester **Laufb:** Prof (QuFl) H f M u Darst Kunst Frankfurt/Main u Staatl H f Musik Freiburg i Br. **Ens:** Freiburger Barockorch, Camerata Köln, La Stagione Frankfurt.

Kaiser, Kristiane, Sopran; c/o PRIMUSIC Konzert- und Musiktheaterproduktionen GmbH, Herrengasse 6–8/2/22, A-1010 Wien, T: (01) 5 32 71 24, F: 5 32 71 40, *office@primusic.at*. **Laufb:** Sol Stadtth Klagenfurt, Th d Landeshauptstadt St Pölten, Gastsol Stadtth Baden b Wien SpZ 00/01, Gastsol Städt Th Chemnitz SpZ 03/04, Sol Staatsoptte Dresden SpZ 03/04, Volksop Wien SpZ 04/06. **Pr:** 3. Pr Int Gesangswettb 'Competizione dell' Opera' Dresden 2001, Eberhard Waechter Med 05. (*)

Kaiser, Marbod, Chorleiter; c/o Nordharzer Städtebundtheater, PF 1145, D-38820 Halberstadt. (Red)

Kaiser, Marcus, Komponist; Becherstr 57, D-40476 Düsseldorf, T: (02 11) 5 14 35 68. – **Komp:** '150 minuten f d malkasten' (Klanginstall m 15 Instr z 150-jähr Bestehen d Künstlervereins Malkasten) Düsseldorf 98; 'konglomerat I' (sich langsam durch d Museum bewegende Klanginstall f 2 Bl u 3 Str anlässl d MusFests) Düsseldorf 98; 'zwischen' (120 min auf Gleis 1 bis 5, Klanginstall f 5 Str u 5 Stimmen); 'langeweilendes' (Garten f Instr, Partika-Saal) Düsseldorf 99; 'gegenwendig' (Stück f 2 gleiche Instr an 2 Orten, Elektronik u Kuriere) Düsseldorf 2000; 'sedimentaton' I u II (vierwöch Schichtung analoger u digitaler Klangaufz in Verb m d Saldo-Card); 'anatom II simultan anatom IV' (f Vcl u Kl) Wandelweiser Fstv Berlin 2000; 'an e ort' -'an e anderen ort' (Werkraum, Vcl, Elektronik) Köln 2000; 'anatom' (Fl, Pos, Schlgz, Elektronik, Vcl); 'für drei zu viert' (Str-Trio, Elektronik) Düsseldorf 01 ua. (Red)

Kaiser, Matthias, Operndirektor, Chefdramaturg; c/o Saarländisches Staatstheater, Schillerpl 1, D-66111 Saarbrücken, T: (06 81) 3 09 22 72, F: 3 09 22 73, *kaiserm@theater-saarbruecken.de*; *www.theater-saarbruecken.de*. **Ausb:** Stud (MWiss, ThWiss) FU Berlin, MTh-Regie (Prof G Friedrich) MH/Uni Hamburg. **Laufb:** Dram Th Heidelberg 85–89; Staatsth Darmstadt 89–91; Chefdram u OpDir Saarländ Staatsth Saarbrücken seit 91.

Kaiser, Norbert, Prof, Hochschullehrer, Klarinette; Krautgartenweg 7, D-71254 Ditzingen, T: (0 71 56) 17 57 07; c/o Staatl Hochschule f Musik u Darstellende Kunst, Urbanstr 25, D-70182 Stuttgart [Frankfurt/Main 6.4.1961]. Konzert **Ausb:** Stud Klar (Michaels) MH Detmold 80–85, Stud Dirig (Pasguet) MH Weimar 95–99. **Laufb:** Klar RSÖ Frankfurt 84–89, SolKlar Staatsop Stuttgart 89–2000, Prof Staatl H f M u darst Kunst Stuttgart seit 99. **Mitgl:** Dt Klar-Ges. – **Aufn/RF:** Schumann: 'Fantasiestücke' op 73, Aufn HR; Debussy: 'Rhapsodie Nr 1'; CD: Brahms, Kahn, Juon: Trios f Klar, Vcl, Kl.

Kaiser, Pia, Prof, Hochschullehrerin, Klavier; Grenzallee 42, D-01187 Dresden, T: (03 51) 4 11 62 76. **Ausb:** Stud Kl (Prof A Webersinke) H f M Carl Maria v Weber Dresden. **Laufb:** Prof (Kl) H f M Carl Maria v Weber Dresden seit 93. **Pr:** 1. Pr u Goldmed IV. Int KlDuo-Wettb Jesenik/CSSR 84, 3. Pr Int KlDuo-Wettb Marsala/Italien 90. (Red)

Kaiser, Ulrich, Prof, Hochschullehrer; Birkenstr 39b, D-85757 Karlsfeld, *kaiser.ulrich@web.de*; *www.kaiser-ulrich.de* [Berlin 6.6.1963]. Musik d 18. Jhs **Ausb:** Stud (MTheorie, Gehörbildung, Chorlt, Gesang/MTh) H d Künste Berlin. **Laufb:** Prof (MTheorie, Formenlehre) H f M u Th München, Lt Consortium Musicum Berlin 88–2000, Lt Ensemberlino Vocale 91–97, LAufr KiMSchule Berlin u H d Künste Berlin 92–97. **Pr:** 2. Pr Landeschorwettb Berlin 97. **Mitgl:** Ges f MTheorie, Arbkreis Stud Populärer M. – **Aufn/RF:** J Brahms: Liebeslieder u andere Chorwerke, m Ensemberlino Vocale, Lt: U Kaiser. **Sonst:** Grdg Ensemberlino Vocale Berlin 91, zahlr Veröffentlichungen, ua 'Gehörbildung – Satzlehre, Improvisation, Höranalyse', 2 Bde 98, 'Der vierstimmige Satz' 02, Arrangieren u instrumentieren (m C Gerlitz) 05.

Kaiserfeld, Ingrid, Sopran; Tannhofweg 16/6, A-8044 Graz, T: (03 61) 39 24 80, F: 39 24 80; c/o Agentur Seitter, Opernring 8/13, A-1010 Wien, T: (01) 5 13 75 92, F: 5 12 93 51, *office@agentur-seitter.at*. Oper, Konzerte **Ausb:** Stud Ges (H Handl-Wiedenhofer, L Sukis) MH Graz. **Laufb:** Gasteng Op Graz 94–98, EnsMitgl Staatsop Wien 98–02, freiberufl seit 02, Auftr b Glyndebourne Op Fstv, Staatsop Stuttgart, Kom Op Berlin bis SpZ 04/05, Maggio Musicale Fiorentino, Finn NatOp Helsinki, Bayer Staatsop München, Mozart Fstv La Coruña, Th Basel, Op Frankfurt, Stadtth Klagenfurt, Dt Op Berlin, Th du Capitole Toulouse, Staatsop Wien, Ludwigsburger FSp, Dt Op am Rhein Düsseldorf, Volksop Wien, Stadtth Baden; Konz ua im Concertgebouwe Amsterdam, Musikverein Wien, Auditorio nat Madrid, Philh Essen, Zagreb, Bratislava, in Florenz, Turin, Granada, Cuenca, San Sebastian, Salzburg, Graz; ZusArb m Dgt wie ua Z Mehta, P Steinberg, M Viotti, J Lopez Cobos, F Luisi, D Runnicles, W Gönnenwein, E de Waart, J Jones, S Yang, Sol Lehár Festival 05, Volksop Wien SpZ 04/05.

Kajlinger, Peter, Sänger; Marktstr 47, D-70372 Stuttgart, T: (07 11) 3 41 31 45, *peterkajlinger@hotmail.com*; *www.kajlinger.nu/kajlinger* [Stockholm 2.12.1964]. Op, Konz **Ausb:** Opstudio Stockholm 89–92. **Laufb:** Sol Staatsth Stuttgart, Königl Op Stockholm, Göteborgs Op ua. – **Aufn/RF:** L Nono: Op 'Al gran sole carico d'amore', Dgt: L Zagrosek 98. **UA:** Björklund: 'Mästerkatten', UA königl Op Stockholm 96.

Kakuska, Thomas, Prof, Viola, Hochschullehrer; 13 Hietzinger Hauptstr 125, A-1130 Wien, T: (01) 8 76 24 46, F: 8 77 68 81; 13 Hummelgasse 74–76, A-1130 Wien, T: (01) 8 77 57 82, F: 8 76 81 57 [Wien 1940]. **Ausb:** Stud H f Musik u Darst Kunst Wien (E Steinbauer, F Samohy). **Laufb:** o UProf U f Musik u Darst Kunst Wien. **Ens:** Wiener Solisten 60–63, erster Geiger d Europ Streichqua 63–67, erster Konz d Wiener Tonkünstler Orch 67–81, Wiener Streichtrios 71–81, Alban Berg Qua seit 81. (Red)

Kakuta, Yuko, Sopran; Tonstr 14, D-30449 Hannover, T: (05 11) 2 10 98 43, (01 79) 4 52 80 88; c/o CICADA. con Agentur & Management, Gubener Str 3/b, D-10243 Berlin, T: (0 30) 29 00 13 35, 01 71–3 64 52 77, F: 29 00 58 97 [Hyogo, Japan]. **Ausb:** Stud MH Osaka, Kyoto, Berlin b H Stamm u J Kaufmann bis 02. **Laufb:** Debüt Fstv Aix-en-Provence, Sol Op Hannover seit 02/03. **Pr:** Prtr ua Sylvia-Geszty-Koloratur-Wettb 02. (Red)

Kalafusz, Hans, Prof, Konzertmeister; Hölderlinweg 68, D-73728 Esslingen, T: (07 11) 31 75 52, F: 31 39 02, *hanskalafusz@aol.com*; c/o Südwestdeutsche Konzertdirektion Erwin Russ, PF 104262, D-70037 Stuttgart, T: (07 11) 1 63 53 11, F: 1 63 53 30, *info@sksruss.de* [Den Haag 3.9.1940]. KamM **Ausb:** Stud (V, Komp) MH Mannheim 56–60, Mstrkl (Schweyda) Prag 60–62, Mstrkse 62–64. **Laufb:** Konzm SWR RSO Stuttgart, Prof (V) Staatl H f M u Darst Kunst Stuttgart. **Pr:** Franz KamMPr 73, Edison-Pr 75, SchallplPr 91 u 97, BVK 96. **Ens:** Dt Streichtrio. – **Aufn/RF:** J Haydn: Violinkonz, m Radio SinfOrch Stuttgart, Dgt: N Marriner; H Reger: StrTrios; W A Mozart: Divertimento KV 563; P Hindemith: StrTrios; K Penderecki: VSon, StrTrio; E Wolf-Ferrari: Duos, StrTrios; H Villa-Lobos: Duos, StrTrio; L Weiner: StrTrio; Z Kodály: Intermezzo; E v Dohnány: Serenade; G P Telemann: 12 Fantasien. **UA:** über 50 UA als Sol u m Dt Streichtrio ua in Paris, Warschau, Donaueschingen, Darmstadt, München, Stuttgart, ua Werke v Veerhoff, Febel, Kelterborn, Kelemen, Solbiati, Hölszky, Henze, Penderecki. **Sonst:** Grdg 'Dt Streichtrio' 72.

Kalb, Thomas, Generalmusikdirektor; Neuer Friedhofsweg 14, D-69151 Neckargmünd (Waldhilsbach), T: (0 62 23) 86 18 97, *thomaskalb@t-online.de*; c/o Philharmonisches Orchester Heidelberg, Friedrichstr 5, D-69117 Heidelberg, T: (0 62 21) 58 35 90; *www.thomaskalb.de*. **Laufb:** GMD Philh Orch d Stadt Heidelberg, SchlossFSp Heidelberg, Dgt Kom Op Berlin. **Pr:** Gewinner d Dirigierwettb d Dt Musikrates, Pr d Dt Musikverlegerverbandes f d beste Konz-Programm d Saison 94/95. – **UA:** Wilfried Maria Danners 'Märchen nach ewig u drei Tagen' b d Schwetzinger FSp. (Red)

Kalbe, Cornelia, Prof, Hochschullehrerin, Korrepetitorin, Klavier; H f Musik 'Hanns Eisler', Charlottenstr 55, D-10117 Berlin. **Ausb:** Spezialschule f Musik 'Carl-Maria-v-Weber' Dresden, Stud Kl, Cemb, Korr (G Berge, H Collum, E Herrmann) H f Musik 'Carl-Maria-v-Weber' Dresden bis 78. **Laufb:** Ass MH Dresden 78–81, Doz H f Musik 'Hanns Eisler' Berlin 81, Prof (Korr) ebd 92, Konz In- u Ausland, Konz u Kse Int Yehudi-Menuhin-Akad. **Pr:** mehrf Ausz als KlBegleiterin b int Wettb. – **Aufn/RF:** zahlr RF-Aufn. (Red)

Kalbhenn-Rzepka, Gesine, Violine, Konzertmeisterin; c/o Orchester des Staatstheaters Darmstadt, Georg-Büchner-Pl 1, D-64283 Darmstadt; c/o Frankfurter Museumsorchester, Untermainanlage 11, D-60311 Frankfurt/Main. **Laufb:** Konzm Orch d Staatsth Darmstadt, stellv Konzm Frankfurter Museumsorch. (Red)

Kalbus, Marek, Bass; c/o Alle Theater GmbH – Hamburger Kammeroper, Max-Brauer-Allee 76, D-22765 Hamburg. (*)

Kalchmair, Franz, Opernsänger (Bass); Bergerndorf 21, A-4600 Wels, T: (0 72 42) 20 73 00, 06 50–8 84 83 18, F: 6 64 82, *gwoelb@telering.at* [Wels 22.12.1939]. **Ausb:** St Florianer Sängerknaben, Brucknerkons Linz, Mstrkl (K Equiluz, J Greindl). **Laufb:** Debüt in 'D Verkaufte Braut' (Kezal), Sol Landesth Linz ab 91 (D Goldene Hahn, Attila, König Dodon; D Verkaufte Braut, Kezal; D Entführung a d Serail, Osmin; D Wildschütz, Baculus; D Zauberflöte, Sarastro; Lohengrin, König Heinrich; D Fliegende Holländer, Daland; Eugen Onegin, Fürst Gremin; D Rosenkavalier, Baron Ochs a Lerchenau), KamOp Wien, Schloßth Schönbrunn (Wiener Blut), GastspReisen Dtschld, Dänemark, regelm Gast Op Graz seit 93, SeeFSp Mörbisch 99, Orat, sakrale Musik, Balladen, Lieder. – **Aufn/RF:** CDs: W A Mozart: 'D Entführung a d Serail'; F Schubert: 'D Winterreise'; C Loewe: 'Balladen'. **UA:** H W Henze: 'D Junge Lord' (Bürgermeister), K Schwertsik u M Köhlmeier: 'D Welt d Mongolen'; E L Leitner: 'So weiß wie Schnee, so rot wie Blut'; B Sulzer: 'Protheus' (Protheus).

Kaldewei, Thorsten, Repetitor; Planckstr 1, D-70184 Stuttgart, T: (07 19) 6 74 82 79; Staatstheater, Oberer Schloßgarten 6, D-70173 Stuttgart. **Laufb:** Rep Niedersächs Staatsth Hannover SpZ 03/04, Rep Staatsth Stuttgart. (Red)

Kaleschke, Martin, Orgel; Silcherstr 25, D-71672 Marbach, T: (0 71 44) 80 61 09, *martin.kaleschke@web.de*; *www.organo-guatemala.de* [Speyer/Rh 20.10.1973]. Symphonik **Ausb:** KiM B u A (Lohmann), Solistenklasse (B Haas) MH Stuttgart. **Pr:** Förderpr f junge Organ Bad Homburg vdH 95, 2. Pr 48. Int ARD M Wettb 99. – **Aufn/RF:** Funk: Nürnberg 2000, Frankfurt 01. **UA:** J van Breunigen: Adventsmusik 94; Ders: Das Gespenst 96; H Brug: Elocutio 01.

Kaliga, Herbert, Prof, Hochschullehrer, Klavier; Heideweg 2, D-14532 Kleinmachnow, T: (03 32 03) 2 43 65. **Laufb:** LBeauftr (Lied- u vokale KamM-Klasse) H f Musik 'Hanns Eisler' Berlin. (Red)

Kalitzke, Johannes, Dirigent, Komponist; Finkenpl 6, D-50735 Köln, T: (02 21) 7 12 25 19; c/o Künstleragentur Dr. Raab & Dr. Böhm, Plankengasse 7, A-1010 Wien, T: (01) 51 20 50 10, F: 5 12 77 43, *office@rbartists.at* [Köln 1959]. **Ausb:** Stud KiM Köln 74–78, Stud Kölner MH, Kl b Aloys Kontarsky, Dirig b Wolfgang von der Nahmer u Komp b York Höller. **Laufb:** ab 84 Musikth im Revier Gelsenkirchen (Chefdgt 88–90), Lt d 'Forums Neue Musik' ab 86, künstl Lt u Dgt d 'Musikfabrik' d Landesens Nordrhein-Westfalen, Dgt

Staatsth Stuttgart, Op Leipzig, Gastdgt b Ensembles (Klangforum Wien) u Sinf-Orch (NDR, SDR) MDR, Salzburger FSp, Wiener FestW, Münchener Biennale oder d Dresdener FSp, Tourneen nach Russland, Japan u Amerika, GastDgt Dt Staatsop Berlin SpZ 04/05. **Pr:** Bernd-Alois-Zimmermann-Pr d Stadt Köln. (Red)

Kalke, Ernst-Thilo, Komponist; Witikoweg 51, D-70437 Stuttgart, T: (07 11) 84 17 11 [Stuttgart]. **Ausb:** Stud Komp (Ph Mohler), Kl, Oboe MH Stuttgart. – **Komp:** 'Schwäbisches Menuett', 'Feuerwerks-Marsch', 'Glücksrad', 'Windy City', 'Ferienbilder', 'Aus meinem Skizzenbuch I', 'Rondo per Tutti', 'Es brennt!' (Feuerwehr-Suitette), 'Samba Negra', 'Joint Venture', 'Hansi u sein Zauberfahrrad' (lustiger Reisebericht m Sprecher), 'Ludwigsburger Miniaturen' (Komp rund um das Ludwigsburger Barockschloss), 'Auf geht's', 'Fahrt ins Blaue', 'Spielwiese' 1 u 2, 'Young Fellows', 'Ein Tag beginnt', 'Der Tag vergeht', 'Euro-Pops' 1 u 2, 'Drei Widmungen', 'Intrada 2000', 'Fiesta do Brasil', 'Gospel Medley Trinity'. (Red)

Kallensee, Peter, Prof, Hochschullehrer, Trompete; Gorch-Fock-Weg 26b, D-22844 Norderstedt, T: (0 40) 5 25 49 66; Musikhochschule, Große Petersgrube 17–29, D-23552 Lübeck. **Laufb:** Prof (Trp) MH Lübeck. (Red)

Kallisch, Cornelia, Mezzosopran; c/o KünstlerSekretariat am Gasteig, Rosenheimer Str 52, D-81669 München, T: (0 89) 44 48 87 90, F: 4 48 95 22, *team @ks-gasteig.de*; *www.ks-gasteig.de* [Marbach/Neckar]. **Ausb:** Stud (SchM), Stud Ges (J Metternich, S Bruhn, A Reynolds), OpStudio Bayer Staatsop München. **Laufb:** ZusArb m Orch de Paris, Philh Orch London, Debüt Carnegie Hall New York, Konz (ua L Maazel, F Leitner, W Sawallisch, N Marriner, G Prêtre, H Rilling, N Harnoncourt, Chr v Dohnanyi, R Norrington, W Gönnenwein), ZusArb m Bamberger Symph, Münchner Philh, alle dt RF-Orch, Wiener Philh, Tonhalle-Orch Zürich, New York Philh Orch, Gast Salzburger FSp, Sol Op Zürich seit 91. – **Aufn/RF:** CDs ua: C Franck: Les Béatitudes; Zemlinsky: Maeterlinck-Lieder, m Orch de la Suisse Romande, Dgt: A Jordan; G Mahler: 2. Symph, m SWF SinfOrch Baden-Baden, Dgt: M Gielen; Dass m Orch de la Suisse Romande, Dgt: A Jordan; Mendelssohn: Elias; F Schmidt: Buch m den sieben Siegeln; R Wagner: Op 'Die Meistersinger v Nürnberg' (Magdalena), m BR-SymphOrch, Dgt: W Sawallisch; Dvořák, Mahler, Liszt, Brahms: Lieder, Kl: G Dobner.

Kallos, Apostolos, Chorleiter; c/o Oper Frankfurt, Untermainanlage 11, D-60311 Frankfurt. (Red)

Kalman, Charles, Komponist; Maximilianstr 56, D-80538 München, T: (0 89) 22 41 80, F: 2 90 43 69 [Wien 17.11.1929]. Musical, Chanson, Lied, Filmmusik **Ausb:** Stud Riverdale Country School of Music d Columbia U u Cons des Paris (J Rivier). **Laufb:** Komp, Pianist, gelegentlich Textdichter. **Pr:** KompPr Baden-Baden 74. – **Komp:** Wir reisen um die Welt (Revue-Optte) 52, UA Wiesbaden, Ophaus 55; 'Rendezvous mit d Leben' v Peter Goldbaum (Musical) 64–67, UA Würzburg, U Benz, J v Kesteren 69; Globetrotter-Suite 67, UA Baden-Baden, W Stech, C A Vogt 68; 'Frau Warrens Gewerbe' nach Shaw v Peter Goldbaum (Musical) 72, UA Madrid 73; Fabian (FilmM) 80, UA Berlin 80; Mein Dornenlächeln (Kl, Gesang), UA Berlin 95; Trois Scénes de Paris (Konz), UA Bad Salzufeln 03 (Auftr WDR). **Aufn/RF:** 'Times Square Fantasie', Dgt: R Dostal 74 (SFB) auch als CD unter Lt Reto Parolari 05. **UA:** 'Der blaue Engel' (Revue), Th d Westens Berlin 93; 'Der Kuss der Dryade' (Musical), Stetten 02. **Lit:** Riemann Lex, Bd: Komponisten der Gegenwart.

Kálmán, Peter, Tenor; c/o Opernhaus Zürich, Falkenstr 1, CH-8008 Zürich, T: 0 12 68 64 00; *www.opernhaus.ch* [Budapest]. **Ausb:** Stud Ges (A Pauk) Budapest, (G Carelli) Manhattan School of Music New York, Mstrks Dame J Sutherland u R Bonynge 96. **Laufb:** Sol Ungar Staatsop Budapest 94, Sol Op Zürich seit 98/99. **Pr:** 1. Pr Mozart-Wettb 93, Stip Telemondial-Stift Herbert v Karajan Music Legacy. (Red)

Kalmar, Julius, Prof, Dirigent, Hochschullehrer; Hochschule f Musik u Theater, FB 3, Harvestehuder Weg 12, D-20148 Hamburg. **Laufb:** Prof (Partien-, Ensemblestudium, musikal Ltg im szen Unterricht) H f M u Th Hamburg, Dgt Forum d Hochschule f Musik u Th Hamburg. (Red)

Kalna, Inga, Sängerin (Sopran); c/o Hamburgische Staatsoper, PF 302448, D-20308 Hamburg; *www.hamburgische-staatsoper.de* [Riga, Lettland 1972]. **Ausb:** Stud (MWiss, OpGes) Lett Akad f M Riga, Stud H f M Wien u Royal Acad of Music London. **Laufb:** Debüt u ständ Gast Nationalop Riga, Mitgli Int OpStudio d Hamburgischen Staatsop 99–01, Sol Staatsop Hamburg seit 01/02. **Pr:** Bruce Miller Memorial Trust Award 98, Great Music Award 99, Dr. Wilhelm Oberdörffer-Pr 02. (*)

Kalpers, Johannes, Tenor; c/o Konzert-Direktion Zagovec, Hans-Böckler-Str 23, D-65468 Trebur-Astheim, T: (0 61 47) 91 96 60, F: 91 96 62, *agentur@ zagovec-artists.de*; *www.zagovec-artists.de*. **Laufb:** Sol Volksop Wien. (Red)

Kaluza, Stefania, Mezzosopran; c/o Opernhaus Zürich, Falkenstr 1, CH-8008 Zürich; c/o Artists Management Verena Keller, Lohwisstr 52, CH-8123 Ebmatingen, T: 04 49 80 15 13, F: 9 80 36 86, *keller.verena@bluewin.ch*. **Laufb:** Sol Op Zürich. (Red)

Kalvelage, Elzbieta, Klavier; Steinfelder Gasse 19, D-50670 Köln, T: (02 21) 1 39 01 79. **Ens:** Kölner Klavierduo (mit M Krücker). (Red)

Kam, Sharon, Klarinette; c/o Konzert-Direktion Hans Adler, Auguste-Viktoria Str 64, D-14199 Berlin, T: (0 30) 89 59 92 14, F: 8 26 35 20, *BSandri@ musikadler.de, info@sharonkam.de*; c/o Künstleragentur Dr. Raab & Dr. Böhm, Plankengasse 7, A-1010 Wien, T: (01) 5 12 05 01 26, F: 5 12 77 43, *gonzalez@ rbartists.at*; *www.musikadler.de* [Israel]. zeitgenössische Musik **Ausb:** Unterr Klar (E Eban, Ch Taub) Israel, Stud Klar (Ch Neidich) Juilliard School New York. **Laufb:** Sol Schlossth Fulda SpZ 04/05, Gastsol Ravinia Fstv, Verbier Fstv, Schleswig-Holstein Fstv, Vancouver Fstv, Lars Vogts Fstv Spannungen Heimbach, Salzburger FSp 03, 05 u 06; Konz ua m d Gewandhausorch Leipzig, Philh Orch Hamburg, Tokyo Philh, Warschauer Philh, Ungarischen NatPhilh u allen gr dt RF-SinfOrch, Bayer Staatsorch (unter d Ltg v Z Mehta) 04/05, RSO Wien 04/05. **Pr:** 1. Pr Int ARD Wettb München 92, Echo Klassik Pr 'Instrumentalistin d Jahres' 98, Pr d Dt Schallplattenkritik f d CD 'American Classics'. – **Aufn/RF:** CDs ua: Weber-Konz m d Gewandhaus Orch Leipzig unter K Masur 98; Recital Progr m I Golan (Kl); KlarWerke v K Penderecki 99; 'American Classics' m d London Symph Orch unter d Ltg v G Bühl. (Red)

Kamenik, Julia, lyrischer Sopran; Josefstr 21, D-53111 Bonn, T: (02 28) 4 10 99 87, *julia.kamenik@diemusikseite.at*; c/o Oper Bonn, Am Boeselagerhof 1, D-53111 Bonn; *www.diemusikseite.at* [Wien 1972]. Oper, Konzert, Lied **Ausb:** Ges b Carol Byers seit 97, Mstrkr (Thomas Quasthoff, Jean-Pierre Blivet, Kurt Widmer, KS Gundula Janowitz). **Laufb:** Gastsol Stadtth Gießen SpZ 00/01, Wiener KamOp SpZ 2000/01, Op Nat du Rhin – Les Jeunes Viox du Rhin SpZ 01/02, Staatsop Hannover SpZ 02/03, Sol Op Bonn seit SpZ 02/03 (04/05). **Pr:** 2. Pr (Operette) u Finalistin (Op) Belvedere Wettb 2000, Sonderpr Ferruccio Tagliavini Wettb Dctuschlandsberg 2000, Semifinalistin ARD 2000. – **Aufn/RF:** A Salieri: 'Requiem' Live-Mittschn ORF 2000; CD: W Körte: 'Qua f V, Va, Vcl u Sop' m Pierrot Lunaire Ens Wien 2000.

Kamensek, Karen, GMD, Dirigent, Generalmusikdirektor; c/o Theater Freiburg, Bertoldstr 46, D-79098 Freiburg i Br, T: (07 61) 2 01 28 07; c/o Volksoper Wien, Währingerstr 78, D-1090 Wien, T: (01) 5 14 44 30; *www.theater.freiburg.de*. **Ausb:** Stud (Dirig) Indiana Univ. **Laufb:** Gastdgt Houston Grand Op, Kom Op Berlin, Op Australia Melbourne, Dgt Volksop Wien 2000–02, Op Frankfurt 01–05, GMD Th Freiburg seit 03, Gastdgt Dt Op Berlin 05, New York Shakespeare Fstv, Jeunesse Musicale Fstv Weikersheim, Spoleto Fstv; ZusArb ua m d Brooklyn Philh Orch, Dt KamPhilh München, Orch Sinf Nacional de Honduras, Louisville Orch, Bochumer Symphoniker, Maribor Philh, Slowenischen Philh Orch, RSO Wien, Bruckner Orch Linz, Klagenfurter SymphOrch. **Ens:** GMD Th Freiburg 05.

Kaminiczny, Nora, Sopran; c/o Volkstheater Rostock, Patriotischer Weg 33, D-18057 Rostock, PF 102215, D-18004 Rostock, T: (03 81) 3 81 46 00, F: 3 81 46 19, *vtrinfo@rostock.de*; *www.volkstheater-rostock.de* [Berlin]. **Ausb:** Stud Ges (KS J Vulpius, K-W Domhardt) H f M 'Hanns Eisler' Berlin, Mstrks b E Schwarzkopf. **Laufb:** Gastsol Kom Op Berlin, Staatsop Unter den Linden Berlin, Op Leipzig, Staatsth Cottbus, Musikal Komödie Leipzig SpZ 00/01, Sol Volksth Rostock seit 02. **Pr:** Stip d Studienstift d Dt Volkes 92–96. – **Aufn/RF:** Eröffnungskonz d MDR MSommer Weimar: Partie d Maria, West Side Story (Ltg F Luisi) 99. (Red)

Kaminski, Mario, Oboe, Hochschullehrer; Münchner Symphoniker, Drächslstr 14, D-81541 München, T: (0 89) 4 41 19 60, *info@muenchner-symphoniker.de*. **Laufb:** Doz (Ob) Richard Strauss Kons München, Ob Münchner SymphOrch. (Red)

Kamioka, Toshiyuki, Prof, Hochschullehrer, Dirigent; c/o Sinfonieorchester Wuppertal, Bundesallee 260, D-42103 Wuppertal, T: (02 02) 5 63 67 94, F: 5 63 78 67 94; H f Musik Saar, Bismarckstr 1, D-66111 Saarbrücken, T: (06 81) 9 67 31 14, F: 9 67 31 30. **Ausb:** Stud (Dirigieren, Komp, Kl, V) H f M u Künste Tokio, H f M Hamburg (K Seibel). **Laufb:** Solorep u Kapm Städt Bühnen Kie, 1. Kapm Aalto-Theater Essen 92–96, GMD Hess Staatsth Wiesbaden, Musikal Lt Nordwestdt Philharmonie Herford seit 98, GMD d Stadt Wuppertal seit 04/05, Prof (Dir) H f M Saar 04. **Pr:** Ataka-Preis 82.

Kamleiter, Herbert, Prof, Hochschullehrer, Posaune; Schützenstr 14, D-91541 Rothenburg o d Tauber, *hkami@t-online.de*. **Laufb:** LBeauftr (Pos) H f M Würzburg, Prof (Blasinstr) H f KiM Rottenburg. (Red)

Kammer, Salome, Sängerin; c/o karsten witt musik management gmbh, Leuschnerdamm 13, D-10999 Berlin, T: (0 30) 6 16 92 19 20, F: 6 16 92 11 01, *info@karstenwitt.com, email@salomekammer.de*; *www.karstenwitt.com, www. salomekammer.de* [Nidda 17.1.1959]. Spezialistin f Schönbergs 'Pierrot lunaire', Chanson-Ges, neue Gesangstechniken **Ausb:** Stud m Hauptfach Vcl ua b Maria Kliegel u Janos Starker in Essen, MH Heidelberg/Mannheim b Daniel Grosgurin 77–84. **Laufb:** EnsMitglied Schauspiel d Städt Bühnen Heidelberg 83–88, im Bereich d Neuen M als Stimmsol Konz im In- u Ausland seit 90, ua im Concertgebouw Amsterdam, KonzHaus Wien, Th du Chatelet, Teiln an zahlr Fstv; Sol MTh Bonn, Bayer Staatsop München SpZ 03/04. **Pr:** Schneider-Schott-Pr Mainz 03, AZ-Stern d Jahres als 'Stimme ohne Grenzen' 02. – **Aufn/RF:** Schönberg: Pierrot lunaire, m Ens Avantgarde, Dgt H Zender 94; Oekring: Live, m Ens Aventure 98. **UA:** ua J Widmann: Op 'Das Gesicht im Spiegel' (Patricia) 03; H Zender: 'Cabaret Voltaire' 02; C Bauckholt: 'Emil' 03.

Kammer, Stefan, Kontrabassist; c/o Hessisches Staatstheater Darmstadt, Georg-Büchner-Pl 1, D-64283 Darmstadt. **Laufb:** Sol Staatsth Darmstadt SpZ 03/04. (Red)

Kammerer, Edwin, Komponist; Farnach 8, D-83083 Riedering, T: (0 80 36) 23 33, *post@musikammerer.com*; Farnach 8, D-83083 Riedering, T: (0 80 36) 23 33; *www.musikammerer.com* [Rosenheim, Oberbayern 2.3.1938]. **Ausb:** Staatsex (theor. Gehörlehre, Ens-/Chorltg) Königl dän Musikkons Kopenhagen. **Pr:** Erda u Chr Schröders Fond 84, Arbeitslegat d Staatl Kunstfonds Dänemark 86, Prtr KompWettb f neue Blasmusik d BR u Bayer Musikrat 86, Unidanmarks Musikpr 96. – **Komp:** Divertimento Nr 1: 'Divertimento postale' (M f BlechBl-Ens), UA Slangerup, Dänemark 81; Lieder der Einkehr (ChM), UA Rosenheim 88; Maximiliana – Tegernseer Dreispiel (KamM f V, Zither, Git), UA Rosenheim 88; Ave Maria (KiM); Ying Zhi – Gleichklang Melodram (Hackbrett u Erzähler), UA München 99.

Kammerer, Hans Peter, Sänger; c/o Wiener Staatsoper, Opernring 2, A-1010 Wien. **Laufb:** Sol Wiener Staatsop. (Red)

Kammerlander, Karl-Peter, Prof, Hochschullehrer, Dirigent; Rudolfstr 11, D-70190 Stuttgart, T: (01 77) 2 89 06 58, *KarlKammerlander@aol.com* [Salzburg 1960]. **Ausb:** Stud (SchM, Kl) MH Graz, Liedgest (K. Richter) an der MH Stuttgart. **Laufb:** Prof (Dirig, Korr) H f M u Th Felix Mendelssohn Bartholdy Leipzig seit 93, Liedkl a d H 'Franz Liszt' Weimar 04. **Pr:** Hugo-Wolf-Liedwettb 87, Wettb f Liedbegleiter Den Haag 88, Hans-Pfitzner-Liedwettb Hamburg 89. (Red)

Kammerlander, Monika, Mag, Violine; Lindenweg 5, A-5321 Koppl, T: (0 62 21) 78 89, *monika.kammerlander@gmx.at*; c/o Mozarteum Orchester Salzburg, Erzbischof-Gebhard-Str 10, A-5020 Salzburg [Salzburg 28.6.1956]. Kammermusik **Ausb:** MH Salzburg Stud V b H Zehetmair u S Vegh u Stud MPäd; Tschaikowsky Kons Moskau Stud V b B Belenkij 78–81; Ks b R Soetens. **Laufb:** Konzm Mozarteum Orch seit 86; Lt KamOrch 'Salzburger Virtuosen' seit 92 u Ens 'Die Frau in der Musik' seit 02. **Pr:** 1. Pr b Österr Nat-Wettb 73 u 75; Auswahlpr d Mozartwoche Salzburg 76; Würdigungspr d Österr BMin f Wirtschaft u Finanzen 77. **Ens:** 'Duo Concertant' m K Kammerlander; KamEns 'Salzburger Virtuosen'. – **Aufn/RF:** CD: 'Eine kleine Nachtmusik' m Salzburger Virtuosen. **Zug:** Doppelbauer: Trio f Fl, V u Vcl; Schachidi: Qua f StrTrio u Fag. **Sonst:** Projekte M u Lyrik v Frauen: ua 'Frauen um Mozart'; Geschwister Fanny u Felix Mendelssohn.

Kammerloher, Katharina, Sängerin (Mezzosopran); c/o Deutsche Staatsoper, Unter den Linden 7, D-10117 Berlin, PF 354, D-10109 Berlin; c/o Balmer & Dixon Management AG, Kreuzstr 82, CH-8032 Zürich, T: 04 32 44 86 44, F: 2 44 86 49, *mail@badix.ch* [München]. **Ausb:** Stud Ges (M Böhme) Detmold, (V Rozsa) London seit 98. **Laufb:** EnsMitgl Staatsop Unter d Linden seit 93 (04/05) (ua Don Giovanni, Zerlina; Der Barbier v Sevilla, Rosina; Madame Butterfly, Suzuki; Pelléas et Mélisande, Mélisande; Der Rosenkavalier, Octavian; Falstaff, Meg Page, Dgt: C Abbado; Rheingold/Götterdämmerung, Wellgunde, Dgt: D Barenboim; Die Meistersinger v Nürnberg, Magdalene; Otello, Emilia; Così fan tutte, Emilia, Regie D Dörrie), Salzburger FSp 2002 (Die Zauberflöte, 2. Dame), Debüt Bayer Staatsop Münchener OpFSp 2002 (Die Meistersinger v Nürnberg, Magdalene), Konz ua London (BBC Proms), Edinburgh Fstv sowie m Ens Modern in München, Wien, Frankfurt, Köln, Basel, Wagner: Ring, m Berliner Staatsop in Japan, ZusArb m C Abbado, D Barenboim, P Boulez, R Jacobs, M Gielen, Z Mehta, A Pappano, W Sawallisch. – **Aufn/RF:** Bach: Kantaten, Dgt: R Jacobs; Beethoven: Chorfantasie, m Berliner Philh, Dgt: D Barenboim; Haydn: L'Isola disabitata (Constanza), Dgt: A de Marchi 2001. (Red)

Kammler, Reinhard, Domkapellmeister, Musikalischer Leiter; Haus St Ambrosius, Hoher Weg 30, D-86152 Augsburg, T: (08 21) 51 00 88, F: 31 26 15, *info@augsburger-domsingknaben.de, r.kammler@augsburger-domsingknaben.de*; *www.augsburger-domsingknaben.de* [Augsburg 17.12.1954]. musica sacra in Liturgie u Konzert **Ausb:** Stud Staatl H f M München. **Laufb:** Musikal Lt Augsburger Domsingknaben. **Pr:** Kulturpr d Rupert-Gabler-Stift 2000, Tr d päpstl Silvesterordens 2000, BVK am Bande 01, Pr d Bayer Volksstift 01. – **Aufn/RF:** CDs.

Kammler, Steffen, Dirigent; c/o Den Norske Opera, Storgt 25, N-0184 Oslo, POB 8800, Youngstorget, N-0028 Oslo, T: 0 23 31 50 00, F: 0 23 31 52 95, *steffen.kammler@operaen.no* [Calbe/Saale 6.5.1965]. Chor **Ausb:** Stud (Journalistik) U Leipzig 86–93, Dirig (Frischmuth, Kahlert) MH Weimar 91–94, Dirig (Zettl) MH Leipzig 94–96. **Laufb:** Mitgl Dresdner Kreuzchor 75, Lt KamChor Josquin des Prez 90–97, Ass d Chordir Op Halle 96, Hamburg Staatsop 97, Chordir Norweg NatOp Oslo 2001. – **Aufn/RF:** Lassus: Bußpsalmen, KamChor Josquin des Prez 97; Berg: Wozzeck, Hamb Staatsop, Dgt: Metzmacher 98; Strawinsky: Persephone, Hamb Philh, Dgt: Metzmacher 99; Eisler: Dt Sinf, Hamb Philh, Dgt: Metzmacher 99. **UA:** K O Treibmann: Kempner-Chöre 95; Treibmann: Geheime Türen 96.

Kamp, Harry van der, Prof, Hochschullehrer, Bass; Amsteldijk 728A, Niederlande-1074 JH Amsterdam, T: (0 20) 4 04 30 78; Hochschule f Künste, FB Musik, Dechanatstr 13–15, D-28195 Bremen, T: (04 21) 3 01 92 39 [Kampen 1947]. **Ausb:** Stud (Gesang) b Max van Egmond, Herman Woltman, Alfred Deller, Pierre Bernac. **Laufb:** Mitgl Niederländ KamCh 74–94, GastProf Sibelius Akad Helsinki 97–98, Prof (Gesang) H f Künste Bremen. (Red)

Kampe, Anja, Sopran; c/o Theateragentur Heidi Steinhaus, Auerfeldstr 26, D-81541 München, T: (0 89) 93 93 01 10, 01 70–4 45 82 00, F: 93 93 01 11, *info@heidi-steinhaus.de*; *www.heidi-steinhaus.de*. **Ausb:** Dresden, Turin. **Laufb:** Op Metz, Th Rennes, Op Nantes, Teatri Communali Bologna u Piacenza, Teatro La Fenice Venedig, New Israeli Op Tel Aviv, Op Metz 97, Scala Mailand, Bayreuth 02–04, Sol Stadtth Klagenfurt SpZ 03/04, Th u Philh Essen SpZ 04/05, Gastsol Th de la Monnaie Brüssel 05, Staatsop München 06, Teatro Communale Florenz 06, Glyndebourne-Fstv 06, New Nat Th Tokio 07.

Kampe, Gordon, Dipl-Musiker, MA, Komponist; Wörthstr 30, D-45138 Essen, T: (0 23 23) 2 48 84, F: (02 01) 2 89 49 89, *gordon.kampe@gmx.de*; Wörthstr 30, D-45138 Essen, T: (02 01) 2 89 49 89, F: 2 89 49 89 [Herne 10.9.1976]. Neue Musik **Ausb:** Stud Komp (H J Hespos u A Hölszky) HMT Rostock 98–2000 u (N A Huber) Folkwang-H 2000–03, Stud (MWiss, Geschichtswiss) Ruhr-U Bochum. **Laufb:** Grdg FestivalBOX (mobiles SchnellFstv f neueste Musik), Dgt u Doz b Fstv junger Künstler Bayreuth 02; Grdg d Ens conspiro 99 u TRIGGER 02 f Neueste Musiken. **Pr:** ua 350 J Westfäl Friede, Einl Nachwuchsforum d GNM, Pre b d Weimarer Frühjahrstagen f zeitgen Musik, Komp-Pr Kunsthaus Ahrenshoop, Auswahl z 1. Rheinsberger u z 2. Hamburger OpWerkstatt, Einl z Int Komp-Seminar Boswil 03, Folkwangpr 03. **Ens:** conspiro, TRIGGER. – **Komp:** Beckmann-Skizzen (OrchStück f gr Orch), UA Halberstadt 98; ...und man ein Danklied hört (ChStück), UA Osnabrück 99; Die Niemandsrose (KamM), UA Rostock 99; es kam eine stille (KamM), UA Rostock 99; zapping (KamM), UA Rostock 99; a Madonna Laura, UA 2000; zer(r)wandlungen (Schaupieler, gem Chor, Schlgz, Orgel), UA Rostock 01; exhaust II (OrchStück f gr Orch); SPAX – Nagelbild, UA 01; sie glaubt es ist ein promethischer Kristall, UA 02; wir stecken in einer energieartigen matrix fest, UA 03; Air/Moskito, UA 03; Stretta (5 mobile Post-Op), UA 03; Mondstrahl (KamOp), UA 04. **UA:** als Dgt UA ua v Pfeifer, Müller-Sgardia u B Lang.

Kamper, Karl, Prof, Hochschullehrer, Chordirigent; Ritterweg 443, A-5084 Großgmain, T: (0 62 47) 88 01, F: 88 01, *karl.kamper@moz.ac.at*; Univ Mozarteum, Abt f Dirigieren, Komposition u Musiktheorie, Schrannengasse 10a, A-5020 Salzburg [Wien 1.8.1953]. Chorleitung **Ausb:** Stud (Kl, V, Orgel, Dirig, Chor-EnsLtg) Kons Stadt Wien 63–73. **Laufb:** Chordir Lüneburg 75–77, Oberhausen 77/78, Flensburg 78/81, Salzburg 81/86, Wiener Staatsop 86–90, OpHaus Zürich 90–93, Dt Op Berlin 93–97, UProf (Chordirigieren) U Mozarteum Salzburg ab 96, Chordir Ldesth u Kammerspiele Salzburg ab 2000/01, Tourneen: Wiener Staatsoper Japan 89, Dt Op Berlin Japan 93, Eröffnung neue Op Helsinki 94, Dt Op Berlin Israel 97. **Pr:** Clemens Krauss Med d KonzVereinigung Wiener StaatsopChor. – **Aufn/RF:** Mahler: 8. Sinf, m Wiener Philh, Wiener StaatsopChor, Dgt: L Maazel 89; Mozart: Cosi fan tutte, Dgt: J Levine 88; Ders: La Clemenza di Tito, Dgt: N Harnoncourt 93; dt u ital OpChöre, m Chor u Orch d Dt Op Berlin, Dgt: J Kout, R Frühbeck de Burgos 96. **UA:** W Wagner: Logos, UA als Dgt, m sämtl Ch d Lds Salzburg 03; G Wimberger: Quaestio aeterna (Orat), UA 03. **Sonst:** Grdg Salzburger Konzertchor, Mitwirkung Salzburger FSp.

Kampp, Bettine, Sängerin; c/o Bühnen der Stadt Köln – Opernhaus, PF 101061, D-50450 Köln. **Laufb:** Op Köln, Gastsol Landesth Mecklenburg Neustrelitz SpZ 00/01. (Red)

Kamptz, Christoph-Albrecht von, Musikdirektor, Hochschullehrer; Liepnitzstr 13, D-10318 Berlin, T: (0 30) 5 08 73 51. **Laufb:** LBeauftr (instr Korr) H f Musik 'Hanns Eisler' Berlin. (Red)

Kan-no, Shigeru, Komponist, Dirigent, Pianist, Dramaturg; c/o Schäfer, Hauptstr 17, D-57612 Hilgenroth, T: (0 26 82) 67 01 88, F: 67 01 88, *kannoshigeru2004@aol.com*; 86. Sainouchi, Aoki, Irnomachi, Dategun, Fukushimaken 960–1303, Japan, T: (02 45) 62 33 11, F: 62 33 11, *shigeruKanno@hotmail.com, Kannosjp@yahoo.co.jp*; *www.musikerportrait.com/Kan-no* [Iino, Fukushima, Japan 3.5.1959]. Neue Musik, Oper **Ausb:** Stud Komp (T Shimazu, A Nishimura) Tokyo 80–85, Stud Dirig (K Österreicher) Wien 86–92, Stud b L Bernstein in Wien bis 90, Stud Komp (H Lachenmann) MH Stuttgart 87–92, Stud Filmakad Baden-Württemb Ludwigsburg 91–93, Stud Komp (H Zender) MH Frankfurt 94–96. **Laufb:** Gastdgt Radio SymphOrch Stuttgart 90, Westfälisches SinfOrch 90, Mecklenburg Staatsorch 91, Hamm-Sinf-Orch 92, Orquesta de la Región Murcia 92, Ass v K H Stockhausen b Ens Modern 92, Frankfurt UA u Tournee f WVE-23 Murcia 92, Gastdgt Philh Berlin 93, Ass v H Zender in Stuttgart, Frankfurt u Salzburg 93, Gastdgt Nürnberger Sinfoniker 94, Ens New Music Paris m Stockhausen 95, Portraitkonz I Stuttgart 95, Preuss Philharmoniker 96, MD MThTredichin Stuttgart 97, Portraitkonz II Stuttgart 97, Gastdgt Pescara Symph Orch 97, Portraitkonz III Horb m Lisboa Philh Orch 98, MD 'Ökumen Inst f Neue Geistl M u Forschung' Stuttgart 99, Gastdgt Lisboa Symph Orch 99, Westerwald Ens u Orch 2000; Mitgl Studio f BewegungsChiffren Stuttgart 96–01, Tourneen u Konz m dens, Ens Aleph Paris, UA u Tournee f WVE-167f in Neapel, Paris, London, Turin 2000–01, Albireo-QuerflQua, UA u Tournee f WVE-161 2000–01, Gastdgt South Italian Orch 01, Uzbekistan Nat Philh f New Music and Op 02, Konz in Göttingen u Basel 02, Auftr Neues Musikfest Görlitz 04. **Pr:** 37 Musikpr, 16 Stip. **Ens:** Studio f BewegungsChiffren. **Mitgl:** GEMA, GVL. – **Komp:** Nagauta-Qua (f 4 Fl), UA Kyoto, Albireo-QuerflQua 99; StrQua I–IX; KamKonz I–VI; Play Stations I–VI; Simulations I–VI, KamSinfonie I–VI, Triebe I- III, Seehunde (Op), Jojo (Op), Das hässliche Entlein (Op), Menagerie I–VI f BlasOrch, Millennium Soldier I–II f Chor u Orch. **Aufn/RF:** CD: Animato; H Herfert: Basho ni Sasagu, Mitgl Radio SinfOrch Stuttgart, SWR 92; Semi-Conc-Grosso, RAI 01; A Spell, Los Angeles 04. **UA:** I Pazfenova: Klavierst, UA Darmstadt 96; H Lachenmann: Guero, UA Tokyo 91; C Bergstroem-Nielsen: Quadrivium, UA 98; E Karkoshka: Kleine Celan-Fantasie, EA Göttingen 02. **Lit:** div Artikel in dt Zeitungen.

Kanajan, Chatschatur, Dirigent, Komponist, Violinist; Kairos Quartett, Jagowstr 16, D-10555 Berlin, T: (0 30) 23 88 86 00, F: 23 88 86 00, *kanajan@ensemble-mosaik.de*; *www.kairosquartett.de, www.ensemble-mosaik.de* [Moskau 24.7.1971]. Neue Musik, histor Aufführungspraxis **Ausb:** Stud V (E Gilels u M Jaschwili) Moskau, (G Schröter) Dresden, (I Gronich) Berlin; Stud Dirig (H Kanajan) Moskau, Komp (Goldmann u G Neuwirt) Berlin ab 97. **Laufb:** Grdg u künstl Lt v gruppo aperto 96, Auftr als Sol m verschiedenen Orch d ehem UdSSR, Konzm d Ens International Berlin, d Neuen Camerata Berlin u Hans v Bülow KamOrch, ens avantgard Leipzig, Weltmusiktage in Seoul 99, Dgt v B Blacher: 'Flut' (Op) Stadtbad Prenzl Berg Berlin 02; m Kairos Quar: Eklat Stuttgart 01, Berliner FestW 01, Züricher Tage f Neue Musik 01 u 02, Salzburger FSp 02, Wien Modern 02, Huddesfield Contemporery Music Fstv 02, Concierto Int Mexico City 03, Musik Factory Bergen 03; m Ens Mosaik: 5. Fstv de músiques contemporýnies, Barcelona, Prager Frühling 02. **Pr:** Stip Schloss Solitude 99. **Ens:** Kairos Qua 97 u Ens Mosaik 98. – **Komp:** landscape V (Fl solo) 95, UA Berlin, B Junge; landscape X (8 Instr od Stim) 96, UA Berlin Ens Mosaik; landscape Y (V solo), UA Berlin, W Bender 96; Schritt IV u Schritt II f 8 Vcl 97; Trio ContraBass (KB solo u StrTrio) 98, UA Berlin, L Burger u Ens Mosaik; Klavierduo 99, patched landscapes (Schlg, Kl, Sop, V,

Va, Vcl u 6 Diaprojektoren 01, UA Schloss Solitude 01; breaks (KB solo) 02; ...vor der Flut.. (multimed Raumkomp f Fl, Kl, Fag, Trp, Pos, Sop, Ten, Bar, Bass, 2 V, Va, Vcl, KB, 12 LS u 11 Diaprojektoren) 02, UA Berlin Ens Mosaik. **AuftrKomp:** breaks (V u Kl) 2001, UA Kyoto In Music Students Fstv, J Albiker u M Roumiantseva, 01 (Auftr: Rom Musik Fondation). **Aufn/RF:** Th Hummel: 'Bruillards' 98, DR 99; V Janárceková: 'StrQua Nr 5' 92, HR 99; G F Haas: '1. Qua' 97, BR; CD: L Berio: Sincronie, J Estrada: Canto Mnémico, K Müller Thorn u G Kurtág: Quartetto per archi op 1, 01. **UA:** R Barrett: '13 Selfportraits' 02; N Brass: 'StrQua Nr 2' 2000; X Chen: 'StrQua Nr 2' 98; A Filanenko: 'Kiefers Schatten' 98; O Finnendahl: 'Fälschung' 03, G F Haas: 'Blumenstück' f 32stimm Chor, BassTb, StrQua u KB 2000, '3. StrQua' 02; T Hummel: 'Bruillards' 98; V Janárcková: 'StrQua Nr 5' 92; K Müller: 'Zeug' 99; G Netti: 'place' 01; S Newski: 'Fotografie u Berührung' 2000; M Randall Osborn: 'Four Views Coming and Going' 01; E Poppe: 'Gelöschte Lieder' 96; 'Tier' 02; C del Rosario: 'Elegia III', 'Sari-Sarihan IV'; A Shchetynsky: 'StrQua' 98.

Kandl, Jörg, Schauspielmusiker; c/o Theater Junge Generation, Meißner Landstr 4, D-01157 Dresden. **Laufb:** Lt SchspM Th Junge Generation Dresden SpZ 03/05. (Red)

Kandyba, Tatyana, Korrepetitorin; c/o Wiener Kammeroper, Fleischmarkt 24, A-1010 Wien. **Laufb:** Korr Wiener Kammerop. (Red)

Kanel, Vladimir de, Sänger (Bassbariton); c/o Oper Frankfurt, Untermainanlage 11, D-60311 Frankfurt [Shanghai]. **Ausb:** priv Gesangsausb Rio de Janeiro, Stud MH München, Berlin, Rossini-Kons Pesaro ab 67. **Laufb:** Debüt (Basilio 'Il Barbiere di Siviglia') Kolumbien 62, EnsMitgl Op Frankfurt seit 69 (Zaccharias 'Nabucco', König Philip (Don Carlos), Daland 'Fliegender Holländer', Komtur 'Don Giovanni', Fürst Gremin 'Eugen Onegin', Hans Foltz 'Die Meistersinger v Nürnberg'), KamSänger Op Frankfurt 97, Gastsp Paris, Brüssel, Venedig, Lissabon, Barcelona, Buenos Aires, Konz, Fernseh-, Film- u RF-Aufn. **Pr:** Prtr mehrerer int Wettb. (Red)

Kang, Philip, Bass; c/o Theateragentur Dr Germinal Hilbert, Maximilianstr 22, D-80539 München, T: (0 89) 2 90 74 70, F: 29 07 47 90; c/o Deutsche Oper, Bismarckstr 35, D-10627 Berlin; *www.hilbert.de*. **Laufb:** Sol Dt Op Berlin, Kom Op Berlin. (Red)

Kang, Soon-Won, Bass; c/o Oper Frankfurt, Untermainanlage 11, D-60311 Frankfurt, T: (01 60) 98 22 74 44 [Südkorea]. **Ausb:** Gesang Han-Yang U Seoul, Abschluß (P Miranda Ferraro) Giuseppe-Verdi-Kons Mailand. **Laufb:** Debüt (Figaro 'Le Nozze di Figaro') Korean Nationalth 94, EnsMitgl Op Leipzig seit 97, Op Frankfurt SpZ 2001/02, umfangr Repertoire (ua Colline 'La Bohème', Zuniga 'Carmen', Grenville 'La Traviata', 1. Soldat 'Salome', Figaro 'Le Nozze di Figaro', Leporello, Don Giovanni 'Don Giovanni', Guglielmo 'Così fan tutte', Raimondo 'Lucia di Lammermoor', Ceprano 'Rigoletto', Dottore Grenvil 'La Traviata'), Sol Op Frankfurt SpZ 02/05. (Red)

Kang, Yosep, Sänger; Stülerstr 9, D-10787 Berlin; c/o Niedersächsische Staatstheater Hannover, Opernpl 1, D-30159 Hannover. **Laufb:** Sol Dt Op Berlin, Gastsol Op Hannover SpZ 04/05, Sol Staatsop Stuttgart. **Pr:** Prtr Concorso di G.B. Viotti Vercelli 2000, Mozart-Wettb Salzburg 02, Int Gesangswettb Ferruccio Tagliavini Graz 04. (Red)

Kania-Knobloch, Agathe, Prof, Hochschullehrerin, Sängerin; Univ f Musik u Darst Kunst, Inst 7, Jakoministr 3–5, A-8010 Graz, T: (03 16) 3 89 33 67, F: 3 89 30 71, *agathe.kania-knobloch@kug.ac.at*; Chopinstr 9, D-01324 Dresden, T: (03 51) 2 68 54 80. ital Oper, dt Oper, dt Lied **Ausb:** Stud (MErz, Germanistik, MWiss) U Mainz 71–77, Ges (R Knoll) Mozarteum Salzburg 77–81, Mstrkse b W Berry, E Schwarzkopf, M Warren, J Cash, S Jurinac 79–83. **Laufb:** o UProf (Ges, Stimmbild) U f M u Darst Kunst Graz, Sol Landesth Salzburg 78–81, Stadtth Augsburg 81–86, Op Kiel 87/88, Gastsol Op Graz 95/96, Gastsol Tiroler Landesth Innsbruck SpZ 2000/01, Gastsol Staatsop Prag 2000–03. **Mitgl:** BDG. – **Aufn/RF:** Bulgar RF Sofia: Ital Arien, dt Arien, dt Lieder, m RSO, Dgt: K H Knobloch 01/02; L v Beethoven: 9. Sinf, m RSO Sofia 02.

Kann, Hans (Pseud: Willibald Pomeisl), Prof, Klavier, Komponist, Autor, Klavierpädagoge; Sonnenfelsgasse 11/14, A-1010 Wien, T: (01) 5 12 01 47, F: 51 20 14 74, *roe.hee.kann@chello.at* [Wien 14.2.1927]. **Ausb:** Stud Kl (A Bloch, A Göllner, F Wührer, O Schulhof), Komp (J Lechthaler), Analyse (J Polnauer). **Laufb:** LAuftr Wiener Staatsakad 50–52, Lt Mstrkl Uni of Arts Ueno Tokyo, Musashino Acad musicae, Ueno Gakuen M College 55–58, Mstrkl Städt Akad Darmstadt 62–67, Konzertfachkl Uni f M Wien 77–95; Zyklus Mittagskonz im Wiener Konzerthaus 87; Tokyo, Kyoto, Osaka, Nagoya ua; Budapest, Peking, Shanghai, Nanking, Cheng-Du, Wien, Salzburg, St Petersburg, Prag, München, Berlin, Los Angeles. **Pr:** Ehrenkreuz f Wiss u Kunst 1. Kl, Körnerpr 61 u 63, Nestroy-Ring Wien 83, Ehrenkreuz f Wiss u Kunst 1. Kl 87, Ehrenmedaille Wien in Gold 92, Gr Silbernes Ehrenzeichen 92, Orden v heiligen Schatz am Halsband m d goldenen Strahlen Japan 94. **Mitgl:** AKM, Austro Mechana. – **Aufn/RF:** über 120 Einsp. **UA:** zahlr EA u UA: Schostakowitsch: 2. Kl-Konz, UA Wien; Prokofieff: 4. Kl-Konz f d linke Hand, UA Wien; Apostel: Jugendwerke, Korngold: Konzert f d linke Hand, Mendelssohn: Konz f kl u V, Berg: 5. Sonate, Variationen ua. **Zug:** K H Füssl: Refrains, P Kont: Kl-Konz. **Sonst:** 'Erfahrungen eines Pianisten' Tokio, Art in div Fach-Zs (Klavierpäd, japan Musik ua), Hg-Tätigkeit.

Kannen, Günter von, Bassbariton; Oosstr 18 a, D-76337 Waldbronn; c/o Balmer & Dixon Management AG, Kreuzstr 82, CH-8032 Zürich, T: 04 32 44 86 44, F: 04 32 44 86 49, *mail@badix.ch*; *www.badix.ch/voc/kannen.html* [Mönchengladbach]. **Ausb:** Gesang (P Lohmann, F Martienssen). **Laufb:** ua: Kaiserslautern, Bonn, Karlsruhe, Op Zürich, Wagner: 'Der Ring d Nibelungen' (Alberich) Bayreuther FSp, Dgt: D Barenboim 88, dass Dt Op Berlin, dass Hamburg, Dgt: Albrecht, dass Bayreuther FSp, Dgt: G Sinopoli 2000, ausgedehnter Gastvertr Dt Staatsop Berlin seit 92, 'Wozzeck' (Doktor) Paris, Dgt: D Barenboim, dass Berlin 94, Wagner: 'Parsifal' (Klingsor) Bayreuther FSp, Dgt: G Sinopoli 96–99, Verdi: 'Falstaff' (Sir John) Op Köln, Dgt: J Conlon 97, dass Semperop Dresden 2000, Gastsp 'Rosenkavalier (Ochs) Tokyo, 'Fidelio' (Pizzaro) Tokyo, Dgt: F Leitner, 'Die Schweigsame Frau' (Morosus) Semperop Dredsden 98, Gastsp Amsterdam, Brüssel, Op Bastille Paris, Scala Mailand, Turin, Genf, Madrid, München, Chicago, San Francisco, Sol Dt Op Berlin (01/05), Sächs Staatsop Dresden SpZ 03/05, Bühnen d Stadt Köln, Bayer Staatsop München, Gastsol NatTh Mannheim SpZ 00/01. – **Aufn/RF:** Op 'Le Nozze die Figaro, Dgt: D Barenboim; Wagner: Op 'Parsifal' (Klingsor) Dgt: D Barenboim; Wagner: Op 'Der Ring d Nibelungen' (Alberich) Dgt: D Barenboim; Op 'Wozzeck' (Doktor) Dgt: D Barenboim; Op 'Fidelio' (Pizzaro) Dgt: Sir C Davis; Op 'Die Entführung aus d Serail' (Osmin) Dgt: Hogwood; Op 'Don Giovanni' (Komtur) Dgt: Soltesz; Schoeck: Kantate 'Lebendig begraben', Dgt: Weikert; 'Oedipus Rex' (Tiresias) Dgt: N Järvi; Busoni: 'Die Brautwahl' (Manasse) Dgt: D Barenboim; 'Capriccio' (La Roche), Dgt: G Prêtre. (Red)

Kanngiesser, Claus, Prof, Cello, Hochschullehrer; Petersbergweg 10, D-51503 Rösrath, T: (0 22 05) 8 32 40, F: 77 82; c/o Südwestdeutsche Konzertdirektion Erwin Russ, PF 104262, D-70037 Stuttgart, T: (07 11) 1 63 53 11, F: 1 63 53 30, *info@sksruss.de* [Oldenburg]. **Ausb:** Stud b H Schüchner/Hamburg u Z Nelsova/New York. **Laufb:** Prof (Vcl) H f Mudik Köln, künstl Ltg 'Sommerliche Musiktage Hitzacker', Juror b int Wettb (München, Genf, Scheveningen ua). (Red)

Kante, Peter-Nikolaus, Sänger; Mintropstr 26, D-40215 Düsseldorf, T: (02 11) 37 48 69. **Laufb:** Sol Dt Op am Rhein Düsseldorf-Duisburg. (Red)

Kanthou, Eugenia, Prof, Hochschullehrerin, Gitarre; H f Musik 'Hanns Eisler', Charlottenstr 55, D-10117 Berlin, T: (0 30) 79 70 96 77; Rothenburgstr 25, D-12165 Berlin, T: (0 30) 79 70 96 77. **Laufb:** Prof (Git, KamM) H f Musik 'Hanns Eisler' Berlin. (Red)

Kantschieder, Paul, Dirigent; Innrain 56/II, A-6020 Innsbruck, T: (06 64) 3 93 93 68, *paul.kantschieder@chello.at*; *www.realsound.it* [Innsbruck 29.1.1943]. Oper, Konzert **Ausb:** Kons Innsbruck, St Cecilia Rom, T Serafin. **Laufb:** Chefdgt Österr KamOrch, Tourneen Dt, Österr, Italien; Chefdgt Masur Philh, Tourneen CH, Belgien; Dgt Tiroler Ldesth Innsbruck, Royal Philh Orch London. – **Aufn/RF:** E Bloch: 'Schelomo', 'Voice in the Wildernis', m Royal Philh Orch; Cembalo-Konz d 20 Jhs; S Rachmaninow: 3 Symphonien; L v Beethoven: Fidelio (Gesamtaufn); B Britten: 'Albert Herring'; E Humperdinck: 'Hänsel u Gretel'. **UA:** B Britten: 'The Rape of Lucretia', österr EA Tiroler Ldesth Innsbruck. **Sonst:** Tonträgerproduktion.

Kapellmann, Franz-Josef, Bariton; c/o Theateragentur Dr Germinal Hilbert, Maximilianstr 22, D-80539 München, T: (0 89) 2 90 74 70, F: 29 07 47 90; c/o Bayerische Staatsoper, Brieffach, D-80075 München; *www.hilbert.de* [Burscheid 23.9.1945]. **Laufb:** EnsMitgl Op Bonn, Gast Mailänder Scala, Hamburg, München, Berlin, Paris, Wien, New York, Mailand (Der Freischütz), Buenos Aires u Genf (Der Rosenkavalier), Bilbao u Genf (Ring), Sol Dt Op Berlin, Staatsth Stuttgart u Bayer Staatsop – NatTh München SpZ 03/04. – **Aufn/RF:** Goldschmidt: Der gewaltige Hahnrei; Das Rheingold, Dgt: Dohnányi; Fidelio, Dgt: Mackerras. (Red)

Kapfer, Herbert Christian, Prof, MA, Kapellmeister, Chordirektor, Klavier, Orgel; Hangsiedlung 29, A-9071 Köttmannsdorf, T: (0 42 20) 21 46, F: 21 46, *herbert.kapfer@aon.at*; *www.chor-musik.com* [Wien 16.7.1935]. Chor-Orchesterwerke **Ausb:** U Wien (Stud Allphilologie) 54–60. **Laufb:** Kapm u ChDir Stadtth Klagenfurt 70–95, Dir MVerein f Kärnten 84–96, Domkapm Dom Klagenfurt 76–2001. **Pr:** Silvesterorden (Vatikan), Ausz d Landes Kärnten u d Stadt Klagenfurt. – **Komp:** Messen, Motetten, Bearbeitungen.

Kapfhammer, Rita, Sängerin (Alt); Herzogstandweg 25, D-83670 Bad Heilbrunn, T: 0 17 04 40 90 66; c/o Theater Ulm, Herbert-von-Karajan-Pl 1, D-89073 Ulm. **Ausb:** H f M München 88–95 GesKl v Prof Reri Grist, Liedkl v Prof Helmut Deutsch u Wolfram Rieger, Stud b Jan-Hendrik Rootering. **Laufb:** Sol Ulmer Th seit 98/99. (Red)

Kapp, Reinhard, Mag, Dr, Prof, Hochschullehrer; Univ f Musik u Darst Kunst, Inst f Analyse, Theorie u Geschichte d Musik, Anton-von-Webern-Pl 1, A-1030 Wien, T: (01) 7 11 55 35 23, F: 7 11 55 35 96, *kapp@mdw.ac.at*. Musikgesch 19./20. Jhs, Gesch d mus Aufführung **Laufb:** o UProf f Musik u Darst Kunst Wien. – **Sonst:** Herausgabe d Wiener Veröffentl z Musikgesch, m M Grassl.

Kapplusch, Katrin, Sängerin; Liebigstr 12, D-08056 Zwickau, T: (03 75) 2 04 94 48. **Laufb:** Sol Th Plauen-Zwickau. (Red)

Kappus, Dorothée, Violine, Musikerin; Allschwilerstr 17, CH-4055 Basel, T: 06 13 81 00 64, F: 06 13 81 00 64 [Basel 25.3.1968]. **Ausb:** Stud V (A Zöldy, A Aprean) MH Basel 84–89, Aufbaustud (W Marschner) MH Freiburg/Br 90–92, Mstrkl (I Ozin) MH Bern 97. **Laufb:** Konz m Euler Qua, ua Heidelberg, Baden-Baden, Paris 94/95, Mitgl (1. V) SinfOrch Basel seit 98, Kappus Qua. **Ens:** Kappus Qua seit 98, Euler Qua Basel 94–95. – **Aufn/RF:** RF-Aufn m Euler Qua Radio DRS u SWF Baden-Baden 94/95. **UA:** A Stankovski: Szen KamM f V u Vcl 'Nähe/Distanz', UA Wien 93; M Derungs: MTh 'Aschenbrödel'; ders: Nachtstück (V Solo). **Zug:** M Derungs: Nachtstück (V Solo).

Kaps, Hansjoachim, Komponist; Berliner Str 18, D-14169 Berlin, T: (0 30) 8 11 26 18 [Berlin 2.11.1942]. **Ens:** Ltg Berliner Gitarrenens. – **Komp:** 'La Anadidura', 'Drei Flamencos', 'Impressionen' ua. (Red)

Karadschow, Iwan, Violine, Konzertmeister; c/o Orchester d Staatsoperette, Pirnaer Landstr 131, D-01257 Dresden. **Laufb:** Stellv Konzm I.Violinen Orch d Staatsoptte Dresden. (Red)

Karaian, Melikof, Prof, Hochschullehrer, Komponist; Rosittengasse 8a, A-5020 Salzburg [Istanbul 18.9.1938]. **Ausb:** Stud Komp (C Botto Vallarino) Santiago de Chile, (J Perceval) Belgien u G Becerra Schmidt 59–66. **Laufb:** Prof Universidad Chile 63–73, Prof Mozarteum Salzburg. – **Komp:** Herbst 89 (Elegie), UA Künstlerhaus Salzburg 91; Cantico 200 (f StrOrch), UA Salzburg, Gr Saal Stift Mozarteum 93 (Auftr: S Vegh, Camerata Salzburg); Simetria f Sop u Altfl (KamM); Oh Luz (KamM); Ricercare f Ob, Fag, Va u Vcl (KamM); Nocturno e Danza f Kl (KamM); Novilunio f V solo (KamM); Madrigal (Text: P Neruda) 5stimm a capella (KamM); Suite f KamOrch; OrchStück; El cuadro (KamOp n E Ionesco); Triptico f Hn u Kl; Luna Piena f Vcl solo, UA Salzburg, Wiener Saal 01 (Auftr: H Litschauer); StrQua (Auftr: Stadler Qua); Senza Primavera f Fl u PercEns (Auftr I Grafenauer); Novilunio II f Va solo; Oror f Vcl u Perc; Spiritual Song (f StrInstr). **Aufn/RF:** Cantico 200 m Camerata Acad, Lt S Vegh, ORF u CD; Herbst 89, Lt: J Rotter, ORF. **Sonst:** div Aufsätze über lateinamerik Kultur u Musik ua in Santiago de Chile, Wien, Istanbul.

Karajev, Christiane, Prof, Hochschullehrerin, Klavier; Univ f Musik u Darst Kunst, Inst Ludwig van Beethoven, Rennweg 8, A-1030 Wien. **Ausb:** Stud U f Musik u Darst Kunst Wien u Tschaikowsky-Kon Moskau (R Hauser, D Weber, L Naumov u W Kempff). **Laufb:** Prof (MPäd) U f Musik u Darst Kunst Wien. **Pr:** Prtr Int Beethoven-Wettb. **Ens:** Beethoven Trio Wien. (Red)

Karanfilova, Eli, Viola; c/o Orchestre de Chambre de Lausanne, Rue Saint-Laurent 19, CH-1003 Lausanne, T: 02 13 45 00 20, F: 02 13 45 00 21, *ocl@vtxnet.ch*; *www.regart.ch/ocl*. **Laufb:** Sol Orch de Chambre de Lausanne. **Ens:** Camerata Lysy.

Karasiak, Andreas, Tenor; Johannes-Gutenberg-Universität Mainz, Binger Str 26, D-55122 Mainz, T: (0 61 31) 6 27 97 82, *webmaster@andreaskarasiak.de*; *www.andreaskarasiak.de*, *www.karasiak.de*. Konzert, Oper **Ausb:** Stud Ges (C Eder) Johannes Gutenberg-U Mainz. **Laufb:** EnsMitgl Nationalth Mannheim (Tamino, Ferrando, Belmonte, Alfred, Jaquino, Testo, Uriel), Th Weimar Braunschweig, Oldenburg, Stuttgart, Kaiserslautern, Melbourne, Bilbao, Mainz, Tätigkeit als Orat- u Liedsänger im europ In- u Ausland, als Sol ZusArb m 'Akad f Alte M Berlin', Freiburger Barockorch, Barockorch L'Arco, 'Concerto Köln', RSO Berlin, SWR-RF-Orch, Münchener Bach-Orch, Dresdner Kreuzchor, Thomanerchor Leipzig, Knabenchor Hannover, 'Collegium Vocale Gent', RIAS KamChor. **Pr:** Prtr Bundeswettb Ges Berlin 98. – **Aufn/RF:** ua RF-Aufn: ua 'Winterreise', 'Die schöne Müllerin', Schumann-Lieder, Lieder, Kantaten, Oratorien; CDs: ua 'La Stagione', Frankfurt, Thomanerchor Leipzig; RF- u CD-Aufn m Herreweghe, Leonhardt, M Schneider, Chr Spering u Koopman.

Karche, Vincent, Tenor; 25 bd de l'Orangerie, F-67000 Strasbourg, T: 06 21 33 34 02, *vincent.karche@free.fr*; c/o Erich Seitter Bühnen- und Konzertvermittlung, Opernring 8/13, A-1010 Wien, T: (01) 5 13 75 92, F: 5 12 93 51, *agentur.seitter@aon.at* [Moyeuvre-Grande, Lothringen 12.10.1967]. Gesang u ital Oper, Konzert, Oratorium **Ausb:** Stud (Gesang) MH Nizza 94–96, Lehrer Nicolaï Gedda 03. **Laufb:** Gastsol Tiroler Ldsth SpZ 00/01, 03/04, Sol Th Basel SpZ 01/02, 02/03, Gastsol Staatsth Karlsruhe SpZ 02/03, 03/04, Gastsol Bregenz FSp SpZ 03/04, Sol Lehár Festival 05.

Kardelen, Ögunc, Sänger; c/o Junge Kammeroper Köln, Florastr 93, D-50733 Köln. (Red)

Kardos, Georg, Dirigent, Hochschullehrer; Taunusstr 36, D-64380 Rossdorf, T: (0 61 54) 85 56; c/o Akad f Tonkunst, Ludwigshöhstr 120, D-64285 Darmstadt [Budapest]. Oper **Ausb:** Kons Budapest, (A Bittner) MH Hamburg bis 67. **Laufb:** Doz (Korr) Akad f Tonkunst Darmstadt, Kapm Hannover, Aachen, Karlsruhe, Lübeck, Darmstadt 67–98.

Karišik, Maida, Mezzosopran; Rudolf-von-Alt-Pl 5, A-1030 Wien, T: (06 99) 11 04 22 70 [Sarajevo, Bosnien-Herzegowina]. **Ausb:** Stud Ges (C Zaharia) Kons Wien, Schwerpunkt Alte Musik; Mstrkse b P Esswood, W Christie, W Berry, O Bär, P Wise, T Berganza. **Laufb:** Sol Neue Op Wien, KamOp Wien. (*)

Karkoschka, Erhard, Dr, Prof, Komponist; Nellinger Str 45c, D-70619 Stuttgart, T: (07 11) 44 54 33, F: 4 40 34 76, *KARKOSCHKAERHARD@aol.com* [Mährisch Ostrau 6.3.1923]. Neue Musik **Ausb:** Stud (Dirig, Komp) MH Stuttgart, (Philosophie, RelWiss, MWiss) U Tübingen, Prom Dr phil59. **Laufb:** L MH Stuttgart 58–96, Lt Studio f Elektron Musik u Ens f Neue Musik, Vorstandsmitgl Inst f Neue Musik u Musikerz 62–70, Präs Ges IGNM, Sektion BRD 74–80, Tourneen m Ens f Neue Musik in Dtschld, Dänemark, Schweden, Österreich, Italien, Jugoslawien, Schweiz, Ungarn. **Pr:** Künstlergilde Esslingen 54, 62, 71, Recklinghausen 56, Stuttgart 57, Dt Sängerbund 73, Montserrat 82, Dt Musikrat 97, Ensle-Pr d Baden-Württemberg Kunststift 99, Mitgl Freie Akad d Künste Mannheim. – **Komp:** Quattrologe (Streichqua), UA München 66; Variationen zu keinem Originalthema u aus diesem heraus (gr Orch) 74, UA Koblenz 74; Teleologies (gr Orch), UA Manila 79; Entfalten (gr Orch), UA SDR Stuttgart 83; Vier Stufen f Orchester, UA Baden-Baden 83; Zeitmosaik (elektr Musik), UA Stuttgart 85; Bläsergedichte, UA Stuttgart 88; Orpheus ? oder Hadeshöhe (KamOp), UA Weissenhorn 92; In Quarto: Papafrebe, UA Karlsruhe 98. **AuftrKomp:** zahlr. **UA:** ca 30 mit Ens Neue Musik. **Sonst:** Das Schriftbild d Neuen Musik 66 (engl 72, japan 76, chines i Dr); Analyse Neuer Musik 76; Hörerz m Neuer Musik 81.

Karl, Natalie, Sängerin (Sopran); c/o Komische Oper, Behrensstr 55–57, D-10117 Berlin [San Remo, Italien]. **Ausb:** Gesang (L Bosabalian) MH Stuttgart, Mstrkse (B Fassbaender, A Baldin, B Weikl). **Laufb:** EnsMitgl Op Köln 95 (Nanetta 'Falstaff', Atalanta 'Xerxes', Susanna 'Nozze di Figaro', Ännchen 'Freischütz', Olympia 'Les Contes d'Hoffmann', Nachtigall 'Die Vögel', Waldvogel 'Siegfried'), Gast SemperOp Dresden (bis SpZ 04/05)(Blonde 'Entführung') sowie an anderen OpHäusern im In- u Ausland, Sol Kom Op Berlin SpZ 04/05. **Pr:** Prtr IV. Int Koloratur-Gesangswettb Luxembourg, 'Meistersinger'-Wettb Nürnberg, II. Int Gesangswettb Budapester Staatsop. (Red)

Karlsen, Turid, jugendlich-dramatischer Sopran; Kantstr 120, D-10625 Berlin, T: (0 30) 8 01 55 80, 01 72–3 81 60 90, F: (0 30) 31 50 32 93, *Karlsen-turid@web.de*; *www.turidkarlsen.com* [Oslo, Norwegen]. Oper: R. Strauss, R Wagner, dt Fach; Konz: ua Beethoven, Dvořák, Britten **Ausb:** Stud Kons f Musik Maastricht, pädagog Examen 83, OpAbschluss 85, KonzAbschluss 86. **Laufb:** Sol Badisches Staatsth Karlsruhe 85–92, Bayreuther FSp (Blumenmädchen b Parsifal) 87, Op Stadt Bonn 92–97, freiberufl seit 97, Gastsol Bühnen d Landeshauptstadt Kiel, Gastsol Pfalzth Kaiserslautern SpZ 00/01, Städt Bühnen Freiburg SpZ 00/01, Debüt Op Pacific USA (Salome u Leonora) 03, Quebeck Canada (Turandot) 03. – **Aufn/RF:** RF: Grieglieder m Oslo Philharm Orch, Lt M Jansons 2000; Beethoven: 'Missa Solemnis', St Laurenzkirche, DSO, Lt S Weigle 01; 'Idomeneo' (Elettra), MDR RF-Chor, -Orch Leipzig, Lt H Arman 02, zahlr RF-Aufn in USA; CDs: L Schlegel: 'Lieder' m F v Ruth (Kl); Krenek: 'Karl V m Orch d Beethovenhalle Bonn, Lt M Soustrot 2000; Zemblinsky: 'Lyric Symphony' m Czech Philharm Orch, Lt A Beaumont 03.

Karlström, Dan, Tenor; Jägerstr 1A, D-04157 Leipzig, T: (03 41) 9 02 27 11; c/o ALLEGRO artist management, Rosenstr 2, D-10178 Berlin, T: (0 30) 2 43 10 21 66, F: 2 43 10 25 94 [Åland 1970]. **Ausb:** Stud Ges (U Ståhl-Grapes) Helsinki 92, Stud (A Hirvonen) Sibelius-Akad Helsinki 94, Stud (H Brauer) Berlin, Mstrkl ua b J Ryhänen, T Krause, G Goldberg, G Kahry, A Zedda, I Gavrilovic. **Laufb:** Sol KamOp Skaala, Th Helsinki, Finn Nationalop, Schillerth Nordrhein-Westfalen Gelsenkirchen 99–2000, Staatsth Darmstadt seit 2000, Op Leipzig seit 02/03, Savonlinna OpFstv 99, 04. (Red)

Karmanski, Anja, Sängerin; c/o Anhaltisches Theater Dessau, Friedenspl 1a, D-06844 Dessau. **Laufb:** Gastsol Anhalt Th Dessau SpZ 03/05. (Red)

Karmon, Nina, Violine; c/o european classics, Detlef Hartmann, Winzerweg 12, D-97877 Wertheim, T: (0 93 97) 9 29 98 98, F: 9 29 98 99, *der@kulturmanager.com*; *www.nina-karmon.com* [Stuttgart]. **Laufb:** Sol m RSO Stuttgart, RSO Oslo, Wiener KamOrch, KamOrch Stuttgart, Württembergisches KamOrch Heilbronn. (Red)

Karnetzki, Sigurd, Sänger; Kurfürstendamm 59, D-10707 Berlin, T: (0 30) 3 23 72 36, *SigurdKarnetzki@web.de*; Milowsgang 2, D-17235 Neustrelitz, T: (0 39 81) 23 77 88 [Berlin 11.6.1951]. Oper, Operette, Musical, Mod Sängerdarsteller **Ausb:** Stud (Gesang, MTh) H d Künste Berlin 77–82. **Laufb:** Dt Op Berlin 77–81, Th d Westens Berlin 82, 94–96, Stadtth Lüneburg 82–84, Landesth Coburg 84–87, Städt Bühnen Freiburg 87, Vereinigte Bühnen Wien 88/89, Landesth Stendal 91–93, Vogtland Th Plauen 93, Städt Bühnen Augsburg 94/95, Stadtth Würzburg 96/97, Th Hagen 99, Städt Bühnen Osnabrück 93/94, 97/98 u 2000–02, Pocket Op Nürnberg seit 87, Landesth Mecklenburg/Neustrelitz 95–97 u seit 2000, Städt Bühnen Lübeck 02. **Mitgl:** GDBA seit 81. – **Aufn/RF:** Webber: Das Phantom der Oper, m Orch d Vereinigten Bühnen Wien, Dgt: C Richter 89 (Gesamt-CD); Henze: Die Engl Katze, m SinfOrch Osnabrück, Dgt: L Koenigs 02 (Gesamt-Mitschnitt). **UA:** W D Siebert: Op 'Untergang d Titanic', UA Dt Op Berlin, Dgt: C Richter 79; M Kagel: Op 'Aus Deutschland', UA Dt Op Berlin, Dgt: M Gielen 81; J Strauß ua: Optte 'Königin Luise', UA Landesth Mecklenburg-Neustrelitz, Dgt: F Zacher 01; Optte: 'Königin Luise – eine Königin tanzt', UA Landesth Mecklenburg-Neustrelitz, Dgt: S Malzew 04. **Sonst:** Grdg Ens 'Gothic in Classics' 95.

Karnéus, Katarina, Sängerin (Sopran); c/o Bayerische Staatsoper, Briefach, D-80075 München; c/o Columbia Artists Management Inc, 165 West 57th St, New York, NY 10019–2276, U.S.A., T: (2 12) 8 41 95 00, F: 8 41 97 44, *info@cami.com* [Stockholm]. **Ausb:** Stud Trinity College of Music London un National Op Studio. **Laufb:** Auftritte Welsh Natl Op, English Nat Op, Op Comique u Op Bastille Paris, Chicago Lyric Op, Glyndebourne Fstv, Brüsseler Th de la Monnaie, Met Op New York, Gastsol Bayer Staatsop München 03/04, Münchner Opern-FSp 03, Gastsol Grand Th de Geneve 03/04, Op Frankfurt SpZ 04/05. **Pr:** 1. Pr Welt GesWettb 95. – **Aufn/RF:** 'Lieder' (R Strauss, Mahler, Marx) 98. (Red)

Karni, Gilad, Bratsche; c/o Arbetter Artists, Grossackerstr 100, CH-8041 Zürich, T: 04 32 43 18 25, F: 04 32 43 18 26, *info@arbetter-artists.com*; c/o Orchester der Deutschen Oper, Bismarckstr 35, D-10627 Berlin; *www.giladkarni.com*, *www.arbetter-artists.com*. **Laufb:** New York Philharmonic Orchestra 92, Sol Bamberger Symphoniker seit 97, 1. Bratscher Orch Dt Oper Berlin seit SpZ 03/04. **Pr:** 1. Pr 'Lionel Tertis Int Viola'-Musikwettb, 3. Preis 42. Int ARD-Musikwettb 93. (Red)

Karnolsky, Nicolai, Sänger; Königstr 32, D-45881 Gelsenkirchen, T: (02 09) 1 79 17 25, (01 78) 2 04 08 88. **Laufb:** Gastsol ensemb!e Th Biel/Bienne-Solothurn SpZ 00/01, Sol MTh im Revier Gelsenkirchen SpZ 03/04. (Red)

Karow, Reinhard, Sänger; c/o Pfalztheater Kaiserslautern, Willy-Brandt-Pl 4–5, D-67655 Kaiserslautern. (Red)

Karp, Volker, KV, Violine; c/o Dresdner Philharmonie, PF 120424, D-01005 Dresden, T: (03 51) 3 10 30 33 [Sagan, Schlesien 17.10.1943]. **Ausb:** Stud (V, Ob) H f M Leipzig (Graefe u Schack) 62–67. **Laufb:** Philh StaatsOrch Halle 67–69, Komische Op Berlin 69–73, Dresdner Philh seit 73. **Pr:** Kammervirtuos 95. **Ens:** Lt Barock-Collegium d Dresdner Philh 75–90. **Mitgl:** Delegierter d DOV seit 90. – **Sonst:** Fachbeitr f Tageszeitungen über Musiker ('Große Geiger').

Karr-Bertoli, Julius, Kapellmeister, Dirigent; Sommerstr 9, D-81543 München, T: (0 89) 6 51 47 89, F: 6 51 47 89 [München]. Klassik, Romantik u zeitgen Musik **Ausb:** Stud V (Stross), Kl (Dorfmüller), Hn (Suttner), Dirig (Knappe), Komp (Geierhaas) Akad d Tonkunst (Odeon) München 34–40. **Laufb:** Bühnenmusiker Bayer Staatsth 36–39, ebd erstes Dirigat 39, Pianist Kurorch Bad Hofgastein 40, Rep Th Reichenberg/Böhmen 41, Solorep Städt Bühnen Dortmund 42, OpKapm ebd 43–45, ständ freier Mitarb am BR (ua Ass b E Jochum) 45–60, Dgt (Münchner Kammerspiele) Strawinskys 'Geschichte vom Soldaten' (Regie: Dr Rennert) m Münchner Philh u Mitgl d BR 55, als freischaff Dgt weltweit in rund 50 Ländern tätig seit 60, ständ Gastdgt Griech RF Athen 61–65, ständ Gastdgt Philh 'George Enescu', Rumänien (erster dt Dgt nach dem Krieg) 66–71, Prof Richard-Strauss-Kons München 72–85, 1. Gastdgt Suk KamOrch Prag u KamOrch d Solisten-Akad Almaty, viele Dvořák- u Schostakowitsch-EA in aller Welt, Fstvs in Österreich, Schweiz u USA, Konz ua m Milstein, Suk, Fournier, Wilkomirska, Petrov, ZusArb ua m Orch in Berlin, Beijing, Bukarest, Brüssel, Mexiko, München, Paris, Rio de Janeiro, Sofia, Riga, St Petersburg u Wien, Begrdg kultureller Beziehungen zw Dtld u Albanien 91, Festkonz z 85. Geburtstag Tirana 05. **Pr:** zahlr Ehrungen, ua 'ständ korr Mitgl' Dvořák-Ges Prag, Med 'München leuchtet', BVK am Bande u I. Kl, Int Order of Merit Cambridge, ua Ehrenmitgl Förderverein f Bair Sprache u Dialekte, Ehrenmitgl MIR (Russ Kulturzentrum München), Hon-Gastdgt 'Orqu Sinfónica Nacional' Panamá, HonProf Nat Cons of Music Bishkek, Kirgistan, 'European Music Director' (Int Society – African to American Music), 'Top 100 Musicians 2005' (Med 'European Music Ambassador') u 'The First Five Hundred' (Cambridge). **Mitgl:** Beethoven-Ges, Knappertsbusch-Ges, Karl-May-Ges, London Dvořák Society. – **Aufn/RF:** Schallpl: rumän Komp, Bukarest; CD: Pergolesi, m J Suk, Prag; CD v RF-Prod u KonzMitschn: ua Pergolesi; Bach; Mozart; Schostakowitsch: 8. Symph, m SymphOrch Graunke, dt EA 57 (BR); ders: 9. Symph, schweizer EA 60 (SR); Dvořák: 7. Symph, lett EA 94 (Lett RF); Mendelssohn-Bartholdy: 8. Jugendsinf (BR). **UA:** W Vogel: 'Alla memoria di G B Pergolesi' (f Ten u Str), UA Pergolesi-Fstv Zürich 59 (SR); Beethoven: 6. Symph (Pastorale), EA Albanien, Tirana; Ders: 10. Symph (1. Satz), EA Riga u München; Dvořák: EA mehrerer Symph, insbes Nr 7, München, Riga, Taipei, Nürnberg, Mailand, University Park (USA); Pergolesi/Wassenaer: Concertini u andere Werke, EA Zürich, Prag, Wien, München, Bayreuth, Neapel; Mozart/Bach: Fünf Fugen m langsamen Einleitungssätzen (KV 405), EA München, Weimar. **Sonst:** Veröff: '1939 50 Jahre m Mozart 1989', z d Mozartjahren 1991 u 2006. **Lit:** Biographien in dt u int Lexika, ua 'Wer ist wer', 'Who's Who in Music', '2000 Outstanding Musicians of the 20th Century', 'Int Book of Honor'.

Karrer, Bruno, Prof, Komponist, Dozent; Hörenstr 38, CH-9113 Degersheim, T: 07 13 70 00 65, F: 07 13 70 00 67, *b.karrer@bluewin.ch*; *www.musinfo.ch* [St Gallen 25.12.1956]. **Ausb:** Stud (Git) MH Winterthur/Zürich 78–85, Stud (Theorie, Komp) 82–85. **Laufb:** Doz H f M u Th Winterthur/Zürich seit 86, Aufführungen im In- u Ausland, Teiln an div Symposien f Neue Musik. **Pr:** Werkpr d Stadt St Gallen 92, Werkpr d Kantons St Gallen 98. **Mitgl:** Präsident 'contrapunkt St Gallen' (Schweizer Sektion d IGNM). – **Komp:** zuletzt: Stimmen (Qui) 99; Tableau II (f Vcl solo) 99; Tableau III 2000; AuftrKomp ua f Pro Helvetia, STV, Passages Européens, St Galler Domorgelkonz. **AuftrKomp:** ua: ABOUT, 95; mäander, Boswil, 97; Musik zu Jjob, St Galler Domorgelkonz, 99; V-Konz, St Gallen, 02; ROTHKO II (Str-Qua No 2), Appenzell, 05.

Karsko, Igor, Violine, Hochschullehrer; c/o Luzerner Sinfonieorchester, Zentralstr 44, CH-6003 Luzern; Musikhochschule Fak I, Zentralstr 18, CH-6003 Luzern. **Laufb:** Doz (V, Orchausb) MH Luzern. (Red)

Karwath, Jürgen, Violine; Tiefurter Weg 7, D-99425 Weimar, T: (03 64 53) 8 13 33; c/o Staatskapelle, Theaterpl 2, D-99423 Weimar. **Laufb:** Konzm Staatskapelle Weimar. (Red)

Kasarova, Vesselina, Mezzosopran; c/o Theateragentur Dr Germinal Hilbert, Maximilianstr 22, D-80539 München, T: (0 89) 2 90 74 70, F: 29 07 47 90; c/o Deutsche Oper Berlin, Bismarckstr 35, D-10627 Berlin; *www.kasarova.com, www.hilbert.de*. **Laufb:** Sol Dt Op Berlin, Bayer Staatsop München, Op Köln, Op Zürich seit SpZ 03/04, GastSol Semperop Dresden SpZ 04/05, Konz Kölner Phil 05, Münchner Sonntagskonz 05 u 06. (Red)

Kashiwagi, Hiroko, Dipl, Sängerin; Worringerstr 93, D-42119 Wuppertal, T: (02 02) 42 14 57, F: 43 67 88, *shigeokashiwagi@wtal.de* [Fukuoka, Japan 10.3.1940]. Lieder aus versch Ländern (Dtschld, Spanien, Italien, Japan) **Laufb:** Sol Dt Op am Rhein 70–73 u 78–93, Sol Bielefeld 73–78, Gastsol Staatsop München, Semperop Dresden, Dt Op Berlin, Stuttgart, Hannover, Welsh Nat Op; KonzTournee Japan 84–01 u China 91.

Kashkashian, Kim, Viola; c/o Impresariat Sonia Simmenauer, Bornstr 12, D-20146 Hamburg, T: (0 40) 42 31 31 11, F: 42 31 31 13, *Sonia.Simmenauer@impresariat-simmenauer.de*; c/o Künstlervermittlung Klaus Eisenberger, Peter-Jordan-Str 8, A-1190 Wien, T: (01) 3 68 13 63, F: 3 69 23 23, *Eisenberger@classic-music.at*; *www.impresariat-simmenauer.de* [Detroit]. **Ausb:** Stud Va (W Trampler, K Tuttle) Peabody Cons of M. **Laufb:** Gastsol führender Orch in New York, Berlin, Wien, London, Tokio, Schwetzinger FSp 05; KamMPartnerin ua v Beaux Art Trio, Guarneri, Tokyo- u Emerson Qua; intensive ZusArb m Komp, ua S Gubaidulina, J Harbison, G Kancheli, K Penderecki, G Kurtág, A Schnittke, L Berio; Prof (Va) H f M Freiburg, H f M 'Hanns Eisler' Berlin bis 96, New England Cons Boston seit 2000. **Pr:** Lionel Tertis Comp, ARD-Wettb München, Edison-Pr 99, Diapason d'or 02, Gramophone, Editor's Choice, Pr 02. – **Aufn/RF:** Mozart, Sinfonia Concertante, Divertimento KV 563; Hindemith, Sonaten, m R Levin; Hindemith, Britten, Penderecki, Werke f Va, m Stuttgarter KamOrch, Dgt D Russell Davies; Brahms, Sonaten f Va u Kl, m R Levin; Bach, 3 Son f Va da Gamba u Cembalo, m K Jarrett; Kancheli u Schnittke, Konz f Va u Orch, Dgt D Russell Davies; Schostakowitsch, Chihara, Bouchard, Werke f Va, Kl u Perc, m R Levin u R Schulkowsky; Bartók, Eötvös, Kurtàg, VaKonz, Dgt P Eötvös; Berio, 'Voci', m R Schulkowsky, Radio SinfOrch Wien, Dgt D Russell Davies. (Red)

Kasper, Michael M, Violoncello; c/o Ensemble Modern, Schwedlerstr 2–3, D-60314 Frankfurt, T: (0 69) 94 34 30 10, F: 94 34 30 30, *info@ensemble-modern.com*; *www.ensemble-modern.com* [Mainz 1957]. **Pr:** zahlr Pr m Ens Modern. **Ens:** Ensemble Modern. – **Aufn/RF:** zahlr Schallpl, CDs, RF-Mitschn m Ens Modern. **UA:** zahlr EA/UA m Ens Modern.

Kassube, Stephanie, Sängerin; c/o Bremer Theater, Am Goethepl 1–3, D-28203 Bremen, PF 101046, D-28010 Bremen. **Laufb:** Gastsol Th Bremen SpZ 03/05. (Red)

Kastner, Stefan, Sänger; Zenettistr 32, D-80337 München, T: (0 89) 76 70 10 24 [München]. Oper, Operette **Ausb:** Richard-Strauss-Kons München. **Laufb:** Int Musikfestival i Chiemgau 01 u 03, Sol Freies Landesth Bayern Miesbach, GastSol Th Freiburg u ppp-musiktheater München/Berlin SpZ 03/04.

Kastón, Motti, Sänger; Alexanderstr 134, D-70180 Stuttgart, T: (07 11) 6 40 03 17; c/o Lore Blümel Opern- und Konzertagentur, Heiglhofstr 49, D-81377 München, T: (0 89) 8 59 38 64, F: 8 59 37 59, *opkoag-bluemel@t-online.de*. **Laufb:** Sol Staatsth Stuttgart. (Red)

Kastorp, Wolfram, Sänger; c/o Junge Kammeroper Köln, Florastr 93, D-50733 Köln. (Red)

Kasumba, Florence, Sängerin; c/o Colosseum Theater Essen, Altendorferstr 1, D-45127 Essen [Kampala 26.10.1976]. **Ausb:** Stud Musical Th (Ges, Tanz, Schauspiel) Fontys Dansacademie Tilburg NL 97–01. **Laufb:** 'Evita' Tournee 2000/01, 'West Side Story' Stadtth Klagenfurt 01, 'Jesus Christ Superstar' Ldesth Linz 01/02, 'Mamma mia' FSp Bad Hersfeld 02, 'Aida' Operettenhaus Hamburg 02/03, Sol Colosseum Th Essen u Optte Hamburg SpZ03/04.

Kathol, Marko, Sänger; Pflüglstr 4 a, D-80999 München, T: (0 89) 8 11 68 01; c/o Bühnen der Stadt Köln – Opernhaus, PF 101061, D-50450 Köln. **Laufb:** Sol Staatsth am Gärtnerpl München (03/05), Stadtth Klagenfurt, Gastsol Staatsoptte Dresden SpZ 00/05, Th Baden b Wien SpZ 04/05, SeeFSp Mörbisch 05, Sol Volksop Wien SpZ 04/05, Op Köln. (Red)

Kato, Kenji, Klavier, Hochschullehrer; Brucknerstr 7, D-35418 Buseck, T: (0 64 08) 79 99; Dr. Hoch's Konservatorium, Hebelstr 15–19, D-60318 Frankfurt, T: (0 69) 9 15 00 40, F: 5 96 15 76, *mail@dr-hochs.de*. **Laufb:** Doz (Kl) Dr Hoch's Kons Frankfurt. (Red)

Katsaris, Cyprien, Klavier; c/o Françoise Calteux Secrétariat Artistique, 95, rue Marcadet, F-75018 Paris; c/o Künstleragentur Dr. Raab & Dr. Böhm, Plankengasse 7, A-1010 Wien, T: (01) 51 20 50 10, F: 5 12 77 43, *office@rbartists.at*; *www.rbartists.at* [Marseilles 5.5.1951]. Konzert **Ausb:** Unterr Kl (M-G Louwerse) Kamerun, Stud Kl (A v Barentzen, M de la Bruchollerie, R Leroy, J Hubeau) Cons Nat Sup Paris. **Laufb:** Konz-Debüt Th des Champs-Elysées Paris m Orch Symphonique d'Ile-de-France, Konz m Orch wie Berlinder Philharmoniker, Gewandhausorch Leipzig, SWR SinfOrch Baden-Baden u Freiburg, MDR SinfOrch, Radio SinfOrch Stuttgart, Stuttgarter Philharmoniker, Philharm Staatsorch Halle, ORF-SinfOrch, Wiener KamOrch, Philadelphia Orch, Cleveland Orch, Nat Symph Orch Washington DC, Detroit Symphony, Orch Symph de Montréal, Toronto Symphony, Philh London, City of Birmingham Symph Orch, Royal Concertgebouw amsterdam, Solistes Européens Luxembourg, NHK Symph Orch Tokio, Japan Philharm Orch, Moskau Philharm Orch, Orch de la Suisse Romand, Chamber Orch of Europe, Mexiko Philharm Orch (b EröffnKonz 78); ZusArb m Dgt wie L Bernstein, E Ormandy, M Rostropowitsch, S Rattle, K Masur, C v Dohnanyi, N Harnoncourt, L Hager, S Végh, D Kitajenko, V Fedoseyev, R Barshai, I Fischer, K Nagano, A Dorati, J Conlon, C Mackerras, E Inbal, C Dutoit, M Soustrot, K Münchinger (dessen Abschiedskonz m Stuttgarter KamOrch 86); Grdg Katsaris Piano Qua; Ltg Mstrkl Mozarteum Salzburg, Univ Toronto, Acad of Performing Arts Hongkong, Mannes College of M New York City, Royal Cons of The Hague, Arts Acad Mexiko, künstl Lt Int Fstv Echternach/Luxemburg seit 77. **Pr:** Pr d Albert Roussel-Stift 70, Prtr Concours Reine Elisabeth Brüssel 72, Alex-de-Vries-Stift 72, Int Cziffra-Wettb 74, Chevalier du Mérite Camerounais 75, 'Young Interprets Int Rostrum' (UNESCO 77), Grand Pr du Disque F Liszt Budapest 84 u 89, Grand Pr du Disque F Chopin Warschau 85, British Music Retailer's Association's Award 86, Künstler d UNESCO f d Frieden 97, Chevalier de l'Ordre des Arts et des Lettres 2000, Med Vermeil de la Ville de Paris 01. – **Aufn/RF:** zahlr Aufn v Bach bis Boulez ua Brahms: 2. KlKonz, m Londoner Philharmonia, Dgt E Inbal; Mendelssohn: 2 KlKonz, m Gewandhausorch Leipzig, Dgt: K Masur; Mozart: alle KlKonz, m Salzburger KamPhilh, Dgt: Y K Lee; Ersteinsp auf CD v vergessenen Partituren wie Beethovens KlBearb 'D Geschöpfe d Prometheus'; Liszt/Tschaikovksy: Konz im ungar Stil, m Philadelphia Orch, Dgt: E Ormandy; Mahler: 'D Lied v d Erde' (im Orig f Kl u Ges), m B Fassbänder u T Moser; Serie im japan TV m IntprKse u Konz (gewidmet Chopin) 92. **Sonst:** Jurymitgl Int Wettb Chopin Warschau 90, Liszt Utrecht 96, Prix Vendôme Paris 2000, Marguerite Long-Jacques Thibaud-Ville de Paris 01.

Katschner, Wolfgang, Dirigent, Hochschullehrer, Laute; Schwedter Str 34a, D-10435 Berlin, T: (0 30) 4 42 87 61, F: 4 42 87 62, *lautten.compagney@t-online.de*; *www.lauttencompagney.com*. **Laufb:** Gastdgt Hans Otto Th Potsdam SpZ 2000/01, Fstv m 'Lautten Compagney': ua Bach-Tage Berlin, Bayreuther Barock Fstv, Dresdener MFSp, Händel-FSp Halle 03, MFSp Potsdam, FestW Hannover-Herrenhausen, Kissinger Sommer, Mozart-Fest Schwetzingen, Holland-Fstv f Alte M Utrecht; Performance 'Bach-Arkaden' zur EXPO 2000 Hannover. **Pr:** Pr d Dresdner MFSp 2000. **Ens:** LtDuo 'Lautten Compagney' m H-W Apel seit 84. (Red)

Katsouris, Georg, Viola; c/o HR Sinfonieorchester, Bertramstr 8, D-60320 Frankfurt a M. **Laufb:** Vorspieler HR SinfOrch Frankfurt a M. (Red)

Katzböck, Rudolf, KS, Sänger; c/o Volksoper Wien, Währinger Str 78, A-1090 Wien, T: (01) 51 44 40, F: 5 14 44 32 15, *office@volksoper.at*; *www.volksoper.at*. **Ausb:** Wiener MusikH. **Laufb:** Ens Op Dortmund 69–73, Sol Volksop Wien seit 73, Landesth u Kammerspiele Salzburg SpZ 03/04. **Pr:** KS 87. (Red)

Katzengruber, Ingrid, Sängerin; Karolinenstr 50, D-95028 Hof, T: (0 92 81) 1 44 07 57, *ikatz@gmx.net* [24.6.1973]. Musiktheater **Ausb:** Stud Gesang (J Loibl) U f Musik u darst Kunst Graz, Mstrkl OpGesang (J Loibl) MH München. **Laufb:** Sol Th Hof. **Pr:** 1. Pr 'Jugend musiziert' Österreich 89, Finalistin Ferruccio-Tagliavini Gesangswettb Österreich 96, Finalistin Johann-Strauss-Opttenwettb Wien 99.

Katzer, Georg, Prof, Komponist; Weserstr 5, D-15738 Zeuthen, T: (03 37 62) 7 11 30 [Habelschwerdt, Schlesien 10.1.1935]. **Ausb:** MH Berlin (Ost), Musikakad Prag, Meisterschüler (Hanns Eisler) Akad d Künste. **Laufb:** freischaff seit 63, Mitgl Akad d Künste Berlin-Brandenburg. **Pr:** Rainer-Marie-José-Pr 78, Bourges-Pr Genf 77 u 85, Nationalpr d DDR (3. Kl) 83. – **Komp:** KamM, OrchWerke, Solo-Konz, drei Op, zwei Ballette, elektron Komp, Multi-Media. (Red)

Katzer, Sebastian, Schauspielmusiker; Theater, Wasserturmstr 16, D-91054 Erlangen. **Laufb:** Schauspielmusiker Th Erlangen. (Red)

Kauffman, Mary-Adelyn, Repetitorin; c/o Theater Chemnitz, Käthe-Kollwitz-Str 7, D-09111 Chemnitz, PF 756, D-09007 Chemnitz. **Laufb:** Solo-u Ballettrep m Dgt-Verpfl u ChorAss, Gastdgt Th Hildesheim seit SpZ 03/04, Solrep m DgtVerpfl u stellv ChorDir Th Chemnitz SpZ 04/05. (Red)

Kaufman, Elise, Opernsängerin (Koloratursoubrette); Lübecker Str 1, D-50668 Köln, T: (02 21) 1 30 14 14, 0 17 27 22 51 39, F: (02 11) 1 30 14 14, *antheil@t-online.de* [Oelwein, IA, USA 9.12.1952]. **Ausb:** BM U Iowa 74–76, MM U Maryland 78–81. **Laufb:** Staatsth Braunschweig 81–82, 'Musikth im Revier' Gelsenkirchen seit 82, Gastsol ua Dresden, Hamburg, Hannover, Düsseldorf, Stuttgart, Wiesbaden, Kopenhagen. **Pr:** Baltimore Op Competition 81, Met Op Competition 81. – **Aufn/RF:** I Schmidt: Fantasy Op 'Gormenghast' (Cora).

Kaufmann, Anna Maria, Sängerin (Sopran); c/o Birkholz + Jedlicki GmbH, Liebigstr 20, D-60323 Frankfurt, T: (0 69) 72 68 68, F: 72 70 18, *bj-jedlicki@t-online.de*; c/o Beverly Veranstaltungs- & Künstler Agentur GmbH, Homburger Str 22, D-50969 Köln; *www.anna-maria-kaufmann.de* [Edmonton, Kanada]. Klassik, Musical **Ausb:** Stud (Gesang) R Schumann-MInst Düsseldorf, Stud Ballett u Schauspiel (J Strasberg, C David), weitere Stud OpStudio Haindl München sowie m J Kaufmann, C Watson, T Gress, T Seidl, E Köth. **Laufb:** Hauptrolle 'Phantom d Op' 90, Tourneen (München, Nürnberg, Frankfurt, Hamburg, Wien) 93 u 99, ZusArb m BBC Radio Concert Orch London, Gewandhausorch Leipzig, Stuttgarter Philh, Radio-Philh Hannover, Philharmonica Hungarica, Rubinstein Philh, Philh d Nationen, D SinfOrch Berlin, Frankfurter Sinfoniker, WDR-RF-Orch, Op Vancouver 97, Staatsth Wiesbaden u Mannheim, Staatsth Bremen 2001, Alte Op Frankfurt, Rheingau MFstv 2001, OpFSp Heidenheim SpZ 04/05 (La Traviata). **Pr:** ARD-Pr, Der goldene Löwe, Dreifach-Platin-Schallpl 01; Classic Aw Radio Regenbogen 02. – **Aufn/RF:** A Lloyd Webber: 'Phantom of the Opera' 90; 'Welterfolge II' 94; Solo-Album 'Blame it on the moon' 98; Emmerich-Kálmán-CD 03.

Kaufmann, Dieter, Prof, Komponist; c/o K & K – Experimentalstudio – Musikverlag – Musiktheaterverein, Linke Wienzeile 94/30, A-1060 Wien, T: (01) 5 87 54 42, F: 5 87 54 42; Univ f Musik u Darst Kunst, Inst f Komposition u Elektroakustik, Anton-von-Webern-Pl 1, A-1030 Wien, T: (01) 7 11 55 21 41, *kaufmann@mdw.ac.at*; *www.presence.or.at/kuk/cur/dieter_d.htm* [Wien 22.4.1941]. Musiktheater, Elektroakust M, KonzM **Ausb:** Stud Germanistik, Musikerz, Vcl, Komp (K Schiske, G v Einem), Stud (O Messiaen, R Leibowitz) Paris, Stud elektroakust Musik (P Schaeffer, F Bayle). **Laufb:** LAuftr (elektroakust M) H f M u Darst Kunst Wien seit 70, Grdg K & K Experimentalstudio (m G König u W Stangl) 75, Prof (Komp) seit 91, Lt Inst f Elektroakustik u Experimentelle M, Präs IGNM (Sektion Österreich) 83–88, Präs Ges f Elektroakust M 88–91, Vorstandsmitgl Austro Mechana seit 92, Präs Österr KompBund seit 01, Präs Austro Mechana seit 01. **Pr:** Förderungspr d Stadt Wien 67, Förderungspr d Landes Kärnten 74, Komppr d Musikprotokolls Steir Herbst 75, Magisterium f elektroakust Musik Bourges 88, Ernst-Krenek-Pr Stadt Wien 90, Pr d Stadt Wien f Musik 91, Würdigungspr d Landes Kärnten 92, Würdigungspr d Bundes 96. – **Komp:** 'Allg Erklärung d Menschenrechte' (f Soli, gem Ch, Orch, span Glocken, Org, Elektr) 99/2000, UA Wien, Konzerthaus, BrucknerOrch Linz, Dgt: E Theis 2000 (Auftr: Wiener Konzerthausges); MTh, Op, KamM, ChM, Kl- u Orgelwerke, Werke f Blasorch, elektroakust M, ComputerM. **Sonst:** Grdg K u K Experimentalstudio 75.

Kaufmann, Gerd, Prof, Hochschullehrer; Römerstr 15, D-72108 Rottenburg, T: (0 74 72) 67 64, *post@gerdkaufmann.de*; H f Kirchenmusik, Sankt-Meinrad-Weg 6, D-72108 Rottenburg. **Laufb:** Prof (OrgellitSp, Orgelimp, Partitursp, Gehörbildung) H f KiM Rottenburg. (Red)

Kaufmann, Henry, Komponist; Leipziger Str 44, D-10117 Berlin, T: (0 30) 2 04 09 19 [Lugau/Erzgeb 27.4.1921]. Kinder- u SchulM, TV-, Spielfilm- u HörspielM, Kammermusiken, Lieder u Chansons m eigenen Texten, Lieder in erzgebirg Mundart **Ausb:** externes Stud (Klar, Kl, Komp) Chemnitz ab 36. **Laufb:** Engagements in versch Tournee- u Kurorch, Musikredakteur Berliner RF ab 50, Lektorentätigkeit, Redaktionslt 'Kinder u Jugendmusik' DS, freischaff Komp u Musikerz ab 64. **Pr:** Kunstpr d DDR, 50 Jahre GEMA-Mitgl. **Mitgl:** Verband Dt Komp. – **Komp:** Berliner Spieluhr (Ensspiel) 67, UA Berlin 87; Fax u der Sandmann (Kinderop) 68, UA Gera 68; Des Kaisers neue Schneider (Musical f Kinder) 74, UA Bernburg 74, Reineke Fuchs (Kinderballett) 78, UA Berlin 78; Eine Insel f Kinder (Musical) 92, UA Anklam, Th d Stadt 92, Wiepersdorfer Suite. **Sonst:** mehrfache Grdg v Kinder- u Jugendens, Solisten-Ens Henry Kaufmann (alle nach 90 aufgelöst).

Kaufmann, Jonas, Tenor; c/o Columbia Artists Management Inc, 165 West 57th St, New York, NY 10019–2276, U.S.A., T: (2 12) 8 41 95 00, F: 8 41 97 44, *info@cami.com*; c/o Opernhaus Zürich, Falkenstr 1, CH-8008 Zürich, *info@opernhaus.ch* [München 1969]. **Ausb:** H f M München b Prof. H Deutsch, Mstrks b H Hotter, J King, J Metternich. **Laufb:** Sol Staatsth Stuttgart, Sol Staatsth Saarbrücken 94–96, Landesth u KamSp Salzburg, Auftritte Op Berlin, Op Brüssel, Op Chicago, Op Frankfurt, Op Glyndebourne, Op Hamburg-gOp London, Piccolo Teatro di Milano, Bayer Staatsop München, Op Paris, Salzburg, Op Stuttgart, Op Zürich, Konz u Liederabende m ständ Begleiter: H Deutsch, ZusArb m Dgt: Sir C Davis, M Gielen, R Muti, K Nagano, H Rilling, C Rizzi, W Sawallisch, Gastsol Staatsth Kassel SpZ 00/01, Op Zürich 02/03, 04/05, Sol Kom Op Berlin 03/04. **Pr:** Meistersingerwettb Nürnberg 93. – **Aufn/RF:** A J Joseph: 'Ekkehardt' (m SWR RFOrch) Kaiserslautern 2000. (Red)

Kaufmann, Julie, Prof, KS, Hochschullehrerin, Sopran; c/o Impresariat Sonia Simmenauer, Bornstr 12, D-20146 Hamburg, T: (0 40) 42 31 31 11, F: 42 31 31 13, *Sonia.Simmenauer@impresariat-simmenauer.de*; *www.impresariat-simmenauer.de*. **Laufb:** Prof (Gesang) H d Künste Berlin, Sol Bayer Staatsop München, Op Köln SpZ 03/04. (Red)

Kaufmann, Klaus Richard, Prof, Hochschullehrer, Klavier; Marienpl 10, D-83512 Wasserburg, Inn, T: (0 80 71) 91 32 58, F: 91 32 58; Univ Mozarteum, Abt f Tasteninstrumente, Zentrum im Berg, Fürbergstr 18–20, A-5020 Salzburg [Rosenheim 12.8.1948]. **Ausb:** Stud Kl, Dirig (W-I Oei-Ong, W Horbowski, G Wimberger) MH München, Mozarteum Salzburg. **Laufb:** Prof (Kl) U Mozarteum Salzburg, GastProf MH 'Musa Shino' Tokio 82–84.

Kaufmann, Michael, Intendant; Philharmonie, Huyssenallee 53, D-45128 Essen. **Laufb:** Intendant Philh Essen. (Red)

Kaufmann, Volker, KV, Horn; c/o Dresdner Philharmonie, PF 120424, D-01005 Dresden. (Red)

Kaul, Matthias, Schlagzeug, Komponist; c/o Ensemble L'Art pour l'Art, Lüneburger Str 220, D-21423 Winsen/Luhe, T: (0 41 71) 7 35 30, F: 7 35 30, *wir@lartpourlart.de*; *www.lartpourlart.de*. **Ens:** L'Art pour l'Art. (Red)

Kaune, Michaela, Sopran; c/o Balmer & Dixon Management AG, Kreuzstr 82, CH-8032 Zürich, T: 04 32 44 86 44, F: 04 32 44 86 49, *mail@badix.ch*; *www.badix.ch/voc/kaune.html* [Hamburg]. Oper (Mozart, dt-frz-tsch Fach), Konzert, Lied **Ausb:** Gesang (A Schoonus, J Beckmann) H f Musik Hamburg. **Laufb:** ua: Sol Dt Op Berlin seit 97(04/05), Gastsol Aalto Th Essen, Semperop Dresden, Th de la Monnaie Brüssel, Op Köln, Staatsth Wiesbaden, Op Frankfurt, Bayer Staatsop München, Op de Montpellier, Th Dortmund, Th Basel, Gastsol Hess Staatsth Wiesbaden SpZ 00/01, Vlaamse Op. Antwerpen, zahlr Konzverpfl, ua: Mendelssohn: 'Zweite Sinf', Dgt: CP Flor, Schubert: 'Lazarus' Unicef Gala, Dgt: I Metzmacher 97, Schoeck: 'Penthesilea' (Prothoe) Fstv de Radio France Montpellier, Dgt: F Layer, Brahms: 'Reqiem', Dgt: C Thielemann, 'Carmen Konz' Schleswig-Holstein MFstv 03, Dgt: C. Eschenbach, Neujahrskonz Hess RF 2000, GastSol Semperop Dresden u Th u Philh Essen SpZ 04/05. **Pr:** Prtr Belvedere Wettb Wien, Bdeswettb Gesang, Otto-Kasten-Pr Dt Bühnenverein 99. – **Aufn/RF:** Dvorak: 'Te deum', Dgt: H Rilling; Pfitzner: 'Der arme Heinrich', Th Dortmund; Henze: 'Nachtstücke' m NDR Hamburg, Dgt: P Ruzicka.

Kaunzinger, Günther, Prof, Hochschullehrer, Organist, Pianist; 'Capriccio' Am Golemer 2, D-97264 Helmstadt, T: (0 93 69) 86 71, F: 86 71; H f Musik, Hofstallstr 6–8, D-97070 Würzburg. frz Orgelmusik d 19. u 20. Jh **Ausb:** Stud b M C Alain, M Duruflé, J Guillon in Nürnberg, Frankfurt a M u Paris. **Laufb:** Prof (Org, Imp, OrgBau) H f M Würzburg. **Pr:** Kulturpr d Stadt Sulzbach-Rosenberg. – **Aufn/RF:** zahlr CD-Einsp, Gesamtwerk ua v C Franck, C-M Widor, L Vierne, F Liszt. **Sonst:** editorische Arb (C Franck, J Reubke, L Vierne).

Kavakos, Leonidas, Violine; c/o PR2 classic, Kreuznacher Str 63, D-50968 Köln, T: (02 21) 38 10 63, F: 38 39 55, *office@pr2classic.de*; *www.pr2classic.de* [1967]. **Ausb:** Stud b Stelios Kaafantaris am Griech Kons, Stip d Onassis Foundation u Stud b Joseph Gingold Indiana Univ, USA. **Laufb:** Nordamerika-Debüt 86, Konz in Dtschld, Italien, Spanien, Holland, Skandinavien, Tschechien, Frankreich ud Österreich, Debüt Salzburger FSp 94, Münchner Philh, Debüt Berliner Philh 03, Principal Guest Artist Salzburger Camerata seit 01/02. **Pr:** Gewinner d Int Sibelius Wettb Helsinki 85 u Silber-Medaille Int Violinwettb Indianapolis 86, 1. Pr Naumburg Wettb New York u 1. Pr Paganini Wettb Genua 88, Grammophon Pr 'Konz d Jahres' f d Aufn d VKonz v Jean Sibelius in d Endfassung u Original-Fassung v 1903/04. – **Aufn/RF:** Solo Recital CD m Werken v Ysaye u Recital CD m Werken v Debussy, Kreisler, Paganini, Schubert, Tschaikowsky, Wieniawsky (Delos) u Sibelius' Humoresques (Finlandia), 'Viennese Rhapsody' m Werken v Fritz Kreisler (BIS), Bach/Strawinsky (ECM/05), Enescu/Ravel (ECM).

Kavanagh, Dale, Gitarre; Oestricher Str 39b, D-58638 Iserlohn, T: (0 23 71) 56 07 07, 01 73–2 09 56 83, F: 56 07 07, *dale@kavanagh.de*; c/o arton records, Hektorstr 9/10, D-10711 Berlin, T: (0 30) 3 23 30 20, F: 32 70 21 91, *mail@arton.de*; *www.kavanagh.de*, *www.amadeusduo.de* [Kanada 15.4.1958]. klass GitM **Ausb:** Stud (Git) Univ Toronto, BA M Dalhousie U Kanada, Sol-Dipl (O Ghiglia) MAkad Basel, Mstrks ua b Mitgl d Juilliard-Streichquartetts, d Emerson-Streichquartetts u J Cage. **Laufb:** regelm Teiln an Fstvs in Kanada, Türkei, Polen, Dtl, Niederlande, Schweden, Ungarn, England, USA; Doz (Git)

MH Dortmund seit 98, über 600 Konz in 40 Ländern 90–03; ZusArb als Sol m Prager KamOrch, Thüringer Philh Gotha, Berliner Sinfonikern, President Orch Ankara, Münchener, Mainzer u Mannheimer KamOrch, Int Philh, Staatl Philh Moldavien, Philharmonisches Staatsorch Halle. **Pr:** Prtr zahlr int Wettb 86–88. **Ens:** Amadeus Guitar Duo m T Kirchhoff. – **Komp:** T O 98, Three Pieces, Bring Ocean Toss. **Aufn/RF:** 8 CDs. **Zug:** ua v C Domeniconi, R Dyens, J M Zenamon, S Dodgson, S Funk-Pearson, B Shavers, C Jost, H Genzmer. **Lit:** in Fachmagazinen, Titel u Interviews in: Gitarre u Laute, Classical Guitar, Guitart Magazin Rome, The Classical Guitar and its players London ua.

Kawahara, Yasunori, Kontrabass; c/o WDR Sinfonieorchester, D-50600 Köln. **Laufb:** Sol WDR SinfOrch Köln. (Red)

Kayser, Christoph, Opernsänger (lyrischer Tenor); c/o Musikalische Komödie der Oper Leipzig, Dreilindenstr 30, D-04177 Leipzig [Reinbeck 16.9.1966]. **Ausb:** Stud Ges (Gülzow) Hamburg/Lübeck, Mstrkrse u Unterr b Kovacikova, Leipzig, B Fassbaender, J Wagner, Ch Spencer. **Laufb:** Gast Lübeck, Schwerin, Hagen; Stadth Bremerhaven 98–01, Ldesth Innsbruck 01–02, Volksth Rostock 02–04, Staatsth Kassel 03–04. **Pr:** Finalist Belvedere Wien. – **Aufn/RF:** Demetz: 'Häftling von Maab' (Richards Sohn u Andreas), m Ens Intercontemporain, Dgt P Boulez, UA Vorkonz Fstv Klangspuren. **UA:** Demetz: 'Häftling von Maab' (Richards Sohn u Andreas), m Ens Intercontemporain, Dgt P Boulez.

Keating, Roderic, Dr DMA, Sänger; Lehenbühlstr 36, D-71272 Renningen, T: (0 71 59) 1 81 56, F: 1 81 56, *RodericKeating@aol.com*; Staatstheater Stuttgart, Oberer Schloßgarten 6, D-70173 Stuttgart [Maidenhead, England 14.12.1941]. Op, Konz **Ausb:** BA Cambridge U 63, MA 67, MusM Yale U 65, DMA U of Texas 70. **Laufb:** Sol Lübeck 72–74, Saarbrücken 74–80, Wuppertal 80–86, Bonn 86–89, Staatsth Stuttgart ab 89, Gastsol Städt Bühnen Freiburg SpZ 00/01, FSp: Glyndebourne 71–73, Salzburg 86, Wiener FestW 90, Schwetzingen, Heidelberg, Edinburgh, Gast: Paris, London, Leningrad, Tiflis, Trieste, Bologna, Florenz, Zürich u viele OpHäuser in Dtschld. **Ens:** Neue Vokalsolisten Stuttgart ab 90. – **Aufn/RF:** Ligeti: Le Grand Macabre, BBC 81; Henze: 2 Radioopern, WDR 96; Nono: Al gransole 2000, Eötvös: 'Three Sisters', Edinburgh Fstv, BBC 01. **UA:** U Zimmermann: 'D wundersame Schustersfrau', UA Schwetzingen 82; A Goehr: 'D Wiedertäufer', UA Rheinop Düsseldorf 85; C Meyer: 'Kyperiade', UA Wuppertal 86; A Hamary: 'Seid Still', UA Stuttgart u Münchner Biennale 90.

Keckeis, Hermann, Prof Dr, Hochschullehrer, Regisseur; Eibenweg 13, A-4893 Zell am Moos, T: (0 62 34) 70 38, F: 70 38, *hermann.keckeis@aon.at*; Univ Mozarteum, Abt f Musiktheater, Schwarzstr 26, A-5020 Salzburg, *hermann.keckeis@moz.ac.at* [Wien 19.4.1949]. Oper, Mozart, Dt Singspiel, Ital opera buffa, 20. Jh **Ausb:** U Wien (Theaterwiss u Germ), Akad f Musik u darst Kunst Wien (Musiktheaterregie). **Laufb:** freischaff Regisseur, Salzburger FSp 74–89, Intendant Stadtth St. Gallen 92–93, UProf Mozarteum Salzburg seit 96. **Mitgl:** Europ MusikthAkad Thurnau/Wien, ProfVerb d U Mozarteum Salzburg. – **UA:** Philip Glass: Orphée, UA Salzburg 02. **Sonst:** Das Deutsche Hörspiel 1923–1973, Beitr Brockhaus Enzyklopädie u Mythen-Lexikon.

Keemss, Thomas, Prof, Hochschullehrer; Kantstr 29, D-68723 Planckstadt, T: (0 62 02) 2 37 09, *keemss@pulsepercussion.de*; H f Musik Saar, Bismarckstr 1, D-66111 Saarbrücken. **Ausb:** Stud (Schlgz, Pk) H f Musik Würzburg, AufbauStud b S Fink. **Laufb:** Prof (Perc, Imp, EnsSpiel) FH Heidelberg 81, Prof (PercInstrr) H d Saarlandes f Musik u Th Saarbrücken. (Red)

Keenlyside, Simon, Sänger; c/o Opernhaus Zürich, Falkenstr 1, CH-8008 Zürich. **Laufb:** Sol Bayer Staatsop München, Op Zürich, Wiener Staatsop. (Red)

Kefer, Herbert, Prof, Hochschullehrer, Viola; 3 Ungargasse 45, A-1030 Wien, T: (01) 7 15 98 78, *herbert.kefer@aon.at, artisquartet@yahoo.com*; Univ f Musik u Darst Kunst Graz, Inst 12, Hauptpl 8, A-7432 Oberschützen, T: (03 16) 3 89 33 73; *www.artis-quartett.at* [Eisenerz, Steiermark 1960]. **Ausb:** Stud Va (K Frischenschlager) Leoben, (K Stierhof) U f M Wien bis 86. **Laufb:** eigener Zyklus im Wiener MVerein seit 88, Gastsol Salzburger FSp, Schubertiade Feldkirch, Wiener FestW, Casals Fstv; Ltg AusbKl (Va) U f M u Darst Kunst Graz/Inst Oberschützen seit 91. **Ens:** Mitbegrdg u Va Artis-Qua Wien seit 80. – **Aufn/RF:** mehr als 20 CDs, wiederholt ausgez m Grand Prix du Disque u Diapason d'Or. (Red)

Kegel, Albert, Fagott; Kleiststr 66, D-04157 Leipzig, T: (03 41) 3 91 72 15, *A.Kegel@t-online.de*; c/o Gewandhausorchester, Augustuspl 8, D-04109 Leipzig. **Ausb:** Stud b F Goffing i Bremen u H f M Hannover (K Thunemann). **Laufb:** Jungen Deutschen Philharmonie, Mitgl GewandhausOrch 92. **Ens:** Gewandhaus-BläserQui seit 97. (Red)

Kehlenbach, Ewald, Prof, Hochschullehrer, Klavier; Hochschule f Musik u Theater, FB 2, Harvestehuder Weg 12, D-20148 Hamburg. **Laufb:** Prof (Klavier) H f M u Th Hamburg. (Red)

Kehr, Klaus-Peter, Dr, Prof, Künstlerischer Leiter, Operndirektor, Hochschullehrer; c/o Nationaltheater Mannheim, PF 102362, D-68023 Mannheim, *k-pkehr@t-online.de*. Musiktheater aller Epochen **Ausb:** Stud (Philosophie, Archäologie, ThWiss) Univ Heidelberg, Wien. **Laufb:** MDir Wiener FestW 98–2001, Künstl Lt Th Wuppertal u Schwetzinger FSp SpZ 03/04, Prof (Partiendramaturgie/Regie im Studgang Musikth) FolkwangH Essen, ab SpZ 05/06 Opdir NatTh Mannheim.

Kehrer, Rudolf, Klavier; c/o Wiener Musik Seminar, Schönburgstr 32/17, A-1040 Wien [Tiflis, Georgien 1923]. **Ausb:** Kons Tiflis, Taschkent 54–57. **Laufb:** Prof Kons Taschkent 57–61, Prof Tschaikowski-Kons Moskau 61–90, Prof H f M Wien 90–98, Mstrks u Seminare. **Pr:** 1. Pr Allunionswettb Moskau 61, 'Volkskünstler d UdSSR', zahlr Ausz. (Red)

Kehring, Burkhard, Prof, Klavier, Hochschullehrer; Leibnizstr 31, D-10625 Berlin, T: (0 30) 31 50 65 15, F: 31 50 65 15, *burkeh@gmx.de*; c/o Konzertdirektion Hans Ulrich Schmid, Königstr 36, D-30175 Hannover, T: (05 11) 3 66 07 60, 3 66 07 27, 3 66 07 33, F: 3 66 07 34, *mail@kdschmid.de, ds@kdschmid.de*. Liedbegleitung **Ausb:** Stud Kl Hamburg, Wien. **Laufb:** Prof (Liedklasse) MH Hamburg seit 03, Liederabend-Reihen: H Wolf Hamburg 96, Schubertiade Modern Hamburg 97, Schubert Plus Frankfurt 97, Text u M: H Wolf/SHMF 03; Schubert unter d Linden Staatsop Berlin 04. **Pr:** Begleiterpr Walther-Gruner-Wettb London 93, Begleiterpr Hans-Pfitzner-Wettb München 94, Studienstift d Dt Volkes. – **Aufn/RF:** div CD-Einsp b Simax, Berlin Classics, Naxos, DGG. **UA:** Werke v Ch Coburger, B Ben-Moshe, L Nystén, R D Flember, J Tal.

Keil, Hartmut, Dipl-Musiker, Konzertdipl, Dirigent; Reuterweg 60, D-60323 Frankfurt, T: (0 69) 71 44 89 40; c/o Oper Frankfurt, Untermainanlage 11, D-60311 Frankfurt, T: (0 69) 21 23 55 86 [Wesel 28.6.1978]. Oper, Sinfonik **Ausb:** Stud (Dir) H f M Würzburg b H-R Förster 98–02, Fortbildungsstud (KonzDipl) ebd 02–04. **Laufb:** Solorep Mainfranken-Th Würzburg 01/02, Solorep Op Frankfurt seit 02, Musikalischer Ass u Studienlt Bayreuther Fsp seit 03, Lehrauftr f Partiturspiel H f M Würzburg seit 04. **Pr:** Förder d d Dirigentenforum d Dt Musikrates seit 04. **Mitgl:** Gesell Dt Bühnen-Angehöriger (GDBA).

Keil, Tobias, Sänger; c/o Oper Leipzig, Augustuspl 12, D-04109 Leipzig. **Laufb:** Sol Th Magdeburg SpZ 03/04, Op Leipzig. (*)

Keilhack, Dorian, Dirigent, Solorepetitor; Metzentaler 38, A-6094 Axams, T: (06 64) 5 42 08 81. **Laufb:** Solorep u Ass d Musikdir m Dgt-Verpfl Tiroler Landesth Innsbruck SpZ 03/05. (*)

Keilmann, Arthur, Klavier; Lisztstr 8, D-40822 Mettmann, T: (0 21 04) 1 64 37; c/o Tea-Time Agentur, Düsseldorfer Str 100, D-47051 Duisburg, T: (02 03) 49 88 99, F: 49 78 52, *info@tea-time-agentur.de* [Estland 1958]. **Ausb:** Staatl MSch fü Hochbegabte Reval, H f M Alma-Ata u Reval, Dipl KonzPianist. **Laufb:** Konzm u Korr Staatsth Reval ab 81, Sol KamOrch Pernau/Estland 83–88, Kl-Doz Folkwang-MSch Essen. (Red)

Keinemann, Karl-Heinz, Komponist, Zupfinstrumente; Kornblumenweg 20, D-46459 Rees, T: (0 28 57) 91 57 14 [1935]. **Laufb:** Ltg MSch Bad Oeynhausen; künstl Mitwirk in Konz, Op, Optte, Musical; Gastdgt b WDR; Grdg u langjähr Ltg Landesjugendzupforch Nordrhein-Westfalen u Westfäl Zupforch. **Mitgl:** ehem Vizepräs u JugendLt BDZ. – **Komp:** f ZupfM in div Stilrichtungen u Besetzungen. **Aufn/RF:** Schallpl-, MC- u CD-Einsp. (Red)

Kekäläinen, Vuokko, Sängerin; Webschulstr 78, D-41065 Mönchengladbach, T: (0 21 61) 24 76 77, (01 77) 7 48 49 50. **Laufb:** Sol Vereinigte Städt Bühnen Krefeld u Mönchengladbach, Sol Op Leipzig SpZ 03/04, Sol Th Augsburg SpZ 04/05. (*)

Kekeisen, Georg, Kontrabass; Grüner Markt 3, D-96047 Bamberg, T: (09 51) 2 08 28 54; c/o Bamberger Symphoniker, Mußstr 1, D-96047 Bamberg. **Laufb:** Sol Bamberger Symphoniker. (Red)

Kekyte, Rosita, Sängerin (Sopran); c/o Badisches Staatstheater, D-76125 Karlsruhe, T: (01 71) 4 12 38 74. **Laufb:** Sol Mecklenburgisches Staatsth Schwerin, Badisches Staatsth Karlsruhe SpZ 04/05. (Red)

Kelemen, Csaba, Trompete; c/o Dresdner Philharmonie, PF 120424, D-01005 Dresden. **Ausb:** H f M Debrecen b Prof András Kammerer 86–89; Musikakad Budapest b Prof Zoltán Szücs 89–92; Privatstunden b Jerome Callet (Spezialist f d zungengesteuerten Ansatz – TCE), New York 05. **Ens:** Musica Viva Ens Dresden.

Kelemen, Milko, Prof, Komponist; Bergstr 62/VI, D-70186 Stuttgart, T: (07 11) 48 12 41 [Slatina, Kroatien 30.3.1924]. **Ausb:** Stud Komp, Dirig (S Šulek) MH Zagreb 45–55, (O Messiaen) Paris ab 54, (W Fortner) Freiburg 59–61. **Laufb:** Doz MH Zagreb ab 54, Composer in Residence Berlin 67–69, Prof (Komp) Düsseldorf 70–73, Prof (Komp) MH Stuttgart, Präs Zagreber Musikbiennale f Neue Musik seit 61, GastProf Yale U, Arbor U, A Schönberg Inst Los Angeles, CAL-ARTS Los Angeles, Rio de Janeiro, Buenos Aires, Tokio, Montreal, Seoul, Sydney, Melbourne etc. **Pr:** DAAD-Stud Freiburg 59–61, Humboldtstip Siemensstudio München 64–66, Beethoven-Pr Stadt Bonn, Bernhard-Spenge-Pr Hannover, Gr Pr jugoslaw Fernsehens, dreimal Pr d Stadt Zagreb, 1. Pr ital IGNM, Großes BVK d BRD, Chevalier des Arts et des Lettres Frankreich, Ausz f Lebenswerk: Vladimir Nazor, Goldmed Kroatien, agentin, ungar, russ Auszeichnungen, Kroat Pr Porin, Orden Marko Mrulić. – **Komp:** Sonate f Kl, UA Siena 54; Konzertante Impr f Streicher 55, UA Zagreb 55; Drammatico (Konz f Vcl u Orch) 85, UA Stuttgart 85; Phantasmen (Konz f Va u Orch) 85, UA Stuttgart 85; Archetypon (f Orch), UA Hannover 86; Requiem (KamM) 93, UA Zagreb 94; Salut au Monde (Oratorium), UA Leipzig, MDR 99; Delicate Clusters (Orch), UA 99; 'Interplay' f EnglHn (Konz), UA München 2000; Concerto f 4 Sänger (Sop, Alt, Tenor, Bass) u Orch, UA 2000; Glissade (Konz f Klar, Rezitantin u Orch). **AuftrKomp:** ab 25. Lebensjahr alle Komp Auftragswerke. **Aufn/RF:** MK: 'Skolion', WDR, Dgt: H Rosband 62; 'Changeant' f Vcl u Orch, SWF, Sol: S Palm (Vcl), Dgt: E Bour 73; 'Salut au monde', MDR Leipzig, Dgt: Viotti 99. **Lit:** Art in div Lex.

Keller-Steinbrecher, Brigitta *siehe* Steinbrecher, Brigitta

Keller Stucki, Marianne, Flöte; Weingartenstr 22, CH-3652 Hilterfingen, T: 03 32 43 27 55, F: 03 32 43 27 55, *marianne.keller.stucki@freesurf.ch*; Altenbergstr 58, CH-3013 Bern, T: 03 13 31 42 02 [Bolligen, Bern]. Kammermusik, solist Auftritte, Orchesterdienste **Ausb:** Fl (Lehrdipl) Kons Bern 60, Stud KonzDipl (Reznicek) MH Wien 62, (A Nicolet) MH Berlin, Mstrkse Boswil (M Moyse), Nizza (J-P Rampal), KamM (W Stross) München. **Laufb:** FlKlasse Kons Bern 75, KonzReisen m Trio Elvetico USA u Kanada (Harvard-Univ

Boston, Libr of Congress u Carnegie Recital Hall New York, Toronto, Winipeg) 75–77 u Asien (Hongkong, Singapur, Kuala Lumpur, Canton, Peking, Hanoi, Seoul) 81–85, m Berner Duo Stucki/Keller Caracas, m Trio Elvetico Tschechien-Tournee 2000 u 04, Konz u Kse Brasilien, San Salvador, Londrina 04 sowie Frankreich 04 u 05. **Pr:** KamMWettb Colmar 85. **Ens:** Trio Elvetico, Trio Sorop, KamEns Radio Bern, Prager StrQua. **Mitgl:** STV, SMPV. – **Aufn/RF:** div TV- u RF- sowie Schallpl- u CD-Aufn, ua V d'Indy: Tripelkonz, Orch de Chambre Lausanne, Dgt A Jordan, RSR Lausanne; 'Heures Musicales', RSR Genf 85; zahlr Aufn Studio Bern; CDs: Trio Elvetico; Trio Elvetico Reminiszenzen; Berner Duo; Swiss Radio Int (CH-Composers III), Trio Sorop; Aufn Music Heritage Soc New York. **UA:** A Furer: 'Reminiszenzen' (Trio), UA Canton 85; M Braunfels: Trio 91; P-A Bovey: 'Dithyrambe' (Trio) 03. **Sonst:** Mitbegrd Trio Elvetico u Trio Sorop.

Keller, András, Violine; c/o Impresariat Sonia Simmenauer, Bornstr 12, D-20146 Hamburg, T: (040) 42313111, F: 42313113, *Sonia.Simmenauer@impresariat-simmenauer.de*; *www.impresariat-simmenauer.de*. **Ens:** Primarius Keller Quartett. (Red)

Keller, Christoph, Klavier, Musikproduzent, Musikpublizist; Zschokkestr 38, CH-8037 Zürich, T: 012712052, F: 012712011, *info@christoph-keller.ch*; *www.christoph-keller.ch* [Glarus, Schweiz 14.6.1950]. 19. u 20. Jh **Laufb:** Chefredakteur Musik-Zs 'Dissonanz' 84–2000, Musikproduzent beim Schweizer Radio DRS 2 seit 86, Salzburger FSp 89, Lucerne Fstv 2001. **Pr:** Grand Prix du Disque de l'Acad Charles Cros 86, Grand Prix de la Nouvelle Acad du Dìsque 94. **Ens:** Musica Negativa 70–72, Ens Collegium Novum Zürich seit 97. – **Aufn/RF:** CDs: H Eisler: Gesamtaufn d Kl- u KamM 86–91; A MAgnard: Gesamtaufn d Kl- u KamM u Lieder 83–88; C Koechlin: KlWerke 93 u ca 20 weitere CDs. **UA:** Giuseppe G Englert: 'Chacones pour orchestre et piano concertant', UA Bern, 95. **Sonst:** zus m H Danuser (Hg): 'Aspekte d Interpretation' (FS z 70. Geb v S Savoff) 80.

Keller, Dorothee, Violine; Gollierstr 10, D-80339 München, T: (089) 505484. **Ausb:** Stud (I Ozim) H f Musik Köln, (H Krebbers) Amsterdam. **Laufb:** 2. Konzm Churköln KamOrch, 1.V Bayer Staatsorch. **Ens:** Wesendonck Qua. (*)

Keller, Heinrich, Komponist, Flöte, Hochschullehrer; Grüzenstr 14, CH-8400 Winterthur, F: 052 2329955, *heinrich.keller@gmx.ch* [Winterthur 14.11.1940]. **Ausb:** Stud (A Jaunet) MH Zürich 61–65, Stud Komp (R Kelterborn) ebd 71–74. **Laufb:** Doz (Querfl) MH Winterthur Zürich, Fl Philharm Staatsorch Bremen 65–66, Solofl Städt Orch St Gallen 67–72, Duo m Brigitta Steinbrecher seit 68, Winterthur 72–90, Lt Winterthurer Museumskonz. **Pr:** KompPr Tonhalle-Gesellsch Zürich 75, Carl Heinrich Ernst Kunstpr Winterthur 94. – **Komp:** StrQua 74, UA Zürich 75; Refrains 76, UA Bern 76; Ritual 78, UA Zürich 78. **Aufn/RF:** I Yun: FlKonz, Dgt: F Welser-Möst 88; M Steinauer: 'Wie Risse im Schatten' (FlKonz), Dgt: A Schlingensiepen 89; P Boulez: Mémorial, Dgt: H Holliger 92. **UA:** über 50 UA 70–2000, ua R Kelterborn, H U Lehmann, U Stranz, M Derungs, L Langlotz. **Zug:** M Steinauer, R Kelterborn, H U Lehmann, U Stranz, P Wettstei, M Botter. **Sonst:** eigene KonzR 'Musica riservata' seit 84, m zahlr UA u KompAuftr.

Keller, Hermann, Komponist, Pianist; Rykestr 40, D-10405 Berlin, T: (030) 44043663; c/o Edition Juliane Klein, Chodowieckistr 12 II, D-10405 Berlin, T: (030) 44045164 [Zeitz 30.3.1945]. Klavierwerke, Orchester- u Kammermusik, Improvisation **Ausb:** Stud Komp (J Cilenšek) u Stud Kl (I Herkomer) MH Weimar 63–68. **Laufb:** Lehrtätigkeit Hanns-Eisler-H Berlin 69–81. **Ens:** Mitbegrd Berliner Improvisations-Quartett bzw -Trio; Hermann-Keller-Quartett; Schulze-Keller-Werkstattorchester. – **Komp:** Klavierkonz, Junge Dt Phil, UA Leipzig, Dgt: H Holliger 84; Szene f 2 Schlgz (G Schenker u G Pauli), 88 (Auftr: Dt Verlag f M); Stimmfarben f 1 SängerIn u 1 Pianisten (R Trexler), 89 (Auftr: Dresdener Musikfestspiele); Szene f 1 GeigerIn u PianistIn, SWF, m A Messerschmidt (V), UA Ludwigshafen 93; 'fort schritt vom menschen der mensch' (Kl u Sprecher: H Keller), UA Mannheim 2000 (Auftr: Klangwerkstatt Mannheim); Sonate f StrTrio u Kl, UA Berlin 02; 'Es war. Es ist. Wird es sein?', UA Berlin 04; 'Jenseits von Amerika' für V, Klar, Kl, UA Berlin 05. **Aufn/RF:** H W Henze: Sonata per Pianoforte, RF d DDR 76; Schulze-Keller-Werkstattorchester, RF d DDR 83. **UA:** Schallpl m eigener KamM, 'Schwebungen/ Brechungen', 'Berliner Improvistaions-Quartett', CD: 'Quartette'. **Sonst:** Neue Musiklehre (i Vorb).

Keller, Jörg-Neithardt, Hochschullehrer; Stiftbergstr 41, D-32049 Herford, T: (05221) 81182. **Ausb:** H f KirM Hardford b Arno Schönstedt, Wilhelm Ehmann, MH Köln b Hans Klotz. **Laufb:** Doz (Orgel) H f KiM Herford seit 65. (Red)

Keller, Judith, Komponistin, Violine, sprech Sängerin; Schmalzhofgasse 8/7, A-1060 Wien, *judith.keller@chello.at* [Basel]. **Laufb:** Stadtth Bern 88, Tiroler Volksschausp 91–02, Salzburger Festsp 93. (*)

Keller, Kersten, Dipl-ML, Sängerin (hoher Sopran); Langgasse 57, D-97638 Mellrichstadt, T: (09776) 5995, 0171 9038 01, F: (09776) 706748, *Kersten.Keller@t-online.de*; *www.musikstudio-kersten-keller.de* [Würzburg]. Oper, Konzert, Koloraturpartien **Ausb:** Stud Ges (A Kraus) MH Würzburg, Stud Ges (E Köth) MH Mannheim, Stud (MWiss, Germanistik) U Würzburg u U Heidelberg, weitere Stud Ges (J Uibel) Berlin, (J Gavrilovici) Wien. **Laufb:** Gastsol Gera 96, Sol Staatsth a Gärtnerpl München 97–99, Sol Meininger Th – Südthüring Staatsth 90–03. – **UA:** F Schubert: 'Der Graf von Gleichen' (Suleika), UA Meiningen 97. **Sonst:** Grdg Mellrichstädter Mstrkse 01, musik-lit Progr.

Keller, Konstantin G, Klavier; Am Rebberg 24, D-78239 Rielasingen-Worblingen, T: (07731) 28697; c/o Katz Event Agentur, Fiechtenweg 65, CH-4153 Reinach 1, T: 0617120808, F: 0617117638, *katzagentur@katzmusic.ch*. **Ausb:** Stud m Schwerpunkt Kl Trossingen, Augsburg, Zürich. **Laufb:** Lbeauftr Kons Schaffhausen, L JugendMSch Singen. – **Sonst:** Klassik, Jazz, Blues, U- u FilmM. (Red)

Keller, Marianne *siehe* Keller Stucki, Marianne

Keller, Max E, Prof, Komponist; Stockenerstr 30, CH-8405 Winterthur, T: 052 2327411, F: 052 2327411, *max.e.keller@gmx.ch*; *www.max-e-keller.ch* [Aarau 19.3.1947]. **Ausb:** Stud MWiss, Germanistik, Komp (N A Huber, H Lachenmann). **Laufb:** Konzprogr Th am Gleis Winterthur seit 85. **Pr:** Kunstpr C-H-Ernst-Stift Winterthur 97, Berlin-Stip Kanton Aargau 2000. **Ens:** Trio Ampio. – **Komp:** Fontamara (szen Kant), UA Brüssel 87; zerblasen (7 Bl, Kb), UA WeltMTage IGNM Mexico 93; 2. StrQua, UA Krakow, Silesian String Qua 96; agieren u reagieren (Kl, Live-Elektr), UA Berlin 01. **AuftrKomp:** Swissfiction (musiktheatral Szenen), UA Zürich 90 (Auftr: Tage f neue M Zürich); Pentalog f Orch, UA Wetzikon 96 (Auftr: Stadt Winterthur); Mondlandschaft (23 Bl, 3 Schlgz), UA Tonhalle Orch Zürich, Dgt: D Zinman 2000 (Auftr: Tonhalle Zürich); tenuto, battuto, fulminante (SymphOrch), UA Tonhalle Zürich, Dgt: D Zinman 03 (Auftr: Aargauer Kuratorium). **Aufn/RF:** LPs: 'Sicher sein' (Tonband, Sprecher) 77; 'Repetitionen I–V' (Cemb) 80; CDs zuletzt: 'ex machina, vol. 4 – the seventies' 01: Sie (Tonband, Sprecher); 'Rotondo' 02: GemKomp m W Bärtschi, U Gasser, M Sigrist, P Wettstein; 'Portrait' in Musikszene Schweiz/ Grammont-Portrait 03: Progressionen, 2. StrQua, Deformationen, agieren u reagieren, Mondlandschaft, Dialogfelder. **Sonst:** 'Impr u Engagement', in: Melos 4/1973, 198–203. **Lit:** W Rüdiger: V d subversiven Lautlosigkeit d Ameisen, Fs f G Knepler zum 90. Geb 97; ders: 'M E K', in: KDG 96; ders: 'Einstimm Vielstimmigkeit. Drei Improvisationsmodelle v M E K' 95, in: MuB 29, Nr 1, 97, 27–29; 'V d Enge in d Schweiz. Gespräch m M E K', in: Neue Zürcher Zeitung, 21.04.89.

Keller, Michael, Prof, Hochschullehrer, Klavier; Milter Weg 49, D-48291 Telgte, T: (02504) 7944, F: 739321; Hochschule f Musik, Neustadt 22, D-32756 Detmold. **Laufb:** Prof iR H f M Detmold.

Keller, Niklaus A (Pseud: Schönfried Bergland), Komponist; Brahmsstr 34/123, CH-8003 Zürich, T: 01492 6408, *nikeller@hotmail.com* [Schaffhausen 7.5.1971]. antroplakt Spektralpoliphonie **Ausb:** Stud Komp (P E Glass) Cons della Svizzera Italiana. **Laufb:** Vortragsreise nach Japan. **Pr:** Anerkennung d musikal Schaffens durch Bundesamt f Kultur. **Ens:** Torrturi in libido (Streichqua). – **Komp:** 'Sicerto' (f Str), UA Timisoara, Dgt: N Keller 99. **AuftrKomp:** Saxophonsolostück f M Vennti, UA Berlin 02. **Sonst:** 'Analysen z antroplakt Spektralpoliphonie'.

Keller, Peter, Tenor; c/o Opernhaus Zürich, Falkenstr 1, CH-8008 Zürich, T: 012686400; *www.opernhaus.ch*. **Laufb:** Sol Op Zürich seit SpZ 03/04. (Red)

Keller, Roland, Prof, Klavier; Sportweg 10, A-3001 Mauerbach, T: (01) 7115522 00, 9796196, F: 71155, 9791627; c/o Südwestdeutsche Konzertdirektion Erwin Russ, PF 104262, D-70037 Stuttgart, T: (0711) 1635311, F: 163 5330, *info@sksruss.de* [Blaubeuren 18.4.1949]. KlavierM **Ausb:** MH Stuttgart (Kl) b J Uhde 59–67, Conservatoire Genf (Kl Stud Virtuosité) b A Peret 68–70, MH München (Kl Stud Mstrkl) b L Hoffmann 71–73. **Laufb:** Konz, Rundfunkaufn, LPs u CDs i In- u Ausland seit 68, Prof (Kl) MH Lübeck 78–86, o UProf U f Musik u Darst Kunst Wien seit 86, GastProf Aichi MH Nagoya, Japan 01–03. **Pr:** Josef Pembaur Pr Bern 70, Pr Int Klavierwettb Lissabon 71, München 72, Bozen 73 u Dt Musikwettb Bonn 75. – **Aufn/RF:** Klavierwerke v Liszt 77, Chopin 78, Debussy 80, Bartok 81, Mussorgsky u Schumann 88, Klaviermusik m Vogelmotiven 79, KlavierKonz v Stawenhagen u Sinding 79 u Weber 79. **Sonst:** Voträge ü pianist u aufführungstechn Themen, Juror b nat u int Wettb.

Keller, Sybille, Sopran; c/o Kammeroper, Bayreuther Str 8, D-01187 Dresden, T: (0351) 4701296, F: 5701297, *info@kammeroper.de*; *www.kammeroper.de*. **Laufb:** EnsMitgl KamOp Dresden SpZ 03/05. (Red)

Keller, Tom *siehe* Künzel, Erhard

Keller, Tomo, MA, Violine, Konzertmeister; Essener Philharmoniker, Opernpl 10, D-45128 Essen; *www.tomokeller.com* [Stuttgart 18.10.1974]. **Ausb:** Stud (P Munteanu) Lübeck 81–86, (G Hetzel) MH Wien 88–92, (D Delay, M Kawasaki) Juilliard School of Music 93–95, (G Schulz) MH Wien 96–99. **Laufb:** Konzm Philharmonie Essen seit 99. **Pr:** Prtr Dt Musikwettb Sol Berlin 99, Prtr F Kreisler Wettb Wien 92, 'Aalto-Bühnenpr f junge Künstler' Essen 2000. – **Aufn/RF:** Bach/Bartok/Ysaye: Solowerke 99.

Keller, Verena, Opernsängerin; Ulmenstr 10, D-63322 Rödermark-Waldacker, T: (06074) 90903, F: 90903, *VerenaKeller@aol.com*; *www.Verena-Keller.de* [Schwerin]. **Ausb:** Stud Staatl H f M Wien, Gesang (Vogel), Liedgest (E Werba), Abschluss H f M Berlin, Stip (G Ginia, Faveretto) Siena. **Laufb:** Eng Staatsth Hannover, Op Bonn, Staatsth Mainz, Op Köln, Gastsp Genf, Bern, Zürich, Berlin, Aachen, Trier, Wuppertal, Lübeck, Augsburg, Marseille, Montpellier, Paris, Staatsop Hamburg, Teatro San Carlo Neapel, Teatro Massimo Palermo, Fstsp Herrenhausen, Händelfstsp Göttingen; Repertoire: Gluck: Orpheus, Verdi: Eboli, Azucena, Amneris, Ulrica, Humperdinck: Hexe, Mutter, Strauss: Herodias, Klytämnestra, Amme, Wagner: Brangäne, Ortrud, Kundry, Janácek: Jenufa, Kabanicha, Berg: Marie, Weill: Begbick; Lehrtätigkeit Staatl H f M Frankfurt/M seit 89, Kons Mainz. – **Sonst:** Opernwerkstatt Laubach.

Kelley, Eric Lynn, Cembalo, Hochschullehrer; Bahnhofstr 26, D-63697 Hirzenhain, T: (06045) 983744; Dr. Hoch's Konservatorium, Hebelstr 15–19, D-60318 Frankfurt, T: (069) 9150040, F: 5961576, *mail@dr-hochs.de*. **Laufb:** Doz (Cembalo, KamM) Dr Hoch's Kons Frankfurt. (Red)

Kellhuber, Martin, HonProf, Hochschullehrer; Am Hang 10, Endorf, D-93164 Laaber, T: (0 94 98) 90 46 15, F: 90 44 54, *m.kellhuber@hadmar.de*; H f Kath Kirchenmusik u Musikpädagogik, Andreasstr 9, D-93059 Regensburg, T: (09 41) 8 30 09 14, F: 8 30 09 46, *m.kellhuber@hfkm-regensburg.de*. **Ausb:** Stud Fachakad f Kath KiM u MErziehung Regensburg 76–81, MH München 81–84. **Laufb:** Prof (Gehörbildung, Partitursp, Orgel) KiMSchule Regensburg. (Red)

Kellig, Matitjahu, Prof, Hochschullehrer, Klavier; Mittelstr 69, D-32805 Horn-Bad Meinberg, T: (0 52 34) 20 44 41, 01 71–8 90 53 60, F: (0 52 34) 20 44 42, *Prof.matitjahukellig@t-online.de*; Hochschule f Musik, Neustadt 22, D-32756 Detmold; *www.kellig.de* [Schwäbisch Hall 2.1.1949]. Mozart, Schubert, Neue israelische Musik, Musik aus Theresienstadt **Ausb:** Stud b M Landes-Hindemith, Liedbegl (H Giesen), MH Stuttgart u München, Mstrkse b G Anda, C Arrau u T Nikolajewa, KonzReifeprüfung 76. **Laufb:** Prof (Kl) H f M Detmold, KonzReisen in über 60 Länder. – **Sonst:** künstl Lt Int Intpr-Kse Toblach, Italien, Südtirol.

Kellinghaus, André, Dipl-MPäd, Dirigent, Repetitor, Pianist; Fasanenstr 22, D-45134 Essen, T: (01 71) 4 27 59 58, *kellinghaus.andre@web.de*; c/o Stadttheater Gießen, PF 111128, D-35356 Gießen [26.6.1973]. **Ausb:** Stud Kl (Prof Oldemeyer) u Dirig (Prof Luig) H f M Köln 93–2000, Dirig (Prof de Villiers) FolkwangH Essen seit 01. **Laufb:** Solorep m Dirigierverpfl Städt Bühnen Osnabrück 02–04, Solorep u Ass von GMD Stadtth Gießen SpZ 04/05.

Kelly-Moog, Klesie, Prof, Hochschullehrerin, Gesang; Rohrbergstr 41, D-53797 Lohmar, F: (0 22 06) 8 37 62; H f Musik, Dagobertstr 38, D-50668 Köln. **Laufb:** Prof (Gesang) H f Musik Köln. (Red)

Kelly, John-Edward, Prof, Solist (Sax), Hochschullehrer; c/o Art Productions Irena Nemecek, Müllerstr 15, D-80469 München, T: (0 89) 23 00 01 82, F: 23 00 08 52, *music@art-productions.com*; *www.johnedwardkelly.com* [San Francisco 1958]. zeitgen Musik **Ausb:** Stud Cincinnati Cons of M, Privatstud (2 Jahre, b S M Rascher) New York. **Laufb:** Konz in Nord- u Süd-Amerika, im Mittelosten u in ganz Europa; Solo-Auftr b Stockholm Philh Orch, Swedish Radio Orch, Helsinki Philh Orch, Münchener Philh, Radio Philh Orkest, Radio Kamerorkest Amsterdam, Berliner Staatskap, Gewandhaus Orch, Poln KamPhilh, Residentie Orkest, RSO Stuttgart, MDR-SinfOrch Leipzig, Dt SinfOrch Berlin; Vorl u Mstrkse an vielen MHs u Unis (London, Helsinki, Oslo, Den Haag, Stockholm, Stuttgart, York, Rochester, Lyon), Prof (zeitgen KamM u Sax) Robert-Schumann-H Düsseldorf seit 96; Prof (Sax, KamM) Staatl Norweg MH Oslo seit 2000. **Pr:** Mitgl Königl Schwed MAkad Stockholm. **Ens:** Rascher-Sax-Qua 81–90; Alloys Ens seit 94; Duo Kelly-Versteegh seit 82. – **Aufn/RF:** mehr als 300 RF-Aufn b fast allen europ Anstalten, zahlr TV-Prod, 21 CD-Einsp, z B: J-E Kelly Alone; J Sandström: My Assam Dragon; Nordgren: Saxophone Concerto; M Maros: Saxophone Concerto; Saxophone Concertos by Ibert, Larsson & Martin; V Ullmann: Slaw Rhapsodie; Keuris: Laudi; H Kox: Concertino; J-E Kelly u B Versteegh Vol. I, II, III; Saxophone concertos by Glazounov, Meyer, LeFanu; sowie: Live-Übertr in 27 Nat m SinfOrch d Saarländ RF. **UA:** mehr als 170 UA weltweit, ua 27 Konz f Sax u Orch. **Zug:** UA zugeeigneter Werke v S Adler, K Aho, O Balakauskas, T Böttger, H Callhoff, M Denhoff, B Elias, A Eliasson, W W Glaser, M Karkoff, T Keuris, H Kox, R Leistner-Mayer, N LeFanu, M Maros, K Meyer, P-H Nordgren, U Rojko, J Sandström, S-D Sandström, W v Schweinitz, D Terzakis, S Thomas, O A Thommessen, V Ullmann, I Xenakis uvm. **Sonst:** Grdg Alloys-Ens 94; zahlr Veröffentl über d Geschichte u Akustik d Sax, über zeitgen M u über d Ästhetik; Befürwörter d ursprüngl Sax (akust Eigenschaften gemäß Adolphe Sax); Kse über Akustik f Architekten ('Singräume'), allg MKse f Tänzer, 'Lauschkurse' f Jugendliche. **Lit:** Porträts in FonoForum, Klassik Heute, Musikrevy, Finnish Music Quarterly, Winds Magazine ua.

Kelly, Jonathan, Oboe; c/o Berliner Philharmoniker, Herbert-von-Karajan-Str 1, D-10785 Berlin. **Laufb:** Berliner Philharm. (Red)

Kelterborn, Rudolf, Prof, Komponist, Hochschullehrer; Delsbergerallee 61, CH-4053 Basel, T: 06 12 61 83 19; *www.swissclassic.net/kelterborn.htm* [Basel 3.9.1931]. Konzert, Oper, Lied, elektron Musik, Mozart **Ausb:** Theorie, Komp (G Güldenstein, W Geiser), Dirig (A Krannhals) MAkad Basel, (J Handschin) U Basel, Komp (G Bialas, W Fortner), Dirig (I Markewitch). **Laufb:** Doz (Theorie, Analyse, Komp) Basler MAkad 55–60, Nordwestdt MAkad Detmold 60–80, Prof 63, Kons u MH Zürich 68–75 u 80–83, Staatl H f Musik Karlsruhe 80–83, Lt Abt Musik Radio DRS 74–80, Dir MAkad Basel 83–94, Gastdoz ua in USA, England, China, Japan. **Pr:** ua KompPr STV, Kunstpr Stadt Basel, Bernhard Sprengel Pr d dt Industrie, Conrad Ferdinand Meyer Pr, Zürcher Radiopr, Mitgl Freie Akad d Künste Mannheim. – **Komp:** Ein Engel kommt nach Babylon (Op), UA Zürich 77 (Auftr: OpHaus Zürich); Ophelia (Op), UA Schwetzinger FSp 84 (Auftr: SDR); NAMENLOS f Orch u Elektr, UA Basel 97 (Auftr STV); Cellokonz 99, UA Liège 2000; Kammerkonz f Klar (Bassklar) u 14 Instr 99/2000, UA Zürich; Goethe Musik f Frauenstimme u 8 Instr 2000, UA Bern; Adagio con interventi 2000, UA Zürich; Klangrelief I 2000, UA Karlsruhe 01; Großes Relief f Orch 02, UA Freiburg i Br; Herbsmusik, 7 Stücke f Orch 03, UA Luzern 03 (Auftr Lucerne Festival); Zyklus Kl-Stücke 1–6 01–04, UA Zürich 05. **Sonst:** Grdg Basler Musik-Forum m H Holliger, J Wyttenbach 87, musiktheoret analyt Aufsätze u Schriften. **Lit:** R K – Komp, Musikdenker, Vermittler 93.

Kelz, Mahalia, Harfe; Würzenbachmatte 15, CH-6006 Luzern, T: 04 13 71 04 90, *mahalia@gmx.ch* [Bonn 12.2.1972]. **Ausb:** Stud Hf, KamM (Ch Mathieu) Cons de Lausanne 91–95, Stud Hf (N Shameyeva) 95–96. **Laufb:** MAkad Basel seit 99, Basler SinfOrch 99–2000, Solo-Hf Luzerner SinfOrch seit 2001, Fstv Musica Riva 98, Estivales de Megève 98, Rezital Perugia 98, Connecticut 99, New York 99, Madrid 99, World Harp Congress Prag 99 u Genf 02. **Pr:** 1. Pr Int HfWettb Lyon 93, Louis-Spohr-Med Stadt Seesen 95, 2. Pr 53. Int MWettb Genf 97, 1. Pr Int HfWettb Belgien 97, 2. Pr Int HfenWettb Tokio 98. **Ens:** Nouvel Ens Contemporain (Solo-Hf) seit 97, Sabeth Trio Basel (Fl, V, Hf) seit 2000. **Mitgl:** STV, SMV, Schweizer Harfenvereinigung, World Harp Congress.

Kemeny, Lynda, Sängerin; Feldkamp 53, D-33699 Bielefeld, T: 0 17 91 23 00 14, F: (0 52 02) 88 42 23, *Lynda.Kemeny@t-online.de*; c/o Musikalische Komödie der Oper Leipzig, Dreilindenstr 30, D-04177 Leipzig [2.3.1958]. Oper, Operette, Musical, Konzert, Fernsehen **Ausb:** Stud (Ges) Miami Univ, Ohio 73–77, Northwestern Univ Chicago, Illinois 78–82, Stud priv (R Tebaldi, C Bergonzi). **Laufb:** Sol lyr Sop Städt Bühnen Bielefeld 86–92 u 94–95, Gastsol Musikal Komödie Leipzig seit SpZ 90/91 u Eng ebd SpZ 03/04, Th Dortmund SpZ 00/01, Eng ua: Dt Th München, NatTh Mannheim, Städt Bühnen Nürnberg, Staatsth Braunschweig, Wuppertaler Bühnen, Th St Gallen, Tiroler Ldesth Innsbruck, Hofdstad Operette Amsterdam, Chicago Op Th, Light Op of Chicago, Madison Civic Op, Met Op of New York (Gala Ball). **Pr:** 1. Pr BelCanto GesWettb Chicago 85, OpTaler d Th- u KonzFreunde Bielefeld SpZ 87/88. – **Aufn/RF:** RF- u TV-Sendungen, ua: Sonntagskonzert (ZDF) 98, Musik liegt in d Luft (ZDF) 99, Fröhlich eingeschenkt (ARD), West End Hits (WDR), 44. Dt Mozartfest, Zwickauer Orch (MDR), RF-Aufn m Orch d WDR, SDR, MDR, CD-Livemitschn E Krenek: D Sprung über d Schatten, Th Bielefeld 89/90.

Kemmling, Heinz-Werner, Komponist; Hohe Horst 1, D-38554 Weyhausen, T: (0 53 62) 74 55, F: 74 55 [Herzberg 22.12.1948]. **Ausb:** Musikstud u LAusbildung. **Laufb:** Organistentätigkeit, Mitgl KamOrch 'Musica viva' Göttingen (Cembalo) 70–78, Chorlt (Kirchenchöre), jetzt Lt e Grundschule. – **Komp:** 'Vater unser' nach e Liturgie v 1584 (KiM), UA Weyhausen, R Tilgner 87; Unanswered Feelings, fünf engl Lieder nach Texten um 1100 (Sopr, Elektronik), UA Hamburg 88; Ihr seid das Salz, Kantate nach Texten d Bergpredigt (Sopr, B, Ch, Elektronik), UA Weyhausen 90; Klangräume (Multimedia Elektronik), UA Braunschweig 95; Der Neue, Musical f Kinder (Solo, KCh, Elektronik), UA Braunschweig 95; Till 650, Musical f Kinder (Solo, KCh, Elektronik), UA Braunschweig 97; Wittekopp, Musical f Kinder (Solo, KCh, Elektronik), UA Braunschweig 98. (Red)

Kempe, Dieter, Dirigent; Lindenstr 4, D-01904 Weifa, T: (03 59 51) 31 92. **Laufb:** Chefdgt Sorb National-Ens Bautzen SpZ 01–05. (Red)

Kempkes, Auke, Sänger; Bernhard-Ernst-Str 15, D-48155 Münster, T: (01 72) 2 77 74 50; c/o Städtische Bühnen, Neubrückenstr 63, D-48143 Münster. **Laufb:** Sol Städt Bühnen Münster. (*)

Kempton, Sharon, Sängerin; Hessisches Staatstheater, PF 3247, D-65022 Wiesbaden. **Laufb:** Sol Opernstudio Köln SpZ 03/04, Sol Hess Staatsth. (Red)

Kennedy, Nigel, Violine; c/o Columbia Artists Management GmbH, Till Janczukowicz, Albrechtstr 18, D-10117 Berlin, T: (0 30) 20 64 80 78, F: 20 45 34 80, *info@cami.com*; *www.cami.com*, *www.nigelkennedy.de*. **Ausb:** m 16 Jahren Stud Juilliard School of Music New York b D DeLay, Unterr b S Grappelli. **Laufb:** Debüt Londoner Royal Festival Hall (m Philh Orch, Lz R Muti) 77, weltweit Konz, Tourneen z B m Acad of St Martin in the Fields, City of Birmingham Orch, English Chamber Orch, Royal Philh Orch, Grd Ens 'The Kennedy Collective', Duo-Tournee (m L Harrell), Konz Belgrad 99, Dtschld-Tournee m Philh Folkwang Essen (Lt P Daniels), Bach-Tournee (m Berliner Philh Bach Collegium) 2000, Europa-Tournee 02/03, Dtschld-Tournee 03/04, Ludwigsburger SchlossFSp, Künstl Lt Poln KamOrch. **Pr:** mit 7 Jahren Stip d Yehudi Menuhin School, ECHO Klassik 2000, Classical BRIT Award ('Male Artist of the Year') 2000, ECHO Klassik 'Instrumentalist d Jahres'01, ECHO Klassik-Sonderpr Ambassador of Music 02. – **Aufn/RF:** 'Greatest Hits' 02, 'Kennedy plays Bach' (m Berliner Philharmonikern), 'Bartók', 'Beethoven', 'Brahms', 'Bruch', 'Elgar', 'Kafka', 'Kreisler', 'Sibelius', 'Tschaikowsky', 'Vivaldi', 'Walton', 'Duos f Violin & Cello' (m L Harrell), 'Classic Kennedy'. (Red)

Keraj, Skerdjano, Violine; c/o Theater Aachen, Hubertusstr 2–8, D-52064 Aachen. **Laufb:** stellv 1. Konzm Th Aachen. (Red)

Kerekes, Péter, Komponist; Friedrich-Engels-Str 24, D-07545 Gera, T: (03 65) 8 00 38 05 [Hódmezövásárhely 23.9.1948]. KamM **Laufb:** seit 25 Jahren stellv Soloposaunist in Gera. **Ens:** Blechbläserqua Gera 80–90. – **Komp:** Monologe (Engl Hn Solo), UA Altenburg 99; Phönix (Fl Solo), UA Gera 99; Warteraum (-Erde?) (Ob, Klar, Fag), UA Gera 99; Nonsens '99 (Ob, Klar, Fag), UA Gera 99; QUARTEN à la carte (PosQua), UA Gera 91; Parabeln (2 Fl), UA Gera 01.

Keremidtchiev, Anton, Sänger; c/o Oper Leipzig, Augustuspl 12, D-04109 Leipzig. **Laufb:** Sol Staatsth Darmstadt, Op Leipzig, Kom Op Berlin SpZ 04/05, Gastsol Op Frankfurt seit SpZ 03/04. (*)

Kerkeling, Burkhard, Klavier; Am Taubenberg 22, D-52538 Gangelt, T: (0 24 54) 72 04, 01 77–2 53 16 42, *webmaster@walbeck-kerkeling.de*; Franklinstr 55, D-40479 Düsseldorf, T: (02 11) 5 14 37 66; *www.walbeck-kerkeling.de* [1967]. **Ausb:** Mstrkl (B Strobel, D Levine), Kl (R Szidon) Robert-Schumann-H Düsseldorf. **Laufb:** KonzReise USA m Kl-Duo Walbeck & Kerkeling 99, Argentinien 99. **Pr:** 1. Prtr 9. Int Wettb f junge Pianisten Rom 98, Int Kl-Wettb Gino Gandolfi Salsomaggiore Terme 99, Plazierung Ibla Grand Prize-Wettb Sizilien 99. **Ens:** Kl-Duo Walbeck & Kerkeling seit 93. (Red)

Kerl, Torsten, Tenor; c/o Erich Seitter Bühnen- und Konzertvermittlung, Opernring 8/13, A-1010 Wien, T: (01) 5 13 75 92, F: +49 (0 40) 36 03 29 10 44, *torkerl@aol.com*; *www.torstenkerl.com* [Gelsenkirchen 21.10.1967]. Oper, Konzert, Lied **Ausb:** Stud (D K Zywietz) Essen. **Laufb:** Sol Wiener Staatsop, Dt Op Berlin, Semperop Dresden, Staatsop München, Op du Strasbourg,

Op du Lyon, Chatelet Paris, Staatsop Karlsruhe, Staatsop Hamburg, OpHaus Basel, Op di Parma, Op di Modena, Op di Ravenna, Volksop Wien, Bayreuther FSp 96–2000, Schwetzinger FSp 99, Salzburger FSp 2001, Konz ua m Wiener Philh, Radio France, SinfOrch d HR, Nordwestdt Philh, Orch de la Suisse Romande, Gastsol Dt Staatsop Berlin SpZ 03/04, Kom Op Berlin SpZ 03/04. **Pr:** als Solooboist u Sänger, Prtr Wettb u Förderstip, 'Grammy' f beste int OpAufn d Jahres 2001. **Ens:** Staatsop Wien, Staatsth Karlsruhe. – **Aufn/RF:** CDs ua: G Verdi: Alzira, m Orch de la Suisse Romande, Dgt: F Luisi; F Busoni: Dr Faust, m Chor Grand Th Genf, Chor u Orch Op Nat Lyon, Dgt: K Nagano; R Wagner: Die Meistersinger v Nürnberg, m Chor u Orch Bayreuther FSp, Dgt: D Barenboim; Wagner u Kerl, Sol: T Kerl. **UA:** Korngold: Op 'Die Tote Stadt' (Paul), frz EA Strasbourg, Op Nat du Rhin.

Kermes, Simone, Sängerin; Kirchhohl 39a, D-56179 Vallendar, T: (02 61) 66 72 03, F: 66 72 04, *skermes1@aol.com*; c/o Theater St Gallen, Museumstr 1/24, CH-9004 St Gallen; *www.simone-kermes.de* [Leipzig 17.5.1965]. Klassik, Oper, Operette, Konzert, Lied **Ausb:** Stud Ges u hist Ges (Forner) MH Leipzig 89–96, Dipl, Mstrkl, KonzEx, SolEx. **Laufb:** Gastsol Op Halle 92, Th Potsdam 93, Bonn 99–01, Th Dortmund 2000, Staatsth Stuttgart 2000-O2, Staatsth Wiesbaden 00/01, Staatsth Mainz 01/02; Schleswig-Holstein-MFstv 94 u 2000, Dresdner MFSp 96, Schubert/Nantes 98, BeethovenFSp 99, Musiktriennale Köln 2000, Bologna 2000, 01 u 03, Mailand 01, Feldkirch 01 u 03, Halle 2000, Innsbruck 2000, Schwetzinger FSp 2000, Spanien 2000, New York 01, Göttinger HändelFSp 01 u 02, Prager Herbst 01, Wratislawia Cantans 98, 2000, 01, Paris-Sacre-Coeur 02, Carinth Sommer 03, Th St Gallen SpZ 04/05. **Pr:** 1. Pr Felix-Mendelssohn-Bartholdy-Wettb Berlin 94, Bachprtr Int J S Bach-Wettb Leipzig 96. – **Aufn/RF:** zuletzt z B: Kozeluch: 'Moisee in Egitto' (Merime), m Rhein Kantorei, Dgt: Max, WDR-CD 03; Händel: 'Deidamia' (Deidamia), m Il Complesso Barocco, Dgt: Curtis 03; ders: 'La maga abbandonata' (Arien), m Il Complesso Barocco, Dgt: Curtis 02; ders: 'Belshazzar' (Nitocris), m Coll Cartusianum, Dgt: Neumann 01; Schumann: 'Paradies u Peri' (Peri), Europachorak, Dtg: Daus, Arte nova 02; J G Naumann: 'Zeit u Ewigkeit' (Sop), m Dresdner InstrKonsort, Dgt: Kopp 03; Haydn: 'Die Schöpfung' (Gabriel), m B-Neumann-Ens, Dgt: Hengelbrock 02; Beethoven: 'Christus a Ölberge' (Seraph), m Neues Orch, Dgt: Spering, op 111 Paris 2000; Dittersdorf: 'Giob' (Zara), m Rhein Kantorei, Dgt: Max, Koch Poland 2000.

Kern, George, Prof, Hochschullehrer, Klavier; Guetratweg 25, A-5020 Salzburg, T: (06 62) 82 69 41; Univ Mozarteum, Abt f Tasteninstrumente, Schrannengasse 10a, A-5020 Salzburg, *george.kern@moz.ac.at* [Norristown, PA, USA 28.5.1948]. **Laufb:** UProf (Kl) U Mozarteum Salzburg. (Red)

Kern, Klaus Dieter, Prof, Hochschullehrer, Tenor; Heubuck 75, D-79289 Horben, T: (07 61) 2 95 98, F: 2 97 61, *info@hae-tse.de*; Hochschule f Musik, PF 6040, D-76040 Karlsruhe [Freiburg 1944]. **Laufb:** Prof (Ges) Staatl H f Musik Karlsruhe seit 79. (Red)

Kern, Matthias, Dr hc, Komponist; Kreuzwippe 17, D-30855 Langenhagen, T: (05 11) 74 14 01, F: 7 85 33 28 [Neuendettelsau 31.5.1928]. **Ausb:** Stud Komp (S Reda) Folkwangschule Essen bis 54. **Laufb:** Debüt als Komp in Essen u USA (New York, Carnegie Hall), KonzReisen in Dtschld u Schweden, Kantor Herrenhäuser Kirche 65–87, Initiator u Lt biennaler 'Herrenhäuser KiM-Tage' 67–79, Doz Westf LandeskirchenMSch Herford 79–87, Gasttätigkeiten als Orgelsol, Doz, Komp i In- u Ausland, 'Composer in Residence' am Carthage Coll Kenosha, USA, Ehrenprom 'Doctor of Music' ebd. **Pr:** anläßl d 60. Geb Ehrung durch die Stadt Langenhagen m Eintragung i goldenes Buch. – **Komp:** Sapientia in Christo (Oratorium) 67, UA Hannover, Marktkirche 67; Epigramme (BallettM) 79, UA Hannover, konzertant, C Peter 79; Dies irae (Konzertstück) 80, UA Bielefeld 80; Desidenum templi Domini. 84. Psalm (Kantate) 85, UA Erlangen, Stadthalle, W Opp 85; Organum Sinfonie (OrchW f Orgel u gr Orch) 88, UA Rastatt, H P Eisenmann 88. **AuftrKomp:** Cantus Festus (Orat), UA Klosterkirche Alpirsbach, Dgt: U Weissert 95 (Auftr: Klosterkirche Alpirsbach z 900-Jahrfeier); Klangbilder (Konz f Querfl, Hf u StrOrch), UA Hannover, Herrenhäuser Kirche, Dgt: U Zimmer (Auftr: Orch d Herrenhäuser Kirche z seinem 15-jähr Jubiläum). **Aufn/RF:** CD-Einsp versch eigener Komp durch namhafte Interpreten u Ens. **Sonst:** Wiedergrd u Lt 'Chorgemeinschaft an d Nahe' 61; Grd Kantoreigemeinschaft Hannover' 75; Grdg 'Herrenhäuser Kammerorch' 83.

Kern, Michael, Klarinette; c/o Rundfunk-Sinfonieorchester Berlin, Charlottenstr 56, D-10117 Berlin. **Laufb:** Sol RF-SinfOrch Berlin. (Red)

Kern, Oliver, Klavier; Frühlingstr 107, D-83435 Bad Reichenhall, T: (0 86 51) 69 02 67, 01 72–7 34 96 86, F: 69 02 67, *ok@oliverkern.com*; c/o Serafina Sabatino, Via Saragozza, 23, I-40123 Bologna, T: (0 51) 58 22 43, 03 39–1 38 17 25, F: 58 22 43; *www.oliverkern.com* [Schwäbisch Gmünd 1970]. **Ausb:** Stud Kl (W I Ong) Staatl H f M u darst Kunst Stuttgart, (R Buchbinder) Kons Basel, (K Kämmerling) Mozarteum Salzburg 89–98. **Laufb:** Konz ua Schleswig-Holstein-MFstv, Schwetzinger FSp, Mozart-Fstv Prag, Brahms-Woche Pörtschach, Schauspielh Bonn, Mhalle Hamburg, Liederh Stuttgart, Salle Cortot Paris m New Japan Philharmonic Orch, Dt Symph Orch Berlin, Nordwestdt KamPhilharmonie, Orch d Beethovenhalle Bonn. **Pr:** Stip Dt Musikwettb 97, 4. Pr 10. Int Klavier Wettb L v Beethoven Wien 97, 2. Pr 3. Hamamatsu Int Piano Wettb 97, 2. Pr ex aequo 48. Int ARD M Wettb 99, 1. Pr Int Klavier Wettb L v Beethoven 01. – **Aufn/RF:** Produktionen DeutschlandRadio, SDR, WDR, MDR, NDR, RAI, Radio France. (Red)

Kerschbaum, Dietmar, Tenor; Grieselstein Dorf 59, A-8380 Jennersdorf, T: (0 89) 2 91 61 66 12, F: 29 16 16 67, *kursidem@opern-agentur.com, tschaidse@opern-agentur.com*; c/o Volksoper Wien, Währinger Str 78, A-1090 Wien, T: (01) 51 44 40, F: 5 14 44 32 15, *office@volksoper.at*; *www.opern-agentur.com* [Güssing]. **Ausb:** Schauspieldipl 93, H f M u Darst Kunst Wien b F Lukasovsky, W Berry. **Laufb:** Sol Dt Op am Rhein Düsseldorf 98–02, Gastsol Staatsth Stuttgart, Staatsop Unter den Linden Berlin, Op National Strasbourg, Aalto Th Essen, Sol Dt Staatsop Berlin, Gastsol Volksop Wien seit 99, MozartFSp Schönbrunn, SeeFSp Mörbisch, Karajan PfingstFSp Baden-Baden, Salzburger FSp seit 03; freischaff seit 03. **Pr:** 1. Pr int 'H Gabor Belvedere Wettb' Wien 98, E Wächter-Förderpr d Wiener Staatsop 98. (Red)

Kerschbaum, Martin, Prof, Hochschullehrer, Schlaginstrumente; Univ f Musik u Darst Kunst, Inst 12, Hauptpl 8, A-7432 Oberschützen, T: (03 16) 3 89 33 79, F: 3 89 31 21, *martin.kerschbaum@kug.ac.at*. **Laufb:** Vertragsprof (Schlaginstrr) U f Musik u Darst Kunst Graz. (Red)

Kersting, Frank, Pianist, Dirigent; Alleestr 11–13, D-67655 Kaiserslautern, T: (06 31) 3 61 98 80, F: 89 29 02 39 [Gelsenkirchen 5.7.1964]. Op, Liedbegleitung **Ausb:** Stud (Dirig, Kl, MPäd) MH Detmold 86–91, Stud (Dirig, Kl) Folkwang-H Essen 92–96. **Laufb:** Solorep Städt Bühnen Osnabrück 96–99, Studienlt u Solorep Pfalzth Kaiserslautern seit 99.

Kertscher, Ina, Prof, Violine, Hochschullehrerin; Hochschule f Musik u Theater, Emmichpl 1, D-30175 Hannover. **Ausb:** Stud (V) in Köln u in Rostock. **Laufb:** Prof H f M u Th Hannover seit 01. (Red)

Kessler-Retzler, Sigrid, Hochschullehrerin, Gesang; Danziger Str 40, D-90518 Altdorf, T: (0 91 87) 78 03, (01 72) 8 35 78 66, *sigridkessler@t-online.de*. **Ausb:** MH Nürnberg u Würzburg. **Laufb:** Doz (Gesang, Gesangsmethodik) KiMSchule Regensburg. (Red)

Kessler, Jürgen, Posaune; c/o Konzerthaus Berlin, Gendarmenmarkt, Charlottenstr 57, D-10117 Berlin. **Laufb:** stv Sol Berliner SinfOrch. (Red)

Kessler, Thomas, Komponist; Herrengartenweg 20, CH-4123 Allschwil, T: 06 14 83 93 29, F: 06 14 81 58 17, *thomas.kessler@unibas.ch* [Zürich 25.9.1937]. **Ausb:** Komp (Blacher, Hartig, Pepping) MH Berlin 61–67. **Laufb:** Electronic Beat Studio Berlin 67–73, Prof (Komp) MH Basel 73–2000, Lt Elektr Studio 73–2000. **Pr:** Berliner Kunstpr junge Generation 67. **Ens:** the BEAM Basel Electric Art Messengers. – **Komp:** div 'Control'-Komp f Soloinstr u Live-Elektr, OrchKomp zB 'Aufbruch', KamM 'Trio', 'Unisono'. **AuftrKomp:** 'Flute control', UA Paris, IRCAM, m A Nicolet; 'Smog', UA Berlin, WDR/SFB, m Globokar. **UA:** Holliger: 'Not I'; Globokar, Kurtag ua. **Sonst:** Grdg Tage f Neue Musik Zürich m G Zinsstag, Tage f live-elektr Musik Basel m W Heiniger.

Kesten, Christian, Vokalist/Sprecher, Performer, Komponist, Regisseur, Sänger; Wiclefstr 11, D-10551 Berlin, T: (0 30) 3 96 22 48, F: 3 96 22 48, *post@christiankesten.de* [28.2.1966]. Neues Musiktheater **Ausb:** Stud Schulmusik HdKBerlin, ExpMusik/-theater (D Schnebel) HdKBerlin, Performance Art HdKBerlin, Germanistik TUBerlin. **Laufb:** Reisen als Interpr nach ua Tokyo, New York, Bordeaux, Paris, Glasgow, Rom, Moskau seit 88, als Komponist nach Berlin, Moskau 96, Glasgow 96, Rio de Janeiro 98, Aarau/CH 00, Malpartida/E 01, als Regisseur Iris ter Schiphorst 'Silence moves' Dresden/Berlin 97; M Kagel 'Staatstheater' Kammerversion, KonzHaus Berlin 98; T Johnson 'Riemannoper', KonzHaus Berlin 01; D Schnebel 'MoMA' KonzHaus Berlin 01; J Cage 'Song Books Complete' Th Bielefeld 01, Gastsol Th Bielefeld SpZ 03/04. **Pr:** Stip Stift Kulturfonds Künstlerhaus Lukas Ahrenshoop 2000. **Ens:** Die Maulwerker; intermission3. – **Komp:** '-cycling.one day when...' UA HdKBerlin 90; 'des Kleinen Übergewicht' UA HdKBerlin 95; '(o.T) für klarinette...' UA Zionskirche Berlin 99; 'zunge lösen' UA Zionskirche Berlin 99. **AuftrKomp:** 'parochial' (4 Frauenstimmen, Kl, Tp, Asax), UA Die Maulwerker, Parochialkirche Berlin 98 (Auftr: Berliner Senat). **Aufn/RF:** A C Caspari: 'Eintausend Engel über All', Regie: G Naleppa, NDR 99; N Sani: 'Voices beyond the edge', DeutschlandRadio 99; K Rifbjerg: 'Na komm schon Holger', Regie: J Jannings, DeutschlandRadio 99; M Wittekindt: 'Stilles Essen großer Stücke', DeutschlandRadio 00. **UA:** Schnebel: 'Zeichen-Sprache' 89, 'Museumsstücke' 93, 'MoMA' 95, 'Schaustücke' 95, 'Majakowskis Tod' Oper Leipzig 98; U Rasch: 'Sich als etwas Fremdes ansehen...' 93; D Ott: '17 1/2' 95, 'frammenti per pieve caina' 96; M Hirsch: 'Mouvement à cinq' 95; G Damiani: 'Salve follie precise' Palermo 98; M Nishikaze: 'Chant I–III' 97/98, 'Oratio' 00; B Thun: 'DklM5+1' 99; A Neumann 'auch nicht eigentlich wirklich...' 01; C Mello: 'da novela' 01. **Zug:** M Nishikaze: 'Chant I–III' 97/98, 'Oratio' 00. **Sonst:** Mitbegr Freie Performance Kl HdKBerlin; Mitbegr Trio intermission3.

Kestler, Christian, Dipl Phys, Dipl Opernsänger, Sänger (Bass); Meterstr 29, D-30169 Hannover, T: (05 11) 8 44 17 49, *cKestler@gmx.de, christiankestlerbass@gmx.de* [Bamberg 9.5.1966]. Oper, Oratorium **Ausb:** Stud (Physik) U Bayreuth 85–91, Stud (OpGes Solo) b G Faulstich H f M u Th Hannover 94–99, Mstrkse b T Adam 94, W Berry 94, T Quasthoff 01, E Huber-Contwig 02 u Ch Lehmann 02/03. **Laufb:** KonzReise n Moskau 99, Sol Th Lüneburg, Gastsol Stadtth Hildesheim SpZ 2000/01, Gastsol MH Rostock 01. – **Aufn/RF:** A Schönberg: 'Ein Überlebender aus Warschau' (Sprecher) 99; A Bruckner: 'Te Deum'; Bach-Kantate BWV 6 RF-Mitschn DeutschlandRadio Berlin 2000. **UA:** Deutschmann/Lüker: Lunatorium 'Mondblüten'. **Zug:** Martin Doernberg: 3 Lieder n Texten v Hölderlin 97, 98.

Keszei, Bori, Sängerin; Wiener Staatsoper, Opernring 2, A-1010 Wien [Budapest]. **Ausb:** Stud (Ges) Kons Leo Weiner in Budapest. **Laufb:** Sol Wiener Staatsop seit 03/04. (Red)

Ketelhut, Andreas, Chordirektor; c/o Theater Erfurt, Walkmühlstr 13, D-99084 Erfurt, *ketelhut@theater-erfurt.de* [Schwerin 1.12.1958]. **Ausb:** Stud Hauptfach Chordirig (W Unger), Ges (C Klug) H f M Franz Liszt Weimar 79–84, Stud OrchDirig (L Seyfarth) H f M 'Franz Liszt' Weimar 84–88. **Laufb:** Mitgl KamChor d H f M 'Franz-Liszt' Weimar unter Ltg v G Frischmuth 79–

85, Chordir Landes-SinfOrch Thüringen Gotha 87–91, Chordir Th Erfurt seit 91(04/05), Gesamtchorltg DomstufenFSp d Th Erfurt. (Red)

Ketelsen, Hans-Joachim, Sänger; Kurzer Weg 7, D-01454 Wachau b Radeberg, T: (0 35 28) 41 08 59. **Laufb:** Sol Bayer Staatsop München, Kom Op Berlin, Sächs Staatsop Dresden SpZ 03/05, Hamburg Staatsop. (Red)

Ketilsson, Jon, Tenor; c/o Det Kongelige Teater, Postboks 2185, DK-1017 København K; Carnegie Hall Tower, c/o IMG ARTISTS, 152 West 57th Street, 5th Floor, New York, NY 10019, U.S.A., T: +1 21 29 94 35 00, F: 21 29 94 35 50, *artistsny@imgartists.com* [Island]. **Ausb:** Musikstud an d Neuen Musikschule Reykjavik 88, H f M u Darst Kunst (Op) Wien 90–93. **Laufb:** Ens Op Köln 98–2000, Salzburg FSp 2000, Gastsol Th Nürnberg SpZ 00/01, Gastsol Th Freiburg, Bayer Staatsop München, Staatsth am Gärtnerpl München, Volksop Wien SpZ 03/04, Det Kongelige Teater Kopenhagen seit 04/05. (Red)

Keuk, Alexander, Komponist; Borsbergstr 21, D-01309 Dresden, T: (03 51) 8 48 04 62, *akeuk@web.de*; *www.keuk.de* [Wuppertal 13.10.1971]. Klassik, Neue M **Ausb:** Stud Komp (H J Wenzel, W Krätzschmar) H f Musik 'C M v Weber' Dresden 93–99, Aufbaustud 99–2001. **Laufb:** Performances m Tänzern u bildenden Künstlern, Dresdner EA Satie: 'Vexations' 94, Schulkonz m e szen Fassung v Poulenc: 'L'histoire de Babar' (als Dgt) 98–2000, Mitgl Künstlergruppe 'Schichtwechsel'. **Pr:** viermalige Einladung zu 'Jugend komponiert', 'Andres-Werckmeister-Pr' Stadt Halberstadt 93, Stip Kulturstift Sachsen/Sächs Musikrat 99, 3. Pr Int KompWettb 'Das neue sorb Lied' d ORB Brandenburg 2000. **Ens:** Dresdner KamChor. **Mitgl:** Vorstand Int Allan-Pettersson-Ges. – **Komp:** Tanzfelder I–IX (Kl solo u 2 Tänzer), UA Dresden, S Wolf 96; 'Ein dt Kettenrondomassaker', UA Dresden, m Ens Musica Temporale 96 (Auftr: DZZM Dresden); ...aus dem Innern kommen – Report: Valèry (Sop, 2 Spr, 4 Vcl); Marche funébre de la Pensée (Bruchstücke vom Schauen u Hören), UA Dresden, Ens 'Just Brass Dresden' 98; ...nicht auslöschen, Ströme... nicht ertränken (Va & Pos), UA Teplice, CSFR 98; Ultimatum (gr Orch), UA Dresden, H-SinfOrch, Dgt: Klemm 01; Flash (Klar); Kläng (gr Orch), UA Dresden, Elblandphilh, Dgt: P Fanger 01; 'Dr OX V5.1' KinderOp, UA Dresden 03 (Auftr: DZZM f Berliner KamOp/ Dt Op Berlin/ carousel-Th Berlin); 'Bagatelle', UA Dresden 03 (Auftr: Duo Gelland, Schweden).

Keulen, Isabelle van, Viola, Violine; c/o Konzertdirektion Hans Ulrich Schmid, Königstr 36, D-30175 Hannover, PF 3409, D-30034 Hannover, T: (05 11) 3 66 07 60, 3 66 07 27, 3 66 07 84, F: 3 66 07 34, *ij@kdschmid.de, mail@kdschmid.de*; *www.kdschmid.de* [Mijdrecht 16.12.1966]. klass, romant, zeitgen M **Ausb:** Sweelinck Kons Amsterdam 78–86, Mstrkl (D van Wely), Mstrkse (M Rostal, V Spivakov), Mozarteum Salzburg (S Végh) 86. **Laufb:** Gast Berliner Philharm, SymphOrch d BR, Wiener Symph, Concertgebouw Ork Amsterdam, NHK Symph Orch Tokyo, ZusArb m H Stein Salzburger FSp, Japan KonzReise m Bamberger Symphonikern, Grd u künstl Dir Chamber Music Fstv Delft. **Pr:** Gewinn Wettb Den Haag 80, Pr b Menuhin-Wettb Folkestone u Sommerakad Tours, Gewinn Eurovisions-Wettb 'Young Musician of the Year' Genf 84. – **Aufn/RF:** zahlr CD-Einsp, ua: Dutilleux: Violinkonz, Dgt: M Soustrot, Mozart: VKonz 1–5, auch Ltg. **UA:** Tüür: VKonz, UA m Radio-SinfOrch Frankfurt, Dgt: H Wolff 99.

Keuschnig, Peter, Dr, Dirigent; Weyringer Str 37, A-1040 Wien, T: (01) 5 05 23 59, F: 5 05 23 59; c/o ProArt Service – A. Kirschner, Goldschmiedgasse 10/3/3, A-1010 Wien, T: (01) 5 34 62 86, F: 5 34 62 67, *mail@proartservice.at*; *http://members.eunet.at/eisenberger* [Wien 1940]. 20./21. Jh (Wiener Schule), Konzert, Oper, Operette, Musical **Ausb:** Stud Kons Wien, H f Musik, U Wien, Prom (MWiss), Stud Dirig (F Fricsay, B Maderna). **Laufb:** ständ Gastdgt Wiener Symph, Tonhalle Orch Zürich, Pittsburgh, Chicago, San Francisco Symph Orch, Dt Op Berlin, Orch Niederländ RF, 'Pomeriggi Musicali di Milano', Wiener Staats- u Volksop seit 70, über 10 Jahre musikal Lt 'Th d Westens' Berlin ab 84, langjährige Tätigkeit als künstl Lt d 'Neue Reihe' d Berliner Philharmoniker; Salzburger LandesTh, St Gallen, Klangbogen Wien; Gastdgt Stadtth Klagenfurt SpZ 03/04, Prof Kons Wien seit 97, Dgt Volksop Wien, Luzerner Th SpZ 04/05. **Pr:** dreifacher Alban-Berg-Prtr, Präs IGNM Österreich, Officier de 'ordre National du Mérite. – **UA:** mehr als 600. **Zug:** G Schedl: Op 'Julie u Jean'. **Sonst:** Grdg Ens 'Kontrapunkte' 65. **Lit:** Mag M Weber: Die Geschichte des Ensembles 'Kontrapunkte', Diss Uni Wien 97.

Keusen, Raimund, Dr, Komponist; Mainzer Str 263, D-53179 Bonn, T: (02 28) 34 21 66 [Duisburg-Hamborn 26.8.1935]. Musiktheorie, Bach-Interpretation **Ausb:** Stud Staatsexamen SchM 59, Reifeprüfung Orgel u Komp 62, Orgelstud (J Zimmermann, M Schneider), Kompstud (Hermann Schroeder) MH Köln 55–62, Philosophiestud U Bonn 60–64, 1. Staatsprüfung 64, 2. Staatsprüfung 66, Prom Mwiss (G Massenkeil) U Bonn 72. **Laufb:** Assessor, StR u OStR im Kirchendienst, Komp- u KonzTätigkeit (Org u Cemb), freier Mitarb in mehreren Zs, LBeauftr (Musiktheorie) MH Köln seit 76, Lt Beueler Bachstunden 68–77 LBeauftr (Musiktheorie) U Köln seit 85. **Pr:** Ehrenmitgl Bonner Bach-Gemeinschaft. **Mitgl:** dkv, Beirat Hermann-Schroeder-Ges. – **Komp:** Zyklus f Kl zu 2 Händen 61, UA Köln, H C de Bruyn 61; Credo im unum Deum (ChW) 62; Partita über e altdt geistl Lied (Choralpartita f Orgel) 68, UA Köln, Dom 68; Streichqua in h 69, UA Köln, Louis-Qua 60; Concertino f Orch 78.

Khadem-Missagh, Bijan, Prof, Dirigent, Violine; c/o Allegro Vivo, Wienerstr 2, A-3850 Horn, T: (0 29 82) 43 19, F: 4 31 94, *office@allegro-vivo.at*; *www.music.at/khadem-missagh; www.allegro-vivo.at* [Teheran 1948]. Konzert **Ausb:** Stud (E Morawec) Wiener Musikakad, Violinstud (E Steinbauer) H f M u darst Kunst ab 66, Stud (Architektur) TU Wien 71, Diplomprüf (Konzertfach Violine) 71, Postgrad Stud (F Samohyl, Ha Swarovsky, K Österreicher) H f Musik 73. **Laufb:** 1. Konzm u Solist d NÖ Tonkünstlerorch 71, Grdg Eurasia Qua 71, Grdg Tonkünstler KamOrch 77, seither dessen ständ Sol u Dgt, Grdg 'Int KamM Festival Austria', 'Allegro Vivo' m Sommerakad, Meisterkrsen, Sem u Konz 79, Künstl Lt Int Kammermusik Fstv Schweden seit 80, Grdg u Künstl Lt 'Badener Beethoventage' 81–86, GastProf Kons d Stadt Wien, alljährl Mitwirkung b Haydn Tagen im Musikverein Wien 84–90, eigener Musikvereinszyklus m d Tonkünstler KamOrch 87–88, Prof u künstl Lt d Streicherkl J H Kons Wiener Neustadt 88, Künstl Lt 'Midsummer Music Acad' Umeå 90, künstl Lt Musik Forum, Landegg Akad Schweiz seit 91, Grdg 'GlobArt' f int Vernetzung, Einbindung u ZusArb v Kunst u Wiss 97. **Pr:** Grand Prix u 1. Pr Int Wettb Colmar, Kulturpr d Stadt Baden, goldenes Ehrenkreuz d Republik Österr f Kunst u Wiss 88. **Mitgl:** Österr Kompbund, AKM. – **Komp:** Instrumental-, Vokalwerke. **Aufn/RF:** zahlr RF- u TV-Produktionen sowie Einsp v Schallpl, CDs. **Zug:** ua v K H Füssl, L Thoressen, A Vujic, A Baksa, K Rapf, K Etti, L Schmetterer, R Stiegler, U-D Soyka, T Shakhidi. **Sonst:** Veröffentl: 'Das Musische als Lebensweise'. **Lit:** 'Niederösterr ganz persönlich' (ORF-NÖ); 'Woran glauben Sie?' (Styria).

Khadem-Missagh, Martha, Violine; c/o Künstlermanagement Till Dönch, Roegergasse 24–26/G2, A-1190 Wien, T: (01) 4 70 80 83, F: 4 79 69 71, *management@doench.at*; *www.doench.at*. **Ausb:** Stud Kons d Stadt Wien u Wiener U f M u Darst Kunst b G Schulz (Alban Berg Qua) u Ch Altenburger, Mstrkrse b R McDuffie, R Kussmaul, K Wegrzyn. **Laufb:** Sol Konz m Tonkünstler-Orch Niederösterreich, Wiener Kammerorch, Acad Allegro Vivo u Sinfonietta Baden, KonzReisen nach Japan, USA, Südafrika u Europa m RF- u Fernsehaufn, Solistin Salzburger FSp, Musiktage Mondsee, Klangspuren Tirol, KamMPartnerin ua. v R Batik, P Demenga, B Moser. **Pr:** Kultur-Anerkennungspr d Stadt Baden 99, Stift d Carl Flesch-Akad 2000 in Baden-Baden u 'Young Concert Artist' d 1. Starling-DeLay Symposiums 01 in New York m I Perlman, D DeLay, R McDuffie, M u Cho-Liang Lin, Stip d Kulturfonds Österreich-Meyrin 03, „Dr. Leopold Goess" Pr d Int Kärntner Musikwettb 04. – **Aufn/RF:** CD Einsp Khatchaturians VKonz in d-moll, Schuberts Rondo in A-Dur u Werke v Paganini, Bériot, Sarasate, Wieniawski, Schostakowitsch u Bartók. (Red)

Khadem-Missagh, Vahid, Violine; c/o Künstlermanagement Till Dönch, Roegergasse 24–26/G2, A-1190 Wien, T: (01) 4 70 80 83, F: 4 79 69 71, *management@doench.at, vahid@khadem-missagh.com*; *www.khadem-missagh.com* [Österreich 1977]. **Ausb:** Stud Wien Mstrkl Boris Kuschnir, Unterricht b Rainer Küchl u Gerhard Schulz Wiener U f M u Darst Kunst, ergänzende Studien b Igor Ozim, Mstrkr b Tibor Varga u Zakhar Bron. **Laufb:** Debüt Salzburger FSp 01, Konzm d Gustav Mahler Jugendorch 2000–03, Konzm Tonkünstler Orch Niederösterreich seit 04, Ltg Violinklasse Univ f Musik u darst Kunst i Graz seit 05. **Pr:** 1. Pr Mozart Wettb, 'Jugend musiziert' 91, 1. Pr Concorso Int di Stresa Italien 96 u Int KamM Fstv Austria, Gewinner d ORF-RF Pr 96, Prtr d Stefanie Hohl Violinwettb Wien 99. (Red)

Khodyko, Julia, Violine; c/o Niedersächsisches Staatsorchester, Opernpl 1, D-30159 Hannover. **Laufb:** Vorspielerin Niedersächs StaatsOrch Hannover. (Red)

Khomov, Sergej, Sänger; Eduard-Schloemann-Str 60, D-40237 Düsseldorf, T: (02 11) 6 91 42 18, (01 74) 3 92 36 97. **Laufb:** Sol Dt Op am Rhein Düsseldorf-Duisburg. (Red)

Kido, Keiko, Violine; c/o Berliner Symphoniker, Christstr 30, D-14059 Berlin. **Laufb:** stv Konzm Berliner Symphoniker. (*)

Kiefer, Günter, Sänger (Kavaliers- u Charakterbariton); Bleichstr 24, D-65183 Wiesbaden, T: (06 11) 9 01 69 06, F: 9 01 69 06 [Wadgassen/Saar 11.10.1961]. Oper **Ausb:** Stud Ges, Schausp (R Gilvan) MH Saarbrücken 78–84. **Laufb:** Sol Saarländ Staatsth Saarbrücken 84, Sol Stadtth Würzburg 85–89, Sol Städt Bühnen Münster 89–96, Sol Hess Staatsth Wiesbaden seit 96, Sol MTh Essen SpZ 03/05. **Pr:** Förderpr Gesang Dt HWettb Detmold 83.

Kiefer, Peter, Prof, Komponist, Universitätsprofessor; Wilhelmstr 31, D-52070 Aachen, T: (02 41) 50 94 55, F: 5 15 17 03, *peter.kiefer@uni-mainz.de*; Hochschule für Musik Rheinland Pfalz, Johannes Gutenberg Universität Mainz, Binger Str 26, D-55122 Mainz, T: (0 61 31) 3 93 23 60, F: 3 93 01 46; *www.klangkunst.de, www.peter-kiefer.de* [Aachen 24.2.1961]. Raum u Klang, experimentelle Filmm, RFM **Ausb:** Stud (klass Schlaginstr) MH Köln, künstl Dipl 87, Dipl Musikpäd 90, Kompstud (H Nobis) ab 89, Stud (Th-, Film- u FS-Wiss, MWiss, Philosophie) U Köln, 'ars musica'-Kurse in Brüssel (L Berio, W Rihm, B Ferneyhough) 90, K-H-Stockhausen-Kompkurse Kürten 98. **Laufb:** künstl Mitarb 'Bauhütte Klangzeit' Wuppertal 91–92, Grdgsmitgl 'World Forum for Acoustic Ecology' Vancouver, intermediale Projekte u Klangkunst in Düsseldorf, Hannover, Berlin, Florenz, Paris seit 92, LAuftr 92, 02 künstl-wiss Mitarb u 01–04 Lt 'MusicDept' KunstH f Medien Köln, 01 H f M Rheinland Pfalz Mainz, Int Vortragstätigkeit u Veröffentlichungen. **Pr:** Stip Dartington Int Summer School Musikth-Komp (V Hoyland) 88, Stip Centre Acanthes Paris (Kompkurs m L Nono in Avignon), Arbeitsstip Experimentalstudio d Heinrich-Strobel-Stift d SWF 89 u 91, KompPr Euregio/NRW i Rahmen d Fstv 'Saitenklänge' 88, Förderpr Musik d Stadt Aachen 88. **Mitgl:** Dt Kompverb, World Forum f Acoustic Ecology. – **Komp:** Apokalypse 88, UA Stolberg 88; caminando – Klänge f vier Streicher (Streichqua) 90/91, UA Aachen 91; NEIN! 92, UA Horbach 92; Das fünfte Element (Klang-Videoinstallation), UA Berlin, Festival KlangumWelten, Akad d Künste 95; Der SINN bewirkt die Dinge 99, UA Köln, Festival per-SON 99; Traverse Frequenz, Brückenmusik X, 04; F(O)UR//FOUR, Glockenspiel Rathausturm Köln, 04; Stummfilmm 'La Passion de Jeaune d' Arc', UA 2000, Luxembourg. **Sonst:** Kurator div Ausstellungen: Medienkunst, Klangkunst ua Luxembourg, Dortmund Beethovenhaus Bonn; künstler Lt Klangraum-Raumklang, Köln 04.

Kiehr, Maria Christina, Prof, Hochschullehrerin, Sopran; Hochschule f Musik, Schultheiß-Koch-Pl 3, D-78647 Trossingen, *kiehrtheuler@telez.ch*. **Laufb:** Prof (Ges, Alte Musik) HfM Trossingen. (Red)

Kiem, Eckehard, Prof, Hochschullehrer; Eichbergstr 23, D-79117 Freiburg, T: (07 61) 6 27 37, F: 6 96 40 78. **Laufb:** Prof (Theorie, Methodik) Staatl H f Musik Freiburg. (Red)

Kiemle, Hans Dieter (Pseud: HDK), Dipl Psych, Komponist; Schmidsfelden 4, D-88299 Leutkirch, T: (0 75 67) 18 29 62, F: 18 29 62 [Karlsruhe 24.6.1939]. Evolutive Musik **Ausb:** Stud (Psychologie, Charakterologie, Graphologie) U Freiburg/Br 59–64, priv Unterweisung Tonsatz (G v Albrecht) 69–75, Ausb Kinderpsychotherapeut Heidelberg 69–71. **Laufb:** Komp (Rhapsod Walzer) 57, musikal Tätigkeit als Kontrabasist in Tanz- u Jazzkap, Folkloregruppen u Laienorch, freie Praxis als Tonkünstler u Kinder- u Musikpsychotherapeut München 71–76, danach Leutkirch/Allg, Musikrezensent seit 89. **Pr:** Musikpr Kepler-Gymnasium Freiburg/Br 59. – **Komp:** Klangspiel zwischen Streichern, Bläsern u kontinuierlichem Bass (KamM) 59, UA Isny, KamOrch Württemberg, Allgäu, Dgt: A Wetzel 90; Gestaltwandlungen eines Themas um d Ton 'a' f Streichorch 69, UA Stuttgart, Kurpfälz KamOrch, Dgt: W Hofmann 72; 'Magnifikat pedaliter' f Orgelpedal solo 92, UA Isny-Neutrauchburg, K C Kratzenstein 92; Praeludium u Choralsatz zur Weise 'Christ ist erstanden' 93, UA Leutkirch-Friesenhofen, K C Kratzenstein 93; alma Musa, anima mea (StreitM f sechs Frauenstimmen) 94, UA Tübingen, Bel-canto-Ens 94; Partita über 'Ach bleib mit Deiner Gnade bei uns, Herr Jesu Christ' (f Org) 95, UA Leutkirch-Friesenhofen, K C Kratzenstein 95; Partita über 'Maria durch ein Dornwald ging' (Erzählung f Org) 97, UA Isny-Neutrauchburg, K C Kratzensteini 97.

Kienzl, Hermann, Prof, Hochschullehrer, Violine; Strubergasse 4b, A-5020 Salzburg, T: (06 62) 43 28 01; Univ Mozarteum, Schrannengasse 10a, A-5020 Salzburg, T: (06 62) 43 28 01 [Wien 16.1.1940]. **Laufb:** UProf (V) U Mozarteum Salzburg. (Red)

Kiesel, Markus, Dr, kaufmännischer Direktor; c/o Ludwigsburger Schlossfestspiele, Palais Graevenitz / Marstallstr 5, D-71634 Ludwigsburg [Mannheim 17.7.1962]. R u S Wagner **Ausb:** Stud U Heidelberg, Prom b L Finscher 92. **Laufb:** Betriebsdir Th Dortmund 95–01, Betriebsdir u OpLtg Hess Staatsth Wiesbaden SpZ 03/04. – **Sonst:** 'Studien z InstrM S Wagners' 92, 'Wagner in Paris' 02.

Kiesewetter, Peter, HonProf, Komponist; St Johannes-Str 1, Vogach, D-82293 Mittelstetten, T: (0 82 02) 7 70, F: 90 32 02, *p.kiesewetter@t-online.de* [Marktheidenfeld 1.5.1945]. vokale Großformen, Liederzyklen (Chor-, Ensemble- u Sololiteratur), Psalmvertonungen va in Hebräisch **Ausb:** Stud Komp (G Bialas) MH München 66–71, Darmstädter Ferienkse. **Laufb:** Doz (Musiktheor u Formenlehre) MH München 71–92, Prof 91, Doz Richard-Strauss-Kons München 91/92, freischaff Komp. **Pr:** Richard-Strauss-Stip München 70, Förderpr München 79, Förderpr Akad d Künste Berlin 80, Villa-Massimo-Stip 82, Schwabinger Kunstpr München 90, Gerda u Günter Bialas Pr 03, Ordentl Mitgl Bayer Akad d Schönen Künste München 04. **Ens:** Mitgl Ens 'Musik unserer Zeit' 71/72. **Mitgl:** MGNM München, IGNM Köln, Künstlergilde. – **Komp:** Andachtsbilder op 29, UA Ahaus 87; Quintett op 40 (Ob, 2 V, Va, Vcl), UA Tokyo 88; La Caccia per 4 esecutori di percussione op 42 (4 Schlgz), UA Nürnberg 96; Erste Symphonie 'Purgatorio' op 50, UA München 90; Zweite Symphonie 'Tefila Le-Ani' op 52 (Sop, obligates Kl, Orch), UA Tel Aviv, Tzafta Music Hall 91; Ulrichsoper op 54 (Vokalsol, 2 gr gem Ch, Knabench, Mönchsschola, gr Orch, Fernorch, 3 Org) UA Augsburg St Ulrich 93; Shalah – Nirga (Ruhig sein – ruhig werden) op 59 (Hackbrett u Hammerflügel), UA München/Gasteig 95; Bereshit – Azione sacra op 70, Gesamtauff 01; Sphinxes op 100 (Qua f V, Klar, Vcl, Kl) 05. **Sonst:** Aufsätze z Werken v B A Zimmermann, Mozart, L Dallapiccola, G Bialas, W Killmayer; Werkverzeichnis F Büchtger. **Lit:** Fachlexika.

Kießling, Reinhard, Solorepetitor; c/o Theater Hagen, Elberfelder Str 65, D-58095 Hagen. **Laufb:** Rep Th Altenburg-Gera, Solorep Th Hagen seit SpZ 03/04. (*)

Kiichli, Henry, Sänger; Cloppenburger Str 56, D-26135 Oldenburg, T: (04 41) 1 23 52. **Laufb:** Sol Staatsth Oldenburg. (Red)

Kiknadze, Anna, Sängerin; c/o Bayerische Staatsoper, Brieffach, D-80075 München. (Red)

Kilchenmann, Marc, Fagott, Komponist; Place du Bourg, CH-3013 Bern, T: 03 13 31 77 33, F: 03 13 31 77 33 [Bern 18.6.1970]. Neue Musik **Ausb:** Stud Fag (I Becker, E Hübner) H f M u Th Bern, L- u OrchDipl 94, Komp, KamM (U P Schneider) H f M u Th Bern 96, SolDipl Fag MAkad Basel. **Laufb:** Solofag basel sinfonietta, ständ Zuzüger Berner SymphOrch. **Pr:** KamMWettb d Migros Genossenschaftsbundes m Ens Antipodes. **Ens:** Antipodes, Orpheus Qui. – **Komp:** 'Depression o v Absinken unter e Normalwert' f Kl; 'Vertrautheitsselig auf Eis' f Sechzehnteltonkl; 'La perte de la patience' (Slg v 11 Stücken): 1 'Un esclave, qui a reçu des ordres toute sa vie, juge soudain inacceptable un nouveau commandement', Sept f V, Vla, Vcl, Bassklar, Hn, KB, Kontrafag; 2 'Il démontre, avec entêtement, qu'il y a en lui quelque chose qui 'vaut la peine de?', qui demande qu'on y prenne garde', Trio f SopSax, Ob, Bassfl; 3 'D'une certaine manière, il oppose à l'ordre qui l'opprime une sorte de droit à ne pas être opprimé au-delà de ce qu'il peut admettre', Solo f Vcl; 4 'Il oppose ce qui est préférable à ce qui ne l'est pas', Trio f 3 Vcl; 5 'Souvent même, il avait reçu sans réagir des ordres plus révoltants que celui qui déclenche son refus', f 3 V, 3 Va, 3 Vcl, Bassklar, Fag; 6 'L'esclave, à l'instant où il rejette l'ordre humiliant de son supérieur, rejette en même temps l'état d'esclave lui-même', Sept f V, Va, Vcl, Bassklar, Hn, Fag, KB; 7 'Il dépasse même la limite qu'il fixait à son adversaire, demandant maintenant à être traité en égal', Trio f Bassfl, Bassklar, Hn; 8 'Installé auparavant dans un compromis, l'esclave se jette d'un coup ('puisque c'est ainsi?') dans le Tout ou Rien', Qui f Ob, Bassfl, Bassklar, Hn, Fag; 9 'Il vise à faire reconnaître quelque chose qu'il a, et qui a déjà été reconnu par lui, dans presque tous les cas, comme plus important que ce qu'il pourrait envier', Trio f V, Va, Vcl; 10 'Le révolté, au contraire, dans son premier mouvement, refuse qu'on touche à ce qu'il est', Sept f V, Va, Vcl, Bassklar, Hn, KB, Kontrafag; 11 'Il lutte pour l'intégrité d'une partie de son être',Trio f Ob, Bassklar, Kontrafag.

Kilcher, Erika, Prof, Hochschullehrerin, Klavier; Schülerstr 29, D-32756 Detmold, T: (0 52 31) 3 47 22, 01 71–8 36 34 91, F: (0 52 31) 3 47 22; Hochschule f Musik, Neustadt 22, D-32756 Detmold. **Laufb:** Prof (KlKamM) H f M Detmold. (Red)

Killebrew, Gwendolyn, KS, Sängerin; Friedrich-Lau-Str 38, D-40474 Düsseldorf, T: (02 11) 45 17 11, (01 72) 9 82 24 12. **Laufb:** Sol Dt Op am Rhein Düsseldorf-Duisburg. (Red)

Killmayer, Wilhelm, Prof, Komponist; Ainmillerstr 33, D-80801 München, T: (0 89) 34 46 96 [München 21.8.1927]. **Ausb:** Stud b H W v Waltershausen ab 45–51, b C Orff 51–54, Univ-Stud (Musikwiss) 49–52. **Laufb:** Doz Trappsches Kons München 55–58, Ballettkapm Bayer Staatsop 61–64, Prof (Komp) H f M München seit 73 (emerit 91), Mitgl u Lt (92–03) d Abt Musik d Bayer Akad d schönen Künste. **Pr:** Pr d Fromm Music Foundation Chicago 54, Stip Villa Massimo Rom 58 u 65, Musikpr d St München 57, Prix Italia 65, BVK 83, Paul-Hindemith-Pr d Schlesw-Holst-M-Fest 90, Bayer Maximiliansorden 93, Mitgl Akad d Künste Berlin. – **Komp:** Missa brevis 55; Le petit Savoyard 57; La Buffonata (Op) 59–60; Pas de deux classique (Ballett) 65, UA München; 3 Symph 68, 69, 73; Fin al punto (Streichorch) 70, UA München 71; The Wood's so wild (KamM) 70; Yolimba oder Die Grenzen d Magie (Op) 70; Schumann in Endenich 72; Nachtgedanken f Orch 73; Vier Poémes symphoniques (OrchW) 77–80, UA München 81; Frz Liederbuch (Liederzyklus f Sop, Bar, KamEns) 79/89, UA Schwetzingen 80; Hölderlin-Lieder (Liederzyklus f Ten o Orch/Kl) 83–85; Romanzen u Bagatellen f Vcl u Kl 89–91; Etudes transcendentales f Kl 91/92; Heine-Portrait f Tenor u Kl 95/96. (Red)

Kilpeläinen, Heikki, Sänger (Bariton); Hiddenseestr 20, D-40468 Düsseldorf, T: (02 11) 4 29 95 10, (01 74) 9 89 44 22 [Juva, Finnland]. **Ausb:** Stud (Gesang) Sibelius-Akad Helsinki, Inter Opernstudio Opernhaus Zürich. **Laufb:** regelm Gast Finn Nationalop seit 91, Theater Bremen 94, EnsMitgl MTh Bonn seit 97, Sol Dt Op am Rhein Düsseldorf-Duisburg (03/05), Th Aachen; frz, ital u dt Repertoire, Oratorien- u Liedsänger. – **UA:** zeitgen Werke. (Red)

Kim, Alfred, Tenor; c/o Volksoper Wien, Währinger Str 78, A-1090 Wien; c/o Staatstheater Kassel, Friedrichspl 15, D-34117 Kassel [Seoul, Südkorea 1973]. **Ausb:** Stud Seoul National University. **Laufb:** Sol Korean Nationalth 96–98, Teatro Regio Torino/Italien 99, Stadtth Hildesheim 2000/01, Staatsth Kassel (SpZ 03/04), Volksop Wien SpZ 04/05. **Pr:** 2. Pr Int Musikwettb d ARD. (Red)

Kim, Byoung Oh, Sängerin; c/o Junge Kammeroper Köln, Flroastr 93, D-50733 Köln. **Laufb:** Sol Stadtth Klagenfurt, Junge KamOp Köln. (Red)

Kim, Charles, Tenor; Theater, Kuhstr 12, D-44137 Dortmund [Seoul 1974]. **Ausb:** Stud (Ges) Seoul Natl Univ, Curtis Institute of Music Philadelphia (USA). **Laufb:** Sol Oper Dortmund seit 03/04. **Pr:** Gew Metropolitan Opera Regional Comp, Prtr int Shizuoka-Wettb Japan. (Red)

Kim, Gerard, Sänger; Tiroler Landestheater, Rennweg 2, A-6020 Innsbruck, T: (06 76) 7 14 95 72 [Seoul]. **Ausb:** Stud Seoul National Univ u H f M u Th München b J. Loibl u W. Brendel, Mstrkl b H. Deutsch u D. Fischer-Dieskau. **Laufb:** Sol Tiroler Landesth seit 04/05. **Pr:** 3. Pr Tschaikowskij Wettb in Moskau, 1. Pr ARD-Wettb, 1. Pr Willy Domgraf-Fassbaender-Stiftung. (Red)

Kim, Hyo-Sung, Komponist; Färberweg 72A, D-55128 Mainz, T: (0 61 31) 5 58 04 [Seoul 1965]. **Ausb:** Stud (Man-Bang Yi) Yon-Sei Uni 84–91, (D Terzakis) Robert-Schumann-MH Düsseldorf seit 93, (D Terzakis) F-M -Bartholdy H f M u Th seit 94. (Red)

Kim, Hyun-Jin, Instrumental-Orchester-Musiker, Violine; Sprengelstr 22, D-13353 Berlin, T: (0 30) 22 01 58 66, *kant-kim@hanmail.net* [17.9.1980]. **Ausb:** Stud (V) H f M Hanns Eisler Berlin seit 98. – **Aufn/RF:** Sarasate: 'Zigeunerweisen', Mutter, Wiener Philharmoniker.

Kim, Jee-Hyun, Sänger; Grenzstr 16, D-45881 Gelsenkirchen, T: (02 09) 3 89 70 86; c/o Musiktheater im Revier, PF 101854, D-45818 Gelsenkirchen. **Laufb:** Sol ensemb!e Th Biel/Bienne-Solothurn, Sol MTh im Revier Gelsenkirchen seit SpZ 03/04. (Red)

Kim, Ki-Yong, Bass-Bariton; Wiesenstr 5, D-32756 Detmold; Landestheater, Theaterpl 1, D-32756 Detmold [Seoul 11.1.1976]. **Ausb:** Stud (Ges) Chung-Ang Univ, H f M Detmold b M. Böhme u C. Thomas, Mstrks b D. Fischer-Dieskau. **Laufb:** Opernstudio des Landesth Detmold seit 04. (Red)

Kim, Kyung Chun, Sänger; c/o Südostbayerisches Städtetheater, Ländtorpl 2–5, D-84028 Landshut. (Red)

Kim, Nam Soo, Bass; Adalbert-Stifter-Str 2, D-70434 Stuttgart, T: 0 17 92 25 33 67; Staatstheater, Oberer Schloßgarten 6, D-70173 Stuttgart. **Laufb:** Sol Volksth Rostock SpZ 03/04, Sol Staatsth Stuttgart 04/05. **Pr:** Finalist Mario del Monaco-Wettb in Veneto 02, 1. Prtr Umberto Giordano-Wettb in Foggia 03. (Red)

Kim, San-ky, Sänger; c/o Neue Opernbühne Berlin NOB, Goltzstr 13, D-10781 Berlin. **Laufb:** Gastsol Neue Opernbühne Berlin SpZ 00/05. (Red)

Kim, Seung-Hyun, Sänger; Jasperallee 34, D-38102 Braunschweig, T: (05 31) 3 49 91 25, 01 79–5 50 30 46, F: (05 31) 3 49 91 25, *kimjohannes@daum.net*; c/o Oper Leipzig, Augustuspl 12, D-04109 Leipzig [Seoul, Südkorea 1.1.1974].

Ausb: Stud (Ges) MH Mannheim 2000–02. **Laufb:** Sol Staatsth Braunschweig SpZ 03/05, Op Leipzig. **Pr:** Johann-Strauss-Sonderpr, 1. Pr 18. Int Robert-Stolz-GesWettb Hamburg, 2. Pr Alexander-Girardi-Wettb Coburg 03.

Kim, Shin-Kyung, Dipl, Konzertmeisterin; c/o Philharmonisches Orchester, Kuhstr 12, D-44137 Dortmund, *skmbdo@t-online.de*; c/o Künstlersekretariat Rolf Sudbrack, Gösselkoppel 54 a, D-22339 Hamburg; *www.msq.de* [Seoul, Südkorea]. Konzerte, Oper, Kammermusik **Ausb:** Stud b Prof Ozim Köln u b Prof Zehetmair Berlin (Konzertex). **Laufb:** Konzm Philharmon Orch Dortmund SpZ 01/05. **Pr:** 1. Pr int KamMWettb Aberdeen/Schottland. **Ens:** Mannheimer Streichqua, Amadeus KamOrch. – **Aufn/RF:** Karl Thöne: 'Streichtrio', m Young-Chang Cho, Matthias Buchholz 98; Norbert Burgmüller: 'Streichqua', m Mannheimer Streichqua 03.

Kim, Woo-Kyung, Tenor; c/o Künstleragentur Tobias Kade, Ammonstr 72, D-01067 Dresden, T: (03 51) 4 90 67 94, 01 72–3 66 29 07, F: 4 90 67 93, *tobias-kade@gmx.de*; Sächsische Staatsoper, Theaterpl 2, D-01067 Dresden; *www.kuenstleragentur-kade.de* [Seoul 1977]. **Ausb:** Stud (Ges) Hanyang-Univ Südkorea, H f M München. **Laufb:** Ens Sächsische Staatsop Dresden seit 03, Gastsol Met Op New York 06. **Pr:** Prtr Placido-Domingo-GesWettb Paris, Belvedere-GesWettb Wien, Competizione dellÓpera Dresden 01, Ferruccio-Tagliavini-Wettb Graz, Monserrat-Caballé-Wettb Andorra 03, 1. Pr Mirjam Helin Int GesWettb Helsinki 04, 1. Pr Operalia-Wettb Los Angeles 04. (Red)

Kim, Young-Joo, Sänger; c/o Theater Ertfurt, PF 100554, D-99005 Erfurt. **Laufb:** Sol MainfrankenTh Würzburg SpZ 03/04, Th Erfurt SpZ 04/05. (Red)

Kindle, Jürg, Komponist, Musikpädagoge; Folchartstr 26, CH-9000 St Gallen, T: 07 12 23 13 86, *kindle@freesurf.ch* [Glarus, Schweiz 1960]. **Ausb:** Latin Perc, Stud Git. **Laufb:** L (M) JugendMSch u Akad St Gallen seit 90, päd-didakt Workshops In-u Ausland. **Pr:** Kulturpr St Gallen 97. **Ens:** 'Guitar Symphony', 'Quinteto Sur de Tango Argentino', 'Odeon Choro Quartett'. (*)

Kindley, Richard, Sänger; Dompfaffweg 7a, D-90455 Nürnberg, T: (09 11) 88 38 87, F: 88 38 87; c/o Stiftung Staatstheater Nürnberg, Richard-Wagner-Pl 2–10, D-90443 Nürnberg. **Laufb:** Sol Th Nürnberg. (Red)

Kindschuh, Andreas, Sänger (Bariton); Mozartstr 5, D-36433 Bad Salzungen, T: (07 00) 5 46 37 24 84, (01 77) 2 83 42 69, F: 5 46 37 24 84, *mail@andreaskindschuh.de*; c/o Städtische Theater Chemnitz, Käthe-Kollwitz-Str 7, D-09111 Chemnitz; *www.andreaskindschuh.de* [Bad Salzungen 1973]. **Ausb:** Mstrstud H f M 'Franz Liszt' Weimar b Prof Mario Hoff bis 04. **Laufb:** Sol Städt Th Chemnitz (01/05), Gastsol Kom Op Berlin, Dt Nationalth Weimar, Staatsop Danzig, Th Rostock, Eisenach, Gera, Chemnitz, Passau, Meiningen, Cottbus. (Red)

Kingdon-Grünwald, Elizabeth, Sängerin; Auf der Schanz 18, D-90453 Nürnberg, T: (09 11) 63 99 85; c/o Pocket Opera Company, Gertrudstr 21, D-90429 Nürnberg. **Laufb:** Sol Pocket Opera Company Nuernberg. (Red)

Kink, Barbara, Violine; c/o HR Sinfonieorchester, Bertramstr 8, D-60320 Frankfurt a M. **Laufb:** 2. Konzm HR SinfOrch Frankfurt a M. (Red)

Kinzler, Burkhard, Prof, Komponist, Dirigent, Chorleiter, Pädagoge; Schütt 6, D-67433 Neustadt, T: (0 63 21) 92 95 78, F: 38 54 45, *Burkhard.Kinzler@t-online.de* [Stuttgart 5.12.1963]. zeitgen Musik, Vokalmusik i Theorie u Praxis **Ausb:** Stud (ev KiM) Heidelberg 85–92, A-Examen, Komp (R Moser) Basel 92–96, LDipl, Dirig (M Schreier) Trossingen 97–99. **Laufb:** LAuftr (Tonsatz, liturg Orgelsp, Komp) H f KiM Heidelberg 92–03, Prof (MTheorie) MH Mannheim seit 99 u MH Zürich Winterthur seit 03, Gastdgt Fstv Eclat Stuttgart 2000, Europ Musikmonat Basel 01, Cantionale München 03, Grdg Vokalens 'chroma', Lt Werkstatt zeitgen Musik Mannheim, Lt Instr-Ens audite nova 93–2000, SchauspM Markus Zohner Theater Compagnie SpZ 04/05, künstl Lt Meersburger Sommerakad ab 06. **Pr:** 3. Pr KompWettb 'Neue Musik f SchülerOrch' (Musik d Jahrhunderts Stuttgart) f 'vacuus' f skordiertes Streichorch 05. **Ens:** Schola Heidelberg u ens aisthesis 92–96. – **Komp:** Magnificat, UA Stuttgart, Dgt: M Schreier 96; Innenbilder, UA Emmendingen 2000; Zeit-Gehöft, UA Göppingen 99 (Auftr: datura-Posaunenqua); panta rei, UA St Gallen 99 (Auftr: Ens Katarakt); infinito, UA Freiburg 99 (Auftr: Sanssouci-Qua); Langi zit, UA Basel 01; so iß dein brot m fremden, UA Frankfurt 01, Dgt: M Graf Münster; so licht u dunkel wie mein irdisch hemd', UA Frankfurt, Dgt: B Baumann 01, d Welt ist fort, UA Nürnberg, Dgt G Grün 02; Der wirksame Mond, UA Basel 03 (Auftr: Basler Madrigalisten); 3 Miniaturen f Fag solo, UA Zürich 04 (Auftr HMT Zürich); vacuus (skordiertes StreichOrch), UA Stuttgart 06. **UA:** F Michael: 'Die Straßen singen, die Steine reden', UA Heidenheim 97; K Ewald: Musical 'Brambilla', UA Basel 99; M Bürgin: 'Death and Fame', UA Basel 01 (jeweils a Dgt). **Sonst:** Jazz-Chorbuch.

Kipp, Andreas, Cello; Berliner Str 10, D-13187 Berlin, T: (0 30) 49 00 18 58; *www.berliner-cellharmoniker.de*. **Ens:** Berliner Cellharmoniker. (Red)

Kipp, Oliver, Violine; c/o NRD Radiophilharmonie, Rudolf-von-Bennigsen-Ufer 22, D-30169 Hannover. **Laufb:** Konzm NDR RadioPhilh Hannover. (Red)

Kirbach, Klaus, Dipl-Kapm, Kapellmeister; Gilgenburger Str 16, D-12587 Berlin, T: (0 30) 6 45 78 43, F: 6 45 78 43, *Kirbach-H.K@gmx.de* [Glauchau 4.2.1938]. Solorepetition, Liedbegleitung, Cambalo u Soloklavier in der Kammermusik **Ausb:** Stud (Prof E Hintze) H f M Dresden 55–60. **Laufb:** Eng Th Meiningen 60–62, Staatsop Dresden 62–66, Kapm u Solorep Dt Staatsop Berlin 66–2003; LTätigkeit (Solorep) H f M Hanns Eisler Berlin seit 80; div OpProd Berlin (va Mozart, Strauss), Gastsp in ganz Europa, Japan, Südamerika, Einstud 'Capriccio' Amsterdam 2000; freischaff seit 03. **Ens:** Continuo u Cemb i KamOrch 'D Ph E Bach'. – **Aufn/RF:** Schallpl u CDs m KamOrch 'Ch Ph E Bach' u Kontrabass Prof K Trumpf. **UA:** ua P Dessau: Puntilla (UA), Einstein (UA); F Schenker: Büchner (UA); G Katzer: Das Gastmahl.

Kirch, Daniel, Tenor; c/o Boris Orlob Management, Jägerstr 70, D-10117 Berlin, T: (0 30) 20 45 08 39, F: 20 45 08 49, *info@orlob.net*; *www.orlob.net* [Köln 1974]. **Ausb:** Stud (Ges) b H Sotin H f M Köln, b I Hartmann-Dressler Berlin. **Laufb:** Sol Kom Op Berlin 97/98, Dt Op Berlin, Bühnen d Stadt Köln, Op Zürich, Gastsol Dt Staatsop Berlin 2000/01, Staatsop Unter den Linden Berlin, Liceu Barcelona, OpHaus Köln, Dt Op am Rhein Düsseldorf, Op Leipzig, Nederlands Reisop, Ophaus Düsseldorf, Théatre de la Monnaie Brüssel, Gran Teatro del Liceu Barcelona, Op Frankfurt, Sol Bayer Staatsop München 02–04, Kom Op Berlin 03/04, Gastsol Mailänder Scala 04, Semperop Dresden 04/05, Wiener Staatsop 06, Gast Salzburger FSp, Bregenzer FSp 05, ZusArb m DSO Berlin, RSO Berlin, Berliner Sinf-Orch, Orch d RAI Turin, Orch d Beethovenhalle Bonn, Orch d HR, ZusArb m Dgt: M Janowski, M Gielen, K Nagano, E Inbal, V Gergiev, R Jacobs, Ch Thielemann, C Abbado. **Pr:** Prtr ua Bundeswettb Ges Berlin.

Kirchberg, Hans-Peter, Dipl-Dirigent, GMD, musikalischer Direktor; Heuweg 1, D-15566 Schöneiche b Berlin, T: (0 30) 64 38 95 60, F: 64 95 83 02, *hans-peterkirchberg@web.de*; c/o Neuköllner Oper eV, Karl-Marx-Str 131–133, D-12043 Berlin; *www.hpkirchberg.de* [Leipzig 6.3.1956]. Musiktheater (Oper, Operette, Musical, Moderne Oper) **Ausb:** Stud Dirig (R Neuhaus, P Gülke), Kl (R Neumann) MH C M v Weber Dresden 74–80, weiterer Unterr b R Kempe, E Jochum, K Masur, Ass b L Bernstein, Mstrks b I Markevitch u C Eschenbach. **Laufb:** musikal Dir Neuköllner Op Berlin seit 02 (04/05). – **UA:** 4 OpWettb d Neuköllner Op: 'D Wurm', 'Alice im Wunderland', 'Hundeherz', 'Münchhausen'; 'Rheinsberger Maskerade', UA Eröffn Schlossth Rheinsberg; 'Angela. Eine Nationaloper' (über A Merkel), UA U-Bhf Reichstag Berlin.

Kircheis, Friedrich, KMD, Orgel, Cembalo; Bachstr 8, D-01099 Dresden, T: (03 51) 8 03 57 03. sächs Kirchenmusik **Ausb:** Stud H f M 'Felix Mendelssohn-Bartholdy' Leipzig. **Laufb:** Org Grimma, Org u Kantor Dresdner Diakonissenhauskirche seit 73. **Ens:** Duo 'Trompete-Orgel' m L Güttler. (Red)

Kircher, Arne, Cellist; Münzgasse 3, A-1030 Wien, T: (01) 7 10 39 47; c/o Edith Diemer, Kahlenbergerstr 61, A-1190 Wien, T: (01) 3 70 43 18, F: 3 70 43 18, *edith.diemer@aon.at* [1972]. **Ausb:** Beginn d Ausb in Klagenfurt, Stud b Heidi Litschauer Mozarteum Salzburg 86, weitere Stud b Milos Mlejnik in Ljubljana u Valentin Erben in Wien, Mstrkrse b Heinrich Schiff, Harvey Shapiro, François Guye, Wolfram König sowie b Mitgl d Melos Quartetts u d Wiener Streichsextetts. **Laufb:** Konz u Tourneen als Solist u Kammermusiker in verschiedenster Besetzungen, umfangreiche KonzTätigkeit m d Pianisten Peter Barcaba als Partner. **Ens:** Janus Ens Wien, Goldberg Quartett. – **UA:** zahlr UA als Cellist d Wiener Janus Ens. (Red)

Kircher, Axel, Viola; Fockygasse 37, A-1120 Wien, T: (01) 8 10 33 62; c/o Edith Diemer, Kahlenbergerstr 61, A-1190 Wien, T: (01) 3 70 47 18, F: 3 70 47 18, *edith.diemer@aon.at*; *www.goldbergquartett.at* [1967]. **Ausb:** Unterricht b Alfred Lösch, Stud b Siegfried Führlinger in Wien sowie b Wolfram König u Hermann Voss in Stuttgart – Dipl m Auszeichnung 98, seither Stud Gerard Causse, Paris, Mstrkr ua b Thomas Riebl, Serge Collot, Gerard Korsten, Andreas Reiner, Yossi Gutman. **Laufb:** Umfangreiche KonzTätigkeit, Gastmusiker ua Wiener Symphoniker, Camerata Salzburg u Wiener Kammerorch. **Ens:** Bell'Arte Salzburg, Janus Ens Wien seit 97, Goldberg Qua. – **UA:** zahlr UA als Cellist d Wiener Janus Ens. (Red)

Kircher, Fabian, Violine; c/o Theater Mönchengladbach, Niederrhein Sinfoniker, Odenkirchener Str 78, D-41236 Mönchengladbach. **Laufb:** Konzm Niederrhein Sinfoniker Mönchengladbach. (*)

Kircher, Fritz, Violine; Nr 51, A-2831 Kirchau, T: (0 26 29) 35 50; c/o Edith Diemer, Kahlenbergerstr 61, A-1190 Wien, T: (01) 13 70 47 18, F: 13 70 47 18, *edith.diemer@aon.at* [Klagenfurt 1970]. **Ausb:** Stud b Alfred Lösch, Ernst Kovacic u Klara Flieder in Wien sowie b Wolfram König u Wilhelm Melcher MH Stuttgart, Mstrkrse b Franz Samohyl, Zachar Bron, Iigor Oistrach, Gerard Korsten, Sergei Krawtchenko. **Laufb:** Sol in Dtschld, Frankreich u Österreich. **Ens:** Goldberg Quartett. – **UA:** VKonz v Christoph Cech m dem Ens 'die reihe'. (Red)

Kircher, Ralf, Dirigent; Stadttheater, Theaterpl 4, A-9020 Klagenfurt. **Laufb:** Solokorr Stadtth Klagenfurt. (*)

Kirchhof, Angelika, Mezzosopran; c/o Nordharzer Städtebundtheater, Spiegelstr 20a, D-38820 Halberstadt, PF 11 45, D-38801 Halberstadt, T: (0 39 41) 60 67 12; *http://nhst.de*. **Laufb:** Sol Nordharzer Städtebundth Halberstadt/ Quedlinburg. (*)

Kirchner, Eva, Sängerin; c/o Sächsische Staatsoper, Theaterpl 2, D-01067 Dresden. **Laufb:** Sol Sächs Staatsoper Dresden. (*)

Kirchner, Sabine, Prof, Hochschullehrerin, Gesang; Hochschule f Musik u Theater, Harvestehuder Weg 12, D-20148 Hamburg. **Laufb:** Prof (Ges) H f M u Th Hamburg. (*)

Kirchner, Volker David, Komponist; Auf der Harle 8, D-55294 Bodenheim [Mainz 25.6.1942]. **Ausb:** Stud Violine (G Kehr) Kons Mainz ab 56, Stud KamM, Viola, Komp (G Raphael) MH Köln 59. **Laufb:** Rhein KamOrch (Solobratscher) ab 61, Bratschist RSO Frankfurt ab 66. **Pr:** Kunstpr Land Rheinland-Pfalz 77. – **Komp:** Die Trauung (Op) 74; Die fünf Minuten d J Babel (Op) 79; 1. Sinf (Totentanz) 80, UA Hannover, RF-Orch; Klaviertrio (V, Vcl, Kl) 80, UA Frankfurt 80; Bildnisse I u II (Ow) 81/84, UA Wiesbaden/ Ludwigshafen 63/64. (*)

Kirchschlager, Angelika, Sängerin; c/o Deutsche Oper, Bismarckstr 35, D-10627 Berlin. **Laufb:** Sol Wiener Staatsop, Bayer Staatsop München, Dt Op Berlin SpZ 04/05. (Red)

Kirmess-Weisbrod, Annette, Klavier; Heuelstr 33, CH-8032 Zürich, T: 0 12 51 94 30. (Red)

Kirmße, Herbert, Komponist; Am Weinberg 41, D-99425 Weimar-Taubach, T: (03 64 53) 8 20 42, F: 8 20 42 [1924]. Chormusik, Kammermusik, Musik f gemischte Laien- u Liebhaber-Vereinigungen **Ausb:** Stud SchulM (R Münich) 42–44 u 46–47, MTheorie (E Meyerolbersleben) 42–44, 46 u Komp (O Gerster) 48–50 MH Weimar. **Laufb:** SchMErzieher 48–50, Doz (MTheorie, Gehörbild, Komp) MH Weimar 51–89. **Mitgl:** KompVerb Thüringen – Neue Musik eV.

Kirsch, Dieter, Prof, Hochschullehrer; Eibelstadter Weg 14, D-97084 Würzburg, T: (09 31) 6 97 83, F: 6 97 83, *dieter.kirsch@mail.uni-wuerzburg.de* [Pfarrkirchen 11.11.1940]. Alte Musik **Ausb:** Stud Laute, Git (W Gerwig) MH Köln 63–66. **Laufb:** Prof (Git, Laute, KamM) H f M Würzburg, Präs ebd 95–99, Rektor ebd 99–03. **Ens:** Ulsamer-Coll, Musica Poetica. – **Sonst:** Veröffentl z Instr 'Mandora' u z Würzburger MGesch, ua Lex Würzburger Hofmusiker.

Kirsch, Tjaard, Dirigent, Schauspielmusiker; Schulweg 26, D-20259 Hamburg, T: (0 40) 4 90 38 53. **Laufb:** Dgt KamOp Hamburg bis SpZ 04, Lt SchspM Th für Kinder Hamburg. (Red)

Kirsch, Ulli, Sänger; c/o Theater Basel, Elisabethenstr 16, CH-4051 Basel. (Red)

Kirschbaum, Werner, Klavier, Hochschullehrer; Güntersloh 2, D-34128 Kassel, T: (05 61) 88 46 49, (01 71) 9 98 84 45, *wernerkirschbaum@t-online.de*; Stadt Kassel, Musikakademie, Karlspl 7, D-34117 Kassel, T: (05 61) 4 10 65; *www.wernerkirschbaum.de, www.jazzpages.com/WernerKirschbaum* [Eitorf 29.7.1956]. experimentelle Avantgarde, Klavierimprovisation, elektron Zuspielung **Ausb:** Staatl MLehrerpr (E-M Kaiser-Jühe) 79–81; Künstl Reifeprüfung (D Feinstein) 82–85; Mstrkurs (R Buchbinder) 86. **Laufb:** Doz (Kl-Imp) Musikakad Kassel seit 82, int KonzTätigkeit. **Ens:** G Heinz – L Grassi – W Kirschbaum (Freie Improvisationen) Trio. – **Aufn/RF:** Ragtime 87, UA Live-Mitschnitt Lüneburger Tage f Neue Musik 88; U Pollmann: Gesture 94; it's piano 95; piano ... more than 99. **UA:** ua T Medek, M-A Almstedt, H Becker, V Olive, D Feinstein, R Karger, H Dapp.

Kirschke, Christoph, Saxophon; Kupfertorstr 46, D-79206 Breisach, T: (0 76 67) 94 28 91. **Ausb:** Stud b Legros (München), Mstrkse b C Delangle (Paris), J-Y Fourmeau (Paris) u M Weiss (Basel). **Laufb:** Aushilfe b J Dt Philh, Mitgl Jeunesses Musicales Weltorch, SymphOrch d BR u Münchner Philh, Gast int Fstv: Nachwuchsforum f Neue M (Frankfurt), A*Devantgarde (München), Int Youth Music Forum (Kiew, Ukraine), Feldkirch-Fstv (Feldkirch, Österreich), Contrasts (Lemberg, Ukraine), künstl Lt nu-musix Kulturmanagement, Grdg Art Core SaxQua. **Pr:** 1. Pr SaxWettb Nürnberg 01. – **Aufn/RF:** CD-Projekt m Pianistin Jutta Pockrandt 'Vacances – frz Originalmusik f Sax u Kl' 2000, Aufn im Hess RF, Deutschlandfunk u DeutschlandRadio, live-Fernsehauftr (Schleswig-Holstein-MFstv, NDR), Projekt 'Hot Sonate / Berlin 1920–1933 – die 'Goldenen Jahre' des Saxophons' 03. (Red)

Kirschnereit, Matthias, Prof, Klavier; Blaukissenstieg 8, D-22297 Hamburg, T: (0 40) 25 49 30 63, 01 72–4 00 60 79, *MatthiasKirschnereit@t-online.de*; c/o Hochschule f M u Th Rostock, Beim St-Katharinenstift 8, D-18055 Rostock, T: (03 81) 5 10 80, F: 5 10 81 01, *hmt@hmt.uni-rostock.de*; *www.MatthiasKirschnereit.de* [Dorsten 15.1.1962]. **Ausb:** MH Detmold bis 89, Mstrkse (Kretschmar-Fischer, C Arrau, B L Gelber, M Perahia, O Maisenberg). **Laufb:** Radio SinfOrch Stuttgart, Dgt: G Schmöhe Stuttgart 88; Tonhalle Orch Zürich, Dgt: H Wagasugi, Zürich 91; Camerata Academica Salzburg, Dgt: S Végh, Locarno 92; Zürcher KamOrch, Dgt: Ch Escher, Zürich 94; MDR SinfOrch, Dgt: D Nazareth, Düsseldorf 94; Kölner KamOrch, Dgt: H Müller-Brühl, Köln 98; Radio Philh Hannover, Dgt: E Oue, Leverkusen 99; Bamberger Symphoniker, Dgt B Weil, Würzburg 2000, Residentie Orkest Den Haag, Dgt: J v Zweden 02; St Petersburger Philh, Dgt: Y Temirkanov 03; KamOrch C P E Bach, Dgt: H Haenchen, Künstl Lt KamMFest Landow/Rügen, Prof H f M u Th Rostock seit 97. **Pr:** Studienstift d Dt Volkes, Mozartges Dortmund, Pr Dt MWettb Bonn 87, Förderpr Ld NRW 90, Concours Géza Anda Zürich 91, Int Austral KlWettb Sydney 92. **Ens:** Duopartner ua v Ch Tetzlaff. – **Aufn/RF:** Brahms: Das Frühe KlWerk 91; CDs: Einsp sämtl KlKonz v Mozart, Bamberger Symph, Dgt: F Beermann 99; F Mendelssohn-Bartholdy: KlWerke 2000; Mendelssohn, Schuhmann, Brahms. **UA:** S Storck: 'Nearly Sunrise' 5 Klavierstücke, UA Detmold 84; H Burkhardt: KlQui, UA, Nomos Qua 96. **Lit:** Fono Forum 05/02, MusikTheater 02/03, Audio Musica 10/04.

Kirst, Michael, Klavier; c/o Südwestdeutsche Konzertdirektion Erwin Russ GmbH, Charlottenpl 17, D-70173 Stuttgart, PF 104262, D-70037 Stuttgart, T: (07 11) 1 63 53 11, F: 1 63 53 30, *info@sksruss.de*; *www.sksruss.de*. (Red)

Kirsten, Jan, Schauspielmusiker; c/o Uckermärkische Bühnen Schwedt, Berliner Str 46–48, D-16303 Schwedt/Oder, T: (0 33 32) 53 80, F: 53 81 24, *mail@theater.de*. **Laufb:** SchspM Schleswig-Holstein Landesth, Uckerm Bühnen Schwedt. (Red)

Kirwald, Helga, Prof, Hochschullehrerin; Im Oberfeld 2, D-79117 Freiburg, T: (07 61) 6 95 30, F: 6 95 30. **Laufb:** Prof (Cembalo, Clavichord, KamM) Staatl H f Musik Trossingen.

Kisauer, Tiberiu, Violine; c/o Pfalztheater, Willy-Brandt-Pl 4–5, D-67655 Kaiserslautern. **Laufb:** Konzm Orch d Pfalzth. (Red)

Kiss-Lazar, Emil, Violine, koord 1. Konzertmeister; Oberer Bürglaß 17, D-96450 Coburg, T: (0 95 61) 9 23 39. **Laufb:** koord 1. Konzm Landesthorch Coburg. (Red)

Kiss, Attila B, Tenor; c/o Gerstel International Opera Management, Stockerstr 10, CH-8002 Zürich, T: 04 17 63 91 88 01, F: 04 42 53 14 53, *gerstel@swissonline.ch*; c/o Agentur Seitter, Opernring 8/13, A-1010 Wien, T: (01) 5 13 75 92, F: 5 12 93 51, *office@agentur-seitter.at* [Rumänien 1963]. **Ausb:** Dipl f Ges Akad f Musik G Dina in Cluj/Rumänien, Stud Kons Luxemburg b I Pantea, Mstrkr Mozart-Akad Prag b d Dgt E Blahova u Kerstin Mayer, GesKurse b L Bosabalian u M Nicolesco. **Laufb:** Sol Th Hof, Sol Hamburg Staatsop, 1.Ten Staatsop Budapest. (Red)

Kissóczy, Marc, Dirigent, Hochschullehrer; Limmattalstr 74, CH-8049 Zürich, T: 0 13 40 27 60, F: 0 13 40 27 61, *marc.kissoczy@hmt.edu, mkissoczy@dplanet.ch*; c/o Tertsa GmbH, Kulturmanagement, Hallwystr 31, CH-8004 Zürich, T: 0 12 42 28 82, F: 0 12 42 28 83, *tertsa@datacomm.ch*; *www.cameratazuerich.ch* [Montreal 1961]. **Ausb:** V (A Fietz), Orchltg Kons Zürich 80, LDipl (V) 85, Konzreifeprfg (U Lehmann) Kons Bern 89, Dirig Pierre Monteux School for Advanced Conductors Maine, (S Celibidache, R Reuter) Tanglewood 91/92, (Ch Bruck) Berlin, (P Boulez) Paris. **Laufb:** zahlr Konz in Europa, Asien u Südamerika, zahlr Gastdirigate, L Kons Zürich, Lt div Workshops, Doz (Dirig, Orch) MH Winterthur Zürich, Chefdgt Camerata Zürich seit SpZ 02/03. **Pr:** Förderpr f Dirig d STV 89, Förderpr d Stadt Zürich u d Schweizer Volksbank 90, Prtr Concours Ernest Ansermet Genf 94, Sonderpr f beste Solbegl, Sonderpr f beste Wiedergabe e frz Werks, später Jurymitgl ebd, Präs d Jury (Fach V) 98. – **Aufn/RF:** Fernseh- u RF-Aufn in aller Welt, CD-Einsp. **UA:** zahlr.

Kisters, Ludger, Dipl-Musiker, Master of Music, Komponist; Thomas-Müntzer-Str 8, D-99423 Weimar, T: 01 76 24 14 45 14, *ludger.kisters@web.de*; Adlerstr 2, D-53881 Euskirchen [Rheinbach 13.12.1975]. InstrumentalM, elektroakust M, live-elektron Improvisation **Ausb:** Stud (MWiss, Germ) Köln 95/96, KlUnter (F Steinbach), Stud SchM, Kl (B Bruhn) H f M 'Franz Liszt' Weimar 96–02, Stud Komp (M Obst) u elektroakust Komp (R Minard) Weimar 97–02, Aufbaustud (J Psathas, J Body) Victoria Univ of Wellington, Neuseeland 03–04; intensive Beschäftigung m tradit Maori-Musik; Aufbaustud elektroakustische Komposition H f M Weimar (b Robin Minard) seit 04; Teiln KompKs m B Ferneyhough 04 sowie KompKs des IRCAM, Paris 05. **Laufb:** zahlreiche Konz u Radiosendungen im In- und Ausland, z.B. Goethe Institut Paris, Akad d Künste Berlin, MDR Sendesaal Leipzig, IRCAM Forum. **Pr:** 1. Pr Int KompositionsWettb d Freistaates Bayern, Würzburg 2000, Franz-Liszt-Pr d Gesellschaft d Freunde u Förderer d H f M 'Franz Liszt' Weimar 03, Wellington City Council Music Pr 03, Pr Residence de Bourges 05. – **Komp:** Bombardeo (f Ch), UA Weimar 99 (Auftr Päivi-Kiiski-Ens); Im Traum wird geschlafen (Vcl,Schlgz u achtkanaliges Tonband), UA Weimar 99 (Auftr Dt KompVerband, Landesverb Thüringen); Manchmal (Vcl, Fl u Akk), UA Japan 2000; Amygdala (Orch u Tonband), UA Saalfeld 01 (Auftr Thüringer Symph Saalfeld-Rudolstadt); April-Musik (Fl u Tonband), UA Weimar 01 (Auftr Dt KompVerband, Landesverb Thüringen); Imaguncula (Ens), UA Weimar 02 (Auftr Dt KompVerband, Landesverb Thüringen); Das Laboratorium mundi des Herrn Agrippa, Kammerop, UA Erfurt 02; (Auftr Jungen Philh Thüringen); Schattenspiel f i Raum verteiltes Ens, UA Nelson/Neuseeland 03; Colours f tradit indonesische Instrumente, im Raum verteiltes Orch u Stereotonband, UA Wellington/Neuseeland 03; Te Raekaihau (Maori-Musikinstr u Orch), UA Weimar 04 (Auftr Dt KompVerband, Landesverb Thüringen); Inseln (Str u Kl), UA Zingst 04 (Auftr Zingster Herbstserenade); Sol de la Infancia (Tenor u Orch), UA Royaumont/Frankreich 04; Takutaku – a story line, UA Weimar 05. **Auftr-Komp:** 'Amygdala' (f Orch u Zuspielband), UA Saalfeld, Thüringer Symphoniker Saalfeld-Rudolstadt, Dgt: O Weder 01; 'April-Musik' (f Fl u Zuspielband), UA Weimar 01 (Auftr: Dt Komponistenverband). **UA:** K T Goldbach: Klavierstück II, UA Mannheim 99.

Kitajenko, Dmitrij, Prof, Dirigent; Chalet Karimor, CH-1652 Botterens/FR, T: 02 69 21 30 51, *kontakt@kitajenko.de*; c/o Impresariat Sonia Simmenauer, Bornstr 12, D-20146 Hamburg, T: (0 40) 42 31 31 11, F: 42 31 31 13, *Sonia.Simmenauer@impresariat-simmenauer.de*; *www.kitajenko.de* [Leningrad 18.8.1940]. **Ausb:** Glinka-Schule St Petersburg, Stud Kons St Petersburg u Moskau, Stud (H Swarowsky, K Österreicher) MAkad Wien 66/67. **Laufb:** Künstl Lt u Chefdgt Stanislawski-Op Moskau 69–76, Chefdgt Moskauer Philharmoniker 76–90, Prof Kons Moskau, Chefdgt Radio SinfOrch d HR Frankfurt/M 90–96, Chefdgt Philharmon Orch Bergen 90–98, Chefdgt Berner SymphOrch seit 90, Orchlt Stadtth Bern, 1.Gastdgt SinfOrch Kopenhagen seit 91, Lt Osterakad Schleswig-Holstein Musikfstv, Chedgt Symph Orch Korean Broadcasting Systems seit 99, Venedig, Luxemburg, München, Köln, Stuttgart, Bergen, Budapest, Kopenhagen, St Petersburg 2000/01. **Pr:** 2. Pr 1.Herbert-v-Karajan-Wettb Berlin 70. – **Aufn/RF:** CD E Grieg: Symphony, Symponic Dances (Bergen Philh Orch), CD M Mussorgsky: Boris Godunow (DR Radio Symphony Orch and Ch), S Prokofiev: A Newsky, Scythian Suite (DR Radio Symphony Orch and Ch) ua.

Kitaya, Naoki, Orgel, Cembalo; c/o Ars Musica – MusikAgentur Julia Ortmann, Rötebuckweg 35, D-79104 Freiburg, T: (07 61) 5 56 34 94, F: 5 56 35 34, *julia.ortmann@ars-musica.com*; *www.ars-musica.com*. KamM 16.–18. Jh **Ens:** Mitgl KamM-Ens 'Flyer Klassik', KamM-Ens 'La Ciaccona'. (Red)

Kitt, Florian, Prof, Hochschullehrer, Violoncello; Univ f Musik u Darst Kunst, Inst 3, Brandhofgasse 21, A-8010 Graz, T: (03 16) 3 89 33 81, F: 3 89 30 31, *florian.kitt@kug.ac.at*. **Laufb:** o UProf (Vcl) U f Musik u Darst Kunst Graz. (Red)

Kittelmann, Hans, Sänger; c/o Niedersächsische Staatstheater Hannover, Opernpl 1, D-30159 Hannover. **Laufb:** Sol Pocket Opera Company Nürnberg SpZ 03/04, Op Hannover SpZ 04/05. (Red)

Kittlaus, Stefan, Pauke, Schlagzeug; c/o Niedersächsisches Staatsorchester, Opernpl 1, D-30159 Hannover. **Laufb:** 1. Sol Niedersächs StaatsOrch Hannover. (Red)

Kittler, Richard, Prof, Komponist; Strachgasse 6, A-4020 Linz, T: (07 32) 34 28 45 [Linz 23.2.1924]. Orchesterarbeiten, Konzerte, Kammermusik, Lieder, Grafische Partituren **Ausb:** Brucknerkons Linz, MH Wien. **Laufb:** Brucknerorch Linz, ORF KamOrch Linz. **Pr:** Staatsförderungspr, Landeskulturpr Oberösterreich, mehrere Förderungspr, Prtr d Körnerstift, Reinlstift Wien. **Mitgl:** KV März, Komponistenbund. – **Komp:** Orcharbeiten, auch Sinfon BlasM, Konz, KamM, Lieder, Chöre, 1 Op, Ballette u Visuelle M, über 100 RF-Prod, über 500 Auff (auch Ausland). **AuftrKomp:** Konz f Festival Strings Lucerne, UA 58; Sonate (V, Kl), UA Hilversum 57 (Auftr: R Baumgartner); 'Unbekannt' (Op), UA Linz 03 (Auftr: LandesMSchWerk OÖ). **Aufn/RF:** über 100 RF-Prod (ORF u dt RF-Stationen).

Kitzmüller, Gottfried, Prof, Hochschullehrer, Violoncello; Univ f Musik u Darst Kunst, Hellmesberger-Inst, Rennweg 8, A-1030 Wien, *kitzmueller@mdw.ac.at* [Linz]. **Ausb:** Stud (Vcl, Tonsatz) U f Musik u Darst Kunst (T Kühne u F Neumann). **Laufb:** Radio-SinfOrch Wien, Wiener KamOrch, L U f Musik u Darst Kunst Wien seit 79, UProf ebd. **Ens:** Clemencic-Consort, Concilium Musicum (Paul Angerer), Neues Wiener Barockens, Ens Die Reihe (F. Cerha), Ens d 20. Jahrhunderts, Wiener Musikforum, Wiener Kammerharmonie. (Red)

Klaas, Rainer Maria, Pianist, Hochschullehrer, Autor; Körnerpl 8, D-45661 Recklinghausen, T: (0 23 61) 65 33 92, *rmklaas@t-online.de*; *www.klaaspiano.de* [Recklinghausen 30.1.1950]. Klavier- u KamM d 19. u frühen 20. Jh **Ausb:** Stud (D Kreus, K Hellwig) MH Essen, (Y Bernette) MH Hamburg, Mstrks b G Agosti 72 u J Bolet 78. **Laufb:** Konz in Europa, Israel, USA, Südkorea seit 68, Fstv-Auftr: OMANUT Zürich 85, Schleswig-Holstein MFstv 87, Salzburger FSp 87, Husumer Raritäten-Fstv 87–89, Berliner FestW 89, 'Piano Cinq Soleils' Paris 91, 'Aufbrechen Amerika' Bochum, Duisburg 92/93, 'Kultur u Macht in Dtschld' Heidelberg u Köln 93, KlFstv Ruhr 95, Poln Herbst Düsseldorf 96, Dortmunder Schubert-Zyklus 97, Zyklus 'Amerikan Romantik' Bochum, Long Beach/Kalifornien, Chicago 97, Zyklus 'Jahr-100-Kl-Stücke' Bonn 2000, Doz MH Detmold, Abt Dortmund 85–03, Doz MH Düsseldorf u MH Rotterdam seit 04. **Pr:** Folkwang-Pr 73, Vestischer Künstlerpr 85. **Ens:** Trio Alkan seit 88. – **Aufn/RF:** Rachmaninow: 2. Klaviersonate LP 79; CDs: Alkan: KamM 92; E Bohnke: KamM 95; Werke f Bassklar u Kl, m H Bok 99; Violinsonaten v Pfitzner u Marek, m A Kramarov 01; Rachmaninow: '2. KlSonate', Prokofiew: 'Visions fugitives' 03; Bunk: KamM 05. **UA:** Werke v J Castérède, B Goldschmidt, C Halffter, S Heucke, M Münch, A Pieper, U Schultheiß, I Strasfogel, H Vogt, F Zabel. **Zug:** P Mirza: Khali f Kl; S Heucke: Nacht-Urnen f Kl; U Schultheiß: Ch@nges f (Bassklar u Kl). **Sonst:** Hg Piano-Jb 77–83, Grdg Integral-Konz Recklinghausen 75 (über 190 themat Programme), Lt Nachwuchs-KonzR 'DEBUT UM 11' Recklinhausen seit 92, Initiator d nordrhein-westfäl KonzR 'MM::99' (KamM d 20. Jhs in 50 Programmen), 'Windrose. Europa-Fstv d Ruhrorch' 01/02, 'Zwölf. Ein astrolog MKalender' 02, ProgrDramaturg d Hess-Russ Kulturfstv 03/04. **Lit:** F Schulz: 'Der Pianist R K' 90.

Klabholz, Kerstin, leitende Dramaturgin (Musikheater u Konzert); c/o Thüringer Landestheater GmbH, Theaterpl 2–4, D-99817 Eisenach, T: (0 36 91) 25 61 47, F: 25 61 59, *musik.dramaturgie@theater-eisenach.de* [14.3.1972]. **Ausb:** Stud (MWiss, mittlere u neue Gesch) Uni Heidelberg, MA 98 (MA-Arb über I Strawinsky: 'Jeu de cartes'). **Laufb:** Dram SchlossFSp Wernigerode/Harz seit 97, Regieass Bremer Th 99–2001, Dram Landesth Eisenach 01/02 u lt Dram ebd seit 03/04. **Mitgl:** GDBA.

Klär, Bernhard, Dr phil, Erzbischöfl MD, Komponist; Friedrichstr 42, D-77654 Offenburg, T: (07 81) 3 78 79, F: 9 70 24 84 [20.10.1937]. ChM, OrgM, KamM **Ausb:** Stud (SchM, KiM) H Freiburg; Stud (MWiss) Univ Freiburg u Univ Heidelberg; Stud (Latein) Univ Freiburg u Univ Heidelberg. **Laufb:** Studiendir Schiller-Gymnasium Offenburg bis 01, Erzbischöfl MD, ChorLtg Pfarrgemeinde Hl Dreifaltigkeit Offenburg bis 03; ChKonz, OrgKonz auf histor Org. **Pr:** 3. Pr Int KompWettb Salzburg 87, Empfehlung d SW-Funks beim KompWettb d baden-württemb Tonkünstlerfestes. **Mitgl:** Ges f Musikgesch in Baden-Württemberg eV. – **Komp:** KamM, Komp f Ch u Org, Vl-Konz, Sololieder. **AuftrKomp:** Komp zu Messen u Messteilen (Auftr Kirche, Pfarrei), zu KiMTagen (Auftr Diözese) u zu Jubiläen (Auftr Stadt Offenburg). **Sonst:** wiss Veröffentl in Fachzss.

Klahn, Ilmar, Musiker (Violine), Musikpädagoge, Komponist; Am Brurain 8, D-76275 Ettlingen, T: (0 27 43) 9 86 16 [Karlsruhe 22.4.1968]. klass Musik, freie Improvisation u Komposition zu darst Kunst, Skulptur, Film u Tanz **Ausb:** klass, hochschulreife Geigenausb im In- u Ausland, Mstrkse (ua I Gitlis, G Feidman), Fortbildungen in 'Taketina' Rhythmusarbeit (R Flatischler) Wien u 'Ein neuer Weg' (K Havas) Oxford. **Laufb:** freischaff Künstler, Komp u ML seit 94. **Ens:** Violimage, Tango Trio Tritonus. **Mitgl:** DTKV, DKIV. – **Komp:** Ur-werk – Meditation – Orgiasticon – Himmel & Erde – Aufbruch – Adler – Woge op 2/4/7/8/10/12 (KamM), UA Karlsruhe, Violimage 96; Mond, Mond, Mond op 21 (BühnenM), UA Karlsruhe, Violimage 99; Das Geheimnis d Tosens op 22 (BühnenM), UA Vechta, Klahn 97; 3 Tangos 'Lo viejo y lo nuevo' (V u Kl), UA Karlsruhe, Klahn/Ebeling 99. **Aufn/RF:** Violimage – First Flush 95 (CD). **Sonst:** Violimage Bd I 97.

Klajn, Miklós, Bariton; c/o Lars-Oliver Schimanski Opern- und Konzertagentur, Syker Str 8, D-28307 Bremen, T: (04 21) 4 84 47 13, 01 77–5 10 15 91, F: 4 98 98 60, *info@scarpia.de*; *www.scarpia.de*. Mozart, Rossini, Donizetti **Ausb:** Stud Ges (KS M Zamfir) in Dtschld. **Laufb:** SchlossFSp Wernigerode 2003. (Red)

Klajner, Daniel, GMD; Theaterstr 20, D-97070 Würzburg, T: (09 31) 30 41 99 50; c/o Boris Orlob Management, Jägerstr 70, D-10117 Berlin, T: (0 30) 20 45 08 39, F: 20 45 08 49, *info@orlob.net* [Schweiz]. **Ausb:** Stud (Dgt, Komp) MH Wien, Unterr b G Bertini (Salzburg), M Atzmon (Assisi) u L Bernstein (Tanglewood/Boston u Tel Aviv). **Laufb:** Ass b L Bernstein, C Abbado, 1. Kapm Th Biel, GMD Stralsund u Hof, ChefDgt Philharmonisches Orch Vorpommern, ständ Gastdgt Dortmund u Bern, GMD u ChefDgt d Sinfoniekonz Mainfranken Th Würzburg, GMD Philharmon Orch Würzburg seit 2000, Dgt Stadtth Bern, Opéra Nat de Paris, Gastdgt Op Bastille, Op Toulouse, Komische Op Berlin, Dt Op am Rhein, Aalto Th Essen, OpHaus Bremen, Op Dortmund, Weimarer Nationalth, Tiroler Ldsth 04/05, Op Marseille 03/04, Int MFestW Luzern, MSommer Mecklenburg-Vorpommern u Schleswig-Holstein MFstv, Künstl Lt Würzburger Mozart Fest, Konz m Bochumer Symphonikern, Philharmonischem Orch Dortmund, Orch d Tonhalle Zürich, SinfOrch St Gallen, Radioorch Lugano, Nagoya Symphony Orch, Orchestre National de Bordeaux u Orchestre National du Capitole Toulouse, Konz-Tournee m Stuttgarter KamOrch, Tokyo Philharmonic Orch. **Pr:** Prtr Min-On DgtWettb Tokio, DgtWettb Wiener KamOrch, Masterplayer DgtWettb Lugano u Jecklin-Wettb Zürich. – **Sonst:** zahlr Tourneen m Stuttgarter KamOrch u Wiener KamOrch. (Red)

Klambauer, Erwin, Flötist; c/o Classic Concert, Glaneggerstr 55, A-5082 Salzburg-Groedig, *erwinklambauer@hotmail.com*; *www.erwinklambauer.at* [Linz]. **Ausb:** Stud Fl, Kl Brucknerkons Linz, Dipl 91, Stud Fl (W Schulz) U f M Wien. **Laufb:** Soloflötist ua Gustav-Mahler-Jugendorch, Youth Orch of a United Europe unter C Abbado, Camerata Salzburg, Soloflötist Bühnenorch d Österr Bdesth 92, Soloflötist RSO Wien seit 93, als KamM ZusArb m Ens Kontrapunkte, Ens 'die reihe', ORF-Bläserqui, Ens Halil. – **Aufn/RF:** zahlr Einsp f TV, RF u CD, ua J Ibert u H Willi: Flötenkonz, m RSO Wien; K Schwertsik: 'Instant Music' f Fl u Bläser, m RSO Wien; E Schulhoff: Doppelkonz f Fl, Kl u Orch, m Österr KamSymphonikern. **Lit:** div Art in Fachzeitschr u Tageszeitungen.

Klapprott, Bernhard, Prof, Hochschullehrer, Cembalo, Historische Tasteninstrumente; Bartold-Asendorpf-Str 38, D-99438 Bad Berka, T: (03 64 58) 4 92 90, F: 4 92 91; H für Musik 'Franz Liszt', Inst f Tasteninstr u Alte Musik, PF 2552, D-99406 Weimar [Hagen 29.6.1964]. histor Tasteninstr, Ens, 16.–18. Jh **Ausb:** Stud Cemb (H Ruf) MH Köln 84–90, KiM/Orgel (M Schneider) ebd 84–89, A-Dipl (KiM) 89, Dipl Cemb 90 u Org 92, Stud Cemb (B van Asperen) Cons Amsterdam 89–92, Orgel (E Kooiman) ebd 92–93, KonzDipl (Cemb) 92 m Ausz. **Laufb:** Prof (Cemb, Histor Tasteninstr, Auffpraxis) H f M 'Franz Liszt' Weimar seit 94, LTätigkeit U Dortmund 86–96, MH Detmold 91–96, H f KiM Herford 93–97, H f Künste Bremen 94–2001, Mstrkse, int KonzTätigkeit. **Pr:** 1. Pr 10. Int Orgelwettb Bach-Mozart-Salieri Fstv van Vlaanderen Brugge 91, Pr d Dt Schallplattenkritik 97, Nominierung f Cannes Classical Award 97. – **Aufn/RF:** T Tomkins: Sämtl Werke f Tasteninstr 94–96; Bach: Konz f 3 u 4 Cemb u Str, m M Amsterdam 94; G Gebel: Weihnachtsorat, Neujahrsorat, m Cantus u Capella Thuringia 03; G Benda: 6 Son 1757 (f Clavichord) 05; Live-Mitschn NDR, WDR, MDR, BRT Brüssel. **UA:** zugeeignete Werke. **Zug:** J Baur: Drei Stücke f Cemb 94; E Sanri: Drei Stücke f Orgel 98. **Sonst:** Grdg u Lt Barockens Cantus Thuringia, Capella Thuringia 99; Einrichtung u Wiederauff unbekannter mitteldt Vokal- u InstrW d 17. u 18. Jhs; Hg Beiträge zur Gesch d Clavichords im 18. Jh, 05. **Lit:** K E Ose: Informierte Subjektivität, im Gespräch B K (Concerto) Febr 97 (Nr 120).

Klare, Susanne, Mezzosopran; Hufengasse 1, B-4700 Eupen, T: (00 32) 87 76 65 70; c/o Konzertdirektion Fritz Dietrich, Sigmund-Freud-Str 1, D-60435 Frankfurt/M, T: (0 69) 54 45 04, F: 5 48 41 07, *info@konzertdirektion-dietrich.de* [Dresden]. **Ausb:** HfM Saarbrücken, Mstrkse b Chr Ludwig u R Grist. **Laufb:** EnsMitgl Staatsth Saarbrücken 78–80, Staatsth Gärtnerplatz München 80–84, Doz u Prof i.V. HfM Köln, Abt Aachen seit 98. (Red)

Klaschka, Martin, Komponist; Friedrich List-Weg 18, D-71665 Vaihingen [Gengenbach 21.10.1963]. (Red)

Klassen, Janina, Dr, Prof, Hochschullehrerin; Karlsruher Str 4, D-79108 Freiburg i Br, T: (07 61) 5 56 21 10, F: 5 56 21 10, *klassen@mh-freiburg.de*. **Laufb:** Prof (MWiss) Staatl H f Musik Freiburg. (Red)

Klauder, Silvia, Sopran; c/o Pfalztheater Kaiserslautern, Willy-Brandt-Pl 4–5, D-67655 Kaiserslautern; c/o Cecilia Music Concept – Franz-Georg Stähling, Brauweilerweg 183, D-50933 Köln, T: (02 21) 8 00 00 70, F: 8 00 00 71, *staehling@cecilia-cmc.de*. **Laufb:** Gastsol Stadtth Baden b Wien SpZ 00/01, Stadtth Gießen SpZ 00/01, Pfalzth Kaiserslautern SpZ 00/01, 04/05, Sol Th Erfurt SpZ 03/04. (Red)

Klaus, Günter, Prof, Hochschullehrer, Kontrabass; Fichtenstr 49, D-61440 Oberursel, T: (0 61 72) 3 25 40; Hochschule f Musik u Darst Kunst, Eschersheimer Landstr 29–39, D-60322 Frankfurt. **Laufb:** Prof (Kb) H f M u Darst Kunst Frankfurt/M. (Red)

Klaus, Hans-Dietrich, Prof, Hochschullehrer, Klarinette; Weimarstr 6, D-32756 Detmold, T: (0 52 31) 60 27 76, F: 60 27 79, *Klaus@KV622.de*; Hochschule f Musik, Neustadt 22, D-32756 Detmold, T: (0 52 31) 97 59 21 [Hohenelbe 14.3.1942]. KamM **Ausb:** Stud (Tonmstr, Klar) MH Detmold 64–70, Tonmstrdipl, Konzex (Klar). **Laufb:** Prof (Klar) H f M Detmold, Städt Orch Wuppertal 70–72, RF-SinfOrch WDR KRSO 70–84. **Pr:** Förderpr NRW, Konz Junger Künstler. **Ens:** Detmolder Bläsersex, Trio Artaria, Trio d'Anches Köln, Trio Paideia. – **Aufn/RF:** zahlr, zuletzt: Brahms/Gal: Sonaten 99. **Zug:** Klebe: Konz f Klar; Baur: Sentimento del Tempo (f Trio d'Anches u Orch). **Sonst:** Grdg Detmolder Bläsersex, Trio Artaria, Trio d'Anches Köln, Trio Paideia.

Klaus, Heinz, Dirigent, Chordirektor; Schäferstr 8, D-47918 Tönisvorst, T: (0 21 51) 99 44 19; c/o Vereinigte Städtische Bühnen, Odenkirchener Str 78, D-41236 Mönchengladbach. **Laufb:** Chordir Vereinigte Städt Bühnen Krefeld u Mönchengladbach, Dgt Niederrhein Sinfoniker Mönchengladbach. (Red)

Klaus, Holger, Komponist; Mörikestr 45, D-45147 Essen, T: (02 01) 5 45 89 87, *Holger.Klaus@gmx.de* [Geldern 29.12.1970]. Neue Musik **Ausb:** Stud Komp (P M Wolf, A Hölszky) H f M u Tanz Rostock 95–97, Projektwerkstatt (H-J Hespos) 97–99, Aufbaustud Komp (N A Huber) Folkwang-H Essen 2000–02. **Pr:** Einladung 'Detmolder Hochschulforum junger Komp' 97, Auswahl '4. Nachwuchsforum d GNM', StipPr 'Int Ferienkse f Neue Musik' Darmstadt 2000, Einladung '14. Int KompSeminar Boswil' 02. – **Komp:** Eins aus d Anderen (V Solo), UA Rostock 97; Ritual-Maschine (Trio f Kl, Schlgz u Pantomimen), UA Stockholm 98; ZOMBIES (M f 2 V, Hfe u Kl), UA Frankfurt/M 99; ZIP (Szen Aktion m V), UA Rostock 99; 'Farbe u Zeit' (Trio f Bar-Sax, Schlgz u Kl) 2000; 'Abdrift' (f Ob, Kb, Perc, Puo) 01; 'Gehäutete Zeiten' (f 7 Instr u TB) 01. **Aufn/RF:** CDs: 'Blam!' m Ens Il tempo suono, 'Zombies' m Ens Modern; RF: 'Gehäutete Zeilen' m Klangforum Wien (DRS 2).

Klausenitzer, Ulf, Prof, Hochschullehrer, Violine; Eichenstr 24, D-90602 Pyrbaum, T: (0 91 80) 12 44, *Ulf.Klausenitzer@gmx.de*; H f Musik Nürnberg-Augsburg, Abt. Nürnberg, Veilhofstr 34, D-90489 Nürnberg, T: (09 11) 2 34 97 03, F: 2 34 97 03 [13.10.1944]. Mozart, Konzert u Oper, Moderne **Ausb:** Stud in Franfurt/Main, Köln, Basel, b Henrik Szering, Leonid Kogan, La-Salle-Qua u Amadeus-Qua. **Laufb:** 1. Konzm Kurpfälz KamOrch Mannheim, 1. Konzm Nürnberger Symph, 1. Konzm Staatsth Saarbrücken, Grd u Künstl Lt KamOrch Schloß Werneck, Prof (V) HfM Nürnberg-Augsburg, Abt Nürnberg seit 80. **Pr:** Genfer Musikwettb, Bayer Staatsförderpr. **Ens:** Dornbuschquartett, FSpOrch Bayreuther FSp. **Mitgl:** Vize-Präsident ESTA (Deutschland). – **Sonst:** Lt Fstv 'Wernecker Schloßkonzerte', Int Musikwettb d H f Musik Lyon, Prag u Nürnberg.

Klaushöfer, Margit, Prof, Hochschullehrerin, Gesang; Univ f Musik u Darst Kunst, Inst f Orgel, Orgelforschung u Kirchenmusik, Seilerstätte 26, A-1010 Wien [Passau]. **Ausb:** Stud (Englisch, Gesch, Musikpäd u Ges) U München u Wien, Ges-Ausbildung b H Beresdford u H Zadek. **Laufb:** o UProf (SoloGes, KiM)) U f Musik u Darst Kunst Wien. (Red)

Klaveness, Peter, Bass; c/o Theater Freiburg, Bertoldstr 46, D-79098 Freiburg i Br. Oper **Laufb:** Sol Staatsth Darmstadt, Gastsol Dt Staatsop Berlin SpZ 00/01, Op Frankfurt SpZ 00/01, Dt Op Berlin SpZ 03/04, Wagner-Fstv Bayreuth SpZ 03/04, Sol Th Freiburg i. Br. SpZ 04/05. – **Aufn/RF:** Wagner: Götterdämmerung, Bayreuth, Dgt Fischer 04; Henze: Elegye for Young Lovers, Orch de Radio France Paris, Dgt Epple 05. **UA:** Katzer: Medea in Korinth, Berliner Symphoniker, Dgt Zimmermann 01.

Klawa, Nicolai, Bass; Müllnerstr 26, D-90429 Nürnberg, T: (09 11) 2 52 58 68, *Nico.Klawa@t-online.de*; Staatstheater Nürnberg, Richard-Wagner Pl 2–10, D-90443 Nürnberg. Dt u ital Oper **Laufb:** EnsMitgl KamOp Dresden SpZ 03/04, Staatsth Nürnberg, KamOp Frankfurt 03, Alleeth Hamburg 03, Junge Op Hamburg 03, Staatsth Nürnberg SpZ 05/06. – **UA:** Berliner EA Hindemith-Optriptychon März 01; Hiller: 'Wolkenstein' (Op), UA Nürnberg März 04.

Klebe, Giselher, Prof, Komponist; Bruchstr 16, D-32756 Detmold, T: (0 52 31) 2 34 14 [Mannheim 28.6.1925]. **Ausb:** Stud (V, Va, Komp) Städt Kons Berlin 40–43, Stud Komp (J Rufer) Berlin 46, priv Kompstud (B Blacher) 47–51. **Laufb:** Doz (Komp, Musiktheorie) Musikakad Detmold 57, Prof 62. **Pr:** Mitgl Akad d Künste Hamburg 63, Akad d Künste Berlin 64, Bayer Akad d Schönen Künste 78, Präs Akad d Künste Berlin 86–89, Präs Musikabt Dramatiker Union ab 86, Berliner Kunstpr 52, Pr d Int Tagung Musik i XX. JH Rom 54, Pr Mauricio Först Stockholm 56, Großer Kunstpr d Landes NRW 59, Premio Marzotto Valdagno (Italien) 64, Annette-v-Droste-Hülshoff-Pr 65, BVK 1. Kl 75, Rom-Stip Villa Massimo 59 u 62, Gr BVK 99. – **Komp:** 'Die Zwitschermaschine' op 7 (OrchW), UA Donaueschingen 50; 'Jacobowsky u d Oberst' op 49 (Op), UA Hamburg, Staatsop 65; Messe 'Gebet einer armen Seele' op 51 (f gem Ch u Orch), UA Kassel 66; 'Orpheus', dramat Szenen f Orch op 73 (Sinfonieorch), UA Zagreb 76; 'Weihnachtsorat' (Mezzosop, Bar, Sprecher u gr Orch), UA Bonn 89; 'Nachklang' op 111 (2 Kl), UA Göttingen 93; 7 Sinf; 13 Op. **AuftrKomp:** 'Warum hat die Sonne einen Ascherand' op 104 (Orat), UA Köln 91 (Auftr: Amnesty Int); Außer den Op 'Die Räuber' u 'Tödl Wünsche' alle übrigen 11 Op, darunter 'Alkmene' op 36 (Auftr: Zur Eröffng d Dt Op Berlin); 'Der Jüngste Tag' op 82 (Auftr: Nationalth Mannheim z 200. Geb); Sinf Nr 7 (Auftr: Musikal Akad Mannheim z 75. Geb d Komponisten); Poèma drammatico, Konz f 2 Kl u Orch m Zitaten aus Op v G Verdi (Auft: Villingen z 75. Geb d Komponisten). **Lit:** B Schäfer: 'Die Oper Jacobowsky u d Oberst'; M Rentzsch: Werkverzeichnis G K (bis op 119); H H Stuckenschmidt: 'Die großen Komponisten unsers Jh'.

Klebel, Bernhard, Prof, Hochschullehrer, musikalischer Leiter; Forsthausgasse 16–20, Stg 2, A-1200 Wien, T: (01) 3 74 25 31; Univ f Musik u Darst Kunst, Inst 12, Hauptpl 8, A-7432 Oberschützen, T: (03 16) 3 89 31 22, F: 3 89 31 21, *bernhard.klebel@kug.ac.at* [Wien]. **Ausb:** Stud MPäd, Oboe (H Hadamoswky), Cemb (E Harich-Schneider), Dirig (H Gillesberger, H Swarowsky) U f M u darst Kunst Wien, Stud (Germanistik) U Wien. **Laufb:** Lt Ens 'MVSICA ANTIQVA' Wien, Lt Wiener Motettenchores, KonzZykl 'Alte Musik im Musikverein Wien', 'Alte Musik an hist Stätten', KonzReisen in ganz Europa, USA, Kanada u Mexiko, Konz m Wiener StaatsopChor, OpProd Th an der Wien, Spectaculum Wien, Teatro La Fenice Venedig, Teatro di San Carlo Neapel, Dresden, Augsburg, Rouen ua; o UProf (MTheorie) U f M u Darst Kunst Graz, Dgt Wiener KamOp. – **Aufn/RF:** zahlr LP-Einsp. **Sonst:** Hg u Bearb v unveröff barocken Op u Orat: 'Il lutto dell'Universo', 'Il figliuol prodigo' (Kaiser Leopold I.), A Draghi: 'La vita nella morte', F Conti: 'David', F Cavalli: 'Gli amori d'Apollo e di Dafne', 'La Didone', J Peri: 'Euridice'. (Red)

Klee, Franz Leander, Repetitor; Heckenweg 39, CH-3007 Bern, T: 03 19 71 55 77. **Laufb:** Solorep m Dgt-Verpfl Stadtth Bern seit SpZ 03/04. (Red)

Kleeb, Hildegard, Klavier; Seehof, Unteraltstadt 38, CH-6300 Zug, T: 04 17 10 80 38, *dahinden@kleeb.com*; *www.roland-dahinden.ch*. Neue Musik u Interpretation **Ausb:** Stud (Kl) Zürich u Genf, Paris (C Helffer), MH Basel (J Wyttenbach). **Ens:** Duo m R Dahinden seit 87, Trio Dahinden-Kleeb-Polisoidis seit 92, Duo m P F Arrizabalaga seit 03. (Red)

Matthias Kleemann

Kleemann, Matthias, Komponist, Maler; Wiener Str 87, D-01219 Dresden, T: (03 51) 4 71 46 67 [Dresden 29.9.1948]. konzertante Musik, Filmmusik, elektron Musik **Ausb:** Stud (L Zitzmann) H f industrielle Formgestaltung Halle 67–69, Kompstud (K-R Griesbach) H f M Dresden 69–74, Meisterschüler Komp (J Cilenšek) H f M Weimar 74–77, Meisterkurse elektron M (G Katzer) Akad d Künste 78–80. **Laufb:** Mitgl Dresdner Kreuzchor 59–66, freischaff tätig als Komp u Maler. **Pr:** Carl-Maria-v-Weber-Pr Stadt Dresden 73, Felix-Mendelssohn-Bartholdy-Stip 74/75, Goldener Lorbeer d DDR-Fernsehens f FilmM 'Sogar die Elbe brannte' 80. **Mitgl:** Dt KompVerb, GEMA. – **Komp:** Konz f Oboe u Orch (Solokonz), UA Warschau, Philharmonie 74; Flötensonate (KamM), UA Dresden, Kulturpalast 75; Konz f AFl u Orch (Solokonz), UA Dresden, Kongreßsaal, Sol: W Gärtner, Dgt: M Janowski 77 (Auftr: Staatskap Dresden); BallettM Nr 1 (Sinfonik), UA Rudolstadt, Th, Dgt: K Bach 78 (Auftr: Th Rudolstadt); StrQua Nr 1 (KamM), UA Dresden, Gemäldegalerie, Sandner-Qua 78 (Auftr: RF-Sender Dresden); Sogar die Elbe brannte (FilmM), UA Fernsehen d DDR 80; Konz f Trp u Org (Solokonz), UA Dresden, Kreuzkirche, Sol: L Güttler u F Kircheis 83 (Auftr: KompVerb); Toccata f Org (Solokonz), UA Leipzig, Gewandhaus, Sol: M Eisenberg 84 (Auftr: KompVerb); Meditation II f Sop u Orgel (KamM), UA Berlin, Kaiser-Friedrich-Gedächtnis-Kirche 88; Komp in 5 Sätzen f Fag solo (KamM), UA Dresden, Kreuzkirche, Sol: U Kircheis 96 (Auftr: Fam Kircheis). **Aufn/RF:** RF-Prod: Miniaturen f Ob, m A Lorenz 73; Konz f Ob u Orch, m J Abel u RF-SinfOrch Berlin, Dgt: H Rögner 74; StrQua Nr 1, m Sandner-Qua 78; Konz f AFl u Orch, m W Gärter, RF-SinfOrch Berlin, Dgt: H Rögner 77; Kontraste f StrQua, m Hartwich-Qua 77; zahlr FilmM f Fernsehen d DDR, DEFA, MDR Dresden; zahlr RF-Aufn v Radio DDR II Berlin. **Sonst:** Auftr f Gemälde (Acryl auf Leinwand): 2 sakrale Bilder f Gemeindesaal d Süddt Gemeinschaft Grafenau-Döffingen 98; 5-teilige Bildgruppe f Kap d Lukaskirche Dresden 01 01; 2 sakrale Gemälde f Tagungszentr Krankenhaus St Joseph-Stift Dresden 02/03.

Klefisch, Walter, Dr, Komponist, Schriftsteller; Frankfurter Str 12, D-51065 Köln, T: (02 21) 62 23 90 [1910]. – **Komp:** 'Am Himmel, da funkeln Sterne', 'Spanisches Ständchen' f Ch u Orch. **Sonst:** Publ v Bibliografien u Essays zu musikal Themen. (Red)

Kleibner-Lindenthal, Bärbel, Sängerin; c/o Vogt, Langgasse 17, D-74206 Bad Wimpfen, T: (0 70 63) 65 80. (*)

Klein, Annekatrin, Prof, Hochschullehrerin, Klavier; Bötzenstr 24, D-79219 Staufen, T: (0 76 33) 8 15 62, *anne.katrin.klein@t-online.de*; Hochschule f Musik, Schwarzwaldstr 141, D-79102 Freiburg [1942]. **Ausb:** Stud Kl (A. Webersinke) HfM Leipzig. **Laufb:** Prof (Kl) Staatl H f Musik Freiburg. (Red)

Klein, David, Posaune; c/o Offenes Ohr Dresden, Barlachstr 8, D-01219 Dresden, T: (03 51) 4 72 13 60, F: 4 72 13 61, *music@offenesohr.com*; *www.offenesohr.com/dresden* [1978]. **Ausb:** H f M Weimar 'Belvedere' Weimar, MH 'Carl Maria v Weber' seit 98. **Pr:** 1. Pr Bundeswettb Jugend musiziert 95, 97. (Red)

Klein, David, Dipl-Pianist, Dipl-MPäd, Klavier; c/o Konzertagentur Thüringen, Freiligrathstr 8, D-99096 Erfurt, T: (03 61) 6 02 67 25, F: 6 02 67 26, *konzertagentur-thueringen@t-online.de*; *www.konzertagentur-thueringen.de* [Erlabrunn, Erzgebirge 4.1.1978]. gesamtes Repertoire Klavier, Kammermusik

Ausb: Unterr Kl ab 85, ausb MGymn Belvedere Weimar 91–97, Stud Kl, KamM, MPäd (P Rösel) MH Carl Maria v Weber Dresden 98–03, Berliner Sommerkse b K Hellwig 99 u 2000, Praktikum Int Forum f Kultur u Wirtschaft Dreden 03, Stud Kultur- u Medienmanagement MH Hamburg seit 03. **Laufb:** Konz in versch Städten Dtschlds als Sol u KamM ua m Landesjugendorch Sachsen, Neue Elblandphilh, Sinfonietta Dresden am Gewandhaus Leipzig u Staatskanzlei Dresden; künstl Berater KamKonz Schloss Eisfeld Thüringen 2000–03. – **Aufn/RF:** RF-Mitschn MDR Kultur u SFB.

Klein, Georg (Pseud: coma berlin), Komponist, Klangkünstler; Arndtstr 1, D-10965 Berlin, T: (0 30) 6 92 15 16, *mail@georgklein.de*; Atelier KlangQuadrat, Büro f Klang- und Medienkunst, Manteuffelstr 77, D-10999 Berlin, T: (0 30) 69 56 78 96, *g.klein@klangquadrat.com*; *www.georgklein.de, www.comaberlin.de* [Öhringen 1.3.1964]. konzertante Musik mit u ohne Elektronik, Klangkunst, Medienkunst **Ausb:** V- u KlAusbild, Komp autodidaktisch, Stud (Akustik, Elektronik, MEthnologie, Religionsphil) TU München u FU Berlin. **Laufb:** freischaff als Komp m FilmM (ua 'amor fati' Int FilmFSp Berlin 97), Konz, zT m Elek, Klangkunst seit 01, Grdg v Comaberlin 99, Gastdoz Mwiss Inst FU Berlin 99 u 2000, Gastkomp Elektron Studio TU Berlin 2000–01, Grdg v Klangquadrat 02. **Pr:** Int Gustav-Mahler-KompPr 99, Klangkunst Berlin 2000, Dt Klangkunstpr 02, Stip Schloß Wiepersdorf 02, Stip Kulturfond Berlin-Brandenburg 03, Stip Dt Akad Rom 06. **Mitgl:** DEGEM, stv Vors d Berliner Ges f Neue Musik 02–06. – **Komp:** suite amor fati (f Kl, Vcl, Fl) 96; three short pieces (f Vcl u Akk) 98; three short pieces, UA Berlin 98 (Auftr: IKAB); Cellini (f Vcl-Qua), UA Berlin 99 (Auftr: Klangwerkstatt Berlin); Li.. u d Erde (f Singst, Ens u Phrase-Sampler) 99; transition (f Sax, Lichtsensorik u Raumklangsteuerung) 2000; transition – berlin junction (interaktive, sechsmonatige Klanginstall in e Skulptur v R Serra vor d Philharmonie Berlin, in vier Stimmen: FrSt, MSt, Verkehrsrauschen u computergenerierte Sinustöne, m e Text v B Brecht), A Winkler, O Sander 01; Ortsklang Marl Mitte (Gittertöne, 9 Sprecher) 03; a3 Miniatur (Klanginstall zu A-Line), UA Berlin (Auftr: TU Berlin) 03; TRASA Warszawa – Berlin, UA Berlin 04; auf jeden Fall, UA Rümlingen 05. **Aufn/RF:** CD 'amor fati', K Schöpp, M de Olivera Pinto, G K; 'transition' (InstallElek), U Krieger, G K; Aufn ORF 'Li... u d Erde I + II', Janus Ens Wien, Dgt: C Cech 99; Aufn SFB 'transition for saxophone', U Krieger 02; Aufn SWR 2 'Imperial News. Fern-Sehen-Hören' 03/04. **Sonst:** Grd v comaberlin – Intermediale Kunst, Sondierung, Entwickl u Realisier v Klangsituationen; 'From sound installation to sound situation', in: Organised Sound 8, 03; 'Unter freiem Himmel', in: bgnm-Jb 02; 'Interactive Variation', in: Music & Aesthetic 05. **Lit:** S Sanio: 'im Vorübergehen?' (Textbuch 'transition') 01; V Strübel: 'Transition d Klänge' (FAZ) 01; U Rüth (Hg): 'Dt Klangkunstpreis' 02; D Kolesch: 'Gehör-Gänge' 03; J Gerlach: 'Inmitten Marl' 03; K Uehara: 'Sound-Art i d wiedervereinigten Stadt Berlin' (jap) 03; B Barthelmes: 'G K oder d Künstler als Orts-Seher' 04.

Klein, Julian, Komponist; Lampestr 4, D-30449 Hannover, T: (05 11) 44 57 24, *information@aroseis.de*; *www.julianklein.de*. **Ausb:** Stud (Komp) b Reinhard Febel, Nigel Osborne, Heiner Goebbels, Wolfgang Rihm. **Laufb:** künstl Lt d Ens 'a rose is'. **Pr:** Stip d Studienstift d Dt Volkes, Niedersächs FörderPr, Stip f d Cité Int des Arts Paris, Kulturpr Bernkastel-Wittlich, Danzer-Pr f zeitgen Musik, Kurt-Magnus-Pr d ARD. **Mitgl:** Junge Akad a d Berlin-Brandenburg Akad d Wiss, Dt Akad d Naturforscher Leopoldina. – **Komp:** Kurze Lebensläufe der Idioten (Hörspiel nach E Cavazzoni) 01, Brain study – Live-Performance (Kopfhörer-Radioinstallation für Gehirn-Ensemble) 01/02, Intraction (Installation f 3 Streicher, Video u Live-Elektronik) 03. (Red)

Klein, Juliane, Dipl, Komponistin; Kornstr 115, D-28201 Bremen, T: (04 21) 5 97 01 89, *info@editionjulianeklein.de, schelcher@hotmail.com*; *www.editionjulianeklein.de* [Berlin 3.11.1966]. Neue Musik (alle Genres) **Ausb:** (Klar, Kl, Komp) Spezialschule f M d HfM 'Hanns Eisler' 78–84, ImprUnterr (H Keller) 80/81, Stud u Dipl (Tonsatz, Kl, Komp) H f M 'Hanns Eisler' 84–89, Aufbaustud (H Lachenmann) 93–97. **Laufb:** L (Tonsatz, Komp) H f M 'Hanns Eisler' 89–92, Grdg 'Edition Juliane Klein' 99. **Pr:** Stip z einjähr Aufenthalt Cité des Arts Paris 97, Stip Darmstädter Ferienkse 90/92, Einladung 1. GNM Nachwuchsforum m Ens Modern 96, Arbeitsstip (einjährig) Stift Kulturfonds 94, Schreyahn, Wiepersdorf, Neckar-Gmünd, Werkstip Akad d Künste Berlin. – **Komp:** Die Stockung JK (KamM), UA Berlin, Konzerthaus 92; Fünf Margeriten (I) (KamM), UA Berlin, Akad d Künste 94; Aufriß (Str-Orch), UA Berlin, Philharmonie, Abschlußkonz Musikbiennale. **AuftrKomp:** Drei Hände voll Sand (Streichqua), UA Potsdam 94 (Auftr: Potsdamer Musikverein); Aufriß (Streichorch), UA Berlin, Philharmonie 99 (Auftr: Musik-Biennale Berlin); gehen (KamM), UA Berlin, Philharmonie 2000 (Auftr: Senat); vertikal (Orch), UA WDR Sendesaal, Ens Resonanz, Dgt: Sian Edwards 01 (Auftr: WDR); Der Nachtwandler (KamM) (Auftr: Niedersächs Tage f Neue Musik). **Aufn/RF:** Aufriss (DLF); vertikal (WDR), Rinne 3 (RB), Drei Hände voll Sand (HR). **Sonst:** Grdg u Lt KamEns Neue Musik Berlin 87–97, Künstlerbuch: 'Fünfgezackt' m Textbuch. **Lit:** J Klein: 'fragmen' (Hg E-M Houben).

Klein, Mario, Sänger; Schöppenstedter Str 42, D-38100 Braunschweig, T: (05 31) 2 40 70 92, 0 17 55 36 42 86, F: (0 62 32) 29 48 00, *klein.speyer@t-online.de*; Schulstr 7, D-66121 Saarbrücken, T: (06 81) 8 31 78 71 [Karlsruhe 11.5.1972]. Oper, Lied, Oratorium **Ausb:** Privatstud (H Hoppe) Speyer 90–92, Stud (E Illerhaus) Folkwang-H Essen 92–99, Privatstud (W Berry) Wien 97–2000. **Laufb:** Sol Staatsth Braunschweig seit 98 (03/05), Gasteng: Pfalzth Kaiserslautern, Landesth Flensburg, Th Magdeburg, Essen Aalto-Th, Dortmunder OpHaus, Städt Bühnen Münster, Staatsth Schwerin, Staatsop Hannover, Nationalth Mannheim, Musikhalle Hamburg, KamOp Schloß Rheinsberg, regelm Liederabende i Thürmer-Saal Bochum. **Pr:** Bayreuth-Stip Wagner-Verb Braunschweig 2000.

Klein, Markus, Geschäftsführer, Flötist, Kirchenmusiker; Konzertvereinigung Düsseldorf, Frankstr 9, D-58135 Hagen, T: (0 23 31) 48 45 03, F: 48 45 03, *KleinKVD@aol.com*; *www.capella-amalfi.de* [Düsseldorf 11.2.1966]. Barock u Klassik, Salonmusik **Ausb:** abgeschl Studien Fl (Wahn) 88–93 u KiM (Hempfling, Nagel, Saretzki, Zieschang) 93–97 Robert-Schumann-H Düsseldorf. **Laufb:** Mitbegrd 93 u GF Konzertvereinigung Düsseldorf, Lt d Kantorei Haspe u d Kinderch 'Haspe Angels'. **Ens:** Capella Amalfi, Konz- u Tanzorch. – **Aufn/RF:** 'Du gehst durch all meine Träume'm Capella Amalfi. **UA:** K Klein u A Faß: 'Babel – oder: D Verwirrung des MP6X4' (Musical), UA Haspe, Ev Kirche 05.

Klein, Matthias, Bassbariton; Harderkoppel 32, D-24217 Schönberg, T: (0 43 44) 41 29 81; c/o Künstleragentur Elke Wiemer, Exerzierstr 9, D-13357 Berlin, T: (0 30) 46 60 78 06, F: 46 60 78 17, *mail@agentur-wiemer.de*. **Laufb:** Sol OpHaus Kiel, Th Görlitz SpZ 04/05. (Red)

Klein, Michael, Sänger; Elisabethstr 24, D-32756 Detmold, T: (0 52 31) 2 93 08, (01 70) 4 42 22 56. **Laufb:** Sol Landesth Detmold. (Red)

Klein, Otokar, Tenor; c/o Austroconcert, Gluckgasse 1, A-1010 Wien, T: (01) 95 13 26 57, F: 5 12 61 54, *austroconcert@ia-ac.com*; c/o Volksoper Wien, Währinger Str 78, A-1090 Wien, T: (01) 5 14 44 30, F: 5 14 44 32 15; *www.ia-ac.com* [1974]. **Laufb:** Wiener OpFstv 'Klangbogen' 02 (Don Quichotte, 'Juan') im Th a d Wien, Eng Sächs Staatsop Dresden (L' Italiana, 'Lindoro'), Gastsol Gr FSpHaus Salzburg, Teatro Giuseppe Verdi Triest 03, Sol Volksop Wien SpZ 04/05. (Red)

Klein, Richard Rudolf, Prof, Komponist; Heftricherstr 15, D-61479 Glashütten, T: (0 61 74) 6 14 10, F: 6 14 10 [Landau/Pfalz 21.5.1921]. **Ausb:** Stud Komp (Ph Mohler), Kl (H Brehme), Dirig (K Münchinger) Trossingen u Stuttgart 45–48, Privatstud (W Fortner) 48/49. **Laufb:** LAuftr MH Stuttgart 48–49, NWD MAkad Detmold 49–60, MH Frankfurt 60–90, Dr Hoch's Kons Frankfurt 85–96, Prof 65. **Pr:** Dt JugendMPr Bonn 53, KamMPr Stadt Gera 53, Förderungspr Stadt Stuttgart 56, Ausz Land Rheinl-Pfalz 65, Hess Verdienstorden a Bde 01. **Mitgl:** DKV, Frankfurter Tonkünstlerbund im DTKV, Frankfurter Künstlerclub eV, Pfälz MGes eV. – **Komp:** ua Canz concertata (Conc gr) 80, UA Mannheim, m Kurpfälz KamOrch, Dgt: W Hofmann 81 (Auftr: Kurpfälz KamOrch); 12 Songs n alten jidd Weisen (Bar, Orch) 84/85, UA Frankfurt, J M Kränzle, MH-Orch, L Horowitz 85; Canto (Konz), UA Frankfurt, Collegium Instrumentale, A Kottmann 86; Lauretan Psalm (Frauenst, StrOrch) 93, UA Flörsheim, m Belcanto-Ens, Collegium Instrumentale, Dgt: A Kottmann 94 (Auftr: Gallus-Konz Flörsheim); Anrufung d Friedens (gem Ch, Orch) 94, UA Alte Op Frankfurt, m Ch u Orch d Frankfurter Sch, Dgt: W Erb 94 (Auftr: Koord d Frankfurter Sch, anlässl d 1200-J-Feier Frankfurt); Kontradiktion (V, Pos, StrOrch) 97, UA Frankfurt, m A Kottmann, A Mangelsdorff, Coll Instr 99 (Auftr: Coll Instr A Kottmann); Porta temporalis (StrOrch, V solo) 99, UA Schloss Philippsruhe b Hanau, m Coll Instr 2000 (Auftr: Coll Instr A Kottmann, anlässl d Millenniums); Frankfurter Skizzen (2 SoloV, StrOrch), UA Frankfurt, m A u B Kottmann, Coll Instr 04; Erdenzeit (Sop, Bar, V, Kl), UA Frankfurt 05 (Auftr: Frankfurter Künstlerclub). **Aufn/RF:** zahlr CDs, zB Metamorphosen 03, enth: 2 Legenden, Antiphonen, Metamorphosen, 4 Psalmen, m G Hierdeis (Sop), S Gleitsmann (Ob), T Swartmann (Hn), K Vogt (Org), Frankfurter Kantorei u Mitgl RSO Frankfurt, Dgt: H Rilling; Begegnung 05, enth: Kontradiktion f V, Pos u StrOrch (A Kottmann, A Mangelsdorff, Collegium Instrumentale); zahlr RF-Aufn, zB Partita f StrOrch, m RF-Orch d SWF, Dgt: P Landenberger; Canz concertata, m Kurpfälzer KamOrch, Lgt: W Hofmann (SDR), Fantasie f BlQui m Stuttgarter BlQui (SWF Mainz); 6 Madrigale f gem Ch, m Vocalens Kaiserslautern, Ltg: S Pfalzgraf (SWF Mainz). **Lit:** Art v W Holle, in: Der Musikstudent 48/1, Art v E Valentin, in: Zs f M 52/6, Art v H Rübben, in: Lied u Ch 64/6, Art v W Hauck, in: Pfälzer Sänger 85/5, Riemann M Lex (Ergänzungsbd) 72, MGG (Bd 16) 89, V Karl: Blatt-Lex Komp d Gegenwart 93, Wer ist wer? – Das dt Who's Who, Who's Who in German.

Kleindienst, Uwe, Prof, Hochschullehrer, Trompete; Hochschule f Musik, Maximilianstr 59, D-86150 Augsburg, T: (0 89) 81 33 99 95, *info@uwekleindienst.de*; *www.uwekleindienst.de* [Köln 1961]. **Ausb:** Stud (Trp, Kl, Dirigieren) MH Köln u Düsseldorf. **Laufb:** 1. Solotrp Staatsorch Rhein Philh, koord. 1. Solotrp Bayer Staatsorch München, Prof (Trp) H f Musik Nürnberg-Augsburg, Abt Augsburg 2000. **Pr:** Bayer Kammervirtuose. (Red)

Kleinen, Helmut, Sänger; c/o Thüringer Landestheater, Theaterpl 4–7, D-99817 Eisenach, PF 1449, D-99804 Eisenach. **Laufb:** Sol Thüringer Landesth Eisenach. (Red)

Kleiner, Gereon, ao Univ Prof, Pianist, Hochschullehrer; c/o Universität Mozarteum, Schrannengasse 10a, A-5020 Salzburg, T: (06 22) 61 98–52 20bzw. 45 03 73, F: 45 03 73, *gereon.kleiner@moz.ac.at*; Austrnsiedlung 9, A-5020 Salzburg, T: +43 (6 62) 45 03 73, *gereon.kleiner@uta.1002.at*; *www.moz.ac.at/german/people.php?penr=652* [Weingarten, Württemberg 18.4.1963]. **Ausb:** Stud Kl u KamM (L Gierth) Stuttgart, Studien ua b R Keller u E Frieser in Wien u Salzburg, Mstrkse b J Uhde, A Jasinski u B Ringeissen. **Laufb:** Konz-Tätigk als Sol, KamMusiker u Liedbegl, Unterr U Mozarteum Salzburg u b versch KamMSeminaren. **Pr:** Stip d DMR, d DAAD u d Wiener Alban Berg-Stift, Pr u Ausz b Wettb in Dtschld, Italien, Spanien u Belgien (zB 1. Pr Wettb KlavierM d 20. Jh Wien 88). **Ens:** Swietly-Klaviertrio Wien, Österr Ens f Neue Musik. **Mitgl:** AGMÖ, EPTA. – **Aufn/RF:** zahlr RF- u CD-Aufn.

Kleiner, Herbert, Viola; c/o MDR Sinfonieorchester, Augustuspl 9a, D-04109 Leipzig. **Laufb:** Sol MDR SinfOrch Leipzig. (Red)

Kleinfeld, Gerd-Albrecht, Englischhorn; c/o Staatskapelle Berlin, Unter den Linden 7, D-10117 Berlin. **Laufb:** Sol Staatskap Berlin. (Red)

Kleinig, Gottfried, Komponist; Wilhelm-Christ-Str 26, D-55122 Mainz, T: (0 61 31) 32 09 54 [Löbau 16.1.1917]. **Ausb:** Stud Komp (K Striegler, P Thilman) MH Dresden 37. **Pr:** Ausz 'Mainzer Pfennig' Stadt Mainz 65. – **Komp:** Europäisches Konzert (Konz) 66, UA Mainz, S Danneberg, P Leisegang, W Ohmen 66; Buen retiro, Sextett (KamM) 67, UA Mainz 68; Die Geschichte von den schwarzen Hölzern u dem großen braunen Brummer (Kinderkonz) 74, UA Mainz, Städt Bühnen 74; Das Geheimnis d Höhle vom Klingenthaler Berg (Kinderkonz) 74, UA Mainz, Städt Bühnen 74; Zombo (MärchenM) 75, UA Mainz, Städt Bühnen 75. (Red)

Kleinitz, Eva, Dramaturgin; Bregenzer Festspiele, PF 311, A-6900 Bregenz. **Laufb:** Dramaturgin Bregenzer Festspiele. (Red)

Kleinke, Dirk, Tenor; Liebenwalder Str 11, D-13347 Berlin, T: (0 30) 9 25 99 31, 01 70–5 03 77 48, F: 9 25 99 31, *dirkkleinke@freenet.de*; c/o CICADA. con Agentur & Management, Gubener Str 3b, D-10243 Berlin, T: (0 30) 29 00 13 35, 01 71–3 64 52 77, F: 29 00 58 97, *info@cicada-con.de*; *www.dirkkleinke.de* [Berlin 19.3.1968]. Oper, Oratorium, Lied, hoher Spieltenor **Ausb:** Stud (ChDirig) Weimar, Stud Ges (A Zimmermann, A Fried, S Weir) MH 'Hanns Eisler' Berlin 92–93 u 95–99. **Laufb:** Mitgl RF-Jugendchor Wernigerode bis 86, Gast ua Op Neukölln, Staatsop Berlin, Berliner Philh, KamOp Schloss Rheinsberg, Staatsth Schwerin, Th Potsdam, Th Brandenburg, Th Frankfurt/O, Th Schwedt, EnsMitgl Staatsth Cottbus seit 2000, Konz u Liederabende in Dtld, Italien, Frankreich, Schweiz, Monte Carlo, Belgien; ZusArb ua m H Rilling, B Rucha, R Schwarz, J Olberg, R Petersen, M Schüler, G Tabori, K Kutze, A Pilavachi, K Theill, V Stoupel, M Hoyer. **Ens:** Solotenor im Vokalens 'opus4voices'. – **Aufn/RF:** CDs: 'opus 4 voices' 98; Live-Mitschn 'Matthäus-Passion', KonzHaus Berlin 01; R Schumann: 'Dicherliebe', Kerner-Lieder, m K Theill 03.

Kleinschmidt, Norbert, Dirigent; Anhaltisches Theater, Friedenspl 1a, D-06844 Dessau. **Laufb:** Dirgt Anhalt Th Dessau. (Red)

Kleinsorge, Uwe, Oboe; c/o Gewandhausorchester, Augustuspl 8, D-04109 Leipzig. **Ausb:** Stud H f M 'Franz Liszt' Weimar 73–78. **Laufb:** Mitgl GewandhausOrch 78, Sol BachOrch Leipzig. **Pr:** 1. Prtr int RF-Wettb 'Concertino Praga' 71. **Ens:** Gewandhaus-BläserQui. (Red)

Kleiser, Michael, Hochschullehrer; Neumarkt 3, CH-8001 Zürich, T: 04 42 62 67 54; Hochschule Musik u Theater, Florhofgasse 6, CH-8001 Zürich. **Ausb:** Stud MH Zürich, London. **Laufb:** Doz (Korr, Blattsp) MH Winterthur Zürich seit 99. **Ens:** Ens Lunaire. (Red)

Kleiter, Julia, Sängerin; c/o Opernhaus Zürich, Falkenstr 1, CH-8008 Zürich. (Red)

Klement, Joachim, Chefdramaturg; Humboldtstr 28, D-28203 Bremen, T: (04 21) 7 94 25 13; c/o Theater Bremen, Am Goethepl 1–3, D-28203 Bremen. **Laufb:** ChefDram Th Bremen SpZ 03/05. (Red)

Klemeyer, Hermann, Prof, Hochschullehrer, Querflöte; Hochschule für Musik Würzburg, Hofstallstr 6–8, D-97070 Würzburg, T: 0 17 16 92 50 33, *Hermann.Klemeyer@t-online.de* [Bad Gandersheim]. KamM, M d Gegenwart **Ausb:** Stud MH Berlin u Freiburg b F Demmler u A Nicolet, Ks b Marcel Moyse. **Laufb:** SoFl Symph Orch Berlin, Philh StaatsOrch Bremen u Bayer StaatsOrch München, Prof (Querfl, KamM) H f M Würzburg seit 94. **Ens:** Residenz-Trio Würzburg, Süddt BläserSol – PROFIFE.

Klemm, Detlef, Dirigent; c/o Friedrichstadtpalast Berlin, Friedrichstr 107, D-10117 Berlin, T: (0 30) 23 26 23 26, F: 2 82 35 78, *info@friedrichstadtpalast.de*; *www.friedrichstadtpalast.de*. **Laufb:** Musikal Ltg u ChefDgt Friedrichstadtpalast Berlin SpZ 03/05. (Red)

Klemm, Ekkehard, Prof, Dirigent, Hochschullehrer; Stadtparkhöhe 7, D-01662 Meißen, T: (0 35 21) 40 01 47, 0 17 78 40 43 95, *EkkehardKlemm@aol.com*; Staatsth am Gärtnerplatz, PF 140569, D-80455 München, T: (0 89) 20 24 11, F: 20 24 12 37 [Karl-Marx-Stadt (Chemnitz) 1.12.1958]. Oper, zeitgen Musik **Ausb:** Stud (Dirig, Komp, Kl) H f Musik 'Carl Maria v Weber' Dresden 79–84 u 89–91. **Laufb:** Mitgl Dresdner Kreuzchor 68–77, 1. KapM Landesth Altenburg 84–88, Chefdgt Th Greifswald 88–94, Chefdgt Th Vorpommern 94–96, Dgt Staatsth am Gärtnerplatz München seit 96, geschäftsf Stellv d Chefdgt ebd seit 99 (03/04), Prof H f M Dresden 04. **Pr:** Ehrenplak Dredner MFSp 83. – **Komp:** StrQua, UA Dresden, SolQua d KamOrch Berlin 83; Psalmen, UA Apolda 88; Fragment (f Orch) 89. **UA:** M Baumgartl: 'Jungfrau Maleen', UA Th Greifswald 93; G Kantscheli: 'SIO', UA Dresden, Staatskap Dresden 98; W Tarnopolski: 'Wenn die Zeit über d Ufer tritt', UA Münchener Biennale 99; A Kenk: 'ULTIMATUM', UA Dresden, Semperop, SinfOrch H f M Dresden 01. **Sonst:** Initiator Greifswalder Musiktage 91, 92, 93. **Lit:** 'Die Wirksamkeit v E K' (Uni Greifswald) 97.

Klemm, Joachim, Prof, Klarinette, Hochschullehrer; Dohnaer Str 9b, D-01219 Dresden, T: (03 51) 8 62 62 99; Hochschule f Musik, PF 120039, D-01001 Dresden [Hameln 1959]. zunehmend histor Instr **Ausb:** Stud (Prof H Deinzer) Hannover seit 78, KonzEx 87. **Laufb:** Mitgl 'Jg Dt Philh' 78–84, stellv Soloklar m hohen Klar Nordwestdt Philh 86, Prof (Klar) H f M Carl Maria v Weber Dresden seit 02; Solokonz Dtschld, Europa, Asien, Australien. **Pr:** 1. Pr Bundeswettb 'Jugend musiziert' 77, Stip Dt MWettb Bonn 84, 2. Pr ebd, 1. Pr H-Wettb Hannover 85. **Ens:** Sol 'Ensemble Modern', Bassetthn 'Bläserensemble Sabine Meyer', Tangram-Qui. **Mitgl:** Dt KlarGesell. – **Sonst:** zahlr Bearb f Bläserens.

Klemm, Stephan, Bass; c/o CICADA. con Agentur & Management, Gubener Str 3b, D-10243 Berlin, T: (0 30) 29 00 13 35, 01 71–3 64 52 77, F: 29 00 58 97, *info@cicada-con.de*; *www.cicada-con.de*. **Ausb:** Stud (Kunstwiss), Stud (Ges) H f M 'Felix Mendelssohn Bartholdy' Leipzig bis 91. **Laufb:** Eng Potsdam seit 91, freischaff seit 97, Sol Ldsth Coburg 03–05, Gast b div Fstv-Produktionen. (Red)

Klemt, Hermelinde, Dozentin f Viola da Gamba u Historische Aufführungspraxis; Marienforster Str 30, D-53177 Bonn, T: (02 28) 31 69 80 [Laskowa 14.1.1945]. **Ausb:** Kons Nürnberg, MH Würzburg. **Laufb:** Doz (Va da Gamba, Hist Aufführungspraxis) Hermann Zilcher Kons Würzburg, Lt Ens Viola da Gamba Arte. **Ens:** Ulsamer Gambenkollegium. – **Aufn/RF:** CDs: Abel: Solomusik; Neue Spie-Weisen f Alte Musik, Soli f Discantus 01. **Sonst:** the complete Violist, 1699; Carl Friedrich Abel: Solostücke.

Kless, Yair, Prof, Hochschullehrer, Violine; Univ f Musik u Darst Kunst, Inst 3, Brandhofgasse 21, A-8010 Graz, T: (03 16) 3 89 33 84, F: 3 89 30 31, *yair.kless@kug.ac.at*. **Laufb:** o UProf (V) U f Musik u Darst Kunst Graz. (Red)

Kliebes, Hans-Christoph, Kapellmeister; Str des 18. Oktober 10/083, D-04103 Leipzig, T: (03 41) 2 21 43 46, F: 2 21 43 46. **Ausb:** Stud H f M Leipzig. **Laufb:** Th Zeitz 73–04. (Red)

Kliegel, Maria, Prof, Cello, Hochschullehrerin; Wintgenstr 23–25, D-45239 Essen, T: (02 01) 40 81 81, F: 6 15 93 89, *Maria.Kliegel@t-online.de*; c/o Südwestdeutsche Konzertdirektion Erwin Russ GmbH, PF 104262, D-70037 Stuttgart, T: (07 11) 1 63 53 11, F: 1 63 53 30, *info@sksruss.de*. **Ausb:** Stud (P Molzahn) MH Frankfurt 71–72, (J Starker) Indiana U Bloomington/USA 72–74, Stud privat (M Rostropovitch) 77–78. **Laufb:** Prof (Vcl) H f Musik Köln. **Pr:** 1. Pr 1. Dt MWettb Bonn 75, 1. Pr Aldo Parisot Wettb Paraiba, Brasilien 78, 1. Pr Rostropovitch Wettb Paris 81, Verdienstorden d Landes NRW durch Ministerpräs W Clement 99. **Ens:** Xyrion-Trio. – **Aufn/RF:** meistverk Cellistin d Welt auf d Tonträgersektor (Naxos). **Zug:** H Banter: Phaedra (f Vcl u Och); W Kaiser-Lindemann: Hommage à Nelson Mandela (f Vcl u Perc), beide gleichz UA u CDs. **Lit:** M Campbell: The Great Cellists.

Klieme, Stefan, 1. Kapellmeister; c/o Deutsches Nationaltheater, Theaterpl 2, D-99423 Weimar, PF 2003, D-99401 Weimar. **Laufb:** stellv GMD u 1. Kapm Sinfonieorch Wuppertal, 1. Kapm Schillerth NRW Wuppertal-Gelsenkirchen, 1. Kapm Dt Nationalth Weimar, Gastdgt Konzert u Th St Gallen. (*)

Klien, Gilbert, Prof, Komponist; Unter der Burg 22, A-6845 Hohenems, T: (0 55 76) 7 22 03. (*)

Klier, Gottfried, Komponist; Pestalozzistr 22, D-10625 Berlin, T: (0 30) 31 50 60 40, F: 31 50 60 40 [Zittau 18.1.1949]. **Ausb:** abgeschl Musikstud Berlin (Ost) 77. **Laufb:** Saxophonist, Komp u Arrangeur, Musiker in versch Pop-, Rock- u Jazzgruppen, Doz an versch MH, freischaffend. **Pr:** 1. Pr Wettb 'Neue TafelM' 92, Förderpr dt FilmM-Wettb Berlin/W 89. – **Komp:** Vergisses (KonzM), UA Berlin, Apostel-Paulus-Kirche 87; Whats your name, please? (KonzM), UA Berlin, BKA, 'percussion art Qua' 91; Fünf Haiku an die Jahreszeiten (KonzM), UA Berlin 91; Triomagie, 11 Stücke f Sax-Trio (KonzM), UA Berlin 92; Blaue Fuge (KonzM), UA Berlin, Akad de Künste 92; Sueños del timple (KamM); Sommerblau, Konzertmusik (gr Orch). (*)

Klier, Joachim, Kontrabass; c/o Staatskapelle Berlin, Unter den Linden 7, D-10117 Berlin. **Laufb:** stv Sol Staatskap Berlin. (Red)

Klietmann, Martin, Prof, Sänger, Hochschullehrer; Univ f Musik und Darst Kunst, Inst 7, Brandhofstr 5, A-8010 Graz, T: (03 16) 3 89 33 85, F: 82 11 70, *martin.klietmann@aon.at* [Bad Vöslau 18.1.1944]. Oratorien, Lieder **Laufb:** o UProf (Ges) Uni f M u Darst Kunst Graz. – **Sonst:** SchallplAufn hungaroton, erato, harm.mundi, quintana ua. **Lit:** Sängerlexikon Bd 3, S 1836 (Verl K G Saur).

Klimkiewicz, Jacek, Prof, Hochschullehrer, Violine; Jakordenstr 23, D-50668 Köln, T: (02 21) 1 39 39 03, F: 13 39 91, *jk@jklim.de*; Folkwang Hochschule, Klemensborn 39, D-45239 Essen. **Ausb:** Stud Warschau, Mstrkl Prof I Dubiska; KonzEx in Mstrkl Prof W Marschner Freiburg, Mstrkl b Prof I Feher, H Szeryng. **Laufb:** 1. Konzm u Solist Poln KamOrch, Sol m Orch b div MFstv Europa (Holland Fstv, Fstv di Bergamo, MFstv Biel, Fstv Ascoli Piceno, Japan); KamM, zahlr Recitals u Konz; Prof (V) Folkwang-H Essen seit 92, Dekan ebd 98–2000. **Pr:** 1. Pr Nat Wettb Lodz. (Red)

Klimm, Wolf-Rüdiger, Sänger; c/o Oper Leipzig, Augustuspl 12, D-04109 Leipzig. (*)

Klimov, Valerij, Prof, Hochschullehrer, Violine; Unterer Geisberg 30, D-66121 Saarbrücken, T: (06 81) 89 23 06. **Laufb:** Prof (V) H d Saarlandes f Musik u Th Saarbrücken. (Red)

Klingele, Stefan, Dirigent; Große Johannisstr 69, D-28199 Bremen, T: (04 21) 5 48 88 64, (01 72) 5 10 66 54 [Ingolstadt 30.8.1967]. **Ausb:** Stud HfM Würzburg Dipl OrchLtg 90, Dipl Vcl 92. **Laufb:** Lt Neuburger Kammerop 91–93, Korrep Nationalth Mannheim 93–96, Dgt Staatsth am Gärtnerpl München 96–01, 1. Kapm Bremer Th seit 99 (04/05), Gastdgt Württ Staatsth Stuttgart (Salome, Tosca, Fidelio) 03. **Pr:** Bayer Förderpr 99, Kurt-Hübner-Pr 05.

Klinger, Angelika, Prof, Hochschullehrerin, Blockflöte; Univ f Musik u Darst Kunst, Inst Franz Schubert, Rennweg 8, A-1030 Wien. **Ausb:** Stud (Bfl) U f Musik u Darst Kunst Wien (M Kneihs), Sweelinck Cons Amsterdam (W van Hauwe). **Laufb:** Lehrauftr U f Musik u Darst Kunst Wien 86, VertragsL ebd 95, o UProf ebd 98. (Red)

Klingler, Florian, Trompete; c/o Münchner Philharmoniker, Kellerstr 4, D-81667 München. **Laufb:** Sol Münchner Philh. (Red)

Klink, Matthias, Sänger (Tenor); c/o Komische Oper Berlin, Behrensstr 55–57, D-10117 Berlin; c/o Volksoper Wien, Währinger Str 78, A-1090 Wien [Waiblingen]. **Ausb:** Stud Gesang (L Bosabalian, C Davis) H f M u Darst Kunst Stuttgart, OpStudio Köln. **Laufb:** EnsMitgl OpHaus Köln (Tamino, Ferrando, Steuermann) seit 96, Debüt Staatsop Hamburg (Fenton 'Falstaff') 97, Dresdner Semperop 98, freischaff seit 98, regelm Gast in Essen, Hamburg, Stuttgart,

Wiesbaden (Belmonte 'Entführung aus d Serail'), Gastsol Sächs Staatsop Dresden u Sol Op Stuttgart SpZ 03/04, Sol Kom Op Berlin SpZ 04/05, Volksop Wien SpZ 04/05. **Pr:** Stip Indiana U School of Music Bloomington. – **UA:** M Pintscher: Thomas Chatterton. (Red)

Klinkhammer, Ingo, Horn; c/o Rundfunk-Sinfonieorchester Berlin, Charlottenstr 56, D-10117 Berlin. **Laufb:** stv Sol RF-SinfOrch Berlin. (Red)

Klinkhardt, Leif, Dirigent; Erzherzog-Eugen-Str 5, A-6020 Innsbruck, T: (05 12) 57 46 25. **Laufb:** Dgt Orch d Stadtth Hildesheim, Solorep u Ballettrep m Dgt-Verpfl Stadtth Hildesheim SpZ 00/01, Kapm Tiroler Ldesth Innsbruck SpZ 03/05, Dgt Op a d Leine Hannover SpZ 03/04. (Red)

Klinser, Wolfgang, Prof, Hochschullehrer, Klarinette; Univ f Musik u Darst Kunst, Inst 12, Hauptpl 8, A-7432 Oberschützen, T: (03 61) 3 89 37 65, *wolfgang.klinser@kug.ac.at*. **Laufb:** UProf (Klar) Univ f Musik u Darst Kunst Graz. (Red)

Klint, Wolfgang, Komponist; Brüninghemm 35, D-21763 Neuenkirchen, T: (0 47 51) 59 94 [Dornburg/S 1.8.1941]. **Ausb:** Stud (Schlgzg) MAkad Lübeck 66–69, Stud Rhythmik, Schlgz, Komp (I Yung, B Blacher) MH Berlin 69–75, Gaststud (O Messiaen) Paris 75–77, Gastaufenthalt Villa Romana Florenz 77. **Laufb:** freischaff Komp, ML Staatl Fachschule f Erz Berlin 78–79, MSchL 82, freiberufl ML Landkreis Cuxhaven seit 89. **Pr:** Stip Ferienkse f Neue Musik Darmstadt 72, Stip f Cité des Arts Paris 75, Förderungspr Johann-Wenzel-Stamitz-Pr Künstlergilde Esslingen 79. – **Komp:** mystique op 9 (KamM f Fl, Kl Gongs) 73; Vision op 12 (OrchW) 74/75, UA Solingen, C-C Kim 75; Graphik op 17 (KamM f Fl Solo) 76, UA Köln, K B Sebon 77; Skizzen f Klar-Solo op 19 77, UA Berlin, H Hartmann. **AuftrKomp:** 'Visions d'apres' (f gr Orch), UA Köln, Bochumer Symphoniker 80 (Auftr: WDR). **Aufn/RF:** 'mystique' (Fl, Pho, Gongs), B G Schmitt, T Yamashita, R Gieschke 79 (SFB/WDR); 'Vision' (Fl solo, gr Orch), Städt Orch Solingen, Chang Cook Kim, Dgt: L Zagresok 75 (WDR); 'Impressionen' (Fl, Ob, Vcl, Perc), Seoul 76; 'Graphik' (Fl solo), K-B Sebon 77 (WDR); 'Dialog' (12 Vcl), W Böttch u Klasse 79 (RIAS Berlin); 'Hymne' (3 Trp, 3 Pos, Perc) 79 (SFB, Radio Bremen); 'Skizzen' (Klar Solo), H Hartmann (WDR); 'plaisir' (Ob, Klar, Fag) 79 SFB, RIAS, WDR; '6 Stücke f Kl', Toyoko Yamashita 82 (WDR). **Lit:** SFB-TV Berlin: 'Nachbarschaften/Künstlerkolonien' 78.

Klisowski, Richard Michael (Ryszard Mieczyslaw), Musiker (Violine), Musiktheoretiker, Dirigent, Komponist, Hochschullehrer, Dichter; Ul Bystrzycka 71/16, Polen-54–215 Wroclaw, T: (0 71) 3 51 98 38, F: 3 51 98 38, *gemel@amuz.wroc.pl*; *www.polmic.pl* [Luck 29.10.1937]. Kammer-, symphon Musik, elektroakust u Computermusik, Video-Film-Musik, Theatermusik **Ausb:** Stud V (E Statkiewicz) MH Breslau, Dipl 65, Dirig ebd 70, MTheorie u Komp (T Natanson) ebd 73, Elektroak M (D Kaufmann) MH Wien, Dipl f elektr M 75, Komp (R Haubenstock-Ramati) ebd 73–77, Dipl m Ausz 77. **Laufb:** Konz (V Solo); M-L, Dgt, Komp; OrchM Wien 73–78, fr Mitarb Universal Edition Wien 73–91, HL (MH) 78, Doz MH Warschau 89, Prof (Komp) ebd 91–2000, Redakteur wiss Zs, Künstl lt IV. Int Tage f M d 20. Jhs 89. **Pr:** Posen 70, Warschau 75, Lodz 75, Stadt Hamm 76, 3. Prse IGNM Wien 76, Warschau 92, 99, zahlr Ausz u Wettb. **Ens:** Lt d Exp Gruppe GEMEL (Gruppe f exp u elektroakust Musik). **Mitgl:** IGNM, ÖKB, ZKP, Künstlerheim, AKM, Austro Mechana Wien. – **Komp:** z B: Ray II, SoundTransformation (f Ob Solo), UA Breslau, 18. Fstv f zeitgen M, B Glaetzner; Rosalia (f Org), UA Breslau, 22. Fstv f zeitgen M, R Heinemann 2000, Baceviciana Druid story op 47 f V u Kl, UA Breslau 22. Fstv f zeitgen M, K Bruczkowski u G Kurzynski 2000, Anantas Emanation op 22a f Mezzosop, Ch u Orch, UA Breslau 36. Int Fstv Wratislavia Cantans, M Walerowicz-Baranowska, Ch u Orch Silesian Philh Kattowitz, Dgt: M J Blaszcyk 01, Mantra-Tantra f Stimme, V, Kl, Band, Keyb, UA Fstv Elektr Frühling Wien 2000, Son Iliriaca f V, UA 23. Fstv f zeitgen M, Breslau, C M Pryn 02. **AuftrKomp:** 'Allegro concertante' (f Fag u Orch), UA Wroclaw, Fstv f zeitgen M, Dgt: M Trace, S Gugala 72 (Auftr: MH Wroclaw); Version (f Fag u Kl) op 4a; '3 Grotesken' (f Pos u Kl), UA Nowa Ruta, Fstv f M, Kunst u darst Kunst 71; 'Energy's Play' (f Ob, Kl, Fag) op 25, UA 14. Fstv f zeitgen M Kattowitz, Wosprit Trio 84 (Auftr: Wosprit Kattowitz); 3 Bl-Qui: The Rays of Light, UA Bromberg, 24. MFstv 86, Kub, UA Muzeum Architektury Breslau 02, Out-Side, UA Raum-Video-Install Simplex-Komplex Lyon Galerie Vrais Rêves 02, Kub ist Kub ist Kub, UA Raum-Video-Install Kub ist Kub ist Kub Lübeck 03. **Aufn/RF:** zahlr RF-Aufn eig Komp, ua Poln RF, ORF, Studio GEMEL. **UA:** Zyklus Musica Moderna seit 79 (UA amerikan, dt, ital, ungar, österr, frz, kanad u poln Komp). **Sonst:** Grd Gruppe GEMEL, EMS GEMEL, Authors Ed GEMEL (Neue u alte M) 79. **Lit:** Österr Komp, Datenbank f E-M d 20. Jhs, Encyklopedia Wrocławia, Acustica, Elektr Frühling GEM Wien 95; K Bilica: 'Die KamM v R K' ua, Nowy Leksykon Warschau 98, Wielki Stownik Biografiezny 02, Int Who's who in M 02, 2000 Outstanding Europeans of the 21th Century 02, Abhandl in poln Sprache v A Granat-Janki.

Klobucar, Margareta, Sopran; Merangasse 5, A-8010 Graz, T: (06 50) 4 03 86 75; Opernhaus, Kaiser-Josef-Pl 10, A-8010 Graz [Sisak, Kroatien]. **Laufb:** Wiener KamOp, Bregenzer FSp 03, Sol Vereinigte Bühnen Graz seit 01/02. (Red)

Klocke, Henning, Tenor; Knudtsenweg 7, D-25938 Wyk auf Föhr, T: (0 46 81) 74 18 92, 0 17 25 87 74 75, F: (0 46 81) 74 18 93, *tenor@henningklocke.com*; c/o Konzertdirektion Fritz Dietrich, Sigmund-Freud-Str 1, D-60435 Frankfurt a M, T: (0 69) 54 45 04, F: 5 48 41 07, *info@konzertdirektion-dietrich.de*; *www.henningklocke.com*. Musik d 17. u 18. Jhs, Lied, Oratorium **Ausb:** HfM Würzburg b M Bürgener 93–2000, Ch Prégardien 2000–02, S Weir 02–05, Th Quasthoff 05, Mstrkse b B Schlick, H van der Kamp, P Kooij, P Schreier. **Laufb:** Staatsth München, Barockfsp Arolsen, Festa da Música Lissabon, Fränk Sommer, Münchener Biennale, Heinrich-Schütz-Tage Weißenfels, La folle Journée, Heidelberger Frühling, Bachwoche Ansbach, Shanghai Spring. **Ens:** Ens Musica Fiorita, Hamburger Ratsmusik, The King's Delight. – **Aufn/RF:** ua J Schop: Himmlische Lieder, m Hamburger Ratsmusik, 05; JM Gletle: Triumphale canticum, m Musica Fiorita, 05.

Klockewitz, Wolfgang, Komponist, Arrangeur, Jazzpianist; Färbergasse 15, D-76275 Ettlingen, T: (0 72 43) 52 57 43. **Laufb:** musikal Ltg Jazzchor Ettlingen. (*)

Klöcker, Dieter, Prof, Klarinettist, Hochschullehrer, Lt 'Consortium Classicum'; Bandelstr 3, D-32756 Detmold, T: (0 52 31) 96 28 55, F: 96 28 56; c/o Marianne Kirchhofer, Personal Artist Management, Lugostr 22, D-79100 Freiburg, T: (07 61) 7 32 83, F: 7 32 83 [Wuppertal 13.4.1936]. Klarinettenliteratur u Bläser-KamM d Klassik/Romantik bis z Gegenwart **Ausb:** Stud Klar (K Kroll), Stud Klar (J Michaels) Nordwestdt MAkad Detmold. **Laufb:** 9 Jahre Soloklar in versch dt Orch, m Consortium Classicum u als Sol Tourneen in Europa, Russland, USA, Südamerika, Australien, Japan, China, Indien, Vorderer Orient ua, Gast gr MFstvs als Sol u KamMusiker, zahlr Schallplattenprod als Sol u m Consortium Classicum, div Fernsehaufn, CD-, TV–Lied- u Ariendok (m H Donath, D Fischer-Dieskau u H Prey), zahlr RF-Aufn an europ u außereurop Stationen, Int Mstrkse, Seminare u Symposien, MForscher (ua jüd M) u Hg, Prof (Klar, BläserkamM) Staatl H f Musik Freiburg/Br seit 75. **Pr:** HPr Nordwestdt MAkad Detmold, 3x Wiener Flötenuhr, Pr d'Italie, ECHO-Klassik-Pr 98, 5x Pr d Dt Schallplattenkritik, ECHO-Klassik-Pr 2000 u 01, BVK am Bande. **Ens:** Consortium Classicum. – **Aufn/RF:** mehrere hundert LPs u CDs m vorw wiederentdeckten klass u romant Werken d Klar-Lit u BläserkamM. **UA:** H G Pflüger: Ama-Deus; Ders: Jiddish Choläm; Gürsching: Septett; M Niehans: Sextett; Coenen: Klar-Qui; Kelterborn: Klar-Konz; Adomian: Klar-Konz, Sept Bläs u Str; H Heilmann-Stöcklin: Sextuor de Souilles u v a. **Zug:** vgl UA. **Sonst:** Grd u Lt Consortium Classicum; Wiss Veröffentlichungen ua: 'Die Klarinette' (Handb d MPäd Bd 3) 94, 'Ursache u Wirkung' (Med Probleme bei Instrumentalisten) 95, 'Fehlgeleitetes Musikerpotential ...' (Kongreßbericht '97 d Forschungsinstituts f Instrumental- u Gesangspäd) 98, Untersuchungen ua über Beethoven, Cartellieri, Haydn, Hoffmeister, Meyerbeer, Mozart, Pleyel in div Fach-Zs. **Lit:** zahlr Presseart in allen einschläg M-Zs, Spiegel, Die Welt, FAZ ua.

Klöckner, Stefan, KMD, Dr, Prof, Hochschullehrer; Zwölfling 14, D-45127 Essen, T: (02 01) 2 20 44 47, F: 2 20 45 37; FolkwangHochschule, Klemensborn 39, D-54239 Essen, T: (02 01) 4 90 33 53 [Duisburg 4.12.1958]. Gregorian Choral, dt Liturgiegesang, Hymnologie, Musik d Mittelalters **Ausb:** Stud Ges, Päd, Gregorianik (Illehaus u Joppich) MH Essen, MWiss, Theologie (K Kung, Hünermann) U Wien, Münster, Tübingen. **Laufb:** Diözesan-MD Rottenburg 92–99, LAuftr U Tübingen 95–99, Prof (Liturgik, Gregorianik) Folkwang-H Essen seit 99. **Pr:** Ruhrpr d Stadt Mülheim/Ruhr 96. **Mitgl:** Vizepräs Allg Cäcilienverb, Mitgl DMR. – **Aufn/RF:** Gregorianik u Dupré, Kreuzweg, m Bretschneider 96; Gregorianik u OrgImp, m Krämer 2000.

Klötzke, Ernst-August, Komponist, Dramaturg; Basaltstr 21, D-60487 Frankfurt aM, T: (0 69) 7 07 52 76, *m-th-w@staatstheater-wiesbaden.de* [Weinheim 3.3.1964]. Konzert, Schauspielmusik, Ballett, Oper **Ausb:** Stud (N A Huber) 87–93, (W Zimmermann) 91–92, (D Reith) 87–93 Folkwang H Essen. **Laufb:** Komp, Dram u Lt Musik-Theater-Werkstatt Hess Staatsth Wiesbaden seit SpZ 96/97, LAuftr (Auditive Gestaltung) FH f Design Mainz seit 2000, LAuftr (Tonsatz) MH Frankfurt seit 01. **Pr:** KompPr Ldeshauptstadt Stuttgart 92, Folkwang-Pr f Komp 93, Portrait-CD Dt Musikrat 02. **Mitgl:** Ges f Neue Musik, GEMA (außerordentl Mitgl). – **Komp:** 'Dies Gesicht' (Kl solo), UA Essen 96; 'Die Legende v armen Heinrch' (Op, Libr v T Dorst), UA Wiesbaden 01; 'Trompe l'oeil' (KLKonz), UA Recklinghausen 02. **AuftrKomp:** 'Time Lag' f Frauench, UA 96, Dgt M Alber (Auftr SWR); 'Voix time' (Teilkomp), UA 98 (Auftr Darmstädter Ferienkse); 'Anapnoë', Ballettmusik, UA 2000 (Auftr Staatsth Wiesbaden); 'Die Legende v armen Heinrich', UA Wiesbaden, Dgt E Delamboye 01 (Auftr Staatsth Wiesbaden); 'Trompe l'oeil', KlKonz, UA 01 (Auftr Neue Philh Westfalen); 'A Lecture upon the shadow', UA 03 (Auftr Ens belcanto); Ballett- u SchauspielM i Auftr d Staatsth Wiesbaden. **Aufn/RF:** 'Time Lag' (Chorstück), SWR Stuttgart 96; 'Dies Gesicht' HR 99; 'Tautolos' stummer Briefträger' WDR 99. **UA:** 'Anapnöe' (BallettM) Wiesbaden 99; 'Die Legende v armen Heinrich' (Op) Wiesbaden 01; 'Trompe l'oeil' (KLKonz) Recklinghausen 02. **Sonst:** Veröffent üb M Kagel, N A Huber, H Pousseur, T Dorst. **Lit:** div Art in NMZ.

Klomb, Carsten, Hochschullehrer, Orgel; Staatl H f Musik, Schwarzwaldstr 141, D-79102 Freiburg i Br, T: (0 76 64) 40 85 55; Etzmattenweg 23, D-79112 Freiburg, T: (07 61) 3 61 30. **Ausb:** Stud (Kl, SchulM, Orgel) Staatl H f M Freiburg, Germanistikstud U Bielefeld. **Laufb:** 1986–92 Kirchenmusiker an der Herdecker Stiftskirche, Kreiskantor Bremerhavener Christuskirche 92–95, Landes-, Bezirks- und Gemeindekantor Freiburger Ludwigskirche seit 95, Lehrauftr Staatl H f M Freibrug seit 97 u H f KiM, Heidelberg Prof (liturg Orgelsp) Staatl H f Musik Freiburg. (Red)

Klomp, Carsten, KMD, Prof, Hochschullehrer, Orgel; Paiul-Gerhardt-Weg 1, D-79183 Waldkirch, T: (0 76 81) 76 21; Hochschule f Musik, Schwarzwaldstr 141, D-79102 Freiburg [1965]. **Ausb:** MHS Detmold, SchM, Ml Kl, A-KiM, KA Orgel. **Laufb:** KiMu Herdicke (86–92), Kreiskantor Bremerhaven (92–95), Landeskantor der ev Landeskirche Baden seit 95, Prof H f M Freiburg. **Pr:** Ehrenritter des Johanniter-Ordens. **Mitgl:** Verb der KiM Baden, Zentralrat der KiM Dtlds. – **Komp:** Werke f. Blechbläser, Orgel. **UA:** Olfried Büsing: Orgelkonz.

Klopfenstein, Hervé, Dirigent; c/o Fondation de l'Orchestre Symphonique Genevois, 10, Avenue du Lignon, CH-1219 Le Lignon, T: 02 27 57 47 47, *osg*

@symph.ch; *www.symph.ch/klopfenstein/klopfenstein.htm, www2.unil.ch/osul/docs/klopf.html.* **Laufb:** Lt Orch Symph Genevois seit 89. (Red)

Klorek, Krzysztof, Sänger (Bass); Marc-Chagall-Str 74, D-55127 Mainz, T: (06131) 603445, 01722674435, F: (06131) 2622344; c/o Musiktheater im Revier, PF 101854, D-45818 Gelsenkirchen. **Laufb:** Sol Schillerth NRW Wuppertal-Gelsenkirchen, Sol Staatsth Mainz SpZ 03/04, Gastsol MTh im Revier Gelsenkirchen SpZ 04/05. (Red)

Klos, Friedemann, Bariton; Prellerstr 10, D-01309 Dresden, T: (0351) 4015675; c/o Die Weimarer Hofsänger, Rittergasse 1, D-99423 Weimar, T: (03643) 901942. **Pr:** Stip Dt Musikwettb KamM 98. **Ens:** Die Weimarer Hofsänger. (Red)

Klos, Wolfgang, Prof, Hochschullehrer, Viola; Univ f Musik u Darst Kunst, Inst f Streich- u andere Saiteninstrumente, Seilerstätte 26, A-1010 Wien, T: (01) 711556030, F: 711552399. Streich- u Saiteninstr **Laufb:** o UProf (Va) U f Musik u Darst Kunst Wien. (Red)

Klose, Wolfgang, Sänger; Klewitzstr 5, D-39112 Magdeburg, T: (0391) 6226681; c/o Theater Magdeburg, PF 1240, D-39002 Magdeburg. **Laufb:** Sol Th d Landeshauptstadt Magdeburg. (Red)

Klubertanz, Michael, Dirigent; Karpfengasse 8, D-69117 Heidelberg, T: (06221) 764752, F: 764752, *rubato-molto@t-online.de*; *www.klubertanz.de* [Bad Neustadt 25.11.1968]. Oper u Konzert **Ausb:** Stud Dirig (G Wich, P Falk, N Shetler) H f M Würzburg 88–92. **Laufb:** Stip d Bayreuther Fstsp 91, regelm Hospitanz ebd, Solorep Heidelberg 92, Lt IVD Darmstadt 93–96, Kapm Th Stadt Heidelberg seit 96, Lt e Reihe f Kinder, GastEng Philharm Staatsorch Bremen, Hamburger Symph u Nürnberger Symph, GastDgt Schleswig-Holstein-Musikfstv 2000. **Ens:** Kapellmeister. – **UA:** F Kaern: Orgie UA; M Hinke: Der selbstsüchtige Riese UA; K Amos: Der standhafte Zinnsoldat UA; B Herrmann: The lucky prince dt EA; D V Brown: Schwein gehabt! UA Orchesterfassung; C Reinecke: Der Schweinehirt UA Orchesterfassung; ua beteiligt an UA v P Glass, W M Danner.

Kludszuweit, Albrecht, Sänger (Tenor); Händelstr 11 a, D-97074 Würzburg, T: (0931) 57520 [Gera 1968]. **Ausb:** Stud (Ges) H f M Dresden 88–94, Abschl Aufbaustud m Ex d Opkl, Mstrkse (ua Th Adam, A Baldin). **Laufb:** Mitgl Dresdner Kreuzchor 77–86, EnsMitgl Vogtlandth Plauen 94–96 u Stadtth Würzburg seit 96, Gast OpHaus Halle 96/97, Staatsth Darmstadt 97/98, regelm KonzTätigkeit seit 92, Gast Pforzheim, Freiburg, Sol Th u Philh Essen SpZ 04/05. (*)

Klügl, Michael, Dr, Intendant; c/o Landestheater Linz, Promenade 39, A-4010 Linz; c/o Niedersächsische Staatsoper Hannover, Opernpl 1, D-30159 Hannover. **Laufb:** Intend Landesth Linz SpZ 03 bis 06, ab 06 Staatsop Hannover. (Red)

Klüser, Johannes, Sänger, lyrischer Tenor; Hartwichstr 99, D-50733 Köln, T: 0170933 4133, *Johannes.Klueser@web.de*. **Ausb:** MH Köln: Kirchenmusik A; MH Düsseldorf, Rostock: Gesang, VPäd, Anthony Baldwin; Mstrks b S Weir, M Shirai, H Höll, Chr Pregardien, H Rilling, M Suzuki. **Laufb:** Sol Kammerop Schloß Rheinsberg 98; Sol Th Vorpommern 99–02; freischaff seit 03; OstseeFsp 03; Greifswalder Bachwoche 04 u 05; Int. Heinrich Schütz Tage 04; 1. Bach Fstv Soul mit Bach Collegium Japan (Masaaki Suzuki) 05. – **Aufn/RF:** versch Prod b WDR.

Klütsch, Georg, Prof, Hochschullehrer, Fagott; Schellenbergerstr 14, D-96049 Bamberg, T: (0951) 55984, F: 509289, *gkluetsch@hotmail.com*; Eigelstein 116, D-50668 Köln, T: (0221) 1397321 [Düren 1951]. **Ausb:** Stud (SchM, Phil, Mwiss) U Mainz 73–75, MAkad Detmold (H Jung) 75–81. **Laufb:** Solofag Bamberger Symphoniker 78–94, Sabine Meyer Bläserens 85–2000, Prof (Fagott) H f Musik 'Franz Liszt' Weimar, Prof (Fagott) H f Musik Köln seit 01. **Ens:** Bläserens Sabine Meyer.

Klug, Dieter, Chordirektor, Kapellmeister; Wolfbergsallee 35, D-75177 Pforzheim, T: (07231) 126888, 01733787966, F: (01212) 512463196, *dieterklug@onlinehome.de*; c/o Stadttheater Pforzheim, Am Waisenhauspl 5, D-75172 Pforzheim; *www.dieterklug.de* [Schmölln, Thüringen 1963]. **Ausb:** Stud Kl H f M 'Felix Mendelssohn Bartholdy' Leipzig b Prof Günther Kootz u Ulrich Urban, Zusatzstud Dirig H f M 'Franz Liszt' Weimar b Prof Ude Nissen. **Laufb:** Solorep, ab 91 Kapm Th Erfurt, Wechsel zum OpHaus Halle 97, Chordir u Kapm Stadtth Pforzheim seit 99. (Red)

Klug, Erich, Bass; Waidhausenstr 3, A-1140 Wien, T: (0676) 5515619. **Ens:** Les Menestrels (ens f alte m). (*)

Klug, Thomas, Prof, Violine, Hochschullehrer; Hastedter Osterdeich 178a, D-28207 Bremen, T: (0421) 4915780; H f Künste, FB Musik, Dechanatstr 13–15, D-28195 Bremen, T: (0421) 3019229, F: 3019225, *t.klug@hfk-bremen.de*. **Ausb:** Stud (R. Shevelov, O. Yatco) Hannover 80–85. **Laufb:** Konzm Dt Kammerphilharmonie Bremen 85, Dgt Ens Resonanz 94–96, Prof (V, KamM) H f Künste Bremen 97. (Red)

Kluge, Hans-Georg, Prof, 1. Kapellmeister, Hochschullehrer; Fockestr 2, D-04275 Leipzig, T: (0341) 3913791; Hochschule f Musik u Theater, PF 100809, D-04008 Leipzig. **Laufb:** Prof (Korrep) H f M u Th Felix Mendelssohn Bartholdy Leipzig, Geschäftsf Studienlt Kapm u Orglt d Bühnenmusik Op Leipzig. (Red)

Kluge, Peter, Konzertflötist, Saxophonist; Dellbrücker Steinweg 2, D-51069 Köln, T: (0221) 6804095, F: 6804095, *info@musikfreizeiten.de*; *www.musikfreizeiten.de* [Dortmund 19.7.1958]. Klassik, Jazz **Ausb:** Stud Fl MH Detmold 83–85.

Kluge, Wolfgang, Dirigent, Repetitor; Fockestr 2, D-04275 Leipzig, T: (0171) 4551327. **Laufb:** Studienlt m Dgt-Verpfl Anhaltisches Th Dessau SpZ 01/05. (Red)

Klupsch, Ulrich, Prof, Hochschullehrer, Violine; Oeserstr 16, D-04229 Leipzig, T: (0341) 4799560; Hochschule f Musik u Theater, PF 100809, D-04008 Leipzig. **Laufb:** Prof (V) H f M Felix Mendelssohn Bartholdy Leipzig. (Red)

Kluth, Susanne, Sängerin; Düsseldorfer Operette, Schlesische Str 94, D-40231 Düsseldorf. **Laufb:** Sol Düsseldorfer Optte. (Red)

Kluttig, Christian, Prof, GMD, Dirigent, Hochschullehrer; Bernhardstr 77, D-01187 Dresden, T: (0351) 4710859, 0177-5641270, F: 4710859, *christian.kluttig@web.de* [Dresden 1943]. Händel-Op, Musik d 20. Jhs **Ausb:** Stud Dirig b Rudolf Neuhaus; Kl b Ingeborg Siegmund-Finke, Mstrks b A Jansons, H Swarowski, I Markevitch. **Laufb:** 1. Kapm u musikal OberLtg Chemnitz 70–79, GMD Opernhaus Halle (Ltg HändelFSpOrch) u Ltg aller Händelop Produktionen 79–90, Gastdgt führender Orch d ehemaligen DDR u in Osteuropa (Leningrader Philh, Dresdner Philh, Berliner Sinfonieorch, RF-Sinfonieorchester Leipzig u Berlin), GMD StaatsOrch Rhein Philh u Th Koblenz 91–98, Auff aller Sinf Mahlers, Prof (Dgt) MH Dresden 98–2000, HMT Leipzig seit 2000, seit 02 nur noch pädagogisch tätig. **Pr:** Händelpr d Stadt Halle, Pr d MVerlegerverb f d beste KonzProgramm 95/96. – **Aufn/RF:** Händel: Floridante; Brechmeyer: Candide, beide m HändelfestspielOrch Halle. **UA:** Bredemeyer, Domhardt, Schmidt, Terterjan, Wittinger.

Kluttig, Roland, Dirigent; c/o Württembergisches Staatstheater, Oberer Schlossgarten 6, D-70173 Stuttgart [Radeberg 1968]. **Ausb:** Stud OrchDirig (V Rohde) H f M 'Carl Maria v Weber' Dresden, Mstrkr b P Eötvös u J E Gardiner. **Laufb:** Dgt Staatsth Stuttgart seit 2000. (*)

Kmentt, Waldemar, KS, Tenor; c/o Wiener Staatsoper, Opernring 2, A-1010 Wien; c/o Opernhaus Zürich, Falkenstr 1, CH-8008 Zürich. **Laufb:** Sol Staatsop Wien, Dt Op Berlin, Kom Op Berlin, Volksop Wien SpZ 03/04, Op Zürich SpZ 04/05. (Red)

Knaak, Manfred, Dirigent, Arrangeur, Komponist, Produzent, Klavier, Hochschullehrer; H f M Würzburg, Hofstallstr 6 – 8, D-97070 Würzburg, T: (0931) 321870, F: 32187240 [Schweinfurt]. **Laufb:** Kapm Stadtth Pforzheim 87, LBeauftr (Musicalprod) H f M Würzburg seit 89, Gastdgt Stadtth Pforzheim SpZ 00/01, Schauspielmusik Landesbühne Hannover SpZ 03/04. – **UA:** dt EA 'Me and my Girl', 'My One and Only', 'Godspell'. (Red)

Knabl, Rudolf Gregor, Komponist, Dirigent, Arrangeur, Klarinettist; Sylvensteinstr 5, D-81369 München, T: (089) 778611, F: 778611, *rodolfoMUSIX@t-online.de* [München 11.4.1951]. **Ausb:** Stud Komp (W Killmayer) u Klar (H Obermüller) MH München 71–78, Staatsexamen 78. **Laufb:** Komp u musikal Lt am Bayer Staatsschauspiel München seit 78, daneben Tätigkeit als Komp u Arrangeur f FernsehM, Film- u OrchM sowie als Liedkomp. – **Komp:** über 250 BühnenM, Fs – u FimM, OrchWerke, Werke f KammerEns.

Knapp, Johannes, Kapellmeister, Repetitor; Hansjakobstr 8, D-79117 Freiburg i Br, T: (0761) 702361. **Laufb:** Kapm u Solorep Th Freiburg. (Red)

Knappe, Lothar, Organist, Chordirigent; Fontanepark 18, D-14584 Schwielowsee/ OT Ferch, T: (033209) 80538, F: 80540, *Lothar.Knappe@t-online.de* [Hamburg 8.9.1947]. Kirchenmusik **Ausb:** Stud KiM, Org (W Kraft), Chorltg (K Thomas) MH Lübeck bis 72, Kse Org (G Litaize), Dirig (H Rilling). **Laufb:** Org u Chorlt St Nikolaus Kiel 72–76, Org u Chorlt Dominkanerkirche St Paulus Berlin 76–87, Doz (künstl u lit OrgSp, Partitursp u Generalbass) erzbischöfl KiMSchule Berlin 76–02, Grd u Lt Brandenburg KamChor Berlin 87–04, Lt Frauen-vokalens ensemble einKlang seit 04, LAuftr (Org) UdK Berlin u Univ Potsdam seit 02, Org u musikal Lt St Matthäus-Kirche, Kulturforum a d Philh Berlin seit 03, Konz als Org in fast allen europ Ländern, Israel, Kanada, Japan, Hong Kong. – **Aufn/RF:** zahlr RF- u CD-Aufn ua W Kraft: Werke f Org u V, m E-M Kraft (V), Oberlinger-Org Dominikanerkirche St Paulus Berlin; N Bruhns u J N Hanff: sämtl OrgWerke, hist Org Pfarrkirche Peter u Paul Obermarsberg; H v Herzogenberg: sämtl OrgWerke, Oberlinger-Org Dominkanerkirche St Paulus Berlin; C-M Widor: OrgSymph Nr 2 D-Dur, Cavaillé-Coll-Org Kathedrale Luçon; C-M Widor: OrgSymph Br 7 a-Moll u J Rheinsberger: Orgson Nr 1 c-Moll, Oberlinger-Org Marktkirche Wiesbaden; OrgLandschaft Niederlausitz Vol 1, Org in Doberlug-Kirchhain, Lindena, Göllnitz u Dollenchen; Vol 2, Org in Lübbenau, Lübben, Zerkwitz, Straupitz, Neu Zauche u Burg.

Knauer, Sebastian, Klavier; c/o Konzertdirektion Hans Adler, Auguste-Viktoria-Str 64, D-14199 Berlin, T: (030) 8959920, F: 8263520, *info@musikadler.de*; *www.musikadler.de, www.sebastianknauer.com* [Wedel b Hamburg 1971]. **Ausb:** Stud Kl (G Kahl, K-H Kämmerling, P Entremont). **Laufb:** KonzReisen ua durch Dtld, Frankreich, England, Holland, Italien, Österreich, Spanien, Schweiz, USA, Gastsol ua Rheingau M Fstv, Schleswig-Holstein M-Fstv, Beethoven-Fest Bonn, Fstv Int de Colmar, FSp Baden Baden, John Adams Fstv d BBC London, Emilia Romagna Fstv Italien, Shanghai Spring Fstv, Schubert-Begegnungen d Camerata Salzburg, Salzburger FSp 04; künstl Dir 'Fstv les jeux floraux de Marseillan' Südfrankreich; ZusArb m Dgt: ua G Albrecht, N Järvi, Ch Eschenbach, J Axelrod, I Metzmacher, H Müller-Brühl, Ch Poppen, H Beissel, P Entremont, Konz ua m d NDR-SinfOrch, Hamburger Symphonikern, Duisburger Philharmonikern, MDR-KamPhilh Leipzig, Kölner KamOrch, Staatsorch Halle, Luzerner SinfOrch, Wiener KamOrch, I Pomeriggi Musicali di Milano, SWF-SinfOrch Baden Baden, Shreveport Symph Orch, New York City Op Orch. – **Aufn/RF:** Gershwin: Klaviermusik, 98. **Sonst:** Grdg Brahms-Ens. (Red)

Knauff, Harald, Dirigent; Stieglitzstr 60, D-04229 Leipzig, T: (0341) 4014349 [Leipzig]. **Ausb:** Stud (Gesang, Kl, Dirig, Komp). **Laufb:** Mitgl, interim Lt Thomanerchor Leipzig, Solorep m DgtVerpfl Th Meiningen 67–70, 1. Kapm Eisenach 71, Gera 72, Kapm Op Halle, LAuftr (Dirig, Partiturspiel) H f M u Th Leipzig seit 97, Dgt Op Halle seit SpZ 03/04. (Red)

Knauft, Daniel, Sänger; c/o Ensemble Amarcord, Musikmanagement Tobias Rosenthal, Landsberger Str 1, D-04157 Leipzig, T: (03 41) 5 90 60 44, F: 5 90 60 45, *management@amarcord.de*; *www.amarcord.de* [Leipzig 1973]. **Pr:** Stip Dt Musikwettb KamM Bonn 2000. **Ens:** Vokalens Amarcord. (Red)

Knecht, Johannes, Dirigent, Komponist; c/o Württembergisches Staatstheater, Oberer Schlossgarten 6, D-70173 Stuttgart, *joh.knecht@online.de*. Chorrepertoire (Oper, Oratorium, A-capella) **Ausb:** MH Saarbrücken (V, Schulmusik) b V Klimov bis 90, DgtStud MH Mannheim b F Bernius bis 93 u MH Köln b V. Wangenheim b 2000. **Laufb:** Kapm StadtTh Pforzheim, ChDir Schillerth NRW Wuppertal-Gelsenkirchen, stellv ChDir Staatsth Stuttgart, Ltg Philh Ch Stuttgart; Gast b RF-Ch d SWR u WDR, RIAS KamCh. **Mitgl:** GEMA. – **Komp:** 'Zwischen Rio u Shanhhai' (Bühnenstück m Musik f Kinder u Jugendlich), UA Coburg 04.

Kneihs, Hans Maria, Prof, Hochschullehrer, Blockflöte; Univ f Musik u Darst Kunst, Leonard Bernstein Inst f Blas- u Schlaginstrumente, Seilerstätte 26, A-1010 Wien, T: (01) 7 11 55 24 12, F: 7 11 55 24 99, *kneihs@mdw.ac.at*. **Laufb:** o UProf (Bfl) U f Musik u Darst Kunst Wien. (Red)

Kneihs, Ursula, Prof, Hochschullehrerin, Klavier; Univ f Musik u Darst Kunst, Inst Ludwig van Beethoven, Rennweg 8, A-1030 Wien, T: (01) 7 11 55 44 00, F: 7 11 55 44 99, *hruby@mdw.ac.at*. **Laufb:** o UProf U f Musik u Darst Kunst Wien. (Red)

Kneipel, Eberhard, Dr, Intendant; c/o Theater Altenburg Gera, Küchengartenallee 2, D-07548 Gera. (Red)

Kneisel, Christian, Intendant; c/o Brandenburger Theater GmbH, Grabenstr 14, D-14776 Brandenburg. **Laufb:** Intend Th Brandenburg SpZ 03/05. (Red)

Knese, Michael, Sänger; c/o Musikalische Komödie der Oper Leipzig, Dreilindenstr 30, D-04177 Leipzig. (*)

Knight, Susan, Viola; c/o Ensemble Modern, Schwedlerstr 2–3, D-60314 Frankfurt, T: (0 69) 94 34 30 10, F: 94 34 30 30, *info@ensemble-modern.com*; *www.ensemble-modern.com* [Leicester 1967]. **Pr:** zahlr Pr m Ens Modern. **Ens:** Ensemble Modern. – **Aufn/RF:** zahlr Schallpl, CDs, RF-Mitschn m Ens Modern. **UA:** zahlr EA/UA m Ens Modern.

Knobel, Marita, Sängerin; Thierschstr 22, D-80538 München, F: (0 89) 21 94 92 32, *Marita.Knobel@t-online.de*; A-7411 Markt Allhau 290, T: (06 99) 12 01 91 25; *www.opera-consulting.de* [Johannesburg, Südafrika]. Oper **Ausb:** Stud (Logopädie, Gesang) U Pretoria, Ausb (Op) London Op Centre. **Laufb:** Sol Op d Stadt Köln 71–85, Sol u Mitgl Ens Bayer Staatsop München 90–04, Gastsp ua Südamerika, Japan, Spanien. – **Sonst:** Berufsvorbereitungs-Kse f angehende Op-Sängerinnen; Veröffentl: 'Beruf Opernsängerin' 02, 'Singing Opera in Germany' 05.

Rachel Knobler

Knobler, Rachel, Komponistin, Lyrikerin; Gufidauner Str 8a, D-81547 München, T: (0 89) 6 92 26 82 [Slomniki, Polen 13.6.1924]. Lied, Kammermusik **Ausb:** Stud (V, Kl, MTheorie) Händel-Kons München, Stud Ges (A Schieg u P Trinius), Kl (Wassermann) Leipzig u Slomniki, Kl (G Müller) München. **Laufb:** div Konz u Lesungen eigener Werke im In- u Ausland wie MH Krakau 89–90, Jüd Kulturzentrum Krakau-Kazimierz 99; Sendungen d Musik im Fernsehen Sydney (Australien), Univ Dallas (USA), in Nizza, Frankreich u Italien. – **Komp:** Spuren (Liederzyklus n eig Texten f Mezzosop, Vcl u Kl) 90; Niggun u drei Impr f Va soloEditio Alto 96, UA 90; Requiem in c-moll f Sop, Alt, 3stimm FrCh u Org 91; 'Schatten' u 'Hiob, was nun...' (2 Einakter m BühnenM) 97, UA Evangel Versöhnungskirche KZ Dachau u Gnadenkirche Dachau 97; div Lieder n eig u fremden Texten f Ges u Kl; Totenklage (10 Trauerges n eig Texten f Mezzosop, Va u Sprecher) 03, UA VHS Ismaning u Karmel-Kloster, KZ Dachau, m A Monasterska (Ges) u B Hubisz-Sielska (Va) 03. **Aufn/RF:** 'In einem Polenstädtchen' (Doku) Bayer Fernsehen 89–90; CDs: 'Windwärts...' (Gedichte u Vokalisen), gespr v R K u ges v S Hüttl 2000; 'Die Chanukka-Kerze u d Weihnachtsmann' 01; 'Vocal & Chamber Works' m A Monasterska (Ges), B Hubisz-Sielska (Va) u M Sielski (Kl) 01. **Sonst:** Buch: 'Gefrorene Zeit', autobiogr Geschichten u Gedichte, Hinterglasbilder. **Lit:** 'Porträt' in Süddt Zeitung 5./6.11.88, Artikel in 'Evangel Aspekte' 4/92 u 'Die Viola' 54/99; div Berichte u Rezensionen in Dtschld u Polen.

Knobloch, Eberhard, Klarinette; c/o Münchner Rundfunkorchester, Rundfunkpl 1, D-80300 München. **Laufb:** Mitgl Münchner RFOrch, L H f M Würzburg. **Ens:** ensemble Kontraste Nürnberg. (Red)

Knobloch, Karl-Heinz, Prof, Hochschullehrer, Korrepetition (vokal); Chopinstr 9, D-01324 Dresden, T: (03 51) 2 68 54 80, *profkhknobloch@aol.com*; Naglergasse 55, A-8010 Graz, T: (03 16) 81 36 37 [Aichach 10.10.1954]. Opernkorrepetition (Ausbildung v Dgt u Rep) **Ausb:** Regensburger Domchor 65–74, Stud (Dirig, Ges, Fl, Liedbegl) H f M u Th Hamburg 75–79. **Laufb:** Solorep u ChDir Eutiner FstSp, Solorep Staatsth Braunschweig, 1. Kapm u stellv GMD Op Kiel, stellv OpChef Stadtth Klagenfurt 81–92, L MHGraz seit 92, Prof (Vokalkorr) H f M Carl Maria v Weber Dresden seit 98. **Pr:** 1. Pr KapmWettb Kiel 79, Staatl Förderpr f junge Künstler d Freistaates Bayern 84. – **Aufn/RF:** Strauss, Verdi, Puccini: Arien, Monologe, RSO, Nat Bulgar RF 01/02; Bruckner IV u Beethoven VKonz m E M Popova, RSO.

Knörr, Ulrich, KMD, Hochschullehrer; Feuchtwanger Str 13d, D-91541 Rothenburg ob der Tauber, T: (0 98 61) 15 27, F: 70 06 13. **Laufb:** LBeauftr (Chorlit, KiMGesch) H f M u Th München. (*)

Knörzer, Ulrich, Prof, Hochschullehrer, Viola; Oberhofer Weg 41, D-12209 Berlin, T: (0 30) 7 73 40 15, F: 69 08 81 57, *udk@uknoerzer.de*; Univ d Künste, Fak Musik, Inst f Künstl Ausbildung / Orchesterinstr u Dirigieren, PF 120544, D-10595 Berlin. **Ausb:** Stud (Va) b R Moog i Köln u K Tuttle in New York. **Laufb:** Berliner Philh Orch, Prof (Va) U d Künste Berlin, Mitgl Berliner Philh Orch. **Pr:** Int StreichquaWettb i Evian u d Deutschen Mwettb (m d Mannheimer StrQua). **Ens:** Scharoun Ens Berlin.

Knoop, Annegret, Kammermusikerin, Konzertmeisterin; Uferstr 12, D-07548 Gera, T: (03 65) 8 00 69 69; c/o Philharmonisches Orchester Gera, Küchengartenallee 2, D-07548 Gera. **Laufb:** Stellv 1. Konzm Philharmon Orch Gera. (Red)

Knoop, Jens, Schlagzeug, Hochschullehrer; Akad f Tonkunst, Ludwigshöhstr 120, D-64285 Darmstadt. **Laufb:** Doz (Schlgz) Akad f Tonkunst Darmstadt. (Red)

Knorre-Bogdan, Evelyn, Ballett-Repetitorin; Oststr 32, D-33824 Werther, T: (0 52 03) 88 56 86; c/o Theater Bielefeld, Brunnenstr 3–9, D-33602 Bielefeld. **Laufb:** Rep Th Bielefeld SpZ 03/05. (Red)

Knoth, Mareen, Dipl, Sopran; Kapuzinerstr 9, D-55116 Mainz, *mareen_knoth@gmx.de*; Staatstheater Mainz, Gutenbergpl 7, D-55116 Mainz [Bad Mergentheim 23.1.1979]. **Ausb:** Johannes Gutenberg U Mainz (Ges Stud) b C Eder (Dipl), A Karasiak (MA of Musical Arts). **Laufb:** ZusArb m: Op Nat et Orch Nat de Montpellier 05 (E Humperdink: 'Die Königskinder' (Wirtstochter), Dgt A Jordan), rege Op- u Konztätigkeit im In- u Ausland. **Ens:** seit 04 Mitgl Junges Ens Staatsth Mainz. – **Aufn/RF:** Humperdinck: 'Die Königskinder' m Orch Nat de Montpellier, Dgt A Jordan (05 od 06). **UA:** F Zeller: 'Zaubern', UA Schwetzinger FSp 05.

Knüsel, Alfred, Komponist, Lehrer, Violoncello; Breisacherstr 23, CH-4057 Basel, T: 06 16 91 96 24 [Luzern 23.9.1941]. **Ausb:** Vcl (E Munzinger) Luzern, (R Altwegg) Zürich, (P Tortelier) Paris, Komp (P Benary) Luzern, (M Kuhn) Zürich. **Laufb:** L MSch Basel seit 73. **Pr:** Tr Anerkennungspr Stadt Luzern 80, Förderpr Kulturfest Basel-Land 95. **Mitgl:** Schweizer Tonkünstlerverein. – **Komp:** zuletzt: Splitterfolge (f 4 Frauenstimmen u Ens) 99; Fragmente I–IV (f Streicher u Schlgz) 2000; Passagen-Kammern (f Orchgruppen) 2000. **Auftr-Komp:** Utopia (4 Ens, Soli, Ch), UA Luzern 91 (Auftr: Depart f Kultur Luzern); Kreisläufe (KB solo, Ens), UA Basel, MMonat 01 (Auftr: Camerata var).

Knüsel, Guido, Prof, Hochschullehrer, Dirigent; Hufergasse 8, D-45239 Essen, T: (02 01) 49 38 88. **Laufb:** Prof (ChLtg) Folkwang-H Essen. (Red)

Knuth, Wolfgang, Komponist; Bäckerstr 15, D-38640 Gosal, T: (0 53 21) 38 38 15, *Knuth.comp@web.de* [Westercelle 7.8.1959]. **Ausb:** Stud (KiM) MH Hamburg 80–87, Stud Komp (D Einfeldt) u Dirig (Klp Seibel) MH Hamburg 87–94. **Laufb:** KiMusiker Reinbek 87–94, seitdem freischaff Komp, Dgt u MPäd, GastDoz (Chorltpäd) Reykjavík 91, Doz (MTheorie) MH Hamburg 94/95, nat u int SemTätigkeit (Themen: Komp m Kindern, 'ChorBasics') seit 97, Lt 'ChorWerkstatt Goslar' seit 99. **Pr:** Stip Stift Seebüll Ada u Emil Nolde 96, Pr Dt Sängerbund 2000. **Mitgl:** DKV, Jeunesses Musicales Dtl, Gesellschaft f Neue Musik. – **Komp:** 'Monogramm' (Orgel), UA Goslar 82; 'Dimmifjallgardur' (Orgel), UA Skáholt/Island 88; '...die senkrecht steht auf...' (f KamEns), UA Harburg 2000; '...zugleich Oberfläche u Symbol' (f Blechbläser), UA Hamburg 2000 (Auftr Hamburger BlechblasEns u Th Jahn); 'Erinnere Dich...' (f Soli, Chor u Orch), UA Hamburg 2000 (Auftr Franz-Schubert-Ch Hamburg); 'Chromatique' (Orgel u computergesteuerter Konzertflügel), UA Hamburg 02; 'Zwischenruf' (Chor u Orch), UA Hamburg 02; 'Bringt sie um, soll Gott sie doch richten (George W. Bush)' (KamOp) UA Hamburg 03; 'SOUNDSENSE I–III' (ChWerk), UA Goslar 02; 'Atem der Statuen. Vielleicht:' (Querfl u Tape), UA Hamburg 05; 'Buffet' (f Soli, Ch, 2 Kl, Harm u 4 Alphörner), UA Hamburg 05. **AuftrKomp:** 'Friedrich u Katte' (KamOp), UA Minden, Dgt: C Trantow 98 (Auftr: Stadt Minden); '-lu-re-qui-ja' (ChorW), UA Fritzlar, Dgt: H Pardall 99 (Auftr: Dt-Dt KamChor); 'Die Hinrichtung d G W Busch' (KamOp),

UA voraussichtlich Hamburg, Dgt: M Petermann 02 (Auftr: 'Weisser Rausch' gGmbH). **UA:** Helmut Lachenmann: Das Mädchen mit den Schwefelhölzern, UA Hamburgische Staatsop 97 (im Orch).

Knutson, Byron, Dirigent; Rathenaupl 8, D-06114 Halle (Saale), T: (03 45) 6 82 48 22. **Laufb:** Solorep u Dgt Bühnen d Landeshauptstadt Kiel, Solorep Op Halle SpZ 04/05. (Red)

Knutson, David, Sänger; Prinz-Friedrich-Leopold-Str 50, D-14129 Berlin, T: (0 30) 8 03 68 57. **Laufb:** Sol Dt Op Berlin. (*)

Kobayashi, Hideko, Prof, Hochschullehrerin, Viola; Corneliusstr 20, D-68163 Mannheim, *hkobayashi@web.de* [Tokio]. **Ausb:** Mstrkl R Moog. **Laufb:** Prof (Va) Staatl H f M u Darst Kunst Mannheim 91. **Pr:** Gewinnerin Int Musikwettb in Pretoria 87, ARD Pr in München 89. **Ens:** Sonare-Qua, Saito Kinen Orchestra. (*)

Kobayashi, Montonori, Solorepetitor; Duisburger Str 93, D-40497 Düsseldorf, T: (02 11) 4 96 46 98. **Laufb:** Solrep Dt Op am Rhein Düsseldorf-Duisburg SpZ 03/05. (Red)

Kobel, Benedikt, Tenor; c/o Wiener Staatsoper, Opernring 2, A-1010 Wien [Wien 11.2.1960]. Oper, Operette, Konzert **Ausb:** Stud H f M Wien, OpStudio d Staatsop Wien. **Laufb:** Auftr Op Dresden, Leipzig, Frankfurt, Zürich, Triest, Monte Carlo, Sydney Op, Menuhin Fstv Gstaad, Fstv dei due mondi Spoleto, Ludwigsburger FSp, Japan, Israel, Teatro Comunale di Bologna, Rom (Santa Cicilia), Sol Wiener Volksop 88–98, Wiener Staatsop seit 91, Ophaus Köln, Op de Nice, Gärtnerplth München 06. **Pr:** Prtr Jugend musiziert 85, Mozart-Pr Wettb Klass Lied MVerein Wien. **Ens:** Staatsop Wien. – **Aufn/RF:** CD-Gesamtaufn: Beethoven: 'Leonore'; Mitschn Staatsop Wien v 'Daphne' u 'Don Carlos'. **UA:** F Cerha: 'D Riese v Steinfeld', UA Wiener Staatsoper 03. **Sonst:** Tuschezeichnungen u Ölmalerei (Vernissagen).

Kober, Axel, Kpm; c/o Oper Leipzig, Augustuspl 12, D-04109 Leipzig. **Laufb:** 2. Kapm Th Dortmund, Tiroler Landesth SpZ 04/05, Op Leipzig. (*)

Kobéra, Walter, Intendant, Dirigent; c/o Neue Oper Wien, Herminengasse 10/Tor 23, A-1020 Wien. **Laufb:** Musikal Oblt u Dgt Neue Op Wien. (Red)

Kobjela, Detlef, Komponist; Paul-Neck-Str 119, D-02625 Bautzen, T: (0 35 91) 60 04 05, F: 60 04 05; Petersilienstr 1, D-03044 Cottbus, T: (03 55) 79 27 25, F: 79 27 25 [Willmersdorf b Cottbus 7.4.1944]. **Ausb:** Stud (MPäd, Germanistik, MWiss) HU Berlin bis 67. **Laufb:** freiberufl als ML, Musikdramaturg seit 70, künstl Lt 80, Intendant Sorb Nat Ens Bautzen 90, freiberufl Komp u Musikpublizist seit 96. – **Komp:** Gesänge f Bar, Vcl u Kl (Kunstlied), UA Cottbus 78; Krabat (sinf Dichtung), UA Hoyerswerda 80; Reflexionen f Va, Vcl u Orch (Sinfonik, OrchW), UA Bautzen 86; Legende f Streichqua (KamM), UA Paris 88; Tranquillo f Streichqua (Sinfonik, OrchW), UA Bautzen 89; Kolo Sostenuto f Streichorch (Sinfonik f Streichorch), UA Dresden 90; Das Jahr d Könige (Ballettop), UA Hanau 98.

Koblenz, Babette, Komponistin; c/o p, Magdalenestr 50, D-20148 Hamburg, T: (0 40) 45 80 63, *info@babettekoblenz.de*; *www.babettekoblenz.de* [Hamburg 1956]. **Ausb:** Hamburger MH (W Krützfeld, G Ligeti). **Pr:** Pr d Jürgen-Ponto-Stift 82, Rom-Pr Villa Massimo 88, Hindemith-Pr 94, Bialas-Pr d Bayer Akad d Schönen Künste 98, Schneider-Schott-Pr 01. – **Komp:** ua: Hexenskat (Op) 78/80, UA Saarbrücken, Saarländ Staatsth 84; Ikarus (MTh) 89/90, UA München, 2. Biennale 90; 'Die Kinder v. Bjelaja Zerkow', Auftragswerk v. J P Reemtsma z d laufenden Ausstellung 'Verbrechen d Wehrmacht'; Recherche 97/99, UA München, Biennale u Nürnberg 99; 'cinema' (VideoOp), UA ZKM Karlsruhe, M Reichert 02; 'Gente-Gente' f Klar u. Streichtrio, Bremer Rundfunk 04; 'Say' f Counterthenor, Bar u Orch (Auftr z 450. Jahrestag d Augsburger Religionsfriedens), UA 05. **Aufn/RF:** 'Salpetriere' (f 6 Schlgz), m Perc d Strasbourg; 'KATALAN' (f 4 Schlagz), m Ens Bash, London; 'Trois Fours' (f Perc), m E Glennie; 'Klavierstücke I–IV', 'Messe Française' f Chor u Orch, 'Recherche' (Op), Bayer Fernsehen/ARTE. **Sonst:** 'Die Kinder v. Bjelaja Zerkow', Auftragswerk v. J P Reemtsma z d laufenden Ausstellung 'Verbrechen d Wehrmacht'.

Kobow, Jan, Tenor; Rolandstr 4, D-14129 Berlin, T: (0 30) 89 09 08 72 [Berlin]. **Laufb:** S KamOp Schloß Rheinsberg, Dresdner Barockens Batzdorfer Hofkap. **Pr:** 1. Pr 11. Int Johann Sebastian Bach Wettb Leipzig 98. **Ens:** Grdg-Mitgl 'Himlische Cantorey'. (Red)

Kobs, Harald, Sänger; c/o Opernhaus Halle, PF 110554, D-06019 Halle. (*)

Kocán, Stefan, Sänger; c/o Landestheater Linz, Promenade 39, A-4010 Linz; c/o Staatstheater Kassel, Friedrichspl 15, D-34117 Kassel. **Laufb:** Sol Ldsth Linz SpZ 03/05; Staatstheater Kassel 05. (Red)

Koch-Raphael, Erwin, Prof, Komponist, Hochschullehrer; Hagenauer Str 28, D-28211 Bremen, T: (04 71) 9 41 82 75, (04 21) 3 46 91 58, *kochraphael@surfEU.de*; Hochschule f Künste, FB Musik, Dechanatstr 13–15, D-28195 Bremen; *www.hfk-bremen.de* [Kempen/Niederrhein 1949]. KamM, OrchM, Solo **Ausb:** Stud (TonM, Komp) UdK Berlin 68–79, TonMDipl 76, Stud Komp (I Yun) 72–79. **Laufb:** div Chöre, Dirigate Ens- u Orch (Neue Musik). **Pr:** KompPr: Hitzacker KamM 75, Kiel OrchM 76, Pr f 'Besond künstl Leistungen' Bremen 85, Stip ISCM Studienaufenthalt Südkorea 79, Stip Cité des artes 87/88, Siemensstip Karlsruhe 91. **Ens:** Performancegruppe 'ganZeit'. **Mitgl:** Ges f M u Ästhetik, Kuratoriumsmitgl Int Isang Yun Ges. – **Komp:** ua Jahreszeiten 79, UA 80; Land d Nacht 80, UA Köln 80; Petites Aventures au Bord de la Mer 84, UA Mönchengladbach 85; Kalte Zeiten 84, UA Düsseldorf 87; Konz f Kl u Orch Nr 1 86/87, UA Bremen 87; 'composition No 39' 88, UA Bremen 91; 'composition No 43' 92; 'composition No 50' 95, UA 96; 'composition No 59', UA Bremerhaven 05. **Sonst:** Grdg Performancegruppe 'ganzZeit' 85, Proj 'ambi' f Schulen u Neue Musik. **Lit:** MusikZs, RF-Porträts, KdG.

Koch, Alexander, Violine; c/o Konzerthaus Berlin, Gendarmenmarkt, Charlottenstr 57, D-10117 Berlin. **Laufb:** stv Konzm Berliner SinfOrch. (Red)

Koch, Alois, Dr, Prof, Dirigent; Benzeholzstr 23, CH-6045 Meggen, T: 04 13 77 21 44, F: 04 13 77 56 39, *aloiskoch@bluewin.ch*; c/o Musikhochschule Luzern, Rektorat, Zentralstr 18, CH-6003 Luzern, *akoch@mhs.fhz.ch* [Luzern 22.8.1945]. Oratorien **Ausb:** Prof Dr (MWiss, KiM). **Laufb:** Rektor MH Luzern, Prof (Dirig, KiM) MH Luzern, Gastgt Berliner Symphoniker, Fstv Luzern 03/04 u 05/06, Italien, Österr, Niederlande 03/04 u 05/06. **Pr:** Kunstpr Stadt Luzern 98. – **Sonst:** künstl Lt Mozarttage Luzern.

Koch, Andreas, Sänger; Deutsches Nationaltheater, PF 2003, D-99401 Weimar. **Laufb:** Sol Nationalth Weimar. (Red)

Koch, Andreas, Kontrabass; c/o Niedersächsisches Staatsorchester, Opernpl 1, D-30159 Hannover. **Laufb:** 1. Sol Niedersächs StaatsOrch Hannover. (Red)

Koch, Annette, Sängerin; c/o Staatsoperette Dresden, Pirnaer Landstr 131, D-01257 Dresden. **Laufb:** Sol Staatsoptte Dresden. (Red)

Koch, Felix, Cello, Orgel; c/o Catharina Bürklin Künstler- und Konzertmanagement, August-Siebert-Str 12, D-60323 Frankfurt/M, T: (0 69) 95 50 48 80, *kontakt@ensemble-mediolanum.de*; *www.ensemble-mediolanum.de*. **Ens:** 'Ens Mediolanum', Mitgl Akad f Alte Musik im Saarland. (Red)

Koch, Hans, Komponist, Saxophon, Klarinette, Elektronik; Nelkenstr 51, CH-2502 Biel, T: 03 23 41 62 22, *Snahhcok@bluewin.ch*; *Koch-Schuetz-Studer.ch* [1948]. Jazz, improvisierte Musik, neue Musik **Ausb:** klass M-Stud. **Laufb:** Konz m L Sclavis; versch Tourneen m F Frith u P Lovens; Tourneen ganz Europa, USA u Kanada m Trio Koch-Schütz-Studer; Konz (Imp) Europa u USA m E Parker, B Guy, B Philipps, J Léandre, P Bley, J O'Rourke, Fennesz, J-M Montera, A Coleman ua, Gare du Nord Basel SpZ 04/05. **Pr:** Ausz als bester Sol Jazzfstv Lugano 85, Kulturpr Biel 86; StipAufenth New York 87, Kairo 95, London 2000; Werkbeitr d Kurat d Kantons Aargau 91 u 96; Kantonaler Berner MPr 02. **Ens:** Holz f Europa, Cecil Taylor European Big Band, Trio Koch-Schütz-Studer seit 90 (Hardcore ChamberM). – **Komp:** M z Film 'Tupamaros' (v R Hoffmann u H Specogna) u z 'Empire of Silence' 02. **AuftrKomp:** KompAuftr v Pro Helvetia 98. **Aufn/RF:** spielt M z Schweizer Film 'Höhenfeuer' (v F Murer); HörspielM f DRS2, ua 'Die Amsel' (v R Musil), 'Der Mann des Zufalls' (v Y Reza), 'Hang u Riss' (v A Gfeller); Aufn zuletzt: Koch-Schütz-Studer & Ch Uetz: 'Live im Schiffbau' 2000; 'Inscape-Tableaux' Barry Guy New Orch 2000; 'Koch-Schütz-Studer' Roots & Wires 98; 'Koch-Schütz-Studer & Musicos Cubanos' 97; projections sonores 'only the matter' & 'run out of recognize' m Ernrooth, Guhl, Laubscher, Morris, Mouthon, Möslang, Müller, Rourke, Schürch, Schütz, Studer, Sordet, Wittwer 96; F Frith 'Stone, Brick, Glass, Wood, Wire' 96; 'Nil' m Scholl, Erismann, Niggli, Frith, Kowald, Koch 95; Holz f Europa 'Comité Imaginaire' m Fuchs u v Bergen 95.

Koch, Hans Michael, Prof, Hochschullehrer, Laute, Gitarre; Flüggestr 8, D-30161 Hannover, T: (05 11) 31 85 03, F: 31 85 05; H f Musik Köln, Abt Wuppertal, Friedrich-Ebert-Str 141, D-42117 Wuppertal. **Laufb:** Prof (Laute) H f Musik Köln, Abt Wuppertal, Prof (Git) H f M u Th Hannover. (Red)

Koch, Indira, Violine; c/o Deutsche Oper Berlin, Richard-Wagner-Str 10, D-10585 Berlin. **Laufb:** stv Konzm Orch d Dt Op Berlin. (Red)

Koch, Johannes H E, Komponist; Händelstr 4, D-32049 Herford, T: (0 52 21) 8 06 18 [Groß-Börnecke, Magdeburg 23.3.1918]. **Ausb:** Stud KiM (K Straube, K Hoyer, H E Koch, J N David) H f Musik Leipzig, Stud Komp (K Thomas, G Bialas) Musikakad Detmold ab 48. **Laufb:** Mitarb v Prof W Ehmann beim Aufbau d Westfäl Landeskirchenmusikschule Herford, dort L (Tonsatz, Gehörbildung, Komp, Orgel-, Chor-, Bläser- u KamM) bis 88. – **Komp:** Tönende Steine; Jesus u die Fremdlinge (Motetten); ...und Jesus begann zu ihnen in Gleichnissen zu reden (Motetten); Summa Passionis (Passionsbericht f Einzelsänger, Ch u Orgel) 71; Ebeling-Partita (Orgel); Te Deum Laudamus (Konz f 2 Orgeln); Missa Credo in unum Deum (f 5-stg Chor); Stephanus (Kantate), UA Greifswald 99.

Koch, Karl-Heinz, Prof, Sänger, Hochschullehrer; Tharandter Str 186, D-01187 Dresden, T: (03 51) 6 49 17 49; c/o Sächsische Staatsoper Dresden, Theaterpl 2, D-01067 Dresden, T: (03 51) 4 91 10 [Lobenstein, Thüringen 16.8.1936]. **Ausb:** Stud (KiMSch) Eisenach 54–57, Stud Ges, Komp (Russ) H f M Leipzig 57–61, Stud Ges H f M Dresden 61/62. **Laufb:** Ens Sächs Staatsop Dresden 67–04, Gastsol ebd SpZ 04/05, Prof f Ges H f M „Carl Maria v Weber" Dresden.

Koch, Katrin, Sängerin; Prinzenstr 5, D-86153 Augsburg, T: (08 21) 5 67 64 44. **Laufb:** Sol Th Augsburg (05). (*)

Koch, Kurt, Gitarre, Hochschullehrer; Akad f Tonkunst, Ludwigshöhstr 120, D-64285 Darmstadt, *SuKKoch@web.de*. **Laufb:** Doz (Git) Akad f Tonkunst Darmstadt. (Red)

Koch, Martin, Tenor; c/o Staatstheater Kassel, Friedrichspl 15, D-34117 Kassel [Hamburg 6.6.1973]. Op, Orat **Ausb:** Stud (J Protschka, P Runge) MH Köln, Abteilung Aachen 94–2000. **Laufb:** Studio d Dt Op a Rhein Düsseldorf/Duisburg 98–2000, lyr Tenor Stadtth Pforzheim; Rollen ua: Nemorino, Tamino, Lyonel, Fenton (Nicolai), Tassilo, Erster Fremder, Maler (Berg: Lulu), derzeit Stadtth Oldenburg. **Pr:** Nachwuchssänger d Jahres in NRW 99, 1. Pr Concorso Int di Canto 98. – **Aufn/RF:** div Aufn, ua als Evangelist in Orat v Bach.

Koch, Matthias, Altus; Richard-Wagner-Str 3, D-10585 Berlin, T: (0 30) 34 09 47 83, F: 0 18 05–9 99 98 77 72 20, *MatthiasKoch68@freenet.de*; c/o Bühnen der Stadt Köln – Opernhaus, PF 101061, D-50450 Köln [Bremen 14.11.1968]. Konzert, Oper (Barock u Moderne) **Ausb:** Stud Ges (H Forner) MH Leipzig 94–01, Mstrks b B Schlick, N Argenta. **Laufb:** Gastsol Stadtth

Koblenz 97 u 99, Trier 2000, Op Halle 2000, Op Leipzig 2000/01, Städt Bühnen Freiburg 2000/01, Th Erfurt 01, Staatsth Mainz 01/02, NatTh Mannheim 03, NatOp Prag 03, Kom Op Berlin 03/05, Op Köln. **Pr:** RWE-Studienpr 99. **Mitgl:** GdBA. – **Aufn/RF:** Händel: Saul, m Collegium Cartusianum, Dgt Neumann; Weill: Der Protagonist, m BSO, Dgt Mauceri. **UA:** G Bryars: 'G', Staatsth Mainz 02.

Koch, Max, Prof, Hochschullehrer, Harfe; Virchowste 38, D-04157 Leipzig, T: (03 41) 9 11 94 08; Hochschule f Musik u Theater, PF 100809, D-04008 Leipzig. **Laufb:** Prof (Hfe) H f M Felix Mendelssohn Bartholdy Leipzig. (Red)

Koch, Maya Katharina, Violine; c/o Konzertagentur Dagmar von Vietinghoff-Scheel, Lange Furche 44, D-72072 Tübingen, *dagmarvonvietinghoff.kultur@t-online.de* [Berlin 1978]. **Ausb:** Stud MH Karlsruhe b J Rissin seit 97, Cons Nat Sup de Musique Paris b J-J Kantorow seit 03. **Laufb:** Sol u Kammermusikerin seit 92, ZusArb ua m Südwestdt KamOrch Pforzheim, Baden Badener Philh, Staatsphilh Rheinland-Pfalz, arcata Stuttgart. **Pr:** Bach-Pr Baden Baden 01, 1. Pr Int Lions-Wettb f V Porto 01, Stip Dt Musikwettb 03, Stip Studienstift d Dt Volkes. **Ens:** Duo Koch m ihrer Schwester Sara Janina Koch. (*)

Koch, Nora, KV, Harfe; c/o Dresdner Philharmonie, Kulturpalast am Altmarkt, D-01005 Dresden, PF 120 424, D-01005 Dresden, T: (03 51) 4 86 62 02, F: 4 86 62 87, *presse-marketing@dresdnerphilharmonie.de*; c/o Grandmontagne Künstler & Konzertagentur, Tännichtgrundstr 10, D-01462 Dresden/ Niederwartha, T: (03 51) 4 54 03 04, F: 4 54 06 04, *info@grandmontagne.de* [Potsdam 1970]. **Ausb:** H f M 'Felix Mendelssohn Bartholdy' Leipzig (Margarethe Kügler-Kluvetasch, Prof. Max Koch) 84–91, Mstrkl Alice Giles (Australien) u Susann McDonald (USA). **Laufb:** Dresdn Philh seit 91. **Ens:** Duo Capriccio, Nora Koch & Claudia Stein. (Red)

Koch, Rainer, GMD iR, Hochschullehrer; Am Pferdekamp 33, D-33619 Bielefeld, T: (05 21) 10 54 45, F: 8 01 66 94 [München 6.4.1933]. Orchesterleitung **Ausb:** Stud Dirig (F Lehmann), Kl (F Wührer), SchM MH München 51–56, Dirigentenpraktikum (H v Karajan) Berlin. **Laufb:** 2. Dgt Niedersächs Symph-Orch Hannover 61–65, 1. Kapm Op Essen 65–70, 1. Kapm Op Köln 70–80, GMD Bielefeld 80–98, LBeauftr (Partitursp) H f M Detmold seit 98. **Ens:** Künstl Lt Bayer-Philh Leverkusen. **Mitgl:** Musikgremium i 'Kulturkreis d Dt Wirtschaft'. – **Aufn/RF:** I Yun: Op 'Der Traum d Liu-Tung', WDR-Prod 72; V Ullmann: Op 'Der Sturz d Antichrist' (Op), Ersteinsp 95. **UA:** T Medek: 'Katharina Blum' (Op); V Ullmann: 'Der Sturz d Antichrist' (Op); G Dreyfus: 'Die Marx Sisters' (Op).

Koch, Sara Janina, Klavier; Im Eickhof 6, D-30989 Gehrden-Lenthe [1973]. **Ausb:** Stud MH Stuttgart b F Gottlieb bis 97, Paris b B Ringeissen, MH Hannover b M Becker, künstl Dipl 2000, Mstrkse b V Krajnev, P Badura-Skoda, M Woskressenski, K Elser. **Laufb:** Sol u Kammermusikerin seit 87, ZusArb ua m Südwestdt KamOrch Pforzheim, arcata Stuttgart. **Pr:** Pr d Dt Musikwettb 03, Sonderpr d Dt Stift Musikleben 03, Musikpr Zonta Int 03. **Ens:** Duo Koch m ihrer Schwester Maya Katharina Koch. (Red)

Koch, Sophie, Sängerin; c/o Deutsche Oper, Bismarckstr 35, D-10627 Berlin, T: (03 51) 4 91 10, F: 4 91 14 01. **Laufb:** Sol Bayer Staatsop München, Sächs Staatsop Dresden, Staatsop Wien, Dt Op Berlin SpZ 04/05, Liederabend Op Fankfurt SpZ 04/05. (Red)

Koch, Wolfgang, Bariton; c/o Esther Schollum Artists' Management, Guntramsdorfer Str 12/2, A-2340 Mödling b Wien, T: (0 22 36) 4 10 04, F: 41 00 44, *es@art.mgmt.com* [Burghausen 1966]. **Laufb:** Sol Stadtth Bern, Landesth u Kammerspiele Salzburg, Volksop Wien seit SpZ 03/04, Op Dortmund 05/06, Hamburg Staatsop 06, Op Frankfurt 06. (Red)

Koch, Wolfram, Hochschullehrer (Blockflöte); Herderstr 9, D-66125 Saarbrücken, T: (0 68 97) 76 14 48; Hochschule d Saarlandes f Musik u Theater, Bismarckstr 1, D-66111 Saarbrücken [1941]. **Laufb:** Prof (Blockfl, TraversFl) H f M u Th Saarbrücken seit 81. **Ens:** Mitgrd Barockens d Saarländ Staatsth 78, Ens 'Orfeo felice', GrdgMitgl Ens f Alte Musik Saarbrücken 80. (Red)

Kochan, Günter, Prof, Komponist; Veltener Str 13, D-16540 Hohen Neuendorf, T: (0 33 03) 40 30 80 [Luckau 2.10.1930]. Sinfonie, Solokonzerte, Kammermusik **Ausb:** Stud MH Berlin (West) 46–50, Meisterschüler (H Eisler) Dt Akad d Künste 50–53. **Laufb:** Doz seit 50, Prof MH Berlin (Ost) 66, freischaff seit 85. **Pr:** Kunst- u Nationalpr d DDR, Goethepr Berlin, KompPr Los Angeles, Pr RAC Montevideo. – **Komp:** 4 Kant, 5 Sinf, 7 Solokonz, ua: Die Asche v Birkenau (S Hermlin) (Kantate), UA Berlin, RF-Sinf-Orch, Dgt: K Masur 65; Sinfonie Nr 2 68, UA Berlin 69; 2.Violinkonz (V solo u Orch), UA Berlin, E Morbitzer 82; Sinfonie Nr 4 (gr Orch) 83/84, UA Berlin 85; Herbstbilder, Metamorphosen f 28 Str 90/91; Divertimento (BlockflEns) 98; Sinfonietta (Str) 02; 2. Streichquartett 03 ua. **Aufn/RF:** fast alle Orch- u KamMKomp 52–90.

Kocher, Philippe, Klavier, Komponist; Rohrhaldenstr 45, CH-8712 Stäfa, T: 0 79–2 04 75 22, F: 0 19 26 35 48, *mail@philigree.ch*; *www.philigree.ch* [Genf 22.5.1973]. **Ausb:** Stud (MWiss) Uni Zürich 92–95, Kl (M Christ), CompMusik (G Bennett) MH Zürich 93–98, Komp u MTheorie (D Müller-Siemens, D Schubarth) MAkad Basel 99–04, Mstrks b K Huber 04, Stud Royal Academy of M London 04/05. **Pr:** Stip d Zuger Kulturstift Landis & Gyr 04. **Ens:** STROM (elektroakust Ens). – **Komp:** Glas (Tonband solo) 98, UA 98 Zürich; 'pièce pour piano en 1/16 de ton' 99, UA Zürich 99 (Auftr: IGNM); Studie im Raum (7 V) 2000, UA Basel 2000; fortbewegend (8-kanaliges Tonband) 2000, UA Berlin 2000; 'Zeiträume' Klanginstallation in e Museum f Brass-Qui (2 Trp, Hrn, Pos, Tb) u Elektronik 2000/01, UA Muttenz/Basel 01(Auftr: Europ Musikmonat 01).

Kocsár, Balázs, Dirigent; c/o Konzertdirektion Hans Ulrich Schmid, Königstr 36, D-30175 Hannover, PF 3409, D-30034 Berlin, T: (05 11) 3 66 07 60, 3 66 07 27, 3 66 07 69, F: 3 66 07 34, *mail@kdschmid.de, ep@kdschmid.de*; *www.kdschmid.de* [Ungarn 1963]. **Ausb:** Stud (Komp) Bartók-Kons, (Chordir) Liszt-Akad Budapest, Stud OrchLtg (E Lukács, A Ligeti), H f M u Darst Kunst Wien 91–92. **Laufb:** 2. KapM Ungar StaatssymphOrch 91–94, Dgt Budapester Staatsop, Gastdgt OpHaus Szeged 90–93, 1. KapM Symph-Orch Szeged, MD OpHaus Debrecen 93, künstl Dir Savaria Symph Orch seit 98, Gastdgt Italien, Dtschld, ehem UdSSR u Polen, 1. KapM Op Frankfurt seit 99/2000 (bisher ua: Hänsel u Gretel, Die Zauberflöte, Rigoletto, Così fan tutte, Cavalleria rusticana/Der Bajazzo, Freischütz, La Bohème u Eugen Onegin). **Pr:** PrTr '6. Int Dirigier-Wettb' 89, Int 'Franco Ferrara'-KapMWettb d 'Teatro dell'Opera di Roma'. (Red)

Kocsis, Stefan, Komponist; Hauptstr 110, A-7452 Unterpullendorf, T: (0 26 12) 4 21 23. (Red)

Kodama, Hiroshi, Dirigent; Twenhövenweg 27, D-48167 Münster-Angelmodde, T: (0 25 06) 65 73, F: 65 74, *kontakt@amadok.net*; *www.amadok.net/index.html* [Tokio 5.4.1952]. **Ausb:** Stud Dirig (H Saito, S Ozawa) MH Toho-Gakuen 71–75, Mstrks S Ozawa ebd 75, Dirig (O Suitner) MH Mozarteum Salzburg 75. **Laufb:** Doz u Dgt Collegium musicum Schloss Pommersfelden seit 83, 1. OpKapm Dt Op am Rhein Düsseldorf 88–96, Chefdgt Südwestfäl Philh Hilchenbach 91–95, GMD Ldesth Coburg 96–01, New National Th Tokyo, Nagoya-Philh 02–03, Doz u künstl Lt Mstrks 'Fledermaus' OpStudio New National Th Tokyo 03, Tokyo Philh Orch, Tokyo Metropolitan Orch 04. – **Aufn/RF:** J N Hummel: KlKonz F-Dur u As-Dur 94.

Köber, Michaela, Flötistin; c/o Neue Lausitzer Philharmonie, Promenadenstr 60, D-02827 Görlitz. **Laufb:** Sol Neue Lausitzer Philh SpZ 02/03. (Red)

Köberle, Ulrich, Sänger (Tenor); Krummebergstr 10, D-88662 Überlingen, T: (0 75 51) 49 75, F: 6 89 77. Oper, Operette, Konzert **Ausb:** Stud (Blaschke) H f M München, Mstrkse (F Lenz, I Buzea, K-H Lampe). **Laufb:** Sol Stadtth Bern, Gastsp ua Kiel, München, Hannover.

Köbler, Regine, Alt; Weststr 56, D-09112 Chemnitz, T: (03 71) 31 75 42, F: 31 75 42, *RegineKoebler@t-online.de*; c/o Städtische Theater Chemnitz, PF 756, D-09007 Chemnitz [Leipzig 11.8.1957]. Händel, Bach, Barockmusik **Ausb:** Stud (Ges) MH Leipzig 77–84. **Laufb:** Sol OpHaus Halle 85, Städt Th Chemnitz seit 87 (04/05), Op Leipzig 92 u 95, Staatsop Dresden seit 97, Nationalth Mannheim 99, Staatsth Salvador da Bahia Brasilien 98/99 u 02/03, Brooklyn Acad of Music New York 2000, New Israeli Op Tel Aviv 2000, LAuftr (Gesang) H f M Dresden seit 02, Op Salvador de Bahia 04. **Pr:** Dipl OpSängerwettb DDR 85.

Köck, Theresia, Prof, Hochschullehrerin, Blockflöte; Univ f Musik u Darst Kunst, Inst Franz Schubert, Rennweg 8, A-1030 Wien. **Ausb:** Stud (Bfl) U f Musik u Darst Kunst Wien (M Kneihs). **Laufb:** Lehrtätigkeit (Bfl) U f Musik u Darst Kunst Wien, o UProf ebd. (Red)

Koeckert, Nicolas, Violine; c/o Konzert & Künstler Agentur Jens Gunnar Becker, Grünstr 13, D-58313 Herdecke, T: (0 23 30) 7 03 89, F: 75 07, *becker@beckerkonzert.de*; *www.beckerkonzert.de* [München 9.11.1979]. **Ausb:** Stud (G Zhislin) H f Musik Würzburg, V (Z Brom) MH Köln seit 98. **Laufb:** Sol seit 98. (Red)

Kögel, Christoph J H, Bariton; c/o Zeitgenössische Oper, Immanuelkirchstr 38, D-10405 Berlin. **Laufb:** Sol Kammerop Frankfurt. Zeitgen Op Berlin SpZ 04/05. (Red)

Kögel, Martin, Oboe; c/o Deutsches Symphonie-Orchester Berlin, Masurenallee 8–14, D-14057 Berlin. **Laufb:** stv Sol Dt SymphOrch Berlin. (Red)

Kögel, Sabrina, Sängerin; c/o Badisches Staatstheater, D-76125 Karlsruhe, T: (07 21) 9 37 78 23. (Red)

Kögel, Tilman, Sänger (Tenor); Graf-von-Galen-Str 35, D-52525 Heinsberg, T: (0 24 52) 6 66 17 [Nürnberg]. **Ausb:** HfM Saarbrücken, Kons Den Haag. **Ens:** Mitgl Amsterdam Baroque-Choir, Balthasar-Neumann-Ch, Ens Collegium Vocale. (Red)

Koegler, Siegfried, KV, Violine; c/o Dresdner Philharmonie, PF 120424, D-01005 Dresden. (Red)

Köhl, Georg, Intendant, Regisseur; c/o Badisches Staatstheater, Baumeisterstr 11, D-76137 Karlsruhe. **Laufb:** Oberspiellt d Musikth Hessisches Staatsth Wiesbaden, Reg Badisches Staatsth Karlsruhe Spz 04/05. (Red)

Koehlen, Benedikt, Klavier, Hochschullehrer; Weßlinger Str 22, D-82234 Weßling, T: (0 81 53) 91 60 10. **Laufb:** Doz (Kl) Richard Strauss Kons München. (Red)

Köhler-Scharlach, Gunda, Prof, Hochschullehrerin, Klavier; Turmweg 5, D-99438 Bad Berka, T: (03 64 58) 4 15 03, F: 4 15 03, *koehler.scharlach@web.de*; H für Musik 'Franz Liszt', Inst f Tasteninstr u Alte Musik, PF 2552, D-99406 Weimar [Weimar 24.7.1941]. **Ausb:** Stud Kl (H Lamann) FLHS Weimar, ErgStud (L Vlassenko) Tschaikowsky-Kons Moskau 65–67. **Laufb:** Doz 79, GastDoz Zypern 84, DDR-Musiktage Berlin 78, 7. Biennale Berlin 79, Hummel-Ehrung Bratislava, Zilina 87, Prof (Kl) H f M 'Franz Liszt' Weimar seit 88, Zilina, Taiwan, Taipeh 91, Zypern-Tournee 92, Tournee Chile 94. – **Aufn/RF:** Liszt: 20. Ungar Rhapsodie, Berlin 81; Hummel: Klavierkonz op 113, KO Weimar 87; M Schmitz: Romant Rhapsodie f Kl u Orch; M Schmitz: Concerto f Kl u Blasorch; D Brown: 'Oceanrhapsodie'. **UA:** M Schmitz: Romant Rhapsodie f Kl u Orch, UA Berlin; M Schmitz: Concerto f Kl u Blasorch, UA VII. Biennale Berlin 79. **Sonst:** Mithg Beethoven: Klaviersonaten, Urtextausgabe; Mithg Mozart: Klavierkonz B-Dur, KV 450, Hg K-H Köhler: 'Tochter aus Elysium'.

Köhler-Wellner, Helga, Prof, Hochschullehrerin, Gesang; Hochschule für Musik 'Carl Maria von Weber', PF 120039, D-01001 Dresden. **Laufb:** Prof (Ges) H f M Carl Maria v Weber Dresden. (Red)

Axel Köhler

Köhler, Axel, KS, Sänger, Regisseur; Am Lindenberg 22a, D-01474 Weißig, T: (03 51) 2 69 11 46, F: 2 17 63 50, *A.E.Koehler@t-online.de*; Opernhaus Halle, Universitätsring 24, D-06108 Halle/Saale; *www.axelkoehler.com* [Schlema 17.4.1960]. Oper, Konzert **Ausb:** Stud (V, Gesang) Spezial- u H f Musik 'C M v Weber Dresden'. **Laufb:** Regie Op Halle 'Poppea' (Monteverdi) 2000, Regie Op Halle/Händelfest 'Rodrigo' (Händel) 01, Händelfest 'Teseo' (Händel) Bad Lauchstädt 03, Sol Op Halle seit 85, Kom Op Berlin, Bayer Staatsop München, Covent Garden London, Staatsop Berlin u Hamburg, Op Tel Aviv, Semperop Dresden SpZ 04/05, Op Köln. **Pr:** Händelpr d Stadt Halle 94, Kritikerpr d Berliner Ztg 99. – **Aufn/RF:** ua: 'Die Kunst d Küssens' Liebeslieder aus drei Jahrhunderten; Monteverdi: Op 'L'Incoronazione di Poppea', Mitschn d Bayer Staatsop, Dgt: I Bolton; Händel: Op 'Tolomeo', Op Halle, HändelFSpOrch, Dgt: H Arman; Bononcini: Amore Doppio, S Le Blanc, U Fiedler, Lautten Compagney Berlin; Bach: Weltliche Kantaten, Musica Antiqua Köln, Dgt: R Göbel; Telemann: Orpheus, RIAS-KamChor, Akad f Alte Musik Berlin, Dgt: R Jacobs; Hasse: Op 'La Conversione di Sant'Agostino'; Musikal Tafel-Erlustigung, Lautten Compagney; Mozart: Singsp 'Apollo u Hyazinth', 'Bastien u Bastienne', RF-Chor Leipzig, RF-SinfOrch Leipzig, Dgt: M Pommer; Regie-DVD: 'Teseo' 05. **UA:** D Glanert: 'Scherz, Satire, Ironie u tiefere Bedeutung' (Teufel), UA Op Halle 01; H W Henze: 'L'Upupa' (Adschib), UA Salzburger FSp 03; I Grünauer: 'Cantor – Die Vermessung des Unendlichen' (Cantor), UA Op Halle 05.

Köhler, Heidi, Prof, Hochschullehrerin, Klavier; Hochschule f Musik u Theater, Emmichpl 1, D-30175 Hannover. **Laufb:** Prof (Kl) H f M u Th Hannover. (Red)

Köhler, Lutz, Prof, Hochschullehrer, Dirigent; Univ d Künste, Fak Musik, Inst f Künstl Ausbildung / Orchesterinstr u Dirigieren, PF 120544, D-10595 Berlin, T: (0 30) 31 85 28 16. **Laufb:** Prof (OrchLtg) U d Künste Berlin, Lt SymphOrch d U d Künste Berlin seit 99. (Red)

Köhler, Markus, Prof, Hochschullehrer, Sänger; Berliner Allee 27, D-32756 Detmold, T: (0 52 31) 87 73 86, F: 87 73 86; Ruthstr 9, D-12247 Berlin, T: (0 30) 7 72 89 71. **Laufb:** Prof (Ges) u Prodekan FB 2 H f Musik Detmold. (Red)

Köhler, Matthias, Chordirektor; c/o Vereinigte Bühnen Graz, Kaiser-Josef-Pl 10, A-8010 Graz. **Laufb:** Chordir Vereingte Bühnen Graz. (Red)

Köhler, Michael, Dr, Dirigent, Hochschuldozent; Hardenbergstr 16, D-04275 Leipzig, T: (03 41) 3 02 85 84, F: 3 02 85 84, *Michael-Koehler@web.de*; *www.kammerphilharmonie.info* [Dresden 18.2.1965]. Sinfoniekonzert, Oper **Ausb:** H f Musik Berlin (Tonregie 84–89) Dirigieren b GMD R Reuter 87–92, Prom MWiss HU Berlin 2000, Mstrkse b Celibidache, Masur, Albrecht, Reuter. **Laufb:** Staatsth Meiningen 92–94, Doz (Dgt, Partiturspiel) H f M Felix Mendelssohn Bartholdy Leipzig u. Lt des Orch ab 98. – **Aufn/RF:** Mussorgski: Bilder einer Ausstellung m SinfOrch d HfM Leipzig 02 (MDR). **Sonst:** versch mwiss Beitr ua '„Jetzt endlich hab' ich instrumentieren gelernt!" Studien zur Instrumentation bei Richard Strauß'.

Köhler, Monika, Prof, Sängerin; Fasanenstr 17, D-39114 Magdeburg, T: (03 91) 8 11 49 26; c/o Otto-von-Guericke-Universität Magdeburg, Institut für Musik, Turmschanzenstr 15, D-39114 Magdeburg, T: (03 91) 8 11 01 51, F: 8 11 01 54; *www.uni-magdeburg.de/imus/lehr/lehr_mkoehler.htm* [Heidelberg]. **Ausb:** Stud (Dipl Musikpädagogik Hauptfach Ges) Staatl H f M Heidelberg/Mannheim b KS Prof Heinz Hoppe u Prof Inger Paustian, Kl b Prof Wagner, insbes Liedges. **Laufb:** Aufbau einer anerkannten GesKl, KonzTätigkeit als Liedinterpr (Schwerpunkt Romantik), als Mitwirkende in Orat, KiKonz u Gestalterin eigener Liederabende, Prof f Ges Inst f Musik Otto-von-Guericke-Univ Magdeburg seit WS 97/98, Gastsol Th d Landeshauptstadt Magdeburg SpZ 00/01. **Ens:** Grd Barockensemble Magdeburg. (Red)

Köhler, Siegfried, Prof, Dirigent; c/o Bayerische Kammeroper, PF 1220, D-97209 Veitshöchheim [1923]. **Laufb:** 1. Kapm Heilbronn, 1. Kapm an Bühnen in Freiburg, Düsseldorf, Köln, GMD Stadtth Saarbrücken 64–73, GMD Hess Staatsth Wiesbaden 73–88, Chefdgt Kgl Op Stockholm 88–96, Dgt SinfOrch Aachen, Gastdgt RF-SinfOrch Saarbrücken, Musikal Oblt Bayer KamOp Veitshöchheim, Dgt Op in d Hersfelder Stiftsruine. **Pr:** Hofkapellmstr. (Red)

Köhler, Wolfgang, Prof, Hochschullehrer, Klavier; H f Musik 'Hanns Eisler', Charlottenstr 55, D-10117 Berlin [Hofgeismar]. **Ausb:** Unterr (Kl, V), Burghausener Jazzks 77, Unterr (B Harris, E Larkins) New York 80, Stud (SchM) H d Künste Berlin 80, Staatl MLehrerPrfg 85, neben dem Stud Ausb (W Norris), Klass Unterr (E Gundlich) 82–96. **Laufb:** ständ Tourneebegl v Karl Dall zwischen 82 u 86, ZusArb ua m H Geller, L Donaldson, L Wright, L Soloff, S Droste, B Shew, B Elgard, Pianist RIAS-Tanzorch unter H Jankowski, RIAS Big Band unter J Whigham, SFB-Talkshow 'Berlin Mitte', zeitweise Org d Viva Talkshow 'Ma Kuckn' 92, ZusArb m Th Freie Volksbühne u Maxim Gorki Th, LBeauftr (Jazzkl) H d Künste Berlin 92–95, LBeauftr (Jazzkl, Korr) H f Musik 'Hanns Eisler' Berlin seit 95, Doz (Kl) Workshops in Bologna 95/96, Korr b Jazzgesangsworkshops m S Droste Bielefeld 96/97, Prof (Kl) Abt Jazz- u Popularmusik d H f Musik 'Hanns Eisler' Berlin 99. **Ens:** Just Friends, Lou Blackburn Int Qua, Red Onions New Orleans Jazz Band. – **Komp:** FilmM. **Aufn/RF:** CD-Aufn m RF-SinfOrch Berlin u Dt Sinf-Orch. (Red)

Prof Wolfgang Köhler
(Komponist)

† **Köhler,** Wolfgang (Pseud: Kurt Wolff), Prof, KMD, Komponist; Danziger Str 9, D-34289 Zierenberg, PF 47, D-34287 Zierenberg, T: (0 56 06) 36 23, *kontakt@komponist-wolfgang-koehler.de*; *www.komponist-wolfgang-koehler.de* [Braunschweig 12.6.1923 † 21.10.2003]. **Ausb:** Stud Komp (R Gress), V, Org Kons Kassel, Stud Komp (W Fortner, R Leibòwitz, R Liebermann). **Laufb:** erste autodidakt Komp 39, Ruf Kons Göttingen 51, Doz (Komp, MTheorie, Neue M, MGesch, Org) U Marburg, Stadthallenorg Kassel 56, Vorstand Dt Autoren-Verband (Sektion Komp) Hannover, 1. Vors Arbeitskr Nordhess Komp, Doz PH Göttingen seit 64, KMD, Nachwuchsausbild f d Ev Kirche, iR 87. **Pr:** vielfache Ausz u Orden, ua Niedersächs Kulturpr, Goethe-Plak d Landes Hessen, Ehrenmitgl DTKV, BVK. **Ens:** Symphonik u Kammermusik. **Mitgl:** DTKV, Dt Autorenverband – Sek Komp, ArbKreis Nordhess Komp. – **Komp:** Symph Nr 1 op 1, 39, UA Kassel, Staatsth 55; 1. Kl-Son op 3; Drei Lieder nach Gedichten v F Ulbrich op 6 (Christa K gewidmet); 'Julius Cäsar' (BühnenM); II. StrQua op 16, UA Kassel, Woche d zeitgen Dichtg u M 50; Concertino f Pk u Str op 17, UA Symph Orch d Nat U o Fine Arts and M Tokyo; II. V-Son op 26; III. StrTrio op 27, 41, UA Kranichsteiner MTage 49; 5 Studien f Kl op 29; Skizzen (Kl) op 31, UA Braunschweig, Festl Tage Neuer KamM 49; Variationen u Fuge über 2 Themen v Bach op 37 (Org); Variationen o Thema op 40, UA Münchner Philh; Symph Nr III op 42 'Julius Cäsar', UA 69; Bl-Qui op 49, UA Bayreuth, Jeunesses Musicales 50; Konz f Orch op 50, UA Orch Philh du Luxembourg 53; 'Prinzessin Brambilla' op 53 (Sprech-Op); Ökumen Vaterunser op 55, UA Ch u Schlagwerk Ens d NDR; Konz f 2 Org op 56; 6 Aphorismen op 57 (Hf u Kl); Triptychon op 59 (Hf); Bach-Brahms-Variationen op 62 (Hf); Meditationen op 64 (Hf u Cemb); 'Heinrich VIII' op 65 (Ein-Mann-Op); Konz f zwei Org op 56, UA 75 (Auftr Festspielltg Bad Hersfeld); Mahler-Reflexionen op 67, UA 86 (Auftr StaatsTh Kassel); Ges d Lao-Tse op 70, UA 94; Jerusalem-Phantasie op 73, UA 96 (Auftr 3000-J-Feier Jerusalem). **Sonst:** Grdg KonzR 'Werke jg Komp d In- u Auslandes' Kassel; alle OrgWerke J S Bachs in e Orgel-Zyklus (50er Jahre); Veröffentl: 'Das Werk' (m C Köhler) 93. **Lit:** Altmann: 'Tonkünstler-Lex'; Hollfelder: 'KlM'; Riemann: 'M-Lex I u II'; 'M v A-Z'; Sive: 'Perc Solo Lit' u 'Perc Ens Lit'; Wörner: 'Gesch d M'; H Hopf: 'W K – e Komp i unserer Zeit'; C Köhler: 'W K – D Werk'; H Hopf: 'Zu W Ks Symph Nr 3 op 42' (In: FS E Valentin); Ders: 'Zu Komp-Techniken i Konz f Orch v W K' (In: FS W Boetticher).

Köhli, Jens, Horn; c/o Staatstheater Braunschweig, Am Theater, D-38100 Braunschweig, PF 4539, D-38035 Braunschweig. **Laufb:** Sol Staatsth Braunschweig SpZ 03/04. (Red)

Köhn, Christian, Klavier; Allee 1, D-32756 Detmold, *info@christiankoehn.de*, *Konzertagentur.Fahrenholtz@gmx.de*; c/o Konzertagentur Fahrenholtz, Winterleitenweg 17B, D-97082 Würzburg, T: (09 31) 7 84 72 30, F: 7 84 72 30; *www.christiankoehn.de* [Bochum 1.2.1963]. Klavierduo, Streicher-Kammermusik **Ausb:** MH Dortmund b Joseph Matthias Blome, MH Detmold b Renate Kretschmar-Fischer. **Laufb:** Dozent MH Detmold. **Pr:** Steinway-Kl-Wettb Hamburg, Int Schubert-Wettb Dortmund, Stip Oscar-u-Vera-Ritter-Stiftg in Hamburg, Stip Dt MWettb Bonn, ARD-Musikwettb München. **Ens:** KlDuo Silke-Thora Matthies – Christian Köhn. – **Aufn/RF:** 24 CDs (J Brahms, A Dvorak, G Klebe, WA Mozart, St Wolpe). **UA:** Giselher Klebe: Glockentürme für Kl 4hdg op.103; Soggetto cavato Nr.1 für Kl 4hdg op.122; Soggetto cavato Nr.2 für Kl 4hdg op.129; Nachklang für zwei Klaviere, op.111; Poèma drammatico für zwei Klaviere und Orch. op.130; Poèma lirico für V, Kl u Orch. op.136; Poèma concertante für Kl u Orch op.144; Thema u 39 Variationen f Kl op.142; Meine Enkelkinder und ich, f Kl op.140; Fantasia Incisiana für V u Kl op.137; Martin Christoph Redel: Duo concertante für Kl 4hdg op.43; Metamorphosen für zwei Klaviere 69; Ulrich Leyendecker: Impromptu für zwei Klaviere 94. **Zug:** Giselher Klebe: Glockentürme für Kl 4hdg op.103; Poèma concertante für Kl u Orch op.144; Thema u 39 Variationen für Kl op.142; Martin Christoph Redel: Duo concertante f Kl 4hdg op.43. **Sonst:** Hg v Klavierduo-Ausgaben.

Koella, Ulrich, Prof, Hochschullehrer, Kammermusiker; Hochschule Musik u Theater, Tössertobelstr 1, CH-8400 Winterthur, T: 07 94 12 58 24, *ulrich.koella @doz.hmt.edu* [USA 1955]. **Ausb:** Stud MH Basel, Hannover. **Laufb:** Prof (KamM) HMT Zürich, KlBegleitung v Olaf Bär, Bettina Boller, Christoph Homberger, Thomas Friedli, James Galway, Ulrike Helzel, Wolfgang Holzmair, Rudolf Koelman, Laszlo Polgar, Andreas Schmidt, Bo Skovnus u Raphael Wallfisch. (*)

Köller, Uwe, Prof, Hochschullehrer, Trompete; Univ f Musik u Darst Kunst, Inst 4, Brandhofgasse 21, A-8010 Graz, T: (03 16) 3 89 33 88, F: 3 89 30 41, *uwe.koeller@kug.ac.at*; Schillerstr 26, A-8010 Graz. **Laufb:** GastProf (Trp) U f M u Darst Kunst Graz, Prof (Trp) Folkwang-H Essen. (Red)

Koelman, Rudolf, Prof, Hochschullehrer, Violine; Seidenstr 33, CH-8400 Winterthur, T: 05 22 42 24 11, 07 87 54 85 69, *koelman@bluewin.ch*; Bankstr 9, D-40476 Düsseldorf, T: (02 11) 1 59 47 27; *www.koelman.ch* [Amsterdam 2.10.1959]. **Ausb:** Unterr V (J Bor), Stud V (H Krebbers) Kons Amsterdam ab 72, (J Heifetz) Univ of Southern California, Los Angeles 78–81. **Laufb:** 1. KonzM Royal Concertgebouw Orch Amsterdam bis 99, Prof (V) Robert-Schumann-H Düsseldorf, Doz MH Winterthur/Zürich, GastProf Griffith U Brisbane, Australian Nat Acad of Music Melbourne, Royal Acad of London, Konz als Sol m Aargauer SymphOrch, Amsterdams Philh Ork, Berner Kam-Orch; Berner SymphOrch, Concertgebouw Kamer Ork, Innsbrucker Symph-Orch, Kölnisches RF-Orch WDR, Orch de Chambre de Lausanne, Orch Synfonico Siciliana, Poln Klass Philh, Tokio Philh. – **Aufn/RF:** CDs: Paganini: 24 Capricen f V solo; R K spielt seine Lieblingszugaben; Brahms: Violinsonaten; Prokofjew: Violinsonaten; Kreisler: Masterpieces; Conus: Violinkonz e-moll; Vivaldi: Vier Jahreszeiten; Brahms: Klavierqua g-moll.

Kölmel, Philipp Fabian, Dipl-TonMstr, Dipl-Komp, Komponist, Tonmeister; Pergamentergasse 16, D-99084 Erfurt, T: (03 61) 2 11 52 11, F: 2 11 52 40; *www.philmusik.de* [Rastatt 5.9.1973]. orchestrale Filmmusik, Pop-Musik, Sound-Design **Ausb:** Stud (Tonmstr, SchM-StR, Kl, Kontrabass) U d K Berlin 92–2000, Stud Komp f Film u Fernsehen (N J Schneider) H f M u Th München 96–99. **Laufb:** Pianist, Theatermusiker, Kontrabassist in div Jugendorch, freier Komp, Arrangeur u Tonmstr im Bereich d U- u E-Musik seit 96, Filmmusiken f ARD, ZDF, ProSieben, RTL u f Kino. – **Komp:** Konz f Kl u Orch (Kl Solo, gr Orch) 97, UA Jena, Belg Radio-Philharmonie, H Rotman, K Neubauer 98; Don't Kill Golden Geese (Jazz) 97, UA München 98; Cascadeur (FilmM f gr Orch, Chor, Elektronik) 97/98; Schubert schlägt ein – Variationen z Goethejahr 1999 (KamM) 98, UA München 99. **AuftrKomp:** Komposition f fünf Flügel '150 Jahre Siemens in Russland', UA Philh St Petersburg 03; Unternehmenssymphonie '150 Jahre Giesecke & Devrient', UA ICM München, Münchner Symphoniker, Dgt H M Förster 02.

Kölz, Ernst, Prof, Komponist, Blockflöte; Garbergasse 14/12, A-1060 Wien, T: (01) 5 97 75 55 [26.1.1929]. Lied, Textvertonung, Bühnen-, Hörspiel-, Filmmusik **Ausb:** Stud (H U Staeps) Kons Wien 44–50, Autodidakt. **Laufb:** Konz Europa, Taiwan. **Pr:** Förderpr Theodor-Körner-Stift 65, Förderpr Stadt Wien 65, Verleihung Prof-Titel. **Mitgl:** IGNM. – **Sonst:** Hg alter M. **Lit:** E K – ein österr Künstler im Spiegel d kulturellen Lebens seiner Zeit (Diss E Wykydal Wien 2000).

Koenen, Rolf, Prof, Hochschullehrer, Klavier; Tegeler Weg 107, D-10589 Berlin, T: (0 30) 3 44 17 25, F: 3 44 17 25, *rolf.koenen@freenet.de*; Univ d Künste, Fak Musik, Inst f Künstl Ausbildung / Klavier, PF 120544, D-10595 Berlin [Duisburg 1946]. **Ausb:** Stud Folkwangschule Essen (D Kraus), München (L Hoffmann), Florenz (M Tipo). **Laufb:** Doz MH München seit 73, Prof (Kl) U d Künste Berlin seit 82. **Pr:** Folkwang Wettb 69. (Red)

König, Christoph, Dirigent; c/o Ophaus Graz, Kaiser Josef Pl 10, A-8010 Graz, T: (03 16) 80 08; c/o Van Walsum Management Deutschland, PF 3409, D-30034 Hannover, T: (05 11) 3 66 07 23, F: 3 66 07 24, *vrowsell@vanwalsum.com*; *www.theater-graz.com*. **Laufb:** 1. koord Kapm u Solorep Schillerth NRW Wuppertal-Gelsenkirchen, 1. Kapm Op Bonn, Dgt Op Bonn u Zürich SpZ 02/03, Ophaus Graz SpZ 04/05. **Pr:** Herbert v Karajan Stift.

Koenig, Gottfried Michael, Dr hc, Komponist; Rodeheldenstr 32, Niederlande-4116 BB Buren, T: (03 44) 57 27 88, F: 57 27 87, *g.koenig @wxs.nl*; *www.koenigproject.nl* [Magdeburg 5.10.1926]. elektron Musik, algorithmische Komposition **Ausb:** Stud (KiM) StaatsMSchule Braunschweig 47–48, (Komp, Kl, Analyse) MH Detmold 48–50, Inst f mus-techn Gestaltung MH Köln 53–54, (EDV) U Bonn 63–64. **Laufb:** Mitarb WDR (Studio f elektr M) 54–64, Doz (elektron M) MH Köln 62–64, Doz (Komp, Analyse) ebd 63–64, Dir Inst f Sonologie U Utrecht 64–86, Doz (Komp, elektron M) Rhein MSch Köln 66–67, Gastprof (algorithm Komp) TU Berlin 02–03. **Pr:** Förderungsprämie d Ldes NRW 61, Matthijs Vermeulen Pr d Stadt Amsterdam 87, Christoph u Stephan Kaske-Pr München 99. – **Komp:** Zwei Klavierstücke, UA Köln, Aloys Kontarsky 57; StrQua 59, UA Cincinnati, LaSalle Qua 60; Qui (f Holzbläser), UA Köln, WDR 60; Übung (f Kl), UA Bremen, C Helffer 70; 3 ASKO Stücke, UA Amsterdam (2 Sätze) 82, Paris (3. Satz) 84; Beitr (f Orch), UA Den Haag 88; Concerti e Corali, UA Antwerpen 93; Segmente 85–91 (Fl, Bassklr, Vcl) 84, UA Priverno (Pontino Fstv) 87; Beitrag (f Orch) 85/86, UA Den Haag 86; StrQua 87, UA Sermoneta (Pontino Fstv), ArdittiQua 88; 60 Blätter f Streichtrio 92, UA Darmstadt, Ens Recherche 94; elektr Werke: Klangfiguren II, UA Köln 56; Essay, UA Köln 58; Terminus, UA Köln 63; Terminus 2, UA Utrecht 67; Funktionen-Reihe (8 Komp) 67–69, Polychromie 01, UA Florenz 01. **Zug:** G Ligeti: Pièce électronique #3 (digitale Realisation Den Haag). **Sonst:** Projekt 1 u Projekt 2 (KompProgramme) 64/66 u 66/68; Ästhet Praixs, Texte z M (bisher 5 Bde). **Lit:** U Dibelius: 'Gottfried Michael Koenig', in: Moderne Musik 1945–1965, 66; U Stürzbecher: 'Gottfried Michael Koenig', in: Werkstattgespräche mit Komponisten, 73; H-K Metzger/ R Rehn (Hg): Musik-Konzepte 66, ('Gottfried Michael Koenig'), 89; O Laske: 'Composition Theory in Koenig's Project One and Project Two', in: C Roads (Hg): The Music Machine, 89.

König, Hans-Peter, Sänger; Am Hochsitz 27, D-40113 Wuppertal, T: (02 02) 6 95 21 85, (01 72) 4 32 92 24; c/o Hamburgische Staatsoper, PF 302448, D-20308 Hamburg. **Laufb:** Sol u Gastsol Op Hannover, Dt Op am Rhein Düsseldorf-Duisburg SpZ 02/05, Dt Op Berlin SpZ 04/05, Semperop Dresden SpZ 04/05, Staatsop Hamburg SpZ 04/05. (Red)

König, Klaus, Tenor; Sächsische Staatsoper Dresden, Theaterpl 2, D-01067 Dresden, T: (03 51) 4 91 10; c/o Oper Leipzig, Augustuspl 12, D-04109 Leipzig; *www.semperoper.de* [Beuthen, Oberschlesien 1934]. **Ausb:** Stud (Ges) ab 65. **Laufb:** Debüt Th Cottbus 70, Sol Sächs Staatsop Dresden, Op Leipzig. (Red)

König, Michael, Tenor; c/o Volksoper Wien, Währinger Str 78, A-1090 Wien, T: (01) 5 14 44 30; c/o Artists Management Hartmut Haase, Aalgrund 8, D-31275 Lehrte, T: (0 51 75) 95 32 32, F: 95 32 33, *artists@t-online.de*; *www.volksoper.at*. **Laufb:** Sol Th Basel, Sol Landesbühnen Sachsen (03/05), Gastsol Op Frankfurt SpZ 00/01, Gastsol Th Aachen, Landesbühnen Sachsen SpZ 03/04, Op Hannover seit SpZ 03/04, Volksop Wien SpZ 04/05. (Red)

König, Wolfram, Prof, Hochschullehrer, Violine; Graf-Enno-Str 23, D-26603 Aurich, T: (0 49 41) 48 09; Hochschule f Musik, Schultheiß-Koch-Pl 3, D-78647 Trossingen. **Laufb:** Prof (V) Staatl H f M Trossingen. (Red)

Koenigs, Lothar, Dirigent; c/o Bühnen der Stadt Köln – Opernhaus, PF 101061, D-50450 Köln, T: (05 41) 3 23 43 11, F: 3 23 27 51, *musikbuero.theateros@t-online.de*; Columbia Artists Management GmbH, c/o Till Janczukowicz, Albrechtstr 18, D-10117 Berlin, *info@cami.com* [Aachen 1965]. **Ausb:** Stud (Dir) MH Köln. **Laufb:** GMD Osnabrücker Symphonieorch u Lt Sinfoniekonz Städt Bühnen Osnabrück 2000–04, Dgt Hamburg Staatsop, Sächs Staatsop Dresden, Op Köln.

Königstedt, Eckart, Fagott; c/o Rundfunk-Sinfonieorchester Berlin, Charlottenstr 56, D-10117 Berlin. **Laufb:** stv Sol RF-SinfOrch Berlin. (Red)

Könnes, Bernd, Sänger; c/o Staatsoperette Dresden, Pirnaer Landstr 131, D-01257 Dresden [Viersen 5.6.1969]. Op, Konz **Ausb:** Stud (P Ziethen) MH Detmold, Abt Münster 89–94, Stud (S Papulkas) Folkwang-H Essen 95–2000, erweiterte Studien (B Lang) Mannheim, (R Thomas) Kaiserslautern. **Laufb:** Op 'Harvey Milk' (Young Harvey) europ EA 96, Sol Pfalzth Kaiserslautern seit SpZ 97/98 (03/04), Hidalgo: Op 'Bacon' (2.Offizier) Schwetzinger FSp 2001, Mozart: Op 'Idomeneo' (Gran Sacerdote) Heidelberger SchlossFSp 2001, Staatsoptte Dresden SpZ 04/05. **Pr:** 1. Pr VDMK Landeswettb Nordrhein-Westfalen 90, Sonderpr f Finalisten VDMK Bundeswettb Berlin 90. – **Aufn/RF:** RF-Mitschn: Mussorgsky: Op 'Boris Gudonow' (Missaïl/Lubbojer), Holland, Dgt: H Vonk; Hildago: Op 'Bacon 1561–1992' (2.Offizier), Schwetzingen, Dgt: M Schreier.

Köper, Karl-Heinz, Komponist; Schneekoppenweg 12, D-30916 Isernhagen, T: (05 11) 73 34 03 [Hannover 13.5.1927]. **Ausb:** Stud Akad f Musik u Th Hannover. **Laufb:** Theaterkapm, freischaff Komp seit 60. **Pr:** Förderungspr Stuttgart u Niedersachsen 62, Niedersächs Künstlerstip 82. – **Komp:** Mytho-Logica, 3 Skizzen (Pk, Orch) 61; Fakturen (Konz), UA Hannover, NDR 71; Pop Corn Concerto (Konz) 72, UA Baden-Baden, H Baumann 73; Der Schwan v Pesaro, rossiniello (Konz) 79, UA Berlin 81; Mosaik m Mozart (13 Solo-Trp u Pauken) 79, UA Bad Säckingen, Ens E Tarr 79.

Koepf, Siegfried, Komponist; Lintgasse 22, D-50667 Köln, T: (02 21) 2 57 79 46, *s.koepf@uni-koeln.de*; *www.aconnect.de/friends/editions/index.htm* [Stuttgart 1958]. algorithmische Komposition, elektron Musik **Ausb:** Studien Kl (G Louegk) Stuttgart 82–84, Stud (Kl, Komp, elektr Komp) MH Köln 84–93. **Laufb:** algorithm u kombinator Komp seit 92, neben Komp auch Videos, Musikmaschinen, Kunstobjekte, Print-Editionen, Texte, Computerprogramme, Ausstell m Malerei, Objekten, Videos, zahlr Konz m Neuer Musik als Komp u Performer, Doz (Komp u MTheorie) MH Köln seit 2000. **Pr:** ua Bernd-Alois-Zimmermann-Stip d Stadt Köln 94, Forschungsstip d Lds NRW 95–97, Ausz b KurzfilmFstv Köln, Oberhausen u Braunschweig 02/03. **Mitgl:** Feedback Studio Köln, GIMIK – Initiative M u Informatik Köln eV. – **AuftrKomp:** 99 Melodien f d Glockensp im Kölner Ratsturm 96, UA Köln 96 (Auftr: Rhein MFest); Beuys goes Pythagoras (elektr M) 2000, UA Bedburg-Hau 2000 (Auftr: Museum Schloss Moyland); Creating Reality (elektr M, Teil d gleichn Audio-Video-Inst m J Jung) 03, UA Seoul 03 (Auftr: Marronnier Art Center Seoul).

Köpke, Miriam, Sängerin; c/o Operette Düsseldorf eV, Schlesische Str 94, D-40231 Düsseldorf. **Laufb:** Sol Optte Düsseldorf SpZ 03/05. (Red)

Koepp, Franz Josef, Sänger; c/o Stadtth Baden b Wien, Theaterpl 7, A-2500 Baden b Wien. **Laufb:** Gastsol Stadtth Baden b Wien SpZ 03/05. (Red)

Köppl, Leopold, Sänger; Fuchsschweif 19, A-4230 Pregarten, T: (0 72 36) 78 07. **Laufb:** Sol Ldsth Linz SpZ 03/05. (Red)

Köpplinger, Josef Ernst, Intendant, Regisseur; Rechte Wienzeile 15, A-1040 Wien, T: (01) 5 87 20 54. **Laufb:** Intendant Musicalfestival Bruck/Leitha, Reg Ophaus Graz u MTh im Revier SpZ 04/05. (Red)

Körber, Till Alexander, Komponist, Pianist; Prandtauerstr 41, A-4040 Linz, T: (07 32) 70 06 09, *t.koerber@bruckneruni.at* [Tübingen 8.3.1967]. Kam- u VokalM **Ausb:** Stud (Kl, Dirig) MH Freiburg 86–90, MH Wien 90–95, als Komp Autodidakt. **Laufb:** LBeauftr (zeitgen KlM) MH Graz 94, Lt Klasse f KlKamM Brucknerkons Linz 99. **Pr:** Spezialpr 7. Int Mozart Wettb Salzburg 99; 2. Pr KompWettb 'Guido d'Arezzo' 97. **Ens:** Ens Wiener Collage. – **Komp:** Turba, Ricercas u Hymnus (V, Va, Vcl, Kb), UA Innsbruck, Merlin Ens Wien, Dgt: M Walch 98; Ricercas (Blockfl, B-Klar, Vcl, Kb), UA gepl Lilienfeld 01. **AuftrKomp:** Bläserqui (AltFl, Ob, Klar, Hn, Fagott), UA Wiesbaden, Avalon Quin 98 (Auftr: Wiesbadener Musikherbst); Liebeslieder (Sop, Oboe, Vcl, Cem o Kl), UA gepl Zürich, Ens Aequator, Dgt: M Walch 02. **Aufn/RF:** CDs u a: Liszt, P Förtig, E Krenek, B A Zimmermann: Soloklavierwerke 91; Brahms: Chorwerke m Kl, A Webern Chor Freiburg, Dgt: H M Beuerle 95; Schumann: Liederzyklen, Sol: S Weir 94; P Förtig: KamM 98. **UA:** C S Mahnkopf: Rhizom, UA Hamburg 92; Haas: Klavierkonz, UA Wien, Wiener KamOrch, Dgt: E Kovacic 97. **Zug:** C S Mahnkopf: 5 kleine Lakunaritäten 2000.

Koerper, Jean-Georges, Hochschullehrer; Hochschule Musik u Tanz, Florhofgasse 6, CH-8001 Zürich, *jean-georges.koerper@wanadoo.fr* [Mulhouse]. **Laufb:** Doz (Sax) MH Winterthur Zürich. **Pr:** 1. Pr Kons Mulhouse, Pr Int Wettb Genf. (Red)

Koerppen, Alfred, Prof, Komponist; Steinwedeler Kirchweg 2, D-31303 Burgdorf, T: (0 51 36) 34 34, F: 62 42, *koerppen@alfred-koerppen.de*; Via Carizia 27, I-04018 Sezze Romano, T: 07 73 88 71 32, F: 07 73 88 71 32, *koerppen@libero.it*; *www.alfred-koerppen.de/* [Wiesbaden 16.12.1926]. Orch- u Kammermusik, Geistliche Musik, Chormusik, Musiktheater **Ausb:** Stud Komp u MTheorie (K Thomas). **Laufb:** Prof (Komp, Tonsatz) H f M u Th Hannover 48–92, Komp in versch Gattungen, schriftstellerische Arbeiten, Libretti, musikästhet u pädagog Arbeiten. **Pr:** Villa Massimo-Stip 60, Niedersachsenpr f Kultur 83. – **Komp:** Virgilius, der Mager v Rom (Op) 50, UA Frankfurt/M, Knabenchor Hannover, Dgt: H Hennig 50; Das Feuer d Prometheus (Orat), UA Hannover, Hannoveraner Oratorienchor, Dgt: F v Bloh 56; Ein Abenteuer auf d Friedhof (Op) 77, UA Hannover, Staatsop, Dgt: K Mahlke 78; Zauberwald (ChW f Frauenchor), UA Stuttgart, Mädchenchor Hannover, Dgt: L Rutt 82. **AuftrKomp:** Echnaton (3 gem Ch u Bläser) 65 (Auftr: Land Niedersachsen); ECHO (3 gem Ch) 85 (Auftr: Dt Musikrat); 2. Symph (OrchW f gr Orch) 85, UA Hannover, Dgt: G A Albrecht 86 (Auftr: Niedersächs Staatsorch). **Aufn/RF:** Europ Weihnachtslieder; Frisia cantat; Männerchöre. **Lit:** Artikel (Grove; MGG); Dokumentation A K (5 Bde) Freiburger MForum.

Koesler, Siegfried, Prof, Hochschullehrer, Kirchenmusiker; Franziskanerpl 3, D-97070 Würzburg, T: (09 31) 5 55 95, F: 57 23 25, *Dommusik@bistum-wuerzburg.de*. **Laufb:** LBeauftr (kath KiM) H f M Würzburg. (Red)

Kösling, Bernhard, Klarinette; Am Horst 6, D-32758 Detmold, T: (0 52 31) 35 97 48. **Ausb:** Stud (Prof H Deinzer) H f M u Th Hannover. **Laufb:** Mitgl Junge Dt Philh; Gast 'Ensemble Modern', 'Klangforum Wien', 'Musikfabrik NRW'. **Pr:** 1. Pr Dt H-Wettb 90. **Ens:** 'Ens Köln', 'Gruppe M', 'oh tonensemble', KamSymph Bremen. (Red)

Koester, Werner, MD, Komponist, Chordirektor; Heinrich-Stender-Str 14, D-51674 Wiehl, T: (0 22 62) 22 28 [1929]. **Laufb:** Dgt Männergesangverein Hämmern seit 55. (Red)

Kösters, Johannes M, Bariton; Renzstr 9, D-68161 Mannheim, T: 0 17 09 63 06 48, F: (06 21) 1 22 47 68, *bariton@johannesmkoesters.com*; c/o Kammeroper Frankfurt, Sternstr 31, D-60318 Frankfurt/Main; *www.johannesmkoesters.com* [Unna/Westf]. zeitgenöss Musiktheater **Ausb:** Regensburger Domspatzen 63–71, Stud (MWiss) Regensburg u Frankfurt/M 74–80, Stud Ges (M Gründler) Frankfurt 75–80, OpSchule Bloomington, Indiana, USA (M Harshaw) 80–81, (R Sartorius) Wiesbaden, Wien. **Laufb:** NatTh Mannheim 81–87, MTh im Revier Gelsenkirchen 87–91, Doz (Ges) Staatl H f M u Darst Kunst Mannheim seit 86, freischaff (Op, Orat, Lied) seit 91, SpZ 03/04: Gastsol Aachen, Bielefeld, Mönchengladbach, Erfurt, Frankfurt u Krefeld, Sol Kam-Op Frankfurt SpZ 04/06, Th der Stadt Trier SpZ 05/06. **Pr:** Pr Suisse Int Gesangswettb Genf 78, 3. Pr Wettb Oralia Domingues San Luis Potosi (Mexiko) 81. – **Aufn/RF:** CDs: W Rihm: Hamletmaschine, Mannheimer NatTh, Dgt: P Schneider 91; W Rihm: Hölderlin-Fragmente, Berliner Philh Orch, Dgt: C Abbado 94; V D Kirchner: Missa Moguntina, Mainzer Domchor u Orch, Dgt: M Breitschaft 93; R Leibowitz: Chamber Music, ens Aisthesis, Dgt: W Nußbaum 96. **UA:** W Rihm: Hamletmaschine, UA Mannheimer NatTh 87; Ej Rautavaara: Vincent, UA Kiel 91; G Bialas: Aus der Matratzengruft, UA Kiel 92; W Rihm: Seraphintheater, UA Frankfurt 94; A Ruppert: Baumeister Solness, UA Innsbruck 96; W Mitterer: Ka u d Pavian, UA Darmstadt 2000; F Hummel: Styx, UA Karlsruhe 01; V D Kirchner: Ahasver, UA Bielefeld 01; P Aderholt: Luther, UA Erfurt 03; Fr Schenker: Johann Faustus, UA Kassel 04; J Josef: Aias, UA Trier 06.

Köstlinger, Josef, Sänger; Wilhelm-Erben-Str 7, A-5020 Salzburg, T: (06 62) 43 51 22; c/o Landestheater Salzburg, Schwarzstr 22, A-5020 Salzburg. **Laufb:** Sol Ldsth Salzburg SpZ 03/05. (Red)

Köszeghy, Pèter, Dipl-Komp, Dipl-MPäd, Komponist; Uhlandstr 51, D-13156 Berlin, T: (0 30) 2 94 06 86, *koeszeghy@gmx.net*; *www.koeszeghy.de* [Balassagyarmat 2.9.1971]. Neue Musik, Avantgarde, elektron M **Ausb:** Stud (Fl) B Bartók Gym Ungarn 85–89, Stud (Fl Dipl) MAkad 'F Liszt' Györ (Ungarn) 89–92, Stud Komp (P H Dittrich) H f M 'Hanns Eisler' Berlin 92–99, Stud Komp (H Zender) MH Frankfurt/M 2000–01. **Pr:** Hanns-Eisler-Pr 94, 96, 99, 1. Pr Hess Staaatsth Wiesbaden 'praemortem-Postmorte' f Qua Avance, 1. Pr Biennale Neue M Hannover 'Zen – Ges', 2. Pr Komp-Wettb 'Radio 3' (ORB) 01. **Mitgl:** BVNM eV (Brandenburg Verein Neue M) seit 02. – **Komp:** Utopie VI, UA Rheinsberg, MAkad Rheinsberg, Ob: P Veale; Utopie III, UA Berlin, Ballhaus-Kreuzberg, Fl: C Levine; Kyklop, UA Frankfurt/M, Ens Modern, Dgt: R Rivolta; Passacaglia Hermaphrodita (e perverses Spielchen), UA Oldenburg, Ens oh-ton, Dgt: M Würtz; Sysiphos, UA Berlin, Kryptonale V, AVA-Ens, Dgt: P Köszeghy; Kylkhor-Kylkhor, UA Berlin, H f M 'Hanns Eisler', AVA-Ens, Dgt: P Köszeghy; Mephisto, UA Leverkusen, Fl: C Levine, Kl: K Becker, Vcl: S Palm; Cromag, UA Paris, Th Dunois, Ens Aleph; Nrtya 5, UA Hannover, EX-PO 2000, Ens AVA, Dgt: P Köszeghy, Utopie V, UA London, British Inf Centre of M, S: C. Lesser. **AuftrKomp:** Kreatur 1 (Alt, Sop, Bar, Bass, V, Pos), UA Rheinsberg, Laurentiuskirche, Dgt: P Köszeghy (Auftr: BCNM Brandenburg); Cygnus X-1 (Fl, Klar, Vcl, Kl), UA Dresden, 'the trio coogne connection', Dgt: P Köszeghy (Auftr: the trio cologne connection); Lucutus (Bassblockfl, Knopfakk), UA Berlin, Akad d Künste, Dgt: P Köszeghy (Auftr: Akad d Künste); Symph le Sade – Zeitgeräusch, UA Leipzig, Spinner-Fstv (Auftr: BlockflTrio 'Les trois en bloc'); Wrath (Kl), UA Paris, Goethe-Inst, Kl: M Worms (Auftr: M Worms); Nrtya 5 (Sop, Akk, V, Pos, Kl), UA Berlin, BkA-Th, Dgt: P Köszeghy (Auftr: Berliner Senat); Kraath (Blockfl, Fag, Perc, KB), UA Rotterdam, Blockfl: J Isaak (Auftr: J Isaak); L'Ecole du Libertinage (E-V) Akad d Künste 'Lange Nacht d elektron Klänge', UA Berlin; BAUBO (2 Fl, 2 Bassfl), Isang Yun Querfl-Qua, UA Tongyoeng/Südkorea; Crossover (Ob, Fag, Va, Git), ens sortisatio, UA vorauss Leipzig Dez 03; Fetish 1 (V, Va, KB, Fl, Bassklar, Klar), UA Berlin/Ballhaus Nannystr ('Klangwerkstatt'). **Aufn/RF:** Cygnus X-1 (Trio f Fl, Vcl, Klar, Kl), m 'trio de cologne connection', CD 96; Cromag (Sop, V, Vcl, Klar, Trp, Perc, Kl), m Ens Aleph, CD 99; Rausch-Absinth-Rausch (Klar, Org), DLF Berlin, Passacaglia-Hermaphrodita (Blockfl, Klar, Sax, Hfe, Git, KB, Perc, Akk), Radio Bremen 01, Lucutus (Bassblockfl, Akk, Live-Elektr, 6-Kanal-Band), MDR 2000; Entropie/Alpha (V, Perc) Dtschld-Radio Berlin 97, Brandenburger Hörbilder (Fl, Va, Vcl) 'Radio 3' 02. **UA:** Th Ch Heyde: Gewässer d Lichts, UA Berlin, BKA Th, Dgt: P Köszeghy; S Reinhold: Lieder, UA Dresden, KlSalon, Dgt: P Köszeghy; D Lesser: Tränen III, UA Dresden, KlSalon, Dgt: P Köszeghy; G C Taccani: Diario di Viaggio, UA Berlin, Kryptonale V, Dgt: P Köszeghy (alle m 'AVA'-Ens). **Sonst:** Noten- u Hörbildaufzeichner grenzüberschr Klangereignisse; Mitbegrdg, künstl Ltg, Organistation u Dgt 'AVA' Ens f M d 21. Jh Berlin; Mitbegrdg Protestseite 'donauwelle.org' (Internet). **Lit:** D Feider: Die BlockflötenM d 21. Jhs.

Köves, Peter, Sänger; c/o Wiener Staatsoper, Opernring 2, A-1010 Wien. **Laufb:** Sol Wiener Staatsop. (Red)

Kövi, László, Komponist; Karolinengasse 23/48, A-1040 Wien, T: (01) 5 05 84 13 [Vác, Ungarn 20.2.1949]. **Ausb:** PrivStud (Kl), Stud Komp (R Sugár) Bartók Kons Budapest, Jazzkl, Komp (A Uhl) H f M Wien ab 75, Dipl 82. **Laufb:** Korr Bartók-Kons Budapest, Budapester Kinderth bis 74, Jazz Konz (m eigenem Trio), Kurkonz Schweiz u Dtschld, Korr Th an d Wien, Staatsop, Kons Stadt Wien, Abt Musical u Optte seit 90. – **Komp:** Sechs KlStücke 70; Zwei Orgelfantasien 70; Lieder (n Texten v Schiller u Goethe); Missa Vaciensis (f gem Chor u Orgel) 72; Tanzstück (f Klar u Kl) 82; 'Resurrexi' nach d Psalm 138 (f a cap Chor) 82; 'Variationen über e alt-ungar Lied' (f gr Orch) 82; Drei Lieder n Texten v W Busch u A Tuschak ('Pst', 'Geschmacksache', 'Werdende Nacht'), UA Bregenz 83 u Brahms-Saal 84; Sonatina f Kl, Brahms-Saal 84; 'Maissauer Stimmungsbilder' (KlStück in 6 sätzen) f Ernst Gf Traun 88; 'Einen Jux will er sich machen' (BegleitM) 91; 'Wir blättern zurück' (BegleitM) 91; 'Blume v Hawaii' (Bearb Optte) 2000. **Aufn/RF:** 'Kaleidoskop' (f Fl, Vcl, Kl), ORF, Großer Sendesaal 81; Sonatina f Kl, Brahms-Saal 84; Toccata f Kl, Ö1, KompPorträt.

Kofler, Michael Martin, Univ Prof, Hochschullehrer, Flöte; Buchenstr 11a, D-83607 Holzkirchen, T: (0 80 24) 4 95 72, F: 4 95 72; c/o Baron & Weingartner Internationale Künstleragentur, Bösendorferstr 4/12, A-1010 Wien, T: (01) 4 89 61 54, F: 4 89 61 54–44, *office@baronartists.com* [Villach 9.4.1966]. **Ausb:** Stud (W Tripp, W Schulz) MH Wien 84–89, (P-L Graf) MAkad Basel 89–90. **Laufb:** Sol (Fl) Gustav Mahler Orch (C Abbado) 87, Sol (Fl) Münchner Philharmoniker seit Nov 87, weltweit Sol-Konz, Recitals u KamMAbende seit 83, Gast b Acad St Martin in the Fields, Philharm u Symph Orch München, Prag, Tokio, Osaka, Kyoto, Seoul, Moskau, Mexiko, Salzburg, Linz Warschau, Belgrad u Zagreb, Wiener, Stuttgarter, Münchner, Prager Pforzheimer u Württemberger KamOrch, slowen u slowak Philh, Salzburger KamPhilh, Amstersdamer Sinfonietta, Australian Chamber Orch, Budapest Strings, Amadeus chamber Orch, Zagreber Solisten, Tokyo Metropolitain Orch, ZusArb ua m S Celibidache, D Kitajenko, B Weil, Y Sado, G Varga, H Graf, N Marriner, H Soudant, G Schuller, M Horvath, J Levine, F Luisi, A Boreyko, K Ono, zahlr Sol-Tourneen n Fernost seit 90; Univ Prof (Fl) U Mozarteum Salzburg seit 89, Einl zu Mstr- u Gastksen Int Sommerakad Mozarteum Salzburg, Int Musikforum Klagenfurt/Viktring, Mstrkse in Uusikaupunkii (Finnland), Korea, Japan u Amerkia, Sol-Tourneen u Gastvortr in USA u Südamerika 03. **Pr:** zahlr Wettb, ua 2. Pr Wettb Concertino Praga 83, 1. Pr Österr Jugend musiziert, 83 u 85, 3.

Pl Europ FlWettb Brüssel 84, 3. Pr Kuhlau-Wettb Uelzen 86, 1. Pr Mercadante-Wettb Bari 87, Förderpr d Münchner KonzGesellschaft 87, Würdigungspr d österr Min f Wiss u Kultur 87 u 89, Kulturförderungspr f M d Ldes Kärnten 88, Kulturpr d Stadt Villach 93, 2. Pr int ARD-Wettb 90.

Kofman, Roman, GMD, Dirigent; Theater, Am Boeselagerhof 1, D-53111 Bonn [Kiew]. 20. Jh **Ausb:** Stud Tschaikowsky Musikakad Kiew. **Laufb:** seit 1990 als Künstl Ltr u Chefdir KamOrch Kiew 92, GMD Beethoven Orch Bonn im Konzertbereich sowie in d Op 03. **Pr:** 'Man of the year' Ukraine 99, Pr d dt Schallplattenkritik 02. (Red)

Kohl, Christiane, Sängerin; c/o Opernhaus Zürich, Falkenstr 1, CH-8008 Zürich. (Red)

Kohl, Lutz, Solorepetitor; c/o Komische Oper, Behrenstr 55–57, D-10117 Berlin. **Laufb:** Solorep Kom Op Berlin. (Red)

Kohl, Thomas, Bariton; c/o Theater Nordhausen/Loh-Orchester Sondershausen GmbH, Käthe-Kollwitz-Str 15, D-99734 Nordhausen, PF 100244, D-99722 Nordhausen; *www.thomaskohl-bariton.de*. Oper, Konzert, Lied **Ausb:** Stud (G Leib) MH Hanns Eisler Berlin 89–95; Mstrkse b E Schwartzkopf, T Krause. **Laufb:** KamOp Schloss Rheinsberg 95, Bad Hersfeld 98 u 2001, Sol Th Nordhausen/Sondershausen. **Pr:** Orpheuspr Bad Hersfeld 98. – **Aufn/RF:** CD: Ibert: Angelique (Charlot), dt Ersteinsp t, m Loh-Orch Sondershausen, Dgt: S Ottersbach.

Kohle, Roland, Komponist; Langenbachweg 25, D-88662 Überlingen, T: (0 77 73) 58 29, F: 13 28 [Überlingen 9.4.1953]. **Laufb:** Musiker, Komp u Performer, Grdg Projekt 'Git u Tanz' m Lynn Parkerson 79, zahlr Aufführungen im In- u Ausland. – **Komp:** intro-Version (Performance) 92, UA Konstanz 92; Déjà vu (Klang-Videoinst) 93, UA Singen 93; Traumetüde (Performance) 93, UA Überlingen 93; Leidensweg (Klang-, Bild-Videoinst) 93, UA Schloß Randegg 93; Scratch in A (Performance) 93, UA Neuhausen ob Eck 93; Jagen ist d Gegensatz v Besitzen (Solo-Performance), UA Sigmaringen 94; Petrarca variationen (Solo-Performance), UA Bologna 94; Traumetüde (Performance), UA Salem 99; Hamletparaphrase (Performance), UA Salem 99. **AuftrKomp:** 'Ach wie gut, daß niemand weiß' 82 (Auftr: Dt Friedensges f Musikth). (*)

Kohler, Christoph, Prof, Hochschullehrer, Horn; Zweite Ochsenkoppel 8, D-23566 Lübeck, T: (04 51) 5 85 36 36; Musikhochschule, Große Petersgrube 17–29, D-23552 Lübeck, *Christoph. Kohler@mh-luebeck.de*. **Ausb:** Stud (F Mechtenberg, H Baumann) Folkwang-Kons Essen, (E Penzel) Köln. **Laufb:** Hornist Berliner Philh, Sol Radio SinfOrch Berlin, NDR-SinfOrch Hamburg, Prof (Hn) MH Lübeck seit 97. **Pr:** 1. Pr Dt H-Wettb Essen 73. (Red)

Kohlhäufl, Josef, Prof, Hochschullehrer, Kirchenmusiker; Univ f Musik u Darst Kunst, Inst f Orgel, Orgelforschung u Kirchenmusik, Seilerstätte 26, A-1010 Wien. **Ausb:** Stud (KiM) H f Kath Kirchenmusik u Musikpädagogik Regensburg. **Laufb:** ChorLt Regensburger Domspatzen, em Uprof U f Musik u Darst Kunst Wien. (Red)

Kohlhase, Hans, Dr, Prof, Hochschullehrer, Viola; Hohenfelser Str 6, D-90518 Altdorf, T: (0 91 87) 80 46 35 [Dessau 30.9.1943]. KamM **Ausb:** Stud V u Va (E. Hauptmann, F. Lang) Hamburg, (K. Schäffer) Düsseldorf Kammermusik b d Mitgl d Qua Italiano u d Vegh-Qua. **Laufb:** Prof (Va) H f Musik Nürnberg-Augsburg, Abt Nürnberg. **Pr:** Mendelssohn-Pr d Stif Preuß Kulturbesitz 70, 1. Pr Bundesauswahl d Dt Musikrats, 1. Pr Kuhlau-Wettbewerb 70, Gewinn Int Quartettwettb Rom 71. **Ens:** Dt Op am Rhein (Düsseldorf), Hamburg Staatsop, Bartholdy-Qua, Nürnberger ars nova Ens. – **Sonst:** Mitarb d Hindemith-GA (VKonz, BratschenKonz), Schumann-GA (StrQua), Veröffentl z Musikgesch d 18.–20. Jhs.

Kohlhaußen, Wolfgang, Violinist, Dirigent; Kammerorchester 'fonte di musica', Dorfstr 1, D-82234 Hochstadt, T: (0 81 53) 90 84 00, (0 51 51) 2 52 74, 01 72–5 16 44 53, *fonte77@aol.com*; *www.fonte-di-musica.de* [Osnabrück 13.12.1947]. KamM **Ausb:** Stud V (C Kopatschka) Kons Osnabrück 67–70, (T Varga, L David) MH Detmold, (J Gitlis) Mozarteum Salzburg. **Laufb:** Musikal Lt KamOrch 'fonte di musica' Hameln. **Ens:** Lt u Grd KamOrch 'fonte di musica'. – **Aufn/RF:** J Zach: Gesamtwerk f Str, W K, KamOrch 'fonte di musica' (CD). **UA:** H Genzmer: '5 Irische Gesänge' (Sop u V), UA 99. **Zug:** T Krämer: Konz f V u Str, UA 84. **Sonst:** Grdg KamOrch 'fonte di musica' 77.

Kohn, Andreas, Sänger; Hochschule für Musik und Theater München, Arcisstr 12, D-80333 München, T: (0 89) 2 89 03, (0 89) 98 24 78 11, F: 28 92 74 19; c/o DR Danish Broadcasting Corp, Orchestra and Choir Dept, Rosenørns Allé 22, DK-1999 Frederiksberg C; *www.musikhochschule-muenchen.mhn.de*. **Ausb:** Stud (K C Kohn) Mozarteum Salzburg. **Laufb:** Studio d Bayer Staatsop, Staatsth Wiesbaden, Salzburger FSp 92 u 93, KonzReisen Israel, USA, Genf, Rom, Tokio, EnsMitgl Dt Staatsop Berlin 93–97, Salzburger FSp 94, 'United Nations 50th Anniversary Concert' Genf 95, zahlr Konz u CD-Prod 96–98, Gran Teatro Rom, La Fenice Venedig, Konz in Berlin, Leipzig, Köln 98 u 99, Gastsol Dän Nat SinfOrch, Doz Ges (Musical) H f Musik München. **Pr:** Prtr Mozartwettb Würzburg u VDMK Berlin. (Red)

Kohne, Henning, Sänger; c/o Pfalztheater Kaiserslautern, Willy-Brandt-Pl 4–5, D-67655 Kaiserslautern. (Red)

Koito, Kei, Orgel; rue de Bourg 10, CH-1003 Lausanne, T: 02 13 11 15 50. (Red)

Koke, Sylvia, Sängerin; c/o Theater Aachen, Hubertusstr 2–8, D-52064 Aachen. **Laufb:** Sol Musikth Essen, Gastsol Th Aachen SpZ 03/05. (*)

Kokkas, Vassilios, Komponist; Manteuffelstr 68, D-10999 Berlin, T: (0 30) 6 12 16 58, F: 61 28 17 30, *vassilios.kokkas@berlin.de*; Trivonianou 69, GR-11636 Athen, T: (01) 9 21 17 85; *www.vassilios.kokkas.de.vu* [Athen 1965]. **Ausb:** Stud (Kl, QuFl, KamM, Kopm) b Michael Travlos, Athen 83–88; Stud (Komp) b Walter Zimmermann HdK Berlin u Stud (elektroakust M) Studio f elektroakust M d TU Berlin 1990–96. **Pr:** Stip d Centre Acanthes, Xenakis-Seminar, Delphi/Griechenland 85, Werkausw z Beteilig KompWerkst m Ens Modern HdK Berlin 94, ArbStip Elektroakust Studio Akad d Künste Berlin 98–99. – **Komp:** Fowl, Fish, Beast was flown, was swum,was walked (f Bass-Fl, Engl Hn, BassKlar, Trp, Pos, Vcl u KB) 94; Navigation in Metamorphose – Zyklische Musik f Orch 96. **Aufn/RF:** Narrations Géometriques 94, Musik f 4 gemischte Ens u e Film 98, Four Time/space studies 99. (Red)

Kokora, Jouni, Bassbariton; c/o ALLEGRO artist management, Rosenstr 2, D-10178 Berlin, T: (0 30) 2 43 10 21 66, F: 2 43 10 25 94 [Lohja, Finnland 1969]. **Ausb:** Stud Ges (J Elorinne) Sibelius-Akad Helsinki seit 94, Stud Ges (R Hermann) MH Karlsruhe 97/98, Mstrkr b R Yakar u am Teatro alla Scala di Milano. **Laufb:** ständ Gastsol an d Finn Nationalop in Helsinki seit 97, Gastsol an d OpHäusern Tampere, Turku, Jyväskylä u Kotka, Sol Stadtth Pforzheim 99–01, Th Nürnberg 01–04, Gastsol Südthüring Staatsth Meiningen 03/04, MusikFSp in Estland, Schweden u Tschechien; ZusArb m Dgt: ua Ph Auguin, H Arman, M Franck, R Goodman, L Hager, M Tang, R Weikert, A Zedda, Stadtth Fürth SpZ 04/05.

Kokott, Michael, Posaune; c/o Niedersächsisches Staatsorchester, Opernpl 1, D-30159 Hannover. **Laufb:** 1. koord Sol Niedersächs StaatsOrch Hannover. (Red)

Kolar, Birgit, Violine; Holzstr 24, D-80469 München, T: (0 89) 26 01 88 73, F: 26 01 88 75, *birgit.kolar@music.at*; c/o Münchner Rundfunkorchester, Rundfunkpl 1, D-80300 München [Waidhofen/Ybs 1970]. **Ausb:** Stud (R Küchl) H f M u darst Kunst Wien ab 82, Stud (W Scheiderhan) Kons Luzern, (R Masters) London, Mstrkse. **Laufb:** Konz ua im Wiener Musikverein, Wiener Konzerthaus, Brucknerhaus Linz, ua m City of London Sinfonia, Bruckner Orch Linz, Trondheim Symph Orch, Wiener Kam Orch, Virtuosi di Praga, Nagano Philh Orch, Stimmführerin Münchner RFOrch. **Pr:** Finalistin u Prtr Int Yehudi Menuhin Wettb England 91. **Ens:** Grdg 'Münchner Str-Qua'. – **Aufn/RF:** Schubert: 'Duos f Kl u Violine'; Schubert: 'Streichtrios'. (Red)

Kolarczyk, Armin, Sänger (Bariton); Konsul-Cassel-Str 2, D-28357 Bremen, T: (04 21) 1 69 18 96, (01 79) 5 97 20 18 [Trento, Italien]. **Ausb:** Stud (V) Kons Trento, Stud Ges (A Zapperi) München, Mstrks, Stud (Jura) U Innsbruck. **Laufb:** Eng Südostbayer Städteth, Sol Th Bremen (Mozart: Figaro, Graf; Don Giovanni, Titelpartie; Così fan tutte, Guglielmo) seit 97 (04/05), Liedges. (Red)

Kolarowa, Kalina, 3. Konzertmeisterin; c/o Philharmonisches Orchester Hagen, Elberfelder Str 65, D-58095 Hagen. **Laufb:** 3. Konzm Philharmon Orch Südwestfalen. (Red)

Kolb, Nikolaus, Oboe; c/o Niedersächsisches Staatsorchester, Opernpl 1, D-30159 Hannover. **Laufb:** stv Sol Niedersächs StaatsOrch Hannover. (Red)

Kolb, Oliver, Klavier, Hochschullehrer; Akad f Tonkunst, Ludwigshöhstr 120, D-64285 Darmstadt. **Laufb:** Doz (Kl) Akad f Tonkunst Darmstadt. (Red)

Kolbe, Birgit, Blockflöte, Hochschullehrerin; Corsicaskamp 19, D-49076 Osnabrück, T: (05 41) 6 46 69. **Laufb:** Doz (Blockfl, Fachdidaktik Blockfl) FH Osnabrück, Kons. (Red)

Kolbinger, Eleonora H, Opernsängerin, Künstlerische Leiterin, Regisseurin; Graf-Rhena-Str 17, D-76137 Karlsruhe, PF 3924, D-76137 Karlsruhe, T: (07 21) 3 06 07, F: 35 82 70, *info@lebende-bilder.de*; *www.lebende-bilder.de* [Sonthofen]. Kompositionen f 'Lebende Bilder', Klass, Barockes u mod Lied **Ausb:** Stud (Solosop, Op, Konz, Orat, Lied, Optte, Musical, Schausp) Richard-Strauss-Kons München, Tanz (M Feindt-Beck) München, Mozarteum Salzburg (Liedinterpr b H Giessen, G Weissenborn u G Moore) 67–69. **Laufb:** Solosop Saarländ Staatsth, Bad Staatsth Karlsruhe, Th d Westens Berlin, Th vis a vis Basel, Münchner OpBühne, künstl Lt, Reg 'Lebende Bilder' Staatl Kunsthalle Karlsruhe, Städel-Museum Frankfurt/M, Tourneen durch Dtschld, Benelux, Australien. **Pr:** Ehrenmitgl Singing Acad of Albury Australien, Musikal-Literar Salon, Bad Landesmuseum Schloß Karlsruhe, Europ Kulturtage Baden-Württemberg. **Ens:** Neues Münchner Ens. – **Komp:** 'Lebende Bilder' (partielle Miniaturen f Marimba u Schlgz), UA Karlsruhe 99; Idee e Transkription Schuberts: Der Liedler (f Hfe u Gesang); Samson/Dalila (f Marimba u Schlgz); 'Lebende Bilder' Göttin Philosophie/Artemis-Boethius. **Aufn/RF:** 'Lebende Bilder' (SWR, Lernradio, Querfunk); Oper, Operette u Musical (BR, Saarländisches Fernsehen, Baden-Württemb Fernsehen u Funk, Hess Fernsehen, Hess RF, Berlin, Basel, uvm). **UA:** Schubert: 'Der Liedler' f Hf, UA Karlsruhe 99; Saint-Saëns: 'Samson u Dalila' (Marimba/Schlgz u Sologesang), UA Frankfurt/M, Städel Museum, Artemis-Boethios 'Göttin Philosophie', St Aposteln, Köln 03; Eig Komp u e Totentanz 'Lebende Bilder'. **Sonst:** Grdg: Neues Münchner Ens (Musikal Dialogregie), 'Lebende Bilder' (Museumsinszenierungen) in allen Kunstgattungen, im Originalambiente u vor Originalen, Gemälde-Inszenierungen. **Lit:** zahlr Art reg u überreg Presse (Europa, Australien).

Kolbinger, Karl, Prof, Komponist, Fagott; Puchheimer Str 38, D-82194 Gröbenzell, T: (0 81 42) 64 03 [Bernried 30.9.1921]. **Ausb:** Stud Akad d Tonkunst München. **Laufb:** Solofagottist Münchner Philharmoniker, Solofagottist SymphOrch BR, Prof MH München. – **Komp:** Variationen nach einem Thema v J Haydn (KamM), UA München, BR 79; Octet (KamM) 80/81, UA München, BR 82; Divertimento (BallettM, KamM), UA München, BR 84; Musik f Bläserquin (KamM) 86, UA München, Arcis Quin 87; Pastorale u Allegro (KamM), UA München 90; Simple music for five (KamM), UA München 95; Münchner Miniaturen (KamM), UA München, BR 97. (Red)

Kolf, Annegret *siehe* Konrath, Annegret

Koll, Heinrich, Viola; c/o Wiener Philharmoniker, Bösendorferstr 12, A-1010 Wien. **Ens:** Sol Wiener Philh. (Red)

Kollar, Violetta, Dirigentin, Repetitorin; Fischmarkt 9, D-38820 Halberstadt, T: (0 39 41) 44 50 77; c/o Nordharzer Städtebundtheater, Spiegelstr 20a, D-38820 Halberstadt. **Laufb:** Rep m Dgt-Verpfl Nordharzer Städtebundth Halberstadt/Quedlinburg.

Kollarz, Wolf-Dieter, Posaune; c/o Niedersächsisches Staatsorchester, Opernpl 1, D-30159 Hannover. **Laufb:** 1. Sol Niedersächs StaatsOrch Hannover. (Red)

Koller, Dagmar, Sopran; c/o Volksoper, Währinger Str 78, A-1090 Wien; c/o Schreibmaier Promotions, Argentinierstr 71, A-1040 Wien, T: (01) 5 05 35 26, F: 5 05 02 86, *management@schreibmaier.at* [Klagenfurt]. **Ausb:** Stud Wiener MH Ges u Schauspiel. **Laufb:** Sol Volksop Wien. **Pr:** Ehrenmitgl Volksop Wien. (*)

Kollikowski, Thomas, KM, Hochschullehrer, Fagott; Univ d Künste, Fak Musik, PF 120544, D-10595 Berlin, T: (0 30) 3 18 50, privat: (0 30) 4 04 03 27, F: 31 85 26 35, 31 85 26 59, *presse@udk-berlin.de*. **Laufb:** Doz U d Künste Berlin. **Ens:** Berliner Fagottqua. (Red)

Kollo, René, KS, Tenor, Regisseur; c/o Bubu-Concerts, Widderter Str 45, D-42657 Solingen, T: (02 12) 81 64 68, (02 12) 8 01 14, 01 77–7 43 35 93, F: 81 64 80, *info@bubu-concerts.de*; *www.bubu-concerts.de, www.kollo.com/kollographie-rene.htm* [Berlin 20.11.1937]. **Ausb:** Autodidakt (Schlgz, KB, Git), Schauspielunterr b E Bongers, Stud (Ges) b E Varena. **Laufb:** Sol Staatsth Braunschweig 65–67, Gastsol Dt Op am Rhein Düsseldorf 67, Op Köln 78, Reg Staatsth Darmstadt 86, Gastsol Op Frankfurt a Main 88, Bayer Staatsop München 90, Reg Th Ulm 91, Gastsol Op Bonn 93, Dt Op Berlin ua SpZ 04/05, Gastsol ua Grand Théatre Genf, Met Op New York, Covent Garden London, Bayreuther FSp seit 69, KiKonz-Tournee m W Wedel (Org) u N n Möllendorf (Sop) 04, Reg Op Halle SpZ 04/05; ZusArb m Dgt: L Bernstein, H Hollreiser, M Janowski, H v Karajan, C Kleiber, E Leinsdorf, W Sawallisch, Sir G Solti. **Pr:** BVK am Bande 79, BVK 1. Kl 94, KS d Bayer Staatsop München u d Dt Op Berlin, Ehrenmitgl Dt Op Berlin 01, Hermann-Löns-Med, Paul-Lincke-Ring.

Kolly, Karl-Andreas, Prof, Hochschullehrer, Piano; Rosenrain 12, CH-8400 Winterthur, T: 05 22 13 32 20; Hochschule Musik u Theater, Blatterstr 10, CH-8400 Winterthur, *karl-andreas.kolly@doz.hmt.edu* [Chur 26.5.1965]. Konzertpianist **Ausb:** Stud (Kl, Org) MH Zürich 83–89, Solistenkl (K Engel) MH Bern 89–91, Mstrkse (M Horczowsky). **Laufb:** Doz (Kl) MH Winterthur Zürich seit 91, regelm Auftritte m Tonhalle Orch Zürich, Züricher KamOrch, Basler SinfOrch, Winterthurer Musikkollegium, IMF Luzern 91 u 98, KonzHaus Wien 95, FestW Barcelona 95, Chicago 98, London Wigmore Hall 2001. **Pr:** Prix Maurice Sandoz, 1. Pr d UBS 90, Eduard-Tschumi-Pr 91. **Ens:** Trio NOVANTA. – **Aufn/RF:** zahlr Ersteinsp, ua: Schmidt: Klavierkonz f d linke Hand, KlTrio Novanta 90; seit 92 über 30 CD-Aufn, ua: Scriabin: Piano concerto, Préludes u Sonatas, Basler SinfOrch, Dgt: A Jordan; Mendelssohn: Chamber music, Duo m D Ashkenazy; Glasunow: The piano concertos, Slowak Radio SinfOrch, Dgt: H Griffiths; D'Albert: The piano-concertos, Orch Sinfonica de Barcelona, Dgt: R Zollmann; D'Allesandro: Piano Concerto No 3, 12 Préludes, Basler SinfOrch, Dgt: M Vengazo; Brahms: The piano Trios, Trio Novanta. **UA:** Tamas: 3. Klavierson, UA Luzern, IMF 91.

Kolmann, Peter, Komponist; Viktor Kaplan-Str 8, A-2232 Deutsch-Wagram. (Red)

Kolodin, Elza, Prof, Hochschullehrerin, Klavier; Hochschule f Musik, Schwarzwaldstr 141, D-79102 Freiburg, T: (07 61) 7 41 71, *elza.kolodin@t-online.de*. **Ausb:** Spezialmusikschule Krakau (Z. Zagajewska), Musikakad Warschau (R. Bakst), Ecole Normale de Musique Paris (T. de Brunhoff). **Laufb:** Prof (Kl) Staatl H f Musik Freiburg. **Pr:** 3. Pr Busoni Bolzano, 2. Pr Casagrande Terni, 2. Pr Maria Canals Barcelona, 1. Pr Jaen, 1. Pr Iturbi Valencia, 1. Pr Reina Sofia, Madrid. (Red)

Koloseus, Wolfram, Kapellmeister; Rostocker Weg 4, D-68309 Mannheim, T: (06 21) 3 39 14 46, (01 71) 6 73 34 85; c/o Nationaltheater Mannheim, PF 102362, D-68023 Mannheim. **Laufb:** 2. Kapm Nationalth Mannheim, Gastdgt Staatsth Darmstadt SpZ 00/01. (Red)

Kolter, Horst, Prof, Hochschullehrer; Dahlienweg 16, D-42579 Heiligenhaus, T: (0 20 54) 23 84. **Laufb:** Prof (MTheorie) Folkwang H Essen 75–04. (Red)

Komann, Egon, Lehrbauftragter (Gesang), Sänger; Hochschule f Musik u Theater, Arcisstr 21, D-80333 München. **Laufb:** Sol Freies Landesth Bayern Miesbach. (Red)

Komarova, Tatjana, Komposition; c/o Konzertdirektion Hans Ulrich Schmid, Königstr 36, D-30175 Hannover, PF 3409, D-30023 Hannover, T: (05 11) 3 66 07 60, 3 66 07 27, 3 66 07 69, F: 3 66 07 34, *mail@kdschmid.de, ep@kdschmid.de*; *www.kdschmid.de* [Brest, Weißrussland 1968]. – **Aufn/RF:** alle Werke ersch im Verlag 'Schott Musik Int' Mainz. (Red)

Komatsu, Hidenori, Prof, Bariton, Hochschullehrer; Sidneystr 7, D-22297 Hamburg, T: (0 40) 51 75 17; Hochschule f Künste, FB Musik, Dechanatstr 13–15, D-28195 Bremen. **Ausb:** Stud Ges (A. Van Mill) Hamburg 75, (E. Lang, R. Kollo) Lübeck 76–80. **Laufb:** Prof (Ges) HdK Bremen. (Red)

Komatsu, Satoshi, Komponist; Marktpl 22, D-64625 Bensheim, T: (0 62 51) 6 48 85 [Hiroshima 7.6.1964]. **Ausb:** Musikstud Tokyo 84–88. **Laufb:** Studiomusiker in Japan 86–89, Kompverträge f Musicals u Th, ML Städt MSch Bensheim seit 92. – **Komp:** Fantasy f Kl 92, UA Bensheim 92; Funade f Kl 92, UA Bensheim 94; Skipp Beat 92, UA Bensheim 92; Voice of history (OrchW gr Orch) 93; Requiem f Kl 93, UA Bensheim 94. (Red)

Komen, Paul, Klavier, Hammerflügel; c/o Konzertdirektion Andrea Hampl, Karl-Schrader-Str 6, D-10781 Berlin, T: (0 30) 4 78 26 99, 01 72–3 80 56 45, F: 4 78 37 92, *hampl@konzertdirektion.de*; *www.konzertdirektion.de*. histor Aufführungspraxis auf d Hammerflügel bis zu Brahms **Ausb:** Stud (J Wijn) Sweelinck Kons Amsterdam bis 82, (H Leygraf) H f M Hannover, Unterr b G Sandor New York u G Sebok Bloomington, Indiana. **Laufb:** Europa-Tournee m Beethoven-Zyklus auf versch Hammerkl, ua Concertgebouw Amsterdam u Beethoven-Haus Bonn, Gastsol Int KlFSp v La Roque d'Anthéron, Utrecht Int Fstv of Ancient Music, Berliner Tage f Alte M, Dresdner MFSp, MFSp Sanssouci, Händelhaus Halle. **Pr:** Prtr Int Tromp KlWettb 80, Stip d Niederländischen Regierung 86. **Ens:** Ludwig Trio, Duo Komen. – **Aufn/RF:** Mompou: 'Ausgewählte KlStücke' 91; Beethoven: KlSon; Chopin: 4 Balladen, Berceuse, Fantasy, Barcarolle; Scriabin: Präludien.

Komischke, Uwe, Prof, Hochschullehrer, Trompete; c/o Berliner Konzertagentur Monika Ott, Dramburger Str 46, D-12683 Berlin, T: (0 30) 5 14 48 58, F: 5 14 26 59; H für Musik 'Franz Liszt', Inst f Bläser u Schlagwerk, PF 2552, D-99406 Weimar, *uwe.komischke@t-online.de, info@uwe-komischke.com*; *www.uwe-komischke.com* [Schwelm 1961]. **Laufb:** 1. SolTrp Städt Orch Gelsenkirchen, 1. SolTrp Münchner Philh 83, Doz (Trp) Richard Strauss Kons München 87, Konz In- u Ausland ua m Münchner Philh, Grdg u Ltg Barockens Musici Bavariae, Gastprof Sensoku Gakuen H f M Tokyo seit 93, Prof (Trp) H f M 'Franz Liszt' Weimar seit 94, Grdg 'Barockens Musici Bavariae'. – **Sonst:** Instrumentalentwicklung. (Red)

Komlosi, Ildikó, Sängerin (Mezzosopran); c/o Konzertagentur Cäcilia, 29, rue de la Colouvrenière, CH-1204 Genève. **Laufb:** Sol Hamburg Staatsop, Wiener Staatsop, MTh Essen (03/04), Gastsol Op Frankfurt SpZ 00/01, Sol Dt Op Berlin SpZ 04/05; gASTsOL sEMPEROP dRESDEN sPz =$7=%. (Red)

Komma, Karl Michael, Dr, Komponist; Walther-Rathenau-Str 6, D-72766 Reutlingen, T: (0 71 21) 49 07 24 [Asch, Böhmen 24.12.1913]. **Ausb:** Stud Komp (Finke), Kl (F Langer), Dirig (Szell) Dt Akad f Musik u darst Kunst Prag 32, Stud (W Fortner) Heidelberg 34. **Laufb:** Ass U Heidelberg, Dir MSch Reichenberg 40, freiberuflich 45, Berufung (Musikgesch, Theorie, Komp) MH Stuttgart 54, dort tätig bis 89. **Pr:** Dittersdorf-Pr, Stamitz-Pr Künstlergilde, Pr Kulturkreis im Bundesverband d dt Industrie, BVK, Verdienstmed Baden-Württemberg, Sudetendt Kulturpr etc. – **Komp:** Matthäus-Passion (geistl M), UA Rottweil 65; Fünf Gesänge (Hölderlin) (Lieder), UA Reutlingen 75; Drei Meditationen (Glaube – Hoffnung – Liebe) (Orgel), UA Münster Zwiefalten 87; Chronicon (Suite), UA Reutlingen 90; Abendphantasie (OrchM), UA SWF 93; Oktett (KamM), UA Schaffhausen 94; Klaviertrio 1998 (KamM), UA Reutlingen 98. (Red)

Komori, Teruhiko, Sänger; Heinrich-Laber-Str 5, D-07548 Gera, T: (03 65) 7 73 72 04; c/o Theater Altenburg-Gera, Küchengartenallee 2, D-07548 Gera. **Laufb:** Sol Th Altenburg-Gera. (Red)

Kompalla, Andreas, Sänger, Musikdirektor, Regisseur; c/o Kammeroper Göttingen eV, Alte Schule Arenborn, D-34399 Oberweser. **Laufb:** MD, Sol u Reg KamOp Göttingen. (Red)

Koncza, Sylvia, Sängerin; Frühlingshalde 23, D-70191 Stuttgart, T: (07 11) 2 57 34 25, F: 2 57 34 27; c/o Stadttheater Pforzheim, Am Waisenhauspl 5, D-75172 Pforzheim. (Red)

Kondratjewa, Larissa, Prof, Hochschullehrerin, Klavier; Alfred-Ahner-Str 14, D-99425 Weimar, T: (0 36 43) 40 21 53, F: 40 21 53; H für Musik 'Franz Liszt', Inst f Tasteninstr u Alte Musik, PF 2552, D-99406 Weimar, *larissa.schmiedel@hfm.uni-weimar.de* [Tuapse 3.12.1954]. **Ausb:** Stud (M Lebed) MH Leningrad, (M Chalvin) Kons Leningrad 75–80, (Olbertz) H f M 'Hanns Eisler' 82–83. **Laufb:** H f M Weimar seit 80, Prof (Kl-KamM, Werkstud) H f M 'Franz Liszt' Weimar 93, Florenz 92, St Petersburg 92, Wien 92, Berliner SchauspH 93 u 2000, Brüssel VRT 99, Mozarteum Salzburg 02/03. **Ens:** Weimarer 4-händ KlDuo seit 90, Gruppe 2+2 seit 99. – **Aufn/RF:** Donizetti: Complete Piano Duets; Volkmann: Piano Duets; Krenek: Four Bagatelles. **UA:** L Glandien: 365 88; A Goodman: 5 Stücke f 20 Finger 93. **Zug:** A Goodman: 5 Stücke f 20 Finger 93; K D Richter: Verzweiflung u Hoffnung 98. **Sonst:** Weimarer 4-händiges KlDuo seit 90, Gruppe 2+2 seit 99.

Konhäuser, Ruth, Prof, Hochschullehrerin, Harfe; Hochschule f Musik u Theater, Emmichpl 1, D-30175 Hannover. **Ausb:** Stud (Hf) i Berlin (M Saal, F Helmis u K Gillmann). **Laufb:** 1. Sol Niedersächsische Staatsorchester, Prof (Hf) H f M u Th Hannover u H f M Detmold. (Red)

Konieczny, Tomasz, Bassbariton; c/o Nationaltheater Mannheim, PF 102362, D-68023 Mannheim, T: (06 21) 1 68 00 [Lódz 1972]. **Laufb:** Sol Lübecker Th, Op Leipzig, Nationalth Mannheim seit SpZ 03/04. **Pr:** Arnold-Petersen-Preis 04. (Red)

Konold, Wulf, Dr, Prof, Staatsintendant; c/o Staatstheater Nürnberg, Richard-Wagner-Pl 2–10, D-90443 Nürnberg, T: (09 11) 2 31 35 23, F: 2 31 35 22, *wulf-konold@staatstheater.nuernberg.de*; *www.staatstheater.nuernberg.de* [Langenau/Ulm 29.6.1946]. Oper, Kammermusik, Neue Musik, Monteverdi, Mendelssohn, Zimmermann, Henze **Ausb:** Stud U Kiel 66–73, MH Lübeck 68–72, Prom Kiel 74. **Laufb:** Abt-Lt E-Musik Saarländ RF Saarbrücken 75–78, Chefdramaturg MTh Nürnberg 78–81, Künstl Berater Op Hannover 82–87, Chefdramaturg Hamburg Staatsop 88–96, GenIntend Th Nürnberg seit 96, seit 05 Staatsintend, Künstl Lt SchlossFSp Ludwigsburg seit 05, HonProf. MH Nürnberg seit 01. **Pr:** Ehrenmed IHK Nürnberg. **Mitgl:** Dt Bühnenverein.

Konoshchenko, Taras, Sänger; c/o Bayerische Staatsoper, Brieffach, D-80075 München; *www.staatsorchester.de/c.php/popups/k_biographie.php?id=114&l=de*. **Laufb:** Ens Bayer Staatsop München 2000–03, Nationalth Mannheim, GastSol MTh Bonn, Deutsche Op Berlin, FSphaus Baden-Baden, Th Royal de la Monnaie. (Red)

Konrad *siehe* Arlt, Konrad

Konrad, Kai, Sänger; Heinrich-Christian-Funck-Str 8, D-95482 Gefrees, T: (0 92 54) 95 35 36, (01 74) 3 08 78 75, *kai@kai-konrad.de*; *www.kai-konrad.com* [Wiesbaden]. **Ausb:** Stud H f M u Darst Kunst Frankfurt/M b Prof Martin Gründler, weitere Stud b L Hagenau, Anna Reynolds, Jean Cox. **Laufb:** Eng Staatsth Wiesbaden 83, ab 89 freischaffend, ua Th Heidelberg, Eisenach, Annaberg-Buchholz, Frankfurt/, Passau, Ens Th Regensburg 92, Eng Bühnen d Stadt Zwickau 94, seit SpZ 01/02 freischaffend. (Red)

Konrath, Annegret (Pseud: Annegret Kolf), Harfe, Hochschullehrerin; Akad f Tonkunst, Ludwigshöhstr 120, D-64285 Darmstadt, T: (0 89) 5 80 61 87; Eringer Str 49, D-80689 München, F: (0 89) 56 82 38 82 [Bergisch Gladbach 8.7.1970]. **Ausb:** Stud (S Thiel) H f Musik Köln 87–94, Stud (E Witsenburg) Kons Den Haag 94–96, Mstrks b T Reichling, 90, b A Giles, 91. **Laufb:** Sol Hfe Op Hagen 94–96, Barcelona m Gürzenich Orch Köln, Dgt Conlon 95, Bilbao m Op Aachen 99, Doz (Hf) Akad f Tonkunst Darmstadt seit 99, Bochum 'Tonab' Triennale m WDR 03, Europ-Tournee m WDR 04. – **Aufn/RF:** Strauss: 'Salome' m WDR RFOrch, Dgt: H Vonk, 97; Berlioz: 'Die Phantastische' m WDR RFOrch; CD: 'Flöte u Harfe m A Grigo, 99; Schostakowitsch: Sämtl Sinf m WDR, Dgt: R Barschai 03; Stockhausen: 'Punkte' m WDR, Dgt: P Eötvös 04. **UA:** B Günes: 'Mondquitte' (f Va, Fl, Hfe); W Hufschmidt: 'Engel d Geschichte' 05. **Sonst:** Harfenschule '2x4 Kleine Finger', div Transkriptionen f 2–6 Hfen, Hfe solo, Trio Va/Fl/Hfe.

Konrath, Edith, Sängerin; c/o Pfalztheater Kaiserslautern, Willy-Brandt-Pl 4–5, D-67655 Kaiserslautern. (Red)

Konsek, Xenia, Sängerin; 263, rue V. Allard, B-1180 Bruxelles, T: 0 23 32 37 44, 04 75 32 37 44, F: 0 23 32 37 44, *xkonsek@hotmail.com*. **Laufb:** Gastsol Th Biel Solothurn. (Red)

Konstantinov, Julian, Bass; c/o Theateragentur Dr Germinal Hilbert, Maximilianstr 22, D-80539 München, T: (0 89) 74 70, F: 29 07 47 90; c/o Oper Frankfurt, Untermainanlage 11, D-60311 Frankfurt/Main. **Laufb:** Sol Bayer Staatsop München, Op Frankfurt seit SpZ 03/04. (Red)

Kontarsky, Alfons, Prof, Klavier, Hochschullehrer; Untersbergstr 94, A-5084 Großgmain, T: (0 62 47) 74 26, F: 74 26 [Iserlohn 9.10.1932]. **Ausb:** MH Köln (Kl, KamM, Dirig) b Maurits Frank 53–55, U Hamburg (Kl) b Eduard Erdmann 55–57. **Laufb:** Klavierduo Kontarsky m Bruder Aloys Kontarsky bis 83, Prof (Kl) MH Köln 67, MH München 79, Prof (Kl, KamM) Mozarteum Salzburg seit 86 (emeritiert 01), Mstrkse f Kl, Jurorentätigk b int Wettb ua ARD/München, Margret Long/Paris. **Pr:** 1. Pr (Kl-Duo) ARD-Wettb München 55, Mitgl Bayer Akad d Schönen Künste, Österreich Ehrenkreuz f Wiss u Kunst 2000, BVK.

Kontarsky, Aloys, Prof, Klavier, Hochschullehrer; Löwenburgstr 27, D-50939 Köln, T: (02 21) 46 17 08 [Iserlohn 14.5.1931]. **Ausb:** MH Köln 51–55, U Hamburg (Kl) b E Erdmann 55–57. **Laufb:** Klavierduo Kontarsky m Bruder Alfons Kontarsky bis 83, Doz Ferienkse f Neue M Darmstadt seit 60, Prof MH Köln. **Pr:** 1. Pr (Kl-Duo) ARD-Wettb München 55. – **UA:** ua Werke v K Stockhausen, L Berio, E Brown, S Bussotti, M Kagel, M Kelemen, B A Zimmermann. (Red)

Kontarsky, Bernhard, Prof, Dirigent, Klavier, Hochschullehrer; Alexanderstr 95, D-70182 Stuttgart, T: (07 11) 2 57 69 41; c/o Austrokonzert International, Gluckgasse 1, A-1010 Wien, T: (01) 5 13 26 57, F: 5 12 61 54, *office@austroconcert.com* [Iserlohn 26.4.1937]. **Ausb:** Stud (Dirig, Kl, KamM, Musikwiss) Köln. **Laufb:** Dgt ua Staatsth Stuttgart, Dt Op Berlin, Op National Paris, Staatsop München, Dt Op am Rhein, Wiener Staatsop, Bolschoi-Th Moskau, Kirow-Th St Petersburg, Orch de Paris, Mozarteum-Orch Salzburg, Berliner Sinfonieorch, Gewandhausorch Leipzig, Prof (Kl, zeitgen Musik) H f M u Darst Kunst Frankfurt/M seit 81. **Pr:** Int Schallplattenpr d dt Schallplattenkritik 92 f 'Die Soldaten'. – **UA:** V Dinescu: Erendira (KamOp), Stuttgart 92; R Riehm: Das Schweigen d Sirenen (Op), Stuttgart 94; E Mayer: Sansibar (Op) Schwetzingen 94; P Dusapin: Nosferatu (Ballett), Paris 01. (Red)

Konwitschny, Peter, Regisseur; c/o Hamburgische Staatsoper, PF 302448, D-20308 Hamburg [Frankfurt a M 21.1.1945]. **Ausb:** Stud (Regie) H f M 'Hanns Eisler' Berlin 65–70. **Laufb:** Ass Berliner Ens 71–79, Freie Regie in Berlin, Rostock, Greifswald, Anklam, Altenburg, Halle 80–85, Regisseur Ldesth Halle 86–90, seither Freie Regie, Inszenier ua Semperop Dresden ('Csárdásfürstin') 99, Op Graz ('Falstaff') 01, Hamburg Staatsop ('Lohengrin') 98, ('Die Meistersinger') 02, ('Lulu') 03, Komische Op Verlin ('Don Giovanni') 03, Hannover (Nono: 'Al gran sole') 04; Bolschoi-Th Moskau ('Der fliegende Holländer') 04, Hamburg ('Moses u Aron') 04, Kopenhagen ('Elektra') 05, Hamburg ('Titus') 05. **Pr:** Kollektiver Händelpr d Rates d Bezirkes Halle 85, Kunstpr d DDR 88, Konrad-Wolf-Pr d Akad d Künste Berlin 92, BVK 97, Regisseur d Jahres d Zeitschrift 'Opernwelt' 95, 98, 99, 2000, 01; Pr Akad d Künste Leipzig, Dresden, Berlin u Hamburg, Theaterpr Berlin 05. – **Aufn/RF:** Videos/DVD: 'Tristan u Isolde', München 98, 'Freischütz', Hamburg 99, 'Götterdämmerung', Stuttgart 2000, 'Don Carlos', Wien 04. **Lit:** F Kämpfer: 'Sehnsucht nach unentfremdeter Produktion – der Regisseur Peter Konwitschny' 92, F Kämpfer: 'Musiktheater Heute. Peter Konwitschny' 01.

Koo, Jahbom, Kapellmeister, Solorepetitor; Ahastr 7, D-64285 Darmstadt, T: (0 61 51) 3 70 73 82. **Laufb:** Solorep u Kapm Th Hagen. Solorep u Kapm Staatsth Darmstadt SpZ 03/05. (Red)

Koopman, Ton, Dirigent, Hochschullehrer; c/o The Amsterdam Baroque Orchestra & Choir, Postbus 1163, Niederlande-1400 BD Bussum, T: (0 35) 6 92 60 01; *www.tonkoopman.nl* [Zwolle 1944]. **Laufb:** Grd u Ltr The Amsterdam Baroque Orchestra & Choir, ständ Gastdgt Orch de Chambre de Lausanne seit 2000. (Red)

Kopatchinskaja, Patricia, Violine, Komposition; 11 Schneidergasse 11–13, A-1110 Wien, T: (06 64) 2 13 34 63; c/o Cadenza Concert, Franz Josef Kai 3, A-5020 Salzburg, T: (06 62) 84 05 05, F: 8 40 50 54, *office@cadenza-concert.at*; *www.patkop.ch* [Chisinau, Moldova 23.3.1977]. klass u modernes Violinrepertoire **Ausb:** Stud V u Komp Wien u Bern. **Laufb:** Sol Wiener Philh, Netherlands Radio Kamerorkest, Wiener KamOrch, Wiener KamPhilh, Berner SymphOrch, Berner KamOrch, Jenaer Philh, Würzburger Philh, Sloven Philh, Orquesta del Estado Mexico. **Pr:** 1. Pr Int Henryk Szeryng-Wettb Mexiko 2000, 'Int Credit Suisse Group Young Artist Award' 01. – **UA:** I Sokolov, J S Chiong, M Turkmani, V Dinescu, O Zykan, T Imahori ua.

Kopelent, Margarete, Hochschullehrerin; Seestr 292, CH-8038 Zürich, T: 04 44 82 50 12; Hochschule Musik u Tanz, Florhofgasse 6, CH-8001 Zürich. **Laufb:** Doz (Alte Musik, KamM) MH Winterthur Zürich. (Red)

Kopetschke, Stefanie, Horn; c/o NRD Radiophilharmonie, Rudolf-von-Bennigsen-Ufer 22, D-30169 Hannover. **Laufb:** Sol NDR RadioPhilh Hannover. (Red)

Kopf, Klaus-Dieter, Komponist; Schillerstr 31, D-39108 Magdeburg, T: (03 91) 5 44 06 10, *Klaus-Dieter.Kopf@web.de*; *http://kukma.net/kdkopf* [Leipzig 13.1.1941]. **Ausb:** Georg-Friedrich-Händel-Schule Halle 55–59, Kons Halle 59–62. **Laufb:** Solo-Kontrabassist in Halberstadt, Halle, Magdeburg, kammermusikal u pädagog Tätigkeit ua Tonsatz, Komp, Mitglied Rundfunkrat d MDR seit 91. **Pr:** Kunstpr f kompositor Schaffen d Bez Magdeburg 78, Künstlerstip Stift Kulturfonds Berlin 91/92, Stip Bez Magdeburg. – **Komp:** Magdeburger Oratorium op 14 (Orat), UA Magdeburg 77; Tripelkonz op 17 (KonzM), UA Magdeburg 78; Tagebuch d Anne Frank op 29 (Liederzyklus), UA Magdeburg 81; Luther op 41 (Orat), UA Magdeburg, Konzerthalle 83; Otto v Guericke op 52 (Orat) 83–85; Wahrzeichen – Famae Magdeburgenses op 59 (Orat), UA Wernigerode/Magdeburg 90, OrchSuite Nr 1 05. **AuftrKomp:** Der Albatros op 82 (KonzM), UA Magdeburg 95 (Auftr: Magdeburg Philharmonie). (Red)

Kopinits, Stefanie, Sopran; Margaretenstr 47, A-1040 Wien, T: (01) 5 81 78 06, *S.Kopinits@A1.net*; *www.stefaniekopinits.com* [Wien]. Oper, Operette, Lied, Oratorium, Kirchenmusik aus allen Epochen, Wiener Musik, Moderation **Ausb:** Stud Ges (KS G Scheyrer, KS W Kmentt, KS R Holm) Kons Wien, H f M. **Laufb:** Gastsol Vereinigte Bühnen Graz SpZ 00/01, Studio Staatsop Wien, Oldenburg, Krefeld ua; div Verträge: Freiburg, Mannheim, Salzburg, Klagenfurt, OpFSp St Margarethen, Op Graz, Tiroler FSp Erl 03; Partien: Mimi, Figaro-Gräfin, Donna Elvira, Micaela, 'Verkaufte Braut': Marie, Sieglinde, Gutrune, Rosalinde, Saffi, Lustige Witwe, 'Land d Lächelns': Lisa, Marisa ua; LTätigkeit (GesPäd, Intpr). **Pr:** Opera en Belcanto/Belgien; Belvedere-Wettb Wien. **Mitgl:** BPW (business and professional women), Accad di Montegral, Concordia, Duisburg. – **Aufn/RF:** div CDs: Mozart: Requiem; Pergolesi: Stabat Mater. **Sonst:** ständ Gast auf Kreuzfahrtschiffen m eigenen Programmen.

Kopp-Mues, Ragnhild, Harfe, Hochschullehrerin; Friedrichstr 33, D-80801 München, T: (0 89) 39 62 21, F: 38 85 98 76; Richard Strauss Konservatorium, Gasteig, Kellerstr 6, D-81667 München [München 25.1.1939]. Kirchenkonzerte, Kammermusik, Lied- u Harfenbegleitung **Ausb:** (Prof Ursula Lentrodt) MH München 60–65, Mstrkl u päd ErgPr 65–67, DAAD-Stip m Stud (Prof Pierre Jamet) Paris. **Laufb:** Doz (Hf, Methodik, Didaktik, Unterrichtspraxis) Richard Strauss Kons München, Goetheinst, zahlr Auslandstourneen 70–82, jährl Harfenfortbildungsks im In- u Ausland. **Ens:** Dt Tonkünstler Verband.

Koppelhuber, Sonja, Sängerin; c/o Junge Kammeroper Köln, Florastr 93, D-50733 Köln. (Red)

Koppelmann, Peter, Dipl, Sänger (Tenor); Stauffenbergstr 33, D-54329 Konz, T: (0 65 01) 60 70 99, *info@peterkoppelmann.de*; *www.peterkoppelmann.de* [Köln 9.3.1967]. Oper, Operette, Musical, Oratorium, Lied **Ausb:** b William Workman, Tom Krause, MH Hamburg 89–98; b Verena Rein, Berlin seit 98. **Laufb:** Gastsol: Op Frankfurt/M, Op Kiel, Ludwigshafen, Kaiserslautern, Lübeck, Görlitz, Hildesheim, Bautzen, Eggenfelden, Rossinifstv Rügen, Minden, Putbus; Ens-Mitgl: Th Bremen, HoofdstadOperette Amsterdam, Neustrelitz, seit 02 Trier; Gastspielreisen: Italien, Israel, Schweiz, Niederlande, Belgien. **Pr:** 2. Pr Landeswettb f OpGes Hannover 96. – **UA:** Siegried Matthus: 'Die unendliche Geschichte' (Op nach Michael Ende), Th Trier, 04; Manfred Knaak u Konstantin Wecker: 'Quo Vadis' (Musical nach Henryk Sienkiewicz), Antiken-FSp Trier, 05.

Koppelstetter, Martina, Sängerin (Mezzosopran); c/o Staatstheater am Gärtnerplatz, Gärtnerpl 3, D-80469 München, PF 140569, D-80455 München; c/o Dr. Eike W. Grunert, Winsstr 26, D-10405 Berlin, T: (0 30) 44 05 22 29, F: 44 05 22 29, *ewgrunert@cosifacciamo.de*. **Ausb:** Stud (Ges) MH München. **Laufb:** Sol Tiroler Landesth Innsbruck, Stadtth Hildesheim, Sol Staatsth am Gärtnerpl München, Sol Stadtth Klagenfurt (SpZ 03/04). **Ens:** Ens f Alte & Neue Musik Così Facciamo. – **Aufn/RF:** J Sibelius: Lieder, m Pianistin R Sjöstedt in ZusArb m BR. **Sonst:** ZusArb m E zu Guttenberg, H Rilling u A Jordan, Gast b Rheingau-MFstv, MDR-MSommer, Int, Fstv of Music Bath, Gast b Münchener Biennale u A de Vantgard. (Red)

Korda, Grete, Komponistin; Morelligasse 1–3/8, A-1210 Wien, T: (01) 2 72 39 95. (Red)

Kordes, Heidrun, Prof, Sängerin, Hochschullehrerin; Walkmühltalanlagen 15, D-65195 Wiesbaden, T: (06 11) 40 25 11; Hoschschule f Musik u Darst Kunst, Eschersheimer Landstr 29–39, D-60322 Frankfurt [Saarbrücken]. **Ausb:** Stud (B. Heuer) MH Freiburg. **Laufb:** Ens Hess Staatsth Wiesbaden bis 2000, Prof H f M u Darst Kunst Frankfurt/M, Gastsol Badisches Staatsth Karlsruhe SpZ 04/05. **Pr:** 1. Pr Bundeswettb Ges VDMK in Berlin. (Red)

Korhonen, Jyrki, Sänger; Wiener Staatoper, Opernring 2, A-1010 Wien. **Ausb:** Stud Sibelius Akad in Helsinki. **Laufb:** Sol Wiener Staatsop 04/05. (Red)

Korn, Andreas, Chordirektor; Deutsches Nationaltheater, PF 2003, D-99401 Weimar; Theateragentur Dr Germinal Hilbert, Maximilianstr 22, D-80539 München, T: (0 89) 2 90 74 70, F: 29 07 47 90. **Laufb:** Musik- u Chordir Dt NationalTh Weimar. (*)

Korn, Artur, KS, Sänger; c/o Deutsche Oper am Rhein, Heinrich-Heine-Allee 16 a, D-40213 Düsseldorf, T: (0 21 73) 93 83 01 [Wuppertal]. **Laufb:** Sol Dt Op am Rhein Düsseldorf-Duisburg SpZ 03/05, Sol Bayer Staatsop München SpZ 01/03. (Red)

Kornek, Erik, KV, Violine; c/o Dresdner Philharmonie, PF 120424, D-01005 Dresden. (Red)

Kornetzky, Wolfgang, Sänger; Am Roten Mäuerle 35, D-75181 Pforzheim, T: (0 72 31) 56 21 68. **Laufb:** Sol Stadtth Pforzheim. (Red)

Kornieko, Alexei, Prof, Klavier, Dirigent; Rienößlgasse 13, A-1040 Wien, T: (01) 9 13 54 80, *deka@gmx.at*; c/o Art Productions Irena Nemecek, Müllerstr 15, D-80469 München, T: (0 89) 23 00 01 82, F: 23 00 08 52, *music@art-productions.com* [Moskau]. **Laufb:** Musikal Lt Klagenfurter Ens SpZ 03/04, Musikal Lt KamOrch Coll Musicum Carinthia, Prof Kärntner Landeskons, Prof Kons Wien. **Ens:** Gustav Mahler Ens. (Red)

Koroliov, Evgenij, Prof, Klavier, Hochschullehrer; Hochschule f Musik u Theater, FB 2, Harvestehuder Weg 12, D-20148 Hamburg; c/o Künstlersekretariat Rolf Sudbrack, Gösselkoppel 54a, D-22339 Hamburg, T: (0 40) 5 38 21 65, F: 5 38 20 49, *Rolf.Sudbrack@t-online.de* [Moskau 1949]. Bach **Ausb:** Stud (L. Oborin, L. Naumow) Staatl Kons 'P.I. Tschaikowsky' in Moskau. **Laufb:** Prof (Klavier) H f M u Th Hamburg seit 78. **Pr:** Bach-Pr Leipzig 68, Van Cliburn-Pr 73, Grand Prix Clara Haskil Vevey-Montreux 77, Bach-Pr Toronto 85. (Red)

Korondi, Anna, Sopran; c/o Boris Orlob Management, Jägerstr 70, D-10117 Berlin, T: (0 30) 20 45 08 39, F: 20 45 08 49, *info@orlob.net*; c/o Komische Oper, Behrenstr 55–57, D-10117 Berlin; *www.orlob.net* [Budapest 3.3.1969]. Oper, Konzert, Lied **Ausb:** Stud (Ges) Kons Bela Bartok Budapest 88–89, Stud Ges, Lied, Orat (M Bence, D Lutz) Kons d Stadt Wien 89–93. **Laufb:** Sol Kom Op Berlin 93–97 u 04/05, Op d Stadt Bonn 97–99, seit 99 freischaffend: Gastsol Bayer Staatsop München, Kom Op Berlin, Städt Bühnen Münster, Bayer Saatsop München 04/05, Konz b Herrenchiemseefstv, b Kissinger Sommer, in Rom, Florenz u Turin, Europatournee m Orch des Champs-Élysées, Konz Concertgebouw Amsterdam m Das Neue Orch, Konz m Royal Philharmonic of Flandern in Antwerpen, Collegium Vocale Gent in Paris, m Chorgem Neubeuern ua in München, Salzburger FSp 01, Einl Schwetzinger FSp 03, Bayreuther FSp 04, GastspReise Hongkong 04; ZusArb m Dgt wie H Arman, F Brüggen, A Fischer, E zu Guttenberg, P Herreweghe, Y Kreizberg, E Ortnrt, E Inbal, M Viotti, N Harnoncourt, H Rilling. **Pr:** ARD Musikwettb f Ges 96. – **Aufn/RF:** zahlr CDs wie Mendelssohn: 'Athalia', m Das NeueOrch, Lt C Spering; Schubert: 'Missa solemnis in As-Dur' m RIAS KamChor, Lt P Herreweghe; Bach: 'Matthäus Passion' m Chorgem Neubeuern, Lt E zu Guttenberg 03. **UA:** A Reimann: Op 'La casa de Bernarda Alba', UA Bayer Staatsop, Dgt Z Mehta 2000.

Korr, Wolfram, Konzertmeister, Violine; Staatstheater, Lausitzer Str 33, D-03046 Cottbus. **Laufb:** 1. Konzm Staatsth Cottbus seit 02. (Red)

Korte, Heinrich, Prof, Hochschullehrer, Orgel; Tewaagstr 8, D-44141 Dortmund, T: (02 31) 43 10 39. **Laufb:** Prof (Org) H f Musik Detmold, Abt Dortmund. (Red)

Kortel, Aziz, Prof, Hochschullehrer; Im Laimacker 7, D-79249 Merzhausen, T: (07 61) 40 60 83, *i.kortel.@iuscrim.mpg.de*; Hochschule f Musik, Schwarzwaldstr 141, D-79102 Freiburg [1952]. **Laufb:** Korrepetitor Pfalztheater Kaiserslautern 75–77, Kapm u Studienleiter Städt Bühnen Freiburg, 78–85, Prof (Rollenstudium, musikal Ensunterricht) Staatl H f Musik Freiburg 85. **Pr:** Richard-Strauss-Pr 73. (Red)

Korth, Dietmar, Violoncello; c/o MDR Sinfonieorchester, Augustuspl 9a, D-04109 Leipzig. **Laufb:** Vorspieler MDR SinfOrch Leipzig. (Red)

Korth, Michael, 1. Kapellmeister; c/o Stadttheater, Am Waisenhauspl 5, D-75172 Pforzheim. **Laufb:** 1. Kapm Stadtth u Städt Orch Pforzheim, Gastdgt Dt Nationalth Weimar SpZ 00/01, Kapm Th Chemnitz SpZ 04/05. (*)

Kosak, Ladislaus, Violine; c/o NRD Radiophilharmonie, Rudolf-von-Bennigsen-Ufer 22, D-30169 Hannover. **Laufb:** Konzm NDR RadioPhilh Hannover. (Red)

Kosarev, Alexey, Sänger; Gäßle 3, D-79111 Freiburg i Br, T: (07 61) 4 01 40 09, *alexkosarev@hotmail.de*; c/o Opernhaus Zürich, Falkenstr 1, CH-8008 Zürich [Moskau 5.5.1971]. **Ausb:** Stud Gnessin-Kons Moskau 89–93. **Laufb:** Sol Bühnen d Ldeshauptstadt Kiel SpZ 02/03, Stadtth Freiburg seit SpZ 03/04, Op Zürich SpZ 04/05.

Kossdorff, Jörg, Dipl-Ing, Intendant; Opernhaus, Kaiser-Josef-Pl 10, A-8010 Graz, T: (03 16) 8 00 80, *grazer.oper@theater-graz.com*; *www.theater-graz.com*. Oper, Operette, Ballett, Musical, Konzert **Laufb:** Intendant Opernhaus Graz.

Kossjanenko, Wladimir, Viola; 5 Zeinlhoferg 5, A-1050 Wien, T: (01) 5 03 88 99, 06 99–17 03 88 99; c/o Norddeutsche Konzertdirektion, Twischlehe 5, D-27580 Bremerhaven, T: (04 71) 9 82 49 82, F: 9 82 49 80, *grevesmuehl.ballett@t-online.de*. **Ens:** Hugo Wolf Qua. (Red)

Kost, Albert, Intendant; c/o Komische Oper, Behrenstr 55–57, D-10117 Berlin. **Laufb:** Intendant Kom Op Berlin.

Kost, Josef, Komponist, Hochschullehrer; Berglistr 21b, CH-6005 Luzern, T: 04 13 10 74 54, F: 04 13 10 74 25, *kostnepple@bluewin.ch* [Bern 2.10.1954]. **Ausb:** Stud (Chorltg, Orgel, MTheorie) MH Luzern, Köln, Basel, Komp (J Baur, R Suter, Ch Halffter, E Denissow). **Laufb:** L (musiktheoret Fächer) MH Luzern seit 81, MLt Ens f Neue Musik seit 85, Gastkonz ua im Rahmen d Schweizer Tonkünstlerfestes Luzern, Basler Musikforum, Austausch m den MH Krakau u Leipzig. – **Komp:** zuletzt: Et coeperunt loqui ('... u sie begannen zu reden ...') 96/97; Un Quatuor d'airs dialogués 99; ... u er verwunderte sich ... – Musik zu Visionen v Niklaus v Flüe 99. (Red)

Kostadinova, Belina, Klavier; Zollikerstr 104, CH-8008 Zürich, T: 04 34 99 81 08; c/o Konzert Agentur Suzanne Gfeller GmbH, Homelstr 3, CH-4142 Hofstetten, T: 06 17 33 03 73, 07 92 18 66 33, F: 06 17 33 03 74, *gfeller@konzert.ch*. (Red)

Kostas, Rudolf D, Sänger; Puschkinstr 14, D-19055 Schwerin, T: (03 85) 79 51 31, (01 77) 7 95 13 10, F: 5 57 17 29; *www.rudolfkostas.de* [Wien 23.9.1950]. Op, Konz **Ausb:** Privstud Gesang (Karusso), Lied (Schilly), Op (Klein, Kmentt). **Laufb:** Wiener Staatsop 76–82, Linz 82–84, Freiburg 84–89, Ulm 89–92, Schwerin 93–99, Sol Mecklenburg Staatsth Schwerin, Wiener FestW 85, Salzburger FSp 81, Heidenheimer OpFSp 82–95, Donaufestwochen Greinburg 79–83, BBC North Manchester, Gastsol Landesth Detmold SpZ 03/04. – **Aufn/RF:** Cerha: Baal (Salzburger FSp), Dgt Dohnanyi, 81; Zobel: Weltuntergang (Wiener FestW), Dgt Keuschnig, 85.

Kostecki, Adam, Prof, Hochschullehrer, Violine; Breslauer Str 6, D-30916 Isernhagen, T: (0 51 39) 40 92 17, (01 70) 8 70 97 77, F: 2 73 69, *a.kostecki@arcor.de*; Hochschule f Musik u Theater, Emmichpl 1, D-30175 Hannover; *www.adamkostecki.de* [Wrocław 1948]. **Ausb:** Stud b David Oistrach, Boris Bielenkij Kons Moskau 67–72. **Laufb:** Stellv Künstl Ltg Pln KamPhilh 82–89, Ltg KamOrch Hannover seit 90, Prof (V) H f M u Th Hannover seit 92. **Ens:** Paganini Duo, Rubinstein Trio. (Red)

Koster, Ab, Prof, Hochschullehrer, Horn; Kattenstieg 10, D-21423 Winsen (Luhe), T: (0 41 71) 7 78 52, *abkoster@t-online.de*; H f Musik u Theater, Harvestehuder Weg 12, D-20148 Hamburg; *www.ab-koster.de* [Den Haag]. **Ausb:** Stud Den Haag, Stud (H Baumann) Folkwang-H Essen. **Laufb:** 1. SoloHn SinfOrch NDR Hamburg 77–90, Gast ua Radio SinfOrch Frankfurt, Orch Nat de France, Orch d 18. Jhs, Franz-Liszt-KamOrch Budapest, Camerata Academica Salzburg, Residentie Orkest Den Haag, TafelM Toronto, Australian Chamber Orch, Concentus Musicus Wien, ZusArb m F Brüggen, N Harnoncourt, B Klee, T Koopman, K Penderecki, Ch Prick, S Vègh, H Vonk, G Wand, B Weil ua, KonzReisen Ost- u Westeuropa, USA, Kanada, Taiwan, Australien, Gast Salzburger FSp, Holland-Fstv, Mozart-Fest Würzburg, Mähr Herbst Brno, Risør KamMFest Norwegen, Fstv toujours Mozart Salzburg, Janácek-Fstv Ostrava, Hambacher Musikfest, Mozartfest Würzburg, Fstv Oude Muziek Utrecht, Nordwestdt Philharmonie, Berliner Symph, Stavanger Symph Orch, Staatskap Weimar, Prof MH Hamburg. – **Aufn/RF:** CDs ua Mozart: Hornkonzert, m Tafelmusik Toronto, Dgt: B Weil; Haydn: Hornkonzert (NaturHn); F Poulenc: KamMWerke, Kölner Philh, m P Meyer, E Pahud 99. (Red)

Kostowa-Giesecke, Wessela *siehe* Kostowa, Wessela

Kostowa, Wessela, Dipl-Musikerin, Dipl-MLehrerin, MstrklDipl, Perkussionssolistin, Instrumentalpädagogin; Friedrich-Hölderlin-Str 5, D-74821 Mosbach, T: (0 62 61) 89 38 23, F: (0 62 61) 89 38 23, *wesamark@t-online.de*; *www.KostowaGieseckeDuo.de* [Sofia, Bulgarien 7.8.1963]. Solo unbegleitet, Solo m Orchester, KamM **Ausb:** Stud (Paliev) MH Sofia, Stud Mstrkl (S Fink) MH Würzburg, Mstrkl-Dipl 91. **Laufb:** Vidin Symph bis 82, Sofia-Philh bis 83, Radio SymphOrch Sofia 84, Mitgl Ens 'Polyrhythmia' 85–90, Schweizer U-Orch 89–94, 1. Kölner Damensalonorch 'Die Medämchen' 90–2001, BR Orch München 92, Big Band Winterthur 94. **Pr:** Pr f jüngste Teilnehmerin ARD 85, Pr KamMWettb Musikal Akad eV Würzburg 90, Fernsehpr 'Goldene Antenne' Sofia, Dipl d'Honor Barcelona 90, Kulturpr Bulgarien 81, 82, 84 ua. **Ens:** Polyrhythmia-Ens Sofia, Kostowa-Giesecke-Duo. – **Aufn/RF:** RF-Aufn Radio Athen 83, 85; 16 Werke Radio Sofia 81–88; S Fink: 'Vibraphon-Suite', BR 90; Aufn Solo u Mar/Vibr-Duo, m Salonorch 'Die Medämchen' Köln, BR Orch, Ens 'Polyrhythmia'; Fernsehaufn Bulgarien, Schweiz, Dtschld; CD-Aufn. **UA:** N Rosauro: Konz f Mar u Orch, UA OrchGem Würzburg 92; B Hummel: Konz f Mar/Vibr u Str (Kl), UA 89; A P Waldemaier: Xylophon-Eskapaden, UA Schweiz, Orch R Paroleri 91; A Felder: Im See ist Feuer, UA Winterthur, Winterthur-Big Band 92; D Glaus: De Angelis II, UA Kasseler MTage 90 ua. **Zug:** E Thomass: 8 Miniaturen f Vibr u Mar 90; ders: Konz f Vibr, Mar u Str; D Paliev: 2 Duos f Vibr u Mar 90, 91; T Minkin: Duo f Vibr u Mar 91; D Paliev: Tudora (Solo Mar) 81 ua. **Sonst:** Grdg Kostowa-Gieecke-Duo 90, Trio Percutens (E Musik, Avantgarde). **Lit:** Dipl-Arb über Fachbücher v W Kostowa z 4- u 6-Schlägel-Technik (H f M Köln, Abt Wuppertal).

Kostyák, Emeric, Violoncello; c/o Erato-Quartett, Schweizerstr 11, CH-4132 Muttenz, T: 06 13 12 04 33. **Ens:** Erato-Quartett. (Red)

Kosuta, Gorjan, Prof, Hochschullehrer; Wacholderweg 15, D-50169 Kerpen, T: (0 22 73) 91 29 38, F: 91 29 22; H f Musik, Dagobertstr 38, D-50668 Köln [Ljubljana 19.1.1947]. **Ausb:** Stud V Eastman School of M Rochester N Y 65–66, H f Musik Köln 66–71, KonzExamen (Aufbaustud) 71–72. **Laufb:** Prof (V) H f Musik Köln seit 78. **Pr:** 1. Pr Jugoslaw Bundeswettb Zagreb 61, Prtr Int Youth Music Competition Michigan 64. **Ens:** Arcadia-Trio (Kl) seit 78, Künstl Lt Aachener KamM Ens seit 84.

Kosztolanyi, Márta, Sängerin; c/o Staatstheater am Gärtnerplatz, Gärtnerpl 3, D-80469 München, PF 140569, D-80455 München [Pécs]. **Laufb:** Sol Staatsth am Gärtnerplatz München SpZ 03/04. (Red)

Kotchinian, Arutjun, Bass; Darmstädter Str 7, D-10707 Berlin, T: (0 30) 3 82 94 92; c/o Lore-M. Schulz International Artists Management, Zittelstr 8, D-80796 München, T: (0 89) 3 08 70 92, F: 3 08 70 93, *artists@lore-m-schulz.com*. **Laufb:** Sol Dt Op Berlin SpZ 04/05, Kom Op Berlin SpZ 03/04, Hamburg Staatsop, Op Köln. (Red)

Kothes, Franz-Peter, Dr, Dramaturg; c/o Theater Dortmund, Kuhstr 12, D-44137 Dortmund. **Laufb:** ChefDram Th Dortmund SpZ 03/05. (Red)

Kotková, Hana, Violine; Case di Sopra, CH-6935 Bosco Luganese, T: 09 16 05 46 55, F: 09 16 05 46 55, *hana@kotkoviolin.com*. **Laufb:** Tschech KamOrch. **Pr:** 2. Pr 49. Prager Frühling 97, Prtr Bärenreiter Pr, Prtr Supraphon Pr. (Red)

Kotow, Grzegorz, Violine; c/o Künstlersekretariat Schoerke GmbH, Grazer Str 30, D-30519 Hannover, T: (05 11) 40 10 48, 40 10 49, F: 40 74 35, *info@ks-schoerke.de*; *www.szymanowski-quartet.com*. **Pr:** 2. Pr 3. Int KamM Wettb Osaka 99, 2. Pr 3. Int KamM Wettb Melbourne 99. **Ens:** Szymanowski Qua. (*)

Kotscherga, Anatoli, Bass; c/o Bayerische Staatsoper, Brieffach, D-80075 München; c/o Austroconcert, Gluckgasse 1, A-1010 Wien, T: (01) 5 13 26 57, F: 5 12 61 54, *austroconcert@ia-ac.com*. **Laufb:** Sol Dt Op Berlin, Bayer Staatsop München 04/05, Staatsop Hamburg SpZ 04/05, Gastsol Op Frankfurt SpZ 04/05. (Red)

Kotschy, Johannes, Komponist, Apotheker; Dachsteinstr 2, D-83451 Piding, T: (0 86 51) 9 58 60, F: 95 86 13; Punzau 9, A-5310 Mondsee, T: (0 62 32) 42 84; *www.naturton-musik.de, www.newkeyboard.de* [Neuhaus/Schliersee 2.5.1949]. **Ausb:** pharmazeut Staatsexamen, Musikstud (Kl, Komp) Mozarteum Salzburg 73–81. **Laufb:** freischaff Komp, seit 84 fast ausschl Werke im Naturtonsystem. **Pr:** div Ausz u Pr. – **Komp:** Solaris f gr Orch op 17 (OrchW), UA Salzburg 88; 4 Streichquartette im Naturtonsystem, UA 85, 92, 2000 u 04; AuRa f Harfe Solo op 24/1 (SoloW f Hf), UA Salzburg 87; Crystal Sonata op 28 (KamM f Vcl, Hf), UA Wien 90; Lieder auf d Flucht op 36 (KamM), UA Brno 93; James-Joyce-Triologie – Stephen Hero, Ulysses, Finnegan's Wake op 30, 37, 39 (MDrama), UA 91, 93, Salzburg 95. **Sonst:** US- u europ Patent f e neues Tasteninstr, Präs Int Ges f Ekmelische Musik; 'Auf d Weg zu Mikroharmonik' (Wort u Musik 43).

Kottmair, Elke, Sopran; Staatsoperette, Pirnaer Landstr 131, D-01257 Dresden [Augsburg]. **Ausb:** Stud (Ges) HfM Würzburg u Rostock. **Laufb:** Sol Staatsoptte Dresden seit 04/05. **Pr:** Prtr Bundeswettb f Ges u Int Robert-Stolz-Wettb 97. (Red)

Kottmann, Alois, Prof, Violine, Hochschullehrer; c/o Collegium Instrumentale Alois Kottmann, Ostpreußenstr 28, D-65719 Hofheim, T: (0 61 92) 35 47, F: 3 92 60, *info@alois-kotmann.de*; *www.alois-kottmann.de* [Hanau-Großauheim 20.6.1929]. Solo, Kammermusik, Orchester **Ausb:** MH Frankfurt/M b Graef-Moench (Schülerin v Flesch/Moodie). **Laufb:** Prof (V) Dr Hoch's Kons Frankfurt, MH Frankfurt/M, Univ Mainz, Peter Cornelius Kons Mainz, MLtg Collegium Instrumentale. **Pr:** Verdienstorden d Landes Hessen, August-Gaul-Plak Hanau, Ehrenplak Frankfurt/M. – **Aufn/RF:** Reinhold Finkbeiner: Solo-Sonate; Richard Rudolf Klein: Werke f V solo u m Orch; J S Bach: Sonaten u Partiten f Violine solo; Albert Mangelsdorff: 'Denk ich an Bosnien', 'Miniaturen'. **UA:** Otmar Mácha: Seikilos Variationen (V solo); Johanna Seufter: Doppelkonz c-Moll m B Kottmann u Collegium Instrumentale. **Zug:** Otmar Mácha: Seikilos Variationen (V solo); Reinhold Finkbeiner: Solo-Sonate; Richard Rudolf Klein: 'Canto' (f V u Orch), „Kontradiktion" m Albert Mangelsdorff; Kottmann: Konz f 2 V aus Anlaß 60. Geb n OB Dr hc Roth; A Mangelsdorff:'Miniaturen', 'Denk ich an Bosnien'. **Sonst:** Stift d 'Alois-Kottmann-Pr f klass u sangl Violinsp' (zus m Stadt Frankfurt), Melisma-Verlag Wiesbaden.

Kotulecki-Widawska, Olga, Mag, Komponistin; Dr. E. Ringelstr 23, A-2514 Traiskirchen, T: (06 64) 5 64 64 17. (Red)

Kotzian, Iris Marie, Sängerin; Goethering 20, D-49074 Osnabrück, T: (05 41) 3 50 41 49, 01 74–6 93 32 25; c/o Städtische Bühnen Osnabrück, Domhof 10/11, D-49074 Osnabrück. **Laufb:** Sol Städt Bühnen Osnabrück SpZ 03/04. (Red)

Koukl, Giorgio, Komponist; casa La Campagnola, CH-6945 Origlio, T: 09 19 45 24 20, *musicplay@freesurf.ch*; *www.koukl.com, www.luxnova.com/~musicplay/koukl* [Prag 23.3.1953]. **Ausb:** Stud (C Vidusso) Kons Milano 68–78, MH Zürich 78–82. **Pr:** H Rahn Zürich, Kiefer-Hablitzel Bern, Ibaguè Colombia, Vercelli-Concorso Italia, 'Alienor' Washington D C. **Ens:** Bläserqui PRAG. – **Komp:** Pandora's, UA Lugano, Orch RTSI, Dgt: G Bernasconi 78; Ideogrammi, UA Lugano, Orch RTSI, Dgt: M Andrese 89; Liturgy, UA Radio Schweiz, Chor d RTSI, Dgt: G Koukl 86. **AuftrKomp:** Narzisse (f Streichqua), UA Lugano, Radiosaal 76; Contest Trio (Streichtrio), UA Münchwilen, New Czech Trio 88. **Aufn/RF:** Frz M d 20. Jh; A Rubinstein: BlQui m Kl; G Koukl: Drops of Light (KamM).

Kout, Jiri, Dirigent; c/o Theateragentur Dr Germinal Hilbert, Maximilianstr 22, D-80539 München, T: (0 89) 2 90 74 70, F: 29 07 47 90; c/o Sinfonieorchester St Gallen, Museumstr 1, CH-9004 St Gallen, T: 07 12 42 07 07, F: 07 12 42 07 08, *direktion@sinfonieorchestersg.ch*; *www.hilbert.de* [Prag 26.12.1937]. Wagner, Strauss, Janáček **Ausb:** Stud (Org, Dirig) Kons u MAkad Prag. **Laufb:** GMD Staatsth Saarbrücken 85, 1. Dgt Dt Op Berlin 91–2000, GMD Op Leipzig 93–99, Chefdgt SinfOrch St Gallen seit 96, Chefdgt Th St Gallen, Dgt Dt Op Berlin SpZ 03/04. **Pr:** 1. Pr Dirigierwettb Besançon u Brüssel 69, Pr f 'Ereignis d Jahres' d Tschech Musikfonds Prag 97.

Kouyoumdjian, Avedis, o UProf, Hochschullehrer; Univ f Musik u Darst Kunst, Joseph Haydn Inst f Kammermusik u Spezialensembles, Anton-von-Webern-Pl 1, A-1030 Wien, T: (01) 7 11 55 30 00, F: 7 11 55 30 99, *kouyoumdjian@mdw.ac.at*; *www.mdw.ac.at/ijh/avo.htm*. Tasteninstrumente, Kammermusik **Laufb:** o UProf U f Musik u Darst Kunst Wien, Ltr Joseph Haydn Inst f KamM u SezialEns.

Kovac, Tibor, Violine; c/o Wiener Philharmoniker, Bösendorferstr 12, A-1010 Wien, T: (01) 5 05 65 25, *philoffice@wienerphilharmoniker.at*; c/o ProArt Service – A. Kirschner, Goldschmiedgasse 10/3/3, A-1010 Wien, T: (01) 5 34 62 86, *mail@proartservice.at* [Levice 1967]. **Laufb:** Mitgl Wiener Philharmoniker (Vorgeiger) seit 92. (Red)

Kovacic, Ernst, Prof, Hochschullehrer, Dirigent, Violine; Univ f Musik u Darst Kunst, Inst f Streich- u andere Saiteninstrumente, Seilerstätte 26, A-1010 Wien, T: (01) 7 11 55 23 01, F: 7 11 55 23 99; c/o PRIMUSIC Konzert- und Musiktheaterproduktionen GmbH, Herrengasse 6–8/2/22, A-1010 Wien, T: (01) 5 32 71 24, F: 5 32 71 40, *office@primusic.at*. **Laufb:** o UProf (V) U f Musik u Darst Kunst Wien, Gastdgt Das Schauspielhaus Wien. (Red)

Kovács, Attila, KS, Sänger; Am See 1, D-24113 Kiel, T: (04 31) 18 02 70; c/o Bühnen der Landeshauptstadt Kiel – Opernhaus am Kleinen Kiel, PF 1660, D-24015 Kiel [Klausenburg 1942]. **Laufb:** Sol Bühnen d Landeshauptstadt Kiel. (Red)

Kovacs, Bela, Prof, Hochschullehrer; Univ f Musik u Darst Kunst, Inst 4, Brandhofgasse 21, A-8010 Graz, T: (03 16) 3 89 33 93, F: 3 89 30 41, *bela.kovacs@kug.ac.at*. **Laufb:** o UProf (Klar) U f Musik u Darst Kunst Graz. (Red)

Kovacs, Elisabeth Gyöngyi, Prof, Hochschullehrerin, Gesang; Univ f Musik u Darst Kunst, Inst f Gesang u Musiktheater, Penzingerstr 7, A-1140 Wien; H f Musik, Veilhofstr 34, D-90489 Nürnberg, T: (09 11) 5 04 79 97, F: 5 04 79 97. **Ausb:** Musikstud Staatl MH Köln (Jacob). **Laufb:** 1. lyr Koloratursopranistin Vereinigte Bühnen Krefeld/Mönchengladbach unter d Ltg v GMD Lothar Zargosek, Dt Op am Rhein Düsseldorf, Lehrtätigkeit Robert-Schumann-H f M Düsseldorf, Gastprof 01/02 u seit 02/03 Vertragsprof f Ges an d U f Musik u Darst Kunst Wien u Prof an d H f M Nürnberg/Augsburg, Abt Nürnberg, Mstrks in Dtschld u Ungarn (Schloss Festetics in Keszthely). (Red)

Kovacs, Peter, Sänger; Droste-Hülshoff-Str 11a, D-59368 Werne, T: (0 23 89) 53 63 36, (01 72) 2 30 16 61. **Laufb:** Sol Pfalzth Kaiserslautern. (Red)

Koval, Ivan, Prof, Hochschullehrer (Akkordeon); Berggasse 8, D-99438 Bad Berka OT Tannroda, T: (03 64 50) 3 03 69, F: 3 03 69 [Kraslice, Tschech Rep 24.11.1949]. Akkordeon, Neue Musik **Ausb:** Stud Akk (I Slota-Krieg) H f M 'Franz Liszt' Weimar 71–76. **Laufb:** künstl Ass H f M 'Franz Liszt' Weimar 76–78, LAuftr ebd 78–86, künstl ObAss ebd 86–93, Prof (Akk) ebd 93. **Pr:** 3. Pr Int AkkWettb Salzburg 71, 2. Pr Int AkkWettb San Sebastian 72, 1. Pr Int AkkWettb Klingenthal 73, 1. Pr Int AkkWettb Málaga 78. **Ens:** Musikatelier Weimar. – **Aufn/RF:** J Feld: 'Konzert', RF-Orch Leipzig, Dgt: H Neumann 84; V Trojan: 'Märchen', RF-Orch Berlin, Dgt: Sergin 86; CDs: 'Klangzeichen', V: Ch Apel, Git: M Myslivecek 94; KompPorträt G Katzer 98; KompPorträt J Cilensek 98; KompPorträt W Jacobi 01; Das Akkordeon, Staatl Philh Kosice, Dgt: Ch Pollack 01. **UA:** Werke v G Katzer, J Cilensek, J Feld, J Dvoracek, R Wolschina, A Müller-Weinberg, H Schmidt ua. **Zug:** ua v G Katzer, J Cilensek, J Feld, J Dvoracek, R Wolschina, H Schmidt. **Sonst:** Grdg Musikatelier Weimar 96.

Kovalova, Nataliya, Sopran; Rochusstr 46, D-40479 Düsseldorf, T: (01 79) 5 35 15 89; c/o Agentur Seitter, Opernring 8/13, A-1010 Wien, T: (01) 5 13 75 92, F: 5 12 93 51. **Laufb:** Sol Dt Op am Rhein Düsseldorf-Duisburg SpZ 03/05, Bregenzer FSp SpZ 03/04. (Red)

Kovariková-Richter, Jitka, Prof, Hochschullehrerin, Gesang; Bästleinstr 10/59, D-04347 Leipzig, T: (03 41) 2 31 16 17 [Jena 1937]. **Laufb:** Prof (Ges) H f M u Theater 'Felix Mendelssohn Bartholdy' Leipzig seit 92. (Red)

Kovatchev, Julian, Dirigent; Staatstheater, Oberer Schloßgarten 6, D-70173 Stuttgart [Sofia]. **Laufb:** Dir Staatsth Stuttgart. (Red)

Kovatcheva, Maia, Violine; c/o Theater Lüneburg GmbH, PF 2829, D-21318 Lüneburg. **Laufb:** Stellv Konzm. (Red)

Kovats, Barna, Prof, Komponist, Hochschullehrer; Gaisbergstr 27, A-5020 Salzburg, T: (06 62) 82 76 28. **Laufb:** em Prof (Git) Mozarteum Salzburg. (Red)

Kowal, Erasmus, Horn; c/o Niedersächsisches Staatsorchester, Opernpl 1, D-30159 Hannover. **Laufb:** 1. koord Sol Niedersächs StaatsOrch Hannover. (Red)

Kowalewitz, Andreas, Dirigent; c/o Staatstheater am Gärtnerplatz, PF 140569, D-80455 München. **Laufb:** Dgt Staatsth am Gärtnerplatz München, Th Bonn SpZ 03/04. (Red)

Kowaljow, Vitalij, Sänger (Bass); Felsenstr 101, CH-9000 St Gallen, T: 07 12 22 49 66, *vikoni29@aol.com*; *www.vitalijkowaljow.com*. **Laufb:** Sol Bad Staatsth Karlsruhe, Konz u Th St Gallen. (*)

Kowalski, Andrzej, Violine; c/o Sinfonieorchester St Gallen, Museumsstr 1/25, CH-9004 St Gallen. **Laufb:** 1. Konzm Th St. Gallen seit SpZ 03/04. (Red)

Kowalski, Jochen, KS, Sänger; c/o Komische Oper Berlin, Behrenstr 55–57, D-10117 Berlin. **Laufb:** Sol Kom Op Berlin, Hamburg Staatsop, Volksop Wien, Gastsol Sächs Staatsop Dresden SpZ 03/04. (Red)

Kowalsky, Alexander, Chordirektor, Dirigent; c/o Stadttheater Klagenfurt, Theaterpl 4, A-9020 Klagenfurt. **Laufb:** Chordir u Studienlt m Dgt-Verpfl Stadtth Klagenfurt. (Red)

Kowollik, Maria, Prof, Hochschullehrerin, Sängerin; Weberstr 65, D-28203 Bremen, T: (04 21) 70 51 68, F: 70 51 68, *m.kowollik@hfk-bremen.de*; Hochschule für Künste, FB Musik, Dechanatstr 13–15, D-28195 Bremen; *www.maria-kowollik.com* [18.2.1960]. zeitgen Musik, Oper **Ausb:** Stud (SchM) MH d Saarlandes 86–89, Ges (Ch Lehmann) H f M u Th Hannover 86–89, E Huber-Contwig 89–92. **Laufb:** Prof (Ges) H f Künste Bremen, Gastsol Dortmund

89–92, Bielefeld 93–98, Hannover 94–95, Aachen 99–2000, Bremer Th SpZ 00/05; Sol Holland-Fstv 93, Solo-Abend Barcelona 95, Musik-Biennale Berlin 95, Münchener Biennale 02, GastSol Zeitgen Op Berlin SpZ 04/05, Biennale Venedig 05. **Pr:** 2. Pr OpWettb Hannover 89, Prtr Bundeswettb Gesang Berlin 90; Sonderpr d dt Bühnenvereins f beste Intpr e zeitgen Komp 90, 1. Pr Richard-Strauss-Wettb München 90, Prtr Int GesWettb Francesco Viñas Barcelona 91, Prtr Int MWettb 92. – **Aufn/RF:** Globokar: L'Armonia drammatica (Radio France Paris) 95; Cage, Foss, Globokar ua: Solo-Abend zeitgen Werke f Stimme u Solo, Mitschnitt Bozen 96, CD Live at Lockenhaus S Gubaidulina: Ein Engel 95; Liederabend (Radio Bremen) 01 ; Nono: Intolleranza 01; 'Passionen', Werke f Stimme solo (CD) 02. **UA:** Febel: Winterreise 93; Foss: Kafka Tagebuch 94; Gubaidulina: Ein Engel; Schnebel: Kaschnitz-Gedichte; Reimann: Wir, die wie Strandhafer Wahren; Pagh-Paan: MA-AM; Globokar: Second Thoughts; Battistelli: Der Herbst des Patriarchen 04. **Zug:** Febel: Winterreise; Jentzsch: Song f KK. **Sonst:** CD 'Passionen'.

Koyama, Akio, Prof, Hochschullehrer, Fagott; Wilhelmstr 25, D-78647 Trossingen, T: (0 74 25) 32 83 75, F: 32 83 75, *fagott0458922315@aol.com*; Hochschule f Musik, Schultheiß-Koch-Pl 3, D-78647 Trossingen [1955]. **Ausb:** Stud Senzoku-MH in Tokyo b Y Kiryu u T Nisikawa, künstl Aufbaustud H f M Detmold b A Hennige u H Jung. **Laufb:** Solo-Fagottist Staatsth Darmstadt u Stuttgart, Solo-Fagottist SAITO-Kinen-Orch unter Ltg v Seiji Ozawa seit 90, Sol unter Herbert v Karajan, Georg Solti, Seiji Ozawa, Václav Neumann, Ferdinand Leitner oder Christoph Eschenbach, Gast in d Konzertmetropolen wie New York, Paris, London, Wien, Mailand, Tokyo, Berlin, München, Genf oder Salzburg, rege KonzTätigkeit im In- u Ausland m d Ens 'Zephyros' u 'Tokyo-Fagottiade' seit 87, Juror b verschiedenen int Wettb, Doz H f M u Darst Kunst Stuttgart 88–95, Prof f Fagott im Fach KamM an d Senzoku-MH in Tokyo seit 90 u Prof (Fagott) Staatl H f Musik Trossingen seit 95. **Pr:** Prtr b 2. Int Musikwettb 'Premio Ancona' in Italien 79, 33. Int Musikwettb 'Prager Frühling' 81. **Ens:** Octetto Tokyo-Berlin. (Red)

Kozak, Wolfgang, Mag, Komponist; Grüngasse 13/2, A-1050 Wien, T: (01) 5 86 84 91. (Red)

Kozeluh, Denis, Sänger; c/o Stadtth Baden b Wien, Theaterpl 7, A-2500 Baden b Wien. **Laufb:** Sol Musicalfestival Bruck/Leitha, Sol Stadtth Baden b Wien SpZ 03/05. (Red)

Kožená, Magdalena, Mezzosopran; c/o Askonas Holt, Ltd, 27 Chancery Lane, London WC1A 2PF, Vereinigtes Königreich, T: +44 20 74 00 17 20, F: 20 74 00 17 23, *peter.bloor@askonasholt.co.uk*; c/o Central European Music Agency, Kapucínské nám 14, CZ-60200 Brno; *www.kozena.cz* [Brno]. **Ausb:** Stud (Ges) Kons Brno, Stud Ges (E Blahová) College of Performing Arts Bratislava bis 95. **Laufb:** Sol Volksop Wien 96/97, int Konztätigkeit u a Drottningholm Fstv, London, Schubertiade Schwazenberg, Brüssel, Paris, Hamburg, Amsterdam, München, Prag, Tokyo, Yokahama. **Pr:** 1. Pr Int Mozart Wettb Salzburg 95, Chevalier de l'Ordre des Arts et des Lettres 03, Grammophone Award UK 04. (Red)

Kozina, Yaroslava, Sängerin; Weberstr 23, D-28203 Bremen, T: (01 73) 4 64 71 59; Bremer Theater, PF 101046, D-28010 Bremen. **Laufb:** Sol Bremer Theater. (Red)

Kozinski, Stefan, Korrepetitor; Anhaltisches Theater, Friedenspl 1a, D-06844 Dessau. **Laufb:** Korr Anhalt Th Dessau. (Red)

Kozlowska, Joanna, Sängerin; c/o Opernhaus Zürich, Falkenstr 1, CH-8008 Zürich. (Red)

Krabbe, Anke, Sängerin; Bunsenstr 18, D-40215 Düsseldorf, T: (02 11) 4 69 77 06, (01 72) 5 21 66 83, *akrabbe@gmx.de*; c/o Dietrich Eberhard Gross Künstleragentur, Eschenweg 19, D-61440 Oberursel, T: (0 61 72) 93 41 44, F: 93 41 45, *d.e.gross@grossagentur.de*. **Ausb:** MH Schwerin 89–93, MH Köln (E Moser) 93–96, KonzExam 98, Mstrks b K Moll 92, W Berry 94, C Eder 95, J Beckmann 96. **Laufb:** Sol Städt Bühnen Bielefeld 96/98, Sol Städt Bühnen Münster 98/2000, Gastsol Dr Op a Rhein Spz 99/2000, Sol Dt Op am Rhein Düsseldorf-Duisburg SpZ 02/08, Gastsol Städt Bühnen Münster SpZ 00/01, Gastsol StaatsTh Darmstadt 03/04, Gastsol StaatsTh Wiesbaden 04/05. **Pr:** Operntaler d Stadt Bielefeld 97, Volksbühnentaler d Stadt Münster 99 u 2000. – **UA:** G Stäbler: Madame la Pest, Dt Op am Rhein Duisburg 02; Thomas: Bird Garden, Dt Op am Rhein Düsseldorf 02; Ch Jost: Vipern, Dt Op am Rhein Düsseldorf 05.

Krachler, Arthur, Violine; Kühwiesen 17, A-8181 Unterfladnitz, T: (06 99) 11 88 20 48; c/o Musicians' Management – Musik Exclusiv, Dr Christoph Cornaro, Rotenberggasse 16, A-1130 Wien, T: (01) 8 79 74 16, F: 8 79 74 16, *agentur.cornaro@aon.at*. **Ausb:** Stud Kons Stadt Wien b Florian Zwieauer, Thomas Christian u Werner Hink. **Laufb:** Geiger Sinfonietta Baden, United Philharmonic Vienna, The Orch of Ancient Cuts u Wiener Jeunesse Orch, Konz im Stadtth Baden, Arnold Schönberg-Haus Mödling, Stadtth Grein, Jüd Museum Wien, Schloss Belvedere Wien, Radiokulturhaus Wien, Lutherische Stadtkirche Wien, Kunstverein 'Alte Schmiede' Wien u Mozartsaal d Wiener Konz-Hauses. **Ens:** 2. V Egon Wellesz Qua. (Red)

Krämer, Árpád, Dirigent; Neue Oper, Herminengasse 10/Tor 23, A-1020 Wien. **Laufb:** Dirgt Neue Oper Wien. (Red)

Krämer, Günter, Regisseur; c/o Bühnen d Stadt Köln, PF 101061, D-50450 Köln. **Laufb:** Regisseur Th Wiesbaden, Hannover, Berlin, Stuttgart, Lt Schauspiel Bremen 84, Intend Köln 90, Generalintend Köln 95–02, Inszenier ua Op Hamburg, Düsseldorf, München, Berlin, Wien, Paris, Met Op New York, Salzburger FSp. (Red)

Krämer, Jörg, Dr, Prof, Orchestermusiker, Hochschullehrer; Eichenschlag 18, D-91080 Rathsberg, T: (0 91 31) 2 88 68, F: 2 88 68, *jrkraemer@web.de*. **Ausb:** Stud (Querfl) MH München 81–86, Stud (MWiss, LitWiss) U München 84–87, Prom 91, Habil 97. **Laufb:** Grdg Roseau-Qui 83, Grdg Ens Extempore 91; Tourneen: Südamerika 89, Japan 90, Türkei 99, Solofl Nürnberger Philh seit 86. **Pr:** Dt MWettb 86, VII. Int KamMWettb Tokio 89, Staatl Förderpr Freistaat Bayern 91, Friedrich-Baur-Pr Bayer Akad d Künste 91. **Ens:** Roseau-Qui, Ens ExTempore. – **Aufn/RF:** CDs: Danzi, Seiber, Schmid, Ligeti 87; Eisler, Lohse, Heider, Hindemith 89; Ravel, Milhaud, Eychenne, Tomasi 91; Brahms: Serenade op 11; Lohse: Brahms-Reflexionen 96. **UA:** W Heider: Intarsien 87; M Trojahn: Sonata III 93; D Buwen: Air 89; H Grassl: Frisch voran! 91; V Dinescu: Pfingsorat 93; H Bieler: Qui Nr 2 93; W Heider: 5 Stücke f Querfl solo 05. **Sonst:** zahlr Veröff, ua Dt-sprach MTh im späten 18. Jh 98.

Krämer, Leo, Prof, Hochschullehrer, Orgel; Am Woogbach 22, D-67346 Speyer, T: (0 62 32) 7 57 11, F: 1 00 92 34; Hochschule f Musik u Darst Kunst, N 7,18, D-68161 Mannheim. **Laufb:** Prof (Orgel) Staatl H f M u Darst Kunst Mannheim, Prof (Orgel) H d Saarlandes f Musik u Th Saarbrücken. (Red)

Krämer, Michaela, Prof, Hochschullehrerin, Sopran; Zum Stadion 25, D-40764 Langenfeld, T: 0 17 11 28 05 42, F: (0 21 73) 98 99 03, *helmkrae@t-online.de*; Robert Schumann Hochschule, Fischerstr 110, D-40476 Düsseldorf [Aachen]. **Ausb:** Stud Russ u Latein Uni Köln (StaatsEx), Stud Ges (H Marten) MH Köln. **Laufb:** Berliner FstWochen, Warschauer Herbst, Fstv Dubrovnik, English Bach Fstv, Wittener Tage f Neue M ua; LBeauftr Uni Dortmund seit 90, Robert-Schumann-H Düsseldorf seit 98, Prof (Ges) ebd seit 2001, Senatorin ebd seit 2002, Prorektorin ebd. **Ens:** 'collegium vocale' Köln. – **UA:** zahlr Werke zeitgen Komp. (Red)

Krämer, Nils Thilo, Prof, Hochschullehrer, Flöte; Univ f Musik u Darst Kunst, Inst 4, Brandhofgasse 21, A-8010 Graz, T: (03 16) 3 89 33 94, F: 3 89 30 41, *nils.thilo.kraemer@kug.ac.at*. **Laufb:** o UProf (Fl) U f Musik u Darst Kunst Graz. (Red)

Krämer, Peter-Michael, Prof, Hochschullehrer, Trompete; Kurt-Weill-Str 3a, D-04347 Leipzig, T: (03 41) 2 31 11 27; Hochschule f Musik u Theater, PF 100809, D-04008 Leipzig. **Laufb:** Prof (Trp) H f M Felix Mendelssohn Bartholdy Leipzig. (Red)

Krämer, Sieglind, Prof, Hochschullehrerin, Klavier; Hochschule f Musik u Theater, FB 2, Harvestehuder Weg 12, D-20148 Hamburg. **Laufb:** Prof (Klavier) H f M u Th Hamburg. (Red)

Krämer, Thomas, Prof, Hochschullehrer; Birkenstr 43, D-66119 Saarbrücken, T: (06 81) 9 54 39 29, *th_kreamer@t-online.de*; H f Musik Saar, Bismarckstr 1, D-66111 Saarbrücken; *www.hfm.saarland.de/kraemer/index.html* [1952]. **Ausb:** MH Detmold. **Laufb:** freischaff Org, KlL u PrivDoz, Prof (MTheorie, Gehörbildung) H f M Saar. **Pr:** KiPr d Stadt Neuss 88. (Red)

Kränzle, Johannes Martin, Bariton; Casimirstr 30, D-60388 Frankfurt, T: (01 71) 3 22 21 27, (0 61 09) 37 61 21; c/o Agentur Seitter, Opernring 8/13, A-1010 Wien, T: (01) 5 13 75 92, *office@agentur-seitter.at* [Augsburg]. **Ausb:** Stud V (Koeckert), Stud (MThRegie) Hamburg, Stud Gesang (M Gründler) MH Frankfurt. **Laufb:** Niedersächs Staatsop Hannover 91–97, GastProf an mehreren brasilian U seit 92, Gastverträge Bayer Staatsop München, Op Leipzig, Hamburg Staatsop, Stuttgarter Staatsop, Kom Op Berlin, Wiener Volksop, Spoleto-Fstv, New Israeli Op Tel Aviv, regelm Liederabende, ua Schleswig-Holstein Fstv, Goethe-Haus Frankfurt, EXPO 2000 Hannover, Oratorien ua Notre-Dame Paris, Kölner Dom, Dormition Abbey Jerusalem, Vilnius-Fstv, Op Frankfurt SpZ 98/05, Gast Wiener Volksop 99, Kom Op Berlin SpZ 2000/01, Koblenz, Bayer Staatsop München, Sol Kom Op Berlin SpZ 03/04, Stadtth Bern SpZ 04/05. **Pr:** Prtr Berlin, Hannover, Augsburg, Vercelli, Rio de Janeiro, Perpignan, Paris. (Red)

Krätzschmar, Wilfried, Prof, Komponist, Hochschullehrer; Wettiner Pl 13, D-01067 Dresden, T: (03 51) 4 92 36 18; Hochschule f Musik, PF 120039, D-01001 Dresden [Dresden 23.3.1944]. **Ausb:** Stud Komp (Thilman), Kl (Plehn) H f M Dresden 62–68, weitere Stud (F Geißler). **Laufb:** Lt SchauspielM Th Meiningen, Prof H f M Dresden. **Pr:** Hanns-Eisler-Pr, Kunstpr Stadt Dresden. – **Komp:** 2.Sinf 'Explosionen u Cantus' (OrchW), UA Berlin, BSO, Dgt: G Herbig 80; 3.Sinf f Klavierspieler u Orch ('quasi una Fantasia') (OrchW), UA Berlin, B Caspar, BSO (H-P Frank) 82; Heine-Szenen (Orat), UA Leipzig 83; 4.Sinf (OrchW), UA Dresden 85; Cataracta – esercizi virtuosi da precipitare abbasso (OrchW), UA Berlin, Staatskap Dresden, Dgt: H Vonk 87; Grüß ich tausendmal, Heimatlandschaften (Orat), UA Dresden, MusikFSp 89; u schon jetzt, sequenza lauda (Orat), UA Dresden, Landeskirchenmusiktage 91.

Kraft, Andreas, Prof, Hochschullehrer, Posaune; H f Musik, Hofstallstr 6–8, D-97070 Würzburg [Berlin 1961]. **Ausb:** Stud (Pos) H d Künste Berlin (J Doms) seit 80, gleichzeitig OrchAkad d Berliner Phil Orch. **Laufb:** Soloposaunist Radio-SinfOrch Stuttgart 81, OrchMitgl Richard-Wagner-Festspiele Bayreuth seit 90, Doz LandesjungendOrch Baden-Württemberg u BundesjugendI-Orch 85–99, Gastdoz H f M u Darst Kunst Stuttgart 96, Doz Schleswig-Holstein Musik Fstv seit 99, küns Lt Junge Süddt Philh u Nürtinger KamOrch seit 99, Prof (Pos) H f M Würzburg. (Red)

Kraft, Bernd, Klarinette; c/o MDR Sinfonieorchester, Augustuspl 9a, D-04109 Leipzig. **Laufb:** Sol MDR SinfOrch Leipzig. (Red)

Kraftzoff, Kira, Violoncello; c/o K Kravtsov, Rastrelli Cello Quartett, Werastr 3, D-70182 Stuttgart, T: 0 17 29 39 18 42, F: (07 11) 2 36 81 18, *matrosov@t-online.de*; *www.rastrelli.de* [Leningrad 1971]. **Ausb:** SpezialMSch Leningrad (M Reisenstock), Stud Kons St Petersburg (A Nikitin) bis 94, MH Stuttgart (Buck). **Laufb:** 'Davos MF', 'Colorado MF' 96; Dvorak: Cellokonz, München, Herkulessaal 96; Haydn: Cellokonz, Frankfurt, Alte Op 97; 15 Soloauftr m St Petersburg Philh 90–2001; 'Musikal Olymp', MF, St Petersburg 99; Solocellist St Petersburger Solisten 91–94, Solocellist Württemb KamOrch seit

98, Sol Junge Münchner Philh seit 96. **Pr:** Finalist Cellowettb d Sowjetunion 88, 1. Pr Murcia 90, 'Valentino Bucchi Pr.' 90, 3. Pr 'Unisa Streicherwettb' 92, 2. Pr Kammusikwettb Trapani 94, 1. Pr 'Wiener Int Wettb' 97. **Ens:** Rastrelli Cello Qua. – **Aufn/RF:** 'Cellist K K', Russ Fernsehen 93; Beethoven, Brahms, Franck: Violinsonaten, BR 98; Tschaikowsky: Rokokovariationen, Württemberg KamOrch, HR 99; Boccherini: Cellokonz, Württemberg KamOrch, HR 2001. **Lit:** 'Große Begabung' (Musika) 94; 'The Star' (Musikleben) 97.

Krahmer, Renate, Prof, Hochschullehrerin; An der Mühlenstr 16, D-16348 Klosterfelde, T: (03 33 96) 8 70 03 [Hohenmölsen 1937]. **Ausb:** Stud Ges (E Schubert-Hofmann) 'Franz-Liszt-H' Weimar 57–62, Dipl. **Laufb:** Meininger Th 61–62 (Verdi: E Maskenball, Oskar; Haydn: List u Liebe, Lisetta), Landesth Halle 62–66 (ua Mozart: D Entführung a d Serail, Blondchen; Bizet: Carmen; Frasquita; Strauss: D schweigsame Frau, Isotta; Mozart: D Zauberflöte, Königin d Nacht; Händel: Amadis, Onoria), Kom Op Berlin 65–82 (ua Janácek: Jenufa, Janos; Britten: E Sommernachtstraum, Titania; Kodàly: Háry János, Königin Luise; Prokofiew: D Liebe z d 3 Orangen, Ninetta), Gast Dt Staatsop Berlin (ua Mozart: D Hochzeit d Figaro, Susanna; Strauss: Ariadne a Naxos, Najade; Rossini: D Barbier v Sevilla, Rosina; Strauss: D Rosenkavalier, Sophie), Gast-Sp m Dt Staatsop Berlin b Wiener FestW, FSp Bratislava, Lausanner FestW, Prager Frühling, Warschauer Herbst, rege Tätigkeit als Orat-, Lieder- u Konz-Sängerin ua unter R Kempe, H Swarowsky, V Neumann, O Suitner, K Masur, H Kegel, M Flämig, H-J Rotzsch, LBeauftr u Doz (Ges) H f M 'Hanns Eisler' Berlin seit 82, 'Facultas docendi' 86, Mstrkl ebd seit 88, GastProf ebd, Prof (Ges) ebd seit 92. **Pr:** Händelpr 65. – **Aufn/RF:** zahlr RF-Aufn, LPs ua: G F Händel: Imeneo (Clomiri), Händel-FSpOrch Halle, Dgt: H-T Margraf; G Benda: Der Dorfjahrmarkt (Bärbchen), Prager KamOrch, Dgt: H v Benda; E Humperdinck: Hänsel u Gretel (Sandmännchen, Taumännchen), Staatskap Dresden, Dgt: O Suitner; A Schönberg: Moses u Aron (mehrere Rollen), RSO Leipzig, Dgt: H Kegel; P Dessau: Verurt d Lukullus (Königin), RSO Leipzig, Dgt: H Kegel; R Wagner-Régeny: D Bürger v Calais (engl Königin), RSO Leipzig, Dgt: H Kegel; K Schwaen: Leonce u Lena (Rosetta), KamOrch d Staatskap Berlin, Dgt: R Neuhaus; C M v Weber: Euryante (Berta), Staatskap Dresden, Dgt: M Janowski; C Orff: Trionfo di Afrodite (Corifea, SopSol I), RSO Leipzig, Dgt: H Kegel; P Dessau: Hymnus 1959 (SopSol), RSO Leipzig, Dgt: H Kegel; J S Bach: Messe G-Dur BWV 236, Dresdner KreuzCh u Philh, Dgt: M Flämig; ders: Messe F-Dur BWV 233, Dresdner KreuzCh u Philh, Dgt: M Flämig; L v Beethoven: Lieder (Gesamt), Kl: E Ander; E H Meyer: Lieder, Kl: D Zechlin; J S Bach: Messe A-Dur BWV 234, Dresdner KreuzCh u Philh, Dgt: M Flämig. **UA:** P Dessau: Lanzelot (Elsa), UA Staatsop Berlin 69; S Matthus: Der letzte Schuss (Gedankenstimme), UA Kom Op Berlin 72.

Krahnenfeld, Stefanie, Sopran; Bruchwiesenstr 27, D-66111 Saarbrücken, T: (06 81) 3 22 84; c/o Lore Blümel Opern- und Konzertagentur, Heiglhofstr 49, D-81377 München, T: (0 89) 8 59 38 64, F: 8 59 37 59, *opkoag-bluemel@t-online.de*. **Ausb:** Stud Folkwang H Essen, Manhattan School of M, New York (J Randolph, M Kleinman-Malas, C Blaikner, S Papulkas), Master of M. **Laufb:** Sol Saarländ Staatsth Saarbrücken, Staatsth Stuttgart, Sol Kom Op Berlin bis SpZ 04/05, Bregenzer FSp SpZ 03/04, Royal Albert Hall London 03/04, Op North Leeds 03/04. **Pr:** 3. Pr ex aequo 49. Int ARD MWettb München 2000. – **Aufn/RF:** Die Schöne u d Biest; Léhar: Der Frühling (Optte), m KamAkad Neuss, Dgt J Goritzki.

Krajnew, Wladimir, Prof, Hochschullehrer, Klavier; H f Musik u Theater, Emmichpl 1, D-30175 Hannover. **Laufb:** Prof (Kl) H f M u Th Hannover. (Red)

Kram, Christian F P, Komponist; Fischergasse 3, D-97334 Nordheim, T: (0 93 81) 24 23; *cfpkram.de* [Volkach 12.2.1968]. KamM, Musikth **Ausb:** Musiktheorie- u Klavierstud Essen 90–94, Aufbaustud Komp (M Trojahn) Düsseldorf 95/96, Fortsetzung Kompstud (Herrmann) Leipzig 96–98, Meisterklassenstud (Komp) Leipzig 98–2001, Meisterkse (W Rihm, P-H Dittrich, G Stäbler, M Spahlinger, O Balakauskas, F Rabe ua), Teilnahme Arbeitstagungen Inst f Neue Musik Darmstadt 92–94, 96. **Laufb:** Vorstandsmitgl Dt Tonkünstlerverband Landesverb Sachsen eV seit 98, Vorstandmitgl sächs Musikbund eV u 'flammabis eV' seit 2000. **Pr:** KompWettb d Berliner RF-Chores 96, KompWettb f experimentelle VokalM d BCNM Rheinsberg 95, KompWettb Mendelssohn Orch H Leipzig 98, Meisterschülerstip H f Musik Leipzig 98–2000, Aufenthaltsstip Künstlerhaus Schloss Wiepersdorf 01. **Mitgl:** Sächs Musikbund eV, Dt Tonkünstlerverband, Dt KompVerband, flammabis-zeitgen M eV. – **Komp:** Und weiter u zur Welt hinaus (Vokalens), UA Weimar 98; Absolut? Absolut! (KamM), UA Leipzig 98; Etüden: 1. Quinte, 2. Sekunde (OrchM), UA Leipzig 98; Lomir sich iberbetn (KamM), UA Detmold 98; 7 Epigramme (KamM), UA Leipzig 98; Rilke-Gesänge (2) (VokalM), UA Leipzig 99; sestine (Musikth f 2 Sängerinnen u TB), UA Leipzig 2000; 'Leonce u Lena' (KamOp), UA Leipzig 2000; '... in die Ferne ... ins Leben?!' (f Fl, Vcl, Kl), UA Leipzig, Wolpe-Trio 01 (Auftr: Sächs Musikrat); Bach-Kunst der Fuge, Cp1–7, 9 Instrumentation f Bläser, UA Aschaffenburg, Tschech Philh, Ltg. G Jenemann 02; Circolazione (f Ob u Tonband), UA Chemnitz 03; Psalmsonntagsmesse (f gem Ch, Sop, Bariton, kl Orch) UA Tübingen, Kantorei St Johannes, Ltg: Wilfried Rombach 03 (Auftr: Verein z Förderung zeitgen liturg M eV); Creeping out of circles (f V, Vcl, Klar), UA Leipzig, Trio Orfeo 03 (Auftr: Sächs Musikrat eV). **Sonst:** Mitveranst v Fstv u Einzelkonz.

Kramarics, Katalin, Flöte; c/o Gewandhausorchester, Augustuspl 8, D-04109 Leipzig. **Ausb:** Stud MH 'Ferenc Liszt' Budapest (J Bálint) 95–96 u Mozarteum Salzburg (M M Kofler). **Laufb:** Orchesterakademie Münchner Philh 99, Sol Prager Philh 01–02, Mitgl GewandhausOrch 02. **Pr:** Prtr Wettb 'Prager Frühling' 96 u 01, Int Fl-Wettb Cremona 2000, 1. Pr int RF-Wettb 'Concertino Praga' 95, Wettb 'Leonardo de Lorenzo' Viggiano 97 u int Wettb Krakau 02. **Ens:** Gewandhaus-BläserQui. (Red)

Kramarov, Alexander, Prof, Hochschullehrer, Violine; Waidmannslust 3, D-44339 Dortmund, T: (02 31) 8 09 23 90, F: 7 28 57 52, *kramarov@aol.com*; Robert Schumann Hochschule, Fischerstr 110, D-40476 Düsseldorf [Lemberg, Ukraine 30.4.1946]. **Ausb:** Stud V (L Kogan) Tschaikowsky-Kons Moskau 65–74. **Laufb:** KonzM Minsker KamOrch 72–76, KonzM Leningrader Symph 87–89, 1. KonzM 'Op Forum Filharmonisch' Orch NL 89–93, 1. KonzM Bochumer Symph 93–97, Prof (V) H f M Detmold, Abt Dortmund seit 97, Robert-Schumann-H f M Düsseldorf seit 03. **Pr:** 1. Pr Paganini-VWettb Genua 73. **Ens:** Valerius-Ens 89–93, Alkan-Trio seit 95, Westfalen-Ens seit 99. – **Aufn/RF:** zuletzt: Pfitzner: Violinsonate, Marek: Violinsonate, m R Klaas 01 (CD). **Sonst:** öffentl Konz auf Paganinis Guarneri del Gesù 74. **Lit:** Premio Paganini, A Genova da tutti il mondo.

Kramer, Viola, Komponistin; Krefelder Str 7–9, D-52070 Aachen, T: (02 41) 2 44 60, F: 2 44 60, *VioKramer@aol.com*; *www.ViolaKramer.de* [Jülich 26.11.1960]. Chor, Kammermusik **Ausb:** Jungstud (J Baur, Runze, Heilbutt, V Globokar, F-P Goebels, D Pásztory-Bartók, Margulis, F Frith ua) MH Rheinland, Inst Aachen ab 77, Abschluß 84 (Prof U Graf). **Laufb:** freischaff seit 84, Schwerpunkte: elektro-akust KamM, CompM, VokalM, impr M, BühnenM (Mannheim, Frankfurt, Stuttgart 97–01), multimediale Performances, z B Lange Nacht d Museen Aachen, Suermondt-Ludwig-Mus 03. **Pr:** Grant of New England Foundation for the Arts USA 93, 2. Pr 1. Synthesizerwettb d neuen Akad Braunschweig 90, Anerkennungs-Pr Ars Electronica Linz/Österreich 89, Golden Carnera Award of Chicago 87. **Ens:** Adam Noidlt Missiles (Ltg F Köllges). **Mitgl:** DKV, DTKV. – **Komp:** Raindogs awaikin (f Sequential VS u Oboe), UA Linz 89; The Always Anonymous Feeling (f Sequential VS Solo), UA Braunschweig, Neue Akad 90; Konfrontation – Kommunikation (Interaktive BallettM), UA Bonner Entwicklungswerkstatt f Computermedien 92; 'Iphigenie' f 7 Frauenstimmen, UA Mannheim, Nationalth 93; 'Medea' f 7 Frauenstimmen, UA Stuttgart, Staatsth 97; Jahresring (Suite), UA Ludwigforum f Int Kunst 99. **AuftrKomp:** Reflexion f 3 Querflöten, UA Klangbrücke Aachen, Trio Solisono 03. **Aufn/RF:** CDs. **UA:** eigene Werke: Geräuschsonate I (f Elektronik, Videoklavier), UA Aachen 02; Umweg-Abweg-Ausweg (Son f Videoklavier, Sax, Stimme, Elektronik), UA Aachen, Suermondt-Ludwig-Mus 03. **Lit:** Kunstforum 8/89 'Im Netz der Systeme', Rundbrief d Ges f Informatik 'Musik u Computer' 5/90.

Kraneis, Franka, Sängerin; Elbestr 114, D-27570 Bremerhaven, T: (04 71) 9 02 87 88, 01 77–6 15 86 58, *frankakraneis@freenet.de*; Schenkendorfstr 20, D-22085 Hamburg [Kronberg i Ts 6.3.1976]. Oper, Lied **Ausb:** MH Hamburg (Ges) b J Beckmann u E Acker 95–01, Dipl m Ausz 01, KonzEx m Ausz 02, Mstrks b B Fassbaender, I Gage u M Honig. **Laufb:** Sol Th u Orch Neubrandenburg/Neustrelitz SpZ 02/03, Gastsol Mecklenburgisches Staatsth Schwerin 03, Sol StadtTh Bremerhaven 03–05, Gastsol Th Dortmund SpZ 04/05, Städtische Bühnen Osnabrück SpZ 04/05. **Pr:** 1. Pr Jugend musiziert (Ges) 93, Stip Oscar-Vera-Ritter-Stift, Stip Wagner-Verb Bremen. **Ens:** Ens Finale 21, Duo Zephyr. **Mitgl:** GDBA.

Kranner, Gernot, Sänger; c/o Volksoper Wien, Währinger Str 78, A-1090 Wien. **Laufb:** Sol Stadtth Klagenfurt, Gastsol Vereinigte Bühnen Graz SpZ 00/01, Sol Stadtth Baden b Wien, Volksop Wien seit SpZ 03/04. (Red)

Kranner, Reinwald, Tenor; Leopoldsgasse 2A/15, A-1020 Wien, T: (01) 2 12 43 82, F: 2 12 43 82, *reinwald.kranner@utanet.at*; c/o Volksoper Wien, Währinger Str 78, A-1090 Wien, T: (01) 51 44 40, F: 5 14 44 32 15, *office@volksoper.at* [19.2.1973]. Oper, Operette **Ausb:** MusikH Graz (Schlagwerk, Gesang) b Zoebel, S Jordan 87–91, Kons d Stadt Wien b L Mrazek, R Opratko, Ch Schwarz 90–96, Mstrkl b O Edelmann. **Laufb:** Gastsol Kammerspiele Wien 95/96, Kammerop Wien 96/98, Stadtth Baden b Wien SpZ 00/01, Gastsol Volksop Wien seit SpZ 01–04.

Krapp, Edgar, Prof, Konzertorganist, Hochschullehrer; Hauptstr 15, D-82054 Sauerlach-Altkirchen, T: (0 81 04) 14 84, F: 22 98, *EKrapp@t-online.de*; H f Musik u Theater, Arcisstr 12, D-80333 München, T: (0 89) 28 92 74 02, F: 28 92 74 08; *www.edgar-krapp.de* [Bamberg 3.6.1947]. J S Bach, M Reger **Ausb:** Stud (Orgel, SchM) MH München 66–71, Priv Orgel (M-C Alain) Paris 71–72, Mstrkse Cemb (K Gilbert) u Orgel (F Peeters). **Laufb:** Prof/Dekan (KiM, Orgel) MH Frankfurt 74–93, Prof (kath KiM, Orgel) H f M u Th München seit 93, Gastprof (Orgel) Mozarteum Salzburg 82–91, Gesamtzyklus d Bach-Orgelwerke Frankfurt 91/92, Nürnberg 91/92, Rheingau M Fstv 93–96, München 95–96, Mendelssohn-Gesamtzyklus Rheingau M Fstv 97. **Pr:** 2. Pr Orgelwettb Prager Frühling 71, 1. Pr ARD-Wettb München 71, Frankfurter Musikpr 83, Grand Prix du Disque 83, E T A-Hoffmann-Pr Bamberg 94, Friedrich-Baur-Pr f M 2000. – **Aufn/RF:** ca 30 LPs u CDs, darunter d gesamte Cemb-Werk v G F Händel, 16 Orgelkonz v G F Händel, Orgelwerke v J S Bach, F Mendelssohn Bartholdy, F Liszt, M Reger, M Dupré, M Duruflé, O Messiaen, H Genzmer, K Hessenberg, P Eben, J Langlais etc; RF-Mitschnitt d ges Bach-Orgelwerks beim BR; Konz f Orgel u Orch von: F Poulenc, Bamberger Symph, Dgt: G Prêtre; P Hindemith, m dens, Dgt: H Stein; C Saint-Saens, m dens, Dgt: Eschenbach; H Genzmer, G Bialas, SymphOrch d BR, Dgt: Kubelik; Saint-Saens, m dens, Dgt: L Maazel; Guilmant: '1. Symph', Bamb Symph, Dgt: Fedossejew. **UA:** Genzmer: Symphon Konz, UA Bamberger Dom 73; G Bialas: Introitus u Exodus f Orgel u gr Orch, Dgt: Kubelik 76; Hessenberg: Partita 'Ich ruf zu dir, Herr Jesu Christ' 83; Kubelik: Peripetie f Orgel u gr Orch, Dgt: Kubelik 85; v Bose: Symbolum f Orgel u Orch, Münchner Philh, Dgt: Lazarev 88; Genzmer: Choralpartita 'Wo bleibst du, Trost der ganzen Welt' 2000. **Zug:** K Hessenberg: Fantasia 'Ich ruf zu dir, Herr Jesu Christ' op 115. **Sonst:** Vorträge über J S Bach, Messiaens Orgelzyklus 'La Nativité du Seigneur' (Jb d Bayer Akad d Schönen Künste) 95, 99, Programmhefte z Bachs Orgel-Gesamtzyklus München 95/96. **Lit:** Lex d Interpreten klass Musik im 20. Jh.

Krasmann, Vladimir, Korrepetitor; Wilhelm-von-Euch-Str 3d, D-49090 Osnabrück, T: (05 41) 68 19 46; Gesellschaft für Musiktheater, c/o Wolfsegg – Internationales Ballettzentrum, Türkenstr 19, A-1090 Wien, T: (01) 3 17 06 99, F: 3 10 82 92, *musiktheater@iti-arte.at*. **Laufb:** Korr Städt Bühnen Osnabrück, Pian Wolfsegg (Int Ballettzentr) SpZ 04/05. (Red)

Krassenbaum, Ilona (Pseud: Ilona Teimurasowa), Klavier; c/o Konzertagentur Thüringen, Freiligrathstr 8, D-99096 Erfurt, T: (03 61) 6 02 67 25, F: 6 02 67 26, *konzertagentur-thueringen@t-online.de*; *www.konzertagentur-thueringen.de* [Tbilissi, Georgien 23.2.1977]. Konzertpianistin **Ausb:** Stud Kl (L Berman) H f M 'Franz Liszt' Weimar 94–2000, Kl (B Goetzke) H f M u Th Hannover 2000–04, Dipl-Pianistin, Dipl-Päd. **Laufb:** zahlr Konz im In- u Ausland, ua Berlin, New York, Oslo, Madrid, Mailand; ZusArb m Georg Symph-Orch u Jenaer Philh; Schleswig-Holstein Fstv, Wettb d Chopin-Ges Hannover m KonzTourneen in Österr u am Bodensee. **Pr:** Schleswig-Holstein Fstv, Chopin-Ges, Liszt-Nacht Weimar, 1. Pr 'Val Tidone', Italien, B Michelangeli 'orano Nuovo', Italien. – **Aufn/RF:** 'Translation', Konz m georg Wunderkindern, BBC u Georg Fernsehen 82; Weimarer Meisterkurse, WDR 01; S Rachmaninow: Corelli-Variationen, M Balakirew: Islamea, J Brahms: KlStücke, Fantasien op 116, F Chopin: Grand Polonaise, Andante spianato, J Kupfer: Toccata (CD).

Krastev, Ivan, Violine; c/o Stadttheater Gießen, Berliner Pl, D-35390 Gießen, PF 111128, D-25256 Gießen. **Laufb:** 2. Konzm Stadtth Gießen seit SpZ 03/04. (Red)

Krasteva, Nadia, Sängerin; Wiener Staatsoper, Opernring 2, A-1010 Wien. **Laufb:** Sol Wiener Staatsop. (Red)

Krasting, Malte, Dramaturg; c/o Komische Oper, Behrenstr 55–57, D-10117 Berlin. **Laufb:** KonzDram Kom Op Berlin SpZ 03/05. (Red)

Kratz-Peschke, Marietta, Violine; c/o NDR Sinfonieorchester, Rothenbaumchaussee 132–134, D-20149 Hamburg. **Laufb:** stv Konzm NDR SinfOrch Hamburg. (Red)

Kratz, Arnold, Komponist, Realschullehrer, Chordirektor (a D); Am Hohen Rain 3, D-64720 Michelstadt, T: (0 60 61) 22 55 [Babenhausen 2.4.1938]. **Ausb:** Stud (Prof Dr H Teuscher) Darmstadt/Jugenheim 58–61, PI (Wahlfach M). **Laufb:** KreisChLtg Michelstadt. **Pr:** KompPr: C Engels/Mühlheim 70, V Becker/Bad Brückenau 75, DSB/Coburg 86, Chorpfalz/Hambacher Schloss 02; Ehrenbrief Hessen. – **Komp:** 'Standing In The Need Of Prayer', 'Am Markt verkauft Piccioca'. **Sonst:** 2 Bde Mundartgedichte.

Kratz, Ulrich, Sänger; Mechtenser Berg 3, D-21391 Dachtmissen, T: (0 41 35) 70 44; c/o Theater Lüneburg GmbH, PF 2829, D-21318 Lüneburg. **Laufb:** Sol Th Lüneburg. (Red)

Krauer, Karin Maria, Altistin; Schwandenstr 2, CH-8910 Affoltern am Albis, T: 0 17 60 50 85. Werke v Barock bis Romantik, zeitgen Musik **Ausb:** musikal Ausb (Kl, Ges) Kons Luzern, LDipl Ges (K Huber) 74, KonzReifeprüf Ges (K Huber) MH Zürich 78, weitere Stud Wiesbaden; Mstrkse (P Lohmann) Ausland, (E Grümmer) Luzern. **Laufb:** Doz (Methodik f Ges, Ges) MH Luzern, Auftr als Sol Int MFstv Luzern sowie b Orat u Liederabenden i In- u Ausland; Op-Gastsp Stadtth Luzern Int MFtsv 82, Tournee m Schweizer GastspielOp. **Ens:** Luzerner Vokalsol 72–82. – **Aufn/RF:** RF-Aufn; CDs: Lieder v P Leisegang, m Festival Strings Lucerne unter L Baumgartner; W Vogel: 'Worte' (f 2 Frauenstimmen u StrOrch). **UA:** M Flothius: 'Stad engadinaisa, Fantasia quasi una Cantata', UA Engadiner KonzWochen; P Leisegang: 5 Lieder f Alt u KamOrch; Ch Stuckert: Psalmen u Lieder; A F Kropfreiter: Laudes (Hymnus f Mezzosop u Org); H Podstransky: 'Zur letzten Zeit' (OratFragment f Alt u Orch).

Krauk, Andrea, Oboe; c/o Zemlinsky Quintett Wien, Reisnerstr 2/16, A-1030 Wien, T: (01) 7 14 00 98, F: 7 14 00 98, *heidrunlanz@everyday.com*; *www.wellcom.at/zemlinsky_quintett_wien*. **Ausb:** Stud Ob (Prof A Hertel) Kons Wien, Dipl 92, Sommerkse b L Koch u P W Feit, SommerAkad Lilienfeld. **Laufb:** SoloOb b Vereinigten Bühnen Wien seit 87. **Ens:** Zemlinsky Qui Wien. (Red)

Kraus-Hübner, Hans (Pseud: Art Forland), Komponist; Schulstr 3a, D-90518 Altdorf, T: (0 91 87) 29 55, F: 95 94 06, *h.kraus@odn.de*; *www.art-forland.de* [Oppeln 15.10.1941]. Elektronik, Jazz, Sinfonische Formen **Ausb:** Stud MH München, Stud (MWiss) Univ Regensburg. **Mitgl:** Dt KompVerb. – **Komp:** Konz f Fl, Kl, Schlgz u Orch, UA Regensburg, Univ 72; 'Pulsation' f gr Orch, UA Regensburg, Univ 74; Ordo Virtutum, UA Bingen 91; 'Inner Circles' 91; 'Hyper Spirit' 94; 'Ubar' 97; 'Zeitenwenden' (Orat in 12 Bildern), UA Heidenheim, Münster 01. **AuftrKomp:** Legende d Hl Walburga (Orat) 03, UA Heidenheim (Auftr Heidenheim, Fränkischer Sommer); Königshaut (ThM), UA Schwandorf 03 (Auftr Stadt Schwandorf); Der Mensch ist des Menschen Gott (Vertonung v Texten v L Feuerbach f Mezzosop u kl Ens), UA Nürnberg 05; Rhapsodie Cantabile (f Mezzosop u Orch), UA Int Preisverleihung d Nürnberger Menschenrechtspr 05. **Aufn/RF:** Audiobook: Königshaut (Intpr Wolfsmehl) 03.

Kraus, Adalbert, Prof, Hochschullehrer, Gesang; Bergmannstr 2, D-82383 Hohenpeißenberg, T: (0 88 05) 16 44, F: 16 44. **Laufb:** Prof (Gesang) H f M u Th München. (Red)

Kraus, Elisabeth, Sopran; Rostocker Str 3, D-10553 Berlin, T: (0 30) 39 10 12 44; c/o Künstleragentur Elke Wiemer, Exerzierstr 9, D-13357 Berlin, T: (0 30) 46 60 78 03, F: 46 60 78 17, *mail@agentur-wiemer.de*. **Laufb:** Gastsol Pfalzth Kaiserslautern, Th Lübeck, Th Bremen, OpHaus Nürnberg, Staatsth Oldenburg, Alte Op Fankfurt, Sol Th a d Rott Eggenfelden SpZ 03/04, Gastsol Lübecker Sommeroperette, Eutiner FSp. (Red)

Kraus, Michael, Bariton; c/o Volksoper Wien, Währinger Str 78, A-1090 Wien, T: (01) 5 14 44 30; c/o Opern-Agentur Büro Wien – Tamara Herzl, Wasagasse 12/1/3, A-1090 Wien, T: (01) 3 1060 96, F: 3 1060 94, *herzl@opern-agentur.com*; *www.volksoper.at* [Wien]. **Ausb:** Stud Ges (O Edelmann, J Greindl) H f M Wien u (H Blaschke) München. **Laufb:** Eng Wien Volksop u Staatsop 87–92, Gastsol ua Op Amsterdam, Staatsop Unter d Linden Berlin, Kom Op Berlin, Staatsop Hamburg, Teatro Regio Turin, Teatro Massimo Palermo, Grand Théâtre de Genève, Ldsth u KamSp Salzburg, War Memorial Op House San Francisco 91, Mailänder Scala 93, Teatro del Liceu Barcelona 2000/01, Gastsol Volksop Wien, Schubertiade Feldkirch, Holland Fstv, Berliner Festwochen; ZusArb m Dgt: ua N Harnoncourt, J Tate, K Nagano, S Soltesz, S Young, A Zedda, ZusArb m Reg: ua H Kupfer, W Decker, G Joosten, J Savary, A Kirchner. (Red)

Kraus, Werner, Sänger; Wilhelm-Kohlhoff-Str 3, D-95032 Hof, T: (0 92 81) 85 06 23. **Laufb:** Sol Th Hof. (*)

Krause, Ansgar, Prof, Hochschullehrer, Gitarre; Erftweg 29, D-47807 Krefeld, T: (0 21 51) 30 89 62, F: 30 89 62, *mail@ansgarkrause.de*; H f Musik, Dagobertstr 38, D-50668 Köln; *www.ansgarkrause.de/*. **Laufb:** Prof (Git) H f Musik Köln, Prof (Git) H d Saarlandes f Musik u Th Saarbrücken. (Red)

Krause, Bernd-Michael, Tenor; Probstheidaer Str 1, D-04277 Leipzig, T: (03 41) 3 91 74 46, 0 17 23 60 89 05, F: (03 41) 3 91 74 46, *burger.krause@t-online.de* [Leipzig 19.9.1965]. Oper, Konzert, Lied **Ausb:** Stud (Theologie) U Leipzig 86–88; (Ges) HfM Leipzig b Prof Achim Wichert 88–95. **Laufb:** Debut Op Leipzig 95; Ensemblemitg Op Chemnitz 95–2000; Landesbühnen Sachsen (fester Gastvertrag) seit 04, zahlr Gastsp ua in Leipzig, Bremen, Hannover, Würzburg, Saarbrücken, Tel Aviv, New York, Staatsop Berlin, Staatsop Dresden, Dessau; Partien im lyr Tenorfach bis hin zu Max (Freischütz), Lyonel (Martha), Barinkay (Zigeunerbaron), Hoffmann (Hoffmanns Erzählungen). – **UA:** Weill: 'Der Weg d Verheißung', Op Chemnitz, John Maucari, dt EA 99; Slonimski: 'Meister u Margarita', Th Rostock/Expo 2000, Michael Jurowski, dt EA 2000.

Krause, Carlos, Sänger, Leiter d Opernakademie Bad Orb; Walter-vom-Rath-Str 7, D-60320 Franfurt/Main, T: (0 69) 56 58 31, F: 56 58 31; c/o Oper Frankfurt, Untermainanlage 11, D-60311 Frankfurt/Main. **Laufb:** Sol Op Frankfurt. (Red)

Krause, Gerrit, Sänger; Waisenhausgasse 7, D-50676 Köln, T: (01 77) 5 70 00 10. **Laufb:** Sol SchlossFSp Ettlingen u Gastsol Städt Bühnen Münster SpZ 03/04, Sol Th an der Rott Eggenfelden SpZ 04/05. (Red)

Krause, Martin, Dipl-OrchMusiker, Schlagzeug; Gneiststr 20, D-10437 Berlin, T: (0 30) 44 03 64 39, 01 79–2 90 47 41, *coloursofpercussion@web.de*; *www.coloursofpercussion.de* [Marl 3.11.1975]. Solo-Recitals, Kammermusik **Ausb:** Stud Schlgz (E Guggeis) H f M Hanns Eisler Berlin 97–02, KonzExamen b E Guggeis 02–04. **Laufb:** Gustav-Mahler-Jugendorch 99–2000, stellv SolPk Orch Philharm du Luxembourg 99–2000. **Pr:** 2. Runde ARD-Wettb München 01. **Ens:** PERCUSEMBLE Berlin. **Mitgl:** Berlin Perc Fstv eV. – **Aufn/RF:** m PERCUSEMBLE, Dgt: E Guggeis: Aperghis: 'Kryptograma, Musica Viva 99; Rihm: 'Tutuguri' VI, NDR, EXPO 2000; Wolff: 'Fall', Musica Viva 00; Hölszky: 'Jagt d Wölfe zurück', Musica Viva 03; Cage: 3. Construction, SFB 03. **UA:** C Wolff: 'Fall' f SchlgzTrio/Sextett. **Zug:** I Nagy: 'La Reflexion' f Schlgz solo 01/02. **Sonst:** Percussion 6 (1. Abo-Reihe f SchlzgM).

Krause, Monika, Sängerin (Sopran); c/o Oper Frankfurt, Untermainanlage 11, D-60311 Frankfurt [Kiel]. **Ausb:** Stud Gesang (J Beckmann) MH Hamburg, Mstrkse (H Prey, D Fischer-Dieskau, A Reimann). **Laufb:** MTh im Revier Gelsenkirchen 84–86, Hess Staatsth Wiesbaden 86–91, Th Dortmund 91, Ens Op Frankfurt (Agathe 'Freischütz', Santuzza 'Cavalleria rusticana', Dame 'Cardillac', Mutter 'Hänsel u Gretel', Donna Elvira 'Don Giovanni', Marschallin 'Rosenkavalier') seit 98 (03/04), Op- u KonzGastsp Frankreich, Dänemark, Italien, Belgien, Österr, Israel u ehemalige UdSSR, ZusArb m zahlr Regiseuren (P Konwitschny, D Hilsdorf, E Fischer, M Bluwal, J Dew, G Del Monaco, A Homok, N Brieger); ua Violetta 'La Traviata', Mimì, Musetta 'La Bohème', Titelpartien 'Tosca' u 'Madame Butterfly', Tatjana 'Eugen Onegin'; KonzRepertoire (Verdi: 'Messa da Requiem', Dvorak: 'Requiem' u 'Stabat Mater', Mendelssohn: 'Elias', 'Paulus', RF- u Fernsehaufn im In- u Ausland. (Red)

Krause, Sebastian, Posaune; c/o MDR Sinfonieorchester, Augustuspl 9a, D-04109 Leipzig. **Laufb:** Sol MDR SinfOrch Leipzig. (Red)

Krause, Sylvio, Prof, Violine, Hochschullehrer; Hochschule f Musik u Theater, Beim St-Katharinenstift 8, D-18055 Rostock, T: 0 17 92 18 66 03, *sylviokrause@web.de*; *www.sylvio-krause.de.vu* [Ueckermünde 12.9.1965]. **Ausb:** Stud H f M 'Hanns Eisler' Berlin 83–88, Mstrkl V (W Scholz), (G Hetzel) H f M u Darst Kunst Wien 90/91. **Laufb:** GastProf (V) H f M u Th Rostock, 1. Konzm Norddt Philh Rostock, Konz als Sol u KamMusiker in fast allen europ Ländern, Lt versch KamOrch, Künstl Lt Int Fstv d Künste Residenzschloss Mirow seit 04, Künstl Lt Int Königin Sophie Charlotte Wettb f V seit 04. **Pr:** b zahlr Wettb. **Ens:** Duo V/Kl m M Stöckigt. – **UA:** M Rabsilber: Violinkonz 89; B Meier: Szene f V Solo 96; Imitationen f V Solo 98. **Zug:** B Meier: Szene u Imitationen f V Solo. **Sonst:** Hg v 'Das Probespiel Violine' 01 u Friedrich Ludwig Benda: Sonate pour le Violon, EA 04.

Krause, Tilo, Bariton; c/o Die Weimarer Hofsänger, Rittergasse 1, D-99423 Weimar, T: (0 36 43) 90 19 42. **Pr:** Stip Dt Musikwettb KamM 98. **Ens:** Die Weimarer Hofsänger. (*)

Kraushofer, Martin, Viola; c/o Mag Maria Theisen, Stolberggasse 44/10, A-1050 Wien, T: (01) 9 13 52 92, F: 4 08 92 76, *theisen@teleweb.at*; *members.teleweb.at/theisen/orpheus/martin.htm* [Wien]. **Laufb:** Radio Symphonieorchester Wien. **Ens:** Ens Die Reihe, Orpheus Trio, Wien. (Red)

Krauß, Peter, Prof, Hochschullehrer, Kontrabass; Döbelner Str 75, D-01129 Dresden, T: (03 51) 8 58 06 12, F: 8 47 37 23 [Ellefeld 1947]. **Ausb:** Dresdner Spezialschule f M (Hn, Kl, KB) u H f MDresden. **Laufb:** Prof (Kb) H f M Carl Maria v Weber Dresden, KV 85, SoloKB der Dresdner Philh. (Red)

Krautwurst, Ines Agnes, Sängerin; Hauptstr 9, D-04416 Markkleeberg, T: (03 41) 3 58 34 84; c/o Oper Leipzig, Augustuspl 12, D-04109 Leipzig. **Ausb:** Stud (Gesang) MH Leipzig 84–91, Aufbaustud (Musical) 91–93, Step- u Musicalkse in New York, Paris, Wien. **Laufb:** Debüt (Hallo, Dolly!, Ermengarde) Musikal Komödie Leipzig 86, div Leipziger Th; Nordhausen, Berlin, Mannheim, Dortmund, Bremen, Rudolstadt seit 92 (Westside Story, Anita; Cabaret, Sally; Sweet Charity, Nickie; Into the Woods, Hexe; Linie 1, Lady u Sängerin; Hair, Sheila; Der Mann v La Mancha, Aldonza), regelm Schloßfsp Ettlingen seit 94, Gastsol Thüring Landesth Eisenach SpZ 03/04, Tourneen (ua Die sieben Todsünden, Pina Bausch), Realisation eigener Programme, Sol Op Halle SpZ 03/04, Op Leipzig. (Red)

Kravchuk, Alla, Sängerin; Am kleinen Felde 35, D-30167 Hannover, T: (05 11) 2 15 57 33. **Laufb:** Sol Op Hannover seit SpZ 03/04. (Red)

Kravtsova, Anna, Solorepetitorin; c/o Hamburgische Staatsoper, PF 302448, D-20308 Hamburg, T: (03 85) 5 50 90 91. **Laufb:** Rep Mecklenburgisches Staatsth Schwerin, Solorep Hamburg Staatsop seit SpZ 03/04. (Red)

Krawagna, Alfred, Prof, Hochschullehrer, Kontrabass; Univ f Musik u Darst Kunst, Inst 3, Brandhofgasse 21, A-8010 Graz, T: (03 16) 3 89 33 98, F: 3 89 30 31, *alfred.krawagna@kug.ac.at*. **Laufb:** o UProf (Kb) U f Musik u Darst Kunst Graz. (Red)

Krebs, Johann (Pseud: Frank Wolf), Mag Prof, Komponist; Haselgrabenweg 66A, A-4040 Linz, T: (07 32) 25 00 44 [Chemnitz 16.1.1933]. **Ausb:** Stud (Kl, Komp) Brucknerkons Linz, Mozarteum Salzburg. **Laufb:** Konz in Linz ua Bruckner-Orch, Mozarteum-Orch, Sol ua: Auger, Ghazarian, Holm, Rysanek, Stich-Randall, Fassbaender, Schemtschuk, Ahnsjö, Dermota, Kmentt, Laubenthal, Schreier, Berry, Franc, Holl, Muff, Nimsgern; Lt Bruckner-Ch Linz 65–93. **Pr:** Landeskulturpr OÖ f Komp 89, Kulturmed Linz 91, 1. Pr Wettb Sinf Blasorch Ried/Innkreis OÖ 96, Kulturmed OÖ 03. **Mitgl:** Österr Komponistenbund. – **Komp:** OrchWerke: Konzertante M (f Str, Kl), UA ORF 58; Divertimento (f KamOrch), UA ORF 60; Qui, UA ORF 61; 6 St f KamOrch, UA ORF 65; Serenade (f Bläserqui), UA ORF 67; 11. Sinf (f StrOrch), UA ORF 91; Sinf (f Orch); Sinfonietta (f gr Orch); Concertino (f gr Orch); 'Die Klage' (f gr Orch); 'D Kuckuck', jedesmal e Uhrauff (17 Klar); 'Symph' Nr 11, e wahrhaft außergewöhnl Opus; ChWerke: Messe I (4 Sol, gem Ch, Orch); Messe II (gem Ch a capp); Messe III (gem Ch, Schlgz, Org); Lorcher Psalmen (Sop, Bar, gem Ch, Org, Orch); 'Sonnenges' n F v Assisi (gem Ch, Org, Orch); 'Eduard u Kunigunde', e traurige, aber wirklich sehr schöne Kant n e anonymen Text d 19. Jh (Sop, Ten, gem Ch, KamOrch); 'Trauer-Ode', 3 Wiener Sängerknaben beweinen d Tod e an e Mozartkugel vollendeten Lipizzaners (Sop, Ten, Bass, gem Ch, KamOrch); 'Babylon' (Sop, Bar, gem Ch, Orch); Werke f symph Orch: Papageno ist nicht mehr das; D alte Karussell erzählt Lügengeschich; 17 Harlekine u e Minister brechen z Nordpol auf; ...geht auf Reisen; KamM f Bl, ChM, Lieder; Ballett: 'Der e u d andere' (f Orch); 'Amphitryon' (f Orch); Op: 'Mazzagrani' (heiter, sehr bösartig; Libr: H Rosendorfer). **Aufn/RF:** Krebs: Sonnengesang (f gem Chor, Orgel, Orch), UA ORF, Brucknerchor, BrucknerOrch 81; Krebs: Sinfonietta (f gr Orch), UA ORF, m BrucknerOrch, Dgt: J Krebs 84.

Krebs, René, Komponist, Trompete; Gerichtsstr 1, CH-8610 Uster, T: 0 19 40 44 54. (Red)

Krebs, Roger, Sänger; c/o Mecklenburgisches Staatstheater Schwerin, Alter Garten 2, D-19055 Schwerin, T: (03 85) 5 30 00, F: 5 30 02 00, *info@theater-schwerin.de*; *www.theater-schwerin.de*. **Laufb:** Sol Mecklenburg Staatsth Schwerin. (*)

Krebs, Sascha Th G, Sänger; Im Krautgarten 32, D-69207 Sandhausen, T: (0 62 24) 92 40 80; c/o Theater Lüneburg GmbH, PF 2829, D-21318 Lüneburg. **Laufb:** Gastsol Op Halle/Saale u Freilichtth Tecklenburg SpZ 03/04, Sol Th an der Rott Eggenfelden SpZ 04/05, Th Lüneburg. (Red)

Krecher, Andreas, Prof, Hochschullehrer, Violine; Hagelkreuz 60, D-45134 Essen, T: (02 01) 40 52 52, *Andreas.Krecher@t-online.de*; Robert Schumann Hochschule, Fischerstr 110, D-40476 Düsseldorf [Celle]. **Ausb:** Stud b H Krebbers u R Kussmaul, Stud (F Gulli) Bloomington/USA. **Laufb:** KonzM Düsseldorf u Essen, Prof (V) Robert-Schumann-H Düsseldorf seit 97. **Pr:** Prtr int Paganini-Wettb Genua 86. **Ens:** Mannheimer StrQua, Consortium Classicum. (Red)

Kreidler, Dieter, Prof, Hochschullehrer, Gitarre; Bermesgasse 7, D-42897 Remscheid-Lennep, T: (0 21 91) 61 02 40, F: 6 34 81, *dieter.kreidler@t-online.de, dekanat@mhs-wuppertal.de*; H f Musik Köln, Abteilun Wuppertal, Friedrich-Ebert-Str 141, D-42117 Wuppertal [1943]. **Ausb:** Stud Robert-Schumann-Kons Düsseldorf. **Laufb:** Prof (Git), Dekan H f Musik Köln Abt Wuppertal seit 97. **Pr:** BVK 95. **Mitgl:** langjähr Mitarb b versch Gremien Dt Musikrat u Laienmusikpflege, Mitgl Hauptausschuss 'Jugend musiziert' u BundesMLt Bund Dt Zupfmusiker. (Red)

Kreikenbaum, Michael, Hochschullehrer; Frankfurter Str 86, D-65239 Hochheim, T: (0 61 46) 99 33; Wiesbadener Musik- & Kunstschule, Schillerpl 1–2, D-65185 Wiesbaden. **Laufb:** Doz (Gesang) Wiesbadener Musikakad. (Red)

Kreile, Roderich, Dirigent, Kantor; Glasewaldtstr 11, D-01277 Dresden, T: (03 51) 3 10 22 88, *kantor@kreuzchor.de*; c/o Dresdner Kreuzchor, Eisenacher Str 21, D-01277 Dresden, T: (03 51) 3 15 35 60, F: 3 15 35 61; *www.kreuzchor.de* [1956]. **Ausb:** Stud KiM, ChLtg MH München. **Laufb:** KiM a d Christuskirche in München, Doz (ChLtg) MH München 88–96, KMD 90, Kreuzkantor seit 97. (Red)

Kreisel, Paul Eberhard, KMD, Komponist, Domkantor i R; Teichstr 32, D-08112 Wilkau-Haßlau, T: (03 75) 67 16 41 [Vielau/Zwickau 24.8.1931]. Kirchenmusik, Sinfonien, Oratorien, Kammermusik **Ausb:** Stud (Kl, V, Dirig, Komp) Robert-Schumann-Akad Zwickau 48–52, Stud Komp (O Gerster) u Kontrapunkt (A Matz) MH Leipzig 52–57. **Laufb:** Musikpäd Zwickau u Glauchau, nebenberufl Kantor Kirchberg, Domkantor Zwickau 62–96, Gründg Kurrende u Collegium Musicum ebd, Tätigkeit als Komp, Organist, Dgt, Pädagoge u Chorerzieher, i R seit 96, seitdem freischaff als Komponist, Dgt u Chorlt. **Pr:** Christoph-Graupner-Ehrenpr 98, Martin-Römen-Ehrenpr 99. – **Komp:** Zwickauer Orgelbuch op 21 (OrgelM); Die Weihnachtsgeschichte op 54 (Orat), UA 61; Requiem op 72 (Orat), UA 74; Jona op 77 (KamOrat), UA 77; Da pacem/Basler Festmusik op 93 (Orat), UA Basel 85 (Auftr: Stadt Basel); Dt Messe op 84, UA Zwickau, Eröffnung I. int Robert-Schumann-ChorWettb, Dgt: P E Kreisel, 92; Judas u d Wende 1989 op 114 (Multimediaprojekt), UA Zwickau, Dom St Marien 95; Violinkonz op 29a (Solo u gr Orch), UA 96; Sinfonie m d Harfe op 126 (Sinf gr Orch), UA 97; Concerto op 133 (Sinf), UA 98; Doppelkonz f Klar, Fag u gr Orch; Hirschfelder Chorbuch – Mot fd Kirchenjahr, Concerti grossi. **Lit:** Persönlichkeiten u Kostbarkeiten d Stadt Zwickau.

Kreissig, Thorsten, Sänger, Regisseur; c/o Theater Altenburg-Gera, Küchengartenallee 2, D-07548 Gera. **Ausb:** John-Cranko-Schule Stuttgart, Ausb Ballettsol Hannover, Ges- u Schauspielunterricht in Hannover, Berlin, New York u Los Angeles. **Laufb:** Sol Th Hof, Pocket Opera Company Nuernberg, SpZ 03/04: Gastsol Op Halle, Staatsth Cottbus, Staatsth am Gärtnerpl München, Gastreg Th Altenburg-Gera SpZ 04/05. (Red)

Kreizberg, Yakov, Dirigent; c/o Harrison/Parrott Ltd, 12 Penzance Place, London W11 4PA, Vereinigtes Königreich [Leningrad 15.6.1959]. **Ausb:** Stud (Dirig) b I A Musin Kons St Petersburg, b L Bernstein, S Ozawa u E Leinsdorf in Tanglewood. **Laufb:** Ass v Michael Tilson Thomas (Los Angeles Philh Institute), ZusArb ua m Concertgebouwork, Gewandhausorch Leipzig, Berliner Philh, Münchener Philh, Bamberger Symph, WDR Köln, NDR Hamburg, Orch de Paris, BBC Symph, London Philh, Israel Philh, St Petersburg Philh, Oslo Philh, Los Angeles Philh, New York Philh Orch, GMD Kom Op Berlin 94–01, Künstl Lt Bournemouth Symph Orch 95–2000, Chefdgt u Künstl Lt Jeunesses Musicales Weltorch seit 2000, Chefdgt Nederlands Philh Ork u Nederlands Kamerork seit 03, Erster Gastdgt Wiener Symph seit 03. **Pr:** Eugene-Ormandy-Pr Univ of Michigan, 1. Pr Stokowski Conduction Wettb New York 86, Kritikerpr f Musik d Verb d Dt Kritiker 97. (Red)

Krejčí, Miloš, Dirigent; c/o Theater Görlitz, Demianipl 2, D-02826 Görlitz, PF 300463, D-02809 Görlitz. **Laufb:** Stellv Chefdgt u 1. Kapm Th Görlitz. (Red)

Krekow, Ude, KS, Sänger (Bassbariton); Ringheide 8C, D-21149 Hamburg, T: (0 40) 7 02 20 22. **Laufb:** Sol Hamburg Staatsop seit 72. (Red)

Kremer, Gidon, Violine; c/o Impresariat Sonia Simmenauer, Bornstr 12, D-20146 Hamburg, T: (0 40) 42 31 31 11, F: 42 31 31 13, *Sonia.Simmenauer@impresariat-simmenauer.de*; *www.impresariat-simmenauer.de, www.gidonkremer.com* [Riga 1947]. **Ausb:** Stud (D Oistrakh) Kons Moskau 65–73. **Laufb:** Konz in allen führenden KonzHallen, ua m M Argerich, A Schiff, K Jarrett, T Gridenko, M Maisky, T Zehetmair, Yo-Yo Ma u m allen führenden Orch u Dirigenten. **Pr:** 1. Pr v Lettland, 1. Pr Queen Elizabeth Wettb 67, 1. Pr Paganini Wettb Genua, 1. Pr Int Tschaikowsky Wettb 70, Staatspr Russland 95, UNESCO-Pr 2001. – **Aufn/RF:** Werke v Beethoven, Schubert, Brahms, Enescu, Bartók, Schulhoff, Piazolla, Schnittke. **UA:** A Schnittke, A Pärt, G Kancheli, S Gubaidulina, V Silvestrov, L Desyatnikov. **Sonst:** Grdg Musikfstv Lockenhaus 81, Grdg Kremer Baltika StrOrch 97.

Kremling, Bernd, StudDir (Doz f Perkussion); Robert-Kirchhoff-Str 78, D-97076 Würzburg, T: (09 31) 27 37 73, F: 27 80 46, *Info@Bernd-Kremling.de*; *www.bernd-kremling.de* [Würzburg 5.4.1950]. Perkussion **Ausb:** Stud Ob Perc MH Würzburg 69–78, künstl Staatsprüf u päd Zusatzprüf (Perc, Ob) 77, Mstrkl Dipl Perc (S Fink) 78. **Laufb:** Mitgl PerkEns S Fink 69–78, Solopauke Weltjugendorch L Bernstein 74, LBeauftr MH Würzburg seit 74, Doz BuAkad (musik Jugendbild) Trossingen 76, Grd Duo Git-Perk m M M Krüger 77, Doz (Perk) Hermann-Zilcher-Kons Würzburg seit 81, Musikal Lt Würzburger Fstsp 82–83, Doz BuAkad f kult Bildung Wolfenbüttel 88, Fachbereichslt f Bl u Perc 90, LAuftr Julius-Maximilians-Univ Würzburg seit 90, BuProjektlt Akad f Musikpäd Mainz 2000, Klassenmusizieren m PercInstr 01; Konz ua Ankara, Barcelona, Berlin, Bordeaux, Istanbul, London, Moskau, München, Ottawa, Paris, Turin, Warschau; OrchTätigkua unter Bernstein, Boulez, Gielen, Inbal, Jochum, Kempe, Rowicki. **Ens:** Musica-Viva Bayreuth, Ensemble-Musica 2000, Schlgz-Ensemble B Kremling, Royal-Garden-Jazz-Band, Clarino-Band. – **Komp:** Musik zu den Würzburger Riemenschneider-FSp 82; 'Von-der-Hand-zum-Handy' ebd 01. **Aufn/RF:** zahlr RF- u CD-Aufn ua Die Glocken d Würzburger Kilians-Domes; Perfect Percussion, m Schlgz-Ensemble-Bernd Kremling; CD-Rom: New-Frame-Projekt. **UA:** ua C Wünsch: 4 Stücke f Fl u Perc; B Hummel: In honorem f Schlgz u Org; K H Stahmer: Wie ein Stillstand d Zeit; S Fink: Silent Vibration, Solo f Perc; U Schultheis: Slowburn f Klar, Pos, Schlgz u Kl; L Lämmer: Wohin? f Fl u Perc; Friedrichs: Nachtritt, f Fl, Kl, Perc; H Bieler: Blöcke u Risse, f Perc u Kl; H W Erdmann: Martin-Luther-Orat.

Kremling, Ingrid, Prof, Sängerin, Hochschullehrerin; Grillparzerstr 24, D-22085 Hamburg, T: (0 40) 2 29 07 49, F: 2 29 30 62; Hochschule f Musik u Theater, Fachrichtung Gesang, Lied u Oratorium, Harvestehuder Weg 12, D-20148 Hamburg. **Laufb:** Prof (Ges) H f M u Th Hamburg.

Krenmair, Josef, Sänger; c/o Theater Aufstand Wels, Reinberghof 3, A-4600 Thalheim, T: (0 72 42) 2 95 49. **Laufb:** Sol Neue Op Wien SpZ 03/04, Th Aufstand Wels SpZ 04/05. (Red)

Kretschmar-Fischer, Renate, Prof, Hochschullehrerin, Klavier; Waldeck 7, D-32760 Detmold, T: (0 52 31) 8 80 32. **Laufb:** Prof (Kl, KamM) H f M Detmold. (Red)

Kretschmer, Reinhard, Prof, Hochschullehrer; Kurlandweg 20, D-42799 Leichlingen, T: (0 21 75) 97 90 49, F: 97 90 57; H f Musik, Dagobertstr 38, D-50668 Köln. **Laufb:** Prof (Tonsatz) H f Musik Köln. (Red)

Kretz, Johannes, Mag art, Komponist; Wohllebengasse 15/3, A-1040 Wien, T: (01) 9 13 11 63, F: 9 13 11 63, *mail@johanneskretz.com*; *www.johanneskretz.com* [Wien 8.5.1968]. E-Musik, M f Instr u Elektronik, Performance m Live-Elektronik **Ausb:** Stud Komp (F Burt, M Jarrell) MH Wien 86–95, Stud (Lehramt Musikerz, Math) MH u U Wien, Kurs CompM IRCAM Paris 92–93. **Laufb:** zahlr Auff v Werken im In- u Ausland: Wien, Graz, Frankfurt, Köln, Karlsruhe, Berlin, Halle/Westfalen, Bad Oeynhausen, Lemgo, Greifswald, Trossingen, Paris, Bourges, Kattowice, Szombathely, Luxemburg, Ankara, Buenos Aires und Seoul (Korea); Aufträge: u. a. Konzerthaus Wien, Klangforum Wien, Ensemble On Line, Vienna Flautists, quartett22, Ensemble B-Five, Trio Katharsis, Internationale Lemgoer Orgeltage, Haller Bachtage (Portraitkonz u AuftrKomp), Triton Trombone Quartett, Wiener Kammerchor. **Pr:** Leistungsstip 91; Stip Dr. Martha Sobotka-Charlotte Janeczek-Stift 91; Austauschstip d österr u frz Regierung 92; Stip Czibulka-Stift 96; Arbeitsstip Bundesministerium f Wiss, Verkehr u Kunst 96; Arbeitsstip Stadt Wien 96 u 99; Staatsstip f Komp 97; Arbeitsstip d Bundeskanzleramts-Sektion Kunst 01; Prtr KompWettb Stift Christoph Delz (CH) f OrchWerk 02; Theodor Körner Pr 04; Förderungspr d Republ Österr, Bundeskanzleramt 04. **Ens:** NewTonEnsemble. – **Komp:** Passacaglia f Orch ('Hommage an Rupert Riedl'), UA Mistelbach, Niederösterr Tonkünstler 98; '...bewegt...von kommenden Zeiten' (f Ens u Elektr), UA Langenzersdorf, musik aktuell 97; 7 liturgische Miniaturen z Bildern v Christian Macketanz; UA 2000 Marienkirche Lemgo; CYBER -DRIFT -THOUGHTS f Chor u Elektronik UA 01 Graz, Stephanien-Saal, Chor der Musikuniversität Graz; FULL SCOPE FANCY f 2 Klar u 2 Sax, UA 04 Universität Wien; 'urban gypsies' f Oboe/EnglHn, Elektronik u Video, nach d Stummfilm v Laszlo Moholy-Nagy, UA 05 Klangforum Wien, Festival 21; '...eine Meeresschildkröte anlocken...' f B-Klar; 'in tune' f fünf Bfl; 'moved by future' f Klar, Vcl u Kl; 'eight flute magic' f 8 Fl UA 06. **AuftrKomp:** 'Wo hat sich dein Gott hingewandt?' (Kant) 95 u 'Menschenbauwerkwege' (Kant) 98 (beide Auftr: Haller Bachtage); Elia '98 (unerreichbar, vorübergehend) (KiMTh), UA Lemgo, Int Orgeltage 98 (Auftr: Lemgoer Int Orgeltage); 'Symbiose', UA Wiener Konzhaus 98 (Auftr: G Schulz u Hörgänge-Fstv); 'innerlich stark bewegt' (f Orgel u Vcl), m M Krampe 2000 (Auftr: Int Lemgoer Orgeltage). **Aufn/RF:** 'Die Entdeckung d Langsamkeit II' (f 4 Pos u TB); 'bewegt...von kommenden Zeiten...', m Ens OnLine. **Sonst:** Grdg NewTonEns Wien.

Kretzschmann, Hartmut, MD, Dirigent, Hochschullehrer, Liedbegleiter, Pianist; Heinrich-Mann-Str 7, D-17235 Neustrelitz, T: (0 39 81) 44 23 29 [Halle/S 28.3.1941]. Hochschullehrer Partienstudium Oper f Sänger **Ausb:** Stud Dirig (H Förster), Va (C Auenmüller) H f M 'Hanns Eisler' Berlin 59–65. **Laufb:** Mitgl Stadtsingchor Halle 48, Singakad Halle 57, Ersteng Solorep m Dgt-Verpfl Stadtth Brandenburg/Havel 64–66, F-Wolfth (Landesth Mecklenburg) Neustrelitz 66–92, Studienlt, 2. u 1. KapM, Musikal Oberlt ebd ab 83, MD ab 87, Musikal Lt Elysium between two continents München 96–2001. **Pr:** Fritz-Reuter-Pr, mehrere Pr im Leistungsvergleich d MusikthEns d DDR f zeitgen Op.

Kretzschmar, Hermann, Klavier; c/o Ensemble Modern, Schwedlerstr 2–3, D-60314 Frankfurt, T: (0 69) 94 34 30 10, F: 94 34 30 30, *info@ensemble-modern.com*; *www.ensemble-modern.com* [1958]. **Pr:** zahlr Pr m Ens Modern. **Ens:** Ensemble Modern. – **Aufn/RF:** zahlr Schallpl, CDs, RF-Mitschn m Ens Modern. **UA:** zahlr EA/UA m Ens Modern.

Kreuels, Matthias, Prof, KMD, Hochschullehrer; Kath H f Kirchenmusik St Gregorius, Weyhestr 16, D-52072 Aachen, *dozenten@khkstgregorius.de* [Neuss, Rhein 1970]. **Ausb:** Stud (SchM, Instrumentalpäd, Kl u KiM) MH Köln. **Laufb:** Prof (Gregorianik, dt Liturgiegesang) Staatl H f Musik Freiburg u Kirchenmusikschule St.-Gregorius-Haus Aachen. (Red)

Kreusch, Susanne, Mezzosopran; Diedenhofer Str 4, D-10405 Berlin, T: 0 17 36 13 16 06. **Laufb:** Sol Mecklenburg Staatsth Schwerin, Kom Op Berlin SpZ 02/05, Sol Op Kiel SpZ 03/04. (*)

Kreuter, Henry, 2. Konzertmeister; Roderberg 10 b, D-58135 Hagen, T: (0 23 31) 46 27 21; c/o Philharmonisches Orchester, Elberfelder Str 65, D-58095 Hagen. **Laufb:** 2. Konzm Philharmon Orch Hagen. (Red)

Kreuter, Melanie, Sängerin (Sopran); Am Johannisbad 33, D-33739 Bielefeld; c/o Theater, PF 100535, D-33503 Bielefeld. **Laufb:** Sol Staatsth Darmstadt, Sol Th Bielefeld SpZ 03/05. (Red)

Kreuter, Ute, Violine; c/o MDR Sinfonieorchester, Augustuspl 9a, D-04109 Leipzig. **Laufb:** Vorspielerin MDR SinfOrch Leipzig. (Red)

Kreutzfeldt, Anja Eva, Sängerin (jugendlich-dramatischer Sopran); Bundhorster Chaussee 8, D-24326 Ascheberg, T: (0 45 26) 38 09 35, (01 71) 7 03 91 19, F: 33 84 74, *anja.e.kreutzfeldt@web.de* [Kiel]. Oper, Operette, Konzert **Ausb:** Stud (Ges) MH Würzburg 94–99, Aufbaustud (J Kremling) Hamburg, Mstkse be U Bästlein, U Trekel-Burckhardt, R Behke, Fachwechsel ins dramat Fach 04/05, Fachpartien-Studium wichtiger Wagner-Partien (Sieglinde, Senta, Isolde), sowie R Strauss: Ariadne, Salome u ital Oper b A Reynolds u J Cox seit Oktober 04. **Laufb:** Sol Th Lübeck 01/02, Tourneeproduktion 'Gräfin Mariza' 03/04, Lübecker Sommeroptte 2000–04, Tourneeprod 'Wiener Blut' 04/05 (Dtld, Schweiz, Dänemark).

Kreuz, Maximilian, Komponist; Bad Säckingenstr 2/10, A-3002 Purkersdorf, T: (0 22 31) 6 44 48, *MaximilianKreuz@yline.com*; *members.psi.co.at/kreuz/* [Wien 27.12.1953]. Orchestermusik **Ausb:** Stud (MWiss) U Wien 75–77, Stud MTheorie, Komp (A Kubizek, F Burt, F Cerha) MU Wien 77–86. **Laufb:** wichtige Auff: Adagio (Orch), Moskau, Bolschoi Orch, Dgt: Campestrini 91; Ton-Sätze (StrOrch), Luzern, St Petersburg-Camerata, Dgt: Spörri 95; Symphon Kontraste, Wiener FestW, Musikverein, Wiener Kammerphilh, Dgt: C Traunfellner 96; Purkersdorfer Klavierstück, New York, Carnegie Recital Hall, Barry Salwen 96; Largo (StrOrch), Paris, Cité Int des Arts, St Petersburg-Camerata, Dgt: Spörri 97; Mouvement (gr Orch), Wien, Niederösterr Tonkünstlerorch, Dgt: A Stoehr 97. **Pr:** div. – **Komp:** ua: Mouvement Symphonique No 2 f gr Orch (Str) 99, UA St Petersburg, Hermitage Symph Orch, Dgt: A.Spörri 01; Mouvement Symphonique No 3 f KamOrch (2 Oboen, 2 Hn, Str) 01, UA Wien, Wiener KonzHaus, Wiener KamOrch, Dgt: A Liebreich 01; Valses nobles et rustiques (Str) 01. **AuftrKomp:** Paraphrasen (Orch), UA Linz, Brucknerhaus, Wiener KamOrch, Dgt: G Noseda 99 (Auftr: Stadt Wien); Mouvement Symphonique No1 (Orch), UA Wien, Musikverein, Wiener KamPhilh, Dgt: C Traunfellner 98 (Auftr: Wiener KamPhilh). **Sonst:** Projekt UA 78, Ltg dess seit 80, aktueller Name: Creatives Centrum Wien. **Lit:** div.

Kreuzberger, Thomas, Prof, Dirigent, Hochschullehrer; Franziskusstr 18, A-3032 Eichgraben, T: (0 27 73) 4 29 44; Univ f Musik u Darst Kunst, Inst f Musikleitung, Anton-von-Webern-Pl 1, A-1030 Wien, T: (01) 7 11 55 32 00, *kreuzberger@mdw.ac.at* [Wien]. zeitgen u virtuose Lit **Ausb:** Stud H f M Wien (Hans Petermandl, Frieda Valenzi), Mstrks b Alexander Jenner u Arturo Benedetti Michelangeli. **Laufb:** KonzTätigkeit in Europa, Amerika u Japan, Doz b Mstrks in Japan u USA, Jurymitgl b zahlr int Wettb, UProf U f M u Darst Kunst Wien. (Red)

Kricke, Heinz, KM, Prof, Hochschullehrer, Posaune; Wilhelm-Dresing-Str 14, D-44229 Dortmund, T: (02 31) 73 06 67, F: 73 06 67, *hkricke@t-online.de*; FolkwangHochschule, Klemensborn 39, D-45239 Essen [20.2.1939]. Bläserarbeit **Ausb:** Stud (W Walther) MH Detmold 60–65. **Laufb:** Basspos Philh Orch Dortmund 65–90, LAuftr (Pos, BlechblEns) H f M Detmold Abt Dortmund seit 77, Doz MSch Dortmund seit 90; Lt BlechBlEns H f M Detmold Abt Dortmund, Lt Sinfon Blasorch 'Brass and Wind' Dortmund, Prof (Pos) FolkwangH Essen, Vpräs WASBE u Lt d Polizeiorch NRW seit 03. **Mitgl:** Vizepräs World Assoc f Symphonic Bands and Ens, Sektion Dtschld. – **UA:** J Ahrens: Konz f Org u Bläser 54/58, UA Westfäl BlechBl-Kollegium (auch CD-Aufn Liebfrauenkirche Recklinghausen 92); R Rudin: Wolkensteinlieder, UA Dortmund, Dortmunder MFest 2000. **Zug:** F Zabel: Sinfon Variationen – hommage à Prokofieff f sinf BlasOrch (f Brass and Wind), UA Dortmunder MFest 02.

Kridl, Gabriele, Sängerin; c/o Stadtth Baden b Wien, Theaterpl 7, A-2500 Baden b Wien. **Laufb:** Sol Stadtth Baden b Wien SpZ 03/05. (Red)

Krieg, Gustav Adolf, KMD, Dr theol, Dr habil, Prof, Hochschullehrer, Orgel; Eichenwand 28, D-40627 Düsseldorf, T: (02 11) 9 25 21 21; H f Musik, Dagobertstr 38, D-50668 Köln [Dortmund 29.6.1948]. Kirchenmusik **Ausb:** Stud (Theologie) Münster 66–71, theol Prom Bonn 73, theol-mwiss Habil Bonn 85, Staatsex (ev KiM) Köln 74, Kompstud (J Baur) Köln, Dipl 78. **Laufb:** nach Tätigkeit im Pfarrdienst L (Orgel/Orgelimp, Liturgik, MWiss) R-Schumann-H Düsseldorf ab 80, PD ab 85, aplProf (Theologie, bes Liturgik, KiM) Bonn 90, L MH Köln seit 02, KMD 05. – **Sonst:** zahlr Veröffentl z KiM u z Verhältnis v M u Religion; 'Cantus-firmus-Impr; System-Methode-Modelle' 01; 'Orgelson' 01/02/03; Mitarb am Bach-Hdb u Enz d Kirchenmusik.

Krieger, Felix, Dipl, Dirigent; c/o Theater Bielefeld, PF 100353, D-33503 Bielefeld, *felixkrieger@gmx.de* [Freiburg i Br 29.4.1973]. **Ausb:** Jungstud (Kl) MH Freiburg 89–92, Stud (Dirig, Kl) MH Hamburg 92–96, Meisterschüler (C M Giulini) Scuola di Musica Fiesole/ It 99–2001. **Laufb:** musikal Ass Berliner Philh Orch 96–98; musikal Ass Salzburger Oster-Sommerfestsp 97; musikal Ass Festival Aix-en-Provence 99/2000; Kpm u Solorep Th Bielefeld 2000/01; 1. koord Kpm, StudLt Th Bielefeld ab 2001/02. **Pr:** 1. Bundespr 'Jugend musiziert' 92. – **Aufn/RF:** G Rosenfeld: 'Die Verweigerung' (KamOp), Dir: Krieger, bei Hastedt 97. **UA:** L Naón: 'Diagonal', Dir: Krieger, m d Solistes de l'Orchestre de Paris Aix-en-Provence 99.

Kriesel, Katja, Sängerin; c/o Oper Leipzig, Augustuspl 12, D-04109 Leipzig, *katjakriesel@hotmail.com*. Operette, Musical **Ausb:** Stud Ges (R Werner) H f M u Th Leipzig. **Laufb:** Sol Musikal Komödie Leipzig seit SpZ 01/02, Gastsol Wiesbaden, Altenburg, Halberstadt, Op Leipzig; Partien: P Burkhard: 'Das Feuerwerk', Anna; E Kálmán: 'Die Csardasfürstin', Stasi; J Offenbach: 'Orpheus id Unterwelt', Cupido; G Natschinski: 'Mein Freund Bunbury', Gwendolen; H Arlen: 'Der Zauberer v Oz', Dorothee, Zauberin d Nordens; A Lloyd Webber: 'Evita', Geliebte Perons; L Fall: 'Madame Pompadour', Belotte; E Künneke: 'Der Vetter aus Dingsda', Hannchen; R O Brien: 'Rocky Horror Show', Janet Weiss; Lehar: 'GRaf v Luxemburg', Juliette. **Ens:** musikal Komödie d Op Leipzig. – **Aufn/RF:** MDR. **UA:** C Kram: 'Leonce u Lena' (Rosetta) 2000; H C Mylla u D Wilgenbus: 'Heidi' 04.

Kriete-Ahringsmann, Brigitte, Prof, Hochschullehrerin, Klavier; Hochschule f Musik u Theater, Harvestehuder Weg 12, D-20148 Hamburg. **Laufb:** Prof (Klavier) H f M u Th Hamburg. (*)

Kringelborn, Solveig, Sopran; c/o Opernhaus Zürich, Falkenstr 1, CH-8008 Zürich, T: 0 12 68 64 00; c/o Semperoper, Theaterplatz 2, D-01067 Dresden; *www.opernhaus.ch*. **Ausb:** Stud Staatl Musikakad Norwegen, Kgl OpAkad Stockholm. **Laufb:** Bühnendebüt Kgl Op Stockholm 87, Konz unter M Jansons, Z Mehta, S Rattle, H Blomstedt, N Järvi, E Salonen, C Abbado, N Marriner u C Davis, Auftritte Wien, Paris, San Francisco, Amsterdam, Brüssel, München, Berlin, London, Glyndebourne u Rom, Debüt (Fiordiligi) Salzburger FSp 93,

Sol Sächs Staatsop Dresden SpZ 03/05, Sol Op Zürich SpZ 03/04. **Pr:** Norweg Kritikerpr 90. (Red)

Krispin, Bernd, Mag, Dramaturg; c/o Vereinigte Bühnen Graz, Kaiser-Josef-Pl 10, A-8010 Graz. **Laufb:** Dram Vereinigte Bühnen Graz SpZ 03/05. (Red)

Krist, Joachim, Viola, Komponist; Vogteistr 23, D-53894 Mechernich Floisdorf, T: (0 24 43) 31 04 65 [Ried i Innkreis 1948]. **Ausb:** Stud (Va, Komp) München. **Laufb:** Ltg 'Jge Akad München' 66–70, Ass K Stockhausen 70–76, zahlr Konz In- u Ausland; Ltg Va-Kl Robert-Schumann-Kons Düsseldorf, Sol RundfunkOrch Köln. (Red)

Krist, Michael, Prof, Hochschullehrer; Univ f Musik u Darst Kunst, Inst f Tasteninstrumente, Lothringerstr 18, A-1030 Wien, T: (01) 7 11 55 22 00, F: 7 11 55. Tasteninstrumente **Laufb:** o UProf U f Musik u Darst Kunst Wien. (Red)

Kristensen, Jörgen, Bass; Kappelner Str 38, D-24943 Flensburg, T: (04 61) 2 59 86, F: 8 40 50 65, *joergenkristensen@gmx.de*; c/o Caecilia Lyric Department, Rennweg 15, CH-8001 Zürich, T: 0 12 21 33 88, F: 2 11 71 82, *caecilia@caecilia-lyric.ch* [24.4.1949]. Oper, Konzert **Ausb:** DiplPrfg Ges (K Borg) H f M Kopenhagen 76, DiplPrfg Lied (E Werba) Wien 80, DiplPrfg Op (Bülter-Marell) Wien 81. **Laufb:** Sol Th Regensburg 86–99, Gastsol Städt Bühnen Osnabrück SpZ 2000/01, Landesth Coburg 01, Th Nordhausen SpZ 01/02 u SpZ 03/04, Den Ny Op Esbjerg 03, Op Vest Bergen SpZ 04/05, Op i Kristiansund 05.

Kristinsson, Bjarni Thor, Sänger; c/o Volksoper Wien, Währinger Str 78, A-1090 Wien. **Laufb:** Sol Volksop Wien, Gastsol Hess Staatsth Wiesbaden SpZ 00/01, Dt Staatsop Berlin SpZ 00/01, Dt Staatsop Berlin SpZ 03/05, Badisches Staatsth Karlsruhe SpZ 04/05. (Red)

Kristinsson, Gunnar, Komponist; Muespacherstr 40, CH-4055 Basel [Reykjavik, Island 1955]. **Ausb:** Stud (Org, MTheorie) H f M u Darst Kunst Wien 76–81, Stud (Komp, MTheorie) MH Reykjavik 86–90. **Laufb:** Aitarb Elektronisches Studio d MAkad Basel 90/91. – **Komp:** Solowerke KammerM, Orch-Werke, ComputerM, elektronische M, ThM. (Red)

Krnjak, Davor, Dirigent; c/o Sächsische Staatsoper, Theaterpl 2, D-01067 Dresden; Alexanderstr 80, D-70182 Stuttgart, T: (07 11) 24 20 73, F: 24 20 73 [Zagreb 20.11.1944]. Ballettdirigent **Ausb:** KapmKl (Wimberger) Mozarteum Salzburg 71–74. **Laufb:** Dgt Op Leipzig, Musikth Essen, Dt Staatsop Berlin SpZ 03/04, Semperop Dresden SpZ 03/05, Staatsth Stuttgart seit 90, Covent Garden London 95–97, Nationalth Zagreb seit 96, Züricher Op seit 97.

Kröger, Olav, Komponist, Pianist; Nordstr 44, D-04105 Leipzig, T: (03 41) 2 11 20 36, 01 79–1 15 61 41, F: 2 11 20 36 [Leipzig 25.7.1965]. **Ausb:** Stud Komp (P Herrmann), Kl (R Benkstein) MH Leipzig 82–89, Meisterstud (F Goldmann) Berliner Akad d Künste 89–91. **Laufb:** Lt SchauspielM Landesth Altenburg seit 89; Fstv KamOp Schloß Rheinsberg; seit 2000 freischaff. **Pr:** Hanns-Eisler-Pr 88. **Ens:** Ensemble Kolorit Zeitz. **Mitgl:** Dt Komponisten Verband. – **Komp:** Mouvement pour Orchestre (Orch), UA Schwerin 87; Concierto barocco (Orch), UA Altenburg 94; Tere natere (Bass-Solo, Orch), UA Altenburg 95; Fantasia, UA Altenburg 96; Konz f Kl u Orch, UA Altenburg 97; Orchesterballade, UA Altenburg 98; Konz f Klar u Orch, UA Altenburg 99; Konz f V u Orch 01; Ballett 'Lear', UA Th Tlensburg, Dgt: G Oskamp, Choreogr S Korljan 05. **Aufn/RF:** Kröger: Konz f Kl u Orch, Dgt: T Wicklein. **Lit:** T Böhme: 'Der Komponist Olav Kröger' (Leipziger Blätter 34, S.68f).

Kröhnert, Gabriele, Viola; c/o Landesbühnen Sachsen, Meißner Str 152, D-01445 Radebeul [Berlin]. Konzert, Oper, Balett, Kammermusik **Ausb:** Stud b Berger MH Dresden 86–92. **Laufb:** Sol-V LdsBühnen Sachsen seit 93, Ukraine-Tournee m Klezmergruppe 2000. **Ens:** Gruppe Jowel Klezmorim 93–02, Sächs KamNonett seit 96. – **UA:** m sächs KamNonett: T Kupsch: Werk f Nonett u Ges, UA 01; H-P Preu: Werk f Nonett u Hfe, UA 02; A Belkin: Werk f Nonett, UA 05.

Kröll, Georg, Komponist; Blumenthalstr 22, D-50670 Köln, T: (02 21) 72 94 50, F: 72 94 50, *zeidler.kroell@t-online.de*; *www.georg-kroell.de* [Linz/Rhein 3.5.1934]. **Ausb:** Stud Kl (E Schmitz-Gohr), Komp (F Martin, B A Zimmermann) MH Köln. **Laufb:** LTätigkeit Rhein MSch Stadt Köln 64–97, freischaff seit 98. **Pr:** Förderpr d Stadt Köln 62, Studienaufenthalt Villa Massimo Rom 69/70. – **Komp:** Pezzi bassi ed alti (Kb, Hf, Cel, Schlgz) 86, UA Witten 86; Omaggio (Vl, Va, Kl) 89, UA Aachen 89; Tagebuch f Kl (Kl) 87–98, UA d ges Werks Hombroich 2000; Wings and Diamonds (Trp u Orch) 99, UA Gütersloh, m J Sondermann, SWR-SinfOrch, Dgt: H Zender 01; StrQua Nr 2 2000/01, UA Hombroich 01. **AuftrKomp:** Parodia ad Perotinum (gr Orch u Choralschola ad lib) 71, UA Kiel 72 (Auftr: Stadt Kiel anl olymp Segelwettb); Capriccio sopra mi (Va, Vcl, Kb) 82, UA Witten 82 (Auftr: WDR Köln); Fünf Versetten (Sax-Qua) 86, UA Hombroich 86 (Auftr: 'Museum Insel Hombroich'); Zwiegesänge (Klar, Bklar/KBKlar), UA 87 (Auftr: 'Museum Insel Hombroich'); StrQua Nr 1, UA Witten 97 (Auftr: WDR Köln); Wie Gebirg, das hochaufwogend (V, Va, Vcl) 01, UA Köln 02 (Auftr: WDR Köln). **Lit:** J P Hiekel: Zu einigen Aspekten d Musik G Ks (G K z 60. Geb.), H Bremer: Kröll, G in: Rheinische Musiker, 10. Folge.

Krömmelbein, Brigitte, Violine; c/o WDR Sinfonieorchester, D-50600 Köln. **Laufb:** Stimmführerin WDR SinfOrch Köln. (Red)

Kröplin, Eckart, Dr, Prof, Musikwissenschaftler, Dramaturg; Neue Siedlung 30, D-01259 Dresden, T: (03 51) 2 00 52 68 [25.11.1943]. Oper, bes Wagner, Mozart **Ausb:** Stud MWiss (H Bessler) U Leipzig 62–67. **Laufb:** Doz u Prof H f M u Th Leipzig 69–85, ChefDram Semperop Dresden 84–91 u in Rudolstadt, Eisenach, Plauen-Zwickau 93–04; Gastdram an Op Schwerin, Magdeburg, Potsdam, Hamburg, Essen, Stockholm. – **Sonst:** zahlr Publ zu OpGesch; Bücher: 'Frühe sowjet Oper. Prokofjew, Schostakowitsch' 85; 'R Wagner – Theatral Leben u lebend Theater' 89; '200 Jahre Theater Rudolstadt' 94.

Kroggel, Uwe, Cello; c/o Offenes Ohr Dresden, Barlachstr 8, D-01219 Dresden, T: (03 51) 4 72 13 60, F: 4 72 13 61, *music@offenesohr.com*; *www.offenesohr.com/dresden* [Dresden]. **Ausb:** Stud MH 'Carl-Maria v Weber' Dresden. **Laufb:** Sächs StaatsOrch Dresden seit 80, Sol seit 93. **Ens:** Duo m A Elger (Kl) seit 97. (Red)

Kroidl, Malte, Dirigent, Komponist, Pianist; Esmarchstr 122, D-22767 Hamburg, T: (0 40) 38 61 62 98, F: 38 61 88 56, *Kroidl@gmx.de*; *www.malte-kroidl.de* [Bad Berleburg 30.6.1970]. E-Musik **Ausb:** (SchM, Kapm) MH Frankfurt/M 90–96, (Germanistik) U Frankfurt/M 90–96. **Laufb:** Musikal ObLt Allee Th, Musikal Ass Bayreuther FSp seit 99, musikal Ass Kivor-Op St Petersburg (V Gergiev) 2000; Gastdgt Rotterdamer Philh 05. **Pr:** Bundespr 'Jugend musiziert' 88, 'Pegasus'-Pr d Esso-Stift Hamburg 2000. – **Sonst:** Aufb Hamburger Kam-Op 96–04. **Lit:** div Art in 'Opernglas' u Hamburger Abendblatt.

Krol, Bernhard, Prof, Komponist; Friedrichstr 54, D-73760 Ostfildern-Kemnat, T: (07 11) 45 35 87 [Berlin 24.6.1920]. **Ausb:** Stud Horn (J Koller, G Freiberg), Komp (J Rufer) Berlin u Wien. **Laufb:** Hornist Staatsop Berlin 45–61, Berliner Philharmonie 61/62, RSO Stuttgart 62–78. **Pr:** BVK 81. – **Komp:** Magnificat-Variationen op 40 (Konz) 63, UA Saarbrücken, M Andrè, Saarl KamOrch, Ristenpart 65; Fledermaus-Variationen op 60 74, UA Mannheim 75; Messa da Sinfonietta op 64 (ChW) 76, UA Berlin 77; Wort-Gottes-Kantate op 68 (Orat) 78, UA Ulm Wiblingen 78; Nachtigall op 77 (KamM) 80, UA Ellwangen 82; Auferstehungskonz op 89 (Konz) 83, UA Stuttgart 84; Dreifaltigkeitskonz op 100 (Orgel u Streichorch) 86, UA Stuttgart-Böblingen, Maysenhölder Ens, Stuttgart, Wolf; Sinfonische Etüde op 109 (OrchW) 88, UA Stuttgart 90; Irdische Vergnügung in Gott (Diletto Te Deum) op 118 (Orgel u Blechbläserquin) 90, UA Stuttgart, Maysenhölder, Brandenburg-Qui 91; Falstaff-Concerto (f Tb u Streichorch) 90, UA Paris-Massy, Brisse, Orch de Massy, Roits 90. **AuftrKomp:** sinfoniette lègère op 48 (OrchW) 68, UA Stuttgart 68 (Auftr: SDR Stuttgart).

Kroll, Fredric, PhD, Komponist; Berliner Str 80, D-79211 Denzlingen, T: (07 61) 2 44 73, *fredrickroll@hotmail.com*; c/o MännerschwarmSkript Verlag, Lange Reihe 102, D-20099 Hamburg [New York 7.2.1945]. Oper, Lied **Ausb:** Autodidakt, Magister (Yale) 67, Prom 73. **Laufb:** GymnasialL Hamburg 74/75, LAuftr U Freiburg 88 u 89. **Pr:** 1. u 2. Pr Sparte Duo Wettb f neue SalonM Berlin 96. – **Komp:** The Scarlet Letter (Op), UA Cape Coral (Florida) 81; Lieder aus der Einsamkeit (Sop bzw Ten, Kl), UA Wiesbaden 82; Frantumi (Lieder), UA Freiburg 91; Lieder nach Texten v Stefan George u Clemens Brentano (Sop bzw Ten, Kl), UA Freiburg 92; Todessehnsuchtslieder (Sop bzw Ten, Kl), UA Freiburg 92; Romanze (KonzM f V u Kl), UA Berlin 96; Kerzenglut (KonzM f Vcl u Kl), UA Berlin 96. **Aufn/RF:** The Scarlet Letter: Vorsp u 3. Akt 99 (CD); Lieder aus d Einsamkeit u andere Lieder (KamM) 02 (CD). **Sonst:** ua 6-bändige Biographie über Klaus Mann.

Krone, Ulrike Therese, Sängerin; c/o Junge Kammeroper Köln, Florastr 93, D-50733 Köln. (Red)

Kroneberger, Adrian, Sänger (Tenor); Virgiliastr 8, D-45131 Essen, T: (02 01) 77 80 97, *adrian@kroneberger.com*; *www.kroneberger.com* [Rüdesheim/Rhein 23.9.1966]. Musiktheater (alle Sparten) **Ausb:** Stud Gesang, Op-Schule Folkswang-H Essen 88–95, (Gesangspäd) ebd 95–97, Gesangslehrer: R Richey, I Szamos, E Illerhaus. **Laufb:** Sol Schlossfsp Ettlingen 97, 98, 2000, 2001, Gastsol Städt Bühnen Münster, Aalto Ophaus Essen, Th Kiel, Schwerin, Salzburg, Konz u jährl Liederabende, Galas, Moderationen, Vocal Coach b 'Dtschld sucht den Superstar' (RTL). – **Aufn/RF:** G Rosenfeld: 'Die Verweigerung'; Schumann: 'Manfred', m D Fischer-Dieskau, Dgt: Ch Spering; Scarlatti: 'Stabat Mater', Dgt: Ch Spering; Hufschmidt/Grass: 'Meißener TeDeum', Dgt: W Haenchen; CD: Wiik/Kverndokk: 'Vincent van Gogh', Dgt: C Richter. **UA:** Wiik/Kverndokk: 'Vincent van Gogh', UA Schlossfestsp Ettlingen.

Kronstein-Uhrmacher, Hildegard, Prof, Hochschullehrerin, Sängerin; Tiergartenstr 133c, D-30559 Hannover, T: (05 11) 51 22 22, F: 51 22 22. **Laufb:** Prof (Ges) H f M Detmold. (*)

Kronsteiner, Hemma, Prof, Hochschullehrerin, Orgel; Univ f Musik u Darst Kunst, Inst f Orgel, Orgelforschung u Kirchenmusik, Seilerstätte 26, A-1010 Wien, T: (01) 7 11 55 26 14, *kronsteiner@mdw.ac.at*. **Laufb:** Prof. (Red)

Kronthaler, Martin, Bariton; Gütchenstr 4, D-06108 Halle [Kufstein]. **Ausb:** Stud (Ges) Krakau u Salzburg, Ges (R Sartorius, W Berry) Wien. **Laufb:** freischaff (Papageno, Nardo, Graf Almaviva, Gaudenzio, Mill, Orfeo), Sommerfstv 'KamOp Schloß Rheinsberg' (A Salieri: Falstaff), Teatro di San Nepal ('Lohengrin', Heerrufer), Gastsol FestW d Alten M Innsbruck, Lausanne, Pisa, Lucca, Neapel ('Tannhäuser', Wolfram), Halle ('Hänsel u Gretel', Besenbinder Peter; 'Zar u Zimmermann', Zar; 'La Bohème', Marcello); Händelfsp ('Agrippina', Pallante), EnsMitgl OpHaus Halle seit 98, Sol Ldesth Salzburg SpZ 03/04. **Pr:** 1. Pr Int Gesangswettb d Op Royal de Wallonie. (*)

Kropf, Ronald, Schauspielmusiker; c/o Studiobühne Bayreuth, Röntgenstr 2, D-95447 Bayreuth. (Red)

Kropfitsch, Elisabeth, Violine; 20 Leystr 20c, A-1200 Wien, T: (01) 3 32 01 58. **Ens:** Jess Trio Wien. (Red)

Kropfitsch, Johannes, Klavier; 20 Leystr 20c, A-1200 Wien, T: (01) 3 32 01 58. **Ens:** Jess Trio Wien. (Red)

Kropfitsch, Stefan, Mag, Prof, Hochschullehrer, Violoncello; Univ f Musik u Darst Kunst, Inst f Streich- u andere Saiteninstr, Sailerstätte 26, A-1010 Wien. **Laufb:** ao UProf (Vcl) U f Musik u Darst Kunst Wien. **Ens:** Jess Trio. (Red)

Kropp, Astrid, Sängerin; c/o Theater & Philharmonie Essen GmbH, Opernpl 10, D-45128 Essen. **Laufb:** Sol Musikth Essen SpZ 03/05, Sächs Staatsop Dresden. (Red)

Kross, Erik, Komponist; Oldenburger Str 22, D-10551 Berlin, T: (0 30) 66 92 19 83, F: 66 92 19 83, *Erik. Kross@t-online.de*; *www.erik-kross.de* [Leipzig 5.2.1956]. KamM, experimentelle M, BühnenM **Ausb:** Stud (Kl) Berufstanzmusikklasse Kons Cottbus 75–78, Stud (Komp) MH 'Carl Maria v Weber' Dresden 78–83. **Laufb:** Grdg Gruppe 'heureka' f zeitgen M 81, freischaff 53–91, Schauspielkapm Th Nordhausen 91–94, seither freischaff. – **Komp:** KamKonz Nr 1 84/85, UA Leipzig, Int Bachfest 83; Miniatur f Fl, Vibraphon, Git u KB 85, UA Rostock, Gruppe 'heureka' 85; KamM f Akk u Fagott 86, UA Cottbus, K Pfeifer, H Köllner 86; Elephantasie. Arauna - minimal (Elektron KamM) 89, UA Leipzig, 'Tage d neuen M' 83; Mjaskowskij-Instrumentationen (KamM), UA Gera, Phil Orch d Th 94; Concertino f KiOrg u 2 Sax, MTage Brandenburg 98. **UA:** Ph Glass/A Ginsberg: Hydrogen Jukebox, UA (Europ EA) Th Gera/Altenburg; J Adams: I was looking at the ceiling..., u d T: Erbebenromanze, UA (Dt EA) Th Gera/Altenburg. **Sonst:** Hg d 'Bibliogr d Lit z dt Volkslied', m J B Wolff 87.

Kross, Hubert, Komponist; Hans-Thoma-Weg 8, D-79837 St Blasien, T: (0 76 72) 4 10 50, F: 4 10 50 [Leipzig 30.3.1934]. Kam- u OrchM, Vokalmusik **Ausb:** Komp (W Weismann) MH Leipzig, Staatsexamen 56. **Laufb:** freischaff Komp, langjährig als Dgt an versch Th, im Konz u in RF sowie pädagog tätig, Lt v Chören u Blasorch, Arbeit auf d Gebiet d MEthnologie. **Pr:** KompWettb 2. Int Robert-Schumann-Chorwettb Zwickau 95, KompWettb Blasmusikverband Baden-W 96, KompWettb Brandenburg Verein Neue Musik 98. **Mitgl:** Dt KompVerb, Brandenburgischer Verein Neue Musik. – **Komp:** Münchhausen erzählt (KamM, Bläserqui), UA Cottbus 70 (Auftr: 1. Bläserqui ThOrch Cottbus); Ich lächle im Dunkeln dem Leben (Orat f Solo, Ch, Orch), UA Cottbus 73 (Auftr: Stadtth Cottbus); Initialen f Orch (SinfKonz), UA Senftenberg 85 (Auftr: Staatl Orch Senftenberg); Schlagzeugqua (KamM), UA Cottbus 85; Mich rührt so sehr böhm Volkes Weise (KamM, Fl, Va, Vcl), UA Altdöbern 86 (Auftr: Solistentrio Cottbus); Ohne Ross bei den Kentauren (KamM, Streichqua), UA Cottbus 87; Die Gewürzmühle (SinfKonz), UA Pirna 88 (Auftr: Staatl Orch Pirna); Konz f 4 Fag u Orch (SinfKonz), UA Dresden 89 (Auftr: Ldsbühnen Sachsen); Sappho (KamM f V solo), UA Leipzig 90 (Auftr: Nat Forschungs- u Gedenkstätten J S Bach); Epitaph (KamM f Kl), UA Cottbus 99; Blues-Concertino (Pos u sinf Blasorch), UA Bernsdorf 2000; Musette-Rhapsodie (AltSax u sinf Blasorch), UA Cottbus 01; 'Les-S(w)ing' (Stimme u Kl), UA Kamenz 04; Blechbläserqui (KamM), UA Waldshut-Tiengen 05. **Aufn/RF:** Heinersbrücker Hochzeit (Suite f Blasorch), m RF-Blasorch Leipzig, Dgt: E Brandt 82; Was für ein Morgen! (Rhapsodie f Blasorch), m RF-Blasorch Leipzig, Dgt: K Wiese 84; Sorb Skizzen (Suite f Blasorch), m RF-Blasorch Leipzig, Dgt: H Kross 88.

Kross, Tania, Sängerin; c/o Niedersächsische Staatstheater Hannover, Opernpl 1, D-30159 Hannover. **Laufb:** Sol u Gastsol Op Hannover seit SpZ 03/04. (*)

Krotov, Denis, Cello; Flachsweg 22, D-44388 Dortmund, T: (02 31) 4 27 27 05; c/o Concertino Agentur, Nerotal 24, D-65193 Wiesbaden, T: (06 11) 1 80 56 56, F: 1 80 56 57 [Moskau]. **Pr:** Pr d Landgrafen v Hessen, Prtr ARD Wettb München 96. **Ens:** Neues Wuppertaler Streichtrio.

Kroupova, Olga, Komponistin; c/o Edition Gravis Musikverlag, Adolfstr 71, D-65307 Bad Schwalbach, PF 1107, D-65301 Bad Schwalbach, T: (0 61 24) 37 19, F: 34 72, *editiongravis@t-online.de*; *www.editiongravis.de* [Bratislava, Slowakei 2.10.1966]. **Ausb:** Stud M Kons Bratislava 82–89, Stud Komp H f M Budapest 89–91, Stud Komp (S Szokolay, J Soproni), Elektron M (Z Pongracz) Franz-Liszt-H f M Budapest 91–94, Stud Komp (M Chr Redel) H f M Detmold 94–96. **Laufb:** freischaff Komp, fr Mitarb f div MVerlage. – **Komp:** Conversion 01, Anxieta 01. (Red)

Krüger, Erich, Prof, Hochschullehrer, Viola; Freiher-von-Stein-Allee 15, D-99425 Weimar, T: (0 36 43) 90 84 20, *erich.krueger@t-online.de*; H für Musik 'Franz Liszt', Inst f Streicher u Harfe, PF 2552, D-99406 Weimar [Güstrow 1953]. **Ausb:** Stud (Va) H f M Hanns Eisler Berlin (A Lipka) 72–79. **Laufb:** SoloVa RundfunkOrch Leipzig, MDR SinfOrch, Rundfunk-SinfOrch Berlin, Prof (Va) H f Musik 'Franz Liszt' Weimar 97. (Red)

Krüger, Horst, Sänger; Steinmetzstr 1, D-10783 Berlin, T: (07 11) 44 55 91. **Laufb:** Sol Schloßfestspiele Ettlingen, Gastsol Th Dortmund SpZ 04/05. (*)

Krueger, Jeffery, Sänger; c/o Opernhaus Zürich, Falkenstr 1, CH-8008 Zürich. (Red)

Krüger, Martin Maria, Gitarre, Hochschullehrer; Richard Strauss Konservatorium, Gasteig, Kellerstr 6, D-81667 München, T: (0 89) 48 09 84 15 [Solingen]. **Ausb:** PrivStud (Git) b Siegfried Behrend, Stud (Schlgz) b Siegfried Fink, Stud (Git) H f M Würzburg b Dieter Kirsch. **Laufb:** L Berufsfachschule f M Kronach 79, Dir Hermann-Zilcher-Kons Würzburge 82, Doz (Git), Dir seit 87 Richard Strauss Kons München, Präs d Dt Musikrates seit 02. (Red)

Krüger, Matthias S, Komponist, Dirigent, Pianist; Am Hölzle 34, D-78628 Rottweil, T: (07 41) 2 13 74, F: 1 75 58 81, *m.s.krueger@web.de*; *www.kunstkontakte.org/deutsch/kuenstler/krueger/index.html* [Rottweil 24.3.1980]. Neue Musik **Ausb:** Jungstudent Komp (Prof J Weimer), Kl (Prof J v Beek) H f M Trossingen 90–99; Stud Komp (Prof Y Höller), Kl (Prof K Oldemeyer) H f M Köln seit 99; extern Ausb z nebenamtl KiM (C-Schein) H f KiM Rottenburg 2000–02; Dirigierstudien b Prof P Eötvös u J Stockhammer seit 2000, b Prof Z Nagy seit 02; einjähr Austauschstud (Komp) Cons Sup de Paris (CNSMDP) b Prof F Durieux seit 03. **Laufb:** Teiln 40. Int Ferienkse f Neue M Darmstadt 2000, Ass v Prof P Eötvös u J Stockhammer, danach v Prof D Smeyers b 'ens neue m' H f M Köln 01–03, künstl ZusArb ua m L Hirst (Fl), M Wistinghausen (Ges), L Bartussek u A Brendel (Vcl), M Namekawa, B Kobler u B Wambach (Kl), m SolEns d Darmstädter Ferienkse, Folkwang-Ens f Neue M, musikFabrik I Ens f Neue M, Minguet Qua; Auff u Auftr ua in Düsseldorf, Freiburg, Karlsruhe, Köln, Nürnberg u Stuttgart, b Darmstädter Ferienksen, HambacherMFest, Ensemblia Mönchengladbach, Sommersprossen Rottweil, in Österreich. **Pr:** mehrf 1. Pr Wettb 'Jugend komp' u Bundeswettb 'Schüler komp', A- Werckmeister-Förderpr Halberstadt 96; Stip, Auswahl z Dgt-Forum m J Kalitzke u StipPr f Komp 41. Int Ferienkse f Neue M Darmstadt 02; Stip Studienstif d dt Volkes seit 03; 2. Pr 'KompWettb Neue M m histor Instr' d Ensemblia Mönchengladbach u LdesMAkad NRW (f Komp 'Ciaccona fluida') 03. – **Komp:** Pneomenos 98/99 (Klar, V, Vcl, Kl), UA H f M Köln 01; ExPulse 99/2000 (Bassklar, Va, Kl), UA H f M Köln 01; ZeitRäume/Fragmente 2000 (3 Skizzen f Vcl solo), UA H f M Köln, L Bartussek, 01 ; Anrufung 01 (4 Skizzen f Fl solo), UA H f M Köln, L Hirst, 01; Nocturne 01 (6 Skizzen üb Artikulation u Verstummen f tiefen Bass u akust Verstärkung ad lib), UA H f M Köln, M Wistinghausen, 01; Ciaccona fluida 03 (KamEns m Barockinstr), UA Heek-Nienborg, LdesMAkad NRW, musikFabrik I Ens f Neue M m Gästen, Dgt: J Kalitzke, 03. **AuftrKomp:** Elumination 02/03 (f Kl, V, 4 Bl im Raum), UA Rottweil, Kunststift E Hauser, 03 (im Rahmen d Heimattage Baden-Württemberg 03 in Rottweil u d 'Sommersprossen Rottweil'); D int KlassikFsv (Auftr: Stadt Rottweil). **Aufn/RF:** RF-Prod ua b BR, SWR, WDR.

Krüger, Wilfried, Solohornist; Guntherstr 61, D-90461 Nürnberg, T: (09 11) 49 35 09, F: 47 31 70 [Greifswald 20.12.1947]. Neue Musik **Ausb:** Solo-Hn Nürnberger Symph, Künstl Lt KlangKonzepte Ens – Neue Pegnitzschäfer eV, 'Entartete Musik' – Konz- u Ausstellungsproj German Nationalmuseum, Neue Musik-R: Nürnberger Klangkonzepte, 'Dr Mabuse'-FilmMProj. **Laufb:** Künstl Lt KlangKonzepte Ens – Neue Pegnitzschäfer eV. **Pr:** Nürnbergstip, Wolfram-v-Eschenbach-Pr. **Ens:** Stud Hn (F Huth) MH Würzburg, (E Penzel) MH Köln. – **Aufn/RF:** zahlr, bes BR, SFB, DLF ua Aufn.

Krüttli, Philippe, Posaune; rue du Midi 59, CH-2610 St-Imier, T: 03 29 41 30 58. **Ens:** Ens Venance Fortunat. (Red)

Krug, Stephanie, Sängerin (Sopran); c/o Art Works Agentur Vera Giese, Kantstr 14, D-10623 Berlin, T: (0 30) 31 50 38 60, F: 31 50 38 61, *artworksberlin@aol.com*; c/o Dr. Eike W. Grunert, Winsstr 26, D-10405 Berlin, T: (0 30) 44 05 22 29, F: 44 05 22 29, *ewgrunert@cosifacciamo.de*. **Ausb:** Stud Mozarteum Salzburg b M Lenz, M Sharp u B Zakotnik, N Harnoncourt, Postgraduiertenstud b Jessica Cash Guildhall School London (Early Music), ZusArb m P Pickett, S Preston. **Laufb:** Sol HändelFSp Halle, Dresdner MFSp, Regensburger Kulturtage, Ekhofth Gotha, London, Salzburg, Gast Semperop Dresden 99. **Ens:** Ens f Alte & Neue Musik 'Così Facciamo'. – **Aufn/RF:** RFAufn m MDR, BR u ORF. **Sonst:** ZusArb m Bamberger Symph, Musica Iuventa Halle, RFOrch Prag, Lauttencompaney Berlin, London Consort.

Kruger, Estelle, Sängerin; c/o Theater der Stadt Koblenz, Clemensstr 5, D-56068 Koblenz. (Red)

Kruger, Mary Anne, Sängerin; Waldspirale 7, D-64289 Darmstadt, T: (01 73) 3 24 23 29. **Laufb:** Sol Staatsth Darmstadt (03/05), Th Basel. (Red)

Krulano, Nebojsa, Schauspielmusiker, Korrepetitor; Landestheater, Promenade 39, A-4010 Linz. **Laufb:** Korr u Schauspielmusiker Landesth Linz. (Red)

Krulanovic, Nebojsa, Korrepetitor, Schauspielmusiker; Karl Wiser-Str 2a, A-4020 Linz, T: (06 76) 9 21 32 82. **Laufb:** Korr u Schauspielmusiker Landesth Linz SpZ 03/05. (Red)

Krummacher, Christoph, Dr, Prof, Hochschullehrer; Hochschule f Musik u Theater 'Felix Mendelssohn Bartholdy', FB 2, PF 100809, D-04008 Leipzig, T: (03 41) 2 14 47 80, F: 2 14 47 84, *ki.krummacher@hmt-leipzig.de* [Berlin 27.5.1949]. Kirchenmusik, Orgel **Ausb:** Dresden 67–69, MH Leipzig 70–75. **Laufb:** Domorganist Brandenburg/H 75–80, Universitätsorganist Rostock 80–92, Prof (KiM) H f M u Th 'Felix Mendelssohn Bartholdy' Leipzig 92, Rektor 97–03. **Pr:** Kulturpr Hansestadt Rostock, Mitgl Sächs Akad d Wiss Leipzig seit 02. **Mitgl:** Präsidium Gottfried Silbermann-Ges Freiberg. – **Aufn/RF:** RF d DDR, WDR, NDR, MDR, mehrere CDs (Orgel). **Sonst:** Wege zur Orgel, Berlin 87; Musik als praxis pietatis, Göttingen 94; zahlr Fachaufsätze.

Krumov, Andrej, Violine; c/o Philharmonisches Orchester, Küchengartenallee 2, D-07548 Gera. **Laufb:** Philharmon Orch Gera. (Red)

Krumpfer, Olaf, KV, Prof, Hochschullehrer, Posaune; Am Busch 12, D-01936 Königsbrück, T: (03 57 95) 3 65 00, 0 17 94 78 39 56, F: 3 65 00, *Olaf. Krumpfer@freenet.de*; Hochschule f Musik, PF 120039, D-01001 Dresden [Berlin 16.7.1961]. **Ausb:** Stud (Pos) HfM Berlin, Privatstud b J Doms 89–92. **Laufb:** 1. Posaunist u Gründer Berliner-Pos-Ens 86, 'Courtois-Posaunenquartett Dresden' 95, Mitgl Blechbläserens Prof. Ludwig Güttler 95, Mitgl Dresdner Philh, Prof (Pos) H f Musik Carl Maria v Weber Dresden. **Pr:** Prtr KamMwettb 'Concertino Praga' 75, 1. Pr Int Blechbläserwettb f KamM-Ens in Passau 91. **Ens:** Berliner-Posaunen Ens, Courtais-PosaunenQua, Dresdner Kapellsolisten, Philharmonic Brass, Blechblasens Ludwig Güttler, Semper Brass. **Mitgl:** Jurymitgl 'Jugend musiziert'. – **Aufn/RF:** mehrere CD mit Philharmonic Brass; CD 'Orgel+Posaune'. **Zug:** Schwaen: Vier Bagatellen; Weißing: versch Werke. **Sonst:** Blechbläser Workshops.

Krumpöck, Florian, Klavier; c/o ProArt Service – A. Kirschner, Goldschmiedgasse 10/3/3, A-1010 Wien, T: (01) 5 34 62 86, F: 5 34 62 67, *mail@proartservice.at*; *www.proartservice.com* [Wien 1978]. **Laufb:** Tonhalle Zürich (Ltg V Fedosejev) 95, Salzburger FSp 03, Klangbogen Wien. (Red)

Krumstroh, Hans-Jürgen, Horn; c/o Staatskapelle Berlin, Unter den Linden 7, D-10117 Berlin. **Laufb:** Sol Staatskap Berlin. (Red)

Krunnies, Sebastian, Viola; c/o MusiKado GmbH, Franz-Marc-Str 4, D-50999 Köln, T: (02 21) 3 57 94 67, F: 3 57 94 68, *musikado@musikado.com*. **Pr:** Prtr Dt Musikwettb KamM 98. **Ens:** Trio Echnaton. (Red)

Krupp, Wolfgang, Sänger; c/o Oper im Schloßgarten, Jungfernstieg, D-23701 Eutin, PF 112, D-23691 Eutin. **Laufb:** Sol Op im Schloßgarten Eutin SpZ 01/05, Sol Optte Düsseldorf SpZ 03/05. (Red)

Krusche, Michaela, Dipl Op, Dipl Lied u Orat, Lyrischer Mezzosopran, Alt II; Via Nuova Indipendenza 8/3, I-98050 Malfa, T: 01 71–2 66 31 72, *michaela_krusche@web.de*; c/o G + M Krusche, Schwarzenbergstr 7, D-34130 Kassel, T: (05 61) 6 45 75; *www.bar-19.com* [Schwabach 11.9.1966]. Konzert, Oratorium, A-cappella-Gesang **Ausb:** Stud Ges (J Beckmann) MH Hamburg. **Laufb:** Sol Staatsth am Gärtnerpl München 96–01, Gastsol NOB SpZ 00/05. **Pr:** Stip Erdwin-Amsinck-Stift Hamburg 92, 3. Pr Wettb Elise-Meyer-Stift f Ges Hamburg. **Ens:** 'Bar 19' (A-capella-group). – **Lit:** Interview (Opernglas) 96.

Kruzel, Adam, Bariton; Kaiser-Friedrich-Allee 77, D-93051 Regensburg, T: (09 41) 9 46 83 99 [Padew, Polen]. **Ausb:** Stud H f M Krakau u b Prof Alex Kolo H f M Wien. **Laufb:** Gastsol Mainz, Wiesbaden, Mannheim, Sol Th Oberhausen, Sol Th Regensburg. **Pr:** 1. Pr Robert-Stolz-Wettb Hamburg. (Red)

Kschischo, Edmund, Horn, Hochschullehrer; Im Sonnental 10, D-65232 Taunusstein, T: (0 61 28) 85 94 39; Wiesbadener Musik- u Kunstschule, Schillerpl 1–2, D-65185 Wiesbaden. **Laufb:** Doz (Hn) Wiesbadener Musikakad. (Red)

Kschwendt-Michel, Dieter, Sänger; c/o Neue Oper Wien, Herminengasse 10/Tor 23, A-1020 Wien; c/o Volksoper Wien, Währinger Str 78, A-1090 Wien, T: (01) 51 44 40, F: 5 14 44 32 15, *office@volksoper.at*. **Laufb:** Sol Neue Op, Volksop Wien SpZ 03/04. (Red)

Kubach, Steffen, Sänger; Beckergrube 84, D-23552 Lübeck, T: (04 51) 7 07 94 90, 0 17 33 40 84 39, F: (04 51) 7 07 94 90, *horeb@gmx.de*; c/o Lübecker Theater GmbH, Beckergrube 16, D-23552 Lübeck [Waiblingen 3.6.1971]. **Ausb:** Stud (L Bosabalian) MH Stuttgart 93–95, (R Piernay) MH Mannheim 95–2000. **Laufb:** Sol Lübecker Th.

Kube, Peter, Sänger; Staatsoperette, Pirnaer Landstr 131, D-01257 Dresden. **Laufb:** Sol Staatsoptte Dresden. (Red)

Kubelik, René, 1. Konzertmeister; c/o Südwestdeutsche Philharmonie, Fischmarkt 2, D-78462 Konstanz, T: (0 75 31) 90 08 10, F: 90 08 20 [Košice]. **Ausb:** Stud V (V Garadow) MH Mannheim, KonzExamen 2000, Mstrkse ua b R Ricci u I Haendel 97. **Laufb:** 1. Konzm Südwestdt Philh Konstanz; Japan-Tourneen 01, 03, 04; Grd d 'New Kubelik Trio' (Kl) 02, Doz (V) Konz-Meister-Forum Mannheim seit 02. – **Aufn/RF:** ua J Kubelik: 'Old Song' im DokFilm 'Legende namens Kubelik', Prag 99.

Kubelka, Christina, Sängerin; Mariahilfpark 3/9/7, A-6020 Innsbruck, T: (05 12) 28 13 11, F: 28 13 11, *christinakubelka@utanet.at* [Essen 6.9.1941]. Oper **Ausb:** Akad f Musik Wien 59/64, staatl Reifeprfg Kons Stadt Wien 64/69, OpStudio d Wiener Staatsop 72/73. **Laufb:** Stadtth Rendsburg 70/71, Th d Stadt Essen 73/80, Tiroler Ldsth seit 83, Gasteng Düsseldorf, Dortmund, Wuppertal, Braunschweig, Osnabrück, Trier, Gelsenkirchen, Regensburg, Krefeld 83/87, Gastsp Mannheim, Wiesbaden. – **UA:** Cerha: 'Baal', UA Salzburger FSp, Wiener Staatsop 81/82 u Platteneinsp.

Kubina, Barnabas, Horn; c/o Deutsches Symphonie-Orchester Berlin, Masurenallee 8–14, D-14057 Berlin. **Laufb:** Sol Dt SymphOrch Berlin. (Red)

Kubina, Johanna, Viola; c/o Komische Oper, Behrenstr 55–57, D-10117 Berlin. **Laufb:** Sol Orch d Komischen Op Berlin. (Red)

Kubisch, Peter, Chordirektor; c/o Theater Freiberg, PF, D-09582 Freiberg. (*)

Kubitschek, Ernst Josef, Dr phil, Prof, Hochschullehrer, Blockflöte; Dreiheiligenstr 10, A-6020 Innsbruck, T: (05 12) 56 23 21, F: 56 23 21, *ek19566@onemail.at* [Wien 25.3.1948]. **Ausb:** Musikstud in Wien (Blockfl, Org, MWiss). **Laufb:** Vertragsprof (Blockfl) U Mozarteum Salzburg – Innsbrucker Musikpäd-Inst u Innsbrucker Kons seit 76, LBeauftr an d Abt f Tasteninstr d Wiener MH, Konz u Aufn als Solist u m d Ens 'Affetti Musicali' in ganz Europa u d USA. (Red)

Kubitz, Judith, Dirigentin; Predigergasse 8, D-02625 Bautzen, T: (0 35 91) 5 11 90 90 [Bautzen]. **Ausb:** Förderschülerin H f M 'F Liszt Weimar' 85–87, Stud ChDirig u anschl OrchDirig (G Kahlert, N Pasquet) ebda 87–95, OrchDirig (D Rouits) 'École Normale de M' Paris, (C Metters) Royal Acad of M London; gefördert d Dt Musikrat: Kse b K Sanderling, K Masur, H Zender, S Cambreling, Abschluss 1. Förderstufe 96; Mstrkl b Sir C Davies, Sir Ch Mackerras, G Hurst, M Wigglesworth 96–99; gefördert d Dt Musikrat: Kse b Ch Poppen, W-D Hauschild, P Gülke, B Kontarsky, J Kalitzke, A Boreyko, OrchWerkstätten Detmold b S Leißner, Kiel b U Windfuhr, Bremerhaven b S Tetzlaff, Cottbus b R Petersen seit 98, Aufn in 2. Förderstufe 01. **Laufb:** musikal Ltg Op 'Weiße Rose' (v U Zimmermann) in Co-Prod Staatskap u H f M Weimar, Kapm Lausitzer Philh 92–95; musikal Ltg Orch Nat de Paris 95/96, Conductor-in-Ass d 'Sinfonia 21' London 97; Auff Puccini: La Bohème, m British Youth Orch, Queen Elizabeth Hall London 98; ChDir Staatsth Kassel 99/2000, Kapm u Ass d GMD Staatsth Kassel 2000/01, musikal Ltg OpFstv Op Oder/Spree (Rossini: La scala di seta), künstl Ltg LandesjugSinfOrch Thüringen, Gastdgt RSO Polen, Philh Staatsorch Halle, Städt Orch Bremerhaven 02, 1. Kapm Staatsth Cottbus seit 03, Gastvertrag a d Komischen Oper Berlin 03, GastDgt ua b NDR RadioPhilh Hannover, Hamburger Symph, Brandenburgisches StaatsOrch Frankfurt/Oder. **Pr:** 1. Pr Int Dgt-Werkstatt Mürzzuschlag, Stip K-Adenauer-Stift 93–95, Förderung Dt Musikrat 93–96, Stip frz Regierung 95/96, Bob Harding Bursary f Young Conductors, Ricordi Pr f Conductors, Stanley Thomas Johnson Found Award 96–99, Stip Kulturstift Dt Bank 'MTh heute' 01–03, erneut Förderung Dt Musikrat seit 98, Sonderpr DgtWettb Bad Homburger Schlosskonz 01, Finalistin Donatella Flick Conducting Competition London 02, Aufn in d Künstlerliste d Dt Musikrates 'Maestros von Morgen'. – **Aufn/RF:** CD-Prod: K A Kocor: 'Serbski kwas' (Orat), m Sorb NatEns 97; Mendelssohn: Concertstück f Clarinette u Bassethorn op 1132 u op 1143, m RSO Polen. **UA:** K A Kocor: 'Israels Leid u Trost' (Orat); T Hietala: 'Mio, mein Mio', dt EA.

Kubizek, Augustin, Prof, Komponist; Schönburgstr 13, A-1040 Wien, T: (01) 5 05 09 91. (Red)

Kubo, Mayako, Komponistin [Kobe, Japan 5.12.1947]. **Ausb:** Klavierstud in Osaka 66–70, H f M u darst Kunst in Wien Fächer Komposition b Roman Haubenstock-Ramati, Kl, elektron Musik u Tonsatz, Stud MWiss 76–80, Inst f elektroakust u experimentale Musik d Wiener H 78–80, Stud b Helmut Lachenmann in Hannover 80–82 u Stuttgart 82–83. **Laufb:** Tätigkeit als diplomierte Pianistin in Tokio, Übersiedlung nach Europa 72, seit 1984 freischaff Komp, Doz u Veranstalterin. (Red)

Kucharsky, Andrej, Prof, Hochschullehrer; Äußerer Stockweg 61, D-82041 Oberhaching, T: (0 89) 6 13 14 78, F: 6 13 14 78. **Laufb:** LBeauftr (slav VokalM) H f M u Th München. (Red)

Kuck, Gerd Leo, Intendant; c/o Wuppertaler Bühnen GmbH, Bundesallee 260, D-42103 Wuppertal [Wuppertal 16.4.1943]. **Laufb:** Regie- u Dramaturgieass Staatsth Karlsruhe 63, Th Ulm, TAT Frankfurt, Staatsth Stuttgart, Staatsth Kassel, Burgth Wien 75–86, Staatsth Stuttgart 86–92, stellv Schauspieldir ebda ab 88, Künstl Dir Schauspielhaus Zürich 92–99, GenIntend Th Wuppertal 03–09. (Red)

Kuckler, Thomas W, Tenor; Am Wunderburgpark 5a, D-26135 Oldenburg, T: (07 31) 3 60 08 66; c/o Ulmer Theater, Herbert-von-Karajan-Pl 1, D-89073 Ulm [Essen]. **Ausb:** Stud Ges H f M Köln/Wuppertal, (J Protschka) Aachen, Mstrkse b H Deutsch. **Laufb:** Gastsol Stadtth Hagen u Stadtth Aachen, Sol Ulmer seit 01/02, Sol Optten FSp Bad Ischl SpZ 02/03. (Red)

Kudelka, Cathrin, Violine; Eschbacher Str 11, D-79761 Waldshut-Tiengen, T: (0 77 51) 91 06 80 [Heidelberg 4.12.1980]. **Ausb:** HfM Freiburg. **Pr:** 4. Pr Int Violin Wettb Ludwig Spohr Freiburg 97. **Ens:** Feuerbach Sextett. (Red)

Kudinov, Pavel, Sänger; c/o Theater Basel, Elisabethenstr 16, CH-4051 Basel, T: 06 12 95 11 00. **Laufb:** Sol Volksop Wien SpZ 03/04, Th Basel SpZ 04/05. (*)

Küblböck, Dietmar, Prof, Hochschullehrer, Posaune; c/o Wiener Philharmoniker, Bösendorfer Str 12, A-1010 Wien, *philoffice@wienerphilharmoniker.at*; Univ f Musik u Darst Kunst, Leonard Bernstein Inst f Blas- u Schlaginstrumente, Seilerstätte 26, A-1010 Wien; *www.wienerphilharmoniker.at*. **Laufb:** o UProf (Pos) U f Musik u Darst Kunst Wien, Pos Wiener Philharmoniker seit 02. (Red)

Küblböck, Horst, Prof, Hochschullehrer; Univ f Musik u Darst Kunst, Leonard Bernstein Inst f Blas- u Schlaginstrumente, Seilerstätte 26, A-1010 Wien, T: (01) 7 11 55 24 01, F: 7 11 55 24 99. Blas- u Schlaginstr **Laufb:** o UProf U f Musik u Darst Kunst Wien. (Red)

Kuebler, David, Dr hc, Tenor; c/o Angela Denoke, Landhausstr 126, D-70190 Stuttgart; c/o Balmer & Dixon Management AG, Kreuzstr 82, CH-8032 Zürich, T: 04 32 44 86 44, F: 04 32 44 86 49, *balmer@badix.ch* [Detroit]. **Ausb:** Unterr b Th Peck (Chicago) u A Field (London). **Laufb:** ua: Mozart: 'Die Zauberfl' (Tamino) Stadtth Bern 74, Mozart: 'Così fan tutte' (Ferrando) Glyndebourne Fstv 76, 'Der Fliegende Holländer' (Steuermann) Bayreuther FSp 80, Mozart: 'Die Zauberfl' (Tamino) Met Op New York 81, Mitgl Kölner Op ab SpZ 77/78, Mitgl Wiener Staatsop SpZ 91/92, 'La Damnation de Faust' (Faust) Bregenzer FSp 92, 'Arabella' (Matteo) Scala Mailand, Dgt: W Sawallisch 92, (Benvenuto Cellini) Niederländ Op Amsterdam, Op Rom 94, 'Les Vêpres Siciliennes' (Henri) Rom 97, Strauss: 'Capriccio' (Flamand), 'Wozzeck' (Andres) Met Op New York, Sol Sächs Staatsop Dresden, Gastsol an Op u Fstv in ganz Europa u USA (Sol Op San Francisco 03), Sol Sächs Staatsop Dresden SpZ 03/05. **Pr:** Dr hc Elmhurst College 86. – **Aufn/RF:** Zemlinsky: 'Der Zwerg' (Zwerg), Dgt: J Conlon; Zemlinsky: 'Traumgörge', Dgt: J Conlon; Orff: 'Carmina Burana' (Schwan). (Red)

Kübler, Wolfgang, Prof, Hochschullehrer, Klavier; Auf Wangen 37, D-78647 Trossingen, T: (0 74 25) 13 04; Wilhelmstr 29, D-78647 Trossingen, T: (0 74 25) 2 78 85. **Laufb:** Prof (Kl, Liedbegltg) Staatl H f Musik Trossingen. (*)

Küchl, Rainer, Prof, Hochschullehrer, Violine; Univ f Musik u Darst Kunst, Inst f Streich- u andere Saiteninstrumente, Seilerstätte 26, A-1010 Wien, T: (01) 7 11 55 23 01, F: 7 11 55 23 99; c/o Wiener Philharmoniker, Bösendorferstr 12, A-1010 Wien. **Laufb:** Konzm Wiener Philh, o UProf (V) U f Musik u Darst Kunst Wien. (Red)

Küchl, Ulrich, Msgr, päpstl Prälat, Komponist; Stift Eisgarn, A-3862 Eisgarn, T: (0 28 63) 3 02 [Königsberg 1943]. Kammermusik, 35 opera **Ausb:** b Prof Gottfried v Einem. **Laufb:** Propst d Kollegiatstiftes Eisgarn, Aufführungen im Wiener Konzerthaus u Wiener Musikverein. **Pr:** Kulturpr d Ldes Niederösterreich 98. **Mitgl:** Österr Komponistenbund; Interessengemeinschaft Nieder-Österr Komponisten. – **Aufn/RF:** ORF. **Lit:** Lexikon zeitgenössischer Musik aus Österreich 97.

Küchler, Peter, Sänger; Schaufußstr 14, D-01277 Dresden, T: (03 51) 3 10 27 31; c/o Sächsische Staatsoper, Theaterpl 2, D-01067 Dresden. **Laufb:** Sol Sächs Staatsoper Dresden. (Red)

Küffer, Regula, Flöte; Gerechtigkeitsgasse 9, CH-3011 Bern, T: 03 13 12 48 18. (Red)

Kühl, Klaus, Sänger, Regisseur; Lange Str 5, D-09599 Freiberg, T: (01 78) 7 46 28 35; c/o Theater Freiberg, Borngasse 1, D-09599 Freiberg. **Laufb:** Sol un Reg Th Freiberg. (Red)

Kühmeier, Genia, Sopran; c/o Künstleragentur Dr Raab & Dr Böhm, Plankengasse 7, A-1010 Wien, T: (01) 5 12 05 01, F: 5 12 77 43, *office@rbartists.at*; *www.rbartists.at* [Salzburg 1975]. **Ausb:** H f M u Darst Kunst 'Mozarteum' GesPädagogik b Marianne Schartner 93–97, Mstrkrse b KS Ruthilde Boesch u KS Marjana Lipovšek, Stud MH Wien Fachbereich Sologes b Rotraud Hansmann seit 97, Ausbildungskl v KS Margarita Lilova, Kl f Lied u Orat b KS Marjana Lipovšek seit 01. **Laufb:** Debüt als LiedS Schubertiade Schwarzenberg, Sol Ruhr Triennale, Debüt Mailänder Scala 02, als Karajan-Stip Ens-Mitgl d Wiener Staatsop seit 03, Salzburger FSp 04+05. **Pr:** Stift Bundeswettb 'Gradus ad Parnassum' Innsbruck 01, Int Sommerakad Mozarteum, 1. Pr b 8. Int Mozartwettb Salzburg 02, Pr d besten Darst Fstv Aix-en-Provence. (Red)

Kühn, Clemens, Dr phil, Prof, Hochschullehrer; Altonaer Str 18, D-01159 Dresden, T: (03 51) 4 86 76 83; Hochschule f Musik, PF 120039, D-01001 Dresden [Hamburg 23.4.1945]. Musiktheorie **Ausb:** Stud SchM, Germanistik, Theorie/Komp (D de la Motte) MH Hamburg 65–73, MWiss (C Dahlhaus), Germanistik (N Miller) TU Berlin 74–77, Prom 77. **Laufb:** Ass H f M Berlin 74–78, Prof (MTheorie, Analyse, Gehörbildung) H f M Berlin 78–88, München 88–97, Dresden seit 97. – **Sonst:** Das Zitat in d Musik d Gegenwart 72; Die OrchWerke B A Zimmermanns 78; Musiklehre 81; Gehörbildung im Selbststudium 83; Formenlehre d Musik 87; Analyse lernen 93; Kompositionsgesch in kommentierten Bsp 98.

Kühn, Diethelm, Prof, Hochschullehrer, Klarinette; Hochschule f Musik 'Hanns Eisler', Charlottenstr 55, D-10117 Berlin. **Ausb:** Stud Fachschule f M Zwickau 59, Kl (E Koch) H f M 'Hanns Eisler' Berlin 63. **Laufb:** Soloklar Gr RF-Orch Berlin, Konz als Sol u KamM im In- u Ausland seit 70, Gastsp Polen, ehemalige Tschechoslowakei, Ungarn, Kuba, Tunesien, Schweden, Frankreich, Österreich, Niederlande, Kammermusiker, Mitgl Gruppe 'Neue Musik Hanns Eisler' Leipzig 80–90, ObAss, Doz H f M 'Hanns Eisler' Berlin ab 78, Prof (Klar) ebd 92. **Pr:** Pr in Genf 67, Prager Frühling 68, Budapest 70, Felix-Mendelssohn-Bartholdy-Stip. **Ens:** Neue Musik 'Hanns Eisler' Leipzig 80–90. (Red)

Kühn, Hartmut, Sänger; c/o Neue Opernbühne Berlin NOB, Goltzstr 13, D-10781 Berlin. **Laufb:** Sol Wiener Kammerop, Gastsol NOB SpZ 03/05. (Red)

Kühn, Jürgen-Dietmar, Tenor; Bingerhof 10, D-99734 Nordhausen, T: (0 36 31) 2 44 78 03; Veilchenstr 3, D-99092 Erfurt, T: (03 61) 2 11 92 37 [Gera 1.3.1944]. zeitgen Oper, Lied, Offenbach, Musical **Ausb:** Stud (J Stieler) H f M Franz Liszt Weimar 60–66, Sol-Dipl m Lehrbefähigung (Ges). **Laufb:** Landesth Altenburg ('Meistersinger', David) 66–69, Bühnen der Stadt Gera (Schostakowitsch: 'Ismailowa', Speicherratte) 69–74, Päd (Ges) u Fachberater BezirksMSch Frankfurt/Oder 74–81, EnsMitgl Th Nordhausen 81–2007. **Mitgl:** IG Medien (Verdi). – **Aufn/RF:** CD: Ibert: Angelique (Engländer), Gesamtaufn; Müller-Wieland: Das Märchen der 672. Nacht (Juwelier/Soldat), Gesamtaufn. **UA:** G Blöckner: 4 Liebeslieder nach Texten v G Maurer, UA KonzHalle Frankfurt/Oder 75; Rosenfeld: Konz f Ten u Org, UA KonzHalle Frankfurt/Oder 78, W Iwer: Krümelnehmer (Op, 'Arbeitsvermittler'), UATh Nordhausen 99; J Müller-Wieland: Das Märchen der 672. Nacht nach Hoffmannsthal ('Juwelier/Soldat'), Dt EA Th Nordhausen 2000.

Kühn, Rudi, MD, Komponist; Nibelungenstr 6, D-76470 Ötigheim, T: (0 72 22) 2 25 80 [21.1.1927]. **Ausb:** Stud MH Karlsruhe, ChLtPrüf 57, Kapm-Prüf 63, L-Sem Trossingen. **Laufb:** ChLtg mehrerer renommierter GesVereine, MPäd Realschule Rastatt, SchChGrdg 63 (m 150 ChSchülern), musikal Ltg Volksschauspiele Ötigheim seit 63, ChDir Dt Sängerbund seit 70. – **Komp:** über 20 Bühnenwerke, über 400 ChWerke (ersch b Musikverlag Engelhart Dettenheim). (Red)

Kühn, Werner, Pauke; c/o WDR Sinfonieorchester, D-50600 Köln. **Laufb:** Sol WDR SinfOrch Köln. (Red)

Kühne, Christian, Kantor, Organist, Hochschullehrer; Martin-Luther-Str 2, D-02708 Löbau, T: (0 35 85) 40 53 60, F: 47 04 17, *KantorChKuehne@web.de* [31.12.1967]. **Ausb:** Stud H f KiM Dresden 87–91. **Laufb:** Kantor u Organist Chemnitz-Schönau 91–99, dass Löbau seit 98, Ltg jährl Klaviersingwoche d KiChorwerkes Sachsen seit 93, Doz (Kinderchorltg) H f KiM Görlitz seit 2000. – **Aufn/RF:** CD „10 Jahre Eule-Orgel in Löbau".

Kühne, Hartmut, Kirchenmusiker; Haldesdorfer Str 66, D-22179 Hamburg, T: (0 40) 6 41 36 39. – **Sonst:** H Kühne u C F Lorenz: 'Karl May u die Musik'. (Red)

Kühne, Tobias, o UnivProf, Cellist; Jesuitensteig 19, A-1238 Wien, T: (01) 8 88 63 86, F: 8 88 67 15 [Jamlitz/Nieder-Lausitz 8.11.1928]. **Ausb:** in Berlin u Stuttgart sowie b André Navarra in Paris, Kse b Pablo Casals u Paul Tortelier. **Laufb:** KonzTätigkeit als Sol, Grdgsmitgl Fstv Strings Luzern, nach Unterrichtstätigkeit in Südamerika Berufung an d Musikakad (jetzt MusikU) in Wien 60 (nun Prof em); Mstrks, Juror b int Wettb. **Pr:** Gr Ehrenzeichen u gr silb Ehrenzeichen f d Verd um d Rep Österr, Verdienstmed in Gold d Univ f M u darst Kunst Wien. – **Sonst:** Vorträge: Beethoven op 69, Vergleich v Urschrift u EA, Rutgers Univ USA 97, Wien 98, Warschau u München 99, Prag 2000, Budapest u Stuttgart 02.

Kühner, Martin, Horn; c/o Rundfunk-Sinfonieorchester Berlin, Charlottenstr 56, D-10117 Berlin. **Laufb:** Sol RF-SinfOrch Berlin. (Red)

Kühnl, Claus, Komponist; Draiser Str 120, D-55128 Mainz, T: (0 61 31) 33 69 82 [Arnstein 17.11.1957]. **Ausb:** Stud Komp (B Hummel, H U Engelmann), Dirig (H Reinartz), Kl (J v Karoly) MH Würzburg u Frankfurt/M 73–83, Staatsexamen 80. **Laufb:** Lt 'Frankfurter Kurse f Neue Musik' sowie einer Kompositionsklasse am Dr Hoch's Kons Frankfurt/M. **Pr:** interne Hochschulpreise 78/79/80, Mozart-Stift Frankfurt 83, Citè Int des Arts Paris 83, Förderpr d Ldeshauptst Stuttgart (3. Pr) 89, Villa Massimo Rom 90, Int Künstlerhaus Villa Concordia Bamberg 99. – **Komp:** A mon seul dè sir (KamM) 86, UA Saarbrücken, Funkhaus Halberg 86; Le petite Mort (Musikth), UA Frankfurt, Alte Op 91; Duplum, Musik d Lichtes u d Finsternis 89, UA Stuttgart, Junges Philh Orch M Schreier 90; Lausche den Winden (panharmonische KamM) 91/92, UA Wiesbaden, Staatsth 92; Die Geschichte von der Schüssel u vom Löffel (Kom Op) 93–95, UA Bielefeld, Th 98. (Red)

Kühnl, Wolfgang, Klavier; c/o Konzertdirektion Andrea Hampl, Karl-Schrader-Str 6, D-10781 Berlin, T: (0 30) 4 78 26 99, 01 72–3 80 56 45, F: 4 78 37 92, *hampl@konzertdirektion.de*; *www.konzertdirektion.de.* KamM, Solo-Kl **Ausb:** Stud Kl (L Broddack) HdK Berlin, Unterr b M Curzio London, Mstrks b G Sebok u O Maisenberg. **Laufb:** Sol Berliner Staatsop, Doz (Solo-Korr, KamM) HdK Berlin seit 86. **Ens:** 'Trio Apollon' m M Glander (Klar) u F Schwartz (Va), Mitgl d Gruppe 'work in progress' (zeitgen Komp). – **Aufn/RF:** zahlr CDs m d Trio Apollon.

Kühr, Gerd, Mag phil, Prof, Komponist, Dirigent; Univ f Musik u Darst Kunst, Inst 1, Brandhofgasse 21, A-8010 Graz, T: (03 16) 3 89 34 03, *gerd.kuehr @kug.ac.at* [Maria Luggau, Kärnten 28.12.1952]. als Dirigent: Klassik bis zeitgenössische Musik, als Komponist: Musiktheater, Orchesterwerke, Vokal- u Kammermusik **Ausb:** Stud (Gesch, MErziehung) Dgt (G Wimberger), Komp J F Doppelbauer, Salzburg 72–79; Dgtkse b H Sawrowsky u S Celibidache; Stud Komp (H W Henze) Köln 80–83. **Laufb:** MDoz u Rep Op Köln u Zus-Arb m WDR RFChor Köln 79–84, Eng Grazer OpHaus 84–86, LAuftr H f M u Darst Kunst Graz 85–94, künstl Lt JugendMFest Deutschlandsberg b Fstv Steir Herbst 87–89, Lt Komp-Werkst Deutschlandsberg b Fstv Steir Herbst 87–91, LAuftr (Tonsatz) Inst f MWiss U Graz 88–90, Lt Komp-Werkst d Münchner VHS b Münchener Biennale 90–92, Gastprof (Komp) H f M u Darst Kunst Mozarteum Salzburg 92–94, Prof (Komp, MTheorie) U f M u darst Kunst Graz seit 94 (freigest seit 01); Auftritte (Op u Konz) in Österr, Italien, Dtschld, Russland, Guatemala, GastDgt 9. Schaljapin-OpFstv Kasan Russland 90, ISCM World M Days Warschau 92 u Kopenhagen 96, Komp u Dgt b 37. Int Ferienks Neue M Darmstadt 94, 2 Portraitkonz Salzburger FSp 2000, Composer in residence b Wiener Concert-Verein 01/02, Fstv Styriarte Graz 03, Lt Mstrkl (Komp) Int Sommerakad Mozarteum Salzburg 03. **Pr:** Förderungspr f M d Lds Kärnten 79, Österr Staatsstip f Komp 84, 88 u 93, Rostrum of Composers paris 85, Förderungspr f M d österr Bundsmin f Unterr, Kunst u Sport 90, Rolf-Liebermann-Stip f OpKomp 93, Förderpr d E v Siemens Stift München 95, Würdigungspr d Lds Kärnten 96. **Mitgl:** IGNM. – **Komp:** zahlr Komp ua Móma (InstrM, 6 Variat über e mazedon Volkslied f EnglHn) 81, Musik z Film 'E Liebe v Swann' zus m Henze, Graham, Wengler 83, Szenen a e Alpental (kl Suite f Orch) 88, Sept pour Deux (KamM f Fl u Kl) 92, Portraits (KamM f Vcl u Kl) 93, Ohne Antwort (f InstrEns) 93, Scala quasi unisona (VokalM f mind 2 SängerInnen) 97, Agleia sucht Pollicino – u findet Hans (InstrM f Kl z 4 Hd) 01, Trialog (KamM f Klar, Vcl u Kl) 01/02, Three Shakespeare Sonnets (VokalM f Ch a cappella) 03. **AuftrKomp:** zahlr AuftrWerke ua Stallerhof (Op) 86/87, UA 1. Münchener Biennale 88 (Auftr: Ldshauptst München), Für BlQui (KamM) 90 (Auftr: Mozartgemeinde Salzburg), Sei Omaggi (f Klar, Sax, Fag, V, Vcl, Kl, Schlgz) 95 (Auftr: Freunde d NatTh-Bayer Staatsop München), Con Sordino (KamM f 2 V, Va, Vcl) 95/96 (Auftr: Wiener Konzerthaus), ...à la recherche... (f Kl u Orch) 95/96 (Auftr: ORF), Tod u Teufel (Op) 97, UA 100-Jahr-Feier OpHaus Graz 99 (Auftr: Verein Bühnen Graz/Steiermark m Fstv Steir Herbst), De Loin (f VokalQua u Ens) 98/99 (Auftr: ORF/EBU f 1.1.2000) stop and go and black and white (and sometimes blue) f InstrEns 99/2000 (Auftr: Salzburger FSp), Agleia Federweiß (Op) 2000/01 (Auftr: JugendMFest Deutschlandsberg), Ricordarsi (f StrOrch u Kl z 4 Hd) 01/02 (Auftr: Wiener Concert-Verein), Kein Herbstgedicht (Lied f Bar u Kl) 03 (Auftr: Fstv A*DEvantgarde München). **Sonst:** Jury-Mitgl b 2. Münchener Biennale, int Fstv f neues MTh 90, Autor div Art über M u Komp. **Lit:** ua F Spangemacher: 'Lamento e conforto. Stationen d künstl Werdegangs v G Kühr', in: Henze (Hg): Neues MTh 88, M Grossmann: 'Wege d Stille. D Komp G Kühr', in D Orch 2/97 97, Styriarte 2003. D Macht d M. G Kühr Personale 03.

Kümmritz, Joachim, Generalintendant, Geschäftsführer; c/o Mecklenburgisches Staatstheater, Alter Garten 2, D-19055 Schwerin, T: (03 85) 5 30 00, F: 5 30 02 00, *presse@theater-schwerin.de*; *www.theater-schwerin.de* [Berlin 7.7.1949]. **Laufb:** GenIntend Mecklenb Staatsth Schwerin SpZ 03/04. **Mitgl:** Intendantengruppe DBV.

Künzel, Erhard (Pseud: Tom Keller), Komponist, Produzent; Einestr 16, D-06543 Alterode, T: (03 47 42) 6 09, *ekuenzel@t-online.de* [Dewitz 29.3.1944]. Konzert, elektron M, KamM, EM, UM, Chanson, Schlager, Lied, Musical, Chorlied **Ausb:** Stud (OrchM, Klar) MH Leipzig 61–66, Stud (Komp, Kontrapunkt) MH Berlin b A Asriel 71–73. **Laufb:** RF Berlin Musikredakteur, Produzent, Komp, Arrangeur, Fernsehen 68–79; Musikpäd Außenstellenlt, MSch Wernigerode, Komp, Arrangeur, Ens-Lt, Chorlt 80–90, GastDoz BundesMSch seit 90, Klar Philharmon KamOrch Wernigerode 90–95, i R u HonLehrkraft a versch staatl Einrichtungen seit 04. **Pr:** Kurt-Barthel-Med. **Mitgl:** DKV, GEMA. – **Komp:** Das Bläserqui op 3 (Kantate), UA 73; Blankenburger Klaviertrio op 11 (V, Vcl, Kl), UA Kloster Michaelstein 83; Spielstück f Klar u Streicher op 1 (Klar Solo, Streichorch), UA Wernigerode 84; Physiognomien op 2 (Suite f gr Orch), UA 85; Studien f Klar-Solo op 4/5 (Klar), UA 86; Elukubration f V-Solo op 12 (Solo-V), UA Hallesche Musiktage 88; Die Vereinnahmung op 10 (OpMusical), UA 94, Gedanken (f Klar, Git), UA Aschersleben 05. **Aufn/RF:** 'Das Bläserqui', m Rundfunk Ki-Chor, M Roort, Bläserqui Dt

Staatsoper, H Stöhr, Fernsehen d DDR 74. **Sonst:** Fragen zur Musikpsychologie/Musiktherapie, Diss., unveröffentlicht. **Lit:** www.komponistenlexikon.de.

Künzler, Gabriela, Sängerin, Geigerin; Mainzer Str 34, D-65185 Wiesbaden, T: (06 11) 37 61 26, 01 78–5 90 84 51, *gabrielakuenzler@yahoo.de* [Romanshorn, Schweiz 5.2.1960]. Oper, Konzert, Lied/Chanson, Musical **Ausb:** Stud V (A Piraccini)MH Winterthur 74–80, SolDipl 80, Stud Op, Lied, Musical, Konz (J Beckmann) H f M u Darst Kunst Hamburg 81–86. **Laufb:** Eng Städt Bühnen Bielefeld, Städt Bühnen Krefeld-Mönchengladbach, Sol Hess Staatsth Wiesbaden seit 90, Konz/Gastverträge Brüssel, Zürich, Basel, Köln, Mannheim, Stuttgart, Bonn, Frankfurt, Essen, Bremen. **Ens:** ArroBarro: traditionelle ital M (als Geigerin u Sängerin). – **Aufn/RF:** CDs: G Ph Telemann: Messias, Dgt: W Zilcher 89; G F Händel: Oreste, Dgt: M Hofstetter 94; Ders: Xerxes (Gesamtaufn), Dgt: M Hofstetter 95; Ders: Rinaldo, Dgt: M Hofstetter 96; G Verdi: Requiem, Dgt: H Hoffmann 96.

Künzli, Robert, Sänger (Tenor); Kastanienallee 25/1, D-71638 Ludwigsburg, T: (0 71 41) 28 15 01; c/o Oper Leipzig, Augustuspl 12, D-04109 Leipzig [Ramstein]. **Ausb:** Stud (Gesang) St Gallen u Toronto, Opernstudio Bayer Staatsop München, Wechsel v Bariton- in d Tenorfach. **Laufb:** Erste Engagements Grillo-Th, Aalto-Th Essen, Lübeck, Nationalth Mannheim; EnsMgl Staatsop Stuttgart seit 96 (Loge, Stolzing, Alwa, Hoffmann); Gastsp Dresden (Architekt), Karlsruhe (Schatzgräber in Lortzings 'Regina'), Köln, München (Cassio), Nürnberg, Graz, Linz, Paris (1. Geharnischter), Savonlinna (Max), Essen (Stolzing), Bonn (Shuisky), Dt Staatsop Berlin ((Erik), Carnegie Hall New York (Fierrebras); Debüt als Lohengrin Bad Staatsth Karlsruhe (J Dew) 01, Gastsol Dt Staatsop u Kom Op Berlin SpZ 03/05, Städt Bühnen Münster u Dt Op am Rhein Düsseldorf/Duisburg SpZ 03/04, Sol Th Erfurt SpZ 03/04, Dt Op Berlin SpZ 04/05, Op Leipzig; breites Repert als Konz- u OratSänger. – **Aufn/RF:** V Ullmann, Der Zerbrochene Krug, Dgt: G Albrecht (CD). (Red)

Kürschner, Martin, Prof, Komponist, Hochschullehrer; Hochschule f Musik u Theater 'Felix Mendelssohn Bartholdy', PF 100809, D-04008 Leipzig; *www.MartinKuerschner.de* [Hanau 9.10.1953]. Computermusik **Ausb:** Stud SchM, Komp MH Frankfurt 72–80, Stud Mathematik, Physik u MWiss U Frankfurt 72–82. **Laufb:** Doz (MTheorie, MWiss, Medientechnologie) Akad f Tonkunst Darmstadt 78–01, Doz (Tonsatz, Akustik, ComputerM) U Mainz 89–01, Prof (Tonsatz, Komp) H f M u Th 'Felix Mendelssohn-Bartholdy' Leipzig seit 01, Doz (Audiotechnologie) FH Darmstadt seit 01. **Pr:** Stip Cité Int d'Art Paris 90–91. – **Komp:** 'Le Carrousel des Carillons' f Fl u Computer 94; 'Prometheus versucht, das Dunkel d Sonne zu zerreißen', Qua f Klar, V, Vcl, Kl 95; 'Ikone'/'Ikone II', agorithm Klanginstallation f computergesteuerte Vokalklänge, Glocken u oktophone Raumsimulation; ' u maria trat aus ihren bildern', Magnificat f Sprachklänge u hexaphone Raumsimulation 99; 'Rosenbett' algorithm Klanginstallation f MComputer 99; '... bis zur grenze d schweigens ...', Klangsäule, m W Stokwisz 2000; 'Engelsspuren', Intermediale Installation 2000; 'Laubbaum-Lautbaum-Lauttraum', algorithm Klanginstallation 01; 'Endenich(t) in Darmstadt', autobiomat Skizzen f Tr, Vcl u Computer 01. **Aufn/RF:** CDs: 'Ikone II – O.A.M.D.G.'; 'und maria trat aus ihren bildern ...'; Video-Dok: 'Maria zwischen d Fronten'. **Sonst:** Interdiszipl ZusArb m Bildenden Künstlern.

Kuerti, Anton, Klavier; c/o Jonathan Wentworth Associates Ltd, 10 Fiske Place, Suite 530, Mt Vernon, NY 10550, U.S.A., T: (9 14) 6 67 07 07, F: 6 67 07 84, *office@jwentworth.com*; *jwentworth.com/kuerti/index.htm* [Wien 21.7.1938]. (Red)

Küsters, Karsten, KS, Sänger (Bass); Rudolf-Alexander-Schröder-Str 168, D-28215 Bremen, T: (04 21) 21 06 04, (01 7 17 41 66 69, F: 3 79 49 46, *Karsten.Kuesters@t-online.de* [Klosterheide-Ruppin 24.12.1943]. Oper, Operette, Musical **Ausb:** Stud Ges (U Domgraf-Faßbaender, H Scheppan) Kons Nürnberg 65–69, G Verdi-Kons Mailand, G B Viotti-Liceum Vercelli. **Laufb:** Sol Th Bremen (03/05), Mecklenburg Staatsth Schwerin, Dt Op Berlin 2001. **Pr:** Volksbühnenpr 'Silberner Roland' 86.

Kütson, Mihkel, Kapellmeister; c/o Niedersächsisches Staatstheater, Opernpl 1, D-30159 Hannover. **Laufb:** 1. Kapm Niedersächs Staatsth Hannover SpZ 03/04, GastDgt Staatsth Cottbus SpZ 04/05. (Red)

Kufferath, Elisabeth, Hochschullehrerin, Violine; Lange Str 15, D-32756 Detmold, T: (0 52 31) 61 63 74, 01 77–7 17 37 17, F: 61 63 74, *lisawetha@aol.com*; Hochschule f Musik, Neustadt 22, D-32756 Detmold. **Ausb:** MH Lübeck b Uwe-Martin Haiberg u Nora Chastain, Stip Cleveland Institute of Music in d USA b Donald Weilerstein, Mstrkrs b Pinchas Zukerman, Joseph Gingold, Miriam Fried u Walter Levin. **Laufb:** 2. Konzm Bamberger Symphoniker seit 96, Dozentin f V Interlochen Center for the Arts, Michigan/USA, Prof (V) H f M Detmold 04. **Pr:** mehrfache Bundesprtr b 'Jugend musiziert', Pr d NDR SinfOrch Hamburg, Stip d Stift Villa Musica, Gewinnerin d Cleveland Concerto Competition 1991, 1. Pr Vienna Modern Masters Int Competition Wien 96. (Red)

Kuhlmann, Andreas, KM, Trompete; c/o Dresdner Philharmonie, PF 120424, D-01005 Dresden. (Red)

Kuhn, Alfred, KS, Bass; Cajetanstr 4, D-81669 München, T: (0 89) 49 31 21; c/o Hamburgische Staatsoper, PF 302448, D-20308 Hamburg. **Laufb:** Sol Bayer Staatsop München, Gastsol Kom Op Berlin u Sächs Staatsop Dresden SpZ 03/04, Hamburg Staatsop. (Red)

Kuhn, Anton, Sänger (Tenor); c/o Schlossfestspiele Zwingenberg, D-69439 Zwingenberg, T: (0 51 21) 20 47 70, *tonine@t-online.de*; Teichstr 35, D-31141 Hildesheim [Zürich 29.9.1956]. Oper, Operette **Ausb:** Gesangschule M Baer, Kons Zürich, MAkad Schaffhausen, (P Späni) OpHaus Zürich, (N Giusti) Italien, Mstrkse (Haefliger, M Belfort, P Späni). **Laufb:** Sol Stadtth Hildesheim, Stadtth Lübeck, Gast Hannover, Karlsruhe, Oldenburg, München, Magdeburg, Annaberg, Zürich, Konz in Europa, Europa-Tourneen.

Kuhn, Björn Christian, Tenor, Schauspieler; Hochstr 10, D-06110 Halle, T: (03 45) 6 78 69 80, 01 76–20 06 75 09, (07 00) 07 00 58 46, *kontakt@bjoernkuhn.de, BjoernKuhn@web.de*; c/o Künstleragentur Elke Wiemer, Exerzierstr 9, D-13357 Berlin, T: (0 30) 46 60 78 03, F: 46 60 78 17, *mail@agentur-wiemer.de*; *www.bjoernkuhn.de* [Marburg/Lahn 17.9.1971]. MTh **Ausb:** Stud Schausp, Ges, Tanz (J McLean) Folkwang-H Essen 93–97, Chor-Lt-Examen a d KiM-Akad Schlüchtern 94, Mstrks Intpr (G May) 95/96, Stud OpGes (W Neill) McGill-Univ Montréal 97–99, Unterr b L Evans, N Turner, KS B Riedel. **Laufb:** Arb in d Bereichen Op, Optte, Orat, Musical, Revue, Lied, Kabarett & Kleinkunst; Gastsol OpTh Köln 96, Op McGill Montréal 98/99, Neuköllner Op 2000, Staatsop Bydgoszcz Polen 2000/01, Lübecker Sommeroptte 2000/01, Mecklenburgisches Staatsth Schwerin 2000–03, Eng Ldsth Coburg 01–04, Gastsol Thüringer Ldsth Eisenach 03, Th Lübeck 04, Eng OpHaus Halle seit 04/05; Musical u Chanson: ua Manhattan Musical Th (Europa-Tour) 95, Kopf unterm Arm (Revue) 96, Zauber d Nacht (Revue) 97, Die sieben Todsünden/Mahagonny (1. Ten) Players Th Montréal 98; LAuftr Schausp & Bewegung: Op Unlimited Albuquerque, USA u McGill-Univ Montréal, Sol Op Halle SpZ 04/05. **Pr:** 1. Preis LdsWettb Chanson NRW 93 u 95, 3. Pr BdsWettb Ges Berlin 95, Folkwang-Pr f darst Kunst 96, Stip d Rotary-Foundation 97, 1. Pr NATS-Wettb USA/Kanada 98, 'Apprentice Artist' Des Moines Metro Op USA 99, Int Kleinkunstpr Magdeburger Kugelblitz 02. – **Aufn/RF:** CDs: 'Verliebt, Verlobt, Verladen' 99, 'eingelaufen!' 03.

Kuhn, Dennis, Prof, Schlagzeug, Hochschullehrer, Komponist; B4, 8, D-68159 Mannheim, T: (06 21) 8 41 38 60, F: 8 41 38 61, *dk@denniskuhn.de*; Hochschule f Musik u Darst Kunst, N 7,18, D-68161 Mannheim, *dkuhn@muho-mannheim.de*; *www.muzar.de* [Olten, Schweiz 12.6.1957]. Neue Musik **Ausb:** (Schlagz) H f M Basel 72–79. **Laufb:** Stllv Solopauker Orch d Nationalth Mannheim 80–95, Prof (Schlgz einschl Pauke) Staatl H f M u Darst Kunst Mannheim seit 95, Doz Junge Dt. Philharmonie Berlin/Frankfurt, Prüfungs-Fachexp. H f M Basel, künstl Lt, Dgt, Schlgzeuger u Organisator 'CrossArtEns/CrossArtProjects', Organisator 'Mannheimer SchlgzNacht' seit 95. **Pr:** Pr f Musik Solothurn (Schweiz) 2000. **Ens:** Basler Schlagzeugens, Basler Schlagzeugtrio, Dt Schlagzeug Ens, CAT – das percussiontrio, Ens Modern (Gast). **Mitgl:** DOV. – **Komp:** zuletzt: Profezie de' metalli (KamM) 95; O animal mostruoso di 'Profezie' (KamM) 95; Intermezzo di 'Profezie de' metalli' (KamM) 95; 16th Patterns (KamM) 96; Chocolate with Tschaikowsky (KamM) 96; Five over a Ground (BallettM) 99; Feuer (BallettM) 99Trio de force (KamM) 2000. **AuftrKomp:** Prometheus-Zyklus f gr Orch, UA NatTh Mannheim, Orch d NatTh Mannheim, Dgt: S Blunier, M Cook 98 (Auftr: NatTh Mannheim); Der Métarhytmix, anlässl d Jean-Miguel-Ausst, Kunsthalle Mannheim 02 (Auftr: Roche Diagnostic). **UA:** K Stockhausen, W Rihm, S Sciarrino. **Sonst:** Grdg Basler Schlagzeug Trio 84, Cross Art Ens, CAT – das percussiontrio.

Kuhn, Gabriela, Sopran; Gerhard-Küntscher-Str 10, D-24937 Flensburg, T: (0 30) 29 00 13 35, F: 29 00 58 97; c/o Schleswig-Holsteinisches Landestheater, Lollfuß 53, D-24837 Schleswig, T: (0 46 21) 9 67 00, F: 96 70 83. **Laufb:** Sol Schleswig-Holstein Landesth u Sinfonieorch Schleswig, Neuburger Kammerop, Gastsol Lübecker Th SpZ 00/01. (Red)

Dr Gustav Kuhn

Kuhn, Gustav, Dr, Dirigent, Generalmusikdirektor, Regisseur; Winkl 25, A-6343 Erl, T: (0 53 73) 81 81, F: 84 88; c/o Tiroler Festspiele Erl Betriebsges mbH, Adamgasse 1, A-6020 Innsbruck, T: (05 12) 57 88 88, *info@tiroler-festspiele.at*; *www.gustavkuhn.at* [Salzburg]. **Ausb:** Stud (Philos u Psych) Univ Salzburg u Wien, Prom 70, Stud Komp, Dirig (Wimberger, Overhoff, H Swarovsky) Akad Salzburg u Wien, Unterr b B Maderna, H v Karajan. **Laufb:** 1. Kapm MTh Dortmund u Istanbul 70–77, Staatsop Wien 77, Bayer Staatsop

München 78, Royal Op House Covent Garden London 79, GMD d Stadt Bern (Berner SymphOrch u Op Bern), ChefDgt Berner StadtTh 79, GMD Opernhaus Bonn 83–85, ChefDgt u künstl Ltg Teatro dell'Opera Rom, künstl Ltg Teatro di San Carlo Neapel, Orch Filarmonica Marchigiana seit 97, Ltg Tiroler FSp Erl seit 98, Fstv Macerata 90–94; regelm Gastdgt: ua Glyndebourne Fstv 80, Grand Op Paris 82, Scala Mailand 84, Salzbuger FSp 92, Op National Paris; Reg seit 86. **Pr:** 1. Pr Int DgtWettb ORF Wien 69, L Lehmann Med d Stift Mozarteum, M Reinhardt Med d Landes Salzburg, Prtr 'Giovanni Zenatello' d Organ L'Asco di Verona, Senator d 'Accademia Int Medicea' Florenz, Prtr 'Lorenzo il Magnifico', Ausz 'Großer Tiroler Adler-Orden' 99, Rotarypr Kufstein 02. **Mitgl:** Ehrenmitgl R Wagner-Verband Innsbruck-Bozen seit 02. – **Komp:** 'Sala 500' di DallaKuhn, EA Florenz Palazzo Vecchio 96; 'Missa Intergalactica' in ZusArb m Pepe d'Onghia, UA Tiroler FSp Erl 99; 'Wörgl 2000'. **Auftr-Komp:** 'M Angelo', AuftrWerk f d Stadt Lissabon 2000. **Aufn/RF:** zahlr CDs: W A Mozart: Op, Le Nozze di Figaro, Orch Phil Marchigiana; R Strauss: Op, Ariadne auf Naxos, Orch del Teatro di San Carlo Neapel; G Verdi: Messa da Requiem, Orch Tiroler FSp Erl; C M v Weber: Ouvertüren, Staatskap Dresden; Die Fledermaus, Orch d Tiroler FSp; G Mahler, Orch Filarm Marchigiano; R Wagner: Der Ring, Orch d Tiroler FSp ua. **Sonst:** Grdg Inst f aleatorische M Salzburg 74, Autor 'Aus Liebe zur Musik' 93, Grdg u Präs Accad di Montegral 94, Grdg u künstl Ltg Tiroler FSp Erl 98.

Kuhn, Hans Niklas, Prof, Musiker, Hochschullehrer; Musikhochschule Luzern, Zentralstr 18, CH-6003 Luzern, T: 04 12 26 03 76, *kuhnbrodwolf@datacomm.ch* [Ashland, WI, USA 25.9.1958]. **Ausb:** Stud (Theorie) MAkad Basel 78–82, Komp (H Lachenmann) MH Stuttgart 82–86. **Laufb:** Prof (Theorie) MH Luzern. – **Komp:** 'Bild'(f 6 Instr) 87 (Auftr: Kunstmus Basel); 'Wiederholungen' (Kl-Trio; f V, Vcl, Kl), UA Zürich 89 (Auftr: Ens f neue M Zürich); 'Sequenzen' (8 kl Stücke f StrOrch), UA Basel 91 (Auftr: KamEns Farandole); 'Kyrie' (f 8 Frauenstimmen, Altfl) 93; 'Madrigal' (f Ch) 97; 'Landschaft m Figuren' (f Sprecher, K1), UA Basel 2000; 'Schläferung' (f 3 Sop, 3 Fl, 2 Git), UA Luzern 01 (Auftr: Forum Neue Musik Luzern). **Sonst:** Konz-Reihe 'Schiefrundes' 88–90 (Basel) mit P Sonderegger u T Müller, jährl Tagungen f MAnalyse MH Luzern 2000.

Hansjürg Kuhn

Kuhn, Hansjürg, Klavier; Schaufelweg 20, CH-3098 Schliern b Köniz, T: 03 19 71 49 43, *musikuhn@bluewin.ch* [Bern 18.9.1939]. KamM u Liedbegleitung **Ausb:** Stud Kl u ChDir (H Datyner) Kons Bern, Stud KamM u Liedbegleitung MAkad Wien (E Werba, R Schollum, F Holetschek) u b H Datyner Genf. **Laufb:** Doz U Bern, KamM- u Lied-Tourneen in Schweiz, Frankreich, Italien u Slowakei. **Ens:** Pro-arte-Trio Bern 77–02. **Mitgl:** Schweizer Tonkünstler Verein. – **Aufn/RF:** Div Radioaufn Studio Bern, div LPs u CDs, ua A Moeschinger: 'Clementi-Hütte'; A Moeschinger: Lieder u KamM. **UA:** insbes Schweizer Komp d 20. Jhs, ua W Burkhard, A Moeschinger, U Gasser, D Glaus. **Zug:** Daniel Glaus 'Lieder nach frühen Gedichten v Robert Walser' f Singstimme u Kl. **Sonst:** 'Improvisierte Liedbegleitung am Kl' (Lehrgang f Schulmusiker u Autodidakten), Künstl Lt Laubegg-Konz Bern u Liederstunden im Berner Amthaus. **Lit:** div Radio-Portraits.

Kuhn, Judith, Sopran; Lacknerstr 2, D-12167 Berlin, T: 0 16 38 63 09 02, *JudithK_Oper@web.de*; c/o Cecilia Music Concept – Franz-Georg Stähling, Brauweilerweg 183, D-50933 Köln, T: (02 21) 8 00 00 70, F: 8 00 00 71, *staehling@cecilia-cmc.de* [Berlin]. Oper, Operette **Ausb:** Ges b C Gayer Berlin 89–95. **Laufb:** Sol Staatsoptte Dresden 96–2000 u 03/04, Sol Landesth Detmold SpZ 00/01, freischaff seit SpZ 01, Gasteng Görlitz SpZ 01/02, H-Otto-Th Potsdam SpZ 02/03. – **Aufn/RF:** 'Der Zarewitsch', Orch d Staatsoptte Dresden, Dgt: V M Plangg (CD).

Kuhn, Peter, Generalmusikdirektor; c/o Theater Bielefeld, Brunnenstr 3–9, D-33602 Bielefeld, PF100353, D-33503 Bielefeld. **Laufb:** GMD Th Bielefeld u Orchdir Philharmon Orch d Stadt Bielefeld bis 04/05, GastDgt Anhalt Th Dessau, Stadtth Gießen seit SpZ 03/04. (Red)

Kuhnert, Rolf, Prof, Komponist, Pianist, Dozent; Matterhornstr 57, D-14129 Berlin, T: (0 30) 8 03 20 02 [Berlin 4.3.1932]. Kammermusik (als Komponist), Interpret zeitgen Musik (als Pianist) **Ausb:** Stud Komp (H Tiessen), Kl (H-E Riebensahm) MH Berlin, Stud Kl (Y Lefèbure) Paris. **Laufb:** KonTätigkeit im In- u Ausland seit 51, Mitgl Gruppe 'Neue Musik Berlin' als Komp u Pianist bis 70, Doz (Kl) H d K Berlin seit 66, Prof 70. **Pr:** Kranichsteiner Musikpr (Kl) 56, 57, 58. **Mitgl:** Ges f Neue M, dkv, DTKV Berlin eV. – **Komp:** Kontraste (Org), f G Blum; Kontraste (Pos solo), f J Elser; Monolog (Klar solo) f H Hartmann; Cantabile (Klar solo), f H Hartmann; Drei Temperamente (Altsax solo), f J Ernst; Metamorphosen (Sop, Fl, Klar, KamEns) 68, UA Berlin, SFB 68; Kantate n Worten v N Sachs, UA Berlin, P Schütz 69; Metamorphosen (12 Vcl) 73, UA Berlin 78; Metamorphosen (StrQua), UA Berlin, British Centre 73; Qui (Fl Ob, Klar, Hn, Fag) 84, UA Dt Op Berlin; Qui (2 Trp, Hn, Pos, Tb) 86, UA Dt Op Berlin; Wechselnde Charaktere (SaxQua), UA Berlin, KamMSaal d Philh, Berliner SaxQua 93. **AuftrKomp:** Metamorphosen (4 Pos, Schlgz), UA Berlin, Akad d Künste 71; Trio (Ob, Klar, Fag), UA Berlin, Haus a Waldsee, Berliner BlTrio: G Passin (Ob), H Hartmann (Klar), H Lemke (Fag) 78; In vielfältigen Farben (16 Pos, Schlgz) 90, UA Hagen, Tromboni Westfalica 91; 3 Miniaturen, UA Berlin, Arndt Gym, KlarTrio Berlin: H Hartmann, K-H Braiger, J Reuter 92; Oktett (2 Ob, 2 Kl, 2 Hn, 2 Fag), UA St Lukaskirche Berlin, Ltg: E Böhm-Christl 03. **Aufn/RF:** Zeit u Ewigkeit (Lieder f Sop, Fl, V, Vcl), Sop: J Manning 75 (BBC); Metamorphosen (Fl, Kl), M Koch-Höfer, R Kuhnert (RIAS Berlin); Metamorphosen (Sop, Fl, Klar, KamEns), UA Berlin, m P Schütz (SFB); Metamorphosen (Trp, Pos, Org), UA 85, m H Radzischewski, J Elser, L Knappe (SFB). **Lit:** Bericht 'Musikstadt Berlin zwischen Krieg u Frieden', in: P Willems: z Schauspiel 'Bärenhäuter', Kap v H Wanderscheck: 'Musik u Schauspiel'; Bericht 'Vielseitige kontrastreiche Kompositionen', in: NMZ 06/07 66; zahlr Werke v R Kuhnert im dkv-Manuskriptearchiv.

Kuip, Sven van der, Klarinette, Hochschullehrer; Dr. Hoch's Konservatorium, Hebelstr 15–19, D-60318 Frankfurt, T: (0 69) 9 15 00 40, F: 5 96 15 76, *mail@dr-hochs.de*; *www.dr-hochs.de*. **Laufb:** Doz (Klar) Dr Hoch's Kons Frankfurt. (Red)

Kujala, Krista, Sängerin; Landestheater, PF 1449, D-99804 Eisenach. **Laufb:** Sol Landesth Eisenach. (Red)

Kukuk, Helmut, Prof, Hochschullehrer (Opernschule, Partienstudium); Demmeringstr 36, D-04177 Leipzig, T: 0 17 55 62 45 37; Hochschule f Musik u Theater, PF 100809, D-04008 Leipzig [Unkel a Rhein 1956]. Oper u Oratorium **Ausb:** Stud KL (M Braunfels), Dirig (W von der Nahmer) MH Köln 74–81. **Laufb:** ThTätigk: Staatsth Braunschweig 81–85, Niedersächs Staatsop Hannover 85–93, LTätigk: LAuftr (Partienstud Op u Orat) H f M u Th Hannover 86–91, Prof (musikal Ltg OpSchule, Partienstud) H f M u Th 'Felix Mendelssohn-Bartholdy' Leipzig seit 93, LAuftr (Partienstud Op u Orat) H f M Carl Maria v Weber Dresden seit 2000. – **Aufn/RF:** Mitschn v Auff a d MH Leipzig: Mozart: 'Zauberflöte' (konzert Auff m Kl) 2000; Mozart: 'Così fan tutte' 01; Humperdinck: 'Hänsel u Gretel' (Auff m Orch) 02; Künneke: 'Vetter aus Dingsda' (Auff m Orch) 03; Weber: 'Freischütz' (konzert Auff m Orch) 04; Mozart: 'Zauberflöte' (konzert Auff m Orch) 05; Rossini: 'Barbier v Sevilla' (Auff m Orch) 05.

Kulek, Robert, Klavier; c/o Konzertdirektion Hörtnagel, Neufahrner Str 23, D-81679 München, PF 860520, D-81632 München, T: (0 89) 9 82 92 80, F: 98 29 28 33, *konzert@hoertnagel.de* [Riga, Lettland]. KamM, Liedbegleitung **Ausb:** Mannes College of M New York, New England Cons Boston, Guildhall Sch of M a Drama London. **Laufb:** zahlr Konz: Carnegie Hall New York, Ravinia Fstv Chicago, Herbst Th San Francisco, Berliner Philh, Concertgebouw Amsterdam, Wigmore Hall London, Herkulessaal München, Cité de la M Paris, FestW Luzern; Tournee Südkorea m Geigerin K-W Chung 02. **Pr:** 1. Pr int Wettb 'Vittorio Gui' Florenz 94. – **Aufn/RF:** Bach-Gambensonaten, C Ph E Bach Gambenson Nr 2 m D Müller-Schott, Bachwoche Ansbach 03. **UA:** Sir A Previn: Sonate f Vcl u Kl (m D Müller-Schott). **Sonst:** EMI-Debüt-Reihe m D Müller-Schott, Cello frz Komp 02; Orfeo Schumann-CD m dems, Cello, ersch 04.

Kulischewa, Darina, Solorepetitorin; c/o Sächsische Staatsoper, Theaterpl 2, D-01067 Dresden. **Laufb:** Solorep Sächs Staatsop Dresden. (Red)

Kuljus, Kalev, Oboe; c/o NDR Sinfonieorchester, Rothenbaumchaussee 132–134, D-20149 Hamburg, T: (0 40) 48 09 63 31, F: 41 56 75 68, *kalevKuljus@ya.com* [Estland 18.6.1975]. **Ausb:** Estnische MAkad 93–2000, Conservatoire Superieur de Musique Lyon b Ch Gayot 95–97, H f M Karlsruhe b Th Indesmühle 98–2000. **Laufb:** Stimmführer NDR SinfOrch Hamburg, Filarmonia A Toscanini (L Maazel). **Pr:** 1. Pr Crusell Wettb Finnland 99, Pr f beste Ob in Bayreuth 2000 ('Pacem in Terris'), 1. Pr Prager Frühling 01. **Ens:** NYYD ensemble Tallinn. – **Aufn/RF:** ua Cd/DVD: Mahler: 5. Sinf m Berliner Phil, Dgt S Rattle; DVD: Verdi: Requiem m Filarmonica Toscanini, Dgt Z Mehta. **Zug:** T Korvits: 'Wild Flowers' (f Kl u Ob); M Vihmand: 'La Question' (f Ob solo); H Tulve: 'Valvaja' (f Ob solo). **Sonst:** Barockob. **Lit:** NDR Sinfonieorchester (Sabine Kus, Intend).

Kulling, Ralph, Geiger, Komponist, Verleger [Gevelsberg, Westfalen 1953]. **Ausb:** Vorschule b Prof Werner Keltsch, Stud Staatl H f M u Darst Kunst Stuttgart b Prof Müller-Nishio u Prof Ricardo Odnoposoff. **Laufb:** 1. Geiger im Württ Staatsorch Stuttgart, 1. Geiger im Sindelfinger Kammerorch, 2. Geiger im Kulling- Qua u im Alt-Wiener Strauss-Ensemble ab 78 (Einsp v 5 CDs), Lehrtätigkeit an d MSch Bernhausen (89 beendet), Primarius im Hölderlin-StrQua (1. CD 91), Lt d Alt-Wiener Strauss-Ens Stuttgart seit 01. **Pr:** 1. Pr b 3. Bundeswettb 'Jugend musiziert' im Fach V, Pr d Dt Tonkünstler- u Musiklehrerverbands, Eistedfodd Int, 2. Pr (Inter Tie, England), 3. Preis 'Jugend musiziert' 5. Bundeswettb. (Red)

Kulman, Elisabeth, MA, Sopran; c/o Volksoper Wien, Währinger Str 78, A-1090 Wien, T: (01) 5 14 44 32 18, 5 14 44 32 19, F: 5 44 44 32 14, 5 44 44 32 15, *kulman@chello.at*; c/o Künstlermanagement Georg Monitzer, Lonserstr 2/10, A-6832 Sulz, T: (0 55 22) 4 55 45, F: (0 55 22) 4 55 45, *georg.monitzer@aon.at*; *www.kulman.info* [Oberpullendorf]. **Ausb:** Stud Ges (H Lazarska), Lied u Orat (W Moore) Dipl 01, MDramat Darst (M Temme, L Plettner) m Dipl 01 Uni f M Wien; Mstrkse b W Berry, T Hampson, D Lutz, E Ameling, J Demus. **Laufb:** Sol Volksop Wien seit 01, Salzburger FSp 02, Klangbogen Wien 02 u 03, Stadtth St Gallen 02, Styriarte (Dgt: Harnoncourt), Marokko-Tournee (Liederabende) 02, Washington DC (OpGala) 03, Japan-Tournee (OpttenGala) 03/04, KonzHaus Wien 02 u 03, MVerein Wien 02 u 04, Berliner Philh 03, Brucknerhaus Linz 03 (Dgt: P Schreier), Prager Frühling 03 (Dgt: P Schreier), Philh Laibach, Op National de Paris 05. **Pr:** Würdigungspr d Bundesmin f Bildung, Wiss u Kultur 01. – **Aufn/RF:** Liederabend m W Rieger, St Gerold (Radio Ö1 Vorarlberg). **UA:** A Banlaky: Liedfantasie, div Lieder; L Haselböck: Kantate; B R Deutsch: Die Verwandlung (KamOp). **Zug:** B R Deutsch: 3 Lieder n Gedichten v N Sachs.

Kummer-Buchberger, Barbara, Violine, Hochschullehrerin; Dr. Hoch's Konservatorium, Hebelstr 15–19, D-60318 Frankfurt/M, T: (0 69) 9 15 00 40, F: 5 96 15 76, *mail@dr-hochs.de*; *www.dr-hochs.de*. **Laufb:** Doz (V) Dr Hoch's Kons Frankfurt. **Ens:** Mutare Ens, Deutsche Kammerphilh Bremen. (Red)

Kummer, H G *siehe* Michel, Johannes Matthias

Kuna, Viktor, Violine; c/o Künstleragentur John & Elisabeth Goodman, Dopschstr 20/3/11, A-1210 Wien, T: (01) 2 59 20 27, F: 2 59 20 27, *johngoodman@goodman.at*; *www.goodman.at* [Prag 1965]. **Ausb:** Kons Prag b K Prybil u Tschaikowsky-Kons Moskau b J Jankelewitsch, G Barinová und G Feigin. **Laufb:** rege Konzerttätigkeit im In- und Ausland.

Kuncio, Katarzyna, Sängerin; Gerresheimer Str 6, D-40211 Düsseldorf, T: (01 70) 7 34 48 64. **Laufb:** Sol Stadtth Bremerhaven SpZ 01/03, Dt Op am Rhein Düsseldorf-Duisburg SpZ 04/05. (Red)

Kunde, Gregory, Tenor; c/o Theateragentur Dr Germinal Hilbert, Maximilianstr 22, D-80539 München, T: (0 89) 2 90 74 70, F: 29 07 47 90; c/o Bayerische Staatsoper, Brieffach, D-80075 München; *www.hilbert.de*, *www.gregorykunde.com*. **Laufb:** Sol Bayer Staatsop München, Dt Op Berlin, Staatsop Wien, Semperop Dresden SpZ 04/05. (Red)

Kunder, Friedemann, Sänger; c/o Hessisches Staatstheater, Georg-Büchner-Pl 1, D-64283 Darmstadt. **Laufb:** Sol Dt Op Berlin, Sol Staatsth Darmstadt SpZ 03/05, Gastsol Th Dortmund SpZ 03/04. (*)

Kunert, Regina, Prof, Hochschullehrerin, Korrepetitorin, Klavier; Alt Stralau 46, D-10245 Berlin, T: (0 30) 29 04 94 68, F: 29 04 94 68; H f Musik 'Hanns Eisler', Charlottenstr 55, D-10117 Berlin. KamM **Ausb:** Spezialschule f Musik Weimar, Stud (J Lerche) MH Weimar. **Laufb:** Aspirantur (R Dunckel) Berlin, LAuftr u später Doz (Korrep) H f Musik 'Hanns Eisler' Berlin seit 76, Prof (Korrep Bereich Str) ebd 92, Korrep b Mstrksen (ZusArb ua m R Ricci, W Marschner, I Ozim). **Pr:** mehrm beste Begleiterin b int V-Wettb. – **Aufn/RF:** zahlr Musikaufn. (Red)

Kunschke, Stefanie, Sängerin; c/o Lübecker Theater GmbH, Beckergrube 16, D-23552 Lübeck, T: (0 21 61) 2 14 49; Lessingstr 5, D-41061 Mönchengladbach. **Laufb:** Gastsol Th Hagen SpZ 00/01, Sol Lübecker Th. (Red)

Kunstein, Andreas, Komponist; Lindenstr 30, D-40699 Erkrath, *postbox@anku.demon.nl*; Van-Cittersstr 52b, Niederlande-3022 LL Rotterdam [Brühl 25.6.1967]. **Ausb:** Privatunterr Komp (D P Graham, R Delorko), Stud Komp (W Hufschmidt) Folkwang-H Essen, (P-J Wagemans, K de Vries) Hogeschool voor Muziek en Th Rotterdam. **Pr:** Stip Otmar-Alt Stift. – **Komp:** ua 13 Epigramme f Orch, UA Amsterdam, Nederlands Balletorkest, Dgt: C Lyndon-Gee 2000; Suite Nr 1 u 2 f Orch; StrQua Nr 1, UA Montepulciano 92; StrQua Nr 2, UA Siegburg 98; StrTrio, UA Hamm 2000; Qua f 4 Fl, UA Essen 96; 10 Epigramme f Toy Piano, UA Düsseldorf 93; 10 Epigramme f Kl, UA Freiburg 99; Fantasie gis-moll f Kl, UA Rotterdam 01; Suite f 2 Kl.

Kuntschew, Ludmil, Sänger; c/o Anhaltisches Theater, Friedenspl 1a, D-06844 Dessau. **Laufb:** Sol Nationalth Mannheim, Gastsol Anhalt Th Dessau SpZ 00/01, Sol Anhalt Th Dessau SpZ 03/05. (Red)

Kuntz, Michaela, Oboe; c/o Konzerthaus Berlin, Gendarmenmarkt, Charlottenstr 56, D-10117 Berlin. **Laufb:** Sol Berliner SinfOrch. (Red)

Kuntze, Kay, Künstlerische Leitung; c/o Berliner Kammeroper eV, Kottbusser Damm 79, D-10967 Berlin. **Laufb:** Künstl Lt Berliner KammerOp Berlin SpZ 03/05. (Red)

Kuntze, Roland, Prof, Hochschullehrer, Violoncello; Weimarerstr 9, D-69469 Weinheim, T: (0 62 01) 5 35 92, *kuntze@meisterkurs-weinheim.de*; Hochschule f Musik u Darst Kunst, N 7,18, D-68161 Mannheim. **Ausb:** Stud (W. Schulz) MH Leipzig 61–63, u (M. Chomitzer) Moskauer Tschaikowsky-Kons 63–69. **Laufb:** Staatskapelle Berlin 69–73, 1. Solocellist am Nationaltheater Mannheim seit 74, Stimmführer im Bayreuther Festspielorch 74–90, 1. Solocellist u Stimmführer d „Super World Orchestra" 99, Prof (Vcl, Orchstudien) Staatl H f M u Darst Kunst Mannheim. **Ens:** Berliner Solistenens. (Red)

Kunz-Eisenlohr, Claudia, Hochschullehrerin, Sopran; An der Klinge 24, D-69250 Schönau, T: (62 28) 91 23 93; H f Musik Köln, Abt Aachen, Theaterstr 2–4, D-52062 Aachen. **Ausb:** Richard Strauss Kons München (Ingrid Bettag, Benedikt Koehlen, Michael Schopper, Ulrich Weder). **Laufb:** Prof (Ges) H f Musik Köln, Abt Aachen. **Ens:** National Th Mannheim, StaatsOp Dresden. (Red)

Kunz-von Gymnich, Peter Josef, Komponist, Pianist, Dirigent, Arrangeur; Engelsgaesschen 24, D-63075 Offenbach am Main, T: (0 69) 86 71 05 01, F: 86 71 05 02, *pj@kvg-music.de*; *www.kvg-music.de* [Offenbach am Main 4.7.1952]. akust u elektron Tasteninstrumente, Chormusik **Ausb:** Stud Tonsatz (R Riehm), Dirig (H Rilling), Zwölftonkomp (U Engelmann), Kl (E Flinsch) MH Frankfurt aM sowie b R R Klein, A Ickstadt. **Laufb:** KonzReisen nach Spanien, Italien, Jugoslawien, Österreich, Tschechien, Ungarn, Frankreich, Luxemburg. **Pr:** Silberne Bürgermed d Stadt Offenbach am Main 98. **Ens:** OCEAN – keyboards & percussion; Lapislazuli; Projekt 8 + 88. **Mitgl:** DRMV, FDB. – **Komp:** Konz f Kl u elektron Tasteninstr 80. **AuftrKomp:** Stadtrevue 'Stadt am/im Fluss', UA Offenbach 2000; Lapislazuli: 'Wenn nicht jetzt, wann dann' 97. **Sonst:** div Kabarett-Programme; Gesprächskonz 'Musik & Computer'; LPs/CDs; Prod m div Solisten u Gruppen; Projekt 8+88 (8 Pianisten an 88 Tasten) s unter www.von-gymnich.de.

Kunz, Hanns-Friedrich, KMD, Dirigent, Bariton; Am Seedamm 1, D-72074 Tübingen, T: (0 70 71) 98 09 87, F: 98 09 88; c/o Südwestdeutsche Konzertdirektion Stuttgart, Charlottenplatz 17, D-70173 Stuttgart, T: (07 11) 1 63 53 11, *info@sks-russ.de* [Ochsenhausen]. **Ausb:** Musik-HS Stuttgart, Mstks Fischer-Dieskau. **Ens:** Stuttgarter Hymnus-Ch-knaben, Gächinger Kantorei. (Red)

Kunz, Norman, Sänger; c/o Junge Kammeroper Köln, Florastr 93, D-50733 Köln. (Red)

Kunze, Dagmar, Dramaturgin; c/o Theater Altenburg-Gera, Küchengartenallee 2, D-07548 Gera. **Laufb:** Dram seit 70, ChefDram Th Altenburg-Gera seit 89. – **Sonst:** Buchpubl: 'Musis sacrum' – 100 Jahre Theater Gera.

Kunze, Guido, Sänger; c/o Theater Freiberg, PF, D-09582 Freiberg. (Red)

Kunzel, Erich, Dirigent; Volksoper, Währinger Str 78, A-1090 Wien [New York]. **Laufb:** MD Cincinnati Pops Orch seit 65, Dirgt Volkoper Wien. **Pr:** Grand Prix du Disque 89, Classical Album of the Year (Japan Record Assoc), Tiffany Walkman Award (von Sony), zahlr Grammy Nominierungen. (Red)

Kupfer, Elvira, Sopran; Witzenhäuser Str 6, D-34266 Niestetal, T: (05 61) 52 99 00 91; c/o Konzertagentur Thüringen, Freiligrathstr 8, D-99096 Erfurt, T: (03 61) 6 02 67 25, F: 6 02 67 26, *konzertagentur-thueringen@t-online.de*. (Red)

Kupfer, Harry, Prof, Regisseur; c/o Vereinigte Bühnen Wien, Linke Wienzeile 6, A-1060 Wien, T: (01) 58 83 00, F: 5 88 30 33, *info@vbw.at*; *www.musicalvienna.at* [Berlin 12.8.1935]. **Laufb:** OberspielLtg Th Stralsund 58, OberspielLtg Th Chemnitz, OpDir NatTh Weimar 66, Dir Semperop Dresden 72–81, ChefReg Kom Op Berlin 81–02, Vereinigte Bühnen Wien SpZ 04/05; Prof (Regie MTh) MSch Dresden seit 77, Prof an d H f M 'Hanns Eisler' Berlin seit 81. **Pr:** Staatspr d DDR 75, 83, Ehrenmitgl Kom Op Berlin, Pr d dt Kritikervereinigung eV Westberlins, Kritikerpr d Berliner Zeitung, Frankfurter MPr, Kulturpr der BZ, Berlin Orden, Pr 'Bestes dtspr Musical' f 'Mozart' 2000, BVK 02. (Red)

Kupfer, Jochen, Bariton; c/o Künstleragentur Tobias Kade, Ammonstr 72, D-01067 Dresden, T: (03 51) 4 90 67 94, 01 72–3 66 29 07, F: 4 90 67 93, *tobias-kade@gmx.de*, *mail@jochen-kupfer.de*; Sächsische Staatsoper, Theaterpl 2, D-01067 Dresden, T: (03 51) 4 91 10; *www.kuenstleragentur-kade.de*, *www.jochen-kupfer.de* [Grimma 1969]. Oper, Konzert, Lied **Ausb:** MH Leipzig b Helga Forner, Mstrks b Aldo Baldin, Theo Adam u Elio Battaglia, Stud b Dietrich Fischer-Dieskau, Elisabeth Schwarzkopf. **Laufb:** Meininger Staatsth, Gastsol Berliner Staatsop u Bayer Staatsop München, Ens Sächsische Staatsop Dresden 98–05, freischaff tätig m Residenzvertrag ebd ab 05. **Pr:** Mozart-Fest-Wettb Würzburg, Int-Johann-Sebastian-Bach-Wettb Leipzig, VDMK- Bundeswettb f Ges Berlin, Mendelssohn-Bartholdy-Wettb Berlin u Meistersängerwettb Nürnberg, Luitpoldprtr d Kissinger Sommers 01. – **Aufn/RF:** Schreker: Complete Songs; Schumann: Lieder (Kerner, Heine); Schubert: Die schöne Müllerin; Strauss: Der Friedenstag. **UA:** Rusicka: Celan.

Kupfer, Jürgen, Dr phil, Komponist; Querstr 11, D-99867 Gotha, T: 0 171 40 38 392 [12.2.1945]. **Ausb:** Schlosser 64–65, Pädagog Inst Zwickau 65–69, Abendstud 69–71, Direktstud b P Herrmann, C Ortwein u S Thiele MH Leipzig 71–74, Mstrkl b J Cilensek Martin-Luther-U Halle 76–78. **Laufb:** freischaff (mehr als 1000 Kunstgespräche) seit 74, LAuftr (Tonsatz, Gehörbildung, Werkanalyse) Franz-Liszt-H Weimar 84–91, KonzReisen Spanien 01 u Japan 03. **Pr:** 1. Pr ImpWettb Bach-Tage 71. **Ens:** Ens Musica viva. **Mitgl:** KompVerband Thüringen – Neue Musik eV, Landesmusikrat Thüringen. – **Komp:** zahlr Stücke f Orch (auch Konz), Kam- u VokalM, Soloinstr u f Unterrichtszwecke. **AuftrKomp:** Toccata f Orch, UA SSO Thüringen 75. **Aufn/RF:** RF-Aufn: 4 Borchert-Lieder f Bar u Kl (Prkno/Bastian) 71; 4 Lieder f Alt, BassBar u Orch, UA Dresdner Philh 90; Toccata f Klavier, Ashley Hribar, BR 05 als CD m David Klein u Ying Zhou. **Sonst:** 'Entritualisierte musikal Kommunikationssysteme als spezif Qualität in d Autor-Adressat-Beziehung' (Diss); Initiierung u Durchführung d Böhner-Ehrung 87, Beginn d Gesamtausg, UA ua in New York, Tokio u Australien seit 2000.

Kupfer, Michael, Opernsänger; Spichernstr 1, D-27570 Bremerhaven, T: (04 71) 3 02 09 99, (01 77) 5 43 92 35, *michael.kupfer@freenet.de* [Ravensburg 10.7.1972]. Oper, Konzert **Ausb:** Stud (W Lipp) H Mozarteum Salzburg 92–94, Stud (H Blasche) München 94–98, (A Varnay)OpStudio Bayer Staatsop München 95–97, Stud (C Richardson) seit 2001. **Laufb:** Mitgl Accad di Montegral seit 94, Opernstudio d Bayer Staatsoper München 95–97, Th d Stadt Koblenz 97–99, Stadtth Bremerhaven seit 2000 (03/04), Mailand u Bolgna (Ariadne auf Naxos: Harlekin) 95, Brühler Schloßkonz 96, 98, 99, Tiroler FSp Erl seit 2000. **Pr:** 1. u 2. Pr Jugend musiziert, Neue Stimmen 93, Richard Wagner Stip 98.

Ens: ensemble classique München. – **Aufn/RF:** J F Reichardt: Erwin u Elmire (Erwin), Brühler Schloßkonz d WDR Köln 99; Reportage KS Karl Erb, SWR 99; F v Suppé: Die schöne Galathee 2001 (CD). **UA:** H W Henze: Venus u Adonis, Bayer Staatsop München 97; F Hackl: 'Imrovisationen zu Brahmsliedern', Eröffnungskonz Tiroler FSp 2000.

Kupfernagel, Gabriele, Prof, Hochschullehrerin, Klavier; Raumerstr 9, D-10437 Berlin, T: (0 30) 4 42 29 95, F: 4 42 29 95, *Gabriele@kupfernagel.de*; H f Musik 'Hanns Eisler', Charlottenstr 55, D-10117 Berlin [Chemnitz 1.4.1951]. Solo- u KamM **Ausb:** Stud (Kl) H f M 'Carl Maria v Weber' Dresden 67–71 (T Nikolajewa), Tschaikowsky-Kons Moskau 71–74. **Laufb:** Prof (Kl, KamM) H f M 'Hanns Eisler' Berlin seit 92, AbtLt Kl seit 2000, KonzTätigk im In- u Ausland, Mstrkse ua Japan, Russland, Finnland. **Pr:** Bachpr Leipzig 72, Mendelssohn-Stip 73 u 74. **Ens:** Berliner KlTrio. – **Sonst:** RF-, Fernseh-, Schallpl-Aufn, ständ KamMPartner in KonzR d Staatskap Berlin.

Kupich, Horst Otto, Operndirektor; c/o Landesbühnen Sachsen, Meißner Str 152, D-01445 Radebeul, T: (03 51) 8 95 40, F: 8 95 42 01, *info@dresden-theater.de*. **Laufb:** OpDir LdsBühnen Sachsen. (Red)

Kupiec, Ewa, Klavier; c/o PR2 classic, Kreuznacher Str 63, D-50968 Köln, T: (02 21) 38 10 63, F: 38 39 55, *office@pr2classic.de*; *www.pr2classic.de* [Duszniki, Polen]. **Ausb:** Stud Chopin Akad Warschau, Royal Acad of M (N Akopian) London. **Laufb:** ZusArb m Gewandhausorch Leipzig, Dt SymphOrch Berlin, Gürzenich-Orch Köln, Münch. Philh., NDR-SinfOrch, den Radio-SinfOrch d Hess ud Saarländ RFs, BBC Philh, Orch Philh de Monte Carlo, Holländ RF-SinfOrch, Milwaukee Symph Orch, Radio SinfOrch Helsinki, Auftritte b Bremer MFest, Rheingau u Schleswig-Holstein MFstv, Ludwigsburger u Weilburger SchlossFSp, Bad Kissingen, Schwetzingen, Carinth Sommer, Casals Fstv, KlFstv Ruhr, Jersey Arts Fstv u Kuhmo Chamber M Fstv, KamM m B Pergamenschikow, T Mørk, J Vogler, M Piccinini, Petersen u Keller Qua, Konz m Prazak Qua u m I Faust. **Pr:** 1. Pr ARD MusikWettb 92. – **Aufn/RF:** G Bacewicz: Gesamtwerk f Kl; chopin-KlKonz m RSO Saarbrücken; KlarTriosv Brahms, Beethoven u J Widmann m J Vogler u J Widmann; Szpilman: Klavierwerke 04. **UA:** JTower, KlKonz, m RSO Berlin, Dgt M Alsop (dt EA); Schmittke: Klavierkonz. v. 1960 (dt. EA 05).

Kupke, Iris, Sängerin; Gneisenaustr 94, D-28203 Bremen, T: (04 21) 3 39 87 25, *iriskupke@freenet.de*; c/o Nationaltheater Mannheim, PF 102362, D-68023 Mannheim [Mendig 19.3.1970]. Op, Konz **Ausb:** Stud (Gesang) MH Essen 91–94 u MH Düsseldorf 94–98. **Laufb:** Sol Bremer Th.

Kupke, Wolfgang, Prof, KMD, Hochschullehrer, Dirigieren; Ev Hochschule f Kirchenmusik, Kleine Ulrichstr 35, D-06108 Halle. Kirchenmusik, Orchestermusik d 20. Jh (bes Schönberg u seine Schule) **Ausb:** H f M Halle/S 70–74, Stud b Walter Bruhns, Wolfram Zöllner, Johannes Schäfer. **Laufb:** Kantor Stiftskirche Gernrode, KiM St. Blasii-Kirche Nordhausen 83–00, LandesKiM-Dir d Kirchenprovinz Sachsen, Doz (Chor- u Orchltg) Ev H f KiM Halle.

Kupkovič, Ladislav, Prof, Komponist; *Ladislav. Kupkovic@t-online.de* [Bratislava 17.3.1936]. Oper, Sinfonie, Konzert, Kammermusik **Ausb:** Stud Bratislava 50–61. **Laufb:** Grdg Ens 'Hudba Dneska' 63, auch tonale Komp ab 68, nur tonale Komp ab 74, Doz ab 73, Prof H f M u Th Hannover ab 76. **Pr:** 'IGRIC'-Pr f beste FilmM d Jahres in d Tschechoslowakei 66, 1. Pr KiMWoche Neuss 89, Mitgl Freie Akad d Künste Hamburg, Ehrenbürger d Gemeinde Cifer (Slowakei). – **Komp:** Die Maske (Op) 86; Die Rose (Op), UA Bratislava 96.

Friedemann Kupsa

Kupsa, Friedemann, Cellist; Wessobrunner Str 37, D-81377 München, T: (0 89) 7 14 23 57, F: 71 00 08 50, *tro@troubadisc.de, friedemann.kupsa@online.de*; *www.troubadisc.de* [St Pölten, Österreich 7.9.1943]. Kammermusik **Ausb:** Stud H f M Wien, Mstrks b Daniel Schafran sowie KamM b La-Salle-Qua. **Laufb:** Gustav-Mahler-Fstv Toblach 81 u 82, Mitgl d RF-Orch München, kammermusikal Tätigk als Cellist im Fanny Mendelssohn Qua seit 86, Frauenmusikfest München 88 u 89, Schleswig-Holstein MFstv 92, Chard-Fstv England 95, Grdg Duo Eggebrecht/Kupsa (V u Vcl) 2000, Int Festv Moraviae Tschechien 03. – **Aufn/RF:** m d F Mendelssohn Qua int Anerkennung durch zahlr CD-Ersteinsp d KamM v Komponistinnen wie F Mendelssohn, E Smyth, G Tailleferre u G Bacewicz ua, Einsp d gr KlKamM v M Reger zus m d W Lorenzen (Kl) u d ersten 8 StrQua v D Milhaud u d zwei gr StrQua v A Bliss, Weltersteinsp v beiden Son f Vcl u Kl v E Smyth, CD-Einsp d VclWerke v N Boulanger, Weltersteinsp d Duo-Son v N Skalkottas, v A Vieru zus m R Eggebrecht (V), CD d Duo-Komp 'Strassenmusik Nr 16 op 210 v D Nicolau (Troubadisc); Weltersteinspielung d Capriccio As-Dur u d Sonata o Fantasia f Vcl u Kl v F Mendelssohn-Hensel. **UA:** F Mendelssohn-Hensel: Klavierqua 1822, UA München 88; V Dinescu: 'Terra Lonhdana' (StrQua) 84, UA München 88; F Yamaguchi: 'Qua f Fl, Ob, V u Vcl', UA Berlin 89; ders: 'Oktett f Klar, Hn, Fag, 2 V, Va, Vcl, KB', UA Berlin 89; M Kubo: 'Qui f Git u StrQua', UA Wiesbaden 89; R Birnstein: 'StrQua, UA Wiesbaden 89. **Zug:** D Nicolau: 'Strassenmusik No16' op 210.

Kurig, Christoph, Chorleiter; Sanddornstr 36, D-47269 Duisburg. **Laufb:** Chordir u Kapm Th Nürnberg, stellv Chordir Dt Op am Rhein Düsseldorf-Duisburg SpZ 03/05. (Red)

Kurkowski, Andrzej, Violine; c/o WDR Rundfunkorchester, D-50600 Köln. **Laufb:** Stimmführer WDR RundfunkOrch Köln. (Red)

Kurmann, Tony, Hochschullehrer; Hochschule Musik u Tanz, Florhofgasse 6, CH-8001 Zürich [Ufhusen 31.7.1943]. **Ausb:** Stud Kons u KiMAkad Luzern. **Laufb:** Doz (Dirig, BlasM) MH Winterthur Zürich seit 76, Ltg MVereine Helvetia Rüti-Tann u Frohsinn Meilen, Dgt JugendM Siebnen, Ltg BlasOrch Siebnen. (Red)

Shoko Kuroe

Kuroe, Shoko, Klavier; Holmbrook 1, D-22605 Hamburg, T: (0 40) 8 80 14 94, F: 8 80 14 94, *shoko.kuroe@web.de*; c/o CICADA. con Agentur & Management, Gubener Str 3b, D-10243 Berlin, T: (0 30) 29 00 13 35, F: 29 00 58 97, *info@cicada-con.de*; *www.shoko-kuroe.de* [Hamamatsu, Japan 1971]. Solo, Kammermusik, Musik u Literatur **Ausb:** mit 4 Jahren erster Unterr, Unterr Kl (E Hansen) Hamburg, ao Studierende (Kl, MWiss) MH Hamburg 96, Mstrkse (C Eschenbach, A Gavrilov, Rosamunde Qua). **Laufb:** Sol m zahlr Orch, ua Hamburger Symphoniker, Radio Symph Orch Bukarest, Göttinger Symph Orch, Auftr in Europa, USA u Japan, regelm Gast an Fstv, ua Schleswig Holstein MFstv seit 86, Doz (Orch) Akad Schleswig Holstein MFstv. **Pr:** Prtr versch nat u int Wettb, ua Steinway Kl-Spielwettb, Concorso Int Pianistico Città di Trani, Stip Oscar-u-Vera-Ritter-Stift, Stip Zeit Stift, Vertreterin BRD Series of Young European Musicians Athen 94. **Mitgl:** DTKV. – **Aufn/RF:** Fernseh- u RF-Aufn (NDR, ARD, ZDF, BBC, KBYU, Romanian National Radio, Catalan National Radio), CD-Aufn. **Sonst:** Musikvermittlung (www.japan-konzert.de), Japan-Europa-Kulturverständigung (www.kwaidan-konzert.de).

Kurosaki, Hiro, Violine; c/o Konzertagentur Erika Esslinger, Spittlerstr 6, D-70190 Stuttgart, T: (07 11) 28 32 76, F: 26 14 21, *esslinger@Konzertagentur.de*; *www.konzertagentur.de* [Tokio]. **Ausb:** V (F Samohyl) Wien, Mstrks (N Milstein), Stud (Architektur, Kunstgesch) Wien. **Laufb:** Sol u Konzm William Christies Les Arts Florissants Paris, Clemencic Consort Wien, Cappella Coloniensis Köln, regelm Tourneen in Europa, Japan, USA, Australien. **Pr:** Prtr VWettb 'Henryk Wieniawski' Polen u 'F Kreisler' Wien, 'Japan Acad Award' 96. **Ens:** London Fortepiano Trio. – **Aufn/RF:** Mozart: V-Sonaten, Gesamtaufn. (Red)

Kurth, Gotthelf, Bariton; Leimgrubenweg 96, CH-4125 Riehen, T: 06 16 41 22 77. (Red)

Kurth, Jürgen, Sänger; c/o Oper Leipzig, Augustuspl 12, D-04109 Leipzig. **Laufb:** Sol Musikal Komödie Leipzig, Op Leipzig. (Red)

Kurtz, Birgit, Mag, Sopran; Margaretenstr 149/15, A-1050 Wien, T: (01) 5 44 62 68, *birgit.kurtz@utanet.at*; c/o Les Menestrels, ensemble für alte musik; Dr Michel u Klaus Walter, Laudongasse 25/6, A-1080 Wien, T: (01) 4 08 27 44/14, F: 4 08 27 44 22; *www.menestrels.at* [Linz]. Alte Musik, Lied, Oratorium **Ausb:** Kons Wien u U f Musik u darst Kunst Wien b S Vittucci. **Ens:** Les Menestrels (Ens f Alte Musik). – **Aufn/RF:** Ludwig Senfl – Les Menestrels.

Kurz, Dieter, Prof, Hochschullehrer; Im Buchwald 57 b, D-70186 Stuttgart, T: (07 11) 46 33 24, F: 46 19 36, *kurzmusik@aol.com* [1945]. **Laufb:** KMD, Prof (Chorltg) Staatl H f M u Darst Kunst Stuttgart 80, Lt Württemberg Kammerchor. **Pr:** 1. Pr im Chorwettb d europ Rundfunkanstalten. (Red)

Kurz, Karl-Wieland, Komponist; Verdistr 4, D-64291 Darmstadt, T: (0 61 50) 86 61 33, 01 77–4 03 72 91, *info@wielandkurz.de* [Wetzlar 25.1.1961]. **Ausb:** Stud Komp (R Riehm, H U Engelmann), Kl (S Zehr, B Kontarski) MH Frankfurt/M. **Laufb:** Doz (Tonkunst) Frankfurter MH, Doz (musiktheoret u musikwiss Fächer) Akad f Tonkunst Darmstadt, Mitbegrd 'Ens Sciolto' 90, versch Gastdozenturen (ua Int Ferienkse Darmstadt 94). – **Komp:** Apocalipsis sine figuris (Orat) 85/87, UA Frankfurt/M 87; Pangäa (Sinfon Fragment) 87, UA Amsterdam 91; E pur si vario un sono solo (Orgelsinf) 92–98, UA Frankfurt 92; Sternensonate-Fluoreauforte (Kl-Konz) 95, UA Frankfurt/M 96; Repagulum (Symph) 96, UA Amsterdam 91; Tariqua (Kl Solo) 97/98, UA Heppenheim u Darmstadt 98. **AuftrKomp:** Gute Miene – böses Spiel (Opera morte) 98/99, UA Schwetzingen 2000 (Auftr: Schwetzinger FSp). (Red)

Kurz, Siegfried, Dirigent, Komponist; c/o Sächsische Staatsoper Dresden, Theaterpl 2, D-01067 Dresden, T: (03 51) 4 91 10; *www.semperoper.de* [Dresden 18.7.1930]. **Ausb:** Stud Komp (F F Finke), Dirig (E Hintze), Trp (E Seifert) Staatl Akad f M Dresden 45–50. **Laufb:** Ltg SchauspielM Staatsth Dresden 49–60, Kapm u Komp Staatsop Dresden ab 60, Staatskapm ebd ab 65, GMD ebd ab 71, musikal Oberltg ebd ab 76, Gastdgt ebd bis 05; Doz (Komp) H f M 'Carl Maria von Weber' ab 76, Prof ebd ab 79. **Pr:** Andersen-Nexö Kunstpr Stadt Dresden 61, Kunstpr d DDR 65. (Red)

Kurz, Wolfgang, Dirigent; Athener Ring 9, D-97084 Würzburg, T: (09 31) 66 18 54, F: 66 24 85, *mail@Wolfgang-Kurz.de*; *www.Wolfgang-Kurz.de* [Bad Tölz 28.6.1954]. klass Repertoire, Sinf, Op **Ausb:** Stud Dirig (J Koetsier, H Michael) H f Musik München 77 u 78, Dirigierkurs (S Celibidache) 77. **Laufb:** Solorep u Ass d GMD Bayer Staatsop München 78–80, Kapm Hess Staatsth Wiesbaden 80–86, Kapm Stadtth Würzburg 86–88, Doz (Dirig, Korr) H f Musik würzburg seit 88, LAuftr (Dirig) H f Musik Frankfurt/M 92–93. **Pr:** KompPr Valentin-Becker-Wettb 99, 3-facher Prtr b KompWettb d Hess Sängerbundes 02. **Ens:** Dgt Würzburger KamOrch. – **Komp:** Drei Tierische Lieder f Männerchor, UA 99; Orchestrierung v Grieg: Lyr Stück (f KamOrch) 97 u Bizet: Jeux d'Enfants (f KamOrch) 2000; Orchestrierung v Mahler; Sieben Lieder aus 'D Knaben Wunderhorn'; Drei Windige Gesänge f Männerchor; Drei Hessische Volkslieder, Neuvertonung f Männer- u Kinderchor; 'Freut euch: wir sind Gottes Volk' (Gotteslob Nr.646/1) UA Dom zu Würzburg (Auftr Dommusik Würzburg) 05. **Sonst:** 'Kleines Einmaleins d Dirigierens', Grdg Würzburger KamOrch, Grdg Würzburger Doppelqua.

Kurzak, Aleksandra, Sängerin; c/o Hamburgische Staatsoper, PF 302448, D-20308 Hamburg. (Red)

Kurzawa, Wenancjusz, Prof, Kontrabass, Hochschullehrer; Hülsmeyerstr 20, D-40629 Düsseldorf, T: (02 11) 2 80 77 30; Robert Schumann Hochschule, Fischerstr 110, D-40476 Düsseldorf. **Laufb:** Prof (KB) Robert Schumann H Düsseldorf. (Red)

Kuschnir, Boris, Prof, Hochschullehrer, Violine; Univ f Musik u Darst Kunst, Inst 3, Brandhofgasse 21, A-8010 Graz, T: (03 16) 3 89 34 05, F: 3 89 30 31, *boris.kuschnir@kug.ac.at*. **Laufb:** o UProf (V) U f Musik u Darst Kunst Graz. **Ens:** Wiener Brahms Trio. (Red)

Kushpler, Zoryana, Koloratur-Mezzosopran; Colonnaden 54, D-20354 Hamburg, T: 0 17 92 03 92 43; Tscharnerstr 20, CH-3007 Bern, T: 03 13 71 40 93 [Lemberg 21.4.1975]. **Ausb:** Kondipl (V) 93, Gesang (Kushpler) H Lemberg 95, Stud (J Beckmann) H f Musik Hamburg 98, Mstrkse (T Berganza). **Laufb:** Sol Stadtth Bern SpZ 04/05. **Pr:** 1. Pr Elise-Meyer-Wettb Hamburg 99, 1. Pr ARD Musikwettb 2000.

Kusmierz, Janusz, Komponist; Steindamm 17, D-20099 Hamburg, T: (0 40) 24 97 84, F: 24 97 84 [Dabrowa, Polen 6.4.1941]. **Ausb:** Musikstud Kons Kattowitz 55–60, Breslauer MH 60–63, Warschauer Musik Akad 63–65, Ausbildung Konzertpianist (L Stefanski, Z Drzewiecki, R Bakst, R Bukowski). **Laufb:** Klass Musikaufn, freischaff Pianist, Komp, Mitgl ZAIKS bis 92, Mitgl SPAM, MDir Hansa-Th, eigene Musikstudioprod. – **Komp:** Bach's Impression (Potpourri f Kl u Orch), UA Hamburg 91; Esdemol (Jazz f Kl), UA Hamburg 91; Gedea (Ouvertüre f Kl u Orch), UA Hamburg 95; Nordische Skizzen (Ouvertüre f Kl u Orch), UA Hamburg 95; Andante (Elegie f Kl), UA Hamburg 95; Capriccio (Ouvertüre f Kl u Orch), UA Hamburg 96; Fantasie (f Kl), UA Hamburg 98. (Red)

Kuss, Jana, Violine; c/o Impresariat Sonia Simmenauer, Bornstr 12, D-20146 Hamburg, T: (040) 42 31 31 11, F: 42 31 31 13, *Sonia.Simmenauer@impresariat-simmenauer.de*; *www.impresariat-simmenauer.de* [Eisenhüttenstadt 1975]. **Ausb:** Stud V (E Feltz) H f M 'Hanns Eisler' Berlin 87–98, (A Oprean) Basel, (T Brandis) H d Künste Berlin seit 2000. **Pr:** Stip StudStift d Dt Volkes u Sinfonima-Stift. **Ens:** Kuss Quartett.

Kussel, Henning, Dirigent; Beim Märzenbad 6, D-86150 Augsburg, T: (08 21) 15 60 90. **Laufb:** 2. Kapm, Solorep Th Augsburg, Dgt Philharmon Orch d Stadt Augsburg. (Red)

Kussmaul, Jürgen, Prof, Dirigent, Hochschullehrer, Kammermusiker; Mühlenstr 10, D-40668 Meerbusch-Lank, T: (0 21 50) 56 05, F: 56 05; Robert Schumann Hochschule, Fischerstr 110, D-40476 Düsseldorf [Mannheim]. **Ausb:** Stud Mannheim. **Laufb:** Solo-Bratschist Heidelberg, Gürzenich-Orch Köln, Prof (Va, KamM) Robert-Schumann-H Düsseldorf, ständ Gastdgt KamOrch Amsterdam Mozart Players, Neues Rhein Kammerorch Köln SpZ 00/01. – **Sonst:** Grdg Robert-Schumann-KamOrch. (Red)

Kussmaul, Rainer, Prof, Violine, Hochschullehrer; c/o Südwestdeutsche Konzertdirektion Erwin Russ, PF 104262, D-70037 Stuttgart, T: (07 11) 1 63 53 11, F: 1 63 53 30, *info@sksruss.de* [Mannheim 1946]. **Laufb:** 1. Konzm Berliner Philh 93–98, Prof (V) Staatl H f Musik Freiburg seit 77. **Pr:** Prtr Montreal 69, Bukarest 70, Leipzig 72; Mendelssohn-Pr (m Stuttgarter KlTrio) Berlin 69, ARD-Pr München 69. **Ens:** Stuttgarter Klaviertrio 68–97, Berliner Barock Solisten seit 95. (*)

Kussmaul, Wolfgang, Violine, 2. Konzertmeister; Wilhelm-Blutbacher-Str 3, D-71642 Ludwigsburg, T: (0 71 41) 5 86 55, F: 25 18 14; c/o Stuttgarter Kammerorchester eV, Johann-Sebastian-Bach-Platz, D-70178 Stuttgart, T: (07 11) 6 19 21 21, F: 6 19 21 22, *info@stuttgarter-kammerorchester.com* [Mannheim 1953]. **Ausb:** Stud (V) H f M Mannheim, Ks b Ch Ferras u L Kogan, Mstrkl b R Odnoposoff Stuttgart bis 81. **Laufb:** 2. Konzm Stuttgarter KamOrch seit 81, Gastdoz MFachschule Fukuoka/Japan seit 92. **Pr:** Bundespr 'Jugend musiziert' 70, 1. Pr Int KamMWettb Colmar 71, Prtr Dt HWettb Köln 77, 1. Pr Südfunk-Wettb Stuttgart 78. (Red)

Kutrowatz, Eduard, Pianist; c/o Cadenza Concert, Franz Josef Kai 3, A-5020 Salzburg, T: (06 62) 84 05 05, (01) 5 03 77 10, F: 8 40 50 54, 5 03 77 10, *office@cadenza-concert.at, office@duokutrowatz.com*; c/o Pianoduo Eduard & Johannes Kutrowatz, Schelleingasse 7, A-1040 Wien; *www.cadenza-concert.at, www.duokutrowatz.com* [6.3.1963]. Klavierduo **Ausb:** Stud Kl (U Wolff) Kons Eisenstadt, Stud (Kl, Dirig) U f Musik Wien, (R Kramer-Preisenhammer), Meisterkurse (K U Schnabel) Freiburg, Lockenhaus (F Rupp). **Laufb:** Konz-Reisen in viele Länder Europas, USA, Japan, Korea, Australien, Canada, RF- u Fernsehaufn, CD-Prod. **Pr:** b nat u int Wettb, ua 1. Pr Klavierduo Stresa/Italien 86, Bösendorfstip, Kunstförderungspr d Ldes Burgenland. **Ens:** Klavierduo Kutrowatz. – **Aufn/RF:** CDs: Werke v Schubert, Brahms, Liszt, Gershwin, J Strauß. **UA:** Arvo Pärt: Hymn to a great City (2 Kl), UA KamMFstv Lockenhaus 2000. **Sonst:** Grdg u künstl Ltg 'Klangfrühling Burg Schlaining' (www.klangfruehling.org).

Kutrowatz, Johannes, Pianist; c/o Cadenza Concert, Franz Josef Kai 3, A-5020 Salzburg, T: (06 62) 84 05 05, (01) 5 03 77 10, F: 8 40 50 54, 5 03 77 10, *office@cadenza-concert.at, office@duokutrowatz.com*; c/o Pianoduo Eduard & Johannes Kutrowatz, Schelleingasse 7, A-1040 Wien; *www.cadenza-concert.at, www.duokutrowatz.com* [21.3.1962]. Klavierduo **Ausb:** Stud Kl (U Wolff) Kons Eisenstadt, Stud (Kl, Dirig) U f Musik Wien, (R Kramer-Preisenhammer), Meisterkurse (K U Schnabel) Freiburg, Lockenhaus (F Rupp). **Laufb:** Konz-Reisen in viele Länder Europas, USA, Japan, Korea, Australien, Canada, RF- u Fernsehaufn, CD-Prod. **Pr:** b nat u int Wettb, ua 1. Pr Klavierduo Stresa/Italien 86, Bösendorfstip, Kunstförderungspr d Ldes Burgenland. **Ens:** Klavierduo Kutrowatz. – **Aufn/RF:** CDs: Werke v Schubert, Brahms, Liszt, Gershwin, J Strauß. **UA:** Arvo Pärt: Hymn to a great City (2 Kl), UA KamMFstv Lockenhaus 2000. **Sonst:** Grdg u künstl Ltg 'Klangfrühling Burg Schlaining' (www.klangfruehling.org).

Kutschera, Engelbert, Opern- und Konzertsänger; Sachsenweg 7, D-33689 Bielefeld, T: (0 52 05) 36 70, F: 23 86 00, *info@ews-musik.de*; *www.ews-musik.de* [Gleiwitz, Oberschlesien 6.8.1940]. Oper, Konzert, Oratorium, Lied **Ausb:** Stud Folkwang-H Essen, Stud H f M u Th Hannover, Stud H f M u Th Hamburg, Stud (W Staegemann) Hamburg, Stud Sommerakad Mozarteum Salzburg, Stud (C Glettenberg) Köln. **Laufb:** Vereinigte Städt Bühnen Krefeld u Mönchengladbach, Landesth Detmold, Th d Stadt Koblenz, MTh Gelsenkirchen, Saarländ Staatsth Saarbrücken, Städt Bühnen Bielefeld, OpHaus Wuppertal, Staatsth Kassel, OpHaus Zürich, div in- u ausländ Bühnen-, Konz-, Lied- u RF-Engagements. – **Aufn/RF:** CDs: Oper Live Nr 1 u Nr 2; Konzert Live; Oratorium Live; 'O selige Weihnacht'; 'Hirtenweisen u Krippenlieder' Nr 1 u Nr 2; 'M im Advent u zur Weihnacht'; Schubert: Winterreise, m J Demus; ders: Die schöne Müllerin, m G Johnson 99; ders: Schwanengesang, m G Johnson 2000; Schumann: Lieder-Romanzen-Balladen, m G Johnson 01; Brahms: Vier ernste Gesänge/Lieder, m G Johnson 02; Beethoven: Ausgewählte Lieder, m G Johnson 03; Wolf: Ausgewählte Lieder, m G Johnson 03; Ausgewählte Lieder v Schumann, Marschner, Wolf ua, m G Johnson 04. **Sonst:** Grdg EWS-Klassik Bielefeld.

Kuttler, Klaus, Sänger; c/o Theater Aufstand Wels, Reinberghof 3, A-4600 Thalheim, T: (0 72 42) 2 95 49od (06 76) 5 50 08 61, F: 2 95 49, *office@volksoper.at*; c/o Volksoper Wien, Währinger Str 78, A-1090 Wien; *www.volksoper.at*. **Laufb:** Sol Volksop Wien seit SpZ 03/04, Th Aufstand Wels SpZ 04/05. (Red)

Kutzarova, Valentina, MA, Sängerin; Karl-Wiser-Str 2a, A-4020 Linz, T: (07 32) 37 72 65, *valentina.kutzarova@aon.at*; c/o Theater St Gallen, Museumstr 1/24, CH-9004 St Gallen [Varna, Bulgarien 29.7.1967]. ital Oper, Belcanto, Mozart, Barockmusik, Konzert, Lied **Ausb:** Dipl OpGes (L Stefanova) MAkad Sofia 91. **Laufb:** Sol Dt Op am Rhein Düsseldorf 99/2000, Teatro Palafenice di Venezia 2000/01, Teatro San Carlo di Napoli 2000/01, Teatro di Sassari 01/02, Op Nat de Montpellier 02/03, Grand Th de Genève 02/03, Op Nat du Rhin Strasbourg 03/04, Ldsth Linz 03/05, Konz u Th St Gallen SpZ 03/04. **Pr:** 1. Pr Concorso Int di Canto lirico Rocca delle Macìe 95, 2. Pr The Queen Sonja Int Music Competition Oslo 97.

Kutzer, Ernst, Komponist; Stadtweg 9, D-93080 Pentling, T: (09 41) 9 17 22, F: 9 17 22 [München 9.3.1918]. Kirchen-, Chor- u KamM **Ausb:** Lehrerbildungsanstalt Amberg 31–37, Stud (Komp) MH München 41–42, Privatstud Komp (H v Waltershausen) 46–48, Stud (Kirch) MH München 48–49. **Laufb:** VolksschulL Hohenthan, Mitterteich, Stein b Tirschenreuth u Bad Abbach, musikal Lt Waldsassener KamMKreis 49–54, LBeauftr Fachakad f KiM u Musikerz Regensburg 80–83. **Pr:** KompPr 'hibernia' Herne 58, Nordgaupr 62, E V Becker-Pr d Stadt Brückenau 67, KompPr d BDKJ Regensburg 71, Kulturpr Ostbayern 73, BVK 93. **Mitgl:** Landesverb Bayer Tonkünstler eV im DTKV. – **Komp:** Messe in f-Moll (Latein Ordinarium) 48, UA Neutraubling 78; Morgenglanz d Ewigkeit (Concertino) 76, UA Sulzbach-Rosenberg 76; Bläserqui Nr 1 op 100 (KamM) 77, UA Kelheim 78; Jubelt dem Herren, alle Lande op 102 (Solo-Kantate) 78, UA Regensburg 78; Weinschenk-Suite op 115 (KamM) 86, UA Regensburg 86; D' Woidrumpl op 117 (Op) 87/88, UA Regensburg 93; Rhapsod Suite op 118a (Symphon Blasorch) 95, UA Tirschenreuth 97. **Lit:** Komp in Bayern, Bd 34 97.

Kuzmenko, Vladimir, Tenor; Marienbader Str 36, D-70372 Stuttgart, T: (07 11) 5 09 08 47; c/o Gerstel International Opera Management, Stockerstr 10, CH-8002 Zürich, T: 04 17 63 91 88 01, F: 04 42 53 14 53, *gerstel@swissonline.ch*. **Laufb:** Gastsol Staatsth Stuttgart, Gastsol Bayer Staatsop München SpZ 04/05. (Red)

Kuznetsov, Fyodor, Bass; c/o Gerstel International Opera Management, Stockerstr 10, CH-8002 Zürich, T: 04 17 63 91 88 01, F: 04 42 53 14 53, *gerstel@swissonline.ch*; c/o Secretariat Artistique Muriel Denzler, Rue de la Cure 12, CH-2022 Bevaix, T: (0 32) 8 46 26 12, F: 8 46 37 87, *secret.art@murieldenzler.com*. **Laufb:** Sol Staatsth Stuttgart. (Red)

Kwak, Yeon Hee, Hochschullehrerin, Oboe, Englischhorn; Staatl Hochschule f Musik u Darstellende Kunst, Urbanstr 25, D-70182 Stuttgart [Seoul, Korea]. **Ausb:** Stud Univ Seoul, Stud b Prof Ingo Goritzki Staatl H f M u Darst Kunst Stuttgart. **Laufb:** Als Sol Konz m d Stuttgarter Kammerorch, Dt Kammerakad Neuss, Dt Bachsol, sowie m mehreren Orch d In- u Auslands b Int Fstv wie Oregon-Bach (USA), Japan u Korea, stellv Solo-Oboistin im Münchner RF-Orch d BR seit 2000, LAuftr d Staatl H f M u Darst Kunst Stuttgart seit 01. **Pr:** 1. Pr Int KamMWettb Lodz (Polen) u d Rotary-Förderpr Stuttgart 95, Stift Int Musikwettb 'Pacem in Terris' Bayreuth 96, Gewinnerin d Dt HWettb Würzburg u d Int Sony-Wettb Tokyo 97, 11. Prix Davidoff 98, Dt Schallplatten-Pr ('Echo Klassik 01') f CD m Werken v A Pasculli 01. – **Aufn/RF:** Einsp b d Musikprod Dabringhaus u Grimm. (*)

Kwiatkowski, Edeltraud, Sängerin; Hüingser Ring 84, D-58710 Menden, T: (0 23 73) 8 27 14. **Laufb:** Sol Th Hagen. (Red)

Kwiatkowski, Tomasz, Sänger; Körnerstr 32, D-27576 Bremerhaven, T: (04 71) 9 51 55 43, (01 77) 2 77 32 45. **Laufb:** Sol Stadtth Bremerhaven SpZ 01/05. (Red)

Kwiecien, Mariusz, Sänger; Wiener Staatsoper, Opernring 2, A-1010 Wien [Krakau]. **Laufb:** Sol Wiener Staatsoper 04/05. (Red)

Kwon, Cesare, Sänger; c/o Theater Magdeburg, PF 1240, D-39002 Magdeburg. (*)

Kwon, Hellen, Koloratur-Sopran; c/o Hamburgische Staatsoper, Große Theaterstr 34, D-20354 Hamburg, PF 302448, D-20308 Hamburg [Seoul]. **Ausb:** Stud MH Köln b D Jacob 79–84. **Laufb:** 'Zauberfl' (Königin d Nacht) Staatsth Wiesbaden 84, dass Paris, Zürich, München, Wien, Sol Hamburg Staatsop seit 87, Teilnahme an int Fstvs, ua Bayreuth, Glyndebourne, Aix-en-Provence, Salzburg, Fstv 'Mozart in Schönbrunn' Wien. **Pr:** 1. Pr Int GesWettb Novara 84. – **Aufn/RF:** Werke v Bach, Mendelssohn-Bartoldy, Mahler u R Strauss, ua Bach: 'Johannes Passion', Dgt: J Daus 99. (Red)

Kyburz, Hanspeter, Komponist; Stephanstr 17, D-10559 Berlin, T: (0 30) 3 96 83 25; H f Musik 'Hanns Eisler', Charlottenstr 55, D-10117 Berlin [Lagos, Nigeria]. **Ausb:** Stud Komp (A Dobrowolsky, G Neuwirth) Graz 80, (G Neuwirth, F M Beyer) H d Künste Berlin 82–90, (H Zender) Frankfurt, Stud (MWiss, Phil, KuGe) 91. **Laufb:** Auff v Werken durch Ens (ua Klangforum Wien, Ens Contrechamps Genf, Ens Intercontemporain Paris, Musikfabrik NRW, Ens Modern, Ens f Neue Musik Zürich, Ens UnitedBerlin, Camerata Qua Warschau u ens recherche Freiburg) auf MFstvs, ua Berliner Biennale, Wiener FestW, Wittener Tage f Neue KamM, Donaueschingen, GastDoz im Rahmen d Basler KompWoche 96, Prof (Komp) H f M 'Hanns Eisler' Berlin seit 97. **Pr:** Boris Blacher Pr 90, Stip Cité Int des Arts Paris 90/91, Schneider-Schott-Pr 94, Förderpr d Akad d Künste Berlin 96. – **AuftrKomp:** Ens Intercontemporain Paris, SWF Baden-Baden, Kons Basel, Steir Herbst, Schleswig-Holstein-Fstv, SFB, SDR. (Red)

Kyhle, Magnus, Sänger; c/o Volkstheater Rostock, PF 102215, D-18004 Rostock. (Red)

Kylau, Thomas, Sänger; c/o Bremer Theater, Am Goethepl 1–3, D-28203 Bremen, PF 101046, D-28010 Bremen. **Laufb:** Gastsol Th Bremen SpZ 03/05. (Red)

L

L *siehe* Lukowsky, Rudolf (Rolf)

Laatz, Wilfried, Prof, Hochschullehrer; Am Schierenberg 22, D-21227 Bendestorf, T: (0 41 83) 68 86; Musikhochschule, Große Petersgrube 17–29, D-23552 Lübeck. **Ausb:** Stud b H Szeryng. **Laufb:** Prof (V) MH Lübeck. (Red)

Labitzke, Petra, Sängerin; c/o Stadttheater Bern, Nägeligasse 1, CH-3000 Bern 7, *petra.labitzke@gmx.de* [Ludwigsburg 4.5.1970]. Oper, Oratorium **Ausb:** Stud Ges (B Abel) Staatl H f M u Darst Kunst Stuttgart 89–93, Aufbaustud Ges u OpSchule (L Bosabalian) ebd 93–95. **Laufb:** Sol Th Würzburg 95–99, Staatsth Kassel seit 99, Gast KamOp Schloß Rheinsberg 95, Th Lübeck 98/99, Th Augsburg 2000, Th Rostock 2000/01, Stadtth Bern SpZ 04/05. **Pr:** 2. Pr Robert-Saar-Liedwettb Bad Kissingen 97, 2. Pr Joseph-Suder-Liedwettb Hammelburg 98, Nachwuchsförderpr f junge Künstler d Ldes Bayern 99. – **Aufn/RF:** Schubert: Die Zwillingsbrüder, P Maag, Philh Mediterranea 92, 'Schöne Töne im Mai', Livemitschn Sendesaal Frankfurt, Radio SinfOrch Franfurt. **UA:** A Salieri: 'Kublai Khan' (Memma), UA Würzburg, Th 98.

Labuda, Izabela, Sängerin; c/o Volksoper Wien, Währinger Str 78, A-1090 Wien. **Laufb:** Sol Volksop Wien seit SpZ 03/04. (Red)

Labusch, Dorothee, Hochschullehrerin; Bettenstr 27, CH-8400 Winterthur, ZH, T: 05 22 12 11 48; Hochschule Musik u Tanz, Tössertobelstr 1, CH-8400 Winterthur. **Laufb:** Doz (Blattsingen, Gesang) MH Winterthur Zürich. (Red)

Lachenmann, Helmut, Prof, Komponist, Hochschullehrer; Schillerstr 69, D-71229 Leonberg, T: (0 71 52) 2 32 48, F: 2 28 32 [Stuttgart 27.11.1935]. **Ausb:** MH Stuttgart b J Uhde (Kl) u b J N David (Komp) 55–58, Ferienks Darmstadt 57, Venedig b L Nono (Komp) 58–60. **Laufb:** Prof (MTheorie) MH Stuttgart 66–70, (Komp) 81–99, Doz PH Ludwigsburg 70–76, U Basel 72–73, MH Hanover 76–81, bis 02 MH Stuttgart, Doz Ferienks f Neue M Darmstadt seit 78, freischaff Komp, Auff auf zahlr Fstvs u Konz. **Pr:** Kulturpr f Musik München 65, KompPr Stuttgart 68, Bachpr Hamburg 72, Musikpr d E-v-Siemens-Stift 97, Dr hc d MH Hannover 01. **Mitgl:** Akad d Künste Berlin, Hamburg, Leipzig, Mannheim, München; Belg Akad d Wiss, Lit u Künste. – **Komp:** ua 'temA' (f Fl, Stimme u Vcl) 68, 'Pression' (f Vcl) 69, 'Air' (f Perc u Orch) 69, 'Kontrakadenz' (f Orch) 70–71, 'Gran Torso' (f StrQua) 72, 'Salut für Caldwell' (f 2 Git) 77, 'Mouvement (vor der Estarrung)' (f KamOrch) 84, 'Tanzsuite m Deutschlandlied' (f StrQua u Orch) 80, 'Reigen seliger Geister' (f StrQua) 89, 'Das Mädchen m d Schwefelhölzern' (Op) 90–96; 'Sukura-Variationen' (f Sax, Schlgz u Kl) 2000; 3. StrQua 'Grido' 01; 'Schreiben' (f Orch) 03; 'Double (Grido II)' (f StrOrch) 04; Concertini 05. **Sonst:** 'Musik als existentielle Erfahrung' (Schriften) 96. (Red)

Lämmermann, Katja, Violine; Roggersdorfer Str 77, D-83607 Holzkirchen, T: (0 80 24) 48 98 30, F: 48 98 29, *katja.laemmermann@web.de* [Nürnberg 8.4.1980]. Konzert: Klassik, Romantik, 20th Century-Musik **Ausb:** Unterr (V) 83, Stud V (A Chumachenko) H f M München 96, Dipl 2000, Mstrkl, Stud V (M Fried) Indiana U Bloomington, USA seit 2000, int Mstrks (R Kussmaul, S Ashkenasi, C Eschenbach ua) 94–2001, Stud (D Weilerstein) New England Cons seit 03. **Laufb:** Bundesjugendorch 96–98, Schleswig-Holstein-M-Fstv 98, feste Aushilfe Münchner RF Orch seit 98, European Union Youth Orch 2000, Konz als Sol m Münchner RF Orch, Philh Baden-Baden, Philh Bad Reichenhall, Salzburg Chamber Soloists ua, KamM ua Münchner Künstlerhaus (W Sawallisch), Prinzregententh (L Maazel), Ravinia Fstv f junge Künstler (F Helmerson), Rising Stars Series (Sponsor: ECHO) 02/03. **Pr:** 1. Pr Ldswettb 'Jugend musiziert im KlTrio' 93, 1. Pr Bundeswettb 'Jugend musiziert' V Solo 94, Stip Yehudi Menuhin Stift 'Live Music Now' 98, Ruth Flesh Gedächtnispr d Carl Flesh-Akad 98, 3. Pr 4. Int V Wettb 'Leopold Mozart' Augsburg 99, Prtr Int V Wettb 'Kloster Schöntal' 99, mehrf Prtr d Wettb 'Dt Instrumentenfond' 99–01, Aufn Studienstift d dt Volkes 2000, 2. Pr 'Valsesia Musica' 03. – **Aufn/RF:** BR.

Längle, Sarah, Sopran; Stadttheater, PF120541, D-27519 Bremerhaven. **Laufb:** Sol Stadttheater Bremerhaven. (Red)

Läubin, Hannes, Prof, Hochschullehrer, Trompete; Lohmeierweg 15, D-81245 München, T: 0 16 34 87 24 54, F: (0 89) 87 85 27, *prof.laeubin@t-online.de*; H f Musik u Theater, Arcisstr 12, D-80333 München. **Ausb:** Stud MH Freiburg/Br (R. Bodenröder). **Laufb:** Prof MH Stuttgart 92, Prof (Trp) H f M u Th München 96. **Ens:** Bundesjugendorchester 71, NDR-SinfOrch 76. (Red)

Lafleur, Markus, Dirigent; Meller Str 203, D-49084 Osnabrück, T: (05 41) 5 00 06 07; c/o Städtische Bühnen Osnabrück, Domhof 10–11, D-49074 Osnabrück. **Laufb:** Solorep Th Hagen, Studienlt m Dirigierverpfl u Ass d GMD Städt Bühnen Osnabrück. (Red)

Lafontaine, Julie, Violine; av de Riant-Mont 4, CH-1004 Lausanne, T: 02 13 20 95 41. **Ens:** Orch de Chambre de Lausanne. (Red)

Lagrange, Gerhard, MD, Komponist, Dirigent; Rudolf Reiter Str 5, A-2540 Bad Vöslau, T: (0 22 52) 7 07 22, F: 7 07 22, *g.langrange@aon.at*, *gerhard.langrange@langrange.at*; *www.lagrange.at* [Bad Vöslau, NÖ]. Optte, Musical, Konz, KiM **Ausb:** Stud H f M u darst Kunst Wien. **Laufb:** 1. Kapm Stadtth Baden, MD 80, ständ Gastdgt niederösterr Tonkünstlerorch seit 67, Wiener Hofburgorch seit 81, Gastdirigate Grazer Op ab 85, Raimundth 86, festl Abendkonz Jakobusfest Bad Vöslau m Fstv-Chor seit 87, Lt Wiener Sinfonietta 92, Wiener Volksop 90, musikal Lt Opttenbühne Wien seit 96, zahlr Gastdirigate u Tourneen im Ausland, Neurjahrskonz Niederlande, Belgien u Ungarn, Strauß-Konz Niederlande u Belgien 99/2000, musikal Lt Berndorfer SymphOrch. **Pr:** zahlr Ehrungen u Ausz. – **Komp:** Orch- u ChorW. **Aufn/RF:** m Niederösterr Tonkünstlerorch, Philh Orch Györ, Filharmonia Bohuslav Martinu Zlín, J Strauß Orch u Franz Lehár Orch Budapest. **Sonst:** Grdg Fstv-Chor Jakobusfest Bad Vöslan.

Lah, Richard, KMD, Kirchenmusiker; Saturnstr 4, D-95448 Bayreuth, T: (09 21) 9 77 32, F: 3 36 07 72, *lah.bayreuth@gmx.de*; Kirchpl 2, D-95444 Bayreuth, T: (09 21) 59 63 07, F: 59 68 99, *lah@stadtkirche-bayreuth.de* [Neutomischel 9.4.1944]. **Ausb:** A-Prfg KiM 69 KiMSch Halle/Saale. **Laufb:** LBeauftr (lit Orgelsp) H u Fachakad f Ev KiM Bayreuth.

Lahnsteiner, Werner, Solorepetitor; Landestheater, Schwarzstr 22, A-5020 Salzburg. **Laufb:** Solorep Landesth Salzburg, Schauspielmusiker Landesth Salzburg. (Red)

Laine, Sennu, Violoncello; c/o Staatskapelle Berlin, Unter den Linden 7, D-10117 Berlin. **Laufb:** Sol Staatskap Berlin. (Red)

Lajos, Béla, Komponist, Flötist, Maler, Instrumentallehrer; Königsallee 45, D-47533 Kleve, T: (0 28 21) 2 27 78 [Szeged, Ungarn 1929]. Konzert, Zwölftonmusik; Avantgarde, Abstract **Ausb:** Stud (Prof Biró) Staatl Kons v Szeged/Ungarn seit 47, (Prof Resnicek) Akad f M u Darst Kunst Wien. **Laufb:** Solofl Orch NatTh u Philh Orch (Bartók Béla Philharmonikus Zenekar) Szeged 50, LAuftr Staatl MSch Békéscsaba 52, Emigration 57; GrdgMitgl Philh Hungarica (20-jähr Tätigkeit als Fl); KonzReisen unter berühmten Dgt wie Doráti, Krips, Caridis, Erede, Hollreiser, Sawalisch, Kertész, R Stolz in Europa u Nordamerika, z B Carnegie-Hall NewYork, San Carlo Th Neapel, Royal Albert Hall London, Wiener Musikverein-Saal, Sale Pleyel Paris, Freilichtbühne d Herodes Atticus Athen; ZusArb m Sol wie Y Menuhin, A Navarra, M Argerich, A Rothenberger, G di Stefano, R Schock, A Földes, E Ney; Gastauftr Kölner u Düsseldorfer Op; päd Tätigkeit seit 71, hauptamtl a KreisMSch Kleve seit 76; neben musikal Tätigkeit intensive Beschäftigung m d Malerei. **Pr:** Ehrenbürger d Stadt New York, 1. Pr QuerflWettb Béla-Bartók Wettb Szeged/Ungarn 49, 1. Pr QuerflWettb Bach-Fstv Sopron/Ungarn 50, 2. Pr 'Uno Momenteo' Siegburger Engelbert Humperdinck KompWettb 99 u 1. Pr 'Sojal Airam Xam' (Kristallen) ebd 02. **Ens:** Rhein Querfl-Oktett. – **Aufn/RF:** zahlr Schallpl m d Orch, darunter die m d ersten Platinplatte f klass Musik honorierte Edition aller 104 Sinf v Joseph Haydn. **UA:** Überwiegend FAAS Op 1, UA Essen 86; Zwölfton f Zwölf Op 38, UA Münster 97; FABB Op 55, UA Neuss 98, Niederrhein Walzer Op 39, UA Budapest 2000; Sojal Airam Xam, Kristallen Op 125, UA Kleve 02; Puszta-Winde Op 146, UA Siegburg 03; Op 'Johanna' Op 67.

Lajovic, Uros, Mag, Prof, Hochschullehrer; Univ f Musik u Darst Kunst, Inst f Musikleitung, Anton-von-Webern-Pl 1, A-1030 Wien, T: (01) 7 11 55 32 15, *lajovic@mdw.ac.at*. Komposition, Musiktheorie, Dirigentenausbildung **Laufb:** o UProf U f Musik u Darst Kunst Wien. (Red)

Lakey, Denis, Countertenor; c/o Cecilia Music Concept – Franz-Georg Stähling, Brauweilerweg 183, D-50933 Köln, T: (02 21) 8 00 00 70, F: 8 00 00 71, *staehling@cecilia-cmc.de*; *www.denislakey.com* [Kapstadt]. **Laufb:** Sol Th Erfurt. (Red)

Dr Michael Lakner

Lakner, Michael, Dr, Intendant; c/o Lehár Festival Bad Ischl, Kurhausstr 8, A-4820 Bad Ischl [Wien]. Konz, Liedbegleitung **Ausb:** Kons Wien, U f M Wien. **Laufb:** Schweiz, Finnland, Südafrika, Japan, USA, Großbritanien, Frankreich, Tschechien, Slowakei, Ägypten. – **Aufn/RF:** CDs: 'Borderline' (Filmmusik), 'Honeymoon' (Musical); RF-Aufn: Eggenberger Schlosskonz 92.

Lallinger, Dieter, Prof, Hochschullehrer, Klavier; Univ d Künste, Fak Musik, PF 120544, D-10595 Berlin, T: (0 30) 31 85 23 96. **Laufb:** Prof (Kl) U d Künste Berlin. (Red)

Lambertz, Wolfgang, Sänger; c/o Theater Nordhausen/Loh-Orchester Sondershausen GmbH, Käthe-Kollwitz-Str 15, D-99734 Nordhausen, Pf 100244, D-99722 Nordhausen, T: (0 36 31) 89 56 73 [Plauen, Vogtland 1942]. Oper **Ausb:** Stud MH Mendelssohn-Bartholdy Leipzig 61–66. **Laufb:** Sol Meiniger Th 66–78, Th Nordhausen/Sondershausen seit 78, Gastsp in Kaunas (Litauen) u Budweis (Tschechien).

Lamperny, H *siehe* Hütten, Kurt Hans

Lampert, Inga, Sängerin; c/o Oper Leipzig, Augustuspl 12, D-04109 Leipzig. (Red)

Lampert, Thomas, Klarinette, Hochschullehrer; c/o Mainfrankentheater Würzburg, Theaterstr 21, D-97070 Würzburg, *sonthom@t-online.de*; H f Musik, Hofstallstr 6–8, D-97070 Würzburg. **Laufb:** Doz (Klar) Hermann Zilcher Kons Würzburg 85–01 u H f M Würzburg seit 01, Klar Würzburger Philharmoniker. (Red)

Lampsatis, Raminta, Dr, Prof, Hochschullehrerin, Dirigentin; Hochschule f Musik u Theater, FB 3, Harvestehuder Weg 12, D-20148 Hamburg. **Laufb:** Prof (Unterrichtsbegl f Gesang, Partien-, EnsStud, musikal Ltg im szen Unterricht) H f M u Th Hamburg, Dgt Forum d Hochschule f Musik u Th Hamburg. (Red)

Lampson, Elmar, Prof, Komponist, Hochschullehrer; Ehestorfer Heideweg 2, D-21224 Rosengarten, T: (0 40) 7 96 83 11, F: 7 96 83 11, *privat@elmar-lampson.de*; Hochschule f Musik u Theater, Harvestehuder Weg 12, D-20148 Hamburg, T: (0 40) 4 28 48 25 83, *elmar.lampson@hfmt.hamburg.de*; *www.elmar-lampson.de* [Koblenz 3.12.1953]. EnsWerke, KamM **Ausb:** Stud (Komp, V) H f M Hannover b Alfred Koerppen 72–80. **Laufb:** Lt Orch-Akad Hamburg, Prof (Phänomenologie d M), Dekan Univ Witten-Herdecke bis 04, Prof (Komp, Mtheorie) H f M u Th Hamburg, Präs seit 04. – **Komp:** zahlr Komp, ua Streichqua, 3 Orchesterstücke, Facetten f Klaviertrio,Sinfonietta f Solistenens, Sinf 'Das Traumlied d Olaf Åsteson'. **Aufn/RF:** ua subsTANZ 96; symPHONIE, 97; Scherber: Symph Nr.3 h-moll (Staatsphilh Rheinland-Pfalz). **Sonst:** Grd d Musikfestes 'Hörwelten'- Hamburger Begegnung im Zeichen zeitgen Musik 89. **Lit:** Porträt „Wie klingt eine Untertasse" in: Die ZEIT Nr.26 v 18.6.03; GEO-Wissen Nr.31 03.

Landauer, Bernhard, Sänger; Karl-Innerebner-Str 88, A-6020 Innsbruck, T: (05 12) 27 42 13; c/o Agentur Seitter, Opernring 8/13, A-1010 Wien, T: (01) 5 13 75 92, F: 5 12 93 51, *office@agentur-seitter.at* [Innsbruck 1970]. **Ausb:** Sängerknabe Kloster Wilten, Stud Ges (H Karusso, K Equiluz) Wien. **Laufb:** Gastsol Tiroler Ldesth Innsbruck SpZ 03/04. (Red)

Landchek, Michael, Violine, Dirigent; c/o CONCORNO – Kulturmanagement, Löffelstr 40, D-70597 Stuttgart, T: (07 11) 6 33 90 84, F: 6 33 90 85, *info@concorno.de*; *www.concorno.de* [Opole]. **Ens:** Konzm Wiener Kammerorch u Posener Philh, Wiener Philh seit 2000. (Red)

Landerschier, Jonas, Schauspielmusiker; c/o Schauspielhaus Zürich, Rämistr 34, CH-8001 Zürich. **Laufb:** SchspM Th Braunschweig SpZ 03/04, Schauspielhaus Zürich SpZ 04/05. (Red)

Landgraf, Joachim, Künstlerischer Leiter; D-79822 Titisee-Neustadt, T: (0 76 51) 20 70; c/o Parktheater Augsburg, Klausenberg 6, D-86199 Augsburg. **Laufb:** Künstl Lt Parkth Augsburg SpZ 03/05. (Red)

Landmann, Friedrich, Dipl, Komponist, Saxophonist, Bassklarinettist; Ellighoferstr 31A, D-86944 Unterdießen, T: (0 82 43) 5 87, F: 96 12 37, *friedrich.landmann@t-online.de* [Merdingen 1.7.1946]. KamM u Musiktheater **Ausb:** Stud (Päd) Freiburg, Stud priv (Sax, Klar) 74–78, Jazz-School München 79–81, (MWiss) U München 81–85. **Pr:** Stip Creativ-Musik-Studio New York 86. **Ens:** Landmann/Urano Ens. – **Komp:** 'Epitaph' (f Bass u Kb-Klar) 89, UA Urbino, Pallazzo Ducale 91; 'Aion' (f Bassklar solo) 91, UA Urbino, Palazzo Ducale 91; 'Memento' (f SopSax u Kl) 99, UA Landsberg, Stadtth 01. **AuftrKomp:** 'Ariadne' (MTh f Sop, kl Ens, Schausp), UA Hamburg, Int Kulturfabrik, gefördert v Kultursenat Hamburg 91; 'Über d Verschwinden d Wirklichkeit' (Mth f Sop, KamEns, Schausp), UA Hamburg, Kulturfabrik, gefördert v Dt Musikrat u Kultursenat Hamburg 92; 'Der Unverrückbare Ort' (FilmM f Bläserens, Sop), UA Hamburg 95 (Auftr: Inst f Film u Fernsehen Bremen).

Landmann, Josef *siehe* Platt, Peter

Landsverk, Lois, Viola; Windbühl 3, D-96129 Strullendorf, T: (0 95 05) 54 49; c/o Bamberger Symphoniker, Mußstr 1, D-96047 Bamberg. **Laufb:** Sol Bamberger Symph. (Red)

Landvogt, Castor, Prof, Hochschullehrer, Komponist; Hochschule f Musik u Theater, Emmichpl 1, D-30175 Hannover [1971]. **Ausb:** Stud (SchuM) MH Köln 90–92, Tonsatzstud MH Köln (Prof. Michel, Prof. Jaecker) 92–97, Gesangsunterr b Sieglinde Schneider u Mitgl Kölner Kammerch unter Peter Neumann seit 97. **Laufb:** Ltg Org- u Ch Johanneskirche Kerpen seit 90, Korr MH Köln seit 94, Korr Rheinische Chorgemeinschaft seit 95, L Kl MSchule Köln-Weiden seit 94–95, VetrtretungL 95–97 f Prof. Wilfried Michel 95–97, LBeauftr H f Musik Köln 98–99, Prof (MTheorie) H f Musik u Th Hannover seit 99. (Red)

Lanfranconi, Jürg, Prof, Blockflöte, Hochschullehrer; Hornackerstr 5, CH-8280 Kreuzlingen, T: 07 16 72 54 24; H Musik u Theater, Hirschengraben 46, CH-8001 Zürich, *juerg.lanfranconi@hmt.edu*. **Laufb:** Prof HMT Zürich. (Red)

Lang-Lessing, Sebastian, Dirigent; c/o Agentur Seitter, Opernring 8/13, A-1010 Wien, T: (01) 5 13 75 92, F: 5 12 93 51, *office@agentur-seitter.at*; *www.agentur-seitter.at* [1966]. **Ausb:** Stud (Dirig, Kl) H Hamburg u Lübeck, zahlr Mstrks (Dirig). **Laufb:** ua: Ass (G Albrecht) Hamburg Staatsop 90–91, 1. Kapm Volksth Rostock 91–94, Berliner FestW 91, Offenbach: 'Orpheus in d Unterwelt' Dt Op Berlin 93, 'Madame Butterfly' Op Bastille de Paris 94, Residenzvertrag Dt Op Berlin seit SpZ 94/95, 'Cavalleria Rusticana'/'I Pagliacci' Königl Op Stockholm 95, 'La Bohème' ebd 96, 'Le Nozze die Figaro' ebd 97/98, 'Hänsel u Gretel' Houston Grand Op 97, 'Cavalleria Rusticana'/'I Pagliacci' Op Göteborg 99, Japan-Tournee m Tokyo Philharmonic Orch 99, Dir Musical de l'Orch Symph et Lyrique de Nancy seit SpZ 99/2000, Konzverpfl u Gastkonz in ganz Europa. **Pr:** mehrere Pr, ua Ferenc-Fricsay-Pr Berliner Dgt Wettb 90. – **Aufn/RF:** Saint-Saëns, Martinu: VKonz, m Hamburger Sinfoniker, K Scholz 2000.

Láng, Andreas, Dramaturg; Wiener Staatsoper, Opernring 2, A-1010 Wien. **Laufb:** Dramaturg Wiener Staatsoper. (Red)

Lang, Anja, Mezzosopran; Ifflandstr 3, D-68161 Mannheim [Kassel 4.9.1969]. Oper, Konzert **Ausb:** H f M u Th Hannover, Dipl. **Laufb:** GastSol Staatsth Kassel seit 01, sonst freischaff.

Lang, Bernhard, Komponist, Pianist; Schönburgstr 30/7, A-1040 Wien, T: (01) 5 03 23 39, F: 5 03 23 39, *bernhard.lang@chello.at*; *members.chello.at/bernhard.lang* [Linz 24.2.1957]. **Ausb:** Stud Brucknerkons Linz, Stud Philosophie u Germanistik, Jazztheorie b D Glawischnig, Kl, Harmonielehre u Komp b A Dobrowolsky, Kontrapunkt b H M Pressl in Graz ab 75, weiterführende KompStud b Gösta Neuwirth, Einführung in mikrotonale KompTechniken durch Georg Friedrich Haas. **Laufb:** Arbeit m Jazzgruppen als Komp, Arrangeur u Pianist; Lehrtätigkeit Landeskons Graz (Satzlehre, Musiklehre, Komp u Klavier) 84–89, Auseinandersetzung m Elektron Musik u Computertechnologie, ausgehend v Arbeiten am Inst f Elektron Musik Graz, Entwicklung d Software CADMUS in C++ (Entwicklungsumgebung f computergestützte Komp), Grdg d KompGruppe 'Die Andere Saite' 87, LAuftr (Tonsatz) MH Graz ab 88, LAuftr (Harmonielehre) MH Graz ab 90, Vertragslehrer (Tonsatz u Harmonielehre) ab 95, freischaff Komp Wien ab 99; Teiln Steir Herbst 84, 88, 91, 95 u 99, Moskau Alternativa Fstv, Moskau Modern, 'resistance fluctuations' Los Angeles 98, Tage Absoluter Musik Allentsteig I u II, Klangarten, Herbstfstv 98 Lissabon, Wien Modern, Münchner OpernFSp, Darmstädter Ferienkse, Donaueschinger Musiktage, Salzburger FSp ua, ZusArb m d Künstlergruppen 'Intro-Spection Graz', 'Fond', 'Klangarten Wien', PGNM Bremen, ImprGruppen 'Tricorder', 'Laleloo', 'Vienna Loop Orchestra', Klangforum Wien. **Pr:** Musikförderungspr d Stadt Graz 86, 1988 1. Pr b Int Alpen-Adria KompWettb 88, Förderungspr d Musikprotokolls 88, Würdigungspr d Bundesmin f Wiss u Forschung 89, Andrej Dobrowolski Pr d Landes Steiermark 01, Anton Bruckner Stip d Landes Oberösterreich 01. – **Komp:** Hörspielmusik 'Der Himmel ist Bodenlos' (Wien 01), ThMusik 'Der Blutige Ernst' (Burgtheater Wien 01). (Red)

Lang, Brigitte, Violine; Haldenstr 5, CH-6006 Luzern, T: 04 14 10 08 59, *violin@duolang.ch*; c/o Duo Lang, Kirchweg 6, CH-6033 Buchrain, T: (0 41) 4 40 32 64; *www.duolang.ch* [Luzern 1974]. **Ausb:** Stud Luzern, SolDipl (A v Wijnkoops) Basel 94, postgrad Stud Guildhall School of M a Drama London (D Takeno), Mstrks b L Fenyves, F Gulli, I Ozim, G Sebok u G Schulz. **Laufb:** stellvertr KonzM NDR Sinfonieorch Hamburg. **Pr:** Förderpr d EWG, 2. Pr ex aequo 4. Int Wettb 'Premio Trio di Trieste' 99, Lionspr Baden-Baden. **Ens:** Duo Lang. (Red)

Lang, Claudia, Solorepetitorin; c/o Städtische Theater, Käthe-Kollwitz-Str 7, D-09111 Chemnitz, PF 756, D-09007 Chemnitz. **Laufb:** Solorep Städt Th Chemnitz SpZ 01/05. (Red)

Lang, Doris, Sängerin; c/o Theater d Landeshauptstadt, Rathauspl 11, A-3100 St Pölten. **Laufb:** Sol Th d Landeshauptstadt St Pölten SpZ 03/04. (Red)

Lang, Franz, Prof, Hochschullehrer, Schlagzeug; Europastr 23, D-77833 Ottersweier, T: (0 72 23) 2 08 80, F: 2 08 80, *frglang@web.de*; Hochschule f Musik, Schultheiß-Koch-Pl 3, D-78647 Trossingen. **Ausb:** Stud b Hermann Gschwendtner in München u Trossingen. **Laufb:** Pauker u Schlagzeuger am Nationalth Mannheim 78, Pauker u Schlagzeuger b SinfOrch d SWF (jetzt SinfOrch d SWR Baden-Baden/Freiburg) seit 79, Auftr m Orch wie d Berliner Philharmonischen Orch, Gewandhaus-Orch Leipzig, 'World Orchestra for Peace' unter Walery Gergiew, Prof (Schlgz) Staatl H f Musik Trossingen seit 87. – **Aufn/RF:** über 100 CDs m d SWF-SinfOrch u verschiedenen anderen Ens. (Red)

Lang, Frieder, Prof, Hochschullehrer, Tenor; c/o Gröger, Wörnbrunner Str 52, D-82041 Deisenhofen, T: (0 89) 6 13 19 46, *BriFriLang@freesurf.ch*; H f Musik u Theater, Arcisstr 12, D-80333 München [Affalter 28.4.1950]. **Ausb:** H f M Köln, Stud (Germanistik, MWiss) Univ Köln 69–75, Stud b Paul Lohmann, Hans Hotter. **Laufb:** Dresdner KreuzCh 60–68, Sol Op Hamburg, OP Köln, Prof (Alte Musik, Gesang) Richard Strauss Kons München, Doz H f M u Th Bern-Biel, Prof H f Musik u Theater München. (Red)

Lang, Günther, Musikalischer Leiter; Jahnstr 20, D-07318 Saalfeld, T: (0 36 71) 52 09 18, 01 70–5 11 54 18. **Laufb:** Musikal Lt ppp-musiktheater München SpZ 03/04.

Lang, Klaus, KS, Sänger; Kurfürstenstr 33, D-13467 Berlin, T: (0 30) 4 04 90 08 [Schweinfurt 2.2.1938]. **Ausb:** MH München. **Laufb:** Sol Dt Op Berlin. **Ens:** GDBA, Beirat Solo.

Lang, Klaus, Komponist, Organist; Wilmsstr 4, D-10961 Berlin, T: (0 30) 78 09 55 92, *114211.3557@compuserve.com*; c/o zeitvertrieb wien berlin, Zollergasse 5/13, A-1070 Wien [26.4.1971]. **Ausb:** Stud Komp b H M Preßl, MTheorie u Org in Graz, weitere KompStud b Beat Furrer u Peter Michael Hamel in Graz u b Younghi Pagh-Paan in Bremen, Kurse b Klaus Huber, James Tenney u LaMonte Young. **Laufb:** Doz (MTheorie) Graz 96–99, seither freier Komp; Werke aufgeführt v Klangforum Wien, ens die reihe wien, Südfunk Chor Stuttgart, ensemble zwischentöne Berlin, work in progress berlin, ensemble 2001. – **Komp:** 'Stimme allein' m Beat Furrer an d Op Bonn, Op 'königin ök' an d Op Bonn. **AuftrKomp:** f musikprotokoll im steirischen herbst Graz, metaphér Stuttgart, wien modern, eclat stuttgart, Primavera en La Habana-Havanna/Cuba, Wires-frequency fluctuations Los Angeles/USA, kryptonale Berlin 99, hörgänge wien 2000. (Red)

Lang, Lang, Klavier; c/o Deutsche Grammophon, Alte Rabenstr 2, D-20148 Hamburg. **Pr:** Leonard Bernstein Award 02 (Schleswig-Holstein MFstv). (Red)

Lang, Loren Christopher, Sänger (Bassbariton); Hehenberg 9, D-27711 Osterholz-Scharmbeck, T: (0 47 91) 5 89 00, (01 78) 4 95 25 67 [Bellington, WA, USA]. **Ausb:** Stud (Ges) Western Washington State U, H f M u Th Hannover. **Laufb:** Eng Th Würzburg, Niedersächs Staatsth Braunschweig, Sol Th Bremen (Mozart: Figaro, Titelpartie; Mozart: Don Giovanni, Masetto) (03/05). (Red)

Lang, Marianne, Sängerin; Bismarckstr 43, D-95028 Hof, T: (0 92 81) 34 66; c/o Städtebundtheater Hof, Kulmbacher Str 5, D-95030 Hof. **Laufb:** Sol Th Hof, Gastsol Mainfranken Th Würzburg SpZ 03/04. (Red)

Lang, Michael, KV, Fagott; c/o Dresdner Philharmonie, PF 120424, D-01005 Dresden. (Red)

Lang, Peter, Prof, Hochschullehrer, Klavier; Markus-Sittikus-Str 5, A-5020 Salzburg; Univ Mozarteum, Abt f Tasteninstrumente, Zentrum im Berg, Fürbergstr 18–20, A-5020 Salzburg, T: (06 62) 61 98 52 10, F: 61 98 30 33 [Wels 20.7.1946]. **Laufb:** UProf (Kl) U Mozarteum Salzburg. (Red)

Lang, Peter Helmut, Dipl-Mus, Komponist, Pianist; Breitscheidstr 17, D-99423 Weimar, T: (0 36 43) 85 35 98 [Böblingen 23.9.1974]. Konzert, Lied, elektron M **Ausb:** Kompstud MH Weimar 95–2002, Stud (B K Przybylski) Lodz 99/2000. **Pr:** GFPS-Stip 99/2000, 1. Pr KompWettb Lodz 2000, 2. Pr KompWettb d ORB 01. **Mitgl:** DKV. – **Komp:** Streichqua Nr 1, UA Weimar 97; Studie über d Tod einer Krähe (Elektroakust M), UA Weimar 98; Ges d Erwachsens (KamM f Fl, Akk, Git), UA Weimar 99; Geflüster (Elektroakust M), UA Weimar 99; Wirklichkeit unser unverläßliches Märchen (Liederzyklus f Sop u Kl), UA Weimar 2000; Elegia (Streichqua), UA Lodz 2000; Concertino (über mehr als 4 Töne) (KamM f Fl, Akk, Git); Mein Atem heißt jetzt (Ouv f Orch), UA Gera 01; Nass (Elektroakust M), UA Weimar 03; Beschwörungen (f Git Solo), UA Gera 04 (Auftr: Int Git-Wettb Anna-Amalia); The sream of the sea (f Orch), UA Weimar 05 (Auftr: via nova eV).

Lang, Petra, Mezzosopran; c/o Balmer & Dixon Management AG, Kreuzstr 82, CH-8032 Zürich, T: 04 32 44 86 44, F: 04 32 44 86 49, *eugster@badix.ch*; c/o Bühnen der Stadt Köln – Opernhaus, PF 101061, D-50450 Köln; *www.badix.ch/voc.lang.html* [Frankfurt 29.11.1962]. Oper **Ausb:** Stud (V) 82–86, Ges (G Charlent) Akad f Tonkunst Darmstadt 85–89, Peter-Cornelius-Kons Mainz, Künstl Reifeprfg 89, Betreuung durch I Bjoner, Oslo seit 89, Mstrkse (H Hotter, D Fischer-Dieskau, P Schreier, I Bjoner, B Fassbaender). **Laufb:** ua: Studio Bayer Staatsop München 89/90, Th Basel 90/91, Th Dortmund 92–95, Staatsth Braunschweig 95–97, Salzburger FSp 93, Bregenzer FSp Nabucco (Fenena) 94, DNO Amsterdam 94, La Scala Milano 95, Carnegie Hall New York 97, Dt Staatsop Berlin 97, De Vlaamse Op Antwerpen 98, Staatsth Braunschweig 98, Royal Op House Covent Garden London 98, Genf 99, Dt Op Berlin, Baltimore Lyric Op, Festival d'Aix en Provence, Paris, London, BBC Proms London, Royal Op House Covent Garden London, Amsterdam, Ferrara, Modena, Dt Op Berlin 2001 u SpZ 04/05, Wiener Staatsop SpZ 02/03, 04/05, Sächs Staatsop Dresden SpZ 03/05, Edinburgh Fstv, Op Köln. **Pr:** 1. Pr Robert Stolz Wettb Hamburg u 1. Pr IVC 's-Hertogenbosch 91, 1. Pr u Mozart Sonderpr Girardi-Wettb Coburg 92, Grammy Aw (Berlioz: 'Les Troyens', Dgt Sir C Davis) 02, Diapason D'or 03. – **Aufn/RF:** CDs: Bach: Kantaten, Dgt J E Gardiner 92; Mozart: 'Le Nozze di Figaro' (Cherubino), Dgt N Harnoncourt 93; Bruckner: 'Te deum', Dgt E zu Guttenberg 95; Wagner: 'Tristan u Isolde' (Brangäne), OOo New York, Dgt E Queler 97; Mahler: 2. Sinf, Dgt A Litton 98; Beethoven: 9. Sinf, Dgt Ph Herreweghe 99; Rossini: 'Stabat Mater', Dgt M Creed 99; Berlioz: 'Les Troyens' (Cassandre), Dgt Sir C Davis 2001; Mahler: 2.Sinf, Dgt R Chailly 02; Videos: Nabucco (Fenena), Bregenzer FSp (ORF). **UA:** M Kelemen: Salut au Monde, UA MDR Leipzig 99.

Lang, Thomas, Chordirektor; Bergstr 22, D-65510 Hünstetten-Kesselbach, T: (0 61 26) 20 22 68; Hessisches Staatstheater, PF 3247, D-65022 Wiesbaden. **Laufb:** ChorDir Hess Staatsth Wiesbaden SpZ 03/04. (Red)

Lang, Yvonne, Klavier; Kirchweg 6, CH-6033 Buchrain, LU, T: 04 14 40 32 64, *piano@duolang.ch*; *www.duolang.ch* [Luzern 1971]. **Ausb:** Stud Kons Luzern b I Klànsky, SolDipl 95, postgrad Stud London Duounterr b D Takeno, int Mstrkse b G Sebök, P Gililov). **Laufb:** Doz (Korr Streicher, Holzbläser, Kl) MH Luzern. **Pr:** 2. Pr ex aequo 4. Int Wettb 'Premio Trio di Trieste' 99, Edwin Fischer Gedenkpr. **Ens:** Duo Lang, Chamber Soloists Lucerne. (Red)

Langara, Doris Sonja, Sängerin; c/o Neue Oper Wien, Herminengasse 10/Tor 23, A-1020 Wien, T: (01) 2 16 27 69, F: 2 16 27 69, *NeueOperWien@music.at*. **Laufb:** Sol Op im Schloßgarten Eutin SpZ 03/04, Neue Op Wien SpZ 04/05. (Red)

Langbein, Robert, Horn; c/o Konzerthaus Berlin, Gendarmenmarkt, Charlottenstr 57, D-10117 Berlin. **Laufb:** Sol Berliner SinfOrch. (Red)

Lange, Annegret, Komponistin; c/o Handelsagentur A Lange, Auerspergstr 7/44, A-1080 Wien, T: (01) 4 08 13 14, F: 4 06 78 92, *a.lange@aon.at*; *members.aon.at/lange/info*. – **Sonst:** Handelsagentur f Raritäten, Ersteinsp, Histor Aufn, BarockM, Alte M, zeitgen M, Entdeckungen, Jazz. (Red)

Lange, Manuel, Solorepetitor; c/o Komische Oper, Behrenstr 55–57, D-10117 Berlin. **Laufb:** Solorep Kom Op Berlin. (Red)

Lange, Ralf, Kapellmeister, Korrepetitor; Kaiserstr 116, D-44135 Dortmund, T: (02 31) 55 80 81, (01 79) 2 98 92 56. **Laufb:** Kapm u Korrep Th Dortmund. (Red)

Lange, Thilo, Solorepetitor; Seminarstr 4, D-32756 Detmold, T: (0 52 31) 36 74 21, (01 74) 8 88 83 76. **Laufb:** Solorep Landesth Detmold SpZ 03/05. (Red)

Langeheine, Jens, Violine, Konzertmeister; Holbeinstr 22, D-42781 Haan. **Laufb:** Konzm Düsseldorfer Symphoniker. (Red)

Langenstein, Gottfried, Prof, Hochschullehrer; H f Musik, Hofstallstr 6–8, D-97070 Würzburg [Biberach/Riß]. **Ausb:** Stud (Horn) Staatl H f M München 58–62. **Laufb:** Hornist Städt Bühnen Freiburg 62, SolHornist Münchner Philh 63–72, 1. Hornist FSpOrch Bayreuth 71–75, Prof (Hn, KamM) H f M Würzburg seit 72. **Pr:** Bayer StaatsPr f Junge Künstler 69. **Ens:** Münchner Nonett, Dt Bläsersolisten. (Red)

Langer, Arne, Dr, Dramaturg; c/o Theater Erfurt, Placidus-Muth-Str 1, D-99084 Erfurt, PF 100554, D-99005 Erfurt, T: (03 61) 2 23 31 16, *langer@theater-erfurt.de* [Detmold 13.8.1962]. **Ausb:** Stud (MWiss) MH Detmold/GH Paderborn 81–82, (MWiss, ThWiss) FU Berlin 84–89. **Laufb:** Wiss Mitarb FU Berlin 89–96, LAuftr FU Berlin u Ruhr-Uni Bochum 96–98, Persönl Referent d GenIntend Th Erfurt 98–03, LAuftr Inst f MWiss Weimar-Jena seit 01, Chef-Dram Th Erfurt SpZ 03/05. **Mitgl:** Ges f ThWiss, Ges f MForschung, Ges f ThGeschichte; Fachbeirat f d MGG (Musik d Geschichte u Gegenwart).

Langer, Christine, Konzertmeisterin, Violine; c/o Anhaltische Philharmonie, Friedenspl 1a, D-06844 Dessau. **Laufb:** Konzm Anhalt Philharmonie Dessau. (*)

Langer, Jochen, Komponist; An der Hochleiten 1, D-83244 Unterwössen, T: (0 86 41) 87 87, *langermusik@aol.com* [Trzynietz 19.5.1939]. Kirchenmusik **Ausb:** Organistenschule d Erzdiözese München-Freising 54, Waldhornunterr (P Suttner) 56–58, Kons München 56, Abschlußprüfung (B) KiM 60. **Laufb:** Chorregent Unterwössen seit 61, Lt Musikkap Wösen 68–81, Schullt VolksMSch Oberes Achtal seit 73. – **Komp:** Wössener Weihnachtsmesse (Geisl M) 71, UA Unterwössen 72; Ländl Festmesse (Geistl M) 76, UA Unterwössen 76; Bayernlied-Marsch, Die Gebirgsschützen kommen 79, UA Unterwössen 79; Jubiläumsmesse (Geisl M) 81, UA Unterwössen 81; Wössener Hirtenmesse (Geisl M) 81, UA Unterwössen 81; Kleine Festmesse in F (KKi), UA Unterwössen 99; Deutsche Messe 'Zu deiner Ehr', Gott, kommen wir' (gem Kirchweihmesse), UA Unterwössen 05.

Langevoort, Louwrens, Intendant; c/o Kölner Philharmonie, Bischofsgartenstr 1, D-50667 Köln, PF 102163, D-50461 Köln, T: (02 21) 20 40 82 20, F: 20 40 82 22, *GF@koelnmusik.de*; *www.koelnmusik.de* [Groningen 28.5.1957]. Konz, Op, Lied, Jazz, elektr M, Weltm, Neue M **Ausb:** Jura-Stud in Amsterdam 74–79. **Laufb:** Intend Nat Reisop Niederlande 94–2000, Hamburg Staatsop 2000–05, Philh Köln ab SpZ 05/06.

Langgartner, Martin, Kontrabass; c/o WDR Rundfunkorchester, D-50600 Köln. **Laufb:** Sol WDR RundfunkOrch Köln. (Red)

Langgartner, Peter, Prof, Hochschullehrer, Viola; Samstr 49d, A-5023 Salzburg, T: (06 64) 1 85 77 52, F: (06 62) 66 56 42, *peter@langgartner.at*; Univ Mozarteum, Abt f Streich- u Zupfinstrumente, Schrannengasse 10a, A-5020 Salzburg; *www.langgartner.at* [Steyr, Österreich 25.8.1957]. **Ausb:** Stud Viola (J Geise, S Vegh) Mozarteum Salzburg 75–80, Viola (P Schidlof) MH Köln 81–82. **Laufb:** Soloviola Teatro La Fenice, Venezia 82–83, Soloviola Camerata academica, Salzburg 97–2000, Pro Arte Quar, Salzburg 85–2001. – **Komp:** Arrang J.S.Bach BWV 903, 995, 1013 f Va solo. **Aufn/RF:** Mozart, Streichquartette; Telemann, Violakonzert; Bach, Chromatische Fantasie, Suiten BWV 995 u 1012. **UA:** W A Mozart (?): Walzer Nr.130057898 aus d 'Musikalischen Würfelspiel' 01; G F Haas: 'Phantasien' f Klar u Va 84; G F Haas: Duo f Va u präpariertes Kl 85; G Neuwirth: 'Stimmen – Geisterrede – Das Lob der schlechten Musik' f Va u Kl 79; B Sulzer: Pièces buffonesques f Va u Kl 81; O Sulzer: 'Melos u Variation' f Va solo 79; G Bauer: 'Tanz' f Va solo 79; G Bauer: 'Cinq Nocturnes' f Va u Kl 81. **Sonst:** Musikkabarets u Crossover-Projekte z humorist u ernsten Themen. **Lit:** E Grünenmark, 'Schumann' (Kohlezeichnung) 78.

Langhof, Peter, Komponist; Schützenhofstr 135, D-01129 Dresden, T: (03 51) 8 49 36 09 [Dresden 14.4.1933]. **Ausb:** Stud (Musikerz) U Leipzig 51–55, Kompstud (F Lohse, G Kochan). **Laufb:** pädagog Tätigkeit (Kl, Musiklehre, Impr, Komp) an MSchulen Cottbus 58–61 u 69–83, Hoyerswerda 62–69, Freital 83–86, Dresden seit 86. – **Komp:** Das Katherlieschen (Kurzop) 61, UA Senftenberg 62; Concertino (Konz) 69, UA Cottbus, H Langhof 70; Lieder f Giang 75, UA Cottbus 75; Jorinde u Joringel (Musikal Märchen) 80, UA Cottbus 80; Zu Hause in Narropol (KamM) 81, UA Cottbus 81.

Langlotz, Lukas, Komponist, Dirigent, Pianist; Colmarerstr 60, CH-4055 Basel, T: 06 13 01 47 57, F: 06 13 01 47 57, *lukaslanglotz@tiscali.ch*; *www.musinfo.ch* [Basel 8.11.1971]. KamM, Musik f Ens **Ausb:** Stud Kl, Dirig, Komp (R Kelterborn) MH Basel, Komp (B Jolas) Paris 96–97. **Laufb:** Mitgl Vorstand IGNM Basel 98, Gastdgt 'ens f neue musik zürich' seit 03, LAuftr MH Basel seit 02, Gastdgt Gare du Nord Basel SpZ 04/05. **Mitgl:** Schweizer Tonkünstlerverein. – **Komp:** 'Riss' (Satz f Ens) 94, UA Basel, IGNM, Dgt: J Henneberger; 'Zersplittert' (Sprecher u Ens) 96, UA Düsseldorf, Dgt: W Trommer; 'Windspiel' (Sop, Ens, TB), UA Basel 2000; 'IN' (Qua), UA Bellinzona (Auftr: Pro Helvetia 96 u 2000); 'Passage' (Orch), UA Neuenburg (Auftr: Pro Helvetia 02). **Aufn/RF:** div Mitschn Schweizer Radio DRS 2, Espace 2. **UA:** als Dgt: A Scartazzini: 'Erschattet' 96; M Ruggli: '...und ungesagt' 01. **Lit:** Porträt in 'dissonance/dissonanz' # 86, Mai 04.

Langmann, Johann, Konzertmeister, Violine; c/o Opernhaus, Kaiser-Josef-Pl 10, A-8010 Graz. **Laufb:** Konzm Grazer Philh Orch. (Red)

Langmeier, Samuel, Violoncello; Berneggweg 3, CH-8055 Zürich, T: 0 14 63 34 01. (Red)

Langner, Raimund Andreas, Komponist; Seitenberggasse 5/16, A-1160 Wien, T: (01) 4 81 09 83. (Red)

Langnickel, Reinhard, Prof, Hochschullehrer; Adlerstr 13, D-48231 Warendorf, T: (0 25 81) 6 15 11, F: 6 15 11, *r.langnickel@t-online.de*; Hochschule f Kirchenmusik, Parkstr 6, D-32049 Herford; *www.langnickel-harfe-piano.de*. 18. u beginnendes 19. Jh **Ausb:** Stud Mathematik u Physik, Stud (Kl u Histor Tasteninstrumente) b Edith Thauer, Klaus Schilde, Julian v Karolyi, Jorge Bolet u Bruno Leonardo Gelber. **Laufb:** Wiss Mitarb d Int Erard-Ges, Prof (Kl, Cembalo, Klavichord) H f KiM Herford. **Ens:** Langnickel-Duo. – **Sonst:** Buch: 'Die pianistische Revolution'.

Langridge, Philip, Tenor; c/o Künstleragentur Helge Rudolf Augstein, Sebastianspl 3, D-80331 München, T: (0 89) 26 02 43 33, F: 26 02 43 44, *AgenturHRA@aol.com*; c/o Bayerische Staatsoper, Brieffach, D-80075 München. **Laufb:** Sol Bayer Staatsop München. (*)

Langshaw, Phillip, Prof, Hochschullehrer, Bass; Oberstr 115, D-51149 Köln, T: (0 22 03) 1 54 89, F: 1 54 89; H f Musik, Dagobertstr 38, D-50668 Köln. **Laufb:** Prof (Ges) H f Musik Köln.

Lanskoi, Michail, Dr, Prof, Bariton, Hochschullehrer; Brucknerallee 174, D-41236 Mönchengladbach, T: (0 21 66) 34 01 86, 01 78–4 27 17 38, *michail.lanskoi@imail.de*; Robert Schumann H, Fischerstr 110, D-40476 Düsseldorf. Oper, Konzert, Oratorium **Ausb:** Stud (Prof Delitziewa, Prof Warschamow) Musikal-Päd H Gnessing Moskau 78–83, Dokorand (Prof Dmittrigen) Moskau 83–86, Bach-Akad (Prof J Stämpfl, Prof Jansen, Dr Müller-Heuser) Stuttgart 92–93, Acad Vocalis Tirolensis (Prof KS F Barbieri) 96–97. **Laufb:** Sol Vereinigte Städt Bühnen Krefeld u Mönchengladbach 94–2003; KonzTourneen: Österreich, England, Schweiz, Italien; Ludwigsburger SchlossFSp 92–94, Rossini FSp 94, RF-Konz (Alte Op Frankfurt) 96, Staatsop Stuttgart 97, Prof (Ges) H f M 'Franz Liszt' Weimar, H f M Robert-Schumann-H Düsseldorf. **Pr:** GesWettb Moskau 82, Tbilisi 96, Jahrespr Acad Vocalis Tirolensis 96. – **Aufn/RF:** Verdi: 'I Masuadieri', Dgt: Gönnenwein 92; Mahler: 8. Sinf, Dgt: Kitayenko 92; ders: Des Knaben Wunderhorn, Dgt: Kitayenko, 96; Britten: War Requiem, Dgt: Harrassowitz 95; Bach: Kantate 10, Dgt: Relling 92; Mozart: Die Zauberflöte, Dgt: Gönnenwein 92, Rachmaninov. Die Glocken 87. **UA:** Artymov: Requiem 88; Blomenkamp: Der Idiot 01. **Lit:** mehrere Publ i d FachLit.

Lanzendörfer, Heidrun, Flöte; c/o Zemlinsky Quintett Wien, Reisnerstr 2/16, A-1030 Wien, T: (01) 7 14 00 98, F: 7 14 00 98, *heidrunlanz@everyday.com*; *www.wellcom.at/zemlinsky_quintett_wien*. **Ausb:** Stud (W Schulz) MH Wien, Dipl 94, Mstrkse b A Adorjan, P-L Graf, A Nicolet. **Laufb:** Gustav-Mahler-Jugendorch (unter Dgt wie C Abbado, J Judd, V Neumann) 90/91, SubstitutVertr als Solofl b ORF SymphOrch u b Wiener Symph, Solofl NÖ Tonkünstlerorch seit 94, Solo-Auftr u i Ens. **Pr:** mehrf 1. Pr 'Jugend musiziert', Anton-Bruckner-Förderungspr d Wiener Symph 93. **Ens:** Zemlinsky-Qui Wien, Ensembles moderner M. (Red)

Lanzetta, Giuseppe, Dirigent; c/o Theater Aachen, Hubertusstr 2–8, D-52064 Aachen. (Red)

Lapins, Klaus, Intendant, Sänger; c/o Sommer-Operette, Lange Maas 17, D-96450 Coburg, T: (0 95 61) 2 99 80, F: 2 41 40. **Laufb:** Intendant u Sol Coburger Sommer-Operette. (Red)

Lapitzkaja, Elena, Prof, Hochschullehrerin, Klavier; Preußenstr 79, D-12524 Berlin, T: (0 30) 7 06 97 56; Univ d Künste, Fak Musik, Inst f Künstl Ausbildung / Klavier, PF 120544, D-10595 Berlin. **Laufb:** Prof (Kl) U d Künste Berlin. (Red)

Laporte, Anne-Katrin, Oboe; c/o Saarländisches Staatsorchester, Schillerpl 1, D-66111 Saarbrücken. **Laufb:** Sol Saarl StaatsOrch. (Red)

Laporte, Eric, Sänger; Karl-Wiser-Str 2a/III/8, A-4020 Linz, T: (06 64) 9 98 22 39, *ejlaporte@yahoo.fr*. **Laufb:** Sol Landesth u Kammerspiele Salzburg, Sol Ldesth Linz SpZ 03/04, Sol MTh Bonn SpZ 04/05. (*)

Larcher, Thomas, Klavier, Komposition; Künstleragentur Dr. Raab & Dr. Böhm, Plankengasse 7, A-1010 Wien, T: (01) 5 12 05 01, F: 5 12 77 43, *tichy@rbartists.at*; *www.thomas-larcher.com* [Tirol 1963]. **Ausb:** Stud MH Wien. **Laufb:** Grdg u Ltg Fstv 'Klangspuren' 94–03, Klavierklasse MH Basel 01–04, Gare du Nord SpZ 04/05. (Red)

Largacha, Julio, Prof, Hochschullehrer, Klavier; Carl-von-Ossietzky-Str 19, D-49082 Osnabrück, T: (05 41) 59 80 10; H f Musik Köln, Abteilung Aachen, Theaterstr 2–4, D-52062 Aachen. **Laufb:** Prof (Kl) H f Musik Köln, Abt Aachen. (Red)

Larin, Sergej, Tenor; c/o Austroconcert, Gluckgasse 1, A-1010 Wien, T: (01) 5 13 26 57, F: 5 12 61 54, *austroconcert@ia-ac.com*; Talichova 27, SK-84102 Bratislava; *www.ia-ac.com* [Riga, Lettland]. **Ausb:** Stud Ges Vilnius MKons Litauen. **Laufb:** Sol Bayer Staatsop München, Wiener Staatsop, Dt Staatsop Berlin SpZ 02/03 ('Ariadne auf Naxos', Bacchus, Dgt F Luisi) u 03/04, Gastsol Münchner OpFSp Sommer 03 u 04/05.

Larmore, Jennifer, Sängerin; c/o PR2 classic, Kreuznacher Str 63, D-50968 Köln, T: (02 21) 38 10 63, F: 38 39 55, *office@pr2classic.de*; *www.pr2classic.de*, *www.jenniferlarmore.com*. Barock-Musik u Bel canto, Rossini, Bellini, Mozart, Händel **Laufb:** zahlr Auftr in Europa u Übersee, Debüt Salzburger FSp 93 (Cosí van tutte: Dorabella), Debüt Metropolitan Op 95 (Il Barbiere di Sivigla: Rosina), Debüt Wiener Staatsop 98 (L'Italiana in Algier: Isabella); Zusarb ua m Wiener Philharmonikern (Ltg: R Muti), Concertgebouw Ork Amsterdam (Ltg: D Runnicles), Staatskap Dresden (Ltg: G Sinopoli), Pittsburgh Symph Orch (Ltg: M Jansons), Chicago Symph Orch (Ltg: D Barenboim). **Pr:** Richard-Tucker-Pr 94, Chevalier des Arts et des Lettres 03. – **Aufn/RF:** CDs ua: Opernaufn v Donizetti, Rossini, Bellini, Verdi, Gluck, Monteverdi, Händel, Vivaldi, Humperdinck, Bizet; Rezitaleinsp m Werken v Mozart, Händel, amerikan Komponisten; Gramophone Award ('Beste Barockop') f Händel: 'Giulio Cesare'; Pr d Dt Schallpl-Kritik f Vivaldi: 'Orlando Furioso' 05.

Larsen, Jan, Viola; c/o NDR Sinfonieorchester, Rothenbaumchaussee 132–134, D-20149 Hamburg. **Laufb:** stv Stimmführer NDR SinfOrch Hamburg. (Red)

Larsen, Jens, Bass; c/o Komische Oper, Behrenstr 55–57, D-10117 Berlin [Hamburg]. **Laufb:** Sol Th Basel, Op im Schloßgarten Eutin, Gastsol Tiroler Landesth Innsbruck SpZ 00/01, Gastsol Kom Op Berlin SpZ 03/05. (Red)

Larsen, Marianne, Sängerin; Schwanseestr 4, D-80153 München, T: (0 89) 1 40 28 12; c/o Staatstheater am Gärtnerplatz, PF 140569, D-80469 München [Dänemark]. **Ausb:** Stud (Gesang) Kopenhagen u Freiburg/Breisgau (ua K Borg, E Brink-Hilleman). **Laufb:** Debüt Staatsth Kassel (Blonde, Cherubino, Marie 'Waffenschmied') u Musicalrollen (Maria 'West Side Story'), Th am Gärtnerplatz München 90 (03/04), Gast an zahlr Bühnen im In- u Ausland (ua dt EA Dresden 'Aspects of Love', u 'Victor u Victoria', jew Hauptrolle, Eliza Doolittle 'My Fair Lady'), LAuftr (Musical) August-Everding-ThAkad München, zahlr RF- u Fernsehprod sowie CD-Einsp, Sol Freies Landesth Bayern Miesbach SpZ 03/04. (Red)

Larsen, Morten Frank, Bariton; c/o Pieter G. Alferink, Artists Management BV, Herengracht 340, Niederlande-1016 CG Amsterdam, T: (0 20) 6 64 31 51, F: 6 75 24 26, *info@alferink.org*; c/o Volksoper Wien, Währinger Str 78, A-1090 Wien [Hammerum, Dänemark]. **Ausb:** Stud H f M Aarhus, OpAkad Kgl Th Kopenhagen, zahlr Mstrkrse. **Laufb:** Debüt Sommerop Aarhus 94, Jyske Op Aarhus 95–97, Auslandsdebüt (Don Giovanni) Goethe Th Bad Lauchstädt 95, Gast Ldesth Salzburg, Th Aachen 95–98, EnsMitgl Staatsth Braunschweig 97–00, Sol Volksop Wien seit 99/00, Debüt Wiener Staatsop 03/04. **Pr:** Francesco-Cristofoli-Pr 99, Aksel-Schiötz-Pr 00, Eberhard-Wächter-Pr 03.

Larson-Pötscher, Sophia *siehe* Larson, Sophia

Larson, Andrew Clifford, Klavier; Willibald-Alexis-Str 16, D-10965 Berlin, T: (0 30) 6 94 33 41, F: 69 81 93 23, *piano-larson@web.de*; *www.piano-larson.de* [Heidelberg]. (Red)

Larson, Sophia, Staatsdipl f Sologesang, dramat Sopran; Am Berg 5, A-3511 Tiefenfucha, T: (0 27 39) 26 34, F: 26 34, *larson-sisa@utanet.at* [Pregarten, Österreich 13.8.1954]. Konzert, Oper, R Wagner bis R Strauss **Ausb:** Stud (Seywald-Baumgartner) Mozarteum Salzburg 68–76, (Campogalliani) Mantua 76, (J Metternich) München, (Cherri) Verona. **Laufb:** Ensmitgl Th St Gallen 76–78; Th Ulm 78–80; Th Bremen 80–83; Gastsp in ganz Europa, Nord- u Südamerika seit 79; Eng: Op Turin 84, 86, 87; Bayreuth 84, 85, 87, 89; Op Bologna 85; Arena di Verona 86; Carnegie Hall New York 87; Toronto 87, 98; Genf Grand Th 88; Place des Art Montreal 88; San Francisco 88; FestW Zürich 88; Brucknerfstv Linz 88, 94, 98; Concertgebouw Amsterdam 89; BBC-KonzHaus Manchester 89; Stadion Turin 90; Op Zürich 90; Hollandfstv 90; Op Pretoria Südafrika 90; PucciniFstv Torre del Lago 91; Stadion Helsinki 91; Strasbourg 92, 94, 95; Salzburg Gr FSpHaus 94; Stockholm KonzHaus 94; Op Lissabon 94; Megaron Athen 94; ENO London 95; Rotterdam Ahoi-Halle 96; Madrid 96; Op Rom 97; Teatro San Carlo Neapel 97; Antikenfstv Trier 99; MuzikTh Amsterdam 2000; Philh Berlin 2000; Dt Op Berlin, Staatsop Berlin, Kom Op Berlin 01, 02; Op Palermo, Pafos-Fstv Zypern 02; Fstv Peralada Spanien 03; Op Halle/Saale SpZ 03/04; Rom 04. **Pr:** Pressepr beste Sängerin d Saison Chile 81. – **Aufn/RF:** Videos: 'Turandot' (Titelpartie) Arena di Pula 94 (TV Zagreb); Liszt: Krönungsmesse (Sop), Dom zu Orvieta (RAI Roma); CDs: Tannhäuser-Querschn (Venus, Elisabeth) 96; Otello-Querschnitte (Desdemona); Hindemith: 'D Harmonie d Welt' (Susanne) 2000 (Dtschld-Radio Berlin), zahlr RF-Mitschn. **UA:** Zykan: Odyssee, UA Klangwolke Linz 94 (auch Aufn); Silla: Jagdszenen aus Niederbayern, UA Stadtth Ulm. **Sonst:** Initiatorin d Malerfestes Burg Reichenstein 97, 2000, 03, 06; 'Gegen das Vergessen – gegen Gewalt' Stadthalle Ybbs/D. **Lit:** OpFührer Bertelsmann, Gr Sängerlexikon, Lexikon Komp u Interpr; Bücher: L'Arena di Verona 95, Reichenstein – burgfluss-mensch 99, Marktgemeinde Tragwein, Atlas d Pfarre Paudorf-Götwein 02; Portraits: Corriere del Teatro Juni 85, Juni 96, März u Juni 97 u Sept 03, OpWelt 81, Fono Forum München 86, Kanada Kurier Toronto 87, Rassegna melodrammatica 91, Artists Manager London 94; Artikel u Interviews: Vernissage Wein – Sonderheft z Kunstmesse Salzburg 01, 02, 03, D neue Merker Wien Juli u Dez 02, Juli 03 ua div int Tageszt u Fach-Zs.

Larsson, Anna, Sängerin; Elbinger Str 24, D-40670 Meerbusch, T: (0 21 59) 43 67; c/o Bayerische Staatsoper, Brieffach, D-80075 München. Oratorien **Ausb:** Op-Akad Stockholm. **Laufb:** Sol MTh Bonn, Gastsol Dt Staatsop Berlin SpZ 00/01, Sol Bayer Staatsop München SpZ 03/04. – **Aufn/RF:** Lieder v Schubert u Brahms 96. (Red)

Larsson, Lisa, Sopran; c/o Verena Keller Artists Management, Lohwisstr 46, CH-8123 Ebmatingen, T: 04 49 80 15 13, F: 04 49 80 36 86, *keller.verena@bluewin.ch*. **Ausb:** Fl, priv Stud (Gesang) Basel. **Laufb:** ua: Mitgl Int Opstudio Zürich 93–95, Mozart: 'Die Zauberfl' (Papagena) Scala Mailand, Dgt: R Muti 95/96, Gastsol Op de Lausanne, Kom Op Berlin, Op Zürich, Th Basel, 'Boris Gudonow' (Xenia) u Mozart: 'Don Giovanni' (Zerlina) FSp Aix-en-Provence, Dgt: C Abbado 98/99, Weber: 'Der Freischütz' (Ännchen) Nancy, Mozart: 'La Clemenza di Tito' (Servilia) Glyndebourne 99, Händel: 'Alcina' (Morgana) u Mozart: 'Il sogno di Scipione (Fortuna) Fstv d Montreux 2000, Konzverpfl ua Royal Fstv Stockholm (m G Winbergh), Int MFestW Luzern 98, Salzburger FSp 2000, Händel: 'Messias' Linz, Wien, Vatikan, Dgt: F Welser-Möst, Bach: 'Kantaten' Strassbourg, Aldeburgh, Fstv St Denis, Fstv Beaune, Dgt: JE Gardiner; Titanja in Britten's A Midsummer Night's Dream Glyndebourne Opera Fstv 2001, Norina in Don Pasquale at the Opera La Monnaie in Brussels, c-minor Mass by Mozart in Antwerpen, Saul by Händel in Geneva, Bach's Magnificat (BWV 243) and cantatas under Ton Koopman in Milan, Geneva, Lissabon, Paris and Basel, Najade in Ariadne auf Naxos at the Royal Opera House Covent Garden, Le Nozze di Figaro Venedig u Genf (Susanna), Bachs Johannes-Passion Dgt Ton Koopman i Wien, Beethoven Fidelio (Marzelline) Monte Carlo, Zauberflöte (Pamina) Mannheim 2004/05, Op Leipzig. – **Aufn/RF:** zahlr CD-Einsp, ua Orff: 'Il Trionfo di Afrodite', Dgt: F Welser-Möst; Schumann: 'Manfred'; Bach: 'Magnificat'. (Red)

Lasa, Karin, Sängerin; c/o Junge Kammeroper Köln, Florastr 93, D-50733 Köln. (Red)

Lasa, Rüdiger Nikodem, Sänger; Heger-Tor-Wall 3, D-49074 Osnabrück, T: (05 41) 9 11 75 19, 01 79–5 31 79 13. **Laufb:** Sol Städt Bühnen Osnabrück SpZ 03/04. (Red)

Lascarro, Juanita, Sängerin; c/o Oper Frankfurt, Untermainanlage 11, D-60311 Frankfurt/Main. **Laufb:** Sol Dt Op Berlin, Op Frankfurt SpZ 04/05. (Red)

Lasdun, Louisa, Komponistin; Sonnhaldenstr 5, CH-8032 Zürich, T: 04 42 51 09 72 [London 17.4.1956]. **Ausb:** Stud Darington College of Arts Devon, Komp (J Taverner), Ausb (MusikL) Inst of Education, London U. **Laufb:** zehn Jahre musikpädagog tätig m Kindern u Jugendl, ZusArb m Anna Scher Children's Th. – **Komp:** Jabberwocky 78; There and Back Again 93; Concerto f Wörter 96. **AuftrKomp:** Double Trouble (Op) 90 (Auftr: The W 11. Children's Opera, London); Fractal (f 20 Streicher) 96 (Auftr: C Walton, Witikoner Streichorch); Stage Piece (f Vcl solo) 97 (Auftr: Concours Féminin Int de la Musique du Lyceum de Suisse, Pflichtstück f Teilnehmer); In meinen Träumen singen d Seelen meiner Schwestern u Brüder (f gem Chor a cappella) 98 (Auftr: ars cantata). (Red)

Lasheras, Edmundo, Prof, Hochschullehrer, Klavier; Königstr 14, D-32760 Detmold, T: (0 52 31) 4 76 50, F: 4 76 50; Hochschule f Musik, Neustadt 22, D-32756 Detmold, T: (0 52 31) 97 59 72. **Laufb:** Prof (Kl) H f M Detmold. (Red)

Laske, Thomas, Bariton; Hunsrückenstr 42, D-40213 Düsseldorf, T: (02 11) 8 36 85 60, F: 8 36 85 61, *mail@thomas-laske.com*; *www.thomas-laske.com* [Stuttgart 27.10.1969]. Oper, Konzert, Lied **Ausb:** Stud Ges, Ton- u Bildtechnik (B Dürrler) MH Düsseldorf 90–97. **Laufb:** Mitgl Stuttgarter Hymnus-Chorknaben 78–89, Sol Schillerth NRW Wuppertal-Gelsenkirchen 99–01, Op-Studio Düsseldorf/Duisburg, Sol Wuppertaler Bühnen seit 01, Gastspiele Bayer StaatsOp München, Op Frankfurt a M, Dt Op Berlin (UA Isabel Mundry 'Odyssee' 05). **Pr:** 1. Pr Richard-Strauss-Wettb München 97. – **Aufn/RF:** J S Bach: Johannespassion (2. Fssg), Kölner KamChor, Collegium Carthusianum, Dgt: P Neumann; Matthäus-Passion (Jesus), Thomaschor Leipzig, GewandhausOrch, Dgt G C Biller. **UA:** I Mundry 'Odyssee' a Odysseus, Dt Oper Berlin 05.

Lassauer, Karl, Hochschullehrer; Ob Reherstr 15, CH-9016 St. Gallen/SG, T: 07 12 80 02 51od 0 79–4 45 32 59, F: 07 12 80 02 54; Hochschule Musik u Tanz, Tössertobelstr 1, CH-8400 Winterthur. **Ausb:** Stud Kons Winterthur b Paul Manella, Heinrich Huber (Basel) u Akad f M u bildende Kunst Wien. **Laufb:** Sol SinfOrch St. Gallen seit 70, Doz (Pos, Fachdidaktik) MH Winterthur Zürich seit 78, Grd Quatuor Sonantis. **Ens:** Quatuor Sonantis. (Red)

Lasserre, Jacques, Dirigent; rue C-Haskil 6, CH-1800 Vevey, T: 02 19 22 37 35. (Red)

Laszczkowski, Jacek, Sänger; c/o Bayerische Staatsoper, Brieffach, D-80075 München. (Red)

Latzel, Wolf, Sänger; c/o Junge Kammeroper Köln, Florastr 93, D-50733 Köln. (Red)

Latzko, Reinhard, Prof, Hochschullehrer, Violoncello; Univ f Musik u Darst Kunst, Inst f Streich- u andere Saitenintrumente, Seilerstätte 26, A-1010 Wien [Freising 15.10.1963]. **Ausb:** Stud Richard-Strauss-Kons München, Staatl H f Musik Karlsruhe, Kons d Musik-Akad Basel (H Schiff) 85–89. **Laufb:** 1. Solocellist SinfOrch d Südwestrundfunks seit 87, Lt Klasse f Vcl Musik-Akad Basel seit 88, Doz Gustav Mahler-Jugendorch, Junge Deutsche Philh u Bundesjugendorch, UProf (Vcl) U f Musik u Darst Kunst Wien 03. (Red)

Lau, Carsten, Tenor; c/o Volkstheater Rostock, PF 102215, D-18004 Rostock, T: (03 51) 8 03 37 08, *orfeo@Carsten-Lau.de*; *www.carsten-lau.de* [Braunschweig]. Oratorium, Oper **Ausb:** Stud Ges (S Shimizu) MH Detmold 95–2000. **Laufb:** Sol L'Op de Rennes 98, Sol Teatro Massimo Palermo 99, GastSol Landesbühnen Sachsen SpZ 03/04, Sol Th Ertfurt SpZ 03/04. **Ens:** Braunschweiger Domsingschule 87–93.

Lau, Ulrich, Prof, Hochschullehrer, Kontrabass; Hochschule f Musik u Darst Kunst, Urbanstr 25, D-70182 Stuttgart. **Laufb:** Prof (KB) Staatl H f M u Darst Kunst Stuttgart. (*)

Laubach, Sabine, Sängerin; c/o Junge Kammeroper Köln, Florastr 93, D-50733 Köln. (Red)

Laubenthal, Horst, Prof, Hochschullehrer, Tenor; Heinrich-Knote-Str 15, D-82343 Pöcking, T: (0 81 57) 13 06, F: 13 06, *horst.laubenthal@t-online.de* [Eisfeld, Thüringen 8.3.1939]. Oper, Lied, Oratorium: ua Mozart, Pfitzner, Weber, Bach, Haydn **Ausb:** Stud (Musik) H f M München 60–65, Priv-Stud Ges (R Laubenthal) 60–67. **Laufb:** Debüt Mozart: 'Don Giovanni' (Don Octavio) Mozartfestwochen Würzburg 67, Auftr Salzburger FSp 68, Eng Staatsop Suttgart 68, Mitgl Dt Op Berlin 70, Auftr Bayreuther FSp 70, Salzburger Oster- u Sommer FSp 70, Gast ua Staatsop Wien, Stuttgart, Hamburg, Berlin, Zürich, Lissabon, Catania, Scala Mailand, Palermo, Neapel, Turin, Covent Garden London, Teatro Colon Buenos Aires, Met New York, Tokio, Grande Op Paris, Op-Repertoire: ua 'Gianni Schicchi' (Rinuccio), 'D verkaufte Braut' (Hans), 'Rusalka' (Prinz), 'D junge Lord', 'Eugen Onegin' (Lenski), 'Othello' (Cassio), 'Meistersinger v Nürnberg' (David), 'Palestrina', 'Erik', 'Lohengrin', 'Freischütz' (Max), 'Oberon', 'Rosenkavalier', 'Lulu', 'Wozzeck', 'Notre Dame' (Gringoire); Liederabende m Bach: Passionen u Oratorien, Beethoven: 'Missa Solemnis' u '9. Sinf', Haydn: Messen u Orat, Verdi: Requiem, Rossini, Dvořák, Janacek, Schmidt: Buch m sieben Siegeln, Britten: War-Requiem, Brahms: Rinaldo, Repertoire v Vorklassik über Mozart bis Moderne; ZusArb m Dgt wie H v Karajan, K Böhm, K Richter, G Wand, R Kempe, S Celebidache, L Bernstein, C Davis, R Kubelik, L Maazel, G Solti, D Barenboim, B Haitink; Prof (Ges) H f M Würzburg. **Pr:** 1. Pr GesWettb VDKM Berlin 66, Mitgl Europ Akad f Wiss u Kunst. – **Aufn/RF:** zahlr Film-, Platten- u RF-Aufn.

Laubscher, Philippe, Orgel; rue Numa-Droz 31, CH-2300 La Chaux-de-Fonds, T: 03 29 68 60 88. (Red)

Lauck, Thomas, Dr med, Komponist; Blauenstr 35, D-79541 Lörrach, T: (0 76 21) 5 32 51, F: 5 32 51 [Straßburg 15.5.1943]. Kammermusik in div Besetzungen (insbes Schlagzeug u Klavier) **Ausb:** Stud Komp (K Huber) Basel 71–73, Kse Live-Elektr (H P Haller) Freiburg 74–76, KompKse (D Schnebel, K Serocki, M Kagel) Basel 75–77. **Laufb:** ua Tournee ausschl m eig Komp Amsterdam-Rotterdam-Utrecht 88, zahlr Tourneen ua m eig Komp Japan (Tokio, Kyoto, Osaka), Dtschld, Niederlande, ehem ČSSR, Schweiz, USA, Fstvs: 'Musica' Straßburg 87, Int Ferienkse f Neue M Darmstadt, WeltMTage HongKong 88, Donaueschinger MTage 89, WeltMTage in Dtschld 95, Biennale Brünn, zahlr IGNM Konz Basel. **Pr:** int KompWettb Hitzacker 74, GaudeamusKompPr Int Gaudeamus MWoche Bilthoven 77. – **Komp:** ua 'Mutazioni f Hf u Kl' 78/79, UA Mönchengladbach 79; 'Sequenzen f Neun' (PiccFl, Ob, Klar, Hn, Trp, Pos V, Vcl, Kb) 80, UA Stuttgart 80; '1. Korinther, 13' (Trio 2) (MSop, Ten u Bass, TB ad lib) 83, UA Sinzig 84; 'Denk daran, d Erde ist e Trommel...' (SchlgzQua) 86, UA Darmstadt 86; 'Anschläge f B A V' (Schlgz-Solo) 87, UA Basel 87; 'Ombra d sera' (Git Solo) 88, UA Karlsruhe 89; 'Metallgitter' (Schlgz, Live-Elektr) 89, UA Donaueschingen 89; 'Hommage à Gryphius' (Org) 91, UA Niederrotweil 91; 'Resonanzen I' (Kl m 3 Schlglnstr) 91/92, UA Tokyo 92; '...zu sehen...' (3 Haikus f Alt, Schlgz, Kl) 92/93, UA Lörrach 93; 'Resonanzen II' (Kl, Schlgz) 93, UA Mainz 93; 'Trio f eine(n) Pianistin(en)' (Kl m Ges u Pedaltrommel) 93/94, UA Kyoto 94; 'fließend (wohin?)' (Fag m Hi-hat Solo) 94–95, UA Heilbronn 95; '...u aufsteigend' (Pos) 96, UA Basel 96; 'Spazieren I' (Kl) 97, UA Dresden 97; 'Spazieren II' (Kl) 97, UA Dresden 97; 'M f Va u Live-Elektr' 97/98, UA Basel 98; 'Stimmen f M' (Klar) 99, rev 2000; 'Fragment f Orch' 99/2000, UA Basel 2000; 'AtemM f Bassetthn' 2000, UA Lörrach 01; 'Mariage... f V Solo' 01, UA Basel 01; 'Xylon – Solo f Hölzer, Trichord u TB' 01/02, UA Basel 02; 'Balance' (f Sop, Ob u Theorbe) 03/05, UA Basel 04. **Aufn/RF:** LP: 'Suite f Git' 81/82, UA Amsterdam 83; CD: 'Duo Konflikt' m K Han (Kl) u I Nakamura (Perc) 03; 'Anschläge f B A V'. **Lit:** in: P Hollfelder: 'Die KlM' 99; H P Haller: D Experimentalstudio d H-Strobel-Stift d SWF Freiburg (SWF-SchrR 2).

Prof Eberhard Lauer

Lauer, Eberhard, KMD, Prof, Hochschullehrer, Domorganist, Domkapellmeister; Grindelweg 3a, D-20146 Hamburg, T: (0 40) 24 87 72 10, F: 69 79 42 87, *EberhardLauer@aol.com*; Musikhochschule, Gosse Petersgrube 17–29, D-23552 Lübeck [Oberwesel 18.8.1956]. **Ausb:** Stud (ua A Rößler, A de Klerk) Aachen, Düsseldorf, Amsterdam 75–82. **Laufb:** Doz (Org) MH Lübeck. **Pr:** 1. Pr Orgelwoche Nürnberg, 1. Pr Orgelwettb Dom zu Speyer. – **Aufn/RF:** CDs: ua F Liszt: OrgW; F Mendelssohn-Bartholdy: OrgSon; Vierne, Franck, Widor: OrgW (Schnitger-Org Steinkirchen); Messiaen: OrgW. **Sonst:** Gesamtauff d OrgW v Bach u Messiaen.

Lauermann, Herbert, Mag, Prof, Komponist; Grillparzergasse 9, A-2000 Stockerau, T: (0 22 66) 6 13 64, *lauermann@mdw.ac.at*; Univ f Musik u Darstl Kunst, Inst f Komposition u Elektriaukustik, Anton-von-Webern-Pl 1, A-1030 Wien, *lauermann@mdw.ac.at* [Wien 7.11.1955]. Bühnen-, Orchesterwerke, KamM **Ausb:** Stud Komp (E Urbanner), MErz MH Wien 76–82. **Laufb:** Ges d Musikfreunde Wien, Carinth Sommer Ossiach, WDR-Köln, Ulmer Th, Steir Herbst, Donaufstv Niederösterr, Wiener KamOp, Dresdner Tage f zeitgen M, ao UProf. U f Musik u Darst Kunst Wien. **Pr:** ua Publicity Pr Austro Mechana 94, Meacenas Kunstsponsoringpr 94, Pr d Stadt Wien 2000, Kulturpr Niederösterr 01. – **Komp:** Verbum I (f Kl) 78, UA Paris; Streichqua 82; 'Simon' (KiOp) 83, UA Ossiach, Carinth Sommer; 'Wundertheater' (KamOp) 87, UA Wiener KamOp; 'Caccia' 89, UA Musikverein Wien, Dgt: L Hager; HöhlenM (f Blechqui) 91, UA 'Zeitgen Herbst'; KAR. Raum. Musik. Th (Op) 93/94, UA Staumauer Reißeck (Kärnten); 'Waves' (f Kl) 94/95, UA Wien; 'Das Ehepaar' (KamOp) 81/86, UA Wiener KamOp/Auff Semper-Op, Dresdner Zentrum f zeitgen Musik 96; 'Verbum IV – An die Sonne', UA Musikverein Wien, Dgt: Fedosejew 96; '...ins Innere ...' (Verbum V) (f KamEns 5 Spieler) 96/97, UA Budapest, Ens Wiener Collage; 'Die Befreiung' (Op) 99/01, UA Ulmer Th. **Lit:** Aufsätze in Zss, ua: Muzsika/Ungarn (94/4), Musica (94/4), Bärenreiter, Österrr M Zs (94/01), ÖMZ 2–3/96, 3–4/01, 5/01, P Straub: H Lauermann – Eine Bestandsaufn (Dipl HfM Wien 96).

Laufenberg, Uwe Eric, Intendant; c/o Hans Otto Theater Potsdam, Berliner Str 27a, D-14467 Potsdam. (Red)

Laukvik, Jon, Prof, Orgel, Cembalo, Hochschullehrer; Alte Weinsteige 20, D-70180 Stuttgart, T: (07 11) 62 51 95, F: 61 10 01, *jon.laukvik@t-online.de*; Hochschule f Musik u Darst Kunst, Urbanstr 25, D-70182 Stuttgart [Oslo 16.12.1952]. **Ausb:** Stud (KiM, Org, Kl) Oslo 72–74, Org (M Schneider) MH Köln, (M-C Alain) Paris, Cemb (H Ruf) MH Köln. **Laufb:** Prof Staatl H f M u darst Kunst Stuttgart seit 80, Prof Staatl MH Oslo seit 01, KonzTätigkeit in west- u osteurop Ländern, Israel, Japan, Korea, USA, Juror int Wettb (zB ARD-Wettb München, Chartres, Dallas, Nürnberg, Odense, Bordeaux), Kurse u Seminare zur histor Aufführungspraxis in West- u Osteuropa. **Pr:** 1. u Bach-Pr Orgelwettb 'Int Orgelwoche Nürnberg' 77, Pr int Orgelwettb in Verb m Dt Ev Kirchentag Berlin 77. – **Komp:** ua f Org solo, Org m Ges bzw m Instr. **Aufn/RF:** b den meisten dt RF-Anstalten, Schallplattenaufn (auch m eigener OrgMusik). **Sonst:** Orgelschule z histor Aufführungspraxis I: Barock u Klassik 90 (engl Fssg: Historical Performance Practice in Organ Playing 96); II: Romantik 2000; Hg ua: Orgelkonzerte Op 7 v G F Händel.

Lauri, David, Violoncello; Benkenstr 21, CH-4054 Basel, T: 06 12 81 34 05, F: 06 12 81 34 05. **Ens:** Euler Quartett Basel. (Red)

Laurich, Hildegard, Alt; Nordstr 22, D-01612 Nünchritz, T: (03 52 65) 6 01 11 [Halle 15.1.1941]. (Red)

Lautenbach, Rainer, Prof, Komponist, Hochschullehrer; Körtingstr 6–8, D-30161 Hannover, T: (05 11) 66 26 30, F: 66 26 30, *Rainer.Lautenbach@web.de*; Hochschule f Musik u Theater, PF 100809, D-04008 Leipzig [1962]. **Laufb:** Prof H f M u Th Leipzig. (Red)

Laux, Torsten, Prof, Hochschullehrer, Orgel; Haselnussweg 12, D-61231 Bad Nauheim, T: (0 60 32) 3 56 85, 0 17 91 27 14 49, F: (0 60 32) 3 56 85, *torstenlaux @aol.com*; Vautierstr 28, D-40237 Düsseldorf, T: (02 11) 5 45 27 87; *www. torsten-laux.de* [Worms 30.10.1965]. **Ausb:** Stud KiM (A-Prüfung) MH Frankfurt/M 85–89, Orgel (E Krapp) 90–93, KonzExamen MH Frankfurt/M 93, SolKlasse (D Roth, B Haas 94–96, SolPrüfung MH Saarbrücken 96. **Laufb:** Kantor u Org Saalkirche u Dekanat Ingelheim/Rh 91–94, Dankeskirche Bad Nauheim 94–99, Prof (Org) Robert-Schuman-H Düsseldorf, LBeauftr (lit Orgelsp, Imp) H u Fachakad f Ev KiM Bayreuth, Aufn f RF, Fernsehen, CDs, KonzReisen, Kurse, Juror b Orgelwettb. **Pr:** 'Orgelland Thüringen' Erfurt 93, 'Gottfried Silbermann' Freiberg 93, Bachpr Wiesbaden 93, Johann-Pachelbel-Pr Nürnberg 94, 'August-Gottfried Ritter' Magdeburg 95, Prix André Marchal Biarriz 95, Odense 96, 'Jan Pieterszoon Sweelinck' Danzig 97 (alle f Orgel), Prix André Marchal Biarritz 97 (Imp). – **Sonst:** Grdg 'Capella Palatina'.

Lavalle, Gérard, Bariton; Schwarzburgstr 66, D-60318 Frankfurt. (Red)

Lavanchy, Popol, Komponist, Kontrabass; ch du Mottey 12, CH-1020 Renens, T: 02 16 26 56 39. (Red)

Lavendel, Laura *siehe* Bessel, Margaretha

Lawall, Georg-Friedrich, Komponist, Konzertgitarrist; Marktstr 24, D-73277 Owen, T: (0 70 21) 5 56 34, F: 5 56 34, *info@Georg-Lawall.de*; *www.Georg-Lawell.de* [Kirchheim/Teck 9.2.1952]. Komposition, als Gitarist Werke v F Sor, Transkript v Händel u Beethoven **Ausb:** Stud (Git, Komp) Essen u München 70–78, Stud Sitar u indische Musik, Stud (Dir) Stuttgart. **Laufb:** int KonzTätigkeit seit 72, Lt OREXIS (Weltmusik) 76–86, zahlr Komp seit 82, freischaffend, Tourneen Goethe-Inst Asien 83–85, 50. J-Jubiläum über 30 WerksKonz um Stuttgart (Op, Orat, Sinf, Kam- u SolM) 02. **Pr:** Dt Schallplattenpr 78, Künstler d Jahres (Phonoakad), Komp-Pr Kulturverein Filderstadt 84, Flores musicae (Reutlingen) 92, TonArtpr (Böblingen), KompPr Blasmusikverband Baden-Württemberg 95. – **Komp:** 'Die Himmelsleiter steht im Sump' oder 'Der Prophet' op 20 (Rockop) 81/82, UA Stuttgart 82; Seattle Testament (Orat) 83/84, UA Ulm 90; Amazonas op 23 a-c; Los Pasos Perdidos op 26 (Sinf Nr 1 f Orch), UA Sindelfingen 86; Ich bin das Licht op 31 (Orat) 88/89, UA Kirchheim/Teck 89; Mimenspiel op 45 (Tanzth) 91, UA Leonberg 92; Rainbowhearing op 65 (Sinfonie Nr 2); Ein Psalmenkonz op 72 (Orat) 96/98, UA Stuttgart; Psalmeninfonie (Nr 3); Konzertante Sinfonie (Nr 4), UA Sindelfingen 01. **AuftrKomp:** Am Anfang war... (Soli, Chor, Orch), UA 86 (Auftr: Stadt Sindelfingen); 'Lulu' (KamOp), UA 02 (Auftr: Kirchheim/Teck). **Aufn/RF:** CDs: Guitar Classics; Meisterwerke: Händel/Lawall; Meisterwerke: Sor/Lawall. **Sonst:** Veröffentl GitM; Grdg OREXIS.

Lawrence, Derrick, Bassbariton; c/o Dietrich Eberhard Gross Künstleragentur, Eschenweg 19, D-61440 Oberursel, T: (0 61 72) 93 41 44, F: 93 41 45, *d. e.gross@grossagentur.de*. **Laufb:** Sol Th Aachen, Staatsth Stuttgart, Th Freiburg. (*)

Lawreszuk, Pawel, Sänger; c/o Südostbayerisches Städtetheater, Ländtorpl 2–5, D-84028 Landshut. (Red)

Lawton, Scott, Dirigent; c/o Deutsches Filmorchester Babelsberg, Nalepastr 10–50, D-12459 Berlin, T: (0 30) 53 80 51 92, F: 53 80 51 91; c/o Gandersheimer Domfestspiele, Stiftsfreiheit 13, D-37581 Bad Gandersheim. **Laufb:** Chefdgt Dt Filmorch Babelsberg, SchspM Gandersheimer DomFSp 04. (Red)

Lay, Louis, Sänger; Bienertstr 30, D-01187 Dresden, T: (03 51) 4 03 16 84, (01 63) 3 39 60 39, F: 4 03 16 84, *luislay1@compuserve.de*; c/o Performing Arts, Kulturmanagement International, Matthias Gentzen, Rosenthaler Str 40/41, Hackesche Höfe, Hof 2, Aufgang A, D-10178 Berlin, T: (0 30)

36 40 56 04, F: 36 40 56 05, *Gentzen@aol.com*; *www.luis-lay.de*. **Laufb:** Gastsol Staatsoperette Dresden SpZ 00/01, Sol Anhalt Th Dessau SpZ 00/03 u Gastsol SpZ 03/43, Bremer Th SpZ 00/01, Lübecker Sommeroptte u Mainfranken Th Würzburg SpZ 02/03, Sol Th Coburg SpZ 04/05. (Red)

Layer, Friedemann, Dirigent; Griebnitzstr 5a, D-14482 Potsdam [Wien]. **Ausb:** Stud Dirig (H Swarovsky) Wien. **Laufb:** Dgt Dt Op a Rhein Düsseldorf, GMD NatTh Mannheim 87–90, Dgt Kom Op Berlin, Sächs Staatsop Dresden seit 87, BSO seit 97, Directeur musical Op Nat u Orch Nat Montpellier seit 94, Hamburgische Staatsop SpZ 04/05. – **Aufn/RF:** CD-Prod m d Orch Nat Montpellier: E Bloch: 'Macbeth'; R Strauss: 'Elektra'; W A Mozart: 'La finta giardiniera'; Altana: Resurrezione; A Ponchielli: 'Marion Délorme'; J Offenbach: ' Die Rheinnixen'; Symphonien: H Rott: Symph; G Sgambati: Symph u KlKonz; R u C Schumann: KlKonz.

Layer, Gerhard, Orgel; Falkenstr 10, CH-4153 Reinach, T: 06 17 11 95 70. (Red)

Lazar, Hans-Jürgen, Sänger (Tenor); Geschwister-SchollStr 1, D-63486 Bruchköbel, T: (0 61 81) 90 79 99, (01 70) 7 33 41 85 [Bad Salzuflen]. **Ausb:** Musikstud MAkad Detmold. **Laufb:** KlavierL JugendMSchule Löhne 81/84, Spieltenor Stadtth Hagen, Aalto Th Essen, EnsMitgl Op Frankfurt 89/93 u 96/05 (ua Arnalta 'L'Incoronazione di Poppea', Mime 'Rheingold', Monostatos 'Zauberflöte', Steuermann 'Fliegender Holländer', Borsa 'Rigoletto', Lilaque le Père 'Boulevard Solitude', Triquet 'Eugen Onegin', Wirt 'Rosenkavalier', Goro 'Madame Butterfly', David 'Die Meistersinger von Nürnberg', Alfred 'Fledermaus', Sou Chong 'Land d Lächelns'), Konz- u OratGesang, zahlr Gastsp im In- u Ausland. (Red)

Lazarska, Helena, Prof i R, Hochschullehrer; Univ f Musik u Darst Kunst, Inst f Gesang u Musiktheater, Penzinger Str 7, A-1140 Wien, T: (01) 7 11 55, F: 7 11 55, *lazarska@mdw.ac.at*. Sologesang u Musikdramat Darstellung **Laufb:** o UProf U f Musik u Darst Kunst Wien. (Red)

Lazich, Dimitrie, Sänger; Staatstheater, Oberer Schloßgarten 6, D-70173 Stuttgart. (Red)

Lazov, Vladimir, Violine; c/o NRD Radiophilharmonie, Rudolf-von-Bennigsen-Ufer 22, D-30169 Hannover. **Laufb:** stv Konzm NDR RadioPhilh Hannover. (Red)

Lazzara, Marco, Sänger; c/o Bremer Theater, Am Goetheplatz 1–3, D-28203 Bremen, PF 101046, D-28010 Bremen. **Laufb:** Sol Hamburg Staatsop, GastSol Th Bremen SpZ 04/05. (Red)

Le Roux, François *siehe* Roux, François Le

Lea, Tobias, Viola; c/o Wiener Philharmoniker, Bösendorferstr 12, A-1010 Wien. **Ens:** Sol Wiener Philh. (Red)

Leander, Thomas, Prof, Hochschullehrer, Klavier; Im Mühlenkamp 2a, D-44892 Bochum, T: (02 34) 3 25 90 93, 01 70–8 06 25 83, *tleander@t-online.de*; Robert Schumann Hochschule, Fischerstr 110, D-40476 Düsseldorf. **Ausb:** Stud (H. Drechsel) Düsseldorf, (P. Badura-Skoda) Wien, (G. Parsons u A. Weissenberg) London. **Laufb:** Prof (Kl) Robert-Schumann-H Düsseldorf. **Pr:** Förderpr f M d Stadt Düsseldorf. (Red)

Lechner, Anja, Violoncello; c/o Rosamunde Quartett, Baaderstr 62, D-80469 München, T: (0 89) 2 02 10 59, F: 2 02 10 52, *rqm@klangverwaltung.de*; c/o Konzertdirektion Hörtnagel Berlin GmbH, Oranienburger Str 50, D-10117 Berlin, T: (0 30) 30 88 77 30, *beatrice@hoertnagel.com*; *www.klangverwaltung.de/rqm/index.html* [Neubeuern]. **Ausb:** Stud b J Polasek, H Schiff u J Starker. **Laufb:** Prof (KamM) MH Graz 93–98, Cellistin Rosamunde Qua seit 92, Solokonz, ua Teiln an Berliner FestW, Schleswig-Holstein Musikfstv. **Pr:** Stip Dt Studienstift, Förderpr f Musik d Stadt München 90. (Red)

Lechner, Gabriele, Prof, Hochschullehrerin, dramat Sopran; Univ f Musik u Darst Kunst, Inst f Gesang u Musiktheater, Penzingerstr 7, A-1140 Wien, *lechner@mdw.ac.at* [Wien 8.3.1961]. **Ausb:** Stud (Stimmbildung b H Karusso, Lied b R Ortner, Orat, Op b Moeller u Zimmerl) U f Musik u Darst Kunst Wien, Dipl 84/85. **Laufb:** Studio d Wiener StaatsOp 83–85, Vereinte Bühnen Krefeld-Mönchengladbach 85–86, Wiener StaatsOp (Einspringen f M Price in 'Un Ballo in Maschera', m Pavarotti u Cappuccilli, Dir: Abbado, Live TV-Übertragung), Grazer OpHaus 96–88 u als Gast 88–91, 95–99, EnsMitgl Wiener StaatsOp 88–91, Zürcher OpHaus 91–99, UProf (Ges) U f Musik u Darst Kunst Wien seit 02, Gastauftr in allen europ Staaten m mehr als 120 Dirigenten i Op u Konz. **Pr:** Prtr Wettb Mario del Monaco, Italien, Opera en Belcanto, Belgien u Dr. Luis Sigall, Chile. **Ens:** Wiener Staatsop, Grazer u Züricher Opernhaus. **Mitgl:** Bund österr Gesangspädagogen. – **Aufn/RF:** CDs: Beethoven: 9. Sinf, Chorphantasie, m Wiener Philh, Dgt: Abbado; Mahler: 4. Sinf; Verdi: Un Ballo in Maschera, Live-Mitschnitt, m Pavarotti, Cappuccilli, Dir: Abbado; DVDs: Humperdinck: Hänsel u Gretel, Zürcher OpHaus, Dgt: Welser-Möst, Puccini: Tosca (Zürcher OpHaus, Dgt: Santi); Rundfunkaufn: Henze: Das Floß d Medusa, ORF-SinfOrch, Dgt: Caridis; A Uhl: Gilgamesch, Dgt: M Horvath.

Lechte, Werner, Prof, Hochschullehrer, Dirigent, Bariton; Ernst-Gnoß-Str 22, D-40219 Düsseldorf, T: (02 11) 13 13 19, F: 6 00 78 63, *werner.lechte@mail.isis.de*; Robert Schumann Hochschule, Fischerstr 110, D-40476 Düsseldorf. **Ausb:** Stud (KiM) in Essen u Düsseldorf, (Ges) in Düsseldorf u Hamburg. **Laufb:** Prof (Ges, Dirig) Robert-Schumann-H Düsseldorf seit 96. (Red)

Lechthaler, Isolde, Prof, Hochschullehrerin; Univ f Musik u Darst Kunst, Inst 2, Brandhofgasse 21, A-8010 Graz, T: (03 16) 3 89 34 10, F: 3 89 30 21, *isolde.lechthaler@kug.ac.at*. (Red)

Leclaire, Marcus, Schauspielmusiker; c/o Studiobühne Bayreuth, Röntgenstr 2, D-95447 Bayreuth. (Red)

Leclerc, Gérard, Violoncello; rue de la Mairie 4, CH-1207 Genève, T: 02 27 35 19 10. **Ens:** Trio Vançin-Leclerc-Slatkine de Genf. (Red)

Lederer, Viktor, Sänger; c/o Berliner Kammeroper eV, Kottbusser Damm 79, D-10967 Berlin. **Laufb:** Gastsol Zeitgen Op Berlin SpZ 00/01, Sol Berliner Kammerop SpZ 04/05. (Red)

Ledesma, Luis, Sänger; c/o Bühnen der Stadt Köln – Opernhaus, PF 101061, D-50450 Köln. (Red)

Lee-Hoff, Yoo-Ra, Sängerin; Landesbühnen Sachsen, Meißner Str 152, D-01445 Radebeul. **Laufb:** Sol Landesbühnen Sachsen. (Red)

Lee, Ah-Rang, Sängerin; c/o Neue Opernbühne Berlin NOB, Goltzstr 13, D-10781 Berlin. **Laufb:** Sol NOB Berlin SpZ 03/05. (Red)

Lee, Byung-Soon, Sopran; c/o Staatstheater Kassel, Friedrichspl 15, D-34117 Kassel. (Red)

Lee, Chung, Prof, Hochschullehrer, Klavier; Univ f Musik u Darst Kunst, Inst 2, Brandhofgasse 21, A-8010 Graz, T: (03 16) 3 89 34 11, F: 3 89 30 21, *chung.lee@kug.ac.at*. **Laufb:** o UProf (Kl)U f Musik u Darst Kunst Graz. (Red)

Lee, Ha Young, Sängerin; c/o Hamburgische Staatsoper, PF 302448, D-20308 Hamburg. (Red)

Lee, Hyon, Sängerin; Gartengasse 1, A-8010 Graz, T: (06 76) 4 4286 55. **Laufb:** Sol Vereinigte Bühnen Graz SpZ 03/04. (Red)

Lee, Jae Jun, Sänger; Dahlenkampstr 3 a, D-58095 Hagen, T: (0 23 31) 37 51 89, F: 37 51 89, *tolboo@yahoo.co.kr* [Seoul, Südkorea 18.8.1966]. **Ausb:** Dipl Kons 'Santa Cecilia' Rom; Accad OSIMO. **Laufb:** Sol Th Erfurt SpZ 2000/01, Sol Th Hagen 01–04.

Lee, Jung-Hwan, Tenor; Bergische Landstr 77, D-40629 Düsseldorf, T: (02 11) 1 67 40 85, (01 74) 3 38 54 42. **Laufb:** Sol Operetten-FSp Bad Ischl SpZ 03/04, Sol Landesth Salzburg SpZ 03/04, GastSol (Flavio/Norma) Dt Oper am Rhein SpZ 03/05. (Red)

Lee, Junghae, Komponistin; Klybeckstr 62, CH-4057 Basel, T: 06 16 93 25 12, *jlee@tiscalinet.ch*, *lee@neuemusik.ch*; *www.neuemusik.ch/lee/default.htm*. (Red)

Lee, Mi-Joo, Klavier; c/o Konzertdirektion Martin Müller, Uhrs Knäppken 8, D-59320 Ennigerloh-Ostenfelde, T: (0 25 24) 26 34 80, F: 26 34 81, *info@kdmueller.de*; *www.kdmueller.de/de/bio/lee.html* [Seoul]. **Ausb:** Stud (K Hellwig, R Sherman, H Leygraf) Essen, Berlin, Boston, Salzburg, Kurse (G Agosti, G Sebök), Ex (Konz) HdK Berlin. **Laufb:** regelm Konz in Korea, Dtl, Frankreich, Japan, Österreich, Holland, Italien, Belgien, Tschechien, Slowenien, Polen, Türkei, USA, Fstv ua Kl-Sommer Bonn, Musiksommer Chorin. Lehrauftrag Hdk Berlin seit 90. **Pr:** Stip DAAD, Lilli-Lehmann-Med d Int Stift Mozarteum, Folkwang-Pr Essen, Siegerin Artist Diploma Competition Boston, Dipl Concours Marguérite Long Paris, 1. Pr Concorso Int G B Viotto Vercell, Pr 3. Int Wettb v Japan Tokyo, Pr Concours Reine Elisabeth Brüssel. – **Aufn/RF:** mehrere CDs, ua: Schumann, Reger, Dohnányi, Rachmaninoff: Humoresken; Saint-Saen: Etüden, 'Album pour piano'. (Red)

Lee, Robert, Tenor; c/o Lore-M. Schulz International Artists Management, Zittelstr 8, D-80796 München, T: (0 89) 3 08 70 92, F: 3 08 70 93, *artists@lore-m-schulz.com*; *www.lore-m-schulz.com*. (Red)

Lee, Sang, Sänger; Imbuschstr 6, D-90473 Nürnberg, T: (09 11) 8 12 23 75, 0 17 35 69 37 32, F: (09 11) 8 12 23 82; c/o Stiftung Staatstheater Nürnberg, Richard-Wagner-Pl 2–10, D-90443 Nürnberg. **Laufb:** Sol Th Nürnberg SpZ 03/04. (Red)

Leenen, Frank, Domkapellmeister, Hochschullehrer; St-Moriz-Pl 17, D-72108 Rottenburg, T: (0 74 72) 94 75 21, F: 94 75 22, *leenen@domsingschule-rottenburg.de*; Hochschule f Musik, PF 6040, D-76040 Karlsruhe. **Laufb:** Doz (Chorltg) Staatl H f M Karlsruhe u H f KiM Rottenburg.

Legros, André, Saxophon, Hochschullehrer; Haymannstr 3, D-85764 Oberschleißheim, T: (0 89) 31 59 59 39. **Laufb:** Doz (Sax, Methodik, Didaktik, Unterrichtspraxis) Richard Strauss Kons München. (Red)

Lehmann-Girod, Janine, Orgel; In der Looren 38, CH-8053 Zürich, T: 04 44 22 14 84. (Red)

Lehmann-Köbler, Regine *siehe* Köbler, Regine

Lehmann, Charlotte, Prof, Hochschullehrerin, Sopran; Gellertstr 55, D-30175 Hannover, T: (05 11) 85 24 37, F: 28 15 71, *CharlotteLehmann@t-online.de*; H f Musik, Hofstallstr 6–8, D-97070 Würzburg [16.1.1938]. Konzert, Lied **Ausb:** Stud (S U Fuchs) MH u U d Saarlandes Saarbrücken, anschl StudPriv (P Lohmann) Wiesbaden. **Laufb:** Konz in Europa u Amerika, LTätigkeit H f M Hannover 72, LStuhl (Ges) MH Würzburg seit 88, GastProf SMU Dallas, Texas 99, Präs Bundesverbandes Dt Gesangspädagogen, Lt int Mstrkse Brasilien, Chile, England, Bulgarien, Japan, Luxemburg, Kse Musikbegegnungsstätte Haus Marteau, Lichtenberg-Bayreuth, Int Juroren- u Vortragstätigkeit. **Pr:** int Wettb 'L'Amour du Chant' u UFAM Paris, Pr Dt Schallplattenkritik 82. **Mitgl:** Präs BDG 94–2000, Ehrenpräs BDG seit 2000. – **Aufn/RF:** alle dt RF-Anst, France Musique, Schweizer RF, RTB Brüssel, NL Hilversum, Türk RF ua; Fernsehen: ARD u ZDF; LPs: Werke ua v Bach, Mozart, Schumann, Wolf, Fauré, Debussy, Hindemith, Schönberg. **Sonst:** Hg 'Arien-Bücher' v J S Bach u W A Mozart. **Lit:** ua Kutsch, Riemens: Gr Sängerlexikon.

Lehmann, Christoph, Cembalo, Orgel; Pfarrhof 2, D-39590 Tangermünde, T: (03 93 22) 29 16, F: 73 82 70, *musik@sankt-stephan-tangermuende.de*; *www.scherer-orgel.de*. **Ens:** 'Ensemble Movimento'. (Red)

Lehmann, Eduard, Sänger; Höhenstr 24, A-6410 Telfs, T: (06 99) 10 25 71 00. **Laufb:** Sol Staatsth am Gärtnerpl München. (Red)

Lehmann, Hans-Peter, Prof, Intendant, Regisseur; c/o Niedersächsische Staatstheater Hannover, Opernpl 1, D-30159 Hannover, T: (05 11) 99 99 10 00, F: 99 99 19 01. **Laufb:** Intendant Op Hannover 81–01, Reg Op Hannover SpZ 04/05, Prof (Reg) H F M Würzburg. **Pr:** Ehrenmitgl Niedersächs Staatsth 02. (Red)

Lehmann, Hans Ulrich, Komponist; Haldenstr 35, CH-8615 Wermatswil, T: 04 49 41 62 14, F: 04 49 41 62 24, *h.u.lehmann@freesurf.ch*; *www.hu-lehmann.ch* [Biel 4.5.1937]. **Ausb:** Stud Kons Biel, LDipl (Vcl), Mstrkl Komp (P Boulez, K Stockhausen) Zürich u Basel, MWiss (K v Fischer) U Zürich. **Laufb:** L (Vcl, Theorie, Komp) MAkad Basel 61–72, LBeauftr (Neue Musik, MTheorie) U Zürich 69–90, U Bern 90, (Komp, MTheorie) MH Zürich 72, Dir Kons u MH 76–98, Präs STV 83–86, Präs SUISA seit 91. **Pr:** Musikpr Conrad Ferdinand Meyer-Stift 73, KompPr STV 88, Kunstpr Stadt Zollikon/Zürich 90, Kunstpr Stadt Zürich 93. – **Komp:** Werke verlegt b Edition Gravis, Schott Ars Viva u Breitkopf & Härtel, zuletzt: Sprich 93; el mar (Notturno f Kb- od Bassklar) 93; battements (Concertino f e Schlgz) 94/95; 'Book of Songs' (f Bar, Fl, Vcl, Schlgz), UA Zürich, Tage f Neue Musik 99 (Auftr Stadt Zürich); 'twi-Light' (Sop u Orch) 99, UA Celerina, 2. Fest d Künste 2000 (Auftr Pro Helvetia); Duplum II (f Klar, Vcl) 99, UA 2000; 'vagues' (f Org, Bassklar, Schlgz), UA Luzern, Int MWochen 2000 (Auftr Int MFestW Luzern); 'inquiétudes' (f Vcl, Hf), UA Gargilles, Fstv de harpe 2000; 'instantanés' pour harpe 2000; 'ritenuto' (f V, Vcl, Streichqua) 2000, UA Zürich 01; Notturno (f Bassklar u Orch), UA Luzern 01 (Auftr Luzerner Sinfonieorchester); Orelli-Lieder (f Bar, Bassklar, Vcl), UA Solothurn, Literaturtage 01; 'dédales' (f Hf, Afl, Bassklar, Vibraphon), UA Paris 02 (Auftr Ens 'Laborintus' Paris); 'der rat d rose' (Kurt Marti) (f Ch a capella), UA 02 (Auftr Schweizer KamCh); 'trajets' (f Klar, Vcl u Kl) 03; 'viola in all moods and senses (f Va) 03; 'um-risse' (f BarSax u Git) 03; 'Annäherungen – an Helmut Heißenbüttel' (f Ch a capella), UA SDR Stuttgart 06 (Auftr SDR-Chor Stuttgart). **Aufn/RF:** CDs: dis-cantus I, Son 'da chiesa', KamM II, Tractus, Triplum, StrQua; Tantris, stri/oking, Canticum II, Mirlitonnades, 'Osculetur me', de profundis; 'etwas Klang von meiner Oberfläche'; 'sprich...'; 'Esercizi'; 'book of songs'; 'Monodie'.

Lehmann, Janine, Hochschullehrerin; In der Looren 38, CH-8053 Zürich, T: 04 44 22 14 84, F: 04 42 11 25 88; *www.orgelarth.ch/kunstler/lehmann.htm.* **Laufb:** Doz (Orgel) MH Winterthur Zürich, Org St. Peter Zürich seit 74. (Red)

Lehmann, Jean-François, Klarinette; rue du Parc 9ter, CH-2300 Chaux-de-Fonds, T: 03 29 68 23 08. (Red)

Lehmann, Jörg, Komponist; Do-Theodor-Brugsch-Str 50, D-08529 Plauen, T: (0 37 41) 47 22 62, F: 44 13 49 [Plauen/Vogtland 3.1.1964]. **Ausb:** Stud (Dirig, Komp, Kl) Weimar u Leipzig 84–90, Abschluß Dipl-Dgt. **Laufb:** Dgt Kamm-Ens Neue Musik Berlin 88–89, 1. Kapm Landesth Stendal ab 90. **Pr:** 1. Prtr KompWettb H f Musik 'Franz Liszt' Weimar 86, Prtr Int Dgtwettb Hamm 93. – **Komp:** Graphicadenza (KamM, KonzStück f V Solo), UA Erfurt, B Greiner 87; Canto Pastorale (Konz), UA Plauen 96; Solitude (KamM, Panfl u Kl), UA Plauen 97; 'Der Herr ist mein Hirte' nach Psalm 23 (ChW), UA Plauen 98; Concerto Pastorale (Konz f Panfl u Orch); Orpheus with his Lute (Konz). (Red)

Lehmann, Martin, Violine; Weinmanng 142, CH-8700 Küsnacht, T: 0 19 12 26 36 [Zürich 31.10.1953]. Orchester-, Kammermusik, Unterricht,Fachjournalismus **Ausb:** Stud MH Zürich, Reifeprüf (O Corti) 75; MAkad Basel, SolDipl (A Zöldy) 81. **Laufb:** Mitgl Collegium Musicum Zürich u Basler KamOrch (Ltg: P Sacher) 72–87, Schweizer Kamorch (Ltg: A Nunez) 79–85; 1. V Basler SinfOrch 81–88, Orch d Op Zürich seit 88; Tourneen m Collegium Musicum; Mitgl StrQua Divertimento Zürich 75–81, Ens Mixt Media Basel 81–87. **Pr:** Prse f KamM b Jecklin & Co Zürich, b Migros-Genossenschaftsbund. **Ens:** Clarinarchi-Qua. – **Aufn/RF:** als KamM ua b d Schweizerischen Radio- u Fernseh-Ges u SDR Stuttgart; als Sol in Vivaldi: 'Vier Jahreszeiten', m Camerata La Stravaganza 83. **Sonst:** Redakteur d Mitteilungsblattes DIE FERMATE d Sektion Zürich i Schweizerischen Musikerverband seit 89, div Publ i Musiker-ZS u Fachmagazinen.

Lehmann, Theresa, Gesang; Winznauerstr 51, CH-4632 Trimbach, T: 06 22 93 44 36. (Red)

Lehmann, Ulrich, Violinist, Violinpädagoge, Komponist; Florastr 19, CH-3005 Bern, T: 03 13 52 00 54 [Krauchtal, Kt Bern 7.12.1928]. **Ausb:** SolDipl (A Brun) Bern, Weiterstud (G Kulenkampff) Luzern, (B Kamensky) Paris, (I Galamian) New York, KompStud (N Boulanger) Paris. **Laufb:** SolTätigkeit seit 50, Lt Ausb- u SolKl H f M u Th Bern 53–96, 1. Konzm Berner SymphOrch 67–80, zahlr KonzReisen, RF- u TV-Aufn, Sol ua WeltMFest Paris, Fstv Budapest, Athen, Ravello, Gstaad (Menuhin-Fstv). **Pr:** ua großer MPr Kanton Bern 88, gr Pr von Europa 'la Musa dell' Arte' Cremona 89. **Ens:** Berner Solisten, Trio (Radio Bern), Duo Lehmann-Gertsch (V u Kl). – **Komp:** ua 'Son f V solo', UA 95; Kadenzen zu V-Konz; 'Divertimento' (BallettM f StrOrch), UA 98. **Aufn/RF:** Ersteinsp v VKonz (LP u CD): Hartmann: 'Conc funebre'; Martinu: 'Conc da camera'; Schoeck; Daetwyler Nr 1; Flury Nr 1; Einsp als Sol weiterhin: VKonz i RF, div KamM, V-Soloson, Duos Kl u V, KlTrios, div Qua, Qui etc. **UA:** VKonz: E Stämpfli; G Holzer; A Furer Nr 2; J Daetwyler Nr 2; A Schibler (reduzierte Fssg). **Zug:** VKonz (Furer Nr 2, Daetwyler Nr 2,); SolSon f V (Furer, Daetwyler); KamM (Furer Oktett, Farkas Oktett). **Sonst:** Grdg u Ltg 'Berner Sol' 68–87, Publ 'Neue Doppelgriff-Technik f V' 95, Hg div V-Werke. **Lit:** Porträts in div Lex, zahlr Art in Tagespresse u Zs.

Lehmstedt, Sigrid, Prof, Hochschullehrerin, Klavier; Eduard-Rosenthal-Str 32, D-99423 Weimar, T: (0 36 43) 51 63 24. **Ausb:** Stud Kl (Prof H Steurer) H f M Leipzig. **Laufb:** LTätigkeit H f M Hanns Eisler Berlin, Prof (Kl-Methodik, Lehrpraxis) H f M Leipzig, H f M 'Franz Liszt' Weimar, SpezialSch f M Schloss Belvedere Weimar, Juror zahlr Wettb. (Red)

Lehner, Manfred Hermann, Solorepetitor; c/o Theater Augsburg, Kasernstr 4–6, D-86152 Augsburg, PF 111949, D-86044 Augsburg. **Laufb:** Kamp u Solorep Th Augsburg. **Pr:** Bad Homburger Dgtpr 2005. (Red)

Lehner, Nadine, Sängerin; Rembertistr 3, D-28203 Bremen, T: (04 21) 2 58 19 41, (01 63) 70 97 00. **Laufb:** Gastsol Dt Staatsop Berlin SpZ 03/05, Sol Th Bremen SpZ 04/05. (Red)

Lehnhoff, Dieter, Dr, Komponist; c/o Millennium, 26 Avenida B, 16–61 zona 16, San Isidro 01016, Guatemala, *millenniummusica@hotmail.com, lehnhoff @mail.url.edu.gt* [Guatemala City 27.5.1955]. **Ausb:** Privatstud (V) b José Santos Paniagua 64–72, (Komp u Kl) b Harold Blanchard Guatemala City 70–72, b Friedrich Heller u (Komp/elektron Musik) b Klaus Ager Mozarteum Salzburg 72–76, Stud (Komp) b Conrad Bernier, (Dirig) b Donald Thulean u (MWiss) b Cyrilla Barr, Helmut Braunlich, Ruth Steiner, Robert Stevenson Catholic Univ of America Washington, DC, MA 87, PhD 90. **Laufb:** Jurymitgl f d Tomás Luis de Victoria Pr 02, Auff seiner Komp b Konz u Fstv in Argentinien, Kolumbien, Ecuador, Guatemala, Mexiko, Venezuela, Spanien, Dtschld u Österreich; MD Orquesta Metropolitana Guatemala City seit 98 u Coro Nacional de Guatemala seit 02; Dgt u Violinist Millenium Ens seit 92; Grd u Lt Musikabt Univ de Valle de Guatemala (91–98), Lt v 2 JugendorchFstv 96/97, Lt Foro de Compositores del Caribe 99, Grd u Lt Inst f MWiss Univ Rafael Landívar seit 90, Mitbegrd Consejo Iberoamericano de la Música Madrid 94, Grd Consejo Guatemalteco de la Música 99. **Pr:** Premio Centroamericano 85, Artista del Milenio 2000, Pr Líder v d Consejo Empresarial de Guatemala 02. – **Komp:** f Orch u Chor, KamM, elektroakust Werke. **Aufn/RF:** CDs m Ersteinsp v 64 Werken v 23 guatemaltek Komp v 1570 bis zur Gegenwart (92–99, Amigos del País). (Red)

Lehr, Günther, Schauspielmusiker; c/o Theater Freiburg, Bertoldstr 46, D-79098 Freiburg i Br. **Laufb:** SchspM Hess Staatsth Wiesbaden SpZ 03/04, Th Freiburg SpZ 04/05. (Red)

Lehr, Hermann, Sänger; c/o Volksoper Wien, Währinger Str 78, A-1090 Wien, T: (01) 51 44 40, F: 5 14 44 32 15, *office@volksoper.at*; *www.volksoper.at.* **Laufb:** Sol Volksop Wien seit SpZ 03/04. (Red)

Lehrbaumer, Robert, Pianist, Organist, Dirigent, Künstlerischer Leiter; Köstlergasse 3/10, A-1060 Wien, T: (01) 5 86 19 00, 5 86 42 07, F: 5 86 19 00, (08 20) 55 58 59 65 47, *robert@lehrbaumer.com*; c/o 'Freunde d Claviermusik', Penknergasse 21, A-3150 Wilhelmsburg, *freunde.der.claviermusik@musique.at*; *www.lehrbaumer.com, www.musique.at/lehrbaumer* [Wien]. Wiener Klassik, Schubert, Liszt, selten gespielte Werke d Spätromantik **Ausb:** Stud Kl (G Schwarzbauer, H Schwertmann, H Medjimorec), Org (R Scholz), Dirig (O Suitner), Tonsatz (Th Chr David) Wiener MH. **Laufb:** seit 11. Lebensjahr Auftritte m Orch, Gast Wiener FestW, Salzburger FSp, Brucknerfest Linz, Carinth Sommer, Bregenzer Frühling, FSp Luzern, Orgelwochen Nürnberg, Schubert-Fstv Washington, Fstv Cervantino Mexico ua, Soloabend im Zyklus 'Meisterinterpreten' Großer Saal d Wiener KonzHauses, Konz ua Wiener Philh, Wiener Symph, Radio SymphOrch Wien, Niederösterr Tonkünstler, Camerata Academica Salzburg, Wiener KamOrch, zahlr Symph- u KamOrch im In- u Ausland (C Abbado, A Previn, Y Menuhin, S Végh, M Plasson, L Hager, H Graf), Kl-Orgel-Doppelabende sowohl in Rezitals als auch m Orch, KonzTätigkeit m Hammerkl, auch in eigenen Zyklen, Doz Mstrkse im In- u Ausland, Master-Classes Wiener MU, priv U in USA, Mexico u Asien, Dgt m Werken f Solokl u Orch in Doppelfunktion. **Pr:** Ehrenstip Bösendorfer, Alban Berg Stift, staatl Würdigungspr, nat u int WettbPr, ua Int MWettb Genf 85. – **Aufn/RF:** RF, Fernsehen, Video, Schallpl, CDs u Film. **Sonst:** div Aufsätze (z B über F Schmidt).

Lehrmann, Sabina, Komponistin, Cello, Viola da Gamba; c/o musikverlag christofer varner, Fraunhoferstr 12, D-80469 München, T: (0 89) 23 68 77 90, F: 23 68 77 91, *info@musikvarner.de*; *www.musikvarner.de.* Alte Musik, Erforschung d Cellomusik d 17./18. Jh u deren histor Auff-Praxis **Laufb:** Konz als Sol u in Ens.

Lehtinen, Markus, Dirigent; c/o Hamburgische Staatsoper, Große Theaterstr 34, D-20354 Hamburg, PF 302448, D-20354 Hamburg. **Laufb:** Dgt Dt Op Berlin, Dgt Hamburg Staatsop seit SpZ 03/04. (Red)

Leib, Günther, Prof, Hochschullehrer; Köpenicker Allee 53, D-12625 Waldesruh, T: (0 30) 5 66 02 94 [Gotha 12.4.1927]. Lied, Oper, Oratorium **Ausb:** Stud Gesang (A Brockhaus) H f Musik Weimar 50–52. **Laufb:** Mitgl Ens StadtTh Köthen 52–53, Th Meiningen 53–55, StadtTh Nordhausen 55/56, LandesTh Halle 56/57, HändelFSp Halle (Händel: Poros, Poros) 57, StaatsOp Dresden 57–64, Kammersänger 58, ständ Gast StaatsOp Dresden u StaatsOp Berlin 64–88, Prof 64, OsterFSp Salzburg (Wagner: Meistersinger, Beckmesser) 74/75, Met Op (Wagner: Meistersinger, Beckmesser) 76, LBeauftr (Gesang) H f Musik Hanns Eisler Berlin seit 93. **Pr:** Nationalpr 59, Schumann-Pr d Stadt Zwickau.

Leiber, Karen Leonie, Mezzosopran; c/o Theater Erfurt, PF 100554, D-99005 Erfurt, T: (0 36 43) 75 50, F: 75 53 07. **Laufb:** Gastsol Städt Th Chemnitz, Nationalth Weimar SpZ 03/04, Th Erfurt SpZ 04/05. (Red)

Leibnitz, Jan, Sänger; Johannagasse 4/9, A-1050 Wien, T: (01) 4 09 23 89, *janleibnitz@gmx.de* [Dresden]. Oper, Konzert **Ausb:** H f M 'Franz Liszt' Weimar, Kons d Stadt Wien, Lied b David Lutz, Ges b KS Wicus Slabbert. **Laufb:** Gastsol Landesth Eisenach, Landesth Erfurt 95–97, Schubertiade Atzenbruck 99, Kammerop Wien 02, Stadtth Klagenfurt SpZ 03/04.

Leibnitz, Wolfgang, Klavier; c/o Eva von Rebay, Gartenstr 22, D-82234 Weßling, T: (0 81 53) 26 61, F: 95 30 70, *e.v.rebay@wolfgang-leibnitz.de*; *www.wolfgang-leibnitz.de.* (Red)

Leibundgut, Michael, Bass; Buchentalstr 27, CH-9000 St Gallen, T: 07 12 44 32 04; c/o Artists Management Verena Keller, Lohwisstr 52, CH-8123 Ebmatingen, T: 04 49 80 15 13, F: 9 80 36 86, *keller.verena@bluewin.ch.* **Laufb:** Sol Th St. Gallen seit SpZ 03/04. (Red)

Leicht, Urs, Dramaturg; Hobrechtstr 58, D-12047 Berlin, T: (0 30) 6 93 21 35, (01 77) 3 30 45 99, F: 6 93 21 35, *ursleicht@gmx.de*. **Laufb:** Dram Staatsth Kassel SpZ 03/04, Reg Th Biel Solothurn SpZ 04/05. (Red)

Leidel, Wolf-Günter, Prof, Hochschullehrer; Wilhelm-Hauff-Str 4, D-99425 Weimar, T: (0 36 43) 77 25 05, *salbelv@t-online.de*; Hochschule für Musik 'Franz Liszt', Inst f Musikpäd u Musiktheorie, PF 2552, D-99406 Weimar [Königsee/Th 14.12.1949]. Orgelmusik Spätromantik **Ausb:** Stud (Dirig/Komp, Kl) H f M Weimar 68–75, Stud Mstrkl (Komp) Akad d Künste d DDR 85–87. **Laufb:** SchauspielkapM Dt Nationalth Weimar 78–85, Prof (MTheorie, Gehörbildung) H f M 'Franz Liszt' Weimar. **Pr:** ua 1. Pr ImpWettb DDR 76. **Ens:** Salonorch 'BelVedere' Weimar. **Mitgl:** ua Ges f MTheorie, GdO. – **Komp:** ua 'Der Antichrist III' op 120–13; 'Toccata delectatione' op 5–35, UA Leipzig, Thomaskirche 72; 'Via Crucis' op 197–4; 'Diptyk' op 197–9; '9 Portraits v Wesenheiten/Geistern um Satanas' op 197–13–2, UA 91; 'Inter(g)m(a)e(t)z(z)l' op 197–5, UA Leipzig, Neues Gewandhaus 82; 'Kleines Arboretum' op 46–7 79, UA; '... wenn's nicht über Nacht ganz anders mal kommt ...' op 46–5, UA Weimar 83; 'sinfonisches Poem' op 48-A-d-VIII-1, UA Jena 74. **AuftrKomp:** ua 'Diptyk' 87, (Auftr: DDR-KompVerband); 'Kunkelduse, Quappensteert' op 137–1-V, UA Frankfurt/O, Konzerthalle 'C-P-E Bach', Dgt: R Thiersch 90. **Aufn/RF:** M Reger: op 96 Bearb f Orgel u Orch, Jenaer Philh. **Zug:** zahlr. **Sonst:** ua div Art zur Org. **Lit:** KompVerb Thüringen.

Leiferkus, Sergei, Sänger; c/o Bayerische Staatsoper, Brieffach, D-80075 München. (Red)

Leihenseder-Ewald, Maria-Luise, Prof, Hochschullehrerin, Violoncello; H f Musik 'Franz Liszt', PF 2552, D-99406 Weimar [Jena]. **Ausb:** Stud (Vcl) H f M 'Franz Liszt' Weimar (B Böhme). **Laufb:** Prof (Vcl) H f Musik 'Franz Liszt' Weimar seit 93. (Red)

Leihenseder-Ewald, Marie-Luise, Cello; c/o Prof Reinhard Wolschina, Am Weinberg 5, D-99441 Kromsdorf, T: (0 36 43) 42 73 31, 55 51 89, F: 55 51 87, *lmr.thueringen@t-online.de*. Neue Musik **Laufb:** Prof (Vcl) H f M Franz Liszt Weimar. **Ens:** Trio 'pianOVo' Weimar. (Red)

Leimert, Volkmar, Komponist, Dramaturg; Henriettenstr 33, D-09112 Chemnitz, T: (03 71) 36 34 05; c/o Städtische Theater Chemnitz, Theaterpl 2, D-09110 Chemnitz, T: (03 71) 6 96 98 02 [Berlin 31.1.1940]. **Ausb:** Priv MUnterr (G W Meyer) Grüna, Stud (O Gerster, W Weismann, C Ortwein) MH Leipzig 59–64. **Laufb:** L VolksMSch, Aspirant MH Leipzig 64, Musikdramaturg Städt Th Chemnitz seit 67 (04/05)). – **Komp:** Pentagramm f Orch 74, UA Chemnitz 74; 5 Orchesterlieder nach Franz Fühmann 76, UA Chemnitz 76; Konz f Vcl u Orch 80, UA Plauen 81; Goethe-Lieder (f Bar u Orch), UA Chemnitz 82, G Leib, Dgt: D-G Worm (Auftr: R-Schumann-Philh); Marginalien zu Schumann 87. **Sonst:** Dt Textfssg d Op: Puccini: 'Tosca'; Janacek: 'Jenufa'; Massenet: 'Cendrillon'; Petrow: 'Peter I.'; Z Darko: 'Moses'; Moltschanow: 'Der unbekannte Soldat' ua.

Leimgruber, Urs, Komponist, Saxophon; rue Michel-le-Comte 21, F-75003 Paris, T: 01 42 77 17 52, F: 01 42 77 17 52, *urs.leimgruber@wanadoo*; c/o Gare du Nord – Bahnhof f Neue Musik, Schwarzwaldallee 200, CH-4058 Basel, T: 06 16 83 13 13, *neuemusik@garedunord.ch* [Luzern]. zeitgen Improvisation, Komp, Jazz, Neue Musik **Laufb:** Tourneen als Solist, Duo m F Hauser u m namhaften Ens in Europa, Kanada, Kuba, USA, Konz u Aufn ua m S Lacy, T Berne, M Crispell, J Léandre, B Phillips, J Demierre, F Frith, L Sclavis, M Doneda, K Rowe, L Newton, C Doran, G Christmann, S Murray, G Müller, H Koch, R Gubler, Gare Du Nord Basel Spz 04/05. **Ens:** Ensemble Bleu, ARTE Saxophon Quartett, Philharmon Bläserquintett Berlin. – **Aufn/RF:** Statement of an Antirider solo 88; Ungleich Solo u Duos m A Roidinger 90; L' Enigmatique m F Hauser 91; LSM Live at ZMF m P Scheyder, F Moutin 92; Goletter solo 92; Duho m F Hauser 93; Lines m A Roidinger, F Hauser 94; Behind the Night m M Crispell, E Plenar, H Kleeb, F Hauser 94; No Try no Fail m J Léandre, F Hauser 96; Leimgruber Live Hauser m F Hauser 98; Quartet noir m M Crispell, J Léandre, F Hauser 99; Xylem m ARTE SaxQuart 99; Blue Log solo ten pieces for saxophone 2000; Festival Concepts of Doing 99 m D Schürch, L Newton, Z Parkins, A Frangenheim, R Turner, O Yoshihide 2000; F P Ingold: Nach der Stimme, ein konzertanter Dialog 2000. **Sonst:** Mitbgrd Gruppe OM (Electricjazz-Freemusic).

Lein-Edelstein, Irina, Prof, Hochschullehrerin, Klavier; Maßholderpfad 14, D-65933 Frankfurt; Hochschule f Musik u Darst Kunst, Eschersheimer Landstr 29–39, D-60322 Frankfurt [Moskau]. **Ausb:** Stud (J. Milstein) Moskau. **Laufb:** Prof (Kl) H f M u Darst Kunst Frankfurt/M 80. (Red)

Leiner, Peter, Prof, Hochschullehrer, Trompete; Wattenheimerstr 32, D-67316 Carlsberg, T: (0 63 56) 82 32, F: 58 79; H f Musik Saar, Bismarckstr 1, D-66111 Saarbrücken. **Laufb:** Prof (Trp) H d Saarlandes f Musik u Th Saarbrücken. **Ens:** Das Rennquintett. (Red)

Leinert, Michael, Dramaturg, Regisseur, Intendant a D; Dorotheenstr 82, D-40235 Düsseldorf, T: (02 11) 6 10 19 38, *MLeinert@aol.com*; c/o Deutsche Oper am Rhein, Heinrich-Heine-Allee 16 a, D-40214 Düsseldorf, T: (02 11) 8 90 83 35, F: 8 90 82 89, *m.leinert@deutsche-oper-am-rhein.de*; *www.deutsche-oper-am-rhein.de, www.owen-leinert.com* [Meldorf, Schleswig-Holstein 20.10.1942]. Oper, Schauspiel **Ausb:** Stud Ob (H Winschermann) MAkad Detmold 63–65, Stud (ThWiss, Germanistik, Kunstgeschichte) U München 65–70, Stud OpRegie (H Arnold, A Everding) MH München. **Laufb:** Mitgl Hamburg Staatsop, Bayer Staatsop München, Staatsth Braunschweig, Th Bremen, Th Kiel; Intend Pfalzth Kaiserslautern 88–91, Staatsth Kassel 91–99, ChefDram Dt Op am Rhein Düsseldorf-Duisburg Opernhaus Düsseldorf seit 99 (04/05), OpRegie an ca 40 Op in Dtschl 'D Ring d Nibelungen' u USA, Zypern, Dänemark, Italien; SchspRegie in Dtschld 'Faust', 'Jungfrau v Orleans' u Russland u Zypern; Gastprof (MTh, Regie) Hamburg, Doz München u Eichstätt, Braunschweig, Bremen, R-Schumann-H f M Düsseldorf, Reg KamOp Hamburg SpZ 04/05. **Pr:** TZ Rose (f Regie) München. **Mitgl:** Dt Bühnenverein. – **Sonst:** Monographie über C M v Weber; Autor/Librettist v 5 KamOp, 3 Op f Kinder, Libretto n H Hesse: 'D Steppenwolf', n Tschechow 'D Roman m d KB'. **Lit:** Piper Enzyklopädie MTh.

Leisenheimer, Boris, Sänger (Tenor); Hohenzollernstr 12, D-58095 Hagen, T: (0 23 31) 78 89 29, (01 72) 6 15 51 26; c/o Theater der Stadt Gummersbach, Reininghauser Str, D-51643 Gummersbach. **Laufb:** Gastsol Städt Bühnen Münster SpZ 00/01, Th Bielefeld SpZ 00/01, Staatsth Kassel SpZ 00/01, Sol u Regieassistenz Eutiner FSp 02, Gastsol Landesth Detmold u Sol Th Gummersbach SpZ 03/04, Sol Th Gummersbach seit SpZ 03/04, Eutiner FSp. (Red)

Leisenheimer, Reinhard, KS, Prof, Hochschullehrer, Tenor; Baunscheidt 3, D-58339 Breckerfeld, T: (0 23 38) 37 97 24; H f Musik, Dagobertstr 38, D-50668 Köln [Gensingen 16.2.1939]. **Ausb:** Stud b F Fehringer i Mainz. **Laufb:** Prof (Gesang) H f Musik Köln seit 91, GastProf St Petersburg. **Pr:** KS 02. **Ens:** Nationaltheater Mannheim 72–76, Städtische Bühnen Hagen 76–03. (Red)

Leißner, Steffen, Kapellmeister, Hochschullehrer; Friedrich-Ebert-Str 58, D-32760 Detmold, T: (0 52 31) 3 78 58, 01 72–8 52 68 25, F: (0 52 31) 3 78 58 [Dresden 26.3.1952]. Oper, Sinfonik, Barock **Ausb:** Stud (Dirig, Kl, Komp) MH Dresden 70–76. **Laufb:** LBeauftr (PartiturSp) H f M Detmold; Kapm Op Halle 80–94; Ass Festwochen Alte Musik Innsbruck 89–91; GMD Landesth Detmold 94–02; LBeauftr (Orch- u Chordgt) H f M Dresden seit 03. – **Sonst:** Hg: G Torelli: I Fidi Amanti.

Leister, Karl, Prof, Hochschullehrer, Klarinette; c/o Hunstein Artist Services, 65 West 90th St, Suite 13F, New York, NY 10024, U.S.A., T: (2 12) 7 24 26 93, F: 7 24 93 93, *DeeAnne@hunsteinartists.com*; c/o Musikdirektion Hans Adler, Auguste-Viktoria-Str 64, D-14199 Berlin, T: (0 30) 8 95 99 20, F: 8 26 35 20, *info@musikadler.de*; *www.hunsteinartists.com/leister.html* [Wilhelmshaven]. **Ausb:** Stud (Klar) H f M Berlin 53–57. **Laufb:** Solo-Klar Orch d Kom Op Berlin, Solo-Klar Berliner Philharmon Orch 59–93, Prof (Klar) H f M 'Hanns Eisler' Berlin seit 93. **Pr:** zahlr Pr b nat u int MWettb, Ehrenmitgl Royal Acad of Music London 87. – **Sonst:** Mitbegrd Bläser d Berliner Philh u Ens Wien-Berlin. (*)

Leistner-Mayer, Roland, Komponist; Winzererstr 6, D-83098 Brannenburg, T: (0 80 34) 39 57, F: 80 95, *RolandLeistner-Mayer@t-online.de*; *www.Leistner-Mayer.de* [Graslitz, Böhmen 20.2.1945]. Kammermusik, Sinfonien **Ausb:** Stud Komp (H Genzmer, G Bialas), Kl (G Louegk), Schlgz (K Peinkofer) Staatl MH München 68–73. **Laufb:** Mitarb Studio f Neue Musik München 89–93, Lt Fachgruppe Musik d Künstlergilde, Sektion Bayern 89–93, freischaff Komp. **Pr:** Antonio Casella KompPr Neapel 70, Sudetendt Kulturpr 92, Förderpr Stadt München 82, Förderpr Künstlergilde 94, Konrad-Wölki-Pr Schweinfurt 91, Int KompPr Schweiz 96. – **Komp:** 1. Symph op 14 (gr Orch) 74/75, UA München 81; Konz f Kl u Orch op 89, UA Hof 01; 2. Sinf op 31 (gr Orch) 84/85, UA Augsburg 85 (Auftr: Bayr Landesjugendorch z 10-jähr Bestehen); Konz f Oboe u Streichorch op 25, UA Dresden 91; Ballade op 72 (OrchW gr Orch), UA Kaiserslautern 93 (Auftr: SymphOrch d Landkreises Kaiserslautern); 'D weiße Requiem' 3. Sinf op 81 (f Chor u gr Orch) 93/94, UA München Musica Viva 97 (Auftr: BR); Concerto Concitato III op 78 (KamM f 10 V u Kl), UA Frankfurt 95 (Auftr ViolinEns d Berliner Philharmoniker); Concerto Cincitato IV op 90 (Streichorch), UA Monte Carlo 97 (Auftr: Köln-Sinfonietta); Suite f 2 Kl op 92 (KamM f 2 Kl), UA Brünn (CR) 97 (Auftr: Kons Brünn). **Aufn/RF:** Asmus-Fantasie op 97 (f SaxOrch), Südwestdt SaxOrch, Dgt: L Bangs; Quin f Git u StrQua op 82, Bernanohl-Quartett, Sol: M Tröster; 2. u 3. StrQua, Suk-Qua Prag; 2. Sinf, Bayer Ldesjugendorch, Dgt: A Albert; Konz f V u Orch op 21, m Bamberger Sinf, Dgt J Nott, Sol C Widmann. **Lit:** Lex zur Dt Musikkultur, Böhmen-Mähren; Komp d Gegenwart (Hrsg: Dt Komponistenverb).

Leistner, Saskia, Dramaturgin; Ferdinand-Rhode-Str 18, D-04107 Leipzig, T: 0 17 23 43 00 05, *s_leistner@web.de*; c/o Thüringer Landestheater – Thüringer Symphoniker Saalfeld-Rudolstadt GmbH, PF 110, D-07392 Rudolstadt, T: (0 36 72) 4 50 24 02, F: 4 50 21 11 [17.6.1969]. **Ausb:** Stud (ThWiss, MThWiss) H f M u Th Felis mendelssohn-Bartholdy Leipzig 91–96. **Laufb:** Dram Op Leipzig 95–96, freischaff 97–2000 ua f FSpHaus Baden-Baden, Konz- u SchauspDram Thüringer Landesth Rudolstadt seit 2000.

Leitermeyer, Fritz, Prof, Komponist; Landskrongasse 2/18, A-1010 Wien, T: (01) 5 33 44 19 [4.4.1925]. (Red)

Leitgeb, Katharina, Sopran; c/o Theater Regensburg, Bismarckpl 7, D-93047 Regensburg. **Laufb:** Gastsol Tiroler Landesth Innsbruck SpZ 00/01. (*)

Lëitis, Gregorij H von, Intendant, künstlerischer Leiter; c/o Elysium – Between two Continents, Bonner Pl 1, D-80803 München, T: (0 89) 30 72 95 19, F: 30 77 91 38, *GVLELYSIUMBTC@aol.com*; 303 East 83 St, Ste 17 E, New York, NY 10028, U.S.A., T: +1 2 127 44 48 75, F: +1 2 127 44 44 39 [Wuppertal 22.11.1944]. **Ausb:** LMU München (ThWiss u Kunstgesch). **Laufb:** Künstl Lt Tenerife Bühne Puerto de la Cruz 72–73, Intend Elysium Theater Company 83–90, Intend Landesth Neustrelitz 90, Landesth Linz 92–97, Landesth Bregenz 97, Bloomsbury Th London 99, Miller Th New York 99, Teatro dell Op di Roma 01, Intend Elysium between two Continents. **Pr:** BVK. **Mitgl:** Beirat Nietzsche Forum München; Ullmann Foundation London. – **UA:** Egon Lustgarten 'Dante im Exil' UA Elysium Fstv Bernried 05.

Leitner, Charlotte, Sopran; c/o Stadttheater Baden, Theaterpl 7, A-2500 Baden b Wien. **Laufb:** Sol Stadtth Baden b Wien, Ldesth Salzburg, Gastsol Staatsth Oldenburg SpZ 03/04. (*)

Leitner, Ernst Ludwig, Prof, Hochschullehrer, Komponist; Hinterschweigerstr 101, A-4600 Wels, T: (0 72 42) 4 11 69, F: 4 11 69; Univ Mozarteum, Abt f Dirigieren, Komposition u. Musiktheorie, Zentrum im Berg, Fürbergstr 18–20, A-5020 Salzburg, T: (06 62) 61 98 51 10, *ernst-ludwig.leitner@moz.ac.at*; *www.moz.ac.at/user/ell* [Wels, Österreich 14.10.1943]. **Ausb:** Lehrerbildungsanst Linz, Akad Mozarteum 63–68, Stud (MWiss) U Innsbruck. **Laufb:** UProf U Mozarteum Salzburg seit 78, Gastkse u Konz U of Michigan Ann Arbor 80 u 83, Summerschool for Organists (Lady S Jeans), Kurse u Konz London 86, KonzTätigkeit als Organist Europa, USA, Kanada bis 91. **Pr:** Förderungspr Stadt Wels u d Ldes Oberösterr 71, 72, 74, Landeskulturpr 84, Förderungspr d Int Bachakad Stuttgart 85, J J Frobergerpr 90, 1. Pr KompWettb München 83. – **Komp:** Chor- u OrgelW, ua 'Requiem in memoriam L Bernstein', UA Linz 93; Instrumentalkonzerte f V, Va, Vcl, Kb, Ob, Hf, Org; KamM; Sinfon Werke, ua Sinfonia 'tempus edax rerum', UA Linz, Brucknerhaus 2000. **AuftrKomp:** 'So weiß wie Schnee, so rot wie Blut' (Op), UA Gmundner FestW 99(Auftr: Wiedereröffn d Stadtth Gmunden) ua. **Aufn/RF:** VKonz, T Zehetmair; Va-Konz, B Dean; Vcl-Konz, G Mantel; Kb-Konz, J Pitzek; Org-Konz, A Rößler; Pater Noster, Dgt: U Zimmermann; Violinkonz, Sinf Notturna, Dgt: S Vegh, ua m Fstv Strings Luzern, Radio SinfOrch Wien, Brucknerorch Linz, Mozart eumorch Salzburg, NTO-Wien, Chor u Orch d BR, Tölzer Knabenchor, Budap Streichersolisten, Ens ORIOL Berlin. **Zug:** ua J F Doppelbauer: Fantasie u Fuge 82. **Sonst:** künstl Lt Bach-Chor Wels 70–76 (Grd J N David). **Lit:** E L L – Ein Portrait (DiplArb U f Musik Wien) 98; E L L. Dok d Musikslg d Österr Nationalbibliothek Wien 2000.

Leitner, Franz, Sänger; c/o Stadtth Baden, Theaterpl 7, A-2500 Baden bei Wien. **Laufb:** Sol Stadtth Baden SpZ 03/05. (Red)

Leitner, Konrad, Prof, Dirigent, Hochschullehrer; Univ f Musik u Darst Kunst, Inst f Musikleitung, Anton-von-Webern-Pl 1, A-1030 Wien, T: (01) 7 11 55, F: 7 11 55. Komposition, Musiktheorie, Dirigentenausbildung **Laufb:** o UProf U f Musik u Darst Kunst Wien, Lt Wiener Mozart Orch. (Red)

Leitner, Matthias, Repetitor, Schauspielmusiker; c/o Theater an der Rott, Pfarrkirchener Str 70, D-84307 Eggenfelden. **Laufb:** SchspM u Rep Th an d Rott Eggenfelden. (Red)

Leleux, François, Oboe, Hochschullehrer; Ludwig-Merk-Str 8, D-80805 München, *LeleuxF@aol.com*; H f Musik u Theater, Arcisstr 12, D-80333 München; *www.rbartists.at/leleux.htm* [1971]. **Ausb:** Stud Cons Roubaix, Stud Cons Nat Supérieur de Musique Paris b Pierre Pierlot u Maurice Bourgue. **Laufb:** Solooboist SinfOrch BR, Doz (Ob) Richard Strauss Kons München, Prof H f Msuik u. Theater München. **Ens:** Mullova-Ens, Bläseroktett Paris-Bastille. – **Aufn/RF:** CDs: J S Bach Doppelkonz in c-moll, m V Mullova; G Ph Telemann, 12 Fantasien; F Poulenc, B Britten, Werke, m E Strosser; W A Mozart, L v Beethoven, Werke, m Oktett Paris-Bastille. (Red)

Leliwa, Elisabeth von, Dramaturgin; Deutsche Oper am Rhein, Heinrich-Heine-Allee 16a, D-40213 Düsseldorf. **Laufb:** Konzertdramaturgin Dt Op am Rhein Düsseldorf. (Red)

Lemalu, Jonathan, Sänger; c/o Bayerische Staatsoper, Brieffach, D-80075 München. (Red)

Lemberg, Werner, Kapellmeister; Kleine Beurhausstr 1, D-44137 Dortmund, T: (01 60) 8 24 10 16; c/o Theater der Stadt Koblenz, Clemensstr 5, D-56068 Koblenz. **Laufb:** Solorep MTh Essen, Kapm Th Koblenz seit SpZ 03/04. (Red)

Lemec-Arnic, Blazenka, Komponistin; Feldgasse 6–8/1/2, A-1080 Wien, T: (01) 4 03 02 44. (Red)

Lemke, Felix, Solorepetitor, Dirigent, Chordirektor; Parkweg 8, D-32756 Detmold, T: (0 52 31) 5 93 05, (01 79) 2 64 95 05. **Laufb:** Chordir u Solorep m Dgt-Verpfl Landesth Detmold. (Red)

Lemme, Joachim W, Prof, Viola, Hochschullehrer; Ratskellerstr 33, D-77855 Achern, T: (0 78 41) 36 01, F: 2 87 25; Hochschule f Musik, PF 6040, D-76040 Karlsruhe [Gostyn, Polen 1944]. **Laufb:** Prof (Va) Staatl H f Musik Karlsruhe seit 2000. **Ens:** SWR-SinfOrch Baden-Baden. (Red)

Lemme, Olaf, Sänger; Dethardingstr 17, D-18057 Rostock, T: (03 81) 2 00 54 65; c/o Volkstheater Rostock, PF 102215, D-18004 Rostock. **Laufb:** Sol Volksth Rostock. (Red)

Lemmermann, Heinz, Prof, Komponist [1930]. **Laufb:** Prof Päd H Bremen bis 2000. **Pr:** BVK 2000. – **Komp:** ChM, Kinder-Musicals, Lieder, KlM, MPäd. **Sonst:** MPäd-Publ, z B MitHg 'Musikunterricht. Jahrbuch f Musiklehrer, Band 4' 84; Belletristik. (Red)

Lendle, Wolfgang, Gitarre, Komponist; Dresdener Str 6, D-34292 Ahnatal, T: (0 56 09) 22 34, F: 72 42, *info@wolfgang-lendle.de*; *www.wolfgang-lendle.de* [Ludwigsburg 5.1.1948]. Solo- u Duoabende, Konzerte m Orchester **Ausb:** Stud Git (J Jirmal) MH Saarbrücken 68–72, Mstrkse (H Segovia, R Sainz de la Maza, A Diaz). **Laufb:** Tourneen Kanada 90, USA 96, Japan 96 u 98, GitFstvs Esztergom 83, Tel Aviv 90, West Dean 95, Lublin 97, Lehrtätigkeit MAkad Kassel, Fstv Cuernavaca, Mexiko 2000, GFA-Festival Merida 03. **Pr:** 3. Pr Concours Int de Guitarre ORTF 68, 2. Pr Concurso Int 'Maria Canals' 72, Bundesauswahl 'Konz junger Künstler' 72, 1. Pr Certamen Int 'F Tárrega' 74. **Ens:** Duo Casares/Lendle (Mezzosop/Git). – **Komp:** Variations capricieuses d'après Paganini; Carmen Fantasy for Guitar; Tres piezas del litoral; Homenaje catalán; 12 Etudes obscures. **Aufn/RF:** CDs Spanish music; Complete works for Guitar b H Villalobos; Variations capricieuses; Carmenfantasy; Spanish contrasts: Scarlatti/Turina. **Sonst:** Jurortätigkeit b int Wettb: Benicasim, Spanien, Karis, Finnland, Havanna, Kuba, Volos, Griechenland, Esztergom, Ungarn.

Lennartz, Martin, Lehrer f Musik u dt Sprache; c/o Musikverlag Christoph Dohr, Kasselberger Weg 120, D-50769 Köln, T: (0 22 34) 69 26 56; Goethestr 29, D-50858 Köln; *www.dohr.de* [Köln 19.8.1960]. Kammermusik **Ausb:** Stud (Komp, SchM, Kl, Tns) MH Köln 79–88, Stud (Germ, Päd) U Köln, Komp (J Baur, K Meyer) MH Köln, Mstrks (F Valdambrini) Riva, (D Schnebel) Berlin. **Laufb:** Doz MH Köln 93–96, StR Apostelgymn Köln seit 98. **Pr:** versch 1. Pr b int u nat Wettb. – **Komp:** 'Abschied d Riesen' 92/93, UA Köln, MH, Dgt A Eling 93; '...wie ein objekt...' 86, UA Altenberg, Dom, Dgt B Haas 86; frisson achérontique, UA Aachen, Dgt P-Y Artaud 96 (Auftr Aventures Aachen); 'winterfrüh' (f Sop u Ens), UA Aachen, MProj Aachen 97 (Auftr Aventures Aachen); 'Am Sonntag, am Brunnenrand' 98, UA Wuppertal, Dgt M L 99. **Aufn/RF:** '...wie ein objekt' f Org, m G Haas an d Org d Neanderkirche Düsseldorf (Aufn WDR). **Sonst:** kreat künstl Arbeit m Jugendlichen.

Lenormand, Marie, Mezzosopran; IMG Artists Paris, c/o Claire Feazey, 44 rue Blanche, F-75009 Paris, *cfeazey@imgworld.com, mariemezzo@yahoo.com*; c/o Columbia Artists Management GmbH, Till Janczukowicz, Albrechtstr 18, D-10117 Berlin, T: (0 30) 20 64 80 78, F: 20 45 34 80, *info@cami.com*; *www.marielenormand.com*. **Laufb:** Sol Staatsth Stuttgart. (Red)

Lenort, Bernhard, Dramaturg; c/o Staatstheater Cottbus, Lausitzer Str 33, D-03046 Cottbus, T: (03 55) 7 82 41 34, F: 38 01 34 75, *b.lenort@staatstheater-cottbus.de*. Konzert (alte Musik bis Gegenwart), Oper (Barock bis Gegenwart), Operette, Musical **Ausb:** Stud MWiss FU Berlin, Stud Journalistik U Hohenheim. **Laufb:** Dram Staatsth Cottbus SpZ seit 96 (04/05), Lt Öffentlichkeitsarbeit, MDram Th Ulm 91 u 93, Lt Lektorat Berlin Classics 93–96.

Lensing, Jörg U (Pseud: JUL), Prof, Regisseur, Komponist, Sounddesigner; c/o Theater der Klänge, Winkelsfelderstr 21, D-40477 Düsseldorf, T: (02 11) 46 27 46, F: 46 77 22, *theater-der-klänge@t-online.de*; *www.theater-der-klänge.de, www.film-sound-design.de* [Düsseldorf]. elektron Musik, Schauspielmusik, Filmmusik, Music concrete **Ausb:** Stud Komp (Hufschmidt), elektr u ComputerM (Reith) Folkwang-H Essen, Stud neues MTh (M Kagel) MH Köln. **Laufb:** KonzDir 'Neue Töne 82–87, künstl Lt Th d Klänge seit 87 (04/05), leitender Schausp-Doz d '1. int Bühnenkl' Bauhaus Dessau 92/93, oProf (Tongestaltung) FB Design, Stg Film-Fernsehen FH Dortmund seit 96, Tourneen m Th d Klänge in Dtschl, n Holland, Belgien, Frankr, Österr, Schweiz, Tschechei, Griechenl, Israel u Indien. **Pr:** H-Pr Komp Folkwang-H Essen 87, Förderpr f Th d Klänge d Stadt Düsseldorf 88. **Ens:** Live-Elektr-Ens 'Kunst-Stoff' 82–85. **Mitgl:** GEMA, Freie Düsseldorfer Theaterschaffende eV seit 98. – **Komp:** Ich will z Dir – Ach komm doch, UA Essen 83; Suite f Maschinen, Bläser u Jazzschlgz, UA Essen 84; Bauhaus tänze, UA Essen 85; Drumprojekt, UA Düsseldorf 85; Sinfonia, UA Essen 87; Die mechan Exzentrik, UA Düsseldorf 87; Dynamik d Großstadt, UA Paris 94; Septett, UA Charleroi 94; Das Opfer, UA Düsseldorf 99; Tala Kala, UA Düsseldorf 2000; Die Neuberin (Hörsp), UA Buchmesse Leipzig 02. **Aufn/RF:** WDR: 'Kunst-Stoff Drumprojekt'; CDs: 'Bauhaus BühnenM' 97, 'Die Neuberin' 02. **UA:** Die mechan Bauhausbühne 87; Ludus Danielis 94/95; Die Vögel 96; Megalopolis 01. **Zug:** Das mechan Ballett; Die barocke Maskenbühne; November 1918; Figur u Klang im Raum; Reden ist Silber...; Jubiläum; Modul/a/t/o/r. **Sonst:** Regie f bisher 14 Stücke Th d Klänge u Auftr f Bauhaus Dessau, Th d Stadt Heidelberg, Folkwang-H Essen; Bücher: '10 J auf d Weg z einem eigenen Th' 97, 'Sounddesign als KompForm' (in Vorb); Tonkapitel z Buch 'Filmemachen im digitalen Zeitalter' 01. **Lit:** Who is who.

Lentz, Frank, Sänger; c/o Pfalztheater Kaiserslautern, Willy-Brandt-Pl 4–5, D-67655 Kaiserslautern. (Red)

Lenz, Volker, Hochschullehrer; Seelingstr 47, D-14059 Berlin. **Laufb:** Doz (MTheorie, Tonsatz) Erzbischöfl KiMSchule Berlin. (*)

Lenzen, Alban, Sänger; Bürgermeister-Smidt-Str 210, D-27568 Bremerhaven, T: (04 71) 9 62 96 11, (01 63) 4 87 29 76 [München 1971]. **Laufb:** Sol Staatsth am Gärtnerplatz München SpZ 03/04, Sol Stadtth Bremerhaven SpZ 04/05. (Red)

Leonard, Peter, GMD, Dirigent, Generalmusikdirektor; Lange Str 7, D-18055 Rostock, T: (03 81) 2 03 27 73; c/o Konzertdirektion Tobischek, Zimmermannstr 59, D-45239 Essen, T: (02 01) 8 40 51 75, F: 8 40 51 76, *tobischek@arcor.de* [Boston 18.7.1950]. Oper, Konzert **Ausb:** Stud (Hn, Kl, Komp, Dirig) Juilliard School New York (J Morel, F Ferrara, H Blomstedt, S Ehrling, J Nelson). **Laufb:** Associate Conductor Long Island Symph 76–79, ibid Principal Guest Conductor 79–83, MD Bergen Philh 79–85, Principal Guest Conductor Louisville Chamber Orch 79–81, Music Director Youngstown Op u Symph 81–86, Music Director Shreveport Symph 84–96, GMD Philh Orch d Stadt u Th Augsburg 96–03, GMD u ChefDgt Norddt Philh u Volksth Rostock seit 04, Gastdgt ua New York Philh, Städt Orch Aachen, Westdt Sinfonia, Hofer Symph, Thüringer Philh, SymphOrch v Winnipeg, Queens, New Mexico, Spokane, Tucson, Rhode Island, Nashville, Jackson, Richmond, Chattanooga, Staatsorch Frankfurt (Oder), Niederrhein Symph, Lyric Op Chicago, Arizona, Sarasota, Eastman, Erick Hawkins Dance Company, Eglevsky Ballet, Württemberg Staatsop Stuttgart, Pfalzth Kaiserslautern; Fstvs: New York Int Fstv of the Arts, New Hampshire Music Fstv, Vermont Mozart Fstv. **Pr:** 1. Prtr d ASOL Conductor's Program Award, National Arts Award Sigma Alpha Iota 84, Award for Programming Excellence 87, 'Peter Leonard Day' – City of Shreveport 89. – **Aufn/RF:** Konz u Prod f RF- u TV-Sender in USA u Europa, div Schallpl. **UA:** Werke v Sallinen, Martinu, Copland, Zwilich.

Leonardy, Bernhard, Konzertorganist, Dirigent; Rotenbühler Weg 28a, D-66123 Saarbrücken, T: (06 81) 9 38 51 67, (01 77) 3 49 88 72, F: 9 38 51 67, *leonardy@gmx.de*; *www.leonardy.org*. **Ausb:** H f M u Theater d Saarlandes, MAkad Basel (D. Chorzempa). **Laufb:** weltweite KonzTätigk, 04 in Japan, Russland u USA, Dir d Int Inst f Org (IIO). **Pr:** Walter Gieseking-Wettb 83, Stip d Studienstift des Dt Volkes 85, Stip d Richard Wagner Verbandes 90, MPr d Ldeshauptst Saarbrücken 93, 1. Pr 3. Int OrgWettb d Region Lorraine 97,

Grand Prix Jean Langlais de la Ville de Paris 2. Int OrgWettb Paris 97, 2. Pr 2. Int OrgWettb Paris 97. – **Aufn/RF:** Gesamtwerk M Duruflé St Eustache Paris; Orgelsonaten F Mendelssohn Holzhay-Org Neresheim; Ersteinsp d Belle Epoche St Sulpice Paris; Bach Silbermann-Org Marmountier. **Sonst:** Konzeption d Europ Raumklangorgel i d Basilika St Johann SB, Grdg d Int Inst f Org (Saarbrücken, Metz, Luxemburg).

Leonardy, Robert, Prof, Pianist, Intendant, Hochschullehrer; Rotenbühler Weg 28a, D-66123 Saarbrücken, T: (06 81) 39 73 59, F: 37 23 10, *intendanz@musikfestspiele-saar.de*; Le Moulin Haut, F-57260 Guébling, T: 03 87 01 50 12, F: 03 87 01 50 12; *http://members.aol.com/rleonardy/index.htm.* Konzertpianist, Leiter Musikfestspiele Saar **Ausb:** Stud (Kl) Saarbrücken (F Griem), Frankfurt a M (E Flinsch), Paris. **Laufb:** Prof (Kl) H d Saarlandes f M u Th Saarbrücken, Europ Kulturzentren (Konz, CDs ua). **Pr:** 'Pr der Stadt Neapel' Int Casella-Wettb, 2. Pr Int KlWettb Verona, 1. Pr Int KlWettb Paris, Kunstpr des Saalandes, OBE, Verdienstorden d Ungarischen Republik u des Königreichs Spanien, Saarländ Verdienstorden. – **Aufn/RF:** CDs sowie Aufn v allen Sendern in Dt. **Sonst:** Schulprojekt 'Klassik statt Klinge' – Pausenzeichen. **Lit:** Neue Musikzeitung Juni 03.

Leonbacher, Uwe, Prof, Hochschullehrer, Posaune; Moorweidenstr26, D-20146 Hamburg, T: (0 40) 41 17 20 41, 0 17 16 47 05 71, F: 41 17 20 41, *uweleonbacher@arcor.de*; Hochschule f Musik u Theater, Harvestehuder Weg 12, D-20148 Hamburg. **Laufb:** Prof (Pos) H f M u Th Hamburg. (Red)

Leone, Raphael, Prof, Hochschullehrer, Flöte; Univ f Musik u Darst Kunst, Inst Franz Schubert, Rennweg 8, A-1030 Wien, T: (01) 8 04 54 15, F: 8 04 54 15, *raphael.leone@i-one.at*. **Ausb:** Stud i Basel b J Bopp, weitere Ausb b J. P. Rampal u a Kons d Stadt Wien b G Hechtl. **Laufb:** L U Mozarteum Salzburg 89–89 u U f Musik u Darst Kunst Wien seit 89, UProf 99. **Pr:** Vienna Concertino, Flötisten d Wiener Symphoniker, Wiener Symphoniker seit 72. (Red)

Leonskaja, Elisabeth, Klavier; c/o Künstlersekretariat Schoerke GmbH, Grazer Str 30, D-30519 Hannover, T: (05 11) 40 10 48, 40 10 49, F: 40 74 35, *info@ks-schoerke.de*; *www.ks-schoerke.de*. (Red)

Leopold, Georg, Kapellmeister, Chordirigent; Im Tal 2b, A-4040 Linz, T: (07 32) 70 12 31. **Laufb:** Chordir u Kapm Landesth Linz. (*)

Leopold, Rudolf, Prof, Hochschullehrer, Violoncello; Univ f Musik u Darst Kunst, Inst 3, Brandhofgasse 21, A-8010 Graz, T: (03 16) 3 89 34 15, F: 3 89 30 31, *rudolf.leopold@kug.ac.at*. **Laufb:** o UProf (Vcl) U f Musik u Darst Kunst Graz. **Ens:** Wiener Streichsextett. (Red)

Lepetit, Ute, Sängerin; c/o Thüringer Landestheater, Theaterpl 4–7, D-99817 Eisenach, PF 1449, D-99804 Eisenach. **Laufb:** Gast-Sol Th Görlitz SpZ 00/01, Sol Thüring Landesth Eisenach SpZ 03/05, Landesbühnen Radebeul SpZ 04/05. (Red)

Leppänen, Jikka, Sänger; Landesbühnen Sachsen, Meißner Str 152, D-01445 Radebeul. **Laufb:** Sol Landesbühnen Sachsen. (Red)

Lerche, Klaus-Dieter, Sänger; Pucciniweg 3, A-4055 Pucking, T: (0 72 29) 7 97 25 [Hennigsdorf b Berlin 28.3.1940]. dt u ital Oper **Ausb:** Stud Ges (G Eisenmann) H f M 'Hanns Eisler' Berlin 66–71. **Laufb:** Eng Magdeburg 71 u 80–84, Erfurt 73–80, Op Leipzig 84–89, Sol Ldsth Linz seit 91, Staatsth am Gärtnerpl München, Gastsol Th Chemnitz, Anhalt Th Dessau 2000–04. **Pr:** Kunstpr d Bezirks Erfurt 80. – **UA:** Treibmann: 'Der Preis' 79; Ph Glass: 'The Voyage' (Partie: 'Kolumbus'), europ EA 04.

Lesaka, Itziar, Mezzosopran; c/o Staatstheater Kassel, Friedrichspl 15, D-34117 Kassel. (Red)

Leser, Ditte, Prof, Bratsche, Hochschullehrerin; c/o Rundfunk-Sinfonieorchester Berlin, Charlottenstr 56, D-10117 Berlin. **Laufb:** LBeauftr (Va) H f Musik Hanns Eisler Berlin seit 81, Mentorin d Dt Musikschulorch seit 88, Vorspielerin RF-SinfOrch Berlin. **Ens:** Rundfunk-Sinfonie-Orch Berlin. (Red)

Leskowitz, Luz, Violine; c/o Salzburger Schlosskonzerte, Theatergasse 2, A-5020 Salzburg, T: (06 62) 84 85 86, F: 84 85 86 87; *www.salzburger-schlosskonzerte.at*. **Ausb:** Musikakad Wien b V Prihoda u R Odnoposoff, b Ernst Wallfisch in Salzburg u Luzern u b Yehudi Menuhin in London. **Laufb:** Dir Salzburger Schlosskonzerte seit 91, Künstl Lt Mai-Fstv a d Rellinger Kirche/Schleswig Holstein 02. **Ens:** Grd Harzburger Musiktage 70, Salzburger Solisten 79. **Mitgl:** Juror Brahms-Wettb Hamburg. (Red)

Lesky, Wolfgang, Sänger; c/o Stadttheater St Pölten, Rathauspl 11, A-3100 St Pölten. **Laufb:** Sol Th St. Pölten SpZ 03/04. (Red)

Lesle, Lutz, Dr, Prof, Hochschullehrer, Musikpublizist; Musikhochschule, Große Petersgrube 17–29, D-23552 Lübeck, F: (04 51) 1 50 53 00, *Lutz.Lesle@mh-luebeck.de* [Cuxhaven 17.1.1934]. Musik Skandinaviens u d Baltikums **Ausb:** Stud (SchulM, Fl) MH Hamburg 55–60, (Germanistik) U Hamburg 60–63, (MWiss) ebd 75–79. **Laufb:** Prof (MGesch) MH Lübeck, Dir MBibliothek HÖB Hamburg 68–83. **Pr:** Freie Akad d Künste Hamburg. **Ens:** Brahms-Ges Hamburg, Mahler-Ges Hamburg. – **Sonst:** Notfall Musikkritik 81; Musikkritiker – Gutachter od Animateur? 84; 50 Jahre Sommerliche Musiktage Hitzacker 95; Die Musik Estlands, Lettlands u Litauens i Überblick 01.

Leß-Brandau, Christiane, Prof, KS, Hochschullehrerin, Sopran; Hochschule f Musik u Theater, Beim St-Katharinenstift 8, D-18005 Rostock, *prof.less@gmx.net*. **Ausb:** Stud (Ges) Dt H f Berlin. **Laufb:** Solistin am Volkstheater Rostock, HonProf HMT Rostock 98. **Pr:** Kulturpr d Stadt Rostock 67. (Red)

Less, Georg *siehe* Essl, Jürgen

Lessing, Kolja, Prof, Geige, Hochschullehrer, Klavier; Steinbachtal 52, D-97082 Würzburg, T: (09 31) 6 79 05; c/o Staatl H f Musik u Darst Kunst Stuttgart, Urbanstr 25, D-70182 Stuttgart [Karlsruhe 15.10.1961]. Musik f V: J S Bach, G P Telemann, R u C Schumann; als Geiger u als Pianist: Musik d 20. Jhs, Exilmusik **Ausb:** Mstrkl f V (H Schneeberger) 78–82; KlStud Basler Musikakad (P Efler) 79–83; priv Dgt-Unterr (B Goldschmidt) London 95. **Laufb:** Konz m Orch d Komischen Op Berlin, SinfOrch Saarl RF, SinfOrch MDR, Dresdner Philh, Nationalth Mannheim, Staatskap Weimar, RSO Basel, Prof f V u KamM MH Würzburg 89–93, MH Leipzig 93–2000, MH Stuttgart seit 2000, regelm Mstks am Banff Center u beim Oberstdorfer Musiksommer. **Pr:** Pr d Musikkredits Basel 82, Pr d Dt Schallplattenkritik 92, Johann-Wenzel-Stamitz-Sonderpr 99. – **Komp:** Werke f V solo, Klar u V, Fl u Va, Fl u Altfl; Kadenzen z Mozarts V-Konz KV 218+219; Transkription Debussy: Sérénade interrompue f V u Git. **Aufn/RF:** CDs mit Werken v Bartok, Bohnke, Goldschmidt, Jarnach, Markevitch, Strasfogel, Székely, Telemann; 'Violin-Soli des 20 Jhs', F Schrekers Meisterklassen in Wien u Berlin Vol.1–3; Bohnke: Konzert f Violine u Orchester 04; Westhoff: Complete Solo Violin Suites 04; Violin Music from Israel 05; RF-Aufn bei allen dt Sendern, Radio DRS, Radio RTBF, Schwed RF, Tschech RF, Israel RF. **UA:** Soloviolinwerke v H Alexander, A Ehrlich, J Fontyn, B Goldschmidt, H Vogt, D Terzakis, R Rudin, U Schultheiß, K Stahmer, D P Graham, W W Glaser ua; VKonz v H Alexander, S Corbett, A Ehrlich; KlKonz v R Hindemith, I Strasfogel. **Zug:** H Alexander: Three Non-European Folk-Songs f V u StreichOrch; A Ehrlich: 'Solange die Seele in mir ist' f V u StreichOrch; S Corbett: 'Yael' f V u Orch; B Goldschmidt: Capr f V solo; J Fontyn: 'La Quinta Stagione' f V solo; D Terzakis: 'A une Madonna' f V u Org. **Sonst:** Beitr in DISSONANZ, zahlr musikwiss Veröffentl zu Exilmusik, Franz Schreker u seine Schüler, Komponistinnen. **Lit:** Alain Pâris: Klassische Musik i 20 Jh; Klassik heute 3/01; FONO FORUM 1/03; Int Piano 9/04.

Lessing, Wolfgang, Prof, Hochschullehrer, Cello; Prießnitzstr 62, D-01099 Dresden, T: (03 51) 2 72 19 62, *lessing@hfmdd.de*; Hochschule f Musik, PF 120039, D-01001 Dresden [1964]. **Ausb:** Stud (Vcl, SchM, Germanistik) Frankfurt/Main, H f M Hanns Eisler Berlin (J Schwab), Prom Frankfurt MWiss ('Die Hindemithrezeption Th. W. Adornos' 99). **Laufb:** M-L Frankfurter Gym, LBeauftr (Vcl, MWiss, Formen-L) MH Frankfurt, Grdg 'Inst f Instr- u GesPäd' Frankfurt (m G Mantel) 95; Schleswig-Holstein-Fstv, Darmstädter Ferienkse ua; Prof (MPäd, Allg Instr-Didaktik) H f M Carl Maria v Weber seit 02. **Pr:** Pr d dt Schallplattenkritik f CD 'Vom Eise befreit' (m Ens Phorminx). **Ens:** Phorminx, Hába-Qua. – **Aufn/RF:** CD: 1. GesAufn StrQua v N Roslawetz. (Red)

Letonja, Marko, Dirigent; Sinfornieorchester Basel, Stiftung Basler Orchester, Barfüsserpl 8, Casino Basel, CH-4051 Basel, *m.letonja@sinfonieorchesterbasel.ch*; c/o Artists Management Zürich, Rütistr 52, CH-8044 Zürich, T: 04 48 21 89 57, F: 8 21 01 27. **Laufb:** Gastdgt Staatsth Mainz SpZ 00/01, Dgt Th Basel (SpZ 03/04), ChefDgt SinfOrch Basel. (Red)

Lettner, Lars, Tenor; Heinrich-Heine-Str 27, D-63071 Offenbach, T: (0 69) 80 90 56 65, F: 80 90 56 65, *19LHL71@web.de*; c/o Melos Konzerte Wien, Salesianergasse 12/11, A-1030 Wien, T: (01) 7 14 91 96, F: 7 14 91 91, *info@melos.at*; *www.lars-lettner.de* [München 29.12.1971]. **Ausb:** Stud (Gesang, OpSchule) MH Frankfurt/M 92–98. **Laufb:** Sol Landesth Linz. **Pr:** Sonderpr Bundeswettb Gesang Berlin 96, 1. Pr Konzertges München 97, Orpheus-Pr d Bad Hersfelder OpFSp 97, Franz-Völker-Pr 99.

Lettowsky, Andreas, Bassbariton; c/o Theater an der Rott, Pfarrkirchener Str 70, D-84307 Eggenfelden; c/o Cecilia Music Concept – Franz-Georg Stähling, Brauweilerweg 183, D-50933 Köln, T: (02 21) 8 00 00 70, F: 8 00 00 71, *staehling@cecilia-cmc.de*. **Laufb:** Sol Landesbühnen Sachsen, Th an der Rott Eggenfelden SpZ 04/05. (Red)

Letzbor, Gunar, Violine; c/o Forum Artium, Am Kasinopark 1–3, D-49114 Georgsmarienhütte, T: (0 54 01) 3 42 23, *info@forum-artium.de*. **Ausb:** Stud (Komp, Dirig, Violine) Linz, Salzburg, Köln. **Laufb:** Konz ua m Musica Antiqua Köln, Clemencic Consort, La Folia Salzburg, Armonico Tributo Basel, Wiener Akad, auch mehrere Jahre als Konzm, Doz MH Lübeck, Doz Sommersem f Aufführungspraxis bzw Spielpraxis alter Instrumente. – **Aufn/RF:** CD-Aufn m Rosenkranz-Sonaten v Biber u Werken v Schmelzer, Vejvanovsky u Muffat, Weichlein u Mozart. **Sonst:** Grdg Ens Ars Antiqua Austria. (Red)

Leu, Annette, Sängerin; c/o Junge Kammeroper Köln, Florastr 93, D-50733 Köln. (Red)

Leube, Bernhard, Sänger; c/o Thüringer Landestheater, Theaterpl 4–7, D-99817 Eisenach, PF 1449, D-99804 Eisenach. **Laufb:** Sol Thüringer Landesth Eisenach. (Red)

Leuschner, Jacob, Klavier; Hüxstr 69, D-23552 Lübeck, T: (04 51) 7 06 32 85 [1974]. **Pr:** Stip Dt Musikwettb Berlin 01. (Red)

Leuschner, Michael, Prof, Hochschullehrer, Klavier; Meisenweg 7, D-79211 Denzlingen, T: (0 76 66) 79 55, F: 9 95 96, *michael.leuschner@gmx.net*; Hochschule f Musik, Schwarzwaldstr 141, D-79102 Freiburg; *www.leuschner-michael.de* [Wernigerode 1948]. **Ausb:** Stud (E. Picht-Axenfeld, C. Seemann) H f M Freiburg, (B. Roberts) London, (W. Kempff) Positano, Schubertkurs bei A. Brendel. **Laufb:** Prof (Kl) Staatl H f Musik Freiburg seit 89, Artist in Residence Univ of Western Australia Perth 90. **Ens:** Dreisam Trio. (Red)

Leval Jeszierski, Kirsikka de, Viola; c/o Deutsche Oper Berlin, Richard-Wagner-Str 10, D-10585 Berlin. **Laufb:** stv Sol Orch d Dt Op Berlin. (Red)

Levin, Ira, Dirigent; c/o Deutsche Oper am Rhein Düsseldorf-Duisburg, Neckarstr 1, D-47051 Duisburg, T: (02 03) 3 00 90, *info@deutsche-oper-am-rhein.de*. **Laufb:** Dgt Dt Op am Rhein Düsseldorf-Duisburg SpZ 02/05, Op Leipzig, Gastdgt Badisches Staatsth Karlsruhe SpZ 04/05. (Red)

Levin, Walter, HonProf, Hochschullehrer; Leonhardsgraben 48, CH-4051 Basel, T: 06 12 61 17 21, F: 06 12 61 19 74, *eriwalter.levin@dplanet.ch*; Musikhochschule, Große Petersgrube 17–29, D-23552 Lübeck, F: (04 51) 1 50 53 00

[Berlin]. **Ausb:** Stud V (I Galamian) Juilliard School of Music New York ab 46. **Laufb:** 1. Geiger La Salle Qua, Doz Coll-Cons of Music d U Cincinnati 53–89, Lt KamMKse MH Lübeck, Basel, Paris u Int Sommerakad Mozarteum Salzburg, Lecture-recitals m jungen Qua, Prof (KamM) MH Lübeck. **Ens:** LaSalle Qua bis 87. – **Komp:** Schönberg, Berg u Webern: Werke f StrQua; Beethoven, Brahms, Mendelssohn, Wolf, Zemlinsky: Qua; Schubert, Schumann: Qui. **Zug:** G Ligeti, L Nono, M Gielen, M Kagel, W Lutoslawski: Werke, zT f LaSalle Qua. **Sonst:** Grdg LaSalle Qua; zahlr Aufsätze über Aspekte d Musikinterpretation. (Red)

Levitin, Assaf, Bassbariton; Soldinger Str 33, D-13359 Berlin, T: (0 30) 49 91 06 66, F: 49 91 96 64, *assaflevitin@googlemail.com*; *www.musikerportrait.com/assaf-levitin* [Tel Aviv 7.11.1972]. Musiktheater, Konzertsänger, zeitgen Musik **Ausb:** Stud (A Massini) Rubin Acad of M Tel Aviv 95–97, (Y Windmüller) HMT Saarbrücken 98–01, Int OpStudio Zürich 01–02. **Laufb:** Debüt Habima-Nationalth Israel, EnsMitgl Th Dortmund SpZ 02/03–04/05 ('La Bohème', Colline; 'Die Meistersinger von Nürnberg', Nachtwächter; 'Don Giovanni', Masetto; 'Die Csárdásfürstin', Feri Bácsi; 'Le Nozze di Figaro', Figaro; 'Cosi fan tutte', Don Alfonso; 'Madama Butterfly', Bonze; 'Eugen Onegin', Gremin, 'Wildschütz', Baculus), Gastsol NOB Berlin SpZ 04/05, Gastsol Th Dortmund SpZ 04/05, Gastsol Aalto-Th Spz 04/05 ('Meistersinger', Herman Orthel), Gastsol Staatsop Unter d Linden Berlin ('Seven Attempted Escape From Silence'). **Pr:** 3. Pr. Vera Rozsa-Nordell-GesWettb Jerusalem 97, 2. Pr. Walter-Gieseking-Wettb Saarbrücken 99, Finalist Paula-Solomon-Lindberg-Wettb Berlin 99, Prtr KamOp Schloss Rheinsberg 2000. – **Aufn/RF:** Nigune Magenza: Jüdische liturgische Gesänge aus Mainz. **UA:** E Meyer: Das Treffen i Telgte, Th Dortmund 04/05; K Haddad, B Lang, C Milliken, J-M Sanchez-Verdú, A Schmucki, M Srnka, L Vrhunc: Seven Attempted Escapes from Silence.

Lewandowski, Jeanette, Sopran; Lucas-Cranach-Str 8, D-99817 Eisenach, T: (0 36 91) 21 71 12, *lewandowski-wappler@web.de*. **Laufb:** Sol Thüringer Landesth Eisenach. (Red)

Lewark, Egbert, Trompete, Flügelhorn; c/o Concertino Agentur, Nerotal 24, D-65193 Wiesbaden, T: (06 11) 1 80 56 56, F: 1 80 56 57, *concertino-wiesbaden@t-online.de*; Sausenheimer Str 18C, D-67269 Grünstadt, T: (0 63 59) 8 38 47, F: 8 38 78. **Ens:** La Banda Palatina, Splendid Brass. – **Aufn/RF:** zahlr CDs.

Lewinski, Claudia von, Klavier, Cembalo, Hochschullehrerin; Donnersbergstr 3a, D-55129 Mainz, T: (0 61 31) 5 99 83, (01 77) 7 52 29 36, F: 5 99 83, *cvonlewinski@t-online.de*; Dr. Hoch's Konservatorium, Hebelstr 15–19, D-60318 Frankfurt/M, T: (0 69) 9 15 00 40, F: 5 96 15 76, *mail@dr-hochs.de*. **Laufb:** Doz (Kl, Cembalo, KamM) Dr Hoch's Kons Frankfurt. **Ens:** Mainzer Barockensemble. (Red)

Lewis, Adam, Horn; c/o Niedersächsisches Staatsorchester, Opernpl 1, D-30159 Hannover. **Laufb:** stv Sol Niedersächs StaatsOrch Hannover. (Red)

Lewis, Anna, Viola; c/o NRD Radiophilharmonie, Rudolf-von-Bennigsen-Ufer 22, D-30169 Hannover. **Laufb:** Sol NDR RadioPhilh Hannover. (Red)

Lewis, Glenn, Dirigent; Camphausenstr 18, D-40479 Düsseldorf, T: (02 11) 4 84 68 80. **Laufb:** Dgt Dt Op am Rhein Düsseldorf-Duisburg. (Red)

Lewis, Keith, Sänger (Tenor); c/o Künstleragentur Helge Rudolf Augstein, Sebastianspl 3, D-80331 München, T: (0 89) 26 02 43 33, F: 26 02 43 44, *AgenturHRA@aol.com*; *www.agenturHRA.com*. **Laufb:** Sol Staatsth Stuttgart, Th Basel, Gare du Nord Basel SpZ 04/05. (*)

Ley, Marcie Ann, Sopran; Theater, Kuhstr 12, D-44137 Dortmund. **Ausb:** Stud (Ges) am Chautauqua Institute Edinboro Pennsylvania USA. **Laufb:** Sol Theater Dortmund seit 04/05. **Pr:** Gew Wettb d Metropolitan Opera f d Region Pittsburgh. (Red)

Leyendecker, Ulrich, Prof, Hochschullehrer, Komponist; Triftstr 8, D-67822 Gaugrehweiler, T: (0 63 62) 85 30, F: 3 08 00 57, *Leyendecker@onlinehome.de*; *www.ulrich-leyendecker.de* [Wuppertal 29.1.1946]. Komposition **Ausb:** Unterr Komp (I Schmitt) 62–65, Stud Komp, Kl (R Petzold, G Ludwig) MH Köln 65–70. **Laufb:** Prof (Komp, Theorie) MH Hamburg 81, Prof (Komp) Staatl H f M u Darst Kunst Mannheim seit 96. **Pr:** Studienstift d Dt Volkes 68, Förderpr Land NRW 75, Villa Massimo Rom 78/79, Mitgl Freie Akad d Künste Hamburg 85, Von d Heydt-Pr d Stadt Wuppertal 87, Mitgl Akad d Künste Mannheim 97, Aufenth Cité Int des Arts Paris 84/85 u 01/02. – **Komp:** Symph Nr 1 74, UA Wuppertal, SinfOrch Wuppertal, Dgt: H-M Schneidt 76; Konz f Kl u Orch 80, UA Hannover, Tage d Neuen M, R Havenith, Niedersächs Staatsorch, Dgt: G A Albrecht 84. **AuftrKomp:** Nachgelassene Papiere (f 9 Instr u TB) 73, UA Witten, Wittener Tage f neue KamM, Mitgl RSO d SR, Dgt: B Rempe 77 (Auftr: WDR); Versunken in d Nacht (Ges f Sop u Kam-Orch), UA Mannheim, C Überschäer 82 (Auftr: Ges f Neue M Mannheim); Konz f Vcl u Orch 83, UA Hamburg, NDR, G Faust, SinfOrch NDR, Dgt: J Carewe 84 (Auftr: NDR Hamburg); Symph Nr 3 91, UA Frankfurt, Alte Op 92 (Auftr: Alte Op Frankfurt); Konz f V u Orch 94, UA Hamburg, Fstv 'Stille M', R Greutter, NDR-SinfOrch, Dgt: J Kalitzke 96 (Auftr: NDR); Hebrä Balladen, (n Ged v E Lasker-Schüler f Mezzosop u KamEns), UA Wuppertal, M Georg, J Horstmann, Mitgl Wuppertaler Orch (Auftr: WDR); Pensées sur un prélude (Variationen f Orch), UA Mannheim, NatTh-Orch Mannheim, Dgt: A Fischer 01 (Auftr: Südwest-LB); Symph Nr 5 'Concertante' 99/2000, UA Landau, Staatsphilh Rheinland-Pfalz 02 (Auftr: Kultusmin Rheinl-Pfalz). **Aufn/RF:** RF-Mitschn fast aller Werke; CDs: 1. StrQua, Kl- u VKonz; Hebräische Balladen; 'D Klavierwerk', J Oh-Havenith, R Havenith. **Sonst:** Kammer, Orchester-, Klavier- u Vokalmusik. **Lit:** ua Riemann MLex 89; H Vogt: Neue M nach 1945 82; H Vogt: Laudatio f U L 87; The New Grove Dictionary of M and Musicians; Komp d Gegenwart.

Leygraf, Hans, Prof, Hochschullehrer, Klavier; Am Irrsee 15, A-4893 Zell am Moos, T: (0 62 34) 82 73, F: 70 39; Univ Mozarteum, Abt f Tasteninstrumente, Zentrum im Berg, Fürbergstr 18–20, A-5020 Salzburg [Stockholm 7.9.1920]. **Ausb:** Stud (Kl) b G Boon (Stockholm) u A Hirzel-Langenhan (Schweiz), Stud Kontrapunkt u Komp (H M Melchers) MH Stockholm u (J Haas) MH München, Stud Dirig (O Morales u T Mann) MH Stockholm u (H Knappe) MH München. **Laufb:** Konz in ganz Europa, d USA u d Ländern d Fernen Ostens; ZusArb ua m d Philharmonikern in Wien, London, Hamburg u München, d London Symphony u BBC Orchestra, Concertgebouw Amsterdam, Tonhalleorch Zürich unter Dgt wie Celibidache, Dohnányi, Dorati, Dutoit, Ehrling, Fricsay, Gielen, Kempe, Sawallisch, Solti, Szell; o UProf (Kl) U Mozarteum 72–90, Ltg einer Klasse f int Spitzenbegabungen ebd. **Pr:** Mitgl d Königl Musikal Akad Schweden 61, Königl Wasa-Orden Schweden 70, Goldmed 'Litteris et Artibus' Schweden 77, Österr Ehrenkreuz f Wiss u Kunst 1. Klasse 84, Ehrenmitgl Univ Mozarteum Salzburg 88, Gr silbernes Ehrenzeichen f Verdienste um d Republik Österreich Wien 94, Goldmed d Königl Musikal Akad 'Tonkonstens Främjande' (Förderung d Tonkunst) Schweden 99, Dr hc Univ Luleå Schweden 02. **Ens:** Leygraf Klavierqua 67. **Mitgl:** Ehrenmitgl JPTA (Japan Piano Teachers Association) 88. – **Aufn/RF:** zahlr TV-, RF- u Schallpl-Aufn, ua sämtl Klaviersonaten v Mozart.

Leyhe, Henner, Prof, Hochschullehrer, Tenor; Adolfpl 2, D-23568 Lübeck, T: (04 51) 3 67 70, F: 3 61 87, *heinerley@henner-leyhe.de*; c/o Musikhochschule Lübeck, Große Petersgrube 17–29, D-23552 Lübeck [Lübeck 29.8.1947]. **Ausb:** Stud Romanistik, Gesch, Päd Hamburg, Poitiers 68–75; Stud Ges MH Hamburg. **Laufb:** lyr Tenor Bühnen d Hansestadt Lübeck 80–90; Gastsp Hamburg Staatsop; Int KonzTätigkeit; LAuftr MH Lübeck 84, Doz (Ges) U Kiel 86, Prof (Gesang) H f Musik Köln, Gastprof H f Musik Rostock 93, MH Lübeck seit 94. – **Aufn/RF:** zahlr RF- u TV-Aufn, Schallpl- u CD-Einsp.

Leyhe, Katharina, Sängerin; c/o Bühnen der Stadt Köln – Opernhaus, PF 101061, D-50450 Köln. (Red)

Leyrer, Edith, Sängerin; Stadttheater, Theaterpl 7, A-2500 Baden. **Laufb:** Sol Stadtth Baden b Wien. (Red)

Lhote, Lionel, Bariton; c/o Theater Erfurt, PF 100554, D-99055 Erfurt, T: (03 61) 2 23 30, *info@theater-erfurt.de*; c/o Cecilia Music Concept – Franz-Georg Stähling, Brauweilerweg 183, D-50933 Köln, T: (02 21) 8 00 00 70, F: 8 00 00 71, *staehling@cecilia-cmc.de*. **Laufb:** Sol Stadtth Gießen (03/04), Gastsol Th Erfurt SpZ 03/05, Gastsol Th Aachen SpZ 04/05. (Red)

Li Puma, Nelly, Komponistin; Johannesgasse 8/316, A-1010 Wien, T: (01) 5 14 84/7 73 16, *lipumanelly@yahoo.com*; *www.nellylipuma.com* [Canicattini Bagni 19.2.1971]. **Ausb:** Stud (Kl) Cons 'V Bellini' Catania, Stud (Komp) Wiener MU 97–2000. **Laufb:** Lehrerin (Chorges) American Int School Wien 2000–01. – **Komp:** Trios f Blockfl, Va u Git, UA Slovakei 99; FlDuette, UA Wien, 'Kaleidoskop d Nationen' 2000; KlStücke, UA ebd 2000; Bläserqui 'Wiener Qui' (f Fl, Ob, Klar, Trp, Fag), KamKonz f Zeitgen M (ÖGZM) 'Kunst im Grauen Haus' 01; Werke f Kl u 2 Kl, Wien, Steinway-Haus 01; Sonate f Fag u Kl, UA Prag, Wien, Budapest, Int Sommerakad; Werke f Kl ua: 5 Etude pour Piano 95; Zoiros 95; Folletti 95; Fable 95; Nonna Lia 95; C'est la vie 96; In a Joplin's mood 98; 'One Day' (f Blechbl, Timpani u Kl) 2000. **Aufn/RF:** CD 2000.

Li, Xiaoliang, Sänger; Sallstr 39, D-30171 Hannover. **Laufb:** Sol Volksth Rostock, Sol Op Hannover seit SpZ 03/04. (Red)

Li, Yin, Violine; c/o Badisches Staatstheater, D-76125 Karlsruhe. **Laufb:** Konzm Badisches Staatsth Karlsruhe seit SpZ 03/04. (*)

Li, Yundi, Klavier; c/o Columbia Artists Management GmbH, Till Janczukowicz, Albrechtstr 18, D-10117 Berlin, T: (0 30) 20 64 80 78, F: 20 45 34 80, *info@cami.com*; *www.cami.com*. **Ausb:** Stud MH Hannover (Prof A Vardi). **Laufb:** Kl-Abende Tonhalle Zürich, Kölner Philh, Pariser Salle Gaveau 02/03, Konz Tournee Orch Nat de France (Kurt Masur), Amsterdam, Hamburg, München, Salzburger FSp Kl-Abende 03/04. (Red)

Liao, Hsiao Lin, 1. Kapellmeister; Norderhofenden 5, D-24937 Flensburg, T: (04 61) 4 80 88 98; c/o Schleswig-Holsteinisches Landestheater u Sinfonieorchester, Lollfuß 53, D-24837 Schleswig. **Laufb:** Solorep Städt Th Chemnitz, 1. Kapm Schleswig-Holstein Landesth u SinfOrch. (Red)

Liardet, Jean-Paul, Komponist; Aprilios, Les Perrailles, CH-1172 Bougy-Villars, T: 02 18 08 60 36, *jpliardet@dplanet.ch*. (Red)

Libbert, Jürgen, Hochschullehrer, Gitarre; Eifelstr 36, D-93057 Regensburg, T: (09 41) 6 65 08. **Ausb:** MH Wien u U Regensburg. **Laufb:** Doz (Git, allg MLehre, MGesch), seit 01 H f Kathol KiM und MPäd. **Mitgl:** Ges f MF, Ges f Bayer MGesch. – **Sonst:** seit 75 zahlr Veröffentl v Büchern, Noten, Fachart u Rezensionen.

Liberda, Bruno, Komponist; Nöstach 103, A-2571 Altenmarkt-Thenneberg, T: (0 26 73) 23 78, F: 23 78, *liberda@mdw.ac.at* [Mödling, Niederösterreich 1953]. **Ausb:** Stud Vcl, Komp (R Haubenstock-Ramati) MH Wien. **Laufb:** Lt d Ausb v Komp in elektroakust Musik an d MH Wien seit 91, Grd d 'Schule des Hörens' 97. – **Komp:** Klanginstallationen, zB Raum-Musik f d neuen Glashäuser d Univ Graz, Auff an d Op Amsterdam, Schauspielhaus Bonn, Piccolo Teatro Milano, Opernhaus Bern, Staatsth Karlsruhe, Film- u Fernsehmusik, Musik d Austellung 'Pictophonics' b wien modern 02. **AuftrKomp:** f Ballettmusiken f d Wiener Staatsop (erstmalige Auff elektroakust Musik an d Staatsop) u Op Frankfurt, Arbeiten f d Burgth Wien, Berliner Ens, Schauspielhaus Bonn ua Yerma (Ballett), UA 77 (Auftr: Op Frankfurt); Valse triste (Ballett), UA 78 (Auftr: Wiener Staatsop); D Ende d Kreises (Op), UA 80 (Auftr: Op Ulm); Shambhala (Op), UA 89 (Auftr: Op Ulm); Capricci (Konz f 6 Kl, Orch u TB),

UA 90 (Auftr: Bochumer Symph); 100 Ansichten v Berge Fuji 1. Buch/11, UA 93 (Auftr: wien modern); Wieso verschwindet Mozart auf d Reise n Prag? (Op), UA 99 (Auftr: Staatsth Karlsruhe).

Libor, Christiane, Sopran; c/o Artists Management Hartmut Haase, Aalgrund 8, D-31275 Lehrte, T: (0 51 75) 95 32 32, F: 95 32 33, *artists@t-online.de*; *www.artists-haase.de*. **Ausb:** H f M 'Hanns Eisler' Berlin (A Fried), Liedkl D Fischer-Dieskau 97–2000. **Laufb:** Sol Hamburg Staatsop, Nat ReisOp Holland 02/03, Gastsol Tiroler Ldsth SpZ 04/05, Op Hannover SpZ 04/05, Gastsol Semperop Dresden 04/05, Gastsol Tiroler Ldsth 05/05, Gastsol Staatsth Nürnberg 05/06. **Pr:** O E Hasse-Pr der Akad d Künste Berlin 96/97, Special Pr 7. Int Mozart Wettb Salzburg 99.

Lichdi, Maraile, Sängerin (Sopran); c/o Theater der Stadt und Schlossfestspiele Heidelberg, Friedrichstr 5, D-69117 Heidelberg, PF 105520, D-69045 Heidelberg, T: (01 79) 5 01 49 72, *M.Lichdi@planet-interkom.de* [Wehrda/Marburg 8.10.1972]. Oper, Oratorium **Ausb:** Stud Ges (M Venuti, C Lehmann) Karlsruhe u Würzburg, Dipl 99, Musik-Kinästhesie (E Huber-Contwig) Hannover. **Laufb:** Debüt Staatsth Stuttgart (L Nono: Al gran sole carico d'amore) 98, FestEng Stadtth Heidelberg seit 2000, Stadtth Frankfurt (J Widmann: Das Echo) 01. – **Aufn/RF:** L Nono: Al gran sole carico d'amore, Staatsop Stuttgart, Dgt: L Zagrosek 99 (Aufn); RFMitschn: W M Danner: D Märchen nach ewig u drei Tagen 2000; J Widmann: Das Echo 01. **UA:** W M Danner: D Märchen nach ewig u drei Tagen, Schwetzinger SchlossFSp 2000; J Widmann: Das Echo, Five Movements, Bockenheimer Depot Frankfurt 01.

Lichdi, Tilmann, Sänger (Tenor); c/o Pfalztheater Kaiserslautern, Willy-Brandt-Pl 4–5, D-67655 Kaiserslautern. **Laufb:** Gastsol Mainfranken Th Würzburg SpZ 00/01, Gastsol Th Heidelberg SpZ 03/04. (*)

Lichtenberg, Caterina, Mandoline, Gitarre; c/o Mirko Schrader, Sutelliusstr 25, D-97422 Schweinfurt, T: (0 97 21) 2 10 43 [Sofia, Bulgarien 1969]. **Ausb:** Stud M (G Kletzke, D Drünkler) Magdeburg, Mandoline (M Wilden-Hüsgen), Git (A Eickhold) Köln seit 89; Mstrkse b D Kreidler, D Kavenagh, H Käppel, T Müller-Pering. **Laufb:** Doz Mstr-u Fortbildungskse d BDZ seit 91; Konz Dtschld, Bulgarien, Rußland, Spanien, Niederlande, Österreich, Schweiz, Ukraine, Mongolei ua. **Pr:** Stip Richard-Wagner-Stift Bayreuth, Prtr Int Wettb f Mandoline Savonna/Italien; 1. Pr Int Mandolinenwettb Schweinfurt. **Ens:** Duetto Giocondo. (*)

Lichtenhahn, Ernst, Dr, Prof, Hochschullehrer; Sonnenweg 23, CH-4052 Basel, PF, CH-4020 Basel, T: 06 13 12 29 73. **Laufb:** GastDoz (MWiss) MH Luzern. (Red)

Lichtenstein, Romelia, Sängerin (Sopran); Vorgebirgsstr 185, D-50969 Köln, T: (02 21) 9 35 43 08; c/o Opernhaus Halle, PF 110554, D-06019 Halle (Saale) [Sofia]. **Ausb:** Stud Ges (H Forner) MH Leipzig 83–89. **Laufb:** 1. Eng OpHaus Chemnitz, Op Leipzig (La Boheme, Mimi; Die Zauberflöte, Königin d Nacht; Don Giovanni, Zerlina) 93–95, Sol OpHaus Halle (Madame Butterfly, Cio-Cio-San; Don Giovanni, Donna Anna; Die begnadete Angst, Blanche; Der Barbier v Sevilla, Rosina; Orfeo e Euridice, Euridice; Die Hochzeit d Figaro, Gräfin Almaviva; Der Vampyr, Malwina) seit 95, zahlr Konz u Fernsehauftr im In- u Ausland, Gast Rostock, Chergnitz, Göteborg (La Traviata, Violetta) 98, Stockholm u Helsinki, Gastsol Op Köln, Th Aachen SpZ 03/04. **Pr:** 1. Pr Wettb junger OpSänger d DDR Gera 90, Mozartpr Int Gesangswettb 'Francisco Vinas' Barcelona. – **Aufn/RF:** Händel: Op 'Tolomeo' (Elisa), CD. (Red)

Lichtenstein, Simone, Sängerin; Staatsoperette, Pirnaer Landstr 131, D-01257 Dresden. **Laufb:** Sol Staatsoptte Dresden. (Red)

Lichter, Cheryl, Sängerin; Holzheimerstr 67/2, A-4060 Leonding, T: (07 32) 78 66 99; c/o Landestheater Linz, Promenade 39, A-4010 Linz. **Laufb:** Sol Ldsth Linz SpZ 03/05. (Red)

Lichter, Robert, Prof, Hochschullehrer; Maiweg 9a, D-32760 Detmold, T: (0 52 31) 8 74 16, F: 8 74 16, *r36lichter@aol.com*. **Laufb:** Prof (Partien-, Ens-Stud) H f Musik Detmold, Lt d Opstudio Düsseldorf SpZ 04/05. (Red)

Lichtfuss, Martin, Prof Dr Mag, Komponist, Klavier, Hochschullehrer; c/o Universität für Musik und darstellende Kunst, Anton-von-Webern-Platz 1, A-1030 Wien, *lichtfuss@utanet.at*; Kapuzinergasse 5, A-6020 Innsbruck, T: (05 12) 56 40 05, F: 56 40 05; *www.lichtfussmusic.com* [Innsbruck 3.5.1959]. Neue Musik **Ausb:** Stud (Komp, Dirig, Germanistik) Innsbruck, Wien. **Laufb:** Kapm u Chordir Tiroler Landesth Innsbruck; 1. Kapm Stadtth Würzburg u Staatsth Braunschweig; Doz u Lt Abt I f MTheorie, Komp-Kl Tiroler Landeskons Innsbruck; Prof f Tonsatz/Komp am Inst f Komp u Elektroakustik d U f M u darst K Wien. **Pr:** Förderungspr d Stadt Wien 85, 1. Pr d Stadt Innsbruck f Komp 88. – **Komp:** Kafka-Fragmente (Chor u Orch), UA Wien Konzerthaus 90; 'Hände' Konz f Orch, UA Innsbruck Kongresshaus 93, Drei Meditationen f Org, UA 96; Earobics f Orch, UA Schwaz Klangspuren 2000; Adieu für kl Orch, UA Innsbruck 04. **Aufn/RF:** Earobics auf ORF-CD 391; „unerhört", Neue Musik aus Tirol, Tiroler Symphonieorchester, Georg Schmöhe. **Sonst:** Publikation 'Operette im Ausverkauf' Studien z musikal Unterhaltungsth im Österr d Zwischenkriegszeit 89; krit Urtextedition v Millöckers 'Bettelstudent'.

Licitra, Salvatore, Sänger; c/o Opernhaus Zürich, Falkenstr 1, CH-8008 Zürich; c/o Wiener Staatsoper, Opernring 2, A-1010 Wien. **Laufb:** Sol Wiener Staatsop SpZ 03/05. (Red)

Lie, Tom Erik, Sänger; Galvanistr 14, D-10587 Berlin, T: (0 30) 38 37 79 60. **Laufb:** Sol Op Leipzig, Dt Op Berlin SpZ 03/05. (Red)

Lieb, Klaus, Prof, Hochschullehrer, Violine; H f Musik, Hofstallstr 6–8, D-97070 Würzburg, T: (09 81) 9 60 91, F: 9 64 30, *kl@klauslieb.de*; *www.klauslieb.de* [Fulda]. **Ausb:** b Prof C v d Goltz, Prof F Gulli. **Laufb:** 3. Konzm Staatstheater Kassel 74, 1. Konzm Philh Orch Bielefeld 78, Doz (V) H f M Würzburg seit 75; 1. Konzm Nürnberger Symph seit 85, Prof H f M Würzburg 96. **Pr:** Nuernberger Streichtrio, Neues Brahms Trio, Primarius d Ens Bregenz. **Ens:** KamOrch Klaus Lieb; Ens Bregenz. – **Sonst:** Video-Lehrfilm; 'HÖREN-SEHEH-VERSTEHEN', Elementare Bewegungsabläufe b Geigenspiel, 1. Teil 'Der Bogenarm'.

Liebau, Eva, Sängerin; c/o Opernhaus Zürich, Falkenstr 1, CH-8008 Zürich. **Laufb:** Sol Stadtth Klagenfurt SpZ 03/04, Op Zürich SpZ 04/05. (Red)

Lieberknecht, Andrea, Prof, Flöte, Hochschullehrerin; Hochschule f Musik u Theater Hannover, Emmichpl 1, D-30175 Hannover, T: (05 11) 55 47 42 72, 01 72–9 11 46 44, F: 55 47 46 76, *ALFloete@web.de*, *alieberknecht@web.de*; *www.AndreaLieberknecht.de*, *www.hmt-hannover.de* [Augsburg 7.2.1965]. Solistin, KamM, Orch **Ausb:** Stud Fl (P Meisen) H f M München 83–89. **Laufb:** Solofl Münchner RF-Orch 88, SinfOrch d WDR Köln 91–02, R-Wagner-FSp Bayreuth 93–96, rege Konzerttätigkeit (s homepage). **Pr:** Prtr ARD-Wettb München 89, 1. Pr Int MWettb 'Prager Frühling' 91, Int FlWettb Kobe/Japan 93, Dt MWettb 96, Prtr Int KamMWettb Colmar, Trapani u Belgrad. **Ens:** ARCIS Qui, Trio Amédée. – **Aufn/RF:** CDs: FlötenM d Romantik f Fl u Kl; Frz Duette f Fl u Fag; S Wagner: Concertino f Fl u Orch; Graun: KamM; Reicha: Qui f Fl u StrQua; div CDs m ARCIS Qui; Kl-Sextette aus Frankreich; Reverie f Fl u Org; CDs: H Genzmer: Kammermusik, Amédée Rasetti, Trois Trios (Fl, Fg, Kl), zahlr RF-Prod b WDR, BR, ua. **UA:** B Franke: Double Life f Fl, Ob u Orch, UA Darmstadt 95, m C Wetzel, StaatsTh Darmstadt, Dgt S Blunier. **Sonst:** CDs b Dabringhaus, Harmonia Mundi, CPO, Thorofon ua.

Liebermann, Winfried, Prof, Hochschullehrer, Oboe; Peter-Schnellbach-Str 41/3, D-69151 Neckargemünd, T: (0 62 23) 7 28 78 [Bremen 22.2.1935]. Literatur f Oboe, Probespielkonzerte (Mozart, Strauss), Orchesterstudien, Kammermusik **Ausb:** Stud Ob (A Czaja) Kons Bremen 49–53. **Laufb:** 1. Oboist m engl Hn Niedersächs SinfOrch Hannover 53–54, Solo-Oboist Berliner Philh 54–57, 1. Oboist Württ Staatsth Stuttgart 57–58, Solo-Oboist Bamberger Symphoniker 58–65, Philharmon Staatsorch Hamburg 65–87, mehrmalige Mitwirkung im FSpOrch Bayreuth, LAuftrKons Hamburg-Blankenese 79–85, LAuftr MH Lübeck 82–85, LAuftr H f M Hamburg (Teilzeitprof) 83–87, Prof (Ob, BläserkamM) Staatl H f M u Darst Kunst Mannheim seit 87, Kse in Sao Paulo, Buenos Aires u Hamburg, Probespiel-Ks Weikersheim, Mstrks in Kangnung Süd-Korea 05. **Pr:** Gastprof Geidai-U Tokyo 79, Gastprof MH Musashino Tokyo 83, Gastprof Seoul National U, College of M 02. **Ens:** Bläservereinigung d Bamberger Symphoniker, Philharmon Bläsersolisten d Philharmon Staatsorch Hamburg, Camerata Instrumentale d Hamburger Telemann-Ges. – **Aufn/RF:** Haydn: Konzertante Sinf B-Dur 61; Telemann: Concerto-B-Dur (L Koch, W Liebermann), Camerata Instrumentale 66; Mozart: ObQua u Schumann: 3 Romanzen, NHK Tokyo 79; Barocke KamM, m K Watanabe (CD) 94. **UA:** Ligeti: Doppelkonz f Fl, Ob u Orch, m J-C Gerard (Fl), W Liebermann (Ob), Philharm Staatsorch Hamburg (Orch), EA Hamburg 74. **Zug:** W Hofmann: Nonett f drei Oboentrios 91. **Sonst:** 'Orchester-Probespiel/Oboe' 91. **Lit:** Who is Who 76/77, Bandjournal Tokyo 80 u 84, Personaggi Contemporanei Accademia Italia 83.

Liebhart, Wolfgang, Komponist; Kochgasse 6/3, A-1080 Wien, T: (01) 9 71 29 34, *wliebhart.music@i-one.at*. (Red)

Liebich, Matthias, Domkapellmeister, Hochschullehrer, Komponist; Moritzburger Str 37, D-01445 Radebeul, T: (03 51) 8 30 59 79, 3 10 01 63, F: 3 10 01 67, *kapellknaben@t-online.de*, *info@kapellknaben.de*; c/o Kapellknabeninst d Kathedrale Ss Trinitatis, Wittenberger Str 88, D-01277 Dresden, T: (03 51) 3 10 01 63, F: 3 10 01 67; *kapellknaben.de* [Rathenow 5.8.1958]. Orchester- u Chormusik von Barock bis Moderne **Ausb:** Dresdner Kapellknaben 69–77, Ausb Orgelbau (Jehmlich) Dresden 75–80, Stud Dirig (Neuhaus, Pflüger), Komp (Zoephel), Korrep (Raithel), Partitur (Kowatscheff) H f M Dresden 80–86. **Laufb:** Mitgl Kapellknaben 69–77, Th Bautzen 86–89, Landesbühnen Sachsen 89–97, Domkapm Dresdner Kathedrale seit 95, Doz (Blattsp, Partitursp, Dirig) H f M 'Carl Maria v Weber' Dresden, Mitgl Jury Radebeuler Kunstpr. **Mitgl:** Jury 'Jugend musiziert' Landeswettb, Sparte Musical. – **Komp:** ca 20 SchauspM, 2 Musicals, ca 15 Chorwerke; u a Der gestiefelte Kater (Musical) 95 (Auftr: Landesbühnen Sachsen); Burattino (Musical) 97 (Auftr: Landesbühnen Sachsen). **Aufn/RF:** 2 CDs. **UA:** Birkholz: Fanfan la Tulipe 92; versch Chorwerke, ua v H Jung, E Schwarze, eigene Komp; zahlr EA v wiederentdeckten Werken d Dresdner KiM. **Lit:** div Veröffentl.

Liebig, Tomasz, Violine; c/o Bruckner Orchester Linz, Promenade 39, A-4010 Linz. **Laufb:** Konzm Bruckner Orch Linz. (Red)

Liebmann, Hans-Frieder, Kapellmeister; c/o Theater Nordhausen/Loh-Orchester Sondershausen GmbH, Käthe-Kollwitz-Str 15, D-99734 Nordhausen, Pf 100244, D-99722 Nordhausen, T: (0 36 31) 6 26 00; Paul-Wegmann-Str 20b, D-06712 Zeitz, T: (0 34 41) 22 04 51, *FriederLbm@aol.com* [9.1.1945]. Oper u Konzert, Pianist f Liedbegleitung **Ausb:** Franz-Liszt-H Weimar 63–68, Aspirantur 68/69. **Laufb:** Solorep m Dirigierverpflichtung Erfurt 69–71, 1. Kapm Zeitz 71–76, 2. Kapm Meiningen 76–80, Chefdgt Zeitz 80–93, Kapm u StudLt Th Nordhausen/Sondershausen seit 94.

Liebner, Janos, Prof, Cello, Komponist, Baryton (Viola di Bordone); Weinheberstr 34/8, A-4020 Linz, T: (07 32) 34 32 69 [Budapest 26.7.1923]. Solo, Kammermusik, Komposition f Kammerorchester **Ausb:** Stud b Lajtha MKons Budapest 36–42, Stud b Maréchal, Fournier, Tortelier Kons Paris 45–47. **Laufb:** Sol-Vcl Staatsop u Philh Budapest 47–57, OpDram Dt Staatsop Berlin 57–63, Sol-Vcl ORF-KamOrch u Brucknerorch Linz 63–85, Konz-Tourneen n Frankr u Nordafrika 57, Australien u Japan 72, jährl ganz Europa 57–88 u Großbrit 63–71. **Pr:** Österr Prof-Titel 85. **Ens:** Budapester StrTrio, Ungar Nonett, Österr StrTrio, Linzer KamEns. – **Aufn/RF:** zahlr RF- u TV-Sendungen.

Sonst: Mstrkse u Vortragsreisen Schweiz, Großbrit, Australien u Japan; Kongressbeitr Budapest 59, Kassel 62, Leipzig 65, Venedig 66, Salzburg 68 u 73; Publ: über 1000 Texte u Artikel auf Ungar, Dt, Frz u Engl in Zeitungen, (Fach-)Zss u ThProgrammheften über Musik, Oper, Ballett, Theater u Film; Bücher über Mozarts Dramaturgie, Shakespeare u d Musik, G B Shaw als MKritiker ua.

Liebold, Angela, Mezzosopran; Sächsische Staatsoper, Theaterpl 2, D-01067 Dresden. **Laufb:** Sol Sächs Staatsoper Dresden. (Red)

Liebreich, Alexander, Dirigent; c/o Münchener Kammerorchester eV, Wittelsbacherpl 2, D-80333 München. **Laufb:** ChefDgt u künstler Ltg Münchener KamOrch ab SpZ 06/07. (Red)

Liebscher, Jens, Posaunist; c/o Landesbühnen Sachsen, Meißner Str 152, D-01445 Radebeul. **Laufb:** Sol LdesBühnen Sachsen SpZ 03/04. (Red)

Liebscher, Wolfgang, Prof, Hochschullehrer, Fagott; Börnerweg 6, D-01217 Dresden, T: (03 51) 4 71 24 32; Hochschule f Musik, PF 120039, D-01001 Dresden [Dresden 3.12.1937]. **Ausb:** Stud Fag Dresden 55–58. **Laufb:** Mitgl StaatsKap Dresden seit 58, SolFag seit 72; Prof (Fag) H f M Carl Maria v Weber Dresden. **Ens:** Gärtner-BlQui, KamHarmonie d Staatskap, Dresdner BlTrio, Capella Sagittariana (Barock-Fag).

Liemen, Hans-Werner, Hochschullehrer, Tuba; c/o Sächsische Staatsoper Dresden, Theaterplatz 2, D-01067 Dresden. **Laufb:** Doz (Tb) H f Musik Carl Maria v Weber Dresden, Mitgl Sächsische Staatskapelle Dresden. (Red)

Lienbacher, Edith, KS, Sopran; c/o Volksoper Wien, Währinger Str 78, A-1090 Wien, T: (01) 5 13 26 57, F: 5 12 61 54, *office@austroconcert.com*; c/o Austrokonzert International, Gluckgasse 1, A-1010 Wien; *www.austroconcert.com*. **Laufb:** Sol Volksop Wien seit SpZ 03/04. (Red)

Lienbacher, Klaus-Dieter, Prof, Hochschullehrer, Oboe; Univ f Musik u Darst Kunst, Leonard Bernstein Inst f Blas- u Schlaginstrumente, Seilerstätte 26, A-1010 Wien, T: (01) 7 11 55 24 00, F: 7 11 55 24 99, *lienbacher@mdw.ac.at*. **Laufb:** o UProf (Ob) U f Musik u Darst Kunst Wien. (Red)

Lier, Ellen van, Sopran; c/o Künstleragentur Dr. Raab & Dr. Böhm, Plankengasse 7, A-1010 Wien, T: (01) 5 12 05 01, F: 5 12 77 43, *office@rbartists.at*; *www.rbartists.at*. (Red)

Lieske, Joh Christoph, Prof, Hochschullehrer (Klavier); Ladenbergstr 11a, D-83395 Freilassing, T: (0 86 54) 6 46 76; Univ Mozarteum, Abt f Tasteninstr, Zentrum im Berg, Fürbergstr 18–20, A-5020 Salzburg [Neuwied 4.11.1938]. **Ausb:** Darmstadt u Hannover b H Leygraf. **Laufb:** Doz H f Musik u Theater Hannover 62, Leit Konzerkl H f Musik Winterthur 67, o UProf (Kl) U Mozarteum Salzburg 90. (Red)

Ligeti, Andras, Dirigent; c/o Konzertdirektion Martin Müller, Uhrs Knäppken 8, D-59320 Ennigerloh-Ostenfelde, T: (0 25 24) 26 34 80, F: 26 34 81, *info@kdmueller.de*; *www.kdmueller.de* [Pecs (Ungarn)]. **Laufb:** u. a. in Dresden, Stuttgart, Saarbrücken und Dortmund, Chefdgt Taipei Symph Orch seit 05. (Red)

Ligeti, György, Prof, Komponist; Himmelhofgasse 34, A-1130 Wien, *gligeti@t-online.de*; *www.gyoergy-ligeti.de* [Dicsöszentmárton, Siebbg, Ungarn 28.5.1923]. **Ausb:** Kons Klausenburg (F Farkas) 41–43, Franz-Liszt-Akad Budapest (F Farkas, S Veress, P Járdányi, L Bárdos) 45–49. **Laufb:** freier Mitarb Studio f elektron Musik Köln bis 59, ständ Doz Darmstädter Ferientage f Neue Musik, regelm GastProf (Komp) Kungl Musikhögskolan Stockholm ab 61, Prof (Komp) MH Hamburg 73–89. **Pr:** Composer in Residence Stanford-Univ Kalifornien 72, Mitgl Kungl Musikaliska Akad Stockholm seit 64, Ehrenmitgl MVerein Steiermark Graz 69, Fr Akad d Künste Hamburg 71, Akad d Künste Berlin 71, Orden Pour le mérite f Wiss u Künste 74, Bayer Akad d Schönen Künste München 78, Commandeur dans l'Ordre Nat d Arts et Lettres Paris 88, Prix de composition musicale de la Fondation Prince Pierre de Monaco 88, MPr d Balzan-Stift 91, Praemium Imperiale 91, Ernst-von-Siemens-MPr 93, UNESCO-IMC-MPr 96, Ehrenmitgl d Rumän Akad 97, Associé étranger d Acad des Beaux Arts Paris 98, Sibelius-Pr Helsinki 2000, Kyoto-Pr f Kunst u Wiss 01, Theodor W Adorno-Pr 03, Polar-MPr Königl MAkad Schweden 04, Echo-Pr 04, Frankfurter MPr 05. **Mitgl:** Vizepräs österr Sektion IGNM. – **Komp:** 6 Bagatellen f Bläserqui 53; Apparitions 58/59; Atmosphäre 61; Klangflächen-Stück (gr Orch); Aventures/Nouvelles aventures; Phonet Komp in nicht-semant Sprache; sowie zahlr OrchW, KamM, elektron M, szen u halbszen W.

Lika, Peter, Bass; Franz Hainzl Artists' Management, PF 17, A-1043 Wien, T: (01) 5 86 45 36, F: 5 85 55 51, *office@hainzl.net*; *www.hainzl.net* [Augsburg]. Konzert u Lied **Ausb:** Knabensol Regensburger Domspatzen, Stud (Ges) München, Ex f Konz- u OpFach. **Laufb:** Tourneen in China, Japan, USA, Südamerika, Kanada, Israel; Auftr b FSp ua in Salzburg, Wien, Prag, Berlin, Frankfurt, Ansbach, Ludwigsburg, Kassel, Luzern, Mailand, Turin, Paris, Lissabon, Madrid, Barcelona, Helsinki, Krakau, Breslau; ZusArb m Dgt wie Celibidache, Ozawa, Kubelik, Rilling, Lopez Cobos, P Schreier, Sawallisch, N Marriner, G Albrecht, Masur, Norrington, V Neumann, M Viotti, R Frühbeck de Burgos, J E Gardiner, M Janowski, L Sergerstam, UGronostay, Herreweghe, Gelmetti, Shallon, M Corboz, G Leonhardt, Kuijken. **Pr:** Prtr b Wettb in Berlin, Genf, München, Augsburg, Verviers. – **Aufn/RF:** Mitw b vielen RF- u TV-Prod, Einsp mehrerer LPs.

Lilienfeld, Anna Silvia, Sängerin; c/o Euro-Studio, Konzertdirektion Landgraf GmbH & Co KG, Lärchenweg 1, D-79822 Titisee-Neustadt; c/o Musikalische Komödie der Oper Leipzig, Dreilindenstr 30, D-04177 Leipzig. **Laufb:** Gast-Sol Anhaltisches Th Dessau SpZ 00/01. (Red)

Lilienthal, Arthur Heinz, Dirigent, Komponist; Cholibuck 13, CH-8121 Benglen, T: 0 18 25 39 38, F: 0 18 25 39 38; via Costa di Mezzo 78, CH-6614 Brissago/TI. Barock, Klassik, Moderne **Laufb:** Dgt KamSol Zürich, Lt ebd. **Mitgl:** SMV. – **Komp:** KamM, Konz f div Instr u OrchWerke. **UA:** eig Werke m KamSol Zürich u d Züricher KamOrch.

Lillmeyer, Harald, Gitarrist, Dozent (Gitarre); Nibelungenstr 23, D-86152 Augsburg, T: (08 21) 15 24 47, *h.lillmeyer@gmx.de*; *www.harald-lillmeyer.kulturserver.de*. zeitgen Musik **Ausb:** Stud Git (H Gräf) Folkwang-H Essen, (K Scheit) H f M u Darst Kunst Wien, Neue M (W Bruck) H f M Karlsruhe, zeitgen KamM (W Hufschmidt) Folkwang-H Essen. **Laufb:** Konz Schleswig-Holstein-MFstv, Biennale München, Akad d Künste Berlin, Dublin Guitar Week, Lateinamerika-Tournee, Doz (Git) Richard-Strauss-Kons München seit 85. **Pr:** Prtr Int GitWettb Mettmann 81, Folkwang-Förderpr GitDuo 88, Förderpr Stadt München Xsemble 91, M-Stip Stadt München Go Guitars 01. **Ens:** GO GUITARS – Electric Guitar Musik, Xsemble München, GitDuo S Hilker-H Lillmeyer. – **Aufn/RF:** CD: R Riehm: Komp f Git, m S Hilker.

Lilova, Margarita, KS Prof i R, Sängerin, Hochschullehrerin; Univ f Musik u Darst Kunst, Inst f Gesang u Musiktheater, Penzinger Str 7, A-1140 Wien, T: (01) 7 11 55, F: 7 11 55. Sologesang u Musikdramat Darstellung **Laufb:** o UProf i R U f Musik u Darst Kunst Wien. (Red)

Limbach, Albert, Chordirektor; c/o Bühnen der Stadt Köln – Opernstudio, Offenbachpl, D-50667 Köln, PF 101061, D-50450 Köln, T: (02 21) 22 12 82 08 [Bonn 8.8.1937]. Opernchor **Ausb:** Stud (Chordir) 58–61, Kapmklasse Mozarteum Salzburg 61–65. **Laufb:** Lüneburg, Bonn, Bremerhaven 66–72, stellv Chordir Dt Op Berlin 72–77, Chordir Karlsruhe 77–82, Hamburg 82–87, Mannheim 87–92, Chordir Op Köln seit 92. – **UA:** Schumann: Opfragment 'Der Korsar', UA Karlsruhe 81; Müller-Siemens: Op 'Die Menschen', UA Mannheim 90; Gomez-Martinez: 'Sinfonia del Descubrimiento', UA Mannheim 92. **Sonst:** 'Die Kunst reiner Intonation' 80; 'Quint-Essenz. Kaleidoskop Betrachtungen e Intervalls' 89.

Linaric, Darko, Violine; c/o Stadttheater Klagenfurt, Theaterpl 4, A-9020 Klagenfurt. **Laufb:** 1. Konzm Stadtth Klagenfurt seit 03/04. (Red)

Linck, Michaela, Sängerin; c/o Opernhaus Halle, PF 110554, D-06019 Halle. (*)

Linde, Hans-Martin, Flöte, Komponist, Dirigent; Leonhardsstr 51, CH-4051 Basel, T: 06 12 71 88 35, F: 06 12 73 95 54, *hansmartinlinde@freesurf.ch* [Werne 24.5.1930]. als Block- u Querflötist Barock u Neue Musik, als Dirigent Barock u Klassik **Ausb:** Stud Fl (G Scheck), Dirig u Komp (K Lechner) MH Freiburg 47–50. **Laufb:** weltweite Konz als Fl u Dgt. **Pr:** Dt Händelpr f Interpretation 93. **Ens:** KonzGr Schola Cantorum Basiliensis 55–70, Collegium aureum 62–70, Cappella Coloniensis 53–75 (Fl) u 83–2000 (Dgt). – **Komp:** ca 30 KamMWerke m Blockfl o Querfl, M f Org, Cemb u gem Ens, ChorM. **Auftr-Komp:** Carmina pro Lassum, UA Basel 92; Leipziger FestM, UA Leipzig 95; Flautando, M zu e Flötenfest, UA Basel 99; Fünf Gedichte v P P Althaus, UA Basel 04; Introduktion u Aria m Bach, UA Berlin 04. **Aufn/RF:** ca 80 LP- u CD-Aufn, RF-Mitschn WDR, Schweizer Radio, RIAS, ORF, Radio France, BBC, Radio Frankfurt, SWF. **UA:** Werke v R Kelterborn, R Suter, T Braem, D Terzakis, G Braun, K Lechner, F Doehl. **Zug:** Werke v R Kelterborn, R Suter, Th Braem, D Terzakis, G Braun, K Lechner, F Doehl. **Sonst:** div Veröffentl z AuffPraxis, zahlr SchulW f Blockfl, Grdg Linde-Consort, Ens f Alte Musik 70–2000. **Lit:** Art in 'Concerto' u 'Tibia' 2000, 'Windkanal' 03.

Lindemann, Christoph, KM, Violine; c/o Dresdner Philharmonie, PF 120424, D-01005 Dresden. (Red)

Lindemann, Hartmut, Prof, Hochschullehrer, Viola; Burgunder Str 49, D-50677 Köln, T: (02 21) 23 21 11, F: 23 21 11, *happyhartmut@web.de*; Musikhochschule, Ludgeripl 1, D-48151 Münster [Hannoversch Münden 4.7.1953]. spätromantisches Repertoire **Ausb:** Stud (Prof Rainer Moog) MH Detmold u Köln. **Laufb:** Prof (Va) H f Musik Detmold, Abt Münster, Solobratschist Sydney Symph Orch u Austral KamOrch. **Ens:** KamM m Rudolf Koelman, Ens Cecile m D Gaede u J Berger. – **Aufn/RF:** 4 Va- u Kl-CDs f 'tacet', m G Herzfeld u B Martin; A Hill: Va Konz, m Melbourne Symph Orch, Dgt: R Gamba 02; H Kaminski: Praeludium u Fuge (Radio Stuttgart). **UA:** J Daetwyler: VaKonz, m FstvOrch Tibor Varga, Sion 79. **Lit:** Art in Magazin 'Strad' 99; Eintrag in Maurice W Riley: 'The hist of the viola' Bd 2.

Lindemann, Jörn, Tenor; Gerstäckerstr 18, D-38102 Braunschweig, T: (05 31) 2 34 28 12. **Laufb:** Sol Staatsth Oldenburg, Kom Op Berlin, Op Hannover. (Red)

Linden, Jaap ter *siehe* ter Linden, Jaap

Linden, Jón Philipp von, Dramaturg für Musiktheater und Konzert; c/o Staatstheater Mainz, Gutenbergpl 7, D-55116 Mainz, T: (0 61 31) 2 85 11 55, F: 2 85 11 59, *jpvonlinden@staatstheater-mainz.de*; *www.staatstheater-mainz.de* [München 1968]. **Ausb:** Univ Hamburg u Wien (MWiss, Germanistik, Gesch, ThWiss) 89–96. **Laufb:** Regieass MTh Bremer Th 96–99, Dram Mainfranken Th Würzburg 99–01, Staatsth Mainz seit 01.

Linden, Werner (Pseud: Mad Musicologist), MA, Dr phil, Komponist; Lindenstr 1A, D-63571 Gelnhausen, T: (0 60 51) 1 51 31, *wernerlinden@aol.com* [Heidelberg 1.9.1957]. Neue Musik, offen f Einfl versch Stile u afrikan geprägter Kulturen **Ausb:** Stud MWiss (Hortschansky) Frankfurt/M 80–88. **Laufb:** MA 84, Prom Frankfurt/M 88, zahlr Komp, mehrfach Doz b Int Ferienkursen f Neue Musik Darmstadt. **Pr:** Stip Heinrich-Stobel-Stift d SWF 86 u 87, Arbeitsstip Experimentalstudio d Heinrich-Strobel-Stift d SWF Freiburg/Br 88, Ehrenmed d Accad Filarmonica di Messina 99. **Mitgl:** Dt Komponisten-Verb seit 84. – **Komp:** Streichqua Nr 1 op 1 82, UA Offenbach/M, Buchberger-Qua

89; Streichqua Nr 2 'Decolonisation' op 6 84, UA Frankfurt/M, Arditti Qua 86; For Everything there is a Season op 8 (Orat) 85; à peine, Septett op 13 (KamM) 87, UA Freiburg/Br, Ens Aventure, Dgt: Ch Hommel 90; Inconsolabile op 22 (KamM f Streichqua) 90; Worstward Ho op 23 (KamOp) 93; Frammenti Lirici f Solo-Fl, UA Frankfurt/M, S: B Roscher 99 (Auftr: Passagen Frankfurt/M); Communiques from the Imaginary Ornithological Congress op 28 (Digitale Komp aus gesampleten Vogelstimmen) 03 (Auftr HR). **Aufn/RF:** StrQua Nr 1, Buchberger-Qua, HR; One Day in the Life of a Copywriter op 9 (Kl u TB), B Wamdach, HR; à peine op 17, Ens Aventure, HR; Communiques from the Imaginery Ornithological Congress (Ursendung HR Pfingsten 03). **Sonst:** Luigi Nonos Weg z Streichqua – vergleichende Analysen... Diss Kassel 89; Sendebeiträge üb d Musikszene Kasachstans (Radio X, Frankfurt a M) 05.

Lindenau, Karl-Heinz, Hochschullehrer; Dr. Hoch's Konservatorium, Hebelstr 15–19, D-60318 Frankfurt/M, T: (0 69) 9 15 00 40, F: 5 96 15 76, *mail @dr-hochs.de*; c/o Musikakademie, Schillerpl 1–2, D-65185 Wiesbaden, T: (06 11) 3 08 26 52; *www.dr-hochs.de*. **Laufb:** Doz (Vom-Blatt-Sp) Dr Hoch's Kons Frankfurt, Doz (Kl) Wiesbadener Musikakad. (Red)

Lindenthal, Roland, Violoncello; c/o Volksoper Wien, Währinger Str 78, A-1090 Wien. **Laufb:** Sol Orch d Volksop Wien. (Red)

Linder, Klaus, Klavier; Grellingerstr 36, CH-4052 Basel, T: 06 13 11 13 88. (Red)

Lindig, Anne-Kathrin, Prof, Hochschullehrerin,Violine; Am Grunstedter Rain 7, D-99428 Tröbsdorf, T: (0 36 43) 40 21 36; H für Musik 'Franz Liszt', Inst f Streicher u Harfe, PF 2552, D-99406 Weimar [Bismark 1962]. **Ausb:** Unterr b J Witter, Stud (V) H f Musik 'Franz Liszt' Weimar u Kamermusikstud b P Mirring v d Staatskape Dresden. **Laufb:** Prof (V) H f Musik 'Franz Liszt' Weimar 93. **Ens:** Primaria d Bergmann-Streichqua. (Red)

Lindner, Inge, Solorepetitorin; Am Alten Markt 10/726, D-14467 Potsdam, T: (03 31) 2 80 16 31 [Bautzen 27.5.1943]. Oper **Ausb:** Fachgrundschule f Musik Dresden 57–61, Kl (I Hofmann) H f Musik Dresden 61–63, Kl (Nagel), Korr (Busch) H f Musik 'Hanns Eisler' Berlin 63–67. **Laufb:** Solorep Hans Otto Th Potsdam, Th Plauen 66–67, Th Halle 67–69, Th Potsdam seit 69, Korr Berliner RF-Chor 72–76, LAuftr (Korr) H f Musik 'Hanns Eisler' Berlin 72–76, 80, 84, OpGastsp Tartu/Estl; m Fagott total: Elmau, Ludwigsburg, Freiburg 90; Chorreise (Cemb) Italien 92. **Ens:** Consortium musicum Potsdam, Potsdamer Flötentrio, Barocktrio Potsdam, Fagott total Potsdam, Corelli-KamOrch Berlin. – **Aufn/RF:** Fagott total 90; Corelli-KamOrch 98; ORB-Aufz v 'Friedrich, e Traumspiel' nach 'Montezuma' 94. **UA:** G Rosenfeld: Toccata f Cemb, 2 Fl u StrOrch 84; Konz f Cemb u Str 88; Drei Lieder f Mezzosop u Kl 94; G Näther: Burleske f Fag u Cemb 89. **Zug:** G Rosenfeld: Toccata f Cemb, 2 Fl u Streichorch; Konz f Cemb u Str; Drei Lieder f Mezzosop; G Näther: Burleske f Fag u Cemb. **Sonst:** Anfertigung v Orgel- bzw CembStimmen zB 'Giustino' seit 83.

Lindner, Manfred, Prof, Hochschullehrer, Klarinette; Erdbeerweg 11, D-76593 Gernsbach, T: (0 72 24) 99 01 77, F: 99 01 77; FolkwangHochschule, Klemensborn 39, D-45239 Essen. **Laufb:** Prof (Klar, KamM) Folkwang-H Essen. (Red)

Lindroos, Petri, Bass; Virchowstr 23, D-04157 Leipzig, T: 0 16 35 10 61 15. **Ausb:** Stud Kl, Ges (J Elorinne, A Hirvonen u J Ryhänen) Sibelius-Akad Helsinki bis 95, Unterr b K Borg (Kopenhagen), H Brauer (Berlin) u F Corelli (Mailand). **Laufb:** Gastsol Finn Nationalop Helsinki seit 97, Op Kassel, Oslo u Athen, Sol Op Leipzig 01–04, Gastsol Opéra Bastille Paris 01 u 04, Monnaie-Op Brüssel, Savonlinna OpFstv 97, 01 u 02, freischaff tätig. **Pr:** 2. Pr GesWettb Lappeenranta. (*)

Lindskog, Pär, Tenor; Bayerische Str 21, D-10707 Berlin, T: (0 30) 8 81 30 40; c/o Van Walsum Management Deutschland, PF 3409, D-30034 Hannover, T: (05 11) 3 66 07 23, F: 3 66 07 24, *mrobertson@vanwalsum.com*. **Laufb:** Sol Dt Op am Rhein Düsseldorf-Duisburg, Sol Dt Op Berlin SpZ 03/05, Staatsop Hamburg SpZ 04/05. (Red)

Lindsley, Celina, Sopran; c/o Konzert-Direktion Hans Adler, Auguste-Viktoria-Str 64, D-14199 Berlin, T: (0 30) 8 95 99 20, F: 8 26 35 20, *info @musikadler.de, Celina.Lindsley@anu.edu.au*; *www.anu.edu.au/music/study/staff/clindsley.php*. **Ausb:** Eastman School of Music, U of Maryland. **Laufb:** Dt Oper am Rhein 03, Aalto-Musikth Essen 06, LAuftr Robert Schumann H für Musik, Australian National U School of Music/Canberra seit 03. (Red)

Lindvall, Bo Lennart, Sänger; Charles-Lindbergh-Str 9, D-93049 Regensburg, T: (01 73) 5 93 37 97; c/o Bayerische Staatsoper, Brieffach, D-80075 München. **Laufb:** Gastsol Th Regensburg SpZ 00/01, Chor Bayer Staatsop. (*)

Lindwall, Cecilia, Sopran; Am Magnitor 3, D-38100 Braunschweig, T: (05 31) 1 21 79 95, (01 60) 91 53 21 59; Staatstheater, PF 4539, D-38035 Braunschweig. **Ausb:** Stud MH u Opernakad Oslo. **Laufb:** Sol Staatsth Braunschweig seit 03/04. **Pr:** Prtr Gesangswettb d Kammerop Rheinsberg. (Red)

Ling, Peter Anton, Prof, Hochschullehrer, Sänger; Hochschule f Musik u Theater, Emmichpl 1, D-30175 Hannover; Luitpoldstr 115, D-67063 Ludwigshafen, T: (06 21) 69 63 62 [Ludwigshafen 1964]. Sologesang **Ausb:** Stud Theologie, Philosophie, MPäd (J Tamaru, R Piernay) München u Mainz. **Laufb:** Sol Staatsth Mainz 89–99, GasSolt Staatsth Darmstadt u Th Kaiserslautern seit 99, GastSol Th Saarbrücken, Kaiserslautern, Heilbronn, Heidelberg, Luxemburg, Frankental, Regensburg, Ludwigshafen, Darmstadt, München, Bern, Koblenz, Osnabrück, Doz Peter-Cornelius-Kons 92–00, Doz Johannes-Gutenberg-Univ Mainz 95–00, Prof (Gesang) H f M u Th Hannover, Gastsol Pfalzth Kaiserslautern SpZ 00–01. **Pr:** Certificate of Achievement USA 90, Aufn 'Grosses Sängerlexikon' v Kutsch/Riemens 97.

Lingenfelder, Matthias, Prof, Hochschullehrer, Violine; Siebengebirgsallee 76, D-50939 Köln, T: (02 21) 9 41 44 97, *auryn-quartett@gmx.de*; Hochschule f Musik, Neustadt 22, D-32756 Detmold [1959]. **Ausb:** Unterr b M Rostal u G Poulet. **Laufb:** Konzm Chamber Orch of Europe, Doz H f M Köln, Prof (KamM) H f M Detmold. **Ens:** Auryn Qua seit 81. (Red)

Link, Oliver, Klarinette; c/o Rundfunk-Sinfonieorchester Berlin, Charlottenstr 56, D-10117 Berlin. **Laufb:** Sol RF-SinfOrch Berlin. (Red)

Linke, Carsten, Sänger; Staatsoperette, Pirnaer Landstr 131, D-01257 Dresden. **Laufb:** Sol Staatsoptte Dresden. (Red)

Linke, Marcus, Pauke; c/o Ensemble Antares, Benquestr 56, D-28209 Bremen, T: (04 21) 50 74 86, F: 16 82 29 36, *mbreitlow@t-online.de* [Kulmbach 1963]. **Ausb:** HfM Hannover. **Laufb:** Doz HfM Hannover. **Ens:** Dt KamPhilh Bremen, Ens Modern, Ens Antares. (Red)

Linke, Norbert, Dr, Prof, Komponist, Musikwissenschaftler; Gerhard-Mercator-Univ, Fak f Geisteswissenschaften, D-47048 Duisburg, T: (02 03) 3 79 12 81, F: 3 79 22 69 [Steinau, Niederschlesien 1933]. **Ausb:** Univ Hamburg (Komp) b Ernst Gernot Klussmann, (MWiss) b Heinrich Husmann, Prom Hamburg 59. **Laufb:** Doz MH Lübeck, Doz FH Darmstadt, Prof (MDidaktik) U-GH Duisburg. **Pr:** Johann-Wenzel-Stamitz-Pr 77. – **Komp:** 'Oktogon für Klavier', 'Monodien 3' ua. (Red)

Linn, Jürgen, Bariton; Dittmers Eck 5, D-28790 Schwanewede, T: (04 21) 6 88 43 50, F: (0 40) 3 60 35 66 68, *famlinn@aol.com*; c/o Theateragentur Heidi Steinhaus, Senftlstr 1, D-81541 München, T: (0 89) 93 93 01 10, 01 70–4 45 82 00, F: 93 93 01 11, *info@heidi-steinhaus.de*; *www.juergenlinn.de* [1959]. **Ausb:** H f M Mannheim. **Laufb:** Pfalzth Kaiserslautern 89–94; Staatsth Nürnberg 94–99; seit 1999 freischaffend, zentrale Gastsp: Mai-FSp Wiesbaden (Kurwenal) 95; Triest (Wozzeck / Alberich) 98; Bonn (Wozzeck), Triest (Faninal) 99; Bologna (Wozzeck / Jochanaan), Mexico City (Wozzeck) 2000; Palermo (Dr Schoen), Venedig (Ekklesiast Aktion), Bonn (Wozzeck / Pizarro), Triest (Gunther) 01; Strasbourg (Orest) 02; Verona (Orest), Mexico City (Alberich), Mai-FSp Wiesbaden (Wozzeck) 03; Tokio NJP (Jochanaan), Mai-FSp Wiesbaden (Wozzeck), Bologna (Pizarro), Staatsth Nürnberg (Hans Sachs) 04; Staatsth Nürnberg (Wotan/Wanderer), Breslau (Wanderer), Peking (Wotan/Wanderer) 05. – **Aufn/RF:** A Berg: 'Lulu' Gesamtaufn m A Efraty, D Soffel, Th Adam ua, Orch d Teatro Massimo Palermo, Dgt: Stefan A Reck.

Linowitzki, Jörg, Prof, Hochschullehrer, Kontrabass; Engelsgrube 69, D-23552 Lübeck, T: (04 51) 7 43 41, F: 7 98 20 95; Musikhochschule, Große Petersgrube 17–29, D-23552 Lübeck, T: (04 51) 1 50 51 29, F: 1 50 53 01, *Joerg. Linowitzki@mh-luebeck.de*. **Laufb:** stellv Solobassist NDR-SinfOrch Hamburg 77–94, Prof (Kb) MH Lübeck seit 95, Prorektor ebd 97, regelm Dtschld-Tourneen, zahlr KonzReisen im In-u Ausland. **Pr:** 1. Pr Bundeswettb 'Jugend musiziert' 74 u 76, MPr Possehlstift Lübeck 75, Stip 'Herbert v Karajan Stift' 76. **Ens:** Linos-Ens. (Red)

Lins-Reuber, Martina, Sopran, Gesanglehrerin; c/o Capella Piccola, Thomas Reuber, Archimedesstr 54, D-51065 Köln, T: (02 21) 6 91 04 93, F: 6 91 01 93, *Lireu1962@gmx.de* [Dormagen 8.7.1962]. Alte Musik, Lied, Oratorium **Ausb:** Stud (KiM) Köln, GesStudien b Prof Wesselmann in Essen u Prof Peter in Köln. **Laufb:** Sol b zahlr Konz, szen Auff, RF- u CD-Aufn, Renaissance- u frühbarocke Musik, szen Prod v Barockop u klass Op ua m Rhein Ldsth, Liederabende ua m T Leander bis Werke v W A Mozart u Mendelssohn, ZusArb m Dgt u Ens d int Alte-Musik-Szene im In- u Ausland wie Rhein Kantorei (Dgt: H Max), Musica Antiqua Köln (Dgt: R Goebel), Camerata Köln (Dgt: M Schneider), Sequentia, Dolcimelo Ens, Capella Piccola, Le Parlament de Musique Straßbourg, Alsfelder Vokalens, Dresdner KamChor u Vokalens, LTätigk ua a d Logopädenschule Köln, L (Ges) Kse f Alte Musik in Romainmotier (CH), Stimmbildnerin Zisterzienserkloster Langwaden, Doz (Ges) U Köln seit über 13 J. **Ens:** Capella Piccola Neuss eV. – **Aufn/RF:** zahlr RF-Aufn, Sop b Aufn d WDR-Abt f Alte Musik seit ca 20 J, auch ausländ Sender.

Lintz-Maues, Igor, Mag, Prof, Hochschullehrer, Komponist; Univ f Musik u Darst Kunst, Inst f Komposition u Elektroakustik, Anton-von-Webern-Pl 1, A-1030 Wien, T: (01) 7 11 55 21 42, *lintz-maues@mdw.ac.at* [São Paulo 1955]. **Ausb:** Stud (Komp, Computer- u elektroakust Musik, MWiss, Tonmstr-Ausbildung) São Paulo, Den Haag, Utrecht u Wien bei W Correa de Oliveira, G Mendes, L Andriessen, G M Koenig u W Zobl. **Laufb:** AssProf U f Musik u Darst Kunst 91. **Pr:** Max-Brand-Anerkennungspr f elektroakust Musik. **Ens:** Lt Wiener Geräuschorchester. – **Komp:** zuletzt ua: 'Durch unsere Stadt zum Tor hinaus' (for tape) 90, UA Wien 91; 'Tropical birds in the pet shop' (for tape) 91, UA Wien 94; 'Trugklang' f Va u Electronic 93, UA Sofia 93; 'Triflauto Soliloquy' f Fl u UPIC 93, UA Paris 94; 'Umformung' (for 4 Klangmobile or tape) 94, UA Salzburg 94; 'Looking for SR oder die Kunst der Wirklichkeit' (for tape) 95, UA Wien 95; 'Allein' f Solo Git 95, UA Wien 95; 'Landscape for Russolo' 98, UA Wiener Geräuschorch Wien 99; 'Flüstern / Flugzeug, 3 m Abstand' 99, UA Wiener Geräuschorch Wien 2000; 'Klangstille' 2000, UA Wiener Geräuschorch Wien 2000; 'Klanggesetzt for tape' 2000; 'Entstehung' (for viola, piano and electronics) 2000, UA m N Polymenakos, Wien 99; 'Der Kuss' (for chamber ens and electronics) 99, UA Sárvár, Hear Ens 91; 'Senderos-Remix in Commemoration to the 80th Anniv of Juan Blanco' 2000, UA Havanna 2000.

Lion, Michael, Sänger; Lärchenweg 21, D-95189 Köditz, T: (01 75) 1 60 19 42 [Saarland 30.5.1956]. **Ausb:** Kl, Stud Dirig m Zusatzfach Kl, nach Dirigierexamen privat GesStud. **Laufb:** Gastsol Th Nürnberg SpZ 00/01, Sol Th Hof seit 02. (Red)

Lipka, Alfred, Prof, Hochschullehrer; Lichtenberger Str 5, D-10178 Berlin, T: (0 30) 2 42 37 23; Brucknerstr 3, D-15569 Wolterdorf, T: (0 33 62) 53 80

[Aussig/Elbe 21.8.1930]. Interpret solist Viola-Lit **Ausb:** Stud Kons Erfurt 48–50, Privatstud (Hansmann) Erfurt 50–55, (H W Gerhardt) H Weimar 57–58. **Laufb:** 1. KonzM Landeskap Eisenach 55–58, Sol RF-SinfOrch Leipzig 58–63, Interpret solist Viola-Lit 58–92, 1. Solo-Bratscher Staatskap Berlin 63–75, StrQua d Dt Staatsop 65–77, oProf (Va) H f Musik 'Hanns Eisler' Berlin 75–95, em 95, LBeauftr (Va) ebd seit 95. **Pr:** Kunstpr d DDR 75, Nationalpr f Kunst u Lit 80 u 81, Sudetendt Kulturpr f Darst Kunst 01. – **Aufn/RF:** Hindemith: 'Der Schwanendreher', Radio SinfOrch Leipzig, Dgt: H Kegel; Stamitz: Va-Konz m dens 70. **UA:** G Kochan: Va-Konz, UA Hallesche Philh, Dgt: O Koch 75; J Clienšek: Konzertstück f Va, UA Dresdner Philh, Dgt: Winkler 78; E H Meyer: Va-Konz, UA Radio SinfOrch Berlin, Dgt: H Rögner 80. **Zug:** P Dessau: 2 Bagatellen; E H Meyer: Va-Konz. **Sonst:** Hg zeitgen Va-Musik, H 1–3; Begr d sog 'Berliner Schule'.

Lipovšek, Marjana, Prof, KS, Hochschullehrerin, Mezzosopran; Univ f Musik u Darst Kunst, Inst f Gesang u Musiktheater, Penzinger Str 7, A-1140 Wien, T: (01) 7 11 55, F: 7 11 55, *lipovsek@mdw.ac.at*; c/o Künstleragentur Dr. Raab & Dr. Böhm, Plankengasse 7, A-1010 Wien, T: (01) 51 20 50 10, F: 5 12 77 43, *office@rbartists.at* [Ljubljana 3.12.1946]. Sologesang, Musikdramat Darstellung **Laufb:** Sol Wiener Staatsop, Hamburg Staatsop, Bayer Staatsop München SpZ 03/04, Op Zürich SpZ 04/05, o UProf U f Musik u Darst Kunst Wien. **Pr:** ua Ehrenbürgerschaft Ljubjana 04. (Red)

Lippert, Herbert, Tenor; c/o Austroconcert, Gluckgasse 1, A-1010 Wien, T: (01) 5 13 26 57, F: 5 12 61 54, *austroconcert@ia-ac.com*; *www.herbertlippert.com*. Mozart-Opern **Laufb:** Wiener Staatsop, Bayer Staatsop München, Royal Op House Covent Garden, Teatro alla Scala Milano, Teatro Colon Buenos Aires, Salzburger FSp, Hamburg Staatsop 05. (Red)

Lippert, Manja, Prof, Hochschullehrerin, Klavier; Musikhochschule, Ludgeripl 1, D-48151 Münster. **Laufb:** Prof (Kl) H f M Detmold, Abt Münster. – **Sonst:** W Bardas: Zur Psychologie d Klaviertechnik (Reprint d Originalausg v 1927; Hg u Nachwort: M Lippert). (*)

Lippert, Reinhard, Komponist; Feldstr 34, D-19053 Schwerin, T: (03 85) 5 50 89 41 [Leipzig 26.11.1951]. **Ausb:** Stud Komp (S Thiele), Bratsche (K Fuchs) MH Leipzig 68–73, Komp (S Thiele, F Geißler) 73–76, Meisterschüler (G Kochan) MH 'Hanns Eisler' Berlin 76–80. **Laufb:** Bratscher Schweriner Philharm 73–76, Solobratscher Schweriner Philharm 76–91, LTätigkeit Schweriner Kunstschule 'Ataraxia' seit 92, freischaff seit 98, Komp, Interpret, Improvisator u Performance-Künstler (Va, Kl, Akkordeon). – **Komp:** Konz f Va u Streichorch (Solokonz m Orch), UA Thronsaal Schloß Schwerin 88; Gesänge f mittlere Stimme u Große Fl nach Bobrowski u der Bibel (KamM), UA Angermuseum Erfurt 94; Konz f 5 Blechbl (KamM), UA Stadtkirche Gadebusch 95; 'Der Tod u das Mädchen' f Flügel u Fotoapparat (KamM), UA Schloß Wiligrad 96; Tick-Tickets-Landschaften f Schlgz u Percussionens (KamM), UA Schwerin, 'Speicher' 97; Mysterico Eruptivo f Streicher (Streichorch o II. Streichqua) (KamM), UA Erfurt, Haus Dacheröden 98; Treibe Sport – oder du bleibst gesund f Sax, E-Git, E-Bass u Kl (KamM), UA 99.

Lipton, Daniel, Dirigent; c/o Lore-M. Schulz International Artists Management, Zittelstr 8, D-80796 München, T: (0 89) 3 08 70 92, F: 3 08 70 93, *artists@lore-m-schulz.com*; c/o S Sintow-Behrens Int Promotions & Management, Schleibingerstr 8, D-81669 München, T: (0 89) 44 21 89 00, F: 44 21 89 03, *office@sintow-behrens.com*; *www.lore-m-schulz.com*. **Laufb:** Lt u Chefdgt Anhaltische Philh, GMD Op Dessau 92–97 ua. (Red)

Lischka, Rainer, Prof, Komponist, Hochschullehrer; Spittastr 6, D-01309 Dresden, T: (03 51) 3 10 95 41, F: 3 10 95 41, *rainer.lischka@web.de*; Hochschule f Musik, PF 120039, D-01001 Dresden; *www.lischka-kompositionen.de* [Zittau 25.4.1942]. Musik für Kinder, Kammermusik **Ausb:** Stud Musikpäd u Kl (T Other, W Plehn), Komp (M Weiss, J P Thilman, C Odd, G Hörig) MH 'Carl Maria v Weber' Dresden 60–66, Dipl 66. **Laufb:** Ltätigkeit (Mtheor, Gehörbildung, Komp, Arrangieren) MH Dresden seit 70, Prof (Komp) 92. **Pr:** 1. Preise: OIRT Kinderlied-Komp Wettb Budapest, Berlin u Warschau, 'Martin-Andersen-Nexö-Kunstpr' Stadt Dresden 86. **Mitgl:** Dt Koponistenverband; Sächs Musikbund. – **Komp:** Kontakte (KamM), UA Dresden 73; Akzente (Sinfonik), UA Dresden, Sächs Staatskap 84; Konz f Posaune u Orch, UA Dresden, Semperop, Sächs Staatskap 90; Approach für Big Band u Orch, (Crossover-Konz), UA Dresden, Hochschule 91; Match (KamM), UA Graz 96; Konz in 2 sätzen f Trp, V, Va u Orch, UA Dresden, Dresdner Philharm 98; 'Golpes' Konz f Pauken u Orch, UA Semperop, Sächs Staatskap; Sinfonietta, UA Dresden, UnivOrch, Dgt: R Hughey 01 (Auftr: UnivOrch Dresden);Tresillo-Concertino (Trp u Kammerorch), UA Dresdner Kapellsolisten, Dgt: M Schmutzler 04.

Lischke, Wolfgang, Dirigent; c/o Theater der Bundesstadt Bonn, Am Böselagerhof 1, D-53111 Bonn, T: (02 28) 3 69 53 13, *w.lischke@t-online.de* [München 9.4.1970]. Oper, Operette, zeitgenössische Musik **Ausb:** H für Musik München. **Laufb:** Kapm u Studienlt Th Hof, 1. Kapm Th Bonn seit 04.

Liska, Ewald, Dr, Bass; Beutauklinge 11, D-73728 Esslingen/Neckar, T: (07 11) 35 37 47, F: 3 50 82 64, *mail@exvoco.de*; *www.exvoco.de*. **Laufb:** musikal Lt EXVOCO – (EXpanded VOice COmpany) Stuttgart, Programmdir Fstv Europ Kirchenmusik Schwäbisch-Gmünd. – **Aufn/RF:** CD Lautpoesie Exvoco: Marinetti, Apollinaire, Ball, Krutschonych, Hausmann, Artaud, Huelsenbeck; Hölszky: Message. **Zug:** D Schnebel: Quintessenz; A Hölzky: Message; D Mack: Balungan; C Schwehr: déploration; R Febel: 3 Madrigale; C-S Mohnkopf: Mon coeur mis à nu; T Brandmüller: Lunoct; H Darmstadt: Celan-Gedichte; M Spahlinger: verflüchtung.

Liske, Markus, Sänger; c/o Staatsoperette Dresden, Pirnaer Landstr 131, D-01257 Dresden; c/o Musikalische Komödie der Oper Leipzig, Dreilindenstr 30, D-04177 Leipzig [Berlin]. **Ausb:** Stud (H Ch Polster, Ch Nowak) MH Leipzig 85–91, Aufbaustud ebd. **Laufb:** Konz Halle, Berlin, Leipzig, Altenburg seit 88, Gastsol Halle, Berlin, Leipzig, Altenburg 88, Gast Chemnitz, Erfurt, Gelsenkirchen, Dessau (Jesus Christ Superstar, Jesus), Chemnitz (Che), Dresden (Dt-spr EA A L Webber: Aspects of Love, Alex Dillingham), Gastsp Darmstadt, Cannes, Gärtnerplatzth München, Berliner Philharmonie (Mendelssohn: Elias), Sol Musikal Kom Leipzig, EnsMitgl Staatsoptte Dresden seit 2000 (04/05), Gastsol Städt Th Chemnitz u Op Halle seit SpZ 03/04, Opernhaus Halle, Op Leipzig SpZ 02/03. **Pr:** 3. Pr Sparte Musical Bundesgesangswettb 91. – **Aufn/RF:** Classic Night Dresden, 3sat u MDR 98. (Red)

Lislevand, Rolf, Prof, Hochschullehrer, Laute; Hochschule f Musik, Schultheiß-Koch-Pl 3, D-78647 Trossingen. **Ausb:** MH Oslo, Stud Schola Cantorum Basel (Hopkinson Smith, Eugène Dombois). **Laufb:** Prof (Laute) Staatl H f Musik Trossingen. (*)

Lisnic, Tatiana, Sängerin; c/o Deutsche Oper, Bismarckstr 35, D-10627 Berlin. **Laufb:** Sol Wiener Staatsop, Sol Dt Op Berlin SpZ 04/05. (*)

Lissner, Stéphane, Musikdirektor, Intendant; c/o Wiener Festwochen Kontakt, Lehárgasse 11, A-1060 Wien, T: (01) 58 92 20, F: 5 89 22 49, *festwochen@festwochen.at*; *www.festwochen.at*. **Laufb:** MD Wiener Festwochen, Ltg Fstv Aix en Provence, Intend Scala Mailand 05–10. (Red)

Lissovskaia, Anna, Sängerin; c/o Oper Leipzig, Augustuspl 12, D-04109 Leipzig. (Red)

Lister, Marquita, Sopran; c/o Dietsch Internationale Künstleragentur, Thierschstr 11, D-80538 München, T: (0 89) 3 40 86 30, F: 34 08 63 10, *JWDietsch@t-online.de*; c/o Theater & Philharmonie Essen GmbH, Opernpl 10, D-45128 Essen. **Laufb:** Sol Dt Op Berlin, Sol MTh Essen SpZ 03/04, Gastsol Ophaus Graz SpZ 04/05. (Red)

Lisy, Oliver, Klavier; c/o Horst Vocke, Zur Bauernbrücke 34, D-59597 Erwitte, T: (0 29 45) 20 01 87, *info@vocke-musikagentur.de*; *www.vocke-musikagentur.de* [1966]. (Red)

Litaker, Donald, Prof, Hochschullehrer, Tenor; Burgsteige 1, D-89075 Ulm, T: (07 31) 6 96 62, F: (0 73 08) 75 50, *info@litaker.de*; Hochschule f Musik, PF 6040, D-76040 Karlsruhe; *www.litaker.de*. **Ausb:** Stud b Daniel Ferro (Juilliard School/New York) u Giorgio Favaretto (Accad Musicale Chigiana/Siena). **Laufb:** Prof (Ges) HfM Karlsruhe seit 97. (Red)

Litmanow, Michail, Dipl-Opernsänger, Opernsänger (Bass); Franziskanergasse 1a, D-97070 Würzburg, T: (09 31) 4 52 68 86, *pphakupp@gmx.de*; *michaillitmanow.com*. **Ausb:** Stud (Kl u Ges) Moskau 68–72. **Laufb:** Stadtth Aachen 77–80, Staatsth Kassel 80–86, Staatsth Mainz 86–89, Vereinigte Bühnen Krefeld/Mönchengladbach 89–91, Stadtth Bern 91–95, Op Augsburg 'D Ring d Nibelungen' (Fasolt, Hunding, Hagen) 95–99, Stadtth Würzburg 01–03, Teatro Colon Buenos Aires Verdi: 'La forza del destino' (Padre Guardiano) 85, Teatro La Fenice Venedig Wagner: 'Parsifal' (Titurel) 84, OpHaus Nizza Wagner: 'Rheingold' (Fasolt) 96, Königl OpHaus Kopenhagen 'Il Barbiere di Siviglia' (Basilio) 94, Teatro Wielki Warschau 'Boris Godunow' (Boris) 89, Teatro Massimo Bellini Catania Wagner: 'Tristan u Isolde' (König Marke) 97, Op Chemnitz Verdi: 'Nabucco' (Zaccharia) 01, Op Würzburg 'D fliegende Holländer' (Daland) 03. **Pr:** Prtr ARD-Wettb, Prtr Glinka-Wettb UdSSR. – **Sonst:** ZDF: 'Erkennen sie die Melodie?'.

Litschauer, Adelheid, Prof, Hochschullehrerin, Violoncello; Am Rainberg 4, A-5020 Salzburg, T: (06 62) 7 75 78; Univ Mozarteum, Abt f Streich- u Zupfinstrumente, Alpenstr 48, A-5020 Salzburg, T: (06 62) 6 19 80, F: 61 98 30 33, *adelheid.litschauer@moz.ac.at* [Wien]. **Ausb:** Stud b Gaspar Cassado u Vladimir Orloff, Mstkrs b Enrico Mainardi, Pablo Casals, Arto Noras. **Laufb:** UProf (Vcl) U Mozarteum Salzburg seit 73, Sol Camerata Academica Salzburg seit 82. **Ens:** Wiener Flötentrio seit 70, Streichqui Mozarteum. (Red)

Litschauer, Susanne, Sängerin; c/o Volksoper Wien, Währinger Str 78, A-1090 Wien, T: (01) 51 44 40, F: 5 14 44 32 15, *office@volksoper.at*; *www.volksoper.at*. **Laufb:** Sol Volksop Wien seit SpZ 03/04. (Red)

Littig, Sascha, Sänger; c/o Theater Lüneburg GmbH, PF 2829, D-21318 Lüneburg. **Laufb:** GastSol Städt Bühnen Münster SpZ 03/04, Sol Th Lüneburg. (Red)

Litwin, Stefan, Dr, Prof, Hochschullehrer; Kobenhüttenweg 16, D-66123 Saarbrücken, T: (06 81) 58 26 69, F: 58 26 69; H f Musik Saar, Bismarckstr 1, D-66111 Saarbrücken [Mexico City]. **Ausb:** Stud in Mexico, USA u Schweiz. **Laufb:** Prof (KamM m Schwerpkt Neue Musik, IntprTheorie u Aufführungspraxis) H d Saarlandes f Musik u Th Saarbrücken. (Red)

Litz, Gisela, Prof, Hochschullehrerin, Gesang; Hochschule f Musik u Theater, Harvestehuder Weg 12, D-20148 Hamburg. **Laufb:** Prof (Ges) H f M u Th Hamburg. (*)

Liu, Chun Wei, Klavier; c/o Kammeroper, Bayreuther Str 8, D-01187 Dresden, T: (03 51) 4 70 12 96, F: 4 70 12 97, *info@kammeroper.de*; *www.kammeroper.de*. **Laufb:** KamOp Dresden. (*)

Liu, Han-An, Prof, Hochschullehrerin, Harfe; H f Musik, Dagobertstr 38, D-50668 Köln, T: (02 21) 2 22 92 49, *Han-An.Liu@netcologne.de*; H f Musik, Yorckstr 32, D-50733 Köln, T: (02 21) 2 22 92 49, *Han-An.Liu@netcologne.de*. **Laufb:** Prof (Hfe) H f Musik Köln. (Red)

Liu, Song-Hu, Sänger; Äußere Bayreuther Str 123, D-90409 Nürnberg, T: (09 11) 5 98 55 88, (01 73) 3 94 36 44; c/o Stiftung Staatstheater Nürnberg, Richard-Wagner-Pl 2–10, D-90443 Nürnberg. **Laufb:** Sol Th Nürnberg. (Red)

Liu, Yue, Bass; c/o Städtische Theater, Käthe-Kollwitz-Str 7, D-09111 Chemnitz, PF 756, D-09007 Chemnitz; c/o Konzert-Direktion Zagovec, Hans-Böckler-Str 23, F-65468 Trebur-Astheim, T: (0 61 47) 91 96 60, F: 91 96 62, *agentur@zagovec-artists.de.* **Ausb:** MH Peking, MH Wien, Mitgl d Züricher OpStudios. **Laufb:** Sol Pekinger Op, Gastsol OpHaus Dublin, Eng Staatsth Stuttgart, Op Leipzig, Staatsth Braunschweig, Musikth im Revier Gelsenkirchen, Kiel, Aachen, Ulm, Dt Op am Rhein, Städt Th Chemnitz SpZ 01/05, Gastsol Dt Staatsop Berlin SpZ 03/04. **Pr:** 3. Pr Cardiff 85, 2. Pr Marseille 89, 1. Pr S'Hertogenbosch 92. (Red)

Lively, David, Klavier, Hammerflügel; c/o Konzertdirektion Andrea Hampl, Karl-Schrader-Str 6, D-10781 Berlin, T: (0 30) 4 78 26 99, 01 72–3 80 56 45, F: 4 78 37 92, *hampl@konzertdirektion.de*; *www.konzertdirektion.de*. KonzSol; zeitgen amerik M, Romantik, KamM **Ausb:** Unterr (Kl) b C Arrau. **Laufb:** künstl Ltg Saint Lizier Fstv i d Pyrenäen, Konz ua m d Royal Philh Orch, Wiener Symphonikern, Budapester Symphonikern, Gewandhaus Orch Leipzig, Staatskap Weimar, Philh Orch Paris, Orch Nat de France, English Chamber Orch, SinfOrch d Südwestdt RF, Dresdner Philharmonikern, Düsseldorfer Symphonikern, RSO Moskau, ZusArb m Dgt: Sir C Davis, Sir S Rattle, F Leitner, K Sanderling, J Lopez-Cobos, L Slatkin, E Leinsdorf, L v Matacic, S Comissiona; Mstrks H f M Wien, Glasgow Royal Scottish Acad u Chapelle Royale Belgien, Doz Kons Paris, GastProf H f M Wien. **Pr:** Prtr Marguerite Long Wettb, Queen Elizabeth Wettb Belgien, Tschaikowsky Wettb Moskau, 1. Pr Dino Ciani Award d Mailänder Scala. **Mitgl:** Klaviequa m Gaede Trio. – **Aufn/RF:** neueste CD: J Marx: Klavierkonzerte. **UA:** Europ EA: T Takemitsu: 'Riverrun', Dgt K Nagano u E Carter: '90+'. **Zug:** W Blank: 'Cris' (KamKonz), UA. **Sonst:** Klanginstallationen 'Jeux de Prisme'.

Livingston, Lisa, Sängerin; Mooswaldstr 14a, D-79108 Freiburg i Br, T: (01 77) 7 49 32 99. **Laufb:** Sol Ulmer Th, Sächs Staatsop Dresden SpZ 03/04, Gastsol Th Freiburg seit SpZ 03/04. (Red)

Livland, Stefan, Sänger; c/o Landestheater Mecklenburg Neustrelitz / Neubrandenburg, Friedrich-Ludwig-Jahn-Str 14, D-17235 Neustrelitz. (Red)

Lloyd-Davies, Mary, Sopran; c/o Pocket Opera Company, Gertrudstr 21, D-90429 Nürnberg, T: (09 11) 32 90 47, F: 31 46 06, *info@pocket-opera.com*. **Laufb:** Bayreuther FSp seit 94, Sol Pocket Opera Company Nuernberg, London English National Op, Welsh National Op Cardiff Scottish Op, New Sussex Op. (Red)

Lloyd, Frank, Prof, Hochschullehrer, Horn; An der Stadtmauer 4a, D-45239 Essen; FolkwangHochschule, Klemensborn 39, D-45239 Essen [Cornwall 1952]. **Ausb:** Stud (I James) Royal Acad of M London. **Laufb:** Sol Scottish Nat Orch, Royal Philh Orch, Prof (Hn) Folkwang-H Essen. **Ens:** English Chamber Orch, The Nash Ens of London. (Red)

Llywelyn, Dafydd, Prof, Dirigent, Komponist; Ligsalzstr 23, D-80339 München, T: (0 89) 5 02 72 14; c/o Konzert & Künstler Agentur Jens Gunnar Becker, Grünstr 13, D-58313 Herdecke, T: (0 23 30) 7 03 89, F: 75 07, *becker@beckerkonzert.de*; *www.beckerkonzert.de*. (Red)

Loa, Marcela de, Sängerin; Sonnenhalde 93, D-79104 Freiburg, T: (07 61) 5 56 90 99. **Laufb:** Sol Kom Op Berlin, Gastsol Städt Bühnen Freiburg SpZ 00/01, Gastsol MTh Essen SpZ 03/05, Gastsol Th Aachen SpZ 04/05. (Red)

Lobanov, Vassily, Prof, Hochschullehrer, Komponist, Klavier; Dauner Str 16, D-54570 Kirchweiler, T: (0 65 95) 96 13 07, F: 96 13 05, *vassilylobanov@aol.com*; H f Musik, Dagobertstr 38, D-50668 Köln [Moskau 1947]. **Ausb:** Stud (Kl, Komp) Tschaikowsky-Kons Moskau (H Neuhaus, A Schnittke u L Naumow). **Laufb:** Prof (Kl) H f Musik Köln seit 97. **Ens:** KlDuo m S Richter 82–85, KlTrio m O Kagan u N Gutman 77–90, KlQua m V Tretiakov, J Bashmet u Natalia Gutman. (Red)

Lobert, Peter, Sänger; Adlerstr 3 a, D-76137 Karlsruhe, T: (01 77) 3 06 46 13. **Laufb:** Sol Badisches Staatsth Karlsruhe seit SpZ 03/04, Gastsol Städt Th Chemnitz SpZ 03/04. (*)

Lochmann, Walter, Musikalischer Leiter; c/o Musicalfestival, Hauptpl 16, A-2460 Bruck/Leitha, T: (06 64) 3 40 83 43. **Laufb:** Musikal Lt Musicalfestival Bruck/Leitha, Dgt u Studienlt Vereinigte Bühnen Wien. (*)

Lode, Klaus, Hochschullehrer, Schlagzeug; Biesenkamp 40, D-59427 Unna-Massen, T: (0 23 03) 5 13 22. **Laufb:** LBeauftr (Schlgz, Pauken) H f Musik Detmold, Abt Dortmund. (Red)

Loebe, Bernd, Intendant; c/o Oper Frankfurt, Untermainanlage 11, D-60311 Frankfurt/Main. **Laufb:** Intend Op Frankfurt SpZ 03/05. (Red)

Löcherer, Georg, Schauspielmusiker; c/o Kleines Theater, Richard-Strauss-Pl, D-82467 Garmisch-Partenkirchen. **Laufb:** SchspM Kl Th Garmisch-Partenkirchen seit SpZ 03/04. (Red)

Löchner, Hans-Detlef, Prof, Hochschullehrer, Klarinette; Jakob-Weinheimer-Str 7, D-01465 Langebrück, T: (03 52 01) 7 02 24; Hochschule f Musik, PF 120039, D-01001 Dresden. **Laufb:** Prof (Klar) H f M Carl Maria v Weber Dresden, Kammervirtuose Dresdner Philh. **Ens:** Dresdner Philh. (Red)

Löchter, Jürgen, Prof, Komponist, Akkordeon; Haarstranghöhe 5, D-58454 Witten, T: (0 23 02) 8 08 59, F: 8 08 59, *juergen.loechter@arcor.de*; Grote Christoffelstr 28, Niederlande-4506 Cadzand Bad; *www.musikschuleschwarze.de* [Witten 18.2.1939]. Neue Musik **Ausb:** Stud (H Herrmann, A Fett) Trossingen 58, staatl Musiklehrerprüfung 60, staatl Prüfung d künstl Akkord-Spiels Trossingen 61, staatl Prüfung MH Münster 73. **Laufb:** int RF- u KonzTätigk in fast allen europ Ländern, Südafrika, Namibia, Benin, Mexico, USA, Russland u Asien seit 59, Sol-Konz ua in New York, Philadelohia, Atlantic-City, Mexico-City, Acapulco, Johannisburg, Pretoria, Windhouk, Cotonou, Istanbul, Salzburg, Zürich, Luzern, Bern, Rom, Barcelona, Paris, Nanterre, Beauvais, Amsterdam, Rotterdam, Den Haag, Eindhoven, Delft, Luxemburg, Brüssel, Brügge, Kopenhagen, Stockholm, Oslo, Bergen, Stavanger, Reykyavik, Prag, Pula, Danzig, London, Leicester, Moskau, Engels, Slatoust, Barnaul, Saratow, Mamontowka, Berdsk, Chelyabinsk, Novosibirsk; LTätigk Trossingen 64–66, Witten seit 67, freier Mitarb WDR Köln seit 62, Grd u Lt 'gruppe neue musik witten', LBeauftr MH Köln 80–02, Prof seit 91, Dir Städt MSch Witten 83–99, freischaff Musiker, Komp u MPäd m zahlr Mstrksen weltweit. **Pr:** Gewinner u Prtr nat u int Solwettb in Baden-Baden, La Valetta, Versailles, Leicester, Trossingen, New York, 1. Hugo-Hermann-Pr 63 Stadt Trossingen, KompPr u Hugo-Herrmann-Med 86, BVK 88 u zahlr weitere Ausz. **Ens:** div nat u int Ens f Neue Musik u v WDR initiierte Ens. **Mitgl:** DMR. – **Komp:** Reflections (KamM) 77, UA Witten 77; Reaction to an object found (Sop, Akk, Dia-Vortrag) 83, UA London 83; Rezitativo '87, UA Witten; Korrelationen f Akk 90, UA Wuppertal; Korrelationen f Akk 92, UA Wuppertal 93; Korrelationen f Akk-Qui 94, UA Castelfidardo 95; Visionen zu ... (Akk u Rezitation) 95, UA Wuppertal 95; Musik zum Film 'Cyankali' 94, UA Witten; Bühnenmusik zu 'Marie' nach G Büchner (Akk, Sop, Perc), UA Witten 97; Bühnemusik zu 'Woyzeck' nach G Büchner (Akk, Sopr, Fl, Perc) 82, UA Dortmund 98 (beides Auftr: Teatro dell'Attimo Witten); Tryptichon f Akk 98, UA Wuppertal 99; 'Laser-Schüler-Epigramme' (Akk u Rezitation), UA Wuppertal 02; sowie zahlr Pflichtstücke f Wettb (nat u int). **Aufn/RF:** eig Werke u als Interpr ua 'Reaction to an object found' f Akk u Sop m A L Stümke (Sop) WDR 87; 'Lasker-Schüler-Epigramme' f Akk u Rezitation m T Küppers (Rez) Dtschldfunk 03; Debüt b Radio Kopenhagen 59, danach int RF-Tätigk. **UA:** eigene Werke ua: 'Evocation' f Akk u Sax, UA Witten 93; 'Elaboration' f Akk u Perc, UA Witten 99; 'Visionen zu...' f Akk u Rezitation, UA Wuppertal 2000; Lasker-Schüler-Epigramme, UA Wuppertal 02; sowie b zahlr Werken v T Roeder, M Niehaus, M Kagel, R Ruthenfranz, L Kupkovic, P Norgard, H U Humpert, H Herrmann, A Tscherepnin, A Dobrowolski ua. **Zug:** H-C Schaper: KonzM f Akk u Orch. **Sonst:** Initiator v nat u int SolWettb; zahlr Benefizkonz z Gunsten karitativer Einrichtungen. **Lit:** Tonkünstler-Lex, Musik-Almanach.

Löffler-Asal, Peter-Klaus, Prof, Hochschullehrer, Kammermusiker; Maximilian-Kolbe-Str 22, D-61440 Oberursel, T: (0 61 71) 96 99 26, 0 17 96 97 62 94, F: 6 97 62 94; Hochschule f Musik u Darst Kunst, Eschersheimer Landstr 29–39, D-60322 Frankfurt. **Laufb:** Prof (Klar, BlKamM) H f M u Darst Kunst Frankfurt/M. (Red)

Loeffler, Dietmar, Schauspielmusiker; c/o Bremer Theater, Am Goethepl 1–3, D-28203 Bremen, PF 101046, D-28010 Bremen. **Laufb:** SchspM Th Bremen SpZ 03/05, Schauspiel Frankfurt SpZ 04/05. (Red)

Löffler, Thomas, Sänger; c/o Städtisceh Bühnen Münster, Neubrückenstr 63, D-48143 Münster. (Red)

Löffler, Thomas, Klarinette; Sankt-Leonhard-Str 33, D-72764 Reutlingen, T: (0 71 21) 47 07 75, F: 47 07 75; *www.chaconne.com/phorminx*. **Laufb:** musikal Lt Ens Phorminx Darmstadt. (Red)

Löflath, Joachim, Horn; c/o Südostbayerisches Städtetheater, Gottfried-Schäffer-Str 2 und 4, D-94032 Passau. **Laufb:** Sol Südostbayer Städteth Passau. (Red)

Loehle, Peter, Bass; c/o Staatstheater am Gärtnerplatz, Gärtnerpl 3, D-80469 München, PF 140569, D-80455 München. **Ausb:** Stud USA. **Laufb:** Eng Sol Anhalt Th Dessau SpZ 92/05, Sol Staatsth am Gärtnerpl München SpZ 96/05. (*)

Löhlein, Matthias, Violine; c/o Münchner Philharmoniker, Kellerstr 4, D-81667 München. **Laufb:** Vorspieler Münchner Philh. (Red)

Löhr, Frank, Prof, Hochschullehrer, Dirigent; c/o Gruchow, Rungholt 29, D-22149 Hamburg; Hochschule f Musik u Darst Kunst, Eschersheimer Landstr 29–39, D-60322 Frankfurt [Neuwied 1971]. **Ausb:** Stud (Dir, Komp u Kl) H f M u Th Hamburg, Mstrks b M. Pressler (Kl), T. Brandis (KamM), M. Husmann (Dir) u B. v. Asperen (Cemb). **Laufb:** Prof (OrchLt) H f M u Darst Kunst Frankfurt/M, Prof (Dirig) H f M u Th Hamburg 2000. **Ens:** Musica Varia. (Red)

Löhr, Martin, Violoncello; c/o Berliner Philharmoniker, Herbert-von-Karajan-Str 1, D-10785 Berlin, T: (0 30) 25 48 80; c/o Künstlersekretariat Schoerke GmbH, Grazer Str 30, D-30519 Hannover, T: (05 11) 40 10 48, 40 10 49, F: 40 74 35, *info@ks-schoerke.de*; *www.berliner-philharmoniker.de*, *www.triojeanpaul.de*, *www.die12cellisten.com* [Hamburg 1967]. **Ausb:** Stud Vcl (W Mehlhorn) MH Hamburg, (Z Nelsova) Juillard School of M New York, (W Boettcher) H d Künste Berlin. **Laufb:** Solocellist Berliner Philh seit 96, GastProf UdK Berlin. **Pr:** Stip Studienstift d Dt Volkes, Masefield Stip, Stip Dt MWettb, Aufn 37. Bdesauswahl Konz Junger Künstler, Förderpr Mozartgesell, 1. Pr Int Cellowettb Jeunesses Musicales Belgrad 95. **Ens:** Trio Jean Paul, Die 12 Cellisten. (Red)

Löns, Ulrich, Sänger; c/o Neuburger Kammeroper eV, Drususstr 9, D-53111 Bonn. (Red)

Lörch, Uwe, Klarinette; c/o WDR Sinfonieorchester, D-50600 Köln [Altlußheim, Baden 1957]. **Ausb:** Stud i Mannheim (H Pfeifer). **Laufb:** Hoher Klar Hessische Staatstheater 80–86, stv Sol WDR SinfOrch Köln 87. (Red)

Loerkens, Pablo, Cello; c/o Orchestre de Chambre de Lausanne, Rue Saint-Laurent 19, CH-1003 Lausanne, T: 02 13 45 00 20, F: 02 13 45 00 21, *ocl@vtxnet.ch*; *www.regart.ch/ocl*. **Ens:** Orch de Chambre de Lausanne.

Lörscher, Helmut, Prof, Hochschullehrer, Klavier; Im Zehntgarten 8, D-79379 Müllheim, Baden, T: (0 76 31) 58 37, F: (0 76 31) 74 83 40, *Helmut.Loerscher@t-online.de*; Hochschule f Musik, Schwarzwaldstr 141, D-79102 Freiburg [2.10.1957]. Improvisation **Ausb:** Stud Kl (A Marchand) MH Freiburg 78–84, MTheorie (F Förtis) ebd 81–84, SchM ebd 82–85. **Laufb:** Prof (schulprakt KlSp) Staatl H f Musik Freiburg seit 90, ZusArb m Kabarettist Matthias Deutschmann seit 95, Tournee m M Deutschmann u G Schramm: 'Bunter Abend f Revolutionäre' 98, Tournee m dens 'Baden, Deine Sterne' 2000, seit 02 künstler Lt 'Jazzevents Rheinau'. **Ens:** div Jazzformationen, va Jazztrio Lörscher-Heitzler-Rüschenbaum. **Mitgl:** VDS, HS-AG Schulprakt KlSpiel. – **Aufn/RF:** Fernsehprod m M Deutschmann u G Schramm: 'Bunter Abend f Revolutionäre', SDR 98; Fernseh-Prod m H D Hüsch ua: 'Ich sing f d Verrückten', WDR 99; Fernsehprod m M Deutschmann: 'Jetzt geht's aber los – 100 Jahre dt Kabarett...', 3sat 01; CD 'Das Badner Lied in 24 Variationen', RF-Prod SWR 99. **Sonst:** div Veröffentl b Klett.

Lösch, Erika, Prof, Hochschullehrer, Violine; Univ Mozarteum, Abt f Streich- u Zupfinstrumente, Zentrum im Berg, Fürbergstr 18–20, A-5020 Salzburg, *erika.loesch@moz.ac.at*. **Laufb:** Prof (V) U Mozarteum Salzburg. (Red)

Löser, Christof M, Dipl-MLehrer, Musiktheoretiker, Dirigent, Pianist; Olgastr 133b, D-70180 Stuttgart, T: (07 11) 6 74 46 17, F: 6 74 46 17, *kontakt@suonomobile.de*; *www.suonomobile.de* [Leonberg 15.4.1972]. Neue Musik d 20. Jh, Klassik (Mozart, Beethoven) **Ausb:** Stud SchM, MTheorie, Kl (J Avery) MH Freiburg 91–97, Stud (Germanistik, MWiss) U Freiburg, Stud Dirig (W D Hauschild) MH Karlsruhe 97–99, Dirigierstudien (P Eötvös, Z Nagy). **Laufb:** musikal Ltg SUONO MOBILE – Initiative f Neue Musik seit 95, LAuftr (MTheorie, Gehörbildung) MH Freiburg 96–01, Lt KamEns, Doz (MTheorie, OrchKoordinator) MH Stuttgart seit 2000. – **Aufn/RF:** B Ferneyhough: Allgebrah (f Ob u 9 Solo-Str), Carceri d'invenzione (f Fl u gr Ens); J Mainka: 3 Stücke (f Kl, Schlgz u 12 Str), m SUONO MOBILE, Ltg Ch M Löser. **UA:** Kiem, Handschick, Blume, Maierhof, Menke, Klaus, J Saunders, Mainka, Kopp, Kimmig, A Carlevaro, Mack, J Romig. **Sonst:** Grdg Initiative f Neue Musik SUONO MOBILE 95.

Löser, Steffen, Sänger; c/o Landestheater, D-96450 Coburg, T: (0 95 61) 4 23 80. **Laufb:** Sol Landesth Coburg (04/05). (Red)

Löser, Wolfgang, Prof, Hochschullehrer, Gesang; Hochschule f Musik u Theater, Harvestehuder Weg 12, D-20148 Hamburg. **Laufb:** Prof (Ges, Phonetik, Stimmkde) H f M u Th Hamburg. (Red)

Lötfering, Dirk, Komponist, Musikjournalist; Krähenhof 21, D-51789 Lindlar, T: (0 22 66) 4 79 91 32; Gottfried-Keller-Weg 9, D-33100 Paderborn, T: (0 52 51) 5 86 67 [Paderborn 31.10.1964]. **Ausb:** Jungstud Komp u Theorie (W Steffens) MH Detmold 81–84, Kompstud (H W Henze) MH Köln 84–90, Stud Musiktheorie (Löbner u Jaecker) MH Köln. **Pr:** 3. Pr Landesebene NRW 81, Stip Darmstädter Ferienkse f Neue Musik 82, Studienstift d Dt Volkes 87–90. – **Komp:** Kammersinf I 85, UA Köln 85; Kammersinf II 87, UA Köln 90; Tanzsuite 98 97/98, UA Paderborn 98; Bagatellen f Streicher 98/99, UA Paderborn 99; meditando (Sinfon Blasorch) 91, UA Altenberg, Dom 92; Sinf Nr 1 93; Konz f Vcl u gr Orch 95. (Red)

Lötzsch, Max, Flötist; c/o Landesbühnen Sachsen, Meißner Str 152, D-01445 Radebeul, T: (03 51) 89 54 0, F: 89 54 2 01, *landesbuehnen@dresden-theater.de*; *www.dresden-theater.de*. **Ausb:** Stud Fl (M Achilles) H f M Detmold bis 02. **Laufb:** 1. Sol LdesBühnen Sachsen seit 02. (Red)

Lövaas, Kari, Sängerin, Hochschullehrerin; Gugerhalde 10, CH-8207 Schaffhausen, T: 05 26 43 58 35 [Skien, Norwegen 13.5.1939]. Konz, Op **Ausb:** Akad Wien 60–63. **Laufb:** Engagements u Tourneen in USA, Australien, zahlr bedeutende Fstv, Rundf u TV, Tonträger (EMI, DGG, Ariola etc), öffentl Karriere beendet seit 97, Doz (Gesang) Richard Strauss Kons München. **Pr:** Sonderpr DGG Wien 63.

Loewe, Christian, KV, Violine; c/o Philharmonisches Orchester, Küchengartenallee 2, D-07548 Gera. **Laufb:** Philharmon Orch Gera. (Red)

Löwe, Maria, Sängerin; c/o Landesbühnen Sachsen, Meißner Str 152, D-01445 Radebeul. **Laufb:** Gastsol Staatsth Cottbus SpZ 03/04, Landesbühnen Sachsen SpZ 03/05. (Red)

Löwinger, Guggi, Sängerin, Schauspielerin; c/o Volksoper Wien, Währinger Str 78, A-1090 Wien, T: (06 76) 4 30 63 07, F: 4 70 80 20 [Wien]. Musical, Operette **Ausb:** SchauspielSch Krauss Wien, Ges (E Rethy), Tanz (Dia Luca). **Laufb:** EnsMitgl Volksop Wien seit 59, Staatsth am Gärtnerplatz München 61, Doppeleng 60, Gastsp Fernsehen, Film, Schauspiel 2000, 2001, München 98, Köln 2000, Tourneen USA 84, Japan 86, FSp 2000. **Pr:** Goldener Rathausmann d Stadt Wien (als beste Nachwuchsdarst), Ehrenkreuz f Wiss u Kunst, Ehrenmitgl Volksop Wien. – **Aufn/RF:** Fernseh-, Film- u Plattenaufn.

Loges, Stefan, Bariton; c/o Van Walsum Management Deutschland, PF 3409, D-30034 Hannover, T: (05 11) 3 66 07 23, F: 3 66 07 24, *mrobertson@vanwalsum.com*; *www.vanwalsum.co.uk*. **Ausb:** Dresdner KnabenCh, Stud Ges (K Mitzscherling), H d Künste Berlin 92–95, Guildhall Sch of M and Drama London (R Piernay), Stud H f M 'Felix Mendelssohn Bartholdy'. **Pr:** engl Nat Mozart-Wettb 97 ua. (Red)

Lohff, Carsten, Prof, Hochschullehrer; Grafel 12, D-27446 Anderlingen, T: (0 42 84) 92 89 22; Hochschule f Künste, FB Musik, Dechanatstr 13–15, D-28195 Bremen. **Ausb:** Stud (Cemb, MTh) MH Hamburg. **Laufb:** Prof (KamM) H f M u Th Hamburg, Prof HdK Bremen. (Red)

Lohff, Dietrich, MD, Komponist; Hans-Thoma-Str 38, D-69121 Heidelberg, T: (0 62 21) 43 93 43 [1941]. zunächst experimentelle M, dann Hinwendung z Tonalität; KiM-Komp **Ausb:** Stud KiM, SchM, Germanistik; KompUnterr b H-W Zimmermann u G v Albrecht. **Laufb:** L (M) priv Heidelberger Gym seit 70, Buchhändler, Ltg e MSch, Verlagslektor ua; nebenamtl KiM ev Kirche Dossenheim b Heidelberg, Ltg vieler Ch. **Pr:** Stip Darmstädter Ferienkse f Neue M u Richard-Wagner-Verband. **Ens:** Grdg Rockgruppe 'heaven on earth', Grdg u Ltg Gruppe 'Golem'. – **Komp:** 'Sakrophonie, optische Musik f einen kirchl Raum'; 'Eintracht Frankfurt. Kantate f Sportreporter, Synth u Fan-Chor'; 'Requiem f einen polnischen Jungen' UA 98. **AuftrKomp:** mehrere. (Red)

Lohmann, Ludger, Dr, Prof, Hochschullehrer, Orgel; Reginenstr 47, D-70597 Stuttgart, T: (07 11) 7 65 44 34, F: 76 34 96, *lu.gi.lohmann@t-online.de*; Hochschule f Musik u Darst Kunst, Urbanstr 25, D-70182 Stuttgart; *www.ludgerlohmann.de* [Herne 1954]. **Ausb:** Stud b W. Stockmeier u H. Ruf in Köln, A. Heiller in Wien u M.-C. Alain in Paris. **Laufb:** Prof (Org) Staatl H f M u Darst Kunst Stuttgart. **Pr:** Prtr ARD-Wettb München 79, Grand Prix de Chartres 82. (Red)

Lohmann, Reinhard, KM, Violine; c/o Dresdner Philharmonie, PF 120424, D-01005 Dresden. (Red)

Loho, Linda, Hochschullehrerin, Violine; Gebr-Grimm-Str 26, D-97078 Würzburg, T: (09 31) 2 44 52. **Laufb:** Doz (V) Hermann Zilcher Kons Würzburg. (Red)

Lohr, Dirk, Sänger; c/o Staatstheater am Gärtnerplatz, PF 140569, D-80455 München. **Laufb:** Sol Staatsoptte Dresden, Staatsth am Gärtnerpl München. (*)

Lohrer, Klaus, Kontrafagott; c/o Konzertdirektion Hans Ulrich Schmid, Königstr 36, D-30175 Hannover, PF 3409, D-30034 Hannover, T: (05 11) 3 66 07 60/27, F: 3 66 07 34, *ep@kdschmid.de*; *www.kdschmid.de, www.kontrafagott.de* [Erlangen]. **Ausb:** Stud (J Zuther) Freiburg u (K Thunemann) Hannover. **Laufb:** Gürzenich-Orch Köln seit 76, Solo-Fag ebd seit 93, Solo-Ob Berliner Philh seit 92, Lehrauftr Hochschule f Musik Köln u H f Musik in Hannover. **Pr:** b Wettb Martigny, Colmar, München. **Ens:** Gürzenich-Orch Köln, Chalumeau-Qui, BläserEns Sabine Meyer. (Red)

Lohse, Horst, Komponist; Seehofstr 22, D-96117 Memmelsdorf, T: (09 51) 5 80 55, F: 5 80 96, *info@horst-lohse.de*; *www.horst-lohse.de* [Kulmbach 16.3.1943]. Orch- u KamM **Ausb:** Musikstud Komp (H Eder) Salzburg u Komp (B Hummel) Würzburg, Künstl Staatsprüf (Komp) 75. **Laufb:** LAuftr MH Würzburg 77–84, L Musikmodellklassen Bamberg seit 72, Mitbgrd Verein 'Neue Musik Bamberg eV', künstl Lt 'Tage d Neuen Musik', Juror u Doz b 'Schüler Komponieren – Treffen junger Komp' der Jeunesses musicales Dtschld Weikersheim 87–93, Gastvortr in Bayreuth (Int Jugendfsptreffen) 93, Jesi (Incontri int di musica contemporanea) 96, Wuppertal (H f Musik) 2000, München (H f Musik) 2001. **Pr:** Förderpr Musikal Akad Würzburg 73, Prtr Stadt Stuttgart 74, Orchkomppr Kulturkreis Im BDI u GNM 82, 3. Pr Europ Komp-Wettb Aarhus, Pr Weber-Wettb f Ballette Dresden 84, Berganza-Pr d Kunstvereins Bamberg 99, Otto-Grau-Pr 02. **Mitgl:** Dt Komponistenverband, Gesellschaft f Neue Musik. – **Komp:** La morte d'Orfeo (EnsW) 77, UA Montepulciano; Epitaph f Nizami (OrchW f gr Orch) 76/78, UA Coburg 79; La morte d'Orfeo (Konz) 77/79, UA Nürnberg 88; Die Abenteuer d schönen Mahan (Ballett) 79/83; 'Sisiphyos' Fragment in memoriam A Camus (OrchW f gr Orch) 82, UA Leverkusen 82; 'Cantos sinfonicos' nach F Garcia Lorca (ChorW), UA Nürnberg 85; Bamberg Symphony (OrchW f gr Orch), UA Bamberg, Dgt: H Stein 86; Bamberg Symphony (OrchW f gr Orch) 85, UA Bamberg 86 (Auftr: z 40-jähr Bestehen d Bamberger Symphoniker); Miniaturen-Suite (BlasOrch) 86 (Auftr: Bayer Musikrat u BR); Phoenix (EnsW) 83, UA Nürnberg, ars nova tage 83 (Auftr: BR); Rückert-Lieder (Alt, Fl, Va, Harfe) 87/88, UA Schweinfurt 88 (Auftr: Stadt Schweinfurt); Die vier letzten Dinge (Orgel u gr Orch) 96/97, UA Bamberg 97 (Auftr: Bamberger Symphoniker); A Schmidts Monde (EnsW) 95/96, UA Almada; Nachtstücke I/II (EnsW) 99, UA Orléans; Turm der Winde (AkkOrch) 05, UA Fürth 05.

Lohse, Peter, Prof, Hochschullehrer, Trompete; Dresdner Str 55, D-01731 Kreischa, T: (03 52 06) 3 14 86; Hochschule f Musik, PF 120039, D-01001 Dresden [Freiberg, Sachsen 1960]. **Ausb:** SpezialSch f M Dresden 73–78, Stud H f M Carl Maria v Weber Dresden (R Haase, B Hengst, L Güttler) 78–82. **Laufb:** 1. Trp Staatskap Dresden seit 81, LBeauftr H f M Carl Maria v Weber Dresden seit 84, HonProf (Trp) ebd seit 99; KonzReisen m Orch d Kom Op Berlin USA, m Bamberger Sinf USA u Japan, Staatskap Dresden ua. **Pr:** KV 98. **Mitgl:** KamM-Beirat d Staatskap Dresden seit 94. – **Aufn/RF:** 94 Schallpl- u CD-Aufn (davon 78 m Sächs Staatskap Dresden). (Red)

Loibl, Josef, HonProf, Hochschullehrer; Heimstr 14, D-82131 Stockdorf, T: (0 89) 8 57 25 54, F: 8 57 25 54; H f Musik u Theater, Arcisstr 12, D-80333 München. **Laufb:** Doz (Gesang) H f M u Th München. (Red)

Lombard, Alain, Dirigent; c/o Orchestra della Svizzera italiana, Via Canevascini 3, CH-6903 Lugano-Besso, CP 162, CH-6903 Lugano, T: 09 18 03 93 19, F: 09 19 68 27 73, *fosi@rtsi.ch*; *www.rtsi.ch/osi/*. **Laufb:** Dir Orch della Svizzera italiana Lugano. (Red)

Lombardi, William, Sänger; Flughafenstr 77, CH-4056 Basel, T: 07 85 78 61 07, F: 06 13 82 61 07, *walombardi@balcab.ch*. **Laufb:** Gastsol ensemb!e Th Biel/Bienne-Solothurn SpZ 00/01. (Red)

Lombardo, Luca, Sänger; c/o Oper Leipzig, Augustuspl 12, D-04109 Leipzig [Marseille]. **Laufb:** Sol Volksop Wien SpZ 03/04, Op Leipzig. (*)

Lommatzsch, Curt, Posaune; c/o Staatskapelle Berlin, Unter den Linden 7, D-10117 Berlin. **Laufb:** Sol Staatskap Berlin. (Red)

Long, Wayne, Prof, Hochschullehrer; Main-Neckar-Bahn-Str101, D-68535 Edingen, T: (06 21) 3 36 46 05; Hochschule f Musik u Darst Kunst, Urbanstr 25, D-70182 Stuttgart [Oklahoma City, USA]. **Laufb:** Prof (Gesang) Staatl H f M u Darst Kunst Stuttgart. (Red)

Lonquich, Alexander, Hochschullehrer, Klavier; c/o Cadenza Concert, Franz Josef Kai 3, A-5020 Salzburg, T: (06 62) 84 05 05, F: 8 40 50 54, *office@cadenza-concert.at* [Trier 8.8.1960]. **Ausb:** Stud b A Schmidt-Neuhaus, P Badura-Skoda u I Deckers. **Pr:** 1. Pr Casagrande-Klavierwettb Terni, Italien. (*)

Lookeren Campagne, Augusta van, Prof, Hochschullehrerin, Cembalo; Univ f Musik u Darst Kunst, Inst f Tasteninstrumente, Lothringerstr 18, A-

1030 Wien, *campagne@mdw.ac.at*. **Laufb:** ao UProf (Cemb) U f Musik u Darst Kunst Wien. (Red)

Loosli, Théo, Dirigent, Hochschullehrer; Petit-Catéchisme 10, CH-2000 Neuchâtel, T: 03 27 24 30 63, F: 03 27 24 30 63. **Laufb:** Lt Orch Symph Neuchâtelois, Lt Sinfonietta Bern. (Red)

Lopera, Juan José, Dr, Tenor; c/o Gerstel International Opera Management, Stockerstr 10, CH-8002 Zürich, T: 04 17 63 91 88 01, F: 04 42 53 14 53, *gerstel @swissonline.ch*; c/o Konzert-Direktion Zagovec, Hans-Böckler-Str 23, D-65468 Trebur-Astheim, T: (0 61 47) 91 96 60, F: 91 96 62, *agentur@zagovec-artists.de* [Kolumbien]. **Ausb:** Mitgl OpStudio München. **Laufb:** Gastsol Bayer Staatsop München, Wiener Staatsop SpZ 02/05, Dt Op Berlin SpZ 04/05, Semperop Dresden SpZ 04/05. **Pr:** Prtr ARD-Musikwettb 94. (Red)

Lopicic, Dragan Sandy, Dirigent; c/o Ophaus Graz, Kaiser-Josef-Pl 10, A-8010 Graz, T: (01) 3 17 01 01, F: 3 17 01 01 22; *www.schauspielhaus.at*. **Laufb:** Dgt Das Schauspielhaus Wien, Ophaus Graz SpZ 04/05. (Red)

Lopwegen, Benedikt *siehe* Jenny, Sr Leonore

Lorans, Edith, Sängerin; c/o Alle Theater GmbH – Hamburger Kammeroper, Max-Brauer-Allee 76, D-22765 Hamburg. (*)

Lorenz, Andreas, Prof, Hochschullehrer, Oboe; Lerchenweg 19, D-01454 Großerkmannsdorf, T: (0 35 28) 44 79 80; Hochschule f Musik, PF 120039, D-01001 Dresden [Cranzahl 17.8.1952]. **Ausb:** Stud (Tolksdorf) H f M Dresden 'C M v Weber'. **Laufb:** Solo-Ob Meininger Th 74/75, Staatskap Berlin 75–77, Dresdner Philh 77–82, Staatskap Dresden seit 82; Prof (Ob) H f M Carl Maria v Weber Dresden, in LA seit 76. **Ens:** Virtuosi Saxoniae (Güffler), pers Ens: Sächs Oboisten-Company, Duo Ob-Hfe, Concertino Dresden. – **Aufn/RF:** umfangr Diskografie.

Lorenz, Eberhard Francesco, Tenor; c/o Württembergisches Staatstheater, Oberer Schlossgarten 6, D-70173 Stuttgart; c/o Caecilia Lyric Department, Rennweg 15, CH-8001 Zürich, T: 0 12 21 33 88, F: 2 11 71 82, *caecilia@ caecilia-lyric.ch* [Ulm]. **Ausb:** Stud Gesang (A Baldin) Karlsruhe. **Laufb:** ständ Gast Frankfurt/M, Brüssel, Lyon, Eng Karlsruhe, Op Bonn (Dr Cajus 'Fallstaff', Mime 'Rheingold', Oberpriester 'Idomeneo'), Sol Staatsth am Gärtnerplatz München (03/04), Staatsth Stuttgart (SpZ 03/04). **Pr:** Stip d Landes Baden-Württemberg, OpGesangspr d CIEM Genf 89. – **Aufn/RF:** A Schnittke: 'Historia von D Johann Fausten', Hamburg Staatsop (CD). **UA:** Mitwirkung b UA v 2 Werken v M Trojahn. (Red)

Lorenz, Günter, Prof, Hochschullehrer, Oboe; Univ f Musik u Darst Kunst, Leonard Bernstein Inst f Blas- u Schlaginstrumente, Seilerstätte 26, A-1010 Wien, T: (01) 7 11 55 24 01, F: 7 11 55 24 99. **Laufb:** o UProf (Ob) U f Musik u Darst Kunst Wien. (Red)

Lorenz, Jörg, Kontrabass; c/o Komische Oper, Behrenstr 55–57, D-10117 Berlin. **Laufb:** Sol Orch d Komischen Op Berlin. (Red)

Lorenz, Karin, Violine; Birkenstr 20, D-55129 Mainz, T: (0 61 31) 2 85 10; c/o Staatstheater Mainz, Gutenbergpl 7, D-55116 Mainz [Minden, Ostwestfalen 10.4.1968]. Konzert, Sinfonie, Oper **Ausb:** Stud (Rosa Fain) MH Düsseldorf 87–92; Stud (Viktor Liberman) MH Utrecht 91–94, Mstrks b W Schneiderhan, Y Menuhin, I Oistrach. **Laufb:** 1. koord Konzm Philh Orch d Staatsth Mainz GmbH seit 97. **Pr:** zahlr 1. Pr b 'Jugend musiziert', Pr b int VWettb. **Ens:** Duo Arcata (m Andrea Steckermeier, Hfe). **Mitgl:** DOV.

Lorenz, Katja, Dramaturgin; Verdener Str 1, D-27570 Bremerhaven, T: (04 71) 9 21 46 31, 01 70–7 33 92 89; Stadttheater, PF 120541, D-27519 Bremerhaven, T: (04 71) 48 20 62 45. **Laufb:** Dram f MTh u Konzwesen Stadtth Bremerhaven seit SpZ 2000/01.

Lorenz, Siegfried, Bariton; c/o Konzertagentur Marianne Böttger, Dahlmannstr 9, D-10629 Berlin, T: (0 30) 3 24 85 27, F: 3 23 11 93, *agency@boettger-berlin.de*; *www.boettger-berlin.de*. **Ausb:** H f M Berlin (Alois Orth) 64–69. **Laufb:** Kom Op Berlin, GewandhausOrch Leipzig, Deutsch StaatsOp Berlin, Wiener StaatsOp, Deutsch Op Düsseldorf, StaatsOp Hamburg, Deutsch Op Berlin, Op Essen, Op Lissabon, Philh StaatsOrch Haale, Sol Sächs Staatsop Dresden SpZ 03/04. (Red)

Lorig, Horst J, Sänger; Niederstr 128, D-54293 Trier, T: (06 51) 6 90 84, F: 6 73 08 [Trier 18.2.1940]. Oper, Operette, Musical, Konzert **Ausb:** Stud Op, Liedklasse (S Fuchs, J Greindl) MH Saarland Saarbrücken. **Laufb:** Sol Th d Stadt Trier, Tourneen Frankreich, Schweiz 85/86/87. **Ens:** KamChor 'Cantores Trevireuses' 80–90. – **Aufn/RF:** Wagner: 'Liebesverbot' (Op), Bayreuth, Dgt: J Bell 72.

Loritz, Martin D, Dr, Prof, Hochschullehrer; Windacher Str 2, D-86926 Greifenberg, T: (0 81 92) 15 98, F: 99 80 80, *martin.loritz@t-online.de*; H f Musik u Theater, Arcisstr 12, D-80333 München, T: (0 89) 28 92 74 74, *martin. loritz@musikhochschule-muenchen.de*; *www.martin-loritz.homepage.t-online. de/* [Oberndorf, Neckar 1958]. Lied, Klavier-KamM **Ausb:** Stud (J Priester) MH Trossingen, Stud (SchM, Kl, Liedbegl) MH Freiburg, Prom (MPäd) b R-D Kraemer Univ Augsburg. **Laufb:** zzt tätig als Prof (MPäd) H f M u Th München u H f M Nürnberg-Augsburg, Doz (MPäd) Univ Augsburg, LBeauftr H f M Trossingen; Kooperation m d Conservatorio di Musica Salerno u d int SAE Inst. **Mitgl:** AMPF. – **Sonst:** zahlr Veröffentl z MPäd.

Lorscheider, Harald, Komponist; Frauendorfer Weg 2, D-03051 Cottbus, T: (03 55) 53 20 26, F: 4 30 96 28, *www.Harald.Lorscheider@web.de* [Salzwedel 8.12.1939]. KamM, elektroakust Musik, Musik f Kinder **Ausb:** Stud H f M Franz Liszt Weimar 54–61, Dipl u Staatsexamen 61. **Laufb:** Solopauker Philh Orch Cottbus bis 84, freischaff als Komp, Mitgl d Musikpr-Jury d Landes Brandenburg seit 96, Künstl Ltg R Cottbuser Musikherbst. **Mitgl:** Vors Landesverb Brandenburg im DKV. – **Komp:** Sehnsucht (KamM), UA Berlin 86; Kleiner Orchesterführer (KamM), UA Cottbus 87; D-S-C-H (KamM), UA Cottbus 87; Von guten u bösen Geistern (Orch), UA Cottbus 87; Märchen aus d Lausitz (KamM), UA Cottbus 96; Kahrener Tänze (Streichqua), UA Cottbus 99; Geigenspiele (Elektr Akustik), UA Bourges 88; Hommage à J Crüger (Elektr Akustik), UA Guben 98.

Lortie, Louis, Klavier; c/o PR2 classic, Kreuznacher Str 63, D-50968 Köln, T: (02 21) 38 10 63, F: 38 39 55, *office@pr2classic.de*; *www.pr2classic.de* [Montreal 27.4.1959]. **Ausb:** Stud b Y Huber (Montreal), D Weber (Wien), L Fleisher, J Gingold. **Laufb:** Beethoven-Zyklen in London, Berlin, Toronto 98–01; Beethoven-Fstv Montreal 01/02, Konz in Madrid, Turin, Rotterdam, Paris, Mailand, Bonn 02/03, Gastsp b Orch v Lyon, Bordeaux, Madrid, RAI Turin, Scala Mailand, Holländ Radio SymphOrch, Royal Scottish Nat Orch, London Mozart Players, RSO Saarbrücken, b Orch v Toronto, Montreal, Vancouver, St Louis, Atlanta u b Orch Nat de Paris 03; Soloabende im South Bank Centre London, Auditorio Nacional Madrid, De Doelen Rotterdam u b Brescia & Bergamo Fstv, Beethovenfest Bonn, RSB, DSO. **Pr:** 1. Pr Busoni Wettb 84, Prtr KlWettb Leeds. **Ens:** Moritzburg Fstv on tour, regelm Auftr m J Vogler u J Ehnes. – **Aufn/RF:** Gesamtaufn d KlWerke v Ravel. Liszt; Mendelssohn: Werke f Vcl u Kl 03.

Los, Inna, Sängerin; Wiener Staatsoper, Opernring 2, A-1010 Wien [Tiraspol, Moldawien 1974]. **Laufb:** Sol Wiener Staatsop. (Red)

Lošek, Matthias, Dramaturg; Bregenzer Festspiele, PF 311, A-6900 Bregenz. **Laufb:** Dramaturg Bregenzer Festspiele. (Red)

Losert, Felix, MA, Dramaturg für Musiktheater; c/o Theater Erfurt, Placidus-Muth-Str 1, D-99084 Erfurt, PF 100554, D-99005 Erfurt, T: (03 61) 2 23 32 24, *losert@theater-erfurt.de* [Berlin 5.12.1968]. Oper d 19. u 20. Jh **Ausb:** Stud (MWiss, KuWiss, Geschichte) FU Berlin, Uni degli Studi Venezia Ca' Foscari 90–96, Diss MWiss (Prof Dr Chr M Schmidt) TU Berlin seit 97. **Laufb:** Ass d GF d RIAS Jugendorch Berlin 98–99, fr Mitarb 'Der Tagesspiegel' Berlin seit 98; Dram Th Erfurt seit SpZ 02/03. – **Sonst:** Essays f Programmhefte (ua Staatsop Stuttgart, Münchner Philh, Staatsop Unter den Linden Berlin) u wiss Publ seit 96.

Losert, Martin, Saxophon; c/o ensemble mosaik, Lehrter Str 57, D-10557 Berlin, T: (0 30) 39 03 08 30, F: 39 03 08 30, *info@ensemble-mosaik.de*; c/o Art Works Agentur Vera Giese, Kantstr 14, D-10623 Berlin; *www.ensemble-mosaik.de* [1971]. **Ausb:** Stud Sax (J Ernst) H d Künste Berlin 91–98, Stip Kons Bordeaux (J-M Londeix, M-B Charrier) 94, Mstkurse b I Roth, C Delangle, M Weiss, A Bornkamp. **Laufb:** umfass Repertoire an klass-romant Werken u auf d Gebiet d Neuen M, Produktionen m Berliner Philharm, ZusArbeit m Dt Symph Orch Berlin u Berliner Symph. **Ens:** Mitbegr Ensemble Mosaik, Mitbegr Kl-Sax-Duo Masuko/Losert. – **Aufn/RF:** zahlr RF- u CD-Aufn. **UA:** zeitgen Komp. (Red)

Losonczy, Andor, Komponist, Pianist; Etrichstr 5, A-5020 Salzburg, T: (06 62) 43 32 97, *andor.losonczy@moz.ac.at*; Heinrich-Kiener-Str 1, A-5020 Salzburg, T: (06 62) 83 14 58 [Budapest 2.6.1932]. **Ausb:** Stud Kl (R Sándor), Komp (R Sugár) Kons Budapest ab 50, Stud Kl (P Kadosa), Komp (E Szervánsky) F-Liszt-H Budapest ab 52, Dipl 55, Aufenth Colgate Uni Hamilton New York 78 u 86, EMS-Studio, Stockholm 78, IRCAM Paris 80. **Laufb:** Pianist ungar KonzAgentur 'Filharmonia' 55, Lehrtätigkeit Mozarteum Salzburg seit 60, zuerst Ass elektron Studio, zuletzt Lt e Klasse f Kl ebd, emeritiert 98. **Pr:** 2. Pr Int Klavierwettb Warschau 55, Liszt-Pr Budapest 56, Kranichsteiner MPr Darmstadt 60, Pr d ORF 74, FördPr Bdesmin f Unterr u Kunst 79, Premio Int delle Muse Florenz 86, Gold Verdienstzeichen Salzb Ldesreg 98, Gr Kunstpr f Musik d Landes Salzburg 05. **Ens:** ÖENM (Österr Ens f Neue M). **Mitgl:** ua IGNM. – **Komp:** Für Orch: Zwei Bilder (f Orch) 52, UA 93; Für Ensembles 59/61; Musik f Doppelorch 66; Descort (f gr Orch) 72; White Box (f Orch u Ch) 80; Fanal (f gr Orch) 90; Pantomime: 'Wo sind die Knochen?' 01. Für KamMEns: KamEns-M 61/62, UA 1966; Sätze, UA Darmstadt, Dgt: B Maderna 66; Scrap Music (f Klar, Sax, Schlz, V, Va, KB) 70; Phonophobie (Kl u 7 Instr), UA Warschau. Dgt: P Burwik; 75; Growth structures (Zyklus f 1–13 Spieler) ab 78; Klänge aus ... 96/97; Schattenspiel 02/03; Concerto 04/05. VokalM: Black Box (f Chor u Ens) 69, UA Salzburg, später Wien, Dgt: K Ager, G Preinfalk (Ch); Texte (n dadaistischen Gedichten, f Sop, Fl,Klar,Kl,V,Vcl) 77. KlavierM: Piranhas 81; Lauffeuer 82; Die Klavierschule (24 Etüden f d zeitgen KlM). **Aufn/RF:** RF-Aufn: A Schönberg: Gesamtwerk f Klavier (ORF); eigene Klavierstücke (ORF, BR); Schallpl: B Bartok: Sonate f 2 Klaviere; Ager: Kompositionen; G Lampersberg: Kompositionen f Klavier; 'Panorama' eigene Komp f 2 Klaviere; CD-Aufn mit eigenen Komp f Kl u V, O Sallaberger; Video-Aufn m eigenen Werken (3sat), Aufnahmen im NR, HR, Ungar RF, Schweizer RF, RAI. **UA:** Eigene sowie Werke v G Kurtág, H Holliger, J Takács, K Ager, J M Horvath, S Bussotti, B Schaefer, K Stockhausen, G Ligeti. **Lit:** Frank-Altmann: 'Tonkünstlerlexikon' 78, G Gatti (Hg): 'La Musica' Turin, 'Österreich zum Beispiel' Wien 82, 'Salzburger Kulturlexikon' Wien 87, P Hollfelder: 'Das große Handbuch der Klaviermusik' Hamburg 96, 'Lexikon zeitgen Musik aus Österreich' Wien 97 ua.

Lotric, Janez, Tenor; c/o Künstleragentur Dr. Raab & Dr. Böhm, Plankengasse 7, A-1010 Wien, T: (01) 5 12 05 01, F: 5 12 77 43, *office@rbartists.at* [Zelezniki, Slowenien]. **Ausb:** Stud (K Vidall-Zebre), Stud (O Ondina-Klasinc) MAkad Ljubljana, (H Zadek) Wien, (M del Monaco) 'Corso di perfezionamento e interpretazione'. **Laufb:** Op Maribor 80–87, Landesth Salzburg 95–97, Staatsop Wien 96, 97 u 2001, FSpHaus Salzburg 96, Dt Op Berlin 96, 2001 u SpZ 04/05, Op Graz 96, Op Comique Paris 96, Staatsop Hamburg 97, Kopenhagen 97, OpFstv Gars am Kamp 99, Op Bastille Paris 2000, Op Frankfurt 2000/01, Teatro Real Madrid 2000, Scala Mailand 2001, Op Zürich 2001, Sächs Staatsop Dresden SpZ 03/04. **Pr:** Prtr Wettb 'Toti dal monte' Treviso. – **Aufn/RF:** zahlr RF-, TV- u LP-Aufn, ua L M Skerjanc: 'Sonetni venec dr Franceta Preserna' (CD); 'Operatic Duets for Tenor and Bariton' (m I Morozow) (CD); Große Tenorarien 99 (CD). (Red)

Lott, Felicity, Sopran; c/o Künstleragentur Helge Rudolf Augstein, Sebastianspl 3, D-80331 München, T: (0 89) 26 02 43 33, F: 26 02 43 44, *AgenturHRA @aol.com*; *www.felicitylott.de, www.augstein.info*. **Laufb:** Sol Sächs Staatsop Dresden bis SpZ 04/05, Bayer Staatsop München u Dt Op Berlin SpZ 03/04. (*)

Loukianetz, Victoria, Sopran; c/o Bühnen d Stadt Köln, Offenbachpl, D-50667 Köln, PF 101061, D-50450 Köln. **Laufb:** Sol Bühnen d Stadt Köln, Konz u Th St Gallen, MTh Bonn, Gastsol Bad Staatsth Karlsruhe SpZ 00/01, NatTh Mannheim SpZ 00/01, Sol MTh Essen SpZ 03/04. (Red)

Loy, Christoph, Regisseur; c/o Hamburgische Staatsop, PF 302448, D-20308 Hamburg [Essen]. **Ausb:** Stud MThRegie Folkwang H Essen. **Laufb:** Ass in Gelsenkirchen, Brüssel u b Luc Bondy, freier Regisseur, Inszenierungen ua Bremen ('Peter Grimes', 'La Gioconda', 'Pique Dame', 'Werther'), Düsseldorf ('Manon', 'Don Carlo', 'L'Orfeo'), Köln ('Carmen') u Hamburg ('Alcina'), Glyndebourne Fstv ('Iphigénie en Aulide'), Royal Op House Covent Garden London ('Ariadne auf Naxos'), Bayer Staatsop München ('Saul'), Hamburgische Staatsop SpZ 04/05. (Red)

Lu, I-Tsen, Mag, Komponistin, Klavier; Vinzenzgasse 26/6, A-1180 Wien, *it. lu@sign-d.at*; *www.sign-d.at* [Taiwan 1959]. InstrMusik komb m elektr Musik **Ausb:** Stud Kl Shih-Chien College Taiwan 78–81, Theorie- u KompStud MH Wien 83–89, Mag ebd 93. **Pr:** Stip Alban Berg Stift 89, Förderung bmfuk 94, Förderung bmfwk 96. **Mitgl:** ÖGZM 93–03, IGNM seit 01. – **AuftrKomp:** 'im licht...' 94, UA Mürztaler Werkstatt, Steir Herbst; (Auftr: Bläserens d niederösterr Tonkünstler) (RF: Ö1); 'spaces' 95, Parl Wien, Ausstellung spaces/ China Österreich; 'jenseits, im ungewissen' 96, KonzHaus Wien, Hörgänge 96; 'stiegen I' Fiuggi Italien 98, Basis Wien 99; 'zeilen in schwarz u weiss', UA Frauenkunstfstv Mattersburg 99.

Lu, Wei, Violine; c/o Deutsches Symphonie-Orchester Berlin, Masurenallee 8–14, D-14057 Berlin. **Laufb:** Konzm Dt SymphOrch Berlin. (Red)

Lubahn, Fran, Sänger; Josefweg 6a, A-8043 Graz, T: (03 16) 38 69 42, (06 76) 5 02 55 12. **Laufb:** Sol Vereinigte Bühnen Graz SpZ 03/05. (Red)

Lubchansky, Alexandra, Sopran; c/o Stadttheater Hildesheim, Theaterstr 6, D-31141 Hildesheim. (Red)

Lubimov, Alexei, Prof, Klavier, Hammerklavier, Hochschullehrer; c/o Künstleragentur Helge Rudolf Augstein, Sebastianspl 3, D-80331 München, T: (0 89) 26 02 43 33, F: 26 02 43 44, *AgenturHRA@aol.com*; Baltijskaja 4–102, Moskau 125315, Russland, T: (70 95) 1 52 28 29 [Moskau 16.9.1944]. Musik d 20. Jhs, Wiener Klassik, Auff auf histor Tasteninstr (18.–19. Jh) **Ausb:** Stud Kl ZentralMSchule Moskau 52–63, Stud Kl (Neuhaus, Naumov) Tschaikowsky Kons Moskau 63–68. **Laufb:** UA u EA zeitgen M in mehreren Städten d Sowjetunion 68–75, GastSp m Moskauer Philh Orch u Leningrader Philh Orch in Europa 75–78, eigene KonzR in Moskau u Leningrad (M d 17. u 18. Jhs) 80–83, Tourneen m Moskauer KamAkad (Dtschld) 88, m P Schreier (USA) 96, m Finn RF-Orch (Großbritannien) 97, (Österr) 98, Solo- u KamMAuftr in Gstaad, Lockenhaus, Wiener Sommer, Salzburger FSp, Ludwigsburg, Berlin, Potsdam, KlFestv Ruhr, Bach-Fest Leipzig, La Roque d'Antheron Nantes, Warschauer Herbst, Prager Frühling, Edinburgh, Dublin, Mostly Mozart New York, Boston Fstv of Early M, UProf (Kl, Hammerkl) U Mozarteum Salzburg. **Pr:** Int KlWettb Rio de Janeiro 65, Montreal 68, Verehrter Künstler Russlands 97, Pr d Stadt Moskau 01. **Ens:** '20. Jh' Moskau 68–73, Baroque Qua Moskau 75–82, Moskauer KamAkad 82–88. – **Aufn/RF:** W A Mozart: KlSon (Gesamtaufn) 90/91; Beethoven, Schubert, Chopin auf hist Kl 92–94; Ustwolskaja: Gr Duo, m M Rostropowitsch 98; Skrjabin, Nemtin: The Final Preparation to 'Mysterium', m DSO Berlin, Dgt V Ashkenazy 96/98; Zeitgen KlM 2000/01; Rachmaninov, Strawinsky, Skrjabin: KlKonz, m Toronto SinfOrch, Dgt J P Saraste 96. **UA:** E Denossow: 'Klagen' 69; A Schnittke: Cantus perpetuus 72; S Gubaidulina: 'Rumore e silenzio' 75; W Silvestrov: 2. KlSon 72, 'Metamusik' 92, 'Der Bote' 97; Skrjabin, Nemtin: The Final Preparation to 'Mysterium' (1.Tl) 73, (2.Tl) 96, (3.Tl) 96; V Suslin: Mitternachtsmusik 70, 'poco a poco' 78. **Zug:** V Silvestrov: Elegie 67, 2. KlSon 72, 'Metamusik' 92; A Skrjabin, A Nemtin, The final Preparation to 'Mysterium' (Vorbereitende Handlung z 'Mysterium', 2. Tl 73–80; S Gubaidulina, 'Rumore e silenzio' 75; V Suslin, Mitternachtsmusik 70; A Rabinovich, 'Die Zeit' 2000. **Sonst:** Grd Instr-Ens 'M d 20. Jhs' Moskau 68, Moskauer Barock-Quartett 75, Mitbegr (m T Grindenko) Moskauer KamAkad 82, Hrsg vorklass russ KlM. **Lit:** Fonoforum (Dtschld), Rondo (Finnland), Le Monde de la Musique, Sovjetskaja Musyka, Musikal Akad (Russland).

Luca, Dritan, Tenor; Zieglergasse 57, A-1070 Wien [Tirana, Albanien]. **Ausb:** Stud Liceo Artistik 'Jordan Misja' Tirana, 'Akad e Larte e Arteve' Tirana, Opttenkl Kons Stadt Wien. **Laufb:** Sol Th Tirana, Th Erlangen, KamOp Wien SpZ 03/04. **Ens:** Staatsopernchor Wien. (Red)

Lucas, Gerd, Sänger; Düsseldorfer Operette, Schlesische Str 94, D-40231 Düsseldorf. **Laufb:** Sol Düsseldorfer Optte. (Red)

Lucas, Kristian, Sänger; Heckscherstr 5 a, D-20253 Hamburg, T: (0 40) 4 51 40 76; c/o Theater Lüneburg GmbH, PF 2829, D-21318 Lüneburg. **Laufb:** Sol Freilichtth Tecklenburg SpZ 03/04, Th Lüneburg. (Red)

Lucas, Michaela, Sängerin; c/o Komische Oper Berlin, Behrenstr 55–57, D-10117 Berlin; c/o Volksoper Wien, Währinger Str 78, A-1090 Wien. **Laufb:** Sol Mecklenburg Staatsth Schwerin, Sol Kom Op Berlin bis SpZ 04/05, Gastsol Staatsth Kassel SpZ 00/01, Sol Volksop Wien SpZ 04/05, Staatsop Hamburg SpZ 04/05. (Red)

Lucey, Frances, Sängerin; Ickstattstr 5, D-80469 München, T: (0 89) 29 16 18 87; c/o Staatstheater am Gärtnerplatz, PF 140569, D-80455 München. **Ausb:** Stud Dublin. **Laufb:** Sol Staatsth am Gärtnerpl München seit SpZ 97/98, Gastsp in dt OpHäusern u in Irland (Grand Opera Dublin, Wexford Fstv, Fernsehauftr). (Red)

Luchterhandt, Gerhard, Prof, Hochschullehrer, Organist, Kirchenmusiker; Pleikartsförster Str 18A, D-69124 Heidelberg, T: (07 61) 71 68 60; H f Kirchenmusik, Hildastr 8, D-69115 Heidelberg [Detmold 5.9.1964]. Kirchenmusik, Orgelimprovisation, Schönberg, Neue Musik, Alte Musik: Hammerflügel **Ausb:** Stud Mathematik U Marburg, Stud SchulM, KiM, MTheorie, Komp, Org (de la Motte, Koerppen, Bremsteller) MH Hannover, Cemb, Hammerflügel Mozarteum Salzburg. **Laufb:** Prof (Tonsatz, MTheorie, OrgImp) H f KiM Heidelberg, Kantor St Katharinen Osnabrück 93–97, Johanneskirche Düsseldorf 97–2000, Doz (Org, MTheorie) MH Hannover 90–97. **Mitgl:** GfMTH. – **Komp:** Farmer Giles von Ham (Jugendop), UA Springe 95; 'Demologia' (f Org solo), UA Düsseldorf 99. **Aufn/RF:** J S Bach: Orgelwerke (3 CDs) 99/2000; Gregorian Rhapsody 03. **Sonst:** Veröffentl üb OrgImp, G Schwarz, E Pepping.

Lučić, Željko, Sänger (Bariton); c/o Bregenzer Festspiele, Platz der Wiener Symphoniker 1, A-6900 Bregenz, PF 311, A-6900 Bregenz, T: (0 69) 2 12 02, F: 21 23 74 99; c/o Opernhaus Zürich, Falkenstr 1, CH-8008 Zürich [Zrenjanin, Jugoslawien 1969]. **Ausb:** Gesang MAkad Biserka Cvejic Novi Sad u Kunstakad Belgrad. **Laufb:** Debüt (Silvio 'I Pagliacci') Nationalth Novi Sad 93, weitere Partien (Valentin 'Faust', Germont 'La Traviata', Simone 'La finta semplice') ebd, Nationalth Belgrad 95 (Marcello 'La Bohème', Enrico 'Lucia di Lammermoor', Graf Almaviva 'Die Hochzeit d Figaro'), festes EnsMitgl Op Frankfurt (Lescaut 'Manon Lescaut', Graf Luna 'Troubadour', Belcore 'Liebestrank', Ford 'Falstaff', Silvio 'Der Bajazzo', Ezio 'Attila', Sharpless 'Madame Butterfly'), int KonzTätigkeit (Brahms: Dt Requiem, Dvorák: Messe in D-Dur, Bruckner: Messe Nr 1 in d-Moll), Sol Sächs Staatsop Dresden SpZ 03/04, Bregenzer FSp 05, Gastsol Op Frankfurt SpZ 04/05, Sol Op Zürich SpZ 04/05. **Pr:** zahlr int Pr, ua Francisco Vinas Wettb Barcelona 97. (*)

Lucke, Annegret, Querflöte, Hochschullehrerin; Dr. Hoch's Konservatorium, Hebelstr 15–19, D-60318 Frankfurt/M, T: (0 69) 9 15 00 40, F: 5 96 15 76, *mail @dr-hochs.de*; *www.dr-hochs.de*. **Laufb:** Doz (Querfl) Dr Hoch's Kons Frankfurt, Doz (Fl) Akad f Tonkunst Darmstadt. (Red)

Lucke, Hannfried, Mag, Prof, Hochschullehrer, Orgel; Meierhofstr 44, FL-9495 Triesen, T: 33 90 04 44; Univ Mozarteum, Abt f Tasteninstrumente, Mirabellpl 1, A-5020 Salzburg, T: (06 62) 6 19 80, F: 61 98 30 33, *hannfried.lucke@ moz.ac.at* [Freiburg]. **Laufb:** UProf (Orgel) U Mozarteum Salzburg.

Ludat, Ulrich, Dipl, Musiker für Blas- u Schlaginstrumente, Performer, Komponist; Sankt-Johanner-Markt 17, D-66111 Saarbrücken, T: (06 81) 8 30 88 72, F: 8 30 88 71, *post@duo-archaeopteryx.de, ludat@duo-archaeopteryx.de*; *www.duo-archaeopteryx.de* [Öhringen/Württ 15.8.1959]. Neue Musik, Performance, elektron Musik **Ausb:** Studaufenthalt Perugia, (Blockfl) Cons de Musique de la Ville de Luxembourg, Stud (Blockfl) H f M u Th d Saarlandes Saarbrücken. **Pr:** Kulturförderpr d Ldeshauptst Saarbrücken 93. **Ens:** [archae.o.pteryx] ensemble f erstaunliche musik. **Mitgl:** GVL. – **Komp:** 'deep jesus' (f 2 Akteure, Assistenz, Hoover-Qua, Ton- u Videozuspielung), UA Saarbrücken 03; 'spamming' (f 2 Performer u Audiozuspielung), UA Mainz 05; 'herbstmusik' (f 2 Akteure, Audiozuspielung u Licht), UA Eußerthal 05. **Aufn/RF:** T Brandmüller: 'Still u heiter' SR Saarbrücken 93; A Schluenz: 'La faulx de l' éte', SR Saarbrücken 93; B Prove: 'Mensur – Diaphanie', SWR Baden-Baden 03; H Muenz: 'writing', SWR Baden-Baden 03; G Nussbaumer: 'zahn.blatt.schweiff', SWR Baden-Baden 03. **UA:** M Beil: 'STYX' 93; Ders: 'Zerberus' Playback' 97; T Brandmüller: 'Still u heiter' 91; W Graf: 'Cantus II' 93; R Wenzel: 'endlichsein' 93; A Han: 'Mokdong' 90; Ders: 'Dualog' 97; K Hochmann: 'Bilder d Todes' 91; H Muenz: 'writing' 98; B Prove: 'Mensur – Diaphanie' 97; S Schleiermacher: 'Holzstück m Fell u Metall' 96; A Schlünz: 'La faulx de l'éte' 91; G Stäbler: 'Journal 9'1119' 96; M de Alvear: 'Ur' 2000; H W Koch: 'auszeiten' 01; D Mack: 'temu' 01; T Kurze: 'Chronometrische Musik' 03; V Sannicandro: 'ecrits secrets' 04. **Zug:** B Pröve: 'Mensur-Diaphonie' 97; M de Alvear: 'Ur' 2000. **Sonst:** Grdg [duo: archaeopteryx] 90.

Ludewig, Ulrike, Sängerin; Mecklenburgisches Staatstheater, Alter Garten, D-19055 Schwerin [Rostock 1976]. **Laufb:** Sol Mecklenb Staatsth Schwerin seit 02. **Pr:** Konrad-Ekhof-Pr 04. (Red)

Ludewig, Wolfgang, Komponist; Seyfferstr 21, D-70197 Stuttgart, T: (07 11) 6 15 28 90, F: 6 15 28 90, *wolu.stuttgart@t-online.de* [Marburg 7.12.1926]. **Ausb:** Stud Komp (W Fortner)46–52, Darmstädter Ferienkse f Neue Musik (Leibowitz, Varese, Krenek), Stud Mwiss U Heidelberg. **Laufb:** Musikkritiker Mannheim 55–62, Lt Informationsabt Schott-Verlag Mainz 63–67, Redakteur f Op u Zeitgen Musik SDR Stuttgart 68–92, Mitbegrd d Mannheimer 'Ges f Neue Musik' u 'Freie Akad d Künste Mannheim', Präs ebd 94–97, Lt Wettb u Förderkurs 'Jugend komponiert' d Landesmusikrates Baden-Württemberg seit 92. **Mitgl:** Dt Kompverb. – **Komp:** Fantasie über e Thema v Mozart (KamOrch), UA Mannheim 77; Die Zeit ist reif, UA Mannheim 86; Jeu pour orchestre (OrchW), UA Baden-Baden 89; Konfigurationen (Streichtrio u Schlgz), UA Fstv 'Suoni e fluori' Toscana 94; Immagini (1 Fl u 1 Schlgz), UA Freiburg 96; Fantastisches Concertino (V, Schlgz u Str), UA Mannheim 01. **AuftrKomp:** Die Probe (KamOp), UA Mannheim 63 (Auftr: Opernschule MH Mannheim); Essay f Ob u Streicher (Konz), UA Saarbrücken 68 (Auftr: Saarländ Rundf); Mosaik f Bläser-Qui, UA Stuttgart 73 (Auftr: III. Allg Dt Musikfest); 3. Str-Qua – quartetto breve, UA Mannheim 81 (Auftr: Ges f Neue Musik Mannheim). **Aufn/RF:** CD Sonoton KamM f Str u Schlgz (Dt StrTrio, Coprod m SWF). **Lit:** Grove's 'Dictionary of Music and Musicians', Riemann Musiklexikon, 'MGG – Die M in Gesch u Gegenwart'.

Ludwig, Christa, KS, Mezzosopran; La Guestière, 1458 ter Chemin des Colles, F-06740 Châteauneuf de Grasse [Berlin 16.3.1928]. **Ausb:** Stud Ges (E Ludwig-Besalla), MH Frankfurt/M, (F Hüni-Mihaczek). **Laufb:** Debüt Op Frankfurt ('Fledermaus', Orlowsky) 46, Op Frankfurt 46–52, Staatsth Darmstadt 52–55, Staatsth Hannover 54–55, Wiener Staatsop (42 Partien in 770 Auff) 55–94, Salzburger FSp ('Così fan tutte', Dorabella) 55–61 u 64, ('Le Nozze di Figaro', Cherubino) 55–58 u 60, Met Op New York seit 59, ua ('Werther', Charlotte); ('Frau ohne Schatten', Färberin); ('Elektra', Klytämnestra); ('Rosenkavalier', Octavian u Marschallin), Bayreuther FSp ('Tristan', Brangäne) 66, (Parsifal, Kundry) 67, Royal Op House Covent Garden (Carmen, Amneris) 76, Grand Op Paris, Liederabend Wigmore Hall London 91, Abschiedskonz Wien 94. **Pr:** Ehrenmitgl Wiener Staatsop, Ernennung zum Offizier d frz Ehrenlegion 03. – **Aufn/RF:** Gesamtaufn ua Beethoven, 'Fidelio'; Bizet, 'Carmen'; Mozart, 'Così fan tutte'; Strauss, 'Elektra', 'Rosenkavalier', Wagner, 'Parsifal'; zahlr Lied-Einsp, ua Schubert, 'Die Winterreise'; Mahler, 'Lieder ad Knaben Wunderhorn' (m W Berry). **Sonst:** 'Und ich wär so gern Primadonna gewesen', Autobiogr 94.

Ludwig, Florian, Dirigent; Herderstr 71, D-28203 Bremen, T: (04 21) 5 48 56 34, (01 79) 5 10 57 12, *mail@florianludwig.de*; *www.florianludwig.de* [Gerolzhofen 31.8.1970]. Musiktheater, Konzert **Ausb:** Stud OrchDgt (H Michael), Liedbegl (H Deutsch) MH München 92–98. **Laufb:** Solorep u Dgt NatTh Mannheim 98–01, 2. Kapm u Ass d GMD Th Bremen 01–02, 1. Kapm Th Bremen SpZ 03/05. **Pr:** Stip Landeshauptst München, Förderstip Dt Musikrat. – **UA:** Buchenberg: 'Theophanie' 94; Hayssen: 'Lassus-Phantasie' 94; Doehlemann: 'High-Degree-Hiphop' 94. **Zug:** Kampe: 'Splitter an Hadyn' 02.

Ludwig, Friedemann, Violoncello; c/o Konzerthaus Berlin, Gendarmenmarkt, Charlottenstr 57, D-10117 Berlin. **Laufb:** Sol Berliner SinfOrch. (Red)

Ludwig, Günter, Klavier; c/o Akademiesekretariat Mattheiser-Sommer-Akademie 2005, Bahnhofstr 4, D-55566 Bad Sobernheim. Kammermusik **Ausb:** privat Kl -Stud b A Leopolder. **Laufb:** Prof (Kl) H f M Köln, Gastprof Bloomington/USA, Juror b int Wettb (Bolzano, Genève), fr MitArb b Schott-Verl u Wiener Urtext-Ed; Juror 3. Wartburg-Kl-Wettb 2003. – **Aufn/RF:** alle Kl-Trios v Mozart u Beethoven; Duo-Sonaten v Beethoven, Brahms, Busoni; KlM v Schubert u Schumann. (*)

Ludwig, Martin, Sänger; Sandbergstr 59, D-64285 Darmstadt, T: (0 61 51) 30 74 45, F: 30 74 45, *martin@schmachtigallen.de*; c/o Stadttheater Gießen, PF 111128, D-35356 Gießen. **Laufb:** Sol Stadtth Gießen seit SpZ 03/04. **Ens:** A-Capella-Qua 'Die Schmachtigallen'. (Red)

Ludwig, Rüdiger, Kontrabass; c/o NRD Radiophilharmonie, Rudolf-von-Bennigsen-Ufer 22, D-30169 Hannover. **Laufb:** stv Sol NDR RadioPhilh Hannover. (Red)

Lü, Shao-Chia, Dirigent, GMD; c/o Niedersächsische Staatstheater, Opernpl 1, D-30159 Hannover, T: (05 11) 99 99 00, F: 99 99 19 00; c/o Konzertdirektion Hans Ulrich Schmid, Königstr 36, D-30175 Hannover, T: (05 11) 3 66 07 60, 3 66 07 27, 3 66 07 39, F: 3 66 07 34, *mail@kdschmid.de, cos@kdschmid.de*; *www.staatstheater-hannover.de* [Taipeh, Taiwan]. **Ausb:** Stud (Dirig) Taipeh, Stud U of Indiana, Bloomington, USA, Stud H f M Wien. **Laufb:** 1. Kapm Kom Op Berlin 95, Dgt Australian Op Sydney, English Nat Op SpZ 97/98, Dgt Th de la Monnaie Brüssel SpZ 98/99, Gastdgt Philh Oslo, Orch Sinfonica di Santa Cecilia Rom, KamOrch München, Royal Liverpool Philh ua, Gastdgt Orch Nat de France, RFOrch München ua SpZ 00/01, GMD Staatsorch Rhein Philh Koblenz u Th d Stadt Koblenz seit SpZ 98/99, GMD Staatsop Hannover 01 bis 06, GastDgt Kom Op Berlin u Op Frankfurt SpZ 04/05. **Pr:** Prtr Wettb Kyrill Kondraschin Amsterdam, Concorso Int per Direttori Antonio Pedrotti Trento, Concours Int de Jeune Chefs d'Orchestre Besançon. (Red)

Lübke, Andreas, Dirigent; c/o Staatstheater am Gärtnerplatz, PF 140569, D-80455 München. **Laufb:** Studienlt u Dgt Staatsth am Gärtnerpl München. (*)

Lücker, Arno, Komponist; Leibnizstr 2, D-10625 Berlin, T: (0 30) 20 91 46 85, *op.1@gmx.de*; *www.arnoluecker.de* [Braunschweig 1979]. **Ausb:** KlUnterr b Larisa Vodovoz u Prof Martin Dörrie (H f M u Th Hannover), Ausb KB, Stud MWiss b Arnfried Elder u Philosophie b Urlich Pothast an d H f M u Th Hannover ab 99, dann Univ Freiburg (MWiss b Christian Berger, Philosophie b Günter Figal) und HU Berlin. **Laufb:** UA auf Fstv, künstl ZusArb m Norma Enns, Hans-Christian Euler, Moritz Eggert, Thomas Berau, Ernst Helmuth Flammer. **Pr:** 1. Pr Hans-Stieber-Kompositionswettb 2000. (Red)

Lücker, Martin, Prof, Orgel, Hochschullehrer; Leerbachstr 18, D-60322 Frankfurt, T: (0 69) 72 82 69, F: 72 82 69, *martin.luecker@t-online.de*; Hochschule f Musik u Darst Kunst, Eschersheimer Landstr 29–39, D-60322 Frankfurt [Pr Oldendorf 11.10.1953]. Lehr- u Konzerttätigkeit **Ausb:** Stud (KiM) Staatl H f M u Th Hannover 71–75, Unterr Kl (K-H Kämmerling) u Org (V Gwinner), Stud Org (A Heiller) H f M Wien 75–77, Stud Dirig (M Stephani) Nordwestdt MAkad Detmold 76–79, Unterr Org (J Boyer) Paris u (G Leonhardt) Amsterdam, Unterr Cemb (M Lagace) Boston. **Laufb:** LAuftr Westfälische LdsKiMSch Herford, Korr u Kapm OpHäuser Detmold u Frankfurt, Kantor u Organist St Katharinen Frankfurt/M, Prof (Org) Staatl H f M u Darst Kunst Frankfurt/M seit 88. **Pr:** Prtr Wettb Brügge 73, Ausz Mendelssohnpr f Org 74, Prtr ARD Wettb u Int OrgWettb Nürnberg 75, MEditionspr f 'Frankfurter Orgelbuch' d Dt MVerleger-Verb 94. – **Aufn/RF:** Hindemith: KamM 7 95; Bach: Leipziger Spätwerk 98; Bach: Weimarer Werke 98. **Sonst:** Hrsg 'Frankfurter Orgelbuch'.

Lüdecke, Fritz, Kontrabass; c/o WDR Rundfunkorchester, D-50600 Köln. **Laufb:** stv Sol WDR RundfunkOrch Köln. (Red)

Lüder, Anke, Sängerin; Villacher Str 10, D-18069 Rostock, T: (03 81) 8 38 48; c/o Volkstheater Rostock, PF 102215, D-18004 Rostock. **Laufb:** Sol Volksth Rostock. (*)

Lüder, Christiane, Akkordeon, Hochschullehrerin; Akad f Tonkunst, Ludwigshöhstr 120, D-64285 Darmstadt. **Laufb:** Doz (Akk) Akad f Tonkunst Darmstadt. (Red)

Lüderitz, Matthias, Sänger; c/o Pocket Opera Company, Gertrudstr 21, D-90429 Nürnberg. **Laufb:** Sol Pocket Opera Company Nürnberg. (*)

Lüderitz, Wolfgang (Pseud: Edgar Rasin), MD, Komponist; Amsterdamer Str 25, D-51149 Köln-Porz, T: (0 22 03) 3 25 31, F: 3 25 31 [Dudweiler 10.8.1926]. **Ausb:** Stud Direktion, Tonsatz u Komp (Hammers, Lemacher) MH Köln, Examen 51, Stud Mwiss (Fellerer, Kahl, M Schneider) U Köln 51–55. **Pr:** Silberplak Ihrer Maj Königin Beatrix d NL 83, Louis-Spohr-Plak d MSB 87, Ehrenmitgl Fachverb Dt BerufschorLt eV 93. – **Komp:** An die Sänger (Kant), UA Duisburg 62; Singendes Leben (Kant), UA Stuttgart 64; Hämmer des Künftigen (Kant), UA Mannheim 72; Singender Tag (Kant), UA Troisdorf 76; Sommerblumen (Kant), UA Gummersbach 82; Denn uns ist ein Kind geboren (Kant), UA Dortmund 87; Ruf an die Kommenden (Kant), UA Dortmund 88; Messe G-Dur Sol MrCh Orch, UA Köln 88; Wir loben die Musik (Kant), UA Pocking 90; Natur in Zeit u Ewigkeit (Kant), Sol, FrCh, Orch, UA Kirchardt 94; Das Leben im Lied (Kant), m Sol, MrCh, Orch, UA Bad Füssing 94; Fl-Quar G-Dur UA Bad Füssing 96; Festkant UA Pocking 2000; Passionskant 'O Mensch, bewein dein Sünde groß' UA Heilbronn 01.

Lüdicke, Michael, Solorepetitor; c/o Sächsische Staatsoper, Theaterpl 2, D-01067 Dresden. **Laufb:** Solorep Sächs Staatsop Dresden. (Red)

Lühr, Jens, Klavier; Friedrich-Bosse-Str 38, D-04159 Leipzig, T: (03 41) 2 32 85 96, F: (0 35 31) 71 89 45, *luehr@web.de*; *http://mitglied.lycos.de/JensLuehr/index.html* [Veerssen (heute Uelzen) 20.2.1968]. Neue Klaviermusik, F Kuhlau **Ausb:** Stud Kl (B Goetzke) MH Hannover 88–93, (M Janczewski-Sosinska) MH Würzburg 93–94, (R Buchbinder) MH Basel 94–96, (M Tomas) MH Leipzig 96–98, KonzEx 98, Int Mstrks (Neue KlM) J Burns MAkad Rheinsberg 94–99, div Mstrkse (Kl) ua m K H Kämmerling u T Nikolaiewa 88–90. **Laufb:** 86 erstes bes Konz in Uelzen z 100. Geburtstag von F Kuhlau: KlKonz op. 7 v Kuhlau m Göttinger SympOrch (Ltg W-D Irmscher), seit 98 L u Korr MSch 'Gebr Graun' Landkreis Elbe-Elster, regelmäßige Konz im In- und Ausland. **Pr:** b Wettb Rom u Paris 98/99. **Ens:** Condos Trio 95/96, Trio Altro 97–2000. **Mitgl:** BFP eV. – **Aufn/RF:** CD-Ersteinsp v KlWerken v F Kuhlau 95. **UA:** J Tal: Konz f 2 Kl u Orch, europ EA Berliner Festwochen, Philh, m J Burns (Kl) u Berliner SymphOrch, Dgt: L Shambadal 99; A Shapira: 'Letzte Briefe a Stalingrad' f Bar u 5 Tasteninstr, UA Berlin 95; W v Schweinitz: 'Helmholtzfunk/Alefbet' f 2 ringmodul Kl u 2 Sprecher, UA Berlin 2000; J Kupfer: 'Toccata' f Kl, UA Leipzig 01; J Romig: 'Thread Sketches' f Kl, dt EA Finsterwalde 03.

Lührmann, Detlev, Oboe; c/o Niedersächsisches Staatsorchester, Opernpl 1, D-30159 Hannover. **Laufb:** 1. Sol Niedersächs StaatsOrch Hannover. (Red)

Lünenbürger, Anne, Sängerin; Humboldtstr 104, D-90459 Nürnberg, T: (09 11) 43 58 33; c/o Stiftung Staatstheater Nürnberg, Richard-Wagner-Pl 2–10, D-90443 Nürnberg. **Ausb:** Stud (Gesang) MH Karlsruhe, Dipl (MErz) 84–90, Künstl Abschl (Ch Hampe) 92, KonzExamen ebd 97. **Laufb:** Sol Städt Bühnen Nürnberg (Op) seit 95. **Pr:** Stip Dt Musikrat Bonn 92, Sonderpr Mendelssohn-Liedwettb Berlin 93. – **UA:** T Hosokawa: Hiroschima Requiem, europ EA Nürnberg 95; H Hartl: 'Böhmen liegt am Meer' (n Ged v I Bachmann) 98.

Lünenbürger, Gerd, Prof, Hochschullehrer, Blockflöte; Wielandstr 36, D-12159 Berlin, T: (0 30) 8 59 33 46, F: 8 51 95 14; Univ d Künste, Fak Musik, Inst f Künstl Ausbildung / Alte Musik, PF 120544, D-10595 Berlin [Köln 1958]. **Ausb:** Stud Kons Nürnberg, MH Wien, Kons Amsterdam. **Laufb:** Prof (Blockfl) U d Künste Berlin seit 91. – **Aufn/RF:** CD: Temenos 05.

Lüscher, Patrik, Fagottist; conVentus Bläserquintett, Ammannsmatt 4, CH-6300 Zug, T: 04 17 41 42 85, F: 04 17 41 42 85, *info@conventus.ws*; *www.conventus.ws*. **Ens:** conVentus Bläserquintett.

Lüthke, Peter, Sänger; Hausweberstr 20, D-47807 Krefeld, T: (0 21 51) 30 07 10. **Laufb:** Sol Vereinigte Städt Bühnen Krefeld u Mönchengladbach (03/04), Sol Düsseldorfer Optte SpZ 01/05. (Red)

Lüthy, Johannes, Prof, Hochschullehrer, Viola; c/o Hochschule f Musik, Wolfartsweierer Str 7a, D-76040 Karlsruhe, PF 6040, D-76040 Karlsruhe, T: (07 61) 6 96 43 16, F: 6 96 42 17, *jluethy@web.de* [1961]. Orchester, Kammermusik **Ausb:** Stud MH Bern, Mstrkl (H Beyerle) MH Wien. **Laufb:** Orch de la Suisse Romande 86–87; Sol (Va) Hamburg Staatsop 87–89; 1. u Solobratscher SWF-Sinf-Orch ab 89; Lehrauftr Va MH Freiburg 89–96; Prof f Va MH Freiburg 96–01; Prof f Va MH Karlsruhe seit 01.

Lüthy, Jürg, Klavier; Freudensteinstr 9, CH-5200 Brugg, T: 05 64 42 23 86. (Red)

Lüthy, Susy, Klavier; c/o Prof Armin Rosin, Urbanstr 64, D-70182 Stuttgart, T: (07 11) 51 21 01, 01 72–7 11 18 85, F: (07 11) 51 55 61, *prof.armin.rosin@t-online.de*. **Ausb:** Stud Bern, Darmstadt, Hannover, Paris. **Ens:** Trio Armin Rosin, Winterthurer Klaviertrio.

Lütolf, Beat, Flöte; c/o Konzert Agentur Suzanne Gfeller GmbH, Homelstr 3, CH-4142 Hofstetten, T: 06 17 33 03 73, 07 92 18 66 33, F: 06 17 33 03 74, *gfeller@konzert.ch, konzert.sg@magnet.ch*; *www.konzert.ch* [Zürich 1972]. **Ausb:** Cons de Versailles, Abschluss (A Marion) Cons Nat Supérieur de Paris 96, Mstrkl (P Meisen, A Adorián) H f M München, Dipl 98, Aufbaustud Konzkl (M Kofler) Mozarteum Salzburg, Mstrkse (A Nicolet, JP Rampal). **Laufb:**

Mitgl Weltjugendorch, Gustav Mahler Jugendorch, Sol m Lukas Consort Bayreuth, Fstv Strings Lucerne, Stuttgarter KamOrch, ua zahlr Auftritte als KamMusiker im In- u Ausland, Ensmitgl Bayer Staatsorch. **Pr:** 1er prix Cons de Versailles, 1er prix Cons Nat Supérieur de Paris, Stip Orch-Akad ab 96, Studienpr Migros-Genossenschaftsbund u STV (Kiefer Hablitzel Stift), Förderpr Jubiläumsstift d UBS 97. (Red)

Luft, Rainer, Prof, Fagott; c/o Konzerthaus Berlin, Gendarmenmarkt, Charlottenstr 57, D-10117 Berlin. **Laufb:** Sol Berliner SinfOrch. (Red)

Luftensteiner, Josef, Sänger; c/o Volksoper Wien, Währinger Str 78, A-1090 Wien. **Laufb:** Sol Volksop Wien. (Red)

Luhn, Jürgen, Komponist; T: +49 (0 41 04) 54 69 [1938]. **Laufb:** ChGrdg Hamburger Alsterspatzen 75, Ltg One Voise MädchenCh. (Red)

Lui, Chan, Violine; c/o Bruckner Orchester Linz, Promenade 39, A-4010 Linz. **Laufb:** Konzm Konzm Bruckner Orch Linz. (Red)

Luig, Annette, Sängerin; Emser Str 59, D-65195 Wiesbaden, T: (01 77) 3 01 58 67; c/o Theater Hagen, Elberfelder Str 65, D-58095 Hagen. **Laufb:** Sol Hessisches Staatsth Wiesbaden, Gastsol Th Hagen SpZ 04/05. (Red)

Luig, Michael, Prof, Hochschullehrer, Dirigent; Gerhart-Hauptmann-Str 14, D-57610 Altenkirchen, T: (0 26 81) 49 40, F: 98 52 09, *m.luig@gmx.de*; H f Musik, Dagobertstr 38, D-50668 Köln [Dortmund 1950]. **Ausb:** Stud (Dirig) H f Musik Köln. **Laufb:** Erster Kapm i Saarbrücken, Frankfurt u Düsseldor, GMD i Augsburg sei 89, Prof (Dirig, Orch) H f Musik Köln seit 94, ständ Dirig Jugend-SinfOrch Hessen. (Red)

Luisi-Weichsel, Yvonne, Mag, Dr, Prof, Hochschullehrerin, Blöckflöte; Univ f Musik u Darst Kunst, Inst 4, Brandhofgasse 21, A-8010 Graz, T: (03 16) 3 89 34 18, F: 3 89 30 41, *yvonne.luisi-weichsel@kug.ac.at*. **Laufb:** Vertragsprof (Blockfl) U f Musik u Darst Kunst Graz. (Red)

Luisi, Fabio, Prof, Dirigent, Hochschullehrer; c/o MDR-Sinfonieorchester, Augustuspl 9a, D-04109 Leipzig, T: (03 41) 3 00 87 05, F: 3 00 87 01, *fabio@fabioluisi.com*; c/o Columbia Artists Management GmbH, Till Janczukowicz, Albrechtstr 18, D-10117 Berlin, T: (0 30) 20 64 80 78, F: 20 45 34 80, *info@cami.com*; *www.mdr.de/klangkoerper/* [Genua 17.1.1959]. **Ausb:** Kl (A Ciccolini) Paris, Dirig (M Horvat). **Laufb:** StudLtg u KapM Op Graz 84–87, freischaff Dgt seit 88, ua Bayer Staatsop München, Dt Op Berlin, Staatsth Stuttgart, Op Hamburg, Op Nat de Paris, Neapel, Florenz, Bregenzer FSp, ChefDgt u künstl Ltg NTO seit 95, ChefDgt u künstl Ltg Orch de la Suisse Romande Genf 97–02, ChefDgt SinfOrch MDR Leipzig seit 99, Dgt Dt Staatsop Berlin SpZ 04/05, Staatsop Wien 03–05, Semperop Dresden SpZ 04/05, Gastdgt Münchner OpFSp 05. – **Aufn/RF:** RF-Aufn als KlSol u KlBegleiter; als Dgt CDs: Mahler, Sinf Nr 2, NTO 97; Bruckner, Sinf Nr 7, NTO 98; Berlioz, 'La Damnation de Faust', MDR-SinfOrch 97; Verdi: Op 'Jerusalem', Orch de la Suisse Romande 98 ua. **Sonst:** Grd Grazer Symphon Orch 90. (Red)

Luisotti, Nicola, Dirigent; Staatstheater, Oberer Schloßgarten 6, D-70173 Stuttgart [Viareggio]. Ital Op 19. Jhs **Ausb:** Stud (Kl, Trp, Komp, Dir) in Lucca. **Laufb:** MD Teatro Verdi in Salerno 99, Dir Bayer Staatsop, Staatsth Stuttgart. (Red)

Luitz, Josef, Prof, Cello; Beatrixgasse 26, A-1030 Wien, T: (02 22) 7 18 64 12, F: 7 18 64 12, *Josef.Luitz@music.at* [Wien]. **Ausb:** Stud Vcl (W Kleinecke, N Hübner) Kons d Stadt Wien, Mstrks (R Aldulescu) Spanien. **Laufb:** Prof Kons Wien seit 72, Vorstand u Solocellist d Tonkünstler KamOrch, Kse f Vcl u KamM, zahlr KonzReisen Europa, Russland, Südamerika, Ostasien. – **Sonst:** Mitbegrdg u Kursltg Int KamM Fstv Austrio, Allegro-Vivo, Projektltg Austrian Music Network. (Red)

Lukács, Georgina, Sopran; c/o Hamburgische Staatsoper, Große Theaterstr 34, D-20354 Hamburg, PF 302448, D-20308 Hamburg [Györ, Ungarn 1967]. **Laufb:** Sol Bayer Staatsop München SpZ 2000/2001, Gastsol Op Frankfurt SpZ 2001/02, Sol Hamburg StaatsOp SpZ 03/05, Dt Op Berlin SpZ 04/05, Wiener Staatsop SpZ 04/05. (Red)

Lukas-Kindermann, Heinz, Intendant; c/o Niedersächsische Staatstheater Hannover, Opernpl 1, D-30159 Hannover. **Laufb:** Intend Th Trier SpZ 03/04, Reg Op Hannover SpZ 04/05, Th Hof SpZ 04/05. (*)

Lukas, Ralf, Bassbariton; Förster-Funke-Allee 10, D-14532 Kleinmachnow, T: (03 32 03) 7 96 38; c/o Balmer&Dixon Berlin GmbH, Landauer Str 9, D-14197 Berlin, T: (0 30) 32 30 39 90, *badixberl@aol.com* [Kempten, Allgäu]. Bassbaritonpartien Richard Wagners **Ausb:** Stud Ges H d Künste Berlin u b KS W Murray, Mstrkse b A Reimann, D Fischer-Dieskau u H Hotter. **Laufb:** Sol Bayer Staatsop München 85–87, Gastsol ua Mailänder Scala, Hamburger Staatsop, Op Braunschweig, Städtische Bühnen Münster, Grand Th du Capitole Toulouse, Sächs Staatsop Dresden, Staatsth Wiesbaden 2000/01, Staatsth Kassel, Stadtth Würzburg, Sol Dt Op Berlin bis 04/05, Gast Schleswig-Holstein- u Rheingau MFstv, MDR MSommer, Fstv de Radio France Montpellier, Salzburger FSp 99, 2000, Konz in Berlin, München, Hamburg, Madrid, Paris, Wien, Brüssel, Rom u São Paulo; ZusArb m Berliner Philharmonikern, Orch Nat de Radio France; ZusArb m C Abbado, G Albrecht, R Chailly, Sir C Davis, W Sawallisch, G Sinopoli, C Thielemann, M Viotti, Z Mehta; ZusArb m Reg: A Everding, G Friedrich, O Schenk. **Pr:** 1. Pr u Grosser Pr Hertogenbosch 91.

Lukasovsky, Franz, Mag, o Univ Prof, Hocschullehrer; Univ f Musik u Darst Kunst, Inst f Gesang u Musiktheater, Penzinger Str 7, A-1140 Wien, T: (01) 7 11 55 27 00, F: 7 11 55, *lukasovsky@mdw.ac.at* [Wien 1940]. Sologesang u Musikdramat Darstellung **Laufb:** ao Uprof U f Musik u Darst Kunst Graz 1980, o UProf U f Musik u Darst Kunst Wien 84. **Pr:** 1. Pr d Teatro alla scala di Milano b Int Wettb f zeitg Musik 73.

Lukic, Ksenija, Sängerin; Ruthstr 0, D-12247 Berlin, T: (01 73) 7 04 37 21. **Laufb:** Sol ppp-musiktheater München SpZ 03/04, GastSol Zeitgen Op Berlin SpZ 04/05. (Red)

Lukowsky, Dorothea, Sängerin; c/o Musikschule Paul Hindemith Neukölln, Boddinstr 34, D-12053 Berlin. **Laufb:** Gast-Sol Staatsoperette Dresden SpZ 00/01. (Red)

Lukowsky, Rudolf (Rolf) (Pseud: L), Dr, Komponist; Basdorfer Str 4, D-16321 Bernau, T: (0 33 38) 76 14 50, F: 76 14 50 [Berlin 14.7.1926]. **Ausb:** Stud Musikerz MLU Halle-Wittenberg 54–56, Stud Komp (F Reuter), MWiss, MGesch (M Schneider, W Siegmund-Schulze), MÄsthetik, MPsychologie (S Bimberg). **Laufb:** HL HU Berlin, Prom 59, m d RF-Jugendchor Wernigerode in d folgenden drei Jahrzehnten Komp neuer ChorW, Habil 61, Doz (MTheorie), UMD, ausschl kompositor Tätigkeit ab 64. **Pr:** Nationalpr d DDR, Goethe-Pr d Stadt Berlin, Kunstpr d FDGB, Kunstpr d Stadt Wernigerode, Kunstpr d DDR, Vaterländ Verdienstorden. – **Komp:** ua 'Das singende Pferdchen' (m S Bimberg); Im Antlitz – ein Lächeln (Orat), m S Bimberg; Concertino 69 (KamOrch); Wir freuen uns auf d Wind v Morgen (Kantate); Von uns ein Bild (Kantate); Petra (Ballett); Der letzte Kampf d großen Schlange (Kinderballett); Den Frauen u Müttern d Welt (ChZyklus); Die Jugend ist d schönste Lied (ChZyklus); KamM i versch Besetzungen; Solozyklen f Gesang u Instrumente; Ch- u Orch-Lieder; Kinderlieder u -kantaten; Geistl Ch-Musik. **Sonst:** Grdg KamCh d Inst f Musikerz HU Berlin. (Red)

Lungu, Theodora, Klavier, Hochschullehrerin; Hochschule für Musik Rheinland-Pfalz, Binger Str, D-55122 Mainz, T: (0 61 81) 49 58 98; Dr. Hoch's Konservatorium, Hebelstr 15–19, D-60318 Frankfurt/M, T: (0 69) 9 15 00 40, F: 5 96 15 76, *mail@dr-hochs.de*. **Laufb:** Doz (Kl) MusikH Rheinland-Pfalz u Dr Hoch's Kons Frankfurt. (Red)

Luperi, Mario, Sänger; c/o Bayerische Staatsoper, Brieffach, D-80075 München. **Laufb:** Sol Bayer Staatsop München. (Red)

Lupp, Bruce, Fagott; c/o Berliner Symphoniker, Christstr 30, D-14059 Berlin. **Laufb:** Solo Berliner Symphoniker. (*)

Lupu, Dan, Violoncello; c/o WDR Rundfunkorchester, D-50600 Köln. **Laufb:** Sol WDR RundfunkOrch Köln. (Red)

Lurié, Peter, MA of music, Tenor; Buttermelcherstr 5, D-80469 München, T: (0 89) 29 16 37 75, F: 29 16 37 95, *peter.lurie@bigfoot.com* [Johannesburg, Südafrika]. **Ausb:** Mannes College of Music (New York), John Mace, Anna Reynolds, Jean Cox, Catherine Lamb. **Laufb:** Stadtth Pforzheim 91–93, Sol Bayer Staatsop München, Spoleto Fstv Charleston/SC, De Vlaamse Op Antwerpen, Th Royal de la Monnaie Brüssel, Wiener Kammerop SpZ 04/05, Royal Op Covent Garden London, Longborough Op Fstv. – **Aufn/RF:** K Weill: 'Die Bürgschaft', Spoleto Fstv, Dgt: J Rudel 99/2000.

Lusser, Ludwig, Mag, Orgel; Weißes-Kreuz-Gasse 6, A-2340 Mödling (NÖ), T: (0 22 36) 86 65 07. **Laufb:** GastProf (Imp, liturg Orgelsp) U f Musik u Darst Kunst Graz. (Red)

Lutsiuk, Viktor, Tenor; c/o Gerstel International Opera Management, Stockerstr 10, CH-8002 Zürich, T: 04 17 63 91 88 01, F: 04 42 53 14 53, *gerstel@swissonline.ch*; c/o Opernhaus Zürich, Falkenstr 1, CH-8008 Zürich. **Laufb:** Sol Op Zürich SpZ 03/04+04/05. (Red)

Luttinen, Sami, Sänger; Am Freistein 76, D-40822 Mettmann, T: (0 21 04) 80 71 39, (01 71) 5 49 28 73. **Laufb:** Sol Dt Op am Rhein Düsseldorf-Duisburg. (Red)

Lutz, Alfred, Violine; c/o WDR Sinfonieorchester, D-50600 Köln. **Laufb:** Vorspieler WDR SinfOrch Köln. (Red)

Lutz, David, Hochschullehrer, Klavier; Landstrr Hauptstr 29, A-1030 Wien, T: (01) 9 13 49 18; Univ f Musik u Darst Kunst, Inst f Tasteninstrumente, Lothringerstr 18, A-1030 Wien. **Laufb:** o UProf U f Musik u Darst Kunst Wien. (Red)

Lutz, Mark Christopher, Prof, Hochschullehrer; Oberhofstr 11, D-97080 Würzburg, T: (09 31) 9 50 02 86, *m.s.lutz@t-online.de*. **Ausb:** BM u MM Northwestern Uni Chicago /USA, Mstrkl H f M Würzburg. **Laufb:** Prof (Perc, KamM) H f M Würzburg. **Pr:** ARD-Prtr, 1. Pr ABC-Australien. **Ens:** Residenz Perc-Qua Würzburg. **Mitgl:** PAS Inr Perc Arts Society. – **Aufn/RF:** CD: 'Percussion around the World' Vol I–III.

Lutz, Rudolf, Orgel, Cembalo, Dirigent, Lehrer; Biserhofstr 20, CH-9011 St Gallen, T: 07 12 22 20 15, F: 07 12 22 20 15, *rudolf.lutz@bluewin.ch* [St Gallen 28.6.1951]. Improvisation in klassischen Stilen **Ausb:** Stud Kl, Orgel, Theorie (Lieske, Schmid, Lehmann) MH Winterthur Zürich 74–78, Stud Orgel (Heiller) u Dirig (Oesterreicher) MH Wien. **Laufb:** Doz (Alte Musik, Partitursp) MH Winterthur Zürich, Lt St Galler KamEns u Bach-Chor seit 86, Organist St Laurenzenkirche St Gallen, Doz (Impr) SCB Basel, Doz (Imp) Int Mstrkse Romain-Môtier 01–03, Menuhin-Fstv 02/03. **Pr:** Förderpr 86, Kleiner Kulturpr 98, 1. Pr Ostschweizer Stift f Musik u Th 99; UBs-Anerkennungspr 04. **Ens:** Lt Bach-Chor St Gallen u St Galler KamEns. – **Komp:** An English Christmas (Kant), UA St Gallen 02; Gedenkgottesdienst Heinrich Bullinger 04. **Aufn/RF:** St. Niklaus Improvisatorische Spurensuche, DRS II 01. **UA:** F Profos: 'Alp' 96; R Suter: 'Concertino' 99.

Lutz, Thomas, Prof, Hochschullehrer, Schlagzeug; Hertelstr 8, D-12161 Berlin, T: (0 30) 8 21 99 25; Univ d Künste, Fak Musik, Inst f Künstl Ausbildung / Orchesterinstr u Dirigieren, PF 120544, D-10595 Berlin. **Laufb:** Prof (Schlgz) U d Künste Berlin. (Red)

Lutz, Verena, Orgel; Langensteinenstr 3, CH-8057 Zürich, T: 0 13 63 44 26. (Red)

Lutz, Volker, KMD, Prof, Hochschullehrer; Meistersingerstr 29, D-70597 Stuttgart, T: (07 11) 7 65 15 50, F: 7 65 15 90, *volker.lutz@t-online.de*; Hochschule f Musik u Darst Kunst, Urbanstr 25, D-70182 Stuttgart [Stuttgart 8.11.1941]. **Ausb:** Stud KiMSchule Eßlingen, Staatl H f Musik Darst Kunst Stuttgart 61–66. **Laufb:** Doz (Orgelkde) Staatl H f M u Darst Kunst Stuttgart, Orgelsachverständiger Ev Ldeskirche in Württemberg, Prorektor H f KiM Tübingen, KiMusiker Friedenskirche Stuttgart ab 67, Markuskirche Stuttgart 78–96. **Ens:** Collegium Musica Rara Stuttgart 68–96. **Mitgl:** Vereinigung d Orgelsachverständigen Dtschld, GdO, Neue Bachges. – **Sonst:** Mitgrd Collegium Musica Rara Stuttgart 68, künstl Lt 'Schwäb Singkreis Stuttgart' 77–96; künstl Lt 'KamM in d Haigst-Kirche Stuttgart'.

Lux, Erika, Prof, Hochschullehrerin, Klavier; Hochschule f Musik u Theater, Emmichpl 1, D-30175 Hannover, *erika.lux@web.de* [Budapest]. **Ausb:** Franz-Liszt-MH Budapest. **Laufb:** Prof (Kl) H f M u Th Hannover seit 90. **Pr:** 1. Pr Liszt-Bartók-Wettb, Pr ARD-Wettb München, Debussy-Wettb, Worlwide Piano Competition Tokio. (Red)

Luy, André, Orgel; rue Verdaine 4bis, CH-1095 Lutry, T: 02 17 91 57 56. (Red)

Luz, Angelika, Sängerin; Lenzhalde 87, D-70192 Stuttgart, T: (07 11) 29 00 67, F: 2 26 02 51, *vox@angelika-luz.de*; *www.angelika-luz.de*. Neue Musik, Performance **Ausb:** Stud (Gesang, Kl, Op) MH Stuttgart 76–83. **Laufb:** Op Köln 83–86, Landesth Salzburg 90–94, Ophaus Zürich 90–95, Staatsop Hamburg, Dt Op Berlin, Volksop Wien, Ludwigsburger FSp, Eclat Stuttgart, Berlin FestW, MBiennale Venedig, Warschauer Herbst, Wien modern. **Ens:** Neue Vocalsol Stuttgart. – **Aufn/RF:** L Nono: Canciones a Guiomar; O Neuwirth: Nova/Minraud (CDs); BA Zimmermann: Omnia tempus habent (CD Wergo). **Zug:** O Neuwirth: Nova/Minraud 98. **Sonst:** ens v.act (MH Stuttgart).

Lydman, Hans, Sänger; Kasinostr 47, D-52066 Aachen, T: (02 41) 4 45 03 85. **Laufb:** Sol Th Aachen, Dt Op am Rhein Düsseldorf-Duisburg, Gastsol Th Hagen SpZ 00/01. (Red)

Lyon, Bernard, KS, Sänger; Margaretenstr 26, D-26121 Oldenburg, T: (04 41) 7 78 12 37; c/o Staatstheater Oldenburg, Theaterwall 28, D-26122 Oldenburg. **Laufb:** Sol Staatsth Oldenburg. (Red)

Lyon, Paul, Tenor; c/o Theater Dortmund, Kuhstr 12, D-44137 Dortmund [Kansas, USA]. **Ausb:** Opernschule d Northwestern University in Chicago. **Laufb:** Sol Th Dortmund SpZ 03/05, Hamburg Staatsop SpZ 03/04, Gastsol Tiroler Landesth Innsbruck SpZ 00/01. (Red)

Lysy, Alberto, Violinist; c/o International Menuhin Music Academy, PF 430, CH-3780 Gstaad, T: 03 19 51 86 21, F: 03 19 51 86 22, *imma.gstaad@bluewin.ch*; *www.menuhinacademy.ch* [Buenos Aires 11.2.1935]. Konzert, Kammermusik **Ausb:** Stud V (L Spiller, Y Menuhin). **Laufb:** Lt Camerata Lysy Gstaad, Mus Dir Int Menuhin Music Acad. **Pr:** Concours Reine Elisabeth Brüssel. **Ens:** Camerata Lysy. – **Aufn/RF:** Haydn: 'Violinkonzerte'; Mendelssohn: 'Violinkonzerte'; 'Romantic Violin Pieces'; Brahms: 'Sonaten'. **UA:** E Gaudibert: 'Concerto Grosso' 98. **Sonst:** Grdg Camerata Lysy, Gstaad u Grdg Fundación A Lysy, Buenos Aires.

Lysy, Oscar, Viola; Kulmer Str 2, D-81927 München, T: (0 89) 93 64 37 [Buenos Aires]. **Ausb:** Stud (C Aronowitz) London. **Laufb:** 1. Va-L Yehudi-Menuhin Sch; Solobratscher SymphOrch d BR seit 69. – **Sonst:** Grdg 'Münchner Streichtrio' 72. (Red)

Lyth, Harry Spence, Dirigent; Mittenwalder Str 6, D-10961 Berlin, T: (0 30) 6 91 97 43; c/o Berliner Kammeroper eV, Kottbusser Damm 79, D-10967 Berlin. **Laufb:** Dgt Berliner KamOp Berlin SpZ 03/04, Ltg OrchRat UdK Berlin 2003. (Red)

M

Ma-Zach, Isabella, Sängerin (Sopran); c/o Staatsoperette Dresden, Pirnaer Landstr 131, D-01257 Dresden [Steiermark, Österreich]. **Laufb:** Gast-Sol Staatsoperette Dresden. (Red)

Maamar, Yamina, Dipl, Sängerin; c/o Theater Dortmund, Kuhstr 12, D-44137 Dortmund, T: 0 17 73 67 44 11, F: (02 31) 1 76 55 17, *maamarmodes@gmx.de*; Zechenstr 50, D-44149 Dortmund, T: (02 31) 9 86 25 82; *www.yamina-maamar.de* [Wolfenbüttel 30.3.1971]. Oper, Konzert **Ausb:** H f M u Th Hannover b C Richardson 90–96, PrivUnterr b G Visser. **Laufb:** Gastsol Edingburgh-Fstv 93, Staatsth Braunschweig SpZ 93/94, Staatsth Hannover 94–96, Opstudio Bayer Staatsop 95–97, Th Hagen 97–01, Th Dortmund 01–05, Th Bremen SpZ 04/05, Optte Düsseldorf SpZ 04/05, Dt NatTh Weimar SpZ 05/06. **Pr:** GesWettb Op Leipzig 91 (Prtr Alterstufe B), 2. Pr Ldswettb Ges NRW 2000, Prtr Hilde-Zadek-Wettb 2000. – **Aufn/RF:** Beethoven: 9. Sinf, Dgt H M Förster 04. **UA:** K H Büchsel: 'Jesus u d Sünderin'; H Banter: 'Der blaue Vogel'; S Matthus: 'Die unendliche Geschichte'. **Zug:** K H Büchsel: 'Jesus u d Sünderin' (Solokant).

Maas, Robert Philip, Prof, Hochschullehrer, elektron Tasteninstrumente; Parnonlaan 26, Niederlande-7577 KP Oldenzaal, T: (05 41) 53 46 46, F: (08 42) 21 83 01, *robmaas@k-mp.de*; Musikhochschule, Ludgeripl 1, D-48151 Münster. **Laufb:** Prof (elektron Tasteninstr) H f M Detmold, Abt Münster. (Red)

Maaß-Geiger, Joachim, Sänger; Ostangesdamm 7, D-26169 Friesoythe/Markhausen, T: (0 44 96) 92 13 89, F: 92 13 87, *joachimmaass@hotmail.com* [Essen 8.8.1946]. Oper **Ausb:** Stud (SchM) Hamburg 70–74, OpStud Lübeck 78–81. **Laufb:** Pfalzth Kaiserslautern 81–86, Aalto-Th Essen 86–97.

Maaß, Joachim Gabriel, Sänger; Karl-Meyer-Str 2, D-45884 Gelsenkirchen, T: (02 09) 81 63 00, (01 69) 2 84 88 70. **Laufb:** Sol Schillerth NRW Wuppertal-Gelsenkirchen, Sol MTh im Revier Gelsenkirchen seit SpZ 03/04. (Red)

Maazel, Lorin, Dirigent, Komponist; c/o Columbia Artists Management GmbH, Till Janczukowicz, Albrechtstr 18, D-10117 Berlin, T: (0 30) 20 64 80 78, F: 20 45 34 80, *info@cami.com*; c/o New York Philharmonic, Avery Fisher Hall, 10 Lincoln Center Plaza, New York, NY 10023–6990, U.S.A.; *www.cami.com* [Paris 1930]. **Ausb:** V, Kl, Dirig (W Bakaleinikoff). **Laufb:** Dgt Bayreuth 60, Boston 61, Salzburger Fstsp 63, künstl Lt Dt Op Berlin 65–71, Chefdgt Cleveland Orch 72–82, GenDir Staatsop Wien 82–84, Chefdgt Pittsburgh Symph Orch 88–96, Chefdgt SymphOrch BR München 93–02, Ltg New York Philharm seit 02 (voraussichtl bis 09), Auftr ua in Neujahrskonz Wien 05, FSpHaus Baden-Baden 05. **Pr:** Fulbright-Stip, 2 ASCAP Awards. **Ens:** Ehrenmitgl d Dt Oper Berlin. – **Komp:** ua '1984' nach G Orwell, UA Royal Op House 05. **Aufn/RF:** Werke, m J Galway, M Rostropovitsch ua 98; mehr als 350 Aufn symph Werke u Opern. **Sonst:** Grdg 'Int Maazel/Vilar-Wettb f Dirigenten' (M A Vilar). (Red)

Mc Crann, Maighread, Prof, Hochschullehrer, Violine; Univ f Musik u Darst Kunst, Inst 3, Brandhofgasse 21, A-8010 Graz, T: (03 16) 3 89 34 32, F: 3 89 30 31, *maighread.mccrann@kug.ac.at*; c/o Radio-Symphonieorchester, Argentinierstr 30a, A-1040 Wien. **Laufb:** o UProf (V) U f Musik u Darst Kunst Graz, Konzm Radio-SymphOrch Wien. (Red)

Mc Donald, Hector, Prof, Hochschullehrer, Horn; Univ f Musik u Darst Kunst, Inst 4, Brandhofgasse 21, A-8010 Graz, T: (03 16) 3 89 34 33, F: 3 89 30 41, *hector.mcdonald@kug.ac.at*. **Laufb:** o UProf (Hn) U f Musik u Darst Kunst Graz. (Red)

MacAllister, Scott, Tenor; c/o Boris Orlob Management, Jägerstr 70, D-10117 Berlin, T: (0 30) 20 45 08 39, F: 20 45 08 49, *info@orlob.net* [Glenwood Springs, USA]. **Ausb:** Stud Bachelor of Music Univ Idaho, Master New England Cons of Music. **Laufb:** Eng Western Opera San Francisco, Opéra Royal de Wallonie Belgien, StadtTh Würzburg, Nationalth Mannheim ab 89, StaatsTh Wiesbaden 96–98, Gastsol Staatsth am Gärtnerpl München seit 97, Sol Staatsth am Gärtnerpl München 2000–02, EnsMitgl Staatsth Darmstadt ab 02, Gastsol Semperop Dresden, Op Düsseldorf, Sol Volksop Wien 04/05, Klangbogen Fstv Wien 04. **Pr:** Prtr Int Gesangswettb Toulouse, Francisco Viñas Wettb Barcelona. (*)

McCall, Brent, Komponist; Saverner Str 6, D-78166 Donaueschingen, T: (07 71) 33 19 [San Francisco 25.1.1940]. **Ausb:** Musikstud (G Strang) Long Beach City College, Californien 57–59, Kompstud (W Bergsma, V Persichetti) Juilliard School of Music New York ab 59, Abschluß Master of Science Degree 64, Kompstud (W Fortner) Freiburg 67–70. **Pr:** DAAD Stip 67–70. – **Komp:** Landscape (KamM), UA 72; Broom (Musical), UA Donaueschingen, Landeskunstwochen 89; Bach (KamM), UA Rheinfelden/Baden 92; Alenberg (Kantate), UA Donaueschingen 93; Symphon Tanz (Akkord-Orch), UA Innsbruck 95; Randen Walk (KamM), UA Freiburg 95; Einsteins Kühlschrank (KamM), UA Donaueschingen 98. (Red)

McCall, Kersten, Flöte; c/o Linos Ensemble – Klaus Becker, Ludwig-Barnay-Str 9, D-30175 Hannover, T: (06 81) 6 85 08 21, *DeussenMcCall@planet-interkom.de*; Rosenstr 9, D-66111 Saarbrücken [Freiburg i Br 6.2.1973]. **Ausb:** Unterr (F Renggli) Basel, Stud (R Greiss-Armin, A Nicolèt) MH Karlsruhe. **Laufb:** Sol RF-SinfOrch Saarbrücken, 1. Gastfl New York Philh Orch 99/2000. **Pr:** 1. Pr Int Fl Wettb Kobe 97, 3. Pr 49. Int ARD M Wettb München 2000. **Ens:** Linos-Ens, est! est!! est!!! (Ens f neue Musik). – **Aufn/RF:** Ibert: Flötenkonz, Live-Mitschn Forum Ludwigsburg, Landsjungendorch Baden-Württ, Dgt:Chr Wyneken (CD) 92; Ibert: Flötenkonz, Live-Mitschn Weilburger FSp, Radio-SinfOrch Saarbrücken, Dgt: M Stern 99. **UA:** Boulez: 'Memorial' (f Fl u Ens), Japan EA, Mt Fuji-Fstv, Dgt: Ch-C Kim 98. **Sonst:** Grdg est! est!! est!!! 95.

McCalla, Kathleen, Sopran; c/o Lars-Oliver Schimanski Opern-und Konzertagentur, Syker Str 8, D-28307 Bremen, T: (04 21) 4 84 47 13, 01 77–5 10 15 91, F: 4 98 98 60, *info@scarpia.de*; *www.scarpia.de*. **Laufb:** Gastsol Vereinigte Bühnen Graz SpZ 2000/01. (Red)

McCarthy, Fionnuala, Sängerin; Sachsenwaldstr 5, D-12157 Berlin, T: (0 30) 2 18 15 63; c/o Austrokonzert International, Gluckgasse 1, A-1010 Wien. **Laufb:** Sol Dt Op Berlin. (Red)

Macco, Andreas, Bass; Rheinuferstr 59a, D-53332 Bornheim, T: 0 17 11 99 05 18, *amacco@gmx.de* [Stuttgart 8.7.1962]. Oper, Konzert **Ausb:** Stud (SchM, Kl, Ges, Dirig) MH Stuttgart 81–86, Stud (Ges) MH Frankfurt 86–87, Stud Liedorat, Oper, Komp (W Bury) MH Wien 87–91, Mstrkse (N Dorliac, E Nesterenko). **Laufb:** Sol Stadtth Bremerhaven, Vereinigte Bühnen Krefeld-Mönchengladbach, Niedersächs Staatsop Hannover 94–99, Op Frankfurt/M seit 99 (03/04), Gastsol Dt Op Berlin 96, Wiener FestW 97, Salzburger Osterfsp u Salzburger FSp 97–99, Maggio Musicale Florenz 98, Op Zürich 99/2001, Mailänder Scala 2000, Konz m Berlin Philh Orch, Dresdner Philhar, Gr Symphon Tschaikowsky Orch, Sol Op Bonn SpZ 03/05, Gastsol Städt Bühnen Münster SpZ 03/04. **Pr:** 2. Pr Gesangswettb Hannover. – **Aufn/RF:** H Berlioz: La Damnation de Faust, Salzburg, Dgt: S Cambreling 99.

McCown, Michael, Sänger (lyr Tenor); c/o Oper Frankfurt, Untermainanlage 11, D-60311 Frankfurt, T: (0 69) 90 02 84 52 [Texas]. **Ausb:** Stud (Gesang) New York Kons Boston. **Laufb:** Eng Utah-Op Salt Lake City, Gast Op Frankfurt 2000 ('Freischütz', 'Krönung d Poppea', 'La Traviata', 'Rosenkavalier', 'Peter Grimes'), ebd SpZ 2001/02 (Borsa 'Rigoletto', Gastone 'La Traviata',

Tanzmeister 'Manon Lescaut', Rektor Adams 'Peter Grimes', Augustin Moser 'Meistersinger'), Sol Op Frankfurt seit SpZ 03/04. (Red)

MacDonald, Alexandra, Sängerin; c/o Musikalische Komödie der Oper Leipzig, Dreilindenstr 30, D-04177 Leipzig. (*)

MacDonald, John, Horn; c/o HR Sinfonieorchester, Bertramstr 8, D-60320 Frankfurt a M. **Laufb:** Sol HR SinfOrch Frankfurt a M. (Red)

MacDonald, John Roderick, Trompete; c/o Artists Management Basting, Sanderaustr 18, D-97225 Zellingen, T: (0 93 64) 28 13, F: 28 13, *mbasting@t-online.de* [Providence, USA]. **Ausb:** Stud (Ingenieurwesen) Uni Rhode Island, (Ch Schluter) New England Cons Boston/USA, (Dirig) H f M u Th Leipzig seit 89. **Laufb:** Solo-Trp Leipziger Gewandhausorch seit 88, musikal Lt StelzenFSp, Jurymitgl 'Young Concert Artist Int Auditions' Leipzig seit 94. **Pr:** Leonard- Bernstein-Stip Tanglewood M-Center 82. **Ens:** BlechblEns Ludwig Güttler, Virtuosi Saxoniae, Grdg-Mitgl Concerto Leipzig. (Red)

Mace, Amanda, Sängerin; c/o Oper Leipzig, Augustuspl 12, D-04109 Leipzig. (Red)

Mach, Miho, Dirigent; Staatsoperette, Pirnaer Landstr 131, D-01257 Dresden. **Laufb:** Solorep Staatsoperette Dresden. (Red)

Macharashvili, Shavleg, Sänger; Opernhaus, Kaiser-Josef-Pl 10, A-8010 Graz [Tiflis, Georgien]. **Laufb:** Sol Opernstudio Graz seit 04/05. (*)

Machatsch, Dorit, Sängerin; Schörgelgasse 7, A-8010 Graz, T: (06 50) 4 42 71 83, *doritmac@hotmail.com*; Opernhaus, Kaiser-Josef-Pl 10, A-8010 Graz [Graz]. Op, Orat, Lied **Ausb:** Musikuniv Graz (A Zeller, C Rüggeberg); Mstks b C Ludwig, J Feldman, K Widmer. **Laufb:** Sol Oper Graz seit 04; Sol Sommerarena Baden 05. **Pr:** Prtr 'Jugend musiziert' 98, AIMS – MstSingerwettb Graz 03, OpWettb Komarno 04.

Macher, Bettina, Cello; c/o Trio Artemis c/o Katja Hess, Bahnhofstr 47, Postfach, CH-8560 Märstetten, T: 07 16 57 16 06, F: 07 16 57 16 59, *info@trioartemis.ch*; *www.trioartemis.ch/d/steckbrief_bettina.html*. **Laufb:** Lehrauftr Kons Winterthur. **Pr:** Orpheus-Prtr Zürich 98. **Ens:** Trio Festivo seit 98, Mitgl 'Trio Artemis'. – **Aufn/RF:** CDs 'Trio Artemis', 'Voyage Nostalgique', 'Trio Artemis – Tangos, Salonmusik, Miniaturen, Arrangements'. (Red)

Macias, Reinaldo, Tenor; c/o Opernhaus Zürich, Falkenstr 1, CH-8001 Zürich; c/o Agentur Seitter, Opernring 8/13, A-1010 Wien, T: (01) 5 13 75 92, F: 5 12 93 51, *office@agentur-seitter.at*. **Ausb:** Stud Loma Linda Univ, Stud Kons Genf b A Pola, weitere Stud Italien b Cl Thiolas. **Laufb:** Wiener Op, Hamburger Staatsop, Semperop Dresden, Op Brüssel, Op Köln, Montpellier, Op Bonn, Sevilla u Bilbao, ZusArb m Dgt: Santi, Cambreling, Harnoncourt, Weikert, Baudo, Frühheck de Burgos u Welser-Most, Sol Op Zürich seit 03, Sol Bayer Staatsop München 03/04. **Pr:** Prtr Met-Auditions. (Red)

Mack, Dieter, Prof, Hochschullehrer, Komponist; Dorfstr 6, D-23847 Düchelsdorf, T: (0 45 01) 82 88 61, 0 17 15 26 91 27; Musikhochschule, Gosse Petersgrube 17–29, D-23552 Lübeck, T: (04 51) 1 50 51 33, *Dieter.Mack@mh-luebeck.de* [Speyer 1954]. **Ausb:** Stud Komp b Klaus Huber u Brian Ferneyhough, MTheorie b Peter Förtig, Kl b Rosa Sabater an d MH Freiburg 75–80, StudAufenthalte va in Bali, aber auch Südindien u Japan ab 78. **Laufb:** Ass im Experimentalstudio d Heinrich-Strobel-Stift d SWF 77–81, Mitglied d Stuttgarter Ens ExVoCo unter d Ltg v Dr Ewald Liska seit 80, Tournee 'Portrait Dieter Mack' auf Einladung d Goethe-Inst durch ganz Südostasien 88, pädagog Arbeit u Lehre seit 80: LAuftr f MTheorie, Impr bzw balines Musik an d MH Freiburg, Trossingen, Basel u U Freiburg, Prof f MTheorie/Gehörbildung an d MH Freiburg seit 86, Grd d Ens f balines Musik 82, 'Composer in Residence' an d School of Music d Victoria University/Neuseeland 91, KompGastkurse an indones Kunstakad 89 u 90; KompKurse im Rahmen eines Portraitkonz in Toronto 02, Gastlangzeitdozentur (DAAD) IKIP-Bandung/Indonesien 92–95, Beteiligung an d Grdg d indones KompVerbandes, Konsultant in einem ethnomusikolog-pädagog Forschungsprojekt an d U UPI-Bandung in Indonesien in ZusArb m d Ford-Foundation u Gastprof an d Kunstakad STSI in Surakarta/ Indonesien in einem Aufbaustudiengang Komp seit 97, Prof f Komp MH Lübeck seit 03. **Pr:** Stip d Heinrich-Strobel-Stift 80/81. (Red)

Mack, Friedrich, Dipl-Bühnensänger, Konzertsänger, Gesangspädagoge; Ganzenstr 13, D-70567 Stuttgart, T: (07 11) 7 16 86 87, F: 7 87 84 45, *info@friedrich-mack.de*; *www.friedrich-mack.de* [Stuttgart 16.7.1962]. Konzert, Lied, Oratorium, ital Op **Ausb:** Stud (Bühnenges) MH Essen 83–84, OpSch Stuttgart (S Constantine, J Metternich) 92–94; Mstrkse b B Pola, B Weikl, K Widmer. **Laufb:** Sol Telemann Tage Magdeburg 95, Kissinger Sommer 97, Doz f Gesang PH Schwäb Gmünd 96–2000, Gesangslehrer MSch Esslingen seit 97. **Pr:** Stip Richard-Wagner-Stift 99. **Ens:** SWR Vocalens. **Mitgl:** TKV, BDG. – **UA:** 'Das Leben d guten Beth' UA 99; H Spaeth: Bar solo. **Zug:** B Bihary: 'The red Rose' 97; H. Spaeth: 'Der Sänger' 03.

McKenzie, Siphiwe, Sängerin; Untere Schmiedgasse 2, D-90403 Nürnberg, T: (09 11) 2 02 97 77, (01 74) 3 06 43 07; c/o Stiftung Staatstheater Nürnberg, Richard-Wagner-Pl 2–10, D-90443 Nürnberg [Kanada]. **Ausb:** Stud Univ of British Columbia u Toronto b Mary Morisson u Nancy Hermiston, Curtis Inst of Music Philadelphia. **Laufb:** Sol Th Nürnberg. **Pr:** Stift d Canadian Op Company's Mozart Competition, Nominierung f d Luciano Pavarotti-Wettb, Finalistin d Int Belvedere-Wettb 98. – **UA:** Op 'Joshua's Boots' v Adolphus Hailstork am OpHaus St Louis. (Red)

McKrill, Elaine, Sopran; Staatstheater, Oberer Schloßgarten 6, D-70173 Stuttgart. **Laufb:** Sol Staatsrh Stuttgart. **Pr:** Gewinnerin Meistersingerwettb 03. (Red)

Maclean, Susan, Sängerin; Richard-Wagner-Str 81, D-67655 Kaiserslautern, T: (06 31) 8 92 30 00, F: 1 23 67 12; c/o Pfalztheater Kaiserslautern, Willy-Brandt-Pl 4–5, D-67655 Kaiserslautern. **Laufb:** Gastsol Pfalzth seit 00. (Red)

McLeod, Suzanne, Sängerin; Julius-Leber-Str 12, D-48151 Münster, T: (02 51) 79 81 77; c/o Städtische Bühnen Münster, Neubrückenstr 63, D-48143 Münster. **Laufb:** Sol Bühnen d Landeshauptstadt Kiel, Städt Bühnen Münster SpZ 03/04. (Red)

McLoud, Robert, Sänger; c/o Theater Nordhausen, PF 100244, D-99722 Nordhausen. (Red)

McNamara, Paul, Tenor; Friedelstr 47, D-12047 Berlin, T: (0 30) 61 30 82 52. **Laufb:** Gastsol Th Kiel, Stadtth Bielefeld, Op Kapstadt, Th Görlitz seit SpZ 03/04, Ldsth Neustrelitz SpZ 05/06, Janacek-Fstv Brno, Fstv di Batignano, Dartington Fstv, Covent Garden Fstv, Buxton Fstv. **Pr:** Prtr GesWettb d brit R Wagner Ges. (Red)

McShane, Catherine, Solokorrepetitor; Engelgasse 51, A-8010 Graz, T: (03 16) 36 72 07. **Laufb:** Solokorr Vereinigte Bühnen Graz. (Red)

McShane, David, Sänger; Elisabethstr 38, A-8010 Graz, T: (03 16) 38 32 14od (06 76) 3 41 24 76. **Laufb:** Sol Vereinigte Bühnen Graz SpZ 03/05. (Red)

McTier, Duncan, Prof, Hochschullehrer, Kontrabass; H Musik u Theater, Hirschengraben 46, CH-8001 Zürich, *duncan.mctier@doz.hmt.edu*. **Laufb:** Prof (KB) HMT Zürich. (*)

Maczewski, Winfried, Chorleiter, künstlerischer Leiter; c/o De Nederlandse Opera, Waterlooplein 22, Niederlande-1011 PG Amsterdam. **Laufb:** Chorlt Staatsop Hamburg 71, Dt Op am Rhein 75, LBeauftr Robert-Schumann-H Düsseldorf, künstl Lt d Ch d Niederländ Op Amsterdam, d Int OpStudio Nederland, d Amsterdam Toonkunst Koor, Chorlt Salzburger SommerFSp 97–99, künstl Lt Chor d OsterFSp Salzburg seit 98, Grdg d European Festival Ch 99. (Red)

Mad Musicologist *siehe* Linden, Werner

Madatova, Julia, Prof, Hochschullehrerin, Klavier; Hochschule f Musik u Theater, Emmichpl 1, D-30175 Hannover [Moskau]. **Ausb:** Stud Zentralen MH Minsk, (Flier) am Tschaikowski-Kons in Moskau. **Laufb:** Solistin u Begleiterin an der Staatl Philh Moskau. 65–81, Prof (Kl) H f M u Th Hannover seit 85. (Red)

Mader, Michael, Dirigent; Tiroler Landestheater, Rennweg 2, A-6020 Innsbruck, T: (06 50) 3 69 04 40. **Laufb:** Kapm Tiroler Landesth Innsbruck seit 2000. (Red)

Mächler, Jan-Martin, Sänger; Egelgasse 67, CH-3006 Bern, T: 03 13 51 14 78, *jan-martin.maechler@bluewin.ch*; c/o Stadttheater Bern, Nägeligasse 1, CH-3000 Bern 7 [30.1.1974]. Evangelist, Mozart-Oper, Avantgarde **Ausb:** H f M u Th Bern, Privatstud N Gedda. **Laufb:** Sol Stadtth Bern seit 01. **Pr:** Friedl-Wald-Stift. – **Aufn/RF:** Carl Orff: 'Der Mond', Junge Münchener Philh, Dgt M Mast; Carl Orff: 'Die Bernauerin', m dens.

Maechler, Katharina, Hochschullehrerin, Cello; Musikhochschule Lübeck, Grosse Petersgrube 17–29, D-23552 Lübeck, T: priv: (0 30) 8 81 86 68. **Ausb:** stud V b V Brero i Berlin, J Fuchs i New York u b N Milstein. **Laufb:** Konz mit allen gr Orch Dtlds. Ständige Konzertreisen i Europa, Fernost, Südamerika u USA, Doz U d Künste Berlin, Prof MusikH Lübeck seit 94. **Ens:** Edinger Qua, Trio Quodlibet. (*)

Maeder, Sarah, Sängerin; Fuchsenbergstr 9, CH-8645 Jona, T: 05 52 10 15 91, 07 96 91 95 30, *sarahmaeder@tiscali.ch*. (Red)

Maeder, Tobias, Komponist, Schlagzeug; Hochfeldweg 50, CH-4106 Therwil, T: 06 12 71 43 86, F: 06 12 71 43 86, *mail@tobiasmaeder.ch*; *www.musicedition.ch/special/maeder.htm, www.tobiasmaeder.ch* [Basel 14.5.1966]. **Ausb:** Stud Schlgz (B Wulff) Staatl H f M Freiburg, OrchDipl 89, Komp (H Wüthrich) 96–99, MPäd (A Ernst) 99–01. **Laufb:** Schlgz m Paukenverpfl Radio-SinfOrch Basel/SinfOrch Basel 91–98, Doz H f M u Th Bern. **Pr:** KompPr 14. Int KompWettb Boswil. **Ens:** Marimba Art Ens Basel. **Mitgl:** STV. – **Komp:** zuletzt: réactions (f Okarina) 97; StrQua Nr 1, d Zeit vergeht (f zwei V, Va, Vcl) 98; UA Zürich, Concertino Basel 2000; Aus Amrain (f Mezzosop, Bar u gr Orch) 98/99, Aggretate (f Fl, Ob, Fag, Va, Vcl) 2000/01, UA Basel, Klangforum Wien 01.

Mäder, Urban, Komponist; Sälistr 11, CH-6005 Luzern, T: 04 12 40 96 89, F: 04 12 40 96 89, *urban.maeder@bluewin.ch* [Romanshorn 15.5.1955]. Komposition u sog installative Musik **Ausb:** Stud (Klavier E Serman, Theorie P Benary) Kons Luzern, Akad f Schul- u KiM Luzern. **Laufb:** Doz (Kl-, Gruppenimp, KamM) MH Luzern. **Pr:** ua Förderpr Edwin Fischer-Stift, Werkbeiträge 88/96/2000, Paris-Atelier d Kantons Aargau 92, Werkbeiträge d Kantons Luzern 88/98. – **Komp:** zuletzt: vegänglich (f Str) 90; windstriche I (f Shakuhachi, StrTrio u Schlgz) 98; anhaltend (f Barockens, Altus, Tbfl, V, Game, Cemb) 2000. **AuftrKomp:** zahlr. **Sonst:** Mitbegrd Forum Neue Musik Luzern.

Mäder, Wolfgang, Prof, Hochschullehrer, Klarinette; Mozartstr 10, D-04107 Leipzig, T: (03 41) 8 77 49 27, 0 17 17 59 66 06, F: 8 77 49 27, *Wolfgang.Maeder@t-online.de*; Hochschule f Musik u Theater, PF 100809, D-04008 Leipzig. **Laufb:** Prof (Klar) H f M Felix Mendelssohn Bartholdy Leipzig. (Red)

Mädler, Ulf Dirk, Mag Art, Bariton; Gutenbergstr 25, D-39106 Magdeburg, T: 0 17 74 51 93 68, F: 01 77–9 94 51 93 68, *kontakt@ulfdirkmaedler.com*; c/o Theater Magdeburg, PF 1240, D-39002 Magdeburg; *www.ulfdirkmaedler.com* [Jena 22.7.1968]. Oper, Oratorium, Lied **Ausb:** Stud Ges (KS K Ch Kohn) Mozarteum Salzburg 91–92, (B Bakow) ebd 93–98, Lied u Orat (W Holzmair) ebd 98–2001. **Laufb:** Gast Landesth Salzburg 98, Fürsterzbischöfl Op Passau

99, Op Graz 99/2000, Bad Staatsth Karlsruhe 2000, Mitgl Opernens Th d Landeshauptstadt Magdeburg seit 01. **Pr:** Förderpr d 'Gesellschaft z Förderung des Theaters Magdeburg e. V.' 02, Stip des 'Richard-Wagner-Verbandes Magdeburg e. V.' 02. – **Aufn/RF:** Baritonpart im 2. VKonz der Gesamteinspielung der VKonz v H-V Henze m Magdeburgischen Philh, Dgt: C Ehwald.

Mähr, Ivan, Klarinette, Hochschullehrer; Malerwinkel 3, D-81479 München, T: (0 89) 79 26 68; Richard Strauss Konservatorium, Gasteig, Kellerstr 6, D-81667 München. **Laufb:** Doz (Klar) Richard Strauss Kons München. (Red)

Maennl, Melanie, Sängerin; Herdestr 71, D-28203 Bremen, T: (01 79) 7 87 69 77; c/o Hamburgische Staatsoper, PF 302448, D-20308 Hamburg. **Laufb:** Sol Stadtth Bremerhaven SpZ 03/05, Staatsop Hamburg SpZ 04/05. (Red)

Märki, Stephan, Intendant; c/o Deutsches Nationaltheater Weimar, Theaterpl 2, D-99423 Weimar, PF 2003/05, D-99701 Weimar. **Laufb:** GenIntend Dt NationalTh Weimar SpZ 03/04. (Red)

Märkl, Jun, Dirigent; c/o Theateragentur Dr Germinal Hilbert, Maximilianstr 22, D-80539 München, T: (0 89) 2 90 74 70, F: 29 07 47 90; c/o Bayerische Staatsoper, Brieffach, D-80075 München; *www.hilbert.de* [München]. **Ausb:** Stud H f M Hannover Kl (K Engel), V, Dirig (L Köhler), Dgt-Dipl 82, weitere Stud München (S Celibidache), U Michigan (G Meier), Stip Boston Symph Orch f Kse in Tanglewood (L Bernstein, S Ozawa). **Laufb:** Mitgl Jge Dt Philh 80–84, Dgt Luzern, Bern, Darmstadt, GMD Saarbrücken 91–94, OpDir u GMD NatTh Mannheim seit 94, (Gast)Dgt Wiener Staatsop, Berlin, Stuttgart, Hamburg, München, Debüt Royal Op Covent Garden London 96, Debüt m NHK-Orch in Tokyo 97, Gastdgt RSO Kopenhagen u Orch de Paris 98, Met Op New York 2000, Dgt Op Köln seit SpZ 03/04, Dt Op Berlin SpZ 04/05, Semperop Dresden SpZ 04/05. **Pr:** 1. Pr f Dirig d Dt Musikrats 'Konz Junger Künstler' 85/86. (Red)

Märkl, Max, MA, Komponist, Musikproduzent, Audio Engineer; Langbürgener Str 15/8, D-81543 München, T: (0 89) 9 54 11 06–7, F: 9 54 11 06–8, *contact@purpursound.de*; *www.purpursound.de* [München 19.7.1963]. E-Musik, Film-Musik, Rock/Pop, Bühne **Ausb:** Stud (Komp, Dirig) RSK München 86–91, Stud (MWiss/Philosophie) U München u Humboldt U Berlin 87–95, Praktika in München u Mainz 95/96, Stud (Toningenieur) 2001–02. **Laufb:** Hospitanz b BR München 91, Praktika Schott/Mainz u BMG Classic 95, Aufbau Tonstudio 'PurpurSound Music' 95, Orch-Disponent Neue Lausitzer Philh Görlitz 96–98, Orch-Inspektor Bayer Staatsop München seit 98. **Pr:** Ehrenpr Wettb 'Forum dt Komp' Berlin 88, Ehrendipl Wettb 'MFSp Dresden' 89, Stip Ldeshauptst München 89, Kulturförderung d BR München 90. **Mitgl:** dkv, Dt Rockmusikerverband. – **Komp:** ca 100 klass Werke u 50 Rock/Pop-Songs, ua: Way to Anyway op 52 (Rock-Zyklus), UA 98; Septemberwind op 41 (Orch Phantasie f gr Orch), UA Dillingen/Donau, Akad f Lehrerfortbildung 99; Phoenix op 37 (Konz); Der alte Sultan op 36 (Orch Märchen); Sternenkinder op 49 (Rockop); Wo ist die Sonne geblieben op 73 (Musical). **AuftrKomp:** 'Alcandors Spiegel' (Phantast Op) (Auftr: Th-Sessler-Verlag Wien); Der König in d Kiste (Märchenop), UA Görlitz, Th 97 (Auftr: Th Görlitz); Indonesia (Werbesong) 98 (f Indonesia-Bihunsuppe); Stiller Zauber (Hymne) 99 (Auftr: Verband Dt kath Studentenverbindungen). **Sonst:** Grdg Rockband 'Anyway' 95; Rekonstruktion d Stummfilm-M zu 'The Circus' 89; Rockband 'Serafim' seit 01.

Maertens, Falk, Trompete; c/o music and arts Organisations GmbH & Co KG, Corsicakamp 13, D-49076 Osnabrück, T: (05 41) 9 62 96 00, F: 96 29 60 50, *info@music-and-arts.de*; c/o Deutsches Symphonieorchester Berlin, Masurenallee 8–14, D-14057 Berlin; *www.music-and-arts.de* [Meppen 1972]. **Ausb:** Stud Trp (M Sommerhalder) MH Detmold ab 86, Gaststud (B Nilsson) Schweden, Mstrkse P Thibaud, M André ua. **Laufb:** Bundesjugendorch 86, Eng Sol Dt SymphOrch Berlin 95, Sol Berliner Philharmonie u Carnegie Hall New York, Dgt V Ashkenazy 97. **Pr:** 1. Pr Bundeswettb 'Jugend Musiziert' 89, 90, 91, Stip J-Ponto-Stift 90–94, 1. Pr Int Trompetenwettb Columbo/USA 94. **Ens:** Dt Blechbläser Quintett, Brasserie Berlin.

Märtson-Wilson, Eva, Prof, Hochschullehrerin, Gesang; Hochschule f Musik u Theater, Emmichpl 1, D-30175 Hannover. **Laufb:** LBeauftr (Gesang, Stimmbildung) H f M u Th Hannover. (Red)

Märzendorfer, Ernst, Dirigent; c/o Wiener Staatsoper, Opernring 2, A-1010 Wien. **Laufb:** Dgt Wiener Staatsop. (Red)

Maestri, Ambrogio, Sänger; c/o Bayerische Staatsoper, Brieffach, D-80075 München. (Red)

Mäthger, Thomas, Sänger (Bass); c/o Städtische Theater, Käthe-Kollwitz-Str 7, D-09111 Chemnitz, PF 756, D-09007 Chemnitz [Oppach 1954]. **Ausb:** H f M 'Hans Eisler' Berlin 80–85, OpStudio Staatsop Dresden. **Laufb:** Sol Halberstadt, Städt Th Chemnitz seit 89 (04/05). **Pr:** Schumann-Pr 85. (Red)

Mätzener, Heinrich, Klarinette, Hochschullehrer; Aurorastr 6, CH-8032 Zürich, T: 0 12 62 68 50, F: 0 12 62 68 51. **Laufb:** Mitgl Orch Op Zürich seit 87, Doz (Es-Klar, Orchstellen u Blattsp) MH Winterthur Zürich. **Ens:** opera nova. (Red)

Maetzl, Klaus, Prof, Hochschullehrer, Violone; Univ f Musik u Darst Kunst, Inst f Streich- u andere Saiteninstrumente, Seilerstätte 26, A-1010 Wien, T: (01) 7 11 55 23 01, F: 7 11 55 23 99. Streich- u Saiteninstr **Laufb:** o Uprof (V) U f Musik u Darst Kunst Wien. (Red)

Maffei, Fabio, Komponist, Pianist, Dirigent; Toblerstr 107a, CH-8044 Zürich, T: 0 12 52 41 43 [Yverdon, Schweiz 2.10.1968]. **Ausb:** Stud Kl (A-M Tabachnik) Cons de Lausanne 76–85, (F Zadra) Ecole Int de Piano Pully 84–91, (E Yellin) H-Neuhaus Stift Zürich seit 91; Komp (R Gerber) Neuchâtel seit 85; Dirig (Ch Liang-Sheng) Genf 90–95, (M Tabachnik) 90–92. **Pr:** 1. Pr Concours p Jeunes Compositeurs, Orch de Chambre de Lausanne 95. – **Komp:** Divertimento per 7 strumenti a fiato e pianoforte, UA Wiener InstrSol, Wiener KonzHaus 88; Le Petit Prince, p orch de chambre, UA Orch de Chambre de Lausanne, J Lopez-Cobos, Lausanne 95; Lacrimoso in remembrance of N Green, p grande orch d'archi, UA Orch de la Suisse Romande, M Venzago, Genf 03. **UA:** R Gerber: Concertino p piano, cordes et perc, Yverdon 87. **Zug:** s UA.

Mága, Othmar, Dirigent; Merlos 19, D-36323 Grebenau, T: (0 66 46) 91 89 17, F: 14 56, *contact@othmar-maga.de*; c/o musicontact Egbert Zinner, Kirchenallee 22, D-20099 Hamburg, T: (0 40) 28 05 22 27, F: 28 05 22 28, *service@musicontact.de*; *www.othmar-maga.de* [Brünn, Tschechien]. Konzert **Ausb:** V- u Dirigierstud Stuttgart, MWiss u dt Lit Univ Tübingen, Dgt-Ausb b Paul van Kempen, Ferdinand Leitner (Op) u Sergiu Celibidache. **Laufb:** ehem Chefdgt Göttingen, Nürnberg, Odense/Dänemark, Mailand/Italien, 12 Jahre GMD Stadt Bochum, Prof Folkwang-H f M Essen, Chefdgt SinfOrch d Staatl Korean RF (KBS) Seoul 92–96, kommissar GMD d Niederrhein Symphoniker an d Vereinigten Städtischen Bühnen Krefeld – Mönchengladbach SpZ 02/03.

Magdal, Daniel, Tenor; c/o Künstleragentur Tobias Kade, Ammonstr 72, D-01067 Dresden, T: (03 51) 4 90 67 94, 01 72–3 66 29 07, F: 4 90 67 93, *tobias-kade@gmx.de*; *www.kuenstleragentur-kade.de* [Iasi, Rumänien 1966]. **Ausb:** musikal Ausb Iasi High School of Music 75–85, Stud (Ges) George Enescu Univ of Arts Iasi 87–91. **Laufb:** Sol Rumänische Staatsop Iasi 91–97, Gastsol Th Görlitz, Pfalzth Kaiserslautern, Th Magdeburg u Th Hof SpZ 03/04. (Red)

Magee, Emily, Sopran; c/o Theateragentur Dr Germinal Hilbert, Maximilianstr 22, D-80539 München, T: (0 89) 2 90 74 70, F: 29 07 47 90; c/o Bayerische Staatsoper, Brieffach, D-80075 München; *www.hilbert.de*. **Laufb:** Sol Bayer Staatsop München, Op Zürich SpZ 04/05, Staatsop Hamburg SpZ 04/05, Gastsol Dt Staatsop Berlin SpZ 00/01 u SpZ 03/04. (Red)

Magee, Garry, Sänger; c/o Komische Oper, Behrensstr 55–57, D-10117 Berlin. **Laufb:** Sol Dt Op Berlin, Kom Op Berlin SpZ 04/05. (Red)

Magidenko, Olga, Dr, Komponistin; Jahnstr 8, D-69207 Sandhausen, T: (0 62 24) 70 21 86, F: 70 21 86, *olga1994@imaol.ru*; *www.magidenko.strana.de* [Moskau 9.5.1954]. **Ausb:** Stud Kl (L Wlasenko), Komp (Chatschtaurj) Tschaikovski-Kons Moskau; Aspirantur ebd 80–83. **Laufb:** als Pianistin Konz m klass u zeitgen Repertoire in Russland, Polen, England u d USA, als Komp 'Artist in Residence' d Stetson Uni Deland, Florida 91, Int Fstv f Neue M 'Gegenwelten' Heidelberg 91, 95, 96, 97, 98, 2000; Porträt-Konz Weimar 98, Heidelberg 01 u 03, Frankfurt u Höfgen 01. **Pr:** Gewinnerin d KompWett d Sowjetrepubiken (1. Sinf Ostinato) 80; Stip Dilsberg 99, Höfgen 01 u 02; Prtr Int Fstv f Neue M 'Gegenwelten' Heidelberg 02. – **Komp:** 4 Sinf, 1 Kinderop 'Der gestohlene Buchstabe', Lieder, Solowerke f Kl, Org, Akk, Hfe u KamM in d versch Besetzungen, KamOp 'Medea' (Libr: G Wutke). **AuftrKomp:** z B zuletzt: 'Bingen (Nonnett) op 57' (n H v Bingen u Bibel, f Blockfl, Sax, Schlgz, Sop, Mezzosop, Sprecherin, V, Vcl, Org), UA Heidelberg 98 (Auftr: Ens Gegenwelten); 'O Jerusalem op 59' (n H v Bingen, f V, Git, Sprecher), UA 98 (Auftr: Ens Gegenwelten); Capriccio', UA Weimar 98 (Auftr: Neuklang Fstv Weimar); 'Wind im Neckartal', UA Heidelberg 99 (Auftr: Ens Gegenwelten); 'Wie schwarze Kerze brennen... op 62' (n O Mendelstamm, f 6 S, gem Ch, Org Schlgz), UA Heidelberg 2000 (Auftr: Ens Gegenwelten); 'Ein Edelstein in e einfachen Einfassung Nr 1' (Fl, Sax), UA Düsseldorf 2000; 'Ein Edelstein in e einfachen Einfassung Nr 2' (V, Org), UA Heidelberg 01; 'Jason u Medea', UA Ladenburg-Heidelberg, Dgt: Mitscher 01 (Auftr: Ton-Art Orch Heidelberg); 'Mein Engel op 64b' (n D Schumann, f Sprecherin m kl Schlgz u V), UA Frankfurt/M 01; 'Unsterblich 1 op 65' (n D Schumann, f Sprecherin m kl Schlgz u V), UA Heidelberg 03. **Aufn/RF:** 'Einsiedler' m P Rosner Ens u S Awramova (Sop), MDR 98; 'Capriccio' m P Rosner Ens, MDR 98; 'Neckar' m Ch Roderburg (Schlgz) u S Awramova (Sop), MDR 98; 'Wie schwarze Kerze brennen...' m Heidelberger Fstv-Ens, Belcanto, SWR 2000. **Lit:** Komponistinnen in Dtschld – Inter Nationes Bonn 96; Gegenwelten 10 Jahre Kulturinstitut Komponistinnen Heidelberg 97.

Magnenat, Isabelle, Violine, Viola; Brügglerweg 11, CH-3006 Bern. **Ens:** Konzm Stadtth Bern. (Red)

Magnin, Alexandre, Flöte, Hochschullehrer; Unterdorfstr 35, CH-8126 Zumikon, T: 02 16 52 80 61. **Laufb:** Doz (Querfl) MH Winterthur Zürich. (Red)

Magnus, Clemens, Dirigent; Hasnerstr 14, A-4020 Linz, T: (07 32) 65 61 96, F: 65 61 96 [Linz 10.12.1972]. **Ausb:** Stud (Dirig, Kl) Bruckner-Kons Linz 83–93, Dipl 93. **Laufb:** Gastdgt Münchner Symphoniker SpZ 2000/01, Budapester Symphoniker SpZ 2000/01, Elbland Philh SpZ 2000/01, insges 94 Konz m 26 Orch in 10 europ Ländern.

Magnus, Elisabeth von, Mezzosopran; c/o Austroconcert, Gluckgasse 1, A-1010 Wien, T: (01) 5 13 26 57, F: 5 12 61 54, *austroconcert@ia-ac.com*; *www.ia-ac.com* [Wien]. Oratorien, Oper, Lied **Ausb:** Stud Ges (H Töpper) H f M München, privat S Schouten, NL. **Laufb:** Konz in allen Lädern Europas, in Japan u USA, OpAuff in Amsterdam, Zürich, Wien, Linz, Potsdam ua. – **Aufn/RF:** J Haydn, Stabat Mater, m Concentus Musicus, Dgt N Harnoncourt; J Strauss, Zigeunerbaron, Dgt N Harnoncourt; Schostakowitsch, Romanzen-Suite, m Storioni-Trio; J Haydn, Lieder u Ariane, m J Bogaert (Kl); W A Mozart, Le nozze di Figaro (TV-Aufzeichn). **Sonst:** Grd 'Ens Récréation', SendeR Österr RF.

Magyar, Zoltan, Gitarre, Hochschullehrer; Wiesbadener Musik- & Kunstschule, Schillerpl 1–2, D-65185 Wiesbaden. **Laufb:** Doz (Git) Wiesbadener Musikakad. (Red)

Mahn, Thomas, Schauspielmusiker; c/o Staatsschauspiel Dresden, Theaterstr 2, D-01067 Dresden. **Laufb:** SchspM Staatsschsp Dresden SpZ 03/05. (Red)

Mahni, Sibylle, Horn; Emminghausstr 43, D-61250 Usingen, T: (0 60 81) 1 66 96, F: 1 66 93, *mahni.haas@t-online.de*; *www.sibyllemahni.de* [Lund, Schweden 8.5.1974]. KamM, Sol u Mitgl SymphOrch **Ausb:** Vorstud (Hn) MH Frankfurt 92–94, Stud (Hn) MH Frankfurt 94–98, KonzExamen (Hn) 02. **Laufb:** Sol-Hn Museums- u OpOrch Frankfurt/M seit 97, solist Tätigk ua m SWR Stuttgart, Philharmon Orch Lübeck, Britten Sinfonietta, b Schloss-FSp Leitheim, KammerMR Henkell, LBeauftr H f M u Darst Kunst Frankfurt seit 98, Einl z Int Hn-Symp Kalamazoo (MI, USA) als Sol u f Master Class, KamMFstv 'Spannungen' Heimbach 04, KamMFstv Moritzburg 05. **Pr:** 2. Pr Int Hn Wettb Leeuwarden u Sonderpr zeitgen Auftragswerk 95, 1. Pr Int Peter Damm Wettb Iserlohn 97, 3. Pr 48. Int ARD MWettb München 99. **Ens:** Delos-Qui, Ens Con Sequenz. – **Aufn/RF:** Koechlin: Les Confidences d' un joueur de clarinette op 141 (Duo Klar u Hn) m D Altmann 04. **UA:** J Widmann: Oktett 04.

Mahnke, Claudia, Sängerin; Gablenberger Hauptstr 140a, D-70186 Stuttgart, T: (07 11) 4 68 75 00; c/o Komische Oper, Behrenstr 55–57, D-10117 Berlin. **Laufb:** Sol Staatsth Stuttgart, Kom Op Berlin SpZ 02/04, Th u Philh Essen SpZ 04/05. (Red)

Mahnkopf, Claus-Steffen, Dr phil, Komponist, Musikschriftsteller; Kartäuserstr 136, D-79102 Freiburg, T: (07 61) 6 67 24, F: 2 18 17 92; *www.clausssteffenmahnkopf.de* [Mannheim 22.10.1962]. **Ausb:** Stud (MWiss, Philosophie, Soziologie) Univ Heidelberg, Freiburg, Frankfurt, Komp b B Ferneyhough ab 84, H f M Freiburg (Komp) b K Huber u E Nunes, (Mtheorie) b P Förtig (Kl) b J Avery 87, Prom U Frankfurt/M 93. **Laufb:** Doz Darmstädter Ferienkse 88–94, LAuftr Univ Freiburg 90–95, composer in residence Staatsop Hamburg 91, Künstler-wiss Kooperation Staatsop Hamburg 98–2000. **Pr:** Gaudeamus Pr 90, Stip Kunststift Baden-Württemberg 90, Stip Heinrich-Strobel-Stift d SWF 91 u 98, 1. Pr Stuttgarter Förderwettb 93, Baldreit-Stip d Stadt Baden-Baden 94, Stip d Akad Schloss Solitude Stuttgart 95/96, Stip d Landes Niedersachsen 97/98, Siemens-Förderpr 98, Studienaufenth Villa Massimo Rom 98/99. – **Komp:** ua Kammerkonz (f Solokl u Ens) 95/96, UA Bludenz, m Eun Ju Kim u Ens SurPlus, Dgt J Avery 97; Bläsertrio (f Afl, Ob d'amore, Bassklar) 96, UA Bludenz, m Ens SurPlus, Dgt J Avery 96; D'avance (f Kl, Klar, Pos u Vcl) 96/97, UA Rottenburg, m Qua Avance 98; Angelus Novus (MTh nach W Benjamin, f KamOrch) 97–2000, UA München, m Ens SurPlus, Dgt J Avery 2000. **Sonst:** Grdg d 'Ges f Musik u Ästhetik', Mitherausg v 'Musik u Ästhetik'. (Red)

Mai, Julia, Viola; c/o Münchner Philharmoniker, Kellerstr 4, D-81667 München. **Laufb:** stv Sol Münchner Philh. (Red)

Prof Peter Mai

Mai, Peter, Prof, Komponist, Hochschullehrer; Altschloßstr 6, D-06749 Bitterfeld, T: (0 34 93) 4 13 10; Hochschule f Musik u Theater, PF 100809, D-04008 Leipzig [Chemnitz 1935]. **Ausb:** Tonsatzstud H f M Leipzig 53–58. **Laufb:** Tätigkeit an versch MSch, ua SpezialSch f M Halle 77–92, H f M u Th Leipzig seit 92 (Tonsatz/Fachmethodik). – **Komp:** f Kinder u Jugendliche.

Maier-Gehring, Christoph, Dramaturg; c/o Theater Augsburg, PF 111940, D-86044 Augsburg. **Laufb:** Chefdramaturg Th Augsburg. (*)

Maier, Bernhard, Prof, Hochschullehrer, Klavier; Jahnstr 15, D-69226 Nußloch, T: (0 62 24) 1 03 60, F: 1 03 60; Hochschule f Musik u Darst Kunst, N 7,18, D-68161 Manneheim [Speyer 1941]. **Ausb:** Stud Kl b F Schery, später in Salzburg u Hannover b S Peschko, Anregungen gab C Curzon. **Laufb:** Prof (Kl) Staatl H f M u Darst Kunst Mannheim 80. (Red)

Maier, Gerhard, Prof, Hochschullehrer, Gesang; Am Pfingstborn 50, D-61479 Glashütten, T: (0 61 74) 6 21 04. **Laufb:** Prof (Ges) H f M u Darst Kunst Frankfurt/M. (Red)

Maier, Henri, Intendant; c/o Oper Leipzig, Augustuspl 12, D-04109 Leipzig. **Laufb:** Intend Op Leipzig 01–11, Musikal Komödie Leipzig. (Red)

Maier, Raika Simone, Sängerin; c/o Junge Kammeroper Köln, Florastr 93, D-50733 Köln. (Red)

Maier, Sven, Dramaturg; Deutsche Oper am Rhein, Heinrich-Heine-Allee 16a, D-40213 Düsseldorf. **Laufb:** Dramturg Dt Op am Rhein Düsseldorf. (Red)

Maier, Ulrich, Repetitor; Theater, PF 100353, D-33503 Bielefeld. **Laufb:** Solorep m Dirverpl Th Bielefeld. (Red)

Maier, Ulrike Maria, Sängerin; c/o Städtische Bühnen Münster, Neubrückenstr 63, D-48143 Münster. (Red)

Maierhof, Michael, Komponist; Hein-Hoyer-Str 5, D-20359 Hamburg, T: (0 40) 3 19 11 14, *MMaierhof@aol.com* [Fulda 1956]. Kammermusik **Ausb:** Stud (M, Mathe) Kassel, (Phil, KuGe) Hamburg. **Laufb:** erste Komp 88, Schwerpunkt raumbezogene M u Entwicklung e Präparationstechnik f StrInstr seit 90, Arbeitsstip d Hamburger Kulturbehörde 92/94, Arbeitsstip d Zürcher Binz-Stift in Scoul/Schweiz 96, Einladung zur MWerkstatt Baden/Schweiz 97, Auswahl d Dt Gesellschaft f Neue M f d Weltmusiktage 98, 99 u 2000, Auff b d Darmstädter Ferienksen 98 u 2000, Stip f d Cité Int des Arts Paris. – **Komp:** Shopping 2 (f 16 Spieler), UA Chicago, Renaissance Society 03; Untergrund (f 5 Spieler), UA Brügge 02; Splitting 5 (f V, CD, Video), UA Brügge 02; Sugar 1 (f KlTrio), UA Dresden 01.

Maierhofer, Josef, Mag, Prof, Hochschullehrer, Basstuba; Univ f Musik u Darst Kunst, Inst 12, Hauptpl 8, A-7432 Oberschützen, T: (03 16) 3 89 34 20, F: 3 89 31 21, *josef.maierhofer@kug.ac.at*. **Laufb:** o UProf (Basstb) U f Musik u Darst Kunst Graz. (Red)

Maiguashca, Mesias, Komponist, Hochschullehrer; Bozenerstr 9A, D-79111 Freiburg, T: (07 61) 4 76 32 77, *maiguashca@t-online.de*; *www.maiguashca.de* [Quito, Ecuador 24.12.1938]. **Ausb:** Stud (M) Eastman Sch of M/USA, Inst di Tella/Argentinien, MH Köln. **Laufb:** Studio f elektron M Köln 68–72, Centre Européen pour la Recherche Musicale Metz 78–85, IRCAM Paris 81 u 85, Prof (elektron M) MH Freiburg seit 90. – **Komp:** Cuarteto de Cuerdas No 1 64; Dort wo wir leben (konkrete u elektron M) 67; Hör-zu (konkrete u elektron M) 69; A Mouth-piece (f 6 Vok u Elektronik) 70; AYAYAYAYAY (konkr u elektron M) 71; ÜBUNGEN (f V, Klar, Vcl) 72; ÜBUNGEN (f V, Klar, Vcl, 3 Synthesizer) 72–73; Öldorf 8 (f V, Klar, Vcl, Org, Synthesizer, Tb) 72–74; Per Fiati (f BlOrch, 2 Akk) 75; ...y ahora vamos por aquí... (f 8 Instr, TB) 77; Intensidad y Altura (f 6 Schlgz, Tonband) 79; Fmelodies II (f Vcl, Schlgz, CompKlänge) 83–84; Nemos Org (f Org, TB) 89; Reading Castañeda (The Spirit Catcher, The Tonal, Sacateca's Dance, El Oro, The Wings of Perception I, The Nagual) 93; D Feinde, e Miniop (f 2 Ten, StrTrio, 2 Bassklar, Elektronik) 95–97; Tiefen (f 8 Lautspr) 98; El Tiempo (f 2 Fl, 2 Klar, 2 Vcl, 2 Schlgz, Elektronik) 99–2000; La noche cíclica (f V, Vcl, Mar, Kl, 4 Amplitude-Demodulatoren) 01; La Celda (MTh) 02. **Aufn/RF:** Reading Castañeda (Wergo 2053–2); Mañana Nr 1001 bis 1010.

Mainka, Jörg, Prof, Hochschullehrer, Komponist; H f Musik 'Hanns Eisler', Charlottenstr 55, D-10117 Berlin [Salzgitter-Bad]. **Ausb:** früh Unterr (Kl, Orgel, Vcl, Komp), Ausb KiM Inst Heidelberg, Unterr (Theorie- u Komp) Dr Hoch's Kons Frankfurt, Stud Orgel (H J Haarbeck) H f Musik Karlsruhe 82–89, MTheorie, Komp (E-W Velte) ebd 82–83, dass (M Spahlinger) ebd 84–89. **Laufb:** freier Mitarb Dtschld-Radio Berlin, Autor an Prod unterschiedl Sendungen zu Neue Musik u MTh, LAuftr (MTheorie) Inst f MWiss d U Karlsruhe, LBeauftr Staatl H f Musik Karlsruhe ab 89, Doz ebd ab 94, Prof (MTheorie) H f Musik 'Hanns Eisler' Berlin 99/2000. **Pr:** int KompWettb 'Forum junger Komp' d WDR Köln 88, Stip d Akad Schloß Solitude Stuttgart 95/96. – **Komp:** multmediale u live-elektr Werke, KamM, Werke f Ens u Orch, MTh, SchauspM. (Red)

Maintz, Jens Peter, Prof, Violoncello, Hochschullehrer; Pariser Str 9, D-10719 Berlin, T: (01 72) 3 25 05 20; Univ d Künste, Fak Musik, Inst f Künstl Ausbildung / Orchesterinstr u Dirigieren, PF 120544, D-10595 Berlin [Hamburg 1967]. **Ausb:** Stud Vcl (D Geringas) Hamburg u Lübeck 85–92, Mstrkse b H Schiff, F Helmerson, B Pergamenschikow, S Palm. **Laufb:** 1. SoloVcl Dt SymphOrch Berlin 95–04, Gastsol Ravinia-Fstv Chicago 92, KamM ua m T Zehetmaier, D Geringas, Artemis Qua; Prof UdK Berlin seit 04. **Pr:** 1. Pr Int Wettb Castello di Duino Triest 90, Dt MWettb Bonn 91, ARD-Wettb 94, Echo-Pr f beste Soloaufn 97. **Ens:** Trio Fontenay seit 98. – **Aufn/RF:** zahlr CDs, ua: Haydn, Porpora, CPE Bach: Cello-Konz, m KamOrch CPE Bach, Dgt: H Haenchen; Grützmacher: Gr Concert-Fantasie f Vcl u Orch, m Thüringer Philh Gotha-Suhl, Dgt: H Breuer. **UA:** Müller-Wieland: Cello-Konz, UA Berlin, 98. (Red)

Maintz, Marie Luise, Dr, Dramaturgin; c/o Württembergisches Staatstheater, Oberer Schloßgarten 6, D-70173 Stuttgart. **Laufb:** Dram Staatsth Stuttgart SpZ 03/04. – **Sonst:** 'F Schubert in d Rezeption R Schumanns' 95.

Maintz, Philipp, Komponist; c/o karsten witt musik management gmbh, Leuschnerdamm 13, D-10999 Berlin, T: (0 30) 6 16 92 19 20, F: 6 16 92 11 01, *info@karstenwitt.com*, *info@philippmaintz.de*; *www.karstenwitt.com*, *www.philippmaintz.de* [Aachen 1977]. **Ausb:** Unterr Komp (M Reudenbach) 93–97, Stud Komp (R H P Platz) Kons Maastricht 97–03, Stud (K Essl) Bruckner-Kons Linz seit 03. **Pr:** StipPr Int Ferienks f Neue M Darmstadt 02, KompPr d Ernst-v-Siemens-MStift 05. – **Komp:** Inner Circle (StrQua), UA Wittener Tage f Neue M, Arditti Qua 04; heftige landschaft mit 16 bäumen (OrchWerk), Salzburger FSp 05.

Mair, Christian, Schauspielmusiker; Theater in der Josefstadt, Josefstädter Str 26, A-1080 Wien. **Laufb:** Schauspielmusiker Th i d Josefstadt. (Red)

Maisel, Ralph, Sänger; c/o Operette Düsseldorf eV, Schlesische Str 94, D-40231 Düsseldorf. **Laufb:** Sol Optte Düsseldorf SpZ 03/05. (Red)

Maisenberg, Oleg, Prof, Klavier; Univ f Musik u Darst Kunst, Inst f Tasteninstrumente, Lothringerstr 18, A-1030 Wien, T: (01) 7 11 55 22 00, F: 7 11 55; c/o Künstleragentur Dr Raab & Dr Böhm, Plankengasse 7, A-1010 Wien, T: (01) 51 20 50 10, F: 5 12 77 43, *office@rbartists.at* [Odessa]. Tasteninstrumente **Ausb:** Kl (Jocheles) Zentr MSch Kishniev u am Gnessin-Inst Moskau. **Laufb:** Moskauer Philh 71–80, seith ZusArb m Israel Philh Orch, Philadelphia Orch, Wiener Symphoniker, Berliner Philharm ua, m Dgten C v Dohnany, Z Mehta, E Ormandy, G Pretre, N Harnoncourt ua, KamM m Orpheus Chamber Orch, Dt Kammerphilharm, Wiener Virtuosen (R Holl, H Holliger, A Schiff, G Kremer), Liedbegl (H Prey), Gast b Fstv (Salzbuger FSp, Wiener FestW, Edinburgh Fstv ua), Prof Univ f M u Darst Kunst Stuttgart 85–98, o UProf Univ f M Wien 98–03, Juror b zahlr Int Wettb. **Pr:** 2. Pr Int Schubert-Wettb 67, 1. Pr Musik d 20. Jh 67, Ehrenmitgl d Wiener Konzerthausges. – **Aufn/RF:** zahlr Aufn (Schubert, Rachmaninow, Skrjabin, Strawinsky ua).

Maiß, Burkhard, Violine; Scheiblerstr 4, D-12437 Berlin, T: (0 30) 5 32 41 20, F: 5 32 41 20, *burkhard@jtt.info*; *www.jtt.info* [Düsseldorf 1969]. Kammermusik **Ausb:** Stud Julius Stern Inst u UdK Berlin (K Toyoda), KonzEx (A Mandeau) 96. **Laufb:** ehem Solist u Konzm Sibelius OrchBerlin, Geiger Jacques Thibaud Trio, Tourneen in USA, Japan, Europa. **Pr:** Stip Dt Musikrat. **Ens:** Jacques Thibaud Trio Berlin.

Maistre, Xavier de, Prof, Harfe, Hochschullehrer; Hochschule für Musik und Theater Hamburg, Harvestehuder Weg 12, D-20148 Hamburg [Toulon 1973]. **Laufb:** Soloharfenist SymphOrch d Bayer RF, Wiener Philharmoniker 99, Prof (Hf) H f M u Th Hamburg. **Pr:** 1. Pr USA Int Harp Comp 98. (Red)

Maiwald, David, Solorepetitor, Chorleiter; Ritterstr 18, D-38100 Braunschweig, T: (05 31) 4 81 15 01; c/o Bühnen der Landeshauptstadt Kiel – Opernhaus am Kleine Kiel, PF 1660, D-24015 Kiel. **Laufb:** Solorep Staatsth Braunschweig SpZ 03/05, Chdir Op Kiel SpZ 04/05. **Pr:** Braunschweiger Förderpr 05. (Red)

Makarova-Vladimirova, Irina, Sängerin; c/o Theater Bielefeld, Brunnenstr 3–9, D-33503 Bielefeld. **Laufb:** Gastsol Bad Staatsth Karlsruhe SpZ 00/01, Th Bielefeld SpZ 04/05. (Red)

Makris, Cynthia, Sopran; c/o Theateragentur Dr Germinal Hilbert, Maximilianstr 22, D-80539 München, T: (0 89) 2 90 74 70, F: 29 07 47 90. **Laufb:** Sol Dt Op Berlin, Sol Op Bonn SpZ 03/04, Th u Philh Essen SpZ 04/05. (Red)

Malagini, Mario, Sänger; c/o Bayerische Staatsoper, Brieffach, D-80075 München. (Red)

Malagnini, Mario, Sänger; c/o Semperoper, Theaterplatz 2, D-01067 Dresden. **Laufb:** Sol Dt Op Berlin, Sol Bayer Staatsop München, Sol Semperop Dresden SpZ 04/05. (Red)

Malát, Jiri, Dirigent; c/o Vogtland-Philharmonie Greiz/Reichenbach, Stavenhagenstr 3–4, D-07973 Greiz, T: (0 36 61) 45 23 08, F: 45 55 44, *dramaturgie@vogtland-philharmonie.de*; Postberg 8, CZ-92224 Amberg, T: +4 206 02 48 66 35, *jiri.malat@volny.cz* [Prag 1.7.1953]. Tschech Romantik **Ausb:** Prager Kons, Akad d musischen Künste Prag b V Neumann. **Laufb:** Musikal Lt Kurpfälz Kammerorch Mannheim bis 02, Gastdgt Staatsop Prag 98–02, ständ Gastdgt WDR RF-Orch Köln seit 03, ChefDgt Vogtland Philh Greiz-Reichenbach seit 04, ChefDgt Pilsener Philh seit 05. – **Aufn/RF:** ca 200 Aufn f d Tschech Rundfunk, f Arte Nova 6 CDs Mannheimer Schule. **Zug:** J Gemrot – Tanzen u Reflexionen, O Mácha – Sinfonietta da Camera, O Mácha – Gambrinus.

Malazonia, David, Dirigent; c/o Stadttheater Klagenfurt, Theaterpl 4, A-9020 Klagenfurt. **Laufb:** Dgt Stadtth Klagenfurt. (*)

Maldfeld, Eberhard, Dipl, Musiker, Kontrabassist; Bergstr 32, D-50321 Brühl, T: (0 22 32) 21 15 30, F: 21 15 30, *eberhard@maldfeld.de*; *www.maldfeld.com*. Alte u Neue Kammermusik **Ausb:** Privatstud (G Schmidt) Hamburg 74–76, (R Zschenker) Hamburg 77–79, Stud (P Breuer) MH Rheinland Köln 79–85, (W Güttler) 85–87, Stud KamM (G Kehr, Amadeus Qua, K v Slogteren). **Laufb:** Mitgl 'Das Neue Orch' 89–01, Mitgl 'Musica Antiqua Köln' 90–93, Mitgl 'Barockorch Stuttgart' seit 92, Prod Capella Coll WDR 96, Gast Concerto Köln, ua Musikfabrik NRW, Tage exp Th München 84, Raum Zeit Stille 85, Biennale f zeitgen MTh München 89, Musikkultur heute UdSSR 89, Darmstädter Ferienkse 90, 92, 96. **Ens:** Barockorch Stuttgart, Trio Akkobasso, Sinfonietta Köln, Joh Chr Bach Akad. **Mitgl:** DTKV. – **Komp:** 'Pythasos' 96, UA Köln 96; 'Papyrus' 97, UA Köln 97; 'Isolazion' 99, UA Berlin, Zionskirche 99. **AuftrKomp:** 'Hypostas d Wanderer' 92, UA Damsdorf 92. **Aufn/RF:** zahlr CDs. **UA:** C Inderhees: 'für sich', UA Köln 97; T Stiegler: 'Toenendes Erz u Klingende Schelle', UA Berlin 99; L Lombardi: 'A: piedi del faro'; Werke v A Beuger, A Hölszky, A Ruoff, J Herchet, R Hp Platz, D Bouliane, J Fritsch, C Ambrosini, G F Haas, K Boehmer, H J Hespos ua. **Sonst:** Grdgsmitgl Sinfonietta Köln 84, Trio Akkobasso 89, Joh Chr Bach Akad 93.

Maler, Niko, Fagott; Am Ufer 3, D-56070 Koblenz, T: 0 177 45 06 61 7, F: (0 12 12) 5 10 90 73 48, *nikomaler@web.de* [Hamburg 1972]. **Ausb:** Vorstud (Th Starke) Lübeck 87–92, Stud (K Thunemann) Hannover 92–98, Dipl 98, Mstrkse (S Azzolini) Italien, Aufbaustud (D Jensen) Hannover, Stip (St Schweigert, D Damiano) Karajan-Akad Berlin 97–99. **Laufb:** Sol (Fag) Bundesjugendorch 89–92, Europ Jugendorch 92–97, Rhein Philh Koblenz seit 99. **Pr:** Stip Dt Musikwettb Sol Berlin 95, 99, Stip Karajan-Akad 97–99, Stip HWettb Berlin 98. **Ens:** Da Ponte-Okt, Emmich-Trio.

Malfatti, Radu, Komponist, Posaunist; Hoffingergasse 16/3/5, A-1120 Wien, *radu.malfatti@chello.at* [16.12.1943]. **Ausb:** Musikakad Graz. **Ens:** wandelweiser komponisten ensemble. – **Komp:** z B zuletzt: 'bestimmt ungewiss' f gr Trommel u BassFl 2000, 'nonostante IV' f Va da gamba 2000, 'abat-son' f Kl, V, VierteltonTrp u ObertonHfe 2000, 'contumace' f Pos 2000, 'übergehen I' f StrQua 2000, 'übergehen II' f Klar 2000, 'nonostante VI' f Kl u Va da gamba 2000, 'nonostante V' f Fag u StrQua 2000, 'l'instant inconnu' f Kl u Va da gamba 2000, 'la noire et le soupir' f SaxQua 01, 'vorübergehend' f StrTrio 01, 'l'effacage' f 4 Bassdrums 01, 'das handeln, das lachen, das schweigen' f 2 Vcl 01, 'ins schwebende' f V, Va, Vcl, KB, Fl, Klar, Pos, Kl, Akk, gr Trommel 01, 'die präzise vorstellung von dem, was eventuell passieren könnte' f 2 Va u 2 Vcl 01, 'ins ruhende' f V 01, 'selbander' f 3 Pos 01, 'verschattet' f V u Vcl 01, 'xaghra' f Vcl, KB, Fl u Pos 02, tenkaku f Git u Pos 02, 'the one and the other' f Pos u gr Trommel 02, 'seit einigen tagen hat die schwerkraft nachgelassen' f 2 KB 02, 'wie 20 bazillen übereinandergestapelt' f V, Va, Vcl, AltFl, Klar, Kl, gr Trommel 02, 'indiscrete silences' f 6 Vcl 02, 'insinuations' f elektr Git 2003, 'wechseljahre einer hyäne' f SaxQua 03, 'die angst des rotwildes, das ende der schonzeit ahnend' f 4 Pos 03, 'for the shake of completeness' f 4 Sax 03, 'wirklicht' f Vcl 03, 'dann klopfte sie lange beethoven' f V, Vcl u Hfe 03. **UA:** A Beuger: 'calme etendue', 'ce qui passe'.

Malfitano, Catherine, Sopran; c/o Artists Management Zürich, Rütistr 52, CH-8044 Zürich, T: 04 48 21 89 57, F: 04 48 21 01 27; *www.artistsman.com.* **Laufb:** GastSol Dt Op u Staatsop Berlin, Bayerische Staatsop München, Metropolitan Op New York, Lyric Op of Chicago, San Francisco Op, La Scala Milano, Covent Garden London, Op Paris, Wiener Staatsop, Op National Brüssel, Grand Th de Genève. (Red)

Malgoire, Jean-Claude, Dirigent; Staatstheater, Oberer Schloßgarten 6, D-70173 Stuttgart. **Laufb:** Ltg d wichtigsten Orch Frankreichs sowie d philh Orch in Dresden u Krakau, Dir Staatsth Stuttgart. **Pr:** Händel-Pr Halle 02. (Red)

Malich, Agnes, Violine, stellv 1. Konzertmeisterin; c/o Philharmonisches Orchester, Kasernstr 4–6, D-86152 Augsburg, PF 111949, D-86044 Augsburg [Freising 22.4.1965]. Konzert, Oper, Duo (Klavier, Violine) **Ausb:** Stud b Prof K-C Stier MH München (Diplom m Ausz), Mstrkl-Diplom 87, Stud b F Gulli Indiana University Bloomington 88, Mstrkse b H Szeryng, S Végh u N Milstein. **Laufb:** Verpflichtung in das RSO Berlin unter V Ashkenazy 90, stellv Stimmführerin d 2. Violinen im RSO (heute DSO) Berlin 91–94, stellv 1. Konzm Philh Orch d Stadt Augsburg seit 99 (05). **Pr:** Stip BDI, Kulturförderpr Stadt Ingolstadt, Gewinn beim Prämienspiel der 'Gedok', Stip Dt Musikrat. **Ens:** Mitgl Hartog Quartett u Haydn Ens Berlin bis 94 unter H-J Schellenberger, Münchner Duo m C Popp seit 98. **Mitgl:** DOV.

Malik, Wittwulf Y, Komponist, Violoncellist; Möörkenweg 18E, D-21029 Hamburg, T: (0 40) 72 69 83 18, F: 72 69 83 18, *wittwulf.o.malik@gmx.de*; *www.wittwulf-y-malik.com* [Hersbruck 5.8.1946]. experimentelle u multimediale Projekte **Ausb:** Stud (Vcl, Kl, Theorie) MH Hamburg 67–70, Stud (Vcl, Kl, Theorie) MH Detmold 70–72, Stud (Psychologie, Physiologie) U Hamburg u Zürich 72–76. **Laufb:** Konz u Performances u Projekte in Europa, Kanada u USA seit 81, Fstvs: ua documenta Kassel 82, Total Music Berlin 85, Neue Musik Lüneburg 86, artesonante Brüssel 89, Violoncelle accrocheur Montreal 89, Fliessende Grenzen Hamburg 93, SchspM Th Greve GmbH Hamburg SpZ 03/04. **Pr:** Stip Villa Serpentara, Olevano Romano 81, Künstlerhof Schreyahn 86, Villa Waldberta München 87, Stadt Hamburg 2000. – **Komp:** 'Registration', op 43, UA Hamburg, St Raphael 84; 'Singing with whales', op 60, UA Lüneburg 86; 'The Making of Americans', op 63, UA München 87; 'Erde/Baum', op 68, UA Kiel 88; 'die 4 Elemente', op 69, UA München 89; 'Schlachtmusik', op 73, UA Gießen 90; 'Requiem für die Erde', op 75, UA Baden-Baden 91; 'bridges', op 133, UA Hamburg 05. **Sonst:** Ausstellungen graph Notationen: Hamburger Kunsthalle 85, Hamburger Kunstverein 86, Galerie Rabus Bremen 87, Int Art Center Kyoto/Japan 88, Kunstverein Springhornhof Neuenkirchen 94, Schloss Wolfsburg 97, Museo de Arte Contemporaneo Santiago de Chile 2000.

Malikova, Anna, Klavier; c/o Konzertdirektion Martin Müller, Uhrs Knäppken 8, D-59320 Ennigerloh-Ostenfelde, T: (0 25 24) 26 34 80, F: 26 34 81, *info@kdmueller.de*; *www.kdmueller.de/de/bio/malikova.html, www.malikova.com* [Taschkent]. **Ausb:** Stud Kons Taschkent, (L Naumov) Kons Moskau. **Laufb:** zahlr Konz in ehem SU, Gast Berliner FestW, Muziekfstv West-Brabant, KamMPodium Braunschweig, Kultursommer Nordhessen, Sol ua Australian Chamber Orch, Acad of St. Martin in the Fields, Warschauer NatPhilh, Sydney Symph Orch, Oslo Philharmonic Orch, SymphOrch d BR, ausgedehnte Tourneen nach Japan, zuletzt 97, Konz CH, Brasilien, Dtl, Luxemburg, Italien, Polen SpZ 2000/01. **Pr:** 1. Pr ARD-Wettb München 93, Prtr Wettb Oslo, Sydney, Chopin-Wettb Warschau. – **Aufn/RF:** ua Chopinrezital; Chopin:Klavierkonz; Schubert: Klavierson; Liszt: Liedtranskriptionen; Chopin: sämtl Etüden, Préludes, Impromptus, 99. (Red)

Malinin, Wladimir, Prof, Hochschullehrer; Lyonel-Feininger-Str 7, D-99425 Weimar, T: (0 36 43) 40 11 03. **Laufb:** Prof (V) H f Musik Franz Liszt Weimar. (Red)

Malinovsky, Igor, Violine; c/o Bayerische Staatsoper, Brieffach, D-80075 München. **Laufb:** 1. Konzm Bayerische Staatsop. (Red)

Malitius, Oliver, Repetitor; c/o Aalto-Theater, Rolandstr 10, D-45128 Essen, T: (02 01) 2 40 85 23. **Laufb:** Studienlt Musikth Essen. (Red)

Malkowicz, Zbigniew, Dirigent; c/o Parktheater, Klausenberg 6, D-86199 Augsburg. **Laufb:** Dgt Parkth Augsburg. (Red)

Maller, Wilma, Mag, Sopran; Wallensteinstr 22, A-1200 Wien, T: (01) 3 30 99 44; c/o Re Nova Classics, Andreas Zadeyan, Herzgasse 92, A-1100 Wien; *http://members.aon.at/renovaclassics*. **Ausb:** GesAusb u OpSchule H f M u darst Kunst 'Mozarteum' Salzburg b KS Wilma Lipp, Mstrks ua Liedges b Kurt Widmer (Basel), f Op u Optte b KS Ingeborg Hallstein (München), intensive künstl ZusArb m Dgt Prof Uwe Theimer (Volksop Wien). **Laufb:** Gasteng

Staatsth am Gärtnerplatz München, Opttendebüt i St. Pölten, OpttenFSp i Bad Hall, freie OpProd, Barockfstv in Bayern, Salzburg, Chor d Wiener Staatsop. – **UA:** zeitgen Musik. (Red)

Mallon, Allardyce, Solorepetitor; c/o Meininger Theater, Bernhardstr 5, D-98617 Meiningen. (Red)

Malm, Curt, Prof, Hochschullehrer; Ameisgasse 63, Stg 4, A-1140 Wien, T: (01) 9 1479 95, F: (06 76) 5 4001 00. Sologesang u Musikdramat Darstellung **Laufb:** o UProf U f Musik u Darst Kunst Wien. (Red)

Malmberg, Urban, Sänger; Durchschnitt 7, D-20146 Hamburg, T: (0 40) 45 00 07 49; c/o Luzerner Theater, Theaterstr 2, CH-6002 Luzern. **Laufb:** Sol Sächs Staatsop Dresden u Hamburg Staatsop SpZ 03/04, Gastsol Opernhaus Nürnberg, Luzerner Th SpZ 04/05. (Red)

Maltmann, Christopher, Sänger; c/o Bayerische Staatsoper, Brieffach, D-80075 München. (Red)

Bernd Maltry

Maltry, Bernd, Akkordeon, Hochschullehrer, Dirigent; Richard Strauss Konservatorium, Gasteig, Kellerstr 6, D-81667 München, T: (0 89) 3 19 42 75, F: 3 19 38 99; Raiffeisenstr 14, D-85386 Eching; *www.laoh.de/Dirigenten/Maltry.html, www.avp-1936.de/Portraets/Maltry.html* [Keltern 30.7.1949]. Akk-Originalmusik, Barock, Klassik, Romantik **Ausb:** Stud Hohner Kons Trossingen 73–76, Stud (Dgt) b Sergiu Celibidache u Münchner Philharmonikern 80–82. **Laufb:** Konzm Hohner Kons Trossingen, MSch-Lt Ingolstadt 76–83, Dgt Ingolstädter AkkOrch 76–84, Dgt AkkOrch Baltmannsweiler 83–87, Dgt AUDI-WerksOrch Ingolstadt seit 86, Dgt LandesjugendOrch Bayern 90–91, 94–95, 98, 02, 04, Dgt LandesjugendOrch Baden-Württemberg 92–93, 96, 01, 03, Dgt Landes-Akk-Orch Hessen 97, 99–2000, Doz (Akk, Methodik, Didaktik, Unterrichtspraxis) U Augsburg 87–91, Doz (Akk, Methodik, Didaktik, Unterrichtspraxis) Richard Strauss Kons München seit 78, Tourneen m LandesjugendOrch Bayern: Russland 02, Ukraine 04, Tourneen m LandesjugendOrch Baden-Württemberg: Kanada/USA 92, Weißrussland/Russland 93, Brasilien 96, USA/Neuseeland/Fidji 01, Ukraine/Moldawien/Russland 03. **Pr:** 1. Pr Int AkkFstv Ieper 78, 1. Pr Int AkkFstv Innsbruck 83, Rudolf-Würthner-Med 95. **Ens:** Rudolph Würthner Ens. **Mitgl:** DHV, DALV. – **Aufn/RF:** CD: LandesjugendOrch Bayern, LandesjungendOrch Baden-Württemberg, Audi-WerkOrch Ingolstadt; RF-Aufn: Ingolstädter AkkOrch (BR) 78, AkkOrch Baltmannsweiler (SDR) 84, LandesjugendOrch Bayern (BR) 94, 02, 04. **Sonst:** Juror b nat u int Wettb, GastDoz Akad Remscheid u Bundesakad Trossingen.

Maltzahn, Damian von, Kirchenmusiker, Verleger, Schriftsteller; Alte Balinger Str 9, D-72336 Endingen, T: (07 11) 6 74 73 99, (0 74 33) 3 46 70, *bvmaltzahn@t-online.de* [Tübingen 23.6.1967]. Orgel **Ausb:** Stud H f KiM Eßlingen 88–93, (MWiss) U Tübingen 93–94, (Orgel) MH Trossingen 94–96. **Laufb:** Kantor Willsbach 97, Doz Künzelsau 98, Redakteur 'Beitr z KiM' 98–99, Verlagslt Endingen 2000, Beirat Orgelfesttage Wimpfen 2000, Organist Stuttgart 2001. **Ens:** Collegium Musicum Balingen. – **Sonst:** biograph Arbeiten 19. Jh, Hg EdR 'Süddt Orgel- u ChorM d Klassik u Romantik'.

Malý, Lubomír, Prof, Bratschist, Hochschullehrer; Nad Turbovou 34, CZ-15000 Prag 5, T: (02) 57 21 25 68, F: 57 21 25 68 [Prag]. Kammusik, Musik f Viola, vom Barock bis zu zeitgen Komp **Ausb:** Stud (L Cerný) Akad Prag. **Laufb:** Gastsol in ganz Europa, Fstvs in Prag, Wien, Leipzig, Athen, Mailand, Sol in USA, Japan, Tourneen m Nagoya Philharm Orch, Philadelphia Symph-Orch, TV-Orch Zagreb, Gewandhausorch Leipzig ua, Ltg v Mstrksen in Finnland, Kanada, Japan, England, USA. **Pr:** 1. Pr Int Wettb Helsinki. **Ens:** Trio Elvetico, Prager StrQua. – **Aufn/RF:** 38 Schallpl- u CD-Aufn, DVD. **UA:** mehrere. **Zug:** mehrere.

Malz, Heike, Flöte; c/o NRD Radiophilharmonie, Rudolf-von-Bennigsen-Ufer 22, D-30169 Hannover. **Laufb:** Sol NDR RadioPhilh Hannover. (Red)

Malzew, Stefan, Dirigent, Komponist, Generalmusikdirektor; Speckstr 20, D-17217 Penzlin, T: (0 39 62) 22 15 60, 01 72–6 50 23 49; c/o Landestheater Neustrelitz, Friedrich-Ludwig-Jahn-Str 14, D-17235 Neustrelitz, T: (0 39 81) 27 70, (0 39 81) 20 64 00, F: 20 59 44 [Berlin 1964]. **Ausb:** Stud (Dirig, Kl, Komp, Klar) H f M 'Hanns Eisler' Berlin 81–87. **Laufb:** Kapm Mecklenburg Staatsth Schwerin 87–90, Gastdgt Berliner Symphoniker SpZ 2000/01, GMD u OpDir Neubrandenburger Philh u d Ldsth Neustrelitz seit SpZ 01/02, Gast-Dgt MTh Gießen SpZ 03/04; ZusArb ua m d Berliner Symphonikern, Berliner SinfOrch, Dt SymphOrch Berlin, Hamburger Symphonikern, Dresdner Philh, Schweriner Philh, Orch d Dt Op am Rhein, Folkwang-KamOrch, Orch d Schleswig-Holstein M Fstv. **Pr:** Prtr Berliner P-Woitschach-Stift f KlarKonz-Komp 98. – **Komp:** Op: 'Kristall' nach E. T A. Hoffmanns 'Der goldene Topf', 'Das Opernpupp' 96 Schwerin, 'Libuschas Tod' 01 Gießen, Fssg v Puccinis 'Tosca' u 'La Bohème', Mozarts 'Zauberflöte' f KamEns; Konz: 3 Konz f Jazzqua u Orch. **AuftrKomp:** Konz f 3 Fl u gr Orch im Auftr d MSommers Mecklenburg-Vorpommern 04. **Sonst:** Grdg u Ltg Int Neubrandenburger JugendorchTreffen 'Baltikum 04', Grdg u Ltg 'Neubrandenburger KonzNächte'. (Red)

Mammoser, Carmen, Sängerin; Untere Heckenstr 56 A, D-70329 Stuttgart, T: (07 11) 42 86 04, F: 42 86 04, *walddoerfer@t-online.de*; c/o Württembergisches Staatstheater, Oberer Schlossgarten 6, D-70173 Stuttgart [Stuttgart 7.2.1953]. Op, Konz **Ausb:** Stud (SchM, Opschule, Liedklasse) MH Stuttgart 74–80, Gesang priv (H Dietz) 76–80; Stud (Germanistik) U Stuttgart 75–77, Workshop bei I Borkh. **Laufb:** Sol Stadtth Hagen 80–85, Sol Staatsth Stuttgart seit 85, Ludwigsburger FSp 93, 2001, Heidelberger SchlossFSp 94, KonzTournee Südamerika 95/2001 u Australien 99, Gastsp Dresden, Hamburg, Essen, Krefeld, St. Gallen, Luzern, Lehrtätigkeit MH Stuttgart seit 85. **Pr:** Stip Studienstift 79/80, 2. Pr VdMK Berlin 80, Pr Dt Musikrat 83, Sonderpr Mozartges Dortmund. – **Aufn/RF:** CD Rêve d'amour. **UA:** Manfred Trojahn: Seebilder, RSO Stuttgart, Dgt: L Foss; Hans Zender: Don Quijote, Staatsop Stuttgart.

Manacorda, Antonello, Violine, Dirigent; Käthe-Niederkirchner-Str 10, D-10407 Berlin, T: (0 30) 41 93 43 06; c/o Van Walsum Management Deutschland, PF 3409, D-30034 Hannover, T: (05 11) 3 66 07 23, F: 3 66 07 24, *vrowsell@vanwalsum.com*. **Laufb:** 1. Konzm Mahler Chamber Orch Berlin. (Red)

Manager, Richetta, Sängerin; Rotthauser Str 7, D-45884 Gelsenkirchen, T: (02 09) 87 61 87, (01 70) 7 79 02 61, *peterkorbach@aol.com*. **Laufb:** Sol Schillerth NRW Wuppertal-Gelsenkirchen, Gastsol Mainfranken Th Würzburg SpZ 00/01, Sol MTh im Revier Gelsenkirchen seit SpZ 03/04. (*)

Manasi, Matthias, Dirigent, Klavier; c/o Andante Agentur Wolfgang Eichelmann, An der Rehwiese 10, D-81375 München, T: (0 89) 70 05 84 08, F: 70 05 83 72, *wolf-eichelmann@netsurf.de* [1970]. **Laufb:** 2. Kapm u Solorep Südostbayer Städteth Landshut, Gächinger Kantorei 04. (*)

Manasiants, Anna, Sängerin; Steinweg 4, D-38100 Braunschweig, T: (05 31) 2 40 82 89, (01 77) 6 87 28 84. **Laufb:** Sol Staatsth Braunschweig, Gast-Sol Th Bielefeld SpZ 04/05. (*)

Mancusi, Guido, MagArt, Dirigent; Münzgasse 8/7, A-1030 Wien, T: (01) 7 15 16 61, F: 7 15 16 61, *guido@mancusi.at, g.mancusi@stadttheater-klagenfurt.at*; Konservatorium f Musik u darstellende Kunst, Johannesgasse 4a, A-1010 Wien; *www.proartservice.com* [Portici, Italien 14.6.1966]. **Ausb:** Wiener Sängerknabe 75–79, MuGymn, Stud (Ges, Fag) Kons, Stud Dirig (Österreicher) Komp (Urbanner, Schwertsik) MH, Dipl 89, Stud MuWiss, MA 92. **Laufb:** Mitgl Concentus Vocalis 82–88, Künstl Lt Chorus Viennensis 88–97, Künstl Lt OpFSp Klosterneuburg 98–00, Kpm in St Pölten, Graz, Wien (Raimundth, Kammeroper, Volksoper), Coburg, Kiel, Erfurt, Klagenfurt; Tourneen in Japan, USA, Ass Muti (Scala), Bayreuth, Chefdgt Stadtth Klagenfurt SpZ 03/05. **Pr:** KompPr: 2. Pr Int Musicfestival Japan 83, 1. Pr Int Chorwettb Bayern 91, 1. Pr Int Wettb Wien 97, Dirigierpr: Sobotka-Stift 89, Stift d MuHochschule 92, Mozart-Med 91. – **Komp:** Schlagwerkkonzert, Musikverein 91; 'Die Mutter Erde' (Orat), Musikverein 92; Trompetenkonzert Coburg 96; div. Kammermusiken Wien Modern, Zeitton, Wr FestW. **AuftrKomp:** haupts Chormusik, Streichquartett u -quintette, Bläserkammermusik, Solosonaten (Vc., Fg.). **Aufn/RF:** F Schubert: GA Chorwerke zu 3–5 Stimmen (dt Schallplattenpr); P Hindemith: GA Männerchor; Bruckner, Wolf, ORF 96; Haydn: Ouvertüren, Schubert: Ouvertüren (gr prix d disque). **UA:** Lemberg: 6 Orchesterlieder, Brahmssaal 92; Pauladovic: Oratorium, Konzerthaus, Wien-modern 94. **Sonst:** Diplomarb über P Hindemith, Chorlit; Grd Barock-Ens Vindobona 85.

Mandalka, Rudolf, Prof, Hochschullehrer, Cello; Stürzelbergerstr 70, D-40547 Düsseldorf, T: (02 11) 59 12 71. **Laufb:** Prof (Vcl) Robert-Schumann-H Düsseldorf. (Red)

Mandozzi, Melina, Violine; Wiedner Hauptstr 39/4/36a, A-1040 Wien, T: (01) 5 03 77 72, F: 5 03 77 72, *melina.m@gmx.at*; c/o Mersich & Kiess OEG, Erlaaer Platz 2/2/19, A-1230 Wien, T: (01) 8 17 87 73, *office@mersichkiess.at* [Locarno 4.11.1974]. **Ausb:** Stud V (Y Menuhin, M Norris, F Andrejewsky, M Fuks, I Ozim), KamM (S Griller, P Norris) Yehudi-Menuhin School 84–89, (Z Bron) MH Lübeck 89–98. **Laufb:** Debüt Royal Fstv Hall m Royal Philh Orch, Konz Europa, USA, Japan, Auftr ua Carnegie Hall New York, MVerein, KonzH u Bösendorfersaal Wien, Rachmaninow-Saal Moskau, Philh St Petersburg, Philh Novosibirsk, Reims, Herkulessaal München, Alte Op Frankfurt, Albenizsaal Madrid, Fstvs ua Schleswig Holstein, Zino Francescatti, Santander, Kumo (Finnland), Black Sea Fstv, Menuhin Fstv Gstaad, Judenburger Fstv, KonzReisen Italien, Frankreich, Japan, Rumänien, Bulgarien, Belgien, Israel, Schweiz, Dtschld, Mitgl Vienna Consortium seit 94, Philharmonia Wien seit 97, KonzM Vianna String & Co seit 98 u SymphOrch Graz seit 2000. **Pr:** Gewinner Regionalwettb 'Jugend musiziert' 82, Prtr 'Lipizer'-Wettb 93, 'Oistrach'-Wettb 93, 1. Pr Int VWettb Novosibirsk 95, 1. Pr 'Johannes Brahms'-Wettb

Österr 95, dreijähr Stip MIGROS-Genoss-Bund 95, 1. Pr ex aequo (Trio) 2. Int KamM Wettb Osaka 96, Prtr 'Fritz Kreisler' VWettb Wien 96, 'Förderpr Orpheus-Konz' 97, 3. Pr 'Vienna Int Music Competition' 98, 1. Pr 'Dr Luis Sigall' Int VWettb Chile 2000, Prtr 'Vaclav Huml' 01, 'Tibor Varga' Int VWettb 01. **Ens:** Vienna Consortium 94, Vienna String & Co 98, Ison Trio Vienna 93. – **Aufn/RF:** Fernsehen (TSI, RAI, NDR, Sat1, DW, ZDF, TF1, St Petersburg), Radio (RSI, Radio France, NDR, SWF, Suisse Romande, Espace 2, RAI), 4 CDs, ua N Rota: Gesamtwerk. **Sonst:** Grdgmitgl Ison Trio Vienna 93.

Mandozzi, Orfeo, Cello; Wiedner Hauptstr 39/2/42, A-1040 Wien, T: (01) 5 03 72 05, F: 5 03 72 04; c/o Mersich & Kiess OEG, Erlaaer Platz 2/2/19, A-1230 Wien, T: (01) 8 17 87 73, *office@mersichkiess.at* [Locarno 9.7.1968]. **Ausb:** Stud (Vcl) Paris, Mailänder Kons, Juillart-School New York, weitere Stud (W Herzer), Dirig (K Österreicher) Wiener MH seit 91, Meisterklassen (Yo Yo Ma, P Torelier, D Shafran, H Shapiro, B Greenhouse, S Palm). **Laufb:** KonzReisen als Sol u Kammermusiker in Europa, USA, Südamerika, zahlr RF-Aufn, Solocellist Wiener Kammerorch 92, 93, Solocellist NTO (Niederösterr Tonkünstler Orch) seit 93. **Pr:** 1. Pr Int UFAM Wettb Paris, 1. Pr ex aequo 2. Int KamM Wettb Osaka 96; Gewinner Orpheus Konz Auswahl 97. **Ens:** Ison Ensemble Wien, Wiener Brahms Trio. (Red)

Mandylas, Georgios, Violine; Wackersteinweg 30, D-72124 Pliezhausen, T: (0 71 27) 8 08 97, F: 8 08 97, *G.Mandylas@gmx.de*; c/o Württembergische Philharmonie, Marie-Curie-Str 8, D-72760 Reutlingen, *info@wuerttembergische-philharmonie.de* [Korfu 29.8.1969]. Orchester, Solo, Kammermusik **Ausb:** Royal College of Musiv (V) b J Vanêcek 89–90, Mstrks D Delay, Zislin, I Oistrach, Z Bron 89–90; Alban-Berg Qua 93; MH Stuttgart 93–99, Melos Qua U Mercuet. **Laufb:** Mitgl JugendsymphOrch d EU 90/91; Konzm Württemberg Philharmonie Reutlingen seit 95. **Pr:** 3. Pr Bubenreuter StrQua-Wettb, 1. Pr Saloniki KamM-Wettb, Goldmed Junge Talente Wettb Griechenland.

Mangold, Maximilian, Gitarre; Im Bubenwingert 17, D-69181 Leimen, T: (0 62 24) 76 90 11, F: 76 90 12, *Maximilian.Mangold@t-online.de*; *www.maximilianmangold-gitarre.de* [1966]. Solokonz u KamM, Neue Musik, Spanische Musik, Hist Gitarre des 19. Jhs **Ausb:** HfM Würzburg (Ruck) Dipl 92, Montreal (Pierri), Basel (Ghiglia), Weimar (Müller-Pering) Konzdipl 96. **Laufb:** Konz i Dtld, Luxemburg, Italien, Dänemark, Litauen, Ungarn, Niederlande, Tschechien. **Pr:** Int Git Wettb Mettmann 91, Dt Musikwettb 92, Guitar Foundation of America Wettb (Quebec 94, Northridge 95), Stip Studienstift d dt Volkes. **Ens:** Quintett m Vlach-Qua-Prag, Trio Kontraste (Fl, Vla, Git), Duos: Fl/Git, Cemb/Git, Kl/Git, Hist Git/Hammerflügel, Traverfl/Git. – **Aufn/RF:** H W Henze: Royal Winter Music I+II; F M Torroba: Span Gitarrenmusik, M Castelnuovo-Tedesco: Platero und ich; Engl. Gitarrenmusik: Britten, Walton, Bennett; Meisterwerke der klassischen Moderne: Strasfogel, Ghedini, Farkas, Leyendecker Genzmer; F Mompou: Gitarrenwerke; C J Mertz: Gitarrenwerke; Central Guitar: Dowland, Bach, Ponce, Rodrigo; SWR: Glanert, Jolivét, Konzertmitschnitte: HR, BR. **Zug:** Ulrich Leyendecker: Konz f Git u Orch. **Lit:** Fono Forum Porträt Heft 4/05.

Manicke, Dietrich, Dr phil, Prof, Komponist; Friedrich-Pieper-Str 18, D-32760 Detmold, T: (0 52 31) 4 71 32; *www.boosey.com/Manicke* [Wurzen/Sachsen 29.10.1923]. Orchester-, Kammer-, Orgel- u Chormusik **Ausb:** Stud Komp (J G Mraczek, F F Finke), Dirig (E Hintze) Staatl Akad f Musik Dresden 42–47, Stud (MWiss) Berlin u Münster 50–55, Dr phil 55. **Laufb:** Doz (Musiktheorie) Dresden u Berlin 48–53, Doz Berliner KiMSch 57–60, MH Detmold seit 60, Prof 67. **Pr:** Carl-Maria-v-Weber Pr d Stadt Dresden 49, Johann-Wenzel-Stamitz-Pr d Künstlergilde eV 83. **Mitgl:** DKV, Int Heinrich-Schütz-Gesellschaft, Gesellschaft f Musikforschung. – **Komp:** Passacaglia u Fuge (OrchW), UA Dresden, Dresdner Philh, Dgt: H Bongartz 47; Bläsersextett (KamM) 62, UA Braunschweig 62; Trio f V, Vcl u Kl 65, UA Köln 66; Konz f Fl u Orch (Konz) 67, UA Detmold, K-H Zöller, M Stephani 68; Drei Evangelienmotetten (Geistl ChW) 63/70/79, UA Berlin, Dresdner Kreuzchor, R Mauersberger, Spandauer Kantorei, M Behrmann 65, 70, 82; Concerto da Camera f Va u Orch (Konz) 83, UA Dresden, J Ulbricht, Staatskap Dresden, Dgt: H Wakasugi 84; Choral-Triptychon f ORgel 87, UA Berlin 88. **Aufn/RF:** Werke, eingesp ua v Staatskap Dresden, Dgt: R Kempe u H Wakasugi; Dresdner Philharmonie, Dgt: H Bongartz; NWD Philharmonie Herford, Dgt: W A Albert; m K Zöller ua Sol. **Sonst:** D Manicke: Der polyphone Satz I u II (Lehrbücher). **Lit:** F Blume, E Heckmann: Die Musik in Geschichte u Gegenwart (Band 16) 79.

Maninger, Olaf, Violoncello; c/o Berliner Philharmoniker, Herbert-von-Karajan-Str 1, D-10785 Berlin, T: (0 30) 25 48 80; *www.die12cellisten.com* [Recklinghausen]. **Ausb:** Stud Vcl (J Starker, M K Liegel) Essen, (A Fromm, A Menèses, B Pergamenschikow) Köln, Amadeus Qua. **Laufb:** Solocellist HR 94, Solocellist Berliner Philh seit 96. **Ens:** Die 12 Cellisten d Berliner Philh. (Red)

Manion, Michael, Komponist; c/o feedback studio verlag, Genter Str 23, D-50672 Köln, *mmanion@mail.com*; c/o GIMIK e.v. c/o Alan Fabian, Willigisstr 4, D-50969 Köln; *http://genterstr.hypermart.net/m_e_perc/start_l.html*, *http://kalvos.org/manionm.html* [USA 1952]. **Ausb:** Stud Oberlin Cons, U Illinois, Mills College Centre f Contemp M, U Sussex, MH Köln. **Laufb:** Schlzg in div amerik SinfOrch u Ens f Neue M. – **Komp:** ua Music for Electronic Percussion II 02, Music for Solo Vibraphone 2000 u 05. **Sonst:** Mitbegrdg GIMIK (Initiative M u Informatik Köln). (Red)

Mann, Craig, BM, Sänger; Rigistr 34, CH-6036 Dierikon, T: 04 14 50 44 55, 07 88 02 66 81, *craig.mann@tic.ch* [Philadelphia/PA, USA 12.5.1950]. ital Oper, Konzert, Musical **Ausb:** Philadelphia Musical Acad, Philadelphia Coll of the Performing Arts, Rosary Coll Graduate Sch of Fine Arts, Int Opernstudio/Op Zürich ua. **Laufb:** (Porgy and Bess) OpHaus Zürich 77, (Cavalleria u Pagliacci, Rigoletto, Nabucco ua) Israel Nat Op 78–80, (La Boheme, Marcello), (Simon Boccanegra, Titelrolle) Th d Stadt Luzern 82–84, (Giulio Cesare, Titelpartie) Radio Televisione della Svizzera Italiana 85, (Händel: Saul) Israel Philh Orch, Haifa u Tel Aviv, Dgt: Helmut Rilling 90; Berufsausbilder (Ges) Schweizer MPäd Verband, üb 50 Bar-Fachpartien USA, Europa, Israel, mehr als 500 Konz; (Anatevka, Tevje) Schweiz. **Mitgl:** Schweizer MPäd Verband, Association des Prof du Chant de Suisse. – **Aufn/RF:** CDs: Südamerikan Weihnacht (Irigaray), Ltg: Kurt Pahlen; Messe Solenelle (Gounod), Ltg: T Roling; RF: Händel: Saul (Titelpartie), m Israel Philh Orch, Israel RF; L'Elisir d'Amore (Belcore) Radio de Suisse Romande; Giulio Cesare (Titelpartie), Radio Televisione della Svizzera-Italiana. **UA:** Thoams Pasatieri: Calvary, USA 71; Allan Rosenheck/Erich Kästner: Hamlet's Geist 88; Grossenbahcer/Gershwin: Porgy and Bess (Porgy), OratFssg, Bern 89. **Zug:** A Rosenheck/E Kästner: Hamlets Geist.

Mann, Katrin, Opern- und Konzertsängerin; Engelburger Gasse 21, D-93047 Regensburg, T: 01 76 60 01 48 65, F: (09 41) 5 04 16 75 [Kiel]. **Ausb:** Stud Konzges (Prof R Grist) MH München 90–97, (Prof M Arroyo) Performer Dipl Ges Indiana Uni Bloomington 95–96; Mstrkse b R Scotto, S Jurinac, H Deutsch, L Hokanson. **Laufb:** Gastsol Th Hof SpZ 03/04, Gastsol Th Hof SpZ 02/03, Gastsol Staatsop Wien SpZ 01/02, Sol Th Regensburg SpZ 99–01, Gastsol Th du Capitole Toulouse SpZ 98/99.

Mann, Mathias, Sänger (Bassbariton); Weinstr 225, D-67434 Neustadt/W, T: (0 63 21) 92 95 76, *mathiasmann@msn.com* [Neustadt/Weinstraße 23.1.1966]. Oper, Oratorium **Ausb:** MH Köln (H Sotin), London (D Forlano). **Laufb:** Ens Stadtth Bielefeld 94–98, Sol Ens Pfalzth Kaiserslautern 98–02, Gastsol ua Essen (Debüt 88), Köln, Karlsruhe, Münster, Augsburg, Kiel, Detmold, Gastsol Th Hagen SpZ 02/03, freischaff seit 02/03.

Mannkopff, Andreas, Sänger; c/o Theater St Gallen, Museumstr 1/24, CH-9004 St Gallen. **Laufb:** GastSol Op Halle/Saale SpZ 03/04, Sol Th St Gallen SpZ 04/05. (Red)

Manno, Ralph, Prof, Klarinette, Hochschullehrer; Bernhardstr 120, D-50968 Köln, T: (02 21) 4 50 92 96, F: 34 47 63, *arcano-geer@t-online.de*; H f Musik, Dagobertstr 38, D-50668 Köln; *www.ralphmanno.de* [Brühl 1964]. Solist, Kammermusik **Ausb:** Stud Köln, J v Karajan-Akad d Berliner Philh 85–87. **Laufb:** Sol Kölner RFOrch WDR, Münchner Philh 89, Prof (Klar) H f Musik Köln seit 93, Mstrks weltweit (Europa, USA, Argentinien, Uruguay, Chile, Japan, Australien, Jordanien uva). **Pr:** KamMPr d Dt Musikrates 92. **Ens:** 'ensemble incanto'. – **Aufn/RF:** Rundfunkmitschnitte weltweit; CDs: beinahe alle berühmten Werke f Klar von z B Mozart, Beethoven, Brahms, Debssy, Bartok, Milhaud, Strawinsky, Schumann, Poulenc, Bruch. **UA:** zahlr, ua Werke v M Trojahn, K Weill, G Schuller, D Acker, D Lötfering. **Zug:** zahlr zeitgenöss Werke d Solo- u KMlit. **Sonst:** Kurator od künstl Lt versch int Musikfestivals, ua 'Kontura' Brühl, Mattheiser Sommerakademie, Bad Sobernheim, Erftkreiszyklus NRW etc.

Mansberg, Friedrich von, Sänger; c/o Theater Lüneburg GmbH, An den Reeperbahnen 3, D-21335 Lüneburg, PF 2829, D-21318 Lüneburg. **Laufb:** Sol Th Lüneburg seit SpZ 03/04. (Red)

Mansker, Carl, Komponist, Pianist; Nymphenburgerstr 169, D-80634 München, T: (0 89) 13 12 75, F: 13 43 23; Es Castillo, E-07179 Deiá de Mallorca, T: 09 71 63 91 15, F: 09 71 63 90 17, *Mansker@Mx3.RedesT&.es* [Los Angeles 20.11.1935]. **Ausb:** Stud Kalifornien u New York, Stud Kl (R Schmid) MH München, Abschlußprüfung 67, Unterr in München u Spanien. **Laufb:** Konz durch ganz Europa u Asien, jetzt Komp. – **Komp:** Partita op 24 (V, Kl), UA München 81; La Nuit op 19 (Lied f Sop u Orch), UA München 84; Drei Stücke f Klavier op 23 (Kl), UA Palma de Mallorca 86; El bon senyor Karnak op 26 (Op), UA Palma de Mallorca 88; Variacions i improvisacions sobre un tema de Mompou op 38 (Kl), UA Deiá de Mallorca 95; Concerto Grosso op 30; Sinfonie 'Algabal' op 36 (Bar, Orch).

Mantel, Gerhard, Prof, Hochschullehrer, Cello; Hebelstr 4, D-60318 Frankfurt, T: (0 69) 4 98 00 20, F: 4 98 00 20, *gmantel@t-online.de*; Hochschule f Musik u Darst Kunst, Eschersheimer Landstr 29–39, D-60322 Frankfurt; *www.gerhard-mantel.de* [Karlsruhe 31.12.1930]. **Ausb:** Stud b Eichhorn, Fournier, Xavarra Paris 56. **Laufb:** Solocellist SymphOrch Bergen/ Norwegen 54–56, SymphOrch d WDR/Köln 56–58, Prof aD (Vcl) H f M u Darst Kunst Frankfurt/M seit 73, KonzReisen als Sol u KamM im Duo m d Pianistin Erika Frieser USA, Ferner Osten, Südamerika u i d meisten europ Ländern, zahlr RF-, Fernseh-, Schallpl- u CD-Aufn, Grd u Dgt 'Frankfurter Publikumsorch' 86, Grdg Forschungsinstitut f Gesangs- u Instrumentalpädagogik eV Frankfurt 94. **Pr:** BVK. **Mitgl:** Ehrenpräs ESTA Dtschld. – **Sonst:** Veröffentl: 'Cellotechnik' 73, 'Cello Üben' 87, 'Celloschule in 3 Bänden', 'Einfach Üben', 'Mut zum Lampenfieber'.

Manyak, Edgar, Posaune; c/o Rundfunk-Sinfonieorchester Berlin, Charlottenstr 56, D-10117 Berlin. **Laufb:** Sol RF-SinfOrch Berlin. (Red)

Manz, Adrian, Kapellmeister; c/o Vereinigte Bühnen, Linke Wienzeile 6, A-1060 Wien. **Laufb:** 1. Kapm Vereinigte Bühnen Wien. (Red)

Manz, André, Orgel; Brunnenfeldstr 11, CH-8580 Amriswil, T: 07 14 11 24 25. (Red)

Manz, Wolfgang, Prof, Pianist, Hochschullehrer; Altdorfer Kirchenweg 5, D-90518 Altdorf, T: (0 91 87) 90 63 26, F: 80 81 83, *WolfgangManz@t-online.de*; H f Musik, Veilhofstr 34, D-90489 Nürnberg [Düsseldorf 6.8.1960]. KamM, Kl m Orch, Kl **Ausb:** Stud (D Toman) Remscheid 74–79, Stud (Kämmerling) MH Hannover 79–86. **Laufb:** Prof (Kl) H f Musik Nürnberg-Augsburg, Abt Nürnberg 01; KonzTourneen in Europa, Fernost 81–05. **Pr:** 2. Pr Leeds Int Pianoforte Comp 81, Mendelssohn-Bartholdy-Pr Berlin 80, 2. Pr DMW Bonn 82,

2. Pr Concours Reine Elisabeth Brüssel 83. **Ens:** Klavierduo mit Rolf Plagge. **Mitgl:** Lions Club Nürnberg. – **Aufn/RF:** CDs: Brahms: Intermezzi op 116–119; Brahms: Klavierkonz Nr 1 u 2, m Philh Orch Bukarest, Dgt C Mandeal; Dohnányi: KlQui op 1, m Gabrieli String Qua; Grieg: Son f Vcl u Kl op 36 u Rachmaninow: Son f Vcl u Kl op 19, m E Klein; Hindemith: Son u Stücke, m E Klein; Honegger Son f Va u Kl u Brahms: Son f Va u Kl op 120, m D Penkov; Meditation – Stücke f Sax u Kl, m J-P Rorive; Russ Musik f 2 Kl, m R Plagge; Beethoven: Symph Nr 9 in der Version f 2 Kl, m R Plagge; Chopin: Kl-Stücke; Debussy, Hindemith, Radermacher: Konz f Kl u Orch, m untersch Orch; Russ u Armen Musik f 2 Kl. **UA:** E A Klötzke: Trompe l'oiel (KlKonz), m Westfäl SinfOrch Recklinghausen, UA 02. **Sonst:** Grdg Meisterkurs-Inst 'Gradus ad Parnassum' Hannover 96, Altdorf 01.

Mara, Dorin, MA, Sänger; Fischergrube 41, D-23552 Lübeck, T: (04 51) 7 07 25 06, 01 60–98 33 24 00, F: 7 07 25 06, *maradorin@hotmail.com*; str Saturn 25, Sc A, Ap 10, RO-500338 Braşov [Braşov, Rumänien 10.9.1964]. ital u frz Oper **Ausb:** Stud b I Pop Kons f M 'Ciprian Porumbescu' Bukarest Rumänien (Op-Dipl) 85–90, Stud Lied u Orat (B Zakotnik) Ges (B Bakow) U Mozarteum Salzburg 95–99. **Laufb:** Eng Staatsop Bukarest 90–95, Th Lübeck 97–2000, Sol Dt Op a Rhein Düsseldorf 99, Bühnen d Ldshauptst Kiel 01, SommerFSp Alden Biesen Belgien 01, Staatsth Stuttgart seit 01, ThDortmund 02, Th d Bdsstadt Bonn 02, Pfalzth SpZ 02/03, 04/05, Zeitgen Op Berlin SpZ 03/04. – **UA:** Donizetti: I Pazzi Per Progetto, DEA Stuttgart 01.

Maranca, Elisabeth, Orgel, Hochschullehrerin; Wiesbadener Musik- & Kunstschule, Schillerpl 1–2, D-65185 Wiesbaden. **Laufb:** Doz (Orgel, Methodik, Kl) Wiesbadener Musikakad. (Red)

Marangozov, Nikolay, Violine; Mühlthaler Str 114, D-81475 München, T: (0 89) 74 57 98 87. **Laufb:** 1. Konzm Orch d Staatsth am Gärtnerpl München. (Red)

Marasch, Arkadi, 1. Konzertmeister; c/o Opernhaus Halle, Universitätsring 24, D-06108 Halle, PF 110554, D-06019 Halle (Saale), T: (03 45) 5 11 00, F: 5 11 03 33, *kontakt@opernhaus-halle.de*; c/o Konzertagentur Heide Stock, Mesmerweg 2, D-30655 Hannover, T: (05 11) 3 94 31 14, F: 3 94 31 15, *heide.stock@gmx.de*; *www.opernhaus-halle.de*. **Laufb:** 1. Konzm Orch d Op Halle, Gastdgt Op Halle SpZ 00/01, Dgt Op Halle seit SpZ 03/04. (Red)

Marbot, Anne-Florence, lyrischer Koloratursopran; Altenbergstr 56, CH-3013 Bern, T: 03 13 32 38 73, 07 92 90 87 54, *anne-flo@gmx.ch*. Oper, Konzert **Ausb:** Stud Ges (Prof M Kohler) HMT Biel/Bern 97–2001, (Prof Wirtz) MH Freiburg i Br 01–02, Schweizer OpStudio 03. **Laufb:** Gastsol Th Biel-Solothurn seit SpZ 02/03, EnsMitgl ebd SpZ 03/04, Sommer-Openair Op Schloss Hallwyl/Schweiz 03. **Pr:** Studienpr v Fond C Moretti Lausanne 99 u 2000, Kiefer-Habitzel-Stift u Schweizer Tonkünstlerverein 01, Migros Stip-Wettb Zürich 02 u 03. – **Aufn/RF:** Schubert: Mignon f StrQua u Sop, Radio Suisse Romande 01/02; Donizetti: Aus Don Pasquale, 1. Akt (Norina); Ch Graun: Aus G Cesare, Arie d Kleopatra, DRS 2 2000. **UA:** Schweizer UA: T Traetta. 'Antigone', UA Stadtth Biel 03; N Puccini: 'Didon', UA unter Ltg F Trinca 04.

Marc, Dorin, Prof, Hochschullehrer, Kontrabass; Hochschule f Musik Nürnberg-Augsburg, Abt. Nürnberg, Veilhofstr 34, D-90489 Nürnberg [7.5.1958]. **Ausb:** Stud (N. Popa, I. Cheptea) H für Musik Bukarest. **Laufb:** KB Philh Klausenburg (Rumänien), SoloKB „Orch Int d'Italia", SoloKB Münchener Philh, Prof (KB) H f Musik Nürnberg-Augsburg, Abt Nürnberg. (Red)

Marchand, André B, Prof, Piano, Dirigent, Hochschullehrer; Werastr 8, D-70182 Stuttgart, T: (07 11) 23 21 80, F: 23 21 80, *a.b.marchand@t-online.de*; Hochschule f Musik u Darst Kunst, Urbanstr 25, D-70182 Stuttgart [Dresden 1945]. Bach, Klavierübung; Beethoven, 32 Sonaten; Schumann, Debussy, Ravel **Ausb:** Stud (M) Freiburg, Stud (Germanistik, Romanistik, Philosophie) U Freiburg, Stud Dirig, KamM, Lied, Komp, Kl (C Seemann) ebd; Stud (P Sancan) Cons Nat, (I Lefébvre, Th de Brunhoff) Ecole Normale de Musique, Unterr (D Weber), Kse b C Arrau, M Deutsch, N Boulanger, S Askenase. **Laufb:** Gastprof U of Wisconsin, U of Iowa, Konz Südkorea, Nordafrika, Sowjetunion, Italien, USA, Japan, Griechenland, Prof MH Freiburg, MH Stuttgart seit 85, m Goethe-Inst Asien, Afrika, KamMMstrkse Vicenza (Italien), Calonge (Spanien), Mstrks Piano-Centrum Matthaes, Auftritt m Tokyo-Symph, New Japan Philh, Sapporo Symph Orch, Seoul Sinfonietta, Nat Orch Kairo, Gastprof Nagoya Coll Japan, Yonsei U Seoul, Sook-Myung U Seoul. **Pr:** Pr Dt Hochschulwettb, Stip d Studienstift, Mitgl Center for New Music als Rockefeller-Stip, Gewinn d Konz Junger Künstler d Dt Musikrats, Stip Fond A Roussel.

Marchi, Alessandro de, Dirigent; c/o Hamburgische Staatsoper, Große Theaterstr 34, D-20345 Hamburg, PF 302448, D-20308 Hamburg; c/o Opernhaus Halle, PF 110554, D-06019 Halle (Saale). **Laufb:** Dgt Staatsth Stuttgart, Dt Staatsop Berlin, Gastdgt Op Halle, Hamburg Staatsop SpZ 01/05, Semperop Dresden SpZ 04/05, Op Halle SpZ 04/05. (Red)

Marchione, Carlo, Prof, Hochschullehrer (Konzertgitarre); Sint Nicolaasstr 31, Niederlande-6369 XM Simpelveld, T: (0 45) 5 44 60 15, *marchionecarlo@hotmail.com*; *www.carlo-marchione.de* [Rom 1964]. **Laufb:** Russland-Tournee 1997, dabei Auftr Hauptsaal d Kons P I Tchaikowsky Moskau u Philh St Petersburg, Debüt Berliner Philh 98, Prof (KonzGit) H f M Felix Mendelssohn Bartholdy Leipzig. **Pr:** zahlr Hauptpr b nat u int Wettb wie ua Ancona 79/80, L Legnani Parma 81, M Guiliani 82, Ville de Sablé 85, Gargnano 89, N Paganini 91, Città di Latina 92. – **Aufn/RF:** Soloplatte m G P Telemann: 12 Violinefantasien. (Red)

Marciniec, Ewa, Sängerin; ul Chabrowa 109 B-10, Polen-81–079 Gdynia, T: (0 58) 6 23 82 40; c/o Oper Fankfurt, Untermainanlage 11, D-60311 Frankfurt/Main. **Laufb:** Sol Staatsth Oldenburg, Gastsol Op Frankfurt SpZ 04/05. (Red)

Marco-Buhrmester, Alexander, Bariton; Lina-Oetker-Str 5, D-33615 Bielefeld, T: (05 21) 1 36 68 55; c/o Boris Orlob Management, Jägerstr 70, D-10117 Berlin, T: (0 30) 20 45 08 39, 01 77–5 47 68 40, F: 20 45 08 49, *info@orlob.net* [Basel]. **Ausb:** Stud (Ges) Kons f M u Th Bern ab 84, OpStudio d MAkad Basel 87. **Laufb:** Sol Stadtth Biel 87–89, Aalto Th Essen 89–92, Th Dortmund 92–95, Kom Op Berlin 95–99, Gastsol ua Staatsth Wiesbaden, Anhaltisches Th Dessau, Op d Stadt Bonn, Th Basel, Op Bielefeld, Staatsth Oldenburg 03/04, Dt Staatsop u Kom Op Berlin 04/05, Sol Th Bielefeld 04/05, Gastsol Opéra de Paris 05, Bayreuther FSp seit 01; ZusArb m Dgt: M Venzago, Y Kreizberg, Ch Thielemann, J Conlon, H Wallberg, J Mauceri, Konz m Gürzenich Orch, Kölner Philharmonikern, Dt SymphOrch Berlin, KonzReise m Carmina Burana durch d USA, zahlr Konz in Russland, seit 99/2000 freischaff. **Pr:** Studienpr (Ges) d MGB d Stadt Zürich 85ff. – **Aufn/RF:** CD (CAPRICCIO), KonzAufn m d DSO Berlin (Lt J Mauceri). (Red)

Marcon, Andrea, Dirigent, Cembalo; Roman-Mayer-Str 9, A-9754 Steinfeld, T: (06 50) 8 27 32 85; c/o Weigold & Böhm International Artists & Tours GmbH, Streitfeldstr 19, D-81673 München, T: (0 89) 5 20 34 90, *agentur@weigold-boehm.de*. Alte Musik, Vivaldi **Laufb:** Gastdgt Schauspielhaus Wien SpZ 2000/01, Op Frankfurt SpZ 04/05, Gastsol Schwetzinger FSp 05. – **Aufn/RF:** zahlr CDs. (Red)

Marcovici, Silvia, Prof, Hochschullehrer, Violine; Univ f Musik u Darst Kunst, Inst 3, Brandhofgasse 21, A-8010 Graz, T: (03 61) 3 89 37 96, *silvia.marcovici@kug.ac.at* [Bacau, Rumänien 30.1.1952]. **Ausb:** Stud in Bacau, Rumänien, u Bukarest (S Gheorghiu) ab 65. **Pr:** 1. Pr Marguerite Long/Jacques Thibaud Wettb Paris 69, 1. Pr George Enescu Wettb Competition. (Red)

Marel, Leander de, Sänger, Schauspieler; Annaberger Str 32, D-09488 Schönfeld, T: (0 37 33) 5 83 64 [Leipzig 19.1.1955]. Oper, Operette, Musical **Ausb:** b Prof H Schlott H f M Felix Mendelssohn-Bartholdy Leipzig 81. **Laufb:** Sol E-v-Winterstein-Th Annaberg 80–85 u seit 90(/05), Th Altenburg 85–89, Op Chemnitz 88–89.

Marey, Thomas, Schauspielmusiker; Kleyerstr 50, D-60326 Frankfurt/Main; c/o Max Eipp, Institut für Plötzliche Bewegung, Falkenried 34 d, D-20251 Hamburg. **Laufb:** SchspM Inst f Plötzliche Bewegung Hamburg SpZ 03/04, Th Gruene Sosse Frankfurt SpZ 04/05. (Red)

Margiol, Günther, Violine; c/o Stadttheater Klagenfurt, Theaterpl 4, A-9020 Klagenfurt. **Laufb:** 2. Konzm Stadtth Klagenfurt SpZ 03/05. (Red)

Margiono, Charlotte, Sängerin; c/o Pieter G Alferink Artists Management BV, Herengracht 340, Niederlande-1016 CG Amsterdam, T: (0 20) 6 64 31 51, F: 6 75 24 26, *alferink@worldonline.nl*; c/o Hamburgische Staatsoper, PF 302448, D-20308 Hamburg [Holland]. **Laufb:** Sol Nederlandse Op, Salzburger FSp, Fstv Aix-en-Provence, Sächs Staatsop Dresden, Wiener Staatsop, Hamburg Staatsop.

Margita, Stefan, Tenor; c/o Caecilia Lyric Department, Rennweg 15, CH-8001 Zürich, T: 0 12 21 33 88, F: 0 12 11 71 82, *caecilia@caecilia-lyric.ch*; *www.caecilia.ch/newPres/bio/mar.htm* [Kosice/Slovakei]. **Laufb:** Sol Dt Op Berlin, Bregenzer FSp SpZ 03/04. (Red)

Marguerre, Eleonore, Dipl, Sopran; c/o Oper Leipzig, Augustuspl 12, D-04109 Leipzig; c/o Nationaltheater Weimar, PF 2003, D-99401 Weimar; *www.eleonore-marguerre.de/*. Oper, Lied **Ausb:** MH Karlsruhe (Ges) b I Haubold 97–99, U f M Wien (Ges) b KS M Lilova 99–01, Dipl. **Laufb:** Bregenzer FSp ('Tagebuch e Verschollenen'), Komische Op Berlin SpZ 01/02 ('Orpheus in d Unterwelt', Euridike), NatTh Mannheim ('Königin v Saba', Astaroth) 02, Op du Rhin Satrsbourg 03 ('Cendrillon', La Fee), NatTh Weimar 03–06 u Staatsop Wien 05 ('Zauberflöte', Königin der Nacht), Op Leipzig SpZ 05/06, Staatsth Darmstadt SpZ 05/06 ('Entführung', Konstanze), Dt Op Berlin SpZ 05/06 (Mozart-Fragmente). **Pr:** 3. Pr Klaudia-Taev-Competition Estland 03, 3. Pr u Publikumspr 'Competizione dell' Op' Dresden 04, Emmerich-Smola-Pr SWR-Landau 04. – **Aufn/RF:** Bruch: Die Glocke, m Staatskap Weimar, Dgt J v Steen 05; Suppé: Die schöne Galathée, m WDR Orch, Dgt B Weil 05; Competizione dell' Op, Mai 04, MDR.

Marguier, Antoine, Dirigent, Klarinette; c/o Edouard Graham – Communication artistique, 14, rue Jean-Dassier, CH-1201 Genève, T: 07 87 08 62 68, F: 07 92 90 18 52, *edouard.g.graham@gmail.com*; *www.antoinemarguier.com* [1969]. **Ausb:** Stud (Musikwiss) Univ Besançon, (Klar) Cons Nat Sup de Musique Lyon, (Dirig) Sommerakad Pontarlier, Cons Sup de Musique Genf. **Laufb:** als Sol (Klar) Frz Jugendorch, Europ Jugendorch 91–94, Orch de la Suisse Romande 92, Orch in Frankreich, Österreich u d Schweiz; als Dgt ua Orch d Tonhalle Zürich, SymphOrch Biel, UBS Verbier Fstv Orch, Aspen Music Fstv Orch (USA), Lt StrOrch Gex, Künstl Lt d Orch St-Pierre-Fusterie Genf 98, Ass-Dgt d Orch Suisse des Jeunesses Musicales Sommer 98, Ass-Dtg d Orch Français des Jeunes 98, Gastdgt Orch de Chambre Lausanne 98, Orch de la Suisse Romande 99, Orch Suisse des Jeunesses Musicales 2000, 03; Prof (Bass-Klar) Cons Sup de Musique Genf 97. (Red)

Marian, Johannes, Mag, Prof, Hochschullehrer, Klavier; Univ f Musik u Darst Kunst, Inst Ludwig van Beethoven, Rennweg 8, A-1030 Wien, *marian@mdw.ac.at*. **Ausb:** Stud (Instrumentalpäd, Tonsatz) U f Musik u Darst Kunst Wien (C Graf-Adnet, H Ossberger, A Uhl). **Laufb:** L (Kl) Bruckner-Konservatorium Linz seit 92, U f Musik u Darst Kunst Wien seit 96, ao UProf ebd, Doz Wiener Tage f zeitgen KMusik. **Ens:** Wiener Collage, Symphoid. (Red)

Mariani, Licio, Sänger; c/o New Level – fairlight records, Glockengießerwall 28, D-20095 Hamburg. **Laufb:** Sol Freilichtth Tecklenburg SpZ 03/04. (*)

Mariétan, Pierre, Komponist; rue Buzelin 13, F-75018 Paris, *piermar@noos.fr, piermar@noos.ch* [Monthey, Schweiz 23.9.1935]. Komp f instr, vokale, elektron Besetzung, Klanginstallationen **Ausb:** Stud ('écriture', Theorie, Dipl Hn, Dipl KapM Polyphonie u Gregorianik) Kons Genf 55–60, Stud Dirig Orch) Kons Venedig 58–60, Stud Komp (B A Zimmermann) H f M Köln 60–62, (P Boulez, K Stockhausen) MAkad Basel 61–63, (H Pousseur) Rhein Musikschule Köln 64–65. **Laufb:** Produzent 'Atelier de création radiophonique' b France Culture (Radio France) seit 69, Doz Uni Paris 69–88, Dir 'Cons de Garges' 72–77, zahlr Tourneen u Gastvorträge in Europa, USA, Kanada u Japan, Aufführ eigener Werke b Fstvs u Konz neuer u klass M, ua Domaine Musical Paris, Fstv de Montreux, Fstv Tibor Varga Sion, Musica Strasbourg, Diorama Radio Suisse Romande, Fstv Weimar, Ars Acoustica Köln, Gaudeamus NL, Intermédia New York. **Pr:** versch Pr in KompWettb, ua Pr Avro (Gaudeamus) 65, Pr Boswill 72 u 74, Förderpr Beethoven d Stadt Bonn 77, Pr Ars Acoustica Int WDR Köln 96; Pr f architekton Werk u pädagog Schriften. – **Komp:** seit 62 zahlr Komp f instr, vokale, elektron Besetzung, ua Circulaire (f 1, 2 o 3 Kl), Biennale Paris 66; 'Je donne à entendre...' protocole de lecture textuelle et musicale, Paris 75; 'Concept pour orchestre: échapper au temps, est-ce possible?', Settimene musicali di Ascona 99; 'Chant VII' Abbaye du Thoronet 2000. **AuftrKomp:** f ACR Radio France, France Culture, SWF Baden-Baden, Frz Staat, Pro Helvetia, Conféderation Suisse; ua 'Un âge va, un âge vient' (f Chor u Orch) UA Orch Radio Svizzera Italiana 79 (Auftr: Pro Helvetia); 'Rose de vents' (action musicale de 7 jours en milieu urbain), 82–89, UA Albi, (Auftr: Frz Staat); 'Clair-obscur' (f 8 Kl, vierh), 85, Aarau, Basel, Hannover, Paris, Martigny; 'Paysmusique – image sonore du pays dans la musique de ses parlers' 91 (Auftr: Conféderation Suisse). **Aufn/RF:** zahlr RF-Mitschn eigener Komp seit 62 (ACR France, Culture Radio France, WDR Köln, SWF Baden Baden, Radio Suisse ital), ua 'Bruits' orch et voix parlée et chantée, Radio France 87; 'Voyage en Orion' opéra d'intérieur, Paris Radio France 89; 'Pianocontinu' pour piano seul, Concert Manifeste, GERM/ACR Radio France 90; 'Eine stille Zeit', Studio Akust Kunst WDR Köln 98; Aufn ua 'Instants constitutifs de Pays Musique' 97, 'Jardins suspendus' 99. **Sonst:** Grd u Dir LAMU 79 (seit 90: Laboratoire Acoustique et Musique Urbaine de l'Ecole d'Architecture de Paris La Villette), Grd GERM 66 (Groupe d'Etude et Réalisation Musicales), Klanginstallationen (ua 'Installation sonore' Schweiz Pavillon EXPO Sevilla 92; 'Jardins suspendus' Chateau de Ripaille, Thonon 01), Teilnahme an architekton, städtebaul, landschaftsgestalter Projekten in Frankreich, Deutschl, Österreich, Italien, Spanien; verschied Publik seit 68, zuletzt: 'La beauté du diable; à propos des oeuvres récentes de P Boulez et de la musique techno' 01, 'La musique du lieu' (Publ. UNESCO), 'Lire la ville a l'oreille'.

Marik, Anton, Dirigent; c/o Theater der Stadt Koblenz, Clemensstr 5, D-56068 Koblenz [Wien]. **Ausb:** Wiener Sängerknaben, Stud Wiener Musikakad (Dirig, Komp, Org). **Laufb:** 1. Kapm in Klagenfurt, Bielefeld, Kassel u Dortmund; GMD in Heidelberg 89–93, anschließend in Dortmund; zahlr Gastdirigate ua in Mailand, Budapest u USA; GMD Philharmon Orch u Th Dortmund, v 2002/03 an vorr Ltg WDR RundfChor, 1. Dgt Theater d Stadt Koblenz. – **Aufn/RF:** RF-Anstalten u CD-Einsp (ua Strauss', Alpensinfonie', Bruckners Sinf Nr 8 u Mahlers Sinf Nr 6). (Red)

Marilley, Sophie, Mezzosopran; c/o Laurent Delage Artists Management, Albertplatz 8, A-1080 Wien, T: (01) 4 03 63 49, F: 4 03 63 49, *office@delage.at*; *www.delage.at* [Fribourg 1973]. **Ausb:** Kons Fribourg b A Faes, Mstrks b I Cage, B Fassbaender u A Rolfe-Johnson. **Laufb:** Sol Städt Bühnen Osnabrück SpZ 03/04, Kammerop Wien SpZ 03/04, Th St Gallen SpZ 04/05, Op Graz 05/06, Op Lausanne 05/06, Op Nantes 05/06. (Red)

Marino, Ruth-Alice, Harfe; c/o Niedersächsisches Staatsorchester, Opernpl 1, D-30159 Hannover. **Laufb:** 1. Sol Niedersächs StaatsOrch Hannover. (Red)

Markert, Annette, Mezzosopran; c/o Balmer & Dixon Management AG, Kreuzstr 82, CH-8032 Zürich, T: 04 32 44 86 44, F: 04 32 44 86 49, *mail@badix.ch*; *www.badix.ch/voc.markert.html*. **Ausb:** Stud (Gesang) MH Felix-Mendelssohn-Bartholdy Leipzig. **Laufb:** ua: mehrere Jahre Op Leipzig u Halle, freischaff seit 96, ZusArb m bedeutenden Orch u Dgt, ua Mendelssohn: 'Elias' Salzburger FSp, Dgt: P Herreweghe 96/97, Bach: 'Johannes-Passion' (Altpartie) Osterklang Fstv Wien, Dgt: P Herreweghe 96/97, 'Matthäus-Passion' Lincoln Center, Dgt: K Masur 97/98, Händel: 'Tolomeo' Göttinger HändelFSp, Dgt: N McGegan 98, Konz in ganz Europa, Tournee Beethoven: 'Missa Solemnis', Dgt: P Herreweghe, Rihm: 'Deus Passus' OsterFSp Luzern 2001; Sol KamOp Berlin SpZ 04/05, Gastsol Op Hannover SpZ 04/05. **Pr:** zweimal Händelpr Stadt Halle. – **Aufn/RF:** zahlr Einsp, ua: Bach: 'Johannes-Passion', m Virtuosi Saxoniae, Dgt: L Güttler 98; Martin: 'Golgatha', Dgt: H Böck 98. (Red)

Markert, Harald, MA, Musikdramaturg; Bismarckstr 3, D-38102 Braunschweig, T: (05 31) 34 48 90, *HaraldMarkert@staatstheater-braunschweig.de*; *www.staatstheater-braunschweig.de* [Tübingen 12.9.1945]. Oper **Ausb:** Stud (MWiss, KuGe, Germanistik) Uni Tübingen 66, (ThWis, KuGe, Germanistik) Uni Köln 66–70. **Laufb:** MDram Staatsth Braunschweig SpZ 03/05. **Mitgl:** Dramaturg Ges.

Markert, Maja, Trompete; c/o HR Sinfonieorchester, Bertramstr 8, D-60320 Frankfurt a M. **Laufb:** stv Sol HR SinfOrch Frankfurt a M. (Red)

Markert, Martin, Sänger; c/o Theater Lüneburg GmbH, PF 2829, D-21318 Lüneburg. (Red)

Markfort, Michael, Sänger; c/o Deutsche Staatsoper, Unter den Linden 7, D-10117 Berlin, PF 354, D-10109 Berlin. **Laufb:** Gast-Sol Dt Staatsop Berlin SpZ 00/01, SpZ 03/05. (Red)

Markovic, Aleksandar, Dirigent; c/o Primusic, Herrengasse 6–8/2/22, A-1010 Wien, T: (01) 5 32 71 24, F: 5 32 71 40, *office@primusic.at*; *www.primusic.at* [Belgrad 1975]. **Ausb:** musikal Grundausb in Belgrad, Stip d Eastern Music Fstv USA 92, KlStud b Frank Cooper, Beginn d Dirigierstud b Prof Leopold Hager U f M u darst Kunst Wien 96, Accad Musicale Chigiana in Siena: Aufn in die Kl v Gianluigi Gelmetti (2000) u Lothar Zagrosek (02) aufgenommen, Teilnahme Erasmus Dirigierkurs in Vilnius, Litauen 01. **Laufb:** Korrepetitor u musikal Ass Mörbischer FSp, Mozartwoche am Salzburger Landesth 03, Gastdgt d Litau National-SinfOrch 02–04, Chefdgt Tiroler Landesth Innsbruck ab 05/06. **Pr:** Stip Herbert v Karajan Stift Berlin. – **UA:** Op 'N.N.' u Nero's Comeback' v G Schedlberger. (Red)

Markowska, Anna, Sängerin; c/o Oper Leipzig, Augustuspl 12, D-04109 Leipzig. (*)

Markowski, Stefan, Violine; c/o Konzerthaus Berlin, Gendarmenmarkt, Charlottenstr 57, D-10117 Berlin. **Laufb:** stv Konzm Berliner SinfOrch. (Red)

Marks, Christoph, Cello; c/o Richard Hosford, 1 Court Lane Gardens Dulwich, London SE21 7DZ, Vereinigtes Königreich, T: (0 20) 86 93 39 73, *info@gaudier.co.uk*; c/o Friederike Richter, Ensemble Kontraste Hannover, Stockheimer Weg 2a, D-61250 Usingen; *www.gaudier.co.uk*, *www.ensemble-kontraste.de* [Berlin]. **Ausb:** Stud b W Boettcher, E B Bengtsson, B Pergamenschikow u W Pleeth. **Laufb:** Sol NDR Radiophilh seit 87. **Pr:** Dt Schallplattenpreis 99. **Ens:** Gaudier Ens, Ens Kontraste. (Red)

Markus, Karl, Prof, Hochschullehrer, Bariton; Jean-Albert-Schwarz-Str 2, D-60488 Frankfurt, T: (0 69) 76 75 29 81, 0 17 26 72 26 57, F: 75 65 98 21; Hochschule f Musik u Darst Kunst, Eschersheimer Landstr 29–39, D-60322 Frankfurt [Bocholt]. **Ausb:** Stud (H. Marten) MH Köln, weiter b H. Zadeck u J. Cox. **Laufb:** Prof (Gesang) H f M u Darst Kunst Frankfurt/M seit 90. **Pr:** Prtr Concorso Int de Canto in Rio de Janeiro u Gesangswettb in s'Hertogenbosch. (Red)

Markus, Urs, Sänger (Heldenbariton); c/o PR-Sekretariat artist communication, Sonnenstr 50, D-94113 Tiefenbach, T: (0 85 09) 18 20, F: 93 49 05, *mennicken.beate@t-online.de*; c/o Theater Magdeburg, PF 1240, D-39002 Magdeburg [Villmergen, Schweiz 29.9.1946]. **Ausb:** Zürich, (Badiali, Lofforese) Mailand, (T Westendorp) Fribourg (CH). **Laufb:** Sol Th d Landeshauptstadt Magdeburg, an d meisten gr Häusern in d Schweiz, Dtschld, Frankreich u Italien. **Pr:** Dipl Int MWettb Genf. **Ens:** versch in Schweiz u Dtschld. – **Aufn/RF:** Meistersinger (Hans Sachs), zur Eröffnung d Ren Th d Landeshauptstadt Magdeburg; Brahms, Wolf, Loewe: Lieder, M Vorzellner (Kl) Wien.

Markwarth, Günter, Sänger; c/o Theater Altenburg-Gera, Küchengartenallee 2, D-07548 Gera. **Laufb:** Sol Th Altenburg-Gera. (Red)

Marlow, David, Dirigent; c/o Theater Aachen, Hubertusstr 2–8, D-52064 Aachen. (Red)

Marnitz, Heinz-Ludwig, Prof, Hochschullehrer, Klavier, Orgel; Badenallee 19, D-14052 Berlin, T: (0 30) 3 04 46 49, F: 3 04 46 49. **Laufb:** Prof (Orff-Instrumentarium) H d Künste Berlin. (Red)

Marosi, Joël, Cello; Eggstr 6, CH-8124 Maur, ZH, T: 04 33 66 07 67. **Laufb:** Orch Th Basel. **Pr:** 3. Pr 2. Int KamM Wettb Osaka 96, 1. Pr Int Wettb Konzert Gesellschaft München 01. **Ens:** Zürcher Klaviertrio. (Red)

Marquardt, Carin, Dramaturgin; Staatsoperette, Pirnaer Landstr 131, D-01257 Dresden. **Laufb:** Chefdramaturgin Staatsoptte Dresden. (Red)

Marquardt, Markus, Sänger; Schützenhofstr 28, D-01129 Dresden, T: (01 72) 2 92 23 99, (03 51) 8 43 58 05; c/o Sächsische Staatsoper, Theaterpl 2, D-01067 Dresden. **Laufb:** Sol Sächs Staatsoper Dresden (03/05), Bregenzer FSp, Gastsol Südostbayer Städteth Landshut SpZ 02/03. (Red)

Marquardt, Marlene, Komponistin; Ludwigstr 32, D-67346 Speyer, T: (01 71) 1 70 49 29, *markantmusic@aol.com* [Neustadt 5.11.1970]. **Ausb:** Musicalschule, klass Kl, Gesang, Perc. **Laufb:** Autorin, Regisseurin v unzähligen MTh-Stücken. **Pr:** Prtr dt Gesangswettb 95, Dt Keyboarderin d Jahres 96, Siegerband RMV-Rheinland-Pfalz m M Marquardts Komp. – **Komp:** Weeping Rhapsody op 35 (kl SymphOrch u mod Band), UA Speyer 91; Serenade for you op 56 (kl SymphOrch u mod Band), UA Speyer 93; Tango de Crue op 89 (kl SymphOrch u mod Band), UA Speyer 95; Tutto e Bene op M 14–139 (kl Symphorch), UA Speyer 96; Villa Marzipan M 17/172–187 (Musical), UA Speyer 98; Das geheime Menü op M18 (Musical), UA Speyer 99; Das Lied Mignon op 154 (Solo-Gesang, gr Orch), UA Speyer. (*)

Marquez, Marta, KS, Mezzosopran; Windmühlenweg 4, D-40668 Meerbusch, T: (0 21 59) 67 57 65; *www.marta-marquez.de* [San Juan, Puerto Rico]. Monteverdi, Mozart, Rossini, Musiktheater, Liedgesang **Ausb:** Juillard Sch New York, (T Gabbi) Florenz. **Laufb:** Sol Dt Op am Rhein Düsseldorf-Duisburg SpZ 84/05 (z B Monteverdi: 'Il ritorno d'Ulisse', Penelope), Royal Op House Covent Garden, Japan -Tournee 92. **Pr:** KS Dt Op a Rhein 92. – **UA:** Giselher Klebe: Gervaise Macquart, Titelpartie, UA Düsseldorf 95.

Marreck, Fritz, Prof, Hochschullehrer, Posaune; Sylviastr 10, D-45131 Essen, T: (02 01) 26 54 35; FolkwangHochschule, Klemensborn 39, D-45239 Essen. **Laufb:** Prof (Pos) Folkwang-H Essen. **Ens:** Ltg FritzBrass-Ens. (Red)

Marrocu, Paoletta, Sopran; c/o OPERA ART SRL di Mario Dradi, Irene Gall, Via Isolalta Forette, 11, I-37068 Vigasio VR, T: 04 56 64 99 11, F: 04 56 64 99 12, *operaart.gall@tin.it*; c/o Opernhaus Zürich, Falkenstr 1, CH-8008 Zürich; *www.marrocu.com* [Italien]. **Ausb:** Stud Ges (L Cappellino) Cons di Musica Cagliari, Mstrkse R Scotto. **Laufb:** Sol Th Basel, Op Frankfurt, Bayer Staatsop München, Th St. Gallen, Op Zürich, Gastsol Op Frankfurt SpZ 03/04, Wiener Staatsop SpZ 04/05. **Pr:** Artist for Peace d UNESCO 98. (Red)

Marsch, Reiner, Hochschullehrer; Dr. Hoch's Konservatorium, Hebelstr 15–19, D-60318 Frankfurt/M, T: (0 69) 9 15 00 40, F: 5 96 15 76, *mail@dr-hochs.de*; *www.dr-hochs.de*. **Ausb:** MusikH Frankfurt a M (Tonsatz). **Laufb:** Doz (Theorie) Dr Hoch's Kons Frankfurt; LAuftr Tonsatz MusikH Frankfurt. (Red)

Marschall, Eberhard, Prof, Hochschullehrer, Fagott; Birkenstr 13, D-82194 Gröbenzell, T: (0 81 42) 72 83, F: 5 72 28; H f Musik u Theater, Arcisstr 12, D-80333 München. **Ausb:** Stud H f M u Th Hannover Fag (K. Thunemann). **Laufb:** Prof (Fagott) H f M u Th München 89, Sol (Fagott) SymphOrch BR 85. **Ens:** Bamberger Symphoniker, Linos-Ens, Dt Bläsersol. (Red)

Marschall, Ernst von, Dirigent; Klever Str 60, D-40477 Düsseldorf, *evm@ernst-von-marschall.de*; c/o Konzertdirektion Fritz Dietrich, Sigmund-Freud-Str 1, D-60435 Frankfurt a M, T: (0 69) 54 45 04, F: 5 48 41 07; *www.ernst-von-marschall.de* [Freiburg iBr 14.6.1958]. Jugendarb, Kinder- u Familienkonzerte, Musikvermittlung **Ausb:** Stud (V) b N Chumachenko MH Freiburg 78–83, Stud (KamM) b Melos-Quartett Stuttgart 79–80, Stud (Dgt) b G Wich MH Würzburg 83–87. **Laufb:** Lt 'Cantaten-Ens' Würzburg 85–90, Lt JugendsinfonieOrch Düsseldorf seit 89, Debüt m Düsseldorfer Symph 96, Dgt SymphOrch d WDR Köln 2000, Lt d OrchAkademie NRW 01–04, Dgt Optte Düsseldorf SpZ 03/04, Dgt Ens Kontra-Punkt Düsseldorf SpZ 04/05. **Pr:** Europ Kulturpr Berlin 02. **Ens:** LIMES Ulm 78–89. **Mitgl:** Wilhelm-Furtwängler-Ges Berlin, Robert-Schumann-Ges Düsseldorf, Else-Lasker-Schüler-Ges Wuppertal. – **UA:** R D Flender 'Mein lieber blauer Reiter' (Op) UA 97 Hamburg; O G Blarr 'Josef Süß Oppenheimer, genannt Jud Süß' (Op) UA 2000 Düsseldorf; T Loevendie 'Die Nachtigall', dt Erstauff Düsseldorf 95; B Lorentzen 'Comics', dt Erstauff Düsseldorf 95.

Marschik, Peter, Kapellmeister; Ziegenmarkt 1, D-19055 Schwerin, T: (01 74) 1 67 57 31; Mecklenburgisches Staatstheater, Alter Garten 2, D-19055 Schwerin [7.3.1958]. Operndirigent (bes Mozart, Verdi, Puccini) **Ausb:** Stud (Kl KonzFach, Ges, Komp, OrchDirig) H f M u Darst Kunst Wien (Dipl m Ausz). **Laufb:** Chorlt u künstl Lt d Wiener Sängerknaben, 1. Kapm Bühnen d Ldshauptstadt Kiel 98–03, 1. Kapm Mecklenburgisches Staatsth Schwerin. **Ens:** Gründungsmitgl 'Beethoven-Trio, Wien' u d OrchAkad 'Aesthetica in Nuce'. – **Aufn/RF:** CDs: Die Schöpfung, Der Messias, Mozart Requiem, 'The Golden Vanity' (Britten), 'I capricci di Callot' (Malipiero).

Marschner, Wolfgang, Prof, Komponist; Burgunderstr 4, D-79104 Freiburg i Br, T: (07 61) 2 33 80 [Dresden 23.5.1926]. **Ausb:** Stud (V, Kl, Dirig, Komp) Mozarteum Salzburg u Kons Dresden. **Laufb:** KonzTätigkeit als Geiger u Dgt, hauptsächl Europa, Violinprofessuren: Folkwangschule Essen, MH Köln u Freiburg. **Pr:** Kranichsteiner MPr f zeitgen M, engl Schallplattenpr. – **Komp:** Paganini-Variationen f V u Orch 48, UA München 50; Ligura, Impression f Orch 58, UA Köln, Radio-Orch WDR, Dgt: W Marschner 58; Konz f V u Orch 59, UA Dresden, T Engel, Dresdner Staatskap, Dgt: W Marschner 64; Konz f V u Orch 70, UA Freiburg, KamOrch, Dgt: W Marschner 71; Rhapsodie f Va-Sola 82, UA Hinterzarten, Festival, W Marschner 84. (*)

Marsh, Peter, Tenor; Ludwigstr 16, D-63067 Offenbach, T: (0 69) 82 36 26 27, (01 79) 2 25 22 18 [New York]. **Ausb:** Stud (Musik) Staatl U Portland, Stud (Gesang) U Austin Texas. **Laufb:** EnsMitgl Op Frankfurt (ua Monostatos 'Zauberflöte', Borsa 'Rigoletto', Basilio 'Figaros Hochzeit', Steuermann 'Fliegender Holländer', Edmondo 'Manon Lescaut', Bardolfo 'Falstaff', Uldino 'Attila', Gaston 'La Traviata', Peppe 'Bajazzo', Spoletta 'Tosca', Noboru 'Das verratene Meer') seit SpZ 98/99 (04/05), widmet sich KonzGesang, Repertoire ua Werke v Händel, Puccini, Mozart, Bach u Schubert, GastSp m versch Orch (ua San Antoni u Vancouver SymphOrch, Amadeus Ens, Portland KamOrch). (*)

Marsoner, Ingrid, Klavier; c/o artsprojects Kristel Josel, Meytensgasse 14, A-1130 Wien, T: (06 64) 1 01 88 56, (01) 8 76 07 55, F: (01) 8 76 07 55, *office@artsprojects.com*; *www.artsprojects.com* [Leoben 1970]. **Ausb:** Stud (S Benda, R Kehrer) Graz u Wien, Studien (H Petermandl, D Illjiew), Mstrkse (J Uhde, T Nikolajewa, P Badura-Skoda ua). **Laufb:** Konz in Europa, Japan, USA, ua Styriarte, Wiener KonzHaus, Wiener Musiksommer, Carinth Sommer, Eggenberger Schloßkonz, Jeunesse, Radio-Kulturhaus, Osterfstv Innsbruck, Mozart-Fstv Bologna, Merkin-Hall New York, KamMusikal ZusArb ua Franz-Schubert-Qua, E Kovacic u H Wildhaber, Sol ua b Grazer Symph Orch, Wiener KamSymph, Kasugai-City-Orch. **Pr:** ua 1.Pr Österr BWettb 'Jugend musiziert', Martha Debelli-Stip, Bösendorfer-Stip, Jeunesse-Wettb Wien, 'Kawai-Pr' int Peninsula-Music-Fstv Los Angeles. – **Aufn/RF:** R Schumann: Kreisleriana op 16.

Marten-Molnár, Christian, Dramaturg, Regisseur; c/o Theater Rudolstadt, Anger 1, D-07407 Rudolstadt, T: (0 36 72) 4 50 24 00, F: 4 50 25 11, *chefdramaturg-ru@thueringerlandestheater.de*. Opern d 20er Jahre u Neue Musik **Ausb:** Stud MTh-Regie (G Friedrich) MH Hamburg 80–84. **Laufb:** Chefdramaturg u stellvertr Intend Stadtth Gießen 95–00, Chefdramaturg Schleswig-Holstein Landesth SpZ 2000–03, Chefdramaturg Th Rudolstadt seit 03/04. – **UA:** Projekt 'Parzival', UA Gießen m d KompKlasse v A Hölszky 99 (Einl d Insz z Münchner Biennale f Neues MTh 99); M A Turnage: 'Zweifach durchs Herz' u 'D Land d Blinden', dt EA Gießen 99; B Lang: 'Jahrtausend' (Op), UA Gießen 2000; Leos Janacek: 'Sarka' (Op), dt EA Gießen 01; S Malzwe: 'Libusas Tod' (Op), UA Gießen 01; I Wilson: 'Hamelin' (Op), UA Flensburg 03. **Sonst:** Buch: 'D Operette als Spiegel d Gesellschaft' 88.

Martens, Pierre, Fagott; c/o Bamberger Symphoniker, Mußstr 1, D-96047 Bamberg, PF 110146, D-96029 Bamberg. **Laufb:** Sol Bamberger Symph. (Red)

Marthaler, Christoph, Regisseur; Stüssistr 15, CH-8006 Zürich, T: 04 43 50 55 83; c/o Bayreuther Festspiele GmbH, Festspielhügel 1–2, D-95445 Bayreuth, T: (09 21) 7 87 80 [Zürich 1951]. **Laufb:** künstl Dir Schauspielhaus Zürich, Insz ua Op Frankfurt ('Pelléas et Mélisande', 'Luisa Miller', 'Fidelio'), Salzburger FSp ('Pierrot Lunaire' u 'Quatuor Pour La Fin Du Temps'; Katja Kabanova'; 'Le Nozze de Figaro') u Bayreuther FSp ('Tristan u Isolde' 05). (Red)

Marti, Andreas, Dr, Prof, Hochschullehrer; Könizstr 252, CH-3097 Liebefeld, T: 03 19 71 72 15, F: 03 19 71 89 44, *marti3097@bluewin.ch*; Hochschule Musik u Tanz, Florhofgasse 6, CH-8001 Zürich, *andreas.marti@doz.hmt.edu*; *www.cx.unibe.ch/~anmarti/pers_hp.html* [1949]. Hymnologie **Ausb:** Musik- u Theologiestud in Bern. **Laufb:** Doz MH Bern, Univ f M u darst Kunst Graz, KiMschule Aargau, Prof (Liturgik, Hymnologie) HMT Zürich, Lt KiMausb HdK Bern, Beauftr d Liturgie- und Gesangbuchver der ev.-ref. Kirchen der dtsprach Schweiz, Präs d Dtschweizer Liturgiekomm. (Red)

Marti, Beata, Sopran; Wiener Kammeroper, Fleischmarkt 24, A-1010 Wien [Konstanz]. **Ausb:** Stud Robert Schumann H Düsseldorf, Richard Strauss Kons München, Mstrks b K. Widmer, I. Bjoner, E. Haefliger, E. Battaglia. **Laufb:** Eng Wiener Kammerop. (Red)

Marti, Heinz, Komponist; Neumarkt 10, CH-8001 Zürich, T: 0 12 52 13 42, F: 0 12 52 13 42, *marti-hopkins@bluewin.ch*; *www.swissclassic.net/marti.htm* [Bern 7.5.1934]. Orchester- u Kammerwerke, Vokalmusik **Ausb:** Stud Bern, Dipl (Bratsche, Theorie) Bern, Komp (S Veress, K Huber), mehrmals Teilnahme an Int Ferienksen f Neue M Darmstadt, KompSem Boswil. **Laufb:** Bratschist in versch Orch, zuletzt Orch Op Zürich, staatl MExperte Kanton Zürich. **Pr:** mehrere Ausz, ua Stift Gaudeamus, Stift PRO ARTE, Stadt Zürich. **Mitgl:** STV. – **Komp:** zuletzt: Christliche Kleinbürger (Kantate) 97; Muothataler Nachtmusik (f Streichorch u Schwyzeörgeli) 98; Klavierstück 2000. **AuftrKomp:** Wachsende Bedrohung (Orch), UA Zürich, Dgt: C Eschenbach 85 (Auftr: Tonhalle-Ges Zürich); Violinkonz, UA Bern, Dgt: J P Moeckli 89 (Auftr: Stadt u Kt Bern); Sintesi (StrTrio), UA St Petersburg, Trio Lifschitz 91(Auftr: Stadt Zürich); Muothaler Nachtmusik (Solo/StrOrch), UA Zürich, Dgt: H Griffith 2000 (Auftr: Stadt Zürich). **Aufn/RF:** div CD-Produktionen.

Marti, Pascal, Sänger; Höheweg 6, CH-3006 Bern, T: 03 13 52 95 78, 07 94 14 30 36. **Laufb:** GastSol Th Biel Solothurn seit SpZ 03/04. (Red)

Marti, Valentin, Komponist, Saxophonist; Stapferstr 6, CH-8006 Zürich, T: 04 43 63 84 15, F: 04 43 63 84 15, *marti.fringeli@bluewin.ch* [Zürich 10.9.1965]. **Ausb:** klass Sax (M Weiss) 91–94, Komp (G Bennet) 91–95 MH Zürich; (M Jarrell) H f M u Darst Kunst Wien 95–97. **Laufb:** freischaff Musiker, Zuzüger u Substitut in versch Orch u Ens: Orch d Op Zürich, Ens opera nova Zürich, Coll.Nov Zürich, Vorstandsmitgl IGNM Zürich seit 98, Präsident seit 03. **Pr:** 2. Pr KompWettb Stadt Klagenfurt 97, Spezialpr Universal Edition Salzburg 97 u 99, Ausz Pr Valentino Bucchi Rom 97, Anerkennungspr d Gemeinde Zollikon 02, kult Ausz Kt Zürich 02, Komp-Werkjahr Stadt Zürich 03. – **Komp:** Euphoric Circles (f Sop-Sax, Ens) 96, UA Klagenfurt, Janus-Ens, Dgt: R H P Platz 97; Sculpture (f Vcl) 97, UA Wien, Sol: A Pasztor 97; Rainshadows (f Bassklar, Pos, Vcl, Schlgz) 96/99, UA Baden, Qua Avance 2000; Den Schatten d Rose entdecken (f Fl, Klar, V, Vcl, Kl) 99, UA Klangforum Wien 99; Blendung (f gr Orch) 01, UA Bern, Berner SymphOrch, Dgt: D Kitajenko 02. **AuftrKomp:** On a Darkling Plain (f Akk, Vcl, Kl 4-hd) 98, UA Klagenfurt, Austrian Art Ens 98 (Auftr: Austrian Art Ens); Passages (f Va, Picc/Bassfl, BarSax, Git, Schlgz) 2000, UA St Moritz, Ens Cattrall, Dgt: M Kissoczy 2000 (Auftr: Ens Cattrall); Fernruf J 12 (f Sop, Ob, Vcl, Kl) 01, UA Basel, Ens aequatuor 02 (Auftr: Pro Helvetia); splitting (f Klar, Vcl, Kl) 02, UA Basel, Avalon Ens 02 (Auftr: Ens Avalon); Exposure (f AltSax, Pos, Akk, Schlgz, Kl) 03, UA Lugano, Ens Oggimusica, Dgt: G Bernasconi 03 (Auftr: STV). **UA:** A Stahl: just different (f 2 Sax) 95, UA Zürich, Sol: E Strehler, V Marti 96. **Lit:** Contemporary Swiss Composers (PRO HELVETIA 02).

Martikke, Sigrid, KS, Sängerin; c/o Volksoper Wien, Währinger Str 78, A-1090 Wien. **Laufb:** Sol Volksop Wien, Bregenzer FSp SpZ 03/04. (Red)

Martin, Andrea, Sänger; Linzerstr 62 / 3, A-1140 Wien, T: (01) 9 82 44 87; *www.andrea-martin.com*. **Ausb:** Stud Univ f M u darst Kunst Wien, Accad Naz di Santa Cecilia Rom (b G Pederzini), Mstrkse b H Hotter, G Taddei, W Berry. **Laufb:** Bühnendebüt La Fenice Venedig 82, Sol Op Rom, Verona, Neapel, Catania, Triest, Palermo, Konz u Tourneen in Europa, Japan, Taiwan, Nord- u Südamerika, FSp Ravenna, Wiener FestW, MaiFSp Wiesbaden, Tiroler FSp, ua ZusArb m G Prêtre, G Ferro, A Zedda, G Gelmetti, G Kuhn, A Lombard, A Guadagno, E Inbal, Eng OpHaus Graz 05–06. – **Aufn/RF:** zahlr Fernseh- u RF-Aufn; CDs ua R Wagner: Ring-Zyklus, Op v Keiser, Salieri, Donizetti.

Martin, Gary L, Sänger; c/o Staatstheater am Gärtnerplatz, Gärtnerpl 3, D-80469 München, PF 140569, D-80455 München. **Ausb:** Mathematik u Musicaldarstellung Western Illinois University, M.A. Southern Methodist University, H f M Wien 83. **Laufb:** Sol Met Op New York SpZ 98/99, Sol Staatsth am Gärtnerpl München seit SpZ 2000/01. **Pr:** Gewinner Metropolitan Opera Guild 92 d Southwest District Auditions. (Red)

Martin, Jeff, Sänger; Barmerstr 16, D-44137 Dortmund, T: (02 31) 1 65 71 71, (01 73) 5 17 91 82, F: 1 65 71 72. **Laufb:** Sol Th Dortmund SpZ 03/05, Sächs Staatsop Dresden, Gastsol Staatsth Kassel SpZ 03/04. (Red)

Martin, Luca, Sänger; c/o Stadttheater Bielefeld, Niederwall 27, D-33602 Bielefeld. **Laufb:** Sol Th Bielefeld SpZ 01/05. (Red)

Martin, Maria, Flöte; Bollelaan 11, Niederlande-1411 JV Naarden [Frankfurt/M 24.2.1915]. **Ausb:** TMM Genf 32–40. – **Lit:** Souvenirs de ma vie avec F M, 99.

Martin, Mihaela, Prof, Hochschullehrerin, Violine; Am Arndtpl 20, D-53173 Bonn, T: (02 28) 36 37 88, 01 71–5 48 77 06, F: 36 38 65; c/o Hochschule f Musik, Dagobertstr 38, D-50668 Köln; *www.sonart.ro/eng/artisti/martin* [Bukarest]. **Ausb:** Stud V (S Gheorghiu). **Laufb:** Konz ua m d BBC Symph Orch, Montreal Symph Orch, Orch Mozarteum Salzburg, Gewandhausorch Leipzig, Berliner SinfOrch, Royal Scottish Nat Orch, Göteborg Philh, Helsinki Philh, Rotterdam Philh, Hollywood Bowl Orch, Bukarest Philh, Bukarest Radio Orch, Prager KamOrch, Orch d Beethovenhalle Bonn; ZusArb m Dgt: K Masur, N

Järvi, N Harnoncourt, Ch Dutoit; Prof (V) H f M Köln seit 92. **Pr:** 2. Pr Tschaikowsky Wettb Moskau, 1 Pr Int VWettb Indianapolis. **Ens:** Grdg 'Michelangelo Qua' zus m N Imai, F Helmerson u A Kerr 03. (Red)

Martin, Rebecca, Sängerin; Ludwig-Feuerbach-Str 71, D-90489 Nürnberg, T: (09 11) 5 39 08 30, F: 5 39 08 32 [Saigon]. **Ausb:** Stud Kl Goshen College in Indiana, Stud Ges b Kay Montgomery. **Laufb:** Chor d BR München, Anhalt Th Dessau, Staatsth am Gärtnerpl München (03/04), Sol Th Nürnberg seit 99/2000. (*)

Martin, Roman, Tenor; Brünner Str 192/1/23, A-1210 Wien, T: (06 99) 10 19 79 94, *kontaktromartin@i-one.at*; Wollerdorf 9, A-4152 Atzesberg, T: (0 72 83) 87 19; *www.roman-martin.at* [Wien 1.5.1972]. **Ausb:** Kons d Stadt Wien 92–96. **Laufb:** Gastsol: Klangbogen Wien 95–96, OpHaus Graz 2000–03, Alte Op Frankfurt 01, Dt Th München 01, Stadtth Klagenfurt 2000 u 01, Stadtth Baden 96–03, Stadtth Koblenz 01, Neujahrskonz 99 d Wiener Philharmoniker u Ltg v L Maazel, Vereinigte Bühnen Bozen 02, div Fernsehauftr, KonzTournee Arab Emirate, Oman, Zürich, Luxenburg, Rom; Japantournee 02, musikal Lt Ens 'Wiener Zitherfreunde', DirigTätigk Wiener KonzHaus, Th baden b Wien SpZ 04/05.

Martin, Sabina, Sopran; Lübecker Str 18, D-50670 Köln, T: (02 21) 1 79 34 87; c/o Cecilia Music Concept – Franz-Georg Stähling, Brauweilerweg 183, D-50933 Köln, T: (02 21) 8 00 00 70, F: 8 00 00 71, *staehling@cecilia-cmc.de* [Neapel 22.1.1968]. **Ausb:** Stud (C Lehmann) H f M Würzburg 89–91, (G Kovacs) H f M Düsseldorf 92–95, (K Widmer) H f M Basel 95–98. **Laufb:** Sol Th Altenburg-Gera SpZ 03/05, Landesth Eisenach SpZ 04/05.

Martin, Wolfgang, Dr, OStR, Hochschullehrer; Kuhlenberg 17, D-32805 Horn-Bad Meinberg, T: (0 52 34) 82 03 80, F: 82 03 81. **Laufb:** LBeauftr (schulprakt InstrSp, Imp) H f Musik Detmold. (*)

Martínez Palomo, Lorenzo *siehe* Palomo, Lorenzo Martínez

Martinez, Iride, Sopran; c/o Balmer & Dixon Management AG, Kreuzstr 82, CH-8032 Zürich, T: 04 32 44 86 44, F: 04 32 44 86 49, *mail@badix.ch*; *www.badix.ch/voc/martinez.html* [Costa Rica]. **Ausb:** Stud Costa Rica, (Andreas) Los Angeles, (Battaglia) Italien, (W Lipp) München. **Laufb:** ua: Gastsp Italien u Argentinien, Ensmitgl Op Braunschweig 94, Württemberg Staatsop Stuttgart 95, Gastsol NatTh Mannheim, Mitgl Kölner Op seit SpZ 95/96, Händel: 'Xerxes' (Romilda) Münchner OpFSp 97, 'Boris Gudonow' (Xenia) Salzburg FSp 97, Mozart: 'Zauberflöte' (Pamina) Ludwigsburger FSP 98, Braunfels: 'Vögel' (Nachtigall) Op Köln 98, 'Der goldene Hahn' (Königin v Schemacha) Bregenzer FSp, Dgt: V Fedosejev 2000, Gastsp Spoleto Fstv, Rom, Hamburg, Konz m Bamberger Symphonikern, 'L'enfant et les sortilèges' (Princesse) m Gürzenich Orch Köln, Dgt: J Conlon, Bachkantaten Europ Wochen Passau, Pärt: 'Como anhela la cierva', frz EA Op Nat de Paris, Dgt: J Conlon, Sol Bayer Staatsop München, Sächs Staatsop Dresden SpZ 03/05. **Pr:** Prtr versch Wettb, ua Bilbao Singing Competition, Caniglia Wettb, Nachwuchskünstlerin d Jahres 98. – **UA:** Trojahn: 'Was ihr wollt' (Viola/Cesario), UA: Bayer Staatsop München 98. (*)

Martinez, Mariselle, Sängerin; c/o Künstleragentur Hollaender-Calix, Grinzinger Allee 46, A-1190 Wien [Vina del Mar (Chile)]. **Ausb:** Escuela Moderna Santiago; Mstks Ahlke, Scheffeldt. **Laufb:** Sol Stadtth Klagenfurt, Gastsol Vereinigte Bühnen Graz SpZ 00/01, Sol Dt Op am Rhein Düsseldorf-Duisburg SpZ 03/05; GastSol VolksOp Wien, Teatro Real Madrid, Teatro Santiago, Op San Francisco, FSp Baden-Baden, Schwetzingen.

Martinsen, Tom, Sänger; Brunnenweg 10, D-01109 Dresden, T: (01 72) 2 80 05 18, 8 90 77 77, F: 8 90 77 75; c/o Sächsische Staatsoper, Theaterpl 2, D-01067 Dresden. **Laufb:** Sol Sächs Staatsoper Dresden. (Red)

Martirossian, Tigran, Sänger; c/o Hamburgische Staatsoper, PF 302448, D-20308 Hamburg. (Red)

Marton, Cristina, Klavier; Turiner Str 21, D-13347 Berlin, T: (0 30) 81 79 90 95; c/o Konzert & Künstler Agentur Jens Gunnar Becker, Grünstr 13, D-58313 Herdecke, T: (0 23 30) 7 03 89, F: 75 07, *becker@beckerkonzert.de* [Resita, Rumänien 1974]. Konzert **Ausb:** Stud b A v Arnim MH Detmold 91–93, Mstrkl b G Sava H d Künste Berlin seit 93, Mstrks b K H Kämmerling, B L Gelber, Y Bernette, G Sebok, A Schiff, C Zacharias, L Fleischer, S Kovacevich u D Bashkyrou. **Laufb:** Sol Zürich OpHaus m Orch d Op, Dgt: S Vegh 94, Dortmund OpHaus m Württemberg KamOrch, Dgt: J Färber 01, Stuttgart Liederhalle m Stuttgarter KamOrch, Dgt D R Davies 02, Mexico City Recital Marton-Bätzner u Buenos Aires Teatro Colon m M Argerich (Kl) 02, München Herkulessaal Recital u Auditorio Nacional Madrid Recital 03, Berliner Philh Debut Duo Bätzner-Marton Recital 04. **Pr:** 1. Pr rumän NatWettb 88, 1. Pr Artur Schnabel Wettb Berlin 94, Mozart-Sonderpr Gesza Anda Wettb Zürich 94, 1. Pr V. Int Kl-Duo Wettb Murray Dranoff Miami 95, Pr Yamaha StipWettb 96, Prtr Int Clara-Schumann-Wettb Düsseldorf 97, 1. Pr 15. Int M Wettb Caltanissetta Province 99, 2. Pr 7. Int Mozart Wettb Salzburg 99, Stip Werner Richard – Dr. Carl Dörken Stift, 2. Pr Int Martha Argerich Wettb Buenos Aires 99. **Ens:** Duo Bätzner-Marton. – **Aufn/RF:** CD: Bach: 'Kunst d Fuge' Berliner Bach Akad. **UA:** D Lipatti: Rumän Tänze f 2 Kl, amerikan EA Miami 96; F Mendelssohn-Bartholdy: Frühe Son u SonSatz f 2 Kl, UA Karlsruhe 97.

Marton, Eva, Sopran; Theateragentur Dr Germinal Hilbert, Maximilianstr 22, D-80539 München, T: (0 89) 2 90 74 70, F: 29 07 47 90. **Laufb:** Sol Bayer Staatsop München, Hamburg Staatsop, Dt Op Berlin, Gastsol Nationalth Mannheim SpZ 00/01, Dt Op am Rhein Düsseldorf-Duisburg SpZ 04/05. (Red)

Marturet, Eduardo, Dirigent; c/o Berliner Symphoniker, Christstr 30, D-14059 Berlin, *info@marturet.com*; *www.marturet.com*. **Laufb:** Gastdgt Berliner Symphoniker 91–05. (*)

Maruko, Hiroko, HonProf, Hochschullehrerin, Klavier; Mailänderstr 19, D-60598 Frankfurt, T: (0 69) 68 46 15; Hochschule f Musik u Darst Kunst, Eschersheimer Landstr 29–39, D-60322 Frankfurt. **Laufb:** HonProf (Kl) H f M u Darst Kunst Frankfurt/M. (Red)

Marx, Bernhard, Prof, Hochschullehrer, Orgel; Im Mesnergarten 8, D-79299 Wittnau, T: (07 61) 40 96 98, 4 57 02 65, F: (07 61) 4 57 02 64, *bernhard.marx@freenet.de*; H f Kirchenmusik, Sankt-Meinrad-Weg 6, D-72108 Rottenburg [Güdesweiler 4.9.1949]. frz Orgelmusik **Ausb:** Stud Org (L Doerr, M C Alain, G Litaize) MH u U Saarbrücken, Freiburg, Paris. **Laufb:** Prof (OrgelLitSp, Orgelimp, Orgelmethodik, MGesch) H f KiM Rottenburg, Org Johanneskirche Freiburg, Erzbischöfl Orgelinspektor, Künstl Lt Int Domkonz St Blasien seit 97, Tourneen in Europa, USA, Kanada, Südamerika. **Pr:** 3. Pr Int Bachwettb Brügge 73, 2. Pr Int Orgelwettb Saarbrücken 79. – **Aufn/RF:** SWF-Mitschn: 71. Bachfest Freiburg (Orgelkonz) 96; Bach, Vierne: Histor Stieffel-Orgel Endingen; div LPs u CDs: Trp u Orgel, Fstv d Comminges; C de Morales; Bach Familie; Weihnachten in Freiburg; Grigny, Tournemire, Langlais, Alain, Dom zu St Blasien. **UA:** P Förtig: Tripartita 81.

Marx, Dorothea Maria, Sopran; Landestheater, Promenade 39, A-4010 Linz [Trier]. **Laufb:** Sol Landesth Linz seit 03. (Red)

Marx, Günter, Konzertmeister, Live-Elektronik; Distelweg 15, D-44141 Dortmund, T: (02 31) 51 65 42, *Guenter-marx@gmx.de* [Graz 9.7.1943]. Klassik, Avantgarde **Ausb:** Stud V (M Rostal) MH Köln 62–69, Elektr M (G M Koenig) ebd 63–64. **Laufb:** Konzm Philharmon Orch Dortmund seit 75 (04/05), Spanien-Tournee Mendelssohn-Trio 82, Brahms-Qua München-Paris 83 u 84, als Sol: Tournee m R Bürck (Live-Elektr) USA 97, Sol m Orch Lancaster (USA) 99. **Pr:** 1. Pr (Heimsoeth-Pr) VWettb d MH Köln 68. **Ens:** Mendelssohn-Trio 78–84, Brahms-Qua 81–86, Romberg-Ens seit 88, Leonardo-Qua (Va) 91–92, Musikfabrik NRW seit 95, Ens Ecoute seit 97, Trionys (m Elektronik) 2001. – **Komp:** Tetude (V u Live-Elektr), UA Lüneburg 91; Elpolm (Mezzosop u Elektroakust Klänge) 96, UA Zürich 2000; Tiersonette (Sprechstimme u gegeigter Computer) 02/03; Notturno (V u Computer), UA Dortmund 03. **Aufn/RF:** J Krebs: 2. Streichqua, München 81; M Trojahn: 2. Streichqua, Radio France 3; P Hindemith: Hérodiade, Musikfabrik NRW, Düsseldorf 99; R Burck: STRINGendo. **UA:** P M Braun: Sommerstück, UA Köln 63; K Stockhausen: 'Es', UA Köln 68; W Jentzsch: Paysage V, UA Nürnberg 91; R Burck: STRINGendo, UA Berlin 95. **Zug:** P M Braun: Sommerstück 63; R Burck: STRINGendo 95. **Sonst:** Hg v: F Hensel, Streichqua.

Marx, Hans-Joachim, KV, Fagott; c/o Dresdner Philharmonie, PF 120424, D-01005 Dresden. (Red)

Marx, Hans-Joachim, MD, Dirigent u Komponist; Marienhölzungsweg 97b, D-24939 Flensburg, T: (04 61) 5 00 99 95 [Anklam, Pommern 18.7.1923]. E- u Kirchenmusik, Oper, Ballett, Schauspielmusik, Musical **Ausb:** Stud (Komp, Dirig) Berlin 41, ab 48 Rostock, Staatsexamen (Kapm). **Laufb:** Komp, Chefdgt an versch ost- u westdt Th, Musikpäd, Gastdgt WDR Köln, NDR Hamburg, BR München, Philharmonia Hungarica, Göttinger SymphOrch, Vorpommersches SinfOrch. – **Komp:** Variationen über ein jugoslaw Volkslied (KonzM f gr Orch), UA Halle/S Th 56; Air Ostinato (Es ist ein Schnitter, heißt der Tod) KonzM f Soli/Ch u Orgel, UA Flensburg, St Nikolai 80; Wittkopp (Kinderop), UA Braunschweig 83; Tu es Petrus – Geistl Konz (KiM f Chor u 2 Orgeln), UA Schleswig, Dom 84; Credo – Geistl Konz (KiM f Soli/Ch u Orgel), UA Augsburg, Dom 95; Improvisationen über ungar u slowak Volkslieder (KonzM f gr Orch), UA Hamburg, Musikhalle 97; Saxophon-Qua (KamM), UA Schleswig 98, 'Tartuffe' (Op), UA Landesth Schleswig-Holstein 98; 'Tartuffe' (Op, neue Komp) UA Th Ulm 01; 'Comédie du Tartuffe' (Suite f gr Orch) UA Hamburg, Musikhalle 02, Sinfonietta Nr 2, UA Stralsund 04. **Lit:** L Osenbrüg u J Kammler: jeweils Examensarbeit über den Komponisten H J Marx (99 u 03).

Marzin, Viola, KV, Violine; c/o Dresdner Philharmonie, PF 120424, D-01005 Dresden. (Red)

Maschmann, Heiko, Horn, Arrangeur, Komponist; c/o music and arts Organisations GmbH & Co KG, Corsicaskamp 13, D-49076 Osnabrück, T: (05 41) 9 62 96 00, F: 96 29 60 50, *info@music-and-arts.de*; *www.music-and-arts.de* [1967]. **Ausb:** Stud u Dipl Detmold (Prof M Höltzel), int Mstrkse Salzburg, Amsterdam, Arezzo, Lieksa. **Laufb:** Aushilfe Südwestdt Philh Konstanz, LBeauftr Uni Osnabrück, MSch-Lt Neuenkirchen-Vörden 93–96. **Ens:** Dt Blechbläser Quintett, Sinfonietta Basel, Europ Hornsextett. – **Sonst:** Hg v Blechbl-Literatur.

Mascus, Monica, Sängerin; Hohenzollernstr 27, D-56068 Koblenz, T: (02 61) 1 00 43 69; c/o Theater der Stadt Koblenz, Clemensstr 5, D-56068 Koblenz. **Laufb:** Sol Th d Stadt Koblenz. (Red)

Maskuniitty, Markus, Prof, Horn, Hochschullehrer; c/o music and arts Organisations GmbH & Co KG, Corsicakamp 13, D-49076 Osnabrück, T: (05 41) 9 62 96 00, F: 96 29 60 50, *info@music-and-arts.de*; Hochschule f Musik u Theater, Emmichpl 1, D-30175 Hannover; *www.music-and-arts.de* [Rauma, Finnland 1967]. **Ausb:** Stud Horn (T Ronkainen) Sibelius-Akad Helsinki 87–90, (R Vlatkovic) Berlin. **Laufb:** Mitgl KamOrch 'Avanti' seit 87, SolHn G-Mahler-Jugendorch 90, Finn RF Orch Helsinki 91–94, SolHn Dt-Symph-Orch Berlin (Dgt V Ashkenazy) 94–97, Berliner Philharm (Dgt C Abbado) 97–99, Dt SymphOrch Berlin (Dgt: K Nagano) seit 99, Prof H f M u Th Hannover 2000. **Pr:** 2. Pr Skand Hornwettb 89, Int Hornwettb Markneukirchen 91, 'Blechbl d Jahres' Finnland 92, 3. Pr Int MWettb d ARD München 94. **Ens:** Europ Hornsextett 94, Stockholm Chamber Brass 97, Berl Philharm Oktett 99.

Mason, William, MA, Bass, Dirigent, Musikpädagoge; Ahorn 17, A-4183 Traberg, T: (0 72 18) 3 89, F: 3 89, *w.mason@eduhi.at*; *www.operadacamera.at* [London 26.11.1947]. Oper, Alte Musik **Ausb:** U of Cambridge, Royal Acad of

M, London. **Laufb:** Sol Ldsth Linz SpZ 03/05, Doz (Ges, Alte M) Bruckner-Kons Linz. **Pr:** Oberösterr Kulturpr f Opera da Camera Linz 98. **Ens:** Grd u Musikla Lt Barockens Opera da Camera Linz. – **UA:** Neue musikal u dtsprach Fass v Händel: 'Agrippina' 98; Rameau: 'Platée' 99; Monteverdi: 'Die Heimkehr d Odysseus' 01.

Masopust, Ulrike, Chordirektorin; Wächterstr 33, D-18057 Rostock, T: (03 81) 2 12 14; c/o Volkstheater Rostock, PF 102215, D-18004 Rostock. **Laufb:** Chordir Volksth Rostock u Lt d Singakad Rostock. (Red)

Máspero, Andrés, Chordirektor; c/o Bayerische Staatsoper, Brieffach, D-80075 München. **Laufb:** Chordir Op Frankfurt, Bayerische Staatsop. (Red)

Massinger, Franz, Prof, Hochschullehrer; Kustermannstr 9, D-82327 Tutzing, T: (0 81 58) 90 44 46, F: 90 44 47; H f Musik u Theater, Arcisstr 12, D-80333 München. **Laufb:** Prof (Kl) H f M u Th München. (Red)

Massis, Annick, Sängerin; c/o Opernhaus Zürich, Falkenstr 1, CH-8008 Zürich. **Laufb:** Sol Hamburg Staatsop, Op Zürich SpZ 04/05. (Red)

Masson, Volker, Kontrabass; c/o Pro Arte Stefan Dörpinghaus, Rosenweg 7, D-42499 Hückeswagen, T: (0 21 92) 8 30 05, 01 77–6 63 40 66, F: 93 18 81, *info@proarte-online.de*; *www.proarte-online.de*. **Ausb:** Stud in Aachen, Essen, Mannheim, versch Mstrks. **Laufb:** Mitgl SinfOrch Wuppertal. (Red)

Massong, Michael, Posaune; c/o Anhaltische Philharmonie Dessau, Friedenspl 1a, D-06844 Dessau; c/o Braunschweig Classix FESTIVAL, Fasanenstr 49, D-38102 Braunschweig, T: (05 31) 23 88 90, F: 2 38 89 79, *info@kmp-festival.de* [1969]. **Ausb:** Stud Pos (J Swails) Saarbrücken 87, MH Frankfurt/Main 89, (J Iveson, C Mowat) London 91, Mstrkl (C Lindberg) 90–92, (A Jakobs), (C Vernon) Chicago, Stud (J Alessi) New York 93. **Laufb:** Solpos Hamburger Symphoniker 92, London Philharm Orch 94, RF SinfonieOrch Berlin 95, Sol (F Martin: Ballade u L Gröndahl: Concerto) Brandenburger Philharm Potsdam 95, MecklenbVorpomm Fstv Schwerin 97, Sol Santa Barbara Orch Kalifornien 97, zahlr SolKonz Schwerin, Wismar, Berlin 98, Dessau 04/05, Braunschweig Classix Fstv 05. – **UA:** T Böttger: 'Citta del Futuro' UA Hamburg 97. (Red)

Mastromarino, Alberto, Sänger; c/o Wiener Staatsoper, Opernring 2, A-1010 Wien. **Laufb:** Sol Wiener Staatsop SpZ 03/05. (Red)

Masuda, Hiroaki, Generalmusikdirektor; c/o Theater Nordhausen/Loh-Orchester Sondershausen GmbH, Käthe-Kollwitz-Str 15, D-99734 Nordhausen, Pf 100244, D-99722 Nordhausen. **Laufb:** GMD Th Nordhausen/Sondershausen SpZ 03/04. (Red)

Masuhr, Jan, Gitarre; Eichendorffstr 51, D-63500 Seligenstadt, T: (0 61 82) 92 46 13, F: 92 46 14, *jan@janmasuhr.de*; c/o Konzertdirektion Richard Berg, Messeler Weg 21, D-64807 Dieburg, T: (0 60 71) 2 31 34, F: 8 12 54, *KonzertdirektionBERG@medianet-world.de*; *www.janmasuhr.de* [Stuttgart 1969]. Konz, Duos **Ausb:** Mozarteum Salzburg; H f M Mannheim (J Wagner) 91–95; Akad f Tonkunst Darmstadt (O van Gonnissen) 95–98; U Montreal (A Pierri) 96–97, Dipl-ML. **Laufb:** LAuftr an div MSch, Seminar-Lt BDZ. **Ens:** Con Salero. – **Aufn/RF:** zahlr CDs. **Zug:** Y Kuwahara: Sonata 'classics' f Git solo. **Sonst:** Juror 'Jugend musiziert'.

Masur, Carolin, Mezzosopran; Vesaliusstr 27, D-13187 Berlin, T: (0 30) 46 60 69 53, *carolin-masur@web.de*; c/o Boris Orlob Management, Jägerstr 70, D-10117 Berlin, T: (0 30) 20 45 08 39, F: 20 45 08 49, *info@orlob.net*; *www.carolin-masur.de*. Konzert, Oper **Ausb:** H f M 'Hanns Eisler' Berlin 85–92, Mstrks b H-L Kuhse, Mstrks b B Fassbaender 04. **Laufb:** Sol Kom Op Berlin, Gastsol Th d Ldshauptstadt Magdeburg SpZ 00/01, Sol Op Hannover SpZ 03/05, Dt Op Berlin SpZ 04/05, Musikfest Berlin 05, Lucerne Festival 05. **Pr:** Stip Wagner-Stiftung 99. – **Aufn/RF:** CD 'Fanny u. Felix Mendelssohn, Songs of Love' 99, CD 'M. Theodorakis: Raven' 04, RF-Einsp Beethoven: 9. Sinf, m. Gewandhaus-Orch, Dgt: Blomstedt, 03/04. **UA:** S. Matthus: Kronprinz Friedrich (Partie Sophie Dorothea), UA 99.

Masur, Kurt, Prof, Dirigent; c/o Masur Music International Inc, 790 Riverside Drive, Suite 1P, New York, NY 10032, U.S.A., *info@kurtmasur.com*; c/o Bayerische Staatsoper, Brieffach, D-80075 München; *www.kurtmasur.com* [Brieg 18.7.1927]. **Ausb:** Stud (Kl, Komp, Dirig) Leipzig 46–48. **Laufb:** Solorep u KapMstr Halle 48–51, 1. KMstr Städt Bühnen Erfurt, Opernhaus Leipzig, Dgt Dresdner Philh 55–58, GMD Mecklenburg Staatsth Schwerin 58–60, Chefdgt Kom Op Berlin 60–64, Chefdgt Dresdner Philh 67–70, KapMstr Gewandhausorch Leipzig 70–96, MD New York Philh Orch seit 90, Ehrendgt Gewandhausorch Leipzig u Dresdner Philh, Gastdgt Bayer Staatsop München SpZ 03/04, Mstrks in Wroclaw u Manhatten School of M 06; Auftr 06: ua m Concertgebouw Orch, London Phil Orch, Nat SymphOrch (Sol ua E Leonskaja, A-S Mutter, Beaux Arts Trio, S Leiferkus u N Gutman). **Pr:** Ehrenbürger Leipzig, 'Europäer d J 1990', BVK 95, Dr h c mult, Erwin-Piscator-Pr 02. – **Aufn/RF:** zahlr Aufn, zuletzt B Britten: War Requiem, C Vaness, J Hadley, T Hampson, Amerikan Knabenchor, Westminster Chor, New York Philh Orch 97; D Schostakowitsch: Sinf Nr 7, New York Philh Orch 98; A Dvorak: Violinkonz, Violonson, M Vengerov, M Tschatscharmov, New York Philh Orch 2000. (Red)

Masurenko, Tatjana, Prof, Hochschullehrerin, Viola; Lampestr 12, D-04107 Leipzig, T: (03 41) 1 24 88 04, F: 1 24 88 03; Hochschule f Musik u Theater, PF 100809, D-04008 Leipzig [Duschanbe, Tadschikistan]. **Laufb:** Prof (Va) H f M Felix Mendelssohn Bartholdy Leipzig. (Red)

Masurok, Juri, Dirigent; Gablenberger Hauptstr 140a, D-70186 Stuttgart, T: (01 72) 6 21 14 67; Staatstheater, Oberer Schloßgarten 6, D-70173 Stuttgart. **Laufb:** Studienlt Staatsth Stuttgart. (Red)

Masuth, Ulrich, Komponist; Wörthstr 30, D-47229 Duisburg, T: (0 20 65) 2 16 87 [Krefeld-Uerdingen 25.6.1957]. **Ausb:** Stud (SchM) Duisburg, MWiss Köln. **Pr:** Prtr WDR-Wettb 'Stadtmusik' (Jazz), Gewinner Ruhr-Rock-Festival. – **Komp:** Inter, Zyklus f Kl 86, UA Zürich 86; Bagatellen f Kl 87, UA Köln 87; Offertoire f Orgel 88, UA Duisburg 88; Diabolos (OrchW f gr Orch) 91, UA Rheinhausen 91; Erofila (Sinfon Skizze f gr Orch) 91, UA Rheinhausen 91.

Mata, Gilbert, Tenor; Brummgasse 3, D-97877 Wertheim, T: (0 93 42) 85 89 45. ital u dt Oper **Ausb:** Texas TechU. **Laufb:** Sol Mainfranken Th Würzburg (Don Carlo, Erik, Florestan, Turiddu), SchlossFSp Zwingenberg ('Freischütz', Max).

Matálas *siehe* Ueckermann, Ernst

Maté, Janos, Violine, Dirigent, 1. Konzertmeister; c/o Bayerischer Rundfunk, Rundfunkpl 1, D-80300 München, F: (0 89) 8 20 68 17, *j.mate@t-online.de* [Budapest]. **Ausb:** Franz Liszt Acad Budapest, (Galamian) Juilliard School of Music New York, (I Haendel) Montreal Kanada, (A Gettler) Cons Royal de Bruxelles. **Laufb:** Konzm Münchner RFOrch; Lt u Sol SalonOrch d Münchner RF, regelm Solokonz in Amerika, Asien u Europa, KamKonz Europa. **Pr:** 1. Pr H-Wettb Ungarn, 1. Pr Vieuxtemps-Wettb Belgien, Prtr Curci-Wettb Italien. **Ens:** Maté Quartett, Dvorak Trio, Münchner Klavierqua, Salonorch J Maté.

Mateewa, Borjana, Sängerin (Mezzosopran); c/o Deutsche Staatsoper, Unter den Linden 7, D-10117 Berlin, PF 354, D-10109 Berlin [Bulgarien]. **Ausb:** Ges (E Rutgers) Sofia, (H-L Kuhse) Berlin, MH 'Carl Maria v Weber' Dresden, OpStudio Dresden 71–73. **Laufb:** EnsMitgl Staatsop Unter d Linden (ua E Humperdinck: Hänsel u Gretel, Hänsel; G Puccini: Madame Butterfly, Suzuki; G Bizet: Carmen, Mercedes; R Wagner: Walküre, Siegrune) seit 75 (04/95), Konz- u Liedsängerin. **Pr:** 1. Pr Int Gesangswettb Paris 74. (Red)

Mathé, Ulrike-Anima, Prof, Violine, Hochschulprofessorin; c/o SKS-Russ, Charlottenplatz 17, D-70173 Stuttgart, PF 104262, D-70037 Stuttgart, T: 0 17 74 51 06 71priv, F: (07 11) 1 63 53 30, *ulrike.mathe@gmx.net*; Hochschule f Musik, Neustadt 22, D-32756 Detmold [Freiburg 1964]. Sololit, KamM v 1650–2005 **Ausb:** Stud V (Pfister-Zsöldy) Basel 81–82, (Delay) Juilliard-School New York 82–83, (Varga) MH Detmold 83–87, Mstrkse b S Végh u F Radós. **Laufb:** rege KonzTätigkeit in Europa u USA als Sol u KamM seit 82, Prof (V) H f Musik Detmold seit 99. **Pr:** 1. Pr Europ Musikpr Wien 85, 1. Pr Dt Musikwettb Bonn 86, 1. Pr 'Young Concert Artists' New York 88, Publikumspr/5. Pr 'Reine Elizabeth' Brüssel 89. **Ens:** Ulysses-Ens (London) m d Schwerpunkt Musik d 20./21. Jhs. – **Aufn/RF:** Reger: Solosonaten op 91; Korngold: Violinkonz, m Dallas Symph, Dgt: Litton; Kreisler: Raritäten, m S Sanders. **UA:** L-W Hesse: Violinkonzert als Solistin m d Staatskap Weimar 03.

Mathey, Shawn, Tenor; c/o Columbia Artists Management GmbH, Till Janczukowicz, Albrechtstr 18, D-10117 Berlin, T: (0 30) 20 64 80 78, F: 20 45 34 80, *info@cami.com*; *www.cami.com* [1968]. **Ausb:** Stud Ges Acad of Vocal Arts Philadelphia (B Schuman). **Laufb:** Mitgl Ens Oper Frankfurt seit SpZ 2002/03, Sol Op Zürich SpZ 04/05. **Pr:** 1. Pr GesWettb Met Op 2000. (Red)

Mathias, Chantal, Sängerin; Braunstr 19, D-23552 Lübeck, T: (04 51) 6 13 07 14; c/o Lübecker Theater GmbH, Beckergrube 16, D-23552 Lübeck. **Laufb:** Sol Lübecker Th. (Red)

Mathis-Blöchliger, Imelda, Orgel; Sonnenweg 49, CH-8752 Näfels, T: 05 56 12 24 79. (Red)

Mathis, Edith, KS, Prof, Sopran, Hochschullehrerin; Haldenstr 9, CH-9524 Zuzwil SG, PF 83, CH-9524 Zuzwil SG, T: 07 19 44 19 77; c/o Univ f Musik u Darst Kunst, Inst f Gesang u Musiktheater, Penzingerstr 7, A-1140 Wien [Luzern 1.2.1938]. **Ausb:** gesangl u musikal Ausb in Luzern. **Laufb:** 1. Bühnenauftr in Luzern u Zürich, EnsMitgl Op Köln u Dt Op Berlin, Gastsp Hamburg Staatsop, Glyndebourne Fstv u alljährl Salzburger FSp, Covent Garden Op London, Met Op New York, Bayer Staatsop München, Wiener Staatsop, Op de Paris, Gran Teatro del Liceu Barcelona, rege KonzTätigkeit als Lied- u OratS, UProf an d MusikU Wien (Kl f Lied u Orat-Interpr) seit 92, Lt v Mstrks in Europa, Japan, Korea, Kanada u USA. **Pr:** Bayer KS 79, Mozart-Med d Int Stift Mozarteum Salzburg, Hans-Reinhart-Ring d Schweizer Ges f ThKultur, Kunstpr d Stadt Luzern, Buxtehude-Pr d Stadt Lübeck, Prix Mondial du Disque. (Red)

Matiasek, Hellmuth, Staatsintendant aD, Dr, Prof, Regisseur, Intendant; Filzenweg 1, D-83064 Raubling, T: (0 80 34) 75 13, *froboess-matiasek@t-online.de*; c/o Stadttheater Hildesheim, Theaterstr 6, D-31141 Hildesheim [Wien 1931]. Oper, Musiktheater, Operette, Musical **Ausb:** Univ Wien, M-Reinhardt-Sem Wien. **Laufb:** Intend Ldesth Salzburg 62–64, Intend Th Braunschweig 64–67, Dir O-Falckenberg-Sch München 72–79, GenIntend Wuppertal 79–83, Intend Staatsth a Gärtnerpl München 83–96, Intend Prinzregententh, Präs Bayer ThAkad August Everding 2000–03, HonProf H f M München, künstl Lt C-Orff-FSp Kloster Andechs seit 98, Reg Th Hildesheim SpZ 04/05. **Pr:** BVK 1. Kl, Bayer Verdienstorden, Bayer Verfassungsmed, Oberbayer Kulturpr 03. **Mitgl:** Präs d Int MTh-Kommitees b Int Th Inst. – **Lit:** Munzinger-Archiv.

Matsuda, Yasuko *siehe* Wirth-Matsuda, Yasuko

Matsui, Hiroshi, MA, Bass; Bismarckstr 36, D-66121 Saarbrücken, T: (06 81) 6 85 26 15, F: 68 57 09 20, *matsuihiroshi@hotmail.com*; Saarländisches Staatstheater, Schillerpl 1, D-66111 Saarbrücken; *www.tsui.de* [Kyoto, Japan 2.8.1960]. Oper u Konzert, seriöser Bass **Ausb:** Stud Ges u Op (Prof Yamamura, Prof Tahara) College of M Osaka 79–85, Ges u MTh (Prof Dr H Brauer, Prof Kratzer) H d K Berlin 88–91. **Laufb:** Sol Stadtth Würzburg 91–93, Hess Staatsth Darmstadt 93–96, Saarländ Staatsth seit 96. **Pr:** Grand-Prix u Kultusmin-Förderungspr b 5. MWettb f d neuen Star Japan 86, Pr b 22. int Min-On MWettb Japan 87.

Matsuyama, Yasuko, 1. Konzertmeisterin; c/o Göttinger Symphonie Orchester, Godehardstr 19–21, D-37081 Göttingen; *www.gso-online.de.* **Laufb:** Konzm Göttinger SymphOrch. (Red)

Mattei, Peter, Sänger; c/o Bayerische Staatsoper, Brieffach, D-80075 München. **Laufb:** Sol Salzburger FSp (Almaviva), Sol Bayer Staatsop München. (Red)

Mattes, Gunhard, Oboe; Reussgasse 5, CH-5620 Bremgarten, AG, T: 05 66 31 58 00. **Ens:** Grdg KamM-Ens 'Flyer Klassik' 93. (Red)

Matthes, Johann-Nikolaus, Prof, Hochschullehrer, Tonmeister; Boetticher Str 5, D-14195 Berlin, T: (0 30) 8 31 53 66, F: 8 32 93 35; Univ d Künste, Fak Musik, Inst f Musikwiss., Musiktheorie, Komp u Musikübertragung, PF 120544, D-10595 Berlin, T: (0 30) 31 85 23 53 [Gotha 28.10.1942]. Schallplattenproduktionen klass Musik **Ausb:** Stud (Tonmeister, V) MH Detmold 63–67. **Laufb:** Tonmeister (Technik u Musik) EMI Electrola GmbH 67–80, Studiolt Robert Schumann H Düsseldorf 80–83, Prof (Musikübertragung) U d Künste Berlin seit 83. **Pr:** div Schallplattenpr als Prod, vor allem StrQuaProd ua m A Berg Qua.

Matthews, Sally, Sopran; c/o Bayerische Staatsoper, Max-Joseph-Pl 2, D-80539 München, Brieffach, D-80075 München, T: (0 89) 21 85 01, F: 21 85 11 33, *info@st-oper.bayern.de*; c/o Van Walsum Management Deutschland, PF 3409, D-30034 Hannover, T: (05 11) 3 66 07 23, F: 3 66 07 24, *mrobertson@vanwalsum.com*; *www.bayerische.staatsoper.de.* **Laufb:** Gastsol Bayer Staatsop München 04–06. (Red)

Matthias, Frank, Bariton; Waldstr 56a, D-12635 Berlin-Waldesruh, T: (0 30) 5 66 65 52, F: 5 66 65 52, *frank.matthias.12652@t-online.de*; c/o Künstleragentur Elke Wiemer, Exerzierstr 9, D-13357 Berlin, T: (0 30) 46 60 78 06, F: 46 60 78 17, *mail@agentur-wiemer.de.* **Ausb:** Stud (klass Ges u Päd) H f M 'Hanns Eisler' Berlin 90–98. **Laufb:** Gastsol Schlossparkth Berlin, Schauspielhaus Berlin seit 91, Metropol Th Berlin 96/97, Kom Op Berlin seit 96, Th Brandenburg seit 01, Neustrelitzer OptteSommer, OptteSommer Schönebeck. – **Aufn/RF:** CD: 'Romant Lieder des 20 Jh'.

Matthies, Silke-Thora, Prof, Hochschulprofessorin, Klavier; Winterleitenweg 19a, D-97082 Würzburg, T: (09 31) 7 84 25 18, F: (09 31) 7 84 25 18, *Silke-Thora.Matthies@gmx.de*; H f Musik, Hofstallstr 6–8, D-97070 Würzburg; *www.hfm-wuerzburg.de, www.matthies-koehn.de* [Gütersloh 22.4.1960]. Klavier **Ausb:** Jungstud Kl (R Kretschmar-Fischer) H f M Detmold 71–78; Meisterunterr Kl (A Foldes) Zürich 78/79; Meisterunterr Kl (M Haas) Salzburg 79; Hauptstud Kl (R Kretschmar-Fischer) H f M Detmold 78–84; Meisterunterr Kl (P Kadosa) Szombathely (Ungarn) 81; Künstl Reifepr HFM Detmold 82; Stud (J Kalichstein) Juilliard School New York 84–86; KonzEx H f M Detmold 87/88. **Laufb:** Lehrass (R Kretschmar-Fischer) H f M Detmold 83–84 u 86–88; LBeauftr ebd 88–90; Prof (Kl) H f M Würzburg seit 92; Int KonzTätigk seit 80, jüngste Rektorin d BRD MH Würzburg seit 03. **Pr:** neun Pr b Regional-, Landes- u Bundeswettb Jugend musiziert 69–76; Stip Studienstift d Dt Volkes 79–84; Stip Dt Musikwettb 80, 86 u 89; Sonderpr Liszt/Bartók-Wettb 81; Silbermed 'Festival Int de Jeunes Solistes' 82; Pr 'Concours Robert Casadesus' Cleveland 83; Pr 'Hochschul-Wettb' 84; Stip DAAD 84/85; 1. Pr 'Gina Bachauer Comp' 85; Stip Juilliard School New York 85/86; Stip 'J-Ponto-Stift z Förderung junger Künstler' 85/86; Bundesausw Konz junger Künstler d Dt Musikrates 87/88 u 89; Pr Wettb KultKr BuVerb d Dt Industrie 90; Pr 41 Int ARD Musikwettb 92. **Ens:** Klavier-Duo Matthies/Köhn. – **Aufn/RF:** 49 RF-Aufn b BR, DL, HR, NDR, RIAS, SDR, SFB, SWR, SR, WDR, WQXR New York, 1 LP, 23 CDs. **UA:** M C Redel: Metamorphosen, op 11 90; G Klebe: Warum hat die Sonne einen Aschenrand, op 104 91; ders: Nachklang, op 111 93; U Leyendecker: Impromptu, oO 94; G Klebe: Poèma drammatico, op 130 02. **Zug:** R Heller: Ballade, op 36 90; G Klebe: Glockentürme, op 103 90; ders: Soggetto cavato No 1, op 122 96; M C Redel: Duo concertante, op 43 92. **Sonst:** Grdg KlDuo Matthies/Köhn.

Matthiesen, Hellwart, Chorleiter; c/o Deutsche Oper, Bismarckstr 35, D-10627 Berlin. **Laufb:** stellv Chordir Dt Op Berlin. (Red)

Matthus, Siegfried, Prof, Komponist; Elisabethweg 10, D-13187 Berlin, T: (0 30) 4 85 73 62, F: 48 09 66 04, *smatthus@aol.com*; Seepromenade 15, D-16348 Stolzenhagen, T: (03 33 97) 2 17 36, F: 7 14 00; *www.siegfried-matthus.de* [Mallenuppen, Ostpreußen 13.4.1934]. Oper u Sinfonik **Ausb:** Stud (Komp) Dt H f M Berlin 52–58, (R Wagner-Régeny) 56, Mstrsch (H Eisler) Akad d Künste Berlin 48–60. **Laufb:** Komp u Dramaturg f zeitgen M Kom Op Berlin seit 64, Konzeption u Ltg Veranstaltungsreihe 'KamM im Gespräch' Kom Op Berlin 66–68, Mitgl Akad d Künste d DDR 69, Ltg Mstrkl ebd u Sekretär Sektion M 72, Mitgl Akad d Künste Berlin (West) 76, Mitgl Bayer Akad d Schönen Künste München 78, künstl Ltg Projekt KamOp Schloss Rheinsberg seit 91 u OpWerkstatt, ständige Op- u KonzAuff, div Dirigate; Prof seit 85. **Pr:** NatPr d DDR 72 u 84, Ehrenbürger Stadt Rheinsberg 84, Gr Russ MThPr, Pr d int ThInst Berlin 96, Kritikerpr 98, BVK 1. Klasse 2000, Mitgl d Berlin-Brandenburg Akad d Künste, Mitgl d Bayer Akad d Künste. **Mitgl:** Dt KompVerb, Goethe-Inst, Dt MRat, LdsMRat, div Kuratorien. – **Komp:** (alles AuftrKomp) Responso, Konz f Orch 77, UA Dresden, Staatskap, Dgt: H Blomstedt 77; Konz f Trp, Pk u Orch, Berliner Philharmoniker 82; Judith (Op) 82/84, UA Berlin, Kom Op 85; Die Weise von Liebe u Tod d Cornets Christoph Rilke (Op) 84, UA Dresden, Semperop 85; Der Wald (Konz f Pk u Orch) 84, UA Dresden, P Sondermann, Staatskap Dresden, Dgt: H Blomstedt 85; Konz f Ob u Orch, UA BBC Cardiff 85; Divertimento f Orch, Salzburger FSp 85; Die Windsbraut, UA Münchner Philh, Dgt: K Masur 85; Graf Mirabeau (Op) 87/88, UA Berlin, Staatsop 89; Konz f 3 Trp u Streichorch, Schleswig-Holstein-Fstv 89/90; Desdemona u ihre Schwestern (Op) 91, UA Schwetzinger FSp, R Reuter 92; Manhattan Concerto op 399 (KonzM), UA Manhattan School New York 94, Dgt: K Masur; Das Land Phantasien op 408 (KonzM), UA Frankfurt/O 96; Das Mädchen u der Tod op 410 (Streichqua), UA Berlin 97; Kronprinz Friedrich (Op), UA Rheinsberg, Reg: G Friedrich, Dgt: R Reuter 99; Konz f Trp, Pos u Orch, New York Philh 02; Die unendliche Geschichte (Op), UA Weimar 04; Konz f Saxophonqua u Orch, UA Kiel 05; Konz f Trp, Pk u Orch, UA Berliner Philh, Dgt: Ch Dutoit; Konz f Trp, Pos u Orch, UA Philh New York, Dgt: K Masur; Konz f Fl, Harfe u Orch, UA m Sächs Staatskap, Dgt: H Blomstedt; Konz f Trp u StrOrch, UA m Staatsorch Braunschweig, Dgt: S Matthus; Te Deum (Orat), UA Dresden, Dgt K Masur; div Auftr d Dresdner Staatskap, Dresdner Philh, Gewandhaus Leipzig, Kom Op Berlin. **Aufn/RF:** ua Der letzte Schuss, m d Orch d Kom Op Berlin, Dgt Bahner, Reg G Friedrich; Die Weise v Liebe u Tod d Cornets Christoph Rilke, m RF-Orch d NDR u Musikern d Staatskap Dresden; Judith, m d Orch d Kom Op Berlin, Dgt R Reuter, Reg H Kupfer, CD- u Fernsehprod; Graf Mirabeau, m d Staatskap Berlin, Dgt Fricke, Reg Fischer, CD- u Fernsehprod. **Sonst:** Libretti u Aufsätze ('dialog' 89), div Art u Aufsätze in FachZss, Essays in div Fachbüchern, kulturpolit Stellungnahmen in d Medien. **Lit:** ua H Döhnert: S M – für Sie porträtiert, Leipzig 79; M Hansen (Hrsg): Komponieren zur Zeit. Gespräche mit Komp d DDR, Leipzig 88, darin (S 159–188): S M im Gespräch m G Müller; S M: Libretti, Berlin 89, darin (S 163ff): U Liedtke: Zum Opernschaffen v S M; S u H Neef: S M, in: Dt Op im 20. Jh: DDR 1949–1989, Berlin 92, S 314–369; G Rienäcker: Zum Opernschaffen v S M, in: Th d Zeit 11/76; S Tunn-Martin: Der Opernkomp S M. Grundlegende Aussagen zum Personalstil des Komp, in: Das Orch 3/96; J Gennrich: 'Ich bin ein Sänger ohne Stimme'. S Ms KompWeise f die Stimme, DiplArb, Mainz 97.

Mattmann, Erwin, Organist, Komponist, Hochschullehrer; Feldheimstr 7, CH-6055 Alpnach Dorf, T: 04 16 70 20 35, F: 04 16 70 20 70, *mattmann.arni@bluewin.ch* [Trimbach 21.3.1942]. Bach Orgelwerke, eigene Komp, Imp **Ausb:** Stud (Orgel, Komp) MAkad Basel, (L F Tagliavini) U Fribourg. **Laufb:** KiM Dreifaltigkeitskirche Bern 66–85, Doz (liturg Orgelsp, Orgel) MH Luzern seit 82, Redaktor 'Singen u Musizieren im Gottesdienst' 99. **Mitgl:** Vizepräs Schweizer kath Kirchenmusikverb (SKMV). – **Komp:** Magnificat (Kant) 80, UA 80; OrgelW; Goethe-Lieder (Solo/Klar), Hesse-Lieder (Chor) 86; Die Bergpredigt (Orat) 91, UA 91; 'Schrei noch immer' (Passion) 94, UA Luzern 94; 'Und es ward Abend u Morgen' (Kant) 97, UA 97; Jesus (Passion) 97, UA 97. **Sonst:** Auff d ges Orgelwerkes v Bach, Grdg 'Berner Bach-Solisten' 76–81.

Matzeit, Friedemann, Schauspielmusiker, Dirigent, Klarinette, Saxophon; Thomas-Mann-Str 27, D-10409 Berlin, T: 0 17 76 85 79 79. **Laufb:** Dgt ElblandFSp Wittenberge, SchspM NatTh Mannheim SpZ 03/04. (Red)

Matzeit, Hagen, Sänger; c/o Komische Oper, Behrenstr 55–57, D-10117 Berlin. **Laufb:** Sol Kom Op Berlin SpZ 02/05, Gastsol Neue Opernbühne Berlin SpZ 00/05. (Red)

Matzka, Peter, Violine; c/o Radio-Symphonieorchester, Argentinierstr 30a, A-1040 Wien. **Laufb:** Konzm Radio-SymphOrch Wien. (Red)

Maucher, Annette, Klarinette; c/o Münchner Philharmoniker, Kellerstr 4, D-81667 München. **Laufb:** stv Sol Münchner Philh. (Red)

Mauel, Regina, Alt; Türnicher Str 3, D-50969 Köln, T: (02 21) 3 68 53 93. **Ausb:** Stud (Ges) MH Köln b D Jacob, KiM. **Laufb:** Dortmund 83/84, Op Essen 88, Stadtth Hagen 89, Sol Stadtth Münster 88/89, Gastsol Essen, Detmold, Staatsth Kassel, Staatsth Wiesbaden 92/93, Sol Op Bonn 92, Gastsol Staatsth Wiesbaden 92–94, Staatsop Dresden, Staatsop Stuttgart, Sol Op Köln seit 95. – **UA:** ua W v Schweinitz: 'Patmos' München 90, R Baumgartner: 'Missa Pacis' Bonn 94. (Red)

Mauer, Annette, Repetitorin; Westring 27, D-39108 Magdeburg, T: (03 91) 7 33 90 40; c/o Theater Magdeburg, PF 1240, D-39002 Magdeburg. **Laufb:** Solorep Th d Landeshauptstadt Magdeburg. (Red)

Maultasch, Alfred, Komponist; Teisenberggasse 13a, A-5020 Salzburg, T: (06 62) 44 31 49 [Salzburg 22.11.1914]. **Ausb:** Stud (Kl u Klar) Mozarteum Salzburg; priv Stud (Komp) b M Stahnke, Hamburg ab 75. **Laufb:** Doz f Klar am Mozarteum Salzburg; Eng RF-Orch Wien, RF-Orch Köln u Op Hamburg; Lt Mozarteum-Orch Salzburg ab 45, Grd u Lt RF-Orch Rot-Weiß-Rot Salzburg 48, Op Köln ab 53. **Pr:** Ehrenmitgl Aspekte Fstv Salzburg. – **Komp:** ua: Elegie (Klar u Org); Impression (Fl, Klar, V, Kl); Gazellensprünge (Git u Mundharmonika); Libellensprünge (Fl Solo); 'Erwartung', 'Illusion', 'Intervallsprünge', 'Phantasterie', 'Romanze' f Kl; Orgelstück; Son f Kl u Klar in A; 'Graziöse Klar'; Quartett (Klar, V, Va, Vcl); Bläserqui; Bläserqua; Qui f chrom Mundharmonika; 1. Symph, UA m Slovak Sinfonietta, Dgt: L Svarowsky, Aspekte Salzburg 03 ; 3. Symph, UA m NÖ Tonkünstler, Wien 05. **Aufn/RF:** ORF Salzburg: Romanze (Kl u Klar); Streichqua, UA Salzburg 05; Duo f Pos u Klar.

Maureen, Karl, Prof, Hochschullehrer, Orgel; Hochschule f Musik Nürnberg-Augsburg, Abt. Augsburg, Maximilianstr 59, D-86150 Augsburg, T: (0 89) 13 31 44, F: 13 01 28 58, *karl.maureen@t-online.de.* **Laufb:** Prof (Org, Kath KiM) H f Musik Nürnberg-Augsburg, Abt Augsburg. (Red)

Maurer, Christian, Mag, Prof, Hochschullehrer, Saxophon; Univ f Musik u Darst Kunst, Inst Franz Schubert, Rennweg 8, A-1030 Wien [Ried 1967]. **Ausb:** Stud (Sax) Konservatorium der Stadt Wien, U f Musik u Darst Kunst Wien. **Laufb:** L Landesmusikschule Neuhofen a. d. Krems 88–91, Lehrbeauftr seit 91 VertragsL f klass Sax U f Musik u Darst Kunst Wien seit 95, ao UProf ebd. **Pr:** Talentförderungspr f Komp d Landes Oberösterreich, 2. Pr Int Jazzsolistenwettb Monaco 01. (Red)

Maurer, Matthias, Prof, Hochschullehrer, Viola; Univ f Musik u Darst Kunst, Inst 3, Brandhofgasse 21, A-8010 Graz, T: (03 16) 3 89 34 30, F: 3 89 30 31, *matthias.maurer@kug.ac.at.* **Laufb:** o UProf (Va) U f Musik u Darst Kunst Graz. (Red)

Maurs, Augustin, Cellist; Sonnenburger Str 63, D-10437 Berlin, T: (0 30) 44 03 98 01, 01 78–3 12 75 47, *a.maurs@web.de* [Aurillac, Frankreich 10.1.1975]. Solo-Cello-Repertoire bis experimentale Musik – freie Improvisation **Ausb:** Abschl Pariser CNR, Stud MH Detmold, Abschl MH 'Hanns Eisler' Berlin, Aufbaustud ebd. **Laufb:** als Sol in Paris (Auditorium O Messiaen, m Livemitschn), Dtld, Spanien, Belgien, Italien, Russland, Teiln Int MFstv MMCK in Kasuka/Japan, Teiln m Stipendium Int Ferienkse f Neue M Darmstadt, zahlr Auftr als zeitgen MIntpr (ua Schlossakad Rheinsberg, Berliner FSp, MärzM, Ultraschall Fstv Berlin), Frankreich-Tournee m Bachsuiten f SoloVcl, Teiln Hitzacker Fstv. **Pr:** Chevalier d'Honneur du Royaume de la M (Paris), Förderpr MAkad Darmstadt, 1. Pr f Intpr d Hanns-Eisler- Pr, 1. Pr Concours Int de l'UFAM. **Ens:** Grg u künstl Lt Ens Ki (Schwerpunkt auf zeitgen M u Zus-Arb mit Komp). – **AuftrKomp:** ZusArb m I Morgenroth f e Auftragskomp v DtldRadio Berlin. **Aufn/RF:** Katchaturian: VclKonz, m Orch Rep 94; I Morgenroth: Kambodschan Impressionen 03 (DtldRadio Berlin). **UA:** M Lauricella: Sommerco 98; P-H Dietrich: Zerbrochene Bilder (KamOp) 01; S Winkler: V Durst nach Dasein f V, Vcl, Kl, Bratsche u Schlgz 02; E Mendoza Lopez: Contextos f Pos, Schlgz, Kl u Vcl 02. **Zug:** J M Gianneli: Piece p Violoncelle seul 94; E Shin: Sanjo f Cello solo 96; D Uzal: Zwitschermaschine 02; F Knop: Studie f Vcl solo 03. **Sonst:** ZusArb m Pariser Choreographen B Jacta.

Maus, Frank, Prof, Klavier, Hochschullehrer; Joachim-Friedrich-Str 55, D-10711 Berlin, T: (0 30) 8 91 58 20. **Laufb:** Prof (Repertoire) U d Künste Berlin. (Red)

Maus, Peter, Prof, KS, Sänger (Tenor); Halberstädter Str 2, D-10711 Berlin, T: (0 30) 8 92 79 89. **Laufb:** Sol Dt Op Berlin (bis SpZ 04/05), Op Leipzig, HonProf (Gesang) H d Künste Berlin. **Pr:** 'Berliner KS' Dt Op Berlin 01. (Red)

Mauser, Siegfried, Dr phil, Prof, Hochschullehrer, Klavier; Kientalstr 26, D-82211 Herrsching, T: (0 81 52) 9 60 57, F: 9 60 57; H f Musik u Theater, Arcisstr 12, D-80333 München, T: (0 89) 28 92 74 03, F: 28 92 74 09, *rektor @musikhochschule.muenchen.de* [Straubing 3.11.1954]. 20. Jh, insbes Hindemith u Rihm **Ausb:** Stud Kl b Rosl Schmid u Alfons Kontarsky an d Münchner MH sowie MWiss, Philosophie u Kunstgeschichte Univ München u Salzburg. **Laufb:** Doz MH München 81–83, Prof Würzburg, UProf (MGesch) U Mozarteum Salzburg ab 88, Prof (MWiss) u Rektor H f M u Th München. **Pr:** Bayer Kulturförderpr 84, Pr 'Neues Hören' 01. – **Aufn/RF:** ua Komp v Debussy, Killmayer u Rihm, d komplette KlWerk v Zemlinsky, Hindemith u Karl Amadeus Hartmann. (Red)

Mautner, Henrikje, Dr, Dramaturgin; c/o Oper Frankfurt, Untermainanlage 11, D-60311 Frankfurt/Main. **Laufb:** Dram Op Frankfurt SpZ 03/05. (Red)

Mautner, Michael, Komponist; Vereinsgasse 9/8, A-1020 Wien, T: (01) 2 16 25 19; c/o Rabenhof – Wiener Stadttheater, Rabengasse 3, A-1030 Wien, T: (01) 7 12 82 82, F: 7 12 82 82 65, *service@rabenhof.at.* **Laufb:** SchspM Rabenhof (Wiener Stadtth), Th am Neumarkt Zürich SpZ 04/05. – **Komp:** 'La Liberación de los Muros en Europa' (Intrada f BlechBlEns u Schlgz), 'Dantes Purgatorio', 'Wests u Zobernigs Zweifel. Ein Singspiel'. (Red)

Mavrák, Béla, Dipl Konzert- u Opernsänger, Tenor; Ebertpl 3–5, D-50668 Köln, T: (02 21) 7 32 69 52, 0 17 22 05 57 95, F: (02 11) 7 32 69 52; c/o Eva Luhn, Hochstadenstr 1–3, D-50674 Köln, T: (02 21) 2 40 80 49, 01 72–20 55 96, F: (02 21) 7 59 95 95, *eva.luhn@gmx.de*; *www.bela-mavrak.de* [Baden b Wien 7.4.1966]. **Ausb:** Stud (Ges) MAkad Belgrad ab 89, MH Köln bis 94, Privatunterr b F Corelli Mailand, Mstrkse b G Raimondi, N Gedda, G Pastine in Italien. **Laufb:** Amerika-Tounee v Columbia Artists 91, Konz in New York, Chicago, Pittsburgh, Denver, Vancouver, Seattle, Portland, Sacramento, Teno, San Francisco, Las Vegas, Los Angeles, San Diego, Japan, Zypern, Brasilien, Argentinien, Frankreich u in d Niederlanden, Sol Belgrader Staatsop, Debüt Verdi: 'Requiem' Bonner Beethovenhalle u Braunschweig m Philhamonica Hungarica 94, Teatro Colón Buenos Aires u Teatro Municipal Sao Paolo 95, Auftr Salzburger FSpHaus 95, Sol m Chor d Aachener Bachvereins in Aachen u m kölner Bachverein in d Kölner Philharmonie 96/97, m Gürzenich-Chor in Münster, Sol Wuppertaler Pressenacht, Österreich-Tournee m 2 Koll u Orch Bratislava (Aufz: ORF), Sol Dt NatTh Weimar 98–2000, Gastsol Stadtth Lübeck SpZ 2000/01, Debüt Verdi: 'Rigoletto' in Italien-Ligurien 01, Gastsol Bergamo 02 u Stadtth Pforzheim SpZ 02/03. **Pr:** Goldmed Int GesWettb Santa Margherita Italien. – **Aufn/RF:** Rossini: 'Petite Messe Solenelle' m J Potthoff, I Most, P Langshaw, U Döll, A Schönhage u Kölner Kurrende 93; M Martinez: 'In Exitu Israel Dixit Dominus' (Psalmkantaten) m I Lipitz, S Bieber, T de Vries, Kölner Kurrende u Clara Schumann Orch Köln 95; Vivaldi: Kyrie, Magnificat, Gloria, Konz f Oboe u Orch' m M Lentz, J Potthoff, A C Kloose, I Stock, Kölner Kurrende u Neues Rheinisches KamOrch, Dgt: E M Blankenburg 99.

Mavropoulou, Chariklia, Sängerin; c/o Oper Leipzig, Augustuspl 12, D-04109 Leipzig. **Laufb:** Sol Volksop Wien, Th Basel SpZ 04/05, Op Leipzig. (Red)

Max, Johannes, KM, Horn; c/o Dresdner Philharmonie, PF 120424, D-01005 Dresden. (Red)

Max, Wolfgang, Viola; c/o MDR Sinfonieorchester, Augustuspl 9a, D-04109 Leipzig. **Laufb:** Vorspieler MDR SinfOrch Leipzig. (Red)

Maxara, Bernhard, Dramaturg u Sänger; Nordlehne 1, D-96450 Coburg, T: (0 95 61) 9 55 82od (06 76) 5 46 25 26. **Laufb:** Dramaturg u Sol Coburger Sommer-Operette. (Red)

Maxara, Maria, Sängerin; Emil-Fink-Str 11, D-09456 Annaberg-Buchholz, T: (0 37 33) 2 57 72. **Laufb:** Sol Eduard-von-Winterstein-Th Annaberg SpZ 01/05. (Red)

Maxhofer, Ursula T, Sängerin; c/o Neuburger Kammeroper eV, Drususstr 9, D-53111 Bonn. (Red)

Maxsein, Konstanze, Sängerin; Clausenstr 35, D-42285 Wuppertal, T: (02 02) 4 59 80 01. **Pr:** 3. Pr 11. Int Johann Sebastian Bach Wettb Leipzig 98. (Red)

Maxsein, Ludger, Prof, Hochschullehrer, Klavier; Kulzenhof 32, D-46519 Alpen-Menzelen, T: (0 28 02) 80 07 43; FolkwangHochschule, Klemensborn 39, D-45239 Essen, T: (02 01) 4 90 31 48/1 04. **Laufb:** Prof (Kl) Folkwang-H Essen. (Red)

May, Eva-Maria, Akad Oberrätin, Klavier, Hochschullehrerin; Bruderstr 10, D-80538 München, T: (0 89) 21 02 46 31; Badgasse 13, D-97286 Sommerhausen. Alexander Skrjabin **Ausb:** Stud Kl (E Then-Berg) H f M München, Stud Mstrkl (J v Karolyi), Studien (I Shukow, A Tschaikovsky, V Gheorghiu). **Laufb:** Doz (Kl) H f M Würzburg, solist KonzTätigkeit (ua Werke v Beethoven, R Schumann) Österr, Italien, England, Frankr, 2 Tourneen USA, Konz Cenariu-Trio m J Epstein (V), KlDuo m N Shetler. **Pr:** Stift dt Hochschul- u Konservatoriumswettb. – **Aufn/RF:** CDs: Werke v F Chopin, I Strawinsky, A Skrjabin (BR).

May, Frauke, Sängerin (Mezzosopran); Sülzgürtel 38, D-50937 Köln, T: (02 21) 9 41 88 85, 01 73–3 00 40 21, F: (02 21) 9 41 88 85, *FraukeMay@t-online.de, Frauke.May@web.de* [Bremen]. Oper, Konzert **Ausb:** Stud Gesang f Op, Konz u Lied (R Bautz) H f M Köln. **Laufb:** Debüt als Frau Reich ('Lustige Weiber v Windsor') Int Sommerfsp Schloß Weikersheim, OpEng ua Stadtth Aachen, Lübeck, Regensburg, Mainz, Heidelberg, Klagenfurt, Linz u Bonn, Partien ua (Mrs Quickly, Fenena, Rosina, Hänsel, Niklaus/Muse, Orlofsky, Czipra, Rossweiße, Waltraute, Suzuki), int KonzTätigkeit in Frankreich, Belgien, Spanien, Österr, Schweiz u USA, gr sakrale Werke u OrchLieder d Alt- u Mezzofaches im Musiksaal Basel, Auditorio de Nacionale de Mùsica Madrid, Auditorio Alfredo Kraus Las Palmas, Kathedralen v Reims, Toledo u Paris, in Dtschld Konz ua m Orch d Beethovenhalle Bonn, Orch d BR, Philh Hungarica. **Pr:** 1. Preise Bundeswettb Gesang, Stip d Dt Musikrates 90, Europ Gesangsförderpr 91, Stift 'Int MWettb d ARD-München' f Op u Konz 94. – **Aufn/RF:** M Reger: Lieder (CD); ders: 'Schlichte Weisen' op 76, Welteinsp d kompletten Zyklus u 'Fünf neue Kinderlieder' op 142 01 (Doppel-CD); H Wolf: Mörike-Lieder, Welt-Gesamteinsp (57 Lieder), m B Renzikowski (Kl) (2 CDs).

May, Gabriele, Mezzosopran; c/o Konzertdirektion Fritz Dietrich, Sigmund-Freud-Str 1, D-60435 Frankfurt/M, T: (0 69) 54 45 04, F: 5 48 41 07, *info @konzertdirektion-dietrich.de* [Saarbrücken]. **Ausb:** HfM Saarbrücken b R Bühler-Frey. **Laufb:** Kammerop Rheinsberg 97, Staatsth Saarbrücken 01, Sol Th Meiningen 03, GastSol Op Frankfurt seit 01, Staatsth Mannheim 04/05, Staatsth Nürnberg 05. (Red)

May, Hermine, Sängerin; Lindenallee 52, D-14050 Berlin; c/o Lore Blümel Opern- und Konzertagentur, Heiglhofstr 49, D-81377 München, T: (0 89) 8 59 38 64, F: 8 59 37 59, *opkoag-bluemel@t-online.de* [Timisoara]. **Ausb:** HfM Stuttgart. **Laufb:** Sol Bad Staatsth Karlsruhe, Gastsol Hess Staatsth Wiesbaden SpZ 00/01, Sol Th Hagen SpZ 03/04, GastSol Th Bremen SpZ 04/05.

May, Katrin, Flötistin; c/o Neue Lausitzer Philharmonie, Promenadenstr 60, D-02827 Görlitz, *katrinmay@gmx.de*; Grandmontagne Künstler & Konzertagentur, Tännichtgrundstr 10, D-01462 Dresden, T: (03 51) 4 54 03 04, *info@ grandmontagne.de* [Dresden 1973]. **Ausb:** HfM Dresden. **Laufb:** Sol Neue Lausitzer Philh. **Ens:** Duo m Frank Fröhlich, Ens Courage. (Red)

May, Oliver, Sänger, Musikpädagoge; Ludwigstr 137, D-64367 Mühltal, T: (0 61 51) 14 56 13, F: 14 56 13. (Red)

Mayer-Ullmann, Joachim, Dirigent; Kurfürstenstr 12, D-54290 Trier. **Laufb:** Dgt Orch Oberhausen, Lt SchspM HT 21 Hansa Th Berlin SpZ 04/05, Lt SchspM Landesth Dinslaken SpZ 04/05. (Red)

Mayer, Albrecht, Oboe; Berliner Philharmoniker, Herbert-von-Karajan-Str 1, D-10785 Berlin, T: (0 30) 25 48 80, *Mail@AlbrechtMayer.com*; *www. albrechtmayer.com, www.berliner-philharmoniker.de.* **Ausb:** Stud (G Scheurer) Bamberg, (G Meerwein) Karlsruhe, (I GOritzki) Hannover, Meisterks (M Borgue). **Laufb:** Solo-Ob Bamberger Symph, Solo-Ob Berliner Philharm seit 92/93, Sol u Doz int Fstv. **Ens:** Bläserens Sabine Meyer. (Red)

Mayer, Christa, Sängerin (Mezzosopran, Alt); c/o Sächsische Staatsoper, Theaterpl 2, D-01067 Dresden, PF 120763, D-01008 Dresden, T: (03 51) 8 10 75 39, F: 8 10 75 39, *mayer_christa@hotmail.com* [Sulzbach-Rosenberg 14.7.1972]. Konz u Lied **Ausb:** Mitgl Bayer Singakad 90–95, Stud ext (B Schneider-Hofstetter) Kons Augsburg 92–95, Stud (T Moser, H Deutsch, C Dutilly) MH München 95–2001, Privatunterr (D Schneider, K Jarnot). **Laufb:** Bayer Theaterakad August Everding 98–2000, Ensemblemitgl Sächs Staatsop Dresden (03/05) (Mozart: Zauberflöte, Dritte Dame; Wagner: Rheingold, Flosshilde; Wagner: D fliegende Holländer, Mary) ab SpZ 2001/02, Liederabende ua Schubertiade, Kissinger Musiksommer, Bodenseefstv, Brahmstage Tutzing, Tourneen ua Schleswig-Holstein Musikfstv, Rheingaufstv, Palau De Musica, Konz m Münchner Bach Chor. **Pr:** 2. Pr u Sonderpr Lied Meistersängerwettb Nürnberg 99, Richard-Strauss-Plak 99, 2. Pr Int Robert-Schumann-Wettb Zwickau 2000, Int ARD Musikwettb München 2000, 3. Pr Bayer Staatsförderpr f Musik 01. – **Aufn/RF:** R Strauss: 'Der Bürger als Edelmann', Münchner Rundfunkorch, Dgt: K A Rickenbacher 99; R Schumann: 'Faustszenen', Herbstl Musiktage Bad Urach; Dgt: F Bernius 99; H Zilcher: 'Lieder', m K Jarnot, C-H März 01 ; J S Mayr: 'Missa c-moll', Dgt: Franz Hauk 01. **UA:** R Spring: Kammersymphonie 'Heimkunft' op.74 u Schubert-Triptychon op.75 Bodenseefstv 01.

Mayer, Eckehard, Komponist, Klavier; Radeberger Str 17, D-01099 Dresden, T: (03 51) 8 04 11 18 [Hainsberg, heute Freital 20.6.1946]. Oper, Kammermusik, Schauspielmusik **Ausb:** Stud (Komp, Dirig, Kl) MH Leipzig 65–70. **Laufb:** Mitgl Dresdner Kreuzch 57–65, Rep u Dgt Volksth Rostock 70–72,

Staatsop Dresden 74–76, Kapm Th Zeitz 76–78, Rep u Dgt Staatsop Dresden 78–82, Komp, Dgt, Pianist Staatsschausp Dresden seit 82, Lt d SchauspielM ebd 82–88, 93–01 u 04/05. **Pr:** C-M-v-Weber-Pr f Komp Dresden 76 u 84. **Mitgl:** Sächs Musikrat, Dt Komp Verb (DKV). – **Komp:** Die Weise von Liebe u Tod nach Rilke (KamBallett) 84; Der goldene Topf nach E T A Hoffmann (Op) 86–88 (Auftr: Staatsop Dresden), UA Dresden, Staatsop 89; Ama tu ritmo (f Orch u 2 Schlgz) 88, UA Dresden, Staatskap 89; Immer sehen dich meine Augen (Requiem f Soli, Ch u Orch) 89, UA Dresden, Philharmonie 90; Sansibar nach Alfred Andersch (Op), UA Schwetzingen, Bayer Staatsop München 94 (Auftr: Schwetzinger FSp); Das Treffen in Telgte nach Günter Grass (Op) 98–2000, UA Th Dortmund 05 (Auftr: MFSp Dresden). **Aufn/RF:** Sansibar (Op) 94, Dgt: B Kontarski (SDR Stuttgart). **Sonst:** 'Immer wieder' (Gedichte) 03, 'Mein anderes Tagebuch' (Gedichte) 05.

Mayer, Florian, Violine; Karcherallee 33, D-01277 Dresden, T: (03 51) 4 96 94 40; c/o Künstler-und Konzertagentur Grandmontagne, Tännichtgrundstr 10, D-01462 Dresden/Niederwartha, T: (03 51) 4 54 03 04, F: 4 54 06 04 [Zwickau 18.3.1974]. **Ausb:** Spezialsch f M 'Carl Maria v Weber' Dresden ab 87 (Prof H Rudolf), Stud Dresdner H f M ab 94, Aufbaustud Dresden 99–01, Mstrkl (W Hentrich) seit 01. **Pr:** Carl Maria v Weber-Stip 01. **Ens:** GrgdMitgl Dresdner Sinf, Mitgl Philh JazzOrch Dresden, Falk-Zenker-Qua. (Red)

Mayer, Franz, KS, Bassbariton; Kinzigstr 11, D-61352 Bad Homburg, T: (0 61 72) 4 36 78 [St Pölten, Niederösterreich]. **Ausb:** Gesang Bruckner-Kons Linz, (K H Jarius) Frankfurt. **Laufb:** Debüt Landesth Linz 74 (Pietro 'Simone Boccanegra'), EnsMitgl Op Frankfurt seit 77 (03/04), KamSänger Op Frankfurt 93, Repertoire (ua Papgeno 'Zauberflöte', Schaunard 'La Bohème', Leporello u Masetto 'Don Giovanni', Arkas 'Iphigenie in Aulis'), ZusArb m Regisseuren (ua R Berghaus, H Hollmann, A Kirchner, H Wernicke, M Cacoyannis, H Neuenfels) u Dgt (ua N Harnoncourt, G Albrecht, G Patané, A Lombard, G Bertini) (Douphol 'La Traviata', Don Alfonso 'Così fan tutte', Polizeikommissar 'Rosenkavalier', Hobson 'Peter Grimes') SpZ 2001/02. (Red)

Mayer, Guido, Dirigent, Pianist; Hochstettergasse 1, A-1020 Wien, T: (01) 8 97 90 91; c/o Niebelheim Agentur & Verlag Regina Hruška, Gallgasse 76, A-1130 Wien, T: (01) 8 97 90 91, *agentur@niebelheim.com* [Wien 1961]. **Ausb:** Stud MH Wien (Kl, Org, Cemb, Dirig) b Heinz Medjimorec, Michael Radulescu, Gordon Murray, Karl Österreicher u Leopold Hager, Mstrks f OpDirig b J Kalmar. **Laufb:** solist Tätigkeit, Gersthofer Kammerorch (heute: OrchVerein d Gesellschaft d Musikfreunde) 90–92, Resident Artist d Banff Centre for the Arts in Kanada 92–93, Korrep Stadtth Klagenfurt, Gastauftr als Pianist u Dgt. **Ens:** Lt Concerto Wien. (Red)

Mayer, Luitgard, Violine; c/o Theater Biel Solothurn / Bieler Symphonieorchester / OGB, Schmiedengasse 1, CH-2500 Biel 3, PF, CH-2500 Biel 3 [Graz]. **Ausb:** Stud b Prof Mayer Kons Klagenfurt, Stud b Prof M Rostal Bern u Köln, Stud Prof A Grumiaux Brüssel. **Laufb:** Stellver Konzm Th Biel Solothurn seit SpZ 03/04, Konzm SymphOrch Biel.

Mayer, Pascal, Chordirigent; le Cheiry 1, CH-1772 Grolley, T: 02 64 75 37 46, F: 02 64 75 37 46, *pascal.mayer@bluewin.ch* [1.6.1958]. Oratorien, a-capella-Werke **Laufb:** Doz (ChLtg) MH Luzern, Einstud frz Werke (Berlioz, Poulenc, Duruflé) m d Chor d MDR Leipzig. **Mitgl:** Vizepräs Europa Cantat/Schweiz. – **UA:** mehrere Werke Schweizer Komponisten; F Voegelin, L Mattraux, J Haselbach.

Mayer, Thomas Johannes, Sänger (Bariton); Kirchgasse 4, D-68642 Bürstadt, T: (01 72) 2 40 27 49; c/o Volkstheater Rostock, PF 102215, D-18003 Rostock. **Laufb:** Sol Th Regensburg, Op im Schlossgarten Eutin SpZ 03/05, Kom Op Berlin SpZ 03/04, Gastsol Staath Darmstadt u Volksth Rostock SpZ 03/05, Sol Th Basel, Th Freiburg i. Br. SpZ 04/05. (Red)

Mayer, Ulrike, Sängerin; c/o Theater Magdeburg, PF 1240, D-39002 Magdeburg. (Red)

Mayers, Philip, Korrepetitor; c/o Berliner Kammeroper eV, Kottbusser Damm 79, D-10967 Berlin. **Laufb:** Korrep Berliner KammerOp Berlin SpZ 03/05. (Red)

Mayr, Alexander, Mag, Tenor; Mentergasse 9, A-1070 Wien, T: (01) 5 24 08 00, *tenor@alexmayr.com*; *www.alexmayr.com* [Wien 14.10.1973]. **Ausb:** Stud (Publizistik, MWiss) U Salzburg 91–93, Ges (R Knoll, H Hopfner, J Niziolek) U f M u darst Kunst 'Mozarteum' Salzburg 93–98, Mstrks (B A Martin), Ges (F Lukasovsky), Mitgl d OpKl (M Temme, L Plettner) U f M u darst Kunst Wien seit 98. **Laufb:** Sol (Titelrolle Op 'Schreber') Stadtth Klagenfurt u Wiener Jugendstilth 98/99, Dt Op am Rhein Düsseldorf u Stadtth Luzern 99/2000, Stadtth Klagenfurt ab 2000, Dt Op am Rhein Düsseldorf 2000/01, Optten-FSp Bad Ischl, KonzVerpfl m weltl u kirchenmusikal Programmen (Mozart: 'Requiem', 'Krönungsmesse' u 'Vesperae de solennes de Confessore'/Schubert: 'Messe in C', Szenen aus Verdis 'La Traviata' u Mozarts 'Zauberflöte'), Tiroler Landesth 03, Th Basel 04, Gastsol Op Frankfurt SpZ 04/05, Op Wuppertal 05, Op Frankfurt 05, Op Zuid Maastricht 05. – **Aufn/RF:** C Orff: 'Carmina Burana' (Schwan) Salzburg (CD). **UA:** F Thürauer, R Bletschacher: Op 'Wein u Wasser', UA Th St Pölten; P Vir: 'ION' (Hauptrolle), UA Almeida-Th London 2000.

Mayr, Florian, Kontratenor; Neustiftg 10, A-1070 Wien, T: (01) 5 24 17 95. **Ens:** Les Menestrels (ens f alte m). (*)

Mayr, Herbert, Kontrabass; c/o Wiener Philharmoniker, Bösendorferstr 12, A-1010 Wien. **Ens:** Sol Wiener Philh. (Red)

Mayr, Reinhard, Sänger; c/o Opernhaus Zürich, Falkenstr 1, CH-8008 Zürich. **Laufb:** Sol Landesth u Kammerspiele Salzburg, Volksop Wien, Op Zürich. (Red)

Mayr, Thomas, Magister rer soc oec, Opern- und Konzertsänger, Gesangspädagoge; Schöppingenweg 26, D-48149 Münster, T: (02 51) 86 65 48, F: 86 65 48, *tmayr@t-online.de* [Ried i Innkreis 11.12.1959]. Oper: Mozart u dt Fach, Lied: Schubert **Ausb:** Stud Ges (R Hansmann) MH Wien 79–84, Staatsopernstudio (O Wiener) 82–84, Mstrkrs b P Lindberg, J King, F Araiza, W Berry. **Laufb:** Studio Wiener Staatsop 82–84, Städt Bühnen Münster 84–88, Städtebundtheater Biel 89, Stadttheater Bremerhaven 89–95, freischaff ua Lübeck, Hamburg, Würzburg, Hildesheim (03/04), Bremerhaven seit 1995, LTät MH Bremen seit 98, Westf MS 99, Uni Münster 01, Bad Hersfeld 03. **Pr:** 1. Pl Jugend Musiziert 81(Österr), Opernpr Bad Hersfeld 03. – **UA:** T Johnson: Trigonometry 98 Hamburg; H Gerner: 7 Lieder nach Gedichten v P Celan.

Mayrhofer, Manfred, Dirigent; c/o Semperoper, Theaterplatz 2, D-01067 Dresden; c/o Agentur Seitter, Opernring 8/13, A-1010 Wien, T: (01) 5 13 75 92, F: 5 12 93 51, *office@agentur-seitter.at.* **Laufb:** Dgt Hamburg Staatsop, Staatsth Stuttgart, Semperop Dresden SpZ 04/05; Gastdgt Anhalt Th Dessau SpZ 00/01, Dt Op Berlin SpZ 04/05. (Red)

Maze, David, Sänger; Axensteinstr 4, CH-9000 St Gallen, T: 07 12 22 78 57. **Laufb:** Sol Konz u Th St Gallen. (Red)

Mazura, Franz, KS, Bass-Bariton; Eichendorffstr 1, D-68535 Edingen-Neckarhausen, T: (0 62 03) 36 31; c/o Boris Orlob Management, Jägerstr 70, D-10117 Berlin, T: (03) 20 45 08 39, F: 20 45 08 49, *info@orlob.net* [Salzburg 22.4.1924]. **Ausb:** Stud Ges (Husler) MAkad Detmold. **Laufb:** Sol (Bass) Staatsth Kassel 55, Stadtth Mainz 56–59, Staatsth Braunschweig 59–64, NatTh Mannheim 64–87, Gastsol Grand Op Paris seit 72, Staatsop Hamburg seit 73, Staatsop Wien, Teatro Colón Buenos Aires, Op San Francisco, Op Brüssel, Op Nizza, Op Straßburg, London, Los Angeles, Barcelona, Sol Met Op New York seit 80, Op Köln 91, jetzt hauptsächl als Bass, Salzburger FSp 60 u 70, Bayreuther FSp 71–80, 82–95, Israel Festival 74, Rheingau MFstv, Int BodenseeFstv, Staatsschauspiel Stuttgart als Lear i Shakespeare 'König Lear' 90–93. **Pr:** KS NatTh Mannheim 80, Ehrenmitgl NatTh Mannheim 90, Grammy Award 80 (Berg: 'Lulu', Dr Schön) u 85 (Schönberg: 'Moses u Aron', Moses), Staufer-Med d Landes Baden-Württemberg 04. – **Aufn/RF:** ua Wozzeck, Götterdämmerung (Gunther), Schönberg: Moses u Aron (Moses), ders: Ein Überlebender aus Warschau, A Berg: Lulu (Dr Schön), Ullmann: Der Kaiser von Atlantis, Wagner: Parsifal (Klingsor), Höller: Meister u Margerita; Liszt-Melodram. **UA:** A Berg: 'Lulu' (Dr Schön) 79. **Sonst:** Illustration: MusikinstrKunde 55 u Pfälz OpFührer 02; Fotografien f d Buch 'Centralpark New York' 02; Ausstellungen: Karikaturen, Aquarelle u Fotografien (Reiss Museum Mannheim 99, Steingräber Bayreuth 2000). **Lit:** F Mazura: Der Sänger – Schauspieler (Die Oper, Spiegelbild d Welt).

Mazurkowski, Artur, Tuba, Violine, Hochschullehrer; Münsterberger Str 10, D-49090 Osnabrück, T: (05 41) 12 39 90. **Laufb:** Doz (Tb) FH Osnabrück, Kons. **Ens:** Jürgen Flaskamp's Hot Daddies. (Red)

Mazzola, Enrique, Dirigent; c/o Patrizia Garrasi Luisa Panarello, Via Manzoni 31, I-20121 Milano, T: 02 65 41 61, F: 0 26 59 78 51, *info@enriquemazzola.com*, *resia@resiartists.it*; c/o Niedersächsische Staatstheater Hannover, Opernpl 1, D-30159 Hannover; *www.enriquemazzola.com* [Barcelona 24.3.1968]. **Ausb:** MKons Mailand, Stud Komp (A Corghi) 89–92, OrchLtg (D Gatti) 90–93. **Laufb:** Accad Naz di Santa Cecilia 98–2001, Dgt Staatsth Stuttgart, Grand Th de Bordeaux 01, Mailänder Scala, Aix-en -Provence Fstv, Th Champs-Elysées Paris 02, Tokyo Philh, Grand Th Bordeaux 03, 1. Gastdgt Op Hannover seit SpZ 03/04, Russian Nat Symph Orch, Torino Teatro Regio 04. – **Aufn/RF:** Persiani: Ines de Castro 2000, Paisello: Symphonies and Ouvertures, Orch della Svizzera Italiana 2001. **UA:** A Corghi: Isabella, Rossini Op Fstv 98, P Furlani: Le parole al buio, Spoleto 98, G Baggiani: Perso per perso, Florenz 96, M Abbado: Ottavo ricercare, Mailand 97.

Mazzola, Patrizio, Klavier; Dählhölzliweg 8, CH-3005 Bern, T: 03 13 51 76 63, F: 03 13 51 76 63, *patrizio.mazzola@freesurf.ch*; *www.saphirgmbh.de/mazzola* [Chiàvari, Italien 4.9.1956]. **Ausb:** Stud Kl (H Harry) Kons Luzern 72–78, Stud (V Margulis) Freiburg 83. **Laufb:** Doz (Kl) MH Luzern u Bern, Auftritte Lucerne Fstv, Fstv Radio France Montpellier, Murtenclassics, in 2002: Wigmore Hall London, IRCAM Paris, Tonhalle Zürich, KKL Luzern. **Pr:** Edwin-Fischer-Pr Luzern 78, Migros-StipPr 75, Anerkennungspr Stadt Luzern 86. **Ens:** KlTrio m R Kubelik u M Faivre. – **Aufn/RF:** 8 CDs (ua alle Rachmaninoff-Préludes u alle Chopin-Etüden), Werke v Schweizer Komp.

Mechelen, Werner van, Sänger; c/o Theater Dortmund, Kuhstr 12, D-44137 Dortmund; c/o Bühnen der Stadt Köln – Opernhaus, PF 101061, D-50450 Köln. **Laufb:** Gastsol Th Dortmund SpZ 03/05, Op Köln. (Red)

Mechler, Thierry, Prof, Hochschullehrer, Orgel; 3, rue du Maréchal de Lattre de Tassiqny, F-68500 Guebwiller, T: 03 89 74 16 75, F: 03 89 74 62 80, *thierry.mechler@online.fr*; H f Musik, Dagobertstr 38, D-50668 Köln [Mulhouse 25.2.1962]. Bach, Messiaen, Improvisation **Ausb:** Stud (Orgel, Kl) MH Straßburg 81–84, Orgel, Imp (M-Cl Alain) MH Paris 84–86. **Laufb:** Domorganist Primas-Kathedrale Lyon 91–98, Prof (Orgel, Orgelimp) H f Musik Köln seit 98. **Pr:** Int Wettb Paris 81, Prix d'Excellence Paris 85, Pr de Virtuosité Paris 86. **Mitgl:** SACEM. – **Komp:** Te Deum, UA Paris 86; Renaissance, UA Thierenbach 97; Tombeau de F Liszt 02. **AuftrKomp:** Kommunion über Puer Natos Est, UA Mulhouse 85. **Aufn/RF:** Bach: Kunst d Fuge (Org); Bach: Kunst d Fuge (Kl); Bach: Goldbergvariationen (Org). **UA:** J Reveyron: Das Orgelwerk, UA Genf 87. **Zug:** Te Deum; Communion; Diptyque. **Sonst:** Zyklus Bach, Orgelwerk in 12 Konz 95; Zyklus Vierne, 6 Symph in 6 Konz 98.

Mechsner, Birgit, Klavier, Hochschullehrerin; Goebenstr 3, D-49076 Osnabrück, T: (05 41) 2 05 20 90. **Laufb:** Doz (Kl) FH Osnabrück, Kons. (Red)

Mechsner, Wolfgang, Prof, Klavier, Hochschullehrer, Autor; Goebenstr 3, D-49076 Osnabrück, T: (05 41) 2 05 20 90, *mail@wolfgang-mechsner.de*; *www.wolfgang-mechsner.de* [Dortmund 1954]. Forsch über Leben u Werk d Darmstädter Komp Wilhelm Petersen; Jazz **Ausb:** Staatl MSch- u M-L-Prüf Staatl H f M Westfalen-Lippe, Inst Dortmund 77, künstl Reifeprüf 82. **Laufb:** nebenamtl InstrL MSch Bocholt 77–83, hauptamtl L (Kl Laien- u Studienabt) FH Osnabrück, Kons 83–85; L f bes Aufg (künstl u schulprakt KlSpiel) seit 85, künstl Mitarb Uni Osnabrück, Standort Vechta (seit 92 H Vechta) seit 96; LBeauftr (Kl, unterr-prakt InstrSpiel) FH Osnabrück, Kons; KonzReise m 'Saint-Clair Trio' USA 97 u 02, Albanien 05; NFJazz Inst f MPäd FH Osnabrück, Kons seit 03. **Ens:** Grdg KlDuo 'CrossoverPiano' 96, Mitgl 'Saint-Clair Trio'. – **Sonst:** Publ: Biographie 'Wilhelm Petersen. Leben u Werk' 96; 'Spielen u Begleiten. Lied- u Songbegleitung von Anfang an. Erste Schritte zum Jazzklavier' 2002.

Medek, Tilo, Komponist, Verleger; Rheinhöhe, Westerwaldweg 22, D-53424 Remagen-Oberwinter, T: (0 22 28) 81 75, F: 81 76, *tilo@medek.net*; *www.medek.net* [Jena 22.1.1940]. **Ausb:** Stud (MWiss, Psychologie) HU Berlin 59–64, parallel Kompstud (R Wagner-Régeny) Dt H f Musik Berlin, Mstrsch (Régeny) Dt Akad d Künste Berlin 64–67. **Laufb:** freiberufl seit 62, Musikverlag Edition Tilo Medek seit 82. **Pr:** Ehrenkomp 8. Fstv Int des Choeurs d'Enfants Nantes (Frankreich) 92, Ehrenaufenthalt Dt Akad (Villa Massimo) Rom 94. – **Komp:** Die betrunkene Sonne (Text: S Kirsch) (Melodram Spr u Orch), UA Brandenburg 69; Gethsemane nach R M Rilke (Kant) 80, UA Stuttgart 80; Konz f Marimbaphon u Orch (Sinfonik), UA Hannover 80; Konz f Vcl u Orch Nr I, UA München 82; I. Sinf (Eisenblätter) (Sinfonik gr Orch), UA Bonn 83; Konz f V u Orch, UA Basel 83; II. Sinf (Rheinische) (Sinfonik gr Orch), UA Koblenz 86; Konz f Trp u Orch (Sinfonik), UA Bielefeld 89; Katharina Blum nach H Böll (Op) 84/86, UA Bielefeld 91; III. Sinf (Sorbische) (Sinfonik gr Orch), UA Erfurt 96; H Eisler/T M: Leipziger Symph 59–98, UA Leipzig 98 (Auftr: Gewandhaus Leipzig); L v Beethoven/T M: Späte Bagatellen m frühen f Orch adaptiert, UA Bonn 01 (Auftr: Int Beethovenfest); Der Frieden wird immer gefährlicher (F Dürrenmatt) (Kant), UA Augsburg 02. **Sonst:** Das Volksliederbuch (m H Röllecke) 93. **Lit:** T M, Eine Dokumentation 80.

Medenbach, Richard, KS, Sänger (Bass); Ruhrallee 28, D-45138 Essen, T: (02 01) 26 23 24. **Laufb:** Sol Musikth Essen (03/05), Gastsol Schillerth NRW Wuppertal-Gelsenkirchen SpZ 00/01. **Pr:** KS Th u Philh Essen 02. (Red)

Medjimorec, Heinz, Prof, Hochschullehrer; Univ f Musik u Darst Kunst, Inst f Tasteninstrumente, Lothringerstr 18, A-1030 Wien, T: (01) 7 11 55 22 00, F: 7 11 55 22 99, *medjimorec@mdw.ac.at*. Tasteninstrumente **Laufb:** o UProf U f Musik u Darst Kunst Wien. (Red)

Medlam, Charles, Cello; c/o Konzertagentur Esslinger, Spittlerstr 6, D-70190 Stuttgart, T: (07 11) 28 32 76, F: 26 14 21, *esslinger@konzertagentur.de*; *www.konzertagentur.de*, *www.btinternet.com/~LondonBaroque*. **Ens:** London Baroque. (Red)

Mee, Anthony, Sänger; c/o Bayerische Staatsoper, Brieffach, D-80075 München. **Laufb:** Sol Bayer Staatsop München. (Red)

Meel, Nico van der, Tenor; 04DE Rijn 34, Niederlande-2312 HG Leiden, T: (0 71) 5 12 67 66, *post@nicovandermeel.nl*; *www.nicovandermeel.nl*. Lied, Alte Musik, Konzert, Oratorium **Ausb:** MathematikStud U Leiden, Kons Rotterdam (Barend Schuurman), GesStud b M Honig 82–87, Mstrks b E Lear, R van der Meer, R Holl, E Ameling, E Schwarzkopf. **Laufb:** Doz SommerKs, Dgt d Ch William Byrd Vocaal Ensemble seit 81. **Ens:** Camerata Trajectina.

Meer, Nikolaus, Sänger; Rehbergstr 6, D-30172 Hannover, T: (01 72) 6 35 26 03. **Laufb:** Sol Ulmer Th, Gastsol Stadtth Pforzheim SpZ 03/04, Sol Landesth Detmold SpZ 04/05. (Red)

Mehari, Senait, Sängerin; c/o Bühnen der Stadt Köln – Opernhaus, PF 101061, D-50450 Köln. (Red)

Mehlhart, Ulrich, Klarinette; c/o HR Sinfonieorchester, Bertramstr 8, D-60320 Frankfurt a M. **Laufb:** Sol HR SinfOrch Frankfurt a M. (Red)

Mehlhorn, Wolfgang, Prof, Hochschullehrer, Violoncello; Hochschule für Musik und Theater Hamburg, Harvestehuder Weg 12, D-20148 Hamburg. **Laufb:** Prof (Vcl) H f M u Th Hamburg. (Red)

Mehlig, Karl, Prof, Hochschullehrer, Schlagzeug; Sebastian-Bach-Str 49, D-04109 Leipzig, T: (03 41) 6 01 71 53; Hochschule f Musik u Theater, PF 100809, D-04008 Leipzig [Mobschatz, Dresden 4.6.1935]. Konzert **Ausb:** Stud MH Dresden 51–55. **Laufb:** Prof (Schlgz) H f M Felix Mendelssohn Bartholdy Leipzig; SolPk Gewandhausorch Leipzig, als Sol Auftr in Leipzig, Spanien, Italien, Moskau, St Petersburg, Schweden, Frankreich, Wien, Prag, USA u Japan. **Pr:** KM, KV, Kunstpr d Stadt Leipzig. **Ens:** Bachorch d Gewandhauses, Neues Bachisches Collegium Musicum. – **Aufn/RF:** Sol in Matthus: Konz f Trp, Pk u Orch (RF u TV), 'D Wald' Konz f Pk u Orch (RF, TV, CD). **UA:** Schleiermacher: Musik f Pk u Orch (auch Aufn).

Mehling, Angela, Sängerin; c/o Musikalische Komödie der Oper Leipzig, Dreilindenstr 30, D-04177 Leipzig. **Laufb:** Sol Musikal Komödie Leipzig. (Red)

Mehling, Karl Andreas, Dirigent; Hermann-Köhl-Str 20a, D-93049 Regensburg, T: (09 41) 2 27 91; c/o Theater Regensburg, Bismarckpl 7, D-93047 Regensburg. **Laufb:** Chordir u Kapm Th Regensburg, Dgt Philharmon Orch Regensburg.

Mehnert, Thomas, Sänger; Hessisches Staatstheater, PF 3247, D-65022 Wiesbaden, T: (01 70) 4 15 28 77. **Laufb:** Sol Th Dortmund, Sol Op Frankfurt u Hess Staatsth Wiesbaden. (Red)

Mehren, Jörg, Dr, Akkordeon, Hochschullehrer; Im Niederfeld 11, D-65462 Gustavsburg (b Mainz), T: (0 61 34) 56 58 81, F: (0 12 12) 5 11 41 69 52, *joerg.mehren@t-online.de*; *www.12move.de/home/j.mehren*, *www.akkordeonduo.de.vu* [Koblenz 16.12.1964]. **Ausb:** Stud (PrivatMLehrer) Kons Wiesbaden 84–87, (MWiss) U Mainz 88–92. **Laufb:** Doz (Akk, Methodik, KamM) Wiesbadener MAkad seit 92, Ltg Akkordeonorch Wiesbaden D Walther 92–99, Ltg Akkordeonvereinigung 1936 Pfungstadt seit 2000, Veranstalter u Ltg 'Gedenkkonz Wolfgang Jacobi' Wiesbaden 94, Veranstalter u Ltg 'Friedrich Zehm – 75 Jahre' Wiesbaden 98. **Pr:** Gewinner Dt Akk-MPr 82 u 88, 7. Prtr int 'Coupe mondial' 87. **Ens:** Akkordeon-Duo m A Cratz (Duo Concertante) 87–99, Akkordeon-Duo m C Wronski seit 99. – **Aufn/RF:** W Jacobi: KamM Nr 1 u 2, A Cratz, Live-Mitschnitt BR 94. **Zug:** J Löchter: Thema m Variationen f Akk-Orch 98. **Sonst:** Studien zu Leben u Werk v Wolfgang Jacobi (1894–1972), Trossingen, Mainz 97.

Mehring, Michaela, Mezzosopran; Sandbuschweg 18 a, D-34132 Kassel, T: (05 61) 4 00 95 05, 01 73–9 31 34 42, *michaelamehring@web.de*; Auhofstr 51/26, A-1130 Wien; *www.operissimo.com/performers/Mehring*. Oper **Laufb:** Sol Vereinigte Städt Bühnen Krefeld u Mönchengladbach, Gastsol Staatsth Kassel SpZ 00/01, Stadtth Hildesheim SpZ 04/05, Sol Staatsth Kassel SpZ 03/04.

Mehrpohl, Udo, Chordirektor; Leonrodstr 43, D-80636 München, T: (0 89) 18 83 84 [Melle, Niedersachsen 1937]. **Ausb:** Stud (MWiss, Philosophie, Altertumswiss) Univ Köln, Stud SchulM, Dirig (W Sawallisch) H f M Köln. **Laufb:** Korr Op Köln, stellv ChDir ebd, ChDir u Kapm Freiburg, ChDir Bayer Staatsop München 84–03. (Red)

Mehta, Bejun, Sänger; c/o Bayerische Staatsoper, Brieffach, D-80075 München. (Red)

Mehta, Rajesh, Komponist; Merseburger Str 5, D-10823 Berlin. (Red)

Mehta, Zubin, Dirigent; c/o Bayerische Staatsoper, PF 101404, D-80080 München; c/o Opernhaus Zürich, Falkenstr 1, CH-8008 Zürich [Bombay 1936]. **Ausb:** Stud (Medizin) Bombay, Stud(Dgt) Wiener MAkad b Hans Swarowsky. **Laufb:** Music Director Montreal Symph Orch 61–67, Los Angeles Philh Orch 62–78, Israel Philh Orch seit 81 (MD auf Lebenszeit), MD d New York Philh Orch 78–91, ChefDgt d Maggio Musicale Florenz seit 85; Musikal Lt Bayer Staatsorch München, GMD Bayer Staatsop München bis 06, Dgt Dt Staatsop Berlin SpZ 03/04, musikal Lt Op Zürich. **Pr:** 1. Pr DgtWettb Liverpool, Pr Koussevitzky-Wettb Tanglewood, Pr f Frieden u Toleranz d Vereinten Nationen 99, Mitgl d frz Ehrenlegion 01, Ehrenmitgl d Wiener Philharmoniker 01. (Red)

Mei, Eva, Sopran; c/o Opernhaus Zürich, Falkenstr 1, CH-8008 Zürich, T: 0 12 68 64 00; *www.opernhaus.ch* [Fabriano, Italien]. **Ausb:** Stud Ges Kons Luigi Cherubini Florenz, Diplom 89. **Laufb:** Debüt Staatsop Wien (Konstanze) 90, Auftritte in Zürich, am Royal Op House Covent Garden London u ad Staatsop Berlin, Debüt Mailänder Scala (Amenaide) 93, Sol Op Zürich seit SpZ 03/04. **Pr:** 'Caterina-Cavalieri'-Pr Int Mozartwettb 90. – **Aufn/RF:** 'A Mezzanotte' (CD), 'Bel Canto' (CD), Gesamtaufn v 'Tancredi', 'Il Re Pastore', 'Don Pasquale', 'Norma', 'I Capuleti e i Montecchi'. (Red)

Meier-Schmid, Monika, Prof, Hochschullehrerin, Sopran; Baumhofweg 1, D-44267 Dortmund, T: (02 31) 46 26 18, (01 71) 5 70 20 31. **Laufb:** Prof (Ges) H f Musik Detmold, Abt Dortmund. (Red)

Meier, Bruno, Flöte (Querflöte); Ländestr 14, CH-5210 Windisch, T: 05 64 41 09 84, F: 05 64 41 19 45, *bsm@dplanet.ch*; *www.brunomeier.com*. Barock bis Moderne **Ausb:** Zürich (b A Jaunet), Brattleboro/USA (b M Moyse), Musikakad Basel (b P-L Graf) Konzertdiplom m Ausz, Mstrks b J Galway, Bern 79. **Laufb:** Sol, Kammermusiker, Pädagoge, Musikwissenschaftler, Konz in d Schweiz, Dtschld, England, Tschechien, Russland (82, 90) u Weißrussland (96, 97, 99, 01), Mstrkl an d Musikakad Minsk. **Pr:** Pr d Aargauer Kuratoriums 97 u 02. – **Aufn/RF:** zahlr Schallpl- u RF-Aufn; ua FlKonz v Myslivecek, Vanhal, Krommer, Rosetti, Reicha, Witt m Prager KamOrch; Gesamteinsp d Flötenquintette v Franz Krommer m d Stamitz-Qua.

Meier, Christoph Ulrich, Prof, Hochschullehrer, Dirigent; Fürstengartenstr 8, D-32756 Detmold, T: (0 52 31) 7 09 40 90, 01 75–1 60 66 48; Hochschule f Musik, Neustadt 22, D-32756 Detmold. **Laufb:** Prof (Partien-, Ens-Stud) H f M Detmold; Dt Op Berlin SpZ 2002/03 (musikal Ltg 'Zauberflöte'). (Red)

Meier, Hans-Jürg, Komponist, Blockflöte; Alemannengasse 8, CH-4058 Basel, T: 06 16 91 64 29, F: 06 16 91 64 29, *hjmei@bluewin.ch* [Thalwil 22.12.1964]. Komp v KamM, Imp **Ausb:** Blockfl (C Steinmann) schola cantorum basiliensis 89–94, Komp (R Moser) MH Basel 90–95. **Laufb:** Mitarb Kaskadenkondensator Basel (raum f musik, kunst, performance) 97–2001. **Pr:** Pr Marguerite de Reding. **Ens:** Blockfltrio 'six hands' 93–98, ImpQua 'babels besen'. **Mitgl:** STV. – **Komp:** zuletzt: Du kannst an keiner Stelle mit eins beginnen (Klanginstallation) 99; gar vorgang hat (Mezzosop, Vcl, Fagott) 98; colours de la rose (Fl, Ob, Sax) 99; d übrige spanne ist nicht leben, sondern zeit (f Fl, Fag, Trp, V, Vcl, Kl, Alt) 01/02; nodo (SaxQua) 02. **AuftrKomp:** 'par le murmure déchiré' f 3 Blockfl, Schlgz, Sop, UA Zürich 97 (Auftr: 2. Tage f Neue BlockflM); 'iela/strasse' f 2 Chöre, Alltagsgegenstände, UA Basel u Riga 01 (Auftr: Europ Musikmonat Basel 01); wetterleuchten f Blockfl u Str, UA Basel (Auftr: Schola Cantorum Basiliensis).

Meier, Heidi, Sängerin; c/o Theater Freiburg, Bertoldstr 46, D-79098 Freiburg [Ebersberg]. **Laufb:** Sol Staatsth am Gärtnerplatz München SpZ 03/04. (Red)

Meier, Hilmar, Sänger; Wilhelm-Weitling-Str 1, D-01259 Dresden, T: (03 51) 2 01 31 63; c/o Staatsoperette, Pirnaer Landstr 131, D-01257 Dresden. **Laufb:** Sol Staatsoperette Dresden. (Red)

Meier, Jost, Komponist; Murbacherstr 49, CH-4056 Basel, T: 06 13 21 17 67, F: 06 13 21 17 61; *www.swissclassic.net/jmeier.htm* [Solothurn 15.3.1939].

Ausb: Stud Vcl (R Looser) Kons Biel. **Laufb:** Mitbegrdg OrchGes Biel, Chefdgt bis 79, freischaff Dgt u Komp seit 83, MH Biel, Basel, Zürich. **Pr:** KompPr ORTF Paris 69, Pr Fstv v Lausanne 84, Kunstpr Kanton Solothurn 85. **Ens:** Tonhalle-Orch (Cello) Zürich, Camerata Biel. – **Komp:** zuletzt: Dreyfus (Op) 94, UA Berlin Dt Op 94; An diesen sonnigen Tagen (Son f Bar u Kl) 95; Grockiana (f V u Orch) 96; Trio Nr 2 (f Klar, Vcl, Kl) 98. (Red)

Meier, Kurt, dipl Physiker, Prof, Oboe, Hochschullehrer; Strohacker Weg 3, CH-5600 Ammerswil, T: 06 28 91 55 30, F: 06 28 91 55 30, *kurt.w.meier@bluewin.ch* [Schweiz 3.1.1950]. **Ausb:** Stud (H Holliger) MH Freiburg/Br 77–81. **Laufb:** Prof (Ob) MH Luzern seit 83, Solo Ob Zürcher KamOrch seit 84. **Ens:** Vienna Consortium, Trio concertante Zürich, Camerata Zürich, Fstv Strings Lucerne, Chamber Soloists Lucerne. – **Aufn/RF:** zahlr CD- u RF-Aufn als Solist, ua CDs: Lebrun, Winter, Holzbauer, Eichner: Virtuose Oboenkonz d Mannheimer Schule, Northern Sinfonia, H Griffith 95; Frz M f Ob u Kl 97; Romantische Qui f Ob u StrQua, Amati Qua 99; R d'Alessandro: Oboenkonz, Zürcher KamOrch 99; J S Bach: Sonaten f Ob u Cemb, Johann Sonnleitner. **UA:** A Schibler: Oboenkonz 83. **Zug:** A H Lilienthal: Oboenkonz, UA 2000. **Sonst:** Hg Amadeus Verlag Winterthur.

Meier, Peter, Viola; c/o Niedersächsisches Staatsorchester, Opernpl 1, D-30159 Hannover. **Laufb:** 1. koord Sol Niedersächs StaatsOrch Hannover. (Red)

Meier, Rita Karin, Klarinette; Eigenstr 22, CH-8008 Zürich, T: 04 43 81 80 59. **Ausb:** Kons Zürich (Klar) b H Leuthold 87–90, Musikakad Basel b H R Stalder 90–94, Hannover b Prof H Deinzer, 94–95, MH 'Hanns Eisler' Berlin b Prof K Leister 99–01, Mstrkrs b H Deiner, K Leister u A Prinz, Schweizer Jugendsinfonieorch 88–91, Bieler Sinfonieorch (Prakt) 90–91, Basler Sinfonieorch u Radiosinfonieorch Basel (Prakt) 91–92, Gustav Mahler Jugendorch Wien 92–93. **Laufb:** Sol Sinfonieorch St Gallen 93–94, Orch d Op Zürich seit 94, Ensemble S Zürich 91–94, Gast Ens Opera Nova Zürich seit 94, Gast Ens f Neue Musik Zürich seit 98, Avalon Trio (Klar, Vcl, Kl) seit 99, Orchesterakad d Orch d Op Zürich seit 97, int Mstrks f Klar Wolhusen/LU 99. **Pr:** Hegar-Studienpr d MH Zürich 90, 2. Pr Concours Nat Riddes (Schweiz) 91, Studienpr Ernst-Göhner-Stift u d Migros-Genossenschaftsbundes 92, 3. Pr Interpretationswettb f zeitgen KamM d Stift BAT Genf 93, 1. Pr Wettb 'Förderung junger Musiker' d UBS Biel 93, 1. Pr int Musikwettb 'Jeunesses Musicales' Bukarest 96. (Red)

Meier, Stefan, Chordirektor, Kapellmeister; Hirtenweg 3, D-96479 Weitramsdorf, T: (0 95 61) 31 90 05, F: 31 90 05 [Schwelm 11.8.1962]. **Ausb:** Stud KapM, Kl, Komp (H W Henze), Tonsatz, Mand MH Köln 82–92, (Komp) Cons N S M Paris 89–91. **Laufb:** Solorep Stadtth Hildesheim 92–93, Chordir Stadtth Lüneburg 93–96, Chordir Stadtth Bremerhaven 96–98, Chordir u KapM Landesth Coburg seit 98 (03/05).

Meier, Waltraud, KS, Mezzosopran; c/o Theateragentur Dr Germinal Hilbert, Maximilianstr 22, D-80539 München, T: (0 89) 2 90 74 70; *www.hilbert.de, www.waltraud-meier.com* [Würzburg]. Oper, Konzert, Lied **Ausb:** Stud Anglistik, Romanistik U Würzburg, PrivStud Ges (A Theisen, D Jacob) Köln. **Laufb:** Debüt Stadtth Würzburg ('Cavalleria Rusticana', Lola) 76, EnsMitgl NatTh Mannheim 76–78, Op Dortmund 80–83, Staatsth Hannover 83–84, Staatsop Stuttgart 85–88, Int Debüt Teatro Colon Buenos Aires (Walküre, Fricka) 80, Bayreuth ('Parsifal', Kundry) 83, ('Tristan u Isolde', Brangäne) 86, ('Götterdämmerung', Waltraute) 88, ('Tristan u Isolde', Isolde) 93, Debüt Met Op New York 87, GastSol London, Paris, Hamburg, Chicago, Teatro alla Scala Mailand, Salzburger FSp, Sol Bayer Staatsop München, Wiener Staatsop, OpFSp München ('Les Troyens', Didon, Dgt: Z Mehta) 01, Gastsol Dt Staatsop Berlin 92–05, Semperop Dresden SpZ 04/05; Auftr Th de Champs Elysees Paris, Hohenems, FSpHaus Baden-Baden, Gstaad, Tanglewood 06. **Pr:** Bayer KS 96, KS Staatsop Wien, Grammy, Bayer Akad d Schönen Künste. – **Aufn/RF:** zahlr CDs ua: L v Beethoven: 'Fidelio' (Leonore), Staatskap Berlin, Dgt D Barenboim; J Brahms: 'Rapsodie p contralto', London Philh Orch, Dgt: K Tennstedt; G Mahler: 'Symph No 2', Wiener Philh, Dgt C Abbado; G Mahler: 'Lieder a d Knaben Wunderhorn', 'Kindertotenlieder', 'Rückertlieder' SymphOrch BR, Dgt L Maazel; W A Mozart: 'Requiem', Berliner Philh, Dgt R Muti; G Verdi: 'Requiem', Chicago Symph Orch, Dgt D Barenboim; R Wagner: 'Die Walküre' (Fricka), SymphOrch BR, Dgt B Haitink; R Wagner: 'Parsifal', FSp Bayreuth, Dgt J Levine; Videos ua: A Berg 'Wozzeck' (Marie), Staatsop Berlin, Dgt D Barenboim; G Bizet: 'Carmen', Met Op New York, Dgt J Levine; R Wagner: 'Götterdämmerung', Bayer Staatsop München, Dgt W Sawallisch; ders: 'Tristan u Isolde', Bayer Staatsop München, Dgt Z Mehta; 'Lied von der Erde'; DVD-Portrait.

Meierhans, Mela, Komponistin; Luftmattstr 32, CH-4052 Basel, T: 0 78-6 81 59 87, 03 08 02 78 04, F: 03 08 02 78 04, *mela@meierhans.info*; Apostel-Paulus-Str 21–22, D-10825 Berlin, T: (0 30) 8 02 78 04; *www.meierhans.info* [Zug 28.8.1961]. **Ausb:** als Komp Autodidaktin. **Laufb:** Projekte ua m L Gallati, Ch Thürmer-Rohr, M Kruppa, P A Mackay, R Grünenfelder, A Blonstein, 'Composer in Residence' d 'basel sinfonietta' SpZ 2000/01. – **Komp:** ua: Enigma (f Stimme, Ens, TB u Live-Elektr) 99; 'sacht ä' / klangheimlich (f Bassklar, Vcl u präpariertes Kl) 99/2000; 'ARIA I' aus d Damelacker Liederzyklus (f Stimme u Schlgz) 2000. **AuftrKomp:** Tanz, Performances, Experimental-Film/Video, Circus u Th. (Red)

Meierott, Lenz, Dr, Prof, Hochschullehrer; Am Happach 43, D-97218 Gerbrunn, T: (09 31) 70 60 52, F: 7 05 97 61, *lenz.jutta.meierott@t-online.de*; H f Musik, Hofstallstr 6–8, D-97070 Würzburg [Nürnberg 8.5.1942]. **Ausb:** Stud (SchM, Qufl) MH München 62–66, Stud (Mwiss) U Würzburg 68–72. **Laufb:** Prof (MWiss, MPäd) H f M Würzburg.

Meijering, Cord, Hochschullehrer; Akademie f Tonkunst, Ludwigshöhstr 120, D-64285 Darmstadt, *Cord.Meijering@darmstadt.de, info@meijering.de*; Heinrich-Fuhr-Str 47A, D-64287 Darmstadt, T: (0 61 51) 15 11 50; *www.akademie-fuer-tonkunst.de, www.meijering.de* [Esens]. **Ausb:** Akad f Tonkunst (Olaf Van Gonnissen, Johannes G. Fritsch, Dietrich Boekle), Stud in d Mstrkl v Hans Werner Henze Köln 83–86, Ostberliner Akad d Künste b Hans Jürgen Wenzel 90–92. **Laufb:** Doz (Tonsatz, Gehörbildung, MWiss, Instrkde) Akad f Tonkunst Darmstadt, seit 05 Direktor ebd. **Pr:** Fördergabe KompWettb d Stadt Stuttgart 85, Anerkennung b int KompWettb 'Hambacher Preis' 87, Bad Homburger FörderPr 90, Stip d MacDowell Inc. NY. (Red)

Meiling, Joe *siehe* Gebauer, Benny (Bertram)

Meinardus, Horst, Prof, Hochschullehrer, Dirigent; H f Musik, Dagobertstr 38, D-50668 Köln [Köln]. **Ausb:** Stud H f Musik Köln (M Schneider). **Laufb:** Prof (OpChorschule, Oratorienens) H f Musik Köln seit 99, Stellv Chdir Op Köln. (*)

Meine, Anne Sophie, Dr, Dramaturgin; Hessisches Staatstheater, PF 3247, D-65022 Wiesbaden. **Laufb:** Dram u Ref f Konzwesen Hess Staatsth Wiesbaden SpZ 03/04.

Meinel, Friederike, Sängerin; Bleifelder Str 49, D-51503 Rösrath, T: (0 22 05) 89 57 51, *friederike.meinel@gmx.de* [Jena 6.5.1974]. **Ausb:** Stud H d K Berlin, KonzEx (Prof R Piernay) H f M Mannheim 01, mehrere Jahre MstrSchülerin (D Fischer-Dieskau, A Reimann), Mstrkse b E Schwarzkop u W Lipp. **Laufb:** Sol Sächs Staatsop Dresden, Bühnen d Stadt Köln, Gastsol Wuppertaler Bühnen SpZ 02/03, Sol Bayer Staatsop München 2000/02, Sol Wiener FestW 01, Sol Ravinia Fstv Chicago 2000. **Pr:** Gewinnerin Paula-Lindberg-Salomon-GesWettb 95, 1. Pr Yamaha-Stip-GesWettb 95, Richard-Wagner-Stip 96, O E Hasse Pr, Jütting-Stip 99. **Ens:** Junges Ens Bayer Staatsop München (Sol) 2000/01, Ens Wuppertaler Bühnen (Sol) 01–03, Ens Bühnen d Stadt Köln (Sol) ab 03/04. **Mitgl:** Richard-Wagner-Verb. – **UA:** P Ruzicka: 'Celan' (Hilde), Sächs Staatsop Dresden 01; M Schmitt: 'Aiaia' (Penelope), Bayer Staatsop München 01; Ofenbauer: 'Phentesilea – e Traum' (Phentesilea), Wr FestW 01; K Schwertsik: 'Katzelmacher' (Elisabeth), Wuppertaler Bühnen 03. **Zug:** M Lange: 3 Sechstette m Sop.

Meinel, Friedrich, HonProf, Hochschullehrer, Orgel; Gutenbergstr 65I, D-14476 Potsdam, T: (03 32 02) 6 11 02, F: 6 11 02. **Laufb:** HonProf (OrgelIitSp) UdK Berlin. (Red)

Meinl, Sonja, Hochschullehrerin, Flöte; H f Musik 'Hanns Eisler', Charlottenstr 55, D-10117 Berlin, T: (0 33 62) 2 61 87; Robert-Koch-Str 1, D-15569 Woltersdorf, T: (0 33 62) 2 61 87. **Laufb:** LBeauftr (Fl) H f Musik 'Hanns Eisler' Berlin. (Red)

Meissl, Johannes, Prof, Violine; Beindelgasse 21, A-3400 Klosterneuburg, T: (0 22 43) 3 78 49, (06 50) 2 34 13 08, *meissl@mdw.ac.at, johannes.meissl@aon.at*; Univ f Musik u Darst Kunst, Joseph Haydn Inst f Kammermusik u Spezialensembles, Anton-von-Webern-Pl 1, A-1030 Wien; *www.artis-quartett.at* [Ried, Oberösterreich]. **Ausb:** Stud (V, Komp) Brucknerkons Linz, (W Schneiderhan u G Hetzel) H f M Wien. **Laufb:** Ordinarius f StrKamM u stellv InstLeiter J Haydn Inst, künstler Ltg Int Sommerakad Prag-Wien-Budapest d Wiener MUniv, Mitinitiator zahlr int Projekte im Bereich d KamM; Doz (V) H f M u Darst Kunst Wien seit 92, Gastprof (V) ebd 93–95, LAuftr (KamM) ebd seit 95. **Pr:** mehrf Prtr 'Jugend musiziert'. **Ens:** 2. V Artis Qua Wien seit 82. (Red)

Meißner, Arlette, Sängerin; Stärkstr 9, D-67659 Kaiserslautern, T: (06 31) 4 14 37 45. **Laufb:** Sol Pfalzth Kaiserslautern seit SpZ 03/04. (*)

Meißner, Christina, Dramaturgin Musiktheater; c/o Theater Aachen, Hubertusstr 2–8, D-52064 Aachen. (Red)

Meißner, Heinz, Studienleiter m Dirigierverpflichtung; Kanzlerstr 54, D-09112 Chemnitz. **Laufb:** Studienlt m Dgt-Verpfl Städt Th Chemnitz (03/05). (Red)

Meister, Cornelius, Pianist, Dirigent, Generalmusikdirektor; Yorckstr 15, D-30161 Hannover, T: (05 11) 3 88 55 84, F: 31 16 61, *Cornelius_Meister@gmx.net*; c/o Theater der Stadt Heidelberg, Theaterstr 4, D-69117 Heidelberg [Hannover 23.2.1980]. **Ausb:** Stud Kl, Dirig (K Meister, M Brauß, E Oue) MH Hannover seit 96, (D R Davies, K Kamper, J Rotter) Mozarteum Salzburg 2000/01, Mstrks b H Leygraf 99. **Laufb:** Debüt Leipziger Gewandhaus 96, USA-Debüt Ravinia-Fstv 98, Lt Junges SinfOrch Hannover seit 99 (ua R Strauss: 'Tod u Verklärung' 99/2000), Solorep m Dirig-Verpfl u Ass GMD Th Erfurt 01/02, Dtschld-Tournee m C Trautmann 01/02, Debüt Hamburg Staatsop 02, Dgt Op Köln, Op Leipzig, Hamburg Staatsop (2 Premieren, 20 Vorstellungen) 02/03, Gastdgt Kom Op Berlin, Staatsop Hannover, Op Nürnberg 02/03, Ophaus Graz SpZ 04/05, 2. Kapm Niedersächsisches Staatsth SpZ 04/05, ab SpZ 05/06 GMD Th und SchlossFSp Heidelberg. **Pr:** Bundespr 'Jugend musiziert' Kl solo 92 u 96, 1. Pr Südwestdt KamMWettb 96, Stip Dt Stift MLeben seit 96, Radeberger Förderpr u Publikumspr Schleswig-Holstein-Fstv 98, Stip Richard-Wagner-Stift 98, Stip StudStift d Dt Volkes 99–02, Pr Dt Stift MLeben b DtMWettb 2000, Stip DMR 2000, Bdesauswahl 'Konz junger Künstler' 01/02, Stip 'Akad MTheater heute' d Kulturstift d Dt Bank 01–03, Dgtenforum DMR seit 03, DirigWettb Dt MH 03. **Ens:** Duo Trautmann-Meister (Klar-Kl). – **Aufn/RF:** CDs: als Pianist ua im Duo m C Trautmann: Werke v C M v Weber, R Schumann, Lutoslawski, Poulenc ua 96, 97, 99; als Dgt: R Strauss 'Tod u Verklärung' 2000; I Strawinsky: 1. Sinf Es-Dur 01; J Arnecke: 'Das Fest im Meer', m Philh Staatsorch, UA Hamburg 03; RF u TV: Debüt NDR 92, seither zahlr Aufn in Europa u USA. **UA:** H Zender: 'Spazierwege u Spiele' f Kl, European Piano Teachers Assoc Detmold 90; S-I Koch: 'Anders u Y' f Klar u Kl, Weltausstellung Hannover 2000; J Arnecke: 'Das Fest im Meer' (Op), im Auftr d Hamburg Staatsop 03. **Zug:** S-I Koch: 'Anders u Y' f Klar u Kl.

Meister, Hubert, Dr, Prof, Hochschullehrer, Konzertorganist; Drosselweg 8, D-82362 Weilheim, Drosselweg 8, D-82362 Weilheim, T: (08 81) 12 46, F:

12 46, *hubert.meister@vr-web.de, hubert.meister@extern.lrz-muenchen.de*. J S Bach (bes d Orgelwerk), Musikal Rhetorik **Ausb:** Mitgl Regensburger Domspatzen 47–57, Stud Phil H f Phil München, Theologie Uni Innsbruck, Komp (Mstrkl Bialas), Org (Mstrkl) MH München, Org (F Germani) Cons Santa Cecilia Rom, PrivStud Komp (B Porena) Rom, MWiss- Prom (K G Fellerer) Uni Köln. **Laufb:** Prof (MTheorie, MWiss) H f M u Th München bis 03, Konzertorganist In- u Ausland, Mstrkse f Org u Musikal Rhetorik m Schwerpkt J S Bach. **Pr:** Stip DAAD, Stip d Studienstift d Dt Volkes. – **Aufn/RF:** ua J S Bach: sämtl Triosonaten (Silbermann-Org in Großhartmannsdorf u Forchheim/Sachsen; Motette). **Sonst:** versch Schriften z Musikal Rhetorik, z AuffPraxis d Barock, bes J S Bach.

Meister, Konrad, Prof, Hochschullehrer; Yorckstr 15, D-30161 Hannover. **Laufb:** LBeauftr (Kl) H f M u Th Hannover. (Red)

Meister, Martin Lukas, Kapellmeister; c/o Pfalztheater, Willy-Brandt-Pl 4–5, D-67655 Kaiserslautern. **Laufb:** 1. Koord Kapm Th Ulm SpZ 03/04, 1. Kapm u stellv GMD Pfalzth SpZ 04/05. (Red)

Meister, Rudolf, Prof, Hochschullehrer, Piano; Saarstr 76, D-69151 Neckargemünd, T: (0 62 23) 29 02, F: 29 02; Hochschule f Musik u Darst Kunst, N 7,18, D-68161 Mannheim, *rektorat@muho-mannheim.de* [Heidelberg 19.11.1963]. **Ausb:** Stud b K Meister MH Hannover, b P Badura-Skoda MH Wien u b J Lateiner Juilliard School New York. **Laufb:** Prof (Kl, KlMethodik) u Rektor Staatl H f M u Darst Kunst Mannheim; KonzTourneen weltweit ua Lincoln Center New York, Seoul Arts Center, Tokyo Metropolitan Th, ABC-Hall Sydney, Musikverein u KonzHaus Wien, Berliner Philh u FSpHaus Baden-Baden. **Pr:** zahlr Pr b MWettb, Mitgl Akad d Künste Mannheim. **Mitgl:** 1. Vors Int Max-Reger-Ges, Vorstandsmitgl P E Förderkreis f Studierende d M u d Stift Podium junger Musiker. – **Aufn/RF:** CDs: M Reger: sämtl Werke f Vcl u Kl, m R Korrup (Vcl); Live-Mitschn KlDuo m S Kodama, Bunka Kaikan Tokio 03; 'Klaviermusik in F'. **UA:** H-P Dott: Klavierkonz. **Zug:** R Wittinger: 'Concertino op 61'.

Meixner, Thomas, Schlagzeuger; Xantenerstr 19, D-50733 Köln, T: (02 21) 76 53 98, F: 7 52 29 39, *meixner@schlagquartett.de*; *www.schlagquartett.de* [Hilden 18.6.1964]. zeitgen Musik **Pr:** Dt Schallpl Kritikerpr 96, Förderpr d Ernst-von-Siemens-Musikstift 03. **Ens:** Lt Schlagquartett Köln. – **UA:** I Vlachopoulos: 'Psalmos 1' 88/89, UA Wittener Tage f neue KamM 89; E Denissow: 'Strahlen ferner Sterne' 89, UA Wittener Tage f neue KamM 89; W Rihm: 'Stück' 89, UA Wittener Tage f neue KamM 89; D Schnebel: 'für 1/für 2' 86/93, UA Köln 95C Villanueva: 'En el gris' 92, UA Schloss Solitude Suttgart 95; C Wilkins: 'The bird organ is made of wood' 91/95, UA Köln 97; M Ranta: 'Yüen Shan' 96/98, UA Köln 98. **Zug:** T Witzmann: 'Rommelpott' 91, K Moore: 'Percussion Trio' 91/97; 'Cymbala' 92/93, A Wagner: 'Fractale II' 93; 'Rattle Shake' 93/94, 'Dreisatz' 94; R Malfatti: 'Sandbuch' 94; G Stäbler: 'Kybele' 95; K Haußmann: 'Zoom' 97; C Bauckholt: 'Stachel d Empfindsamkeit' 97; T Bruttger: 'Circulations' 99; E-A Klötzke: 'Tautolos stummer Briefträger' 99; M Rook: 'Abgestempelt' 99; S Sciarrino: 'Un fruscio lungo trent'anni' 99; A Digby: 'Schlagquartett' 2000; M Maierhof: 'Untergrund' 2000; B Thewes: 'Schlagzeugquartett II' 2000; S-I Koch: 'Torrey Pines Beach 8756' 2000, UA Köln 2000; M de Alvear: 'Schlangen' 01; J Fritsch: 'Osteophonie f 4 Schlgz' 01; D N Seel: 'Eistenz/Transcendenz' 01; K Shim: 'verbunden, aufgelöst' 01; C J Walter: 'Luftspiegelung' 01; V Staub: 'Quartett f Metalltrommeln' 01; C Williams: 'Chinese Boxes' 02; V Sannicandro: 'Des Horizons Liquides' 02. **Sonst:** CDs C Ore: 'ICTUS'; B Furrer: 'Quartett', 'Stimmen'; N A Huber: 'Herbstfestival'; E-A Klötzke: 'Tautolos stummer Briefträger'; 'Schlagzeugquartett II'; T Witzmann: 'Zeug f Schlagquartett'; CD u Buch Y Pagh-Paan: 'Tsi-Shin-Kut' f 4 Schlgz u Tonband, 'Musik d Zeit 51–01'.

Mejer, Thomas K J, Kontrabass-Saxophon, Komponist, Hochschullehrer; Moosmattstr 26, CH-6005 Luzern, T: 04 13 10 05 87, *mejer@freesurf.ch*; *www.home.datacomm.ch/mejer/start.html, www.home.datacomm.ch/mejer* [Luzern 12.6.1961]. Tiefe Blasinstrumente, Zeitgenöss Kompositionen, Multimedia **Ausb:** Stud Sax (U Leimgruber) Jazzschule Luzern, (M Weiss) Kons Luzern, (M Green) Dartington College of Art, Komp (V Globokar, P Nørgard, P Grange), Master of Music Univ Exeter 92, Darmstädter Kse f Neue Musik 92, 94, Postgrad Stud Sussex Univ (Komp) b M Finnissy, PhD in Music 96, Mstrks b H Holliger 98. **Laufb:** L (Sax) MSchule Luzern, Doz (E-Musik d 20.Jhs, Instrumentierung, Kontrapunkt) MH Luzern, Interpret in versch Ens. **Pr:** Stip STV, Förderungspr f Komp d Marianne u Curt Dienemann-Stift, Werkbeitrag Stadt u Kanton Luzern. **Ens:** KONTRA-Trio, 774th Street Quartet, Chicago Basses. – **Komp:** zuletzt: Diligent Places (f Kb-Fl, Kb-Sax, Kb-Tb) 99; Lurking Loves (Sax-Qua Nr 4) 99; Als ich noch Freunde hatte (f Kb-Sax solo) 2000; sulphur (3 Sol u gr Orch), UA Luzern 02. **Aufn/RF:** eigene Komp: „Borsari"; Harptrio Madame Claude „Le chant de livrées"; KONTRA-Trio&MorschAchBlasorCHester „Compositions for cbs"; KONTRA-Trio: „Diligent Places". **Zug:** Michael Finnissy: Quelle; Phil Niblock: Kontradictionaries.

Melchers, Walter, StD, Komponist; c/o St Vincenz-Haus, Konrad-Adenauer-Ufer 55, D-50668 Köln, T: (0 21 71) 5 23 79 [Opladen 2.10.1928]. **Ausb:** Stud SchM (H Schroeder) MH Köln 52, Stud KiM (J Zimmermann) MH Köln 69. **Mitgl:** Hermann-Schroeder-Gesell. – **Komp:** Komp u Liedsätze b Braun-Peretti, B Hoppe, Tonos Rabeverlag P Tonger, H Raubrich.

Meli, Francesco, Sänger; c/o Opernhaus Zürich, Falkenstr 1, CH-8008 Zürich. (Red)

Mell, Roland, Dirigent, Komponist, Musiklehrer; c/o Artista-Ignoto Künstlervermittlung, Argenotstr 10, A-8047 Graz, T: (03 16) 81 25 47, F: 81 35 47, *artista@artista-ignoto.org*; *www.artista-ignoto.org* [Berlin 1954]. **Ausb:** Stud Slavistik, MWiss, KiM, Germanistik, Stud SchM (Kl, Org, Gitarre, Ges) H d Künste Berlin. **Laufb:** Grdg u Lt Berliner KamOrch. (Red)

Mell, Ulrike, Prof, Hochschullehrerin, Klavier; Univ f Musik u Darst Kunst, Inst f Gesang u Musiktheater, Penzingerstr 7, A-1140 Wien. **Laufb:** Prof U f Musik u Darst Kunst Wien. (Red)

Mello, Luiz Francisco (Chico), Komponist, Performer; Karl-Kunger-Str 1, D-12453 Berlin, T: (0 30) 6 86 86 52, F: 53 21 55 73, *chicomel@freenet.de*; Carlos de Carvalho 198, ap 1701, Brasilien-80410–180 Curitiba, T: (41) 2 23 00 77 [Curitiba, Brasilien 1.7.1957]. experimentelle Musik **Ausb:** Medizin- u MStud in Curitiba, Stud Komp (H J Koellreuter) São Paulo u (D Schnebel u W Szalonek) H d K Berlin, StudAufenth in d Cité Int des Arts Paris, Prom MWiss (E-M Houben) U Dortmund 03/04. **Laufb:** Auff ua b d Donaueschinger MTagen, Inventionen Berlin, Pro Musica Nova Bremen, Klang-Aktionen Neue M München, Fstv Int de M Eletroacust de Bourges/Frankreich, Fstv Música Nova, São Paulo, Bienal de M Contemp Rio de Janeiro, M Viva München, Arb im Bereich d experimentellen, improvisierten M, sowie MTh u Performances, ZusArb ua m S Ocougne, A Dreyblatt, D Schnebel, M Supper, B Tuercke, B Schlothauer, D Ott, KonzReisen n Spanien, Italien, Schweiz, Hongkong, Uruguay, Argentinien, USA, Russland, Polen; Kurator d d 'Escuta Fstv Rio de Janeiro 98 u 2000 u d Neue M Abt d Oficina de Música de Curitiba 02. **Pr:** Stip d H Strobel Stift d SWF Baden Baden u mehrmals Stip d Senators f kulturelle Angelegenheiten. **Ens:** Die Maulwerker (als Gast), Wandelweiser Komp Ens. – **Komp:** zuletzt: Agua f St u kl Orch 84; Grupo f gem Chor 85; Debaixo do dedo (f KB solo) 86, UA Fstv de M Contemp Curitiba 86; Do Lado do Dedo (f Git solo) 86; M para teatro I (f d ThStück Sedução) 86, UA Inszen d Gr Delírio Curitiba; Surdos (f gr Orch) 86/87; Upitu (f Fl solo) 87; Pião (f Schlgz 88, UA Donaueschinger MTage 89; Ladainha (f StrQua) 89; Anatomia da Fala (f KamEns) 89; Do Lado do Dedo (Bearb f 2 Git) 89; Todo Santo (f Klar, Gesten u TB) 89; Raiva do Ronco (f improv Ens) 90; M para Teatro II (f d ThStück 'D Publikum' v Garcia Lorca) 91, UA Schwedt (Koprod d H d K Berlin, Objekt ThSch Amsterdam, Staatsth Schwedt); Amarelinha (f gr Orch) 93/94; Debaixo da Bossa (f StrTrio) 95, UA Bienal de M, Rio de Janeiro 95; Da Minha Janela (f Va, Celesta u Perc) 96, UA 9. Illinger Burgfest f Neue M 96; M Para Teatro III (f d ThStück 'O Processo' n F Kafka) 97, UA Inszen v B Meira, Curitiba. **AuftrKomp:** zuletzt: Êpa (MTh f d Straße) f 4 Sp 95 (Auftr: Escola de M e Belas Artes Curitiba); Poststück u Briefm (f KamEns) 96, UA Fstv de M Nova São Paulo u Santos, m d United Berlin Ens u B Tuercke 96 (Auftr: Goethe Inst, São Paulo); Todo Canto (f ind Ges Dhrupad), Tabla, Tambura, Sop (OpArien) u Kl 96 UA: SchauspHaus Berlin 96 (Auftr: Senat f kult Angelegenh Berlin); Amarelinha no Espaço (f 1 S/Performer u 8 Lautspr) 97 (Auftr: 'Akad' Kunst, Curitiba); D Árvores f 6 Instr u Gesten: 2 Klar, Tb, KB, Kl, Perc 99, UA Schweiz 99 (Auftr: Fstv Neue M Rümlingen); Entre Cadeiras f 1 Git, seine St u seine Schritte 99 (Auftr: M da Silva Jr durch d Kulturförderungsgesetz d Stadt Curitiba); Da Novela (f 3 Performer u CD) 99/2000, Vorprem dt Pavillon d Expo 2000 (Auftr: Senat f Forsch u Kultur Berlin); la fausse m (szen M f 8 Instr) 2000, UA Schlossth Rheinsberg (Auftr: Ens M Temporale Dresden); Hui Liu, où la vraie m (f 4 chin u 4 euroamerik M; Instr: Suona, Sheng, Yang Qin, Zheng, Stimme, Bass-Klar, Bandoneon, KB, Schlgw) 02/03 (Auftr: Reihe M Viva, BR). **Aufn/RF:** LP 'Chico Mello – Helinho Brandão', CDs: 'Idylen' 89, '7 Artistas do Brasil' 93; 'M Brasileira De(s)composta', m S Ocougne 96; 'do lado da voz' (Live-Aufn) 01; RF-Mitschn: Cocar 97, D Árvores 99, Da Minha Janela 96, Hui Liu, où la vraie m 02/03.

Melnik, Natalia, Koloratur-Sopran; Adlerstr 27 a, D-76133 Karlsruhe, T: (07 21) 9 41 84 35, F: 9 41 84 35, *o.v.dohnanyi@volny.cz* [Zhitomir, Ukraine 9.2.1964]. **Ausb:** Stud Ges (K Radchenko) Kons Kiew 82–87. **Laufb:** Sol Nationalop Kiew 87–92, Nationalth Prag seit 91, Bad Staatsth Karlsruhe seit 98.

Melounek, Gertrude, Mag, Prof, Hochschullehrerin, Gitarre; Univ f Musik u Darst Kunst, Hellmesberger-Inst, Rennweg 8, A-1030 Wien. **Laufb:** Prof U f Musik u Darst Kunst. (Red)

Melzer, Caroline, Sängerin (Sopran); c/o Theater d Stadt Heidelberg, Friedrichstr 5, D-69117 Heidelberg, PF 105520, D-69045 Heidelberg. **Laufb:** Gastsol Th Heidelberg SpZ 03/04. (*)

Melzer, Willi, Pauke, Schlagzeug; c/o Hofer Symphoniker, Klosterstr 9–11, D-95028 Hof; *www.hofer-symphoniker.de*. **Laufb:** Orch Th Hof. (Red)

Mendelsohn, Vladimir, Prof, Hochschullehrer, Viola; Obrechtstr 81A, Niederlande-2517 VN Den Haag, T: (0 70) 3 45 90 27; FolkwangHochschule, Klemensborn 39, D-45239 Essen. **Laufb:** Prof (Va, KamM) Folkwang-H Essen. (Red)

Mendl, Stefan, Klavier; 19 Wallmodeng 11, A-1190 Wien, T: (01) 3 70 32 64; c/o Konzertdirektion Andrea Hampl, Karl-Schrader Str 6, D-10781 Berlin, T: (0 30) 4 78 26 99, 01 72–3 80 56 45, F: 4 78 37 92, *hampl@konzertdirektion.de*; *www.wienerklaviertrio.at* [Wien 1966]. **Ausb:** Unterr (Kl) b Prof Manfred Wagner-Artzt 75–80, Stud Kl (A Jenner) H f M u darst Kunst Wien. **Laufb:** Auftr m d 'Wiener Klaviertrio' ua Schubertiade Feldkirch, Mozartwoche Salzburg, Rheingau-MFstv, Beethoventage Bonn, KamMFstv Kuhmo-Finnland, Fstv Int Lanaudiere-Canada; Zyklus im Brahmssaal d Wiener MVereins seit 98/99. **Pr:** Prtr 'Jugend musiziert' 79, Grand Prix F Schubert 93. **Ens:** 'Wiener Klaviertrio' m W Redik (V) u M Gredler (Vcl) seit 88. (Red)

Mendrok, Axel, Tenor; Hessisches Staatstheater, PF 3247, D-65022 Wiesbaden, T: 0 17 05 26 32 22, F: (0 61 27) 9 99 79 81; *www.axelmendrok.de* [Oldenburg 1968]. Oper, Operette, Musical, Oratorium, Lied **Ausb:** Stud Gesang (H Kretschmar) MH Detmold. **Laufb:** Th Detmold, Auftr in Dtschld, Belgien, Frankreich, regelm Gast Staatsop Brüssel, Mitgl Op Bonn seit 94 (ua Lenski, Max u Tamino, Bardolph 'Falstaff', Basilio 'Hochzeit d Figaro', Arbace 'Idomeneo', Tony 'West Side Story'), OratSänger (Klassik u Romantik), Sol Hess Staatsth Wiesbaden seit SpZ 02/03, dort 'Rheingold' (Loge), 'Lustige Witwe' (Danilo), 'Boris Godunow' (Schuiski), 'Entführund a d Serail' (Pedrillo). **Pr:** 1. Pr VDMK GesWettb 84. **Ens:** 'Ens Interculturel' Gent seit 91, Ens All That Musical Bonn seit 02. – **Aufn/RF:** WDR Köln (insbes J Offenbach); zahlr CD-Aufn v Op u Orat ua: Straus: Die Perlen der Cleopatra, Krenek: Karl V, Lortzing: Ali Pascha von Janina. **UA:** P Dusapin: 'La Melancholia', UA Paris 91; W Rihm: 'Lenz', EA Brüssel 92; P Gilbert: Dialects, UA Bonn 94; C Carneci: 'Giacometti', UA Bonn 97; B Franke: 'Mottke', UA Bonn 98. **Zug:** W Steffens: 'Grabbes Leben (Op), UA 86; ders: 'Der Philosoph' (Op), UA 90.

Menger, Reinhardt, Dr, HonProf, Hochschullehrer, Orgel; Appelsweg 5, D-36399 Freiensteinau-Niedermoos, T: (0 66 44) 4 33, F: 91 99 20 [Wernigerode, Harz 1936]. **Ausb:** Stud i Halle, Saale, Weimar u Frankfurt a M; Carillon-Studium i Amersfoort; Holland. **Laufb:** HonProf (Orgel, Orgelimp) H f M u Darst Kunst Frankfurt a M. (Red)

Meniker, Zvi, Prof, Hochschullehrer, Cembalo, Orgel; Hochschule f Musik u Theater, Emmichpl 1, D-30175 Hannover, *zvi@meniker.com* [Moskau]. **Ausb:** H f M 'Mozarteum' Salzburg, Kons Zürich, Stud b Alois Forer, Nikolaus Harnoncourt u Johann Sonnleitner, Stud b Malcolm Bilson Cornell-Univ. **Laufb:** Doz Duke-Univ USA, Akad f Alte M Jerusalem, H f M 'Felix Mendelssohn Bartholdy' Leipzig, Prof (Cembalo) H f M u Th Hannover seit 99. (Red)

Menke, Markus, 1. Konzm, Violine; c/o Gelsenkirchener Barock-Solisten, Wandelsweg 185, D-45894 Gelsenkirchen-Buer, T: (02 09) 37 84 51, *markus.menke@barock-solisten.de*; Otto-Fuhrhop-Weg 42, D-21335 Lüneburg, T: (0 41 31) 24 95 88, *menke.violine@gmx.de*; *www.barock-solisten.de*. **Ausb:** MH Köln, Landeskons Klagenfurt. **Laufb:** Konzm Gelsenkirchener Barock-Sol, Konzm Th Lüneburg seit SpZ 01/02. **Ens:** Bernadel-Qua.

Menking, Martin, Violoncello; Herderstr 6, D-10625 Berlin, T: (0 30) 8 83 44 37, F: 88 62 51 38, *info@die12cellisten.de*; c/o Berliner Philharmoniker, Herbert-von-Karajan-Str 1, D-10785 Berlin, T: (0 30) 25 48 80; *www.die12cellisten.com* [Münster 1967]. **Ausb:** Stud Vcl (H Schiff, D Geringas), Mstrkse Yoyo Ma, B Pergamenschikow, J Starker, S Palm, I Stern, Beaux Arts Trio, Alban Berg Quartett. **Laufb:** Solocellist NDR-SinfOrch 94, Cellist Berliner Philh seit 96. **Ens:** Consortium Classicum, Die 12 Cellisten d Berliner Philh. (Red)

Mennicken, Rainer, Intendant; c/o Staatstheater Oldenburg, Theaterwall 28, D-26122 Oldenburg; c/o Landestheater Linz, Promenade 39, A-4010 Linz. **Laufb:** Generalintend Staatsth Oldenburg SpZ 03/04 bis 06, ab 06 Landesth Linz. (Red)

Menskes, Georg, Chordirektor, Kapellmeister; Viewegstr 21, D-38102 Braunschweig, T: (05 31) 79 92 19, F: 1 23 41 60, *georgmenskes@surfeu.de* [Lobberich (jetzt Nettetal) 29.7.1958]. Oper, Operette, Musical **Ausb:** Stud (Kl, KamM, Dirig) MH Düsseldorf 77–83. **Laufb:** Sol Th Oberhausen 83–90, Städt Bühnen Krefeld u Mönchengladbach 90–97, Staatsth Braunschweig seit 97(04/05), Dgt u ChorDir Eutiner FSp SpZ 03/04.

Menth, Gottfried, Prof, Hochschullehrer, Trompete; Schmiedingerstr 60D, A-5020 Salzburg, T: (06 62) 43 20 06, (06 64) 2 33 65 38; Univ Mozarteum, Abt f Blas- u Schlaginstrumente, Schrannengasse 10a, A-5020 Salzurg, T: (06 62) 6 19 80, F: 61 9 830 33, *gottfried.menth@moz.ac.at* [Berndorf 6.5.1957]. **Ausb:** Stud Trp (F Krammer) MH Mozarteum 72–81. **Laufb:** 1. Trp Mozateumsorch Salzburg 82, 1. Trp Camerata Academica d Mozarteums Salzburg 83–93, Mitgl BlechblQui d Mozarteumsorch Salzburg 95, VertragsProf (Trp, BläserEns, KamM) U Mozarteum Salzburg. **Pr:** Würdigungspr d Bundesmin f Wiss u Forschung 81. – **Aufn/RF:** Mozart: Posthornserenade, Camerata Academica, Dgt: S Végh 88; H Regner: Concertino f 3 Trp, Pk u Org 96. **UA:** A Aigmüller: Eine kl Blechmusik, Variationen f Brass Qui frei nach e Thema v W A Mozart 01; P Wesentner: Papagenas Nightmare oder Wie Papageno doch noch d listigen Schlange zum Opfer fiel 01. **Zug:** H Regner: Concertino f 3 Trp, Pk u Org.

Mentha, Dominique, Künstlerischer Leiter, Regisseur; c/o Luzerner Theater, Theaterstr 2, CH-6002 Luzern, T: 04 12 10 33 63, 04 12 28 14 40, F: 04 12 10 33 67, *contact@luzernertheater.ch*. **Laufb:** künstl Lt Volksop Wien 99–03, Luzerner Th seit 03, Reg Badisches Staatsth Karlsruhe SpZ 04/05. (Red)

Menze, Ansgar, Konzertdramaturg; c/o Theater Aachen, Hubertusstr 2–8, D-52064 Aachen. **Laufb:** Dram Th Aachen SpZ 03/04. (Red)

Menzel, Fabian, Prof, Hochschullehrer, Oboe; Kirchstr 25, D-26340 Zetel, T: (0 44 53) 93 88 46, F: 93 88 47; Hochschule f Musik u Darst Kunst, Eschersheimer Landstr 29–39, D-60322 Frankfurt. **Laufb:** Prof (Ob) H f M u Darst Kunst Frankfurt/M. (Red)

Menzel, Iris, Violine; c/o Deutsche Oper Berlin, Richard-Wagner-Str 10, D-10585 Berlin. **Laufb:** stv Stimmführerin Orch d Dt Op Berlin. (Red)

Menzel, Peter, KS, Sänger; c/o Deutsche Staatsoper, Unter den Linden 7, D-10117 Berlin, PF 354, D-10109 Berlin [Chemnitz 1943]. Oratorium u Konzert bis 90, Charakter- u Buffofach-Oper **Ausb:** Stud Ges (H Fischer-Klotz) MH Dresden 63–68, OpStudio Staatsop Dresden (KS J Kempter) 68–70. **Laufb:** Tourneen m Thomaner Ch Leipzig (Italien, Schweiz, Japan), Sol Staatsop Dresden 68–72, Ldsbühnen Sachsen 72–77, Dt Staatsop Berlin ab 77, seitdem ständige Gastverpfl Sächs Staatsop Dresden.

Mera-Euler, Juan-Carlos, Sänger; c/o Theater Erfurt, PF 100554, D-99005 Erfurt. **Laufb:** Sol Th Augsburg, Gastsol Th Erfurt SpZ 03/05, Gastsol u Sol Stadth Gießen seit SpZ 03/04. (Red)

Merbeth, Ricarda, Sopran; c/o Künstleragentur Dr. Raab & Dr. Böhm, Plankengasse 7, A-1010 Wien, T: (01) 51 20 50 10, F: 5 12 77 45, *office@rbartists.at*. **Laufb:** Sol Wiener Staatsop, Sol Hamburg Staatsop SpZ 03/04, Dt Op Berlin SpZ 04/05. (Red)

Mercurio, Steven, Dirigent; c/o Oper Frankfurt, Untermainanlage 11, D-60311 Frankfurt. (Red)

Merk, Ulrike, Gitarre, Komponistin; Medebacher Weg 5, D-13507 Berlin, T: (0 30) 4 34 20 62, F: 43 40 02 64, *Ulrike.Merk@t-online.de*. **Laufb:** musikal Lt Ens PrismaBerlin. (Red)

Merkl, Norbert, Viola; c/o Münchner Rundfunkorchester, Rundfunkpl 1, D-80300 München. **Laufb:** Stimmführer Münchner RFOrch. (Red)

Merkle, Angelika, Prof, Klavier, Hochschullehrerin; Schwanthaler Str 59, D-60596 Frankfurt, T: (0 69) 66 12 33 44, *merkle.angelika@web.de*; Hochschule f Musik u Darst Kunst, Eschersheimer Landstr 29–39, D-60322 Frankfurt. **Ausb:** Stud (K. Schilde) MH München, (L. Hokanson) Indiana Univ, Bloomington, (H. Deutsch u D. Fischer-Dieskau) in Berlin, Mstrks b B. Fassbaender u G. Sebok. **Laufb:** Prof (KamM, Kl) H f M u Darst Kunst Frankfurt/M seit 03. **Pr:** Finalistin im ARD-Wettb (Duo V-Kl), Prtr „Münchener Konzertgesellschaft", Yehudi Menuhin- Förderung „Live Music Now" u Stift „ Villa Musica", 1. Pr int. KamM-Wettb „Carlo Soliva", 1. Pr int Wettb „Vittorio Gui", Florenz. **Ens:** SymphOrch d Bayer RF, Münchner Philh. (Red)

Merle, Karin, Prof, Hochschullehrerin, Klavier; Klosterstr 116, D-50931 Köln, T: (02 21) 4 06 02 61, F: 4 06 02 61; H f Musik, Dagobertstr 38, D-50668 Köln. **Ausb:** Stud Wien (B Seidlhofer). **Laufb:** Prof (Kl) H f Musik Köln. (Red)

Mermoud, Philippe, Violoncello; bd de St-Georges 7, CH-1205 Genève, T: 02 23 20 00 21. (Red)

Merritt, Chris, Sänger (Tenor); c/o Askonas, Holt, Lonsdale, & Chambers, 27 Chancery Lane, London WC2A 1PF, Vereinigtes Königreich; c/o Hamburgische Staatsoper, Große Theaterstr 34, D-20345 Hamburg [27.9.1952]. **Laufb:** Sol Staatsth Stuttgart, Sächs Staatsop Dresden (03/04), Bayer Staatsop München, Hamburg Staatsop. (*)

Mers, Eddy *siehe* Mersson, Boris

Merscher, Kristin, Prof, Hochschullehrerin; Im Flürchen 105, D-66133 Saarbrücken, T: (06 81) 81 34 31, F: 81 34 31; H f Musik Saar, Bismarckstr 1, D-66111 Saarbrücken [Frankfurt a M]. **Ausb:** Stud b P. Sancan (Paris) 77–80, Stud Indiana Univin Bloomington/USA b Gyorgy Sebok 80–82. **Laufb:** Prof (Kl) H d Saarlandes f Musik u Th Saarbrücken seit 90. (Red)

Merse, Bruno, Violine; c/o Lübecker Theater GmbH, Beckergrube 16, D-23552 Lübeck. **Laufb:** 2. Konzm Lübecker Th. (Red)

Mersson, Boris (Pseud: Eddy Mers), Komponist, Klavier, Dirigent, Pädagoge; Kirchbodenstr 16, CH-8800 Thalwil, T: 04 37 20 81 25, F: 04 37 20 81 25, *bmersson@hispeed.ch*; *www.presdok.ch/mersson, www-zb.unizh.ch/SONDERSA/MUSIK/Mersson/Mersson.htm* [Berlin 6.10.1921]. **Ausb:** Stud Kl Genf (J Karr) 29–35, Kons Lausanne Kl (Stierlin-Vallon), Theorie u KamM (A Denereaz, A Fornerod, E Appia) 35–38, Theorie u Dir (H Scherchen) 50/51, Dir (H v Karajan) 55, Ks Studio de Recherches sonores Genf 70. **Laufb:** Künstl Ltg StrOrch Studio Basel-Radio Basel 46–50, Mus Lt Züricher Schausphs 51–55, freier Mus Klar 55–58, Komp u Dgt f Concert Hall Frankfurt 58–73, L Kl Imp Kons u H Zürich 70–89, ständ Jury Kons Freiburg 72–87. **Pr:** 1. u 2. Pr Komp Gemeinschaftsprogramme in Rundfunken auf frz Sprache 62/63, Förderpr Stadt Zürich 57, 2. Pr Radio France Paris-Concours Int Komp f SolGit. **Ens:** Kl-Trio Mersson seit 69. – **AuftrKomp:** 'Music of a Celebration' op 47 (Auftr: Tonhalle Ges Zürich) Tonhalle Ges Zürich, 'Polyphonium f 8 Celli' op 44 (UA Tonhalle, Dgt: Ch Eisenbach) 85 ua. **Aufn/RF:** Ch Ferras, G Jones, R Grist, C Starek, A Stein, A Fietz, Ch Eschenbach, H Scherchen, P Burkhard, Stalder-Klar-Trio ua.

Mertens, Georg, Flöte; c/o WDR Rundfunkorchester, D-50600 Köln. **Laufb:** stv Sol WDR RundfunkOrch Köln. (Red)

Mertes, Wolfgang, Konzertmeister; Bismarckstr 4, D-66111 Saarbrücken, T: (06 81) 9 10 45 45; Saarländisches Staatstheater, Schillerpl 1, D-66111 Saarbrücken. **Laufb:** Konzm Saarländ Staatsorch Saarbrücken. (Red)

Merwe, Paul van der, Prof, Hochschullehrer, Oboe; Hochschule für Musik und Theater Hamburg, Harvestehuder Weg 12, D-20148 Hamburg. **Laufb:** Prof (Ob) H f M u Th Hamburg. (Red)

Merwe, Paulus van der, Oboe; c/o NDR Sinfonieorchester, Rothenbaumchaussee 132–134, D-20149 Hamburg. **Laufb:** Stimmführer NDR SinfOrch Hamburg. (Red)

Merz, Christine, Sängerin (Sopran); Schillerstr 35, D-95028 Hof, T: (0 92 81) 84 09 79 [Bad Tölz 3.1.1979]. **Ausb:** priv GesStud b Dietrich Schneider, Bayer Singakad 95–99, priv KlUnterricht, Gehörbildungs- u MTheorieunterricht. **Laufb:** Gastsol Südostbayer Städteth Landshut SpZ 00/01, Sol Th Hof. (Red)

Merz, Eberhard, Posaune; c/o Staatstheater Darmstadt, Georg-Büchner-Pl 1, D-64283 Darmstadt, T: (0 61 51) 2 81 10, F: 2 81 13 76, *eberhard.merz@web.de*; *www.staatstheater-darmstadt.de*. **Laufb:** Doz (Pos) Akad f Tonkunst Darmstadt, Sol Staatsth Darmstadt. (Red)

Merz, Florian, MD, Dirigent, Intendant; c/o Chursächsische Veranstaltungs GmbH, Badstr 25, D-08645 Bad Elster, PF 1161, D-08641 Bad Elster, T: 0 17 26 72 67 38, F: (03 74 37) 53 90 53, *merz@chursaechsische.de*; Orsoyer Str 5, D-40474 Düsseldorf, T: (01 72) 6 72 67 38; *www.chursaechsische.de* [Düsseldorf 28.1.1967]. histor Aufführungspraxis v Klassik u Romantik, Musiktheater u CD-Produktionen **Ausb:** Stud H f M u Darst Kunst Wien 84–88, Studien b H Wallat u N Varon, pers Anregungen v N Harnoncourt u R Norrinthon 88–90. **Laufb:** künstl Lt Wiener Mozart Solisten 85–88, MD Chursächs Philh Bad Elster seit 92, Intend Chursächs Sommer seit 96, Intend Chursächs Winterträume seit 2000, Intend Chursächs FSp seit 2000, Intend König Albert Th (Chursächs Veranstaltungs GmbH) seit 2000 (04/05); Einl z ca 50 Op-, RF- u SinfOrch im In- u Ausland wie d Ungar Staatsop Budapest 98, Tschech Staatsop Prag 01, ständ Gastdgt Radio SymphOrch Pilsen 94–99, Philharmon Orch Plauen-Zwickau 2000–01, Vogtland Philh Greiz-Reichenbach seit 2000, Dirigate in fast allen europ Staaten, Brasilien, Mexiko u USA. **Pr:** Schallplattenpr 'Best CD of the Year' 93, Echo-Award d Dt Phono-Akad 2000, Pr d Dt Schallplattenkritik m P Rosenberg (V) u Bamberger Symphonikern 01. **Mitgl:** div musikwiss Vereinigungen. – **Aufn/RF:** regelm CD-Prod m Orch wie Bamberger Symphoniker, RF-Orch d SWR u WDR u Radio Philh Hannover d NDR, zuletzt: Verdi: 'Pace, Pace' m R Renzowa (Sop) u Chursächs Philh 96; 'Konz f Kl z 4 Hd' (Vol 1) u (Vol 2) m Kölner KlDuo u Kölner RF-Orch 97; 'Overtüren d Dt Romantik (Vol 2)' m SWR RF-Orch 97; E Krenek: Violinkonz m P Rosenberg (V), G Rosenberg (Kl) u Bamberger Symphoniker 98; 'Symphonic Cinema' m U Herkenhoff (PanFl) u Radio-Philh Hannover NDR 99; 'Overtüren d Dt Romantik (Vol 3)' m SWR RF-Orch 99; 'Symphonic Poems' m Radio-Philh Hannover NDR 2000; 'Konz f Kl z 4 Hd (Vol 3)' m Kölner KlDuo u Bamberger Symphoniker 2000; 'Saxophonkonz' m D Bensmann (Sax) u Radio-Philh Hannover NDR 01.

Merz, Horst Maria, Pianist, Komponist, musikalischer Leiter, Schauspieler; Heinrich-Heine-Ring 135, D-76199 Karlsruhe, T: (07 21) 88 34 63, F: 88 34 63 [Frankfurt/M 22.5.1958]. Theatermusik **Ausb:** Stud Lehramt (Musik) MH Karlsruhe 79–86, Lehramt (Sport) U Karlsruhe 80–86. **Laufb:** Korr Stadtth Heilbronn 90–92, musikal Lt SchauspielM Bad Staatsth Karlsruhe 92–95, Dgt u Musikal Einstudierung SchloßFSp Ettlingen 96–01, Revue: Die 60er 97; Pianist u Schauspieler ThStück 'Veronika, der Lenz ist da', Komödie am Kudamm Berlin seit 97, Tourneen 99, 2000, 01 u 02, Revue: Die 20er, 50er, 60er 99; Revue: Berauschende Zeiten 99; Revue: von 1900–2000 2000; jährl Verkehrskinderrevue (UA) 96–2001; Pianist v W Plathe (ZDF-Landarzt) in dessen Otto-Reutter-Chansonabend u b 'Heute kein Hamlet' seit 2000 sowie Komponist v dessen Theaterstücken 'Kohlenpaul, 'Geschichten v Weihnachtsgänsen' 02; Darstell d Friedrich Hollaender in d Revuette 'Ich bin Kopf bis Fuß', UA Wetzlar 02. **Ens:** Berlin Comedian Harmonists, Duo 'Stutz & Merz seit 02. – **Komp:** 70 Kinderlieder im Rahmen d Kinderrevuen b d SchlossFSp Ettlingen 96–01; 'Kohlenpaul', ThMusik. **Aufn/RF:** CDs: 'Veronika, der Lenz ist da', Berlin Comedian Harmonists 98; 'Autos haben keine Augen' (Verkehrslieder d Revuen in Ettlingen); 'Ein Lied geht um die Welt', Berlin Comedian Harmonists; 'Ach, wie mich das aufregt (Chansons der 20er u 30er Jahre, m H M M u G Stutz).

Mescheriakova, Marina, Sopran; c/o Columbia Artists Management GmbH, Till Janczukowicz, Albrechtstr 18, D-10117 Berlin, T: (0 30) 20 64 80 78, F: 20 45 34 80, *info@cami.com*; c/o Deutsche Staatsoper, Unter den Linden 7, D-10117 Berlin; *www.cami.com* [Wolgograd]. **Ausb:** Stud Tschaikowski Kons Moskau, Unterr b L Albanese (USA). **Laufb:** Sol Bolschoi-Th Moskau, Wexford Fstv, Auftritte Helsinki, Stockholm, Monte Carlo, Bregenzer FSp, Met Op New York, Bayer Staatsop, Dt Op Berlin, Staatsop Berlin, Op Nat de Paris, Bühnen d Stadt Köln, Op San Diego, Sol Staatsop Wien seit 96, Gastsol Dt Staatsoper Berlin SpZ 03/04, Gastsol Op Frankfurt SpZ 03/04, GastSol Semperop Dresden SpZ 04/05. **Pr:** 1. Pr Belvedere Wettb Wien 95, I-Cestelli-Wettb Berlin u Hamburg 96. (Red)

Meschwelischwili, Gregori, Solorepetitor; Saarländisches Staatstheater, Schillerpl 1, D-66111 Saarbrücken. **Laufb:** Solorep Saarländisches Staatsth Saarbrücken. (*)

Meschwitz, Lucia, Regisseurin; Stadttheater, Theaterpl 7, A-2500 Baden. **Laufb:** Spielltg Stadtth Baden b Wien. (Red)

Messner, Karl, Prof, Komponist; Obere Hochstr 43, A-7400 Oberwart, T: (0 33 52) 3 80 31 [Neunkirchen, Niederösterreich 21.1.1923]. **Ausb:** Stud (M) Akad f M u Darst Kunst Wien, Kons Wien. **Laufb:** L (M) Kollegium Kalksburg, Ltg KiM ebd 48–56; Dir MSch Oberwart, Betreuung d ges musikal Lebens d Stadt 56–88, Landeskapm Burgenländ BlasM-Verb 68–89, Berufstitel Prof seit 76. **Pr:** Förderpr (Komp) Wien 55, Anerkennungspr Wettb 'Das neue Lied' ORF 69, 'UNDA-Premio sevilla' f 'Singen will ich Dir' (rel Chanson) 69, Kulturpr f M Burgenland 77, Ehrenring Oberwart 89, Gr Ehrenzeichen d Landes Burgenland 03.

Mester, Markus, Trompete; c/o Bamberger Symphoniker, Mußstr 1, D-96047 Bamberg, PF 110146, D-96029 Bamberg. **Laufb:** Sol Bamberger Symph. (Red)

Mestmacher, Dirk, Sänger; c/o Badisches Staatstheater, D-76125 Karlsruhe. **Laufb:** Sol Neuburger Kammerop, Musikal Komödie Leipzig, Staatsoptte Dresden SpZ 03/04, Gastsol Badisches Staatsth Karlsruhe SpZ 04/05. (Red)

Mészár, Renatus, Sänger; Mecklenburgisches Staatstheater, Alter Garten 2, D-19055 Schwerin [Laubach 31.1.1966]. Oper **Ausb:** Stud Ev KiM, Ges (A Schoonus) MH Hamburg 84–87, Ges (B Fassbaender) MH München 89–90. **Laufb:** Chormitgl NDR-Chor 92–95, Sol Staatsth Braunschweig 95–98, Sol Städt Bühnen Münster 98–2001; Gastsol Staatsth Braunschweig, Sol Th Würzburg SpZ 03/04, Sol Staatsth Schwerin SpZ 04/05. **Pr:** Sonderpr Moniuszko-Wettb Warschau 95, 1. Pr Prix Jeunesse Amsterdam.

Meszaros, Barbara, Sängerin; Friedrich-Ebert-Str 25, D-64347 Griesheim, T: (0 61 55) 21 52, (01 70) 2 75 88 97, *barbarameszaros@hotmail.com*; c/o Michael Fuger, Soonblick 8, D-55543 Bad Kreuznach, T: (06 71) 8 96 42 70, F: 8 96 42 40, *agenturfuger@aol.com*; *www.barbarameszaros.de*. **Ausb:** Gesangsunterr b Sylvia Geszty 86, Eintritt in d Berufsschulkl v Jane Thorner-Mengedoht, Zürich 87, Abschluss d Lehr- u OpDiploms m Auszeichnung 93, Abschluss d OpStudios m Auszeichnung 94, Konzertreifeprüfung m Auszeichnung, Zürich 94, Mstrkr b Magda Olivero (Belcanto-Mstrkr an d Mailänder Scala), Hilde Zadek, Elio Battaglia, Tamar Rachum 99–01. **Laufb:** Int Konz – u OpEng: SommmerFSp Klosterneuburg, Prag, Barcelona, Zürich, Basel, Bern, Kiel, Miskolc. **Pr:** zweifache Gewinnerin d Migros-Studienpr Schweiz. (*)

Mészaros, Janos, Fagott; Breitestr 60, CH-8400 Winterthur, T: 05 22 33 36 68. **Laufb:** Doz (Kontrafagott, Fagott) MH Winterthur Zürich. (Red)

Metaxaki, Evmorfia, Sängerin; c/o Theater Magdeburg, PF 1240, D-39002 Magdeburg. (Red)

Mětšk, Juro, Komponist; Mättigstr 18, D-02625 Bautzen, T: (0 35 91) 4 58 35, F: 4 58 35 [Bautzen 1.5.1954]. KamM **Ausb:** Stud (Komp) MH 'Hanns Eisler' Berlin, Abschluß 76, Meisterschüler (R Bredemeyer) Ostberliner Akad d Künste 80–83. **Laufb:** freischaff seit 86. **Pr:** ua Hans-Stieber-KompPr 85, KompPr 'Forum junger Komp' WDR Köln 89. – **Komp:** Accentes antiques f Streichqua 75; Psychogramme f Orch 76; Musica da camera (KamM) 78/79; ...Torso...alla...Rondo...alla...Torso (KamM) 80/81; Sestetto (KamM) 81/82; ...Mit groteskem Riesenbogen... (Va sola) 84; Alla Breve (Replique) (KamM) 84; Senza (Ob Solo) 85; Syndrom (KamM) 85–87; Kontraktion (KamM), UA Donaueschingen, Donaueschinger Musiktage, Gruppe Neue Musik Hanns Eisler, Dgt: F Goldmann 88 (Auftr: SWF Baden-Baden); Incognito (4 Kl) 90–93; Die Wendische Schiffahrt (BühnenM) 94; Tableaux grotesques (KamCh u kl Orch) 99/2000. **Aufn/RF:** J M: KamM in der Interpretation d Ens UnitedBerlin, Dgt: P Hirsch 97 (CD). **Sonst:** musikwiss u publizist Veröffentl. **Lit:** A Köhler: Struktur als Code. Anmerkungen zu einigen ästhet u strukturellen Aspekten in J Ms Schaffen d 80er Jahre (Lětopis) 90.

Metternich, Eberhard, Prof, Hochschullehrer, Domkapellmeister; Joseph-Teusch-Str 3, D-50935 Köln, T: (02 21) 43 68 61, 9 40 18 10, F: 2 79 63 99, 9 40 18 50, *e.metternich@netcologne.de* [1959]. **Ausb:** Stud SchM, Germanistik, Ges H f Musik, ChLeitung H f Musik u Darst Kunst Frankfurt (U Gronostay), Wien u Stockholm (E Ericson). **Laufb:** Domkantor Mainz 85–87, DKM Köln seit 87, Prof (Dgt, SchM) H f Musik Köln seit 01, Ltg VokalEns Kölner Dom, Kölner Domchor. (Red)

Mettraux, Laurent, Komponist; Route Principale 160, CH-1791 Courtaman, T: 02 66 84 18 65, F: 02 66 84 18 65, *laurent.mettraux@bluewin.ch*; *www.isuisse.com/mettraux* [Fribourg, Schweiz 27.5.1970]. **Ausb:** Stud Theorie (R Oberson), Kl, V, Ges MH Fribourg 85–94, Stud Komp (E Gaudibert) MH Genf 93–95, Leitungsstud (S-L Chen) CPM Genf 94–99, weitere Kse (MWiss, alte M) Freiburg u CMA Genf, Mstrkse ua b K Huber, P Méfano. **Pr:** 1. Pr u Publikumspr 1. Wettb f jg Schweizer Komp Lausanne 93, Pr Donaueschinger MTage 98, 'Contribution ad personam' UBS Kulturstift, Stip Kiefer-Hablitzel Stift. **Mitgl:** Schweizer Tonkünstlerverein seit 95. – **Komp:** 'Gethsemané' (f Org) 90, UA Bern, E Messmer 94; Symph f KamOrch 92, UA Lausanne, Kam-Orch Lausanne, Dgt: J Lopez-Cobos 93; Konz f 15 Solostreicher, UA Sion, Orch du Fstv Tibor Varga, Lt T Varga 94; 'Vers le Soleil Couchant' (Orat), UA Fribourg 96; 'Ombre' (f gr Orch) 95–98, UA Donaueschingen, SWR SinfOrch Baden-Baden u Freiburg, Dgt: S Cambreling 99; Streichtrio 97/98, UA Indien, Zürcher Streichtrio 2000; Konz f Violine Nr.2, UA Budapest, I Lambelet, Camerata Symphonica Weiner-Szasz, Ltg T Varga 98; Streichqua 98/99, UA Bulle, Talich Qua; Duo für Fl u Klar 99, UA Boswil, Wiener Klangforum 99; Konz f Violine Nr.3 99, UA Sion, V: Lyoko Yano, KamOrch Litauen, Dgt: G Varga 2000 (Auftr: Schweizer RF RSR2); 'La plus belle des Lumières' f 8st Ch a cap 2000, UA Fribourg, New London Chamber Ch, Dgt: J Wood 2000 (Auftr: Fstv de M Sacrées de Fribourg); BlQui 2000, UA Fribourg, Qui Eole 01 (Auftr: Qui Eole); 'Lux Mundi' f Org 2000, UA Basel, mehrere Org 01 (Auftr: Europ MMonat 01); Septett 01, UA Ens Mittelland 01 (Auftr: Ens Mittelland); 'Le Nom Caché' (Orat) 01–02, UA Murten 02 (Auftr: Schweizer NatAusst Expo 02); StrQui 01–02, UA Finnland u Litauen 03 (Auftr: Zürcher StrQui); Trio für Klar, Vcl u Kl, UA Ukraine, Avalon Trio 03; Konz f Org u Orch 02–03, UA Lausanne 03 (Auftr: anlässl Einweih neue Org Münster Lausanne), dt EA Leipzig 06, M Schönheit, Gewandhausorch Leipzig, Dgt: R Chailly; Qui f Fl u StrQua 02–03, UA 03, A Magnin u Janacek Qua; 'Complainte' (f SoloV), UA Int Geigenwettb Sion 03 (Auftr: Shlomo Mintz); 'Schweizer Tänze' f Kl 03/04, UA Neuchâtel, KlDuo Urech-Derron. **Lit:** L M (Contemp Swiss Composers) 01; in: J-N v d Weid, D M d 20. Jh 01; B Sansonnens, L M: La quête d'une expression équilibrée et profonde (RMSR) 99.

Metz, Günther, Dr, Prof, Hochschullehrer; Birkwäldele 2, D-79299 Wittnau, T: (07 61) 40 44 22, F: 4 09 88 82 [Saarbrücken 24.10.1937]. Analyse Musik d 18.–20. Jh, Paul Hindemith **Ausb:** Stud (Germanistik, MWiss, Philosophie) U München 56–58, Stud (dass) U d Saarlandes 58–63, Stud (SchM) MH d Saarlandes 57–63, Stud (MTheorie) MH Freiburg/Br 64–65, Prom (MWiss) 72. **Laufb:** Prof (Theorie) Staatl H f Musik Freiburg.

Metz, Volker, Viola; c/o Gewandhausorchester Leipzig, Augustuspl 8, D-04109 Leipzig, T: (03 41) 1 27 03 02, F: 1 27 04 05; *www.gewandhaus-quartett.de*. **Ausb:** Leipziger MusikH b A Maatz. **Laufb:** Sol Gewandhausorch Leipzig seit 76. **Ens:** Gewandhaus-Qua. (Red)

Metzger, Anja, Sängerin; c/o Staatstheater Oldenburg, Theaterwall 28, D-26122 Oldenburg, T: (04 41) 2 17 95 59, (01 72) 7 37 23 80. **Laufb:** Sol Staatsth Oldenburg SpZ 03/04. **Pr:** Erna-Schlüter-Pr 05. (Red)

Metzger, Caroline, Cellistin; Goerdelerstr 10, D-23566 Lübeck, T: (04 51) 7 09 81 45 [Freiburg i Br 12.8.1964]. **Ausb:** 1983–89 Musikhochschule Freiburg bei Christoph Henkel, Mstrkl ua bei Miklos Pereniy. **Laufb:** Seit 1990 Vorspielerin Philh Orch der Hansestadt Lübeck. (Red)

Metzger, Heribert, Prof, Hochschullehrer, Orgel u Orgelimprovisation; Wiesenweg 7, A-5300 Hallwang, *heribert.metzger@moz.ac.at*; Univ Mozarteum, Abt f Tasteninstrumente, Zentrum im Berg, Fürbergstr 18–20, A-5020 Salzburg, T: (06 62) 61 98 56 20, F: 61 98 30 33 [Wien 12.11.1950]. **Ausb:** Stud (Orgel)

MH Wien 66–73, Stud (MWiss) U Wien u Salzburg, Prom 85. **Laufb:** UProf (Org, OrgImp) U Mozarteum Salzburg, LAuftr (MWiss) U Salzburg, MH Wien, Mstrkl: MH Danzig, MAkad Vilnius, Litauen; Sommerkse: Kamien Pomorski, Sejny/Polen, Zwettl/Österr; regelm KonzTätigkeit in Europa. **Pr:** 1. Pr Bach-Wettb Leipzig 72, 2. Pr Bruckner-Wettb Linz 74. **Mitgl:** Neue Bachges, Österr Orgelforum. – **Aufn/RF:** Salzburg – Die Domorgeln, m G Zukriegel 95; Europ Orgellandschaften, Salzburger Dom, m G Zukriegel 2000; J S Bach: Die Kunst d Fuge, Gr Domorgel Salzburg 2000. **UA:** E Eder de Lastra: Paramorphose f Org u Orch; E L Leitner: Metamorphosen. **Zug:** E L Leitner: Metamorphosen. **Sonst:** Aufs in Fach-Zs u Fs; Juror b int OrgWettb.

Metzger, Jörg, Prof, Hochschullehrer, Violoncello; An den Mühltannen 55, D-97080 Würzburg, T: (09 31) 9 29 66; H f Musik, Hofstallstr 6–8, D-97070 Würzburg [Reichenberg, Sudetendeutschland 12.1.1940]. KamM, Konzertcellist **Ausb:** Stud Vcl (A Steiner) H f M Köln. **Laufb:** Solocellist Philh Orch Rotterdam 62–64, Prof (Vcl, KamM) H f M Würzburg seit 66, Emeritus seit 05. **Pr:** Stip Dt Industrie, Förderpr d Freistaates Bayern. **Ens:** Seraphin Trio (Kl-Trio). **Mitgl:** Sudetendt Akad d Wiss u Künste. – **Aufn/RF:** zahlr Einsp auf LP u CD als Solist u Mitgl d Seraphin Trio.

Metzger, Martin, Komponist; Sonnenweg 17, CH-4133 Pratteln, T: 06 18 21 36 06. (Red)

Metzger, Roland, HonProf, Hochschullehrer, Viola; Alte Bahnhofstr 19, D-82178 Puchheim, T: (0 89) 80 22 44, F: 80 22 44; H f Musik u Theater, Arcisstr 12, D-80333 München [Heilbronn 1944]. **Ausb:** Mstrkl K. Stiehler u F. Beyer H f M u Th München. **Laufb:** LBeauftr (Va) H f M u Th München. **Ens:** Bayer Staatsorch seit 70, Sinnhofferquartett, Bayreuther Festspielorch. (Red)

Metzing, Anke *siehe* Wingrich, geb Metzing, Anke

Metzmacher, Ingo, Dirigent; c/o PR2 classic, Kreuznacher Str 63, D-50968 Köln, T: (02 21) 38 10 63, F: 38 39 55, *office@pr2classic.de*; *www.pr2classic.de* [Hannover 10.11.1957]. **Ausb:** Stud (Kl, Tonsatz, Dirig) Hannover, Salzburg, Köln. **Laufb:** Rep Op Frankfurt/M (M Gielen) 85, Kapm MTh Gelsenkirchen 87, zahlr Dirigate an dt Ophäusern, ua Dresden, Hamburg, Stuttgart, OpProduktionen Los Angeles, Op de la Bastille Paris, 1.Gastdgt Bamberger Symph 95–99, GMD u künstl Lt Hamburg Staatsop 97/98–05, Gastdgt Gewandhausorch Leipzig, Chamber Orch of Europe, Gustav Mahler Jugendorch, Wiener Philh 03, Boston Symph Orch, New York Philh Orch, Cleveland Orch, Los Angeles Philh, Philadelphia Orch, London Philh Orch, BBC Symph Orch, London sinfonietta, Scottish Chamber Orch, BBC Welsh Nat Orch, Concertgebouw Amsterdam, Orch filarm della Scala, Orch di S Cecilia Roma, Berliner Philh, künstl Lt Hamburger Musikfest seit 2000, GMD Nederlandse Op Amsterdam ab 05; Touneen m Philh StaatsOrch Hamburg, m Gustav Mahler Jugendorch 03 u 05, KonzReisen n Spanien, Bonn (Beethovenfest), Wien (ua Wiener FestW), München, Frankfurt, Brüssel, Athen, Thessaloniki 03, ChefDgt Nederlandse Op Amsterdam ab SpZ 05/06, ab 07 ChefDgt Dt SymphOrch Berlin. **Pr:** Echo Klassik Pr 96, 1. Pr Dt Schallplattenkritik, Edison Pr, Wahl zum Dgt d Jahres Zs 'Opernwelt' 98, Echo Klassik Pr Dgt d Jahres 98, Niedersachsenpr 99, Grammy (beste OpAufn) 2001, Alfred-Toepfer-Pr 05. **Ens:** Pianist Ens Modern 81, ständ Dgt ebd seit 85. – **Aufn/RF:** K A Hartmann: Gesamtaufn d Sinfonien, m Bamberger Symphonikern; Henze: 9.Sinfonie, m Berliner Philharmon Orch, Live-Mitschnitt 97; Wozzeck, Hamburger Produktion, Live-Mitschnitt; Who is afraid of 20th Century Music?, 5-teilige Hamburger Silvesterkonzert-Reihe. **UA:** Henze: 9.Sinf, UA Berliner FestW, m Berliner Philharmon Orch 97. **Sonst:** Initiator u Lt Hamburger Musikfest 2000–04; Buchautor: Keine Angst vor neuen Tönen 05.

Meus, Stanislaw (Stan), Sänger; c/o Südthüringisches Staatstheater Meiningen, Bernhardstr 5, D-98617 Meiningen. **Laufb:** Sol Meininger Th – Südthüring Staatsth. (Red)

Mewes, Friedemann, Kapellmeister; c/o Deutsche Staatsoper, Unter den Linden 7, D-10117 Berlin, PF 354, D-10109 Berlin. **Laufb:** Musikal Einstudierung Dt Staatsop Berlin. (Red)

Mewes, Karsten, Bariton; c/o CICADA. con Agentur & Management, Gubener Str 3b, D-10243 Berlin, T: (0 30) 29 00 13 35, F: 29 00 58 97, *info@cicada-con.de*; c/o Austrokonzert International, Gluckgasse 1, A-1010 Wien, T: (01) 5 13 26 57, F: 5 12 61 54, *office@austroconcert.com*; *www.cicada-con.de*. ital u R Strauss Op **Ausb:** Stud MH 'Hanns Eisler'. **Laufb:** Sol Th Potsdam, Sol Kom Op Berlin 02/04, Gastsol Op Halle SpZ 00/01, Sol Eutiner FSp SpZ 03/04, Gastsol Th Görlitz seit SpZ 03/04. **Pr:** 1. Pr Int Robert-Schumann Wettb 85; Premio Alberto Capelli 85 Verona, Ehrendipl b XIII. OpWettb Rio de Janeiro 87. (Red)

Mewis, Franz, Sänger; Tannenbergstr 12, D-18258 Schwaan, T: (0 38 44) 81 36 62; c/o Volkstheater Rostock, PF 102215, D-18004 Rostock. **Laufb:** Sol Volksth Rostock. (Red)

Mewis, Rosita, Sängerin; Tannenbergstr 12, D-18258 Schwaan, T: (0 38 44) 81 36 62; c/o Volkstheater Rostock, PF 102215, D-18003 Rostock. **Laufb:** Sol Volksth Rostock. (Red)

Mey, Guy de, Sänger; c/o Bayerische Staatsoper, Brieffach, D-80075 München. **Laufb:** Sol Bayer Staatsop München. (Red)

Meyer-Metzenthin, Jürgen, Komponist; Schmidt-Ott-Str 6, D-12165 Berlin, T: (0 30) 7 91 55 43 [Dortmund 14.8.1955]. **Ausb:** Stud (KonzGit) H d Künste Berlin. **Laufb:** Gitarrist in versch musikal Bereichen, seit Anfang d 90er Jahre verstärkt Komp. **Pr:** Europa-MFstv 93, Neue SalonM Berlin 96, Wiener Sommersem f Neue Musik 98. – **Komp:** Brocken (KonzM), UA H f M Köln 94; Klavierstück Nr 1 (KonzM f Kl Solo), UA Berlin, BKA 95; Sonate f Git (KonzM f Git Solo), UA Wien 98; 12 Kurze Stücke f Git (KonzM), UA Wien 98; Kaspar, seine Freunde u der General (KonzM); Sechs interaktive Bilder (KonzM f Mandoline u Git). (Red)

Meyer-Oertel, Friedrich, Prof, Operndirektor, Regisseur; Bruststr 46, D-64285 Darmstadt, T: (0 61 51) 15 92 20, F: 15 92 20; c/o Hessisches Staatstheater, Georg-Büchner-Pl 1, D-64283 Darmstadt, T: (0 61 51) 2 81 13 04 [Leipzig 3.4.1936]. Musiktheater **Ausb:** Stud MWiss, ThWiss Uni Wien. **Laufb:** Ass b W Wagner, v Karajan, W Felsenstein; OpernspielLtg Mainz 68–72, Mannheim 74–79; OpDir Wuppertal 79–96, Staatsth Darmstadt SpZ 03/04; Gast-Regisseur Südthüring Staatsth Meiningen, Staatsth am Gärtnerpl München; Regien in Montpellier, Stockholm, Helsinki, Göteborg, Liège, Köln, Wien, Bremen, Wiesbaden ua. **Pr:** HonProf NRW. **Mitgl:** Rotary. – **UA:** Regie zu W Rihm: 'Hamletmaschine', UA Mannheim 87; W Hiller: 'Goggolori', UA Gärtnerpl-Th München 85; ders: 'Jagd nach dem Schlag'; UA PrinzregentenTh München 88; Schnittke: 'Leben mit einem Idioten', UA Wuppertal 93 ua. **Zug:** Notker David Kirchner: Bildnisse I f Orch 81/82; Scherzo Hommage à E T A Hoffmann. **Lit:** vgl div Publ über Oper, z B Piper-Musiktheaterenzyklopädie.

Meyer-Wolff, Frido, Bass, Regisseur, Dirigent, Produzent; Bielerstr 9, D-13407 Berlin, T: (0 30) 4 95 96 94, F: 4 95 96 94, *fmwolff@hotmail.com*; *www.meyer-wolff.com* [Potsdam 22.4.1934]. Oper, Konzert, Lied, Ausbildung von Sängern **Ausb:** Stud Musik Kons Berlin 54–56, Voice-coach (H Scharff) Hamburg 66–74. **Laufb:** KamOp Berlin 54–56, Dt Op Berlin 58, Mitarb v J Cocteau 59–63, Op Marseille 61, Dir Festv Franco 62, Grand Op Paris 63, Festv Aix en Provence 63, Fstv Spoleto 64, Op Rom 65, Theatre de la Monnaie Brüssel 65, Monte Carlo, Buenos Aires, Berlin, Nizza 82, Dt Op Berlin bis 2001, Regie R Strauss: 'Ariadne auf Naxos', Op Las Palmas de Gran Canaria 02–03. **Pr:** Prtr Int Eisteddfod Llangollen North Wales 56, Chevalier des Arts et Lettres 85, Chevalier dans l'Ordre des Palmes Academiques 97. **Mitgl:** OFAJ/DFJ seit 59. – **Aufn/RF:** P Sciartino, UA Paris. **UA:** Reimann: 'Das Schloß'; Berg: 'Wozzeck'. **Sonst:** Grdg Association d'Orchestre de Jeunes Musiciens.

Meyer, Andreas K W, Intendant; c/o Deutsche Oper, Bismarckstr 35, D-10627 Berlin. **Laufb:** Intend Bühnen d Landeshauptstadt Kiel SpZ 03/04, Chef-Dram Dt Oper Berlin SpZ 04/05. (Red)

Meyer, Anja, Koloratursopran; c/o Theater Görlitz, Demianipl 2, D-02826 Görlitz, PF 300463, D-02809 Görlitz, *anjolina@gmx.de*; c/o Künstleragentur Tobias Kade, Ammonstr 72, D-01067 Dresden, T: (03 51) 4 90 67 94, 01 72-3 66 29 07, F: 4 90 67 93, *tobias-kade@gmx.de* [Berlin]. Oper, zT Konz **Ausb:** Stud Ges (Ch Junghanns) H f M 'Carl Maria v Weber' Dresden 96–02, Aufbaustud OpKlasse MH Dresden 02/03, Mstrks b S Skigin, O Bär, U Trekel-Burckhardt u Ch Lehmann, Privatschülerin v Ch Lehmann. **Laufb:** Eng Staatsschauspiel Dresden, Societaetsth Dresden, Th Titanick Leipzig, Gastsol Int OpKs Schloss Weikersheim 03, Ens (Sol) MTh Görlitz seit SpZ 03/04.

Meyer, Christoph, Dirigent; c/o Theater Basel, Elisabethenstr 16, CH-4051 Basel, T: 06 12 95 11 00. **Laufb:** Dgt Dt Op Berlin, OpDir Th Basel. (Red)

Meyer, Hermann, Konzertmeister, Dirigent, Cello; Mühlbachstr 51, D-86356 Neusäß, T: (08 21) 70 46 23, F: 74 78 68 35, *hm@kammersolisten.de*; *www.kammersolisten.de* [Sächs Erzgebirge 1939]. Kammerorchester, Oratorium **Ausb:** Stud Robert-Schumann-Kons Zwickau, H f M Berlin u Hamburg, Stud i Paris b A Navarra. **Laufb:** Sol Hamburger Symph, Gastsol Bayreuther FSpOrch, Konzm u Sol Philh Orch d Stadt Augsburg bis 2003, Grdg 87 u Dgt u Lt KamSol Augsburg/Chamber Orch of Bavaria, Grdg KamCh d KamSol Augsburg 94, Gast New Zealand SymphOrch Wellington 98, acht Jahre Mitgl Bamberger Symph, Auslandsreisen m Kammersolisten Augsburg (Dgt) n Schottland, Malta u Brasilien. **Ens:** Lt u Grd Kammersolisten Augsburg u Ch d Kammersolisten Augsburg. – **Aufn/RF:** CD m Werken v Bach, L Mozart u W A Mozart; F Lachner: Requiem op 146, Wiederauff Augsburg, München, Rain a Lech 06, Rundfunkmitschnitt, CD.

Meyer, Katharina, Hochschullehrerin, Piccoloflöte; Kastanienstr 22, D-15366 Neuenhagen, T: (0 33 42) 8 04 34; H f Musik 'Hanns Eisler', Charlottenstr 55, D-10117 Berlin. **Laufb:** LBeauftr (Picc) H f Musik 'Hanns Eisler' Berlin. (Red)

Meyer, Krzysztof, Prof, Komponist, Pianist; Gerhart-Hauptmann-Str 9, D-57610 Altenkirchen, T: (0 26 81) 98 98 33, F: 98 94 97, *danuta.gwi@t-online.de*; *www.sikorski.de* [Krakau 11.8.1943]. Komp **Ausb:** Unterr Theorie, Komp (S Wiechowicz) Krakau ab 54, Chopin-MSch Krakau, Stud MH Krakau, Dipl Komp (K Penderecki) 65, Dipl (MTheorie) 66, Stud (N Boulanger) Frankreich 64, 66, 68. **Laufb:** Doz (musiktheoret Fächer) Staatl MH Krakau 66–87, Dekan Inst f MTheorie u Komp 72–75, Prof Mstrkl (Komp) MH Köln seit 87, zahlr Vorl im In- u Ausland über neue M, Vors Poln KompVerband 85–89. **Pr:** 1. Pr Wettb jg Komp Frankreich 66, Aaron Copland Stip 66, 1. Pr Fitelberg-KompWettb 68, Grand Prix Prince Pierre de Monaco 70, zweimal Sonderausz d Tribune Int des Compositeurs UNESCO Paris 70 u 76, Pr d Kultusmin 73 u 75, 1. Pr Warschauer K-Szymanowski-Wettb 74, Med d Brasilian Regierung 75 u 77, G-v-Herder-Pr Wien 84, Pr d Poln KompVerbandes Warschau 92, A-Jurzykowski-Pr New York 93, J-Stamitz-Pr Mannheim 96, Mitgl Freie Akad d Künste Mannheim. **Ens:** Ens f zeitgen Musik MW2 (Kl) 65–67. – **Komp:** Bühnenwerke: Kyberiade – Phantastische Op; Die Spieler – Vervollst Version v Schostakowitschs Op; Die verzauberten Brüder – Märchenop; OrchWerke ua: Symphonie I, IV–VII; Konzerte für V, Vcl, Ob, Tpte, Kl, Fl, Altsax, Vcl u Hfe, Klar; Hommage à J Brahms f Orch Op 59; Farewell music für Orch Op 88; Vokalsinf Werke: Symphonie II, III; Messe; Schöpfung – Oratorium; Kammermusik: Streichquartette I–XII; Trio f V, Vcl u Kl ; Quintett f Klar u Streichqua; Quintett f Kl u Streichqua; Trio f Fl, Va u Git ; Streichtrio; Trio f Klar, Vcl u Kl; Trio f Ob, Fag u Kl Op. 98; Misterioso, Capriccio interrotto f V u Kl ; Impromptu multicolore f 2 Kl; 2 Sonaten f Vcl u Kl; Duetti concertanti f Fag u Kl;

Metamorphosen f Sax u Kl; Solowerke ua: Sonaten f Vcl solo, Kl (I–V), Cemb, V, Fl; 3 Stücke f Schlagz; 24 Präludien f Kl; Moment musical, Monologue f Vcl alleine; Fantasie für Orgel. **AuftrKomp:** ua: die Spieler/Igroki (Vollendung d Op v D Schostakowitsch) 81, UA Wuppertal, musikal Lt: T Schick 83 (Auftr: Wuppertaler Bühnen); Hommage a J Brahms (f Orch), UA Hamburg, Hamburger Symph, Dgt: H Beissel 83 (Auftr: Hamburger Symph); M incrostata (per orch), UA Köln, Chur Cöln Orch, Dgt: H Beissel 88 (Auftr: Dt Bank); D verzauberten Brüder/Klonowi bracia (Märchenop), UA Posen, Musikal Ltg: M Niesłiołowski 90 (Auftr: Op-Th Posen); KlKonz, UA Köln, m P Giliłow, Filh Hungarica, Dgt: A Wit 92 (Auftr: Kölner Philh); KlQui, UA Köln, m Wilianow Qua, K Meyer (Auftr: Kölner Philh); Carillon (pour orch), UA Flensburg, Dgt: A Wit 93 (Auftr: Schleswig-Holstein-MFstv); Konz f Alt-Sax u StrOrch, UA Stuttgart, m J-E Kelly, SDR, Dgt: H Schiff 94 (Auftr: SDR); Misterioso f V u Kl, UA Hannover 94 (Auftr: Stift Niedersachsen); Schöpfung (Orat), UA Hildesheim, m M Borchfeldt, G Romberger, B Schmid, A Scheibner, St-Andreas-u St-Michael Kantorei, Staatsth Braunschweig Orch, Dgt: G Kühl 2000 (Auftr: Landschaftsverb Schleswig-Holstein); Konz f Klar u Orch, UA Duisburg 02 (Auftr: Duisburger Philh). **Lit:** K M: Do i od kompozytora 94, KM Ein Komp-Portrait 98, T. Weselmann Musica incrostata 2003.

Meyer, Michael, Klavier; Elisabethstr 2, D-32756 Detmold, T: (0 53 31) 3 98 36, F: 3 98 36 [Münster, Westf 19.4.1971]. **Ausb:** Stud H f Musik Detmold, Dipl-Tonmstr 99, Dipl-Musiker (Kl) 2000. **Laufb:** freischaff Musiker (Kl), KamMPartner, Liedbegl, Korr, LBeauftr (Partiturspi) H f Musik Detmold. **Pr:** Stip Dt Musikwettb Berlin 01.

Meyer, Michael, Viola; c/o HR Sinfonieorchester, Bertramstr 8, D-60320 Frankfurt a M. **Laufb:** Vorspieler HR SinfOrch Frankfurt a M. (Red)

Meyer, Miriam, Sängerin (Sopran); c/o Komische Oper, Behrenstr 55–57, D-10117 Berlin [Osterode/Harz]. Liedgesang **Ausb:** MH Hannover u Lübeck b Prof Ulf Bästlein, Mstrkr b Renata Scotto, Irwin Gage u Charles Spencer. **Laufb:** Sol Stadtth Hildesheim SpZ 2000/01, Sol Kom Op Berlin SpZ 03/05. (Red)

Meyer, Paul, Klarinette, Dirigent; c/o Künstleragentur Dr. Raab & Dr. Böhm, Plankengasse 7, A-1010 Wien, T: (01) 5 12 05 01, F: 5 12 77 43, *office @rbartists.at*; *www.rbartists.at/meyer.htm* [Mulhouse 1965]. **Ausb:** Cons Paris u MH Basel. **Laufb:** Konz u. a. m Royal Concertgebouw Amsterdam, NHK, Orch Philh de Radio France, Berliner Philh, Orch de Bordeaux, Orch de Strasbourg, Orch de Monte-Carlo, Sol Scottish Chamber Orch 2004. Dgt. Orch Philh de Radio France, Ens Orch de Paris, Orch Philh de Nice, Engl Chamber Orch, Scottish Chamber Orch, Münchner Kammerorch, Genfer Kammerorch, Orch Sinfonica di Milano Giuseppe Verdi, Orch di Padova e del Veneto, Belgrader Philh, Orquesta Sinf de Bilbao und Taipei Symph Orch. (Red)

Meyer, René, Klarinette; Trabli 1, CH-1236 Cartigny, T: 02 27 56 43 55. (Red)

Meyer, Robert, KS, Sänger, Schauspieler; c/o Wiener Staatsoper, Opernring 2, A-1010 Wien. **Laufb:** Sol Volksop Wien, Wiener Staatsop SpZ 04/05. (Red)

Meyer, Rudolf, Prof, Komponist, Orgel; Mockentobel 14, CH-8400 Winterthur, T: 05 22 12 70 79, F: 05 22 12 70 83 [Küsnacht, Kt Zürich 3.7.1943]. Interpret, Lehrämter, Komposition **Ausb:** b H Vollenweider, M-C Alain, A Heiller, J Guillou, J Kobelt, R Blum ua in Zürich, Paris, Haarlem. **Laufb:** 1. Org Stadtkirche Winterthur seit 76, Grdg u Ltg Ens 'Capella Musica Loquens' 80–90 u 'Int Orgeltagungen Winterthur' 84–99; Doz MH Winterthur, Prof H f M Köln 96/97, freischaff Musiker, Mstrks-Doz u Komp seit 01. **Pr:** Karl-Friedrich-Ernst Kunstpr Winterthur 87. **Mitgl:** AGSO (Arbeitsgem f schweizer OrgDenkmalpfl), Vorstand Winterthurer Orgelfreunde 76–03. – **Komp:** Missa mesotonica (Chor, mitteltonige Org), UA Luzern 02; Tre Canzoni (Mezzosop, 2 Bfl, Va, Gba, Vcl, Org), UA Zürich 03. **AuftrKomp:** Drei liturg Miniaturen (Chor, Bass solo, Org), UA 03 (Auftr: Evang REf Landeskirche Kt Zürich); Auferstehung heute u jetzt (OrchKant f Sop solo, Chor, Orch u Org), UA 02 (Auftr: Kirchgemeinde Winterthur-Töss). **Aufn/RF:** J S Bach: 'D gr Orgelbuch (Clavierübung III), Basilika Mariastein (CH) 01; 'Orgue du Jura' 97. **Sonst:** Autor 'Umgang m unzeitgemäss Org' 01, 'Vom Recht d Org', in: Ars Organi 51/03.

Meyer, Sabine, Prof, Klarinette, Hochschullehrerin; c/o Konzertdirektion Hans Ulrich Schmid, Königstr 36, D-30175 Hannover, PF 3409, D-30034 Hannover, T: (05 11) 3 66 07 60, 3 66 07 27, 3 66 07 69, F: 3 66 07 34, 3 66 07 74, *mail@kdschmid.de, ep@kdschmid.de*; Musikhochschule, Große Petersgrube 17–29, D-23552 Lübeck, T: (04 51) 1 50 51 78, F: 1 50 53 00; *www.kdschmid.de, www.sabine-meyer.com*. **Ausb:** Stud Kl (O Hermann) Stuttgart, (H Deinzer) Hannover. **Laufb:** Mitgl SymphOrch d BR, Solo-Klar Berliner Philh Orch, Konz Europa, Brasilien, Israel, Kanada, Afrika u Australien, regelm Gast in Japan u USA seit 83, ZusArb m div Orch (ua Chicago Symph Orch, London Philh Orch, NHK Symph Orch Tokio, Orch de la Suisse Romande, Philh Orch Berlin, RSO Wien, Basel, Warschau, Prag, Budapest), KamM m B Hendricks, B Canino, A Kontarsky, H Schiff, G Kremer, S Vègh, Brandis-Qua, Cleveland-Qua, Hagen Qua, Alban Berg Qua, Wiener StrSextett, Mstrkse in Dtschld, Italien, Österr, Japan u USA, Prof (Klar) H f M Lübeck seit 93. **Pr:** 'Echo-Pr' als Klassik-Künstlerin d Jahres 93 u 96, Trägerin Niedersachsen-Pr, Mitgl Akad d Künste Hamburg. **Ens:** Trio di Clarone, Bläserens Sabine Meyer. – **Aufn/RF:** CDs z B: Solokonz: Goldschmidt: KlarKonz, m Orch d Kom Op Berlin, Dgt Y Kreizberg; Mozart: KlarKonz A-Dur KV 622, Debussy: Première Rapsodie; Takemitsu: Fantasma/Cantos, m Berliner Philh, Dgt C Abbado; Stamitz: KlarKonz B-Dur, ders: KlarKonz Nr 3, 10 u 11, Acad of St Martin in the Fields, Dgt I Brown; ders: KlarKonz, S Azzolini, Acad of St Martin in the Fields, Dgt I Brown; C M v Weber: KlarKonz Nr 1 f-moll op 73, Nr 2 Es-Dur op 74, Concertino Es-Dur, Staatskap Dresden, Dgt H Blomstedt; CDs KamM: Brahms: KlarQui h-moll op 115; I Yun: KlarQui, Wiener StrSextett; M Bruch: 4 d 8 Stücke f Klar, Va u Kl op 83, Mozart: Trio f Kl, Klar u Va Es-Dur KV 498 'Kegelstatt-Trio'; Schumann: Märchenerzählungen op 132, T Zimmermann, H Höll; Hindemith, Martinu, Lutoslawski, Milhaud: Werke f Klar u Kl, A Kontarsky; Mozart: KamM m Klar, J Peitz, H Deinzer, T Zimmermann, H Höll, Wiener StrSextett; Schubert: Lieder, B Hendricks, B Schneider, R Lupu; Berg: 5 Stücke f Klar u Kl op 5 1913, O Maisenberg, Kremerata Musica; Reger: KlarQui A-Dur op 146, StrSextett F-Dur op 118, Wiener StrSextett; CDs m Trio de Clarone: Bach in 1 Hour; Belcanto: Arien u Ens aus Mozart-Op; Blues for Sabine, E Daniels, P Handsworth; div CDs m Bl-Ens S M. **Zug:** J Francaix, E Denissov, H Genzmer, T Hosokawa, N Castiglioni ua. **Sonst:** Grdg 'Trio di Clarone' 83, Grdg 'Bläserens Sabine Meyer' 88.

Meyer, Thomas Max, Prof, Hochschullehrer, Opernregisseur; Am Weingarten 32, D-60487 Frankfurt/Main, T: (0 69) 77 96 84, F: 70 79 53 50, *tmaxmeyer @aol.com*; H f Musik Saar, Bismarckstr 1, D-66111 Saarbrücken. **Ausb:** Stud (Schauspiel u Regie) Schauspielschule Ludwig Neugass Bern, Stud Florenz u Rom. **Laufb:** Ass u Spielleiter Badischen Staatsth Karlsruhe 80 u Opéra du Rhin Strasbourg u Franfurter Op, freischaff Regisseur seit 86, Prof (szen Lt OpSchule) H d Saarlandes f Musik u Th Saarbrücken seit 91. (Red)

Meyer, Werner Volker, Bariton; Am Birkehe 17d, D-64380 Roßdorf, T: (0 61 54) 62 45 91, (01 79) 6 91 64 80, F: 62 45 91, *wvmeyer@web.de* [Darmstadt 9.10.1964]. Oper, Konzert **Ausb:** Ges (M Gründler) HfM Frankfurt aM 85–90. **Laufb:** Sol Th d Stadt u Schlossfsp Heidelberg 90–012, Sol Staatsth Darmstadt SpZ 01/05. **Pr:** 3. Pl Paula-Lindberg-Salomon-Liedwettb 89. – **UA:** W M Danner: 'Das Märchen nach ewig u drei Tagen' UA Schwetzinger FSp, m RSO Stuttgart, Dgt Th Kalb 2000 ; P Glass: 'Die Ehen zwischen den Zonen 3, 4 u 5', Th d Stadt Heidelberg, Dgt T Kalb.

Meyer, Wolfgang, Prof, Hochschullehrer, Klarinette; Hochschule f Musik, PF 6040, D-76040 Karlsruhe, T: (07 21) 6 62 92 70, F: 6 62 92 66, *ww.meyer @web.de*; c/o Konzertbüro Andreas Braun, Sülzgürtel 86, D-50937 Köln, T: (02 21) 9 42 04 30, F: 94 20 43 19, *braun@angel.de* [Crailsheim]. **Ausb:** Stud Klar (O Hermann) HfM Stuttgart 66–72, Stud HfM Hannover b H Deinzer 72–78. **Laufb:** Prof (Klar, KamM) Staatl HfM Karlsruhe seit 89, Rektor d HfM Karlsruhe seit 01. **Ens:** Trio di Clarone. **Mitgl:** LandesMRat Präsidium Baden-Württemberg, stellv Vors d Dt Rektorenkonferenz d MH. – **Aufn/RF:** zahlr Aufn. **Zug:** ua v P Eötvös, J Françaix.

Meyerhans, Kurt, Bratsche; Oberdorfstr 10, CH-8925 Ebertswil, T: 0 17 64 06 87. (*)

Meyerson, Mitzi, Prof, Cembalo, Hochschullehrerin; Neue Kanstr 4, D-14057 Berlin, *mail@mitzi-meyerson.de*; c/o Heide Stock Konzertagentur, Ferdinand-Wallbrecht-Str 13, D-30163 Hannover, T: (05 11) 3 94 31 14, F: 3 94 31 15, *heide.stock@gmx.de*. **Ausb:** Stud (Cemb) i Chicago u Oberlin. **Laufb:** Prof (Cemb) U d Künste Berlin. **Ens:** Trio Sonnerie, The Bottom Line, Berliner Cembalo Ens. – **Sonst:** Grdg The Bottom Line 97. (Red)

Meylan, Raymond, Dr, Flöte; Buchenstr 58, CH-4142 Münchenstein, T: 06 14 11 56 33, F: 06 14 11 56 33 [Onex, Genf 22.9.1924]. **Ausb:** Inst Jaques-Dalcroze, Stud Fl (M Moyse) Kons Genf 36–41, Kons Paris (M Moyse) 48, Dr phil U Zürich 68. **Laufb:** Sol Winterhur 48, Neapel 51, Mailand 54, Zürich 58, Basel 70–89, LAuftr Musikwiss U Zürich 69–77. – **Sonst:** Publ ua: La basse danse 69; Die Flöte (dt zuletzt 01); Musique pratique du Moyen Age jusqu'aujourd'hui; Mitarb an versch Enzyklop (vorrangig üb Genf u Lausanne); Klärung Verbleib d Bibliothek v Hans Georg Nägeli, Bach Jahrb 96; Mitarb Theobald Böhm sämtl Werke; Réparation de la roue de Cordier, Musica Disciplina 72; Präsentation schweizer archäolog Befunde d Knochenflöten b Fstv Luzern 97; Un fragment de musique rythmée à Moudon 98; Nouvelle datation de la flûte de Corcelettes, helvetia archaeologica. **Lit:** J-L Matthey: R M flûtiste et musicologue, Rev Musicale de Suisse Romande 01.

Meyring, Ralf, Sänger; c/o Opernhaus Halle, PF 110554, D-06019 Halle (Saale). **Laufb:** Gastsol Landesth Coburg SpZ 03/04, Op Halle SpZ 04/05. (*)

Mezriczky, Helene, Prof, Hochschullehrerin; Mollardgasse 20, A-1160 Wien, T: (01) 5 96 76 60. Sologesang u Musikdramat Darstellung **Laufb:** o UProf U f Musik u Darst Kunst Wien. (Red)

Miakotine, Vladimir, Sänger; Prießallee 4, D-33604 Bielefeld, T: (05 21) 2 54 74, (01 72) 5 21 48 03. **Laufb:** Sol Landesth Detmold. (Red)

Micault, Jean, Prof, Klavier; Halbergstr 64, D-66121 Saarbrücken, T: (06 81) 6 67 93, F: 6 67 93, *micault_verhaeghe_c@hotmail.com* [Bois-Colombes, Frankreich 28.12.1924]. Beethoven, Chopin, Liszt, Schumann, Bach **Laufb:** Prof (Kl) Ecole Normale de Musique Paris, Ass Alfred Cortot, Prof (Kl) H d Saarlandes f Musik u Th Saarbrücken, KonzTätigkeit in ganz Europa u Japan seit 50, regelm Mstrkse in Italien, Frankreich, Belgien, Japan, häufig Jury-Mitgl b Int Wettb, Jury-Vors int Kl-Wettb Sulmona. **Pr:** 1. Pr Louis Diemer, 1. Pr Cons Nat Sup Paris, 1. Pr Viotti-Wettb Vercelli. – **Aufn/RF:** zahlr Schallpl, CDs: Chopins Lieder op 74 u Bearb v Liszt; 'The women composers' m Claudie Verhaeghe (Sop); Walzer v Chopin; Werke v Maurice Journeau. **Lit:** 'Ein Leben f Chopin' Fernseh-Sendung SR 95.

Michael, Frank, Komponist; Flaunser Str 3A, D-79252 Stegen-Eschbach, T: (0 76 61) 45 66 [Leipzig 3.2.1943]. **Ausb:** Stud Fl, SchM, Komp (R R Klein, K Hessenberg) MH Frankfurt, Ferienkurse Salzburg 68, 69, 71, Prfg (MWiss) Freiburg 76. **Laufb:** Doz MH Frankfurt 84–94, Doz MH Mannheim-Heidelberg 92–95, Lt Camerata Instrumentale Freiburg seit 85. **Pr:** Stip Mozart-Stift v 1838 Stadt Frankfurt 71–74, Förderpr Joh Wenzel Stamitz Pr 75, Stuttgarter Förderpr 76, Förderpr Reinhold Schneider-Pr Stadt Freiburg 84. **Ens:** Marburger Studio 68, Neue Reihe – Neue Musik Freiburg 70. – **Komp:** Mandala I op 36 Nr 1 (Konz) 72/73, UA Freiburg, F Michael, Coll mus, Langkamm

73; Traum d Sulamith (Konz-Arie) 71/74, UA Frankfurt, Bell Imhof, Coll mus Frankfurt, Dgt: Langkamm 79 (Auftr: Mozartstift v 1838 Stadt Frankfurt); Veränderungen e Landschaft (OrchW) 76, UA Bremen, Staatsorch Bremen, Dgt: Bernbacher 78 (Auftr: Radio Bremen); De Profundis (ChorW) 77, UA Marburg, Marburger Bachchor, Hess Bachcollegium, Dgt: W Wehnert 78 (Auftr: Eröffnungskonz 53.Bachfest); Arcimboldesken op 50, UA Freiburg 83 (Auftr SWR); Trio f Fl, Vcl u Kl op 58, UA Freiburg, F Michael, S Müller-Hornbach, D Krüerke 85; Die Straßen singen, die Steine reden (KamEns) 95, UA Heidenheim, Audita Nova 96; Septett 94, UA Müllheim, Ens Pittoresque 01; dona nobis pacem Nr 6 op 96 (StrQua), UA Marburg 02 (Auftr: Musikverl Zimmermann). **Aufn/RF:** F M: I Ging op 49, Buch d Wandlungen (Radio Bremen) 83; Streichquartett Nr 5 op 63 'Metamorphosen der Trauer', 'Leonardo-Quartett' (SDR), 'Leopolder-Quartett' (SWF), Yantra op 41, Detmolder Trio (WDR); CDs: Trio op 58, m F Michael (Fl), S Müller-Hornbach (Vcl), D Krüerke (Kl); 'Feuerschrift'. Werke v F M; Quartetto sereno op. 53 f Piccolo, Fl, Altfl, Baßfl m Albireo QuerflQua. **UA:** ua F Werder, H Haag, D Acker, A Grün, B Blacher, B Kinzler, H-W Plate, V Erdmann-Abele, A Csollány, T Sukegawa. **Zug:** ua v F Werder, D Acker, H-W Plate, R R Klein. **Sonst:** MWiss Texte: Béla Bartóks Variationstechnik; Analyt Anmerkungen zu Bartóks 2. Klavierkonz (Studia Musicologica, Akad Sc Hungaricae) 82; Anmerkungen zu Bartóks Variationstechnik (ÖMZ Heft 5/6) 81; Die Einheit in der Vielfalt (TIBIA Heft 2) 91; Musik zu Zweit (ebd Heft 1) 94; Versuch über Musiken d Trauer u d Todes (ebd Heft 4) 96. **Lit:** Interview (Flöte aktuell 3) 2000; N Cybinski: F M z runden Geb (TIBIA 1) 03.

Michael, Nadja, Sängerin (Mezzosopran); c/o Semperoper, Theaterplatz 2, D-01067 Dresden; c/o Deutsche Staatsoper, Unter den Linden 7, D-10117 Berlin [Leipzig]. **Ausb:** Stud H d Künste Stuttgart u Indiana Univ Bloomington/USA. **Laufb:** Auftritte Semperop Dresden, Hamburger Staatsop, Op Frankfurt, Teatro San Carlo Neapel, Londoner Royal Op House, Los Angeles Op, Covent Garden, Nationalth Tokio, FSp Glyndebourne, Salzburger FSp, Maggio Musicale Florenz, Münchner OpFSp, Sol Bayer Staatsop München, Gastsol Dt Staatsop Berlin SpZ 03/05 u Sächs Staatsop Dresden SpZ 03/05, Wiener Staatsop SpZ 04/05. – **Aufn/RF:** R Wagner: 'Das Rheingold' 98. (Red)

Michael, Tilman, Dirigent; c/o Staatsoper Hamburg, Große Theaterstr 25, D-20354 Hamburg, *Tilman.Michael@staatsoper-hamburg.de* [Stuttgart 31.1.1975]. **Ausb:** Stud (Dirig, Kl, Vcl, Ges) Staat H f M u Darst K Stuttgart, MH Köln 96–02. **Laufb:** Konz in Belgien, Niederlande, Luxemburg, Frankreich, Großbritannien, Monaco, Spanien, Italien, Schweiz, Österreich, Tschechien, Polen, Estland, Finnland, Ukraine, Ungarn, Zypern, Israel, Argentinien, Brasilien, Uruguay, Venezuela, Taiwan, Singapur, China, Philippinen und Indonesien seit 93; Eng Junge Op d Staatsop Stuttgart, Jeunesses Musicales Weikersheim, Stanislawski-Musikth Moskau (auf Einladung d Goethe-Inst); Ass u Stellv d Chordir an d Staatsop Hamburg seit 02; Ass d Chordir d Bayreuther FSp seit 04. **Pr:** Stip d Akademie Musiktheater Heute seit 04.

Michaeli, Katarina, Sängerin; Emilienstr 13, D-32756 Detmold, T: (01 73) 5 37 43 57. **Laufb:** Sol Landesth Detmold SpZ 03/04 u GastSol SpZ 04/05. (*)

Michaelides, Georgia, Prof, Hochschullehrerin, lyr Sopran; Univ f Musik u Darst Kunst, Inst Antonio Salieri, Rennweg 8, A-1030 Wien, T: (01) 7 11 55 47 00, *michaelides@mdw.ac.at* [Nicosia, Zypern]. **Ausb:** Stud (Ges, Kl) i Zypern u Griechenland, U f Musik u Darst Kunst Wien. **Laufb:** Gesangspädagogin U f Musik u Darst Kunst Wien seit 84, o UProf (Ges) ebd 95. (Red)

Michaely, Aloyse, Dr, Prof, Hochschullehrer; Musikhochschule, Große Petersgrube 17–29, D-23552 Lübeck. **Laufb:** Prof (MTheorie, Gehörbildung, MWiss) MH Lübeck. (Red)

Michailov, Zvetan, Tenor; Via Catalani 43, I-20131 Milano, T: 0 22 87 12 66, F: 0 22 87 12 66, *zvetan@virgilio.it*; *www.zvetanmichailov.da.ru* [Schumen, Bulgarien 21.7.1968]. ital u frz Oper, Heldenfach **Ausb:** Stud (Ges, MThRegie) MAkad Sofia, Stud (Ges) b M L Cioni Mailand. **Laufb:** Op Zürich, ORW Liège, Aalto Th Essen seit 91, La Fenice Venedig 92, Sächs Staatsop Dresden, Staatsop Wien 93–97, Covent Garden London 94, Op Bastille Paris, Bregenzer FSp 94, Arena di Verona 94/95, Op Frankfurt, Toulouse, Toulon, Avignon, Leipzig seit 95, Fstv Pucciniano Torre del Lago 01/02, Teatro Massimo Palermo, Teatro Municipal Rio de Janeiro seit 02, Salzburger FSp 2003, Bregenzer FSp 05. **Pr:** Szeged-Pr, Publikumspr Belvedere Wettb Wien 87.

Michalski, Gerhard, Chordirektor; Hermann-Schauten-Weg 111, D-40489 Düsseldorf, T: (02 11) 4 05 84 61. **Laufb:** Chordir Dt Op am Rhein Düsseldorf-Duisburg. (Red)

Micheiloff, Michael, Sänger; c/o Micheiloff Productions, PF 6011, D-49093 Osnabrück, T: (0 54 04) 95 01 33, *info@micheiloff-production.de*. **Laufb:** Sol Freilichtth Tecklenburg SpZ 03/04. (Red)

Michel-Ostertun, Christiane, Prof, Hochschullehrerin, Orgel; Ziethenstr 68, D-68259 Mannheim, T: (06 21) 4 18 22 00, *michel-ostertun@gmx.de*; Hochschule für Kirchenmusik, Parkstr 6, D-32049 Herford [Aalen 26.4.1964]. Orgelimprovisation **Ausb:** Stud KiM (Weinberger), Kl MH Detmold 83–88, Org (Laukvik) ebd 88–89, Org (Schröder) MH Karlsruhe 89–93. **Laufb:** Prof (Orgel) H f KiM Herford, LBeauftr H f KiM Heidelberg; Ltg Chor für Geistl Musik Ludwigshafen. **Pr:** 2. Pr Orgelimprovisationswettb d H-Rektoren u Landeskirchenmusikdirektoren Frankfurt 86. – **Komp:** 444 Intonationen, 3 Charakterstücke, 'Die Kirschin Elfriede' (OrgKonz f Kinder); 'Die Konferenz der Tiere' (OrgKonz f Kinder). **Aufn/RF:** CD: 'Die Kirschin Elfriede'. **Sonst:** Grundlagen d Orgelimp; Intonationen – Tips u Anleitungen.

Michel, Andreas, Dipl-Orchestermusiker, Trompete, Corno da Caccia; In der Breite 9, D-78595 Hausen ob Verena, T: (0 74 24) 60 15 37, F: 60 15 37, *info@andreas-michel-musiker.de*; *www.andreas-michel-musiker.de*, *www.musikerportrait.com/duo-michel-hollenbach*, *www.arta-trompeten.de* [Baden-Baden 27.12.1962]. Konzert, Ensemble, Solo, Orchester **Ausb:** Stud b R Lösch Staatl H f M Heidelberg-Mannheim 82–88, Studien b K Groth Berlin. **Laufb:** Gastdoz an der Bundesakad Trossingen seit 88 u an div anderen Inst, vielfältige KonzVerpfl in SinfOrch, Brass-Besetzungen u als Sol. **Ens:** Grd ARTA-Trompetenens, Mitgl Atlantis-Brass, Duo Michel-Hollenbach. **Mitgl:** Im Vorstand Freie KamSinf Baden-Württemberg. – **Aufn/RF:** Solo-CD: 'Rhapsody for two' (Trp, Kl), m N Hollenbach (Kl) 2000; CD m ARTA-TrpEns: 'Fireworks' 02. **Sonst:** Neuentwicklung Corno da Caccia 'Modell A Michel', Erfindung VarioLipTrainer (www.varioliptrainer.de), eigene Notenedition, Juror b int Wettb (Jugend musiziert, Viva la musica). **Lit:** Trompetertaschenbuch; CD-reviews d Int Trumpet Guild.

Michel, Catherine, Hochschullehrerin; Rislingstr 5, CH-8044 Zürich, T: 04 42 51 02 94, *catherinemichel@hotmail.com*; c/o Hochschule Musik u Tanz, Florhofgasse 6, CH-8001 Zürich. **Laufb:** Doz (Hf) MH Winterthur Zürich, Sol Op Zürich. **Pr:** 1. Pr CNSM Paris, 3. Pr Hartford Wettb 69, 2. Pr Israel 70, Medaille Marcel Tournier 71, Medaille de la Sacem 95. (Red)

Michel, Gerald, Sänger; Staatsoperette, Pirnaer Landstr 131, D-01257 Dresden. **Laufb:** Sol Staatsoptte Dresden. (Red)

Michel, Ingulf, Sänger; c/o Pfalztheater Kaiserslautern, Willy-Brandt-Pl 4–5, D-67655 Kaiserslautern. (Red)

Michel, Jean-François, Trompete; Conservatoire de Musique de Genève, 8, rue Petitot, CH-1211 Genève, CP 5155, CH-1211 Genève, T: 0 12 51 60 44, F: 0 12 53 19 56, *pmueller@collegium-novum.ch*; c/o Collegium Novum Zürich, Hallwylstr 31, CH-8004 Zürich, T: (0 44) 2 51 60 44, *info@collegium-novum.ch*; *www.collegium-novum.ch*. **Pr:** Förderpr Siemens Kulturstift 98. **Ens:** Collegium Novum. (Red)

Michel, Johannes Matthias (Pseud: H G Kummer), Komponist; Werderpl 16, D-68161 Mannheim, T: (06 21) 41 22 76, *Kantorat.Nordbaden@t-online.de*; *www.christuskirchemannheim.de* [Stuttgart 1.10.1962]. **Ausb:** Stud (KiM, Kl) Basel, Heidelberg, Stuttgart, KonzExamen Orgel. **Laufb:** Bezirkskantor Eberbach 88–98, KMD Christuskirche Mannheim seit 99, Landeskantor Nordbaden. – **Komp:** Nach uns die Sintflut (Kinderop), UA 86; Musical-Messe (Orat), UA 87; Und ich sah einen neuen Himmel (Orgel u Blechbläser), UA 96; Das Gespenst v Canterville (Kinderop), UA 98; Swing- u Jazz-Orgelbüchlein; Das Pedal-Solo-Buch (Orgel); Kirchenfenster (Orgel); Kreuzigung (Kantate), UA 01.

Michel, Silona, KS, Sopran; Deutsches Nationaltheater, PF 2003, D-99401 Weimar [Groitzsch b Leipzig]. **Ausb:** Stud Ges (H.-M. Collum) HfM Dresden. **Laufb:** Sol Dt NationalTh Weimar. (Red)

Michel, Susanne, Klavier, Hochschullehrerin; Dr. Hoch's Konservatorium, Hebelstr 15–19, D-60318 Frankfurt/M, T: (0 69) 9 15 00 40, F: 5 96 15 76, *mail@dr-hochs.de*; *www.dr-hochs.de*. **Laufb:** Doz (Kl) Dr Hoch's Kons Frankfurt. (Red)

Michl, Siggi, Schauspielmusiker; c/o Studiobühne Bayreuth, Röntgenstr 2, D-95447 Bayreuth. (Red)

Mieden, Petra van der, Sängerin; c/o Theater Augsburg, Kasernstr 4–6, D-86044 Augsburg, PF 111949, D-86044 Augsburg. **Laufb:** Sol Th Augsburg SpZ 03/05. (Red)

Mieger, Bernd, Tuba; c/o Staatstheater Braunschweig, Am Theater, D-38100 Braunschweig, PF 4539, D-38035 Braunschweig. **Laufb:** Sol Staatsth Braunschweig SpZ 03/04. (Red)

Miehe, Julia, Orchesterdirektorin; Deutsches Nationaltheater & Staatskapelle Weimar, PF 2003, D-99401 Weimar, T: (0 36 43) 75 53 46, F: 75 52 86, *julia.miehe@nationaltheater-weimar.de*; *www.nationaltheater-weimar.de*. Konzert, Oper **Ausb:** MA H f M 'Hanns Eisler', Humboldt-U Berlin. **Laufb:** OrchDir Dt NatTh Weimar seit 2000. – **Sonst:** Managerin Thüring KamOrch.

Miehling, Klaus, Dr, Cembalo, Komponist, Musikwissenschaftler; Friedrichring 23, D-79098 Freiburg, T: (07 61) 2 92 46 98, F: (0 12 12) 5 25 98 05 38, *KlausMiehling@web.de*; *www.musikerportrait.com/klaus-miehling* [Stuttgart 24.8.1963]. histor Aufführungspraxis, va Tempo, histor Phonologie **Ausb:** Stud (Cemb, Alte M) Schola Cantorum Basiliensis Basel 82–88, Stud (Mwiss) U Freiburg 88–93. **Pr:** Finalist b Int Wettb f Chorkomp Harelbeke 02. **Ens:** ehem Cantus Figuratus Basel, Musica poetica Freiburg. **Mitgl:** Ges f Musikforschung, Tonkünstlerverb Baden-Württemberg. – **Komp:** 'Von des Parnassos' grüner Weide' f Sop, Blockfl, Va da Gamba, Bc (Kantate), UA Basel 85 (Auftr: Schola Cantorum Basiliensis); Lamentationes Jeremiae 85; Requiem 88; Musiqe de Ballet 88/2000; Psalmi Poenitentiales 96; 'Preis, Lob u Dank' f Orch (Choralvorspiel), UA Heilsbronn 98 (Auftr: Ev KiM-Verband); Polyphème (Op) 2000, 7 Chansons zu 8 Stimmen n P Verlaine 01, UA Harelbeke Belgien 02; Judas-Passion 04. **Aufn/RF:** L'Affilard: Airs & Leçons aus Principes très-faciles 1705 nach den orig Pendelangaben, SWF Freiburg. **Sonst:** zahlr Aufsätze u RF-Sendungen; D Tempo in d Musik v Barock u Vorklassik 93, 99, 03; Handbuch d frühneuengl aussprache (1500–1800) f Musiker 02.

Mields, Dorothee, Sopran; Sellamnnshof 19, D-45888 Gelsenkirchen, T: (05 11) 3 66 07 60, 3 66 07 27, 3 66 07 33, F: 3 66 07 34, *mail@kdschmid.de*, *ds@kdschmid.de*; *www.kdschmid.de*. 17. u 18. Jh **Ausb:** Stud Bremen (E Holzmann), Stuttgart (J Hamari). **Laufb:** L H f M 'Franz Liszt' Weimar, Op Salzburg 02. (Red)

Mielitz, Christine, Intendantin, Regisseurin; c/o Theater Dortmund, Kuhstr 12, D-44137 Dortmund [Chemnitz]. **Ausb:** Stud (OpRegie) Köln. **Laufb:** Ass v H Kupfer, Debüt Staatsop Dresden 80, OberspielLtg ebd 83–89, OberspielLtg

Kom Op Berlin 89–98, Intend Thüring Staatsth Meiningen 98–02, Intend u OpDir Th Dortmund 02–05. (Red)

Miesen, Christine-Maria, Violine; c/o NDR Sinfonieorchester, Rothenbaumchaussee 132–134, D-20149 Hamburg. **Laufb:** Stimmführer NDR SinfOrch Hamburg. (Red)

Miesen, Gerhard, Violine, Hochschullehrer; Dr. Hoch's Konservatorium, Hebelstr 15–19, D-60318 Frankfurt/M, T: (0 69) 9 15 00 40, F: 5 96 15 76, *mail@dr-hochs.de*; c/o HR SinfOrch, Bertramstr 8, D-60320 Frankfurt a M; *www.dr-hochs.de*. **Laufb:** Doz (V) Dr Hoch's Kons Frankfurt, Stimmführer HR SinfOrch Frankfurt. (Red)

Migdal, Marian, Prof, Hochschullehrer, Klavier; Hochschule f Musik u Theater, FB 2, Harvestehuder Weg 12, D-20148 Hamburg. **Ausb:** Stud in Warschau, Stockholm, Köln u Juilliard School of Music in New York. **Laufb:** Prof (Klavier) H f M u Th Hamburg. **Pr:** Gewinner Int ARD-Wettb in München 71. (Red)

Mihajlovic, Egon, MA, Hochschullehrer, Korrepetition; IV Proleterska 65/2, Podkosljun, YU-85310 Budva (Montenegro), T: 0 67 51 40 02; c/o Dr Thomas Norpoth, Kaiserdamm 21, D-14057 Berlin. **Laufb:** Doz (Korr Alte Musik) Hermann Zilcher Kons Würzburg.

Mihanovic, Iva, Sängerin; c/o Theater Ulm, Herbert-von-Karajan-Pl 1, D-89073 Ulm, T: (07 31) 6 02 88 70. **Ausb:** GesUnterricht b Gisela Schubert u Lisa Livingston, Beginn GesStud H f M 'Carl Maria v Weber' Dresden b Ilse Hahn 98, H f M Nürnberg-Augsburg b Edith Wiens. **Laufb:** Gastsol Ulmer Th SpZ 00/01, festes EnsMitglied seit 02/03, Optten FSp Bad Ischl SpZ 02/03. **Pr:** 1. Pr 'Jugend musiziert' in d Fächern Ges u KlDuo, Förderpr u Künstlerstip d Stadt Ulm 2000. (Red)

Mihaylov, Mihail, Sänger; Kolpingstr 3, D-68165 Mannheim, T: (06 21) 41 36 82, (01 71) 6 55 33 94; c/o Nationaltheater Mannheim, PF 102362, D-68023 Mannheim. **Laufb:** Sol Nationalth Mannheim, Stadtth Bern. (Red)

Mijanovic, Marijana, Mezzosopran; Ilplein 310, Niederlande-1021 LT Amsterdam; c/o Balmer & Dixon Management AG, Kreuzstr 82, CH-8032 Zürich, T: 04 32 44 86 44, F: 04 32 44 86 49, *mail@badix.ch*; *www.badix.ch/voc/mijanovic.html* [Valjevo]. **Ausb:** Stud (Kl) MAkad Belgrad, Gesang (C Canne Meijer) Kons Sweelinck Amsterdam. **Laufb:** ua: Tournee m Combattimento Consort Amsterdam SpZ 98/99, Händel: 'Alcina', Op Nat de Paris, Dgt: W Christie, Wagner: 'Parsifal' (Blumenmädchen) ebd, Dgt: J Conlon SpZ 98/99, Mahler: 'Das klagende Lied' (Mezzopartie) Concertgebouw Amsterdam 2000, Martin: 'Requiem' Zürich, Basel 2000, Bach: 'Weihnachtsorat' Mailand, Düsseldorf, Brüssel, Antwerpen, München, Dgt: P Herreweghe 2000, Sol Op Zürich Spz 04/05. **Pr:** Prtr versch int Wettb, ua 1. Pr Nat Competition f Young Singers Holland, Pr Jeunesse Int Opwettb Concertgebouw Amsterdam, Prtr Fstv d'Aix-en-Provence 2000. (Red)

Mikaberidze, Khatuna, Sängerin; c/o Landestheater Linz, Promenade 39, A-4010 Linz, T: (01) 51 44 40, F: 5 14 44 32 15, *office@volksoper.at*; *www.volksoper.at*. **Laufb:** Sol Volksop Wien SpZ 03/04, Ldsth Linz SpZ 04/05. (Red)

Mikhailuk, Alexander, Repetitor; Schleswig-Holsteinisches Landestheater, Lollfuß 53, D-24837 Schleswig. **Laufb:** Solorep Schleswig-Holstein Landesth seit SpZ 03/04. (Red)

Miki-Schenk, Mie, Prof, Hochschullehrerin, Akkordeon; Bungweg 9, Niederlande-6347 RB Landgraf, T: (0 45) 5 32 55 48, *miki@folkwang-hochschule.de*; *www.folkwang-hochschule.de* [Tokyo 15.9.1956]. **Laufb:** Doz Folkwang H Duisburg seit 81 u Prof ebd seit 96; Prof (Akk) H f M Detmold, Abt Dortmund bis 04. **Pr:** Förderungspr NRW f junge Künstler 89. – **Sonst:** Essays v Mie Miki (monatl, seit Mai 01, in japan Sprache); Konz-Reihe 'Mie Miki Accordion Works' m zahlr Urauff (jährlich, Casals Hall, Tokyo). (Red)

Miki, Hiroko, Prof, Hochschullehrer, Klavier; Univ Mozarteum, Abt f Tasteninstrumente, Zentrum im Berg, Fürbergstr 18–20, A-5020 Salzburg, *hiroko.miki@moz.ac.at*. **Ausb:** Stud (Kl) U d Musik u d bildenden Künste Tokyo, H f Musik München (L Hoffmann), Habil 2003. **Laufb:** Ass d Klavierklasse v H Leygraf a U Mozarteum Salzburg 86–03, eigene Klavierklasse a Tiroler Landeskons i Innsbruck 92–94, eigene Klavierklasse U Mozarteum Salzburg seit 03, ao UProf ebd. (Red)

Mikkelsen, Johannes, Chordirektor; c/o Niedersächsische Staatstheater Hannover, Opernpl 1, D-30159 Hannover, T: (05 11) 99 99 10 50. **Laufb:** Chordir Op Hannover. (Red)

Mikkelsen, Terje, GMD, Dirigent; c/o Thüringen Philharmonie, Reinhardsbrunner Str 23, D-99867 Gotha, T: (0 63 21) 75 17 76, F: 75 17 75; c/o Music Masters Management, Riedstr 1, CH-6343 Rotkreuz, T: (0 41) 7 99 59 29, F: 7 99 59 31, *mmm@pobox.ch* [Norwegen 1957]. **Ausb:** Stud staatl norweg Musikakad u Sibelius-Akad Helsinki b Jorma Panula (Dipl 89), seit 84 Stud b Mariss Jansons. **Laufb:** Dgt Ukrain Staatsorch Kiew 89–95 (ab 93 Chefdgt u künstl Lt), erster Gastdgt d Staatl SinfOrch Litauen 90–95, Chefdgt d Lettischen Nat SymphOrch Riga seit 97, GMD u Chefdgt Thüringen Philharmonie Gotha-Suhl seit 99. (*)

Miklósa, Erika, Sopran; Franz Hainzl Artists' Management, PF 17, A-1043 Wien, T: (01) 5 86 45 36, F: 5 85 55 51, *office@hainzl.net*; *www.erikamiklosa.com* [Kiskunhalas]. Mozart, Verdi, Bellini, Rossini, Donizetti **Laufb:** Dt Op Berlin, Dresden, Ruhrtriennale Bochum 03, Bologna, Florenz, Genua, Philadelphia, Zürich, Wiener Volksop.

Mikolaj, Aga, Sopran; c/o Artists Management Verena Keller, Lohwisstr 52, CH-8123 Ebmatingen, T: 04 49 80 15 13, F: 04 49 80 36 86, *keller.verena@bluewin.ch*; *www.staatsoper.de* [Kutno, Polen 1971]. Oper: Bizet, Halevy, Monteverdi, Mozart, Mussorgski, Offenbach, Szymanowski, Verdi, Wagner ua; Konz: Bach, Händel, Haydn, Mozart, Mortyro, Rossini, Szostakovich, Schubert, Vivaldi ua **Ausb:** Stud (A Kawecka) MAkad Poznan 90–96, H f M & Darst Kunst Wien; Mstrkl b R Scotto s'Hertogenbosch/Holland, b E Schwarzkopf/Österreich. **Laufb:** Eng KamOp Poznan, Nat Op Warschau, Op Lodz, Op Wroclaw, Teatre Luxembourg, Th Heilbronn, Expo 2000 Hannover, Fstv Carcassonne 2000, Mitgl Ens Bayer Staatsop (04/05), Gastsol Th u Philh Essen SpZ 04/05, zahlr Konz. **Pr:** Spezialpr Ada Sari Wettb Nowy Sacz 95, PublPr u G F Händel-Pr 41. Int GesWettb Hertogenbosch/ Holland 96, Medienpr f junge Künstler Poznan 98, 2. Pr u Verdi-Pr Alfredo Kraus Wettb Las Palmas 99. (Red)

Mikulski, Dariusz, Dr, Horn, Dirigent; c/o CONCORNO – Kulturmanagement, Löffelstr 40, D-70597 Stuttgart, T: (07 11) 6 33 90 84, F: 6 33 90 85, *info@concorno.de*; *www.concertagency.de* [Zelow (Polen) 1973]. **Laufb:** Musikakad Lodz; MusikH Stuttgart b R Vlatkovic u T Ungar (Dirig), Mozarteum Salzburg.

Mikus, Winfrid, Sänger (Tenor); Grenzhöfer Weg 53, D-69214 Eppelheim, T: (0 62 21) 76 76 68. **Laufb:** Sol Th d Stadt u Schlossfestspiele Heidelberg. (Red)

Milanesi, Raffaela, Sängerin; c/o Oper Leipzig, Augustuspl 12, D-04109 Leipzig. (*)

Milanov, Michail, Sänger; Freiheitstr 16, D-42277 Wuppertal, T: (02 02) 64 95 78, (01 73) 5 22 61 12. **Laufb:** Sol Städt Bühnen Osnabrück, Sol Dt Op am Rhein Düsseldorf-Duisburg SpZ 03/05. (Red)

Milanova, Julia, Sopran; c/o Konzert Agentur GmbH, Homelstr 34, CH-4114 Hofstetten, T: 06 17 33 03 73, F: 06 17 33 03 74, *juliamilanova@concertagency.com*; *www.konzert.ch* [Sofia]. **Ausb:** MusikH Sofia b M Pinkas. **Laufb:** Gast an verschiedenen Ophäusern Europas, Th Basel, Bern u Zürich, Nationalop Sofia. (Red)

Milatz, Friedrich, KV, Prof, Hochschullehrer, Cello; Steglichstr 21, D-01324 Dresden, T: (03 51) 2 67 86 27; Hochschule f Musik, PF 120039, D-01001 Dresden. **Laufb:** Prof (Vcl) H f M Carl Maria v Weber Dresden. (Red)

Mild, Marlene, Sängerin; Westtorgraben 11, D-90429 Nürnberg, T: (05 41) 2 05 23 38; c/o Stiftung Staatstheater Nürnberg, Richard-Wagner-Pl 2–10, D-90443 Nürnberg. **Laufb:** Sol Städt Bühnen Osnabrück. (Red)

Miles, Alastair, Bass; c/o Bayerische Staatsoper, Max-Joseph-Pl 2, D-80539 München, T: (0 89) 21 85 01, F: 21 85 11 33, *info@st-oper.bayern.de*; c/o Konzertdirektion Hans Ulrich Schmid, Königstr 36, D-30175 Hannover, T: (05 11) 3 66 07 60, 3 66 07 27, 3 66 07 77, F: 3 66 07 34, *mail@kdschmid.de*, *fh@kdschmid.de*; *www.bayerische.staatsoper.de*. **Laufb:** Sol Bayer Staatsop München, Wiener Staatsop. (Red)

Milev, Milko, Bariton; Schorlemmerstr 11, D-04155 Leipzig, T: 0 17 23 41 01 19; c/o Musikalische Komödie der Oper Leipzig, Dreilindendstr 30, D-04177 Leipzig [Leipzig 31.7.1965]. Musical, Optte, Op **Ausb:** Stud Ges (J Beyer) H f M Leipzig, Mstrkse b H Prey 90, J Metternich 90–94, C Nowak u I Tzschoppe. **Laufb:** Gastsol Op Leipzig, Th Lübeck, Staatsth Darmstadt, Vereinigte Bühnen Krefeld u Mönchengladbach, OpHaus Bremen, Sol Altenburg 90–94, Gera 94/95, Osnabrück 95–2000, Musikal Komödie Leipzig, Gastsol Int FSp 'Warnaer Sommer' Bulgarien.

Mili, Isabelle, Sopran; av Frédéric-Soret 48, CH-1203 Genève, T: 02 23 45 34 46. (Red)

Milin, Vukan, Flöte; c/o Niedersächsisches Staatsorchester, Opernpl 1, D-30159 Hannover. **Laufb:** 1. koord Sol Niedersächs StaatsOrch Hannover. (Red)

Millard-Kelly, Zelma, Sängerin; c/o Düsseldorfer Operette, Schlesische Str 94, D-40231 Düsseldorf. **Laufb:** Sol Düsseldorfer Operette SpZ 01/05. (Red)

Millard, Michael, Repetitor, Kapellmeister; Mathildenstr 4, D-55116 Mainz, T: (0 61 31) 38 41 96; c/o Staatstheater Mainz, Gutenbergpl 7, D-55116 Mainz [Leeds 13.4.1959]. **Ausb:** Univ Leeds 77–80; RCM London 80–83. **Laufb:** Studienlt, 2. Kapm u Ass d GMD Staatsth Mainz 87–03; Künstl Lt, Dgt Sinfonietta Mainz 95–05; Musikal Lt, Dgt Opernakad Bad Orb 98–05.

Miller, Franz R, Komponist; Gossenbrotstr 6, D-86150 Augsburg, T: (09 21) 52 99 81, F: 2 29 09 82 [Augsburg 7.5.1926]. **Ausb:** Stud (Komp, Dirig, Päd) Augsburg u München 47–51. **Laufb:** Lt Orff-Schulwerk Augsburg 52–56, Schulmusikerz, Musikal Lt Dt Sängerbund, Chefredakteur Zs 'Lied u Chor', Dirigent Philharmon KamOrch Augsburg 56–77, Tätigkeit als Dgt u Juror. **Pr:** Bayer Verdienstorden, BVK 1. Kl, Goldenes Ehrenzeichen BR, Rudolf-Ems-Med Vorarlberg, Kreutzer-Med Karlsruhe, Spohr-Med Kassel ua. – **Komp:** sinfonia per un momento, UA Augsburg 76; Hymnus i h Sancti Benedicti (Chorkantate), UA Ottobeuren 76; Danza f gr Orch, UA Augsburg 85; Sechs Versetten f Orgel, UA Ottobeuren 90; Der feine Unterschied (Chorkantate), UA Köln 92; Suite f vier Harfen, UA Bad Wörishofen 94. (Red)

Miller, Marlin, Sänger; Wickenburggasse 34, A-8010 Graz, T: (06 76) 4 73 55 03, (03 16) 67 69 61 [Ohio]. **Ausb:** Stud U of Akron USA. **Laufb:** Auftr Tri-Citis Op Binghampton (NY), Central City Op, Utah Fstv Op, Ohio Light Op, Lyric Op Cleveland u Brevard Music Centre; Mitgl d OpStudios d Lyric Op of Chicago, Auftr Fstv Aix-en-Provence 01, Wiener FestW u Fstv Edinburgh, regelm ZusArb m M Minkowski (ua in Göteborg, in Chicago u in Lausanne), Sol Grazer OpHauses seit SpZ 01/05. – **UA:** W Bolcoms: 'A View from the Bridge', UA Lyric Op of Chicago. (Red)

Millet, Florence, Dr, Prof, Hochschullehrerin, Klavier; 72, rue Lepic, F-75018 Paris, T: 01 42 54 16 02, F: 01 53 09 90 38, *milletflorence@wanadoo.fr*; Goebenstr 23, D-42115 Wuppertal [Brüssel 1964]. **Ausb:** Stud Conservatoire National Supérieur Paris, State Univ of New Yor, Stud bei G Tacchino, J Hubeau, G Kalish, P Badura Skoda, L Fleisher. **Laufb:** Lehrtätigkeit State University New York, Kons St. Cloud u CNR Caen, Prof (Kl) H f Musik Köln, Abt Wuppertal. **Ens:** Lions Gate Trio. (Red)

Milliken, Catherine, Oboe; c/o Ensemble Modern, Schwedlerstr 2–3, D-60314 Frankfurt, T: (0 69) 94 34 30 10, F: 94 34 30 30, *info@ensemble-modern.com*; *www.ensemble-modern.com.* **Laufb:** SchspM Schauspiel Frankfurt SpZ 04/05. **Pr:** zahlr Pr m Ens Modern. **Ens:** Ensemble Modern. – **Aufn/RF:** zahlr Schallpl, CDs, RF-Mitschn m Ens Modern. **UA:** zahlr EA/UA m Ens Modern.

Millot, Valerie, Sängerin; c/o Deutsche Oper am Rhein Düsseldorf-Duisburg, Heinrich-Heine-Allee 16 a, D-40213 Düsseldorf. **Laufb:** Sol Dt Op am Rhein Düsseldorf-Duisburg. (Red)

Mills, Mary, Sängerin; c/o Bühnen der Stadt Köln – Opernhaus, PF 101061, D-50450 Köln. (Red)

Milton, Nicholas, Dr, Dirigent, Generalmusikdirektor, Violine; c/o Jenaer Philharmonie, Carl-Zeiß-Pl 15, D-07743 Jena, T: (0 36 41) 49 81 01, F: 49 81 05, *philharmonie@jenaonline.de*; c/o Konzertdirektion Andres Hampl, Karl-Schrader Str 6, D-10781 Berlin, T: (0 30) 4 78 26 99, 01 72–3 80 56 45, F: 4 78 37 92, *hampl@konzertdirektion.de*; *www.jenaonline.de/philharmonie.* **Ausb:** Stud (V) Kons Sydney, Stud (V, OrchLtg, MTheorie, Philosophie) Boston, Juilliard School New York u City Univ New York. **Laufb:** Konzm u stellv ChefDgt Adelaide Symph Orch 97–02, ChefDgt Willoughby Symph Orch Sydney, Künstl Dir d Bel Canto Op Ges Südaustralien, ChefDgt u künstl Dir Sinf-Orch Dubrovnik seit 01, GMD Jenaer Philh seit 04; Doz Juillard School New York. **Ens:** Mitgl (V) 'Macquarie Trio' seit 98. – **Sonst:** Grdg Metropolis Orch am Mannes College of Music. (Red)

Min, Insun, Sängerin; c/o Bühnen der Stadt Köln – Opernhaus, PF 101061, D-50450 Köln. (Red)

Minard, Robin, Prof, Hochschullehrer; Flensburger Str 27, D-10557 Berlin, T: (01 71) 2 86 33 75; H für Musik 'Franz Liszt', PF 2552, D-99406 Weimar [Montréal]. **Ausb:** Stud (Komp, elektroakust M) Kanada u Paris. **Laufb:** LBeauftr Elektr Studio d TU Berlin 92–96, GastKomp u LBeauftr Inst f Elektr M Graz 95, Prof (elektroakust u computergestützte Komp) H f Musik 'Franz Liszt' Weimar u Bauhaus-Univ Weimar seit 97. (Red)

Mingardo, Sarah, Sängerin; c/o Bayerische Staatsoper, Brieffach, D-80075 München. (Red)

Minich, Peter, KS, Tenor; c/o Theater Baden b Wien, Theaterplatz 7, A-2500 Baden b Wien, T: (0 22 52) 4 83 38, F: 4 83 38 40; c/o Volksoper Wien, Währinger Str 78, A-1090 Wien. **Laufb:** Sol Stadtth Baden b Wien, Volksop Wien, Operetten FSp Bad Ischl SpZ 03/04, Th Baden b Wien SpZ 04/05. (Red)

Minis, Jérôme, Prof, Hochschullehrer, Blockflöte; Kattenstr 2, Niederlande-6221 ET Maastricht, T: (0 43) 3 25 01 65, F: 3 25 01 65, *jerome.minis@12move.nl*; Musikhochschule, Ludgeripl 1, D-48151 Münster. **Laufb:** Prof (Blockfl) H f M Detmold, Abt Münster. (Red)

Minkoff, Ulrike, Klavier; rue Centrale 60, CH-1247 Anières, T: 02 27 51 22 48; c/o Ensemble Linea, Centre international de Schlagzeug, rue de la Coulouvrenière 8, CH-1204 Genève; *www.cpm-ge.org/liste_professeurs.htm.* **Ens:** Linea. (Red)

Minkowitsch, Christian, Komponist; Gumpendorfer Str 111/2/5, A-1060 Wien, T: (01) 5 96 90 54. (Red)

Minkowski, Marc, Dirigent, Fagottist; c/o Les Musiciens du Louvre-Grenoble, 1 rue du Vieux Temple, F-38000 Grenoble; c/o Opernhaus Zürich, Falkenstr 1, CH-8008 Zürich [Paris 1962]. Barock **Ausb:** Stud (Fagott), Stud Dirig (C Bruck) Pierre Monteux Conducting School Hancock/USA. **Laufb:** Grdg v Les Musiciens du Louvre 82, Les Musiciens du Louvre-Grenoble seit 96, Dgt Op Lyon 93, Welsh National Opera 94, Op Paris 96, Salzburger FSp, Mozarteum Orch Salzburg 97 u 98, Vlaamse Op 97–99, Dgt Op Leipzig, Dt Staatsop Berlin, Orch Philh de Radio France, Los Angeles Philh Orch, City of Birmingham Symph Orch, Symh-Orch Göteborg, Orch Nat de France, Mahler Chamber Orch, Berliner Philharm, musikal Lt Op Zürich SpZ 04/05, Neujahrskonz Salzburger FSp 06 (Mozart: 'Mitridate'). **Pr:** 'Concours Int de Musique Ancienne' Brügge 84; Orphée d'Or 'bester junger Dirigent' Acad du Disque Lyrique 90, Musikfest-Pr Bremen 05. – **Aufn/RF:** zahlr Aufn ua: C W Gluck: 'Armide', Fstv Baroque, Versailles; ders 'Alceste' u 'Iphigénie en Tauride', Engl Bach Fstv (mit 'Les Musiciens du Louvre'). (Red)

Mintchev, Mintcho, Prof, Hochschullehrer, Violine; Von-Einem-Str 70, D-45130 Essen, T: (02 01) 79 19 47; FolkwangHochschule, Klemensborn 39, D-45239 Essen, T: (02 01) 4 90 31 50 [Gabrovo, Bulgarien 17.9.1950]. **Laufb:** staatl Künstler u Sol Sofia Philh u Varna Philh Orch 75–90, Prof (V) Folkwang-H Essen seit 90, Ltg Int Mstrkse Arkutino/Bulgarien seit 92, künstl Ltg Int SommerFstv Varna seit 93, Präs Stift 'Pancho Vladiguerov' u Dir int Wettb 'Pancho Vladiguerov' f Kl u V seit 94, künstl Ltg MFstv 'Emil Chakurov' Burgas seit 2000. **Pr:** Prtr int Wettb 'Henryk Wieniawski' Polen 67, 2. Pr int Nicolo-Paganini-Wettb Italien 70, Prtr int Wettb 'Carl Flesch' London 72, 1. Pr, Publikumspr u Pr beste Intpr e Beethoven-Sonate ders Wettb 74. (Red)

Minutillo, Hannah Esther, Mezzosopran; c/o Künstleragentur Dr. Raab & Dr. Böhm, Plankengasse 7, A-1010 Wien, T: (01) 5 12 05 01, F: 5 12 77 43, *office@rbartists.at*; *www.minu-vi.de, www.rbartists.at* [Jihlava, Tschechische Republik]. Mozart, Strauss, Janacek **Laufb:** Prager NatTh seit 89. Gastsp Staatsop München, Hamburg, Châtelet u Bastille Paris, Genf, Essen, Zürich, Baden-Baden, Salzburger FSp, Wiener KonzHaus, Aix-en-Provence. – **Aufn/RF:** Das schlaue Füchslein (DVD), Rusalka, Sarka, Francesca da Rimini.

Miolin, Anders, Prof, Hochschullehrer, Gitarre; Hochschule Musik u Theater, Florhofgasse 6, CH-8001 Zürich, T: 07 65 62 70 26, *anders@miolin.com*; *www.miolin.com* [Stockholm 1961]. **Ausb:** Stud Königl Dän MAkad Kopenhagen, MAkad Basel. **Laufb:** Prof (Git) HMT Zürich. **Pr:** 1. Pr int GitWettb Finnland, Martinique u Italien.

Miranda, Jaume, Dirigent; Scharnhorststr 26, D-24105 Kiel, T: (04 31) 3 00 39 54, F: 8 81 36 63, *Jaume.Miranda@hamburg.de* [Barcelona 16.4.1961]. Chor, Pädagogik **Ausb:** Stud (Kl, Tonsatz) Kons Barcelona 75–85, Phil u ErzWiss U Barcelona 80–85, OrchDirig H f M u Darst Kunst Wien 85–90. **Laufb:** Mitgl Escolania de Montserrat 70–75, KapM Wiener Sängerknaben 91–93, Chordir Bühnen d Landeshauptstadt Kiel seit 99 (03/04).

Mirfin, Tim, Sänger; c/o Hamburgische Staatsoper, PF 302448, D-20308 Hamburg. (Red)

Mirkovic, Eleonora, Hochschullehrerin; Hochschule Musik u Tanz, Florhofgasse 6, CH-8001 Zürich. **Laufb:** Doz (Korr) MH Winterthur Zürich. (Red)

Mirón, Julio, Dirigent, Pianist; c/o Stadtkapelle Germering e. V. c/o Hartmut Krumm, D-82210 Germering, T: (0 89) 57 8 779 51; *www.stadtkapelle-germering.de/orchester/dirigent1.html* [Puerto Rico]. **Laufb:** Dgt Pocket Opera Company Nuernberg. (*)

Mirow, Johannes, KM, Violoncello; c/o Deutsche Oper Berlin, Richard-Wagner-Str 10, D-10585 Berlin. **Laufb:** stv Sol Orch d Dt Op Berlin. (Red)

Mirring, Peter, Prof, Violine, Konzertmeister, Hochschullehrer; Klengelstr 6, D-01326 Dresden, T: (03 51) 2 67 92 45, F: 2 67 92 44; Hochschule f Musik, PF 120039, D-01001 Dresden [Zittau 1941]. **Ausb:** Stud H f M „Hanns Eisler" Berlin. **Laufb:** Prof (StreicherkamM) H f Musik Carl Maria v Weber Dresden, Konzm Sächs Staatskapelle Dresden 01/05. **Pr:** Fritz-Busch-Pr u BVK 1. Kl 98. (Red)

Mirza, Pervez, Komponist; c/o copy-us Verlags GmbH, Ruppenthaler Weg 43, D-47533 Kleve [Karachi, Pakistan 1937]. KamM **Ausb:** Stud Komp u MTheorie Folkwang-H Essen b E Sehlbach, Staatl H f M Köln b J Blume. – **Komp:** ua Vier Stücke für Flöte 64, Fünf Lieder für Sopran und Klavier 66, Drei Lieder für eine tiefe Frauenstimme mit Klavierbegleitung 86, Erscheinen – Kommen – Gehen. Intermediale Trilogie 96 – 2000.

Mishelovich, Dmitry, Violine; c/o Sinfonieorchester St Gallen, Museumsstr 1/25, CH-9004 St Gallen. (Red)

Mishory, Gilead, Prof, Klavier, Hochschullehrer; c/o KORFF Kommunikationsberatung, Töpferstr 19, D-45136 Essen, T: (02 01) 2 66 76 44, F: 2 66 76 41, *Mishory@t-online.de*; Hochschule f Musik, Schwarzwaldstr 141, D-79102 Freiburg; *www.mishory.de* [Jerusalem 1960]. **Ausb:** Stud (M Boguslavsky) Rubin-Akad, Stud (G Oppitz) München, MstrklDipl, Stud (H Leygraf) H Mozarteum Salzburg, Stud (MWiss) U München. **Laufb:** Konz in Europa, USA, Japan, Israel, Prof (Kl) H f M Detmold Abt Dortmund 98, Prof (Kl) Staatl H f Musik Freiburg seit 2000, Lt Kse u Mstrkl in Dtschld, USA, Japan u Israel. **Pr:** Stip Hanns-Seidel-Stift, österr Regierung u Stadt München. – **Aufn/RF:** Einsp d ges Kl-W v L Janáček, weitere CDs m W v Haydn, Bartók, Brahms u eigenen Komp, zahlr RF-Aufn.

Mishura, Irina, Mezzosopran; c/o Bayerische Staatsoper, Brieffach, D-80075 München; c/o IMG Artists, 825 Seventh Avenue, New York, NY 10019, U.S.A., T: (2 12) 4 89 83 00, F: 2 46 15 96, *Kalt@imgartists.com.* **Laufb:** Sol Staatsop Kischinew (Moldawien), Gastsol Op Brüssel, Antwerpen u Izmir, Op Detroit, regelm Gastsol Covent Garden London, New Yorker Met u Wiener Staatsop, Arena di Verona, Gastsol Bayer Staatsop München, Gastsol Dt Op Berlin SpZ 03/05.

Missenhardt, Günter, Bassbariton; c/o Gerstel International Opera Management, Stockerstr 10, CH-8002 Zürich, T: 04 17 63 91 88 01, F: 04 42 53 14 53, *gerstel@swissonline.ch.* **Laufb:** Sol Staatsop Wien, Hamburg Staatsop, Kom Op Berlin, Stadtth Bern SpZ 04/05, Bregenzer FSp 05. (Red)

Mistry, Jagdish, Violine; c/o Ensemble Modern, Schwedlerstr 2–3, D-60314 Frankfurt, T: (0 69) 94 34 30 20, F: 94 34 30 30, *info@ensemble-modern.com*; *www.ensemble-modern.com* [Bombay, Indien 1963]. **Ausb:** Yehudi Menuhin School, Guildhall School i London b D Takeno. **Laufb:** Gast-KonzM London Musici seit 93 u Orquesta Ciudad de Granada seit 97. **Pr:** zahlr Pr m Ens Modern. **Ens:** Mistry String Quartet 86–92, Ensemble Modern seit 94. – **Aufn/RF:** zahlr Schallpl, CDs, RF-Mitschn m Ens Modern. **UA:** zahlr EA/UA m Ens Modern.

Mitchell, Brenda, Prof, Hochschullehrerin, Sopran; Hochschule f Musik 'Hanns Eisler', Charlottenstr 55, D-10117 Berlin, T: (0 30) 31 50 50 93, 90 26 98 51, F: 31 50 50 94 [Saskatoon, Kanada]. **Ausb:** Bachelor of Musik McGill U Montréal, Stud Gesang (D Halpern) Graz, (H Töpper, E Werba) München, (P Witsch, W Hecke) Köln, Stud Neues MTh (M Kagel), KonzEx 80, Stud MÄsth (I Xenakis) U de Paris 82–86, Panthéon-Sorbonne, Dipl d'ètudes approfondies 89. **Laufb:** als freiberufl Sop int tätig, Spezialistin f zeitgen M, Gast zahlr int Fstvs, Seminare u Mstrkse (Neue VokalM) Paris, Melbourne, Akiyoshidai/Japan, Mailand, Ltg Gesangsstudio Int Ferienkse f Neue Musik Darmstadt 86–94, GesangsL U Gießen 89–92, Prof (Gesang) H f Musik 'Hanns Eisler' Berlin 92. – **Aufn/RF:** Schallpl-, CD- u RF-Aufn. **UA:** div. (Red)

Miteva, Dorka, Chorleiterin; Düsseldorfer Operette, Schlesische Str 94, D-40231 Düsseldorf. **Laufb:** Chorltg Düsseldorfer Optte. (*)

Mitrenga-Wagner, Urszula, Klavier, Hochschullehrerin; Ob der Steinau 23, D-89150 Laichingen, T: (0 73 33) 58 67; Richard Strauss Konservatorium, Gasteig, Kellerstr 6, D-81667 München. **Laufb:** Doz (Kl, Korr) Richard Strauss Kons München. (Red)

Mitschke, Andreas, Bassbariton; Franz-Marc-Str 31, D-50374 Erftstadt, T: (0 22 35) 7 45 82, F: 7 45 82; c/o Cecilia Music Concept – Franz-Georg Stähling, Brauweilerweg 183, D-50933 Köln, T: (02 21) 8 00 00 70, F: 8 00 00 71, *staehling@cecilia-cmc.de* [Kirberg 1958]. **Ausb:** MusikH Köln b D Jacob u C Nicolai, Unterr b H Rootering u D Müller, Mstrkse b B Nilsson u T Sharp.

Laufb: Gastsol Städt Bühnen Osnabrück SpZ 00/01, Sol Th Erfurt SpZ 03/05, Gastsol Lübecker Th SpZ 03/04. (Red)

Mitschke, Herbert A (Pseud: Hermit), Dipl-Musiker, Komponist; Burgstr 72a, D-51103 Köln, T: (02 21) 84 07 90, *hermit@netcologne.de* [Aue 8.3.1954]. elektroakust Musik, Theatermusiken (Kinderoper, Musical, Schauspiel), Musik- u Tanzperformances **Ausb:** Stud (Sax, Tonsatz) MH Dresden 76–80, Komp (R Lischka) ebd 86–88, Dirig (Stolle) MH Weimar 86–88. **Laufb:** musikal Ltg Puppenth Gera 80–88, Arb Akad d Künste Berlin 86, UA elektroak Werke Bourges 84, Berlin 84–88, Köln 91, 93, 98, 99, regelm Performances m Jandl-Gedichten u Musik, Mitgl Feedback Studio Verlag Köln seit 91. **Pr:** Pr f M Nat PuppenthFestv Dr 84. **Ens:** Ens Samani (Gast). – **Komp:** 'Calypso' (nach Jandl, f TB), UA Bourges 85; 'Ernst!'-Jandl-Collage (f TB u Diaprojektion), UA Berlin 87; 'Capricho' (nach Goya, f TB, Darstell u Skulpturen), UA Berlin 88; 'Vaterkomm' (f TB, Darstell u Computer), UA Köln 91; 'Stimmen ohne Echo', Tanzprojekt (60 Jahre Pogromnacht), UA Erkelenz 98; 'wegisweg.ddr', Tanzprojekt, UA Marburg 99. **AuftrKomp:** 'Vom Igel, der keiner mehr sein sollte' (Kinderop f Fig m KamOrch), Libretto: M Morgner, UA Gera, Puppenth 86; 'Herr Novak u die Mausfrau' (Musical f Kinder u Erwachsene), Text: M Morgner, UA Chemnitz, Stadtth 01.

Prof Mariko Mitsuyu

Mitsuyu, Mariko, Prof, Hochschullehrerin, Piano; Brandiser Str 25, D-04824 Beucha, T: (03 42 92) 7 47 91, *mariko.m@t-online.de*; Hochschule f Musik u Theater, PF 100809, D-04008 Leipzig; *www.marikopianist.de* [Osaka]. **Ausb:** Stud Medizin in Japan, Stud b J Volkmann MH Frankfurt 83–88. **Laufb:** Prof (Instr Korr, KamM) H f M Felix Mendelssohn Bartholdy Leipzig seit 01. **Pr:** Pr b KamMWettb Trapani (Italien). **Ens:** Trio con spirito. **Mitgl:** neue Leipziger Chopin-Ges. – **Aufn/RF:** F Chopin: Mazurken op17 u 50, Son op 4, 'Variations brillantes' op 12, 'Bolero' op 19, 'Tarantella' op43 91; 'The Romantic Horn' m S Ohno (Hn) 91; L v Beethoven: Sonate op 27/2, F Chopin: Ballade op 52, Polonaise op 44, C Debussy: L' vale joyeuse, Strawinski: Petruschka 02; Kompositionen v Erich Herbst 05. **UA:** R R Klein: 3 Toccaten f Kl 86. **Zug:** J Bochanski: Variationen d Préludes v F Chopin op 22. **Lit:** W Bockelmann: Heilkunst-Tonkunst, Der Augenspiegel 10/04.

Mittag, Frank, Fagott; c/o MDR Sinfonieorchester, Augustuspl 9a, D-04109 Leipzig. **Laufb:** Sol MDR SinfOrch Leipzig. (Red)

Mittelacher, Joachim, Prof, Hochschullehrer, Posaune; Hebbelstr 1, D-10585 Berlin, T: (0 30) 9 86 45 85, 01 71–1 79 02 79. **Laufb:** Prof (Pos) U d Künste Berlin. (Red)

Mittendorf-Labiche, Hans, Komponist; 5 résid Pré Clair, F-14000 Caen, T: 02 31 73 38 65, F: 02 31 73 38 65, *hans.mittendorf@free.fr*; *http://hans.mittendorf.free.fr* [Bornhausen 19.12.1952]. algorithm Komposition **Ausb:** Stud Elektr M, Komp (L Casserley) Royal Coll of Music London. **Laufb:** freischaff Künstler, Mitgl 'Conseil de l'Administration' f Atelier UPIC. **Pr:** 1. Pr elektr Musik d TU Berlin. – **Komp:** Invisible World, UA Paris. **AuftrKomp:** Invisible World 99, UA Paris (Auftr: SIM). **Aufn/RF:** Invisible World, Paris (erscheint auf DeGeM-CD/06). **Sonst:** Performance Topology, Ed J Stelekns, Klangforschung 2000; Transformation. CD Elektr u elektroakust M; CD/05, CD/06 d Dt Ges f elektr M Berlin.

Mittendrein, Georg, Intendant, Regisseur; c/o Opernhaus Halle, PF 110554, D-06019 Halle (Saale). **Laufb:** GenIntend Th Plauen-Zwickau SpZ 03/04, Reg Op Halle SpZ 04/05. (*)

Mitterer, Anita, Viola; c/o Univ Mozarteum, Inst f Streichinstrumente, Schrannengasse 10a, A-5020 Salzburg, T: (06 62) 61 98 31 25, F: 61 98 30 33, *anita.mitterer@moz.ac.at*. **Laufb:** Lehrauftr. V U Mozarteum Salzburg, Lt Salzburger BarockEns, Stimmführerin Ens 'Concentus Musicus' Dgt N Harnoncourt. **Ens:** Str-Qua Mosaiques, Concentus Musicus, Salzburger BarockEns. (Red)

Mitterer, Wolfgang, Orgel, Komponist; Eslarngasse 2/12, A-1030 Wien, T: (01) 7 12 69 54, *mitterer@sil.at*; *mitterer.sil.at* [1958]. Live-Elektronik **Ausb:** Stud (Org, Komp) H f M u Darst Kunst Wien, Studio f elektr Musik Stockholm. – **Komp:** 'Massacre' (Op) 03.

Mittermayr, Georg, Prof, Hochschullehrer, Blockflöte, Komponist; Neulinggasse 18/12, A-1030 Wien [Linz 3.6.1950]. **Ausb:** Stud (Bfl, Komp) U f Musik u Darst Kunst Wien (M Kneihs, E Urbanner). **Laufb:** L (Bfl) U f Musik u Darst Kunst Wien seit 72, o UProf. **Pr:** Grdg d Computermusikstudios CREATIVE SOUND COMPANY 85. (Red)

Mittermeyer, Markus, Korrepetitor; c/o Berliner Kammeroper eV, Kottbusser Damm 79, D-10967 Berlin. **Laufb:** Korrep Berliner KammerOp Berlin SpZ 03/05. (Red)

Mittmann, Jörg-Peter, Dr, Komponist, Ensembleleiter; Krumme Str 40, D-32756 Detmold, T: (0 52 31) 3 25 73, 5 08 09, F: 3 25 73, 5 08 09, *EnsembleHorizonte@t-online.de* [Minden 1.8.1962]. zeitgen Musik **Ausb:** Stud (Komp, MTheorie, Ob) MH Detmold 81–89, Stud (Philosophie, Geschichte) U Bielefeld 81–87, Stud (Philosophie, Geschichte) U München 89–92. **Laufb:** musikal Lt Ens Horizonte. **Pr:** zuletzt: Kulturförderpr d Kreises Herford 2000. **Ens:** Ens Horizonte. – **Komp:** '...dem All-Einen', UA Minden 95; Kreuzgesang, UA Halle 97; StrTrio, UA Weimar 98; Dona nobis pacem, UA Dalheim 98; Gegenstücke, UA Bielefeld 98; Danse macabre, UA Detmold 2000; 99 u Eins, UA Herford 2000. **AuftrKomp:** Bilder d Südens, UA Hamm 97 (Auftr: Glübcke Museum); ascendant I–III, UA Bielefeld 98 (Auftr: Land NRW); 'Sie heißen mich Mignon...', UA Herford 99 (Auftr: Stadtth Herford); Landschaften d Seele, UA Bielefeld 2000 (Auftr: StrQua d Klangforum Wien); The View from Nowhere, UA Münster 2000 (Auftr: Land NRW). **UA:** G Klebe: Mir träumte, ich müßte Abschied nehmen 98; O Kroupova: Conversion 01. **Sonst:** Grdg Ens Horizonte 90, zahlr Veröffentl zu Philosophie u MÄsth.

Miville, Cathérine, MA, Intendantin; c/o Stadttheater Gießen, Berliner Pl, D-35390 Gießen, PF 111128, D-35356 Gießen, T: (06 41) 79 57 12, F: 79 57 26, *stadttheater-giessen.intendanz@t-online.de*; *www.stadttheater-giessen.de* [Basel, Schweiz]. **Ausb:** Stud (Theaterwiss, BWL, Neuere Dt Lit) LMU München, Ausbild z Fachkauffrau f Marketing. **Laufb:** Gschäftsführ Gesellschafterin Münchner Lach- u Schießgesellschaft seit 86, Regie d Fernseh-Live-Sendung 'Scheibenwischer' 86–99, Regie f Lach- u Schießgesellschaft u Ruhrfestspiele Recklinghausen, Intend Stadtth Gießen seit SpZ 02/03. **Mitgl:** Dt Bühnenverein, Vorstandsmitgl Hess Theaterakad.

Miwa, Masahiro, Komponist; c/o Feedback Studio Verlag, Erster deutscher Komponistenverlag, Genter Str 23, D-50672 Köln, T: (02 21) 52 77 63, F: 5 10 41 39, *fbstudio@web.de*; *genterstr.hypermart.net*, *http://kalvos.org/masahiro.html* [Tokyo 1958]. Computer-Musik **Ausb:** Stud Komp (I Yun) Staatl Adad d KJünste Berlin 79–85, Robert Schumann Akad (G Becker) Düsseldorf 85–88. **Laufb:** Computerkomp seit 86, Mitgl GIMIK (Initiative f M u Informatik Köln), Gastkomp Studio STEIM Amsterdam 89, LBeauftr (Live-Elektronik, ComputerM) Robert-Schumann-H Düsseldorf, Doz KunstH für Medien in Köln 95, Prof Inst of Advanced Media Arts and Sciences in Gifu/Japan 2000. **Pr:** Hambacher Pr 85, 1. Pr Int 10. Irino Pr 89, 2. Pr Int M Today Comp Contest Tokyo 91. **Mitgl:** 1. Pr Concorso Internationale Luigi Russoro 92; Muramatsu Pr (Japan) 1995. – **Aufn/RF:** CDs ua: 'Gesäge des Ostens' 98 u 'Ascending Music for the End of Century'. (Red)

Miyazaki, Zaijiro, Prof, Hochschullehrer, Pauke; Staatliche Hochschule f Musik, Schwarzwaldstr 141, D-79402 Freiburg i Br [1955]. **Ausb:** Kunitachi College of Music Tokyo, Karajan-Akad Berlin. **Laufb:** Solo-Pk SymphOrch Basel, Prof (Pk, Schlgzg) Staatl H f Musik Freiburg. (Red)

Mizuma, Hiroaki, Fagott; c/o WDR Rundfunkorchester, D-50600 Köln. **Laufb:** Sol WDR RundfunkOrch Köln. (Red)

Mizushima, Ikumu, Sopran; c/o Theateragentur Heidi Steinhaus, Auerfeldstr 26, D-81541 München, T: (0 89) 93 93 01 10, 01 70–4 45 82 00, F: 93 93 01 11, *info@heidi-steinhaus.de*; *www.heidi-steinhaus.de*. **Laufb:** Sol Staatsth Stuttgart 01/02, NatTh Tokio 04/05.

Mock, Florian, Sänger; Innere Wiener Str 13 a, D-81667 München, T: (0 89) 44 76 95 00; c/o Staatstheater am Gärtnerplatz, PF 140569, D-80455 München. **Ausb:** Stud Gesang (J Hammer) Leopold-Mozart-Kons Augsburg. **Laufb:** Sol Staatsop Stuttgart, Kom Op Berlin SpZ 02–04, MTh Bonn seit SpZ 98/99, Gastsol Pforzheim, Konz u Oratorien Dtschld u int, Gastsol Th Aachen u Staatsth Kassel SpZ 03/04, Sol Staatsth am Gärtnerplatz München seit SpZ 03/04, Gastsol Th Aachen SpZ 04/05, Sol Volksop Wien SpZ 04/05. (Red)

Moderegger, Günter, Sänger; Deutsches Nationaltheater, PF 2003, D-99401 Weimar [Kuhlhausen, Havel]. **Ausb:** Stud Ges (J. Kemter) u Interpr (G. Leib) MH Dresden. **Laufb:** Sol Dt NationalTh Weimar seit 87. (Red)

Modersohn, Marie-Luise, Oboe; c/o Konzertbüro Nikolaus Schmidt, Kirchenallee 22, D-20099 Hamburg, T: (0 40) 28 05 66 17, F: 28 05 66 18, *info@schmidtkonzert.de*; c/o Deutsches Symphonieorchester Berlin, Masurenallee 8–14, D-14057 Berlin; *www.schmidtkonzert.de* [Leipzig 1973]. **Ausb:** Stud München (G Passin). **Laufb:** Mitgl BJO 91/92, Sol Dt SymphOrch Berlin seit 93. **Pr:** 1. Bundespr 'Jugend musiziert' 91. **Ens:** 'Delos-Quintett'. (Red)

Modeß, Jochen A, KMD, Prof, Hochschullehrer f KiM; Waldstr 6a, D-17498 Wackerow, T: (0 38 34) 89 41 87, F: 89 41 88, *jamodess@uni-greifswald.de*; Bahnhofstr 48/49, D-17489 Greifswald, T: (0 38 34) 86 35 20, F: 59 42 28 [Bassum 3.9.1954]. Interpret (Dirigent, Organist) u Komponist v Kirchenmusik **Ausb:** Stud (KiM) MH Hannover 75–80. **Laufb:** Kantor in Berlin u Bielefeld 80–93, KMD 92, UProf (KiM) Ernst-Moritz-Arndt-U Greifswald 93, Domkantor. – **Komp:** Vater unser-Sonate f Orgel (Orgel) 76, UA Minden 76; Klagelieder 30.1.1983 (Lieder f Alt u Orgel) 83, UA Steinhagen 83; Noitangiser (Kant)

84, UA Bielefeld 84; Ankunft (Orasical) 85, UA Bielefeld 85; Messe f Kinderch u Kl (Kinderch u Kl) 78/87, UA Bielefeld 87; Marienmusik I u II (Suite f Orch) 90/97, UA Bielefeld 90; Frieden (Orat) 95, UA Greifswald 95. **Sonst:** künstl Lt Greifswalder Bachwochen seit 94.

Modjewska Grogowilodi *siehe* Paetsch Neftel, Michaela Modjeska

Möbius-Huß, Susan, Sängerin; Am Bau 4, D-18565 Kloster/Hiddensee, T: (03 83 00) 5 03 84, F: 5 03 85, *SUSAN.MOEBIUS-HUSS@t-online.de*; *www.moebius-huss.de* [Berlin 11.12.1966]. Oper, Operette, Musical, zeitgen Musik **Ausb:** Stud (Kl) Spezial-MH Berlin 81–83, (Ges) H f M 'Hanns Eisler' Berlin 83–90. **Laufb:** Th Dessau 90–92, Th Altenburg-Gera 92–96 u 04/05, Th Eisenach 96–99, ständ Gastsol Landesth Eisenach 03/05. – **Aufn/RF:** div Mitschn, ua J Schlecht: Werke (n Texten v R Ausländer), Dt EA, MDR-Live-Mitschn.

Möbius, Christian, Chordirektor, Dirigent; Wernerstr 47, D-03046 Cottbus, T: (03 55) 2 00 19. **Laufb:** Chordir u Kapm Staatsth Cottbus (01/05). (Red)

Möck, Alexander, Violine; c/o Münchner Philharmoniker, Kellerstr 4, D-81667 München. **Laufb:** Stimmführer Münchner Philh. (Red)

Möckel, Uwe, Klarinette; c/o Niedersächsisches Staatsorchester, Opernpl 1, D-30159 Hannover. **Laufb:** 1. koord Sol Niedersächs StaatsOrch Hannover. (Red)

Franz Möckl

Möckl, Franz, Komponist; Steinbruchgasse 15, D-96489 Niederfüllbach, T: (0 95 65) 63 28, *franz-moeckl@t-online.de* [Bernau, Westböhmen 2.2.1925]. Chor- u KamM **Ausb:** L- u M-Ausb (J Dienel, J Schelz) Eger 39–43, Privatstud (E Popkes) Schleswig 44–45, langjähr audodiakt Stud. **Laufb:** LandschulL Ottowind 46–54, AusbildungsL u M-Doz Inst f LBild Coburg ab 54, JugendMReferent Oberfranken 56–65, Lt Sem zur Ausb v L an Volksschulen 70–88, Doz L- u Chorltfortbild seit 55, Grd d L- u Stud-Ens 'Fränk KamCh', RF- u Studioprod. **Pr:** Melchior-Franck-Plak (Coburg), Sudetendt Kulturpr f M, BVK a Bande, Ehrenbürger Niederfüllbach. **Mitgl:** DKV. – **Komp:** Preis d Unscheinbaren, Sinfon Huldigung an A Stifter (OrchW) 53, UA Coburg 85; Zwieges um d Kreuz (Kant) 55, UA Coburg 55; Konz f Cemb u StrOrch 57, UA Hof 79; Musikanten-Kant nach J Frh v Eichendorff (Kant) 57, UA Coburg 57; Maria in Franken, e Marienlob im alten u neuen Ton (Kant) 84, UA Vierzehnheiligen, Basilika 84; Sinfonietta facile f StrOrch (OrchW) 90, UA Ceský Krumlov 91; Wege u Stationen (5 biogr Skizzen f Oktett), UA Coburg 96; Konz f Klar u Orch 99, UA Hof 2000; 5 Fantasien üb Mentalitäten i Glauben f Org u 7 Instrr 97, UA Gößweinstein, Basilika 2000; Bedenkworte d Paulus – Mottette f 5stimm Ch, UA Coburg 2000; Toccata f Org zu 4 Hden 2000, UA Coburg 01, Dt messe f Soli, Ch u Orch, UA Lichtenfels 01; Dt Te Deum f Soli, Ch u Orch, UA Lichtenfels 03; Ich werf e Rose ins Meer (4 Ges n R Dehmel f Sop, Chor u Kl), UA Niederfüllbach 03; KlarQui Nr 1, UA Schloss Rosenau b Coburg 03; 'Gedanken u Wünsche' (StreichQua) 2000, UA Kloster Banz 05; 'Dein Haar hat Lieder, die ich liebe' (10 Lieder f Sop (Ten) u Kl, UA Coburg 05. **Sonst:** Veröffentl: mehrere musikal Unterrichtswerke, zwei Lehrer-Hb (SekStufe 1 u 2). **Lit:** F Brusniak: Das gr Buch d Fränk Sängerbundes, 2 Teile 91; Lex z dt Musikkultur Bd 2 2000; Komp d Gegenwart 2000; W G Haas: Möckl-Werke-Verz MWV 2000, 2. Aufl 05.

Moeckli, Jean-Pierre, Dirigent, Violine; rue du Saugey 1, CH-1026 Echandens, T: 02 17 01 17 25. (Red)

Möhringer-Gross, Gerhard, Dirigent; Am Rittweg 2a, D-77654 Offenburg, T: (07 81) 3 57 85. **Laufb:** musikal Lt Offenburger Ens. (Red)

Möllenbeck, Markus, Cello, Hochschullehrer; Univ d Künste, Fak Musik, PF 120544, D-10595 Berlin, T: (0 30) 3 18 50, F: 31 85 26 35, 31 85 26 59 [Viersen 1962]. **Ausb:** Folkwang-H Essen (J Starker, M Kliegel), weitere Stud b Y-Ch Cho; Stud Barockvcl Hilversum/NL (P Carrai). **Laufb:** SolVcl Musica Antiqua Köln seit 92 u Musiciens du Louvre; Gast b versch Ens: z B Akad f Alte Musik Berlin, Concerto Köln, Dt Händelsol Karlsruhe, Capella Coloniensis, La Stagione Frankfurt, Neue Düsseldorfer Hofmusik; Sol Musiciens du Louvre Grenoble (Op Paris u Amsterdam ua) 2001; Doz MAkad Rheinsberg, MH Detmold, HändelAkad Karlsruhe seit 2000, Kloster Michaelstein 2002, LBeauftr Barockvcl U d Künste Berlin seit 96. **Ens:** Musica Antiqua Köln seit 91, Grd Arcangelo Trio 2000, Collegium Musicum Köln. (Red)

Möllendorff, Nina von, Sängerin; c/o Komische Oper, Behrenstr 55–57, D-10117 Berlin. **Laufb:** Sol Kom Op Berlin SpZ 01/05. (Red)

Moellenhoff, James, Sänger; Ring 29, D-04416 Markkleeberg; c/o Oper Leipzig, Augustuspl 12, D-04109 Leipzig [St Louis, USA]. Oper **Ausb:** Southwest Missouri State U, U of Texas in Austin. **Laufb:** Staatsth Stuttgart, Op Frankfurt/Main, Niedersächs Staatsth Hannover, Bühnen d Stadt Köln, Nationalth Mannheim 97, Op Leipzig seit 01, regelm Gastsol Kom Op Berlin SpZ 02–05, Staatsth Mainz, Op Frankfurt.

Möller-Spaemann, Stephan, Prof, Hochschullehrer, Klavier; Univ f Musik u Darst Kunst, Inst f Musikleitung, Anton-von-Webern-Pl 1, A-1030 Wien, T: (01) 7 11 55 21 02, F: 7 11 55 32 99, *moeller@mdw.ac.at*; *www.mdw.ac.at/musikleitung/personen/moeller_spaemann.html* [Hamburg]. 32 KlSon u 5 KlKonz v Ludwig van Beethoven, gesamtes KlWerk v Richard Wagner **Ausb:** Diplome in Kl u Dirig Mozarteum Salzburg. **Laufb:** Mitarbeiter Herbert v Karajans b d Salzburger FSp 83–89, KonzTätigkeit u Mstrks als Pianist in ganz Europa, d USA, Japan u China, Lehrtätigkeit an d U f M u Darst Kunst in Wien seit 90 (ao Prof), Grdg d 'VIP Acad' (Mstrkse f junge Pianisten) 99. **Pr:** 3. Pr Int Beethoven-KlWettb Wien 85, 'Great Artist Award' d Beethoven Society for Pianists (USA) 96. **Mitgl:** Präsident d Vereinigung 'Vienna Int Pianists'. (Red)

Möller, Hans-Dieter, Prof, Hochschullehrer, Orgel; Römerstr 11, D-41539 Dormagen, PF 100043, D-41518 Dormagen, T: (0 21 33) 47 76 09; Robert Schumann Hochschule, Fischerstr 110, D-40476 Düsseldorf [Duisburg 1939]. **Ausb:** Stud (KiM, Komp, Org) Folkwang-H Essen, Privatstud m Schwerpkt Impr (J Langlais) Paris 66. **Laufb:** Prof (Org, OrgBau, lit OrgSp) Robert-Schumann-H Düsseldorf seit 77, OrgSachverst Erzdiözese Köln seit 86, zahlr Konz u Mstrkse Europa u Nordamerika, Juror b nat u int Wettb (Grand Pr de Chartres, Mendelssohn-Wettb Berlin ua). – **Komp:** f Org. **Sonst:** Publ z frz OrgM d 20. Jh ('Das Orgelwerk Olivier Nessiaens'). (Red)

Möller, Hartmut, Dr, Prof, Hochschullehrer, Rektor, Musikwissenschaft; Klopstockstr 14, D-18057 Rostock, T: (03 81) 5 10 81 00, 01 72–6 05 16 79, F: (03 81) 5 10 81 01, *hartmut.moeller@hmt.uni-rostock.de* [Stralsund 22.4.1953]. Musikgeschichte Mittelalter, 20. Jh, Musikästhetik **Ausb:** Stud (Vcl) MH Detmold u Wien 72–77, Prom U Wien, München, Mainz 86. **Laufb:** Prof (MWiss) H f M Freiburg 99–01 u H f M u Th Rostock seit 01. **Mitgl:** Ges f MForschung, Ges f MPsychologie, stellv Präs Landesmusikrat Mecklenb-Vorp.

Möller, Hauke, Dipl, Tenor; c/o Bühnen der Stadt Köln, PF 101061, D-50450 Köln; *www.hauke-moeller.de* [Hamburg 12.9.1975]. Oper (lyr Tenor), Konzert **Ausb:** Stud Ges (G Binge) MH Lübeck 95–01. **Laufb:** Sol Junge Op Lübeck, Op Köln seit 01, Staatsop Hamburg SpZ 04/05, Gastsp: Op Lübeck, Bremen, Kassel, Rostock, Neustrelitz, Mannheim (Tamino) Okt 03, Kiel April 04. **Pr:** Stip Richard-Wagner-Verb. – **Aufn/RF:** Haydn: 'D Apotheker' (Gesamtaufn) 2000, Schumann, Brahms: Romant Quartette 01, div TV-Aufz. **UA:** J Benes: 'The Players', UA Op Köln 02.

Möller, Johannes, Klavier, Hochschullehrer; c/o Hochschule für Musik Würzburg, Hofstallstr 6–8, D-97070 Würzburg; *www.hfm-wuerzburg.de/hauptteil_lehrbeauftragte.htm*. **Laufb:** Doz (Kl, Methodik, Korr, Blattsp, KamM) Wiesbadener Musikakad. (*)

Möller, Karl-Hans, Dr, Dramaturg; Kanzlerstr 5, D-09112 Chemnitz. **Laufb:** ChefDram Städt Th Chemnitz SpZ 03/05. (Red)

Möller, Norbert, Bass-Klarinette; c/o Konzerthaus Berlin, Gendarmenmarkt, Charlottenstr 57, D-10117 Berlin. **Laufb:** Sol Berliner SinfOrch. (Red)

Mönius, Mathias, Dirigent; Am Pachtersgrund 5, D-98617 Meiningen, T: (0 36 93) 50 75 58; c/o Südthüringisches Staatstheater, Bernhardstr 5, D-98617 Meiningen. **Laufb:** Studienlt m Dgt- u Solorep-Verpfl u Ass d GMD Südthüring Staatsth Meiningen SpZ 03/04, Dgt Dt Staatsop Berlin SpZ 03/04. (Red)

Mönkediek, Peter, Trompete; c/o WDR Sinfonieorchester, D-50600 Köln. **Laufb:** Sol WDR SinfOrch Köln. (Red)

Mörchen, Roland, Dramaturg; c/o Stadttheater Hildesheim, Theaterstr 6, D-31141 Hildesheim. **Laufb:** Dram Th Hildesheim SpZ 03/04.

Moesus, Johannes, Dirigent; Rülingweg 2, D-37154 Northeim, T: (0 55 51) 26 24. **Ausb:** MH Hannover, Frankfurt, Wien. **Laufb:** Künstl Lt 'Rosetti-Festtage im Ries'. **Mitgl:** Präs Int Rosetti-Gesellschaft eV seit 97. (Red)

Möwes, Tomas, KS, Sänger; August-Bebel-Str 47, D-06108 Halle/Saale, T: (03 45) 3 88 08 96, F: 3 88 08 96, *tomas.moewes@web.de* [7.2.1951]. Oper **Ausb:** Gesang (H Kremers, H Forner) MH Weimar 71–77. **Laufb:** Ensmitgl Magdeburg, Halle/S, Leipzig, Sol MTh Essen (03/05), Op Leipzig, Hamburg Staatsop, Gastsol Genua 97, Th Basel SpZ 97–99, Venedig 2000, Amsterdam 95/02, Op Frankfurt SpZ 00/01, Strasbourg 03, Gastsol Nationalth Weimar SpZ 03/04, Op Hannover seit SpZ 03/04, Dt Staatsop Berlin SpZ 04/05. **Pr:** 1. Pr Gesangswettb DDR 83, Barcelona 85, 2. Pr Verviers (Belgien). – **Aufn/RF:** Weill: 'Der Tod im Wald' op.23, MDR, Dgt: M Pommer 91; 'Le nozze di Figaro', MDR/Arte 95; 'Don Giovanni' MDR/Arte 95. **UA:** Loewendie: 'Esmeé', Amsterdam 96; Arnecke: 'Fest im Meer', Hamburg 04; Eötvös: 'Angels in America', Hamburg 05.

Mohaupt, Günther, Komponist; Fischerstr 54, A-2331 Vösendorf, T: (01) 6 99 98 07, F: 6 99 98 07 [20.6.1968]. Chormusik, Musicals, Orchesterwerke

Ausb: Stud (Musik, Deutsch) Päd Akad Wien, KompSem (K Musalek, M Krutochwil, W Wagner). **Laufb:** Auftritte in Hauptrollen in Musicals, Parodien, ua Der kl Horrorladen 91; Der Mann v La Manner 98, 2001; Flederbaron u Zigeunermaus 99/2000. **Ens:** Chorlt Vocal Ens Mödling seit 99, Sänger in div Chören. – **Komp:** Keine Angst Maria (Musical), UA Burg Liechtenstein, Dgt: T Rösner 93; Meuterei auf d Bounty (Musical), UA Mödling, Dgt: G M 2000. **AuftrKomp:** Eurondo (Orch), UA Wien, Wiener Hofburg, Sinfonietta Baden, Dgt: T Rösner 01. **Sonst:** Grd Veranstaltungsverein AUDITE – Freunde d Musik (Musik 20./21. Jh).

Mohr, Burkhard, MA, Komponist; Otto-Witte-Str 88, D-65197 Wiesbaden, T: (06 11) 40 86 83, 40 42 95, *PBMohr@aol.com* [Gambach 26.5.1955]. Kirchenmusik, Kammermusik, Orchesterwerke **Ausb:** Stud (KiM) MH Frankfurt/M, A-Prüfung 79, Stud Komp (H U Engelmann), Stud (Theol) U Frankfurt/M, MA theol 82, mehrfach Ferienkse Darmstadt seit 74. **Laufb:** Tätigkeit als Kirchenmusiker Frankfurt-Höchst u Wiesbaden, Doz Fachschule f Sozialpäd seit 90. **Mitgl:** Dt Komponistenverb. – **Komp:** Die Weihnachtsgesch f Kinderch op 107 85, UA Wiesbaden 86; Anläufe – Variatives f Fl & Laute 88, UA Kelkheim 89; Kleinorgelfutter op 110 (Orgel m Ped) 87/91; Tafelorgelsuite op 44 (Orgel-Positiv) 96, UA Ede/Holland, D Troost 97; 'Abendsaiten' f Gitarrentrio op 152 97, UA Mainz, Mainzer Gitarrentrio 97; Konz f Ob u Streicher op 155 97/98, UA Frankfurt 99; Konz f Orgel u Orch op 160, UA Wiesbaden 99, Johannespassion (Sol, Chor, Orch), UA Wiesbaden, Dgtin: P Mohr (Auftr Kreuzkirche Wiesbaden) 04. **UA:** Orgelw v: I Matheson, DW Solomons, R McHale, M Schauß-Flake, B Sonntag, W Kleber, K Fridrichová: Spinettina (Cemb). **Zug:** I Matheson: Pipe-Dream. **Sonst:** Mitveranst d jährl Tage f neue Musik Wiesbaden. **Lit:** M Weber: Vierhänd OrgelM.

Mohr, Florian, Viola, Barockviola, Viola d'amore; Renggerstr 92, CH-8038 Zürich, T: 04 44 82 25 14 [Neu-Isenburg 10.2.1958]. Op, zeitgen KamM **Ausb:** Stud Va MH München 76–78 b F Beyer, MH Freiburg 78–83 b U Koch. **Laufb:** Solobratschist Hongkong Philh Orch 81–82, Mitglied Ensemble Recherche Freiburg 1985–1987, Mitgl Orch d Op Zürich seit 87, Gründungsmitglied Ensemble Opera Nova Zürich seit 1991; Tourneen als KamM, Va- u. Viola d'amore-Sol n Österreich, Italien, Frankreich, Slowenien, Russland, Argentinien, Uruguay, Bolivien, Venezuela, Kuba. **Ens:** opera nova Zürich. – **Aufn/RF:** CD-, TV- u Radioaufn als KamMusiker u Viola d'amore-Sol in Europa, Asien, Südamerika. **UA:** zahlr KamMWerke. **Zug:** Igor Majcen: 'Amoresken' (f Va d'amore, Fl, Klar); 'Croquis' (f 2 Violen). **Sonst:** Grdgsmitgl Ens opera nova Zürich.

Mohr, Thomas, Sänger; Holtdamm 3, D-24626 Kleinkummerfeld, T: (0 43 93) 9 74 91, F: 9 74 92, *temohr@t-online.de*; c/o Bühnen der Stadt Köln – Opernhaus, PF 101061, D-50450 Köln [Neumünster 17.10.1961]. **Ausb:** Stud Gesang (K H Pinhammer) MH Lübeck. **Laufb:** Sol Op Bremen, Mannheim, Zürich, Hamburg Staatsop, Op Köln, Op Bonn, Bayer. Staatsop München, Semperop Dresden, Gastsol zahlr. dt Bühnen, Festsp Schwetzingen, Schleswig-Holstein, Ludwigsburg, Tanglewood. – **Aufn/RF:** CDs J S Bach: Matthäuspassion, Gewandhausorch u -chor Leipzig ua; Ferruccio Busoni: Arlecchino, Dgt: K Nagano; Manfred Gurlitt: Die Soldaten, Dgt: G Albrecht; Heinrich Marschner: Hans Heiling, Dgt: E Körner; C Orff: Carmina Burana, Dgt: M Tang; N Rimsky-Korsakow: Mozart und Salieri, Dgt: Hermann Breuer; R Strauss: Ariadne auf Naxos, Dgt: Kent Nagano; Manfred Trojahn: Enrico, Dgt: D Russell Davies; R Wagner: Lohengrin, Dgt: Georg Solti; Wilhelm Kienzl: Don Quixote, Dgt: G Kuhn; K Weill: Das Mahagonny Songspiel, Die sieben Todsünden, Dgt: John Mauceri; Egon Wellesz: Die Bakchantinnen, Dgt: G Albrecht; Citta – Vol. 2 Rudolstadt ; Philipp Heinrich Erlebach: Exultemus Gaudeamus; Traugott Maximilian Eberwein: Messe As-dur, op. 87, Dgt: P Nancekevill; Franz Schubert: Die schöne Müllerin; Lieder von Mendelssohn-Bartholdy, Franz, Grieg, Liszt, Brahms, Schumann; Hugo Wolf: Italienisches Liederbuch Vol 1 & 2; Lieder von A Dvorak u G Mahler; Lieder v E Grieg, H Wolf und R Strauss; Carl Loewe: Balladen; C Orff: Carmina Burana, Dgt: D Nazareth; DVD: W A Mozart: Die Zauberflöte, Dgt: W Gönnenwein 92; C Monteverdi: Il ritorno d'Ulisse in patria, Dgt: N Harnoncourt, Op Zürich 02. **UA:** Manfred Trojahn: Enrico, Schwetzingen 91; Manfred Trojahn: Limonen aus Sizilien, Op Köln 03.

Moisnik, Kristijan, Sänger; Kornstr 364, D-28201 Bremen, T: (04 21) 8 71 86 99; Bremer Theater, PF 101046, D-28010 Bremen. **Laufb:** Sol Bremer Th. (Red)

Mok, Jin Hak, Tenor; Johannisstr 26a, D-24937 Flensburg, T: (01 74) 2 90 66 65; Schleswig-Holstein Landestheater, Lollfuß 53, D-24837 Schleswig. **Laufb:** Sol Schleswig-Holstein Landesth SpZ 03/04. (Red)

Mokatsian, Hovhannes, Violine; c/o Philharmonisches Orchester, Bertoldstr 46, D-79098 Freiburg, T: (01 75) 5 91 63 26. **Laufb:** 3. Konzm Philharmon Orch d Stadt Freiburg. (Red)

Mokrosch, Viola, Prof, Hochschullehrerin; Felix-Nussbaum-Str 20, D-49076 Osnabrück, T: (05 41) 68 21 34, F: 4 04 27 13, *V.Mokrosch@fh-osnabrueck.de*; FH Osnabrück, Konservatorium, Caprivistr 1, D-49009 Osnabrück, T: (05 41) 9 69–0; *www.musik.uos.de/lehrende/mokrosch u www.kon.fh-osnabrueck.de* [Eutin, Holstein 29.5.1944]. Klavier- u KamM, spezielle Bereiche: Werke v Komponistinnen, Musik f Kinder, themenorientierte Konzertprojekte **Ausb:** Stud (SchM) MH Hamburg 64–67, InstrPäd/Kl SolKl (E Trauer, J Uhde) MH Stuttgart 68–70. **Laufb:** Prof (Kl) FH Osnabrück, Kon; Tourneen: KamM Belgien 82, 87, 89, 95, 'Int Congress: Women in Music' Mexiko 84, KamM Frankreich 93, 98, Solo England 94, KamM Spanien 84, Rußland: Solo Twer 89, KamM Moskau ua 91, Solo u KamM 'Musikal Frühling St Petersburg' 93, Solo St Petersb Philh 95, KamM 'Int Bach-Fstv Twer' 96, Solo u KamM Moskau ua 97 u 98, Niederlande 91/97/2000, Solo Baltikum 01, Solo Usbekistan 03, Solo u KamM Serbien u Montenegro 04, Solo China 04, Solo Portugal 05. **Pr:** Gedok-Förderpr Bremen 97. **Ens:** Le Beau-Ens bis 91, 'Duo Remarque' bis 99, Duo m Prof Tobias Stosiek (Wien) seit 01, Duo m Prof Panta Velickovic (Belgrad) seit 04. **Mitgl:** 'Gedok', 'Epta', 'Frau u Musik'. – **Aufn/RF:** Musik-Schulfunksendungen, HR 2 80–87; 'Slaw Musik' Fernsehen AKK Ludwigshafen 84; 'Konz f Kinder' 84; Mussorgsky: 'Bilder e Ausstellung' 85; 'Neue KlM' HR 85; 'KamM v Morricone', N3 92; 'Komponistinnen d 20. Jhs', NDR 3 u WDR 3 94; 'Duo Remarque' m Brahms, SAT1 98; 'Duo Remarque' m Rebecca Clarke, NDR 99; TV-Mitschnitt Hefei (China); CDs: 'Slaw Musik' 84; 'L A Le Beau, KamM' 90; 'Komponistinnen d 20. Jhs' 94; 'Zeitgen Musik aus Russland' 99; 'Euregio-Fstv/Duo Stosiek-Mokrosch' 02; '2 Klaviere u Orchester (Max Bruch op 88a ua)'; 'In res Musica'-Studierende der Klavier-Klasse V M 04. **UA:** Schubert Fantasie D 605 A, EA Dt Schubert-Gesellschaft, Tübingen 69. **Lit:** Besprechungen v Konz u CDs.

Prof Viola Mokrosch

Mokry, Andrzej, Gitarre; Universität Magdeburg, Institut f Musik, Turmschanzenstr 15, Geb 54, D-39114 Magdeburg, T: (03 91) 8 38 06 42, F: 8 38 06 43, *mokry.Konzertagentur@t-online.de* [Polen 1961]. Gitarre solo, Gitarrenkammermusik **Ausb:** Stud (M Zalewski) MH Warschau, Stud (D Kreidler) MH Köln, (O Assad) Brüssel. **Laufb:** Konz in Ost- u Westeuropa, Tourneen Japan, Doz U Magdeburg. **Pr:** zahlr Pr. **Ens:** Duo m Peter-Lukas Graf(Fl u Git), Duo m Bohuslaw Matoušek (V u Git). – **Aufn/RF:** 3 CDs. **UA:** F Pilsl: Konz f Git u SymphOrch 95. **Sonst:** künstl Lt KammKonzR in Neu-Ulm u Schwendi.

Moldenhauer, Monika, Prof, Hochschullehrerin; Achauer Str 3, D-78647 Trossingen, T: (0 74 25) 49 24, 0 17 09 36 09 06, F: (0 42 98) 4 16 61, *mezzomomo@web.de*; Hochschule f Musik, Schultheiß-Koch-Pl 3, D-78647 Trossingen [Pfalz]. **Ausb:** Stud SchM u MWiss an d Staatl H f M Karlsruhe, GesStud b Prof E Margraf u Frau Berberich-Rahner, KonzExamen m Ausz, weitere GesStud b Prof Loose, Salzburg, Frau Spieker-Henke, Bremen. **Laufb:** zahlr Tourneen ua im Rahmen d Kulturprogramms d Goethe-Inst m Renaissance-Musik durch Europa, Nah-Ost, Afrika; m d 'Ensemble Modern' m zeitgen Musik durch Europa, Mexiko u Südamerika; Funk- u Fernsehaufn an allen dt RF- u Fernsehanstalten, b Radio France, im span u griech Fernsehen, Konz- u OratTätigkeit b Festival Estival Paris, Schwetzinger FSp, Bad Hersfelder FSp, Gewandhaus-Festtage in Leipzig, Rencontres int de Musique Contemporaine in Metz, Karlsruher Musiktage, Int Musikfstv Ochid, Madrid, Kopenhagen, Frankfurter Alte Op, Hamburger Musikhalle, Münchner Herkulessaal, Wittener Musiktage, OpEng in Frankfurt (UA v F Hummels Op 'Blaubart'), b d Schwetzinger FSp (UA v J v. Boses Op 'Die Leiden des Jungen Werther'), an d Hamburgischen Staatsop u Op Gelsenkirchen, int GesKurse an d H v Buenos Aires, Mexico-City, Santiago de Chile, Cordoba, Montevideo u Moskau, seit 1986 Gesangsprofessur an d Staatl H f M Trossingen. **Pr:** Stift d Dt GesWettb Berlin 78. (Red)

Moldovan, Rodin-George, Violoncello; c/o MDR Sinfonieorchester, Auguspl 9a, D-04109 Leipzig. **Laufb:** Sol MDR SinfOrch Leipzig. (Red)

Moldvai, László (Pseud: moll), Komponist; Antwerpener Str 8, D-13353 Berlin, T: (0 30) 4 54 17 28 [Budapest 21.12.1953]. **Ausb:** Orgelbauer 72–74, Komp, MTheorie, Dirig, Jazz-Impr (Vcl, KB, Kl, Orgel) Budapest bis 79, Privatstud (P Karolyi, K Bárdos). **Laufb:** musikal Lt Orpheus-Th Tatabánya (Ungarn) 79–84, stellv musikal Lt Csiky-Gergely-Th Kaposvár (Ungarn) 85–87, tätig als Komp, Chorlt, Intpr u MPäd seit 87, musikal Lt Th Freie Volksbühne Berlin 90. **Mitgl:** dkv, DTKV. – **Komp:** f Orch, KamM- u Solostücke, MTh, Chorstücke, Performances, Jazzkomp, Th- u FilmM. **Aufn/RF:** RF- u TV-Aufn. **Sonst:** musiktheoret Schriften, MKritiken.

Molina Davila, Jordi, Sänger; c/o Musikalische Komödie der Oper Leipzig, Dreilindenstr 30, D-04177 Leipzig. **Laufb:** Sol Landesbühnen Sachsen, Sol u Gastsol Op Halle seit SpZ 03/04, Sol Staatsth Darmstadt SpZ 04/05. (*)

Molinari, Ernesto, Klarinette; Schulz-Straßnitzkygasse 3/13, A-1090 Wien, T: (01) 3 17 47 14. (*)

Molino, Andrea, Komponist, Dirigent; Langäristr 172, CH-8117 Fällanden, T: 0 18 87 01 15, *andrea_molino@swissonline.ch* [Turin 23.10.1964]. Musik d 20. u 21. Jh, insb zeitgen Musikth **Laufb:** Musikal Lt d zeitgen Musikth Pocket Opera Company Nürnberg.

moll *siehe* Moldvai, László

Moll, Kurt, KS, Prof, Bass, Hochschullehrer; Dürener Str 408, D-50935 Köln, T: (02 21) 4 99 56 44; c/o Lore-M. Schulz International Artists Management, Zittelstr 8, D-80796 München, T: (0 89) 3 08 70 92, F: 3 08 70 93, *artists@lore-m-schulz.com* [Buir b Köln 11.4.1938]. **Ausb:** Stud Ges MH Köln, Krefeld (E Müller). **Laufb:** Sol Stadtth Aachen 61–64, Stadtth Mainz 64–65, Op Wuppertal 65–67, Op Köln 67–70, Hamburg Staatsop seit 70, Bayreuther FSp (ua 'Fafner', 'Marke', 'Pogner') 68–75, Salzburger FSp: 'Sarastro' 70, 83, 86, 'Osmin' 71–74, 'Ochs' 78–79 u 83–84; ständ Gast Staatsop Wien, München u Dt Op Berlin, Covent Garden London seit 77, Debüt Met Op New York (Tannhäuser, 'Landgraf') 78, Prof f Ges H f Musik Köln seit 92, Sol Bayer Staatsop München, Hamburg Staatsop, Dt Op a Rh Düsseldorf-Duisburg, Gastsol Nationalth Mannheim SpZ 00/01, Sol Sächs Staatsop Dresden SpZ 03/05. **Pr:** KS 75, BVK. – **Aufn/RF:** mehr als 100 Einsp. (Red)

Moll, Phillip, Klavier [Chicago]. Begleitung, KamM **Ausb:** Stud (Engl) Univ Harvard, (Musik) Univ Texas, DAAD-Stip H f M München, Rep Dt Op Berlin bis 78. **Laufb:** ZusArb m Berliner Philh, Dt SinfOrch, RIAS KamCh, Berliner RFChor, English Chamber Orch, div. austral. Orch; Auftritte in Europa, USA u Asien; Doz Mstrks Steans Inst Ravinia, Chicago 99–01. – **Aufn/RF:** Dvorák u Suk: 'Klaviertrios' m Berliner Philh KlTrio, 'Duette f zwei Baritone' m P-A u P Edelmann, Rossini: 'Petite Messe Solennelle' m RIAS KamCh, 'Opernphantasien' m BlSol v La Scala, 'Schubert-Sonaten' m A Duka-Loewenstein, 'virtuose Flötenwerke' m M Nakano, 'Programm m kürzeren Stücken f Kinder u Jugendliche' m J Galway.

Molnar, Ernö, Violine; Gartenstr 39, D-06179 Langenbogen. **Laufb:** 2. Konzm Philh StaatsOrch Halle. (Red)

Molnárová, Larysa, Sängerin; c/o Landestheater Mecklenburg, Friedrich-Ludwig-Jahn-Str 14, D-17235 Neustrelitz. **Laufb:** Sol Stadtth Gießen, Sol Landesth Mecklenburg Neustrelitz seit SpZ 03/04. (Red)

Molsberger, Friedrich, Dr med, Sänger, Arzt; Aßmannshauser Str 10a, D-14197 Berlin, T: (0 30) 85 73 03 97, *F.Molsberger@facm.de*; *www.dr-molsberger.de* [30.6.1961]. Op, Konz **Ausb:** Düsseldorf, Berlin, Florenz. **Laufb:** Sol Dt Op Berlin, Gastsp Dresden, Hamburg, Mailand, Nizza, Paris, Madrid, Moskau, Peking, Tokio, Amsterdam, Helsinki, Stockholm ua, Arzt f Naturheilverfahren u Traditionelle Chines Medizin, Doz Forschungsgruppe Akupunktur. **Pr:** VDMK 86.

Molsen, Gert-Ulrich, Prof, Hochschullehrer; Reumorgenweg 3, D-72336 Balingen, T: (0 74 33) 3 63 04, F: 3 63 04, *uli.molsen@freenet.de*; Hochschule f Musik u Darst Kunst, Urbanstr 25, D-70182 Stuttgart, *gert-ulrich.molsen@mh-stuttgart.de*; *www.molsen-uli.de* [Hechingen 9.2.1947]. **Ausb:** Stud in Trossingen: Kl, KB, Chorltg, Dirig, Komp, Aufbaustud Kl in Trossingen b Jaime Pados. **Laufb:** Lt d Musikschule Metzingen 70, Lt d Klavierkl d Musikschule in Balingen 72, zunehmend Vortrags- u Kurstätigkeit über klavierpädagog Themen in Dtschld, Österreich, Schweiz, Frankreich, Italien, Holland, Spanien, China seit 73, zahlr Publikationen (Klavierlehrwerke, Schriften zu d philosoph Grundlagen d Musikpäd, Komp), Prof MH Stuttgart f Kl, Klavierpäd, InstrPäd seit 89, Prorektor d Staatl H f M u Darst Kunst Stuttgart seit 97. **Pr:** Dt Musikeditionspr 94. **Mitgl:** Präsidiumsmitgl European Piano Teachers Association (EPTA) 91–95.

Moltz, David, Horn, Alphorn; c/o Münchner Philharmonie, Kellerstrr 4, D-81667 München. **Laufb:** stv Sol Münchner Philh. (Red)

Molz, Luiz, Bass; Zieflensberg 38a, D-76332 Bad Herrenalb, T: (0 70 83) 52 64 72, *ikemolz@aol.com*; c/o Badisches Staatstheater Karlsruhe, D-76125 Karsruhe [Santa Maria, Brasilien 16.8.1969]. Oper **Ausb:** Stud Musik U Santa Maria Brasilien 91–95, Aufbaustud MH Karlsruhe 98–99. **Laufb:** Gast Junge Oper Stuttgart 98–99, FestEng Städt Bühnen Freiburg 99–2000, Gast Pfalzth Kaiserslautern seit 2000, Bad Staatsth Karlsruhe seit 01.

Mommertz, Dirk, Pianist; Schwetzinger Str 98, D-76139 Karlsruhe, T: (07 21) 8 51 56, 0 17 95 05 66 47, F: 68 51 56, *dirkmommertz@hotmail.com, dirkmommertz@faurequartett.de*; c/o Künstlersekretariat Rolf Sudbrack, Gösselkoppel 54a, D-22339 Hamburg, T: (0 40) 5 38 21 65, F: 5 38 72 20, *Rolf.Sudbrack@t-online.de*; *www.faurequartett.de* [Mainz 12.8.1974]. klass Musik, Solokonzerte, Kammermusik **Ausb:** Jungstud (Grigory Gruzman) Darmstadt, Stud (A Boainain, F Solter, M Uhde) MH Karlsruhe; (Lev Natochenny) MH Frankfurt; (G Pludermacher) Cons nat superieur de Paris; (Alban Berg Quartett) MH Köln. **Laufb:** Konz: Schleswig-Holstein-Festv 2000, Rheingau-Festv 99, 2000, Schwetzinger FSp 01, Ludwigsburger FSp 01, Kissinger Sommer 01, Oberstdorfer Musiksommer 01; Bad Hersfelder FSp 01, Int KamMusikfestv Kuhmo (Finnland) 98, 01, Alte Oper Frankfurt 02, Philharmonie Berlin 03, Konzerthaus HBerlin 99, Liederhalle Stuttgart 03, Musikhalle Hamburg 03; Frankreich, Italien, Schweiz, Norwegen, Finnland, Großbritannien, Israel, Ägypten, Brasilien; Südamerikatournee (Mexiko, Bolivien, Venezuela, Kolumbien, Peru) f d Goetheinstitut 01; Grieg: Klavierkonzert, m BBC Nat Orch of Wales 97; LBeauftr MH Karlsruhe seit 2000. **Pr:** ua 1. Pr Dt Hochschulwettb, Pr Dt Musikwettb, 1. Pr Karlsruher Hochschulwettb 96, 97, 3. Pr 'Newport Int Piano Comp', 1. Pr Int Musikwettb 'Città di Moncalieri' (Turin) 98, 2. Pr 'Kuhmo Int Duo Comp' (Finnland), Pr Stadt Karlsruhe m d Fauré Quar, 2. Pr Int KamMusikwettb, Premio Trio di Trieste, 2. Pr Int KamMusikwettbewerb 2000; Premio Vittorio, 2. Pl Int KamMusikwettb, Parkhouse Award. **Ens:** Fauré Quartett. – **Aufn/RF:** ca 30–35 Radioübertragungen weltweit, vorw Live-Mitschnitte, darunter Schwetzinger FSp, Kissinger Sommer, FSp Mecklenburg-Vorpommern, Oberstdorfer Musiksommer; CD Prod: Kammermusik v Brahms 97; Ravel Klavierkonzert G-Dur, m JugensinfOrch Hessen 98; KamM v Fauré u Dvorak 99; KamM f Kl u KB, m A Michno 01; KamM v Fauré u J Suk 01. **Sonst:** Grdg des Fauré Quartetts 95. (Red)

Monarcha, Janusz, Sänger; c/o Wiener Staatsoper, Opernring 2, A-1010 Wien. **Laufb:** Sol Volksop Wien, Wiener Staatsop. (Red)

Moncado, Bernhard, Dirigent, Chordirektor; c/o Theater Freiburg, Bertoldstr 46, D-79098 Freiburg i Br; c/o evente.de, Polmansstr 69 a, D-41366 Schwalmtal. **Ausb:** Stud Kl MH Köln u Dirig MH Düsseldorf b Prof Wolfgang Trommer. **Laufb:** Musikal Ass v Leonard Bernstein b Schleswig-Holstein-Fstv 88/89, versch Gastdirigate, ua Int Mozart-Fstv Penang, Malaysia u Kleine Oper in Düsseldorf, Solorep u musikal Ass v Wolfgang Sawallisch an d Bayer Staatsop München 90–93, Kapm u Solorep Th Aachen 93–97, Chordir Th Aachen seit 99, seit 95 Dozent f Opernschule u Korrepetition Ges MH Köln, Abteilung Aachen, musikal Lt Musicals 'Gaudi' in Köln u 'Gambler' in Mönchengladbach 97/98, Chorlt d Städ tChores seit 2000, Chorlt u stellv Kapm Th Freiburg SpZ 04/05. **Pr:** Förderpr f junge Nachwuchsdirigenten d 'Freunde d Nationaltheaters' e. V. München 93. – **UA:** Ltg Weltpremiere d Musicals 'Gaudi' in Aachen. (Red)

Monem, Ronald, Chordirektor; Wuischke 14, D-02627 Hochkirch; c/o Volkstheater Rostock, PF 102215, D-18004 Rostock. **Laufb:** Chordir Sorb National-Ensemble Bautzen, 2. Chordir u stellv Lt d Rostocker Singakad. (Red)

Monighetti, Ivan, Prof, Violoncello, Hochschullehrer; c/o Konzertbüro Bocher, Ludwigkirchplatz 12, D-10719 Berlin, T: (0 30) 8 81 71 45, *Angelika.Bocher@t-online.de*; Zehntenfreistr 59, CH-4103 Bottmingen; *www.monighetti.com.* **Ausb:** Stud (M Rostropovitch) Kons Moskau. **Laufb:** Grd u künstl Lt Moskauer Fstv Früher Musik, Debüt Engl Haydn Fstv, Wiedereinl f 99, 2000, Grd Camerata Boccherini, Tourneen in Polen, Holland, Frankreich, Estland, Rußland, Projekt 'Through the European Capitals to the Holy Land' 01, Prof (Vcl) Musik-Akad Basel. **Pr:** mehrere 1. Pr an int Wettb, u Tschaikovsky Wettb 74, Diaspon d'or f beste Einsp d Jahres. – **Zug:** Kelterborn: Cellokonz, UA Belgien, Schweiz, I Monighetti, 2000. **Lit:** Dokumentarfilme 'Ritratto a Monighetti', 'Monighetti: storie di famiglia', Radio Televisione Svizzera Italiana 99. (Red)

Monnard, Jean-François, Lic en droit (U Lausanne), Generalmusikdirektor, Dirigent, Operndirektor; Clayallee 311, D-14169 Berlin; c/o Deutsche Oper Berlin, Richard-Wagner-Str 10, D-10585 Berlin, T: (0 30) 34 38 42 14, F: 34 38 44 57, *Monnard@deutscheoperberlin.de* [Lausanne 4.11.1941]. **Ausb:** Kons Lausanne, Folkwang H Essen (Theorie K Penderecki), künstl Reifeprüfung 68, Mstrks (J Fournet) Hilversum. **Laufb:** 1. Kapm Stadtth Aachen 81, 1. Kapm Wuppertaler Bühnen 85, Gastdgt ua in OpHäusern Zürich, Bordeaux, Lübeck, Düsseldorf, Dortmund, Catania, Leipzig, GMD Städt Bühnen Osnabrück 88, Dir f Künstl Prod Dt Op Berlin seit 98. **Pr:** Sieger Probedirigieren Tonhalle-Ges Zürich 70. – **Aufn/RF:** Saint-Saëns: Konz f Vcl m Maria Kliegel, Bournemouth Sinfonietta, 95. **UA:** Meyer: Op 'Kyberiade', UA Wuppertal 86; Schultheiss: 'L'oggetto', UA Osnabrück, Symphonieorch 86; Bussotti: 'Bozzetto Siciliano', UA Catania, Teatro Massimo Bellini 90; Metzler: 'Sinfonie Nr. 4', UA Oldenburg, Oldenburg Staatsorch 90; Furer: Kantate 'Aus Zeit u Leid', UA Bern, Symphonieorch 92; Francesconi: 'Trama II per clarinetto, orchestra e live electronics', UA Osnabrück, Symphonieorch 93; Redel: 'Nocturne op. 44', UA Osnabrück, Symphonieorch 95.

Monnier, Pierre Eric, Violine; c/o Pfalztheater, Willy-Brandt-Pl 4–5, D-67655 Kaiserslautern. **Laufb:** Konzm Orch d Pfalzth. (Red)

Monno, Johannes, Prof, Hochschullehrer, Gitarre; Sudetenstr 1, D-35708 Haiger, T: (0 27 73) 56 37; Staatl Hochschule f Musik u Darst Kunst, Urbanstr 25, D-70182 Stuttgart. Kammermusik m Ges u V, Histor Vorläufer d Git (Vihuela, Barockgitarre) **Ausb:** Stud (J. Tomas) in Alicante/Spanien, (H. Käppel u K. Junghänel) MH Köln, (C. Cotsiolis) in Athen. **Laufb:** Prof (Git) H f M u Darst Kunst Frankfurt/Main u Hamburg. **Ens:** Ens Rilegato. – **Aufn/RF:** CD's: Portrait 1994, El Noi de la Marc 96, Oro y Sangre 05, div. Rundfunfprod. **Sonst:** Publ über d Barockgit.

Monogarova, Tatjana, Sängerin; c/o Stadttheater Bern, Nägeligasse 1, CH-3007 Bern. **Laufb:** Sol Stadtth Bern seit SpZ 03/04. (Red)

Monot, Jean-François, Dirigent; rue des Sablières 4, F-49700 Brigné-sur-Layon. (*)

Monoyios, Ann, Sopran; 103 Hampton Avenue, Toronto, Ontario M4K2y9, Kanada; c/o Konzertbüro Andreas Braun, Sülzgürtel 86, D-50937 Köln, T: (02 21) 9 42 04 30, F: 94 20 43 19, *braun@angel.de*. **Laufb:** Händel-FSp Göttingen, Karlsruhe u Halle, Heidelberger SchlossFSp, Brühler Schloßkonz, Kölner Philh; Mstrkl i Dtl, NL, I, USA u Doz Adjunct Faculty U Toronto. (Red)

Montandon, Christiane, Klavier; route de Meinier 36, CH-1253 Vandoeuvres, T: 02 27 50 14 28. (Red)

Montani, Alexa, Klavier; rue Ecole-de-Médecine 5, CH-1205 Genève, T: 02 23 29 48 38. (Red)

Montavon, Guy, Intendant; c/o Theater Erfurt, Theaterpl 1, D-99084 Erfurt, PF 800554, D-99031 Erfurt, T: (03 61) 2 23 31 00, F: 2 23 31 23, *intendanz@theater-erfurt.de*; *www.theater-erfurt.de, www.urauffuehrungen-erfurt.de*. **Laufb:** GenIntend Th Erfurt 02 bis 12.

Montazeri, Mehrzad S, Tenor; Gartengasse 14, A-2202 Enzersfeld, T: (0 22 62) 67 38 61, F: 67 38 61, *mehrzad.montazeri@aon.at*; c/o Agentur Seitter, Opernring 8/13, A-1010 Wien, T: (01) 5 13 75 92, F: 5 12 93 51, *office@agentur-seitter.at*; *www.montazeri.at* [Teheran]. **Ausb:** Stud Schubert-Kons u Kons d Stadt Wien Gesang b KS Waldemar Kmentt 81–89. **Laufb:** Eng Stadtth Ulm u Freiburg/Breisgau, Hess Staatsth Wiesbaden, Vereinigte Bühnen Krefeld/Mönchengladbach, Staatsop Stuttgart, Stadtth Kaiserslautern, Stadtth Augsburg, Bühnen d Stadt Köln, Dt Oper am Rhein Düsseldorf/Duisburg, Opéra National de Paris, Teatro Communale di Firenze, Stadtth Luzern, Th Erfurt, seit SpZ 03/04: Stadtth Bern, Th Hagen, Stadtth Klagenfurt SpZ 04/05, Volksop Wien SpZ 04/05. **Pr:** Prtr OpWettb Wien 88, Prtr u PublikumsprTräger Dostalwettb Wien 89. – **Aufn/RF:** CD: Eine Nacht in Venedig, SeeFSp Mörbisch 99; DVDs: Giuditta, SeeFSp Mörbisch 03; D Entführung aus d Serail, Maggio Musicale Fiorentino, Dgt: Z Mehta; D Herzogin v Chicago, Volksop Wien 05.

Monte, Duccio dal, Bass; c/o Boris Orlob Management, Jägerstr 70, D-10117 Berlin, T: (0 30) 20 45 08 39, F: 20 45 08 49, *info@orlob.net*; c/o Erich Seitter Bühnen- und Konzertvermittlung, Opernring 8/13, A-1010 Wien, T: (01) 51 37 59 92, F: 5 12 93 51, *office@agentur-seitter.at*; *www.orlob.net*. **Laufb:** Sol Stadtth Klagenfurt, Gastsol Dt Staatsop Berlin SpZ 03/04. (Red)

Monteiro, David, Sänger; Soldiner Str 19, D-13359 Berlin, T: (0 30) 49 91 22 78. **Laufb:** Gastsol Musikal Komödie Leipzig SpZ 00/01. (Red)

Montero, Joel, Tenor; c/o Südthüringisches Staatstheater Meiningen, Bernhardstr 5, D-98617 Meiningen. (Red)

Montero, José, Tenor; c/o Konzert-Direktion Zagovec, Hans-Böckler-Str 23, D-65468 Trebur-Astheim, T: (0 61 47) 91 96 60, (01 71) 6 81 96 87, F: 91 96 62, *agentur@zagovec-artists.de*; *www.zagovec-artists.de*. **Ausb:** Stud (P Lavirgen) Cons Superior de Música Madrid, (D Evangelatos) OpSchule d H f Musik München, PrivUnterr u Mstrkse (A Kraus, L Baumann, M Olivero, M L Cioni, D Chryst). **Laufb:** EnsMitgl Schillerth NRW 97–99, Bayer Staatsop München (R Abbado, M Boder, M Halasz, P Schneider), Münchner OpFSp 95, Op Leipzig (La Boheme, Rodolfo) 98, Gast GärtnerplTh u Prinzregenten Th München, Teatro Principal Palma de Mallorca, Teatro de la Maestranza Sevilla in ZusArb m Covent Garden, Städt Bühnen Regensburg, Th Ingolstadt u versch Landesth, Prod d 'Red Española de Teatros y Auditorios' (T Bretón: Los amantes de Teruel, Diego Marsilla) m Vorst in Bilbao, San Sebastián, Santander, Avilés, Gijón, Salamanca, Málaga u Teruel 97, zahlr Konz m Liedern, canciones u Arien aus Op u Zarzuelas, ua in Spanien, Dtschld, freischaff seit SpZ 99/2000, Sol Op Hannover 02/03. (Red)

Monti, Luca, Klavier; c/o Künstlersekretariat Buchmann, Schachnerstr 27, A-1220 Wien, T: (01) 2 03 63 57, F: 2 04 37 50, *office@buchmann.at*; c/o Mersich & Kiess OEG, Erlaaer Platz 2/2/19, A-1230 Wien, T: (01) 8 17 87 73, *office@mersichkiess.at*; *www.buchmann.at* [Terni, Italien 1966]. **Ausb:** Stud (E Maestosi) Kons Terni, (J v Vintschger) MH Zürich, (N Flores) MH Wien, Mstrkse (V Gornostaeva, H Graf, V Perlemuter, H Shapiro, R Buchbinder, S Perticaroli). **Laufb:** Doz U f Musik u Darst Kunst Wien, künstl Lt Konzsaisonen f Ital Kulturinst Wien u Gde Terni, zahlr Auftrr an int Fstv, Konz in Europa, Japan u Südamerika m Trio Ison. **Pr:** Prtr Beethoven-Kl-Wettb Wien 89 u 93, Int Osaka KamMWettb. **Ens:** Trio Ison. – **Aufn/RF:** ua Radio Vaticana, ORF, RSR, RDS, RTSI, HR; Lalo: Gesamtaufn d Werke f Vcl u Kl, m J Rachlin. (Red)

Monti, Matteo de, Bassbariton; Duisburger Str 13, D-10707 Berlin, T: (0 30) 88 67 69 85, F: 88 67 69 87; c/o Boris Orlob Management, Jägerstr 70, D-10117 Berlin, T: (0 30) 20 45 08 39, F: 20 45 08 49, *info@orlob.net* [Amsterdam]. **Ausb:** Stud Ges (D Dowling, O Kraus) in London. **Laufb:** Gastsol Op Leipzig, Dresden, Weimar, Hamburg, Amsterdam, Salzburg, Wien, Paris, Graz, Athen, Berlin, Köln, Dresden, Görlitz 03/04, Wiesbaden, Frankfurt, Hannover, Detroit, Miami, Barcelona, Palermo, Strasbourg, New York, Tel-Aviv, Chemnitz u Hannover, Gastsol Berliner FestW, Salzburger FSp, Bregenzer FSp, Liederabende in Österreich, Dtld, Frankreich, Holland, Italien, USA u Israel; ZusArb m G Tabori. – **Aufn/RF:** zahlr RF-Aufn u Fernsehübertragungen – ORF, ARD, ZDF, ARTE, MDR, SFB, NDR, BR, Israel RF, BBC u Radio France. **UA:** Eder: Mozart in New York, Has: Nach, Maxwell-Davies: The Lighthouse, Faust u Yorick, Rihm: Wölfli Lieder, Holliger: What Where, Gielen: Frühe Lieder, Kagel: Sankt-Bach Passion, Tal: Schlichtheit, Müller-Wieland: Kindheit, Das Gastspiel, Gadenstätter: Ballade I, Reimann: Tre Poemi di Michelangelo, Zender: Dubliner Nachtszenen, Schenker: Goldberg Passion, Weill: Der Protagonist, Henze: Das Ende Einer Welt / Der Landarzt, Tal: Kassel u Tel-Aviv: Wars Swept Through Here, Jerusalem: Kav Mar, Kelemen: Salut au Monde, Hamary: Seid Still, Turnage: Greek, Krätschmar: Heine Szenen, Manoury: Chronophonies, Lanciano: La Mort de Virgile, Trojan: Requiem, Schnebel: Majakowski's Tod, Höller: D Meister u Margarita, Müller-Wieland: Nathans Tod.

Montmollin, Nathalie de, lyrischer Sopran m Koloratur; Bleicherstr 7b, D-21521 Aumühle, T: (0 41 04) 69 28 41, 01 74–7 28 88 03, *ndemontmollin@aol.com*; Av de la Gare 31, CH-1880 Bex, T: (0 24) 4 63 41 91 [Zürich 31.3.1971]. Oper (Konstanze, Fiordiligi, Pamina, Micaela, Cleopatra), Lied, Konzert, frz Musik, Mozart **Ausb:** Stud Ges (E Bill Geiger) Kons Lausanne 90, LehrDipl 94, OpStudio Kons Biel 94–95, Atelier Lyrique de l'Opera de Lyon u Unterr Ges (C Gibaut, G Magby) USA 95–96, Stud Ges f MTh (I Figur) H d K Berlin 96–99, Unterr Ges (S Wilfart) Belgien. **Laufb:** Sol OpStudio Biel 95, OpStudio d Op Lyon 96, Maxim Gorki Th Berlin seit 98, Städt Bühnen Münster 01–03, Gastsol Staatsth Braunschweig SpZ 03/04, Th Pforzheim SpZ 03/04, Konz in d Philh Berlin 99, Cathédrale de Lausanne m Choeur Faller u Orch de Chambre de Lausanne 01, Rheinsberger FSp 97 u 98, SchlossFSp Worms-Herrnsheim 2000, GastSol Stadt Bühnen Münster 03/04, GastSol LandesTh Flendsburg 04, GastSol StaatsTh Darmstadt 05/06. **Pr:** 2. Pr GesWettb Stift Luthi-Wegmann Bern 95, Nachwuchspr M- u ThFreunde Münster u Münsterland 02. **Mitgl:** GDBA. – **UA:** Arianna i 'Arianna in Nasso' v N Porpora, dt Erstauff Städt Bühnen Münster 02/03.

Montvidas, Edgaras, Tenor; c/o Oper Frankfurt, Untermainanlage 11, D-60311 Frankfurt. (Red)

Moody, Morgan, Sänger; c/o Opernhaus Zürich, Falkenstr 1, CH-8008 Zürich. (Red)

Moog-Ban, Ildiko, Prof, Hochschullehrerin, Violine; Hochschule f Musik, Schwarzwaldstr 141, D-79102 Freiburg i Br [1944]. **Laufb:** Prof (Orchstudien, V) Staatl H f Musik Freiburg, 1. Konzm Philharmon Orch d Stadt Freiburg. (*)

Moog, Joseph, Piano; c/o Cecilia Music Concept – Franz-Georg Stähling, Brauweilerweg 183, D-50933 Köln, T: (02 21) 8 00 00 70, (01 72) 9 20 72 48, F: 8 00 00 71, *staehling@cecilia-cmc.de*; *www.cecilia-cmc.de* [Neustadt 1987]. **Ausb:** Vorstud H für Musik Karlsruhe b S Speidel, Mstrkrse b J O'Connor, Dublin u M Proenca, Rio de Janeiro. MusikH Würzburg Mstrkl B Glemser seit 01. (Red)

Moog, Rainer, Prof, Hochschullehrer, Viola; Rohrbergstr 41, D-53797 Lohmar, T: (0 22 06) 39 94, F: 8 37 62, *Rainer.Moog@uni-koeln.de*; H f Musik, Dagobertstr 38, D-50668 Köln. **Laufb:** Prof (Va) H f Musik Köln. (Red)

Moon, Sandra, Sängerin; Englschalkinger Str 136, D-81925 München, T: (0 89) 91 63 96; c/o Staatstheater am Gärtnerplatz, PF 140569, D-80455 München. **Laufb:** Sol Staatsth am Gärtnerpl München. (Red)

Moorcroft, Annemarie, Viola; c/o Deutsches Symphonie-Orchester Berlin, Masurenallee 8–14, D-14057 Berlin. **Ausb:** Stud (Va) Musikhochschule Köln (R Moog), Manhattan School of Music New York (M Tree u C Phelps). **Laufb:** Sol Dt SymphOrch Berlin seit 96, Dozentin H f M 'Hans Eisler' Berlin 98–2000. (Red)

Moore, Previn, Sopran; c/o Opernhaus Graz, Kaiser-Josef-Pl 10, A-8010 Graz, T: (03 16) 80 08; c/o Musikalische Komödie der Oper Leipzig, Dreilindenstr 30, D-04177 Leipzig. **Laufb:** Gastsol Landesth Coburg SpZ 00/01, Gastsol Op Leipzig SpZ 03/04, Gastsol Ophaus Graz SpZ 04/05. (Red)

Moore, Walter, Prof, Hochschullehrer; Univ f Musik u Darst Kunst, Inst f Gesang u Musiktheater, Penzinger Str 7, A-1140 Wien [1940]. Sologesang u Musikdramat Darstellung **Ausb:** Bachelor of Arts (Stanford University), Studium in Wien (K Schmidek, E Werba u R Schollum) ab 63. **Laufb:** Korrepetitor a d U f Musik u Darst Kunst Wien 65, o UProf (Lied u Orat) ebd 84. (Red)

Mooslechner, Katharina, Sopran; c/o Salzburger Konzertgesellschaft, Getreidegasse 31, A-5020 Salzburg, T: (06 62) 83 86 95, F: 82 86 95 14; *www.salzburg-concerts.com*. **Ausb:** Stud U Mozarteum Salzburg b M Sharp. **Laufb:** Silvesterkonzert m BarockEns d Salzburger KonzGes 03, Salzburger FSp 05. (Red)

Moosmann, Christoph Maria, Orgel; Rötelstr 77, CH-8037 Zürich, T: 0 13 62 36 22 [Riedlingan a d Donau 1960]. **Ausb:** Stud (kath KiM) MH Freiburg i Br 79–88, SolDipl (Org) ebd, Stud (Kapm) Basel u Zürich. **Laufb:** Organist Univ-Kirche Freiburg 82–88, Künstl Lt 'Musiktage an d Univ Freiburg' 82–88, Organist Stadtkirche St Nikolaus Wil (Schweiz) 88–94, Stadtkirche Dübendorf seit 95 Interpret zeitgen Musik, Teiln an int Fstvs, Konz m Bamberger Symph, Lett Philh Riga, SymphOrch d NDR, Gastseminare Kons Nürnberg, Univ Mainz. **Pr:** Stip Studienstift d Dt Volkes. – **Komp:** 'Antiphona' (Liturgie f Ges u Org) nach Hildegard v Bingen. **Aufn/RF:** zahlr RF-Aufn u CD-Einsp, ua A Pärt: Gesamteinsp d Orgelwerke 95, Ch M Widor: Symph Nr 5–8 99, C Franck: Gesamteinsp d Orgelwerke 01. **UA:** H Lohse: Die vier letzten Dinge (quasi una sinfonia da Requiem, f Org u gr Orch). **Zug:** H Radulescu: Amen; E Tanguy: Ricercar; E H Flammer: Superverso per organo.

Moraleda, Ines, Mezzosopran; Bergmanngasse 45, A-8010 Graz, T: (06 50) 6 63 06 53, +34 6 09 34 89 39, *imoraleda@hotmail.com* [Barcelona, Spanien 3.9.1972]. frz Oper **Ausb:** Stud (Ges) Kons Superior Municipal de Musica Barcelona (Dipl Ges u Querfl). **Laufb:** Sol Schloss Rheinsberg in Massenet: 'Werther' (Charlotte) 01, Landesth Innsbruck SpZ 02/03, Schloss Weikersheim in Bizet: 'Carmen' (Titelpartie) 03, OpTh Graz SpZ 03/04. **Pr:** Ehrenpr f Querfl u Ges.

Morandi, Pier Giorgio, Dirigent; c/o Oper Frankfurt, Untermainanlage 11, D-60311 Frankfurt. (Red)

Morawitz, Felicitas, Sängerin; c/o Stadtth Baden, Theaterpl 7, A-2500 Baden bei Wien, T: (0 22 52) 4 83 38, F: 4 83 38 40. **Laufb:** Sol Stadtth Baden SpZ 03/04. (Red)

Morbach, Sönke, Sänger; Bahnhofstr 21, D-89275 Elchingen, T: (0 73 08) 92 27 37, F: 92 27 37, *morbach.siesing@t-online.de* [24.10.1965]. Konz, Op, Lied **Ausb:** Stud Ges (A Schoonus) H Hamburg 86–92, OpStud (H Franz, M Schandert) H Hamburg 88–92, Mstrks b E Nesterenco 91, b R Resnik 97. **Laufb:** Gastsol Stadtth Bremerhaven Staatsth Braunschweig, Städt Bühnen Oldenburg 90, Th Ulm 92–96, freischaff ab 96 u. a. in Braunschweig, Straßburg, Innsbruck, Triest, Bologna, Osnabrück, Cosenza, Nancy, Palermo, Rom, Mexiko, Nordharzer Städtebundth Halberstadt/Quedlinburg SpZ 03/04. **Ens:** European Music Project. – **Aufn/RF:** Live-Einsp b RAI, Studioprod BR, CD-Einsp.

Morein, Donna, Sängerin (Mezzosopran); c/o Städtische Theater, Käthe-Kollwitz-Str 7, D-09111 Chemnitz, PF 756, D-09007 Chemnitz. **Laufb:** Sol Städt Th Chemnitz seit SpZ 98/99 (04/05). (Red)

Morel, Arnaud, Klarinette; c/o Berliner Symphoniker, Christstr 30, D-14059 Berlin. **Laufb:** Sol Berliner Symphoniker. (*)

Moreno, Carlos, Sänger; c/o Pfalztheater Kaiserslautern, Willy-Brandt-Pl 4–5, D-67655 Kaiserslautern. (Red)

Moreno, Xavier, Sänger; c/o Nationaltheater Mannheim, PF 102362, D-68023 Mannheim. **Laufb:** Sol Th Trier SpZ 03/04, Nationalth Mannheim. (*)

Morgenstern, Frank, GMD, Dirigent, Generalmusikdirektor; Körnerstr 5, D-03044 Cottbus, T: (03 55) 3 36 62, F: 3 36 62 [Kleinhartmannsdorf, Erzgebirge 17.7.1928]. Oper, Konzert **Ausb:** MH Leipzig 47–51. **Laufb:** GMD u Chef-Dgt Philh Orch Staatsth Cottbus 63–94, ständ GastDgt SinfOrch Berlin. **Pr:** Carl-Blechen-Pr, Ehrenmedaille d Stadt Cottbus, Ehrenmitgl Staatsth Cottbus.

Morgny, Bengt-Ola, Tenor; Komische Oper, Behrensstr 55–57, D-10117 Berlin. **Laufb:** Sol Komische Op Berlin. (Red)

Moriabadi, Dinyar, Posaune, Euphonium; Erlenweg 8, D-03185 Maust. (Red)

Moriabadi, Martina, Horn; Erlenweg 8, D-03185 Maust. (Red)

Morigi, Gabriella, Sängerin; Via XXV Aprile 131, I-47023 Cesena, T: 05 47 63 22 34, 3 39–6 96 16 13, F: 05 47 63 86 12, *morigigabriella@tin.it*; c/o Stadttheater Klagenfurt, Theaterpl 4, A-9020 Klagenfurt; *www.gabriella-morigi.com* [Turin, Italien 1.12.1963]. ital Oper (Verdi) **Ausb:** Stud (Ges) Turin. **Laufb:** Gastsol Staatsop Berlin, Stadtth Karlsruhe, Rotterdam, Koblenz, Royal Op Stockholm, Th Basel, Nat Op Helsinki, Th Biel/Bienne-Solothurn SpZ 00/01, Stadtth Klagenfurt, Th Bellini Catania, St Petersburg, Savona, MTh im Revier Gelsenkirchen u Volksth Rostock SpZ 03/04, Gastsol Classic Openair Solothurn, Maggio Musicale Florenz.

Morikawa, Eiko, Sopranistin; Greifswalder Str 215, D-10405 Berlin, T: 0 17 91 19 27 67, F: (0 30) 44 04 20 61, *eiko.morikawa@web.de*. zeitgen Musik **Ausb:** GesStud Tokio, Stip (DAAD) UdK Berlin b Prof Aribert Reimann u Prof Ernst-Gerold Schramm. **Laufb:** Gastsol Zeitgen Op Berlin SpZ 00/01, Nissay Th Tokio 02, Kom Op Berlin SpZ 03/04; Konz Salzburger FSp 02; New Nat Th Tokyo 05; Kom Op Berlin SpZ 05/06. **Pr:** Kranichsteiner Musikpreis Ferienkurs f Neue Musik Darmstadt 94, 2. Pr Gaudeamus-Wettb f zeitgen Musik 96, 1. Pr u Masuzawa-Pr Japan Musikwettb 96. – **Aufn/RF:** M Takano: 'Womens Paradise' 01 (CD); H Lachenmann: 'D Mädchen m d Schwefelhölzern' 02 (CD); L Voigtländer: 'Visages' 03 (CD); M E Keller: 'Deformationen' 03 (CD); J Klein: 'Portrait' 04 (CD); M Kubo: 'Margerite in Weiss' 04 (CD). **UA:** T Hosokawa: 'Vision of Lear', UA Münchner Biennale 98; A Reimann: Parergon 2 zu Melusine, UA 95; A Werner: 'Marlowe – Jude v Malta', UA München 02; L Voigtländer: 'Visages', UA 02; M Kubo: 'Margerite in Weiss', UA Wien 04; M Kubo: 'Osan', UA Tokyo 05.

Morloc, Renée, Alt; Dahlbergstr 31, D-67071 Ludwigshafen, T: (06 21) 68 80 71, 01 71–3 41 24 13, F: 68 80 72, *mezzo@reneemorloc.com*; c/o Konzert-Direktion Adler, Auguste-Viktoria-Str 64, D-14199 Berlin, T: (0 30) 8 95 99 20, F: 8 26 35 20, *info@musikadler.de*; *www.reneemorloc.com*. zeitgen M **Ausb:** Stud (Va, Kl) H f M Stuttgart, Stud Ges (G Jelden, G Hoffmann), Stud Ges Kons Paris u Univ Sorbonne Paris, Stud OpGes (R Knoll) Mozarteum Salzburg, Mstrkl b C Ludwig, B Fassbaender. **Laufb:** Debüt NatTh Mannheim 90, Sol Op Hannover 92–96, Dt Op am Rhein Düsseldorf-Duisburg seit 96, Gastsol ua Dt Op Berlin, Semperop Dresden, Op München, Bern, Nantes, Helsinki, Kassel, Oslo, Staatsop Hamburg, Stadtth Bern SpZ 04/05, Bach Fstv Pennsylvania, Helsinki Fstv, MaiFSp Wiesbaden, Berliner FestW, Israel Fstv 95, Ludwigsburger FSp, Mozartwochen Salzburg, Warschauer Herbst; Konz u a m Orquesta Nat de Madrid, Hamburger Symph, RF-SymphOrch Berlin, Dt SymphOrch Berlin, Bamberger Sinf, BR Orch, Münchner Philh, Prager Symph, Philh Hungarica, Helsinki Philh Orch, Jerusalem Symph Orch, Netherlands Radio Philh Orch 01. – **Aufn/RF:** zahlr CD- u RF-Prod sowie live-Mitschnitte f Funk u Ferns; CDs ua: OpGala Junger Künstler, RSO Berlin, Dgt: J Märkl 93; V Ullmann: 'Der zerbrochene Krug' op 36, Dt SymphOrch Berlin, Dgt: G Albrecht 98; Wagner: Götterdämmerung, Staatsorch Kassel, Dgt: R Paternostro 01; 'Nach Zigeunern lang noch schau'n mußt ich' Zigeunerlieder Recital, Ph Moll (Kl) 04. **UA:** zahlr UA zeitgen Werke. **Sonst:** Darst in d Kino-Prod 'Passio secundum Joannem' v H Niebeling. (Red)

Mórocz, Klara, Klavier, Hochschullehrerin; Akademie für Tonkunst, Ludwigshöhstr 120, D-64285 Darmstadt. **Laufb:** Doz (Kl) Akad f Tonkunst Darmstadt. (Red)

Morosow, Igor, Bariton; c/o Theater Erfurt, PF 100554, D-99005 Erfurt; c/o Agentur Seitter, Opernring 8/13, A-1010 Wien, T: (01) 5 13 75 92, *office@agentur-seitter.at*; *www.theater-erfurt.de/ensemble/morosov.html*. **Laufb:** Sol Th St. Gallen SpZ 03/04, Th Erfurt SpZ 04/05. (Red)

Morouse, Mark, Dipl, BA, Bariton; Im Schönblick 5, D-53578 Windhagen, T: (01 76) 24 47 22 10, *mmorouse@web.de*; c/o Oper Bonn, Am Boeselagerhof 1, D-53111 Bonn [Michigan, USA 11.3.1963]. Op, Optte, Musical, KiM **Ausb:** Pomona College 81–86, Stud MWiss Mozarteum Salzburg 86–89 (Lied u Orat). **Laufb:** Sol Oberhausen, Krefeld, Mönchengladbach, Bonn SpZ 01/05, Gastsol Köln, Düsseldorf, Wuppertal, Salzburg, London, Los Angeles, Island, Op im Schlossgarten FSp Eutin SpZ 04/05.

Morozov, Igor, Bariton; c/o Vereinigte Bühnen Graz, Kaiser-Josef-Pl 10, A-8010 Graz [Moskau 27.2.1973]. **Ausb:** Stud (Prof E Nesterenko, J Grigoriew) Kons Tschaikovsky Moskau. **Laufb:** Sol Dt Op Berlin, Wiener Kammerop, Konz u Th St Gallen, Canadian Op Company 'Queen of spades' (Eletsky) 02, Sol Vereinigte Bühnen Graz SpZ 03/04, Puccini 'Tabarro' Graz 04. **Pr:** 3. Pr E Obraztzova Gesangswettb 2000.

Morozowa, Ekaterina, Sängerin; Corneliusstr 101, D-40215 Düsseldorf, T: (02 03) 72 22 18, (01 62) 4 68 74 75. **Laufb:** Sol Dt Op Berlin, Landesth u Kammerspiele Salzburg, Volkop Wien SpZ 03/04, Semperop Dresden SpZ 04/05, Dt Op am Rhein Düsseldorf-Duisburg SpZ 04/05. (Red)

Morrison, Richard, Bariton; c/o Staatstheater Mainz, Gutenbergpl 7, D-55116 Mainz. (Red)

Mosch, Judith, Pianistin, Hochschuldozentin; Hochschule f Musik u Theater Hannover, Emmichpl 1, D-30175 Hannover, *duo.villarceaux@t-online.de*; c/o Konzertdirektion Tobischek, Zimmermannstr 59, D-45239 Essen, T: (02 01) 8 40 51 75, F: 8 40 51 76, *tobischek@arcor.de*; *www.duo-villarceaux.de* [1969]. Klavierduo **Ausb:** KlUnterr (Ch-M Hartmann) Hannover 76–82, Kl (K-H Kämmerling) Hannover 82–88, Stud MErz u künstl Ausb (M Dörrie) MH Hannover 88–94, Stud (D Varsi) Staatl H f Musik Karlsruhe 94–97, Konzertexamen. **Laufb:** m Duo Villarceaux: Schleswig Holstein MFstv 97+05, Tourneen Südamerika u Europa 99 u 2000, Debüt KonzHaus Gendarmenmarkt Berlin 2000, Zentraleurop MFstv Zilina (Slowakei) 2001; LBeauftr MH Hannover seit 93, Doz ebd seit 2000. **Pr:** mehrf Pr JugendM-Wettb ('Jugend musiziert', 'Grotrian-Steinweg', 'Steinway') 82–88, 1. Preis GEDOK-Wettb 93, 1. Pr 14. Int MWettb Caltanissetta 98. **Ens:** Klavierduo Villarceaux. – **Aufn/RF:** CDs Duo Villarceaux: Strawinsky 01; Rachmaninow 01; Debussy u Ravel 05. **Sonst:** Grdg KlDuo Villarceaux m A Sostmann 97.

Moser, Edda, Prof, Hochschullehrerin, Sopran; Eifelblick 8, D-53619 Rheinbreitbach; H f Musik, Dagobertstr 38, D-50668 Köln [Berlin 27.10.1938]. **Ausb:** Stud Kons Berlin (H Weissenborn, G König). **Laufb:** Sol Met Op New York, Mailänder Scala, Staatsop Wien, München, Hamburg, Dt Op Berlin, Covent Garden London, Grand Op de Paris, Bolschoi Th Moskau, Op St Petersburg ua, Gast Festivals in Salzburg, Wien, München, Edinburgh, Florenz, Ravenna, Berlin, Amsterdam, Aix-en-Provence, Orange, Athen, Tel aviv, Barcelona, Madrid, Dresden, Tokio, Rom, sang Donna Anna, Konstanze, Fidelio, Marschallin, Rezia, Sieglinde, Ariadne, Salome, Senta ua, ZusArb m Abbado, Bernstein, Böhm, Boulez, Karajan, Haitink, Maazel, Masur, Muti, Pritchard, Prof (Ges) H f Musik Köln. **Pr:** Grand Prix du Disc, KS, BVK am Bde. – **Aufn/RF:** Virtuose Arien v Mozart; Mozart, 'Idomeneo' (Elettra); Weber, 'Abu Hassan' (Fatime); Mozart, 'Don Giovanni' (Donna Anna), Regie J Losey (Film).

Moser, Elsbeth, Prof, Hochschullehrerin, Bajan, Akkordeon, Komponistin; Hindenburgstr 8, D-30175 Hannover, T: 0 17 25 46 83 57. **Ausb:** Stud am Berner Kons u an d MH in Trossingen. **Laufb:** Prof (Akk) H f M u Th Hannover seit 83. **Pr:** Bernhard-Sprengel-Pr d Stadt Hannover 79, BVK 97, Ehrenprof MH Tianjing in China. (Red)

Moser, Johannes, Violoncello; c/o Künstlersekretariat am Gasteig, Rosenheimer Str 52, D-81669 München, T: (0 89) 44 48 87 90, F: 4 48 95 22, *team@ks-gasteig.de*; *www.johannes-moser.com*, *www.ks-gasteig.de* [München 1979]. **Ausb:** H f M München. **Laufb:** RFO München. **Pr:** Karl Davidoff Pr Riga 2000, 1. Pr Tschaikowsky-Wettb Moskau 02, Bayr Kunstförderpr 03. – **Aufn/RF:** zahlr CDs.

Moser, Paul, Konzertmeister, Violine; Drosselweg 5, CH-3012 Bern, T: 03 13 01 32 19, 07 87 57 57 19, F: 03 13 01 32 19, *Paul.Moser@freesurf.ch* [22.2.1943]. Solo- u Kammermusikliteratur **Ausb:** Studien in Bern u Basel, KonzDipl b H Schneeberger. **Laufb:** Konzm Berner SymphOrch seit 72. **Ens:** Moser Qua Bern.

Moser, Roland, Komponist, Hochschullehrer; Hegenheimermattweg 6, CH-4123 Allschwil, T: 06 14 81 90 42, F: 06 14 82 19 00 [Bern 16.4.1943]. **Ausb:** Kl, Dirig, Komp (S Veress, W Fortner) Bern, Freiburg, Köln. **Laufb:** L (theoret Fächer, Neue Musik) Kons Winterthur 69–84, MH MAkad Basel (Komp, MTheorie) seit 84. **Ens:** Neue Horizonte Bern. – **Komp:** ua Bild-Brechung, Orchvariationen 99/2000; AVATAR (Op), OrchWerke, KamM, Chor ua Fragment aus d Brentanophantasien (f Bar u Kl) 90–94; Kl Exercitium (Siebenmal 'Kirchberg' v K Merz, f Mezzosop solo) 96; Inbilder (M f OrchSegmente m 10 BlechBl, 8 V, 2 Schlgz u Akk) 96; 8 Baumstudien f 20 Vcl 97; ... e torna l'aria della sera... (Lied f Ob d'Amore u Vcl über e Ballade v Pasolini) 98; The Wheel (Kanon u 6 optionale Lieder in 7 Spr f 7 Chöre) 98; Last u Leichtigkeit u Schmerz (f 2 Chöre, A-Sax, Bar-Sax, Akk, 2 Schlgz, div kl Schlginstr u 2 Git) 98; Others the Same (Lied f Chor u Orch n Texten v W Whitman u C Pavese 97/99; Pas de deux imaginaire (f StrOrch) 99.

Moser, Sophie, Violine, Komposition; c/o GEDOK Bonn – Haus der Kultur – Fachgruppe Musik, Weberstr 59a, D-53113 Bonn, T: (02 21) 9 43 83 98, (02 28) 9 10 73 97, 01 77–8 76 20 38, F: (02 28) 9 10 89 54, (02 21) 4 30 22 35; Bergstr 181, D-53129 Bonn [Bonn 29.5.1984]. **Ausb:** VUnterr (A Schwarzburg) 89–95, Jungstud (Z Bron, S Fatkoulin) MH Lübeck 95–98, Jungstud (Z Bron, S Fatkoulin) MH Köln 98–2000, VUnterr (S Fatkoulin) Madrid 2000–01, Stud V, Komp (Peters, S Fatkoulin) MH Köln seit 2001. **Laufb:** KonzTournee (als Sol) m KamOrch m St Petersburger Solisten Dtschld u Russland 90, m Jugend-Schleswig-Holstein-Orch Griechenland 92, Konz-Jubiläum Moskau, Tschaikowski-Saal, m Russ StaatsKamOrch (Vivaldi) 95, Benefiz-Konz Philh Köln 95, Konz Tonhalle Zürich m Südwestdt Philh 97, ARD-Konz Baden-Baden m SWF RF-Orch 97, Konz Berlin Schloß Bellevue (Verabschiedung Bundespräs) 99, Konz Berlin Philharmonie 99, KonzTournee (als Sol) Japan (Tokio, Osaka, Kyoto ua) 2001. **Pr:** 1. Pr Jugend Musiziert (V u Kl) 90, 1. Pr int VWettb Paris U.F.A.M. 91, 4. Pr Int VWettb 'Y Menuhin' 98, 5. Pr Int VWettb 'N Paganini' Genua 2000, Sonderpr als jüngste Finalistin 'N Paganini' 2000. **Mitgl:** GEDOK Bonn seit 01. – **Aufn/RF:** zahlr Konz-Mitschn (ua WDR, ARD, Dt Welle). **Lit:** 'Kulturweltspiegel', Porträt: WDR, MDR, SAT1, Dt Welle, ARD.

Moser, Thomas, Prof, Tenor; c/o Wiener Staatsop, Opernring 2, A-1010 Wien [Richmond, USA]. **Laufb:** ua Sol Dt Op Berlin, Bayer Staatsop München, Hamburg Staatsop, Wiener Staatsop, Gastsol Dt Staatsop Berlin SpZ 04/05. **Pr:** 'Österr KS' 88. (Red)

Most, Ingeborg, Prof, Hochschullehrerin, Gesang; Altweg 25, D-79356 Eichstetten, T: (0 76 63) 9 96 93, F: 9 96 93. **Laufb:** Prof (Gesang) Staatl H f Musik Freiburg. (*)

Most, Regina, Dipl, Sängerin; c/o Theater Magdeburg, PF 1240, D-39002 Magdeburg [Wurzen 23.8.1955]. **Ausb:** Stud H f M 'Hanns Eisler' Berlin 74–80. **Laufb:** Sol Th d Landeshauptstadt Magdeburg.

Moster, Tobias, Violoncello; Turnerstr 25, CH-4058 Basel, T: 06 16 81 80 51. **Ens:** Aequatuor. (Red)

Mostetschnig, Josef, Konzertmeister, Violine; c/o Opernhaus, Kaiser-Josef-Pl 10, A-8010 Graz. **Laufb:** Konzm Grazer Philh Orch. (Red)

Mosuc, Elena, Sopran; Im Sträler 27, CH-8047 Zürich, T: 04 44 93 11 93, 0 79–4 04 20 70; c/o Opern-Agentur M Kursidem & E Tschaidse, Tal 28, D-80331 München, T: (0 89) 2 91 61 66 12, F: 29 16 16 67, *kursidem@opern-agentur.com, tschaidse@opern-agentur.com* [Iasi, Rumänien]. **Ausb:** VolksH f Kunst u Ges Iasi, Kons 'George Enescu' Iasi. **Laufb:** Debüt Op Iasi, Sol Op Zürich seit 91, Sol Aalto MTh Essen 03–05, Gastsol ua Bayer Staatsop München, Op Dresden, Hamburg, Staatsop Berlin, Op Helsinki, Wiener Staatsop, Opéra Comique Paris, Op Nizza, Rom, Sol Dt Op Berlin SpZ 03/04, Mozart-FSp Wien 98, Zürcher FSp 99, regelm Konz u OpAbende; ZusArb m N Santi, N Harnoncourt, F Welser-Möst, R Weikert, P Domingo, Ch v Dohnányi, V Fedoseyev, P Carignani, A Fischer, M Minkowski, M Plasson, M Viotti, Sir C Davis, D Zinman, M Gielen, F Luisi, B Campanella, L Hager. **Pr:** 1. Pr int ARD MWettb München, 1. Pr Wettb Monte Carlo 91, europ Förderpr f M 93, 'Premio Bellini d'Oro' Catania 95, 'Premio Zenatello di Verona' 01, 'Premio Verdi di Modena' 04. – **Aufn/RF:** G Brunetti: Stabat Mater (Ersteinsp) 94, Solo-CDs: 'Au Jardin de mon Coeur', 'Mozart Portrait', 'Notre Amour', TV-Auftr Gala z hundertjähr Bestehen d FIFA (unter d musikal Ltg v V Gergiev) 04. **Sonst:** TV-Film 'The Genius of Mozart' f BBC1.

Motte, Diether de la, Prof, Komponist; Aichholzgasse 20–22/7, A-1120 Wien, T: (01) 8 17 70 28; Spandauer Damm 5, D-14059 Berlin [Bonn 30.3.1928]. **Ausb:** Stud Komp (W Maler), Kl u Chorlt (K Thomas) Detmold 46–50. **Laufb:** Doz Düsseldorf, Verlagslektor Mainz, Prof MH Hamburg 62–82, Prof Hannover 82–88 u Prof Wien. **Pr:** Dt Jugendmusikpr, Robert-Schumann-Förderpr Düsseldorf. – **Komp:** Der Aufsichtsrat (Op-Einakter) 69, UA Hannover 70; So oder so (Op), UA Hamburg 75; Hörtheater 5 Stücke (Viele Sprecher, Ch u Ens) 77, UA Hamburg 77; 2. OrchKonz 79, UA Duisburg 80; Ich mische mich ein, 16 Lieder f e singenden Klavierspieler 87, UA Hamburg 87. **Sonst:** zahlr Bücher zur MTheorie.

Motz, Wolfgang, Prof, Hochschullehrer, Komponist; Sickingenstr 31, D-79117 Freiburg, T: (07 61) 55 15 62, F: 55 15 62, *W.Motz@mh-freiburg.de* [Mannheim 10.9.1952]. **Ausb:** Kl (E Picht-Axenfeld), Komp (K Huber), MTheorie (P Förtig), Gehörb (M Ulbrich) MH Freiburg 75–80; Komp (L Nono), ComputerM (A Vidolin) Venedig 80–82. **Laufb:** Prof (Gehörbild) Staatl H f M Freiburg seit 89, Einlad n Ecuador 93 u Taiwan 97. **Pr:** Stip DAAD Venedig 80–82, KompPr: Förderpr Dresden 79, Mönchengladbach 81, Stuttgart 83, WDR Köln 88, H d Künste Berlin 94. **Mitgl:** Dt Ges f Neue M, Dt Ges f elektroakust M. – **Komp:** 'Los Dictadores' 79/80, UA Ensemblia-Fstv Mönchengladbach, M Jungen (Sop), NRSinfonietta, Dgt: L Zagrosek 81; 'sotto pressione' (f zwei Ob u CompKlänge) 82, UA Biennale Venedig, J Sanders, P Veale (Ob), W Motz (Klangregie) 82; 'Aufzubrechen ... ins Offene ...' (f Klar in a, StrTrio) 83/84, UA Vicenza, I Semple (Kl), M Mellinger (V), F Mohr (Va), L Fels (Vcl), Dgt: W Motz 85 (Auftr: SDR Stuttgart); '... per non sentirci soli ...' (f 4 Schlgz u CompKlänge) 85, UA Biennale Venedig, Perc Ricerca, Dgt: W Motz 85 (Auftr: Biennale Venedig); '...non svanisce...' (f Orch) 86/87, UA Donaueschingen, SinfOrch d SWF, Dgt: A Tamayo 89 (Auftr: SWF Baden-Baden); 'voix...tranchantz' (f 12 Solostr) 90/91, UA Salzburg, Kurpfälz KamOrch, Dgt: B Kontarsky 92 (Auftr: Kurpfälz KamOrch Mannheim); 'il segno sulla sabbia' (f Mezzosop, Klar in a, Va, Git, Schlgz, Live-Elektronik) 91/92, UA Freiburg, G Kniesel (Mezzosop), C Geselbracht (Va), W Ifrim (Kl), H Moro-Vera (Schlgz), J Ruck (Git), Dgt: J Schöllhorn 92 (Auftr: H-Strobel-Stift d SWF); 'Krypsantes' (f CompKlänge, gr Orch u Ch) 95–2000; UA Stuttgart, SinfOrch d SWR u SWR-Vokal-Ens, Dgt: D Coleman 02 (Auftr: SWR Stuttgart). **Aufn/RF:** CDs: 'sotto pressione' 82; '... u lächelnd ihr Übel umarmen', elektron Komp 90; 'gorani – gazin' (f AltSax u Akk) 94. **Sonst:** Grdg ens recherche Freiburg 85; 'D Spieltechnik d Oboe', Kassel 94; 'Konstruktion u Ausdruck, Analyt Betracht zu 'Il Canto sospeso' v L Nono', Saarbrücken 96.

Moulds, Christopher, Dirigent; c/o Bayerische Staatsoper, Brieffach, D-80075 München. (Red)

Mouller, Mikhail, Prof, Hochschullehrer, Viola; Linnenfeld 5, D-33699 Bielefeld, T: (0 52 02) 95 63 66, 01 72–8 00 45 91, F: (0 52 02) 95 63 66; Hochschule f Musik, Neustadt 22, D-32756 Detmold [Sowjetunion 1945]. **Ausb:** Stud Kons Kischinjow/Moldau, weitere Stud Moskau (Prof V Borissovsky), Konz-Dipl Kons Gnessins 75. **Laufb:** Sol StaatsOrch St Petersburg, Prof Kons Kischinjow, Ltg Va-Klasse Folkwang-H Duisburg seit 95, Prof (Va) H f M Detmold. **Pr:** 1. Pr Wettb f junge Musiker 63, Ernenn z Prof Moskau 90. (Red)

Mounk, Alicja, Prof, Hochschullehrerin, Dirigentin; Sophienstr 21, D-76133 Karlsruhe, T: (07 21) 9 21 13 89; Hochschule f Musik, PF 6040, D-76040 Karlsruhe, *alicja.mounk@hfm-karlsruhe.de* [Lodz]. **Ausb:** Dirig (ua M Gielen, N Boulanger) Paris. **Laufb:** Kapm Op München u Stuttgart, GMD Ulm bis 94, Gastdgt Münchner Philharmoniker, Radio-SinfOrch Berlin, WDR-SinfOrch, Zürcher Tonhalle-Orch, ständ Gast b int Fstv, ua Steir Herbst, Münchner Biennale, Biennale Venedig, musikal Lt OpSchule Staatl H f Musik Karlsruhe. **Pr:** versch Pr, ua Kulturförderpr München. – **Aufn/RF:** RF- u Fernsehaufn CDs. (Red)

Mraz, Thomas, Sänger; c/o Stadttheater St Pölten, Rathauspl 11, A-3100 St Pölten. **Laufb:** Sol Th St. Pölten SpZ 03/04. (Red)

Mrozek, Wojtek, Klarinette, Dirigent; c/o Art Productions Irena Nemecek, Müllerstr 15, D-80469 München, T: (0 89) 23 00 01 82, F: 23 00 08 52, *music@art-productions.com, mrozek@mrozek.pl*; *www.mrozek.pl* [Chelmno 1967]. **Ausb:** MAkad Warschau, H f M München. **Laufb:** Chamber Philh Orch Leopolis 02. **Ens:** Mrozek Chamber Orch. (Red)

Mucedu, Daniel, Sänger; Detmolder Str 13, D-10715 Berlin, T: (0 30) 85 40 23 09. **Laufb:** Sol Th d Landeshauptstadt Magdeburg, Gastsol Th Görlitz SpZ 00/01. (Red)

Mucher, Waltraud, Mezzosopran; c/o Harald Engel, Am Sportzentrum 9, D-01609 Gröditz, T: (03 52 63) 3 07 82, F: 4 36 40, *hoffmann-mucher@gmx.net*; c/o Theateragentur Heidi Schäfer, Keplerstr 30, D-60318 Frankfurt/M, T: (0 69) 28 33 47; *www.hoffmann-mucher.com* [Klagenfurt 21.4.1962]. Op, Lied, Orat **Ausb:** HfM Graz (K E Hoffmann), Mstks A Reynolds, N Serner, S Jarinoc. **Laufb:** Gast Op Graz, Stadtth Klagenfurt, Kom Op Berlin 95, Th Bremen 97, Sol Staatsth Cottbus 97–05, Gast Staatsth Cottbus 05–06, Gast Th Dessau 06. **Pr:** Prtr OpWettb Neapel 91, Prtr Unisa Transnet 94, Prtr Salzburger Mozartwettb 95. – **Aufn/RF:** T D Schlee: Der Baum d Heiles (Orat), Capella Nova Graz, Dgt O Kargl 96; J Francaix: L'Apocalypse selon Saint Jean (Orat), Göttinger SymphOrch, Dgt C Simonis 97; J Eybler: Christmas Orat, I febiarmonici, Dgt W Helbich 99; C Reinthaler: Jephta u seine Töchter, KamSinf Bremen, Dgt W Helbich 99. **UA:** B Furrer; Narcissus (Op), UA Graz 94; W Muthspiel: Quit Song in times of chaos, UA Graz 95; G F Haas: Nacht (KamOp), UA Wien 96.

Muck, Conrad, Violine; c/o Impresariat Simmenauer, Henriette Haage, Bornstr 12, D-20146 Hamburg, T: (0 40) 42 31 31 12, F: 42 31 31 13, *henriette.haage@impresariat-simmenauer.de, conrad.muck@petersenquartett.de*; c/o Künstlervermittlung Klaus Eisenberger, Peter-Jordan-Str 8, A-1190 Wien, T: (01) 3 68 13 63, F: 3 69 23 23, *Eisenberger@classic-music.at*; *www.impresariat-simmenauer.de, www.petersenquartett.de* [Dresden 31.7.1965]. **Ausb:** Dresdner H f M 'Carl Maria v Weber, anschließend Stud b Heinz Rudolf, Reinhard Ulbricht u Gustav Schmahl, in Berlin b Werner Scholz u Freiburg b Wolfgang Marschner, Mstrkse ua b Tibor Varga, Max Rostal u Ruggiero Ricci. **Laufb:** Sol ua Konz m Dresdner Staatskapelle, Dresdner Philh u d Berliner RF SinfOrch, sowie m verschiedenen Orch in Großbritannien, Italien, der Schweiz, Polen u Bulgarien, Juror b 6. Int Wettb f StrQua 'Premio Paolo Borciani' Reggio Emilia 02, Jurymitglied d KamMwettb 'Vittorio Gui' in Florenz 03, als Konzm Gast d Züricher KamOrch. **Pr:** 1. Pr Ludwig-Spohr-Wettb Freiburg u b Bodensee-Musik-Wettb Konstanz. **Ens:** Primarius Petersen Qua.

Mücke, Michael, Prof, Hochschullehrer, Violine; Bergkoppelweg 2719, D-22335 Hamburg, T: (0 40) 59 35 15 64; c/o Konzertbüro Nikolaus Schmidt, Kirchenallee 22, D-20099 Hamburg, T: (0 40) 28 05 66 17, F: 28 05 66 18, *info@schmidtkonzert.de*. **Laufb:** Prof (V, KamM) H f M 'Hanns Eisler' Berlin. **Ens:** Trio Fontenay seit 80. (Red)

Mühlbach, Bernhard, Prof, Oboe, Hochschullehrer; Am Haideberg 15, D-01468 Boxdorf, T: (03 51) 4 60 92 86, F: 4 60 92 86; Hochschule f Musik, PF 120039, D-01001 Dresden. **Laufb:** Prof (Ob) H f Musik Carl Maria v Weber Dresden. (Red)

Mühlbach, Martin, Cellist; c/o Landesbühnen Sachsen, Meißner Str 152, D-01445 Radebeul. **Laufb:** Sol LdesBühnen Sachsen. (Red)

Mühlbach, Rainer, GMD, Dirigent; c/o Semperoper, Theaterplatz 2, D-01067 Dresden; c/o Balmer & Dixon Management AG, Kreuzstr 82, CH-8032 Zürich, T: 04 32 44 86 44, F: 2 44 86 49, *unger@badix.ch* [Dresden 1966]. **Laufb:** Dgt Hamburg Staatsop, Sächs Staatsop Dresden (03/04), Gastdgt Bad Staatsth Karlsruhe SpZ 00/01, Dgt Opn Köln, Dgt Dt Op Berlin SpZ 03/04, Ophaus Graz SpZ 04/05, Semperop Dresden SpZ 04/05, GMD der Stadt Münster seit SpZ 04/05. (Red)

Mühlbacher, Christian, Prof, Komponist, Arrangeur, Schlagzeug, Percussion, Vertragslehrer (Jazztheorie, Arrangement); Goldegg 33, A-1040 Wien, T: (01) 5 04 96 80, *christian.muehlbacher@chello.at*; *www.christianmuehlbacher.com* [Wien 1.2.1960]. Arbeit im Grenzbereich E/U **Ausb:** Stud Komp (K Schwertsik), Arr u Jazztheorie (H Czadek), Jazzschlgz (F Ozmec). **Laufb:** Workshops m G Russel u G Evans, Initiator u Musiker mehrerer Projekte wie 'Nouvelle Cuisine', 'Go 4 it', '5.4.', 'mücemü' ua; Auftr im Porgy & Bess Wien 97–03, im Mozartsaal Wien Modern 98, b Zeittonfstv im Radiokulturhaus 99, b stArt Fstv Salzburg m Mozarteum Orch 00 u b Brass Fstv Brucknerhaus 03 ; Gastprof (Jazztheorie u Arr) U f M u Darst Kunst, LAuftr (Jazztheorie, Arr u Drumset) Gustav Mahler Kons Wien, Arb im eig Studio. **Pr:** KompPr Workshop d Austro Mechana m Vienna Art Orch 84, Liebnitzer Kunstpr f Jazzkomp 94, KompPr d Stadt Klagenfurt Musikforum Viktring 95, Staatsstip f Komp 98. **Ens:** Nouvelle Cuisine (Co-Leader), Pro Brass. **Mitgl:** IGNM. – **Komp:** Mountain Song 92; Vier Gewebe f Orch 94–96; Schach 95; Tuning f PosQua 96; Drumming NC 96; City Song 96; Tango o Tango f Qua 97; Komplette Programme 5.4. 97–03; Tuning f StrQua 2000, UA lange Nacht d Musik, Brucknerhaus Linz, Stadler Qua 2000; Moment 3: der Modus kommt mir spanisch vor 01; UA Viktring, Nouvelle Cuisine 01. **AuftrKomp:** Techno-Marsch-Karli's Clubbing Version 95 (Auftr: Pro Brass); Things 97, UA Sargfabrik, Hörgänge Janus Ens 99 (Auftr: Janus Ens); -One & Two 98 (Auftr: Zeittonfstv); Chamber Jungle 98 (Auftr: Klangforum Wien); Vom Himmel (& zurück) 02 (Auftr: Wiener Glasharmonika Duo); 21st century brass (opener – pulse – ende gut) 03, UA Brass Fstv Brucknerhaus 03 (Auftr: Pro Brass). **Aufn/RF:** CDs u DVDs: 'Chamber Jungle'; m Nouvelle Cuisine 'Live at Porgy & Bess', 'Ultimate Sentences', Phrygian Flight', 'éléphant terrine' u ' flambée'; m Dafeldecker 'Diphtongs';

m Mondautos 'Euroblues'; m Go 4 it 'd Goldene', 'traumfabrik' u 'g'rad verkehrt'; m Janus Ens 'Things'. **Lit:** Mica Lexikon zeitgen Musik aus Österreich.

Mühleck, Sonja, Diplom-Gesangslehrerin u Sprecherzieherin, KA u KE Gesang, Liedklasse-Diplom, Sängerin (Sop); Alt-Preungesheim 21, D-60435 Frankfurt a M, T: (01 78) 7 36 69 98, *sonjamuehleck@t-online.de*; c/o Oper Frankfurt, Untermainanlage 11, D-60311 Frankfurt a M; *www.sonjamuehlecl. de*. Op, Konz **Ausb:** MH Stuttgart (Pfeiffer) 93–98, MH Mannheim (Piernay) 98–02, Kurse b C Ludwig, H Hotter, T Quasthoff, G Jones, R Grist ua. **Laufb:** GastSol PfalztTh Kaiserslautern SpZ 2000/01 u 01/02, Freia i 'Rheingold' 01, GastSol Ravinia-Fest Chicago 02, Verdi Requieum 03, Missa solemnis (Weibersheim) 03, GastSol Th Regensburg SpZ 03/04, Micaëla (Bad Orb) 04, Marta i. 'Tiefland' (Merzig). **Pr:** Förderpr Hilde-Zadek-Wettb 2000, 2. Pr Wettb f Wagnerstimmen 03. – **Aufn/RF:** ORF Unterr b C Ludwig (Master class) 98; HR Wagner-Wettb Finale (2 Arien) 03; SR Operngala (Arie, Ensembles) 01; SWR Moderne Werke 02 ua.

Mühlenbeck, Wolfgang, Sänger; Sandstr 35 c, D-96450 Coburg, T: (0 95 61) 42 05 15; c/o Sommer-Operette, Lange Maas 17, D-96450 Coburg [Berlin 10.5.1947]. **Ausb:** Stud (Ges) MH Hamburg 76–79, Folkwangschule Essen 79/80. **Laufb:** Sol Oberhausen 80–82, Aachen 82–84, Oldenburg 84–89, Freiburg 89–92, Bern 92–98, Ch Ldsth Coburg seit 2000, Sol Coburger Sommer-Optte.

Mühling, Gunnar, Bassbariton; Godostr 11, D-82131 Gauting, T: (0 89) 87 60 05; *www.amazsingers.de/html/chorleitung.htm*. **Pr:** 'Singphoniker': 1. Pr int ChWettb Gorizia/Italien 88, Prix Charles Cros v Radio France ua. **Ens:** Mitgl Ens 'Singphoniker' bis 2000. (Red)

Müksch, Matthias, Kapellmeister; Landesbühnen Sachsen, Meißner Str 152, D-01445 Radebeul. **Laufb:** 1. Kapm Landesbühnen Sachsen Radebeul. (Red)

Müllejans, Petra, Prof, Violine, Konzertmeisterin, Hochschullehrerin; Turnseestr 10, D-79102 Freiburg, T: (07 61) 70 69 35; c/o Freiburger Barockorchester, Bertoldstr 45, D-79098 Freiburg, T: (07 61) 70 57 60, F: 7 05 76 50, *info @barockorchester.de* [Düsseldorf 8.3.1959]. **Ausb:** Stud V in Düsseldorf, New York, (R Kußmaul) H f M Freiburg, Unterr BarockV (H Thoene) Düsseldorf, (N Harnoncourt) Salzburg. **Laufb:** Musikal Ltg Freiburger Barockorch, Prof (BarockV) H f M u Darst Kunst Frankfurt, LAuftr (V u BarockV) H f M Freiburg. **Ens:** 'Hot and Cool', Tango- u Klezmergruppe.

Müllenbach, Alexander, Prof, Komponist; Thumeggerstr 26d, A-5020 Salzburg [Luxemburg 23.1.1949]. **Ausb:** Stud M (Kl, KamM, MTheorie, Tonsatz, Komp) Kons Luxemburg, Cons National Supérieur de M Paris, Mozarteum Salzburg. **Laufb:** Prof (Kl) Kons Luxemburg 70, Grd u Präs Luxemburger Ges f Neue M 83–94, Präs Europ MAkad IME 90–96, Präs Conseil Supérieur de la Musique Luxemburg seit 2000, Lt int Sommerakad Mozarteum Salzburg seit 02. – **Komp:** ua 10 OrchW, Konzertante W, KamM, Vokalw u ChorM. (Red)

Müller-Beißenhirtz, Michael, Prof, Hochschullehrer, Klavier; Hochschule f Musik u Theater, FB 2, Harvestehuder Weg 12, D-20148 Hamburg. **Laufb:** Prof (Kl) H f M u Th Hamburg. (Red)

Müller-Brachmann, Hanno, Bassbariton; c/o Konzertdirektion Hans Ulrich Schmid, Königstr 36, D-30175 Hannover, PF 3409, D-30034 Hannover, T: (05 11) 3 66 07 60, 3 66 07 27, 3 66 07 77, F: 3 66 07 34, *mail@kdschmid.de, fh@kdschmid.de, Mueller-Brachmann@t-online.de*; c/o Deutsche Staatsoper, Unter den Linden 7, D-10117 Berlin, T: (0 30) 78 99 24 30, F: 89 74 82 17; *www.kdschmid.de* [Köln 20.8.1970]. Oper, Konzert, Lied **Ausb:** MH Freiburg (I Most) 91–94, MH Mannheim (R Piernay) 94–2000, Liedkl (D Fischer-Diskau) H d Künste Berlin. **Laufb:** OpDebüt Städt Bühnen Freiburg 92, Gast Basel, Lausanne, Paris, Debüt Dt Staatsop Berlin 96, Debüt Salzburger FSp 97, festes EnsMitgl Dt Staatsop Berlin seit 98 (SpZ 04/05), Debüt Bayer Staatsop München 99, Debüt Carnegie Hall New York 2000, Debüt Wiener Staatsop 04, San Francisco 04; Partien ua Mozart (Leporello/Masetto, Don Giovanni; Papageno/ Sprecher, Zauberflöte; Figaro, Le nozze di Figaro; Guglielmo, Così fan tutte; Publius, Titus; Osmin, Zaide), Wagner (Donner, Rheingold; Biterolf, Tannhäuser; Anfortas, Parsifal; Kothner, Meistersinger), Strauss (Orest, Elektra), Debussy (Golaud, Pelleas et Melisande); Konz in Europa, Japan, USA (Dgt ua M Creed, H Holliger, D C Runnicles, K Masur, H Haenchen, B Weil, F Brüggen, P Herreweghe, N Marriner, V Ashkenazy, R Chailly, K Nagano, C Abbado, D Barenboim, N Harnoncourt, H Rilling, H Blomstedt, P Schreier, M Gielen) seit 93, ZusArb m Freiburger Barockorch, Concerto Köln, Gewandhaus Leipzig, Concertgebouw Amsterdam, New York Philh Orch, London Philh, Chicago Symph Orch, Berliner Philh, div RF-Orch; zahlr Liederabende ua m G Heinke, U Eisenlohr, B Kehring, M Creed, Ph Jordan, M Martineau, A Schiff. **Pr:** 1. Pr Bundeswettb Gesang Berlin 92/94, 1. Pr Meistersingerwettb Nürnberg 95, 2. Pr Int MWettb ARD München, 2. Pr Int Gesangswettb Neue Stimme Gütersloh. – **Aufn/RF:** CDs: Schubert: Lieder, m M Martineau; Mozart: Requiem, Dgt: P Herreweghe; Bach: h-moll Messe, Dgt: P Herreweghe; Telemann: 'Orpheus', Dgt: R Jacobs; Rossini: 'Petite Messe Solennelle', Dgt: M Creed; Schumann: 'Der Rose Pilgerfahrt', Dgt: M Creed; Bach: Huldigungskantaten, Dgt: H Hennig; Ders: Weihnachtsorat, Dgt: H Rilling: Schubert: Lieder, m U Eiselohr; Wagner: Tannhäuser, Dgt: D Barenboim; Mozart: 'Die Zauberflöte', Dgt: C Abbado; Bach: Solokantaten, Dgt: H Müller-Brühl. **UA:** E Carter: 'What next? (Op)', UA Berlin, Staatsop, Dgt: D Barenboim 99; P Dusapin: 'Faustus, the last night' (Op), UA Berlin Staatsop 06, Dgt: M Boder; O Busing: 'Lieder v einer Insel' (Liederzyklus), Ua Berlin Staatsop m B Kehring 06.

Müller-Brincken, Jochen, Prof, Hochschullehrer, Oboe; Hohenloher Str 25, D-97234 Reichenberg, T: (09 31) 66 24 73, F: 66 21 99, *jo.mueller-brincken @web.de*; H f Musik, Hofstallstr 6–8, D-97070 Würzburg. **Ausb:** F Milde MH Stuttgart 73–74, KonzEx (I Goritzki) MH Hannover 74–79, H Holliger MH Freiburg 77–78. **Laufb:** RSO Saarbrücken, 3. Stellv d 1. Ob 78–81, Philh Orch Gelsenkirchen, Solo-Ob 81–86, RSO Berlin (DSO), Solo-EnglHn 86–90, Bayreuther FSpOrch, Engl Hn 90–95, Prof (Ob, KamM) H f M Würzburg seit 89. **Pr:** Stip d Studienstift d Dt Volkes, Prtr Dt MWettb Bonn 79, Prtr Int MWettb 'Prager Frühling' 81, Künstlerliste Dt Musikrat. **Ens:** Süddt Bläsersolisten – Profive. **Mitgl:** IDRS. – **Aufn/RF:** CD: EnglHn u Org 01.

Müller-Brühl, Helmut, Dirigent; c/o Kölner Kammerorchester, Erlengrund 8a, D-50321 Brühl, T: (0 22 32) 21 08 40, F: 21 08 39, *beate.brenig@t-online. de*; *www.koelnerkammerorchester.de*. **Laufb:** Musikal Lt Kölner Kammerorch.

Müller-Gabriel, Steffen, Kapellmeister; Selbecker Str 103, D-58091 Hagen, T: (0 23 31) 3 75 90 11. **Laufb:** 2. Kapm Saarländisches Staatsth Saarbrücken, Solorep u Kapm Th Hagen seit SpZ 03/04. (Red)

Müller-Goldboom, Gerhardt, Komponist, Dirigent; Goßlerstr 11, D-12161 Berlin, T: (0 30) 8 22 72 83, F: 8 22 42 07, *gm.goldboom@t-online.de* [Wembley, England 1953]. **Ausb:** Stud (Kb) H d Künste Berlin 72–76, (Komp) ebd 72–73, (MWiss) FU Berlin 72–79, Stud Orch Akad d Berliner Philh 77–79. **Laufb:** Mitgl Radio SinfOrch Berlin 81, künstl Ltg Ens work in progress u eig KonzR im KMS d Berl Philh bis 97, Konz Wien 89, Leipzig, Zürich 90, Salzburg 96, regelm Dgt SolEns d Dt SinfOrch Berlin seit 92, Ltg israel EA v Kurtàgs Trussowa-Zykl, 94, Dgt Neue Musik-Fstv Budapest, Gast versch Ens, Forschungsprojekt z Mikrointervallik (m Unterst d Elektroakust Stud d Akad d Künste Berlin) 96–99, Entwicklung der Konzeption v 'Bereichscharakter des Intervalls', Arbeit am ExpStudio SWR Freiburg 2000, Ass b K Nagano b OpProd (FSp Baden-Baden, Staatsop Berlin, Th Chatelet Paris, Bunka Kaikan Tokyo), Dgt mehrerer Musikth-Prod i Konzerthaus Berlin seit 03, neue Konz-Reihe m work in progress ab 06. **Pr:** KompPr Senat v Berlin 89, Olevano-Romano-Stip d Berliner Akad d Künste. **Ens:** musikal Lt work in progress – Berlin. – **Komp:** Conversazione (Ch/Orch), teilw RF-Prod f Rostrum of Composers Paris, Radio-SinfOrch Berlin, Dgt: Müller-Goldboom 92; Abata (Ballett), UA Berlin, Hebbelth 92; invece di un dipinto (Ens), UA Berlin 99; Chiarezza (StrOrch) 99; gli spazi dentro (StrQua) 01, UA m Arditti-Qua Bochum 05; sabi (V) 98, UA Berlin 02; à propos de less than... (Orch) 02/03; Prooemium (Mezzsop, StrTrio), UA Akad d Künste Berlin 05. **AuftrKomp:** Impronte (f MSop u 6 Str), UA Berlin 90 (Auftr: Radio SinfOrch Berlin); momenti (Fl, Git, Vcl), UA Macerata 96 (Auftr: Rassegna musicale Macerata). **Aufn/RF:** CDs: 'tourette' 01; 'less than...'; 'Phil vertical'; CD m Maderna-, Hespos-, Ullmann-Werken; CD m konzertanter M v A Piazzolla (RF-SinfOrch Berlin). **UA:** Werke v Kyburz, Kubo, G Neuwirth, G F Haas, Mundry, Ablinger, Ullmann ua; J Carrilllo: Sinfonia 1a, RF-SinfOrch Berlin 01. **Sonst:** Grdg Ens work in progress – Berlin 89, rhythm Konzeption u Dauerklanginstallation f Arkadenbebauung 'An der Jakobikirche', Rostock 03 (Architekt: N Dünnebacke). **Lit:** D Hühner: KompPorträt.

Müller-Hanxleden, Detlef *siehe* Müller, Detlef

Müller-Hornbach, Gerhard, Prof, Komponist, Hochschullehrer; Taunusblick 3, D-61118 Bad Vilbel, T: (0 61 01) 4 48 99, F: 4 90 89, *gmh@mutare.de*; Hochschule f Musik u Darst Kunst, Eschersheimer Landstr 29–39, D-60322 Frankfurt [Hornbach 26.2.1951]. **Ausb:** Stud SchM, Komp, Mwiss. **Laufb:** Prof (Komp) H f M u Darst Kunst Frankfurt/M seit 81, Tätigkeit als Komp u Dgt, künstl Lt 'Mutare Ens', Lt v Kursen u Workshops. **Pr:** Rompr Villa Massimo. – **Komp:** Passacaglia (Orch), UA Frankfurt 80; Streichqua (2 V, Va, Vcl), UA Frankfurt 85; Gesänge d Liebe (Sopr, Bar, Chor, Orch), UA Frankfurt 85/86; Wir sind ein Teil d Erde, UA Frankfurter AOF 87; Fünf zu Acht – 5:8 (Vok, Tanz, 3 Perc), UA Frankfurt 94; Der Gesang d Danijar (Orch), UA Bad Vilbel 95; In Sound, UA Frankfurt 98. (Red)

Müller-Hornbach, Susanne, Prof, Hochschullehrerin, Violoncello; Taunusblick 3, D-61118 Bad Vilbel, T: (0 61 01) 4 48 99, F: 4 90 89, *Susanne. MueHo@gmx.de*; Hochschule f Musik u Darst Kunst, Eschersheimer Landstr 29–39, D-60322 Frankfurt. **Laufb:** Prof (Vcl) H f Musik Köln, Abt Wuppertal; Prof (Vcl) H f M u Darst Kunst Frankfurt/M. (Red)

Müller-Irion, Rainer, Saxophon; Wiesbadener Musik- & Kunstschule, Schillerpl 1–2, D-65185 Wiesbaden. **Laufb:** Doz (Sax, Methodik) Wiesbadener Musikakad. (Red)

Müller-Jakobs, Werner *siehe* Grimmel, Werner

Müller-Kieling, Hans Peter, Prof, Komponist; Hintergasse 8, D-79288 Gottenheim, T: (0 76 65) 9 47 58 44 [Gronau, Westf 23.11.1947]. **Ausb:** Kompstud (G Klebe, W Fortner), pianist Ausb (F W Schnurr, F Solter). **Laufb:** Prof (Liedgestaltung) MH Freiburg. **Pr:** Stip Studienstift d Dt Volkes. – **Komp:** Aus vor dem Applaus (KamOp), UA Freiburg 82; Musikal Mondmonogramme (Melodram), UA Freiburg, SWR 88; Der unvermeidliche Tod d Gräfin de Savigny (KamOp), UA Freiburg 92; Der redekundige Bauer (Melodram), UA Basel 93; Nosferatu (KamOrch), UA Freiburg 95; Gardez le Dame (KamOp), UA Freiburg 97; Naturzyklen – Fünf Gesänge (KonzM), UA Freiburg 99.

Müller-Lorenz, Gerd, Prof, Hochschullehrer, Dirigent; Musikhochschule, Große Petersgrube 17–29, D-23552 Lübeck, T: (04 51) 1 50 51 68, F: 1 50 53 00, *Gerd.Mueller-Lorenz@mh-luebeck.de*. Sinfonik, Kammerkonzert, Kammermusik, Chorsinfonik **Ausb:** Stud (Kl, Dirig) H f M u Th Hannover 79–86. **Laufb:** Prof (Chorltg), Gastdgt: New York Philh 01, RFOrch BR 2000, Bündner KamOrch Chur, Danziger Philh, Sinfonietta Tübingen, RF-Chöre Berlin, Hamburg, Köln, München (DR, NDR, WDR, BR), Dgt HochschulOrch MH Lübeck, Haydn-Orch Hamburg, LdesJugendOrch Schleswig-Holstein, Sinf-Orch Aachen, SinfOrch H f M Augsburg/Nürnberg. – **Aufn/RF:** Weill, VKonz ua, RFOrch BR, Dgt G Müller-Lorenz 2000; Henze, Sinf Nr 9, Berliner Philh, RFChor Berlin, Dgt I Metzmacher 97; Skriabin, Sinf Nr 1, Prometheus, DSO Berlin, RFChor Berlin, Dgt V Ashkenazy 95; Ravel, Daphnis u Chloë, Berliner

Philh, RFChor Berlin, Dgt P Boulez 95; Hartmann, Konz f Va, Bl u Schlgz, Dgt G Müller-Lorenz 96 (EA). **UA:** Henze, Sinf Nr 9; Werke v Schnebel, Ali-Sade, Borkowski, Sonton ua.

Müller-Lorenz, Wolfgang, Hochschullehrer, Tenor; Mengstr 40b, D-23552 Lübeck, T: (04 51) 50 54 50; Musikhochschule, Gosse Petersgrube 17–29, D-23552 Lübeck [1960]. **Ausb:** Stud Kl, Dirig (K Engel, H Hennig, H-H Jöris, L Köhler) Staatl H f M u Th Hannover. **Laufb:** Korrep OpAbt d H Hannover, Doz (Partitursp, Generalbass) ebd, Prof (Chorltg, EnsLtg) MH Lübeck, Gastdgt RF-Orch d BR u Bündner KamOrch Chur, Staatsop München, Tokio, Dresden, London, Paris; ZusArb m Landesjugendorch Saar u Schleswig-Holstein, Haydn-Orch Hamburg, Konz ua England, Rußland, Südamerika, regelm ZusArb m C Abbado, P Boulez, M Rostropowitsch ua, KlBegl im Bereich KamM u Lied, Arb m Chören d BR München, NDR Hamburg u WDR Köln. – **UA:** ua H-W Henze: 9. Sinf, UA 97; Das Floß d Medusa 96; P Boulez: Le Visage nuptial 95. **Sonst:** Grdg Junges KamOrch Hannover.

Müller-Pering, Thomas, Prof, Hochschullehrer, Gitarre; Wilhelm-Wagenfeld-Str 4, D-99425 Weimar, T: (0 36 43) 51 88 70, F: 51 88 71; H für Musik 'Franz Liszt', PF 2552, D-99406 Weimar [Köln 1958]. **Ausb:** Stud (Git) MusikH Aachen (T Sasaki), Mstrks b J Williams, J Tomas, O Ghiglia u S Behrend. **Laufb:** Lt GitKl MusikH Aachen seit 80, Prof (Git) H f Musik 'Franz Liszt' Weimar 97. **Pr:** Prtr ARD Wettb München 82, 1. Pr Concurso internacionnal de ejecución musical Vina del Mar, Chile 83, Förderpr d Landes Nordrhein-Westfalen 83. (Red)

Müller-Salow, Wolfgang, Chordirektor, Kapellmeister; Rootseestr 5, CH-6006 Luzern, T: 07 86 05 70 51; c/o Luzerner Theater, Theaterstr 2, CH-6002 Luzern. **Laufb:** Chordir u Kapm Luzerner Th. (Red)

Müller-Schott, Daniel, Violoncello; c/o Münchner Konzertdirektion Hoertnagel, PF 860520, D-81632 München, T: (0 89) 98 29 28 29, F: 98 29 28 33, *info@hoertnagel.de*; *www.daniel-mueller-schott.com* [München 1976]. **Ausb:** Stud (W Nothas) München, (S Isserlis) England, (H Schiff) Salzburg u Wien. **Laufb:** Konz m Chicago Symph Orch, New York Phil, Philadelphia Orch, Orch Nat de France, Philh Orch London, RSO Berlin, NDR Orch Hamburg; Dgt: C Eschenbach, K Masur, A Previn, V Ashkenazy, Ch Dutoit. **Pr:** 1. Pr Int Tschaikowsky-Wettb f junge Musiker Moskau 92, Förderung durch Anne-Sophie Mutter Stift. – **Aufn/RF:** Bach: 6 Suiten 2000; Frz Komp 2002.

Müller-Siemens, Detlev, Prof, Hochschullehrer, Komponist; Feierabendstr 25, CH-4051 Basel, T: 06 12 81 23 27, *muesie@datacomm.ch*; U f Musik u Darst Kunst, Inst f Komposition u Elektroaukustik, Anton-von-Webern-Pl 1, A-1030 Wien [Hamburg 30.7.1957]. **Ausb:** Stud Komp (G Friedrichs), Kl (K Richter) MH Hamburg 70–72, Komp(G Ligeti), Dirig (Ch v Dohnanyi), Kl (A Meyer-Hermann, E Besch, V Banfield) MH Hamburg 73–80, Komp MH Paris (O Messiaen) 77–78. **Laufb:** Dirigierass Op de Paris (Ligeti: Grand Macabre) 81, Kapm Städt Bühnen Freiburg 86–88, Prof (Komp u Th) MH Basel 91; England-Tournee 94, Workshops/Konz Bordeaux, Pau, Palermo, Catania, Nuova Consonanza, Rom 94, Südostasien-Tournee 98, UProf U f Musik u Darst Kunst Wien. **Pr:** Kranichsteiner MPr Darmstadt 74, Förderpr Hamburger Bachpreis, H-Strobel-Stift, Studstift d dt Volkes 75, Villa Massimo, Rom 80, 82, 1 Pl Int Rostrum of Comp Paris, W-Steinbrenner-Stiftg 83, Förderpr d Berliner Kunstpr, Schneider-Schott-MPr 86, Hindemith-Förderpr 87, R-Liebermann-Stip 88, R-Liebermann-Förderpr f 'D Menschen' (Op) 90. – **Komp:** Phoenix 3 (Ens) 95, UA Berlin, Sharoun Ens, Dgt: Ch Müller 97. **AuftrKomp:** z B zuletzt: Die Menschen (Op) 89/90, UA Mannheim, Dgt: J Märkl 90 (Auftr NatTh Mannheim); Doppelkzt (Vln Vla Orch) 92, UA Saarbrücken, Vln: R Kussmaul Vla: M Buchholz, Dgt: J Märkl 93 (Auftr Saarländ Staatsorch); Phoenix 1 (Ens) 93, UA Warwick, Birmingham Contemp M Group, Dgt: E Howarth 94 (Auftr Birmingham Contemp M Group); Phoenix 2 (Ens) 94, UA Genf, Ens Contrechamps, Dgt: O Cuendet 95 (Auftr Fstv ARCHIPEL, Genf); Sextett 93, UA London, Nash Ens, Dgt: L Friend 94 (Auftr Nash Ens London); Maiastra (Orch) 95/96, UA Hamburg, Dgt: G Albrecht 97 (Auftr Hamburger Philh); Refuge (Ens) 97/98, UA Bangkok, Linos Ens 98 (Auftr Linos Ens); Light Blue, Almost White (Ens) 98, UA Birmingham, Birmingh Contemp M Group, Dgt: G Benjamin (Auftr Birmingham Contemp M Group); BING (Op) 99/00, UA Bonn, Dgt: W Ott, Insz: M Simon 01 (Auftr Op Bonn).

Müller-Steinbach, Wolfgang, Prof, Hochschullehrer, Klavier; Theodor-Storm-Str 17, D-67227 Frankenthal, T: (0 62 33) 2 42 41; Hochschule f Musik u Darst Kunst, N 7,18, D-68161 Mannheim. **Laufb:** Prof (Schulprakt Klavierspiel, Partiturspiel, Gehörbildung, Korr) H f M u Darst Kunst Mannheim. (Red)

Müller-van Recum, Rainer, Prof, Klarinette; Philippinenstr 22, D-66119 Saarbrücken, T: (06 81) 58 58 70, *mueller-recum@gmx.de*; c/o Rundfunk-Sinfonieorchester, Funkhaus Hallberg, D-66100 Saarbrücken [Hannover 1957]. **Ausb:** Stud b Helmut Pallushek u Hans Deinzer. **Laufb:** Mitgl 'Junge Dt Philharmonie' u 'Ensemble Modern' 79–82, Sol RF-SinfOrch Saarbrücken seit 83, LBeauftr MH d Saarlandes seit 86, MH Karlsruhe seit 01, MH Mannheim. **Ens:** Linos-Ens. (Red)

Müller-Wieland, Jan, Komponist, Dirigent; Witzlebenstr 38, D-14057 Berlin, T: (0 30) 3 25 72 88, 01 70–5 36 87 89, F: (0 30) 3 25 72 88, *bjmueller-wieland@t-online.de*; Sthamerstr 42, D-22397 Hamburg, T: (0 40) 6 05 05 38, F: 6 01 09 57 [Hamburg 30.3.1966]. **Ausb:** Stud (Komp, Dirig, Kb) MH Lübeck, Köln, Tanglewood-Music-Center Boston. **Laufb:** freischaff Komp u freier Gast-Dgt seit 93. **Pr:** Stip Cité des Arts Paris u Villa Massimo Rom 91–93, zahlr Pr, ua: Hindemith-Pr, Schleswig-Holstein-Fstv, Förderpr Hamburger Bachpr. – **Komp:** Das Gastspiel (kom Op), UA München 92; Kain (KamOp), UA Hamburg, Staatsop 92; Sonate f Cello u Kl (KonzM), UA Berlin 94; Komödie ohne Titel (Op), UA München 98; Cellokonz (KonzM), UA Berlin 98; Die Versicherung, Traum in 2 Phasen (Op), UA Darmstadt, Staatsth 99; Das Märchen d 672.Nacht (Op), UA Wien 2000; Nathans Tod (Op), UA Görlitz/Dresden 01; Ballad of Ariel (KonzM), UA Berlin 02; Die Irre oder Nächtlicher Fischfang (MThStück), UA Bonn, Th, Reg: W Schroeter, musikal Ltg: W Lischke 05 (Auftr: Beethovenfest Bonn).

Müller, Adrian, Chordirektor, Kapellmeister, Dirigent; c/o Staatstheater am Gärtnerplatz, PF 140569, D-80455 München. **Laufb:** Chordir u Kapm Staatsth Kassel, stellv ChefDgt Gärtnerpl-Th München. (Red)

Müller, Alexandra, Cello, Hochschullehrerin; Univ d Künste, Fak Musik, PF 120544, D-10595 Berlin, T: (0 30) 3 18 50, F: 31 85 26 35, 31 85 26 59. **Ausb:** Stud b R Gleißner, Stuttgart u b Prof. W. Boettcher. **Laufb:** Stellvertr SoloVcl am Nationalth Mannheim, Doz U d Künste Berlin seit 91. (Red)

Müller, Alfred Thomas, Komponist; Hermannstr 33, D-06108 Halle, T: (03 45) 5 50 44 17, F: 5 50 44 17 [Leipzig 12.1.1939]. **Ausb:** Stud Dirig (E Hintze), Komp (J P Thilman), Kl (E Clemen) MH Dresden 57–61, Meisterschüler (G Wohlgemuth) Akad d Künste Berlin (Ost) 75–78. **Laufb:** Solorep Dt Staatsop Berlin 62–65, Studienlt u Kapm Th Halberstadt, Stralsund, Wittenberg, Halle 65–69, Musikal Oblt Thomas-Müntzer-Th Eisleben 75–77, Dgt u künstl Lt Ens 'Konfrontation' Philharmon Staatsorch Halle ab 89. **Pr:** Carl-Maria-v-Weber-Pr Stadt Dresden 61, Händel-Pr Stadt Halle 88, Musik-Pr Sachsen-Anhalt 98. – **Komp:** Flares f gr Orch (Sinfonik) 79/80, UA Halle, Orch d Ophauses, Dgt: Ch Kluttig 81; Vier Gesänge nach Rimbaud (KamM f Sop u Kl) 81, UA Halle 81; Konz f Kl u KamOrch (Konz), UA Ufa/Baschkirien 84; Spuren f gr Orch (Sinfonik) 86, UA Halle, Hallesche Philh, Dgt: Th Müller 86; Epiphanie (KamM) 94, UA Halle, Ens Konfrontation, Dgt: Th Müller 94; Altjapan Gesänge (KamM) 95/96, UA Petersberg b Halle, Stiftskirche; Aperio (Sinfonik) 98/99, UA Riedenburg, Sinfon Sommer 99; Motette f 8-stimm Chor a capella (n Korinther I), UA Marktkirche Halle, Philharm Chor München 03 (Auftr: Stift Kulturfonds Berlin); KRISTALLE f Orch, UA JugendsinfOrch Sachsen-Anhalt 04, (Auftr: Landesmusikrat Sachen-Anhalt). **Aufn/RF:** ENTASIS I f 3 Schlgz, Leipziger SchlgzEns, Prod MDR-Kultur, 03.

Müller, Annette, Violoncello; c/o HR Sinfonieorchester, Bertramstr 8, D-60320 Frankfurt a M. **Laufb:** Vorspielerin HR SinfOrch Frankfurt a M. (Red)

Müller, Beate, KM, Viola; c/o Dresdner Philharmonie, PF 120424, D-01005 Dresden. (Red)

Müller, Bernd, Violine; c/o Komische Oper, Behrenstr 55–57, D-10117 Berlin. **Laufb:** Stimmführer Orch d Komischen Op Berlin. (Red)

Betina Müller

Müller, Betina, Mandoline, Viola; Karl-Liebknecht-Str 22, D-03046 Cottbus, T: (03 55) 79 03 35 [Reichenbach/V 31.3.1963]. Oper, Konzert, Kammermusik, Solokonzerte m Mandoline **Ausb:** Stud Va (O Hallmann, D Hallmann) H f M Leipzig, Mandoline privat (S Trekel), Kse b G Weyhofen. **Laufb:** Mitgl Philh Orch Cottbus (Theater). **Ens:** Concerto vivo, Duo Cappuccino.

Müller, Boris, Schlagzeuger; c/o Thomas Meixner, Xantenerstr 19, D-50733 Köln, T: (02 21) 76 53 98, F: 7 52 29 39, *meixner@schlagquartett.de*; *www.schlagquartett.de*. zeitgen Musik **Ens:** Schlagquartett Köln.

Müller, Carl-Heinz, Prof, Hochschullehrer; Laher Heide 2, D-30659 Hannover, T: (05 11) 6 15 16 75 [Lauscha]. **Ausb:** MH Mannheim. **Laufb:** LBeauftr (Gesang) H f M u Th Hannover. (*)

Müller, Christian, Sänger; Bäuminghausstr 81, D-45326 Essen, T: (02 01) 7 46 79 55, (01 79) 7 88 42 43, *webmaster@muellerchris.de*; *www.muellerchris.de*. **Ausb:** Kinderchor Städt Th Chemnitz, Städt MSch Chemnitz (Ges/Kl/Theorie), GesStud H f M u Th Rostock b Prof Siegfried Lorenz u H f M u Th Rostock b Prof Mario Hoff, Gesangsunterr b Cornelia Drese, Mstrkr b Dietrich Fischer-Dieskau u Norman Shettler. **Laufb:** Gastsol Städt Th Chemnitz SpZ 00/01, Gastsol Landesth Detmold, Sol Colosseum Essen SpZ 03/04. **Pr:** Sonderpr d Walter Kaminsky-Stift 97/01. (*)

Müller, Christoph, Konzertmeister Violine; Friedrichstadtpalast, Friedrichstr 107, D-10117 Berlin. **Laufb:** Konzm V Friedrichstadtpalast Berlin. (Red)

Mueller, Christoph, Dirigent; c/o Konzertdirektion Hans Ulrich Schmid, Königstr 36, D-30175 Hannover, PF 3409, D-30034 Hannover, T: (05 11) 3 66 07 60, 3 66 07 27, 3 66 07 69, F: 3 66 07 34, *mail@kdschmid.de, ep@kdschmid.de*; *www.kdschmid.de*. **Ausb:** Stud (V) MH Basel, (Dirig) U Cincinatti. **Laufb:** Conducting Fellow Tanglewood 95, Ass (V Ashkenazy) Dt Symph Orch Berlin 96, 1.Gastdgt Scharoun Ens d Berliner Philharmon Orch seit 98, künstl Ltg SinfOrch Kairo SpZ 04/05, ChefDgt Göttinger SinfOrch ab SpZ 05/06, ua Salzburger OsterFSp, Berliner FestW, AssDgt Gustav-Mahler-Jugend-Orch 2001, Gastdgt Tschech Philh, Orch Nat de Lyon, Tonhalle Orch Zürich. **Pr:** 1. Pr Int Dirigierwettb Cadaqués. (Red)

Müller, Claudia, Sängerin; c/o Städtische Theater, Käthe-Kollwitz-Str 7, D-09111 Chemnitz, PF 756, D-09007 Chemnitz. **Laufb:** Gastsol Städt Th Chemnitz SpZ 00/05. (Red)

Müller, Dario C, Klavier; via Ronco, CH-6982 Agno, T: 09 16 05 36 16. (Red)

Müller, Detlef, Komponist; Bundesstr 42, D-59909 Bestwig, T: (0 29 04) 26 60, F: 47 68, *cerdd@d-m-h.com*; *www.d-m-h.com* [Meschede 24.4.1965]. **Ausb:** Stud (SchM, Theologie) Paderborn 84–90, Stud Komp (Meyer) MH Köln 90–95, Meisterkse Alte Musik Royaumont u Cambridge seit 96. **Laufb:** freischaff Komp, Chorlt, Doz u Eurythmie-Begleiter. **Pr:** Prtr Osnabrücker Komp Workshop 94, Prtr 1. KompWettb 'a cappella' ICV, Prtr Louis-Pinck-Wettb. – **Komp:** Hinno per Orchestra (Konz, OrchW), UA Osnabrück 94; Fantasia 'O! na bawn i fel efe' (KiM f Orgel), UA Machynlleth 94; Verti me ad alia (ChW f gem Ch), UA Bochum 95; Il faut toujours lustig sein (ChW f gem Ch), UA Saarbrücken 98; Quinta Essentia (KamM Kl), UA Hamborn, Schloß 99; Missa sine Nomine (KiM), UA Velmede 99; Hiraeth (U-Musik).

Müller, Florian, Pianist; c/o Klangforum Wien, Kirchengasse 1A, A-1070 Wien [Immenstadt]. **Ausb:** Stud Kl u Komp in München u Wien. **Laufb:** Interpret zeitgen Musik, Sol b bedeutenden Fstv wie Wien Modern u d Salzburger FSp, regelm Gast b int Fstv in Europa, KonzReisen in d USA, Kanada, Japan u Israel, EnsMitgl d Klangforum Wien seit 92. (*)

Müller, Gudrun, Sängerin; c/o Städtische Theater Chemnitz, Käthe-Kollwitz-Str 7, D-09111 Chemnitz, PF 756, D-09007 Chemnitz. **Laufb:** Gastsol Städt Th Chemnitz SpZ 03/05. (Red)

Müller, Guido, Prof, Hochschullehrer, Klarinette; Hochschule für Musik und Theater Hamburg, Harvestehuder Weg 12, D-20148 Hamburg. **Laufb:** Prof (Klar) H f M u Th Hamburg. (Red)

Müller, Hajo, KS, Opernsänger, Rentner; Am Tummelsgrund 21, D-01156 Dresden, T: (01 60) 8 43 87 83, (03 51) 4 42 10 65, F: 4 52 77 41; c/o Sächsische Staatsoper, Theaterpl 2, D-01067 Dresden [Döbeln 24.2.1931]. Oper **Ausb:** Stud Ges (R Dittrich) Dresden 48–51. **Laufb:** Döbeln 50, Chemnitz 51, Plauen 53, Schwerin 57, Weimar 61, Dresden 66, Gastvertrag m Staatsop Dresden seit 97 (04/05), Metropolth Berlin (Alexis Sorbas u Mann von La Mancha). **Pr:** Kunstpr d DDR, Kunstpr d Stadt Dresden. – **Aufn/RF:** RF-Prod u Mitschn versch Aufführungen. **UA:** Kunad: 'Vincent van Gogh'; Zimmermann: 'Levins Mühle', Schuhu; Pintscher: 'Thomas Chatterton' ua. **Sonst:** Mitwirkung in versch Filmen u Fernsehserien.

Müller, Hans-Christian (Pseud: h c mylla), Komponist; Holzhofstr 1, D-81667 München, T: (0 89) 4 48 87 32, F: 4 48 06 05 [Darmstadt 6.1.1959]. **Ausb:** Toningenieur, Kompstud (E Urbanner) MH Wien, Kompstud (F Froschhammer, W Hiller) Richard-Strauss-Kons München, Dirigierstud (U Weder), Jazz-Stud (L Chizhik, T Zoller) 86–96. **Laufb:** freiberuflich tätig seit 96. **Pr:** Richard-Strauss-Stip Stadt München. – **Komp:** Der Zauberstock (Singspiel, Parodie), UA München 94; Alle meine Mörder (Singspiel), UA München 95; Klavierqui No 1 (KamM), UA München 96; Sextett II (KamM), UA München 98; ARF SHE SAID – Unfuge No 2 (OrchW), UA München 98; Aus den Aufzeichnungen eines blinden Fotografen (KamM), UA 99; Da Gust'l (Musical-Fragment). (Red)

Müller, Hans-Günther, Sänger; Rosenweg 3, A-4210 Gallneukirchen, T: (0 72 35) 6 53 40. **Laufb:** Sol Ldsth Linz SpZ 03/05. (Red)

Müller, Hans-Martin, Flöte; c/o WDR Sinfonieorchester, D-50600 Köln. **Laufb:** stv Sol WDR SinfOrch Köln. (Red)

Müller, Hans-Peter, Komponist; Widosteig 29, D-12524 Berlin, T: (0 30) 67 89 92 08, F: 67 89 92 09 [Settenz, Böhmen 10.9.1939]. (*)

Müller, Hans Peter, Prof, Hochschullehrer, Komponist; Hochschule f Musik, Schwarzwaldstr 141, D-79102 Freiburg [1947]. **Ausb:** Stud (Komp, Kl) b G Klebe u Fr-W Schnurr NWD Musikakad Detmold 66–70, b W Fortner, K Huber u C Seemann MH Freiburg 70–72. **Laufb:** Darmstädter Ferienkse 70, LAuftr u Doz f Str – u BlKamM u Ges- u OpKorr MH Freiburg u Karlsruhe seit 72, Liedbegleiter b Meisterksen v P Lohmann u E Schwarzkopf, Prof (Liedgestaltung) MH Freiburg seit 99. **Pr:** Stip Studienstift d Dt Volkes 69–73. – **Komp:** ua KamOp 'Gardez la Dame', FilmM 'Nosferatu'. (*)

Müller, Hartmut, Tuba; Sinfonieorchester Wuppertal, Bundesallee 260, D-42103 Wuppertal, T: (02 02) 5 63 26 14, F: 5 63 85 14, *info@sinfonieorchester-wuppertal.de*; c/o Musikmanagement Haas, Nagelsbaum 58, D-51399 Burscheid, T: (0 21 74) 27 62, F: 6 19 30, *mail@musikmanagement-haas.de*; *www.sinfonieorchester-wuppertal.de*. **Laufb:** Mitgl SinfOrch Wuppertal. **Ens:** Melton Tuba Qua (mit H Triebener, M Hötzel, U Haas). – **Aufn/RF:** CDs ua 'Lazy Elephants'. (Red)

Müller, Heime, Prof, Hochschullehrer, Violine; c/o Impresariat Sonia Simmenauer, Bornstr 12, D-20146 Hamburg, T: (0 40) 42 31 31 11, F: 42 31 31 13, *sonia.simmenauer@impresariat-simmenauer.de, kontakt@artemisquartett.de*; *www.impresariat-simmenauer.de, www.artemisquartett.de* [Hamburg 1970]. **Ausb:** Stud Karlsruhe b U Hoelscher, MH Lübeck b N Chastain u U-M Haiberg; Alban Berg Qua Wien. **Pr:** 1. Pr ARD-Wettb 96. **Ens:** Artemis Quartett. **Mitgl:** Ehrenmitgl Verein Beethoven-Haus, Bonn. – **UA:** J Widmann: 5. Streichqua 'Versuch über die Fuge'; M Sotelo: 2. Streichqua 'Artemis'. **Sonst:** Bearb KlSon op.1 A Berg f Streichsextett.

Müller, Jürgen, Tenor; Kissingerstr 1a, D-04207 Leipzig, T: (0 30) 20 26 00, F: (0 30) 20 26 00, *info@komische-oper-berlin.de*; c/o Opern-Agentur Michael Lewin, Wasagasse 12/1/3, A-1090 Wien, T: (01) 3 10 60 96, F: 3 10 60 94, *herzl@opern-agentur.com*; *www.komische-oper-berlin.de* [Magdeburg]. **Ausb:** Stud (Ges) H f M 'F-Mendelssohn-Bartholdy' Leipzig. **Laufb:** Eng Th Gera 86–90, Op Leipzig 90–94, Gastsol Landesth Detmold SpZ 2000/01, Ldsth Mecklenburg Neustrelitz SpZ 2000/01, Ens Th Meiningen 2000–02, Kom Op Berlin 02–04, Gastsol Op Australia Sydney 03, Landesbühnen Sachsen SpZ 03/04, ständ Gastsol Kom Op Berlin seit 04, Tiroler FSp Erl. (Red)

Müller, Karl-Josef, Dr phil, Prof, Komponist; Carl-Orff-Str 27, D-55127 Mainz, T: (0 61 31) 94 93 60 [Ostwig 31.3.1937]. **Ausb:** Stud (SchM, Latein, Geographie, Psychologie, MWiss) Mainz, Stud Komp (W Fussan), Analyse (M Kagel), Prom. **Laufb:** Prof (Musiktheorie) Berlin 76, Prof (Komp, Tonsatz) Frankfurt/M seit 78. **Pr:** 3. Pr Komp-Wettb Berliner Liedertafel 84, Komp-Wettb Gerhard-Maasz-Stift 87. – **Komp:** Expressis verbis (16 Vok u Orch m TB) 77, UA Mainz 77; Siluetas (OrchW f gr Orch) 77, UA Mainz, Städt Orch, Dgt: D Berner 77; Omnia translata omnia (MCh u 2 Kl) 74, UA Berlin, Philharmonie 84. **AuftrKomp:** De Profundis, Psalm 130 (ChW) 78, UA Marburg, 53. Bachfest 78 (Auftr: Int Bachges); Dafnis-Gesänge (ChW) 87, UA Wiesbaden, Städt Chor, Orch d Staatsth Wiesbaden, Dgt: S Köhler 87 (Auftr: GMD Köhler zu seinem Abschied in Wiesbaden); Portrait mit Ives (Symphon Werk f gr Orch), UA Mainz 97 (Auftr: Kultusmin Rheinland-Pfalz); IPECACUNHA (KamM), UA Mainz 98 (Auftr: Villa Musica). (Red)

Müller, Katherina, Sopran; c/o Staatsoper Unter den Linden, Unter den Linden 7, D-10117 Berlin, T: (0 30) 20 35 40, F: 20 35 44 80, *pressoffice@staatsoper-berlin.de*; *www.staatsoper-berlin.org*. **Ausb:** Stud (Ges) H f M 'F Mendelssohn Bartholdy' Leipzig, Studio d Dt Staatsop Berlin. **Laufb:** Eng Th Schwerin, Gärtnerplatzth München, Gastsol Stadtth Basel, Th du Chatalet Paris, Staatsop Prag, Staatsop Berlin seit SpZ 03/04, Nederlandse Opera Amsterdam 04, Fstv 'Mozart in Schönbrunn' Wien, ZusArb m Dgt: Ch v Dohnanyi, Ph Jordan, J Salemkour, S Weigle. **Pr:** Prtr Int Bachwettb Leipzig, Mozartfestwettb Würzburg. (Red)

Müller, Knut, Komponist; Hohe Str 16, D-04197 Leipzig, T: (03 41) 8 77 52 63, F: 8 77 52 63, *knut.mueller@knuut.de*; *www.mueller-knut.de* [Reichenbach, Vogtland 1963]. **Ausb:** Stud Malerei/Grafik an d HGB Leipzig b D Burger, Aufbaustud Malerei/Grafik b A Rink 90–93, privater KompUnterricht b S Schleiermacher/Leipzig seit 92, Zusatzstud 'Elektron Musik' an d H f M Dresden b Prof W Jentzsch 96–99. **Laufb:** Thmaler Städt Bühnen Zwickau 83–84, Komp u Computerkünstler in Leipzig seit 94. – **Sonst:** freischaff Maler. (Red)

Müller, Lothar, Trompete; c/o MDR Sinfonieorchester, Augustuspl 9a, D-04109 Leipzig. **Laufb:** stv Sol MDR SinfOrch Leipzig. (Red)

Müller, Markus, Opernsänger; Gereonstr 67, D-41238 Mönchengladbach, T: (0 21 66) 94 02 89, (01 72) 2 11 56 21, *mueller.markus@onlinehome.de* [Bad Saulgau 25.8.1953]. Oper, Konzert **Laufb:** Sol Dt Op am Rhein Düsseldorf-Duisburg SpZ 03/05, Bayer Staatsop München.

Müller, Markus A, Intendant; c/o Nationaltheater Mannheim, Am Goethepl, D-68161 Mannheim, PF 102362, D-68023 Mannheim; c/o Oldenburgisches Staatstheater, Theaterwall 28, D-26122 Oldenburg. **Laufb:** Generalintend NatTh Mannheim 05 bis 06, Staatsth Oldenburg ab 06. (Red)

Müller, Matthias, Fagottist; c/o Hessisches Staatstheater Darmstadt, Georg-Büchner-Pl 1, D-64283 Darmstadt. **Laufb:** Sol Staatsth Darmstadt SpZ 03/04. (Red)

Müller, Matthias, Klarinette, Hochschullehrer; Schulhausstr 9, CH-8127 Forch, T: 0 19 80 48 05(priv), 07 86 73 94 91, *info@matthias-mueller.ch*; Musikhochschule, Florhofgasse 6, CH-8001 Zürich; *www.matthias-mueller.ch* [Zürich 1966]. **Ausb:** Stud Klar (H-R Stalder) MAkad Basel, Kl (J Wyttenbach) u Komp (D Müller Siemens). **Laufb:** Solist u kammermusikal Tätigkeiten, Pflege d klass-romant Repertoires, zeitgen M u im Bereich Impr/Jazz, künstl Ltg v Projekten (z B Libretto/expo02) u eigener CD-Reihe (Artists Choice/occam records), Komp f versch Instr-Besetzungen im Grenzbereich Impr/Komp, elektron M u MTh, Doz (Klar) MH Winterthur Zürich. – **Komp:** Zako (Fl, Ob, Bassklar) 2000, UA Lakopane, Szymanowsky Fstv 2000; Unyx (Fl, Bcl) 99, UA Nicaragua, Casa de los tres Mundos 99; Xela (Klar, Hn, Fag) 02, UA Petersburg, Soundways Fstv 02. **AuftrKomp:** Seelenmeer (MTh), n O Wildes Märchen 'Der Fischer u seine Seele', UA Zürich (Auftr: Bonquet des Arts). **Aufn/RF:** B Chaikovsky: Klar-Konz, Tschaikowsky -SymphOrch Moskau, Dgt: M Damer 2000. **UA:** R Kelterborn: KamKonz, Collegium Novum, Dgt: J Wyttenbach. **Zug:** s UA.

Müller, Nothart, Klarinette; c/o NDR Sinfonieorchester, Rothenbaumchaussee 132–134, D-20149 Hamburg. **Laufb:** Stimmführer NDR SinfOrch Hamburg. (Red)

Müller, Othmar, Cello; 2 Große Stadtgutgasse 34, A-1020 Wien, T: (01) 9 13 29 65, (06 60) 9 13 29 65, (06 99) 19 13 29 65, *othmar.mueller@vienna.at, artisquartet@yahoo.com*; c/o Künstlersekretariat Buchmann, Schachnerstr 27, A-1220 Wien, T: (01) 2 03 63 57, F: 2 04 37 50, *office@buchmann.at*; *www.artis-quartett.at* [Wien 29.5.1963]. KamM **Ausb:** Stud (Vcl) Kons Wien ab 68,

(V Erben) H f M Wien 77–84. **Laufb:** Mitgl RSO Wien 82/83, SoloVcl Wiener KamOrch 82–84; Gastprof (KamM) H f M Graz (Exp Oberschützen) 93–98, Doz b Ks in d USA, Hongkong, Österreich u b Casals-Fstv Prades. **Ens:** Mitbegrdg u Vcl Artis-Qua Wien seit 80. – **Aufn/RF:** CD m VclSon v Webern, Weigl u J Müller-Hermann 05. **UA:** posthume UA v G v Einems 'Musik f Cello solo'; H Reiter: Cellokonz, UA Berliner KonzHaus, Wiener Jeunesse Orch, H Böck 01.

Müller, Patrick, Dirigent, Musikalischer Leiter; c/o Collegium Novum Zürich, Zürichbergstr 17, CH-8032 Zürich, T: 0 12 51 60 44, F: 0 12 53 19 56, *info @collegium-novum.ch*; *www.collegium-novum.ch*. **Laufb:** künstl Lt Ens Collegium Novum Zürich. (*)

Müller, Paul, Intendant; c/o Bamberger Symphoniker, Mußstr 1, D-96047 Bamberg. (Red)

Müller, René, Dirigent; Alpenstr 25, CH-8620 Wetzikon, T: 0 19 32 21 77. (Red)

Müller, Roswitha, Sängerin (lyr Mezzosopran); c/o CICADA. con Agentur & Management, Gubener Str 3b, D-10243 Berlin, T: (0 30) 29 00 13 35, F: 29 00 58 97, *info@cicada-con.de*; *www.cicada-con.de*. **Ausb:** Stud MH München b Prof. Ch Borchers u Mozarteum Salzburg. **Laufb:** Gastsol Landesth Salzburg, Sol Ldsth Salzburg seit 95/96, Gastsol Th Düsseldorf u Klagenfurt, Gast Donaufestwochen, Rossini-Fstv Wildbad, Sol Dt Op am Rhein Düsseldorf-Duisburg u Saarländ Staatsth Saarbrücken SpZ 03/04, Gastsol Th Aachen SpZ 04/05. (Red)

Müller, Siegfried, Komponist; Gotthard-Neumann-Str 1, D-07743 Jena, T: (0 36 41) 82 26 17 [Jena 7.7.1926]. Arb f Git **Ausb:** Kl- u Ob-Unterr, Mitarb in SchOrch, Stud (Dirig, Komp) Weimar seit 47. **Laufb:** Akk-Spieler Tanzkapelle, Ltg e gr Stud-Ens (Ch, Orch, Sol) Jena, Berufung an HfM 60. – **AuftrKomp:** Komp f d Abt Bund-u Balginstr a d HfM; 'Sonatine' 65; 'Trigon' 58; 'Concertino f 3 Git' 68; 'Thüringer Tänze f Zupfoch' 60; '5 Chansons f Singstimme u Git' 73; Sonatine über Louis Fürnbergs Lied 'Du hast ja ein Ziel vor den Augen' f Fl, Akk, Git 58; 'Para Partita' f 2 Mand, 70 ua. (Red)

Müller, Susanne, Sängerin; c/o Städtische Theater, Käthe-Kollwitz-Str 7, D-09111 Chemnitz, PF 756, D-09007 Chemnitz. **Laufb:** Gastsol Städt Th Chemnitz SpZ 00/05. (Red)

Müller, Sven, Operndirektor u Leiter des Künstl Betriebsbüro; Grazer Oper, Kaiser-Josef-Pl 10, A-8010 Graz, T: (03 16) 80 08 12 05, F: 80 08 15 96, *smueller@theater-graz.com*; *www.theater-graz.com* [Hamburg 23.7.1964]. **Ausb:** Univ Hamburg, Hist Mwissenschaft.; MH Hamburg: Mth-Regie 87–91 b G Friedrich. **Laufb:** Spiellt u Reg ua: Th i Pfalzbau Ludwigshafen, Op Royal de Wallonie Liège, Op Forum Enschede, Hamburgische Staatsop, Gran Teatre del Liceu Barcelona, Royal Op House Covent Garden London, Op de Toulon, Finn Nationalop Helsinki, Bulgar Nationalop Sofia u Ukrain Nationalop Kiew 92–2000; Doz H f M u Th Hamburg 95–98; Künstl Betriebsdir Grazer Op 2000–04; Operndir u Lt Künstl Betriebsbüro Grazer Op seit 04. – **Sonst:** Jurymitglied i Gesangswettb.

Müller, Thomas, Organist, Cembalist, Hochschullehrer; Brigittenweg 11a, D-12524 Berlin, T: (0 30) 6 73 29 76, F: 6 73 29 76, *thomas.nicole@freenet.de* [Leipzig 22.7.1961]. **Ausb:** Stud (SchM, Org) MH Weimar 80–84, Stud (Cemb, KlMethodik) MH Leipzig 88–92. **Laufb:** Wiss Mitarb Bach-Archiv Leipzig 84–92, Doz (Gehörbildung, künstl Orgelsp, lit Orgelsp, Imp) Erzbischöfl KiM-Schule Berlin 92–02, Wiss Berater in niederländ Fernsehprod über Kantaten J S Bachs, KonzReisen Frankfreich, GB, Ungarn, USA, LAuftr (Gehörbild, künstl Orgelsp, lit Orgelsp) U d Künste Berlin seit 02. **Mitgl:** Neue Bachges eV Leipzig seit 84. – **Sonst:** wiss Berater in niederländ Fernsehprod über Kantaten J S Bachs; KonzReisen Frankreich, England, Ungarn, USA, Lt Rheinsberger Hofkapelle 02.

Müller, Thomas David, Prof, Komponist; Griesernweg 16, CH-8037 Zürich, T: 04 39 60 33 82, *thomasdmueller@hispeed.ch*, *thomasmueller@hispeed.ch*; H Musik u Theater, Hirschengraben 46, CH-8001 Zürich [Leuggern 18.5.1953]. Komposition, Analyse **Ausb:** Stud KiM, Kl MH Luzern 72–77, Stud Komp (H U Lehmann) MH Zürich 77, (H Lachenmann) Hannover 78–80, (K Huber) Freiburg 80–82, MTheorie, KompDipl (J Wildberger) MH Basel 80–83. **Laufb:** Prof (Komp u Analyse) HMT Zürich. **Pr:** ua Werkjahre d Stadt Zürich 92, 97, Conrad Ferdinand Meyer-Pr 93. – **Komp:** ua: 'Gehen' (InstrZykl n T Bernhard) 89–93; 'Secco' (Sax, Kl Schlgz) 94; 'Letzte Zeichen v Geschwindigkeit' (Fl, Ob, Sax) 98; 'Erste Etappe in Richtung farbiger Eindrücke' (f 2 BassBlf) 99; 'Howl' (f Counterten, KamEns u Kurzwellensender) 2000; 'auslöschung/schwelle' (f KamEns u Elektronik) 03, UA Zürich, Tage f Neue Musik, m Ens Arc-en-Ciel, Ltg Jürg Wyttenbach. **Aufn/RF:** div b Radio DRS Zürich; Secco, SWF Baden-Baden; CD: Gehen, V solo; CD (Musikszene CH) Letzte Zeichen.../ Gehen. Fragment 89 / Gehen. 31 Vorwärts-/ rückwärtsbewegungen / Zwei Sequenzen: Stehstelle / Gehstelle / Efeu / Quintett. **Lit:** P Müller: 'Komponieren in Zyklen. Zum Komponieren v T M' (Dissonanz 77) 02.

Müller, Ulrich, Prof, Hochschullehrer; Goldbreede 1, D-49176 Borgloh-Hilter, T: (0 54 09) 18 93, *uv.mueller@web.de* [Osnabrück 7.3.1953]. klass Gitarre, histor Zupfinstr, Flamenco **Ausb:** Stud (Git) MH Hannover/Kons Osnabrück 76–80, künstl Reife Git (Hebb) MH Bremen 80–81, Konzertreifedipl Git (Scheit) MH Wien 81–83. **Laufb:** Solo/Kammusikal Konz in Europa, Japan u USA seit 80, Div Git-Ens d FH/Kons Osnabrück seit 80, Prof (Git, Fachdidaktik) FH Osnabrück/Kons 2000. **Pr:** Künstlerstip Niedersächs Min f Wiss u Kunst, 1. Pr 1. Dt OrchWettb 86. **Ens:** Musica Nova 98, div KamMBesetzungen. **Mitgl:** Grdgsmitgl EGTA (Sektion Dtschld). – **Aufn/RF:** Fernseh- u Radioprod in Dtschld, Spanien, Polen. **Sonst:** Hg e eigenen Noten Edition.

Müller, Vicky, KV, Harfe, Hochschullehrerin; Hochschule für Musik 'Carl Maria von Weber', Wettiner Pl 13, D-01067 Dresden. **Laufb:** Doz (Hf) H f Musik Carl Maria v Weber Dresden. (Red)

Müller, Victor, Klavier; c/o ensemble für neue musik, Hegibachstr 58, CH-8032 Zürich, T: 0 13 83 81 81, F: 0 13 83 82 14, *ensemble@access.ch*; *www.ensemble.ch* [1955]. **Ens:** ensemble f neue musik zürich. (Red)

Müller, Werner, Intendant; c/o Stadttheater Fürth, Königstr 116, D-90762 Fürth, PF, D-90744 Fürth. **Laufb:** Intend Stadtth Fürth seit SpZ 03/04. (Red)

Müller, Wieland, Sänger; Zschopauer Str 30, D-09111 Chemnitz, T: (03 71) 6 44 67 77, F: 6 44 67 77. **Laufb:** Gastsol Städt Th Chemnitz SpZ 00/05. (Red)

Müller, Winfried, Prof, Dirigent, Musikdirektor, Hochschullehrer; Zühlsdorfer Str 12, D-16352 Basdorf, T: (03 33 97) 7 28 96, F: 7 28 96 [Dresden 27.8.1937]. **Ausb:** Stud Dirig (H Rögner, F Jung), Kl (M Reinelt) MH Leipzig 56–61. **Laufb:** Mitgl Dresdner Kreuzchor 47, Solorep Kom Op Berlin 61, Debüt als Dgt (Jenufa) ebd 65, KapM 69–03, LBeauftr (Partitursp) H f M 'Hanns Eisler' seit 83, LBeauftr (Dirig) ebd seit 85, Prof seit 94, Gastsp ua: Stanislawski-Nemirowitsch-Dantschenko-MTh Moskau (Carmen) 73/74, Moskau Tanzth m Ens d Kom Op Berlin u Orch d Stanislawski-MTh (Henze: Undine) 73, Tbilissi (G Paisiello: Il Barbiere di Siviglia, Georg EA) 79, Hanoi, m Op Ens Hanoi (Fidelio) in vietnames Spr 79, Kom Op Berlin, Fstv Peralada (Reimann: Bernarda Albas Haus) 01, GastDgt Staatsop Ankara seit 02, MD Staatsop Izmir seit 03.

Münch, Christian, HonProf, Komponist, Dirigent; Zschonergrundstr 14, D-01157 Dresden, T: (03 51) 4 21 06 27; Hochschule f Musik, PF 120039, D-01001 Dresden [Freiberg 11.4.1951]. **Ausb:** Unterr (Kl, Trp, Orgel), Stud (Kl, Dirig, Komp) Dresden. **Laufb:** freiberufl als Dgt f Neue Musik seit 79, ZusArb m d Gruppe Neue Musik Hanns Eisler Leipzig, HonProf u Unterrichtstätigkeit (Aufführungspraxis Neue Musik) Dresdner H f Musik. **Pr:** Hanns-Eisler-Pr 89, Kritikerpr Berlin 80, Arras-Kunstpr 2000. – **Komp:** Canto LXXVL v Ezra Pound (Orat), UA Dresden 94; Dakrion...Dakrion (OrchM), UA Dresden 94; Elfenreigen f Arno Schmidt (KamM), UA Dresden 94; Amor voll Unvernunft (Kllied), UA Dresden 98; All things lovely (ChorM), UA Dresden 98; unschlüssig (Konz), UA Leipzig 99; Jemand (Orat), UA Dresden, Dgt: J-P Penin 01 (Auftr: Dresdner Philharmonie). **UA:** vgl Gruppe Neue Musik Hanns Eisler Leipzig. **Lit:** The New Grove.

Muench, Markus, Komponist, Geiger; Wendelsteinstr 33, D-85435 Erding, T: (0 81 22) 55 84 87, *muench-music@gmx.de*; *www.markusmuench.com* [Iggensbach 1.11.1964]. Verbindung v Elektronik u akust Musik, Dokumentar-Musiktheater, Musik f Film u zeitgen Tanz, Performance **Ausb:** Stud M (K Lessing, C v d Goltz, N Chastain) H f M Würzburg u Richard-Strauss-Kons München, 1 Sem MJurnalismus H f M Karlsruhe. **Laufb:** Grd u 1. Geiger 'strung out quartet' (Spezialisierung auf Neue Musik), Tätigkeit in versch Orch u Ens: Ens Modern, SinfOrch d BR, Ens Resonanz, In Process Kassel, Wernecker KamOrch. **Ens:** Adevantgarde München. – **UA:** 'Cranberry Saxe' f Video, StrQua u TB, Adevantgarde Fstv München 03.

Münch, Martin, Komponist, Hochschullehrer; Bergstr 57, D-61120 Heidelberg, T: (0 62 21) 47 36 35, F: 47 36 35, *info@martin-muench.de*; Bussemergasse 18, D-69117 Heidelberg, T: (0 62 21) 43 67 81; *www.martin-muench.de* [Frankfurt 24.5.1961]. Jahrhundertwende **Ausb:** SchM, Kl (M v Saalfeld) Mainz, Komp (W Rihm) MH Karlsruhe, künstl Abschlußprfg 92. **Laufb:** zahlr KonzReisen als Sol u m 'Trio con brio' Heidelberg ua USA, Japan, Spanien (Expo '92), Österreich u Italien, LAuftr (Kl) U Bamberg. – **Komp:** Klaviertrio (KamM), UA Heidelberg 96; Trpsonate (KamM), UA Heidelberg 96; Sonate f Cello u Kl (KamM), UA Heilbronn 97; Mouvement (OrchW), UA Ladenburg 99; 4. Klaviersonate (KamM), UA Bostrab 99; Katharsis (Imp), UA Bensheim, Mainz, Heidelbrg; Märchen u Arabesken (KamM). **Sonst:** Grdg Ges f die Jhwende Heidelberg.

Münch, Uwe, Chordirektor, Kapellmeister; Lennestr 81b, D-58762 Altena, T: (0 23 52) 33 74 84. **Laufb:** ChorDir, Kapm u Solorep Th Hagen. (Red)

Münstermann, Thomas, Operndirektor; c/o Friedrichstadtpalast Berlin, Friedrichstr 107, D-10117 Berlin. **Laufb:** OpDir Städt Bühnen Osnabrück SpZ 03/04, Intend Friedrichstadtpalast Berlin SpZ 04/05. (Red)

Muenz, Harald, Komponist; c/o feedback studio verlag, Genter Str 23, D-50672 Köln, F: (02 21) 9 52 54 84, *info@haraldmuenz.de*; *www.haraldmuenz.de* [Schwäbisch Hall 20.9.1965]. Sprachkomposition **Ausb:** Stud (Tonmstr) MHDetmold 86–88, Stud Komp (K Meyer) 88–93, elektron Musik (H U Humpert), Kl, Kmk Köln, Stud Phonetik (G Heike) U Köln, Meisterkl Komp (H Lachenmann) Stuttgart 94–97. **Laufb:** LAuftr (Ästhet Phonetik) U Köln seit 2001, Lecturer in Music School of Arts at Brunel U, West London seit 05. **Pr:** Stip d int Sommerkurse Darmstadt 94/98, Künstlerhaus Schloß Wiepersdorf 95, Bernd Alois Zimmermann-Stip d Stadt Köln, Förderpr Musik d Landes NRW 97, Graduiertenförderungsstip H f Musik Köln 98, Stip Stift Kunst & Kultur NRW 99, Villa Aurora Los Angeles 2000, Bennigsen-Foerder-Pr d Landes NRW 2001. **Ens:** Kranenbaum Company Köln 93. – **Komp:** zuletzt: ...und weil die da in donaueschingen immer noch töne brauchen, hab' ich sie ihnen halt hingeschrieben... (Klar, V, Git, Kl) 2000, UA Köln, Ens Black Jackets 2001; il filosofo (phonet Musik f Klar, Trp, Sop, Perc) 2001, UA Köln, Freon Ens, Dgt: S Cardi 2001; ariche (Fl u CD-Spieler), C Levine 2001; BeethovEnBloc (TB Komp) 2000, Schweigenderest (TB Komp), UA London 2001; franSung (KamEns) 97, UA Frankfurt/M, Ens Modern 98. **AuftrKomp:** neues Werk (Kl u CD Spieler), UA Berlin, Hyung-Hwa Yim 2002 (Auftr: Fstv Ultraschall); neues Werk (Kl, Schlgz, Stimme, CD), UA Oslo, Ens Cikada 2002 (Auftr: Ens Cikada). **Sonst:** Hg: '...hin zu einer neuen Welt. Notate zu Franco Evengelisti' 2001. **Lit:** R Mörchen: 'Arbereske. Ein Forschungspr f H M' (MusikTexte 89) 01.

Mürbe, Heiko, KM, Trompete; c/o Dresdner Philharmonie, PF 120424, D-01005 Dresden. (Red)

Mürner, Jens-Uwe, DiplGesangspäd, Lyrischer Tenor; c/o Dresden, Bayreuther Str 8, D-01187 Dresden [Görlitz 25.2.1971]. Oper, Operette, Konzert **Ausb:** Stud (H Löbner) TU Chemnitz-Zwickau 90–95, Diplgesangspäd (H Zabel) H f M Dresden 95–2000, Aufbaustud 2000–02. **Laufb:** Eng in K Weill: 'Die sieben Todsünden' (Balett Chantre) Rotterdam, Groningen 99/2000; Mozart: 'Zaide' (Sultan Soliman) Jena 99; J Ch Bach: 'Themistokles' (Themistokles) Meißen 2000; Gluck: 'Der bekehrte Trunkenbold' (Anton) 2000; Mozart: 'Entführung aus dem Serail' (Pedrillo) Wernigerode 2000; KonzTournee 'Jahrtausendsymphonie' m Gabriel Concerts Silvester Stuttgart, Obernhausen, Frankfurt M. u Düsseldorf 99/2000; EnsMitgl KamOp Dresden (Tamino, Max, Sou Chong) 03/05. – **Aufn/RF:** 'Die sieben Todsünden' m d Jung Rotterdam Philharmonik Orchest u J de Jong (CD). **Sonst:** Grd Konz- u Künstleragentur 'Operavoices'.

Müssauer, Manfred, Dirigent; Tulpengasse 2, A-2402 Haslau a d Donau, T: (06 76) 4 06 26 74; c/o Re Nova Classics, Andreas Zadeyan, Herzgasse 92, A-1100 Wien; *http://members.aon.at/renovaclassics*. Oper, Operette, Orchesterwerke 2. Hälfte 18. Jh bis 20. Jh **Ausb:** Stud Klar, Ges, Dirig u MWiss in Wien u München, int Mstrks. **Laufb:** Debüt an d Mährischen Philh 91, Gast b vielen Orch im In- u Ausland (ua Ophaus Graz, Prager KamOrch, NatTh Ostrava, KonzVerein Wien, Metropolth Berlin), musikal Lt ppp-musiktheater München/Berlin, seit 02 ChefDgt u künstler Lt Donau Philh Wien, seit 04 künstler Lt 'The Shakespeare Symphony'. **Mitgl:** Cond. Guild, Jurymitgl KompPr Republik Österr. – **Aufn/RF:** ua: Reznicek: Tanzsymph m Donau Philh Wien; R Fuchs: Sinf 1–3 m Mährische Ph; C Protze: Alle OrchW. **UA:** Div OrchW v Protze; D D'Ase: Werke f KamOrch; R Stolz: 20 Blumenlieder (Urfssg). **Zug:** L Alcalay: Applications f StrOrch. **Sonst:** Forschungs- u CD-Projekte zu: M Schönherr, C Protze, K Komzák, Joh Strauss, Pleyel u Suppé.

Mützenberg, François, Blockflöte, Komponist; rue Moillebeau 32, CH-1209 Genève, T: 02 27 34 46 63, F: 02 27 34 46 63, *f.mutzenberg@infomaniak.ch* [Genf 23.1.1966]. **Ausb:** Stud Bfl (R Bernolin) Kons Genf 84–89, Zeitgen Blockfl (M Barker) Koninglijk Cons Den Haag 89–94. **Pr:** KompPr European Recorder Teacher Association f 'Trois tiers (trio f 3 Bfl) 96. **Ens:** Barockorch 'Swiss Consort', Künstl Kollektiv f multimedia Performance 'Honey & Milk', BflTrio 'Trois tiers Trio', Barock Tanz Compagnie 'Côté cour, côté jardin'; 'Le banquet d'Apollon', 'Claude Tabarini's Rive Droite Flutes Explorers'. – **Komp:** 'There is no speech without music' (Bfl u TB) 93, UA 93; 'Le départ et' (Bfl) 93, UA 93, 'Trois tiers (trio)' (3 Bfl) 96, UA 96; 'Blackbird recording' (Blockfl u Live-Elektr) 94, UA 94; 'Exposition d'orch' (Fl, Ob, Klar, Fag, Kl, V, Va, Vcl) 94, UA 94 (Auftr: KamMEns Université de Genève); 'Sera-ce le privilège de la mort d'enfin nous enseigner le calme?' (SaxQua) 94, UA 94 (Auftr: 'New art sax qua' Basel); 'Ora/cle' (Sop, Blockfl, V, Kb, Perc) 99, UA 99 (Auftr: 'Fête des Lettres Romandes 99' Yverdon); 'Tendre nue – réminiscence' (Sax, Trp, KB, Perc) 01; 'Cartes postales' (Blockfl, Elektr Git, Musette) 01, UA 01; 'Trois' (3 Bfl) 02, UA 02; 'Marie debout près du tombeau' (gem Ch, Org) 02, UA 02; 'Au bord de la vie-The catcher in the rye' (V,Sax) 02; 'Les chants du veilleur' (Bar, Kl) 04, UA 04. **Aufn/RF:** Vivaldi: c-moll Concerto (f AltBfl); Del Gardellino: Concerto a cinque (Sopranino-Blockfl), m Orch baroque 'Swiss Consort' 96. **UA:** D Clements: 'L'arrivée des voyageurs' 92; T Dagon: 'Der Fluyten Lusthof' 93; P Thoma: 'Solo' 96. **Sonst:** Grdg 'Honey & Milk' 92, Grdg 'Côté cour, côté jardin' 96, Grdg 'Trois tiers Trio' 96.

Muff, Alfred, Opern- u Konzertsänger (Bass u Bass-Bariton); Luzernerstr 78, CH-6043 Adligenswil, T: 04 13 70 68 80, F: 04 13 70 84 06, *alfi1@bluewin.ch, amawil@bluewin.ch*; c/o Opernhaus Zürich, Falkenstr 1, CH-8008 Zürich [Luzern 31.5.1949]. Oper u Konzert **Ausb:** Stud Kons Luzern 67–70, (E Grümmer, I Hartmann-Dressler) MH Berlin 70–73. **Laufb:** Sol Stadtth Luzern 73–80, Sol NatTh Mannheim 84–86, Sol Op Zürich seit 86, zahlr Op u Konz, ua Mailänder Scala, Wiener Staatsop, NatTh München, Staatsop Hamburg, Semperop Dresden (03/04), Dt Op Berlin, Staatsop unter d Linden Berlin, Kölner Op, Op de Paris, Bastille Paris, San Francisco Op, Teatru del Liceu Barcelona, Teatro Colon Buenos Aires, NHK Tokyo, RAI Torino, Fstvs Salzburg, Taormina, Aix en Provence, Wiener FestW u Luzern; Auftr in zahlr Op u Konz. **Pr:** Kunstpr d Stadt Luzern 93. – **Aufn/RF:** LPs: D Frau ohne Schatten; D Fliegende Holländer, Dgt: P Steinberg; D Walküre, Dgt: Ch v Dohnanyi; D Gezeichneten, Dgt: Zagrosek; Hagadah, Dgt: G Albrecht; D Zauberflöte, Dgt: A Jordan; Bruckner: Te Deum u F-Moll-Messe, Dgt: F Welser-Möst, div RF-Mitschn u Fernsehaufz.

Muggler, Fritz, Musikwissenschaftler, Komponist; Limmattalstr 20, CH-8049 Zürich, T: 0 13 42 11 73. (Red)

Mugur, Catalin, Violine; c/o Bühnen der Landeshauptstadt Kiel – Opernhaus am Kleinen Kiel, PF 1660, D-24015 Kiel. **Laufb:** Konzm Philharmon Orch d Landeshauptstadt Kiel. (*)

Muik, Hannes, Sänger; c/o Stadttheater Klagenfurt, Theaterpl 4, A-9020 Klagenfurt, T: (04 63) 5 52 66. **Laufb:** Sol Th St. Gallen SpZ 03/04, Reg Stadth Klagenfurt SpZ 04/05. (*)

Mulch-Gahl, Birgit, Viola; c/o Deutsches Symphonie-Orchester Berlin, Masurenallee 8–14, D-14057 Berlin. **Laufb:** stv Sol Dt SymphOrch Berlin. (Red)

Mulhern, Sinéad, Sopran; c/o Komische Oper, Behrenstr 55–57, D-10117 Berlin, T: (0 30) 20 26 00, F: 20 26 04 05, *info@komische-oper-berlin.de*; c/o Van Walsum Management Deutschland, PF 3409, D-30034 Hannover, T: (05 11) 3 66 07 23, F: 3 66 07 24, *mrobertson@vanwalsum.com*; *www.komische-oper-berlin.de* [Dublin, Irland 13.9.1972]. Oper, Konzert, Lied **Ausb:** The Juilliard Sch of M New York, Bachelor of M Curtis Inst of M Philadelphia/USA 90–95, Master of M 95–98, Centre de Formation Lyrique, L'Op de Paris 98–2000. **Laufb:** Sol Kom Op Berlin SpZ 03/05, ebd (Der Zwerg, Don Giovanni, Tamerlano) SpZ 02/03, Vlaamse Op Antwerpen (Gianni Schicci) SpZ 02/03, Het Gelders Orkest Dtschld-Tournee SpZ 03, Montpellier Op/Frankreich (Die Zauberflöte) SpZ 02, Glyndebourne Touring/England (Le Nozze di Figaro) 01, L'Opéra de Lausanne/Schweiz (Lucio Silla) SpZ 01/02, L'Op de Caen/Frankreich (Lucio Silla) SpZ 01/02, Sydney Fstv/Australien (Mitridate) 01, Reisop Holland (Eugene Onegin) SpZ 00/01, Th du Châtelet Paris (Mitridate) SpZ 00/01. **Pr:** Nat Finalist Metropolitan Nat Council Auditions/USA 98, Pr du Cercle de Carpeaux L'Op de Paris 99, 2. Pr Concours Int de Paris 99, Pr d'AROP L'Op de Paris 2000.

Mumelter, Martin (Pseud: Martin Sarba), Prof, Violine, Hochschullehrer, Autor; Univ Mozarteum, Abt f Musikpädagogik Innsbruck, Schrannengasse 10a, A-5020 Salzburg, T: (05 21) 37 95 32, F: 37 95 32, *mumelter@moz.ac.at*; c/o Konzert-Direktion Hans Adler, Auguste-Viktoria-Str 64, D-14199 Berlin, T: (0 30) 8 95 99 20, F: 8 26 35 20, *info@musikadler.de*; *www.moz.ac.at* [Innsbruck 1948]. **Ausb:** Stud V (R Wisata) Kons Innsbruck, (J Szanto) Philadelphia Coll of Performing Arts. **Laufb:** Sol m Wiener Symph, SymphOrch d BR, Radio-SymphOrch Wien, Staatskap Berlin, Bamberger Symph, Mozarteum-Orch Salzburg uvw, Konz New York Carnegie Hall, Merkin Hall, Bregenzer FSp, Sagra Musicale Umbra, Edinburgh Fringe Fstv, FestW d Alten Musik Innsbruck, Lt VKlasse sowie Lt d Orch Kons Innsbruck 71–75, jahrelang Coach d V Österr Bundesjugendorch/Österr Jugendphilharmonie, Führung e Privatschule f Geiger 75–85, GastProf ab 81, oProf (V) U Mozarteum Salzburg seit 86. **Pr:** Pr d Kritik Int Musikbiennale Berlin 79, Berlanda-Pr Land Tirol f Neue Musik. **Ens:** 'Mumelters Concertodrom' 71–76. – **Aufn/RF:** über 200 Prod f europ RF-Sender, Einsp: Ch Ives: sämtl Violinsonaten; KamM v Messiaen, Bartók, Ch Ives, Cage; VKonz v A Berg, A Schönberg, Urbanner, A Schnittke, R Dünser, B A Zimmermann. **UA:** E Urbanner: Violinkonz, UA SinfOrch Innsbruck, Dgt: E Urbanner 71, R Dünser: Violinkonz, UA Bregenzer FSp, Wiener Symph, Dgt: Runnicles 93. **Zug:** zahlr Solowerke, R Dünser: Violinkonz; E Urbanner: Violinkonz. **Sonst:** 'Ums Leben spielen. Vom Umgang m Musik' 94; Art in Fach-ZS, ua Österr Musik-ZS, zahlr Einführungstexte zu eigenen CDs u Konz; Prosatexte, Hörspiele (Wer fürchtet sich vor'm Schwarzen Mann?, Geigenreportage, Der Herzinfarkt f Jedermann, Hinter der Stimme).

Mund, René Serge, Dr, Intendant; c/o Theater Altenburg-Gera, Küchengartenallee 2, D-07548 Gera. **Laufb:** GenIntend Th Altenburg-Gera SpZ 03/04 bis 06. (Red)

Mund, Uwe, Dirigent, Pianist, Musikpädagoge, Kapellmeister; C Farigola 22, La Sentiu, E-08850 Gavà, Barcelona, T: 09 36 38 26 26, F: 09 36 38 26 26, *uwemund@aol.com*; Oelberg 30, D-94508 Schöllnach, T: (0 99 07) 2 75, F: 2 75 [Wien 30.3.1941]. klass Musik, Konzert u Oper, Liedbegleitung, Kammermusik **Ausb:** Dirig (H Swarowsky), Komp (H Jelinek, K Schiske), Kl (H Petermandl), MWiss (Schenk) MH Wien 59–62. **Laufb:** Dgt Wiener Sängerknaben 62–64, Solokorr (v H v Karajan) an Wiener Staatsop 63–65, KapM Freiburg 65, München 68, 1. KapM Kiel 72, 1. KapM Frankfurt/M 74, GMD MTh in Revier Gelsenkirchen ab 77, Gastdgt ua Hamburg, Berlin, Frankfurt, München, Leipzig, Wien, 1. Gastdgt Niederösterr Tonkünstler Wien 86, Chefdgt Gran Teatro del Liceo Barcelona 87–94, Salzburger FSp, Wiener FSp, Carinth Sommer, Slowak Herbst, Westfäl MFest, Chefdgt Kyoto SymphOrch Japan seit 97, seit 02 freischaff. – **Aufn/RF:** CDs: F Schreker: Romantic Suite, Niederösterr Tonkünstler Wien 88; J Suder: Op 'Kleider machen Leute'(Op), Bamberger Symph; B Bartók: Conc f Orch, D wunderbare Mandarin, Kyoto SymphOrch; F Smetana: Mein Vaterland, Kyoto SymphOrch; R Wagner: Orchestr Höhepunkte aus d 'Ring', CSR SymphOrch; J Sibelius: Leminkainen, Suite, Finlandia ua, Kyoto SymphOrch; G Mahler: 9. Symph, Kyoto SymphOrch; J Suder: Sinf Musik, Kammersinf, m Bamberger Symph; viele RF-Aufn u Mitschnitte (ua BR, WDR, MDR, ORF, NHK). **Zug:** D Acker: 3. Symph, UA Kyoto 01; Ballada: Colon (Orch Suite), UA Barcelona; Th Baird: Konz f Hfe, Vcl u Orch, UA Gelsenkirchen; J Baur: Sentimento del tempo, UA Köln, WDR; L Fiser: Serenaden f Salzburg, UA Salzburger FSp; H Genzmer: Konz f Schlgz u Orch, UA Gelsenkirchen; P M Hamel: Semirames, UA Salzburger FSp; Ders: Von Traum u Tod, UA Gelsenkirchen; R Llorca: 2 piezas para Piano y Orch, UA Madrid ua.

Mundry, Isabel, Prof, Komponistin, Hochschullehrerin; Belfortstr 17, D-79098 Freiburg, T: (07 61) 2 02 33 32, *isabel.mundry@t-online.de*; H Musik u Theater, Hirschengraben 46, CH-8001 Zürich [Schlüchtern 1963]. **Ausb:** Stud Komp (F-M Beyer, G Neuwirth) H d Künste Berlin, Stud (Elektron M) Studio d TU Berlin, Stud Komp (H Zender) Frankfurt aM 91–94, Stip Citè des Arts u IRCAM 92–94. **Laufb:** Prof (Komp) H f M u Darst Kunst Frankfurt aM seit 96, Doz Akiyoshidai-Festv Japan 97, Doz Darmstädter Ferienkurse f Neue M 98 u 2000, composer-in-residence Lucerne Fstv 03, Prof HMT Zürich. **Pr:** KompStip d Berliner Senats, Berliner Komponistenpr, Boris-Blacher-Pr, Schneider-Schott-Pr, Busoni-Pr, Stip d Heinrich-Strobel-Stift, Kranichsteiner MPr, KompPr d Bayer Akad d Schönen Künste, seit 05 Mitgl Berliner Akad der Künste. – **Komp:** OrchWerke, KamM, VokalM, EnsWerke. (Red)

Munkittrick, Mark, Sänger; Gladiolenweg 9, D-71336 Waiblingen, T: (0 71 51) 2 70 03 22; Staatstheater, Oberer Schloßgarten 6, D-70173 Stuttgart [Boston]. **Laufb:** Eng New York City Opera, Karlsruhe 79, Sol Staatsth Stuttgart seit 85. (Red)

Munteanu, Petru, Prof, Hochschullehrer; Reventlowstr 46, D-22605 Hamburg, T: (0 40) 8 80 79 83, F: 8 81 31 49; Hochschule f Musik u Theater, Harvestehuder Weg 12, D-20148 Hamburg. **Ausb:** Stud (G. Manoliu) in Bukarest, Mstrks b J. Jankelevitsch (Moskau) u M. Weiman (St. Petersburg). **Laufb:** Prof

(V) H f M u Th Rostock, Prof (Methodik V) Hamburger Kons, Prof (V) MH Lübeck, Prof (V) H f M u Th Hamburg. (Red)

Munz, Rainer-Michael, Prof, Hochschullehrer, Kirchenmusiker; Hochschule f Musik u Theater, FB 5, Harvestehuder Weg 12, D-20148 Hamburg. **Ausb:** Stud (KiM) Berlin u Freiburg. **Laufb:** Kirchenmusiker an St. Nikolai zu Kiel seit 89, KMD Kiel 99, Prof (Liturg Orgelspiel, -improvisation) H f M u Th Hamburg. (Red)

Munzer-Dorn, Markus, Schauspielmusiker, Gitarrist; Parkstr 14, D-89073 Ulm, T: (07 31) 9 21 70 93, *munzer-dorn@t-online.de* [Vilsbiburg 1.11.1955]. Bühnenmusik (Komposition), Chanson, Kinder- u Jugendtheater, Kammermusik **Ausb:** Stud (klass Git u MWiss) Erlangen u Freiburg, Kse b O Parisi, S Navascués, A Zoller. **Laufb:** Lt d SchspM Ulmer Th 85–91 u Bad Staatsth Karlsruhe 97–200, SchspM LuisenburgFSp Wunsiedel SpZ 03/04, musikal Lt BurgFsp Mayen seit 04. **Pr:** Kleinkunstpr St Ingbert, Förderpr d Landes Baden-Württemberg 88, Stip Gema-Stift 02. – **Komp:** Luftsprünge – D Schneider v Ulm u d Traum v Fliegen (Musical) 2000; Neuland (Stück m Musik) 02. **Auftr-Komp:** Omaggio a Boccherini (f Git u KamOrch), UA Ulm 92. **Aufn/RF:** CD: 'Fundsachen' Lieder u Solo-Git.

Murakami, Toshiaki, Korrepetitor; Landestheater, Promenade 39, A-4010 Linz. **Laufb:** Korr Landesth Linz. (Red)

Muraro, Maurizio, Bassbariton; c/o Bayerische Staatsoper, Brieffach, D-80075 München; c/o Agentur Seitter, Opernring 8/13, A-1010 Wien, T: (01) 5 13 75 92, F: 5 12 93 51, *office@agentur-seitter.at* [Como]. **Laufb:** Sol Bayer Staatsop München 01–05, Wiener Staatsop, Dt Op Berlin, Dt Op am Rhein Düsseldorf, Op Bonn, Volksop Wien, Gastsol Bad Staatsth Karlsruhe SpZ 00/01, Sol Op Köln SpZ 03/04, Sol Landesth Salzburg SpZ 03/04, Semperop Dresden SpZ 04/05. **Pr:** Eberhard-Waechter-Med. (Red)

Murga, Valeriy, Bariton; c/o Opernhaus Zürich, Falkenstr 1, CH-8008 Zürich, T: 0 12 68 64 00; *www.opernhaus.ch*. **Laufb:** Sol Ukrain Nationalop Kiew 97–99, Sol Op Zürich seit SpZ 00/01. **Pr:** Finalist 41. 'Concours Int de Chant' Toulouse 96 u 97. Julian Gayarre-Wettb Pamplona 98, 2. Pr 'Maria Callas Grand Prix' Athen 97. (Red)

Murphy, Andrew, Bassbariton; Wasgenring 163, CH-4055 Basel, T: 06 13 01 37 07. **Ausb:** Stud (V Dunne) College of Music Dublin. **Laufb:** Mitgl Bayer StaatsopStudio 86–89, danach KamOp Wien, Stadtth Ulm u Freiburg 92, Ensmitgl Saarländ Staatsth Saarbrücken seit 96, 'Die Meistersinger v Nürnberg' (Sixtus Beckmesser) 97, Op- u KonzGastsp ua in England, Italien, Österreich, Japan, China, Irland, USA, 'Tannhäuser' (Biterolf) Saarbrücken 2000, Eng Th Basel ab SpZ 2001/02. – **UA:** G Kreisler: Der Aufstand d Schmetterlinge (Eric v Wetter), UA Wien 2000. (Red)

Murphy, Mark, Sänger; c/o Opernhaus Zürich, Falkenstr 1, CH-8008 Zürich. (Red)

Murray, Dame Ann, KS, Mezzosopran; c/o Künstleragentur Helge Rudolf Augstein, Eduard Schmid Str 30, D-81541 München, T: (0 89) 26 02 43 33, F: 26 02 43 44, *mail@augstein.info*; c/o Bayerische Staatsoper, Brieffach, D-80075 München; *www.augstein.info*. **Laufb:** Sol Bayer Staatsop München, Op Zürich, Gastsol Dt Staatsop Berlin SpZ 00/01, Sol Dt Op Berlin SpZ 03/04. (Red)

Murray, Christopher, Sänger; c/o Opernhaus Halle, Universitätsring 24, D-06108 Halle/Saale, PF 110554, D-06019 Halle/Saale. **Laufb:** GastSol Op Halle/Saale seit SpZ 03/04. (*)

Murray, Gordon, Prof, Hochschullehrer; Univ f Musik u Darst Kunst, Inst f Tasteninstrumente, Lothringerstr 18, A-1030 Wien, T: (01) 7 11 55 22 00, F: 7 11 55, *murray@mdw.ac.at*; T: (01) 5 05 07 13, F: 5 05 07 13. Tasteninstrumente **Laufb:** o UProf U f Musik u Darst Kunst Wien. (Red)

Murta, William Ward, Kapellmeister, Repetitor; Herforder Str 10, D-33602 Bielefeld, T: (05 21) 12 26 61. **Laufb:** Kapm u Rep Th Bielefeld SpZ 01/05, Lt SchspM Th Bielefeld SpZ 04/05. (Red)

Musalek, Konrad, Prof, Komponist, Klavier, Cembalo; Gumpendorferstr 74/16, A-1060 Wien, T: (01) 5 97 12 92 [Wien 1933]. **Laufb:** Ltg Wiener Sommer-Seminar f Neue M (Komp u Intpr) 03. **Pr:** Otto-Glöckel-Medaille d Stadt Wien. **Mitgl:** Vors d Gesellschaft z Förderung neuer Musik „Simukovani" u Vorstandsmitglied d Vereins „Freunde der Beethoven-Gedenkstätte in Wien-Floridsdorf" seit 96. – **Komp:** üb 150 Komp. (Red)

Musial, Helge, Choreograph; Eosanderstr 15, D-10587 Berlin, T: (0 30) 3 41 44 43, *Helge.Musial@t-online.de*; *www.helgemusial.de*. (Red)

Musovic, Dubravka, Sängerin; Saarländisches Staatstheater, Schillerpl 1, D-66111 Saarbrücken. **Laufb:** Sol Saarländ Staatsth seit Sp 05/06. (Red)

Mussbach, Peter, Dr, Prof, Intendant, Künstlerischer Leiter, Regisseur; Gundekarstr 2, D-91126 Schwabach, T: (0 91 22) 88 80 60; Deutsche Staatsoper, Unter den Linden 7, D-10117 Berlin [Schwabach 1949]. **Ausb:** Stud (Ges, Kl, Dirig) München u Wien. **Laufb:** Prof (Regie u Schauspiel) Univ Mozarteum Salzburg 97–01, Gastprof (MTh-Regie) Hamburg seit 01, Intend u künstl Ltg Dt Staatsop Berlin 03–07, Insz ua Augsburg ('Der Barbier v Bagdad') 73, Frankfurt ('Götterdämmerung'), Brüssel ('Parsifal'), Salzburger FSp ('Lucio Silla') 93, ('Lulu') 95, Dt Staatsop Berlin ('Lulu'), ('Macbeth') 2000, (Schreker: 'Der ferne Klang') 01. (Red)

Muster, Ludmila, Harfe; c/o NDR Sinfonieorchester, Rothenbaumchaussee 132–134, D-20149 Hamburg. **Laufb:** Stimmführerin NDR SinfOrch Hamburg. (Red)

Mustonen, Olli, Klavier, Komponist, Dirigent; c/o Konzertdirektion Hörtnagel, Oranienburger Str 50, D-10117 Berlin, T: (0 30) 3 08 87 70, F: 30 88 77 33, *agentur@hoertnagel.com*; c/o Van Walsum Management Deutschland, PF 3409, D-30034 Hannover, T: (05 11) 3 66 07 23, F: 3 66 07 24, *rthomson@vanwalsum.com*; *www.hoertnagel.com* [Helsinki]. **Ausb:** Stud Kl (R Gothoni, E Heinonen), Komp (E Rautavaara). **Laufb:** Grd d Helsinki Fstv Orch, Chef-Dgt d Tapiola Sinfonietta Helsinki, Dgt u Sol d Camerata Accademica Salzburg u d Dt KamPhilh, KlKonz in allen bed Musikzentren, Konz ua m Berliner Philh, NDR Symph Orch, Finn RSO, Philadelphia Orch, Los Angeles Philh, Chicago Symph, Cleveland Orch, Dt SymphOrch Berlin, London Philh, Los Angeles Philh, Royal Concertgebouw Orkest, NHK Symph Orch, Minnesota Orch, Hong Kong Philh Orch, Philh Staatsorch Hamburg; ZusArb m Dgt: ua Alsop, Ashkenazy, Barenboim, Berglund, Boulez, Chung, Dutoit, Eschenbach, Harding, Harnoncourt, Rizzi, Salonen, Saraste, Nagano. **Pr:** Edison Award u Gramophone Award f d Aufn d Preludes v Alkan u Schostakowitsch 92. (Red)

Muth, Claudius, Opernsänger; Reutberger Str 8, D-81371 München, T: 0 17 97 94 09 08, *cmuth@wtal.de*; Bonndorferstr 8, D-79843 Löffingen, T: (0 76 54) 75 34; *www.claudius-muth.de* [Stuttgart 20.7.1967]. Op, Orat, Lied **Ausb:** Ges (Mezrickzky-Karusso) MH Wien 87–91, Lied u Orat (W Berry) ebd 89–94, Op (M Temme, K Malm) ebd 91–94, (H Bender, A Varnay) OpStudio Bayer Staatsop München 95–96, Unterr Ges Florenz (P Washington) 95–02. **Laufb:** Sol Bayer Staatsop 96, Sol Schillerth NRW Wuppertal-Geslenkirchen 96–01, Sol Staatsth Stuttgart 99, Sol Teatro de la Maestranza Sevilla 01, Sol Th Aachen 01–05, Wiener Klangsommer, Salzburger FSp Hellbrunn Konz: Bremer Philh, Konzerthaus Wien, Gesellschaft d MFreunde Wien, Sol Staatsth Gärtnerpl München 05. **Pr:** Richard-Wagner-Stip 92. – **Aufn/RF:** Zehm: Kosmomanie, UA Wien ORF 99; CDs: Mozart: 'Zaide' (Osmin), Dgt: E Weckam 91; Reimann: 'Schloß', Dgt: M Boder 96; Bruckner : 'Te deum', Dgt: W Peschl 97; Mozart: 'Requiem', Dgt: M Bosch 2003; Klose: 'Ilsebill', Dgt: M Bosch 04. **UA:** Zehm: Silence of Powerty, UA Ried 94; Silberkreuzung, UA Schwaz 96; Harneit: Schnee, UA Berlin, m Ens ORIOL 99; Rot: Faust III, UA Wien 92; Seidelmann: Hiob, UA Wiener Klangsommer 94; Stolz: Kasperl u d Luftballon, UA FSp Hellbrunn; Wysotzky: Gespräch m e Menschen, UA Wien 92; H Oehring: Blauwalddorf, UA Aachen 2002; K Lang : Perser, UA Aachen 2003. **Zug:** Zehm: Kosmomanie, UA Wien, ORF 99.

Muthspiel, Gerhard, Mag, Kontrabass; c/o Volksoper Wien, Währinger Str 78, A-1090 Wien. **Laufb:** Sol Orch d Volksop Wien. (Red)

Muthspiel, Wolfgang, Komponist, Jazzgitarre; c/o material records, Kleine Neugasse 4/6, A-1040 Wien, T: (03 16) 68 15 07, *wolfgang@materialrecords.com*, *wmuthspiel@compuserve.com*; *www.wolfgangmuthspiel.com* [Judenburg 1965]. **Ausb:** Stud Git H f M Graz, Stud (M Goodrick, D Leisner) New England Cons Boston ab 86, Stud Berklee Coll of Music bis 89. **Pr:** 1. Pr Int GitWettb Mettmann. **Ens:** Duo Due seit 82, Gary Burton Quintet. (Red)

Muti, Riccardo, Dirigent; c/o New York Philharmonic, Avery Fisher Hall, 10 Lincoln Center Plaza, New York, NY 10023–6990, U.S.A.; Opernhaus Zürich, Falkenstr 1, CH-8008 Zürich [Neapel 28.7.1941]. **Ausb:** Stud (Kl) Cons di San Pietro a Majella Neapel, Stud Philosophie U Neapel, Stud Komp, Orch Dirig (B Bettinelli, A Votto) Kons Mailand. **Laufb:** ChefDgt u MD Maggio Musicale Fiorentino 68–80, Debüt La Scala 70, ChefDgt London Philh Orch 72, MD ebd 79–82, MD Philadelphia Orch 80–92, MD La Scala Mailand 86–05, MD Op Zürich, Dgt New York, München, Wien, London, Ravenna Fstv, Gastdgt Wiener FestW, BR SinfOrch, New York Philh, Orch Nat de France, Salzburger FSp seit 71, MFSp Saar 05, ab 06 Dgt New York Philharm. **Pr:** Guido Cantelli Pr 67, Conductor Laureate Londoner Philh 82, Amadeus Pr 2001, Ehrenmitgl Wiener Hofmusikkapelle, Gr Silbernes Ehrenzeichen Rep Österr. – **Aufn/RF:** Verdi: Aida London Philh Orch 74; Bellini: Norma Ravenna Fstv 95 (Live-Mitschnitt); Mozart: Cosi fan tutte, Don Giovanni, Figaros Hochzeit m Wiener Philh; Verdi: Macbeth, La Traviata, Rigoletto, La forza del destino, Don Carlos m La Scala Philh. (Red)

Muttenthaler, Adriane, Komponistin; Laudongasse 21/9, A-1080 Wien, T: (01) 4 08 14 06. (Red)

Mutter, Anne-Sophie, Violine; Ebersbergerstr 10, D-81679 München, T: (0 89) 98 44 18, F: 9 82 71 86, *info@anne-sophie-mutter.de*; c/o Columbia Artists Management GmbH, Till Janczukowicz, Albrechtstr 18, D-10117 Berlin, T: (0 30) 20 64 80 78, F: 20 45 34 80, *info@cami.com*; *www.anne-sophie-mutter.de* [Rheinfelden 29.6.1963]. **Laufb:** Sol Salzburger Pfingstkonz (Dgt: H v Karajan) 77, seitdem umfangr KonzTätigkeit als Sol u Kmk-Partnerin in Europa, USA u Asien; zuletzt (2002): Trio-Tournee Dtschld u Schweiz (m L Harrell, L Orkis), Tournee Israel (m Israel Philh, Dgt: K Masur), Konz Boston (m Boston Symph), Tournee Europa (m Camerata Academica Salzburg), Tournee Europa (m London Symph, Dgt: A Previn), KonzR Mozart-Zyklus Salzburg (m Wiener Philh), Konz Paris (Orch de Paris, Dgt: C Eschenbach) u London (London Symph), Recital-Tournee USA, Europa-Tournee (m London Symph, Dgt: M T Thomas), Europa-Tournee 03 (m Münchner Philharmoniker, Oslo Philharmonic Orch, Wiener Philharmonisches Orch, Berliner Philharmoniker, London Symph, Lt Sir A Previn, Trio m Sir A Previn u L Harrell, Recital m L Orkis, London Philharmonic Orch, Lt A-S Mutter, Pfingst-FSp Baden-Baden, Münchner KamOrch m S Khachatryan, Orch National de France, Lt K Masur), Nordamerika-Tournee (New York Philharmonic Orch, Lt K Masur u Sir A Previn). **Pr:** ua Dt Schallplattenpr, Record Acad Pr, Grand Pr du Disque, Int Schallplattenpr, Edison Award, Grammy Award, Sonning-Pr Dänemark, BVK 1. Kl, Bayer Verdienstorden, Verdienstmed d Ldes Baden-Württemberg, österr Ehrenkreuz f Wiss u Kunst, Herbert-v Karajan-Musikpr 03, Echo-Pr 05. – **Aufn/RF:** ua Vivaldi: Vier Jahreszeiten, Wiener Philh, Dgt: H v Karajan 84; Die großen VKonz, Berliner Philh, Dgt: H v Karajan 87; Bartók: VKonz, Boston Symph Orch, Dgt: S Ozawa 91; 'Mutter Modern' 94; Sibelius: VKonz, Staatskap Dresden, Dgt: A Previn 95; Beethoven: StrTrios, B Giuranna, M Rostropwitsch 97;

Brahms: VKonz, New York Philh Orch, Dgt: K Masur 97; Beethoven: Die 10 VSon, L Orkis 98; K Penderecki, VKon, London Symph Orch, Dgt: K Penderecki 98; 'Recital 2000', L Orkis 2000; 'Back to the Future' 2000, 'Beethoven' (m New York Philharmonic, Lt K Masur) 02, 'Tango Song and Dance' (m Orkis, Previn) 03. **UA:** ua K Penderecki, P Boulez, S Gubaidulina, A Previn, H Dutilleux. **Zug:** ua v W Lutoslawski, N Moret, K Penderecki, W Rihm, S Currier. **Sonst:** Grdg Rudolf-Eberle-Stift 87, Grdg Freundeskreis d A S Mutter-Stift 97. (Red)

Mutze, Jürgen, Sänger; Oberfrohnaer Str 143, D-09117 Chemnitz, T: (03 71) 4 01 47 56, F: 4 01 47 56 [Plauen/Vogtland 9.12.1939]. Oper **Ausb:** H f Musik Weimar. **Laufb:** Sol Städt Th Chemnitz (03/05), Sol Op Leipzig, Gastsp in Japan, Spanien, Italien, Amerika, Israel. **Pr:** Kunstpr d DDR.

Muus, Niels, Dirigent; c/o Konzert-Direktion Zagovec, Hans-Böckler-Str 23, D-65468 Trebur-Astheim, T: (0 61 47) 91 96 60, F: 91 96 62, *agentur@zagovec-artists.de*; *www.zagovec-artists.de*. **Laufb:** Dgt Volksop Wien. (Red)

Muzek, Tomislav, Tenor; c/o Opernhaus Zürich, Falkenstr 1, CH-8008 Zürich; c/o Volksoper Wien, Währinger Str 78, A-1090 Wien, T: (01) 51 44 40, F: 5 14 44 32 15, *office@volksoper.at*. **Ausb:** Stud (Ges) U f M u darst Kunst Wien, Eng Staatsop Wien (Stip Herbert v Karajan Centrum). **Laufb:** Sol Th Bremen (Mozart: Così fan tutte, Ferrando; Verdi: La Traviata, Alfredo Germont), Sol Bayer Staatsop München SpZ 01/05, Volksop Wien SpZ 03/04, Semperop Dresden SpZ 04/05. **Pr:** Stip Herbert v Karajan Centrum. (Red)

Myćka, Katarzyna, Dr, Percussion, Marimba; c/o Südwestdeutsche Konzertdirektion Erwin Russ GmbH, PF 104262, D-70037 Stuttgart, T: (07 11) 1 63 53 11, F: 1 63 53 30, *info@sksruss.de, info@marimbasolo.com*; *www.sksruss.de* [27.10.1972]. Konzerte Solo / m Orchester **Ausb:** Stud Gdansk, Aufbaustud u SolKlase H f M Stuttgart, Salzburger Mozarteum. **Laufb:** Ludwigsburger FSp 97, Sol Stuttgarter Philh 96, 99, Bochumer Symph 01, Beijing Symph Orch 02, Wiener KamOrch 02/03. **Pr:** 1. Pr Poln SchlgzWettb Oppeln 91, 'Conc Int d'Exécution Musicale' Sonderpr f Auslandsstip 92, 1. Pr JPCL Luxembourg 95, 1. Pr World Marimba Competition Stuttgart 96, Finalistin ARD-Wettb 97. **Ens:** Marimba concertante, Marimba Duo Mycka/Bach, Rhythmik Attacca. **Mitgl:** Percussive Arts Society USA, Percussion Creativ Dtschld. – **Aufn/RF:** CDs: 'Marimba Spiritual' 97, 'Marimba Dance' 99, 'Marimba Concerto' 01, 'Marimba Sculpture' 03, 'Bach: Marimba Concertos' 05. **UA:** Keiko Abe: Prism Rapsody II 02; Eckhard Kopetzki: 'Kaskade' (Konz f Marimba u StrOrch) 98; Matthias Schmitt: '6 Miniaturen' 98; J Throver: 'Aurora borealis' 01; Ney Rosauro: Concerto Nr 2 f Marimba and Orch 03; G Hübner: Jazz-Suite 03; M Schmitt: '3 Skizzen' 04; N Rosauro: 'Brasilian Rapsody' 05; E Kopetzki: 'Canzoni de Sonor' 05. **Zug:** ua L Kaiser: 'Hurricane's Eye', N Rosauro: 'Variations over E Glennie's A Little Prayer'; J Throver: 'Aurora Borealis'; Matthias Schmitt: '6 Miniaturen'; E Kopetzki: Konz f Marimba u Streicher, Kaskade, 'Canzoni de Sonor'. **Sonst:** Grdg Int Katarzyna Myćka Marimba Akad 03. **Lit:** 'Int Who's Who in Music' 2000/01.

Mykytka, Vladimir, Viola, Violine; Yorckstr 7, D-30161 Hannover, T: (05 11) 40 10 48, 40 10 49, F: 40 74 35, *info@ks-schoerke.de, szymanowskiquartet@hotmail.com*; Ferdinand-Wallbrecht-Str 27, D-30163 Hannover, T: (05 11) 3 94 03 92; *www.ks-schoerke.de, www.szymanowski-quartet.com*. **Pr:** 2. Pr 3. Int KamM Wettb Melbourne 99, 2. Pr 3. Int KamM Wettb Osaka 99. **Ens:** Szymanowski Quartet. (Red)

mylla, h c *siehe* Müller, Hans-Christian

Myslewicz, Natalia, Repetitorin; c/o Theater Regensburg, Bismarckpl 7, D-93047 Regensburg. (Red)

Myslivecek, Martin, Prof, Hochschullehrer, Gitarre; Univ f Musik u Darst Kunst, Inst 3, Brandhofgasse 21, A-8010 Graz, T: (03 16) 3 89 34 49, F: 3 89 30 31, *martin.myslivecek@kug.ac.at*. **Laufb:** o UProf (Git) U f Musik u Darst Kunst Graz. (Red)

N

Nabicht, Theo, Komponist, Saxophone, Bassklarinette; Rykestr 13, D-10405 Berlin, *Nabicht@gmx.net*; *www.Nabicht.de* [Ebersbach/Sachsen 27.3.1963]. zeitgenössische Musik **Ausb:** Stud Kl (H Meyer), Sax (H Oltersdorf), Fl MH 'Hanns Eisler' Berlin 83–87; Stud b A Braxton, Banff Kanada 90; Bassklar (Mstrkl Armand Angster) Cons de Strasbourg 95–97. **Laufb:** erste musikal Bühnenerf 85; ZusArb m Bert Wrede im Duo 87–99; Mitgl Orch 'Vielharmonie' 87–95; 'BakaMutz'-Qua 91–98; Mitgl 'Ta Lam 10' 98–2000; 'the clarinet trio' (Ullmann, Kupke, Nabicht) 98–02; Gast b Klangforum Wien; Mitgl 'Kammerens Neue Musik Berlin' seit 94; Fstv-Teiln ua in: Krakow, Leningrad, Novosibirsk, Donezk, Frunze, Kriwoj Rog, Warschau, Prag, Rostock, Leipzig, Paris, Nevers, Toulouse, Mulhouse, Le Mans, Lausanne, Luz, Wien, Rom, Stockholm, Brüssel, Gent, Bath, New York, San Franzisco, Vancouver, Seattle, Mecico City, Monterrey. **Ens:** Kammerens Neue Musik Berlin (KNM). – **Komp:** f Fernsehen u Th-Prod ua 'Die Wege d Franz Fühmann' (ORB) 94; 'Oidipus' (Th Affekt) 94; 'Roberto Zucco' (Th Affekt) 96; 'Bild ohne Titel' (Arte) 96; 'Clockwork orange' Dt Schauspielhaus Hamburg 97; 'Volksfeind' (Th Basel) 99; 'Fernando Krapp' (Werkbühne Berlin) 99; 'Nibelungen-Suite', UA Th Basel 99; 'Mann m Hund', UA Frankfurt H f M 99; 'Parzival' (Kampnagel) 2000; 'Der Erreger' (Schauspielhannover) 2000; 'Schnitte-Erkundungen-Blicke', UA Schloss Bröllin 2000; 'Die Nibelungen' (Theater Basel) 01; 'Tanzhalle' (Schauspielhannover) 01; 'Frau v Meer' (Schauspielhaus Hamburg) 01; 'Dantons Tod' (Kammerspiele München) 01; 'Adam Geist' (Schauspielfrankfurt) 02; 'Krieg um Troja' (Th Basel) 02; 'Heiliger Krieg' (Kammerspiele München) 03; 'Die Odyssee' (Th Basel) 04; 'Die Renatenente' (Thalia Halle) 04; 'Stiller' (Th Basel) 04; 'Frozen Banana 1 u 2', UA Berlin Unerhoerte Musik, BKA 04; 'Das goldene Vliess' (Th Basel) 05. **Aufn/RF:** Platten- u CD-Aufn im Duo m B Wrede: 'Herbstrhytmen' (Live) 88, 'Donezk 2000' 89; m 'Vielharmonie': 'From BeBand to BigBop' 90, 'More like Brahms' 91; m BakaMutz: 'Round about midnight' 92, 'Baka Mutz' 95; m d Kammerens Neue Musik Berlin: 'Porträt – Helmut Oehring' 97; m Ta Lam 10: 'live at Vancouver' 98; m 'the clarinet trio': 'oct 1, '98' 99, 'translucent notes' 02, Frigg- Brecht Projekt 2000; m d Klangforum Wien: 'Beat Furrer Portrait' 2000, 'WEISS/WEISSLICH' 03; div Sampler. **Zug:** Lutz Glandien: 'Augen – Mund & Ohr' 04.

Nachfolger, Birgitt, Sopran; Benzstr 6, D-70806 Kornwestheim, T: (0 71 54) 80 80 57 [Kirchheim/Teck]. **Ausb:** Stud Ges (G Jelden, J Hamari) H f M Stuttgart, Aufbaustud (W Long, K Richter) ebd, Mstrks ua b K Kelly u B Weikl. **Laufb:** Mitgl Extrach d Staatsop Stuttgart, FSpCh d Luwigsburger FSp, Eng Volksth Rostock seit 95. **Pr:** Bayreuth-Stip d Stuttgarter R Wagner-Verb 94. (Red)

Nacoski, Blagoj, Tenor; Staatstheater, Oberer Schloßgarten 6, D-70173 Stuttgart, *b_nacoski@yahoo.com* [Skopje 1979]. **Laufb:** Sol Staatsth Stuttgart. (Red)

Nadelmann, Noëmi, Sopran; c/o Artists Management Zürich, Rütistr 52, CH-8044 Zürich, T: 04 48 21 89 57, F: 04 48 21 01 27; *www.artistsman.com*. **Laufb:** Sol Bayer Staatsop München, Kom Op Berlin SpZ 01/05, Dt Op Berlin, Stadtth Bern, Op Zürich, Op Köln seit SpZ 03/04, Sol Lehár Festival 05, Sol Volksop Wien SpZ 04/05. **Pr:** Wolfgang Amadeus Mozart-Pr 1997. (Red)

Nadvornik, Petra, Sopran; Mecklenburgstr 103, D-19053 Schwerin, T: (03 85) 56 20 94; Mecklenburgisches Staatstheater, Alter Garten 2, D-19055 Schwerin. **Laufb:** Sol Mecklenburgisches Staatsth Schwerin. (Red)

Näf, Fritz, Dirigent, Tenor; Buchfinkenweg 4, CH-8400 Winterthur, T: 05 22 12 79 36, F: 05 22 12 40 72, *kontakt@fritz-naef.ch*; *www.fritz-naef.ch, www.skbm.ch* [1943]. **Ausb:** Stud (Gesang) MH Zürich, Freiburg/Br, Gesang (K Huber, E Häflinger, J Tourel), Stud Chor- u OrchDgt. **Laufb:** als Tenor Konz in ganz Europa 70–90, als Dgt m Basler Madrigalisten b Fstv weltweit seit 78, Doz MAkad Basel 76–86, ZusArb m Tonhalle Orch Zürich seit 97, Dir MSch u Kons Winterthur, Rektor H f M u Th Zürich 86–2000, künstl Lt Schweizer Kammerchor u Basler Madrigalisten seit 2000, Gastdgt Radio della Svizzera Italiana Lugano, Choeur de Radio France, Tonhalle Orch ua seit 2000, Gastdgt Gare du Nord Basel SpZ 04/05. **Mitgl:** StV, SMPV. – **Sonst:** Grdg Basler Madrigalisten 78, Grdg Schweizer KamChor 97. **Lit:** 'Ars vocalis'. 25 Jahre Basler Madrgalisten.

Naef, Peter, Sänger (Bassbariton); Marktgasse 6, CH-4310 Rheinfelden, T: 07 94 19 68 91. Konzerte, Oratorium, Lied. – **Aufn/RF:** Schubert: Lieder – Songs – Zyklen.

Naef, Yvonne, Mezzosopran; c/o Künstleragentur Dr. Raab & Dr. Böhm, Plankengasse 7, A-1010 Wien, T: (01) 51 20 50 10, F: 5 12 77 43, *office@rbartists.at*; c/o Caecilia Lyric Department, Rennweg 15, CH-8001 Zürich, T: 0 12 21 33 88, F: 2 11 71 82, *caecilia@caecilia-lyric.ch*; *www.rbartists.at*. **Ausb:** Stud (MWiss, Ges) Zürich, Basel, Mannheim. **Laufb:** Bühnendebüt (La Cenerentola, Titelpartie), EnsMitgl Op St Gallen u Wiesbaden (Orfeo, Ariodante, Rosina, Adalgisa, Amneris, Principessa di Bouillon, Brangäne, Waltraute, Venus, Sieglinde), Dt Op Berlin, Nederlandse Op, Op Zürich, Teatro Verdi di Trieste, FSp Bayreuth u Salzburg, ZusArb m Harnoncourt, Boulez, Maazel, Fedosejev, Plasson, Russell Davis u Norrington, KonzAuftr Wiener KonzHaus, Musikverein, Styriarte Graz, Brucknerhaus Linz, Münchner Philh, Tonhalle Zürich, Bregenzer FSp, Bamberger Symph, Orch du Capitole de Toulouse, Salle Pleyel, RF-Anst SWR, NDR ua, Sol Dt Op Berlin u Hamburg Staatsop SpZ 03/04. **Pr:** mehrere Studienpr, 2. Pr Wettb 'Maria Callas' Athen 87. – **Aufn/RF:** zahlr RF-Mitschn u CDs, ua Schönberg: Moses u Aaron, Dgt: P Boulez; Bach: Weihnachtsoratorium u weltl Kantaten; Rossini: Petit Messe Solenelle; Schoeck: Penthesilea; Beethoven: 9. Symph; Götterdämmerung (Brünnhildes Schlußgesang); Brahms: Vier Ernste Gesänge; Schoeck: Lieder. (Red)

Nägele, Barbara, Blockflöte; Sigmund-Nachbaur-Str 10, A-6830 Rankweil, T: (0 55 22) 7 45 35 [Feldkirch 16.3.1973]. Renaissance, Mittelalter, Neue Musik **Ausb:** Stud Blockfl (K Boeke, M Weilenmann) MH Zürich 92–99. **Laufb:** Polen-Tournee, ua Fstv f Alte Musik Stary Sacz 2000, Fstv 'Musica Nova' Sofia 2001, Böhmen-Sachsen-Fstv 2001, UA-Zyklus m Werken schweizer Komp Zürich 2000/01. **Pr:** Kiwanis KamMWettb Zürich 95, Int BlockflWettb Calw 95, Premio Bonporti Rovereto 97, Orpheus-Förderpr Zürich 97, Migros KamM-Wettb Zürich 99. **Ens:** Trio O'Henry seit 94. – **Aufn/RF:** RF-Mitschn: Werke v Lehmann, Pärt ua, Zürich, St Peter 96; T Müller, Baldwin-Manuscript, Zürich, Gr Saal d H 2000. **UA:** M Derungs: 'A set of pieces', UA 2000; T Müller: 'Erste Etappe in Richtung farbiger Eindrücke', UA 2000; G Tedde: 'Medio Aevo', UA 2000; A Nick: 'Trio pour flûtes à bec', UA 2000; A Schmucki: 'tatsache. eisschollen; der unzertrennliche anstoss abweichender labialität', UA 2000; G Bennett: 'Textures of Time', UA 01.

Näther, Gabriele, KS, Sopran; Breite Str 23/85, D-14467 Potsdam, T: (03 31) 90 38 72, F: 90 38 72, *GGNaether@web.de*; c/o Hans-Otto-Theater, Berliner Str 27 a, D-14467 Potsdam, T: (03 31) 9 81 10 [Ebersbach, Oberlausitz]. Konzert, Oratorium, Lied, Alte Musik **Ausb:** Stud (K Mitscherling) H f Musik 'Carl Maria v Weber' Dresden 69–71, Staatsex H f Musik 'Hanns Eisler' Berlin 79. **Laufb:** Sol Hans-Otto-Th Potsdam seit 74, Tourneen in versch europ Länder u Südamerika, Gastsol Dt Staatsop Berlin SpZ 03/04, GesPäd. **Pr:** Theodor-

Fontane-Pr. **Ens:** La voce umana. – **Aufn/RF:** CDs: M-R De Lalande: 'Leçons de ténèbres', La voce umana; G F Händel: 'Mi palpita el cor', La voce umana. **UA:** Matthus, Hummel u Komp aus d Land Brandenburg. **Zug:** K A Hueber: 'Passages in the wind' op 38 (f MSop u Kl).

Näther, Gisbert, Komponist; Breite Str 23/85, D-14467 Potsdam, T: (03 31) 90 38 72, F: 90 38 72, *GGNaether@web.de*; *www.GisbertNaether.de* [Ebersbach 30.7.1948]. KamM, OrchM, Kinderstücke **Ausb:** Stud (Hn, Komp) MH Carl-Maria-v-Weber Dresden 69–72. **Laufb:** Hornist Jenaer Philh 73–75, Hornist Hans-Otto-Th Potsdam 75–81, zZ Hornist Dt Filmorch. **Pr:** Wilhelm-Busch-Pr, Max u Moritz Goldmed 96, 1. Pr KompWettb d Ldes Brandenburg 98, Jugendmusikschulpr Stadt Hameln 01. – **Komp:** ua: Concertino f Tb u Orch (Konz), UA Brandenburg 92; Requiem, UA Potsdam 93; Max u Moritz (Kinderkonz), UA Potsdam 96; Die Bremer Stadtmusikanten (Kinderkonz), UA Hof 98; Prinzen-Suite (OrchW), UA Berlin 98; 'Auschwitz'-Kinderlieder f Sop, Bariton u Orch, UA Cottbus 99. **AuftrKomp:** Konz f 3 Fag, Kontrafag u Orch, UA Berlin, m Orch d Dt Op Berlin, Berliner FagQua, Dgt: R Frühbeck de Burgos 95; 'Le theme du Roi' Metamorphosen f gr Orch, UA Eröffn Nicolaisaal Potsdam, Dgt: S Weigle 2000. **Aufn/RF:** 'Auschwitz'-Kinderlieder (SFB-Mitschnitt); 'Max u Moritz' f Sprecher u Orch, K Riemann, Dt Filmorch, Dgt: S Lowton 01.

Nagakomi, Tamiko, Klavier; c/o Eventagentur & Künstlervermittlung Uwe Penner, Priel 20, D-85408 Gammelsdorf, T: (0 87 66) 93 98 66, F: 93 98 77, *UPenner@t-online.de*; *www.uwekonzerte.de*. Beethoven, Schumann **Ausb:** HfM Detmold. (Red)

Nagano, Kent, Dirigent, Künstlerischer Leiter; c/o Van Walsum Management Deutschland, PF 3409, D-30034 Hannover, T: (05 11) 3 66 07 23, F: 3 66 07 24, *jvanwalsum@vanwalsum.com*; *www.vanwalsum.co.uk*, *www.kentnagano.com* [Kalifornien, USA]. **Laufb:** musikal Dir u ChefDgt Berkeley SymphOrch seit 87, MD Op Nat de Lyon 89–98, MD Hallé Orch Manchester 91–2000, ChefDgt u künst Ltg DSO Berlin seit 2000, ChefDgt Los Angeles Op seit 01, Gastdgt ua Berliner Philh, NDR Hamburg, London Philh, Gewandhaus Leipzig, Wiener Philh, Orch de Paris, Ens InterContemporain, Chamber Orch of Europe, Münchner Philh, Salzburger FSp, Dt Staatsop Berlin SpZ 04/05, Semperop Dresden SpZ 04/05, GMD Bayer Staatsop ab SpZ 06/07, Intend Bayer Staatsop SpZ 06/07–08/09. – **Aufn/RF:** J Offenbach: 'Hoffmanns Erzählungen', R Alagna, N Dessay, J v Dam, Chor u Orch Op Nat de Lyon 96; B Britten: 'Billy Budd', T Hampson, A Rolfe Johnson, Knabenchor Manchester, Hallé Orch 97; R Strauss: 'Ariadne auf Naxos', M Price, G Winbergh, Chor u Orch Op Nat de Lyon 97; F Busoni: 'Doktor Faust', D Henschel, K Begley, D Fischer-Dieskau, Chor u Orch Op Nat de Lyon 97/98; L Bernstein: 'A White House Cantata', T Hampson, J Anderson, B Hendricks, SinfOrch London 98; G Mahler: Symph Nr 3, D Peckova, Dt Symph-Orch Berlin 99; G Mahler: 'Kindertotenlieder', 'Rückert-Lieder', 'Des Knaben Wunderhorn', D Henschel, Hallé Orch 99; O Meesiaen: 'Saint François d'Assise', J v Dam, D Upshawn, Arnold Schönberg Chor, Hallé Orch 99; O Messiaen: 'Turangalila-Sinf', P-L Aimard, D Kim, Berliner Philh 2000.

Nagel, Hellmuth, Prof, Hochschullehrer; Neu Polzow 10, D-17309 Polzow, T: (03 97 43) 5 03 81. **Laufb:** LBeauftr (Kl, KamM, Sax) H f Musik Hanns Eisler Berlin. (Red)

Nagel, Karsten, Prof, Hochschullehrer, Fagott; H f Musik, Veilhofstr 34, D-90489 Nürnberg, T: (08 21) 5 08 89 87, F: 4 38 06 63, *nagel@gmx.de*. **Laufb:** Prof (Fag) H f M Nürnberg-Augsburg. (Red)

Nagel, Kurt, Prof, Hochschullehrer, Trompete; Lärchenweg 2, D-68804 Altlußheim, T: (0 62 05) 3 41 25 [Hockenheim 1949]. **Ausb:** Stud (Trp) MH Heidelberg-Mannheim 66–72. **Laufb:** 1. Solo-Trp im Orch d Nationaltheaters Mannheim 76–03, Prof (Trp) Staatl H f M u Darst Kunst Mannheim seit 80. (Red)

Nagel, Petra, Horn; c/o MDR Sinfonieorchester, Augustuspl 9a, D-04109 Leipzig. **Laufb:** Sol MDR SinfOrch Leipzig.

Nagerl, Norbert, Sänger (Bass); Vor den Eichen 2, D-32756 Detmold, T: (0 52 31) 2 21 85, 01 51–11 60 13 00, F: (0 52 31) 2 21 85 [Wien]. Oper, Operette **Ausb:** Stud b Prof A Kaufmann Akad u Kons Wien. **Laufb:** Gastsol Th Görlitz, Th d Westens Berlin, Klagenfurt, Passau, Hildesheim, Altenburg-Gera, Zwickau, Hannover, Wiesbaden, Dresden, Leipzig, Bautzen, Brandenburg, Saarbrücken, Würzburg, Trier, Erfurt, Rostock, Coburg, Regensburg ua. – **UA:** Kiesewetter: Genesis, UA Südostbayer Städtebundth Landshut/Passau 82/83.

Nagler, Christoph, Sänger (Bariton); Zur Wetterwarte 10, D-49082 Osnabrück, T: (04 51) 5 06 76 48; *www.christoph-nagler.de* [Meiningen]. Op, Optte, Konz **Ausb:** Stud MH 'Hanns Eisler' Berlin 93–97, (Binge) MH Lübeck 97–2000. **Laufb:** Sol Lübecker Th, Städt Bühnen Osnabrück.

Naglestad, Catherine, Sopran; c/o Artists Management Zürich, Rütistr 52, CH-8044 Zürich-Gockhausen, T: 04 48 21 89 57, F: 04 48 21 01 27; *www.artistsman.com* [San José, CA, USA]. Oper **Ausb:** Stud (Ges) Kons San Francisco/USA, Rom u Mailand. **Laufb:** Sol Staatsop Stuttgart 97–03, ital Repertoire (ua Tosca, Poppea, Vitellia, Nedda, Violetta, Elisabetta, Leonora/'Trovatore', Norma), Mozart (Konstanze, Fiordiligi), Händel (Alcina); Gastsp ua Berlin, Frankfurt, Salzburger FSp, Covent Garden London, RuhrTriennale (Donna Elvira), Edinburgh Fstv, San Francisco Op; Stuttgart (Liu), San Francisco (Nedda), Covent Garden (Fiordiligi), Bastille Paris (Vitellia), Konz m NHK Symph Orch Japan 03/04. **Pr:** 'Herausragende Sängerin d Jahres" b Kritikerumfrage i d 'Opernwelt' 98, Bayer ThPr 99 (f : Die Entführung aus dem Serail). – **Aufn/RF:** preisgekrönte 'Entführung aus dem Serail' auf DVD (Arthaus Musik).

Nagora, Klaus, Prof, Hochschullehrer, Dirigent; Staatl H f Musik u Darst Kunst, Urbanstr 25, D-70182 Stuttgart, T: (07 11) 8 26 23 10; Galvanistr 6, D-70435 Stuttgart, T: (07 11) 8 26 23 10. **Laufb:** Prof (OpSchule) Staatl H f M u Darst Kunst Stuttgart. (Red)

Nagore, Antonio, Sänger; c/o Deutsche Oper, Bismarckstr 35, D-10627 Berlin. **Laufb:** Sol Dt Op Berlin (bis SpZ 04/05). (*)

Nagy, Andrea Sabine, Komponistin, Liedermacher, klass Konzertgitarre; Hauzenbergerstr 20, D-80687 München, PF 210306, D-80687 München, T: (0 89) 5 70 63 22 [Regensburg 9.2.1956]. überwiegend Liederkompositionen f klass Gitarre, Kammermusik seit 01 **Ausb:** klass Git (A Tospann) Berlin 82–87, Weiter- u Fortbildung (Komp, MTheorie im Popularbereich) 89–96, Kompstud f Neue Musik (in ZusArb d int Fstv d MTh München unter d Lt v HW Henze u M Schmitt) München u Wien 95–96, Kompstud Wiener Sommer 97–2000, Sem (K Musalek) Wien. **Laufb:** Arb als GitL u Computermusikerin in Tonstudios seit 87. **Pr:** Ausz Wyoming 97, Fstvteiln Buchpr f Computermusik Prix Ars Electronica Linz 96, 97 u 2000, Anerkennung f künstl GitSp Berlin 87. **Mitgl:** dkv Berlin. – **Komp:** Hexoglan (elektro-akust Musik), UA München 95; Tambal (imp Musik), UA München 98; Ich bin v allen Wassern müde (elektro-akust Musik). **Aufn/RF:** auf CD: Hexogolan (elektro-akust Musik) 97. **Lit:** K Musalek (Hg): 'Wiener Sommerseminar' Jg 97, 98, 99, 2000, 02.

Nagy, Michael, Bariton; c/o KünstlerSekretariat am Gasteig, Rosenheimer Str 52, D-81669 München, T: (0 89) 44 48 87 92, F: 4 48 95 22, *team@ks-Gasteig.de*; *www.ks-Gasteig.de* [1976]. Lied **Laufb:** Kom Op Berlin 04, Op Frankfurt 06. **Pr:** 1 Pr Int Liedkunst-Wettb d Hugo-Wolf-Akad 04.

Nagy, Vidor, Bratsche; Reichenhaller Str 15, D-70372 Stuttgart [Budapest]. **Ausb:** Bratschenstud Musikakad 'Franz Liszt' in Budapest b Prof Pál Lucács, Musikakad Detmold b Prof Bruno Giuranna. **Laufb:** 1. Solo- Bratsche Württemberg Staatsorch Stuttgart seit 76, Lt v Mstrkr. **Pr:** 1. Pr b Ungar Bratschenwettb Budapest. (Red)

Nah, Yoo-Chang, Bariton; Bruchmauer 6, D-32756 Detmold, T: (0 52 31) 30 29 97, (01 71) 4 45 93 21; c/o Cecilia Music Concept – Franz-Georg Stähling, Brauweilerweg 183, D-50933 Köln, T: (02 21) 8 00 00 70, F: 8 00 00 71, *staehling@cecilia-cmc.de* [Seoul 2.2.1969]. **Laufb:** Sol Landesth Detmold. (Red)

Naidu, Ann-Katrin, Sängerin; c/o Staatstheater am Gärtnerplatz, Gärtnerpl 3, D-80469 München, PF 140569, D-80455 München, *info@ann-katrin-naidu.de*; *www.ann-katrin-naidu.de* [Stuttgart]. Oper, Lied, Konzert **Ausb:** Liedklasse, Opschule, EnsLt (G Hoffman, L Bosabalian) MH Stuttgart, Mstrkse (E Schwarzkop, B Fassbaender). **Laufb:** Sol Staatsth Saarbrücken 91–94, Nationalth Mannheim 94–96, Sol Staatsth am Gärtnerplatz München seit 96 (04/05), Sol Bayer Staatsop München seit 2001, Sol Sächs Staatsop Dresden (SpZ 03/05), Gast: Württemb Staatsop, Staatsth Hannover, Schweiz, England, Israel, USA, Japan. **Pr:** VdMK-Gesangswettb Berlin. – **Aufn/RF:** Hindemith: 'Die junge Magd', Saarl RF; Wanek: 'Duo Sonetti', RF-Orch Berlin, Dgt H Rösner; ‚Der Ring d Nibelungen', CD-Aufn ‚Walküre' (Waltraute), Dgt Z Mehta. **UA:** M Hidalgo: Alegrias, Dali; H Mogg: Rialto.

Nakajima, Akiko, Sopran; c/o Volksoper Wien, Währinger Str 78, A-1090 Wien; c/o Konzert-Direktion Zagovec, Hans-Böckler-Str 23, D-65468 Trebur-Astheim, T: (0 61 47) 91 96 60, F: 91 96 62, *agentur@zagovec-artists.de*. **Laufb:** Sol Volksop Wien. (Red)

Nakamura, Isao, Prof, Hochschullehrer, Schlagzeug; Otto-Laible-Str 2, D-76189 Karlsruhe, T: (07 21) 9 57 51 36, F: 9 57 51 37; Hochschule f Musik, PF 6040, D-76040 Karlsruhe [Osaka/Japan 1958]. **Laufb:** Prof (Pauke, Schlgz) Staatl H f Musik Karlsruhe seit 92. **Pr:** Kranichsteiner Musikpr 86, Aoyama Musikpr 92. **Ens:** Grdg Duo Konflikt m Kaya Han (Kl) 95. (Red)

Nakariakov, Sergej, Trompete; c/o Künstleragentur Ingeborg Hossmann, PF 125, CH-3780 Gstaad, T: 03 37 44 88 20, F: 03 37 44 88 30, *artpro@datacomm.ch*; c/o Columbia Artists Management GmbH, Till Janczukowicz, Albrechtstr 18, D-10117 Berlin, T: (0 30) 20 64 80 78, F: 20 45 34 80, *info@cami.com*; *www.nakariakov.com*. – **Aufn/RF:** Porträt v J Schmidt-Garre im BR 05. (Red)

Nánási, Henrik Elöd, Kapellmeister; c/o Stadttheater Klagenfurt, Theaterpl 4, A-9020 Klagenfurt. **Laufb:** Solokorr u 1. Kapm Stadtth Klagenfurt. (*)

Nanneson, Cecilia, Sopran; c/o Oper Leipzig, Augustuspl 12, D-04109 Leipzig; c/o Cecilia Music Concept – Franz-Georg Stähling, Brauweilerweg 183, D-50933 Köln, T: (02 21) 8 00 00 70, F: 8 00 00 71, *staehling@cecilia-cmc.de*. (Red)

Naouri, Laurent, Sänger; c/o Deutsche Oper, Bismarckstr 35, D-10627 Berlin. **Laufb:** Sol Hamburg Staatsop, Dt Op Berlin SpZ 04/05. (*)

Nardelli, Mario, Gitarre; Grazer Str 1, A-8480 Mureck, T: (0 34 72) 31 69 [Zagreb, Kroatien]. **Ausb:** GitStud H f M u darst Kunst Graz b Leo Witoszynskyj (Konzertdiplom m Ausz), Mstrks b John Duarte, Julian Bysantine u Daniel Benkö. **Laufb:** Doz u Sol b Int Festv, rege int KonzTätigkeit. **Ens:** Tripp-Trio Wien. (Red)

Nasdala, Carola, Violine; c/o WDR Sinfonieorchester, D-50600 Köln [Magdeburg]. **Ausb:** Stud (V) H f M 'Franz Liszt' Weimar (J Hofmann, F Ehlers u Jost Witter) sowie b Smetana-Qua in Prag, Mstrks b T Brandis, W Marschner u Amadeus-Qua. **Laufb:** stv Stimmführerin WDR SinfOrch Köln. **Pr:** Prtr Spohr-Violinwettb Freiburg, Jeunesses Musicales Belgrad, Quartettwettb Evian, Mendelssohn-Stip, Förderpreis Leipzig u Kulturpreis Nordhessen. (Red)

Nasrawi, Douglas, Sänger; c/o Komische Oper, Behrenstr 55–57, D-10117 Berlin. **Laufb:** Sol Bad Staatsth Karlsruhe, Th Augsburg, Bregenzer FSp, Sol Kom Op Berlin SpZ 03/05, Semperop Dresden SpZ 04/05. (Red)

Nassauer, Michael, Horn; Stettiner Str 7, D-57518 Betzdorf/Sieg, T: (0 27 41) 2 16 07, (01 71) 8 32 36 81, F: 97 33 08, *Michael_Nassauer@web.de*; c/o Konzertdirektion Fritz Dietrich, Sigmund-Freud-Str 1, D-60435 Frankfurt/M, T: (0 69) 54 45 04, F: 5 48 41 07, *info@konzertdirektion-dietrich.de* [5.8.1975]. **Laufb:** Solohornist Philh Südwestfalen. (Red)

Nassauer, Peter, Sänger; c/o Pfalztheater Kaiserslautern, Willy-Brandt-Pl 4–5, D-67655 Kaiserslautern. (Red)

Nast-Kolb, Stefan, Schauspielmusiker; c/o Theater Erlangen, Wasserturmstr 16, D-91054 Erlangen. **Laufb:** SchspM Th Nürnberg SpZ 03/04, Th Erlangen SpZ 94/05. (Red)

Nast, Jan, Orchesterdirektor; c/o Sächsische Staatsoper, Theaterpl 2, D-01067 Dresden. **Laufb:** Orchdir Sächs Staatsoper Dresden. (Red)

Nastasi, Mirjam, Dr, Prof, Hochschullehrerin, Querflöte; Neumattenstr 15, D-79102 Freiburg, T: (07 61) 2 92 43 40, F: 2 92 43 42, *m.nastasi@mh-freiburg.de*; Hochschule f Musik, Schwarzwaldstr 141, D-79102 Freiburg [1946]. **Laufb:** Prof (Querfl, Methodik) Staatl H f Musik Freiburg seit 91, Rektorin d Staatl H f Musik Freiburg seit 96. (Red)

Nasturica, Lorenz, Konzertmeister, Violine; c/o Münchner Philharmoniker, Kellerstr 4, D-81667 München [Bukarest 1962]. **Ausb:** Violinstud b S. Gheorghiu. **Laufb:** Konzm rumän KamOrch „Camerata" 83, 1. Konzm Finn Staatsop Helsinki, 1 Konzm Münchner Philh seit 92. (Red)

Nathow, Dieter, Komponist; Arndtstr 10, D-39108 Magdeburg, T: (03 91) 7 33 72 14 [Halberstadt 7.9.1937]. sinfon Musik **Ausb:** Kompunterr, Stud (Komp, Kl) Franz-Liszt-H Weimar 57–63. **Laufb:** L G-Ph-Telemann-MSch (jetzt: Kons G Ph Telemann) Magdeburg seit 63, Lt Kompkl seit 92, freischaff Komp seit 02. **Pr:** Musikpr Sachsen-Anhalt 97. **Mitgl:** DTKV, dkv. – **Komp:** 12 Sinf, 18 Konz f Kl u Orch, 2 Konz f Orch, 2 VKonz, weitere Solokonz, KamM, ua: Faust (Op); Orpheus (Op); Minotaurus; Konz f 2 Kl u Orch (sinf Musik), UA Magdeburg 97; Der Sonnengesang (sinf Musik); Also sprach Zarathustra (sinf Musik); Hymnus (sinf Musik); Die Erde (Epos f Chor u Orch). **Auftr-Komp:** Prélude f Orch (Sinf Konz), UA Halberstadt, Dom, Dgt: Ch Hammer 2000 (Auftr: Nordharzer Städtebund Th).

Natiello-Spiller, Silvia, Dipl, Klavier; Max-Scheler-Str 10, D-81245 München, T: (0 89) 8 64 30 30, *spiller@spiller-trio.de*; *www.spiller-trio.de* [Buenos Aires, Argentinien]. Kammermusik, Solistin **Ausb:** Unterr b E Melgar, A De Raco, L Saslavsky Buenos Aires; Mstrkse KamM (S Lorenzi) Siena, Kl (N Magaloff), KamM (L Spiller) Buenos Aires, Mstrkl b A Kontarsky MH Köln 75–77. **Laufb:** Konz Europa, Japan, Südamerika. **Pr:** Stip Argentin Mozarteum; 2. Pr KlWettb Chile (Viña del Mar) 74, Prtr Int KlWettb 'Maria Canals' Barcelona 77. **Ens:** Spiller Trio, Duo V u Kl m A Spiller. – **Aufn/RF:** CDs m Spiller Trio m KlTrios v Schostakowitch u Brahms 93, v Chausson 94–97, v Beethoven u Schubert 96, v Lekev 99; BR-Aufn: Sololit v Szymanowski, Busoni, Albéniz, Granados, Poulenc, Casella u Martinu; VSon v Brahms, Debussy, Lekev u Reger, Duo m A Spiller. **UA:** J Françaix: 'Puor remercier l'Auditoire' 94, UA Casals Hall Tokio 95; J M Solaire: El-ES Klaviertrio. **Zug:** N Richter de Vroe: 'Seance-Parcours' f KlTrio m Vibraphon ad Libitum 96.

Natochenny, Lev, Prof, Hochschullehrer, Klavier; Eschbacher Weg 7a, D-61352 Bad Homburg, T: (0 61 72) 45 99 79, F: 45 99 79; Hochschule f Musik u Darst Kunst, Eschersheimer Landstr 29–39, D-60322 Frankfurt. **Ausb:** Stud Kons Moskau, Moscow Institute of Music, Moscow Music College „Ippolitov-Ivanov", KlStud b L. Oborin, B. Zemliansky, E. Virsaladze, KamM: D. Oistrakh, A. Lubimov. **Laufb:** Prof (Kl) H f M u Darst Kunst Frankfurt/M. **Pr:** Goldmed Busoni Internat Piano Competition, Bolzano, Italien, Gina Bachauer Award, USA, Rubinstein Found Acad Award; 1. Pr Young Artists Intl Piano Comp New York, USA. (Red)

Natola, Aurora, Violoncello; av William-Favre 22, CH-1207 Genève, T: 02 27 35 05 25. (Red)

Natschinski, Gerd, Dirigent, Komponist; c/o Volkstheater Rostock, Patriotischer Weg 33, D-18057 Rostock, PF 102215, D-18004 Rostock; Kultur- und Festspielhaus, c/o Gesellschaft Elblandfestspiele eV, Paul-Lincke-Platz, D-19322 Wittenberge, T: (0 38 77) 56 45 03, F: 56 45 05, *produktion@elblandfestspiele.de, elblandfestspiele@wittenberge.info* [Chemnitz 1928]. **Ausb:** Stud H f M 'Carl Maria v Weber' Dresden, Mstrsch v H Eisler 51–53. **Laufb:** ChefDgt Orch d Berliner RF ab 52, Intend Metropol-Th Berlin 73, Gastdgt Volksth Rostock SpZ 03/04, Gastdgt ElblandFSp Wittenberge 05. – **Komp:** ua Optte 'Messeschlager Gisela', Ballett 'Hoffmanns Erzählungen'. (Red)

Nattkemper, Ralf, Prof, Hochschullehrer, Klavier; Hochschule f Musik u Theater, FB 2, Harvestehuder Weg 12, D-20148 Hamburg. **Laufb:** Prof (Klavier) H f M u Th Hamburg. (Red)

Nau, Hans-Martin, KS, Sänger; Prenzlauer Allee 145, D-10409 Berlin, T: (0 30) 4 45 81 96. **Laufb:** Sol Kom Op Berlin SpZ 03/05. (*)

Nauck, Christine, Prof, Hochschullehrerin, Korrepetition (instrumental); Bahnhofstr 15, D-01829 Stadt Wehlen, T: (03 50 20) 7 59 00, F: 7 58 05; Hochschule f Musik, PF 120039, D-01001 Dresden. **Ausb:** Stud (E. Ander) Dresden. **Laufb:** Prof (Instrkorr) H f M Carl Maria v Weber Dresden 94. (Red)

Nauck, Gunnar, Prof, Hochschullehrer, Klavier; Bahnhofstr 15, D-01829 Stadt Wehlen, T: (03 50 20) 7 59 00, F: 7 58 05; Hochschule f Musik, PF 120039, D-01001 Dresden. **Laufb:** Prof (Kl) H f M Carl Maria v Weber Dresden. (Red)

Nauke, Rita, Solorepetitorin; c/o Hans Otto Theater, Berliner Str 27a, D-14467 Potsdam. **Laufb:** Solorep Hans Otto Th Potsdam. (Red)

Naumann, Günther, KM, Violine; c/o Dresdner Philharmonie, PF 120424, D-01005 Dresden. (Red)

Naumann, Holger, KV, Trompete; c/o Dresdner Philharmonie, PF 120424, D-01005 Dresden. (Red)

Naumann, Karl-Heinz, Prof, Hochschullehrer, Klavier; Jacobistr 14, D-01309 Dresden, T: (03 51) 3 10 80 38; Hochschule f Musik, PF 120039, D-01001 Dresden. **Laufb:** Prof (Kl) H f M Carl Maria v Weber Dresden. (Red)

Navaee, Neda, Klavier; Oderberger Str 27, D-10435 Berlin, T: (0 30) 48 49 40 06; c/o Blue Orchid Artist Management, Kirchstr 33, D-73342 Bad Ditzenbach, T: (0 73 34) 39 88, F: 38 40, *office@blueorchid.de*. Mendelssohn **Ausb:** HfM Köln, Manhattan School of Music 2000. **Pr:** Prtr Toronto Int Music Competition 99, Artists Int Annual New York Debut Award 01. (Red)

Nawra, Ingo, Kontrabass; c/o Münchner Rundfunkorchester, Rundfunkpl 1, D-80300 München. **Laufb:** Stimmführer Münchner RFOrch. (Red)

Nawrotek, Katarina, Violine; Löwenbergstr 15, CH-4059 Basel, T: 06 13 31 07 77, *k.nawrotek@sinfonieorchesterbasel.ch*. **Laufb:** Sol SinfOrch Basel 92. **Ens:** Amati Quartett. (Red)

Nawrotek, Katarzyna, Violine; c/o Philipp Bachofner, Neuguet, CH-8820 Wädenswil, T: 0 17 80 11 35, F: 0 16 80 20 74, *philippbachofner@artarena.ch*; *www.artarena.ch*. **Ens:** Mitgl 'Amati Quartett'. (Red)

Nawroth, Dietmar, Prof, Hochschullehrer, Klavier; Stauffenbergstr 9, D-04157 Leipzig, T: (03 41) 9 12 10 87; Hochschule f Musik u Theater, PF 100809, D-04008 Leipzig. **Laufb:** Prof (Kl) H f M Felix Mendelssohn Bartholdy Leipzig. (Red)

Naydenova, Albena, Dr, Musikwissenschaftlerin, Sängerin (Sopran); Göllnergasse 2–4 / 2 / 21, A-1030 Wien, T: (01) 7 12 90 46, F: 7 12 90 46, *albawladi@tiscali.net*; *www.canto-violadamore.com* [Russe, Bulgarien]. Lied und Oratorium, Kammeroper **Ausb:** (Musikgeschichte) M-Akad Sofia 73–78; (Musiktheorie) b Prof I N Cholopov, Kons 'P I Tschaikowsky' Moskau 85–90; Ausb als Sängerin b Clemens Höslinger u Donna Robin, Wien 92–95. **Laufb:** als Sängerin: Solokonz u Teiln an versch Fstv d klass u zeitgenöss M ua in Wien, Paris, Amsterdam, Moskau, Sofia, Warschau seit 96; Doz f Ges Int Sommerakad Lilienfeld seit 98; als Musikwiss: freie Mitarb Inst f Volksmusikforschung, H f M u darst K Wien 92–94; Grd u Lt d Reihe 'Tage d österr u russ zeitgenöss Musik' Wien seit 95; Grdg 'Canto Viola d'amore' (weltweit einziges Duo f zeitgenöss M f Sop u Va d'amore) m Marianne Rônez (Va) 96, UA dem Duo zug Werke; Gastprof Neue Univ Sofia (Musiktherapie u Meditation nach d Methode Shri Mataji Nirmala Devi) seit 04. **Pr:** Pr f junge Musikwissenschaftler Bulgariens 77. **Ens:** Wiener Collage. **Mitgl:** Verb d bulgar Komponisten u Musikwissenschaftler. – **Aufn/RF:** RF-Mitschn: W Pantchev: 'Die Erschaffung d neuen Adam', ORF 96; Werke f Sop u Va d'amore v Tschoekl, Pantchev, Krasteva, Bulgar RF 97; CD: 'Das Live Portrait A N, Sopran' 04. **UA:** dem Duo 'Canto Viola d'amore' gewidmete Werke v S Mauri (Italien), W Pantchev (Österreich), A Tschoekl (Dtld), R Tarmakov (Bulgarien), I Wodenizarov (Frankreich), A Schetinsky (Ukraine), N Krasteva (Bulgarien). **Sonst:** Publ in versch Fach-Musik-Zs in Bulgarien, Russland, Österreich seit 74.

Nazlamov, Konstantin, Sänger; Nelkenstr 4, CH-2502 Biel, T: 03 23 22 63 48, 07 63 85 81 75, *knazlamov@freesurf.ch*. **Laufb:** Sol Th Biel-Solothurn. (Red)

Nebel, Angelika, Prof, Hochschullehrerin, Klavier; Friedrichstr 10–12, D-60323 Frankfurt a M, T: (0 69) 72 87 62, F: 97 26 42 34, *Angelika.Nebel@t-online.de*; Robert Schumann Hochschule, Fischerstr 110, D-40476 Düsseldorf; *www.rsh-duesseldorf.de, www.roner-records.com* [16.8.1947]. Musik d 17.–21. Jh **Ausb:** Stud Kl (J Uhde) MH Stuttgart 63–66, Stud Kl (H Leygraf) MH Hannover 68–73 (KonzExamen). **Laufb:** Prof (Kl) Robert-Schumann-H Düsseldorf seit 95, Fstvs: Semperop Dresden 89, Frankfurt Faste 94, Schumann-Fest Düsseldorf 2000 ua. – **Aufn/RF:** Mozart: Konz Es-Dur KV291, NDR-Orch Hannover, Dgt: F Prohaska 73; Zemlinsky, Berg, Webern, Schönberg: Dresdner Semperop – Liederabend, Ch Ascher (Berliner RF) 89; Haydn, Brahms, Messiaen, C Halffter (CD); Haydn: Sonaten 01 (Doppel-CD); A Soler: Sonaten (CD); Schumann: Früh- u Spätwerk (Erstveröffentl) 06 (CD). **UA:** K Hessenberg: Trio f Ob, Fag u Kl op 109, UA Frankfurt; M Spahlinger: 5 Sätze f 2 Kl, UA Darmstadt 70; H Darmstadt: Metamorphosen aus 'd', UA Darmstadt 70. **Zug:** M Spahlinger: 5 Sätze f 2 Kl 69. **Sonst:** A N: Wilde Blumen aus El Escorial. D Kl-M v Padre A Soler (1729–83), in: 'Üben u Musizieren' 2004/03.

Nebera, Elena, Sängerin; c/o Theater Dortmund, Kuhstr 12, D-44137 Dortmund [Krasnodarsk, Russland]. **Ausb:** Stud Kons St Petersburg u Graz. **Laufb:** Sol Marinskij Theater St Petersburg 95–97, Thüringer Landesth Eisenach, Städtebundth Nordhausen, Sol Th Dortmund SpZ 03/05, Gastsol Vereinigte Städt Bühnen Krefeld u Mönchengladbach SpZ 03/04. (Red)

Nebl, Andreas, Akkordeon; Schillerstr 22, D-78647 Trossingen, T: (0 74 25) 32 65 12, *info@nebl-nebl.de*; *www.nebl-nebl.de* [Göppingen 1968]. klass Akkordeon in der Kammermusik **Ausb:** Stud Akk Hohner-Kons 90–93, Akk (H Noth) MH Trossingen 93–2000, (I Battiston) Cherubini-Kons Florenz ab 99. **Laufb:** zahlr TV-Prod, ua Gastmusiker b d ZDF-Eröffnungsgala d IFA in Berlin 99, rege KonzTätigkeit, ua m d Professorenens d MH Stuttgart u München 2000, regelm Gast b Musical-Orch Ludwig 2 seit 01, Doz (KamM) b d Trossinger Osterarbeitswoche, Lt e AkkKlasse am Hohner-Kons, KonzTourneen im In- u Ausland, Komp pädagog Lit. **Pr:** 1. Pr Int KamMWettb 'Val Tidone' 01. **Ens:** Via-Klass, Duo Nebl & Nebl. – **Aufn/RF:** CD-Prod m Nebl & Nebl: Foto; Nebl & Nebl live; OriginalBearbeitung. **Zug:** H-J Winkler: raumBEZUG 02 (f Nebl & Nebl). **Sonst:** zahlr Publ rund um d moderne Akk.

Nebl, Frank, Klarinette; Grünenbergstr 1, D-73037 Göppingen, T: (01 71) 6 57 20 87, *info@nebl-nebl.de*; *www.nebl-nebl.de* [Göppingen 1972]. Kammermusik, Solowerke 20. Jh **Ausb:** Stud Klar (Prof Hans Dietrich Klaus) Detmold ab 93, SolKl (Prof Norbert Kaiser) MH Stuttgart ab 03. **Laufb:** Solo-Klar Staatsth Karlsruhe seit 03. **Pr:** 1. Pr 'Jugend musiziert' (Klar solo), 1. Pr KamMWettb 'Val Tidone' Italien. **Ens:** Duo Nebl&Nebl, Carina-Qui. **Mitgl:** Dt KlarGes. – **Aufn/RF:** Nebl&Nebl: 'Foto', 'Originalbearb'. **UA:** Hans-Josef Winkler: raumBezug, Schloss Neuhaus 02.

Nebolsin, Eldar, Klavier; c/o Thomas Voigt Artist & Project Management, Kurfürstendamm 157, D-10709 Berlin, T: (0 30) 34 90 21 99, F: 34 90 21 45, *info@voigtmanagement.de*; *www.voigtmanagement.de* [Taschkent, Usbekistan 1974]. **Laufb:** RSO Stuttgart, Philh Staatsorch Hamburg, Philh Orch Bielefeld, Kiel, Lübeck, Schwerin 2002/03, KammerOrch Berlin, New York Philh Orch, Cleveland Orch, Chicago Symph Orch, Dt Symph Orch Berlin, WDR SinfonieOrch Köln. **Pr:** 1. Pr 'Young Russian Pianists' Wettb, 1. Pr 'Radio Prag Concertino' Wettb, Prtr 11. Int KlWettb Santander 92, 1. Pr Sviatoslav Richter International Piano Comp 05.

Nedelkovic-Baynov, Tomislav, Prof, Hochschullehrer, Klavier; Uhlandstr 8, D-78588 Denkingen, T: (0 74 24) 8 74 22, F: 8 74 05, *tomislavbaynov@aol.com*; PF 1109, D-78635 Trossingen [Sofia 22.11.1958]. **Laufb:** Prof (Kl) Staatl H f M Trossingen, Präs d weltweit einzigen 'Int Wettb f Kl zu 6 Händen'. **Pr:** Gewinner 'S Rachmaninov-Wettb' Morcone 90. – **Komp:** Drei Etüden (Kl) 76–90, Prélude 1 (Kl) 85, Les Adieux en fa (Kl) 85; H-Ais-F-E (f 2 Kl) 85; H-Ais-F-E (f 3 Kl) 91; Metrorhythmia 1 (Kl zu 6 Hd) 97; Musikal Weihnachtsreise (Kl zu 6 Hd) 98. **Sonst:** Grd u Lt Baynov-Piano-Ens, Grd u 1. Vors 'Verein zur Förderung d mehrhänd KlSpiels eV'.

Nedin, Vitaliy, Violine; c/o Nationaltheater Mannheim, PF 102362, D-68023 Mannheim. **Laufb:** 2. Konzm Städt Philharmonie Gießen, 2. Konzm Orch Nationalth Mannheim seit SpZ 03/04. (Red)

Neffe, Roland, freischaffender Musiker (Vibraphon, Marimba, Percussion, Komposition); Heisenbergstr 6, D-10587 Berlin, T: (0 30) 3 25 58 57, 01 79–3 92 79 09, F: (0 30) 3 25 58 57, *roneffe@aol.com* [Graz 13.12.1970]. zeitgen komponierte u improvisierte Musik **Ausb:** Stud Schlgw (Fromme) MH Graz 87–92, Dipl, Aufbaustud Vibraphon (B Molenhof) Meistersingerkons Nürnberg 92–94, Stud (G Burton, Ed Saindon) Berklee College of Music Boston 94–95, Stud (D Friedman) H d Künste Berlin 96–97. **Laufb:** freischaff Musiker u Komp in Berlin seit 95, Arbeitsschwerpunkt Dt u Österr, Fstvs (Auswahl): Int Percussionfstv Opole (Polen) 93, Jazz Ost-West Nürnberg 94, Biennale Zagreb 97, Graz Meeting 97, Bruckner Fest Linz 2000, Tourneen: Russland 95, Südkorea – Drumfestival in Seoul 2000, Türkei (ua Jazzfest Izmir) 2001, ZusArb m Studio Percussion, Vibraphonic, Framework, Austrian Art Ens, Ens Mosaik (Berlin) ua. **Pr:** Würdigungspr d. österr Bundesmin 92, Förderungspr Ldesarbeitsgemeinschaft Jazz Bayern 93, Award 'Berklee Talent Scholarship Found' 94, 3. Pr Blue Note Jazzsearch m Ned Irving Quintet 97. **Ens:** Studio Percussion – Percussionens, Vibraphonic, Framework. – **Aufn/RF:** SFB – Radio Kultur; div. Festivalmitschn; CDs: m Studio Percussion: W Rihm: 'Tutuguri 6' 94; 'Studio Percussion Plays Pepl Muthspiel Pokorn' 94; 'Braca', Werke ua v M Kagel u Ch Muthspiel 97; m Ned Irving Quintet: 'Round and Round' 96; m Framework: 'Scan', m Werken v R N u M Koller 99; m Ens Mosaik: 'Sakral-Profan' 01. **UA:** vgl Werke auf CDs. **Sonst:** Framework 95; Vibraphonic 99.

Negoita, Titi, Violoncello; av des Mousquines 29, CH-1005 Lausanne, T: 02 17 28 13 55. (*)

Negrin, Alexander, Kapellmeister; Statdtheater, Theaterpl 7, A-2500 Baden. **Laufb:** 1. Kapm Stadtth Baden b Wien. (Red)

Neidhöfer, Christoph, Prof Dr, Komponist, Hochschullehrer; Faculty of Music, McGill University, 555 Sherbrooke Street West, Montreal, Quebec H3A 1E3, Kanada, T: 0 51 48 49 04 16, *christoph.neidhofer@mcgill.ca, neidhofer@music.mcgill.ca*; c/o Tre Media Musikverlag, Amalienstr 40, D-76133 Karlsruhe; *www.music.mcgill.ca/~neidhofer* [Wettingen 22.4.1967]. **Ausb:** Komp (R Kelterborn), MTheorie (R Moser), Kl (J-J Dünki) Basel, Prom (D Lewin) Harvard U 99. **Laufb:** Doz (Theorie, Komp) McGill U Montreal seit 99, Prof (Theorie) seit 2001. **Pr:** Kranichsteiner MPr Darmstadt 94 (KlDuo m A Vishio), 1. Pr Besançon KompWettb 94, Akiyoshidai Int Composition Award Japan 97. – **Komp:** u a: Interplay (InstrEns), UA Boston, ALEA III, Dgt: T Antoniou 95 (Auftr: ALEA III); Caché (InstrEns), UA Mailand, Ens Edgard Varèse, Dgt: R Rivolta 96/98 (Auftr: Milano Musica); Zeitbogen (InstrEns), UA Akiyoshidai, Ens Modern, Dgt: P Rundel 98 (Auftr: Akiyoshidai Fstv); 'Interlude' (f Afl solo) 99; '7 Miniaturen' (f Akk solo) 99/2000; 'Ondes' (f 8 Solostimmen u Instrens) 2000; Quasi Solo (InstrEns), UA Witten, Collegium Novum Zürich 01 (Auftr: WDR Köln); 'Stretto' (f Akk solo) 99/02; Brechung (StrQua), UA Schwaz, Lotus Qua (Auft: Klangspuren); Four Perspectives (InstrEns), UA Paris, Ensemble Alternance (Auftr: Pro Helvetia) 04–05. **Aufn/RF:** CDs: Schichtung, IXION, Streichqua, Interplay, Zeitbogen; Klangforum Wien, Dgt: J Kalitzke, 'Nach Innen' m C Jäggin (Git), 'Interlude' m F Renggli (Afl). **Sonst:** Publ ua in Musik&Ästhetik, Tijdschrift voor Muziektheorie, Music Theory Spectrum, Mitteilungen d Paul Sacher Stiftung, Zeitschrift d Gesellschaft f Musiktheorie, Dissonanz; Coautor m Peter Schubert v 'Baroque Counterpoint'. **Lit:** A Haefeli: 'Immer wieder ausbrechen' – Ein Porträt d Komp C N (Dissonanz 64) 2000.

Neiman, Elizabeth, Mezzosopran; c/o Agentur Tojwe, Haasemannstr 8, D-30449 Hannover, T: (05 11) 45 58 23, F: 45 28 06, *info@tojwe.de*; *www.tojwe.de* [Atlanta]. M d 20. Jhs **Ausb:** Stud (Linguistik, Psychologie, MWiss) Washington Univ St Louis, Stud Ges (P Maus) HdK Berlin, Kse b R Berghaus, B Fassbaender, M van Egmond u E Rabine, Mstrsch b G Rohmert (Lichtenberger Inst). **Laufb:** Eng Städt Bühnen Berlin, Berliner KamOp, Gastsol Studiobühne d Semperop, Edinborough Fstv. – **Aufn/RF:** f HR 3, ZDF, SWF, WDR, DS-Kultur, SFB, Radio Iran Libre (Paris), Radio Kol Yisrael. (*)

Nel, Christoph, Regisseur; c/o Oper Frankfurt, Untermainanlage 11, D-60311 Frankfurt a M; Sömmerringstr, D-60322 Frankfurt a M, T: (0 69) 55 98 59 [Stuttgart 1944]. **Laufb:** Op Frankfurt ('Der Freischütz') 83, ('Falstaff', 'Die verkaufte Braut') 85, ('Die Meistersinger v Nürnberg') 93 ('Salome') 99, ('Frau ohne Schatten') 03; Staatsop Stuttgart ('Die Walküre') 99, ('Die Meistersinger v Nürnberg') 02; Kom Op Berlin ('Der Freischütz') 2000; Münchner OpFSp (Simplicius Simplicissimus') 05. (Red)

† **Nellessen,** Hermann-Josef, Musikdirektor, Hochschullehrer, Komponist; Falkenberger Chaussee 101, D-13059 Berlin, T: (0 30) 54 39 67 44 [Aachen 29.4.1923 † 4.8.2004]. E-Musik **Ausb:** Stud Dirig, Komp (Abendroth, Jornach, Wandt) MH Köln 39–42 u 46–47. **Laufb:** Rep/Kapm Stadtth Aachen 47, MD Th Brandenburg 56, Staatsth Cottbus 58, Chefdgt Philhar Nuebrandenburg 68, Doz (Partitursp) H f Musik Hanns Eisler Berlin 79. **Pr:** Karl-Hecker-Pr, Fritz-Reuter-Pr. – **Komp:** 3 Sinf, ua Rhein MFSp, Aachen/Köln/Düsseldorf/Wuppertal zwischen 49–54; KB-Konz, UA Cottbus 60; 2 Divertimenti f Str, UA Cottbus, m RF-SinfOrch Leipzig; Schulwerke/Jugendconcertino, etwa 95 Chorkomp u Volkslied-Bearb.

Nellessen, Michael, Violoncello; c/o Staatskapelle Berlin, Unter den Linden 7, D-10117 Berlin. **Laufb:** stv Sol Staatskap Berlin. (Red)

Nelson, Peter, Prof, Hochschullehrer, Kontrabass; Am Stadtgarten 11, D-78647 Trossingen, T: (0 74 25) 95 19 60, 01 71–1 43 66 13, *nelsonpkarl@t-online.de*; Hochschule f Musik, PF 6040, D-76040 Karlsruhe. **Ausb:** Stud (Bachelor of Music) 82–85, Double Bass Performance d New England Cons of Music Boston, Mstrks b L Drew, G Karr, B Green. **Laufb:** SoloKB Philh Orch Gera seit 91, Reussisches KamOrch seit 91, Künstl Ltg MusicaEuropa MFstv am Brevard College USA seit 95; Prof (Liedgest) H f M Karlsruhe. **Ens:** Thüringer Salonqui. (Red)

Nemes, Balázs, Trompete; c/o HR Sinfonieorchester, Bertramstr 8, D-60320 Frankfurt a M [Budapest]. **Ausb:** Bela Bartok Kons, Stud 'Cons Sup d Paris' 93–95, Stud 'The Juilliard School' New York 97. **Laufb:** Sol SinfOrch Basel 99, Sol HR SinfOrch Frankfurt 2000. (Red)

Néméth, Sandor, Sänger; c/o Volksoper, Währinger Str 78, A-1090 Wien [Szombathely, Ungarn]. **Laufb:** Sol Volksop Wien seit 82. (Red)

Nening, Wolfgang, Mag, Komponist; Margaretenstr 139/14, A-1050 Wien, T: (01) 5 45 60 37; *www.nening-music.at* [Linz 23.10.1966]. (Red)

Nenner, Matthias, Sänger (Bariton); Leopoldstr 37, D-32756 Detmold, T: (0 52 31) 3 37 61, (01 73) 2 11 04 10, F: 3 37 61, *m.nenner@web.de* [Göttingen 19.7.1973]. Oper, Lied, Konzert **Ausb:** Stud (H Eckels, T Quasthoff) H f M Detmold 93–02. **Laufb:** Gastsol Landesth Detmold (03/04), fr MitArb Chor d BR.

Neppl, Carla, Dramaturgin; c/o Städtische Theater Chemnitz, Käthe-Kollwitz-Str 7, D-09111 Chemnitz, PF 756, D-09007 Chemnitz. **Laufb:** Dram Städt Th Chemnitz SpZ 03/05. (Red)

Nesterenko, Elena, Klavier; c/o Wolfram Mergard, wfm – KulturAgentur, Blutenburgstr 48, D-80363 München, T: (0 89) 18 32 42, F: 12 16 20 80, *elena@nesterenko.de, wfm-kultur@t-online.de*; *www.nesterenko.de*. **Ausb:** Ippolitow-Iwanow-MSchule 89–95, (E Mogilewski, E Richter) Staatl Kons Moskau 89–95, (A Makarov-Gold) Groningen, Mstrkl (G Oppitz) H f M u Th München. **Laufb:** Konz in Dtschld u Europa, LBeauftr (Kl) H f M u Th München, regelm Auftr int Musikfstv Russland, Italien, Niederlande, Dtschld, Einladungen zu Veranstaltungen d BR. **Pr:** Erfolge ua Int KlWettb Pianoforte ed Orch Mazzara del Vallo, Rina Sala Gallo Competition Monza, Int KlWettb Franz Liszt Utrecht. – **Aufn/RF:** Produktionen b RAI, niederländ RF u Fernsehen u BR.

Netopil, Tomáš, Dirigent; c/o Austroconcert, Gluckgasse 1, A-1010 Wien, T: (01) 5 13 26 57, F: 5 12 61 54, *austroconcert@ia-ac.com*; c/o Austroconcert International, Gluckgasse 1, A-1010 Wien, T: (01) 5 13 26 57, F: 5 12 61 54, *office@austroconcert.com*; *www.ia-ac.com* [Tschechien]. **Ausb:** Stud V u Dirig in Tschechien sowie am Royal College of Music ua b Prof Jorma Panula. **Laufb:** Dgt Moravia Th Olmütz, Gastdgt Sinfonietta Hongkong, Auftr als Dgt u Geiger in Europa u Japan, Volksop Wien SpZ 03/04. **Pr:** Sieger Int Sir Georg Solti Wettb 02. **Ens:** Wiener Volksop, Staatskap Weimar, Staatsphilh Rheinland-Pfalz, Tonhalle Orch Zürich 04. (Red)

Netrebko, Anna, Sopran; c/o IMG Artists – Jeffrey D Vanderveen, 616 Chiswick High Road, London W4 5RX, Vereinigtes Königreich, T: (44 20) 79 57 58 43, F: 87 42 87 58, *jvanderveen@imgartists.com*; *www.annanetrebko.com*. **Laufb:** Gastsol Bayer Staatsop, Salzburger FSp 05. **Pr:** Echo-Pr 05. – **Aufn/RF:** aktuelle CD: Sempre Libera. (Red)

Nettinger, Hubert, Tenor; Fasanenweg 6, D-82061 Neuried, T: (0 89) 75 96 94 28, *info@hubert-nettinger.de*; *www.hubert-nettinger.de, www.singphoniker.de/singers/nettinger.htm* [Landshut]. Lied, Oratorium, Konzert **Laufb:** Regensburger Domspatzen, Priv Stud, Mstrkse b C Pregardien. **Pr:** 'Singphoniker': 1. Pr int ChWettb Gorizia/Italien 88, Prix Charles Cros v Radio France, Prr Int Wettb d Konzertgesellschaft München 97, Pr d Bayerischen Volksstiftung 98, Kulturförderpr EON Bayern AG 04. **Ens:** Mitgl Ens 'Singphoniker'.

Neu, Larisa, Sängerin; Emilienstr 11, D-99817 Eisenach, T: (0 36 91) 74 21 51; c/o Thüringer Landestheater, Theaterpl 4–7, D-99817 Eisenach. **Laufb:** Sol Thüringer Landesth Eisenach. (*)

Neubauer, Christina, Violine; c/o Mag Maria Theisen, Stolberggasse 44/10, A-1050 Wien, T: (01) 9 13 52 92, F: 4 08 92 76, *theisen@teleweb.at*; *http://members.teleweb.at/theisen/orpheus/christina.htm*. **Ausb:** Wiener MusikH b H Binder; Mstrkse b P Matzka. **Laufb:** Konzm Orch Wiener Kammerop. **Ens:** Orpheus Trio, Wien; Wiener Kammerphilharmonie; Camerata Wien. (Red)

Neubauer, Margit, KS, Sängerin (Mezzosopran); Kinzigstr 11, D-61352 Bad Homburg, T: (0 61 72) 4 36 78 [Oberösterreich]. **Ausb:** Stud Gesang Bruckner-Kons Linz u (K-H Jarius) Frankfurt. **Laufb:** erstes Eng (Debüt: Niklas 'Hoffmanns Erzählungen') Landesth Linz 74–77, Op Frankfurt seit 77, KamSängerin Op Frankfurt 93 (ua Sextus 'Giulio Cesare', Hänsel 'Hänsel u Gretel', Idamantes 'Idomeneo', Titelpartie 'Carmen', Flora Bervoix 'La Traviata', Gattin 'Un re in ascolto', Magdalena 'Die Meistersinger von Nürnberg', Mrs Sedley 'Peter Grimes'), Gastsp Berlin, Hamburg, Zürich, Amsterdam, Jerusalem, Los Angeles (Cherubino 'Le Nozze di Figaro', Brigitta 'Die tote Stadt', Titelpartie 'Fräulein Julie'), ZusArb m zahlr Regisseuren (H Kupfer, R Berghaus, H Neuenfels, P Mussbach, A Kirchner) u Dgt (N Harnoncourt, M Gielen, H Hollreiser, F Leitner, L Maazel, S Cambreling). – **UA:** J Cage: Europeras 1 & 2, UA. (Red)

Neubert, Günter, Komponist, Hochschullehrer; Beipertstr 5, D-04229 Leipzig, T: (03 41) 4 79 07 80, F: 4 78 36 58, *neubert.guenter@t-online.de*; *www.guenter-neubert.privat.t-online.de* [Crimmitschau 11.3.1936]. Vokalsinfonik **Ausb:** Stud (SchM) MH Leipzig bis 55, Stud (Tonmstr) MH Berlin 55–60, Gasthörer 60–65, apl Aspirantur (Wagner-Règeny) 65–67, Mstrsch (Wagner-Règeny, P Dessau) Akad d Künste Berlin 68–71. **Laufb:** Tonmstr RF Leipzig ab 61, MDR ab 72, LAuftr MH Dresden u Leipzig 75–89, Vorstandsmitgl DKV 92, Vors Landesverband Sachsen d DKV u Sächs Musikbund, Grdgsmitgl Sächs Akad d Künste 96, LAuftr MH Leipzig seit 99. **Pr:** Hanns-Eisler-Pr 80, Kunstpr Stadt Leipzig 84, KompPr Boswil 87. **Mitgl:** DKV, Sächs Musikrat, LV Sachsen-Anhalt Dt Komp eV. – **Komp:** Weihnachtsgans Auguste (musikal Märchen) 73, UA Th Nordhausen, Lohorch Sondershausen, Ltg H Förster 74; Gewaltig wie d Tod 75, UA Gera, R Trexler, S Lorenz, Orch d Bühnen d Stadt Gera, Dgt: G Schubert 75; Lessingfabeln (f Tenor, Chor u Orch) 80, UA Dresden, J Vogt, Philh Chor, Dresdner Philh, Dgt: R Rohde 80; Laudate Ninive (Orat) 83, UA NDR Hannover, SinfOrch in M Jacobikantorei Göttingen, Dgt: A Henking 83; Von menschl Schwächen 83, UA Dresden, Th Adam, KamOrch K Ph E Bach, Dgt: H Haenchen 83; Sinf in e Satz 85, D verschenkte Weinen (Ballett), UA Staatsop Berlin, G Bahner 85; UA Schwerin, Schweriner Philh 90; Das neue Jh (f Bariton u Orch) 89/90, UA Dresden, J Kurth, Dresdner Philh, Dgt: JP Weigle 90; ...jeder Herkunft zu leben 90/91; Persephone oder d Ausgleich d Welten (Op), UA Op Leipzig, Gewandhausorch, Ltg J Kalitzke 01; D singende Fisch (Kant), UA Dresden 05; Wo d Herr nicht d Haus baut (Orat), UA Dresden 06. **Aufn/RF:** CDs 'Sonne d Gerechtigkeit' (OrchWerke), 'Laudate Ninive' (Vokalsinf) in: 'Geistl Orat'. **Lit:** I v Lokecke: DiplArb 88, Leipziger Blätter 89, Komponisten-Handbuch DKV.

Neubert, Wolfram *siehe* Domay, Wolfram

Neudauer, Lena, Violine; c/o Thomas Neudauer, Gartenpromenade 82, D-82131 Gauting, F: (0 89) 89 30 84 51, *lenaneudauer@hotmail.com* [München 1984]. **Ausb:** Unterr b Helge Thelen, Sonja Korkeala, Stud b Prof Zehetmair (Mozarteum Salzburg) seit 95, KlUnterr b Viera Fischer seit 90, Mstrkrs b Felix Andrievsky, Ana Chumachenco, Ljerko Spiller, Wolfgang Marschner. **Pr:** 1. Pr Wettb 'Jugend musiziert', 1. Pr 4. Int Violin Wettb L Mozart Augsburg 99, 2. FörderPr d Konzertgesellschaft München eV 02. (*)

Neuenschwander, Jürg, Orgel; Paradiesweg 4, CH-3076 Worb, BE, T: 03 18 39 93 86, 07 93 06 21 46, *juerg-neuenschwander@bluewin.ch*; *www.juerg-neuenschwander.ch*. **Ausb:** Stud Org (H Gurtner) MH Bern, KlDiplom (J Wittenbach-Brun) Basel, Studien b M-C Alain Paris, M Radulescu Wien. **Laufb:** Organist u ChLtr Stadtkirche Frauenfeld 73–78, Organist Stadtkirche Burgdorf seit 79, Fr Mitarb Radio DRS 82–89, staatl Experte f Diplomprüf MH Bern u Biel seit 95, intensive KonztTätigk m RF- u TV-Aufn als Solist u Begleiter. **Pr:** 1. Pr OrgWettb Schweizer Fernsehen. – **Aufn/RF:** CDs ua: Am Thunersee, Lieder v A Stähli u Tänze; Evergreens; Emmentaler Hausorgel; Volkslieder/Volkstänze. (Red)

Neuhaus, Michael, Hochschullehrer, Viola; c/o Sächsische Staatsoper Dresden, Theaterpl 2, D-01067 Dresden. **Laufb:** Doz (Va) H f Musik Carl Maria v Weber Dresden, Mitgl Sächsische Staatskapelle Dresden. (Red)

Neuhaus, Thomas, Komponist, Hochschullehrer; c/o Folkwang Hochschule, Klemensborn 39, D-45239 Essen, T: (02 01) 4 90 33 33, *neuhaus@folkwang-hochschule.de* [1961]. **Ausb:** Stud Komp (W Hufschmidt), elektr Komp (D Reith) FolkwangH Essen. **Laufb:** ZuaArb als Komp m Th d Klänge Düsseldorf SpZ 03/05, Prof (Musikinformatik) FolkwangH Essen 04. (Red)

Neuhold, Günter, Dirigent; c/o Volksoper Wien, Währinger Str 78, A-1090 Wien, T: (01) 5 14 44 30. **Laufb:** GMD u Operndir Bremer Th, Musikal Lt Philharmon Staatsorch d Freien Hansestadt Bremen, Dgt Volksop Wien. (Red)

Neukom, Martin, Komponist, Hochschullehrer; Musikhochschule Luzern, Zentralstr 18, CH-6003 Luzern, *mneukom@swissonline.ch*; *www.musikhochschule.ch*. (Red)

Neumann, Alexandra, Klavier; c/o Südwestdeutsche Konzertdirektion Erwin Russ GmbH, Charlottenpl 17, D-70173 Stuttgart, PF 104262, D-70037 Stuttgart, T: (07 11) 1 63 53 11, F: 1 63 53 30, *info@sksruss.de*; *www.sksruss.de*. (Red)

Neumann, Gottfried, Sänger; c/o Staatsoperette Dresden, Pirnaer Landstr 131, D-01257 Dresden. **Laufb:** Sol Staatsoperette Dresden. (Red)

Neumann, Günter, KS, Sänger; Beuthstr 48, D-13156 Berlin, T: (0 30) 4 76 24 59. **Laufb:** Sol Kom Op Berlin SpZ 03/05, Gastsol Sächs Staatsop Dresden SpZ 03/05, Hamburg Staatsop. (*)

Neumann, Helmut, Prof, pens Bundesbeamter, Komponist, Musikpädagoge, Hochschullehrer; Sléttahraun 24, IS-220 Hafnarfjördur, T: (06 64) 2 24 40 48 [Wien 29.5.1938]. ernste Musik, Komp nach d Klangreihenkompositionslehre **Ausb:** Stud Vcl (K M Schwamberger), Kl (R Mayer), Tonsatz (Klein-Linz) Bruckner-Kons Linz 54/55, Vcl (K M Schwamberger), Kl (P Ronnefeld), Tonsatz (F Neumann) Mozarteum Salzburg 55–58, Vcl (F Litrschauer-Krause), Klangreihenkomp (O Steinbauer) MAkad Wien 58–59 u 61–62, Ergänzungsstud Inst f harmonikale Grundlagenforsch (R Haase) MH Wien 85/86, Mag art 86. **Laufb:** Cellist Nat SymphOrch Island 59–60, Innsbrucker Städt Orch 61–62, Isländ SymphOrch 62–63, L Tónlistarskóli Hafnarfjördur, Island 62–64, Berufung i d Bundesmin f Unterr u Kunst 76, Dir Franz Schubert Kons 80–83, seither LTätigkeit Abt f Komp u MTheorie ebd, AbtLt Bundesmin Unterr u Kunst seit 92, Pens 98. – **Komp:** ca 103 Komp, zuletzt: Neuburger KamSymph op 57, UA Retz, Wiener Symph KamOrch, Dgt: A Gabmayer 92; KamSymph, UA Stift Klosterneuburg, 'neue str klosterneuburg', Dgt: E Duit 92; Metamorphosen über Tanzformen op 57, Salonorch d F-Schubert-Kons, Dgt: K Svec; Son f V u Kl op 71, UA Wien, G Lorand, H Ennemoser 95; Symph 1966 i Erinnerung an J Haydn op 73, UA, KamOrch Innstrumenti, Dgt: D Gerhard 99; Son f Vcl u Kl Nr 2 op 74, UA Th d Augenblickes, J Walker, G Balanesco 96; 13 HAIKU (n Texten v W Bauernfeind) op 80, UA Klosterneuburg, S S Skagfjörd, U Olason 98; Menschlichkeitskant op 81, UA Wien, Gr MVereinssaal, Dgt: M Korai 01; StrQua 'Aus Island' op 17 (OrchFssg), UA Velden, J-Brahms-Tage 2000; Klosterneuburger HnM, UA Klosterneuburg, R Horvath, W Pelinka 2000; Duo f Querfl u Kl op 97, UA Österr Kulturinst, E Möst 01. **AuftrKomp:** mehrere d Künstler u Förderer. **Aufn/RF:** RF-Aufn in Island, Ungarn u Österr; CDs: 'INÖK'; 'Neue Wiener Mischung'. **UA:** Werke v E Paul, O Steinbauer, versch Schülern u Kollegen, ua D Babcock, K Musalek. **Zug:** v K Musalek u v KompSchülern. **Sonst:** 'Die harmonikalen Grundlagen d Vcl-Spielens' (Diplomarb) 86; 'D KlangreihenkompLehre nach O Steinbauer' 01; Bearb v Komp v J Strauss f 2 Vcl, 2 Son f Vcl, Stücke f Klar, Vcl u Kl, 1 gem Ch, Haiku Liederzyklus, Menschlichkeitskant, div päd Skripten. **Lit:** Lex zeitgen M aus Österreich 77; P M Krejci: Dr Hohenauer u d Kreis um d Klangreihenkomp Othmar Steinbauer 97; E Kaiser: H N, Leben u Werk 99.

Neumann, Horst, GMD, Prof, Hochschullehrer, Dirigent; Wilhelm-Wild-Str 9, D-04229 Leipzig, T: (03 41) 4 79 09 05. **Laufb:** Prof (OrchDgt) H f M u Theater 'Felix Mendelssohn Bartholdy' Leipzig. (*)

Neumann, Julia, Sängerin; c/o Volkstheater Rostock, PF 102215, D-18004 Rostock. (Red)

Neumann, Manja, Sängerin; c/o Komische Oper, Behrenstr 55–57, D-10117 Berlin. **Laufb:** Sol Kom Op Berlin SpZ 01/05. (Red)

Neumann, Manuella, MA, Koloratursopran; Alt-Würtemmberg-Allee 3, D-71638 Ludwigsburg, T: (0 71 41) 6 43 16 51, *manuella.neumann@gmx.de* [Ludwigsburg 27.4.1968]. Oper, Operette **Ausb:** Stud Ges (B Abel) MH Stuttgart 89–91, Stud Ges (V Hudecova) Staatl H Bratislava 91–97. **Laufb:** Eng Opttenth Nová Scéna Bratislava 92–94, Eng Stadtth Gießen 97–2000, Gastauftritte in Wuppertal, Zwickau, Pforzheim, Hof, Köln, Lausitzer OpSommer, reichh KonzSchaffen zB Kultursommer Bratislava, FestW Aarhus, int Liederabende. **Pr:** Finalistin Int Belvedere Wettb 96. – **UA:** Henze: 'D Urteil d Kalliope', UA Giessen Stadtth 97, Studenten d KompKl v A Hölzsky: "Pazifal', UA Giessen 99, B Lang: 'Jahrtausend', UA Giessen 2000.

Neumann, Peter, Prof, Dirigent, Hochschullehrer; Teutoburger Str 7, D-50678 Köln, T: (02 21) 32 93 60, F: 3 10 04 30; H f Musik, Dagobertstr 38, D-50668 Köln [Karlsruhe 8.3.1940]. orchesterbegl Chormusik v Monteverdi bis Debussy, Oratorien v Händel, Opern v Monteverdi, Händel u Mozart **Ausb:** Stud Orgel (M Schneider) MH Berlin 62–65, (G Litaize) Paris 65–66, Dirig (E Szenkow). **Laufb:** Prof (Org) H f Musik Köln, Lt Kölner KamChor u Collegium Cartusianum, Gastdgt Concertgebouworkest, Niederländ KamChor, Jerusalem SymphOrch, Chor u Orch Teatro Communale Bologna ua, Lt Kölner Monteverdi-Fest 93, Dgt b Fstvs: ua BBC Proms, Flandern Fstv, Händel FSp Halle, Göttinger Händel FSp, Settembre Musica Turin, Rheingau MFstv, Musik-Triennale Köln, La Folle Journee Nantes, Bologna Fstv, Festa da Musica Lissabon. **Pr:** Gran Premio Città di Arezzo 82, Pr d dt Schallplattenkritik 89, Diaspon d'Or 96. – **Aufn/RF:** Cds: J S Bach: 'Johannes-Passion', Händel: 'Saul', 'Susanna', 'Theodora', 'Belshazzar', Schumann: 'Missa sacre', Mozart: sämtl Messen, 'Requiem'. **Sonst:** Grdg Kölner KamChor 71, Collegium Cartusianum 98.

Neumann, Steffen, KM, Trompete; c/o Dresdner Philharmonie, PF 120424, D-01005 Dresden. (Red)

Neumann, Wolfgang, Bassbariton, Hochschullehrer, Kirchenmusiker; c/o Nationaltheater Mannheim, PF 102362, D-68023 Mannheim. Oratorium, Lied **Ausb:** Stud Ev KiM, Ges (A Grünewald) Heidelberg. **Laufb:** Doz (Ges, Stimmbldg) H f KiM Heidelberg, Kantor (Bezirkskantorat) Kreuzkirche Heidelberg, Gastsol Staatsth Darmstadt SpZ 03/04. **Ens:** Musica candescens Heidelberg. – **UA:** T Ibragimowa: 'Kreuzigung', UA Heidelberg 97; Dies: 'Klage', UA Heidelberg 2000. **Sonst:** Grdg u Ltg Camerata Vocale Heidelberg.

Neumayr, Albert, Mag, AHS-Lehrer, Komponist; Bahnstr 100, A-3250 Wieselburg, T: (0 74 16) 5 33 77, F: 5 33 77, *a.neumayr@utanet.at*; *www.kulturleben.at* [Amstetten, Niederösterreich 3.9.1944]. Chor- u Orchesterleitung, Komposition, Musikerziehung **Ausb:** Stud Kons Wien 54–62, (MPäd) MH Wien 64–68, (Germanistik) U Wien 64–70. **Laufb:** Jugendchorfesttage Wieselburg 93, Konz '1000 Jahre Musik in Österreich' Schloss Wolfpassing u Stift Melk 96. **Pr:** Anerkennungspr NÖ 81, Auszeichn d Stadtgemeinden Wieselburg 93 u Scheibbs 94, Kulturpr Wieselburg 02. **Ens:** Ltg KamCh Musica Spontana u KamOrch Musica Spontana (Grdg 82); Audite silete musica (Ens f RenaissanceM); Ltg GesVerein Harmonie Wieselburg. – **Komp:** 'Konzertante Meditationen f Ob u StrOrch' 76, UA Wieselburg 88; 'Partita f StrOrch' 96/97, UA Pöchlarn 98; '5 Tanzstücke f Fl, Ob, Kl u StrOrch' 2000, UA Mank 01; 'Klaviersuite 1988' 88, UA Wieselburg 89; InstrM (versch Besetzungen, bes f

Blockfl, Str, Kl); VokalM (Lieder, geistl u weltl ChWerke bzw Liedsätze); Solo- u ChLieder.

Neumcke, Klaus, Sänger (Bariton); Bonner Str 1a, D-14197 Berlin, T: (0 30) 8 22 35 75, *Kueko@kultur-netz.de*; *kultur-netz.de/kueko/piccola.htm* [Weißenburg]. Oper, Operette, Lied **Ausb:** Privatstud (C Heß-Dzondi) Dresden. **Laufb:** Lt 'opera piccola' Berlin 91–01, Studio Kom Op (W Felsenstein), viele Th in Ost u West, zuletzt Th d Westens Berlin. **Pr:** Silberne Ehrennadel. **Mitgl:** GDBA. – **Aufn/RF:** versch Mitschn u Auff in d ehem DDR sowie Th d Westens 78–92. **UA:** mehrere Werke v L Lehrman. **Sonst:** Grdg 'Opera piccola' Berlin 91. **Lit:** div.

Neundorf von Enzberg, Jens, Chefdramaturg; c/o Theater d Bundesstadt, Am Boeselagerhof 1, D-53111 Bonn. **Laufb:** ChefDram Th Bonn SpZ 03/05. (Red)

Neunecker, Marie Luise, Prof, Horn, Hochschullehrerin; c/o Künstlersekretariat Schoerke GmbH, Grazer Str 30, D-30519 Hannover, T: (05 11) 40 10 48, 40 10 49, F: 40 74 35, *info@ks-schoerke.de*; c/o Künstleragentur Dr Raab & Dr Böhm, Plankengasse 7, A-1010 Wien, T: (01) 5 12 05 01, F: 5 12 77 43, *office@rbartists.at*; *www.ks-schoerke.de*. **Ausb:** Stud MWiss, Germanistik, Stud Hn (E Penzel) Köln. **Laufb:** Hornistin Orch d Frankfurter Op 78, Solohornistin Bamberger Symph 79–81 u SinfOrch d Hess RFs 81–89, seither solist tätig, Gast Biennale München, Schleswig-Holstein M Fstv, Marlboro-M-Fstv, Wiener FestW (m Wiener KamOrch u S Vegh), Salzburger FSp (ua m Mozarteum Orch Salzburg u J Tate 95, KaMPartnerin ua v F P Zimmermann, S Gawriloff, M Argerich, T Zimmermann, T Zehetmair, Yo-Yo Ma, E Ax, Prof MH Frankfurt aM, seit 04 Prof H für M Hanns Eisler Berlin. **Pr:** Prtr Dt MWettb Bonn 82, Prtr ARD-Wettb München 83, 1. Pr Int Wettb d 'Concert Artists Guild' New York 86. – **Aufn/RF:** R Strauss, Hnkonz Nr 1 u 2, B Britten, Serenade op. 31, m I Bostridge, Bamberger Symph, Dgt I Metzmacher; G Ligeti Edition, Vol. 7, KamM, Trio f V, Hn u Kl ua m S Gawriloff, u P-L Aimard; Russ HnKonz v R Gliere, A Glasunow, V Shebalin; Hindemith, Hn- Konz, m RSO Frankfurt. **UA:** G Ligeti, 'Hamburgisches Konz', m Asko Ens, Dgt G Benjamin 01. **Zug:** G Ligeti, 'Hamburgisches Konz'. (Red)

Neuner, Dominik, Prof, Opernregisseur, Dirigent, Hochschullehrer; Hochschule f Musik u Theater, Harvestehuder Weg 12, D-20148 Hamburg; *www.dominik-neuner.de* [Basel]. **Laufb:** Dramaturg Württemberg Landesbühne Esslingen, Oberspielleiter d Schauspiels Würzburg 85–88, Opdirektor d Hess Staatsth Wiesbaden 96–2000, Prof H f M u Th Hamburg seit 02, Reg Badisches Staatsth Karlsruhe SpZ 04/05. (Red)

Neuse, Gerhard, Prof, Hochschullehrer; Wiethasestr 71, D-50933 Köln, T: (02 21) 9 47 29 16, *neuse@audilab.de*; Folkwang Hochschule, FB 2, Klemensborn 39, D-45239 Essen, T: (02 01) 4 90 31 65. **Laufb:** Prof (Mtheorie, Computeranalyse) Folkwang H Essen.

Neuweiler, Ulrich, Sänger; Loebellstr 12, D-33602 Bielefeld, T: (05 21) 6 99 08. **Laufb:** Sol Th Bielefeld SpZ 01/05. (Red)

Neuwirth, Gösta, Dr, Prof, Hochschullehrer, Komponist; Reischstr 14, D-79102 Freiburg, T: (07 61) 2 85 30 02, F: 2 85 30 03; c/o Neue Oper Wien, Herminengasse 10/Tor 23, A-1020 Wien, T: (01) 2 16 27 69, F: 2 16 27 69, *NeueOperWien@music.at* [Wien 6.1.1937]. **Ausb:** Stud Komp (K Schiske) Wien, Prom Berlin 68. **Laufb:** Prof (MTheorie) H d Künste Berlin bis 2000, Schauspielmusik Neue Op Wien SpZ 04/05. – **Komp:** Zyklus 'Gestern u morgen' seit 53, Bühnenmusik, Streichquartett, 'Hommage à Mahler', 'Der Garten der Pfade'. **Sonst:** 'F Schreker', 59; Die Harmonik in der Oper 'Der ferne Klang' v F Schreker, 72. (Red)

Neuwirth, Olga, Mag, Komponistin; Kriehuberg 27, A-1050 Wien, T: (01) 5 45 46 15 [Graz 4.8.1968]. **Ausb:** Stud (Komp) San Francisco, Wien, Paris. **Pr:** EU-Pr f Komp 96. (Red)

Neuwirth, Roland, Komponist; Mostbach 25, A-3820 Raabs an der Thaya, T: (0 28 47) 37 39. (Red)

Nevini, Nero *siehe* Schneegass, Klaus-Peter

Newerla, Wolfgang, Sänger; Neubergweg 34, D-79104 Freiburg i Br, T: (07 61) 5 41 12; c/o Stadttheater Bern, Nägeligasse 1, CH-3000 Bern 7. **Laufb:** Gast-Sol Städt Bühnen Freiburg SpZ 00/01 u SpZ 03/04, Gastsol Dt Staatsop Berlin SpZ 03/05, Sol Bühnen d Landeshauptstadt Kiel SpZ 03/04, Stadtth Bern SpZ 04/05. (Red)

Nica, Constantin, Tenor; Hellgasse 10, CH-6460 Altdorf, T: 04 18 70 20 08, 07 94 35 54 65, F: 04 18 70 20 08; c/o Crea Cultura Artists Management, Spalenring 4, CH-4012 Basel, T: 06 12 81 46 72, F: 06 12 83 90 42, *info@crea-cultura.org*. **Ausb:** Stud Ges (Prof I Pantea) H f M G-Dima Klausenburg/Rumänien. **Laufb:** Staatsop Klausenburg; Gastsp Op Schweiz, Dtschld, Holland, Österreich, Tschechien, Süd-Afrika, Italien, England, Rumänien, Aegypten, Mazedonien. **Pr:** 1. Pr staatl Wettb 'Singendes Rumänien' 80, Prtr Wettb 'Maria Callas' Athen 81. (Red)

Nichifor, Serban, Dr, Prof, Komponist, Musikwissenschaftler, Lehrer, Cellist; Str Principatele Unite Nr 2, Vila I, Ap 7, Sector 4, RO-70 512 Bukarest, T: (01) 3 36 13 99, *serbannichifor@yahoo.com, serbannichifor@pcnet.ro* [Bukarest 25.8.1954]. **Ausb:** Stud Komp (A Stroe), Vcl Musik Univ Bukarest 73–77, Ferienkurse f Neue M, Darmstadt 78, 80, 84, Musik-Phänomenologie (S Celibidache) Münchner Philh 81, Stud (Theologie) Univ Bukarest 90–94, Doktorat (MWiss) Musik Univ Bukarest 94. **Laufb:** Cellist Bukarest Philh 77–80, L (Vcl) Bukarest MSchule 80–88, Musik-Sekretär Bukarest Philh 88–90, L (KamM) Bukarest Musik Univ seit 90. **Pr:** 1. Pr Gaudeamus Amsterdam 77, Tours 77, Pressepr Evian 78, IGNM-Pr Athen 79, 'Diego Ortiz'-Pr Toledo 80, PAS Pr Urbana, Illinois 83, Trento 84 u 93, 'Valentino Bucchi'-Pr Rom 85, Bydgoszcz 86, IGNM-Pr HongKong 88, Jihlava 94, 'Fromm-Bunt-Frei'-Pr Karlsruhe 96, Ev Stadtkirchenverband-Pr Köln 97, Newton, Wales 98, Birmingham, Alabama 99. **Mitgl:** SABAM (Belgien), UCMR (Rumänien), ECPNM (Niederlande), LMF (USA). – **Komp:** Sinf Nr 1, 80, UA Bukarest, Philh, Dgt: M Basarab 82; 'Fräulein Christina' (Op), 81, UA Bukarest, Rumän RF, Dgt: L Bacs 84; Sinf Nr 2, 85, UA Bukarest, Philh, Dgt: M Basarab 85; Sinf Nr 3, 86, UA Targu Mures, Philh, Dgt: L Szalman 87; Sinf Nr 4, 87, UA Bukarest, Rumän RF, Dgt: P Popescu 87; Sinf Nr 5, 87, UA Bukarest, Rumän RF, Dgt: P Popescu 88; Sinf Nr 6, 88; UA Targu Mures Philh, Dgt: L Szalman 89; 'Isola di Euthanasios' (f Kl), UA London, Sol: Y Mikhashoff 90 (Auftr: Y Mikhashoff u Almeida Th London); Requiem, 90, UA Bukarest, Rumän RF, Dgt: P Popescu 91; 'Sette Canti Rumeni di Natale' (per Ottoni ed Organo), UA Verona, 'Gli Ottoni di Verona' 94 (Auftr: Gli Ottoni di Verona); 'Le Martyre de Saint Claude Debussy' (KamOp), 99, UA Bukarest, Rumän RF, Dgt: G Stoleriu 99; 'Concerto GRIEGoriano' (f Kl u Orch), 97, UA Bukarest, Sol: V Maier, Rumän RF, Dgt: P Popescu 01; 'Tribute to Joseph Smith, the American Prophet' – video opera (interactive computer art), UA Japan 05. **Aufn/RF:** ua: als Cellist: L Alexandra: 'Fantasy' u S Nichifor: 'Epiphany' (CD) 99; L Alexandra: 'Conceptofonia'; J Leduc: 'Elegie'; L Posman: '22'; F Bousch: '3 Miniatures'; J v Vlijmen: 'Tombeau'; T De Leeuw: 'Apparences I' (alle Rumän RF); S Nichifor: 'Epihany'; L Alexandra: 'Fantasy'; R DeSmet 'Nocturne' (alle BRTN Belgium). **UA:** B Buckinx: 'Ex Cello De Coello', UA Bukarest 95; R DeSmet: 'Nocturne', UA Bukarest 95; B Buckinx: 'Cello Concerto', UA Arad 96; R DeSmet 'Reminiscenties 3', UA Antwerpen 99; J Leduc: '3 Pièces', UA Bukarest 99; L Alexandra: 'Fantasy', UA Bukarest 99; L Alexandra: '5 Sequences', UA Bukarest 2000. **Sonst:** 'Musica Caelestis' (Hb) 2000; Grdg m L Alexandra: 'Nuova Musica Consonante' FSp Bukarest, Duo 'intermedia'. **Lit:** A Völker: 'Die Sinf Nr 1 ('Schatten') u Nr 2 ('Der Weg d Lichts') d rumän Komp S N' 90.

Nichiteanu, Marius, Prof, Hochschullehrer, Viola; Hochschule für Musik und Theater Hamburg, Harvestehuder Weg 12, D-20148 Hamburg; c/o NDR Sinfonieorchester, Rothenbaumchaussee 132–134, D-20149 Hamburg. **Ausb:** Stud (Bronzetti) in Bukarest. **Laufb:** Prof (Va) H f M u Th Hamburg seit 94, Stimmführer NDR SinfOrch Hamburg. **Pr:** Prtr Carl-Nielsen-Wettb in Odense 80, Bratschenwettb „Maurice Vieux“ in Paris 83. (Red)

Nick, Andreas, Prof, Komponist, Hochschullehrer; Haltenweg 9, CH-8706 Meilen, T: 04 49 23 68 50, F: 04 49 23 15 01, *fam.nick@tiscalinet.ch*; H Musik u Theater, Hirschengraben 46, CH-8001 Zürich, *andreas.nick@doz.hmt.edu* [Basel 1953]. **Ausb:** Theorielehrerdipl H.-U. Lehmann 77, Dipl in Dirigieren und Komp in Köln 81, Kl v H.W. Henze 80–82. **Laufb:** Prof (MTheorie) HMT Zürich. (Red)

Nick, Angela, Prof, Sängerin, Hochschullehrerin; Hochschule f Musik, Schwarzwaldstr 141, D-79102 Freiburg. **Laufb:** Sol Lübecker Th, Prof (Ges) HfM Freiburg iBr seit 03. **Pr:** 2. Pr VDMK-Gesangswettb 72. (Red)

Nickel, Felix, Violoncello; Dunckerstr 22, D-10407 Berlin, T: (0 40) 42 31 31 11, F: 42 31 31 13, *Sonia.Simmenauer@impresariat-simmenauer.de*; *www.impresariat-simmenauer.de* [Hamburg 1976]. **Ausb:** Unterr Vcl (B Gmelin) 92–98, Stud H f M u Th Hamburg 94–98, Stud (H-C Schweiker) MH Köln 98, Mstrkse b J Starker, T Demenga, T Eddy. **Pr:** mehrf Prtr Jugend musiziert, Stip d Marie-Luise-Imbusch-Stift u d Oscar u Vera Ritter Stift. **Ens:** Kuss Quartett. (Red)

Nickel, Hans, Prof, Hochschullehrer, Tuba; Judenpfad 9, D-50996 Köln, T: 0 17 22 46 33 78, *hansnickel@yahoo.de*; Hochschule f Musik, Neustadt 22, D-32756 Detmold. **Laufb:** Prof (Tuba, KamM f BlechBl) H f M Detmold, Sol WDR SinfOrch Köln. (Red)

Nicklaus, Wolfgang, Dipl-Komp, Dipl-MLehrer, Komponist, Pianist, Musiklehrer; Langenhege 4a, D-21465 Reinbek, T: (0 40) 7 22 85 48, 01 71-7 58 85 48, *WLNCK@aol.com* [Lehnin 2.11.1956]. Jazz u Pop-Balladen, Filmmusik **Ausb:** Kl (E Damus) Brandenburg 63–71, Stud (Komp-, KlPäd) Lübeck 82–89, Komp- u KlLdipl 89. **Laufb:** Songprojekt 'Topaz' seit 98. **Pr:** 2. Pr u Publikumspr KompWettb f KamM Hitzacker 86, 2. Pr 4. KompWettb Ostdt Kulturrat Bonn/Berlin 87, 1. Pr u Sonderpr f beste Live-Performance Balladenwettb Paul-Woitschach-Stift Dt Komp-Interessenverband Hamburg 88. **Ens:** Quartett/Quintett 'DA CAPO'. **Mitgl:** dkv. – **Komp:** Gitarrentrio (KamM) 84, UA Lübeck 84; Der Priwall – Ein Monolog im Qui (KamM) 84, UA Lübeck 85; Extemporale (Orchstück) 85, UA Lübeck 86; Die Antwort-Musik im Oktett (KamM) 86, UA Lübeck 87; Güstrower Legende (Chorstück) 87, UA Berlin-Lübeck 87; Sieben Farben (OrchStück) 88; Stay with me, UA Hamburg 98; 11 Komp im Songformat 03 (CD 'Going my way'). **AuftrKomp:** Extemporale (OrchStück) 85, UA Lübeck (Auftr: Th Lübeck). **Lit:** Handbuch 'Komponisten der Gegenwart' im dkv.

Nickler, Reto, Prof, Regisseur; Univ f Musik u Darst Kunst, Inst f Gesang u Musiktheater, Penzinger Str 7, A-1140 Wien, T: (06 76) 7 05 62 96, F: (01) 8 796 75 32. Sologesang u Musikdramat Darstellung **Laufb:** o UProf U f Musik u Darst Kunst Wien seit 99, über 60 Inszenierungen ua Staatsop Wien, OpHaus Zürich, Helsinki, Seattle, Genf, Gastreg Tiroler Landesth SpZ 04/05, Reg Stadtth Hildesheim SpZ 04/05.

Nicolai, Helmut, Bratsche; c/o Rosamunde Quartett, Baaderstr 62, D-80469 München, T: (0 89) 2 02 10 59, F: 2 02 10 52, *rqm@klangverwaltung.de*; c/o Münchner Philharmoniker, Kellerstr 4, D-81667 München; *www.klangverwaltung.de/rqm/index.html* [Königsberg]. **Laufb:** Sol Berliner Philh, Doz (KamM) Richard Strauss Kons München, Sol Münchner Philh seit 81. **Pr:** KamMPr d deutschen MH, Pr Biennale v Bordeaux. **Ens:** Rosamunde Qua. (Red)

Nicolai, Jolanta Teresa, Mezzosopran; c/o S Sintow-Behrens Int Promotions & Management, Schleibingerstr 8, D-81669 München, T: (0 89) 44 21 89 00, F: 44 21 89 03, *office@sintow-behrens.com*; *www.sintow-behrens.com*. **Ausb:** Stud (Ges) MH Köln. **Laufb:** Bühnendebüt Stadtth Trier 90, Sol Trier, Karlsruhe, zurzeit freischaffend, als Gast ua Staatsop Hamburg, Aalto-Th Essen, Nationalth Mannheim, Staatsoptte Dresden, KonzReisen in Europa, Kanada, Israel.

Nicolai, Sven *siehe* Röhl, Uwe

Nicolai, Ulrich, Prof, Dirigent, Hochschullehrer; Hochschule für Musik u Theater, Arcisstr 12, D-80333 München, T: (0 89) 28 92 74 64, F: (0 89) 28 92 74 65, *ulrich.nicolai@nicolai-art.com; ulrich.nicolai@musikhochschule-muenchen.de*; *www.musikhochschule-muenchen.de* [Gießen/Lahn 8.8.1949]. Oper, Konzert **Ausb:** Stud (Mathe u Physik) Univ Gießen u Marburg 68–71, (Dirig, Kl, Komp) MH Frankfurt/M 71–77, parallel Kse b H v Karajan Mozarteum Salzburg. **Laufb:** Kapm GärtnerplTh München 78, 1. Südamerika-Tournee 79, ständ Gastdgt Stadtth St Gallen 88–92, musikal Lt Regiekl H f M u Th München seit 90, Lt H-SymphOrch ebd seit 93, Prof ebd 96, Vizepräs 96–2001; 1. China-Tournee 99, USA-Debüt (Cincinnati) 01; Gastprof Shanghai/China 99, Cincinnati 01, Graz/Österreich, Breslau/Polen 03; Gastprof Univ Cincinnati 04; Studiendekan der Hf M uTh München seit Okt 05. **Ens:** Grd u künstl Lt 'Arcis-Ens' München seit 01; Künstl Lt SymphOrch H f M u Th München. **Mitgl:** Vorstandsmitgl R-Strauss-Ges München, Orchesterakademie München u Münchner Tonkünstlerverb. – **UA:** Mark Lothar: Geheimnis der Jahreszeiten 91; H-J von Bose: 3 Studien für Orchester 94; A Werner: Television / E Raida: Die Frau mit dem Schatten, Bayer. Staatsop i Marstallth 95; B Redmann: Trompetenkonzert 96, C Chr Bettendorf: Cryptic Circle 97; V Nickel: Divertimento III 01; F Lachner: Harfenkonzert 01 (posthum); J Widmann: Monologe für zwei 02 (Münchner Biennale); C Obermüller: Kalpa x Pralaya 02, O Cruixent: Tripelkonzert 03; M Eggert: The last days of VIRUS 03; R Zohn-Muldoon: Nino Polilla 03; C Sanchez-Gutierrez: Just look 03; K.Nez: An opera in Devolution 03; M Seloujanov: Veruka 03; K Kwiecien: Quattro episodi 03; S Stella: Remix 03; M Fiday: Automotive Passacaglia 04; P.Hendrich: Anepigraph 05; F Cruixent: Cellokonzert 05; J Velickova: 472/XI Variations 05; H Pogatschar: Manöverkritik 05; M Applebaum: Martian Anthropology 05; M Muench: Chong-He Chi 05. **Zug:** H-J v Bose: 3 Studien f Orch; O Cruixent: Tripelkonz.

Nicolay, Ruth-Maria, Sängerin; c/o Bühnen der Stadt Köln – Opernhaus, PF 101061, D-50450 Köln. **Ausb:** Stud MH Saarbrücken, (J Beckmann) Hamburg, Meisterkurse (J Hamari, S Jurinac, C Ludwig). **Laufb:** Sol Nationalth Mannheim, Musikth Gelsenkirchen, Op Hannover, Gastsol Schillerth NRW Wuppertal-Gelsenkirchen SpZ 00/01, Konz im In- u Ausland, Gastsol Th Bremen u Städt Bühnen Münster SpZ 03/04, Semperop Dresden SpZ 04/05, Op Köln. **Pr:** 1. Pr Dt Musikwettb 86, Richard-Strauss-Med 88, Pr d israel RF u d israel Kultusmin f d beste Interpretation einer zeitgen Komposition 93. – **Aufn/RF:** zahlr Rundfunkmitschn. (Red)

Nicolet, Aurèle, Prof, Flöte, Hochschullehrer; Nelkenrain 17, CH-4104 Oberwil BL [Neuchâtel 22.1.1926]. **Ausb:** Stud Fl (A Jaunet) Zürich, (M Moyse) Paris. **Laufb:** Soloflötist Tonhalle Zürich 45–47, Soloflötist SymphOrch Winterthur u Zürich, Soloflötist Berliner Philh 50–59, Prof H f M Berlin 52–65, Prof H f M Freiburg 65–81. **Pr:** 1. Pr Kons Paris 47, 1. Pr Concours Genf 48. (Red)

Nicoletti, Mauro, Sänger; Wilhelmstr 36, D-76137 Karlsruhe, T: (01 75) 5 25 01 41. **Laufb:** Sol Hess Staatsth Wiesbaden, Gastsol Bremer Th u Weimarer Nationalth SpZ 00/01, EnsMitgl Bad Staatsth Karlsruhe seit SpZ 03/04. (*)

Niebuhr, Anna, Violoncello; c/o MDR Sinfonieorchester, Augustuspl 9a, D-04109 Leipzig. **Laufb:** stv Sol MDR SinfOrch Leipzig. (Red)

Niebuhr, Ulrich, OStR, Musiklehrer, Klavier; Elisabethenhain 3, D-61118 Bad Vilbel, T: (0 61 01) 8 73 16; c/o Dr Hoch's Konservatorium, Sonnemannstr 16, D-60314 Frankfurt/Main, T: (0 69) 21 24 48 22. **Ausb:** Stud SchM MH Hamburg 52–56, Mstrkl Kl (E Hansen) MH Lübeck 57–58. **Laufb:** Zusammarb m E Bootz (Comedian Harmonists) Hamburg 57, Korrep ua m M Rökk, H Schroth 57, Doz (Kl) Wilmington MSch/USA 58–62, M-Redakteur HR Frankfurt 66–68, Schuldienst 70–93, Doz (vBl-Sp) Dr-Hoch's Kons ab 81. – **Aufn/RF:** Sol (Kl) m Jazz-Trio NWDR Hamburg 56, m E Bootz-Qua Radio Bremen 57 (Live), m RF-Orch HR Frankfurt 74 (Live). **Sonst:** 'D Einfluss A Rubinsteins auf d KlKonz P Tschaikowskys', in: D MForschung, XXVII/4 (74), S 412–34.

Nieder, Fabio, Komponist, Pianist; Innstr 51, D-84533 Haiming, T: (0 86 78) 91 99 97 [Triest 1957]. **Ausb:** Stud Kl b Roberto Repini u Komp b Giulio Viozzi am Kons v Triest, Stud b Witold Lutoslawski 77. **Laufb:** int Auftr: Milano Poesia, Musica nel Nostro Tempo, Teatro alla Scala Mailand, Nuova Consonanza u Nuovi Spazi Musicali Fstv Rom (Lt Ada Gentile), Antidogma Musica Turin, Biennale u Teatro la Fenice Venedig, WDR Köln, Holland Fstv Amsterdam, Steir Herbst Graz, Musica Incognita Linz, Aspekte u Mobile Contemporale Salzburg, Expan 91 Spittal/Drau, Wittener Tage f neue KamM, Tipasa Biennale Algerien, Gaudeamus Musikwoche Amsterdam, State Univ of New York Buffalo, Juilliard School New York, Journées de musique contemporaine u Présences fstv Paris, Musica Nova Reykjavík, Musik im 21. Jh Saarbrücken, Pan Music Fstv Seoul, Musik d Jahrhunderte Stuttgart, Italiaans Project Utrecht, Wien Modern, Días de Música Contemporánea in Vigo; Tätigkeit als Pianist, Begleiter v Petre Munteanu u Elisabeth Schwarzkopf 78–81, Doz (Musiktheorie) Univ di Trieste, Assoc Continuum Temporale, Int Advanced Courses of Music ua. **Pr:** Stip Jeunesse Musicales in Groznjan (Kroatien), Premio V Bucchi 79, Pr ISCM Österreich 80), 3 Pr d Gaudeamus Musikwoche 80, 82, 84, 1. Pr 2 Agosto in Bologna 95, 2. Pr E Porrino 95, 3. Pr Compania in Münster 96, Klagenfurt 98, D Guaccero in Bari 98. – **Komp:** Bühnenmusik, OrchMusik, KAmM, Chor- u Vokalmusik, Kl. (Red)

Niederberger, Maria A, Dr, Prof, Komponistin, Hochschullehrerin; 725 Oak Av, Davis, CA 95616, U.S.A.; East Tennessee State University, Dept of Music, P O Box 70661, Johnson City, TN 37614, U.S.A., T: 0 42 34 39 59 46, *niederbe@ETSU.edu*; *www.maniederberger.com* [Davos 2.3.1949]. **Ausb:** Komp, Theorie (D Martino) Harvard, (A Berger, M Boykan) Brandeis U, (R Swift) U of California Davis, Prom (Theorie, Komp) Brandeis U. **Laufb:** Prof (Theorie, Komp, OrchArb) East Tennessee State U seit 99. **Pr:** OB Valente Memorial Pr f Excellence in Musical Composition, mehrere Leistungsstip. **Mitgl:** Int Alliance of Women in Music. – **Komp:** zuletzt: Vernissage: Musikal Gedanken u Skizzen f Kl 98; ‚Oh großes Wunder': e Liedsammlung (zwei Weihnachts- u drei Neujahrslieder) (f hohe Stimme u kleines Orch) 95–99; Concerto f Oboe and Instrumental Ens 99–2000. (Red)

Niederdorfer, Otto, Mag, Prof, Hochschullehrer, Klavier; Univ f Musik u Darst Kunst, Inst 2, Brandhofgasse 5, A-8010 Graz, T: (03 16) 3 89 34 57, F: 3 89 30 21, *otto.niederdorfer@kug.ac.at*. **Laufb:** o UProf (Kl)U f Musik u Darst Kunst Graz. (Red)

Niederhammer, Josef, Mag, Prof, Hochschullehrer, Kontrabass; Univ f Musik u Darst Kunst, Inst f Streich- u andere Saiteninstrumente, Seilerstätte 26, A-1010 Wien, T: (01) 7 11 55 23 01, F: 7 11 55 23 99, *niederhammer@mdw.ac.at*. **Laufb:** o UProf (KB) U f Musik u Darst Kunst Wien. (Red)

Niederhauser, Markus, Klarinette, Saxophon; Schützengasse 71d, CH-2502 Biel, T: 03 23 41 73 30. (Red)

Niedermeyr, Marcus, Sänger; Karl-Liebknecht-Str 7, D-04107 Leipzig, T: 0 17 72 50 56 55, *m.niedermeyr@bluewin.ch* [Kösching 15.8.1970]. Konzert, Oratorium **Ausb:** Stud MH Leipzig 91–96, MH Wien 96, MH Basel 97–01. **Pr:** 3. Pr 11. Int Johann Sebastian Bach Wettb Leipzig 98. – **Aufn/RF:** Bach: H-Moll Messe, Wien, KonzHaus ORF, Cap Reial de Catalunya, Dgt: J Savall 01.

Niedziella, Achim, Sänger; Otto-Brenner-Str 14, D-30159 Hannover, T: (05 11) 1 51 32, 01 75–1 51 40 20; c/o Niedersächsische Staatstheater Hannover, Opernpl 1, D-30159 Hannover, T: (05 11) 99 99 10 21 [Wiesbaden]. Oper **Ausb:** Stud (Ges) MH Frankfurt, Privatstud (L Wolovsky, J Rakow) Berlin. **Laufb:** Bayr Staatsop München, Th d Westens Berlin, Gastsp Schweiz, Op Forum Enschede, Th Oberhausen, Aachen, Bonn, Berlin, Braunschweig, Freiburg, Kassel, Genf, Heidelberg, Nizza, Köln, Düsseldorf, seit 89 Sol u Gastsol Staatsop Hannover (Die Fledermaus, Frosch; My Fair Lady, Alfred Doolittle; Tosca, Mesner; Salome, Erster Soldat; La Cenerentola, Alidoro; Die lustige Witwe, Njegus; Hänsel u Gretel, Vater; Die lustige Witwe, Zeta ua). – **UA:** H Weiss: 'Amandas Traum' (Edgar), EA Hannover 93.

Niehaus, Manfred, Komponist, Regisseur, Dramaturg; Simrockstr 18, D-50823 Köln, T: (02 21) 52 54 01, F: 5 89 27 42 [Köln 18.9.1933]. Musiktheater (Text+Musik) **Ausb:** Komp (BA Zimmermann) 54–61, Stud (V, SchM) Köln. **Laufb:** Schuldienst 61–63, Dramaturg u Regisseur 63–65, Red b WDR Köln 67–89, freischaff Köln seit 90. **Pr:** Förderpr Musik d Stadt Köln 66. **Ens:** Russisch-Dt Komponisten-Qua (Va). **Mitgl:** dkv (stellv Landesvors NRW). – **Komp:** Maldorer (MTh) 69/70, UA Kiel 70; Meta (Kunstlied) 71, Ua Freiburg, C Henius, G Kröll 72; Sinfonia I–III (OrchW) 71/72, UA Saarbrücken 72; Sylvester (KamOp) 72–73, UA Stuttgart 73; Sinfonia V–VIII (Vokalsinf) 76–84; Marilyns Concerto, UA Münster 92, M Crispell, KRO; Claudios Concerto, UA Köln 97, C Puntin, KRO; Leda (Optte) UA Köln 99. **Aufn/RF:** Kompositionen auf CD bei Obst.

Niehoff, Beatrice, Sängerin; c/o Komische Oper, Behrenstr 55–57, D-10117 Berlin. **Laufb:** Sol Kom Op Berlin SpZ 03/05. (Red)

Niehusmann, Frank, Komponist, Elektronik u Computer; Nelkenweg 33, D-42549 Velbert, T: 0 17 76 02 74 88, *niehusmann@planet-interkom.de*; *www.niehusmann.org* [Essen 29.11.1960]. elektron Musik **Ausb:** Stud (Phil) U Bochum. **Laufb:** Int Fstv zeitgen M, Dokuz Eylül Uni State Cons, Izmir/Türkei 03; Fstv MAXIS, Uni of Leeds/England 03; Florida Electroacoustic MFstv, Uni of Gainesville/USA, Center for the Performing Arts 03; Fstv MaerzMusik, Berliner FSp 03; Fstv 'Music beyond Performance', Cons Computer Studio for M Comp, Cons of M Uni of the Pacific Stockton/USA 02; Fstv 'Sonoimagenes', Uni Nac de Lanus, Buenos Aires/Argentinien 02; Fstv 'soho in ottakring' Wien 02; Fstv MAXIS, Sheffield Hallam Uni/England 02; Electroacoustic M Midwest Fstv, Kansas City Kansas Communitiy College 02; Interactive Arts Performance Series, New York Uni, Frederick Loewe Th 02; 3rd Annual Portland Electro-Acoustic MFstv/USA 01; 't-u-b-e' im Einstein-Kulturzentrum München 01; Florida Electroacoustic MFstv, Uni of Gainesville/USA, Center for the Performing Arts 2000; Erlanger Hoerspielfstv 2000; Fstv 'Bergische Biennale f Neue M' Wuppertal 99; Autor zahlr Radio- u TV-Sendungen 83–98. **Pr:** Ausz f Komp 'Untertagemusik Nr 1' int Wettb f Elektroakust M u Klangkunst Bourges/Frankreich 02; Pr 'Theaterzwang' d Landes NRW f d multimediale Bühnenwerk 'Mama' (ZusArb m R Dennemann) Fstv 'Theaterzwang 2000' Dortmund; 2. Pr Film- u VideoFstv 'Blicke aus dem Ruhrgebiet' Bochum f MVideo 'Emscher Park Overdrive' (ZusArb m A Stein) 98; Sonderpr f MVideo-Komp 'Heimat u Antarktis' b '3. Wettb z Geschichte im Ruhrgebiet', 'Forum Geschichtskultur an Ruhr u Emscher' 97; KompStip 'Künstlerhaus Schloss Wiepersdorf' d Stift Kulturfonds 92. – **Komp:** 'Maschinenraum' 02, UA Bochum Filmfstv 'Blicke aus dem Ruhrgebiet' 02; 'Traum.Reise' 01, UA (Radio-Sendung) DtschldRadio Berlin 01; 'Untertagemusik Nr 1' 2000, UA Bochum Filmfstv 'Blicke aus dem Ruhrgebiet' 2000; 'Scherzo für Windows 2.0' 2000, UA Gainesville/USA, Florida Electroacoustic MFstv 2000; 'Schnitt!' 99–2000; UA Essen, Galerie Schütte 99; 'Fragrance f Orch u Elektronik' 99, UA Wuppertal, Bergische Biennale f Neue M 99; 'Fragrance' 98, UA Essen, Kunsthaus 98; 'Heimat u Antarktis' 93, UA Düsseldorf, Neuer Tanz 93. **Aufn/RF:** RF-Sendungen: 'Schnitt!' HR 03; 'EAR POPPING SOUNDS

RADIO MIX 2003' DtschldRadio Berlin 03; 'Hot noises in roaring loopings' (KonzÜbertr v MaerzMusik Fstv a d Haus d Berliner FSp) DtschldRadio Berlin 03; 'Untertagemusik Nr 1' DtschldRadio Berlin 03; 'Traum.Reise' DtschldRadio Berlin 01; CDs: 'Live' (elektron M) 03; 'Fragrance' (elektron M) 99; 'Heimat u Antarktis' (experimentelles Hörstück) 94; FilmM f Dok-Film 'Abenteuer Ruhrpott' 01; Sendungen in 3sat, Arte, WDR, phoenix.

Nielbock, Christoph, Hochschullehrer; Wiesbadener Musikakademie, Schillerpl 1–2, D-65185 Wiesbaden. **Laufb:** Doz (Chor, Orch), Ltg Wiesbadener Musikakad. (Red)

Nielsen, Erik, Dirigent; c/o Oper Frankfurt, Untermainanlage 11, D-60311 Frankfurt. (Red)

Nielsen, Inga, Königl KS, Sopran; c/o Theateragentur Dr Germinal Hilbert, Maximilianstr 22, D-80539 München, T: (0 89) 2 90 74 70, F: 29 07 47 90; c/o Hamburgische Staatsoper, PF 302448, D-20308 Hamburg; *www.hilbert.de* [Holbaek, Dänemark 1946]. Oper, Lied, Orat **Ausb:** Stud Wien, Stuttgart, Budapest. **Laufb:** Eng ua: Covent Garden Op London, La Scala Mailand, Châtelet Paris, Op de Bastille Paris, Los Angeles Op, San Francisco Op, New York City Op, OpHaus Zürich, Staatsop Berlin, Hamburg, München, Stuttgart, Köln, Frankfurt, Düsseldorf, Wien; FSp ua: aix en Provence, Bayreuth, Edinburgh, Ludwigsburg, Luzern, München, Salzburg, Santa Fe, Schwetzingen, Wexford, Wiener FestW. **Pr:** Ritter vom Dannebrog-Orden Dänemark. – **Aufn/RF:** Solo Recital, Dgt: Pappano; Beethoven: 'Fidelio', Dgt: Halasz; Strauss: 'Salome' Dgt: Schönwandt; Weber: 'Oberon (Rezia), Dgt: Janowski; Mozart: 'Il re pastore' (Tamiri), Dgt: Harnoncourt; Wagner: 'Parsifal' (Blumenmädchen), Dgt: Karajan; Kunzen: 'Holger Danske' (Oberon), Dgt: Dausgaard; Heise: 'Drot og Marsk (Aase), Dgt: Schönwandt; Haydn: ' Sieben Worte d Erlösers a Kreuz', Dgt: Harnoncourt; Bach: 'Johannes-Passion, Dgt: Guttenberg, div Bach-Kant, Dgt: Rilling; Schönberg: 'Erwartung', Dgt: Chandos. **UA:** Henze: 'Die Engl Katze', UA Schwetzingen; Ligeti: 'Le grand Macabre', UA (dt) Hamburg.

Niemann-Lorenz, Gabriele, Sängerin; Unterer Maasweg 2, D-96484 Meeder, T: (0 95 66) 8 08 60 31, F: 8 08 60 36, *lorenz.rainer.gabi@t-online.de* [Fleckeby 3.4.1951]. Oper, Operette, Musical **Ausb:** Stud Ges (I Bettag) Kons München 76–82, Kl (H Hidegety, H Mongrovius) 76–81, Ges (M Herremann, W Wild, W Lipp, I Bremert, W Röntz) 81–95. **Laufb:** Tournee- u OpBühne Oberland Kr München, KamCh Gärtnerplatzth München, Landesth Coburg (Optte) 87–88, Landesbühnen Sachsen Radebeul 90–94, Freilichtbühne Rathen 90–94, Stadtth St Gallen 92–94, Sommeroptte Coburg 93–99 (03/05); div GastEng, OratSängerin, Cello mal, 12 Lt: J Polasek. **Pr:** Finalistin Wettb Sulmona 86. – **Aufn/RF:** P J Korn: Lieder 81. **UA:** W Hiller, M Ende: Goggolori, Gärtnerplatzth München 84.

Niemann, Marc, Solorepetitor, Dirigent, 1. Kapellmeister; Gellertstr 49, D-75175 Pforzheim, T: (0 72 31) 7 82 08 48, *marc_niemann@web.de*; c/o Stadttheater Pforzheim, Am Waisenhauspl 5, D-75172 Pforzheim [Hannover 28.3.1973]. **Ausb:** Stud (Kl) MH Lübeck 94–96, Stud (Dirig) MH Lübeck 96–99, Stud Dirig (Prof L Köhler) H d Künste Berlin 99–02, Mstrkse b P Goodwin, P Berne, D Fischer-Dieskau. **Laufb:** Solorep m Dirigierverpflichtung Staatsth Braunschweig seit SpZ 01/02 (04/05), Solorep Eutiner Opernfsp 99, Solorep Bühnen d Hansestadt Lübeck 96, 1. Kapm Pforzheim seit SpZ 05/06. **Pr:** Stip Oscar u Vera Ritter-Stift Hamburg 99, Richard-Wagner-Verb 04.

Niemeier, Klaus, Kontrabass; c/o MDR Sinfonieorchester, Augustuspl 9a, D-04109 Leipzig. **Laufb:** Sol MDR SinfOrch Leipzig. (Red)

Niemelä, Hannu, Sänger; c/o Städtische Bühnen Münster, Neubrückenstr 63, D-48143 Münster [Lohtaja, Finnland 17.4.1954]. Oper, Konzert **Ausb:** Stud (KiM, Oper, Ges) Sibelius-Akad 79–83, Int OpStudio Zürich 84–85. **Laufb:** Bad Staatsth Karlsruhe 85–89, Staatsth Mainz 89–95, Finn NatOp seit 92, Savonlinne OpFSp 80–85 u seit 93, Sol Th Dortmund seit 95, Gastsol Th Bremen SpZ 03/04, GastSol Staatsth Oldenburg SpZ 03/04, Th u OPhilh Essen SpZ 04/05 freischaff. **Pr:** Künstler d Jahres 99 OpFSp Savonlinna 99. – **UA:** G Rosenfeld: Kniefall in Warschau ('Willy Brandt'); E-S Tüür: Wallenberg, UA Dortmund. **Sonst:** Künstl Lt KiMFSp 'Vexilla Regis' Lohtaja 88–95.

Nieminen, Markus, Bariton; c/o Volksoper Wien, Währinger Str 78, A-1090 Wien. **Ausb:** Stud Sibelius Akad Helsinki b S Tiilikainen 95–2000, Stud H f M u Darst Kunst Wien b Prof. G Kahry, Mstrkl T Krause, R Bautz, G Kahry u P Berne, Kse (Liedges) b G Djupsjöbacka, I Ranta, H Höll u J Hynninen. **Laufb:** Wiener Staatsop seit 01, Gastsol Nationalop Helsinki, Sol Volksop Wien SpZ 04/05. **Pr:** 1. Pr Pentti Koskimies Liedwettb 99, 1. Pr Vox Unica Wettb 2000, 2. Pr Timo Mustakallio Wettb Savonlinna 2000, Martti Talvela Stip 2000, Grand Prix d Tampere Op Finnland 01, Karajan-Stip, Eberhard Wächter-Med d Wiener Staatsop 02. (*)

Niemöller, Klaus Wolfgang, Dr, Prof, Hochschullehrer; Geranienweg 5, D-50769 Köln, T: (02 21) 4 70 22 49, 70 11 60, F: 4 70 49 64, 70 11 60; Geranienweg 5, D-50769 Köln, T: (02 21) 70 11 60, F: 70 11 60 [Gelsenkirchen 21.7.1929]. **Ausb:** Stud U Köln 50–55, Prom 55, Habil 64, Prof 69. **Laufb:** Wiss Ass U Köln 58–64, Dir MWiss Sem U Münster 75–83, Vors J Haydn-Inst Köln 77, Dir MWiss Inst U Köln 83–94, Vors R Schumann-ForschStelle Düsseldorf 83, Fachgutachter DFG 83–91, Vors AG f rhein MGesch 85–89, Vors Ausschuß f mwiss Editionen (Union d dt Akad d Wiss Mainz) 91–01, Sekretar d Kl f Geisteswiss (Vizepräs) NRW-Akad d Wiss 96–99, Vors Inst f dt MKultur im östl Europa Bonn 97, LBeauftr H f Musik Köln 83–02. **Pr:** Stip DFG 56–58, Dent Med London 71, Mitgl NRW-Akad d Wiss Düsseldorf 76, Verdienstkr 1. Kl 99, Ehrenmitgl Ges f MForschung 99, Rheinlandthaler d Landschaftsverb Rheinland 2000. – **Sonst:** zahlr Veröffentlichungen, vgl d Bibliogr in J P Fricke ua (Hg): Fs K W Niemöller 89. **Lit:** ua New Grove, MGG.

Niemöller, Oliver, Komponist; c/o Oliver Niemöller, Martinsfeld 36, D-50676 Köln, T: (02 21) 3 10 30 13, (01 75) 3 25 32 79, F: 3 10 30 12, *niemoeller@tmm1.de, olinimusic@aol.com*; *http://oliver-niemoeller.tmm1.de* [Köln 20.1.1961]. **Pr:** Stip Stift Kunst u Kultur Land NRW, Finalrunde Villa Massimo, versch Pr b Kompwettb. – **Komp:** Dialoge Konz f 2 V u Orch, UA Köln, DW 95; Konz f Saxophon(e) u gr Orch (Konz), UA Krefeld; Hommage à Miles, UA Krefeld; BEA'STRIX (Konz f V u gr Orch), UA Krefeld; Sinfonietta in DAS-Dur (Sinf), UA Kalkar; Lichter d Finsternis (Konz), UA Aachen; Sacred Songs, Adventmusik. (Red)

Nienstedt-Wegner, Tuula, Prof, Hochschullehrerin, Gesang; Hamburger Konservatorium, Sülldorfer Landstr 196, D-22589 Hamburg. **Laufb:** Prof (Ges) Hamburger Kons. (Red)

Niermann, Guido, Tenor; Mozartstr 1, D-49078 Osnabrück, T: (05 41) 4 88 79, F: 43 38 87, *guidoniermann@gmx.de*; *www.guido-live.com.* Musical **Ausb:** priv GesUnterr in London u Münster b S Dye 97–99, Ks b P Moore, A Melkonian u S Wienhausen an d Schule f Ges, Tanz u Schauspiel 'Stairs up' Osnabrück 99–02, Ks b A Melkonian KreisMSch Lkr Osnabrück 2000–02. **Laufb:** GastSol Städt Bühnen Münster SpZ 02/03, Th an d Rott Eggenfelden SpZ 03/04, Sol b div Musical-Galas.

Niermeyer, Amélie, Intendatin, Regisseurin; c/o Theater Freiburg, Bertoldstr 46, D-79098 Freiburg i Br. **Laufb:** Intend u Reg Th Freiburg seit SpZ 03/04. (Red)

Nies, Christel, Mezzosopran; Sängerweg 3, D-34125 Kassel, T: (05 61) 87 21 51, F: 8 70 85 22, *christel.nies@t-online.de* [Düsseldorf]. Neue Musik, Werke v Komponistinnen **Ausb:** Stud (Ges) MH Düsseldorf, in Philadelphia u Kassel; weitere Studien: Kl, evang KiM. **Laufb:** Konz u Liederabende: Pierrot Lunaire Mödling 76; 4ème Congrès femmes et musiques Paris 85; Fstv 'la otra historia de musica' Madrid 87; Jaroslawl 89; Dvorak-Mus Prag 93; Riga MH u Dom 94; KamMFstv Kfar Blum/Israel 94; WeltMTage IGNM Timisoara/Rumänien 99. **Pr:** Ehrenurkunde f Kultur u Kunst d Landes Hessen, Pr Paul Dierichs-Stift, Kulturförderpr Stadt Kassel, Pr Dr Wolfgang-Zippel-Stift. – **Aufn/RF:** CDs: K H Stahmer: I can fly; Neue Vocalwerke v Komponistinnen (ersch 03). **UA:** V Janárceková: Am Anfang der Düsternis; R Fuchs: Traumsequenz; I Loudová: Canto meditativo; M Marbe: Cantare cantarellare; V Dinescu: Et veniens veni. **Zug:** V Janárceková: Am Anfang der Düsternis; I Loudová: Canto meditativo; V Dinescu: Et veniens veni. **Sonst:** 3 Buchdokumentationen: Komponistinnen und ihr Werk, Unerhörtes Entdecken, Gut zu hören-gut zu wissen.

Niesemann, Michel, Prof, Hochschullehrer, Barockoboe; H f Musik, Hofstallstr 6–8, D-97070 Würzburg. **Ausb:** Stud (Ob) H f M Köln 79–87. **Laufb:** L (Ob) H f M Köln seit 93, Solo-Oboist der Orch J.E. Gardiners 'English Baroque Soloists' u 'Orchestre Revolutionnaire et Romantique', Prof (BarockOb, hist Aufführungspraxis) H f M Würzburg. **Ens:** Musica Antiqua Köln. (Red)

Nietert, Reinhard, Prof, Hochschullehrer, Posaune; Geschwister-Scholl-Str 35, D-61476 Kronberg, T: (0 61 73) 94 04 88, F: 7 98 22. **Laufb:** HonProf (Pos) H f M u Darst Kunst Frankfurt/M, Doz (Pos) Dr Hoch's Kons Frankfurt. (Red)

Nietzsche, Winfried, Pauke; c/o MDR Sinfonieorchester, Augustuspl 9a, D-04109 Leipzig. **Laufb:** stv Sol MDR SinfOrch Leipzig. (Red)

Nievergelt, Eva, Sopran; Landstr 1, CH-5415 Nussbaumen b Baden, T: 05 62 82 53 13; c/o Gare du Nord – Bahnhof für Neue Musik, Schwarzwaldallee 200, CH-4058 Basel, T: 06 16 83 13 13, *neuemusik@garedunord.ch.* **Laufb:** Gare du Nord Basel SpZ 04/05. (Red)

Niewöhner, Dirk, Bratsche; Einsteinstr 127, D-81675 München, T: (0 89) 41 12 97 97 [1976]. **Pr:** Stip Dt Musikwettb KamM Bonn 2000, Stip Villa Musica. **Ens:** Münchner Philharmoniker. (*)

Niggemeier, Burkhard, Musikalischer Leiter; c/o Meininger Theater, Burkhardstr 5, D-98617 Meiningen. (Red)

Niggli, Lucas, Komponist, Schlagzeug; Neuwiesenstr 27, CH-8610 Uster, T: 0 19 41 67 38, 0 76–3 49 55 77, F: 0 19 41 67 38, *Lucas@Lucasniggli.ch*; *www. lucasniggli.ch* [Manyemen, Kamerun 27.4.1968]. Improvisation, Interpretation neuer Rock-Musik **Laufb:** Auftr an Jazz-Fstvs wie Berlin, Willisau, Vancouver, Zürich, Rom, Talos, Ulrichsberg u Tourneen in ganz Europa, Russland, Amerika, Kanada u Afrika. **Pr:** Werkjahre d Stadt Zürich 93 u 2000, 1. Pr Europ Jazzcompetition Leverkusen 90. **Ens:** Lucas Nigglis ZOOM, Steamboat Switzerland. **Mitgl:** SUISA, STV, SMS. – **AuftrKomp:** Sweat 03 (Auftr: Ens Neue Musik Zürich); Serendipity f gr Orch 02 (Auftr: il mosaico); schwere Zungen f Doppelchor 03 (Auftr: vocativ & turivox). **Aufn/RF:** 3 CDs m Kieloor Entartet, 4 CDs m Steamboat Switzerland: 'Live' 98, 'Unknown Song' 01, 'Budapest' 01, 'ac/dB [hayden]' 01; CD im Duo m Sylvie Courvoisier: 'Lavin' 99; 3CDs m Lucas Niggli Zoom: 'Spawn of Speed' 01, 'Rough Ride' 03, 'Big Ball' 03. **Sonst:** Grdg Lucas Nigglis ZOOM.

Nigl, Georg, Bariton; c/o karsten witt musik management gmbh, Leuschnerdamm 13, D-10999 Berlin, T: (0 30) 6 16 92 19 20, F: 6 16 92 11 01, *info@ karstenwitt.com*; *www.karstenwitt.com* [Wien 1972]. Lied, Oper, Konzert, zeitgenöss Repertoire, alte Musik **Ausb:** Wiener Sängerknaben, Weiner Burgth, Ges-Stud b Margaretha Sparber, Rolff Sartorius, Hilde Zadek. **Laufb:** Gastsol Grand Th de Genève 02 u 03, Stadth Basel 04, Staatsop Unter d Linden Berlin 05/06, Op Bonn 05/06, Gastsol Wien modern 96, Wiener Festwochen 94, 97, 98, Schwetzinger FSp 98, Feldkirch Fstv 99 u 04, SommerFSp Baden-Baden 99/2000, Steirischer Herbst 03, Grazer Styriarte 03 u 05, Bregenzer FSp 98, 03 u 06, Liederabend-Zyklus Wiener Konzerthaus 04/05. – **UA:** S Sciarrino: Luci mie traditrici 98, H Goebbels: Landschaften mit entfernten Verwandten 02, G F Haas: Die schöne Wunde 03, W Mitterer: 'Massacre' 03 u ders: Liederzyklus

'Im Sturm', O Neuwirth: Lost highway 03, ders: tintarella di luna/ cold songs f Bariton u Kl 05, G F Haas Haiku 05, P Dusapin: Faustus-The last night 06.

Nijhof, Martin-Jan, Bass; c/o Theater Regensburg, Bismarckpl 7, D-93047 Regensburg. **Laufb:** Sol Südostbayer Städteth Passau SpZ 03/04. (Red)

Nijkamp, Gijs, Sänger; Westerhäuser Str 34, D-38820 Halberstadt, T: (0 39 41) 56 98 15. (Red)

Nikiforova, Anna, MA, Pianistin; Richard-Wagner-Str 7, A-9020 Klagenfurt, T: (04 63) 50 93 06, 06 76–4 83 79 70, F: (04 63) 50 93 06, *anna_nikiforova@hotmail.com*; Profsojusnaja str 96–6–36, Moskau 117485, Russland, T: (0 95) 3 30 61 49, F: 3 30 61 49 [Uljanovsk, Russland 11.10.1970]. Solistin, Korrepetitorin, Pädagogin **Ausb:** Stud (Kl) MH Gnessins Akad Moskau 89–94. **Laufb:** Solokorr Stadtth Klagenfurt 2000, Kärntner PrivatMSchule. **Pr:** Bösendorfer-Stip 97.

Nikiteanu, Liliana, Mezzosopran; c/o Opernhaus Zürich, Falkenstr 1, CH-8008 Zürich; c/o Artists Management Zürich, Rütistr 52, CH-8044 Zürich, T: 04 48 21 89 57, F: 8 21 01 27. **Ausb:** Stud Ges (G Stoleriu) Akad Bukarest. **Laufb:** Gast Bregenz, Kassel, Münchner Biennale, Oslo, Dt Op Berlin, Berliner Philharmonie, Edinburgh, Oster-u Sommerfestsp Salzburg, Wiener Musikverein, Montpellier, Shanghai, Madrid, Frankfurt, Eisenstadt, Lugano, Tonhalle Zürich, Debüt (Octavian) Staatsop Wien u Opéra Bastille, Debüt (Dorabella) Festival v Aix-en-Provence, Sol Op Zürich, Staatsop Wien, Sol Op Zürich seit SpZ 03/04. **Pr:** b Wettb in Barcelona, Belgrad, Wien, Genf. (Red)

Nikitenko, Boris, Violine, Konzertmeister; c/o Erzgebirgisches Sinfonieorchester, Bambergstr 9, D-09456 Annaberg-Buchholz. **Laufb:** Konzm Erzgebirg Sinfonieorch Aue, Konzm Th Annaberg-Buchholz 03/05. (Red)

Nikolic, Miomir, Konzert- und Opernsänger (Basso Serio); Christstr 23, D-14059 Berlin, T: (0 30) 3 21 36 11, F: 3 21 36 11 [Niš, Jugoslawien 10.3.1944]. **Ausb:** FMU Belgrad. **Laufb:** Sol Dt Op Berlin (bis SpZ 04/05), Liederabende, Konz m Ch u Orch.

Nilius, Matthias, Musikalischer Leiter der Schauspielmusik; Fuchsbergstr 11, D-06120 Halle/Saale, T: (03 45) 5 50 26 82od 01 78–4 14 42 11, *matthias.nilius@t-online.de*; c/o Neues Theater Halle, Große Ulrichstr 51, D-06108 Halle/Saale, T: (03 45) 2 05 01 73 [Halle/Saale 29.4.1954]. Bühnenmusik, Schauspielmusik, Jazz **Ausb:** Stud b M Schmitz MH Franz Liszt Weimar 76–81. **Laufb:** musikal Lt Th 'Junge Garde' Halle/Saale 82–89, musikal Lt Bad Landesbühne Bruchsal 90–97, Lt d SchspM Neues Th Halle/Saale 2000–05. **Ens:** versch Jazzbands.

Nilles, Dagmar, Blockflöte, Hochschullehrerin; c/o Hochschule f Musik u Darst Kunst, Eschersheimer Landstr 29–39, D-60322 Frankfurt a Main, T: (0 69) 1 54 00 70, F: 1 5400 71 08; *www.hfmdk-frankfurt.de*. **Laufb:** Doz (Blockfl, Methodik, KamM) H f Musik u darst Kunst Frankfurt a M u Wiesbadener Musikakad. (Red)

Nilon, Paul, Sänger; c/o Bayerische Staatsoper, Brieffach, D-80075 München. **Laufb:** Sol Bayer Staatsop München. (Red)

Nilsson, Pia-Marie, Sopran; c/o Künstleragentur Dietrich Eberhard Gross, Eschenweg 19, D-61440 Oberursel, T: (0 61 72) 93 41 44, F: 93 41 45, *d.e.gross@grossagentur.de*; *www.grossagentur.de*. **Ausb:** Stud Opschule Königl Op Stockholm, Schülerin v N Gedda u K Borg. **Laufb:** Volksop Stockholm 87, Königl Op Stockholm, Schlossth Drottningholm 87, Norrlands Operan Umeå, Op Frankfurt/M 88–96, Op Nancy, Leipzig, Linz, Darmstadt, Frankfurt, Tokio (Henze) 04.

Nimsgern, Siegmund, Bariton; Winnweg 37, D-66386 St. Ingbert, T: (0 68 94) 71 03, F: 71 17; c/o Lore-M. Schulz International Artists Management, Zittelstr 8, D-80796 München, T: (0 89) 3 08 70 92, F: 3 08 70 93, *artists@lore-m-schulz.com*. (Red)

Nishikaze, Makiko, Komponistin; Sophie-Charlotten Str 112, D-14059 Berlin, T: (0 30) 32 60 50 14, F: 32 60 50 14 [Wakayama, Japan 22.4.1968]. **Ausb:** Stud Komp (A Curran) Mills Coll USA 91–93, Stud Komp (W Zimmermann) UdK Berlin 94–99. **Pr:** Stip Berliner Senat 94, KompPr Ldshauptst Stuttgart 95, Stip Akad Schloß Solitude 99–2000, Stip Künstlerhof Schreyahn 01–02, Stip Villa Aurora 03, Künstlerinnenförderung d Berliner Senates 04. – **Komp:** Celestial fruit 86, Ua Berlin, Ens Modern, Dgt: A Franco 96; Str.qt 97, UA Aarau, Ortis-Qua 98; 'Dear Franz' (V u Kl), UA Yokohama, V: J Suk, Kl: I Nakamichi 97; 'Scene for Six' (KamEns), UA Künsterhof Schreyahn, Modern Art Sext 98; 'tree three' (Stimme u 2 Sax), UA Stuttgart, Ens lou lou 01; aqua. piano. aerial 99, UA Akad Schloß Solitude, Sol: M Nishikaze 99; Oratio 2000, UA Berlin, Die Maulwerker 2000; garden, nocturnal 01, UA Berlin, Ens ZwischenTöne 01; illuminarea (Orch), UA Berlin, RundfunkSymphOrch Berlin 03; M.M. (MTh), UA Berlin, KNM Berlin u Die Maulwerker 06. **Sonst:** Performanu Seminar, Workshop f Kinder, Erwachsene i Dt u Japan. **Lit:** Komponisten d Gegenwart (text & kritik) 05, S Drees: fragmen 06.

Nishitani, Misato, Sängerin; c/o Junge Kammeroper Köln, Florastr 93, D-50733 Köln. (Red)

Niss, Ute, Prof, Hochschullehrerin; Talmühle, D-23623 Ahrensbök, T: (0 45 26) 7 66; Musikhochschule, Große Petersgrube 17–29, D-23552 Lübeck. **Laufb:** Prof (Ges) MH Lübeck, Prof (Ges) H d Künste Berlin. (Red)

Nissen, Geertje, Sängerin, Schauspielerin; Espensteigstr 18, D-67661 Kaiserslautern, T: (06 31) 5 01 66 [Berlin 22.9.1943]. Charakterfach-Oper, Musical, Operette **Ausb:** Stud (Prof I Beilke) H f M Berlin 62–68, Mstrkse (Prof F Hußler) Cureglia-Lugano 67/68. **Laufb:** Sol Pfalzth Kaiserslautern seit 78, Gastsol Hess Staatsth Wiesbaden SpZ 01/02, Op du Rhin Strasbourg 02, Staatsth Saarbrücken 04. **Pr:** Ernenn z KS durch Bezirksverband Pfalz 99.

Niswandt, Helge von, Posaune; Fritz-Reuter-Str 3, D-10827 Berlin, T: (0 30) 39 87 76 77, 01 79–3 96 27 63; c/o Konzerthaus Berlin, Gendarmenmarkt, Charlottenstr 56, D-10117 Berlin [Fellbach 15.1.1975]. **Ausb:** erster Unterr (Pos) b A Richter 85, A Kraft 91–94, Stud b A Conant MH Trossingen 94–95, b E Crees u S Wills Guildhall School of Music London 95–98, b J Bylund MH Hannover seit 98, b K Schuhwerk (priv) 96–99. **Laufb:** Landesjugendorch Baden-Württemberg 91, Bundesjugendorch 91–98, Jugendorch d Europ Union 98, Schleswig-Holstein Fstv Orch 99, Pacific Music Fstv Japan 2000, Mitgl Blechbläserens Ambrassador, Sol Berliner SinfOrch seit 01. **Pr:** vier 1. Bundespr Jugend Musiziert KamM u Solo 89–93, Stip Dt Musikwettb Berlin 01. (Red)

Nitescu, Adina, Sopran; c/o Theateragentur Dr Germinal Hilbert, Maximilianstr 22, D-80539 München, T: (0 89) 2 90 74 70, F: 29 07 47 90. **Laufb:** Sol Op Leipzig, Sol Dt Op Berlin SpZ 04/05. (Red)

Nitz, Martin, Prof, Hochschullehrer, Blockflöte; Hochschule für Musik und Theater Hamburg, Harvestehuder Weg 12, D-20148 Hamburg. **Laufb:** Prof (Blockfl) H f M u Th Hamburg. (Red)

Nix, Reinhold, Komponist; Michaelbergweg 8, D-53773 Hennef, T: (0 22 42) 36 37 [1942]. **Laufb:** Ltg FrauenCh Troisdorf. (Red)

Nkuna, Musa Duke, Tenor; c/o Bühnen der Stadt Köln – Opernhaus, PF 101061, D-50450 Köln; c/o Cecilia Music Concept – Franz-Georg Stähling, Brauweilerweg 183, D-50933 Köln, T: (02 21) 8 00 00 70, F: 8 00 00 71, *staehling@cecilia-cmc.de*. **Ausb:** Rhodes Univ, Conservatoire Lausanne. **Laufb:** Sol Stadtth Pforzheim SpZ 03/04, EnsMitgl Op Köln seit 04/05. (Red)

Noack, Erwin, Sänger; c/o Oper Leipzig, Augustuspl 12, D-04109 Leipzig. **Laufb:** Sol Op Leipzig. (Red)

Noack, Romana, Sängerin; Düsselthaler Str 104, D-40211 Düsseldorf, T: (02 11) 35 61 02, (01 63) 3 56 10 20. **Laufb:** Sol Dt Op am Rhein Düsseldorf-Duisburg. (Red)

Noack, Sabine, Mezzosopran; Anhaltisches Theater, Friedenspl 1a, D-06844 Dessau [Berlin 22.4.1974]. **Ausb:** Stud Ges (R. Hoff u A. Fried) u Lied (E. Schneider u W. Rieger) H f M „Hanns Eisler“ Berlin, Mstrks b R. Scotto, S. Leiferkus u J. Varady. **Laufb:** Sol Anhaltischen Th Dessau seit 03/04. **Pr:** CNIPAL–Sonderpr b 20. Int Belvedere – Wettb in Wien 01. (Red)

Noack, Sebastian, Bariton; c/o Konzertdirektion Hans Ulrich Schmid, Königstr 36, D-30175 Hannover, PF 3409, D-30034 Hannover, T: (05 11) 3 66 07 60, 3 66 07 27, 3 66 07 33, F: 3 66 07 34, *mail@kdschmid.de, ds@kdschmid.de*; *www.kdschmid.de* [Berlin 1969]. **Ausb:** Gesang (D Hackel, I Figur) Berlin 92, Mstrks (D Fischer-Dieskau, A Reimann). **Laufb:** regelm Konz m Ph Herreweghe, Ch Eschenbach, G Leonhardt, H Rilling, F Bernius, D Reuss, Freiburger Barockorch, Knabenchor Hannover, Dresdner Kreuzchor etc, zahlr Liederabende m M Lange. **Pr:** 1. Pr Bundeswettb Gesang 96, 2. Pr Int Song Competition Wigmore Hall London 97, 1. Pr Paula Lindberg-Salomon-Wettb. – **Aufn/RF:** Bach: Johannespassion, Dgt: Ph Herreweghe 2001. (*)

Nobeta, Mieko, Violine; c/o Niedersächsisches Staatsorchester, Opernpl 1, D-30159 Hannover. **Laufb:** stv Stimmführerin Niedersächs StaatsOrch Hannover. (Red)

Nobis, Herbert, Prof, Hochschullehrer, Tonsatz; Haselsteig 1a, D-52074 Aachen, T: (02 41) 7 54 31, F: 7 54 31; H f Musik Köln, Abteilung Aachen, Theaterstr 2–4, D-52062 Aachen [Mönchengladbach 1941]. Komp/Tonsatz **Ausb:** Stud Komp (J Baur) H f Musik Köln 69–73. **Laufb:** Prof (Tonsatz, Solfège) H f Musik Köln, Abt Aachen. – **Komp:** 'Dance' (gr Orch), UA Siegen 73; 'Et in terra pax' (gr Orch), UA Bielefeld 92; 'Hommage à Jelinek' (Kl), UA Köln 74; 'Un retablo musical' (Kl), UA Braunschweig 87; 1. Streichqua (KamM), UA Mönchengladbach 74; 2. Streichqua, UA Stuttgart, m Cherubini-Qua 93. **Aufn/RF:** Kammermusik 1981–91. **Sonst:** Veröffentlichungen: Komp, Tonsatz, Solfège. **Lit:** P Hollfelder: Die Klavier-Musik; Zeitklänge, Zur Neuen Musik in NRW 1946–96.

Noda, Ichiro, Kontrabass, Hochschullehrer; Akad f Tonkunst, Ludwigshöhstr 120, D-64285 Darmstadt, *ichironoda@gmx.net*; *www.akademie-fuer-tonkunst.de/Kollegium/Noda.html* [Nagano/Japan 1953]. **Ausb:** KBstud in Tokio, Hdk Berlin. **Laufb:** SoloKB Frankfurter Op seit 80, Doz MusikH Würzburg bis 94, Doz (KB) Akad f Tonkunst Darmstadt seit 2000. – **UA:** Jean Françaix: 'Onze variations sur un thèma de Haydn' u 'Mozart new-look'; Jeffery Cotton: Night Music; Johannes G. Fritsch ua. (Red)

Nodel, Olga, Violine, 1. Konzertmeisterin; c/o Kurpfälzisches Kammerorchester, C4, 9B, D-68159 Mannheim, T: (06 21) 1 45 54, F: 1 56 12 88, *orchester@kko.de*; *www.kko.de* [Lwow 30.11.1966]. **Ausb:** Stud V (B Goldstein 85–87) u (R Nodel 87–90) MH Würzburg, Künstlerdipl (J Gingold, F Gulli) Indiana U Bloomington 91–93, Mstrkse b Y Neaman 85, b F Andrievsky 86–87, b R Ricci 87–88, b J J Katorov 89, b T Grindenko, C Poppen u E Feltz 93, G Kurtag 95. **Laufb:** Konzm Remscheider Symphoniker 93–94, Konzm Kurpfälz Kammerorch Mannheim seit 94, LAuftr MH Mannheim 94–95, LAuftr Johannes Gutenberg U Mainz seit 95, Banff MFstv 97, Orlando Fstv m Corda-Qua 98. **Pr:** 5. Pr Int VWettb 'Premio Rodolfo Lipitzer' Italien 83, Outstanding Merit Pr 'Carl Flesch' London 87, 3. Pr 'Georg Kulenkampff' Köln 88, 3. Pr 'Maria Callas' Barcelona 93, Stip studdienst d Dt Volkes 87–90, DAAD 91–93. **Ens:** Corda-Qua 93–98, Trio coloris 94–95. **Mitgl:** Verb d Gemeinsch d Künstlerinnen u Kunstförderer seit 97. – **Aufn/RF:** Zemlinsky: Streichquartete 2, 3, 4 m Corda-Qua 98, Schönberg: Streichquartett, Zemlinsky: 2 Sätze f StrQua u 2 Sätze f StrQui m Corda-Qua 96. **UA:** G Iranyi: Doppelkonz f V u Vcl 97, UA Philharmonie Berlin, Andrea Molino-StrQua 98.

Nodel, Roman, Prof, Hochschullehrer, Violine; Kantstr 17, D-67258 Heßheim, T: (0 62 33) 73 70 30, 0 17 26 21 17 34, F: 73 70 31, *R.Nodel@t-online.de*; Hochschule f Musik u Darst Kunst, N 7,18, D-68161 Mannheim [1942]. **Ausb:** Stud (D.Tsyganov) Tschaikowsky-Kons in Moskau. **Laufb:** 1. Konzm d Niedersächs Staatsorch 80, Prof (V) Staatl H f M u Darst Kunst Mannheim. **Pr:** Silbermed Königin-Eisabeth-Wettb in Brüssel, Prtr Jacques-Thibaud-Wettb in Paris u 1. Int Violinwettb in Montreal (Kanada). (Red)

Nöbel, Gerhard, Kirchenmusikdirektor iR, Hochschullehrer, Verpfl Orgelsachverständiger d Ev-Luth Landeskirche Sachsens; Dr-Rohr-Str 4, D-02625 Bautzen, T: (0 35 91) 30 26 61 [Dresden 26.7.1929]. Orgelkonzerte, Gastdirigate (Chor u Orchester), Lehrtätigkeit **Ausb:** Stud Orgel (D Hellmann), Orgelimp (R Köbler), Kl (A Webersinke), Chorltg (H Fleischer, F Rabenschlag), Tonsatz (J Weyrauch) H f Musik Leipzig 46–51, Staatsex KiM (A) 51. **Laufb:** Stadtkantor Delitzsch 51, Kantor St Nicolai Löbau 52, Doz (Orgel, Liturg Ges) KiM-Schule Görlitz 52, KMD 62, Domkantor St Petri Bautzen 65, iR 92 unter Beibeh d Tätigkeiten als Doz u Verpfl Orgelsachverständiger.

Nöther, Willi, StR aD, Komponist. **Laufb:** stellv Bundeschormeister (Pfälzer Sängerbund). (Red)

Noh, Arabella, Sängerin; c/o Städtische Bühnen Münster, Neubrückenstr 63, D-48143 Münster. (Red)

Nojogan, George, Violine; Gluckstr 14, D-08525 Plauen, T: (0 37 41) 70 98 90; c/o Philharmonisches Orchester, Gewandhausstr 7, D-08056 Zwickau. **Laufb:** 1. Konzm Philharmon Orch Plauen-Zwickau. (Red)

Nold, Simone, Sopran; Eosanderstr 29, D-10587 Berlin, F: (0 30) 34 70 39 55; c/o Austrokonzert International, Gluckgasse 1, A-1010 Wien, T: (01) 5 13 26 57, F: 5 12 61 54, *office@austroconcert.com*. **Laufb:** Sol Staatsth Stuttgart, Stadtth Bern SpZ 04/05, Gastsol Dt Staatsop Berlin SpZ 03/04. (Red)

Nollau, Jürgen, KV, Violine; c/o Dresdner Philharmonie, PF 120424, D-01005 Dresden. (Red)

Nolte, Raimund, Bariton; An der Schneise 9, D-14532 Kleinmachnow, T: (03 32 03) 7 19 14, F: 7 19 16, *nolte@raimund-nolte.de*; *www.raimund-nolte.de* [Brühl 6.6.1963]. Oper, Konzert **Ausb:** Stud (SchM, Va, Ges) MH Köln 84–90, Stud Gesang (J Metternich) München 94–99, (I Hartmann) Berlin seit 2000. **Laufb:** Debüt FestW Innsbruck 94, Sol Dt Op am Rhein Düsseldorf 94–96, Sol Kom Op Berlin seit 86 (03/05), Gastsol Landesth Innsbruck u Salzburg 94, Königl Th Kopenhagen 96, Staatsth Karlsruhe 98 u 99, Hans-Otto-Th Potsdam seit 98, OpHaus Halle SpZ 99/00 u 00/01, Op de Rouen 2001, int KonzTätigkeit ua Händelfsp Halle, Karlsruhe, Göttingen, Holland- u Flandernfstv, Bachwochen Ansbach (Ltg: R Goebel) 94, Styriarte Graz (Ltg: N Harnoncourt) 97, Mozartwoche Salzburg (Ltg: H Arman) 99, Ludwigsburger FSp (Ltg: W Gönnenwein) 2000, Salzburger FSp, Spanien- u Japan-Tournee (Bach: Matthäus-Passion, Jesus, Dgt: T Pinnock) 2000, Dresdner MFSp (Ltg: R Jacobs), Sol Th Bielefeld SpZ 03/04, Sol Op Halle SpZ 05/06. – **Aufn/RF:** ua J D Heinichen: Lamentationes Jeremiae (Solokant, Passionsorat), m Musica Antiqua Köln, Dgt: R Goebel 96; F Schubert: Lazarus, m Concentus musicus Wien, Dgt: N Harnoncourt, ORF 97; G F Händel: Dettinger Te Deum, m Bach Chor Siegen, Hannoversche Hofkap, Dgt: U Stötzel, hr 2001; J S Bach: Matthäuspassion (Jesus), m Kölner Kammerorch, Dgt: H Müller-Brühl 05.

Nolte, Ulrich, Chordirektor; Mühlstr 20, D-67659 Kaiserslautern, T: (06 31) 8 92 33 09; c/o Pfalztheater, Willy-Brandt-Pl 5, D-67655 Kaiserslautern [Lingen/Ems]. Chorarbeit: Musiktheater, Oratorium, a cappella **Ausb:** Stud Dirig (H Rilling, K M Zwißler) MH Frankfurt/Main 69–70, Stud SchM, Dirig (M Stephani, G König) MH Detmold 70–74, Stud Dirig (H M Rabenstein) UdK Berlin 74–76, Dirigierkurse (F Ferrara, Z Pésko, M Atzmon) Assisi 84, 85, 90. **Laufb:** Solorepetitor u Dgt OpHaus Essen 80–84, Osnabrück 85–89, Chordir Rostock 92–96, kommissar Chordir Staatsth Braunschweig 96, Chordir Pfalzth Kaiserslautern seit SpZ 03/04.

Nonnweiler, Jörg, Prof, Komponist, Hochschullehrer; In den langen Gärten 40, D-66564 Ottweiler, T: (0 68 24) 70 18 82, F: 70 18 06; H f Musik Saar, Bismarckstr 1, D-66111 Saarbrücken, *j.nonnweiler@hfm.saarland.de*; *http://www.jnonnweiler.de/* [Saarbrücken 13.5.1959]. Chormusik, Kammermusik **Ausb:** Stud SchM (Kl, Chorltg), MTheorie, Komp (Th Brandmüller), Dirig (H Drewanz), Stud (MWiss, Germanistik) MH d Saarlandes, U d Saarlandes. **Laufb:** LAuftr MH d Saarlandes 87–96, LAuftr Trossingen 95–96, Prof (Mtheorie, Gehörbildung) H d Saarlandes f Musik u Th seit 96, Lt Inst Musikerz. **Pr:** Förderpr Saarländ Sparkassen- u Giroverband 91, Kunstpr Stadtverband Saarbrücken 93. – **Komp:** Voces (geistl Musik), UA Bonn 87; Passio (Konz), UA Saarbrücken 88; Aussicht (geistl Musik), UA Blieskastel 91; memento, Aria u Choral (Konz), UA Horb a Neckar 94; Passacaglia (KamM), UA Horb a Neckar 96; Das arme Licht war meine Seele (Konz), UA Horb a Neckar 98; Kreuzweg (geistl Musik), UA Lichtenberg 99.

Nordblom, Berton, Prof, Hochschullehrer; Luitpoldstr 14, D-76751 Jockgrim, T: (0 72 71) 5 23 03, F: 5 23 03, *Nordblom@t-online.de* [Philadelphia, USA 15.12.1946]. **Laufb:** LBeauftr (Tb) H f M Würzburg.

Nordhoff, Hubert, Hochschullehrer, Chorleiter, Klavier; Hochschule f Musik, Hofstallstr 6 – 8, D-97070 Würzburg, *Hubert.Nordhoff@t-online.de*. **Ausb:** Stud (SchM, Org, Kl, Mth u -wiss, CgLtg) MH Detmold. **Laufb:** Doz (Tonsatz) Hermann Zilcher Kons Würzburg seit 78. (Red)

Nordin, Lena, KS, Sängerin; Östermalmsgatan 3, S-11424 Stockholm, T: (08) 7 23 00 19, F: 7 23 00 19, *michael.paasche@swipnet.se*; c/o Dietrich Eberhard Gross Künstleragentur, Eschenweg 19, D-61440 Oberursel, T: (0 61 72) 93 41 44, F: 93 41 45, *d.e.gross@grossagentur.de*; *www.lenanordinsoprano.homestead.com* [Visby 18.2.1956]. Oper, Konzert **Ausb:** Stud (Ges) MH Malmö, OpH Stockholm. **Laufb:** Gastsol Staatsth Darmstadt SpZ 03/04, Königl Th Kopenhagen, Ldsth Salzburg, Wexford Fstv, Savolinna Fstv, San Carlo, Lissabon. **Pr:** Königl Ausz 'Litteris et Artibus', Jussi Björling-, Birgit Nilsson-, Christina Nilsson-Prtr. **Ens:** Königl Op Stockholm. – **Aufn/RF:** 'Mary Stuart-M', Carmina Burana, Mozart-Arien, Opera-Recital, Berwald: 'Estrella di Soria', Naumann: Gustav Wasa. **Zug:** B Hallman: 'Solitär' (Op über Ch Nilssons Leben).

Nordmeyer, Carolin, Kapellmeisterin, Solorepetitorin; c/o Theater Bielefeld, Brunnenstr 3–9, D-33602 Bielefeld, PF 100353, D-33503 Bielefeld. **Laufb:** Kapm u Solorep Th Bielefeld SpZ 03/05. (Red)

Nordstrom, Randall, Kontrabass; c/o Berliner Symphoniker, Christstr 30, D-14059 Berlin. **Laufb:** Sol Berliner Symphoniker. (*)

Normann, Jürgen, Kontrabass; c/o NRD Radiophilharmonie, Rudolf-von-Bennigsen-Ufer 22, D-30169 Hannover. **Laufb:** Sol NDR RadioPhilh Hannover. (Red)

Norrington, Sir Roger, Dr hc, Dirigent; c/o Südwestdeutsche Konzertdirektion Erwin Russ GmbH, Charlottenpl 17, D-70173 Stuttgart, T: (07 11) 1 63 53 11, F: 1 63 53 30, *info@sksruss.de*; c/o Radio-Sinfonieorchester Stuttgart des SWR, Neckarstr 230, D-70190 Stuttgart, T: (07 11) 9 29 25 85, F: 9 29 40 53 [Oxford 16.3.1934]. Beethoven **Laufb:** Chefdgt SWR Radio-Sinfonieorch Stuttgart seit 98, Dgt Staatsop Wien. **Pr:** Cavaliere d ital Rep 80, Ehrenmitgl d Roy Acad of Music 88, Commander of the Order of the British Empire 90, Dr hc U York 91, Dr hc U Kent 95, Verdienstmed d Ldes Baden-Württemberg 03, Cannes Classical Award 04. **Ens:** Schütz Choir, London Classical Players. – **Aufn/RF:** zuletzt: Berlioz: L'Enfance du Christ 02, Mendelssohn Bartholdy: Sinfonien 04, Tschaikowsky: Sinfonie Nr. VI 04. (Red)

Nossek, Carola, KS, Sopran; Alberichstr 12, D-12683 Berlin, T: (0 30) 5 14 60 72, F: 5 14 58 22; c/o Deutsche Staatsoper, Unter den Linden 7, D-10117 Berlin [Schwerin]. **Ausb:** Kons Schwerin, Stud Ges (Plehn) H f M Dresden, Studio Staatsop Dresden. **Laufb:** Debüt Staatsop Unter d Linden (Ariadne auf Naxos, Echo) 74, EnsMitgl (lyr Sop) ebd (ua Die Hochzeit d Figaro, Susanna; Così fan tutte, Despina; Der Freischütz, Ännchen; Rheingold, Woglinde; Tiefland, Nuri; Carmen, Micaëla; Fidelio, Marzelline; Die Zauberflöte, Pamina) seit 75 (04/05), Konz im In- u Ausland, Liedgesang. **Pr:** Prtr zahlr Wettb, ua Robert-Schumann-Wettb, Int Bach-Wettb. – **Aufn/RF:** zahlr RF- u Fernsehaufn. (Red)

Nosske, Regine, Geigerin; Valleystr 42, D-81371 München, T: (0 89) 74 37 36 59, *regine_nosske@yahoo.de*. argentinishcer Tango, Salonmusik **Ausb:** Stud V (V Gradow) MH München u Folkwang H Essen, Mstrkse b R Rogoff. **Laufb:** Doz am Cons Nacional in Quito, Ecuador 92, Ecuador, Doz an d Ludwig-Maxililians-Univ München, Ltg v KamMkursen im In- u Ausland, KonzTätigkeit in ganz Europa m verschiedenen Ens. **Ens:** Luis Barda Cuarteto 97–2000, El Tranvia Tango seit 2000, 'Kleinstes Opernhaus Münchens' seit 01. **Mitgl:** Tonkünstlerverband. – **Sonst:** CDs: ua 'Adios Buenos Aires' 99; 'Pralinés' (V, Kl) 01, 'Buenos Aires Hora Zero' 01; Veröffentl v 'Tanguitros' f Schulens (Notenheft) 01.

Noth, Hugo, Prof, Akkordeon, Hochschullehrer; Baldhamer Str 44, D-85591 Vaterstetten, T: (0 81 06) 3 36 07, F: 3 36 07; Hochschule f Musik, Schultheiß-Koch-Pl 3, D-78647 Trossingen [Fribourg, Schweiz 1943]. **Ausb:** Stud (Akk) b F Dobler, (Komp, Instrumentation u Tonsatz) b H Degen u B Rövenstrunck Trossingen 64–66. **Laufb:** Prof (Akk, Methodik, KamM) Staatl H f Musik Trossingen seit 72, weltweite Konz- u Kurstätigkeit. **Ens:** Ens Itinéraire Paris. (Red)

Nothas, Walter, Prof, Hochschullehrer, Violoncello; Waldperlacher Str 9, D-81739 München, T: (0 89) 6 01 87 87, F: 6 01 26 47; H f Musik u Theater, Arcisstr 12, D-80333 München. **Ausb:** Mstrsch A. Navarra u P. Casals. **Laufb:** Prof (Vcl) H f M u Th München 85, Gastprof MH Wien 88/89. **Ens:** SymphOrch d BR 65–87. (Red)

Nott, Jonathan, Dirigent; c/o Bamberger Symphoniker, PF 110146, D-96029 Bamberg, T: (09 51) 9 64 71 00, *intendanz@bamberger-symphoniker.de*; *www.bamberger-symphoniker.de* [Solihull, Großbritannien 1962]. **Ausb:** Stud Fl Cambridge, Ges Manchester u Dirig b David Parry London. **Laufb:** Korrep u Kapm Frankfurter Op 88, 1. Kapm Hess Staatsth Wiesbaden 91 u GMD 95/96, MD Luzerner Th bis 01, Lt Luzerner SinfOrch bis 02, seit 2000 Chefdgt Bamberger Symphoniker u Ensemble Intercontemporain Paris. (Red)

Nova, Sabine, Violine; c/o Radio-Symphonieorchester, Argentinierstr 30a, A-1040 Wien. **Laufb:** Konzm Radio-SymphOrch Wien. (Red)

Noventa, Alfons, Sänger; Schönbrunner Str 152/1/7, A-1120 Wien, T: (01) 8 15 33 99, F: 8 15 33 99, *alfons.noventa@gmx.at*; *www.alfons-noventa.at* [Bludenz 1951]. **Laufb:** Sol Innsbrucker Landesth, Th f Vorarlberg, Stadtth St.Pölten, Stadtth Baden, Stadtth Berndorf, Wiener Kammerop, OpttenFsp Bad Ischl, Sommerspiele Röttingen, Schönbrunner Schloßth. (Red)

Novique, Serge, Bariton; Carlstr 2, D-17235 Neustrelitz, F: (0 39 81) 25 67 76, *sergenovique@zonnet.nl*; Opere Vladarski, Döblinger Hauptstr 57/18, A-1190 Wien, T: (01) 3 68 69 61; *www.sergenovique.nl* [Vinogradiv 19.7.1975]. Op, Orat, Optte, Konz **Ausb:** Stud Ges (L Visser) H f M Maastricht, (D Litaker, R Ackermann) OpSchule Karlsruhe, (G Bumbry) Mozarteum Salzburg. **Laufb:** Gastsol Ldsth Mecklenburg, Op Zuid Maastricht, Ldsth Neustrelitz SpZ 03/04, De Nederlandse Op SpZ 03/04, Nederlands Philharmonisch Orkest SpZ 03/04, Stadtth Klagenfurt SpZ 04/05, Tiroler FSp, Fstv Moderner M 04, Th Minden, New Haifa Symph 04–05, Th Nordhausen, Berliner KamOrch, Op Monte Carlo, St Pölten, De Nederlandse Op, Neubrandenburg Philh 05/06. **Pr:** 2. Pr Orat Niederlande 2000, Bühnen-Pr Rotterdam 2000, Spec Pr 'Neue Stimmen' Gütersloh 01, Pro Europa 01, Grand Pr Schloss Rheinsberg 03, Finalist Belvedere

Wettb 03, Stip Wagner Verband 03. – **Aufn/RF:** Verdi: Don Carlo, m Concertgebouw Orch, Dgt G Mancusi; Tchaikovsky: Pique Dame, Kärnt SinfOrch, R Chailly; Gluck: Iphigenie in Aulis, Th Braunschweig, Dgt J Alber. **UA:** F Smalbrugge: The Man, Amsterdam; B Mernier: Verklärter Herbst, Brüssel.

Nowaczyk, Klaus, Sänger; Galmeiweg 6, D-58322 Schwelm, T: (0 23 36) 83 00 15. **Laufb:** Sol Th Hagen. (Red)

Nowak, Günter, Sänger; Durlacher Str 31, D-76229 Karlsruhe, T: (07 21) 48 20 02. **Laufb:** EnsMitgl Bad Staatsth Karlsruhe. (Red)

Nowak, Hans Peter, Dr, Komponist; Jägerstr 22/9, A-1200 Wien, T: (01) 3 32 08 38, F: 3 32 08 38 [Wien 29.9.1932]. Lieder, KiM **Ausb:** Kl (B Piccard) 40–50. **Laufb:** Lt Döblinger Musikkreis seit 70, Bachgemeinde Wien 50–85, Obmann 73–85, Lt Karmeliterchor 71–87, Brigittachor 88–98, Kapistranchor seit 91. **Mitgl:** ÖKB, Döblinger Kulturgemeinde. – **Komp:** Frauenliebe u -leben op 51, 84; Augarten-Suite op 90, 90; Paris ist eine Reise wert op 93 (Optte), UA 97; Normenkantate op 100, 94 (Auftr: Österr Normeninst); Brigittenauer Messe op 108, 97; Bilder einer Ausstellung 2001 op 116, 01; Hofmannsthal-Zyklus op 128, 03; Kapistran-Passacaglia op 137, 05. **Sonst:** Fertigstellung v Schuberts Op 'Der Graf von Gleichen'. **Lit:** D Hopf: Oboe u zeitgen M, Kunstuniv Graz 05.

Nowak, Michael, Tenor; c/o Konzertdirektion Hans Ulrich Schmid, Königstr 36, D-30175 Hannover, T: (05 11) 3 66 07 60, F: 3 66 07 34, *mail@kdschmid.de* [Innsbruck]. **Ausb:** Stud Brucknerkons Linz (G Trabesinger), Stud Lied u Orat MH Wien (KS K Equiluz). **Laufb:** Stadtth Biel, Mitgl Badisches Staatsth Karlsruhe, EnsMitgl Niedersächs Staatsth Hannover seit 97 (03/04), Stadtth Bern SpZ 04/05. **Pr:** Prtr 1. Int Bodenseewettb 92. (*)

Nowak, Tomasz Adam, Prof, Hochschullehrer, Orgel; Seppenradeweg 30, D-48161 Münster, T: (02 51) 5 34 80 70, 01 73–8 83 35 71, F: 5 34 80 70, *tomasz.a.nowak@t-online.de*; Hochschule f Musik, Neustadt 22, D-32756 Detmold, *nowak@hfm-detmold.de* [Warschau 30.10.1962]. J S Bach, Reger, Improvisation **Ausb:** Stud F-Chopin-H (Org, Imp) Warschau, Stud b F Lehrndorfer MH München, Stud b M C Alain u E Kooiman in Paris u Amsterdam. **Laufb:** Prof (künstl OrgSp, OrgImp) H f M Detmold, 1. Org Stadt- u Marktkirche St Lamberti Münster, Lt Mstrkse. **Pr:** 1. Pr Int Org-Wettb Stettin, 1. Pr Bach-Pr Wiesbaden, Sieger 40. Haarlemer ImpWettb 94. – **Aufn/RF:** J S Bach: Das Orgelwerk (12 CDs). **Sonst:** Jury-Mitgl b int Wettb.

Nowicki, Jan Josef, Viola, Hochschullehrer; Akad f Tonkunst, Ludwigshöhstr 120, D-64285 Darmstadt; *www.akademie-fuer-tonkunst.de.* **Laufb:** Doz (Va) Akad f Tonkunst Darmstadt. (Red)

Nowitz, Alex *siehe* Sedlmeier Nowitz, Alexander

Nucci, Leo, KS, Sänger; c/o Wiener Staatsoper, Opernring 2, A-1010 Wien. **Laufb:** Sol Wiener Staatsop, Op Zürich. (Red)

Nüesch, Peter, Sänger, Intendant; c/o Theater an der Rott, Pfarrkirchener Str 70, D-84307 Eggenfelden, T: (0 87 21) 91 11 78. **Laufb:** Sol u Intend Th an d Rott Eggenfelden (03/05). (Red)

Nündel, Michael, Solorepetitor; c/o Bühnen der Landeshauptstadt Kiel – Opernhaus am Kleinen Kiel, PF 1660, D-24015 Kiel. (Red)

Nüßlein, Theodor, Viola, Hochschullehrer; Schulstr 8, D-74586 Frankenhardt/Honhardt, T: (0 79 59) 6 47, F: 20 65 [Würzburg 20.10.1960]. KamM **Ausb:** b M Speermann Fachakad f M Würzburg 80–83, b J W Jahn H f M Karlsruhe 83–88, Va (b L Fuchs, P Doktor), KamM (b H Shapiro) Juilliard School New York 88/89. **Laufb:** Doz (Va) Hermann Zilcher Kons Würzburg 89–2001, Doz (Va) H f M Würzburg seit 91, Tournee Peking 93, St Petersburg 91 u 95, Chile 95 u 97. **Ens:** Manhattan Streichtrio, Würzburger Mozartqua. **Mitgl:** Int Violagesellschaft. – **Aufn/RF:** StrTrios v Dohnanyi, Schnittke, B Hummel, Völker, W Piston: Duo Va-Vcl (BR); mehrere Werke SDR, HR; CD m Werken v Beethoven, Schubert u Mozart. **UA:** Rakilowitsch: KlQua 'Flehen'; T Völker: Streichtrio.

Nüßlein, Ulrike, Diplommusikerin, Pianistin, Cembalistin; c/o MusiConcepts, Alter Weinberg 11, D-97204 Höchberg, T: (09 31) 4 04 23 50, F: 4 04 23 50, *connect@musiconcepts.de*; Schulstr 8, D-74586 Frankenhardt/Honhardt, T: (0 79 59) 6 47, F: 20 65, *ulrike_nuesslein@yahoo.de*; *www.musiconcepts.de* [Würzburg 18.4.1966]. **Ausb:** Stud (M Kaneko) Hermann Zilcher Kons Würzburg 86–89, Cemb (G Wilson), Kl (K Hjort) H f M Würzburg 89–93, (D Nold) Manhattan School of Music New York 94–95. **Laufb:** Bachtage Würzburg 90, MFstv Klangwege St Petersburg 92, Tournee durch Südafrika 93. **Ens:** KlBegl versch Sänger, ZusArb m Manhattan-StrTrio, KlDuo m S Rednour New York. – **Zug:** A Radwilowitsch: De profundis.

Nüßlein, Wolfgang, Cellist, Dozent; Schulstr 8, D-74586 Frankenhardt/Honhardt, T: (0 79 59) 13 90, F: 20 65, *100545.2474@compuserve.com.* KamM, Solo **Ausb:** Stud Vcl (M Kindermann) Hermann-Zilcher-Kons Würzburg 82–84, Stud (A Speermann) MH Karlsruhe 84–87, Privatstud (P u M Tortelier) 87–88, Master of Music (H Shapiro) Juilliard School of Music 89–91. **Laufb:** KonzReisen Europa, USA (New York, ua Carnegie Weill Hall), Kanada, Chile, Peking, Hongkong, Rußland. **Ens:** Manhattan-Streichtrio, ens plus Bregenz, KamOrch Schloß Werneck, Münchner Bachsol, Würzburger Bachorch, Würzburger Mozartqua. – **Aufn/RF:** CDs: Beethoven, StrTrio, Schubert Trio, Mozart: KlQua g-moll; Rachmaninow, Vcl-Son, Barber Vcl-Son; m ens plus, ORF; Toni Völker, BR; RF-Aufn: St Petersburg, Hongkong (Ravel: Duo V/Vcl, Kodaly: Duo V/Vcl, Rachmaninow: Vcl-Sonate); E Dohnanyi: Serenade f StrTrio, BR; B Hummel: StrTrios, BR u SWF; A Schnittke: StrTrio, BR; T Völker: StrTrio, BR; W Piston: Duo Va/Vcl, BR; S Barber: Vcl-Son, BR. **UA:** A Radwilowitsch (St Petersburg), T Völker, versch Werke b Fstv Moderne Musik Hongkong 01. **Zug:** A Radwilowitsch u T Völker.

Numajiri, Ryusuke, Dirigent, Klavier, Komponist; Ringstr 103, D-12203 Berlin, T: (0 30) 8 33 83 90; c/o Konzertdirektion Hörtnagel, Oranienburger Str 50, D-10117 Berlin, T: (0 30) 3 08 87 70, F: 30 88 77 33, *agentur@hoertnagel.com* [Tokio 1964]. zeitgen Musik **Ausb:** Stud Kl u Dirigieren (S Ozawa, T Otaka) Toho Gakuen School of Music, b H-M Rabenstein H d K Berlin. **Laufb:** Ass v S Ozawa d New Japan Philh Orch 88–89, ChefDgt Japan Shinsei Symph Orch 93–98, Tokyo Philh Orch 99–03, Nagoya Philh Orch seit 02/03, 1. Dgt Japan Philh Symph Orch seit 02/03, Op Köln seit 04/05; ZusArb m London Symph Orch, Orch Sinf di Milano, Orch du Capitole de Toulouse, Düsseldorfer Symph, Staatskap Weimar, Jenaer Philh, Orch d Staatsth Darmstadt, Northern Sinfonia, Odense Symph Orch, Haifa Symph Orch. **Pr:** Prtr Int Dirigierwettb Besançon 90, Idemitsu Music Award 91, Akeo Watanabe Music Foundation Award 99. (Red)

Núñez, Antonio, Violine; c/o Theater Basel – Sinfonieorchester Basel, Elisabethenstr 16, CH-4051 Basel. (Red)

Núnez, Gustavo, Prof, Hochschullehrer, Fagott; Amsterdamseweg 461C, Niederlande-1181 BR Amstelveen, T: +31 20 6 79 80 07, F: 4 41 85 22; Robert Schumann Hochschule, Fischerstr 110, D-40476 Düsseldorf. **Ausb:** Stud (K. Thunemann) Hannover u London. **Laufb:** Sol Darmstadt 88, Bamberg 89, Royal Concertgebouw Orch Amsterdam seit 95, Doz Folkwang-H Essen, Prof (Fag) Robert-Schumann-H Düsseldorf seit 2000; Mstrkse u Soloauftr Dtschld, Frankreich, Spanien, Niederlande, USA, Kanada, Australien, Japan, versch Länder Süd-Amerikas. (Red)

Nunius, Sara, Sängerin; c/o Pfalztheater Kaiserslautern, Willy-Btandt-Pl 4–5, D-67655 Kaiserslautern. (Red)

Nussbaum, Barbara, Pianistin; Lochnerstr 17, D-50674 Köln, T: (02 21) 24 32 42. **Ausb:** Stud b Prof G Ludwig u Prof W Hecker an d MH Köln, ergänzt durch Mstrkse b Roberto Szidon. **Laufb:** Doz an d MH Düsseldorf u d Rheinischen Musikschule Köln. **Ens:** Duo Piasso. (Red)

Nußbaum, Günther, Prof, Hochschullehrer, Klavier; Kaiserdamm 32, D-14057 Berlin, T: (0 30) 3 02 41 47, F: 3 02 41 47; Univ d Künste, Fak Musik, Inst für Musikpädagogik, PF 120544, D-10595 Berlin. **Laufb:** Prof (Schulprakt Klspiel) U d Künste Berlin. (Red)

Nussbaum, Marlène, Klavier; rue de Plaisance 12a, CH-2300 Chaux-de-Fonds, T: 03 29 13 09 17. (Red)

Nußbaum, Walter, Prof, Hochschullehrer; Hochschule f Musik u Theater, Emmichpl 1, D-30175 Hannover, *mailto:nussbaum@hmt-hannover.de.* **Ausb:** Stud Dir M. Schreier. **Laufb:** Prof (Chor, Orch) H f M u Th Hannover seit 92. **Ens:** Schola Heidelberg, ens aisthesis. (Red)

Nussbaumer-Eibensteiner, Maria (Pseud: Marlies Nussbaumer), Mag art, Prof, Hochschullehrerin, Klavier; Speckbacherstr 24, A-6020 Innsbruck, T: (05 12) 57 54 09, F: 57 54 09, *marlies.nussbaumer@aon.at*; Univ Mozarteum, Abt f Musikpädagogik Innsbruck, Innrain 15, A-6020 Innsbruck [Bozen 28.3.1957]. **Ausb:** Stud Kl (E Liccardi, N Montanari) Kons C Monteverdi Bozen 68–76, Stud Kl Konzertfach (H Medjinore) H f M u darst Kunst Wien 76–81, Konzertfachdipl m Ausz, Stud Mstrkl Kl (L Hoffmann) H f Musik München 81–85, Mstrkldipl, Mag art H f M u darst Kunst 'Mozarteum' Salzburg 93. **Laufb:** Vertragsprof (Kl) U Mozarteum Salzburg. – **Aufn/RF:** zahlr Einsp ua v Werken f Kl v Tiroler Komp f ORF u CD-R d Tiroler Landesmuseums Ferdinandeum Innsbruck auf auf hist Hammerflügeln, Ersteinsp d KlWerks v J A Ladurner, J A Holzmann, M Stecher, 4-hd Werke v J B Gänsbacher, m A Ikeba; 2 Klqua m Gasteig-Trio München v J Rufinatscha. **UA:** Urbanner: 13 Charakterstücke (f Kl) 88/89.

Nussbaumer, Georg, Komponist; Ottensheimerstr 42, A-4111 Walding, T: (0 72 34) 8 52 98, F: 8 52 98, *g.nuss@aon.at*; *members.aon.at/georgnussbaumer* [Linz 1964]. **Laufb:** Komp u Gesamtkünstler: Arbeit unter Verwendung v Musikinstr, verschiedenen organischen u anorganischen Materialien, Maschinen, Geräten u Vorstellungen, Video, Unterstellungen u Vermutungen; Auff ua b fstv d regionen, Insel Musik Berlin, Melos-Ethos Bratislava, FSpHaus St Pölten, klangwerkstatt berlin, zuletzt überwiegend abendfüllende Komp/Installationen f Kunsthaus Bregenz, Schaubühne Berlin, Brucknerhaus/Parkbad-Linz, Konzerthaus Wien (fstv hörgänge). – **Komp:** 'parsivalsurvivaltrail' (Linz), 'Märchen vom Lied vom Wald' Museum Hamburger Bahnhof, Berlin 02, Installation & Komp f d Donaueschinger Musiktage 03. (Red)

Nussbaumer, Marlies *siehe* Nussbaumer-Eibensteiner, Maria

Nussgruber, Walther, Prof, Komponist; Marcusgasse 12/1/5, A-1140 Wien, T: (01) 9 14 00 74. (Red)

Nye, Rebekah, Sängerin; c/o Theater u Orchester GmbH Neubrandenburg/Neustrelitz, Friedrich-Ludwig-Jahn-Str 14, D-17235 Neustrelitz. **Laufb:** Sol Th u Orch GmbH Neubrandenburg Neustrelitz. (Red)

Nyffenegger, Esther, Violoncello; Im Sträler 36, CH-8047 Zürich, T: 0 14 91 49 78. (Red)

Nyikos, Markus, Prof, Hochschullehrer, Violoncello; Clausewitzstr 3, D-10629 Berlin, T: (0 30) 8 83 41 73, F: 8 83 41 73; Univ d Künste, Fak Musik, Inst f Künstl Ausbildung / Orchesterinstr u Dirigieren, PF 120544, D-10595 Berlin. **Laufb:** Prof (Vcl) U d Künste Berlin 79. **Ens:** Solocellist d Phil Virtuosen Berlin, Duo m J Smýkal. (Red)

Nykänen, Laura, Sängerin; Am Freistein 76, D-40822 Mettmann, T: (0 21 04) 80 71 39, (01 71) 6 81 22 62. **Laufb:** Sol Dt Op am Rhein Düsseldorf-Duisburg. (Red)

Nykiel, Franziska, Fagott; Einfangstr 7, CH-8406 Winterthur, T: 05 22 02 46 07; c/o Musikschule des Musikvereins Verena Wollerau, Schlöfflistr 3b, CH-8832 Wilen, T: 0 17 84 44 15. **Laufb:** L (Fag) MSch d MVereins Verena Wollerau. **Ens:** cosmoquintet. (Red)

Nylund, Camilla, Sopran; Küntzelmannstr 2, D-01324 Dresden, T: (03 51) 2 64 01 93; c/o ALLEGRO artist management, Rosenstr 2, D-10178 Berlin, T: (0 30) 2 43 10 21 66, F: 2 43 10 25 94 [Vaasa, Finnland 1968]. **Ausb:** Stud Ges b E Illes, Stud Salzburger Mozarteum. **Laufb:** Debüt Niedersäch Staatsop Hannover 95–99, Sol Finn Nationalop Helsinki 96, Semperop Dresden seit 99, Gastsol Dt Op Berlin, Dt Op am Rhein, Staatsop Hamburg 02/03, Op Köln, Op Zürich, Pariser Châtelet, Gastsol OpFstv Savonlinna 97, Konz ua Herkulessaal München, Tonhalle Zürich, b MDR-MSommer, ZusArb ua m Orch Philh de Radio France. **Pr:** Lilli Lehmann Med Stift Mozarteum 95, 1. Pr GesWettb Lappeenranta 96, Kulturpr d Region Österbotten Finnland 96, CD-Aufn v Lazarus dt Schallpl-Pr Echo 97. (Red)

Nymoen, Ilona, Mezzosopran; Iltisfang 22, D-14532 Kleinmachnow, T: 0 17 24 25 05 24, F: (03 32 03) 8 69 36, *nymoen@t-online.de, info@ilona-nymoen.de*; c/o Theater Lüneburg GmbH, PF 2829, D-21318 Lüneburg; *www.ilona-nymoen.de* [Donaueschingen 26.1.1966]. **Ausb:** Stud (Ges) Cons di M G Verdi Mailand 89–92, Cons M G Niccolini Piacenza 93/94; Privatstud b Prof C Zentai/Düsseldorf. **Laufb:** S im 'booth' d Musicals 'Starlight Express' Bochum seit 92, Alleeth Hamburg 98, 'Carmen' KamOp Konstanz 98, 'Carmen 2000' Hamburg 2000, Th Lüneburg seit 2000, Gastsol Staatsoptte Dresden seit 05. **Ens:** Rundfunkch Berlin, Vokal-Ens 'Les Belles Immortelles'.

Nyvall, Martin, Tenor; c/o Luzerner Theater, Theaterstr 2, CH-6002 Luzern. (Red)

O

O' Regan-Thiele, Beverly, Sängerin; c/o Badisches Staatstheater, D-76125 Karlsruhe, T: (07 21) 5 31 23 85. (Red)

Oakden, Christopher, Prof, Hochschullehrer, Klavier; Hochschule f Musik u Theater, Emmichpl 1, D-30175 Hannover, *christopher.oakden@t-online.de* [Burton-upon-Trent 6.1.1959]. **Ausb:** Stud RSAMD Glasgow 75–77, RCM London 77–78, H f M u Th Hannover 80–86 (Michael Leslie, Margaret Bayne, Miles Coverdale, Lawrence Glover, Kendall Taylor, K-H Kämmerling, David Wilde). **Laufb:** LBeauftr MH Hannover u Karlsruhe, Prof (Kl) H f M u Th Hannover seit 91. **Pr:** 1. Concours Européen d Piano 87, 2. Pr Int KlWettb 'Maria Canals' Barcelona 87 (1. Pr nicht vergeben); 1. Pr Int KlWettbewerb Épinal 89.

Oana, Caius, Prof, Hochschullehrer; Gottfried-Böhm-Ring 31, D-81369 München, T: (0 89) 7 85 53 41. **Laufb:** Prof (Kb, Methodik, Didaktik, Unterrichtspraxis) Richard Strauss Kons München. (Red)

Obata, Machiko, Sängerin; c/o Bühnen der Stadt Köln – Opernhaus, Offenbachpl, D-50667 Köln, PF 101061, D-50450 Köln. **Laufb:** Sol Bühnen d Stadt Köln, Mecklenburg Staatsth Schwerin. (Red)

Obelgönner, Kirsten, Mezzosopran; In der Neckarhelle 7, D-69117 Heidelberg, T: (0 62 21) 65 60 60, *Kirsten.Obelgoenner@t-online.de*; c/o Theater der Stadt und Schlossfestspiele Heidelberg, PF 105520, D-69045 Heidelberg. Konzert, (frz) Oper **Ausb:** Stud Ges (J Protschka) MH Köln. **Laufb:** Sol Th d Stadt u SchlossFSp Heidelberg.

Obenaus, Petra, Prof, Hochschullehrerin, Musiktheorie, Tonsatz; Rethelstr 109, D-40237 Düsseldorf, T: (02 21) 67 44 68; H f Musik Köln, Abt Wuppertal, Friedrich-Ebert-Str 141, D-42117 Wuppertal [Berlin 1941]. **Ausb:** Stud Bergisches Kons Wuppertal (Kl b R v Zastrow, Hörerziehung b I Schmitt), Musikhochschule Köln (Tonsatz b E Kuckertz, Komp B A Zimmermann). **Laufb:** Doz (MTh, Tonsatz, Werkanalyse, Hörerziehung) H f Musik Köln, Abt Wuppertal seit 68, Prof ebd. (Red)

Oberauer, Josef, Sänger; c/o Theater Aufstand Wels, Reinberghof 3, A-4600 Thalheim, T: (0 72 42) 2 95 49od (06 76) 5 50 08 61. **Laufb:** Sol Klagenfurter Ens SpZ 03/04, Th Aufstand Wels. (Red)

Oberlinger, Dorothee, Flöte; Aachener Str 61, D-50674 Köln, T: (02 21) 2 57 30 90, F: 2 57 30 90, *oberlinger@newsic.de*; Univ Mozarteum, Abt f Blas- u Schlaginstrumente, Zentrum im Berg, Fürbergstr 18–20, A-5020 Salzburg, *dorothee.oberlinger@moz.ac.at*; *www.dorotheeoberlinger.de/* [Aachen 1969]. **Ausb:** Stud SchM (HF Blockfl b U Schmidt-Laukamp), Blockfl (G. Höller) u (W v Hauwe) Amsterdam, weitere Stud b K Boeke, P Holtslag, P Memelsdorf, H Tol; DAAD-Stip Lissabon 97. **Pr:** Prtr Solo-Wettb f Neue M European Recorder Teacher Association, Int Solo-Wettb Moeck UK 97, Auswahl f Nachwuchsforum d GNM (Ges f Neue M) 98, als erste Blockfl 'Förderpr d Ldes NRW f junge Künstlerinnen u Künstler f d Jahr 2001'.

Obermayer, Klaus, Komponist, Verleger; Thurneyssenstr 21, D-80687 München, T: (0 89) 58 41 94, F: 58 29 15, *klausobermayer@komverlag.com*; *www.komverlag.de* [Passau 20.4.1943]. ernste Musik, KamM **Ausb:** Stud (Komp, Kl) München 63–68. **Laufb:** freischaff Komp u Musikpäd seit 69, Musikverleger seit 93. – **Komp:** 'Lola', Königl Moritat in 3 Bildern (Op, Libr: H Rosendorfer), UA Passau, Südostbayer Städteth 86; 'Concertino (f Trp u Orch), UA 81, W Bauer, SymphOrch Graunke; 'Trossinger Suite' (f 2 Vcl), UA Hammelburg 81, S Palm, O Liesmann; 'Der große u der kleine Klaus' (Kindermusical), UA Landshut, Südostbayer Städteth 86; 'Drei Bagatellen' (f Vcl solo), UA Münster, S Palm 84; 'Begegnungen' (f Klar u Fag), UA Kötzting, H Harrer, G Rheineck 98 ua. **AuftrKomp:** 'Herz Jesu-Messe' f Soli, Chor u Orch, UA München 92; 'Irritationen' f HolzblQui, UA Kötzting, Arcis-Qui 98; 'Memories' (f BlTrio – Klar, Hn u Fag), UA München, Atelier-Trio 2000; 'Reminiszenzen' (f KlSextett – Kl, Fl, Oboe, Klar, Hn u Fag), UA Ingolstadt, E Gabler 01; 'Tanz-Suite' (f HolzblQui), UA München, Münchner BlQui 95; 'sd&musik', Festliche Fanfare, UA Bonn 01.

Obermayer, Richard, Klarinette; c/o Konzerthaus Berlin, Gendarmenmarkt, Charlottenstr 57, D-10117 Berlin. **Laufb:** Sol Berliner SinfOrch. (Red)

Obermayr, Christine *siehe* Esterházy, Christine Gräfin

Prof René Oberson

Oberson, René, Prof, Organist, Komponist, Lehrender; La Buchille 85, CH-1756 Lovens, T: 02 64 70 18 24, F: 02 64 70 18 24; *www.orgue-csmfr.ch* [La Tour-de-Trême, Schweiz 27.6.1945]. Orgelkonzerte (19./20. Jh), Komp: Orchester-, Instrumental-, Chor- u Orgelwerke **Ausb:** Stud Kons Fribourg, Bern, Genf, LDipl (Kl), LDipl (Theorie) 69, VirtDipl (Org) 70, Org-Schüler v J Langlais Paris, Komp: ua Studien b H Dutilleux Paris. **Laufb:** OrgKonz: Notre Dame de Paris 77, F-Marmoutier 79 (25 Jahre Wiederherstellung d Silbermann-Org), Symph-Hall Osaka/Japan 84, Bischoffsheim 2001 (Vertreter d Schweiz auf d FFAO-Kongress), zahlr Konz i d Schweiz: Kathedralen Genf, Lausanne, Fribourg (va i Rahmen d Fstv Geistl M), Zürich, St Gallen, div andere Kirchen (Bern usw). **Pr:** Pr d Jury b KompWettb anlässl 500. Jahrestag Eintritt Fribourgs in Schweizer Konföderation. – **Komp:** 'Rencontre', UA Orch JM Holland, Dgt: R v Driesten, Fribourg 78 (Auftr: JM Fribourg); 'L'Exilée' (Text: J-D Humbert) 83, UA SymphOrch Bern, UniCh u JM Fribourg, M Brodard (Bass), Dgt: A Charlet, Fribourg 83; 'Ceng-men', UA Orch Biel, Dgt: I Anguèlov, Fribourg 84; 'Le grand cercle', UA Orch de Chambre de Lausanne, Dgt: G Nilson, Lausanne 85 (Auftr: Radio Suisse Romande); 'Renaissance' (Bass-Bariton, 4 Perc, SymphOrch), UA M Brodard, Orch Collegium Academicum Genf, Dgt: R Dunand, Biel 86; 'Au seuil de l'ère du verseau' (Fl, Ob, Vcl, Cemb), UA Barockens Fribourg 88; 'Concerto pour flûte, 2 percussionnistes et orchestre' 88; 'Homo Somniens', UA J-F Michel (Trp), R Oberson (Org) 88 (Auftr: J-F Michel); '...Espoirs...' (2 Trp, 2 Pos, Org), UA Blechbl-Qua Fribourg, A Luy, Villars-sur-Glâne 90 (Auftr: Blechbl-Qua Fribourg); '...Lumière divine, omniprésente, invulnérable...', UA R Oberson 90 (Auftr: Fstv Geistl M Fribourg); 'Rebec', UA Orch JM Fribourg, Dgt: T Kapsopoulos 94; 'Recherches' (Trp, Tb, Org), UA J-F Michel, G Michel, R Oberson 96; 'Roumious', UA L Sevhonkian 97 (Auftr: L Sevhonkian); 'La Porte mystique' (KiOrg), UA R Oberson 98; 'Amour' (gem Ch), UA l'Accroche-Ch, Dgt: J-Cl Fasel 2000 (Auftr: l'Accroche-Ch Fribourg); 'Ecoute, ô Bien-Aimé' (Sop, KiOrg), UA B Fournier, F Roten 2003; 'Source intérieure' (f Hfe), UA Fribourg 04, m E-A Sansonnens. **Aufn/RF:** als Komp: '...Espoirs...', Blechbl-Qua Fribourg; 'Roumious': Musique Suisse du XXe siècle; als Org: 18. u 20. Jh, m J-P Goy (Ob); Langlais-Franck, an der Zürcher Fraumünsterorg; Quatre concerti pour hautbois et orch, sonate pour hautbois et orgue, m J-P Goy (Ob), Orch de Chambre de Lausanne, Dgt: A Jordan; Musique sacrée du 20ème siècle, Ch d XVI, Dgt: A Ducret; Noëls romantiques et modernes, la Collégiale d'Estavayer-le-Lac; Oeuvres d'orgue d'Henri Gagnebin, compositeur suisse 1886–1977, orgue de la grande salle du cons de Genève; Musique profane et liturgique pour tromp et orgue et orgue solo. Oeuvres de C Schumann, H Ley CD 05. **UA:** L Mettraux: 'Hommage à Olivier Messiaen'(Org), UA Collège St-Michel Fribourg 2000; J-F Michel: 'La visite de la cathédrale' (Blechbl-Ens, Org), UA Collège St-Michel Fribourg 02; J-F Michel: 'Credo' (Blechbl-Ens, Org), concerts de l'avent de Villars sur Glâne 03. **Sonst:** Grdg 'Concerts d'Orgue du Collège St-Michel' Fribourg 98, Grdg OrgFreunde Collège St-Michel (AOCSM) 99.

Oberüber, Frank, Sänger; Staatsoperette, Pirnaer Landstr 131, D-01257 Dresden [Freiberg, Sachsen 1974]. **Ausb:** Stud (Hans-Jochen Beyer) HfM u Th Leipzig. **Laufb:** Sol Staatsoptte Dresden seit 04/05. (Red)

Oberüber, Nicole, Sängerin; c/o Theater Altenburg Gera, Küchengartenallee 2, D-07548 Gera. **Pr:** Bayreuth-Stip 2003.

Obr, Gerhard, Sänger; c/o Theater mit Horizont, Hietzinger Hauptstr 36 A/6 (Büro), A-1130 Wien, T: (01) 8 76 36 20, *horizont@eventpro.at*. **Laufb:** Sol Mariahilfer Op Wien, Th mit Horizont. (Red)

O'Brien, Sarah, Prof, Harfe, Hochschullehrerin; c/o Münchner Philharmoniker, Kellerstr 4, D-81667 München, T: (0 89) 48 09 85 09, *philharmoniker@muenchen.de*; *www.muenchnerphilharmoniker.de*. **Laufb:** Solo-Hfe SinfOrch Luzern 93–97, 1. Solo-Hfe Concertgebouw Ork Amsterdam 97–02, 1. Solo-Hfe Münchner Philharmoniker seit 02, Prof H f M Freiburg, Mozarteum Salzburg. **Pr:** Prtr Schweizer KamMWettb Kulturförderung 95, 3. Pr 53. Int MWettb Genf 97. **Ens:** Sabeth Trio Basel 88–98, Landes-Ens f Neue Musik 'Musikfabrik' Düsseldorf 92–97. **Mitgl:** DOV, Harfenvereinigungen, SMPV. – **UA:** Werke v Heinz Holliger, Wolfgang Rihm, Kaija Saariaho, Nicolaus A Huber.

Obst, Michael, Prof, Hochschullehrer, Komponist; Rosenweg 3a, D-99425 Weimar, *jm.obst.weimar@t-online.de*; H für Musik 'Franz Liszt', PF 2552, D-99406 Weimar; *www.breitkopf.de* [Frankfurt/Main 30.11.1955]. **Ausb:** Stud (SchM) Mainz 73–78, Stud Kl (Alfons u Aloys Kontarsky) Köln 77–82, Konz-Ex, Komp (H U Humpert) Studio f elektron M d MH Köln 79–86. **Laufb:** freiberufl Komp u Pianist 79–96, Prof (Komp) H f M 'Franz Liszt' Weimar seit 96, Einladungen i d Studios f elektron M Gent (IPEM), Stockholm (EMS), Bourges (GmeB), Paris (IRCAM) u Freiburg (SWF-Strobelstift), sowie in d elektron Studio d WDR Köln, als Komp Präsentationen (Goethe-Inst) in Rom, Paris, Bordeaux, Bukarest, Mexico-City, Atlanta. **Pr:** 2. Pr Int Wettb f elektroakust M Bourges/Frankreich 81, 1. Pr 83, 1. Pr 85, 2. Pr Int Wettb f elektroakust M 'L Russolo' Varese/Italien 82. **Ens:** Pianist i Ens Modern 81–86, i Ens Karlheinz Stockhausen 86–89. – **Komp:** 'Kristallwelt III' (f Ens u Tb) 87, Donaueschinger MTage, Ens Köln, Dgt: R H P Platz; 'Chansons' n Gedichten v E Fried (f Mezzosop, 5 Instr, Tb u Live-Elektronik) 87, komp f WeltMTage Köln 87, UA Köln, Mezzosop: L Hirst, Studio f elektr M d WDR; 'Nachtstücke' (f Ens u Live-Elektronik) 90, komp f '10 Jahre Ensemble Modern', UA Frankfurt, Ens Modern, Dgt: I Metzmacher; Komp e M zur restaurierten Gesamtfass d 5-stünd Stummfilms 'Dr. Mabuse, der Spieler' v Fritz Lang (f Ens) 90–93, UA Paris, Ens InterContemporain, Dgt: D Robertson; 'Shadow of a doubt' (f Sz u Ens) 97, M-Triennale, UA Köln, Ens Modern, Dgt: J Nott. **AuftrKomp:** 'Fresko' (f 5 Instr) 92, Fstv 'Présence', UA Paris, Ens InterContemporain (Auftr: Radio France); 'Diaphonia' (f 4 Sol u Orch) 95, UA Donaueschinger MTage, SWF-Orch, Dgt: M Gielen (Auftr: SWF); 'Solaris' (KamOp n S Lem) 96, Coprod d Münchner Biennale u IRCAM/Paris, UA München, X-semble, Dgt: P Rundel (Auftr: Biennale München); 'Caroline' 97–99, Op über Caroline v Schlegel-Schelling, komp zum Kulturstadtjahr Weimar 99, UA Weimar, Dt Nationalth, Dgt: G A Albrecht (Auftr: Dt Nationalth); Komp e M zum Stummfilm 'Nosferatu' v Murnau 02–03, UA Paris, Ens InterContemporain, Dgt: P Rundel (Auftr: Ens InterContemporain).

O'Byrne, Patrick, Prof, Piano, Hochschullehrer; PF 102733, D-28027 Bremen, T: (04 21) 4 30 60 82, F: 4 30 60 83; Hochschule f Künste, FB Musik, Dechanatstr 13–15, D-28195 Bremen, *p.obyrne@hfk-bremen.de* [Dublin]. **Ausb:** Stud Kl (J McStay) U Auckland/Neuseeland 73–76, Bachelor of Music 76, Kl (V Perlemuter) Paris, (B Wild) London, Aufbaustud (R Sabater, T Hazay) H f Musik Freiburg 82–84. **Laufb:** LAuftr (Kl) MH Karlsruhe 84, Prof (Kl) Staatl H f M u Darst Kunst Stuttgart 85, Prorektor ebd seit 2000, Mstkrse, Juror bedeut Wettb, KonzR London, New York, Boston, Genf, Sol ua m New York Virtuosi, Bochumer Sinf, New Zealand Symph Orch, RTE Symph Orch, KamM ua m R Gleißner, M Ostertag, T Brandis, New Zealand String Qua. **Pr:** 1. Pr 'Auckland-Star' Conc Competition 76, 1. Pr Christchurch Nat Piano Conc Competition 77, Stip Queen Elizabeth II Arts Council of New Zealand 77–82, 1. Pr Dudley Nat Piano Competition, Stip DAAD 82–84, 1. Pr Concours Int de Piano 'José Iturbi' Valencia 83, Yamaha-Pr 83, Pr d Kritiker 83, Pr 'Ernesto de Quesada' 83, Pr 'Unión Musical Española' 83, Hazen-Pr 83. – **Aufn/RF:** zahlr Fernsehaufn, RF- u CD-Einsp in versch Ländern, ua Radio New Zealand, SWR Stuttgart, ABC-FM Australien; Beethoven: 1. Klavierkonz, m New Zealand Symph Orch, Dgt: F-P Decker 87; Mozart: Klavierkonz (Kadenz z 1. Satz v P O'Byrne), Auckland Philh, Dgt: K Klein 90; E Granados: KlSuite 'Goyescas' (Kl Solo) 96.

Ochakovski, Manuela, Sängerin; Planetenlaan 35, Niederlande-7314 KB Apeldoorn, T: (0 55) 3 55 93 38, F: 3 55 01 10, *m.ochakovski@raketnet.nl* [Rumänien 2.2.1963]. **Ausb:** Stud (Ges) MAkad Iaşi/Rumänien. **Laufb:** Sol Staatsth Timişoara, Städt Bühnen Regensburg, Staatsth Oldenburg, Staatsth Hannover ab 2001, Tourneen: Dtschld, Jugoslawien, Italien, USA, Kanada, Luxemburg, Belgien, Niederlande. – **Aufn/RF:** ua Werke v H J Hespos, Flammer, Hummel. **UA:** ua A Hölszky: Die Wände, Dt EA Oldenburg, Dgt: W Ott; Werke v Hummel u Flammer, Dt EA Dortmund, Dgt: P Kuhn; H J Hespos, UA Stuttgart, Dgt: L Zagosek 98.

Ochsenhofer, Hans Peter, Prof, Hochschullehrer, Viola; Univ f Musik u Darst Kunst, Inst f Streich- u andere Saiteninstrumente, Seilerstätte 26, A-1010 Wien, T: (01) 7 11 55 23 01, F: 7 11 55 23 99. Streich- u Saiteninstr **Laufb:** o Uprof (Va) U f Musik u Darst Kunst Wien. (Red)

Ockert, Christian, KM, Kontrabass, Komponist; c/o Gewandhausorchester, Augustuspl 12, D-04109 Leipzig [Halle/Saale]. **Ausb:** Stud b Prof Horst-Dieter Wenkel MH Weimar. **Laufb:** stellvertretender Solo-Kontrabassist 87, 1. Solo-Kontrabassist d Gewandhausorch Leipzig seit 91, Mitgl im Neuen Bachischen Collegium Musicum u im Bayreuther FSpOrch, vielfältige KamM-Tätigkeit. – **Aufn/RF:** Einsp v 4 CDs m Leipziger StrQua, ua Schubert: Forellenquintett m Christian Zacharias.

Oczkowski, Piotr, Pianist; c/o Konservatorium Georg Friedrich Händel, Lessingstr 13, D-06114 Halle/Saale, T: (03 45) 2 02 43 35, F: 4 70 08 20 [Krakau 25.1.1967]. **Ausb:** Stud MH Detmold 84–90, Richard-Strauss-Kons München 90–93, U Halle 97–2000. **Laufb:** Korr 'Elysium between two continents' München, Poln Kulturtage Bayern 95, 'Von Chopin bis Penderecki' Fstv München 97, KonzR 'Musik in der Bank' (Schmidt Bank) 2000. **Pr:** Indianapolis Concert Competition 83, Grand Rapids Piano Competition 83, Chopin Wettb Caracas 87, Teresa Carreus Wettb 91. **Ens:** Duo m M Grimminger (Klar). – **Aufn/RF:** Mozart: Klavierkonz Nr 23, Warren Symph Orch; Bard: Klavierkonz f die Linke Hand, Warren Symph Orch, Dgt: D Daniels 97; Klavierabend Prinzregententh 99; Klavierabend Jameos del Agua Lanzarote 98; Klavierabend Meistersinger Halle Nürnberg 99; Liederabend m M Sandel u R Joselson, Halle 2000; Klavierabend 'Franckesche Stift' Halle 2000. **Sonst:** 'Der Körper als funktionelle Einheit beim Klspielen' 01.

Odenthal, Hanns Heinz, Violine, Konzertmeister; c/o Bergische Symphoniker, Konrad-Adenauer-Str 72–74, D-42651 Solingen. **Laufb:** 1. Konzm Berg Symphoniker Solingen. (Red)

Odermatt, Caroline *siehe* Vitale, Caroline

Odinius, Lothar, Tenor; Nazarethkirchstr 43, D-13347 Berlin, T: (0 30) 4 55 10 54; c/o Konzertdirektion Hans Ulrich Schmid, Königstr 36, D-30175 Hannover, T: (05 11) 3 66 07 60, 3 66 07 27, 3 66 07 33, F: 3 66 07 34, *mail@kdschmid.de*, *ds@kdschmid.de* [Aachen]. **Ausb:** Stud Ges (A Eggers) H d Künste Berlin, Abschluss 95, Mstrkse b I Bjoner, B Weikl, A Kraus, Mstrkl v D Fischer-Dieskau. **Laufb:** Sol Staatsth Braunschweig 95–97, GastSol Bonn SpZ 96/97 u 97/98, GastSol Kopemhagen 99 u 01, GastSol Op Zürich SpZ 00/01, GastSol Nationalth Mannheim SpZ 01/02, Sol Ldesth Salzburg SpZ 03/04, Sol Zeitgen Op Berlin SpZ 04/05. (Red)

Odjidja, Frank, Sänger; Winterfeldstr 94, D-10777 Berlin, T: (0 30) 2 18 92 35, F: 21 47 67 18. **Laufb:** Gastsol Th d Landeshauptstadt Magdeburg SpZ 00/01, Gastsol Stadtth Hildesheim, Sol Volksop Wien SpZ 03/04, Gastsol Th Dortmund SpZ 04/05. (Red)

Oehl, Johannes, Dr, Komponist; Praterstern 66/2, A-1020 Wien. (Red)

Oehl, Josef, Prof, Hochschullehrer, Klarinette; Max-Schwarze-Str 37, D-01257 Dresden, T: (03 51) 2 81 53 82. **Laufb:** Prof (Klar) H f M Carl Maria v Weber Dresden. (Red)

Oehring, Helmut, Komponist; *oehring@snafu.de*; *www.helmutoehring.de* [Berlin 16.7.1961]. Solo, Kammermusik, Orch, Oper, Film, Theater, Hörspiel, Musikvideo, Hörbuch, Chor, Elektronik **Ausb:** Autodidakt Git u Komp (A Asriel, H Zapf) Kons 87, (G Katzer, F Goldmann) Kons 88, Mstrsch (G Katzer) Akad d Künste Berlin 90–92. **Laufb:** Int Mstrks f Komp, Gastprof Int Krse f KompStudenten in Cesky Krumlov 03. **Pr:** Hanns-Eisler-Pr Dtschldsender Kultur 90, Prtr Forum Junger Komp WDR Köln 92, Prtr 1. Int KompWettb f Git u Streicher Berlin 92, Kompstip Cité des Arts Paris 94, Stip Dt Akad Villa Massimo Rom 94/95, Orpheus-Pr Italien 96, Plöner Hindemith-Pr f kompositor Schaffen 97, Schneider-Schott-Musikpr 98. – **AuftrKomp:** Dokumentaroper (KamOp), UA Wittener Tage 95; Das D'Amato System (Tanzop), UA Münchner Biennale 96; Dokumentation I (KamOp), UA Spoleto 96; Coma (OrchW); Verlorenwasser (OrchW), Stuttgart, Liederhalle; Effi Briest (Op), UA Bonn 01; Berlin – Sinf e Großstadt (OrchW u Film), UA Staatsop Berlin 02; Blauwalddorf (Op), UA Aachen 02; Das Blaumeer (OrchW u Sol), UA München, Bayer Sinf Orch 03; Wozzeck – kehrt zurück (Op), UA Aachen 04. **Lit:** S Amzoll in: Musik-Texte 89/01; G Nauck in: Positionen; in div Doktorarb, Musikzeitungen u -zeitschriften.

Oelze, Christiane, Prof, Sopran, Hochschullehrerin; Robert Schumann Hochschule, Fischerstr 110, D-40476 Düsseldorf; c/o Michael Kocyan Artists Mgmt, Wielandstr 37, D-10629 Berlin, T: (0 30) 31 00 49 40, F: 31 00 49 84, *oelze@kocyan.de*; *www.christianeoelze.com* [Köln]. **Ausb:** Stud (K. Kelly-Moog) MH Köln, (E. Westenberger) in Frankfurt/M, Mstrkurse b E. Schwarzkopf. **Laufb:** Pamina/Zauberflöte Leipzig m Sir Y. Menuhin 92, Europa-Tour m Sir J. E. Gardiner 95, Susanna/Nozze de Figaro Glyndebourne 2000, Salzburg 2001, Mélisande/Pelléas et Mélisande Glyndebourne 99, Ilia/Idomeneo Glyndebourne Festival 03, Prof Robert Schumann H 03. (Red)

Önder, Ferhan, Klavier; c/o Primusic, Herrengasse 6–8/2/22, A-1010 Wien, T: (01) 5 32 71 24, F: 5 32 71 40, *office@primusic.at*; *www.ferhan-ferzan.com*, *www.primusic.at*. **Ausb:** Stud Hacettepe U Ankara, Meisterkl (N Flores, P Badura-Skoda) MH Wien. **Laufb:** zahlr Konz in Europa, Amerika u Asien, ua München, Leipzig, Stuttgart, Bremen, Zürich, Barcelona, Tokio, Taipeh, Salzburg, Wien, New York, Dresden, London, Rheingau MFstv, Salzburger FSp, Wiener FestW, Klangbogen Wien, Heidelberger SchloßFSp, BurgFSp Eltville, Fstv Classique de la Haute Provence, Oberösterreich Stiftskonz, Kuhmo Chamber Music Fstv (Finnland). **Pr:** Special Award Alessandro Casagrande Wettb Terni (Italien), 1. Pr Int KlDuo Wettb Hamburg 94, Förderpr d Stadt Salzburg. **Ens:** Klavierduo Ferhan u Ferzan Önder. – **Aufn/RF:** CD 'Vivaldi Reflections' 01, 1001 Nacht 03. (Red)

Önder, Ferzan, Klavier; c/o Primusic, Herrengasse 6–8/2/22, A-1010 Wien, T: (01) 5 32 71 24, F: 5 32 71 40, *office@primusic.at*; *www.ferhan-ferzan.com*, *www.primusic.at*. **Ausb:** Stud Hacettepe U Ankara, Meisterkl (N Flores, P Badura-Skoda) MH Wien. **Laufb:** zahlr Konz in Europa, Amerika u Asien, ua München, Leipzig, Stuttgart, Bremen, Zürich, Barcelona, Tokio, Taipeh, Salzburg, Wien, New York, Dresden, London, Rheingau MFstv, Salzburger FSp, Wiener FestW, Klangbogen Wien, Heidelberger SchloßFSp, BurgFSp Eltville, Fstv Classique de la Haute Provence, Oberösterreich Stiftskonz, Kuhmo Chamber Music Fstv (Finnland). **Pr:** Special Award Alessandro Casagrande Wettb Terni (Italien), 1. Pr Int KlDuo Wettb Hamburg 94, Förderpr d Stadt Salzburg. **Ens:** Klavierduo Ferhan u Ferzan Önder. – **Aufn/RF:** CDs 'Vivaldi Reflections' 01, '1001 Nacht' 03. (Red)

Oertel-Gormanns, Thomas, Sänger; c/o Oper Leipzig, Augustuspl 12, D-04109 Leipzig. **Laufb:** Ch u Sol Op Leipzig. (Red)

Oertel, Christiane, KS, Mezzosopran; c/o Komische Oper, Behrenstr 55–57, D-10117 Berlin, T: (0 30) 20 26 00, F: 20 26 04 05, *info@komische-oper-berlin.de*; *www.komische-oper-berlin.de*. **Laufb:** Gastsol Ldsth u Kammerspiele Salzburg, Sol Kom Op Berlin 01–06. **Pr:** Titel 'Berliner KS' 03. (Red)

Oertzen-Rocha, Maria Helena von, Prof, Hochschullehrerin, Klavier; Hochschule f Musik u Theater, FB 2, Harvestehuder Weg 12, D-20148 Hamburg, T: (0 40) 4 28 48 25 86, 0 16 35 31 96 92, F: (0 41 21) 84 08 19. **Laufb:** Prof (Klavier) H f M u Th Hamburg. (Red)

Oesterle, Michael, Komponist; c/o Ensemble Kore, 2271 Souvenir, Montréal, Québec H3H 1S3, Kanada, T: (5 14) 9 89 98 46, F: 9 89 98 46, *ensemblekore@videotron.ca* [Ulm 1968]. **Ausb:** Stud Univ of British Columbia u Princeton Univ. **Laufb:** Auff d Komp v namhaften Sol u Ens in Nordamerika, West- u Ost-Europa ua v Ens Intercontemporain (Paris), Bozzini Qua (Montréal), Berliner RSO, Ens Modern, Les Percussions de Strasbourg, Montréal SymphOrch, Mitbegrd d KORE Ens Montréal. **Pr:** Gaudeamus Pr, Grand Prize b 12. CBC Radio National Competition for Young Composers, v Canada Council vergebener Jules-Léger-Pr. (Red)

Oetiker, Adrian, Klavier; Hofmattstr 33, CH-4431 Bennwil, T: 06 19 51 28 64, F: 06 19 51 28 65, *a.oetiker@bluewin.ch* [St. Gallen 1968]. **Ausb:** Stud (H Francesch) MH Zürich 86–90, Stud (B Davidovich) Juilliard School New York 91. **Laufb:** Prof (Kl) MH Basel. **Pr:** 2. Pr ARD MWettb 95, 4. Pr Guardian Dublin Int Piano Competition 97.

Oetterli, Marc-Olivier, Sänger; Seebacherstr 370, CH-8052 Zürich, T: 07 96 92 49 58, *info@oetterli.net*. (Red)

Oetterli, Patrick, Gesang; Winznauerstr 51, CH-4632 Trimbach, T: 06 22 93 44 36. (Red)

Oettermann, Niclas, Sänger; Zionsweg 46, CH-2503 Biel, T: 03 23 65 03 29, 07 65 39 80 63, F: 03 23 65 03 29, *niclas.oettermann@freesurf.ch*; Burgunderweg 3, D-89075 Ulm, T: (01 71) 3 55 72 21. Oper, Oratorium, Lied, Konzerte, Galakonzerte **Ausb:** Stud Ges MH Trossingen 92–96 b Moldenhauer, PrivKse b I Buzea, F Corelli, C Bergonzi, B Pola, J Hamari. **Laufb:** Gastsol ('La Bohème') Stadtth Chemnitz 98/99, Classic Open Air Solothurn ('Lustige Witwe') 01, Th Biel Solothurn ('Tosca', 'Il Pirata', 'Les contes d'Hoffmann', 'Diovanna d' Arco', 'Stiffelio') 01–05, StaatsTh Saarbrücken 03, KKL Luzern 04, OEK OpProd 'Tosca' Kanazawa u Osaka 02, ChiemgauFstv ('Hoffmanns Erzählungen', 'La Traviata', 'Verkaufte Braut') 03–04, Braunschweig, Oldenburg, Weimar. **Pr:** 1. Pr GesWettb Silvia Geszty 95. **Ens:** Saatsth Bonn 96/97; Südthüring Staatsth Meiningen 97–01. – **Aufn/RF:** SF 1: M Beretta: 'Song of Earth', Eröffn d Expo 02 ud RF-Mitschn im KKL Luzern; L Nono: 'Canto di vita e d'amore' RF-Mitschn im KKL Luzern. **UA:** M Beretta: 'Song of Earth'; P Glass: 'Orphée' (europ EA).

Ofczarek, Klaus, Sänger; c/o Volksoper Wien, Währinger Str 78, A-1090 Wien. **Laufb:** Sol Stadtth Baden b Wien, Volksop Wien, Staatsop Wien SpZ 03/04. (Red)

Ofenbauer, Christian, Mag, Prof, Komponist, Hochschullehrer; Burggasse 119/15, A-1070 Wien, T: (01) 5 23 60 57, *christian.ofenbauer@telering.at*; Univ Mozarteum, Abt f Dirigieren, Komposition u Musiktheorie, Schrannengasse 10a, A-5020 Salzburg, T: (06 62) 6 19 80, F: 61 98 30 33, *christian.ofenbauer@moz.ac.at* [Graz 24.3.1961]. neue E-Musik **Ausb:** Stud Landes-Kons Klagenfurt Org u MTheorie 72–79, Stud Mh Wien Org (H Tachezi) 79, Tonsatz 79–82, Komp (F Cerha) 82–87, künstl Habil (Komp) Mozarteum Salzburg 03. **Laufb:** GastDoz MH Graz 86, LAuftr MH Graz 87–91, GastDoz Giessen 88 u 91u Gastprof 91/92, Gastprof MH Mozarteum Salzburg 94–97, LAuftr MH Wien (Satzlehre, Gehörbild, Formanalyse) 89–01, ordentl Prof (Harmonielehre, Kontrapunkt, Komp) Mozarteum Salzburg seit 01. **Pr:** Pr d Erste Ö Sparkassenbank 91, Förderpr Land Kärnten 91. **Ens:** 'die reihe' Wien.

Ofer, Erez, Violine; c/o Rundfunk-Sinfonieorchester Berlin, Charlottenstr 56, D-10117 Berlin. **Laufb:** 1. Konzm RF-SinfOrch Berlin. (Red)

Offele, Viola, Sängerin; c/o Junge Kammeroper Köln, Florastr 93, D-50733 Köln. (Red)

Offermann, Thomas, Prof, Gitarre, Hochschullehrer; Enzianstr 4, D-12203 Berlin, T: (0 30) 84 10 73 80, F: 84 10 73 79, *offermannguitar@aol.com*; Hochschule f Musik u Theater, Beim St-Katharinenstift 8, D-18005 Rostock, *thoffermann@t-online.de*; *www.thomasoffermann.com*. **Ausb:** Stud an d MH Köln u Aachen (T Sasaki, H Käppel), Solistendipl Musikakad Basel (O. Ghiglia), Weitere Lehrer: AMADEUS–Streichqua, M. Barrueco, L. Brouwer, D.Russell, K. Scheit, J. Williams. **Laufb:** Prof (Git) HMT Rostock. (Red)

Offner, Klaus Peter, Sänger, Regisseur, Schauspieler; c/o Landestheater Niederösterreich, Rathauspl 11, A-3100 St Pölten, T: (0 27 42) 90 80 60 44, *p.offner@landestheater.net* [Wien 4.6.1944]. Operette **Laufb:** Sol Th St Pölten seit 75, Lt Künstl Betriebsbüro seit 85.

Ogasawara, Tomoko, Pianistin; Oberer Stephansberg 3, D-96049 Bamberg, T: (09 51) 5 33 26, F: 5 59 94, *ogasawara@t-online.de*; Ekkebertstr 28e, D-79117 Freiburg i Br, T: (07 61) 3 04 59; *www. ensemble-abraxas.de* [Tokio]. Sol, KamM, Konz **Ausb:** Stud Tokio 77–83, Berlin b G Sava 81–83, Freiburg b T Hazay u G Sebok 83–86, SolEx. **Laufb:** Doz MH Freiburg seit 92 u KiM H Bayreuth seit 94. **Pr:** 1. Pr Dt HWettb, Prtr int Wettb 'Maria Canals' Barcelona u 'Clara Haskil' Montreux. **Ens:** ABRAXAS. – **Aufn/RF:** CD: Piano-Recital (Schumann, Beethoven, Debussy); R. Schumann: Fantasiestücke (Schumann KamM).

Ogawa-Helferich, Rumi, Schlagzeug; Rothengrund 41, D-63776 Mömbris, T: (0 60 29) 99 69 05; c/o Ensemble Modern, Schwedlerstr 2–3, D-60314 Frankfurt, T: (0 69) 94 34 30 10, F: 94 34 30 30, *info@ensemble-modern.com*; *www.ensemble-modern.com* [Tokio]. **Pr:** zahlr Pr m Ens Modern. **Ens:** Ensemble Modern. – **Aufn/RF:** zahlr Schallpl, CDs, RF-Mitschn m Ens Modern. **UA:** zahlr EA/UA m Ens Modern.

Ogawa-Yatake, Noriko, Opern- und Konzertsängerin; Blindestr 5, D-45894 Gelsenkirchen, T: (02 09) 6 04 57 52, (01 74) 1 79 63 19. **Ausb:** Stud Toho-MH, Opstudio Tokyo, Stud (S Geszty) MH Stuttgart, (R Scotto) Mstr-kl Wien. **Laufb:** Sol MTh im Revier Gelsenkirchen seit 03/04, Nat Op Comp of Tokyo, Gasteng Th Stuttgart, Hannover, Karlsruhe, Wiesbaden, München (PrinzregentenTh), Bonn, Bremen, Aachen, Krefeld, Bielefeld, Bremerhaven, Bern, Royal Op Stockholm. **Pr:** Kultur-RF Tokyo, Westfäl MFest, Helmuth Weber Pr, Finalistin ARD-Wettb.

Ogg, Christoph, Klarinette; Schulgarten 7, CH-3043 Uettligen, T: 03 18 29 55 44, *ogg.stoll@bluewin.ch*; c/o Musikschule Region Thun, Gwattstr 120, CH-3645 Gwatt. (Red)

Ohanyan, Karine, Sängerin; c/o Deutsche Oper am Rhein, Heinrich-Heine-Str 16 a, D-40213 Düsseldorf. **Laufb:** Sol Volksop Wien, Dt Op am Rhein Düsseldorf-Duisburg SpZ 04/05. (Red)

Ohlenschläger, Daniel, Sänger; c/o Landestheater Linz, Promenade 39, A-4010 Linz. **Laufb:** Sol Ldsth Linz SpZ 03/05. (*)

Ohlmann, Daniel, Sänger; Olgastr 126, D-70180 Stuttgart; Staatstheater, Oberer Schloßgarten 6, D-70173 Stuttgart [Weingarten 1973]. **Ausb:** Stud Ges (J. MacPhail) Univ of Toronto, Royal Scottish Acad of Music and Drama. **Laufb:** Sol Staatsth Stuttgart. (Red)

Ohlmann, Holger, Sänger; Eintrachtstr 16, D-81541 München, T: (0 89) 69 37 15 88; c/o Staatstheater am Gärtnerplatz, PF 140569, D-80455 München. **Laufb:** Sol Staatsth am Gärtnerpl München seit 95. (Red)

Ohlmann, Ruth Ingeborg, Sängerin; Perlacher Str 84, D-81539 München, T: 0 17 29 17 61 76, F: (0 40) 36 03 40 59 14, *ruth@ohlmannbeck.de*; c/o Musikalische Komödie der Oper Leipzig, Dreilindenstr 30, D-04177 Leipzig; *www.ohlmannbeck.de* [Neustadt/Aisch]. **Ausb:** Stud Wilfrid Laurier U Waterloo, Ont (CAN), BM voice Performance 89, Op Dipl 91, Atelier lyrique de l'Opéra de Montréal 91–94, Int Opstudio – OpH Zürich 94/95. **Laufb:** Landesth Coburg 95–97, Musikal Komödie/Op Leipzig 98–2000; Sol Staatsth am Gärtnerpl München seit 2000; Gastsol Hof 98, Eisenach 98/99/00, Mannheim 01. **Pr:** 2. Pr Alexander Girardi Wettb Coburg 96.

Ohly, Dorothea, Prof, Hochschullehrerin, Sängerin; Potsdamer Str 18, D-26721 Emden, T: (0 49 21) 99 40 37, F: 99 40 36, *dorothea.ohly@t-online.de*; Hochschule f Kirchenmusik, Parkstr 6, D-32049 Herford [Bad Oeynhausen 13.6.1959]. Tonsatz, Gehörbildung, Gesang (Lied, Oratorium) **Ausb:** Stud (SchM, Blockfl, Gesang, Gehörb, Tonsatz) MH Detmold 78–90, Stud (Germanistik) U Bielefeld 80–83. **Laufb:** Prof (Gehörbildung, Tonsatz) H f KiM Herford; Doz (Gehörbildung, MTheorie, Gesang) LMA NRW Heek; Tournee USA/Kanada 98. **Ens:** Salonorch 'Concerto Cappuccino'. – **Aufn/RF:** CD 'Das geistliche Lied um Max Reger' 96; CD M Reger: 'Schlichte Weisen op 76' 2000. **UA:** J H E Koch: Jesu Leiden, Kreuz u Tod, UA 03.

Ohm, Stefan, Schauspielmusiker; c/o Contra-Kreis-Theater, Am Hof 3–5, D-53113 Bonn. **Laufb:** SchspM Contra-Kreis-Th Bonn u Kl Th i Park Bad Godesberg SpZ 03/05. (Red)

Ohno, Soichiro, Horn, Dozent; Dr. Hoch's Konservatorium, Hebelstr 15–19, D-60318 Frankfurt/M, T: (0 69) 9 15 00 40, F: 5 96 15 76, *mail@dr-hochs.de*; c/o HR Sinfonieorchester, Bertramstr 8, D-60320 Frankfurt a M; *www.dr-hochs.de*. **Laufb:** Doz (Hn) Dr Hoch's Kons Frankfurt, stc Sol HR SinfOrch Frankfurt. (Red)

Ohnoutka, Manfred, Sänger; Heinrich-Böll-Str 29, D-21335 Lüneburg, T: (01 70) 3 56 21 23. **Laufb:** Gast-Sol Landesth Detmold SpZ 00/05. (Red)

Oijen, Caren van, Sängerin; c/o Komische Oper Berlin, Behrenstr 55–57, D-10117 Berlin, *mail@carenvanoijen.de*; Marienstr 22, D-10117 Berlin [Veldhoven, Niederlande]. Oper, Konzert, Lied **Ausb:** Stud V, SchulM, Ges (A Heijnis) MH Arnheim Niederlande, OpStudio d Komischen Op Berlin 87–90, Ks b P v Schilhawsky u E Schwarzkopf. **Laufb:** ständ Gastsol Kom Op Berlin seit 91(04/05), Eng ebd SpZ 03/04, Sol Niederl Op Amsterdam 94, 96, 97 u 2000, Sol Dt Op am Rhein Düsseldorf-Duisburg SpZ 02/03/04; Salzburger FSp, Bachfest leipzig, Kissinger Sommer, Holland Fstv, Santander (Sapnien), Japan, Royal Fstv Hall London; Konz ua m Concertgebouw Orch, Rotterdam Philharm Orch, Nederlands Kamerorkest, Gewandhausorch, Dredner Philhamoniker, Berliner SinfOrch. **Ens:** seit 03 Komische Op Berlin. – **Aufn/RF:** div RF- u CD-Aufn, ua Schnittke: 'Life with an Idiot' m Rotterdam Philhorkest, Dgt M Rostropovich; Schönberg: 'Moses und Aron' m Concertgebouworkest, Dgt P Boulez. **UA:** F Rentzsch: 'Aus d Tiefe rufe ich zu Dir', UA Dresdner Philh; Schnittke: 'life with an Idiot', UA Niederl Op Amsterdam; G Janssen: 'Hier', UA ebd; H Kox: Cyclofonie f Mezzosop u Orch, UA Niederl Philh Orch.

Oishi, Toshio, Konzertmeister; Tiroler Landestheater / Orchestermanagement, c/o Werner Leithmayer, Universitätsstr 1, A-6020 Innsbruck, *oishitoshio@hotmail.com* [Shizuoka, Japan 1962]. **Laufb:** 3. Konzm Tiroler SymphOrch Innsbruck. (Red)

Ojstersek, Christine, Violine; c/o WDR Sinfonieorchester, D-50600 Köln. **Laufb:** Vorspielerin WDR SinfOrch Köln. (Red)

Okerlund, Kristin, Solokorrepetitorin; Karolinengasse 9/2, A-1040 Wien, T: (01) 5 05 34 06, F: 5 05 34 06. **Laufb:** Solokorr Wiener Staatsop. (Red)

Oknina, Irina, Sängerin; Oper, Am Boeselagerhof 1, D-53111 Bonn. **Laufb:** Sol Th Bonn. (Red)

Oku, Urara, Violine; Spannhagengarten 14, D-30655 Hannover; c/o Niedersächsisches Staatsorchester, Opernpl 1, D-30159 Hannover. **Laufb:** stv Konzm Niedersächs Staatsorch Hannover. (Red)

Olberg, Jan, Dirigent, Chorleiter; c/o Berliner Konzert Chor eV, Starnberger Str 3, D-10781 Berlin, T: (0 30) 2 18 50 01, F: 2 13 87 03, *berlinerkonzertchor @t-online.de*; *www.berlinerkonzertchor.de* [Berlin 1963]. **Ausb:** Stud ChDirig (M Klaus) H f M 'Franz Liszt' Weimar 83–88, Stud OrchDirig (H-D Baum) H f M 'Hanns Eisler' Berlin 91–96, weitere Stud ua b R Sund u G Hollerung, Stud Ges (R Faltin) H f M 'Hanns Eisler' Berlin. **Laufb:** Mitgl RF-JugendCh Wernigerode, Pianist b RF-Kinderch Berlin, Grdg Vokalquar 'Opus Vier' 89, künstl Ltg dess bis 93, Ltg JugendCh Georg-Friedrich-Händel-Gym 95, Ltg Jugendch b Berliner KonzertCh 98, Ltg Berliner KonzertCh seit 01. (Red)

Olbertz, Walter, Prof, Hochschullehrer, Klavier; Hubertusallee 101, D-16548 Glienicke, T: (03 30 56) 7 72 11. **Laufb:** LBeauftr (Kl, KamM) H f Musik Hanns Eisler Berlin. (Red)

Olbrisch, Franz Martin, Komponist; Großgröschenstr 40, D-10827 Berlin, T: (0 30) 2 15 24 81, F: 21 75 18 02, *fmo@olbrisch-online.de*; *www.avantart.com/fmo/* [Mülheim/Ruhr 5.11.1952]. Kammermusik, elektroakust Musik, Multimedia **Ausb:** Stud (Komp) H d Künste Berlin 79–85. **Laufb:** Doz (MTheorie) KiM Schule Berlin 86–96, LAuftr (Komp, Studiotechnik) H d Künste Berlin seit 88, Doz Darmstädter Ferienks 94, LAuftr (Komp im elektr Studio) TU Berlin seit 99. **Pr:** Förderpr Ldeshauptst Stuttgart 81, Villa-Serpentara-Stip Akad d Künste Berlin 85, Boris-Blacher-Pr Berlin 84, Carl-Maria-v-Weber-Pr Stadt Dresden 90, Stip ZKM Karlsruhe 92/93, Stip Heinrich-Strobel-Stift Freiburg, Stip Paul-Sacher-Stift Basel 01, Stip Villa Aurora Los Angeles 02/03. – **AuftrKomp:** D gebrochene Spiegel (KamOp) 86/90, UA Witten, Tage f Neue KamM 92 (Auftr: Op Bonn); ...hu ha... (SaxKonz) 88, UA Oldenburg, Staatsth 88 (Auftr: Staatsth Oldenburg); Im Anfänglichen läuft keine Spur – wer könnte da suchen 89, UA Berlin, Neue NatGalerie 89 (Auftr: Land Berlin); FM o 99.5 (TB) 92/93, UA Donaueschingen 93 (Auftr: SWF Baden-Baden); Nachtstücke (Stimme, V, Va, Vcl), UA Münster, Westfäl MFest 98 (Auftr: WDR Köln); Blanco 98, UA Stuttgart, Eclat 99 (Auftr: SWR Stuttgart); Ein Quadratmeter Schwärze (Streichqua) 99, UA Witten, Tage f Neue KamM 99 (Auftr: WDR Köln); Streunende Zahlen (Ens) 2000, UA Hannover, Expo 2000 (Auftr: Dt Expo-Pavillon); El mundo haz de tus imágenes (Sprecher, Ens u TB) 01, UA Berlin, Biennale (Auftr: Berliner FSp). **Sonst:** Grdgmitgl 'ZeitMusik' Berlin 87, Grdgmitgl Dt Ges f elektroakust Musik 91. **Lit:** F Hilberg: Musik ergreift d Raum (Positionen 8) 91; H Staff: FMo 99.5 F M O Radiophone Installation (Neue Zs f Musik 1) 94; F Hilberg (Hg): F M O Algorithmus u Event – Komponieren als wissendes Suchen 03.

Oldag, Matthias, Prof, Intendant, Hochschullehrer, Regisseur; c/o Mecklenburgisches Staatstheater Schwerin, Alter Garten 2, D-19055 Schwerin, T: 0 17 92 14 02 65, *oldag@hotmail.de*; c/o Theater Altenburg-Gera, Theaterpl 19, D-04600 Altenburg. **Laufb:** Chefreg Staatsth Schwerin, HL Leipzig, Generalintend Th Altenburg-Gera ab 06. (Red)

Oldemeyer, Klaus, Prof, Hochschullehrer; Theodor-Heuss-Ring 10, D-50668 Köln, T: (02 21) 12 43 71, F: 1 30 01 45. **Laufb:** Prof (Kl) H f Musik Köln.

Olefirowicz, Joseph R, Repetitor; c/o Theater Nordhausen/Loh-Orchester Sondershausen GmbH, Käthe-Kollwitz-Str 15, D-99734 Nordhausen, Pf 100244, D-99722 Nordhausen. **Laufb:** Solorep m Dgt-Verpfl Th Nordhausen/Sondershausen SpZ 03/04. (Red)

Olive, Vivienne, Dr, Komponistin; Schnieglinger Str 20, D-90419 Nürnberg, T: (09 11) 39 70 17, F: 39 70 17, *mail@vivienne-olive.de*; *www.vivienne-olive.de* [London 31.5.1950]. **Ausb:** Kl-, Cemb-, Org- u MTheoriestud am Trinity College of Music in London bis 68, Stud Univ York (England) m Bachelor of Arts 68–71, weiterführende Stud in Komp b Bernard Rands (York 71–72), Franco Donatoni (Mailand 72–74), Roman Haubenstock-Ramati (Wien 74–75) u Klaus Huber (Freiburg 75–1978)., Dr phil im Fach Komp Univ York 75, Cemb-Stud H f M Freiburg b Stanislav Heller 76–78. **Laufb:** Doz f MTheorie u Komp an d H f M Nürnberg-Augsburg seit 79, Mitbegrd d 'Tage Neuer Musik' Nürnberg 80, Veröffentlichungen im Bereich d MTheorie, Tätigkeit als Doz u Komp in Australien 93–95: Univ Ballarat u James Cook Univ, Townsville, Lt d Musikakad u Lt d MusikFstv 'Contempofest 94'. **Pr:** 1. Pr b Int Wettb Leni Neuenschwander d Gedok f 'Gleichsam einem Garten' 98, Stuttgarter Förderpr d Bach-Akad 'f Stabat Mater', Hamelner Jugendmusikschulpr f An English Suite u Stuttgarter KompPr f 'Tomba di Bruno'. – **Komp:** The Dream Gardens, Five Australian Landscapes, Perpetuum Mobile, Text III, Tuareg Love Song.

Oliveira Pinto, Matias de, Prof, Cello; Musikhochschule, Ludgeripl 1, D-48151 Münster [São Paulo, Brasilien]. **Ausb:** Stud Berlin (Prof E Finke), Budapest (Prof C Onczay). **Laufb:** GastProf UdK Berlin, Prof HfM Detmold, Abt Münster seit 05. **Ens:** 'Cello-Trio', Modern Art Sextett, BICE (Berlin Improvising Composer Ens) ua. (Red)

Ollivant, Andrew, Chordirektor, Kapellmeister; Saarländisches Staatstheater, Schillerstr 1, D-66111 Saarbrücken. **Laufb:** Chordir Saarländ Staatsth Saarbrücken. (*)

Ollu, Franck, Dirigent, Horn; c/o Ensemble Modern, Schwedlerstr 2–3, D-60314 Frankfurt, T: (0 69) 94 34 30 10, F: 94 34 30 30, *info@ensemble-modern.com*; *www.ensemble-modern.com* [La Rochelle, Frankreich]. **Pr:** zahlr Pr m Ens Modern. **Ens:** Ensemble Modern. – **Aufn/RF:** zahlr Schallpl, CDs, RF-Mitschn m Ens Modern. **UA:** zahlr EA/UA m Ens Modern.

Olmi, Paolo, Dirigent; c/o Deutsche Oper Berlin, Richard-Wagner-Str 10, D-10585 Berlin. **Ausb:** Stud (M Pradella u F Ferrara) Rom. **Laufb:** Gastdirig u a Bologna, Rom, München, Paris, Barcelona, London, Chicago, Berlin, Hamburg, Stuttgart, Tokyo. (*)

O'Loughlin, Jennifer, Sängerin; c/o Volksoper Wien, Währinger Str 78, A-1090 Wien, T: (01) 51 44 40, F: 5 14 44 32 15, *office@volksoper.at*; *www.volksoper.at*. **Laufb:** Sol Volksop Wien seit SpZ 03/04. (Red)

Olsen, Frode, Sänger (Bass); c/o Hamburgische Staatsoper, PF 302448, D-20308 Hamburg; c/o Athole Still, 25–27 Westow St, London SE19 3RY, Vereinigtes Königreich, T: (01 81) 7 71 52 71, F: 7 71 81 72. **Ausb:** Stud (Ges) Kons Oslo u Düsseldorf 79–82. **Laufb:** Sol Dt Op am Rhein Düsseldorf-Duisburg 82–86, Th Karlsruhe, zahlr Bühnen Dtschld u Europa, Gastsol Staatsop Dresden, Op Leipzig, Frankfurt/M (03/04), Fstv Aix-en-Provence, Op du Rhin Straßburg, der Wiener Volksop, Op Oslo, Stadtth Bern, Th de la Monnaie Brüssel, Salzburger FSp, FSpHaus Glyndebourne, Glyndebourne Fstv, Dt Op Berlin SpZ 03/04, Sol Op Bonn SpZ 03/04, Staatsop Hamburg SpZ 04/05. – **Aufn/RF:** R Wagner: 'Walküre' (m Mecklenburg Staatskap Schwerin) 94, P Tschajkowskij: 'Evgenij Onegin' (m London Philh) 94, G F Händel: 'Theodora' (m Age of Enlightenment) 96, A Berg: 'Wozzeck' (m Philharmonisches Staatsorch Hamburg) 98, G Ligeti: 'Le grand Macabre'. (Red)

Olsson, Nils, Tenor; Staatstheater, Oberer Schloßgarten 6, D-70173 Stuttgart [Malmö, Schweden]. **Laufb:** Sol Staatsth Stuttgart, Gastsol Anhalt Th Dessau SpZ 00/01. (Red)

Olvera, Rebeca, Sängerin; c/o Opernhaus Zürich, Falkenstr 1, CH-8008 Zürich. (Red)

Ombuena, Vicente, Sänger; c/o Hamburgische Staatsoper, Große Theaterstr 34, D-20354 Hamburg, PF 302448, D-20308 Hamburg. **Laufb:** Sol Hamburg Staatsop seit SpZ 03/04, Op Leipzig, Sächs Staatsop Dresden, Gastsol Bad Staatsth Karlsruhe SpZ 00/01. (Red)

Omlin, Christina, Blockflöte; Muristr 79, CH-3006 Bern, T: 03 13 51 04 82, *comlin@access.ch* [Zug 1967]. **Ausb:** Blockfl (G Lünenbürger, U Mauerhofer) Kons f Musik u Th Bern, Lehrdipl 92, Blockfl (A Strube), Musik-Analyse d 20. Jhs (R Brotbeck) Kons Biel, Konzreifedipl 96, Mstrks Blockfl (H Tol, K Boeke, G Lünenbürger), Neue Musik (F Rzewski, Ch Wolff, U-P Schneider), Improvisation (M Nicols, J Léandre). **Pr:** Förderpr Kanton Zug 94, Gewinnerin Concours Nat du Lion d'Or Neuchâtel 95. – **UA:** Werder: 'Für 1–6 Instr'; Meier: 'd'une autre vie', 'par une murmure déchirée'; Wehrli: 'Aria battuta'; Shim: 'Für 3 Spieler, Glasflaschen, Wasser u Steinchen'. **Sonst:** 'Dissonanz' ab Nr 50 div Konz- u Fstvbesprechungen, CD- u Buchbesprechungen seit 96; 'Cling-Klong' versch Buchbesprechungen u Interviews seit 96; Div Sendungen im Bereich zeitgen Musik f Radio DRS 2 seit 97. (Red)

Ommer, Norbert, Klangregie, Klavier; Günthersburgallee 43, D-60316 Frankfurt, T: (0 69) 4 90 88 11, F: 4 90 88 11, *info@norbertommer.com*; c/o Ensemble Modern, Schwedlerstr 2–3, D-60314 Frankfurt, T: (0 69) 94 34 30 10, F: 94 34 30 30, *info@ensemble-modern.com*; *www.norbertommer.com*. **Pr:** zahlr Pr m Ens Modern, Goldener Bobby f Klangregie 02. **Ens:** Ensemble Modern. – **Aufn/RF:** zahlr Schallpl, CDs, RF-Mitschn m Ens Modern. **UA:** zahlr EA/UA m Ens Modern.

O'Neill, Dennis, Tenor; c/o Deutsche Oper, Bismarckstr 35, D-10627 Berlin. **Laufb:** Sol Staatsop Hamburg, Bayer Staatsop München, Gran Teatre del Liceu Barcelona, New Theatre Cardiff SpZ 02/03, Dt Op Berlin SpZ 04/05. (*)

Onozaki-Krieger, Rieko, Prof, Hochschullehrerin; Voglerstr 20, D-01277 Dresden, T: (03 51) 4 90 17 88; Hochschule f Musik, PF 120039, D-01001 Dresden. **Laufb:** Prof (InstrKorr) H f M Dresden. (Red)

Oostwoud, Roelof, Sänger; Schliemannstr 45, D-40699 Erkrath, T: (0 21 04) 4 71 99. **Laufb:** Sol Dt Op am Rhein Düsseldorf-Duisburg. (Red)

Opeskin, Mark, Dozent; Dr. Hoch's Konservatorium, Hebelstr 15–19, D-60318 Frankfurt/M, T: (0 69) 9 15 00 40, F: 5 96 15 76, *mail@dr-hochs.de*; *www.dr-hochs.de*. **Laufb:** Doz (Theorie) Dr Hoch's Kons Frankfurt. (Red)

Opie, Alan, Sänger; Wiener Staatsoper, Opernring 2, A-1010 Wien. **Ausb:** Stud Guildhall School of Music u London Opera Centre. **Laufb:** Sol Wiener Staatsop. (Red)

Opitz, Ikki, Violine; c/o Deutsche Oper Berlin, Richard-Wagner-Str 10, D-10585 Berlin. **Laufb:** Stimmführer Orch d Dt Op Berlin. (Red)

Opitz, Klaus Jürgen, Viola; c/o Hessisches Staatstheater Darmstadt, Georg-Büchner-Pl 1, D-64283 Darmstadt. **Laufb:** Sol Staatsth Darmstadt SpZ 03/04. (Red)

Oppeneiger, Markus, Chordirektor; c/o Anhaltisches Theater, Friedenspl 1a, D-06844 Dessau. **Laufb:** Chordir Anhaltisches Th Dessau SpZ 01/05. (Red)

Oppermann, Jens, Prof, Hochschullehrer, Violine; Schwertlaake 20, D-58425 Unna, T: (0 23 03) 43 30, 01 77-6 44 48 58, *oppdim@aol.com*; Hochschule f Musik, Neustadt 22, D-32756 Detmold [Hamburg 1960]. **Ausb:** Stud V (Ziolkowsky) H f M Hamburg ab 74, Unterr b J Vlach (Vlach Qua, Prag) 76 u 78, Heiberg 78, Poulet (Kons Paris) 80. **Laufb:** Mitgl Bundesjugendorch 75, Konzm Junge Dt Philh 76, Substitut Hamburgische Staatsop 77, Mitgl Europ Jugendorch (ECYO) 80, Chamber Orch of Europe 80; Prof (KamM) H f M Detmold. **Pr:** 1. Pr Bundeswettb 'Jugend musiziert' 72 u 74, 1. Pr LdsWettb 'Jugend musiziert' 73, Förderpr d NDR-SinfOrch 74, Stip d O u V Ritter-Stift 74, 1. Pr Int KamMWettb Colmar 75, Stip d E Söring-Stift 75, 77 u 80, 'Dr Körber-Pr' 78 u 79. **Ens:** Auryn-Qua seit 81. (Red)

Oppitz, Gerhard, Prof, Hochschullehrer, Klavier; Freisinger Str 69, D-85737 Ismaning, F: (0 89) 96 20 71 43, *gerhard.oppitz@concerto.de*; H f Musik u

Theater, Arcisstr 12, D-80333 München [Frauenau 5.2.1953]. Werke d 20. Jh v W Lutoslawski, G Ligeti, C Veerhoff, O Messiaen, P Boulez u K Stockhausen; Beethoven u Brahms **Ausb:** Stud (P Buck) Stuttgart, (H Steurer) München, Stud (W Kempff) ab 73, Mstrkse Positano. **Laufb:** Doz Mstrks Positano, Münchner H 78, Prof 81, KonzReisen Europa, Japan u USA. **Pr:** Arthur Rubinstein-Wettb Tel Aviv 77. – **Aufn/RF:** ua Brahms: Gesamtwerk f Kl solo; Grieg: Gesamtwerk f Kl solo Vol 1 u 2; Liszt: Klavierkonz Nr 1 u 2; Ders: Ungar Phantasie; Schumann: Papillons op 2/Fantasie op 17/Kinderszenen op 15; Skrjabin: Klavierkonz op 20; Mozart et al: Nocturne; Brahms et al: 'Frauenliebe u Leben'; Videos: Schumann: Carnaval op 9; Brahms: Zwei Rhapsodien op 79/Klavierstücke op 119/Variationen u Fuge über e Thema v Händel op 254; Wagner/Liszt: Konz in Villa Wahnfried, m N Stutzmann.

Oprean, Adelina, Prof, Violine; Rütimeterstr 52, CH-4054 Basel, T: 07 93 46 45 32; Hochschule f Musik, Leonhardsstr 6, CH-4003 Basel [Deva, Rumänien]. **Ausb:** Stud V (S Gheorghiu) MH Bukarest, (A Lysy) Gstaad, (Y Menuhin), (S Vegh) Mozarteum Salzburg. **Laufb:** LBeauftr Menuhin MAkad Gstaad 82–86, Prof MH Basel seit 85. **Pr:** Bach-Wettb Leipzig, KamMWettb Belgrad, Colmar, Genf, Joseph-Joachim-Wettb Eisenstadt, 1. Pr Carl-Flesch-Wettb London. **Ens:** AriaQua seit 97. (Red)

Oprisanu, Carmen, Mezzosopran; c/o Theateragentur Dr Germinal Hilbert, Maximilianstr 22, D-80539 München, T: (0 89) 2 90 74 70, F: 29 07 47 90, *agentur@hilbert.de*; c/o Opernhaus, Falkenstr 1, CH-8008 Zürich; *www.hilbert.de* [Brasov, Rumänien]. **Ausb:** Stud MAkad Cluj. **Laufb:** Sol Op Cluj, Konz u Tournee m Nat Radiosymphonieorch Bukarest u Philh Orch Georges Enescu, Luzerner Th, Dt Op Berlin, Rossini-FSp Wildbad, Sol Op Zürich seit 96/97, Wiener Staatsop, New Yorker Met Op, Auftritte m London Symphony Orch, Concertgebouw Orkest Amsterdam, Tonhalle Orch Zürich, Camerata Academica Salzburg, Orch d BR, Sol Bayer Staatsop München SpZ 03/04. **Pr:** Prtr Wiener Belvedere-Wettb 92, Plácido Domingo 'Operalia' Wettb Madrid 95, Bernstein-Wettb Jerusalem 96. – **Aufn/RF:** CDs: G Bardari: 'Maria Stuarda', J Strauss: 'Die Fledermaus', G Rossini: 'Sigismondo'. (Red)

Or, Netta, Sopran; Domstr 92, D-50668 Köln, T: (02 21) 2 10 09 21, (01 79) 1 47 44 29); c/o Bach Chor, Bonner Bachgemeinschaft eV, Paracelsusstr 14, D-53177 Bonn. **Laufb:** Gastsol Th Hagen SpZ 00/01, Sol Dt Op am Rhein Düsseldorf-Duisburg SpZ 04/05. (Red)

Or, Talia, Sängerin; c/o Staatstheater am Gärtnerplatz, PF 140569, D-80455 München. (Red)

Ordoñez, Edilberto Regalado, Sänger; c/o Thüringer Landestheater, Theaterpl 4–7, D-99817 Eisenach, PF 1449, D-99804 Eisenach, T: (0 36 91) 74 67 39. **Laufb:** Sol Thüringer Landesth Eisenach. (Red)

Orelly, Jürgen, Sänger (Bass); Karolinenstr 29, D-99817 Eisenach, T: (0 61 51) 2 41 90; c/o Landestheater Eisenach GmbH, Theaterpl 4–7, D-99817 Eisenach, T: (0 36 91) 25 60 [Darmstadt 4.11.1963]. Oper, Konzert, zeitgen Musik **Ausb:** MH Frankfurt/Main (Schulmusikstud), Ges b Prof A MacLaine-Lanier u S Haselhoff, Münchner Singschul b A Varnay 98. **Laufb:** Gastsol Staatsth Darmstadt Spz 01–04, u Sol Th Gummersbach SpZ 01/03, Gastsol Nationalth Mannheim SpZ 03/04, Sol KamOp Frankfurt seit SpZ 03/04, Gastsol Op Köln SpZ 03/04, Mitgl Ens LandesTh Eisenach seit SpZ 04/05. **Ens:** Basler Madrigalisten, Consortium Palatinum Mannheim. – **Aufn/RF:** Betthoven: Chorphantasie (Bass), m TonhalleOrch Zürich, Dgt D Zinman 05. **UA:** ua Salieri: 'Catilina' (ein Bürger), Müller-Wieland: 'Die Nachtigall u die Rose' (ein Hirte), Müller-Siemens: 'Die Ansicht' (2. Bass).

Orendain, Ralph, Konzertmeister, Hochschullehrer; c/o Musikhochschule Winterthur Zürich, Tössertobelstr 1, CH-8400 Winterthur [Berlin 18.6.1966]. **Ausb:** Stud (M Niestlé, S Gawriloff) HdK Berlin, Kons Bern, (I Ozim, Amadeus Qua) MH Köln. **Laufb:** 1. Konzm Orch Mkollegiums Winterthur seit 93, Doz (Orchstellen, Blattsp, V) MH Winterthur Zürich seit 2000, Schweizer KamMTage Schloss Lenzburg seit 02. **Pr:** 1. Pr Bdeswettb 'Jugend musiziert' 85, Stip Dt Stift MLeben, Stip StudStift d Dt Volkes, R10 d frz Zeitschrift 'Repertoire' f Sarastro-Qua 01. **Ens:** Grd Sarastro-Quartett 94. – **Aufn/RF:** CDs m Sarastro-Qua: D'Albert: 2 StrQua 97; Schmidt: Qui, m K A Kolly 99; Saint-Saens: 2 StrQua 01; Goldmark:VKonz, m Orch MKollegium Winterthur, Dgt J v Steen (DRS2) 03; 60. Geburtstag R Moser: QuaKonz, Schweizer KamMTage Schloss Lenzburg: Strawinsky, Moser (UA), Moser, Haydn (DRS 2) 03.

Orgonášová, Luba, Sopran; c/o Künstleragentur Dr. Raab & Dr. Böhm, Plankengasse 7, A-1010 Wien, T: (01) 5 12 05 01, F: 5 12 77 43, *office@rbartists.at*; *www.rbartists.at* [Bratislava 22.1.1961]. **Ausb:** Stud Ges u Kl Kons u MH Bratislava (M Smutká). **Laufb:** Sol Nationalth Bratislava 79, Pfalzth Kaiserslautern 83, Mitgl Stadtth Hagen bis 88, Gastssol Volksop Wien seit 88/89, FSp v Aix-en-Provence u Staatsop Wien ('Pamina') 88, Op Lyon (Schauspieldirektor, 'Mme Silberklang') 88, Dt Op Berlin ('Konstanze') 91, Salzburger FSp (Fidelio, 'Marzelline') 90, Sol Op Zürich, Dt Op Berlin SpZ 03/04; Konz m Wiener Phil, Gewandhausorch, BR-SymphOrch, RF-SymphOrch Wien, Wiener Symph, Staatskap Dresden, Berliner Phil SpZ 04/05. (Red)

Orlinski, Heinz Bernhard, Prof, Komponist; Badeniastr 18, D-41564 Kaarst, T: (0 21 31) 66 62 67 [Hindenburg 20.8.1928]. Orgel- u OrchKomp **Ausb:** KiM A (JE Köhler) Weimar, Komp (F Martin) Köln. **Laufb:** Robert-Schumann-Kons seit 60, später Robert-Schumann-H Düsseldorf, Lt Abt Kathol KiM. **Pr:** div Pr f Imp u Komp, Ausz versch poln Philh, Gregorius-Orden v Papst Joh Paul II, S-Pr dt Musikkritik 85. – **Komp:** Fünf Klavierstücke (Kl solo) 52, UA Köln, Zartner 53; Concerto f Orgel u Streichorch 63, UA Neuß, C Ingenhoven 70; Partitia Gregonana (Orgel Solo) 65, UA Düsseldorf, P Heuser 66; Ekpyrosis (KamM) 79, UA Düsseldorf, R Haas 78; St Quirinius Festmesse (3 Chöre), UA Neuß, Münsterchor, Kantor Odenthal 84; sowie 3 Symph, 2 Klavierkonz, zahlr KamM. **Aufn/RF:** CD 'Orgellandschaft Schlesien', sowie weitere Tondokumente (ua Petersdom, Rom, Oliva).

Orlovsky, Harald, 2. Konzertmeister; Hornthalstr 38, D-96047 Bamberg, T: (09 51) 6 56 66; c/o Bamberger Symphoniker, Mußstr 1, D-96047 Bamberg. **Laufb:** 2. Konzm Bamberger Symphoniker. (Red)

Orlowsky, Didier von, Prof, Hochschullehrer; Univ f Musik u Darst Kunst, Inst f Gesang u Musiktheater, Penzingerstr 7, A-1140 Wien [1948]. **Ausb:** Stud (Theaterwiss u Kunstgesch) Wien. **Laufb:** Wiener Sängerknaben 58–62, Regieass f Op u Schausp Essen, Osterfsp Salzburg (H v Karajan), OpStudio u experimentelle MBühne Augsburg 79, Spiellt, Chefdramaturg u Referent Städt Bühnen Augsburg 80/81, freiberufl Regisseur ua in Bremen, Mannheim, Wuppertal, Freiburg, Kiel, Salzburg, Kassel u Lübeck, Prof (MTh, szen Unterr) MH Lübeck seit 96, UProf (musikdram Darstellung) U f Musik u Darst Kunst Wien 04.

Oro, Martín, Sänger (Countertenor, Altist); Wattstr 14, CH-4056 Basel, T: 06 13 81 25 73, 07 95 72 59 59, F: 06 13 81 25 73, *martinoro@gmx.ch*; c/o Opernhaus Zürich, Falkenstr 1, CH-8008 Zürich; *www.martinoro.ch* [Buenos Aires, Argentinien 16.10.1966]. **Ausb:** Stud (Prof R Jacobs) Schola Cantorum Basiliensis (CH), MAkad Neuenburg u Freiburg (CH), Sol-Dipl u L-Dipl. **Laufb:** GastSol Th Biel-Solothurn SpZ 03/04, Gastsol Op Zürich 02, Sol SpZ 04/05, Berliner Philh, Victoria Hall Genf, Tonhalle Zürich, Cité de la Musique Paris, Argentinien, Brasilien, Mexiko, Isreal, Japan, Marokko, USA ua. – **Aufn/RF:** RF: A. Scarlatti: 'Il Primo Omicidio' unter R Jacobs (ORF), Pergolesi u Vivaldi: 'Stabat Mater' (Radio France u BNF, Niederlande), Solorecitals (Espace 2, Schweiz), CDs: B Marcello: Kantaten u Duette, Monteverdi: 'L'Incoronazione di Poppea' (Arnalta).

Orofino, Ruggiero, KS, Sänger [Barletta, Italien 28.9.1922]. ital Oper (hauptsächl Puccini u Verdi) u Volkslieder **Ausb:** Ges (Prof M Grassi Lerario, Sop M Llopart) Mailand Anfang 50er Jahre. **Laufb:** Debüt Cesena/Italien 63; Gastsol Teatro dell'Op Rom u Caracalla, Gaiety-Th Dublin 65, Teatro alla Scala Milano 70–80, Wiener Staatsop 71–72, Met Op New York 76, Teatro Colon Buenos Aires 77, Dt Staatsop Berlin 67–87, Kom Oper Berlin 66–70 u da dt OpHäuser wie Hamburg, München, Köln, Dortmund usw, sowie in Belgien, Schweiz, Spanien, Frankreich, Jugoslawien, Russland u Niederlande; auch KonzTätigk. – **Aufn/RF:** zahlr RF- u TV-Aufn. **Lit:** Daniele Rubboli, Ruggiero Orofino – Il tenore di Barletta 03.

Orth, Martin, Dirigent, Repetitor; Kurze Str 5, D-38820 Halberstadt, T: (0 39 41) 61 44 00; c/o Nordharzer Städtebundtheater, Tarek Assam, Spiegelstr 20a, D-38820 Halberstadt, T: (0 39 41) 69 65 53, F: 44 26 52, *info@nordharzer-staedtebundtheater.de*; *www.nordharzer-staedtebundtheater.de*. **Laufb:** Rep m Dgt-Verpfl Nordharzer Städtebundth Halberstadt/Quedlinburg. (Red)

Orth, Norbert, Hochschullehrer, Tenor; Jupiterstr 7, D-82266 Inning, T: (0 81 43) 13 12, F: 63 56. **Laufb:** Doz (Ges) Richard Strauss Kons München, OpS. (Red)

Orth, Peter, Klavier; c/o Konzertbüro Nikolaus Schmidt, Kirchenallee 22, D-20099 Hamburg, T: (0 40) 28 05 66 17, F: 28 05 66 18, *info@schmidtkonzert.de*; *www.schmidtkonzert.de* [Philadelphia]. **Ausb:** Stud Kl (A Marcus) Juillard School New York, Unterr b R Serkin. **Laufb:** div KonzTourneen m 'Music for Marlboro', KlFstv Ruhr, EXPO 2000 Hannover, Int Oleg Kagan MFest Kreuth, Traunsteiner Sommerkonz; Konz ua m d Philadelphia Orch, New York Philh Orch, SymphOrch Chicago, Detroit, Montreal, Pittsburgh u Saint Louis, Residentie Orkest Den Haag, Orch Nat de Lyon, Orquesta Nacional de Espana; regelm ZusArb m d Auryn Qua, ZusArb m Dgt: H Blomstedt, J Conlon, Ch Dutoit, G Herbig, R Leppard, Z Mehta, L Slatkin. **Pr:** 1. Pr Int KlWettb Naumburg, 'Shura-Cherkassky-Pr' d '92 Street Y'-Ges New York, 'Fanny Peabody Mason Award' Boston, CD Classic Award Großbritannien f KlQui v G Fauré (zus m Auryn Qua) 98. (Red)

Ortner-Kläring, Annemarie, Violine; c/o Radio-Symphonieorchester, Argentinierstr 30a, A-1040 Wien. **Laufb:** Konzm Radio-SymphOrch Wien. (Red)

Ortner, Erwin, Prof, Hochschullehrer, Dirigent; Univ f Musik u Darst Kunst, Inst f Orgel, Orgelforschung u Kirchenmusik, Seilerstätte 26, A-1010 Wien, T: (01) 7 11 55 26 00, *ortner@mdw.ac.at*; c/o Künstleragentur Dr. Raab & Dr. Böhm, Plankengasse 7, A-1010 Wien, T: (01) 5 12 05 01, F: 5 12 77 43, *office@rbartists.at*. Kirchenmusik **Laufb:** o UProf U f Musik u Darst Kunst Wien, Lt Arnold-Schoenberg Ch, GastDgt Dt Op Berlin SpZ 04/05. (Red)

Orval, Francis, Prof, Hochschullehrer, Horn; Löhrstr 17, D-78647 Trossingen, T: (0 74 25) 2 78 71, F: 2 78 42, *orval-roy@skynet.be*; Hochschule f Musik, Schultheiß-Koch-Pl 3, D-78647 Trossingen [Lüttich, Belgien]. **Laufb:** Solohornist in d wichtigsten Orch Belgiens u Luxemburgs, Prof an d Musikkons v Lüttich u Luxemburg, Konrektor d Grétry-Musikakad Lüttich u künstl Direktor d Acad Int d'Eté de Wallonie, Begrd u Manager v zwei int Hornwettb, Übersiedlung in d USA 83, Prof an verschiedenen Univ, int Auftr als So u Kammermusiker m Naturhorn u modernem Horn, Doz b Mstrks an renommierten Inst, Juror in vielen int Wettb, Prof (Hn) Staatl H f M Trossingen. **Pr:** 1. Pr b int Musikwettb 'Louise D. McMahon' in Lawten, Oklahoma 87. **Mitgl:** Beirat d Leitungskomitees d Int Horn Society. (Red)

Osborn, John, Tenor; c/o Theater St Gallen, Museumstr 1/24, CH-9004 St Gallen, T: 07 12 42 05 05, *info@theatersg.ch*; c/o Columbia Artists Management GmbH, Till Janczukowicz, Albrechtstr 18, D-10117 Berlin, T: (0 30) 20 64 80 78, F: 20 45 34 80, *info@cami.com*; *www.theaterstgallen.ch*. **Laufb:** Auftritte Winer Staatsop, Op de Monte-Carlo, Seattle Op, Washington Op, Op Köln, Op de Bordeaux, Met Op 01/02, Gastsol Staatsop Unter d Linden 03/04, Th St Gallen SpZ 04/05. **Pr:** 1. Pr Met Op National Council Auditions 94, 1. Pr Concours Int de Voix d' Opera Placido Domingo Bordeaux 96. (Red)

Osborne, William, Komponist, Publizist; Alte Steige 4, D-78736 Epfendorf OT Talhausen, T: (0 74 04) 85 31, F: 84 29, *100260.243@compuserve.com*; *www.osborne-conant.org* [Deming/NM 1951]. **Ausb:** Stud b George Crumb in Philadelphia u New York, b Franco Donatoni in Rom. **Laufb:** Münchner Biennale, Stuttgarter Tage f Neue Musik, Hamburger Staatsop State, Bayerische Staatsop, Freiburger Th Fstv, Staatsth Kassel, Th a Turm Frankfurt a M, Gasteig München, Nuovo Forme Sonare Rom. **Ens:** Grd d Wasteland Company 84. – **Aufn/RF:** CD 'Music For the End of Time'. **Sonst:** Symphony Orchestras and Artist-Prophets: Cultural Isomorphism and the Allocation of Power in Music, in: Leonardo Music Journal; Sounding the Abyss of Otherness: Pauline Oliveros' Deep Listening and the Sonic Meditations, in: Women Making Art, New York, Lang 2000. (Red)

Oskamp, Gerard, GMD, Dirigent, Generalmusikdirektor; Zu den Lücken 1a, D-24977 Westerholz, T: (0 46 36) 97 74 50; Schleswig-Holstein Landestheater, Lollfuß 53, D-24837 Schleswig [1950]. **Ausb:** Stud Amsterdam (E de Waart), Wien (H Swarowsky), Zürich (F Leitner); Ks (C Melles ua). **Laufb:** GMD Schleswig-Holsteinisches LandesTh u SymphOrch Flensburg seit 02. (Red)

Osorio Doren, Francisca, Sängerin; Rue de la Terrassière 43, CH-1207 Genève. (Red)

Ossberger, Harald, Prof, Hochschullehrer, Klavier; Univ f Musik u Darst Kunst, Inst Ludwig van Beethoven, Rennweg 8, A-1030 Wien, *ossberger@mdw.ac.at* [Graz 1948]. **Ausb:** Stud (Kl) U f Musik u Darst Kunst Wien. **Laufb:** o Uprof (Kl) U f Musik u Darst Kunst Wien. (Red)

Osten, Signue von, Prof, Sängerin (Sopran), künstlerische Leiterin und Kulturmanagerin; Trombacher Hof, D-55583 Bad Münster a Stein, T: (0 67 08) 36 16, F: 36 53 [Dresden]. klass Moderne u Komp d 20. Jh **Ausb:** Stud Hamburg u Karlsruhe. **Laufb:** ZusArb ua m O Messiaen, J Cage, L Nono, G Scelsi, C Halffter, H W Henze, K Penderecki, Soloauftr ua b Berliner FestW, Frankfurt Feste, Donaueschinger Musiktage, Fstv d'Automne Paris, Musica Strasbourg, Fstv de Otoño Madrid, Panmusicfstv Tokio/Osaka, Soundways St Petersburg, Musica Nova Sofia, Konz ua m Orch Nat de Radio France, Orch de la Suisse Romande Genf, Tschech Philh Prag, Orch di Sta Cecilia Rom, Symph Orch d SWR, Residentie Ork Den Haag, RSO Kopenhagen, Gastsol Op Lissabon, Op Madrid, Op Paris, Op Stuttgart, Op Wiesbaden, KonzReisen in Europa, USA, Südamerika, Japan. **Ens:** Grdg 'ensemble MUSICA TEMPORALE' 95. – **UA:** über 100 (viele zug Werke). **Sonst:** Grdg Kulturinitiative 'ART POINT' 96. (Red)

Ostendorf, Jens-Peter, Komponist, Hochschullehrer; c/o Internationale Musikverlage Hans Sikorski, Johnsallee 23, D-20148 Hamburg, T: (0 40) 4 14 10 00, F: 41 41 00 41, *contact@sikorski.de*; E-07865 San Francisco Javier, Formentera; *www.sikorski.de/composers/composer82.html* [Hamburg 20.7.1944]. **Ausb:** Theorie u Komp (Klussmann, de la Motte) Hamburg, Kompstudio (Stockhausen). **Laufb:** Lt BühnenM Thalia Th Hamburg 69–79, Doz U Bremen seit 80. **Pr:** 2x Villa Massimo, Villa Romana Florenz, Cité Int des Arts, Komppr Stadt Stuttgart. – **AuftrKomp:** William Ratcliff (Op) 79–82, UA Hamburg, Staatsop 83 (Auftr: Staatsop Hamburg); Murieta (Op), UA Köln, Ophaus 84 (Auftr: Op Köln); Mein Wagner (OrchW) 83, UA Hamburg, Musikhalle (Auftr: NDR); William Ratcliff (f gr Orch) 84 (Auftr: SDR); Minnelieder (f Sop, TB, Sax-Qua), UA Hamburg, Staatsop 85; Weltbaumeister (Architekturschausp f symph Musik), UA Graz, Steir Herbst 93 (Auftr: Steir Herbst); Zerline (Op) 93–97, UA Dresden, Semperop (Auftr: Semperop). (Red)

Osterloh, Barbara, Sängerin; Straßberger Str 4, D-80809 München, T: (0 89) 35 46 51 67, F: 35 46 51 67 [Stuttgart 3.9.1964]. Konz, Op **Ausb:** Stud MH Karlsruhe, künstl Ausb (M Venuti) MH Karlsruhe 93–95, (R Ackermann) Op-Schule Karlsruhe 93–97. **Laufb:** Sol Th d Stadt u SchloßFSp Heidelberg 97–2001, freischaff seit 2001, Konz ua m S Mas-Conde, H Rilling, G Navarro, Düsseldorfer Sinfoniker, NDR-SinfOrch Hnnover, Bachcollegium Stuttgart, Orquestra Sinfónica de Radio Televisión Española. – **Aufn/RF:** Bach: Messe H-Moll, m Neues Bachisches Collegium Musicum Leipzig, Dgt: B Glaetzner; Dvorak: Stabat Mater, m Bachcollegium Stuttgart, Dgt: H Rilling 99; Bach: BWV 187, m MonteverdiOrch München, Dgt: W Giser 2000.

Ostermann, Oliver, Chorleiter, Dirigent; c/o Stadtth Baden, Theaterpl 7, A-2500 Baden bei Wien. **Laufb:** ChorLt u Dgt Stadtth Baden SpZ 03/05. (Red)

Ostertag, Christian, Prof, Konzertmeister; Im Finkeler 21, D-79112 Freiburg-Tiengen, T: (0 76 64) 9 54 77, F: 9 54 77, *christian.ostertag@t-online.de*; Hochschule f Musik, Schultheiß-Koch-Pl 3, D-78647 Trossingen [Karlsruhe 23.11.1963]. Romantik **Ausb:** Stud MH Würzburg 82–84, Folkwang-H Essen 84–88, MH Mannheim 88–90, MH Freiburg 90–92. **Laufb:** Konzm SWR Sinfonieorch Baden-Baden u Freiburg seit 96. **Pr:** Dt MWettb 90, Europ Solistenpr d Stift Pro Europa 01. **Ens:** Duo u KlTrio m F Schwinghammer (Kl) u Martin Ostertag (Vcl). – **Aufn/RF:** Brahms: Doppelkonz, m SWR-SinfOrch, Dgt S Cambreling; Henze: Ariosi, m SWR-SinfOrch u C Oelze (Sop), Dgt S Cambreling.

Ostertag, Martin, Prof, Hochschullehrer, Violoncello; Quettigstr 17a, D-76530 Baden-Baden, T: (0 72 21) 2 45 40, F: 2 45 40; Hochschule f Musik, PF 6040, D-76040 Karlsruhe [Lörrach]. **Ausb:** Stud b Leo Koscielny HfM Karlsruhe, A. Navarra in Paris. **Laufb:** 1. Solocellist d Düsseldorfer Symph, d Amati Ens Berlin, d Orch d Dt Op Berlin, d SWF-SinfOrch Baden-Baden-Freiburg ab 74, Prof (Vcl) Staatl H f Musik Karlsruhe seit 80. (Red)

Osthoff, Cosima Sophia, Dirigentin; Rolandstr 14, D-45881 Gelsenkirchen, T: (02 09) 3 89 58 00, *cosima.osthoff@freenet.de* [Aachen]. **Ausb:** Stud Kl (Rudiakov), Dirig (Kurz, Wolf), Dipl in beiden Fächern MH Stuttgart, KapmStud (A Weiss) MH Karlsruhe, KonzExamen, Mstrks (Hauschild) Baden-Baden u (P Eötvös) Szombathely, Dirigierkurs (Pommer) Weimar, (G Albrecht) Berlin, (G Hurst) Canford, Ass (O Koch) Thessaloniki), Hospitanz (Sir S Rattle) Birmingham. **Laufb:** Solorep m Dirigierverpflichtung Städt Bühnen Lübeck 90–92, Solorep m Dirigierverpfl u stellv ChDir Staatsth Oldenburg 92–95, 2. Kapm u stellv ChDir Landesth Coburg 95–99, 1. Kapm u Studienlt ebd seit 97, 1. Kapm u Stellv d GMD Stadtth Trier, 1. Kapm Musikth Gelsenkirchen seit 2001, Gastkonz m Nürnberger, Düsseldorfer, Göttinger Symphoniker u KamAkad Neuss. – **Aufn/RF:** Mitschnitte: Bartok: 'Blaubarts Burg', Abschlusskonz Dirigierkurs Szombathéyly 91; Gurlitt: 'Wozzeck', Abschlusskonz Ferenc-Fricsay-Dirigierkurs 93; 'Ist der Himmel leer?' v Ella Milch-Scheriff, Domradio Köln 04. **UA:** A Mullenbach: 'Die Todesbrücke' (KamOp), UA MTh im Revier, SpZ 03/04. **Sonst:** Grdg u Lt Oldenburger ORch Akad seit 95. **Lit:** H Malcomess: 'Dompteuse m zarter Hand' (Rhein Merkur) Dez 96; Mascha Blankenburg: 'Dirigentinnen'.

Ostrowski, Jana, Korrepetitorin; Opernhaus, Kaiser-Josef-Pl 10, A-8010 Graz. **Laufb:** Korr Opernhaus Graz. (Red)

Oswald, Bettina, Sängerin, Schauspielerin; c/o Operettenhaus, Spielbudenpl 1, D-20359 Hamburg, *bettinahamburg1@aol.com* [Leibnitz, Österreich]. Musical, Pop, Jazz **Ausb:** Stud (Schausp, Ges, Tanz) Kons Wien 95–98. **Laufb:** Ens u Sol Raimundth Wien 'Tanz d Vampire' 98–2000, Ens u Sol Th a d Wien 'Mozart' 2000/01, Sol Thelen Entert Tournee (Kindermusical) 01/02, Sol Operette Hamburg 'Mamma Mia' SpZ 02/03. **Pr:** Songwriter-Nachwuchs-Wettb Wien 99. – **Aufn/RF:** Demo-CD m eigenen Songs, G Schuller: Titelmusik z TV-Film 'D Tattoo'.

Otava, Martin, Dirigent; c/o Stadttheater Fürth, PF, D-90744 Fürth. (Red)

Otelli, Claudio, Bariton; c/o Artists Management Zürich, Rütistr 52, CH-8044 Zürich, T: 04 48 21 89 57, F: 04 48 21 01 27; c/o Erich Seitter Bühnen- und Konzertvermittlung, Opernring 8/13, A-1010 Wien, T: (01) 5 13 75 92, F: 5 12 93 51, *agentur.seitter@aon.at*; *www.artistsman.com* [Wien 1960]. **Ausb:** Stud MH Wien, Studio Staatsoper Wien. **Laufb:** Mitgl Ens Staatsoper Wien, Sol MTh Essen (03/04), NatTh Mannheim, MTh Bonn, Volksop Wien, Gastsol Op Frankfurt SpZ 00/01, Bad Staatsth Karlsruhe SpZ 00/01, Opernprod u Konz in Berlin, Frankfurt, München, Düsseldorf, Bonn, Tokyo, Triest, Zürich, Madrid, Paris, Liège, FSp Salzburg, Barcelona, seit 94 freischaff tätig, Sol Sächs Staatsop Dresden SpZ 03/04, Gastsol Dt Staatsop Berlin SpZ 04/05. – **Aufn/RF:** L v Beethoven: IX. Symph (Bar), Dgt: B Drahos; G Bizet: Carmen (Escamillo), Dgt: R Paternostro; R Goldschmidt: Der gewaltige Hahnrei (Ochsenknecht), Dgt: L Zagrosek; R Leoncavallo: I Pagliacci (Tonio), Dgt: R Paternostro; P Mascagni: Cavalleria rusticana (Alfio), Dgt: R Paternostro; W A Mozart: Don Giovanni (Masetto), Dgt: N Marriner; G Puccini: La Fanciulla del West (Rance), Dgt: M Viotti; F Schreker: Der ferne Klang (Rudolf), Dgt: G Albrecht; R Wagner: Siegfried (Wanderer), Dgt: R Paternostro; A v Zemlinsky: Kleider machen Leute (Kutscher), Dgt: R Weikert.

Other, Konrad, Violine, Konzertmeister; c/o Orchester d Komischen Oper, Behrenstr 55–57, D-10117 Berlin. **Laufb:** Konzm Orch d Komischen Op Berlin SpZ 01/05. (Red)

Ott, Daniel, Komponist, Darsteller, Pianist; Schwedterstr 48, D-10435 Berlin, T: (0 30) 4 23 57 52; c/o Kulturmanagement und Kommunikation – Kerstin Wiehe, Crellestr 22, D-10827 Berlin, T: (0 30) 78 70 33 50, F: 78 70 33 52, *info@kultkom.de*; *www.danielott.com* [Grub, Appenzell 6.9.1960]. Neues Musiktheater **Ausb:** Klavierdipl 80, Pantomimestud Paris, London 83–85, KompStud Essen (N A Huber), Freiburg (K Huber) 85–90. **Laufb:** Unterrichtstätigkeit Regionen Basel u Graubünden, Mitarb in freien Thgruppen, Straßenth, polit Th, Tourneen, Aufbau u künstl Lt Festival 'neue musik rümlingen' seit 90, LBeauftr (Experimentelle Musik) H d Künste Berlin seit 95, Mitgl b Wetterwendischen Wanderth 93–97. – **Komp:** ua: frammenti per pievecaina 86; molto semplicemente 89; jammermusik 93; Aufführungen Weltmusiktage Oslo 90, Warschau 92, Musiktage Witten 92/93, Donaueschingen 99, Th Bielefeld 2000, M z Schweiz-Pavillon v P Zumthor EXPO 2000. **Sonst:** Organisation e 677-Std-Dauerkonz z Rettung d alten Aula Essen-Werden. (Red)

Ott, Gunhild, Prof, Hochschullehrerin, Flöte; Valentinstr 16, D-79100 Freiburg; FolkwangHochschule, Klemensborn 39, D-54239 Essen. **Ausb:** Stud (M Rütters) Folkwang-H Essen; Kse b P L Graf, K Zöller, J Galway. **Laufb:** Sol SinfOrch SWR Baden-Baden u Freiburg seit 86, KamM, Prof (Querfl) Folkwang-H Essen seit 97. (Red)

Ott, Olaf, Posaune; c/o Berliner Philharmoniker, Herbert-von-Karajan-Str 1, D-10785 Berlin. **Laufb:** Sol Berliner Philh. (Red)

Ott, Stephanie Maria, Sängerin; An der Wahr 11, D-51467 Gummersbach, T: (0 27 63) 9 14 50, (01 71) 7 47 19 36. **Laufb:** Sol Düsseldorfer Operette, Sol Landesth Detmold u Th Gummersbach SpZ 03/04, Sol Staatsth Darmstadt SpZ 04/05. (Red)

Ott, Ursula, Sängerin+Dozentin; Musikakad, Schillerpl 1–2, D-65185 Wiesbaden. **Laufb:** Doz (Gesang, Methodik, KamM) Wiesbadener Musikakad. (*)

Ott, Wolfgang, Dirigent; Michelsberg 12, D-65183 Wiesbaden, T: (06 11) 3 08 89 21; Hessisches Staatstheater, PF 3247, D-65022 Wiesbaden [Schongau 1.4.1954]. Oper u zeitgen Musik **Ausb:** musikal Ausb als 'Regenburger Domspatz' 64–73, Stud (W Brückner-Rüggeberg, H Stein) Hamburg. **Laufb:** Solorep Staatsth Braunschweig, Bremer Th, 1. Kpm u GMD Bremerhaven, Oldenburg 91–97 (A Reimann: Lear u a), Doz f Neue Musik MH Bremen seit 96, 1. Kapm MTh Bonn 97/98, 1. Kapm u stellv GMD Hess Staatsth Wiesbaden. **Pr:** Prtr Kieler Opern-Kapellm-Wettb 78. – **UA:** B Franke: 'Mottke d Dieb'; C Seither: 'Anderes selbst'; I ter Schiphorst u H Oehring: 'Effi Briest'; A Hölszky: 'D Wände' (dt EA).

Otte, Matthias, Sänger; c/o Städtische Theater, Käthe-Kollwitz-Str 7, D-09111 Chemnitz, PF 756, D-09007 Chemnitz [1970]. **Laufb:** Gastsol Städt Th Chemnitz SpZ 00/05, Op Halle SpZ 04/05. (Red)

Ottensamer, Ernst, Prof, Hochschullehrer, Klarinette; c/o Künstlersekretariat Buchmann, Schachnerstr 27, A-1220 Wien, T: (01) 2 03 63 57, F: 2 04 37 50, *office@buchmann.at*; Univ f Musik u Darst Kunst, Leonard Bernstein Inst f Blas- u Schlaginstrumente, Seilerstätte 26, A-1010 Wien; *www.buchmann.at* [Wallern, Oberösterreich 5.10.1955]. **Ausb:** KlarUnterricht am Brucknerkons Linz, Stud MH. **Laufb:** Soloklar Orch d Wiener Staatsop u Wiener Philharmoniker seit 79, Doz H f M u Darst Kunst Wien seit 86, UProf ebd seit 2000, auch Dirigiertätigkteit. **Ens:** Wiener Virtuosen. – **Aufn/RF:** CDs: L Spohr: KlarKonz 1–4; C M v Weber: KlarKonz 1 u 2; Mozart/Weber/Spohr: KlarKonz. **Zug:** div Komp v Kropfreiter, Thürauer, Hartl u Prinz.

Ottenthal, Gertrud, Sängerin, Sopran; Via della Geppa 7, I-34132 Trieste; PF, A-1070 Wien [Bad Oldesloe]. Oper – dt Fach **Ausb:** Stud (Ges) MH Lübeck, dann b Prof Lindenbaum, S Eken in Kopenhagen u Prof Kahry in Wien. **Laufb:** Debüt Hamburg Staatsop 81, Eng Volksop Wien 82, Gastsol Kom Op Berlin seit 86 (04/05), Gast b Salzburger, Schwetzinger, Bregenzer, Tiroler FSp Erl 03, ua in Wiesbaden, Köln, Kassel, Dresden, OpHaus Halle, Staatsop Berlin, Hamburger Staatsop, Op Graz, St Gallen, San Carlo, Barcelona, Lissabon, Mailänder Scala, Neapel, Teatro Verdi Trieste. – **Aufn/RF:** div CDs.

Otter, Anne Sofie von, Mezzosopran; c/o Bayerische Staatsoper, Brieffach, D-80075 München [Stockholm]. **Ausb:** Stud (Ges) Guildhall School of Music and Drama London, Liedkse (E Werba) Wien, (G Parsons) London, V Rosza. **Laufb:** Sol OpHaus Basel 82, Debüt Accad di Santa Cecilia Rom 84, Debüt Covent-Garden (Hochzeit des Figaro, Cherubino) 85, Bayer Staatsop, Royal Op House (La Cenerentola, Titelrolle) 91, Debüt Staatsop Wien (Idomeneo, Idamanta) 94, Japan-Tournee (Strauss: Rosenkavalier) m Ens Wiener Staatsop 94, Konz Nordamerika (ua Met Op New York, Royal Op House Covent Garden, Mailänder Scala, Dt Op Berlin), Int FSp, ua Aix-en-Provence 84, Berlioz-Fstv Lyon (L'Enfance du Christ' u 'La Damnation de Faust'), Debüt Salzburger Osterfsp (H Wolf: Spanisches Liederbuch) 92, Salzburger FSp (Mozart: La finta giardiniera, Ramiro) 92 u (Mozart: c-moll-Messe) 94, Recital ebd (Strauss: Lieder) 96, Auff v Händel: Ariodante u M Minkowski 97, Alice Tully Hall, Paris, Wien (Korngold: Werke) 97, OpHaus Zürich, FSp Herrenchiemsee 05. **Pr:** Ausz 'Recording Artist of the Year' 90, 'Sängerin d Jahres' Cannes Classical Award 95, 'Künstlerin d Jahres' Gramophone Awards 96 u Diapason d'Or de l'Année 97. – **Aufn/RF:** CDs: Monteverdi: L'Orfeo, English Baroque Soloists, Dgt: J E Gardiner 87; Purcell: Dido and Aeneas, English Concert, Dgt: T Pinnock 89; Bach: Matthäus-Passion, English Baroque Soloists, Dgt: J E Gardiner 90; Mozart: Idomeneo u La nozze di Figaro, English Baroque Soloists, Dgt: J E Gardiner 91; E Grieg: Lieder, B Forsberg 93; Händel: Marienkantaten u -arien, Musica Antiqua Köln, Dgt: R Goebel 94; Schumann: Frauenliebe u Leben, B Forsberg 95; 'Wings in the Night', Swedish Songs 96; La Bonne Chanson, B Forsberg 96; Berlioz: La Damnation de Faust, Philharmonia Orch, Dgt: M-W Chung 98; Mahler: Des Knaben Wunderhorn, T Quasthoff, Berliner Philh, Dgt: C Abbado 99; Strawinsky: The Rake's Progress, B Terfel, London Symph Orch, Dgt: J E Gardiner 99; 'Folksongs' 2000; 'For the Stars', E Costello 2001; DVD: Strauss: Rosenkavalier, Orch d Wiener Staatsop, Dgt: C Kleiber 2001. (Red)

Otto, Alec, Sänger; Erich-Weinert-Str 12, D-38820 Halberstadt, T: (0 39 41) 62 16 65. (Red)

Otto, Gerlinde, Prof, Hochschullehrerin, Klavier; Tischbeinstr 1, D-04229 Leipzig, T: (03 41) 4 80 11 59, F: 4 80 32 31, *gerlinde.otto@t-online.de*; H für Musik 'Franz Liszt', Inst f Tasteninstr u Alte Musik, PF 2552, D-99406 Weimar. **Ausb:** Stud MH Leipzig 73–75, MH Warschau 75–77, MH Weimar 77–80 (Heinz Volger, Lidia Kozubek, Rolf-Dieter Arens). **Laufb:** Prof (Kl) H f M 'Franz Liszt' Weimar seit 92, Lt d Abt Tasteninstr u Alte Musik. **Ens:** Spohr-Trio Leipzig, Littera & Musica. – **Aufn/RF:** CD 'Gerlinde Otto spielt Hammerflügel'.

Otto, Gudrun Sidonie, Sängerin; Gutenbergstr 18, D-01445 Radebeul, T: 0 17 82 83 96 68, *gudrun.s.otto@web.de*; Landesbühnen Sachsen, Meißner Str 152, D-01445 Radebeul [Rostock 12.6.1979]. dt Op, Lied, Konz **Ausb:** H f M Weimar. **Laufb:** Stip Kom Op Berlin; Sol Landesbühnen Sachsen; Händel-FSp; Telemann-FSp; Europ MusikFstv Stuttgart; Schleswig-Holstein MusikFstv. – **Sonst:** Forsch zu Schiller-Vertonungen im 18. Jh.

Otto, Herma, Repetitorin; Ledeburstr 8, D-09599 Freiberg. **Laufb:** Rep Th Freiberg. (Red)

Otto, Ilse-Christine, Sängerin; Bismarckstr 61, D-20259 Hamburg, F: (0 40) 43 18 15 70; c/o Allee Theater – Hamburger Kammeroper, Max-Brauer-Allee 76, D-22765 Hamburg. (Red)

Otto, Ralf, Prof, Hochschullehrer, Dirigent; Zornheimer Str 29, D-55268 Nieder-Olm, T: (0 61 36) 75 60 31; FolkwangHochschule, Klemensborn 39, D-45239 Essen, T: (02 01) 4 90 31 61. **Ausb:** Stud H f M u Darst Kunst Frankfurt, J-W-v-Goethe-Uni. **Laufb:** KiM Thomaskirche Hofheim a Taunus; künstl Ltg Bachchor Mainz seit 86, Chefdgt Jugend-Sinf-Orch Hessen 97–2000, Prof (ChLtg, -Dirig) Folkwang-H Essen. **Ens:** Grdg Vokalens Frankfurt 80. (Red)

Otto, Susanne, Alt; Klarastr 28, D-79106 Freiburg i Br, T: (07 61) 27 41 09, F: 27 41 09, *Otto_Susanne@web.de* [Ansbach]. alte u zeitgen Musik, Oratorium, Konzert, Lied **Ausb:** Stud (Fl) R Strauß-Kons München, (Fl, Gesang) MH Freiburg/Br. **Laufb:** Orat u Konz München, Wien, Mailand, Paris, Lissabon, Venedig u Warschau, ZusArb m Dgtn: C Abbado, M Gielen, E Bour, GastSol Hamburg Staatsop 92, Donaueschinger MTage (SinfOrch SWF) 92, Salzburger FSp 95, 97, 03; Fstv Musica Strasbourg 97, Carnegie Hall New York 99, ZusArb m BarockOrch Freiburg, Balthasar-Neumann-Ch, Ens recherche, Ens

Susanne Otto

modern. – **Aufn/RF:** zahlr Aufn. **UA:** ua W Rihm: Eroberung v Mexiko 92; L Nono: Prometeo; K-H Stockhausen: Düfte-Zeichen; D Schnebel: Sinfonie X. **Zug:** L Nono: einige Werke.

Oue, Eiji, Prof, Dirigent, Hochschullehrer; Hochschule f Musik u Theater, Emmichpl 1, D-30175 Hannover; c/o Künstlersekretariat am Gasteig, Rosenheimer Str 52, D-81669 München, T: (0 89) 44 48 87 90, F: 4 48 95 22, *team@ks-gasteig.de* [Hiroshima]. **Ausb:** Dirigieren (H Saito) Toho School of Music, (L Livingston) New England Cons, Lehrer ua S Ozawa, S Celibidache, C Abbado, Sir C Davis, K Masur, L Bernstein. **Laufb:** Unterstützung L Bernsteins b Grdg Pacific Musical Fstv Sapporo 90, 'conductor in residence' ebd, Japantournee m London Symph Orch 90, ChefDgt Erie Philh Orch 91–95, MD Minnesota Orch seit 95/96, 2 Tourneen m Minnesota Orch Europa u Japan 98, Tournee Südstaaten d USA 2000, Konz Carnegie Hall New York 2000, ChefDgt u MD Grand Teton Music Fstv Wyoming seit 97, ChefDgt Radio-Phih NDR Hannover seit 98/99, Konz Spanien, Südamerika, Gastdgt St Louis Symph Orch, Toronto Symph Orch, Detroit Symph Orch, Nat Symph Orch, Philadelphia Orch, Los Angeles Philh Orch, New York Philh Orch, Verpfl Orch dall'Accad di Santa Cecilia, RSO Frankfurt, Dt SymphOrch Berlin, Oslo-Philh Orch, Osaka Philh Orch, New Japan Philh Orch, NHK Symph Orch, Dgt Dt Op Berlin SpZ 03/04, Gastdgt Stadtth Fürth SpZ 03/04, Bayreuther FSp 05. **Pr:** Koussevitzky Memorial Fellowship Pr 80, 1. Pr Hans Haring Goldmed d Dirigierwettb d Salzburger Mozarteums 81. – **Aufn/RF:** D Argento: Werke; Ravel: Bolero (CDs). (Red)

Ovens, Tim, Klavier; Bachstr 8, D-30851 Langenhagen, T: (05 11) 2 83 41 53, F: 2 83 41 53, *mail@timovens.de*; c/o Konzertdirektion Hörtnagel, Neufahrner Str 23, D-81679 München, T: (0 89) 9 82 92 80, F: 98 29 28 33, *konzert@hoertnagel.de*; *www.timovens.de* [Flensburg]. Zeitgen. Musik u bes. Cage, Debussy, Schumann, Schubert **Ausb:** Stud Kl (H Leygraf, K Engel, P Badura-Skoda) Hannover u Wien, KonzEx 86. **Laufb:** Int KonzTourneen, bes n Asien, Konz auf versch MFstvs, ua Schleswig-Holstein MFestival, Dresdner MFsp, Luwigsburger SchlossFsp, Biennale Neue Musik Hannover; Int KlKurse u Vorlesungen: Lehrtätigk H f M u Th Hannover, reglm Gastdoz i China (Peking, Shanghai ua). **Ens:** NDR Radiophilh Hannover, Duo Xiaohui-Ovens (Erhu-Klavier), Trio Saron, Ceruti Trio. – **Aufn/RF:** Zahlr CDs u Int Radio u TV-Aufn; CD/CD-ROM John Cage; Mitw b zahlr Aufnahmen d NDR Radiophilh. **Zug:** Klaviersonate v Martin Doernberg. **Sonst:** Veröffentl in div Fachzeitschr, Autor in „Anarchische Harmonie“, Multimediale Projekte z.B. 'Klangvisionen', '...unterwegs...'.

Overmann, Leandra, Sängerin (Mezzosopran); c/o Niedersächsische Staatstheater Hannover, Opernpl 1, D-30159 Hannover, T: (01 74) 2 58 64 38 [Belgrad]. **Ausb:** Stud Belgrad, Cons Santa Cecilia, Rom, Opernstudio Opernhaus Köln. **Laufb:** Debüt Rosina ('Barbier von Sevilla') Belgrad, Ldesth Detmold 77–82, Opernhaus Basel 85, EnsMitgl Oper Bonn seit 97/98, Sol Stadtth Bern, Gastsol u Sol Op Hannover, Hess Staatsth Wiesbaden SpZ 03/04, Prof (Ges) H f M Würzburg. (Red)

Ovrutsky, Mikhail, Konzertmeister; Thürmchenwall 78, D-50668 Köln; Theater, Am Boeselagerhof 1, D-53111 Bonn [Moskau 1980]. **Laufb:** 1. altern Konzm Beethoven Orch Bonn. **Pr:** 1. Prtr Pablo Sarasate Int Violin Comp in Pamplona, Spanien. 1. Prtr Philadelphia Orchestra's Albert M. Greenfield Comp u Johansen Int Comp in Washington, DC, Prtr Concours Musical Int Reine Élisabeth 05. (Red)

Owen-Leinert, Susan, Opernsängerin; Dorotheenstr 82, D-40235 Düsseldorf, T: (02 11) 6 10 19 38, *SusanOwenLeinert@aol.com*; *www.owen-leinert.com* [Salisbury, NC, USA]. R Wagner, R Strauss, L Janacek, A Berg **Ausb:** East Carolina U 76–80, U of Texas Austin 80–83. **Laufb:** Sol Staatsth Kassel, Staatsth Darmstadt, Gastsol Staatsop Hannover, Dt Op Berlin, Staatsop Berlin, Bayer Staatsop München, Op Triest, Th u Philh Essen, Op Wallonie Royal, Liège (Belgien), Op Bonn, Dt Op am Rhein Düsseldorf/Duisburg. **Pr:** Int Met Op Award New York 90, Op America Award 91 New York. – **Aufn/RF:** G Mahler: 8. Sinf, Orch d Beethovenhalle Bonn 99; Live-Mitschnitt d Gesamtaufn

'Der Ring d Nibelungen' (Brünnhilde), Dgt: R Paternostro. **UA:** Z Krauze: 'La terre' f Sop u gr Orch, UA Paris, Radio France 96.

Owens, Robert Lee, Komponist, Klavier; Schleißheimerstr 187A, D-80797 München, T: (0 89) 30 76 45 22 [Texas 17.9.1925]. **Ausb:** Kl (A Cortot) Paris 46–50, Kl (G Hinterhofer) Wiener Akad f Musik 53–57, MUnterr an versch Colleges in USA, Albany State, Georgia, Michigan usw. **Laufb:** Debüt als KonzPianist Kopenhagen 52, viele Konz, Liederabende 59–99. **Pr:** Dipl de Perfectionement de Piano, Ecole de Musique, A Cortot Paris 1950. – **Komp:** 3 Lieder f Mezzo (Lied), UA Hamburg, Konzert-Saal 61; Mortal Storm (Songs), UA München, Cuv Th 66; Kultur! Kultur! (Op), UA Ulm, Fasching Dienstag 70; 3 Lieder f Bariton (Lied), UA Baden-Baden 74; 3 Lieder z Texten v Hugo v Hofmannsthal (Gesänge), UA München, Cuv Th 76; Fields of wonder (11 Songs), UA München, Schleißheimer Schloß, Stadlmayr KamOrch, I v Kesteren 83; Heart on the wall (5 Songs), UA Champagne, Illinois, OW Davis 93. (Red)

Ozawa, Seiji, Dirigent, Generalmusikdirektor; c/o Konzert-Direktion Hans Adler, Auguste-Viktoria-Str 64, D-14199 Berlin, T: (0 30) 8 95 99 20, F: 8 26 35 20, *info@musikadler.de*; c/o Staatsoper Wien, Opernring 2, A-1010 Wien [Shenyang, Mandschurei, China 1.9.1935]. **Ausb:** Stud Kl, Dirig (H Saito), Komp Toho Gakuen School of M Tokyo ab 53, Stud Dirig (E de Carvalho) Tanglewood M Center. **Laufb:** Ass v H v Karajan New York Philh Orch 61/62, USA-Debüt m San Francisco Symph Orch 62, Musikal Lt Ravinia Fstv d Chicago Symph Orch 64–68, Musikal Lt Toronto Symph Orch 65–69, Musikal Lt San Francisco Symph Orch 70–76, Musikal Lt Boston Symph Orch seit 73, Gastdgt Met Op New York, Mailänder Scala, Op de Paris, Royal Op Covent Garden, Salzburger FSp, Debüt Wiener Staatsop 88, MD Wiener Staatsop von SpZ 02/03 bis SpZ 09/10. **Pr:** 1. Pr Int DgtWettb Besançon 59, Sergei Koussevitzky-Pr 60, Dr hc U of Massachusetts, New England Cons of M, Wheaton College, Grammy Aw, Grand Prix du Disque, Edison Aw, 'Musician of the Year' 98, Ritter der frz Ehrenlegion, österr Ehrenkreuz f Wiss u Kunst I. Kl 02. **Ens:** Grd Saito Kinen Orch 84. – **Aufn/RF:** ua Bizet, Carmen (Norman, Freni, Shicoff, Estes); Tschaikowsky, Pique Dame (Freni, Atlantow, Hvorostovsky, Leiferkus); Strauss, Elektra (Behrens, Ludwig, Secunde, Hynninen) u Salome (Norman, Morris, Witt); Strawinsky, Ödipus Rex (Norman, Schreier, Terfel); Offenbach, Les Contes d'Hoffmann (Domingo, Gruberova, Morris); Berlioz, La Damnation de Faust (Mathis, Burrows, McIntyre); Neujahrskonz, m Wiener Philh 02 (auch DVD). **Sonst:** Grd Saito Kinen Fstv Matsumoto 92. (Red)

Ozbic, Marco, Sänger; c/o Wiener Staatsoper, Opernring 2, A-1010 Wien. **Laufb:** Ass d Chordir u Korr Staatsopernchor Staatsop Wien. (Red)

Ozim, Igor, Prof, Hochschullehrer, Geige; Alter Markt 2, A-5020 Salzburg, T: (06 62) 84 64 29, F: 84 64 29, *ozimigor@hotmail.com*; Univ Mozarteum, Abt f Streich- u Zupfinstrumente, Zentrum im Berg, Fürbergstr 18–20, A-5020 Salzburg [Ljubljana 9.5.1931]. **Ausb:** V (Pfeifer) H Ljubljana, (Rostal) London 49–51. **Laufb:** Prof (V) H f Musik Köln, H Wien, H Bern, U Mozarteum Salzburg 02. **Pr:** Carl-Flesch-Pr London 51, 1. Pr ARD-Wettb München 53. **Ens:** Arion Trio, Westdt KamSolisten. – **Aufn/RF:** Konz ua v Beethoven, Bruch, Tschaikowsky, Sibelius, Mozart, Berg, Szymanowski, Tartini, Petric, Maticic, Baur, Krek, Osterc. **UA:** zugeeignete Werke. **Zug:** ua v Maticic, Petric, Baur, Lipovsek, Krek, Skerjanc. **Lit:** R Noltensmeier: Große Geigenpädagogen, Bd 2; U Frauchiger: Der eigene Ton.

Ozolina, Ilse, Korrepetitorin; Opernhaus, Kaiser-Josef-Pl 10, A-8010 Graz. **Laufb:** Korr Opernhaus Graz. (Red)

P

Pabst, Michael, Tenor; Saikog 6/Stg 33, A-1220 Wien, T: (01) 2 03 36 38 [Graz]. **Ausb:** Stud (Ges) MAkad Graz. **Laufb:** Wiener Volksop (Optte: Zigeunerbaron, Bettelstudent, Land des Lächelns; Op:Verkaufte Braut, Martha), FSp Bayreuth u Bregenz (Zigeunerbaron), Ten Wiener Volksop (Tiefland) 88, Mailänder Scala (Oberon, Fliegender Holländer), Zürich (Holländer, Verkaufte Braut), Buenes Aires (Holländer, Ariadne), Santiago de Chile (Holländer), Houston (Ariadne), Kapstadt (Meistersinger), Mitgl Wiener Staatsop seit 91 (Debüt: Fliegender Holländer, 'Erik'; Freischütz, 'Max'; Fidelio, 'Florestan'). (Red)

Pachinger, Gerald, Prof, Hochschullehrer, Klarinette; Univ f Musik u Darst Kunst, Inst 4, Brandhofgasse 21, A-8010 Graz, T: (03 16) 3 89 37 79, *gerald.pachinger@kug.ac.at*; c/o Agentur Legato, Seilerstätte 5, A-1010 Wien, T: (01) 5 12 76 59, F: 5 12 83 70, *mail@legato.at*. **Ausb:** Stud Wien (P Schmidl). **Laufb:** Grdg-Mitgl GMJO, Sol Wiener Symph 87, L MH Wien seit 97, VertragsProf (Klar) U f Musik u Darst Kunst Graz. **Ens:** Mitgl 'quintett.wien'. (Red)

Paço, Anne do, MA, Dramaturgin f Musiktheater, Konzert u Ballett; c/o Staatstheater Mainz, Gutenbergpl 7, D-55116 Mainz, T: (0 61 31) 2 85 11 54, F: 2 85 11 59, *adopaco@staatstheater-mainz.de* [Mainz 26.1.1970]. **Ausb:** Stud (MWiss, KuGe, Germanistik) FU Berlin 90–95. **Laufb:** Dram u Referentin d GMD Staatsth Mainz seit SpZ 95/96. – **Sonst:** Publ: Art über P Maxwell Davies, P Dessau, P Hindemith, B Martinu, C Monteverdi, D Schostakowitsch, G Verdi u R Wagner, in: Knaurs Großer Opernführer, Hg: Th Steiert, München 99; Art über P Maxwell Davies, D Glanert, I Grünauer, H Holliger, V D Kirchner, R Liebermann, J Offenbach, I Pizzetti, S Prokofjew, A Schnittke, O Schoeck u K Stockhausen, in: Lexikon der Oper. Komponisten, Werke, Interpreten, Sachbegriffe, hrsg v E Schmierer, Laaber 02; Art über 'Il Convitato di Pietra o sia Il Dissoluto' v V Righini, in: 'Don Juan-Don Giovanni-Don <Z>ˇuan. Europäische Deutungen einer theatralen Figur', Hg: F Göbler, 04; Programmheftbeiträge, Komponistenporträts u Interviews ua f Münchner Philh, Dt Kammerphilh Bremen, Camerata Salzburg, Konzerthaus Dortmund, Th Dortmund, Staatsth Mainz, ballettmainz, Tschechische Philh, Th Gießen.

Pacor, Giovanni, Dirigent; c/o Konzert-Direktion Zagovec, Hans-Böckler-Str 23, D-65468 Trebur-Astheim, T: (0 61 47) 91 96 60, F: 91 96 62, *agentur@zagovec-artists.de*; *www.zagovec-artists.de*. **Laufb:** Dgt Vereinigte Bühnen Graz SpZ 03/04. (Red)

Padmore, Mark, Tenor; c/o Van Walsum Management Deutschland, PF 3409, D-30034 Hannover, T: (05 11) 3 66 07 23, F: 3 66 07 24, *mrobertson@vanwalsum.com*; *www.vanwalsum.co.uk*, *www.markpadmore.com* [London]. **Ausb:** Stip (Chorges) King's College Cambridge, Stud (E Vietheer, J Chapman, D Forlano). **Laufb:** Rameau: Platée (Thespis, Mercure), Edinburgh Fstv, Royal Op London 97; Britten: Paul Bunyan (Hot Biscuit Slim), Royal Op 97; Rameau: Zoroastre (Titelrolle), BBC Proms 98; Britten: Billy Budd (Novice), London Symph Orch 99; Mozart: Don Giovanni (Don Ottavio), Aix-en-Provence Fstv 99; Haydn: Orfeo ed Euridice (Orfeo), Op de Lausanne 2000; Bach: Johannespassion (Evangelist), Engl Nat Op 2000; Britten: Serenade f Tenor, Hn u Str (Tenor), City of Birmingham Symph Orch 2000; Britten: Les Nuits d'été (Titelrolle), Salzburg Fstv 2001; Bach: Matthäuspassion, Cheltenham Fstv 2001; 6 Lieder aus Henze: The Arabian, Queen Elizabeth Hall, Henze Fstv 2001. – **Aufn/RF:** Gesamteinsp Bach-Kantaten, Dgt: J E Gardiner; Bach: 'Johannespassion' (Evangelist), Dgt: P Herreweghe 2001.

Padrós, David, Komponist, Klavier; Rosselló 213, 1–1, E-08008 Barcelona, T: 9 32 17 09 43 [Igualada (Barcelona) 22.3.1942]. Konzertmusik **Ausb:** Stud Kl (P Baumgartner), Komp (H H Lehmann) Cons Basel, Komp (K Huber) MH Freiburg 76–82, Kl (S Savoff) MH Zürich. **Laufb:** Kl-L-Dipl (Spanien), Konz-Dipl (Dtschld), SolDipl (Schweiz); Int MFSp Barcelona 71 u 87, Gaudeamus MWeek 72, Int MFestW Luzern 77, Europalia Brüssel 85, Fstv Perpignan 94, Expo Sevilla 92, Enc Comp Palma d Mallorca 02. **Pr:** H Lenz-Pr 69, Landis & Gyr 76. **Ens:** Vol ad Libitum. **Mitgl:** Ass Catalana de Compositors, Grup Confluències. – **Komp:** Khorva 73, UA Lugano 81; El temps segons Rama 2000, UA Barcelona 2000. **AuftrKomp:** Batalla 76–77, UA Luzern, Int MFestW 77 (Auftr: St Landis & Gyr); Styx 71 (Kl, KamEns), UA Int MFSp Barcelona 71; Jo-ha-kyu (Orch) 83, UA Orch Ciutat Barcelona, Dgt: M Decoust 83 (Auftr: Ass Cat Comp); Arachne (KamEns) 84, UA Europalia-Brüssel 85 (Auftr: M-Kredit-Komm Basel); Ketjak (4 Pianisten, 2 Kl) 90, Dutch Pianist's Qua, Barcelona 91 (Auftr: Setmana Int M Contemp, Barcelona); La Sala de la Suprema Harmonia (KamEns) 91, Ens Barcelona 216, Barcelona 91 (Auftr: Ens Barcelona 216); Manas (KamEns) 96, Grupo Enigma, Zaragosa 96 (Auftr: Grupo Enigma); Cheops (KamOrch) 97, Orq Cambra Teatre Lliure Barcelona, Teatre Lliure 97 (Auftr: Orq Cambra Teatre Lliure); Projeccions (KamOrch) 01, Orq Cambra Teatre Lliure, Barcelona 01 (Auftr: Orq Cambra Teatre Lliure); KlKonz (Kl, Orch) 02, Orq Simf Balears, Palma de Mallorca 03 (Auftr: Fund ACA). **Sonst:** MitArb M-Zs Revista Musical Catalana, Quodlibet, Scherzo, Radio Nac de España. **Lit:** El compositor D Padrós, Zs Serra d'Or Sept 87; El Parámetro Espacio en la M de D Padrós, J J Olives, Encontres d Comp XI Palma de Mallorca 90; D Padrós, compositor, G Martí, Revista Igualada Sept 01.

Päch, Timo, Tenor buffo; c/o Stiftung Staatstheater Nürnberg, Richard-Wagner-Pl 2–10, D-90443 Nürnberg [Eutin 8.12.1975]. Spieloper, Operette, Musical **Ausb:** Stud Ges (Prof J Hallstein) MH Würzburg 97–2002. **Laufb:** Sol Hindemith: Op-Triptychon, RIAS JugendOrch, Hebbel-Th Berlin 01; Sol Th Nürnberg 02–04. **Mitgl:** Richard-Wagner-Verband Würzburg.

Paeffgen, Alexander, Schauspielmusiker, Künstlerischer Leiter; Emser Str 18, D-10719 Berlin, T: (0 30) 86 20 95 75, F: (0 30) 86 20 95 75; c/o Neue Opernbühne Berlin, Goltzstr 13, D-10781 Berlin. **Laufb:** Lt SchspM Th Dinkelsbühl SpZ 03/04, Gast-SchspM Th Freiburg seit SpZ 03/04, Künstler Lt NOB SpZ 04/05. (Red)

Pähn, Vello, Dirigent; c/o Hamburgische Staatsoper, Große Theaterstr 34, D-20354 Hamburg, PF 302448, D-20308 Hamburg [Tallinn, Estland 1958]. **Ausb:** Stud Kons Tallinn, Musikakad Leningrad. **Laufb:** Dgt Hamburg Staatsop, Dgt Sächs Staatsop Dresden. (Red)

Pärt, Arvo, Komponist; c/o Universal Edition AG, Bösendorferstr 12, A-1010 Wien, PF 3, A-1015 Wien, T: (01) 33 72 31 43, F: 33 72 34 00, *marinitsch@universaledition.com*; *www.universaledition.com* [Paide, Estland 11.9.1935]. **Ausb:** Stud (H Eller) Kons Tallin 58–63. **Laufb:** Tonmstr Estländ RR Tallin 58–67, seitdem freischaff, Porträtkonz Münchener KamOrch München 05. **Pr:** 1. Pr Komp Wettb Moskau 62, DAAD Stip 81/82, Classical Edison Award 89, Unabh Russ Kunstpr 'Triumph' Moskau 97, Kulturpr Rep Estland 98, Estn NatOrden 2. Klasse 98, Herder Pr 2000, Commandeur de l'Ordre des Arts et des Lettres de la Rep Française 01, Classical Brit Award 'Contemporary M Award' London 03, KompPr 'C A Seghizzi' Gorizia, Italien 03, Borderland Award, Polen 03, Komponist d Jahes, USA 05, Europ Kirschenmusikpr 05; Dr hc: MAkad Tallinn 90, Univ Sydney 96, Univ Tartu 98, Univ Durham 02, Univ Nacional de General San Martin, Argentinien 03; Ehrenmitgl: Königl Schwed Akad f M Stockholm 91, American Acad of Arts and Letters New York 96, Acad Royale des sciences, des lettres et des beaux-arts Belgien 01, The Royal School of Curch Music, GB, Accademia Nazionale di Santa Cecilia, Rom; Grammy-Nomin: Best Contemp Comp 89, 91, 97, 03, Best Classical Album 03. – **Komp:** ua Our Garden 59/03; Nekrolog op 5 60; Perpetuum mobile op 10 63; Collage über B-A-C-H 64; Credo 68; Sinfonie Nr 3 71; Für Alina 76; Fratres 77; Summa 77; Tabula rasa 77; Cantus in Memory of Benjamin Britten 77/80; Sarah was Ninety Years Old 77/80; Spiegel im Spiegel 78; De profundis 80; Passio 82; Te Deum 85/92; Stabat Mater 85; Magnificat 89; Miserere 89/90;

The Beatitudes 90; Berliner Messe 90/02; Silouans Song 91; And One of the Pharisees 92; Kanon Pokajanen 97; Como cierva sedienta 98/02; Cantique des degrés 99/02; Littlemore Tractus 2000; Orient&Occident 2000; My Heart's in the Highlands 2000/02; Cecilia, vergine romana 2000/02; Beatitudines 01; Lamentate 03; In principio 03; L'abbé Agathon 04; Da pacem Domine 04. **Lit:** zahlr wiss Arbeiten, Monographien, Artikel in Zs u Lex etc.

Paetsch Neftel, Michaela Modjeska (Pseud: Modjewska Grogowilodi), Violine; Luisenstr 45, CH-3005 Bern, T: 03 13 52 74 75, F: 03 13 52 72 92, *michaela.paetsch@bluewin.ch*; c/o Claudio Mignot Musikmanagement, Mattenhofstr 31, CH-3005 Bern, T: 03 13 72 51 32, 07 95 72 66 55, F: 08 60 79 57 26 6 55, *contact@mignot.ch*; *www.artegioia.ch* [Colorado Springs 12.11.1961]. Barock, Klassik, Romantik (Brahms), zeitgen Musik (Gubaidulina) als Solistin, Kammermusikerin u in versch Duos **Ausb:** b G Paetsch, P Paetsch u O Paetsch Colorado Springs 64–79; Stud (I Galamian), KamM (J Gingold) Meadowmount/NY 75; (S Goldberg), KamM (R Hillyer) Yale Univ 80–82; (S Goldberg), KamM (F Galimir, M Schneider) Curtis Inst of M 82–84. **Laufb:** zahlr (Solo-)Auftr ua m Colorado Symph Orch 72–94, Denver Symph Young Artists Orch 75/76, Denver Symph Orch 76–79, Colorado Philh Orch 78–79, LA Young Musicians Foundation (Orch-Debüt) u M-W Chung 79, Teiln Marlboro MFstv Vermont 81, Colorado Springs Symph Orch 82, 'Music from Marlboro' Tournee (Ostküste) 82, Portland Symph Orch/Maine u B Hangen 83, Calgary Philh Orch/Banff 83, Montreal Symph Orch 83, Dallas Symph Orch 84–85, Denver Symph Young Artists Orch 84, Solo-Konz Carnegie Recital Hall 84, Orch Nat de Belgique/Brüssel 85, Rezital-Tournee m D Blumenthal Brüssel u Amsterdam 85, Paetsch Family Chamber M Ens Reunion Konz Colorado Springs 86, Locarno Radio Orch u M Andrea 87, Berkeley Symph Orch u K Nagano 88, Promotion-Konz f Paganini-CD München, Frankfurt u Hamburg 88, Osaka Philh u I Asahina 89, Seoul Philh u C-D Chung 90, Liège Philh u Bartholomèe 91, Orch de la Suisse Romande 92, NHK Symph Orch u H Stein (TV–Live-Aufn) sowie Rezital-Tour m H Ueda (Kl) in Nagoya, Tojo-cho, Nara u Tokyo 93, Gewandhaus Orch Leipzig u Kitajenko 94, BBC Symph Orch u D Kitajenko 95, Klubhaus-Tournee m K Nagano, Hallé Symph Orch (Manchester) 99, KamM m S Minz in Paris Musée d'Orsay 2000, KamM m ens incanto in Dresden, Elsass u Köln (RF-Live-Aufn f WDR) 2000, Konz St Martins-Kirche Basel 2000, Rezital m E Le Van (Kl) F-Liszt-Fstv Ingersheim/Elsass 01, Slovak Radio Orch u P Gribanov 03, Carinthischer Sommer in Ossiach m J Banse, A Browner, J Taylor, D Henschel, L Klahn, G Schiefen u ens incanto, Prager Philharmoniker u K Zehnder in Bern, Bern Symph Orch u G Griffith in Thun 04, ens incanto in Bad Sobernheim m R Manno u L Klahn 05; Mstrkse Kons Luzern 93, Münster/Westf 97; Int Mstrks f Instr-Sol u Ens (m ens incanto) Kloster Mariensee regelm seit 99, Mstrkse Principal College Southern Illinois Univ u Univ of Missouri 02. **Pr:** 1. Pr Mozart-Fstv (Int Wettb), 2 1. Prse Music Teachers Nat Assoc – American String Teachers Assoc Wettb Chicago 78, 1. Pr Young Musicians Found Award (D-Birnbaum-Memorial-Award) Los Angeles 78, 1. Pr G B Dealey Awards Int VWettb Dallas 84, 3. Pr Reine-Elisabeth-Wettb Brüssel 85, einziger Pr f russ Komp Tschaikowsky-Wettb Moskau 86. **Ens:** Konzm u Sol Paetsch Family Chamber M Ens 70–86, ens incanto Köln (als Duo, Trio, Qua) m G Schiefen (Vcl), L Klahn (Kl), R Manno (Klar) seit 93, Duo Paetsch-Le Van (V, Kl) seit 2000, Duo Paetsch & Pip Wieslaw Pipczynski Akkordion seit 03. **Mitgl:** schweizerischer tonkünstlerverein. – **Aufn/RF:** Boccherini: Qui Nr 2 op 28, m P Carmirelli (V), T Hoffmann (Va), R Bolipata, G Hoffman (Vcl), 40th Anniv Marlboro M Fstv 81 (CD 91); Paganini: 24 Capricen 87; S Gubaidulina: Offertorium f V u Orch 87, KonzMitschn m Berner SymphOrch 90; P Hindemith: Klar-KamM, m ens incanto, WDR Köln 94; J Brahms: KlQui op 115 u KlQui op 34, m R Manno (Kl), A Perl (Kl), R Cunz, H Rohde, G Schiefen (Vcl) 95; W A Mozart: Kl Qui in A-Dur KV 581, m R Manno (Kl), R Cunz (V), H Rohde (Va), G Schiefen (Vcl) 97; J Brahms: 21 Ungar Tänze f V u Kl, arr u gespielt v M P N (V), L Klahn (Kl) 95; D Hagen: Strings Attached, Suite f V 84, Duo f V u Vcl 97, m R La Rue 98; D Milhaud/B Bartok/I Strawinsky/A Khachaturian: Trios f V u Kl, m R Manno, L Klahn, ens incanto 2000; J J Raff: VKonz Nr 1 op 161 in h-moll, Nr 2 op 206 in a-moll, Cavatina f V u Orch op 85 Nr 3, Ungrischer f V u Orch op 203, m H Stadlmair u Bamberger Symph 2000; Konz m ens incanto Nachtmusik u Sonderkonz m Werken v O Messiaen, M G Scholl, P Hindemith, M Trojahn, W A Mozart, WDR Köln 02; Konz m ens incanto Bern u Duo Paetsch-Le Van, DRS/Schweiz 03; Konz m J P Amann Pavillon Suisse, RF-Aufn b Espace 2 03, V-Konz f V u O Nr 3 v A Furer u K Zehnder sowie d Prager Philharmonikern 05. **UA:** K Stickney: Fantasy, m Denver Symph Orch, Colorado 79; D Hagen: Concertino I, m Curtis Symph Orch, Philadelphia 83; ders: Trio Concertante, New York 84; ders: 2nd suite f Solo V, Philadelphia 85; W Coble: Solo Fantasy, Philadelphia 85; J J Raff: Konz Nr 2 op 206 in a-moll, Ungrischer (à la Hongroise) op 203, Konz Nr 1 op 161 in h-moll, m H Stadlmair u Bamberger Symph 2000; ders: Sonatillen f V u Kl op 99, m E Le Van (Kl) 03; R Kritz: 'Blue Reflections' m E Le Van in Rezital Colorado Springs 04, Bern 05; M Paetsch: 'Une Surprise' in S Rezital Spiez Sw. **Zug:** R Kritz: 'Blue Reflections' f V u Kl m E Le Van (Kl), Stickney 79; D Hagen: Konz Nr 1, UA m Curtis Symph Orch Philadelphia 83. **Sonst:** als Duo m d Welte Mignon Mechanical Piano im Hotel Walhaus in Sils Maria; versch Foto-Ausstellungen.

Paetzholdt, Ulrich, Chorleiter; c/o Deutsche Oper, Bismarckstr 35, D-10627 Berlin. **Laufb:** Erster Chordir Dt Op Berlin. (Red)

Pagani, Matthias, Sänger; Nollendorfstr 26, D-10777 Berlin, T: (01 70) 7 75 76 77; c/o Stadttheater Gießen, PF 111128, D-35356 Gießen. **Laufb:** Sol Schloßfestspiele Ettlingen, Gastsol Städt Th Chemnitz SpZ 03/04, Stadtth Gießen SpZ 04/05. (Red)

Pagh-Paan, Younghi, Prof, Hochschullehrerin, Komponistin; Hochschule f Künste, FB Musik, Dechantstr 13–15, D-28195 Bremen, T: (04 21) 3 01 92 40, F: 3 01 92 37 [Cheongju, Süd-Korea 1945]. **Ausb:** KompStud Seoul Na Univ, Stud (Komp, Analyse, MTheorie, Kl) MH Freiburg b Klaus Huber, Brian Ferneyhough, Peter Fürtig, Edith Pich-Axenfeld. **Laufb:** Prof (Komp) H f Künste Bremen 94. **Pr:** 1. Pr 5. Komponistensem in Boswil (Schweiz) 78, 1. Pr b Rostrum of Composers (Unesco, Paris) 79, Nan-Pa-Musikpr in Korea, 1. Pr d Stadt Stuttgart 80, Heidelberger Künstlerinnenpr 95. (Red)

Pagin, Diego, Violine; 32, rue Herder, F-67000 Strasbourg [26.2.1944]. **Laufb:** Konzm SWR Sinfonieorch Baden-Baden u Freiburg.

Pagitsch, Florian, Mag, Dr, Prof, Hochschullehrer, Klavier, Orgel; A-9065 Kossiach 19, T: (04 63) 74 00 66, *fatran@aon.at*; Univ f Musik u Darst Kunst, Inst Ludwig van Beethoven, Rennweg 8, A-1030 Wien, *Pagitsch@mdw.ac.at*; *www.pagitsch.officelight.at* [Tamsweg, Salzburg 1959]. **Ausb:** Stud (Kl, Org, Mwiss) i Salzburg u Wien, Habil 03. **Laufb:** Lehrtätigkeit U f Musik u Darst Kunst Wien seit 89, ao UProf ebd, SoloKonz i Europa, Australien, Japan u USA. **Pr:** Franz Liszt-Pr, Budapest 78, Johann Sebastian Bach-Med Leipzig 80, 1. Pr f Imp Anton-Bruckner-Wettb Linz 86. – **Aufn/RF:** CD-Aufn b MDG.

Pagmar, Karin, Schauspielerin, Opernsängerin (Mezzosopran); Meidlinger Hauptstr 16–18/20, A-1120 Wien, T: (01) 8 15 11 24, 06 76–5 73 20 12, F: (01) 8 15 11 24; c/o Re Nova Classics, Andreas Zadeyan, Herzgasse 92, A-1100 Wien; *www.karin-pagmar.com* [Schweden]. Konzert, Oper, Operette, Musical, Chanson, Gastspiele **Ausb:** Stud MH Piteo, Schauspielschule Malmö, musikal Stud an d Nordwestdt Musikakad Detmold u OpStudio Göteborg. **Laufb:** Eng b schwed Fernsehen u Scala Th Stockholm, Primadonna Intiman Th Stockholm 83, Eng an versch Stockholmer Th, Wien seit 93, Eng Dtschld, Belgien, Schweiz, Sol SommerFSp Bad Ischl, Stadtth Baden, Freie Bühne Wieden, KamOp Wien, Schlossth Schönbrunn, Stadtth Klagenfurt, SommerFSp Meggenhofen u Stadtth Bayreuth, Kl Th Bad Godesberg 03, KonzReisen u Fernsehauftr, Dtschld-Tournee 01–04.

Pagostkin, Alina, Violine; c/o Concertino Agentur, Nerotal 24, D-65193 Wiesbaden, T: (06 11) 1 80 56 56, F: 1 80 56 57.

Pahl, Anne-Dorothea, Prof, Hochschullehrerin, Gesang; Hochschule für Musik und Theater Hamburg, Harvestehuder Weg 12, D-20148 Hamburg. **Laufb:** Prof (Ges) H f M u Th Hamburg. (*)

Pahud, Emmanuel, Flöte; c/o Künstleragentur Dr. Raab & Dr. Böhm, Plankengasse 7, A-1010 Wien, T: (01) 5 12 05 01, F: 5 12 77 43, *office@rbartists.at*; *www.rbartists.at/pahud.htm* [Genf 27.1.1970]. **Laufb:** 1. Flötist RSO Basel 89–92, Münchner Philh 92, Sol Berliner Philh seit 93, Sol Scottish Chamber Orch 04, ZusArb ua m Berlin Philh, RSO Berlin, RSO Stuttgart, Orch de la Suisse Romande, Tokyo Symph Orch, Yomiuri Nippon Symph Orch, London Symph Orch, Belgian Nat Orch, Liège Philh Orch, Duo m Eric Le Sage (Kl), Prof Cons Genf 2000–01. **Pr:** 1. Pr b Int Wettb ua Duino 88, Kobe 89, Genf 92, Prtr d Yehudi Menuhin Stift, JUVENTUS-Pr. – **Aufn/RF:** Mozart: Concerti, Dgt Abbado; 'Paris' (frz Flötenmusik) m Eric Le Sage; 'Cantos y Danzas' (Piazzolla Tangos) m Manuel Barrueco; Joseph u Michael Haydn: Konz u Scherzandi; Mozart: Quartette f Fl u Str m Poppen, Schlichtig, Queyras; Debussy, Ravel, Prokofieff: Werke u Sonaten f Fl m Kovacevitch, Mørk, Karneusz; 'Flötenmusik'. (Red)

Pajic-Dahl, Kerstin, Sängerin; Bogenstr 7, D-47918 Tönisvorst, T: (0 21 51) 79 71 64, (01 75) 1 05 11 19; c/o Vereinigte Städtische Bühnen, Odenkirchener Str 78, D-41236 Mönchengladbach. **Laufb:** Sol Vereinigte Städt Bühnen Krefeld u Mönchengladbach. (Red)

Pakusch, Ulrich, Solorepetitor m Dirigierverpflichtung; Seiterichstr 7 a, D-76131 Kaiserslautern, T: (06 31) 1 83 57 68 [Bochum 10.2.1968]. Kapellmeister, Organist **Ausb:** Stud Dirig (M Pommer) MH Saarbrücken 93–96, Stud Org (D Roth) MH Frankfurt/M 96–2000. **Laufb:** Solorep Pfalzth Kaiserslautern. **Ens:** Frankfurter Kammersol. – **Aufn/RF:** CDs: Werken f V u Org, Wallfahrtsbasilika Werl 94; L Boëllmann: Werke, Cathédrale de Saint-Omer 99. **Sonst:** Grdg Förderkreis d KiM an d Basilika Werl eV.

Palacios, Nidia, Mezzosopran; Kupferhammer 51, D-60439 Frankfurt/Main, T: (0 69) 95 15 47 42, *nidiap@aol.com*; c/o Oper Frankfurt, Untermainanlage 11, D-60311 Frankfurt/Main, T: (0 69) 2 12 02, F: 21 23 75 65 [Buenos Aires]. **Ausb:** Gesang Nat MH Buenos Aires, Kunstinst Teatro Colón, Staatl H f Musik Karlsruhe (M Venuti). **Laufb:** erste OpPartien (Così fan tutte, Figaros Hochzeit, Der Barbier v Sevilla) in Argentinien, EnsMitgl Op Frankfurt seit 2000 (Debüt Sol Silvestergala u Dorabella 'Così fan tutte', dann ua Poppea 'Die Krönung d Poppea', Meg Page 'Falstaff', Fenena 'Nabucco', Dame 'Zauberflöte', Hänsel 'Hänsel u Gretel', Page 'Salome'), Sol Op Frankfurt SpZ 03/04. (Red)

Palm, Kurt, Prof, Hochschullehrer, Horn; Pestalozzistr 1, D-01847 Lohmen, T: (0 35 01) 58 20 90 [Rostock]. **Ausb:** Stud H f M 'Hanns Eisler' Berlin 56–59 (Abschl OrchMusiker). **Laufb:** Solo-Hn Th Frankfurt/O, Solo-Hn SinfOrch Schwerin 60/61, Sol Defa-SinfOrch Babelsberg 61/62, Sol Berliner Sinf-Orch 64–87, int Gastsp m Berliner Oktett, ua USA, Kanada, Südamerika, Großbritannien, Finnland, Österreich, Italien, Schweiz, Frankreich, Nordafrika, Indien, Japan, China, Australien, LBeauftr u Doz H f M 'Hanns Eisler' Berlin 64–87, Prof (Hn) H f M 'Hanns Eisler' 87, Prof nach neuem Recht 92. **Ens:** Berliner Oktett 64–92. – **Sonst:** Mitbegrd Berliner Oktett 64.

Palm, Stefan, Cembalo, Orgel; Mannheimer Str 3, D-52428 Jülich, T: (0 77 32) 5 88 37, F: 5 88 36, *stefanpalm@aol.com*. **Ausb:** Stud (KiM, Orgel, Cemb, Kl) MH Köln, MH Aachen, MM Juilliard School New York. **Laufb:** Doz (Cemb, KamM) MH Köln, Abt Aachen, 2002–2003, Kantor an St Marien in Neuss, KonzReisen in Europa, USA, Japan. **Pr:** Stip Studienstift d Dt Volkes, zahlr Pr ua Int Musikwettb ARD München. – **Aufn/RF:** zahlr RF-Aufn b dt u int Sendern, zahlr Cd-Einsp. (Red)

Pálmadóttir, Sigrún, Sopran; Theater, Am Boeselagerhof 1, D-53111 Bonn [Bolangarvik]. **Laufb:** Sol Th Bonn. (Red)

Palmen, Alvaro, Dirigent; c/o Bühnen der Stadt Köln – Opernhaus, PF 101061, D-50450 Köln. (Red)

Palmer, John, PhD, Prof, Komponist, Hochschullehrer; Vogelsangstr 22, D-70176 Stuttgart, T: (07 11) 4 89 89 21, F: 4 89 89 21, *info@johnpalmer.org.uk*; Hochschule f Musik u Darst Kunst, Urbanstr 25, D-70182 Stuttgart; *www.johnpalmer.org.uk* [London 25.9.1959]. Orchester, Kammermusik, elektroakust Musik, Radio Art **Ausb:** Stud (Kl) MH Luzern, (Komp) Trinity Coll of M London, (Komp) City U London, Abschluss PhD. **Laufb:** Doz U of Oxford 91–95, U of Hertfordshire London 95–2000, Prof Staatl H f M u Darst Kunst Stuttgart seit 2000. **Pr:** Luzern 92, Bourges 93, London 95, Klagenfurt 96, Tokio 96. – **Komp:** Koan, UA London, Imperial Coll; Sinfonia 21 (f Shakuhachi u KamOrch); Dream (Streichqua), UA Klagenfurter Musiktage, Sheppart Qua 96; Beyond the Bridge, UA London, Southbank Centre 94; You, Composers Ens, UA Dartington Summer Fstv 92; Theorem (Pianotrio), UA Bath Fstv, Gould Piano Trio 95; He (f 8 Sänger), UA Dublin, Nat Choir of Ireland 03; Transition (Qua), UA KonzHaus Berlin, Modern Art Sextett 03; Waka, UA ZKM Karlsruhe, Ens Omega 03. **AuftrKomp:** 50 Werke (KamM, Orch, Chor, Instr, Elektroakustik) 85–04. **Aufn/RF:** zahlr CDs eigener Komp, u a: Phonai; Spirits; Palmer/Martlew: Beyond the Bridge; Morgan/Palmer: Renge Kyo; Chapman/Palmer: Vision (alle 97); Hinayana; Encounter; Between; Epitaph (alle 01); weitere Werke in: Music from the Setting Century 3; GMEB, UNESCO Culture Electronique 8; Koan; Still; Satori (alle 03). **Sonst:** versch Fstvs f zeitgen M, Piano- u Elektr Duo-Pianist, Sound Diffusionist. **Lit:** Radio-Progr in Frankreich 94–99, Schweiz 90–98, Russland, USA, Australien 97–99; Fernseh-Progr in Russland 98.

Palmova, Julia, Solorepetitorin; Adlerstr 16, D-65183 Wiesbaden, T: (06 11) 56 57 99 80; Hessisches Staatstheater, PF 3247, D-65022 Wiesbaden. **Laufb:** Korr Th Regensburg, Rep Hess Staatsth Wiesbaden. (Red)

Palombi, Antonello, Tenor; c/o Oper Zürich, Falkenstr 1, CH-8008 Zürich; c/o Stadttheater Bern, Nägeligasse 1, CH-3000 Bern 7. **Laufb:** Sol Op Zürich, Dt Op Berlin SpZ 03/04, Stadtth Bern SpZ 04/05, Gastsol Op Frankfurt SpZ 04/05. (Red)

Palomo, Lorenzo Martínez, Prof, Komponist, Dirigent, Pianist; Bollmannweg 8, D-13595 Berlin, T: (0 30) 3 61 38 81, *lorenzopalomo@aol.com*; *www.lorenzopalomo.com* [Ciudad Real, Spanien 10.3.1938]. **Ausb:** Stud Komp (J Zamacois), Kl (S Puche de Mendlewicz) Cons Sup de M Barcelona; Dirig (B Goldovsky) Goldovsky Op Inst New York. **Laufb:** Dgt, Pianist u Spezialist f d ital Repertoire Dt Op Berlin. **Mitgl:** Soc General de Autores y Editores (SGAE) Madrid. – **Komp:** 'Del atardecer al alba' (Liederzyklus) UA New York, Carnegie Hall m M Caballé, M Zanetti 87; 'Plenilunio' (Lied) UA Berlin, Dt Op m K Armstrong, H Hilsdorf 91; 'Tientos' (Lied) UA Madrid, M Caballé, L Palomo, Streichqua Orq Nacional de Espana 91 (Auftr M Caballé); 'Una primavera andaluza' (Liederzyklus) UA Berlin, Dt Op m K Armstrong, H Hilsdorf 92; 'Nocturnos de Andalucia' UA Berlin, Konzerthaus, RSO Berlin, Dgt: R Frühbeck de Burgos 96 (Auftr: R Frühbeck de Burgos); FdB-Música para un festival (OrchWerk) UA Berlin, Konzerthaus, RSO Berlin, Dgt: R Frühbeck de Burgos 98; 'Andalusian Divertimento' (Trio f Kl, V u Vcl) UA New York, Univ of Rochester, R Penneys, I Kaler, S Reuss 2000 (Auftr: Uni of Rochester); 'Concierto de Cienfuegos' (Konz f 4 Git u Orch) UA Sevilla, Teatro de la Maestranza, Los Romeros&Real Orquesta Sinf de Sevilla, Dgt: R Frühbeck de Burgos 01 (Auftr: Sociedad General de Autores); Cantos del alma (Suite f Sop, Klar u Orch) UA Barcelona, R Sheeran u L Passion m Orquesta Sinf de Barcelona, Dir: Jésus López Cobos, Auditorio de Barcelona 02; 'Madrigal y Cinco canciones sefardies' UA Berlin, Dt Op m O Sala 04; 'Nocturno y danza' (f Orch) Auftr R Frühbeck de Burgos UA 06; 'Dulcinea' UA Berlin, Konzerthaus, A Arteta, B Ulrich, A Kotchinian, Orch u Chor d Dt Op, Dgt: M A Gómez Martinez 06; 'Mi jardin solitario' (Gesänge) gepl UA 06 (Auftr M Bayo u P Romero). **Aufn/RF:** 'Latino' (12 lateinamerikanische Lieder in Bearb f Chor u Sinforch) m O Donostiarra u Orquestra Sinfónica de Euskadi, Dgt: J A Sáinz Alfaro 05; 'Nocturnos de Andalucia' & 'Canciones espanolas' m P Romero, M Bayo, Real Orquestra Sinfónica de Sevilla, Dgt: R Frühbeck de Burgos 06.

Palumbo, Renato, Dirigent; c/o Wiener Staatsoper, Opernring 2, A-1010 Wien. **Laufb:** MD Op Istanbul 89–94, ChefDgt Op Kapstadt, Dgt Staatsop Wien 03–05, GastDgt Dt Op Berlin SpZ 04/05, GMD ebd ab SpZ 06/07. (Red)

Pammer, Anna Maria, Sopran; Straussengasse 24/13, A-1050 Wien, T: (01) 5 87 68 12, 06 99–19 43 67 31, F: 5 87 68 12, *pammer@floegl.at*; c/o Cadenza Concert, Franz Josef Kai 3, A-5020 Salzburg, T: (06 62) 84 05 05, F: 8 40 50 54, *office@cadenza-concert.at* [Linz]. **Ausb:** Stud (Ges b A Rott, Vcl b E Knava, Lied u Orat b W Moore, MDram Darst b D Bülter-Marell u K Malm) H f M u darst Kunst Wien 85–91, Int OpStudio Zürich 92–93. **Laufb:** Zimmermann: 'Der Schuh u d fliegende Prinzessin' (Prinzessin) Salzburger FSp 95, Op Leipzig 95, Wiener KamOp SpZ 95/96, Weber: Drei Pintos (Inez (G Bertini) 97, Konz m Messen u Konz-Arien v Mozart, Schubert: Messen, Bach: Passionen u Kantaten, Werke d 20.Jhs, 'Ein dt Requiem', Frankreich, m Chapelle Royale (P Herreweghe) 96, Mendelssohn: 'Sommernachtstraum', Wiener Musiksommer m Wiener Symph (R Norrington) 97, Tournee m MDR-Orch Leipzig 99, zahlr Liederabende ua Brucknerhaus Linz, KamMFest Lockenhaus, Konz ua m Hagen Qua, Auryn Qua, Arditti Qua, Wiener Klaviertrio, G Kremer, Sol Volksop Wien SpZ 03/04, Klangbogen Wien 02, 05. – **Aufn/RF:** Ö1-Intrada 98, 03, 05CDs: G Kreisler: Der Aufstand der Schmetterlinge 01; Girolamo Frescobaldi: Maria 02; Christian Utz: site m Arditti Qua 02; St D Hummel: Visions 02; Eugene d'Albert: Tiefland, Dgt: B de Billy; A Schönberg: StrQua m Aron Qua 03; P Androsch Sammlung 3-Musikdrama 04; Balduin Sulzer: Pas de deux 04 u ders: Sibyllen-Sirenen-Soprane 05; Maria Infiesta: Lieder u Klavierwerke 05. **UA:** Bernhard Lang: Theater der Wiederholungen, UA Graz 03; Peter Androsch: Und die Stadt dazu, Brucknerhaus Linz 03; Christoph hendler: DIAL GEH AUF; OFFM BIST!, UA Linz 04; Balduin Sulzer: Aspekte Hiob, UA LInz 04; Clemens Gadenstätter: Powered by emphasis, UA Donaueschinger Musiktage 05. **Sonst:** Regiearbeit Händel: Acis u Galatea, Vöcklabruck 04; Publ: Das Veilchen. Zum klass Lied'', in: Historicum Nr.24/1991; „Schubert, Mendelsohn u die musikal Romantik", ebd Nr. 51/1997. **Lit:** Portrait v R Kannonier in: ÖMZ 1–2/2000.

Pampuch, Helmut, KS, Tenor; Dörper Weg 34, D-40670 Meerbusch, T: (0 21 59) 36 05, (01 71) 7 13 36 23; c/o S Sintow-Behrens Int Promotions & Management, Schleibingerstr 8, D-81669 München, T: (0 89) 44 21 89 00, F: 44 21 89 03, *office@sintow-behrens.com*. **Laufb:** Sol Dt Op am Rhein Düsseldorf-Duisburg (03/05), Sol Bayer Staatsop München. (Red)

Pan, Daxi, Dipl, Dirigent; Festungsstr 4, D-96450 Coburg, T: (0 95 61) 59 62 07, *daxipan@msn.com* [Shanghai 27.9.1967]. Oper, Lieder **Ausb:** Stud (Dirig, Kl) MH Shanghai 86–89, (Dirig) b Prof Hans-Dieter Baum HfM 'Hanns-Eisler' Berlin 91–96, (Dirigieraufbaustud) b GMD Wächter MH Lübeck 96–97. **Laufb:** Solorep m Dgt-Verpfl Stadtth Pforzheim SpZ 97/98, dass Landesth Coburg seit 98 (04/05), Gastdgt b BSO, Berliner Symph, Staatskap Schwerin, Neubrandenburger Philh, Riesaer Symph, Dt Filmorch Babelsberg ab 92. **Pr:** Sieger Auswahldirigieren Dgt-Forum Dt Musikrat, Wagner-Stip 02.

Pandolfo, Paolo, Viola da Gamba; c/o Classic Concert Music Group, Glaneggerstr 55, A-5082 Salzburg-Groedig, T: (0 62 46) 7 66 53, F: 7 68 54, *office@classicconcert.com, classicconcert@gmx.at*; c/o Konzertagentur Heide Stock, Mesmerweg 2, D-30655 Hannover, T: (05 11) 3 94 31 14, F: 3 94 31 15, *heide.stock@gmx.de*; *www.classicconcert.com*. **Laufb:** Doz Schola Cantorum Basiliensis, Sol u KamMPartner (M Meyerson, R Lislevand, E Kirkby ua). – **Aufn/RF:** Forqueray: Pièces de Viole, m G Balestracci, R Lislevand; The Spirit of Gambo, m E Kirkby u Labyrinto; A Solo – Music for viola da gamba; Le Labyrinthe et autres histoires, Music by M Marais, m M Meyerson, T Boysen, P Estevan; J S Bach: The Six Suites; Grand Ballet, Music by M Marais, m M Meyerson, T Boysen, G Balestracci.

Panhofer, Thomas, Violine; Rubinweg 7, D-06120 Halle a d S. **Laufb:** stv 1. Konzm Philh StaatsOrch Halle. (Red)

Pank, Siegfried, Prof em, Hochschullehrer, Violoncello; Rilkestr 72, D-04416 Markkleeberg, T: (03 41) 33 39 97 00, F: 33 39 97 01, *siegfried.pank@t-online.de*; *www.siegfriedpank.de* [Salzwedel/Altmark 24.3.1936]. Alte Musik **Ausb:** Stud MH Leipzig (Vcl) b A Eichhorn 54–59. **Laufb:** Mitgl Thomanerchor (Abitur 54), Stv. Solocellist Gewandhausorch Leipzig bis 80, Prof (Vcl, Barockvcl, Va da gamba) H f M u Th Leipzig seit 88, Grdg Fachrichtung Alte M 91, Grdg d Ens 'Leipziger Concert' u 'Mitteldt Barocksolisten Leipzig'. **Pr:** Dt Schallplattenpr 88. – **Aufn/RF:** mehrfach: J S Bach: Matthäus- u Johannes-Passion, 3 Sonaten f Va da Gamba u Cemb; 'Viola da Gamba Concertata' m Werken v Händel, Telemann, Abel. **UA:** ua R Lippert, V Bräutigam, S Thiele, F Pennisi, M D'Amico, A Guarnieri.

Pankratova, Elena, Sopran; c/o Bühnen- und Konzertvermittlung Erich Seitter, Opernring 8/13, A-1010 Wien, T: (01) 5 13 75 92, F: 5 12 93 51, *office@agentur-seitter.at*. **Laufb:** Sol Stadtth Bremerhaven, Gastsol Th Dortmund SpZ 00/01, SpZ 03/04: Sol Op Bonn, Gastsol Staatsth Darmstadt, Th Basel, ElblandFSp Wittenberge, Op Frankfurt SpZ 04/05. (*)

Pansegrau, Maike (Pseud: Myjala Blumenthal), Sängerin; Paulusstr 28, D-33602 Bielefeld, T: (05 21) 6 49 54, *myjala@web.de* [Bielefeld]. Oper, Konzert **Ausb:** Stud (Ges, OpSchule) MH Köln. **Laufb:** Festeng Stadtth Bielefeld, Gast Braunschweig, KamOp Berlin, Regensburg, Radebeul, Krefeld, Köln. **Pr:** 2. Pr u Stip Dt Musikrat Bonn, Finalistin Int G-W Belvedere Wien.

Pantchev, Wladimir, Komponist; Göllnergasse 2–4/2/21, A-1030 Wien, T: (01) 7 12 90 46, 06 76–6 03 78 12, F: (01) 7 12 90 46, *albawladi@tiscali.at*; *www.pantchev.com* [Sofia 11.1.1948]. **Ausb:** Stud Komp (P Wladigerov, A Tanev, W Kazandschiev, K Iliev) MAkad Sofia 67–72, Dirig (K Illiev), Kl (L Entscheva), Dipl (Kl) 71, Dipl (Dirig, Komp) 72, weitere Stud b E Denisov Moskau 86–87 u b F Goldmann Berlin 89. **Laufb:** Dgt Nat-OpTh Sofia 70–78, Redakteur MVerlag 74–78, Prof (KamM f Sänger/KlGesang) MAkad Sofia 87–91, Redakteur Universal Edition seit 92, Doz (Korr) Kons d Stadt Wien 92/93, Lt e KompKl Lilienfelder Sommerakad seit 95, Gastprof Bruckner-Kons Linz 02 u 04; Konz 'Hörgänge' Wien 92, 96 u 98, I. Fstv Int de Músicas Contemporáneas de Lisboa 98, Salzburger FSp 03, 'mostly modern' acf's classical music fstv New York 04, 'Musika Garaikideko Zikloa' San Sebastijan 05. **Pr:** 2. Pr Wettb Langolen (Wales) f ChorM 79, 3. Pr Wettb Triest 83, KompPr Wiener Saxophontage 01. **Ens:** Music on Line, Vizepräs Ens Wiener Collage. **Mitgl:** IGNM Österr, ÖKB, AKM Österr. – **Komp:** ua D Erschaffung d neuen Adam (Dánov-Lieder, Kant f 2 FrStimmen u 19 Instr n Texten d Bibel) 93/94, UA Wien RM-ORF-Wien 96 (Fassg in bulgar u dt Spr); An die Möwe (kl Poème f Sop u Va d'amore) 96, UA Michaelstein 96; Projekt – Wiener Walzer (f 3 Qui u Schlgz) 96, UA Wiener KonzHaus 98 (auch ORF Wien); Hommage à Denisov (f V, Klar, Sax u Kl) 96/97, UA 97; Klavierqui 97, UA Wels ORF 97; Quartette (Zyklus v 16 Qua) 98, 99, 2000; Kleine Etüden (f Ob u Klar) 2000, UA Lilienfeld 2000; Konz f Trp u Ens 01; Konz f Kb u 8 Instr 02, UA Wien, Schönbergcenter 02; Krishna-Spiele f Fl u Ens, UA Wien 03; Lalita-Gesänge f Pos u Ens, UA Klosterneuburg 04; Notturno f Trio (Klar, Kb, Hfe) UA New York 04; 'Movements' f 6 Spieler, UA Wien 05; 'Kóleda' f 2 Sängerinnen u 7

Instr, UA Wien 05. **AuftrKomp:** ua f Klangforum Wien, Ens Music On Line, Ens Wiener Collage, Ens 'die Reihe', Koene-Qua, Duo-canto Va d'Amore, Ens XX Jahrhundert, Ens Reconsil-Vienna. **Aufn/RF:** 'Hommage à Denisov', Ens Wiener Collage; LP: 'Balkanton'; 'Kammermusik v W P' 03; 'Wien gegen den Strich' 05; Werke v W P, Ens Wiener Collage 04. **Sonst:** Projekt 'KamM m Ens d Wiener Philharmoniker' Köln 2000; 'KamEns d Wiener Philharmoniker' Salzburg 03; 'Schönberg-Strindberg-Projekt Wien' 2000, 'Osteuropa-Projekt Wien' 2000; 'Alte Wiener Lieder-Projekt' 04; 'Österreich-Bulgarien KamM-Projekt' 05; 'Weihnachts-Projekt' 05.

Pantea, Ionel, Sänger; 199, rte de Luxembourg, L-8077 Bertrange, T: 44 42 64, F: 44 42 64, *ionelpantea@yahoo.fr* [Timisoara, Rumänien 7.8.1941]. Oper, Lied, Oratorium **Ausb:** Stud (A d'André, S Simonetti)MAkad Cluj 59–65, Stud (E Sittner, E Werba, A Kolo) Akad f M u darst Kunst Wien 67/68. **Laufb:** StadtTh Klagenfurt 68, StadtTh Bern 69–71, StadtTh Basel 71–74, Op Lyon 72, Th Royal La Monnaie Brüssel 71, 72, 87, FSp Salzburg 72, 73, 74, 76, FSp Bregenz 88, 89, Gastsol Th Biel/Bienne-Solothurn SpZ 00/01, Konzerthaus Wien 2001. **Pr:** R-Schumann-Wettb Zwickau, F Viñas, M-Canals-Wettb Barcelona, Enescu-Wettb Bukarest, Prager Frühling, Concours int Genf, ARD-Wettb München. – **Aufn/RF:** 1 Schallpl Mozart-Arien, 4 CDs Schubert-Lieder, zahlr RF- u TV-Aufn. **UA:** R Zechlin: 'Canzoni alla notte' f Bar u Orch (Symph/ Konz), rumän EA Bukarest, Funkhaus, RSO Bukarest, Dgt: T Conta 1976; G Bizet: 'Vasco da Gama', portugies EA, Lissabon 1998; A Müllenbach: '5 Lieder nach F Pessoa', UA Angra/Azoren 1999; sowie Werke v C Kerger, A Müllenbach, W Civitareale, P Nimae, C Tarcanu, F Druceanu, V Herman, Bentoia. **Zug:** C Kerger: 'Eminescu-Lieder'; A Müllenbach: 'Pessoa-Lieder'. **Sonst:** Grdg Mozart-Fstv Cluj 83.

Pantillon, François, Komponist, Dirigent; ch des Cerisiers 30, CH-1789 Lugnorre, T: 02 66 73 11 52, F: 02 66 73 22 88 [La Chaux-de-Fonds 15.1.1928]. **Ausb:** Stud Cons Royal Brüssel, Lt d Orch de l'Université Libre Brüssel. **Laufb:** Gründg d KamOrch 'Cappella bernensis', Dgt u Künstl Lt d Thuner Stadtorch 72–97, zahlr Gastdirigate, Int Fstvs in Italien, Frankreich, Spanien, Belgien, England, Polen etc, freischaff Komponist insbes seit 86. – **Komp:** ua 'Clameurs du monde' (Orat), UA Biel 86; 'Die Richterin' (Op), UA Stadtth Bern 91; 'Bethelehem' (Weihnachtsorat), UA Bern 95. (Red)

Pantillon, Marc, Klavier; rue de la Forge 1, CH-2112 Môtiers, T: 03 28 61 34 58, 07 92 00 64 53, F: 03 28 61 34 63, *pantillon@valtra.ch*; *www. pantillon.net* [1957]. **Ausb:** Stud (Kl) Neuchâtel, MH Wien b H Petermandl 83 Dipl m Ausz, Stud b P Badura-Skoda. **Laufb:** Solist u Kammermusiker seit 87, Lehrer (Kl) Cons de Neuchâtel u Cons de Lausanne. **Pr:** Stip Migros-Genossenschafts-Bund, Finalist Bösendorfer Wettb Wien 83, Solistenpr Schweizer Tonkünstlerverb 87. – **Aufn/RF:** ua m d Mähr Kammerorch, Ruben Amoretti (Tenor), Roland Perrenoud (Ob), Anna Barbara Dütschler (Va). (Red)

Panzner, Richard, Tenor; Graf-von-Stauffenberg-Str 7a, D-33615 Bielefeld, T: (05 21) 10 12 73, F: 10 91 20 [Obergeorgental, Sudetenland 27.2.1929]. fast alle Buffo-Spiel-Tenorpartien, ab 62 große Charaktertenorpartien Strauss, Wagner, Schreker, Berg ua **Ausb:** StaatsMSch Braunschweig b Erlenwein ab 48; KS R Scharf, Wiesbaden; H Firchow. **Laufb:** Gastsp an 47 dt Th, ua Kom Op Berlin, Karlsruhe, Wiesbaden, Bremen, Hannover, Braunschweig; Wien, Rom, Neapel, Bologna, Triest, Genf, Madrid, Lissabon, Toulouse, Metz ua; Sol Op Bielefeld 53–95, Konz u Th St Gallen, Gastsol Hess Staatsth Wiesbaden SpZ 03/04, Sol Sommer-Optte Coburg SpZ 04/05. **Pr:** BVK am Bde, Goldenes Ehrenzeichen GDBA. **Mitgl:** Landesrundfunkkommission NRW, Bayer Versorgungskammer, GDBA. – **Aufn/RF:** FS: J Offenbach: 'Die Banditen', m Kom Op Berlin, H Kupfer (SWF). **Sonst:** Beiträge zu Sachbüchern.

Papadopoulos, Wassilios, Schlagzeug; c/o NDR Sinfonieorchester, Rothenbaumchaussee 132–134, D-20149 Hamburg. **Laufb:** Sol NDR SinfOrch Hamburg. (Red)

Papagiannopoulos, Aris (Pseud: Aris Argiris), Bariton; c/o Musiktheater im Revier, Kennedypl, D-45881 Gelsenkirchen, PF 101854, D-45818 Gelsenkirchen, T: 0 17 09 57 43 20, F: (02 09) 3 89 64 43, *argis7A@yahoo.gr*. ital Oper, Mozart, Belcanto **Ausb:** Stud Ges (K Paskalis, F Voutsinos, D Kalafati) Kons Athen 93–99; Mstrkl (D Evangelatos) H f M u Th München 99–2002. **Laufb:** Sol in 'Carmen' (Escamillo) Musikmegaron Thessaloniki 01, in 'Liebestrank' (Belcore) Staatsop Athen 02, in 'Don Giovanni' (Titelrolle) KamOp Schloss Rheinsberg 02, MTh im Revier Gelsenkirchen SpZ 03/04. **Pr:** Maria Callas Stip. – **Aufn/RF:** Rossini: 'Il Signor Bruschino', Ltg G Kuhn 2000.

Pápai, Szilvia, Oboe; c/o Konzerthaus Berlin, Gendarmenmarkt, Charlottenstr 57, D-10117 Berlin. **Laufb:** Sol Berliner SinfOrch. (Red)

Papczok-Brückner, Ursula E, Sängerin (Sopran); Dorschenweg 13, D-95182 Döhlau, T: (0 92 81) 4 20 80, F: 4 20 80 [Myslowitz]. Oper, Operette, Konzert **Ausb:** Stud Gesang (Domgraf-Faßbaender) Nürnberg, (M von der Linn) Bamberg, (H Champain) Dr Hoch's Kons Frankfurt/M, Stud Gesang u Kl (KS Euler) MH Würzburg. **Laufb:** Stadtth Würzburg 71–75, Hof 75–77, Baden b Wien seit 78, Gastsp Regensburg, Pforzheim, Passau, Baden b Wien, Hof, Coburg, Biel u Solothurn, Tecklenburger FSp, Wunsiedler FSp, Sommerauer FSp, Tournee (m OpttenTh Wien) Dtschld, Österr, Schweiz, Tournee (Salzburger Op) Dtschld, Österr, Schweiz, Dänemark, Holland, Würzburger Mozartfest (Fiordiligi, Donna Elvira); gesungene Partien ua: Zauberflöte (Pamina, 1. Dame); Figaros Hochzeit (Gräfin); Don Giovanni (Donna Elvira, Donna Anna); Entführung a d Serail (Konstanze); Troubadour (Leonore); Freischütz (Agathe); Faus (Margarete); Vogelhändler (Kurfürstin Marie); Zigeunerbaron (Saffi); Land d Lächelns (Lisa); Vetter aus Dingsda (Julia de Weert); Fledermaus (Rosalinde); Mariza (Mariza); Czardasfürstin (Silva Varescu); Goldene Meisterin (Margarete); Gasparone (Gräfin Carlotta); Polenblut (Marinja-Helena); Hochzeitsnacht im Paradies (Regine); Zarewitsch (Sonja); Paganini (Anna Elisa); Bettelstudent (Laura); Konz ua: Beethoven: 9. Symph; Haydn: 7 Worte d Erlösers; Bach: Kaffe-Kant, Matthäus-Passion; Haydn: Weihnachts-Kant.

Pape, Margarethe, Opern- und Konzertsängerin, Pianistin; c/o Berliner Werkstatt f Musiktheater, Wullenweberstr 6, D-10555 Berlin, T: (0 30) 3 91 46 70; Berliner Scala, Veranstaltungs- u Künstlermanagement, Mahlower Str 24, D-12049 Berlin, *info@berliner-scala.de* [Berlin]. **Ausb:** Berlin, Hamburg, London: ua Kl (G Schirrmann), Mstrkse Berlin (K Herfurth). **Laufb:** zahlr Gastsp in div Ens: 1. Eng während Stud a Schillerth Berlin, Beethovenkonz z Fall d Mauer, KonzR KonzSaal H d K Bundesallee Berlin ab 89, KonzReihe i Passionskirche Berlin ('Den Tod b Wort genommen' 90, 'Der blonde Eckbert' 92, H v Bingen: 'Es ist Tag, das Ende ist gekommen' 98, 'Winterlichter' 04), gr Millenniums-Konz Berlin 99–2000, KonzReihe i Haus d Kirche 99–2002, Berliner Magistrale, Kulturnacht 05, Kurt-Tucholsky-Revue (jährl Neuprod). **Pr:** Ehrenmed Europ Kulturkreis 89, Med 'Ami d l'Europe' Europ Kulturkreis 90, Sonderpr Lied-Wettb z Tag d Mahnung u Erinnerung d BddA 03. **Ens:** Ens TRIPLEX ab 87, Ltg e Gospel-Ens Berlin 99–2000. – **Komp:** ' – u dienet ihnen nicht', Lied-Wettb d BddA, UA z 1. Sonderpr vor d Roten Rathaus Berlin 03; 'Bloodstained Buildings', UA Berlin 05; 'Portale – e Hörstück', UA Berlin 05. **Aufn/RF:** Mitwirkung in zahlr Prod in RF- u TV, ua: TV-Portrait 92 (Mitschn SFB/Dt Welle), MSendung: Liedprogr m R Stasiewicz (Dt Welle) 95, MVideos ua 'Dunkelräume' – Lieder u Texte d Romantik 90; Mitschn Lieder- u KlProgr Schumann-Abend m G La Cruz 90; 'Die Funkelshow' (Mitschn versch FunkausstProgr); 'Der Dollar allein macht d Herz nicht froh' (Mitschn e Revue f d Stadt Berlin z Jahresthema – 50 Jahre nach d 48er Revolution) m E Smolianskaia 98; Die K-Tucholsky-Revue 'Merkt Ihr nischt' 99; MVideo z 110. Geb v K Tucholsky (Kurzfilmpr Sao Paulo) 2000; 'London-Derry-Air' MVideo irische Lieder 01 (Ausschn 2000/01 im ZDF); 'Triplex-Territory' 02; 'Achtung v d Raubtier' (Mitschn d F-Hollaender-Revue Berlin 02, als Video, CD, DVD); ' – u dienet ihnen nicht' (Sondereinsp z Lied-Wettb d BddA, UA z 1. Sonderpr vor d Roten Rathaus Berlin 03). **UA:** Walpurgisnacht, UA Berlin 89; Der blonde Eckbert, UA Berlin 92; Gates of Paradise, UA Baden-Baden 96; Es ist Tag, das Ende ist gekommen, UA Berlin 98. **Sonst:** Grdg Ens TRIPLEX 87, Grdg int Inst f Auswahlkl u Mstrkse in Ges – Berliner Werkstatt f MTh 90. **Lit:** ua Documenta Artis ab 92, Prominentenenzyklopädie 92, Publ Kunstkabinett Baden-Baden, Who is Who seit 90, 'Der Künstler' Europ Kulturkreis Baden-Baden seit 90.

Pape, René, Sänger; c/o Deutsche Staatsoper, Unter den Linden 7, D-10117 Berlin. **Ausb:** Stud (Gesang) H f Musik Carl Maria v Weber Dresden. **Laufb:** Mitgl Dresdner Kreuzchor, Ensmitgl Staatsop Unter d Linden Berlin seit 88 (04/05), Sol Bayer Staatsop München, Gastsp Salzburger OsterFSp, 'Fidelio' (Minister) Salzburger FSp (K Masur), 'Zauberfl' (Sarastro) ebd (Sir G Solti) 91, dass Staatsop Hamburg, 'Macbeth' (Banco) Op Frankfurt, 'Don Carlo' (Philipp) Basel, 'Fidelio' (Minister) m Ens d Met Op New York EXPO Sevilla 92, Gastvertrag m Staatsop Wien, Konz ua in Stockhol, Paris, Dresden, München, Leipzig, Chicago (Sir G Solti). – **Aufn/RF:** Mozart: Requiem, Wien, Stephansdom, weltweite Fernsehübertragung, Dgt: Sir G Solti 91; zahlr RF- u Schallplattenaufn, ua Wagner: Meistersinger (Pogner), Dgt: Sir G Solti. (Red)

Papendell, Günter, Bariton; Hauptstr 3, D-45879 Gelsenkirchen, *peerpapendell@web.de*; Klanckestr 20, D-86153 Augsburg [Krefeld 2.3.1975]. Klass Lied, Op, Orat **Ausb:** HfM Köln (K Moll) 98–99; HfM München (D Evangelatos, H Deutsch, C Dutihy) 99–04; Mstks in Ravenna b R Piernay; M Martineau 03; Mstks b Th Hampson 04. **Laufb:** Sol Op Bonn 98–99; Sol Kom Op Berlin SpZ 02/03, MTh im Revier SpZ 04/05. **Pr:** 3. Pr ARD-Wettb 03; 2. Pr Fassbaender-Wettb München 03; Halbfin Bertelsmann Wettb 03; Sonder-Pr Belvedere Wettb 05. **Ens:** SixPäck (a-capella-Pop) 95–01. – **UA:** Furrer: Stimme allein, UA Bonn.

Papian, Hasmik, Sängerin; c/o Deutsche Oper, Bismarckstr 35, D-10627 Berlin. **Laufb:** Sol Dt Op am Rhein Düsseldorf-Duisburg, Gast-Sol Dt Staatsop Berlin SpZ 00/01 u 04/05, Sol Bayer Staatsop München u MTh Essen SpZ 03/04, Sol Dt Op Berlin SpZ 04/05, Wiener Staatsop SpZ 04/05, Semperop Dresden SpZ 04/05. (*)

Papila, Jale, Mezzosopran; Wormser Str 59, D-01309 Dresden, T: (03 51) 4 03 31 98, F: 4 03 31 98, *jale.papila@gmx.de*; *www.liedduo.de* [Hamburg]. Konzert, Lied, Oper, Oratorium **Ausb:** Stud (Prof H Zabel) H f M 'Carl Maria v Weber' Dresden 92–99, KonzEx 98, SolEx 99, Dipl-MPäd 98; Mstrkse b E Schwarzkopf 97, P Schreier 97, W Berry 99, S Skigin 98, H Haenchen 98, R Jansen 98, J Stämpfli 96. **Laufb:** Th Freiberg SpZ 97/98, Th Zwickau 99, Th Görlitz SpZ 2000–02, Th Plauen-Zwickau 03, sol tätig seit 97 m Dresdner Philh (Dresden, Athen), Sächs Staatskap Dresden, Virtuosi Saxoniae, Philh Staatsorch Halle, musica juventa Halle, Gastsol Zentrum für Zeitgen Musik 97, 01/02. – **Aufn/RF:** Beethoven: Messe C-Dur; Kodaly: Te Deum, m Dresdner Philh, Dgt: M Geissler 97; C Ph E Bach: Magnificat, Dresdner Philhh, Dgt: M Geissler 2000; Brahms: Altrhapsodie, Sächs Staatsop Dresden, Dgt: J P Weigle. **UA:** J Wulf-Woesten: 'D weiße Fürstin' (Titelpartie), KamOp n sz Gedicht v R M Rilke 97; A Keuk: 'Den Wolken II' (Alt) 94.

Papoulia, Althea-Maria, BMus, Sopran; Liebhartstalstr 8 Top 25, A-1160 Wien, T: (06 99) 13 29 93 98, F: (01) 4 80 48 34 [Montréal, Kanada]. Ital Oper, Mozart, Konzerte **Ausb:** Stud Ges (W Purdy) Mc Gill U, Dipl Montréal/Kanada, (V Rosza) London, (J Pilou) Mailand, (H Zadek) Wien. **Laufb:** Sol Op d Stadt Köln, SaarländStaatsth, Wiener Staatsop, Volksop Wien, GastEng Glyndebourne Op, Bayer Staatsop, Op Frankfurt, Athener Megaron-KonzHalle, National Arts Center Ottawa, Dt Op am Rhein, NatOp u FSp Athen, Heidenheim, Wiener Klangbogen, Op Zürich, Braunschweig, Triest, Mannheim, Saarländ Fstv; Partien: Puccini: Tosca, Mimì, Suor Angelica, Manon

Lescaut, Liù; Mozart: Contessa, Donna Anna, Fiordiligi; Verdi: Amelia, Alice, Leonora (Forza del Destino), Violetta; Strauß: Rosalinde, Saffi; Lehar: Witwe; Wagner: Elsa; Britten: Ellen Orford. **Pr:** 1. Pr Maria Callas Stip-Wettb Athen 88, 1. Pr Operette/Finale Opera Belvedere Wettb Wien 93. **Ens:** Imperial Ens Wien. **Mitgl:** Vorstandsmitgl Österr-Griech Liga. – **Aufn/RF:** W A Mozart: Exultate Jubilate, m Orch Metz, Radio France 96, Konz m WDR-OrchKöln 98/99. **Sonst:** Arrangements f Sop u StrQua, GesSem.

Papoulkas, Antigone, Mezzosopran; c/o Caecilia Lyric Department, Rennweg 15, CH-8001 Zürich, T: 0 12 21 33 88, F: 0 12 11 71 82, *caecilia@caecilia-lyric.ch*; c/o Semperoper, Theaterplatz 2, D-01067 Dresden; *www.caecilia.ch* [München]. **Ausb:** priv Stud b KS S Papoulkas, Stud Köln b H Sotin u K Kelly-Moog. **Laufb:** Mitgl Int OpStudio 99–01, Sol Staatsop Hamburg seit 01/02, Gastsol Wiener Staatsop 01, Sol Volksop Wien seit SpZ 03/04, Semperop Dresden SpZ 04/05. **Pr:** 1. Pr GesBundeswettb Berlin 96, 98, Stip Richard-Wagner-Stift 99, Dr. Wilhelm Oberdörfer-Pr 01, Walter-Kaminiski-Stift seit 96. (Red)

Pappas, Frances, Mezzosopran; Nürnberger Str 49, D-90762 Fürth, T: (09 11) 6 53 89 00, F: 9 45 57 15; c/o Stiftung Staatstheater Nürnberg, Richard-Wagner-Pl 2–10, D-90443 Nürnberg. zeitgen Oper **Ausb:** Stud Univ Toronto, MH Wien. **Laufb:** Festeng Th Gießen, 2 Jahre freischaff Tätigk, Sol Th Nürnberg seit 98, Auftr Int KamMFstv Nürnberg 03. – **UA:** John Metcalfs 'Kafka's Chimp'. (Red)

Pappert, Robert, MD, Komponist; Lessingstr 13, D-63179 Obertshausen, T: (0 61 04) 4 92 14 [Hausen 12.2.1930]. **Ausb:** Kons Offenbach/M. (Kl, Org, Harm) 42–47, Stud Org u Kontrapunkt (KHartmann) 46–47, KiMSch Mainz (Chorltg, Org, Harm, Kontrapunkt, Ges) 47–50. **Pr:** Kulturpr d Kreises Offenbach/M. 79, BVK a Bande 81, Verdienstmed in Gold d Stadt Obertshausen 84. – **Komp:** weltl u. geistl Chorw a capella u m Kl/Org o Instrumenten (Orch) f alle Chorgattungen; Sololieder m Kl, Volksliedbearb. (Red)

Papulkas, Soto, Prof, KS, Hochschullehrer, Sänger; Heisinger Str 67, D-45134 Essen, T: (02 01) 44 19 75, F: 44 09 04 [Florina, Griechenland]. **Ausb:** Stud Ges (J Metternich) MH Köln. **Laufb:** OpDebüt (La Traviata, Alfredo) Flensburg 68, KonzDebüt (Mendelssohn: 1. Walpurgisnacht; Lully: Te Deum) Musikvereinssaal Wien 70, Eng Volksop Wien, Staatsth am Gärtnerplatz München, Köln, Berlin, Düsseldorf, Nürnberg, Stuttgart, Wien, Athen, London, Paris, Zürich, Bern, Straßburg, Dresden, Philadelphia, Toronto', Bayer Kammersänger 80, Prof (Ges/Op) Folkwang-H Essen seit 90. **Pr:** Prtr Int Gesangswettb Wien, s'-Hertogenbosch, Barcelona 70–72.

Paradzik, Bozo, Prof, Hochschullehrer, Kontrabass; Hochschule f Musik, Schwarzwaldstr 141, D-79102 Freiburg. **Ausb:** Stud Musikakad Prag. **Laufb:** Residentie Orch Den Haag 91, Koord Solokontrabassist im RadiosinfOrch Stuttgart 95, Prof (KB) H f M Detmold 01, Prof H f M Freiburg 04. (Red)

Paraschkevov, Vesselin, Prof, Hochschullehrer, Violine; Vürfels 87, D-51427 Bergisch-Gladbach, *Vesselin.Paraschkevov@epost.de*; FolkwangHochschule, Klemensborn 39, D-45239 Essen, T: (02 01) 4 90 31 33 [Samokov, Bulgarien]. **Ausb:** Stud (V) MAkad Sofia 62–68, (M Wayman) Kons Leningrad 68–70, Mstrkse (H Szeryng) Genf 71. **Laufb:** KonzM Wiener Philharm 72–75, Prof (V) Folkwang H Essen seit 80. **Pr:** Int Wettb: Enescu, Eindhoven, Montreal. – **Aufn/RF:** J S Bach: 6 Sonaten f V solo (CD); P Tschaikowsky: VKonz (CD); B Bartók: Solosonate, M Reger: Op 42, 1–4 (WDR). **Zug:** T Solianovski: Solosonate 01.

Paratte, Renée, Klavier, Komponistin; Raya 12, CH-2400 Le Locle, T: 03 29 31 14 94. (Red)

Parcells, Elizabeth, Sängerin; Zimmerstr 45, D-22085 Hamburg, T: (0 40) 2 20 50 91, F: 2 20 67 37; c/o Concertino Agentur, Nerotal 24, D-65193 Wiesbaden, T: (06 11) 1 80 56 56, F: 1 80 56 57, *concertino-wiesbaden@t-online.de* [Detroit]. (Red)

Pardall, Hannelotte, Prof, Hochschullehrerin; Hochschule f Musik u Theater, FB 1, Harvestehuder Weg 12, D-20148 Hamburg. **Ausb:** Stud Dir (H. Rilling). **Laufb:** Prof (Chorltg), Lt HChor H f M u Th Hamburg, Lt Deutsch-Deutscher Kammerchor. (Red)

Parik, Ivan, Prof, Dirigent, Hochschullehrer; Univ f Musik u Darst Kunst, Inst f Gesang u Musiktheater, Penzingerstr 7, A-1140 Wien; Praterstr 44–46, Stg 2, A-1020 Wien, T: (01) 2 12 05 78. Spezialist f F Janacek, Dvorák, Smetana, Martinu u weitere tschech Komp **Ausb:** Stud (Dirig) b Prof Hans Swarowsky U f M u darst Kunst Wien (Abschluss 70). **Laufb:** Dgt Volksop Wien, Nationalth Praha, Staatsop Praha, ND Brno, SND Bratislava, Opernchef Plzen u Ostrava, Chefdgt Klagenfurt, MD Opernair Gars/Kamp, ständ Konz- u Operngastdirigate in Österreich u im Ausland, CD, RF- u TV-Einsp; UProf f Musikal Interpr d musikdramat Darstellung U f M u Darst Kunst Wien. (Red)

Paris, Massimo, Prof, Hochschullehrer; Beeckstr 5, D-52062 Aachen, *maxparis@libero.it*; Via S Onofrio 26, I-00165 Roma [Rom]. **Ausb:** Stud (Va, Komp, Dir) Conservatorio di Musica Sta. Cecilia Rom. **Laufb:** Sol I Musici di Roma, Gründungsmitgl Stradivari String Quartet, Begründer v Accademia Musicale Italiana, Prof (Va, KamM) H f Musik Köln, Abt Aachen. **Ens:** Stradivari StrQua, I Musici di Roma (Solo-Va).

Park, Alyssa, Violine; c/o Konzertdirektion Goette, Brahmsallee 6, D-20144 Hamburg, T: (0 40) 45 01 18 50, *info@goette.de*. **Pr:** Prtr Tschaikowsky-Wettb. (*)

Park, Eun-Joo, Sopran; Benninghofer Str 155, D-44269 Dortmund, T: (02 31) 4 75 74 55, (01 72) 4 34 69 73. **Laufb:** Sol Th Dortmund SpZ 03/04, Stadtth Bremerhaven SpZ 01/05, Kom Op Berlin. (Red)

Park, In-Kun, Klavier; Altewiekring 2, D-38102 Braunschweig, T: (05 31) 7 99 92 58, F: 7 99 92 58 [Seoul 1974]. **Pr:** 1. Pr Bundeswettb Jugend musiziert 90/92, 1. Pr Grotrian-Steinweg-Wettb Braunschweig 93, Stip Dt Musikwettb Berlin 01. (*)

Park, Ki-Chun, Sänger; Kastanienweg 9a, D-68723 Schwetzingen, T: (0 62 02) 12 79 49. **Laufb:** Sol Nationalth Mannheim, Sol Th Basel, Gastsol Hess Staatsth Wiesbaden SpZ 00/01, Th Bielefeld SpZ 00/01 u 04/05, Op Hannover SpZ 04/05. (Red)

Park, Kim Hyun, Sänger; Hans-Poeche-Str 12, D-04135 Leipzig. **Laufb:** Sol Op Halle/Saale seit SpZ 03/04. (Red)

Park, Sung-Keun, Sänger; Gäßle 3, D-79111 Freiburg i Br, T: (07 61) 4 53 88 67. **Laufb:** Sol ThFreiburg. (*)

Parkmann, Franky *siehe* Hess, Reimund

Parks, Marcia, KS, Sängerin (jugendlich dramatischer Sopran); Tonkuhlenweg 13, D-26160 Bad Zwischenahn, T: (0 44 86) 65 90. Oper **Ausb:** Stud (Gesang, Kl) U of Illinois 69–75, Stud Lied u Orat (Schilhawsky, Anders) Mozarteum 75–76. **Laufb:** Sol Staatsth Oldenburg seit 77. **Pr:** 1. Pr Dealey Awards Dallas (Texas), Fulbright Scholarship f Austria Salzburg 75–76, KS Staatsth Oldenburg 01.

Parlapanou, Anna, Gesang; c/o Musikproduktion Jürgen Höflich, Enhuberstr 6–8, D-80333 München, T: (0 89) 52 20 81, F: 52 54 11, *hoeflich@musikmph.de*; *www.musikmph.de*. Lieder aus d russ, griech u dt Kulturkreis **Ausb:** Stud Kl, Gesang (J Metternich, E Häfliger) München u Zürich. (*)

Parolari, Reto (Pseud: Pablo Rosetto, Igor Sarsekov, Werkling Schuster), Dirigent, Komponist; Tössertobelstr 12, CH-8400 Winterthur, T: 05 22 13 55 29, F: 05 22 13 09 95, *info@retoparolari.ch*; *www.retoparolari.ch* [Winterthur 9.3.1952]. geh U-Musik **Ausb:** MH Winterthur 70–75, Stud (M Schönherr) Wien, (H Buchhold) Stuttgart, (E Hildebrand) Hannover. **Laufb:** ChefDgt Orch Reto Parolari seit 73, Kapm Th St Gallen 81–86, ChefDgt Circus Knie 82–87, Dgt Th Carré Amsterdam 86–99, Dgt int Circusfstv Monte Carlo seit 97, Musikal ObLtg Circus Krone 2000–03, ChefDgt Orch Flughafen Zürich. **Pr:** Pr de la République Française, Pr d Stadt Massy, Spezialpr int Circusfstv Monte Carlo, Kulturpr d SUISA-Stift f M 04. **Mitgl:** Schweizer Tonkünstlerverein, Schweizer Musikverband, SUISA (Schweizerische Ges f Urheber u Verleger), Präsident d Verteilungs-Kommission ebd. – **Aufn/RF:** zahlr Aufn m d RF-Orch d Bayer RF, Radiophilh Hannover, RF-Orch d SWR Kaiserslautern u RF-Orch Frankfurt; rd 30 CDs, ua m d Radio-Orch Pilsen u d German Syphonic Pops Orch Leipzig. **UA:** div UA v Werken d gehobenen UnterhaltungsM, europ EA d KlKonz v L Anderson 95. **Zug:** zahlr UA v sinf u Solo-Werken v Komp wie F Walter, E Thomass, P Weiner, A P Waldenmaier, E Halletz, Ch Kalman uva. **Sonst:** Grd Orch Reto Parolari 73, Grdg Zivilschutz-Show-Orch Winterthur 93.

Parrillo, Joshua, Sänger; c/o Elysium between two continents, Bonner Pl 1/IV, D-80803 München, T: (0 89) 30 72 95 19, F: 30 77 91 38, *Elysiumbtc@aol.com*. **Laufb:** Gastsol Elysium between two continents München SpZ 00–03. (*)

Parrott, Andrew, Dirigent, Hochschullehrer; rue des Quatre-Fontaines 7, CH-1278 Rippe [Walsall, England 10.3.1947]. Renaissance- u Barockmusik, Musik d 20. Jh **Laufb:** Grd u musikal Lt Taverner Choir, Consort u Players seit 73, Ass v Sir Michael Tippett, musical Lt u Principal Conductor London Mozart Players 2000, 'Music Director' New York Collegium seit 02, Konz in Europa u USA, GastDoz (Aufführungspraxis) MH Luzern. (*)

Parsch, Peter, Sänger; Richard-Wagner-Str 77, D-68165 Mannheim, T: (06 21) 44 31 55, (01 72) 6 23 64 77; c/o Nationaltheater Mannheim, PF 102362, D-68023 Mannheim. **Laufb:** Sol Nationalth Mannheim. (Red)

Partanen, Lassi, Sänger; Dammweg 17, D-33649 Bielefeld, T: (05 21) 48 83 23; c/o Theater, Brunnenstr 3–9, D-33602 Bielefeld [Luzern]. **Ausb:** Stud (Gesang) Luzern, MH Berlin. **Laufb:** Sol Luzerner Th, Landesth Linz 80–84, Th Mannheim, Th Bielefeld SpZ 01/05, Gastsol OpHaus Zürich, Op Bonn, Gastsp int Fstv, OpHäuser Europa u USA, Gastsol Anhalt Th Dessau SpZ 03/04. (Red)

Pas-van Riet, Gaby, Prof, Hochschullehrerin, Querflöte; Landhausstr 22, D-70825 Korntal-Münchingen, T: (07 11) 83 17 07, F: 83 20 60; c/o Südwestdeutsche Konzertdirektion Erwin Russ, PF 104262, D-70037 Stuttgart, T: (07 11) 1 63 53 11, F: 1 63 53 30, *info@sksruss.de* [Essen, Belgien 19.3.1959]. **Ausb:** H Antwerpen, Konzklasse (W Schwegler) MH Köln, Mstrkl (P-L Graf) Kons Basel. **Laufb:** Solofl SWR Radio-SinfOrch Stuttgart, Mitgl Bayreuther FSpOrch, Prof (Querfl) H f M u Th d Saarlandes, Prof Antwerpen seit 96, ständ Gast (Solofl) Berliner Philharmoniker seit SpZ 2000/01. **Pr:** Prtr ua ARD Wettb München. – **Aufn/RF:** zahlr CD-Prod als Kammusikerin u Sol. **UA:** zahlr UA v Werken d Moderne, auch ihr gewidmete (ua H Lachenmann). **Zug:** zahlr Werke d Moderne.

Pascale, Sonja, Opern- und Konzertsängerin; Nibelungenring 7, D-86356 Neusäß, T: (08 21) 45 10 51, F: 45 10 51, *sonja.pascale@web.de*; *www.sonja-pascale.com* [Augsburg]. Oper, Konzert, Lied **Ausb:** Stud Ges, Kl MH Augsburg 77–82, Stud Ges (B Fassbaender, R Grist) MH München 82–84. **Laufb:** EnsMitgl Städt Bühnen Nürnberg 86–92, Sol Th d Ldeshauptstadt Magdeburg 95, Japan-Tournee m Beethovens 9. Sinf 96, Gastsol Staatsth Kassel 97, Thüringer Ldesth Eisenach 99, Hess Staatsth Wiesbaden SpZ 00/01, Stadtth Pforzheim 02/03, Hess Staatsth Wiesbaden SpZ 03/04, KonzTätigk, LBeauftr (Sologes) U Magdeburg seit 98. **Pr:** Prtr int Bdeswettb Ges Berlin 88, Finalistin ARD-Wetttb München 90, Prtr Förderungspr d Freistaates Bayern f junge Künstler 91, Finalistin Robert-Stolz-Wettb 95.

Paschner-Bohatsch, Olaf, Sänger, Regisseur; Göppinger Str 23, D-70329 Stuttgart, T: 0 17 28 07 73 09, *olafpaschner@aol.com* [Mainz 21.4.1966]. Musical, Lied, ital u dt Oper **Ausb:** Stud (Ges, Kl, Komp) Frankfurt/M. **Laufb:** Sol

Th Lüneburg, LdesTh Klagenfurth, Städt Bühnen Frankfurt uva. – **Sonst:** Grd v St Ant Pro.-Studg (Forum f unterrichtende u praktizierende Künstler).

Pasichnyk, Olga, Sängerin; c/o Bayerische Staatsoper, Brieffach, D-80075 München. (Red)

Paskalev, Hristo, Viola; c/o Niedersächsisches Staatsorchester, Opernpl 1, D-30159 Hannover. **Laufb:** stv Sol Niedersächs StaatsOrch Hannover. (Red)

Paspirgilis, Titus, Sänger; Kurt-Schumacher-Ring 45, D-18146 Rostock, T: (03 81) 69 83 02; c/o Volkstheater Rostock, PF 102215, D-18004 Rostock. **Laufb:** Sol Volksth Rostock. (Red)

Pasquet, Nicolás, Prof, Hochschullehrer, Dirigent; Damaschkestr 19b, D-99423 Weimar, T: (0 36 43) 50 12 01, F: 51 17 67, *nicolas.pasquet@t-online.de*; H für Musik 'Franz Liszt', PF 2552, D-99406 Weimar [Montevideo 17.4.1958]. Symphonik, Kammerorchester **Laufb:** Chefdgt Pécs, Ungarn 93–96; GMD u Chefdgt Neubrandenburg 96–01; Prof (OrchLtg) H f M Weimar seit 94, künstl Ltg Interreg Orch Baden-Württemberg seit 02, GastDgt Th Coburg SpZ 04/05, freie Tätigkeit als Dgt i Dtld; Mitgl d Jury f Gewährung v Musiker-Stip d DAAD. **Pr:** Teiln KJK DMR als Dgt 84 u 86; 1. Pr DgtWettb in Besançon, Frankreich 87; Béla Bartók Pr in Budapest 98. – **Aufn/RF:** ua Gesamtaufn d symph Schaffens v Lászlo Lajtha; AufnReihe ausgefallener FagKonz d 18. Jh; E W Wolf: Sinf.

Pasquier, Marius, Dirigent, Kapellmeister; Chanoine, Abbaye St-Maurice, CP 142, CH-1890 St-Maurice, T: 02 44 86 04 04, F: 02 44 86 04 05 [Le Pâquier 1918]. **Ausb:** Stud V, Komp, Dirig (E de Ribaupierre, A Fornerod, H Hertel) Inst de Ribaupierre Lausanne 46 ; Stud Accad Musicale Chigiana Siena 50. **Laufb:** Dgt Orch du Collège u Jeunesses Musicales St-Maurice 46–90, Dgt Choeur du Collège 45–70; Dgt Choeur mixte St-Maurice 60–80, Kurse über polyphonen u gregorian Gesang, Lt 'Semaines Romonder de chant et liturgie' (Gesangswochen) St-Maurice; Konz in Lyon, Gascogne. **Ens:** Association des Musiciens suisses; Fédération Chanteurs Canton du Valais; GrdgMitgl Jeunesses Musicales de Suisse. – **Komp:** Messe 'Christ est ressuscité' (f Chor u Blechbl); Messe AL 29 (ChorW); Messe de Saint Claude (f Chor u Org); Triptyque de l'Esprit-Saint; Hymne de St Jean; Etoile du matin(Text v Peguy); Chantez au seigneur (Ps 97); Hymnes et Répons; Antiennes en français pour l'office; Motetten auf Latein u Frz. **AuftrKomp:** SzenenM 'Grand Stockalpes' 59; Frauenchor z Gesangsfest der Fédération des Chanteurs Vaudois. **UA:** A Fornerod: Szenenmusik f 'Antigone' u 'Oedipe-Roi'; Messe. **Zug:** H Salina: Messe 'Joie de l'Espérance'; B Generuá: Messe de Saint Claude 99. **Sonst:** Grdg Vokalens St-Maurice; Auff ua Bach Matthäuspassion, Mozart Requiem, Haydn Stabat Mater, Charpentier, Händel Te Deum, Durafle, Fauré Requiem. **Lit:** Revue musicale de suisse romande 2, 94; Choristen; Schweizer Chor-Komp 99.

Passin, Günther, Prof, Hochschullehrer, Oboe; Haunsbergstr 38, D-83404 Ainring, T: (01 72) 9 61 69 43, *guenther.passin@utanet.at*; H f Musik u Theater, Arcisstr 12, D-80333 München. **Ausb:** Stud MH Leipzig. **Laufb:** Prof (Ob) H f M u Th München 82, GastProf (Ob) U Mozarteum Salzburg 97. **Ens:** Radio-SymphOrch Berlin 62–94. (Red)

Passin, Karl-Heinz, Prof, Hochschullehrer, Flöte; Amselweg 4, D-04451 Panitzsch, T: (03 42 91) 8 82 28; Hochschule f Musik u Theater, PF 100809, D-04008 Leipzig [Leipzig 9.1.1939]. Barocke Kammermusik **Ausb:** Stud b Prof E List H f M Leipzig 57–60. **Laufb:** Bayreuth FSpOrch 88–93, Prof (Fl) H f M Felix Mendelssohn Bartholdy Leipzig, Solo-Flötist Gewandhausorch Leipzig. **Ens:** Leipziger Bach-Collegium. – **Aufn/RF:** Bach: h-Moll Suite, NBCM Leipzig; Aufn Bach: Musikal Opfer.

Paßow, Sabine, Opernsängerin; Grolmanstr 52, D-10623 Berlin, T: (0 30) 31 80 09 69, 01 72–3 27 70 69, F: 31 80 09 69 [Essen 10.1.1960]. Oper **Ausb:** Privatstud Ges (H Wesselmann) Essen 79–80, Stud (Solo-Bereich Op) MH Hannover 80–86, Stud (SolKl, KonzEx) ebd 86–88. **Laufb:** Sol Staatsth Oldenburg 87–91, Sol Kom Op Berlin 91–2004, Sol Op im Schloßgarten Eutin (03/04), Gastsol Staatsth Cottbus SpZ 00/05, Hess Staatsth Wiesbaden SpZ 00/01, Saarländ Staatsth Saarbrücken 00/01, Königl OpHaus Kopenhagen 99/01, Schwetzinger FSp 93, Japan-Tournee 91/94, Covent Garden London 89, Semperop Dresden 92, 93, OpFSp Bayer Staatsop 86–92, Sächs Staatsop Dresden SpZ 03/04, Stadtth Gießen seit SpZ 03/04. **Pr:** 1. Pr f unausgeb Stimmen VDMK Berlin 79, Nobilis-Pr Hannover 85, 1. Pr HWettb Hannover 85, 2. Pr Bereich Op VDMK Berlin, Ausz 'Beste dt Nachwuchssängerin' Otto-Kasten-Stift 86. – **Aufn/RF:** R Strauss: Daphne (1. Magd), Bayer Staatsorch, Dgt: W Sawallisch, Premierenmitschn 87; E Wolf-Ferrari: Die neugierigen Frauen (Rosaura), Bayer Staatsorch, Dgt: A Sander, Premierenmitschn 89; Mozart: Mitridate (Ismene), Bayer Staatsorch, Dgt: P Schreier 92. **UA:** W Vogel, Farbspiegel 90; T Brandes: Symph Kantate 85; Ders: 1. Symph 98; T Schmidt-Kowalksi: Lieder 81–2001.

Pastel, Karen De *siehe* De Pastel, Karen

Patané, Francesca, Sängerin; c/o Theater & Philharmonie Essen GmbH, Opernpl 10, D-45128 Essen. **Laufb:** Sol Dt Op Berlin, Sol MTh Essen SpZ 03/05. (Red)

Patchell, Sue, Sopran; c/o PR-Sekretariat artist communication, Sonnenstr 50, D-94113 Tiefenbach, T: (0 85 09) 18 20, F: 93 49 05, *mennicken.beate@t-online.de*; c/o Städtische Theater, Käthe-Kollwitz-Str 7, D-09111 Chemnitz [Arkansas]. **Laufb:** Gastsol Hess Staatsth Wiesbaden SpZ 00/01, Op Bonn 00/01, Op Nürnberg, Barcelona 01/02, Staatsop Wien 01/02, Sol Staatsth Stuttgart SpZ 03/04, GastSol Th Chemnitz SpZ 04/05, Op Leipzig.

Paternostro, Roberto, Generalmusikdirektor; c/o Staatstheater Kassel, Friedrichsplatz 15, D-34117 Kassel, T: (05 61) 10 9 40, *info@staatstheater-kassel.de*; c/o Boris Orlob Management, Jägerstr 70, D-10117 Berlin, T: (0 30) 20 45 08 39, F: 20 45 08 49, *info@orlob.net*; *www.staatstheater-kassel.de* [Wien]. **Ausb:** Stud Dgt (H Swarowsky, G Ligeti, Ch v Dohnányi). **Laufb:** Ass v H v Karajan Berlin, int Debüt 'Gala Op for Africa' Arena v Verona 85, Gastdgt Op u Konz Barcelona, Madrid, Venedig, Genua, Verona, Tokio, Amsterdam, Rotterdam, Budapest, Wien, München, Dresden, GMD Staatsth Kassel seit 97 (ua 'Ring d Nibelungen'), Staatsop Oslo ('Madame Butterfly') 99, Staatsth Kassel ('Rosenkavalier') 99, 'Carmen' u 'Fledermaus' Wiener Volksop, Dgt Silvesterkonz d Münchner Philharmoniker 99, Bamberger Symph, 'Götterdämmerung' konzertant m Brucknerorch Linz Brucknerfest Linz 2000, Gastsp m MDR-SinfOrch Leipzig Shanghai; ZusArb m Saarländ RF-SinfOrch, Staatsphilh Rheinland-Pfalz 2000, Radiophilh NDR Hannover 01, Europatournee m Bundesjugendorch (G Mahler: 9. Sinf), Open Air Gala m Berliner SinfOrch, Tournee m Jeunesses Musicales Weltorch ua Berlin u Amsterdam. – **Aufn/RF:** Live-Mitschn 'Ring d Nibelungen', Staatsth Kassel. (Red)

Patocs, Gabriel, Konzertmeister, Violine; c/o Konzertdirektion Konzerthaus, Lothringerstr 22, A-1030 Wien, T: (01) 7 13 27 61, F: +4 212 64 76 10 10; Hegergasse 19/27, A-1030 Wien, T: (01) 7 03–27 61 [Bratislava, Slowakei 5.10.1941]. Wiener Musik, Operettenmusik, Klass Kammermusik **Ausb:** Stud (V) Kons Bratislava bis 60, H f M u darst Kunst Bratislava b T Gasparek 65; Stud (OrchDirig) H f M u darst Kunst Bratislava u Wien 73–75 b L Rajter, H Swarowsky u K Österreicher; Mstrkse (Dirig) b S Pope, H Swarowsky, S Celibidache. **Laufb:** Primarius des J N Hummel-StrQua, Dgt Staatl Philh Kosice 77–80; Konzm Franz-Lehár-Orch Bad Ischl seit 73, Kurkapellmeister Bad Ischl 93–02, Chefdgt Franz-Lehár-Orch Wien, Tourneen in Japan 99–01, USA 98, China 98, Italien, Dtld, Ch, Belgien, NL, Luxemburg, Jugoslawien, Polen, Rußland. **Mitgl:** Ausschuss d Int Franz-Lehár-Gesellschaft Wien.

Patterson, Brenda, Sängerin; c/o Hamburgische Staatsoper, PF 302448, D-20308 Hamburg. (Red)

Pattis-Mumelter, Maria Magdalena, Prof, Hochschullehrerin, Gesang; Pizachweg 84d, A-6073 Sistrans, T: (05 12) 37 95 14; Univ Mozarteum, Abt Musikpädagogik Innsbruck, Innrain 15, A-6020 Innsbruck, *magdalena.pattis@moz.ac.at*. **Laufb:** Vertragsprof (Ges) U Mozarteum Salzburg. (Red)

Pattmann, Michael, Schlagzeug; Falterweg 11, D-44799 Bochum, T: (02 34) 77 21 08, F: 77 21 08, *info@duo-anschlag.de*; *www.duo-anschlag.de*. **Laufb:** Doz Folkwang-Hochschule Essen. **Ens:** AnSchlag. (Red)

Pauk, György, Hochschullehrer; Hochschule Musik u Tanz, Tössertobelstr 1, CH-8400 Winterthur, T: 05 22 68 15 01, F: 05 22 68 15 01, *gyorgy@pauk.fslife.co.uk* [Budapest 26.10.1936]. **Ausb:** Stud Franz Liszt M Akad Budapest. **Laufb:** Doz (V) MH Winterthur Zürich, Nat Symph Orch New York (Ltg: A Dorati) ua. **Pr:** Paganini Wettb Genua, 1. Pr Jaques Thibaud Wettb Paris, 1. Pr Sonata Wettb München, Orden Rep Ungarn 98. – **Aufn/RF:** Bartok V-Konz 98–99.

Paul, Berthold, Komponist, Interpret (Klavier, Percussionist), Musikverleger, Produzent; Bernhard-Ihnen-Str 13c, D-21465 Reinbek, T: (0 40) 79 75 48 81, F: 79 75 45 88, *b.paul@aurum-musik.de*, *info@bertholdpaul.de*; Hagedornstr 30, D-20149 Hamburg, T: (0 40) 41 35 56 26, F: 41 35 56 26; *www.ensembleneuehorizonte.de*, *www.bertholdpaul.de* [Aumühle 29.2.1948]. KamM, Orchesterwerke **Ausb:** Stud Komp (W Steffens), Theorie, Päd, Kl (P Hartmann) Kons Hamburg 64–67, Komp (W Krützfeldt, D de la Motte), Kl (R Küchler, F Gebhardt), Dirig (A Bittner) MH Hamburg 67–70. **Laufb:** zahlr KompAuftrr, Grdg u ehrenamtl Betreuung d Reihe 'Musica Nova – Aktuell' Reinbek 75, Interpret (Kl, Synth, Perc) in div KamM-Besetzungen seit 84, freischaff Komp in Hamburg u Reinbek. **Pr:** Stuttgarter Förderungspr 72 u 75, Förderungspr z Wenzel-Stamitzpr d Künstlergilde Esslingen 78, Förderungspr z Kunstpr d Ldes Schleswig-Holstein 80, KompPr Ostdt Kulturrat Bonn 91, halbjähr Stip d BMI f Int Cité des Arts Paris 73. **Ens:** Neue Horizonte. **Mitgl:** GEMA, dkv, DKIV, IGNM, GVL. – **Komp:** Scènes Lyriques (f Kam-Ens) 68, UA Hilversum, Int Musikwoche Gaudeamus 69; Contours pour Orgue op 15 (f Org) 70, UA Basilika Seckau, Grazer Musikprotokoll im Steir Herbst, K-E Welin (Org) 71; Lacrimosa (OrchW) 83, UA Reinbek, Hamburger Symphoniker, Dgt: H Beissel 85; Aufbruch (Fanfare f 10 Blechbläser) 97, UA Kölner Philh 97; Zeichen (OrchW) 97; Spuren-Suche (OrchW) 98; Sinfonietta f KamM 2000, UA Annenkirche Dresden, Dresdner Kapellsolisten 02. **AuftrKomp:** Reflexionen I (KamM) 79, UA Salzburg, Österr Ens f Neue Musik, Dgt: K Ager 79 (Auftr: ORF Salzburg); Reflexionen II (KamM) 79, UA Nürnberg, ars nova ens, Dgt: W Heider 79 (Auftr: BR); Reflexionen III (KamM) 80, UA ens d neue werk d NDR, Dgt: D Cichewicz 80 (Auftr: Kultusmin d Ldes Schleswig-Holst); Memento mori (f Str-qua), UA Rhein Bach-Collegium Radio Bremen (Auftr: Radio Bremen); Adagio f Orch 82, UA Flensburg, Schleswig-Holst Symph-Orch, Dgt: B Reinke 82 (Auftr: Kultusmin d Ldes Schleswig-Holst); Stufen f gr Orch 85, UA Reinbek, SymphOrch d NDR, Dgt: R Bader 85 (Auftr: NDR). **Aufn/RF:** Adagio f Streichorch, Dgt: J Rotter (WDR); Adagio f Orch, Nordwestdt Philh, Dgt: K Bernbacher (Radio Bremen); Wechselspiel III (KamM), Varius-Ens (BR, NDR, ORF, Ens Australia Felix); November-Musik (f Streichqua), Rhein Bach-Collegium (WDR); Memento mori (f Streichqua), Rhein Bach-Collegium (Radio Bremen); Drittes Bläserqui, Bläserqui d SWF (SWF); Contours pour Orgue, K-E Welin (ORF); Psychogramm (f Orgel), Z Szathmáry, J Rada (Span RF); Lamento (f Vcl), W Taube (SDR); Cds: 'Vom Tao d Klänge' (als Interpr u Komp); 'Vom Klang d Stille' (als Interpr u Komp); Dresdner Kapellsolisten (als Komp) 02 u 03; Gaudeamus Qua Brasov (als Komp). **UA:** div UA v N Linke, A Goodman, O Benninghoff, I Sawade, U Wahnfried, F Werder. **Zug:** div v N Linke, A Goodman, J Sawade, U Wahnfried. **Lit:** Klavierwerke-lex, Komponisten d Gegenwart im Dt Komponistenverband.

Paul, Florin, Violine; c/o NDR Sinfonieorchester, Rothenbaumchaussee 132–134, D-20149 Hamburg. **Laufb:** Konzm NDR SinfOrch Hamburg seit 95. (Red)

Paul, Peter, Sänger (Bariton); Poststr 4, D-69257 Wiesenbach, T: (01 72) 3 24 05 36, *Peters.Paul@t-online.de* [Berlin 2.5.1972]. Oper, Konzert **Ausb:** Stud Gesang, MTh (R Gsell) H d Künste Berlin 91–93 u (H Stamm) ebd 93–98. **Laufb:** Sol Mainfranken Th Würzburg 79–85, Mitgl Capella Cantorum 96, KamOp Schloß Rheinsberg (Papageno) 97–99, Sol Nordharzer Städtebundth Halberstadt 99–01, Sol Mainfranken Th Würzburg ab 01, Sol (Werther, Albert) Th Heidelberg seit 01, GastEng Pfalzth Kaiserslautern, GastSol Staatsth Braunschweig SpZ 04/05. **Pr:** Finalist Bundeswettb Gesang VDMK 96. – **Aufn/RF:** Schumann, Schubert, Liszt, Schoeck, m W Endrös 96; Heinrich Heine Vertonungen.

Paul, Stefan (Pseud: stefanpaul), Dipl-Instr, Dipl-Instr-Päd, Pianist; Lenbachstr 7a, D-10245 Berlin, T: (0 30) 2 94 12 67, F: 2 94 12 67, *mesrav@gmx.de* [Berlin 8.7.1973]. Lied, Musiktheater, Musik d 20. Jh/Neue Musik **Ausb:** Stud Kl (G Kupfernagel, K Bäßler, W Rieger) H f M 'Hanns Eisler' Berlin 94–2001, Mstrks b M Presler 2000, K P Kammerlander 03. **Laufb:** musikal Ass b 'Einstein on the beach' Berlin 2000, musikal Ltg 'Tagebuch eines Verschollenen' AdK Berlin 03. **Pr:** 2. Pr Intpr- u KompWettb 'Hanns Eisler' 2000, Teilnahme 'Forum Neues MTh' Stuttgart 03/04. **Ens:** GrdgMitgl 'Das ABM Konzept'. – **Sonst:** Portraitkonz v O Messiaen u M Ravel.

Pauli, Werner, Prof, Hochschullehrer; Heidestr 4, D-16540 Hohen Neuendorf, T: (0 33 03) 50 26 36, F: 50 26 36 [Berlin 12.12.1930]. Gitarre solo, Kammermusik **Ausb:** Stud Git (E Bürger) Städt Kons Berlin 52–56. **Laufb:** Doz (Git, Imp, KamM) H f M 'Hanns Eisler' Berlin 59–2000, später Prof (Git), Prorektor, amt Rektor, KonzTätigkeit als Sol u Begl in vielen Ländern Europas u Afrikas seit 56, Autor e SendeR üb GitM im RF 61–71. **Pr:** 2. Prtr Instrumentalsolistenwettb Berliner RF 58. – **Komp:** Komp zu 51 Hörspielen, 2 Fernsehspielen, 10 Fernsehfilmen, 1 Dokumentarfilm; Wetterlagen f 3 Git, 02; Facetten f Fl u Git, 03; (3)=fis 8 Stücke f Git solo, 04. **Aufn/RF:** Solo u KamM v Albéniz, Asriel, Bach, Boccherini, Castelnuovo-Tedesco, Dowland, Frescobaldi, Giuliani, Ponce, Rameau, Turina, Villa-Lobos, Wagner-Regeny, Visée ua. **Zug:** A Asriel, T Medek, M Schubert. **Sonst:** Europ Volkslieder f Singstimme u Git (Bearb) H 1–3, Brechtlieder f Singstimme u Git, Neue Kinderlieder f Singstimme u Git, Lieder u Chansons f Singstimme u Git, GitM versch Autoren H 1–9, GitTrios (Komp), Lieder n Ged v J R Becher f Singstimme u Git, GitLex (Mitarb), Hb Imp.

Paulmichl, Herbert (Pseud: Jergi Dohl), Prof, Komponist, Dirigent, Organist, Cembalist; Eisackstr 2, I-39100 Bozen, T: (04 71) 97 95 80, F: 32 62 03; *www.vsm-bozen.it/Portraits/HerbertPaulmichl.html* [Stilfs 18.6.1935]. Konzert: Chor, Orchester, Orgel **Ausb:** Klass Gym Brixen, Stud Theologie KiM-Akad Regensburg 58–61; Komp (Bialas), Org (Lehrndorfer), Dirig (Schieri), KiM (Hafner) MH München 61–67. **Laufb:** Doz Staatl MKons Bozen seit 65, Kapm u Org Bozner Dom, Grd u Dgt Bozner JugOrch u Ens 'Musica Rare'; Mitgl künstl Ausschuss Haydn-Orch Bozen-Trient, Konz In- u Ausland m Bozner DomCh, Haydn-Orch, Bozner JugOrch u Ens 'Musica Rare'. **Pr:** Komp-Wettb: Avelino, Livorno, Innsbruck, Zwickau, Wien, Bozen; Orlando-di-Lasso Medaille, Förderpr f künstl Leistungen Kulturwerk München, Ausz ('Cavalliere') durch ital Staatspräs, Ehrenbürgerschaft Heimatgemeinde Stilfs/Vinschgau. **Mitgl:** diözesane KiM- u Org-, Gotteslobskommission. – **Komp:** an die 200 Werke f Ch mit u ohne Orch, f Org, Bläser; zahlr Vokalbearb mit u ohne Orch; 'Missa pro pace', UA Salzburger Dom, int KiM-Kongress 76; 'Innichner Domfestmesse', UA z 800-jähr Jubiläum Innichner Dom 84; 'De profundis', UA Brixner Dom 95; 'Ch d Engel' aus Goethes Faust, KonzVereinshaus Wien 97; 'Proprium z Christi Himmelfahrt', UA z Schubertjubiläum, Stephansdom Wien 97; 'Heiligkreuzmesse', UA z 500-jähr Jubiläum Dt Orden 90; 'Missa festiva', UA z 50. Bestandsjubiläum Südtiroler Sängerbund 99; 'Überchormesse', UA z 20-jähr Jubiläum Thierseer Passionssp 99; 'Kl Festmesse', UA z 80. Geb Bischof Wechner, Feldkirchner Dom; 'Ladinische Plenar-Messe', UA z Heiligsprechung Josef Freinademetz 03; 'Dona nobis pacem', UA Berlin 03; Sonnenges d Hl Franziskus, UA Bozner Dom 03; ChKant: Passionskant, Adventskant. **AuftrKomp:** nahezu alle Werke AuftrKomp, ua OrgWerke: Partiten f Org, 'Nun lobet Gott!', 'Lobe den Herren', 'Kommt herbei!', 'O Jesu'; Psalmvertonungen: 'Meine Stimme zu Gott!'; Magnificat (f Sop solo, gem Ch u Orch); 'Preiset oh Ihn' (f Trp solo, gem Ch u KB), UA Augsburg 92; Friedenskant (f gem Ch u Instr); Volkliederbearb f Ch u Instr; 'Ouwe hoveliches Singen' (Kant z Einweihung d Waltherhauses). **Aufn/RF:** 3 CDs: OrgM v H P an d Org d Bozner Doms, Ch- u Orch-Konz m Bozner DomCh u Bozner JugOrch. **Lit:** J Oberhuber: 'Der Geist weht, wo er will! Neue Komp v H P'.

Pauls, Tom, Sänger; c/o Staatsoperette, Pirnaer Landstr 131, D-01257 Dresden; *www.zwingertrio-dresden.de/pauls/pauls.htm.* **Laufb:** Sol Staatsoperette Dresden. (*)

Paulsen, Melinda, Prof, Mezzosopran, Alt, Hochschullehrerin; Anemonenweg 38, D-55129 Mainz, T: (0 61 36) 95 85 65, F: 95 85 65; Hochschule f Musik u Darst Kunst, Eschersheimer Landstr 29–39, D-60322 Frankfurt/M. **Ausb:** Stud (Musik) Swathmore College Pennsylvania, Bachelor of Arts 88, Mstrkl Gesang (D Evangelatos), Liedfach (H Deutsch), OratFach (D Hellmann) MH München, Abschluss 91, OpStudio Bayer Staatsop. **Laufb:** Gastsp Klagenfurt 96, Auftritte b int FSp wie Wratislavia Cantants, Bregenzer FSp, Maulbronn, LBeauftr (Gesang) U Mainz, Lied- u KonzS, Prof H f M u Darst Kunst Frankfurt/M 03. **Pr:** 2. Pr Int ARD Wettb 92. – **Aufn/RF:** Ersteinsp, ua N Boulanger: Lieder; Mozart: Konzertarie 'Ch'io mi scordi di te?'; Aufn d BR; Bach: Weihnachtsorat (Alt), Dgt: E Guttenberg; Rossini: Op 'Tancredi' (Isaura); Weber: Op 'Oberon' (Puck). (Red)

Paulsen, Ulf, Dipl mus Päd, Sänger (Heldenbariton, Bassbariton); Antoinettenstr 26, D-06844 Dessau, T: (03 40) 8 50 75 15, F: 8 50 75 15, *ulfpaulsen@web.de*; *www.ulfpaulsen.com* [Bremervörde 19.11.1964]. Oper **Ausb:** Stud Ges (R Peter) Köln 88–95. **Laufb:** Sol Th Görlitz 96–03, Gastsol Ldesth Detmold 02–04, Sol Anhalt Th Dessau 01–06, Gastsol Staatsop Prag 98–02, Tschech Nationalth Prag 00–02. **Pr:** Zuschauerpr 'Theo' d Mitteldt Zeitung 04. – **Aufn/RF:** J S Bach: Kantate Nr.70 'Wachet! betet! betet! wachet!' BWV 70, m Thomanerchor Leipzig, Gewandhausorch Leipzig, Dgt G C Biller, MDR 02. **UA:** J P Nagel: Drei Orchesterlieder auf Texte v J Bobrowski, Neue Lausitzer Philh, Dgt C Escher.

Pauly, Simon, Sänger; c/o Vereinigte Städtische Bühnen, Odenkirchener Str 78, D-41236 Mönchengladbach. **Laufb:** Sol Bühnen d Landeshauptstadt Kiel. (*)

Pauritsch, Walter, Sänger; c/o Deutsche Oper, Bismarckstr 35, D-10627 Berlin, T: (01 73) 8 31 58 57. **Laufb:** Sol Staatsop Wien, Gastsol Vereinigte Bühnen Graz SpZ 00/01, Dt Op Berlin SpZ 04/05. (Red)

Pauß, Raphael, Sänger; c/o Cecilia Music Concept – Franz-Georg Stähling, Brauweilerweg 183, D-50933 Köln, T: (02 21) 8 00 00 70, F: 8 00 00 71, *staehling@cecilia-cmc.de*; *www.cecilia-cmc.de* [Köln]. **Ausb:** Stud Ges (Prof Papoulkas) Folkwang-H Essen 90–91, Stud Ges (Prof K Moll) MH Köln. **Laufb:** Sol Staatsth Braunschweig seit 97, Gastsol Staatsop Stuttgart, EnsMitgl Th Wuppertal seit 01/02. (Red)

Pavlovska, Ruslana, Mag, Pianistin; c/o Staatstheater Cottbus, Karl-Liebknecht-Str 136, D-03046 Cottbus, *rusik5@yahoo.de*; Rostocker Str 17/7, D-03046 Cottbus, T: 01 79–7 97 45 18 [Vinnitsa, Ukraine 19.6.1971]. Klassik, Jazz **Ausb:** Stud klass Kl (Prof V Daszkowski) Staatskons Odessa 90–95, Jazz- u klass Kl MAkad Katowice 99–2000 (Prof J Stompel). **Laufb:** Solorep Staatsoptte Vinnitsa 95–99, Staatsop Stettin 2000–02, Staatsth Cottbus seit 02 (04/05). **Pr:** Stip Poln Botschaft Kiew 99 (f Ausführung d MStücke v F Chopin). – **Aufn/RF:** 'Jazz in Stettin', Stettin 01; 'Operette mit Jazz', Warschau, 03.

Pawlik, Markus, Klavier; c/o Pro Arte Kiel Konzertagentur, Voorder Winkel 18, D-24220 Flintbek, T: (0 43 47) 70 84 96, 01 70–6 64 97 32, F: 70 84 95, *konzertagentur@proarte-kiel.de*; *www.proarte-kiel.de* [Bremen 1966]. **Ausb:** Stud Hannover (K-H Kämmerling). (Red)

Pawlus, Maria, Sängerin; Bayernstr 41, D-66111 Saarbrücken, T: (06 81) 6 78 54; Saarländisches Staatstheater, Schillerpl 1, D-66111 Saarbrücken. **Laufb:** Sol Saarländisches Staatsth Saarbrücken seit 85. (Red)

Payha, Barbara, Sängerin; c/o Landestheater Linz, Promenade 39, A-4020 Linz, T: (0 70) 76 11–4 00, *kassa@landestheater-linz.at*; c/o Volksoper Wien, Währinger Str 78, A-1090 Wien. **Laufb:** Sol u Gastsol Ldsth Linz SpZ 03/05. (Red)

Paz-Zaen, Jonathan de la, Sänger; c/o Neue Opernbühne Berlin NOB, Goltzstr 13, D-10781 Berlin. **Laufb:** Gastsol Neue Opernbühne Berlin SpZ 00/05, Gastsol Zeitgen Op Berlin SpZ 03/05. (Red)

Pazmany, Tibor, Dirigent; c/o Landestheater Linz, Promenade 39, A-4020 Linz. **Laufb:** Studienlt u Kapm Landesth Linz. (*)

Pazur, Robert, Dirigent, Solorepetitor; Bruckneralle 36, D-41236 Mönchengladbach, T: (0 21 66) 4 98 02; c/o Vereinigte Städtische Bühnen, Odenkirchener Str 78, D-41236 Mönchengladbach. **Laufb:** Solorep m Dgt-Verpfl Vereinigte Städt Bühnen Krefeld u Mönchengladbach, Dgt Niederrhein Sinfoniker Mönchengladbach. (Red)

Peace, James, Komponist, Konzertpianist; Rittershausstr 5, D-61231 Bad Nauheim, T: (0 60 32) 96 84 92, F: 96 84 97 [Paisley, Großbritannien 28.9.1963]. Tango **Ausb:** Stud (Kl) RSAMD Glasgow 80–85, BA Glasgow U 83, Dipl RSAMD Glasgow 84. **Laufb:** rege KonzTätigkeit in GB 85–90, Konz in Dtschld ab 91, Konz in China, Japan 02, Konz in Skandinavien 04. **Pr:** Agnes Millar Pr 83, Kontrapunktpr RSAMD 83, Dunbartonshire EIS Pr 84, Sibelius Essay Pr 85, TIM Concurso Int di Musica Rom Dipl 2000, Fellow in Comp Victoria Coll London 01, Pr IBLA Found New York 02, Ehrenmed Int Piano Duo Ass Tokyo 02, Goldmed Acad Int de Lutece Paris 05. – **Komp:** Lied d Ewigkeit (Sop, Orch); Ballade Nr 1 (Orch); Vergessene Blätter (Vcl, Orch); Feierl Marsch Nr 1 (Orgel, Orch); Feierl Marsch Nr 2 (Orch); Aubade (Engl Hn/Streichorch); Autumn Gold (V/Streichorch), UA Aalen, Dgt: K Pfeifle 94; Ob Sonate; Streichqua; Lento Lacrimoso (Vcl, Kl); Dreiundzwanzig Tangos (Kl solo). **Aufn/RF:** J Peace: 'Tango Arabesque', J Peace 2000; Peace: 'Tango Escocés', J Peace 01.

Peacock, Lucy, Sopran; Beerenstr 33, D-14163 Berlin, T: (0 30) 8 02 41 71. **Laufb:** Sol Dt Op Berlin. (Red)

Pearson, Gail, Sängerin; c/o Pocket Opera Company, Gertrudstr 21, D-90429 Nürnberg. **Laufb:** Sol Pocket Opera Company Nuernberg. (*)

Pearson, James, Sänger; c/o Wiener Staatsoper, Opernring 2, A-1010 Wien. **Laufb:** Solokorr Wiener Staatsop. (Red)

Pecková, Dagmar, Mezzosopran; Gundelfingerstr 9, D-79194 Heuweiler; c/o Austroconcert, Gluckgasse 1, A-1010 Wien, T: (01) 5 13 26 57, F: 5 12 61 54, *austroconcert@ia-ac.com*; *www.ia-ac.com* [Chrudim b Prag]. **Ausb:** Stud Kons Chrudim. **Laufb:** Mitgl Ens Dt Staatsop Berlin, Gastsol Salzburger FSp, Bayer Staatsop München, Hamburg Staatsop, Staatsth Stuttgart, NatTh Prag, Op Zürich, Grand Th de Genève, Op Nat de Paris, Th du Châtelet Paris, Gran Teatre del Liceu Barcelona, Royal Op House Covent Garden London, De Nederlandse Op Amsterdam, Rollendebüt Brangäne, 'Tristan u Isolde' Gr FSpHaus Salzburg SpZ 02/03, Eng Sächs Staatsop Dresden 05. **Pr:** 1. Pr Prager Frühling u Dvorak-Wettb.

Pecoraro, Herwig, Sänger; c/o Wiener Staatsoper, Opernring 2, A-1010 Wien. **Laufb:** Sol Wiener Staatsop. (Red)

Pedaci, Francesca, Sängerin; c/o Sächsische Staatsoper, Theaterpl 2, D-01067 Dresden. **Laufb:** Sol Staatsop Wien, Sol Sächs Staatsop Dresden SpZ 03/05. (Red)

Pedaggio, Giovanni *siehe* Tol, Han

Peebo, Annely, Mezzosopran; c/o Konzertdirektion Hörtnagel, Oranienburger Str 50, D-10117 Berlin, T: (0 30) 3 08 87 70, F: 30 88 77 33, *agentur@hoertnagel.com*. **Ausb:** Stud (Kl, ChefDgt) Tallinn, Stud Ges (G Kahry) Univ f M u Darst Kunst Wien. **Laufb:** Sol Volksop Wien seit 97, Gastsol Wiener Staatsop seit 97, Piccolo Teatro Milano, Opéra de Nancy 99, Op Rouen, Op Talinn, Opéra de Nancy Lyon 99, Teatro Carlo Felice Genua 04/05, Teatro Massimo Palermo 04/05, Philh Gasteig München, Bregenzer FSHaus, Gewandhaus Leipzig, FSHaus Baden-Baden, Wiener FestWo 01, Salzburger FS 02, Savonlinna Fstv 04, Konz u Liederabende in ganz Europa, zB Galakonz m A Bocelli Tallinn 03; ZusArb m F Zeffirelli, G Strehler, R Carsen, D Fo, Ph Arlaud. – **Sonst:** musikal Hauptdarst d preisgekrönten Films 'Les Leçons des Ténèbres', Moderation Grand Prix d' Eurovision 02. (*)

Peeters, Harry, Bassbariton; c/o Konzertdirektion Tobischek, Zimmermannstr 59, D-45239 Essen, T: (02 01) 8 40 51 75, F: 8 40 51 76, *tobischek@arcor.de*; *www.tobconcert.de*. **Laufb:** Sol Bühnen d Stadt Köln, Gastsol Städt Bühnen Münster SpZ 2000/01. (Red)

Peetz, Katharina, Mezzosopran; c/o Opernhaus Zürich, Falkenstr 1, CH-8008 Zürich; c/o Agentur f Musiktheater u Konzert Hannagret Bueker, Fuhsestr 2, D-30419 Hannover [Hannover]. Oper, Lied, Oratorium **Ausb:** Stud b T Quasthoff, C Richardson, Stud MH Hamburg b J Beckmann, Mstrks b Fassbaender. **Laufb:** EnsMitgl Op Zürich seit 01/02, Sol Kom Op Berlin, Gastsol Op Graz, Hannover, Hamburg, Kiel, Kom Op Berlin, Ständeth Prag, GastSol Semperoper Dresden 03, Bregenzer FSp 05. **Pr:** Stip Dt StudStift u Richard-Wagner-Verb, Pr 'Jugend musiziert', Richard-Strauss-Pr 2. int Liedwettb d Hugo Wolf Akad, 1. Pr Landeswettb 'Jugend kulturell', 2. Pr 'Jugend kulturell', 1. Pr Elise-Meyer-Wettb Hamburg, 'Nachwuchskünstlerin d Jahres' OpZs 'Opernwelt 2001'. – **Aufn/RF:** Schreker: Flammen; Vivaldi:Juditha triumphans; Strauss: Die Liebe der Danae; DVDs: Berg: Lulu, Zürich; Verdi: Traviata, Ophaus Zürich; Nielssen: Maskerade, Bregenzer FSp. **UA:** D Hönigsberg: Via Cruxis, UA Tonhalle Zürich März 05; Schreker: Flammen. **Zug:** D Hönigsberg: Via Cruxis.

Pehrisch, Rainer, Violoncello; c/o Niedersächsisches Staatsorchester, Opernpl 1, D-30159 Hannover. **Laufb:** Sol Niedersächs StaatsOrch Hannover. (Red)

Peiró, Felipe, Bariton; c/o Pro Arte Stefan Dörpinghaus, Rosenweg 7, D-42499 Hückeswagen, T: (0 21 92) 8 30 05, 01 77–6 63 40 66, F: 93 18 81, *info@proarte-online.de*. **Laufb:** Sol Th Augsburg seit 2000/01. (*)

Peitz, Johannes, Prof, Hochschullehrer, Klarinette; Hochschule f Musik u Theater, Emmichpl 1, D-30175 Hannover, *johannes.peitz@gmx.de*; c/o Konzertbüro Nikolaus Schmidt, Kirchenallee 22, D-20099 Hamburg, T: (0 40) 28 05 66 17, F: 28 05 66 18, *info@schmidtkonzert.de*. **Laufb:** Prof (Klar) H f M u Th Hannover. (Red)

Pejcic, Borivoje, Konzertmeister; c/o Stadttheater Pforzheim, Am Waisenhauspl 5, D-75172 Pforzheim. **Laufb:** koord 1. Konzm Städt Orch Pforzheim. (Red)

Pelinka, Werner, Mag, Dr, Komponist, Interpret, Pädagoge; Gusenleithnergasse 30/14, A-1140 Wien, T: (01) 9 14 86 74, F: 9 12 42 90, *info@tomatis-institut.at*; *www.tomatis-institut.at* [Wien 21.1.1952]. geistl Werke, Eigenkompositionen **Ausb:** Stud (Kl, Org, Dirig) Kons Wien 64–79, Stud (Liedbegl, KamM) MH Wien 79–85, Mag art 85, Stud (MWiss, Kunstgesch) U Wien, Dr phil 85. **Laufb:** Pädagog Tätigk MLehranst Wien ab 75, Kons Wien ab 95, Toho-MAkad Wien 91–2000, Projektlt Wiener KinderMfest 'Kinderklang' 92–03, Ausb z Consultant am Centre Formation Tomatis Paris 94/95, Grdg u Ltg eines Inst f Horch- u Sprachpäd Wien. **Pr:** Ehrenmitgl Harmonia Nova (= Harmonia Classica). **Ens:** IMAGO (Künstlergr d Erzdiözese Wien), Vizepräsident Neues Kunstlerforum Wien. **Mitgl:** IHS (Int Horn Society), AKM, ÖMR, ÖGZM, ÖKB, INÖK, Grdgsmitgl d IARCTC (Int Assoc of Registered Certified Tomatis Consultants), Österr Ges f Musik (Vorstandsmitgl). – **Komp:** 'Reflexionen' op 9 (KlTrio in 3 Sätzen m Rezitation), UA Wien, KonzHaus 87; 'Fatima-Messe' op 7 (Soli, Chor u Org), UA Wien, KonzHaus 90; 'Passio Silvae' op 14 (Bassstimme, Hn u Kl), UA Wien 90; 'Die Erbsenprinzessin' op 28 (Musikmärchen), UA Wien, dietheater Künstlerhaus 95; 'Cantata Brevis' op 39 (Sopr, Ten, KlQuin), UA Wien, Palais Schwarzenberg 02. AuftrKomp: 'Concerto for Jon' op 24 (Hn u Orch), UA Wien, Palais Ferstel 93; 'Trio Arabesque' op 26 (Ob, Fag, Kl), UA Klosterneuburg, Augustinussaal 94; 'Ikone Franz Jägerstätter' op 25 (f hohe Stimme, Hn, Org, Kl), UA Ostermiething, Pfarrkirche 93; 'Jerusalem ewig' op 32 (Bar, Hn, Org), UA Wien, Deutschordenskirche 98. **Aufn/RF:** LPs u CDs. **Zug:** W E Lardy: Eichendorff-Lieder f Sop, Hn u Kl; U-D Soyka: Psichose f Hn u Kl. **Lit:** H Schuschnigg/D Gutsmann: 'Canzona' op 11 in: Von der Humanität zur Bestialität 89; H Goertz: 'P, W' in: Beiträge '94, Österr Komp unserer Zeit 94; M Maschner/H Teufert: 'P W, Die Komponisten d Industrieviertels u ihre Musik 96; B Günther: Musik aus Österr, Lex zeitgen Komp 97; Who is who in Österreich seit 98; Int Who is who in Music seit 92/93.

Pelker, Gudrun, Sängerin; Kueppersbuschstr 4, D-45883 Gelsenkirchen, T: (02 09) 46 95 79; c/o Musiktheater im Revier, PF 101854, D-45818 Gelsenkirchen. **Laufb:** MTh im Revier Gelsenkirchen. (Red)

Pellekorne, Anne, Sängerin; c/o Bühnen der Stadt Köln – Opernhaus, PF 101061, D-50450 Köln. (Red)

Pellerin, Louise, Hochschullehrerin; Hochschule Musik u Tanz, Tössertobelstr 1, CH-8400 Winterthur, *loupell@netcourrier.com*. **Ausb:** Stud (Ob, KamM) Kons Montréal, Stud b Heinz Holliger (Freiburg i. Br). **Laufb:** Doz (Ob) MH Winterthur Zürich, Sol Camerata Academica Salzburg, Chamber Orch of Europe u Cappella Andrea Barca, Mstrkse Canada u Frankreich. **Pr:** Wettb Orch Symph de Montréal, Jeunesses Musicales Belgrad u d Schweizer Tonkünstlervereins. (*)

Pellet, Jean-Pierre, Komponist; Digue de la Lienne 28, Uvrier, CH-1958 St-Léonard. (*)

Pellmont, Irène, Alt; Schäublinstr 85, CH-4059 Basel, T: 06 13 61 77 79. (Red)

Pelz, Marcus, Sänger; Wiener Staatsoper, Opernweg 2, A-1010 Wien, T: (01) 8 94 39 61, F: 8 94 39 61, *marcuspelz@gmx.at* [Stuttgart 16.8.1966]. Oper, Lied u Oratorium **Ausb:** Stud Sologes, Op, Konz (W Berry, S Virtucci, S Baddi) MH u Kons d Stadt Wien 88–95, Stud Alte M Kons d Stadt Wien 97–01. **Laufb:** EnsMitgl Wiener Staatsop seit 99, Japan-Gastsp m Wiener Staatsop, Dgt: G Sinopoli, 2000; Volksop Wien 02, Gastsp Wiener Staatsop in Bukarest u Amsterdam, Dgt: S Ozawa, Gast Südostbayer Städtetheater. **Pr:** Stip Herbert v Karajan Centrum 98/99.

Penderecki, Krzysztof, Prof, Komponist, Dirigent; c/o Katja Riepl, Am Daubhaus 6, D-55276 Oppenheim, T: (0 61 33) 92 63 55, F: 92 63 56, *penderecki@debitel.net*, *riepl@debitel.de*; *www.penderecki.de* [Debica, Polen 23.11.1933]. **Ausb:** Stud (A Milewski, S Wiechow) MH Krakau. **Laufb:** Prof MH Krakau 58, Doz Folkwang H Essen 66–68, Rektor MH Krakau 72–87, Prof Yale U New Haven 73–78, Principal Guest Conductor NDR-SinfOrch Hamburg 88, Musikal Dir Casals Fstv Puerto Rico 92–01, Künstl Berater MFestv Peking. **Pr:** ua Prtr Wettb Junger Poln Komp 59, Pr UNESCO 61, 1. Pr KompWettb Krakau 62, Großer Kunstpr NRW 66, Prix Italia 67, 68, Sibelius Gold Med 67, Pr d Poln KompVerbandes 70, Johann-Gottfried-v-Herder-Pr Hamburg 77, Prix Arthur Honegger 77, Méd de la Ville de Paris 81, Sibelius Pr Wihouri Found 83, Poln Staatspr 83, Pr Lorenzo Magnifico Florenz 85, Stefania Niekrasz Med 86, Karl-Wolf-Pr 87, Manuel de Falla Gold Med Granada 89, Gr BVK 90, Chevalier de St Georges 90, österr Ehrenz f Wiss u Kunst 92, Pr int Musikrat/UNESCO f M 93, Kultureller Verdienstordens Monaco 93, Ehrenbürger Straßburg 95, Primetime Emmy Aw 94, 95, 96, 97, Crystall Aw Wirtschafts-Forum Davos 97, Ehrenprof Tschaikowsky-Kons Moskau 97, Foreign Hon Member American Acad of Arts and Letters 98, Korresp Mitgl Bay Akad d Schönen Künste 98, Ehrenprof Beijing Kons 98, Orden d Grand Duke Gediminas Vilnius 98, Grammy Aw 88, 99, 01, AFIM Indie Aw 99, Cannes Classical Aw 'Living Composer of the Year' 2000, Verdienstorden d Rep Italien 2000, Ehrenstaatsbürger Puerto Rico 2000, Prinz v Asturien-Pr 01, Ehrenbürger Debica (Polen) 03, Ehrendir Chor d Prinz v Asturien-Stift 03, Eduardo M. Torner-Med d Cons de Musica del Principado Asturias 03, Staatspr d Ldes NRW 03, Pr d Europ KiM 03. – **Komp:** 'Die Teufel v Loudon' 68/69, UA Hamburg; 'Paradise Lost' 76/78, UA Chicago; 'Die schwarze Maske' 84/86, UA Salzburg; 'Ubu Rex' 90/91, UA München; 6 Sinfonien; 'Threnos' 60, UA Warschau; 'Polymorphia' 61, UA Hamburg; KlKonz 'Resurrection' 01/02, UA New York; 2 Violinkonz; Violakonz; 3 Cellokonz; Flötenkonz; div KamM; 'Lukas-Passion' 65/66, UA Münster; 'Utrenja I u II' 69/70, 70/71, UA Münster; 'Poln Requiem' 80–84, UA Stuttgart; 'Seven Gates of Jerusalem' 96, UA Jerusalem; 'Credo' 2000, UA Oregon. **Lit:** W Schwinger: K P – Leben u Werk.

Penkov, Dimitar, Viola; c/o NRD Radiophilharmonie, Rudolf-von-Bennigsen-Ufer 22, D-30169 Hannover. **Laufb:** Sol NDR RadioPhilh Hannover. (Red)

Penkuhn, Michael, Komponist, Kirchenmusiker; Wagnerstr 9, D-29633 Munster, T: (0 51 92) 98 73 47, *mota-nova@t-online.de* [Heide, Holstein 6.9.1962]. Jazz f Orgel **Ausb:** Stud (KiM) MH Lübeck 82–85. – **Sonst:** Veröffentl 'PlayJazz' ('alio modo') 98; Nun komm de Heiden Heiland, Jazzchoral partita 01.

Penninger, Claudine, Sängerin; Düsseldorfer Operette, Schlesische Str 94, D-40231 Düsseldorf. **Laufb:** Sol Düsseldorfer Optte. (Red)

Penzel, Erich, Prof, Hochschullehrer, Horn; Raderthalgürtel 11, D-50968 Köln, T: (02 21) 37 29 22. **Laufb:** Prof (Hn) H f Musik Köln. (Red)

Pepi Alós, Jorge, Klavier, Komponist; rue des Granges 9, CH-2300 La Chaux-de-Fonds, T: 02 19 43 31 22, *edith.jorge@tiscalinet.es* [Cordoba, Argentinien 28.3.1962]. **Ausb:** Kons Cordoba, Stud Komp (E Gaudibert) Schweiz. **Pr:** 1. Pr Int KompWettb Gerona 94, Gilson Prize 95. – **Komp:** Three Moments (f 2 Kl) 85; La caccia al tesoro (KamOp) 90–92, UA 'Archipel' Fstv Genf 93; Metamorfosis I (f Kl) 89; Metamorfosis IV (f 9 Instr) 95; Metamorphosis V (f KamOrch) 95/96; Puna (2 Stücke f SoloFl) 96; Nachtstücke (f Kl, V, Vcl) 98. (Red)

Pepkowska, Agnieszka, Violine; Str der Jugend 114, D-03046 Cottbus. (Red)

Pereira, Alexander, Intendant; c/o Opernhaus Zürich, Falkenstr 1, CH-8008 Zürich, T: 0 12 68 64 00, F: 0 12 68 64 01. **Laufb:** Intend Op Zürich bis 11. (Red)

Perényi, Miklós, Cellist, Komponist; c/o Impresariat Sonia Simmenauer, Bornstr 12, D-20146 Hamburg, T: (0 40) 42 31 31 11, F: 42 31 31 13, *Sonia.Simmenauer@impresariat-simmenauer.de*; c/o Künstleragentur Dr. Raab & Dr. Böhm, Plankengasse 7, A-1010 Wien, T: (01) 5 12 05 01, F: 5 12 77 43, *office@rbartists.at*; *www.impresariat-simmenauer.de*. **Ausb:** Stud Cello Budapest u Rom (E Banda, E Meinardi) 60–64, Mstrks (P Casals) 65 u 66. **Laufb:** Prof F Liszt-Akad Budapest 80, Konz weltweit, Festival Pablo Casals Prades (m A Schiff), auch Komponist. **Pr:** Prtr Int Violoncello-WB Pablo Casals Budapest 63. – **Aufn/RF:** zahlr CD. (Red)

Peretti, Pier Damiano, Prof, Hochschullehrer, Orgel; Hochschule f Musik u Theater, Emmichpl 1, D-30175 Hannover, *peretti@chello.at* [Vicenza 21.7.1974]. Orgelrepertoire v Renaissance bis Moderne, Komposition **Ausb:** Stud Org u Komp (A Cozza) Cons Vicenza 90–95; (W Zerer, P v Dijk) Hamburg 01–02; (H.Tachezi, M.Radulescu) Wien 96–02; Mstrks L F Tagliavini, H Vogel, J C Zehnder, J v Oortmerssen. **Laufb:** Prof (Org) H f M u Th Hannover seit 02; Orgelkonz in ganz Europa ua Orgelfstv Wien, Rom, Alkmaar, Bridgewather Hall Manchester, Notre Dame Paris, Innsbruck, Kathedrale v Chartres, Haarlem, Styriarte Graz, Hamburg. **Pr:** Orgelwettb: drei 1. Pr b italien Wettb 96–97; int Pr in Pretoria, Hamburg, Bologna, Innsbruck, Toulouse, St Alban (1. Pr 99); KompPr, ua Saarlouiser Orgelkomp-Wettb 05. – **Komp:** Aforismi di Gibran (Org), Sakura (Org), Mors et Vita (Trp u Org), Aforismi lunari (Fl u Org), Canti dell'Apocalisse (zwei solo St u Instr- Ens), Aus der Chronik d Anna Magdalena (Frauenst u Org), Il Flauto magico (Qufl u Vcl); zahlr Chorwerke; Deine Schönheit Gott, (AuftKomp) Ev Kirchentag Hannover 05. **Aufn/RF:** Bruno Bettinelli: Orgelwerke; J S Bach: Dritter Theil d Clavierübung. **Sonst:** Kurs- u Vortragstätigkeit, Veröff v Artikeln u Komp.

Perez, Anton, Sänger; c/o Opernhaus Graz, Kaiser-Josef-Pl 10, A-8010 Graz, T: (03 16) 80 08. **Laufb:** GastSol Volksth Rostock SpZ 03/04, Ophaus Graz SpZ 04/05. (Red)

Perick, Christof, Dirigent, Musikdirektor; c/o Theateragentur Dr Germinal Hilbert, Maximilianstr 22, D-80539 München, T: (0 89) 2 90 74 70, F: 29 07 47 90, *agentur@hilbert.de*. **Laufb:** Lt SinfOrch u Staatsop Saarbrücken 74–77, MDir Bad Staatskap u Staatsop Karlsruhe 77–86, Gastdgt Staatsop Dresden, MDir Los Angeles Chamber Orch 92–95, MDir Niedersächs Staatsorch u Staatsop Hannover bis 96. (Red)

Perifánova, Stefka, Hochschullehrerin; Greifengasse 38, CH-4058 Basel, T: 06 16 81 11 65, F: 06 16 81 11 65, *perifanova@freesurf.ch*; Hochschule Musik u Tanz, Tössertobelstr 1, CH-8400 Winterthur, *stefka.perifanova@doz.hmt.edu* [Plovdiv, Bulgarien]. **Ausb:** Stud int MAkad Sofia b Julia u Konstantin Ganev, Stud b Rudolf Buchbinde, Gérard Wyss, Bruno Canino (Schweiz). **Laufb:** Doz (Korr) MH Winterthur Zürich. **Pr:** Cyrilllus u Mehodius Stip, Pr Wettb Obretenov 82 u Nenov 93 Bulgarien, Concorso Int Giovani Pianisti Città di Senigallia 84 Italien, Int Pianist/innen Wettb 94 u Piano 80 95 Schweiz, Int KlWettb Cidade de Porto 96. (Red)

Perl, Alfredo, Prof, Klavier, Hochschullehrer; Elsässer Str 22, D-81667 München, T: (0 89) 3 08 50 51, F: 3 08 50 52; H f Musik u Theater, Arcisstr 12, D-80333 München [Santiago, Chile 1965]. **Ausb:** Stud in Santiago b Carlos Botto, in Köln b G. Ludwig in Köln, in London b M. Curcio. **Laufb:** Prof H f M u Th München (Kl). (Red)

Perl, Hille, Prof, Viola, Hochschullehrerin; Winkelsett 5b, D-27243 Winkelsett, T: (0 42 44) 9 55 22; Hochschule f Künste, FB Musik, Dechanatstr 13–15, D-28195 Bremen; *www.uhmm.de/Perl.htm*. **Laufb:** Prof. (Va da Gamba) HdK Bremen 02. **Ens:** 'Ensemble Movimento'. (Red)

Perl, Matthias, Flöte; c/o NDR Sinfonieorchester, Rothenbaumchaussee 132–134, D-20149 Hamburg. **Laufb:** Stimmführer NDR SinfOrch Hamburg. (Red)

Perl, Wolfgang, Kontrabass; c/o Niedersächsisches Staatsorchester, Opernpl 1, D-30159 Hannover. **Laufb:** stv Sol Niedersächs StaatsOrch Hannover. (Red)

Pernes, Thomas, Komponist; Brigittenauer Lände 46, A-1200 Wien, T: (01) 9 58 19 19, *pernes.produktion@chello.at*; *www.pernes.net*. (Red)

Pernoo, Jérôme, Cello; c/o Laurent Delage Artists Management, Albertplatz 8, A-1080 Wien, T: (01) 4 03 63 49, F: 4 03 63 49, *office@delage.at*; *www.delage.at* [1972]. **Ausb:** Cons Nat Supérieur de Musique de Paris b X Gagnepain u Ph Muller. **Laufb:** Orch Nat de France 01, Gr Cellokonz G-Dur v Offenbach (Dgt M Minkowski) i Bremen (Chamber Orch of Europe), Essen (Essener Philh) u i Wiener Konzerthaus (Wiener Symph) 04/05, Wiener Symph 05. **Pr:** Prtr d Tchaikovsky-Wettb Moskau 94, Prtr d Rostropovitch-Wettb Paris 94, 1. Pr Pretoria-Wettb 96. (Red)

Pernutz, Manfred, Kontrabass; c/o Staatskapelle Berlin, Unter den Linden 7, D-10117 Berlin. **Laufb:** Sol Staatskap Berlin. (Red)

Perret, Werner, Bariton; Weiherfeld 18a, D-85456 Wartenberg, T: (0 87 62) 14 76, F: 72 94 78, *webmaster@kulturinbayern.de*; *www.perret-werner.de* [1945]. Konzert, Oper, Oratorium, Lied **Ausb:** Stud Ges (P Hansen). **Laufb:** Sol Freies Landesth Bayern Miesbach.

Perretti, Claudine, Klavier; av des Mousquines 12, CH-1005 Lausanne, T: 02 13 20 03 88. (*)

Persson, Annalena, Sängerin; c/o Theater Basel, Elsiabethenstr 16, CH-4051 Basel. (*)

Persson, Carry, Bariton; Weingartenstr 408, CH-4524 Günsberg, T: 03 26 37 30 79, F: 03 26 37 03 62, *carry.persson@netsurfer.ch*; c/o Theater Basel, Elisabethenstr 16, CH-4051 Basel, T: 06 12 95 11 00 [Kärrstorp, Schweden 15.10.1953]. Oper **Ausb:** 5 Jahre Stud V, Ges, Dirig MH Malmö, Schweden, 3 Jahre Dramat OpSchule Stockholm (R Björling, D Hall, I Wixell, L Nucci, T Gobbi, R Knoll ua). **Laufb:** FestEng in Stockholm, Malmö, Salzburg, Oldenburg, Biel, Bern; GastSp: ua in Wiesbaden, Darmstadt, Mannheim, Cottbus, Los Angeles, Rio de Janeiro, Bregenz, Biel; über 60 Rollen, ua Macbeth: Titelrolle; Rigoletto: Titelrolle; Trovatore: Luna; Don Carlos: Posa; Traviata: Germont; Ernani: Carlo; Tosca: Scarpia; La Boheme: Marcello; Salome: Jochanaan; Carmen: Escamillo; Lucia di Lammermoor: Enrico; Undine: Kühleborn; Die Zauberflöte: Papageno; Don Giovanni: Leporello; Figaros Hochzeit: Figaro/Conte; Fledermaus: Falke; Desertsong: Red Shadow, Sol Th Basel SpZ 04/05. **Pr:** Christine Nilsson-Stip Stockholm; Künstlerstip d musikal Akad Stockholm. – **Aufn/RF:** CDs: Berühmte ital Opernarien u Duette, m A Bertolo; Christmas in Sweden; Carry Persson Famous Christmas Songs; Stille Nacht-Heilige Nacht, m P Pietschmann 2000. **Zug:** K.E Welin: Sorgesång (Trauerlied)(RF Schweden) 84; B Hallmann: Bellman, Schweden 95.

Persson, Miah, Sopran; c/o Oper Frankfurt, Untermainanlage 11, D-60311 Frankfurt/Main, T: (0 69) 2 12 02, F: 21 23 74 99, *info@oper-frankfurt.de*; c/o Opern-Agentur M Kursidem & E Tschaidse, Tal 28, D-80331 München, T: (0 89) 2 91 61 66 12, F: 29 16 16 67, *kursidem@opern-agentur.com, tschaidse@opern-agentur.com*; *www.oper-frankfurt.de*. **Ausb:** Stud Ges Kons Kulturama, OpStudio-67 Stockholm, Univ College of Op Stockholm. **Laufb:** Mitgl Königl Op Stockholm, Gastsol Théâtre de la Monnaie Brüssel, Dt Staatsop Berlin SpZ 2000/01, 03/04, Op Frankfurt seit SpZ 03/04, Op National de Paris 04/05, Op du Rhin Strasbourg 04/05, Fstv Aix-en-Provence, New Zealand Fstv, Salzburger FSp 05; ZusArb m Mozarteum Orch Salzburg, Swedish Radio Symph Orch, Stockholm Chamber Orch. – **Aufn/RF:** BBC Voices Programme m R Vignoles. (Red)

Pertis, Attila, Pianist; Kaltwasserstr 1, A-3413 Kirchbach, T: (0 22 42) 65 21; c/o Künstlermanagment Till Dönch, Roegergasse 24–26/G2, A-1190 Wien, T: (01) 4 70 80 83, F: 4 79 69 71, *management@doench.at*; *www.egri-pertis.com* [Budapest 1966]. **Ausb:** Stud Budapest, KlDiplom b H Medjimorec MH Wien. **Pr:** Int Klavierduo-Wettb in Finale Ligure, Italien, 11. Int Klavierduo-Wettb in Caltanissetta, Italien. **Ens:** Klavierduo Monika Egri & Attila Pertis. (Red)

Pertusi, Michele, Sänger; c/o Deutsche Oper, Bismarckstr 35, D-10627 Berlin. **Laufb:** Sol Staatsop Wien, Gastsol Dt Staatsop Berlin SpZ 04/05, Sol Dt Op Berlin SpZ 04/05. (*)

Pescevich, Jon, Sänger; Deutsches Nationaltheater, PF 2003, D-99401 Weimar [Passaic, NJ USA 1961]. **Ausb:** Stud (Komp u Ges) Indiana Univ School of Music, Bloomington. **Laufb:** Sol Dt NationalTh Weimar. (Red)

Pesch, Ada, Violine; Seefeldstr 88, CH-8008 Zürich; c/o Ensemble opera nova Zürich, Christine Theus, Weinbergstr 148, CH-8006 Zürich [Cleveland, OH, USA]. **Laufb:** 1. Konzmst Orch d Op Zürich. **Ens:** opera nova Zürich. (Red)

Peschek, Alfred (Pseud: Michel Bertrand), Mag, Dr, Prof, Komponist, Dirigent; Bockgasse 2, A-4020 Linz, T: (07 32) 65 86 46, 06 99-10 40 55 81, *ap@peschek.at*; *www.peschek.at* [Linz, Oberösterreich 14.5.1929]. Neue Musik **Ausb:** Stud (MWiss, KuGe) U Wien 52–57, Stud (KiM, KapmKl) Akad f M u Darst Kunst Wien 52–57. **Laufb:** wiss Referent Bruckner-Kons Linz 58–61, Grdg u Ltg 'neues ens' 68; Mitbegrd 'Tanzstudio Erika Gangl, Lehranst f künstler Tanz u Tanzpädagogik' m Öffentlichkeitsrecht, 'Erika Gangl Tanzkompagnie' u Bergtheater Linz. **Pr:** Th-Körner-Pr 67, Landeskulturpr f M 90, Würdigungspr d Stadt Linz 94, A-Bruckner-Pr 01, Kulturmed d Landes Oberösterr 2000 u d Stadt Linz 01. **Mitgl:** IGNM, Künstlervereinigung MAERZ. – **Komp:** zuletzt ua: Duale I–IV (Komp f jeweils 2 Instr) 2000/01, UA Linz 2000 u San Francisco 01; Jeux I (f 1–3 Vcl) 2000, UA Wien, Alte Schmiede, W Panhofer 01; Duale IV (Meditation f Schlgz u Kl), UA San Francisco, A Aprodu (Kl), T Miroglio (Schlgz) 01 (Auftr: DUET 01); Quinquiesocto Qui f Klar, Trp, Pos, Schlgw u Vcl 01, UA Festkonz Linz, neues ens, Lt: A Peschek 01 (Auftr: Ramsauergymn Linz); Pace (KamM f 10 Instr) 02, UA Spital/Drau, Ens Kreativ, Lt: B Strobl 02 (Auftr: Expan); Lied (Qua f Sax, Akk, Vibraphon u KB) 02, UA Borgy & Bess Wien 02 (Auftr: Ens Wiener Collage); Kantaoui (KamM f Klar, V Vcl, Kl) 02, UA 25. Fstv Int di M Antica e Contemp Turin 02 (Auftr: Aspekte New M Ens); Illyria (Trio f Fl, Klar u KB 02, UA Contemp Chamber M Fstv Radenci 02 (Auftr: EMPIEM); Duale V Meditation f Altfl u KB 03; Wenn d Flöte verstummt... f Klar, Bassklar, Trp, Pos, 2 Schlgw, Kl, 3 Vcl 03, UA Brucknerfest Linz 03; Meiner Tochter Isabella z Gedenken..., UA Brucknerfest Linz 03; Pantonale Musik: Jeux 1 Mobile (f 1–3 Vcl) UA Wien Modern 03; Jeux 2 Mobile (f 1–3 Klar) UA Linz Bergth 03; Jeux 3 Mobile (f Schlgw) UA Brucknerhaus Linz 04; Flautare, UA L Sello Museumskonz Salzburg 03; Ioware, UA Jowa Drenska Bergth Linz 04; Pastiche II, UA 04; Tredeciesquinque, UA Brucknerhaus Linz 04; Duale V Meditation f Altfl u (Konz-)KB, UA Brucknerhaus Linz 04; Soli Pantonale I: Poldire, Eine Klarinettenmusik, UA M Pedron, Trient 05; Hansiere, Musik f Baßklar, UA H Hofer, Festival Bled 05; Cellare, Musik f Vcl, UA W Panhofer, USA 05; Pour Marie, eine Oboenmusik. **Aufn/RF:** CDs u LPs: 'Dimensionen', ORF Radio Oberösterr 89; 'Eine Vorstellung', IGNM Oberösterr; 'Amselsang' 89; 'Am Limes. Elektroakust M aus Oberösterr' 92; 'Medley' 03; Video: 'Es dauert lange, jung zu werden' 99; zahlr Prod m ORF, ua: 'Zy...'(Spiel f 4 Spr, Kl, 4 Metronome, RF- u LautsprKlänge), UA Paris, O M Zykan, Singer Singers, ORF Wien 68; D Lichtgewand (Op), Schwerin, Wiener Symph, Dgt: B Maderna 68, Mitschn Brucknerfest Linz ORF 03, Brucknerfest Linz 05. **Sonst:** Autor zahlr Schriften, zuletzt: 'Choreographien graphisch notiert' Begleitheft z gleichn Ausst 92; 'Logothetis u d andern' Begleitheft z Ausst graph Partituren 92; 'Vom Schein, d allein nicht trügt' Begleitheft z gleichn Ausst 92; 'Liszt – D revolutionäre Romantiker – Der visionäre Komp', in : A P, m incognita (Programmheft) 93; 'Mitologo' Ballett v G Kahowez n Ovids Metamorphosen, in: A P, m incognita; 'Anestis oder O! Stein mein! hätte dich! bald vergessen!' Essay 94; 'Tanzstudio Erika Gangl Tanzkompagnie' 94; 'O Messiaen, Quatour pour la fin de Temps' Z Auftr d E Gangl Tanzkompanie b d Europ Wochen Passau 98; 'Altenbefund. Als wäre e Programm (Autobiographisches)' 99; Pantonale Musik ab 03. **Lit:** zuletzt: G Ritschel: A P, Landeskulturpr f M (Oberösterr Kulturber 44) 90; K Hollinez: Elektroakust M auf CD. Am Limes (Sonderton Elektroak, Akusmatik u Raum) 92; K Stockhausen u A P (Programmheft z Mat anlässl d 4. Symp bild Kunst u M) 93; H Weinrebe: Wegweiser z künstl KlSpiel 94; F Zamazal: Stilist Vielfalt (Oberösterr Kulturbericht 48) 94; Riemann M Lex 75, Kurzgefaßtes Tonkünstlerlex 78, Österr Komp d Gegenwart 79, Lex zeitgen M aus Österr 97; E Ecker: 'U so wirkt mein Lebenslauf wie e buntschillernder Regenlauf...', in: Brucknerfest Linz 03; ders: 'neue M z Erklingen bringen', in Kulturbericht

OÖ 5/03; ders: 'D Zeit fließt. Sie öffnet sich in d Zukunft', in: Programmheft 'neues ens' Brucknerfest Linz 03; Programmheft Brucknerhaus 04 u 05, Programmheft Festival Bled 05.

Peschke, Raimund, Pauke; c/o NRD Radiophilharmonie, Rudolf-von-Bennigsen-Ufer 22, D-30169 Hannover. **Laufb:** Sol NDR RadioPhilh Hannover. (Red)

Pesel, Jens, Intendant; c/o Vereinigte Städtische Bühnen, Odenkirchener Str 78, D-41236 Mönchengladbach. (Red)

Pesendorfer, Albert, Bass; c/o Oper Leipzig, Augustuspl 12, D-04109 Leipzig, T: (0 72 42) 2 95 49od (06 76) 5 50 08 61, *pesendorfer-beranova@freenet.de*; Friedrich-Engel-Str 47, D-99086 Erfurt [Vöcklabruck, Österreich 21.6.1967]. Oper, Lied, Oratorium **Ausb:** Stud Fl (P Kapun) Kons Linz 87–92, Mstrkse Ges (W Berry, G Janowitz, K Widmer), Stud Fl (F Kahimi) MH Wien, Stud Ges (B Greiner Kon Linz 92–98, Stud Lied (W Moore) MH Wien 97–01, Stud Ges (G Schmid) MH Wien 99–02. **Laufb:** Sol Int Brucknerfest Linz 96, Wiener FestW 02, Th Erfurt SpZ 02/05, Th Aufstand Wels SpZ 04/05, Op Leipzig. **Ens:** FlEns HALIL. – **UA:** A Mangold: 'Larry' (Branco), UA Künstlerhaus Wien 2000; M Hazod: 'Asyl' (Schreiber), UA Brucknerzentrum Linz 01; S Walden: 'Bachs letzte Oper' (Bachs Bruder, Friedrich d Gr, Wirt), UA Th Erfurt 02; P Aderhold: 'Luther' (Lucas Cranach), UA z Eröffn d Neuen Erfurter Op 03.

Peskó, Zoltan, Dirigent, Komponist; c/o karsten witt musik management gmbh, Leuschnerdamm 13, D-10999 Berlin, T: (0 30) 6 16 92 19 20, F: 6 16 92 11 01, *info@karstenwitt.com, zoltanpesko@zoltanpesko.de*; *www.karstenwitt.com, www.zoltanpesko.de* [Budapest]. **Laufb:** Debut Mailänder Scala 70, ChefDgt Teatro Comunale Bologna 73, Teatro La Fenice Venedig 76, Ltg Orch d Ital RF RAI Mailand 78–83, GMD Dt Op am Rhein Düsseldorf-Duisburg 96–99, ChefDgt u MD portug Staatsop, Teatro São Carlos Lissabon 01. (Red)

Pessatti, Kismara, Diplom-Sängerin, Sängerin; c/o Opernhaus Zürich, Falkenstr 1, CH-8008 Zürich, T: 07 65 96 06 35, F: 04 32 43 37 83, *kpessatti@swissonline.ch*; *www.opernhaus.ch/d/kuenstler/kuenstler_detail.php?bioID=81887* [Curitiba-PR, Brasilien 3.6.1974]. Oper, spanisches und brasilianisches Lied, Konzert **Ausb:** HdK der Kath. Univ. Paraná, Brasilien (Schausp) 92–94; Stud (Ges) EMBAP–Escola de Música e Belas Artes do Paraná in Curitiba, Brasilien 94–98; Diplom (Ges) HfM 'Hanns Eisler' Berlin b Norma Sharp 99–03; Mstrks b Julia Varady 01–03; Mstrks b Jeanette Scovotti 03; Mitglied Int Opernstudio Zürich 03–05; Mstrkse b Reri Grist, Horst Günther, Roland Hermann, Thomas Hampson 04; Mstrks b Francisco Araiza 05. **Laufb:** Th d Landeshauptstadt Magdeburg (Matilda in 'Otto' v Händel /Telemann) 01; Op Zürich, Kurth Baden, Palazzo Ducale Genova u Th du Jorat in Mézières (Clarice in 'La Pietra del Paragone' v Rossini) 04; Nutrice in Monterverdis 'L'Incoronazione di Poppea', Lt N Harnoncourt, Gastsp damit auch Royal Festival Hall in London 05; OpStudio d Op Zürich (Mutter in Menottis 'Der Konsul') 05; Sol Op Zürich seit 05/06 (ua 3. Dame in 'Zauberflöte', Filipiewna in 'Eugen Onegin', Rosalia in 'Tiefland'). – **UA:** Werner Schulze: 'Kalkül', Text: Carl Djerassiu, Dgt: Alexis Hauser, UA Studiobühne Op Zürich.

Pestell, Florian, Solorepetitor; c/o Stadttheater Bremerhaven, Theodor-Heuss-Pl, D-27568 Bremerhaven, PF 12 05 41, D-27519 Bremerhaven, T: (04 71) 9 41 26 71. **Laufb:** Solorep Stadtth Bremerhaven, GastDgt Th Bonn SpZ 04/05. (Red)

Pester, Dietmar, KM, Posaune; c/o Dresdner Philharmonie, Struppener Str 69, D-01259 Dresden, PF 120424, D-01005 Dresden, T: (03 51) 2 03 08 20, 01 6 08 18 79 73, F: (03 51) 2 03 08 21, *info@cp-dresden.de*; *www.cp-dresden.de* [Dresden 9.10.1959]. Konzert, Oper, Kammermusik, Alte Musik, Bigband **Ausb:** HfM Dresden 80. **Ens:** Courtois Posaunenquartett, Townpipe Bigband. (Red)

Petean, George, Sänger (Bariton); c/o Hamburgische Staatsoper, PF 302448, D-20308 Hamburg; c/o Bregenzer Festspiele, PF 311, A-6900 Bregenz; *www.hamburgische-staatsoper.de* [Klausenburg, Rumänien]. **Ausb:** Stud Klausenburg. **Laufb:** Sol Rumän Op Klausenburg, Auftritte Rom, Frankfurt 2000/01, Liège, Düsseldorf, Wiener Staatsop, Sol Hamburg Staatsop seit 02/03, Bregenzer FSp 05, Gastsol Dt Staatsop Berlin SpZ 04/05. **Pr:** Großer Pr d int GesWettb 'Hariclea Darclée' Rumänien 99. (Red)

Peter, Alexander, KM, Prof, Hochschullehrer, Schlagwerk; Schönburgstr 23F, D-01108 Dresden, T: (03 51) 8 80 16 00, F: 8 80 16 00, *alexander.peter@planet-interkom.de*; H für Musik 'Franz Liszt', Inst f Bläser u Schlagwerk, PF 2552, D-99406 Weimar; *www.alexander-peter.de* [Augsburg 2.10.1964]. **Ausb:** Stud (Pk, Schlgz) Fachakad f Musik Augsburg b H Hungbaur (Solo-Pauker d Philharmon Orch d Stadt Augsburg), Stud H f M München b Prof Hanns Hölzl (ehem. Solo-Pauker beim SymphOrch d BR) u b Prof David Punto (H d K Berlin). **Laufb:** Tätigkeit b Philharmon Orch d Stadt Augsburg, Solopauker b d Thüringen Philharmonie Suhl 90, Solopauker d Dresdner Philh seit 94, Prof H f M 'Franz Liszt' Weimar seit 2000. (Red)

Peter, Frank, Prof, Hochschullehrer, Klavier; Grassistr 22, D-04107 Leipzig, T: (03 41) 3 91 23 39; Hochschule f Musik u Theater, PF 100809, D-04008 Leipzig. **Laufb:** Prof (Kl, Instr Solorep) H f M u Th Leipzig. (Red)

Peter, Herbert, Landeskirchenmusikdirektor iR, freischaffender Komponist; Südbahnhofstr 32, D-37213 Witzenhausen, T: (0 55 42) 7 31 47; *www.kr-herbert-peter.de* [Weimar 11.3.1926]. Kirchenmusik (Orgel, Chor) **Ausb:** Stud (KiM) Staatl H 'Franz Liszt' Weimar 45–49. **Laufb:** Kantor u Org Bad Berka 49, Doz (OrgSp, Tonsatz u angrenzende Fächer) Thüringer KiMSch Eisenach 50–61, Ldes-KMD Ev-Luth Kirche Thüringen 61–91, gleichzeitig Kantor Georgenkirche Eisenach u Lt Eisenacher Bachch 61–84, Dir Thüringer KiMSch Eisenach 61–88, Ruhestand 92, freischaff Komp. – **Komp:** zahlr Orat, Kant, a-cap-ChWerke, Vokalkomp, Org- u OrchWerke, KamM, ua: ua Psalm 107 ('Danket d Herrn', f 4 Ch), UA Altenburg, Dgt: E Mauersberger, 53 (Auftr: 4. Thür LandeskiMTage); 'Komm, Heiliger Geist' (Orat), UA Saalfeld, Dgt: W Schönheit, 55 (Auftr: 6. Thür LandeskiMtage) 55; 'D verlorene Sohn' (Orat), UA Frankfurt a M, Eisen Bachch, Dgt: E Mauersberger, 56 (Auftr: Ev KiTag Frankfurt a M); M f Orch (Sinfonietta), UA Erfurt, Dgt: G Vogel, 59 (Auftr: Andreas-KamOrch); 'D Seligpreisungen' (Orat), UA Eisenach 60; Joh-Prolog, UA Greifswald, Greifswalder DomCh, Dgt: H Plfugbeil, 63 (Auftr: Greifswalder Bachwochen); 'Danket d Herrn' (Kant), Ps 118, UA Wittenberg, Dgt: H Peter, 67 (Auftr: 450-jähr Reformationsjubiläum); 'D barmherzige Samariter', UA Erfurt, Eisen Bachch, Dgt: H Peter, 70 (Auftr: Ev KiTag Erfurt); 'Ein jeder sei gesinnt' (Christushymnus, f Ch u Org), UA Saalfeld, Mädelch Saalfeld, Org: U Schneidig, Dgt: M Schönheit, 88 (Auftr: 19. Thür LandeskiMTage); 'BlSuite 88', UA Eisenach, Eisen PosCh, Dgt: F Hönsch, 88 (Auftr: 100-jähr Bestehen Eisen PosCh); 'Motif royal' (f Orch), UA Eisenach Thür Bachtage, Dgt: G Müller, 91 (Auftr: LandesTh Eisenach); 'Conc corale' (f Orch), UA Bruinisse/NL, Ltg F Blumenstein, 94 (Auftr: Consortium musicum Meiningen); Markuspassion (Orat) 96, UA Jena 03; 'Triptychon' (f Org u Pken), UA Witzenhausen 97; Concertino (f Org u KamOrch), UA Saalfeld 2000; 3 Son (f V u Kl); Sonatina (f Trp u Org); Trio (V, Kl, Vcl).

Petereit, Jens, Chordirektor m Dirigierverpflichtung; c/o Opernhaus Halle, PF 110554, D-06019 Halle (Saale); T: 03 45) 5 11 03 10, F: 5 11 03 03 [Magdeburg 12.6.1970]. **Laufb:** Solorep u Stellv Chordir Nationalth Weimar SpZ 03/04, Dgt u Chordir Op Halle SpZ 04/05. (Red)

Peterhof, Rainer, Violine; Lusenstr 4, D-93161 Sinzing, T: (09 41) 3 19 62; c/o Theater Regensburg, Bismarckpl 7, D-93047 Regensburg. **Laufb:** Stellv Konzm Philh Orch Regensburg. (Red)

Petermandl, Hans, Prof, Hochschullehrer; Raitlstr 60, A-2392 Dornbach, T: (0 22 38) 82 36; Univ f Musik u Darstellende Kunst, Abt 2, Lothringerstr 18, A-1030 Wien. Tasteninstrumente **Laufb:** o UProf U f Musik u Darst Kunst Wien. (Red)

Petermichl, Harald F, Intendant; Vorarlberger Landestheater, Seestr 2, A-6900 Bregenz. **Laufb:** Intendant Voralrberger Landesth. (Red)

Peters-Rey, Gregor *siehe* Peters, Gregor

Peters, Gerhard, Prof, Hochschullehrer, Violine, Barockvioline; In der Schlade 35, D-51467 Bergisch Gladbach, T: (0 22 02) 3 95 68, F: 3 95 68; H f Musik, Dagobertstr 38, D-50668 Köln. **Laufb:** Prof (V), Prorektor H f Musik Köln. (Red)

Peters, Gregor, Komponist, Organist, Klavierlehrer; Otterngasse 14/16, D-89182 Bernstadt, T: (0 73 48) 56 28, F: 1 56 28, *peters-rey@web.de*; *www.easynote.de* [Ertingen 1966]. Orgelkonzerte, Komposition, Klavierunterricht, Integrative Musikarbeit **Ausb:** nebenamtl Kirchenmusiker (C-Prüfung), Stud Kl Augsburg u Org (Hartmann) München. **Laufb:** an Orgelstellen im Umkreis seines Heimatortes tätig, Lt diverser Chöre, freiberufl KlPädagoge u Komp, OrgKonz in Frankreich (Schwerpunkt), Dtschld, Italien, Schweiz, Entwickl 'Integrativer MArbeit' f Musiker (Assoziationsarbeit). **Mitgl:** DTKV, Lt Regionalverband Ulm. – **Komp:** Suite 'E' f 2 Git, UA Stadthaus Ulm 02; s auch: www.copy-us.com/?composer=peters.

Peters, Klaus, Violine; c/o Staatskapelle Berlin, Unter den Linden 7, D-10117 Berlin. **Laufb:** Konzm Staatskapelle Berlin. (Red)

Peters, Klaus-Lothar, Schauspielmusiker; Schauspielhaus, Gustf-Gründgens-Pl 1, D-40211 Düsseldorf. **Laufb:** Schauspielmusiker Schauspielhaus Düsseldorf. (Red)

Peters, Sonja, Prof, Hochschullehrerin; H f Musik 'Franz Liszt', PF 2552, D-99406 Weimar. **Laufb:** Prof (Werkstud) H f Musik 'Franz Liszt' Weimar. (Red)

Peters, Tiny, Sängerin; Schöllbronner Str 85, D-76275 Ettlingen, T: (0 72 43) 34 92 31. **Laufb:** Sol Bad Staatsth Karlsruhe seit SpZ 03/04. (Red)

Peters, Ulrich, Dr, Intendant, Regisseur; c/o Theater Augsburg, Kasernstr 4–6, D-86044 Augsburg, PF 111949, D-86044 Augsburg [Stuttgart 1955]. **Ausb:** Stud (Literatur-, Th-, MWiss, BWL) Univ München. **Laufb:** OberspielLtg Pfalzth Kaiserslautern 91–97, Staatsth Karlsruhe 97–99, Intend Th Augsburg 99–06, Reg Badisches Staatsth Karlsruhe SpZ 04/05, Intend Staatsth am Gärtnerplatz München ab SpZ 07/08. (Red)

Petersamer, Alexandra, Mezzosopran; c/o Theateragentur Dr Germinal Hilbert, Maximilianstr 22, D-80359 München, T: (0 89) 2 90 74 70, F: 29 07 47 90; c/o Rosalind A Porter Kultur Management & PR, Hildebrandgasse 40/15, A-1180 Wien; *www.hilbert.de* [Landau a d Isar]. **Ausb:** Stud Gesang MH München. **Laufb:** Sol Anhalt Th Dessau 94–2000, Sol Staatsth am Gärtnerpl München seit 2000; Gastsol Trieste, Weimar, Hannover u München 96; Konz Mainz, Köln, Paris, Marseille, Riga, Brüssel, USA, Salzburger FSp; GastSol Anhalt Th Dessau SpZ 04/05. **Pr:** Förderpr f junge Künstler d Bayer Staatsmin f Unterricht u Kultur 93, 1. Pr Bundeswettb Gesang in Berlin im Fach Op, 1. Pr Int Pfitzner-Wettb in München 94, zwei Sonderpr Belvedere-Gesangswettb in Wien 97. (Red)

Petersen-Mikkelsen, Birger, Dr phil, Komponist, Cembalist, Musikwissenschaftler; Plöner Str 126, D-23701 Eutin, T: (0 45 21) 7 15 76, *mikkelsen@onlinehome.de* [Lübeck 19.10.1972]. Barock u 20. Jh **Ausb:** Komp, MTheorie (R Ploeger, A Michaely, D Reith) MH Lübeck 91–96, Prom (MWiss, Philosophie, Theologie) U Kiel 96–99, Prom, KiMPrfg 95. **Laufb:** KiM Friedenskirche Eutin seit 95, LAuftr H f M u Th Rostock seit 97, U Greifswald seit 01, H f M Bremen seit 01. **Pr:** Europ KompPr Terminbörse Amsterdam 92, Kulturpr Ostholstein u Kunstpr Cloppenburg 94, 1. Pr Wettb zur Eröffnung d Musik- u Kongreßhalle Lübeck. **Ens:** Cembalist 'Ens Musica floreat'. **Mitgl:** stellv Vors dkv, Landesverband M-V. – **Komp:** Fadensonnen (KamM), UA Amsterdam 93; Singbarer Rest (OrchW), UA Lübeck 94; Schattenseiten (KamM), UA Heide 96; Zeichen keine Zeichen (KamM), UA Lübeck 97; Psalmsprüche (ChorW), UA Eutin 98; Euch, d ihr meinen Namen fürchtet (ChorW), UA Eutin 99; Ariel – Vier Strophen f Orch (OrchW), UA Lübeck 99. **AuftrKomp:** Cadences I, UA Rostock, Ens Phorminx 92 (Auftr: dkv M-V); Laurentius-Legende, UA Lübeck 01 (Auftr: St Lorenz, Lübeck); Pu der Bär, UA Rostock 03 (Auftr: Stadt Rostock). **Sonst:** zahlr Publ, ua: Terminologie in d theoret Hauptwerken Jean-Philippe Rameaus u ihre Rezeption im 18. u 19. Jh 96; Die Melodielehre d 'Vollkommenen Capellmeisters' Johann Mattheson. E Studie z Paradigmenwechsel in d Musiktheorie d 18. Jh 02.

Petersen, Ann, Sopran; Hyttevænget 69, DK-2665 Vallensbæk Strand, T: 0 26 24 62 68, *annpetersen@mail.dk*; c/o Theater Graz, Kaiser-Josef-Pl 10, A-8010 Graz. deutsche u engl Oper (Wagner, Strauss, Britten) **Ausb:** Stud Ges Kgl Dän MH Kopenhagen, (S Eken) OpAkad Kopenhagen, I Bjoner, J Beckmann u A R Johnson. **Laufb:** Debüt ('Die Zauberflöte', 1. Dame) Kgl Th Kopenhagen SpZ 99/2000; ('Drot & Marsk', Frau Ingeborg; 'Don Giovanni', Donna Anna) Jyske Op Århus SpZ 99/2000; ('Don Giovanni', Donna Anna) Städt Bühnen Osnabrück SpZ 2000/01; ('Tannhäuser', Elisabeth) Hess Staatsth Wiesbaden SpZ 2000/01; ('Così fan tutte', Fiordiligi) Århus Sommer Op SpZ 01/02; ('The Turn of the Screw', Governess, 'Eugen Onegin', Tatjana, 'La finta giardiniera', Arminda) Op Graz SpZ 01/02; ('Peter Grimes', Ellen Orford, 'Don Carlo', Elisabetta, 'Die Fledermaus' Rosalinde) Op Graz SpZ 02/03; ('Das Rheingold', Freia) Die Neue Op SpZ 03/04; ('Eugen Onegin', Tatjana) Jyske Op Århus SpZ 03/04; ('Otello', Desdemona, 'Die Fledermaus', Rosalinde) Op Graz SpZ 03/05. **Pr:** Wagner-Stip Bayreuther FSp 98, ausgezeichnet als Nachwuchskünstlerin f Interpret d Fiordiligi 2000. – **Aufn/RF:** CD: L v Beethoven 'Christus auf dem Ölberg' u Symph Nr 9.

Petersen, Christian, Klavier; Lange Str 8, D-32756 Detmold, T: (0 52 31) 3 92 06, F: 3 92 06, *petersen.c@web.de* [Herborn 31.8.1970]. **Ausb:** MPäd Kl (A Meyer-Hermann) H f M Frankfurt/M 89–93; künstl Ausb Kl (A Ugorski) H f M Detmold 93–2000, KonzEx m Ausz, Kse ua b L Fleisher, A Weissenberg, C Zacharias, H Leygraf, J Uhde, R Kretschmar-Fischer. **Laufb:** Alte Op Frankfurt (Hindemith-Saal) 92, Rheingau-MFstv, FSp Mecklenburg-Vorpommern, Int Bodenseefstv, Mosel-FestW 98/99/2000. **Pr:** Stip Dt MWettb u Bundesauswahl 'Kjk', 2. Pr Beethoven KlWettb Richard Laugs 2000. – **Aufn/RF:** RF-Prod u KonzMitschn f HR, NDR, SFB ua.

Petersen, David, Fagott; Gewandhausorchester, PF 100853, D-04008 Leipzig, *petersen@gewandhausorchester.de*. **Laufb:** Fag Gewandhausorch Leipzig. (Red)

Petersen, Hans Friedrich *siehe* Scharf, Johann-Walter

Petersen, Jörg, Fagott; c/o Deutsches Symphonie-Orchester Berlin, Masurenallee 8–14, D-14057 Berlin. **Laufb:** Sol Dt SymphOrch Berlin. (Red)

Petersen, Karl, Sänger; c/o Neue Opernbühne Berlin NOB, Goltzstr 13, D-10781 Berlin. **Laufb:** Sol NOB Berlin SpZ 03/05, Gastsol Eduard-von-Winterstein-Theater Annaberg-Buchholz SpZ 04/05. (Red)

Petersen, Marlis, Sängerin; Kapellstr 3, D-40479 Düsseldorf, T: (02 11) 4 91 12 85, (01 73) 9 65 68 39, F: 4 91 12 85, *sopranissimo@t-online.de*; c/o Artists Management Zürich, Rütistr 52, CH-8044 Zürich, T: 04 48 21 89 57, F: 8 21 01 27 [Sindelfingen 3.2.1968]. allround **Ausb:** SchM, Gesang (S Geszty) MH Stuttgart 87–93. **Laufb:** Sol Dt Op am Rhein Düsseldorf-Duisburg (04/05), Kom Op Berlin, Gastsol Staatsth Kassel SpZ 2000/01, Hamburg Staatsop, Bastille Paris, Tournee 'Alte M' m Amsterdam Baroque, Dgt: T Koopman, Gastsol Dt Staatsop Berlin SpZ 04/05, Semperop Dresden SpZ 04/05. **Pr:** 2-fach b VDMK Berlin, 1. Pr J Offenbach-Fstv Bad Ems. – **Aufn/RF:** Bach: 'Huldigungskantaten', m Gächinger Kantorei, Bach Collegium Stuttgart, Dgt: H Rilling: Bach: Kantate 51, m Amsterdam Baroque, Dgt: T Koopman.

Petersen, Reinhard, Generalmusikdirektor; c/o Staatstheater Cottbus, Karl-Liebknecht-Str 136, D-03046 Cottbus, T: (03 55) 7 82 41 49; c/o Konzertdirektion Fritz Dietrich, Sigmund-Freud-Str 1, D-60435 Frankfurt/M, T: (0 69) 54 45 04, F: 5 48 41 07, *info@konzertdirektion-dietrich.de* [Hamburg 1943]. **Ausb:** H f M Hamburg (Kl u Pos), Mstrkl Prof Wilhelm Brückner-Rüggeberg (Dirig). **Laufb:** Verpfl als Rep Staatsth Hannover 65, 2. Kapm 67, 1. Kapm OpHaus Wuppertal 72, 1. Kapm Hamburg Staatsop 75, GMD Coburg 76, GMD Trier 86, Intendant Th d Stadt Trier 91, GMD Cottbus seit 01/95 (04/05) u musikal Oberlt d Brandenburg Staatsth u d philh Konz, Gastdgt: Bremen, Darmstadt, Frankfurt, Mannheim, Nürnberg, Prag, St. Gallen. Gastkonz m d Bamberger Symphonikern, Staatskapelle Weimar u d Orch v Bielefeld, Bremen, Essen, Gotha, München, Nürnberg, Oldenburg, Sevilla, Solingen, St. Gallen, Wuppertal. (*)

Petersen, Ulrike, Violine; c/o Konzerthaus Berlin, Gendarmenmarkt, Charlottenstr 57, D-10117 Berlin. **Laufb:** stv Konzm Berliner SinfOrch. (Red)

Petersen, Uwe, Hochschullehrer, Gesang; Am Wald 21, D-93173 Wenzenbach, T: (0 94 07) 4 36, F: 95 99 36, *petersen.uwe@web.de*. **Ausb:** Stud MH Frankfurt a M, Hamburg u Regensburg. **Laufb:** Doz (Ges, GesMethodik) KiM-Schule Regensburg. (Red)

Petibon, Patricia, Sopran; c/o Theateragentur Dr Germinal Hilbert, Maximilianstr 22, D-80539 München, T: (0 89) 2 90 74 70, F: 29 07 47 90. **Ausb:** Stud MWiss u Ges Paris. **Laufb:** Klangbogen Wien u MVerein (N Harnoncourt), Sol Staatsop Wien seit 2000. (Red)

Petignat, Jean-Louis, Dirigent; rue des Chappuis 9, CH-2800 Delémont, T: 03 24 22 41 03. (Red)

Petith, Hans, Dirigent; c/o Staatstheater Cottbus, Lausnitzer Str 33, D-03046 Cottbus. **Laufb:** GastDgt Neuköllner Op Berlin SpZ 03/04, Dgt SchspM Staatsth Cottbus SpZ 04/05. (Red)

Petkov, Andrey, Horn; c/o Neue Lausitzer Philharmonie, Promenadenstr 60, D-02827 Görlitz. **Laufb:** Sol Neue Lausitzer Philh SpZ 02/03. (Red)

Petkova, Rada, Klavier; E. Schüler-Str 72, CH-2502 Biel, T: 03 23 41 46 50. (Red)

Petraglio, Curzio, Klarinette; ch des Geais 9, CH-1066 Epalinges, T: 02 17 84 07 31. **Ens:** Arion-Qui. (Red)

Petrenko, Kirill, Dirigent, Generalmusikdirektor; Charitéstr 5, D-10117 Berlin, T: (0 30) 27 90 87 94, 01 70–2 86 33 18; c/o Opern-Agentur M Kursidem & E Tschaidse, Maassenstr 14, D-10777 Berlin, T: (0 30) 2 16 82 14, F: 2 15 97 76, *bueroberlin@opern-agentur.com* [Omsk, Sibirien 1972]. **Ausb:** Stud (Dirig) H f M Wien. **Laufb:** Ass u Kapm Volksop Wien, GMD Meininger Th 99–02, Gastdgt Liceu Barcelona, Dresdner Staatsop, Royal Op House Covent Garden London, Münchner Staatsop, Met Op New York, Op Bastille Paris, Wiener Staatsop, GMD Kom Op Berlin 02 bis 07, Dgt Wiener Staatsoper SpZ 04/05, GastDgt Op Frankfurt SpZ 04/05, Klangbogen Ftsv Wien, Salzburger FSp, Maggio Musicale Florenz, Konz ua m d WDR SinfOrch Köln, MDR SinfOrch, RSO Wien, Cleveland Orch, Berliner Philharmoniker 06. (Red)

Petrenz, Siegfried, Prof, Hochschullehrer, Cembalo; Dettenhäuser Str 16, D-70597 Stuttgart, T: (07 11) 7 65 16 20. (Red)

Petri, Edgar, Viola; c/o Berliner Symphoniker, Christstr 30, D-14059 Berlin. **Laufb:** Vorspieler Berliner Symphoniker. (*)

Petri, Hans-Michael, Prof, Hochschullehrer; Hochschule für Musik und Theater Hamburg, Harvestehuder Weg 12, D-20148 Hamburg. **Laufb:** Prof (Schlag-Instr) H f M u Th Hamburg. (Red)

Petroni, Luigi, Sänger; c/o Opernhaus Zürich, Falkenstr 1, CH-8008 Zürich. (Red)

Petronje, Boris, Bass; c/o Artists Management Verena Keller, Lohwisstr 52, CH-8123 Ebmatingen, T: 04 49 80 15 13, F: 04 49 80 36 86, *keller.verena@bluewin.ch*. **Laufb:** Th Luzern. (Red)

Petrosjan, Isabella, Prof, Hochschullehrerin, Violine; Hochschule für Musik und Theater Hamburg, Harvestehuder Weg 12, D-20148 Hamburg. **Laufb:** Prof (V, Ens, KamM) H f M u Th Hamburg. (*)

Petrova, Petia, Mezzosopran; c/o Theateragentur Dr Germinal Hilbert, Maximilianstr 22, D-80539 München, T: (0 89) 2 90 74 70, F: 29 07 47 90; c/o Deutsche Staatsoper, Unter den Linden 7, D-10117 Berlin; *www.hilbert.de*. **Laufb:** Sol Hamburg Staatsop, Bayer Staatsop München, Gastsol Dt Staatsop Berlin SpZ 00/01 u 03/04. (Red)

Petrozzi, Francesco, Tenor; Felicitas-Füss-Str 126, D-81827 München, T: (0 89) 43 57 17 17; c/o Bayerische Staatsoper, Max-Joseph-Pl 2, D-80539 München, T: (0 89) 21 85 01. **Laufb:** Sol Bayer Staatsop München, Gastsol Th Bielefeld SpZ 00–04, Landesth Linz SpZ 00/01. (Red)

Petry-May, Angelika, Prof, Hochschullehrer; Hegelgasse 5, A-1010 Wien, T: (01) 5 13 25 96; Univ f Musik u Darst Kunst, Inst f Streich- u andere Saiteninstr, Seilerstätte 26, A-1010 Wien, T: (01) 7 11 55 23 01, F: 7 11 55 23 99. Streich- u Saiteninstr **Laufb:** o UProf U f Musik u Darst Kunst Wien. (Red)

Petsch, Markus, Tenor; Dornbergg 2a, A-5020 Salzburg, T: (06 62) 42 25 53; c/o Staatsoperette Dresden, Pirnaer Landstr 131, D-01257 Dresden, T: (06 62) 42 25 53, F: 42 25 53, *info@staatsoperette-dresden.de* [Salzburg]. **Laufb:** Sol Landesth Detmold, Gastsol Pfalzth Kaiserslautern SpZ 00/01, Stadtth Baden b Wien SpZ 00/01, Staatsoptte Dresden SpZ 03/04. (Red)

Pettersson, Kerstin, Sängerin; Friedensstr 55, D-38820 Halberstadt, T: (0 39 41) 56 77 29. **Laufb:** Sol Nordharzer Städtebundth Halberstadt/Quedlinburg. (Red)

Pettite, Simon, Chordirektor, Kapellmeister; Insel 6, D-79098 Freiburg, T: (07 61) 3 83 88 42; c/o Städtische Bühnen Freiburg, Bertholdstr 46, D-79098 Freiburg. **Laufb:** Chordir u Kapm Städt Bühnen Freiburg. (Red)

Pétursdóttir, Hlín, Dipl, Sängerin; Hohenstaufenstr 8, D-80801 München, T: (0 89) 6 51 63 67 [Kopavogur, Island 26.5.1967]. Oper, Operette, Neue Musik **Ausb:** Stud Ges (S Kahmann) Kons Reykjavik 86–92, Ges, OpKl (E Acker) H f M u Th Hamburg 92–95. **Laufb:** Gastsol Staatsth Stuttgart u Stadtth Bern 94–95, Sol Pfalzth Kaiserslautern 95–97, Gastsol Stadtth Coburg u Op Frankfurt 96, OpttenFSp Mörbisch (Österr) 97, Sol Staatsth am Gärtnerplatz München 97/04, Gastsol Th Bremen 98, Op Bonn u Op Frankfurt 99, Bad Staatsth Karlsruhe u Pfalzth Kaiserslautern 2000, Op Reykjavik, Pfalzth Kaiserslautern u Op Frankfurt 2001. **Ens:** Hamrahlidarkorinn 85–91. – **Aufn/RF:** J Offenbach: Pariser Leben, Dgt: R Bibl 97. **UA:** G Bachlund: Lausn 99; W Tarnopolski: Wenn die Zeit über d Ufer tritt, UA München, Münchener Biennale 2000; E Gunnlaugsdóttir: Sumarsöngvar 01. **Zug:** G Bachlund: Lausn 95; E Gunnlaugsdóttir: Sumarsöngvar 01.

Petzold, Frank, Komponist, Hochschullehrer; Lausitzer Str 44, D-03046 Cottbus, T: (03 55) 2 38 10, *frank.petzold.cb@web.de* [Zwickau 18.5.1951]. Jazz, sinfon Werke zwischen E- u U-Musik **Ausb:** Stud Komp (S Köhler) Dresden 68–74, Mstrkl (R Kunad) Akad d Künste DDR 77–81. **Laufb:** Chordir u Kapm TdA Stendal 74–77, freiberufl Komp u Pianist in Magdeburg u Cottbus 81–92, SchspKapm Staatsth Cottbus 94–01, Doz (MTheorie, Kl) FH Lausitz seit 01. **Pr:** Stieke-Pr 86. **Ens:** Frank-Petzold-Qua. **Mitgl:** Brandenburgischer

Verein Neue Musik. – **Komp:** Präludien u Fuge f Big-Band, UA TOU Magdeburg 83; Prinzessin Zartfuß u d 7 Elefanten (kom Op), UA Cottbus 89; Sinfonie in F, UA Dresdner Philh 90; Klis – Geschichten f Stimme u Jazzpianisten, UA m G Pietsch (Stimme) 90; Erdreich (f Chor, Sprecher u Orch), UA Staatsth Cottbus 98. **Aufn/RF:** CD: 'Tritonia' (ausschl eigene Kompositionen) m Frank-Petzold-Qua 2000.

Petzold, H C, Schauspielmusiker; c/o Grenzlandtheater des Kreises Aachen, Friedriche-Wilhelm-Platz 5/6, D-52062 Aachen. (Red)

Petzold, Martin, Sänger; c/o Oper Leipzig, Augustuspl 12, D-04109 Leipzig. **Laufb:** Sol Op Leipzig, Th Basel. (Red)

Petzold, Stephan, Prof, Hochschullehrer, Kontrabass; c/o Konzerthaus Berlin, Gendarmenplatz, Charlottenstr 56, D-10117 Berlin, T: (0 30) 4 25 67 83; E-Weinert-Str 129, D-10409 Berlin. **Laufb:** Sol Berliner SinfOrch, LBeauftr (Kb) H f Musik Hanns Eisler Berlin. (Red)

Petzold, Sylvia, Violine; c/o Rundfunk-Sinfonieorchester Berlin, Charlottenstr 56, D-10117 Berlin. **Laufb:** Vorspielerin RF-SinfOrch Berlin. (Red)

Petzold, Winfried, Prof, Hochschullehrer; Andréezeile 27A, D-14165 Berlin, T: (0 30) 8 18 40 20. **Laufb:** Prof (anwendungsbezogene MLehre) H d Künste Berlin. (Red)

Erdmute Peuker

Peuker, Erdmute, Viola; c/o MDR Sinfonieorchester, Augustuspl 9a, D-04109 Leipzig, T: (03 49 21) 6 07 36; Hauptstr 53, D-06773 Rotta, T: (03 49 21) 2 12 52 [Darmstadt 27.1.1941]. Orchester- u Kammermusik **Ausb:** HfM Weimar (Gerhardt, Ehlers) 59–67. **Laufb:** Mitgl i RF-KamOrch Leipzig bis 85, stv Sol MDR SinfOrch Leipzig. **Pr:** Ehrennadel des Ministerpräsidenten v Sachsen-Anhalt. **Ens:** Gründerin u Mitgl der 'Leipziger Kammerviolen' 81–91. – **Sonst:** Vors d Fördervereins z Kultur- u Denkmalpflege Rotta eV.

Peus, Michael, Kontrabass; c/o WDR Sinfonieorchester, D-50600 Köln. **Laufb:** stv Sol WDR SinfOrch Köln. (Red)

Peyerl, Gundula, Sopran; c/o Theater Aachen, Hubertusstr 2–8, D-52064 Aachen, *gundula@peyerl.de*. Oper, Operette, Konzert **Ausb:** Stud (Gesang) MH Heidelberg-Mannheim 93–97, (Op) MH Freiburg 97–2000, (KonzEx) MH Heidelberg-Mannheim 2000–02. **Laufb:** Sol Th Hof, Gast Wiener KamOp 99/2000, Sol Th Aachen SpZ 03/05. **Pr:** Stip Dt Musikwettb Sol Berlin 99, 3. Pr Bundeswettb Gesang Berlin 98, 2. Pr Int Robert-Stolz-Gesangswettb Hamburg, 3. Pr Nürnberger Meistersänger Wettb 99, 3. Pr Int Alexander Girardi-Wettb Coburg 99, 2. Pr Optte Belvedere Gesangswettb Wien 99.

Pezolt, Rainer, Dipl, Komponist; Luhrgasse 3a, D-79297 Winden im Elztal, T: (0 76 82) 92 03 46, F: 92 03 46 [Rodach 16.8.1957]. E-Musik, Neue Musik **Ausb:** Komp (H L Schilling) Nürnberg, Komp (B Hummel) Würzburg, Stipaufenth Cité Int des Arts Paris. **Laufb:** Lt Kreis-MSch Coburg seit 93. **Pr:** ua KompWettb Richard Trunk, Bayer Filmpr, Armin Knab, Bundes-HWettb, Ges d Orgelfreunde, Stadt Ingolstadt (Orgelkomp) 89, Kulturpr Landkreis Coburg. – **Komp:** 1.Streichqua (V, Va, Vcl) 84, UA Freiburg 85; Episoden (f KamEns) 86, UA Würzburg, Dgt: T Winter 87; 5 Bagatellen (Fl, V, Va) 94, UA Passau, Alberti-Trio 95; Nightpiece nach J Joyce (Afl solo) 95, UA Heiligenzell, A Gerlof 96; Burleske in 3 Teilen 95, UA Coburg, Mus d Landesth; Elegia metallica (Fl u Kl) 97, UA Aub 98; stoned III (f KamQua) 98, UA Langen, Ens Phorminx 98; Voyage Triptychon mit 56 Werken i 10 Zyklen an 8 Abenden 82/05. **Sonst:** Veröffentl in mehreren Verlagen.

Pezzani, Luciano, Violoncello; Die Kammermusiker Zürich, c/o Ruth Baumann, Geduldweg 3, CH-8810 Horgen. **Ens:** Die Kammermusiker Zürich. (Red)

Pezzotti, Daniel, Violoncello, Klavier, Komponist; Kreuzstr 40, CH-8008 Zürich, T: 0 12 62 02 72, F: 0 12 62 02 71, *info@pezzotti.ch*; *www.pezzotti.ch* [Zürich 1962]. **Ausb:** Stud (Vcl, Kl C Starck) MH Zürich bis 81. **Laufb:** Teilnahme als KamM an Fstvs: Warschauer Herbst, Int Festival Cervantino, Zürcher Junifestwochen, Santander Int Music Festival, Festival de Artes de Ouro Preto, Festival Int da UFRJ, Grdg Palladio-Ens, Arara Trio, Duo Intercommunicatione, Celloduo Frank/Schucan, Tourneen Europa, Latein- u Südamerika, USA, eingeladener Gastmusiker v 'Hermeto Pascoal e Grupo', Mitgl Orch d Op Zürich, Solcellist Schweizer KamOrch, Zürcher Streichsolisten. **Ens:** Palladio-Ens, Arara Trio, Stephan Kurmann Strings, ens Kontraste, Trio Il Trittico, Trio Zero, Thierry Lang Qui, Schlagart. – **Komp:** ua: Chuva sobre o Rio 93; Valsa com Salsa para Ana (Duo f Sax/Picc, Vcl) 95. **Aufn/RF:** Werke v Schumann, Demenga, Cassado, Holliger, Debussy, Gubler; Recital Ludwigsburger Schloßfsp 2000; CDs: 'en avant'; 'aus d Fugen' (Werke f Vcl solo); 'Koch'; M Bruch: Qua. **UA:** zahlr. **Zug:** R Kelterborn: Monodie (f Vcl u Hf); R Gubler: 'offen gefaltet'.

Pfaar, Heinrich A, Prof, Opern- und Konzertsänger (lyr Bariton), Stimmbildner und Gesangspädagoge; Augustusring 18, D-53111 Bonn, T: (02 28) 63 55 66, F: 63 55 66, *heinrich.pfaar@freenet.de* [Düsseldorf 28.4.1927]. freischaffend; Fachpraxis zur Behandlung von Stimm- u Sprachstörungen (staatl zugelassen f alle Krankenkassen) **Ausb:** b G Hüsch München 47–50, H Emge Karlsruhe 51–53. **Laufb:** Lt Kl Ges Int Ferienkse Teresopolis (Brasilien), Lt Kl Sologes Musikal Fak Brasilian StaatsU Bahia ab 70.

Pfaender, Katja, Violine; c/o MDR Sinfonieorchester, Augustuspl 9a, D-04109 Leipzig. **Laufb:** Vorspielerin MDR SinfOrch Leipzig. (Red)

Pfaender, Michael, Violoncello; Feldstr 27, D-04288 Leipzig-Holzhausen, T: (03 42 97) 8 68 20; c/o MDR Sinfonieorchester, Augustuspl 9a, D-04109 Leipzig [1964]. **Ausb:** Stud Vcl (F Milatz) H f M Dresden. **Laufb:** Eng stellv SoloVcl HändelFSpOrch Halle 86, 1. SoloVcl Großes RF-Orch Leipzig 88–92, Sol MDR-SinfOrch seit 92, ständ Gast-SoloVcl Dresdner Staatskap 94–97, Mitgl Leipziger-Bach-Collegium seit 02. **Ens:** Dresdner StreichTrio (m S Herberg u J Faßmann) seit 95. (Red)

Pfaff-Lapins, Daniela M, Sängerin, Dramaturgin; c/o Sommer-Operette, Lange Maas 17, D-96450 Coburg, T: (0 95 61) 2 41 40. **Laufb:** Dram u Sol Coburger Sommer-Operette. (Red)

Pfaff, Luca, Dirigent; Quai du Maire Dietrich 5, F-67000 Strasbourg, *lucapfaff@hotmail.com* [Olivone]. **Ausb:** Stud Medizin, Kl u Harmonielehre Basel, Stud Kl u Komp Cons G.Verdi Mailand bis 73, Stud (H Swarowsky) Wien, Accad di S Cecilia Rom (F Ferrara) bis 79. **Laufb:** Dgt KamOrch Accad di S Cecilia, Chefdgt Orch Symph du Rhin 87–96, Mstrkl Kons Paris u MH Graz, Lissabon, Chefdgt Florenz, Antwerpen, Gastdgt bei den wichtigsten europ Orch. – **Aufn/RF:** viele CDs v Mozart, Sibelius, Strauss, Bartok, Scelsi, Fedele, Battistelli, Donatoni bis z zeitgenöss Musik. **UA:** mehr als 100 UA v Adès bis Xenakis. **Zug:** Fedele, Battistelli, Evangelisti, Dusapin, Scelsi, Schmittke.

Pfann, Walter, Dr, Hochschullehrer; Dr. Hoch's Konservatorium, Hebelstr 15–19, D-60318 Frankfurt/M, T: (0 69) 21 27 00 74, *mail@dr-hochs.de*; *www.dr-hochs.de* [Nürnberg 24.10.1958]. **Ausb:** Stud (Kl) Kons Nürnberg, Stud (MWiss) Univ Erlangen, Stud (Theorie) Univ Paris-Sorbonne. **Laufb:** Doz (Theorie) Dr Hoch's Kons Frankfurt, Doz (Theorie) MH Nürnberg, Ltg Meistersinger-Orch Nürnberg.

Pfeffer, Anneli, Sängerin; c/o Theater Hagen, Elberfelder Str 65, D-58095 Hagen. **Laufb:** Gastsol Pfalzth Kaiserslautern SpZ 00/01, Gastsol Th Hagen SpZ 04/05. (Red)

Pfeifer, Annnette, Sängerin; Fischergrube 62, D-23552 Lübeck, T: (04 51) 7 07 94 40, (01 71) 4 65 05 27; c/o Lübecker Theater GmbH, Beckergrube 16, D-23552 Lübeck. **Laufb:** Sol Lübecker Th, Th Hof. (Red)

Pfeifer, Hans, Prof, Hochschullehrer, Klarinette; Mohnstr 19, D-67067 Ludwigshafen, T: (06 21) 55 19 88. **Laufb:** Prof (Klar) Staatl H f M u Darst Kunst Mannheim. (*)

Pfeifer, Peter, Es-Klarinette; c/o Rundfunk-Sinfonieorchester Berlin, Charlottenstr 56, D-10117 Berlin. **Laufb:** stv Sol RF-SinfOrch Berlin. (Red)

Pfeiffer-Cecanu, Grigore, Oboist; c/o Neue Lausitzer Philharmonie, Promenadenstr 60, D-02827 Görlitz. **Laufb:** Sol Neue Lausitzer Philh SpZ 02/03. (Red)

Pfeiffer, Anna, Mag, Prof, Hochschullehrerin, Klavier; Univ f Musik u Darst Kunst, Inst Ludwig van Beethoven, Rennweg 8, A-1030 Wien. **Laufb:** o UProf U f Musik u Darst Kunst Wien. (Red)

Pfeiffer, Konrad, Hochschullehrer, Klavier; Kiefernweg 1, D-93152 Nittendorf/Undorf, T: (0 94 04) 24 41, (01 70) 1 85 91 68. **Ausb:** MH Regensburg, München. **Laufb:** Doz (Kl, KlMethodik, KamM) KiMSchule Regensburg. (Red)

Pfeiffer, Natalie, Blockflöte, Cembalo; Fritschestr 76, D-10585 Berlin, T: (0 30) 34 35 61 19, F: 34 35 61 19, *info@trio-lds.de*; *www.trio-lds.de*. **Pr:** Stip Dt Musikwettb KamM 98. **Ens:** Les doux Siffleurs. (*)

Pfeiffer, Regina, Sängerin (Sopran); Ahornring 1, D-86916 Kaufering, T: (0 81 91) 97 26 18, F: 75 57, *regjohpfeiffer@aol.com* [München 5.10.1968]. Op, Optte, Musical, Lied **Ausb:** Stud Gesang (M Hofweber) H f Musik München, Mstrks (S Greenberg) Wien. **Laufb:** Gastsol Stadtth Hildesheim 99/2000, Gastsol Berliner KamOp SpZ 98/99 u 00/01. – **UA:** A Falkenhausen: 'Missa Latina' (Sop Solo).

Pfeiffer, Thomas, Prof, Hochschullehrer, Sänger; Berntalstr 74, D-74343 Sachsenheim, T: (0 71 47) 68 77, F: 72 59, *prof.thomas.pfeiffer@gmx.de*; Hochschule f Musik u Darst Kunst, Urbanstr 25, D-70182 Stuttgart [Pleidelsheim 11.10.1946]. **Ausb:** Künstl Ausbild Ges u Opernschule (H Lips, H Giesen, K

Richter, K Nagora) MH Stuttgart. **Laufb:** Prof (Gesang) Staatl H f M u Darst Kunst Stuttgart. **Pr:** 1. Pr Ges HWettb Stuttgart 75, 1. Pr Landeswettb Ges Dt Tonkünstler 76, Stip Richard-Wagner-Stift 85. – **Aufn/RF:** ua CD-Aufn aller Liederzyklen v F Schubert; R Strauss: Ausgewählte Lieder.

Pfenninger-Stoffel, Franziska, Violine; Musikschule u Konservatorium, Tössertobelstr 1, CH-8400 Winterthur, T: 05 22 68 15 80, *musikschule@hmt-winterthur.ch*; *www.musikschule-winterthur.org*. **Ausb:** Stud Kons Winterthur, LDipl (F Goilav), KonzReifeprüf (A Piraccini-Stucki). **Laufb:** Mitgl OrchSch KamM Zürich (Ltg B Langbein), Ripieno KamOrch (Ltg U Walke), Konzm Winterthur Symph (L Felix Reolon), Zuzügerin Orch MKolleg Winterthur; Unterr V MSch Zollikon, JugendMSch Winterthur, MSch, MH Winterthur. (Red)

Pfenninger, Andreas, Violine; Rosenrain 6, CH-8400 Winterthur, F: 05 22 12 12 54. **Laufb:** Mitgl Collegium Musicum Zürich, Lt Stadtorch Frauenfeld. **Ens:** Die Kammermusiker Zürich. (Red)

Pfiffner, Ernst, Komponist; St Johanns-Ring 125, CH-4056 Basel, T: 06 13 81 59 29 [Mosnang 6.12.1922]. geistliche Musik, Kammer- u Chormusik **Ausb:** Stud Rom u Basel, Orgeldipl (E Müller), Paris (N Boulanger), Zürich (W Burkhard), Basel (R Suter). **Laufb:** Unterrichtstätigkeit Basel u Luzern 59–94, Kantor, Chorlt u Organist St Michael Basel 50–87, Redakteur Zs 'Kathol Kirchenmusik' 60–70, Lt Akad f Schul- u KiM Luzern 67–87. – **Komp:** zuletzt: Ephata! (f Oboe d'amore solo) 99, UA Basel 2000; 3 Vesper-Gesänge (f Sop, Ch, Fl, Vcl, Hf u Orgel) 99, UA Basel 2000; Marienbuch (f 3 Sprechstimmen, Ob u kleines Schlgz) 2000, UA Graz 01; Oboenqua, UA 02 (Auftr: Zürcher Oboenqua); Die Hochzeit von Kana (f Zink u Vcl), UA 03; Humana (f Qufl solo) 02, UA Basel 04; Parabel f Geige u Streichorch 03/04; ER – nicht im Feier, Sturm u Beben (f Streichtrio), UA 04; Aquileia (f Ob, Ob d'amore, EnglHn) 04/05, UA Graz 05; Caprices (f Bfl, Cemb) 04/05, UA Zürich 05; Agitato e tranquillo (f Streichorch) 05, UA Zürich 06.

Pfister-Benda, Lola, Violine; Mühlebachstr 37, CH-8008 Zürich, T: 0 12 51 98 12. (Red)

Pfister, Anna, Viola, Hochschullehrerin; Mittelstr 38, CH-3012 Bern, T: 03 13 02 47 85. **Laufb:** Doz Kons St. Gallen u Fribourg. **Ens:** Camerata Bern, Flautando Quartett. (Red)

Pfister, Ariane, Violine; Mühlebachstr 37, CH-8008 Zürich, T: 0 12 51 98 12. (Red)

Pfister, Bernard, Klavier; rue des 22-Cantons 32, CH-2300 Chaux-de-Fonds, T: 03 29 68 11 15. (Red)

Pfister, Hermann, Flöte; c/o Bamberger Symphoniker, Mußstr 1, D-96047 Bamberg, PF 110146, D-96029 Bamberg. **Laufb:** Sol Bamberger Symph. (Red)

Pfister, Klaus, Sopransaxophon; c/o new art saxophone quartet, Pestalozzistr 8, D-79540 Lörrach, T: (0 76 21) 22 19, F: 22 19, *klaus@new-art-sax.com*. **Pr:** Prtr Dt Musikwettb KamM 98. **Ens:** new art saxophone quartet. (Red)

Pfitzenmaier, Günter, Prof, Hochschullehrer, Oboe; Maueräcker 56, D-75399 Unterreichenbach, T: (0 72 35) 98 02 08, F: 32 51, *g.pfitzenmaier@tesionmail.de*; Hochschule f Musik, PF 6040, D-76040 Karlsruhe [Kirchheim/Teck 1947]. **Ausb:** Stud b Hermann Herder/Stuttgart. **Laufb:** Solo (Fag) Bamberger Symph 71–74, Sol (Fag) Kölner RF-SinfOrch (WDR) 74–86, Prof (Fag, BläserkamM) Staatl H f Musik Karlsruhe seit 82, Sol (Fag) Bach-Collegium Stuttgart (H Rilling) seit 86. **Pr:** Bundessieger 'Jugend musiziert' 67. **Ens:** Collegium Aurequm 77–84, Trio d'Anches Köln 78–86, Bach-Collegium Stuttgart (Rilling) seit 78. – **Aufn/RF:** Mozart: Fagottkonz, m Kölner RF-SinfOrch WDR, Dgt: K Kondraschin 77; Mozart: Fagottkonz, m Kölner RF-SinfOrch, Dgt: H Sondant 79; zahlr Aufn im WDR m Trio d'Anches.

Pfitzner, Ursula, Sängerin; c/o Volksoper Wien, Währinger Str 78, A-1090 Wien, T: (01) 51 44 40, F: 5 14 44 32 15, *office@volksoper.at*; c/o Musikalische Komödie der Oper Leipzig, Dreilindenstr 30, D-04177 Leipzig; *www.volksoper.at*. **Laufb:** Sol Volksop Wien seit SpZ 03/04, Sol SeeFSp Mörbisch 05. (Red)

Pflänzel, Sybille, Repetitorin (Chor), Inspizientin; c/o Südthüringisches Staatstheater, Bernhardstr 5, D-98617 Meiningen. **Laufb:** Rep Chor Meininger Th – Südthüringer Staatsth, Inspizientin f Musikth ab Oktober 03.

Pflanz, Ludwig, Kapellmeister; Hohelandstr 60, D-23564 Lübeck, T: (04 51) 79 24 26; c/o Lübecker Theater GmbH, Beckergrube 16, D-23552 Lübeck. **Laufb:** Dgt Op im Schloßgarten Eutin, 2. Kapm u Solorep Lübecker Th. (Red)

Pflegerl, Dietmar, Intendant, Regisseur; c/o Stadtheater Klagenfurt, Theaterpl 4, A-9020 Klagenfurt. **Laufb:** Intend, Reg Stadtth Klagenfurt SpZ 03/05, Reg Ophaus Graz SpZ 04/05. (Red)

Pflüger, Andreas (Pseud: Andy Benedict), Komponist, Kontrabass; Sierenzerstr 63, CH-4055 Basel, T: 06 13 21 71 29, F: 06 13 22 00 86, *anpflu@tis.ch*; *www.neueneuemusik.ch* [Basel 23.8.1941]. **Ausb:** Stud MH Basel, Dipl in Komp (Robert Suter) u KB (Angelo Vilae), StudAufenthalt b d Gulbenkian Kulturstift Lissabon 65/66. **Laufb:** Mitarbeiter v Igor Markevitch in Madrid, KompSeminare m Prof Dr Luis de Pablo 66–68, mehrere Besuche d Darmstädter Sommerkse f neue Musik in d 70 Jahren (ZusArb m K Stockhausen, M Kagel, Y Xenakis, R Gehlhar, S Palm ua), Experte Int Musikwettb Genf 90, Experte Int Musikwettb Markneukirchen (Dtschld) 93, Lecture Tour 'Strolling through 200 years of Swiss Music' in d USA 97, in Argentinien u Paraguay 98. **Mitgl:** STV. – **Komp:** ca 40 Werke f KamEns, ca 20 Werke f Orch (m u ohne Soloinstr), 5 Op, 2 Ballette, FilmM (unter Pseudonym). **Aufn/RF:** Bach: Bläserqui m MDR Bläserqui, MDR Leipzig. **UA:** 'D Physiker' (Op n d Komödie v Dürrenmatt), UA Tschech Staatsop Prag 2000.

Pfretzschner, Brigitte, KS, Sängerin; Buchenstr 19, D-01458 Ottendorf-Okrilla, T: (03 52 05) 7 39 69. **Laufb:** Sol Sächs Staatsoper Dresden. (Red)

Pfreundschuh, Elena, Violine; c/o Städtische Bühnen Osnabrück, Domhof 10/11, D-49074 Osnabrück. **Laufb:** stellv 1. Konzm Osnabrücker SymphOrch. (Red)

Pfülb, Tobias, Sänger; Steinstr 28, D-81667 München, *TobiasPfuelb@t-online.de*; c/o Vereinigte Städtische Bühnen, Odenkirchener Str 78, D-41236 Mönchengladbach, T: (0 21 66) 1 44 55 90, F: 1 44 55 91 [München 6.3.1968]. Oper **Ausb:** MH München b J Loibl 89–95, Mstrkl 02. **Laufb:** Mitgl u Sol Tölzer Knabench 77–80, LBeauftr f Ges U Augsburg MPäd 98–02, seit 03 Ens-Mitgl Krefeld-Mönchengladbach, Gastsp OstseeFSp Stralsund, M u Th Saar Merzig. – **Aufn/RF:** Mozart: Die Zauberflöte (3. Knabe), Berliner Philh, Dgt H v Karajan 80; Mozart: Requiem, Ungarischer RF Budapest, Ltg G Schmidt-Gaden 01; C Sützl: Missae Quatuor Novae, Ens Prishna, Ltg C Hammer, ORF 1, 02. **UA:** S Baghwati: Quenâh, eine Totenklage, Akad d Schönen Künste München 93; F Cerha: Der Riese vom Steinfeld, Dt EA 04.

Pfund, Romely, Dirigentin; c/o Konzertdirektion Fritz Dietrich, Sigmund-Freud-Str 1, D-60435 Frankfurt a M, T: (0 69) 54 45 04, 54 56 58, F: 5 48 51 07, *info@konzertdirektion-dietrich.de* [Dresden 21.10.1955]. Konz 19./20. Jh, Spielop, Ballett, Kinder- u Jugendkonz, Philharmonic Jazz, Cross-over-Projekte, Unterhaltungsprogramme **Ausb:** Stud Kl, Dgt (Neuhaus) MH Dresden 74–79; Int Musikseminar Weimar (K Masur) 78, 83; DgtKs (L Bernstein, S Ozawa, G Roshdestwenski) Tanglewood, USA 86. **Laufb:** Eng Th Altmark Stendal 79–84, Kapm LdsTh Dessau 84–87, Chefdgt u GMD Neubrandenburger Philh 87–96, GMD Berg Symphoniker Remscheid-Solingen seit 98/99, Mentorin d DgtinnenFörderprojekts d Lds NRW OrchAkad Berg Symphoniker seit 99; Gastdgt ua: Gewandhausorch Leipzig, Dresdner Philh, Orch Kom Op Berlin, Op Flensburg, Düsseldorfer Symph, Dt SymphOrch Berlin, RF-SymphOrch Berlin, Berliner SymphOrch, Kiel, Koblenz, Krefeld, Mönchengladbach, Münchner Symph, Niederrhein Sinfoniker, Philh Staatsorch Halle, Rhein Philh Koblenz, SymphOrch Münster, Saarbrücken, Trier, Boston Symph Orch, Baltimore Symph Orch, Presidential Orch Ankara, RF-SynphOrch Prag, Rußland, Japan, Frankreich, Polen, Schweiz, Dgt Th Magdeburg. **Pr:** Prtr Dgt-Wettb Genf 84, Ehrendipl 37. Int DgtWettb Prag 85, Ehrung durch Dt MVerleger Verb 01/02, Ausz d Berg Symph 'Bestes KonzProgr' 02, Kulturpr Bürgerstift Baden 03. **Mitgl:** Hauptaussch DgtForum Dt Musikrat, PrsMitgl Lds-Musikrat NRW. – **Aufn/RF:** Werke v Vitezslav Novák m Bergischen Symph 03. **UA:** S Erding-Swiridoff: 'La sculpture de la rose qui but', UA Solingen 01; S Hencke: 'Gesang a d tiefsten Hölle', UA Solingen 01; A Maayani: 'Concerto Symphonique'; A Andersen: 'S. Now', 'Awakening', 'Signal' f Jazztrio u SymphOrch, UA Solingen 02; M Stockhausen: 'Choral f Jazztrio u Orch'; H Frederichs: 'Stimmen d Nacht'-Impromtu f Orch, UA Solingen, 03; S Hencke: 'Metamorphosen e Themas v F Schubert' f StrQua u gr Orch, UA Solingen 04. **Sonst:** OrchAkad d Berg Symphoniker. **Lit:** Archiv Frau u Musik (Hg): 'Europ Dirigentinnen Reader'; H Epstein: 'Music talks'; E M Blankenburg: 'Dirigentinnen im 20. Jh', 03.

Pfundt, Reinhard, Prof, Komponist, Hochschullehrer; Eduard-von-Hartmann-Str 26, D-04157 Leipzig, T: (03 41) 9 83 32 15, *reinhard_pfundt@web.de*; Hochschule f Musik u Theater, PF 100809, D-04008 Leipzig [Burgstädt 23.5.1951]. **Ausb:** Stud (W Weismann, S Thiele) MH Leipzig 69–75, Mstrsch (S Matthus) Akad d Künste Berlin 75–78. **Laufb:** Doz 89, Prof MH Leipzig seit 92. **Pr:** Pr DDR-Musiktage 78, Hans-Stieber-Pr 80, Hanns-Eisler-Pr 84 u 86, Pr Thüring Landeskirche 85, Pr Carl-Engels-Stift 92. **Mitgl:** DKV, Sächs Musikrat, Sächs Musikbund. – **Komp:** De profundis (OrchW) 76, UA Leipzig, Gewandhausorch, Dgt: K Masur 81; Konz f Orch 79, UA Altenburg 79; Konz f Fl u Orch (Konz) 82, UA Potsdam, Th Orch Potsdam, G Lienicke, S Müller 82; Bartók-Reflexionen (OrchW) 83, UA Stralsund 83; Inventionen zu BACH (KamM) 85, UA Eisenach, Fuchs-Qua Leipzig 85.

Phear, Gwendolyn, Dipl KiM B, Dipl Künstler Ausbildungskl Dirig, Dirigentin, Kirchenmusikerin, Klavier; Hohenzollernstr 73, D-75177 Pforzheim, T: (0 72 31) 42 79 65 [Hannover 7.2.1967]. Chormusik a cappella, Liedbegleitung u Kammermusik **Ausb:** Stud KiM, B, Org (U Bremsteller, L Rovatkay [auch Cemb]), Chorltg (H Hennig), Kl (B Goetzke), Tonsatz (A Koerppen), Mstrks b J Uhde (Kl), E Ericson, H-M Beuerle (Chorltg) H f M u Th Hannover 86–90, KiM-Stud A, Chorltg (H Pardall), Kl (Girgensohn), Tonsatz/Analyse (Friedrichs) H f M u Th Hamburg 90–92, künstl AusbKl Dirig, OrchDirig (L Köhler), Kl (E Lux) H f M u Th Hannover 92–95. **Laufb:** Solorep m Dirig-Verpfl, Dirigate u musikal Ass b d UA d Phillip-Glass-Op 'Die Ehe zwischen d Zonen 3, 4 u 5' Stadtth Heidelberg 95–97, Chordir m DirigVerpfl, Dirigate Stadtth Pforzheim 97–99, freiberufl Dgt u Pianistin Kulturhaus Osterfeld 99–01, Chordir Südthüring Staatsth Meiningen 01–03, jetzt freischaffend a Dgt u Pian (Korrep, Liedbegl, KamM). **Pr:** Preistr (Org) 'Jugend musiziert'. **Ens:** Mädchenchor Hannover 77–89, Anton Webern Chor Freiburg 88–94, Norddt Figuralchor 92–95. – **Lit:** Archiv Frau u Musik, Int Arbeitskreis eV (Hg): Europ Dirigentinnenreader.

Philipp, Günter, Prof, Pianist, Hochschullehrer; Hohe Str 79, D-01689 Weinböhla, T: (03 52 43) 5 09 75, F: 5 09 75 [Sohland/Spree 13.9.1927]. klass u zeitgen Musik, Improvisation **Ausb:** Stud (H Steurer) H f M Leipzig 47/48 u 53–56. **Laufb:** Doz H f M Leipzig 59–72, Doz H f M Carl Maria v Weber Dresden 72, Prof (Kl, Imp) ebd 90, Ruhestand 92, GastProf Tokio 95. **Pr:** Robert Schumann-Pr 55 u 56. – **Komp:** Variationen über ein Jazzthema v G Shearing 67, UA Jena 68; Spiegelungen Komplex I 85. **Aufn/RF:** Skrjabin: Kl Konz, m Radio Sinf-Orch Leipzig, Kegel 67; Skrjabin: Kl Werke 68; Messiaen: Exot Vögel, Dgt: Pommer 70; Berg: KamKonz 67, 70; Bartók: Son f 2 Kl u Schlgz, Gewandhaus

Leipzig, m Stöckigt 81; CD: Klavierimp solo u an 2 Kl, m U Pruggmayer-Philipp 99 ua. **UA:** Denissow: Kl Konz 78; Denissow: Zeichen auf Weiß 79; Thiele: Sonata alla Toccata; Schmidt: Klavierkonz, m Radio SinfOrch Leipzig 73; Weismann: Son As/Kl-Stücke 59, 73. **Zug:** Denissow: Kl Konz, UA m Radio SinfOrch Leipzig, Dgt: Hauschild 78. **Sonst:** Einf ImpUnterr seit 72, G Philipp: 'Klavier, Klavierspiel, Improvisation' (Lb) 84 u 'Klavierspiel u Improvisation' 03. **Lit:** T Schinköth: Grenzüberschreitungen m Leidenschaft, in: Triangel 02.

Philipp, Henry, KM, Hochschullehrer, Klarinette; Dresdner Philharmonie, PF 120424, D-01005 Dresden, T: (03 51) 4 53 93 24. **Laufb:** Doz (Klar) H f Musik Carl Maria v Weber Dresden, Mitgl Dresnder Philh. (Red)

Philipp, Susanne, Harfe; c/o Neue Lausitzer Philharmonie, Promenadenstr 60, D-02827 Görlitz. **Laufb:** Sol Neue Lausitzer Philh SpZ 02/03. (Red)

Philippi, Volker, Sänger; Petersbergstr 30, D-66119 Saarbrücken, T: (06 81) 7 53 44 68; Saarländisches Staatstheater, Schillerpl 1, D-66111 Saarbrücken [Saarbrücken 1971]. **Laufb:** Sol Saarländ Staatsth seit SpZ 01/02. (Red)

Phillips, Robin, Solorepetitor; Ernestinerstr 16, D-98617 Meiningen, T: (0 36 93) 88 26 88; c/o Südthüringisches Staatstheater, Bernhardstr 5, D-98617 Meiningen. **Laufb:** Solorep Meininger Th – Südthüring Staatsth. (Red)

Pia, Claude, Tenor; c/o Theateragentur Dr Germinal Hilbert, Maximilianstr 22, D-80539 München, T: (0 89) 2 90 74 70, F: 29 07 47 90; c/o Stadttheater Klagenfurt, Theaterpl 4, A-9020 Klagenfurt; *www.hilbert.de*. **Laufb:** Gastsol Op Frankfurt SpZ 00/01, Sol Stadtth Klagenfurt SpZ 03/05, Th Basel SpZ 04/05. (Red)

Piazzini, Carmen, Prof, Hochschullehrerin, Klavier; Claudiusweg 16, D-64285 Darmstadt, T: (0 61 51) 42 12 17, 01 70–3 44 64 03, F: 42 51 30, *carmen@piazzini.net*; Hochschule f Musik, PF 6040, D-76040 Karlsruhe; *www.piazzini.de*. **Ausb:** Unterr b V. Scaramuzza, H. Leygraf, Förderung d W. Kempff. **Laufb:** Prof (Kl) Staatl H f Musik Karlsruhe. **Pr:** Pr d argentin Presse als beste Pianistin 88, Tortonipr 01. (Red)

Picard, Stephan, Prof, Hochschullehrer, Violine; Wilhelmsaue 13, D-10715 Berlin, T: (0 30) 8 73 97 97; H f Musik 'Hanns Eisler', Charlottenstr 55, D-10117 Berlin. **Ausb:** Stud (V) (S Gawriloff) Folkwang-H Essen, (W Marschner) MH Freiburg, (R Shevelov) H f Musik u Th Hannover 82, Stud priv (V Gradow) Essen, (S Georghiu) Bukarest, (R Nodel) Hannover, Aufbaustud (R Nodel) Staatl H f Musik Heidelberg-Mannheim 87–88. **Laufb:** zahlr solist u kammusikal Konz, 1. KonzM Städt Orch Aachen 88, LBeauftr MH Köln (Abt Aachen) 89–93, Prof MH Detmold 91, Johannes-Gutenberg-U Mainz 92, Prof (V) H f Musik 'Hanns Eisler' Berlin seit 95. **Pr:** Prtr Bundeswettb 'Jugend musiziert', Int VWettb Maria Canals Barcelona, Premio Rodolfo Lipizer Gorizia, Prtr u Stip Dt MWettb. – **Aufn/RF:** zahlr RF- u Fernsehaufn. (Red)

Picconi, Maurizio, Sänger; c/o Konzert u Theater St Gallen, Museumstr 1/24, CH-9004 St Gallen, T: 07 12 42 05 05, *info@theaterstgallen.ch*. **Laufb:** Sol Konz u Th St Gallen.

Pichler-Steffen, Ulrike, Sängerin; c/o Volksoper Wien, Währinger Str 78, A-1090 Wien. **Laufb:** Gastsol Vereinigte Bühnen Graz SpZ 00/01, Sol Volksop Wien SpZ 04/05. (Red)

Pichler, Annabelle, Sängerin; Unterer Sand 6, D-94032 Passau, T: (08 51) 9 66 48 47, 01 72–2 63 32 38, *annabellepichler@hotmail.com* [Hamburg]. **Ausb:** Stud Gesang (H Sotin) MH Köln 91–97, GesangKse (K Kelly, B Fassbaender, S Geszty). **Laufb:** Salzburger Fstp (v Hofmannsthal: 'Jedermann', Tischgesellschaft) 94; Prinzregententh München (W Hiller: 'Peter Pan') 97 u 98, Staatsth Kassel 98/99, Sol Südostbayer Städteth seit 2000/01; Gastverträge. **Pr:** Prtr Wettb d Neustadter Meistersingerkse m S Geszty 96, Bad Hersfelder OpPr Ens 2000. – **Aufn/RF:** W Hiller: Kinderop 'Peter Pan' (Tigerlilly/Mrs Darling), Dgt: W Seitzer 97. **UA:** W Hiller: 'Peter Pan'.

Pichler, Emanuel, Sänger; c/o Junge Kammeroper Köln, Florastr 93, D-50733 Köln. **Laufb:** Sol Junge Kammerop Köln seit SpZ 03/04. (Red)

Pichler, Günter, Prof, Violine, Hochschullehrer; Univ f Musik u Darst Kunst, Inst f Streich- u andere Saiteninstrumente, Seilerstätte 26, A-1010 Wien, *pichler-g@mdw.ac.at*. **Ausb:** Stud U f Musi u Darst Kunst Wien. **Laufb:** o UProf U f Musik u Darst Kunst Wien. **Ens:** Primarius Alban Berg Quartett. (Red)

Pick-Hieronimi, Monica, Prof, Sängerin, Hochschullehrerin; Ankerstr 11, D-50676 Köln, T: (02 21) 3 31 92 61, F: 3 31 92 61, *Pick-Hieronimi@aol.com*; Steinackerweg 25, D-64658 Fürth [Olpe, Westfalen]. Oper: Mozart, Strauss, Verdi; Orat: 19. u 20. Jh; Lied **Ausb:** Unterr Ges (D Jakob) Rhein MSchule Köln, Unterr OpSchule b F Lehan, K Wesseler, Kse Alte Musik b A Deller. **Laufb:** Sol Staatsth am Gärtnerplatz München 75–77, NatTh Mannheim 77–88, Op Köln (Ponelle Mozartzyklus), Staatsop Unter d Linden Berlin, OpHaus Zürich, Staatsop Hamburg, Wiener Staatsop, La Fenice Venedig, Barcelona, Oslo, Helsinki, Leeds, Lissabon, Brüssel, London, Paris, Brescia, Palermo, New York (Carnegie Hall), Wiener FestW, Buxton-Fstv, Prager Frühling, SWHS-Musik-Fstv, Terme di Caracalla-Fstv Rom, Fstv Macau, Fstv Arena di Verona, Gesamtgastsp Arena di Verona, in Wien, Frankfurt, Berlin u Zürich, Prof (Ges) H f Musik Köln. **Pr:** mehrere tz-Rosen, Carpine d'oro Brescia. – **Aufn/RF:** 'D Paradies u d Peri', Dgt: Delman, RAI Milano; 'Don Giovanni', Dgt: Järvi, WDR; 'Dvořák-Requiem', Prager Symph, Dgt: Altrichter; 'Norma', RF-SinfOrch Oslo, Dgt: Santi; CD: 'Don Giovanni' (Donna Anna), Christus am Ölberg, Messa da Requiem; DVD: 'Norma', La Fenice Venedig.

Pick, Karl-Heinz, Prof, Pianist, Komponist, Hochschullehrer; Heinrich-Büchner-Str 2, D-04347 Leipzig, T: (03 41) 2 41 12 47 [Rothenburg/Lausitz 1929]. **Ausb:** Stud H 'Felix Mendelssohn Bartholdy' Leipzig, Kl b F Langer u R Fischer, MTh u Tonsatz b P Schenk u J Weyrauch 48–55. **Laufb:** Prof H 'Felix Mendelssohn Bartholdy' Leipzig bis 94, Dekan (KlFak) ebd; Konz Europa, Asien, Vord Orient; sowie zus m A Michel Eng im Gewandhaus Leipzig m Mozarts Konz f zwei Kl u Orch KV 365, Dgt K Pringsheim 62, Berufungen i Kl-Jurys int Wettb (Fstv-Wettb Sofia 69, Johann-Sebastian-Bach-Wettb Leipzig 77 u 80, Tschaikowski-Wettb 78, Vienna-da-Motta-Wettb Lissabon 79, Viotti-Wettb Vercelli 79, 80, 81 u 84, Robert-Schumann-Wettb Zwickau 81, Marguerite Long-Jacques Thibaud-Wettb 83, Königin-Elisabeth-Wettb Brüssel 83 u 87, Maria-Callas-KlWettb Athen 85, Fryderyk-Chopin-Wettb Warschau 85, Prager-Frühling-Wettb Prag 88; Europ Chopin-Wettb Darmstadt 89 u 92, Int Chopin-KlWettb Göttingen 90 u 93, Int Anton-G-Rubinstein-KlWettb Dresden 05. **Pr:** Kunstpr u Mendelssohnplak Leipzig, 'Orden f Verdienste um die poln Kultur' Rep Polen. **Mitgl:** GrdgMitgl Chopin-Ges d DDR 62, Präs seit 86 (Umbenennung in Dt Chopin-Ges 90), GrdgMitgl Int Föderation d Chopin-Ges Warschau 85, Präsidiumsmitgl 85–95. – **Komp:** Du schwarze Erde nach serbokroat u slowen Dichtung, Singstimme m Kl-Begl, UA Leipzig 62; 1. Konz f Kl u Orch 63, UA Leipzig 64, Gewandhausorch, m G Philipp, Dgt O Durjan; 4 tänzerische Stücke 64; Toccata 65; Unser Frühling, n jiddischer Lyrik, Singstimme m Kl-Begl, UA Leipzig 68; 2. Konz f Kl u Orch u 69; Kleine Märchensuite n Märchen d Gebrüder Grimm 71, UA Leipzig 71; 'Seht welche Stadt', UA Leipzig 71, m Gewandhauschor, Gr RF-Orch, Dgt A Pieske; Trois pièces pour piano 73, UA Weimar, m L Lyssenko 74 (Auftr Chopin-Ges d DDR); Concerto piccolo f Kl u Orch 74/75, UA Wurzen, m K-D Hesse, RF-Orch Leipzig, Dgt K Wiese 75; 1. KlSon 75, UA Halle, m L Ketipowa (Auftr Int Bach-Wettb); Etüde à la Czerny 78; Fantastisches Nocturne 79; 1. Iberische Reflexion 80; Männerchöre, n Texten v P Fleming u J W Goethe 82; 2. Canzona 82; Suite zu dritt: 4 Stücke zu 6 Händen 83, UA Leipzig 86; Kl-Geschichten d Burratino 85; 3. Valse noble 85; Huldigungen 86; Concertino f Kl u Orch 86; Polonaise zu 6 Händen 88, UA Magdeburg 88; Kadenzen z d KlKonz C-dur KV 467, A-dur KV 488 u c-moll KV 491 v Mozart 90, 65 u 80; Aufbruch, n Texten v E Graul, UA Magdeburg 96; In jenen fernen verflossenen Tagen: 4 Stücke z 4 Händen 96/97; 2. KlSon 99; Unterwegs: 3 Stücke zu 4 Händen 03; Dedikationen/Hommage à: Fantastisches Nocturne f A de Saint-Exupéry, Tango f D Milhaud, Valse musette f F Poulenc, Canzona f P O'Shea, Iberische Reflexion f S Costa, Valse noble f L Descaves, Zweite Son f F Wika, Vier tänzerische Stücke f Lisa, Etude chromatique f F Chopin, Suite z dritt f Volker, Polonaise f F Chopin, Kantate (f Chor, Solisten u Orch) Seht welche Stadt f J S Bach. **Aufn/RF:** Konz Gewandhaus Leipzig m eigenen KlKomp 82 (4 tänzerische Stücke, Erste Son, Trois pièces pour piano, Kleine Märchensuite n Märchen d Gebrüder Grimm, Iberische Reflexion, Canzona, Etüde á la Czerny, Toccata); LPs: 'Du schwarze Erde'. Liederzyklus n serbokroat u slowen Lyrik 62, 'Trois pièces pour piano' 78, 'Kleine Märchensuite' 86; RF-Prod: 'Klaviergeschichten d Burattino', m d Komponisten; 'Concerto piccolo f Kl u Orch', K-H Pick m RF-Orch Leipzig, Dgt K Wiese. **UA:** K-H Pick: Zweites Konz f Kl u Orch, Gewandhaus Leipzig, m K-H Pick, Dgt: S Kurz; gem m Stud d Klasse Beteiligung an UA u EA eigener Komp Gewandhaus Leipzig 82, 86 u 89. **Lit:** Rez, Werkbesprechungen u Publ zu veröffent Komp, verlegt b Schott, Peters, Ebert (EMV Leipzig), Breitkopf & Härtel (DVfM), Helm-Baynov, Heinrichshofen, Collection Litolff, Lex: ua Musiklex (DVfM Leipzig), Int chronol Lex KlMusik, European Biographical Directory, The Int Music Museum, Who's Who in Germany, Who's Who in Music, Who's Who in the World, Int Piano Competitions.

Pickering, John, Sänger; Werderstr 1, D-76137 Karlsruhe, T: (07 21) 9 37 94 25; Großhorst 4, D-30916 Isernhagen-Kirchhorst, T: (0 51 36) 8 57 42. **Laufb:** Gastsol Stadtth Gießen SpZ 00/01, EnsMitgl Bad Staatsth Karlsruhe. (Red)

Pieczonka, Adrianne, Sopran; c/o Theateragentur Dr Germinal Hilbert, Maximilianstr 22, D-80539 München, T: (0 89) 2 90 74 70, F: 29 07 47 90; c/o Hamburgische Staatsoper, Große Theaterstr 34, D-20354 Hamburg; *www.hilbert.de, www.adriannepieczonka.com* [Poughkeepsie, NY, USA]. Op v R Strauss, Verdi u Wagner **Ausb:** Stud Bachelor Musik U Western Ontario Kanada bis 85, Dipl (OpDarst) U Toronto Kanada 88. **Laufb:** Sol Hamburg Staatsop, Bayer Staatsop München, Staatsop Wien 89–95, Gastsol Dt Staatsop Berlin SpZ 00/01 u 04/05, Met Op 02, Covent Garden 02, vorrauss Bayreuther FSp 06, Semperop Dresden SpZ 04/05, Op Zürich SpZ 04/05. **Pr:** 1. Pr GesWettb 's-Hertogenbosch, NL 88, 1. Pr GesWettb La Plaine sur Mer, Frankreich 88. – **Aufn/RF:** Mozart: 'Zauberflöte' (erste Dame) m Wiener Philh, 89; Strauss: 'Orchesterlieder' 99; Strauss: 'Fledermaus' (Rosalinde) 2000; Verdi: 'Falstaff' (Alice) m Berliner Philh, Dgt. C Abbado, 01; Mozart: 'Don Giovanni' (Donna Anna) m Budapest Symph Orch 01.

Piedicuta, Emilian, Violine, Konzertmeister; Heinrich-Heine-Str 56, D-40721 Hilden. **Laufb:** 2. Konzm Düsseldorfer Symphoniker. (Red)

Piehlmayer, Rudolf, Dirigent; c/o Theater Augsburg, Kasernstr 4–6, D-86152 Augsburg, PF 111949, D-86044 Augsburg, *rupi@gmx.com*; *www.dertaktstock.de*. **Ausb:** Stud (SchM) H f Musik München 82–86, Klar (G Starke) ebd 83–87, Dirig (H Michael) ebd 89–91. **Laufb:** OrchSem (Klar) Dt Op Berlin 87–88, Sol (Klar) Berliner Symphoniker 88–91, Solorep Th Regensburg 91–93, Opdebüt Humperdinck: 'Hänsel u Gretel' ebd 92, 2. Kapm ebd 93–94, 1. Kapm u stellv GMD ebd 94–99, LAuftr (Dirig) H f Musik München 96–98, Gastdgt Dt Op Berlin 99, ständ Gastdgt ebd 2000–01, Gastdgt Op Leipzig (GewandhausOrch) seit 2000, zahlr weitere Gastdirigate, 1.Gastdgt Konz u Th St Gallen seit 01, GMD Stadt Augsburg seit 02. **Pr:** Förderpr C M v Weber- u Felix Mottl-Wettb München (Klar) 86, 3. Pr Int Weber-Wettb f Klar Warschau 87, Bayer Staatsförderpr f junge Dgt 94.

Pieper, Andreas, Komponist; Gitschiner Str 42, D-47053 Duisburg, T: (02 03) 66 75 81, F: (04 03 60) 3 93 06 74, *apieperkomp@aol.com*; *www.copy-*

us.com, *www.stadtbibliothek-essen.de/kir* [Essen 23.2.1958]. Kammermusik **Ausb:** Stud (KiM) staatl MH Westfalen-Lippe, Komp (R Ploeger) MH Lübeck, Abschlußdipl 93. **Laufb:** Kantor Duisburg-Mitte 93, Porträtkonz seit 79, Thürmer-Saal Bochum 91, Saalbau Witten 96, Stadtth Duisburg 96, Thürmer-Saal Bochum 02, Ruhrfsp Recklinghausen 02. **Pr:** Porträtkonz durch Ldesmusikrat NRW Stadtth Duisburg, Prtr KompWettb 'Windrose' Ruhrfsp Recklinghausen 02. **Mitgl:** Collegium Musica Nova Lubecensis; DTKV, Dt Komponistenverband. – **Komp:** L'infinito (KamM), UA Bochum, Thürmer-Saal 91; Ins Helle geht d Drang v dunklen Dingen (Sinf), UA Witten, Saalbau 96; Forse un mattino (KamM), UA Duisburg, Stadtth 96; Zerstreutes Hinausschaun (KamM), UA Duisburg, Stadtth 96; Vom entfernten Inneren (Kl-Fantasie), UA WDR 3 98; Stundenblume (KamM), UA Bochum 98; Lobgesang (Orgelfantasie), UA Eutin 99; Englandbilder (Str-Qua), UA 2000; Sonate f Cello u Kl, UA Lübeck, Rathaussaal 99; Klaviersonate Nr 1, UA 2000; Sonate f V u Kl, UA Bochum, Thürmer-Saal 02. **AuftrKomp:** KompAuftr d Rhein-Ruhr-Philh; StrQua, UA Langenberg 2000; Liederzyklus, UA 02. **Sonst:** Sendung m KlM WDR 3.

Pierags, Bettina, Sängerin; Minna-Bollmann-Str 47, D-38820 Halberstadt, T: (0 39 41) 61 04 00. **Laufb:** Sol Nordharzer Städtebundth Halberstadt/Quedlinburg. (Red)

Pierce, John Charles, Heldentenor; c/o Theateragentur Heidi Steinhaus, Auerfeldstr 36, D-81541 München, T: (0 89) 93 93 01 10, 01 70–4 45 82 00, F: 93 93 01 11, *info@heidi-steinhaus.de*; *www.heidi-steinhaus.de*. Oper **Ausb:** Stud (Musik) U Illinois 76–82, Stud (Musik) Indiana U 82–85. **Laufb:** Sol Staatsth Cottbus, Gastsol Th Dortmund SpZ 00/01, Bad Staatsth Karlsruhe SpZ 00/01, Tiroler Ldsth Innsbruck SpZ 01/02, 03/05, Coburg SpZ 01/04, Gastsol Staatsth Cottbus, Staatsth Mainz, Staatsth Darmstadt, GastSol Th Chemnitz SpZ 04/05. **Pr:** Max Grünebaum Pr Cottbus 99.

Pierlot, Philippe, Prof, Hochschullehrer, Viola; Le Lorgnon 41, B-4990 Jevigne, T: 0 80 31 80 14, F: 0 80 31 80 14 [Lüttich]. **Ausb:** Stud Git u Laute, Stud Va da gamba. **Laufb:** Mitgl in Ens 'La Chapelle Royale' u 'Les Arts Florissants', Lt d 'Ricercar Consort' (Musik d 17. Jh), Bearbeitung v Monteverdis Op 'Il Rotorno d'Ulisse' f Violen- u Zupfens 98, Prof (Va da Gamba) Staatl H f M u Lt d Inst f Alte Musik Trossingen. – **Aufn/RF:** Einsp d Gesamtwerks f Va v Marin Marais ab 95. (*)

Piernay, Rudolf, Prof, Hochschullehrer, Bassbariton; M4,5, D-68161 Mannheim, T: (06 21) 15 56 74; Hochschule f Musik u Darst Kunst, N 7,18, D-68161 Mannheim. **Ausb:** Stud (Ges, Kl, Dirig) Staatl H f M u Darst Kunst Berlin, Royal Acad of Music and Drama London. **Laufb:** Prof (Ges) Guildhall School of Music and Drama London seit 74, Mstrkse Alaska, Neuseeland, Prof (Gesang) Staatl H f M u Darst Kunst Mannheim, Sänger (Op, Orat, Konz) seit 91. (Red)

Pierri, Alvaro, Prof, Hochschullehrer, Gitarrist; Hörnesgasse 4, A-1030 Wien, T: (01) 7 13 09 04; Univ f Musik u Darst Kunst, Inst f Streich- u andere Saiteninstrumente, Seilerstätte 26, A-1010 Wien, *pierri@mdw.ac.at* [Montevideo, Uruguay 1952]. **Laufb:** Prof f Git an den U Quebec u Mc Gill in Montreal, Lt zahlr int Mstrks, o UProf (Git) U f Musik u Darst Kunst Wien seit 02. (Red)

Pierwoß, Klaus, Dr, Prof, Generalintendant; c/o Bremer Theater, Am Goethepl 1–3, D-28203 Bremen, PF 101046, D-28010 Bremen. **Laufb:** GenIntend Th Bremen 04 bis 07. (Red)

Piesk, Günter, HonProf, Hochschullehrer, Fagott; Trabener Str 31, D-14193 Berlin, T: (0 30) 8 91 35 15. **Laufb:** HonProf (Fag) H d Künste Berlin, Mitgl Berliner Philh. (Red)

Pietsch-Arndt, Susanna, Violine; c/o Münchner Rundfunkorchester, Rundfunkpl 1, D-80300 München. **Laufb:** Stimmführerin Münchner RFOrch. (Red)

Pietsch, Ellen, Sängerin; c/o Städtische Theater Chemnitz, Käthe-Kollwitz-Str 7, D-09111 Chemnitz, PF 756, D-09007 Chemnitz. **Laufb:** Gastsol Städt Th Chemnitz SpZ 03/05. (Red)

Pietsch, Franziska, Violine; c/o Konzertdirektion Fritz Dietrich, Sigmund-Freud-Str 1, D-60435 Frankfurt am Main, T: (0 69) 54 45 04, F: 5 48 41 07, *info@konzertdirektion-dietrich.de*; *www.konzertdirektion-dietrich.de*. **Laufb:** Konzm Sinfonieorch Wuppertal. (Red)

Pietzsch, Peter, Sänger, Intendant; c/o Theater Hagen, Elberfelder Str 65, D-58095 Hagen. **Laufb:** Sol Staatsth am Gärtnerpl München, Intendant Th Hagen SpZ 87/88–2000/01. (*)

Pieweck, Katja, Mezzosopran; Butenfeld 5, D-22529 Hamburg, T: (0 40) 5 60 48 83, *katja.pieweck@mezzavoce.de*; c/o Hamburgische Staatsoper, PF 302448, D-20308 Hamburg; *www.hamburgische-staatsoper.de* [Hannover]. **Ausb:** Stud (Ges) H f M u Th Hamburg b J Beckmann 89–96. **Laufb:** Mitgl Int OpStudio, EnsMitgl Hamburg Staatsop seit 99/00. **Pr:** Stip d Masefield-Stift. (Red)

Piffka, Thomas, Tenor; c/o Volksoper Wien, Währinger Str 78, A-1090 Wien, T: (02 09) 49 10 49; c/o Agentur Seitter, Opernring 8/13, A-1010 Wien, T: (01) 5 13 75 92, F: 5 12 93 51, *office@agentur-seitter.at* [1962]. **Laufb:** Gastsol MTh Essen SpZ 03/05 Konz u Th St Gallen, Op im Schloßgarten Eutin (03/04), Pfalzth Kaiserslautern, Schillerth NRW Wuppertal-Gelsenkirchen, Gastsol Bad Staatsth Karlsruhe seit SpZ 03/04, SeeFSp Mörbisch 05, Sol Volksop Wien SpZ 04/05, Op Leipzig. (Red)

Piguet, Jean, Violine; Orchestre de la Suisse Romande, rue Bovy-Lysberg 2, CH-1204 Genève, *jeanpiguet@bluewin.ch*. **Laufb:** 1.Violine Orch de la Suisse Romande. (Red)

Pikal, Guido, Sänger; Hohe Str 17, D-99817 Eisenach, T: (01 71) 5 29 88 26, (0 36 91) 89 81 44; c/o Thüringer Landestheater, Theaterpl 4–7, D-99817 Eisenach. **Laufb:** Sol Thüringer Landesth Eisenach, KamOp Hamburg SpZ 04/05. (Red)

Pikl, Peter, Sänger; c/o Volkstheater Rostock, PF 102215, D-18004 Rostock. (Red)

Piland, Jeanne, KS, Prof, Sängerin, Hochschullehrerin; Jülicher Str 18, D-40477 Düsseldorf, T: (02 11) 46 95 90 61, (01 77) 7 95 49 09; c/o Bureau Pieter G Alferink, Apollolaan 181, Niederlande-1077 AT Amsterdam, T: (0 20) 6 64 31 51, F: 6 75 24 26. **Laufb:** Sol Dt Op am Rhein Düsseldorf-Duisburg SpZ 01/05, Sol Hamburg Staatsop seit SpZ 03/04, Prof Robert Schumann H Düsseldorf. (Red)

Pilcher, Diane, Sängerin (Mezzosopran); Adastr 9, D-54294 Trier, T: (06 51) 9 93 07 07, F: 9 93 07 09. **Laufb:** Sol Hess Staatsth Wiesbaden, Kom Op Berlin SpZ 04/05, Gastsol Op Frankfurt SpZ 04/05. (*)

Pillinger, Wolfgang Heinz, Prof, Hochschullehrer, Komponist; Bräumühlweg 33, A-5101 Bergheim, T: (06 22) 45 45 87; Univ Mozarteum, Abt f Gesang u Musiktheater, Schörghofer, Eichstr 1–5, A-5020 Salzburg, T: (06 62) 61 98 58 10, F: 61 98 58 09, *wolfgang.pillinger@moz.ac.at*. **Laufb:** o UProf (Mth f Schauspieler) U Mozarteum Salzburg seit 86, GastProf Tokyo College of Music. **Ens:** Wolfgang Pillinger Big Band 76–93. (Red)

Pilsl, Fritz, Komponist; c/o Musikverlag Vogt & Fritz, Inh Elke Tober-Vogt, Friedrich-Stein-Str 10, D-97421 Schweinfurt, T: (0 97 21) 2 01 90 10, F: 2 01 90 15, *vogtfritz@t-online.de*; *www.vogtundfritz.de* [1933]. **Ausb:** Stud Komp (Prof H Herrman, Prof B Rövenstrunck) Trossingen. – **Komp:** OrchM, KamM in versch Besetzungen, Quintette f Git u Str, Werke f Git solo. (Red)

Pilster, Bettina, Musikschulleiterin, Musikpädagogin, Musikerin, Chorleiterin; Casa della Musica, Hamburger Str 15, D-28205 Bremen, T: (04 21) 4 98 63 31, F: 4 98 63 87, *Pilster@casadellamusica.de*; *www.casadellamusica.de* [24.10.1968]. **Ausb:** Stud (Musik, Kunst, Anglistik, Germanistik) an d Carl-von-Ossietzky-U Oldenburg 89–99, div Fortbildungen. **Laufb:** Grdg u Lt Musikschule Casa della Musica Bremen seit 99, Lt div Ens: Casa Singers Casa della Musica seit 99, Bremer Vokal Qua seit 99, Gospelchor St.Petri Dom Bremen seit 2000, Gospelchor St.Georg Bremen seit 99, Kinderchor Oldenburg StaatsTh seit 99, Kinder- u Jugendchor St Antonius 91–99. **Ens:** div.

Pilz, János, Violine; c/o Impresariat Sonia Simmenauer, Bornstr 12, D-20146 Hamburg, T: (0 40) 42 31 31 11, F: 42 31 31 13, *Sonia.Simmenauer@impresariat-simmenauer.de*; *www.impresariat-simmenauer.de*. **Ens:** Keller Qua. (Red)

Pimentel, Francisco, Sänger; c/o Bremer Theater, Am Goethepl 1–3, D-28203 Bremen, PF 101046, D-28010 Bremen. **Laufb:** Gastsol Th Bremen SpZ 03/05. (Red)

Pinheiro, Reginaldo, Prof, Hochschullehrer, Sänger; Staatliche Hochschule f Musik, Schwarzwaldstr 141, D-79102 Freiburg i Br. **Ausb:** Stud H f M Karlsruhe. **Laufb:** Prof (Ges) HfM Freiburg iBr seit 01. **Pr:** Pr b Königin Elisabeth-Wettb in Brüssel, ARD-Musikwettb in München; Ges-Wettb Luisa Todi Portugal, S'Hertogenbosch Holland u Francisco Vinas, Barcelona. (Red)

Pini, Daniela, Mezzosopran; Staatstheater, Oberer Schloßgarten 6, D-70173 Stuttgart. **Ausb:** Stud (Musikwiss) Univ Bologna, Ges (A. Bertacchi) in Modena. **Laufb:** Sol Staatsth Stuttgart. (Red)

Pinter, Brigitte, Mezzosopran; c/o Franz Hainzl Artists' Management, PF 17, A-1043 Wien, T: (01) 5 86 45 36, F: 5 85 55 51, *office@hainzl.net*; c/o Austroconcert, Gluckgasse 1, A-1010 Wien, T: (01) 5 13 26 57, F: 5 12 61 54, *austroconcert@ia-ac.com*; *www.brigittepinter.com* [Kärnten]. Wagner, Verdi, Mahler **Ausb:** Stud (A Seale) Juilliard Sch New York, MH Wien. **Laufb:** Wiener FWochen, Wiener MVerein, Wiener KonzHaus, Salzburger FSp, Carnegie Hall New York, Carinth Sommer, Palermo, Catania, Cagliari, Paris, London, Moskau, Frankfurt, München, regelm in Zürich. **Pr:** Belvedere Wettb 94. – **Aufn/RF:** DVD: Zigeunerbaron.

Pintscher, Matthias, Komponist, Dirigent; c/o Bärenreiter-Verlag, Heinrich-Schütz-Allee 35, D-34131 Kassel, PF 100329, D-34003 Kassel, T: (05 61) 3 10 51 79, F: 3 10 51 76, *info@baerenreiter.com*; c/o Van Walsum Management Deutschland, PF 3409, D-30034 Hannover, T: (05 11) 3 66 07 23, F: 3 66 07 24, *cnelson@vanwalsum.com*; *www.baerenreiter.com* [Marl 29.1.1971]. **Ausb:** StudAufenthalt London 88, Stud Komp (G Klebe) H f M Detmold 92, Einladung Cantiere Int d'Arte Montepulciano (H W Henze) 91/92, Stud Komp (M Trojahn) R-Schumann-H Düsseldorf 92–94, KompSem (P Eötvös, H Lachenmann) Wien 94, Sympos 'Komp/Dgt' (P Eötvös) Stuttgart 95. **Laufb:** IGNM Weltmusiktage Warschau 92, Portrait-Konz Salzburger FSp 97, Composer in Residence NatTh Mannheim 99/2000, Komponistenportrait WDR (m Arditti-StrQua), 3 Portrait-Konz NDR, Composer in Residence Cleveland Orch 2000–2002, Composer in Residence KonzHaus Dortmund 2002/03, Composer in Residence Alte Op Frankfurt 2003, Dgt ua m Cleveland Orch, Dt SymphOrch Berlin, Staatskap Berlin, RSO Stuttgart, Orch d NatTh Mannheim, Orch d Staats-Th Kassel, Philh StaatsOrch Bremen, GewandhausOrch-Sinfonietta Leipzig, Klangforum Wien, Bayer StaatsOrch, Ens Varianti, Ensemble Modern, Scharoun Ens Berlin. **Pr:** SDR Förderpr Stuttgart 91, 1. Pr u Publikumspr Komp-Wettb Hitzacker 92, 1. Pr KompWettb Agosto Corcianese Perugia 92, Stip Studienstift d Dt Volkes 92–94, Stip 'Rolf-Liebermann-Pr' Körber-Stift Hamburg 93, W-Steinbrenner-Stip Dramatiker-Union Berlin 93, Paris-Stip Studienstift d Dt Volkes 93/94, Pr de la SACEM Paris 94, Kasseler Kunstpr 95, London Stip DAAD 96, Pr f OpKomp d Körber-Stift 96, Pr Prince Pierre de Monaco 99, Kulturpr d VR-Leasing AG Frankfurt 99, KompPr Salzburger OsterFSp 2000, Hindemith-Pr Schleswig-Holstein MFstv. – **Komp:** 'Gesprungene Glocken' (MTh), UA Berlin, Parochialkirche, B Eisenfeld, Dt Staatsop Berlin, Staatskap

Berlin, Dgt: M Pintscher 94, neue Fssg UA Mannheim, NatTh 2000; 'Th Chatterton' (Op), UA Dresden, Semperop, Staatskap Dresden, Dgt: M Albrecht 98; 'Invocazioni' (OrchW), UA Aalen, Int BlTage, Banda Primitiva da Llira, Dgt: M Pintscher 92; 'Devant une neige' (OrchW), UA Darmstadt, Orch d StaatsTh Darmstadt, Dgt: H Drewanz 93; 'Choc' (Antiphon f gr Ens), UA Köln Philh, Ens Modern, Dgt: J Nott 97; 'Fünf OrchStücke', UA Salzburg, FSp, Philh Orch London, Dgt: K Nagano 97; 'Dunkles Feld – Berückung' (Szene f gr Orch), UA Berlin, M-Biennale, Berliner SymphOrch, Dgt: J Kalitzke 99; 'Sur 'Départ'' (f 3 OrchGr, 3 Vcl u Frauenst), UA Hamburg, MHalle, NDR Ch, NDR Symph Orch, Dgt: C Eschenbach 2000; 'with lilies white' (f Orch), UA Cleveland/OH, Cleveland Orch, Dgt: C v Dohnanyi 2002; sowie W f Soloinstr m Orch, Solo-Ges m Orch, Vokalstimmen m Ens, Kmk, SoloW; ' en sourdine' f V u Orch, UA Berlin, Berliner Philh u F P Zimmermann (V), Dgt: P Eötvös. **Lit:** zahlr Art i nat u int Fach-Zs u Tagespresse, div RF- u TV-Features (Saarländ RF, NDR, SFB, ORF, SWR, WDR, Arte, 3SAT).

Piollet, Marc, Dirigent; Vegagasse 15, A-1190 Wien, T: (05 61) 7 39 39 65; c/o Agentur Seitter, Opernring 8/13, A-1010 Wien, T: (01) 5 13 75 92, F: 5 12 93 51, *office@agentur-seitter.at* [Paris 1962]. **Ausb:** Stud (Tonmeister) H d Künste Berlin 83–87, Stud Dirig (H-M Rabenstein), Chorltg (Ch Grube) 87–92, Mstrkse (J E Gardiner, M Gielen, G Albrecht, L Zagrosek, K P Flor, K Masur). **Laufb:** Musikal Lt Reinickendorfer JugendsinfOrch seit 89, 1. KapM Brandenburger Th 90–92, Musikal Lt Sibelius-Orch Berlin 91–93, Gastdgt Th d Stadt Senftenberg 92–93, KonzReise m Sibelius-Orch Berlin Israel 93, Lt OpProd H d Künste Berlin u KamOp Berlin, musikal Ltg (Valli: L'ormindo) Hebbel Th Berlin 93, Gastdgt ua Radio-SinfOrch Frankfurt/M, Dresdner Philh, KamPhilh d MDR Leipzig, Neubrandenburger Philh, Nürnberger Sinfoniker, Orch Nat de Lille 93–95, Radio Philh NDR Hannover 95/96, Stuttgarter Philh, Staatsth Kassel, Philh Staatsorch Bremen, Orch Nat de Lyon, Orch Nat de Lille, Orch Nat de Bordeaux, Debüt Hamburg Staatsop (La Traviata) 97, Debüt Vlaamse Op Antwerpen (Il Trovatore) 98, Gastdgt ua Robert-Schumann-Philh Chemnitz, Philh Orch Bremen 96–98, Debüt Staatsth Stuttgart (Così fan tutte) 99, Frankfurter Museumsorch, Debüt Op Köln (La Bohème), Salzburger FSp 2000, 1. KapM Philh Staatsorch Halle 93–97, 1. KapM u Stellv d GMD Staatsth Kassel seit 97, Dgt Dt Op Berlin u NOB Berlin (-04/05), MD Volksop Wien seit SpZ 03/04. **Pr:** Prtr Dgt-Forum d Dt Musikrates 95. (Red)

Piontek, Steffen, Generalintendant, Operndirektor; c/o Volkstheater Rostock, Patriotischer Weg 33, D-18057 Rostock, PF 102215, D-18004 Rostock, T: (03 81) 3 81 46 10, F: 3 81 46 19, *steffen.piontek.vtr@rostock.de*; *www.volkstheater-rostock.de* [Bitterfeld 14.6.1962]. Opernregie **Ausb:** Stud (Regie) MH Hanns Eisler Berlin 82–87, MstrSchüler (J Herz) Akad d Künste Berlin. **Laufb:** Mitgl Thomanerchor Leipzig 72–79, OpRegisseur 86, Staatsop Dresden 90–94, Op Chemnitz 88–98, OpDir Radebeul 98–01, Intend Volksth Rostock bis 12, Inszen ua in Weimar, Cottbus, Halle, Leipzig, Freiburg i Br, Krefeld, Österreich, Rußland, Spanien, Schweden, Japan, Schweiz, Tschechien.

Piraccini-Stucki, Aida, Violine; Rychenbergstr 199B, CH-8404 Winterthur, T: 05 22 42 85 66. (Red)

Pirgu, Saimir, Sänger; Wiener Staatsoper, Opernring 2, A-1010 Wien [Elbasan, Albanien 1981]. **Laufb:** Eng Teatro dell'Opera di Roma 03, Sol Wiener Staatsop. **Pr:** Prtr int Caruso-Gesangswettb, Eberhard Waechter-Gesangsmed 04. (Red)

Pirklbauer, Gerhard Ruprecht, Mag, Prof, Komponist, Pianist, Hochschullehrer; Mitterfeld 42, A-5101 Bergheim, T: (06 64) 4 50 69 74; Univ Mozarteum, Abt f Dirigieren, Komposition u. Musiktheorie, Zentrum im Berg, Fürbergstr 18–20, A-5020 Salzburg, T: (06 62) 61 98 55 21, F: 61 98 30 33, *gerhard.pirklbauer@moz.ac.at* [Salzburg 1954]. **Ausb:** Stud (Rechts- u Staatswiss, MWiss u Ital) Univ Salzburg, (Komp) b Helmut Eder H Mozarteum, Dipl 80. **Laufb:** Tonsatzlehrer (ao Prof) d Abt f Musikpäd d U Mozarteum Salzburg seit 83, auch ausübender Musiker (Pianist u Sängerbegleiter f Liederabende, Cabaret, Jazz etc) m ausgedehnter KonzTätigkeit, Komp f Orch (SaxKonz, Divertimento 'Mozarteum'), KamM 2–12 Spieler, Lieder f Klaviere bzw Kammerens (Georg Trakl, Josef Hofmann). **Pr:** 2. Pr KompWettb d Int Stif Mozarteum, H Mozarteum u ORF Salzburg 79. (Red)

Pirner, Gitti, Prof, Hochschullehrerin, Klavier; Beiselestr 19b, D-82327 Tutzing, T: (0 81 58) 15 16, F: 94 70; H f Musik u Theater, Arcisstr 12, D-80333 München. **Ausb:** Stud b Then-Bergh, Agosti, Hiltbrand. **Laufb:** Prof (Kl) H f M u Th München, Doz (Kl) MH Winterthur Zürich. **Pr:** 1. Pr b Int Wettb in Genf. (Red)

Pirow, Günter, Sänger, Schauspieler; Linzer Str 7, D-27568 Bremerhaven, T: (04 71) 4 67 49, 0 15 20–4 54 86 73 [Klosterheide Kr Lindow/Mark 9.2.1943]. Operette, Musical **Ausb:** Privstud Ges (E Röttgen) Essen 78–81, (H Nedomanski) Oberhausen 81–83. **Laufb:** MTh Oberhausen 78–92, Schloß-FSp Ettlingen 92, EnsMitgl Stadtth Bremerhaven (Op, Optte, Musical, Schausp) seit 92 (04/05).

Pirvu, Arthur, Sänger; c/o Stadttheater Gießen, PF 111128, D-35356 Gießen. (*)

Piske, Nora, Violine; Rohrsängerweg 64, D-24146 Kiel, T: (04 31) 6 79 49 50 [Münster 1972]. **Ausb:** Schülerin (R Clermont) MSch Münster, Stud (S Picard, U Wallin) H f Musik Detmold, Stud (E Feltz) H f Musik 'Hanns Eisler' Berlin 96, Orchdipl 98. **Laufb:** Mitgl Bundesjugendorch, BR-OrchAkad (L Maazel), Detmolder KamOrch (C Poppen), Praktikantin Dt Op Berlin 97, Mitgl Philh Orch d Stadt Kiel seit 99. **Pr:** mehrf Prtr Wettb Jugend musiziert (1. Pr f KamM 85), Stip Richard-Wagner-Ges 95, Stip Dt MWettb KamM 98. **Ens:** Rebecca Clarke Ens.

Pistorius, Andreas, Prof, Piano, Hochschullehrer; Neckarpromenade 15, Whg 507, D-68167 Mannheim, T: (06 21) 1 56 31 44, 01 76–50 05 19 58, *mailpistorius@compuserve.de*; Staatl Hochschule f Musik u Darst Kunst, N 7, 18, D-68161 Mannheim [Weimar 13.3.1954]. **Ausb:** Stud Kl (J W Malinin) Tschaikowsky-Kons Moskau 72–78. **Laufb:** Doz (Kl) MH Leipzig 78–90, Mitgl Tschaikowsky Trio Leipzig 81–90, Prof MH Heidelberg-Mannheim seit 90, KonzTät ua m Gewandhaus Leipzig, Berliner Staatskap, BSO, Dresdner Philharmonie, KonzReisen Europa, Japan, China, Cuba. **Pr:** Prtr b Klavierwettb in Budapest 76 u Lissabon 79. – **Aufn/RF:** Chopin: Klavierwerke 84; Liszt: Unbekannte Klavierwerke (Fantasien u Bearbeitungen), Weltpremiere 86; B Stavenhagen: Klavierkonzert h-Moll u Soloklavierwerke 96; G Neubert :'Sonne der Gerechtigkeit' ('Concerto ritmico' f. Kl u Orch); Abendstille, m Rostocker Motettenchor 89; RundfMitschn u Aufn Staatl Rundf Berlin u Leipzig bis 90, danach SWF Karlsruhe.

Pistorius, Günter, Hochschullehrer; Richard Strauss Konservatorium, Gasteig, Kellerstr 6, D-81667 München. **Laufb:** Doz (Komp, Gehörbildung, Theorie) Richard Strauss Kons München. (Red)

Pitcher, Rob, Sänger; c/o Theater Nordhausen, PF 100244, D-99722 Nordhausen. **Laufb:** Sol Junge Kammerop Köln SpZ 03/04. (Red)

Pitscheider, Renate, Sängerin; c/o Opernhaus Graz, Kaiser-Josef-Pl 10, A-8010 Graz, T: (03 16) 80 08; c/o Wiener Staatsoper, Opernring 2, A-1010 Wien. **Laufb:** Sol Wiener Staatsop, Volksop Wien seit SpZ 03/04, Gastsol Ophaus Graz SpZ 04/05. (Red)

Pitt, Oliver, Sänger; Schlossblick 52, D-04827 Machern, T: (03 42 92) 7 20 11, F: 7 20 11, *franz-oliver@web.de* [Jena 2.6.1959]. Oratorium, Lied, Konzert **Ausb:** Stud (Ges) MH Dresden 80–84, MH Weimar 84–87. **Laufb:** Mitgl Dresdner KreuzCh 78, Sol Op d Hansestadt Greifswald 89–94, ChSol Kom Op Berlin 94–98, freiberufl S. **Ens:** GewandhausKamCh Leipzig.

Pittman-Jennings, David, Bariton; c/o Boris Orlob Management, Jägerstr 70, D-10117 Berlin, T: (0 30) 20 45 08 39, F: 20 45 08 49, *info@orlob.net*; *www.orlob.net*. **Ausb:** Stud (Ob) Univ of Oklahoma, Stud Ges (L Zachary, E Parham) Los Angeles. **Laufb:** Gastsol Op Graz 76, Grand Op Paris, Teatro Municipale Reggio Emilia, Op Toulouse, Op du Rhin Strasbourg, Op Buenos Aires, Städt Bühnen Frankfurt/Main 2000/01, Cincinatti Op, Hamburg Staatsop, De Vlaamse Op Antwerpen, Scala Mailand 02, Dt Oper Berlin bis 04/05, Op Leipzig, Staatsop Berlin, Semperop Dresden, Spoleto Fstv, Berliner FestW, Puccini Fstv Torre del Lago; ZusArb ua m Philh Orch Montreal, NHK Orch. – **Aufn/RF:** CD: Schönberg 'Ode an Napoleon u Moses u Aron' (Boulez), Respighi 'La Fiamma', 'Un malheureux vetu de noir' u Verdi 'Requiem'.

Piunti, Giuseppina, Sopran; c/o Stadttheater Gießen, Berliner Pl, D-35390 Gießen, PF 111128, D-25256 Gießen. **Laufb:** Sol Stadtth Gießen, EnsMitgl Bad Staatsth Karlsruhe SpZ 03/04. (Red)

Pivovarov, Valentin, Bass; c/o Konzert u Theater St Gallen, Museumstr 1/24, CH-9004 St Gallen, T: 07 12 42 05 05, *info@theaterstgallen.ch* [Kiev 1953]. **Laufb:** ständ Gastsol Konz u Th St Gallen. **Pr:** 1. Pr Glinka-Wettb 77, 2. Pr Tchaikovsky-Wettb 79, Goldmed Voci Verdiani-Wettb Busseto Italien. (*)

Plagge, Rolf, Prof, Hochschullehrer, Klavier; Gausburg 6, D-83416 Saaldorf-Surheim, T: (0 86 82) 90 36, F: 9 59 77; Univ Mozarteum, Abt f Tasteninstrumente, Zentrum im Berg, Fürbergstr 18–20, A-5020 Salzburg, T: (06 62) 6 19 80, F: 61 98 30 33, *rolf.plagge@moz.ac.at*. **Laufb:** UProf (Kl) U Mozarteum Salzburg. (Red)

Plang, Nina, Sängerin; Staatsoperette, Pirnaer Landstr 131, D-01257 Dresden. **Laufb:** Sol Staatsoptte Dresden. (Red)

Plangg, Volker Michael, Komponist, Dirigent; Am Weissiger Bach 69, D-01328 Dresden, T: (03 51) 2 68 18 06, 01 73–5 63 47 14, F: 2 68 18 06; c/o Volkstheater Rostock, PF 102215, D-18004 Rostock [Bludenz 27.6.1953]. Konz, Op, Musical **Ausb:** Stud (Komp, Dirig) Salzburg, Graz u Freiburg (ua H Froitzheim, M Lehmann). **Laufb:** Kapm ua Kaiserslautern u Mannheim 80–87, Gastsp (ua Eutiner Sommersp, Dt Th München, Alte Op Frankfurt), GastProf H d Künste Berlin 87/88, Tätigkeit New York Broadway u MD 'Phantom d Oper' Hamburg 90/91, Dir Berliner Th d Westens, Staatsth Kassel, Bad Staatsth Karlsruhe, Chefdgt Staatsoptte Dresden 95–03, VolksTh Rostock, Volksop Wien. **Pr:** Kompförderpr österr Jeunesses musicales, Goldene Schallplatte f 'Das Phantom d Oper'. – **Komp:** Junger Novize im Zen-Kloster I, II (Lieder), UA Freiburg 79; Vier Sprüche (KamM), UA Wien, ORF 80; 'Rasputin' (BühnenW), UA Weikersheim, Dgt: A Brammel 80 (Auftr: Jeunesse musicale, Dtschld); Wechsel, Dauer u Vergessen (ChorW), UA Neuss 83; Dialog m Lorca (OrchW), UA Kaiserslautern 84; Sechs aparte Lieder (Lieder-Zyklus), UA Wien, ORF 86; 'Der Flötenton, der den Paravent zerblies' (f Sop, Tenor u Orch), UA Mannheim, Staatsphilh Rheinl-Pfalz, Dgt: B Klee 97 (Auftr: Bühnenverein Mannheim); Schneewittchen, d Spiegel u d Prinz (Ballett), UA Eisenach 02; 'Short stories' (f 5 Blechbläser u Orch), UA Bregenz, Dgt: Ch Ebele (Auftr: LandessymphOrch Vorarlberg). **Aufn/RF:** Webber: 'Das Phantom d Op – Höhepunkte d Hamburger Auff', m Ens u Orch d Hamburger 'Phantom'-Produktion, Dgt: V M Plangg 91; Lehár: 'Der Zarewitsch' – großer Querschnitt, m Staatskap Dresden, Dgt: V M Plangg 2000. **UA:** Ph Jaecker: 'Transgleiseriana', UA Frankfurt 88; 'Aspects of Love', DEA Staatsoptte Dresden 97; Mancini: 'Victor/Victoria', DEA Staatsoptte Dresden 98; Kühn: 'Transaction' (f Klar, Jazz-Pos, Jazz-Trio u Orch), UA Staatsoptte Dresden 98; Kühn: 'Interchange', UA Quedlinburg 98. **Sonst:** Hg: My fair Lady, D Mann v La Mancha, La cage aux folles.

Plank, Christiane, Dr phil, Dramaturgin; c/o Landestheater Innsbruck, Rennweg 2, A-6020 Innsbruck, T: (05 12) 52 07 43 51, F: 52 07 43 56, *c.plank@landestheater.at* [München 5.2.1971]. ital Oper, Melodrame, Operette va Lehar

Ausb: Stud (Kl) MH u Kons München, Stud (MThDramaturgie) Bayer ThAkad, Prom 'Melodram Szenen i d Op'. **Laufb:** div Praktika u Ass in Wien, Zürich, München, DramAss Stadtth Bern 99–01, Dram Landesth Innsbruck seit 01. **Mitgl:** Wagner-Verb, EMA.

Planté, Walter, Sänger; Moltkestr 6, D-47799 Krefeld, T: (0 21 51) 2 68 65; c/o Vereinigte Städtische Bühnen, Odenkirchener Str 78, D-41236 Mönchengladbach. **Laufb:** Sol Vereinigte Städt Bühnen Krefeld u Mönchengladbach. (Red)

Planyavsky, Andreas, Querflöte; c/o Agentur Legato, Seilerstätte 5, A-1010 Wien, T: (01) 5 12 76 59, F: 5 12 83 70, *mail@legato.at*; *www.legato.at* [Wien 1977]. **Ausb:** Stud Kons Wien (Prof G Hechtl) 85–91, Uni f M u darst Kunst Wien (Prof W Schulz) seit 91, Matura Wiener MGym 96, DiplPrfg 99, Mstrks (A Nicolet ua). **Laufb:** Mitgl Wiener JugendOrch 94–98, Mitgl Gustav-Mahler-Jugend-Orch (C Abbado) 95, Substitut Bühnenorch Österr Bundesth seit 94, Substitut Orch Wiener Staatsop u Wiener Philh, 1. Flötist RSO Wien seit 99. (Red)

Planyavsky, Peter, Prof, Hochschullehrer, Komponist, Orgel; Univ f Musik u Darst Kunst, Inst f Orgel, Orgelforschung u Kirchenmusik, Seilerstätte 26, A-1010 Wien, T: (01) 7 11 55 26 15; Wollzeile 9, A-1010 Wien, T: (01) 5 12 12 24, F: 5 12 33 76 [9.5.1947]. Kirchenmusik **Ausb:** Stud U f Musik u Darst Kunst Org, Komposition, Improvisation (A Heiller), Kl (H Seidlhofer) u Dirigieren (H Gillesberger). Diplom Org u Kirchenmusik 66. **Laufb:** o UProf U f Musik u Darst Kunst Wien seit 80, Domorganist am Wiener Stephansdom 69–05. **Pr:** Staatl Förderungspr f Musik 91, Orlando di Lasso Medaille f Verdienste u d Kirchenmusik 04. (Red)

Plas, Harrie van der, Sänger; Gothastr 8, D-76139 Karlsruhe, T: (07 21) 6 73 58; c/o Staatstheater am Gärtnerplatz, PF 140569, D-80455 München. **Laufb:** Sol Bad Staatsth Karlsruhe, Kom Op Berlin SpZ 02/05, Sol Staatsth am Gärtnerplatz München SpZ 03/04, OpFSp Heidenheim SpZ 04/05 (La Traviata), GastSol Th Bremen SpZ 04/05. (Red)

Plassa, Olaf, Sänger; c/o Volkstheater Rostock, Patriotischer Weg 33, D-18057 Rostock, PF 102215, D-18003 Rostock, T: (01 72) 3 53 78 95. **Laufb:** Sol Staatsoperette Dresden SpZ 01/05, Sol Volksth Rostock SpZ 03/05. (Red)

Plate, Antonius, Prof, Hochschullehrer, Komponist; Kollenrodtstr 55, D-30163 Hannover [4.1.1950]. **Laufb:** Prof (MTheorie) H f M u Th Hannover. (Red)

Platen, Emil, Dr, Prof, Dirigent, Hochschullehrer, Musikforscher; Im Erlengrund 22, D-53175 Bonn, T: (02 28) 31 09 45, *emil.platen@uni-bonn.de* [Düsseldorf 16.9.1925]. Forschung zu Bach, Beethoven, Form in d Musik **Ausb:** Stud Va, Komp (W Maler), Chordirig (K Thomas) MH Detmold 47–50, Chorlt-Ex 50, Stud (MWiss) U Bonn 51–57, Prom 57. **Laufb:** Wiss Mitarb Beethoven-Archiv Bonn 57–63, Lektor (Musizierpraxis) U Bonn 63, akadem MD U Bonn 64, HonProf (MWiss) U Bonn 71, Em 90, LBeauftr (MWiss) H f Musik Köln 94–03, KonzReisen m Coll musicum U Bonn in Europa u Übersee (Südamerika 69, 77, Australien/Neuseeland 74, Mittelamerika 79, USA 83, Südostasien 87). **Pr:** BVK am Bde 84. **Ens:** freier Mitarb in Ens d WDR Köln 52–59, Collegium instrumentale Detmold 57–58, Grd u Lt Collegium musicum U Bonn 53–90, Mitgrd u 1. Lt Landes Jugend-SinfOrch NRW 69. **Mitgl:** Landesmusikrat NRW. – **Sonst:** Unters z Struktur d chor Choralbearb J S Bachs (Diss) 59; Die Matthäus-Passion v J S Bach 91; Studien zu Bach u Beethoven 2000; Hg: Neue Bach-Ausg (NBA) II/2 Lutherische Messen; Beethoven-Werke: StrTrios, StrQua Bd III. **Lit:** Collegium musicologicum (Fs z 60. Geb) Bonn 85.

Platt, Peter (Pseud: Roy Turner, Josef Landmann, Erwin Hubinger), Musikschullehrer; Erlengasse 8, A-2230 Gänserndorf, T: (0 22 82) 53 65, F: 53 65, *peter.platt@aon.at*; *www.platt.at* [Wien 4.2.1964]. Blasmusik, symphon Musik **Ausb:** Stud Pos (Jeitler, Pöttler) H f M u Darst Kunst Wien 79–89, Stud Jazzpos (E Kleinschuster) Kons Wien 89–92, Stud Jazztheorie (K Leschanz) Vienna Kons 98–2001, Dipl m Ausz. **Laufb:** Posaunist (Substitut) Bühnenorch d Wiener Staatsop, zahlr Auftritte m div Ens in Europa, ua ad hoc, vienne jazz orchestra, Windorchestra Gänserndorf. **Pr:** Sonderpr d Ldes Niederösterr f bes Verdienste im Bereich d M 94. **Ens:** KapM MV Auersthal, KapMStellvertreter 1. Gänserndorfer MV. **Mitgl:** Grdgs- u Vorstandsmitgl V z Förderung zeitgen M, Mitgl ÖKB, INÖK, NÖBV. – **Komp:** insges mehr als 250 Komp f symphon Blasorch, BläserQua u Qui, TanzM, Big Band, div. Jazzens usw, ua Rondo Classico; Solo f e Orch; Congo; Bouree Romantique; Im Ferienlager (alle f symph. BlasOrch); Suite in drei Sätzen, Mahlzeit, Rondo fantstique ua (f BlechblQui); zahlr Arrangements f div Ens u Orch.

Plattner, Andreas, Violoncello; Talweg 159, CH-8610 Uster, T: 0 19 40 88 56. (Red)

Platz, Robert HP, Komponist; Amsterdamerstr 66, D-50735 Köln; *www.rhpp.de* [Baden-Baden 1951]. **Ausb:** Stud MTheorie, Kl u Dirig in Freiburg, Psychologie b Hans Bender, Komp (W Fortner, K Stockhausen in Köln), Dirig (F Travis Freiburg), Computerkurs f Komp am Pariser IRCAM 80. **Laufb:** Konz u Auff b d wichtigen Fstv, Lt KompKlasse MH Maastricht. **Pr:** zahlr Pr u Ausz, ua Rockefeller Foundation u Japan Foundation. (Red)

Plautz, Uschi, Sängerin; Kreizgasse 7, A-8010 Graz, T: (06 50) 4 71 17 11od 31 34 60. **Laufb:** Sol Vereinigte Bühnen Graz SpZ 03/04. (Red)

Plessing, Kaja, Mezzosopran; c/o Cecilia Music Concept – Franz-Georg Stähling, Brauweilerweg 183, D-50933 Köln, T: (02 21) 8 00 00 70, F: 8 00 00 71, *staehling@cecilia-cmc.de*; c/o Theater, PF 100353, D-33503 Bielefeld; *www.cecilia-cmc.de*. **Ausb:** H f Musik u Theater Hannover. **Laufb:** Niedersächs Staatsop Hannover, Stadtth Hildesheim, Dt Oper a Rhein Düsseldorf 93–96, Th Bielfeld seit 02/03. **Pr:** Bielefelder Operntaler 04. (Red)

Plester, Tracy, Sängerin; Bogenstr 18, D-40227 Düsseldorf, T: (02 11) 6 80 12 42. **Laufb:** Gastsol Staatsth Kassel SpZ 00/01, Gastsol Th Dortmund SpZ 03/04, Gastsol Staatsth Braunschweig SpZ 04/05. (Red)

Pletnev, Mikhail, Klavier, Dirigent, Komponist; Russian National Orchestra, Garibaldi st, 19, Russland-117335 Moscow [Archangelsk]. **Ausb:** Stud (Kl) b J Timakin Zentralschule f Musik Moskau m 13 Jahren, b J Flier u L Wlasenko Kons Moskau ab 74. **Laufb:** zahlr KonzTourneen weltweit, als Pianist ua Zus-Arb m Berliner Philh Orch, London Symph Orch, Philharmonia Orch, Chamber Orch of Europe, Gewandhausorch Leipzig, SymphOrch d BR, Israel Philh, Orch Sinf Naz della RAI/Turino, Orch della Svizzera Italiana, Basler SinfOrch, Hallé Orch Manchester, Rotterdam Philh, SinfOrch d Finn RF Helsinki, UBS Verbier Fstv Youth Orch, Orch dell'Accad di Sta Cecilia Rom, Gulbenkian Orch Lissabon, Russ NatOrch, Tschech Philh, San Francisco Symph, Pittsburgh Symph Orch, Dgt: Abbado, Haitink, Maazel, Chailly, Mehta, Giulini, Sanderling, Blomstedt, Nagano, Slatkin, Gergiev, Ashkenazy, Neeme u Paavo Järvi, Fedoseyev, Lombard, Krivine, Saraste, Gatti, Thielemann, als Gastdgt ZusArb m Philharmonia Orch, London Symph Orch, City of Birmingham Symph Orch, NDR SinfOrch Hamburg, Rotterdam Philh Orch, Wiener Symph, Los Angeles Philh, Chamber Orch of Europe, Dt Kammerphilh Bremen, Mahler Chamber Orch, Grdg Russ National Orch Moskau 89. **Pr:** 1. Pr u Goldmed Int Tschaikowsky KlWettb Moskau 78, Gramophone Award 96, Staatspr d Russ Föderation 95 u 02. – **Komp:** ua Klass Sinfonie, Tryptichon f SinfOrch, Quintett u Fantasie über kasach Themen f V u Orch, Capriccio f Kl u Orch; Konz f Va u Orch, UA Moskau 98 m Y Bashmet u Russ Nat Orch, Dgt Pletnev. **Aufn/RF:** Werke v Bach, Haydn, Mozart, Beethoven, Mendelssohn, Chopin, Liszt, Grieg, Rachmaninov, Mussorgsky, Prokofiev, Scriabin, Scarlatti, Tchaikowsky; 'Hommage à Rachmaninov' 98; 'Pletnev live at Carnegie Hall' 2000; C P E Bach 02. (Red)

Plettenberg, Ferdinand von, Tenor; c/o Theateragentur Belcanto – Alexandra Göth, Freischützstr 35, D-81927 München. **Laufb:** Sol Landesth u Kammerspiele Salzburg, Volksoper Wien. (Red)

Plettner, Leo, Prof, Hochschullehrer, Dirigent; Univ f Musik u Darst Kunst, Inst f Gesang u Musiktheater, Penzingerstr 7, A-1140 Wien [1940]. Sologesang u Musikdramat Darstellung **Laufb:** GMD i Bremerhaven 78–2000, o UProf U f Musik u Darst Kunst Wien. (Red)

Plewa, Johannes, Violine; Vilsstr 4b, D-93059 Regensburg, T: (09 41) 44 94 59; c/o Theater Regensburg, Bismarckpl 7, D-93047 Regensburg. **Ausb:** Stud V (K Weißinger, E Blum), (J Rissin) MH Karlsruhe 82–87, (T Brandis) HdK Berlin 87–91. **Laufb:** 1. Konzm Philh Orch Regensburg.

Pliakas, Marino, Komponist, Gitarre, Kontrabass; Goldbrunnenstr 46, CH-8055 Zürich, T: 0 14 51 74 44. (Red)

Pliquett, Joachim, Trompete; c/o Berliner Konzertagentur Monika Ott, Dramburger Str 46, D-12683 Berlin, T: (0 30) 5 14 48 58, F: 5 14 26 59, *BerlinKonzert.ott@t-online.de*; c/o Deutsches Symphonieorchester Berlin, Masurenallee 8–14, D-14057 Berlin; *www.berlinkonzert-ott.de*. Intpr d Werke J S Bachs **Ausb:** Stud Trp (R Lösch) H f M Mannheim. **Laufb:** 1. SolTrp Dt SymphOrch Berlin (RSO Berlin) seit 82, Gastsol Berliner FestW, Niedersächsische MTage, Dresdner MFSp, MDR-MSommer, Fstv de Léon, Schleswig-Holstein-MFstv, künstl Ltg d 'Brandenburgischen Sommerkonz' seit 91; Zus-Arb ua m H Rilling, P Schreier, K-F Beringer, H Haenchen. **Ens:** Duo m A Gast (Org) seit 79. – **Sonst:** Mitarb an d Entwicklung versch neuer TrpInstr, Hrsg v Lit f Trp: zB 'Probespiel-OrchStudien f Trp'. (Red)

Plock, Florian, Sänger; c/o Komische Oper Berlin, Behrensstr 55–57, D-10117 Berlin; c/o Oper Frankfurt, Untermainanlage 11, D-60311 Frankfurt/Main. **Laufb:** GastSol Hess Staatsth Wiesbaden SpZ 03/04, Kom Op Berlin SpZ 04/05, Sol Op Frankfurt SpZ 04/05. (Red)

Plog, Anthony, Prof, Hochschullehrer, Trompete; Caspar-Schrenk-Weg 13, D-79117 Freiburg-Kappel, T: (07 61) 69 62 27, F: 69 62 27, *plogs@t-online.de*; Hochschule f Musik, Schwarzwaldstr 141, D-79102 Freiburg; *www.anhonyplog.com* [Glendale, Kalifornien, USA 13.11.1947]. **Ausb:** Stud U of California Los Angeles. **Laufb:** Sol Los Angeles Chamber Orchestra, Malmö Symphony, Stockholm Philharmonics, Basler SymphOrch u a, Prof (Trp) Staatl H f Musik Freiburg seit 93. **Ens:** ehem Los Angeles Chamber Orch, Symph San Antonio, Utah, Malmö Schweden, Basel; Summit Brass, Fine Art Brass Qua, St Louis Brass Qui. **Mitgl:** Int Trumpet Guild. – **Komp:** Concerto f Trp u Orch, UA Utah Symphony, N Norton (Trp) 97; Concerto f Ob u Orch, UA Malmö Symphony, G Hunt (Ob) 93; Symphony #', UA Nat Repertory Orch, Dgt: C Topilow. **Sonst:** Publikationen 'How the Trumpet got its Toot' (KinderOp), 'Aesops Fables' (KinderOp), 'Spirits' (Op).

Ploumis, Damon Nestor, MA, Bassbariton; Paul-Schneider-Str 30, D-99423 Weimar, T: (0 36 43) 49 05 75 [9.12.1966]. Basso-Buffo **Ausb:** Stud Cambridge U (BA) bis 88, (MA) bis 91, Künstler-Dipl Acad of Vocal Arts 99. **Laufb:** Gastsol Schleswig-Holstein Landesth u SinfOrch Schleswig SpZ 00/01, Finn NatOp 02–03, Schwed königl Op 03/04, Th Heidelberg 03/04; Sol NatTh Weimar 01–03. – **Aufn/RF:** TV-Sendung 'Viaggio a Reims', Arte 03.

Plücker, Jens, Horn; c/o NDR Sinfonieorchester, Rothenbaumchaussee 132–134, D-20149 Hamburg. **Laufb:** Stimmführer NDR SinfOrch Hamburg. (Red)

Plüss, Erich, Violoncello; Flautando Quartett, c/o Jean-Luc Reichel, Steinauweg 27, CH-3007 Bern. **Ens:** Flautando Quartett. (*)

Plust, Alexander, Countertenor; c/o Wiener Kammeroper, Fleischmarkt 24, A-1010 Wien. **Laufb:** Sol Kammerop Wien SpZ 03/04, GastSol Niedersächs Staatsth Hannover SpZ 03/04. (*)

Poblador, Milagros, Sopran; c/o Wiener Staatsoper, Opernring 2, A-1010 Wien, *milagros@milagrospoblador.com*; c/o Agentur Seitter, Opernring 8/13, A-1010 Wien, T: (01) 5 13 75 92, F: 5 12 93 51, *office@agentur-seitter.at*; *www.milagrospoblador.com* [Madrid]. Mozart u ital Oper **Ausb:** Unterr Ges (F Làzaro) Barcelona. **Laufb:** Sol Wiener Staatsop, Gastsol Teatre del Liceu 97 u seit 99, Gastsol Teatro Real SpZ 03/04, Gastsol Landesth Linz SpZ 03/04, Gastsol Dt Op Berlin SpZ 01–05.

Podic, Baldo, Dirigent; Austr 54, CH-4051 Basel, T: 06 16 81 05 10. **Laufb:** Dgt Th Basel, Dt Op am Rhein Düsseldorf-Duisburg SpZ 01/05. (Red)

Podrečnik, Mario, Gesangspädagoge, Tenor-Buffo; Bismarckstr 56, D-67655 Kaiserslautern, T: (01 70) 8 30 50 98 [Klagenfurt 7.5.1967]. Oper, Operette, Musical, Konzert **Ausb:** Stud (Päd, Medienkommun) U Klagenfurt 87–93, Stud GesPäd (J Kampus) Kons Klagenfurt 94–98, Staatl LBefähigung f Ges 98, Stud Ges (R Pries) 99–2001, Dipl Kons Klagenfurt 2001. **Laufb:** wichtige Partien: C M v Weber: Abu Hassan, Titelpartie; W A Mozart: Die Entführung aus dem Serail, Pedrillo; G Puccini: Turandot, Pong; R Wagner: Tannhäuser, Walter v d Vogelweide; J Strauss: Wiener Blut, Josef; P Lincke: Frau Luna, Fritz Steppke; E Kalman: Die Zirkusprinzessin, Toni Schlumberger; F Lehar: Die lustige Witwe, Rosillon; Sol Pfalzth Kaiserslautern seit SpZ 03/04. – **Aufn/RF:** W Braunfels: Op 'Der Traum e Leben' (Karkhan), RF-Mitschn BR; Ostergala SWR RundfunkOrch Kaiserslautern, RF-Livemitschnitn SWR 03.

Podstawa, Tina, Sängerin; Hülskampsweg 10, D-46282 Dorsten, T: (0 23 62) 99 30 77 [Dorsten 22.5.1977]. Musical **Ausb:** Stud (Musical) Fontys Dansacademie u Brabants Cons Tilburg, Dipl 2001, 'baccalaureus'. **Laufb:** Sol SchloßFSp Ettlingen 2000; 'Elisabeth' (Musical) Colosseum Th Essen 01–03, 'West Side Story' (Musical) Bregenzer FSp 03, Gastsol Th Dortmund SpZ 04/05, 'Liebesperlen' (Revue) DomFsp Bad Gandersheim 04, 'Hair' (Musical) Th Pforzheim 04/05; 'La Cage aux Folles' (Musical) Th Dortmund 05. **Pr:** Förderpr Bundesgesangswettb Musical/Chanson Berlin 99. – **Aufn/RF:** 'Elisabeth' Essen 01. **Sonst:** Lt Musical-Workshops f Kinder u Jugendliche.

Pöll, Hubert, Komponist; Nr 74, A-3602 Rossatz, T: (0 27 14) 62 84. (Red)

Pöltl, Joachim, Prof, Hochschullehrer, Horn; Jexmühle 37, D-53797 Lohmar, T: (0 22 06) 8 08 67, 0 17 95 91 57 98, F: 8 31 06, *hornist@joachim.poeltl.de*; Robert Schumann Hochschule, Fischerstr 110, D-40476 Düsseldorf [6.9.1953]. **Ausb:** Stud Karlsruhe, Heidelberg. **Laufb:** Orch-Eng Nürnberg, Hilchenbach, Darmstadt, Köln; Mitgl RSO Köln seit 83; LBeauftr (Hn) MH Detmold, Wuppertal, Düsseldorf; Prof (Hn) Robert-Schumann-H Düsseldorf seit 98; Mstrkse Mainz, Stapelfeld, Tokyo, Kyoto. – **Aufn/RF:** CDs m 'Concortium Classicum'. (Red)

Pöppelreiter, Christian, Prof, Regisseur, Hochschullehrer; Peterstalstr 183a, A-8042 Graz, T: (03 16) 42 52 13, *christian.poeppelreiter@kug.ac.at*; Univ f Musik u Darst Kunst, Inst 10, Jakoministr 3–5, A-8010 Graz, T: (03 16) 3 89 34 83, F: 3 89 77 05 [Dresden 22.4.1941]. Oper, Musiktheater **Ausb:** Vorbereitungskl Dresdner Kreuzchor 51–53, Sängerknabe Kom Op Berlin 53–56, FSchule f Musik Görlitz 56–58, Stud (Bratsche, Gesang) H f M Dresden 58–62, Regie (Wetter Felsenstein) Kom Op Berlin 58–62. **Laufb:** Regisseur Staatsop Dresden 65–74, Chefregisseur Rostock 74–79, Regisseur Staatsop Berlin 79–90, oUProf (musikdramat Darst, szen Intpr) U f Musik u Darst Kunst Graz seit 88; Regisseur (Op, Schausp, TV) Dtschld, Frankreich, Österr. **Pr:** 3x Regiepr Berliner Ztg, Girardi-Med f Kunst Graz. – **Sonst:** mehrere Bücher, Art in Ztg, Zs, Programmheften, Büchern. **Lit:** Porträtfilm (SWR), Porträt in 'Opernwelt'.

Pöschel, Thomas, Bass; Staatstheater, Lausitzer Str 33, D-03046 Cottbus. **Laufb:** Sol Staatsth Cottbus. (Red)

Poffet, Ingeborg, Akkordeon, Sängerin, Komponistin; Zwingerstr 29, CH-4053 Basel, T: 06 13 61 56 70, F: 06 13 61 56 70, *poffet-poffet@datacom.ch*; *www.duofatale.ch* [17.1.1965]. **Ausb:** Ex (Dirig) Akad Remscheid 81, Stud ComputerM (C Barlow) MH Köln 84–86. **Laufb:** Ks MWerkstatt Basel 92–03, Unterr KonzAkk, Ges u Theorie, Ks Gehörbildung. **Pr:** Prix-Marguerite de Reding-Stift 01. **Ens:** Duo fatale seit 89, 4hoch3, KABA-QuARTett, Aisha Fatalisha, Jaish. – **Komp:** Polka di Goa (f Altsax, Akk) 92, No dream (f Stimme, Kl) 94, Khela ke Pas (f Altsax, Akk, Stimme) 98, Jod Paran (f Altsax, Akk, Stimme) 2000, Van-A-Doo (f Tromp, Pos) 04. (Red)

Poffet, Jopo, Saxophon, Klarinette, Komponist; Zwingerstr 29, CH-4053 Basel, T: 06 13 61 56 70, F: 06 13 61 56 70, *poffet-poffet@datacom.ch*; *www.duofatale.ch* [21.10.1956]. **Laufb:** Unterr u Workshops seit 83, Ltg House-Orchestra MWerkstatt Basel. **Ens:** Volks-Jazz-Ens, Markus-Stauss-Qua, Jopo-Lüscher-Duo, City/6/tett, Duo fatale seit 89, Trio fatale vision seit 89, Jaish seit 91, Kaba-QuARTett seit 99, 4hoch3 seit 03. (Red)

Pogoda, Ulrich, Dipl-Ing, Komponist; Finsterwalder Str 31 b, D-03048 Cottbus, T: (03 55) 3 81 84 10; Parkweg 9, D-03130 Bagenz, T: (03 56 97) 6 27 16 [Wittichenau 31.7.1954]. Kammermusik, Konzerte, Sinfonik **Ausb:** Kapknabenchor Dresden 63, (Kl, Kb) MSchule Hoyerswerda 64–69, MH Weimer 79–85, (Gesang, Kl) Kons Cottbus. **Laufb:** Musikredakteur/Produzent f sorb Musik b RF seit 85, ORB-Studio Cottbus seit 92. **Pr:** Pr d Domowina (Bund d Sorben) f Komp/musikal Schaffen, Prtr 1. Brandenburg KompWettb f Streichorch (2. Pr Publikum, 1. Pl Jurywertung), Ehrengast Villa Massimo Rom 99. – **Komp:** Marionettentänze – Capriccio (KamM), UA Dresden 89; Zwölf Monate – Zyklus f Kl (KamM), UA Bautzen 93; Drei poet Bilder (KamM), UA Bautzen 96; Fantasia con colore (KamM), UA Bautzen 96; Adagio (KamM), UA Frankfurt/O 96; Konz f Kl u Orch (Konz), UA Bautzen 99; Di sera a Roma (Abends in Rom) (KamM), UA Rom 99, Sonate f V u Kl, UA Schloß Paretz/Potsdam 2000; Concerto Saxofonia f Altsax u Orch, UA Bautzen 01; Segmente f Sprecher u Orch, UA Bautzen 01; Maria Grollmuß (sinfon Poem f Orch), UA Bautzen, Dgt: D Kempe 01 (Auftr: Sorb NatEns).

Pogorelova, Olga, Violine, 1. Koord. Konzertmeisterin; Havelstr 22, D-64295 Darmstadt, T: (0 61 51) 1 30 17 12; c/o Hessisches Staatstheater, Georg-Büchner-Pl 1, D-64283 Darmstadt. **Laufb:** 2. Konzm Philharmon Orch Würzburg, 1. Violine u 1. koord Konzm Orch Staatstheater Darmstadt (01/05). (Red)

Pogostkin, Alina, Violine; c/o Concertino Agentur, Nerotal 24, D-65193 Wiesbaden, T: (06 11) 1 80 56 56, F: 1 80 56 57 [St Petersburg 18.11.1983].

Pohjanheimo, Sirja, Sängerin; Nelkenstr 19, CH-2502 Biel, T: 03 23 41 99 24, *sirja53@hotmail.com* [Riihimäki, Finnland 5.6.1973]. **Ausb:** Stud (Kl) MH Sibelius-Akad 92–98, Stud Gesang (R A Hartmann) 98–2002, Schweizer OpStudio Biel 2000–02. **Laufb:** Gastsol Th Biel/Bienne-Solothurn.

Pohl, Christian, Viola; c/o NRD Radiophilharmonie, Rudolf-von-Bennigsen-Ufer 22, D-30169 Hannover. **Laufb:** stv Sol NDR RadioPhilh Hannover. (Red)

Pohl, Günter, Sänger; c/o Staatsoperette Dresden, Pirnaer Landstr 131, D-01257 Dresden. **Laufb:** Sol Staatsoptte Dresden SpZ 03/05. (Red)

Pohl, Gunther, Prof, Hochschullehrer, Flöte; Schrottenberggasse 22, D-96049 Bamberg, T: (09 51) 5 42 45, F: 5 92 67, *gunther.pohl@solofloetist.de*; Hochschule f Musik, Veilhofstr 34, D-90489 Nürnberg; *www.solofloetist.de* [Oppeln 12.9.1941]. **Ausb:** Stud Fl (H-P Schmitz) H f M Detmold 61–65 u 66/67, (G Crunelle) Cons Nat Sup de Musique Paris 65/66, Mstrks b M Moyse, K-H Zöller. **Laufb:** SoloFl Bamberger Symphoniker seit 73, Doz (Fl) H f M Lübeck 71–78, HonProf ebd 78–91, Prof (Fl) H f M Nürnberg-Augsburg, Abt Nürnberg seit 2000. **Pr:** Stip d DAAD, Prtr Hochschulwettb d BRD 67, 3. Pr ARD-MWettb München 70. **Mitgl:** NBG (Neue Bachges).

Pohl, Klaus-Georg, Pianist; Taubenstr 4B, CH-9008 St Gallen, T: 07 12 44 57 84, F: 07 12 44 57 84, *gareis.pohl.klavierduo@smile.ch* [Schweinfurt 12.8.1961]. Neue Musik, Liedbegleitung **Ausb:** Stud b E Thauer MH Würzburg 83–85, Stud b U Graf MH Köln 85–89, Aufbaustud b P Feuchtwanger London 89–92, Mstrkl b L Brumberg, B Uriarte-Mrongovius u K U Schnabel. **Laufb:** USA-Tournee 96 u 99, Schweden-Tournee 97 u 99, Bodensee-Fstv 01, P Egli: 'D Nackte Paradies' (Balett) 03. **Pr:** 2. Pr u Sonderpr 'Nuova Carisch' 8.Int KlWettb Rom 97, Kulturförderpr d Stadt Schweinfurt 97; Kulturpr d Kantons Ausserrhoden 01. **Ens:** KlDuo Gareis & Pohl, Ens en Géometrie Variable. – **Aufn/RF:** F Schubert: 'Die schöne Müllerin' m Jens Weber (Ten) DRS 2, M Infante: 'Musique d'Espagne' SWF, E Pfeiffer: 'Alpstein rock'n moll' f SWF; I Wyschnegradsky:'Chant Nocturne' f Vienna Modern Masters 2017; H E Dahlgren: 'Nostalgiska Bilder' schwed RF. **UA:** E Pfeiffer: Alpstein rock'n moll, UA 01; H E Dahlgren: Nostalgiska Bilder, UA 99; J Adams: Hallelujah Junction, Europ EA 2000. **Sonst:** 'Die Jankó-Klaviatur' 88.

Pohlandt, Sabine, Cello; Oberkirchpl 8, D-03044 Cottbus, T: (03 55) 2 40 04, *sabine-pohlandt@freenet.de* [1.8.1967]. Musik d 17./18. Jh **Ausb:** Stud H f M Dresden 84–90. **Laufb:** Vcl Philh Orch Staatsth Cottbus seit 90. **Ens:** Bach Consort Cottbus, Pezelius-Ens Bautzen, Duo Cappuccino.

Pohlit, Hannes, Korrepetitor; Theater, PF 100554, D-99005 Erfurt [Heidelberg]. **Laufb:** Korrep Th Erfurt seit 03/04. (Red)

Pohlmann, Jochen, Trompete; c/o Niedersächsisches Staatsorchester, Opernpl 1, D-30159 Hannover. **Laufb:** 1. koord Sol Niedersächs StaatsOrch Hannover. (Red)

Pohnert, Daniel, Sänger; c/o Stadttheater Hildesheim, Theaterstr 6, D-31141 Hildesheim. (Red)

Pointner, Philipp, Dirigent, Kapellmeister; c/o Stiftung Staatstheater Nürnberg, Richard-Wagner-Pl 2–10, D-90443 Nürnberg. **Laufb:** 1. Kapm u Stellv d GMD Th Hof, musikal Ass Operetten FSp Bad Ischl SpZ 03/04, Gastdgt u 1. Kapm Staatsth Nürnberg seit 04. (*)

Pokern, Siegfried, Sänger; Südring 6 a, D-38162 Hordorf, PF 4539, D-38035 Braunschweig, T: (0 53 06) 93 24 79, (01 70) 6 16 11 00; c/o Staatstheater Braunschweig, PF 4539, D-38035 Braunschweig [Berlin 19.9.1976]. **Ausb:** Stud (Prof D Hackel) HdK Berlin 97–99, Stud (Prof S Weir) H f M 'Hanns Eisler' 99–02. **Laufb:** Sol Kom Op Berlin 99–02, Sol Staatsth Braunschweig seit SpZ 02/03. **Pr:** Bundeswettb Gesang B 98, Franz-Grothe-Pr.

Pokora, Jens, Sänger (Bariton); Illstr 19, D-55118 Mainz, T: (0 61 31) 63 88 70, *jenspokora@mixmail.com* [Luckenwalde 3.9.1968]. Op, Orat, Lied, Optte, Musical **Ausb:** Gesang, Gesangspäd (Schaller-Keyn) H f M 'Hanns Eisler' Berlin 89–92, (H-J Beyer) H f M u Th 'F Mendelssohn Bartholdy' Leipzig 92–96, Dipl (Sologesang) 95; Dipl (Gesangspäd) 96. **Laufb:** Musikal Komödie Leipzig 93–96, Gastverträge, Gast Landesth Altenburg 94/95, Neue Szene Leipzig in ZusArb m Op Leipzig 'Europera 3' (J Cage) Dtschld-Premiere 95, Gast Th Magdeburg 96/97, Städt Th Bielefeld 97/98, Staatsth Mainz ab 98, Solorep Op Leipzig. **Pr:** Prtr Int Rheinsberger OpFstv 99. **Ens:** Trio 'musiquette'.

Pokorny, Gottfried, Fagott, Hochschullehrer; c/o Zemlinsky Quintett Wien, Reisnerstr 2/16, A-1030 Wien, T: (01) 7 14 00 98, F: 7 14 00 98, *heidrunlanz@everyday.com*; *www.wellcom.at/zemlinsky_quintett_wien*. **Ausb:** Stud u Mstrkse b K Öhlberger, D Zemann, D Damiano, M Turkovic, M Werba. **Laufb:** Eng Bruckner Orch Linz, Wiener Symph, Solofag NÖ Tonkünstlerorch, L (Fag, KamM) J M Hauer-Kons, LAuftr (KamM) MUni Wien seit 2000; Fag- u KamMKse; Konz u Reisen unter Dgt wie S Vegh, N Harnoncourt, G Pretre, Z Mehta, C Abado, R Muti, G Solti, S Rattle. **Ens:** Mitgl Zemlinsky Qui Wien, GrdgMitgl Collegium Viennense (BlOktett). – **Aufn/RF:** zahlr RF- u CD-Aufn. (Red)

Pola, Bruno, Bariton; c/o Columbia Artists Management GmbH, Till Janczukowicz, Albrechtstr 18, D-10117 Berlin, T: (0 30) 20 64 80 78, F: 20 45 34 80, *info@cami.com*; *www.cami.com*. **Ausb:** Stud (Ges) b W Hauck, Kovotszy 65–67 (Berlin). **Laufb:** Auftritte Königl Op Kopenhagen, Pfalzth Kaiserslautern, Gastsol Stuttgart, Nürnberg, Bayer Staatsop München, Sol Stadtth Kiel 72–73,

Sol Op Köln seit 73, Gastsol Op Frankfurt/M, Op Stuttgart, Sol Op Zürich seit 76, Gastsol Wiener Staatsop, Nationalop Bratislava, Brescia u Luxemburg, Salzburger FSp, Grand Op Paris, Op Rom, Mailänder Scala, Teatro Regio Turin, Met Op New York, Dt Op Berlin, Op Santiago de Chile, FSp Verona, FSp Caracalla in Rom, Maggio musicale Fiorentino, Grand Th Genf, Teatro Bellini Catania, Sol Hamburg Staatsop, Dt Op Berlin. – **Aufn/RF:** R Schumann: 'Rose Pilgerfahrt, op.112' (m Düsseldorfer Symphoniker) 74, F v Suppé: 'Boccaccio' (m Bayer Symphonie-Orch) 75, G Rossini: 'Il Barbiere di Siviglia' (Teatro Regio, Torino) 87, G Verdi: 'La Traviata' (Met Op NY) 91, 'Falstaff' (Met Op) 93, 'Simon Boccanegra' (Met Op) 95. (Red)

Polakovs, Alexander, Sänger; Firmungsstr 44–46, D-56068 Koblenz, T: (05 60 68) 1 00 55 97; c/o Theater der Stadt Koblenz, Clemensstr 5, D-56068 Koblenz. **Laufb:** Sol Kom Op Berlin, Th d Stadt Koblenz. (*)

Polansky, Alfred, Komponist; Nußdorferstr 13/16, A-1090 Wien, T: (01) 31 99 10. (Red)

Polasek, Barbara *siehe* Probst-Polasek, Barbara

Polasek, Jan, Violoncello, Hochschullehrer; Kemptener Str 5, D-81475 München, T: (0 89) 74 57 69 34; Richard Strauss Konservatorium, Gasteig, Kellerstr 6, D-81667 München. **Laufb:** Doz (Vcl) Richard Strauss Kons München. (Red)

Polaski, Deborah, KS, Sopran; c/o Opern-Agentur M Kursidem & E Tschaidse, Tal 28, D-80331 München, T: (0 89) 2 91 61 66 12, F: 29 16 16 67, *kursidem@opern-agentur.com, tschaidse@opern-agentur.com*; c/o Persönliche Assistenz Jennifer Bredtmeyer, Barbarossastr 5, D-10781 Berlin, T: (0 30) 21 96 91 81, F: 2 16 97 70, *BredtmeyerBJPA@web.de*; *www.opern-agentur.com* [Richland Center (Wisconsin, USA) 26.5.1949]. hochdramatisches dt Fach, Wagner, Strauss **Ausb:** Marion Coll Marion/Indiana, College-Cons Cincinnati/Ohio, Kse b G London, I Hartmann-Dressler, E Thiessen. **Laufb:** Gastsol Amsterdam, Gran Th del Liceu Barcelona (seit 02), Bayreuther FSp, Dt Op Berlin, Staatsop Berlin (seit 92), Berliner Philh Orch, Op Bonn, Chicago Symph Orch, Duisburg, Staatsop Dresden, Maggio Musicale Florenz, Op Frankfurt, Grand Th Genf, Staatsop Hamburg, Kopenhagen, Köln, Royal Op House Covent Garden London, Luzerner FSp, Mailänder Scala, Mannheim, Montreux, Bayer Staatsop München, Metrop Op New York (seit 92), Carnegie Hall New York, Oslo, Paris, Rom, Salzburger FSp (seit 2000), OsterFSp Salzburg, Op Stuttgart, Sydney Fstv 2000, Staatsop Wien (seit 96), Tokio, Yokohama, Op Zürich ua. **Pr:** 'Österreichische KS' 03. – **Aufn/RF:** CDs: Brahms-Lieder, 'Ring'-Auszüge, 'Sly', 'Walküre'-Auszüge, 'Elektra', 'Tristan und Isolde'-Auszüge, 'Lohengrin'; auf DVD: 'Les Troyens', 'Walküre', 'Götterdämmerung', 'Siegfried'; auf Video: 'Walküre'.

Polenz, Oliver Thomas, Sänger; c/o Staatstheater Braunschweig, Am Theater, D-38100 Braunschweig, PF 4539, D-38035 Braunschweig; c/o Städtische Theater Chemnitz, Käthe-Kollwitz-Str 7, D-09111 Chemnitz. **Laufb:** Sol Staatsoptte Dresden SpZ 03/04, Gastsol StädtTh Chemnitz SpZ 00/04, Staatsth Braunschweig SpZ 04/05, Th an der Rott Eggenfelden SpZ 04/05. (Red)

Polgár, László, Bass, Hochschullehrer; c/o Caecilia Lyric Department, Rennweg 15, CH-8001 Zürich, T: 0 12 21 33 88, F: 0 12 21 71 82, *caecilia@caecilia-lyric.ch*; c/o Opernhaus Zürich, Falkenstr 1, CH-8008 Zürich; *www.opernhaus.ch, www.caecilia.ch* [Somogyszentpál, Ungarn]. **Ausb:** Stud Ges Franz-Liszt-Akad Budapest, Ges (H Hotter) Wien. **Laufb:** Auftr in Hamburg, Buenos Aires, London, Catania, Madrid, Paris, Nizza, Brüssel, Zürich, Wien, München, Timur, Budapest, Antwerpen, Berlin, Drottningholm, Tel Aviv, Lausanne, b d Salzburger FSp u m d Berliner Philharmonikern in Tokio; ZusArb m Dgt wie Abbado, Barenboim, Bartoletti, Boulez, Caetani, Chailly, v Dohnanyi, Fischer, Muti, Nagano, Patané, Plasson, Rattle, Santi, Solti, Steinberg, Thielemann, Viotti u Welser-Möst; EnsMitgl Op Zürich seit 91/92, Sol Op Zürich seit SpZ 03/04.

Polionov, Wladik, Klavier; c/o Concertino Agentur, Nerotal 24, D-65193 Wiesbaden, T: (06 11) 1 80 56 56, F: 1 80 56 57.

Pollerberg, Dirk (Pseud: Cero Guther), Dr phil, Komponist; Mühlengang 1, D-53498 Bad Breisig, T: (0 26 33) 99 98, F: 85 27, *pollerberg@t-online.de* [Bonn 11.6.1952]. MeditationsM **Ausb:** Stud (Chorltg) U/MH Mainz, Abschluss (staatl gepr Chorlt). **Laufb:** langjähr Arbeit als KlPäd, Lt e Privatschule f kreative Lebensgestaltung. **Ens:** eigener Ch. – **Komp:** Für den Frieden in der Welt (Chanson-Messe), UA Bad Breisig 71; Stabat Mater (Motette) 81, UA Bad Breisig 81; Missa Simon Petrus (Messe) 82/83, UA Bad Breisig 83; Tantum ergo sacramentum (Motette) 85, UA Bad Breisig 85; Gelobet seist du, Jesu Christ (Motette) 85, UA Bad Breisig 85; Grüß Gott, du schöner Maien (Chorlied), UA Ahrweiler 88; Rheinland-Pfalz-Hymne (Walzerlied) 97, UA Koblenz 97; Märchenwald-Musik (Talewood) (MeditationsM), UA Sinzig 93–94.

Polly, Veronika, Sängerin; c/o Stadttheater St Pölten, Rathauspl 11, A-3100 St Pölten. **Laufb:** Sol Th St. Pölten SpZ 03/04. (Red)

Polonek, Krzysztof, Violine; c/o Rundfunk-Sinfonieorchester Berlin, Charlottenstr 56, D-10117 Berlin. **Laufb:** Stimmführer Konzm RF-SinfOrch Berlin. (Red)

Polscher, Mark, Klangregie; c/o Zeitgenössische Oper Berlin, Immanuelkirchstr 38, D-10405 Berlin. **Laufb:** Klangreg Zeitgen Op Berlin SpZ 03/05, Gast SchpM Th Freiburg seit SpZ 03/04. (Red)

Polster, Hermann Christian, Prof, Hochschullehrer (Gesang); Weißackerweg 7, D-04827 Machern, T: (03 42 92) 7 37 98; Hochschule f Musik u Theater, PF 100809, D-04008 Leipzig [8.4.1937]. Oratorium, Lied **Ausb:** Stud Ges (F Polster), MWiss U Leipzig 56–62. **Laufb:** KonzTätigk weltweit seit 59, Lt Mstrkse, Prof (Ges) H f M Felix Mendelssohn Bartholdy Leipzig. **Pr:** Kunst- u NatPr d DDR, KS, Händelpr Stadt Halle. **Ens:** Leipziger Bachsolisten. **Mitgl:** DMR, Sächs MR, Bundesverb dt GesPäd. – **Aufn/RF:** über 100 CDs ua m Dgt wie Masur, Karajan, Böhm, Kegel, Blomstedt, Rögner, Sanderling. **Sonst:** Juror Bachwettb Leipzig, Elisabeth-Wettb Brüssel, Tschaikowski-Wettb Moskau.

Poltéra, Christian, Cello; c/o Künstlersekretariat Schoerke GmbH, Grazer Str 30, D-30519 Hannover, T: (05 11) 40 10 48, 40 10 49, F: 40 74 35, *christianpoltera@yahoo.de, info@ks-schoerke.de*; c/o Künstlermanagement Till Dönch, Roegergasse 24–26/G2, A-1090 Wien, T: (01) 4 70 80 83, F: 4 79 69 71, *management@doench.at*; *www.christianpoltera.com, www.ks-schoerke.de* [Zürich 1977]. **Laufb:** Konz m Tonhalle-Orch Zürich, Sinfonieorch Basel, Zürcher Kammerorch, Wiener Symphoniker, Brucknerorch Linz, Bamberger Symphoniker, Staatsphilh Rheinland-Pfalz, Düsseldorfer Symphoniker, Radio-Philharmonie Hannover d NDR, Oslo Philharmonic Orch, Copenhagen Philharmonic Orch, RSO Moskau, Northern Sinfonia of England, Orch Nazionale della RAI Torino, Orchestra dell'Accademia di Santa Cecilia Roma. (Red)

Polus, Christian, Tenor; c/o Rößner und Hahnemann Gastspieldirektion, Rautenstr 2, D-99734 Nordhausen, T: (0 36 31) 6 26 10, F: 62 61 13; *www.roessner-hahnemann.de* [Zabrze 1960]. **Laufb:** Aalto Th Essen. **Ens:** German Tenors (mit J Groß, L del Rio). (Red)

Polus, Eugen, Prof, Hochschullehrer, Klavier; Kapellenweg 11, D-69121 Heidelberg, T: (0 62 21) 47 35 04, F: 40 49 79, *eugen.polus@gmx.de*; H f Kirchenmusik, Hildastr 8, D-69115 Heidelberg [Stein, Polen]. **Ausb:** Kons (Hn) Kattowitz, Staatl H f M Heidelberg-Mannheim (Kl: R.Hartmann, P.Dan), (Komp: H.Schäfer). **Laufb:** Prof (Kl) Staatl H f M u Darst Kunst Mannheim, H f KiM Heidelberg. (Red)

Polus, Henryk, Chordirektor; rue de Liebenswiller 24b, F-68220 Leymen, T: 03 89 68 14 40. **Laufb:** Chordir Th Basel. (Red)

Pomberger, Josef, Prof, Hochschullehrer, Trompete; Univ f Musik u Darst Kunst, Leonard Bernstein Inst f Blas- u Schlaginstrumente, Seilerstätte 26, A-1010 Wien, T: (01) 7 11 55 24 01, F: 7 11 55 24 99. **Laufb:** o UProf (Trp) U f Musik u Darst Kunst Wien. (Red)

Pomeisl, Willibald *siehe* Kann, Hans

Pommer, Max, Dr phil, Prof, Hochschullehrer; Birkenstr 51, D-66119 Saarbrücken, T: (06 81) 5 53 37, F: 5 89 62 69; c/o PRIMUSIC Konzert- und Musiktheaterproduktionen GmbH, Herrengasse 6–8/2/22, A-1010 Wien, T: (01) 5 32 71 24, F: 5 32 71 40, *office@primusic.at* [Leipzig 1936]. **Ausb:** H f M Leipzig. **Laufb:** Grd u Lt d Neuen Bachischen Collegium Musicum 78–87, Prof (Dirig) H d Saarlandes f Musik u Th Saarbrücken, ChefDgt d Leipziger Rundfunkorch, ZusArb u künst Ltg Thüringischen Kammerorch Weimar, ZusArb m Mozarteum Orch Salzburg, Gastdgt Scottish Chamber Orch, RTL Luxemburg, Helsinki Philharmonic Orch, St. Paul Chamber Orch Minnesota, Baskisches Nat Orch San Sebastian. (Red)

Pomorin, Sibylle, Komponistin; Arndtstr 18, D-10965 Berlin, T: (0 30) 6 94 36 61, F: 6 94 36 61 [Altoberndorf 16.2.1956]. **Ausb:** Stud (Fl, Sax) Staatl H f Musik Münster 75–80, Stud u Sem (E Bechert, D Schnebel, J Tchicai, A Shields, E Radigue). **Laufb:** Aufführungen in ganz Europa, USA, Israel, Argentinien. **Pr:** Arbeitsstip New York, Istanbul, Mexiko, Ahrenshoop, SWF-Jazzpr, Pr d Ldesfrauenbeauftr d Stadt Berlin, Ausz d GEDOK, Kompstip Berliner Senat, Stip ZKM Karlsruhe, Arbstip Berliner Senat u Stift Kulturfond. – **Komp:** Between the Devil and the Deep Sea (KamM), UA Köln, WDR 85; 7 Lieder nach Anne Waldmann (Lieder), UA Tel Aviv, Goethe Inst 90; Phonismen (KamM), UA Berlin, Podewil, SFB 93; Istanbuler Kompositionen (KamM), UA Werkstatt d Kulturen 96; Divining by Looking in the Water (Elektroakust M), UA Berlin, Parochialkirche 97; Prayer for the Sun Before Traveling (radiophone Musik), UA Köln, WDR 98. **AuftrKomp:** f Fstv, RF, Th u Tanz. **Sonst:** Initiatorin zahlr Ens u Bands. (Red)

Ponath, Jens, Dr, Dramaturg; Mecklenburgisches Staatstheater, Alter Garten 2, D-19055 Schwerin, T: (03 85) 5 30 01 54, F: 5 30 02 00, *musikdramaturg@theater-schwerin.de*. **Laufb:** Lt Dram Mecklenb Staatsth Schwerin SpZ 03/04. (Red)

Poncette, Xaver, Prof, Liedbegleiter, Dirigent, Hochschullehrer; Kohlenstr 7, D-45289 Essen, T: (02 01) 5 75 28, F: 4 90 31 08, *Xaver@Poncette.de*; FolkwangHochschule, Klemensborn 39, D-45239 Essen, T: (02 01) 4 90 31 28 [Düsseldorf 10.8.1954]. **Ausb:** Klavier (Genuit), Dirig (Stephani)und Komposition (Manicke) Detmold 81–83. **Laufb:** Th Detmold 83–84, Aalto-Th Essen 84–94, Prof (Partienstud/Mth) Folkwang-H Essen, zahlr Liederabende im In- u Ausland, Komponist (Liedbereich).

Pons, Eva, Repetitorin; c/o Staatstheater am Gärtnerplatz, Gärtnerpl 3, D-80469 München, PF 140569, D-80455 München. **Laufb:** Solorep Staatsth am Gärtnerplatz München seit SpZ 03/04. (Red)

Pons, Juan, Bariton; c/o Opernhaus Zürich, Falkenstr 1, CH-8008 Zürich; c/o Wiener Staatsoper, Opernring 2, A-1010 Wien [Menorca]. **Laufb:** Sol Op Zürich (ua Verdi: 'Aida', Premiere 06), Dt Op Berlin SpZ 03/04, Wiener Staatsop. (Red)

Ponten, Tanja, Mezzosopran; Düsseldorfer Operette, Schlesische Str 94, D-40231 Düsseldorf; c/o Konzertdirektion Fritz Dietrich, Sigmund-Freud-Str 1, D-60435 Frankfurt/M, T: (0 69) 54 45 04, F: 5 48 41 07, *info@konzertdirektion-dietrich.de* [Detmold]. **Laufb:** Sol Düsseldorfer Optte, Doz H f Musik Saar. (Red)

Ponti, Michael, Klavier; c/o Jens Gunnar Becker Konzert- u Künstler-Agentur, Grünstr 13, D-58313 Herdecke, T: (0 23 30) 7 03 89, F: 75 07, *becker@beckerkonzert.de*; *www.beckerkonzert.de*. **Ausb:** Kl Washington, Mstrks (b

Rubinstein, Casadesus), Kl (b E Flisch) Frankfurt/M. **Pr:** int Wettb wie Neapel, Genf, ARD Wettb München, Busoni-Wettb Bozen, Silbermed im Concours Reine Elisabeth Brüssel. – **Aufn/RF:** über 80 Schallplattenaufn. (Red)

Pontow, Ronny, Sänger; c/o Städtische Theater, Käthe-Kollwitz-Str 7, D-09111 Chemnitz, PF 756, D-09007 Chemnitz, T: (03727) 612735. **Laufb:** Gastsol Städt Th Chemnitz SpZ 00/05. (Red)

Ponzer, Elga, Mag, Prof, Hochschullehrerin, Klavier; Univ f Musik u Darst Kunst, Lothringerstr 18, A-1030 Wien, T: (01) 711556050, *ponzer@mdw.ac.at*. **Laufb:** Prof (Kl) U f Musik u Darst Kunst Wien. (Red)

Ponzer, Veronika, Harfe; c/o Bayerischer Rundfunk, Rundfunkpl 1, D-80300 München, T: (089) 59002230/2130, F: 59003377, *symphonieorchester@brnet.de*. **Ausb:** Stud (M Graf) H f Musik München, Classe de Virtuosité f Solo u KamM (Ch Mathieu) Cons de Lausanne, Mstrkse (V Dulova, M Graf). **Laufb:** KamEns SymphOrch d BR. **Pr:** Premier Pr. **Ens:** ensemble triolog, Helia-Qui. (*)

Poos, Heinrich, Dr, Prof, Komponist, Musikwissenschaftler, Hochschullehrer; Helgoländer Ufer 6, D-10557 Berlin, *RiwiSeibersbach@t-online.de*; Helgoländer Ufer 6, D-10557 Berlin, T: (030) 3924974 [Seibersbach 25.12.1928]. **Ausb:** KiM C-Examen (O Wissig) Oldenburg 46, Stud (E Pepping, G Grote, H Schulze) Berliner KiMSchule 48–54, KiMusikal Staatsex 54, Komp (E Pepping), Dirig (E Peter) MH Berlin 56–57, MWiss, Philosophie, Theologie (A Adrio, H Dräger, K Reinhard, W Weischedel, H Gollwitzer) FU Berlin 59–63, Prom (Dr phil) FU Berlin 64. **Laufb:** Kantor u Organist 55–70, LBeauftr (MTheorie) TU Berlin u H f Musik Berlin 65–73, Prof (MTheorie) H d Künste Berlin 71–94, GastProf (MWiss) U Frankfurt/M 85 u 93, Vors Ernst-Pepping-Ges 89–97, LAuftr U Frankfurt/M seit 94, Mitgl Ldesmusikrat Rheinland-Pfalz seit 96. **Pr:** Förderpr f junge Komp Ernster Musik Stuttgart 62, KompPr Arezzo 83, BVK a Bande 87, KompPr AG Europ Chorverbände 91, Peter-Cornelius-Plak 99. – **Lit:** O Fürbeth (Hg): Musikal Struktur u Gesch. Zum Werk d Komp u MWiss H P 01.

Pop, Florian, Violine, 2. Konzertmeister; c/o Philharmonisches Orchester, Karl-Liebknecht-Str 136, D-03046 Cottbus. **Laufb:** 1. Geige, 2. Konzm Philharmon Orch Cottbus (01/05). (*)

Pop, Marian, Bariton; c/o Theater Basel, Elisabethenstr 16, CH-4051 Basel; c/o Erich Seitter Bühnen- und Konzertvermittlung, Opernring 8/13, A-1010 Wien, T: (01) 5137592, F: 5129351, *office@agentur-seitter.at* [Cluj-Napoca, Rumänien 1970]. **Ausb:** MAkad 'George Dima' Cluj-Napoca (Prof G Rosu). **Laufb:** Sol Stadtth Klagenfurt bis 04, Th Basel SpZ 04/05. (Red)

Pop, Olivia, Sängerin; Hohenzollernstr 77, D-80796 München, T: (089) 27371156; c/o Staatstheater am Gärtnerplatz, PF 140569, D-80455 München. **Laufb:** Sol Staatsth am Gärtnerpl München. (Red)

Popken, Ralf, Sänger (Alt); Graf-Spee-Str 44, D-24105 Kiel, T: (0431) 8058011, (0171) 2060630 [Wilhelmshaven 1962]. **Ausb:** Stud (ChLtg, Ges) H f M u Th Hannover 81–87, Unterr b E Kirkby, J Cash, M v Egmond. **Laufb:** zahlr Konz in Europa u USA, ZusArb m Concerte Köln, Rhein Kantorei, Freiburger Barockens, Gabrieli Consort of London ua, Dgt: Ph Herreweghe, G Leonhardt, F Bernius, R Jacobs, N McGegan, R Hickox, S Kuijken, L Rovatkay, H Max, Doz (Barockges) H f M u Th Hannover seit 96, Sol Berliner Kammerop SpZ 03/04. – **Aufn/RF:** zahlr CDs ua: W A Mozart: Apollo u Hyazinth, J A Hasse: Il conversione di Sant'Agostino, J S Bach: Johannespassion Fassung IV, A Caldara, N Porpora, F Durante: Vesperpsalmen d ital Spätbarock. (*)

Popov, Avram, 1. Violine; Lessingstr 54, D-66121 Saarbrücken, T: (0681) 61193, F: 61193; c/o Saarländisches Staatsorchester, Schillerpl 1, D-66111 Saarbrücken [Lom, Bulgarien 12.1.1942]. Solo u Kammerkonzert, Oper u symphon Musik **Ausb:** Stud (Lécev, d Ass v D Oistrach) MH Sofia 62–66, Ass b M Wayman, L Raaben MH St Petersburg 68–71. **Laufb:** Doz MH Sofia 71–83, KonzM Saarländ Staatsorch Saarbrücken seit 83. **Pr:** Prtr Bulg Nat Violinwettb 63. **Ens:** Sol u KonzM Bulg KamOrch Sofia 71–83. – **Zug:** S Dragostinov: Son f V Solo; M Pekov: Violinkonz; P Stoyanov: Son f V u Kl.

Popova, Irina, Sopran; c/o Secrétariat Artistique Muriel Denzler, Rue de la Cure 12, CH-2022 2022 Bevaix – Suisse, T: 0328462612, F: 0328463787; c/o Luzerner Theater, Theaterstr 2, CH-6002 Luzern; *www.murieldenzler.com*. **Ausb:** Stud Qufl 'École de Musique de Rousse', Stud Op MAkad Sofia (I Brambarova). **Laufb:** Sol Luzerner Th seit SpZ 03/04, Gastsol Volksop Wien 97–99, Pfalzth Kaiserslautern SpZ 00/01, GastSol Th Bielefeld SpZ 04/05. (Red)

Popova, Natalia, Diplom-Musikpädagogin u Musikwiss, Repetitorin; c/o Opernhaus Halle, Universitätsring 24, D-06108 Halle, PF 110554, D-06019 Halle (Saale), T: (0345) 2025054 [Novomoskovsk 1960]. **Ausb:** Gnesin-Akad Moskau 79–84. **Laufb:** Ballettrep Op Halle seit 97, Lt KinderCh-Studio Novomoskovsk 84–86, Musikpädagogin Musikfachschule Novomoskovsk 86–95. **Pr:** EhrenPr d Bildungsministeriums Chorwettb 86, Pr d Kultusministeriums Russland 93. **Mitgl:** Russ Chorverband bis 95.

Popp, Claudius, Violoncello; c/o Staatskapelle Berlin, Unter den Linden 7, D-10117 Berlin. **Laufb:** Sol Staatskap Berlin. (Red)

Popp, Gotthard, Prof, Hochschullehrer, Cello; Ruhrblick 20, D-58239 Schwerte, T: (02304) 72416, F: 750701, *gotthardpopp@web.de*; c/o Orchesterzentrum/NRW, Emil-Figge-Str 44, D-44227 Dortmund, T: (0231) 72516811, F: 72516820, *popp@orchesterzentrum.de*. **Ausb:** Stud Weimar, Tschaikowski-Kons Moskau (Prof N Schachowskaja). **Laufb:** 1. Sol-Vcl SinfOrch MDR Leipzig, Vorsp d Celli Staatsop Hannover, Mitgl Bayreuther FSpOrch, Prof (Vcl) H f Musik Detmold, Abt Dortmund seit 86, Ltg KamOrch H f M Detmold, Ltg SinfOrch ebd seit 99, Prof H Düsseldorf seit 04, Künstl Lt Orchesterzentrum/NRW seit 04. **Pr:** Kunstpr Weimar. **Ens:** Brahms-Trio, Westfälisches KamEns. **Mitgl:** ESTA.

Popp, Markus, Dirigent; Richard-Strauss-Str 3, D-97074 Würzburg, T: (0931) 8041229, F: 8041229 [Detmold 9.1.1969]. Oper, Symphonik, Instrumentalkonzert **Ausb:** Stud (Dirig) MH Weimar 90–95, Stud (M Pommer) MH Saarbrücken 95–97, Int Workshop for Conductors 93, 94, 95, 96, 98, Conductors Inst Bard College New York 2000. **Laufb:** Rep u Dgt Les Misérables Duisburg 97–98, Ballett- u Solorep m Dgt-Verpfl Stadtth Pforzheim 98–2001, Chordir u Kapm Mainfrankenth Würzburg seit 01, Wettb f junge Orchdgt Besançon 01 u 03. **Pr:** Großer Theaterpr Mainfrankenth Würzburg 02, Stip R Wagner Verb.

Poppe, Enno, Komponist; Danckelmannstr 52, D-14059 Berlin, T: (030) 32103810, *ennopoppe@t-online.de*; *www.ensemble-mosaik.de* [Hemer, Sauerland 1969]. **Ausb:** Stud Dirig u Komp in Berlin, ua b Friedrich Goldmann u Gösta Neuwirth, Stud im Bereich Klangsynthese u algorithm Komp an d TU Berlin u am ZKM Karlsruhe b Heinrich Taube, Teiln Nachwuchsforum d GNM 96, Studienaufenthalt Cité Int des Arts, Paris, Einladung z int KompSeminar Boswil 99. **Pr:** Stip d Berliner Senats 92, 95 u 98, Stip d MKK 94, Boris-Blacher-Pr f 'Gelöschte Lieder' 98, Stip d Winfried-Steinbrenner-Stift 2000, KompPr d Stadt Stuttgart f 'Knochen' 01, Förderpr d Ernst v Siemens MStift 04. **Ens:** Lt Ens Mosaik. – **Komp:** 'Rad'. **AuftrKomp:** Komp ua f Ens Modern, Klangforum Wien, DSO Berlin, WDR, DtlRadio Berlin. (Red)

Poppen, Christoph, Prof, Hochschullehrer, Dirigent, Künstlerischer Leiter; c/o Münchner Kammerorchester, Wittelsbacherpl 2, D-80333 München, T: (089) 63635970, F: 280171 [Münster 1956]. **Laufb:** Prof (V) MH Wien, Prof H f M u Th München, musikal Ltg Münchner KamOrch 95–06, künstl Ltg Int MWettb ARD, ChefDgt RSO Saarbrücken ab SpZ 06/07. **Pr:** Bayer Akad d Schönen Künste. – **Aufn/RF:** 'Morimur' ua.

Poppen, Diemut, Prof, Hochschullehrerin, Viola; Daunerstr 16, D-54570 Kirchweiler, T: (06595) 961304, F: 961305, *Diemutpoppen@aol.com*; Hochschule f Musik, Neustadt 22, D-32756 Detmold. **Ausb:** Stud Düsseldorf, Köln, Aachen, Berlin, Bloomington/USA u Paris, Stud b K. Kashkashian, B. Giuranna, J. Bashmet. **Laufb:** Prof (Va, Str-KamM) H d Saarlandes f Musik u Th Saarbrücken, KamMKrs Thüring Sommerakad seit 94, künstl Ltg Osnabrücker KamMTagen seit 97, Prof H f M Detmold. **Pr:** Stip d Studienstift d Dt Volkes, Europ FörderPr f M 90. **Ens:** Orsino-Qua, Spektrum, Schubert-Okt, Bosch-Qua, Poppen-Trio, Chamber Orch of Europe. (Red)

Porcher, Hans-Joachim, Sänger; Kiesbergstr 64, D-64285 Darmstadt, T: (0171) 8933498. **Laufb:** Sol Staatsth Darmstadt (03/05), Kom Op Berlin, Saarländisches Staatsth Saarbrücken. (Red)

Porstein, Heike Rosemarie, Opern-und Konzertsängerin; Deutsches Nationaltheater, PF 2003, D-99401 Weimar [Darmstadt 19.9.1970]. Oper (speziell Barockoper) **Ausb:** GesDipl (Prof M C Vogel) H f M Detmold 95–99, KonzEx Ges (Prof M C Vogel) H f M Detmold 2000–03. **Laufb:** Sol NatTh Weimar seit 2000, Mitwirkung OpFSp Bad Hersfeld 99/2000, OpProd d MAkad Rheinsberg (i Rahmen d Oster-FestW z Alten M 2000), div Konz In-u Ausland (England, Italien), KonzReise m Bachs h-moll-Messe unter R Goebel Italien 03. **Pr:** 2. Pr Landeswettb Ges Düsseldorf. **Ens:** Klangwerkstadt Weimar e V.

Porta, Andrea, Sänger; Staatstheater, Oberer Schloßgarten 6, D-70173 Stuttgart. **Laufb:** Sol Staatstheater Stuttgart. (Red)

Porter, John Andrew, Dipl-Ing, Dozent, Sänger, Komponist; c/o Porter Music, Ringstr 19 b, D-69115 Heidelberg, T: (06221) 162030, F: (040) 36033857 17, *portersing@aol.com*; *portermusic.com* [Georgia, USA 9.7.1941]. Gesang, Solo u Chor **Ausb:** Dipl-Ing Georgia Tech/USA, Op u Lied MH Wien. **Laufb:** Sol Op Heidelberg 73–77; Konz in ganz Europa, Lt mehrerer Ch, Doz (KiM) H Heidelberg. **Pr:** 1. Pr Int GesWettb Salzburg 71. – **Komp:** 'Christata', Spirituals u Volkslieder; s auch: portermusic.com. **AuftrKomp:** Das Hohelied Salomos, UA 04/05. **Sonst:** Komp b div Verl, Grdg: Rathauskonz Dossenheim, M-Studio Weststadt Heidelberg MSch, Collegium Artium KonzCh.

Porzner, Stefan, Musikalischer Leiter; Höfleser Hauptstr 37, D-90427 Nürnberg, T: (0911) 7799789; c/o Comödie Fürth im Berolzheimerianum, Theresienstr 1, D-90762 Fürth. **Laufb:** Musikal Lt Kleine Komödie Nürnberg, Lt SchspM Comödie Fürth SpZ 04/05. (Red)

Posch, Alois, Prof, Hochschullehrer, Kontrabass; Univ f Musik u Darst Kunst, Inst f Streich- u andere Saiteninstrumente, Seilerstätte 26, A-1010 Wien, T: (01) 71155 2301, F: 71155 2399; c/o Wiener Philharmoniker, Bösendorferstr 12, A-1010 Wien. Streich- u Saiteninstr **Laufb:** Sol Wiener Philh, o UProf (KB) U f Musik u Darst Kunst Wien. (Red)

Poschner, Markus, Dirigent; Griesbadgasse 30, D-85049 Ingolstadt, T: (0841) 9311986, *markus.poschner@gmx.de*; c/o Concerto Winderstein GmbH, Leopoldstr 25, D-80802 München, T: (089) 38384611, *artists@winderstein.de*; *www.markusposchner.de* [München 1971]. **Ausb:** Stud (SchM), Staatsex 96, Dirig (H Michael) MH München, Dirigier-Dipl 97, MstrklDipl 99. **Laufb:** musikal Lt Staatsth am Gärtnerpl München 96, 'Le Nozze di Figaro' Prinzregententh München 97, 'Peter Pan' (Insz: A Everding) ebd 97, LAuftr, Ass (Prof Nicolai) HOrch MH München seit 97, LAuftr (Jazz, Dirig) U Regensburg seit 98/99, Ass (Sir C Davis, K Penderecki) 98/99, musikal Lt 'Die Entführung aus d Serail' Münchner Tollwood Fstv 98/99, häufige Gastdirigate in Dtschld, regelm Gast zahlr int Orch u Fstvs: Argentinien, Georgien, II. Europ Klangfstv Ruhr 99, Santiago de Chile, Frankreich, Brucknerfstv 2000, Chefdgt Georgisches KamOrch Ingolstadt seit 2000. **Pr:** Stip Dt Musikrat u Aufn in d Förderprogramm d DgtForums seit 98, Stip Yehudi Menuhin Stift

'Live Music Now' 98, Kritikerpr 'die TZ-Rose' 99, Med de la Ville Grenoble 2000, Dt Dgt-Pr 04. (Red)

Posedu, Ortrud, Prof, Hochschullehrerin; Univ f Musik u Darst Kunst, Inst 3, Brandhofgasse 21, A-8010 Graz, T: (03 16) 3 89 34 85, F: 3 89 30 31, *ortrud.posedu@kug.ac.at*. **Laufb:** o UProf (Git) U f Musik u Darst Kunst Graz. (Red)

Poser, Ursula, Repetitorin; c/o Theater Altenburg-Gera, Küchengartenallee 2, D-07548 Gera. **Laufb:** Solorep Th Altenburg-Gera. (Red)

Pospichal, Jan, Hochschullehrer, Violine; c/o Wiener Symphoniker, Lehargasse 11, A-1060 Wien; Univ f Musik u Darst Kunst, Inst f Streichinstrumente, Seilerstätte 26, A-1010 Wien [Prag 1954]. **Ausb:** Unterricht am Prager Kon b Prof V Resjek, Dipl m Auszeichnung MH Prag b Prof A Plocek, weitere Stud an d U f M u darst Kunst in Wien b Prof Samohyl, sowie Teilnahme an int Mstrks N Milstein in Zürich. **Laufb:** Eng Wiener Symphoniker 80, Konzm seit 82, ZusArb als Solist m Dgt wie Wallberg, Neumann, Macal, KonzReisen als Mitgl zahlr KamMEns, Radio-, Fernseh- u CD-Aufn in Europa, Amerika u Ostasien, Unterrichtstätigkeit als Dozent b d Kursen in Bregenz, in Oberschützen u b d Sommerkursen d 'Jeunesse musicale' in Salzburg, LBeauftr (UProf) f OrchLit an d U f Musik u Darst Kunst Wien. **Pr:** Concertino Praga 69, Beethoven Wettb 71, Prager Frühling 76, Hummel Wettb u Mozart Wettb Salzburg 78. **Ens:** Wiener Instrumensolisten, Wiener Streichtrio. (Red)

Posselt, Marita, Sängerin; Schiebestr 49, D-04129 Leipzig, T: (03 41) 9 11 05 66. **Laufb:** Sol Eduard-von-Winterstein-Th Annaberg SpZ 01/05. (*)

Possemeyer, Berthold, Prof, Hochschullehrer, Bariton; Schöne Aussicht 34, D-65193 Wiesbaden, T: (06 11) 59 06 53, F: 9 59 94 77, *berthold.possemeyer@t-online.de*; Hochschule f Musik u Darst Kunst, Eschersheimer Landstr 29–39, D-60322 Frankfurt [Gladbeck/Westfalen]. **Ausb:** Stud Ges (F. Müller-Heuser u J. Metternich) MH Köln, Mstrks u Privatstud b E. Schwarzkopf. **Laufb:** Prof (Ges) H f M u Darst Kunst Frankfurt/M seit 90. **Pr:** Prtr Int Bachwettb in Leipzig. (Red)

Post, Andreas, Tenor; Wandastr 30, D-45136 Essen, T: (02 01) 8 94 30 76, F: 8 94 30 76, *andreas.post.tenor@web.de*; *www.post-dravenau.de* [Arnsberg 19.8.1969]. Konz (Orat, Lied), Oper, Alte M **Ausb:** Stud SchM (S Papulkas) Folkwang-MH Essen, weitere Stud (MTh/Gesang) ebd, künstl Reifeprfg 97, Konzertex 99, Liedinterpretationskse (N Shetler) 96/97. **Laufb:** rege KonzTätigkeit im In- u Ausland. **Pr:** 2. Pr XI. Int Johann-Sebastian-Bach-Wettb Leipzig 98, Stip Schubert-Ges Duisburg 96 u 97, Stip Richard-Wagner-Verb Köln 2000. **Ens:** Duo Tatjana Dravenau – Andreas Post. – **Aufn/RF:** zahlr RF- u CD-Prod: m BR 03, Ersteinsp J Schuster: Demoofonte; m WDR 05, Ersteinsp G Ph Telemann: Heilig ist Gott (Orat). **Sonst:** Grdg 'Baletto Terzo' 93.

Postinghel, Marco, Fagott, Hochschullehrer; Franziskanerstr 2, D-81669 München, T: (0 89) 48 27 70; Richard Strauss Konservatorium, Gasteig, Kellerstr 6, D-81667 München [Bozen]. **Ausb:** Stud b R. Santi, K.Thunemann, Stud Karajan-Akad Berliner Philh Orch. **Laufb:** L Cons 'B.Marcello' Venedig, Mitgl JugendOrch d Europäischen Gemeinschaft (E.C.Y.O.) 86–91, Sol Orch de Paris, Sol SymphonieOrch d BR München seit 94, Doz Scuola di Musica Firenze, Ltg Mstrkse Dtschld, Italien, Frankreich, Spanien u Japan, Doz (Fagott) Richard Strauss Kons München. **Pr:** Wettb Martigny, Ancona, Toulon u Prag. **Ens:** Mullova-Ens, Ens 'Les Nations'. (Red)

Potapenko, Irina, Sängerin; Morsestr 5, D-10587 Berlin, T: (0 30) 3 91 92 80, (01 72) 3 07 15 54 [Moskau 22.6.1964]. Op, Lied, Orat **Ausb:** Stud Gnesin-MAkad Moskau 95, Aufbaustud H f Musik Leipzig 98. **Laufb:** Sol KamMTh Moskau bis 93, Sol Volksth Rostock, Fstvs in Ludwigsburg, Loccum, Rheinsberg. **Pr:** Bach-Wettb Leipzig 92, Dipl Schumann-Wettb Zwickau 96. – **Aufn/RF:** A Schönberg: Das Buch d hängenden Gärten, Moskauer RF; A Zemlinskij: Op 13 nach m Maeterlinck, Moskauer RF. **UA:** W Kobekin: 'N.F.B.' (Hauptrolle), UA Ludwigsburg 95.

Pouderoijen OSB, Cornelius, Prof, Hochschullehrer, Kirchenmusiker; Univ f Musik u Darst Kunst, Inst f Orgel, Orgelforschung u Kirchenmusik, Seilerstätte 26, A-1010 Wien, T: (01) 7 11 55 26 10. **Laufb:** UProf U f Musik u Darst Kunst Wien. (Red)

Poulissen, Henricus, Horn; c/o WDR Rundfunkorchester, D-50600 Köln. **Laufb:** stv Sol WDR RundfunkOrch Köln. (Red)

Poulson, Lani, Mezzosopran; Sodener Str 28, D-70372 Stuttgart, T: (07 11) 5 05 84 15. **Laufb:** Sol Staatsth Stuttgart, Gastsol Vereinigte Bühnen Graz SpZ 00/01, Sol Th National du Luxemburg SpZ 03/04. (Red)

Pountney, David, Intendant; Bregenzer Str 47, A-6900 Lochau, T: (0 55 74) 5 21 73; Bregenzer Festspiele GmbH, PF 311, A-6900 Bregenz [Oxford]. **Ausb:** Stud Radley College u Cambridge Univ. **Laufb:** Chefreg English Nat Op 82–93, Intend Bregenzer FSp seit 03. **Pr:** Commander of the British Empire, Chevalier des Arts et Lettres. (Red)

Powell, Claire, Sängerin; Schumanngasse 18a, A-8010 Graz, T: (06 76) 6 51 69 22. **Laufb:** Sol Vereinigte Bühnen Graz SpZ 03/04, Sol Dt Op Berlin SpZ 04/05. (*)

Powell, Kit, Komponist, Lehrer; Promenadenstr 24, CH-8193 Eglisau, T: 04 48 67 13 48, *powell@solnet.ch* [Wellington 2.12.1937]. **Ausb:** Stud (Musik, Math) Neuseeland, Schweiz, Ausb (CompM) Schweizer Zentrum f ComputerM u UPIC Paris. **Laufb:** Musik- u MathematikL an e neuseeländ Highschool, Doz (Musik) Christchurch Teachers Training College, Lt zahlr Kurse Neue Musik u Creative Musik, Musiktheorie- u SprachL. – **Komp:** Chinese Songs (f hohen Sop u Tb) 88; Father's Telescope (MThStück f Sänger, Sprecher, Tb) 89; The Green Man (MTh f SoloSchlgz) 89; Three Chance Pieces (plus one) (Kl) 91; Snakes and Ladders (f Vcl u Kl) 91; Amselbaum (f Sop u Kl) 92; Whale (f Pos u Tb) 93; Dies irae (f Sop, MChor, InstrEns) 95; Piano Poems 96; Boundaries (f zwei StrOrchu Schlgz) 97; Percussion Concerto (f 5 Schlagz u Orch) 98; Ophelia Songs (f Sop/MSop u Kl) 99; Sextett (f Klar, Bassklar u StrQua) 2000; Scheint denn die Sonne heut nicht? (Sop,Kl) 01; Das Ausland (Sop, Pos) 03; 6 Fragments for 4 Trombones 04; Rothko Variations (f Orch) 04; A Shout (Sop, Frauenchor, Kl) 05; 5 Schwitters Songs (Sop, Alt, Kl) 05; Tuba Suite (Tb solo) 05. **AuftrKomp:** ua Dies irae 95; Boundaries 97; Koauau (f QuerflEns) 98 (Auftr: 'les joueurs de flûte'). **Sonst:** Bücher über Musikunterr.

Powroslo, Felix, Sänger, Schauspieler; Danziger Str 108, D-41352 Korschenbroich, T: (0 21 61) 6 47 60, 01 79/5 93 84 47, F: (0 21 61) 6 47 15, *felix.powroslo@web.de*; c/o Opernhaus Halle, PF 110554, D-06019 Halle (Saale) [Neuss 8.7.1976]. **Ausb:** Stud Bayer Theaterakad 'August Everding', Dipl. **Laufb:** Gastsol Staatsth Braunschweig SpZ 00/01 01/02, Stadtth Hildesheim SpZ 01/05, Staatsth Oldenburg SpZ 01/02, Gastsol Op Halle SpZ 04/05. **Pr:** 2. PrBundeswettb Gesang Berlin (A-Wettb, Fachber Musical). – **Aufn/RF:** S Sondheim/G Furth: 'Company' 01.

Präsent, Gerhard, Mag, Prof, Komponist, Dirigent; Badstr 58, A-8063 Eggersdorf/Graz, T: (0 31 17) 20 25, F: 20 25, *praesent@telering.at*; Univ f Musik u Darst Kunst, Brandhofgasse 21, A-8010 Graz, T: (03 16) 3 89 34 86; *members.telering.at/Praesent*, *www.alea.at* [Graz 21.6.1957]. Orchesterwerke (m u o Solisten), KamM (überw f StrInstr m u o Kl), Vokalwerke, Solowerke **Ausb:** Stud Komp (I Eröd) Dirig (M Horvat) KunstU Graz 76–85, Dipl 82 u 85. **Laufb:** LAuftr 85, Ass (Tons, Dirig) 86–92, ao UProf (Tons, Dirig, Ens f Neue Musik, MAnalytik, KamM)) KunstU Graz seit 92, ca 500 Aufführungen in 18 Ländern seit 78, ua im Musikverein Wien 97, Wiener KonzHaus 90, 93, 94, 96, 97, IGNM-WeltMFest 82 u 02, Mürztaler Werkstatt im 'Steir Herbst' 87, Judenburger Musiksommer 92, Carinth Sommer 90, 92, Domaine de la Romanée-Conti Burgund 96, Carnegie Recital Hall 96, Styriarte Graz 97 uvm; Mitgrd u künstl Lt ALEA-Qua u Ens seit 88. **Pr:** Musikförderungspr Stadt Graz 81, Österr Staatstip f Komp 83, 1. Pr Credit-Anstalt Wien 84, KompPr Berlin 89, 'Österr Musikförderungspr' f OrchWerke 92, Franz-Josef-Reinl-Pr u Förderungspr d Stadt Wien 96, Theodor Körner-Pr 97. **Mitgl:** Vizepräs Steir Tonkünstlerbund seit 03. – **Komp:** zuletzt: Scherzo-non troppo scherzando op 25 (f Orch) 91, UA Wien 94; Symphon Fragment (Halbe Sinf) op 26 91/92, UA Wien 94; La Tâche, Fassg f Streichorch op 31b 95, UA Wien 96; Hard-Rock (f 5 Klar) op 38, UA Graz 2000; Marcia funebre op 27 (f KamEns), UA Qui-Fassung Graz 97, Orig-Fassung Hongkong 02; Missa minima op 41 (f 4 Stimmen a cap), UA teilw Wien 02; Missa f StrQua op 42, UA Graz 02. **AuftrKomp:** 'Hermitage op 28 (Konz f kl Orch) 92/93, UA Wien KonzHaus 93 (Auftr: Österr KamSymphoniker u KonzHaus Wien); Tête de Cuvée op 30a(f drei Git) 94/95, UA Burg Sommeregg 95 (Auftr: Vienna Guitar Players); La Tâche – 2. Streichqua op 31a 94/95, UA Wien 95 (Auftr: ALEA-Qua); Chaconne op 33 (f 14 Inst) 96/97, UA Wien 97 (Ges d Musikfreunde Wien); Encore Piece op 34 (f Akkordeonsolo u Publ) 97/98, UA Wien 98 (Auftr: Wiener KonzHausGes); Sonata del Gesù op 35 (f V u Kl) 97–99 (Auftr: Theodor-Körner-Fonds); Es war einmal... op 36 (f Sop, V, Va, Kl) 98, UA Weiz 98 (Auftr: Schubertiade Weiz); Sounds of Wood (f StrTrio) op 37, UA Graz 99 (Auftr: Atelier Mörth); A Rayas (f Vcl solo) op 43, UA Liezen 02 (Auftr: Int Vcl-Wettb Liezen). **Aufn/RF:** CDs m ALEA- Qua u Ens: 'La Tâche' m eig Werk 'La Tâche' u Werken v Willnauer, Blendinger, Abdel-Fattha, Eröd 97; 'Sounds of Wood' m 7 eig Werken. **UA:** über 100 UA zeitgen Werke in Graz als Lt d KompWorkshops 85–99. **Sonst:** Grdg ALEA-Ens f zeitgen Musik m Sigrid Präsent (V) 88. **Lit:** Musik-Hb f Österreich 93; Musik aus Österreich (hg v B Günther) 97; 'The Strad' 4/98 p415; Int Who' who in Music and Musicians' Directory 2000/01.

Prammer, Heinz, Mag, Komponist, Dirigent; Kutschkergasse 14/7, A-1180 Wien, T: (01) 9 25 60 66, F: 9 25 60 66, *heinz.prammer@chello.at*. **Ausb:** MH Wien (Komp, Dgt). **Laufb:** Prof. Kons f Musik u dram Kunst Wien 75–79, künstl Lt Neues Wiener Barochens 79–89, Intend SommerOp Schallaburg 84–87, Chefdgt österr Kammerharmonie 89–98, Intend+künstl Lt Wiener Mozartwoche 96–99, Präsident 'Europ Kunst- u Kulturvereinigung' 98–02, Präsident 'European Cultural Services' 02–05. **Pr:** Talentförderungsprämie d Landes Oberösterr, Arbeitsstip d Stadt Wien, KompPr d Republik Österr. **Mitgl:** AKM, Österr KompBund. – **Komp:** 'Anamnesis' – Zyklus f Fl, Vc, Schlgz 96 (Aufn Mitgl d ORF-Orch); 3 Gesänge f Mezzosopr, Bläser, Schlgz (Auff Dgt: F Welser-Möst).

Prammer, Joseph, Sänger; c/o Volksoper Wien, Währinger Str 78, A-1090 Wien. **Laufb:** Sol Volksop Wien seit SpZ 03/04. (Red)

Prandi, Ettore, Solorepetitor; c/o Stadttheater Hildesheim, Theaterstr 6, D-31141 Hildesheim. (Red)

Prasse, Jens, KM, Oboe; c/o Dresdner Philharmonie, PF 120424, D-01005 Dresden. (Red)

Prasser, Norbert Anton G, Mag, Prof, Hochschullehrer, Gesang; General-Keyes-Str 9, 1, A-5020 Salzburg, T: (06 62) 43 14 95; Univ Mozarteum, Abt f Gesang, Schwarzstr 26, A-5020 Salzburg, T: (06 62) 61 98 57 21, F: 61 98 30 33, *norbert.prasser@moz.ac.at* [Braunau am Inn 4.4.1952]. **Laufb:** UProf (Ges) U Mozarteum Salzburg. (Red)

Prassl, Franz Karl, Dr, o Univ Prof, Hochschullehrer, Gregorianik, Orgel; Univ f Musik u Darst Kunst Graz, Inst 6, Bürgergasse 3, A-8010 Graz, T: (03 16) 3 89 34 87, F: 3 89 30 61, *franz.prassl@kug.ac.at*; Leonhardstr 15, A-8010 Graz; *www.kug.ac.at* [Feldbach 28.9.1954]. Gregorianik, Kirchenmusik **Ausb:** Stud (Kath KiM, Chorltg, Dirig, Orgel) MH Graz 73–81, (Kath Theologie) 73–82, Mag art, Dr theol. **Laufb:** Domorganist Klagenfurt 82–92, KiM-Referent d Diözese Gurk 82–89, Orgelreferent 87–92, o UProf (Gregorianik, kirchenmusikal Werke) U f M u Darst Kunst Graz 89, Lt Abt KiM 95–2000,

Studiendekan 2000–03, Gastdoz Innsbruck, Zagreb, Bratislava, Udine, Brno, Wien; Tourneen (m Choralschola) Israel 96, USA 99, Italien 2000/04/05, Slowakei 01, Ungarn 02/05, Fstvs: Watou (Belgien) 97/03/06, Haapsalu (Estland) 98, ION Nürnberg 98, styriarte (mehrfach), Carinth Sommer (mehrfach), Osterfstv Innsbruck (mehrfach), musica sacra St Pölten 01, Psalm 2003 Graz 03, Schweiz 05. **Pr:** Josef Krainer Pr Graz 99. **Ens:** Lt Grazer Choralschola. **Mitgl:** Präs IAH (Int Arbeitsgem f Hymnologie) 99–11, Vorstandsmitgl AISCGre (Int Ges f Studien d gregorian Chorals). – **Aufn/RF:** zahlr RF-Mitschn ORF Landesstudios Graz u Klagenfurt; Te Deum laudamus, Mathis-Orgel Dom zu Klagenfurt 98 (CD); Veni. Gregorian Gesänge im Advent (CD); Introitus (CD); Splendor Austriae (CD); Summi regis in Laude. Greg Chorals aus Seckau (CD); Konz f Orgel u Orch, Dgt 99 (CD); Johann Joseph Fux: Lux Aeterna 03 (CD). **UA:** G Arányi-Aschner: 4. u 5. Messe 83/84; N Fheodoroff: Te Deum Laudamus (Konz f Orgel u Orch) 86; A F Kropfreiter: Te Deum laudamus (f Orgel) 86; H M Pressl: Vesper, Poimenike Liturgia 78, 81; T D Schlee; Vesper 00; B Strobl: Vesper 87. **Zug:** A F Kropfreiter: Te Deum laudamus (f Orgel) 86. **Sonst:** Grdg Grazer Choralschola 92. **Lit:** Österr Musiklexikon.

Pratico, Bruno, Sänger; c/o Bayerische Staatsoper, Brieffach, D-80075 München. (Red)

Pravtchev, Latchezar, KS, Sänger (Tenor); Langer Kamp 13, D-38106 Braunschweig, T: (05 31) 33 14 60, (01 71) 4 77 68 34, F: 33 14 60; c/o Agentur f Musiktheater u Konzert Hannagret Bueker, Fuhsestr 2, D-30419 Hannover [Sofia]. **Ausb:** Stud (Ges) Sofia, Mstrkse b Claudio Abbado u Giorgio Strehler Teatro alla Scala Mailand. **Laufb:** Sol Op Hannover, Th Basel, Gastsol Th Bremen SpZ 03/04, Sol Eutiner FSp SpZ 03/04. **Pr:** KS 98. (Red)

Prechtl, Franz, Hochschullehrer, Klavier; Aubachstr 28, D-93083 Oberhinkofen, T: (0 94 01) 63 19; Hochschule f Kath Kirchenmusik u Musikpädagogik, Andreasstr 9, D-93059 Regensburg. **Ausb:** MH Regensburg, Stuttgart. **Laufb:** Doz (Kl, KlMethodik) KiMSchule Regensburg. (Red)

Prégardien, Christoph, Prof, Tenor, Hochschullehrer; c/o Claudia Nitsche, artists & projects, Gierather Mühlenweg 15, D-51469 Bergisch Gladbach, T: (02 21) 9 68 93 90, F: 9 68 93 91, *info@pregardien.com, claudianitsche@t-online.de*; c/o Günther Prégardien, Staffeler Weg 16, D-65555 Limburg, T: (64 31) 58 00 88, F: 58 00 89, *webmaster@pregardien.com*; *www.pregardien.com* [Limburg/Lahn 18.1.1956]. Konzert, Lied, Oper **Ausb:** Stud Ges: M Gründeler, C Castellani in Mailand, K Jarius in Frankfurt, A Treml in Stuttgart, Liedklasse H Höll in Frankfurt. **Laufb:** Konz ua m Barenboim, Chailly, Gardiner, Harnoncourt, Herreweghe, Koopman, Luisi, Metzmacher, Nagano, Sawallisch, Thielemann, Op-Sol ua in London, Amsterdam, Frankfurt, Montpellier, Paris, Tokio, Doz (Gesang) MH Zürich 2000–05, MH Köln ab 05. **Pr:** ua Pr d dt Schallplattenkritik, CaeciliaPr, Choc du monde de la Musique, Edison Award, Diapason d'or de l'année, Cannes Classical Award. – **Aufn/RF:** zahlr CDs, ua Lieder u Liederzyklen v Schubert, Schumann, Mendelssohn, Spohr, Brahms m A Staier, G Johnson, T Hoppstock u M Gees; Mozart: 'Don Giovanni', Dgt N Gardiner; Bach: 'Matthäus-Passion' m Concentus Musicus u Schönberg-Ch, Dgt N Harnoncourt; Haydn:'Armida' m Concentus Musicus, Dgt N Harnoncourt; W Rihm: 'Deus Passus' m Gächinger Kantorei, Dgt H Rilling; W Killmayer: Heine-Portrait m S Mauser; Bach: Kantaten m Amsterdam Barock Orch, Dgt T Koopman; Bach: 'H-Moll-Messe' m Ph Herreweghe; Bach: 'Weihnachtsoratorium m Thomanerch, Dgt Ch Biller; C M v Weber: 'Der Freischütz' m B Weil. **UA:** W Killmayer: Hölderlin-Zyklen m S Mauser 89; W Rihm: 'Das Rot' (Günderrode) m S Mauser 90; W Rihm: 'Nebendraussen' (Lenz) m S Mauser 98; W Killmayer: Heine-Portrait m S Mauser 99; W Rihm: 'Ende der Handschrift' (H Müller) m S Mauser 2000; W Rihm: 'Vier Gedichte v R M Rilke' m S Mauser 2000; W Rihm: 'Deus Passus' m Bachakad Stuttgart, Dgt H Rilling 2000; W Rihm: 'Europa nach dem letzten Regen' m Staatskap Dresden, Dgt K Nagano 03; W Killmayer: Mörike-Lieder m S Mauser 04. **Zug:** W Rihm: 'Vier Gedichte v R M Rilke' 2000.

Prein, Johann Werner, Sänger (Hoher Bass, Heldenbariton); Wagemannstr 21/23, D-65183 Wiesbaden, T: (06 11) 37 83 71, (0 38 47) 26 98, F: (06 11) 37 83 71, (0 38 47) 26 38 [Leoben, Österreich 3.1.1954]. Lied, Konz **Ausb:** Stud (Phil, Päd, Psychologie, Ges) Graz, Kurse ua H Hotter, M Freni. **Laufb:** Sol Hess Staatsth Wiesbaden, Gastsol Th Nürnberg SpZ 00/04, Op Halle SpZ 04/05; zahlr Auftr auch als Git (ua Blues u Jazz); zahlr Konz v Alte M bis Minnesang m eigener Begleitung auf Git, Lt ua; Mitwirkung b zahlr Fstv Europas u 05 b 8. Bejjing MFstv in China (Alberich in Wagners 'Ring'). **Pr:** 3. Pr Belvedere Wien 83, 1. Pr Vervier/Liège 83. – **Aufn/RF:** zahlr CD- u Schallpl-Aufn: ua J M Hauer: 12-Ton-Komp; zahlr europ RF-Prod. **UA:** zahlr seit Mitte d 80er Jahre.

Preisinger, Jiri, Violine, 2. Konzertmeister; Lossaustr 4a, D-96450 Coburg. **Laufb:** 2. Konzm Landesthorch Coburg. (Red)

Preisser, Andreas, Violine, Konzertmeister; Kleine Gartenstr 8, D-14776 Brandenburg, T: (0 33 81) 22 25 18; c/o Brandenburger Theater GmbH, Symphoniker, Grabenstr 14, D-14776 Brandenburg. **Laufb:** Konzm Brandenburger Symphoniker SpZ 01/05. (Red)

Preißinger, Johannes, Sänger; c/o Bühnen der Stadt Köln – Opernhaus, PF 101061, D-50450 Köln, T: (02 03) 3 00 90, *info@deutsche-oper-am-rhein.de*; c/o Deutsche Oper am Rhein Düsseldorf-Duisburg, Neckarstr 1, D-47051 Duisburg. **Laufb:** Sol Op Köln, Dt Op am Rhein Düsseldorf-Duisburg SpZ 03/04. (Red)

Prelle, Johannes, Prof, Hochschullehrer, Violine; Langemarckweg 52, D-51465 Bergisch-Gladbach, T: (0 22 02) 5 90 32. **Laufb:** Prof (V) H f Musik Köln, Abt Wuppertal. (Red)

Prelle, Ulf, KV, Hochschullehrer; Kurparkstr 4, D-01324 Dresden, T: (03 51) 2 67 88 46. **Laufb:** Doz (Vcl) H f Musik Carl Maria v Weber Dresden, Mitgl Dresdner Philh. (Red)

Prelle, Una, Hochschullehrerin; Hochschule Musik u Tanz, Florhofgasse 6, CH-8001 Zürich, *unaprelle@freesurf.ch* [Hannover 1968]. **Ausb:** Stud b Chantal Mathieu (Lausanne) zu studieren, MH Köln. **Laufb:** Doz (Hf) MH Winterthur Zürich, Sol Zürcher Op seit 96. **Pr:** Wettb 'Jugend musiziert' 88, Salvi-Wettb93, Dt MWwettb 94. (Red)

Prem, Ursula, Sängerin; Hauptstr 21a, D-92342 Freystadt, T: 0 17 15 20 43 02, (0 91 79) 96 50 42, F: (0 91 79) 94 18 93, *ursulaprem@t-online.de*; *www.ursulaprem.de* [Nürnberg]. Oper, Konzert **Ausb:** Stud (Ges) Kons Nürnberg u Privatlehrer 84–91, Mstrkse (B Nilsson, I Bjoner). **Laufb:** Gast Städt Bühnen Nürnberg 90, Eng Staatsop Stuttgart 91–94, Gastsp Pfalzth Kaiserslautern, Anhalt Th Dessau 94–96, freischaff seit SpZ 96/97, Gastsol Th Freiburg u Mecklenburg Staatsth Schwerin SpZ 03/04, Breslau 04, Komische Op Berlin 05, Mexico City 05. **Pr:** Finalistin 1. Int Bodensee-MWettb Bregenz 91.

Presencer, Gerard, Prof, Hochschullehrer, Trompete; H f Musik 'Hanns Eisler', Charlottenstr 55, D-10117 Berlin, T: (0 30) 2 29 92 16, F: 2 29 92 16 [London 1972]. **Laufb:** jüngstes Mitgl Nat Youth Jazz Orch 83, Schallplattendebüt 87, ZusArb m zahlr namhaften Jazzmusikern (S Tracey, J Dankworth, C Laine, R Rodney, J Griffin, P Woods, J Rebello, C Pine), Welttournee m Charlie Watts Qui, weitere musikal Partner ua James Brown, Sting, Brand New Heavies, Ray Charles, Kula Shaker, Tina Turner, Pet Shop Boys, LAuftr Royal Acad of Music, Guildhall School, Trinity School of Musik, Surrey U u Thames Valley U, Prof (Trp) Abt Jazz u PopularM H f Musik 'Hanns Eisler' 99. **Pr:** BT Jazz Awards 95 u 97. **Ens:** Platypus. (Red)

Presser, André, Dirigent; c/o Hamburgische Staatsoper, Große Theaterstr 34, D-20354 Hamburg, PF 302448, D-20308 Hamburg. **Laufb:** Chefdgt Bayer Staatsballett München 90–01, Dgt Hamburg Staatsop seit SpZ 03/04. (Red)

Pressler, Menahem, Klavier; c/o Konzert-Direktion Hans Adler, Auguste-Viktoria-Str 64, D-14199 Berlin, T: (0 30) 8 95 99 20, F: 8 26 35 20, *info@musikadler.de*; *www.musikadler.de* [Magdeburg]. **Laufb:** Debüt m d Philadelphia Orchestra unter der Ltg v Maestro Eugene Ormandy, Soloauftr m Orch wie New York Philh, Cleveland Orch, Nat Symph Orch in Washington DC, Israel Philh u Londoner Philh, Orch v Pittsburgh, Dallas, San Francisco, Paris, Brüssel, Oslo, Helsinki, Debüt als Pianist d Beaux Arts Trios als Kammermusiker b Berkshire Fstvl 55, KonzTätigkeit ua m d Juilliard String Quartet, Emerson String Quartet, Guarneri-Quartet, Cleveland Quartet, Israel Quartet u Pasquier Streichtrio, Lehrtätigkeit an d MH d Universität v Indiana, Titel 'Distinguished Professor'. **Pr:** 1. Pr Int Debussy Klavierwettb San Francisco. (Red)

Prestele, Anton, freischaff Komponist, Dirigent, Interpret, Regisseur; c/o Edeltraud Prestele, Georgenstr 142, D-80797 München, T: (0 89) 1 23 23 28, F: 18 97 07 17, *anton.prestele@t-online.de, office@antonprestele.org*; *www.antonprestele.org* [Schrobenhausen 10.3.1949]. Musikth, szen Konz **Ausb:** Stud (Lehramt) PH Augsburg 68–71, Stud (MPäd, Schlagwerk) MH Salzburg 71–73, Stud Komp (A Dobrowski), Dgt (M Horvat), Schlgz, Jazz MH Graz 73–80. **Laufb:** LAuftr MH Graz 80–85, freiberufl seit 85, Dgt u Regie ua Op Graz 85, Statsop Stuttgart 87, VolksTh München 88, Steir Herbst Graz 85 u 91, Städt Bühnen Münster 97–98. **Pr:** österr Staatstip f Komp 82, Kunstprträger Stadt Graz 83, Stadt Schrobenhausen 86. – **Komp:** Kreuzweg (Liederzyklus) 82/83, UA Salzburg 84; Exil (szenisches Konz) 93/94, UA München 94. **AuftrKomp:** Kampf u Kontemplation (Org solo) 79, UA Graz, Grazer Dom 79 (Auftr: Steir Herbst); Wölfli-Szenen (MDramolett) 80/81, UA Graz, Schauspielhaus 81 (Auftr: Steir Herbst); Heimatlos (Wirtshausop) 84/85, UA Graz 85 (Auftr: Steir Herbst); Sintflut (MSchauspiel) 87/88, UA München, Volksth 88 (Auftr: Volksth München); 'ich aber/aus dem dreck herr – schreie ich zu dir' (Monodrama) 89–91, UA Graz, Wagner-Biro-Halle 91 (Auftr: Steir Herbst); Carmencita (KamOp) 92/93, UA Bergisch-Gladbach 93 (Auftr: pocket op Nürnberg); Sie bitt'schön... (MSchauspiel) 97/98, UA Münster, städt Bühnen 98 (Auftr: Städt Bühnen Münster). **Aufn/RF:** 'Kampf u Kontemplatrion' f ORF, Graz 79; 'Narr-Nein' f ORF, Graz 81. **Sonst:** Grdg 'solo art orchestra' München 91.

Prestia, Giacomo, Sänger; c/o Deutsche Oper Berlin, Bismarckstr 35, D-10627 Berlin. **Laufb:** Sol Staatsop Wien, Dt Op Berlin SpZ 04/05, Op Zürich SpZ 04/05. (Red)

Preu, Hans-Peter, Kapellmeister, Schauspielmusiker; c/o Landesbühnen Sachsen, Meißner Str 152, D-01445 Radebeul. **Laufb:** 2. Kapm u Lt d SchauspM Landesbühnen Sachsen (01/05), Gastdgt Städt Th Chemnitz SpZ 00/05, Gastdgt Volksth Rostock SpZ 03/04. (Red)

Preu, Pia, Prof, Hochschullehrerin, Klavier; Hochschule für Musik und Theater Hamburg, Harvestehuder Weg 12, D-20148 Hamburg. **Laufb:** Prof (KamM) H f M u Th Hamburg. (*)

Preuß, Hartmut, Violine, Konzertmeister; c/o MDR Sinfonieorchester, Augustuspl 9a, D-04109 Leipzig. **Laufb:** Konzm MDR Sinfonieorch Leipzig. (Red)

Preuss, Malte, Schauspielmusiker, Diplomkulturpädagoge; Luzerner Theater, Theaterstr 2, CH-6002 Luzern [Bremen 20.12.1962]. Filmmusikal SchspM **Ausb:** Stud (Git) Univ f M u Bild Kunst Hildesheim. **Laufb:** GrdMitgl d Filmmusikband 'die paramounts', Tourneekonz BRD; SchspM b zahlr ThGruppen u Th; SchspM Th Luzern seit SpZ 03/04, Th an der Winkelwiese Zürich SpZ 04/05. **Ens:** Theater Aspik, die paramounts. – **Komp:** SchspM ua zu 'Frost' v Thomas Bernhard; 'Das Totenhaus' u 'Kurzdramen' v Philippe Minyana, Reg: J Pataki, 99; 'Glaube, Liebe, Hoffnung' v Ödon v Horvath, 01; 'Die Pest' v Albert Camus, Reg: Albrecht Hirche, 02; 'Amerika' v Frank Kafka, Reg: J Pataki, 02; 'Die Möwe' v Anton Tschechow, Reg: Albrecht Hirche, 03. **Aufn/RF:**

5 CDs, 5 LPs. **Lit:** J Wölfer/R Löper: Das grosse Lexikon der Filmkomponisten.

Preuß, Michaela, Harfe; c/o MDR Sinfonieorchester, Augustuspl 9a, D-04109 Leipzig. **Laufb:** Sol MDR SinfOrch Leipzig. (Red)

Preuß, Volkhardt, Prof, Hochschullehrer; Hochschule f Künste, FB Musik, Dechanatsstr 13–15, D-28195 Bremen. **Laufb:** Prof (Komp, Theorie, Improvisation) H f M u Th Hamburg, Prof (MTheorie) HdK Bremen. (*)

Previn, André, Dirigent; c/o Bayerische Staatsoper, Max-Joseph-Pl 2, D-80539 München, Brieffach, D-80075 München, T: (0 89) 21 85 01, F: 21 85 11 33, *info@st-oper.bayern.de*; c/o Columbia Artists Management GmbH, Till Janczukowicz, Albrechtstr 18, D-10117 Berlin, T: (0 30) 20 64 80 78, F: 20 45 34 80, *info@cami.com*; *www.bayerische.staatsoper.de*. **Laufb:** MD u ChefDgt Oslo Philh Orch, Gastdgt Bayer Staatsop München. (Red)

Prévost, Jean, Dirigent; Ch des Bougeries 3, CH-1231 Conches, T: 02 23 49 87 49. (Red)

Prey, Florian, lyr Bariton; c/o Dieter Golm, Colynshofstr 45, D-52074 Aachen, T: (02 41) 9 80 07 22, *golmar@t-online.de, post@florianprey.de*; c/o Konzertdirektion Fritz Dietrich, Sigmund-Freud-Str 1, D-60435 Frankfurt/M, T: (0 69) 54 45 04, F: 5 48 41 07, *info@konzertdirektion-dietrich.de*; *www.florianprey.de*. Lied-Interpret, Barock-Spezialist **Ausb:** Stud Op- u KonzGes (H Blaschke, A Kapinati, K Löwas) H f M München, Staatsexamen. **Laufb:** Gastsol Teatro la Fenice Venedig, Wiener Kammerop, Ens Stadtth Aachen, Gastsol Staatsth am Gärtnerplatz München. **Ens:** 'ensemble baroque florian prey'. (Red)

Prey, Stefan, Prof, Hochschullehrer; Univ d Künste, Fak Musik, Inst f Musikwiss, Musiktheorie, Komposition u Musikübertragung, PF 120544, D-10595 Berlin, *stefanprey@t-onlin.de*. **Laufb:** Prof (MTheorie) H d Künste Berlin. (Red)

Priadeev, Konstantin, Dirigent; Stadttheater, Theaterpl 4, A-9020 Klagenfurt. **Laufb:** Dirgt Stadtth Klagenfurt. (Red)

Prick, Christof, Prof, Dirigent, Hochschullehrer; Hochschule f Musik u Theater, FB 1, Harvestehuder Weg 12, D-20148 Hamburg, T: (0 40) 4 28 48 25 91. **Laufb:** Dgt Sächs Staatsop Dresden (03/05), Prof (Dirig) H f M u Th Hamburg, Lt Hochschulorch Forum d Hochschule f Musik u Th Hamburg, Dgt Bayer Staatsop München. (Red)

Prick, Kathrin, Prof, Hochschullehrerin; König-Karl-Str 1, D-70372 Stuttgart, T: (07 11) 5 28 63 21, F: 5 28 63 48, *k.prick@gmx.de*; Hochschule f Musik u Darst Kunst, Urbanstr 25, D-70182 Stuttgart [Hamburg 1949]. **Laufb:** Prof (OpSchule) Staatl H f M u Darst Kunst Stuttgart seit 89. (Red)

Priese, Hans-Georg, Bariton; c/o Südthüringisches Staatstheater Meiningen, Bernhardstr 5, D-98617 Meiningen, T: (01 78) 4 73 27 54; c/o Komische Oper Berlin, Behrensstr 55–57, D-10117 Berlin. **Laufb:** Sol Landesth Mecklenburg Neustrelitz, Kom Op Berlin SpZ 02/05, Gastsol Staatsth Kassel SpZ 03/04. (Red)

Priesner, Günter, Saxophon; Rötenäckerstr 2, D-90427 Nürnberg, T: (09 11) 5 30 76 06, F: 5 30 76 06, *gpriesner@odn.de*; *www.ardesa.de* [1951]. **Ausb:** Stud b J-M Londeix, I Roth, E Rousseau. **Laufb:** LBeauftr MH Würzburg bis 96, Doz (klas Sax) H f M Nürnberg-Augsburg. **Ens:** Klangkonzepte, fiasco classico. **Mitgl:** Vors Arbeitsgemeinschaft Dt Saxophonisten eV (ARDESA). – **Sonst:** Lt Saxophon-Ens Günter Priesner, Nürnberger Saxophontrio, Konz, Platten- u RFAufn West- u Osteuropa u USA. **Lit:** J-M Londeix: Master of the Modern Saxophone, 2000.

Prießnitz, Gerrit, MA, Repetitor, Studienleiter u Solorepetitor m Dirigierverpflichtung; Magdeburger Allee 5, D-99086 Erfurt, T: (03 61) 5 51 86 26, *gerritpriessnitz@compuserve.de*; *www.gerrit-priessnitz.de*. **Ausb:** OrchLtg (D R Davis) u ChorLtg (K Kamper) U Mozarteum Salzburg 96–01. **Laufb:** Studienlt Th Erfurt SpZ 03/05. **Pr:** B-Paumgartner-Med d Int Stift Mozarteum.

Priester, Irmgard, Prof, Hochschullehrerin; Thomas-Mann-Ring 12, D-72336 Balingen, T: (0 74 33) 76 45; Hochschule f Musik, Schultheiß-Koch-Pl 3, D-78647 Trossingen [Balingen 1945]. **Ausb:** Stud H in Trossingen, später in Stuttgart u Freiburg Kl u Liedgestaltung. **Laufb:** Doz b 'Festival van Flaanderen' in Gent u KonzAuft als KamM- u Liedpianistin, Prof (Kl) Staatl H f Musik Trossingen seit 81. (Red)

Priew, Uta, Sängerin; c/o Deutsche Staatsoper, Unter den Linden 7, D-10117 Berlin, PF 354, D-10109 Berlin. **Laufb:** Sol Dt Staatsop Berlin SpZ 01/05. (Red)

Prihoda, Kurt, Prof, Hochschullehrer, Schlagzeug; Univ f Musik u Darst Kunst, Inst Franz Schubert, Rennweg 8, A-1030 Wien. **Laufb:** UProf (Schlz) U f Musik u Darst Kunst Wien. (Red)

Prina, Sonia, Sängerin; c/o Bayerische Staatsoper, Brieffach, D-80075 München. (Red)

Prinz, Gerhard, Komponist; St Jakoberstr 39, A-9400 Wolfsberg, T: (0 43 52) 23 70 [St Paul, Kärnten 28.7.1925]. Vokalkomposition **Ausb:** Landeskons Klagenfurt. **Laufb:** Organist ev Kirche Wolfsberg. **Pr:** Pr d Ldes Kärnten f Kantate 77, Pr f StrQua 90; 2. Pr Kantate 'Das Land in uns' 2000. – **Komp:** 'Das Land in uns' (Kant f gem Chor u 6 Blechbl), UA 01, 'Das Kind in der Löwengrube' (Motette f Sprecher u gem Chor), UA Wiener Kammerchor 02; Magnificat 04. **Aufn/RF:** zahlr UA ORF Klagenfurt i Rahmen d ÖGZM-Konz. **Lit:** Biographie 'Ein Künstlerporträt', Projektarb der 3.Kl. der HBLA Wolfsberg 96.

Prinz, Johannes, Prof, Hochschullehrer, Dirigent; Univ f Musik u Darst Kunst, Inst 1, Hofgasse, A-8010 Graz, T: (03 61) 3 89 34 88, F: 3 89 30 11, *johannes.prinz@kug.ac.at, johannes.prinz@wienerkammerchor.at*; *www.wienerkammerchor.at/johannes.htm* [Wölfsberg, Österreich 17.3.1958]. Chorleitung **Ausb:** Wiener Sängerknabe (F Großmann, H Gillesberger) 67–71, Unterr (Kl) Landeskons Klagenfurt 74–76, Tonsatz-Klausur (E Urbanner) 80, Stud (LA Musik- u Instrumentalerz) H f M u Darst Kunst Wien 81, Stud Dirig (K Österreicher) 81–84, Lehrbefähigungsprüfung (Ges) 84, Lehrgang Atem-, Stimm- u Bewegungserz (H Langer Rühl) 84, ChorltKse (E Ortner). **Laufb:** Mitgl, Sol u ChorltAss Arnold Schönberg Chor, Mitgl ORF-Chor 81–82, Lt zahlr int ChorltKse u Singwochen, Jurymitgl b Chorwettb, künstl Lt Wiener UChor 82–92, KamCh MH Wien 88–98, Singverein d Ges d MFreunde Wien seit 91, Wiener KamCh seit 95, Europ Jugendchor Vitoria (Spanien) 98, WorkshopLt Int Symposium f Choral M Rotterdam 99, UProf (Chorltg) U f Musik u Darst Kunst Graz. **Pr:** Würdigungspr d Bundesmin f Wiss u Forschung 81, Förderungspr f Musik d Landes Kärnten. – **Sonst:** Grd u Ltg 'Vokalwoche' Wolfsberg 86–95.

Prinz, Ulrich, Dr, Prof, Hochschullehrer; Goethestr 35, D-70736 Fellbach-Oeffingen, T: (07 11) 51 53 91, F: 51 53 91. **Laufb:** Prof (schulprakt KlSp, SchM) Staatl H f M u Darst Kunst Stuttgart, Gastprof U Jakarta/Indonesien 2002. – **Sonst:** Autor u Hg v 'Musik um uns' (4 Bde), Liederbuch 'Canto' (3 Bde).

Prischepenko, Natalia, Violine; Impresariat Simmenauer, Bornstr 12, D-20146 Hamburg [Meschduretschesnk 1973]. **Ausb:** V (Z Bron) Kons Novosibirsk, MH (Z Bron) Lübeck 89. **Pr:** 1. Pr Int Paganini-Wettb Genua 90, Auszeichn Tokio Violin Comp 92, 'Reine Elisabeth'- Wettb Brüssel 93, 1. Pr Sowjet Allunionswettb 98. **Ens:** Artemis Quartett. (Red)

Privano, Elena, Pianoforte, Konzertpianistin, Lehrbeauftragte; Äußere Sulzfelder Str 66, D-97318 Kitzingen, T: (0 93 21) 92 29 17, F: 92 29 17, *privano@freenet.de* [St Petersburg 22.9.1968]. romantische u russische Klavierliteratur (Skrjabin), Kammerklaviermusik: Mozart **Ausb:** Stud (Kl) H f M St Petersburg 87–91, Stud (KamM) ebd 94–96, Stud Kl (A Ugorsky) H f M Detmold 95–97, Mstrkl Kl (B Glemser) u Cemb, Pianoforte u Clavicord (G Wilson) H f M Würzburg 97–01. **Laufb:** Konz in Berlin, Leiptig, Dresden u Weimar 85, Konz als Sol in Leipzig, Berlin u Halle 88, Sol-Konz in Gorky, Kiev u Skrjabin Fstv Kaliningrad 89, Leningrader Philh 90, Recitals in Rom (Sala Baldini), Triest, Foligno ua ital Städten 98, Fstv Van Vlaanderen Brügge 98, EXPO 2000 Hannover, zahlr Konz in Dtschld, LAuftr (Kl) H f M Würzburg seit 98. **Pr:** 2. Pr Concours Musica Antigua 6. Int Wettb Hammerflügel Brügge 98, 1. Pr Tim Torneo Int de Musica Rom 98, 4. Pr Concorso Int die Esecuzione strumentale e vocale San Bartolomeo al Mare 98 (Premio Rovere d'Oro), 2. Pr 7. Int Mozart Wettb Salzburg 99, Stip d Jurgen-Sellheim-Ges Hannover u d Kreissparkasse Limburg. – **Aufn/RF:** CD: Werke v Bach, Chopin, Skrjabin, Schubert 98.

Probst-Polasek, Barbara, HonProf, Laute, Gitarre, Hochschullehrerin, konzertierende Künstlerin; Wasserweg 6, D-82229 Seefeld, T: (0 81 52) 72 66, 01 70–7 52 63 71, F: 72 66, *info@barbarapolasek.de, info@barbaraprobstpolasek.de*; *www.barbarapolasek.de* [Reichenberg, Böhmen 8.3.1939]. Konzert, Kammermusk **Ausb:** Franz-Liszt H Weimar 56–58, Kons Prag 58–60, Mstrks (A Segovia) 65. **Laufb:** Doz (Laute, Git) Richard Strauss Kons München 62–04, HonProf (Laute, Git) H f M u Th München 04. **Pr:** Wien 59, Paris (ORTF) 64, Sudetendt Kulturpr d Sudetendt Akad d Wiss u Künste 97. **Ens:** Duo Vcl-Git m C Probst. **Mitgl:** Hermann Hauser Guitar Foundation (www.guitarfoundation.de).

Probst, Sven, Violine, stellv. 1. Konzertmeister; c/o Musikalische Komödie der Oper Leipzig, Dreilindenstr 30, D-04177 Leipzig. **Laufb:** Konzm Loh-Orch Sondershausen, Konzm Oper Leipzig. (*)

Probst, Wolfgang, KS, Sänger; Lindenstr 8/1, D-73765 Neuhausen, T: (0 71 58) 84 37; Staatstheater, Oberer Schloßgarten 6, D-70173 Stuttgart [München]. **Laufb:** Sol Staatsth Stuttgart seit 71. (Red)

Prochazka, Ottokar, Dirigent; c/o Volkstheater Am Weghuberpark, Neustiftgasse 1, A-1079 Wien. **Laufb:** Dgt u musikal Einstudierung Th d Landeshauptstadt St Pölten, Schauspielmusik am Volksth Wien. (Red)

Prochnik, Edna, Mezzosopran; c/o Agentur Seitter, Opernring 8/13, A-1010 Wien, T: (01) 5 13 75 92, F: 5 12 93 51, *office@agentur-seitter.at*; *www.agentur-seitter.at*. **Ausb:** Rubin Acad of Music Tel Aviv, H f M Wien. **Laufb:** Sol Landesth u Kammerspiele Salzburg.

Pröve, Bernfried EG, Komponist; Hinterm Dorfe 4, D-38528 Adenbüttel, T: (0 53 04) 93 01 33, F: 93 01 34, *proeve@zeitklang.de*; *www.zeitklang.de* [Braunschweig 6.1.1963]. **Ausb:** Stud H d Künste Berlin 82–86, Komp-, Dirig, MTheorie (K Huber) Freiburg 86–91, Diplom Film- u Medienakad Ludwigsburg. **Pr:** Pr Européen des Jeunesses Musicales 90, 1. Pr f Komp d Ldeshauptst Stuttgart 91. – **Komp:** Brennend (f Orch), UA Stuttgart 90; Fernung-Horizont-Nähe (OrchW), UA Donaueschingen 92; Herzstück nach H Müller; Alliages-Metaboles; Air f Bassfl u Ens, UA Köln 96; Sinfonie Nr 1, UA Jena 96; Salto (Kl Solo). (Red)

Profos, Felix, Komponist, Klavier, Hochschullehrer; Turmhaldenstr 6, CH-8400 Winterthur, T: 05 22 02 13 81, *fprofos@bluewin.ch, felix_profos@hotmail.com*; *www.fel-x.ch* [Winterthur 17.11.1969]. **Ausb:** Stud Kl (H-J Strub) Winterthur, Komp (R Moser) Basel u (V Tarnopolski) Moskau. **Laufb:** freischaff Komp, Doz (MTheorie, Neue M) MH Winterthur Zürich seit 01. **Pr:** KompPr Int Young Composer's Meeting Apeldoorn 99. – **Komp:** Im seltsamen Tal (f Kl) 95, Lichtgebiet (f Orch) 96, Kraft und Schönheit 1 (f Ens) 99, Vier Faustszenen (f Ens) 2000, Zwang (f Orch) 2000, Warenhaus 1–6 (f Kl) 01, slow burns (f Ens) 03. **AuftrKomp:** Werke ua f 'Maarten Altena Ens', 'Steamboat Switzerland Extended Ens', 'The Barton Workshop', 'De Ereprijs', Orch MKollegium Winterthur, KamOrch Basel. (Red)

Prohaska, Andreas, Prof, Hochschullehrer, Opernregisseur, Sänger (Tenor); H f Musik 'Hanns Eisler', Charlottenstr 55, D-10117 Berlin, T: (0 30) 2 03 09 24 11, F: 2 03 09 24 08 [Salzburg]. **Ausb:** Stud priv V (Assmann) Frankfurt/M, Stud V (F v Hausegger) Staatl H f M u Th Hannover, Stud priv Kl (H Landmann) Holzminden, Stud (Germanistik, Kunstgeschichte) U Wien 66, Stud (M) H f M u darst Kunst Wien 66, Stud Gesang (F Schuch-Tovini), Stud Gesang (K-H Müller), Dirig, Lied, Oratorium (F Prohaska) Staatl H f M u Darst Kunst Hannover 70. **Laufb:** Ass OpSchule Wien 68, Ass OpSchule Hannover 70, Eng Bühnen d Landeshauptst Kiel 71, Regieass, AbendspLt, lyr Bariton Städt Bühnen Frankfurt/M 72, Lehraufr (szen Unterr/OpKlasse) H Mainz 73, LAuftr Staatl H f M u Th Frankfurt/M 73, Eng OberspLt Musikth u Gastbariton Wuppertaler Bühnen 77–79, OpDir Ulmer Th, freier Regisseur seit 85, Seminare, Kurse, master classes, Vorträge (Musik Colleges u U England, USA), Prof (Musikth/Regie) H f M Hanns Eisler Berlin seit 92, Gastprof Yale U, USA 98/99. – **Sonst:** Grd Neues Wiener Mozartstudio 69. (*)

Prohaska, Daniel, Sänger; c/o Opernhaus Graz, Kaiser-Josef-Pl 10, A-8010 Graz, T: (03 16) 80 08 [Frankfurt a M 1973]. **Laufb:** Sol Mecklenburg Staatsth Schwerin, GastSol Staatsth am Gärtnerpl München SpZ 03/04, Ophaus Graz SpZ 04/05. (Red)

Prokein, Thomas, Sänger; c/o Musikalische Komödie der Oper Leipzig, Dreilindenstr 30, D-04177 Leipzig. (*)

Prokopetz, Karl, Dirigent; Leipziger Str 28, D-99085 Erfurt, T: (03 61) 5 50 64 60; *www.opernet.de*. **Ausb:** Stud H f M München. **Laufb:** Eng (Solo-Rep, Tenor) Staatsth Wiesbaden, Kapm Staatsop Hannover ab 93, Kapm Theater Erfurt seit 01, 1. Kapm u Vertr d GMD ab SpZ 03/04 (04/05); Konz m Teatro Sao Carlos in Lissabon, den Hofer Symphonikern, Orchester der KlangVerwaltung (München), Münchner Symphoniker ua.

Prommel, Peter, Prof, Hochschullehrer, Marimba; de Vliet 21, Niederlande-3633 EK Vreeland, T: +31 2 9423 22 97, 0 17 09 48 95 61, F: 23 26 16, *prommel @hfm-detmold.de*; Hochschule f Musik, Neustadt 22, D-32756 Detmold. **Ausb:** Stud (Mar) Amsterdam (The Netherlands) u Oberlin (USA), Stud b L. H. Stevens u K. Abe. **Laufb:** Solist b 'Concertgebouw Orchestra' u Radio Philha Orchestra, Prof (Pauken, Schlgz) H f Musik Detmold. (Red)

Promnitz, Rainer, Komponist; Steglichstr 10, D-01324 Dresden, T: (03 51) 2 64 07 87 [Dresden 13.10.1958]. **Ausb:** Spezialschule f Musik u Stud MH Dresden 76–80, Mstrsch (Goldmann) Berliner Akad d Künste 87–88. **Laufb:** Dresdner Philh seit 80. – **Komp:** Barlachfiguren 84, UA Dresden, Blockhauskonz 85; Klavierqua 85, UA Dresden, MH 85; Sinfonisches f B 87, UA Dresden, Philh 88; Klaviertrio 89, UA Dresden, MFSp, Musica viva Ens 92; Orchesterlieder 98, UA Dresden, Semperop 98. (Red)

Pronk, Robert, Komponist; Dr-Max-Str 3a, D-82031 Grünwald, T: (0 89) 6 41 23 63, F: 6 41 40 31 [Malang, Indonesien 3.1.1928]. **Ausb:** Kons Den Haag, autodidakt Weiterbildung. **Laufb:** WDR-Komp/Arrang (K Edelhagen) 57, freiberufl im In- u Ausland als Komp u Dgt 62, Dgt Metropole Orch NOS Hilversum, Holland 75. **Pr:** Nordring Radio Pr Jersey 81, Blaupunkt Music Award 88. – **Komp:** ua: The wedding of the beer cans (OrchW) 67, UA Köln 67; Der Tod um sechs (Suite) 74, UA Köln 74; Prelude and dance for violin and orch 75, UA München 75; Solo-Sonate f Va 85; Back home with the roots... (Orch od Big-Band), UA Hilversum 96. (Red)

Protschka, Josef, Prof, Hochschullehrer, Sänger; Hochstr 42, D-52078 Aachen, T: (02 41) 9 52 97 98, *protschka@mhs-koeln.de*; Ringstr 17 b, D-50765 Köln, T: (02 21) 91 28 81 00, F: 9 12 81 81 08, *protschka@mhs-koeln.de*. **Laufb:** Prof (Gesang), Rektor H f Musik Köln, Abt Aachen, Sol Sächs Staatsop Dresden, Op Köln. (Red)

Proudenskaja, Marina, Mezzosopran; Waldstr 19, D-90763 Fürth, T: (09 11) 9 41 28 29; c/o Theater Nürnberg, Richard-Wagner-Pl 2–10, D-90443 Nürnberg [St. Petersburg]. **Ausb:** Stud St Petersburger Kons b Evgenia Gorokhovskaja. **Laufb:** Solistin Stanislawsky & Nemirovich-Danchenko Opern-Compagnie Moskau 98–2000, Gastsol Nationalth Mannheim, Sol Th Nürnberg (03/04). **Pr:** Gewinnerin Dvorák-Wettb Karlsbad, Glinka-Wettb Moskau, 1. Pr Moskau Fstv 2000. (Red)

Prudenskaja, Marina, Sängerin; Waldstr 19, D-90763 Fürth, T: (01 74) 3 06 81 03; c/o Stiftung Staatstheater Nürnberg, Richard-Wagner-Pl 2–10, D-90443 Nürnberg. **Laufb:** Sol Nationalth Mannheim, Op Leipzig. (Red)

Pruggmayer-Philipp, Ute, Prof, Klavier, Hochschullehrerin; Hohe Str 79, D-01689 Weinböhla, T: (03 52 43) 5 09 75, F: 5 09 75; Hochschule f Musik, Blochmannstr 2–4, D-01069 Dresden [Löbau 29.9.1962]. klass bis mod KlM u Imp **Ausb:** Spezialschule f M Dresden 76–80, Stud (G Philipp) H f M Dresden 80–85, Stud (A Szegedi) MAkad Budapest 85–86. **Laufb:** ImprKonz ab 84, Ass H f M Dresden 86–93, Lt zahlr Imp- u Klkurse im In- u Ausland seit 87, Prof (Kl) H f M Carl Maria v Weber Dresden seit 93, regelm Konz im In- u Ausland. **Mitgl:** EDTA. – **Aufn/RF:** Impkonz an 3 Kl, m G Philipp u D Pauligk Dresden 84; Impkonz an 2 Kl, m G Philipp Dresden 87; Kl- u Impabend solo u an 2 Kl, m G Philipp Dresden 97; CD: Klavierimp solo u an 2 Kl, m G Philipp 99; Mitwirkung an CD 'Nietzsche 2000'; CD: Romantische KlMusik u Impr 05. **UA:** G Philipp: 'Spiegelungen' Komplex I 85. **Zug:** G Philipp: 'Spiegelungen' Komplex I 85. **Sonst:** Einführung d 2. Hauptfachs Imp 96 a H f M Dresden.

Prunnbauer, Sonja, Prof, Hochschullehrerin, Gitarre; Hildastr 15, D-79102 Freiburg, T: (07 61) 7 48 27, F: 7 07 44 08, *sonja.prunnbauer@t-online.de*; Hochschule f Musik, Schwarzwaldstr 141, D-79102 Freiburg [1948]. **Ausb:** Stud (K. Scheit) Musikakad Wien. **Laufb:** Prof (Git) Staatl H f Musik Freiburg seit 80. **Pr:** Prtr Wettb „Konzerte junger Künstler“ 74. (Red)

Pruscha, Zdenko, Cello; c/o Landestheater Detmold, Theaterpl, D-32756 Detmold. **Laufb:** Sol Orch d Landesth Detmold. (Red)

Przesdzing, Bodo, Violine; c/o Rundfunk-Sinfonieorchester Berlin, Charlottenstr 56, D-10117 Berlin. **Laufb:** Konzm u Stimmführer RF-SinfOrch Berlin. (Red)

Pstrokonska-Nawratil, Maria, Violoncello; c/o Deutsche Oper Berlin, Richard-Wagner-Str 10, D-10585 Berlin. **Laufb:** stv Sol Orch d Dt Op Berlin. (Red)

Ptashnikov, Oleg, Repetitor; c/o Staatstheater am Gärtnerplatz, Gärtnerpl 3, D-80469 München, PF 140569, D-80455 München. **Laufb:** Solorep Staatsth am Gärtnerplatz München seit SpZ 03/04. (Red)

Puchberger, Markus, Sänger; c/o Neue Oper Wien, Herminengasse 10/Tor 23, A-1020 Wien. **Laufb:** Sol Neue Op Wien. (Red)

Pudenz, Rainer, Regisseur, Künstlerischer Leiter; Sternstr 31, D-60318 Frankfurt/Main, T: (0 69) 55 61 89. **Laufb:** Dir, Reg u künstl Lt KamOp Frankfurt/M. (Red)

Pühn, Michaela, HonProf, Hochschullehrerin, Klavier; Viktoriastr 3, D-80803 München, T: (0 89) 39 15 18, *haackpuehn@aol.com*; H f Musik u Theater, Arcisstr 12, D-80333 München [Heidenheim, Brenz]. **Ausb:** Stud H f M u Th München (R. Schmid) (K. Schilde). **Laufb:** HonProf H f M u Th München 01. **Ens:** Duo Haack-Pühn. (Red)

Pühn, Peter, Prof, Hochschullehrer, Kontrabass; Hochschule f Musik u Theater, Emmichpl 1, D-30175 Hannover; c/o Deutsches Symphonieorchester Berlin, Masurenallee 8–14, D-14057 Berlin [Bremen 1955]. **Laufb:** 1. Solokontrabassist Radio-Symph-Orch Berlin 79, HonProf (Kb) H f M u Th Hannover 95, Hon Assoc of the Royal Academy of Music (HonARAM) 03, Sol Dt Symph-Orch Berlin. (Red)

Pünter, Albert-Roman (Pseud: Albert Roman), Cellist; Helfenbergstr 12, CH-4059 Basel, T: 06 13 61 81 70, F: 06 13 61 68 30, *arp@gmx.ch*; c/o musica reservata Konzertagentur, PF 206, CH-4024 Basel; *www.albertroman.ch*. zeitgen Musik **Ausb:** Stud b P Szabo MAkad Basel (Sol-Dipl), Stud b A Navarra in Paris u b P Fournier in Genf. **Laufb:** Europa-Tournee m J S Bach-Suiten f Vcl solo, Int KonzTätigk in Europa, Asien u USA, Repertoir über 100 Werke v Barock bis z Moderne, Organ m C Abbado KamMFstv St Moritz 87, Grd d Classic Open Air Basel, musikal Lt 'First China Cello Orch'; LTätigk MH Peking u Shanghai, regelm Unterr f Studenten, Lt v Workshops, jährl Vcl-Kse im Kulturzentrum Laudinella St Moritz. **Pr:** 1. Pr Int MWettb d UFAM Paris, Ehrenpr MWettb d Association Léopold Bellan, Friendship Award d Volksrep China 99. – **Aufn/RF:** ua Aufn im Duo m B Canino: 'Miniaturen' u J S Bach: '6 Suiten f Vcl solo'. **UA:** zahlr ua R Moser: 'Cellokonz Nr 2' op 71 m English Chamber Orch u J Judd (auch Einsp). **Zug:** B Furrer: 'Fantasie f Vcl solo'.

Pürgstaller, Oskar, Sänger; Scheffelstr 4, D-69502 Hemsbach, T: (0 62 01) 4 11 13; c/o Nationaltheater Mannheim, PF 102362, D-68023 Mannheim. **Laufb:** Sol Nationalth Mannheim, Kom Op Berlin. (Red)

Püschel, Katja, Viola; c/o WDR Sinfonieorchester, D-50600 Köln. **Laufb:** stv Sol WDR SinfOrch Köln. (Red)

Pütters, Susanna, Dipl künstl Abschluß Gesang, Sängerin; Braunlager Str 3, D-38124 Braunschweig, T: (05 31) 35 39 06, 0 17 26 81 68 23, F: (05 31) 8 74 42 62, *Susanna.puetters@t-online.de* [Krefeld 20.12.1966]. Oper, Konzert, Lied **Ausb:** Stud Ges R Schumann-H Düsseldorf 86–92, (V Bak) 86–90, (C Kaiser-Breme) 90–95, (A Denoke) seit 95, (I Kremling, Domanski) seit 95. **Laufb:** Sol Tiroler Landesth Innsbruck 91–96, Sol Staatsth Braunschweig seit 97 (04/05), Gast Salzburger FSp, Bremer Th, Kieler Th, Staatsth Karlsruhe, Staatsth Schwerin, Bühnen Krefeld/Mönchengladbach, Ulmer Th, Metropolth Berlin, Th Magdeburg ua. **Pr:** 1. Pr GesWettb f Junge Talente Darmstadt 90, Bundeswettb Gesang 96, Sonderpr Dt Op Berlin.

Pütz, Friedrich, Komponist; Schützenstr 23, D-56154 Boppard, T: (0 67 42) 89 72 15, F: 89 72 15, *verlag@friedrichpuetz-edition.de*; *www.friedrichpuetz-edition.de* [Köln 12.3.1950]. – **Komp:** KamM, Kinder-/Jugendop, Konz, MTh, Impvorlagen, Musik f d Unterr, gattungsübergreifende Arb 'Flucht' seit 92. **Aufn/RF:** Prod ua d WDR u DLF, LPs u CDs. **Sonst:** Grdg Friedrich Puetz Ens 85, Grdg Friedrich Puetz Edition 98.

Pugel, Savo, Sänger; Sternstr 12, D-58089 Hagen, T: (0 23 31) 33 05 00; c/o Theater Dortmund, Kuhstr 12, D-44137 Dortmund. **Laufb:** Gastsol Th Hagen SpZ 00/01, Chor Th Dortmund. (Red)

Puhani, Andreas, Solorepetitor, Dirigent; c/o Staatstheater am Gärtnerplatz, Gärtnerpl 3, D-80469 München, PF 140569, D-80455 München [Bad Reichenhall 9.11.1973]. **Ausb:** Stud OrchDirig (H Michael), Gehörbildung, MTheorie u SchM H f M u Th München. **Laufb:** Solorep/Dgt Staatsth am Gärtnerpl München seit SpZ 2000/01, LAuftr (MGeschichte, MTh) FH Weihenstephan. **Pr:** 5. Pr int Wettb f junge Pianisten Senigallia/Italien 89. (Red)

Puhl, Victor, Prof, Dirigent, Kapellmeister; c/o Berliner Konzertagentur Monika Ott, Dramburger Str 46, D-12683 Berlin, T: (0 30) 5 14 48 58, F: 5 14 26 59, *BerlinKonzert.ott@t-online.de* [Metz, Frankreich 1965]. **Ausb:** Stud (M Constant, M Levinas, J S Béreau) Cons Nat Supérieur de Musique Paris, (G Meier) Univ Michigan, int DgtKs ua b F Leitner, C M Giulini, L Bernstein, S Ozawa, Mstrkrs b Z Mehta, S Celibidache, P Boulez. **Laufb:** ChefAss v Ch Dutoit b Orch Nat de France Paris ab 92, Gastdgt Philh de Lorraine, SinfOrch v Radio Luxemburg, SinfOrch Quebec, Dt SymphOrch Berlin, ChefDgt u GMD Brandenburgische Philh Potsdam 95–2000, ständ Gastdgt OpHaus Metz seit 97, Gastdgt Wichita Symph Orch USA 01, Rumänische NatPhilh Bukarest 01, Philh Orch Südwestfalen Hagen 01, 1. Kapm Th Plauen-Zwickau SpZ 03/04. **Pr:** Prtr d Yehudi Menuhin-Stift 91. (*)

Puhlmann, Albrecht, Intendant; c/o Niedersächsische Staatstheater, Opernpl 1, D-30159 Hannover, T: (05 11) 99 99 00. **Laufb:** Operndir Th Basel, Intend Staatsop Hannover seit 01. (Red)

Puhlmann, Hella, KS, Sängerin; Langobardenstr 8, D-81545 München, T: (0 89) 6 42 11 43; c/o Staatstheater am Gärtnerplatz, Gärtnerpl 3, D-80469 München. **Laufb:** Sol Staatsth am Gärtnerpl München seit 61, Gastsol seit 98. (Red)

Puhrer, Alexander, Sänger; Traungauerstr 8/11, A-8020 Graz, T: (06 70) 94 60 52. **Laufb:** Sol Vereinigte Bühnen Graz SpZ 03/05. (Red)

Pulcini, Jutta, Flöte; c/o Konzertdirektion Fritz Dietrich GmbH, Sigmund-Freud-Str 1, D-60435 Frankfurt/Main, T: (0 69) 54 45 04, 54 56 58, F: 5 48 41 07, *fdietrich@konzertdirektion-dietrich.de, svolz@konzertdirektion-dietrich.de*; *www.konzertdirektion-dietrich.de* [Ulm 1969]. **Ausb:** Stud Münster u Karlsruhe (K Hünteler, R Greiss-Arnim). **Laufb:** Mitgl EU Youth Orch (EUYO) 91/92, 2. u Piccolofl SymphOrch BR 92–95, 2. u Solopiccolofl SinfOrch SWR Freiburg seit 95, Mitwirkung Bayreuther FSpOrch 98. **Ens:** 'Delos-Quintett'. (*)

Pulfer, Jean-Marc, Orgel, Hochschullehrer; Schädrütihalde 37, CH-6006 Luzern, T: 04 13 70 31 40. **Laufb:** Doz (Orgel) MH Luzern. (Red)

Puntigam, Werner, Posaune; Huemerstr 12a, A-4020 Linz, T: (07 32) 78 41 41, *pntgm@servus.at*; *www.servus.at/pntgm/* [Bad Radkersburg, Stmk 1964]. Posaune, Voice, Noises, Imp, Komp, Performance, Design, Foto, Konzeption **Ausb:** Stud (Vis Mediengest) H f künstl u industr Gest (Dipl m Ausz 92), Teiln an zahlr Workshops m int M In- u Ausland. **Laufb:** Gastsp Schweiz, Tschechien, Dtschld, UK, Holland, Italien, Slowakei, Slowenien, USA, Mozambique, Südafrika, Zimbabwe, Japan ua, 'artist in residence' in Maputo/ Mozambique (LKA-Stip Stadt Linz) 02/03. **Ens:** Int Performer-Kollektiv 'La Zattera' seit 93. – **Aufn/RF:** Blow an order: CD 'Afrodynamix' 2002, Pntgm: CD 'Mo(ve)ments #3' 2000 ua. **Sonst:** Konzeption u Realisierung spartenübergreif Projekte seit 91, z B TransMove / Interludes. (Red)

Punto, David, Prof, Hochschullehrer, Schlagzeug; Bundesallee 18, D-10717 Berlin, T: (0 30) 86 39 80 34, F: 86 39 80 34; Univ d Künste, Fak Musik, Inst f Künst Ausbildung / Orchesterinstr u Dirigieren, PF 120544, D-10595 Berlin, T: (0 30) 31 85 27 86. **Laufb:** Prof (Schlgz) H d Künste Berlin. (Red)

Purschke, Hans-Peter, Violinist; c/o Neue Lausitzer Philharmonie, Promenadenstr 60, D-02827 Görlitz. **Laufb:** Sol Neue Lausitzer Philh 02/03. (Red)

Pursio, Tuomas, Bass; c/o Oper Leipzig, Augustuspl 12, D-04109 Leipzig [Helsinki]. **Ausb:** Stud (Ges) Sibelius-Akad Helsinki. **Laufb:** Sol Th Erfurt, Dt Op am Rhein Düsseldorf-Duisburg seit 96, Gastsol Dt Staatsop Berlin, Op Hannover, Augsburg, Bielefeld, Zürich, Lausanne u Nizza, Sol Th Erfurt 2000–02, Op Leipzig seit SpZ 02/03, Gastsol Finnische NatOp 04, Savonlinna OpFstv 03, 04. **Pr:** 1. Pr Nat GesWettb Lappeenranta 96. (Red)

Purves, Christopher, Sänger; c/o Bayerische Staatsoper, Brieffach, D-80075 München. (Red)

Pusch, Kay-Gunter, Sänger; Schweinemarkt 6, D-19055 Schwerin, T: (03 85) 71 59 43, 01 72–3 85 41 88; Mecklenburgisches Staatstheater, Alter Garten 2, D-19055 Schwerin [Berlin 24.5.1965]. **Ausb:** Stud (R Krahmer) H f M 'Hanns Eisler' Berlin 86–93. **Laufb:** Sol Mecklenburgisches Staatsth Schwerin.

Pusch, Waltraud, Prof, Hochschullehrerin; H f Musik u Theater, Emmichpl 1, D-30175 Hannover. **Laufb:** Prof (Gesang) H f M u Th Hannover. (Red)

Puschbeck, Jürgen, Prof, Hochschullehrer, Chordirigent; Ilmstr 7, D-99425 Weimar, T: (0 36 43) 49 55 62, F: 49 57 73, *puschbeck@compuserve.de*; H für Musik 'Franz Liszt', Inst f Dirigieren u Opernkorrepetition, PF 2552, D-99406 Weimar [1.10.1960]. **Laufb:** Mitgl d Dresdner Kreuzchores 70–79, Chordgt d Jenaer Philh 86–99, Ltg dJenaer Madrigalkreises 87, RF-Prod, Tourneen durch Europa, Asien, USA u Australien, Prof (Chordirigieren) H f M 'Franz Liszt' Weimar seit 98, Lt d Abt Dirig. (Red)

Putilin, Nicolai, Bariton; c/o Caecilia Lyric Department, Rennweg 15, CH-8001 Zürich, T: 0 12 21 33 88, F: 0 12 11 71 82, *caecilia@caecilia-lyric.ch*; *www.caecilia.ch*. **Laufb:** Gastsol Bayer Staatsop München, Th Bern, FSp Baden-Baden 05. (Red)

Putsch, Michael, Sänger (Tenor); Sitzbuchweg 106, D-69118 Heidelberg, T: (01 77) 3 33 29 60. **Laufb:** Sol Mecklenburgisches Staatsth Schwerin, Sol Th Heidelberg seit SpZ 03/04. (Red)

Puttkamer, Burkhard von, Sänger; Laubacher Str 18, D-14197 Berlin, T: (0 30) 82 70 92 33 [Radewormwald 15.10.1966]. Kontert, Oper, Liederabende an ungewöhnl Orten **Ausb:** MH Hamburg (SchM) 89–94, UdK Berlin (Ges) 95–2000 b E-G Schramm, Mstrks b Th Quasthoff, C Spencer, C Ludwig, R Piernay. **Laufb:** Junges Forum Musikth Hamburg, Sol Stadtth Minden 98, Sol Th Freiburg, Sol Altonaer Th, Sol Neuköllner Op, Sol Berliner Kammerop 03. **Pr:** 2. Pr Joseph-Suder Int LiedWettb 98, 2 Pr BusinessplanWettb Berlin-Brandenburg 02. – **Aufn/RF:** DLF-Musikjournal, Sängerporträt 29.8.05; DW-FS 17.8.04; WDR 11.1.02; NDR 10.1.04. **UA:** W Knuth: 'Friedrich und Lotte' (Op), Stadtth Minden 98; E Sanvi: 'die humanisten', opera stabile, Hamburg 2000; E Firsova: Christushymnus', Berlin Philh 04 (Berliner EA). **Sonst:** ca 20 Konz an ungewöhnl Orten: Antarktis, Schleusen, Bergwerke, Stadtbahnen etc.

Putz, Josef (Pseud: Carl Reidl), Komponist; Johannes-Brahms-Str 33, D-86551 Aichach, T: (0 82 51) 87 26 37 [München 26.7.1966]. Komp v Musicals, Singspielen **Ausb:** Stud (G Coates, AP Waldenmaier) Richard-Strauss-Kons München. **Laufb:** Tätigkeit als Chorlt seit 91, Koordination Bereich Musik b DT-Paraguayan Künstlerbegegnung Artecon Dachau 99. **Pr:** Förderpr Stadt Dachau 96. – **Komp:** Widerborstigkeiten (KamM), UA Dachau 95; Missa brevis da croda dei toni (Chor), UA Dachau, KZ 95; 3 Aphorismen (KamM), UA 96; Lieder auf Texte v Lisl Martin-Schweiger, UA Kaufbeuren 96; 1.Bläserqui (KamM), UA Dachau 97; 2.Bläserqui (KamM), UA Dachau, KZ 98; 4 Algorithmen (KamM), UA Dachau, KZ 99. **AuftrKomp:** Weit ist d Weg (Musical), UA Bad Tölz, Kurhaus, Dgt: H Rossberger (Auftr: Städt MSchule Bad Tölz z 40-jähr Bestehen).

Pyatnychko, Stephan, Bariton; c/o Deutsche Oper, Bismarckstr 35, D-10627 Berlin [Hnylovody, Ukraine 1963]. **Ausb:** Stud (Ges) Lysenko Kons Lviv. **Laufb:** Sol Staatsop Lviv 87, Sol Op Zürich SpZ 00/01, Dt Op Berlin SpZ 04/05. **Pr:** 1. Pr Belvedere Wien 93. (*)

Pye, Suzanne Irene Eleonore, Mezzosopran; Stettiner Str 18, D-45665 Recklinghausen, T: (0 23 61) 49 32 06 [Köln]. ital Oper, Lied, Oratorium **Ausb:** Stud b K Moll u R Leisenheimer H f M Köln bis 95; Mstrkse b A Reynolds u H Rilling Bachakad Stuttgart, b A R Johnson Gregynog (GB), b K Moll Engelberg (CH). **Laufb:** Eng: Aalto-Th Essen SpZ 93–97, Pfalzth Kaiserslautern SpZ 97/98, FSp Merzig 2000, Wintersteinth Annaberg-Buchholz SpZ 2000/01, Dt Op am Rhein seit 01; Gastsp ua in Berlin, Luxenburg, Heilbronn, Detmold; umfangr KonzTätigk ua m d Münchner Symphonikern u d Philharmonia Hungarica in Bremen, Frankfurt, München u Mainz.

Pyhrr, Christian, Prof, Hochschullehrer, Dirigent; Hochschule f Musik Nürnberg-Augsburg, Abt. Augsburg, Maximilianstr 59, D-86150 Augsburg, T: (08 21) 3 69 70, *c.pyhrr@web.de*. **Laufb:** Prof (OrchLt, Musikal Lt Opernschule) H f Musik Nürnberg-Augsburg, Abt Augsburg.

Pyras, Olaf, Schlagzeug; c/o Ensemble Reflexion K, Beatrix Wagner, Reeperbahn 20a, D-24340 Eckernförde, T: (0 43 51) 76 70 75, F: 76 70 75. **Ausb:** Stud (M- u Kunst-Lehramt) Uni Kassel, (Schlgz) H f M Detmold, Abt Münster. **Laufb:** zunächst Rock- u Funkschlgz, ThM an zahlr dt Bühnen (Hannover, Göttingen, Kassel, Bonn, Karlsruhe ua); experimentelle M- u ThProd m Sparbier-Band, Erzählth m Zeichner u Autor F K Waechter, Soloperform ua b World Drum Fstv Hamburg, MProjekte f u m Jugendlichen uvm. **Pr:** Kasseler Kunstpr Dr W Zippel Stift 98. **Ens:** Reflexion K. – **Komp:** eigene SchauspielM f 'Krieg' v R Goetz, 'Nach Aschenfeld' v F K Waechter, 'Familiengeschichten. Belgrad' v Srbljanovic. **Aufn/RF:** FilmM ua f Arte; CDs: MUX-Trio (Werke v Brün, Smith, Cage ua); G Hajdu: Oper 'Der Sprung', Ltg R Gullikers; 'Stimmen u Steine' (Werke v Lechner, Darmstadt, Pyras); Ens Reflexion K (Werke v Cage, Carcano, Ishii, Maderna, Zender ua). (*)

Q

Quadranti, Luigi, Komponist; via G.B. Maggi-Landamano, CH-6874 Castel S Pietro, T: 09 16 46 22 19. (Red)

Quakernack, Helmut, Komponist, Hochschullehrer; Quakernacks Hof 3, D-33647 Bielefeld, PF 144038, D-33634 Bielefeld, T: 0 17 09 03 22 24, *Quisitho@aol.com* [Brackwede 24.5.1956]. **Ausb:** Stud Akk (Prof Reidys) H f Musik Dortmund 78–81; Komp (Schaper) Hannover 93–98. **Laufb:** L (Akk) H f Musik Köln Abt Wuppertal. **Ens:** Quisitho-Ens. **Mitgl:** Dt Akk-L–Verb eV. – **Komp:** Galaxy 2000 (Akk, Fl, Kl), UA Rostock 99; 5 Aphorismen (StrQua), UA Innsbruck 97.

Quandt, Ludwig, Violoncello; c/o Berliner Philharmoniker, Herbert-von-Karajan-Str 1, D-10785 Berlin, T: (0 30) 25 48 80; *www.die12cellisten.com* [Ulm 1961]. **Ausb:** Stud Vcl (A Troester) Lübeck, Mstrkse b Z Nelsova, M Gendron, B Pergamenschikow, S Palm. **Laufb:** 1. Solocellist Berliner Philh seit 93. **Pr:** Prtr ARD-Wettb 90, 1. Prtr 'Premio Stradivari' Int Cellowettb 'Roberto Caruana' Cremona. **Ens:** Die 12 Cellisten der Berliner Philh. (Red)

Quarré, Sierd, Chordirektor; Wurster Str 183, D-27580 Bremerhaven, T: (04 71) 98 18 93 39, (01 79) 3 60 80 08. **Laufb:** 1. Kapm Th Lüneburg, Chordir Th Bremerhaven SpZ 03/05. (Red)

Quasthoff, Thomas, Prof, Hochschullehrer, Bassbariton; Freihorstfeld 52, D-30559 Hannover, T: (05 11) 85 80 08, 01 71–1 43 88 37, F: 28 13 46, *tquasthoff@aol.com*; c/o Konzertdirektion Hans Ulrich Schmid, Königstr 36, D-30175 Hannover, T: (05 11) 3 66 07 60, F: 3 66 07 34, *mail@kdschmid.de* [Hildesheim 9.11.1959]. **Ausb:** Stud Ges (C Lehmann u E Huber-Contwig) Hannover. **Laufb:** Prof (Ges) H f M Detmold seit 96, Sol Bayer Staatsop, NatTh München, Sol Wiener Staatsop 04, ZusArb m Dgt wie C Abbado, D Barenboim, C Davis, B Haitink, M Janssons, K Masur, S Ozawa, S Rattle, H Rilling, C Thielemann u F Welser-Möst; Konz ua m Berliner u Wiener Philharmonikern, Sächs Staatskap Dresden, London Philharmonic Orch, London Symph Orch, Orch of the Age of Enlightenment u Freiburger Barockorch; Auftr b Oregon-Bach Fstv 95, Ravinia Fstv, Tanglewood u Mostly Mozart u sonst in USA regelm m Sinfonieorch Boston, Chicago, Cleveland, Pittsburgh u San Francisco; als Liedsänger ua im KonzHaus u Musikverein Wien, KonzHaus u Philh Berlin, New Yorker Lincoln Center u Carnegie Hall, Amsterdam, München, London, Paris, Rom, Madrid, St Petersburg, Tokio u b d Fstv in Salzburg, Edinburgh u Schleswig Holstein, Berliner FestW u Schubertiade Schwarzenberg, Wiener Staatsop, Sol Op Zürich SpZ 04/05. **Pr:** 1. Pr Int MWettb ARD München 88, Schostakowitsch-Pr Moskau 96, Hamada Trust/Scotsman Fest Prize 96. – **Aufn/RF:** CD: Mahler: 'Wunderhorn-Lieder', m A S v Otter, Dgt: C Abbado (Grammy) 99; Einsp m Liedern v Brahms u Liszt, m J Zeyen (Kl) (Grammy-Nom) 01; Einsp v Schubert: 'Schwanengesang' u Brahm: 'Vier Ernste Gesäng' m J Zeyen (Kl) 01; Aufn m dt OpArien, Dgt: C Thielemann 02. (Red)

Queiroz, Adriane, Sopran; Schwedter Str 224, D-10435 Berlin, T: (0 30) 40 50 08 84; c/o Deutsche Staatsoper Berlin, Unter den Linden 7, D-10117 Berlin, T: (0 30) 20 35 40, F: 20 35 44 80 [Brasilien]. **Ausb:** Stud Ges (M Mineva) Kons u Univ Pará (Brasilien); Stud (Lied) Univ of Missouri, USA; Stud Ges (H Wagner) Kons Wien; Stud Lied u Orat (W Moore) Univ f M u Darst Kunst Wien. **Laufb:** Gastsol u Sol Staatsoper Hamburg, Volksoper Wien, Salzburger Festsp 03, Wiener Festwochen, KamMFstv Stift Rein, EnsMitgl Dt Staatsop Berlin seit 02/03. (Red)

Quell, Michael, Komponist; Am Holderstrauch 9, D-36041 Fulda, T: (06 61) 4 25 12, F: 9 41 86 66, *m.s.quell@t-online.de*; *www.michael-quell.de* [Fulda 14.9.1960]. ästhet Konzeptionen einer Komposition im interdisziplinären Dialog **Ausb:** Stud MH Frankfurt/M 81–89, SchM, Komp (K-J Müller, H-U Engelmann) 81–85, Komp (R Riehm) 85–89. **Laufb:** div LTätigkeit, StudR Fuldaer Gymn seit 91, Gastvortr an versch H, Auff u UA int Fstv Neuer M, ua Semaine Europ des M d'Aujourd'hui 91, Fstv de M Montreux-Vevey 91, Gaudeamus MWoche Amsterdam 88, Darmstädter Ferienkse 88 u 98, Int Mandolin Fstv Perth 97, 11th Western Australian Int Classical Guitar Ens Fstv 99, HGNM Hannover 99, Wittener Tage f Neue KamM 90, Int Pianoforum Heilbronn 2001 u 03. **Pr:** Frankfurter Kunstpr u 1. Pr Toyoko-Yamashita-KompWettb Berlin 89, Auswahl z UA Int Gaudeamus MWoche Amsterdam (Gaudeamus KompWettb) 88, E-Schneider-Pr 03. **Mitgl:** dkv. – **Komp:** 7 Inventionen de aeternitatem petendo (KamM) 83, UA Heidelberg 87; Peri tu ontos-hu sa' aq 4,6692 ah (Solo-Werk) 87/88, UA Amsterdam 88; Ekstare (KamM) 88/90, UA Neufssg Witten 90; StrTrio-le son d'un monde secret et couvert (KamM) 94, UA Trio Recherche 94; Inside ... out – hommage à R Barthes, P Feyerabend, Diogenes u die Kyniker (OrchW) 97, UA Fulda 98; Satori – 5 Haiku (Git-Ens), UA Singapur 99; atremia – Phasen d Stille (KamM), UA Sofia 01; anisotropie, UA Heilbronn 02; anamorphosis II (-polymorphia), (KamM), UA Freiburg 03. **AuftrKomp:** temps et couleurs I (KamM) 95, UA Neuf Darmstadt, Ens Phorminx 98 (Auftr: Sommerth Auerbach); Inside ... out (OrchW), UA Fulda 97 (Auftr: KamOrch Fulda); Interdependenzen (KamM) 97/98, UA Freiburg, Ardeleanu, Evers 98 (Auftr: Perspektiven Heilbronn); anisotropie-(vier) (aggregat)zustände (f Kl), UA Heilbronn, Kiebler 02 (Auftr: Audi-Kulturfonds); anamorphosis I (KamM), UA Ens Recherche 02 (Auftr: Württ Min f Wiss u Kunst); Nadie se conoce-un capricho según F d Goya, UA Stuttgart 03 (Auftr: Staatsgalerie Stuttgart). **Aufn/RF:** CDs: Nunc (de aeternitatem petendo); Doku-CD d Wittener Tage f Neue KamM 90; RF-Aufn: HR, WDR, BR, DLF, MDR, NDR, Radio Suisse Romande, Holländ RF, Radio Brisbane, DLR, SWR. **Sonst:** div Veröffentl zu ästhet u musiktheoret Themen. **Lit:** Werkbespr in 'Staccato' u 'Git u Laute'.

Quetes, Wolfgang, Generalintendant; c/o Städtische Bühnen Münster, Neubrückenstr 63, D-48143 Münster. (Red)

Queyras, Jean-Guihen, Prof, Hochschullehrer, Cello; Dannemannstr 1, D-79117 Freiburg, T: (07 61) 6 00 80 86, F: 6 00 80 87, *jgq@gmx.fr*; c/o karsten witt musik management gmbh, Leuschnerdamm 13, D-10999 Berlin, T: (0 30) 6 16 92 19 20, F: 6 16 92 11 01, *info@karstenwitt.com*. **Ausb:** Stud (Vcl) Cons Supérieur de Musique de Lyon, Stud MH Freiburg, Juilliard School u Mannes College of Music New York. **Laufb:** Solo-Cellist d Pariser Ens InterContemporain, Konz als Kammermusiker u Sol in ganz Europa u d USA, ua Concertgebouw Amsterdam, Wigmore Hall u Queen Elizabeth Hall in London, Symphony Hall Birmingham, Athens Concert Hall, Philh Brüssel, Suntory Hall Tokyo, New Yorker Carnegie Hall, Solo-Eng ua m d Orchestre National de Belgique, BBC National Orch of Wales, Trondheim Symph Orch, SinfOrch d BR, Orchestre Philharmonique de Radio-France u Orchestre National de France, SinfOrch Basel, Concerto Köln u Radio SymphOrch Saarbrücken; Prof (Vcl) Trossingen seit 01. **Ens:** Arcanto Qua. – **Aufn/RF:** DD-Prod m Werken v Ligeti, Britten, Boulez, Kodaly u Kurtag. (Red)

Quezada, Oscar, Bariton; c/o Lars-Oliver Schimanski Opern-und Konzertagentur, Syker Str 8, D-28307 Bremen, T: (04 21) 4 84 47 13, 01 77–5 10 15 91, F: 4 98 98 60, *info@scarpia.de*. **Laufb:** Sol Stadtth Bremerhaven, Gastsol Th Aachen SpZ 04/05. (*)

Quinn, Gerard, Sänger; Malkendorferweg 12, D-23617 Stockelsdorf-Curau, T: (04 05) 57 08 49, (01 74) 8 00 41 70; c/o Lübecker Theater GmbH, Beckergrube 16, D-23552 Lübeck. **Laufb:** Sol Städt Bühnen Osnabrück, Gastsol Lübecker Th SpZ 00/01, Sol Lübecker Th seit SpZ 03/04. (Red)

Quitt, Roland, Dramaturg; Theater Bielefeld, Brunnenstr 3–9, D-33602 Bielefeld. **Laufb:** Dram Th Bielefeld SpZ 03/05. (Red)

R

Raab, Markus, Sänger; Volksoper, Währinger Str 78, A-1090 Wien. **Laufb:** Sol Volksoper Wien seit 03/04. (Red)

Raab, Nicola, Regisseurin; Wiener Kammeroper, Fleischmarkt 24, A-1010 Wien [Regensburg]. **Laufb:** Reg Wiener Kammerop. (Red)

Rab, Walter *siehe* Grimmel, Werner

Rabe, Emil (Pseud: Günter Glorius), Komponist; Singerhoffstr 54, D-44225 Dortmund, T: (02 31) 71 88 98 [Dortmund 1.11.1920]. **Ausb:** Sem f kath KiM (Orgel, Kl, Dirig) MH Dortmund, Examen 40. **Laufb:** Kantor u freischaff Chorlt u Komp ab 45, Lt KiMZentr Dortmund Hobruch bis 79, Doz (Chorltg). **Pr:** Sieger int Chorwettb Cork/Irland m d Dortmunder KamChor 54, 4x Meisterchor, BVK 1. Kl, Goldene Verdienstmed Dt Sängerbund, Ehrenbrief u Ehrennadel Stadt Dortmund, Ehrenring Sängerkreis Dortmund, Dortmunder Bürgertaler. – **Komp:** Kleine Festmesse (ChorW) 52, UA Dortmund 52; Musik, d Wunderbare (ChorW) 53, UA Dortmund 53; Ruhr-Hymnus (ChorW) 55, UA Dortmund, Männergesangsverein 1904 55; Singend spricht unser Herz sich aus (ChorW) 64, UA Dortmund 64; Der junge Tag lädt ein (Chorkantate) 86, UA Dortmund, Dortmunder KamChor 86. (Red)

Rabe, Gerhard (Pseud: Roman Zybal), Komponist; Ostwall 5, D-59399 Olfen, T: (0 25 95) 76 76, F: 76 75, *rabe@concertino.de*; *www.Gerhard-Rabe.de*, *www.concertino.de* [Dortmund 8.7.1944]. Kantaten, Chorwerke **Ausb:** Org, Chorlt MH Dortmund, Komp (b G Biener, G Schäfer). **Pr:** Prtr KompWettb Carl-Engels-Stift Mülheim, mehrfach Prtr Valentin-E-Becker KompWettb Bad Brückenau, Kulturpr Landkreis Uelzen. – **Komp:** Jahresbilder (Chorkant) 80/81, UA Bielefeld 81; Mensch Musik – Natur (Chorkant) 83, UA Soest, Chöre d Sängerkreises, Dgt FW Cramer 84; Allzeit fröhlich (Chorkant) 84, UA Uelzen 84; Lobet d Herrn v Himmel her (geistl Kant) 86, UA Dortmund 87; Lied kling hinaus (ChorW) 88; Musik baut goldene Brücken (Chorkant) 92; Überall ist Bethlehem (Weihnachtskant); Und ein Licht strahlt hell hervor (Adventskant).

Rabe, Volker Maria, Sänger; Briesener Str 24, D-03046 Cottbus, T: (01 72) 4 20 89 37. **Laufb:** Sol Th Freiberg, Sol Staatsth Cottbus SpZ 03/05. (Red)

Rabenschlag, Susanne, Prof, Hochschullehrerin, Violine, Kammermusikerin; Hochschule f Musik u Darst Kunst, N 7,18, D-68161 Mannheim, *srabenschlag@t-online.de*. **Ausb:** Stud (M Rostal) MH Köln, (D DeLay) Juilliard School of Music/New York. **Laufb:** Prof (V, KamM) Staatl H f M u Darst Kunst Mannheim seit 95. (Red)

Rabenstein, Hans-Martin, Prof, Hochschullehrer, Dirigent; Goethestr 31, D-14163 Berlin, T: (0 30) 8 01 20 20; Univ d Künste, Fak Musik, PF 120544, D-10595 Berlin. **Ausb:** Stud i Leipzig u Berlin. **Laufb:** Korr u späte Kapm Städt Bühnen Essen 56–64, Kapm Staatstheater Braunschweig 64–66, Dir Deutsche Op Berlin 66–96, Prof (Dir) HdK Berlin 70–95, Gastdir Staatsop Wien 82–86. (Red)

Rabien, Henrik, Prof, Fagott, Hochschullehrer; Kurfürstenstr 48, D-53115 Bonn, T: (02 28) 96 69 98 39; Hochschule f Musik u Darst Kunst, Eschersheimer Landstr 29–39, D-60322 Frankfurt [Berlin 1971]. **Ausb:** Stud (E. Marschall) Hf M u Th München. **Laufb:** Sol Gürzenich-Orch d Stadt Köln 96, Sol WDR-Sinfonieorch in Köln seit 98, Prof H f M u Darst Kunst Frankfurt/M. (Red)

Rabine, Eugene, Prof, Hochschullehrer, Sänger; Hauptstr 66, D-74399 Walheim, T: (07 143) 96 05 33, F: 9 60 66 10; H f Musik 'Franz Liszt', PF 2552, D-99406 Weimar. (Red)

Rabinovitch-Barakovsky, Alexandre, Dirigent, Komponist, Klavier; c/o Blue Orchid Artist Management, Kirchstr 33, D-73342 Bad Ditzenbach, T: (0 73 34) 39 88, F: 38 40, *info@alexandrerabinovitch.com*; *www.alexandrerabinovitch.com* [Baku 1945]. – **Komp:** Les mots de Andrei Biely (Kant), 69; La harpe de David (Sinf), 99; Jiao, 04, KlKonz; OrchWerke. **Aufn/RF:** Mozart: „Haffner" Sinf, Mozart: KlKonz K 466 u K 459, Werke v Messiaen, Schumann, Brahms. (Red)

Rabinski, Jacek, MA, freischaffender Komponist, Gitarrist u Pädagoge; Heesestr 12, D-12169 Berlin, T: (0 30) 7 92 78 85, 01 63–7 92 78 85, F: 7 92 78 85, *rabinski@hz-edition.de*; *www.hz-edition.de*, *www.hz-edition-musikverlag.de* [Warschau 15.12.1956]. KamM in außergewöhnl Besetzung **Ausb:** Unterr (Git) Lyzeum f Musik Warschau 74–79; Git (M Zalewski) Warschauer MAkad 79–83, Komp (W Szalonek) H d Künste Berlin 85–89. **Laufb:** KonzTourneen Polen 77–81, Git-L MSch 'Fr Chopin' Warschau 83–85; Entw eigener MSprache Absolute Tonalität (streng tonale M) 86, L (Komp, MTheorie, Kl) MS 'M Schostakowitsch' Berlin 95–02. **Mitgl:** dkv. – **Komp:** Joie de vivre (f Akk), UA Warschau 91; La fontaine de joie (KamM), UA Liegnitz 91; Rosa dei venti (KamM), UA Warschau 94; 'Das Mädchen m den Schwefelhölzchen' (Ballett), UA Berlin, Th am Park 95; Play (KamM), UA Berlin 97; 'Die Sonderbare Reise d Herrn Tannenbaum' (Kinder-MTh), UA Berlin 97; Totentanz (KamM), UA Berlin 97; Goodbye Music (KamM); Sen (KamM); Psalm 145 f Va u Git 2000, UA Berlin 02. **Aufn/RF:** La fontaine de joie, Z Koźlik, K Olczak, S Moryto 92; Joie de vivre, Rosa dei venti, Vento in calma, Il vento sferza, Z Koźlik, K Celiński 94; Amusement for two prepared Guitars, Duo Stringendo 95; Play, Trio, Zirkuspolka, Hoyer Trio, K Hoyer, U Hoyer, K Lauke 97; Psalm 11, Psalm 23, Psalm 104, A Rex, K Lauke 98. **UA:** Amusement, UA Philh Warschau 86; 'Jeux de Sociéte', UA Centre Culturel François Berlin 88; 'Musica de lutto' (f StrQua), UA 33. Fstv 'Warschauer Herbst', Qua 'Novum' 90; 'Discreet music' (f Fl u Git), UA ebd; 'La fontaine de joie' (f 2 Akk u Org), UA 24. Fstv 'Liegnitzer Orgeltage' 91; 'Il vento sferza' (f Akk u Git), UA 36. Fstv 'Warschauer Herbst' 93. **Zug:** Jesaja 30.15, Lukas 12.23, 24, ein Gebet f verstorbene Kinder f Chor a cappella, C Finke: Zirkuspolka, Play, Trio f V, Vcl, KB, Hoyer Trio, M. Rex: Sonata in Fis f KB u Kl K. Lauke: Concertino f KB u Org. **Sonst:** Veröff b MVerl H Zweig, Buch- u MVerl W Feja. **Lit:** Repertorium OrgelM 1150–1998; Rim Repertoirelijsten.

Rabsch, Fabian, Sänger; Emilienstr 18, D-32756 Detmold, T: (0 52 31) 3 79 69; *www.fabian-rabsch.de*. **Laufb:** Gastsol Landesth Detmold SpZ 02/04. **Ens:** Neue Detmolder Liedertafel. – **Aufn/RF:** „An den Frühling – Ernste und heitere Festgesänge für Männerstimmen". **Sonst:** Ausstellungen als Bildhauer, Goethe-Hafisdenkmal Weimar.

Rabsilber, Michael, KS, Sänger; Leipziger Str 58, D-10117 Berlin, T: (0 30) 2 29 44 30; c/o CICADA. con Agentur & Management, Gubener Str 3b, D-10243 Berlin, T: (0 30) 29 00 13 35, F: 29 00 58 97, *info@cicada-con.de*; *www.cicada-con.de*. **Ausb:** Stud Physik, Stud (Ges, Komp) 'Felix Mendelssohn-Bartholdy' Leipzig b E Fleischer u S Thiele. **Laufb:** Op Halle, Sol Kom Op Berlin, 03/04 Sächs Staatsop Dresden, Musikth Essen, Gastsol Th Altenburg-

Gera SpZ 03/04. **Pr:** Dvorak-Pr Prag 76, Schumann-Prtr Zwickau 77, KS 86. – **Aufn/RF:** G F Händel: 'Giustino', 'L'Allegro'; H Berlioz: 'Lélio'. (Red)

Rabus, Kathrin, Violine; c/o Kandinsky Streichtrio, Hartmut Rohde, Eislebener Str 15, D-10789 Berlin, T: (0 30) 2 11 03 65, F: 21 96 95 48, *kathrinrabus@kandinsky-streichtrio.de*; *www.kandinsky-streichtrio.de, www.ensemble-kontraste.de*. **Ausb:** Stud Pjotr Bondarenko (Tel Aviv), Dorothy DeLay (New York), Mstrks b Henryk Szernyng, Nathan Milstein u Gidon Kremer. **Laufb:** 1. Konzm NDR RadioPhilh Hannover. **Pr:** 1. Pr Jugend musiziert, 1. Europäischen Pr 74, 1. Pr 'Concertino Praga', 1. Pr 'Podium junger Solisten', 1. Pr int VWettb 'Tibor Varga'. **Ens:** Ensemble Kontraste, Pallas-Trio, Kandinsky Streichtrio. (*)

Raccichini, Norma, Sängerin; c/o Bayerische Staatsoper – Das junge Ensemble, Brieffach, D-80075 München. (Red)

Rachlin, Julian, Prof, Violine; c/o Dmitri Kuschnir, Julian Rachlin's Office, Frankenberggasse 8/9, A-1040 Wien, T: (06 76) 3 14 97 96, F: 3 14 97 95; c/o Alexandra Heinz – Artists, Kleine Brunnenstr 18, D-22765 Hamburg, T: (0 40) 39 80 37 90, F: 39 80 49 03, *heinz@ah-artists.de*; *www.julianrachlin.com*. **Ausb:** Stud V (B Kuschnir) Kons Wien. **Laufb:** Debüt Berliner FestW m Orch Nat de France, Tournee durch Europa u Japan m Pittsburgh Symph Orch, Debüt (als jüngster Sol) m Wiener Philh u Riccardo Muti, Prof Wiener Kons seit 99, ZusArb m Chicago Symph Orch, Israel Philh Orch, London Philh Orch, London Symph Orch, Los Angeles Philh Orch, Münchner Philh, Orch Philh della Scala, Orch de Paris, Philadelphia Orch, Royal Philh Orch, San Francisco Symph Orch, St. Petersburger Philh, Debüt m Symph Orch d BR unter L Maazel Carnegie Hall New York, Debüt m New Yorker Philh unter L Maazel, Lt Fstv J R and Friends Dubrovnik, KamMPartner v M Argerich, Y Bashmet, Y Bronfman, G Kremer, M Maisky, Sh Mintz, M Rostropovich u H Schiff. **Pr:** 'Young Musician of the Year'-Pr Cocertgebouw Amsterdam, Accad Musicale Chigiana. – **Aufn/RF:** Sibelius: 'Violinkonz u Serenade', Pittsburgh Symph Orch, Dgt L Maazel; Saint-Saëns: 'Konz Nr 3'; Wieniawski 'Konz Nr 2', Israel Philharmonic Orch, Dgt Z Mehta; Prokofjew: 'Konz Nr 1'; Tschaikowskij: 'Konz' m RSO Moskau, Dgt V Fedoseyew. **UA:** Penderecki, Sextett m M Rostropowitsch u Y Bashmet, Wiener Musikverein. (Red)

Racine, Philippe, Flöte, Hochschullehrer; Schrennengasse 6, CH-8003 Zürich, *ph.racine@tiscalinet.ch*; H Musik u Theater, Hirschengraben 46, CH-8001 Zürich, *philippe.racine@doz.hmt.edu* [1958]. Spezialist f zeitgen Musik, vertiefte Auseinandersetzung m AuffPraxis Alter Musik **Ausb:** Musikstud in Basel u Paris. **Laufb:** KonzTätigkeit in Europa, Kanada, USA, Südamerika u Asien als Sol u Kammermusiker; Komponist, Textautor, Songwriter, Prof (Querfl u KamM) HMT Zürich. – **Aufn/RF:** umfangr Diskographie (ca 20 CDs v Barock bis zur Gegenwart, Jazz u Rock inklusive) m ua English Chamber Orchestra, Ernesto Molinari, Jürg Wyttenbach, Thomas Demenga u Simon Preston. (Red)

Raciti, Angelo, Tenor; Enge Gasse 1, D-09599 Freiberg; c/o Theater Freiberg, Postfach, D-09582 Freiberg [Liestal (CH) 16.6.1970]. Oper, Operette **Ausb:** Privatstud b KS Ruggiero Orofino (Berlin), Mstrkl b William Matteuzzi (Rossini Fstv, Bad Wildbad), Maria Zahlten-Hall, KS Karan Armstrong (UdK Berlin). **Laufb:** Th Freiberg seit SZ 03/04. – **Aufn/RF:** 3. Akt Meistersinger (Stolzing), NicolaikirchenFSp Freiberg 2004, Dgt: J M Horstmann. **Sonst:** künstler Ltg Lotte-Lehmann-Woche, Perleberg seit 03.

Racz, Gyula, Prof, Hochschullehrer, Musikpädagogik, Percussion; Kühschlagstr 52, D-93152 Schönhofen/Nittendorf, T: (0 94 04) 96 23 73, F: 96 23 74, *racz@km-regensburg.de*; H f Kath Kirchenmusik u Musikpädagogik, Andreasstr 9, D-93050 Regensburg; *www.km-regensburg.de/kmr*. Percussion, Meue Musik, Neue Medien, Neue Kammermusik **Ausb:** Stud Liszt Ferenc H Budapest, Stud b S Fink H f M Würzburg. **Laufb:** Prof (Perc MPäd) H f KiM, Prof (MPäd) KiMSch Regensburg, Prof (Schlgz) Staatl H f M u darst Kunst Stuttgart. – **Aufn/RF:** zahlr CDs. **Sonst:** Bücher: 'Handbuch d Schlagzeugpraxis' 81, 'Musik – Neue Medien – Bildung' 02.

Radanovics, Michael, Komponist, Violinist; Marktgemeindegasse 63/B10, A-1230 Wien, T: (01) 8 89 41 37, F: 8 89 41 37, *m.radanovics@aon.at* [Steyr 19.3.1958]. KamM, Jazz **Ausb:** Stud (V) MU Wien 77–85, (Jazztheorie) Kons Wien. **Laufb:** Orch d Wiener Volksop 83–88, Radio SinfOrch Wien seit 88, Tourneen in Europa, Nord- u Südamerika, Fernost. **Pr:** 2. Pr Leibnitzer Kunstpr 94, 3. Pr F J Reindl-Pr 98, 3. Pr Gustav-Mahler-KompWettb 03. **Ens:** Streichqua Motus, 'Roland Neuwirth Extremschrammeln'. **Mitgl:** Komponistengruppe 'Groupe Lacroix'. – **Komp:** 'Introversion', UA Wien, Konzerthaus 95; 'Lunatic's Moonride' (PercEns), UA Wien, Mus Verein 01; 'Take Breath', UA Wien, Konzerthaus 01; 'Das Wunder der Zahlen' (Konz f Klar u Big Band), UA Klagenfurt 03. **Aufn/RF:** CDs: 'Crimson Flames', Motus Qua; 'Train Song', Spring String Qua; '8 Pieces on Paul Klee', Groupe Lacroix; 'Spartacus', Supercussion. **Sonst:** Veröffentl päd Lit u KamM.

Radeke, Winfried (Pseud: Arno W Haselmann), Komponist, Dirigent, Künstlerischer Leiter; Fredericiastr 11, D-14050 Berlin, T: (0 30) 3 02 87 96, 01 62–6 89 66 47, *winniradeke@gmx.de* [Berlin 30.11.1940]. **Ausb:** SchM (H F Hartig), Dirig, KiM Berlin. **Laufb:** Doz KiMSchule Spandau 77–89, Orch- u Chorlt FU/TU 77–89, Grd u künstl Lt Neuköllner Op seit 77 (03/05), Grd u künstl Lt Chorwerkstatt Berlin 91. **Pr:** Dt Kritikerpr 95. – **Komp:** 11 Op, ua: Die Vögel 80; Die Heiligen Kühe 87; Der Zapfen 96; Krabat 98; 3 Orat: Overkill 81; Litanei 86; Bracke 01, Sinf 87; Chorstücke 96/99, Kinderlieder. **Auftr-Komp:** 'Damaskus' (Op), UA Berlin 89 (Auftr: Ev Kirche, Gema-Stift); 'Missa ex tempore', UA Berlin, Dom 2000 (Auftr: Ev Kirche).

Rademacher, Lutz, Dirigent; Haltinger Str 25, CH-4057 Basel, T: 06 16 83 48 78. **Ausb:** Stud Dirig (K Seibel) H f M Hamburg. **Laufb:** 1. Kapm Nordharzer Städtebundth Halberstadt/Quedlinburg, Dgt Th Basel seit SpZ 03/04; Ass Bayreuther FSp 05.

Rademacher, Winfried, Prof, Hochschullehrer, Violine; Blümlisalpstr 19, CH-8006 Zürich, T: 04 38 10 02 18, F: 04 38 10 02 19, *wrademacher@bluewin.ch*; Hochschule f Musik, Schultheiß-Koch-Pl 3, D-78647 Trossingen. **Ausb:** Stud b K. Schäffer in Düsseldorf, J. Suk in Wien, b S. Végh, Mitgl d Amadeus Qua u N. Milstein. **Laufb:** Prof (V) Staatl H f M Trossingen seit 86. (Red)

Rademann, Hans-Christoph, Prof, Hochschullehrer, Dirigent; Ludwig-Richter-Allee 24, D-01445 Radebeul, T: (03 51) 8 38 23 18, F: 8 38 23 18; Hochschule f Musik, PF 120039, D-01001 Dresden [Dresden 1965]. Chorsinfonik, Renaissance bis Moderne **Ausb:** Stud (Ch-, OrchDirig) H f M 'Carl Maria v Weber' Dresden bis 90, div DirigKse (ua Int Bach-Akad Stuttgart b H Rilling), StudAufenth b P Herreweghe. **Laufb:** Mitgl Dresdner KreuzCh 75–83, Ltg Dresdner KamCh seit 85, künstl Ltg Singakad Dresden seit 91, ZusArb m div RF-Ch (MDR, Bayer, NDR, Berliner) seit 95 u RF-Orch (Sächs Staatskap Dresden, Dresdner Philh, Dresdner Barockorch, Ens 'Alte M Dresden', Orch d Ldsbühnen Sachsen), Debüt als OpDgt Ldsbühnen Sachsen 97, ChDgt NDR-Ch Hamburg 97; KonzReisen als Dgt USA, Israel, Südafrika, Finnland, Italien, Slowakei, Tschechien, NL, Indien, Sri Lanka; Prof (ChLtg, -Dirig) H f M 'Carl Maria v Weber' Dresden. **Pr:** Förderpr Ldshauptst Dresden 94. (Red)

Rader, Salmon *siehe* Stock, Martin

Radermacher, Erika, Komponistin, Klavier, Sopran; Schaufelweg 26, CH-3098 Schliern b Köniz, T: 03 19 71 26 00, 0 79–6 99 70 60. (Red)

Radermacher, Friedrich, Prof, Komponist; Stauffenbergstr 22, D-50737 Köln, *radermacher@mail.isis.de*; *www.komponist-radermacher.de* [Düren 14.4.1924]. Kompositionen v einfachen Chorwerk bis Sinfonie u Oper, Schwerpunkt Kammermusik **Ausb:** Stud Dirig (G Wand), Komp (P Jarnach, F Martin) MH Köln 46–53. **Laufb:** Chor- u Orchdgt 46–59, Doz MH u U Köln 52–86, Prof 69, stellv Dir 76–86, pens u freischaff seit 86. **Pr:** 2. Pr Halle 49, 1. Pr Lüdenscheid 80. **Mitgl:** dkv. – **Komp:** Don Giovanni erinnert sich (OrchM), UA Lüdenscheid 91; Die Ernte ist groß (Orat), UA Aachen, Dom 92; 2. Klavierkonz (OrchM), UA WDR 93; Sinfonie in 5 Sätzen (OrchM), UA Düsseldorf 98; Marianische Festmesse u Magnifikat, UA Düsseldorf 98; Die Heinzelmännchen v Köln, UA Köln 98; 2. Konz f Tromp u Orch (OrchM), UA 99; Der Flachs (Ballett), UA Bernkastel-Kues 01.

Radestock-Ehinger, Carmen, Blockflöte, Hochschullehrerin; Dr. Hoch's Konservatorium, Hebelstr 15–19, D-60318 Frankfurt/M, T: (0 69) 9 15 00 40, F: 9 15 00 40, *mail@dr-hochs.de*; *www.dr-hochs.de/html/radestocdozentenvitae_l-r.html*. **Ausb:** H f M u Darst Kunst Frankfurt, Stud b Braun, Linde, Tol. **Laufb:** Doz (Blockfl) Dr Hoch's Kons Frankfurt. (Red)

Radicke, Camillo, Klavier; c/o Künstler- und Konzertagentur Grandmontagne, Tännichtgrundstr 10, D-01462 Dresden/Niederwartha, T: (03 51) 4 54 03 04, F: 4 54 06 04. **Ausb:** Dresden (R Metzner, A Webersinke, A Zenziper). **Laufb:** Sol u KamM Europa, Naher Osten, Kuba, Südamerika 92. **Pr:** Gewinn int KlWettb Palma de Mallorca 90, Athen 92, Vercelli. – **Sonst:** Lied-Pian v P Schreier u O Bär. (Red)

Radmilovic, Kate, Sängerin; Engelgasse 8, CH-9000 St Gallen, T: 07 12 20 61 45. **Laufb:** Sol Städt Bühnen Osnabrück, Sol Eutiner FSp SpZ 03/05. (*)

Radneva, Antonia, Sängerin; c/o Opernhaus Zürich, Falkenstr 1, CH-8008 Zürich, *aradneva@yahoo.com*; Hirslanderstr 22, CH-8032 Zürich, T: (0 78) 8 06 29 84, F: (01) 2 68 64 37 [Sofia, Bulgarien 27.11.1981]. Oper **Ausb:** Ges M Akad Sofia, Bulgarien (Konstantsa Watschkowa) 2000–05; Intprks m Norman Shetler 03; Intprkse m Raina Kabaivanska 02, 03, 04, 05; Opks 'OperOder-Spree' Beeskow 03/04; Int Musik Academie 'Wien-Prague-Budapest' Baden 04, Mstrks m Sonja Gazarian; Intprks m Francisco Araiza 05. **Laufb:** Debut 'Cosi fan tutte' (Fiordiligi) M Akad Sofia 03; 'Die Zauberflöte' (Pamina) Op Burgas (BG), Tournee in Spanien 04; 'Orpheus' (Eurydike) 'OperOderSpree' Neuzelle 05; 'Die Kinderzauberflöte' (Pamina), Op Zürich 05; 'Rigoletto' (Gräfin Ceprano) Op Zürich 05. **Pr:** Spezial Pr 'Junge musikalische Talente' Sofia 2000; Stip Wettb d Stift 'Raina Kabaivanska' Sofia 02 u 03; Pr f beste Interpret b Opks 'OperOderSpree' Beeskow 03; 1. Pr Zweiter Akad Wettb 'Liubomir Pipkov' Sofia 04; 3. Pr Int GesWettb 'Klassik-Mania' Wien 04; Spezialpr-Stip Int GesangsWettb 'Julian Gayarre' Pamplona 04; Stip f Musik Akad 'Chiggiana' Siena 05.

Radomirska, Violetta, Mezzosopran; Bundtacherstr 18, CH-8127 Forch, T: 0 19 80 42 25, 07 92 56 91 31, F: 0 19 80 06 06; c/o Artists Management Verena Keller, Lohwisstr 52, CH-8123 Ebmatingen, T: 04 49 80 15 13, F: 9 80 36 86, *keller.verena@bluewin.ch*. **Laufb:** Sol Th Luzern SpZ 03/04, Sol Th Biel Solothurn SpZ 04/05. (Red)

Radonici, Ionel, Oboe; c/o WDR Sinfonieorchester, D-50600 Köln. **Laufb:** stv Sol WDR SinfOrch Köln. (Red)

Radulescu, Michael, O Univ Prof, Komponist, Orgel, Dirigieren, Universitätsprofessor; Nottebohmstr 8, A-1190 Wien, *radulescu@inock.at*; Univ f Musik u Darst Kunst, Inst f Orgel, Orgelforschung u Kirchenmusik, Seilerstätte 26, A-1010 Wien; *members.vienna.at/radulescu* [Bukarest 19.6.1943]. geistl Musik, Bach, Orgel, Komposition, Pädagogik, Dirigieren **Ausb:** Unterr Org (V Bickerich) Sibiu 56–59, PrivStud Komp (M Jora) 57–64, Stud Org (A Heiller), Dirig (H Swarowsky, K Österreicher) Akad f M u darst Kunst Wien 65–68. **Laufb:** O UProf U f Musik u Darst Kunst Wien seit 68, Mstrkl u Mstrkse (Org) in Europa, Südkorea, Japan, Nordamerika u Australien, Lt Int Bach-Akad Porrentruy seit 90, Komp f Chor-, Orch-, Ens- u OrgM. **Pr:** div KompPr wie KompPr b Wettb d Wiener MAkad 68, b Wettb Dürer-Jahr Nürnberg 71 u d

Österr KompBundes 75 u 81, Förderungspr f M d Stadt Stuttgart 70 u d Österr Bundesministeriums f Unterr u Kunst 91, Österr Ehrenkreuz f Wiss u Kunst 1 Klasse, Goldene Med 'Foyer d Artistus', Centro Int d Cultura-Arte-Scienza-Impegno Sociale Rom 04, Goldenes VZeichen d Landes Wien 05. **Mitgl:** GdO, GEMA, Österr OrgForum. – **Komp:** Qui f Fl, Ob, Klar, Hn u Fag 67, UA MAkad Wien 68; Variationen f gr Orch 73, UA KonzHaus Wien 81; Rex coeli f gem Chor 80/81, UA Franziskanerkirche Wien 84; Threnodia f Vcl solo 84, UA St Jacobi Göttingen 85; Sonetti (Recitativo f 6 Solos a cap) 85, UA St Paul Wien 86; Ebla's Song of Praise f gem Chor u Org 86, UA Gr Sendesaal Funkhaus Wien 86; Epiphaniai 88, UA Bonn 89; Ebla's Song of Praise (Fassg f gem Ch u Orch) 94, UA Stiftskirche Herzogenburg 94; Veni (f Sop, Fl u 3 Schlgzgruppen) 96, UA Christus-Kirche Salzburg 97; StrSextett (f 2 V, 2 Va u 2 Vcl), UA Wiener MVerein, Wiener StrSextett 96 (Auftr: Wiener Gesellschaft d MFreunde); Nomen (f 3 gem Ch, 2 Fl u Tamtam), UA UKirche Wien, Wiener KamChor 98 (Auftr: Wiener KamChor); Resurrexit (f Org), UA Dom Roskilde 01 (Auftr: Dom Rodkilde); Leiden u Tod unseres Herrn u Heilands Jesus Christus (Passion f 2 Ch, 2 Orch, Alt u Bass solo), UA Dom Graz 'Psalm 03', Dgt: J Doeller 03 (Auftr: Gesellschaft d Domfreunde Graz). **Aufn/RF:** NDR-MPr Org in Norden 02; CDs: J S Bach: Gesamtes OrgWerk, 'Resurrexit' Org d Doms Roskilde 03; Passion 'Leiden u Tod unseres Herrn u Heilands Jesus Christus' unter eigener Ltg, Dom zu Graz 05. **Zug:** A F Kropfreiter: 'Introduktion d Chaconne über Bach' f Org 2000. **Sonst:** Ausg Alter Musik: G Muffat, P Hofheimer, mittelalterl OrgM, N Bruhns (OrgWerke); Rekonstr u Hrsg d Kant BWV 193 v J S Bach; Artikel über A Schönberg (op 40), J S Bach, OrgM d Renaissance, G Muffat. **Lit:** R Summereder: 'Aufbruch d Klänge' 95, 99; P Rouet: 'Analyses' 03.

Radvanovsky, Sondra, Sängerin; c/o Bregenzer FSp, Platz der Wiener Symphoniker 1, A-6900 Bregenz, PF 311, A-6900 Bregenz. **Laufb:** Sol Bühnen d Stadt Köln, Op Leipzig SpZ 03/04, Bregenzer FSp 05, Sol Dt Op Berlin SpZ 04/05. (*)

Radzischewski, Heinz, Trompete; c/o Deutsches Symphonie-Orchester Berlin, Masurenallee 8–14, D-14057 Berlin. **Laufb:** stv Sol Dt SymphOrch Berlin. (Red)

Raecke, Hans-Karsten, Komponist; Pozzistr 10, D-68167 Mannheim, T: (06 21) 79 33 96, F: 79 35 41, *raecke@web.de*; *www.raecke-klangwerkstatt.de*. – **Komp:** 'So......? (Ein Warnlied)' f Tenor-Bambuphon; 'Kalamos' f Bambusschalmei u Tonband; 'In der Zugluft' f Blas-Bambus-Draht-Dose; 'Luft-Druck-Zonen' f Tenor-Zugmetalluphon; 'Solar' f Blas-Metall-Dosen-Harfe. **Aufn/RF:** Neue Instrumentenkunst f neue Musik 1; Kunstfinale, ein musikal Theaterstück in 14 Akten nach einer Idee v Manfred Forschner; Klangbilder, Duo m Hugh Davies (London); Prescanned Passages, Duo m Mani Neumaier; Bearb v Mussorgski: Bilder einer Ausstellung; 5 Jahre Klangwerkstatt Musiktage 92–96. (Red)

Rättyä, Janne, Prof, Hochschullehrer, Akkordeon; Univ f Musik u Darst Kunst, Inst 4, Brandhofgasse 211, A-8010 Graz, T: (03 61) 3 89 37 53, *janne.raettyae@kug.ac.at* [1974]. **Ausb:** Stud Jugend-Akad d Sibelius Akad Helsinki, Solistenklasse v M Rantanen, Master of Music 98, Aufbaustud Folkwang H Essen (M Miki). **Laufb:** U Prof (Akk) Univ f Musik u Darst Kunst Graz. **Pr:** 1. Pr Arrasate Hiria-Wettb i Spanien, 2. Pr Sol- Wettb v Classic FM Finland 96. (Red)

Raffaseder, Hannes, Dipl-Ing, Komponist; Hernalser Hauptstr 39/6, A-1170 Wien, T: (01) 4 09 47 38, F: 4 09 47 38, *Hannes@raffaseder.com*; Am Pregarten 11, A-4240 Freistadt; *www.raffaseder.com* [Freistadt, OÖ 15.1.1970]. Konzert, Elektron M, multimediale Projekte **Ausb:** Stud (Nachrichtentechnik) TU Wien 88–95, Unterr (Kl, Improv, Komp) b Ch Cech 91–93, Lehrgang (Computermusik) H f M u darst Kunst Wien 93–96. **Laufb:** Grdg Ensemble 'Cubato' 93, LAuftr (FB Audio) FH Medientechnik u -design Hagenberg seit 98, LAuftr (FB Audio) FH f Telekomunikation u Medien St Pölten seit 2000, freischaff Komponist. **Pr:** zahlr Pr u Stip. **Ens:** SNAIL (www.recurl.com). – **Komp:** Nachts (Alt u 10 Instr) 2000; ...trotz allem/zwölf für Arnold, UA Wien, Musikverein, Dgt: Keuschnig 01. **AuftrKomp:** Träumezwischenräume (Sop, SaxQua, Marimbaphon), UA Hagenberg 96 (Auftr: Sigma Plan); Sinfonietta (Orch), UA Freistadt, Dgt: C Magnus 2000 (Auftr: KamPhilh Freistadt); What Gap? (2. StrQua), UA London, Chamber Domaine 01 (Auftr: Ch Heindl). **Aufn/RF:** Nachts (Alt u 10 Instr), UA Villach, Neues Ens Villach, Dgt: B Strobl; SaxQua '92, Oberösterr SaxQua; Träumezwischenräume, SaxQua; In Stille – Aufschrei, Ens Spektren; What Gap? (2. StrQua), Koehne Qua. **UA:** ...Trotz allem (12 f Arnold), UA Musikverein Wien; Tango (Fassung f Ens), UA Musikverein Wien; Verloren (Fragment n Wallenberg), UA Konzerthaus Wien. **Sonst:** Audiodesign 02.

Raffeiner, Walter, Sänger; c/o Neue Oper, Herminengasse 10/Tor 23, A-1020 Wien; c/o Stadttheater Bern, Nägeligasse 1, CH-3000 Bern 7. **Laufb:** Sol Op Leipzig, Hamburg Staatsop, Neue Op Wien, Stadtth Bern SpZ 04/05. (Red)

Raffelsberger, Ernst, Chordirektor; c/o Opernhaus Zürich, Falkenstr 1, CH-8008 Zürich, T: 0 12 68 64 00; *www.opernhaus.ch* [Oberösterreich 1961]. **Ausb:** Stud (MPäd, KiM) Wien, Stud Chorltg (W Hagen-Groll) Mozarteum Salburg. **Laufb:** Kapm Wiener Sängerknaben 83–86, Chorltr Landesth Salzburg 86–89, Städt Bühnen Freiburg iBr 89–93, 2. Chordir Op Zürich seit 93. (Red)

Raftery, Patrick, Sänger; c/o Herwald Artists, Strd. Roten Kreuzes 64, D-76228 Karlsruhe, T: (07 21) 9 47 39 39, F: 9 47 39 37, *info@herwald-artists.com*. **Laufb:** Sol Bühnen d Stadt Köln, Gastsol Dt Staatsop Berlin, Vereinigte Bühnen Graz SpZ 03/04. (Red)

Ragaz, Christine, Violine; Freiestr 52, CH-3012 Bern, T: 03 13 02 37 27. (Red)

Ragossnig, Konrad, o UProf, Gitarrist, Lautenist; Wohllebengasse 7, A-1040 Wien, T: (01) 5 04 61 44, F: 5 04 61 44, *konradragossnig@hotmail.com*; *www.konradragossnig.com* [Klagenfurt 1932]. Sololiteratur f Laute u Gitarre aus 5 Jahrh, seit d Achzigerjahren vermehrt KamM in zahlr Besetzungen **Ausb:** Stud b Prof Karl Scheit MH Wien. **Laufb:** weltweit KonzReisen, Auftr b namhaften Fstv, ua Salzburg, Wien, Ossiach, Hohenems/Feldkirch, Ansbach, Berlin, Schwetzingen, Luxemburg, Fstv van Vlaanderen, Paris, Ann Arbor u Osaka; Git-KamM in vielfältigen Besetzungen, ua m P Schreier, K Equiluz, A Nicolet, P-L Graf, H-M Linde, I Partridge, N Rogers, H Wildhaber, W Tripp, M Jerie, T Ragossnig sowie d Berner-, Prager- u Stockholmer Kyndel-StrQua, Konz als Sol m namhaften Sinf- u KamOrch im In- u Ausland, Hg v rund 70 Musik-Editionen, Doz an d Musik-Akad d Stadt Basel 64–83, Berufung als o UProf an d U f M u darst Kunst Wien 83 (jetzt em), gleichzeitig Gastprof an d MH Zürich 89–97, Lt v Mstrks in vielen Ländern Europas, in d USA u Japan sowie als Juror b bedeutenden int Wettb, ua in Paris, Brussel/Walcourt, München, Genf u Wien. **Pr:** 1. Pr 'Concours Int de Guitare' Paris 61, 'Grand pr du Disque', 'Edison -Pr', Gr Goldenes Ehrenzeichen d Lds Kärnten 92, Ehrenmed d Bdshauptstadt Wien 93, Kulturpr d Lds Kärnten 94, Gr Silbernes Ehrenzeichen f Verdienste um d Rep Österr 98, Österr Ehrenkreuz f Wiss u Kunst I. Klasse 03. – **Aufn/RF:** über 60 Schallpl- u CD-Einsp, sechteilige Anthologie MUSIK FÜR LAUTE (DG/Archiv, v d Schallplattenzeitschrift Fono Forum innerhalb d Sparte 'Git- u Lautenmusik' zur Schallplatte d Jh auserwählt 76). **UA:** G Mittergradnegger: 'Heiteres Herbarium', UA Klagenfurt 57; A Webern: 'Drei Lieder' op 18, UA Wien 60; J Bondon: 'Concerto de Mars', UA Paris 66; G v Einem: 'Drei Studien' op 34 (f Git), UA Wien 70; A Schibler: ' Un homme seul f Git', UA Prag 72; G v Einem: 'Leib- u Seelen-Songs' op 53, UA Wien 80. **Zug:** H Haug: 'Capriccio f Fl u Git' u A Kubizek: 'Sonate' op 13a, 56; J Rodrigo: 'Aria antigua' 60; H E Apostel: 'Sechs Musiken' op 25, UA Wien 61; M Castelnuovo-Tedesco: 'Sonatina f Fl u Git' op 205, UA Paris 66; R Suter: 'Small Talk' 84. **Sonst:** Autor: 'Gitarrentechnik kompakt, Grundformen der Technik' 01; 'Handbuch d Gitarre u Laute' 3. aktual u erw Ausg 03. **Lit:** H Riemann: 'Musiklexikon' 75; 'Int Who is Who in Music' 75; M Honegger, G Massenkeil: 'Das Gr Lexikon d Musik' 82; 'Who is Who' in Austria 99; Bockhaus Riemann: 'Musiklexikon 79/98; Brockhaus Enzyklopädie 86/92; EU-Who is Who 03; Oesterr Musiklexikon 02; Neues MGG 05.

Ragossnig, Thomas, Cembalo; Strassburgerallee 98, CH-4055 Basel, T: 06 13 81 24 54. (Red)

Rahe, Franz-Josef, Prof, Hochschullehrer; Kirchpl 3, D-49179 Ostercappeln, T: (0 54 73) 13 07; Hochschule f Künste, FB Musik, Dechanatstr 13–15, D-28195 Bremen. **Laufb:** Prof (MTheorie, KiM) HdK Bremen. (Red)

Rahlfs, Thomas, Schauspielmusiker; Württembergische Landesbühne, Ritterstr 11, D-73728 Esslingen. **Laufb:** Bühnenmusiker Württemberg Landesbühne Esslingen. (Red)

Raimondi, Ildiko, KS, Sopran; c/o Künstleragentur Dr. Raab & Dr. Böhm, Plankengasse 7, A-1010 Wien, T: (01) 5 12 05 01, F: 5 12 77 43, *office@rbartists.at*; c/o Volksoper Wien, Währinger Str 78, A-1090 Wien; *www.rbartists.at*. **Laufb:** Sol Volksop Wien, Wiener Staatsop, Gastsol Bayerische Staatsop München, Deutschen Op Berlin, Staatsop Dresden, Op Zürich, Salzburger u Bregenzer FSp. (Red)

Raimondi, Ruggero, KS, Bariton; c/o Opernhaus Zürich, Falkenstr 1, CH-8008 Zürich. **Laufb:** Sol Staatsop Wien, Gastsol Dt Staatsop Berlin SpZ 00/01, Sol Dt Op Berlin SpZ 03/04., Op Zürich 05. (Red)

Rainer, Andreas, Sänger; c/o Musikalische Komödie der Oper Leipzig, Dreilindenstr 30, D-04177 Leipzig. **Laufb:** Sol Musikal Komödie Leipzig. (*)

Rainer, Ingomar, Mag, Prof, Hochschullehrer, Cembalo, Orgel, Ensembleleiter und Dirigent; Univ f Musik u Darst Kunst, Jsoeph Haydn Inst, Anton-von-Webern-Pl 1, A-1030 Wien, T: (01) 7 11 55 30 10, *rainer@mdw.ac.at* [Ossiach, Kärnten 1954]. **Ausb:** Stud (Cemb, Org) Musikhochschule Wien u U Wien (Germanistik). **Laufb:** Lehrtätigkeit U f Musik Darst Kunst (Hist Aufführungspraxis, Cemb, Generalbaß, Strukturanalyse, Kulturgesch), Ltg Org- u CembKlasse a Kärntner Landeskons 86–89, GastProf f Hist AufführPraxis i Graz 93, 95 u 97. **Ens:** Studio da camera. (Red)

Rainer, Peter, Violine; Mauerstr 6, D-14469 Potsdam, T: (03 31) 2 70 85 74, F: 2 70 85 75, *peter.rainer@persius.ensemble.de*; *www.persius-ensemble.de* [Erlangen 27.11.1970]. Kammermusik, Orchestermusik, Solo **Ausb:** Stud Hermann-Zilcher-Kons Würzburg (M Speermann) bis 92, Southern Methodist University Dallas/Texas (E Schmieder), Mstrkse (z B H Krebbers, Amsterdam; A Gertler, Brüssel). **Laufb:** 1. Konzm Brandenburg Philh Potsdam 96, Sol u Konz m I Palpiti Chamber Orchestra, Los Angeles seit 95, Kurpfälzisches Kammerorchester Mannheim, Kammerakademie Potsdam seit 2000. **Pr:** City of Los Angeles anl 10 Jahre Konzm 'I Palpiti'. **Ens:** Grdg Persius Ens 98. – **Aufn/RF:** Rosenfeld: 3. Violinkonz, m Kammerakademie Potsdam, RBB 03. **Zug:** Rosdenfeld: 3. Violinkonz. **Sonst:** Entwicklung versch Projekte m klass Musik f Kinder seit 2000.

Raiser, Christian-Markus, Komponist, Organist; Kreuzstr 13, D-76133 Karlsruhe, T: (07 21) 9 20 49 17, F: 9 20 49 15, *christian.raiser@inka.de*; Evangelische Stadtkirche, Marktpl, D-76133 Karlsruhe, T: (07 21) 9 20 49 17, *christian.raiser@inka.de*; *www.cmraiser.de* [Eschental, Hohenlohekreis 1962]. **Ausb:** ab 82 Stud d KM an d Staatl H f M Stuttgart u Trossingen, OrgUnterricht b Jon Laukvik, Gerd Witte, Zsigmond Szathmary, CembUnterricht b Helga Kirwald uKenneth Gilbert, Dirig b Dieter Kurz u Manfred Schreier, zahlr Mstrks, A-Examen 90, Stip d Graduiertenförderung d Landes Baden-Württemberg. **Laufb:** Kantor u Organist an d Evangel Stadtkirche in Renningen 86–91, vertretungsweise LAuftr an d Staatl H f M Trossingen 90–92, Kantor u Organist an d Evangel Stadtkirche in Stuttgart-Untertürkheim 91–96, LBeauftr f OrgLit u Impr an d H f KiM Heidelberg 95–2000, Kantor u Organist an d Evangel Stadtkirche Karlsruhe ab 96; zahlr Konz u Einladungen zu int Musikfstv in Europa u Südamerika, Tonträger-Einsp, RF- u Fernsehaufn, Komp (Verlag: musica rinata, copy-us). – **Komp:** 'Josephslegende' f Ch, Solo, Instr, UA Stuttgart 93; 'Und ich sah' f Ch, UA Karlsruhe 01. **Aufn/RF:** ua 'Romant OrgM' u 'Frz M f Trp u Org' (CD). **UA:** zahlr UA u EA ua m Vokalens Coro Piccolo Karlsruhe; Eben, Habbestad, Treiber, Eigenkomp.

Raithel, Hugo, MD, Prof, Musikdirektor, Hochschullehrer, Komponist, Pianist; Waldstr 4, D-01465 Radeberg, Liegau-Augustusbad, T: (0 35 28) 44 08 54; Hochschule f Musik, PF 120039, D-01001 Dresden [Schwarzenbach a d Saale/Oberfranken 6.4.1932]. Konz, Liedbegl, KamM, Komp **Ausb:** Stud Kl (J Hobohm, F Wührer), Dirig (K Eichhorn, F Lehmann), Komp (K Höller) MH Köln u München 51–55. **Laufb:** ChDir u Solorep Kom Op Berlin, ChefDgt Dt-Sorb Volksth Bautzen, L H f M Carl Maria v Weber Dresden seit 78, Prof em (Ausb MTh-Korr) ebd. **Mitgl:** GEMA. – **Komp:** Variationen über ein slowak Volkslied f Kl u StrOrch 82; 'Hase Nasehoch' (KinderOp n einem Märchen v S Michalkow) 83; Sonate f V solo 87; Duo f 2 V 98; Altdt SpielM f 2 V solo, Va solo, Vcl solo u StrOrch 98; Verwandlungen einer Air d J Mattheson f Soli u StrOrch 99; 'Glocken-Inschrift' f StrOrch, UA 03 (Auftr: KamOrch d Fördervereins d Dresdner Philh). **Aufn/RF:** CD m Werken v J L Nicodé (150. Geb).

Raithel, Monika, Prof, Hochschullehrerin, Korrepetition (instrumental), Pianistin; Waldstr 4, D-01465 Radeberg, Liegau-Augustusbad, T: (0 35 28) 44 08 54; Hochschule f Musik, PF 120039, D-01001 Dresden [Rostock 17.12.1940]. Kammermusik m Streichern, instrumentale Konzertliteratur **Ausb:** Stud Kl (G Berge) 59–63, Dirig (R Neuhaus) 73–78 H f M Dresden. **Laufb:** Prof (Ausb Instrkorr) H f M 'Carl Maria v Weber' Dresden, KamM, seit 65, zahlr KonzReisen als Duo-Partnerin ua m G Schmahl (V). – **Aufn/RF:** Werke v J L Nicodé z 150. Geburtstag (CD). **UA:** H Raithel: Ritornello ostinato f Va u Kl 82; R Strauss: Rosenkavalier-Fantasie f Kl z 4 Hdn, bearb v H Raithel 92; H Raithel: 2. Sonate f Va u Kl 98. **Lit:** N Landsberg: Künstlertouren durch Striesen u Blasewitz, 3. Tour 03/04.

Rajski, Wojciech, Prof, Hochschullehrer, Dirigent; Sömmeringstr 8, D-60322 Frankfurt/M, T: (0 69) 59 79 23 37, F: 59 79 23 37, *w-rajski@yahoo.de*; Hochschule f Musik u Darst Kunst, Eschersheimer Landstr 29–39, D-60322 Frankfurt [Warschau 1948]. **Ausb:** Stud (Dirig) MAkad Warschau u H f M Köln, Mstrks b W Rowicki Wien. **Laufb:** Kapm am Großen Th Warschau 71–78, Dgt Posener Philh 74–78, ChefDgt ebd 78–80, künstl Ltg ebd 80/81, 1. Kapm Orch d Beethovenhalle Bonn 78–81, Grdg Poln KamPhilh Sopot 82, 1. Gastdgt RSO Warschau seit 93, Gastdgt ua Schleswig-Holstein MFstv, Europ Wochen Passau, Braunschweiger KamM-Podium, Rheingau MFstv, Montpellier Fstv; Prof (Dirig, OrchLtg) H f M u Darst Kunst Frankfurt/M seit 97. – **Sonst:** über 30 CDs m Poln KamPhilh Sopot.

Ramdohr, Niclas, Komponist, Pianist, musikalischer Leiter, Dirigent, Arrangeur, Textautor; Königstr 40, D-14109 Berlin, T: (0 30) 8 05 20 07, F: 8 05 45 98, *post@niclasramdohr.de*; *www.niclasramdohr.de* [Berlin 8.4.1967]. Musiktheater, Film **Ausb:** Stud (MErz, MWiss), Komp (J Brettingham-Smith, Ch Rueger) H d Künste Berlin. **Laufb:** Dgt Th d Westens 98, musikal Lt für einige Prod d Neuköllner Op SpZ 95–04. **Pr:** 1. Pr Paul-Woitschach-Stift f populäre Symphonik 2000. – **Komp:** No Sex! (Musical), UA Berlin 93; Nero Kaiserkind (Op), UA Berlin 94; Magic Panties (Rock-Musical), UA Berlin 95; Verraten u Verkauft (Musical), UA Berlin 96; Sondershausen oder d letzte Refrain (Musical), UA Nordhausen, Stadtth 97; 30–60–90° – durchgehend geöffnet (Musical), UA Berlin, Th d Westens 98; Der Vampyr – Romant SplatterOp (Op), UA Berlin Neuköllner Op 99; Konz f Pos u Orch, UA Berlin, Philharmonie, m Berliner Symphon, Dgt: A Fagan 2000; Revue Berlin, UA Berlin, Friedrichstadtpalast 2000; 'Die Krötzkes kommen' (Musical), UA Neuköllner Op 01; Panik Sound Club, Musical, Neuköllner Op UA 03; Der Elefantenmensch Neuköllner Op Berlin 04; CASANOVA Grosse Revue, Friedrichstadtpalast, Berlin 05; Wings of Vision, EADS 05. **Aufn/RF:** '4 x 4 – The Berlin Songbook' (auch Prod, Dgt), 'Revue Berlin' (auch Prod); 'Die Krötzkes kommen' (auch Prod); 'Casanova' (auch AufnahmeLt).

Ramerth, Heike-Beate, Mezzosopran; Hauptstr 159, D-10827 Berlin, T: (0 30) 78 00 19 77, F: 78 00 19 77, *BeateRamerth@t-online.de* [Frankfurt/M 18.3.1963]. Oper, Operette, Musical **Ausb:** Privatstud (L Hagenau) seit 88, Bühnenreifeprfg (OpSologesang) Parität Prüfungskomm Frankfurt/M 91. **Laufb:** Sol KamOp Frankfurt, Sol Mitteldt Landesth Wittenberg, Gasteng: Th Magdeburg, Landesbühne Sachsen Radebeul, Kleist Th Frankfurt/Oder, Uckerm Bühnen Schwedt ua.

Ramey, Samuel, Bass; c/o IMG Artists, Lovell House, 616 Chiswick High Road, London W4 5RX, Vereinigtes Königreich, T: (0 20) 82 33 58 00, F: 82 33 58 01, *artistseurope@imgworld.com*; Vincent & Farrell, c/o Edgar Vincent, The New Yorker Hotel, 481 Eighth Ave, Ste 740, New York, NY 10001, U.S.A.; *www.samuelramey.com, www.imgartists.com* [Colby, USA]. **Laufb:** Sol Op Central City u Santa Fé, New York City Op; Auftr u Konz Op Berlin, Hamburg, London, Paris, Wien, Aix-en-Provence, Glyndebourne, Pesaro u Salzburg, Los Angeles; Sol Op Zürich, Wiener KonzHaus, New Yorker Met, Mailänder Scala, Royal Op House Covent Garden, Wiener Staatsop, Op Bastille, Dt Op Berlin, San Francisco Op, Lyric Op Chicago, Houston Grand Op, Bayer u Hamburg Staatsop, Grand Th de Genève, Florenz, Zürich, Amsterdam, Teatro, San Carlo Neapel, Houston Grand Opera. **Pr:** zahlr Pr, ua Grammy Awards, Grands Prix du Disque. – **Aufn/RF:** zahlr Aufn ua: G Verdi: 'Oberto, Conte di San Bonifacio' (Acad of St.Martin in the Fields) 96, ' I Lombardi alla prima Crociata' (m Met Op Orch) 97, I Stravinski: 'Rake's Progress' (Op de Lyon) 96, 'Muti alla Scala' (m Orch del Teatro alla Scala) 98, G Rossini: 'L' Italiana in Algeri' (Teatro La Fenice) 99. (Red)

Ramirez, Alejandro, Dr, Prof, Hochschullehrer, Tenor; Kettelerstr 8, D-67663 Kaiserslautern, T: (06 31) 5 34 87 77, 0 17 33 28 62 24, F: 5 34 87 78, *alej.g.ramirez@t-online.de*; Staatl Hochschule f Musik u Darst Kunst, N7, 18, D-68161 Mannheim [2.9.1946]. **Laufb:** Prof (Gesang) Staatl H f M u Darst Kunst Mannheim, Sol Bad Staatsth Karlsruhe.

Ramisch, Beate, Pianistin; Siedlung Rote Erde 58, D-95643 Tirschenreuth, T: 0 17 95 15 19 71, *ramisch.beate@web.de* [Waldsassen, Bayern 4.5.1969]. KamM (Klassik) **Ausb:** Schülerin (E Appel) Meistersinger-Kons Nürnberg ab 82, Stud Kl (N Barrett, A Ugorski, R Kretschmar-Fischer MH Detmold 88–96, Mstrkse (H Leygraf, C Zacharias, E Picht-Axenfeld, M Horszowski), KamM-Kurse (R J Buhl). **Laufb:** langjähr kammermusikal ZusArb m H D Klaus u E Feltz; LAuftr (KlBegl) H f Musik Detmold seit 96. **Pr:** Stip Dt Musikwettb KamM 98. **Ens:** Rebecca Clarke Ens.

Ramlow, Axel, KV, Pauke; c/o Dresdner Philharmonie, PF 120424, D-01005 Dresden. (Red)

Ramming, Rudolf, Klavier, Hochschullehrer; Am Hölzlein 82, D-97076 Würzburg, T: (09 31) 28 31 61, F: 28 63 85, *rudolf.ramming@t-online.de*; *www.rudolf-ramming.de, www.rudolf-ramming.com* [Bayreuth 23.7.1955]. KamM, Konz **Ausb:** KlDipl (K Hjort) MH Würzburg 81, MstrklDipl (Kl) MH Würzburg 83. **Laufb:** Doz (Kl, Korr) Hermann Zilcher Kons Würzburg, LBeauftr H f M Würzburg, Doz (Kl, KamM) H fM Würzburg. **Pr:** Kulturförderpr Würzburg 82. – **Sonst:** Edition d Reihe 'Musik im Kinderzimmer'.

Ramoné, Joël, Komponist; Friedberger Landstr 71, D-60318 Frankfurt am Main, T: (0 69) 55 36 72, *joel@ramone.de*; *www.ramone.de* [St Brieuc, Frankreich 18.11.1967]. **Ausb:** Komposition. **Pr:** 3. Pr Harmonia Classica Komp-Wettb f StrQuar. – **Komp:** Sinf 'du nouveau siécle', 'l'histoire de Babar', Wienner Quartett, 'Sentiments' (Fantaisie f Kl), Bach 2000, Sonate f 2 Kl, Ave verun corpus, Fl Quartett, 'Es war einmal' (Werke f Orch), 'Alle Jahre wieder' (Werke f Orch). **Zug:** E-Musik, Oper, Sinfonie, Klaviersonaten, Kirchenmusik etc.

Ramos, Iago, Sänger; c/o Theater Magdeburg, PF 1240, D-39002 Magdeburg; c/o Volkstheater Rostock, PF 102215, D-18004 Rostock. **Laufb:** Gastsol Bad Staatsth Karlsruhe SpZ 00/04, OpFSp Heidenheim SpZ 04/05 (Rigoletto). (Red)

Ramos, Melba, Sopran; c/o Wuppertaler Bühnen, Opernhaus, Spinnstr 4, D-42283 Wuppertal; c/o Künstleragentur Dr. Raab & Dr. Böhm, Plankengasse 7, A-1010 Wien, T: (01) 51 20 50 10, F: 5 12 77 43, *office@rbartists.at.* **Laufb:** Sol Kom Op Berlin, Gastsol Bremer Th SpZ 00/01, Staatsth Kassel SpZ 00/01, Volksop Wien SpZ 04/05. (*)

Rampe, Siegbert, Prof, Hochschullehrer; Univ Mozarteum, Abt f Tasteninstrumente, Zentrum im Berg, Fürbergstr 18–20, A-5020 Salzburg, T: (06 62) 61 98 52 22, F: 61 98 30 33. **Laufb:** GastProf (Cembalo) U Mozarteum Salzburg. (*)

Ramsenthaler, Manfred, Kirchenmusiker iR, Hochschullehrer; Jakobstr 4, D-02826 Görlitz, T: (0 35 81) 40 19 70 [6.9.1927]. **Laufb:** Doz (Orgel, Liturg Orgel) H f KiM Görlitz. (Red)

Ranada, Helene, Sängerin; Gänsheidestr 95, D-70186 Stuttgart, T: (07 11) 2 48 52 22; Württemberg Staatstheater, Oberer Schlossgarten 6, D-70173 Stuttgart. **Ausb:** Stud (Ges) in Malmö und Kopenhagen. **Laufb:** Sol Staatsop Wien, Staatsth Stuttgart seit 02. (Red)

Ranch, Lars, Trompete; c/o Konzert-Direktion Hans Adler, Auguste-Viktoria-Str 64, D-14199 Berlin, T: (0 30) 8 95 99 20, F: 8 26 35 20, *info@musikadler.de*; c/o Rundfunk-Sinfonieorchester Berlin, Charlottenstr 56, D-10117 Berlin; *www.musikadler.de.* **Laufb:** Sol RF-SinfOrch Berlin. (Red)

Ranck, Wilken, Violine, 1. Konzertmeister; c/o Orchester d Staatstheaters Darmstadt, Georg-Büchner-Pl 1, D-64283 Darmstadt. **Laufb:** Konzm Orch d Staatsth Darmstadt (01/05). (Red)

Randacher, Roswitha, Prof, Hochschullehrerin, Violine; Univ f Musik u Darst Kunst, Hellmesberger-Inst, Rennweg 8, A-1030 Wien. **Ausb:** Stud i Wien, Moskau, Paris sowie b H Szeryng u N Milstein. **Laufb:** o UProf (Vl) U f Musik u Darst Kunst Wien. **Pr:** Prtr Carl-Flesch-Wettb London, Nicolo-Paganini-Wettb Genua u Monteral.

Randall, Edward, Sänger (Tenor); Viebigweg 24, D-09573 Leubsdorf, T: (03 72 91) 6 17 79, *edwardrandall@online.de*; c/o Städtische Theater Chemnitz, Käthe-Kollwitz-Str 7, D-09111 Chemnitz; *www.edwardrandall.com* [USA]. **Laufb:** Sol Städt Th Chemnitz SpZ 00/05, Gastsol Th Görlitz SpZ 03/04. (Red)

Randall, Kerstin, Sängerin (Sopran); Viebigweg 24, D-09573 Leubsdorf, T: (03 72 91) 6 17 79, *teddy@online.de*; c/o Städtische Theater Chemnitz, Käthe-Kollwitz-Str 7, D-09111 Chemnitz; *www.kerstinrandall.com.* **Ausb:** Stud H f M 'Hanns Eisler' Berlin, OpStudio Kom Op Berlin. **Laufb:** Sol Kom Op Berlin, Städt Th Chemnitz (01/05). **Pr:** 2. Pr Int Antonín Dvorák GesWettb Karlovy Vary/Tschechien. (Red)

Randalu, Kalle, Dr hc, Prof, Hochschullehrer, Klavier; Im Eichbäumle 7, D-76139 Karlsruhe, T: (07 21) 62 12 55, F: 61 49 03, *kallerandalu@web.de*; Hochschule f Musik, PF 6040, D-76040 Karlsruhe [Estland]. **Ausb:** Stud Kl (B Lukk) Tallinn, Kons Tallinn, Mstrkl v L Vlassenko Kons Moskau. **Laufb:** Sol Schlossth Fulda SpZ 04/05; Konz ua m d Orch d BR, Orch d Bayer Staatsop München, Orch d Finn RF, KamOrch Württemberg, Bratislava u Leningrad,

Ostrobotnian Chamber Orch, Berliner SinfOrch, Staatl SinfOrch Estland, Hamburger Philharmonikern, BBC Symph Orch London, Leningrader und Moskauer Philharmonikern, Tasmanian Symph Orch Hobart 03, Queensland Orch Brisbane 03, Niedersächsischen Staatsorch Hannover 03; ZusArb m Dgt: ua N Järvi, P Järvi, P Lilje, A Volmer, W Sawallisch, M Jansons, N Rachlin, M Schostakowitsch, J Faerber, J v Steen, J Kangas, O Vänskä, L Segerstam; ZusArb m Ens: 'Villa Musica', 'Trio di Clarone', 'Mandelring-Qua'; LAuftr: Prof (Kl) H f M Freiburg u H f M Karlsruhe. **Pr:** 1. Pr Wettb f junge Pianisten in d Tschechoslowakei 71, 1. Pr Allunionswettb Tallinn 76, Prtr R-Schumann-Wettb Zwickau 81, Tschaikowski-Wettb Moskau 82, 1. Pr ARD-Wettb München 85, Cannes Classical Award u 'Klassik-Echo'-Pr f d Gesamtaufn d Son v P Hindemith, Ehrendoktor MAkad Estland 99. – **Aufn/RF:** über 30 CDs: ua P Tschaikowski 'Jahreszeiten', 'Dumka', 'Variationen F-Dur' Bella Musica, Antes-Edition, L Sumera 'Konz f Kl u Orch' BIS, L Spoohr 'KlQui', 'Septett', 'Qui op 52', G Fauré 'KlQua', L Janacek 'KamM', A Caplet 'Qui', 'KamM', C Reinecke 'Qui op 83', 'Git u Kl – Raritäten aus Klassik u Romantik m Boris Björn Bagger' Bella Musica, Antes-Edition, E Schulhoff 'Son f Fl u Kl', G Klein 'KlSon', R Schumann 'Drei Fantasiestücke op 111 f Kl', 'Werke f Ob u Kl', W A Mozart 'VSon KV 454, 526 u 379 m Ob u Kl', P Hindemith 'KamM, Heckelphontrio, KlarQua', CD-Einsp d GesamtsonWerkes v P Hindemith b Dabringhaus u Grimm. **UA:** zahlr m Staatl SinfOrch Estland. **Zug:** zahlr v zeitgen estn Komp. (Red)

Randazzo, Tommaso, Sänger; c/o Oper Leipzig, Augustuspl 12, D-04109 Leipzig. **Ausb:** Stud (Ges) MH Stuttgart, Privatstud (S Konstantine, L Bosabalian, C Davis). **Laufb:** Sol Ulm (ua Rigoletto, Herzog) 93–97, Sol Op Bonn 97/98, Gast ua Op Bologna, Triest, Rom, Stuttgart, München, Mailänder Scala (Zauberflöte, 1. Geharnischter) 98, Rom (Rheingold, Froh; Carmen, Don José; Eugen Onegin, Lenski; Der fliegende Holländer, Steuermann; Vogelhändler, Adam; Land d Lächelns, Sou-Chong) 99, Gastsol OpHaus Halle (Westside Story, Tony), EnsMitgl ebd (La Bohème, Rodolfo) seit SpZ 99/2000, Op Leipzig. **Pr:** mehrf Prtr Int Belvedere Gesangswettb Wien 94. – **Aufn/RF:** Haydn: Orat 'Die Schöpfung', Basilika v Ottobeuren (CD). (*)

Randes, Diogenes, Sänger; Viehoferstr 60, D-45127 Essen, T: (02 01) 4 39 37 81. **Laufb:** Sol Th Freiburg SpZ 03/04, Th u Philh Essen SpZ 04/05. (Red)

Randow, Lutz, Trompete; c/o Bamberger Symphoniker, Mußstr 1, D-96047 Bamberg, PF 110146, D-96029 Bamberg. **Laufb:** Sol Bamberger Symph. (Red)

Randt, Sally du, Sängerin; c/o Theater Augsburg, Kasernstr 4–6, D-86152 Augsburg, T: (01 73) 5 77 04 02, F: 56 15 05, *sallydurandt@surfeu.de* [Uryburg, Südafrika 8.6.1965]. R Strauss, Verdi, Puccini **Ausb:** Stud Baccalarius Artium in Music (W Nel) Potchestroom U 85–90, Stud Ges (M Napier) Kapstadt Studio 95, Privatstud Ges (M Napier) 93–95. **Laufb:** Sol Th Regensburg, Antiken FSp Trier (R Strauss: Elektra (Chrysotemys), m H Behrens, A Silja, F Grundheber) 98, Sol Th Augsburg 03/05, Sol Bayer Staatsop München SpZ 03/04. **Pr:** Belvedere Opttenpr 94. – **Aufn/RF:** W Braunfels: 'Der Traum e Leben', UA Regensburg, Aufn BR 2001. **UA:** W Braunfels: 'Der Traum e Leben'.

Ranft, Matthias, Cello; Oberer Stephansberg 3, D-96049 Bamberg, T: (09 51) 5 33 26; c/o Bamberger Symphoniker, Mußstr 1, D-96047 Bamberg [Hamburg]. **Ausb:** Stud Hamburg b Arthur Troester, in Freiburg b Christoph Henkel m SolExamem, Stip d DAAD in Bloomington, USA b Janos Starker. **Laufb:** Sol Bamberger Symph, Doz MH Freiburg. **Pr:** Gewinner d Mendelssohn-Wettb Berlin. **Ens:** ABRAXAS. (Red)

Range, Mattias, Viola da Gamba, Blockflöte; c/o Angela u Holger Höring, Luisenstr 29, D-12557 Berlin, T: (0 30) 6 51 91 70, F: 6 51 91 70. **Ausb:** Stud Blockfl (Prof R Krug, J Barker), Va d gamba (H Krause) H f M Hanns Eisler Berlin; Stud LA (M) H d K Berlin; Studien z Auff-Praxis Alter M ua b Prof U Engelke/Stuttgart u Dresden. **Laufb:** UnterrErfahrung in MSch, Studentenausb u privat, Tätigkeit als M-Lehrer u KamM, KonzTätigkeit In- u Ausland. **Ens:** Ens f Alte M 'Musica Antiqua Coepenicciensis'. – **Aufn/RF:** div Einsp (CDs ua). (Red)

Rank, Ralph, Prof, Kapellmeister, Hochschullehrer; Zur Loberaue 17, D-04356 Leipzig, T: (03 41) 5 21 43 50; Hochschule f Musik u Theater, PF 100809, D-04008 Leipzig. **Laufb:** Prof (Kl) H f M u Th Felix Mendelssohn Bartholdy Leipzig, Kapm Musikal Komödie Leipzig iR. (Red)

Rankin, Bruce, Sänger; Parkstr 29, D-40477 Düsseldorf, T: (02 11) 4 92 15 12, (01 73) 2 73 68 24. **Laufb:** Sol Dt Op am Rhein Düsseldorf-Duisburg SpZ 01/05, Gastsol Th Bremen SpZ 03/05. (Red)

Rankl, Stefan-A, Lyrischer Tenor; Reutenenstr 6, CH-9042 Speicher, T: 07 13 40 07 12; Reutenenstr 6, CH-9042 Speicher, T: 07 13 40 07 12. Bach, Händel, Mozart, Haydn, Schubert **Ausb:** Stud MH 'Mozarteum' Salzburg, Brucknerkons Linz, (K Widmer) MH Basel. **Laufb:** Sol Konz u Th St Gallen, Konz Tokio (J S Bach: Matthäuspassion, Evangelien, Arien) 01, Sol Th St Gallen SpZ 04/05. **Pr:** beste Interpret einer Arie a d Weihnachtsorat v J S Bach Int Bachwettb Leipzig 98.

Ranlow, Stin *siehe* Angerer, Dieter

Ranneberg, Sabine, Violine; c/o MDR Sinfonieorchester, Augustuspl 9a, D-04109 Leipzig. **Laufb:** Vorspielerin MDR SinfOrch Leipzig. (Red)

Ranta, Michael W, Komponist; Venloer Str 176, D-50823 Köln, T: (02 21) 9 52 23 00, 52 87 75; Wörthstr 7, D-50668 Köln, T: (02 21) 7 32 95 79 [Duluth, MN, USA 1942]. **Ausb:** Stud Perc (J Mackenzie, T Siwe), Komp (L Hiller, H Brün) U Illinois 60–67, Stud (Ökonomie) Tulan-U u staatl H San Diego, Aufbaustud Perc (R Horowitz) Metropolitan Op New York City. **Laufb:** Studioass b H Partch Kalifornien 64–65, L Interlochener Kunstakad Michigan USA, Konz m div amerikan Orch wie New Orleans Philh, San Diego Symph, Santa Fe Op, kl Symphonie Chicago seit 63, ZusArb m J A Riedl, M Kagel, H Lachenmann, K Stockhausen; Sol b HR u SFB-Orch, Sol b Festv u Veranst wie Expo Osaka 70, Fstv Avignon, SIGMA Bordeaux, Automne Paris, Holland Fstv, Inventionen Berlin, EXPO Tsukuba 85, Musica Strasbourg, KamM ISCM Brüssel 82 u Wittener Fstv 83; Arb i elektron Studio japan RF Tokyo 71, Gestaltung u Komp Multi-Media-Environment-Raum b Olymp Sp München 72; Vorlesungen (MGeschichte u Perc) div H Taipei 73–79, Prof (M)Hwa-Gang KunstH Taipei 78, Konz, Lesungen u Aufn in Ostasien 73–79, ZusArb m Ichiyanagi u Takemitsu in Japan; ZusArb als freiberufl Komp u Perc m Kölner Tanz-Forum, Uranie-Th, J-C Eloy u CIAMI Elektro-Akust Forchungsstudio Paris. **Pr:** Prtr Gaudeamus-Wettb Holland. – **Aufn/RF:** Mitw u Aufn b allen H Partch-Produktionen 60–68. **UA:** Stockhausens Werke, EA dt Pavillion EXPO Osaka 70.

Ranzani, Stefano, Dirigent; c/o Opernhaus Zürich, Falkenstr 1, CH-8008 Zürich, T: 0 12 68 64 00; *www.opernhaus.ch/* [Mailand]. **Ausb:** Stud V, Kl, Komp Mailand. **Laufb:** KonzmOrch u Philhar Teatro alla Scala ab 80, musikal Lt Op Zürich, Dgt Staatsop Wien, Bayer Staatsop München, GastDgt Dt Op Berlin SpZ 04/05. (Red)

Rapf, Kurt, Prof, Komponist, Dirigent, Orgel; c/o John & Elisabeth Goodman, Dopschstr 20/3/11, A-1210 Wien, T: (01) 2 59 20 27, F: 2 59 61 24, *johngoodman@goodman.at*; *www.goodman.at* [Wien 15.2.1922]. **Ausb:** Stud Dirig, Org, Cemb, Kl, Komp MH Wien. **Laufb:** Grd d 'Collegium Musicum Wien' (Lt bis 56), Ass v Hans Knappertsbusch Op Zürich, MD Innsbruck 53–60, RF- u Fernsehtätigkeit, int Tourneen, Grd d 'Wiener Sinfonietta' 86, Lt d Musikreferates d Stadt Wien 70–87, Präs AKM 70–83. **Pr:** Outstanding Composition Award f d Komp u UA d OrchWerkes 'Poème symphonique' b Yamaha-Fstv Tokio 81, österr Ehrenkreuz f Wiss u Kunst I. Klasse 82. **Mitgl:** Präs d KompBundes 70–83, Präsident d Österr Künstlerunion seit 80. – **Komp:** 2 Oratorien, 3 Symphonien, Konzerte, KamM (insg 200 Werke). **Sonst:** Grdg Collegium Musicum Wien 45, Grdg Wiener Sinfonietta KamOrch 86.

Rapin, Frédéric, Prof, Hochschullehrer, Klarinettist; rue de la Grotte 6, CH-1003 Lausanne, T: 04 12 13 23 05 38, *f.rapia@bluewin.ch* [Champagne, Schweiz 17.10.1955]. **Ausb:** Stud (C Trifoni) Kons Neuchâtel 70–77, (R Kemblinsky) Kons Lausanne 77–80, Mstkrse (M Lethiec, J Lancelot) Neuchâtel, Nizza u Paris. **Laufb:** Soloklar Orch 'Musikkollegium Winterthur' 84–91, Prof (Klar) Kons Lausanne. **Ens:** Trio Ebene (3 Bassetthn) f KamM u versch Ens. – **Aufn/RF:** zahlr CDs, ua Weber: KlarKonz, Timisoara Philh, Dgt: J-F Antonioli 93; Stamitz, Pokorny, Hofmeister, Orch Arpeggione, Dgt: J F Antonioli 01; Werke v Kovach, Balissat, Chalier, Fries, Schibler, Timisoara KamOrch, Dgt: J-F Antonioli 02. **UA:** Werke v Kovach, Balissat, Hostettler, Scolari, Chalier, Delagste.

Rapp, Regula, Dr, Chefdramaturgin; c/o Deutsche Staatsoper, Unter den Linden 7, D-10117 Berlin, PF 354, D-10109 Berlin. **Laufb:** ChefDram Dt Staatsop Berlin SpZ 03/05. (Red)

Rapp, Stefan, Schlagzeug, Pauke; Benquestr 56, D-28209 Bremen, T: (04 21) 50 74 86, F: 16 82 29 36, *mbreitlow@t-online.de* [Böblingen 1968]. **Ausb:** HfM Freiburg. **Laufb:** Ens Modern, Kongeligen Op Kopenhagen, Dt KamPhilh Bremen, Ens Antares. **Ens:** Mahler Chamber Orch. (Red)

Rappaz, Marc-André, Komponist; rue Saint-Joseph 31, CH-1227 Carouge, T: 02 23 42 49 88, *marc-andre.rappaz@lettres.unige.ch.* (Red)

Rappé, Jadwiga, Mezzosopran; c/o Künstleragentur Dr. Raab & Dr. Böhm, Plankengasse 7, A-1010 Wien. **Laufb:** Sol Dt Op Berlin, Gastsol Nationalth Mannheim SpZ 00/01. (Red)

Rapport, James, Kontrabass; Meidlinger Hauptstr 11/3/16, A-1120 Wien, T: (01) 8 13 44 91, F: 8 13 44 91, *jamesrapport@yahoo.com*, *a9704459@unet.univie.ac.at*; c/o Niebelheim Agentur & Verlag Regina Hruška, Gallgasse 76, A-1130 Wien, T: (01) 8 97 90 91, F: 8 97 90 91, *agentur@niebelheim.com* [Los Angeles, USA 5.5.1951]. **Ausb:** Stud KB (R Siegel) 63–68, (M Grodner) 68–73, Bachelor of Music Indiana School of Music 73, Stud (L Streicher) Wiener MH 76–83, PädStud 84. **Laufb:** mehrjährige Tätigkeit Symph Orch Jalapa (Solobassist) u KamOrch U Veracruz 73–74, Jerusalem Symph 74–75, Israel Philharmonic Orch 75–76, Solobassist Wiener Kammerorch seit 80, Mitgl Wiener Nonett, Soloauftritte ua Wiener Konzerthaus, Brucknerhaus Linz, Teatro Colon (Buenos Aires), Teatro Municipal de Santiago (Chile), GastProf U Catolica de Chile (Santiago), Cons de Musica de Valparaiso (Chile), Fürther Musikschule, Cons Nacional de Musica (Buenos Aires), Cons de AUDEM (Montevideo, Uruguay), LBeauftr Johann Sebastian Bach MSch Wien seit 2001. – **UA:** E Hartzell: Variation Allsorts (KB u Kl), Konz f KB u Str, Vocalise (Monolog 21- f KB solo); W Wagner: Kanon, Rezitativ, u Gigue (KB solo); T D Schlee: De Profundis (KB, Va); D Schermann: Ballade (KB, Kl), Monolog (KB solo), Introduction u Caprice (beide Versionen: KB, Str, KB, Kl), Tango für Jim (KB solo), Grüß an Chile (KB solo); Y Morimoto: Dark Print II (KB solo), Das Winterfries 7 (KB, Vln, Vla, Klar); J K Regber: Konz f KB u Orch in C-Dur; H Stekel: Konz f KB u Orch; K Nelson: Yen I (KB solo); J Mitsuishi: Song for Jim (KB, Kl). **Zug:** die oben aufgeführte Werke v Hartzell, Wagner, Schermann, Regber, Stekel, Nelson, u Mitsuishi; H Ebenhöh: Inventionen f KB Solo.

Raschke, Tim, Posaune; c/o music and arts Organisations GmbH & Co KG, Corsicaskamp 13, D-49076 Osnabrück, T: (05 41) 9 62 96 00, F: 96 29 60 50, *info@music-and-arts.de*. **Laufb:** Pos Th d Westens. **Ens:** NOMOS – Das Berliner Posaunenquartett.

Raschle, Michael, Sänger; Hönggerstr 80, CH-8037 Zürich, T: 04 33 66 99 93, 07 87 56 56 82, *michael_raschle@bluewin.ch*. (Red)

Raseghi, Andreas, Komponist; c/o Daniel Raseghi, Kanalweg 144, D-76149 Karlsruhe, T: (07 21) 20 55 60, *andreas@raseghi.de*; *www.raseghi.com* [Karlsruhe 1964]. **Ausb:** MH Karlsruhe (E. Werner, W. Rihm, M. Feldman, L.) Nono). **Pr:** Stip d Heinrich-Strobel-Stift d SWF, Stip d 'Darmstädter Ferienkse f neue Musik'Stip d Alexandra-Weltz-Siftung. (*)

Rasilainen, Jukka, Bariton; c/o Sächsische Staatsoper, Theaterpl 2, D-01067 Dresden; *www.semperoper.de*. **Laufb:** Sol Op Zürich SpZ 00/01, Sächs Staatsop Dresden SpZ 03/05. (Red)

Rasin, Edgar *siehe* Lüderitz, Wolfgang

Rasinski, Jürgen, Prof, Hochschullehrer, Violine; Bronteweg 15, D-14055 Berlin, T: (0 30) 3 04 17 15, F: 3 04 17 15. **Laufb:** LBeauftr (V, Methodik) U d Künste Berlin. (Red)

Rast, Ludwig, Horn; c/o WDR Sinfonieorchester, D-50600 Köln [Augsburg 1959]. **Ausb:** Stud H f M u Th München (S Hammer). **Laufb:** stv Sol WDR SinfOrch Köln seit 83. (Red)

Rastbichler, Otto, Ao Univ-Prof Mag art, Universitätsdozent, Sänger; Univ Mozarteum, Orff-Institut, Frohnburgweg 55, A-5020 Salzburg, T: (06 62) 61 98 61 30, F: 61 98 61 09, *otto.rastbichler@moz.ac.at* [Fulpmes, Tirol 17.2.1951]. Renaissance **Ausb:** Stud Mozarteum Salzburg 72–77, Stud Ges (K Widmer) Sch Cantorum Basiliensis 83–85; Mstrkse b N Rogers, M Figueras, E Kirkby, K Widmer, E Haefliger, R Alavi Kia, Hilliard-Ens. **Ens:** Huelgas Ens, Ens Daedalus, Arcantus Ens. – **Sonst:** Mitbegrdg Daedalus Ens Genf 86 (Ltg: R Festa).

Ratajczak, Bernhard, 1. Konzertmeister; Ergster Weg 13, D-58093 Hagen, T: (0 23 34) 5 45 90; c/o Philharmonisches Orchester, Elberfelder Str 65, D-58095 Hagen. **Laufb:** 1. Konzm Philharmon Orch Hagen. (Red)

Rath, Iris, Flötistin; c/o Hessisches Staatstheater Darmstadt, Georg-Büchner-Pl 1, D-64283 Darmstadt. **Laufb:** Sol Staatsth Darmstadt SpZ 03/04. (Red)

Rath, John, Sänger; c/o Stadttheater Bremerhaven, Theodor-Heuss-Pl, D-27568 Bremerhaven, T: (04 71) 41 36 90. **Laufb:** Sol Stadtth Bremerhaven SpZ 03/05. (Red)

Rath, Susanne, Sopran; Theater, PF 100554, D-99005 Erfurt. **Laufb:** Sol Th Erfurt. (Red)

Rathgeber, Karl, Prof i K, Hochschullehrer, Chordirigent; Hochschule f Ev Kirchenmusik, Wilhelminenstr 9, D-95444 Bayreuth, *Karl.rathgeber@t-online.de* [28.7.1950]. **Ausb:** Stud (Schul- u KiM, Dgt) MH Frankfurt/M b Helmuth Rilling, Jiri Starek, Mstrks b Martin Behrmann, Eric Ericson. **Laufb:** DekanatsKiM Dreieich b Frankfurt/M., MSchulLtg Lüneburg, LBeauftr H f KünsteBremen, StiftsMDir Tübingen, Prof (Chor, Chorltg, Orchltg), GrdRektor H f Ev KiM Bayreuth, künstl Ltg RegerCh Braunschweig.

Rathmann, Jörg, Sänger; Karl-Liebknecht-Str 4, D-99423 Weimar, T: (0 36 43) 90 49 43, F: 90 49 43, *jeorg.rathmann@t-online.de* [Dresden 14.7.1960]. Operette, Musical **Ausb:** Stud (MTh) MH Weimar 81–86. **Laufb:** Mitgl Dresdner Knabenchor 71–80, Sol Th Erfurt seit 86 (04/05).

Rathmann, Martin, Dipl, Regionalkirchenmusiker, Hochschullehrer; Luisenweg 30, D-13407 Berlin, T: (0 30) 4 92 84 94, F: 4 92 84 94, *mkmcr@t-online.de* [Bernau b Berlin 29.4.1963]. Orgel (Literatur u Improvisation), Dirigieren (Orchester u Chor) **Ausb:** Stud Org (H Kästner, L Stolzenbach), Dirig (J Wehner) H f M Leipzig 84–91. **Laufb:** Kapm u StudLt Ldsth Altenburg, Thüringen 90–92, Doz (künstl OrgSpiel, OrgLit, Imp) Erzbischöfl KiMSchule Berlin 94–02, RegionalKiM Erzbistum Berlin seit 95, LAuftr (künstl Org-Spiel, OrgLit, Imp, Partiturspiel f d kirchenmusikal C-Ausbild) Univ d Künste Berlin seit 02. **Ens:** ARCO (Kl/Org). – **Aufn/RF:** Mitwirk b Konz, RF-Sendungen u Aufn m d Gr RF-SinfOrch Leipzig. **Sonst:** Grdg 'Freies Chorensemble Berlin' (FCEB) 97; künstl Lt d Konz d kath Kirche St Marien in Berlin-Reinickendorf; vielfältige KonzTätigkeit: OrgKonz, KamM (versch Besetzungen), Orch- u ChKonz, ChSymph.

Rathmann, Sebastian, Klavier; c/o Offenes Ohr Dresden, Barlachstr 8, D-01219 Dresden, T: (03 51) 4 72 13 60, F: 4 72 13 61, *music@offenesohr.com*; *www.offenesohr.com/dresden* [Weimar 1979]. **Ausb:** H f M Weimar (Prof A Bachmann), MH 'Franz Liszt' Weimar seit 98. **Pr:** 1. Pr Bundeswettb Jugend musiziert 93, 95, 97. (Red)

Rattle, Sir Simon, Dirigent, Künstlerischer Leiter; c/o Berliner Philharmoniker, Herbert-von-Karajan-Str 1, D-10785 Berlin; c/o Askonas Holt Ltd, Lonsdale Chambers, 27 Chancery Lane, London WC2A 1PF, Vereinigtes Königreich [Liverpool 19.1.1955]. **Ausb:** Stud (Dirig) Royal Acad of Music, London. **Laufb:** Chefdirigent City of Birmingham Symphony Orchestra 80–98, Chefdgt u künstl Lt Berliner Philh seit 2002, Künstl Lt OsterFSp Salzburg, Debüt Wiener Staatsop SpZ 04/05. **Pr:** 1. Pr John Player int Dirigenten Wettb 74, Montblanc de la Culture 93, Ehrendoktor d Musik Univ Birmingham, Leeds, Liverpool, Künstler d Jahres Gramophone Awards 93, Shakespeare Pr d Alfred Toepfer Stift 96, Österr Ehrenkreuz f Wiss u Kunst 1. Klasse 01. (Red)

Ratusinski, Andrzej, Prof, Hochschullehrer, Klavier; Solitude 16, D-70197 Stuttgart, T: (07 11) 69 47 46, F: 69 47 46; c/o Art Productions Irena Nemecek, Marbachstr 19 A, D-81369 München, T: (0 89) 7 91 65 62, F: 7 91 65 82, *music@art-productions.com* [Starachowice 9.11.1949]. **Ausb:** Musikakad Warschau (M Trombini-Kazur) bis 73, Mstks b A Rubinstein, J Bolet, V Horowitz. **Laufb:** Zusammenarb m Berliner Philh, Wiener Symph, Mozarteum Orch Salzburg, Orch de la Suisse Romande, Sydney SymphOrch, Melbourne SymphOrch, Tonhalle-Orch Zürich, Prof (Kl) Staatl H f M u Darst Kunst Stuttgart 90. **Pr:** 2. Pr Busoni-Klavierwettb 73. **Ens:** Busoni Ens.

Ratzenböck, Christa, Mag Mas, Mezzosopran; Karl-Wiser-Str 26, A-4020 Linz, T: (06 99) 11 12 94 95, *christa.ratzenboeck@aon.at*. Oper, Konzert **Ausb:** Stud M H Mozarteum Salzburg, Stud Lied (H Höll) Opernstudio Zürich, Mstrks (M Lipovšek, M Lilova, K Widmer, I Borkh). **Laufb:** Salzburger FSp u Op Leipzig, D Schuhu u d fliegende Prinzessin, 95/96; KamOp Wien, Così fan tutte, 2000, Ständeth Prag, Così fan tutte, Don Giovanni, 2000, Op Düsseldorf u Kaiserslautern; Sol Ldsth Linz seit 01; Klangbogen Wien, Bloch: Macbeth, 03; StadtthKlagenfurt, Henze: Der junge Lord, 05. **Pr:** GesWettb Gradus ad Parnassum 97, Sp Pr 7. Int Mozart Wettb Salzburg 99. – **Aufn/RF:** CD: Mozart: 'Requiem' m Heinrich-Schütz-Ensemble, Philharmonie Brünn, 01; RF: Bloch: 'Macbeth', KlangbogenFstv Wien 03; CD: 'Ein Abend i d Bar Paris' 03; CD: M Kertsman: 'Kammersinfonie' 04.

Ratzkowski, Torsten, Komponist, Gitarrist; Max-Hamerich-Str 4c, D-23617 Stockelsdorf, T: (04 51) 4 99 23 62, F: 4 99 23 62, *torstenratzkowski@t-online.de* [Rotenburg/Han 12.2.1954]. Werke m Gitarre, Crossover **Ausb:** Stud (Git) Kons Braunschweig 73–76, MH Lübeck 76–80, Komp, MTheorie (R Ploeger) MH Lübeck 78–83. **Laufb:** Ltg Lübecker GitOrch seit 84, Ltg Das Neue Orch 88–96, Konz Fstv Int Cervantino/Mexiko 89, Julita Fstv Schweden 97, Bombay, Goa, Delhi 96, EXPO 2000. **Ens:** Royal Guitars, Ratzkowski/Thomsen Guitar-Duo. – **Komp:** 'Das Sterben' op 20 (Sop solo), UA Los Angeles 87; Piscium (Sop u Git), UA Los Angeles 87; DipDipDip (StrOrch), UA Schleswig, Schloss Gottorf 2000. **AuftrKomp:** Sextett f Bläser, UA Lübeck 89; Die verpasste Romanze (4 Git), UA Schweinfurt, Henze Qua 89; Ferdinand d Stier; 'Var f 3 Git', UA Rotenbek-Trio 82; 'Chamber Music', UA NUT Fstv DK, Elgart/Yates Guitar Duo 87. **Aufn/RF:** 'Chambermusic' (2 Git), Elgart/Yates Guit Duo, Danmakrs Radio NUT Fstv 87. **UA:** B Gravelle: Six Little Pieces, UA Koblenz 96; J Maegaard: Pierrot in the Ballroom, UA Sæby/DK 91; F Nørgaard: Animatino; J C Oliva: Suite Montebello, UA Morelia/Mexico 99. **Zug:** Ratzkowski/Thomsen Guitar Duo: P Yates: 'Snack Music'; B Gravelle: Six Little Pieces; J Maegaard: 'Pierrot in the Ballroom'; F Nørgaard: Animatino; J C Oliva: Sonatango. **Sonst:** Art in div Fach-Zs.

Rau, Albrecht, Konzertmeister; Schillerstr 7, D-17033 Neubrandenburg, T: (03 95) 5 66 00 13; c/o Neubrandenburger Philharmonie, Pfaffenstr 22, D-17033 Neubrandenburg. **Laufb:** Konzm Neubrandenburger Philharmonie. (Red)

Rau, Marcelle, Violine; rte de Chêne 108, CH-1224 Chêne-Bougeries, T: 02 23 49 15 52. (Red)

Rau, Stefanie, Kontrabass; c/o Rundfunk-Sinfonieorchester Berlin, Charlottenstr 56, D-10117 Berlin. **Laufb:** stv Sol RF-SinfOrch Berlin. (Red)

Rau, Willi, Trompeter; c/o Hessisches Staatstheater Darmstadt, Georg-Büchner-Pl 1, D-64283 Darmstadt. **Laufb:** Sol Staatsth Darmstadt SpZ 03/04. (Red)

Rauch, Franziska, Sängerin; c/o Städtebundtheater Hof, Kulmbacher Str 5, D-95030 Hof. **Laufb:** Sol Pocket Opera Company Nürnberg SpZ 03/04, Th Hof SpZ 04/05. (*)

Rauchbauer, Friedrich, Komponist, Dozent f Schauspielgesang; Paracelsusstr 18, A-5020 Salzburg, T: (06 62) 88 32 38 [Wiener Neustadt 1958]. Vokalwerke **Ausb:** Stud (Komp, Kl, SchM) MH Wien 77–83, Stud Komp (P Sculthorpe) U Sydney 84. **Laufb:** freier Komp u KlBegleiter 85–95, Doz (SchauspGes) Bayer Th Akad August Everding 96–2001. – **Komp:** 6 Lieder nach des Knaben Wunderhorn, UA Sydney, Univ, B Melan 84; Variationen f StrQua, UA Österr RF, Küchlqua 86. **AuftrKomp:** Gesänge nach E Mörike, UA Stuttgart, Liederhalle 89 (Auftr: Int Hugo Wolf-Ges); Hymnus (f gr Orch), UA Eisenstadt, Schloß Esterhazy 91 (Auftr: Jeunesse Österr); Eine Frau auf einem Sockel, nach M Walser (Miniaturop), UA Wien, Jugendstilth 91 (Auftr: Wettb); 'Traum. Ein Traubenkäfig', UA München, Biennale 92 (Auftr: M Husmann); Notturno (F Klar, Vcl, Kl), UA Wien, Alte Schmiede 95 (Auftr: Trio Eisenstadt); Intermezzi, nach H Heine, UA Düsseldorf Kunsthalle 97 (Auftr: M Husmann); Der Pauper, nach B Brecht, UA Berliner Ensemble 99 (Auftr: Berliner Ens); Textvertonungen f 'Merlin', UA München, AkadTh im Prinzregententh 2000 (Auftr: Bayer ThAkad); Textvertonungen f 'Shakespeare', UA München, Metropolth 01 (Auftr: Metropolth).

Raudales, Henry, Violine; c/o Münchner Rundfunkorchester, Rundfunkpl 1, D-80300 München. **Laufb:** Konzm Philh Essen, Stimmführer Münchner RFOrch. (Red)

Rauer, Katerina *siehe* Sokolová-Rauer, Katerina

Rauhe, Hermann, Dr, Dr hc, Prof, Hochschullehrer; Bredengrund 18, D-21149 Hamburg, T: (0 40) 7 96 10 30, 01 73–2 15 48 55, F: 7 96 10 60, *hermannrauhe@aol.com*; Hochschule f Musik u Theater, FB 1, Harvestehuder Weg 12, D-20148 Hamburg; *www.peermusic.com* [6.3.1930]. **Laufb:** Prof (hist u syst MWiss, MPäd) H f M u Th Hamburg ab 65, HPräsident ebd 78–04, Ehrenpräsident ebd seit 04. **Pr:** Goldene Partitur 96, Brahms-Med d Stadt Hamburg 03, Katja-Loos-Med f bes Verd um d Musiktherapie 03. **Mitgl:** Vizepräs Int Mendelssohn-Ges, Ehrenmitg Dt Musikrat, Präs Il Canto del Mondo, Int Initiative z Förderung d Singes, Mitgl d Ehrenkomitees v Live Music now. – **Komp:** Gesang d Sterne, UA Hamburg 2000. **Sonst:** Publ ua: Musikerziehung durch Jazz 62; Popularität i d Musik. Interdisz Aspekte musikal Kommunikation 74; Hören u Verstehen. Theorie u Praxis handlungsorientierten Musikunterrichts, m H-P Reinecke u W Ripke 75; Musik, Intelligenz, Phantasie 78; Popmusik: Aspekte i Gesch, Funktionen, Wirkung u Ästhetik 89; Musik hilft heilen 93; Musik i Netzwerk v Wiss u Praxis. Ausgewählte Aufs, hg v A Eckhardt 2000. **Lit:** Kultur, Bildung, Politik. Fs f H R z 70.Geburtstabg, hg v H-U Heister, U Hochstein 2000.

Raunig, Arno, Sopranist; 7 Stiftgasse 33/13, A-1070 Wien, T: (01) 5 26 49 16; c/o Lars-Oliver-Schimanski Opern- und Konzertagentur, Syker Str 8, D-28307 Bremen, T: (04 21) 4 84 47 13, 01 77–5 10 15 91, F: 4 98 98 60, *info@scarpia.de* [Klagenfurt]. Oper, Konzert **Ausb:** Sol Wiener Sängerknaben,

Stud b KS R Boesch, E Mechera, KS K Esquiluz, KS E Schwarzkopf, H P Blochwitz. **Laufb:** Bühnendebüt Klagenfurther Stadtth 90 (Purcell: Feenkönigin), Gastsol Wiener Jugendstilth, Schönbrunner Schlossth, Sol Wiener Kam-Op, MTh Bonn, Gastsol Staatsop Hamburg, Op Zürich, Sächs Staatsop Dresden, Op Amsterdam, Op Paris, Staatsth Wiesbaden, Th Basel, Op Prag, Staatsth Darmstadt 2000–04, Op Rom; zahlr weitere Auftritte, ua Berliner Philh, Leipziger Gewandhaus, Hamburger KonzHalle, El Auditorio Nat de Madrid, Paula de la Musica Catalana de Barcelona, 'Glocke' Bremen, Tonhalle Zürich, Wiener M-Verein, KonzHaus Wien, Wiener FestW, Wiener MSommer, Dresdner u Wiesbadener Mai-FSp, Händel-FSp Halle, Flandern Fstv, Händel-FSp Karlsruhe, FSp Spoleto. – **Aufn/RF:** N Jomelli: 'Didone abbandonata', Stuttgarter KamOrch, Dgt: F Bernius; CDs: 'Farinelli-Arien'; Arno Raunig – 'Sopranist'; Mozart/Salieri; I J Pleyel: 'Ifigenia in Aulide'; G J Werner: 'Der verlorene Sohn', m Angerer, Ens Concilium musicum Wien; Mozart: 'Apollo u Hyazinth', m M Pommer, Leipziger RFOrch. **UA:** A Schnittke: 'Historia v Dr Faustus' Staatsop Hamburg; H Öhring: 'Effie Briest' Op Bonn, 'Das Blaumeer' Bayr RF-Orch; 'Polaroids' (m Ens Modern Frankfurt) Bernarda Albas Haus; J Müller-Wieland: 'Das Märchen d 672. Nacht' (Op n H v Hoffmannsthal); W Wagner: 'Ödipus'; Wagendristl: 'Der Hofnarr'; O Strasnoy: 'Midea II'.

Rauscher, Hans-Peter, HonProf, Hochschullehrer, Dirigent; Freihamer Str 35, D-82166 Gräfelfing, T: (0 89) 8 54 76 16. **Laufb:** Doz (Korr) H f M u Th München. (Red)

Rauschnabel, Verena, Prof, Hochschullehrerin, Gesang; Hochschule f Musik u Theater, Harvestehuder Weg 12, D-20148 Hamburg. **Laufb:** Prof (Ges) H f M u Th Hamburg. (Red)

Rautenstengel, Werner, Sänger; Gutwasserstr 11, D-08056 Zwickau, T: (03 75) 28 20 76. **Laufb:** Sol Th Plauen-Zwickau. (Red)

Raviola, Fabrice, Bass; Im Schleipfenacher 1, CH-8127 Forch, T: 0 17 71 60 70. **Ens:** Zürcher VokalQuartett. (Red)

Raynaud, Sophie, Sängerin; c/o Opernhaus Zürich, Falkenstr 1, CH-8008 Zürich. **Laufb:** Solokorr Staatsop Wien, Op Zürich SpZ 04/05. (Red)

Raytscheff, Russlan, Dirigent; c/o Parktheater, Klausenberg 6, D-86199 Augsburg. **Laufb:** Musikal Lt Parkth Augsburg. (Red)

Raz, Melissa, Sängerin; c/o Elysium between two continents, Bonner Pl 1/IV, D-80803 München, T: (0 89) 30 77 91 38, F: 30 77 91 38, *Elysiumbtc@aol.com*. **Laufb:** Gastsol Elysium between two continents München SpZ 00–03. (*)

Razawi, Isabelle, Sängerin; Aegertenstr 59a, CH-3005 Bern, T: 03 13 51 84 15. **Laufb:** Sol Stadtth Bern. (Red)

Read, Hugo, Prof, Hochschullehrer, Saxophon, Komponist; Wasserburg 13, D-51570 Windeck-Mauel, T: (0 22 92) 95 14 67, *alto@hugo-read.de*; *www.hugo-read.de* [Heinsberg 4.6.1954]. Jazz, Neue Musik **Ausb:** Stud Qufl (Ulrich) u Sax (G Buschmann) MH Köln 72–82. **Laufb:** ZusArb m K H Stockhausen u Mitw an mehreren UA in Mailänder Scala, Op Leipzig, Op Paris u zahlr Konz seit 79, weltweite Konz-Tourneen m versch Jazzgruppen, Prof (Jazzsax, EnsLtg) Folkwang H Essen seit 91, UnterrTätigk Sommerakad Neuburg a d Donau u b Saxophonsymposium Trossingen, ZusArb m T Lang (Kl) u versch Ens m T Cremer (Schlgz) seit 96. **Pr:** Förderpr d Ldes NRW. **Ens:** Orch Kurt Edelhagen, Sockhausen-Ens, Riot, Rainer Brüninghaus Trio, Composer's Orch. – **Komp:** Stück f Sax u Kl; Kontraste f Sax solo. **AuftrKomp:** f NDR, SWF, WDR, Forum 20 Düsseldorf, Composers Orch ua 'Kontraste' f Streicher, 2 Kl, Sax u Jazzens, UA Düsseldorf 95. **Aufn/RF:** zahlr Jazz u Neue-Musik-CDs; 2 CDs m Werken v Hindemith, Ibert, Martin, Schulhoff, Bartok ua m P Degenhardt; 'Dienstag aus Licht' u 'Donnerstag aus Licht' m K H Stockhausen; 'NAN' m T Lang (Kl); 'AXIS' m H Kenzig, C Stötter u M Michel. **UA:** Sockhausen: 'Dienstag aus Licht', ' Donnerstag aus Licht', 'D Jahreslauf'.

Real, Itziar, Sängerin; c/o Neue Opernbühne Berlin NOB, Goltzstr 13, D-10781 Berlin. **Laufb:** Gast-Sol Neue Opernbühne Berlin SpZ 00/05. (Red)

Rebbe, Josef, Komponist; Van Egmondestraat 49, Niederlande-2274 CS Voorburg, T: (06) 25 32 62 60, *josef.rebbe@web.de*; *www.kunstkontakte.org/deutsch/kuenstler/rebbe_josef/* [Meschede 24.1.1975]. elektron Musik **Ausb:** Stud (MWiss) U Köln 96–97, Stud Komp (J Fritsch) H f Musik Köln 97–2000, Stud elektr Komp (H O Humpert) seit 01, Stud am Inst f Sonologie Königl Kons Den Haag (DAAD-Stipendiat) seit 02. **Laufb:** Gastdoz H f m Köln seit 2001, CD-Prod u Tournee m Ens 'Rebbe/Rücker/Rummel' 2002. **Pr:** m Ens 'Die Kugel' 2. Pr 6. Int Wettb f junge Kultur 2000. **Ens:** 'Rebbe/Rücker/Rummel'. – **Komp:** Orgelstück I (f 16 Orgelpfeifen m je einem Spieler) 99, UA Bonn, Bonner Kunstverein 99; Orgelstück II (f Sinustöne) 99, UA Den Haag, Kees van Baarenzaal 99; Orgelstück III (f mechan Orgel) 99, UA Köln 2000; Sinus (elektr M) 99–02. **AuftrKomp:** Quintett 2000 (Auftr: Ens Soundscape). **Sonst:** Mitbegrd Verein Kunstkontakte eV 98, Vors ebd seit 01, Grdg Ens 'Rebbe/Rücker/Rummel' 2000.

Rebensburg, Thomas, Komponist, Dirigent, Arrangeur; Seestr 43, D-83684 Tegernsee, T: (0 80 22) 42 96, F: 49 34, *thomas.rebensburg@team-audio-arts.de*; *www.team-audio-arts.de* [München 27.6.1958]. Film-, Orchester-, geistliche Chormusik **Ausb:** Stud Komp (PJ Korn), Dirig (B Zöbeley) Richard-Strauss Kons München, Ex 83. **Laufb:** Ass OpSchule (Korr, Dirig), freischaff Komp, Arr, Dgt u Produzent seit 85, ehrenamtl Tätigkeiten DKIV u GEMA, Mitgl Bayer Medienrat seit 92, Dgt Freies Landesth Bayern Miesbach. **Pr:** Ernst-Fischer-Pr d GEMA-Stift 82 u 87, Komp-Pr f geistl ChorM 84, Bayer Staatspr f junge Künstler 89. – **Komp:** Nördlich d Alpen (OrchW), UA Köln 83; Der vergängl Mensch (Kant), UA Berlin 85; Ascona (OrchW), UA Hannover 88; Concerto Cantabile (KonzStück); De Fundatione (Orat), UA Tegernsee 96; Essentials (StrQua), UA Tegernsee 99. **AuftrKomp:** Footstomper-Walk (Intermezzo), UA Hannover 89 (Auftr: WDR); Essentials (StrQua), UA Tegernsee 99. **Aufn/RF:** Essentials (StrQua), Henschel-Qua 99.

Reber, Marie-Cécile, Komponistin, Tonmeisterin; Lindengartenweg 3, CH-6005 Luzern, T: 04 13 10 04 05, *marire@freesurf.ch* [Luzern 21.7.1962]. elektron Musik **Ausb:** Kl (P Mital) Luzern, Gastkomp (Th Kessler) Elektron Studio MAkad Basel. **Laufb:** Auff eigener Komp, ua: int Frauen Musikfestwoche Luzern 97, Fstv Musica Scienza Rom 98, Vorstandsmitgl FrauenMusikForum Schweiz. **Pr:** Förderungsbeitrag STV 01, KompAuftr Pro Helvetia 03. – **Komp:** Schwelle 1, UA Frauen Musikfestwoche Luzern 94; Schwelle 2, UA ebd 96; Rounding, UA Kreuzlingen 98; Pixel, UA Musica Scienza Rom 98; Practice Nr II 99; M&M, UA Museum Bellpark Luzern 01; Twiriwir, UA Expo 02 Murten; Schwelle 1b, UA Musikpodium Zürich 03; Insect, UA Heiligkreuz 03. **AuftrKomp:** viele AuftrWerke f Videos. **UA:** versch AuftrWerke f Experimentalvideos, Th u Installationen.

Rebling, Kathinka, Dr, Prof, Hochschullehrerin, Violinistin, Musikwissenschaftlerin; Spreeufer 6, D-10178 Berlin, T: (0 30) 2 41 27 57, F: 2 41 27 57, *Rebling@rebling-greiner.de* [Den Haag 8.8.1941]. Solo-Violine, Kammermusik **Ausb:** Stud V, KamM, Qua (G Barinova, J Jankelewitsch) Staatl Kons Moskau 59–64, Aspriant MWiss (J Jankelewitsch) ebd 64–67, Prom Moskau 74. **Laufb:** Ass/ObAss (V) H f M Berlin 68/73, ObAss/Doz (V) H f M 'Felix Mendelssohn Bartholdy' Leipzig 74/78, Doz/Prof (V) H f M 'Hanns Eisler' Berlin 83/93–98, LBeauftr (V) ebd, HonProf (Sorb MForsch u -Lehre) FH Lausitz Cottbus 99, Tourneen: Moskau 73, Kuba 75, Niederlande 76/84, USA 87, Israel 86 ua, GastProf China 87, Spanien 86–89, Litauen 89/91/93/95/97/99. **Ens:** KlTrio 'Fanny Hensel' 83–89. – **Aufn/RF:** CDs: Jidd Lieder, m L Jaldati, E Rebling, J Rebling, Arrangements V: K Rebling 85; 'Momentaufnahmen' Werke Brandenburg Komp 98. **Zug:** D Brauer: Miniatur II. **Sonst:** ua 'Die sowj VSchule' (Diss) 75; 'Violinspiel u VPäd' 79; Art-Vorträge VMethodikdidaktik; Erstausg: C Flesch 'Die Hohe Schule d Fingersatzes' 95; Grdg Trio 'Fanny Hensel' 83.

Rebstein, Antoine, Dipl-Instr, Dipl-InstrPäd, Pianist; Chemin des Pierrettes 69, CH-1093 La Conversion, T: 02 17 91 54 24, +43 (06 62) 84 22 56, F: 02 17 91 54 56, *antoine.rebstein@deckpoint.ch*; c/o Südwestdeutsche Konzertdirektion Erwin Russ, PF 104262, D-70037 Stuttgart, T: (07 22) 1 63 53 11, F: 1 63 53 30, *info@sksruss.de* [Lausanne, Schweiz 22.7.1978]. **Ausb:** DiplReifeprüf (Ch Favre) Kons Lausanne, Latein-Griech Matura 95, Stud (Prof G Iwanzowa) H f M Hanns Eisler Berlin 95–2001, (Prof H Leygraf) Mozarteum Salzburg seit 2000. **Laufb:** Konz Schweiz (Rezital Luzern Fstv Sommer 03; 4. Int MFesttage Zürich ua) u Europa, Auftr z B Wigmore Hall London, St Martin in the Fields, Purcell Room, Concertgebouw Amsterdam, Costa Rica (Int M Fstv 99), Chicago (Dame Myra Hess Memorial Conc Series Preston Bradley Hall); Auftr als Sol m zahlr Orch: ua Berner SymphOrch, Orch de la Suisse Romande, Orch Philh de Radio France, Tonhalle Orch Zürich, Zürcher KamOrch, Basler KamOrch, Orch de Chambre de Lausanne, Schweizer KamOrch, Orch Symph des Jeunesses Musicales de Suisse, London Mozart Players, London Sol Chamber Orch, SymphOrch Portugal, SymphOrch Rijeka, SymphOrch Tirana, KamOrch Timisoara; unter Ltg namhafter Dgt wie M Atzmon, M Bamert, P Béran, N Carthy, J Lopez Cobos, H Griffiths, D Kitajenko, H Klopfenstein, J Meier, Lord Y Menuhin, U-B Michelangeli, M Studer, D Zinman; KonzTournee m Berner SymphOrch (7 Konz, Ltg: M Tang, Liederhalle Stuttgart, Kongresszentren Ulm u Karlsruhe, Philh Köln, Tonhalle Düsseldorf, Casino Bern). **Pr:** 1. Pr Schweizer JugendMWettb, 1. Pr Jecklin Zürich, 1. Pr Int Wettb Stresa/Italien, Finalist (m Orch) Eurovisions Wettb f jge Musiker Lissabon (als Vertreter d Schweiz), Prtr Orpheus Konz Zürich, Studienpr Migros-GenossBund, Swiss Ambassador's Award 2000 f Young Musicians London, Förderpr Stift Leenaards, Studienpr Kiefer-Hablitzel-Stift 03. – **Aufn/RF:** b Radio Suisse Romande Espace 2, Drs 2, Radio Ticino, Radio Suisse Int, France Musique, Radio Portugal, Radio Chicago, Radio Costa Rica (San José), Television Suisse Romande, Television Suisse Italienne, TV France 3, Eurovision, TV Chicago; CD: H Schaeuble u M Schütter: Klavierkonzerte, m Zürcher KamOrch, Ltg: H Griffiths 2000.

Rechsteiner, Franz N, Komponist, Hochschullehrer; Gartenstr 5, CH-8800 Thalwil, T: 0 17 20 96 41, F: 0 17 20 96 41 [Appenzell 30.4.1941]. KamM, Vokalmusik, Kantaten, Oratorium, Kirchenmusik **Ausb:** Stud (Theologie) bis 67, MStud Zürich, Komp (R Kelterborn) 71–73, V- u TheorieLDipl (H Reitz, P Wettstein, R Kelterborn) 72. **Laufb:** ML Gymnasium Stans 73–75, L (Mtheorie) Akad f Schul- u KiM Luzern seit 74. (Red)

Rechter, Joslyn, Sängerin; c/o Bühnen der Stadt Köln – Opernhaus, PF 101061, D-50450 Köln. **Laufb:** Sol Op Köln seit SpZ 03/04. (Red)

Reck, Stefan Anton, Dirigent; c/o Theateragentur Dr Germinal Hilbert, Maximilianstr 22, D-80539 München, T: (0 89) 2 90 74 70, F: 29 07 47 90, *mail@stefan-anton-reck.com*; An der Apostelkirche 10, D-10783 Berlin, T: (0 30) 2 62 47 52, F: 2 64 04 33; *www.stefan-anton-reck.com* [Baden-Baden 26.4.1960]. Oper, Konzert **Ausb:** Stud-Stip Tanglewood MFstv (S Ozawa, L Bernstein) 87–90. **Laufb:** Chefdgt Orch Sinfonica di Sanremo 90–94, Chefdgt Orch Regionale del Lazio Roma 94–96, Chefdgt Teatro Massimo di Palermo 2000–2002, Ass v C Abbado 97–2000, Dgt Op Leipzig ' Freischütz' 03, Semperop Dresden 'Aida' 03, Dgt Op Köln SpZ 03/04. **Pr:** 1. Pr Arturo Toscanini DgtWettb Italien 85 u Gino Marinuzzi DgtWettb Italien 89. – **Aufn/RF:** Berg: ' Lulu', Teatro Massimo Palermo, Dgt: S A Reck; Wagner: 'Wagner Portrait', A Dohmen, Dgt: S A Reck.

Reda, Klaus, Pauke; c/o NRD Radiophilharmonie, Rudolf-von-Bennigsen-Ufer 22, D-30169 Hannover. **Laufb:** Sol NDR RadioPhilh Hannover. (Red)

Redel, Kurt, Prof, Dirigent, Flötist; Osterwaldstr 59, D-80805 München, T: (0 89) 3 61 32 01, F: (0 89) 36 38 41, *kurtredel@web.de* [Breslau 8.10.1918]. Konzerte, Dirigier- u Interpretationskurse sowie Orchestrationen **Ausb:** Stud Fl, Kl, V MH Breslau 36–39, Komp (C Bresgen), Dirig (C Krauss) Mozarteum Salzburg 40–42. **Laufb:** Mozartem-Orch u L Mozarteum Salzburg 39–42, Bayer Staatsop München 42–46, Prof MAkad Detmold 46–53, BR 53–74, Grdg PRO-ARTE-Orch (weltweite Tourneen) 53, Gastkonz u Schallplattenaufn m renomm Orch in Prag, Wien, Paris, London, Amsterdam, Madrid, Luxembourg, Bordeaux, Nizza, Lyon, Aix en Provence, Luzern, Montreux, Tokyo, Mexico, Bogota, Santiago di Chile, Jerusalem, Tel Aviv, Lt int Dirigierkse in Nizza, Wien, Budapest, Rom, Assisi, Porto, Alegre u Tokio seit 61, dir musical 'Fstv de Paques' à Lourdes 68–87, Konz m Sol, Chor u SymphOrch f Papst Johannes-Paul II Castel Gandolfo 94 u 96. **Pr:** int Wettb Wien 38, Genf 48, 7 'Grands Prix du Disques', Goldmed d Stadt Lourdes, versch Med, Robert-Stolz-Med, Membre d'honneur Acad des Sciences, Arts et Belles Lettres d'Aix en Provence, chevalier de l'Ordre de Saint Michel, BVK 1. Kl, Commandeur de l'Ordre Nat des Arts et Lettres. – **Aufn/RF:** 'Bach et ses fils'; Bach: Die Kunst d Fuge (Neu-Fassung u Orchestration v KR); Bach: Orchestersuiten u Brandenburg Konz Symph v Schumann, Brahms, Dvorak; 'Grandes Ouvertures Francaises'; 'Le Ball de Paris'; 'Les Grands Ballets d'Operas'. **Zug:** A Tscherepnine: Musica Sacra; G Bialas: Flötenkonzert, Flötensonate, Trio etc; W Maler: Elegie; H W Henze: Sonatine; Cesar Bresgen: Sonate; L Nono: Musik f Flöte u Orch nach Garcia Lorca. **Sonst:** Initiator u Dgt 'Nuits Musicales de Chateauneuf du Pape'. **Lit:** ua: E Schwaiger: Warum d Applaus; L Bernstein: Freude an d Musik; New Grove 90; Larousse Dict de la Musique; Ricordi: Enciclopedia de la musica; Dictionnaire des Interprètes; Die Welt d Musik (Riemann-Brockhaus).

Redel, Martin Christoph, Prof, Komponist, Hochschullehrer; Kestnerstr 17, D-32756 Detmold, T: (0 52 31) 3 53 22, F: 3 53 23, *mcr@martin-redel.de*; Hochschule f Musik, Neustadt 22, D-32756 Detmold; *www.martin-redel.de* [Detmold 30.1.1947]. **Ausb:** Stud Schlgz (F Scherz), Komp (R Kelterborn, G Klebe, J Driessler) Nordwestdt MAkad Detmold, (I Yun) MH Hannover. **Laufb:** Doz (MTheor, Gehörbildg) H f M Detmold seit 71, Prof (Komp) H f M Detmold seit 79, Rektor ebd 93–2001, Vorsitz Rektorenkonf d MH in d BRD, Ens Kontraste 74–84, Lt Kse u Wettb 'Jugend komponiert' u 'Treffen jg Komp' seit 74, Bundesvorsitz Jeunesses Musicales Dtschld seit 92, SchlgzgSol. **Pr:** Droste-Hülshoff-Pr 71, Förderungspr Stadt Stuttgart 72, Förderungspr Land NRW 73, Förderungsp d KompPr Walter-Kaminski-Gedächnis-Stift 77, Förderpr Stadt Mannheim 77, Spezialpr d MKritiker Wettb Gino Marinuzzi San Remo 77, KompPr MTage Hitzacker 78, Förderpr 'Kulturpr Schlesien' Land Niedersachsen 78, 'Mention d'Honneur' Pr Arthur Honegger Paris 79. – **Komp:** ua: Interplay (f 7 Spieler) 75, UA Cambridge/Mass, m Boston Musica Viva, Dgt: R Pittman 76; StrQua II 77, UA Hitzacker, m Ens classique Köln 78; Triade (f Kl) 84, UA Braunschweig, m D Levine 84; 'Die m Tränen säen' (Mot) 85, UA Bad Reichenhall, m Ansbacher Jugendkantorei, Dgt: R Goede 85; Qui f Klar, 2 V, Va, Vcl 88, UA Berlin, m Scharoun Ens 88; La solitude du Pierrot (f Klar solo) 96, UA Detmold, m S Theile 98; Schattenlinien (Fantasie f V, Vcl, Kl) 2000/01, UA Dortmund, m Trio J Paul 01; Klangspiegel (f Orch) 98/99, UA Villingen-Schwenningen, SWF-SinfOrch, Dgt: P Ruzicka 02. **AuftrKomp:** KamSinf II (kl Orch) 72, UA Schwetzingen, m Württemberg KamOrch Heilbronn, Dgt: J Faerber 73 (Auftr: SDR Stuttgart f Schwetzinger FSp 73); Konfrontationen (f gr Orch) 74, UA Bremen, m Philh Staatsorch, Dgt: H Michael 75 (Auftr: Philh Ges Bremen); Konz f Orch 78, UA Münster, m SymphOrch d Stadt Münster, Dgt: J Harder 79 (Auftr: Verlag Bote & Bock); Traumtanz (f Schlgz u Str) 81, UA Pforzheim, Südwestdt KamChor, m M Ch Redel, Dgt: B Güller 82 (Auftr: Südwestdt KamOrch Pforzheim); Bruckner-Essay (f Orch) 82, UA Hannover, Festkonz 25. Tage d Neuen M, m Radio-Philh Hannover, Dgt: M Tabachnik 83 (Auftr: NDR); Gioco (f Bl, Hf, Schlgz u Kb) 82, UA Remscheid, Städt Orch Remscheid, Dgt: C Stepp 83 (Auftr: Stadt Remscheid); Rondance op 39 (f Kl u Str) 89, UA Heilbronn, Württemberg KamOrch, m R Buchbinder, Dgt: J Faerber 91 (Auftr: Württemberg KamOrch Heilbronn). **Lit:** Riemann, Grove, MGG, KdG.

Redfern, James, Klavier; c/o Hochschule für Musik „Franz Liszt" – Internationaler Liszt-Wettbewerb, PF 2552, D-99406 Weimar. **Ausb:** Purcell School London. **Pr:** 1. Pr Int Liszt Wettb (2. Kat). (Red)

Redik, Wolfgang, Prof, Violine, Hochschullehrer; Univ f Musik u Darst Kunst, Inst 12, Hauptpl 8, A-7432 Oberschützen, T: (03 16) 3 89 34 97, F: 3 89 31 21, *wolfgang.redik@kug.ac.at*; c/o Konzertdirektion Andrea Hampl, Karl-Schrader-Str 6, D-10781 Berlin, T: (0 30) 4 78 26 99, F: 4 78 37 92, *hampl @konzertdirektion.de*. **Laufb:** GastProf (V, KamM) U f Musik u Darst Kunst Graz. **Ens:** Mitgl 'Wiener Klaviertrio'.

Redmann, Bernd, Dr, Prof, Hochschullehrer, Komponist; Schlossstr 22, D-53115 Bonn, T: (02 28) 2 49 69 16, F: 2 49 69 17, *bernd.redmann@t-online.de*; H f Musik, Dagobertstr 38, D-50668 Köln [Bamberg 11.5.1965]. Komposition, Improvisation **Ausb:** Stud (Komp, MTheorie, SchM) MH München 85–96, Stud (MWiss) U Salzburg 91–95. **Laufb:** Prof (Tonsatz, Imp) H f Musik Köln 99, LAuftr MH München 94, LAuftr U Salzburg 98. – **Komp:** Fiasko (Orch) 92, UA München, MH; Scenario (KamEns) 93, UA München, MH; O (4 Sänger, KamEns) 95, UA München Marstallth; Verstrickung (KamEns) 95, UA München, Gasteig; TrpKonz 96, UA München, MH; Geblendete Schatten (Kl) 97, UA Paris, Cité des Arts; Metro (Va solo) 01, UA München; Secret doors (Konz f 2 Fag u Orch) 03. **Sonst:** 'Entwurf e Theorie u Methodologie d M-Analyse' 02.

Ree, Jean van, Konzert- u Opernsänger; 15 Urb Ribera Alta, E-18690 Almuñécar, Granada, T: 9 58 63 08 58, F: 9 58 63 08 58, *SOLIST@terra.es* [Niederlande 7.3.1943]. Konzert, Lied **Ausb:** versch Päd in Niederlande, Dtschld, USA (New York). **Laufb:** Gastsol Th Regensburg SpZ 2000/01, Op Köln, Rom, Madrid, Barcelona, Turin, Met Op New York, Wiener Staatsop, Salzburger FSp. **Pr:** Ausz Interpretation Mod Musik, Ehrenmed versch Städte, Salzburger FSp. – **Aufn/RF:** viele RF-Anstalten im In- u Ausland, CDs ua: A Berg: 'Lulu'; J S Bach: Matthäus-Pass, Johannes-Pass, Magnificat; Brecht/Weil: Auf Stieg u Fall d Stadt Mahagonny; Lieder: Mozart, R Strauss, Schumann. **Lit:** ua CD: Freunde vernehmet die Geschichte.

Reeh, Heinz, KS, Prof, Hochschullehrer, Violine, Sänger; Ahornstr 42, D-15566 Schöneiche, T: (0 30) 6 49 80 17, F: 64 38 85 98; H f Musik 'Hanns Eisler', Charlottenstr 55, D-10117 Berlin [Kaile 26.7.1941]. **Ausb:** V (H Geisthardt), Stud Ges (D Freiwald-Lange) H f M 'Hanns Eisler' Berlin ab 60. **Laufb:** Mitgl OpStudio Dt Staatsop Berlin 65, Ens Dt Staatsop 66, Gastsp ua Staatsop Dresden, Kom Op Berlin seit 72, LBeauftr H f M 'Hanns Eisler' Berlin 72, KS seit 78, HonDoz ebd 82, HonProf ebd 89, Prof (Ges) ebd 93, zahlr Mstrkse Finnland 86–93 u Cottbus 95–96. **Pr:** Kritikerpr Berliner Ztg 67 u 75, Pr d Genfer Gesangwettb 68, Felix-Mendelssohn-Bartholdy-Stip 69.

Reeh, Klaus-Michael, KS, Sänger; Cranachweg 19, D-31275 Lehrte, T: (0 51 32) 15 34, 0 17 25 15 12 96, F: (0 51 32) 15 34. **Laufb:** Sol Op Hannover. (Red)

Reese, Kirsten, Flöte; Hochschule f Musik u Theater, Harvestehuder Weg 12, D-20148 Hamburg, T: (0 40) 4 28 48 28 55; *trio-e-vent.kulturserver-berlin.de* [Kiel 1968]. **Ausb:** Stud Fl H d Künste Berlin; Stip StudAufenth New York f Fl (R Dick) u Elektron M 92–93, MAkad Rheinsberg 99, Mstrkse (P-A Valade, R Aitken, R Greiss-Armin, C Levine). **Laufb:** Mitarbeit an Projekten Elektron Studio TU Berlin seit 94. **Pr:** Cité des Arts Paris 05. **Ens:** trio e-vent. (*)

Refardt, Malte, Fagott; c/o NRD Radiophilharmonie, Rudolf-von-Bennigsen-Ufer 22, D-30169 Hannover. **Laufb:** Sol NDR RadioPhilh Hannover. (Red)

Regner, Hermann, Dr phil, em Univ-Prof, Komponist; Bachweg 162, A-5412 Puch b Hallein, F: (0 62 45) 7 72 04 [Marktoberdorf 12.5.1928]. Kammermusik, Chor, Orchester, Klavier **Ausb:** Stud (Komp, Dirig) Kons Augsburg 47–50, Stud (MWiss) U München, Dr phil 58. **Laufb:** MH Trossingen 57–63, Prof (MErz) MH U Mozarteum Salzburg 63–93, em 93. **Mitgl:** IG Komponisten Salzburg. – **Komp:** nona net (Blasqui), UA Schladming 97; Traumschrift (Blasorch), UA Marktoberdorf 98; Klangbilder (Blasqui), UA München 98; Klangspuren (Orch), UA Mozarteum Salzburg 99; Veni Creator Spiritus (Sol, Ch, StrQua, Sprecher), UA Salzburg, St Peter 99 (Auftr: Armin Kircher); Trinker im Frühling (Ch), UA Andechs 01; Vier Bagatellen (Bläser Oktett), UA Pertenstein 01 (Auftr: BÖF); Frohe Fahrt u Dorffest (BlasOrcht), UA 03 (Auftr: Österr BLM Verband); Concerto (K, BlasOrch), UA Mozarteum Salzburg04; Alles zu seiner Zeit (Ch), UA Andechs 05. **Aufn/RF:** CD Bläserphilh Mozarteum Salzburg, Dgt: H Angerer. **Sonst:** H R: Musik lieben lernen, 02. **Lit:** B Günther (Hg): Musik aus Österreich, 97.

Regnier, Eugen, Komponist; Grasslfinger Str 70d, D-82194 Groebenzell, T: (0 81 42) 5 28 80, F: 5 28 80 [München 22.3.1948]. **Ausb:** Stud (Komp) Richard-Strauß-Kons München u MH München, (SchM) MH München. **Laufb:** GymnasialL (Musik) seit 74. **Pr:** 3. Pl Wettb Olympia-Fanfare 72, Ernst-Fischer-Pr 88, Publikumspr Dt KompVerband 88, 2. Pr 'Int KompWettb Valentin Ruiz Aznar' Granada/Spanien 89. – **Komp:** Klavierkonz Nr 1 in c-Moll (Konz) 79, UA Bad Reichenhall 85; Klavierkonz Nr 2 in E-Dur (Konz), UA 85; Sinfonie in d-Moll (OrchW), UA 89; Amadeus (OrchW), UA 92; 'Life', 8 Episoden f Kl (Kl Solo), UA 93; Rockmotion (V u Kl), UA V Hagner, N Hagner 96. (*)

Regnitter, Annette, Sängerin; c/o Junge Kammeroper Köln, Florasr 93, D-50733 Köln. (Red)

Regös, Robert, Klavier, Hochschullehrer; Richard Strauss Konservatorium, Gasteig, Kellerstr 6, D-81667 München. **Laufb:** Doz (Kl) Richard Strauss Kons München. (Red)

Rehberg, Hans-Hermann, Chordirektor; Belforter Str 10, D-10405 Berlin, T: (0 30) 44 05 72 63; c/o Rundfunkchor, Charlottenstr 56, D-10117 Berlin, T: (0 30) 2 02 98 75 61, F: 2 02 98 75 69, *rehberg@rchb.de* [1956]. **Ausb:** Stud H f M 'Felix Mendelssohn Bartholdy' Leipzig 72–77. **Laufb:** S im Chor d Städt Th Leipzig 77–81, S RF-Chor Berlin 81–90, Chordir RF-Chor Berlin seit 90.

Rehfeldt, Wolfram, Prof, Hochschullehrer, Orgel; Buttenwegle 43, D-72108 Rottenburg, T: (0 74 72) 2 38 47, *Wrehfeldt@t-online.de*; H f Kirchenmusik, Sankt-Meinrad-Weg 6, D-72108 Rottenburg [Ravensburg]. **Laufb:** Domorganist 72, Prof (OrgellitSp, Orgelimp, Tonsatz, Orgelkde), Prorektor H f KiM Rottenburg. (Red)

Rehkop, Peter, Countertenor; Mathildenstr 15, D-30451 Hannover, T: (05 11) 2 20 57 97, 01 75–7 66 90 63, *p.rehkop@gmx.de*; c/o CICADA.con Agentur & Management, Gubener Str 3b, D-10243 Berlin, T: (0 30) 29 00 13 35, 01 71–3 64 52 77, F: 29 00 58 97, *info@cicada-com.de*. Barock **Ausb:** Stud Ges (R Popken, W Jochens) Hannover u Hamburg 96–04, Mstrks ua b M Jonas, M Gester, A Scholl, B Schlick, C Ludwig. **Laufb:** Vokal-Ens 'Petits-Fours', Kom Op Berlin, Mannheimer Mozart-Wochen 05, Konz- u OratS, Volksbühne Berlin 05. **Pr:** Stip d Villa Musica Mainz 02.

Rehn, Tina, Dramaturgin; c/o Theater d Bundesstadt, Am Boeselagerhof 1, D-53111 Bonn. **Laufb:** Dram Th Bonn SpZ 03/05. (Red)

Reibel, Marc, Repetitor; c/o Landestheater Linz, Promenade 39, A-4010 Linz, T: (07 32) 7 61 10. **Laufb:** Korrep m Dgt-Verpfl, Studienlt, Kapm Landesth Linz SpZ 03/05. (Red)

Reibenspies, Andreas, Prof, Hochschullehrer, Sänger; Lindenbaumstr 10, D-78052 VS-Weilersbach, T: (07 21) 68 30 54, 0 17 17 54 38 22, F: 3 52 99 63, *andreas.reibenspies@web.de*; Hochschule f Musik, Schultheiß-Koch-Pl 3, D-78647 Trossingen. Werke W. Rihms **Ausb:** Stud Ges u Kl MH Karlsruhe b L.

West, G. Reich, E. Schwarzkopf, R. Ackermann u N. Shetler. **Laufb:** Prof (Ges) Staatl H f M Trossingen seit 02/03. (Red)

Reich, Yvonne, Sängerin; Demianipl 4, D-02826 Görlitz, T: (0 35 81) 41 17 31. **Laufb:** Sol Th Görlitz. (Red)

Reichardt, Claus, Prof, Hochschullehrer, Cello; Robert Schumann Hochschule, Fischerstr 110, D-40476 Düsseldorf, T: (02 11) 4 91 81 09, F: 4 91 16 18, *c.reichardt@uni-duesseldorf.de*. Konzert, KamM, Unterr **Ausb:** Unterr b Prof W Reichardt bis Staatsex 64, Prof G Cassadó Köln bis KonzEx 67, Prof A Navarra Paris bis 68. **Laufb:** Solo-Vcl Nürnberg, Doz Meistersinger-Kons, H Würzburg; Doz Robert-Schumann-H Düsseldorf seit 87, Prof (Vcl, KamM), Rektor ebd; Mstrkse Tschaikowsky-Kons, Glinka-Kons Novosibirsk, Chopin Akad Warschau, Soai Uni Osaka ua. **Pr:** Mendelssohn-Pr, Konzerte junger Künstler. **Ens:** Münchner Sol, Barockens Nürnberg, Mendelssohn Ens. – **Aufn/RF:** b fast allen europ RF-Anstalten.

Reichardt, Theodor, Sänger; Max-Brauer-Allee 142, D-22765 Hamburg, T: (0 40) 8 61 36 36, (01 72) 4 15 08 77, *Thejopelle@aol.com*; *www. theodorreichardt.de*. **Laufb:** Gastsol Landesth Detmold SpZ 03/04.

Reiche, Johannes (Pseud: Giovanni Ricci), Komponist; Robert-Blum-Str 8/9, D-06114 Halle/Saale, T: (03 45) 5 21 19 86, F: 5 21 19 87 [Grimma 24.8.1955]. **Ausb:** Stud Klar (R Bartl), Komp (F Geißler) MH Leipzig, Est Stud Komp (R Zechlin) Berlin. **Laufb:** OrchM, freischaff Sol (Chalumeaux, Klar, Sax), Komp, Päd, Doz b int Kursen, Dgt. – **Komp:** vierklarinettenstücke (KamM), UA Leipzig 77; Quintett in drei Sätzen (KamM), UA Halle 78; The invisible voice (KamM), UA Michaelstein 92; 'Sax-Appeal' – Saxophonqua (KamM), UA Leipzig 95; Symphony in Rock, UA Michaelstein 96; Anno Salutis-Performance in memoriam Martin Luther (Chorsinfonik), UA 96; Cantus Mutabilis-M im Raum II (Sinfonik), UA Halle 96 (Auftr Philharm Staatsorch z 50. OrchJubiläum). (*)

Reichel, Daniel, Dirigent; rte du Signal 44, CH-1018 Lausanne, T: 02 13 23 94 95. (Red)

Reichel, Jean-Luc, Flöte; Staineuweg 27, CH-3007 Bern, T: 03 13 71 98 36, *luc@reichel.ch*. **Ens:** Duo m Joyce-Carolyn Bahner, Berner Flötenquartett, Flautando Quartett. (Red)

Reichel, Rodrigo, Violine; c/o NDR Sinfonieorchester, Rothenbaumchaussee 132–134, D-20149 Hamburg. **Laufb:** Stimmführer NDR SinfOrch Hamburg. (Red)

Reichert, Katja, Sängerin; c/o Th Baden b Wien, Theaterpl 7, A-2500 Baden b Wien, T: (0 55 74) 40 72 24. **Laufb:** Gastsol Staatsth Mainz SpZ 00/01, Sol Bregenzer FSp SpZ 03/04, Th Baden b Wien SpZ 04/05. (Red)

Reichert, Manfred, Musikleiter; c/o Sekretariat Ensemble 13, Birkenwäldle 38, D-76228 Karlsruhe, T: (07 21) 88 82 43, F: 88 19 33. **Laufb:** musikal Lt Ens 13. **Ens:** Ensemble 13. (Red)

Reichert, Marek, Sänger; c/o Junge Kammeroper Köln, Florastr 93, D-50733 Köln. **Laufb:** Sol Junge Kammerop Köln SpZ 03/04, Gastsol Eduard-von-Winterstein-Theater Annaberg-Buchholz SpZ 04/05. (Red)

Reichert, Peter, Hochschullehrer; Hochschule Musik u Tanz, Tössertobelstr 1, CH-8400 Winterthur, *peter.reichert@doz.hmt.edu*; *www.orgelakademie.ch/ peter.html*. **Ausb:** Stud b Dr. Bernhard Billeter (Zürich) u J.-C. Zehnder (Basel). **Laufb:** Doz (Orgel) MH Winterthur Zürich, StadOrg Bremgarten/AG, Grd u Ltg OrgAkad Peter Reichert. – **Sonst:** Orgelbau – Kunst u Technik 95. (*)

Reichling, Therese, Harfe; Robert-Koch-Str 6, D-91207 Lauf, T: (0 91 23) 41 90, F: 98 83 71. **Mitgl:** 1. Vors d Vereinigung dt Harfenistsen eV (VDH). (Red)

Reid, Charles, Sänger; c/o Nationaltheater Mannheim, PF 102362, D-68023 Mannheim. (Red)

Reidl, Carl *siehe* Putz, Josef

Reiher, Ulf, Intendant; c/o Landestheater Detmold, Theaterpl 1, D-32756 Detmold. **Laufb:** Intend Landesth Detmold SpZ 03/05. (Red)

Reik, Martin, Sänger; c/o Musikalische Komödie der Oper Leipzig, Dreilindenstr 30, D-04177 Leipzig. (*)

Reimann, Aribert, Komponist, Klavier; Hohenzollerndamm 91, D-14199 Berlin, T: (0 30) 8 26 27 57 [Berlin 4.3.1936]. **Ausb:** Stud Berliner Musikhochschule (Komp b E Pepping u B Blacher u Kl b O Rausch). **Laufb:** PianLaufb als Sol u Liedbegleiter seit 57, Prof (zeitgen Lied) MH Hamburg 74–83 u HdK Berlin 83. **Pr:** Berliner Kunstpr f M (Junge Generation) 62, Rompr m Villa Massimo-Stipendium 63, Großes BVK 85, Braunschweiger Ludwig-Spohr-Pr 85, Prix de composition musicale de la Fondation Prince Pierre de Monaco 86, Bach-Pr d Stadt Hamburg, Frankfurter Musikpr 91, 'Pour le Mérite für Wissenschaften und Künste' u Officier de L'Ordre du Mérite Culturel de la Principauté de Monaco 93, Großes Verdienstkreuz m Stern d Verdienstordens d Bundesrepublik Dt 95, Commandeur de L'Ordre du Mérite Culturel de la Principauté de Monaco 99, Goldene Nadel d Dramatiker Union 99, Musikpr d Kulturstiftung Dortmund 02, Kunstpr Berlin 02, Ehrensenator der Univ d Künste Berlin 02, Plakette d Freien Akademie d Künste Hamburg 02. – **Komp:** Troades (Op) 84/85, UA München, Bayer. Staatsorch 86; Sieben Fragmente f Orch 88, UA Hamburg, Philharm Staatsorch 88; Konz f V, Vcl u Orch 88/89, UA Hannover, Niedersächs Staatsorch 89; Das Schloss (Op) 90–92, UA Berlin, Dt Op 92; Neun Stücke f Orch 93, UA Houston, Houston Symph; 'Finite Infinity' f Sop u Orch 94/95, UA Zürich, Tonhalle-Orch 96; Konz f V u Orch 96, UA Chicago, Chicago Symph 97; Nahe Ferne (Orch) UA Bonn 03; Spiralat Halom (Orch), UA Hamburg, Frankfurt u Köln 03, Zeit-Inseln, UA Salzburger FSp 04; 'Miniaturen f StrQua', UA Phil Essen 05; 'Cantus' (f Klar u Orch), UA Köln 06 (Auftr: WDR). **Aufn/RF:** ua Lieder v dems u Schostakowitsch nach Michelangelo m D Fischer-Dieskau. (Red)

Reimann, Christoph, Dirigent, Musikpädagoge; Loorstr 22, CH-8400 Winterthur, T: 05 22 13 05 66; c/o Crea Cultura Artists Management, Spalenring 4, CH-4012 Basel, T: 06 12 81 46 72, F: 06 12 83 90 42, *info@crea-cultura.org*. **Ausb:** Stud HF Kl (Hans Schicker) u NF Org, Ob, KB, Ges; Stud Dirig MH Frankfurt (H Rilling). **Laufb:** Mitbegrdg Schweizer JugendsinfOrch, Lt 'Camerata Vitodurum' u KamOrch Regensdorf, Gastdgt Südwestdt Philh Davos 91 ua. (Red)

Reimann, Jürgen, Klavier; c/o Pro Arte Stefan Dörpinghaus, Rosenweg 7, D-42499 Hückeswagen, T: (0 21 92) 8 30 05, 01 77–6 63 40 66, F: 93 18 81, *info@proarte-online.de*; *www.proarte-online.de* [1967]. **Ausb:** Stud Robert-Schumann-H Düsseldorf (Prof. B Szczepanska), Stud Privatinst f pianist Studien (M Ratko Delorko) Essen. **Pr:** 1. Pr 2. Int MWettb 94 Ancona. (Red)

Reimer, Robert, Dirigent; c/o Oper Leipzig, Augustuspl 12, D-04109 Leipzig. (*)

Reimer, William, Prof, Hochschullehrer; Rehmenbreiten 7, D-30966 Hemmingen. **Laufb:** LBeauftr (Gesang) H f M u Th Hannover. (Red)

Rein, Klaus-Uwe, Sänger; Große Ringstr 20, D-38820 Halberstadt, T: (0 39 41) 60 64 09. **Laufb:** Sol Nordharzer Städtebundth Halberstadt/ Quedlinburg. (Red)

Reinberger, Karl, Mag, Komponist; Belghofergasse 51–53/1/19, A-1120 Wien, T: (01) 8 03 85 54 [1933]. – **Komp:** 'Von der Sehnsucht' 77. (Red)

Reinecke, Frank, Prof, Hochschullehrer, Kontrabass; c/o Symphonie-Orchester des Bayerischen Rundfunks, Rundfunkpl 1, D-80300 München, T: (0 89) 71 03 43 77, F: 71 03 43 78, *Frank.Reinecke@t-online.de*; Stolzenfelsstr 3, D-81375 München, T: (0 89) 71 03 43 77, F: 71 03 43 78, *Frank.Reinecke @t-online.de* [Hamburg 16.9.1960]. **Ausb:** Stud (Kb) H d Künste Berlin (K Stoll). **Laufb:** HonProf (Kb) U Mozarteum Salzburg, Mitgl SymphOrch d Bayer Rundf. **Ens:** Xsemble München. (Red)

Reiner, Andreas, Prof, Hochschullehrer, Kammermusiker; Ehrengutstr 19, D-80469 München, T: (0 89) 7 25 58 88; FolkwangHochschule, Klemensborn 39, D-45239 Essen. **Laufb:** Prof (KamM) Folkwang-H Essen. (Red)

Reinhard, Susanne, Mezzosopran; Kittlerstr 33, D-64289 Darmstadt, T: (01 77) 3 15 44 47, (0 61 51) 6 69 03 01, *susrei@freenet.de*; c/o Konzert-Direktion Zagovec, Hans-Böckler-Str 23, D-65468 Trebur-Astheim, T: (0 61 47) 91 96 60, F: 91 96 62, *agentur@zagovec-artists.de* [Heidelberg 23.7.1970]. Konz, Lied, Op (Mozart, frz Op) **Ausb:** Stud (J Stämpfli) Folkwang-MH Essen, Mstrkse (B Fassbaender, C Kallisch), Stud (M Georg) MH Köln 93, Reifeprüfung 95; sänger Betreuung: A Reynolds ua. **Laufb:** NatTh Mannheim 95–99, Staatsth Darmstadt 99–04; Gastsp: Frankfurt, Hannover, Basel, Strasbourg, Bregenzer FSp; Konztätigkeit: Berliner Festwochen, Indianapolis Symph Orch, Int Musikfestwochen Luzern. **Ens:** Trio Vivat. – **Aufn/RF:** CDs: Othmar Schoeck: 'Penthesilea' op 39; Mark Polscher: 'Mechanische Braut'.

Reinhart, Carole Dawn, Mag, Prof, Hochschullehrer; Univ f Musik u Darst Kunst, Leonard Bernstein Inst f Blas- u Schlaginstrumente, Seilerstätte 26, A-1010 Wien, T: (01) 7 11 55 24 01, F: 7 11 55 24 99. Blas- u Schlaginstr **Laufb:** o UProf (Trp) U f Musik u Darst Kunst Wien. (Red)

Reinhold, Günter, Prof, Hochschullehrer, Klavier; Friedrich-Ebert-Str 5, D-76855 Annweiler, T: (0 63 46) 33 91, F: 13 89. **Laufb:** Prof (Kl) Staatl H f Musik Karlsruhe. (Red)

Reinhold, Volker, Violine; Mecklenburgisches Staatstheater – Staatskapelle, Alter Garten 2, D-19055 Schwerin. **Laufb:** 1. Konzm Mecklenburg Staatskapelle Schwerin. (Red)

Reinhold, Walter, Prof, Hochschullehrer, Klavier; Pipping 4c, D-37603 Holzminden, T: (0 55 31) 36 04. (Red)

Reinholz, Gabriele, Mezzosopran; c/o Künstleragentur Dr. Raab & Dr. Böhm, Plankengasse 7, A-1010 Wien, T: (01) 5 12 05 01, F: 5 12 77 43, *office @rbartists.at*; *www.rbartists.at*. (Red)

Reinmann, Franz, Bariton; rue Pury 8, CH-2000 Neuchâtel, T: 03 27 25 75 04. (Red)

Reinprecht, Alexandra, Sopran; c/o Erich Seitter Bühnen- und Konzertvermittung, Opernring 8/13, A-1010 Wien, T: (01) 5 13 75 92, F: 5 12 93 51, *office@agentur-seitter.at*; c/o Vereinigte Bühnen Graz, Opernhaus, Kaiser-Josef-Pl 10, A-8010 Graz, T: (06 76) 3 73 39 57; *www.alexandrareinprecht.com* [Wien]. **Ausb:** Stud Ges (Prof B Maxara), KlUnterr 'Franz-Schmidt MSch' in Perchtoldsdorf, Sommersem Italien (F Labò) 90. **Laufb:** Sol Konz u Th St Gallen SpZ 00/01, Sol Vereinigte Bühnen Graz, Staatsth Stuttgart, Volksop Wien seit SpZ 03/04, Wiener Staatsop SpZ 04/05, Bregenzer FSp 05. **Pr:** 2. Pr ex aequo 48. Int M Wettb 'G.B. Viotti' Vercelli 97.

Reinsberg, Ilsedore, Dramaturgin; Sächsische Staatsoper, Theaterpl 2, D-01067 Dresden. **Laufb:** Chefdramaturgin Sächs Staatsop Dresden. (Red)

Reinthaller, Sebastian, Tenor; c/o Theater Baden bei Wien, Theaterplatz 7, A-2500 Baden b Wien, T: (01) 51 44 40, F: 5 14 44 32 15; c/o Konzert-Direktion Zagovec, Hans-Böckler-Str 23, D-65468 Trebur-Astheim, T: (0 61 47) 91 96 60, F: 91 96 62, *agentur@zagovec-artists.de*. **Laufb:** Sol Stadtth Klagenfurt, Staatsop Wien, Gastsol Stadtth Baden b Wien SpZ 00/01, Sol Op Frankfurt, Volksop Wien seit SpZ 03/04. (Red)

Reipsch, Hans-Joachim, Schlagzeug; c/o Konzerthaus Berlin, Gendarmenmarkt, Charlottenstr 57, D-10117 Berlin. **Laufb:** Sol Berliner SinfOrch. (Red)

Reischl, Erik, Klavier; Bahnhofstr 4, D-65474 Bischofsheim, T: (0 61 44) 4 05 38 39, *pianist@erik-reischl.de*; *www.erik-reischl.de* [Wiesbaden 24.5.1973]. **Ausb:** Stud (H Seidel) MH Frankfurt 94–02. **Laufb:** Rumänien 97, 99, Hawaii 97, 98, 01, 02, 03 Neuseeland 01, 02. **Pr:** 2. Pr Int KlWettb Ferrol, Spanien 95, Finalist 'Liszt-Wettb' Budapest 96, Stip Dt MWettb Berlin 01. – **Aufn/RF:** 'E R spielt Liszt' 97; 'Porträt E R', Vol 1 2000, Vol 2 01, Vol 3 02; Vol 4 03; Vol 5 04; Vol 6 05 (CDs). **Zug:** R Pollock: Log a Rhythms Vol 3.

Reiser, Niki, Komponist; Dornacherstr 192, CH-4053 Basel, T: 00 41 61 69 10 1 12, F: 00 41 61 69 10 1 12, *nikireiser@mac.com*; *www.nikireiser.de* [1958]. **Ausb:** Stud (Jazz u Klassik m filmmusikal Schwerpunkt) Berklee School of M Boston 80–84. **Pr:** Rheingau Musikpr 05. (Red)

Reiss, Anthony, Prof, Hochschullehrer, Querflöte; Mühlenmarkt 4, D-52222 Stolberg, T: (0 24 02) 86 28 18; H f Musik Köln, Abt Aachen, Theaterstr 2–4, D-52062 Aachen. **Laufb:** Prof (Qufl, KamM) H f Musik Köln, Abt Aachen. (Red)

Reiss, Chen, Sopran; c/o Bayerische Staatsoper, Max-Joseph-Pl 2, D-80539 München, T: (0 89) 21 85 10 28, F: 21 85 10 33, *bettina.schimmer@sr.oper.bayern.de (Marketing)*; *www.staatsoper.de* [Israel]. Recitals, Op, Orat **Laufb:** Debüt Carnegie Hall New York 02, Gastsol New Israeli Op, Teatro alla Scala Mailand, Konz m Pittsburgh Symph, Israeli Philh; Mitgl Ens Bayer Staatsop – NatTh München SpZ 03/05, Semperop Dresden SpZ 04/05. **Pr:** Gewinnerin Wettb Liederkranz Stift, Marjorie Lawrence Comp 01, Gerda Lissner Wettb, Career Bridges Comp, Buchman-Heyman Stift 03 ua. (Red)

Reiss, Richard, Prof, Hochschullehrer, Sänger; Hofstr 1, D-76571 Gaggenau-Winkel, T: (0 72 25) 7 86 10; Hochschule f Musik, Schwarzwaldstr 141, D-79102 Freiburg [1943]. **Ausb:** Stud Ges (E. Margraf, W. Pearson, E. Bosenius, J. Metternich, H. Hotter, S. Colombo). **Laufb:** Prof (Ges) Staatl H f Musik Freiburg. **Pr:** Prtr „Concours int de chant pour la musique contemporaine" La Rochelle. (Red)

Reissig, Heiko Christian (Pseud: Felix Corda), Dipl-Päd, Regisseur, Schauspieler, Tenor; c/o Bühnenreif-Entertainment, PF 670234, D-10207 Berlin, T: (0 30) 4 22 74 87, F: 4 22 74 87; c/o Elblandfestspiele Wittenberge, Festspielhaus am Paul-Lincke-Pl, D-19322 Wittenberge, T: (0 38 77) 56 45 03, F: 56 45 05; *www.heikoreissig.de* [Wittenberge 19.2.1969]. Operette, Oper, Konzert, Lied **Ausb:** Stud (Ges, Schausp) MH Leipzig 90–93, Stud Dipl (Ges, Päd) MH Berlin 93–97, Stud Dipl (Ges, M) MH München 95–96; Mstrkse ua b E Schwarzkopf, N Gedda, P Schreier, J Metternich. **Laufb:** Kom Op Berlin 95–97, Städtebundth Hof 97–99 (ISSA), Op Leipzig 99–2001, SeefSp Mörbisch 2000, ElblandFSp 99–06, Op Chemnitz, Japan, Mexico uva; Intend u künstl Lt ElblandFSp Wittenberge – Int Fstv d Optte u heiteren Bühnenkunst; Präs BühnenReif – Gesellschaft z Förderung junger Bühnenkünstler Dtld. **Pr:** Robert-Stolz-Ehrenpr, BühnenReif-Förderpr, Stip d Fürstin Gloria v Thurn u Taxis, Goldene Med der EFS. **Ens:** Bühnenreif-Ens, Ens 'Terra Romanca', Berliner Grammophoniker. **Mitgl:** ITI – Int Th-Inst d BRD, Bühnenreif Dtld, Gesellschaft ElblandFSp, Jurymitgl Int GesWettb f Optte 'Jan Kiepura'. – **Komp:** 'Melody of Love' (f SinfOrch), UA Wittenberge 01; 'Carneval d Melodien' (f SinfOrch), UA ElblandfSp Wittenberge 03; 'Solang noch rote Rosen blühn (f SinfOrch), UA ElblandfSp Wittenberge 03; 'Melodien der Herzen' (f SinfOrch), UA ElblandFSp 06. **Aufn/RF:** CDs: 'Herzensbrecher' (Filmschlager) 01; 'Mondscheinträumereien' (Optten-Melodien) 02; 'Rendezvous der Träume' (Filmschlager v F Grothe); 'Mein Lied f Dich' (Soloalbum H Reissig); RBB-Mitschn: 'Carneval d Melodien', Dt Filmorch Babelsberg, Dgt: M Rosenberg, G Natschinski. **UA:** 'Operette sich wer kann', UA 2000, Regie: H Reissig; 'Herzensbrecher', UA 02, Regie: H-H Krug. **Zug:** Guido Masanetz: Gruß an Wittenberge (f SinfOrch), UA ElblandfSp 02. **Lit:** div Art in Fach-ZS/Presse, Internet.

Reiter, Alfred, Bass; c/o Balmer & Dixon Management AG, Kreuzstr 82, CH-8032 Zürich, T: 04 32 44 86 44, F: 04 32 44 86 49, *mail@badix.ch*; *www.badix.ch/voc/reiter.html* [Augsburg]. **Ausb:** Stud (KiM, Ges) Staatl H f M München 90–95, Privatstud (H Hotter), Ges (A Varnay) Opernstudio d Bayer Staatsop 93–95. **Laufb:** ua: Ensmitgl Opstudio Bayer Staatsop München 93, Hess Staatsth Wiesbaden 95, Gastsp 'Meistersinger' (Hans Schwarz) Bayreuther FSp, Dgt: D Barenboim 96, Wagner: 'Parsifal' (Titurel) Dgt: G Sinopoli 96, Mozart: 'Zauberfl' (Sarastro) Ludwigsburger SchlossFSp, Dgt: W Gönnenwein 98, Mitgl Op Nürnberg 98–2001, 'Poppea' (Seneca) Staatsth Stuttgart 2000, Wagner: 'Parsifal' (Titurel) Bayreuth, Dgt: C Eschenbach 2000, Konzverpfl in ganz Europa u USA, Sol Dt Op Berlin, Volksop Wien, Wiener Staatsop seit 2001, Genf 2001. **Pr:** 1. Pr Wettb Richard Strauss-Ges 93. – **Aufn/RF:** Orff: 'Trionfo di Aphrodite', Dgt: F Welser-Möst; Schmidt: 'Das Buch m sieben Siegeln', BR, Dgt: F Welser-Möst; Strauss: Friedenstag, Staatskap Dresden, Dgt: G Sinopoli; Wagner, Meistersinger, FSp Bayreuth, Dgt: D Barenboim. **UA:** B Koblenz: Recherche, Biennale München 99.

Reiter, Herwig, Komponist, Dirigent; Stumpergasse 7/14, A-1060 Wien, T: (01) 5 96 75 95, *h.reiter@music.at*; *www.herwigreiter.com* [Waidhofen/Thaya 26.6.1941]. **Pr:** Niederösterr Landespr f Verdienste a d Gebiet d Musikpädagogik 87, Erwin-Ortner-Pr z Förderg d ChorM in Form e KompAuftrags f Laienchor 01. – **Komp:** Im Namen der Liebe/1.Teil (97/98), 19 Lieder f Bar, Tasteninstr (Cemb, Kl, Harmonium, E-Piano) u Schlgz nach Texten v Peter Turrini, UA 27.2.1999 Wien; Die wunderliche Musik (98/99), Kantate f Soli, Chor, Org u KamOrch nach e Text v Ingeborg Bachmann, komp anlässl d 40. Geburtstags v Johannes Prinz; Konz f Vcl u Orch (99–01), Orch m dreifach besetzten Bläsern, 5 Schlgz, 1 Hfe, 2 Synth u Cemb, Auftragsw d Wiener Jeunesse Orch, UA 13.8.01, Berlin, Konzerthaus am Gendarmenmarkt, Othmar Müller (Vc), Wr.Jeunesse Orchester, Dgt Herbert Böck; Im Namen der Liebe/ 2.Teil (01), 10 Lieder f Bar, Tasteninstr (Cemb, Kl, Harmonium, E-Piano) u Schlgz nach Texten v Peter Turrini, UA 24.1.2002, Wien, Musikuniv (J Leutgeb, M Hruby, St Gottfried, H Reiter, M Kahlig). (Red)

Reith, Bettina, MA, künstlerische Betriebsdirektorin; c/o Staatstheater Braunschweig, Am Theater, D-38100 Braunschweig, PF 4539, D-38035 Braunschweig, T: (05 31) 1 23 41 06, F: 1 23 41 03, *bettinareith@staatstheater-braunschweig.de* [25.3.1966]. **Ausb:** Stud (ThWiss u Kunstgesch) U Bochum u FU Berlin 86–92. **Laufb:** Ass v G Friedrich Dt Op Berlin 92–94, Vermittl MTh ZBF Hamburg 94–96, Lt künstl Betriebsbüro 96–00, dann Chefdisp Städt Bühnen Münster, künstl Betriebsdir Staatsth Kassel 00–01; Operndir u leitend Disp Staatsh Braunschweig seit 02, dann künstl Betriebsdirektorin. – **Sonst:** Artikel in: A Jacobshagen (Hg): 'Praxis Musiktheater. Ein Handbuch'.

Reith, Dirk, Prof, Hochschullehrer, Komponist; Dahler Höhe 61, D-45239 Essen, T: (02 01) 8 49 65 72, F: 8 49 65 73, *Dirk.Reith@mh-luebeck.de*; Folkwang-Hochschule, Klemensborn 39, D-45239 Essen, *reith@folkwang-hochschule.de* [1947]. **Ausb:** Stud Komp (M Kelemen) Robert-Schumann-H Düsseldorf; parallel Toningenieur; Stud Computer-Komp (G M Koenig) Inst of Sonology Uni Utrecht 74–76. **Laufb:** Aufbau Elektron Studio Folkwang-H Essen, Ltg FB M in Projektgruppe zur Planung d ZKM (Zentrum f Kunst u Medientechnologie Karlsruhe) 86, Gastdoz Uni/ Inst in Holland, Frankreich, Österreich, Italien, USA, Australien, Japan, Korea; Prof (elektr Komp) Folkwang-H Essen, künstl Ltg ICEM (Inst f Computer-M u elektron Medien), Prof MH Lübeck. **Mitgl:** Grdg-Mitgl GNMR (Ges f Neue M Ruhr e. V.), Vorstandsmitgl, Vorstandsvorsitz 96–2000; Ltg 'AG Multimedia u Kunst NRW' d MSWWF (Min f Sch, Weiterbild, Wiss u Forschung NRW) 97–99, Ltg AG 'Interaktive Medienbühne d MSWWF' seit 2000. – **Sonst:** zahlr Publ z KompTheorie instrumentaler u elektron M; Forschungsvorhaben Gebiet Computer-M; Grdg Int Fstv f Computer-M u Medienkunst 'Ex Machina' Essen; Mitbegrdg Fstv 'november music' Essen 97. (Red)

Reitmayer, Karl, Horn; c/o Münchner Rundfunkorchester, Rundfunkpl 1, D-80300 München. **Laufb:** Sol Münchner RFOrch. (Red)

Reitmeier, Johannes, Intendant, Regisseur; c/o Pfalztheater, Willy-Brandt-Pl 4–5, D-67655 Kaiserslautern. **Laufb:** Intend u Reg Pfalzth Kaiserslautern seit SpZ 03/04, Reg Th Hof SpZ 04/05.

Reitz, Heiner, Violine; Il Tetto, CH-6984 Pura, T: 09 16 06 15 81 [14.9.1925]. Komposition **Ausb:** Stud (V) MH Zürich 39–45, (V) Inst de Ribaupierre Lausanne 45–47, Privatstud Kl, Privatstud V (B Kamenski) Paris 48. **Laufb:** m Fstv Strings Luzern in Musikzentren Europas, Nord- u Südamerikas, auch V- u KlSol 60–63. **Ens:** Fstv Strings Luzern 60–63. – **Komp:** 12 Capricen (V solo); 12 Capricen (Vcl solo); 12 Capricen (Fl solo); 12 Capricen (Git solo); 7 Entertainments (f 2 Fl); 10 Florianaden f Kl 86; Trio Surprise (f Klar, Va, Vcl od Fag), UA Zürich 91; 5 Stücke f Kl 93; Tema con variazioni (V, Vcl) 99, UA Filarmonia Trento, I Turban, Wen-Sinn Yang 99; Trio (f Fl, Va, Git) 03. **Aufn/RF:** zahlr CDs m eig Komp, ua Solocapricen, 7 Entertainments, Trio Surprise, Tema con variazioni; Mendelssohn: Doppelkonz f V u Kl, 2 Schweizer EA: Zürich, Tonhalle, L Nadelmann, Jungsymph, Dgt: Jaques 58 u L Nadelmann, RadioOrch Lausanne, Dgt: Desarzens 58. **UA:** R Oboussier: Violinkonz, Dt EA Berlin, Schweizer KamOrch, Dgt: A Brunner 55; P Müller: Solosonate f V, Dt EA Hannover 59; P Mieg: Violinkonz, UA Radio, Radio-SymphOrch, Dgt: E Schmid 59 (RadioUA). **Sonst:** Die Technik d Violinübens.

Reitz, Karin, Klavier; c/o Künstler- und Konzertagentur Grandmontagne, Tännichtgrundstr 10, D-01462 Dresden/Niederwartha, T: (03 51) 4 54 03 04, F: 4 54 06 04. **Ausb:** Stud Kl MH München (G Vracheva), Stud Heinrich Neuhaus Akad München (V Gornostaeva), Aufbaustud u Ass Kiew Tschaikowski-Kons, Stud Kl-Solo (V M Vorobjov), KamM (I B Borovik), KonzEx 96, Mstrks (S Perticaroli, L Hokanson, A Ugorski). (Red)

Remigio, Carmela, Sängerin; c/o Oper Leipzig, Augustuspl 12, D-04109 Leipzig. (*)

Remling, Benno, Sänger; Deichstr 116, D-27568 Bremerhaven, T: (01 70) 7 32 55 03. **Laufb:** Sol Stadtth Bremerhaven, Op im Schlossgarten FSp Eutin SpZ 04/05. (*)

Remmert, Birgit, Sängerin; c/o Sächsische Staatsoper, Theaterpl 2, D-01067 Dresden, T: (03 51) 4 91 10. **Laufb:** Sol Sächs Staatsop Dresden SpZ 03/05, Hamburg Staatsop SpZ 03/04. (Red)

Rempe, Julia, Sopran; Schleissheimerstr 43, D-80797 München, *Juliarempe25@yahoo.com* [Kiel 19.2.1974]. **Ausb:** Stud Kons Nürnberg 93–94, MH Hannover 94–2000. **Laufb:** Sol Op Hannover, Gastsol Berliner KamOp SpZ 00/01, Sol Junges Ens München 00/01, Gast Semperop Dresden 00/01, Op Zürich 00/01, EnsMitgl Staatsop München 01/04, Wolfram-von-Eschenbach-Pr 02. **Pr:** Nürnberger Meistersängerwettb 97, Orfeo 2000, Richard-Strauss-Med München 2000, Bayer Staatsförderpr f junge Künstler 01.

Remus, Matthias, Prof, Hochschullehrer, Regisseur; Hochschule f Musik u Theater, Emmichpl 1, D-30175 Hannover, T: (05 11) 3 10 02 60, F: 3 10 03 07, *Prof.Matthias.Remus@t-online.de* [Bremen-Vegesack 23.9.1953]. Opernregie **Ausb:** Stud Musiktheaterregie (Everding, G Friedrich) MH Hamburg 73–78. **Laufb:** Prof (OpRegie) H f M u Th Hannover, Spielt Dt Op Berlin, Dramaturg u Regisseur Th d Stadt Heidelberg, freischaffend, GrdgsMentor Rheinsberger KamOp, Jury-Mitgl Götz-Friedrich-Stift, Reg Berliner Kammerop SpZ 04/05. – **Sonst:** Mozart-Biographie 91.

Rémy, Ludger, Prof, Hochschullehrer, Cembalo, Dirigent; H f Musik 'Carl Maria v Weber', Neubühlauer Str 1, D-01324 Dresden, T: (03 51) 2 68 99 60, F: 2 68 99 61, *ludger.remy@worldonline.de* [Kalkar-Wissel 4.2.1949]. Musik v 1600 bis 1800 **Ausb:** Stud (SchM, Cemb) Freiburg i Br, private Studien (K

Gilbert) Paris, Stud (MWiss u Geschichte) U Freiburg. **Laufb:** L an div MH (ua Essen-Duisburg, Köln-Wuppertal, Weimar, Bremen), Ltg Telemann Collegium Michaelstein, Prof (Alte M) H f M Carl Maria v Weber Dresden seit 98, Grdg Les Amis de Philippe f Musik d norddt Klassik. **Pr:** Cannes Classical Award 98, Pr d dt Schallplattenkritik 3/2000, 1/2001 u 3/2003; zahlr andere ausländ Pr. – **Aufn/RF:** zahlr European Broadcasting Union Konz b div Fstv als Dgt u Spieler. **Sonst:** Jurymitgl Int Cemb- u HammerklWettb Brugge 95, 98, 01, 04.

Rendall, David, Sänger; c/o Hamburgische Staatsoper, Große Theaterstr 34, D-20354 Hamburg, PF 302448, D-20308 Hamburg, T: (0 89) 21 85 01; *www.hamburgische-staatsoper.de.* **Laufb:** Sol Hamburg Staatsop. (Red)

Renes, Lawrence, Generalmusikdirektor, Operndirektor; c/o Bremer Theater, Am Goethepl 1–3, D-28203 Bremen, PF 101046, D-28010 Bremen [Niederlande 1970]. **Ausb:** V- u Dirigierstud Sweelinck-Kons Amsterdam. **Laufb:** GMD u OpDir Th Bremen SpZ 03/05, Dgt Hamburg Staatsop seit SpZ 03/04. (Red)

Renggli, Felix, Prof, Flöte, Hochschullehrer; Hochschule f Musik, Schwarzwaldstr 141, D-79102 Freiburg, *flute@felixrenggli.com*; *www.felixrenggli.com* [31.1.1961]. von Barock bis Avantgarde **Ausb:** Stud Fl H f M Basel (G Hildenbrand) 79–82; HSM Basel (A Nicolet, P-L Graf) 84–86; Traverso Schola Cantorum Basiliensis 90–92. **Laufb:** Soloflötist im Festspielorch Luzern, im Tonhalleorch Zürich, im Orquesta Gulbenkian Lissabon u im Chamber Orch Europe, Tourneen Japan, China, Südamerika. Int. Fstvs: Paris, Roma, Rio de Janeiro, Lockenhaus, Prof H f M Freiburg seit 04. **Ens:** Swiss Chamber Soloists. – **Aufn/RF:** CD Romantische Flötenmusik (m Jan Schultzs, Kl); CD Franz Flötenmusik (m Jan Schultzs, Kl); CD (solo) Portrait Felix Renggli („Telemania"). **UA:** div UA als Flötist des Ens Contrechamps, Genève u m Swiss Chamber Soloists; UA der „Sonate insolitaire" v Heinz Holliger. **Sonst:** Künstl Lt Swiss Chamber Concerts. **Lit:** „La Traversière" No. 83/05.

Renick, Therese, Sängerin; Hinrichsenstr 16, D-04105 Leipzig, T: 0 17 24 49 53 52, (03 41) 9 93 80 74, F: (03 41) 9 93 80 78, *Therese_Renick@yahoo.de* [St Louis, USA]. Verdi, zeitgen Konz **Ausb:** Stud (H Zadek) H f M u Darst Kunst Wien. **Laufb:** Stadtth Würzburg 89, Städt Bühnen Krefeld-Mönchengladbach 88, Th u Philh Essen 92, Gastsol Bremer Th SpZ 2000/01, Gastsol Mecklenburgisches Staatsth Schwerin SpZ 03/04, Bregenzer FSp, Salzburger FSp, Bayer Staatsop, Op Köln, Op Bonn, Dt Op am Rhein, Op Leipzig, SchlossFSp Schwerin, Staatsth Wiesbaden, Staatsth Hannover, Th Dortmund, Bayer Staatsschausp ua. – **Aufn/RF:** L Berio: 'Folk Songs', Düsseldorfer Ens, Dgt: W Trummer; W M Danner: 'Canciones de amor' Wuppertal. **UA:** 'Canciones de Alandalus' (Mezzosop u StrQua), UA Düsseldorf, Tonhalle, Orpheus Qua, Dgt: Ch Halffter (auch Aufn); S Matthus: 'Graf Mirabeau, UA Essen/ Karlsruhe; H-J v Bose: 'Schlachthof S, UA Bayer Staatsop. **Sonst:** Sänger Workshops/Seminare.

Renne, Max, Dirigent; Pappelallee 12, D-10437 Berlin, T: (0 30) 47 37 41 19. **Laufb:** Studienlt m Dirig-Verpfl Ldesth Linz SpZ, Lt Orchakad Berlin. (Red)

Renner, Till, Klarinette; c/o NDR Sinfonieorchester, Rothenbaumchaussee 132–134, D-20149 Hamburg. **Laufb:** Stimmführer NDR SinfOrch Hamburg. (Red)

Renner, Wiebke, Sängerin; Kastnergasse 2, D-94032 Passau, T: (08 51) 9 87 34 39, 01 72–5 93 08 87, *wiebke.renner@web.de*; c/o Südostbayerisches Städtetheater, Gottfried-Schäffer-Str 2+4, D-94032 Passau; *www.wiebke-renner.de* [Ludwigsburg 19.2.1979]. Oper, Operette, Konzert (lyr Koloratursoubrette) **Ausb:** MH Stuttgart b J Hamari u C Davis. **Laufb:** Junge Op d Staatsop Stuttgart 03–04, Opstudio Dt Natth Weimar 03/04, Südostbayerisches Städteth seit SpZ 04/05. – **UA:** Ruth Rechlin: 'Elissa' 05.

Rennert, Martin, Prof, Hochschullehrer, Gitarre; Kantstr 70, D-10627 Berlin, T: (0 30) 3 27 46 26, *mer@snafu.de*; Univ d Künste, Fak Musik, Inst f Künstl Ausbildung / Orchesterinstr u Dirigieren, PF 120544, D-10595 Berlin, T: (0 30) 31 85 24 49, F: 31 85 28 70, *martin.rennert@intra.udk-berlin.de* [New York 1954]. **Ausb:** Kons Wien (R Brojer) 68–75 u (A Segovia) 81–82. **Laufb:** Debüt Wien 73, Tourneen durch Europa, USA, Australien, Asien seit 75, Prof (Git) U d Künste Berlin seit 85. **Pr:** Wien 75, München 76. – **Aufn/RF:** Bach: Suiten f Laute; Henze: Royal Winter Music; Ponce: Sonaten (ua CDs); RF: Neue Musik ORF 75–01, D, USA, F, GB etc. **UA:** Werke v Schebl, Urbanner, Kropfreiter, Henze ua. **Zug:** zahlr. **Sonst:** zahlr Ed, ca 100 Radiosendungen über Musik b ORF u SFB.

Rennert, Wolfgang, Dirigent; c/o Sächsische Staatsoper, Theaterpl 2, D-01067 Dresden [1922]. **Laufb:** Dgt Op Frankfurt, Dgt Sächs Staatsop Dresden SpZ 03/05, Dgt Dt Op Berlin SpZ 03/04. (Red)

Rensburg, Kobi van, Tenor; c/o Opernhaus Halle, PF 110554, D-06019 Halle; c/o Staatstheater am Gärtnerplatz, PF 140569, D-80455 München [Südafrika]. **Laufb:** Mitgl im OpStudio München 94, Sol Staatsth am Gärtnerpl München seit SpZ 96/97, Gastsol OpHaus Halle, Staatsth Stuttgart SpZ 03/04; Auftr BarockFstv ua Schwetzingen, Salzburg, Innsbruck, Händelfestspiele Halle, Karlsruhe, Montreux, Luzern. – **Aufn/RF:** Solo-CD 'Händel's Beard'. (*)

Rentsch-Bauer, Brigitte, Hochschullehrerin, Klavier, Korrepetitorin; von Kleiststr 16, D-93138 Lappersdorf, T: (09 41) 8 87 37, (01 73) 5 73 46 49, F: 8 97 99 30, *brigitte-rentsch-bauer@web.de*; H f Kath Kirchenmusik u Musikpädagogik, Andreasstr 9, D-93059 Regensburg [Neustadt/Waldnaab 20.9.1950]. Liedbegleitung, Klavierbegleitung (V, Va, Vcl), Solokonzerte **Ausb:** Kl, SchulM (D H Steurer) MH München, Kl (K Engel) MH Salzburg. **Laufb:** Prof (Kl, KlMethodik, Korr) KiMSchule Regensburg, Solokonz in Mexico, KlAbende, KamMKonz. – **Aufn/RF:** Mozart: Konz A-Dur KV 488, Fachakad f KiM 99.

Rentsch, Andreas, Prof, Hochschullehrer; Univ f Musik u Darst Kunst, Inst 12, Hauptpl 8, A-7432 Oberschützen, T: (03 16) 3 89 35 01, F: 3 89 31 21, *andreas.rentsch@kug.ac.at.* **Laufb:** Prof (Solokorr, Klassenkorr) U f Musik u Darst Kunst Graz. (Red)

Rentsch, Beatrice, Prof, Hochschullehrerin, Querflöte; Univ Mozarteum, Abt f Blas- u Schlaginstrumente, Zentrum im Berg, Fürbergstr 18–20, A-5020 Salzburg, T: (06 62) 6 19 80, F: 61 98 30 33. **Laufb:** Vertragsprof (Querfl) U Mozarteum Salzburg. (Red)

Rentz, Carola, KS, Mezzosopran; Hildesheimer Str 73, D-30169 Hannover, T: (05 11) 8 09 37 38. **Laufb:** Sol Op Hannover. (Red)

Renz, Christoph, Flöte; Bayerischer Rundfunk / Büro Rundfunkorchester, Rundfunkplatz 1, D-80300 München [Tübingen 1976]. **Ausb:** Stud (Fl) b Prof R Dohn Staatl H f M u Darst K Stuttgart 93–2000, Mstrkl v Prof M M Kofler Mozarteum Salzburg seit 2000. **Laufb:** Bundesjugendorch 91–95, stv Solofl Orch d BR seit 97. **Pr:** vier mal 1. Bundesprtr Jugend musiziert, Stip versch Stift, Sonderpr d Stadt Erlangen f d beste Interpr e zeitgen Komp 95, 3. Pr Int Holzbläserwettb 'Pacem in terris' Bayreuth 98, Stip Dt Musikwettb Sol Berlin 99, Bundesauswahl 'Konz junger Künstler'. (*)

Renz, Georg, Fagottist; c/o Staatstheater Braunschweig, Am Theater, D-38100 Braunschweig, PF 4539, D-38035 Braunschweig [Krefeld]. **Ausb:** Stud Fag (F Essmann) Robert-Schumann-Inst Düsseldorf, (G Pfitzenmeier) MH Köln bis 78. **Laufb:** Mitgl BundesstudOrch 76–78, Sol Staatsth Braunschweig seit 78, Dgt e KamOrch. **Ens:** 'Braunschweiger Salonlöwen' (Kl), Ens 'fagotto totale' (Fag). (Red)

Renz, Peter, Sänger; c/o Komische Oper, Behrenstr 55–57, D-10117 Berlin. **Laufb:** Sol Kom Op Berlin SpZ 03/05. (Red)

Renzowa Jürgens, Regina, Mag, Sopran; c/o Operaschool, Böcklinstr 94, A-1020 Wien, *reginarenzo@gmx.at*; c/o Künstlersekretariat Buchmann, Schachnerstr 27, A-1220 Wien; *www.crea-cultura.org/Regina-Renzowa.asp* [Brünn 8.3.1966]. Oper, Oratorium, Grande Operetta **Ausb:** Stud U f M u darst K Brünn, Mstrkl b Prof V Resza (London) u b Prof C Giombi (Mailand). **Laufb:** Sol Volksop Wien, National-Th Brno (Brünn); Operetten-Fstvs: Langenlois, Baden b Wien; Smetana-Fstv 02; Korngold-Fstv Brünn 02; Japan-Tourneen m Ens d Volksop Wien 99, m Symph-Orch d Volksop Wien 98–03, m Renzowa-Trio 01 u 03, m Budapester Operette 05; Toyota Classic 99, 2000; Nagoya Philh 2000; Dtld-Tournee m K&K-Philh 03; Fstv Prager Frühling 04; Bertramka Prag (Mozart-Jahr) 06. **Pr:** 1. Int GesWettb 'Bodensee' Sonderpr d Wagner-Verb Bregenz 91, 2. Publikumspr u 3. Jurypr 7. Int Robert-Stolz-GesWettb Hamburg 92, 1. Pr Int Hartauer-Wettb f jge OpS Wien 93, tschech Kulturpr 'Thalia' f Gestaltg d Doppelpartie Marie/Marietta in E W Korngolds 'Die tote Stadt' 02. **Ens:** Renzowa-Trio. **Mitgl:** GDBA, OSF, ChdR. – **Aufn/RF:** J Strauss: 'Der Zigeunerbaron', Dgt: L Hager, BR 98; E W Korngold: 'Die tote Stadt', Dgt: I P Parik, Mitschn tschech Fernsehen 02; RF-Mitschn Fstv 'Prager Frühling' m RSO Prag 04; CD 'Pace, pace' (Verdi-Jahr). **UA:** Jan Cikker: 'Rozsudok' (Op), tschech EA 85. **Lit:** Tschech Opernführer 05.

Repin, Vadim, Violine; c/o Concerto Winderstein GmbH, Leopoldstr 25, D-80802 München, PF 440446, D-80753 München; c/o Künstleragentur Dr. Raab & Dr. Böhm, Plankengasse 7, A-1010 Wien, T: (01) 5 12 05 01, *office@rbartists.at*; *www.concerto.de, www.vadimrepin.com* [Sibirien 1971]. **Laufb:** Debüt Moskau u St Petersburg m 11 Jahren, Konz in aller Welt seit 85, ZusArb ua m Berliner Philh, Boston Symph, Cleveland Orch, San Francisco Symph, Los Angeles Philh, New York Philh, Orch de Paris, Concertgebouw Ork, Orch, de la Suisse Romande, Orch d Scala Mailand, Philh Orch St Petersburg, Dgt: Boulez, Bychkov, Chailly, Dutoit, Eschenbach, Gergiev, Jansons, Krivine, Levine, Luisi, Marriner, Masur, Mehta, Nagano, Rattle, Rostropovich, Rozhdestvensky, Temirkanov, Zinman, Gastsol b Fstvs ua Hollywood Bowl, Tanglewood, Ravinia, Gstaad, Verbier, Rheingau Fstv, BBC Proms. **Pr:** Goldmed Wieniawski-Wettb m 11 Jahren, jüngster Gew Concours Reine Elisabeth. – **Aufn/RF:** ua Schostakowitsch: 1. VKonz; Prokofjew: 2. VKonz m Hallé Orch, Dgt K Nagano; Tschaikowsky/Sibelius: VKonz m London Symph Orch, Dgt E Krivine; Prokofjew: VSonaten 1 u 2 u 'Fünf Melodien' m B Berezovsky (Kl) (Diapason d'Or); Ravel: VSonate m B Berezovsky (Kl); Medtner: 'Sonata Epica' m B Berezovsky (Kl); Mozart: VKonz 2, 3 u 5 m Wiener KamOrch, Dgt Y Menuhin (Echo-Klassik-Pr 99); 'Tutta Bravura' (Virtuosen-Stücke); Lalo: 'Symph Espagnole'; Tschaikowsky/Myaskowsky: VKonz m Kirov Orch, Dgt Valery Gergiev.

Resa, Neithard, Viola; Cimbernstr 34 a, D-14129 Berlin, T: (0 30) 8 03 66 30; c/o Berliner Philharmoniker, Herbert-von-Karajan-Pl 1, D-10785 Berlin. **Ausb:** Stud b Michael Schwalbé u Max Rostal. **Laufb:** 1. Solo-Bratschist Berliner Philharmoniker seit 78. **Ens:** Philharmonia Qua Berlin. (Red)

Resch, Eva, Sängerin; c/o Düsseldorfer Operette eV, Schlesische Str 94, D-40231 Düsseldorf. **Laufb:** Sol Junge Kammerop Köln SpZ 03/04. Optte Düsseldorf SpZ 04/05. (Red)

Resch, Markus, Tenor; Am Alten Markt 51, A-2325 Himberg b Wien, T: (0 22 35) 8 63 71. **Ens:** Les Menestrels (ens f alte m). (*)

Reß, Ulrich, KS, Tenor; c/o Bayerische Staatsoper, Brieffach, D-80075 München. **Laufb:** Sol Bayer Staatsop – NatTh München, Sächs Staatsop Dresden SpZ 03/04. (Red)

Retchitzky, Marcel, Komponist; rue Micheli-du-Crest 1, CH-1205 Genève, T: 02 23 29 52 15, F: 02 23 29 52 15, *rejos@freesurf.ch.* (Red)

Reukauf, Andres, Solorepetitor; Lange Str 31, D-58089 Hagen. (Red)

Reuss, Daniel, Chorleiter; c/o RIAS Kammerchor, Charlottenstr 56, D-10117 Berlin [1961]. **Ausb:** Stud (Chorlt) MH Amsterdam (B Schuurmann). **Laufb:** Lt Cappella Amsterdam 90, Lt Fachbereich Chorlt MH Amsterdam, Chefdgt RIAS Kammerchor 2000. (Red)

Reuter, Georg, Komponist; Storkmannstr 7a, D-49356 Diepholz, T: (0 54 41) 69 53, F: 97 55 70, *georgreuter@gmx.de*; *www.georg-reuter.de* [Monte Carlo, Argentinien 14.8.1935]. Komp f Menschen von 1–100 Jahren **Ausb:** Stud (Vcl, A-KiM) Berlin, Hannover (Metzmacher), Bremen. **Laufb:** A-KiM in Bremen, Dir Kreis-MSch Diepholz. **Pr:** Kulturpr Landkreis Diepholz 91, Med d Verdienstordens d BRD 96. – **Komp:** Tadeo (Orch), UA Bremen 78; Missa TRE op 44 (Orat), UA Twistringen 91; Lied f d Erde op 45/45a, UA Bremen 94, Hankensbüttel 95; Ballade (Kl u Orch), UA Diepholz 99; Canzonum op 28 (Vcl); Krieg u Frieden op 48. **AuftrKomp:** Sinfonie 2 (Orch), UA Philharm Staatsorch Bremen 94 (Auftr Stadt Diepholz). **UA:** 'Wohin' (nach Texten v Ingeborg Bachmann) 73 (Auftr: S Ernst); 'Konz f Kontrabaß u KamOrch' 79 (Auftr: E Bechert); 'Der glückliche Löwe' 88 (Auftr: Corcoran). **Sonst:** Ein Künstler auf d Wege 2000.

Reuter, Ingo, Fagott; c/o Staatskapelle Berlin, Unter den Linden 7, D-10117 Berlin. **Laufb:** Sol Staatskap Berlin. (Red)

Reuter, Johan, Bariton; c/o Caecilia Lyric Department, Rennweg 15, CH-8001 Zürich, T: 0 12 21 33 88, F: 0 12 11 71 82, *caecilia@caecilia-lyric.ch*; c/o Hamburgische Staatsoper, PF 302448, D-20308 Hamburg; *www.caecilia.ch/newPres/bio/reu.htm*. **Laufb:** Sol Dt Op Berlin, Hamburg Staatsop seit SpZ 03/04. (Red)

Prof Rolf Friedrich Reuter

Reuter, Rolf Friedrich, Prof, GMD, Konzert- u Operndirigent, Hochschullehrer, Honorarprofessor; Am Iderfenngraben 46, D-13156 Berlin, T: (0 30) 9 16 57 55, F: 91 61 19 50 [Leipzig 7.10.1926]. alle Arten symphon Musik u Opern **Ausb:** im Elternhaus Konz, Komp, Dirig b Prof Dr F Reuter (Vater) u Ges b E Reuter (Mutter), Ausb b Kreuzchor Dresden, Stud Komp (F F Finke), Kl, Dirig (E Hintze), Klar (K Schütte), Ges (H Winkler) Staatl Akad f Musik u Th Dresden 48–51, (Kl u Imp) Staatl Palucca-Schule Dresden unter G Palucca. **Laufb:** Prof H f M 'Felix Mendelssohn Bartholdy' Leipzig 38, Prof H 'Franz Liszt' Weimar 79, LBeauftr H f Musik München, LBeauftr H f Musik Lyon, KapM Eisenach 51, GMD Meiningen 55, GMD Op Leipzig 61, GMD Nationalth Weimar 79, GMD Kom Op Berlin 81, Gastsp an führenden OpHäusern u Konz m Orch weltweit, bes in Europa ab 94, HonProf (Dirig) H f M 'Hanns Eisler' Berlin, Gastdgt Nationalth Weimar SpZ 03/04. **Pr:** 2x Nationalpr d DDR, Vaterländ Verdienstorden d DDR, BVK 1. Kl BRD, Franz-Liszt-Med Rep Ungarn ua Pr; Ehrenmitgl Op Leipzig u Kom Op Berlin. **Mitgl:** Vorstand Hans Pfitzner-Ges. – **Aufn/RF:** zahlr RF-Mitschn, RF-Prod u CDs. **UA:** S Matthus: 'Judith', UA Kom Op Berlin; Ders: 'Desdemona u ihre Schwestern', UA Schwetzingen u Kom Op Berlin; Ders: 'Kronprinz Friedrich', UA Rheinsberg, Schloßth; F Reuter: 3. Sinf, UA Meiningen u zahlr weitere Werke. **Lit:** Musiklex weltweit.

Reutter, Hans Peter, Komponist; Nettelbeckstr 13, D-22761 Hamburg, T: (0 40) 88 16 92 26, *webmaster@hans-peter-reutter.de*; *www.hans-peter-reutter.de* [Ludwigshafen am Rhein 14.8.1966]. **Ausb:** Stud (Komp) b Prof György Ligeti, (Kl) b Prof Sieglind Krämer, (Theorie ua) b Prof Dr Wolfgang, A Schultz, Prof Christoph Hohlfeld, Prof Christian Möllers, Abschluss m Dipl Komp u als Diplommusiklehrer Theorie 95–93. **Laufb:** Auff v Komp seit 82, b int Fstv (ua Amsterdam, Donaueschingen, Graz), zus m Manfred Stahnke, Mari Takano, Hubertus Dreyer, Sid Corbett ua Mitbegrd (auch Dgt, Keyboarder u Vokalist) v Chaosma (Hamburger Ens f neue Musik, neue Techniken wie Mikrotonalität u Polyrhythmik, Einbeziehung v Pop, Jazz, mittelalterl, afrikan u anderer außereurop Musik); Unterrichtstätigkeit (Kl, Theorie u Gehörbildung), Vertretungsprof (Satzlehre, Partiturspiel u Generalbass) an d Hamburger MH; derzeit Doz f Komp, Theorie u Gehörbildung am Hamburger Kons, daneben Korrepetition im Bereich Schauspiel/Chanson, Lehrkraft am Hamburger Schauspielstudio Frese, außerdem Kabarettist m bundesweiter AuffTätigkeit (Emmi & Bertie, Monty Arnold, Poppschutz m Thorsten Saleina, Käthe Lachmann). (Red)

Revers, Peter, Dr, Prof, Hochschullehrer; Univ f Musik u Darst Kunst, Inst 1, Brandhofgasse 5, A-8010 Graz, T: (03 16) 3 89 35 02, F: 3 89 30 11, *peter.revers@kug.ac.at*. **Laufb:** o UProf (allg MGesch) U f Musik u Darst Kunst Graz. (Red)

Rex, Markus, Dipl mus, Kontrabass; c/o Konzerthaus Berlin, Gendarmenmarkt, Charlottenstr 57, D-10117 Berlin. **Ausb:** H f M Berlin 'Hanns Eisler' b K Trumpf u M Winkler 87–91. **Laufb:** stv Sol Berliner SinfOrch (BSO). **Mitgl:** Vorstand Int Johann-Matthias-Sperger-Ges eV. – **Zug:** H Oehring: 'Losheit' f KB-Duo; K Schieck: 'Deux voix basses'.

Rexroth, Matthias, Countertenor; Landhausstr 12, D-70182 Stuttgart, T: (07 11) 2 26 17 58, F: 2 26 17 56, *matthiasrexroth@aol.com*; c/o Künstleragentur Dr. Raab & Dr. Böhm, Plankengasse 7, A-1010 Wien, T: (01) 51 20 50 10, F: 5 12 77 43, *office@rbartists.at* [Nürnberg]. **Ausb:** Stud MH Karlsruhr u Schola Cantorum Basiliensis, Stud b E Pessen Staatsop Stuttgart. **Laufb:** Debüt Staatsop Stuttgart 99, Sol Schwetzinger FSp, Innsbrucker FestW d Alten Musik, Gast Norweg Staatsop, Megaron Athen, NDR-Hamburg, Musikverein Wien, Staatsth Darmstadt, Staatsth Saarbrücken, Canto Bayreuth, Hamburger Staatsop, San Francisco Op, div Liederabende u Konz ua m Bamberger Symphonikern, Concerto Köln, Phoenix Symph Orch, Scharoun-Ens, Freiburger Barockorck, Akad f Alte Musik Berlin b FSp Ludwigsburg, Rheingau, Baden-Baden, Rossini-FSp Bad Wildbad, Fränk Sommer, Grazer Styriarte, in d Alten Op Frankfurt, Concertgebouw Amsterdam, Concerthuset Stockholm, Philh Köln, Brüssel, Birmingham. **Pr:** 1. Pr u spez Ausz 37. Int GesWettb Francesco Viñas Barcelona 2000, 1. Pr u 8 Sonderpr 19. Int GesWettb Hans Gabor Belvedere Wien, Stip Studienstift d Dt Volkes, Richard-Wagner-Verb, Franz-Grothe-Stift u Kunststift Baden-Württemberg, Kulturpr d Stadt Coburg. – **Aufn/RF:** Cd: Rossini: 'Tancredi' (Titelrolle), Canto Bayreuth; RF-Mitschn Ligeti: 'Aventures', 'Nouvelles Aventures', Dgt: P Eötvös, DtschldRadio Berlin u SWR; 'h-moll-Messe', Thomanerchor u Gewandhausorch Leipzig, weltweite TV- u RF-Übertr; RF-Prod m BR, DLR, HR, NDR, SFB u SWR. (Red)

Rey, Isabel, Sopran; c/o Artists Management Zürich, Rütistr 52, CH-8044 Zürich, T: 04 48 21 89 57, F: 04 48 21 01 27; c/o Opernhaus Zürich, Falkenstr 1, CH-8008 Zürich; *www.artistsman.com*. **Ausb:** Kons Valencia, Gesangsausb b Prof Ana Luisa Chova. **Laufb:** Sol Op Zürich seit SpZ 03/04. (Red)

Reyhani, Markus Dariusch, Komponist, Musiker; c/o Comedia Colonia Theater, Melchiorstr 15, D-50670 Köln, T: 0 17 35 38 39 99, *info@r-musik.de*; *www.r-musik.de* [Jülich 16.4.1970]. Komposition f Bühne u Film **Laufb:** Comedia Colonia (4 Prod), NatTh Mannheim (5 Prod), Bremer Stadtth, div Tanzkompanien, moks Bremen SpZ 04/05. – **Komp:** siehe www.r-musik.de.

Reymond, Simone, Musikalische Leiterin; Bellariastr 52, CH-8038 Zürich, T: 0 14 82 71 28. **Laufb:** Musikal Lt Jungbrunnenth Zürich. (Red)

Reymond, Stéphane, Dipl, Klavier; Gotthelfstr 8, CH-4054 Basel, T: 06 13 02 06 54 [Lausanne 18.4.1953]. Recitals, kommentierte Konzerte, Kammermusik, Methodik u Didaktik, zeitgen Musik **Ausb:** Unterr b A-L Burkhalter Kons Vevey 59–69, b D Bidal Kons Lausanne 69–74, Stud b P Feuchtwanger London 74–76, b K Linder MH d MAkad Basel 76–79, Mstrks b H Scholz Int Sommerakad Mozarteum Salzburg 73, b V Perlemuter ebda 76, b N Magaloff, Kons Genf 78, b H Czerny-Stefanska Mstrks d Chopin-Int Hannover 88; Dipl LRAM u ARCM London 76, Soldipl MAkad Basel 79. **Laufb:** Ass P Feuchtwanger 75–76, LAuftr Kl Msch d MAkad Basel seit 80, Tournee m RSinfOrch Stuttgart (Kl u Celesta), Dgt: S Celibidache 81, Tournee in USA 83, LAuftr (Methodik u Didaktik f Kl) MH Basel 91–96, Mentor KonzKl m pädagog Schwerpkt 98–99, Ltgsteam d Klasse f Studienvorb MAkad Basel 03–04, Konz m speziellen Themen: R d' Alessandro Chur 99, Paris 2000, Lausanne 02, Basel 04, Chur 04, E Satie Basel 05–06. **Pr:** 4. Pr int KlWettb Monza 78, Mention Tonkünstlerverein Wettb La Chaux-de-Fonds 81. **Ens:** Grdgsmitgl Ens Tetraclavier seit 84, Arcana f zeitgen Musik 85–96. **Mitgl:** S MPäd Verb SMPV seit 79 (seit 04 im Vorstand Weiterbildungskommission), STV seit 82, EPTA, Comité de l'Assoc R d' Alessandro seit 95. – **Aufn/RF:** Radios DRS 2 Zürich u Basel 85, 88 u 93, RTSI Lugano 89 u 91, RSR2 Lausanne u Genf 82, 84, 92, 95 u 97; CDs: Komp v Wieck, Schumann, Brahms, Heller, Cantando 92; Nocturnes v Field, Chopin, Skrjabin, Nocturnes, Cantando 96; Komp f Sax u Kl v Ibert u Milhaud, m J-G Koerper 04; CD-Ersteinsp: D Glaus: 'Toccata per Girolamo' 93; J-J Dünki: 'Tetrapteron', m Ens Tetraclavier 93; Sendungen: 'Field, Chopin, Scriabine, 100 ans de nocturnes' (Spiel u Kommentar) Radio RSR Espace 2, Genf 95 u 'Clara Schumann et alentour' RSR Espace 2, les Mémoires de la Musique, Genf 97. **UA:** J-J Dünki: 'KamStück II, UA Zürich, Radio Sinf-Orch, Dgt: B Wulff 85 (auch Aufn) u 'KamStück VIII', UA rote Fabrik Zürich, Serenata Basel, Dgt: O Cuendet 93 (auch Aufn); J wildberger: 'KamKonz', UA Basel, Ens Tetraclavier. **Sonst:** Regelm Art in Revue Repères, Atelier Payot, Lausanne 82–84, Kongr Vortrag 'Komponieren m Kindern' f EPTA Schweiz, Basel 01 u Lausanne 03 u f Senoirenu Basel 05.

Reymond, Valentin, Violine; Grand-Rue 32, CH-2012 Auvernier, T: 03 27 30 47 25. (Red)

Rezler-Niesiolowska, Magdalena, Prof, Hochschullehrerin, Violine; Schachenweg 5, D-79241 Ihringen-Wasenweiler, T: (0 76 68) 93 40, F: 93 96, *magdalena@rezler.de*; Hochschule f Musik, Schwarzwaldstr 141, D-79102 Freiburg [1946]. **Ausb:** Stud (V) b Prof T Wronski u S Kawalla Chopin-MH/Warschau. **Laufb:** Prof (V) Staatl H f Musik Freiburg seit 91. **Pr:** Bronzemed Int Königin-Elisabeth-Wettb in Brüssel, Prtr Jacques-Thibaud-Violinwettb in Paris u Karl-Flesch-Wettb in London. (Red)

Rhaue, Stefania, Sängerin; Ludwigstr 13, D-95028 Hof, T: (0 92 81) 8 60 11 91, (01 70) 5 86 12 14; Jesuitengasse 3, D-94032 Passau, T: (08 51) 93 41 47 [Kitzingen 10.6.1961]. Oper, Musical **Ausb:** Stud Gesang (I Hallstein)

MH Würzburg 80–88, Stud (MWiss) U Würzburg 80–85. **Laufb:** Sol Stadtth Pforzheim 91–97, Sol Südostbayer Städteth Landshut 97–03, Sol Th Hof seit 03; Gasteng Th Royal de la Monnaie Brüssel, Städt Bühnen Frankfurt, Stadtth Würzburg, Gastsol Pfalzth Kaiserslautern SpZ 03/04. **Pr:** Kulturpr Stadt Kitzingen 88, Staatl Förderungspr an junge Künstler d Freistaates Bayern 98. – **Aufn/RF:** Liedaufn m Deutschlandfunk Köln u BR (Romant Lieder); Geistl Musik in d Kloster-Kirche Schwarzenberg, R Gaar (Org). **UA:** R Boggasch, J Reitmeier: Musical 'Nostradamus' (Katharina di Medici), Südostbayr Städteth 2000.

Rheault-Scherer, Mary Lise, MA, Klavierlehrerin, Komponistin; Privatweg 9, D-64342 Seeheim-Ingenheim, T: (0 62 57) 90 37 37, F: 90 37 38 [Massachusetts, USA 9.2.1954]. Film- u Kirchenmusik **Ausb:** BA of Music (Theorie) Manhattanville Coll New York 75, Columbia U Collegium Musicum 75–78, MA (Musiktheorie, Komp) Columbia U Graduate School of Arts and Sciences 78. **Laufb:** Mithrsg 'Current Musicology' 75–78, L (Kl u Musiktheorie) seit 65, elektron Studio in Frankfurt seit 83. **Pr:** 1. Pr Klavierwettb Massachusetts Music Assoc 70, 1. Pr Klavierwettb New England Cons of Music Boston 70 u 72, Musikstip Junior League 71, Musikstip TM MC 71 u 72, Stip U-Präs d Columbia-U z Int House New York 76. – **Komp:** Patterns for 2 Pianos, Flute and Dancer (Aleatorisch) 74, UA New York, Manhattanville Coll 75; Kaddish (Multimedialversuch) 75, UA New York, Manhattanville Coll 75; Three Pieces for String Qua (Konz-Suite) 75, UA New Jersey, Princeton U 75; Bring Us in Good Ale (Madrigal) 79, UA Frankfurt/M 79; Two Poems for Organ and Flute (KiM) 81, UA Springfield, Mass 81; US Air Force Orientation Film (Sax, Kl, Klar, Perc) 91; Peel, The Extraordinary Elephant (Kinderbuch-MBegl) 91; The Grandfather (Kinderfilmmusik) 91.

Rheineck, Gabriele, Fagott; c/o Konzertagentur Dagmar Körner, Bergstr 15, D-85120 Hepberg, T: (0 84 56) 15 30, F: 21 09, *koerner.konzerte@t-online.de*; *www.konzertagentur-koerner.de* [Wuppertal 1959]. **Laufb:** Prof (Fag) H f Musik Nürnberg-Augsburg, Abt Augsburg. **Ens:** Arcis Qui. (Red)

Rhode, Daniel, Sänger; Maxburgstr 14, D-76751 Jockgrim. **Laufb:** Sol Tiroler Landesth Innsbruck, Gastsol Th Regensburg SpZ 00/01. (Red)

Rhoden, Girard, Sänger; Blücherstr 27, D-89077 Trier, T: (07 31) 2 92 28; c/o Kammeroper Frankfurt, Sternstr 31, D-60318 Frankfurt/Main. **Laufb:** Sol Ulmer Th, KamOp Frankfurt seit SpZ 03/04, Gastsol Musikal Komödie Leipzig SpZ 03/04. (Red)

Rhoten, Bruce, Trompete; c/o NRD Radiophilharmonie, Rudolf-von-Bennigsen-Ufer 22, D-30169 Hannover. **Laufb:** Sol NDR RadioPhilh Hannover. (Red)

Ribalta, Joan, Sänger; Knappsbrink 6a, D-49080 Osnabrück, T: (05 41) 9 99 80 02, 01 73–2 59 55 84. **Laufb:** Sol Städt Bühnen Osnabrück SpZ 03/04. (Red)

Ribeiro, Rosemara, Sängerin; Rudolfstr 25, D-76131 Karlsruhe, T: (07 21) 6 64 90 95, *rosemararibeiro@web.de* [Rio de Janeiro 21.1.1970]. **Ausb:** Stud OpSchule, Ges (M Venuti) MH Karlsruhe. **Laufb:** Sol Bad Staatsth Karlsruhe.

Riccabona, Norbert, Dr phil, Prof, Hochschullehrer, Klavier; Wollbell 34, A-6094 Axams, T: (0 52 34) 6 89 93, *norbert.riccabona@moz.ac.at*; Univ Mozarteum, Abt f Musikpädagogik Innsbruck, Innrain 15, A-6020 Innsbruck, *norbert.riccabona@moz.ac.at* [Innsbruck 8.6.1948]. **Laufb:** UProf (Kl) U Mozarteum Salzburg. (Red)

Ricci, Giovanni *siehe* Reiche, Johannes

Rice, Christine, Sängerin; c/o Bayerische Staatsoper, Brieffach, D-80075 München. (Red)

Richard, André, Komponist; Lugostr 10, D-79100 Freiburg, T: (07 61) 7 32 77 [Bern 18.4.1944]. **Ausb:** Solfège u Gesangsunterr Kons 65, Stud Musiktheorie, Gesang (U Beckel), Komp (A-F Marescotti) ab 67, TheorieLDipl, Zertifikat f Akustik u Tonregie Radio Suisse Romande 72, Kompstud (K Huber, B Ferneyhoug) Freiburg/Br 75–78, Stud elektron M (P Haller) Experimentalstudio d Heinrich-Strobel-Stift d SWF Freiburg 80–83 u IRCAM Paris 89. **Laufb:** L, dann Prof (Gehörbildung) Kons Genf 71–75, GF Inst f Neue Musik MH Freiburg 80, Lt Experimentalstudio d Heinrich-Strobel-Stift d SWF Freiburg seit 89. **Pr:** Reinhold-Schneider-Pr 92, Pr Christoph- u Stephan-Kaske-Stift 94, Europ Pr f Neue Musik zus m Experimentalstudio d Heinrich-Strobel-Stift d SWF 98. – **Komp:** Jardins (Fl, AFl Solo) 76, UA Genf, Contrechamps 76; Ritournelle (3 Schlgz) 76, UA Freiburg, Horizonte Konz 77; Streichqua 81/82, UA Berlin, Mendelssohn-Bartholdy-Wettb 82; Etude sur le carré rouge (KamEns) 84, UA Genf, Contrechamps 84; Echanges (gr Orch u live Elektr) 85/86, UA Genf, Fstv Extasis; von aussen her... (V u Kl) 87, UA 1. Teil Fstv de Saint-Denis 84, UA vollst Fssg Genf, Contrechamps 85; Musique de rue 87, UA Frankfurt, Weltmusiktage 87; Glidif 91, UA Genf, Festival Extasis 90, Saarbrücken, Musik im 20.Jh 91. **Sonst:** Organisation 'Horizonte' KonzReihe, Grdg (m A Tamayo) Solistenchor Freiburg 82, Lt d Ens 84. (*)

Richard, Johanna, Violine; Bärenriedweg 60, CH-3053 Münchenbuchsee, T: 03 18 69 54 31. **Laufb:** Konzm Berner Kammerorch. **Ens:** Flautando Quartett. (*)

Richard, Susanne, Violine; c/o WDR Sinfonieorchester, D-50600 Köln. **Laufb:** 2. Konzm WDR SinfOrch Köln. (Red)

Richards, Elizabeth, Hochschullehrerin, Sopran; Akad f Tonkunst, Ludwigshöhstr 120, D-64285 Darmstadt, *elizabeth.richards@a-city.de* [New York]. **Ausb:** Stud Eastman School of Music in Rochester, New York. **Laufb:** GastSol Op Stuttgart, Mannheim, Leipzig, Straßburg, Volksoper Wien, Doz (Gesang) Akad f Tonkunst Darmstadt. **Pr:** Stip DAAD, Pr Int ARD-MWettb. (Red)

Richards, Timothy, Tenor; c/o Boris Orlob Management, Jägerstr 70, D-10117 Berlin, T: (0 30) 20 45 08 39, F: 20 45 08 49, *info@orlob.net*; *www.orlob.net*. **Ausb:** Stud (Ges) Welsh College of Music and Drama, Royal Northern College of Music Manchester. **Laufb:** Eng Norweg Op Oslo 01/02, Semperop Dresden 01/02, Gastsol Oper Leipzig 01/02, Th Basel, Op Leipzig, Tiroler Ldsth Innsbruck, Königl Th Kopenhagen, Welsh Nat Op 02/03, Op Saratoga 02/03, Glyndebourne Touring Op 03/04, Sol Sächs Staatsop Dresden, Gastsol Th Dortmund 04/05, Spoleto Fstv, Konz St David's Hall Cardiff m d BBC Nat Orch u d Chorus of Wales, Gastsol b Fstv of Massed Male Voices i d Royal Albert Hall London.

Richardson-Smith, Carol, Prof, Sängerin, Hochschullehrerin; In der Steinriede 3, D-30161 Hannover, T: (05 11) 66 08 54; Hochschule f Musik u Theater, Emmichpl 1, D-30175 Hannover. **Laufb:** Prof (Ges) H f M u Th Hannover.

Richardt, Anne, Sängerin; Lloydstr 42, D-27568 Bremerhaven, T: (04 71) 41 14 43 [1914]. (Red)

Richenhagen, Albert, Dr, Prof, Hochschullehrer; Oldenburger Str 47, D-10551 Berlin; Niederichstr 36, D-50668 Köln, F: (02 21) 2 00 54 37, *albert_richenhagen@t-online.de*. **Laufb:** Prof (MTheorie) U d Künste Berlin. (Red)

Richstone, Lorne, Solorepetitor; Schillerstr 27, D-10625 Berlin, T: (0 30) 31 50 81 27. **Laufb:** Solorep Dt Op Berlin. (Red)

Richter de Rangenier, Peter *siehe* Richter, Peter

Richter de Vroe, Nicolaus, Violine, Komponist; c/o Symphonieorchester d Bayerischen Rundfunks, Rundfunkpl 1, D-80300 München, T: (0 89) 4 70 24 58; c/o Harald Lillmeyer, Nibelungenstr 23, D-86152 Augsburg [Halle 1955]. **Ausb:** KompStud MH Dresden 72–73, VlStud Tschaikowsky-Kons Moskau bVladimir Malinin 73–78. **Laufb:** Mitwirkung in KamMEns, Impr- u Experimentalgruppen 78–80; Mitglied d Berliner Staatskapelle u Fortsetzung d KompStud Akad d Künste d DDR b Friedrich Goldmann Seminare Elektron Musik bGeorg Katzer 80, SymphOrch d BR seit 88. **Pr:** Prtr KompWettb 'Junge Generation in Europa' Köln, Paris, Venedig. **Ens:** Initiator u Mitglied d 'Ensembles f Neue Musik Berlin' 82, Gr Xsemble München 90. (Red)

Richter-Merz, Jutta, Sängerin; c/o Staatsoperette Dresden, Pirnaer Landstr 131, D-01257 Dresden. **Laufb:** Sol Staatsoptte Dresden. (Red)

Richter, Bernard, Sänger; c/o Opernhaus Zürich, Falkenstr 1, CH-8008 Zürich. **Laufb:** Sol Stadtth Klagenfurt SpZ 03/04. (Red)

Richter, Caspar, Musikdirektor, Orchesterleitung; c/o Vereinigte Bühnen, Linke Wienzeile 6, A-1060 Wien. **Laufb:** Musikdir Vereinigte Bühnen Wien. (Red)

Richter, Christian, Violine, Konzertmeister; c/o Deutsches Filmorchester Babelsberg, Nalepastr 10–50, D-12459 Berlin. **Laufb:** Konzm Dt Filmorch Babelsberg. (*)

Richter, Christoph, Prof, Hochschullehrer, Cello; Brückstr 16, D-45239 Essen, T: (02 01) 4 90 16 80, F: 4 90 33 67; c/o Südwestdeutsche Konzertdirektion Erwin Russ GmbH, Charlottenpl 17, D-70173 Stuttgart, T: (07 11) 1 63 53 11, F: 1 63 53 30, *info@sksruss.de* [Bonn]. **Ausb:** b A Navarra, P Fournier. **Laufb:** Prof (Vcl), Dekan Folkwang H Essen; Mstrkl Italien, Finnland, Tschechien, Bulgarien. **Ens:** Heine Qua. (Red)

Richter, Friederike, Klavier, Hochschullehrerin; Akad f Tonkunst, Ludwigshöhstr 120, D-64285 Darmstadt; *www.ensemble-kontraste.de* [Hanau]. **Ausb:** Stud b Karl Engel (Hannover), Detlef Kraus, Klaus Hellwig (Essen). **Laufb:** Doz (Kl) Akad f Tonkunst Darmstadt seit 83. **Pr:** FolkwangPr d Stadt Essen 79, Pr Dt MWettb (Duospiel) 81. **Ens:** Ensemble Kontraste. (Red)

Richter, Hans-Peter, Prof, Hochschullehrer; Preßgasse 2, D-01326 Dresden, T: (03 51) 2 61 81 94; Hochschule f Musik, PF 120039, D-01001 Dresden. **Laufb:** Prof (Musikal Lt Opkl, Vokalkorr) H f M Carl Maria v Weber Dresden. (Red)

Richter, Heidrun, Prof, Hochschullehrerin, Klavier; Eduard-Bilz-Str 45, D-01445 Radebeul, T: (03 51) 8 30 30 98; Hochschule f Musik, Wettiner Pl 13, D-01067 Dresden, T: (03 51) 4 92 36 41 [Jena]. **Ausb:** Stud Kl (I. Herkomer) H f M „Franz Liszt" Weimar, Mstrkl f KamM (A. Webersinke) Dresden. **Laufb:** Prof (Kl) H f M Carl Maria v Weber Dresden 93. **Ens:** „musica al dente". (Red)

Richter, Heinz-Dieter, Hochschullehrer, Violine; c/o Sächsische Staatsoper Dresden, Theaterpl 2, D-01067 Dresden. **Laufb:** Doz (OrchStudien V) H f Musik Carl Maria v Weber Dresden, Mitgl Sächsische Staatskapelle Dresden. (Red)

Richter, Katharina, Koloratursopran; Prinz-Friedrich-Leopold-Str 34a, D-14129 Berlin, T: (0 30) 8 03 56 57, F: 8 09 81 83, *welcome@musica-e-parole.de*; *www.musica-e-parole.de* [Berlin 12.5.1961]. **Ausb:** Stud Ges (I Figur, I Hartmann-Dressler, D Fischer-Dieskau, A Reimann, E Schwarzkopf, M Fischer-Kupfer) HdK Berlin 79–86. **Laufb:** Gastsol Op Leipzig, Th Oberhausen 86/87, Dt Op Berlin 88–90, Landesth Dessau 90–94, Biennale Berlin, Classic Open Air Fstv Berlin, Berliner Bachtage, freischaff. **Ens:** musica e parole. – **Aufn/RF:** Tage d leichten M, Dgt: Klemm 89 (RF-Mitschn, SFB); G Meyerbeer: Die Hugenotten, Dgt: Soltesz 92 (HDTV-Aufzeichn); B Blacher: Die Lieder 96 (CD); F Lehár: Die lustige Witwe, m RF-Orch, Dgt: Froschauer 99 (CD); Tage d leichten M, Dgt: Seiffarth 03 (RF-Mitschn, RBB); Tage d leichten M, Dgt: Seiffarth 04 (RF-Mitschn, RBB). **UA:** E Großkopf: Empfindung, UA Darmstädter Ferienkurse 91; M Pintscher: Gesprungene Glocken, UA Bremen 96. **Zug:** R Gäbler: 'Brockes Jahreszeiten', Kant f Koloratursop, Fl u Kl.

Prof Konrad Richter

Richter, Konrad, Prof, Hochschullehrer, Pianist; Kauzenhecke 18, D-70597 Stuttgart, T: (07 11) 76 61 70, F: 6 74 74 44 [Neusalza-Spremberg 2.12.1935]. V Ullmann, F Schubert, J Brahms **Ausb:** Stud KiM, Orgel (M Schneider), Kl (C Hansen) MH Detmold 54–61. **Laufb:** Doz MH Hamburg 61, Prof ebd 68, Prof (Kl, Liedklasse) Staatl H f M u Darst Kunst Stuttgart 70, Rektor 86–90, Gastprof National Univ of Fine Arts & Music Tokyo ab 04. **Pr:** Dt Schallplattenpr 93. – **Aufn/RF:** Ullmann: 'Klavierkonz' (Ersteinsp); Ullmann: 'Klavierson' (1. Gesamteinsp). **UA:** Ullmann: 'Klavierkonz', UA Stuttgart 92. **Sonst:** Initiator d Projekts 'Den Opfern d Gewalt' Stuttgart 89; Hg Viktor Ullmann, Die Klaviersonaten, Klavierauszug V Ullmann 'Klavierkonz'; Einf in d KompPrinzipien Viktor Ullmanns (Verdrängte Musik 16) 2000.

Richter, Kurt Dietmar, Komponist; Landsberger Allee 166, D-10369 Berlin, T: (0 30) 9 72 40 94, F: 9 72 40 94, *Kurt.Dietmar.Richter@t-online.de* [Pilsen 24.9.1931]. Oper, Sinfonik, Kammermusik, Chor **Ausb:** Stud Thüring Landeskons Erfurt 49–53, Meisterschüler (J Cilenšek) Akad d Künste d DDR Berlin 79–81. **Laufb:** Dgt u Komp Erfurt, Schwerin, Greifswald, freischaff in Berlin, Lt Künstlerinitiative 'die neue brücke'. **Pr:** Carl-Maria-v-Weber-Pr 78/82, Hanns-Eisler-Pr 84, Kunstpr DDR 88, KompPr H Esslingen 94, Orgeltage Saarlouis 97. – **Komp:** Pazifik 1960 (Op), UA Döbeln 64; Bewährung über den Wolken (TV-Op), UA Berlin, RF Chöre, RSO 77; Der verlegene Magistrat (Kam-Op), UA Cottbus 78; Die Geschichte v Liebe u Salz (Jugendop), UA Halberstadt, Leipzig 82; Feininger Impulse (KamM), UA Frankfurt/M 90; Marienbader Reflexionen (KamM), UA 81–98; Da gedachte Gott an Noah (Kantate).

Richter, Michael, Mag Art, Repetitor; Forsterstr 48, CH-8044 Zürich, T: 04 32 43 62 81, *michaelrichter@bluewin.ch*; c/o Opernhaus Zürich, Falkenstr 1, CH-8008 Zürich; *members.aon.at/michaelrichter10* [Wien 20.10.1974]. **Ausb:** Stud OrchDirig (L Hager) u Korr (K Leitner) U f M Wien 93–2000. **Laufb:** zahlr Dirigate, Solorep m Dgt-Verpfl Bad Staatsth Karlsruhe 2000–03, Ass v P Schneider b Int OrchInst Attergau d Wiener Phiharmoniker 2000, Op- u Konz-Dirigate in Ungarn u Rumänien, Korr b Wiener Staatsopernchor, Solorep Op Zürich seit 03. **Pr:** Würdigungspr d österr Kunstmin. – **Aufn/RF:** KonzMitschn 'Tod u Verklärung' RSO Wien 2000.

Richter, Peter (Pseud: Peter Richter de Rangenier), Prof, GMD, Dirigent, Komponist, Hochschullehrer; Weyrerstr 3, A-3340 Waidhofen/Ybbs, T: (0 74 42) 5 22 48, 06 64–4 11 59 71, F: (0 74 42) 5 22 48; Messerergasse 7/6, A-3340 Waidhofen/Ybbs [Prag 25.3.1930]. Op, Sinfonik, Konzertantes, Chormusik, div Orgelmusik, Kammermusik, Lied **Ausb:** Stud Komp, Dirig, Hn, Kl (E Papst, K Thomas, H Schmidt-Isserstedt, R Kubelik) MH Detmold u Hamburg 50–54, Lic f Komp U de Chile. **Laufb:** Grdg Lübecker KamOrch 50, Junge Philh – SiegerlandOrch 57 u Orquesta Juvenil Santiago de Chile 78; Op Hagen, Wuppertal 54, Chefdgt SiegerlandOrch 57, Luzerner FestW 60/61, GMD Hof 66, Gastdgt München BR, NDR, WDR, SWF, HR, ORF, Basel Radio, Radio-Tele Luxembourg, Staatsop Hamburg, Dir tit Orqu Filarmonica Santiago de Chile 78, Prof U de Chile, Prof MH Wien 81, Bregenzer FSp 96, Thrak Sommer Plovdiv. **Pr:** Ehrengabe Joh Wenzel Stamitz-Pr, Kunstpr NRW, 2x Theodor-Körner-Pr Wien ua. **Mitgl:** INÖK, ÖKB. – **Komp:** Op: 'Die Raben von Holland', 'Und Pippa tanzt!'; 6 Sinf: 1. Sinf, UA Hagen, Dgt: P Richter 56; 3. Sinf, UA Plovdiv, Dgt: N Todorov 98; 16 InstrKonz f alle Soloinstr m Orch, Chor- u KamM, Magnifikat (f Fl), UA Waidhofen 89; Orpheus u Eurydike (f Fl, Harfe), UA Waidhofen 93; 'Requiem f den Heiligen Nepomuk', Tedeum, Magnifikat, TrpKonz, UA Berlin, Syperek, 03; 5 Messen; Lieder, Lyr Szenen (m Orch), Images (Sop u Orch) Three little Bits, Sinfonietta, Chattanooga-Var f gr Orch, UA Hof 67; 'Gottes u Marien Sohn' (Kant), UA Budapest, m Wiener Ens, Dgt: P Richter 84 (Auftr Törteneti Muzeum); Sinfonia Sacra, Sinfonietta (KamSinf); A-StQua, UA Amstetten, m Stadler-Qua 95; 'In Nomine Domini' (Messe a capella), UA MH Wien, Dgt: Theuring 94; 'Gesang aus d Feuerofen' (3.Sinf), UA Plovdiv Philharmonic, Dgt: N Todorov 98; KamSinf, UA Plovdiv, Gabrovo, Dgt: N Todorov 98 (Auftr Sofia Strings); 3 StrQua, Liederzyklen ua Shakespeare-Songs, Sekundenlieder; OrgWerke (Messe), div KlavierM, Solo-Werke f V, Va, Vcl, Fl, Ob, Ke u Hn, ua HnQua, UA Berlin 01; BläserQuin, UA Fstv Prag-Wien-Budapest 01 (Auftr Sofia Quin); Lieder n japan Texten (m Keav u Koto), UA Birmingham 01 (Auftr Britisch-japan Kulturinst); VKonz, UA Sofia RSO, M Hossen (V), Dgt: Todorov 03; 'Geigengeschichten' f V u Rezitation, UA Tokyo 04. **Aufn/RF:** ca 40 Aufn m SinfOrch BR, weitere Aufn NDR, WDR, HR, Radio Luxemburg, CSSR Rundfunk, ORF, Basel Radio, SWF (Dgt: P Richter), OrchWerke aller Stilrichtungen, ua Sinfonietta, Images, Three little Bits (Komp u Dgt: P Richter) BR; CDs: Bruch: 'VKonz', Rosand (V), Dgt: Richter, BR 90 u 'Magnifikat', Vienna Flautists INÖK. **UA:** N Linke: 'Lyrical Symph', UA Hof 67; H Dechant: 'Gesänge d Nacht', UA Hof 70; D Radic: Konz f StrOrch u Schlgz, UA Siegen/Weidenau 58; W Thärichen: 'Tilman' (sinf D) Hofer Symph 68/69. **Lit:** Künstlergilde 93, T Stolle: Joh Wenzel Stamitz-Pr 93, 'Österr Komp unserer Zeit' 94; Veröff Stadtbibliothek Lübeck 06.

Richter, Poland, Sänger; Staatsoperette, Pirnaer Landstr 131, D-01257 Dresden. **Laufb:** Sol Staatsoptte Dresden. (Red)

Richter, Regina, Sängerin; c/o Bühnen der Stadt Köln – Opernhaus, PF 101061, D-50450 Köln. **Laufb:** Sol Op Köln seit SpZ 03/04. (Red)

Richter, René, Kontrabass; c/o MDR Sinfonieorchester, Augustuspl 9a, D-04109 Leipzig. **Laufb:** Vorspieler MDR SinfOrch Leipzig. (Red)

Richter, Sigrun, Laute, Hochschullehrerin; Dr. Hoch's Konservatorium, Hebelstr 15–19, D-60318 Frankfurt/M, T: (0 69) 9 15 00 40, F: 5 96 15 76, *mail@dr-hochs.de*; *www.dr-hochs.de*. **Laufb:** Doz (Laute, Alte Musik) Dr Hoch's Kons Frankfurt. (Red)

Richter, Thomas, Dirigent; c/o Deutsche Oper Berlin, Richard-Wagner-Str 10, D-10585 Berlin. **Laufb:** Chorrep Dt Op Berlin. (Red)

Richter, Thomas, Dipl-Päd, Komponist; August-Bebel-Str 21, D-08058 Zwickau, T: (03 75) 30 06 96, 01 73–7 51 33 32, F: (03 75) 30 06 96, *klangrichter@web.de*; *www.klangrichter.de* [Chemnitz 1.10.1957]. Sololiteratur, Kammer-, Vokalmusik, Improvisationen, Jazz **Ausb:** Stud (LAmt Musik/Dt) Päd H Zwickau 75–79, (Komp/Tonsatz) b H Kirmße H f M Weimar 79–84. **Laufb:** Künstl Mitarb Päd H Zwickau 79, LAuftr R-Schumann-Kons Zwickau 84–2000, Ltg dess seit 03; HL TU Chemnitz (Fachgeb Musik) seit 92, U Leipzig (Musikpäd) seit 2000, Mitarb (Komp u Musiker) in versch Jazzprojekten seit 87, Kinderth ua. **Pr:** 2. Pr XI. Int Chansontage Frankfurt/O 92. **Ens:** Böttchers Büro (Jazz), Klangcollagen (imp M). **Mitgl:** dkv, GEMA, Verb dt Schulmusiker. – **Komp:** Canticum (KonzM), UA Zwickau, Moritzkirche 86; Drei Lieder nach Texten aus dem 16. Jh (KonzM), UA Zwickau 87; Fünf Spielereien (M f Jugendliche), UA Chemnitz 88; Laudate Dominum (ChM), UA Zwickau 92; Aphorist Intermezzo (KonzM), UA Zwickau 96; Und immer wanderte der Wind u sang (ChM), UA Wolfenbüttel 97; lines and points (KonzM), UA 98; Interfaces (StrInstr), UA Zwickau 2000.

Richter, Tobias, Prof, Intendant, Hochschullehrer; c/o Deutsche Oper am Rhein, Heinrich-Heine-Allee 16a, D-40213 Düsseldorf, T: (02 11) 8 90 83 23; Robert Schumann Hochschule, Fischerstr 110, D-40476 Düsseldorf. **Laufb:** Prof (OpRegie) Robert Schumann H Düsseldorf, Generalintendant Dt Op am Rhein Düsseldorf-Duisburg (03/05). (Red)

Richter, Werner, Komponist; Walter-Oertel-Str 30, D-09112 Chemnitz, T: (03 71) 36 18 81 [Chemnitz 16.5.1929]. Musik f MSchulen **Ausb:** Unterr MTheorie, Tonsatz (G W Meyer) 51–55, Staatsexamen (extern) MH 'Carl Maria v Weber' Dresden 62, Ergänzungsstud Komp (H Kirmße) MH Franz Liszt Weimar 68–73. **Laufb:** GrundschulL Chemnitz 46–50, MErz MSchule Karl-Marx-Stadt 50–90, LAuftr (Akk) Robert-Schumann-Kons Zwickau 58–62, LAuftr (Formenlehre, Instrumentenkde) ebd. **Pr:** Kulturpr 'Kurt Barthel' d Bezirkes Karl-Marx-Stadt 75, 'Pestalozzi-Med' in Gold 76, Verdienstmed d DDR 79, 'Johannes R Becher Med' d Kulturbundes d DDR 81, Ehrennadel in Silber d Verbandes d Komp u MWissenschaftler d DDR 85, Ehrenmed d DHV in Gold 99, langjähriger Juror b nat u int Wettb. **Mitgl:** Verband d Komp u MWissenschaftler d DDR 71–90, Dt Komp-Interessenverband, ordentl Mitgl GEMA seit 90. – **Komp:** Musik f Orch, Soloinstrr m Orch, KamM, VokalM, AkkOrch, AkkDuo, Akk solo, Blockfl, Kl, Zupforch, Bearbeitungen, BühnenM, ua: Kostproben aus e Korb voll Gemüse (Zyklus f Kinderchor) 73; Sonatine f Akk 76; Sieben Stücke f Git 77; Nocturno f Akk 79; Musik über e böhm Volkslied (Akk u StrOrch) 80; Variationen über e Melodie aus d 17.Jh (Ob u StrOrch) 81; Concertino 82; Musik über e dt Volkslied (Fag u StrOrch) 89; Drei Miniaturen f Sopranblockfl u Zupforch 84; Musik über e finnisches Volkslied (Fl u StrOrch) 89. **Lit:** Dipl-Arb v Stud an MH Berlin u Weimar.

Rick, Johannes, Violinist; c/o Landesbühnen Sachsen, Meißner Str 152, D-01445 Radebeul. **Laufb:** Sol LdesBühnen Sachsen SpZ 03/04. (Red)

Rickenbacher, Hans-Jürg, Tenor; Knettnauweg 23, CH-2560 Nidau, T: 03 23 31 94 24, 0 79–3 40 97 94, F: 03 23 31 94 24, *info@tenore.ch*; *www.tenore.ch* [Biel 19.6.1967]. Oper u Konzert **Ausb:** Stud (Ges, Git, SchM) MAkad Basel 86–93, Schweizer OpStudio Biel 94, Mstrkse b N Gedda (Stockholm), M Honig (Amsterdam). **Laufb:** Th Luzern (Monteverdi: 'Il trionfo dell'amore') 96, Th Koblenz (Mozart: 'Cosi fan tutte', Ferrando; Händel: 'Tamerlano', Bajazete ua) 98/99, Staatsth Mainz (Mozart: 'Cosi fan tutte', Ferrando, Ders: 'Die Zauberflöte', Tamino), Op de Fribourg (Nicolai: 'Die lustigen Weiber v Windsor', Fenton) 99/2000, Heine-Abend Schauspielh Zürich m G Schneider u F Hohler, Matthäus-Passion (Evangelist) Teatro Colón Buenos Aires 2000; Doz MAkad Basel. **Pr:** Studienpr Migros-Genossenschafts-Bd, Prtr 1. Wettb z Förderung junger Sänger d Schweiz MRates.

Rid, Hermann, Saxophon; c/o Concertino Agentur, Nerotal 24, D-65193 Wiesbaden, T: (06 11) 1 80 56 56, F: 1 80 56 57, *concertino-wiesbaden@t-online.de*. **Laufb:** Doz RTM Ottobrunn. **Ens:** ArtCoreSax, Duo 'Klang Dimension München'.

Ridder, Ludwig de, Prof, Hochschullehrer, Dirigent; Adolf-Martens-Str 10, D-14195 Berlin, T: (0 30) 8 31 40 73. **Laufb:** Prof (Repertoire) H d Künste Berlin. (Red)

Rieben, Margrit, Komponistin, Schlagzeug; Obermattstr 14, CH-3008 Bern, T: 03 19 81 10 58. (Red)

Rieber, Michael, Kontrabass; c/o NDR Sinfonieorchester, Rothenbaumchaussee 132–134, D-20149 Hamburg. **Laufb:** Stimmführer NDR SinfOrch Hamburg. (Red)

Rieckhoff, Günther P, Komponist, Texter, Musiklehrer; Leuschnerstr 105, D-21031 Hamburg, T: (0 40) 7 30 44 18, F: 72 69 79 02(über Copy-Kontor Bergedorf) [Hamburg 18.11.1928]. Mozart, Walzer (bes J Strauß), Bach, Haydn, Brahms, Schubert, Schumann, Symph v Beethoven u Bruckner, Operettenmusik **Ausb:** Unterr b Vater u in Wien, Selbststud, Fernunterr M-Inst 'Klavarskribo' Holland. **Laufb:** 30 Jahre MUnterr Hamburg (Hausbesuche), jetzt Fernunterr; Komp/Texter m 2 Notenschriften (f Git, Blockfl, Heimorg, Kl, Keyboard, Akk, V), insbes 'Klavarskribo' aus Holland; Vertonungen eig Gedichte m ernsten Texten, Volks-, Kirchen-, Weihnachtslieder. **Pr:** Ehrenurk d Ministers aus Niedersachsen f Beiteiligung am Volkslieder-Wettb. – **Komp:** ua Das Herz von Hamburg; Die Bahnhofsblumenfrau; Eskimotanz; Liebe geht seltsame Wege; Jung gefreit hat noch miemand gereut; Keine Papierliebe; Blitz aus den Augen; Es gab 'ne saure Gurkenzeit; Das gold'ne Kalb hat Rinderwahn; Dieses Lied auf Klangpapier (Zum Geburtstag); Das Lied vom Transrapid; Drück mir die Daumen; Madmoisell, bitte schnell; Zum Urlaub auf der Autobahn; Tannenbaum, du grüner; Der Morgen; 27 Texte f bekannte Schlager-Melodien im Rahmen des NDR-Stadtteil-Schlager-Wettb (2 davon gesendet 2000). **Sonst:** Übersetzung einer Harmonielehre u zahlr Lieder aus d Engl ins Dt, derzeit 227 eigene Lieder (z T verlegt); Verbesserung der 'Klavarskribo'-Notenschrift.

Riede, Thomas, Countertenor; c/o Die Weimarer Hofsänger, Rittergasse 1, D-99423 Weimar, T: (0 36 43) 90 19 42. **Pr:** Stip Dt Musikwettb KamM 98. **Ens:** Die Weimarer Hofsänger. (*)

Riedel, Bernd, KS, Prof, Bariton; Treppendorfer Weg 20b, D-12527 Berlin, T: (0 30) 5 33 83 53, F: 5 33 83 53; c/o Deutsche Staatsoper, Unter den Linden 7, D-10117 Berlin [Greiz, Thüringen 1938]. Oper, Lied, Konzert **Ausb:** Fern- u Abendstud (Ges) H f M Berlin 61–66. **Laufb:** Sol 'Erich-Weinert-Ens' 60–62, Sänger m Chorverpfl Kom Op Berlin 62–68, Eng Hans-Otto-Th Potsdam 68–72, EnsMitgl Staatsop Unter d Linden (ua Barbier v Sevilla, Figaro; Così fan tutte, Guglielmo; Madame Butterfly, Sharpless; Don Pasquale, Malatesta; Ariadne auf Naxos, Harlekin; Carmen, Moralès; Turandot, Ping; Zar u Zimmermann, Peter I.; Die Zauberflöte, Papageno; Carmina Burana, Bariton; Don Quixote, Pedro) seit 72, Gastsp u Liederabende in Europa u Japan, LAuftr H f M 'Hanns Eisler' Berlin seit 89, Sol Dt Staatsop Berlin SpZ 03/05. **Pr:** 1. Leistungsvergleich junger OpSänger 70, Dipl Tschaikowsky-Wettb Moskau 70. – **Aufn/RF:** CD: F Schubert: 'Lazarus' (Simon).

Riedel, Gerhard, Prof, Hochschullehrer, Viola; Tiniusstr 37, D-13089 Berlin, T: (0 30) 4 71 75 89; H f Musik 'Hanns Eisler', Charlottenstr 55, D-10117 Berlin. **Laufb:** LBeauftr (Va) H f Musik 'Hanns Eisler' Berlin. (Red)

Riedel, Marion, Sängerin; c/o Städtische Theater Chemnitz, Käthe-Kollwitz-Str 7, D-09111 Chemnitz, PF 756, D-09007 Chemnitz. **Laufb:** Gastsol Städt Th Chemnitz SpZ 03/05. (Red)

Riedel, Wolfgang, Prof, Hochschullehrer, Klavier; Univ f Musik u Darst Kunst, Inst Ludwig van Beethoven, Rennweg 8, A-1030 Wien [Wien]. **Ausb:** Stud (Kl) U f Musik u Darst Kunst Wien (H Petermandl u H Medjimorec), sowie Tonsatz ebd b A Kubizek u Komp b E Urbanner, Tschaikowski-Kons Moskau (R Kehrer). **Laufb:** Leiter einer Ausbildungsklasse für Klavier U f Musik u Darst Kunst Wien 87, UProf ebd 2000. (Red)

Rieder, Emil, Prof, Hochschullehrer, Klarinette, Saxophon; Rechte Glanzeile 16, A-5020 Salzburg; Univ Mozarteum, Abt f Blas- u Schlaginstrumente, Zentrum im Berg, Fürbergstr 18–20, A-5020 Salzburg, T: (06 62) 61 98 54 10, F: 61 98 30 33, *emil.rieder@moz.ac.at* [Salzburg 2.10.1948]. **Laufb:** UProf (Klar, Sax) U Mozarteum Salzburg. (Red)

Rieder, Franziska, Klavier; Stöckackerstr 56, CH-3018 Bern, T: 03 19 92 82 65. (Red)

Rieder, Jochen, Maestro suggeritore; Schwamendingenstr 76, CH-8050 Zürich, T: 0 13 11 60 84, F: 0 13 11 60 84, *jo.rieder@web.de* [Herxheim 12.8.1970]. Oper **Ausb:** Stud (KiM) U Mainz 89–92. **Laufb:** Ass d GMD Bad Staatsth Karlsruhe 92–95, KapM u stellv ChDir Bremen 96–01, Maestro suggeritore OpHaus Zürich seit 01, Bayreuther FSp 01. **Pr:** Stip Richard-Wagner-Verband 97.

Riedhammer, Arnold, Pauken, Schlagzeug, Hochschullehrer; Richard Strauss Konservatorium, Gasteig, Kellerstr 6, D-81667 München, T: (0 89) 46 36 66, F: 46 48 76; c/o Münchner Philharmoniker, Kellerstr 4, D-81667 München [Sommerville, NJ, USA]. **Ausb:** Stud Richard Strauss Kons München 66–67. **Laufb:** Sol SyphOrch Nürnberg 70–71, Sol Beethovenhalle-Orch Bonn 71–74, Sol Münchner Philh seit 74, Doz (Pauken, Schlgz) Richard Strauss Kons München. **Pr:** Staatl Förderpr f Schlagz 81. (Red)

Riedl, Eva Maria, Mezzosopran; c/o Primusic Konzert- und Musiktheaterproduktionen GmbH, Herrengasse 6–8/2/22, A-1010 Wien, T: (01) 5 32 71 24, F: 5 32 71 40, *office@primusic.at*; *www.primusic.at* [Bruck a. d. Mur]. **Ausb:** U f Musik und darst Kunst Wien b H Lazarska, Ch Spencer, R Nickler und I Parik. **Laufb:** Wiener Kammerop 04, Neue Op Wien. (Red)

Riedl, Josef Anton, Komponist; Sandstr 49, D-80335 München, T: (0 89) 52 81 52 [München]. **Laufb:** Grd u Lt Jeunesses Musicales 50, Grd d KonzR Neue Musik München – Klang Aktionen 60, Grd u Lt Kultur Forum Bonn 73–83, Grd u Lt Bonner Tage Neuer Musik bis 87. **Pr:** MFörderpr 59 u Gr MPr d Stadt München 96, Ehrenmitgl Dt Ges f Elektroakust M (DEGEM). – **Komp:** Werke f Schlgz, Lautgedichte, elektron M, ua: Paper Music 61; Metallophonic Raum – Klangwerkstatt 74/76; Glas-Spiele 75/77; Bühnen- u FilmM. (Red)

Rieger, Christian, Cembalo, Hochschullehrer; Folkwang Hochschule, Klemensborn 39, D-45239 Essen, T: (02 21) 73 77 91, *christian.rieger@moz.ac.at*; c/o Classic Concert, Glaneggerstr 55, A-5082 Salzburg-Groedig, T: (0 62 46) 7 66 53, F: 7 68 54, *office@classicconcert.com* [1965]. **Ausb:** Stud (KiM) H f M Karlsruhe u MAkad Basel b J-C Zehnder (Org), A Staier (Cemb) u J Christensen (KamM). **Laufb:** ThRep Th Basel u Stuttgart, L MH Karlsruhe u Mozarteum Salzburg, LBeauftr (Cemb) H f M Detmold, UProf (Cemb) U Mozarteum Salzburg, Prof FolkwangH Essen 04, als Cembalist, Organist u KamM Konz auf zahlr Fstv im In- u Ausland. **Pr:** Stip DAAD, Pr Int OrgWettb 'Johann Sebastian Bach' Luzern. **Ens:** Musica Antiqua Köln 94–99.

Rieger, Christian, Bariton; Aventinstr 6, D-80469 München, T: 0 17 27 11 78 15, *rieger.christian@web.de*; c/o Agentur f Musiktheater u Konzert Hannagret Bueker, Fuhsestr 2, D-30419 Hannover [Neumarkt/Opf, Bayern]. Oper (Barock bis zeitgen), Lied, Oratorium, Konzert **Ausb:** Stud MH München b A Kraus. **Laufb:** Sol Bad Staatsth Karlsruhe 95–03, Gastsol Op Hannover, Festeng Bayer Staatsop München SpZ 03/04. **Pr:** Richard-Strauss-Wettb, Bach-Wettb Leipzig, Bayer Staatspr z Förderung junger Künstler 95. – **UA:** R Matscheizzik: Ach, diese Wege sind sehr dunkel, 'Kaspar Hauser'; M Nyman: Facing Goya, 'Bariton'; W M Danner: Die Sündflut, 'Ham'.

Rieger, Friedemann, Prof, Hochschullehrer, Kammermusiker; Mahdachstr 38, D-72770 Reutlingen, T: (0 71 21) 5 71 62, F: 50 32 51, *nofritao@aol.com*; H Musik u Theater, Hirschengraben 46, CH-8001 Zürich, *friedemann.rieger@doz.hmt.edu* [Crailsheim 3.6.1956]. KamM **Ausb:** Stud Kl (D Metzger, V Horbowski, A Jasinski, K Richter) MH Stuttgart. **Laufb:** Prof (Kl) Staatl H f M u Darst Kunst Stuttgart, Prof (KamM) HMT Zürich, große Tourneen m Menuhin Fstv Piano Qua durch USA, Australien, Neuseeland, Großbritannien, Schweiz, Spanien, Dtschld. **Pr:** Pr Vittori Gui Florenz 80, Dt Musikrat 81, Clara-Haskil-Wettb 81, Förderpr d Europ Wirtschaft 93. **Ens:** Menuhin Fstv Piano Qua seit 88, Trio Parnassus bis 90, Trio Kreisleriana seit 88, Duo N Chastain, F R. – **Aufn/RF:** über 20 CD-Einsp, ua: Mendelssohn-Bartholdy/R Strauss: Quartetto II, m Menuhin Fstv Piano Qua 89; Mozart: Klavierson 91; Brahms: Drei Piano Quartets, m Menuhin Fstv Piano Qua 97; zahlr Live-KonzMitschnitte (SDR, NDR, BR, SWF, WDR, Radio Berlin, Radio France, Radio Svizzera Italiana, DRS); Fernsehprod. **Sonst:** Grdgmitgl Trio Parnassus, Menuhin Fstv Piano Qua, Trio Kreisleriana.

Rieger, Johannes, Dirigent; Friedenstr 19, D-38820 Halberstadt, T: (0 39 41) 59 78 10 [München 9.10.1967]. **Ausb:** Stud Dirig (H Michael) MH München 85–89, Dirig (F Leitner) Siena 90. **Laufb:** Kapm Th Ulm 91–96, ständ Dgt European Music Project (Ens f Neue M) seit 95, Gastdgt ua Kölner Philh, Bamberger Symphoniker, NDR Hannover, Gärtnerplatzth München 96–2000, Musikal Oblt u Lt MTh Nordharzer Städtebundth seit 2000, MD ebd seit 04. – **Aufn/RF:** Hindemith: 4. KamM, m Bamberger Symph 97; Dinescu: Vortex-Wolken, m European Music Project, Symposium 98; Pfitzner: Lieder (instrumentiert v Rieger), m European Music Project, BR 99; Sarasate: Werke f V u Orch, m Bamberger Symphoniker 2000; European Music Project Live 2000; Händel: 'Ottone', Th Ulm, Live-Mitschn 2000; Festkonz 10 Jahre Nordharzer Städtbundth, Live-Mitschn 02. **UA:** M Koval: une demande 96; V Dinescu: Vortex-Wolken 98; S Bhagwati: The essence of the insensible 2000.

Rieger, Wolfram, Prof, Hochschullehrer, Klavier, Sänger; H f Musik 'Hanns Eisler', Charlottenstr 55, D-10117 Berlin, T: (0 30) 90 26 98 57, *wr@wolframrieger.de*. **Ausb:** KlUnterr (K Pfeiffer) Regensburg, Stud (SchM, Kl, V) H f Musik München 82–87, Liedkl (E Werba, H Deutsch). **Laufb:** Ass (B Fassbaender, R Grist, H Blaschke, D Evangelatos), Ass Mstrkse (B Fassbaender, E Schwarzkopf, H Hotter), LAuftr (KlBegl) MH München 91, Lt Liedkl f Sänger u Pianisten 91–95, Liedkl H f Musik 'Hanns Eisler' Berlin 93/94, InterpretKse f Liedgestaltung in Dtschld, Europa u Japan, KamMPartner ua d Sol d Bayer Staatsorch, Münchner Philh, Konz Europa, Nordamerika, Naher u Ferner Osten, ua KonzHaus u Musikverein Wien, Het Concertgebouw Amsterdam, Fstv 'Prager Frühling', Salzburger FSp, Schleswig-Holstein-Musik Fstv, KlBegl ua B Fassbaender, E Wiens, J Banse, D Fischer-Dieskau, Th Hampson, O Bär, Ch Prégardien, Mitgl Int Schubert-Wettb Wien 97, Prof (Lied/vok KamM) H f M 'Hanns Eisler' Berlin seit 97. – **Aufn/RF:** zahlr CDs. (Red)

Riegger, Susanne, Sängerin; c/o Bremer Theater, Am Goethepl 1–3, D-28203 Bremen, PF 101046, D-28010 Bremen. **Laufb:** Gastsol Th Bremen SpZ 03/05. (Red)

Riehm, Peter-Michael, Prof, Hochschullehrer; Eschenweg 1, D-78586 Deilingen, T: (0 74 26) 37 84, F: 37 84 [Karlsruhe 15.2.1947]. Musiktheorie, Komp, Päd **Ausb:** Stud (SchM, Kl, KompTheorie) MH Karlsruhe. **Laufb:** Prof (MTheorie) Staatl H f Musik Karlsruhe seit 99. **Pr:** Förderpr f junge Komp Stuttgart 77. – **AuftrKomp:** Conclusio (f Sop, gem Chor u Orch), UA Tübingewn, Dgt: M Künstner 01 (Auftr: Philharmonia Chor Reutlingen). **Sonst:** Chor- u Instrumentalstücke f d Schule, div Aufsätze u Essays zu MPäd.

Riehm, Rolf, Prof, Komponist, Professor; Paul-Heyse-Str 38, D-60431 Frankfurt/M, T: (0 69) 51 66 67, F: 51 74 76, *kontakt@rolf-riehm.de*; *www.rolf-riehm.de* [Saarbrücken 15.6.1937]. **Ausb:** Stud (SchM) Frankfurt, Komp (W Fortner) Freiburg. **Laufb:** Solo-Ob, Doz Rhein MSch Köln, Prof (Komp, Tonsatz) MH Frankfurt 74–2000; Mitgl d 'linksradikalen Blasorch' 76–81, Konz-Reisen n Mittel- bzw Südamerika u Japan. **Pr:** Pr Marzotto 68, Villa Massimo Stip, Kunstpr d Saarlandes 92, Paul-Hindemith-Pr 02. – **Komp:** Gewidmet

(Orch), UA Saarbrücken 77 (Auftr: Staatsorch Hannover); Tänze aus Frankfurt (Orch), UA Frankfurt/M 81; Tempo strozzato (StrQua), UA Witten 83 (Auftr: WDR Köln); O Daddy (Orch u TB), UA Donaueschingen 84 (Auftr: SWF Baden-Baden); Berceuse (Orch), UA Donaueschingen 89 (Auftr: NDR Hamburg u SWF Baden-Baden); Odysseus aber hörte ihr Schweigen nicht (Orch), UA Saarbrücken 93 (Auftr: Saarländ RF Saarbrücken); D Schweigen d Sirenen (Op), UA Stuttgart, Dgt: B Kontarski 94 (Auftr: Staatsop Stuttgart); Shifting (V, Orch) 94, UA Köln, Guy Braunstein, WDR-Orch, Dgt: D R Davies; 'Schlaf, Schlaf, John Donne... ', UA Witten 97 (Auftr: WDR Köln); D Tränen d Gletschers (Orch), UA Donaueschingen, Dgt: H Zender 98 (Auftr: SWF Baden-Baden); Hawking (8 Instr) 98, UA Freiburg, Ens Recherche; Restoring the Death of Orpheus (Akk, Orch) 2000, UA München, BR-Orch, T Anzellotti (Akk), Dgt: L Zagrosek; Archipel Remix (Orch), UA Köln Philh, Dgt: P Rundel 2000 (Auftr: WDR Köln); D Erde ist e Schale v dunklem Gold (Orch), UA Hannover, EXPO, Dgt: O Sallaberger 2000 (Auftr: Saarländ RF Saarbrücken); D schrecklich-gewaltigen Kinder, UA Frankfurt, Dgt: H Bäumer 03; Fremdling, rede – Ballade Furor Odysseus, UA Frankfurt 03; 'It's gloomy outside (no velvet nute or lullabies)', UA Freiburg composers slide quartet 05; 'Nuages Immortales oder Focussing on Soles (Medea in Avignon), UA Dt KamPhil Bremen 05. **Lit:** G R Koch: Das Schweigen d Sirenen. Seriös u schräg, Dr Jekyll u Mister Hyde d Avantgarde: Dem Komp R R zum Sechzigsten (FAZ) 14.6.97; B Leukert: Die Dinge kreuz u quer (Die Tageszeitung) 15.6.87; B Leukert: Splitter zerbrochener Zeit, Portrait d Komp R R (MusikTexte 6) 84; K-M Hinz: Stil u Herrschaft, Zur KompWeise R Rs (R R, Das Schweigen d Sirenen) 94/95; F Hilberg: Von d Verantwortungslosigkeit d Künstlers (Neue Musik Zeitung) 98; N Schalz u P Rautmann: Passagen. Kreuz- u Quergänge durch die Moderne 98; H-W Heister: Das Prinzip Konzertieren, Musikal Konfigurationen d Beziehungen zw Individuum u Kollektiv (Donaueschinger Musiktage 98) 98; F Hilberg: Dialekt Komponieren (Gesch d Musik i 20. Jh 75–2000) 2000; J P Hiekel: Franz, Morton u andere, Kompositor Reflexionen auf Schuberts Musik (Neue Zs f Musik 1) 97; H-K Jungheinrich: Etwas völlig Neues, R Rs böses 'Machandelboom'-Märchen (FR) 27.8.83.

Rieke, Joachim, Prof, Hochschullehrer; Auf dem Sandberg 7, D-28790 Schwanewede, T: (04 21) 62 22 23, F: 6 92 19 31, *prof.jmrieke@t-online.de* [Georgsmarienhütte/Os 5.3.1960]. Klavier- u KamMLit d 20. Jhdts, klass KamM u Liedbegleitung **Ausb:** Stud (MPäd, Kl) MH Bremen 79–85, Kl (K Meister) Hannover 85–87, Neue Musik, Kl (A Hrisanide) Sweelinck Cons Amsterdam 85–87. **Laufb:** Prof (Kl, Fachdidaktik) FH Osnabrück, Kons 2000. – **Sonst:** Grd Freie Musikschule Bremen 'SpielArt' 94.

Rieker, Martin, Hochschullehrer; Schulstr 5a, D-33790 Halle, T: (0 52 01) 1 07 93. **Laufb:** Doz (Orgel, Kinderchorltg) H f KiM Herford. (Red)

Riemer, André, Sänger; c/o Städtische Theater, Käthe-Kollwitz-Str 7, D-09111 Chemnitz, PF 756, D-09007 Chemnitz [Leipzig 1968]. **Ausb:** H f M 'Felix Mendelssohn Bartholdy' Leipzig b Prof Rudolf Riemer. **Laufb:** Gastsol Th Freiburg, Sol Städt Th Chemnitz (SpZ 03/05), Gastsol Eduard-von-Winterstein-Th Annaberg SpZ 00/01, Eisenach, Erfurt, Halle. (Red)

Riemer, Maja-Rosewith, Sängerin; Storchenneststr 2, D-01259 Dresden, T: (03 51) 2 01 32 43; c/o Staatsoperette, Pirnaer Landstr 131, D-01257 Dresden. **Laufb:** Sol Staatsoptte Dresden. (Red)

Riemer, Rudolf, Prof, Hochschullehrer, Sänger; Schönblicker Str 70, D-12589 Berlin, T: (0 30) 6 48 90 32; Univ d Künste, Fak Musik, Inst für Musikpädagogik, PF 120544, D-10595 Berlin. **Laufb:** Prof (Gesang) H d Künste Berlin, Sol Op Leipzig. (Red)

Riemke, Ringela, Violoncello; c/o Rundfunk-Sinfonieorchester Berlin, Charlottenstr 56, D-10117 Berlin. **Laufb:** stv Sol RF-SinfOrch Berlin. (Red)

Ries, Hendricus, Prof, Hochschullehrer, Posaune; St Rochusstraat 26, Niederlande-6466 LK Kerkrade, T: (0 45) 5 41 23 35; H f Musik Köln, Abteilung Aachen, Theaterstr 2–4, D-52062 Aachen. **Laufb:** Prof (Pos, Blechbläserens) H f Musik Köln, Abt Aachen, Sol WDR SinfOrch Köln. (Red)

Rieß-Berthold, Heidi, Prof, Hochschullehrerin, Sängerin; Naunhofer Str 18, D-04299 Leipzig, T: (03 41) 8 78 03 61. **Laufb:** Prof (Ges) H f M u Theater 'Felix Mendelssohn Bartholdy' Leipzig. (Red)

Riester, Helmut, Prof, Hochschullehrer, Orchestermusiker; Sindernweg 21, D-44265 Dortmund, T: (02 31) 46 67 02, 01 75–8 02 69 13 [Sigmaringen 7.12.1935]. KamM Solo, Orchestermusiker, Op, Konz, Musical, Optte, Jazz, Blechbläserens **Ausb:** Stud Trp/Kl (Uhlemann, G Donderer) MH München 53–57. **Laufb:** Kurorch Lindau 55, Kurorch Bad Wiessee 56, Kurorch Bad Nauheim 57, Solotrp Th Coburg 57–58, stellv 1. Solo-Trp Bamberger Sinf 58–60, 1. Solotrp Philh Orch Dortmund, später stellv Solo-Trp seit 60, LBeauftr (Trp) H f Musik Detmold, Abt Dortmund, SchauspM/Revuen Bochumer Schauspielhaus seit 77, OrchAushilfe in allen gr Orch NRW. **Ens:** Mitgl Continuum Ens Dortmund (KamM) seit 68. – **Sonst:** Mitbegrd Westfäl Blechbläserens 84.

Riesterer, Florian, Sänger; c/o Bühnen der Stadt Köln – Opernhaus, PF 101061, D-50450 Köln. (Red)

Riffel, Bernhard, Komponist; Saalbachstr 22, D-76689 Karlsdorf-Neuthard, T: (0 72 51) 4 92 00, F: 4 92 01, *bernhard.riffel@t-online.de* [Karlsdorf 24.5.1955]. **Ausb:** Stud (Kath KiM) Karlsruhe, (PrivMLPrüfung) Mannheim, (Chorlt, Komp, Orgel) Mozarteum Salzburg. – **Komp:** Te Deum (gem Ch a capp m Ten Solo), UA Hockenheim 84; Von der Auferstehung (MCh a capp), UA Hockenheim 85; Ave Virgo Maria (FCh a capp), UA Hockenheim 85; Spiritus Domini (FCh a capp), UA Hockenheim 88; Der Krieg (MCh a capp), UA Viernheim 89; Rex Tremendae (MCh a capp), UA Forst/Baden 89; Feuergeist (MCh a capp), UA Bürstadt 93. (Red)

Riga, Eike Harriet, Dipl-S, Sängerin; Elisabethkirchstr 7, D-10115 Berlin, *info@eike-riga.com*; *www.eike-riga.com* [Wilhelmshaven 12.6.1975]. Musiktheater **Ausb:** N Semer Vocal Inst New York, (R Cunningham) Berlin, MH Köln. **Laufb:** Gast Staatsop unter d Linden Berlin 03, EnsMitgl 'PPP-MTh' München 02, 'Neuköllner Op' Berlin 99/2000, Gast Schillerth Gelsenkirchen 96. **Ens:** I Confidenti: Ens f alte M. – **UA:** A Banchieri:'La Pazzia Senile', dt EA 03; J A Hasse:'La sorella amante', dt EA Neuköllner Op Berlin 99; B Kenneweg: 'Ceci n'est pas Magritte', UA Berlin 98.

Rihm, Wolfgang, Prof, Komponist, Hochschullehrer; Kriegsstr 109, D-76135 Karlruhe, T: (07 21) 85 65 11, F: 8 46 59; Hochschule f Musik, PF 6040, D-76040 Karlsruhe [Karlsruhe 13.3.1952]. **Ausb:** Stud (Velte, Stockhausen, Huber), Kurse (Searle, Fortner), MWiss (Eggebrecht). **Laufb:** LAuftr (Musiktheorie, Tonsatz) MH Kalsruhe 73–78, Doz Darmstädter Ferienkurse 80 u 82, musikal Berater Dt Op Berlin 84, Prof (Komp, Musiktheorie) Staatl MH Karlsruhe 85. **Pr:** Studienstift d Dt Volkes 73–77, Förderpr Stadt Stuttgart 74, Förderpr Stadt Mannheim 75, Berliner Kunstpr-Stip 78, Kranichsteiner Musikpr (Darmstadt), Reinhold-Schneider-Pr Stadt Freiburg, 'Ausw Künstler zu Gast in der Hansestadt Hamburg' 79, Villa Massimo (Rompr) 79/80, Beethovenpr Stadt Bonn 81, Stip Cité des Arts Paris 83, Mitgl Bayer Akad d Schönen Künste u Akad d Künste Berlin, Fellow d 'Wissenschaftskollegs zu Berlin' 84/85, Musikpr d Ernst v Siemens-Stift 03. – **Komp:** ua Dritte Symph (OrchW) 76/77, UA Berlin, I Nielsen, G Paulstich, KamCh Ernst Senff, BPHO, Dgt: M Gielen 79; Musik f 3 Streicher (KamM) 77, UA Darmstadt, Czápary-Trio 78; Jakob Lenz (KamOp) 77/78, UA Hamburg, R Salter, Ens u Orch Hamburg Staatsop, Dgt: K Seibel 79; Abgesangsszenen I–V (OrchGesänge) 79/80, UA Berlin, M Lipovsek, R Salter, RSO Berlin, Dgt: H Zender 83; Tutuguri (Ballett) 80/81, UA Berlin, Dt Op 82; Eroberung v Mexiko (Op), UA Hamburg 92; 'Eine Stimme 1–3', UA Fstv Musica 05. (Red)

Rihs, Nicolas, Fagott; Im Grund 41, CH-2502 Biel, T: 03 23 22 17 53, *nicolas.rihs@freesurf.ch*; Lindenegg 6, CH-2502 Biel; *www.getreidesilo.net* [Stockholm 1963]. **Ausb:** Stud (Psychologie, MWiss) Univ Bern 83–85, Stud (Fag, Jazzkl) MH Basel 84–90, Univ Paris 93–97, Komp (E Gaudibert) Kons Neuchâtel 97/98. **Ens:** Les Roseaux Chantants. (Red)

Riley-Schofield, John, Bass-Bariton; Am Fettingkotten 3, D-45891 Gelsenkirchen, T: (02 09) 77 71 67, F: 77 71 67, *johnr@web.de*; *www.beamint.com/riley* [Bradford, England]. **Ausb:** Huddersfield School of Music 72–75, Royal Acad of Music, London 75–78. **Laufb:** Mitgl English National Op 78–85, Mitgl Nederlandse Op Amsterdam 85–86, EnsMitgl Gelsenkirchen seit 86, jetzt freiberuflich; Gastdoz (Stimmbild) Uni of Notre Dame Indiana/USA seit 02, Gastsol Staatsth Darmstadt SpZ 03/04. **Pr:** zweimal Preistr MusikTh im Revier Gelsenkirchen, zweimal Publikumspr ebd, Liederpr 92. – **Aufn/RF:** Don Giovanni, Almaviva & Guglielmo in D Hilsdorfs Mozartzyklus, Gelsenkirchen 90–93. **UA:** A Schnittke: 'Das Leben m einem Idioten' (Hauptrolle), Dt EA, Wuppertal & Dresden Semperop 93.

Rilling, Helmuth, Dr hc mult, Prof, Dirigent; c/o Internationale Bachakademie Stuttgart, Johann-Sebastian-Bach-Pl, D-70178 Stuttgart, T: (07 11) 61 92 10, F: 6 19 21 23, *helmuth.rilling@bachakademie.de*; c/o Südwestdeutsche Konzertdirektion Erwin Russ, PF 104262, D-70037 Stuttgart, T: (07 11) 1 63 53 11, F: 1 63 53 30, *info@sksruss.de*; *www.bachakademie.de, www.imteam.com/archiv/personen/rilling.html* [Stuttgart 28.5.1933]. J S Bach, orator Lit 17.–21. Jh **Ausb:** Stud MH Stuttgart, Cons Santa Cecilia Rom (F Germani), New York (L Bernstein). **Laufb:** Kantor u Organist Gedächtniskirche Stuttgart 57–98, L KirchenMSch Berlin-Spandau 63, Lt Spandauer Kantorei Berlin 63–66, Ltätigkeit Staatl H f M Frankfurt/M 69–81, Lt Frankfurter Kantorei 69–81, Bachakad i zahlr Ländern ua Polen, Tschechien, Russland, Ungarn, Spanien, Argentinien, Venezuela, Gastdgt in aller Welt ua Wiener Philh, Boston Symph, New York Philh Orch, Bayer RSO. **Pr:** ua Ehrenmitgl königl M Akad Stockholm seit 93, UNESCO/IMC Musikpr 94, Theodor-Heuss-Pr 95, Grammy f beste Chor-Darbietung 2000. – **UA:** AuftrKomp d int Bachakad – A Pärt: 'Litany' 94; Gemeinschaftskomp v 14 Komponisten: 'Requiem d Versöhnung' 95; M-A Dalbavie: 'Non Lieu' 97; J Yuasa: 'Cosmic Solitude' 97; K Penderecki: 'Credo' 98; W Rihm: 'DEUS PASSUS (Passionsstücke n Lukas)'; i Rahmen d Projektes 'PASSION 2000' – O Golijov: 'La Pasión Según San Marcos'; T Dun, 'Water Passion after St. Matthew'; S Gubaidulina: 'Strasti po Ioannu'. **Zug:** K Penderecki: 'Credo' 98. **Sonst:** Grdg Gächinger Kantorei 54, Grdg Bach-Collegium Stuttgart 65, Grdg Int Bachakad Stuttgart 81, Grdg u Lt Real Filharmonia de Galicia Santiago de Compostela 96, Grdg Fstv-Ens d Europ Musikfestes Stuttgart 01, Einsp sämtlicher Bach-Kantaten 85, Einsp d GesamtW J S Bachs 2000.

Rilling, Rahel, Violine; c/o NDR Sinfonieorchester, Rothenbaumchaussee 132–134, D-20149 Hamburg. **Laufb:** stv Stimmführer NDR SinfOrch Hamburg. (Red)

Ringborg, Patrik, Dirigent; Henckelstr 1, D-45147 Essen, T: (02 01) 7 49 45 70, F: (02 01) 7 49 45 79, *patrik@ringb.org*; *www.ringborg.de* [Stockholm 1.11.1965]. Oper u Konzerte **Ausb:** Stud Königl HS f M Stockholm, Wien, London u b K Bendix, Hospitanzen ua Bayreuther FSp, Met Op New York, Bayer Staatsop München. **Laufb:** Ass d ChefDgt Sächs Staatsop Dresden 88, Korrep u Ass d ChefDgt Königl Op Stockholm ab 89, Ass d ChefDgt Canadian Op Toronto 92, Debüt als Dgt Königl Op Stockholm 93, Dgt ab 93: Kpm Städt Bühnen Freiburg, stellv GMD 97–99 ebd, Gastdgt ua in Dtld, Schweden, Ungarn, Österreich, ua Sächs Staatskap Dresden, Staatskap Weimar, WDR SO, RSO Frankfurt, Dt KamPhilh Bremen, Essener Philh, Münchner RF-Orch, Robert-Schumann-Philh Chemnitz, Niederrhein Sinf, Stuttgarter Philh, Bremer Staatsorch, RSO Stockholm, Königl Philh Stockholm, Königl Hofkapelle Stockholm, Malmö SinfOrch, Budapester Philh, Volksop Wien, 1.

Kapm Aalto-Th Essen (ua Faust, Orpheus/Henze, Lear, Andrea Chénier) 99–03, Gastdgt Op Göteborg seit 98, künstl Lt kurt weill fest 2000, 1. Gastdgt ebd (ua Tannhäuser, Lohengrin, Tristan u Isolde, Die Walküre, Cav/Pag, Il Trovatore, Manon Lescaut) seit 2000, Gastdgt Dt NatTh Weimar seit 04. **Pr:** 'Bester Dgt' Umfrage Neues Rheinland 2000.

Ringelhahn, Oliver, Tenor; c/o Sächsische Staatsoper Dresden, Theaterplatz 2, D-01067 Dresden; c/o Caecilia Lyric Department, Rennweg 15, CH-8001 Zürich, T: 0 12 21 33 88, F: 2 11 71 82, *caecilia@caecilia-lyric.ch*. **Laufb:** Ens-Mitgl GärtnerplTh München 95–96, Landesth Linz 96–2000, Volksop Wien 2000–03, Semperop Dresden 03–06. **Pr:** 1. Pr b 1. Int Johann-Strauss-Wettb. – **Aufn/RF:** Gesamtmitschn 'Die Entführung aus dem Serail' m d Bruckner Orch, Dgt M Sieghart. **UA:** E Mayer: 'Das Treffen v Telgte'.

Ringger, Rolf Urs, Dr phil, Komponist, Musikwissenschaftler; Bederstr 82, CH-8002 Zürich, T: 04 42 02 45 21. (Red)

Ringholz, Teresa, Sopran; c/o Südostbayerisches Städtetheater, Ländtorpl 2–5, D-84028 Landshut; c/o Cecilia Music Concept – Franz-Georg Stähling, Brauweilerweg 183, D-50933 Köln, T: (02 21) 8 00 00 70, F: 8 00 00 71, *staehling@cecilia-cmc.de*. (Red)

Riniker, David, Violoncello; c/o Berliner Philharmoniker, Herbert-von-Karajan-Str 1, D-10785 Berlin, T: (0 30) 25 48 80; *www.die12cellisten.com* [Schweiz 1970]. **Ausb:** Stud Vcl (J P Guéneux), (A Menèses) Basel, Mstrkse b A Noras, B Pergamenschikow, W Boettcher, D Geringas. **Laufb:** Cellist Berliner Philh. **Pr:** Europ Pr d Jugend Varna. **Ens:** Die 12 Cellisten d Berliner Philh. (Red)

Rinke-Bachmann, Achim, Saxophon, Hochschullehrer; Dr. Hoch's Konservatorium, Hebelstr 15–19, D-60318 Frankfurt/M, T: (0 69) 9 15 00 40, F: 5 96 15 76, *mail@dr-hochs.de, achim.rinke-b@t-online.de*; *www.dr-hochs.de* [26.7.1959]. Solo- u Ensembleimprovisation, Art in Progress **Ausb:** G Priesner in Nürnberg 77–82, J-M Londeix in Bordeaux 82–84. **Laufb:** Doz (Sax) Dr Hoch's Kons Frankfurt, H f M u Darst Kunst Frankfurt. **Ens:** Trio in Four. **Mitgl:** ARDESA, TKBund Ffm, DGfMM (Dt Ges f MPhysiologie u MMedizin).

Rio, Leonora del, Sopran; c/o Künstleragentur Tobias Kade, Ammonstr 72, D-01067 Dresden, T: (03 51) 4 90 67 94, 01 72–3 66 29 07, F: 4 90 67 93, *tobias-kade@gmx.de*; *www.kuenstleragentur-kade.de* [Buenos Aires 1977]. **Ausb:** Stud Ges (C Visca) MH Köln, Abt Wuppertal ab 97 u (E Moser) MH Köln ab 2000, Mstrks b N Enns u M Hampe. **Laufb:** Gastsol Schillerth NRW Wuppertal-Gelsenkirchen SpZ 2000/01, Mitgl OpStudio d Dt Op am Rhein Düsseldorf 02, Sol Operetten FSp Bad Ischl 03. **Pr:** Stip Horst-Will-Sift Köln 02. (Red)

Rio, Luis del, Tenor; c/o Rößner und Hahnemann Gastspieldirektion, Rautenstr 2, D-99734 Nordhausen, T: (0 36 31) 6 26 10, F: 62 61 13; *www.roessner-hahnemann.de* [Santiago 1959]. **Laufb:** Th Wuppertal. **Ens:** German Tenors (mit J Groß, Ch Polus). (Red)

Rippas, Claude, Prof, Trompete, Hochschullehrer; Hochschule Musik u Tanz, Florhofgasse 6, CH-8001 Zürich, *clauderippas@bluewin.ch*; c/o Prof Armin Rosin, Urbanstr 64, D-70182 Stuttgart, T: (07 11) 51 21 01, 01 72–7 11 18 85, F: 51 55 61, *prof.armin.rosin@t-online.de* [Ziefen]. **Ausb:** Stud Kons Bern b Carlo Poggi, Kons Zürich b Henri Adelbrecht, Stud b Pierre Thibaud (Paris). **Laufb:** Sol Stadtorch Winterthur 70–72, stellv 1. Trp Sinfonieorch BR 72–74, Sol Münchner Philh 74–76, Doz (Trp, Alte Musik, Barocktrp) MH Winterthur Zürich, freischaff Sol seit 82. **Ens:** Trio Armin Rosin, Ten Of The Best. – **Aufn/RF:** zahlr RF Aufn.

Risler, Sébastien, Klavier; avenue du Vieux-Bourg 52, CH-1225 Chêne-Bourg, T: 02 23 49 60 88. **Ens:** Contrechamps, Ens Linea. (Red)

Risley, Patricia, Mezzosopran; c/o Balmer & Dixon Management AG, Kreuzstr 82, CH-8032 Zürich, T: 0 13 63 62 80, F: 0 13 61 93 55, *mail@badix.ch*; *www.badix.ch/voc/risley.html*. **Ausb:** Center f Am Artists Chicago Lyric Op. **Laufb:** ua: Lyric Op Chicago 95, Berio: 'Un Re in Ascolto' (Moglie) am EA Lyric Op Chicago, 'Don Carlos' (Tebaldo), 'La Cenerentola' (Tisbe), 'Carmen' (Mercédès) Met Op New York, 'Die sieben Todsünden' (Anna) Maggio Musicale Florenz 97, 'Le Nozze die Figaro' (Cherubino) Neuproduktion, Dt Op Berlin, Dgt: D Barenboim 99, Mozart: 'Don Giovanni' (Donna Elvira) Neuproduktion Dt Op Berlin, Dgt: D Barenboim 2000, dass Teatro Real Madrid 2000, Monterverdi: 'L'Orfeo' (Musica/Speranza) Bayer Staatsop München 2000, Verdi: 'Falstaff' (Meg Page) Bayer Staatsop München, Dgt: Z Mehta 2001, Sol Bayer Staatsop München, Gastsol Dt Staatsop Berlin SpZ 00/01 u 03/04. (*)

Rissin-Morenova, Olga, Prof, Klavier, Hochschullehrerin; Seegasse 2a, D-76228 Karlsruhe, T: (07 21) 1 83 77 18, F: 47 59 29, *rissin@gmx.de*; Hochschule f Musik, PF 6040, D-76040 Karlsruhe [Moskau 30.3.1944]. Kammermusik (V, Kl) **Ausb:** KonzExamen m Ausz Tschaikowsky-Kons Moskau. **Laufb:** Prof (Kl) Staatl H f M Karlsruhe. **Ens:** Duo Josef u Olga Rissin. – **Aufn/RF:** Ersteinsp v Werken d Komp G Ustwolskaja im Duo m J Rissin. **UA:** G Ustwolskaja: Son f V u Kl, Duett f V u Kl, westl UA 89. **Lit:** F C Lemaire: 'La musique du XXe siècle en Russie'.

Rissin, Josef, Prof, Violine, Hochschullehrer; Seegasse 2a, D-76228 Karlsruhe, T: (07 21) 1 83 77 18, F: 47 59 29, *rissin@gmx.de*; Hochschule f Musik, PF 6040, D-76040 Karlsruhe [Riga 4.3.1944]. **Ausb:** Stud (B Belenky) Tschaikowsky-Kons Moskau. **Laufb:** Prof (V) Staatl H f M Karlsruhe, H f M u Th Zürich. **Pr:** Königin Elisabeth Brüssel, Niccolo Paganini Genua. **Ens:** Duo Josef u Olga Rissin. – **Aufn/RF:** Ersteinsp v VWerken d Komp Galina Ustwolskaja sowie CDs mit Werken d VLit. **UA:** G Ustwolskaja: Son f V u Kl, Duett f V u Kl, westl UA 89. **Lit:** J W Hartnack: 'Große Geiger unserer Zeit' 93; F C Lemaire: 'La musique du XXe siècle en Russie'.

Rißmann, Bernhard, Cello, Instrumentalpädagoge, Kammermusiker; Riedhalde 8, D-88662 Überlingen, T: (0 75 51) 35 22, F: 35 15, *heiligenberger-musikwoche@web.de* [Nürnberg 1950]. zeitgen Musik **Ausb:** Stud Vcl (P Tortelier) Folkwang-H Essen 73–75, Stud KamM (LaSalle Quartett) USA 76–77, Stud Vcl (B Pergamenschikow) Köln 77–79. **Laufb:** freiberufl Tätigkeit als Cellist, InstrPäd, Kammermusiker seit 79, künstl Lt Heiligenberger Musikwoche. **Ens:** Streichseptett Heiligenberg. – **Aufn/RF:** RF: Musikdschungel 03 (SWR2). **UA:** zahlr UA m d Streichseptett Heiligenberg: R M Riehm, M Denhoff, G Müller-Hornbach, F Blume, S Werren, R Schweizer ua. **Sonst:** Response Projekte, experimentelle M an Grundschulen, Heiligenberger Musikwoche.

Ritsch, Winfried, Hochschullehrer, Komponist; Leitnergasse 7a, A-8010 Graz, T: (03 16) 8 21 45 10; c/o Univ f Musik u Darst Kunst, Inst 17, Inffeldgasse 10, A-8010 Graz, F: (03 16) 3 89 35 10, *winfried.ritsch@kug.ac.at* [Stubaital, Tirol]. **Laufb:** Ao UProf Univ f Musik u Darst Kunst Graz. (Red)

Rittel-Kobylianski, Konstantin, Sänger; c/o Vereinigte Städtische Bühnen, Odenkirchener Str 78, D-41236 Mönchengladbach. **Laufb:** Gastsol Lübecker Th SpZ 00/01. (*)

Ritter v Hattingberg, Monika, Flöte; Schopenhauerstr 47, D-14129 Berlin, T: (0 30) 8 03 59 96. **Laufb:** Doz UdK Berlin. (Red)

Ritter, Christoph, Prof, Hochschullehrer, Klavier; Hegelstr 5, D-99423 Weimar, T: (0 36 43) 90 69 77, F: 90 69 78; H für Musik 'Franz Liszt', Inst f Gesang/Musiktheater, PF 2552, D-99406 Weimar, *christoph.ritter@hfm-weimar.de*. **Ausb:** Stud (Kl) H f Musik 'Franz Liszt' Weimar (V Lehmann, R-D Arens) 78–85, Mstrks P Solymos, J Lateiner N Shetler. **Laufb:** Prof (Werkstud) H f M 'Franz Liszt' Weimar seit 92. (Red)

Ritter, Wolfgang, Flöte; c/o NDR Sinfonieorchester, Rothenbaumchaussee 132–134, D-20149 Hamburg. **Laufb:** Stimmführer NDR SinfOrch Hamburg. (Red)

Ritterbusch, Sabine, Sopran, Hochschullehrerin; Dreimannstr 7, D-32760 Detmold, T: (0 52 31) 30 72 82, 0 17 32 43 71 01, F: 30 72 83, *Sabine@Ritterbusch.de*; Hochschule f Musik, Neustadt 22, D-32756 Detmold; *www.sabine-ritterbusch.de* [Bad Pyrmont]. themenzentrierte Liedprogramme i ZusArb m H Kommerell (Kl) **Ausb:** Stud (Ges) b M Böhme MH Detmold, Mstrkr b J Beckmann, H Kretschmar u S Jurinac. **Laufb:** Sol Hamburg Staatsop 93–02, freischaffend seit 02, Gastsol Hamburg Staatsop, Staatsop München, Semperop Dresden, Staatsop Berlin, Dt Op Berlin, Op Frankfurt, Dt Op am Rhein Düsseldorf, Aalto Musikth Essen u Oper Tel Aviv, GastspReise Sapporo/Japan, Konz m d Tallinn Chamber Orch u Latvian Radio Choir, ZusArb m Dgt: G Albrecht, D Barenboim, F Bernius, I Bolton, G Jena, I Metzmacher, H Rilling, P Schreier u S Soltesz. **Pr:** Stip ua d Dt Mrats u d Richard-Wagner-Verb-Bayreuth. – **Aufn/RF:** RF-Prod (WDR, NDR, SFB, Radio Bremen), CD-Einsp (ua unter d Ltg v Frieder Bernius, Gerd Albrech, Wolfgang Helbich) u Fernsehprod ZDF, NDR, ARTE. (Red)

Rittershaus, Jürgen, Leiter der Schauspielmusik; c/o Trotz-Alledem-Theater, Feilenstr 4, D-33521 Bielefeld. **Laufb:** SchspM Trotz-Alledem-Th Bielefeld SpZ 03/05. (Red)

Ritzel, Annegret, Intendantin; c/o Stadttheater Koblenz, Clemensstr 5, D-56068 Koblenz. **Laufb:** Intend Stadtth Koblenz seit SpZ 03/04.

Ritzkowsky, Johannes, Horn, Hochschullehrer; Traubinger Str 40, D-82327 Tutzing, T: (0 81 58) 28 70; Richard Strauss Konservatorium, Gasteig, Kellerstr 6, D-81667 München [Eschwege 24.6.1946]. **Ausb:** MH Darmstadt u Essen. **Laufb:** Landesth Darmstadt 67–69, Sol Radio SinfOrch Stuttgart, Sol Symph-Orch BR seit 79, Doz MH Stuttgar 73–80, Doz (Hn) Richard Strauss Kons München seit 88. **Pr:** int MWettb Genf 71, ARD Wettb München 73. (Red)

Rivinius, Benjamin, Viola; c/o Rundfunk-Sinfonieorchester, Funkhaus Halberg, D-66100 Saabrücken; Wichertstr 33a, D-10439 Berlin, T: (0 30) 22 01 55 56. **Laufb:** Sol Berliner Sinf-Orch seit 2001, Sol RF-SinfOrch Saabrücken. **Pr:** Stip Dt Musikwettb Berlin 01. **Ens:** Camerata Academica Salzburg 2000/01. (Red)

Rivinius, Gustav, Prof, Violoncello, Hochschullehrer; H f Musik Saar, Bismarckstr 1, D-66111 Saarbrücken, T: (06 81) 5 20 27, F: 5 24 26; c/o Schlosstheater Fulda, Schloßstr 5, D-36037 Fulda [1965]. **Ausb:** Stud b Hermann Dirr, Ulrich Voss, Claus Kanngiesser, David Geringas, Zara Nelsova Juillard School New York, Heinrich Schiff Basel. **Laufb:** Prof (Vcl) H d Saarlandes f Musik u Th Saarbrücken, ZusArb m Sinfonie-Orch d BR, Helsinki Philh, Nat Symphony Washington, Gulbenkian Orch Lissabon, Berliner Sinfonie Orch, Moskauer Philharmoniker, St. Louis Symphony Orch, Bamberger Symphoniker, Radio Orch Stockholm, Sinfonie-Orch d Hessischen RF, Tschech Philh, MDR-Sinfonieorch Leipzig, Sol Schlossth Fulda SpZ 04/05. **Pr:** 1. Preis 9. Int Tschaikowsky-Wettb Moskau 90. – **UA:** H Zender: 'Bardo' (Cellokonz), m Musikkollegium Winterthur, Dgt H Zender 2000. (Red)

Rivinius, Paul, Klavier, Horn; Spielhagenstr 3, D-10585 Berlin, T: (0 30) 34 70 58 69 [1970]. **Ausb:** Klavierex m Ausz MH München (G Oppitz) 96, Mstrkl-Dipl 98. **Pr:** Förderpr d Saarl Sparkassen 88, Kulturpr d Dt Industrie 89, 2. Pr d ARD – Wettb (Clemente Trio), 1. Pr d Bundeswettb 'Jugend musiziert' (Horn). **Ens:** Clemente Trio, Solo-Hn Gustav Mahler Orch. (*)

Rivinius, Siegfried, Konzertmeister; Hohenzollernstr 11, D-47058 Duisburg, T: (02 03) 33 02 04, 01 72–2 53 04 57, F: 33 02 04, *rivinius8@aol.com*; c/o Philharmoniker, Neckarstr 1, D-47051 Duisburg [Schaffhausen, Saarland 22.11.1961]. Oper, Konzert, Kammermusik **Ausb:** Jungstud MH d Saarlandes, Stud (U Hoelscher) MH Karlsruhe 81–89, Stud (H Lewkowicz) MH d Saarlandes 80/81. **Laufb:** Mitgl Bundesjugendorch 79–81, 1. Konzm Junge Dt Philh

82–85, 1. Konzm (V) Duisburger Philharmoniker seit 85 (04/05), Grdg Trio Rivinius 77 u Rivinius KlQua 95. **Pr:** 1. Pr Bundeswettb 'Jugend musiziert' 80. **Ens:** Phil Qua Duisburg, Trio Rivinius, Rivinius KlQua, Sinus Qua. – **Zug:** W M Danner: VKonz '...quasi un concerto...', UA Duisburg, Dgt: A Lazarew 90.

Rizkallah, Monia, Violine; c/o Deutsche Oper Berlin, Richard-Wagner-Str 10, D-10585 Berlin. **Laufb:** Stimmführerin Orch d Dt Op Berlin. (Red)

Rizzi Brignoli, Roberto, Dirigent; c/o Deutsche Oper Berlin, Richard-Wagner-Str 10, D-10585 Berlin. **Ausb:** Stud Kl, Komp u Dirig (P Rattalino u A Ciccolini) Kons Mailand. **Laufb:** Ass Teatro alla Scala Mailand u Orch d RAI; seit 95 Dirig u a Fstv Bergamo, Tokyo; Teatro alla Scala Mailand 97; Rossini Op Fstv 2000; Florenz 01; Teatro la Fenice Venedig 02; Teatro Real Madrid 03; Miami 04/05; Dt Op Berlin 02, 03, 05, 06. (Red)

Rizzi, Claudio, Repetitor; Schlosserstr 9, D-70180 Stuttgart, T: (01 73) 9 71 20 44; Staatstheater, Oberer Schloßgarten 6, D-70173 Stuttgart. **Laufb:** Dgt Bayer Staatsop München, Solorep Staatsth Stuttgart. (Red)

Rizzi, Marco, Prof, Hochschullehrer, Violine; Birkenstr 20, D-55129 Mainz, T: (0 61 31) 22 24 89, F: 22 24 89, *marcorizzi@t-online.de*; Via dell'Allodola 16, I-20147 Milano, T: 0 52 31 30 37 52, *marcorizzi@libero.it*. **Ausb:** Stud V (G Magnani, S Accardo u W Liberman). **Laufb:** Prof (V) H f Musik Detmold. **Pr:** 3. Pr 'Tschaikowsky Wettb' in Moskau 94, 2. Pr 'Int Violin Comp of Indianapolis' 91, 1. Pr 'Int Music Comp of Pretoria' 88, 1. Pr 'Europ Chimay Found Comp' 91, Prtr 'Königin Elisabeth Wettb' in Brüssel 93, Europ Musikförderpr Dresden 91. (Red)

Rizzi, Werner, Prof, Hochschullehrer, Musikpädagoge; c/o Folkwang Hochschule, Klemensborn 39, D-45239 Essen, T: (02 01) 4 90 31 60, *rizzi@folkwang-hochschule.de*; *www.folkwang-hochschule.de*. **Laufb:** Doz (MPäd, Imp) Folkwang-H Essen. – **Sonst:** Publ W Rizzi: 'Mondmusik – eine Klavierspielwerkstatt'; U Führe/ W Rizzi' (Hg): 'Jazz Kanons. Ostinati u Patterns'.

Rizzo, Pietro, Dirigent; c/o Theater & Philharmonie Essen GmbH, Opernplatz 10, D-45128 Essen [Rom 1973]. **Ausb:** Stud (V) Kons Santa Cecilia Rom seit 92, Accad Musicale Chigiana bis 93, Dipl Southern Methodist Univ Dallas 97, Dirigierkl (J Panula, L Segerstam) Sibelius Akad Helsinki 97–2000. **Laufb:** Dgt Finn NatOp Helsinki, Volksop Wien 01–04, 1. Kapm Aalto Th Essen seit 03, Philh Essen SpZ 04/05, Gastdgt RossiniFstv Pesaro 02, Savonlinna OpFstv 04, Konz ua in Helsinki, Lapeenranta, Litauen, La Coruña, ZusArb m d Orch Sinf G Verdi di Milano 02/03, Turku Philh Orch 04, Orcquesta joven de la Sinf de Galicia La Coruña 05; workshops f Ital Repertoire a Flanders Opera Studio Belgien SpZ 02/03. (Red)

Roach, Patricia, Mezzosopran; c/o Staatstheater Mainz, Gutenbergpl 7, D-55116 Mainz. (Red)

Roberge, Michel, Chordirektor; Blücherstr 21, D-95030 Hof, T: (0 92 81) 8 63 78. **Laufb:** Chordir Th Hof. (Red)

Roberson, Kenneth, Tenor; c/o Bayerische Staatsoper, Brieffach, D-80075 München [North Carolina, USA]. **Ausb:** Stud Ges U of Illinois Urbana Champaign, Int OpStudio Zürich. **Laufb:** Sol Bayer Staatsop München, Sol Op Zürich seit 2000. **Pr:** Nat Federation of Music Clubs Nat Auditions Competition, Rosa Ponselle Int Singing Competition 97. (Red)

Roberts, Brenda, Sopran; Waldbachstr 85, D-65347 Eltville, T: (0 67 23) 41 04, F: 18 97, *brendaroberts1@aol.com*; c/o Günter Ocklenburg, Hartungstr 15, D-20146 Hamburg, T: (0 40) 4 10 14 94, F: 4 10 46 68; *www.brendaroberts.de, www.operissimo.com* [Lowell, IN, USA]. hochdramatischer Sopran, Oper, Konzert **Ausb:** BA of M Northwestern Uni Evanston, Illinois, Master of M ebd, Stud Ges (H Baer), Mstrkl (G Moore, L Lehmann); Wiener Akad f M. **Laufb:** Debüt Staatsth Saarbrücken, Engagements u Gastsp ua: Dt Op Düsseldorf-Duisburg, Essen, Frankfurt aM, Nürnberg, Wiesbaden, Wuppertal, Staatsop Hamburg, FSp Bayreuth 74, Maggio Musicale FSp Florenz, Op Chicago, Baltimore, San Francisco, Met Op New York 82, Wiener Staatsop 84 u 92, Japan-Tournee (m Hamburger Staatsop), ('Lohengrin', Ortrud) Mailänder Scala zuletzt: Bayer Staatsop München, Staatsop Stuttgart, Mannheimer NatTh, Sächs Staatsop Dresden, Bonner Th, Staatsop Berlin, Teatro Massimo Palermo 01, Boston Symph Orch Hall 01/02, (G Puccini: 'Turandot') Staatsth Saarbrücken. **Pr:** Pr f beste gesangl Leistung Bad Hersfeld. – **Aufn/RF:** CDs: S Wagner: 'Sternengebot' (Julia u Hiltrud) 01; 'Brenda Roberts im Geisenheimer Dom'; Liederabend (Wagner, Strauss, Schreker) 02; RF-Mitschn: R Wagner: 'Siegfried', Brünnhilde, Bayreuther FSp; Wellesz: 'Bacchantinnen', Agave, KonzHaus Wien; TV-Übertr (SWF): Britten: 'War Requiem', Sop, Speyer Dom. **UA:** F Dohl: Op 'Medea' (Medea), Ldesth Kiel 90; R Gregorian: 'Divine Liturgy', (Mezzosop), Boston Symph Orch Hall 01.

Roberts, Richard, Tenor; c/o Hessisches Staatstheater Kassel, Friedrichspl 15, D-34117 Kassel, T: (05 61) 7 39 53 53, (01 60) 92 30 59 56. **Laufb:** Sol Staatsth Kassel SpZ 03–05. (Red)

Robertson, Karen, Sängerin; Karl-Wiser-Str 2b/III/8, A-4020 Linz, T: (07 32) 77 96 74. **Laufb:** Sol Ldesth Linz SpZ 03/05. (*)

Robinšak, Branko, Dipl-Musiker, -Sänger, Sänger; c/o Slowenische Staatsoper, Župančičeva 1, SI-1000 Ljubljana, T: +3 861 3 63 41 63, *robinsak@siol.net*; Gmajna 20, SI-1357 Ljubljana-Notranje Gorice; *www2.arnes.si/~mrobin1* [Maribor 5.11.1959]. ital,frz Oper, Konzerte **Ausb:** MAkad Ljubljana, Sommerkurse Mozarteum Salzburg, Privatstud b F Corelli. **Laufb:** SommerFsp Salzburg, Wiener Festwochen, Salzburg Landesth, Op Graz, Op Innsbruck, Teatro Verdi Triest, Sommerfestivals: Split, Zagreb, Bratislava, Dubrovnik, Ljubljana, Rom. **Pr:** Mario del Monaco Concorso. – **Aufn/RF:** CD -Berümte Opernarien, V Bellini: Beatrice di Tenda, Dgt: P Steinberg, m E Gruberova, CD 'Ave Maria'. **UA:** J Offenbach: Die Reinnixen (Rolle des Franz) 05 – Szenische Welterstaufführung. **Lit:** Lex d Slowenischen Musiker.

Robinson, Twyla, Sängerin; c/o Opernhaus Zürich, Falkenstr 1, CH-8008 Zürich. (Red)

Robson, Christopher, Countertenor; c/o Bayerische Staatsoper, Brieffach, D-80075 München [Schottland]. **Laufb:** Debüt English Nat Op 81, GastSol New York City Op, Royal Op House, Covent Garden, London, Sol Bayer Staatsop München. **Pr:** Bayer KS 03. (Red)

Roch, Winfried, Komponist, künstl Lt; c/o Büro Ensemble Classique, Mühlenstr 22, D-86842 Türkheim, T: (0 82 45) 96 09 70, F: 96 09 80, *brass-sextet@ensemble-classique.de*. Konzert **Laufb:** Mexiko 99, USA 2000, Fuball-WM 06 Auftaktkonz. **Pr:** Paul Harris Fellow. **Ens:** Ensemble Classique. **Mitgl:** Verb d dt Konzertdirektionen. – **Komp:** Fanfare Rotary International 91, Unesco-Hymne – Fanfare of the nations 2000.

Rochat, Michel, Dirigent, Komponist; Rte de la Vuy 8, CH-1305 Penthalaz, T: 02 18 61 29 30, 02 18 61 05 04, F: 02 18 61 31 23, *rochat@michelrochat.ch*; *www.michelrochat.ch*. **Ausb:** Stud (Dirig) MAkad Basel, Stud (Klar) Kons Lausanne, Genf u Paris, Unterr b E Schmid, K Huber, J Wyttenbach, R Suter, H U Lehmann, J Wildberger, J Novi, L Hoogstoel, L Cahuzac. (Red)

Roche, Robert, Studienleiter; c/o Neidersächsische Staatstheater Hannover, Opernpl 1, D-30159 Hannover. **Laufb:** Studienlt u stellv Studienlt Op Hannover.

Rochholl, Andreas, Musikalische Leitung; c/o Zeitgenössische Oper Berlin, Immanuelkirchstr 38, D-10405 Berlin. **Laufb:** Musikal Ltg Zeitgen Op Berlin SpZ 03/05. (Red)

Rocke, Wolfram, Klarinette, Hochschullehrer; Mainstr 3, D-65203 Wiesbaden, T: (06 11) 60 77 17. **Laufb:** Doz (Klar, Methodik) Wiesbadener Musikakad. (*)

Roczek, Paul, Prof, Hochschullehrer, Violine; Agnes-Muthspielweg 6, A-5026 Salzburg, T: (06 62) 63 60 77, F: 63 60 76; Univ Mozarteum, Abt f Streich- u Zupfinstrumente, Zentrum im Berg, Fürbergstr 18–20, A-5020 Salzburg, T: (06 62) 61 98 53 10, F: 61 9 830 33, *paul.roczek@moz.ac.at* [Wien 9.6.1947]. **Laufb:** UProf (V), Lt Sommerakad U Mozarteum Salzburg. (Red)

Rode-Breymann, Susanne, Dr, Prof, Hochschullehrerin; Herzberger Str 17, D-28205 Bremen, T: (04 21) 44 53 36, F: 4 32 99 21, *rode-breymann@gmx.de*. **Laufb:** Prof (histor MWiss) H f Musik Köln. (Red)

Rodenhäuser, Ulf, Prof, Hochschullehrer, Klarinette; Vorderschwaig 36A, D-82383 Hohenpeißenberg, T: (0 80 33) 63 29 33, F: 63 29 34, *urodenhaeuser@web.de*; H f Musik u Theater, Arcisstr 12, D-80333 München. **Ausb:** Stud b G Starke. **Laufb:** Mitbegrdg u Musikal Ltg Musikal Akad Stuttgart; Sol Berliner Philh Orch seit 73, BR-SinfOrch 83–87; Prof Staatl H f M u Darst Kunst Stuttgart seit 80, zahlr KonzReisen als Sol u KamM; Prof (Klar) Robert-Schumann-H Düsseldorf, Prof (Klar, KamM) H f M u Th München. (Red)

Roderburg, Christian, Schlagzeug, Marimbaphon; Bilker Allee 217, D-40215 Düsseldorf, T: (02 11) 31 85 28, F: 3 85 98 47. **Laufb:** musikal Lt Düsseldorfer Schlagzeugensemble. (Red)

Roderick, John, Trompete, Dirigent; c/o Artists Management Basting, Sanderaustr 18, D-97225 Zellingen, T: (0 93 64) 28 13, F: 28 13, *mbasting@t-online.de*; *www.basting.info* [Providence, USA]. **Ausb:** Stud (IngWesen) Univ v Rhode Island, Unterr b W Vacchiano, Stud New England Cons Boston (USA) b Prof. Ch Schluter, Stud (Dirig) H f M u Th Leipzig 88. **Laufb:** SolTrp Leipziger Gewandhausorch 88, Musikal Lt StelzenFSp b Reuth, Jurymitgl 'Young Concert Artist Int Auditions' Leipzig seit 94, Grd 'Concerto Leipzig'. **Pr:** Leonard-Bernstein-Stip d Tanglewood Music-Center 82. **Ens:** Blechbläserens Ludwig Güttler, Virtuosi Saxoniae. – **Aufn/RF:** Solo-CD 98.

Rodewald, Heidrun, Prof, Hochschullehrerin, Klavier; Humannstr 37, D-13403 Berlin, T: (0 30) 4 13 18 53, F: 4 13 18 53; Univ d Künste, Fak Musik, PF 120544, D-10595 Berlin [Berlin]. Klavierliteratur von Bach bis zur Gegenwart **Ausb:** Stud Kl (H E Riebensahm) H f M Berlin 60–65, privat (C Arrau) New York 65–67. **Laufb:** Prof (Kl) U d Künste Berlin seit 79, USA-Tournee 83, Spanien-Tourneen 77, 90, 92. – **Aufn/RF:** 3 CDs m Solo- u KamM v Debussy, Schumann, Schubert, Bartok.

Rodgers, Joan, Sängerin; c/o Oper Frankfurt, Untermainanlage 11, D-60311 Frankfurt/Main. **Laufb:** Sol Bayer Staatsop München, Gran Teatre del Liceu Barcelona, Grand Th Genève SpZ 02/03, Gastsol Op Frankfurt SpZ 04/05. (Red)

Rodionow, Gennadi, Bass; c/o CICADA. con Agentur & Management, Gubener Str 3b, D-10243 Berlin, T: (0 30) 29 00 13 35, F: 29 00 58 97, *info@cicada-con.de*; *www.cicada-con.de*. **Ausb:** Stud Kons Ufa. **Laufb:** Debüt Staatl Th f Op Ufa, Gastsp Moskau, Petersburg, Swerdlowsk, Tourneen nach Argentinien, Australien, Großbritannien, Sol Staatsth Meiningen. (Red)

Rodrigues, Ricardo, Prof, Hochschullehrer, Oboe; Mittenwalder Str 10, D-10961 Berlin, T: (0 30) 6 91 95 25, F: 6 91 95 25; H f Musik 'Hanns Eisler', Charlottenstr 55, D-10117 Berlin [Nova Friburgo, Rio de Janeiro]. **Ausb:** MUnterr (J Cocarelli), Stud (I Goritzki, H Holliger, G Meerwein), Mstrkl (J Müller-Brincken). **Laufb:** 1. Solo-Ob Staatsop Rio de Janeiro, Konz u ZusArb m brasilian Komp, bes m J de Oliveira, Doz MH Würzburg 91–93, Prof (Ob) H f M 'Hanns Eisler' Berlin seit 94. **Pr:** DAAD-Stip. – **Aufn/RF:** div CD-Aufn. (Red)

Röder, Annerose, Diplomdirigentin, Kantorin, Organistin, Pianistin; Seilersgasse 8, D-96489 Niederfüllbach, T: (0 95 65) 5 91, F: 5 91, *www.roeder.annerose@freenet.de* [27.3.1952]. **Ausb:** Stud KiMSchule Eisenach 68–72,

Stud OrchDirig (G Blumhagen), Chordirig (Fredrich) H f M 'Franz Liszt' Weimar 72–78. **Laufb:** Chordir Bühnen d Stadt Nordhausen, Solorep m Dgt-Verpfl Meininger Th, 1. KapM Loh-Orch Sondershausen. – **Aufn/RF:** CDs: Rathausorgel Sonneberg; Klangzauber einer historischen Orgel – 225 J Wiegleb Orgel Niederfüllbach. **Lit:** Europ Dirigentinnenreader (Frau u Musik/Int Arbeitskreis e V).

Röder, Johanna, Solorepetitorin; c/o Komische Oper, Behrenstr 55–57, D-10117 Berlin. **Laufb:** Solorep Kom Op Berlin. (Red)

Rödger, Eckhard, Prof, Hochschullehrer; Kirschbergstr 70, D-04155 Leipzig, T: (03 41) 5 90 53 87; Hochschule f Musik u Theater, PF 100809, D-04008 Leipzig, *roedger@hmt-leipzig.de*. **Laufb:** Prof (Elektroak M) H f M u Th Leipzig. (Red)

Rögner, Janka, Dramaturgin; Äußere Lauenstr 42, D-02625 Bautzen; c/o Sorbisches National-Ensemble, Äußere Lauenstr 2, D-02625 Bautzen. (Red)

Rögner, Wolfgang, GMD, Intendant, Dirigent; c/o Sorbisches National-Ensemble, Äußere Lauenstr 2, D-02625 Bautzen, T: (0 35 91) 35 80, F: 4 30 96, *Sorbisches-National-Ensemble@t-online.de*; *www.sne-gmbh.com* [Gießübel 15.3.1951]. Konzert, Musiktheater **Ausb:** Stud H f M 'Franz Liszt' Weimar 70–75, Rimskij-Korsakow-Kons Leningrad 80–81. **Laufb:** First principal guest conductor Nederlands Dans Teater Den Haag 85–89, GMD Th Erfurt 89–2000, Intend Sorb National-Ens Bautzen seit 02 (05), Gastdgt Th Erfurt SpZ 00/01, Gastdgt Th Görlitz SpZ 03/04. **Pr:** Prtr Int RF- u TV-Wettb Budapest 82. – **Aufn/RF:** CDs: m Bamberger Symphonikern u P Sadlo 96; m Gewandhausorch Leipzig u G Feidman 97. **Sonst:** als Autor u Texter ua 'Jahreszeiten' (Tanzth, Szenario) 01; 'Diana – cry for love' (Musical, Idee u Text) 02; 'Krabat oder die Erschaffung d Welt' (Tanzth, Szenario= 03.

Röhl, Uwe (Pseud: Sven Nicolai), Prof em, KMD, Komponist, Organist, Professor; Bahnhofstr 7, D-23611 Bad Schwartau, T: (04 51) 28 10 22 [Husum 16.2.1925]. Kirchenmusik **Ausb:** Stud (KiM, MWiss, Theol) Berlin, Hamburg, Münster, Herford, Köln 43–44, 47–52. **Laufb:** KiM Tönning u Unna 47–56, Domorg Schleswig 56–67 LKMD 62–70, Domorg Lübeck 67–90, oProf u Grdgsrektor MH Lübeck 67, HAL Musik am NDR Hamburg 76–89, em 90, freier Mitarb NDR, Konzert- u Jurorentätigkeit. **Pr:** 1. u 2. Pr ImprovWettb Holland u Belgien 57, 58, Kunstpr Ld Schleswig-Holstein 74, BVK 1. Kl, 'Hanse-Kulturpr' Lübeck 86, Orden 'Atatürk' 86, Med 'Bene Merenti' Lübeck 98. – **Komp:** Aus tiefster Not (Motette), UA 58; Beckett oder die Ehre Gottes (BühnenM) 74, UA Lübeck, Bühnen d Hansestadt 74; Geburtstagsgrüße (Sinf Konzstück) 76, UA Hannover 76; Der 70. Geburtstag (Eine von des Schicksals Gaben) (Lied) 79, UA Lübeck; Pan's Traum (Intermezzo) 80, UA 80; 'Lobe den Herrn' f Tromp u Orgel (Partita); Orgel-Improvisationen über Choräle (viele in strengen Formen u in notierter Form). **Aufn/RF:** zahlr RF u TV-Aufn. **UA:** Zillinger: Motette; Rohwer: Lied.

Röhlig, Friedemann, Bass; Friedrich-Ebert-Str 85, D-34119 Kassel, T: (05 61) 7 39 43 15, F: 7 39 43 15, *Friedemann.Roehlig@t-online.de* [Leipzig 1969]. Oper, Konzert, Lied **Ausb:** Stud (Kl, Dirig, Hfe) Leipzig 88–92, Stud (Ges) Stuttgart 92–99, Mstrks A Schmidt 95, Mstrks R Resnik 96, OpStudio Dt Op am Rhein Düsseldorf 97/98. **Laufb:** Sol Staatsth Stuttgart, Staatsth Kassel, Nederlandse Op Amsterdam 2000 u 02, Salzburger FSp 01, Bregenzer FSp 02, San Francisco Op 02 u 04, Op Bastille Paris 03, Dt Op Berlin SpZ 04/05, Staatsop Hamburg SpZ 04/05. **Pr:** 3. Pr 49. Int ARD M Wettb München 2000. – **Aufn/RF:** RF: Lieder v Brahms, Wolf, Schoeck (MDR); Weber: 'Der Freischütz' (WDR, CD-Prod).

Röhm, Daniel, Klavier; Lessingstr 9, D-70174 Stuttgart, T: 0 17 73 09 83 46, *kontakt@danielroehm.de*; *www.danielroehm.de* [Böblingen 1974]. **Ausb:** PrivUnterr (R Werner) MSch Neckarsulm, Stud Kl (P Buck) Stuttgart 90–95, KlKlasse (K Elser) MH Lübeck seit 95. **Laufb:** Konz m SinfOrch Heilbronn, Bad Staatskap Karlsruhe, KlAbende In- u Ausland, Schleswig-Holstein-MFstv, Bayreuther FSp, Brahmsfstv Lübeck, Oberstdorfer MSommer. **Pr:** Mozart-Stift Stuttgart 92, Pr Dt Tonkünstlerverband Baden-Württemberg 92, 94, 1. Pr Wettb Jugend musiziert 94, Stip Kunststift Baden-Württemberg, 1. Pr KlWettb Lions Club int 98, Prtr Friedrich Jürgen Sellheim-Stift Hannover 98, Sonderpr 2. Wartburg-KlWettb Eisenach 99, Steingräber Sonderpr 3. Int Franz Liszt KlWettb Weimar 2000, Ehren-Medaille 47. Int KlWettb Maria Canals Barcelona 01. – **Aufn/RF:** Liszt: 1. Mephisto-Walzer SWF 95. **UA:** M A Floros: Klavierkonzert, UA 97 (Mitschnitt NDR).

Röhn, Andreas, Violine, Konzertmeister, Hochschullehrer; c/o Bayerischer Rundfunk, Arnulfstr 42, D-80335 München; Hochschule f Musik u Theater, Harvestehuder Weg 12, D-20148 Hamburg. **Laufb:** Konzm Symphonieorch d BR München, Prof H f M u Th Hamburg. (Red)

Röhn, Anja, Violine; c/o Luzerner Sinfonieorchester, Zentralstr 44, CH-6003 Luzern. (Red)

Röhner-Stolle, Undine, Oboe; c/o MDR Sinfonieorchester, Augustuspl 9a, D-04109 Leipzig. **Laufb:** Sol MDR SinfOrch Leipzig. (Red)

Röhr, Hans-Trudo, Prof, Hochschullehrer, Korrepetition; Karl-Marx-Str 84, D-12625 Waldesruh, T: (0 30) 5 66 06 60. **Laufb:** Ltg Heinrich-Schütz-KamCh, Prof (Ausb MTh-Korr) H f M Carl Maria v Weber Dresden. (*)

Röhr, Rainer-Maria, Sänger; Matthäuskirchstr 13, D-45355 Essen, T: (01 73) 5 25 45 18. **Laufb:** Sol MTh Essen SpZ 03/05, Hamburg Staatsop SpZ 03/04, Gastsol Staatsth Kassel SpZ 00/01. (Red)

Röhrig, Kai, Kapellmeister, Solorepetitor; Nonnbergstiege 10, A-5020 Salzburg, T: (06 62) 84 02 34od (06 50) 2 62 11 27. **Laufb:** Solorep u 1.Kapm Ldesth Salzburg SpZ 03/05. (Red)

Römer, Claudia, Sängerin; c/o Allee Theater GmbH – Hamburger Kammeroper, Max-Brauer-Allee 76, D-22765 Hamburg. (Red)

Römer, Michael, Korrepetitor; c/o Vereinigte Bühnen, Linke Wienzeile 6, A-1060 Wien. **Laufb:** Korr u Dgt Vereinigte Bühnen Wien. (Red)

Römer, Rainer, Prof, Schlagzeug, Hochschullehrer; Hans-Thoma-Str 5, D-60596 Frankfurt, *rainerroemer@gmx.de*; Hochschule f Musik u Darst Kunst, Eschersheimer Landstr 29–39, D-60322 Frankfurt [Würzburg 1956]. **Ausb:** Stud (S. Fink u B. Kremling) H f M Würzburg. **Laufb:** Prof H f M u Darst Kunst Frankfurt/M 04. **Pr:** Prtr Gaudeamus Concour in Rotterdam 84, zahlr Pr m Ens Modern, Intermedium-Award d Bayer RF 02. **Ens:** Ensemble Modern. – **Aufn/RF:** zahlr Schallpl, CDs, RF-Mitschn m Ens Modern. **UA:** zahlr EA/UA m Ens Modern.

Römhild, Inge-Susann, Prof, Hochschullehrerin, Klavier, Korrepetition; Hirschgrund 55, D-23627 Gr. Grönau, T: (0 45 09) 13 82, F: 71 21 92; Musikhochschule, Große Petersgrube 17–29, D-23552 Lübeck, T: (04 51) 1 50 51 27, F: 1 50 53 01, *Inge-Susann.Roemhild@mh-luebeck.de*. **Ausb:** Stud Kl (K-H Kämmerling) Staatl H f M Hannover. **Laufb:** Doz Staatl H f M Hannover 80–88, Prof (KamM, Liedbegl, Liedkl, Korrep) MH Lübeck seit 87, Rektorin ebd 94, Vorstand Stift Schleswig-Holstein MFstv 95, zahlr Konz (KamM, Duo). **Pr:** 2x 1. Pr Bundesauswahl 'Konz Junger Künstler', Niedersächs Nachwuchsstip 85, Pr Int Wettb Comar u Florenz sowie Dt MWettb Bonn m Beethoven-Trio Ravensburg. **Ens:** Beethoven-Trio Ravensburg, 'Ens 13' Karlsruhe seit 87. **Mitgl:** Präs Landesmusikrat Schleswig-Holstein seit 97. – **Aufn/RF:** zahlr CD- u RF-Prod. (Red)

Römisch, Nikolaus, Violoncello; c/o Berliner Philharmoniker, Herbert-von-Karajan-Str 1, D-10785 Berlin, T: (0 30) 25 48 80; *www.berliner-philharmoniker.de*, *www.die12cellisten.com* [Berlin 1972]. **Ausb:** Stud Vcl (W Boettcher) Berlin, (I Monigetti) Basel. **Laufb:** Cellist Dt Op Berlin 96, Berliner Philharmoniker seit 2000. **Pr:** Stip Dt Musikwettb 97. **Ens:** Die 12 Cellisten d Berliner Philh. (Red)

Römpp, Christiane, Hochschullehrerin, Gesang; Einersheimer Str 6, D-97346 Iphofen, T: (0 93 23) 52 00. **Laufb:** Doz (Ges, Stimmbildung, Sprecherz) Hermann Zilcher Kons Würzburg u H f M Würzburg. (Red)

Rönnebeck, Tilmann, Sänger; Karl-Liebknecht-Str 29, D-03046 Cottbus, T: (01 77) 2 34 57 02. **Laufb:** Sol Staatsth Cottbus SpZ 03/05. (Red)

Röschmann, Dorothea, Sopran; c/o Deutsche Staatsoper, Unter den Linden 7, D-10117 Berlin, T: (0 30) 2 85 82 77 [Flensburg 1967]. **Ausb:** MH Hamburg, Frankfurt b B Schlick, London b V Rosza. **Laufb:** Konz in Europa, USA u Kanada seit 86, OpDebüt Wiener Akad 92, Sol Dt Staatsop Berlin 94, Salzburger FSp 95, Sol Bayer Staatsop München SpZ 03/04, Gastsol Dt Staatsop Berlin SpZ 04/05. – **Aufn/RF:** Händel: Messias, Dgt P Mc Creesh; Telemann: Orpheus; Scarlatti: Il primo omicidio, Dgt R Jacobs; Händel: Neun Dt Arien, m Akad f Alte M Berlin. (Red)

Roese, Nils, Prof, Hochschullehrer, Gesang; Hochschule f Musik u Theater, Harvestehuder Weg 12, D-20148 Hamburg. **Laufb:** Prof (Ges) H f M u Th Hamburg. (*)

Rösel, Corinna, Sopran, Chorleiterin, Gesangspädagogin; Peter-Putz-Str 3, D-81241 München, T: (0 89) 8 34 99 91, *cr@corinna-roesel.de*; *www.corinna-roesel.de* [Vohenstrauß 1967]. **Ausb:** Künstl Examen (Ges) b KS Prof. Andrej Kucharsky 91, Mstrks b KS Prof. Ingeborg Hallstein, Unterr (Ges) b KS Norbert Orth 99, Stud (Ges) b Prof. Lucile Vileneuve u Dr. Robert K. Evans. **Laufb:** Ges Pädagoge seit 93, Ltg Pasinger Madrigalchor e. V., Blinde Musiker München gGmbH, Vokal Ens Cantarello, Mohr-Villa-Ch. **Pr:** 3. Pr Dvorak-Wettb Karlsbad 92, OpPr GesWettb 'Debüt in Meran' 02. (Red)

Rösel, Gabriele, Sängerin; c/o Staatsoperette Dresden, Pirnaer Landstr 131, D-01257 Dresden; c/o Nordharzer Städtebundtheater, Spiegelstr 20 a, D-38820 Halberstadt. **Laufb:** Sol Staatsoptte Dresden SpZ 03/05, Nordharzer Städtebundth Halberstadt/Quedlinburg. (Red)

Rösel, Peter, Prof, Hochschullehrer; Malerstr 25, D-01326 Dresden, T: (03 51) 2 68 32 11; c/o Berliner Konzertagentur Monika Ott, Dramburger Str 46, D-12683 Berlin, T: (0 30) 5 14 48 58, F: 5 14 26 59, *BerlinKonzert.ott@t-online.de* [Dresden]. **Ausb:** m 6 Jahren erster KlUnterr, Stud Moskauer Tschaikowski-Kons b D Baschkirow u L Oborin. **Laufb:** Gastsol b int Fstv (ua Dresden, Salzburg, La Roque d'Anthéron, Edinburgh, London Proms, Perth, Hollywood Bowl, Hongkong), Gastsol b Orch: New York, Los Angeles u Royal Philharmonic, Montreal, Toronto u Detroit Symphony, Niederländ Philh Amsterdam, Berliner Philharmoniker, RF-Sinfonieorch Berlin, Mozarteum Orch Salzburg, RF-Sinfonieorch Saarbrücken, Sächs Staatskap Dresden, Sinfonieorch MDR Leipzig, Gewandhausorch Leipzig, ZusArb m Dgt: H Blomstedt, Ch Dutoit, V Fedosseyev, H Haenchen, B Haitink, G Herbig, M Janowski, R Kempe, K Kondraschin, I Marion, K Masur, H Neumann, K Sanderling, H Soudant, H Stein, J Temirkanov, K Tennstedt, H Vonk, ZusArb u Gastsol Orch de Bretagne zum Rachmaninow-Projekt, KlFstv Ruhr, Fstv La Roque d'Anthéron, Konz m Philharmonia Orch London 99/2000, USA-Tournee m Baltimore Symph, Dtschld-Tournee m Dresdner Philh (Lt D Kitajenko), Konz m Staatsorch Halle (Lt W-D Hauschild) 02/03, Konz m Sinfonieorch Bern u Radio Symphony Orch Seoul (Lt D Kitajenko), Gastsol Dt Symphonie Orch Berlin (Lt A Boreyko) im Rahmen d Berliner FestW in Berliner Philh 03/04, Strauss-Festtage d Semper Op m Sächs Staatskap Dresden 04/05, Prof (Kl) H f Musik Carl Maria v Weber Dresden. **Pr:** 1. dt Prtr d Tschaikowski-Wettb Moskau u KlWettb Montreal, oMitgl Sächs Akad d Künste. – **Aufn/RF:** KlKonz v Weber (m Staatskap Dresden, Lt H Blomstedt), Schumann (m Gewandhausorch Leipzig, Lt K Masur), Beethoven u Rachmaninow (m Berliner SinfOrch, Lt K Sanderling bzw C-P

Flor); Brahms: SoloKlWerk; KamM. **UA:** G Rosenfeld: KlKonz. **Zug:** R Kunad: Mozart-Paraphrase. **Lit:** H P Müller: PR f Sie porträtiert 86, 89.

Rösler, Eckehard, MD, Chordirektor; Tischendorfstr 17, D-08523 Plauen, T: (0 37 41) 22 22 67; c/o Theater Zwickau, Neuberinpl, D-08056 Zwickau. **Ausb:** Stud Dirig u Kl H f M 'Carl Maria v Weber' Dresden. **Laufb:** Chorlt Raum Bitterfeld, Eng Vogtland Th Plauen Solorep m Dirigierverpfl 69, Ernennung zum Chordir 72, Grd d Singakad Plauen e. V., Chordir Volksth Rostock u Lt d Rostocker Singakad 85, Chordir Vogtland Th Plauen 91, Ernennung zum MD 2000, Chordir am fusionierten Th Plauen-Zwickau. (*)

Rösner, Thomas, Dirigent; c/o Laurent Delage International Artists Management, Albertpl 8a, A-1080 Wien, T: (01) 4 03 63 49, F: 4 03 63 49, *laurent @delage.at*; *www.delage.at, www.ogb-sob.ch* [Mödling b Wien 1973]. **Ausb:** Stud H f M u Darst Kunst Wien, Mstrkse (H Graf, M-W Chung). **Laufb:** Korr Singverein Ges d MFreunde Wien 91–98, Grdg 'Sinfonietta Baden' 95, Op Rom 98, Debüt m Orch de la Suisse Romande 99, Debüt m Dt SinfOrch Berlin 2001, Grand Th Bordeaux 2002, Th Biel Solothurn SpZ 04/05, Gastdgt Bayer Staatsop 05. **Ens:** Chefdgt d Bieler SymphonieOrch 05/06. (Red)

Rössler, Alexander, Prof, Hochschullehrer, Klavier; Universität für Musik u Darstellende Kunst, Institut Ludwig van Beethoven, Rennweg 8, A-1030 Wien, T: (0 22 52) 4 89 56, F: 4 89 56, *roessler-a@mdw.ac.at*. **Ausb:** Stud in Stuttgart, München u Lübeck (J Uhde, K H Diehl u R Keller) u Florenz (M Tipo). **Laufb:** 80–87 Doz MH Lübeck, seit 87 MH Wien, seit 2000 UProf (Kl) U f Musik u Darst Kunst Wien; Repertoire-Schwerpunkte: KlW v Brahms u Janá<c>ˇek, KamM m Kl v Beethoven u Brahms. **Pr:** Prtr Maria Canals Barcelona, Szymanowski-Gedenkmed d Rep Polen. – **Aufn/RF:** CD: Schumann: Novelletten op. 21. **Sonst:** 'Zur inneren Disposition beim Üben' (Üben und Musizieren, Heft 3), Juni 85.

Rößler, Almut, Prof, Orgel, Hochschullehrerin; Wittgatt 10, D-40489 Düsseldorf, T: (02 11) 40 75 05, F: 40 75 05; Robert Schumann Hochschule, Fischerstr 110, D-40476 Düsseldorf [Beveringen 12.6.1932]. Orgel-Literatur (insbes Bach, Messiaen), Orgelmusik d 20. Jh **Ausb:** Stud KiM (M Schneider), Org (G Litaize), Kl (H Richter-Haaser), Dirig (K Thomas) Detmold u Paris, Staatsex KiM. **Laufb:** Grd u Dgt d Johannes-Kantorei 67–97, künstl Lt versch MFeste, ua Düsseldorfer Messiaen-Feste 68, 72, 79, 86; Prof R-Schumann-H Düsseldorf, Kantorin Johanneskirche Düsseldorf bis 97, OrgKonz, RF/TV-Aufn in ganz Dtschld, den meisten europ Ländern, Russland, USA, Kanada, Japan u Israel, ua Berliner Philh, Alte Op Frankfurt, Kölner Dom, Kreuzkirche Dresden, Royal Fstv Hall London, Osaka Symph Hall, St Trinité Paris (Messiaen-Konz), Mitwirkung b int MFstv, ua Berliner FestW, Bonner Beethovenfest, Engl Bach Fstv, Printemps musical de Paris, Vorträge, Sem, Gastunterr, ua Yale-Univ, Univ Michigan, Kunitachi Coll, Kobe Coll, American Guild of Organists Conventions, MH Wien, Reykjavik, Piacenza, Breslau, Amsterdam. **Pr:** Förderpr f junge Künstler NRW 60, Dt SchallplPr 73, Chevalier dans l'Ordre des Palmes Académiques 81, Organist of the Year U Michigan 86, BVK 1. Kl 94. – **Aufn/RF:** zahlr CD-Aufn (ua ges Orgelwerk Messiaens, Werke v Bach ua); Aufn b BBC, NHK Tokyo, Radio France Paris, PBS Boston, ORF u fast allen dt RF-Anstalten. **UA:** zahlr, ua: Klebe: Konz f Org u Orch, UA Duisburg 80; Messiaen: Livre du Saint sacrement, UA Detroit 86. **Zug:** v David, Baur, Klebe, Leitner, Terzakis, Kondo. **Sonst:** zahlr Veröffentl, ua: 'Das Orgelwerk Messiaens' 76; 'Zur Intpr d Orgelwerke Messiaens' 78; 'Entretiens avec O Messiaen' (Jeunesse et Orgue 58) 84; 'Beiträge zur geistigen Welt O Messiaens' 84; Veröffentl in div Fachbüchern u Fach-Zs; Jury-Mitgl nat u int Wettb.

Rössler, Steffen, Bassbariton; c/o Neue Oper Wien, Herminengasse 10/Tor 23, A-1020 Wien, T: (01) 2 16 27 69, F: 2 16 27 69, *NeueOperWien@music.at*. **Laufb:** Sol Volksop Wien SpZ 03/04, Neue Op Wien SpZ 04/05. (Red)

Roetschi, Adalbert, Hochschullehrer; Hochschule Musik u Tanz, Florhofgasse 6, CH-8001 Zürich, *a.roetschi@bluewin.ch* [Solothurn]. **Ausb:** Stud MH Bern, Kons Basel b Prof Klaus Linder, Mstrkrse b Guido Agosti, Mstrkrse b Homero Francesch Zürich. **Laufb:** L Kantonsschule Solothurn, Dgt Lehrergesangvereins Oberaargau 86–94, Ltg KiCh Selzach, Dgt KonzertCh Solothurn seit 96, Doz (Kl) MH Winterthur Zürich. **Pr:** 1. Pr Lukas-Emch-Stift Bern, 1. Pr Edvard Grieg-Wettb Zürich. (Red)

Röttig, Stefan, Sänger; Am Bungert 11, D-66132 Saarbrücken, T: (06 81) 9 89 34 91, 01 76 21 00 59 35; Saarländisches Staatstheater, Schillerpl 1, D-66111 Saarbrücken. **Laufb:** Sol Saarländ Staatsth Saarbrücken seit 03/04. (Red)

Rövenstrunck, Bernhard, Prof, Komponist; Katharinenstr 20, D-72461 Albstadt, T: (0 74 32) 17 18 56 [Essen 10.3.1920]. **Ausb:** Musikstud Witte-Kons Essen, Folkwangschule Essen. **Laufb:** KiM (Chordgt, Orgel) Buchau aF u Ulm/Donau, Doz VolksMHSch Ulm 48–74, Prof (Komp, Git) Staatl MH Trossingen 57–78. – **Komp:** Cántico espiritual (Ballettop); Die kleine Schöpfung (Ballettop); 8 Sequenzen (gem Chor,Fl, Bassklar, 2 Kl, Schlgz) 76; Überlinger Weihnachtszyklus (KiM) 81; 10 Streichqua 55–69 u 69–83, UA Prag, Stuttgart; Canto di uccelli (KonzM) 93; LiturgieM 98–2000: 44 Hymnen lat-dt, Antiphonien, Psalmen, Sequenzen, Greg Choral in Frankonischer Mensuralnotation u Tonsätze, Kompl Poesie v Johannes v Kreuz span-dt u Dichtungen 19./20. Jhdt m Tonsätzen (f Tasteninstr).

Röver, Christian, Prof, Gitarrist, Komponist, Pädagoge; Abtnaundorfer Str 64, D-04347 Leipzig, *chrisrover@aol.com*; H f Musik u Theater, PF 100809, D-04008 Leipzig, *roever@hmt-leipzig.de*; *www.christianrover.com*. **Ausb:** Stud MH Köln 86, Berklee Coll of M (Doppelstud), Perform/MSynthesis (Elektron M ua b Dr Boulanger) Boston MAcad USA 93. **Laufb:** Prof (Git) MH 'Franz Liszt' Weimar 95–98, Prof (Git) Uni Graz 99–01, Prof (Git) H f M Felix Mendelssohn Bartholdy Leipzig seit 97, Tourneen in Europa, USA, Japan etc seit 88. **Pr:** MFest USA 89. – **Aufn/RF:** MDR, Radio 97–2003, Dtld, mehrf 'MDR Kulturcafe'; MDR, Radio 03, Dtld, Feature; MDR, TV 02, Bachfest 02, Dtld; Ceská Televize 1, TV 03, Tschechien Feature; Tros Radio 01, Holland, Konz-Mitschn; TV 1, TV 01, Rumänien, Konzertmitschn; 3SAT & WDR, TV 98–2001, Dtld, mehrere KonzMitschn; Deutsche Welle, Radio & TV, 97, Dtld, 'Far East Far Out Orch'; PBS, TV 94, USA 'European Window'. **Sonst:** ca 20 CD-Prod seit 88.

Rogé, Pascal, Klavier; c/o Balmer & Dixon Management AG, Kreuzstr 82, CH-8032 Zürich, T: 04 32 44 86 44, F: 04 32 44 86 49, *dixon@badix.ch*; *www.badix.ch/pian/roge.html* [Paris]. **Laufb:** ua: Gastdgt in Europa, USA, Kanada, Australien, Neuseeland, Israel, Japan, Konz m Schwerpunkt Poulence Indianapolis, Wigmore Hall London, Proms London, Perugia, Rom, Perth Fstv, Amsterdam, Den Haag 99, St Saëns: 'KlKonz Nr 5' 2000, Pianist Mozart KlKonzert Zyklus Zürcher KamOrch 2001, Auftritte als KamM m C Juillet, Quatuor Ysaye, Recitals m F Lott, F LeRoux. **Pr:** Grand Pr du Disque, Edison Award, Gramophone Award f beste Instr-Einsp 88, Gramophone Award Kat KamM 97. – **Aufn/RF:** zahlr, zT prämierte Einsp; 'Wohltemperiertes Kl' f Frz Fernsehen. (Red)

Rogg, Lionel, Dr, Orgel, Komponist; rte de Troinex 38a, CH-1234 Vessy, T: 02 23 42 55 91, *info@lionelrogg.ch*; *www.lionelrogg.ch* [1936]. **Ausb:** Stud Cons de Musique de Genève b P Segond (Org) u b N Magaloff (Kl). **Laufb:** Konz in Europa, Amerika, Australia u Japan, Hochschullehrer (Org) Cons Genf, Mozarteum Salzburg, Scuola Civica Mailand, Mstrkl an versch MH, Gastprof Royal Acad of Music London seit 97, insbes seit 83 Komponist f Org, Kl, KamM, Chor u Orch. **Pr:** Pr d Acad Charles Cros 70, Dt SchallplPr 80, Dr h c Univ Genf 89. – **Aufn/RF:** ua J S Bach: Orgelwerke, Kunst d Fuge; Buxtehude, Couperin, Clérambault, Grigny u Brahms: sämtl Orgelwerke; Liszt; Reger. (Red)

Roggenkamp, Peter, Prof, Pianist, Autor, Herausgeber, Hochschullehrer i R; Sülldorfer Knick 9, D-22589 Hamburg [Hamburg 18.2.1935]. Klaviermusik seit Bach, Musik d 20. Jh, Brahms, Busoni, Schönberg **Ausb:** MH u Uni Hamburg, Mstrkse b S Askenase, Darmstädter Ferienkse. **Laufb:** Prof (Kl, Lit-Kunde Kl) MH Lübeck bis 2000, Prof (Lit-Kunde Kl) MH Hamburg bis 2000, sol Tätigkeit u Mstrkse in fast allen europ Ländern, Asien, Nord- u Südamerika. **Pr:** Wahl in Freie Akad d Künste Hamburg 73. **Mitgl:** J-Brahms-Ges Hamburg, Ges f Neue M (IGNM), Int Schönberg-Ges. – **Aufn/RF:** Schumann: Davidsbündler op 6, Radio Bratislava; Kopelent: Appassionato, m SO d NDR unter L Kupkovic; Steffen: Polychromie, m SO d BR unter D Cichewiecz; Ives: Concord-Sonata, NDR u Radio Stuttgart; Cage: Sonatas and Interludes, NDR u Radio Stuttgart; Lachenmann: Klangschatten, SO d NDR unter M Gielen. **UA:** Werke v Acker, Becker, Bialas, Birnstein, Brandmüller, Chen, Dessau, Döhl, Friedrichs, Gürsching, Halaczinsky, Hespos, N F Hoffmann, N A Huber, Kagel, Kayn, Killmayer, Klebe, Kolman, Kopelent, Kupkovic, Lachenmann, Linke, Maury, Müller-Wieland, Ostendorf, Otte, Pinos, Rohwer, Serocki, Steffen, Stibilj, Stiebler, Trojahn, Wahren, Yun, Zender. **Zug:** Acker: Hölderlin-Son u Son f Kl Nr 2; Brandmüller: All' Italia u Memento; X Chen: Diary, Seven Miniatures f Piano; Döhl: 4 Bagatellen Nr 4; Gürsching: Musica funebre con Mozart u Son per Pianoforte; Kolman: Nota bene; Linke: Polyrhythmika Nr 1, 2 u 3; Maury: 3 Kl-Stücke; Müller-Wieland: Capriccietti; Pinos: Musica affabilis; Steffen: Music f Piano and Seven Players; Steffens: Feuerregen; Stibilj: Shota; Wahren: Romant Rhapsodie. **Sonst:** Publ: 'Schriftbild u Interpretation in Neuer Klaviermusik' Wien 96; Hg: Werke v Bach, Mendelssohn, Liszt, Reger, Dvorak, Debussy, Satie ua; Slgen zeitgen KlM; Mitarb Wiener Urtext Ed: Schumann, Brahms, Schönberg. **Lit:** Riemann MLexikon, Erg-Bd Pers-Teil L-Z; The New Grove Dictionary of Music and Musicians 90; Autorenhandbuch Musik (Verl E Kuhn Berlin).

Rogl, Helmut, Dr, Komponist; Rosenauerstr 32, A-4040 Linz, T: (07 32) 73 14 81, *h.rogl@utanet.at*; *www.helmutrogl.at* [Enns/Oberösterreich 2.4.1960]. Elektronische Musik, klassische Moderne **Ausb:** Stud (Komp, Kl) Kons Linz 79–84, Reifeprüfung, Stud (Komp) Mozarteum Salzburg 84–86, Dipl. **Pr:** Talentförderungspr Land Oberösterreich 84, Kulturpr Stadt Linz 89, Kulturmed Stadt Linz 2000, Landeskulturpr f M 01. – **Komp:** Singing Strings, op 21, UA Linz, m Wiener KamOrch, Dgt: Manson 92; Violonchallenges, op 24, UA Wien, m Österr KamSymphoniker, Dgt: Theis 94; Memento, op 26, UA Mauthausen, m E Pluhar ua 95; Ecce homo, op 41, UA Linz, Ens Sonare, Dgt: Kerbl, 03. **AuftrKomp:** Ins Licht, op 30, UA Gmunden, m Münchner Philh, Dgt: Campestrini 96 (Auftr: Brucknerbund Gmunden). **Aufn/RF:** Violonchallenges, op 24, m Ens Rara, M Rummel, Dgt: Freudenthaler 94. **UA:** 'Beginnt das Saitenspiel!', op 40, UA Brucknerfest Linz m Bruckner Orch, Dgt: Ingensand 02.

Rogner-Umschaden, Eva Maria, Sopran; Albisriederstr 306, CH-8047 Zürich, T: 0 14 92 84 65. (Red)

Rohde, Hartmut, Prof, Hochschullehrer, Viola; Eislebener Str 15, D-10789 Berlin, T: (0 30) 2 11 03 65, F: 21 96 95 48; Univ d Künste, Fak Musik, Inst f Künstl Ausbildung / Orchesterinstr u Dirigieren, PF 120544, D-10595 Berlin, T: (0 30) 31 85 28 33, F: 31 85 26 80 [Hildesheim 1966]. **Ausb:** erster Va-Unterr 75, Stud (H Beyerle) Wien u Hannover 85, Va (W Levin, K Kashkashian, G Caussé, P Zukerman) MAkad Salzburg. **Laufb:** Konz als Sol u KamMusiker in Dtschld, Frankreich, Österr, USA, Holland, Canada, Estland, Int Fstvs u Konz m H Schiff, Ph Hirschhorn, B Pergamenschikow, T Brandis, Trio 'Ex aequo', Neues Leipziger StrQua, Prof (Va) U d Künste Berlin. **Pr:** Stip Studienstift d Dt Volkes 88, Prtr Int MAkad Salzburg 89, Pr f beste Interpretation zeitg Musik Int Naumburg-Wettb New York 91. – **Sonst:** Bearb d Va-Konz v B Bartók nach dessen Skizzen 90, Grdg Kandinsky-StrTrio 90. (Red)

Rohde, Mark, Solorepetitor; Wassermannstr 31, D-49074 Osnabrück. (Red)

Rohde, Martin-Albrecht, Violine, Viola, Hochschullehrer; Willi-Stamer-Str 6, D-82031 Grünwald, T: (0 89) 6 41 34 30; c/o Münchner Philharmoniker, Kellerstr 4, D-81667 München [Celle]. **Ausb:** Stud b Tibor Varga u Max Rostal. **Laufb:** SinfOrch d NDR, Solo-Va Münchner Philh seit 84, Doz (V, Va) Richard Strauss Kons München. **Ens:** Gasteig Trio München, Wiener Streichqui. (Red)

Rohden, Birgid von, Prof, Hochschullehrerin, Klavier; Bismarckstr 62, D-28203 Bremen, T: (04 21) 70 45 11; Hochschule f Künste, FB Musik, Dechanatstr 13–15, D-28195 Bremen. **Laufb:** Prof (Kl) HdK Bremen. (Red)

Rohland, Ulrike, Cello; c/o Mag Maria Theisen, Stolberggasse 44/10, A-1050 Wien, T: (01) 9 13 52 92, F: 4 08 92 76, *theisen@teleweb.at*; *members.teleweb.at/theisen/orpheus/ulrike.htm* [Bonn]. **Ausb:** Stud in Freiburg i Br (C Henkel) u in Wien (T Kühne), Mstrks b B Pergamenchikov, J Goritzki. **Laufb:** Solocellistin Wiener Sinfonietta, Orch d Wiener Kammerop u Kleines Orch Wien, Substitut im Radio Symphonieorch Wien. **Ens:** Orpheus Trio, Wien. (Red)

Rohloff, Steingrimur, Dipl Komp, Komponist; Richard-Wagner-Str 38, D-50676 Köln, T: (02 21) 8 01 86 85, *Steingrimurr@hotmail.com*; Elsa-Brandström-Str 9, D-31311 Uetze-Hänigsen, F: (0 51 47) 72 07 41; *www.dohr.de/autor/rohloff.htm, mac-texier.ircam.fr/textes/c00003585/index.html* [Reykjavik 29.12.1971]. Orchesterwerke, Ensemblemusik, elektron Musik **Ausb:** Stud (Kulturpäd) U Hildesheim 92–94, Komp (K Meyer) MH Köln 94–98, Komp (G Grisey, M Stroppa), Orchestration (M A Dalbarie), Elektr Komp (L Cuniot, L Naon) Cons Paris 98–01, Aufenthalt IRCAM 99. **Pr:** Prtr Forum Ost-West Bergisch-Gladbach 96, Saarlouiser Orgeltage 96, Edvard Grieg Grand Pr Oslo 96, Stip DAAD 98, Stip Filmwerkstatt Essen, Stip f Aufenthalt Inst de Recherche et Coordination de Acoustique/Musique (IRCAM) 99. **Ens:** Mitgl Kölner KompGruppe 'Schisma'. – **Komp:** Relief, UA Darmstadt, Dgt: S R; Logn, UA Oslo, Edvard Grieg Grand Pr 96; Sol (OrchW), UA Göteborg, Dgt: B Anderson 99; Septett, UA Helsinki 2000; Rite Rhytme, UA Paris, O Besson 2000; Gravitation (OrchW), UA Saarbrücken, Funkhaus, Dgt: A Pestalozza 01; SaxKonz, UA Oslo, Jakobschurch 01; Oktett, UA Reykjavik, Dgt: Asgeirsson 01. **AuftrKomp:** Septett, UA Paris, Dgt: G Bourgogne 99 (Auftr: 'Ens 2000'); Oktett f 'Atonal Hopurinn', UA Reykjavik 01 (Auftr: Reykjavik); SaxKonz f R-E Nyström, UA Oslo 01 (Auftr: NOMUS:55.000 SEK); PosKonz, UA Malmö 02 (Auftr: O Severeide). **Aufn/RF:** RF-Prod in Island, Schweden, Norwegen, Dänemark, Finnland, Fernsehprod m Liederzyklus 'Logn' Island 96, RF-Prod WDR u SR.

Rohmann, Imre, Prof, Hochschullehrer, Klavier; Univ Mozarteum, Abt f Tasteninstrumente, Zentrum im Berg, Fürbergstr 18–20, A-5020 Salzburg, *imre.rohmann@moz.ac.at*. **Laufb:** ao UProf (Kl) U Mozarteum Salzburg. (Red)

Rohmeyer, Hartmut, Prof, Hochschullehrer, Orgel; Königstr 73, D-23552 Lübeck, T: (04 51) 7 02 05 43, F: 7 07 18 09; Musikhochschule, Große Petersgrube 17–29, D-23552 Lübeck [Chemnitz]. **Ausb:** Stud b H Kästner, L Doerr, u A. Isoir. **Laufb:** Organist am Lübecker Dom, Prof (Orgel) MH Lübeck. **Pr:** Bach-Pr 76, Pachelbel-Pr 81. (Red)

Rohrbach, Claudia, Sängerin; c/o Lore Blümel Opern- und Konzertagentur, Heiglhofstr 49, D-81377 München, T: (0 89) 8 59 38 64, F: 8 59 37 59, *opkoagbluemel@t-online.de* [Offenbach/M]. **Ausb:** Stud (Gesch, Soziologie) U Frankfurt/M, Stud (Kl, Gesang) Dr Hoch'sches Kons ebd, Richard-Strauss-Kons München 91. **Laufb:** Sol Vogtlandth Plauen 95, Ophaus Luzern 96, Bühnen d Stadt Köln seit 98, Sol Op im Schloßgarten Eutin SpZ 03/05, Bregenzer FSp 05, Op Köln. **Pr:** Stip Dt Bühnenverein 94, 1. Pr Kulturkreis Gasteig 95. (*)

Rohrbeck, Bettina, Kapellmeisterin; Grüsskamp 6, D-24159 Kiel, T: (04 31) 6 79 46 49; c/o Bühnen der Landeshauptstadt Kiel – Opernhaus am Kleinen Kiel, PF 1660, D-24015 Kiel. **Laufb:** Studienlt u Kapm Bühnen d Landeshauptstadt Kiel. (Red)

Rohringer, Stefan, Prof, Hochschullehrer; Domstr 92, D-50668 Köln, T: (02 21) 13 88 48, F: 13 88 48, *stefanrohringer@web.de*; Artur-Kutscher-Pl 4, D-80802 München, T: (0 89) 33 01 99 64. **Laufb:** Prof (MTheorie, Formenlehre) H f Musik u Th München. (Red)

Rohsmann, Christine, Sängerin; Sindelsdorfer Str 12, D-82392 Habach, T: (0 88 56) 40 99 [Chicago]. **Ausb:** Stud Musik u Drama Univ of Illinois. **Laufb:** Sarasota Opera Studio 88, Sol Staatsth am Gärtnerpl München 96–2000, Gastsol seit 2000 (03/04). **Pr:** int Luciano-Pavarotti-Stimmwettb, Stip d Met Op Nat Councils. (Red)

Roider, Michael, Tenor; Franz Hainzl Artists' Management, PF 17, A-1043 Wien, T: (01) 5 86 45 36, F: 5 85 55 51, *office@hainzl.net*; *www.hainzl.net* [Salzburg]. Strauss, Janáček, Britten **Ausb:** Stud Mozarteum Salzburg. **Laufb:** Debüt Basel, Gastsp Genf, Köln, Graz, Ravenna, Japan, Salzburger FSp, Concertgebouw Amsterdam, Volksop Wien seit 94, Wiener Staatsop (Billy Budd, Vere; Salome, Herodes; Jenufa, Laca; Fledermaus, Eisenstein) seit 95, Dt Op Berlin SpZ 04/05.

Roj, Hinc *siehe* Roy, Heinz

Rojas-Lazo, Augusto Jorge, Komponist; c/o Laski Music, PF 2136, D-32711 Detmold, *info@daniel-rojas-lazo.com* [Jauja-Huancayo, Peru 12.7.1940]. **Ausb:** Klavierstud (A Rojas-Gago) Peru, Klavierstud (R Leonardy, E v Haimberger, A Zinsser-Lorenz) Dtschld. **Laufb:** LAuftr U Bielefeld 79, zahlr Konz, Psalmen-Vertonung seit 93. – **Komp:** Peruan Fantasie f Kl Nr 1 op 5 82; Al Darke Ha Olam, 7 KlStücke op 18 93; Peruan Fantasie f Kl Nr 2 op 6, Peruan Fantasie f Kl Nr 3 op 7, Klavierkonz, Sonaten, Hebräische Rhapsodie. **Aufn/RF:** Schallpl u CDs, RF-Mitschn b HR2.

Rojas-Lazo, Daniel, Pianist; c/o Laski Music, PF 2136, D-32711 Detmold, *info@daniel-rojas-lazo.com*; *www.daniel-rojas-lazo.com* [Tiflis, Georgien 3.7.1981]. Komposition von Rjoas Lazo senior u Musik d (E) Repertoire **Ausb:** Stud Kl (Rojas Lazo) Detmold. **Laufb:** Klaviervortrag u Schirmherrschaft d MinPräs J Rau Detmold 96, mehrere Konz m Werken v R Lazo senior. **Pr:** Wettb Jugend musiziert. – **Aufn/RF:** CD-Aufn.

Rojas, Felipe Enrique, Tenor; c/o Volksoper Wien, Währinger Str 78, A-1090 Wien. **Laufb:** Sol Staatsth Stuttgart, Gastsol Tiroler Landesth Innsbruck SpZ 00/01, Sol Mannheimer Nationalth u Volksop Wien seit SpZ 03/04. (*)

Rojko, Uros, Komponist; Goethestr 7, D-76135 Karlsruhe, T: (07 21) 8 30 13 73 [Ljubljana, Slowenien 1954]. **Ausb:** Stud (Komp u Klar) Ljubljana, Komp b K Huber Freiburg 83–86, b G Ligeti Hamburg 86–89. **Laufb:** Prof (Komp) Musikakad Ljubliana seit 95, Freiburg 83–02. **Pr:** 'Alpe-Adria'-KompPr Linz 83, Förderungspr d Stadt Stuttgart 84, Alban Berg-KompPr Wien 85, Premio Europa Rom 85, Gaudeamuspr Amsterdam 86, KompPr Musikprotokoll Graz 87, 'Preseren-Stift'-Kulturpr Sloweniens 88, Int Wiener KompPr 91, 1. Pr Chorwettb d Dt Musikrates 01. – **AuftrKomp:** Donaueschinger Musiktage 88, Musikprotokoll Graz 90, Akyoshidai MFest (Japan) 96 u 97, Berliner Biennale 97, Radio France Paris 99. (Red)

Roll, Michael, Prof, Hochschullehrer, Klavier; c/o Konzertdirektion Martin Müller, Uhrs Knäppken 8, D-59320 Ennigerloh-Ostenfelde, T: (0 25 24) 26 34 80, F: 26 34 81, *info@kdmueller.de*; c/o Terry Harrison Artists Management, The Orchard, Market St, Charlbury OX7 3PJ, Vereinigtes Königreich, T: (0 16 08) 81 03 30, F: 81 13 31, *artists@terryharrison.force9.co.uk*; *www.kdmueller.de, www.terryharrison.force9.co.uk/roll.htm.* **Ausb:** Schüler v F Waterman. **Laufb:** Debüt m City of Birmingham Orch als 10-jähriger, Amerikadebüt m Boston Symph Orch 74, Konz Hongkong m London Philh, Tournee Japan m BBC Symph, m ECO Holland, m BBC Symph in Dldt u Schweiz, m Royal Philh Spanien, m Scottish Chamber, Northern Sinf u The Philharmonia Osteuropa, Fstvs v Aldeburgh, Bath, Edinburgh, Granada, Hongkong, Kl-Fstv Ruhr, Recitals in London, Edinburgh, New York, Mailand, Leipzig, Berlin, Dresden, Konz m London Philh, London Mozart Players, Hallé, Helsinki Philh, Residentie Orch, Konz Leipzig u London, Tourneen u Soloeng Schweden, Dtschld, Italien, Monaco, Schweiz, Osteuropa, Kanada, Hongkong, Lt Mstrkl (Kl) Folkwang-H Essen, Debüt Gürzenich Orch Köln 02, Debüt Australien Tournee 02, 2. Tournee 03, Hamburg (A Boreyko), Suisse Romande (P Steinberg) 04/05. **Pr:** Gewinner 1. Int KlWettb Leeds. – **Aufn/RF:** Beethoven-Konz, Gesamtaufn m Royal Phil Orch, Dgt: H Shelley.

Rolle, Christian, Dr, Prof, Hochschullehrer, Kontrabass; Viereck 15, D-22607 Hamburg, T: (0 40) 82 31 00 04, *Christian.Rolle@t-online.de*; H f Musik Saar, Bismarckstr 1, D-66111 Saarbrücken, T: (06 81) 96 73 10, F: 9 67 31 30 [Mönchengladbach 17.6.1961]. Musikpädagogik, Musikästhetik, Popularmusik **Ausb:** H f M u Th Hamburg, Stud (Phil u EWS) Univ Hamburg, H f M Kontakt-Studgg PopularM 85–87, Prom b H-J Kaiser 98. **Laufb:** LBeauftr Inst f Ästhet Erziehung U Hamburg u Folkwang-H Essen 98–02, Prof (MPäd, SchulM) H f Musik Saar. **Pr:** Stip d Graduiertenkollegs U Hamburg 92–95, Flitner-Pr d U Hamburg 99. **Mitgl:** VDS, AMPF, WSMP, BFG. – **Sonst:** Diss: Musikal-ästhet Bildung. Über d Bedeutung ästhet Erfahrung f musikal Bildungsprozesse 99.

Rollenmüller, Werner, Sänger; Rebhuhnweg 6, D-75181 Pforzheim, T: (0 72 31) 58 64 75; c/o Stadttheater Pforzheim, Am Waisenhauspl 5, D-75172 Pforzheim. **Laufb:** Sol Stadtth Pforzheim, Gastsol Th Regensburg SpZ 03/04. (*)

Romain, Jacques *siehe* Gebauer, Benny (Bertram)

Roman, Albert *siehe* Pünter, Albert-Roman

Romanko, Olga, Sopran; c/o Gerstel International Opera Management, Stockerstr 10, CH-8002 Zürich, T: 04 17 63 91 88 01, F: 04 42 53 14 53; c/o Künstleragentur Dr. Raab & Dr. Böhm, Plankengasse 7, A-1010 Wien, T: (01) 5 12 05 01, F: 5 12 77 43, *office@rbartists.at*; *www.OlgaRomanko.it.* **Laufb:** Sol Hamburg Staatsop, Gastsol Bad Staatsth Karlsruhe Spz 00/01, Aalto Musik-Theater Essen, Dt Staatsop Berlin Spz 04/05, Gastsol Stadtth Bern Spz 04/05, Gastsol Bayer Staatsop München 05/06. (Red)

Romanò, Paola, Sängerin; c/o Dimensione Opera di Giovanni Montanari, Circonvallazione alla rotonda dei goti 12, I-48100 Ravenna, *opera@paolaromano.it*; *www.paolaromano.it.* **Laufb:** Sol Sächs Staatsop Dresden, Staatsth Stuttgart, Gastsol Staatsth Darmstadt SpZ 00/01, Gastsol Bremer Th SpZ 00/01, Sol Dt Op Berlin SpZ 03/04, Staatsth Mannheim, St. Gallen. (Red)

Romanoff-Schwarzberg, Isidora, Prof, Hochschullehrer, Violine; Univ f Musik u Darst Kunst, Inst f Streich- u andere Saiteninstrumente, Seilerstätte 26, A-1010 Wien, T: (01) 7 11 55 23 01, F: 7 11 55 23 99. **Laufb:** o UProf (V) U f Musik u Darst Kunst Wien. (Red)

Romanul, Myron, Dirigent; Kremmlerstr 53, D-70597 Stuttgart, T: (07 11) 76 06 28, F: 76 06 28; c/o Oper Leipzig, Augustuspl 12, D-04109 Leipzig. **Laufb:** Dgt Musikth Essen, Op Leipzig, GastDgt Bayer Staatsop München SpZ 03/04. (Red)

Romberger, Gerhild, Prof, Hochschullehrerin, Alt; Bonhoefferstr 2, D-32756 Detmold, T: (0 52 31) 68 04 90, *ChRomberger@t-online.de*; Hochschule f Musik, Neustadt 22, D-32756 Detmold [Sögel]. **Laufb:** Prof (Ges) H f M Detmold. (Red)

Romei, Rolf, Tenor; c/o Theater Augsburg, Kasernstr 4–6, D-86152 Augsburg [Schleitheim, Schweiz 13.2.1966]. Oper, Konzert, Lied **Ausb:** Stud Gesang (P Steiner) MH Winterthur 88–93, Aufbaustud u OpSchule (A Baldin, J Cox) MH Karlsruhe 93–96. **Laufb:** Eng Stadtth St Gallen 96–98, Gast Staatsth Stuttgart 98–01, Edinburgh Fstv 2000, Stadtth Bern 00–02, Staatsth Darmstadt 01–02, Gast Dt Op Rhein Düsseldorf, Liederabend b 'Freunde des Liedes Zürich' 2000; Haydn: 'Schöpfung', Orq RTVE, Dgt: H Rilling, Madrid; Haydn:

'Schöpfung', LA Chamber Orch, Dgt: H Rilling, Los Angeles; Bach: 'Messe h-moll', Minnesota Orch, Dgt: H Rilling, Minneapolis; Dvorak: 'Stabat mater' Orquestra Gulbenkian, Dgt: M Tang, Lissabon, Sol Th Augsburg 03/04. **Pr:** 2. Pr Mozart-Wettb Teatro La Fenice Venedig 97, 1. Pr Rotary-Wettb um Schweizer Kulturpr 99. – **Aufn/RF:** Mozart: 'Große Messe c-moll', Orch RTSI, Dgt: M Corboz 99; Händel: 'Alcina', Staatsop Stuttgart 2000 (Fernsehprod ZDF). **UA:** Penderecki: 'Credo', Europ EA; D Fueter: 'Stichtag' (Op); A Hölszky: (Op) 'Giuseppe e Sylvia'; F Rechsteiner: 'Mose Requiem' (Orat).

Ronay, Nandor, Chordirektor; c/o Musiktheater im Revier, Kennedypl, D-45881 Gelsenkirchen, PF 101854, D-45818 Gelsenkirchen, T: (02 09) 4 09 71 43 [Budapest 20.7.1942]. Oper, Operette, Musical, Konzert **Ausb:** Chorltg (Z Vásárhelyi) MAkad Budapest 60–65. **Laufb:** Kapm Stadtth Kaposvár, Ungarn 65–71, Ballettrep Dortmund 71–72, Solorep Kaiserslautern 72–75, Chordir Kaiserslautern 75–77, Ass u Stellv v W Hagen-Groll Dt Op Berlin 77–84, Chordir MTh im Revier Gelsenkirchen seit 84.

Rondthaler, Andreas, Prof, Hochschullehrer, Orgel; Hochschule f Musik u Theater, FB 2, Harvestehuder Weg 12, D-20148 Hamburg. **Laufb:** Prof (Orgel) H f M u Th Hamburg. (Red)

Ronge, Gabriele-Maria, Sopran; c/o Caecilia Lyric Department, Rennweg 15, CH-8001 Zürich, T: 0 12 21 33 88, F: 0 12 11 71 82, *caecilia@caecilia-lyric.ch* [Hannover]. **Ausb:** Stud (Romanistik, Anglistik) U Göttingen, Gesang (N Gorén) Kassel, (F Becker-Brill) Wuppertal. **Laufb:** Stadtth Osnabrück, Aufn SFB, EnsMitgl MTh Gelsenkirchen, Gast Staatsth Hannover, Braunschweig u Op Frankfurt, Bayer Staatsop München 87, weitere Auftritte ua Staatsop Berlin, Dt Op Berlin, Staatsop Hamburg, Köln, Bonn, Frankfurt, Essen, Wiesbaden, Karlsruhe, Bregenzer FSp, Teatro Massimo Palermo, Teatro Comunale di Bologna, Teatro La Fenice, Grand Op de Paris, Chorégies d'Orange, Teatro Sao Carlos Lisboa, Op Royal de Wallonie Liège, Megaron Athen, Auditorium Taipei, Graz, Grand Th Genève, Bilbao, zudem Konz Herkulessaal u Gasteig München, Philh Berlin, Hamburg, Köln, Schauspielhaus Berlin, Gewandhaus Leipzig, Tonhalle Düsseldorf, Madrid, Rom, Paris, Orange, Op Graz 2000 (Ring), Staatsop Wien 2000 (Leonore 'Fidelio'), ebd 2001 (Sieglinde 'Walküre' m P Domingo), Sol Th Erfurt SpZ 03/04. – **Aufn/RF:** Wagner: 'Ring' u 'Götterdämmerung'; Zemlinsky: 'Traumgörge'; Mahler: '2. Symph'; E Krenek: 'Der Diktator'; R Stephan: 'Die ersten Menschen'; 'Fidelio', Mahler: 'Klagendes Lied', Dgt: R Frühbeck de Burgos; 'Vier letzte Lieder' u 'Salomes Schlussgesang', Dgt: M Plasson; Verdi: 'Aida'. (Red)

Ronner, Petra, Klavier; Holzgasse 3, CH-8002 Zürich, T: 0 12 02 73 20. (Red)

Roocroft, Amanda, Sängerin; c/o Konzertdirektion Hans Ulrich Schmid, Königstr 36, D-30175 Hannover, PF 3409, D-30034 Hannover, T: (05 11) 3 66 07 60, 3 66 07 27, 3 66 07 77, F: 3 66 07 34, *mail@kdschmid.de, fh@kdschmid.de*; c/o Oper Frankfurt, Untermainanlage 11, D-60311 Frankfurt/Main, T: (0 69) 2 12 02, F: 21 23 74 99, *info@oper-frankfurt.de*; *www.kdschmid.de*. **Laufb:** Sol Bayer Staatsop München bis 04, Gastsol Dt Op Berlin SpZ 03/04, Liederabend Op Frankfurt SpZ 04/05. – **Aufn/RF:** ua G Mahler: 4 Sinf m S Rattle 98. (Red)

Roon, Reiner, Sänger (Charaktertenor); Buschstr 30, D-47800 Krefeld, T: (02 151) 97 04 99, 0 17 15 47 01 97, F: (0 21 51) 99 43 16, *REINERROON@bluewin.ch*; c/o Vereinigte Städtische Bühnen, Odenkirchener Str 78, D-41236 Mönchengladbach; *www.reinerroon.de* [Glückstadt 31.12.1941]. Operette **Ausb:** Stud (Trp) MAkad Lübeck 64–65, (Ges) MH Berlin 65–69, (Ges) MH Hamburg 69–72. **Laufb:** Sol Vereinigte Städt Bühnen Krefeld u Mönchengladbach (03/04), GastSol St Gallen, Bern, Zürich, Graz, Nürnberg, Braunschweig, Lübeck, Bonn.

Roon, Ulrich *siehe* Grolms, Thomas

Roos, Rainer, Dirigent, Pianist; c/o Volksoper Wien, Währingerstr 78, A-1090 Wien, *RnrRoos@aol.com*; Helene-Lange-Str 80, D-73760 Ostfildern; *www.vioworld.de/index.htm* [Stuttgart]. **Ausb:** Stud Kl (Ong), Dirig (Ungar), OpSchule (Nagora, Pleva) MH Stuttgart 88–95. **Laufb:** Stuttgarter Staatstheater 91–95, Städt Bühnen Heidelberg 95–98, Bayreuther FSp 96, Städt Bühnen Baden b Wien 98–03. **Pr:** 1. Pr 'Jugend musiziert'. – **Sonst:** Künstl Lt, Ideengeber u Mitbgr Backnanger classic-ope(r)n-air.

Root, Marten, Prof, Flötist, Hochschullehrer; Ruyschst 8, Niederlande-1091 CB Amsterdam, T: +31 20 6 92 39 74, F: 4 68 70 12, *chambermusic@xs4all.nl*; Hochschule für Künste, FB Musik, Dechanatstr 13–15, D-28195 Bremen; *www.chambermusic.nl* [Amsterdam 7.3.1956]. Kammermusik **Laufb:** Prof (Traversfl, Ens) HdK Bremen. **Ens:** Grdg Ens Schönbrunn Amsterdam u Biedermeier Windqui Amsterdam. – **Aufn/RF:** KamM-Aufn auf GLOBE, m Werken v Bach, Locatelli, Haydn, Mozart, Beethoven, Schubert, Kuhlau, Recha, Danzi Debussy ua.

Rootering, Jan-Hendrik, KS, Bass; c/o Bayerische Staatsoper, Brieffach, D-80075 München; c/o Balmer & Dixon Berlin GmbH, Landauerstr 9, D-14197 Berlin, T: (0 30) 32 30 39 90, F: 32 30 39 91, *badixberl@aol.com* [Wedingfeld]. **Laufb:** Sol Bayer Staatsop München (01/05), Staatsth Stuttgart, Gastsol Th u Philh Essen SpZ 04/05. – **Aufn/RF:** Der fliegende Holländer, Rheingold, Parsifal, Luisa Miller und Oedipus Rex (Stravinsky) Dgt J Levine, Don Giovanni Dgt. R Kubelik, R Muti, Mozart-Requiem Dgt Sir C Davis, Haydns „Schöpfung“ Dgt Sir N Marriner, Beethovens 9. Symph Dgt L Bernstein und W Sawallisch, Mahlers 8. Symph und Schumanns „Faust-Szenen“ Dgt C Abbado. Lieder v R Strauss, H Wolf, R Schumann, Balladen v C Loewe. (Red)

Rootering, Katalin, Violoncello, Hochschullehrerin; Richard Strauss Konservatorium, Gasteig, Kellerstr 6, D-81667 München. **Laufb:** Doz (Vcl, Methodik, Didaktik, Unterrichtspraxis) Richard Strauss Kons München. (*)

Rosales-Pagani, Ruby, Sängerin; Nollendorfstr 26, D-10777 Berlin, T: (01 71) 4 00 83 75; c/o Theater St Gallen, Museumstr 1/24, CH-9004 St Gallen. **Laufb:** Sol SchlossFSp Ettlingen, Th St Gallen seit SpZ 03/04. (Red)

Rosar, Inge, Prof, Hochschullehrer, Klavier; H f Musik, Hofstallstr 6–8, D-97070 Würzburg. **Laufb:** Prof (Kl, Methodik) H f M Würzburg. (Red)

Rosca, Marcel, Bass; Hagenaustr 13 B, D-45138 Essen, T: (02 01) 7 98 87 60; c/o Agentur f Musiktheater u Konzert Hannagret Bueker, Fuhsestr 2, D-30419 Hannover, T: (05 11) 2 71 69 10, *mail@buekervoice.de*; *www.buekervoice.de* [Bukarest]. **Ausb:** Stud (Ges, Kl, Schauspiel) Bukarest. **Laufb:** Sol Bukarester Staatsop, Sol Th Gelsenkirchen, Sol MTh Essen SpZ 03/05, Hamburg Staatsop SpZ 03/04, Gastsol Staatsopr Berlin, Staatop Wien, Paris u Bolschoi-Th Moskau. – **Aufn/RF:** ua BR, RAI, BRT-Radio Sinfonie-Orch Brüssel, CD-Einsp v 'Manon Lescaut', 'La Boheme', 'Gianni Schicci', 'Il Tabaro' u IX. Sinfonie Beethoven.

Roscheck-Morad, Jaqueline, Prof, Hochschullehrerin,Violine; Univ f Musik u Darst Kunst, Hellmesberger-Inst, Rennweg 8, A-1030 Wien. **Ausb:** Stud (V, Va) Kons Fribourg u Genf, U f Musik u Darst Kunst Wien (E Melkus u G Pichler). **Laufb:** Niederösterr Tonkünstlerorch, SymphOrch Basel 78–86, Orch d Wiener Volksop 82–86, Lehrttätigkeit U f Musik u Darst Kunst Wien seit 86, UProf (V, Va) ebd 2000. **Ens:** 1. Geigerin des Wr. Bohème Qua seit 85, Sol u Lt d Wiener Opernball-Damenens. (Red)

Roscher, Gerhard, Chorleiter, Repetitor; Volksgartenstr 33, D-40227 Düsseldorf, T: (02 11) 78 51 53. **Laufb:** Studienlt, musikal Ass u Chorlt Düsseldorfer Operette. (Red)

Roschkowski, Mirko, Tenor; Hartwigstr 22, D-27574 Bremerhaven, T: (04 71) 9 26 31 49, 01 70–9 60 58 11, *mirko.roschkowski@web.de*; Stadttheater, PF 120541, D-27519 Bremerhaven; *www.mirkoroschkowski.com* [Dortmund]. **Ausb:** Privatunterr b L Trawny ab 95 u b KS Prof Edda Moser (02), Mstrks b D van der Walt (01), C Prégardien (01), E Moser (02, 05), R Giménez (04), M Honig (05). **Laufb:** Sol Stadtth Bremerhaven seit 03, Ldsth Detmold 03. **Pr:** Nominierung Nachwuchskünstl 04 ('Opernwelt').

Rose, Bernhard, Prof, Hochschullehrer, Fagott; Meußlitzer Str 136d, D-01259 Dresden, T: (03 51) 4 59 44 24 [Schlesien]. **Ausb:** Stud Zwickau. **Laufb:** Orch-Eng Wittenberg, Leipzig, Staatskap Dresden seit 59; LBeauftr (Fag) seit 80 u HonProf H f M Carl Maria v Weber Dresden seit 98. **Ens:** Allegria Ens. (Red)

Rose, Helmut, Prof iR, Hochschullehrer (Violine, Musikpädagogik); Littmannstr 15 a, D-81477 München, T: (0 89) 79 65 05, F: 79 65 05, *rose.helmut@web.de*; c/o Hochschule f Musik u Theater, Arcisstr 12, D-80333 München [Reichenberg 8.12.1935]. Konzert, Unterricht **Ausb:** Stud (SchulM) in Köln u München, StaatsPrfg 61. **Laufb:** GymnasialL in München, LAuftr u Prof (Didaktik u Methodik d InstrSpiels, schulprakt KlSpiel, V, MPäd) MH München, Vizepräs ebd 89–99, LAuftr (V) ebd seit 02. **Pr:** BVK am Bande. **Ens:** ehem KamOrch Pro Arte München (Dgt: K Redel), Münchner Bachorch (Dgt: K Richter). **Mitgl:** Bayer Schulmusikerverb, Bayer Philologenverb, Verb Münchner Tonkünstler.

Rose, Peter, Bass; c/o Komische Oper Berlin, Behrenstr 55–57, D-10117 Berlin; c/o Bühnen der Stadt Köln – Opernhaus, PF 101061, D-50450 Köln [Canterbury]. **Ausb:** Stud U of East Anglia, Stud b E Keeler Guildhall School of Music and Drama. **Laufb:** Sol Dt Op Berlin, Kom Op Berlin SpZ 01/05, Op Köln, Staatsop Wien, Gastsol Dt Staatsop Berlin, Op Paris, Salzburger FSp 02. **Pr:** Kathleen Ferrier Memorial-Stip 85, Glyndebourne John Christie Award 86. (Red)

Rosen, Peter, Violine; c/o Philharmonisches Staatsorchester, Kleine Brauhausstr 26, D-06108 Halle. **Laufb:** Ehrenmitgl Philharmon Staatsorch Halle. (*)

Rosen, Rudolf, Bariton; c/o Theateragentur Dr Germinal Hilbert, Maximilianstr 22, D-80539 München, T: (0 89) 2 90 74 70, F: 29 07 47 90. **Laufb:** Sol Stadtth Bern, Staatsth Stuttgart. **Pr:** 3. Pr 53. Int MWettb Genf 97, 3. Pr 47. Int ARD M Wettb München 98. (*)

Rosenbaum, Christoph, Tenor; Lister Meile 57, D-30161 Hannover, T: (05 11) 3 18 06 82, (01 72) 8 68 85 44, *rosenbaum_christoph@hotmail.com* [Hildburghausen 3.8.1974]. **Ausb:** Ges (C Richardson-Smith) MH Hannover 96–02. **Laufb:** Sol Op Hannover.

Rosenberg, Gabriel, Prof, Hochschullehrer, Klavier; Mühlsteig 11A, D-90542 Eckental, T: (0 91 26) 45 83, 29 11 29. **Ausb:** Stud b K. Schilde, C. Seemann u L. Hildbrand in Detmold, Freiburg (Dtld) u Genf (Schweiz). **Laufb:** Prof (Kl) H f Musik Nürnberg-Augsburg, Abt Nürnberg 01. **Pr:** Prtr Dt Musikwettb Bonn u ARD Wettb München. (*)

Rosenberg, Pamela, Intendantin; c/o Stiftung Berliner Philharmoniker, Herbert-von-Karajan-Str 1, D-10785 Berlin [Kalifornien 1945]. **Laufb:** ab 2006 Intend Berliner Phil. (Red)

Rosenberg, Peter, 1. Konzertmeister, Violine; c/o Bamberger Symphoniker, Mußstr 1, D-96047 Bamberg, PF 110146, D-96029 Bamberg. **Laufb:** 1. Konzm Bamberger Symphoniker. (Red)

Rosenberger, Katharina, Komponistin; 717 Manhattan Ave, Apt 3a, Brooklyn, NY 11222–2994, U.S.A., T: (7 18) 3 89 26 77, *mo_sounds@yahoo.co.uk*; Wydäckerring 77, CH-8047 Zürich, T: 0 14 61 16 91, F: 0 12 01 03 05 [Zürich 23.5.1971]. div Ensembleformationen m u ohne Elektronik, Kollaborationen m Theater/Tanz/interaktiv Video **Ausb:** Stud (Komp, Jazz Perf, Impr) Berklee College of Music 94–97, Stud Komp (S Bainbridge u M Finnissy) Royal Acad of Music London 99–01, Stud Komp (T Murail) Columbia U 01–05, PrivUnterr Kl b H J Weltin, E Tancredi, Ges b R Juon, L Bermejo, J Shapiro, M Bermejo, Komp b T Murail, M Finnissy, S Bainbridge. **Laufb:** ZusArb m Royal

Philharm Orch London, KamOrch Zürich, Accroche Note Strasbourg ua, Fstv: Zoo Bizzarre Bordeaux, ateliér trideni plus Prag, Placard Fstv Centre Acanthes New York, Avignon Fstv, Bath Fstv; LAuftr (Gehörbildg, Solfège) Columbia U New York. **Pr:** Youth Concerts at Symph Hall Award Boston 96, Composition Achievement Award Boston 97, BAS Berklee College of Music Ausz f außerord Leistungen Boston 95–97, Stip Royal Acad of Music London, Steo Stift Küsnacht u Erna u Curt Burgauer Stift Zürich 2000, Manson Award Lonson 99, Mosco Carner Composition Pr u Hinton Memorial Pr London 2000, Förderungspr in Komp d Marianne u Curt Dienemann Stift Luzern 2000, Londoner Werkjahr 01, Zuger Kulturstift Landis & Gyr Zug, Faculty Fellowship Columbia U New York 01–05, Eda Rappaport Composition Pr New York 03. **Mitgl:** STV. – **Komp:** KamM, Bühnen-, Orch-, Vokal u elektroakust Musik ua Iphigenia in Aulis (Kurzop), UA St Cecilia Kirche Boston, Synergon Orch u Chor, Dgt: T Pusztai 97; Epilogi@; The Legacy of Britten, UA Royal FStv Hall London 2000; white with rectangular objections (f kl Orch), UA London, Dgt S Fontinelli 2000; Anunit (f KamOrch u elektr Git) 01, UA Bath Fstv London 01; aPhasis (f Mezzosop, Altfl, Bassklar) 02, UA Avignon Fstv 02; Soundscape f KamOp; La donna dalle ali di cera (Kollab m M Meierhans), UA Teatro Sala Uno Rom 03; yellow and red in Deep, UA Avignon Fstv, Ens Présence Contemporaine 03; molcume gune (f StrOrch), UA Basel, Dgt: Griffith 04 (Auftr: H Schaeuble Stift) u Auftr f Insitutes Cervantes NYC, Musikforum Zug, Ens Klangheimlich, L'orch Léon Barzin, Sonata Concert Paris, Coma Music London u So Perc Group New York. **Sonst:** künstl Ltg New Music at the Red Rose London 01, Installationsprojekt 'elevatoor' @ Dodge, Graduate School of Arts & Sciences Columbia.

Rosenbusch, Thorsten, Violine, Konzertmeister; c/o Staatskapelle Berlin, Unter den Linden 7, D-10117 Berlin. **Laufb:** Konzm Staatskapelle Berlin seit 01, KamOrch Carl Philipp Emanuel Bach Berlin. (Red)

Rosendorff, Friedhelm, Sänger, Intendant; Schlesische Str 94, D-40231 Düsseldorf, T: (02 11) 22 22 81, F: 8 89 21 22. **Laufb:** Sol Th d Stadt Trier, Düsseldorfer Optte, Intend Optte Düsseldorf SpZ 03/05. (Red)

Rosenfeld, Marian, Klavier; Mattenstr 41, CH-6312 Steinhausen, T: 04 17 43 07 90, F: 04 17 43 07 90, *hmgaglian@bluewin.ch*; c/o Konzert Agentur Suzanne Gfeller, Homelstr 3, CH-4114 Hofstetten, T: 06 17 33 03 73, F: 06 17 33 03 74, *gfeller@konzert.ch*; *www.rosenfeldmusic.com* [Luzern]. **Ausb:** Mstrkl (H Francesch) MH Zürich, KonzReifeprfg 87, Stud (V Margulis) Freiburg, Genf (E Murano), wiederholte Teiln Mstrkse (ua G Kurtág, B Greenhouse, A Schiff, R Lupu), Mstrkl (B Canino) Bern. **Laufb:** Auftr in ganz Europa, ua Wien, Centro Cultural Belem Lissabon, SchauspH Berlin, Wigmore Hall London, Arb m Dgt wie H Graf, F Welser-Most, M Venzago, P Steinberg, Eng Prager Frühling, OpFstv Savonlinna, Interartfstv Fertöd, Konz m Mozarteum Orch Salzburg, Münchner KamOrch, Fstv Strings Lucerne, Zürcher KamOrch, Radio SinfOrch Basel u ital Schweiz. **Pr:** 1. Pr Schweizer Jugendmusikwettb 81, 2. Pr Eurovisionswettb f junge Musiker Kopenhagen 86, mehrjährige Stip Migros-Genossenschafts-Bund, 3. Pr (Duo Vcl/Kl) Int Wettb d ARD 96, Gewinner KamMWettb Migros-Genossenschafts-Bund 97; Int Robert-Schumann-Wettb 93, Swiss Ambassador's Award 99. – **Aufn/RF:** mehrere Aufn europ Radio- u Fernsehstationen; Strauss: 'Son op 6 F-dur f Vcl u Kl', m M Schucan.

Rosenfeld, Rafael, Violoncello; Steinacher 51, CH-8484 Weisslingen, T: 05 23 94 36 25, *rr@rafael-rosenfeld.ch*; *www.rafael-rosenfeld.ch* [Luzern 31.1.1973]. **Ausb:** Vcl (W Grimmer) Kons Zürich 88–92, Vcl (D Geringas) MH Lübeck 92–96. **Laufb:** Sol (Vcl) Tonhalle Orch Zürich 95–2000, solist Auftritte Gewandhaus Leipzig, MDR Orch 2001, Tonhalle Zürich, Tonhalle Orch 98, 99, 2000, Liederhalle Stuttgart 2001, KLL Luzern, Luzerner SinfOrch 2001, SWR Orch, Concertgebow Amsterdam, Rotterdam Philharmonic 2002, als KamMusiker Wigmore Hall London 99, 2001, IMF Luzern 99. **Pr:** Finalist Tschaikowsky-Wettb Moskau 94, 3. Pr ARD-Wettb München 96, 1. Pr Int MWettb Genf 2000. **Ens:** Trio Tákas-Rosenfeld-Várjon, Capella Andrea Barca. – **Aufn/RF:** Schumann: Cellokonz, m SWR SinfOrch Stuttgart; Duttileux: Cellokonz, m Rotterdam Philharmonic, Dgt: Z Pesko.

Rosenholz *siehe* Stenz, Michael

Rosensteiner, Florian, Dirigent; Hegergasse 7, A-1030 Wien, T: (01) 7 96 99 05, *mail@florianrosensteiner.com*. **Laufb:** Dgt Operetten-FSp Bad Ischl, Dgt Schloßth Schönbrunn. **Ens:** Vienna Strings & Co. (Red)

Rosenthal, Mark, Sänger, Komponist; Marienstr 28, D-53225 Bonn, T: (02 28) 4 10 37 74, (01 63) 2 56 83 63, F: 4 10 37 75, *mark.rosenthal@web.de*. **Laufb:** Sol Anhalt Th Dessau, Sol Op Bonn SpZ 03/05, Gastsol Anhalt Th Dessau SpZ 03/04. (Red)

Rosetto, Pablo *siehe* Parolari, Reto

Roshto, Barry L, Master of Music, Komponist, Media-Künstler; Florentiusgraben 14, D-53111 Bonn, T: (02 28) 65 59 46; *barry.roshto.de* [Alexandria, LA, USA 1.6.1958]. **Ausb:** Stud (KiM, Ges, Kl) Louisiana Coll Pineville/LA, Stud (Komp) U Montevallo, Alabama, KompUnterr u ZusArb m B Dimov Köln ab 83, Stud (MWiss) U Bonn 83–90, Master of M (Composing f New Media) London Coll of M and Media 01–02. **Laufb:** Doz MSch Bonn seit 87, computerunterstützter KompUnterr f Jugendliche seit 95. – **Komp:** Two e e cummings Poems (Chor a capp) 82, UA Montevallo, AL 82; A Portrait of the Artists as an Embryo (Altsax, Schlgz, Tb, Live-Elektr) 89, UA Bonn, Univ 89; Ballata (KamM) 89, UA Bonn, Brotfabrik 89; Klang-Graffiti (KamM) 90, UA Köln, Kunst-Station 90; Strange Rooms (KamM) 93, UA Bonn, Tapetenfabrik 93; That Crazy Machine (KamM) 98, UA Bonn 99. **Sonst:** Grdg v Sonic! Research & Development m M Buchholz 89.

Rosianu, Andrei, Violine; Kiefernweg 2, D-67454 Haßloch; Am Jahnpl 2, D-67454 Haßloch. **Laufb:** 1. koord Konzm Nationalth-Orch Mannheim. (Red)

Rosin, Armin, Prof, Posaune, Hochschullehrer, Dirigent; Urbanstr 64, D-70182 Stuttgart, T: (07 11) 51 21 01, 01 72–7 11 18 85, F: (07 11) 51 55 61, *prof. armin.rosin@t-online.de*; Hochschule f Musik u Darst Kunst, Urbanstr 25, D-70182 Stuttgart [Karlsbad 21.2.1939]. Klassik, Moderne **Ausb:** Stud (Pos) MH München, Ex 62, Gesang (W Domgraf-Faßbaender) Kons Nürnberg, (MWiss) U Erlangen-Nürnberg 62–69, Stud (Dirig) Mozarteum Salzburg, priv Unterr b S Celibidache. **Laufb:** Prof (Pos) Staatl H f M u Darst Kunst Stuttgart, Solopos Bamberger Symph 60–66, Solopos Radio SinfOrch Stuttgart 67–80, Ltg Stuttgarter Brass Philh 70. **Pr:** Gaudeamus Musikpr, Gr Sudetendt Kulturpr 03, Ehrenbürger v Jeju (Korea). **Ens:** Trio Armin Rosin 88, Alphorn-Terzett Armin Rosin, Ars Nova-Ens d BR, Kölner Ens f Neue Musik. **Mitgl:** Int Trombone Ass, DOV, Bay Akad d Schönen Künste. – **Aufn/RF:** fast d gesamte Konzert-Lit f Alt- u Tenorposaune als RF-Aufn (NDR, WDR, BR, SWR, SR, SFB), 14 LPs u 14 CDs. **UA:** über 45 Werke, ua I Yun: Der Herr ist mein Hirte, Heider: einander, UA 70, ders: D-E-memorial, Genzmer: Komp 01, zahlr KamM Werke. **Zug:** zahlr Werke, ua v R Genzmer, Heider, Yun, J Koetsier, H G Pflüger, W Hiller. **Sonst:** Grdg Brass-Philh Stuttgart 70, Grdg Brass-Akad Stuttgart 85, Grdg Tri Armin Rosin, Grdg Egerländer Alphorn-Qua. **Lit:** Art in Zss (Brass Bull, Pipers, Blasmusik, Orch), Lex 'Dt Musikkultur' 2000, Riemann.

Rosin, Reto Raphael, Sänger; c/o Südostbayerisches Städtetheater, Ländtorpl 2–5, D-84028 Landshut. (Red)

Roske, Alexander, Klarinette; c/o MDR Sinfonieorchester, Augustuspl 9a, D-04109 Leipzig. **Laufb:** Sol MDR SinfOrch Leipzig. (Red)

Roske, Michael, Dr, Hochschullehrer; Musikakademie, Karlspl 7, D-34117 Kassel, T: (05 61) 76 69 08 13, 4 10 65, F: 4 10 66, *Dr.Michael.Roske@t-online. de, Michael.Roske@stadt-kassel.de* [Stuttgart 31.12.1948]. **Ausb:** Stud MH Berlin 70–73, Stud (MWiss) U Kiel 73–76. **Laufb:** Doz (Streichmusik, Musikpädagogik) Musikakad Kassel seit 92, stellv Dir ebd seit 2000.

Rossbacher, Gertrude, Bratschistin; c/o Classic Communication – Johanna von Mikusch-Buchberg, Max-Weber-Pl 8a, D-81675 München, T: (0 89) 4 70 56 86, F: 4 70 61 52, *info@classic-comm.com*; *www.classic-comm.com* [Wien 22.5.1961]. Solo, KamM, Technik **Ausb:** Stud (K Stierhof, H Beyerle) MH Wien, (M Rostal) Kons Bern, Karajan-Akad. **Laufb:** Berl Philh Orch 87–97, Prof (Va) H f Künste Bremen bis 03. **Pr:** Sonderpr zeitgen Werk Budapest 84, 1. Pr Debut East and West Artists New York 98. **Ens:** Philh Sextett Berlin.

Rossberg, Dieter, Dirigent. **Ausb:** MH Hamburg Dirig b Horst Stein, Komp b György Ligeti. **Laufb:** 75–92 ua 1. Kapm u Stellv d GMD an versch Op in Dtld u Österreich; seit 74 auch Gastdgt f Op, Ballett, Konz, RF-Prod u Fstvs in Dtld ua: Staatsop Berlin, Dt Op Berlin, Berliner Festwochen: Berliner Philharmonie, Semperop Dresden, Essen, Alte Op Frankfurt, Hannover, Hamburg Staatsop, Kölner Philharmonie, Bayer Staatsop München; sowie in Dänemark (ua Königl Op Kopenhagen), Estland, Frankreich (Op Nat de Paris), Finnland, Japan (ua Suntory Hall Tokio), Italien (ua Teatro dell'Op di Roma), Kanada, Monaco, Niederlande (ua Het Muziektheater Amsterdam, den Haag, Hilversum), Norwegen, Österreich, Slowenien (ua ISCM – World Music Days), Schweiz, Schweden (ua Königl Op Stockholm), Türkei. – **Komp:** div symphon Werke u 2 Op. **Aufn/RF:** div RF-Aufn u -Mitschn. **UA:** div Ur- u Erstauff. **Sonst:** div Programmheft-Art u Einführungsvorträge.

Rosset, Janek, Hochschullehrer; Hochschule Musik u Tanz, Florhofgasse 6, CH-8001 Zürich, *janrosset@mac.com*. **Laufb:** Doz (Picc) MH Winterthur Zürich, Doz (Methodik f Fl, Fl) MH Luzern. (Red)

Rossier, Nicole, Alt; rue de St-Jean 56, CH-1203 Genève, T: 02 23 44 50 03. (Red)

Rossin, Vadim, Komponist; Ellerstr 217, D-40227 Düsseldorf, T: (02 11) 78 47 00, F: 7 95 25 06, *vadimrossin@compuserve.de*; *www.menuett.de* [Rußland 3.5.1962]. Neobarockmusik **Ausb:** Unterricht(Kl) MSch Rußland 77–80, (Sax, Komp) FachMHSch 84–88, Kons (Komp, MTheor) 88–92. – **Komp:** Poseidon Suite WV 1 (Trp u Kl), UA Köln 98; Venezian Konzerte Nr 1, WV 3 (Trp u Kl); Venezian Konzerte Nr 2, WV 3 (Ob u Kl); Venezian Konzerte Nr 3, WV 3 (Hn u Kl); Venezian Konzerte Nr 4, WV 3 (Fl u Kl); Venezian Konzerte, WV 3 (Klar u Kl); Zauberschatztruhe, WV 5 (Kl); The Fantasy of Baroque, Konz Nr 1, WV 9; Konz Nr 2, WV 12 (V u KamOrch). **Lit:** Zyklus 'Venezian Konz'; 'The Phantasy of Baroque'.

Rosskopp, Florian, Bariton; c/o Staatstheater Mainz, Gutenbergpl 7, D-55116 Mainz. (Red)

Rossmanith, Gabriele, Sopran; Grindelhof 17, D-20146 Hamburg, T: (0 40) 45 54 46, 01 79–1 21 35 04; c/o Hamburgische Staatsoper, Große Theaterstr 34, D-20354 Hamburg, T: (0 40) 3 56 80, F: 3 56 86 10 [Stuttgart]. Oper, Konzert, Lied **Ausb:** Stud V (R Schimmer) H f M Trossingen 78–82, Stud Ges (S Geszty, I Bjoner, J Beckmann, B Eisenfeld) H f M Stuttgart 82–86. **Laufb:** Ens-Mitgl Hamburg Staatsop seit SpZ 88/89, EnsMitgl Badisches Staatsth Karlsruhe 85–88, Gastsol Kom Op Berlin seit 92, Gastsol Bayer Staatsop München, Op Frankfurt, Leipzig, Dresden, Brüssel SpZ 94/95, Antwerpen SpZ 94–2000, Opéra du Rhin Strasbourg SpZ 98/99, Barcelona SpZ 01/02, Toulouse (Mélisande) SpZ 03. **Pr:** 1. Pr Mozartfest-Wettb Würzburg.

Roßner, Gottfried, Violoncello; c/o Niedersächsisches Staatsorchester, Opernpl 1, D-30159 Hannover. **Laufb:** Vorspieler Niedersächs StaatsOrch Hannover. (Red)

Rost, Andrea, Sopran; c/o Theateragentur Dr Germinal Hilbert, Maximilianstr 22, D-80539 München, T: (0 89) 2 90 74 70, F: 29 07 47 90; c/o Staatsoper, Opernring 2, A-1010 Wien; *www.hilbert.de, www.andrearost.com*. **Laufb:** Sol Staatsop Wien, Gastsol Dt Op Berlin. (Red)

Rost, Gunther, Univ Prof, Hochschullehrer, Orgel; In der Hohenburg 2, A-8565 St Johann ob Hohenburg, T: (0 31 43) 2 04 55, F: 2 04 66, *contact @gunther-rost.de*; Heinrich-Zeuner-Str 13, D-97082 Würzburg, T: (09 31) 7 84 69 71, F: 7 84 72 75; *www.gunther-rost.de* [Würzburg 3.10.1974]. **Ausb:** Stud KiM (G Kaunzinger) u Mstrkl Org 94–01, Mstrks b J Guillon 98, J D Christie 99, priv Stud b M C Alain Paris 98–02. **Laufb:** Doz (Org, Fachmethodik Org, Partitursp) Hermann Zilcher Kons Würzburg 98–01, Doz (Org) Staatl H f M Würzburg 99–02, Prof (Org) Univ f M u Darst Kunst Graz seit WS 02/03. **Pr:** 2. Pr Silbermann-Wettb Freiburg/Dresden 95, Studienstift d dt Volkes 96–2000, 1. Pr BachWettb Wiesbaden 97, 2. Pr Domwettb Erfurt 99, Cité Int des Arts de Paris 99–2000, 2. Pr Int Org Wettb Dallas 2000, 1. Pr Domwettb Speyer 2000, 2. Pr 12. Int J S Bach Wettb Leipzig 2000, 2. Pr ION OrgWettb 01, Bayer Kunstförderpr 02. **Mitgl:** Dt Tonkünstlerverb (DTKV), Ges d Org-Freunde (GdO). – **Aufn/RF:** Gesamteinsp d OrgWerke v P Eben in ZusArb m P Eben, G Westphal, SWR, BR seit 01.

Rost, Jürgen, Prof, Hochschullehrer (Gitarre); Ilmstr 4, D-99425 Weimar, T: (0 36 43) 20 26 79; H für Musik 'Franz Liszt', Inst f Gitarre, PF 2552, D-99406 Weimar, *juergen.rost@hfm-weimar.de* [Jena]. **Ausb:** Stud (Git) H f Musik 'Franz Liszt' Weimar (R Zimmer u U Peter). **Laufb:** Prof (Git) H f M 'Franz Liszt' Weimar. **Pr:** Prtr u. a. Weimar, Markneukirchen 1964, Goldmed a Solist u i Duo m Monika Rost b Instrumentalwettb i Rahmen d X. Weltfestspiele 1973 i Berlin. – **Aufn/RF:** div CDs.

Rost, Monika, Prof, Hochschullehrerin, Git; Ilmstr 4, D-99425 Weimar, T: (0 36 43) 20 26 79; H für Musik 'Franz Liszt', Inst f Gitarre, PF 2552, D-99406 Weimar [Dresden]. **Ausb:** Stud (Git, Komp) H f Musik 'Franz Liszt' Weimar (U Peter, W Hübschmann u J Cilensek). **Laufb:** Prof (Git) H f M 'Franz Liszt' Weimar. **Pr:** 1. Pr Concours International de la Guitare 1972 Goldmed i Duo m Jürgen Rost b Instrumentalwettb i Rahmen d X. Weltfestspiele 1973 i Berlin. – **Aufn/RF:** div CDs.

Rost, Susanne, Klavier; c/o Klavierduo Susanne Rost/Tanja Schubert, Am Horn 25A, D-99425 Weimar, T: (0 36 43) 51 82 12. **Pr:** Stip Dt Musikwettb KamM 98. **Ens:** Klavierduo Susanne Rost/Tanja Schubert. (*)

Rot, Michael, Prof, Hochschullehrer, Komponist; Margaretenstr 71–73, A-1050 Wien, T: (01) 5 44 61 80, 06 64–3 38 09 92, F: (01) 5 34 62 67, *office@ rotmusic.at*; Univ f Musik u Darst Kunst, Inst f Gesang u Musiktheater, Penzingerstr 7, A-1140 Wien; *rotmusic.at* [Wien 19.4.1955]. Oper, Konzert, Kinder, Humor **Ausb:** Stud (Tonsatz, Trp, Kl) Kons Stadt Wien 61–73, Dirig (H Swarowsky), Komp (F Burt) MH Wien 73–80, Gesang (Bonomelli) Mailand. **Laufb:** Prof (Korrep) MH Wien seit 76, freiberufl Dgt (Europalia, Beglien, Wiener Musikverein, Grazer Phil) 79–90, freiber Komp u Arrangeur. **Pr:** Förderpr Stadt Wien, BM Unterricht, Theodor-Körner-Pr, Adolf Schärf Pr, Sandoz Pr, Pr Wiener Kunstfonds. **Ens:** Pianist 'Vienna Harmonists' seit 95. – **Komp:** Faust III (Op) 92, Ua Wien, MH, Dgt: M Rot. **AuftrKomp:** Die Propheten (Op) 82, UA Graz, OpHaus, Dgt: W Rot; Violinkonz op 40, UA Wien, MVerein, Dgt: P Keuschnig 95; Trompetenkonz op 46, UA Vöcklabruck, Symph Blasorch d Brucknerkons, Sol: J Eidenberger 99. **Aufn/RF:** Fisop u die Weihnachtstrp, UA München, m Münchner Rf-Orch, Dgt: H Prikopa (BR); Fisop auf Reisen, UA München, m Münchner RF-Orch, Dgt: H Prikopa (BR); Violinkonz op 40, m Österr KamSymph, Eitheis, S Windbacher; Die Gesch v ganz kleinen Wolf, m Carinthia SaxQua. **UA:** als Liedbegl zahlr UA österr Komp. **Sonst:** Hg 'Neue Johann Strauss Gesamtausg' seit 94, Grdg KinderMSerie 'FISOP', Publ Klavierauszüge zu 'Rinaldo' u 'Tamerlano'.

Rota, Alicja de *siehe* Wegorzewska-Whiskerd, Alicja

Rota, Renzo, Komponist; ai Casgnò 22, CH-6528 Camorino, T: 09 18 57 51 79. (Red)

Roth, Andreas, Posaune; Rüttenscheiderstr 252, D-45131 Essen, T: (02 01) 7 22 06 73, F: 7 22 06 73, *roth@folkwang.uni-essen.de*. **Ens:** ConGioco Ens. (Red)

Roth, Brigitte, Sängerin; c/o Theater Nordhausen/Loh-Orchester Sondershausen GmbH, Käthe-Kollwitz-Str 15, D-99734 Nordhausen, Pf 100244, D-99722 Nordhausen. **Laufb:** Sol Th Nordhausen/Sondershausen SpZ 03/04. (Red)

Roth, Daniel, Prof, Orgel, Hochschullehrer; c/o Organist église Saint-Sulpice, Place Saint-Sulpice, F-75006 Paris; Hochschule f Musik u Darst Kunst, Eschersheimer Landstr 29–39, D-60322 Frankfurt; *www. danielrothsaintsulpice.org* [Mulhouse 31.10.1942]. Organist liturgisch, Konzerte, Unterricht, Komposition **Ausb:** Stud Harmonie (M Duruflé), Org, Improv (R Falcinelli), Fuge, Kontrapkt (M Bitsch), Klavierbegl (H PuigRoget) Cons Supérieur Musique Paris 60–70. **Laufb:** 1. Org Saint Sulpice Paris seit 85 (Tit du Grand-Orgue de St Sulpice à Paris), Prof (Orgel) H f M u Darst Kunst Frankfurt/M seit 95. **Pr:** Pr Florent Schmitt Acad des Beaux Arts 99; Honorary Fellow of the Royal College of Organists, London. – **Komp:** Missa brevis pour chœur et orgue, UA Mainz, Dom, Katholikentag 98; Aïn Karim pour Flûte et orgue, UA Cleveland Museum, M Debost, K Paukert 95; Triptyque (Hommage à P Cochereau), UA Ingolstadt, Dom 95; Final Te Deum (Orgel solo); Hommage à César Franck (Orgel solo), UA Ingolstadt, Dom, D Roth 90 (Auftr: Stadt Ingolstadt); Triptyque – Hommage à P Cochereau, UA Ingolstadt, Dom, D Roth 95 (Auftr: Stadt Ingolstadt); Artizarra (Orgel solo), UA San Sebastian 99 (Auftr: Fstv San Sebastian); 'Dignare me o Jesu' (Sol, Ch, Orgel) (Auftr: Philip Brunelle, Minneapolis); 'Licht im Dunkel' Poe£me pour orchestre UA Ludwigshafen, Th im Pfalzbau, Staatsphilh Rheinland-Pfalz, Dgt: F X Roth (Auftr Stadt Ludwigshafen). **Aufn/RF:** Orgelwerke J S Bach, C Franck, F Liszt, C M Widor, A Guilmant, M Dupré, CD's Motette, St Saëns, Jolivet, Vierne; Werke v Nivers, Clérambault, Widor, Dupré, Roth, Reubke, Ritter, Liszt, Boely; Roth 'LIcht im Dunkel' (Orch) SWR2 05. **Lit:** P Reifenberg: D R Botschafter d gr Orgel v St Sulpice (Organ) 99; M Roubinet: Les tuyaux de la gloire (Diapason); T Chase: D R and the City of Lights second Cathedral (Organists' Review) 2000.

Roth, Detlef, Bariton; Ludwig-Jahn-Str 11, D-72250 Freudenstadt, *detlef@ detlefroth.com*; c/o Balmer & Dixon Management AG, Kreuzstr 82, CH-8032 Zürich, T: 04 32 44 86 44, F: 04 32 44 86 49, *eugster@badix.ch*; *www.detlefroth. com, www.badix.ch/voc/roth.html* [Freudenstadt]. Konzert u Oper **Ausb:** Gesang (G Jelden) MH Stuttgart 89–93. **Laufb:** Debüt Staatsth Stuttgart 93, 'D lustigen Weiber v Windsor' (Herr Fluth) Op Comique de Paris 95, 'Carmen' (Escamillo) Lyon, Dgt: K Nagano 96, Frankfurt SpZ 97/98, Wagner: 'Rheingold' (Donner) Grand Th de Genève, Dgt: A Jordan 99, Salzburg FsP 99, 2000, 'D Meistersinger' (Kothner) Royal Op House Covent Garden London, Dgt: B Haitink 2000, Mozart: 'Zauberfl' (Papageno) Op Nat de Paris, Dgt: I Fischer 2000, Wagner 'Tannhäuser' (Wolfram) Rom, Dgt: W Chung 01, dass Hamburg, Dgt: P Auguin 02, Wagner 'Götterdämmerung' (Gunther) Grant Th d Geneve, Dgt: A Jordan 02, Lortzing 'Zar u Zimmermann' (Zar) Hamburg, Dgt: A Eschwé 03, Tschaikowski 'Pique Dame' (Prinz Jeletski) Grand Th de Geneve, Dgt: M Letonja 03, 'Hans Heiling' (Heiling) Strasbourg Dir O Henzold 04, 'Lohengrin' (Heerrufer) Madrid Dir J Lopez-Cobos 05, 'Königskinder' (Spielmann) Montpellier Dir A Jordan 05; KonzS m vielen int Orch u Dgt, ua Mendelssohn 'Elias' ua Salzburger Fsp Dgt ua Herreweghe, Sawallisch, Brahms 'Requiem, ' Bachsche Passionen u Messen Dgt: ua Brüggen, Bychkov, Chailly, Herreweghe, Mahler 'Lieder' Dgt ua Gatti, Gergiev, Sinopoli, Schumann 'Faust-Szenen' Dgt Sawallisch, Tate, Orff 'Carmina Burana'; Liederabende. **Pr:** 1. Pr. VDMK Bundeswettb Gesang B 90; 1. Pr sowie mehrere Sonderpreise Belvedere Wettb Wien 92; 3. Pr sowie mehrere Sonderpr Alexander Girardi Wettb Coburg 94; 1. Pr u Publikumspr Int Wettb f Wagner-Stimmen Strasbourg 94. – **Aufn/RF:** Mozart: Op 'Die Zauberfl' (Sprecher) Dgt J E Gardiner; Beethoven: 'Neunte Sinf' Dgt D Zinman; Orff: 'Carmina Burana' Dgt C St Clair; Busoni 'Doktor Faust' (Margerites Bruder) Dgt K. Nagano; Mahler 'Achte Sinf' Dgt K. Nagano; Schubert 'Austrian Contemporaries' – Lieder; zahlr RF-Mitschnitte.

Roth, Esther, Komponistin, Pianistin, Kontrabassistin, Performerin; Kesslergasse 272, CH-5728 Gontenschwil, T: 06 27 73 29 00, F: 06 27 73 29 00, *esther. roth@bluewin.ch, cigareditions@yahoo.com, erothroth@yahoo.com*; *www. estherroth-music.ch* [Zürich 1.4.1953]. **Ausb:** Klass MStud (Kl, KB), StudAufenthalte Italien, Dtld, Spanien (J Hidalgo). **Laufb:** Performances, Ausstellungen, Klanginstallationen, Konz u Aktionen im In- u Ausland, Einl an Fstv Milanopoesia, Veneziapoesia, Dias de Poesia y Accion Santa Cruz de Tenerife, Las Palmas de Gran Canaria, Poesia y Accion Madrid, Malaga, Experimentelle Musik München, Stagione Lirica Salzburg, Poesia 2000 Pavia, Paris, Prag, Performances en Canarias. **Pr:** 1. Pr Int Klangmaschinenwettb Dornbirn, Stip Cité Int des Arts Paris 95, versch Werkbeiträge Aargauer Kuratorium, Kulturpr F u W Zingg-Stift Rorschach. **Mitgl:** STV/ Asm, Frauenmusikforum. – **Komp:** f Ens, Ch, Orch, ua: 'Spazio Incalzato' (f Orch/Klangmaschine), UA Aarau 88 (Auftr: Jeunesse Musicale Suisse); 'Nur in Bildern' (f Chor u Orch), UA Bremgarten 94 (Auftr: M Weilenmann); 'Jeder, Jeder' (f 4st Ch), UA Zürich 95 (Auftr: Stadt Zürich); Crisálida (f Kb), UA Zürich 96; Hommage à Ravel (f Bariton-Sax, E-Git, Marimba, Kl), UA Mailand 97; In Klammern (Stücke f Kl), UA Muri 97; Las Tardes (Miniaturen f Hf u Vcl) 99; Gelbe Lieder f Sop, KB, Kl (11 Lieder n ausgew Gedichten a d Weltliteratur); Aber, somit, denn (f V, Org), Dresden, Holloway, Assenbaum 01. **Aufn/RF:** 'Achilles u Theo Schildkröte' (f Fl, Vcl, Celesta), m W Grimmer, M Stucki, Radio DRS 97; 'Spazio Incalzato Giallo' (f 2 Kl, Klangmaschine), m E Radermacher, E Roth, Radio DRS 88; 'Madrugadas' (f Kl, TB), Atelier de Création Radiophonique, France Culture 96.

Roth, Linus, Violine; c/o Südwestdeutsche Konzertdirektion Erwin Russ, PF 104262, D-70037 Stuttgart, T: (07 11) 1 63 53 17, F: 1 63 53 19, *Peter.Brackl@ sksruss.de*; *www.linusroth.com* [Ravensburg 1977]. **Pr:** 2. Pr ex aequo 33. Int M Wettb – Violin Wettb 'Josef Szigeti' Budapest 97, Pr dt Musikwettb Berlin 03, Pr Schumannhaus Bonn eV, Bruno Frey Pr 03.

Roth, Sylvia, Dramaturgin; Theater, Kuhstr 12, D-44137 Dortmund. **Laufb:** Dramaturgin Th Dortmund. (Red)

Rothbrust, Dirk, Schlagzeuger; c/o Thomas Meixner, Xantenerstr 19, D-50733 Köln, T: (02 21) 76 53 98, F: 7 52 29 39, *meixner@schlagquartett.de*; *www.schlagquartett.de.* zeitgen Musik **Ens:** Schalgquartett Köln.

Rothert, Thomas, Hochschullehrer, Orgel; Hochschule f Ev Kirchenmusik, Wilhelminenstr 9, D-95444 Bayreuth. **Laufb:** Doz (Org, lit OrgSp, OrgMethodik, OrgBau, Generalbass), stellv Dir Fachakad f Ev KiM Bayreuth. (Red)

Rothfahl, Wolfgang, Hochschullehrer; Rauchensteinstr 6, CH-5200 Brugg, *wolfgang@rothfahl.ch*; Hochschule Musik u Tanz, Florhofgasse 6, CH-8001 Zürich, *wolfgang.rothfahl@doz.hmt.edu*. **Laufb:** Doz (Gemeindesingltg) MH Winterthur Zürich. (Red)

Rothkopf, Andreas, Prof, Hochschullehrer, Orgel; Schwarzenbergstr 23, D-66123 Saarbrücken, T: (06 81) 6 34 78; H f Musik Saar, Bismarckstr 1, D-66111 Saarbrücken [Dillingen]. **Ausb:** H d Saarlandes f M u Th b Robert Leonardy, Paul Schneider, MH Köln b Michael Schneider, Günter Ludwig, Klavier, Volker Wangenheim, Stud b Marie-Claire Alain (Paris) 81. **Laufb:** Org Dillingen 66–77, Prof (Org) H d Saarlandes f Musik u Th Saarbrücken. **Pr:** Stip d Studienstift d Dt Volkes 77, 1. Pr Dt MWettb Bonn 79, KunstPr d Stadt Saarbrücken, Stip d Kulturkreises im BDI, 1. Pr Int OrgWettb Speyer 81, 1. Pr Franz-Liszt-Wettb Budapest 83. (Red)

Rothmaler, Juliane Philine, Mezzosopran; Schlossallee 38, D-13156 Berlin, T: (0 30) 4 76 75 15, *julianephiline@rothmaler.com*; *www.rothmaler.com* [Greifswald]. Oper u Konzert (Hildegard v Bingen bis zeitgen UA) **Ausb:** Stud b H Franz-Vetter u K Mäkimattila Mh Hanns Eisler Berlin u Magdeburg 94–01; Mstrks b K Wessel 99 u 2000, J Cash 99, G Anaya 01, R Roivainen 99, 01 u 02, B Schlick 04 u 05. **Laufb:** Sol Steglitzer Tage f Alte Musik 2000, 'Einstein on the beach' Berlin 01, MThWerkstatt Wedding Berlin 01, Kl Op Zehlendorf Berlin 02, Chsol Fstv v Edinburgh u Luzern (Dgt: C Abbado) 02, Chsol b Herbert-von-Karajan-FSp u Fstv Int d'Art lyrique d'Aix-en-Provence (Dgt: M Minkowski u D Harding) 03, Sol ppp-musiktheater München SpZ 03/04, Chsol SommerFSp Baden-Baden (Dgt: K Nagano) 04. **Pr:** Stip Händel-Akad Karlsruhe 05. **Ens:** Ars nova Berlin, Collegium vocale Gent, Schweizer KamCh, Ars choralis Coeln. – **UA:** S Lundgren: 'Albus' (Op), UA Dresden 2000; J Weir: 'Heaven Ablaze in his Breast' (Op), dt EA 02.

Rotman, Hans, Dirigent; c/o Kammerorchester, Uckerpromenade 41, D-17291 Prenzlau, T: (0 39 84) 22 55, F: 28 73 [Rotterdam 1954]. **Laufb:** Chefdigt Preuß KamOrch, Thüringer Musikzentrum cluster u Ensembles sinfonietta nova in Erfurt, ständiger Gastdirgt beim Belg RadiosinfOrch Brüssel u b d Königl Philh von Flandern. **Pr:** Daphne Proud Fellowship Award d Boston Symph Orchestra 85. (Red)

Rott, Annamaria, Prof, Hochschullehrerin, Sängerin; Univ f Musik u Darst Kunst, Inst Antonio Salieri, Rennweg 8, A-1030 Wien. **Ausb:** Stud (Ges) U f Musik u Darst Kunst Wien. **Laufb:** o UProf U f Musik u Darst Kunst Wien 94. (Red)

Rott, Reynard, Violoncello; c/o Niedersächsisches Staatsorchester, Opernpl 1, D-30159 Hannover. **Laufb:** 1. koord Sol Niedersächs StaatsOrch Hannover. (Red)

Rottenaicher, Alois, Dirigent, Arrangeur, Musikpädagoge; Elly-Ney-Weg 14, D-81245 München, T: (0 89) 8 20 14 41, *alois@alois-rottenaicher.de*; c/o Neuburger Kammeroper eV, Drususstr 9, D-53111 Bonn; *www.alois-rottenaicher.de* [Halsbach b Altötting 25.3.1954]. Konzert, Oper, Liedbegleitung **Ausb:** Stud SchM (Staatsex) MH München 75–79 u Dirig (Diplom) 79–82. **Laufb:** Dgt Neuburger Kammerop, musikal Lt d Akad Orchesterverbands, musikal Lt Landvolkth Halsbach. – **Aufn/RF:** Operettenlieder m Norbert Orth u Münchner RFOrch. **UA:** W Hiller: 'Goggolom' 84, St Kohler: 'Mei liaba Schole' 03.

Rottenwöhrer, Maria, Chorleiterin; Pirsting 36, D-84307 Eggenfelden, T: (0 87 21) 62 13. **Laufb:** Chorlt Th an der Rott Eggenfelden. (Red)

Rotter, Jorge Teodoro, Prof, Hochschullehrer, Dirigent; Neutorstr 55, A-5020 Salzburg, T: (06 62) 83 39 66; Univ Mozarteum, Abt f Dirigieren, Komposition u Musiktheorie, Zentrum im Berg, Fürbergstr 18–20, A-5020 Salzburg, T: (06 62) 6 19 80, F: 61 9 830 33, *jorge.rotter@moz.ac.at* [Buenos Aires 1942]. **Laufb:** Chefdgt d SinfOrch Rosario, d südwestfäl Philh u d Argentin Nationalorch Buenos Aires, Gastdgt großer Orch in zahlr südam u europ Staaten, Doz an d U Mozarteum Salzburg seit 87, Lt d Dirigierkl seit 95 (ao UProf) ebd. (Red)

Rotter, Norbert, Sänger; Büttnerstr 15, D-97070 Würzburg, T: (09 31) 3 53 73 50, *norbert.rotter@tenor.de* [Memmingen 5.9.1962]. **Laufb:** Sol Düsseldorfer Operette, Sol Op im Schloßgarten Eutin. (Red)

Roubaty, Pierre-Georges, Dirigent; rte de Moncor 29, CH-1752 Villars-sur-Glâne, T: 02 64 02 33 84. (Red)

Rouillon, Philippe, Bariton; c/o Theateragentur Dr Germinal Hilbert, Maximilianstr 22, D-80539 München, T: (0 89) 2 90 74 70, F: 29 07 47 90; c/o Hamburgische Staatsoper, Große Theaterstr 34, D-20354 Hamburg; *www.hilbert.de*. **Laufb:** Sol Hamburg Staatsop, Wiener Staatsop, MTh Bonn, Gastsol Op Frankfurt SpZ 00/01. (Red)

Rouilly, Michel, Hochschullehrer, Viola; Wingertstr 12a, CH-8308 Illnau, T: 05 23 46 13 48, F: 05 23 46 13 48, *mrouilly@hispeed.ch*; *michel.rouilly@doz.hmt.edu*. **Laufb:** Doz (Va) MH Winterthur Zürich. (Red)

Rouland, Sébastien, Dirigent; c/o Laurent Delage Artists Management, Albertplatz 8, A-1080 Wien, T: (01) 4 03 63 49, F: 4 03 63 49, *office@delage.at*; *www.delage.at* [1972]. **Laufb:** Hess Staatsth Wiesbaden 02–04, Erster GastDgt Th Luzern SpZ 02–04, Op Nantes-Angers 04/05, Op Marseille 05/06. (Red)

Rousset, Christophe, Dirigent; c/o Oper Leipzig, Augustuspl 12, D-04109 Leipzig. (*)

Roux, François Le, Bariton; c/o Boris Orlob Management, Jägerstr 70, D-10117 Berlin, T: (0 30) 20 45 08 39, 01 72–8 51 55 14, F: 20 45 08 49, *info@orlob.net*; *www.orlob.net*. Intpr d Frz Liedes **Ausb:** Stud Ges (F Loup, V Rosza, E Grümmer) Opstudio Paris. **Laufb:** Ensmitgl Op Lyon 80–85, Gastsol Scala Mailand, Paris, Venedig, Wien, München, Hamburg, Zürich, Los Angeles, Covent Garden London, Op Comique Paris 98, Théâtre du Châtelet 04/05, Nederlands Oper Amsterdam 04/05, Gast FSp Aix-en-Provence, Edinburgh, Glyndebourne, Schwetzingen, Hong Kong, Santa Fé, IntprKurse (frz Lied) Atelier Lyrique de l'Op et Cons Nat de Musique Lyon, dass Art Song Fstv Cleveland, dass Sibelius Akad Helsinki seit 90, gemeinsame Liederabende m J Kaufmann seit 95, RF-Orch München, Orch Nat de France 97/98, Wiener FestW 98, m I Gage Schleswig Holstein Fstv 99, Konz m Berliner SinfOrch, Orch Beethoven Halle Bonn, Bamberger Symphonikern, Münchner FR-Orch, Orch Nat de Lyon, Orch Philharmonique de Monte Carlo, SinfOrch d MDR Leipzig 99. **Pr:** Prtr Maria-Canals-Wettb Barcelona 78, int Geswettb Rio de Janeiro 79, Kritikerpr Paris f Don Giovanni 87, Prix de l'Acad du Disque Française, Auszeichng Chevalier des Arts et des Lettres 96. – **Aufn/RF:** zahlr Aufn ua: Debussy: 'Pelléas u Mélisande' (Pelléas), Dgt: C Abbado, 91; Duparc, Fauré: Gesamteinsp d Lieder; La Fontaine: 'Fabeln'. **UA:** D Lang: Modern Painters (John Ruskin), UA Santa Fe Op; H Birtwistle: Gawain (Titelpartie); H J v Bose: Die Leiden des jungen Werthers (Titelpartie).

Roux, Isak, Master of Music, Pianist, Komponist; Hasenbergsteige 37, D-70197 Stuttgart, T: (07 11) 62 84 63, *isak-roux@onlinehome.de*; *isak-roux.de* [Durban, Südafrika 4.4.1959]. Kammermusik **Ausb:** Master of M (J Bräuninger u K Volans) Univ of Natal, Stud Komp (U Süsse) Staatl H f M Stuttgart. **Laufb:** zahlr Fstvs, Tonkünstlerfest BW 90, 93, Int Composers Workshop Amsterdam 96; zahlr Konz als Pianist in Südafrika, LTätigkeit Waldorfschule Stuttgart seit 91. – **Komp:** Missa Brevis (KnabenCh, Ens) 91 (Auftr: Durban Boys Ch); Preludes In African Rhythm (Kl) 91/99, UA Stuttgart 2000; RITUAL, dance m for two pianos, London 98 (Auftr: Small Bones Dance Comp); 4 African Scenes (Bläserqui) 99 (Auftr: DOMUS QUINTETT); Tekweni (SaxQua) 01 (Auftr: Saxofourte); Stations (Mini-Orat für Bass u kl Orch), UA Stuttgart 03; 12 Isicathamiya Songs (MännerCh, KamOrch) 03 (Auftr: Int Classical MFstv Südafrika). **Aufn/RF:** 12 Isicathamiya Songs, m Engl Chamber Orch u Ladysmith Black Mambazo, Dgt: Gothoni 03.

Roux, Pieter, Tenor; Ravensberger Str 60, D-42117 Wuppertal, T: (02 02) 6 95 97 27; c/o Pro Arte Stefan Dörpinghaus, Rosenweg 7, D-42499 Hückeswagen, T: (0 21 92) 8 30 05, 01 77–6 63 40 66, F: 93 18 81, *info@proarte-online.de*. **Ausb:** Stud Ges (J Barker, D Brown), Mstrks (Prof Blaschke in München, Prof H Zadek in Wien). **Laufb:** Hess Staatsth Wiesbaden 96–01, EnsMitgl Wuppertaler Bühnen seit SpZ 01/02 (Gastsol SpZ 04/05), Gastsol Bremer Th, Staatsth Mainz, Kassel, Rostock, Heidelberg, Sol Anhalt Th Dessau SpZ 04/05, Gastsol MTh im Revier Gelsenkirchen SpZ 04/05. (Red)

Rovatkay, Adrian, Fagott, Dulzian, Posaune; Ohlauer Str 23, D-10999 Berlin, T: (0 30) 5 34 71 84; *www.dresdnerbarockorchester.de*. **Ens:** Dresdner Barockorch. (Red)

Rovatkay, Siri, Prof, Hochschullehrerin, Blockflöte; Hochschule f Musik u Theater, Emmichpl 1, D-30175 Hannover, *Rovatkay-Hannover@t-online.de*. **Laufb:** Prof (Blockfl) H f M u Th Hannover. (Red)

Rovetta, Michele, Dirigent, Solorepetitor; c/o Deutsche Staatsoper, Unter den Linden 7, D-10117 Berlin, PF 354, D-10109 Berlin. **Laufb:** Dgt u Solorep Th Bielefeld SpZ 03/04, Musikal Ass u Solorep Dt Staatsop Berlin SpZ 04/05. (Red)

Roy, Heinz (Pseud: Hinc Roj), Komponist; Halbendorferstr 210, D-02906 Klitten, T: (03 58 95) 5 02 07 [Zimpel 6.12.1927]. sinfon u Kammermusik **Ausb:** Stud (Musikerz) Halle 51–52, Komp (F Reuter) Berlin 54–58. **Laufb:** L EOS Niesky 54–75, L Klitten ab 75, iR. **Mitgl:** VDK, Sächs Musikverband, Sorb Künstlerverband. – **Komp:** Sinf Nr 1 in B-Dur op 5, UA Niesky 56; Sinf Nr 3 in As-Dur op 24, UA Bautzen 88; 'Hymne' f Orch op 41, UA Aschersleben 79; Konz f Kl u Orch Nr 1 fis-Moll op 61, UA Bautzen 82; Konz f Kl u Orch Nr 2 e-moll op 85, UA Bautzen 93; Konz f Orgel u Orch Es-Dur op 90, UA Görlitz 93; Sinfon Variationen op 32, UA Bautzen 97; Konz f Klar-Qua, Pauken u Str op 108, UA Bautzen 98; Konz f Kl u Orch As-Dur op 94, UA Bautzen 98; Konz f Vcl u Orch g-moll op 105, UA Görlitz/Bautzen 99; Konz f V u Orch d-moll op 110, UA Bautzen 2000; Sinf Nr 2 G-Dur op 12, UA Bautzen 01; Konz f Klar u Orch fis-moll, UA Klitten 02, Requiem op 125; Konz f Str-Trio u Orch op 126; Jubiläums-Ouvertüre op 130, UA Görlitz. **Aufn/RF:** CD: Orgelkonz op 90, VclKonz op 105, VKonz op 110, KlarQuin, Etude lyrique.

Rozhdestvensky, Gennadi, Dirigent; Saarländisches Staatstheater, Schillerstr 1, D-66111 Saarbrücken. **Laufb:** Konzertdir Saarländ Staatsth Saarbrücken. (Red)

Rozum, Yuri, Sänger; c/o Alber Concert Theater GmbH, Gleimstr 5, D-81677 München, T: (0 89) 29 45 65, F: 2 28 93 59, *info@alber-concert.de* [Moskau 1954]. **Ausb:** Tschaikowski-Kons Moskau. **Laufb:** Sol Th Wolfsburg SpZ 03/04. **Pr:** 1. Pr Int Klwettb Barcelona 80, Prtr Musik-Wettb Montreal 84, People's Hon Artist of Russia. (Red)

Rózycki, Grzegorz, Bass; c/o Stadttheater Gießen, Berliner Pl, D-35390 Gießen, PF 111128, D-35356 Gießen; Neubadrain 8, CH-4102 Binningen, T: 06 13 01 53 51, F: 06 13 01 53 51; *www.murieldenzler.com*. Oratorien, Lieder **Ausb:** Stud MAkad Lodz (S Heimberger) 82–88, MAkad Basel (Prof K Widmer) 88–91, SolDipl, Op Studio Basel, Mstrkl (H Lazarska, V de los Angeles, C Elssner, P Huttenlocher, E Haefliger, K Widmer, K C Kohn). **Laufb:** Mitgl Ens Th Basel 89–91, Luzern, Biel 91/92, Mitgl Ens Th Luzern 92–2000, Gastsol Freiburg i Brsg, Kom Op Berlin, Staatsop Prag, Th Basel 93–99, Op Marseille, Chur, Zürich 99–2000, Osnabrück 2000/01, Sol Stadtth Gießen seit SpZ 03/04, Gastsol Volksth Rostock SpZ 03/04. (*)

Rubay, Frédéric, Solokorrepetitor; c/o Wiener Staatsoper, Opernring 2, A-1010 Wien. **Laufb:** Solokorr Wiener Staatsop. (Red)

Rubbert, Rainer, Komponist; Gneisenaustr 112, D-10961 Berlin, T: (0 30) 6 93 56 78 [Erlangen 19.6.1957]. **Ausb:** Stud Komp (W Szalonek) H d Künste Berlin 75–81. **Laufb:** Künstl Lt Konzertreihe 'Unerhörte Musik' Berlin seit 89. **Pr:** Stip d BRD Cité Int des Arts, Paris 86–87, KompStip Berliner Kultursenat 88 u 91, Pr Marcel Josse 79, Prtr Dt-Frz Jugendwerk 84, Prtr 'Forum junger dt Komp f OrchM' 81, 2. Pr Budapester Int KompWettb 89, Kunstpr Berlin 92, Förderpr Musik d Akad d Künste. – **Komp:** Bewegungen f 37 Streichinstr 78, UA Berlin, BPO, Dgt: R Peters 85; 'Aus der Fremde' 84/85; 'dialogue' f Vcl solo, UA Rio de Janeiro 87; 're'ciprocité' 87, UA Paris, Duo tedesco 87; '...des lignes raides fuient dans la nuit' f Bläserquin, UA Budapest, Akad-Quin 89. **AuftrKomp:** 'relations' 86, UA Nürnberg, W Krüger, R Schmidt 86 (Auftr: Dt Schgz-Symp Nürnberg); 'Idyllen' f Va u Vcl, UA Würzburg, C Lelong, W Gröger 87 (Auftr: Gruppe Neue Musik Berlin). (Red)

Rubenhold, Samantha, Sängerin; c/o Bühnen der Stadt Köln – Opernstudio, PF 101061, D-50450 Köln. (Red)

Rubens, Sibylla, Sopran; c/o Künstlersekretariat am Gasteig, Rosenheimer Str 52, D-81669 München, T: (0 89) 4 44 48 87 90, F: 44 48 87 90, *team@ks-*

gasteig.de; www.ks-gasteig.de. **Ausb:** Stud (Konz- u OpGes) MHTrossingen u H f M u Darst Kunst Frankfurt, Mstrkse (E Mathis, I Gage), (E Cavelti) Basel. **Laufb:** Konz- u Liedges: ZusArb m Stuttgarter Bachakad (H Rilling), Konz ua Schumann: Faust-Szenen m Dt SymphOrch Berlin (Dgt: M Janowski) 96, Fauré, Brahms: Requien m Concertgebouwork (Dgt: P Herreweghe), Bach: Johannespassion (Dgt: T Koopman), Tourneen m Tafelmusik Baroque Orch, Windsbacher Knabenchor, La Chapelle Royale, Liederabend m I Gage Ludwisburger Schloßfsp, m T Quasthoff in Hannover, Berlin, Kiel u Köln 2001. – **Aufn/RF:** CDs: ua Bach: Kantaten Vol 5, 9 u 11 Dgt: T Koopman; Ders: Markuspassion, Dgt: T Koopman; Ders: Matthäuspassion, Dgt: P Herreweghe; Ders: Messe h-moll, Weihnachtsoratorium: Dgt: H Rilling; Mozart: Requiem, Dgt: H Rilling; Schubert: Es-Dur-Messe, Dgt: H Rilling.

Rubinstein, Ya'akov, 1. Konzertmeister, Violine; c/o Bamberger Symphoniker, Mußstr 1, D-96047 Bamberg, PF 110146, D-96029 Bamberg. **Laufb:** 1. Konzm Bamberger Symphoniker. (Red)

Rucha, Barbara, Dr, Dirigentin; Wilmersdorferstr 32, D-14547 Fichtenwalde, T: (03 32 06) 2 09 59, 01 77–6 50 83 04, F: 2 09 59, *barbara@rucha.de* [München 1972]. Chorsymphonik **Ausb:** Stud (MWiss u OrchLtg) Univ London u Sorbonne Paris 91–94, Rimsky-Korsakoff-Kons St Petersburg (DirigKl v I Musin) bis 96, 'Master of Philosophy' (MEthnologie) Univ Cambridge 97, Konz-Ex (OrchLtg) H f M Dresden 99, Prom (MEthnologie) Freie Univ Berlin 02. **Laufb:** GesRep Théatre Nat de Chaillot, Gastdgt Rimsky-Korsakoff-Orch St Petersburg, Ass Karelisches StaatssymphOrch 96/97, Ltg Karl-Forster-Ch Berlin seit 98, Dartington Summer Fstv of M 97 u 98; Ltg v Prod: Linkes 'Lysistrata' Meißen 99, Debussys 'Pelléas et Melisande' Berlin 2000, szenische EA v Händels 'Brockes Passion' Berlin u Frankfurt/Oder 05, Puccinis 'Suor Angelica' u 'Gianni Schicchi' am Capital Arts Centre Canberra, Australien 05; Konz in Dtl, Griechenland, Schweiz, Polen u Luxemburg. **Pr:** Pr f Dirig Bayer Musikfonds 96, Stip Cusanuswerk 98–01, Stip Akad Musiktheater heute 05–07.

Ruck, Jürgen, Prof, Hochschullehrer, Gitarre; Nymphenburger Str 179, D-80634 München, T: (0 89) 28 44 12, F: 28 44 12; Steinheilstr 26a, D-97080 Würzburg, T: (09 31) 2 93 36 [Freiburg i Br]. **Ausb:** Stud (Git) i Freiburg b S Prunnbauer u i Basel b O Ghiglia. **Laufb:** Prof (Git) H f M Würzburg. **Pr:** 1. Pr Deutsche Musikwettb 86, Kranichsteinpr f d Intpr Neuer Musik 90. (Red)

Rucker, Marc, Bariton; c/o Artists Management Zürich, Rütistr 52, CH-8044 Zürich, T: 04 48 21 89 57, F: 04 48 21 01 27; *www.artistsman.com*. **Laufb:** Sol Th St. Gallen SpZ 03/04. (Red)

Rudiakov, Shoshana, Prof, Hochschullehrerin, Klavier; Bergstr 47, D-70186 Stuttgart; Hochschule f Musik u Darst Kunst, Urbanstr 25, D-70182 Stuttgart, *shoshana.rudiakov@mh-stuttgart.de* [Riga]. **Ausb:** Stud Kl (J. Flier, B. Davidovich) Tschaikowsky-Kons Moskau. **Laufb:** Prof (Kl) Staatl H f M u Darst Kunst Stuttgart. (Red)

Rudiferia, Milena, Sopran; ECO & ART Promotions Inc, Schleicherweg 6, A-6412 Telfs, T: (0 52 62) 65 61 02, *rudiferia@gmx.at*; *www.rudiferia.akw.at* [Bozen]. **Ausb:** Stud H f M u Darst Kunst Mozarteum Salzburg, Lied- u Op-Dipl. **Laufb:** Wiener Volksop (Csárdásfürstin, Titelrolle), Amerika-Tournee d Österr Bundesth in New York, Chicago, Los Angeles u Washington, Gran Teatro del Liceu Barcelona 88, Teatro Verdi Triest (Zigeunerbaron, Saffi) 90, Wiener Staatsop (Zauberflöte, Pamina), rege Konz- u Bühnentätigkeit in Europa, Russland, Japan, Auftr b Salzburger FSp, Wiener FestW, Gr Musikvereinssaal Wien, Kölner Philh, Dt Th München 95, Teatro Verdi Triest (G Gavazzeni), Japan-Tournee m Johann-Strauß-Ens d Wiener Symph 96; Volksop Wien SpZ 2002/03. – **Aufn/RF:** Produktionen Konz BBC London, SWF Berlin, zahlr CDs, ua Mendelssohn: 'Lobgesang-Symph', Gesamtaufn d 'Csardasfürstin', 'Optte-Recital', 'Weihnachtsklänge', 'Classic à la carte'. (*)

Rudik, Christian, Sänger; c/o Theater St Gallen, Museumstr 1/24, CH-9004 St Gallen. **Laufb:** Sol Neue Op Wien SpZ 03/04, Th St Gallen SpZ 04/05. (Red)

Rudin, Alexander, Dirigent, Violoncello, Klavier; c/o Konzertdirektion Andrea Hampl, Karl-Schrader Str 6, D-10781 Berlin, T: (0 30) 4 78 26 99, 01 72–3 80 56 45, F: 4 78 37 92, *hampl@konzertdirektion.de*; *www.konzertdirektion.de*. **Ausb:** Stud Vcl (L B Evgrafov) u Kl (V Ponizovkin) Russische MAkad, Stud Dirig (D G Kitayenko) Kons Moskau. **Laufb:** Dgt u Sol KamOrch Musica Viva Moskau, ZusArb ua m d Royal Philh Orch, Dänischen RF Orch, Bayer Staatsorch, Tschaikowsky Grand Symph Orch. **Pr:** Prtr Bach-Wettb Leipzig 76, Tschaikowsky Wettb Moskau 78 u 82, G Kassado Wettb Florenz 79.

Rudin, Rolf, Komponist; Langenselbolder Weg 23, D-63526 Erlensee, T: (0 61 83) 27 32, F: 27 32, *Rolf.Rudin@t-online.de* [Frankfurt/M 9.12.1961]. **Ausb:** Stud SchM, Komp (H-U Engelmann) MH Frankfurt 81–86, Komp (B Hummel, H Winbeck), Dirig (G Wich), Musiktheorie (Z Gárdony) MH Würzburg 86–93. **Laufb:** LTätigkeit (Tonsatz, Gehörbildung, Generalbaß) MH Frankfurt 85–87 u seit 93. **Pr:** ua Stip Studienstift d Dt Volkes, Stip Richard-Wagner-Stift, Hambacher Förderpr 87, Armin-Knab-Pr Würzburg 88–89, Yamaha-KompPr Bremen, 1. Pr Patriot Ges Hamburg, 2. Pr Int KompWettb Budapest, Cité Int des Arts Paris 91/92. – **Komp:** An die Ferne op 3 (KamM) 86, UA Würzburg 87; Elegie, Hommage á Gustav Mahler f gr Orch op 6 87, UA Hof 91; Nachtstücke op 9 (KamM), UA Bremen 89; Patera op 17 (KamEns) 89, UA Hamburg 90; Herbstgesang, Hommage à Robert Schumann op 18 (OrchW) 89, UA Bad Reichenhall 90; Legende op 21 (20 Stolostr) 90; UA Nürnberg 90; Mythos op 23 (OrchW) 90, UA Bad Nauheim 90; Cantus Arborum op 33 (Sinfonie) 91–93; Choreographie op 36 (OrchW) 93, UA Hof 94; 'Vom Ende d Zeit', eine Vorahnung op 52 (OrchW), UA San Luis Obispo, USA 99. (Red)

Rudner, Ola, Dirigent; c/o Philharmonia Wien, Umseer Str 49, A-3040 Neulengbach, *rudner@chello.at*; c/o Cadenza Concert, Franz Josef Kai 3, A-5020 Salzburg, T: (06 62) 84 05 05, F: 8 40 50 54, *office@cadenza-concert.at*; *www.music.at/philharmonia/rudner.html*. **Ausb:** Stud (Dipl) Kopenhagen u Manchester, Salzburg (S Vegh). **Laufb:** Dgt b zahlr schwed Orch, sowie Wiener Kammerorch, NTO Tonkünstlerorch, Island Symphony Orch, Orch Sinfonica Haydn, künstl Dir Philharmonia Wien seit 95, Kapm Wiener Volksop 93. **Pr:** Prtr Paganini Wettb Genua 77, jährl Pr d Association of critics Kopenhagen 79. (Red)

Rudolf, Angela, Sängerin; c/o Opernfestspiele Heidenheim, Stadtverwaltung, PF 1146, D-89501 Heidenheim, T: (03 51) 20 79 90, F: 2 07 99 22; c/o Cecilia Music Concept – Franz-Georg Stähling, Brauweilerweg 183, D-50933 Köln, T: (02 21) 8 00 00 70, F: 8 00 00 71, *staehling@cecilia-cmc.de* [Heidenheim]. **Ausb:** Stud Robert-Schumann-H Düsseldorf b Peter Chr Runge, Aufn in d OpSchule 91, ZusArb m Prof Hans Kast u T Grabisch. **Laufb:** Sommerfstv Duisburg 96, Düsseldorfer Kammerspiele 97, Mozartfstv Schloss Schönbrunn 97, Gastsol Staatsoptte Dresden 97–01 u 02/03, Gastsol Lübecker Th 00/01, Gastsol Staatsth Stuttgart 01/02, OpFSp Heidenheim 02/04, 04/05, Staatsoptte Dresden 02/03. (Red)

Rudolf, Heinz, Prof, Hochschullehrer, Violine; Pfotenhauer Str 24, D-01307 Dresden, T: (03 51) 4 59 29 86 [Teplitz-Schönau, Tschechien 18.1.1930]. **Ausb:** Stud Akad f M u Th Dresden (heute H f M Carl-Maria v Weber), Stud b Prof G Fritzsche 45–52. **Laufb:** Aspirant H f M Carl Maria v Weber 52–54, Ass 54–56, Oberass 56–61; ständ Gast Sächs Staatskap Dresden f Op, Konz, KonzReisen 59–81; Doz H f M Carl Maria v Weber ab 61, außerordentl Prof ab 79, Prof m künstl Lehrtätigkeit seit 85, C4-Prof u Prodekan seit 91, offizielle Lehrtätigkeit bis 95; Mitgl als Juror nat u int Wettb, Prof (V) H f M Carl Maria v Weber Dresden. (*)

Rudolph, Niels-Peter, Prof, Hochschullehrer; Heideweg 125, D-21220 Seevetal, T: (0 41 05) 55 54 54; Folkwang Hochschule, Klemensborn 39, D-45239 Essen. **Laufb:** Prof (MThRregie, szen-dramat ThArb) Folkwang H Essen. (Red)

Rudolph, Roland, KV, Trompete; c/o Dresdner Philharmonie, PF 120424, D-01005 Dresden. (Red)

Rudy, Mikhail, Klavier; 8, rue Letellier, F-75015 Paris, T: (02 21) 9 42 04 30, F: 94 20 43 19, *braun@angel.de*; *www.konzertbuero-braun.de*. **Pr:** 1. Pr Bach-Wettb Leipzig 71, 1. Pr Marguerite Long-Wettb Paris 75 m bes Lob v A Rubinstein, Grand Prix du Disque Français 91, Grand Prix d Académie Charles Gros, Liszt-Pr Budapest. (Red)

Rübben, Hermannjosef, Prof, Komponist; Am Rheinacker 41, D-51061 Köln, T: (02 21) 66 15 73 [24.8.1928]. **Laufb:** Grdg FrauenCh Bayer Leverkusen 75 u Ltg bis 94. (Red)

Rübel, Jan-Hendrik, Violoncello; c/o NRD Radiophilharmonie, Rudolf-von-Bennigsen-Ufer 22, D-30169 Hannover. **Laufb:** stv Sol NDR RadioPhilh Hannover. (Red)

Rübenacker-Müller, Jutta, Prof, Hochschullehrerin, Violine; Im langen Feld 17, D-30880 Laatzen; Hochschule f Musik u Theater, Emmichpl 1, D-30175 Hannover, T: (05 11) 84 12 84, F: 84 12 84 [Karlsruhe 25.5.1955]. Violine, Kammermusik, Neue Musik **Ausb:** Stud (J Rissin) MH Karlsruhe 76–78, (H Schneeberger) MAkad Basel 78–84, Kurse u PrivUnterr (N Milstein) 78–85, Kurs (S Végh) 79, (La Salle Qua) 81, Stud (L Fenyveš) 3 Monate m Lufthansa-Stip 76. **Laufb:** Prof (V) H f M u Th Hannover seit 93, Solobratscherin Südwestdt KamOrch, zahlr Tourneen m Bartholdy-Qua ua, Kse: Aix-en-Provence 84, Int Hamsun-Dagene Hamavøy/Norwegen 85, Weltmusiktage Luxemburg 2000. **Pr:** Lufthansa-Stip, Kulturförderpr d Ldes Niedersachsen 98. **Ens:** Bartholdy-Qua, Rübenacker-Qua, Basler KamSol, Art-Ens, Das Neue Ens. – **Aufn/RF:** ua: M Feldman: 'Viola in my life II', Das Neue Ens 99; Kyburz; Vivier, Hosokava: 'Dansce instrumental', Das Neue Ens 2000; in Planung: G Scelsi: Violinkonz. **UA:** ua X Thoma, Sanchez-Verdu, Erkoreka, Schleiermacher, Pagh-Pan, T Prelević. **Zug:** Prelević: Erinnerung (V u Kl); Prelević: Duo (V u Kl). **Sonst:** Praxisbericht v M Häußler u M Philippi (Bd 6): 'Musiegt – MUnterr im Nachkriegs-Bosnien', Doku eines pädagog Hilfsprojektes, hrsg v K-J Kemmelmeyer 04.

Rübsam, Wolfgang, Prof, Hochschullehrer, Orgel; Brebacherstr 57, D-66132 Saarbrücken, T: (06 81) 8 91 12 30; H f Musik Saar, Bismarckstr 1, D-66111 Saarbrücken, *w-ruebsam@hmt.uni-sb.de* [16.10.1946]. frühe u romant Musik, Orgelimprovisation **Ausb:** Stud b Prof H Walcha Dtschld, Stud b M-C Alain Frankreich, Stud SMU b R Anderson Dallas, USA; Meisterprüfung Friseur/Friseurlehrer USA. **Laufb:** Prof Northwestern Univ Evanston-Chicago, University organist Univ of Chicago, Doz Friseurschule Merillville (Indiana), Prof (Org) H d Saarlandes f Musik u Th Saarbrücken seit 96. **Pr:** 1. Pr OrgWettb Fort Wayne/Indiana, USA 70, Grand Prix de Chartres (Intpr) 73. – **Aufn/RF:** ca 100 CD- u LP-Einsp. **Zug:** H G Bertram: 'B-A-C-H' (Orgelwerk). **Lit:** Organ Heft I/03.

Rückel, Guido, Pauke; c/o Münchner Philharmoniker, Kellerstr 4, D-81667 München. **Laufb:** Sol Münchner Philh. (Red)

Rückert, Hans, Prof, Posaune, Hochschullehrer; Auf dem Holzberg 4, D-61231 Bad Nauheim, T: (0 60 32) 14 15, F: 7 30 61, *hans.rueckert@t-online.de*; Hochschule f Musik u Darst Kunst, Eschersheimer Landstr 29–39, D-60322 Frankfurt, T: (0 69) 15 40 07–3 11; *www.hfmdk-frankfurt.de, www.muho-mannheim.de* [Uffenheim]. **Ausb:** Stud (W. Daum) Staatl H f M in Würzburg 68–72. **Laufb:** Bassposaunist im RSO des HR seit 74; Lehrauftr H F Musik Würzburg 76–82; Dgt u MD des Harmonieorch 'Viktoria Altenmittlau' seit 87; Prof H f Musik u Darst Kunst Frankfurt/M; Prof H f Musik u Darst Kunst Mannheim. **Pr:** Prträger dt Hoschulwettb Pos 72. **Ens:** 12 Jahre Mitgl Bachkollegium Stuttgart unter Ltg H Rilling; Gründungsmitgl 'Frankfurter Blechbläser-Quintett', 'Cristall-Brass', 'Frankfurter Blechbläsersextett'; Mitgl Edward Tarr

Brass-Ensemble u 'hr-Brass'. **Mitgl:** Juror b 'Jugend musiziert'. – **Aufn/RF:** zahlr. Soloaufnahmen am HR, CDs mit Eduarrd Tarr Ens u hr-Brass.

Rückwardt, Catherine, Generalmusikdirektorin; c/o Staatstheater Mainz, Gutenbergpl 7, D-55116 Mainz. **Laufb:** 1. koordinierte Kapm Op Frankfurt, GMD Staatsth Mainz seit SpZ 03/04. (Red)

Rüdenauer, Meinhard, Komponist, Publizist, Kulturmanager; Wiener Mozart Company, Haidgasse 14/15, A-1020 Wien, T: (01) 2129846, *meinhardruedenauer@aon.at* [Wien 30.6.1941]. Kammermusik, Kinderopern, Tanztheater **Ausb:** Stud (K Schiske) MH Wien. **Laufb:** Grdg u künstl Ltg Wiener Mozart Company seit 82. **Pr:** Österr Intendantenpr 84, Förderungspr d Stadt Wien. – **Komp:** Salome im Elend (Ballett), UA Wien 80; Zauberbär u Wünschelstimme (Kinderop), UA Villach, Carinth Sommer 83; Sinfonietta, UA London, Dgt: A Hauser 84; Liederspiel (KamOp), UA Wiener KamOp 84; Violinkonz, UA Wien, Dgt: C Moral 89; Bussi für die Bären (Kindermusical), UA Bregenzer FSp 90; Arlecchino u Felicetta (Burleske), UA Fest in Hellbrunn 90; Kling Klang Simsalant (Kindermusical), UA Wien, Austria Center 91; Moskauer Konz (f Kl, Str), UA Moskau, Dgt: C Campestrini 91; Sinfonia concertante, UA Wien, Dgt: A Eschwé; Mit den Seelen über Hiroshima (Symph f Str), UA Hiroshima, Dgt: Y Tanaka 91; Pax humana (Kant), UA Petropavlovsk, Dgt: G Avvakumov 95; Die Clowns (StrSuite), UA Riga, Dgt: I Lapinsch 96; Flauto amoroso (FlKonz), UA Wien, Dgt: G Pehlivanian 98; Clowns (TanzTh), UA Wien 98; Amoroso (TanzTh), UA Wien 02; Über allem Liebe (Suite), UA Wien, Dgt: E Ortner 03; La rosa si chiama Sandra (StrQua), UA Wien, m Artis Qua 05. **UA:** 'Volubile sia il vento' (Kl-Trio), UA London, m Mozart-Trio 06.

Ruedi-Nicolau, Olivia, Klavier; av du Pesage 61, B-1050 Bruxelles. (*)

Rüdiger, Wolfgang, Dr, Prof, Hochschullehrer, Musikpädagoge, Ensembleleiter; Sternstr 51, D-40479 Düsseldorf, T: (0211) 1594093, 01732027046, F: 289093, *ruediger@ensemble-aventure.de*; Oberau 31, D-79102 Freiburg/Br, F: (0761) 289093; *www.ensemble-aventure.de* [Mönchengladbach 6.10.1957]. Fagottist, Neue Musik, Ensemblespiel **Ausb:** Stud (SchM, Kl, Fag) Folkwang MH Essen, Phil u Päd, Aufbaustud Fagott (K D Hartmann) MH Freiburg, Prom (MWiss) U Freiburg. **Laufb:** Doz (Fagott, Instrpäd) MH Freiburg 86–98, Prof (MPäd) Hf Musik Bremen 98–2001, Prof (MErz) Robert Schumann H Düsseldorf seit 2001, Tourneen d Europa, Teilnahme an Weltmusiktagen Mexiko 93, KonzR in Freiburg. **Pr:** Regio-Pr d Europ Wirtschaft 95, Siemens-Förderpr (m Ens Aventure). **Ens:** Mitgrd (86), künstl Lt u Fagottist Ens Aventure Freiburg. – **Aufn/RF:** CDs: ua Werke v E Schulhoff, S Wolpe, R Karel, H Krása, E I Kalin, P Haas, 'Octandre', KamM v Robert Schumann, N A Huber, R C Seeger. **UA:** ca 100 UA m Ens Aventure, etl UA als FagottSol (N A Huber, C Bauchholt, T Lauck, M E Keller ua). **Zug:** C Bauchfeldt: Maulwurf (f FagTrio); M E Keller: FagTrio. **Sonst:** 'Der Musikalische Atem' (über E T A Hoffmann); 'Inst EnsSpiel', 'EnsSpiel u Klassenmusizieren', etl Aufs in 'Üben u Musizieren' ua. **Lit:** Lex d Musikpäd.

Rüegg, Claudia, Klavier; Flurweg 1, CH-8260 Stein am Rhein, T: 0527412677. (Red)

Rüegg, Mathias, Dirigent, Komponist; Westbahnstr 10/5, A-1070 Wien, T: (01) 5263499, F: 5263498, *office@vao.at*; *www.vao.at* [Zürich 1952]. **Ausb:** Stud (klass Komp, JazzKl) Graz 73–75. **Laufb:** Grdg Vienna Art Orch 77, Ltg dess, Grdg Vienna Art Ch 83, Ltg dess 83–87. – **AuftrKomp:** Komp ua f d NDR-Big-Band, SDR-Big-Band, Umo Big-Band Helsinki, Swedish Radio Jazz Group, Wiener SinfOrch, Komp v Film- u ThM im Rahmen d ZusArb m G Tabori u d Wiener Serapionsth, Komp va v KamM seit 94. (Red)

Rügamer, Stephan, Tenor; Brömbsenstr 10, D-23560 Lübeck; c/o Herwald Artists Management, Str d Roten Kreuzes 64, D-76628 Karlsruhe, T: (0721) 94739, F: 473579, *herwaldartists@t-online.de* [Kempten, Allgäu]. **Ausb:** H f M Würzburg, Stud SchM, Ges (J Wagner, G Binge) H f M Lübeck. **Laufb:** Th Lübeck ua in 'Don Giovanni' (Don Ottavio), 'D Wildschütz' (Baron Kronthal), 'D Fledermaus' (Alfred), 'La Traviata' (Alfredo), Zauberflöte' (Tamino) 96–98, Gastsol Staatsop Stuttgart in 'Lulu' (Maler/Neger) 97/98, Gastsol Staatsop Unter d Linden in 'D Meistersinger v Nürnberg' (David), EnsMitgl ebd ua in 'Fidelio' (Jaquino), 'Zauberflöte' (Tamino), 'Wozzeck' (Andres), 'Hochzeit d Figaro' (Basilio), 'Zar u Zimmermann' (Chatteauneuf), 'Robert le Diable' (Raimbaut) seit 98, Sol staatsop Hamburg SpZ 04/05, Gast Dresdner Semperop 01, Gastsp Madrid 03, Paris 05; zahlr Konz ua m Neue Vokalsolisten Stuttgart (Ltg: M Schreier), Hamburger Sinfoniker, Orch della Toscana, Israel Philh Orch (Ltg: H Rilling), Chicago Symph Orch (Ltg: P Boulez) in Wien, Tel Aviv, Jerusalem u Chicago, Amsterdamer Concertgebouw u Fstv Luzern 02, 04, Bregenzer FSp 05, Sol Dt Staatsop Berlin SpZ 04/05, Salzburger FSp 05. – **Aufn/RF:** RF- u CD-Aufn, ua Mendelssohn-Bartholdy: 'D 1. Walpurgisnacht', SDR 97; Rossini: 'Petite messe solennelle' 98; Beethoven: 'Fidelio', HR 99; Wagner: 'Tannhäuser' (Heinrich d Schreiber), Dgt: D Barenboim 01; Reissinger: 'David' (David), WDR 02; Sol in Mendelssohn: 'Gr Festmusik z Dürerfest' BR 02; Wagner: 'Rienzi' (Baroncelli), Radio France 02; CD: Schoenberg: 'Jakobsleiter' (Nagano), 04; Schreker: 'Der ferne Klang' (Chevalier), Niederl RF 04; Mahler: 'Lied d Erde' (Israel), RFK 05.

Rueger, Christoph (Pseud: Clemens Cranmer), Dr, Prof, Hochschullehrer, Komponist; Kurfürstendamm 132a, D-10707 Berlin [Freital 3.10.1942]. **Ausb:** Stud MWiss (Besseler), Sinologie (Piazek), Kl (Weitzmann, Sahling), Komp (Lohse, Mühe), Impr (Schramowski) Leipzig, oAspirantur, Diss 71. **Laufb:** GastProf seit 81, Prof (Theorie, Tonsatz) H d Künste Berlin 83. – **Komp:** 'Ulysses von Ithaka' nach Ludvig Holberg (BühnenM) 65, UA Leipzig, Studiobühne 'Louis Fürnberg'; 'Weltuntergang' nach Jura Soyfer (BühnenM) 66, UA Leipzig; Farm d Tiere (Jugendop) 81, UA Berlin 82. **Sonst:** Hrsg v Kl-Musik ua, Autor, Moderator, Kabarettpianist. (*)

Rüggeberg, Claudia, Prof, Hochschullehrerin, Sängerin; Humboldtstr 29/III, A-8010 Graz, T: (0316) 324949, F: 324950; Univ f Musik u Darst Kunst, Brandhofgasse 21, A-8010 Graz. **Laufb:** Prof (Gesang), Folkwang H Essen, UProf (Gesang) U f Musik u Darst Kunst Graz. (Red)

Rüggeberg, Michael, Schauspielmusiker; Theater in der Josefstadt, Josefstädter Str 26, A-1080 Wien. **Laufb:** Ltg Schauspielmusik Th i d Josefstadt. (Red)

Rümann, Christina, Sängerin; c/o Theater Erfurt, PF 100554, D-99005 Erfurt. **Laufb:** Sol Junge Kammerop Köln SpZ 03/04, Th Erfurt SpZ 04/05. (Red)

Martina Rüping

Rüping, Martina, Sängerin (Sop, KoloraturSop); Sieglindestr 10, D-12159 Berlin, T: (030) 89540666, 0172–7952645, *martina.rueping@t-online.de* [Halle, Saale]. Oper (G F Händel, Mozart, R Strauss), Konz, Lied **Ausb:** Stud H f M 'Carl Maria v Weber' Dresden b I Hahn, Schülerin b E Schwarzkopf seit 91. **Laufb:** Sol Kom Op Berlin, Gastspiele Staatstheater Karlsruhe 93 u Stuttgart 94, StaatsOp München 95–98 u 03–05, Dt Op Berlin 96–98, Bühnen d Stadt Köln 96–97, Bayreuther FSp 04, Teatro alla Scala Mailand 04, Los Angeles Opera 05, Concertgebouw Amsterdam 05, Theater du Capitole Toulouse 06.

Rüppel, Ute, Sängerin; Thorner Str 30, D-90491 Nürnberg, T: (0172) 8278541, *ute.rueppel@gmx.de*; *www.ute-rueppel.de*. **Ausb:** Gesangsstud am Meistersingerkons Nürnberg b Prof. Ingeborg Russ u Maria Francesca Cavazza. **Laufb:** Sol Pocket Opera Company Nuernberg. (Red)

Ruesch, Myriam, Klavier; c/o Bonnot's Event House, Alte Landstr 133, CH-8700 Küsnacht, PF 1000, CH-8700 Küsnacht, T: 0191202 91, F: 0199114 88; Trio Artemis, c/o Katja Hess, PF, CH-8560 Märstetten, *info@trioartemis.ch*. **Ens:** Mitgl 'Trio Artemis'. (Red)

Rüssmann, Winfried, Prof, Violine, Konzertmeister; Dornenkamp 4, D-22339 Hamburg, T: (0172) 4504670, (040) 5394131; c/o Philharmonisches Staatsorchester, Große Theaterstr 34, D-20354 Hamburg. **Laufb:** 1. Konzm Philharmon Staatsorch Hamburg. (Red)

Rüstig, Götz, KM, Violine; Gneisenaustr 11, D-66119 Saarbrücken, T: (0681) 53688; c/o Rundfunk-Sinfonierorchester Saarbrücken, Funkhaus Halberg, D-66100 Saabrücken. **Laufb:** Konzm RF-Sinfonieorch Saarbrücken. (Red)

Rütti, Carl, Komponist, Pianist, Organist, Hochschullehrer; Weststr 73, CH-6314 Unterägeri, T: 0417506446, F: 0417506446, *carl@ruettimusic.ch*; *www.ruettimusic.ch/* [Fribourg 1949]. **Ausb:** Kl (S Savoff), Orgel (E Vollenwyder) Kons Zürich bis 75, SolDipl, Kl (K Taylor) Royal College of Music London 76. **Laufb:** Doz (Kl) Kons Zürich. **Pr:** Pr v Swiss Radio Int 97. – **Aufn/RF:** 3 CDs m ChM 96: 'Sacred Choral Music', 'Songs of Love u Oratorium Verena die Quelle', 'Cambridge Voice'. (Red)

Ruf, Bernd, Komponist, Dirigent; Balinger Str 15, D-70567 Stuttgart, T: (07127) 887021, *music@berndruf.de*; *www.berndruf.de* [Offenburg 27.9.1964]. Neue Musik, Jazz **Ausb:** Stud MH Stuttgart Klar, SchM, Jazz 89–93, Stud MH Stuttgart (Prof Luger) 92–93, Stud MH Frankfurt MWiss 93–96. **Laufb:** GastDir Stuttgart Philh, Stuttgart KamOrch, Musikal Ltg German American Chamber Orch, Musikal Ass D Russell Davies b Stuttgart KamOrch seit 87, RSO Wien. **Pr:** 2. Pr RNCM Dir.Wettb Manchester 94, Stip Herbert-v-Karajan-Stift Berlin 95, Stip Kunststift Baden-Württemberg 99. **Ens:** Tango Five seit 92. – **Sonst:** Grdg American Chamber Orch, European Art Ens, German Pöpro Orch, Tango Five.

Ruf, Katharina, Klarinette; c/o Niedersächsisches Staatsorchester, Opernpl 1, D-30159 Hannover. **Laufb:** stv Sol Niedersächs StaatsOrch Hannover. (Red)

Ruf, Michael, Saxophonist; Rozenburgstr 31, D-76684 Östringen, T: (07253) 270073, F: 270074, *michael.ruf@deutsches-saxophon-ensemble.de*; *www.*

deutsches-saxophon-ensemble.de [Mühlhausen 23.11.1957]. **Ausb:** Stud MH Heidelberg-Mannheim 75–82. **Laufb:** Tenorsax Dt Saxophon-Ens seit 82, zahlr Eng b dt Bühnen u Orch, ua b L Maazel, E Leinsdorf, M Gielen, A Previn, H Blomstedt, M Soustrot. **Ens:** Dt Saxophon-Ens seit 82. – **Aufn/RF:** J Martinon: Concerto op 38 (SaxQua, 2 Kl), H Genzmer: Konz f 4 Sax u Kl zu 4 Händen (CD PIANOS + SAXOPHONES). **UA:** W Hofmann, H Vogel, H-R Johner, G Zeumer, H Sadler, M Halt, A Schmelzer, Ch Weinhart, G M Schillings, H Genzmer.

Ruge, Axel, Kontrabass; c/o WDR Sinfonieorchester, D-50600 Köln. **Laufb:** stv Sol WDR SinfOrch Köln. (Red)

Ruge, Thomas, Violoncello; c/o Münchner Philharmoniker, Kellerstr 4, D-81667 München. **Laufb:** stv Sol Münchner Philh. (Red)

Ruggiero, Paolo, Sänger; c/o Stadttheater Gießen, PF 111128, D-35356 Gießen. **Laufb:** Sol Stadtth Klagenfurt SpZ 03/05, Stadtth Gießen SpZ 04/05. (Red)

Ruggli, Madeleine, Komponistin; 9, Le gras chien, F-88370 Bellefontaine, *madeleine.ruggli@online.fr* [Thalwil 22.2.1964]. **Ausb:** Stud MTheorie, Komp (H U Lehmann) MH Zürich, Stud Sologes (D Bamert-Galli) Zürich. **Pr:** ua Werkjahr Stadt Zürich 01. – **Komp:** 'zwischen Zeiten II' (f Solo-V u 11 Str) 95/96, UA Zürich, Tonhalle, M Tschopp, Dgt: R Tschupp 98; 'Zugrundegetrauert' (Text: A Gadient) (f tiefe FrStimme u kl Orch) 96/97, UA Basel, IGNM, C Ascher, Dgt: B Wulff 98; 'Ins Dämmersegel' (Text: A Gadient) (f Sop, Kl, Vcl) 98, UA Luzern, Ens opus novum 99; 'StrQua II' 99, UA Basel, Europ Musikmonat Basel, Tetra-Qua 01. **AuftrKomp:** 'et immisit in os meum canticum novum' (f Sop u V) 2000, UA Zürich, B Böhi, B Boller 2000 (Auftr: Stadt Zürich); 'Irrlichter' (f Vc u Kl) 99, UA Zürich, W Grimmer, S Fahrni 2000 (Auftr: Stadt Zürich); 'Im Wissen um die Stille' (f Vcl u Orch) 98/2000, UA St Moritz, Fest d Künste, C Poltéra, Dgt: H Holliger 2000 (Auftr: Pro Helvetia Kulturstift); 'und ungesagt' f 2 Singst (Sop/Alt) u 6 Instr (Fl, Kl, EnglHn, Va, Vcl, Kl) 2000, UA Basel, Europ Musikmonat Basel, S Nopper, C Nüsse, I Schnöller, F Tosi, M Arter, M Doughty, T Moster, J-J Dünki, Dgt: L Langlotz 01 (Auftr: Europ Musikmonat 01); ottos mops (f Sprechchor), UA 02; Spuren geritzt (f Git solo), UA C Jäggin 02 (Auftr: C Jäggin); analogies (4 Stücke f KamEns), UA Ens TaG 02 (Auftr: Ens TaG).

Ruh, Thomas, Horn; c/o Niedersächsisches Staatsorchester, Opernpl 1, D-30159 Hannover. **Laufb:** 1. Sol Niedersächs StaatsOrch Hannover. (Red)

Ruhland, Tatjana, Flöte; Etzelstr 18, D-70180 Stuttgart, T: (07 11) 6 20 25 06, F: 6 20 25 06, *mail@tatjanaruhland.de*; *www.tatjanaruhland.de* [Regensburg]. **Ausb:** Stud Fl b Prof Paul Meisen MH München, b Jeanne Baxtresser Manhattan School of Music New York, Mstkrse b Aurèle Nicolet. **Laufb:** SolFl Radio-SinfOrch Stuttgart d SWR. **Pr:** 1. Pr Prager Frühling 96, 5. Pr Int Fl Wettb Kobe 97. **Ens:** NewEars.ensemble. – **Aufn/RF:** Ch Koechlin: The music of a magician (CD).

Rumpel, Günter, Prof, Hochschullehrer, Flöte; Rebhalde 3, CH-8903 Birmensdorf, T: 04 47 37 47 91, *g_rumpel@yahoo.de*; Hochschule Musik und Theater, Florhofgasse 6, CH-8001 Zürich, *guenter.rumpel@doz.hmt.edu*; *www.homepage.swissonline.ch/zufi/Deutsch/Portraits/rumpel.htm*. **Ausb:** Stud Kons Zürich b André Jaunet u Fernand Caratgé, Gaston Crunelle (Paris), Krse b Aurèle Nicolet. **Laufb:** Sol Tonhalle-Orch Zürich 74, Mitgl Österr Bachsolisten 74–85, Doz (Querfl) MH Winterthur Zürich. **Pr:** 1. Pr Wettb Marcel Moyse 65, Pr Int Wettb Montreux 68. – **Sonst:** 'Die Klangfarbendifferenzierung als flötistisches Ausdrucksmittel' 87, Hrsg 'Réflexions Musicales' v André Jaunet 91. (Red)

Rumpf, Alexander, GMD, Dirigent, Generalmusikdirektor; c/o Staatstheater Oldenburg, Theaterwall 28, D-26122 Oldenburg. **Laufb:** 1. Kapm Th Dortmund, Gastdgt Staatsth Oldenburg SpZ 00/01, GMD seit 01. (*)

Rumpold, René, DDr, Tenor; Pressgasse 21/Hofcottage, A-1040 Wien, T: (06 76) 4 12 59 50, *rene.rumpold@chello.at* [Klagenfurt 25.1.1959]. Oper, Operette, Musical **Ausb:** Stud (Gesang) New York u Wien, Schauspiel (F Muliar), Stud MWiss u ThWiss (2 Doktorate), Stud Germanistik (Dipl). **Laufb:** Sol Th d Landeshauptstadt St Pölten, Staats- u Volksop Wien, Wiener KamOp, Op Graz, Landesth Salzburg, Her Majesty's Th London, Schubert-Th Broadway New York, Glimmerglass Op New York, Teatro Olimpico Rom, Peking Op House, Op St Gallen, Raimund Th Wien, Ronacher Wien, Bloomsbury Th London etc, Th Baden b Wien SpZ 04/05, L b 'Elfriede Ott Workshop' in Wien. – **Aufn/RF:** CDs: Musical 'Sie liebt mich' (George); Musical 'Rebel' (Nikolaus); Musical 'Sisi' (Franz Josef); Ode to the Westwind (Songs nach Shakespeare-Gedichten); Solo-CD 'René Rumpold – Musical'; 'Doch warum nur einmal im Jahr', Weihnachts-CD m Elfriede Ott. **Sonst:** Autor v 'KFJ – Kaiser Franz Josef – Das Musical', UA Bad Ischl 02; Autor v 'The George Gershwin Story', UA Mozartfstv Reinsberg 03.

Rundel, Peter, Dirigent; c/o Bayerische Staatsoper, Brieffach, D-80075 München. **Ausb:** Stud Dirig (M Gielen, P Eötvös) köln, Hannover, Stud Komp (J Brimberg) New York. **Laufb:** Debüt als Dgt 87, regelm ZusArb m Ens Modern, Ens Recherche, Klangforum Wien, Gastdgt b Orch in Österreich, der Schweiz, Belgien ud Niederlanden, stellvertr Chefdgt Kgl Philharmon Orch Flandern 98/99, Musikal Ltr Wiener Taschenop, ständ Gastdgt Neues Rhein Kammerorch Köln SpZ 00/01, Gdgt Dt Op Berlin SpZ 03/05, GastDgt Bayer Staatsop München SpZ 03/04. (Red)

Runge, Eckart, Violoncello; Prenzlauer Allee 206, D-10405 Berlin, T: (0 40) 42 31 31 11, F: 42 31 31 13, *sonia.simmenauer@impresariat-simmenauer.de*, *kontakt@artemisquartett.de*; c/o Klaus Eisenberger, Peter-Jordan-Str 8, A-1190 Wien, T: (01) 3 68 13 63, F: 3 69 23 23, *Eisenberger@classic-music.at*; *www.impresariat-simmenauer.de*, *www.artemisquartett.de* [Heidelberg 1967]. **Ausb:** Stud Vcl (E Baert) Kons Brüssel, (D Geringas) MH Lübeck. **Laufb:** 1. Solocellist Philharm Orch Lübeck. **Pr:** Prtr Premio Stradivari Cremona 91, Dt Hochschulwettb Düsseldorf, Dt MWettb Bonn 94, Concours Int Genève 95. **Ens:** Artemis Quartett. (Red)

Runge, Peter-Christoph, Prof, KS, Bariton, Hochschullehrer; 14, rue de l'Abbaye, B-4880 Aubel St Jean Sart, T: (00 32) 87 68 81 77, 01 72–4 35 98 89, F: 0 87 68 81 77, *perunge@hotmail.com*; c/o Deutsche Oper am Rhein, Opernhaus Heinrich-Heine-Allee 16a, D-40213 Düsseldorf; *www.deutsche-oper-am-rhein.de* [Lübeck 12.4.1933]. Konzerte, Lied, Oratorien, Bach; Oper: Monteverdi, Mozart, Strauss, Rossini, B A Zimmermann **Ausb:** musikal Grundausb als Kantorist (Prof W Kraft) Lübeck u Lübecker Knabenkantorei Ltg: G Goebel 48–55, Stud (L Schmitt de Giorgi) Staatl H f M Hamburg 53–58. **Laufb:** Sol Th Flensburg 58–59, Wuppertaler Bühnen 59–64, Dt Op a Rhein 64–98 (04/05), Gast Hamburg, Dt Oper Berlin (Zimmermann: 'Soldaten', Stolzius); Prof (Ges) Robert Schumann H Düsseldorf, Prof (Ges) H f M Köln, Abt Aachen; Höhepunkte: Nymphenburger FSp (Monteverdi: 'Orfeo' i d Krasik-Fassung ua Pult) 60; szen EA 'Lukas-Passion' (Christus) Dt Op a Rhein in Anwesenheit d Komp 69; 'Peleas u Melisande' Glyndebourne Fstv u J Pritchard, Radio France Paris 69; konzertante EA Zimmermann: 'Soldaten' 69; Vokalsinf v Zimmermann: 'Soldaten', Berliner Philh u H Zender 73, m L Segestam b Salzburger FSp 74; Gastsp Dt Op a Rhein u Bolschoi Th Moskau (Mozart: 'Zauberflöte', Papageno) 84. **Pr:** KS 90, HonProf 96. **Mitgl:** GBDA seit 59. – **Aufn/RF:** frz EA: B A Zimmermann: 'Soldaten', Paris Radio France, R Strauss: 'Schweigsame Frau'; 'Widerspenst Zähmung', 'Apoll u Daphne', ital Kantaten m Capella Coloniensis, Cavalli: 'L'Ormindo'. **UA:** Cavalli: 'L'Ormindo' (quasi UA Glyndebourne Fstv 67 n EA 1644); A Goehr. 'Die Wiedertäufer', A Reimann: Eichendorff-Lieder. **Zug:** Mompou: 'Los Improperios' m I Markevitch (f Schallpl) durch Komp F Martin; 'Vin Herbe' Bariton Fassung d Tristan. **Sonst:** während Stud MH Hamburg: Mstrprüf d Buchbinderhandwerks m Landesausz 57. **Lit:** Glyndebourne by Spike Hughes, David Charles 81, J-P Ponnelle (Stift Archiv d Akad d Künste).

Runkel, Reinhild, Mezzosopran; c/o Cæcilia Lyric Department, Rennweg 15, CH-8001 Zürich, T: 0 12 21 33 88, *caecilia@caecilia-lyric.ch*; *www.caecilia.ch* [Volkach am Main 25.12.1943]. **Ausb:** Berg Kons Wuppertal, MH Köln bis 73. **Laufb:** Op Nürnberg 75–82, freischaff seit 82 ua London, San Francisco 85, Chicago, Tokio, Santiago de Chile, Zürich 85–88, Dresden, Staatsop Berlin, Barcelona, Paris 85, Köln 88, Tel Aviv, Caesarea, Sydney, Amsterdam, Melbourne, München, Wien 87–88, Scala Mailand, Met Op New York, Salzburger FSp 87, Semperop Dresden SpZ 04/05. **Pr:** Prtr GesWettb s'Hertogenbosch 74, Grammy-Award. – **Aufn/RF:** zahlr CDs, ua Beethoven: Neunte Symph (Alt-Sol), Wagner: Der Ring d Nibelungen (Waltraute), Korngold: Das Wunder d Heliane, Strauss: Arabella (Kartenaufschlägerin), Die schweigsame Frau, Die Frau ohne Schatten (Amme). (Red)

Runnicles, Donald, Dirigent; c/o Wiener Staatsoper, Opernring 2, A-1010 Wien, T: (01) 5 13 75 92, F: 5 12 93 51, *office@agentur-seitter.at*; c/o Erich Seitter Bühnen- und Konzertvermittlung, Opernring 8/13, A-1010 Wien, T: (01) 5 13 75 92, F: 5 12 93 51, *office@agentur-seitter.at*; *www.donaldrunnicles.com* [Edinburgh 16.11.1954]. **Laufb:** Music Dir San Francisco Op seit 1992, Gastdgt Wiener Staatsop. (Red)

Ruoff, Axel, Prof, Komponist, Hochschullehrer; Fasanenweg 1, D-73274 Notzingen, *axel.-ruoff@t-online.de* [Stuttgart 24.3.1957]. **Ausb:** Stud Komp, Musiktheorie, Kl (M Kelemen, R Hempel, E Karkoschka) Stuttgart 75–83, Staatsexamen (Musiktheorie, Kl) 79, Künstl Abschlußprüfung 84, Stud (H Minami) National-U of Fine Arts and Music Tokyo 87. **Laufb:** Doz (Musiktheorie) MH Trossingen 83–85, Prof Staatl MH Stuttgart seit 92. **Pr:** Stip d japan Kulturmin, 'Valentino Bucchi' Rom 85 u 88, 'Musica viva' Pforzheim 90, Perugia ua, 2. Pr 'Ensemblia' Mönchengladbach 87, 1. Pro ICONS Torino 88, 1. Pr 'Pro Loco Corciano' 92, KompPr d Landesmusikrates Baden-Würtemberg 89 u 92; KompPr KiM 02. – **Komp:** Notturno (2 Chöre) 86, UA Mannheim 93; Nacht u Träume (OrchW) 87, UA Baden-Baden 93; Wettende (Soli, Chor, Orch) 93, UA Stuttgart 96; Gitarrenkonz (Git, Streichorch, Perc) 93–95, UA Münster 96; Konzert (Orgel u Perc-Ens) 96/97, UA Schwäbisch Hall 97; Bergpredigt (Oratorium), UA Stuttgart 99 (Auftr Dt Ev Kirchentag 99); 'Ein Fremder in der Stadt' (Op) 2000 (Auftr Stadt Stuttgart); CREDO (Orat) UA Stuttgart 02 (Auftr Verb Ev KiM).

Rupf, Konrad, KS, Prof, Bassbariton; Waldesrauschen 4, D-09117 Chemnitz, T: (03 71) 85 36 57 [23.5.1933]. **Laufb:** Sol Sächs Staatsop Dresden, Sol Op Leipzig, Gastsol Landesbühnen Sachsen SpZ 02/04. (Red)

Ruppel, Jakob Philipp, Komponist; c/o 'edition 49' Bühnen- und Musikverlag GmbH, Albstr 59, D-76275 Ettlingen, T: (0 72 34) 33 22 80, F: 33 22 81, *info@edition49.de*; *www.edition49.de* [Karlsruhe]. **Ausb:** Stud (Git, MWiss) Karlsruhe, (Lt, histor Intpr-Praxis) Frankfurt. – **Aufn/RF:** CDs m div Sol (Alte u Neue M). **Zug:** mehrere Werke zeitgen Komp. (*)

Ruppik, Susanne, Sängerin; c/o Pfalztheater Kaiserslautern, Willy-Brandt-Pl 4–5, D-67655 Kaiserslautern. (Red)

Ruprecht, Gesa, Hochschullehrerin, Violine, Viola; Potsdamer Str 13, D-49088 Osnabrück, T: (05 41) 1 45 76. **Ens:** Ltg Orch 'Piccola Sinfonica'. (Red)

Ruprecht, Margarita, Sängerin; c/o Theater an der Rott, Pfarrkirchener Str 70, D-84307 Eggenfelden. **Laufb:** Sol Th a d Rott Eggenfelden SpZ 03/05. (Red)

Ruschkowski, André Arnim, Dr phil, Musikwissenschaftler, Komponist; Straußstr 3, D-83457 Bayerisch Gmain, T: (06 62) 61 98 51 22, (0 86 51) 6 82 36, F: (06 62) 61 98 62 09, (0 12 12) 5 14 71 39 62, *ruschkowski@web.de*; Univ Mozarteum, Abt f Dirigieren, Komposition u Musiktheorie, Zentrum im Berg, Fürbergstr 18–20, A-5020 Salzburg, *andre.ruschkowski@moz.ac.at*; *www.ruschkowski.de* [Berlin 25.3.1959]. elektron Musik **Ausb:** Stud (Musikwiss) Humboldt U Berlin 84–89, Prom Humboldt U Berlin 93. **Laufb:** Gastkomp in versch Studios f elektron Musik (ua Paris, Berlin, Budapest, Wien), LAuftr TU Berlin seit 92, Gastprof Univ Köln, Prof f elektron M Univ Mozarteum Salzburg, Lt des Studios f elektron M Univ Mozarteum. **Pr:** Pr d Stadt Varese, Italien 90, Bourges 85, 89, 00, Int Wettb f Radiokunst Paris 97, KompWettb f CompM Braunschweig 98, KompWettb d American Composers Forum 'Sonic Circuits' 98. – **Komp:** Zeichen (Tonband) 89, Rimbaud ist der Dichter I u II (Tonband) 89/92, Nasca (Tonband) 93, Succubus-Qua (Tonband) 94, Salzburgtrum (Fl, V, Perc u Tonband), 95/98, Sonama (Fl, V, Perk) 96, Karabontara (Kl u Tonband) 96, Arara & Araku (Perc, Tonband) 97, Trakl-Zyklus (Sop, Fl, Klar, V, Vcl, Kl, Tonband) 97, Les pas intérieurs (Tänzerin, Perc, Tonband) 97, Arion, Dione, Boreas, Cento (Tonband) 98, Andana (Fl I/II, Ob, Klar, Bassklar, Marimbaphon, Grancassa, Kl, V I/II, Va, Vcl, KB) 98, Doxa (Tänzerin, Perc, Tonband) 99, Otherland (Multimedia-Performance, 2 Tänzerinnen, Perc, Video, Audio interaktiv, Tonband) 99. **Aufn/RF:** CDs 'Composers Edition' Vol I–V. **Sonst:** Bücher: Soundscapes, Berlin 90; Elektron Klänge u musikal Entdeckungen, Stuttgart 98; zahlr Art i Fachzs u RFArb.

Ruß, Ingeborg, Prof, Hochschullehrerin, Alt; Höxterstr 1a, D-32805 Horn-Bad Meinberg, T: (0 52 33) 72 93, 01 72–2 89 09 24, F: 72 93. **Laufb:** Prof (Ges) H f M Detmold. (*)

Russ, Wolfgang, Komponist; Leipziger Str 15, D-71101 Schönaich, T: (0 70 31) 65 72 65, F: 65 72 66, *russ.musikverlag@t-online.de*; *www.russ-musikverlag.de* [Sindelfingen 24.10.1954]. **Ausb:** Stud (Akk, Kl, Git) Städt MS Trossingen. **Laufb:** InstrumentalL, Musiker, Komp seit 77, ständ Mitarb Inst f zeitgen M Burghausen, FB-Lt Jazz u Rock JugendMSch Schönaich, Doz zahlr Kurse, Doz (Methodik) Hohner-Kons Trossingen seit 89, Lt MSch Schönaich seit 2000. **Pr:** KompPr Dt Harmonika-Verband 80 u 85. – **Komp:** Collaboration (Rhapsodie), UA Schönaich 87; Divertimento ritmico (Divertimento), UA Schönaich 88; Gib uns Frieden (Kantate), UA Böblingen 94; Micro-Suiten Nr 1, 2 u 3 (Suite); Neun Jazzstücke f 1–4 Git (Jazz); Die Reise des Herrn Kolumbus (Akk u Altblockfl); Cubano (Tango). **AuftrKomp:** Harlekin (Suite) 91, Check it up (Konzertstück) 92, Fantasy (Suite) 94, Kurzgeschichten (Suite) 97, Magic (Suite) 99.

Russell, Lucy Hallman, Hochschullehrerin, Cembalo; Burgweg 12, D-97239 Aub, T: (0 93 35) 99 74 60, F: 99 74 50. **Laufb:** Doz (Cemb, Hist Aufführungspraxis) Hermann Zilcher Kons Würzburg. (Red)

Russell, Oswald, Klavier; rue Jean-Violette 12, CH-1205 Genève, T: 07 86 61 20 97. (Red)

Rust, Jürgen, KS, Tenor; Emmeransstr 4, D-55116 Mainz, T: (0 61 31) 23 44 28; c/o Staatstheater Mainz, Gutenbergpl 7, D-55116 Mainz. **Laufb:** Sol Staatsth Mainz. (Red)

Ruth, Christian, Sänger; c/o Pfalztheater Kaiserslautern, Willy-Brandt-Pl 4–5, D-67655 Kaiserslautern. (Red)

Rutherford, Donald, Sänger; Hagenstr 26, D-48301 Nottuln, T: (0 25 02) 4 87; c/o Städtische Bühnen Münster, Neubrückenstr 63, D-48143 Münster. **Laufb:** Sol Städt Bühnen Münster. (Red)

Rutkauskas, Alejandro, Violine; c/o HR Sinfonieorchester, Bertramstr 8, D-60320 Frankfurt a M. **Laufb:** 1. Konzm HR SinfOrch Frankfurt a M. (Red)

Rutz, Alfred, Flöte; Residenza Villa Bruni, via S Gottardo 134a, CH-6828 Balerna, T: 09 16 82 41 12, F: 09 16 82 41 12, *vsegre@compuserve.com* [Zürich 6.11.1953]. Klassik **Ausb:** Fl (A Jaunet) MH Zürich 75–79, Fl (A Nicolet) MH Freiburg/Br 79–81. **Laufb:** 1. Fl Orch della Svizzera Italiana. **Pr:** 'Méd de bronze à l'unanimité' Int MWettb Genf 78, 'SolPr' STV 81.

Ruuttunen, Esa, Bariton; c/o Württembergisches Staatstheater, Oberer Schlossgarten 6, D-70173 Stuttgart; c/o Wiener Staatsoper, Opernring 2, A-1010 Wien [Nivala, Finnland]. **Ausb:** Unterr (Kl, Vcl, Ges), Stud (Theologie), Stud M (M Lehtinen) Sibelius-Akad Helsinki bis 80, Stud b R Bautz, J di Maria Petris u H Brauer. **Laufb:** Lektor (KiGes) Sibelius-Akad 84–87, Sol Finn Nationalop Helsinki seit 85, Gastsol Dt Op Berlin seit 96, Staatsth Stuttgart, Wiener Staatsop 04, Gastsol Bregenzer FSp, Savonlinna OpFstv, zahlreiche KonzReisen u Liederabende; ZusArb ua m d Toronto Symphony Orch, Hamburger Symphonikern. **Pr:** 2. Pr int GesWettb Genf, 'Künstler d Jahres 2000' Savonlinna OpFstv. – **Aufn/RF:** zahlreiche Schallplatten, Rundfunk- u Fernsehaufnahmen. (Red)

Ruzicka, Peter, Dr, Prof, Komponist, Intendant; Alphonsstr 17, D-22043 Hamburg, T: (06 62) 8 04 52 00, F: 8 04 57 20; *www.peter-ruzicka.de* [Düsseldorf 3.7.1948]. **Ausb:** Stud (Kl, MTheorie) Hamburger Kons 63–68, Stud (Rechts- u MWiss) München, Hamburg u Berlin 68–76, Prom 77. **Laufb:** freiberufl Komp u Musikschriftsteller, Intend RSO Berlin 79, Intend Staatsop Hamburg 88, Prof MH Hamburg 90, künstl Ltg Münchener Biennale 97, Intend Salzburger FSp seit 01, Ltg Dt Orch-Stift Berlin 05. **Pr:** Mitgl Akad d Künste München u Hamburg. – **Komp:** Metastrofe (OrchW) 71, UA Berlin, RSO, Dgt: M Gielen 71; Den Impuls zum Weitersprechen erst empfange 81, UA Saarbrücken, C Halffter 82; Fünf Bruchstücke (OrchW) 84/88, UA Berlin, BPO, Dgt: G Albrecht 88; Metamorphosen über ein Klangfeld v J Haydn (OrchW) 90, UA Köln, RSO, Dgt: G Albrecht 90; Tallis (OrchW) 93, UA Kiel, Philharm London, Dgt: G Sinopoli 93; Celan (Op) 98/99, UA Dresden, Staatsop 01. **AuftrKomp:** Der die Gesänge zerschlug (Kantate) 85, UA Berlin, D Fischer-Dieskau 85 (Auftr: Berliner FestW). **Lit:** 'Komponisten d Gegenwart'.

Ruzzafante, Angelina, Sängerin; c/o Oper im Schlossgarten, Eutiner Festspiele, Am Schlossgarten 7, D-23701 Eutin. **Laufb:** Gastsol Th Hagen SpZ 00/01, Op im Schlossgarten FSp Eutin SpZ 04/05, Gastsol Th Hagen SpZ 04/05. (Red)

Ryan, Kwamé, Dirigent, Generalmusikdirektor; Goethestr 66, D-79100 Freiburg, T: (07 61) 7 07 59 79; c/o Philharmonisches Orchester, Bertoldstr 46, D-79098 Freiburg [Toronto, Kanada 1970]. **Ausb:** Stud in Gonville u Caius College, Cambridge, ua b Peter Eötvös. **Laufb:** GMD Philh Orch d Stadt Freiburg u Ltg KonzR Städt Bühnen Freiburg seit 99, Gastdgt Th Schweinfurt SpZ 03/04, Staatsop Stuttgart. (Red)

Rybach, Ladislaus, Dr, Dirigent; Chrummwisstr 62, CH-8700 Küsnacht, T: 0 19 10 71 75, *rybach@access.unizh.ch*; *www.ovz.ch* [1.4.1935]. Barock, Klassik, Moderne **Ausb:** Stud Dirig (P Müller) Kons Zürich 57–60, Satztechn (P Hindemith) U Zürich 57–58, Dirig (E Schmid) MAkad Basel 62–64, Mstrks (R Kubelik) 62, 69, (I Markevitch) 66. **Laufb:** ständ Dgt OrchVerein Zürich seit 61, Dgt in Spanien, Italien, England, Frankreich, Dtld, Ungarn, Rumänien, Neuseeland. **Pr:** 1. Pr Concours Int pour Jeunes Chefs d'Orch Besançon 64, Interlyra Pr Budapest 2000. – **UA:** A Schibler: Concerto poetico, UA Zürich 76; ders: De misterio hominis, UA Zürich 83; U Derungs: KonzStück, UA Zürich 01.

Rybar, Peter, Violine; via Stazione 57, CH-6987 Caslano, T: 09 16 06 16 44. (Red)

Ryberg, Anna, Sängerin; c/o Oper Frankfurt, Untermainanlage, D-60311 Frankfurt/Main, T: (0 69) 26 95 83 77. **Laufb:** Gastsol Op Halle SpZ 00/01, Sol Op Fankfurt SpZ 04/05. (Red)

Rydh, Johan, Opernsänger; Risvägen 35, S-13237 Saltsjö-Boo, T: +46 70 9 49 65 40, *johan_rydh@spray.se*; Staatstheater, Oberer Schloßgarten 6, D-70173 Stuttgart; *www.rydh.nu* [Järfälla, Schweden 16.3.1967]. Oper, Lieder **Ausb:** Operahögskolan i Göteborg, Schweden. **Laufb:** Göteborgsop Gothenburg / Schweden 95–98; Wermlandsop Karlstad / Schweden 97–99; Folkop Stockholm seit 01; Gastsp Den Norske Op Oslo 05; Staatsop Stuttgart 06; Konzerte ua S Bach, Brahms, Händel, Kraus: Mot en aldsvåldig magt, J H Roman: Jubilate, Lars Erik Larsson: Förklädd Gud, Allan Petterson: Barfotasånger, Tormis: Järnets Förbannelse, Schumann, Schubert.

Rydholm, Birgitta, Opernsängerin; Donaustr 100, D-12043 Berlin, T: (0 30) 4 86 23 59 99, (01 79) 4 82 81 95, *birgitta.rydholm@gmx.net*; c/o Volkstheater Rostock, PF 102215, D-18004 Rostock [Schweden 14.9.1964]. Oper **Ausb:** OpH Göteborg 89–92, Stud Ges (G Sacher) London 87–93, Stud Ges (G Ciannella) Bologna seit 95. **Laufb:** Sol Staatsth Braunschweig 99–03, Gastsol Staatsth Cottbus SpZ 00/01, Kgl Op Stockholm, Göteborgs Op, Malmö MTh, Norweg Op. – **UA:** 'Dein ist das Reich', UA Vadstena Akad 91; 'Wintermärchen', dt EA Braunschweig 01.

Rydholm, Michael, Prof, Hochschullehrer, Klavier; Univ f Musik u Darst Kunst, Inst Ludwig van Beethoven, Rennweg 8, A-1030 Wien, *rydholm@mdw.ac.at* [Säffle, Schweden 1958]. **Ausb:** Stud H f Musik Ingesund 73–76, MusikH d schwed Rundfunks Schloss Edsberg 76–79, AssL f Harmonielehre ebd 78–79, H f Musik u Darst Kunst Wien (Instrumentalpädagogik Konzertfach). **Laufb:** L (Kl) Musikschule Retz, Niederösterreich 85–88, Lehrtätigkeit U f Musik u Darst Kunst Wien seit 88, UProf ebd. (Red)

Rydl, Kurt, KS, Bass; c/o Christiane Rydl, Kirchengasse 15, A-1070 Wien, T: (02 22) 5 23 05 82, F: (02 22) 5 23 59 45, (01) 5 23 59 45, *crydl@kurt-rydl.com*; c/o Italartist, Lothringerstr 14, A-3400 Klosterneuburg, T: (0 22 43) 3 26 14, F: 2 58 19, *italartist@aon.at*; *www.kurt-rydl.com, www.italartist.com/bass_fr.htm* [Wien]. Oper, Konzert **Ausb:** Stud (b Kolo) H f M Wien, Stud (b Petkov) Kons Moskau. **Laufb:** Debüt Op Linz 72–74, Op Stuttgart 74–77, Gastsol Op Barcelona, Lissabon u Venedig, Sol Wiener Staatsop seit 76, Gastsol Bayreuther FSp 75 u Salzburger FSp 76, 79, 82–90, 96, FSp v Schwetzingen 91, Japan Tournee m Wiener Staatsop 86, Gastsol Teatro Fenice Venedig 89, Maggio musicale Florenz 89, 92, Mailänder Scala 90, Teatro Liceo Barcelona 90, Beethoven-Fest Bonn 92, StaatsTh Hannover, Bayer Staatsop München 93, 03/04, Op Bastille 93, Teatro San Carlos Lissabon 93, Dt Op Berlin 95, Op Amsterdam 95, Teatro Comunale Bologna 95, Londoner Covent Garden Op 95–96, Th Châtelet Paris 96, Teatro Regio Turin, Op Zürich, Nationalth Mannheim SpZ 00/01, Sächs Staatsop Dresden SpZ 03/05, Hamburg Staatsop 03/05, Dt Op Berlin SpZ 04/05, Th St Gallen SpZ 04/05. **Pr:** Prtr GesWettb Barcelona 71, 74 u Paris 72, KS 86, Ehrenmitgl d Wiener Staatsop 99, Österr Ehrenkreuz 1. Kl 01. – **Aufn/RF:** zahlr Aufn ua: Wagner: 'Rheingold' BR 88, R Wagner: 'Siegfried' (m Bayer RuR) 90, Strauss: 'Rosenkavalier' m Staatskapelle Dresden 90, Beethoven: 'Fidelio', m Wiener Philh, Dgt: Dohnanyi 91, C M v Weber: 'Der Freischütz' (m Dt Sinfonie-Orch Berlin) 94, Th Ambroise: 'Hamlet' (m ORF-Sinfonieorch) 94.

Rydlewski, Radoslaw, Sänger; Layritzstr 5, D-95028 Hof, T: (01 72) 7 35 45 16; c/o Theater Hof, Kulmbacher Str 5, D-95030 Hof. **Laufb:** Sol Th Hof, Gastsol Anhalt Th Dessau, Th Görlitz. (Red)

Rynkowski-Neuhof, Ulrike, Prof, Hochschullehrerin, Sängerin; Bechsteinstr 4, D-99423 Weimar, T: (0 36 43) 20 20 00; H für Musik 'Franz Liszt', Inst f Schulmusik u Kirchenmusik, PF 2552, D-99406 Weimar. **Laufb:** Prof (Gesang, Stimmbildung) H f Musik 'Franz Liszt' Weimar. (Red)

Ryser, Beat, Repetitor; Ostring 42, CH-3006 Bern, T: 03 13 52 15 25, 07 87 15 03 70. **Laufb:** Korrep Th Biel-Solothurn seit SpZ 03/04. (Red)

Ryser, Simona, Gesang; Winterthurerstr 70, CH-8006 Zürich, T: 0 13 63 47 73, *simona.ryser@swissonline.ch* [Zürich 19.10.1969]. Musiktheater, zeitgen Musik, KamM **Ausb:** Stud Ges (V Schlosser) 89–96, OpStudio Biel 93–95, Stud Ges (N Giusti) seit 99. **Laufb:** Stadtth Biel, Th Wien, op Leipzig, künstl Ltg 'Szene u Musik' seit 98. **Pr:** Friedl-Wald-Stift Basel 93,

K-Hablitzer-StudPr 97–98. – **UA:** D Monthon: Yniwak 92. **Sonst:** Grdg Label 'Szene u Musik', Autorin MThStücke, Libretti, Texte.

S

Sabbagh, Peter, Dr, Komponist; Harksheider Str 27, D-22399 Hamburg, T: (0 40) 60 87 59 10, F: 60 68 26 37, *Peter.Sabbagh@t-online.de* [Hamburg 28.12.1965].

Sabbatini, Giuseppe, Sänger; c/o Wiener Staatsoper, Opernring 2, A-1010 Wien. **Laufb:** Sol Wiener Staatsop, Dt Op Berlin SpZ 04/05. (Red)

Sabow, Ralph, Fagott; c/o HR Sinfonieorchester, Bertramstr 8, D-60320 Frankfurt a M. **Laufb:** Sol HR SinfOrch Frankfurt a M. (Red)

Sabrowski, Carsten, Sänger; c/o Komische Oper, Behrenstr 55–57, D-10117 Berlin, T: (03 81) 2 00 32 24. **Laufb:** Sol Volksth Rostock, Kom Op Berlin SpZ 03/05. (Red)

Sabrowski, Jörg, Sänger; Blockshagener Weg 9, D-24247 Mielkendorf, T: (0 43 47) 70 81 91; c/o Bühnen der Landeshauptstadt Kiel – Opernhaus am Keinen Kiel, PF 1660, D-24015 Kiel [Kiel 1967]. **Laufb:** Sol Bühnen d Landeshauptstadt Kiel SpZ 00/01, Gastsol Vereinigte Bühnen Graz SpZ 03/04. (Red)

Sabrowski, Manfred, Sänger; Am Aalbek 6, D-24247 Mielkendorf, T: (0 43 47) 13 77. **Laufb:** Sol Eutiner Festspiele. (Red)

Saccà, Roberto, Tenor; c/o Erich Seitter Bühnen- u Konzertvermittlung, Opernring 8/13, A-1010 Wien, T: (01) 5 13 75 92, F: 5 12 93 51, *kurt-walther.schober@agentur-seitter.at*; *www.roberto-sacca.com*. **Ausb:** Stud (Ges) MH Stuttgart, MH Karlsruhe u b N Gedda. **Laufb:** EnsMitgl Würzburg u Wiesbaden, Debüt Dt Staatsop Berlin 94, Sol Op Zürich 93–02, Debüt Staatsop Wien 02, Sol Bayer Staatsop München, Wiener Staatsop, Op Zürich seit SpZ 03/04, Dt Op Berlin SpZ 04/05, Op Köln. (Red)

Sacchi, Federico, Bass; c/o Opernhaus Zürich, Falkenstr 1, CH-8008 Zürich. **Laufb:** Sol Luzerner Th SpZ 03/04. (Red)

Sacher, Jürgen, Sänger; Ernst-Barlach-Ring 43, D-22946 Trittau, T: (0 41 54) 44 67; c/o Hamburgische Staatsoper, PF 302448, D-20308 Hamburg [Augsburg]. **Ausb:** Stud (KiM, MErziehung)Augsburg, Stud b L Kirschstein. **Laufb:** Sol Städt Bühnen Heidelberg, OpHaus Dortmund, Sol Hamburg Staatsop seit 90, Gastsol Berliner Staatsop, Op Frankfurt, Op Kopenhagen, Salzburger FSp, Mailänder Scala, Maggio Musicale-Fiorentino, Op Brüssel. – **Aufn/RF:** Berg: Wozzek, 'Andres', 99/2000, Hamburger Staatsop, Dgt: I Metzmacher.

Sacher, Regine, Sängerin; c/o Bühnen der Stadt Köln – Opernhaus, PF 101061, D-50450 Köln. **Laufb:** Gastsol Landesth Mecklenburg Neustrelitz SpZ 00/01, Op Köln seit SpZ 03/04. (Red)

Saciuk, Andrzej, KS, Sänger; Jahnstr 21, D-40789 Monheim, T: (0 21 73) 5 16 88, (01 72) 2 10 93 21, F: 5 16 88 [Zytyn, Polen 10.4.1933]. **Ausb:** Stud (S Zawadzka) Warschau 51–78, Staatl Th u Film H Lodz 54–58, DiplSchausp, Stud (G Bechi) Florenz 64, 66, 79. **Laufb:** erst Eng 51 (Chorsänger), Solodebüt 54, Sol Dt Op am Rhein Düsseldorf-Duisburg SpZ 03/05, Gastsol Op Hannover SpZ 04/05, Auftr in 24 Ländern. **Pr:** 2. Pr MWettb ARD München 62, Dipl d'Onore Accad Chigiana Siena 64.

Sadé, Gabriel, Sänger (Tenor); c/o Württembergische Staatsoper, Oberer Schloßgarten 6, D-70173 Stuttgart; c/o Columbia Artists Management Inc, 165 West 57th St, New York, NY 10019–2276, U.S.A., T: (2 12) 8 41 95 00, F: 8 41 97 44, *info@cami.com*. **Ausb:** Stud Israel u Guildhall School of Music London. **Laufb:** Auftritte Op Stuttgart, Dresden, Berlin, Köln, Hamburg, Stockholm, Turin, Teatro alla Scala, Genf, Zürich, Bologna, Tel Aviv, Hollywood Bowl, Seattle, Boston u Cincinnati, Sol Hamburg Staatsop, Staatsth Stuttgart SpZ 03/05, Gastsol Semperop Dresden 03/05, Sol Dt Op Berlin SpZ 03/04, Wiener Staatsop SpZ 04/05. – **Aufn/RF:** G Verdi: 'Messa da Requiem' (m London Symphony Orch) 96, O Respighi: 'La Fiamma' (m Orchestra of the Rome Op) 97. (Red)

Sadil, Robert, Sänger; Stadttheater, Theaterpl 7, A-2500 Baden. **Laufb:** Sol Stadtth Baden b Wien. (Red)

Sadler, Helmut, Prof, Komponist; Joh-Seb-Bach-Str 11, D-69256 Mauer, T: (0 62 26) 14 33, *Kompositionen@helmut-sadler.de*; *www.helmut-sadler.de* [Streitfort, Siebenbürgen 23.6.1921]. KamM, Sinf M, Singspiel bis Op **Ausb:** Stud KiM Erlangen 46–47, MH Heidelberg 47–52. **Laufb:** freischaff Komp 52–58, ML Mannheim 58–63, LBeauftr PH Heidelberg 63–76, Prof (Tonsatz, Musiktheorie) Staatl MH Heidelberg-Mannheim 76–87, iR 87. **Pr:** Kulturpr d Siebenbürger Sachsen in Dtschld 99. – **Komp:** Sinf Concertante (Konz) 79, UA Heidelberg 79; Toccatina quasi una Rhapsodia (OrchW) 81, UA Stuttgart 81; Sinfonietta (OrchW) 86, UA Karlsruhe 88; Symphon Triptychon (OrchW) 88, UA Bruchsal 88; Drei Arabesken (Konz) 90, UA Heidelberg 90; Drei Intermezzi f 8 Fagotte (Octetto Tokio-Berlin). **AuftrKomp:** Toccatina quasi una Rhapsodia, UA Stuttgart 81; 'Happy Birthday', Variationen f gr Orch, UA Heidelberg 96.

Sadlo, Peter, Dr, Prof, Hochschullehrer, Pauke, Schlagzeug, Schlaginstrumente; Mittergasse 7, D-85376 Giggenhausen, T: (0 81 65) 87 71, F: 8 02 63, *post@sadlo-percussion.de*; c/o Konzertdirektion Hörtnagel Berlin, Oranienburger Str 50, D-10117 Berlin, T: (0 30) 3 08 87 70, F: 30 88 77 33, *agentur@hoertnagel.com*; *www.sadlo-percussion.de*. Kammermusik **Ausb:** Stud Schlgz (S Fink) MH Würzburg. **Laufb:** Solopauker Münchner Philharmoniker 82, Konz m RFSinfOrch Berlin, Staatskap Weimar, Orchestra Nazionale Sinfonica della RAI, Tokyo Metropolitan Symph Orch, SinfOrch Wuppertal 04/05, Gast b MFstv Bremen, Echternach, Lockenhaus, Ingolstadt, Bad Kissingen, Schwetzingen 04/05, Potsdam 04/05, Tournee m Nagoya Philh in Japan 04/05, ZusArb m Dgt: ua S Celibidache, L Bernstein, S Ozawa, L Maazel, Z Mehta, D Barenboim; Prof (Pauke, Schlgz) H f M u Th München seit 83, UProf (Schlginstr) Mozarteum Salzburg. **Pr:** 1. Pr Concours Int Genève 82, 1. Pr Int MWettb d ARD München 85, Echo Klassik Pr 98 f 'Perc in Concert', Ehrendoktorwürde d Staatl MAkad Sofia 03. **Ens:** Modern Art Perc Ens, P Sadlo and friends, Piano & Perc m A Gourari. (Red)

Sadnik, Roman, Opernsänger; Barawitzkagasse 11/21, A-1190 Wien, T: (01) 9 46 53 90; c/o Niebelheim Agentur & Verlag Regina Hruška, Gallgasse 76, A-1130 Wien, T: (01) 8 97 90 91, F: 8 97 90 91, *agentur@niebelheim.com*; *www.niebelheim.com* [Wien 26.2.1963]. Oper, Konzert **Ausb:** OpKlasse MH Wien 97, b W Berry, H Beresford, OpStudio Staatsop Wien 98/99. **Laufb:** Wiener Staatsop, Münchner Staatsop, Bern, Essen, Toulouse, Luzern, Zürich, Athener Opernfsp, Salzburger FSp, Wiener FestW, Schwetzinger FSp, Wiener MVerein, Wiener Konzerthaus, Freiburg, Halle, Innsbruck, Th a d Wien. – **Aufn/RF:** Kurz: 'Gute Miene böses Spiel', Schwetzingen 01; Alfano: 'Cyrano de Bergerac', Dgt M Frank, Kiel 02; Reznicek: 'Donna Diana', Dgt Windfuhr, Kiel 03.

Saegebarth, Uwe, Trompete; c/o Konzerthaus Berlin, Gendarmenmarkt, Charlottenstr 57, D-10117 Berlin. **Laufb:** stv Sol Berliner SinfOrch. (Red)

Sämann, Gerlinde, Sopran, Atemtherapeutin; Rottenhammerstr 2, D-86150 Augsburg, T: (08 21) 5 42 88 80, F: 5 42 88 80; *www.gerlinde-saemann.de* [Nürnberg 1969]. Alte u Neue Musik, Lied- u Oratoriengesang **Ausb:** Stud (Kl u Ges) Richard Strauss Kons München b Karl-Heinz Jarius, Henriette Meyer-Ravenstein u Selma Aykan. **Laufb:** zahlr Eng im Ausland (Frankr u Italien), Sol Th Aachen, Gastsol Th Neumarkt Zürich SpZ 03/04, Eng Th Rostock 04. **Pr:** Stip Ldshauptst München 99. **Ens:** ESTAMPIE München. – **Aufn/RF:** zahlr RF-Aufn v Bach-Kant; H Pogatschar: 'Mars Requiem' (CD, LP); dies: 'Titus Trash Tatar' 99; 'Vêpres sous Charles VI a Vienne' 02; 'Heilige Nacht. Christmas Music' 2000; 'Biber Requiem 03; Strausslieder (CD) in Vorb; zahlr Aufn m Ens ESTAMPIE München.

Sändig, Jörg, Bariton; Duburger Str 13 a, D-24939 Flensburg, T: (04 61) 4 90 25 17, (01 60) 5 43 26 99, *saendig@tiscalinet.de*; Schleswig-Holstein Landestheater, Lollfuß 53, D-24837 Schleswig. Op, Optte, Orat **Ausb:** Stud Op (R Hermann) MH Karlsruhe, Lied (D Lutz) Kons d Stadt Wien. **Laufb:** Sol Südostbayer Städteth Landshut, Sol Schleswig-Holstein Landesth Schleswig u Süddt Kammerop SpZ 03/04. – **UA:** J v Einem: Luzifers Lächeln, UA Landesth Salzburg 98.

Saetre, William, Sänger; Uhlenhorster Weg 34, D-22085 Hamburg. (Red)

Saevarsson, Jóhann Smári, Bass; Ludwigstr 3a, D-93047 Regensburg. (*)

Šafař, Pavel, Sänger; Fichtenbreite 101, D-06846 Dessau, T: (03 40) 61 77 90; Anhaltisches Theater, Friedenspl 1a, D-06844 Dessau. **Laufb:** Sol Anhalt Th Dessau. (Red)

Sagaischek, Peter, Viola; c/o Volksoper Wien, Währinger Str 78, A-1090 Wien. **Laufb:** Sol Orch d Volksop Wien. (Red)

Sagara-Schuchter, Akiko, Prof, Hochschullehrer, Klavier; Alter Markt 11, A-5020 Salzburg, T: (06 62) 84 99 28; Univ Mozarteum, Abt f Tasteninstrumente, Zentrum im Berg, Fürbergstr 18–20, A-5020 Salzburg, T: (06 62) 61 98 69 20, F: 61 98 69 29, *akiko.schuchter-sagara@moz.ac.at*. **Ausb:** Stud (Kl KaM) Toho-MusikH Tokyo (Iguchi u Saito), Univ Mozarteum Salzburg (I Haebler). **Laufb:** ao UProf (Kl) U Mozarteum Salzburg. (Red)

Sahler, Gernot, Dirigent, Komponist; Forsthaus Vorholz, D-55234 Offenheim, T: (0 67 36) 96 03 51, F: 96 03 52, *gernsahl@gmx.de* [17.12.1966]. **Ausb:** (KiM) KiMSchule Trier 83–86, Komp (K May-Horroff), Stud Dirig, Kl (B Bloch, M Roll, R Peters, G Fischer) Folkwang-H Essen. **Laufb:** Kapm u Stellv d GMD Staatsth Mainz, Doz (Dirig) u Lt HOrch Peter Cornelius-Kons Mainz, Eng Stadtth Aachen, Philh Essen, Pfalzth Kaiserslautern, Stadtth Gießen, Th Krefeld-Mönchengladbach, Rossinifstv Bad Wildbad, Landesjugendorch Rheinland-Pfalz, 1. Kpm und stellv GMD Th Freiburg SpZ 04/05. **Pr:** Bundessieger 'Jugend musiziert'. – **AuftrKomp:** 'Arche Nova', e musikaltheatral Sintflut (Op), UA TH Krefeld-Mönchengladbach, Dgt: G Sahler 2000 (Auftr: z 50-jähr Bestehen d Theaterehe Krefeld-Mönchengladbach). **UA:** G Bryars: Op 'G', UA Staatsth Mainz 02.

Saito, Chihiro, Violoncello; Olgastr 108, D-70180 Stuttgart, T: (01 72) 7 11 64 07; c/o Südwestdeutsche Konzertdirektion Erwin Russ GmbH, Charlottenpl 17, D-70173 Stuttgart, T: (07 11) 1 63 53 11, F: 1 63 53 30, *info@sksruss.de*. **Ens:** Lotus String Qua. (Red)

Sajonz, Miriam, Mezzosopran; c/o Künstleragentur Tobias Kade, Ammonstr 72, D-01067 Dresden, T: (03 51) 4 90 67 94, 01 72–3 66 29 07, F: 4 90 67 93, *tobias-kade@gmx.de*; Alt-Heiligensee 50, D-13503 Berlin, T: (0 30) 43 74 93 68; *www.kuenstleragentur-kade.de* [Leipzig]. **Ausb:** Stud Ges (J Hartfiel, K Mitzscherling) MH 'Carl Maria v Weber' Dresden, Mstrks b E Schwarzkopf, T Adam u I Bjoner. **Laufb:** Sol Op Hannover, Stadtth Klagenfurt, Staatsoptte Dresden SpZ 03/04, Konz m d Dresdner Philh in Europa u USA. (Red)

Sakai, Winfried, Bass; Wilhelm-Furtwängler-Str 82, D-68259 Mannheim, T: (01 63) 2 52 37 42, *winfried.sakai@web.de*; c/o Nationaltheater Mannheim, PF 102362, D-68023 Mannheim; *www.WinfriedSakai.de*. Oper, Oratorium, Konzert **Ausb:** Stud (Lehramt, Ges) H f M u Th Hamburg 82–90. **Laufb:** Sol NatTh Mannheim, Gast Staatsth Wiesbaden, Bayer Staatsop – NatTh München.

Sala, Ofelia, Sopran; c/o Balmer & Dixon Management AG, Kreuzstr 82, CH-8032 Zürich, T: 04 32 44 86 44, F: 04 32 44 86 49, *mail@badix.ch*; *www.badix.*

ch/voc.sala.html [Valencia]. **Ausb:** Stud (AL Chova) MH Valencia, Dipl (Gesang, Kl, MTheorie), Mstrks (H Deutsch, D Evangelatos, D Sulzen) H f Musik München, Mstrks (V de los Ángeles, G Canetti, E Ameling, U Reinemann, A Attenelle, P Rogé). **Laufb:** ua: Opproduktionen Teatre del Liceu Barcelona, Teatro Real Madrid, Op Leipzig, Düsseldorf, Prinzregententh München, Bonn, Mannheim, Liège ua, Berio: 'Outis' (Olga) Th Châlet Paris SpZ 99/2000, 'Saint François d'Assise' (Engel) NatAuditorium Madrid, 'Rigoletto' (Gilda) Neuproduktion Op Bonn, Lied- u KonzS Frankreich, Spanien, Dtschld, Sol Op Leipzig, Gastsol NatTh Mannheim SpZ 00/01, Gastsol Dt Op Berlin SpZ 03/05, Semperop Dresden SpZ 04/05. **Pr:** Ehrenpr MH Valencia f besten Abschluss, Stip Span Kultusmin, Stip Alexander v Humboldt-Stift, Ehrenpr d Präs H f Musik München, Prtr versch nat u int Wettb, ua: 1. Grand Pr XI.Int Gesangswettb Op Royal de Wallonie Liège, 1. Nat Pr Wettb Jugend Musiziert Spanien, 1. Pr Gesangswettb-Stip Monserrat Caballé – Bernabé Martin Zaragoza, 3. Pr Wettb Königin Sonja Oslo, 3. Pr Francisco Viñas Barcelona. (Red)

Salamon, Michael, Prof, Komponist; c/o J. M. Hauer Konservatorium, Herzog Leopold-Str 21, A-2700 Wiener Neustadt. **Ausb:** Stud (V, Kl, MPäd) MH Wien. **Laufb:** Prof (V, EnsLtg, Orch, Korrep) J M Hauer-Kons Wiener Neustadt. (*)

Salazar, Ines, Sängerin; c/o Wiener Staatsoper, Opernring 2, A-1010 Wien [Caracas, Venezuela]. **Ausb:** (Ges) Kons 'Augusto Steffani' Castelfranco Veneto. **Laufb:** Debüt ('Maskenball', Amelia) Teatro Rendano Cosenza 87, Partien d ital Fachs an zahlr OpHäusern in Italien, Frankreich, Niederlande, Bulgarien, Spanien, Südamerika, Gastsol Dt Op Berlin u Sol Hamburg Staatsop SpZ 03/04. **Pr:** Int 'Maria Callas'-GesWett 90.

Salbert, Dieter, Dr, Prof, Komponist, Professor f Musikpädagogik; Reiherweg 3, D-38527 Meine, T: (0 53 04) 35 78, F: 91 12 50, *dieter.salbert@t-online.de*; Senefelderstr 73, D-90409 Nürnberg, T: (09 11) 51 38 10; *www.salbert.de* [Berlin 2.8.1932]. E-Musik: Kammer- u Vokalmusik, Chor- u Orchestermusik, elektron Musik **Ausb:** Musikstud u künstl Reifeprüfung (Komp, Kl) Städt Kons Berlin, (Päd) Nürnberg, (MWiss) Erlangen, elektron Studien/Prod Stift Gaudeamus Bilthoven, Radio Pilsen (Tschechien), BR-Studio Nürnberg, Prom Hamburg 85. **Laufb:** MDoz Akad Remscheid 74–75, Doz TU Braunschweig 75–80, MProf Braunschweig 80–92. **Pr:** Förderpr f Musik Stadt Nürnberg, Richard-Wagner-Med Bayreuth, Niedersächs Künstlerstip, BVK a Bde, Dt Schallplattenpr. **Mitgl:** GEMA. – **Komp:** Theatralische Messe (Ch, Kinderch, Soli, Bläser, Org, Schlgz, Synthesizer), UA St Martini Braunschweig 7.6.77, Ltg E Burkhardt; Natur u Frieden – 7 Gesänge f Sop u StrOrch (Text n G Trakl), UA Braunschweig 14.3.85, A Zahoransky (Sop); 'Wandere im Kreise z unbekannten Ziel ...' (Sax, StrOrch), UA Braunschweig 7.3.02; Stationen d Hoffnung – ein szen Oratorium (Ch, Soli, Orch, Org, Tanz/Pantomime), UA Braunschweig 17.5.1981; 'Farewell – Rebirth' (Bläseroktett), UA Braunschweig 94 (Auftr Tage Neuer KamM Braunschweig); 'EUROPA-Musik f d Frieden' (Soli, Chor, Orch), UA 91 (Auftr Hans Sachs Chor Nürnberg); Europa-Musik f d Frieden, UA 20.11.1991, Hans-Sachs-Ch Nürnberg; 'Die große Flut' (Chor, Org), UA Braunschweig, St Martini 92 (Auftr 67. Dt Bachfest); 'Johannis-Zauber' (KamOrch), UA Braunschweig 95 (Auftr 250-Jahr-Feier TU Braunschweig). **Aufn/RF:** CDs: 'D S: KamM vom Solo zum Nonett'; 'Theatral Messe'; 'Vom Glanz d Trauer'; 'D S, J Ibert, C P E Bach'; LP: 'Klangszenen'; Electronic Pictures. **Sonst:** Grdg u Ltg Neue Akad Braunschweig eV (Verein f progressive M u Kunst). **Lit:** Komp d Gegenwart 2000; 'Profile, Impulse 3' 87; 'Profile aus Braunschweig' 96; Who's Who in Germany; Who's Who in the Arts; Das deutsche Who's Who.

Salemkour, Julien Sadi, Dirigent; c/o Deutsche Staatsoper, Unter den Linden 7, D-10117 Berlin, PF 354, D-10109 Berlin [21.6.1969]. **Ausb:** Dgt-Ausb (H-H Jöris, M Gielen), Kl (H Weiss, K Bergeman, M Leuschner) Komp (A Koerppen). **Laufb:** Korrep an div Th (Sir G Solti, Chr v Dohnányi, D Barenboim), Ass d GMD u Kapm Dt Staatsop Berlin (03/05). – **Aufn/RF:** div Aufn KlKamM, ORF, Radio Classique. **UA:** D R Coleman: Fleuve f Kl solo 98.

Sales, Gerson Luiz, Countertenor; c/o Staatstheater Darmstadt, Georg-Büchner-Platz 1, D-64283 Darmstadt. **Laufb:** Gastsol Schleswig-Holsteinisches Landesth u Sinfonieorch Schleswig SpZ 00/01, Staatsth Darmstadt SpZ 04/05, Th Dortmund SpZ 04/05. (Red)

Saljé, Cornelia, Mezzosopran; Jaquingasse 15/4, A-1030 Wien, T: (01) 5 14 44 22 50; c/o Konzertbüro Andreas Braun, Sülzgürtel 86, D-50937 Köln, T: (02 21) 9 42 04 30, F: 94 20 43 19, *braun@angel.de* [Donaueschingen]. Op, Konz **Ausb:** Stud MH Detmold Ges (H Echels) 90–96, Amsterdam (M Honig) seit 98. **Laufb:** Sol Kom Op Berlin, Osnabrück 98/99, Schwetzingen 99, Stadtth Gastsol NOB Berlin SpZ 00/05, Wiener Staatsop seit 01, Reisop Nederland 02.

Sallaberger, Oswald, Dirigent; c/o Luzerner Theater, Theaterstr 2, CH-6002 Luzern, T: 04 12 28 14 40. **Laufb:** Dgt Volksop Wien SpZ 03/04, Luzerner Th SpZ 04/05. (*)

Sallmann, Klaus, Pianist, Dirigent; c/o Bayerische Staatsoper, Brieffach, D-80075 München, T: (0 89) 21 85 13 40, *klaussallmann@aol.com* [Böblingen 1.3.1969]. **Ausb:** Stud Kl (S Speidel) MH Karlsruhe 87–91, Komp (W Rihm), Dirig MH Wien 91/92, Mstrkse Kl (Feuchtwanger) 89–92, Dirig (Celibidache) 89–92, Komp (Yun) 90. **Laufb:** Ass C Abbado Wien 91/92, Essen 92/93, Hamburg Staatsop 93–99, Bayreuther FSp 92–96, Studienlt Bayer Staatsop München seit 99, als Pianist ua Wiener FestW, Hamburger Musikfest, Salzburger FSp 03, Liederabendtournee m W Meier 03/04. **Pr:** Pr f Kl solo d Dt Tonkünstlerverbands, Stip Musica viva, Jeunesses musicales, Richard-Wagner-Verband. – **Komp:** Bagatellen (Kl), UA Karlsruhe 87; Gestörte Kommunikation (f Klquint), UA Weikersheim 89. **Aufn/RF:** Sallmann: Bagatellen 88; Skrjabin: Sonate Nr 10 op 70, 91; Sallmann: Gestörte Kommunikation, SDR Studio Karlsruhe; Schumann, Strauss: 'Melodramen' m O Sander, SFB 96.

Salm, Andreas, Komponist; Papenbütteler Weg 14, D-27729 Hambergen, T: (0 47 93) 9 50 85, F: 9 50 85, *Klangkristalle@yahoo.com, ad-libitum-music@t-online.de* [Bremen 30.3.1957]. **Ausb:** Musikstud H Hannover 74–81. **Laufb:** freischaff als Komp, Musiker (Klar) u Päd seit 81, Musiker u Komp a Westfäl Landesth 83–88, LTätigkeit U Bremen 85–91. **Pr:** Sonderpr Int Murray-Schafer-KompWettb 'Music and Play' Posen 97. – **Komp:** Apokalypse op 14 (KamM), UA Bremen 85; Genesis op 25 (Suite f Orch), UA Bremen 89; Epitaph for a lost illusion op 27 (KamM), UA Bremen 91; As tune goes by op 32 (KamM), UA Bremen 93; Mandala op 35 (Ballett), UA PRO MUSICA NOVA, Radio-Bremen 94; Space op 45 (Melodram), UA Posen 97. **AuftrKomp:** Farben d Nacht op 50 (Symph), UA Bremen 98 (Auftr: 4. Bremer Orchesterkurs). (Red)

Salm, Jost, Chorleiter; Tölzer Knabenchor, Kaminskistr 13, D-83671 Benediktbeuern. **Laufb:** Chorlt u Stimmbildner Tölzer Knabenchor. (*)

Salmen, Edith, Prof, Hochschullehrer, Schlagzeug; Hochschule f Musik u Theater, Beim St-Katharinenstift 8, D-18005 Rostock. **Ausb:** Stud (B Wulff) H f M Freiburg, Mstrkl v K Peinkofer in München. **Laufb:** HonProf HMT Rostock 05. **Ens:** 'that'. (Red)

Salminen, Matti, KS, Bass; c/o Theateragentur Dr Germinal Hilbert, Maximilianstr 22, D-80539 München, T: (0 89) 2 90 74 70, F: 29 07 47 90, *agentur@hilbert.de*; *www.hilbert.de* [Turku, Finnland 7.7.1945]. **Ausb:** MInst Turku, Sibelius-Akad Helsinki, Rom (L Ricci). **Laufb:** Chorist Op Helsinki 66–69, Sol ebd 69, Mitgl Op Köln seit 72, Op Zürich seit 74, Gastsol u Sol Wiener Staatsop, Dt Op am Rh Düsseldorf-Duisburg, Op Hamburg, München, Stuttgart, Nürnberg; Debüt Mailänder Scala (Ring, 'Fafner'), Debüt Covent Garden Op London (Rheingold, 'Fasolt') 74, FSp Bayreuth ('Fasolt' 76 u 79–80, 'Hunding' 76–80, 'Fafner' 77/78, Parsifal, 'Titurel' 79–85 u 87, Tannhäuser, 'Landgraf' 85 ua), Grand Op Paris 77–78, Debüt Met Op New York (Tristan, 'Marke') 81, FSp Salzburg (Don Carlos, 'Großinquisiteur' 86, Don Giovanni, 'Commendatore' 94–95), Op Zürich SpZ 91/92, 96, 04/05, Dt Op Berlin 95, Chicago Op 96. **Pr:** 'Österreichischer KS' 03. (Red)

Salminen, Sarianna, Sopran; Mecklenburgisches Staatstheater, Alter Garten 2, D-19055 Schwerin. **Laufb:** Sol Dt Op am Rhein Düsseldorf-Duisburg, Sol Mecklenburg Staatstheater Schwerin. (Red)

Salmutter, Eva, Mag, Prof, Hochschullehrerin, Klavier; Gestettengasse 21, A-1030 Wien, T: (01) 7 14 38 11, (06 64) 1 61 02 41, *eva.salmutter@moz.ac.at*; Schöpfstr 15, A-6020 Innsbruck, T: (06 64) 1 61 02 41. **Laufb:** UProf (Kl, Akustik, KamM Kl) U Mozarteum Salzburg. (Red)

Salomon, Doron, Dirigent; c/o Theater d Stadt Greiz, Vogtland Philharmonie, Stavenhagenstr 3/4, D-07973 Greiz, T: (0 36 61) 32 25, F: 32 25, *Vogtland-Philharmonie@t-online.de*. **Ausb:** Kl, Horn u Git, Verleihung eines Stip 74 u Dgt-, Komp- u GitStud am Royal College of Music London, Mstrkr b Franco Ferrara in Siena u Leonard Bernstein in Jerusalem. **Laufb:** Gastverpfl zu renommierten int Orch: Frankreich, Schweden, Bamberger Sinfoniker, Scottish Chamber Orch, City of London Sinfonia, BBC, Italien, Spanien, Neuseeland, regelm Gastdgt Israel Philh Orch, Jerusalemer Symphoniker, Chefdgt d Gävleborg SinfOrch Schweden 84–90, Chefdgt Philh Staatsorch Mazedonien SpZ 94/95, Chefdgt d Kibbuz Kammerorch seit 93, Musikal Lt d Vogtland Philh Greiz/Reichenbach 95, Chefdgt seit 99. **Pr:** Sir Adrian Boult DgtPr, 1. Pr Dgt-Wettb Besançon/Frankreich 79. (*)

Salter, Richard, KS, Sänger; Baaderstr 55, D-80469 München, T: (0 89) 4 39 18 95, 01 72–2 37 42 01, F: 4 30 85 70, *Richard.Salter@gmx.net* [12.11.1943]. (zeitgen) Konzerte u Oper **Ausb:** Stud (MA) Engl Lit King's College Cambridge 62–65, Stud Ges Royal College of M London (C Smith) 66–69, H f M u darst Kunst Wien (A Dermota, Ch Moeller, I Rapf) 68–70, privat b Maestro E Campogalliani Mantova 70–71. **Laufb:** Staatsth Darmstadt 71–76, Op Kiel 76–84, Bremen 84–87, Gärtnerpl 87–2000, Gast: Hamburg 79–92, Dt Op Berlin 84–85, Leeds 86, Staatsop Wien 88, Paris 89, NatTh München Debüt 89, Brüssel 90, Köln 91, Frankfurt, Hannover 99, Montpellier 2000, Sol Dt Op am Rhein Düsseldorf-Duisburg, Th Nürnberg SpZ 00/05, Bayer Staatsop München SpZ 03/04; Mstr-Klassen: Trinity College London 99, Hans-Eisler-H Berlin 2000, Uni of Austin Texas, H d Künste Berlin 01. **Pr:** GDBA-Silbermedaille, Förderpr d Kunstpr d Akad d Künste Berlin 85, Bayer KS 94. – **Aufn/RF:** Rihm: 'Jakob Lenz' Dt Op Berlin 84, 'Lieder' 84; Reimann: 'Unrevealed' 86; Trojahn: 'Enrico' Staatsop München 91; Höller: 'Der Meister u Margarita' Op Köln 91; Rihm: 'Die Eroberung von Mexiko' Staatsop Hamburg 92; Isang Yun: 'Symphony 5' 93; Reimann: 'Das Schloss' Staatsop München 96, Schönberg: 'Von heute auf morgen' Film 96; Beethoven: 'Songs from the British Isles' 95; Schuhmann: 'Szenen aus Goethes Faust' 99; Reinthaler: 'Jephta' 04. **UA:** Rihm: 'Jakob Lenz' 79; Stahnke: 'Untergang des Hauses Usher' Kiel 81; Bibalo: 'Gespenster' Kieler Woche 81; Kelterborn: 'Ophelia' Schwetzingen 84; Trojahn: 'Requiem' Braunschweig 85, 'Enrico' Schwetzingen 91; Zimmermann: 'Hyperion' Frankfurt 92; Rihm: 'Die Eroberung von Mexiko' Hamburg 92, 'Serafin' 94; Meyer: 'Sansibar' Schwetzingen 94; Klebe: 'Gervaise Macquart' Düsseldorf 95; Kalitzke: 'Molière' Bremen 98; Widmann: 'Das Gesicht im Spiegel' Staatsop München 03; Glass: 'Waiting for the Barbarians', Erfurt 05; de Felice: 'Medusa' Staatsop München 05. **Zug:** Rihm: 'Neue Alexanderlieder'. **Sonst:** Juror Wettb, Salomon Wettb.

Salvenmoser, Norbert, Mag, Prof, Hochschullehrer, Posaune; Gramartstr 46c, A-6020 Innsbruck, T: (05 12) 28 27 42; Univ Mozarteum, Abt Blas- u Schlaginstrumente, Schrannengasse 10a, A-5020 Salzburg, T: (06 62) 6 19 80, F: 61 98 30 33, *norbert.salvenmoser@moz.ac.at*. **Laufb:** UProf (Pos) U Mozarteum Salzburg. (Red)

Salzbrenner, Udo, MA, Dramaturg, Autor; Planckstr 2, D-39104 Magdeburg, T: (03 91) 5 69 39 69, (01 73) 3 25 13 77, *u.salzbrenner@t-online.de*; Planckstr 2, D-39104 Magdeburg, T: (03 91) 5 69 39 69 [Esslingen/Neckar 23.2.1962]. Librettoforschung, Musikästhetik **Ausb:** Stud U Tübingen 83–85, U Heidelberg 85–93. **Laufb:** MDram Th Pforzheim SpZ 93/95, Badisches Staatsth Karlsruhe SpZ 97/2000, Th Magdeburg SpZ 00/02, ChefDram Anhalt Th Dessau SpZ 02/05. – **Sonst:** Zs-Beiträge zur Musikgeschichte; Jb für Kulturpolitik 04; Loccumer Protokolle 08/04; zahlr Artikel in Programmheften d Salzburger Landesth, Bad Staatsth Karlsruhe, Th Magdeburg.

Salzmann, Uwe, Sänger; Bultstr 22, D-28309 Bremen, T: (04 21) 4 17 07 13; c/o Theater Lüneburg GmbH, PF 2829, D-21318 Lüneburg. **Laufb:** Sol Th Lüneburg. (Red)

Samah, Karim, Gitarre; Ch Eugène-Grasset 18, CH-1006 Lausanne, T: 02 16 01 56 50, 0 79–6 44 19 13, F: 02 16 01 56 50, *k.samah@bluewin.ch*; *www.mypage.bluewin.ch/samah* [Lausanne 1963]. **Ausb:** Stud (Git) Kons Lausanne bis 95. **Laufb:** Doz (Git) Kons Lausanne seit 96. **Ens:** Duo Kettarah. – **Aufn/RF:** CD: Hexade, six tributes to guitar music of our epoch 01. (Red)

Samuil, Anna, Sopran; c/o Deutsche Staatsoper Berlin, PF 354, D-10109 Berlin [1976]. **Ausb:** Viol und Ges (I Arhipova) Tchaikovsky Kons Moskau, Grad 2000/01. **Laufb:** Sol Stanislavsky Music Theatre Moskau seit SpZ 01/02; EnsMitgl Dt Staatsop Berlin seit SpZ 04/05. **Pr:** u a 'Neue Stimmen' Gütersloh 01; 1. Pr 'Claudia Taev'-Wettb, Estland; 1. Pr 'Mikhail Glinka'-Wettb 01; Bronzemed XII Tchaikovsky Int Competition Moskau 02; 1. Pr Concorso Riccardo Zandonai 04. (Red)

Sanchez, Adam, Sänger; c/o Staatstheater am Gärtnerplatz, Gärtnerpl 3, D-80469 München, PF 140569, D-80455 München [Warschau]. **Laufb:** Sol Ulmer Th 97–99, Staatsth am Gärtnerpl München seit SpZ 99/2000. (Red)

Sandel, Marina, Mezzosopran, Hochschullehrerin; c/o Konzertdirektion Fritz Dietrich, Sigmund-Freud-Str 1, D-60435 Frankfurt/M, T: (0 69) 54 45 04, F: 5 48 41 07, *info@konzertdirektion-dietrich.de*; c/o Martin-Luther-Universität Halle-Wittenberg, Universitätspl 10, D-06108 Halle; *www.musikpaed.uni-halle.de/sandel.html* [Suttgart]. **Ausb:** SchulM H f Musik u darst Kunst Stuttgart, GesStud H f Musik u darst Kunst Frankfurt b E Cavelti u H Höll, Mstrkse b B Fassbaender, I Gage, R Jacobs, N Rogers, H Prey, G Parsons u V Rosza. **Laufb:** Eng Aalto-Theater Essen 89–97, zahlr Opgastspiele, Prof f Sologes u GesMethodik U Halle-Wittenberg seit 97. **Pr:** Prtr VDMK Wettb Berlin 84. (Red)

Sander, Katrin, Sängerin; c/o Musiktheater im Revier, PF 101854, D-45818 Gelsenkirchen, *katrin_sander@hotmail.com*; Yorckstr 6, D-85051 Ingolstadt [5.6.1976]. Oper **Ausb:** Stud Ges (J Hammar) MH Augsburg 96–2001, Mstrkl Ges (J Hammar) bis 03. **Laufb:** Gastsol Th Augsburg SpZ 03/04, Gastsol MTh im Revier Gelsenkirchen SpZ 04/05.

Sander, Klemens, Bariton; Uhlandstr 27, D-76135 Karlsruhe, T: (07 21) 2 04 12 61; c/o Primusic Konzert- und Musiktheaterproduktionen GmbH, Herrengasse 6–8/2/22, A-1010 Wien, T: (01) 5 32 71 24, F: 5 32 71 40, *office@primusic.at*. **Laufb:** U f Musik und Darst Kunst u Kons Wien. b H Lazarska, R Holl, D Lutz. **Ens:** Wiener Volksop 01, EnsMitgl. Badisches Staatstheater Karlsruhe seit 03, Salzburger FSp 05. (Red)

Sander, Martin, Dr, Prof, Organist, Hochschullehrer; Steinachstr 9a, D-69198 Schriesheim, T: (0 62 03) 60 17 33, F: 92 53 96, *kontakt@MartinSander.de*; H f Kirchenmusik, Hildastr 8, D-69115 Heidelberg; *www.MartinSander.de* [Berlin 28.3.1963]. **Ausb:** Stud Org (U bremsteller) Kl (G Zitterbart) MH Hannover 84–94. **Laufb:** fr KonzTätigk (Europa, Russland, Japan, Korea, USA, Brasilien), Prof (Künstl Orgelsp, Methodik d Orgelunterr, Literatur-u Stilgesch d Orgel) H f KiM Heidelberg seit 99, Prof H f M u Darst Kunst Frankfurt/M, Mitgl Kuratoriums d Inst f Begabungsforsch u Begabtenförd i d Musik seit 92, Ltg v Mstrksen in Dtschld, Prag, St. Petersburg, Seoul, Sao Paulo. **Pr:** 1. Pr BuWettb Jugend Musiziert 83, 2. Pr Int Anton-Bruckner-Orgelwettb Linz 85, Mendelssohn-Preis Berlin 86, 2. Pr ARD-Wettb München 87, 2. Pr 1. Int Org Comp Tokyo 88, 1. Pr u Sonderpr Int J S Bach-Wettb Leipzig 88, 1. Pr Int Wettb Prager Frühling 89. – **Aufn/RF:** ca 20 KonzMitschn u Prod dt u ausl Rf-Anst; J Reubke: Der 94. Psalm (OrgSon) NDR-Fernsehen u CD 88 (Pr d dt Schallplattenkritik); Werke f Trompete u Orgel des 20. Jhdts, m B Kratzer CD 92; M Reger: 'Wachet auf', fis-moll-Variationen a d Walcker-Orgel v 1883 im Dom zu Riga CD 93; Orgelwerke d Norddt Barock a d Schweimb-John-Orgel v 1696/1707 in Ringelheim CD 95; J S Bach: gr Orgelwerke a d Wagner-Orgel v 1740 im Nidaros-Dom Trondheim CD 98; W A Mozart: Sämtl Orgelwerke a d Metzler-Orgel v 1998 der Pfarrkirche Hopfgarten/Brixental CD 01.

Sanderling, Barbara, Prof, Hochschullehrerin, Kontrabass; Am Iderfenngraben 47, D-13156 Berlin, T: (0 30) 9 16 75 58, F: 47 90 83 88, *barsanderling@aol.com* [Leipzig]. **Ausb:** Stud (Kb) H f Musik Leipzig 56–61 b K Siebach. **Laufb:** Eng Berliner SinfOrch 61, 2. Solobass ebd 66–86, Sol versch Orch seit 63, weltw Konz m Berliner Oktett, Ernennung Kammervirtuosin 81, LBeauftr H f Musik 'Hanns Eisler' Berlin seit 81, Prof (Kb) ebd seit 89, Mstrkl U Tokio, Dallas, Los Angeles, New York, London, Luzerner FSp seit 89, Doz Schleswig-Holstein-Fstv-Orch, KamMKurs Trossingen, Jurymitgl Int Kb-Wettb Genf, Edinburgh, Markneukirchen. **Pr:** Kunstpr 79, NatPr 84. **Mitgl:** ESTA. – **Sonst:** Grdg Berliner Oktett 64.

Sanderling, Kurt, Prof, Dirigent; Am Iderfenngraben 47, D-13156 Berlin, T: (0 30) 9 16 75 58, F: 47 90 83 88; c/o Berliner Konzertagentur Monika Ott, Dramburger Str 46, D-12683 Berlin, T: (0 30) 5 14 48 58, F: 5 14 26 59, *BerlinKonzert.ott@t-online.de* [Arys, Ostpreußen 19.9.1912]. **Laufb:** Korr Städt Op Berlin, Dgt Moskauer RF, Ltg Leningrader Philharmoniker 42–60, LAuftr: Prof (Dgt) Leningrader Kons 45 u 46; ChefDgt Berliner SinfOrch ab 60–77, ChefDgt Dresdner Staatskap 64–67; ZusArb m d Los Angeles u NY Philh Orch, Boston u Chicago SymphOrch, Cleveland Orch, Berliner u Münchner Philharmoniker, Dt SymphOrch Berlin (RSO Berlin), SymphOrch d BR, NDR u WDR, Orch de Paris, Philh Orch London, Königl Concertgebouw Orch Amsterdam, Orch d Tonhalle Zürich, Philh Helsinki, SinfOrch d Dänischen u Schwedischen RF. **Pr:** Ehrendgt Berliner SinfOrch, Ehrendgt Philh London, Großes BVK d BRD 94, Cannes Classical Award 98, Orden 'Commander of the British Empire' 02. – **Sonst:** Memoiren 02 ('Andere machten Geschichte, ich machte Musik').

Sanderling, Michael, Prof, Hochschullehrer, Dirigent; Kirchstr 53, D-13158 Berlin, T: (0 30) 47 75 54 49, 01 79–4 79 51 91, F: 47 75 54 49, *sanderling@t-online.de*. **Ausb:** Stud (Vcl) MH Hanns Eisler Berlin b William Pleeth u Yo Yo Ma. **Laufb:** ARD-Wettb, Bach-Wettb Leipzig, Canals-Wettb Barcelona, SoloVcl Gewandhausorch Leipzig, Dgt KamOrch Berlin, Prof (Vcl) H f M u Darst Kunst Frankfurt/M, LBeauftr (Vcl) H f M Hanns Eisler Berlin, ChefDgt d Dt Musikschulorch seit 03, GastDgt Anhalt Th Dessau SpZ 03/04, ChefDgt u künstl Ltg KamAkad Potsdam ab SpZ 06/07. (Red)

Sanderling, Stefan, Dirigent; c/o PRIMUSIC Konzert- und Musiktheaterproduktionen GmbH, Herrengasse 6–8/2/22, A-1010 Wien, T: (01) 5 32 71 24, F: 5 32 71 40, *office@primusic.at*; c/o Columbia Artists Management GmbH, Till Janczukowicz, Albrechtstr 18, D-10117 Berlin, T: (0 30) 20 64 80 78, F: 20 45 34 80, *info@cami.com*; *www.primusic.at* [1964]. **Ausb:** Stud MH Leipzig b Kurt Masur, Stud Univ of Southern California (Los Angeles). **Laufb:** GMD Brandenburg Philh u Potsdamer Op, GMD Staatsth Mainz, Philh Orch d Staatsth Mainz GmbH, Lt Orchestre de Bretagne Rennes seit 97, Gastdgt Op Hannover SpZ 00/01, Gastdgt u künstl Lt Toledo Symphony Orch, Tanglewood Fstv seit 89, ZusArb m Dresdner Staatskapelle, Berliner Staatskap, Dt u Kom Op Berlin, Hamburger Symphonikern, Philh London u London Philharmonic Orch, Jerusalem Symphony Orch, Rotterdamer Philharmoniker, Mozarteum Orch Salzburg u Prager Symphoniker, Sydney Symphony Orchestra, NHK Symphony Orch, Sinfonieorch v Baltimore, Denver, Detroit, Houston, Indianapolis, San Antonio u St. Louis, St. Paul Chamber Orch, mehrfach Lt Los Angeles Philharmonic Orch b Hollywood Bow, regelm Sommerkonz d Round Top Fstv Orchestras, GMD Florida Orch Tampa/USA 03/04. – **Aufn/RF:** m London Symph Orch; Orchsuiten v Tschaikowsky m irischen Nat-Symph Orch 92; mehrere Haydn u Mendelssohn Symph m Royal Philh Orch; m Orch de Bretagne, Werke d frz Komp Gretry, Ladmirault, Gossec u Mehul. (Red)

Sanderling, Thomas, Dirigent; c/o Berliner Konzertagentur Monika Ott, Dramburger Str 46, D-12683 Berlin, T: (0 30) 5 14 48 58, F: 5 14 26 59, *BerlinKonzert.ott@t-online.de*; c/o Austrokonzert International, Gluckgasse 1, A-1010 Wien, T: (01) 5 13 26 57, F: 5 12 61 54, *office@austroconcert.com*; *www.berlinkonzert-ott.de* [Leningrad]. **Ausb:** MSch Kons Leningrad, Stud (Dirig) H f M 'Hanns Eisler' Berlin, Ass v L Bernstein u H v Karajan. **Laufb:** musikal Ltg OpHaus Halle, Gastdgt ua Kom Op Berlin, Dt Op Berlin, Staatsop Wien, Bayer Staatsop München, Op Frankfurt/Main, Staatsop Hamburg, Königl Op Kopenhagen, Finnische NatOp Helsinki, ständ Gastdgt Dt Staatsop Berlin 78–83, MD Russ Philh Orch, ChefDgt Osaka Symph Orch, Gastdgt OpHaus Halle SpZ 2000/01, Philh Tokio u Shinsei Ch 02, 1. Gastdgt Neue Russische NatPhilh seit 04, Gastdgt Istanbul Fstv u Enescu Fstv 02/03, Schostakowitsch Fstv Moskau 06; ZusArb ua m d Liverpool Royal Philh Orch, Gewandhausorch Leipzig, Tschech Philh, Dresdner Philh, St Petersburger Philh, Philh Orch London, Moskauer Philh, RF-SinfOrch Saarbrücken, Dt KamPhilh Bremen, WDR SinfOrch Köln, SymphOrch d Bayer RF München 06. **Pr:** Berliner Kritikerpr, Cannes Class Award 98, 01 u 03, Gr Kritikerpr v Osaka, 'Music Director Laureate' auf Lebenszeit d Osaka Symphoniker. – **Aufn/RF:** J Brahms 'Complete Symphonies' (Philh Orch); G F Händel 'Alexander's Feast'; G F Händel 'Italian Cantatas'; A Magnard 'Complete Symphonies' (Malmö Symphony); G Mahler 'Symphony No 6' (St. Petersburg Philh); R Nanes 'Symphonies Nos 3 & 4' (London Philh); A. Pettersson 'Symphony No 8' (RSO Berlin); D Schostakowitsch 'Michelangelo Suite – world premiere recording' (RSO Berlin); R Strauss 'Don Juan', 'Macbeth', 'Tod u Verklärung' (Torino Philh); W Strauss 'Symphony No 1' (RSO Leipzig); S Gerber 'Symphony', 'Viola Concerto', 'Triple Overture' (Russ Philh Orch); K Weigl 'Symphony Nr 5' (The Apocalyptic), 'Fantastic Intermezzo' (RSO Berlin) 02. (Red)

Sanders, Bernard Wayne, Kirchenmusiker; Blumenstr 3, D-78570 Mühlheim/Stetten, T: (0 74 63) 5 75 23, F: 56 15, *Bernard.Sanders@t-online.de* [Green Bay, WI, USA 7.10.1957]. Orgel, Komposition **Ausb:** Stud (SchM, Kl) St Norbert Coll 75–79, Stud (Komp, Org) Wichita State U 79–83, (Org, KiM) MH Hamburg 83–89. **Laufb:** KiMusiker St Michael Wermelskirchen 89–94, Kirchenmusiker St Gallus u Maria Königin Tuttlingen seit 94. **Pr:** 2nd Presbyterian Church Comp Contest Newark 91, American Guild of Organists Volontary Writing Contest Dallas 93, Berkshire Region I New Music Contest Berkshire 96, St Luke's Anglican Church Composing Contest Victoria 2000. – **Komp:** 'Praeludium, Rezitativ u Toccata' (f Org), UA Green Bay/Wisconsin, St Francis Xavier Cathedral, D Richter 86 (Auftr: St Francis Xavier Cathedral); 'Drei Stücke' (f Fl u Org), UA Hamburg-Neuschönningstedt, Hahnke/Sanders 87; 'Li'l Brown Jug' (f BlockflTrio), UA Hamburg-Bergedorf, Kötzold, Buhre, Hahnke 89; 'Sonatina' (f Bassklar u Kl), UA Köln, MH, Rinne/Deppe 91; 'Tanz-Suite' (f Sax u Orch), UA Wermelskirchen, Dortmunder Zupforch, Rinne, Dgt: V Gerland 91; 'Frühlingsmusik' (f Bläserquin), UA Wesel, Irmscher Quin 92; 'Passacaglia in a' (f Orgel), UA Wermelskirchen, Pécaut 93; 'Prologue, Aria u Paean' (f 2 Trp, 2 Pos u Orgel), UA Tuttlingen, Tuttlinger Bläserens 95; 'Festl Einzüge' (f Org), UA Münsterschwarzach, Benediktiner-Abtei, D Trautner, OSB 95/96 (Auftr: D Trautner, OSB); 'Triptychon über Lourdes Hymn' (f Org), UA DePere/Wisconsin, Our Lady of Lourdes Church, P B Agar,

O Praem 99 (Auftr: Our Lady of Lourdes Parish); 'Kanon Variationen über O filii et filiae' (f Orgel), UA Zürich, Jannibelli 96; 'Rhapsodie Nr 2' (f Va u Org), UA Bad Dürrheim, Benzing/Sanders 2000; 'Es kommt d große Blühen' (Kantate), UA Zürich, Singkreis Egg, Jannibelli, Riedmann 01 (Auftr: Ev-Ref Kirchengemeinde Egg b Zürich), 'Spielmusik für Carillon', UA Würzburg 05, Buchner (Auftr.: Univ Würzburg). **Aufn/RF:** CDs: Grand Choeur (OrgWerke), Rhapsody (OrgWerke), Paean (Org, Blechbl).

Sanders, Graham, Fellow London College of Music (FLCM), Sänger; c/o Opernhaus Halle, PF 110554, D-06019 Halle (Saale), T: 0 17 25 66 57 54, F: (04 21) 4 17 23 49, *gsanders@heldentenor.org*; *www.heldentenor.org* [England 4.10.1961]. Wagner, Verdi Oper **Ausb:** Stud Ges (J King, W Johns) London College of Music London 80–84. **Laufb:** Sol Sächs Staatsop Dresden, Kiel, Braunschweig, Istambul, Gastsol Op Halle SpZ 04/05. **Pr:** Pr Lauritz Melchior Heldentenor Stift 90.

Sanders, Martijn, Bariton; Wiener Kammeroper, Fleischmarkt 24, A-1010 Wien [Everdingen, Niederlande]. **Ausb:** Kons Utrecht, Univ f Musik u darst Kunst Wien, Mstrkl b Th Hampson, D Wilson-Johnson. **Laufb:** Eng Schloßth Schönbrunn, Wiener Mozartwoche, Opera Studios Nederland, Concertgebouw Amsterdam, National Reisopera, Opera Trionfo, Niederländ Op Amsterdam, Suntory Hall Tokyo, Wiener Kammerop. **Pr:** Prtr Nico-Dostal-Wettb St Pölten u Wettb d Kammerop Rheinsberg. (Red)

Sanders, Will, Hochschullehrer, Horn; Kaiserstr 241, D-76133 Karlsruhe, T: (07 21) 8 24 79 90, F: 8 24 79 92; Hochschule für Musik, PF 6040, D-76040 Karlsruhe; *www.hfm-karlsruhe.de* [Venlo/NL]. **Ausb:** Stud (Hn) Maastricht - 88. **Laufb:** SoloHn Nationalth Mannheim 86, Sinfonieorch SWF Baden-Baden 88, Sinfonieorch d BR 90, Bayreuther FSp 92–97, Prof (Hn) HfM Karlsruhe seit 2000. **Ens:** German Brass, Linos Ens, Mullova Ens, Wind Art Ens. (Red)

Sandis, Marie-Belle, Sängerin; c/o Nationaltheater Mannheim, PF 102362, D-68023 Mannheim. **Laufb:** Sol MTh im Revier Gelsenkirchen SpZ 03/04, Nationalth Mannheim. (Red)

Sandmann, Constanze, KV, Violine; c/o Dresdner Philharmonie, PF 120424, D-01005 Dresden. (Red)

Sandmann, Georg-Christoph, Generalmusikdirektor; Parkstr 1c, D-09120 Chemnitz, T: (03 71) 6 66 38 43, 0 17 23 73 57 11, F: 6 66 38 43; Hochschule f Musik, PF 120039, D-01001 Dresden. **Laufb:** GMD Mittelsächs Philharmonie Freiberg, Doz (OrchDir) H f M Dresden. (Red)

Sandmann, Heidrun, Violine, Konzertmeisterin; c/o Städtische Theater, Käthe-Kollwitz-Str 7, D-09111 Chemnitz, PF 756, D-09007 Chemnitz. **Laufb:** Konzm Robert-Schumann-Philharmonie Chemnitz. (Red)

Sandmann, Marcus, Sänger; Förstereistr15, D-01099 Dresden, T: (01 70) 1 85 73 44. **Ausb:** HfM (Ges) b R Trekel 91–95, S Weis 95–97. **Laufb:** Sol Th Freiberg 00–04; freischaff seit 04. **Ens:** dt Operette. – **Aufn/RF:** J P Kellner: Kantaten, m 'Prattica di musica', Ltg F Neef 2000.

Sandmeier, Scott, Prof, Hochschullehrer; Staatliche Hochschule f Musik, Schwarzwaldstr 141, D-79102 Freiburg i Br, *sscv-freiburg@t-online.de* [1963]. **Ausb:** California Inst of Arts, Univ of Michigan (Gustav Meier), Juilliard School (Sixten Ehrling), 1er prix du Cons Nat Supérieur de Paris (J-S Béreau), Mstrkrs b Leonard Bernstein, Pierre Boulez, Michael Tilson Thomas, Zubin Mehta, Vitaly Katayev. **Laufb:** Dgt u LAuftr Cons Nat Sup de Musique Paris 93–99, Cons Fréderic Chopin Paris 96–2000, Gastprof HdK Berlin, künstl Lt Rencontres Musicales Int 93–95, Dgt Eastern u Guilford SymphOrch, Eastern Music Fstv (Greensboro, NC, USA), Orch de Chambre de la Gironde, Fstv de Gensac (Frankreich), Gastdgt in Frankreich, USA, Prof (Dirig) MH Freiburg seit 2000. **Pr:** 1er prix du Cons National Supérieur de Paris (J-S Béreau). (Red)

Sandner, Michael, Prof, Hochschullehrer, Tonmeister; Gablenberger Hauptstr 169, D-70186 Stuttgart, T: (07 11) 46 23 52, 0 17 32 35 61 53, *munck-sandner@t-online.de*; Hochschule f Musik, Neustadt 22, D-32756 Detmold, T: (0 52 31) 97 56 46; *www.m-sandner.de*. **Ausb:** Stud (Tonmstr) HdK Berlin ab 78. **Laufb:** fr Mitarb b div Anstalten, angestellter Tonmstr b SWR Stuttgart seit 86, Prof (Musik-Übertragung) H f M Detmold seit 01. **Pr:** Kurt-Magnus-Pr (als 'Schrittmacher der Digitaltechnik') 89, 'Goldener Bobby' f Aufn 'Lotti Requiem' m Balthasar-Neumann-Ch u -Ens (unter T Hengelbrock) 99.

Sandner, Uwe, Kapellmeister; Thomas-Jefferson-Str 1, D-55122 Mainz, T: (0 61 31) 38 40 59; c/o Bühnen der Stadt Köln – Opernhaus, PF 101051, D-50450 Köln. **Laufb:** 1. Kapm u stellv GMD Bad Staatsth Karlsruhe. (Red)

Sandorf, Pavel, Dirigent; c/o Comödie Fürth im Berolzheimerianum, Theresienstr 1, D-90762 Fürth. **Laufb:** Orchlt Kleine Komödie Nürnberg, Gastdgt Stadtth Fürth SpZ 00/01, musikal Lt Comödie Fürth SpZ 04/05. (Red)

Sandoval, Hector, Tenor; c/o Theater Bielefeld, Brunnenstr 3–9, D-33602 Bielefeld, PF 100353, D-33503 Bielefeld; c/o Konzert-Direktion Zagovec, Hans-Böckler-Str 23, D-65468 Trebur-Astheim, T: (0 61 47) 91 96 60, F: 91 96 62, *agentur@zagovec-artists.de*. **Laufb:** Gastsol Th Bielefeld SpZ 03/05, Th Görlitz SpZ 03/04, Staatsth Darmstadt SpZ 04/05, Luzerner Th SpZ 04/05. (Red)

Sandow, Stefan, Basstuba; c/o MDR Sinfonieorchester, Augustuspl 9a, D-04109 Leipzig. **Laufb:** Sol MDR SinfOrch Leipzig. (Red)

Sanmarti, Alex, Sänger; c/o Theater Freiburg, Bertoldstr 46, D-79098 Freiburg, T: 0 17 27 23 31 01. (Red)

Sannemüller, Matthias, Viola; c/o MDR Sinfonieorchester, Augustuspl 9a, D-04109 Leipzig. **Laufb:** Sol MDR SinfOrch Leipzig. (Red)

Sannicandro, Valerio, Komponist, Dirigent, Bratschist; Hammacherstr 39, D-45127 Essen, T: 0 17 95 28 60 94, *vsannicandro@hotmail.com*; *www.geocities.com/valeriosannicandro* [Bisceglie, Italien 16.1.1971]. Musik d 20. u 21. Jh, auch in Verbindung m elektronischen Medien **Ausb:** Stud (Bratsche, Komp) Italien, Dtl seit 95: Mstrkrs b B Maurer u G Knox, Stud Komp (Y Höller) Köln, (H Zender) Frankfurt, ComputerM (D Reith) Essen, Mstrkrs Dirig b P Eötvös; Privatunterr in Paris b E Nunes, Einladung IRCAM Paris 03/04. **Laufb:** freischaff Bratschist; Doz b Darmstädter Ferienksen 02, Auftr als Dgt in Köln (Triennale, WDR-Orch), ZusArb m K Stockhausen 03; Fstv d Canaria Spanien, Avignon (Centre Acanthes); Auff v Komp v Sa Kammer, Ens Modern, Kroumata, Musikfabrik NRW, Ens Aleph, e-mex, dgt v R Rivolta, P Hirsch, J Avery, J Stockhammer, M Piollet; Auff in Europa, USA, Japan; nächste Auff: München (Orch d BR u Staatsop), Paris (IRCAM), Donaueschingen. **Pr:** Kranichsteiner Musikpr d Darmstädter Ferienkse 2000, MUSICA VIVA München 02, versch KompWett in Dtl u Italien; Arbeitsstip d Heinrich-Strobel Stift SWR Baden-Baden, SACEM- Stip Frankreich. – **Komp:** -Le nuove forme 2000, F Hölscher (Kl); magnitudine 01, Orch d Staatsth Kassel, Dgt: M Piollet; -strali 02, UA München, Orch d BR, Dgt: U Zimmermann, Stimme: M Jordan, Electronics: M Poore. **AuftrKomp:** births 02, UA Darmstadt, Ens resonanz, Dgt: T Engel, Perc: L Hudacsek; EPISTOLAE (I), Musikth f 4 Instr, Dresden, Ens Surplus; APOGEO/IPOGEO (f Solo-Pos) 01, UA Tokyo, Sol: K Murata. **Aufn/RF:** -C Ives: Universe Symph, m P Eötvös, Orch d MHS Köln (WDR); K.Stockhausen: (HOCH)ZEITEN, m Z Nagy, Orch d WDR (WDR); div Aufn b HR, MDR, Radio Bremen u Radio Prag 3. **UA:** -E Varese: Octandre; C Ives: Universe Symph; F Donatoni: Arpége; E Carter: Triple Duo; K Stockhausen: (HOCH)ZEITEN. **Sonst:** Verlegt b SUVINI-ZERBONI Mailand/Italien; Vorträge über eigene Werke Humboldt-Uni Berlin, MAkad Prag.

Santafé, Silvia Tro, Sängerin; Opernhaus Zürich, Falkenstr 1, CH-8008 Zürich [Valencia, Spanien]. **Laufb:** Sol Wiener Staatsop. (Red)

Santi, Nello, Dirigent, Komponist; c/o Opernhaus Zürich, Falkenstr 1, CH-8008 Zürich [Adria 22.11.1931]. **Ausb:** Stud Komp (Coltro, A Pedrollo) Liceo musicale Padua. **Laufb:** Debüt 'Rigoletto' (Verdi) Teatro Verdi Padua 51, Spanien-Tournee m B Gigli, Debüt Covent Garten u Wien 'La Traviata' (Verdi), Salzburger FSp 'Don Carlos' (Verdi), Met Op, weltweit Konz 62–64, MD Züricher Op 58–69, Lt SymphOrch Basler RF 86, 'Rigoletto' (Verdi) Met Op New York 92, musikal Lt Op Zürich. (*)

Santiago, Enrique, Prof, Hochschullehrer, Viola; Sommerrain 10, D-70839 Gerlingen, T: (0 71 56) 2 90 04, F: 43 41 27, *esant@t-online.de*; c/o Südwestdeutsche Konzertdirektion Erwin Russ GmbH, Charlottenpl 17, D-70173 Stuttgart, T: (07 11) 1 63 53 11, F: 1 63 53 30, *info@sksruss.de* [Madrid 7.9.1939]. Kammermusii **Ausb:** MH Madrid, MH Köln b C Sedano, M Rostal, Abschluss 61 bzw 66. **Laufb:** Sol Stuttgarter KamOrch 67–72, Sol SinfOrch SWF Baden-Baden 72–78, Sol RadioSinfOrch SDR Stuttgart 78–84, Prof (Va) Staatl H f M u Darst Kunst Stuttgart bis 03. **Pr:** 'Comendador' d Ordens 'Isabel la Católica'. **Ens:** Diabelli Trio, Ens Villa Musica. **Mitgl:** Tonkünstler-Verb, Int Viola-Ges. – **Aufn/RF:** Bruckner: StrQui, m Melos Qua; Hindemith-Projekt m Ens Villa Musica. **Zug:** S Barchet: Son f Va allein; J Cervelló: Son f Va allein.

Santora, Andreas, Violine; c/o Luzerner Sinfonieorchester, Zentralstr 44, CH-6003 Luzern. (Red)

Sapell, Hermann, KS, Sänger; c/o Bayerische Staatsoper, Brieffach, D-80075 München. **Laufb:** Sol Bayer Staatsop München. (Red)

Sapia, Marco Di, Sänger; c/o Neue Oper, Herminengasse 10/Tor 23, A-1020 Wien. **Laufb:** Sol Neue Op Wien. (Red)

Saragosa, Olivia, Mezzosopran; Bürgermeister-Schmidt-Str 39, D-27568 Bremerhaven, T: (04 71) 9 02 67 37, *info@oliviasaragosa.com*; c/o Stadttheater Bremerhaven, Theodor-Heuss-Platz, D-27568 Bremerhaven, T: (04 71) 48 20 60, F: 48 20 64 82, *Stadttheater@magistrat.bremerhaven.de*; *www.oliviasaragosa.com* [Toronto, Kanada]. **Ausb:** Stud Ges (T Savadjian, L Evans) McGill-Univ Montréal 94–2000 u H f M 'Hanns Eisler' Berlin 01/02, Mstrks b R Braun 98, KS B Fassbaender u KS M Lipovšek 2000, Unterr b L Evans, H Schneiderman, R Cunningham, N Sharp, T Sevadjian, J Higgin. **Laufb:** Gastsol Volksth Lübeck 02, Ldsth Coburg 02, Hebbel Th Berlin 02, Th Görlitz 03, Th Flensburg, Th Brandenburg 03, Schleswig-Holsteinisches Ldsth Flensburg 03/04, KamOp Hamburg 04, Sol Stadtth Bremerhaven seit SpZ 04/05, Lübecker Sommeroptte, Loreley FSp 02. **Pr:** Stip Canadian Scholarship Trust Fund 98, 1. Pr Quebec Kanadischer M Wettb Edmonton, Alberta 99, 'Prix Martinu' Wettb f tschechische u slovakische M Montréal 2000, 'Prix SOCAN' Montréal 2000, Förderstip d Austrian Society of Montreal 2000. (Red)

Saram, Rohan de, Violoncello; c/o Dr Karen Kopp Musikmanagement, Linienstr 126, D-10115 Berlin, *karen.kopp@gmx.de*; c/o Künstleragentur Dr. Raab & Dr. Böhm, Plankengasse 7, A-1010 Wien, T: (01) 5 12 05 01, F: 5 12 77 43, *office@rbartists.at* [Sheffield, England]. **Ausb:** Stud Academia Chigiana, Siena/Florenz b G Cassado; m J Barbirolli in London u P Casals in Puerto Rico. **Laufb:** Carnegie Hall Debut m New York Philh 1960 auf Einladund v Mitropoulos; Konz ua unter S Osawa, J Barbirolli, Z Mehta und C Davis; Solo-Eng m Orch aus UdSSR, Australien, Neuseeland, Italien, Dtld, USA u England. Zunehmende Beschäftigung m zeitgenöss Musik, ZusArb m Komp wie Xenakis, Ligeti, Berio. **Pr:** Suggia Award; Honorary PhD Univ of Peradeniya, Sri Lanka 04; als Mitgl Arditti Qua: Int Music Critics Award 92, Chamber Ens Award Royal Philh Society, Ernst-von-Siemens Musikpr. **Ens:** Arditti Quartet (bis Nov 05). – **Aufn/RF:** Vivaldi: 12 Sonate Op.1 m Salvatore Accardo/Franco Gulli/Bruno Canino; Rubbra: Soliloquy for cello & orchestra op 57 with Vernon Handley & the London Symphony Orchestra; Britten: Cello Suites No 1–3 WDR/Montagne/Naive; Mayer: Ragamalas & Prabhanda; Berio: Sequenza XIV 05; Dodgson: Werke für Cello und Gitarre; Zahlreiche Aufnahmen mit dem Arditti Quartet. **UA:** zahlr UA m Arditti Qua. **Zug:** Berio: Sequenza XIV

(Vcl solo); Pousseur: 'Racine 19' (Vcl solo); Crosse: Cello Concerto; Xenakis: 'Epicycles' (Vcl u Ens); Xenakis: 'Roscobeck' (Vcl u double bass); Holt: 'Daedalus Remembers' (Vcl u Orch); Mayer: 'Ragamalas' (Vcl u Tampura), 'Prabhanda' (Vcl u Kl); Dillon: 'Eos' (Vcl solo); Reynolds: 'Focus a Beam' (Vcl solo), 'Crimson Path' (Vcl, Kl).

Saraste, Jukka-Pekka, Dirigent; c/o Ondine Inc, Fredrikinkatu 77 A 2, FIN-00100 Helsinki, T: (0 55 74) 40 72 24, *info@bregenzerfestspiele.com*; c/o Münchner Philharmoniker, Kellerstr 4, D-81667 München [1956]. **Laufb:** Chefdgt Finn RF-SinfOrchesters seit 87, künstl Lt KamOrch Schottland 87–91, Musikal Ltr SinfOrch Toronto 94–01, Gastdgt Pittsburgh, New York, London, Paris, Göteborg, Dgt Bregenzer FSp 03/04. (Red)

Sarba, Martin *siehe* Mumelter, Martin

Sarbach, Pierre, Dr phil, Dirigent, Musikwissenschaftler; Kanzleistr 6, CH-8405 Winterthur, T: 05 22 32 32 35. (Red)

Sarge, Daniel, Solorepetitor; Beim Schlump 26, Haus 6, D-20144 Hamburg, T: (0 40) 45 81 37. **Laufb:** Solorep Hamburg Staatsop. (Red)

Sári, József, Prof, Komponist; László u 41, H-2011 Budakalász, T: (26) 34 03 24, F: 34 03 24; *www.bmc.hu/sari, www.villa-concordia.de/deutsch/htm/stip_hist/stip_sari.htm* [Lenti, Ungarn 23.6.1935]. Kammermusik **Ausb:** Stud (Komp, Musikpäd, Dirig) 'Franz Liszt' MH Budapest 54–62. **Laufb:** MusikL, Klavierbegl, Lt e KamOrch, KonzTätigkeit, Vorträge, Aufenthalt BRD als freischaff Komp, Dgt, Pianist 71–84, Prof (Musiktheorie) 'Franz Liszt' MH Budapest seit 84, Fachbereichslt (Musiktheorie) 92–97, Habil 'Franz Liszt' MH 97, Lektor f zeitgen Musik i Ungar RF seit 97. **Pr:** Int Arbeitskreis f Musik 84, Bärenreiter Hausmusikpr 85, Erkel-Pr 91, Bartòk-Pásztory-Pr 95, Künstl Staatsausz 98, Mitgl Széchenyí Akad Budapest. – **Komp:** Verfremdete Zitate (KamM), UA Budapest 85; Attribute (f KamEns), UA Budapest, RF-Orch, Dgt: D Masson 90; Vier Invokationen (Zwei Zimbaloms), UA Budapest 92; Concertino (f Orch), UA Eger, Egri SymphOrch, Dgt: G Gémesi 93; Vier Inversionen (Kl solo), UA Budapest 95; Zenit (f Orch), UA Budapest, National Filh Orch, Dgt: H Williams 95; Concertino (OrchW), UA Budapest 95; ConSpirito (f Orch), UA Riedenburg, Moskauer Sinf, Dgt: A Kornienko 98; Sonnenfinsternis (Op), UA Pforzheim, Dgt: J Hämäläinen 2000; Leoniden (f Zymbalon u Orch), UA Giessen, Giessener Philh Orch, Dgt: H Gietzen 04; Korsholm Concertino (f KamOrch), UA Vaasa, Lappland KamOrch, Dgt: J Storgards 05. **Aufn/RF:** RF-Aufn im HR, ungar RF ua, zahlr CDs. **Sonst:** Werkveröffentlichungen b div Verlagen. **Lit:** zahlr Artikel in ungar Musik-Zs MUZSIKA; Z Farkas: J S (Monographie).

Sarsekov, Igor *siehe* Parolari, Reto

Sartori, Fabio, Tenor; c/o Opernhaus Zürich, Falkenstr 1, CH-8008 Zürich [Treviso]. **Ausb:** Stud (Ges) B Marcello-Kons Venedig, Ges (L Magiera). **Laufb:** AuftritteTeatro La Fenice, Bologna, Florenz, Triest, Venedig, Sol Teatro alla Scala Mailand seit 97, Sol Dt Op Berlin, Sol Op Zürich seit SpZ 03/04, Gastsol Op Frankfurt SpZ 03/04, Wiener Staatsop. (Red)

Sartorius, Joachim, Intendant; c/o Berliner Festspiele, Schaperstr 24, D-10719 Berlin. **Laufb:** Intend Berliner FSp bis 10. (Red)

Sasaki, Tadashi, Prof, Hochschullehrer, Gitarre; Leipziger Str 54, D-50170 Kerpen-Buir, T: (0 22 75) 3 85; H f Musik Köln, Abt Aachen, Theaterstr 2–4, D-52062 Aachen [Tokio]. **Laufb:** Doz (Git) H f Musik Köln, Abt Aachen seit 73, Prof ebd 79. **Pr:** 1. Pr Wettbewerb des NHK (staatl. Rundfunk Japan), Prtr Int Git-Wettb Paris 68. (Red)

Sasse, Karl-Ernst, Komponist; An der Parforceheide 54, D-14480 Potsdam, T: (03 31) 6 26 15 23, F: 6 26 15 23, *kesasse@t-online.de* [Bremen 5.12.1923]. **Ausb:** Privatunterr (Kl, Va, Fl, Sax, MTheorie), Stud (Kl, Dirig, Va, Gesang, Komp) Kons Sondershausen 42–48. **Laufb:** Dgt Landesth Sondershausen 46–48, Landesth Meiningen 48–51, Städt MD Wernigerode 51–56, Staatl SinfOrch Halle 56–58, Chefdgt DEFA-SinfOrch 59–64, Chefdgt Hall Philh 64–67, freiberufl Komp Potsdam-Babelsberg seit 67. **Pr:** Fontane Pr f Kunst u Lit 80, Nationalpr f Kunst u Lit d DDR. **Mitgl:** Dt Komp-Verb. – **Komp:** KamM: 4 Lieder nach Ged v Ch Morgenstern (Sop, KamOrch), UA Wernigerode, Rathaussaal 55; 'Die Zeit, sie zerrt am Zügel' – 4 Lieder n Ged v L Wassiljewa (Sarah Kirsch) (Sop, KamQua), UA Potsdam, Schlossth 76; 'Notenbüchel f zwei' (Suite f Fl u Tb), UA Klingenthal 81; Serenade f Ob, Klar u Fag, UA Potsdam 01; 'Kirmes' (f 2 Klar, Altklar, Bassklar), UA Potsdam 01; Syrinx 1–3 (Klar Solo), UA Kleinmachnow 01; ChorW: 'Requiem f d unbek Toten v Hiroshima' (E Jebeleanu), (f 6-st Ch a cap), UA Wernigerode 72; 'Bei d Hochgestellten' (B Brecht), (f 4-st Ch a cap); 3 Ch n Ged v J Bobrowski, UA m Berliner RF-Chor; 'D Jahr i Wald' – Kant in 5 Teilen (H Möskenthin) (Sop, Ten, gem Ch 3-st, KamOrch); OrchW: Sequenzen f gr Orch, UA Halle 76, Nocturnes f gr Orch, UA Potsdam 82; Ballette: 'Hase u Igel' (Ballett f Kinder), UA Buna, Chem Werke 69; Fix u Fox (n Th Hertel), UA Berlin, Palast d Rep 87; Hörspiele: G Rücker: 7 Takte Tango, UA Berliner RF; Ders: 'Dame i Spiegel' (J Wachowiak), UA Berliner RF; ca 545 FilmM aller Genres, M zu Stummfilmen d 20er Jahre. **Aufn/RF:** CDs: Der Golem – Capriccio; D Lubitsch Touch; Sachsens Glanz u Preußens Gloria; M aus Indianerfilmen d DEFA; Der Scout/Präriejäger i Mexiko; Spur d Steine; Reel by Reel – 100 Years of FilmM Highlights; 100 Years of FilmM 1895–1995; Olympic Hymn – Ch Olympics 2000; Momentaufnahmen – Neue Musik aus Brandenburg; Kosmos – Soundtracks Of Eastern Germany's Adventures In Space.

Sassmann, Albert, Mag art, Klavier; Beheimgasse 6/17, A-1170 Wien, T: (06 76) 6 17 95 80, F: (01) 4 03 26 35, *albert.sassmann@gmx.de*; *members.tripod.de/albertsassmann/* [Linz]. Wiener Klassik, 2. Wiener Schule, M d 20. Jh **Ausb:** Stud (H Matthaeus) Bruckner Kons Linz, Dirigier- u Klavierstud (H Kann, P Efler) U f Musik Wien, 'ARCM-Dipl w honours' Royal College of Music London. **Laufb:** Radio, Fernsehauftritte, CD-Aufn, regelm int Konz; Lehrtätigkeit an der Univ f Musik u darst Kunst Wien seit 04.

Satke, Wilfried, Mag art, Komponist, Gitarre; Favoritenstr 85/10, A-1100 Wien, T: (01) 5 24 77 83; *www.satke.ws* [Mödling 16.6.1955]. Kammermusik, Jazz, Solostücke, elektron. (algorithmische) Musik **Ausb:** Kons Wien (Git) b R Brojer 76–80 u R Wolff 80–83; MH Wien (Git) b R Wolff 83–86; Kons. Wien (Komp) b K Schwertsik 80–88 u R Portisch 89–92. **Pr:** Förderungspr der niederösterr Landesregierung 84; Staatsstip f Komponisten 87. **Ens:** Cone_3; bow jangle; gam-e-lab.

Satter, Wieland, Sänger (Bass-Bariton, Bass-Buffo); Schellenbergweg 15, D-95028 Hof, T: (01 79) 7 86 04 00, *wsatter@web.de* [Frankfurt/M 9.3.1968]. **Ausb:** Stud (SchM) MH Frankfurt/M 90–95, (Gesang) MH Weimar 95–98. **Laufb:** Sol Landesth Linz, Stadtth Regensburg, Gastsol Th Altenburg-Gera SpZ 03/04, Südostbayr Städteth Passau, Sol Th Hof seit SpZ 03/04. **Pr:** Finalist Hilde-Zadek-Gesangswettb 2000, Prtr Gottlob-Frick-Gesangswettb 2000, Stip Franz Schubert Inst Baden b Wien.

Satterthwaite, Mary, Dr, Pianistin, Solokorrepetitorin; Mulvanystr 10, D-45879 Gelsenkirchen, T: (02 09) 14 27 19, F: 14 27 19, *noerenberger@01019freenet.de* [USA 5.11.1957]. **Ausb:** Bachelor of M, Kl U of Georgia 75–80, Master of Music, Kl U of Indiana, Bloomington 80–83, Dr of Musical Arts, Kl Cleveland Inst of Music 83–85 u 87–89, Liedkl (K Richter) MH Stuttgart 85–87. **Laufb:** LAuftr (Bläserkorr) MH Stuttgart 87–91, Korr Th Gelsenkirchen/Wuppertal 92–99, LAuftr (OpEnsArb) H 'Hanns Eisler' Berlin 96–99, Korr Th Köln 99–2000, Korr Th Dortmund SpZ 00/05. **Pr:** Tanglewood 84, Fulbright Stip Vokalbegl MH Stuttgart 85–87.

Sattler-Ferrand, Bianka, Sängerin; c/o Theater an der Rott, Pfarrkirchener Str 70, D-84307 Eggenfelden [Dresden]. Operette **Ausb:** Stud (Prof H Fischer-Klotz, J Kemter) H f M Dresden, (Prof R Hoff) Berliner Staatsop, (R Ortiz) Berlin. **Laufb:** Sol Th d Stadt Stralsund, Sol Metropol-Th Berlin 82–97, Teilzeitverträge bzw Stückverträge als Sol in Op u Optten seit 98, Sol Th an der Rott Eggenfelden SpZ 03/05. **Pr:** 3. Pr Wettb Junger Opernsänger d ehem DDR 85.

Sattler, Klaus-Peter, Prof, Hochschullehrer; Univ f Musik u Darst Kunst, Inst f Komposition u Elektroakustik, Anton-von-Webern-Pl 1, A-1030 Wien, T: (01) 7 11 55 21 43, F: 7 11 55. Komposition, Musiktheorie, Dirigentenausbildung **Laufb:** o UProf U f Musik u Darst Kunst Wien. (Red)

Satz, Alexandr, Prof, Hochschullehrer, Klavier; Univ f Musik u Darst Kunst, Inst 2, Brandhofgasse 21, A-8010 Graz, T: (03 16) 3 89 35 16, F: 3 89 30 21, *alexandr.satz@kug.ac.at*. **Laufb:** o UProf (Kl)U f Musik u Darst Kunst Graz. (Red)

Saudan, Nathalie, Violine; rue de Montchoisy 23, CH-1207 Genève, T: 02 27 00 47 28. (Red)

Sauer, Alma, Prof, Hochschullehrerin, Klavier; Rainergasse 5, A-1040 Wien, T: (06 76) 5 90 79 29; Univ f Musik u Darst Kunst, Inst f Tasteninstrumente, Lothringerstr 18, A-1030 Wien. **Laufb:** Prof U f M u Darst Kunst Wien. (Red)

Sauer, Ariane, Schauspielmusikerin; c/o Badische Landesbühne eV, Am Alten Schloß 24, D-76646 Bruchsal, T: (06 21) 1 56 82 94, 01 77–2 41 84 62, *Ariane.Sauer@gmx.net* [Bretten, Lk Karlsruhe 21.1.1980]. Liedbegleitung Chanson, Revue, Schlager, Pop, Chor **Ausb:** Stud SchulM MH Karlsruhe 99–01, MH Mannheim 01–03, 1. Staatsexamen. **Laufb:** SchspM Bad Landesb Bruchsal seit SpZ 00/01 (03/04).

Sauer, Thomas, Organist, Lehrbeauftrager; Greifswalder Str 18, D-10405 Berlin, T: (0 30) 4 28 72 99, F: 4 28 72 99, *do.sauer.@freenet.de* [Wittichenau 19.6.1954]. **Ausb:** Stud Org (H Kästner) MH Leipzig 72–77. **Laufb:** Organist St Hedwigs-Kath Berlin seit 78, Ernennung Domorganist ebd 90, Doz (künstl OrgSp) Erzbischöfl KiMSchule Berlin seit 90, LBeauftr (künstl OrgSp) U d Künste Berlin 2001, KonzReisen durch Europa u USA. **Pr:** Bachpr Leipzig 76, 1. Pr ImpWettb Halle 87. – **Aufn/RF:** zahlr LP- u CD-Aufn.

Sauermann, Elke, Sängerin; Staatstheater, Lausitzer Str 33, D-03046 Cottbus. **Laufb:** Sol Staatsth Cottbus. (*)

Saunders, Rebecca, Dr Komp, Komponistin; Esmarchstr 10, D-10407 Berlin, *rebecca.saunders@t-online.de*; c/o C.F. Peters Musikverlag, Kennedyallee 101, D-60596 Frankfurt a M, *info@edition-peters.de* [London 19.12.1967]. **Ausb:** Stud V, B-Music (Honours) U Edinburgh 87–91, Komp, künstl Ausb (W Rihm) MH Karlsruhe, DoktArb Komp (N Osborne) 94–97. **Pr:** Fraser Scholarship DAAD 92–94, Busoni Förderpr Akad d Künste Berlin 95, Ernst v Siemens Förderpr 96, 'Premier Scholarship' U Edinburgh 94–97, musica viva BR-Pr d ARD u BMW 2000/01. – **Komp:** Crimson-Molly's song I 95, UA Graz 95; Into the blue 96, UA Freiburg 96; G and E on A 96–97, UA Frankfurt 97; Qua f Klar, Akk, Kb u Kl 98, UA Witten 98; dichroic seventeen 98, UA Köln 99; Duo 96/99, UA Edinburgh 96; cinnabar 99, UA Berlin 99; duo 3 99, UA Huddersfield 99; two exposures (Duo f 4 Trp, Perc u SinfOrch) Köln 01.

Sauseng, Wolfgang, Prof, Hochschullehrer; Univ f Musik u Darst Kunst, Inst f Orgel, Orgelforschung u Kirchenmusik, Seilerstätte 26, A-1010 Wien, T: (01) 7 11 55 26 15. Kirchenmusik **Laufb:** o UProf U f Musik u Darst Kunst Wien. (Red)

Sauter, Michael, Schauspielmusiker; c/o Theaterhaus Gessnerallee, Gessnerallee 8, CH-8001 Zürich. **Laufb:** SchspM Th Luzern SpZ 03/04, Th Gessnerallee Zürich SpZ 04/05. (Red)

Sauter, Otto, Trompete; c/o Sabine Kierdorf media and eventservice, Brandackerstr 10, D-40764 Langenfeld, T: (0 21 73) 98 07 42, F: 98 07 43, *SabineKierdorf@t-online.de*; *www.otto-sauter.de*. **Ausb:** Kons Winterthur (C

Rippas), L- u OrchDipl 84, SolDipl 85, Stud b B Nilsson in Malmö/Schweden u PThibaud in Paris. **Laufb:** Sol Philh StaatsOrch Bremen 88–98, künstl Lt Int Trp-Tage Bremen seit 91. **Ens:** Grdg u Mitgl Ens 'Ten of the Best' (10 Trp). – **Sonst:** Grdg Trp-Akad Bremen 94. (Red)

Sava, Georg, Prof, Hochschullehrer, Klavier; Hans-Böhm-Zeile 35A, D-14165 Berlin, T: (0 30) 8 15 88 63; H f Musik 'Hanns Eisler', Charlottenstr 55, D-10117 Berlin [Bukarest, Rumänien]. **Ausb:** Stud Kons Tirgu Mores, Kl (G Halmos) MH Cluji. **Laufb:** Pianist u Päd, Debüt m Staatsphilh Tirgu Mures 57, zahlr KlAbende, konz regelm m Staatl Philh Rumänien, Ass (Prof G Halmos) Rumänien, HochschulL (Kl) 64, ab 77 KonzTätigkeit in Dtschld, LBeauftr (Korr) Staatl H f Musik Stuttgart, KlLehrer MSchule Ludwigsburg/Baden-Württemberg, GastProf H d Künste Berlin 79, Prof ebd 82, Prof (Kl) H f Musik 'Hanns Eisler' 97. (Red)

Savelsbergh, Kim, Sopran; c/o Staatstheater Kassel, Friedrichspl 15, D-34117 Kassel. (Red)

Savova, Olga, Mezzosopran; c/o Gerstel International Opera Management, Stockerstr 10, CH-8002 Zürich, T: 04 17 63 91 88 01, F: 04 42 53 14 53, *gerstel @swissonline.ch*. **Laufb:** Fstv Baden-Baden, Fstv Salzburg 05, GastSol New York Met Op. (Red)

Sawabu, Noriyuki, Sänger; c/o Neue Oper Wien, Herminengasse 10/Tor 23, A-1020 Wien. **Laufb:** Sol Neue Op Wien seit SpZ 03/04. (Red)

Sawade, Ingeborg, Komponistin, Textdichterin, Klavier, Querflöte, Gesang, Percussion, Posaune; Bernhard-Ihnen-Str 13c, D-21465 Reinbek, T: (0 40) 79 75 48 81, F: 79 75 45 88, *i.sawade@ensembleneuehorizonte.de*; Hagedornstr 30, D-20149 Hamburg, T: (0 40) 41 35 56 26, F: 4 15 56 26; *www. ensembleneuehorizonte.de* [Dresden 15.1.1945]. Kammermusik **Ausb:** Stud Ges (H Laue) Kons Hamburg, Stud Theorie, Tonsatz, Kl (ua D de la Motte, H Rauhe, W Krützfeldt) MH Hamburg. **Laufb:** Mitltg Reinbeker Reihe u Musica Nova – Aktuell 75–85, Mitgrd Ens Neue Horizonte 84, über 1000 Konz solo u m Ens Neue Horizonte. **Mitgl:** GEMA, GVL. – **Komp:** Genesis f Fl, Schlgz, TB, UA Moers 99; 12 Stücke f Fl, Schlgz u Tasteninstr, UA Ilmenau Thüringen 2000. **Aufn/RF:** CDs: 'Vom Tao d Klänge' (Qufl u Perc) m B Paul (Perc); 'Vom Klang d Stille' (Qufl u Ges) m B Paul (Synth). **UA:** Lichtstück f Fl solo, UA Duisburg 99; Lieder f Org, UA Altenberger Dom 2000. **Zug:** v N Linke, F Werder u B Paul.

Sawaley, Victor, Sänger; c/o Theater der Bundesstadt, Am Boeselagerhof 1, D-53111 Bonn. **Laufb:** Sol Op Leipzig bis SpZ 03/04, Gastsol Staatsoptte Dresden SpZ 00/04, Gastsol Op Bonn SpZ 03/05. (Red)

Sawallisch, Wolfgang, Prof, Dirigent; Hinterm Bichl 2, D-83224 Grassau, T: (0 86 41) 23 15; c/o Theateragentur Dr Germinal Hilbert, Maximilianstr 22, D-80539 München, T: (0 89) 2 90 74 70, F: 29 07 47 90 [München 26.8.1923]. **Ausb:** Kl (W Ruoff), Theorie (H Sachsse), Komp (J Haas) H f M München. **Laufb:** Korr Augsburg 47, Salzburger FSp (I Markevich) 51, Ass (I Markevich) 52–53, Debüt Berliner Philharmoniker 52, GMD Aachen 53–58, Wiesbaden 58–60, Köln 60–63, Doz H f M Köln 57, Bayreuther FSp 57–62, ChefDgt Wiener Symphoniker 60–70, GMD Hamburger Philharmoniker 61–72, GMD Orch de la Suisse Romande 73–80, GMD Bayer Staatsop München 71–93, StaatsopDir ebd 82–93, MD Orch v Philadelphia 93–03. **Pr:** Mitgl Bayer Akad d Schönen Künste, Bayer Maximilians-Orden, Bayer Verdienstorden, höchste Ehrungen u Auszeichn im In- u Ausland. **Mitgl:** Präs Richard-Strauss-Ges München, Hans-v-Bülow-Med d Berliner Philh 03. – **UA:** Ferrero u Fortner: 'In seinem Garten liebt Don Perlimplín Belisa' 62; v Einem: 'Der Zerrissene' 64; v Einem: 'Ludi Leopoldini' 80; Wimberger: 'Konz f Kl u Orch Nr 2' 84; Bialas: 'Neun Bagatellen' 85; Killmayer: 'Hölderlin Lieder' 86; Wagner: Symphonie Nr 2 in E' 88. **Sonst:** 'Im Interesse d Deutlichkeit. Mein Leben m d Musik' 83, 'Kontrapunkte' 88. **Lit:** H Krellmann: 'Stationen eines Dirigenten'.

Say, Fazil, Klavier; c/o Käch Artists & Promotion, Wolfgang Mohr, Graumannsweg 19, D-22087 Hamburg, T: (0 40) 25 33 67 93, F: 25 33 67 96, *WJMohr@t-online.de*; *www.kaechartists.com, www.fazilsay.net* [Ankara 1970]. (Red)

Saye, Theo, Dr, Dirigent; Schleswig-Holstein Landestheater, Lollfuß 53, D-24837 Schleswig. **Laufb:** Studienlt u stellv 1. Kapm Schleswig-Holsteinisches Landesth u SinfOrch Schleswig. (*)

Scaini, Francesca, Sopran; c/o Konzertbüro Andreas Braun, Sülzgürtel 86, D-50937 Köln, T: (02 21) 9 42 04 30, F: 94 20 43 19, *braun@angel.de*; *www. konzertbuero-braun.de*. **Ausb:** Ges Kons Benedetto Marcello Venedig, MWiss U Cà Foscari Venedig, Academia della Voce Turin b V Zeani, F Corelli u A Kraus, Renata Scotto Op Academy, PrivStud b C Desderi u S Lowe. **Laufb:** Tiroler Landesth Innsbruck 99, Niedersächsisches Staatsth Hannover, Staatsop Stuttgart ab 03/04. **Pr:** 1. Pr Maria Callas-Wettb „New Voices for Verdi" 2000. (Red)

Scalchi, Gloria, Sängerin; c/o Oper Leipzig, Augustuspl 12, D-04109 Leipzig. (*)

Scandiuzzi, Roberto, Bass; c/o Theateragentur Dr Germinal Hilbert, Maximilianstr 22, D-80539 München, T: (0 89) 2 90 74 70, F: 29 07 47 90, *agentur@ hilbert.de*; c/o Opernhaus Zürich, Falkenstr 1, CH-8008 Zürich; *www.hilbert. de*. **Ausb:** Stud (Ges) Treviso. **Laufb:** Debüt in L Ferrero: 'La Figlia del mago' Int Fstv Monterpulciano 81, Auftr Mailänder Scala ('Le Nozze del Figaro') 85, 'Simon Boccanegra (Fiesco) Royal Op Covent Garden, regelm Gast Metropolitan Op new York, Op Bastille Paris, Royal Op House Covent Garden, Wiener Staatsop, Mailänder Scala, Bayer Staatsop München, San Francisco Op House, Op Zürich, Op Rom, Teatro Real Madrid; Konz in Rom u Bologna, Parma, Turin, Dresden, München, Florenz, Luzern, Ottobeuren, Santander, Moskau u Royal Albert Hall London; ZusArb m Orch wie Berliner u Wiener Philharmoniker, Royal Philharmonic Orch, London Philharmonic Orch, SinfOrch Chicago, San Francisco, Philadelphia, Boston, Los Angeles, Orch Filharm della Scala, Orch Maggio Musical Fiorentino, Orch nazionale Santa Cecilia, Orch Nat Paris, Orch Nat de France, Bayer u Münchner RF-Orch u m Dgt wie C Abbado, C Davis, V Gergiev, J Levin, F Luisi, Z Mehta, R Muti, S Ozawa, G Sinopoli, G Prêtre u M Viotti; Repertoire: Verdi: Philipp II, Fiesco, Silva, Zaccaria, Pater Guardian, Attila, Stravinsky: 'Oedipus Rex'; 'Simon Boccanegra', 'Khovantchina' (Dossifej); Rossini: 'Stabat mater', 'Norma', 'Anna Bolena'. – **Aufn/RF:** zahlr LP-Einsp ua 'Simon Boccanegra', 'Don Carlo', 'Requiem', 'Cristoforo Colombo', 'Stabat Mater', 'Rigoletto', 'Sonnambula', 'Boheme', 'Macbeth', 'Jerusalem', 'Turandot', 'Aroldo'; Solo-CD u Ponchielli: 'La Gioconda', Ltg M Viotti.

Scartazzini, Andrea, Komponist; Blauensteinerstr 8, CH-4053 Basel, T: 06 12 74 05 23. (Red)

Schaaff, Ulf-Dieter, Prof, Hochschullehrer, Flöte; Prinzregentenstr 85, D-10717 Berlin, T: (0 30) 4 21 13 53, F: 85 73 11 16, *ulf.schaaff@gmx.de*; H für Musik 'Franz Liszt', Inst f Bläser u Schlagwerk, PF 2552, D-99406 Weimar [Düsseldorf 1964]. **Ausb:** Stud (Fl) in Berlin (A Blau), Basel (P-L Graf) u Köln (A Adorján); Mstrks b Nicolet, Rampal, Marion. **Laufb:** Solo-Fl Westfäl Sinf-Orch Recklinghausen 91–95, Solo-Fl RSB Berlin seit 95, Prof (Fl) H f M 'Franz Liszt' Weimar 2000, Lt e Fl-Klasse, GastProf 'Kurashiki Sakuyo' Univ Okayama seit 04. **Ens:** 14 Berliner Flötisten, Bläserquin d Rundfunk-SinfOrch Berlin, Scharoun-Ens Berlin. – **Aufn/RF:** C Nielsen: Fl-Konz, m RSB Berlin, Dgt M Alsop 04.

Schaal, Fritz, Sänger; c/o Oper im Schloßgarten, Jungfernstieg, D-23701 Eutin, PF 112, D-23691 Eutin. **Laufb:** Sol Op im Schloßgarten Eutin. (Red)

Schabel, Tobias, Sänger; Kriemhildstr 30, D-67069 Ludwigshafen, T: 0 17 77 33 61 31; c/o Nationaltheater Mannheim, PF 102362, D-68023 Mannheim. **Ausb:** Stud b W Workman MH Hamburg 94–2000. **Laufb:** Sol OpStudio Hamburg Staatsop 98–2000, Luzerner Th 2000–02, Sol Nationalth Mannheim seit 02.

Schacher, Axel, Violine; Hebelpl 3, CH-4056 Basel, *a.schacher@ sinfonieorchesterbasel.ch*; c/o Theater Basel – Sinfonieorchester Basel, Elisabethenstr 16, CH-4051 Basel. **Laufb:** 2. Konzm SymphOrch Basel seit 03. **Pr:** 2. Pr 34.Tibor Varga Int Violin Wettb Sion 2000.

Schacher, Jan, Komponist; Rüflisbergstr 50, CH-6006 Luzern, T: 04 14 20 29 84. (Red)

Schade, Michael, Tenor; c/o Wiener Staatsoper, Opernring 2, A-1010 Wien, T: (01) 5 14 44 22 50, *andante@mschade.com*; c/o Columbia Artists Management GmbH, Till Janczukowicz, Albrechtstr 18, D-10117 Berlin, T: (0 30) 20 64 80 78, F: 20 45 34 80, *info@cami.com*; *www.wiener-staatsoper.at, www. mschade.com* [1965]. **Ausb:** Stud Curtis Inst of Music New York. **Laufb:** Gatssol u Sol Wiener Staatsop 04/05, Gastsol Teatro Comunale Bologna, Rossini Fstv Bologna, Grand Th Genf, Met Op New York, San Francisco Op, Chicago Lyric Op, Los Angeles Op, Mailänder Scala, Op Bastille, Hamburger Staatsop, Salzburger FSp, Rossini-Fstv Pesaro, Haus am Ring 96, Th an d Wien 99 u 2000, Konz m Philadelphia Orch b Salzburger FSp, Los Angeles Philh, Dgt: C Abbado (anläßl d 10. Todestages v H v Karajan), m Wiener Philharmonikern, Dgt: P Boulez, m Calgary Philh, Kitchener Waterloo Philh Choir, Cleveland Orch, Dgt: Ch v Dohnanyi, ZusArb m N Harnoncourt, Liederabende im Rahmen d Stuttgarter Bach-Akad Brüssel, Toronto, Paris, Köln, London, New York, Mailänder Scala, Wiener Musikverein, Schubertiade Feldkirch, GastSol Semperop Dresden SpZ 04/05, Op Zürich SpZ 04/05, Salzburger FSp 06. **Pr:** 1. Pr Oratorienwettb New York Chorale Soc 90, Juno Award for Best Classical Recording, Gabriel Fauré Award. – **Aufn/RF:** zahlr Aufn, ua Leonore, Schöpfung, Zauberflöte, Bach-Passionen, Paulus u Elias; LPs ua Fidelio, Meistersinger, Otello; CD Frz OpArien. (Red)

Schade, Nicole Julia, Sängerin; c/o Theater Altenburg-Gera, Küchengartenallee 2, D-07548 Gera, T: 0 17 96 99 27 91 [Aachen 17.12.1972]. **Ausb:** Stud Sologes (Prof H Rieß) 98–2002, KonzEx 04; Mstrkse b I Figur, K Kelly, Björköi, passiv: Fassbaender. **Laufb:** GastSol Th Altenburg-Gera 01–04, Staatsth Cottbus 02–04. **Pr:** Bayreuth-Stip.

Schade, Tobias, Cembalo; c/o Tournee- und Projektmanagement Gisela Krüger, Landsberger Allee 144, D-10369 Berlin, T: (0 30) 9 72 67 17, F: 3 10 46 69. **Laufb:** Konz im Sommersaal 2003 ('Saitensspiele'). (*)

Schader, Klaus Heinrich, Komponist; Freudenthaler Str 95, D-65232 Taunusstein, T: (0 61 28) 8 55 07, *klaus.schader@lycos.com*; *www.strings-on-wings.de* [Rüsselsheim 17.7.1957]. Gitarrenmusik, Jazzkompositionen, Orchesterwerke **Ausb:** Stud MWiss (W Ruf) Mainz, Chorlt MH Mainz, zahlr Fortbild u Sem (R Kelterborn, D de la Motte, J Fritsch, K Barlow). **Laufb:** Soloauftr m eigenen GitKomp seit 79. **Ens:** Jazzens 'Jazztrophonics' seit 02. **Mitgl:** Dt Rock- u Popmusiker-Verband. – **Komp:** Unterwegs (2 Zyklen f Git) 79–86, UA Rüsselsheim ab 79; La Cour d'Arthur (Suite f skord Solo-Git) 86, UA Trebur 87; Songs of Love (ChW) 87; Les Marées d'Equinox (Musikal Traumspiel) 89, UA Rüsselsheim, Ens Ars Nova 90; Poème d' une nuit (Konz f Git u Orch) 03. **AuftrKomp:** Masken (KamM) 89, UA Rüsselsheim, Ens Ars Nova 89 (Auftr: Th d Stadt Rüsselsheim); Herbstzeit (KamOp), UA 96 (Auftr: Th d Stadt Rüsselsheim). **Sonst:** 'T for Two' (Lehrbuch f professional fingerstyle Git) Osnabrück 2000.

Schaechter, Dalia, Sängerin; c/o Bühnen d Stadt Köln, Offenbachpl, D-50667 Köln, PF 101061, D-50450 Köln. **Laufb:** Sol Bühnen d Stadt Köln. (Red)

Schädler, Hieronymus, Komponist, Flöte; Florastr 22, CH-8008 Zürich, T: 0 13 83 11 34. (Red)

Schäfer-Schwartze, Brigitte, Dr, Komponistin, Musikwissenschaftlerin; Ahauser Str 25, D-49632 Essen i O, T: (0 54 34) 14 71, F: 92 43 75 [Schwerte 24.7.1949]. Komp, Analyse **Ausb:** Vorstud Dortmunder Kons, SchM f Gymnasien, Komp (G Klebe) MH Detmold, kompositor, musiktheoret, philosoph Stud (R Ploeger) MH Lübeck, Stud (MWiss) U Bochum u U Wuppertal, Prom U Wuppertal 99. **Laufb:** Doz (MTheorie, Tonsatz, Werkanalyse) MH Detmold, Abt Dortmund 77–88, zZ freiberufl kompositor u wiss Tätigkeit. – **Komp:** 'Drei Miniaturen f Kl', UA MH Detmold 70; 'Fahrt in d Innere d Steins' (8 Aphorismen f Kl), UA Osnabrück, G Zerikly 93; 'Suriels Gesänge' (Qui f Mezzo-Sop, Fl, Klar, V, Vcl nach eigenen Gedichten), UA MH Detmold, K Kelly 70; 'Grodek' (3 Gesänge nach Versen v G Trakl f Sop, Fl, Altfl, Kl), UA MH Lübeck, M Borchfeldt 90; 'Diaphainon' (5 Stcke f Klar u Kl), UA Lübeck, H Coster 93. **AuftrKomp:** 'Der weiße Vogel' (nach e Prosatext v J Berger f KamOrch), UA Schwalenberg, Ens d MH Detmold 92 (Auftr: Literaturbüro Ostwestfalen-Lippe). **Aufn/RF:** Trakl-Gesänge (Radio Bremen), Drei kleine Klavierstücke (WDR, Bremen, SWF), Der weiße Vogel (WDR). **Sonst:** 'Jacobowsky u der Oberst' v Giselher Klebe, Analytische Betrachtungen, zahlr Art in Fach-ZS, NMZ u Lexika (MGG, KdG). **Lit:** Artikel v Klaus G Werner in NMZ.

Schäfer, Adelheid, Prof, Hochschullehrerin, Violine; Spitalstr 28, D-79219 Staufen, T: (0 76 33) 50 04 09, F: 50 04 09; St Ulrich 33c, D-79283 Bollschweil, T: (0 76 02) 4 08. **Laufb:** Prof (V) Staatl H f Musik Freiburg. (Red)

Schäfer, Ansgar, Sänger; c/o Stadttheater Gießen, PF 111128, D-35356 Gießen. **Laufb:** Gastsol Volksth Rostock SpZ 00/01, SpZ 03/04: Gastsol Landesth Detmold, Sol Saarländ Staatsth Saarbrücken, Stadtth Gießen SpZ 04/05.

Schäfer, Bastian, Oboe; c/o Konzertdirektion Kempf, Schöne Aussicht 34, D-65193 Wiesbaden, T: (06 11) 52 50 91, F: 52 50 93. **Laufb:** Sol Prager KamOrch 2003. (*)

Schäfer, Beat, Prof, Hochschullehrer; Hochschule Musik u Tanz, Florhofgasse 6, CH-8001 Zürich, *beat.schaefer@freesurf.ch*. **Laufb:** Prof (Chorltg, Dirig, Chor) HMT Zürich. (Red)

Schäfer, Boris, Solorepetitor; c/o Hamburgische Staatsoper, Große Theaterstr 34, D-20354 Hamburg, PF 302448, D-20308 Hamburg. **Laufb:** Ass d GMD, Dgt u Solorep Hamburg Staatsop. (Red)

Schäfer, Christine, Sopran; c/o Künstleragentur Helge Rudolf Augstein, Sebastianspl 3, D-80331 München, T: (0 89) 26 02 43 33, F: 26 02 43 44, *AgenturHRA@aol.com*; *www.agenturHRA.com*. **Laufb:** Gastsol Dt Staatsop Berlin SpZ 03/05, Op Frankfurt SpZ 04/05, Sol Dt Op Berlin SpZ 04/05, Semperop Dresden SpZ 04/05. (*)

Schäfer, Edgar, Sänger; Geibelstr 34, D-30173 Hannover, T: (05 11) 3 94 21 39, (01 78) 3 94 21 39. **Laufb:** Sol Op Hannover. (Red)

Schäfer, Fabian, Dipl, Oboe; Reinhardtstr 17, D-10117 Berlin, T: (0 30) 92 40 12 92od 01 63–25 87, F: 92 40 12 92, *schaefer.fabian@web.de* [Weimar 29.3.1978]. Orch- u KamM, Solist **Ausb:** Stud (K Becker) H f M u Th Hannover 96–03; (C Nicklin, D Boyd) Royal Acad of Music London 01–05. **Laufb:** Mitgl European Union Youth Orch 2000–02, Solist m Magdeburger Philh, Prager KamOrch (Rheingau MFstv), NDR Hannover, SWR Kaiserslautern, Solooboist Staatskap Berlin seit 05. **Pr:** Stip Studienstift d Dt Volkes, Stip DAAD, Stip Dt Musikwettb Berlin 01, 1. Pr Noblc-Hausc-Early-Music-Award London 02, 1. Pr Kurt-Alten-Wettb Hannover 03. **Ens:** Teilnehmer Bundesauswahl KJV 02/03 u 04/05 im 'Phantasy-Qua' u 'BläserQua d dt Musikrates'. – **Zug:** W-G Leidel: 'Herbstabendlandschaft', Concertino f Ob u Streicher. **Sonst:** Mitbegründer Improvisations-Duo 'impro-orbit'.

Schäfer, Frauke, lyrischer Sopran; Berlinerstr 12, D-67246 Dirmstein, T: 0 17 75 34 06 60, *frauke.schaefer@t-online.de*; *www.frauke-schaefer.com*. Oper, Operette, Konzert (Lied u Orat) **Ausb:** Stud (Sologes) H f M u darst Kunst Wien 90–93, Musikdramat Darst 93–96, Lied u Orat (W Berry) 93–97. **Laufb:** Sol Th St Gallen 97–2000, Gastsol Stadtth Baden b Wien 96, 2000, 01 u SpZ 02/03, Gastsol Op Erfurt 2000/01, Sol Op Frankfurt SpZ 01/02, Gastsol ebd 02/03, Th Erfurt SpZ 04/05.

Schäfer, Gerhart, Prof, Komponist, Hochschulprofessor iR; Ahauser Str 25, D-49632 Essen i O, T: (0 54 34) 14 71, F: 92 43 75 [Bamberg 30.9.1926]. Komposition, Musiktheorie **Ausb:** Vorstud (V, Kl, Theorie) Kons Osnabrück 38–42, Stud V, Va, Komp (W Maler) MH Detmold 48–51. **Laufb:** Päd Tätigkeit Leverkusen 55–65, Doz (Komp, MTheorie) Städt Kons Dortmund 66–74, Prof (Komp, MTheorie) MH Detmold, Abt Dortmund 74–86. **Pr:** Musikpr Stadt Recklinghausen 56, Förderungspr d Landes Niedersachsen 64. **Mitgl:** DTKV. – **Komp:** Konz f Oboe u kl Orch, UA Osnabrück, Osnabrücker SinfOrch, H Winschermann, Dgt: B Hegmann 54; Konz f KamOrch, UA Dortmund, Continuum-Ens, Dgt: W Seiss 73; 'Diamorphosen' (f Str), UA Dortmund, Philharmon Orch 71; 'Permutationen' (f Orch), UA Radio Bremen, Nordwestdt Philh, Dgt: K Bernbacher 86; Quin f Klar u Streichqua, UA WDR, J Michaels, Raderschatt-Qua 57; 'Espressioni' (f Va u Kl), UA Radio Brüssel II, R Langewouters 61; 'Reflexionen' (Fl, Vcl, Kl), UA MH Lübeck 69. **AuftrKomp:** Konzertantes Vorspiel f gr Orch, UA Leverkusen, Bayer Philharmoniker, Dgt: E Kraak 56 (Auftr: Bayer Philharmoniker); 'Entfaltung d Wesentlichen' (Kantate), UA Dortmund, Ens d MH, Dgt: H Ständer 77 (Auftr: Kulturkreis im Bundesverband d Dt Ind). **Aufn/RF:** ua Fünf KlStücke, m B Kontarsky, WDR 59; Vier KlStücke, m H Henck, WDR 73; Qui f Klar u StrQua, m F Klein, Gürzenich-Qua, WDR; Espressioni f Va u Kl, m R Moog, WDR; Vier Stücke f kleines Orch, m Orch d Jeunesses musicales, Dgt K Bernbacher, NDR; Diamorphosen f Str, m Orch d Jeunesses musicales, Dgt K Bernbacher, Radio Bremen. **Lit:** Art NMZ.

Schäfer, Hermann, Prof, Komponist; Hermann-Löns-Weg 14, D-69118 Heidelberg, T: (0 62 21) 80 20 64, F: 80 20 64 [Rottweil/N 6.3.1927]. **Ausb:** Stud MH Trossingen u MH Heidelberg, U Heidelberg (Kl- u Theorie-Lehrerexamen, SchM-Staatsexamen). **Laufb:** SchM Heidelberg 55–66, Prof PH Heidelberg u LBeauftr (Musiktheorie) MH Heidelberg 66–74, Prof (Komp) MH Heidelberg-Mannheim 74. **Pr:** Dt Jugendmusikpr 53, Förderpr Stadt Stuttgart f junge Komp ernster Musik 58, O-Ditscher-Kunstpr (Komp) Landkreis Ludwigshafen 95. – **Komp:** 2.Streichqua (KamM) 57, UA Stuttgart 58; Sonate Nr 2 f V u Kl (KamM), UA Heidelberg 60; 2. Klaviersonate 59, UA SDR Stuttgart 62; Sinfonia breve (Ow) 59, UA Stuttgart 59; Divertimento f Holzbläserqua (KamM) 62, UA Heidelberg, SDR 66; Rhénanes – Quatre chants pour baryton et orchestre (OrchW) 92, UA Paris 93; 'Media vita in morte' – TrauerM f Orch (OrchW) 93, UA Leimen 93. (*)

Schäfer, Holger, Trompete; Wendelsteinstr 4, D-86485 Biberbach, T: (0 82 71) 34 07; c/o music and arts Organisations GmbH & Co KG, Corsicaskamp 13, D-49076 Osnabrück, T: (05 41) 9 62 96 00, F: 96 29 60 50, *info@music-and-arts.de* [1974]. **Ausb:** Stud Richard-Strauss-Kons München (W Guggenberger), H f M München (Prof Lachenmeier), MH Detmold (Prof Max Sommerhalder), Mitgl OrchAkad Staatskap Berlin (D Barenboim) 98–99. **Laufb:** stellv Sol-Trp SWR-SinfOrch Baden-Baden u Freiburg seit 99, Gastsp SinfOrch München, Berlin, Stuttgart. **Pr:** 4. Pr 33. Markneukirchen Int Instr Wettb 98. **Ens:** Dt Blechbläser Quintett.

Schäfer, Joachim, Trompete; Uta von Sohl Konzert-& Tourneeplanung, Osterdeich 100, D-28205 Bremen, T: (03 51) 8 30 26 00, F: 8 33 71 96, *schaefer-management@t-online.de*; *www.joachim-schaefer.com* [Dresden]. **Ausb:** Stud H f M 'Carl Maria v Weber' Dresden 90–94. – **Aufn/RF:** CDs: 'Concertos for piccolo trumpet', 'Quiet, please!', 'The sound of baroque', 'Il barocco concertante'. (Red)

Schäfer, Kunibert, Prof, Hochschullehrer; Spitzwegstr 7, D-84069 Schierling, T: (0 94 51) 35 66, *Kunibert.Schaefer@t-online.de*; H f Kath Kirchenmusik u Musikpädagogik, Andreasstr 9, D-93059 Regensburg [25.6.1957]. Chorlt, Orgel, moderne Musik **Ausb:** MH Regensburg u München. **Laufb:** Prof (Chor, Chorltg) H f Kath KiM u MPädagogik Regensburg. **Pr:** Kulturpr Oberpfalz 02. **Ens:** Ltg 'Neuer Kammerchor Regensburg', Ltg KonzertCh d H Regensburg. **Mitgl:** ACV/GDO. – **Aufn/RF:** DVD Brahms: Liebesliederwalzer. **UA:** N J Schneider: 'so lose im Raume'; ders: 'Zeitstudien'; D Schnebel: Magnificat; O Faulstich: versch Werke. **Zug:** Enjott Schneider: Variationen über die Liebe; ders.: Zeitstudien. **Sonst:** Veröfffentlichungen: Jugendlicher Nachwuchs i Chor; Fehler i d ChLt.

Schäfer, Magdalena, Sängerin; Nimrodweg 9, D-26133 Oldenburg, T: (01 72) 6 63 93 90, *magdalena.schaefer@web.de*; c/o Staatstheater Oldenburg, Theaterwall 28, D-26122 Oldenburg [22.12.1964]. Lied, Oper **Ausb:** Stud (Ges) H Frankfurt a M 84–89, Stud (Ges, russ Lied, Op) Tschaikowski-Kons Moskau 89–92, Stud (Liedkl Höll-Shirai) MH Karlsruhe 93–95. **Laufb:** Auftr MDR MSommer 99, 2000, 01, Berliner FestW 2000, KamMFstvl Kuhmo, Finnland, ZusArb m K Kashkashian, N Gutman, L Zagrosek; Sol Staatsth Stuttgart, Staatsth Oldenburg SpZ 03/04. **Ens:** Liedduo m L Jönsson (Kl). – **Aufn/RF:** Hindemith, Serenaden op 35, WDR 95; Solisten-Portrait WDR 98/99; Mahler, 4. Sinf, m Orch Philh Halle, Dgt H Beissel 98.

Schäfer, Markus, Tenor; Tannenweg 3, D-35510 Butzbach Wiesenthal, T: (0 60 33) 21 16, 01 72–8 33 21 16; c/o Konzertbüro Andreas Braun, Sülzgürtel 86, D-50937 Köln, T: (02 21) 9 42 04 30, F: 94 20 43 19, *braun@angel.de*; *www.konzertbuero-braun.de*. **Ausb:** KirchenM- u Gesangsstud i Karlsruhe u Düsseldorf, u. a. b M Plachner, A McLane, E Dalberg. **Laufb:** Sol Musikth Essen, Hamburgische Staatsop, Dt Op Berlin, Staatsop Unter den Linden, Semper-Op Dresden, Salzburger FSp, Op Zürich, Kom Op Berlin SpZ 03/05, GastSol Th Bremen SpZ 04/05. (Red)

Schäfer, Michael, Prof, Hochschullehrer, Klavier; Wankstr 17, D-85598 Baldham, F: (0 81 06) 85 69; H f Musik u Theater, Arcisstr 12, D-80333 München. **Laufb:** Prof (Kl) H f M u Th München. (Red)

Schäfer, Stefan, Kontrabass; Hirtentäschelweg 1, D-22589 Hamburg, T: (0 40) 8 70 01 64, F: 8 70 01 74, *kontakt@ensemble-acht.de*; *www.ensemble-acht.de* [1963]. **Laufb:** Philh Staatsorch Hamburg, Doz Hamburger Kons. **Ens:** ens acht. (Red)

Schäfer, Tobias, Tenor; Brückenstr 7A, D-09599 Freiberg, T: (0 37 31) 44 59 24(01 72) 7 90 17 42, *tobiaschaefer@gmx.de*; Zschonerblick 13, D-01156 Dresden, T: (03 51) 42 43 80 87 [Dresden 16.5.1978]. Konzert, Oper, Operette, Lied, Musical **Ausb:** Dresdner Kreuzchor 87–96, Stud Ges (S Weir) 98–2000, (N Sharp) 2000–01, (B Riedel) 01 H f M Hanns Eisler Berlin, Mstrks b S Weir u S Emerson 98 u 99, Stud Ges (R Leisenheimer) H f M Köln bis 04, Mstrkse b R Leisenheimer 02, I Voineag, C Jung seit 05. **Laufb:** Gastsol Neuköllner Op Berlin SpZ 01/02, Gastsol Th Hagen seit 02, Sol Th Freiberg SpZ 04–06. **Pr:** Rudolf-Mauersberger-Stip 03. **Ens:** Cantus Fons Dresden seit 96.

Schäfer, Ulf-Guido, Klarinette; c/o Konzertdirektion Andrea Hampl, Karl-Schrader-Str 6, D-10781 Berlin, T: (0 30) 4 78 26 99, 01 72–3 80 56 45, F: 4 78 37 92, *hampl@konzertdirektion.de*; c/o NRD Radiophilharmonie, Rudolf-van-Bennigsen-Pl 22, D-30169 Hannover; *www.konzertdirektion.de*. **Laufb:** Solo-Klar Dt KamPhilh, NDR RadioPhilh Hannover seit 94. **Pr:** 1. Pr int MWettb ARD München 89 (m Ma'alot Quintett). **Ens:** Ma'alot Quintett, ensemble acht. – **Aufn/RF:** zahlr CDs m d Ma'alot Quintett. **Sonst:** Arrangements f d Ma'alot-Quintett seit 91 u and AuftrGeber (ua Niedersächsische MTage, frz Ens 'Le Concert impromptu', 'Rosetti-Qui' d Staatsth Braunschweig, 'Arte-Ens' d NDR Hannover).

Schäfer, Wolfgang, Prof, Hochschullehrer, Dirigent; Alois-Schnorr-Str 4, D-79219 Staufen im Breisgau, T: (0 76 33) 64 65, F: 50 05 83; Hochschule f Musik u Darst Kunst, Eschersheimer Landstr 29–39, D-60322 Frankfurt. **Laufb:** Prof (ChorLt, Dirig) H f M u Darst Kunst Frankfurt/M seit 82, Dir d Frankfurter Kantorei 82–97, Dir Freiburger Vokalens, Collegium musicum Freiburg u Staufener Musikwoche. (Red)

Schaeferdiek, Marc, Prof, Hochschullehrer (Oboe), Oboenreparateur; Kleiststr 26, D-53757 Sankt Augustin, T: (0 22 41) 20 18 79, *marc@schaeferdiek.info*; H f Musik, Abt Aachen, Theaterstr 2–4, D-52064 Aachen; *www.schaeferdiek.info* [Aachen 27.10.1976]. **Ausb:** Sud bei P.W. Feit, I. Goritzki u B. Holz. **Laufb:** Prof (Ob) H f Musik Köln, Abt Aachen 01, Pro.f (Ob) H f Musik „George Enescu" Bukarest, Mitgl Trio Belle Epoque u Cellini Trio. – **Sonst:** Buchpubl:'Der Oboen-Doktor'.

Schäffer, Hermann, Prof, Hochschullehrer, Kirchenmusiker; Winzerstr 11, D-68535 Neckarhausen, T: (0 62 03) 32 34, F: 32 34; H f Kirchenmusik, Hildastr 8, D-69115 Heildelberg [Bad Mergentheim 1940]. **Ausb:** Stud (SchM) Stuttgart, (KiM) Berlin, Studjahr Accad Santa Cecilia Rom; Lehrer: F. Germani, H. Rilling, M. Behrmann, J. N. David, E. Pepping. **Laufb:** Kirchenmusiker Kreuzkirche Düsseldorf 68, Christuskirche Mannheim 75, Prof (Orgel-LitSp), Rektor H f KiM Heidelberg 98, Prof (Orgel) Staatl H f M u Darst Kunst Mannheim. (Red)

Schäffer, Thorsten, Dipl-Musiklehrer, Komponist, Pianist; Weststr 32, D-42119 Wuppertal, T: (02 02) 6 95 95 67, F: 6 95 95 66, *Thorstenschaeffer@firemail.de, t@thorsten-schaeffer.de*; *thorsten-schaeffer.de* [Herford 3.2.1972]. KamM **Ausb:** Stud (Kl, InstrPäd) MH Köln, Abt Wuppertal 92–97, Ex (Dipl MusikL) 97, Stud Tonsatz, Komp (L Weiand) 95–2000, Ex (staatl gepr Tonsetzer). **Laufb:** freischaff MusikL, Pianist u Komp seit 97, Pianist Berg Sommer-Musikwochen seit 99, Doz (MTheorie, Korr) Panfl-Musikkurs Akad Remscheid 2000, Akad Weichs'scher Hof 01. **Mitgl:** DTKV, DKIV, Berg Ges f Neue Musik. – **Komp:** Le Pianoteur (KamM) 96, UA Wuppertal 98; Fable sonore (Panfl u 6 Kl), UA Wuppertal 98. **Aufn/RF:** CD: Panfl & Kl, m M Schlubeck 97.

Schär, Ernst-Martin, Komponist; Reutlingerstr 32, CH-8472 Seuzach, T: 05 27 41 56 74, *ernst-martin@bluewin.ch* [1.3.1958]. Jazz, anspruchsvolle Unterhaltung, Oper **Mitgl:** SMV, Tonkünstlerverein.

Schaetz, Tobias, Dipl-Kirchenmusiker, Organist, Chorleiter, Pianist, Dirigent; TonART-Musikservice, Carl-von-Ossietzky-Str 17, D-14471 Potsdam, T: (03 31) 5 85 36 13, F: 9 51 27 50, *tobias.scheetz@gmx.de*; *tonart-musikservice.de* [Cottbus 12.8.1967]. Kirchenmusik, Kammermusik **Ausb:** Stud (KiM) H f KiM Görlitz 84–89, Ökumen Inst f KiM an d UdK Berlin b Prof Leo van Doeselaar u Prof Uwe Gronostay 95–97. **Laufb:** Kirchenmusiker u Kreiskantor 89–02, seit 03 freischaffend; regelmäßige Orgel-Konz in Dtld, Polen, Schweiz, Schweden; ZusArb m Jeunesse Musicales Weltorch 99; ZusArb m Dresdner Kreuzchor 03. **Ens:** ZusArb m 'Concerto Vivo' Cottbus, Grdg u Migl v 'La Musica In Campagna' 97–01. – **Sonst:** Künstl Ltg Kulturfstv 'Wege zu ... Bach' 2000; Ltg Konzertreihe 'Orgelsommer Motzen' 01–04; Mitarbeit u Ltg 'Musiksommer in d Bücherstadt' Wünsdorf seit 2000.

Schafferer, Nikolaus, Prof, Hochschullehrer, Basstuba; Univ f Musik u Darst Kunst, Leonard Bernstein Inst f Blas- u Schlaginstrumente, Seilerstätte 26, A-1010 Wien, T: (01) 7 11 55 24 01, F: 7 11 55 24 99. **Laufb:** o UProf (Basstb) U f Musik u Darst Kunst Wien. (Red)

Schaffner, Anna, Alt; c/o Zürcher VokalQuartett, Bernhard Hunziker, Kirchgasse 15, CH-8001 Zürich, T: 0 13 91 78 17, F: 0 13 91 78 17, *nik.schmid@freesurf.ch* [Bern 1959]. **Ausb:** Stud Sologesang (B Fassbaender) MH München 82–86, (B Fischer-Dieskau) MH Berlin 84–86. **Laufb:** EnsMitgl Th Bremen 87–92. **Ens:** Zürcher VokalQuartett.

Schagerl, Andreas, staatl gepr Konzertsänger, Tenor; c/o Konzertdirektion Tobischek, Zimmermannstr 59, D-45239 Essen, T: (02 01) 8 40 51 75, F: 8 40 51 76, *tobischek@arcor.de*; Neugasse 4, A-3170 Hainfeld, T: (0 27 64) 36 85, F: 36 85, *andreas.schagerl@surfeu.de*; *www.tobconcert.de* [Rohrbach a d Gölsen, Österreich 14.9.1971]. lyr Tenorrollen/Lied, Oratorium **Ausb:** Stud Lied u Oratorium (W Moore) Uiv f Musik Wien 96–2000, Ges (T Popescu) SchubertKons Wien 96–2000. **Laufb:** Fstv Mozart in Schönbrunn (Cosi fan tutte, Ferrando) 99, Seefestspiele Mörbisch/Bgld (Zigeunerbaron, Ottokar) 2000, Sol Vereinigte Bühnen Krefeld u Mönchengladbach, seit 2000, Wiener FestW (B Britten) 01. **Pr:** Spezialpr 5. Int MWettb Wien 96, Med Stift J F Perrenou Schweiz 97, KritikerPr, Pr d Stadt Konstanza Int Wettb f Tenöre Lugoj Rumänien 98, Semifinale Oper & Operette Belvedere Wettb Wien 99.

Schagidullin, Albert, Bariton; c/o Bayerische Staatsoper, Max-Joseph-Pl 2, D-80539 München, Brieffach, D-80075 München, T: (0 89) 21 85 01, F: 21 85 11 33, *info@st-oper.bayern.de*; c/o Columbia Artists Management GmbH, Till Janczukowicz, Albrechtstr 18, D-10117 Berlin, T: (0 30) 20 64 80 78, F: 20 45 34 80, *info@cami.com*; *www.bayerische.staatsoper.de*. **Ausb:** Stud (Ges) Kons Moskau. **Laufb:** Sol Bayer Staatsop München. (Red)

Schalaewa, Olga, Sängerin; c/o Schlossfestspiele Langenlois Betriebs-Gmbh, Rathausstr 2, A-3550 Langenlois, *operettensommer@t-online.at*; Sandrockgasse 40, A-1210 Wien, T: (06 64) 1 12 12 38, F: (01) 4 81 30 50 24, *olgaschalaewa@gmx.at*; *www.operettensommer.at/kontakt.htm* [Moskau 8.6.1968]. Oper international **Ausb:** Stud (B Pokrowskij, M Jurowskij) Akad f ThKunst Moskau. **Laufb:** EnsMitgl KamOp Moskau, KamOp Wien, Sol Volksop Wien (ua 'Hamlet', Ophelia, Dgt S Young), Wiener Staatsop, Salzburger FSp ('Die Zauberflöte', Papagena; 'Figaros Hochzeit'; 'Iphigenie en Tauride', Diana) seit 97, Th Comunale di Bologna, Kom Op Berlin ('Die Fledermaus', Adele), Op Leipzig, Tournee Japan, Kanada u Europa, int ZusArb m V Jurovski seit 2000. **Pr:** Ehrenmitgl Akad f ThKunst Moskau. – **Aufn/RF:** CDs: Gluck: 'Iphigenie en Tauride', Salzburger FSp; Duette, m S Kowalski. **Lit:** Fachzs in Österreich, Dtschld, Italien, Kanada u Japan.

Schaletzky, Matthias, Sänger (Bassbariton); Friedenstr 55, D-38820 Halberstadt, T: (0 39 41) 56 77 29 [Stuttgart 19.2.1968]. **Ausb:** Stud H f M Stuttgart 89–97, Dipl 94, Bühnenreifeprfg 97, Gesang (L Bosabalian, J Hamari), OpSchule (K Nagora, K Prick), Privatstud (E Estlinbaum, J-H Rootering, U Markus), Mstrkse (T Adam, E Randova). **Laufb:** Konz- u OpSänger 97–99, ua Ludwigsburger Schloßfsp 95, KamOp Schloß Rheinsberg 97, Teatro Comunale Cosenza 97, Teatro Massimo Palermo 99, Carl Orff-FSp Kloster Andechs 98 u 2001, EnsMitgl Nordharzer Städtebundth 99–03. **Pr:** Stip Richard Wagner-Verb. – **Aufn/RF:** Schubert: 'Messe in F', 'D Zwillingsbrüder', 'D 4-jährige Posten'; Orff: 'D Mond'.

Schalker, Arnold, Konzertpianist, Komponist; Résidence des Squares, Square Marguerite Nr 1, Bte 78, B-1000 Brüssel, T: (02) 7 34 21 34 [Den Haag 9.1.1937]. solist Tätigkeit **Ausb:** Stud Kl (Y Loriod) MH Karlsruhe, Privatstud Kl (N Magaloff) Genf, (C Marek) Zürich, Komp (G Frommel) Heidelberg. **Laufb:** Tourneen: Russland 71, Japan 81, 94, Südamerika 94, Süd-Afrika u Namibia 03. **Pr:** KompPr Yamaha Tokio 81. – **Komp:** Sonate (f Kl) 62/63; 'Drei geistl Lieder' (Novalis, Lenau, Schalker) (f hohe St u Kl) 64, 93; 'Introduzione, Aria e Presto' (B Marcello) (übertragen f Kl 2-händig) 81; Zwei Lieder: Sonett (Michelangelo) 87 u 'Dank' (Eichendorff) (f Bar u Kl) 89; 'Lieder d Stille' (Vier Meditationen v Scholz, Kyber, Claudius) (f hohe St u Kl) 90/93; 'Wohl geh' ich täglich...' (Hölderlin) (f Bar u Kl) 98; 'An Luna' (Goethe) (f hohe St u Kl) 99; Hymne (Novalis) (f gem Ch, Org) 04; Zweite Sonate (f Kl 2-händig) 05; 'Das Hohepriesterliche Gebet' (Joh XVII) (f Bar, Org) 05. **Aufn/RF:** zahlr RF- u TV-Aufn, LPs u CDs, RF-Aufn: A Schalker: Son op 2, Maastricht, Regionale Omroep Zuid 65; F Busoni: Toccata, SDR, Studio Karlsruhe 66; S Rachmaninoff: 2. Son b-moll op 36 (2. Fssg 1931), SDR Stuttgart 68; S Rachmaninoff: 2. Son b-moll op 36, Beethoven, Kozeluch: Son g-moll, Live-Send WDR Köln 73; S Liapunov: Barcarolle, Etude, Elegie, A Borodin: 'Im Kloster', N Medtner: Son g-Moll op 22, SWF Baden-Baden 81; Spätkonz: Beethoven, Liszt, Prokofjew, Rapf, DRS Bern 85; A Schalker: Son op 2, Skrjabin: Son Nr 9, ORF Innsbruck; Pfitzner: 5 KlStücke op 47, F Poulenc: Pastorale, Hymne, Toccata Saarländ RF; Gershwin, Adinsell, m Orch, WDR Köln 94; TV-Prod: F Liszt: 'Funérailles', HR Frankfurt. **UA:** K Rapf: Son Nr 1, Live-Mitschn DSR Bern. **Zug:** K Rapf: Son Nr 1, Klavkonz Nr 3. **Lit:** Porträt (Neue Musikztg) 83.

Schall, Joachim, Konzertmeister, Hochschullehrer; Oberwiesenstr 32, D-70619 Stuttgart, T: (07 11) 4 79 05 53, F: 4 79 05 45; c/o Württembergisches Staatsorchester, Oberer Schlossgarten 6, D-70173 Stuttgart. **Laufb:** Konzm 1. Violine Württemberg Staatsorch Stuttgart seit 77, Prof (V) H f M u Darst Kunst Stuttgart. (Red)

Schaller, Ellen, Sängerin; Staatsoperette, Pirnaer Landstr 131, D-01257 Dresden. **Laufb:** Sol Staatsoptte Dresden. (Red)

Schaller, Gerd, Dr, Dirigent, Generalmusikdirektor; c/o Theater Magdeburg, PF 1240, D-39002 Magdeburg; c/o Konzertdirektion Fritz Dietrich, Sigmund-Freud-Str 1, D-60435 Frankfurt/M, T: (0 69) 54 45 04, F: 5 48 41 07, *info@konzertdirektion-dietrich.de*. **Laufb:** 1. Kapm Staatsth Braunschweig, GMD Th Magdeburg seit 03/04. (Red)

Schaller, Helmut, Mag, Prof, Blockflöte, Hochschullehrer; Weiglgasse 21, A-1150 Wien, T: (01) 8 92 93 32; Univ f Musik u Darst Kunst, Inst Franz Schubert, Rennweg 8, A-1030 Wien, T: (01) 7 11 55 46 11. **Ausb:** Stud Bfl, Vcl u SchM MH Wien sowie Mathematik U Wien, Schola Cantorum Basel. **Laufb:** o UProf Univ f Musik u Darst Kunst Wien, Konz als Sol u Kammermusiker in verschiedenen Ens. **Ens:** Grd u Lt d Barocktrio Wien, Kammertrio Linz-Wien, Ens Flauta Dolce e Traverso. (Red)

Schaller, Irmgard, Viola; c/o Konzertagentur Esslinger, Spittlerstr 6, D-70190 Stuttgart, T: (07 11) 28 32 76; *www.konzertagentur.de*. **Ens:** London Baroque. (*)

Schaller, Wolfgang, Intendant; Staatsoperette, Pirnaer Landstr 131, D-01257 Dresden [1951]. **Ausb:** Stud Opernregie (H.-J. Irmer u E. Fischer) HfM „Hanns Eisler" Berlin. **Laufb:** Intendant Musikth Görlitz 94, Intendanz Stadtth Würzburg 99, Intendant Staatsoptte Dresden seit 03/04. (Red)

Schambach, Christoph, Komponist; Dorfstr 48, D-13597 Berlin, T: (0 30) 3 32 28 43, F: 3 32 28 43, *schambach@myweb.de* [Glöwen 13.11.1963]. **Ausb:** Stud (Bratsche, Komp) H f M 'Franz Liszt' Weimar 80–83, (Komp) ebd 86–90. **Laufb:** freischaff seit 90. – **Komp:** Leichenoper (Op), UA HfS 'Ernst Busch' 89; Peer Gynt (SchauspM), UA Berlin, DT 91; Molly Bloom (SchauspM), UA Berlin, DT 92; Baudelaire-Zyklus (Melodram), UA Berlin, Konzerthaus 97; Der Kyklop (Op); Die Entdeckung d Vaters b gemäßigtleichter Gartenarbeit (Singspiel), UA Berlin, Staatsop 97; Arme Teufel (SchauspielM), UA Th Schwerin 98. **Sonst:** FilmM: Tatort, Polizeiruf 110, Großstadtrevier u a.

Schanderl, Hans, Komponist; Wiesenstr 19, D-13357 Berlin, T: (0 30) 46 60 71 94, F: 46 60 67 20; Schachnerstr 7, D-81379 München, T: (0 89) 74 29 84 97, F: 74 29 84 97 [Regensburg 19.7.1960]. **Ausb:** Diplstud Musiktheorie, Komp, Arrangement (A Plate, D de la Motte, H Weiss) H f M u Th Hannover 82–88, Studienaufenth Indien u Türkei (Staatl Kons f Klass Türk M Istanbul) u Guinea (Ens National de Percussions de Guinée, Conakry). **Laufb:** LBeauftr (Rhythmik, SchM, Jazz) UdK Berlin 94–97. **Pr:** Prtr Int KomWettb 'Bach2000'. – **Komp:** Pulsing Moods (ZupfOrch), UA 94; Joannes Baptista (ChW), UA 95; Psalm 90 (ChW), UA 96; Ausgang (Mezzosop u SinfOrch), UA 97; Wunsch (Mezzo-Sop u SinfOrch), UA 97; Stimmen von Innen (Zyklus f Chor a capp), UA 97; Aenigma (Sax-Qua). **AuftrKomp:** f Dt Musikrat 91, Dt Musikrat f d Sommerakad Kloster Irsee 97; Lieder f Mezzosop u Orch, UA 97

(Auftr Uckermärk Musikwochen); Der Maschinist (Op), UA 2000 (Auftr Th d Ldeshauptst Magdeburg).

Schann, André, Sänger (lyrischer Tenor); Lehrhohl 11, D-56077 Koblenz, T: (02 61) 9 73 31 97; c/o Theater der Stadt Koblenz, Clemensstr 5, D-56068 Koblenz [Straßburg]. **Ausb:** Stud MH Straßburg, MH Nancy. **Laufb:** Sol Th d Stadt Koblenz. **Pr:** ua 1. Pr UFAM Paris.

Schantz, Steffen, Sänger; Riesenstr 13, D-67655 Kaiserslautern, T: (06 31) 3 50 68 38, (01 72) 6 37 07 20. **Laufb:** Sol Stadtth Bern, Sol Pfalzth Kaiserslautern seit SpZ 03/04. (Red)

Schaper, Heinz Christian, Prof, Komponist; Köllingsmoor 22, D-30855 Langenhagen, T: (05 11) 79 51 01 [Grohnde 5.1.1927]. **Ausb:** Stud (Kl, Tonsatz, Dirig, Komp) Hannover, Stud ev KiM. **Laufb:** Aufnahmelt NDR, L gmyn Schuldienst seit 63, HonProf U Hildesheim 90. **Pr:** Förderpr/Kulturpr Land Niedersachsen 63. – **Komp:** 'De Passion' ua geistl Chorwerke (Kantaten) 60ff; 'Des Bauern schöne Tochter' ua weltl Chormusik (a capp u m Instr) 60ff; '5 kleine symphon Stücke' ua Studienwerke f Orch 75ff; Die Schülersinfonie (SchM) 81ff; Leben u Licht (Kantate)86, UA Hannover 87; Konzertmusik f Akk u Orch 93; Konzertmusik f Git u Orch 93. **Sonst:** Lehrbuchautor (Compact-Reihe, Tonsatzlehre i d Schule ua).

Schapfl, Nikolaus, Komponist; Dürlingerstr 23, A-5020 Salzburg, T: (06 62) 62 22 33, *kschapfl@salzburg.co.at*; Aufmberg 34, D-87637 Seeg, T: (0 83 64) 12 42, F: 12 42; *www.nikolausschapfl.com* [München 21.8.1963]. **Ausb:** Stud (Komp) Mozarteum Salzburg Dipl 97, (D de la Motte) U f Musik u Darst Kunst Wien. **Laufb:** ZusArb m Bayr Theaterakad ('Der kleine Prinz') 98. **Pr:** Förderpr Bayer Musikfonds 95, Dt Musikrat 97. – **Komp:** Arlecchino (Kl), UA Santander 94; Wandlung (Sop u Kl), UA Salzburg, M Brojer, G Kleiner 95; Orchestersuite 'Der kleine Prinz' (OrchM), UA Shanghai 97; Der kleine Prinz (Op); Lieder ohne Worte (V, Kl), UA Wien, V Tsypin 99; Rosen f fahrende Sänger (KamM), UA Rupertigan, Klangwelt 99; Jesus apparet Maria Magdalene (ChM), UA Rom, U Gregoriana (geplant). (Red)

Schapira-Marinescu, Ilana, Prof, Hochschullehrerin, Komponistin, Klavier; Ankerstr 25, D-50676 Köln, T: (02 21) 32 23 30; H f Musik, Dagobertstr 38, D-50668 Köln [1935]. **Laufb:** Prof (Kl) H f Musik Köln. (Red)

Scharf, Johann-Walter (Pseud: Hans Friedrich Petersen), Komponist, Sänger, Pianist, Dirigent, Chorleiter, Verleger; Donnersbergring 76, D-64295 Darmstadt, T: (0 61 51) 6 52 51, F: 6 52 51 [Darmstadt 15.9.1932]. Chormusik, Bläsermusik **Ausb:** Stud (Pos, Vcl) u Dgt Akad f Tonkunst Darmstadt, 2.Stud (KiM, MWiss) H f Musik Frankfurt/M. **Laufb:** Th Darmstadt, Doz Frankfurt/M, Aufnahmelt Hess RF, Chorlt mehrerer Chöre, Kantor in Darmstadt, Komp in mehreren Gattungen, Verleger seit 2001. **Pr:** viele Pr b regionalen Chorwettb, ebenso KompPr, Ehrenbrief Land Hessen. – **Komp:** Ballettmusik in 3 Sätzen op 188 (Kl, Orgel, Schlgz), UA Frankfurt, Ophaus; Weihnachtsliederkantate op 266, UA Offenbach 72; Morgengesang op 271 (Kantate), UA Dieburg 73; Advent-Kantate op 328, UA Frankfurt/M 77; Rhapsodie im Walde op 459 (Waldhnqua), UA Frankfurt/M 88; Dt Festmesse op 550 (Messe), UA Regensburg 91; Handwerkerkantate, UA Siegen 94; Matthäus-Passion, UA Landau/Pfalz 01.

Scharfenberger, Tobias, Bariton; Menshausenstr 15, D-45147 Essen, T: (02 01) 3 16 68 44 [Gräfelfing b München]. **Laufb:** Gastsol Kom Op Berlin SpZ 01/02. (Red)

Scharferberger, Tobias, Bariton; Menshausenstr 15, D-45147 Essen, T: (02 21) 9 42 04 30, F: 94 20 43 19, *braun@angel.de*; *www.konzertbuero-braun.de*. **Ausb:** MusikH Hannover u Karlsruhe b G Faulstich u R Hermann 86–94, Mstrkse b A Baldin, Th Allen, P Schreier, B Fassbaender, Ks f Liedinterpret b Duo M Shirai/H Höll u R Vignoles. **Laufb:** Komische Op Berlin, Op Frankfurt/M, Staatsop Stuttgart, Staatsth Kassel, Musikth Gelsenkirchen, Dt Op am Rhein Düsseldorf, Th Klagenfurt; EnsMitgl Th Bielefeld 95–97, Op d Stadt Köln 97–2000. **Pr:** Prtr Mozartfest-Wettb Würzburg 91, Nachwuchspr Richard Strauss-Ges München, Prtr Berliner Bundeswettb 'Gesang' d VdMK 92, Stip Steans-Intitute for Young Artists b Ravinia-Fstv 98. (Red)

Scharff, Valentin, Violoncello; c/o HR Sinfonieorchester, Bertramstr 8, D-60320 Frankfurt a M. **Laufb:** Vorspieler HR SinfOrch Frankfurt a M. (Red)

Scharinger, Anton, Bariton; c/o Volksoper Wien, Währinger Str 78, A-1090 Wien; c/o Opernhaus Zürich, Falkenstr 1, CH-8008 Zürich [Niederösterreich]. **Ausb:** Stud (Ges) Kons Wien. **Laufb:** Sol Op Zürich seit SpZ 03/04, Volksop Wien SpZ 04/05. **Pr:** Mozartpr – Interpretation Österr Bundesmin f Unterr u Kunst 95. (Red)

Scharnke, Thorsten, Sänger; c/o Landestheater Coburg, PF 2342, D-96412 Coburg, T: (01 72) 6 62 24 57. **Laufb:** Sol Op im Schloßgarten Eutin, Op Hannover, Gastsol Städt Bühnen Münster SpZ 00/01, Hamburg Staatsop, Sol Th Coburg SpZ 04/05. (Red)

Scharovsky, Yeruham, Dirigent; c/o Lübecker Theater GmbH, Beckergrube 16, D-23552 Lübeck. **Laufb:** Gastdgt Lübecker Th. (Red)

Scharpf, Berno, Bariton; Bürgermeister-Wild-Str 15A, D-85521 Ottobrunn, T: (0 89) 6 09 89 84 [München 1956]. **Pr:** 'Singphoniker': 1. Pr int ChWettb Gorizia/Italien 88, Prix Charles Cros v Radio France ua. **Ens:** Mitgl Ens 'Singphoniker'. (Red)

Schartner, Maria Anna, Prof, Hochschullehrerin, Gesang; Rauchenbichler Str 13, A-5020 Salzburg, T: (06 62) 46 12 36 [Münster, Westf 21.12.1941]. **Laufb:** Vertragsprof (Ges) U Mozarteum Salzburg. (Red)

Schasching, Rudolf, KS, Tenor; c/o Opernhaus Zürich, Falkenstr 1, CH-8008 Zürich, T: 0 12 68 64 00; Trillerweg 17, D-66117 Saarbrücken, T: (06 81) 58 11 21, F: 5 84 96 70; *www.opernhaus.ch* [Engelhartszell]. Oper, Konzert **Ausb:** St. Florianer Sängerknaben, Stud Ges (H Rössel-Majdan) MH Wien, Diplom 83. **Laufb:** Sol KammOp Wien, Sol Staatsth Saarbrücken seit 83, Sol Op Zürich seit 2000. **Ens:** Staatsth Saarbrücken seit 83, Op Zürich seit 2000.

Schatte, Bianca, Sängerin; c/o Stadttheater Bern, Nägeligasse 1, CH-3000 Bern 7. **Laufb:** Sol Landesbühnen Sachsen SpZ 03/04, Stadtth Bern SpZ 04/05. (Red)

Schatz, Kamilla, Prof, Violine, Hochschullehrerin; Merkurstr 95, CH-4123 Allschwil, T: 07 87 74 11 20, *schatz.rovner@tiscali.ch*; Hochschule f Musik, Schultheiß-Koch-Pl 3, D-78647 Trossingen. **Laufb:** Prof (V) HfM Trossingen. (Red)

Schau, Reinhard, Dr, Prof, Hochschullehrer, Opernregisseur; Zur Charlottenburg 3e, D-60311 Frankfurt a Main, *ReinhardSchau@web.de* [Lyck, Ostpreußen 8.9.1935]. Regie Oper, szenische Liedgestaltung **Ausb:** Stud OpRegie (H Rückert) MH Halle 54/55, OpRegie (C Riha) MH Berlin-Ost 55/59. **Laufb:** OpDir Meckl Staatsth Schwerin 64–69, OpDir Städt Bühnen Magdeburg 69–77, Lt OpSchule H f Musik Weimar 77–2001, VertrProf (Szenenstud, MTh) H f Musik 'Franz Liszt' Weimar. – **UA:** U Zimmermann: Weiße Rose; ders: Die Zweite Entscheidung; D Nowka: Die Erbschaft; R Kunad: Bill Brook, Old Fritz; Prokofjew: Der wahre Mensch (EA); Strawinsky: The Rake's Progress (DDR, EA), G v Einem: Dantons Tod (DDR, EA). **Sonst:** Buch: 'Kinder d Südens' Szenen um Hugo Wolf 03.

Schaufelbühl, Maya, Flöte; Luzerner Sinfonieorchester, Pilatusstr 18, CH-6003 Luzern. **Laufb:** Stellvertr Piccoloflöte Luzerner SymphOrch. **Ens:** Mitgl KamM-Ens 'Flyer Klassik'. (Red)

Schaumann, Bernd, Komponist; Kirchbergerstr 17, D-50935 Köln, T: (02 21) 43 70 13, F: 43 37 74 [Leverkusen 21.2.1947]. **Ausb:** Stud (MWiss) Köln u Bochum. **Laufb:** Schulorchlt Köln, freiberufl Komp, Arrangeur u Orchlt. – **Komp:** Lina Mirolina (Op), UA Siegburg 96; Dädalos u Ikaros (Musikal Erz), UA Köln 99. (*)

Schauss-Flake, Magdalena, Komponistin; Dr Alfons-Gamp-Str 1, D-55543 Bad Kreuznach [Essen 25.7.1921]. **Ausb:** Stud Orgel (Kalber, Reda, Heitmann), Komp (L Weber, H Chein-Petit) Folkwang-H Essen u MH Berlin-Charlottenburg. **Laufb:** KonzTätigkeit in Europa u USA, Kantorin, Organistin u Chorlt in Essen u Anklam, L KiMSch Stettin. **Pr:** Peter-Cornelius-Plak. – **Komp:** Dialog (Pos Solo u Orgel), UA 71; Monolog (Variationen), UA 73; Variationen über e Thema v Dvorák (6 Blechbl), UA Herford 74; Sonate (Trp u Orgel), UA Bielefeld 77; Concertino (Trp, Pos, Ens), UA 78; Burleske (Bläserquin u Schlgz), UA 84; Kantate v Frieden Gottes, UA Oppenheim 84. (*)

Schayegh, Leila, Violine; Pfeffingerstr 26, CH-4053 Basel, T: 06 13 61 02 91, F: 06 13 61 02 91, *lschayegh@bluewin.ch* [Winterthur 1975]. histor Aufführungspraxis, 2. Hälfte 20. Jh **Ausb:** Stud (N Chastain, H Schneeberger, R Oleg, C Banchini), SolDipl 99. **Laufb:** Sol SinfOrch Basel, Mitgl Orch Op Zürich 2000–03, Fstv Gstaad 2000, Berliner FestW 2000, Brannwald 03. **Pr:** Prtr Migros-Genossenschaftsbund, Kiefer-Hablitzel-Stift, 2. Pr Förderpreiswettb München. **Ens:** Kammersolisten Zug, Duo Schucan-Schayegh. **Mitgl:** SMV. – **Zug:** Felix Baumann: Stück f V solo 03/04.

Schecher, Fred, Komponist, Dirigent; T: +49 (0 60 22) 12 75. **Laufb:** Grdg u Ltg Fred-Schecher-Ch. **Pr:** Verdienstkreuz am Bande d Verdienstordens d BRD 98. (Red)

Scheck, Helmut, StD, Komponist; Heilbronner Str 7, D-86720 Nördlingen, T: (0 90 81) 33 56, *helmut.scheck@vr-web.de* [Nördlingen 1938]. intensive Beschäft m M d Wallersteiner Hofmusiker **Ausb:** Stud (SchM) MH u Uni München. **Laufb:** SchM Theodor-Heuss-Gym, ChLtg Nördlingen seit 63, Ltg zahlr Wiederauff v Werken d Hofmusiker Beecke, Rosetti etc im Ries. **Pr:** mehrere KompPr, Rieser Kulturpr 87. – **Komp:** zahlr Chorkomp. **Sonst:** Werkausgaben A Rosetti. **Lit:** Regler-Bellinger: 'Int MTh f Kinder u Jugendl' 90.

Scheck, Rudi, Trompete; Ezachstr 8, D-71229 Leonberg, T: (0 71 52) 4 86 89 [Stuttgart 1958]. originale Aufführungspraxis: Naturtrompete, Spezialisierung auf Besetzung Tromp u Org **Ausb:** Privatstud b Dale Marrs, Prof Robert Bodenröder, Jean-François Michel u Prof Anthony Plog, Teilnahme an verschiedenen Mstrks, ua b Edward H Tarr, Pierre Thibaud, Bo Nilson, Roger Delmotte. **Laufb:** 1. Trompeter d Tübinger Studentenphilh 83–87 mehrere KonzReisen, ua Südamerika, Grdg d Stuttgarter Barock-Collegium 86, Coproduktion m d SWF Baden-Baden 95, Mitwirkung b d Ludwigsburger SchlossfSp, Bach-Collegium Stuttgart unter Helmuth Rilling u Aushilfstätigkeiten b d Stuttgarter Philharmoniker; als Solist u im TrompEns b Auff d Kantaten u Orat v J S Bach tätig, rege KonzTätigkeit im In- u Ausland. – **Aufn/RF:** Schallpl-Aufn 86 u 89, Einsp v CDs im Auftr d Hänssler-Verlags Holzgerlingen 92, 95, 99. (Red)

Scheerer, Ingeborg, Hochschullehrerin, Violine; Derscheid 35, D-53804 Much, T: (0 22 95) 90 27 47, F: 90 27 47, *ingeborgscheerer@gmx.de*; H f Musik Köln, Abt Wuppertal, Friedrich-Ebert-Str 141, D-42117 Wuppertal [Trossingen 5.5.1953]. Projektlt u Kurse über Musik 1750–1850, Heranführen moderner Spieler an histor Aufführungspraxis **Ausb:** Stud (M Rostal) Köln 71–76, (S Végh) Düsseldorf 76–78. **Laufb:** Konzm La Stagione Frankfurt, ständ Gastdgtin Neues Rhein KamOrch Köln, Prof MH Köln, Geigerin Camerata Köln, Doz Bundesjugendorch, Lt Johann-Christian-Bach-Akad. **Pr:** Fasch-Pr Stadt Zerbst 2000 (m Camerata Köln). – **Sonst:** Grd Johann-Christian-Bach-Akad 91.

Scheibe, Peter, Dramaturg; Opernhaus, Universitätsring 24, D-06108 Halle/Saale. **Laufb:** MDram Op Halle/Saale. (Red)

Scheibenreif, Herbert, Mag, Dr, Gymnasiallehrer, Musiker (Akkordeon); Resselg 2, A-2620 Neunkirchen, T: (0 26 35) 6 94 21, F: 6 94 21, *herbert@accordion-cd.co.at*; *www.accordions.com/scheibenreif* [Neunkirchen 22.10.1952]. Zeitgen Akkordeonmusik, Produzent v Akkordeon-CDs **Ausb:**

Mag rer nat Uni Wien 76; Dr phil Uni Wien 79, Stud Akk b L Puchnowski, M Ellegaard, F Lips auf int Sem in Polen, Dtschld, Finnland, Spanien seit 70, StudJahr Russ Gnessin-MAkad 94/95 b F Lips. **Laufb:** KonzTourneen m Wiener AkkEns Niederlande 77, Polen 78, USA 85, Solokonz Polen 80, Österreich 83. **Ens:** Wiener Akk-KamEns 71–89, Lt AkkEns MS Neunkirchen seit 71, Ens Music online seit 89, versch KamMEns. **Mitgl:** Propaganda Officer d 'Confédération Int d Accordéonistes' 85–87, Vorstandsmitgl Int Accordion Society IAS seit 92, Musikkomitee d Harmonikaverbands Österreichs HVÖ seit 80. – **Aufn/RF:** CD m Wiener AkkEns 85; CD-Aufn f Brauneiss-CD 'Ascensio' v 'Dodekaharmonia' (Akk Solo) 97. **UA:** Nening: Sechs Stücke (Akk, Vl), UA Neunkirchen 92; Brauneiss: 'Dodekaharmonia' (Akk Solo), UA 94; Nening: Thema m Variationen (Akk, Vc), UA Neunkirchen 95; alle Werke H Scheibenreif gewidmet. **Sonst:** Übers v 2 Büchern: 'Die Kunst des Bajanspiels', 'Die Kunst der Bajantranskription', v versch Art v Lips aus Russ, Einrichtung d Homepage v Lips (www.accordion-cd.co.at); Korrespondent v Accordions Worldwide sowie Akk-Zeitungen (Acco Kurier, Bulletin von IAS, Harmonika-Forum, Harmonika Int, Intermusik, ua).

Scheiber, Florian, Dipl, Konzertdirektor; c/o Sinfonieorchester St Gallen, Museumstr 1, CH-9004 St Gallen, T: 07 12 42 07 11, *direktion@sinfonieorchestersg.ch*; *www.sinfonieorchestersg.ch* [Lomé/Togo 13.12.1968].

Scheibner, Andreas, KS, Bariton; Am Weißen Adler 10B, D-01324 Dresden, T: (03 51) 4 60 47 76; c/o Austrokonzert International, Gluckgasse 1, A-1010 Wien, T: (01) 5 13 26 57, F: 5 12 61 54, *office@austroconcert.com* [Dresden]. **Ausb:** Mitgl Dresdner KreuzCh, Stud MH Dresden. **Laufb:** Sol Sächs Staatsop Dresden seit 83 (04/05), Teatro Lirico Cagliari SpZ 01/02, Konz Gewandhaus Leipzig, Philh Köln, Victoria Hall Geneve, Accad Santa Cecilia Rom, Weimar, Zagreb, Triest, Madrid, m Dresdner Philh Südamerika-Tournee (Brasilien, Argentinien, Uruguay) 02/03. (Red)

Scheidegger, Andreas, Sänger; Wilhelmstr 6, D-65185 Wiesbaden, T: (06 11) 3 08 66 98, (01 72) 6 18 47 03; Hessisches Staatstheater, PF 3247, D-65022 Wiesbaden. **Laufb:** Sol Hess Staatsth Wiesbaden. (Red)

Scheidegger, Hans-Peter, Sänger; Bödekerstr 61, D-30161 Hannover, T: (05 11) 3 94 01 98, (01 72) 5 44 52 08, F: 3 94 01 98. **Laufb:** Sol Op Hannover, Gastsol Städt Th Chemnitz SpZ 00/05. (Red)

Scheidegger, Rudolf, Prof, Hochschullehrer, Orgel; PF 6366, CH-8023 Zürich, T: 06 14 21 79 06, F: 06 14 21 79 06, *rudolf.scheidegger@freesurf.ch*; Hochschule Musik u Tanz, Florhofgasse 6, CH-8001 Zürich [Basel 1942]. **Ausb:** Stud Basel, Siena u Paris. **Laufb:** Org St. Peter Basel 62–86, Organist am Grossmünster Zürich seit 87, HauptfachL MAkad Basel 78–89, Prof (Orgel) HMT Zürich seit 86, Konz in Europa, USA, Kannada u Japan. **Ens:** Viola da Gamba Trio, Linde Consort, Basler Kammerorch (Lt P Sacher). – **Aufn/RF:** Orgelwerke v J S Bach; J S Bach: Die Kunst der Fuge, ders.: 3 Konz f Orgel; Die Orgel im Grossmünster; Orgelmusik der Mozart-Zeit; Orgelmusik zu Festzeiten; Das Orgelportrait der Weigle-Orgel von St. Martin in Kilchberg; Virtuose, konzertante u galante Musik f zwei Truhenorgeln. **Zug:** Armand Hiebner: Vier gregorianische Vesperhymnen f Orgel 64; Balz Trumpy: Petrarca-Gesänge f Koloratursopran und Orgel 89; Hans Ludwig Hirsch: Concerto f Orgel, Streicher und Schlagwerk 93.

Scheider, Rolf A, Bassbariton; Jahnstr 33, D-40215 Düsseldorf, T: (02 11) 38 21 23, 01 73–2 04 21 89, *Rolfscheider9709@aol.com* [Remscheid 25.5.1961]. Oper, Konzert **Ausb:** Stud Ges (Illerhaus) Folkwang H Essen 86–88, (I Most) MH Köln 88–91, stimmbildn Arb (C Reid) seit 98, Workshops in Duisburg, Frankfurt, New York. **Laufb:** Sol LTh Coburg, Städtebundth Passau 90–92, Wuppertaler Bühnen 93–94, OpStudio Dt Op a Rhein Düsseldorf 94–96, Gast Schillerth NRW, Bühnen d Stadt Kiel, Stadtth Regensburg, Stadtth Bielefeld, Th Vorpommern, Stralsund; Konz ua: Brahms: Requiem m Leningrader Philh 94, 'Frankfurter Festtage d Musik', Frankfurt/O, 'Associazione Int Amici Della Musica Sacra', Loreto, Bad Hersfelder FSp, 'Int Musiktage Dom zu Speyer'. – **Aufn/RF:** Krasa: 'Drei Lieder n Gedichten v Rimbaud' 99 (WDR). **UA:** A Schnittke: Das Leben m einem Idioten (Chorsol), Dtsprach EA Städt Bühnen Wuppertal 93/94; G Klebe: Gervaise Marquart (Wächter), UA Dt Op a Rhein 96; T Beimel: 'del amor no se deja ver' (Bar Solo), Dt EA Wuppertal, Kantorei Barmen Gemarke 99; VD Kirchner: 'Ahasver' (Alter Mann, Gutenberg), UA Stadtth Bielefeld 01; J Cage: 'Songbooks Complete' (Solo f Voice Nr 76, 45, 12, 91, 71, 6, 84); U Rasche: 'Messe Concertant' (Bariton solo), UA Altstadtherbst Düsseldorf 02; F Rzewski: 'Die Perser' (Dareus), Stadtth Bielefeld 03.

Scheidig, Axel, Bass; Rundfunkchor, Charlottenstr 56, D-10117 Berlin, T: (0 36 43) 90 19 42. **Pr:** Stip Dt Musikwettb KamM 98. **Ens:** Die Weimarer Hofsänger, Rundfunkchor Berlin seit 04. (Red)

Scheidl, Michael, Regisseur; Bregenzer Festspiele, PF 311, A-6900 Bregenz. **Laufb:** Reg Bregenzer Festspiele. (*)

Scheinschock, Tankred, Regisseur; Sandweg 32–34, D-45659 Recklinghausen, T: (0 23 61) 2 32 61; Westfäl Landestheater, PF 102160, D-44551 Castrop-Rauxel. **Laufb:** Musikal Ltr Westfäl Landesth Castrop-Rauxel. (Red)

Scheitzbach, Michael, Dirigent; c/o Matthias Ranft, Oberer Stephansberg 3, D-96049 Bamberg. **Laufb:** Dgt Lübecker Sommeroperette. **Ens:** Violine Ens Abraxas Bamberg. (*)

Schele, Harald, Tuba; c/o Sonus Brass Ensemble, Christoph Thoma, Steingasse 23/2/5, A-1030 Wien, T: (06 76) 4 00 57 44, *sonus.brass@chello.at, c.thoma@jeunesse.at*; *www.sonusbrassensemble.at*. **Ausb:** Stud (Prof J Ströher) Landeskons f Vorarlberg, Staatl Lehrbefähigung, KonzDipl 02. **Laufb:** Mitgl SymphOrch Vorarlberg, Substitut b Südwestdt Philh Konstanz seit 02, LAuftr ('Tiefes Blech') MSch Markdorf u Salem/Dtschld. **Ens:** Blechzirkus, Garlique, Mixed Horns, Sonus Brass Ens. (*)

Scheler, Thomas, Sänger; Schwachhauser Heerstr 5, D-28203 Bremen, T: (01 77) 4 75 69 96. **Laufb:** Sol Op Hannover, Gastsol Anhalt Th Dessau SpZ 03/05, Sol Th Bremen SpZ 04/05. (Red)

Schelhaas, Martin, Studienleiter, Kapellmeister; Mühlenstr 19, D-19055 Schwerin, T: (03 85) 5 81 29 97; Mecklenburgisches Staatstheater, Alter Garten 2, D-19055 Schwerin. **Laufb:** Kapm u Studienlt Mecklenburgisches Staatsth Schwerin. (Red)

Schell, Sigrun, Sängerin; Häglestr 21, D-79232 March, T: (0 76 65) 93 03 94 [Ulm]. Oper **Ausb:** Stud (Querfl) MH Stuttgart 82–89, Dipl, Stud (Gesang) ebd 85–90, Dipl, Stud OpSchule Stuttgart 90–93. **Laufb:** Sol Th Hof 94/95, Th Trier 95/96, NatTh Mannheim 97, Th Freiburg seit 98 (03/04). **Pr:** Jugend musiziert 80. **Ens:** Neue Vokalsolisten Stuttgart 90–94. – **UA:** Schwehr: Heimat, UA Städt Bühnen Freiburg 99.

Schell, Willy, Tenor; Haarener Gracht 36, D-52080 Aachen, T: (02 41) 9 80 21 31. **Laufb:** Sol Th Aachen bis 04. (Red)

Schellenberger, Dagmar, KS, Sopran; c/o Komische Oper Berlin, Behrenstr 55–57, D-10117 Berlin; c/o Konzert-Direktion Zagovec, Hans-Böckler-Str 23, D-65468 Trebur-Astheim, T: (0 61 47) 91 96 60, F: 91 96 62, *agentur@zagovec-artists.de*. **Laufb:** Sol Kom Op Berlin SpZ 01/05, SeeFSp Mörbisch 05, GastSol Staatsth Braunschweig SpZ 04/05. (Red)

Schellenberger, Hansjörg, Prof, Dirigent, Oboist; Dorfstr 40, D-83229 Aschau, T: (0 80 57) 90 47 44, F: 90 47 45, *hjschelli@hotmail.com*; c/o Cadenza Concert, Franz Josef Kai 3, A-5020 Salzburg, T: (06 62) 84 05 05, F: 8 40 50 54, *office@cadenza-concert.at*; *www.campanella-musica.com* [München 13.2.1948]. Konzerte, Lehrer **Ausb:** Stud (M Clement, Jan Koetsier) MH München 67–71, (H Winschermann, M Stefani) MH Demold 71–74. **Laufb:** Solo-Ob WDR Köln 71–80, Berliner Philh 80–01, Gastdgt Städt Philh u Stadtth Gießen SpZ 2000/01, Dgt zB Jerusalem Symph, St Cecilia Rom, Orch de Comunidad Madrid. **Ens:** Wien-Berlin seit Grdg 83.

Schellhase, Steffen, Komponist, Musikpädagoge; Chausseestr 36, D-10115 Berlin, PF 040245, D-10061 Berlin, *brevis.musikoffizin@gmx.info*; *www.schellhase.info* [Magdeburg 16.5.1969]. Neue Musik **Ausb:** Stud Komp (P-H Dittrich) H f M 'Hanns Eisler' 89–95, (J Ganzer) Tonsatz, MPäd 95–98; Zusatzstud Komp (ua H-P Jannoch). **Pr:** PtTr 'Hanns-Eisler-Pr f Komp u Intpr zeitgen M' 93/97. – **Komp:** DritteltonM f StrTrio 96, UA Berlin 96; Fünfteltönig f StrQua u Schlagwerk 01; E Donauwelle ist e Donauwelle ist e Donauwelle, Trio in 3 Spülarten 03, f Schlagwerk, Vcl, Kl. **AuftrKomp:** M f StrTrio 95, UA Berlin 95 (Auftr: MSch Kreuzberg); DritteltonM f TenBlockfl u Schlgz 98/99, UA 99 (Auftr: 'Randspiele' Zepernick); DritteltonM f 3 Bassblockfl 2000, UA Berlin 01 (Auftr: Ens 'les trois en bloc'); Dritteltönig f Klar u V 01, UA 01 (Auftr: 'Randspiele' Zepernick); M f Vier 02, f Blockfl, V, Akk, Schlgz, UA Leipzig 02 (Auftr: ava-ens).

Schelomianski, Michail, Bass; Weckmarkt 7, D-60311 Frankfurt, T: (0 69) 28 57 90; c/o Austroconcert, Gluckgasse 1, A-1010 Wien, T: (01) 5 13 26 57, F: 5 12 61 54, *austroconcert@ia-ac.com*. **Ausb:** Stud (Chorlt, Gesang) H f Kultur Moskau, H f M u darst Kunst Frankfurt seit 95. **Laufb:** Konz Philh Köln, Tonhalle Zürich, Basel, Portugal, Staufener MWochen 99, OpEng an versch Moskauer Bühnen, Staatsth Mainz, Händelfsp Halle, Gast Frankfurter Op u Reisop Enschede (La Bohème, Colline); Salzburger Landesth (Zauberflöte, Sarastro, Regie: H Kupfer) 99/2000, Hamb Staatsop (Un Ballo di Maschera, Tom; Don Carlos, Philipp), Sol Th Dortmund (03/04), Sol Kom Op Berlin SpZ 03/04, Volksop Wien SpZ 04/05, Hamburgischen Staatsop 05/06, Op Frankfurt 05/06. (Red)

Schenck, Georg Friedrich, Prof, Hochschullehrer, Klavier; Bungweg 9, Niederlande-6374 RB Landgraaf, T: +31 45 5 32 55 48, 0 17 22 10 90 07, F: 5 32 23 17; Robert Schumann Hochschule, Fischerstr 110, D-40476 Düsseldorf [Aachen 1953]. **Ausb:** Mstrkse b C Arrau, Stud (B Ebert) MH Hannover, weitere Stud b A Watts. **Laufb:** Prof (Kl, KamM) Robert-Schumann-H Düsseldorf seit 86. – **Aufn/RF:** CD: Kl-Werke v P Hindemith 88, Brahms-Transkriptionen. **Zug:** A Hölszky: Komp Hörfenster f F Liszt (UA Alte Op Frankfurt 89). **Lit:** Ch Taczyk: 'Zauberstufe', die Entwicklung der Theorie 'Kreative Interpretationstechnik' v G F Schenck; in: Impulse zur Musikpädagogik (Hg U Sirker) Essen 1995. (Red)

Schendel, Andreas, Sänger; Düsseldorfer Operette, Schlesische Str 94, D-40231 Düsseldorf. **Laufb:** Sol Düsseldorfer Optte. (Red)

Schendel, Johannes, Bariton; Bernhard-Letterhaus-Grund 4, D-31139 Hildesheim, T: (0 51 21) 4 76 00. **Laufb:** Gastsol Op Frankfurt SpZ 03/04. **Pr:** Stip Dt Musikwettb Berlin 01. (Red)

Schenker, Friedrich, Komponist, Posaunist; Spreestr 2/4, D-12555 Berlin, T: (0 30) 6 56 13 86 [Zeulenroda 23.12.1942]. Sinfonik, Oper, Kamermusik, Improvisation **Ausb:** Stud Pos (H Stachowiak), Komp (G Kochan) Dt H f M Berlin 61–64, Komp (F Geißler) H f M Leipzig 66–68, Mstrschüler v P Dessau 73–75. **Laufb:** Solopos RF-SinfOrch Leipzig 64–82, Grd 'gruppe neue musik Hanns Eisler' 70, freiberufl Komp seit 82. **Pr:** Hanns-Eisler-Pr, C-M-v-Weber-Pr, Nat-Pr DDR 89, Mitgl Freie Akad d Künste Leipzig, Akad d Künste Berlin u Sächs Akad d Künste Dresden. – **Komp:** Sinf in memoriam M L King, UA Dresden Philh, Dgt: K Masur 72; Missa nigra, UA Leipzig, m gruppe neue musik Hanns Eisler 79; Michelangelo Sinfonie, UA Leipzig, Gewandhaus, Dgt: K Masur 85; Commedia per musica, UA Leipzig, Gewandhaus, Dgt: K Masur 89.

Schenker, Gerd, Schlagzeug; c/o MDR Sinfonieorchester, Augustuspl 9a, D-04109 Leipzig. **Laufb:** Sol MDR SinfOrch Leipzig. (Red)

Schenker, Margrit, Akkordeon, Stimme, Komponistin; Feilengasse 3, CH-8008 Zürich, T: 0 14 22 57 58, F: 0 14 22 57 58, *margritschenker@hotmail.com* [4.2.1954]. Komposition, Performance **Ausb:** Stud Kl (H Harry) Luzern 76–80, Kl (Chr Lieske) Winterthur 80–82, Imp (I Schweizer) Zürich 90–92, Art in Residence (P Oliveros) Kingston, NY 93–94. **Laufb:** m P Oliveros: Bucknell U, Pennsylvania-Swiss Inst New York, Solo: Fstv Kunstakad Düsseldorf, MPodium Zürich. **Ens:** KRAK, m V Vecellio (Klar). **Mitgl:** STV. – **AuftrKomp:** Geschichten (Auftr: Singfrauen Zürich); Benedicta (gem Chor), (Auftr: Contrapunkt Basel 2000); Spiel (KamMusikal Erz) Zürich 03. **Sonst:** M Schenker: Geschichten, Baumstücke, Benedicta.

Scheps, Ilja, Prof, Klavier, Hochschullehrer; Siegesst 152, D-42287 Wuppertal. **Ausb:** Stud Tschaikowsky-Kons Moskau (b Lew Wlassenko u Ewgeni Schenderowitsch). **Laufb:** Doz (Kl) Akad f Tonkunst Darmstadt, Doz (Kl, Liedgest, KamM) HMT Rostock, Prof Hfm Köln / Standort Aachen. (Red)

Scherbakov, Konstantin, Prof, Hochschullehrer, Klavier; c/o Cadenza Concert, Franz Josef Kai 3, A-5020 Salzburg, T: (06 62) 84 05 05, F: 8 40 50 54, *scherbakov@surfeu.ch, office@cadenza-concert.at*; Hochschule Musik und Tanz, Tössertobelstr 1, CH-8400 Winterthur; *www.scherbakov.ch, www.cadenza-concert.at*. **Ausb:** Stud Tschaikowsky Kons Moskau b Prof Lev. **Laufb:** Doz Tschaikowsky Kons Moskau, Prof HMT Zürich. **Pr:** Rachmaninow-Wettb Moskau, Montreal-, Busoni-, Géza Anda- u 'Roma 94'-Wettb. (Red)

Scherbel, Uli, Sänger; c/o Musikalische Komödie der Oper Leipzig, Dreilindenstr 30, D-04177 Leipzig. (*)

Scherer, Alexander, Dirigent; Rheinbahnstr 6, D-65185 Wiesbaden, T: (06 11) 3 08 13 13; Hessisches Staatstheater, PF 3247, D-65022 Wiesbaden. **Laufb:** Studienlt Hess Staatsth Wiesbaden. (Red)

Scherer, Tina, Sängerin; Röntgenstr 1, D-10587 Berlin, T: (02 11) 6 98 66 99, *tina.scherer@web.de*; *www.tinascherer.de*. Konzert, Lied, Oper **Ausb:** Stud Ges (Prof K Kelly-Moog) MH Köln, Mstrkse b B Fassbaender, T Quasthoff, W Compes, int ZusArb m KS G Janowitz. **Laufb:** Gastsol Schillerth NRW Wuppertal-Gelsenkirchen SpZ 2000/01, Ludwigsburger SchlossFSp (Carmina Burana) 2000, 'Elias' v Mendelssohn Bartholdy (Dgt: M Creed), 'Johannes-Passion' (Dgt: Helmuth Rilling) ua in Kölner Philh 02, Ens Op Düsseldorf (ua Musetta in 'La Bohème') 03–05, Dt Op Berlin seit 05. **Pr:** 1. Pr Hilde-Zadek-Wettb Wien 03, 2. Pr Bundeswettb Ges u beste gesangl Leistung.

Scherers, Bernd, Dr, Prof, Hochschullehrer, Orgel; Wisentweg 15, D-13503 Berlin, *bescher@t-online.de*. **Ausb:** Stud (SchM, KiM, künstl Orgelspiel) MH Köln, (MWiss, Prom) U Köln, Orgel (G Litaize) Cons St Maur Paris. **Laufb:** Prof (MTheorie, MWiss) Robert-Schumann-H Düsseldorf 90–01, Uni Flensburg (MDidaktik) seit 94.

Schergaut, Susanne, Violine; c/o Staatskapelle Berlin, Unter den Linden 7, D-10117 Berlin. **Laufb:** 2. Konzm Staatskapelle Berlin. (Red)

Schermann, Dietmar, Prof, Komponist, Hochschullehrer; Ramperstorfergasse 35/1/16, A-1050 Wien, T: (01) 5 45 54 16; Univ f Musik u Darst Kunst, Inst f Komposition u Elektroaukustik, Anton-von-Webern-Pl 1, A-1030 Wien, T: (01) 7 11 55 21 16, *schermann@mdw.ac.at* [Mödling 24.4.1957]. Komposition, Musiktheorie, Dirigentenausbildung **Ausb:** Stud f H f M u darst Kunst in Wien, Diplome in Komp u Korrep 82 u Diplome in OrchDirig u Chorltg 83. **Laufb:** neben freiberufl Tätigkeit als Komp, Korrep u Dgt seit 82 LBeauftr (Tonsatz) H f M u Darst Kunst Wien, o UProf u Lt e Lehrkanzel f Harmonielehre – Kontrapunkt (Tonsatz) U f Musik u Darst Kunst Wien seit 92. (Red)

Scherner, Helmuth, Komponist; Dr Carl Kupelwieserstr 20/55, A-3143 Pyhra-Heuberg, T: (0 27 45) 8 26 05. (Red)

Scherr, Vera U G, Prof, Sängerin, Hochschullehrerin; Staatl Hochschule f Musik u Darst Kunst, N7, 18, D-68161 Mannheim, *profverascherr@aol.com* [Schwäbisch Gmünd]. Klassik, Konzert, Liederabend **Ausb:** Stud b Lore Fischer (MH Stuttgart), Walther Gruner (Guildhall School of Music and Drama London), privat b F Martienssen-Lohmann (Luzern) u M v Winterfeldt (Berlin). **Laufb:** Mitgl Südfunkchor Stuttgart, Prof Staatl H f M u Darst K Mannheim seit 93. **Pr:** 1. Pr Bundeswettb d GEDOK. – **Sonst:** 'Handbuch d Latein Aussprache', 91; 'Die traditionelle französ Aussprache d Lateins', 04.

Scherrer, Josef Anton, Prof, Hochschullehrer, Klavier, Kammermusik; Briller Str 124, D-42105 Wuppertal, T: (02 02) 31 33 16, F: 3 17 64 91, *J.A.Scherrer@web.de* [Scheibenhardt 13.6.1953]. u. a. 2. Wiener Schule **Ausb:** Stud (Kl) H f Musik Karlsruhe, (Kl) H f Musik Mozarteum Salzburg, (Kl-Kam, Komp, MTheorie) H f Musik Freiburg. **Laufb:** GastProf Tokio 85–88, Prof (Kl), H f Musik Köln, Standort Wuppertal seit 88. **Pr:** 1. Pr Int Wettb 'Arnold Schönberg' Rotterdam 84, 2. Pr Int Wettb 'Gaudeamus' 87. – **Sonst:** großes Engagement b Nachwuchsförderung.

Scherrer, Letizia, Sopran; c/o Boris Orlob Management, Jägerstr 70, D-10117 Berlin, T: (0 30) 20 45 08 39, F: 20 45 08 49, *info@orlob.net*; Socinstr 2, CH-4056 Basel; *www.orlob.net* [rätorom Schweiz 20.6.1968]. **Ausb:** Stud Kons f Vorarlberg Feldkirch, Stud (J Mengedocht) Zürich, Stud (T Rachum) Samuel-Rubinstein-Akad Tel Aviv, Mstrks (J Beckmann, H Zadek), Lehr- u SolDipl Ges (K Widmer) MSchule Basel. **Laufb:** Konz i d Schweiz, Österreich, Dtld, Italien, Israel, Südamerika, USA, Konz Carnegie Hall New York, KonzTournee m J Savall ua Wien, Barcelona u Madrid, Konz Münchner Philh, KonzReise Italien, versch Konz m Int Bachakad Stuttgart u Frankfurt a Main (Lt H Rilling), Konz d BR in München, m Rias-KamCh u Akad f Alte M Berlin in Nantes, Lissabon, Schweiz, m Radio-SinfOrch Stuttgart, Sol Th Bregenz, Gast Op Basel, FSp Salzburg 99, Gast Oregon Bach Fstv 01, Fstv Casals de Puerto Rico, Int MFstv Davos, Europ MFest Stuttgart 01, Sol Operetten FSp Bad Ischl 03, ZusArb m Dgt: M Venzago, W Sawallisch, M Honneck, G Korsten, H Rilling, J-P Weigle, P Herreweghe, M Corboz, J Savall, M Creed. **Pr:** Förderpr Kanton Graubünden 89, Annerkennungspr Cuminanza Radio Rumantsch 92, Migros-Pr 94, 95, 97, 2. Pr XI. Int J S Bach-Wettb Leipzig 98, 1. Pr Int Wettb F Schubert u d Moderne 2000 Graz, Karajan-Pr d Eliette-v-Karajan-Kulturfonds 03.

Scherrer, Luzia, Flöte; Wylerfeldstr 44, CH-3014 Bern. (Red)

Scherzer, Manfred, Prof, Hochschullehrer, Violine; Oberwachwitzer Weg 9, D-01326 Dresden, T: (03 51) 2 68 78 28; Karl-Marx-Allee 70g, D-10243 Berlin, T: (0 30) 2 96 39 81. **Laufb:** zahlr Konz In- u Ausland, z B m Berliner Philh, New Philh Orch London, Dresdner Staatskap, Gewandhausorch Leipzig; div MFstv; KonzReisen Europa, USA, Japan, Südamerika, China; Juror zahlr Wettb z B Huml Zagreb, Paganini Genua, ARD München, Bach Leipzig, Tschaikowsky Moskau; Präs Int InstrWettb fü Saiteninstr Markneukirchen; Prof (V) H f M Carl Maria v Weber Dresden seit 76. **Ens:** Grdg u Ltg Dresdner KamOrch u Berliner Virtuosen. – **Aufn/RF:** V-Konz v M Reger u A Berg. (Red)

Scheschareg, Steven, Mag, Bariton; Lautensackgasse 31, A-1140 Wien, T: (01) 9 14 14 00; c/o Re Nova Classics, Andreas Zadeyan, Herzgasse 92, A-1100 Wien; *http://members.aon.at/renovaclassics* [Brooklyn, New York]. **Ausb:** Stud Ges Juiliard- u Eastman School of Music b Jan De Gaetani, sowie Dirig u Geschichte. **Laufb:** Sol Neue Op Wien, Eng b Th in Dtschld, Österreich, Portugal, Amerika u China. **Pr:** George London Pr d Wiener Staatsop. – **UA:** ua b Wien Modern, steir herbst, Hörgänge, Zeitfluss (Salzburger FSp) u f RFStationen m d Klangforum Wien, RSO-Wien, Bruckner Orch Linz u London Symphony unter Dennis Russel Davies, Michael Tilson Thomas, Michael Gielen, Johannes Kalitzke u Christian Arming. (Red)

Schettler, Maltus, Sänger; c/o Staatsoperette Dresden, Pirnaer Landstr 131, D-01257 Dresden. **Laufb:** Sol Staatsoperette Dresden. (Red)

Scheuber, Karl, Prof, Dirigent, Hochschullehrer; Neptunstr 63, CH-8032 Zürich, T: 0 13 80 60 40, F: 0 13 80 60 41, *karl.scheuber@hmt.edu*; H Musik u Theater, Hirschengraben 46, CH-8001 Zürich [1943]. Musik d 20. Jh (auch UA u EA) **Ausb:** Musikstud in Winterthur, Zürich u Herford (Kl, SchM, KiM), Weiterbildung in Ges (Helen Haefeli) u OrchLtg (Johannes Schlaefli, Tsung Yeh, Kirk Trevor). **Laufb:** Prof (Dirig, Chor) MH Winterthur Zürich.

Scheuerpflug, Udo, Tenor; Ahornweg 7, D-86447 Aindling, T: (0 82 37) 71 65; c/o Theater Altenburg-Gera, Küchengartenalle 2, D-07548 Gera. **Laufb:** Sol Th Erfurt, Gastsol Th Altenburg-Gera SpZ 04/05. (Red)

Scheurich, Marga, Klavier, Cembalo; c/o ensemble baroque florian prey, Hangstr 121, D-82131 Gauting, T: (0 89) 89 30 94 12, F: 8 57 71 93, *florian_prey@yahoo.de*; *www.florianprey.de*. Komp J S Bach **Ausb:** Stud MH Stuttgart. **Laufb:** Grdg 'Fischbachauer Kammerkonzerte'. **Ens:** Stuttgarter KamM-Ens, KamOrch Münchiger, ensemble baroque florian prey, Kl-Partnerin Henschel-Qua.

Schibel, Tonio, 3. Konzertmeister; Winkelstr 19, D-47058 Duisburg, T: (02 03) 2 98 03 08; c/o Philharmoniker, Neckarstr 1, D-47501 Duisburg. **Laufb:** 3. Konzm Duisburger Philharmoniker. (Red)

Schick, Berthold, Alphorn; c/o Prof Armin Rosin, Urbanstr 64, D-70182 Stuttgart, T: (07 11) 51 21 01, F: 7 11 18 85, *prof.armin.rosin@t-online.de*. **Ens:** Alphorn-Terzett Armin Rosin.

Schick, Karoline, Fagott; c/o Deutsches Symphonieorchester Berlin, Masurenallee 8–14, D-14057 Berlin; Schwedter Str 252, D-10119 Berlin, T: (0 30) 44 03 84 56. **Ausb:** Mstrkse u Sommerakad (A Rinderspacher, K Thunemann, D Jensen) Trier, Blonay, Salzburg, Florenz u Mannheim 93, Stud b O Bóhorquez MH Aachen ab 94, b A Rinderspacher MH Mannheim ab 96, b K Thunemann H f M 'Hans Eisler' Berlin 97. **Laufb:** Sol Dt SymphOrch Berlin. **Pr:** mehrere 1. Pr Bundeswettb Jugend musiziert (Fagott solo u KamM) 91–95, Stip Dt Musikwettb Sol Berlin 99, Villa Musica 99/2000. (Red)

Schick, Siegfried, Prof, Hochschullehrer; Hochschule f Musik u Theater, Emmichpl 1, D-30175 Hannover. **Laufb:** Prof (musikal Szenen- u Ensarb) H f M u Th Hannover. (Red)

Schicke, Thomas, Kontrabass; c/o MDR Sinfonieorchester, Augustuspl 9a, D-04109 Leipzig. **Laufb:** Sol MDR SinfOrch Leipzig. (Red)

Schickedanz, Christoph, Hochschullehrer, Violine; Hochschule f Musik u Theater Hamburg, Harvestehuder Weg 12, D-20148 Hamburg, T: (0 30) 6 22 54 46, F: 6 22 54 46, *schickedanz@freenet.de* [Darmstadt 8.11.1969]. **Ausb:** Stud OrchM (J Hofmann) MH Freiburg 86–92; KonzEx (U-M Haiberg) HdK Berlin 92–94; Master of Music, Performers Certificate u Artist Diploma (Franco Gulli) Indiana U Bloomington/USA 94–97. **Laufb:** LAuftr UdK Berlin (Ass v U-M Haiberg) 97–01, Gastprof ebd 01–04, Doz U Mainz 01–04, Prof H f M u Th Hamburg seit 04. **Ens:** Schickedanz Qua 97–01, gegenwärtig Ensemble acht. – **Aufn/RF:** Werke d Münchner Schule f V u Kl v Pfitzner, L Thuille u R Stephan; Duowerk f V u Kl v R Franck; Sonaten f V u Kl von E W Korngold u E Krenek (op 3); Klaviertrios v R Franck; Medtner KlQui; Münchner Schule 2 Thuille KlQui.

Schiebel, Tonio, Violine, Konzertmeister; c/o Deutsche Oper am Rhein, Heinrich-Heine-Allee 16 a, D-40214 Düsseldorf. **Laufb:** 1. Konzm Dt Op am Rhein Düsseldorf-Duisburg SpZ 03/05. (Red)

Schiecke, Wolfram, Prof, Hochschullehrer, Violine; H für Musik 'Franz Liszt', Inst f Streicher u Harfe, PF 2552, D-99406 Weimar, *wolfram.schiecke@hfm-weimar.de*. **Laufb:** Prof (V) H f M 'Franz Liszt' Weimar. (*)

Schiefen, Guido, Violoncello; St-Josef-Str 6, D-53783 Eitorf, T: (0 22 43) 63 34, F: 8 05 41 [Hennef/Sieg 1968]. Celloliteratur aller Epochen (Solo u Kammermusik) **Ausb:** b A Bauer MH Köln, Kse b M Gendron u S Palm. **Laufb:** Int

KonzTätigkeit als Sol u KamM, regelm Einladung z bedeutenden Fstv (Bachwoche Ansbach, Schweiz, Japan, Luxemburg), Konz weltweit, künstl Lt Rhein-Sieg-KamM-Fstv. **Pr:** int Tschaikowski Wettb Moskau 90, Förderpr d Ldes NRW 93. **Ens:** Ens Incanto. – **Aufn/RF:** über 20 CDs: ua sämtl Solosuiten v Bach u Reger, sämtl VclSon v Beethoven (Kl: A Perl); Gesamtwerk f Vcl v Liszt (Kl: E Le Van), Dvorak-Konz. **UA:** M G Scholl: 'Pentotita' (f Vcl solo); ders: Qua f Klar, V, Vcl, Kl; ders: VclKonz (UA geplant f Mai 04). **Zug:** M G Scholl: 'Pentotita' (f Vcl solo); ders: VKonz (CD-Aufn b Collegno, ersch b Tonger Verl Köln). **Sonst:** Hg 'Kreutzer'-Sonate (f Vcl u Kl) b Schott.

Schieffer, Eva, Flötistin; Luxemburger Str 261, D-50939 Köln, T: (0 21 51) 56 25 93(Ute Büchter-Römer), F: 56 25 93, *Buechter-Roemer@t-online.de*. Musik v Mittelalter bis einschl Klassik, Musik d 20. u 21. Jh, Live-Improvisation **Ausb:** Stud SchM, Instrumentalpäd, künstl Reifeprüfung, KonzExamen, Hauptf Blockfl (U Schmidt-Laukamp, G Höller), Traversfl (G Höller) MH Köln u U Köln seit 90, z Zt Prom MPäd. **Laufb:** selbständ InstrumentalL u freischaff Flötistin seit 90, Konz als Sol im In- u Ausland ua Thürmersaal Bochum u Philh Köln, auch im KamMBereich, Eng Kölner Op 95–96, Sol m d Kurpfälzischen KamOrch Mannheim 97, m Mitgl d Gürzenich-Orch Köln 98/01, Bochumer Symphoniker 01, Kölner KamOrch 01, Orch d Stadt Trier 02. **Pr:** Förderpr d Stadt Trier 96, Förderung durch d Verein 'Live Music Now' v Y Menuhin Frankfurt seit 96, Stip Richard-Wagner-Verb Düsseldorf 98. **Ens:** TonArt – Duo f Flötentöne u Saitenblicke, Bel Tempo – Ens f Alte Musik (Grdgsmitgl). – **Aufn/RF:** RF-Aufn u CD-Prod als Sol im In- u Ausland. **Sonst:** Gest d Eröffnungsfeiern d Walraff-Richartz-Museums Köln.

Schieke, Werner, Hochschullehrer für Gesang/Musiktheater; Hochschule f Musik, Charlottenstr 55, D-10117 Berlin. **Laufb:** Musikal Ass u. Solorep Dt Staatsop Berlin. (*)

Schiering, Victor, Sänger; c/o Theater Regensburg, Bismarckpl 7, D-93047 Regensburg, T: 0 177 7 24 78 97, *VictorSchiering@web.de* [Bremen 28.4.1973]. Konzert, Buffo, leichtes lyrisches Fach, Koloratur **Ausb:** Stud (W Löser, H Schwarz) H f M Hamburg; (S Weir) H f M Berlin. **Laufb:** Sol Th Regensburg seit 2002.

Schiff-Riemann, Helga, Prof, Komponistin, Mezzosopran; Satoristr 20b, A-4810 Gmunden, T: (0 76 12) 6 59 78 [Leipzig 1924]. Kammermusik, Kammerorchester plus Solo, Chor-, Klaviermusik, Lied, Motette **Ausb:** Stud Ges, Kl, Komp (J N David) MH Leipzig 39–43. **Pr:** Berufstitel Prof 82, Kulturpr d Landes OÖ 87, Kunstwürdigungspr Stadt Linz 88, Kulturmed OÖ, Gold Verdienstmed Stadt Gmunden. **Mitgl:** ÖKB. – **Lit:** Komponisten u Komponistinnen d 20. Jh (music informations center austria).

Schiff, Heinrich, Prof, Dirigent, Hochschullehrer, Cello; Jeritzastr 57, A-4866 Unterach am Attersee, T: (0 76 65) 82 07, F: 70 37; Univ f Musik u Darst Kunst, Inst f Streich- u andere Saiteninstrumente, Seilerstätte 26, A-1010 Wien, T: (01) 7 11 55 23 01, F: 7 11 55 23 99 [Gmunden 1951]. **Ausb:** Stud Vcl (T Kühne) Wien, (A Navarra). **Laufb:** Debüt (Cello) Wien u London 71, Konz Orch (ua unter C Abbado, S Celibidache, C Davis, M Gielen, B Haitink), Hospitanz DgtKl Swarovsky, als Dgt Workshops u Arb m Jugendorch, m prof Orch ab 86, Künstl Lt Norther Sinfonia 90–96, 1. Gastdgt Dt KamPhilh 90–92, Gast zahlr int Orch, Philh London, Bamberger Symph, SinfOrch d RF-Anstalten Hamburg, Baden-Baden, Stuttgart u Köln, Sächs Staatskap Dresden, Rotterdam Philh Orch, Residentie Orkest Den Haag, Los Angeles Philh, Swedish Radio Symph Orch, Houston Symph Orch, ORF Sinf Orch Wien, Tonhalle Orch Zürich u Oslo Philh, Chefdgt d Copenhagen Philh Orch u Musikkollegium Winterthur seit 96, 1. Gastdgt Radio Sinf Orch Stuttgart SpZ 98/99, o UProf U f M u Darst Kunst Wien, Sol (Vcl) Op Zürich, Dgt Hamburg Staatsop SpZ 03/04. – **Aufn/RF:** Cello Repertoires v Vivaldi bis Lutoslawski auf CD, ua Bach: Solosuiten; Schostakowitsch: Cellokonz. **UA:** Werke ua v Berio, Cerha, Henze, Krenek, Lutoslawski u Penderecki.

Schild, Johannes, Prof, Hochschullehrer, Komponist; Lindenstr 67, D-50674 Köln, T: (02 21) 5 10 60 56, F: 5 10 60 56; H f Musik, Dagobertstr 38, D-50668 Köln, *johannes.schild@uni-koeln.de* [Rüdesheim 16.10.1960]. **Ausb:** Stud (Komp, Musiktheorie) H f Musik Detmold (D Manicke) u H f Musik Würzburg (Z Gárdonyi) sowie Dir b D de Villiers. **Laufb:** Prof (Tonsatz) H f Musik Köln seit 94. (Red)

Schild, Jürgen, Trompete; c/o WDR Sinfonieorchester, D-50600 Köln. **Laufb:** Sol WDR SinfOrch Köln. (Red)

Schilde, Klaus, Hochschullehrer, Klavier; Ringstr 6a, D-82234 Weßling; H f Musik 'Franz Liszt', PF 2252, D-99406 Weimar. **Laufb:** Prof (Kl) H f M 'Franz Liszt' Weimar. (Red)

Schildknecht, Gregor, Opernsänger; Waldeckstr 7, CH-2555 Brügg/Biel, T: 03 23 73 55 89, F: 03 23 73 59 73, *info@gs-filmstudio.ch*; *www.gs-filmstudio.ch* [Biel 18.10.1936]. Oper, Operette, Konzert **Ausb:** Stud Biel (F Nidetzky), Bern (J Keller), Uni f M u darst Kunst Wien (A Vogel) 62–66, Nürnberg (W Domgraf-Fassbänder) 70–75, Wiesbaden (P Lohmann), Düsseldorf (F Carino). **Laufb:** Staatsth Oldenburg 65–67, Ldsth Coburg 68–73, Ldsth Detmold73/74, Verein Städt Bühnen Krefeld-Mönchengladbach 74–77, Gastsp Amsterdam, Anvers, Arnheim, Staatop Berlin, Bern, Hannover, Heidelberg, Natth Prag ua. **Pr:** Wettb Gent.

Schildknecht, Karl Josef, Intendant; c/o Saarländisches Staatstheater, Schillerpl 1, D-66111 Saarbrücken. **Laufb:** Intend Saarländ Staatsth SpZ 03/04 bis 06.

Schill, Hartmut, Violine, 1. Konzertmeister; c/o Städtische Theater, Käthe-Kollwitz-Str 7, D-09111 Chemnitz, PF 756, D-09007 Chemnitz. **Laufb:** Konzm Robert-Schumann-Philharmonie Chemnitz. (Red)

Schille, Tasso, Kapellmeister, Klavier; Gustav-Merbitz-Str 12, D-01157 Dresden, T: (03 51) 8 58 84 43; Hubertusstr 44, D-01129 Dresden [Mittweida 1970]. **Ausb:** Unterr Kons Zwickau 86–89, Stud (Kapm) H f M Dresden 90–96. **Laufb:** Solorep u Dgt Dt-Sorbisches Volksth Bautzen seit 97, Ltg SchauspielM ebd seit SpZ 99/2000. (Red)

Schiller, Christoph, Bratsche, Hochschullehrer; H Musik u Theater, Hirschengraben 46, CH-8001 Zürich, *christoph.schiller@doz.hmt.edu*. **Ausb:** Schweiz, USA, Italien, Dtschld b Georges Janzer u Bruno Giuranna. **Laufb:** Sol u Kammermusiker, Doz f Va u KamM Musikakad d Stadt Basel, Jurymitgl b nat u intWettb, Prof (Va) HMT Zürich. **Ens:** Neues Zürcher Qua (bis 88), Ens MOBILE, ARIA Qua. (*)

Schiller, Christoph Markus, Komponist, Pianist; Alte Stadtgärtnerei 13/1, D-79576 Weil am Rhein, T: (0 76 21) 79 33 30, F: 79 33 30, *cmschiller@gmx.de*, *cmschiller@tiscali.ch* [Stuttgart 28.3.1963]. als Pianist: improvisierte Musik (Klavier), als Komponist: Vokalmusik **Ausb:** Stud Bild Kunst Kunstakad Stuttgart u H f B K Hamburg 83–90, Stud Kl (D Cholette) Basel 95–99, MTheorie Freie MSch Basel 95–99. **Pr:** Pr Marguerite De Reding 01 (m 'babels besen'). **Ens:** 'babels besen' (Impr) seit 2000, Grdg u Ltg Ens 'Millefleurs' (Vokalens) 99. – **Komp:** Heine-Lieder 98/99, UA Pézénaz/Frankreich 2000; 'eismeer' (Op) 01/02; 'eismeer' kl Fassung 02/03, UA Basel 04. **Aufn/RF:** CD: 'Mundraub', m M Schuppe 94. **Sonst:** Mitorganisator 'Fstv f impr u komp zeitgen M' Basel seit 99.

Schiller, Frank, Sänger; Im Semmichbache 6, D-99334 Eischleben, T: (0 36 28) 60 46 64, *frank.schiller@cityweb.de* [Zeitz 27.1.1961]. Oper, Oratorium **Ausb:** Stud Ges (M Weichert) MH Dresden 81–86. **Laufb:** Mitgl Dresdner Kreuzchor 71–79, Sol Th Erfurt seit 94, Sol OpStudio Dresden SpZ 86/89, Sol Staatsop Dresden SpZ 89/94, Sol Eutiner FSp SpZ 03/05, Th Gummersbach seit SpZ 03/04, Staatsoptte Dresden SpZ 04/05. **Pr:** 1. Pr Dvořák-Wettb Karlsbad 86, 3. Pr Bach-Wettb Leipzig 88, 1. Pr Schumann-Wettb Zwickau 89.

Schilli, Stefan Martin, Oboe; Cuvilliesstr 1, D-81679 München, T: (0 89) 98 70 88, *stefan.schilli@t-online.de*; Univ Mozarteum, Abt f Blas- u Schlaginstrumete, Zentrum im Berg, Fürbergstr 18–20, A-5020 Salzburg [Offenburg 1970]. **Ausb:** Stud MH Trossingen b D Jonas u Karlsruhe b Th Indermühle. **Laufb:** Solo-Oboist Städt Bühnen Freiburg 90/91, seither SymphOrch d BR, UProf U Mozarteum Salzburg 04. **Pr:** Gewinner des Dt MWettb in KamM 92 und solo 93, 1. Pr Int Wettb 'Prager Frühling' 96, 2. Pr bei Nichtvergabe des 1. Pr 45. Int ARD-Wettb München, Brüder-Busch-Preis. **Ens:** Avalon-Bläserquintett, Ens Trilog München. – **Aufn/RF:** AVALON-Quintett, franz Quintette 98; ObKonz Vaughan-Williams m Südwestdt KamOrch 03, Gesamtaufnahme Albinoni u Vivaldi-Obkonz m Stuttgarter KamOrch 04; J D Zelenka Triosonaten 05.

Schilling, Hans Ludwig, Dr phil, Komponist; Ottensooser Str 47, D-90482 Nürnberg, T: (09 11) 50 19 79 [Mayen 9.3.1927]. **Ausb:** Stud SchM, Kl, Fag, Va, Komp (H Lemacher, H Genzmer, W Fortner, P Hindemith, N Boulanger, E-A Cherbuliez, F Peeters, B A Zimmermann), Prom Dr phil. MWiss b W Gurlitt, Unterr b V Mortari u E Desderi. **Laufb:** LAuftr MH Karlsruhe 62, PH Freiburg, Fachgruppenlt (Komp u MTheorie) Musikakad Nürnberg 73–92. **Pr:** 1. Pr f Komp SWF 58, Staatspr 'Cité int des arts' Paris 68/69, Staatspr 'Villa Massimo' Rom 69/70, Premio Milano 86, BVK. – **Komp:** üb 450 Titel, ua Metamorphosen über ein altes Liebeslied 50/51, Freiburger Bläservereinigung 51; Fanfare, Ricercare, Hymnus 62, UA Mannheim, Süddt Bläsersol 62; 'Zeacis Hafis', Szenar f Bläserquin 67, UA Mannheim, Zürcher Bläserquin 67; 'Canzona' f Trp u Orgel 67, UA Freiburg, R Bodenröder, H M Hoffmann 68; Friedensmesse (Geistl M) 69, St. Edmundsbury Music, Divertimento 91, Suite in Memoriam Paul Hindemith 95. **Aufn/RF:** 110 eingespielte Werke, 7 Platten. **Lit:** A J Schmid, Der Komponist H L S 72, A L Suder (Hg.) Komponisten in Bayern Bd 40: H L Schilling 01, K-L Forg/H D Hoffert (Hg), Melos+Struktur. FS z 75 Geb 02.

Schilling, Stefan, Prof, Hochschullehrer, Klarinette; Univ f Musik u Darst Kunst, Inst 4, Brandhofgasse 21, A-8010 Graz, T: (03 16) 3 89 35 22, F: 3 89 30 41, *stefan.schilling@kug.ac.at*. **Laufb:** o UProf (Klar) U f Musik u Darst Kunst Graz. (Red)

Schillings, Günter M, Komponist; Theodor-Heuss-Str 1, D-47546 Kalkar, T: (0 28 24) 76 98 [Mülheim/Ruhr 30.3.1956]. **Ausb:** Stud Git (L Beck-Neuwirth), Komp u Dirig (K-D Schauerte) Folkwang-H 76–81. **Laufb:** L (Git, Musiktheorie, Gehörbildung) JugendMSch Wesel seit 80, regelm Vorträge an MSch u H 78–85, Lt mehrerer Workshops f Neue Musik seit 78, nebenb KiM seit 89. **Pr:** HStip f 'Sommerkse Neue Musik' Darmstadt 79, Prtr d Dt Musikrats 84. – **Komp:** 'Prolatio VIb – Triste' f Altsax u Kl 87/88, UA Dortmund, N Reimer, S Henkel 89. **AuftrKomp:** 'Prolatio IIa' Konz f Orch 83/84, UA Wesen 84 (Auftr Stadt Wesel); 'Prolatio IIIa – In Vocatio' f V u Kl 84–85, UA Duisburg, H-Ch Siegert, A Meyer v Bremen 87 (Auftr VDMK); 'Prolatio VIIId – Gratwanderung IV' f Saxophonqua 90/91, UA Zürich, Euler-Qua 93 (Auftr Euler Qua); 'Prolatio VId' Konz f Altsax u Orch 92/93, UA Wesel, N Schillings, Rhein SinfOrch 94 (Auftr Stadt Wesel). (Red)

Schillings, Nicole, Saxophonistin; Theodor-Heuss-Str 1, D-47546 Kalkar, T: 0 17 12 88 33 04. (Red)

Schillo, Benedikt, Chorleiter, Stimmbildner, Sänger; Münchner Domsingschule, Westendstr 300, D-80686 München, T: 0 17 91 00 29 71 [Dudweiler 2.2.1962]. geistliche Musik **Ausb:** Stud MWiss, ital Philologie, kath Theologie. **Laufb:** Chorlt u Stimmbildner Tölzer Knabenchor 94–2000, Münchner DomsingSch seit 2000, verantwortl f d Ausbild d Münchner Domsingknaben. **Ens:** KamCh Stuttgart 86–91, Rhein Kantorei 91–95, Capellsänger Münchner

Frauenkirche seit 95, Dt Bachvokalisten, Frankfurter Vokalens, Kölner KamCh, Kölner Kantorei, KonzCh Darmstadt, Studio Vokale Karlsruhe ua.

Schiml, Marga, Prof, Hochschullehrerin, Mezzosopran; Hochschule f Musik, PF 6040, D-76040 Karlsruhe [Weiden/Oberpfalz]. **Ausb:** Stud b H. Blaschke HfM München. **Laufb:** Prof (Gesang) Staatl H f Musik Karlsruhe seit 87. **Pr:** BVK a Bde (99). (*)

Schimm, Günter, Kapellmeister, Schauspielmusiker; c/o Theater Altenburg-Gera, Küchengartenallee 2, D-07548 Gera. **Laufb:** Kapm u SchauspM Th Altenburg-Gera seit SpZ 03/04. (Red)

Schindhelm, Michael, Intendant; c/o Theater Basel, Steinentorstr 7, CH-4051 Basel. **Laufb:** Intend Stadtth Basel 03–06. (Red)

Schindler, Heiner, Klarinette; c/o Staatskapelle Berlin, Unter den Linden 7, D-10117 Berlin. **Laufb:** Sol Staatskap Berlin. (Red)

Schindler, Thomas, Chefdramaturg, stellv Intendant, Regisseur; c/o Städtebundtheater Hof, Kulmbacher Str 5, D-95030 Hof, T: (0 92 81) 7 07 01 63, F: 7 07 01 01, *schindler-theater@web.de* [Regensburg 21.2.1958]. **Ausb:** Stud (LitWiss, Philosophie, Geschichte) TU Braunschweig. **Laufb:** Mitgl Staatsth Braunschweig 84/84, Staatsop Hannover 85–94, fr Regisseur 94/95, Th Hof seit 95. – **Sonst:** BLM-Hörfunk-Pr (Sparte Kultur d Bayer Landeszentrale f neue Medien) 01, EnsPr d Bayer ThTage 02 Erlangen, EnsPr Bayer ThTage Hof 03.

Schindler, Xenia, Harfe, Hochschullehrerin; Alte Landstr 62, CH-8805 Richterswil, T: 0 17 80 63 09. **Laufb:** Doz (Hfe) MH Luzern. (Red)

Schiphorst, Iris ter, Komponistin; Fichtestr 24, D-10967 Berlin, T: (0 30) 6 92 49 03, F: 6 92 49 03, *iris.terschiphorst@snafu.de*; *home.snafu.de/iris.terschiphorst/* [Hamburg 1956]. **Ausb:** Stud Kl 73–78, Stud Philosophie, Th- u Kulturwiss. **Laufb:** Bassistin u Schlagz in versch Rockgruppen 80–86, BühnenM, Installationen, Sampling-Performances, Hörstücke u Kompositionen seit 86, Gründ Ens 'intrors' 90, Konz als Pianistin u Sample-Keyboarderin, Essays u Vorträge. **Pr:** 3. KompWettb f Synthesizer- u ComputerM 92, Pr int KompWettb 'Blaue Brücke' 97. **Ens:** Intrors. – **AuftrKomp:** ua 'A Triple d'Opera' (multimediale Op), 'Hundert Komma Null' (Ballade f Orch). (Red)

Schippmann, Ralf, Oboe; c/o MDR Sinfonieorchester, Augustuspl 9a, D-04109 Leipzig. **Laufb:** Sol MDR SinfOrch Leipzig. (Red)

Schirmer, Astrid, Prof, Hochschullehrerin, Sopran; Hochschule f Musik u Theater, Emmichpl 1, D-30175 Hannover. **Laufb:** Prof (Gesang) H f M u Th Hannover. (Red)

Schirmer, Markus, Prof, Hochschullehrer, Klavier; c/o Rieder Classics Konzertagentur GmbH, Hans-Pascher-Weg 30/6, A-8052 Graz, T: (03 16) 57 09 36, 06 64–9 11 85 15, F: 57 09 36, *markus.schirmer@utanet.at, claudia.unterweger@riederclassics.at*; c/o Konzertdirektion Andrea Hampl, Karl-Schrader-Str 6, D-10781 Berlin, T: (0 30) 4 78 26 99, 01 72–3 80 56 45, F: (0 30) 4 78 37 92, *hampl@konzertdirektion.de*; *www.markusschirmer.com, www.konzertdirektion.de* [Graz]. Rezitale, OrchKonz, KamMusik **Ausb:** Stud (Kehrer, Badura-Skoda, Kämmerling). **Laufb:** Konz u Fstvs, ua Wiener Musikverein u KonzH, Herkulessaal u Philh München, Suntory Hall Tokio, Gewandhaus Leipzig, Rudolfinum Prag, SchauspH Berlin, Finlandia Hall Helsinki, Megaron Athen, Teatro Teresa Carreno Carracas, Teatro Olimpico Vicenza, Victoria Hall Genf, Fstv int de piano 'la roque d'Antheron', Schubertiade Feldkirch, Bregenzer FSp, Styriarte, Klangbogen Wien, IGNM-WeltMFest, ZusArb ua m English Chamber Orch, Tokyo Symph Orch, Sinfonia Varsovia, Radio-SinfOrch Wien, München u MDR, Wiener Philharmoniker, Orch de la Suisse Romande, Tschech Philharm, Finnish Radio SymphOrch, Mariinsky Orch, auch KamMTätigk, ImprProjekt 'Scurdia', Mixed- u Multimediaprojekte, o UProf Univ f Musik u Darst Kunst Graz. **Pr:** zahlr Pr u Ausz, ua EUROMUSIC 'Music Manual Classic Crossover Award', Pr d Dt Schallplattenkritik. – **Aufn/RF:** Haydn: 'Klaviersonaten Hob XVI/34, 37, 50, 52', Mozart: 'Klavierquartette KV 478 u 493' m Gaede Trio, Schubert: 'Klaviersonaten f-moll D625 u a-moll D845', 'Engel im Kopf' m W Berger; 'Pictues & Reflections': M Ravel 'Miroirs' u M Mussorgsky 'Bilder einer Ausstellung'. **Sonst:** Juror b div KlWettb, Entw neuer multimedialer Konzepte f int MFstv.

Schirmer, Ragna, Prof, Klavier, Hochschullehrerin; Hochschule f Musik u Darst Kunst, N 7,18, D-68161 Mannheim, *info@ragnaschirmer.de*; Konzertagentur Hellmann, Birnenweg 12, D-06112 Halle, T: (03 45) 5 60 30 41, F: 5 60 36 54; *www.ragnaschirmer.de* [Hildesheim 1972]. **Ausb:** Stud (K-H Kämmerling) H f M u Th Hannover u b B Ringeissen in Paris, Mstrks b T Nikolajeva u A Jasinski. **Laufb:** Prof H f M u darst Kunst Mannheim seit 01/02. **Pr:** 1. Pr Int Johann Sebastian Bach Wettb Leipzig 92, 2. Pr dto 98, 4. Pr Unisa Int M Wettb Pretoria 2000. – **Aufn/RF:** CD J S Bach: Goldbergvariationen 2000. (Red)

Schirmer, Rouven, Cello; Berliner Str 10, D-13187 Berlin, T: 0 17 52 43 88 08, *Rouven.Schirmer@arcor.de*; *www.berliner-cellharmoniker.de* [Hildesheim 27.12.1976]. Kammermusik **Ausb:** Stud Vcl (Fr-J Sellheim, Heitz) H f M u Th Hannover, (W Boettcher) HdK Berlin, (L Quandt) Karajan-Akad d Berliner Philharmoniker. **Laufb:** regelm KonzTätigkeit als Sol u KamMusiker im In- u Ausland sowie b namhaften MFstvs. **Pr:** 1. Pr Bdeswettb 'Jugend musiziert' 96, 1. Pr MWettb 'Classica Nova' Hannover 97, 1. Pr u Sonderpr Int KamMWettb 'Charles Hennen' m Berliner Cellharmonikern Niederlande 99, Stip Dt MWettb KamM Bonn 99, Bdesauswahl Konz Junger Künstler 01, Europ Jugend-Ens-Pr 02. **Ens:** Duo Schirmer/Engel, Berliner Cellharmoniker. – **Aufn/RF:** versch Tonträger sowie RF- u TV-Prod NDR, ORB, SFB, SWR, DtschldRadio, BR, N3, B1, 3sat. **UA:** J Novak: 'Capriccio' (Vcl u Orch), Dt EA Ulm 97. **Sonst:** Grdg Berliner Cellharmoniker 94.

Schirmer, Ulf, Prof, Dirigent, Hochschullehrer; c/o Artists Management Zürich, Rütistr 52, CH-8044 Zürich, T: 04 48 21 89 57, F: 04 48 21 01 27 [1959]. **Ausb:** Stud (G Ligeti, C v Dohnányi, H Stein) Kons Bremen, MH Hamburg. **Laufb:** Korrepetitor u Dgt Wiener Staatsop, Ass v L Maazel, GMD Stadt Wiesbaden u künstl Lt f d SymphKonz am Hess Staatsth 88–91, Chefdgt Danish Nat Radio Symph Orch 95–98, Gastdgt Staatskapelle Dresden, Bregenzer FSp, Berliner u Wiener Philh, Oslo Philh, Pittsburgh Symph Orch, Prof (Musikal Unterricht am OpW, Musikdramaturgie) H f M u Th Hamburg, GastDgt Op Halle SpZ 03/04, Dt Op Berlin SpZ 04/05, Op Leipzig. – **UA:** G Kühr, 'Tod u Teufel' UA Graz 99; C Ofenbauer, 'Penthesilea' UA Wien 01. (Red)

Schittenhelm, Anke, Prof, Hochschullehrerin; Univ f Musik u Darst Kunst, Inst 3, Brandhofgasse 21, A-8010 Graz, T: (03 16) 3 89 35 24, F: 3 89 30 31, *anke.schittenhelm@kug.ac.at*. **Laufb:** o UProf (V) U f Musik u Darst Kunst Graz. (Red)

Schlabertz, Dietmar, Pianist, Dirigent; Heinrich-Gossen-Str 15, D-52351 Düren, T: (0 24 21) 1 61 80, *Dietmar.Schlabertz@online.de* [Düren 19.3.1967]. Musiktheater **Ausb:** Stud (Instrumentalpäd) MH Köln 88–92, Staatl MLehrerPrüfung (Kl) 92, Hochschulklasse Kl (K Oldemeyer) 92–95, Abschluss 'Künstl Reifeprfg' 95. **Laufb:** stellv musikal Lt 'Salonorch Rurland' 93–96, dessen musikal Lt 96–98, musikal Lt Dürener OrchGemeinschaft 94–98, Orch-Substitut (Keyboard) Musical-Th Duisburg (Les Misérables) 96–97, Theaterhof Dietrahmszell 96, Neuburger Kammerop 97–98, Korr m Dgt-Verpfl Landesth Mecklenburg Neustrelitz 98–2000, Studienlt m Dgt-Verpfl Eduard-von-Winterstein-Th Annaberg-Buchholz 2000, Korrep Vorpommersche Th- u Sinf-Orch (03/04). **Pr:** Jugend musiziert: 1. Pr 85, 2. Pr 86, 1. Pr 88.

Schlabes, Michael Andre, Trompeter; Richard-Sorge-Str 30, D-10249 Berlin, T: (0 30) 42 85 68 84, 01 75–1 66 54 30, *schlabes@gmx.de* [Bocholt 14.7.1975]. **Ausb:** Unterr b K Helfen MSch Bocholt 83–93, Stud b O Sauter Bremen 94–96, Stud b A Eichberger H f M Detmold, Abt Münster 97–2000, Examen b R Dorresteijn Cons Enschede 2000–02, Stud b W Forman H f M Hanns Eisler Berlin seit 02. **Laufb:** PrtrKonz a d Kölnder Philh 89, div Sol-Konz 92, Arutiunian TrpKonz Stadtth Bocholt 93, Landesjugendblasorch NRW, Junges Orch Essen u Collegium Musicom Münster 94–99, Int Sommerakad Schloss Pommersfelden 98–2000, Solo-Kornett Junge Dt Philh 01, Aushilfstätigk Ork van het Oosten Enschede u Ork de Volharding Amsterdam 01/02, Zeitvertr 1. SolTrp Brandenburg Staatsorch Frankfurt/Oder seit 02, Hummel-TrpKonz Poppelsdorfer Schloss m Klass Philh Bonn, Ltg H Beissel 03. **Pr:** 1. Pr Bundeswettb Jugend Musiziert 89, 3. Pr European Music for Youth Pr London 90, 1. Pr Bundeswettb Jugend Musiziert 91, 3. Pr ebda 93 u 94, 1. Pr ebda 96, Förderpr Braunschweiger KamMPodium 98, 1. Pr f Interpr Hanns Eisler Pr 03. **Ens:** BlechBlQui Wonder Brass 95–2000, German Brass Acad, Tscherepnin-Qua u div Ens f Neue Musik BigBands in Münster u Enschede 97–02, ECHO-Ens d H f M Hanns Eisler 02/03. – **UA:** R Barschai: Mahler 10. Sinfonie (vollst Fassung), UA Tonhalle Düsseldorf, Junge Dt Philh 01 (Mitschn d WDR).

Schlaefli, Johannes, Dirigent; Augsterweg 7, CH-4058 Basel, T: 06 16 03 24 80, *schlaefli@gmx.ch*. **Laufb:** Lt Akadem Orch Zürich 83, Lt Akad KamOrch Zürich (Grdg 92), zunächst Oboist, als Dgt Autodidakt, Gastdgt b Berufsorch, in Tschechien, USA etc, Chefdgt Berner KamOrch, Aufbau d KamOrch Basel (Serenata), pädagog Tätigkeit: L (Dirig) b versch Kursen d 'Symphonic Workshops' in Tschechien, L (OrchLtAusb) MH Winterthur Zürich seit 99.

Schlaepfer, Jean-Claude, Komponist; ch de Beau-Soleil 1, CH-1206 Genève, T: 02 27 89 40 30, 0 78–8 02 75 35, *jpm@editions-bim.com*; c/o Schweizer Musik Informationszentrum, Case postale 7851, CH-6000 Luzern 7, T: 04 12 10 60 70, F: 04 12 10 60 70, *Mail@musicedition.ch*; *www.editions-bim.com/composers/schlaepfer.php* [Genf 11.1.1961]. **Ausb:** Privstud Kl (M Rieser), Stud Cons Sup Genf, Abschluss m Dipl, weitere Stud (B Jolas) Cons Nat Sup Paris. **Laufb:** Doz (Harmonielehre, Analyse) Cons Sup u Cons Populaire Genf. **Pr:** Prtr STV Wettb 88, Pr d Genfer Ständerats u KompPr. – **Komp:** zuletzt z B: Instances (Cemb) 90; Stabat Mater (Sop, Ch, Orch) 90; 7 Préludes (2 Kl) 91; Motets (Sop, Hfe, Va da Gamba) 92; Trois Rêves (Sop, Bratsche, Sprecher, BlQui, StrQua, Kl) 92; Solitude (Konz f V u KamOrch) 93; Instances II (Hn solo) 93; Psaume (Fl, Ob, EnglHn, Vcl, Org) 94; Instances III (Mar solo) 94; Visibili et Invisibili (Männer- u KinderCh) 94; Exil (Orch) 95; Ascensus (Trp solo, StrOrch) 95; L'Impossible Absence (Orch) 96; La Rose de Jéricho (4 Ges f Sop u Kl) 96; Chant de lune (Fl, Ob, Klar, V, Vcl, Kb, Perc) 96; L'Ile de Ré (Vcl, Kl) 97; Missa brevis (Sop, StrQua) 97; Instances IV (V solo) 98; Trio 'à Karin' (6 Stücke f V, Vcl, Kl) 99; Lamentations de Jérémie (StrOrch) 2000; zurzeit Vorbereitung e Kinderop.

Schlät, Dietrich, KM, Horn; c/o Dresdner Philharmonie, PF 120424, D-01005 Dresden. (Red)

Schlecht, Johannes, Dipl-Theol, Komponist; Klosterweg 10, D-99817 Eisenach, T: (0 36 91) 21 68 10, F: 72 08 37, *johanneskomp@web.de*; *www.johanneskomp.de* [Neuhaus-Schierschnitz 27.11.1948]. Kammermusik, Lied, interdisziplinäre Aktivitäten **Ausb:** Stud (Theologie) U Jena 67–72, Stud (Kl/Komp) MH Weimar 69–75. **Laufb:** freischaff als Komp, Arr, Dgt, Doz (M- u InstrAusb) ev FSch seit 92. **Pr:** Hanns-Eisler-Pr 89. – **Komp:** z B: 6 krause Gedanken über 5 Arten zu gehen, UA Düsseldorf 92; Wenn alle Bächlein fließen (Vcl solo), UA Eisenach 92; DIR (Lieder n H Vogeler f St, Vcl u Va), UA Eisenach 92; 7 Bemerkungen e sol Klar (Klar solo), UA Marburg 92; Allezeit Heyderkeit (f Vcl solo), UA Worbis 94; 6 Holzschnitte f Vcl solo, UA Eisenach 95; 1. StrQua (KamM), UA Eisenach 96; 'Ich spiele noch' (7 Stücke f St, Fl, Ob, Fag, Vcl u StrOrch), UA Eisenach 98; Sah ein Knab' kein Röslein stehn (7 Stücke f Vcl u Pantomime), UA Dornburg 98; Leiselaute Weisen f e Tb auf Reisen, UA 99; E kl EngelM (f V) UA 2000; Mein Vaterland ist tot (5 Lieder n R Ausländer), UA Czernowitz, Ukraine 01; Ich ging ... (Szen KamM), UA Kloster Volkenroda 02; Rilke-Musik f Engl-Horn u Sprecher, UA Eisenach 05; 'Es schillert...' Abstrakts f Klavier u Sprecher zu Schillerschen Briefzitaten, UA Meiningen 05. **Aufn/RF:** LP-, CD-, MC-Veröff: Frag mich Fragen (Lieder); Teilen macht Spaß (Kinderlieder); Zauberküsse (Kinderlieder); Hauptsache lieb (Kinderlieder); Lieber Mensch (Lieder); Jetzt aber Ruhe (Kinderlieder); Divertimento-Qua.

Schlechtriem, Theresia, Komponistin, Chorleiterin; Gutenbergstr 7A, D-51373 Leverkusen, T: (02 14) 6 57 77, F: 6 44 12, *schlechtriem.choere@gmx.de* [Leverkusen 11.9.1940]. Chormusik, Chorleitung, Stimmbildung **Ausb:** Jungstudentin (V, Kl, Harmonielehre) Robert-Schumann-H Düsseldorf, Stud (SchM) MH Köln 60–63. **Laufb:** Lt Leverkusener Kinder- u JugendCh (m K-H Schlechtriem) seit 63, Stimmbildnerin Singkreis Leverkusen seit 65, eigene Komp seit 69, Lt FrauenCh Monheim seit 92. **Pr:** gemeinsam m K-H Schlechtriem: BVK 88, Sankt-Martin-Pr d Lions Club Leverkusen-Opladen 2000, Verdienstorden d Landes Nordrhein-Westfalen 01. – **Komp:** 3 Chorlieder, UA Wuppertal 79; Weihnachtsgeschichte, UA Leverkusen 83. **Auftr-Komp:** Unsere Welt u wir (Umweltkant), UA 85 (Auftr: Berg ChFest); Schön ist die Welt (Volksliederkant), UA 76 (Auftr: Jugend singt).

Schlee, Thomas Daniel, Dr, Komponist, Organist, Musikmanagement; c/o PRIMUSIC Konzert- und Musiktheaterproduktionen GmbH, Herrengasse 6–8/2/22, A-1010 Wien, T: (01) 5 32 71 24, F: 5 32 71 40, *office@primusic.at*; *www.primusic.at* [Wien 26.10.1957]. 20. Jh **Ausb:** MH Wien Org (M Radulescu) 76–83, Komp (F Burt) 83–85, Stud Uni Wien MWiss 76–85, CNSM Paris Komp (O Messiaen) 77–78, privat Org (J Langlais) 77–78. **Laufb:** MDramaturg Salzburg Landesth 86–89, LBeauftr Uni Salzburg u MH Wien 88–90, MDir Brucknerhaus Linz, künstl Lt Int Brucknerfest 90–98, Stellv Intend Int Beethovenfeste Bonn seit 99–03, Intend Carinth Sommer seit 04. **Pr:** Chevalier des arts des lettres 90, Landeskulturpr OÖ f M 98. – **Komp:** 'Ricercar' 90–92, UA Wien, ORF Sendesaal, Dgt: H K Gruber 93, 'Der Baum des Heils' 93–94, UA Graz, Capella Nova, Dgt: O Kargl 94, 'Aurora' 92–93, UA Salzburg, Dgt: S Végh 94, OrchSp 97–98, UA Copenhagen, Dgt: O Kamu 98, 'Der Esel Hesekiel' 98–99, UA Carinth Sommer, Dgt: C Traunfellner 01. **UA:** J Langlais: Triptyque grégorien St Florian 79, O Messiaen: Livre du Saint Sacrement Wien 87. **Zug:** J Langlais: 'Alleluja', G Lampersberg: 'Le roman d'un enfant, K H Füssl: Fantasie, E Reuchsel: Huit images de Provence, J Reveyron: Postlude, H Bornefeld: Sonata serena, C Halffter: Noche pasiva del sentido, Th Brandmüller: Noels, J P Leguay: Madrigal 5. **Sonst:** Buch 'Olivier Messaen – La Cité celeste' 98, Hg f Universal Edition. **Lit:** New Grove: Musik aus Österreich 97.

Schlegel, Jutta, Prof, KS, Hochschullehrerin, Sängerin; Albrechtstr 14e, D-10117 Berlin, T: (0 30) 2 82 93 15; Univ d Künste, Fak Musik, Inst f Musikpädagogik, PF 120544, D-10595 Berlin. **Laufb:** Prof (Gesang) H d Künste Berlin. (Red)

Schleiermacher, Steffen, Klavier, Komponist; Paul-List-Str 8, D-04103 Leipzig, T: (03 41) 9 61 29 78; c/o Austroconcert International, Gluckgasse 1, A-1010 Wien, T: (01) 5 13 26 57, F: 5 12 61 54, *office@austroconcert.com*; *www.schleiermacher-leipzig.de* [Halle 1960]. **Ausb:** Mitgl StadtsingerCh Halle 68–78, Stud MH 'Felix Mendelssohn-Bartholdy' Leipzig Kl (G Erber), Komp (S Thiele, F Schenker), Dirig (G Blumhagen) 80–85; MstrSchüler Akad d Künste Berlin Komp (F Goldmann) 86/87, Zusatzstud MH Köln Kl (A Kontarsky) 89/90. **Laufb:** freischaff Komp Leipzig seit 88, Grdg Ens Avantgarde 89. **Pr:** gaudeamus-Wettb 85, Kranichsteiner MPr 86, Mendelssohn-Stip Min f Kultur DDR 88, H-Eisler-P RFd DDR f 'Konz f V u KamEns' 89, Stip Dt Musikrat 89/90, Pr Ch-u-S Kaske-Stift München 91, Schneider-Schott-Pr Mainz (mit Ens Avantgarde) 92, Stip f Dt Akad Villa Massimo Rom 92, Stip f halbjähr Aufenthalt Cité des Arts Paris 99 ua. (Red)

Schlemm, Anny, KS, Sängerin; Graf-Folke-Bernadotte-Str 12, D-63263 Neu-Isenburg, T: (0 61 02) 80 04 48 [Neu-Isenburg 22.2.1929]. **Ausb:** Stud Ges (E Westenberger, E Sadowska) Halle/S. **Laufb:** Sol Op Halle 46–49, Staatsop Berlin ab 49, Kom Op Berlin 49–04, Op Köln 51/52, Op Frankfurt 52–94, insges Auftr an 34 dt Bühnen, ua Bayreuth 78–85, Gastsol Op Frankfurt SpZ 2000/01 u 03/04, Semperop Dresden 2000–04, Staatsop Wien 02; Gastsp ua in Stuttgart, Frankfurt, Bologna, Budapest, Moskau, Paris, Stockholm, St Petersburg, Warschau, Wien, Orange, München, Berlin, Barcelona, San Juan, Glyndebourne, Edinburgh, London, Amsterdam, Gent, Lausanne, Rom, San Francisco, Toronto, Antwerpen. **Pr:** KS Op Frankfurt 63, Ehrenmitgl Op Halle 96, Op Frankfurt 97, Kom Op Berlin 98, Ehrenbürgerin Stadt Neu-Isenburg 99, Joana-Maria-Gorvin-Pr Akad d Künste Berlin 2000. – **Aufn/RF:** CDs: J Strauss: 'Die Fledermaus' (Rosalinde), Dgt F Fricsay; Verdi: 'Ein Maskenball' (Oscar), Dgt F Busch; F Léhar: 'Paganini' (Fürstin), Dgt F Marszalek; G Mahler: Sinf Nr 4 (Sop), Dgt L Ludwig; K Weill: 'Aufstieg u Fall d Stadt Mahagonny' (Begbick), Dgt J Latham-König; E Humperdinck: 'Hänsel u Gretel' (Hexe), Dgt G Solti; Wagner: 'Der fliegende Holländer' (Mary), FSp-Haus Bayreuth, Dgt W Nelson 85; J Offenbach: 'Ritter Blaubart' (Boulotte), DEFA-Film 72. **UA:** W Fortner: Op 'Bluthochzeit' (Braut), Köln 57.

Schlemm, Nina, Harfe; c/o Staatstheater Braunschweig, Am Theater, D-38100 Braunschweig, PF 4539, D-38035 Braunschweig. **Laufb:** Sol Staatsth Braunschweig SpZ 03/04. (Red)

Schlenk, Arno, Pauke, Schlagzeug; c/o Niedersächsisches Staatsorchester, Opernpl 1, D-30159 Hannover. **Laufb:** 1. koord Sol Niedersächs StaatsOrch Hannover. (Red)

Schlenker, Manfred, KMD, Komponist, Kirchenmusiker; Rosa-Luxemburg-Str 35, D-16540 Hohen Neuendorf, T: (0 33 03) 50 28 77, F: 50 28 77 [Berlin 15.3.1926]. KiM, Jugend- u VolksM **Ausb:** Vorsemester Komp (P Höffer) MH Berlin 43/44, Komp (K Fiebig, E Wenzel) KiMSch Halle 50–55. **Laufb:** Kantor d Studentengemeinde Halle, Dom-KiM Stendal 56, Greifswald 75, Lt jährl Bachwoche u KiMSch, KMD, freischaff in Stolpe seit 88, Hohen Neuendorf seit 99. **Pr:** Kulturpr Landkreis Oberhavel 94, KompPr KiChorverband Sachsen 2000. **Mitgl:** GEMA, DKV. – **Komp:** Psalmen Triptychon, UA Leipzig, L Güttler-Ens 87; Gesänge d Hoffnung (Orat), UA Delmenhorst (Hofstadt) 89; Epitaph f Stephanus (Orat), UA Halberstadt, Dom, Teutschbein 90; Bonhoeffer-Motette Stationen – Von guten Mächten (Ch), UA Jakobi/Lübeck, KMS Greifswald 91; 'Turm-Gesänge', 9 Lieder (Liederzyklus), UA Greifswald, Dom, Domhardt 91; Rondo variata (KonzStück), UA Saarbrücken, M Hätzel 96; Ludus atre (3 Sol, Ch, Bl, Org) – 3 Collagen Bach, Hesse, Schlenker, UA Greifswalder Dom 96; 'Lebenskreis', 9 Lieder (Liederzyklus), UA Stolpe, Domhardt 97; 'Vision d Johannes' (2 Sol, 3 Chöre, Bläser, Schlgw), UA Berliner Dom, Eschrig/Domhardt, Dgt: H Hildebrandt (Auftr: Berliner Domkantorei); 'Botschaft auf Buntglas', 24 Lieder (2 Sol, Ch, Org), UA Stolpe 05; Drei Cantica (4 Sol, Ch, Orch), UA Kantorei Helmstedt, Dgt: M Michaely. **Aufn/RF:** CDs: Zwei Liederzyklen (Turm-Gesänge, Lebenskreis), m Domhardt/Schlenker 99; Glückliche Stunde (19 Lieder), m Moderegger/Dreißig; Unser Klagen wird zum Loben, ChSätze: J Klepper; Lobt Gott, den Herrn d Herrlichkeit (BläserM), m Bläserkreis Berlin-Brandenburg (Ltg: B Barsch). **Sonst:** Veröffentl v Werken f Chor, Blasinstr, Orgel, Kant, KamM ua. **Lit:** R B Schlenker: 'Ich denke nur noch in Noten'.

Schlenker, Tina, Konzert- und Opernsängerin (Sopran); Skeppsvik, S-13040 Djurhamn, T: (0 73) 7 52 75 99, F: (08) 57 15 46 22, *interpretation@zeta.telenordia.se* [Stuttgart-Bad Cannstatt 16.2.1971]. Mozart, Strauss **Ausb:** Stud Ges (B Heuer-Christen) Staatl H f M Freiburg 92–98. **Laufb:** EnsMitgl Staatsth Braunschweig ('Entführung aus d Serail', Blonde; 'Ariadne auf Naxos', Zerbinetta; 'Fledermaus', Adele; 'Die lustigen Weiber v Windsor', Anna Reich; 'Lustige Witwe', Valencienne; 'Don Carlo', Tebaldo; 'Aida', 1. Priesterin; 'Rheingold', Woglinde; 'Reigen', Junge Frau) 97–2000; EnsMitgl Dt Staatsop Unter den Linden Berlin ('Entführung aus d Serail', Blonde; 'Don Giovanni', Zerlina; 'Zauberflöte', Königin d Nacht; 'Le Nozze di Figaro', Susanna; 'Freischütz', Ännchen; 'Siegfried', Waldvogel; 'Parsifal', 1.Blumenmäd/1.Gruppe) 2000–03; Gastvertr: Städt Bühnen Freiburg ('Figaros Hochzeit', Barbarina 96/97; Staatsth Kassel (Königin d Nacht) 99/2000; Dt Op Berlin (Waldvogel) 2000; Dt Staatsop Berlin (Königin d Nacht) 2000; Semperop Dresden (Königin d Nacht) 2000; Staatsop Hamburg (Königin d Nacht) 2000. **Pr:** 1. Pr 8. Int GesWettb 'Neue Stimmen' Gütersloh 99, mehrf Prtr 18. Int Hans Gabor Belvedere GeWettb Wien 99: 2. Gesamtpr Kat Op, Sonderpr Hamburg Staatsop, Sonderpr Op Comique Paris, Hiroshima Friedenspr; 1. Pr Bdeshochschulwettb Ges Berlin 96, Sonderpr d Franz-Grothe-Stift Bdeswettb Ges Berlin 96, 1. Pr Hochschulwettb Ges Freiburg 96; Förderpr d Ges z Förder d MH Freiburg eV, Finalistin Int GesWettb Ital Op 'I Cestelli Competizione dell'Opera' Stuttgart 96, Finalistin Mozartfest-Wettb f Ges Würzburg 96. – **Aufn/RF:** 'Stars von morgen' präsentiert v M Caballé, Sendung v 25.03.2001 (Arte): Rachearie d Königin d Nacht, m Berliner Jugendorch, Dgt R Paternostro; Strauss: 'Ariadne auf Naxos', Rezitativ u Arie d Zerbinetta, m Neue Philh Westfalen, Dgt J Wildner (Bertelsmann Stift).

Schlicht, Michael W, Dr, Intendant; Landestheater, PF 1449, D-99804 Eisenach, T: (0 36 91) 25 61 40. **Laufb:** Intendant Landesth Eisenach. (Red)

Schlichtig, Hariolf, Prof, Bratschist, Hochschullehrer; Staufenstr 4, D-83209 Prien, T: (0 80 51) 6 28 09, F: 6 48 25, *mail@hariolfschlichtig.de*; H f Musik u Theater, Arcisstr 12, D-80333 München; *www.hariolfschlichtig.de* [Tuttlingen 25.9.1950]. **Ausb:** Stud (M Rostal) MH Köln 70–73, (S Végh) MH Düsseldorf 73–77, Mstrkse b N Milstein u C Aronowitz. **Laufb:** Prof MH Aachen 80–87, Prof (Va, KamM) H f M u Th München seit 87, Mitgl Cherubini-Qua 78–97, Alte M (Va d'Amore), experimentelle, frei imp Musik, als Sol mehrere Tourneen m d Münchener KamOrch in Europa u China, u m CAB (Capella Andrea Barca). **Pr:** Musikpr d Ldeshauptst Düsseldorf, 1. Pr Karl Klinger-QuaWettb, 1. Pr QuaWettb Evian, 2. Pr Dt MWettb. **Ens:** Matisse-Qui (Fl, Hf, StrTrio), Ens Villa Musica, Solobratschist Capella Andrea Barca. – **Aufn/RF:** Streichquartette v Haydn, Schumann, Schubert, Mendelssohn; Schubert: Oktett; Brahms: Qui op 111, m Alban Berg-Qua; Viola-Konz v K Stamitz, F A Hoffmeister, C F Zelter m Münchener KamOrch; Mozart: Sämtl Streichqui, m Ens Villa Musica; 'Catch up', frei entwickelte Musik m P Fuchs. **UA:** zahlr Werke v R Spring; Quartette v A Reimann, F Cerha, S Matthus, M Trojan; H Callhoff: Konz f Va u Orch. **Zug:** KamM v J Widmann, G Silvestrini, G Connesson.

Schlick, Barbara, Prof, Hochschullehrerin, Sopran; Kierberger Str 51a, D-50321 Brühl, T: (0 22 32) 2 96 38, F: 56 91 34, *Barbara.Schlick@t-online.de*; H f Musik, Abt Wuppertal, Friedrich-Ebert-Str 141, D-42117 Wuppertal [Würzburg 21.7.1943]. Oratorium u Lied, besonders Alte Musik **Ausb:** Stud Ges (H Klink-Schneider) MH Würzburg u (H Wesselmann) MH Essen, zusätzl Studien b G Rohmert, R Piernay u G Visser. **Laufb:** Auftr m barocker u frühklass M in Europa, Israel, Japan, Kanada, Amerika u Russland, regelm Gast b europ Fstv f Alte Musik ua in Ansbach, Berlin, Brügge, Göttingen, Lissabon, London, Paris, Stuttgart u Utrecht, ZusArb m Dgt wie F Brüggen, W Christie, M Corboz, R Goebel, P Herreweghe, R Jacobs, J Jürgens, T Koopman, S Kuijken u M Schneider; Liederabende m E Kalvelage (Kl) im In- u Ausland, LAuftr MH Würzburg, Doz (Barockges) Kse f Alte Musik in Bremen, Brügge, Frankfurt/Main, Forum Artium Georgsmarienhütte, Int Bach-Akad Stuttgart, Int Händel-Akad Karlsruhe u b Early Music FStv New York, Gastdoz MH Maastricht bis 02, Prof (Ges) H f Musik Köln, Abt Wuppertal seit 97. – **Aufn/RF:** zahlr RF- u TV-Aufn, über 120 LP- u CD-Aufn; Einsp Telemann: 'Ino' (Kant) m Musica Antiqua Köln; Mozart-Messen, Dgt P Neumann; Bach: 'Johannes-Passion', 'Matthäus-Passion', 'h-Moll-Messe' u 'Weihnachtsorat', Dgt: P Herreweghe; Händel: 'Giulio Cesare' (Op), Dgt: R Jacobs; D Buxtehude: 16 Kantaten, Dgt: T Koopman; CD-Neu- u Ersteinsp m Liedern u Duetten v F Hensel, F Mendelssohn-Bartholdy, M Reger, F Reichardt u R Fuchs. **Sonst:** Jurorin b Int GesWettb wie ua Int Bach-Wettb Leipzig u Wettb f Alte Musik Brügge.

Schliephake, Ernst, Konzertmeister; Münchner Symphoniker, Drächslstr 14, D-81541 München. **Laufb:** 2. Konzm Münchner Symphoniker. (Red)

Schlingensief, Christoph, Regisseur; c/o Hauser & Wirth Zürich, Limmastr 270, CH-8005 Zürich, *c.schlingensief@gmx.net*; *www.christoph-schlingensief.de*. **Laufb:** Reg 'Parsifal' FSp Bayreuth 04 u 05. (Red)

Schlingensiepen, Ina, Sängerin (Sopran); Luisenstr 35, D-76137 Karlsruhe, T: (07 21) 9 68 88 89 [Wuppertal]. **Ausb:** Stud (Gesang) MAkad Pansch Vladigerov Sofia 95. **Laufb:** Debüt Op Rousse (Gilda 'Rigoletto'), Nationalop Sofia (Jenny Smith 'Aufstieg u Fall d Stadt Mahagonny'), EnsMitgl Bremer Th 99–02 (Zerlina 'Don Giovanni'), seither Ens Bad Staatsth Karlsruhe. **Pr:** 1. Pr Tzvetana Diakovitsch-Wettb 97. (Red)

Schlingensiepen, Mark-Andreas, Künstlerischer Leiter; Nagelsweg 70, D-40477 Düsseldorf, T: (02 11) 4 35 09 58, F: 4 54 48 08, *info@notabu-ensemble.de*; *www.notabu-ensemble.de*. **Ausb:** Robert-Schumann-Inst Düsseldorf (Max Martin Stein, Wolfgang Trommer), Stud b Aldo Ceccato. **Laufb:** musikal Lt notabu.ens neue musik, Dgt Junge Dt Philh, Radio-Sinfonie-Orch Basel, Bruckner-Orch Linz u Mozarteum-Orch Salzburg, Lt d Studios f Neue M Robert-Schumann-Hoschschule Düsseldorf seit 96. **Pr:** FörderPr Musik d Landeshauptstadt Düsseldorf 88, FörderPr des Landes NRW 89. (Red)

Schlippenbach, Alexander von, Komponist, Pianist, Arrangeur [Berlin 1958]. **Ausb:** Stud (Komp) H f M Köln b R Petzold u BA Zimmermann. **Laufb:** freischaff Komponist, Pianist, Arrangeur. **Pr:** Kunstpr Stadt Berlin 76, Schallplattenpr d UDJ 80/81. **Ens:** Trio m Evan Parker u Paul Lovens, Duo m Sven-Ake Johansson. – **Aufn/RF:** WDR, SDR, SWF, RAI u RIAS Berlin. **Sonst:** Grd Globe Unity Orch 66, Grd Berlin Contemporary Jazz Orch 88.

Schloifer, Eckart, Viola; c/o Rundfunk-Sinfonieorchester, Funkhaus Hallberg, D-66100 Saabrücken; T: (0 68 06) 30 74 17. **Laufb:** Sol RF-SinfOrch Saarbrücken. **Ens:** Contra-Tri. (Red)

Schlootz, Margret, Oboe; c/o Südostbayerisches Städtetheater, Fürstbischöfliches Opernhaus, Gottfried-Schäffer-Str 2 und 4, D-94032 Passau. **Laufb:** Sol Südostbayer Städteth Passau SpZ 03/04. (Red)

Schlosser, Karl-Hermann, Violine; Philharmonisches Orchester, Gewandhausstr 7, D-08056 Zwickau. **Laufb:** stellv 1. Konzm Philharmon Orch Plauen-Zwickau. (Red)

Schlothauer, Burkhard, Komponist; Fidicinstr 24, D-10965 Berlin, T: (0 30) 6 91 20 20; *www.timescraper.de* [Erlangen 3.3.1957]. **Ausb:** Stud (V) R-Strauss-Kons München 74–76, Stud (V, Git, E-Bass, Jazz) MH Bremen 78–81, autodidakt Stud (Komp Neuer M) 86–92, Konsultationen b A Beuger, Stud MWiss u Philosophie seit 03. **Laufb:** JazzrockM (E-V, E-Git) München 74–76, L MSch Verden/Aller 79–81, ML Friedrichshofer Sch Österreich, Beschäftigung m InstrBau, Arb m Laienens, InstrUnterr 83–84, freischaff Komp u Künstler seit 93, Auff in Dtschld, Schweiz, Österr, Frankreich, USA, Brasilien, Niederlande, Belgien, Dänemark, Polen, V im Zeitkratzer Ens u im Wandelweiser Ens seit 97, KonzR Wandelweiser Werkstattkonz Berlin seit 99. **Ens:** Zeitkratzer, Wandelweiser Komponisten-Ens. – **Komp:** '52 langsame Registerveränderungen' f Org 98; 'drumming' f 2-viele Tr 98; 'three pianos drumming' f 3 Kl 98; 'Something new for QO2' f St, V, Va, Kl 99; '55 similar sounds plus 2 drummers drumming' f Trp, Sax-T, Tb, V, Vcl, KB, Akk 99; 'einschwingen – abschwingen' f Klar, CD 98/99; 'achtsam' f Klar, 2 Sti, Git, Akk, V, Vcl 2000; 'meer raunt, fels schweigt, wind streichelt' f 2 V, Va, Vcl 01; 'similar sounds 2' f 2 V, Va, Vcl 01; 'Vergrösserung' f V-E, Sax, CD 2000; 'f A Niemann' f Sti, V, CD 2000; 'beating the piano' f Kl 01; 'atmen' f Sti 01; 'apples and oranges' f mind 2 unterschiedl Instr 02; 'parkmusik 1' f mind 6 unterschiedl Instr 02; 'parkmusik 2' f mind 6 unterschiedl Instr 02; '15 similar events – septett' f Fl, Klar, Kl, Schlgz, V, Va, Vcl 02; 'Zeilen I' f KamCh 03. **AuftrKomp:** alle Stücke d letzten Jahre bestellt u aufgeführt. **Aufn/RF:** CDs: 'aus atem', J Frey (Klar); 'Yong An Yoon'; 'Piano Inside out'; 'ab tasten'; 'three pianos drumming'; Zeitkratzer Ens: Tromper 97; Ens 002: 64 Events for voice, v, va, vcl. **Sonst:** Mitgrdg v Edtion Wandelweiser (Verlag u CD-Firma).

Schlotter, Michaela, Hochschullehrerin, Pianistin; Am Hölzlein 82, D-97076 Würzburg, T: (09 31) 6 97 91, F: 6 97 91, *info@michaela-schlotter.de*; *www.michaela-schlotter.de* [Würzburg 1970]. Liedbegleitung **Ausb:** Stud Kl (K Hjort, E Appel) H f M Würzburg 89–94, Mstrkl Kl (E Appel) ebd 95–98, Dipl 98, GastStud Interpretation, Liedbegl (D Fischer-Dieskau) UdK Berlin 94/95. **Laufb:** Doz (Liedbegl, Kl) H f M Würzburg 99, Würzburger Bachtage (F Sonnleitner, Münchner Bachsolisten) 99, Kissinger Sommer (D Damrau) 2000. – **Aufn/RF:** R Schumann, JS Bach, M Ravel 2000 (CD); Liederabend m D Damrau, Duparc, Debussy, Wolf, R Strauss: 'Mädchenblumen', 'Lieder d Ophelia', 'Amor', Kissinger Sommer 2000 (RF-Mitschnitt). **Lit:** CD-Vgl Schumann 'Humoreske' in: FAZ 1 Juni 01.

Schlünz, Annette, Komponistin; 60 rue Jardiniers, F-67000 Strasbourg, T: 03 88 31 39 03, *annette.schluenz@wanadoo.fr* [Dessau 23.9.1964]. **Ausb:** Stud Komp Halle, Stud (U Zimmermann) Dresden, weitere Stud Berlin. **Pr:** ua Hanns-Eisler-Pr, Kunstpr Heidelberg. – **Komp:** Traumkraut (f 8 Instr) 1995; SOL-STITIUM (f Sextett) 1997; TagNachtTraumstaub (KamOp) 99/2000, m D Depoutot, UA Hannover, EXPO 2000. **AuftrKomp:** ua f Musica Viva München 01, Europ Musiksommer Basel 01. **Sonst:** MitGrdg Ens Compagnie de quatre. (*)

Schlüsslmayr, Gerhard, Mag, Sänger; c/o Wiener Staatsoper, Opernring 2, A-1010 Wien, T: (01) 8 53 10 02, *gerhard_schluesslmayr@hotmail.com* [Steyr 18.6.1955]. dt Op **Ausb:** H f M Wien bis 82, Juilliard School New York (S Gorodnitzki), Mstrks b J Bolet. **Laufb:** KonzPianist bis 85; Solokorrep Wiener Staatsop seit 85; Studienlt Wiener Staatsop seit 89; LAuftr H f M Wien 89–99; regelm Korrep u Studienlt Salzburger FSp. **Pr:** Österr Talentförderpr f Musik 81. – **Aufn/RF:** Tschaikovsky: Kl-Konz Nr 2, m Jeunesse Orch, Dgt F Welser-Möst 83.

Schlüter Corbaz, Françoise, Prof, Klavier; ch du Clos 83, CH-2502 Bienne, T: 03 23 23 54 19. (Red)

Schlüter, Anne-Carolyn, Mezzosopran; Alte Dorfstr 45, D-24253 Probsteierhagen, T: 0 17 32 71 66 22, F: (0 43 48) 91 91 74, *ann-car@gmx.de*; Dürener Str 292, D-50935 Köln. **Ausb:** MH Köln, Mönchengladbach (J Lindenbaum). **Laufb:** Sol Th Görlitz, Bühnen d Landeshauptstadt Kiel, Hess Staatsth Wiesbaden, Salzburger FSp 2003, Gewandhausorch Leipzig, Kissinger Sommer, Rossini-FSp Bad Wildbad; Tourneen Andalusien, USA, Island. – **Aufn/RF:** Franz Schreker: 'Das Spielwerk u die Prinzessin'; E N v Reznick: 'Donna Diana'; A v Zemkinsky: 'Psalmen'. **UA:** Manfred Stahnke: 'Orpheus Kristall' München; Hans Werner Hunze: 'L' UPUPA' Salzburger FSp.

Schlüter, Michael, Akad Dir, Konzertpianist, Hochschullehrer; Rudolf-Diesel-Str 33, D-68766 Hockenheim, T: (0 62 05) 18 91 95, F: 18 92 53, *michael_sabine_schlueter@t-online.de*, *pianist.schlueter@web.de*; *michael-schlueter.net* [Detmold 20.12.1948]. Klassik, Romantik, Impressionismus, Klass Moderne, Gershwin **Ausb:** Stud Kl (Prof K Schilde) MH Detmold 66–73; Mstrkse b N Magaloff, G Anda, Y Lefebure 67–70. **Laufb:** Kl-Duo m Vater K-H Schlüter 67–95; Doz Hermann-Zilcher-Kons Würzburg 77–2001 u H f M Würzburg, Akad Dir MH Würzburg seit 01; Konz-u Vortragsreisen in Ägypten, England, Frankreich, Griechenland, Österreich, Portugal, Schweiz, Spanien, Taiwan, Türkei. – **Aufn/RF:** zahlr RF-Aufn (BR, NDR, HR, WDR, SDR); Brahms: Son f 2 Kl op 34; Brahms: Sinf 1 u 2 zu vier Händen; Reger: 4-hdge Werke; Schubert: op 15; Schumann: C-Dur-Fantasie op 17; Liszt: Dante-Son; Mendelssohn: Son op 6 u op 106, SWF Baden-Baden; J Field: Son As-Dur, SWF Baden-Baden; Fauré: Impromptu, SWF Baden-Baden; CD: 'Fantasien d Romantik' 98.

Schlumpf, Martin, Prof, Komponist, Hochschullehrer; Alte Endingerstr 4, CH-5303 Würenlingen, T: 05 62 81 10 75, F: 05 62 81 34 78, *info@martinschlumpf.ch*; c/o Musikhochschule, Florhofgasse 6, CH-8001 Zürich, T: (01) 2 68 30 40, *martin.schlumpf@hmt.edu*; *www.martinschlumpf.ch* [Aarau 3.12.1947]. Zeitgenössische Musik u Jazz; Spezialgebiet Rhythmik **Ausb:** Stud (Klar, Kl, Dirig, Theorie, Komp b R Kelterborn) Zürich 68–73, Komp (B Blacher) Berlin 74. **Laufb:** Prof (MTheorie) H M u Th Zürich seit 77, Doz f Gruppenimp seit 91, als Saxophonist u Bassklarinettist in div Gruppen als Improvisateur tätig. **Pr:** 1. Pr KompWettb Stadt Zürich 72 u 79, 1. Pr KompWettb d Tonhalle-Gesellschaft Zürich 75. **Ens:** Aargauer Saxophonqua. **Mitgl:** Schweizer Tonkünstlerverein; Schweizer Musik Syndikat; SuISA. – **Komp:** zuletzt: Frühling (f Schlgz-Qua) 95; .. aufflattern m dunklen Gesichtern d Fledermäuse ... (HerbstM f 4 Frauenstimmen) 95; Trio f Klar, Cello u Kl 97. **Aufn/RF:** Martin Schlumpf's Bermuda Viereck 90; Cumuli 92; Martin Schlumpf: Vier Jahreszeiten 96. **Sonst:** Forschungsauftr Klangbearbeitungen im Computer.

Schmalenberg, Hilmar, Violine, Dirigent, Komponist; Klaustaler Str 2, D-13187 Berlin, T: (0 30) 47 47 31 05, F: 47 54 02 51, *SchoG.HS@t-online.de*. **Laufb:** Konzm DEFA-SinfOrch bis 91, LBeauftr H f M 'Hanns Eisler' seit 89, künstl Lt Schaffrath KamOrch Berlin, freischaff Dirigent u Violinist seit 91. (Red)

Schmalfuß, Gernot, Prof, Hochschullehrer, Oboe; Schülerstr 27, D-32756 Detmold, T: (0 52 31) 93 36 83, 01 72–5 21 69 14, F: 93 36 82; Hochschule f Musik, Neustadt 22, D-32756 Detmold, T: (0 52 31) 97 59 21. **Laufb:** Prof (Ob) H f M Detmold. (Red)

Schmalzriedt, Siegfried, Dr, Prof, Musikwissenschaftler; Eppinger Str 9, D-76131 Karlsruhe, T: (07 21) 61 29 76, F: 61 29 76 [Stuttgart 1941]. **Ausb:** Stud (MWiss, Roman Philologie, Vergl LitWiss) Univ Tübingen, Paris, Bologna 60–69, Prom (W Gerstenberg) 69. **Laufb:** Prof (MWiss) u Prorektor Staatl H f M Karlsruhe. **Mitgl:** Kuratoriumsvors Max-Reger-Institut/Karlsruhe seit 97, Präs d Händel-Ges/Karlsruhe seit 99. – **Sonst:** Veröffentl über Schütz, Monteverdi, J S Bach, Beethoven, Schubert, Wolf, Reger, Ravel; Studien z mus Terminologie.

Schmatolla, Vicky, Schauspielmusikerin; c/o Junges Theater Bremen, Buntentorsteinweh 122, D-28201 Bremen. **Laufb:** SchspM Th Freiburg SpZ 03/04, Junges Th Bremen SpZ 04/05. (Red)

Schmeckenbecher, Jochen, Bariton; c/o Opern-Agentur Büro München – M Kursidem & E Tschaidse, Tal 28, D-80331 München, T: (0 89) 29 16 16 61, F: 29 16 16 67, *kursidem@opern-agentur.com*; *www.opern-agentur.com*. **Ausb:** Stud Ges (K Moll) H f M Köln. **Laufb:** Eng Th Hagen, freischaff seit 95 Gastsol ua Dt Op am Rhein Düsseldorf, Opéra Nancy, Mailänder Scala 99, Teatro Regio Torino 01, Volksop Wien 01/02, Châtelet Paris 02, Th Dortmund 02–05, Sol Kom Op Berlin SpZ 03/04, Gastsol Dt Staatsop Berlin SpZ 04/05, Semperop Dresden SpZ 04/05, regelm Gastsol Staatsop Hannover, Gastsol Festival d'Avignon, Salzburger FSp 02; Semperop Dresden 04/05, Staatsop Berlin 04/05. (Red)

Schmeding, Martin, Prof, Orgel, Hochschullehrer; Hochschule f Musik, Schwarzwaldstr 141, D-79102 Freiburg [Minden/Westfalen 1975]. **Ausb:** Stud H f M u Th Hannover, Sweelinck Cons Amsterdam u Robert-Schumann-H Düsseldorf (KiM/Orgel, Dir, Musikerz/Bfl, Cemb und Mtheorie) b U. Bremsteller, L. Rovatkay, Dr. H. v. Nieuwkoop, J. v. Oortmerssen u J. Boyer. **Laufb:** LAuftr H f M u Th Hannover f MTheorie u Improvisation 01, Doz f Org H f M u Th Leipzig 02, Organist d Dresdner Kreuzkirche (Kreuzorganist) 02, Prof (Org) H f M Freiburg 04. **Pr:** 3. Pr Int Org Interpr Wettb 'Johann-Pachelbel-Pr' Nürnberg 97, Stip Dt Musikwettb KamM 98, Stip Dt Musikwettb Sol Berlin 99. **Ens:** Les doux Siffleurs. (Red)

Schmeiser, Hansgeorg, Prof, Hochschullehrer, Flöte; Leonard-Bernstein-Inst f Blas- u Schlaginstrumente, Seilerstätte 26, A-1010 Wien, *schmeiser@mdw.ac.at*. **Ausb:** Stud Paris (A Marion) u Wien (W Schulz), Mstrks (A Nicolet, K-H Zoeller). **Laufb:** Sol Volksop Wien seit 82, Grdg 'quintett.wien' 93, UProf Uni f Musik u Darst Kunst Wien. (Red)

Schmeißer, Joachim, Komponist, Arrangeur; Erich-Baron-Weg 111, D-12623 Berlin, T: (0 30) 5 67 83 09, F: 5 67 83 09 [Plauen/Vogtland 4.3.1934]. Bearb auf allen Gebieten **Ausb:** Stud (Fl, Tonsatz) MH Leipzig 51–56. **Laufb:** Flötestud Radio Berlin Tanzorch 58–94, Komp u Arrangeur f Tanz-, Unterhaltungs- u E-Musik, Lieder u Chansons, Hörspiel-, Film-M, LAuftr (Instrumentation u Arrangieren/Tonsatz) MH 'Hanns Eisler' seit 90. **Pr:** 3. Pr f unterhaltende KamM 92, 3. Pr f neue 3-stg ChorM 95, 3. Pr f HnM auf d Basis v Volksliedern 96, 2. Pr f neue Salonmusik 97. – **Komp:** Die Lästerschule nach Sheridan (Musikal Kom), UA Dresden, Staatsoptte 85; 6 Dialoge f 2 Vcl (KamM), UA Berlin 86; 8 Stücke f Fl Solo (KamM), UA Berlin 92; Zeitsprünge (Musikal Erzählung), UA Berlin 93; Lose Blätter f Fabian (KlM), UA Langenfeld 93; 17 Variationen über 'Af Matzlbach bin i gfahrn' (KamM), UA 96; Ikarus (BallettM).

Schmeißer, Norbert, Posaune; c/o WDR Rundfunkorchester, D-50600 Köln. **Laufb:** stv Sol WDR RundfunkOrch Köln. (Red)

Schmeling, Astrid, Flöte; c/o Ensemble L'Art pour l'Art, Lüneburger Str 220, D-21423 Winsen/Luhe, T: (0 41 71) 7 35 30, F: 7 35 30, *wir@lartpourlart.de*; *www.lartpourlart.de* [Kassel 11.6.1955]. Sololiteratur u Ensemblewerke zeitgen Musik, Kurse, Ltg Kinderkomponistenkls **Ausb:** Stud Fl (A Nicolet), Kl (W Behrens) MH Freiburg/Br 74–79. **Laufb:** Doz Kons Hamburg 80–94, Konz seit 84, Tournee Italien 86/87, Schweden 92, Russland, Estland 95, Japan 97, USA 98, Japan, Südkorea, Taiwan 2000, KinderkompKurs f EXPO 2000 Hannover, Lt InstrKse MH Hamburg, Berlin, Nürnberg, Ltg KonzR 'L'Art pour l'Art' Winsen/Luhe seit 2000. **Ens:** L'Art pour l'Art. – **Aufn/RF:** CDs u RF-Prod im In- u Ausland. **UA:** ua Werke v V Globokow, N A Huber, M Kagel, S Kondo, T Johnson, M Goldstein, C Bauckholt, C S Walter, E Stiebler, M Tsangaris, F Rzewski, W Zimmermann, K Schwoon, M Kaul, M Maierhof. **Sonst:** Mitbegrd Ens 'L'Art pour l'Art' 83, Veröffentl: 'Monolith f e Flötisten' (Üben & Musizieren) u (Flöte aktuell) 88; Musik f e Stadt (Dok d KinderkompKl Winsen) in Vorb. **Lit:** RF-Porträts in NDR, DLF, Features in 'Das Orchester', 'Üben & Musizieren'.

Schmeller, Johannes, Chordirektor; Ottmarsgäßchen 14, D-86152 Augsburg, T: (08 21) 5 04 74 39; c/o Theater Augsburg, Kasernstr 4–6, D-86152 Augsburg. **Laufb:** Chordir Th Augsburg seit 2000/01(05). (Red)

Schmelzer, Peter, Prof, Dirigent; c/o Theater an der Rott, Pfarrkirchener Str 70, D-84307 Eggenfelden. **Laufb:** Dgt Vereinigte Bühnen Graz, Musikal OberLt Th an der Rott SpZ 04/05. (Red)

Schmetterer, Leopold, Komponist; Lindenstr 1, A-3142 Murstetten, T: (0 27 84) 24 46, *c.schmetterer@aon.at*; Auhofstr 163/3/5, A-1130 Wien, T: (01) 8 76 67 23. – **Komp:** 'Fipps, der Affe' (musikal Kabarett m Texten v W Busch, f Sprecher, V, KB, Klar, Trp, Keyboard) ua. (Red)

Schmid Wyss, Hanny, Pianistin; Birkenweg 2, CH-8702 Zollikon, T: 0 13 91 81 68, F: 0 13 91 83 82, *info@hschmidwyss.ch*; *www.hschmidwyss.ch* [Zürich 1.11.1942]. Solo- u Kammermusik, pädagog Tätigkeit, Meisterkurse **Ausb:** Stud (Lehr- u KonzExamen) MAkad Zürich 61–65, Konzertex (H Schröter) MH Köln, Kl, Liedbegl, KamM (G Agosti) Siena 62, 63, (G Anda, I Schaichet) Zürich. **Laufb:** 30–40 jährl Konz i Europa u USA (Zürich, Bern, Bukarest, Rom, Amsterdam, London, New York, Baden-Baden, München, Bad Salgau etc). **Pr:** Med Int Concurs Genf 67, versch 1. Pr b Wettb, versch kleinere Wettb i d Schweiz. **Mitgl:** SMPV, STV. – **Aufn/RF:** zahlr Rundf-, CD- u TV-Aufn, ua Haydn: Kl-Konz D-Dur; Mozart: KV 414; Puccini: Kl-Konz B-Dur, m Strings of Zurich, Dgt: H Griffiths; Kostbarkeiten d tschech Klaviermusik; F Martin: Gigue u Trio über irische Volksmelodien, m Kammermusiker Zürich; M Zimmermann: Zeitspur Musik. **UA:** M Zimmermann: versch Werke, A Nick: Wasserstücke, P Wettstein: Une liaison ua, A Felder: Trio u Rhythm. **Zug:** M Zimmermann: versch Werke, P Wettstein: versch Werke.

Schmid, Andree, Klarinette; c/o WDR Rundfunkorchester, D-50600 Köln. **Laufb:** Sol WDR RundfunkOrch Köln. (Red)

Schmid, Angelika, Opernsängerin, Schauspielerin; Nikolausstr 67, D-54290 Trier, T: (06 51) 7 38 01, F: 7 38 91, *ASchmid1803@t-online.de* [Karlsruhe 18.3.1950]. **Laufb:** Sol Th d Stadt Trier. **Ens:** Stadtth Trier.

Schmid, Benjamin, Mag, Prof, Violine; Baumbichlstr 19, A-5026 Salzburg, T: (06 62) 64 92 66, *benschmid@gmx.net*; Univ Mozarteum, Abt f Streich- u Zupfinstrumente, Zentrum im Berg, Fürbergstr 18–20, A-5020 Salzburg, *benjamin.schmid@moz.ac.at*; *www.rbartists.at/schmidb.htm* [Wien 1968]. **Ausb:** Salzburg, Wien, Curtis Inst Philadelphia. **Laufb:** ZusArb m S Cambreling, V Fedosejev, H Graf, E Inbal, Y Menuhin, F Welser-Möst, M Schoenwandt, H Stein, R Weikert, M Viotti, D Gatti, D Russell Davis, Chamber Orch of Europe, Orch de Paris, Orch National de France, Philh Orch London, Tschech Philh, Bayer Staatsorch, Bamberger Symph, St Petersburger Philh, Radio SymphOrch Moskau, Wiener Symphoniker, Radio SymphOrch Wien, Mozarteumorch Salzburg ua; Konz ua Goldener Saal d MVereins Wien, Mozartwoche Salzburg, Salzburger Mozarteum, Brucknerhaus Linz, Carinth Sommer, Salzburger FSp seit 86, Int MFestW Luzern, FSpHaus Salzburg, Schubertiade Roskilde, Finnland, St Petersburg, Kölner Philharmonie Calgary, Israel, Luxembourg, Frankfurt, ua ZusArb m KamM M Lipovsek, A Kontarsky, C Hagen, G Oppitz, GastProf H Mozarteum Salzburg 96–99, UProf ebd. **Pr:** erste Pr Paris, USA, BRD, Südafrika; 1. Pr, MozartPr u BeethovenPr Carl-Flesch-Inst London 92. – **Aufn/RF:** J S Bach: Solosonaten u Partiten; E Ysaye: Solosonaten f V; C Muthspiel: Violinkonz, m Radio SinfOrch Wien. (Red)

Schmid, Bernhard, HonProf, Trompete, Hochschullehrer; Georg-Büchner-Str 19, D-61184 Karben, T: (0 60 39) 25 71, F: 93 18 12, *Bernh.Schmid@t-online.de*; Dr. Hoch's Konservatorium, Sonnemannstr 16, D-60314 Frankfurt, T: (0 69) 21 24 48 22 [Wettingen, Schweiz 13.11.1940]. Orchester, Kammermusik, Soloaufnahmen **Ausb:** Kons/MH Zürich 60–65, Priv-Stud b P Thibeaud u J Stamps. **Laufb:** Tonhalle-Orch Zürich 65–67 u 69–71, Radio SinfOrch Frankfurt aM 67–69 u seit 71, solist Tätigk 70–85, Mitgl Bach-Collegium Stuttgart 75–84, Schweiz FSpOrch Luzern 82, Bach-Kant m H Rilling u RF-Aufn, Doz MH des Saarlandes 77–80, Prof (Trp) Dr Hoch's Kons Frankfurt aM, HonProf (Trp) H f M u Darst Kunst Frankfurt aM 87. **Ens:** Frankfurter Blechbläsersextett 70–85, HR-Brass 86–02. – **Aufn/RF:** Neruda: Trp-Konz, m RSO Frankfurt; Mozart: Trp-Konz, m RSO Frankfurt (LP); Martinu, Bozza, Enescu, Honegger: Werke f Trp u Kl; B Blacher: Divertimento (Trp, Pos) m M Göss; P Eben: Fenster n Chagall (Org, Trp) m H Fellner; H L Schilling: Christ ist erstanden (Org, Trp); I Strawinsky: Fanfare für ein neues Theater (2 Trp) m H Erb. **UA:** R R Klein: Konz f Trp u Str. **Sonst:** Grd Frankfurter Blechbläsersextett.

Schmid, Bernhard, Prof, Hochschullehrer; Eichendorffstr 23, D-72108 Rottenburg, T: (0 74 72) 2 22 33; H f Kirchenmusik, Sankt-Meinrad-Weg 6, D-72108 Rottenburg. **Laufb:** Prof (Gregorianik, Liturgiegesang, Gehörbildung) H f KiM Rottenburg. (Red)

Schmid, Berthold, Prof, Hochschullehrer, Tenor; Baumhofweg 1, D-44267 Dortmund, T: (02 31) 46 26 18, 01 71–1 71 91 43, F: (02 31) 4 75 68 57, *meier.schmid@t-online.de*; c/o Primusic Konzert- und Musiktheaterproduktionen GmbH, Herrengasse 6–8/2/22, A-1010 Wien, T: (01) 5 32 71 24, F: 5 32 71 40, *office@primusic.at*; *www.primusic.at* [Ravensburg 29.6.1953]. Oratorium, Lied, Neue Musik **Ausb:** SchM, Ges (G Jelden) MH Stuttgart 73–75, Ges (R Grumbach) MH München 75–76, SchM, Kl, Ges (A Meyerolbersleben) MH Freiburg 77–83. **Laufb:** Gastsol Schillerth NRW Wuppertal-Gelsenkirchen SpZ 00/01, Tourneen: Südamerika (Bogota/Medellin) 95, UdSSR (Moskau, Leningrad) 89, Korea (Seoul) 88, Prof (Ges) H f M u Th Leipzig seit 03. **Ens:** ExVoco. – **Aufn/RF:** CDs: Heucke: Abendgebete op 14 (f Gesang u 11 Instr) 92; Cabaret Satiernik m ExVoco 94; Gounod: Messe Solennelle 97; Bruch: Das Lied d Glocke 97; Liszt: 13. Psalm 98; Mozart u Mannheim: Ignaz Holzbauer (Messe) 98; Repertoire: Berio: Choro; Sinfonia; Henze: Whispers of heavenly death; Strawinsky: Les noces; Messe; Britten: War Requiem; Martin: Golgatha; Et in terra pax; Kalitzke: Im Labyrinth d Lieder (NDR); Kagel: Halleluja; Rrrrrrr; Tango Aleman; Reimann: Engführung. **UA:** Dangel: Orfeus (SDR); Bertram: Ecce Homo; Heucke: 1. Sinf (WDR); Hölderlin Fragmente (WDR); Abendgebete (SDR); 2. Sinf f Tenor u Orch Die Ordnung d Erde (Th Gelsenkirchen 01); Plangg: Lieder f Streichqua u Tenor (ORF); 3 Lieder f Tenor (ORF); Spahlinger: Verfluchung (SWF); Jaecker: Transgleiseriana; Kunad: Das Neue Jerusalem; Die Sinf d göttl Friedens; Gasser: Der vierte König (DRS); Schnebel: Quintessenz (HR); Mahnkopf: Mon coeur mis a nu (SWR); Trojahn: Exercises (SWR); Menke: Achtsam. **Zug:** Plangg: 3 Lieder f Tenor; Heucke: Hölderlin-Fragmente, 2. Sinf f Tenor u Orch. **Sonst:** Initiator u künstl Lt versch KonzProjekte, z B 'Dortmunder Schubert-Zyklus' 97, 'Sternklang' (K Stockhausen), 'Italien Kulturtage' uvm.

Schmid, Brigitte, Hochschullehrerin, Klavier; Hüllgartenweg 24, D-93055 Regensburg, T: (09 41) 70 93 93. **Laufb:** Doz (Kl, KlMethodik, KamM) KiM-Schule Regensburg. (Red)

Schmid, Christof, Sänger; c/o Theater an der Rott, Pfarrkirchener Str 70, D-84307 Eggenfelden. **Laufb:** Sol SchloßFSp Ettlingen SpZ 03/04, Sol Th an der Rott Eggenfelden SpZ 04/05. (Red)

Schmid, Gunther, Countertenor; c/o Künstleragentur Dr. Raab & Dr. Böhm, Plankengasse 7, A-1010 Wien, T: (01) 5 12 05 01, F: 5 12 77 43, *office@rbartists.at*; c/o Konzertdirektion Hans Ulrich Schmid, Königstr 36, D-30175 Hannover, T: (05 11) 3 66 07 60, F: 3 66 07 34, *mail@kdschmid.de*; *www.rbartists.at* [Linz 1971]. **Ausb:** Unterr V u Kl MSchule Linz, Stud Ges (M Schartner) U Mozarteum Salzburg, Mstrkse (ua P Esswood). **Laufb:** zahlr Konz (Mozart: Messen u Requiem; Bach: Orat u Kantaten), ZusArb m Lautten Compagney Berlin (C Pallavicino: Op 'L'Antiope', Dgt: W Katschner) 2000, Debüt (Händel: Messias) Wiener Musikverein 2000, Sol Th Augsburg, Gastsol Op Frankfurt SpZ 03/04. **Pr:** Semifinalist VII. Int Mozartwettb Salzburg 99, Pr Bach-Interpretationskurs unter d künstl Ltg v S Schouten. – **Aufn/RF:** S Moratelli: La Faretra Smarita, m Salzburger Hofmusik, Dgt: W Brunner, Live-Mitschn WDR u CD; C Orff: Carmina Burana, CD. **Sonst:** Künstlerporträt (ORF) 2000. (*)

Schmid, Hubert, Sänger; Savignystr 15, D-35037 Marburg, T: (0 64 21) 99 25 61. **Laufb:** Sol Vorpommersche Th- u Sinfonieorch GmbH Stralsund.

Schmid, Judith, Mezzosopran; c/o Opernhaus Zürich, Falkenstr 1, CH-8008 Zürich, T: 0 12 68 64 00, *schmidjudith@hotmail.com*; *www.opernhaus.ch* [Olten, Schweiz 16.4.1969]. Oper, Konzert **Ausb:** Stud (K, Rhythmik, Improv) Kons Biel, Ges (F Beuret) Basel, Stud (Drama, Schauspiel) Lee Strassberg Acting School London, Stud Ges (L Sarti) Guildhall School of Music and Drama London, Mstrks P Hamburger, E Moris, Ts Hemsley, Ges (H Wölnerhanssen) Basel u C Ludwig. **Laufb:** Sol Op Zürich seit 98/99. **Pr:** Prtr Armin-Weltner-Stift 97, Stip Migros Stift Zürich 95–97, Stip Dartington Int Summer School 96.

Schmid, Kurt Franz *siehe* Schmid, Kurt-Franz

Schmid, Kurt-Franz, Mag, Prof, Komponist, Dirigent, Klarinettist; c/o Zemlinsky Quintett Wien, Reisnerstr 2/16, A-1030 Wien, T: (01) 5 05 06 88, F: 50 50 68 89, *kurt.schmid@music.at*; Maiklgasse 1/28/2, A-1100 Wien, T: (01) 6 15 03 08; *www.kurt-schmid.music.at, www.kurtschmid.net, www.wellcom.at/zemlinsky_quintett_wien* [Wien 29.4.1942]. Klassik, Romantik, Wiener Musik **Ausb:** Stud (R Jettel) H f M Wien, Dipl 63, Mag art H f M Wien 85. **Laufb:** Soloklar NÖ Tonkünstlerorch 63–03, Doz Wiener MSem 74, LAuftrag H f M Wien 80, Mag art 85, vermehrter KompUnterr, Künstl Lt u Dgt 'Wiener KlarOrch' 93, künstl Vizepräs Wiener MSem 95, MDir 'Euro M Fstv' Korea 96, Mstrkse in Österreich, Japan u Korea, Prof 97, Ehrendir d Philh Orch Oradea 99, Vizepräs Kulturverein 'Siebenbürgen 2000' 2000, Erster Gastdgt Hofburgorch Wien 02, Strauß-Fstv-Konz m G Ennescu-Philh Bukarest 02, Strauß-Fstv Philh Temeswar 03, Mozart/Beethoven-Fstv Lugansk 03, Chefdgt Philh Lugansk 03. **Pr:** Ehrenmed Bdeshauptstadt Wien in Silber 02. **Ens:** Collegium Viennense, Zemlinsky Qui Wien. **Mitgl:** Vizepräs Wiener Musikrat 03. – **Komp:** zuletzt z B: Rumän Tanz f gr SymphOrch, UA Oradea 02; Setouchi Ginkou f gr SymphOrch, UA Kukuyama 02; Neue Pizzikatopolka f gr SymphOrch, UA 02; Andre Pop Fanfare f Blechbl 02; Dr B-Stillfried-Marsch f gr SymphOrch, UA Lemberg 02; Tenmaya Polka schnell f gr SymphOrch, UA Okayama 02; Krieg u Frieden f Trp u Cemb, UA Spitz ad Donau 02; D letzte Walzer 02; Botschafter-M-Miess-Walzer f gr SymphOrch, UA Lugansk 02; Ballett 'Wiener Impressionen' UA Oradea 02; Am Wienerfeld, Ländler 03; Hn-Qua 03; Auf nach Lugansk, Polka francaise f gr SymphOrch, UA Lugansk 03; Jubiläumsmarsch f gr SymphOrch, UA Kiew 03; N-Kiritschenko-Fanfare, UA Altschenvsk 03; V-Grischtschenko-Marsch f gr SymphOrch 03; Intermezzo i 3/4 Takt 03; Kl Walzertraum 03; La belle Rosemarie Nr 1 f Kl, UA Schloss Potzneusiedl 03; La belle Rosemarie Nr 2 f gr SymphOrch, UA Temeswar 03; Potzneusiedler Schloss Walzer f gr SymphOrch 03; Andante con Amore f Kl 03. **Aufn/RF:** CDs m SymphOrch d Staatsphilh Oradea, Dgt K S: Impressionen II; Unser Wien ist immer schön; Mozart; Alt Wiener Impressionen.

Schmid, Oscar, Klavier; Hübeliweg 6, CH-3262 Suberg, Postlagernd, CH-2501 Biel [Aarau 14.6.1936]. Konzert, Klassik, Romantik (Liszt usw), Bartók **Ausb:** Lehr- u KonzDipl (G Hegyi) MH Bern u Biel, Mstrkse (G Anda). **Laufb:** Int KonzTätigk bis ca 80, Radio- u TV-Aufn (Schweiz u Italien), Unterrichtstätigkeit, Agentur-Fotograf seit 04. **Pr:** 3 Med u Dipl 'Ettore Pozzoli' (Concorso pianistico int), Seregno, Italien. **Ens:** Duo m Giuseppe Anedda (klass Mandoline). **Mitgl:** STV. – **Aufn/RF:** Radio-Aufn Schweiz u Italien, TV-Rezital Lugano. **UA:** K R Ronner: Son in c-Moll (f Kl) 78.

Schmid, Wolfgang, Prof, Hochschullehrer, Kapellmeister; Schumanngasse 18, A-8010 Graz, T: (03 16) 84 11 91; c/o Univ f Musik u Darst Kunst, Inst 10, Leonhardstr 18, A-8010 Graz, T: (03 16) 3 89 35 26, F: 3 89 31 01, *wolfgang.schmid@kug.ac.at*. **Laufb:** o UProf (musikdramat Darstellung, musikal Intpr) U f Musik u Darst Kunst Graz, Kapm. (Red)

Schmidinger, Helmut, Komponist; Edition Litmus, Eigenverlag Helmut Schmidinger, Lannerstr 27, A-4600 Wels, T: (0 72 42) 91 07 71, F: 91 07 71, *schmidinger@litmus.at*; *www.litmus.at* [Wels 11.5.1969]. **Ausb:** Kl (G Jetschgo), Stud Kl (H Walter), Ob (A Jensen), Komp (G Wimberger, H-J v Bose, G Kühr) H Mozarteum Salzburg, Mstrkse Komp (F Cerha, E H Flammer), ComputerM u LiveElektr (D Morill). **Laufb:** L (Kl, Korrep, MTheorie, Komp) LdesMSch Thalheim seit 95, Mitgl Fachbeirat Musik d OÖ Ldeskulturbeirats seit 97, freier Notengraphiker ua f Neue Mozart Ausgabe Salzburg u Universal Edition Wien, seit 03 künstler Lt Welser Abokonz, Auff b Int Brucknerfest Linz 01, Bregenzer FSp 04 u Lucerne Fstv 05. **Pr:** Leistungsstip H Mozarteum 90, 1. Pr KompWettb 'Jeunesse musicale' 91, Stip Carl Michael Ziehrer-Stift 92/93, Talentförderungspr f Komp Ld OÖ 93, Förderungspr Thodor Körner-Stift 95, Staatsstip f Komp d BdesMin f Wiss, Forschung u Kunst 96, Förderpr f M Republik Österreich 04, Ldskulturpr f M Oberösterreich 04, Composer in Residence Wiener Concert-Verein SpZ 05/06. – **Komp:** OrchW f Brünner Philh, Mozarteum Orch Salzburg, Bruckner Orch Linz, Festival Strings Luzern, Wiener KamOrch, Ensemble d 20. Jhdts Wien; 3 Violinkonz f C Altenburger; Klar-Konz f S Kam; zahlr Kmk-W u MTh-Stücke f Kinder u Jugendliche. **Aufn/RF:** Portrait-CD d ORF-OÖ. **Sonst:** Mitgrdg KonzR 'Musica ex Tempore'.

Schmidl, Peter, Prof, Hochschullehrer, Klarinette; Univ f Musik u Darst Kunst, Leonard Bernstein Inst f Blas- u Schlaginstrumente, Seilerstätte 26, A-1010 Wien, T: (01) 7 11 55 24 01, F: 7 11 55 24 99. **Laufb:** o UProf (Klar) U f Musik u Darst Kunst Wien. (Red)

Schmidt-Gaden, Barbara, Sängerin; Klenzestr 30, D-80469 München, T: (0 89) 23 23 17 44; c/o Staatstheater am Gärtnerplatz, PF 140569, D-80455 München [München]. **Ausb:** Tölzer Knabenchor, Gesangsstud in Genf, Bern, OpSchule Mannheim. **Laufb:** Sol Staatsth am Gärtnerpl München seit 01. **Pr:** 2. Pr Torneo Int de Musica in Rom 97, 2. Pr Wettb 'Debüt in Meran, Stip d Richard-Wagner-Verbandes, Förderpr d Richard-Strauss-Gesellschaft m Preisträgerkonz m Wolfgang Sawallisch. (Red)

Schmidt-Gaden, Gerhard, Prof, Dirigent, Gesangspädagoge, Chorleiter; c/o Tölzer Knabenchor, Kaminskistr 13, D-83671 Benediktbeuern, T: (0 88 57) 90 61, F: 14 70, *info@knabenchor.de*; *www.knabenchor.de* [1937]. Knabensolisten in div Opernauff, Knabenchor, Renaissance, Frühbarock, Barock, Klassik in histor Aufführungspraxis, Alpenländische Weihnacht (Bayer Volksmusik) **Ausb:** Stud (K Eichhorn) MH München, (K Thomas) Leipzig, Unterr b H Rosvaenge, O Iro, M Tonelli, C Tagliabue, V E Vedal, J Patzak, H Blaschke, M v Winterfeldt. **Laufb:** Grd u Lt Tölzer Knabenchor seit 56, m diesem Auftr in Op- u KonzHäusern in Dtschld, Österr, Schweiz, Niederlande, England, Frankreich, Spanien, Belgien, Italien, Israel, USA, China, Japan u b zahlr Fstvs; ZusArb m N Harnoncourt b zahlr Plattenaufn u OpAuff seit 73; Lehrer Orff-Inst u enge ZusArb m C Orff; Dgt English Bach Fstv, Würzburger Mozart-Fest, Berliner FestW, Salzburger FSp, Mailänder Scala, Teatro la Fenice, Prof (Chorltg) Mozarteum Salzburg 80–88, Chordir Mailänder Scala, Teatro La Fenice Venedig 84–89, Simmbildungskurse f Sänger. **Pr:** BVK 83, Oberbayer Kulturpr 91, Bayer VerdOrden 94, Prof auf Lebenszt durch österr Bdespräs 2000, Diapason d'or 03, div Ausz f LP- u CD-Aufn in authent Auff-Praxis. – **UA:** K Penderecki: 'Lukas-Passion'; ders: 'Utrenja'; J Widmann: 'D Gesicht im Spiegel', UA 03. **Sonst:** Bücher: 'Wege d Stimmbildung f Kinder u Erwachsene' 91, 'Neue Wege b d Stimmbildung f Kinder u Erwachsene' 03.

Schmidt-Laukamp, Ursula, Prof, Blockflöte, Hochschullehrerin; Wahlscheider Str 12, D-51766 Engelskirchen, T: (0 22 63) 95 14 05, F: 7 00 07, *u.schmidt-laukamp@t-online.de*; Robert Schumann Hochschule, Fischerstr 110, D-40476 Düsseldorf; *www.schmidt-laukamp.de*. **Ausb:** Stud (Bfl, Vcl) MH Lübeck, (Bfl) MH Köln. **Laufb:** Doz H f M Köln seit 81, Robert Schumann H Düsseldorf seit 2000. **Ens:** Selva della Musica Köln, Ens Pastourelle, Barockorch Nova Stravaganza – Siegbert Rampe. (Red)

Schmidt-Mechau, Friedemann, Komponist; Thomasburg 30, D-26131 Oldenburg, T: (04 41) 50 15 11, *schmidt-mechau@gmx.de*; *schmidt-mechau.de* [Frankfurt/M 8.1.1955]. Neue Musik, Kammermusik **Ausb:** Kl-Unterr 61–71, Vcl-Unterr 64–70, autodidakt Musikstud 71–86, Stud Musikwiss (Gertrud Meyer-Denkmann, Gustavo Becerra-Schmidt), Gesch u Kunst U Oldenburg 87–91, Komp (Jens-Peter Ostendorf), Kl (Luciano Ortis) H f Künste Bremen 88–92. **Laufb:** freischaff Komp seit 92, Juror KompPr Kulturkreis BDI u Ges f Neue Musik 94, Referent am Wiener Sommersem f Neue Musik als Stipendiat d Ausw Amtes 95, Durchführg v Response-Projekten an Schulen in Frankfurt/M 96–04. **Pr:** KompPr Kulturkreis BDI u Ges f Neue Musik 91, Cloppenburger Kunstpr 93, Jahresstip d Ldes Niedersachsen 94, Publikumspr Niedersächs Fstv f Freie Theater Göttingen 2000, Pr d niedersächs Lottostiftg f Freies Theater 02. – **Komp:** zuletzt: 'Wendung ins Offene' (f Schulorch) 95, UA Oldenburg, Schulorch d Liebfrauenschule Oldenburg, Dgt: Mathias Kroll 95; 'befreite Wurzel aus Erinnerung' (f 5 Ens-Gruppen) 95, UA Oldenburg, m 'oh ton-Ens' 95 (Auftr: 'oh ton-Ens'); 'temAmorph' (f Afl, Pos, Frauen-Stimme, Schlgz u Vcl) 96, UA Frankfurt/Main, 96; 'Morgenlachen' (f Vcl) 1997, UA Frankfurt/Main, m Matthias Lorenz 97; 'Haut' (f 11 Fensterbänke d Lichthofes im Professorenhaus zu Lingen) 96, UA Lingen, m Anthos Schlgz-Ens Hannover, Einstud: Andreas Boettger 97 (Auftr: Kunstver Lingen); 'Überschneidung im Außerhalb' (f 2 Schlgz u 2 Kl) 99; 'Zwischenzeit' (f 3 Ens-Gruppen à 2–6 Instr) 01; 'Sieben kleine Sätze' (f V, Vcl u Kl) 01, UA Dresden, Elole-Kl-Trio 01; 'Dreierlei' (f Barock-Klar) 02, UA Oldenburg, m Bernhard Kösling 02 (Auftr: Martin McWilliam); 'Kanten, Kränzchen, Krempel – Heft 1: als alles für immer war' (24 kl Stücke f Kl) 03; 'Tau' (f Fl u Hfe) 03 (Auftr: Hanneruth Thompson); 'um Ecken' (V u Vcl) 04, UA Dresden, m Uta-Maria Lempert (V) u Matthias Lorenz (Vcl), 04; 'Blickwinkel' (Vcl u Kl) 04, UA Dresden, m Matthias Lorenz (Vcl) u Stefan Eder (Kl), 04; 'Das Licht u die Abgeschiedenheit' (2 Vcl) 04; 'Umrisse eines Wir' (Chor u Orch) 04, UA Chor u Orch d Liebfrauenschule Oldenburg, Dgt: Mathias Kroll, 05. **Sonst:** Mitbegrd 'oh-ton-Ens-Kammerens f neue Musik' 90.

Schmidt-Oberländer, Gero, Prof, Hochschullehrer, Klavier; H für Musik 'Franz Liszt', Platz der Demokratie 2/3, D-99423 Weimar, T: (0 36 43) 55 51 15, F: 55 51 17, *gero.schmidt-oberlaender@hfm-weimar.de* [Bischofsgrün 12.7.1963]. Klavierimprovisation in d Bereichen Klassik, Folk, Jazz, Neue Musik **Ausb:** Stud (SchM) MH Freiburg 83–90; (Chordirig) b Eric Ericson MH Stockholm 87/88, (Jazz, Pop) Trossingen 88–90. **Laufb:** Mitgl Stockholmer KamChor 87/88; Prof (Schulprakt Kl-Spiel) H f M 'FranzListz' Weimar seit 96; Sprecher d AG Schulprakt Kl-Spiel in Dtld seit 2000; Prorektor f Lehre seit 03. **Ens:** Quartett Komplett. – **Sonst:** Grdg d Volkalens 'päivi kiiski' 97.

Schmidt, André, Prof, Hochschullehrer; Richard-Wagner-Str 33, D-99423 Weimar, T: (0 36 43) 50 14 44; H f Musik Franz Liszt, PF 2552, D-99406 Weimar. **Laufb:** Prof (schulprakt KlSp) H f M Franz Liszt Weimar, LBeauftr (schulprakt KlSp) H d Künste Berlin. (Red)

Schmidt, Andreas, KS, Tenor; c/o Deutsche Staatsoper, Unter den Linden 7, D-10117 Berlin, PF 354, D-10109 Berlin, T: (0 30) 20 35 40, F: 20 35 44 80, *pressoffice@staatsoper-berlin.de*; c/o Artists Management Hartmut Haase, Aalgrund 8, D-31275 Lehrte, T: (0 51 75) 95 32 32, F: 95 32 33, *artists@t-online.de*; *www.staatsoper-berlin.org* [Düsseldorf 1960]. Oper **Ausb:** Stud (I Reichelt), umf musikal Ausb (Kl, Orgel, Dirig), Fortbildung (D Fischer-Dieskau) Berlin. **Laufb:** Bühnendebüt Dt Op Berlin (Malesta 'Don Pasquale', Guglielmo 'Così fan tutte', Zar 'Zar u Zimmermann', Wolfram 'Tannhäuser'), Gastsp: Staatsop Wien 88–89 (Wolfram 'Tannhäuser'), Staatsop München 86 (Guglielmo), Staatsop Hamburg 86 (Zar 'Zar u Zimmermann'), Paris, Met New York, Covent Garden Op London 86 (Valentin 'Faust'), ebd 89 (Guglielmo), Barcelona 87, Gastsp Nancy, Angers, FSp v Wiesbaden, Bayreuth 96, Konzertsänger Orat u Lied, Auftritte in zahlr europ Ländern, Israel, Nord- u Südamerika, Sol Hamburg Staatsop u Dt Staatsop Berlin SpZ 03/05, Semperop Dresden SpZ 04/05. **Pr:** Prtr Gesangswettb Berlin 82, Gewinner Dt MWettb 83. – **UA:** W Rihm: Op 'Oedipus' (Titelheld), UA Dt Op Berlin 87; H-W Henze: Das verratene Meer, UA Dt Op Berlin 90. (Red)

Schmidt, Annerose, Prof, Hochschullehrerin, Klavier; c/o Konzertdirektion Fritz Dietrich, Sigmund-Freud-Str 1, D-60435 Frankfurt/M, T: (0 69) 54 45 04, 54 56 58, F: 54 81 07, *info@konzertdirektion-dietrich.de*; *www.konzertdirektion-dietrich.de* [Wittenberg]. **Ausb:** Konz Dipl m 12 Jahren, Stud (Kl) Leipziger MH. **Laufb:** KonzDebüt m 9 Jahren, KonzReisen im In- u Ausland, ua Europa, ehemal Sowjetunion, Irak, Libanon, Syrien, Ägypten, Japan, Korea, Kanada u USA, Konz m renomm Orch (Concertgebouw Amsterdam, London Philh Orch, Cleveland u Chicago Symph Orch) u Dgt (P Sacher, H Scherchen, G Solti, G Wand), Mitgl in nat u int Jurys, Mstrkse in Verb m Konz-

Gastsp in Weimar, Finnland, ehemal Sowjetunion, Japan, USA, Prof (Kl) H f Musik 'Hanns Eisler' Berlin 87, Rektorin ebd 90–95. **Pr:** Int Chopin Wettb 95, Int Schumann Wettb 56, Béla Bartók Pr d ungar Regierung 85, BVK 03. (Red)

Schmidt, Axel, Prof, Oboe, Hochschullehrer, Komponist; Am Asperteich 3a, D-99510 Kapellendorf, T: (03 64 25) 5 02 56. **Laufb:** Prof (Ob) H f Musik 'Franz Liszt' Weimar. **Ens:** Trio 'pianOVo' Weimar. (*)

Schmidt, Bernhard, Prof, Hochschullehrer, Schlagwerk; Meisensteig 1, D-01109 Dresden, T: (03 51) 4 53 90 13; Hochschule f Musik, PF 120039, D-01001 Dresden. **Laufb:** Prof (Schlgw) H f Musik Carl Maria v Weber Dresden. (Red)

Schmidt, Christfried, Komponist; Christburger Str 27, D-10405 Berlin, T: (0 30) 4 42 61 96 [Markersdorf, Oberlausitz 26.11.1932]. Orchester, KamM, Chormusik **Ausb:** Stud (KiM) Görlitz 51–54, MH Leipzig 55–59, als Komp Autodidakt. **Laufb:** KiM Forst/L 60–62, Schauspielkapm Quedlinburg 63–64, KlL u Chorlt Quedlinburg 65–80, freischaff Komp Berlin seit 80. **Pr:** KompPr Nürnberg 71 u 76, Szczecin 73, Triest 74, Boswil 78, Kunstpr DDR 87, Stamitzpr Mannheim 91, Kunstpr Berlin/Förderungspr 99, Akad d Künste Berlin (Ost) 90–91, Sächs Akad d Künste 98. **Mitgl:** VdKM (DDR), DKV. – **Komp:** ua 2. StrQua 70, UA Köln, Thorandt-Qua 77; Petit Suite puor flute et piano 70, UA Tokio, S Kobayashi (Fl) u T Ito (Kl) 70; Psalm 21 (E Cardenal) (f Sop, Bar, Ch, K-Ens) 70, UA Nürnberg, Vokalens Kassel, Kl-M Ziegler 71; 'Tonsetzers Alptraum' 73, UA Dresden m R Trexler u H Cabelar 76; VKonz 73, UA Berlin, DSO, I Arditti, Dgt: O Henzold 91; VclKonz 74, UA Leipzig, RSO, W Weber, M Andreae 76; FlKonz 77, UA Berlin, Staatskap, M Friedrich, D G Worm 79 (Auftr: Staatsop Berlin); Ein Märchen – kein Märchen (7 Dichter f 12 Vok) 78, UA Berlin, Berliner Sol, Dgt: D Knothe 81 (Auftr: Berliner Solisten); Munch-M (OrchStücke nach E Munch) 80, UA Leipzig, RSO, C Kluttig 83 (Auftr: HändelFSpOrch Halle); KamM IX (f 16 Instrum) 81, UA Leipzig, Hanns Eisler Gruppe, DGT: Ch Münch 82 (Auftr: DVfM); ObKonz 83, UA Berlin, Staatskap, B Glaetzner, C Ewald 84 (Auftr: DDR-MTage Berlin); OrchM I 85, UA Berlin, RSO Leipzig, M Pommer 88 (Auftr: Dt Verlag f Musik Leipzig); OrchM II 90, UA Berlin, RSO Berlin, Dgt: R Peters 93 (Auftr: RF d DDR); Memento, 1. Teil (f Orch) 99, UA Leipzig, RSO Leipzig, Dgt: F Luisi 02 (Auftr: MDR). **Aufn/RF:** DDR-RF-Mitschn aller og Werke; CD-Einsp v Psalm 21, Munch-M, ObKonz, OrchM I, Ein Märchen – kein Märchen, 2. StrQua, 'Tonsetzers Alptraum'. **Lit:** U Stürzbecher: Ch Sch – Komp d DDR 79; G F Kühn: Unbefangen, ungebärdig ... (Musiktexte 4) 84; E Schwinger: Interview m Ch Sch (Neue Zeit) 84; G Felber: 'Verletzbare Leidenschaftlichkeit, d Komponist C S' (Sonntag 36) 87, F Schneider: Klang-Bilder (Bildende Kunst 6) 84; H Traber: Ch Sch z 60. (NZFM 12) 92, S Amzoll: 'Grelle Kontraste, C S zum 70.' (Freitag 48) 02; G Stöck: Zur Zitattechnik in C S' KamM VII (Acta musicologica, 2, LXXVII/05).

Schmidt, Christian, Intendant; c/o Landesbühnen Sachsen, Meißner Str 152, D-01445 Radebeul, T: (03 51) 8 95 42 00, F: 8 95 42 01, *schmidt_intendant @dresden-theater.de* [Görlitz 1.12.1957]. **Ausb:** MH Berlin, Opreg. **Laufb:** Intend Landesbühnen Sachsen seit 90.

Schmidt, Christian, Prof, Bass, Hochschullehrer; H f Kath Kirchenmusik u Musikpädagogik, Andreasstr 9, D-93059 Regensburg; c/o Konzert Agentur Suzanne Gfeller, Homelstr 3, CH-4114 Hofstetten, T: 06 17 33 03 73, F: 06 17 33 03 74, *gfeller@konzert.ch*. **Laufb:** Prof (Ges) H f Kath. KiM Regensburg 04. **Pr:** 'Singphoniker': 1. Pr int ChWettb Gorizia/Italien 88, Prix Charles Cros v Radio France ua. **Ens:** 'Singphoniker'. (Red)

Schmidt, Christoph, Prof, Hochschullehrer, Kontrabass; Ulmenweg 47, D-68723 Schwetzingen, T: (0 62 02) 2 62 46, 01 77 88 26 2 46, F: 2 62 46, *choschmidt@aol.com* [1962]. **Ausb:** Stud in Detmold u Frankfurt/M. **Laufb:** Prof (Kb) Staatl H f M u Darst Kunst Mannheim 90. **Ens:** SymphOrch d Bayer RF, RSO Stuttgart, Orch d Bayreuther FSp. (Red)

Schmidt, Dankwart, Posaune; c/o Münchner Philharmoniker, Kellerstr 4, D-81667 München. **Laufb:** Sol Münchner Philh. (Red)

Schmidt, Dirk, Prof, Hochschullehrer, Gesang; H f M u Theater 'Felix Mendelssohn Bartholdy', Grassistr 8, D-04107 Leipzig. **Laufb:** Prof (Ges) H f M u Theater 'Felix Mendelssohn Bartholdy' Leipzig. (Red)

Schmidt, Eckhard, Prof, Hochschullehrer, Trompete; Hochschule f Musik u Theater, Harvestehuder Weg 12, D-20148 Hamburg. **Laufb:** Prof (Trp) H f M u Th Hamburg. (Red)

Schmidt, Gabi, Sängerin, Schauspielerin; Thomasiusstr 16, D-04109 Leipzig, T: (01 79) 2 15 20 92, *gabi-schmidt@web.de*; c/o Städtische Theater Chemnitz, Käthe-Kollwitz-Str 7, D-09111 Chemnitz. Musical **Ausb:** H f M u Th Leipzig 94–99. **Laufb:** Gastsol Städt Th Chemnitz SpZ 00/05, SchlossFSp Ettlingen 02–04, Städt Th Hof SpZ 02/03, Fritz Rémond Th Frankfurt/M 02–04, Komödie Düsseldorf SpZ 03/04, Gastsol Tiroler Ldsth SpZ 04/05.

Schmidt, Hanns-Dietrich, Prof, Hochschullehrer; Kordulastr 6, D-45131 Essen, T: (02 01) 78 51 35. **Laufb:** Prof (Regie, Dramaturgie, Ens) Folkwang H Essen. (Red)

Schmidt, Hartmut (Pseud: Muethardt von Haltenbergstetten), Komponist; Aglassingerstr 34, A-5023 Salzburg, T: (06 62) 64 50 77, *Hartmut.Schmidt@ sbg.at*; *www.IG-Komponisten.at* [Bad Mergentheim 21.9.1946]. **Ausb:** Stud Va (J Schröcksnadel), Trp (F Krammer), Kl (H Boese, J M Horvath), Komp (G Wimberger) U Mozarteum Salzburg. **Laufb:** Mitgl Bruckner-Orch Linz 69–72, Mitgl Mozarteum-Orch Salzburg seit 72, Tourneen Nord- u Südamerika, Ferner Osten u Europa. **Pr:** Staatsstip d österr Wissenschaftsmin, KompPr Land Salzburg 86, 1. Pr Salzburg-Oberösterreich Sängerbund 89, KompPr Land Salzburg 91. **Mitgl:** ÖKB, Vorstandsmitgl IG Komponisten u Aspekte Salzburg (Salzburger Gesellsch f M). – **Komp:** Messe f Soli, Ch u Orch, UA Dgt R Huber 77; Viola-Sola per Veronika, UA Salzburg, V Hagen 80; Violinkonz, UA Salzburg, Mozarteum Orch, T Christian, Dgt: W Rot; Kontrabasskonz, UA Salzburg, Mozarteum Orch, M Bürgschwendtner, Dgt: W Rot 90; concerto grosso, UA Niederstetten, Wdt KamOrch, Dgt: K H Bloemeke 91; Postkastengeschichten, UA Mozarteum Orch, W Friedl, Dgt: W Rot 93; Alphornkonz, UA St Wolfgang, Mozarteum Orch, W Schwaiger, Dgt: H Grassl 95; 'Menippus' (Op), UA Salzburg, Ldsth 95; Polka glanicle, UA Salzburg, Mozarteum Orch, Dgt: A Eschwé 99; Basstubakonz, UA Salzburg, Mozarteum Orch, J Steinböck, Dgt: H Soudant 01; Qua f EnglHn, Vcl, Kl u Akk 02; Konz f Tb u Orch (zug G Wimberger); Konz f V u Orch; Grütz d Spatz als Papagei; Antonietta (Konz f Va u Str); KamM i versch Besetzungen. **Aufn/RF:** Konzerte f V, KB, Tb m Mozarteum-Orch, Neues Serenaden Ens Salzburg, Pro Arte Qua u 2 AlpHn-Konz, Dgt: H Soudant, W Rot, T Rösner; Concerto grosso m Mozarteum-Orch, Dgt: H Soudant; Musik f Saiteninstr u Git; Hohenloher Wärrtschaftskandade (CD). **Lit:** diverse.

Schmidt, Helga, KS, Alt; Pagenstr 10, D-30519 Hannover, T: (05 11) 2 28 35 00. **Laufb:** Sol Op Hannover. (Red)

Schmidt, Helgeheide, Prof, Hochschullehrerin; Lene-Voigt-Str 2/276, D-04289 Leipzig, T: (03 41) 8 78 17 70; Hochschule f Musik u Theater, PF 100809, D-04008 Leipzig. **Laufb:** Prof (Kl) H f M Felix Mendelssohn Bartholdy Leipzig. (Red)

Schmidt, Jörg, MA, Leit Musikdramaturg; c/o Theater Augsburg, Kasernstr 4–6, D-86152 Augsburg, PF 111949, D-86152 Augsburg; Hinterer Lech 36, D-86150 Augsburg, T: (08 21) 9 07 68 40, *joerg.rainer.schmidt@web.de* [Mainz 31.10.1973]. Musiktheater, Kammermusik, Lied- u Oratorienliteratur **Ausb:** Stud (Musik-, Buch- u Politikwiss) U Mainz, Kontaktstud Kulturmanagement Päd H Ludwigsburg seit 04. **Laufb:** Presse- u Öffentlichkeitsarbeit 99, Geschäftsstellenleiter LMA Rheinland-Pfalz 99, Dram u Disponent PrinzregentenTh München 2000, Leit MusikDram Th Augsburg seit 01. **Pr:** Gutenberg-Stip Mainz 2000. **Ens:** Vokalens Frankfurt, Bachchor Mainu. – **Aufn/RF:** E D'Albert: Die schwarze Orchidee, Live-Mitschnitt Th Augsburg, Redaktionsleitung. **UA:** Konzeption d Zeitopernreihe a TH Augsburg (B Martinu: Die drei Wünsche). **Sonst:** Fachaufs i Fachzeitschriften, Publ d gekürzten Magisterarbeit i Gutenberg-Jb.

Schmidt, Johannes, Sänger; c/o Komische Oper, Behrensstr 55–57, D-10117 Berlin, T: (05 11) 99 99 00, F: 99 99 19 00. **Laufb:** Sol Kom Op Berlin SpZ 01/02 u 04/05, Bregenzer FSp u Gastsol Op Hannover SpZ 03/04. (Red)

Schmidt, Lorenz, Komponist; Fasanenweg 25, D-97422 Schweinfurt, T: (0 97 21) 4 25 85, F: 4 25 85, *lorenzschmidt.sw@freenet.de* [Schweinfurt 1958]. Kammermusik für Gitarre in vielfält Kombinationen m anderen Instr (Ges, Fl, Akk, Str, Kl) **Ausb:** Stud Git (Kreidler), Tonsatz (Weiand) MH Köln, Inst Wuppertal 78–84. **Laufb:** Lehrtätigkeit MSchuleSchweinfurt, Komp, Konz m d Duo Stringendo, Prisma-Ens u als Sol. **Pr:** Prtr KompWettb Int Sommerkurs f Neue M Wien 91. – **Komp:** 'Die Vertreibung der Stille', UA Wien 91. **Auftr-Komp:** 'Kindertotenlieder', Gedanken z e Gedicht v F Rückert 88 (Auftr Stadt Schweinfurt z Rückert-Jahr). **Aufn/RF:** CDs: Klangräume (m Duo Stringendo) 94; Ein Duft v Licht 01.

Schmidt, Martin, Prof, Hochschullehrer, Chorleiter; Wilhelmstr 18, D-76137 Karlsruhe, T: (07 21) 9 37 71 92, F: 9 37 71 95, *martin.schmidt.ka@web.de*; Hochschule f Musik, PF 6040, D-76040 Karlsruhe. **Laufb:** Prof (Chordirigieren), Lt HChor Staatl H f Musik Karlsruhe. (Red)

Schmidt, Mia, Dipl SozPäd, MA, Musikpädagogin, Komponistin; Sickingenstr 31, D-79117 Freiburg, T: (07 61) 3 34 79, *Mia.Schmidt@gmx.de*; *www. miaschmidt.de* [Dresden 5.1.1952]. Musiktheater, Kammermusik **Ausb:** Stud (Päd, Psychologie, Soziologie, Sozialarb) U u FH München, Dipl, Stud (MWiss) U Tübingen 80–86, MA, Stud Komp (M Kelemen, B Ferneyough, K Huber), elektr M (M Maiguashca), MTheorie (Förtig), MErz MH Freiburg 81–88. **Laufb:** Aufführungen in Amsterdam, Berlin, Paris, Rom, Tokyo, Wien, Zürich u b Fstv zeitgen Musik in Darmstadt, Dresden, Erice, Frankfurt, Graz, Krefeld, Witten, Vorträge Darmstädter Ferienkse f Neue Musik, U Bremen, MH Freiburg, MH Karlsruhe, H d Künste Berlin, Radioworkshops Freiburg u Zürich, freischaff Komp u MPäd. **Pr:** Sonderpr VIII. Int KompWettb GEDOK Mannheim 85, 1. Pr Kat KamM 'Pr Europa' Rom 85, Förderpr f d Musikprotokoll d Steir Herbstes Graz 86, Irino-Pr f KamM Tokyo 87, Ausz Wettb Forum Junger Komp Köln 85 u 92, 3. Pr KompWettb d Frauenmusikforums Basel 92, Johann-Josef-Fux-Musikpr d Landes Steiermark (1. Pr KamOpWettb) 98, 2. Pr ebd 2000. – **Komp:** 'ihre Geschichte', UA Graz, Steir Herbst 86; Mondwein (Streichqua), UA Darmstadt 86; a rose is a rose (TB), UA Köln 88; Luft zum Atmen, UA Krefeld 88; Für Fanny (Kl u Zuspielband), UA Basel 91; 5 Stücke f Bläserqui u KB, UA Köln 92; Requiem f Fanny Goldmann (KamOp), UA Graz, Steir Herbst 98; Hades Haus f Vcl u TB 02; Vollmond f Alt, Fl u Bassklar 86–03; Der Fall Franza (KamOp), UA Graz 04; Malina (Op) 05.

Schmidt, Michael, Pauke, Schlagzeug; c/o WDR Rundfunkorchester, D-50600 Köln. **Laufb:** stv Sol WDR RundfunkOrch Köln. (Red)

Schmidt, Michael, Klarinettist; c/o Hessisches Staatstheater Darmstadt, Georg-Büchner-Pl 1, D-64283 Darmstadt. **Laufb:** Sol Staatsth Darmstadt SpZ 03/04. (Red)

Schmidt, Michael, Keyboard; c/o Pocket Opera Company, Gertrudstr 21, D-90429 Nürnberg. **Laufb:** Pocket Opera Company Nuernberg. (*)

Schmidt, Niklas, Prof, Hochschullehrer, Violoncello; Hochschule für Musik und Theater Hamburg, Harvestehuder Weg 12, D-20148 Hamburg [Köln 1958]. **Laufb:** Prof (Vcl, KamM) H f M u Th Hamburg. (Red)

Schmidt, Peter, Posaune; c/o Staatskapelle Berlin, Unter den Linden 7, D-10117 Berlin. **Laufb:** stv Sol Staatskap Berlin. (Red)

Schmidt, Peter, Prof, Hochschullehrer, Kontrabass; Hochschule für Musik und Theater Hamburg, Harvestehuder Weg 12, D-20148 Hamburg. **Laufb:** Prof (KB) H f M u Th Hamburg. (Red)

Schmidt, Peter-Jürgen, Sänger (Tenor); c/o Deutsche Staatsoper, Unter den Linden 7, D-10117 Berlin, PF 354, D-10109 Berlin [Meiningen]. **Ausb:** Stud H f M 'Franz Liszt' Weimar. **Laufb:** OpDebüt Dt Nationalth Weimar (Alcina, Oberto) 68, EnsMitgl Dt Staatsop Berlin (ua Freischütz, Max; Die Meistersinger, Stolzing; Hoffmanns Erzählungen, Titelpartie; Wozzeck, Andres/Tambourmajor; Otello, Cassio; Carmen, Don José) seit 78 (04/05), Gastsol Dtschld, ehemalige Sowjetunion, England u Japan. **Pr:** Kunstpr d Stadt Weimar. (Red)

Schmidt, Petra, Sängerin; Breitscheidstr 96, D-34119 Kassel, T: (05 61) 3 16 06 16, 01 62–9 81 77 93, F: 3 16 06 16, *petra_schmidt1@gmx.net* [Nordhorn 18.3.1963]. Oper **Ausb:** Stud (SchM) MH Würzburg 83–85, Stud Ges (I Ruß) MH Detmold 87–92, Stud GesPäd (I Ruß) ebd 93–96, Dipl. **Laufb:** Gast KamOp Wien 95, 'Zauberflöte' (1. Dame) Sommerfstv 'Mozart in Schönbrunn' Wien 96, EnsMitgl Staatsth Kassel seit 97. **Pr:** Ausz (Kl) 'Jugend musiziert' 78, 'Excellent award' (Ges) 'Music Fstv' Fresno, Kalifornien 80, Stip d Dt Bühnenvereins 87, Stip Bayreuther FSp 87, 92, Ehrenmitgl Richard Wagner Verband 03. **Mitgl:** DTKV. – **Aufn/RF:** CDs: R Wagner: 'Götterdämmerung' (Wellgunde), Staatsth Kassel, Dgt: R Paternostro 01; Ders: 'Die Walküre' (Ortlinde) u 'Das Rheingold' (Wellgunde) Staatsth Kassel, Dgt: R Paternostro 02/03. **UA:** V Blumenthaler: 'Jason u Medea', UA Nürnberg 96; F Schenker: 'Johann Faustus', UA Kassel 04.

Schmidt, Rainer, ao UProf, Violine, Hochschullehrer; Wolf-Dietrich-Str 2, A-5020 Salzburg, T: (06 62) 87 79 74, *rainer.schmidt@web.de*; c/o Hagen-Quartett, Künstlersekretariat Buchmann, Schachnerstr 27, A-1220 Wien, T: (01) 2 03 63 57, F: 2 04 37 50, *office@buchmann.at*. **Ausb:** Stud V (A Aydintan) Hannover u (D Delay) Cincinnati. **Laufb:** ao UProf (KamM) U Mozarteum Salzburg seit 88. **Ens:** Hagen-Qua seit 87, Ravinia Kl-Trio seit 89. (Red)

Schmidt, Reiner, Prof, Hochschullehrer; Seebuckel 1, D-97944 Boxberg, T: (0 79 30) 89 46, 0 17 15 14 51 48, F: (0 79 30) 99 22 56; H f Musik, Hofstallstr 6–8, D-97070 Würzburg [Gottlob, Rumänien 6.12.1942]. Viola, Dirigieren **Ausb:** Stud (Va, Dirig) Cluj/Rumänien 60–65, Va (B Giuranna) Detmold 70–72. **Laufb:** 1. Solo-Va Frankfurter Op- u Museumsorch 80–92, GastProf Accad Nazionale di S Cecilia Rom 91–95, Prof (Va) H f M Würzburg, Musikal Lt Fstv 'Bronnbach-Klassik', Musikal Lt Fstv Bracciano. **Ens:** 'Residenz-Quartett' Würzburg. – **UA:** W Steffens: Guernica (f Va u gr Orch). **Zug:** zahlr. **Sonst:** div Veröffentl.

Schmidt, Reinhard, Dirigent; Antoniusstr 5a, CH-9000 St Gallen, T: 07 12 44 68 44, (01 72) 4 19 56 13 [Nürnberg 13.7.1946]. Oper, Operette, Lied **Ausb:** Stud SchM, Dirig (K Eichhorn) H f M München 66–72, Stud (MWiss) U München. **Laufb:** Dgt u Musikal Einstud Op im Knappenhof Perchtoldsdorf, Musikal ObLt Coburger Sommer-Optte (03/05), Eng als KapM Graz 75–79, Linz 79–86, Coburg 86–90, St Gallen 92–96, Gast-Dgt Symphoniker München, Th Ulm, OpHaus Szeged, Liedbegl Dtschld, Österr, Schweiz, Japan, Studienlt Salzburger FSp 87–89. – **Aufn/RF:** ua Marx, Graener, Suppé: Liedbegl (ORF).

Schmidt, Stephan, Prof, Hochschullehrer; Happoldstr 26, D-70469 Stuttgart, T: (01 70) 2 71 86 84; Hochschule f Musik u Darst Kunst, Urbanstr 25, D-70182 Stuttgart, *stephan.schmidt@mh-schmidt-stuttgart.de*. **Ausb:** Dirigierstud b L. Barzin in New York, Kompositionstud b N. Boulanger in Paris. **Laufb:** Studienlt Bayer Staatsop München 95–2000, Prof H f M u Darst Kunst Stuttgart seit 2000. **Pr:** Prix Lili Boulanger. (Red)

Schmidt, Tanja, Sängerin; Kaiser-Friedrich-Str 123, D-75172 Pforzheim, T: (0 72 31) 44 07 05, *TANJASCHMIDT@ePost.de*; c/o Stadttheater Pforzheim, Am Waisenhauspl 5, D-75172 Pforzheim [Paderborn 16.7.1973]. Oper, Operette, Musical **Ausb:** Stud (Ges, Kl) MH Detmold 93–99, künstl Reifeprfg. **Laufb:** Sol Städt Bühnen Osnabrück Teil-SpZ 99, Gastsol Landesth Detmold SpZ 2000/01, Sol Stadtth Pforzheim. **Pr:** Kulturpr Kreis Höxter 96, Kulturpr VB Paderborn 98, Bundeswettb Ges Sonderpr Felicitas-Vössing-Stift, Finalistin R-Stolz Wettb Hamburg 2000. – **UA:** J Kretz: 'ELIA 98' (Rolle Fr Fischer), UA Lemgo 98.

Schmidt, Thomas, Bass; Staatstheater, Oberer Schloßgarten 6, D-70173 Stuttgart; c/o Cecilia Music Concept – Franz-Georg Stähling, Brauweilerweg 183, D-50933 Köln, T: (02 21) 8 00 00 70, F: 8 00 00 71, *staehling@cecilia-cmc.de* [Bad Kreuznach 1970]. **Ausb:** Stud Ges U Mainz b Th Dewald, Unterr b E Wollitz (Wiesbaden) u C Casapietra (Berlin). **Laufb:** Sol Staatsth Stuttgart. **Pr:** Prtr Vorsingwettb Chur. (Red)

Schmidt, Uta, Prof, Hochschullehrerin, Flöte; Gustav-Freytag-Str 11, D-01277 Dresden, T: (03 51) 31 17 56; Hochschule f Musik, PF 120039, D-01001 Dresden. **Laufb:** Prof (Fl) H f M Dresden. (Red)

Schmidt, Wolfgang, KS, Tenor; Bad Harzburger Str 58, D-40595 Düsseldorf, T: (02 11) 70 87 36, (01 71) 2 15 37 76, *ks@wolfgangschmidt.com*; c/o Agentur K. E. Haase, Martiusstr 3, D-80802 München, T: (0 89) 39 41 90, F: 34 26 74; *www.wolfgangschmidt.com* [Kassel 29.8.1956]. **Ausb:** Stud (Gründler) H f M u Darst Kunst Frankfurt/M 76–82. **Laufb:** Sol Dt Op am Rhein Düsseldorf-Duisburg (03/05), Op Hannover, Wiener Staatsop SpZ 00/01, 04/05, MET New York, San Francisco Op House, Bayer Staatsop München, Staatsop Hamburg, Dt Op Berlin (bis SpZ 04/05), Dt Staatsop Berlin, Bayreuther FSp, Salzburger FSp, Bregenzer FSp, Sächs Staatsop Dresden SpZ 03/05.

Schmidt, Wolfgang Emanuel, Prof, Hochschullehrer, Cello; Kaiserdamm 32, D-14057 Berlin, T: (0 30) 30 10 15 58, 0 17 26 21 96 94; Hochschule f Musik, PF 120039, D-01001 Dresden [Freiburg 1971]. **Ausb:** Stud (D Geringas) MH Lübeck, Stud (A Parisot) Juilliard School New York 96–98, Mstrkse (H Schiff, M Maisky, S Palm, F Helmerson, D Shafran, H Shapiro). **Laufb:** ZusArb m M Rostropovitch seit 94, Konz Dtschld, Europa, Russland u USA, Sol ua Philh Staatsorch Hamburg, Dgt: G Albrecht, RF-SinfOrch Berlin, Dgt: R Frühbeck de Burgos u H Rögner, Sinfonia Varsovia, Orch Philh de Radio France, Baltimore Symph Orch, Houston Symph Orch, Saint Paul Chamber Orch, Dgt: H Wolff, Prager KamPhilh, Dgt: J Belohlavek, Gast Ludwigsburger Schloßfsp, Schleswig-Holstein MFstv, Rheingau MFstv ua, Konz m Dt Symph-Orch Berlin 99/2000, Debüt Berliner Philh (Bloch: Schelomo), Recital m Werken v Brahms, Schumann u Tschaikowski, Kl: Ch Eschenbach 2001, Konz m Philh Orch Mainz u Dt Symphonie Orch Berlin 02/03, Gastsol Philh Orch Frankfurt (Oder), Dessau u Jena, Prof H f M Detmold Abt Münster, Prof H f M Carl-Maria v Weber Dresden seit 03, als KamM ZusArb m G Shaham, N Znaider, L Kavakos, E Meyer, D Shifrin. **Pr:** Stip Studienstift d Dt Volkes, 1. Pr Dt MWettb Bonn 96, Prtr Int Tschaikowsky-Wettb Moskau, Grand Prix u zusätzl Pr f zeitgen Musik Int Leonard Rose Cello Competition USA 94, 1. Pr Int Australasian Cello Competition Neuseeland. **Mitgl:** Chamber Music Soc of Lincoln Center New York seit 2000. – **Aufn/RF:** J Haydn: Konz f Vcl Nr 1 C-Dur, m Orch d Ludwigsburger FSp, Dgt: W Gönnenwein; Einsp m Werken v C Debussy, A Schnittke, S Rachmaninow, M Rostropovitch, CD 'French Impression'. (Red)

Schmidtsdorff, Michael, Dirigent; Rehwisch 13, D-21509 Glinde, T: (0 40) 7 10 56 63 [Hamburg 4.12.1970]. Sinfonik, Oper, Ballett **Ausb:** Stud Dirig (K Seibel) MH Hamburg 90–96; Stud Dirig (L Hager) MH Wien 96–97. **Laufb:** 2. Kapm Th Lüneburg seit 98, 1. Kapm u stellv MD Th Lüneburg ab 01, Ballettdirigate Hamburg Staatsop seit 98, Ballettdirigate Semperop Dresden seit 02, Dgt Semperop Dresden SpZ 03/05, Hamburg Staatsop SpZ 03/04, Ballettgastspiele (Dresden Ballett: 'Sacre', 'Daphnis') Palermo u (Hamburg Ballett: 'Die Möwe') St Petersburg, dirigiertes Repertoire: Vivaldi, Bach, Mozart (da Ponte Op), Beethoven, Verdi (Rigoletto, Maskenball), Wagner (Fliegender Holländer), Brahms, Bruckner, Tschaikovsky (J Neumeier: Schwanensee, Dornröschen, Nussknacker), Prokofiew (Cinderella, Romeo u Julia), Schostakowitsch (J Neumeier: Die Möwe), Stravinsky (J Neumeier: Sacre du Printemps, Feuervogel), Ravel (J Neumeier: Daphnis), R Strauss, Mahler, Henze (Undine), Dutilleux, Ives, K A Hartmann (Simplicius Simplizissimus) ua. **Pr:** 1. Pr Elise-Meyer-Stift Hamburg, Förderung durch Dt Musikrat 96–2000, Erasmus-Stip, Lionsclub Hamburg-Stip, Pr d Int Dgtwerkstatt Mürzzuschlag. – **Aufn/RF:** C Ives: 'Universe Symph', RF-SinfOrch Saarbrücken.

Schmied, Diana, Sängerin; c/o Kammeroper, Bayreuther Str 8, D-01187 Dresden. **Laufb:** Sol KamOp Dresden SpZ 03/05. (Red)

Schmied, Rosemarie, Prof, Hochschullehrerin; Univ f Musik u Darst Kunst, Inst 7, Jakoministr 3–5, A-8010 Graz, T: (03 16) 3 89 35 29, F: 3 89 30 71, *rosemarie.schmied@kug.ac.at*. **Laufb:** Vertragsprof (Gesang) U f Musik u Darst Kunst Graz. (Red)

Schmiedel, Reinhard, Dirigent, Pianist; Alfred-Ahner-Str 14, D-99425 Weimar, T: (0 36 43) 40 21 53, F: 40 21 53, *larissa.schmiedel@hfm.uni-weimar.de*, *reinhardschmiedel@yahoo.de* [Waldheim 23.9.1951]. **Ausb:** Stud Kl, Dirig (G Kootz, R Reuter) MH Leipzig 72–77, (A Jansons) Kons Leningrad, Kse (I Markevich, K Masur). **Laufb:** Solorep Op Leipzig 75–77, Solorep m Dgt-Verpfl Dt NatTh Weimar 79–83, 1. KapM Th Stralsund 83–87, Doz (Dirig, Korrep) Kons Bern 95, LAuftr (Ens zeitgen M) H f M u Th Leipzig seit 96, CNSU de Lyon 93, Brevard NC 96, Brüssel VRT 99, St Petersburg 92, Kom Op Berlin 90. – **Aufn/RF:** Schenker: Die Gebeine Dantons, RSB 91; E Krenek: Reisebuch aus d österr Alpen 93; ders: 'Vertrauenssache', CPO 96; Donizetti: Complete Piano Duets, CPO 94; G Amy: Ecrit sur toiles ua, Studio 27, MDR 96; Domhardt: Sonate I, m W Wächter 96; Marschner: KlLieder, Sixtium, DLF 97; Volkmann: Piano Duets, CPO 97; Krenek: Lieder/KlM, Orfeo 99; Katzer: 5 Bagatellen, Studio 27, ACADEMY/SFB 98; Kagel: Stücke d Windrose, Studio 27, Bochum, DLR 99; Krenek: Sardakai, RSB 2000; A Maupoint: Stufen, MDR 02; Wagner-Régeny: Klavierwerke u Lieder, DLR 03. **UA:** T Heyn: Krischans Ende 87; Schenker: Die Gebeine Dantons 91; A Goodman: 5 Stücke f 20 Finger 93; K D Richter: Verzweiflung u Hoffnung 98, H Jung: Gewandeltes nach Goethe und... 99; P Herrmann: Ten-Symphony 01; A Maupoint: Stufen 02. **Zug:** A Goodman: 5 Stücke f 20 Finger 93; K D Richter: Verzweiflung u Hoffnung 98. **Sonst:** Mitautor: Komponisten in Bayern Bd 28: Alfred Goodman, Tutzing 93; MitHg: Goethe-Vertonungen v B v Arnim, Kassel 99.

Schmiedel, Roland, Chorleiter, Kapellmeister; Borngasse 8, D-63697 Hirzenhain-Merkenfritz, T: (0 60 45) 95 18 88, (01 72) 6 79 26 24. **Laufb:** Studienlt, Kapm u stellv Chordir Stadtth u Städt Philharmonie Gießen. (Red)

Schmieder, Birgit, Prof, Oboe, Hochschullehrerin; c/o trio e-vent, Kirsten Reese, Kurfürstenstr 9, D-10785 Berlin, T: (0 30) 25 70 01 57, F: 25 70 01 57, *kirsten-reese@gmx.net*; *trio-e-vent.kulturserver-berlin.de*. KamM, Duo, M d 20. Jh **Ausb:** MH Detmold (Prof H Winschermann), OrchAkad d Berliner Philh Orch (H Schellenberger). **Laufb:** Doz MH Lübeck, H d Künste Berlin seit 89, Prof Methodik MH Hamburg seit 99. **Ens:** Berliner Symphoniker, Ens United Berlin, trio e-vent. (*)

Schmiege, Marilyn, Mezzosopran; Richard-Wagner-Str 17, D-80333 München, T: (0 89) 29 65 96, F: 29 61 93 [Milwaukee, USA 29.11.1948]. Oper, Konzert, Lied **Laufb:** Sol Bayer Staatsop, Stuttgarter Staatsop, Wiener Staatsop, Kom Op Berlin, Semperop Dresden, Op Köln, Bayreuther FSp, Nederlandse Op, Met Op, Teatro la Fenice, uva; Sol Münchner Philharm, Bamberger Philharm, New York Philharm, BR SinfOrch uva, Gesangspäd Richard-Strauss-Kons München. **Pr:** Martha Baird Rockefeller Found 79, Kritikerpr Berliner Tagesspiegel 91. – **Aufn/RF:** Lieder v Fauré, Brahms, Liszt; Schreker: Gezeichneten; Mozart: Nozze di Figaro; Haydn: Kantaten; Ders: Orfeo ed Euridice uva. **UA:** Swerts: Liaisons dangereuses (Marquise de Merteuil), UA Gent 96.

Schmieger, Thomas, Solorepetitor; Kirchstr 38, D-79100 Freiburg, T: (07 61) 7 07 02 46. **Laufb:** Studienlt u Solorep Th Freiburg. (Red)

Schmithüsen, Ingrid, Sopran; c/o Konzertbüro Andreas Braun, Sülzgürtel 86, D-50937 Köln, T: (02 21) 9 42 04 30, F: 94 20 43 19, *braun@angel.de*; *www.konzertbuero-braun.de*. **Ausb:** MusikH Köln b G Foley u D Fischer-Dieskau. (Red)

Schmitt, Christian, Orgel; Mainzer Str 8, D-66111 Saarbrücken, T: (06 81) 9 38 76 84, F: 9 38 76 84, *cs.orgel@gmx.de*; c/o Künstleragentur Dr. Raab & Dr. Böhm, Plankengasse 7, A-1010 Wien, T: (01) 5 12 05 01, F: 5 12 77 43, *buhl@rbartists.at*; *www.eurokammersolisten.de/cs/* [Erbringen/Saar 1976]. **Ausb:** Stud (Org) b L Krämer, (Kl) b K Merscher H d Saarldes f M u Th Saarbrücken seit 95, Zusatzstud MWiss u Kath Theol U d Saarldes seit 96, Stud (KiM) H d Saarldes f M u Th Saarbrücken 97–01, Stud b M Philips Royal College of Music London 2000, b J D Christie 01, KonzReife m Ausz 02, Artist Diploma Boston 03. **Laufb:** Ass v Prof J D Christie Boston 02, Konz in Australien (Melbourne), Neuseeland (Wellington Cathedral), USA (Boston, Atlanta, Philadelphia), Canada (Calgary, Jack-Singer Hall), Japan (Musashino Hall Tokio), Korea (Int OrgZyklus Seoul), Luxemburg Kathedrale, Trier Dom u Basilika, Speyer Dom, KonzHalle Frankfurt/Oder, Abtei Himmerod, Amorbach u Hamborn, Konstanzer Münster, Dom zu Brandenburg, Sylt, Düsseldorf Johanneskirche, Hamburg Hauptkirche St Nikolai, Ravenna Basilika, Mailand, Genua, Florenz, Augustinerkirche Wien, Int OrgFstv Lecce Ars Organi Frescobaldi, MFSp Saar, Saarpfälz Musiktage, KamMTage Mettlach, Luzern-Fstv 04 ua, zahlr Auftr als Sol m Orch; ZusArb als Organist m d Philharmon Orch Luxemburg; künstl Lt d 'Europ KamSolisten' seit 02; UnterrTätigk an div Inst. **Pr:** Stip StudStift d Dt Volkes seit 99, Stip Boston Cons u Gerd-Bucerius, Stip d Zeit-Stift 01, Prtr Dt Musikwettb Berlin 01, Bundesauswahl Konz Junger Künstler 02, Europ Kulturpr d Stift Pro Europa 03. – **Aufn/RF:** CDs: Bachwerke an d Org d Kathedrale Luxemburg, Werke v Liszt, Reubke u Reger an d Goll-Org im KonzHaus Luzern, Neue Orgelmusik m Werken v T Brandmüller, 7 Stücke z Passionszeit 83, Org & Kl m K Merscher an d neuen Goll Org d Lukas-Kirche Luzern, Orch Saarbrücken an d Kuhn-Org d Stiftskriche St Arnual, Org, Trp & Pos m F Dörpholz u H v Niswandt an d Klais-Org d Hedwigskathedrale Berlin, Org & Trp m T Hammes an d neuen Link-Org Fraulautern; zahlr RF-Aufn ua b HR, WDR, SR, SWR, SFB, Dtschldfunk, Dt Welle, Radio France, Radio Flandern, DRS 2, CBC, Atlanta Radio; TV-Auftr b Arte, ZDF, SR, MDR. **UA:** ua Werke v T Hosokawa, T Brandmüller, I Yun, W Jacob, F Zabel. (Red)

Schmitt, Gerhard (Pseud: Jon Tanbûr), Komponist; Harenberger Str 25, D-30453 Hannover, T: (05 11) 9 21 52 61, F: 9 21 52 61, *jontanbur@vossnet.de* [Andernach 8.9.1964]. **Ausb:** Stud (Git, Tonsatz, Komp) Bonn, Köln, Koblenz. – **Komp:** Gettato (KamOrch), UA 97; Sinfonie (gr SinfOrch); Die kleine Meerjungfrau (Orch u Sopr), UA 93; Sinfonie Nr 1 (SinfOrch), UA 94/95; Der Tod, made in Germany (Streichorch); Violinkonz Nr 1 (Sinfonie-Orch u Sol), UA 95; Deo Volente (Neue Musik), UA 98, 99. (*)

Schmitt, Isabell, Sängerin; c/o Junge Kammeroper Köln, Florastr 93, D-50733 Köln. (Red)

Schmitt, Jürgen, Komponist; Speckertsweg 13, D-97209 Veitshöchheim, T: (09 31) 9 18 21, F: 9 18 21, *juergen.schmitt@mail.uni-wuerzburg.de*; *www.juergen-schmitt-komponist.de* [Bad Neustadt/Saale 6.1.1954]. **Ausb:** Stud (Komp, Kl) H Würzburg u Köln. **Pr:** Stip Studienstift d Dt Volkes, Cité des Arts Paris, Pr f SynthesizerM Braunschweig. – **Komp:** Drei Lieder nach Bertold Brecht (MSop u Kl), UA Paris 88; Xibalba (Solosynthesizer, TB), UA Braunschweig 89; The Rain's Perls (E E Cummings) (Sop, TB), UA Darmstadt 92; Orpheus, Eurydike, Hermes (Rilke) (Sop, Alt), UA Nürnberg 93; Ein letzter Woyzeck (Sop, Ten, Spr, 2 Synth-Spieler), UA München 93; Epitaph (Kl, Schlgz-Qua), UA Künzelsau 97; Murias (szen Reise f Synthesizer u Licht), UA Darmstadt 99; vil sturm & linde zeit (Vl, Cemb, Schlgz), UA Würzburg 2000; Rilkelieder (Sop, Kl), UA Schwabach 01; tu candidum lilium (Sop, Tasten, Elektr), UA Aub 01.

Schmitt, Maximilian, Sänger; c/o Bayerische Staatsoper – Das junge Ensemble, Brieffach, D-80075 München. (Red)

Schmitt, Meinrad, Prof, Komponist; Leitenstr 9a, D-86551 Klingen, T: (0 82 51) 16 97, F: 87 25 42 [Wasserburg a Inn 21.12.1935]. **Ausb:** Stud (Komp) MH München (ua Genzmer). **Laufb:** Prof (MTheorie) MH München seit 74, Mitarb 'Studio f Neue Musik München' 79–83, künstl Lt 'Pegasusth' seit 83. **Pr:** Richard-Strauss-Stip 63, Förderpr Stuttgart 69, Kuhlau-Pr 70, Marler-Pr 71, Förderpr Stadt München 80. – **Komp:** 'Ikarus' Szene f Orch, UA Stuttgart 72; Fantasia piccola (Streichqua), UA München 75; Trio f Trp, Pos, Tb, UA München 75; 1 Bläserquin: 'Variationen über ein Renaissance-Thema', UA München 81; Konz f Harfe u Streichorch, UA Recklinghausen 84; Discorso giocoso (f Klar, Bassetthn u Kl), UA München 91; ADIEDI (KamOp), UA Regensburg 95. (Red)

Schmitt, Vivica, Violine; Falkensteinstr 1, D-79102 Freiburg, T: (07 61) 7 07 83 68. **Pr:** 3. Pr Int Violin Wettb Ludwig Spohr Freiburg 97. (Red)

Schmitt, Volker, Tuba; c/o music and arts Organisations GmbH & Co KG, Corsicaskamp 13, D-49076 Osnabrück, T: (05 41) 9 62 96 00, F: 96 29 60 50, *info@music-and-arts.de*; *www.music-and-arts.de*. **Ausb:** Stud Aachen (Prof W Hilgers), Köln (H Gelhar). **Laufb:** Sol Philh Orch Gelsenkirchen seit 89, Neue Philh Westfalen; Gastsp Dt Op a Rhein Duisburg u Düsseldorf, RSO Stuttgart, Radiophilh Hannover. **Ens:** Dt Blechbläser Quintett, Schleswig-Holstein-FstvOrch (L Bernstein).

Schmitt, Werner, Violoncello; Könizbergstr 74, CH-3097 Liebefeld, T: 03 19 72 25 61. (Red)

Schmittberg, Norbert, Sänger (jugendl Heldentenor) [Köln 6.4.1963]. Oper, Konzert **Ausb:** Stud V (W Günther), Gesang (L Ricken), Mstrkl (S Geszty, J Cush). **Laufb:** Sol Th Dortmund, Bad Staatsth Karlsruhe, Hess Staatsth Wiesbaden, Dt Op a Rhein Düsseldorf, Saarländ Staatsth Saarbrücken, Op du Rhin Straßbourg 2001, Aalto Th Essen 2001, Op Zürich 03, Staatsop Wien 04, Gastsol Staatsth Braunschweig SpZ 03/05, Th Erfurt SpZ 03/04, Th Bielefeld SpZ 04/05. **Ens:** Geiger i Westf Barock-KamOrch 80–85. – **Aufn/RF:** CDs: E Bloch: 'Macbeth'; G Charpentier: 'Julien' (RF-Mitschnitt, CD geplant); H Pfitzner: 'Der arme Heinrich'; F Klose: 'Ilsebill', E W Korngold: 'Tote Stadt' (RF-Mitschnitt u CD). **UA:** Dt EA G Bryers: 'Die Experimente d Dr Ox' (Titelpartie).

Schmitz, Dieter, Sänger; c/o Operette Düsseldorf eV, Schlesische Str 94, D-40231 Düsseldorf. **Laufb:** Sol Optte Düsseldorf SpZ 03/05. (Red)

Schmitz, Dirk, Sänger (Tenor); c/o Hamburgische Staatsoper, Große Theaterstr 34, D-20354 Hamburg, PF 302448, D-20308 Hamburg; *www.hamburgische-staatsoper.de* [Kerpen]. **Ausb:** Industriekaufmannlehre, Stud (Lehramt), Stud (Ges) MH Köln b M Pick-Hieronimi u K Kelly-Moog, Mstrkse b K Moll. **Laufb:** rege KonzTätigkeit, ZusArb m Ch d Bamberger Symphoniker, Süddt Vokalens, Europ FstvCh, Mitglied Int OpStudio 99–01, Sol Op Hamburg SpZ 01/05, Op im Schlossgarten FSp Eutin SpZ 04/05, Th Gummersbach SpZ 04/05. (Red)

Schmitz, Hans-Joachim, Komponist, Pianist; Am Römerquell 2, D-54634 Bitburg, T: (0 65 61) 30 77 [Kyllburg 2.6.1953]. **Ausb:** Stud Kl (H Schmitt, E Besch, J Jensen), KlImprov (G Spies-Jaenicke), Harmonielehre, Analyse, Stilübungen (H Schmolzi, J Ulrich) MH Saarbrücken u Detmold bis 81, Kl (E Picht-Axenfeld, M Beroff, H Monden) Antwerpen. **Laufb:** LTätigkeit (Kl, Tonsatz) MSch. – **Komp:** Choralvorspiel (KiM) 77; Moments (Konz) 79; 12 Preludes (KonzM); Klaviersonate (Konz); Capriccio op 2 (Konz); Skizzen f Streichqua (Konz); Introduktion (Konz/Jazz), UA 99. (Red)

Schmitz, Heinz-Eberhard, Dr, Prof, Hochschullehrer, Klavier; Hochschule f Musik u Theater, FB 1, Harvestehuder Weg 12, D-20148 Hamburg. **Ausb:** Stud (Kl, KamM, Mtheorie, Musikwiss u Japanologie) in Köln, Hannover, Hamburg und Tokyo. **Laufb:** Prof (Theorie, Gehörbildung) H f M u Th Hamburg, Direktor Hamburger Kons 97–2000, Direktor Int College of Music Hamburg 03. **Ens:** VARIUS Ens für Neue Musik. (Red)

Schmitz, Norbert, Repetitor; c/o Volkstheater Rostock, Patriotischer Weg 33, D-18057 Rostock, PF 102215, D-18004 Rostock, T: (03 81) 3 81 46 54; c/o Kammeroper Dresden, Bayreuther Str 8, D-01187 Dresden, T: (03 51) 4 70 12 96, F: 4 70 12 97, *info@kammeroper.de*. **Laufb:** Studienlt Volksth Rostock, stellv Lt Singakad Rostock, Rep KamOp Dresden SpZ 03/04. (*)

Schmitz, Otto, HonProf, Hochschullehrer, Horn; Annette-Kolb-Anger 9, D-81737 München, T: (0 89) 6 70 74 36. **Laufb:** LBeauftr (Hn) H f M u Th München. (Red)

Schmock, Elisabeth, Konzertsängerin (Sopran), Hochschullehrerin; Akad f Tonkunst, Ludwigshöhstr 120, D-64285 Darmstadt, T: (0 61 62) 93 98 42, *ElisabethSchmock@aol.com*; Ulmenweg 7, D-64354 Reinheim. Konzert, Lied, Neue M **Ausb:** Stud (SchM, GesPäd, MWiss) MH Freiburg 72–78, Ges (A Augér) u Dirig (H Rilling) MH Frankfurt 78–81, Mstrks b I Gage 93, PrivStud b A Reynolds 90–94. **Laufb:** Doz (Ges) Akad f Tonkunst Darmstadt seit 86; Tourneen: Italien 78, Nordafrika 80; Sommerakad Stuttgart 90, Fstv van Vlaanderen Brugge 90, Moskau Tschaikowsky-Kons 99; KompPorträt Meijering Kom Op Berlin 04. **Ens:** Adrian-Willaert-Ens Freiburg 78–81, belcanto ens frankfurt 86–87, Ens Contrapunctus 87–90. **Mitgl:** BDG. – **Aufn/RF:** Bach: Johannes-Passion u Messe A-Dur f d HR; Righini-Messe; K-W Kurz: 'Mani'; C Meijering: 'Love Songs'; div KonzMitschn u Prod f SDR, SWF, Rias, ORF.

Schmöhe, Georg, Dirigent, Musikdirektor; c/o Austrokonzert International, Gluckgasse 1, A-1010 Wien, T: (01) 5 13 26 57, F: 5 12 61 54, *office@austroconcert.com*. **Laufb:** Orchlt u Musikdir Tiroler Landesth Innsbruck, GastDgt Th Erfurt SpZ 04/05. (*)

Schmoll, Michael, Prof, Hochschullehrer; Wilhelm-Röntgen-Str 21, D-49134 Wellenhorst-Rulle, T: (0 54 07) 81 93 81, F: 81 93 82, *m.schmoll@t-online.de*; *www.musikakademie-duemmersee.de* [Wichede/Westf 4.7.1958]. Chorarbeit, Chorkomposition, künstl Improvisation **Ausb:** Stud (Kl, MTheorie, Hörerz) MH Detmold Abt Dortmund. **Laufb:** Prof (MTheorie, Gehörbildung, Fachdidaktik, Chor) FH Osnabrück, Kons, BundesChLt Sängerbund NRW. **Ens:** Lt KamCh 'Corona Vocalis'. **Mitgl:** bischöfl Komm f KiM Bistum Osnabrück. – **Komp:** Psalm 130 (6-stimm Chor), Sonnengesang (Chor a capp), www.kolping.de (Musical) 01, Kirchenspuren (Musical) 03. **Auftr-Komp:** Drei Heinz-Erhard-Lieder (Ch) (Auftr: Amante della musica Menden). **Aufn/RF:** CDs: 'Impr durch d Kirchenjahr', 'Corona Vocalis'. **UA:** P Witte: Jazz Messe, UA 98; P M Braun: De profundis, UA 96; A Csollany: Der Dichter (FrCh, Orch), UA 95. **Sonst:** 'Arbeitshilfen z MTheorie'; Grdg MAkad Dümmersee 93.

Schmunck, Dario, Tenor; c/o Volksoper Wien, Währinger Str 78, A-1090 Wien, T: (01) 51 44 40, F: 5 14 44 32 15, *office@volksoper.at*; *www.volksoper.at* [Buenos Aires]. **Ausb:** Gesangsunterr b N Falzetti, A Risso u A Carangelo, Mstrks b R Crespin, U Gardini, D Dupleix u W Opitz. **Laufb:** Aalto Theater Essen 97, Sol Volksop Wien 99–04, Gastsol Op Frankfurt SpZ 00/01, Gastsol Th Aachen Spz 03/04. **Pr:** Gew Int Gesangswettb Franco Corelli in Ancona Italien 99. (Red)

Schmuschkowitsch, Josif, Kontrabass; c/o Berliner Symphoniker, Christstr 30, D-14059 Berlin. **Laufb:** Sol Berliner Symphoniker. (*)

Schmutzler, Mathias, Hochschullehrer, Trompete; Lerchenweg 22, D-01454 Großerkmannsdorf, T: (0 35 28) 41 07 10. **Laufb:** Doz (Trp) H f Musik Carl Maria v Weber Dresden. (Red)

Schnack, Michael, Dirigent; c/o Parktheater, Klausenberg 6, D-86199 Augsburg. **Laufb:** Musikal Lt Parkth Augsburg SpZ 01–05, Dgt Wiener Kammerop SpZ 04/05. (Red)

Schnaut, Gabriele, KS, Sopran; c/o Theateragentur Dr Germinal Hilbert, Maximilianstr 22, D-80539 München, T: (0 89) 2 90 74 70, F: 29 07 47 90; c/o Deutsche Oper Berlin, Bismarckstr 35, D-10627 Berlin; *www.hilbert.de, www.schnaut.com* [Mannheim 24.2.1951]. **Ausb:** Stud V u Liedges Mainz, Ges MH Frankfurt a M (E Cavelti) seit 71, Darmstadt (A Zeh-Landzettel), Berlin (H-L Kuhse). **Laufb:** Staatsop Stuttgart 76, Staatsth Darmstadt 78–80, Mitgl NatTh Mannheim 80–88, FSp Bayreuth (Ring, 'Waltraute', '2.Norn' 77–80, 'Wellgunde' 80 ua), Debüt Op Chicago (Walküre, 'Fricka') 83, Sol Op Dortmund (Tristan, 'Isolde') 85, Dt Op a Rh Düsseldorf-Duisburg seit 88, Debüt Covent Garden Op London ('Sieglinde') 89, Sol Staatsop Hamburg (Walküre, 'Brünnhilde') 90, Gastsol Mailänder Scala ('Elektra') 94, Staatsop Wien (Ring, 'Brünnhilde') 95, Debüt Met Op New York (Walküre, 'Brünnhilde') 96, Sol Dt Op Berlin, Bayer Staatsop München, Op Zürich, Semperop Dresden SpZ 04/05, FSp Gut Immling 05, Tokio 06 (Rollendebüt als Santuzza, 'Cavalleria Rusticana'), Ophaus Zürich 06 (Rollendebüt als Emilia Marty, 'Die Sache Makropulos'). (Red)

Schnebel, Dieter, Dr, Prof, Komponist, Hochschullehrer; Hektorstr 15, D-10711 Berlin, T: (0 30) 3 23 33 30 [Lahr 14.3.1930]. – **Komp:** Compositio (OrchW) 56–58, UA Venedig 70; Zwei Canones (OrchW) 75–77, UA Tübingen 77; Thanatos-Eros (OrchW) 78, UA Graz 82; Schubert-Phantasie (OrchW) 78, UA Frankfurt 78. (Red)

Schneeberger, Hansheinz, Violine; Amselstr 9, CH-4059 Basel, T: 06 13 61 37 02, F: 06 13 61 32 58. **Ausb:** b W Kägi Berner Kons, b C Flesch in Luzern, b B Kamensky in Paris. **Laufb:** L Kons Biel u Bern, Konzm SinfOrch d NDR Hamburg, Ltg Mstrkl Musikakad Basel 61. **Pr:** Pr d British-American Tobacco, Robert-Schumann-Pr d Stadt Zwickau. – **UA:** ua VKonz v Frank Martin, Belá Bartók, Klaus Huber: 'Tempora'. (Red)

Schneegass, Klaus-Peter (Pseud: Nero Nevini), Komponist; Am Heiderand 1–3, D-28816 Stuhr-Stelle, T: (0 42 06) 29 96 29 [Bremen 14.10.1962]. **Ausb:** Komp, Kl (L Ortis, H-J Kauffmann) H f Künste Bremen, Klkurse (T Wirtz, Ch Zacharias, R Levin, G Mounier), Zusatzstud Komp (F Goldmann) H d Künste Berlin. **Laufb:** Konz als Sol u m eigenen Komp i Dtschld, Japan, Frankreich. – **Komp:** El triunfo de la Confederacion – Preludio elegíaco y marcha fúnebre para piano (Kl) 86/87, UA Bremen 87; Fantasie f Bar-Sax u Kl (KamM) 89, UA Bremen 90; Morgenabgesang – Suite (KamM) 89, UA Bremen 90; Morgenabgesang – Drei Hoddis-Lieder op 9 (VokalM) 89; Five Miniatures For Piano Duet op 20 (KamM) 94/95, UA Osaka 95; Am Heiderand – Balladen-Elemente (KamM), UA Osaka 97; ...im Lindengarten..., Sextett (KamM) 98/99, UA Berlin 99. **Aufn/RF:** RF-Aufn b Radio Bremen.

Schneid, Tobias P M, Komponist; Monheimerstr 4 1/9, D-86633 Neuburg, T: (0 84 31) 4 19 95, F: 4 16 60, *schneid.tobias@t-online.de*; Ritterspornweg 5, D-86343 Königsbrunn, T: (0 82 31) 46 77; *www.peermusic-classical.de* [Rehau/Hof 2.7.1963]. Orchestermusik, Kammermusik **Ausb:** Stud (B Hummel) H f Musik Würzburg 85–88, (H Winbeck) ebd 88–91, Meisterkldipl. **Laufb:** Doz Bayreuther Int Jugendfspwochen 97–98, Doz (Tonsatz) Fachakad f Musik Würzburg 97–02, Doz (MTheorie) H f M Würzburg seit 02, mehrfach Portraitkonz Goethe-Inst Budapest 92, Manchester 94, Japan 98, Kopenhagen 99, offizieller dt Beitrag Weltmusiktage Oslo 90 u Zürich 91, Stuttgart 87, WDR 89, Hitzacker 90 u 93. **Pr:** Stuttgarter Förderpr 87, Forum junger Komp 89, Wiener Int KompPr 91, A Commneno-Pr 95, Bayer Staatspr 95, Besancon 96 ua. – **Komp:** Einklang op 1, UA Köln 89; Versuch über Vergangenes (KamM), UA Hitzacker 90; Cascando II (KamM), UA Hitzacker 94; ...a wild celebration of colour and rhythm (OrchW), UA SFB Berlin 98; Ritual fragment: ... in memoriam ... (KamM f StrQui) 01, UA München 02. **AuftrKomp:** Swin Swin (MTh), UA Saarbrücken 897 (Auftr: Staatsth Saarbrücken); An iconoclastic reproduction of 19 rainbow players (OrchW), UA München 98 (Auftr. Münchener KamOrch); The lonely monk's reflections on preprocreational aspects in fractal organisations (Ow), UA Bonn 99 (Auftr: Ens Köln); a simple symphony of changes (OrchW), UA Neuburg 01; weird scenes inside the mirror cages I (EnsW), UA Nürnberg 2000 (Auftr BR); A portrait of Marshall Leo Gambetti (OrchW) (Auftr: Biennale München); I'm dancing on the edge of time I (f Ens), UA 01 (Auftr: Jeunesses Musicales); Le Cinema/Le Train (FilmM f Ens), UA 03 (Auftr: Avantgarde Fstv); changes, songs and inbetweens (f Ens), UA 03 (Auftr: Fränk Sommer).

Schneider-Hofstetter, Barbara, dramatischer Sopran; c/o Herwald Artists, Strd. Roten Kreuzes 64, D-76228 Karlsruhe, T: (07 21) 9 47 39 39, F: 9 47 39 37, *info@herwald-artists.com* [München]. **Ausb:** Richard-Strauss-Kons München 83–85; Stud Ges b D Schneider ab 85. **Laufb:** Gastsol ua: Vereinigte Städt Bühnen Krefeld u Mönchengladbach SpZ 2000/01, Hess Staatsth Wiesbaden ab SpZ 01/02, Bayreuther FSp 02 u 03, Bayer Staatsop München SpZ 03/04, Badisches Staatsth Karlsruhe SpZ 03/04 u 04/05, Aaltoth Essen SpZ 03/04, Staatsop Hannover SpZ 04/05 u 05/06, Kom Op Berlin SpZ 03/04 u 04/05, Nationalth Zagreb SpZ 04/05, Op Wroclaw SpZ 04/05, Wiener Staatsop SpZ 04/05, Op Köln SpZ 04/05 u 05/06.

Schneider-Hollek, Matthias, Komponist, Schauspielmusiker; c/o digital masters, Heusteigstr 44, D-70180 Stuttgart, *ms@digitalmasters.de*; *www.hollek.de* [Waiblingen 1963]. **Ausb:** Stud (Querfl) b K Strobel Stuttgart 82–88, (Komp, Schwerpunkt: Elektron Musik) b Prof Ulrich Süße Stuttgart 88–92. **Laufb:** SchspM Düsseldorfer Schauspielhaus SpZ 04/05. (Red)

Schneider Rüfli, Gertrud, Klavier; Bachgässli 21, CH-3253 Schnottwil, T: 03 23 51 27 22. (Red)

Schneider, Bernhard, Tenor; Hebbergstr 80–1, D-70794 Filderstadt, T: (07 11) 6 74 54 85, F: 6 74 54 86, *SchneiderTenor@aol.com*; c/o Opernhaus, Oberer Schlossgarten 6, D-70173 Stuttgart; *www.SchneiderTenor.de* [Essen 18.5.1967]. Oper u Oratorium **Ausb:** Stud Ges (H Sotin) MH Köln 88–96, Reifeprüfg u Konz-Examen. **Laufb:** Opernstudio Düsseldorf 91, Th Krefeld, Musikth Gelsenkirchen, Th Bremen 96/97; Staatsop Stuttgart seit 98, Partien ua: 'Die Fledermaus'/Alfred, 'Die Liebe zu den drei Orangen'/Truffaldino, 'Verkaufte Braut'/Wenzel, 'Alcina'/Oronte; Gast b d Bayreuther FSp 96–02. **Ens:** ZusArb m Ens SEQUENTA. – **Aufn/RF:** aktuelle Produktionen: CD Flotow: Alessandro Stradella; CD Lehár: Zigeunerliebe; DVD Wagner: Rheingold, m Staatsop Stuttgart.

Schneider, Bernhard, Chordirektor; c/o Nationaltheater Mannheim, Am Goethepl, D-68161 Mannheim, PF 102362, D-68023 Mannheim. **Laufb:** ChorDir Nationalth Mannheim SpZ 03/04, SeeFSp Mörbisch 05. (*)

Schneider, Bruno, Prof, Horn, Hochschullehrer; Hirzbodenweg 110, CH-4052 Basel, T: 06 13 11 55 34, F: 06 13 11 66 74, *brubru@swissonline.ch*; c/o Konzertdirektion Hans Ulrich Schmid, Königstr 36, D-30175 Hannover, T: (05 11) 3 66 07 60, 3 66 07 27, 3 66 07 69, F: 3 66 07 34, *mail@kdschmid.de, ep@kdschmid.de*; *www.bruno-schneider.ch* [Lausanne 1957]. **Laufb:** Prof Cons de Musique de Genève seit 87, Prof Hn MH Freiburg seit 97. **Ens:** Bläserens Sabine Meyer, Ens 'Les Vents Français', Lucerne Festival Orch.

Schneider, Christian, Prof, Hochschullehrer, Oboe; Luegpl 1, D-40545 Düsseldorf, T: (02 11) 5 57 09 07, F: 5 57 09 07, *schneider-oboe@t-online.de*; Hochschule f Musik, Dagobertstr 38, D-50668 Köln [Weimar 8.9.1942]. KamM in d Besetzung Oboe u Org **Ausb:** HfM Berlin (Oboe b K Steins, Va b E Seiler) 61–65. **Laufb:** Sol Symph Orch Berlin 64–65; Sol Bochumer Symph 65–72; Sol Düsseldorfer Symph 72–92; Prof (Ob) HfM Köln seit 92. **Ens:** Collegium aureum 72–92; Capella Coloniensis 72–92. **Mitgl:** Telemann-Ges. – **Aufn/RF:** zahlr CDs. **UA:** Werke ua von G Litaize, H Schroeder, W Szalonek, F M Beyer, G Kröll, B Dimov. **Sonst:** GrdgMitgl 'Musikfabrik NRW'; Jurymitgl ua beim Dt Musikwettb d Dt Musikrates, beim Lauschmann-Oboenwettb, Int Oboe Competition Isle of Wight; Hg v Oboenmusik b Universal Ed; Mithg FachZs 'TIBIA' 79–05.

Schneider, Diemut, Klarinette; c/o Konzertbüro Nikolaus Schmidt, Kirchenallee 22, D-20099 Hamburg, T: (0 40) 28 05 66 17, F: 28 05 66 18, *info@schmidtkonzert.de*; *www.schmidtkonzert.de*. **Laufb:** Lockenhaus Fstv, Schleswig-Holstein MFstv, Niedersächs Musiktage, Kissinger Sommer (m 'Albert-Schweitzer-BläserEns'). **Ens:** 'Albert-Schweitzer-BläserEns'. (Red)

Schneider, Enjott *siehe* Schneider, Norbert Jürgen

Schneider, Enjott, Dr, Prof, Hochschullehrer, Komponist; Am Wageck 4, D-81669 München, T: (0 89) 48 95 08 22, F: 48 95 08 24, *Schneider@enjott.com*; H f Musik u Theater, Arcisstr 12, D-80333 München; *www.enjott.com* [Weil a Rhein 25.5.1950]. **Laufb:** Prof (MTheorie, Filmkomp) H f M u Th München. (Red)

Schneider, Eric, Klavier; c/o Semperoper, Theaterplatz 2, D-01067 Dresden; c/o KünstlerSekretariat am Gasteig, Rosenheimer Str 52, D-81669 München, T: (0 89) 4 44 87 90, F: 4 48 95 22, *team@ks-gasteig.de*. **Ausb:** Stud Liedgestaltung (H Höll), Stud Ges(E Schwarzkopf, D Fischer-Dieskau), Stud (Dirig) Berlin. **Laufb:** Liedpianist ua Wigmore Hall London, Concertgebouw Amsterdam, Kölner u Berliner Philh, Wiener KonzHaus, Lockenhaus-Fstv, Schubertiade Feldkirch, Los Angeles, Washington, Philadelphia, New York, LBeauftr (Liedgestaltung) H f Musik 'Hanns Eisler' Berlin, Gast Semperop Dresden SpZ 04/05. – **Aufn/RF:** Brahms: Die Schöne Magelone, m H-P Blochwitz, C Froboess; H Eisler: Hollywood Liederbuch, m M Goerne; R Schumann: Lieder; F Poulenc: Ausgewählte Lieder, m W v Mechelen; Goethe-Lieder, m Ch Oelze; A v Webern: Lieder, m ders. (Red)

Schneider, Gerhard, Prof, Hochschullehrer, Kapellmeister; Rheinstr 81, D-66113 Saarbrücken, T: (06 81) 75 21 80; H f Musik Saar, Bismarckstr 1, D-66111 Saarbrücken [Eichstätt 17.6.1946]. **Ausb:** Stud (SchM, Dirig) MH München, Liedbegleitung (G Hüsch, G Moore, E Werba) Sommerakad Mozarteum. **Laufb:** Solorep Essen 71–74, Wiesbaden 75–87, 1. Kapm Münster, Wiesbaden, Lübeck, Bremen 88–93, GMD Schleswig-Holstein Landesth u Sinfonieorch Flensburg, Prof, musikal Lt OpSchule H d Saarlandes f Musik u Th Saarbrücken. – **Aufn/RF:** Gurlitt: Wozzek (RF-Mittschnitt Radio Bremen).

Schneider, Gottfried, Prof, Hochschullehrer; Alpenstr 22, D-82319 Starnberg, T: (0 81 51) 23 86, F: 7 24 13, *schneider.gottfried@gmx.de*; Hochschule f Musik u Theater, Arcisstr 12, D-80333 München. **Laufb:** Prof (V, KamOrch) H f M u Th München, Kammerorch H f M u Th München. (Red)

Schneider, Gundula, Mezzosopran; Landgrafenstr 50, D-44139 Dortmund, T: 0 17 87 87 08 78, (02 31) 7 21 27 26, F: (02 31) 7 21 27 26, *gundula.schneider@gmx.de*; c/o Konzertdirektion Tobischek, Zimmermannstr 59, D-45239 Essen, T: (02 01) 8 40 51 75, F: 8 40 51 76, *tobischek@arcor.de* [Dresden]. Oper, Konzert **Ausb:** Stud H f Musik Dresden, Karlsruhe (M Steller, M Trappe-Wiel, M Venuti), Mstrkl Lied (M Shirai, H Höll). **Laufb:** Gastsol Staatsth Kassel 99, Sol Th Dortmund, Kom Op Berlin 2000–02, Gastsol Pfalzth Kaiserslautern SpZ 2000/01, Op du Rhin Strasbourg 01, Tiroler Ldsth Innsbruck Sp 03/04, Th u SchlossFSp Heidelberg SpZ 04/05. **Pr:** 1. Pr 'Pro musicis' Paris/New York, Pr b versch Liedwettb, Stip dt Musikrats m Pr d OpFreunde, Pr f Nachwuchskünstl d Stadt Dortmund u Presse Dortmund. – **Aufn/RF:** M A Turnage: 'Twice through the heart', Dt EA (HR); CD: Sämtl Lieder v R Wagner 03.

Schneider, Gunter, Dr, Prof, Hochschullehrer, Gitarre; Univ f Musik u Darst Kunst, Hellmesberger-Inst, Rennweg 8, A-1030 Wien. **Ausb:** Stud (Git,

MWiss) i Innsbruck, Dr phil ebd. **Laufb:** UProf U f Musik u Darst Kunst Wien. **Pr:** Emil-Berlanda-Pr d Landes Tirol f bes Verdienste u d Neue Musik 93, 3. Pr Chorwettb d Tiroler Sängerverb 95. **Ens:** Klangforum Wien, Ens XX. Jahrhundert Wien, Burkhard Stangls Maxixe, Ens ENIF, K&K-Experimentalstudio. (Red)

Schneider, Hermann, Prof, Szenischer Leiter; c/o Studiotheater Belvedere, Schloss Belvedere 13, D-99425 Weimar, T: (0 36 43) 55 52 18, F: 55 52 19, *hermann.schneider@hfm-weimar.de*; c/o Hochschule für Musik 'Franz Liszt' Weimar, Pl der Demokratie 2/3, D-99423 Weimar. **Ausb:** Stud (Germanistik, Phil, Th u MWiss) U Tübingen, U München 81–87, Regieass W Decker, R Carsens. **Laufb:** Prof (OpRegie) H f M 'Franz Liszt' Weimar, Spiellt Stadtth Aachen 87–91, Chefdram u komm Intend Th Eisenach 93–95, Lt OpStudio Dt Op am Rhein 96–01, Musikal Lt Studioth Belvedere Weimar SpZ 03/04, Intend Mainfrankenth Würzburg ab 04/05. – **UA:** Inszenierung: F Hummel: 'Beuys', Dt Op am Rhein, Wiener FestW 98. **Sonst:** Inszenierungen in Aachen, Darmstadt, Dessau, Eisenach, Lübeck, Düsseldorf, Duisburg, Würzburg, Wien, London.

Schneider, Ines-Sonja, stellv 1. Konzertmeisterin; c/o Südthüringisches Staatstheater, Bernhardstr 5, D-98617 Meiningen. **Laufb:** stellv 1. Konzm Orch d Meininger Th. (Red)

Schneider, Isabel, Violine; Obere Rombach 3, D-69118 Heidelberg, T: (0 62 21) 80 14 82. **Laufb:** 3. Konzm Philharmon Orch d Stadt Heidelberg. (Red)

Schneider, Joachim F W, Komponist; Würzburger Str 48, D-63739 Aschaffenburg, T: (0 60 21) 44 33 13, F: 44 33 14, *joachim@theophilius.de*; *www.joachim-fw-schneider.de* [Feuchtwangen 24.7.1970]. OrchM, KamM **Ausb:** Stud (KiM) Esslingen 89, Stud Komp (Winbeck) H f Musik Würzburg 91–2000. **Laufb:** LAuftr (Komp, MTheorie) H f Musik Würzburg seit 98. **Pr:** Förderpr Hochschulwettb 97, Günter-Bialas-KompWettb f KamM 97, Europ Komp-Pr 03, Bayerischer Kunstförderpr 05. – **Komp:** Zwei Orchesterstücke 96/97, UA Saarbrücken, Radio SinfOrch Saarbrücken, Dgt: K Gourzi 99; TENEBRAE (f Sop u Ens) 98, UA Jerusalem, ens neue musik, Dgt: A Hamary 98; Kolibri (Fl u 2 Git), UA Düsseldorf 99; Konz f Kl u Orch 98, UA Würzburg, ens neue musik, B Kobler, Dgt: A Hamary 2000; Lines, a couple of fields... (f 5 E-Git) 01, UA München (Auftr: Fstv ADevantgarde; Sylphidentänze f gr Orch, UA Berlin 03; Lautechos (f Ens), UA Kassel 05.

Schneider, Jörg, Tenor; c/o Gerstel International Opera Management, Stockerstr 10, CH-8002 Zürich, T: 04 17 63 91 88 01, F: 04 42 53 14 53, *gerstel@swissonline.ch*; c/o Theater St Gallen, Museumstr 1/24, CH-9004 St Gallen. **Laufb:** Sol Th St Gallen, Op Stuttgart. (Red)

Schneider, Karl, Sänger; Auf dem Meere, D-21335 Lüneburg, T: (01 72) 7 62 00 86; c/o Theater Lüneburg GmbH, PF 2829, D-21318 Lüneburg. **Laufb:** Sol Th Lüneburg, Gastsol ppp-musiktheater München/Berlin SpZ 03/04. (Red)

Schneider, Klaus, Horn; c/o Deutsches Symphonie-Orchester Berlin, Masurenallee 8–14, D-14057 Berlin. **Laufb:** stv Sol Dt SymphOrch Berlin. (Red)

Schneider, Klaus, KS, Sänger; Boeckhstr 25, D-76137 Karlsruhe, T: (07 21) 81 27 24. **Laufb:** EnsMitgl Bad Staatsth Karlsruhe. (Red)

Schneider, Magnus, Schauspielmusiker; c/o Theaterei Schloß Erbach, Schloß, D-89155 Erbach. **Laufb:** SchspM Theaterei Schloß Erbach SpZ 03/05. (Red)

Schneider, Mario, Posaune; Zepfenhaner Str 23, D-78628 Rottweil, T: (0 74 27) 5 92. **Pr:** 1. Pr Concorso Int Città di Porcia (Pos), Stip Dt Musikwettb Sol Berlin 99. (*)

Schneider, Martin, Prof, Hochschullehrer, Lehrer Szenischer Unterricht, Musiktheaterregisseur; Hochschule f Musik 'Hanns Eisler', Abteilung A, Charlottenstr 55, D-10117 Berlin, T: (0 30) 90 26 97 00, F: 90 26 97 01, *abteilung.a@berlin.de* [Merseburg 5.3.1938]. **Ausb:** Stud Musikerziehung, Germanistik, Musikwiss – Dipl (Siegmund-Schultze, M Schneider, Braun, Fleischhauer) Martin-Luther-U Halle, Stud priv V (Vermes), Kl, Gesang (K Hübenthal). **Laufb:** Regieass u Abendspielleiter Kom Op Berlin 62–74, Spielleiter ebd ab 70, Ass b W Felsenstein, G Friedrich, W Kersten, H Bonnet, 1. Spielleiter Landesth Halle 74–78, OpDir ebd 78–80, Gastinsz ua Th Potsdam, Niederländ Op Amsterdam, Th d Stadt Cottbus, Landesth Halle, Fernsehen DDR, LAuftr MH Leipzig, MH Berlin, Oberass H f M Hanns Eisler Berlin 82, Doz (szen Unterr Abt Gesang) ebd 86, Prof u szen Ltg d MusikTh ebd seit 92.

Schneider, Martin, Trompete, Hochschullehrer; Hessisches Staatstheater / Orchester, Christian-Zais-Str 3, D-65189 Wiesbaden. **Laufb:** Orch Hess Staats-Th, Doz (Trp) Wiesbadener Musikakad. (*)

Schneider, Melanie, Sopran; c/o Theater Regensburg, Bismarckpl 7, D-93047 Regensburg. (Red)

Schneider, Michael, KM, Horn; c/o Dresdner Philharmonie, PF 120424, D-01005 Dresden. (Red)

Schneider, Michael, Komponist, Musikwissenschaftler; Rain 22, CH-5000 Aarau, T: 06 28 22 84 81, F: 06 28 22 84 81, *schneider-etter@dplanet.ch* [6.9.1964]. **Ausb:** Stud (MWiss, Neue Gesch, Kunstgesch) U Zürich, Komp (D Terzakis) Kons Bern, Meisterkurse Komp (E Denissow). **Laufb:** vielfältige Tätigkeit im Bereich d Kultur- u Musikvermittlung (ua: Stapferhaus Lenzburg, Präs Jeunesses Musicales Aargau, Peter Mieg-Stift, Lt Pan Musikverlag Zürich), Auslandsaufenthalt in Sydney 98/99 m zahlr Kontakten z austral Musikszene (New Music Network, Australian Music Centre, P Sculthorpe), künstl Lt Wettinger KamKonz ab 2000. **Pr:** Förderbeiträge Aargauer Kuratorium. – **Komp:** ua Desii e terre nuove (2 Kl) 95; touch(e)! (KlTrio) 96, Colors and Countenance (Sop, BlQui) 96/97; Licht bei Vermeer (BaHn, Vibr, 8st Chor) 97/98, Shark Turtle Ray (Ob, Va, Git) 98/99, Distant calls (f SaxQua, Kl) 99/2000; Rubin (StrOrch) 01. **AuftrKomp:** ua f Schweizer Kulturstift Pro Helvetia, MDR, Ens Contrechamps, Musica Vocalis Rara. **Sonst:** Tätigkeit als Musikpublizist u -hg.

Schneider, Michael, Prof, Hochschullehrer, Flöte, Dirigent; Hochschule f Musik u Darst Kunst, Eschersheimer Landstr 29–39, D-60322 Frankfurt am Main, T: (0 61 74) 69 42, F: (0 61 74) 69 71, *schneiderstagione@t-online.de*; *www.hfmdk-frankfurt.de*, *www.lastagione.de*, *www.camerata-koeln.de* [1953]. Barockop, Wiener Klassik **Ausb:** Stud (Qufl, Bfl, Vcl) H f M Köln, Unterr Bfl (W van Hauwe) Amsterdam. **Laufb:** Ltg 'La Stagione Frankfurt' seit 88, Gastdgt Folkwang-Fest Essen 2000, Göttinger HändelFSp 03, Stadtth Gießen 05; Konz ua m d Zürcher KamOrch, Cappella Coloniensis, Israel Chamber Orch, Israel Camerata, Nordwestdt Philh, Magdeburger Philh, KamPhilh d MDR; Prof (Bfl) HdK Berlin 80–83, Prof (Bfl, Hist IntprPraxis) H f M u Darst Kunst Frankfurt/M seit 83. **Pr:** Int MWettb ARD München 78, Telemann-Pr d Stadt Magdeburg 2000. – **Sonst:** Grdg 'Camerata Köln' 79, Grdg 'La Stagione Frankfurt' 88.

Schneider, Michaela, Sängerin; Emil-Nolde-Weg 17, D-30569 Hannover, T: (05 11) 65 32 48. **Laufb:** Sol Op Hannover seit SpZ 03/04. (Red)

Schneider, Nikolai, Cello; c/o NDR Radiophilharmonie, Rudolf-von-Bennigsen-Ufer 22, D-30169 Hannover. **Laufb:** Sol NDR RadioPhilh Hannover. **Ens:** Trio 'duo a tre'. (Red)

Schneider, Norbert Jürgen (Pseud: Enjott Schneider), Dr phil, Prof, Schriftsteller, Interpret, Komponist; Am Wageck 4, D-81669 München, T: (0 89) 48 95 08 22, F: 48 95 08 24, *schneider@enjott.com*; *www.enjott.com* [Weil a Rhein 25.5.1950]. Musiktheater, Sinfonik, Kammermusik, Filmmusik **Ausb:** Stud (M) MH u U Freiburg, Dr phil ebd. **Laufb:** Prof (Mtheorie) MH München seit 79, (Komp f Film u Fernsehen) seit 96 ebd, (MDram) FilmH München seit 82, E-M-Vertreter im Aufsichtsrat d GEMA seit 03. **Pr:** Bayer Filmpr f FilmM 90, Bundesfilmpr in Gold 91, Fipa d'Or Biarritz 01. – **Komp:** ua In principio erat verbum f Ch u Instr, UA München 86; W-Borchert-Liederbuch f Ten (Sop) u StrQua (Orch), UA 88; Nekyia f Ob u Org, UA München 89; Tenebrae f Sop, V u Org, UA München 90; Klänge d Lichts (H v Bingen) (Orat), UA Leipzig, Nordkirche 94; Toccata 'Schlafes Bruder' f Org, UA Feldafing 94; As time goes bye (SaxTrio), UA 01. **AuftrKomp:** ...so lose im Raum (Rilke-Orat), UA Regensburg 95 (Auftr: Stadt Regensburg, Regensburger Domspatzen); Schubert-Gedanken f Bar, Ens, UA Wiesbaden 96 (Auftr: Mai-FSp Wiesbaden); D Minuten-Tristan f 12 Kl (Einweihung Prinzregententh München), UA ebd 96 (Auftr: Prinzregententh); Global Conc (150 J Siemens), UA CC Berlin 96 (Auftr: Siemens); Teatrissimo (Ratatouille f Orch), UA Prinzregententh München 97 (Auftr: Prinzregententh München, A Everding); Resonanzen (Symph Tänze), UA Madrid 2000 (Auftr: Orqu Filh Madrid); 2. Sinf Sisyphos f Perc u Orch, UA Herkulessaal München 01 (Auftr: Münchner Symph); Bahnwärter Thiel (Op), UA 04 (Auftr: Th Görlitz); 04: Keiner kommt an Gott vorbei (Musical), UA 04 (Auftr: MTh Gelsenkirchen); Krabat o d Erschaffung d Welt (Balettop), UA Th Wolfsburg 04 (Auftr: Sorb NatEns Bautzen). **Aufn/RF:** über 30 CDs: ua 'Herbstmilch' (FilmM) 89, 'Rama Dama' (FilmM) 90, 'Stalingrad' (FilmM) 92, 'Klänge d Lichts – M n Innen' 95, 'so lose im Raume' (Rilkeorat) 95, 'Schlafes Bruder' (FilmM) 95, 'M u Dichtung' (Liederzyklen n Ramadan, Hesse, Trakl, Eichendorff, Morgenstern) 96, '23 – Nichts ist so wie es scheint' (FilmM) 99, 'Jahrestage' (FilmM) 2000, 'Schwabenkinder' (FilmM) 03. **Sonst:** 'Zeit – Rhythmus – Zahl. Grundlagenbuch z M u Kultur', 91 u 03.

Schneider, Peter, Prof, Dirigent; c/o Theateragentur Dr Germinal Hilbert, Maximilianstr 22, D-80539 München, T: (0 89) 2 90 74 70, F: 29 07 47 90, *agentur@hilbert.de*; c/o Künstleragentur Dr Raab & Dr Böhm, Plankengasse 7, A-1010 Wien; *www.hilbert.de* [Wien 26.3.1939]. dt Op **Ausb:** Stud (Komp) b K Schiske Akad f M u darst Kunst Wien 55–59, (Dirig) b H Swarowsky 57–59. **Laufb:** Dgt Dt Op Berlin, 1. Gastdgt Bayer Staatsop, Dgt Wiener Staatsop, Ehrenmitgl ebd seit 04, Bayreuther FSp, Met Op New York, Staatsop Hamburg, San Francisco Op, musikal Ltg Op Zürich SpZ 04/05. **Pr:** Bayer Verdienstorden, Österr Med f Kunst u Wiss. – **UA:** W Rihm: Op 'Die Hamletmaschine'.

Schneider, Regula, Klarinette; Seestr 105, CH-6047 Kastanienbaum, T: 04 13 40 06 10. (Red)

Schneider, Rita-Lucia, Sängerin; c/o Volksoper Wien, Währinger Str 78, A-1090 Wien, T: (01) 51 444 40, F: 5 14 44 32 15, *office@volksoper.at*; *www.volksoper.at*. **Laufb:** Sol Volksop Wien seit SpZ 03/04. (Red)

Schneider, Simone, Sängerin; Paschstr 36, D-80637 München, T: (0 89) 15 98 13 71; c/o Staatstheater am Gärtnerplatz, PF 140569, D-80455 München. **Ausb:** GesStud H f M München. **Laufb:** OpStudio Bayer Staatsop München, GastengTeatro Carlo Felice Genua, Bayer Staatsop, Op Leipzig, Würzburg, Chemnitz, Sol Staatsth am Gärtnerpl München seit SpZ 97/98, Gastsol Op Hannover SpZ 04/05. – **UA:** 'Helle Nächte' Moritz Eggert, Münchener Biennale 97. (Red)

Schneider, Ulf, Prof, Hochschullehrer, Violine; Friedenstr 4, D-30175 Hannover, T: (05 11) 8 56 41 86, F: 8 56 41 87, *schneiderulf@gmx.de*; Hochschule f Musik u Theater, Emmichpl 1, D-30175 Hannover, T: (05 11) 3 10 02 81, F: 3 10 03 61, *Pressestelle@hmt-hannover.de*; *www.triojeanpaul.de* [Salzgitter 2.2.1968]. Kammermusik **Ausb:** Stud (J Ellermann) H f M u Th Hannover 85–89, (F Gallmir, M Kawasaki) Juilliard School New York 89–91, (Th Zehetmair) H d Künste Berlin 91–94. **Laufb:** Prof (V) H f Musik Detmold 99–2001; Prof (V) H f M u Th Hannover seit 2001, umfangr int KonzTätigkeit. **Pr:** 1. Pr b int KamMWettb Osaka 93, Melbourne 95, Dt Musikwettb 95, Stip Studienstift d Dt Volkes, Stift Niedersachsen, 1. Pr HWettb Berlin 93, Kunstpr Stadt Kassel

96. **Ens:** Trio Jean Paul seit 91, Zehetmair-Qua 96–99. – **Aufn/RF:** RF-Aufn u CD-Einsp. **Sonst:** Grdg Trio Jean Paul (m M Löhr, E Heiliger) 91.

Schneider, Ulrich, Bass; Luisenstr 12, D-76137 Karlsruhe, T: (07 21) 9 35 17 98; c/o Konzert-Direktion Zagovec, Hans-Böckler-Str 23, D-65468 Trebur-Astheim, T: (0 61 47) 91 96 60, F: 91 96 62, *agentur@zagovec-artists.de*. **Laufb:** Sol Vereinigte Städt Bühnen Krefeld u Mönchengladbach, EnsMitgl Bad Staatsth Karlsruhe seit SpZ 03/04. (Red)

Schneider, Ulrike, Sängerin; Schleiermacherstr 35, D-06114 Halle, T: (03 45) 5 25 06 09, F: 5 25 06 09 [Hamm/Westfalen]. Oper, Konzert, Lied **Ausb:** Stud b Widmer MAkad Basel, Stud b Kratzer H d Künste Berlin, privat b H Kuhse, Bjoner Schüler v M Honig Amsterdam 2000. **Laufb:** OpStudio München 94–96, Sol Luzerner Th 96–2000, Sol Op Halle 2000–05; freischaff seit 05. **Ens:** Ens 'Musica Chiara'. – **Aufn/RF:** A Mahler: Sieben Lieder, Orch OpHaus Halle, Dgt: R Epple 2000 (MDR); J Brahms: Alt-Rhapsodie, m MDR-Rundfunkorch u -chor, Gewandhaus Leipzig, Dgt: H Arman 02 (MDR); G Fr Händel (Fassg Mozart): 'Judas Maccabäus', Dgt: H Arman, MDR 04.

Schneider, Urs, Dirigent; Gatterstr 1b, CH-9010 St Gallen, T: 07 12 22 39 80, F: 07 12 22 38 89, *urs.schneider.conductor@freesurf.ch*, *urs.schneider.conducra@freesurf.ch*; *www.ursschneider.com* [St Gallen 16.5.1939]. Konzert, Oper **Ausb:** Dipl (V) Kons Zürich, Dirig (R Kubelik) Luzern, (I Markevitch) Madrid, (O Klemperer) Zürich/London. **Laufb:** Konz, Tournee, RF- u Schallpl-Aufn, Chefdgt ua Shreveport Op u Symph Soc Louisiana, Camerata Stuttgart, Camerata Academica Salzburg, Haifa Symph Orch Israel, Prager KamSol, Nat Taiwan Symph Orch, 4000 Konz u Opaufführungen in Europa, USA, Südamerika, Afrika, Israel, Ferner Osten, Australien. **Pr:** Jurymitgl Concours int de jeunes chefs d'orch des Fstv Besançon, Dgtwettb Constantin Silvestri Bukarest u Wettb Israel, Taiwan, New York, Präs d Jury Schweiz Grand Prix Eurovision des Jeunes Musicens 99, Kunstpr Stadt St Gallen 68, Mitgl 'Master of Fine Art Int' New York 69. **Mitgl:** STV. – **Aufn/RF:** 50 LPs u CDs, zahlr RF-, TV- u Opprod. **UA:** zahlr, weltweite UA seit 62, Kompauftr an L Nadelmann, J-F Zbinden, J Daetwyler, P Huber, K Cornell. **Sonst:** Grdg Pro Musica Orch 54, Ostschweizer KamOrch 62, Camerata Helvetica, Int Kunstwochen Klosters 68, Int Kunstszene Lenk 69, MSommer Fstv Wggis 69.

Schneider, Urs Peter, Prof, Komponist u Improvisator, Interpret u Pädagoge; Tessenbergstr 45, CH-2505 Biel, T: 03 23 13 44 57 [Bern 14.2.1939]. bes KamM, Neue M, unbekannte KlWerke (Renaissance bis heute), Performance **Ausb:** Kl (W Lang, B Seidlhofer), Komp (S Veress, K Stockhausen) Bern, Köln, Wien 59–66. **Laufb:** Prof (Theorie, Ens) MH Bern, div Tourneen als Pianist seit 63, zahlr Auff u UA in Europa, Amerika, Russland als Komp (über 1500), kontinuierlich Konz d 'Ens Neue Horizonte Bern' seit 68, theatraler Performer m M Leyh seit 88, ständ musikal ZusArb m N Klassen seit 72. **Pr:** Gr MPr Kanton Bern 83, div Pr als Pianist u Komp 64–78, 1. Pr 'Musik in Grenzbereichen' (Komp/Improv) 87. **Ens:** Lt 'Ens Neue Horizonte Bern' u 'Ens fächerübergreifend'. – **Komp:** zwölf Dutzend Komp aller Sparten 55–99, zuletzt: Studien (1100 Materialien) 55–94; Ein Tanzpoem (Qua m Kl ad lib) 98; Texthefte (f Lesende od Sprechende) 60–99; Infinitive, sakrale u profane Handlungen m Gegenständen (sechzigstünd Ritual) 99; Meilensteine (literar u musikal Etüden) 99–2000; Androgyn (Parolen u Sonaten) 97–02; Tetralogie der Mutmassungen 03; 17 bzw 19 Existenzen 03; Jericho (Konzepte) 2000–04; Robert Walser Trilogien 87–04; Auftragskomp: 'Spazieren m Robert Walser', UA 76 (Auftr: Schweizer Radioges); 'Orchesterbuch', UA Bern 82 (Auftr: Musikkommission Bern); 'Vier Hahnebücher', UA Bern 84 (Auftr: Pro Helvetia Kulturstift); 'Sternstunde' (Op), UA 86 (Auftr: Radio DRS Bern); 'Robert Walser Trilogie', UA Basel 93 (Auftr: STV); 'Ins Unbekannte' Musik im Film v Urs Graf, UA 04 (Auftr: div Institutionen) ua. **Aufn/RF:** über 50 Werke b DRS, RSR ua, über 40 Werke auf LPs u CDs. **UA:** als Pianist u EnsLt: UA v H Pousseur, J Cage, Ch Wolff, H Meier, M Kagel, T Elgna, R Moser, E Radermacher, L Janacek, K Huber, C Cardew ua. **Zug:** H Pousseur, Ch Wolff, P Norgard, R Moser, M Kagel, P Streiff, I Zelenka, F Rzewski, P Mariétan, G G Englert, J Frey, H J Hespos, E Radermacher, A Beuger ua. **Sonst:** Grdg Ens Neue Horizonte Bern 68; Schriftsteller (exp Lit) seit 60; musikal Installationen seit 98; Anthologie 'Konzeptuelle Musik' 04. **Lit:** 'Komponieren 1955–88' 89, 'Musik-Texte nr.60' 95.

Schneider, Walther, Prof, Komponist [1916]. **Laufb:** ChDir Stuttgarter Liederkranz 57–94, zahlr Konz im In- u Ausland. – **Sonst:** Hg: Egon Friedell, Briefe. (Red)

Schneider, Wolfgang, Schlagzeug; c/o NRD Radiophilharmonie, Rudolf-von-Bennigsen-Ufer 22, D-30169 Hannover. **Laufb:** Sol NDR RadioPhilh Hannover. (Red)

Schneiderat, Jobst, Solorepetitor; Lerchenweg 18, D-01454 Großerkmannsdorf, T: (01 72) 4 90 90 11; c/o Sächsische Staatsoper, Theaterpl 2, D-01067 Dresden. **Laufb:** Solorep Sächs Staatsop Dresden. (Red)

Schneidereit, Eva, Sängerin; Lerchenweg 12, D-23562 Lübeck, T: 0 17 74 91 58 05. (Red)

Schneiderman, Helene, KS, Sängerin; Nägelestr 2b, D-70597 Stuttgart, T: (07 11) 7 65 35 96; Staatstheater, Oberer Schloßgarten 6, D-70173 Stuttgart. **Ausb:** Stud in Princeton und Cincinnati. **Laufb:** Sol Staatsth Stuttgart seit 84. (Red)

Schneiders, Frank, Bassbariton; Große Pfahlstr 24, D-30161 Hannover, T: (05 11) 3 88 43 75, (01 72) 5 16 58 18. **Ausb:** Stud (Germanistik) U Köln u Stud Ges (J Metternich) MH Köln, weitere Studien b J F Puig Barcelona u H Stamm Hamburg u Berlin. **Laufb:** Sol Studio d Dt Op am Rhein Düsseldorf/Duisburg, Stadtth Oberhausen, Hess Staatsth Darmstadt, Op Hannover, viele Gasteng im In- u Ausland ua Gastsol Städt Bühnen Osnabrück SpZ 00/01. (Red)

Schneidt, Hanns-Martin, Dirigent; Eschenweg 3, D-82544 Egling/Ergertshausen, T: (0 81 71) 7 65 85 [1930]. v Monteverdi bis einschl zeitgen Musik **Ausb:** Mitgl Thomanerchor Leipzig ab 40, Stud (Dirig, Komp, KiM) MH München ab 49, (MWiss) U München. **Laufb:** Dir Berliner KiMSchule 55, künstl Ltg Berliner Bach-Chor u Berliner Bach-Collegium ab 55, Dgt Berliner Philharmoniker 60, regelm Dgt u Sol Ansbacher Bachwoche ab 61, GMD Stadt Wuppertal 63–85, Prof Staatl MH Hamburg 71–78, Prof Staatl MH München seit 85, Grdg u Ltg Schneidt Bach-Ch Tokyo 95; ständ künstl Lt Münchner Bach-Chor u Münchner Bach-Orch bis 01, künstl Lt Dt MSchul-Orch 95–02, regelm als Sol tätig; Prof Uni of Fine Arts a M Tokyo seit 01, 1. GastDgt Kanagawa Philh Orch Yokohama seit 01. **Pr:** zahlr Ausz f Verdienste um d MLeben. – **Komp:** Konz f Streichorch, UA München, Dgt: F Rieger. **Aufn/RF:** zahlr Schallpl-Einsp als Dgt. **Sonst:** Grdg Berliner Bach-Chor; Orch, Ch, Org b Bärenreiter Verl, Verl Leuckart.

Schneikart, Heinrich, Prof, Komponist; Viktor-Kaplan-Str 13, Stg 35, A-1220 Wien, T: (01) 2 02 31 66. – **Komp:** 'Toccata f Kl' 29, 'Fantasie über d frz Volkslied Le Roi a fait battre tambour', 'Paraphrase über d Radetzkymarsch f Kl zu 4 Händen', '5 Stücke f Kl', 'Variationen u Fuge über d Choral Aus Tiefer Not schrei ich zu Dir', '4 Stücke f KB u Kl', 'Trio f Fl, Git u KB', '2. Streichquartett' ua. (Red)

Schneiter, Arthur, Komponist; Weitenaustr, CH-9215 Schönenberg a d Thur, T: 07 16 42 24 34. (Red)

Schneller, Oliver Martin, Dr (Komp), MA (Komp), Mag (MWiss), Komponist, Saxophon; Reichenberger Str 59, D-10999 Berlin, T: (0 30) 61 28 59 78, *os59@columbia.edu* [Köln 26.3.1966]. instrumentale u elektroakust Komposition **Ausb:** Stud Uni Bonn (MWiss, Politik) 89–93; Komp (P Escot, L Hyla) New England Cons Boston 94–96, (T Musgrave, J Corigliano) Grad Center New York 96–98, (T Murail) Columbia Univ New York 98–2002. **Laufb:** ZusArb m Goethe Inst Kathmandu/Nepal: div MProjekte 90/91, m Goethe Inst/Columbia Univ: künstl Ltg d 'H Lachenmann in NY'-Woche 2000/01, Lt Studio f Electronic M Grad Center CUNY, NY 96–98; Eng als Sax 93–2002: G- Mahler JugSinfOrch unter S Ozawa, Tanglewood Orch unter T Dun, G-Russell Big Band, ZusArb m S Drury, L Foss, J Harbison, J Zorn. **Pr:** R-Starer-Pr CUNY NY 97, B-Rapoport-Award Columbia Univ NY 99, Meet-The-Composer NY 96 u 99, B-Britten-Stip Britten-Pears Found 99, P-Fromm Award Tanglewood/Fromm Found Harvard Univ 2000, Lurcy-Fellowship NY 2000–01, Barker Stip Columbia Univ 98–2002. **Mitgl:** ASCAP New York, BGNM Berlin, ISCM New York. – **Komp:** Joyce Paraphrases (StrQua) 97, UA Boston, Boston Univ, Whitman StrQua 98; Aqua Vit (8 Instr) 98, UA Marseille, Les Musiques, Court-Circuit 02; Aurora (Kl) 99, UA Cincinnati, Fstv of Contemp, Germ Music, Moritz Eggert 01; 5 Imaginary Spaces (Kl, Live-Elektr) 01, UA Paris, Fstv Agora, H O'Donnell 02. **AuftrKomp:** Trio (Akk, Vcl, Kl), UA NY, Koszciutzko Found 97 (Auftr: Composers Concordance/M Luoma); Topoi (Klar, V, Vcl, Kl), UA Washington DC, Kennedy Center 99 (Auftr: Meet The Composer); Phantom Islands (14 Instr, Elektr), UA Tanglewood 2000 (Auftr: Tanglewood M Centre); Diastema (14 Instr), UA NY, MATA Fstv of Contemp M (Auftr: Nouvel Ens Modern); Twilight Dialogues (Fl, Klar, Va, Schlgz), UA Int Review of Composers 03 (Auftr: MusikFabrik). **Sonst:** Auff d Komp b zahlr Fstv in Europa, USA, Skandinavien, Südostasien v Antares Ens, Court-Circuit, E-mex, Esprit Orch, Ens Intercontemporain, Ens Linéa, Ens modern, Gageegoo!, MusikFabrik, Nouvel Ens Modern, Speculum musicae, Whitman String Qua ua; b Aspen Fstv, Fstv Agora, Fstv Résonances, 'Frankfurt 2000', ICMC 2002&03, June In Buffalo, Musica Strasbourg, Tanglewood.

Schnerring, Dieter, Opern-, Konzerttenor; c/o Eventagentur & Künstlervermittlung Uwe Penner, Priel 20, D-85408 Gammelsdorf, T: (0 87 66) 93 98 66, F: 93 98 77, *UPenner@t-online.de*; c/o Artist Promotion, W. J. Ochsner, CH-6410 Goldau, T: 04 18 55 33 44, F: 04 18 55 22 41; *www.uwekonzerte.de* [Lörrach, Baden 14.5.1937]. Konzert, Lied, Arie, Oratorie **Ausb:** erst Modefotograph i d Schweiz, dann Ausb Ges (Panosetti) Basel 67–69, Stud b S Colombo 69–71 u b C Zattoni 71–73 MH Karlsruhe. **Laufb:** Eng Freiburg 71, Sol in Kirchenkonz, Tournee f 'Aktion Sorgenkind' m NDR-Orch, Dgt: r Bohn 72, rege KonzTätigk, auch int (va USA u Fernost), Konz-Debüt City Hall Hong Kong, Singapore u Cult Centre Macao 86, Anza Hall S Francisco 88, Ital Liedprod m Orch in Chiavari 91, Teiln Rigi-Fstv u Gala Bernhard Th Zürich 92, Konz-Debüt Sir Run Run Shaw Hall, Chinese Univ Shatin 95, Sol on tour Mid-Texas Symphon Orch, Dgt: A Endo 97, Gastsol ua Jackson-Auditorium Texas, McAllister-Th San Antonio 97/98. **Pr:** Goldene Ehrennadel Dt-Texan Sängerbund San Antonio USA u USA Gebirgssängerbund 97. **Mitgl:** Dt Bühnengenossenschaft, Th-Orchvereinigung Freiburg, Japa Int London. – **Aufn/RF:** Sizil Lieder, m SWF-SymphOrch, Dgt: E Smola 74, Ital Lieder, TV Salto Mortale 74, Kurzportrait KTSV S Francisco 78, Dt Lieder RETV6 Laguna Beach (CA) 82, Ital u Dt Lied-Arienprod RTHK Hongkong 84, Live-Konz TDM TV Macao 85, Sängerpotrait SAT1 TV 94; CDs ua: 'Operetten-Gala' m Philharm Orch Budapest, Dgt: J Sandor; 'Belcanto in Opera' m Orch Compania D'Opera Italiana, Dgt: A Gotta; 'Ave Maria' m div Orch, Dgt: H Hagen, M Scholowksy, A Illenberger. **Lit:** Artikel in Dt Bühnenjahrbuch, Who's sho Hist Society Boston, Who's who in Germany, Film-Fernseh-ABC, Hongkong Public Libraries, Dt Musik-Archiv Berlin, Wer ist wer, Schwann Artist S Fe USA.

Schnier, Petra, Hochschullehrerin, Klavier; Odenwaldstr 3, D-12161 Berlin, T: (0 30) 8 51 67 85. **Laufb:** Doz (KlSp) Erzbischöfl KiMSchule Berlin. (Red)

Schnitter, Gerhard, Komponist; Schulstr 1, D-72810 Gomaringen, T: (0 70 72) 91 28 20, F: 91 28 21 [Obercunnersdorf 30.10.1939]. **Ausb:** Stud (KiM) Herford, (Kl) Stuttgart, Studaufenth USA. **Laufb:** LTätigkeit MSch u

MH Stuttgart, MReferent Evangeliums-RF Wetzlar 80–95, MLektor u Produzent Hänssler-Verlag seit 95. **Mitgl:** Das Rad. – **Komp:** versch geistl Lieder (Soli, Chor, Combo) 70; Und das Licht scheint in der Finsternis (Kantate) 74, UA Stuttgart, Jg-Chor Aidlingen 74; Du meine Seele singe (Choralkantate) 84, UA Wetzlar, E Gauntt, ERF-Studiochor 84; Die Geschichte von dem Vater (Chorballade) 75/76, UA Stuttgart, ERF-Singtour 86; Adam & Co (Musical) 89/90, UA Gießen, ERF-Singtour 90; Mar(r)yland – oder bis ans Ende der Welt (Musical), UA Esslingen 90; Das Finale (Musical), UA Wetzlar 95; Weihnachts-Orat 'Licht im Dunkel' (Orat), UA Köln 96.

Schnitzer, Petra Maria, Sopran; c/o Theateragentur Dr Germinal Hilbert, Maximilianstr 22, D-80539 München, T: (0 89) 2 90 74 70, F: 29 07 47 90; c/o Opernhaus Zürich, Falkenstr 1, CH-8008 Zürich. **Laufb:** Sol Bayer Staatsop München (03/04), Sächs Staatsop Dresden, Op Zürich, Sol Dt Op Berlin SpZ 03/04, dass Gastsol SpZ 04/05. (Red)

Schnitzler, Claude, Dirigent; c/o Oper Leipzig, Augustuspl 12, D-04109 Leipzig; c/o Wiener Staatsoper, Opernring 2, A-1010 Wien [Strasbourg]. **Laufb:** Dgt Volkop Wien, Op Leipzig ua SpZ 02/03, Debüt Wiener Staatsop SpZ 04/05. (Red)

Schnitzler, Michael, Prof, Hochschullehrer, Violine; Univ f Musik u Darst Kunst, Inst f Streich- u andere Saiteninstrumente, Seilerstätte 26, A-1010 Wien, T: (01) 7 11 55 23 01, F: 7 11 55 23 99. **Laufb:** o UProf (V) U f Musik u Darst Kunst Wien. (Red)

Schnitzler, Vera von, Prof, Hochschullehrerin, Klavier; Gut Giersberg, D-53902 Bad Münstereifel, T: (0 22 53) 48 35, F: 26 43, *von_schnitzler@t-online.de*; H f Musik, Dagobertstr 38, D-50668 Köln. **Laufb:** Prof (Kl) H f Musik Köln. (Red)

Schnöller, Isabelle, Flöte; Kammerorchester, Kanonengasse 37, CH-4051 Basel; c/o Arion-Quintett, Matthias Arter, Schaffhauserstr 242, CH-8057 Zürich [Basel 1969]. **Ausb:** Stud (K Kasai, R Aitken) MH Freiburg, SolDipl 93, Stud Banff Centre for Fine Arts. **Laufb:** Sol (Fl) Basler KamOrch. **Pr:** Gewinnerin Int Musikwettb Jeunesse Musicales Belgrad, UBS-Wettb z Förderung junger Musiker 92. **Ens:** camerata variabile. – **Zug:** Aitken: FlKonz, UA Neuchâtel, I Schnöller m Orch de Chambre. (Red)

Schnoor, Hans-Jürgen, Prof, Hochschullehrer, Cembalo; Musikhochschule, Große Petersgrube 17–29, D-23552 Lübeck. **Laufb:** Prof (Cembalo) MH Lübeck. (*)

Schnorr, Klemens, MA, Prof, Hochschullehrer, Orgel; Littenweiler Str 40c, D-79117 Freiburg, T: (07 61) 6 96 63 98, F: 6 96 63 98; Preßburger Str 55, D-81377 München, T: (0 89) 71 50 22, F: 74 14 01 11 [Amorbach 22.5.1949]. Orgel **Ausb:** Staatl H f M München (F Lehrndorfer). **Laufb:** Prof (Org) Staatl H f Musik Freiburg, Grdgsrektor H f Kath KiM u MPäd Regensburg 02/03. **Pr:** Förderpr d Freistaates Bayern 86. **Mitgl:** Ges d Orgelfreunde, Neue Bachges. – **UA:** R M Helmschrott: Passaggio nel tempo 2000.

Schnyder, Daniel, Komponist; 467 Central Park West, New York, NY 10025, U.S.A., T: (2 12) 6 78 78 73, F: 6 78 79 40, *Danymu@aol.com*; *www.siwssclassic.net/schnyder/htm*, *www.enjarecords.com*, *www.venyc.com* [Zürich 12.3.1961]. klass Musik (KamM bis Oper), Jazz, Cross-over **Ausb:** Kons Winterthur, Berklee College of Music Boston, Banff Summer School Kanada. **Laufb:** ua: Tourneen m H Laws, L Soloff, R Anderson, K Drew jr, M Smith u V Lewis, Compser in residence Barossa Music Fstv Australien 94, Composer in Residence Milwaukee Symphony Orch. **Pr:** 1. Pr KompWettb Int Trumpet Guild 96, Conrad Ferdinand Meyer-Pr, Zolliker Kunstpr, unter den 1. fünf Finalisten b KompWettb d Int Klar-Vereinigung. **Ens:** Daniel Schnyder+Kenny Drew jr Qua (Jazz); 'words within music', Tarantula (music for jazzsoloist and string qua). – **Komp:** Der Sturm (Op), UA Bern 96; Trpkonz, UA Bieler SymphOrch, J Schneider; 4th Symphony, UA Tonhalle Zürich, Dgt: M Stern 96; 2. Sinfonie, UA Winterthur, Stadtorch 98; Bass Trombone Concerto, UA Absolute Ens New York, Dgt: K Järvi 99; Musik Stummfilm 'Faust' v F W Murnau 26 (Auftr: Goethe Tag Frankfurt) 99; words within music (Neubearb Matthäus Passion v J S Bach); Bearb u Orchestrationen zahlr Orchesterw u Jazz-Standards f versch Formate; kompositor ZusArb m afrikan u arab Musikern; AuftrKomp: ua f Vienna Art Orch, Tonhalle-Orch Zürich, NDR-Big-Band, P Sachers Collegium Musicum, Schweizer Fernsehen (SF/DRS), Berner SymphOrch; 'Revelation of St John' f Chor, Solisten u Orch (Auftr: Milwaukee Symph); 'Hymn for a new generation' m Milwaukee Symph, Dir: A Delfs (Auftr: Milwaukee Symph); Saxophone Quar (Auftr: Basler Saxophone Quar); Concerto for flute, percussion and strings (Auftr: Zürcher KamOrch). **Aufn/RF:** versch CDs, ua: 'African Symph', m Abdullah Ibrahim, zahlr Radio- u TV-Mitschnitte. **Lit:** zahlr Art in Ztg u Zs.

Schnyder, Oliver, Piano; Hertensteinstr 37, CH-5408 Ennetbaden, T: 05 62 04 97 67, F: 05 62 04 97 68, *contact@oliverschnyder.com*; c/o Konzert Agentur GmbH, Homelstr 34, CH-4114 Hofstetten, T: 06 17 33 03 73, F: 06 17 33 03 74, *oliverschnyder@concertagency.com*; *www.oliverschnyder.com* [Brugg 3.10.1975]. KamM **Ausb:** HMT Zürich (H Francesch) 92–98; Manhattan School of Music (R Laredo) 98; Peabody Kons Baltimore (L Fleisher) 98–01. **Laufb:** Kennedy Center Washington 2000; Gasteig München 01; Orpheum Fstv 02; Japan-Tournée 03; Mozarteum Salzburg 04; Carnegie Hall New York 05; Great Hall Moskau 05; Australien-Tournée 06. **Pr:** Steinway Artist, Pembaur-Pr, Duttweiler-Hug-Pr, Milholland Award for Piano, Rotary-Förderpr, Orpheum Soloist, Landolt-Pr. – **Aufn/RF:** CDs m Werken v Brahms, Schubert, Mendelssohn, Fauré, Debussy, Mussorgsky, Ringger, Hefti. **UA:** D Noon: Piano Conc, m Pro Musica Chamber Orch Columbus, Dgt: T Russell 01; D P Hefti: KlKonz; M Derunger: Fantasie f V, Kl u Orch; R U Ringger: KlStücke. **Zug:** D Noon: 3 Preludes; M v Orelli: 'Crepuscolo nel Gianicolo' f Kl; D P Hefti: 'Miroirs' f V u Kl.

Schober, Kurt, Sänger (Bariton); Laberstr 15, D-93073 Neutraubling, T: (0 94 01) 91 51 05, 01 76–21 64 02 47, F: (0 94 01) 91 51 05, *kurtfschober@aol.com* [Stockerau 28.11.1969]. Oper, Operette, Konzert **Ausb:** Stud Ges (Sartorius, Malm, Equiluz) OpSchule MH Wien 87–93. **Laufb:** Wiener Sängerknaben 80–84, freischaffend, Gast Kassel, Mannheim, Innsbruck, Linz, Würzburg, Braunschweig, Oldenburg u Nürnberg. – **Sonst:** Grdg 'Camerata Lyrica' (Gesang, Harfe, V, Vcl).

Schoch, Knuth, Prof, Hochschullehrer; Hochschule f Musik u Theater, FB 3, Harvestehuder Weg 12, D-20148 Hamburg. **Laufb:** Prof (Gesang) H f M u Th Hamburg, Sol Berliner Kammerop SpZ 03/05. (*)

Schochow, Klaus, Prof, Hochschullehrer, Flöte; Wülpensand 19, D-22559 Hamburg, T: (0 40) 81 99 02 04. **Laufb:** Prof (Fl) H f M u Th München. (Red)

Schöder, Olaf, Sänger (Bariton), Dozent; Eibenweg 19, D-06120 Halle, T: (03 45) 5 51 14 04 [Döbern]. **Ausb:** Stud Ges (B-S Weber) MH Leipzig. **Laufb:** Debüt Th Nordhausen, Sol Halle (ua Die Zauberflöte, Papageno; Cosi fan tutte, Guglielmo; Giulio Cesare, Curio; Csardasfürstin, Boni; Gräfin Mariza, Zsupan; Anatevka, Perchik; Der Mann v La Mancha, Sancho; Sorbas, Nikos; Das Traumfresserchen, Titelpartie; Papageno spielt auf d Zauberflöte, Titelpartie) seit 80, zahlr Gastsp ua Kom Op Berlin, Bratislava u Krakau, OratAuff, Privat- u Gesangsdoz Ev H f KiM Halle. **Pr:** Musicalpr Wettb junger OpSänger DDR 85. – **Aufn/RF:** zahlr RF- u Fernsehprod. **Sonst:** Grdg 'teatro mobile' 84. (Red)

Schöller, Barbara, Mezzosopran; Josef-Schneider-Str 1, D-97080 Würzburg, T: (09 31) 8 80 68 01; Mainfranken Theater, Theaterstr 21, D-97070 Würzburg. **Ausb:** Stud Ges (E Storz) H f M Würzburg 90–94, (I Hallstein) ebd 94–98, Abschl Bereich MTh 96. **Laufb:** Gast Stadtth Würzburg (Der kleine Horrorladen, Chiffon) 93/94, BurgFSp Jagsthausen (Anatevka, Hodel) 94 u 95, Städtebundth Hof (Westside Story, Consuela) 94/95, Bad Landesbühne Bruchsal (Der kleine Horroladen, Chiffon) u Stadtth Würzburg (Die Zauberflöte, 2. Dame) 96/97, Stadtth Würzburg (Der Vetter aus Dingsda, Hannchen) u MFSp Potsdam (C W Gluck: Die Chinesinnen, Lisinga) 97/98, festes EnsMitgl Stadtth Würzburg (ua Hallo, Dolly, Mrs Molloy; Der Zigeunerbaron, Mirabella; Eugen Onegin, Olga; Falstaff, Meg Page; Così fan tutte, Dorabella) seit 98/99, Gast Lübeck, Op Frankfurt/M. **Pr:** Bayer Kunstförderpr 02. (Red)

Schöllhorn, Johannes, Prof, Komponist, Hochschullehrer, Dirigent; Hochschule f Musik u Theater, Emmichpl 1, D-30175 Hannover, F: (05 11) 3 10 02 00 [Murnau 1962]. **Ausb:** Stud MH Freiburg b Klaus Huber, Emanuel Nunes, Mathias Spahlinger, Peter Förtig, DgtKs b Peter Eötvös. **Laufb:** Ltg d Ens f Neue M MH Freiburg, H f M u Th Winterthur-Zürich 95–00, Prof (Komp) Hf M u Th Hannover seit 01. **Pr:** Prtr Comité de Lecture d Ens Intercontemporain 95. – **Komp:** 'Rondo' f V u KamOrch, KamOp 'La trilogie minuscule'. (Red)

Schön, Markus, Klarinettist; Aventinstr 3, D-80469 München, T: 0 17 38 61 15 11 [Lage 3.7.1971]. **Ausb:** Stud (H Deinzer) MH Hannover 92–94, Stud (E Brunner) MH Saarbrücken 94–99, Stud (H-D Klaus) MH Detmold 99–01. **Laufb:** Mitgl Bundesjugendorch 87, Mitgl Junge Dt Philh 93, Mitgl Dt KamPhilh Bremen 97, regelm Eng durch Neue-Musik-Formationen wie 'ens recherche' Freiburg, KamEns Neue Musik Berlin, Sol (Klar) m Orch wie Dt KamPhilh Bremen, Scottish Chamber Orch Edinburgh, Gürzenich Orch Köln, SymphOrch d BR, Solo-Klar d Bayer Staatsop München seit 03. **Pr:** Stip Dt Musikwettb KamM Bonn 99, 2000, 2. Pr Dt HWettb 96, 1. Pr 'Int Musikwettb f junge Kultur' Düsseldorf; 1. Pr 'Mendelssohnwettb' Berlin 99. **Ens:** 'Est! Est!! Est!!!' seit 95. – **UA:** Stahnke: Lumpengalerie, UA Bonn, Beethovenhalle 99. **Zug:** Kobayashi: Netori 96.

Schön, Thomas, Tenorsaxophon; c/o Wiener Saxophon-Quartett, Kleine Stadtgutgasse 10/4, A-1020 Wien, T: (01) 2 14 95 87, F: (06 76) 6 48 01 98, *vie.sax4@nextra.at*; *members.magnet.at/vie.sax4/*. zeitgen Musik **Laufb:** int Tourneen durch Europa, Afrika, USA, Festivals Wien Modern, Hörgänge, Carinthischer Sommer, Kilkenny Arts Week (Irland), New Music dePaul (Chicago), int Sommerkurs f klass Sax seit 90. **Pr:** Gewinner East & West Artists Competition, Prtr int Kammermusikwettb Martigny. **Ens:** Wiener Saxophon-Quartett. – **Zug:** über 70 Werke großteils österr Komp. (Red)

Schönbach, Dieter, Komponist; Chemin du Rougadou, F-84410 Bedoin, T: 04 90 65 92 70, *vmmlammers@hotmail.com* [Stolp, Pommern 18.2.1931]. multimediales Kompositionsverfahren (Musik meist in struktureller Verbindung m anderen Künsten) **Ausb:** Komp (G Bialas, W Fortner) NWD MAkad Detmold u MH Freiburg/Br. **Laufb:** musikal Lt Schauspielhaus Bochum 59–72, fr Komp ab 72. **Pr:** Silbernes Segel FilmFSp Locarno 55, 1. Pr Società Italiana di M contemp 59 u 64, MPr Stadt Recklinghausen, Förderpr Land NRW, Kritikerpr Wien 61, Stip Villa Massimo 62. – **Komp:** Hysteria, Paradies Schwarz 70, UA Köln, Dgt: D Schönbach 71; Come Santo Francesco (KamSpektakel) 78, UA Münster 79; ...Göttl Komödie in Versailles (Barocke Prunkop) 86. **AuftrKomp:** KamM f 14 Spieler, UA Donaueschingen, Dgt: H Rosbaud 60 (Auftr: SWF); 2 Ritornelle f Orch (gewidm W Fortner), UA Neues Werk Hamburg, Dgt: D S 62 (Auftr: NDR Hamburg); OrchStück 3 pour varsovie, UA Warschauer Herbst 64 (Auftr: Warschauer Herbst); OrchStück 4, UA 'mudik d zeit', Dgt: P Ronnefeld (Auftr: WDR Köln); D Gesch v e Feuer (Multimedia-Op) 68, UA Kiel, Dgt: H Zender 68 (Auftr: Bühnen Kiel); Canzona da sonar 5 f Sop u techn Install (in ZusArb m O Piene), UA FSp Spoleto 69 (Auftr: Goethe-Inst) (auch Verfilm SFB); 'D Sturm' n W Shakespeare (Multimedia-Spiel) 71, UA Wiesbaden, MaiFSp 71; Reineke Fuchs v Goethe (Bühnenspektakel M), UA 86 (Auftr: Baden-Baden); Morgen nach d Feuer, UA künstl Schlussspektakel Olympiade München 72 (Auftr: Olymp Komitee); alle Mutimedia-Op Auftr der Bühnen

Kiel, Köln o Münster. **Sonst:** Übers a d Ital u Bearb f Hörsp v Dante: 'Göttl Komödie' (Auftr: WDR Köln) 82, davon 3 CDs Literaturhörsp 2000.

Schönberg, Marika, Fil Mag, Sopran; c/o Ann Braathen Artist Management AB, Folkskolegatan 5, S-11735 Stockholm, *marikas@home.se*; c/o Oper Leipzig, Augustuspl 12, D-04109 Leipzig [Stockholm 1974]. **Ausb:** Stud Royal Acad of Music bis 97, Stud b S Grippe Opera School of Stockholm. **Laufb:** Debüt The Berwald HAll 96, OpDebüt Mozart: 'Bastien et Bastienne' Op Mälardalen, danach Vadstena Acad, Schloss Rheinsberg, Drottningholm Th, Royal Op 2000, Sol Op Leipzig seit 01; ZusArb m Helsingborg Symphonic Orch, Göteborg Op Orch, Gdansk Philharmonic, Filialen Symph Orch, The Royal Op Orch, Moravian Philharmonic u Royal Op Orch u regelm m d Pianisten R Pötinen, S Scheja u B-Å Lundin; Recitals in Schweden u Europa. **Pr:** Jenny Lind-Stip, 1. Pr 'Ljunggrenska Competition' u 'Young Soloists' Helsingborg, A Sandrew's Stip, Royal Music Acad Stip. – **Aufn/RF:** Konz-Mitschn f schwed RF P2.

Schönberger, Albert, Organist; c/o Konzertdirektion Richard Berg, Messeler Weg 21, D-64807 Dieburg, T: (0 60 71) 2 31 34, F: 8 12 54, *KonzertdirektionBERG@medianet-world.de, domorganist@bistum-mainz.de*; *www.albertschoenberger.com, www.organisten.de/schoenberger/*. **Ausb:** KiM-Schule Regensburg, Orgel (G Weinberger), Orchltg (D Hellmann) Staatl H f Musik München. **Laufb:** Chordir Donauwörth u München, Dompfarrorganist u Doz bischöfl Inst f KiM Mainz 81, Doz (OrgellitSp, Orgelimp) U Mainz 83–94, Domorganist am Hohen Dom zu Mainz 85, Interpret u Initiator R Orgelmatineen im Mainzer Dom, rege int KonzTätigkeit u Mstrkse. – **Aufn/RF:** Schallpl-, CD-, RF- u Fernsehaufn. (Red)

Schöne, Arndt, Prof, Hochschullehrer, Flöte; Moosleite 2, D-01474 Pappritz, T: (03 51) 2 68 76 20 [1935]. **Ausb:** Stud Fl (Prof F Rucker) H f M Dresden 50–55. **Laufb:** 2. Fl Sächs Staatskap 55, Sol Sächs Staatskap Dresden 63–2000, LBeauftr (Fl) H f M Carl Maria v Weber Dresden seit 67, Ltg Stud-Richtung Holzbl ebd seit 76, Mitgl Ständ Jury HolzblInstr 79–89, HonProf (Fl) seit 84; Mitgl Jury Bach-Wettb f Schüler u Jugendl 75/86/90 u Int InstrWettb Markneukirchen 78/82/90/99. **Pr:** Ernennung z KM 65, KV 73. (Red)

Schöne, Hans-Dieter, Dipl-Päd, KMD, Hochschullehrer, Kantor, Orgel; An der Sternschanze 24, D-01468 Reichenberg/Boxdorf, T: (03 51) 8 49 23 98, F: 8 33 84 39, *kmd-schoene@t-online.de*; c/o Hochschule f Kirchenmusik d Ev-Luth Landeskirche Sachsens, Käthe-Kollwitz-Ufer 97, D-01309 Dresden [Kamenz 22.12.1942]. OrgKonz, ChLtg (Oratorien, Kantaten, Messen) **Ausb:** KiMSchule Dresden u Halle 63–68, H f M 'Carl Maria v Weber' Dresden. **Laufb:** Kantor Werdau b Zwickau, KiMDir 80, LBerauftr HfKiM Dresden, KiMDir ApostelKi Dresden-Trachau 90, Doz (Orgellit) H f KiM d Ev-Luth Landeskirche Sachsen Dresden; Tourneen: m Kreuzchor 88 BRD, 89 Sowjetunion, 90 BRD; m Staatkap Dresden 95 Taiwan, Hongkong, Tokio, 96 New York, m Singakad 93 Schweden; Org-Konz Österreich, NL, Dtld.

Schöne, Peter, Sänger; Paschestr 2, D-58095 Hagen, T: (0 23 31) 3 52 71 91. (Red)

Schöne, Wolfgang, KS, Bariton; Mühlhaldenstr 79, D-73770 Denkendorf, T: (07 11) 3 46 09 15; c/o Konzertdirektion Hans Ulrich Schmid, Königstr 36, D-30175 Hannover, T: (05 11) 3 66 07 60, 3 66 07 27, 3 66 07 80, F: 3 66 07 34, *mail@kdschmid.de, gi@kdschmid.de*. **Ausb:** Stud MH Hannover u Hamburg. **Laufb:** Sol Staatsth Stuttgart, Sächs Staatsop Dresden 03/04, Dt Op Berlin, Sol MTh Essen, Hamburg Staatsop seit 03/04, Op Paris 03/04. **Pr:** KS Staatsth Stuttgart 78.

Schoeneich, Sabine Maria, lyr Sopran; Eberhardtstr 73, D-89073 Ulm, T: (07 31) 9 21 64 46, 01 77–2 33 87 32, F: 1 76 10 17, *Sabine Maria.Schoeneich @t-online.de*; c/o CICADA.con Agentur & Management, Gubener Str 3b, D-10243 Berlin, T: (0 30) 29 00 13 35, F: 29 00 58 97, *info@cicada-con.de*; *www.Sabine-Schoeneich.com* [Berlin 1968]. Operette, Musical, Soloprogramme **Ausb:** Stud (Ges) H f M 'Felix Mendelssohn-Bartholdy' Leipzig 83–85, Schauspielunterr (Dieskau, Schau) Weimar 83–85, Stud Ges (Fischer) MH 'Franz Liszt' Weimar 85–87, Stud Ges (Nentzel) H f M 'Carl Maria v Weber' Dresden 87–91, Unterr b KS A Mellis Wien seit 2000 u Ks b R Lissenmore München seit 03. **Laufb:** Mitgl Studio d Semperop Dresden 89–92, Ldsth Wittenberg, Stadtth Rudolstadt, Stadtth Eisleben, freischaff Sängerin seit 91, auch Moderatorin u Sprecherin (ua Radio 7) 92–96, Tournee b BCE 02, Ettlinger SchlossFSp 03, SommerFSp Neersen 04, Doz (Musical u Chanson) Akad f darst Kunst Ulm seit 96, künstl Lt KamOp Ulm. – **UA:** H v Veen: Colombine, UA KamOp Ulm, L Hirsch. **Sonst:** Grdg KamOp Ulm.

Schönenberger, Richard, Hochschullehrer, Klarinette; Hochschule f Musik u Tanz, Tössertobelstr 1, CH-8400 Winterthur, *richard.schoenenberger@ doz.hmt.edu*. **Laufb:** Doz (Klar) MH Luzern, Doz (Bassklar) MH Winterthur Zürich. (*)

Schöner, Tobias Amadeus, Dipl, Tenor; Gabelsbergerstr 51, D-75175 Pforzheim, T: (0 72 31) 78 13 04; Welschensteinacherstr 33, D-77790 Steinach, T: (0 78 32) 23 04, F: 33 73 [Haslach 1976]. Oper, Operette, Musical **Ausb:** HfM München (b Prof Fuchs). **Laufb:** Sol Staatsth am Gärtnerplatz München SpZ 03/04, Stadtth Pforzheim bis SpZ 04/05, Gast am Th Münster SpZ 05/06, Gast am Stadtth Pforzheim SpZ 05/06.

Schönermark, Michael von, Fagott; c/o Konzerthaus Berlin, Gendarmenmarkt, Charlottenstr 57, D-10117 Berlin. **Laufb:** Sol Berliner SinfOrch. (Red)

Schönfeld, Christina, Sängerin; c/o Theater Basel, Elisabethenstr 16, CH-4051 Basel. **Laufb:** Sol Wiener Kammerop. (*)

Schönfeld, Torsten, Pauke; c/o Staatskapelle Berlin, Unter den Linden 7, D-10117 Berlin. **Laufb:** Sol Staatskap Berlin. (Red)

Schönfelder, Alfred, MD, Prof, Komponist, Dirigent, Hochschullehrer; Tiefe Str 6, D-04318 Leipzig, T: (03 41) 6 88 19 69 [Thum, Erzgebirge 23.4.1924]. **Ausb:** Stud Komp (K Striegler), Dirig (Hintze, Meyer-Giesow), Kl (Schneider-Marfels), Waldhn (Wirrmann) Kons d Ldshauptst Dresden 40–43. **Laufb:** während d Stud Konz m Dresdner Philh, Chorlt u Opttenkapm Stadtth Meißen 47/48, 1. Opttenkapm Stadtth Wismar 48–50, Optten- u OpKapm Landesth Meinigen 50–52, 1. OpKapm Stadtth Plauen u Dgt Kurorch Staatsbad Bad Elster 52–55, MD u musikal OberLt Gerhart-Hauptmann-Th Görlitz, Grdg Görlitzer Konzchor u Görlitzer LChor, Gastdgt in Polen, Slowakei, Ungarn, Rumänien u Bulgarien, Solorep OpHaus Leipzig 71, L, Doz u Prof (vokale Korrep, Partitursp) H f M Felix Mendelssohn Bartholdy Leipzig ab 72, em 89, Unterr bis 02. **Pr:** Kunstpr Stadt Görlitz 71, zahlr Med f ausgez Leistungen. – **Komp:** Der Jugend die Zukunft (sinf Kant), UA Görlitz 63; Quo vadis homo sapiens? (Chorsinf); 3 Chöre n Texten v C Morgenstern, UA Leipzig Gewandhaus 90; Vom Pythagoreischen Lehrsatz (f gem Chor), UA Leipzig 2000; Psalm 18 u Psalm 76 f Chor, UA Harelbeke Belgien, PrtrKonz, 02; Psalm 103 f Chor, UA Leipzig, Thomanerchor 03; Rhapsodie sinfonico f gr Orch u div noch nicht aufgeführte Chorkomp. **UA:** Op: P Kurzbach: 'Thyl Claas', UA 58; K-R Griesbach: 'Marike Weiden', UA 60; U Zimmermann: 'D weiße Rose', UA 69; Orch: E Kühnel: 'D Nachtschmied v Görlitz', UA 57; M Weis: '1. Sinfonie in A', UA 64; H Heinze: 'OrchSuite', UA 67; W Teuscher: 'Divertimento f StrOrch', UA 67; U Zimmermann: 'D Mensch' (Kant), UA 70.

Schoenfelder, Friedrich, Sänger; c/o Theater Hagen, Elberfelder Str 65, D-58095 Hagen. **Laufb:** Sol ElblandFSp Wittenberge SpZ 03/04, Th Hagen SpZ 04/05. (Red)

Schönstedt, Rolf, Prof, KMD, Hochschullehrer, Orgel; Sauerbruchstr 4, D-32049 Herford, T: (0 52 21) 2 69 29; Hochschule f Kirchenmusik, Parkstr 6, D-32049 Herford [Erfurt 1944]. **Laufb:** Kantorenstellen Remscheid, Wuppertal – Elberfeld u Hamm, Prof (Orgel, kirchenmusikal Praxis) H f KiM Herford, Rektor H f KiM Herford. (Red)

Schönwasser-Görke, Mark, Intend; c/o Theater Freiberg, PF, D-09582 Freiberg. (*)

Schönweiß, Eva-Christina, Violine; c/o Deutsches Symphonie-Orchester Berlin, Masurenallee 8–14, D-14057 Berlin. **Laufb:** Stimmführerin Dt Symph-Orch Berlin. (Red)

Schöpf, Ingeborg, Sängerin; Melli-Beese-Str 3a, D-01279 Dresden; c/o Komische Oper, Behrenstr 35–37, D-10117 Berlin. **Laufb:** Sol Staatsoptte Dresden SpZ 03/05, Kom Op Berlin SpZ 03/05. (Red)

Schöpp, Klaus, Flötist; Curtiusstr 77, D-12205 Berlin, T: (0 30) 81 29 81 40 [Völklingen/Saar]. **Ausb:** Stud (Fl) MH Saarbrücken b Roswhita Staege, HdK Berlin b Karlheinz Zoeller. **Ens:** GrdgMitgl B.I.C.E. (Berlin Improvising Composer's Ens), Modern Art Sextett, attacca Berlin, Forum Neue Musik, United-Berlin. (Red)

Prof Ekkehard Schoeps

Schoeps, Ekkehard, HonProf, Hochschullehrer, Kapellmeister, Solorepetitor, Liedbegleiter, Sänger-Coach; Heierstr 20, D-33165 Lichtenau, T: (0 52 92) 10 00, F: 93 22 20; Folkwang Hochschule, Klemensborn 39, D-45239 Essen, T: (02 01) 4 90 31 19, F: 4 90 31 08 [1941]. Dt u ital Oper, Oratorium, Lied **Ausb:** Jungstud Kl (K H Lautner), Theorie (K M Komma, G Frommel, C Weglein) MH Stuttgart 53, Stud Kl (C Hansen), Dirig (W Brückner-Rüggeberg), Theorie (C Hohlfeld, E G Klussmann, W Maler, H Poser) MH Hamburg 60. **Laufb:** Solorepetitor m Dirigierverpflichtung Städt Bühnen Lübeck 64, Kapellmeister Staatstheater Kassel 67, Prof (Korr Ens) FolkwangH Essen. **Pr:** Kulturpr d Stadt Lichtenau 04. **Ens:** Trio Rossignol (Barocke KamM) 03. **Mitgl:** Bundesverb Dt Gesangspädagogen. – **Aufn/RF:** J Cage: 'Water Music', Staatsth Kassel 70; F Schubert: 'Die Winterreise', Aulos 86. **Sonst:** Grdg u Ltg d 'Paderborner Sommerakad f Ges u Intpr' 93 u d 'Lichtenauer Deelenkonzerte' (Kammerkonzerte, Liederabende) 93.

Schörg, Regina, Sopran; 18 Bastiengasse 27, A-1180 Wien, T: (01) 4 78 32 42; c/o Oper-Agentur, Büro Wien – Tamara Herzl, Wasagasse 12/1/3, A-1090 Wien, T: (01) 3 10 60 96, F: 3 10 60 94, *herzl@opern-agentur.com* [Wien]. **Ausb:** Stud (Ges) Kons Wien. **Laufb:** Gastsol Ldsth Linz, Wiener Volksop, Liceu Barcelona, Staatsop Hamburg, San Francisco Op, Pariser Opéra National, Sol Bühnen d Stadt Köln, Kom Op Berlin, Wiener Staatsop, Gastsol Dt Staatsop Berlin SpZ 04/05, Sol Dt Op Berlin SpZ 04/05, Semperop Dresden SpZ 04/05, Klangbogen Fstv Wien, Salzburger FSp. (Red)

Schörner, Jörg, Sänger; Stendelweg 11a, D-14052 Berlin, T: (0 30) 3 04 94 44; c/o Oper Leipzig, Augustuspl 12, D-04109 Leipzig [Magdeburg 9.6.1961]. Oper, Operette **Ausb:** Stud b Ploß H f M Leipzig 81–86, Aufbaustud b Wichert H f M Leipzig 93–96. **Laufb:** Th Halberstadt 86–93, Op Leipzig 93–01, Gastsol Th Altenburg-Gera SpZ 2000–02, Sol Dt Op Berlin seit 01, Op Leipzig, Gast Musikal Komödie Leipzig.

Schörnig, Marina, Sängerin; Kirchenstr 17, D-67691 Hochspeyer, T: (0 63 05) 15 52; c/o Pfalztheater Kaiserslautern, Willy-Brandt-Pl 4–5, D-67655 Kaiserslautern. **Laufb:** Gastsol Pfalzth seit SpZ 03/04. (Red)

Schöttl, Markus, Sänger; c/o Th Baden b Wien, Theaterpl 7, A-2500 Baden b Wien, T: (0 22 52) 4 83 38, F: 4 83 38 40. **Laufb:** Sol Stadtth Klagenfurt SpZ 03/04, Th Baden b Wien SpZ 04/05. (Red)

Schöttler, Romanus, Pauke, Schlagzeug; c/o WDR Rundfunkorchester, D-50600 Köln. **Laufb:** Sol WDR RundfunkOrch Köln. (Red)

Scholdybajew, Kairschan, Sänger (Tenor); Frankfurter Str 41, D-41236 Mönchengladbach, T: (0 21 66) 94 45 26, (01 63) 5 49 04 99; c/o Vereinigte Städtische Bühnen, Odenkirchener Str 78, D-41236 Mönchengladbach. **Laufb:** Sol Vereinigte Städt Bühnen Krefeld u Mönchengladbach. (Red)

Scholl, Andreas, Countertenor; Müllheimerstr 162, CH-4057 Basel, T: 06 16 92 15 04 [Eltville 10.11.1967]. **Ausb:** Mitgl d Kiedricher Chorbuben, Schola Cantorum Basiliensis b R Levitt u R Jacobs 87–93. **Laufb:** zahlr Konz u Aufn als Sol u m versch Ens, ZusArb ua m P Herreweghe, R Jacobs, P McCreesh, J Eliot Gardiner, C Coin, C Roussett, C Banchini, Akad f Alte Musik Berlin, Les Arts Florissants, Freiburger Barockorch, Orch of the Age of Enlightenment, Ensemble 415, Concerto Vocale Gent, Australian Brandenburg Orch, Orpheus Chamber Orch, LAuftr (Ges) Schola Cantorum Basiliensis seit 2000. **Pr:** ua Prtr d Conseil de l'Europe u d Fondation Claude Nicolas Ledoux 92, Grammophone Award 96 (f 'Stabat Mater') u 97 (f A Caldara: Maddalena ai piedi di Cristo), Echo Classic Award 99. – **Aufn/RF:** ua Händel: Messias, Salomon; ital Kantaten u Opernarien; J S Bach: Weihnachtsorat, Matthäuspassion, Johannespassion; A Vivaldi: Stabat Mater, Nisi Dominus; C Monteverdi: L'Orfeo; G B Pergolesi: Stabat Mater; A Caldara: Maddalena ai piedi di Cristo (Orat), dt u engl Barockmusik. (Red)

Scholl, Christian, Violine; c/o Edith Diemer, Kahlenbergerstr 61, A-1190 Wien, T: (01) 3 70 47 18, F: 3 70 47 18, *edith.diemer@aon.at* [Mainz 1972]. **Ausb:** Stud in Stuttgart b Gerhard Voss (Melos Quartett), in Karlsruhe b Joseph Rissin, b Yair Kles MH Graz, DAAD-Stip Franz Liszt Akad Budapest b Geza Kapas, Dipl m Auszeichnung 98, Mstrkrs b Max Rostal, Zakhar Bron, Jfrah Neaman, Thomas Brandis, Igor Ozim. **Laufb:** Mitgl d Wiener Kammerorch u ständ Gast d Dt Kammerphilh Bremen. **Ens:** Goldberg Qua seit 2000. – **Aufn/RF:** RFAufn f SDR, HR, ORF, Radio Budapest u Radio Nacional de España, Einsp d VSon v Joaquin Turina b Amati Records. (*)

Scholl, Eckehard, Klavier; Nachodstr 20, D-10779 Berlin, T: (0 30) 2 11 42 59; c/o Concerto Berlin, Künstlerkontakte Luise Bernau, Torfstr 28, D-13353 Berlin, T: (0 30) 4 54 48 65, F: 45 48 28 00, *Concerto.Berlin.L.Bernau@t-online.de* [Schöneck, Westpreußen 1940]. **Ausb:** Stud (Kl, KamM) H f M Berlin. **Laufb:** freischaff seit 67 als Pian, Korr, Liedbegleiter, Begleiter, Ltg musikal Einstudierungen ua a d Schaubühne Berlin, Schiller Th Berlin, Gripsth Berlin, Volksbühne Berlin, Th d Westens Berlin, Schauspielhaus Hamburg, Th d Kreis Wien, Schauspielhaus Basel, Schauspielhaus Frankfurt a M, Mitarb b d Berliner Philharmonikern, RSO Berlin, Berliner Symphonikern, Gruppe Neue M; LBeauftr HdK Berlin seit 77. **Ens:** regelm ZusArb m G Bernau (V) seit 70. – **Aufn/RF:** CD 'Fruits des Operas', OpMelodien in Komp f V u Kl (m G Bernau, V). **Sonst:** Mitarb b Filmprod, TV-Progr, Hörspielen d SFB u RIAS. (Red)

Scholl, Elisabeth, MA, Sopran; Sonnenlandstr 38, D-65399 Kiedrich, T: (05 11) 3 66 07 60, 3 66 07 27, 3 66 07 33, F: 3 66 07 34, *ds@kdschmid.de, mail@kdschmid.de*; *www.kdschmid.de* [Eltville/Rhein 23.8.1966]. Konzert, Oper, Alte Musik **Ausb:** Stud (MWiss) U Mainz 85–90, Stud (E Wollitz) Mainz ab 86, (R Jacobs, R Levitt) Schola Cantorum Basiliensis 90–94, Mstrkse (I Bjoner, H Deutsch, L Bosabalian, D Fischer-Dieskau). **Laufb:** RHG-MFstv 98 u 2000, Schleswig-Holstein MFstv 2001, Tourneen m La Petite Bande (S Kuijken) 98 u 99, Tournee m Chor d Bamb Symh, Ltg: R Beck (Bach: Johannespassion) 2000, Schwetzinger FSp (Haydn: L'Anima del Filosofo), Ltg: Hengelbrock 2001, Innsbr FestW (Haydn: Il Mondo della Luna) Ltg: Jacobs) 2001, Aalto-Th Essen (Vivaldi: Ottone in Villa) Ltg: Aspering, Sol MTh Essen SpZ 03/04. – **Aufn/RF:** zahlr Einsp, ua: Händel: Il Trionfo del Tempo (Piacere), Dgt: J Martini 98; Ders: Deborah, Dgt: J Martini 99; V Goethe inspiriert – Lieder v Komponistinnen; B Schaeffer: Klavier 99; R Keiser: OpArien, La Ricordanza 2000; Mendelssohn: Elias, Ltg: M Schönheit, NDR 99.

Scholl, Toni, Posaune, Dirigent; c/o CONCORNO – Kulturmanagement, Löffelstr 40, D-70597 Stuttgart, T: (07 11) 6 33 90 84, F: 6 33 90 85, *info@concorno.de, mail@tonischoll.de*; *www.concorno.de, www.tonischoll.de* [30.10.1963]. **Ausb:** MusikH d Saarlandes (Posaune), H für Musik Frankfurt a Main, Mstrkse b P Jones, Ch Lindberg, S Mead u P Kuijpers, Dirigierstud b A Schillings in Groningen/NL. **Ens:** Chefdgt Landespolizeiorch Baden-Württemberg, Lt Ens Polyphoniker/Stuttgart. (Red)

Schollum, Benno, Bariton, Hochschullehrer; Schönburgstr 4, A-1040 Wien, T: (01) 5 04 32 37, *benno@schollum.at*; Univ f Musik u Darst Künste, Inst f Gesang u Musiktheater, Penzingerstr 7, A-1140 Wien; *www.schollum.at* [Klagenfurt]. **Ausb:** Stud (J Greindl, R Ortner, R Schollum) Wiener MH, Mstrkse (S Jurinac, R Tear, N Bailey, W Slabbert). **Laufb:** Doz U f Musik Wien seit 82, regelm Mstrkse Royal Acad, Royal Coll London, Franz Schubert Inst, amerikan Unis, regelm Gast b großen europ Fstvs, ua Wiener Klangbogen, Antibes, Bergen, Budapest, Carinth Sommer, Schleswig-Holstein, Ljubljana, Rheingau-Fstv, KonzReisen ua nach Japan, Indonesien, Südamerika, Südafrika, Berlin, Zagreb, Budapester Frühlingsfstv, Liederabende in Dtschld, Frankreich, Polen, Israel, Vereinigte Staaten, Konz m Orch d Op Rom u Madrid, KonzReise USA 2000, Tournee Italien, Slowenien, Schweiz, Frankreich, Menuhin Fstv Gstaad 2001. – **Aufn/RF:** K A Hueber: 'Schein u Sein – Der unbekannte Wilhelm Busch'; Schubert: 'Winterreise', m G Johnson; L v Beethoven: Symph Nr 9, Dgt: Y Menuhin; Händel: 'Der Messias', Dgt: ders; Haydn: 'Die Schöpfung', Dgt: ders; Drei Schubert-Messen, Dgt: ders. **UA:** A Bloch: 'Du sollst nicht töten', UA Schleswig-Holstein-Fstv, Orch NDR, Dgt: A Wit; A Dorati: 'Herbst', UA Berliner Philh, Dgt: Y Menuhin. (Red)

Scholz, Anja, Sängerin; Erzherzog-Eugen-Str 5, A-6020 Innsbruck, T: (05 12) 57 46 25. **Laufb:** Sol Tiroler Ldsth SpZ 03/05. (Red)

Scholz, Friedrich, Komponist; Karl-Kunger-Str 59, D-12435 Berlin, T: (0 30) 3 02 21 13, 01 77–5 52 32 36, F: 3 02 21 13, *scholz-timper@freenet.de* [Kattowitz 11.7.1926]. **Ausb:** musikal Ausb (F Lubrich) Kattowitz, Komp (M Butting, B Blacher) Berlin. **Pr:** Karl-Sczuka-Pr 63, Goldenes Mikrophon 73. **Mitgl:** GEMA. – **Komp:** Konz f V, Vcl, Kl u Orch (sinfon M) 55, UA Berlin 56; Das Eggener Kl (KamM) 87/88, 95, UA Hannover 91 u Hannover 97; Spielplanänderung (Kom Op) 93/94; '3 Bagatellen f StrOrch' (sinfon M) 95/96, UA 2000; Die Spuren d Liebe (Lieder-Zyklus) 96; Konz f V u Orch (sinfon M) 97/99; 'Thema m Variationen' f Klar, V u Kl (KamM) 98, UA Moormerland 99; Skizzen f 2 V u Kl (KamM) 2000, UA Osttirol 01; Popol Vuh – 7 Szenen aus d Schöpfungsmythos d Quiché-Maya f gem Chor a cappella (ChorM) 98/2000, UA Leer 01; Verträumt – Aufwachen f Kl u Orch (sinfon M) 2000; Josephs Traum (e späte Sinf) 01; September (Sinf) 01; StrQua: 'Von der Silberpappel im Zigeunerwald' 02, UA Osttirol 02; 'Seasons' f gem Ch a capella, 1. Der Frühling, 02; 'Umzugstrio' f Klar, V u Kl (KamM) 03, UA Osttirol 03 sowie zahlr Bühnen-, Hörspiel- u FilmM. **Aufn/RF:** CDs: '3 Bagatellen f StrOrch', m Westfäl KamPhilh Gütersloh, Dgt M Steinsiek 01; 'Thema m Variationen' f Klar, V u Kl, m Trio Contrasts 02. **Sonst:** Hörspiele, Kurzgeschichten, Romane (ua 'Nach dem Ende' 86).

Scholz, Heinz, Dr, Prof, Sänger, Hochschullehrer, Regisseur; Graf-Recke-Str 42, D-40239 Düsseldorf, T: (02 11) 66 09 25, F: 23 26 61 [Breslau 26.11.1927]. Musiktheater, Schauspiel, Lied **Ausb:** Stud Ges (P Lohmann, F Martienssen-Lohmann), Staatsex (GesPäd) Düsseldorf 54, Staatsex (SchM, Germanistik) U Mainz 58, Prom (MWiss, ThWiss, Phonetik) U Köln 72. **Laufb:** Bayr Landesth 46–48, Stadtth Koblenz 49–53, Op-, KonzSänger u Regisseur In- u Ausland, ua Op Antwerpen/Gent 82–87, RF, Fernsehen, LTätigkeit (Ges, Studio f experimentelles Th) MH Rheinland Köln/Düsseldorf ab 72, (Phonetik, UThGruppe) U Düsseldorf ab 73, Gesangskse Taiwan u China, Gesangswiss Vorträge (Symp, Tagungen, Kongresse), OpÜbersetzungen, Jurytätigkeit. **Pr:** Große Goldene Ehrennadel d GdBA. **Mitgl:** Vorstandsmitgl Bundesverb Dt Gesangspäd seit 88. – **Sonst:** 'Das Registerproblem in d dt Gesangspäd v J F Agricola bis F Schmitt' (Diss) 72; Kulturelle Beiträge in Programmheften u d Tagespresse. **Lit:** Interviews in 'Ibykus' u Tagespresse (ua SZ, NRZ).

Scholz, Joachim, HonProf, Violine; c/o Rundfunk-Sinfonieorchester Berlin, Charlottenstr 56, D-10117 Berlin. **Laufb:** LBeauftr (V) H f Musik Hanns Eisler Berlin 86, Prof. H f Musik Berlin 86, stellv. 1. Konzm RFSinfOrch Berlin. (Red)

Scholz, Karin, Gitarre; Albert-Schweitzer-Str 16, D-63165 Mühlheim a Main, T: (0 61 08) 79 80 78, F: 79 80 77, *scholz-karin@t-online.de*; *www.karinscholz.de*. **Ausb:** Stud ua b Oscar Ghiglia Musikakad d Stadt Basel, Solistendipl m Ausz. **Laufb:** Konz in Europa, Japan u mittl Osten, int Musikfstv, ständ Aush Staatsth Stuttgart, RSO Stuttgart, SWR RFOrch Kaiserslautern, Staatsth Wiesbaden, ZusArb m Ens f neue M 'Musik d Jahrhunderte Stuttgart', Camerata München, Duo Bergerac m Peter Ernst (Git), Duo Arrabal m Thomas Richter (Fl), Gragnani Trio m Thomas Richter u Anna Tarnawska (V), Konz m Andreas Schmidt (Fl), Sol Münchener Bachsolisten (Ltg F Sonnleitner). **Pr:** 1. Pr Bundeswettb Jugend musiziert 91, Stip Dt Musikrat, Bundesauswahl Konz Junger Künstler 98, Stip Dt Musikwettb KamM 98. **Ens:** Duo Bergerac, Gragnani Trio, Duo Arrabal, Belmont Trio. – **Aufn/RF:** CDs m Duo Bergerac, Duo Arrabal, Gragnani Trio u A Schmidt.

Scholz, Katrin, Prof, Violine, Hochschullehrerin, Künstlerische Leitung d Kammerorch Berlin; c/o Kammerorchester Berlin, PF 450110, D-12171 Berlin, T: (0 30) 34 90 20 32, F: 34 90 20 33, *info@KOBerlin.de*; Hochschule f Künste, FB Musik, Dechantstr 13–15, D-28195 Bremen, T: (04 21) 3 01 92 41; *www.koberlin.de* [Berlin]. **Laufb:** Prof (V) H f Künste Bremen, Künstl Lt Kammerorch Berlin. (Red)

Scholz, Rudolf Franz Josef, Dr phil, em o UnivProf, Universitätsprofessor, Konzertorganist; Ungargasse 71/5/4, A-1030 Wien, T: (01) 7 13 27 65, F: 7 13 27 65 [Wien 26.9.1933]. Tasteninstrumente: Orgel, sämtl Stilepochen, auch Basso continuo; Cembalo, insbes Basso continuo **Ausb:** Stud Org (A Forer), Komp (A Uhl) Akad (heute U) f M u darst Kunst Wien, pädagog Staatsprfg 61, künstl Dipl 64, Stud MWiss (E Schenk), Kunstgeschichte (K M Swoboda) U Wien, Prom 63. **Laufb:** L U f M u Darst Kunst Wien ab 64, ao HProf

74, o HProf 79, o UProf 99, em seit 01; Vorstand Inst f organolog Forschung u Dokumentation U f M u Darst Kunst Wien 75–01, Lt Abt Tasteninstr ebda 81–97, Doz bzw Lt int OrgKse seit 78; Org Passionssp Erl 60–85, Sol u Ens m prominenten Orch u Chören b Konz u FSp im In- u Ausland seit 60, ZusArb m Dgt wie H v Karajan, L Bernstein, C Melles, G Solti, K Richter, R Muti, C Abbado, J Krips, V Neumann, G Prêtre, S Ozawa, B Haitink, A Quadri, H Stein, M Gielen, L v Matacic, W Sawallisch, A Previn, C M Giulini, M Caridis. **Pr:** Dipl Int OrgWettb Graz-Seckau 60, Silbernes Ehrenkreuz Stift Lilienfeld (NÖ) 80, Silberne Brahms-Med Singverein d Ges f MFreunde Wien 83, Ehrennadel Passionssp Erl 88, Gr Silbernes Ehrenzeichen f Verdienste um d Rep Österr 93, Österr Ehrenkreuz f Kunst u Wiss 1. Kl 02, Goldene Ehrennadel Kongregation d Barmherzigen Schwestern v Hl Vinzenz v Paul Wien 03, Goldene Verdienstmed U f M u darst Kunst Wien 03. **Ens:** ständiger Org u Cemb d Wiener Bachgemeinde seit 56. **Mitgl:** Vorstandsmitgl Franz-Schmidt-Ges Wien, Wiener Bachgemeinde (Ehrenmitgl seit 80), Österr OrgForum, Ges d OrgFreunde, Ges z Hrsg d DTÖ. – **Aufn/RF:** zahlr RF- u TV-Aufz u LP-Einsp ua E de Cavalieris: 'Rappresentazione di animata et di corpo' Salzburger FSp; Mozart: 'Krönungsmesse' Petersdom, Wiener Philharmoniker, Dgt: Karajan 85; Bach: 'h-Moll-Messe' u 'Mattähus-Passion', Berliner Philharmoniker, Dgt: Karajan; F Schmidt: 'Buch m sieben Siegeln', ua Wiener Symphonikern u Bayr RF-Orch, Dgt: Melles. **UA:** C Bresgen: 'Magnalia Dei' (Symph Metamorphosen über Texte d Paracelsus, OrgFassg), 'Der Benzenawer' (Toccata f Org, 3 Trp, 3 Pos, Pk u Schlgz), 'Urständ Christi' (Szen Orat), 'Surrexit Dominus'; C Debussy: 'Fugue', UA 96; K Rampf: 'Passio aeterna'; R Schollum: 'Markus-Passion'. **Zug:** R Schollum: 'Toccata in Betrachtung d Kreuzweges' (auch UA); M Rubin: 'Variationen über e Bach-Choral (auch UA); C Bresgen: 'Toccata Pascalis', 'Trioson f Fl, Trp u Org', 'Elegie f Fl u Org', 'Lacrimae sunt rerum' f Org, 3 Trp, 3 Pos (jeweils auch UA). **Sonst:** Juror b nat u int OrgWettb, Edit v (Org-)Musik d 17., 18. u 20. Jh: A C Clamer, J J Fux, G C Wagenseil, F Schmidt, C Bresgen. **Lit:** Who's who in the World, Who's who in Austria, Int Who's who in Music.

Scholz, Susanne, Prof, Hochschullehrerin, Barockvioline; Bosestr 4, D-04107 Leipzig, T: (01 79) 5 23 76 77; Hochschule f Musik u Theater, PF 100809, D-04008 Leipzig, *scholz@hmt-leipzig.de*. **Laufb:** Prof (BarockV, KamM) H f M Felix Mendelssohn Bartholdy Leipzig. (Red)

Scholz, Torsten, Violine, Konzertmeister; c/o Deutsches Filmorchester Babelsberg, Nalepastr 10–50, D-12459 Berlin. **Laufb:** Konzm Dt Filmorch Babelsberg. (*)

Scholz, Ursula, Prof, Hochschullehrerin, Violine; Leipziger Str 43, D-10117 Berlin, T: (0 30) 2 04 08 06 [Dresden]. **Ausb:** Stud (V) H f Musik 'Carl Maria v Weber' Dresden, Dipl (MPäd, OrchM) 63. **Laufb:** LTätigkeit MSchule Prenzlauer Berg Berlin, LBeauftr H f Musik 'Hanns Eisler' Berlin, Prof (V) ebd seit 92, Vorträge im In- u Ausland, Seminare, Mstrkse, GastDoz, ua Braunschweig, Wien, Graz, Salzburg, Manchester, Peking. (*)

Scholz, Viktor, Organist, Chorleiter, Orgelsachverständiger; Benediktinerstr 17, D-41063 Mönchengladbach, T: (0 21 61) 18 23 07, F: 40 00 58; *www.viktorscholz.de* [Taganrog 10.2.1935]. Konzert **Ausb:** KiMSchule St. Gregorius-Haus Aachen (Kantorenex), Folkwang-MH Essen (Staatl Musiklehrerex). **Laufb:** KiM Münster-Basilika St Vitus Mönchengladbach 58–00, Doz (Orgel/Orgelbau) KiMSchule St Gregorius-Haus Aachen 70–2000, rege Konz-Tätigkeit in Europa u Fernost, Schalpl- u RFProd. **Pr:** Stadtplak Mönchengladbach 83, Bischöflicher KMD Aachen 85. **Ens:** Lt 'Coro piccolo Mönchengladbach'.

Scholz, Werner, Prof, Hochschullehrer, Violine; Leipziger Str 43, D-10117 Berlin, T: (0 30) 2 04 08 06. **Laufb:** LBeauftr (V) H f Musik 'Hanns Eisler' Berlin. (Red)

Scholze, Hansjürgen, KMD, Kirchenmusiker, Domorganist/Orgel, Hochschullehrer; Wilhelm-Busch-Str 10A, D-01217 Dresden, T: (03 51) 4 71 47 93, F: 4 71 47 93, *hj.scholze@t-online.de*; Hochschule f Kirchenmusik d Ev.-Luth. Landeskirche Sachsens, Käthe-Kollwitz-Ufer 97, D-01309 Dresden; *www.hansjuergen-scholze.privat.t-online.de* [Niedereinsiedel, Tschechien 12.8.1944]. **Ausb:** Evang KiMSchule Görlitz 65–68 u Halle 68–71. **Laufb:** Doz (Orgellit), Domorganist H f KiM d Ev-Luth Landeskirche Sachsen Dresden, künstl Ltg Orgelvesperreihe a d Silbermannorg der Kathedrale Dresden seit 71, Europa u Japan. **Mitgl:** Präsidiumsmitgl Gottfried-Silbermann-Ges eV. – **UA:** J Herchet, R Lischka, M-Ch Winkler. **Zug:** OrgKomp 1 Nr 6 v Jörg Herchet. **Sonst:** Broschüre über die KiM an d Kathedrale Dresden; FS anlässl d Restaurierung d Silbermannorgel i d Kathedrale.

Scholzen, Frank, Musikalischer Leiter, Dirigent; Sentaweg 14, D-40468 Düsseldorf, T: (02 11) 45 97 33; Düsseldorfer Operette, Schlesische Str 94, D-40231 Düsseldorf. **Laufb:** Musikal Oberltg Düsseldorfer Operette. (Red)

Schoneweg, Harald, Prof, Hochschullehrer; Bergstr 185, D-53129 Bonn, T: (02 28) 5 38 83 90, F: 5 38 83 91, *harald-schoneweg@t-online.de*; H f Musik, Dagobertstr 38, D-50668 Köln [Bonn 21.4.1954]. Kammermusik **Ausb:** Stud (I Ozim) MH Köln 72–77, Stud (S Vegh) MH Düsseldorf 77–80. **Laufb:** Prof (KamM) H f Musik Köln, Weltkarriere m Cherubini Qua 78–94, Int Tourneen u Gast b Fstv ua Salzburg, Lockenhaus, Hohenems. **Pr:** 1. Pr Klingler 79, 2. Pr Dt MWettb 80, 1. Pr Evian 81. **Ens:** Cherubini-Qua, Linos Ens, Rubin Trio, Miró-Qua, Goldberg Trio. – **Aufn/RF:** m Cherubini Qua: Schubert-Qua u Oktett, Mendelssohn: sämtl Qua, Schumann; Sämtl Qua u Qui, Haydn: 7 Worte; m Goldberg-Trio: Goldberg-Variationen f StrTrio v Bach.

Schoof, Armin, Prof, KMD, Hochschullehrer, Kirchenmusiker; St. Jakobi Kirche, Jakobikirchhof 3, D-23552 Lübeck, *jakobi@kirchenmusik-luebeck.de*; *www.st-jakobi-luebeck.de/kirchenmusik.asp* [Essen]. **Ausb:** Kons Nürnberg, MH Frankfurt/M b Helmut Walcha, Kurt Hessenberg 60–64. **Laufb:** DekanatsKiM Bensheim 66–76, Doz MH Frankfurt/M 68–74, Org u Kantor JakobiKi Lübeck seit 77, Prof (Orgel) MH Lübeck seit 89. (Red)

Schoor, Wolfgang, freischaff Komponist, Dirigent, Liedbegleiter; Eisenberg 7c, D-38855 Wernigerode, T: (0 39 43) 60 40 03 [Köln 18.9.1926]. Orchester-, Kammer- u Hörspielmusik **Ausb:** Privatunterr Rhein MSchule Köln, Mus Gym Frankfurt/M, Stud Kl (O A Graef), Org, Cemb (H Walcha), Fag (W Henker), Chorltg, Komp (K Thomas), Dirig (G Wand), Komp (Konsultationen b K A Hartmann) H f M Köln. **Pr:** Silbermed Int KompWettb Wien 59, T-Fontane-Pr 79, Kritikerpr Verband Film- u Fernsehschaffende 86 ua. **Mitgl:** DKV, Brandenb Verein 'Neue Musik'. – **Komp:** D Passion nach Markus (Orat), UA Köln 49; Lyoneser Konz (KamM), UA Potsdam 81; 'Ilseade' (Stimmen II), (StrOrch), UA Cottbus 94; 3. StrQua (KamM), UA Görlitz, Litauisches StrQua Kaunas 98. **AuftrKomp:** Welch Wort, in die Kälte gerufen (OrchLieder), UA Potsdam 88; KlKonz (Solokonz), UA Potsdam 90; Atmen, durch d Kehle d Schilfrohrs (Liederzyklus), UA Staufen 93 ua. **Aufn/RF:** Passion nach Markus, WDR-Chor, Gürzenich-Orch, Dgt: B Zimmermann, WDR 52; Weiße Knospen – Schwarze Kelche – Rote Blüten, B Klaembt, W S, WDR 54; Die Erinnerung, J Bar, H Roegner, Radio DDR 58; Atmen, durch d Kehle d Schilfrohrs, M Rettner, R Roth, SWR 92.

Schoots, Koen, Dirigent; Wielandstr 15, D-10629 Berlin. **Laufb:** Dgt Op Halle/Saale seit SpZ 03/04, Kom Op Berlin SpZ 04/05, Dt Op am Rhein SpZ 04/05, Gastdgt Th St Gallen SpZ 04/05. (*)

Schopper, Michael, Prof, Hochschullehrer, Sänger (Bass); Stauffenweg 6, D-82140 Olching, T: (0 81 42) 1 22 27, F: 1 22 27, *J.M.Schopper@gmx.de*; c/o Konzertbüro Andreas Braun, Sülzgürtel 86, D-50937 Köln, T: (02 21) 9 42 04 30, F: 94 20 43 19, *braun@angel.de*; *www.konzertbuero-braun.de*. **Ausb:** Sängerknabe im Regensburger Domchor, Stud MH München (Ges, KiM) b H Blaschke, H Reutter, F Lehrndorfer, H Genzmer, E Valentin. **Laufb:** Prof (Gesang) H f M u Darst Kunst Frankfurt/M seit 94. **Pr:** 1. Pr 17. Int MWettb d ARD, 1. Pr Berliner GesWettb, Felix-Mottl Pr, Bayer Staatspr. **Ens:** Ens f Alte & Neue Musik Così Facciamo. – **Aufn/RF:** zahlr Funk-, Fernseh- u Schallplattenprod – m W Brunner Orff-Lieder, m A Staier 'Winterreise', m J van Immerseel 'Schwanengesang'. **Sonst:** Grd Lautenlied-Ens 'Seaven Teares' 82. (Red)

Schorcht, Michael, Komponist; Rudolstädter Str 50, D-99438 Bad Berka, T: (03 64 50) 3 97 00 [Leipzig 21.4.1971]. **Ausb:** Komp, Kl, Impr, Dirig (S Thiele, D Terzakis) H f M u Th Leipzig, MeisterklExamen (Komp) 97. **Laufb:** LAuftr (Impr) H f M u Th Leipzig seit 95. **Pr:** Förderpr f junge Komp u Muwiss d Sächs MBundes u d Stadt Leipzig 95. – **Komp:** Erste Schalks-Narren-Elegie, UA Leipzig 93; Als die Katze/Zwischen Mauern/Völlige Zerstörung, UA Leipzig 94; Novalis-Fragment, UA Jena 95; Musik f Drei, UA Leipzig 95; Five American Songs, UA Leipzig 95; Kriegsspielzeug! (Hörspiel), UA Leipzig 97; 'Früh-Stücke' I–III, UA Rudolstadt 2000. (Red)

Schorn, Matthias, Klarinette; c/o Deutsches Symphonie-Orchester Berlin, Masurenallee 8–14, D-14057 Berlin. **Laufb:** Sol Dt SymphOrch Berlin. (Red)

Schornsheim, Christine, Prof, Hochschullehrerin, Cembalo, Hammerflügel; Erich-Baron-Weg 44, D-12623 Berlin, T: (0 30) 5 66 14 87, F: 56 59 70 15, *post@christine-schornsheim.de*; Hochschule f Musik u Theater, Arcisstr 12, D-80333 München; *www.christine-schornsheim.de* [Fürstenwalde 7.4.1959]. Solo u Kammermusik d 17.–19. Jh, Liedbegleitung **Ausb:** Unterr (Kl) Spezialschule f M Berlin 71–76, Stud Kl (H Nagel) MH 'Hanns-Eisler' Berlin, 76–82; Mstrks b Webersinke 80, b Leonhardt 86–88, b Koopman 87, b Sonnleitner 86–88. **Laufb:** LAuftr (Cemb) Leipzig 88–92, Prof (Cemb u Hammerfl) H f M u Th 'F Mendelssohn Bartholdy' Leipzig 92–02, Prof (Cemb) H f M u Th München seit 02, Konz b Int Bach-Festen, Rheingau-Fstv, Alte Musik-Fstvs, KonzReisen in alle Länder Europas, nach Israel, Japan (ua SaitoKinen-Fstv) u USA, ständ Duo-Partnerin v A Staier (2 Cemb), C Huntgeburth u U Bundies, Lt FR Alte Musik H f M u Th Leipzig 97–02, künstl Ltg Alte-Musik-Fiske H f M u Th Leipzig 98. **Pr:** ECHO-Klassikpr 99, Diapason d'Or 05. – **Aufn/RF:** zahlr RF- u CD-Prod ua J S Bach: Goldbergvariation 96, Cemb- u KlKonz 99–01, Sonaten f V u obl Cemb v J S Bach u -Schülern m U Bundies 03/04, Werke v Beethoven f Fl u Kl m C Huntgeburth, Gesamteinsp aller KlWerke v J Haydn 04. **UA:** G Kastner: CembKonz m Berliner Barock-Compagney. **Sonst:** Jury-Mitgl b Int Bach-Wettb Leipzig, NDR-Musikpr Hamburg u Gr Förderpr München seit 92.

Schorr, Eva, Komponistin; Unteraicherstr 42, D-70567 Stuttgart, T: (07 11) 71 31 79 [Crailsheim 28.9.1927]. **Ausb:** Stud Komp (J N David), Orgel (A Nowakowski) MH Stuttgart, Ferienkse Darmstadt (O Messiaen). **Pr:** b Komp u Orgelwettb m 15 u 16 Jahren, Ausz 3., 5. u 6. Komp-Wettb Mannheim, Goldmed 4. Int Wettb Buenos Aires, Prtr Stift d Württbg Hypothekenbank f Kunst u Wiss, Prtr Gedok-Elle-Hoffmann-Pr, Ausz comp contest Nijmegen, Mitgl Freie Akad d Künste Mannheim. – **Komp:** BläserQuin (KamM) 71, UA Stuttgart 72; Septuarchie (Konz) 75/76, UA Stuttgart 76; Die Katze d Königs (Op), UA Stuttgart 89; 'Zeiträume' Variationen über 2 Themen f Kl u BläserQuin (KamM), UA Schwetzingen 90; Keine Zeit u zu faul (Op), UA Calw 91; Wir sind ein Teil d Erde (ChW), UA Stuttgart 96; 'Vario' Konz f Schlgz, Blechbl u StrOrch, UA Ulm 98; 'Zoologica Poetica' 10 Chansons (f Sop, Alt, Kl u Schlgz) 97; 'Über die Vergänglichkeit' 8 Chansons (f gem Ch u SaxophonQua) 99; 'Die Bluse' Musikal Erzählung (f Sprecher, Solo, Ch, Orch, Schlgz, Piano) 2000. **AuftrKomp:** f namhafte Künstler.

Schote-Frenzel, Melanie, Prof, Sängerin, Hochschullehrerin; Hochschule f Musik u Theater, Emmichpl 1, D-30175 Hannover [Marl]. **Laufb:** Prof H f M u Th Hannover seit 92. **Pr:** Prtr b VDMK- Landeswettbewerb Ges. (Red)

Schrader, Kim, Sänger; c/o Südthüringisches Staatstheater Meiningen, Bernhardstr 5, D-98617 Meiningen. **Laufb:** Sol Meininger Th – Südthüring Staatsth. (Red)

Schrader, Mirko, Komponist, Gitarre; Sutelliusstr 25, D-97422 Schweinfurt, T: (0 97 21) 2 10 43 [Sindelfingen 1964]. **Ausb:** Stud Git (Prof Gräf) Folkwang-H Essen seit 85, Aufbaustud (D Kreidler) MH Köln bis 94; Mstrkse b A Frauchi, D Kavenagh, H Käppel, J Clormann, J Urshalmi. **Laufb:** als Sol u KamM zahlr Tourneen In- u Ausland. **Pr:** Prtr Int GitWettb Esztergom/Ungarn 93. **Ens:** Duetto Giocondo. (*)

Schrama, Godelieve, Prof, Hochschullehrerin, Harfe; Gildestr 32, Niederlande-1401 TT Bussum, T: +31 35 6 93 43 88, F: 7 53 05, *gsww@xs4all.nl*; Hochschule f Musik, Neustadt 22, D-32756 Detmold, T: (0 52 31) 97 55 [Leiden 22.5.1969]. **Ausb:** Kons Den Haag 83–90, Mstrks b G Lorenzini 89–95. **Laufb:** Int KamMFstv Delft 97; Prof (Hfe) H f M Detmold seit 01; Int KamMFstv Orlando 96, 2000, 06; Int KamMFstv Cork 03; Sol ua b Rotterdam Philh Orch, Orch Sinf Portugesa, Israel Philh Orch, Slovak Chamber Orch, Brabants Orch. **Pr:** 1. Pr 'Prinses Christina Concours' 86, 1. Pr 'Stichting Jong Muziektalent' 89, Philip Morris Finest Selection Award 94, 3. Pr 'Int Harp Competition Israel' 94, Nederlandse Muziekprijs 95, 1. Pr 'Int Rostrum for Young Musicians' 96. **Ens:** Schönberg-Ens seit 97. **Mitgl:** Verb dt Harfenisten, Nederlandse Harpverenigung. – **Aufn/RF:** CDs: Masterworks from the Harp Repertoire 95; Scarlatti Sonatas 98; Smit: Concertino f Harp and Orch 2000; Nederlandse Harpconcerten 01; Haydn: Concerti 02; Ginastera: Concerto op 25 05. **UA:** Strategier: Five Pieces for harp 86; Özdil: Aganta, Burina, Burinata f harp solo 90; van Oosten: Prière Impromptue 94; Verbey: Pavane Oubliée 95; Henneman: Righe per Code 96; Jeths: Vertooning for harp solo 97; Jeths: Fas Nefas 98; van Roosendaal: Saul en David 98; van Oosten: Conc f harp and Orch 99; Ansink: Anything you say 99; Henneman: Tratti per arpa 03; de Vries: Deep Blue Marine 05.

Schraml, Günter, KM, Klarinette; c/o Saarländisches Staatsorchester, Schillerpl 1, D-66111 Saarbrücken. **Laufb:** Sol Saarl StaatsOrch. (Red)

Schramm-Heilfort, Sylvia, Sängerin (Mezzosopran); c/o Städtische Theater, Käthe-Kollwitz-Str 7, D-09111 Chemnitz, PF 756, D-09007 Chemnitz [Gera 15.2.1967]. **Ausb:** GesStud Leipziger MH, Praktika in Karl-Marx-Stadt u Berliner Metropolth, Chanson- u Musical-Workshops b Gisela May, Teilstud Berliner MH (Bereich Musical) b Karin Waterstraat. **Laufb:** Sol Städt Th Chemnitz seit 91 (04/05). (Red)

Schramm, Christian, Sänger; c/o Deutsche Staatsoper, Unter den Linden 7, D-10117 Berlin, PF 354, D-10109 Berlin. **Laufb:** Gast-Sol Dt Staatsop Berlin SpZ 00/01, SpZ 03/05. (Red)

Schramm, Folker, Dr, Prof, Hochschullehrer, Konservatoriumsdirektor; Riegesbreen 18, D-49124 Georgsmarienhütte, T: (05 41) 9 69 32 06, *fschramm@kon-osnabrueck.de*; Fachhochschule Osnabrück – Konservatorium, PF 1940, D-49009 Osnabrück; *www.kon-osnabrueck.de* [29.3.1947]. MPsychologie, MPäd, Dirigieren **Laufb:** ständ Dgt 'cappella academica' (SinfOrch Humboldt-Uni Berlin), Prof (Psychologie, MPäd, Dirig) FH Osnabrück, Kons, Dir ebd. **Mitgl:** Dt Ges f MPsychologie, Wiss Ges d Univ Osnabrück.

Schreckenbach, Gabriele, Prof, Hochschullehrerin, Alt; Hochschule f Künste, FB Musik, Dechantstr 13–15, D-28195 Bremen, T: (04 21) 3 01 92 10, 3 01 92 41, F: 3 01 92 77 [Berlin]. Konz, Lied, Oper, KamM-Vocal (auch 20. Jh) **Ausb:** Stud (SchulM, Ges) H d K Berlin, Mstrks (C Ludwig). **Laufb:** freiberufl an div Op u b FSp in Berlin, Wien, Salzburg, Madrid, Prag, Florenz; ZusArb m Dgt wie Albrecht, Rilling, Bertini, Chailly, Gielen, Bour, Kuhn, Leitner, Menuhin, Mehta; StR, Gastprof H f M u Th Hamburg, zahlr GesKse, Prof (Ges) H f Künste Bremen seit 94, Jurorin div MWettb. **Pr:** Förderpr Berliner Akad d Künste, Prtr Genfer MWettb. – **Aufn/RF:** ua Strauss: 'Salome' m Berliner Philh, Dgt: Mehta; Bach: 'Cantatas', Dgt: Rilling. **UA:** zeitgen Komp wie Henze, Schweinitz, Jörns, Wahren, I Yun.

Schreckenbach, Veronika, Sängerin; Meseberger Weg 14, D-39128 Magdeburg, T: (03 91) 2 51 16 79; c/o Theater Magdeburg, PF 1240, D-39002 Magdeburg. **Laufb:** Sol Th d Landeshauptstadt Magdeburg. (Red)

Schreckenberger, Paul, Prof, Hochschullehrer, Posaune; vom Stein Str 3, D-67125 Dannstadt, T: (0 62 31) 28 16. **Laufb:** Prof (Pos) Staatl H f M u Darst Kunst Mannheim. (Red)

Schreer, Dieter, Sänger; c/o Stadtth Baden b Wien, Theaterpl 7, A-2500 Baden b Wien. **Laufb:** Gastsol Stadtth Baden b Wien SpZ 00/01 u 03/05. (Red)

Schreiber, Hanns-Martin, Prof, Hochschullehrer, Klavier; Hochschule f Musik u Theater, PF 100809, D-04008 Leipzig, T: (03 41) 4 11 01 97, F: 9 46 87 26, *schreiber@hmt-leipzig.de*. Kl-KamM, Kl-Begleitung **Ausb:** HfM Leipzig (Kl) 71–77. **Laufb:** Prof (Instr Korrep, KamM Kl) H f M Felix Mendelssohn Bartholdy Leipzig.

Schreiber, Stefan, Repetitor; c/o Niedersächsisches Staatstheater, Opernpl 1, D-30159 Hannover, T: (02 11) 7 88 58 73. **Laufb:** Stellv Studienlt Dt Op am Rhein Düsseldorf-Duisburg, Studienlt u Ass d GMD Op Hannover seit SpZ 03/04. (Red)

Schreiber, Uli, Schauspielmusiker; Neugrabenweg 33 a, D-66123 Saarbrücken, T: (06 81) 4 16 32 41; Saarländisches Staatstheater, Schillerstr 1, D-66111 Saarbrücken. **Laufb:** Lt d SchspM Saarländ Staatsth SpZ 03/04. (Red)

Schreibmayer, Kurt, KS, Sänger; c/o Wiener Staatsoper, Opernring 2, A-1010 Wien. **Laufb:** Sol Wiener Staatsop, Volksop Wien, Gastsol Vereinigte Bühnen Graz SpZ 00/01. (Red)

Schreier, Inge, Prof, Hochschullehrerin, Cello; Kirschallee 20, D-02739 Eibau-Walddorf, T: (0 35 86) 36 89 88; Hochschule f Musik, PF 120039, D-01001 Dresden. **Ausb:** Stud H f M Carl Maria v Weber Dresden (Konzm C Dillner, Prof K Grosch). **Laufb:** LBeauftr Uni d Schönen Künste Phnom-Penh/Kambodscha 65–68; LBeauftr (Vcl) H f M Carl Maria v Weber Dresden seit 68 (bis 2001 auch Vcl-Methodik), Doz seit 84, Prof (Vcl) seit 92; Künstl Dir Carl Maria v Weber Gym, Sächs SpezialSch f M Dresden 91–2000; Jurorin b div nat u int Wettb. **Pr:** Croix de Chevalier de l'Ordre Royal du Cambodge. (Red)

Schreier, Manfred, Prof, Hochschullehrer, Chorleitung; Geibelstr 2, D-70193 Stuttgart, T: (07 11) 63 00 33, F: 6 36 89 00, *mail@manfredschreier.de*; Hochschule f Musik, Schultheiß-Koch-Pl 3, D-78647 Trossingen. **Laufb:** Prof (Chorltg, Chor) Staatl H f Musik Trossingen. (Red)

Schreier, Peter, KS Prof, Tenor, Dirigent; Calberlastr 13, D-01326 Dresden; c/o Sekretariat Marion Möhle, St Petersburger Str 18 A, D-01069 Dresden, T: (03 51) 4 97 70 72, F: 4 97 70 72, *marion.moehle@t-online.de*; *www.prof-peter-schreier.de* [Meißen 29.7.1935]. Konzert, Lied, Mozart, Bach, Schubert **Ausb:** Mitgl Dresdner KreuzCh unter R Mauersberger 45–54, Stud Ges u Dirig Leipzig u Dresden bis 59. **Laufb:** Eng Staatsop Dresden 61, int Karriere als Op- u KonzS, DgtDebüt 70, L Schubertiade in Hohenems Auff v Schubertmessen seit 81 ua KiM- Werken, Gastdgt Staatsop Berlin-Ost 85, Semperop Dresden SpZ 03/05, Prof H f M Dresden, letztes Geskonz am 4. Advent 05 in Prag. **Pr:** KS v Bayern, Österreich u d ehem DDR, BVK 1. Kl, Mitgl d Akad d Künste (München, Stockholm, Dresden u Berlin), Siemens-Musikpr. – **Aufn/RF:** CD-Einsp: J S Bach: alle Passionen, Weihnachtsorat, h-moll-Messe ua, als Dgt u Sol; W A Mozart: alle wichtigen Opern; F Schubert: Lied-Zyklen u Lieder ua m A Schiff; R Schumann: Lied-Zyklen u Lieder ua m A Schiff, Chr Eschenbach. **Lit:** 'Aus meiner Sicht, Gedanken u Erinnerungen' Autobiographie 83; Schmiedel: 'P S' Bildbiographie 79; W E v Lewinski: 'Große Interpreten' 92; 'Im Rückspiegel' 05.

Schreiner, Brigitte, Flöte; c/o WDR Rundfunkorchester, D-50600 Köln. **Laufb:** Sol WDR RundfunkOrch Köln. (Red)

Schreiter, Heinz, Komponist; Waitzstr 1, D-10629 Berlin, T: (0 30) 3 24 71 83 [Leipzig 9.8.1915]. **Ausb:** (b K Höller) Frankfurt/M, Kompstud (b B Blacher) ab 50. **Laufb:** OrchM (Klar) Mecklenburg Landesth 32, freischaff Komp Berlin ab 55. – **Komp:** 'Der Neffe d Marchesa', Suite I u II 56, UA Gelsenkirchen 60; 'Lieben Sie Offenbach?', Suite nach Themen v J Offenbach, UA Berlin; Vietnamesische Erfahrungen 73, UA Berlin, Hanns-Eisler-Ch Berlin, Ch Hoffmann 73; Duo f 2 Violinen 74, UA Berlin, A Labko, E Passin 79; 'Das tote kleine Mädchen' nach N Hikmet 82, UA Berlin 84.

Schrem, Arnold, Operndirektor; Badenstr 1, D-18439 Stralsund, T: (0 38 31) 66 78 00; c/o Theater- u Sinfonieorchester GmbH, Olof-Palme-Pl, D-18439 Stralsund [Berlin 18.2.1950]. **Ausb:** Stud (ThWiss) Humboldt-U Berlin 70–74, Mstrschüler (Prof Joachim Herz) Akad d Künste. **Laufb:** Operndir Vorpommersche Th- u SinfOrch GmbH Stralsund.

Schreyer, Steffen, Prof, Hochschullehrer, Chordirigent; Eupener Str 218, D-52066 Aachen, T: (02 41) 1 68 26 55, *schreyer.steffen@t-online.de* [Werneck 1968]. Konz **Ausb:** 90–95 Stud KiM u Org H f M u Th München, 95–97 MstrklStud Chltg (A. Eby) Königl MHStockholm. **Laufb:** 95–01 Lt Stockholms Barockchör, 2000–03 Lt Vokalens Kontrast, Prof (Chltg) Kath H f KiM St Gregorius AC 01. **Pr:** 98 1. Pr 6. Int Musica-Sacra-ChWettb 'Palestrina' Rom. **Mitgl:** seit 92 Verein Dt Konzch, seit 96 Int Federation f ChM, seit 02 Arbskreis M in der Jugend. – **Aufn/RF:** ua Pizetti: 'Il giardino di Afrodite', WDR-RFCh 01; Sandström S.-D.: 'In dulci jubilo', Mäntyjärvi: 'Die Stimme des Kindes', Wikander: 'Kung Liljekonvalje', Nystedt: 'Herr. neige deine Stimme', NDR-RFCh 05. **UA:** Denhoff: In unum Deum, Credo, Mai 03 (auch CD).

Schrietter, Werner, Prof, Hochschullehrer, Posaune; Wacholderweg 9, D-73431 Aalen, T: (0 73 61) 3 38 53, *Schrietter@gmx.de*; Hochschule f Musik, PF 6040, D-76040 Karlsruhe. **Ausb:** Stud b Paul Schreckenberger MH Heidelberg/Mannheim. **Laufb:** Prof (Pos) Staatl H f M Karlsruhe, FSpOrch Bayreuth 90–98. **Ens:** Mtgl PosQua Trombonissimo. **Mitgl:** Sonderbeauftr f Hochschul- u Ausbildungsfragen d DOV.

Schrodi, Uwe, Posaune; c/o Münchner Rundfunkorchester, Rundfunkpl 1, D-80300 München. **Laufb:** Sol Münchner RFOrch. (Red)

Schröder, Andrea, Sängerin; Am Steinbruch 20, A-4040 Linz-Puchenau, T: (07 32) 22 15 23, F: 22 19 52. (Red)

Schröder, Andreas, KMD, Prof, Hochschullehrer, Orgel; Baumeisterstr 44, D-76137 Karlsruhe, T: (07 21) 81 28 33; Hochschule f Musik, PF 6040, D-76040 Karlsruhe. **Laufb:** Prof (Orgel, kath KiM) Staatl H f Musik Karlsruhe. (Red)

Schroeder, Barbara, Sängerin; Dreinepper-Str 68, CH-8708 Männedorf, T: 0 17 90 23 15, 07 94 66 83 90, F: 0 17 90 23 22, *b.schroeder1@bluewin.ch*. **Laufb:** Gastsol Th Biel Solothurn SpZ 04/05. (Red)

Schröder, Gerlind, Sängerin; Lerchenweg 11, D-38820 Langenstein, T: (0 39 41) 2 49 06. **Laufb:** Sol Nordharzer Städtebundth Halberstadt/Quedlinburg. (Red)

Schröder, Gesine, Dr phil, Prof, Hochschullehrerin; Erich-Zeigner-Allee 35, D-04229 Leipzig, T: (03 41) 4 80 04 75, *gesine.schroeder@gmth.de*; Hochschule f Musik u Theater, PF 100809, D-04008 Leipzig, T: (03 41) 2 14 47 30, *gschröder@hmt-leipzig.de* [Wilster, Holstein 11.7.1957]. Neue Musik, Renaissance **Ausb:** Stud (SchM, Vcl, Tonsatz, MTheorie, Gehörbild, Imp) H d K Berlin, (Germanistik) FU Berlin, (MWiss) TU Berlin. **Laufb:** Wiss MitArb H d K Berlin, LAuftr H f M Hanns Eisler Berlin, Gastunterr CSNM Paris 02 u 03, Prof (Tonsatz) H f M Felix Mendelssohn Bartholdy Leipzig seit 92. **Pr:** Joachim-Tiburtius-Pr 72. **Mitgl:** Ges f MForschung, Ges f MTheorie. – **Sonst:**

Publ va zu MTheorie, Neuer M u Gender Studies; KonzProjekte zu musikal Bearb u Thema 'Körper-Raum-Technik'. **Lit:** Kürschners Gelehrten-Kalender.

Schroeder, Jan, Prof, Hochschullehrer, Horn; Hochschule f Musik u Theater, Emmichpl 1, D-30175 Hannover. **Ausb:** MH Hamburg b H. Keller 58–62, Stud b D. Ceccarossi. **Laufb:** Hn: Philh Orch Dortmund 64–67, StaatsOp Hamburg 67–72, NDR-SinfonieOrch Hamburg 72–82, Bayreuther FSpOrch, LBeauftr, Prof MH Lübeck 70–86, Prof (Hn) H f M u Th Hannover. (Red)

Schröder, Jochen, Violine; c/o Städtische Bühnen Osnabrück, Domhof 10/11, D-49074 Osnabrück. **Laufb:** 1. Konzm Osnabrücker SymphOrch. (Red)

Schröder, Jürgen, Prof, Hochschullehrer, Klavier; Heinrich-Roller-Str 20, D-10405 Berlin, T: (0 30) 4 42 70 73; H f Musik 'Hanns Eisler', Charlottenstr 55, D-10117 Berlin. **Ausb:** Stud Kl (D Zechlin, A Webersinke) H f Musik 'Hanns Eisler' Berlin, Mstrkse (G Agosti, L Stefanski, J Sak). **Laufb:** als Pianist im In- u Ausland, Gastsp in Dtschld, Österr, Polen, Ungarn, Rumänien, Bulgarien, ehemal Tschechoslowakei, Ägypten, Griechenland, Frankreich, Niederlande, Skandinavien, ehemal Sowjetunion, Kuba, Madagaskar, Japan, Soloabende, Sol in OrchKonz, Duopartner ua M Scherzer, I Grafenauer, V Hudecek, T Tsutsumi, KlBegl Liederabende, päd tätig H f Musik 'Hanns Eisler' Berlin seit 66, Prof (Kl) ebd 87, Prof (Kl/Methodik) ebd 92, Lt Mstrkl int Musikseminar Kozani/Griechenland. (Red)

Schröder, Lothar, Viola; c/o WDR Sinfonieorchester, D-50600 Köln. **Laufb:** stv Sol WDR SinfOrch Köln. (Red)

Schroeder, Marianne, Komponistin, Pianistin; Malzgasse 3, CH-4052 Basel, T: 06 12 72 30 04, F: 06 12 72 30 04. (Red)

Schröder, Michael, Gitarre; c/o Ensemble L'Art pour l'Art, Lüneburger Str 220, D-21423 Winsen/Luhe, T: (0 41 71) 7 35 30, F: 7 35 30, *wir@lartpourlart.de*; *www.lartpourlart.de*. **Ens:** L'Art pour l'Art. (Red)

Schröder, Simone, Sängerin; c/o Deutsche Staatsoper, Unter den Linden 7, D-10117 Berlin, PF 354, D-10109 Berlin. **Laufb:** Gast-Sol Dt Staatsop Berlin SpZ 00/01u 03/05. (Red)

Schrödl, Karlheinz, Dr, Komponist; Cumberlandstr 26/13, A-1140 Wien, T: (01) 8 94 47 08, F: 8 94 47 08, *schroedl@A1.net* [Wien 19.6.1937]. Oper, symph Musik, Kammermusik **Ausb:** Stud Komp (E Urbanner) Wien. **Laufb:** freischaff Komponist. – **Komp:** Die Tür (KamOp) 82, UA Dresden 84. **Lit:** B Günther (Hg): 'Lexikon zeitgen Musik aus Österr' 98. (Red)

Schroedter, Ulrich, Schauspielmusiker; c/o Uckermärkische Bühnen Schwedt, Berliner Str 46–48, D-16303 Schwedt/Oder, T: (0 33 32) 53 80, F: 53 81 24, *mail@theater.de*. **Laufb:** SchspM Schleswig-Holstein Landesth SpZ 02/03. (Red)

Schröfel, Gudrun, Prof, Hochschullehrerin, Chorleiterin; Hindenburgstr 15, D-30175 Hannover, T: (05 11) 3 10 02 40, F: 71 49 75, *schroefel@hmt-hannover.de*; Hochschule für Musik und Theater, Emmichpl 1, D-30175 Hannover. Chorliteratur v d Renaissance bis 21. Jh **Ausb:** Stud (SchM, GesPäd) H f M u Th Hannover, Stud (Dgt) b Fritz v Bloh, Eric Ericson, Stud (Ges) b Elisabeth Fischer-Junghann, Arleen Auger. **Laufb:** Prof Folkwang-H Essen 85–89, Prof (elementare MErz) H f M u Th Hannover seit 89, Ltg MädchenCh Hannover u Johannes-Brahms-Ch Hannover. **Pr:** Niedersächsische Kunstpr f M, VK 1. Klasse des Niedersächsischen VOrdens. – **Aufn/RF:** div CDs u Videos: A Koerppen: 'Virgilius d Magier v Rom'.

Schröpfer, Hans-Joachim, Sänger; Eichenweg 2, D-03099 Kolkwitz, T: (03 56 04) 4 10 23, F: 4 10 85; c/o Staatstheater Cottbus, Lausitzer Str 33, D-03046 Cottbus [Magdeburg 20.1.1934]. Oper, Operette, Musical **Ausb:** Stud (W Ludwig) H f M Berlin Charl 52–57, Ges (Prohaska) OpSchule. **Laufb:** Reg MTh, Bühnen d Stadt Zwickau 64–66, SpielLt MTh Th Cottbus 66, Sol Staatsth Cottbus 66–2000, seitdem ständ Gast (05/06), Tournee 'Cabaret' 90/91. – **UA:** R Böhm/G Kelling: Quasimodos Hochzeit (Direktor), UA Staatsth Cottbus 98.

Schröter, Gudrun, Prof, Hochschullehrerin, Violine; Wittenberger Str 60, D-01309 Dresden, T: (03 51) 4 59 41 36, F: 4 59 41 36; Hochschule f Musik, PF 120039, D-01001 Dresden. **Laufb:** Prof (V) H f M Carl Maria v Weber Dresden. **Ens:** TU-Orch Dresden (1. V) 02/03. (Red)

Schrott, Erwin, Sänger; Wiener Staatsoper, Opernring 2, A-1010 Wien [Montevideo 1972]. **Laufb:** Sol Wiener Staatsop. **Pr:** Gew Operalia Gesangswettb 98. (Red)

Schrottner, Peter, Dirigent; Raichbergstr 21, D-70329 Stuttgart, T: (07 11) 32 81 15, F: 9 18 39 91; Staatstheater, Oberer Schloßgarten 6, D-70173 Stuttgart. **Laufb:** Dgt u Solorep Staatsth Stuttgart, Staatsop Wien. (Red)

Schtschedrin, Rodion, Komponist, Klavier; Theresienstr 23, D-80333 München, T: (0 89) 28 58 34, F: 28 20 57; Tverskaya str 25/9, w 31–32, Moskau 103050, Russland, T: (70 95) 2 99 72 39 [Moskau 16.12.1932]. **Ausb:** Stud (Komp u Kl) b Y A Schaporin u Y Flier Kons Moskau bis 55. **Laufb:** Prof Kons Moskau 64–69, seitdem freischaff Komp. **Pr:** koresp Mitgl Bayer Akad d Schönen Künste seit 76, Ehrenmitgl Akad d Schönen Künster d DDR 83, Ehrenmitgl Int Music Council 85, Mitgl Akad d Künste Berlin 89, Russ Staatspr 92, Dmitri-Schostakowitsch-Pr 93, Ehrenprof Kons Moskau 97, Orden 'Verdienste f d Vaterland' Russland 02. – **Komp:** ua 'Die toten Seelen' (Op), UA Bolschoi Th Moskau; 'Carmen-Suite' (Ballett) 67, UA Bolschoi Th Moskau; 'Anna Karenina' (Ballett) 71, UA Bolschoi Th Moskau; 'Die Möwe' (Ballett) 79, UA Bolschoi Th Moskau; 'Dame mit Hündchen' (Ballett) 85, UA Bolschoi Th Moskau; 'Der versiegelte Engel' (russ Liturgie f gem Chor, Sop-, Alt- u Ten-Solo) 88; 'Alte russische Zirkusmusik' (3. Konz f Orch), UA Chicago 90; 'Lolita' (Op), UA Stockholm 94; 'Sotto Voce Concerto' (f Vcl u Orch), UA London 94; Konz f Trp u Orch 93, UA Pittsburgh 94; '4 russ Lieder' (5. Konz f Orch), UA London 98; 'Concerto cantabile' (f V u StrOrch) 97, UA Zürich 98. **UA:** 'The Enchanted Wanderer' (Der verzauberte Pilger) op for the concert stage, New York 02, Dgt L Maazel; 'Dialogues with Shostakovich', symph Etüden f Orch, Pittsburgh 02, Dgt M Jansons; 'Parabola concertante', Kronberg 01, m Rostropowitsch (Vcl). **Lit:** Valentina Cholopova: 'Der Weg im Zentrum – Annäherungen an d Komp R S'.

Schubert, Enrico, Chorleiter; Sächsische Staatsoper / Opernstudio, Theaterpl 2, D-01067 Dresden, *Enrico.Schubert@semperoper.de*. **Laufb:** Ltr Opernstudio Sächs Staatsop Dresden. (Red)

Schubert, Gert, Violine, Dirigent, Dozent; Joanelligasse 10, A-1060 Wien, T: (01) 9 13 06 11 [Wien 1958]. **Ausb:** Prof Samohyl, A Staar, K Maetzl MH Wien. **Laufb:** Mitgl Wiener Symph seit 78 u Konzm 80–88, künstl L KamOrch 'Wiener Concert-Verein' bis 89, Grdg 'Das Kleine Orch, Wien' 92, Doz Josef-Mathias-Hauer-Kons Wiener Neustadt seit 92. (Red)

Schubert, Gisela, Mezzosopran; c/o Südthüringisches staatstheater Meiningen, Bernhardstr 5, D-98617 Meiningen. **Laufb:** Sol Th Basel SpZ 00/01, Th Augsburg, Th Ulm SpZ 03/04, Meininger Th. (Red)

Schubert, Heino, Prof, Komponist, Organist; Am Mühlenbach 18, D-48308 Senden, T: (0 25 97) 84 87 [Glogau, Schlesien 1928]. geistl Vokal- u InstrMusik **Ausb:** Musikstud in Detmold ua Komp b Günter Bialas u SchM 47–53, Stud in Freiburg b Harald Genzmer. **Laufb:** Kantor in Heidelberg, Ruf als Domorganist an die Essener Bischofskirche 61, Doz an d Folkwang-H in Essen u d MH Köln, Prof f MTheorie u Tonsatz an d Johannes-Gutenberg-Univ Mainz 78. **Pr:** KompPr d Kulturkreises im BDI 64, Ostdt Kulturpr Schlesien d Landes Niedersachsen 88, Johann-Wenzel-Stamitz-Pr 92, Rom-Pr Villa Massimo. **Mitgl:** Künstlergilde Esslingen. – **Lit:** C Anhalt, E Gropp: Der Musiker Heino Schubert – biograph u musikal Aspekte, 98; R Liebrand: Die liturgischen Vokalkompositionen Heino Schuberts, in: Diskordanzen Bd 13.

Manfred Schubert

Schubert, Manfred, Komponist, Dirigent; Dolomitenstr 15, D-13187 Berlin, T: (0 30) 4 72 40 43, *schubert.manfred@berlin.de*; Rehwinkel 1, D-16244 Schorfheide/Finowfurt, T: (0 33 35) 3 15 13; *www.manfred-schubert-komponist.de* [Berlin 27.4.1937]. Sinfonik, Vokalsinfonik **Ausb:** Stud (Musikerz, Slawistik) HU Berlin 55–60, Meisterschüler Kompkl (R Wagner-Régeny) Dt Akad d Künste 60–63. **Laufb:** Musikkritiker 'Berliner Ztg' 62–90, Dgt eigener Werke Musikfstv Lyon 78, Gastdgt b versch Orch, LAuftr (Komp, MTheorie, Instrumentation) MH Hanns Eisler Berlin 85–86; seit ca 70: dramaturg gezielter Einsatz serieller, aleator u sonorist Satztechniken, Einbeziehg quasi-tonaler Elemente; seit ca 90 vorwiegend Sakralmusik. **Pr:** KompPr 'Prager Fühling' 66, 'Ernst-Zinna-Pr' f junge Künstler 66, KompPr KompVerband 66 u 69, 'Hanns-Eisler-Pr' 77, Anerkennung Int KompTribüne d UNESCO Paris 84. **Mitgl:** dt KompInteressenverband, Ldesverband Berlin. – **Komp:** Suite f Orch 66, UA Frankfurt/O, SinfOrch Frankfurt/O 68 (Auftr: SinfOrch Frankfurt/O); 'Tanzstudien' f Orch (OrchW) 65, UA Berlin, Orch d Kom Op, Dgt: O Durjan 68; Divertimento f Orch 70, UA Frankfurt/O, SinfOrch Frankfurt/O 70 (Auftr: SinfOrch Frankfurt/O); Konz f Klar u Orch (Konz) 71, UA Berlin, Orch d Kom Op, Dgt: G Bahner 72 (Auftr: Kom Op Berlin); 'Hommage à R Wagner-Régeny' (f Hfe, 13 StrInstr, Schlgz u Celesta) 72, UA Berlin, Dgt: M Schubert 73 (Auftr: Berliner SinfOrch); Canzoni amorose (Konz f Bar u gr Orch) 73, UA Berlin, Staatskap, Dgt: O Suitner 74 (Auftr: Dt Staatsop Berlin); Cantilena e Capriccio per V ed Orch (Konz) 74, UA Berlin, Musikbiennale, Orch d Kom Op, Dgt: J Willert 77 (Auftr: Kom Op Berlin); 1. Sinf f gr Orch (OrchW) 79–82, UA Leipzig, Gewandhausorch, Dgt: K Masur 83 (Auftr: Gewandhaus Leipzig); 'Nachtgesänge' f Bar u kl Orch 86, UA Schauspielhaus Berlin 87 (Auftr: Berliner SinfOrch); Konz f 2 V u Orch (Konz) 88, UA Postdam, Orch d Hans-Otto-Th, Dgt: M Schubert 88 (Auftr: Hans-Otto-Th Potsdam); 'Vogelreden III' Capriccio f 6 Fl (1 Spieler) u StrOrch (Konz) 90, UA Berlin, Philh, Quantz-Sebon-Ens, Dgt: P Schwarz 90; 'Misericordia ejus' Antiphon f 2 gem Chöre a capp 96, UA Berlin, ars-nova-ens, Dgt: P Schwarz 96; 'Credo' f 8-st gem Chor a capp 97, UA Berlin, ars-nova-ens, Dgt: P Schwarz 97; KlavierM, KamM (Septett, Oktett, 3 Str-Qua, Ens-Werke, Solostücke); 'Ein ökumen Te Deum' f 4 Soli, Spr, 8-st gem Chor, Org u gr Orch 98–01/05. **Aufn/RF:** 3 Portrait-CDs, mehrere LPs. **Sonst:** auch Lyriker seit 98, öffentl Vortragsabende (KamM u Gedichte), Lesungen, ca 250 Gedichte in mehreren Zyklen 98–04. **Lit:** ua Musikgeschichte d DDR 79, Komp d Gegenwart 95, Konzertbuch d DVfM Bd 3, H Seeger: Musiklexikon Personen A-Z, New Grove Dictionary of Music and Musicians 99, Who is Who in Music.

Schubert, Marianne, Violine; c/o Mittelsächsische Philharmonie, PF, D-09582 Freiberg. (*)

Schubert, Matthias, Chefdramaturg; Bertramstr 12, D-38102 Braunschweig, T: (05 31) 7 00 95 74; c/o Staatstheater Braunschweig, Am Theater, D-38100 Braunschweig. **Laufb:** Dram Staatsth Braunschweig SpZ 03/05. (Red)

Schubert, Michael, Oboe, Hochschullehrer; Akad f Tonkunst, Ludwigshöhstr 120, D-64285 Darmstadt, *schubert56@web.de* [Kehlheim a d Donau 1956]. **Ausb:** Ob (H Schellenberger, H Brune) ab 66, Stud (M Clement) MH München, Mstrkl (H Winschermann) Detmold 80. **Laufb:** langjähr Mitgl Bundesjugendorch, Konz ua m Münchener Bachorch, Dt Bachsolisten, Mainzer BlEns, Trio d'anches Detmold; Grdg Ens 'Händel with care' 99; Sol Staatsth Darmstadt seit 80, Doz (Ob) Akad f Tonkunst Darmstadt. **Pr:** mehrere Bundespr Wettb 'Jugend musiziert'. (Red)

Schubert, Peter, Trompete; c/o Staatskapelle Berlin, Unter den Linden 7, D-10117 Berlin. **Laufb:** stv Sol Staatskap Berlin. (Red)

Schubert, Roland, KS, Bass; Kuckhoffstr 21, D-04357 Leipzig, T: (03 41) 4 61 64 57, F: 4 68 55 47, *schubert-leipzig@gmx.de*; c/o Austrokonzert International, Gluckgasse 1, A-1010 Wien, T: (01) 5 13 26 57, F: 5 12 61 54, *office @austroconcert.com* [Gentha 25.10.1962]. Oper, Konzert, Lied **Ausb:** Stud (Mstrkl Prof Polster) H f M Leipzig 81–89. **Laufb:** Sol Op Leipzig seit 88, Sol Staatsop Wien seit 91, Sol Dt Op Berlin seit 01 (SpZ 04/05), LAuftr (Ges) MH Leipzig seit 2000.

Schubert, Tanja, Klavier; c/o Klavierduo Susanne Rost/Tanja Schubert, Am Horn 25A, D-99425 Weimar, T: (0 36 43) 51 82 12. **Pr:** Stip Dt Musikwettb KamM 98. **Ens:** Klavierduo Susanne Rost/Tanja Schubert. (*)

Schubert, Thomas, Komponist, Klavier, Dirigent; c/o Artists Management Basting, Sanderaustr 18, D-97225 Zellingen, T: (0 93 64) 28 13, F: 28 13, *mbasting@t-online.de*. **Ausb:** Stud H f M München. **Laufb:** Dgt Städtische Bühnen Krefeld/Mönchengladbach, künstler Ltg ua 'Schubertiade Regensburg', 'Regensburger MSommer' u 'Int Mstrks Ges', Liedbegleitung: ZusArb m M Brustmann (Sop), F Prey (Bar), D L Williams (Bass), in Japan m S Adachi (Sop) u Y Hata (Ten), Konz ua m d Münchner Sinfonikern, American Mozart Acad, Telemann Orch Osaka, New York Chamber Orch, RSO Pilsen, Fstv Orch Schubertiade Tamba no mori, Niederrheinischen Sinfonikern. **Pr:** Kulturprtr d Stadt Regensburg. **Ens:** Ltg Strawinsky-Ens. – **Komp:** OrchKomp, Vokalwerke u ThM, zB 'Diptychon' f gr Orch, 'Gitanjali' Kant nach Worten v Rabindranath Tagore. **Sonst:** Grdg F-Schubert-Ges Regensburg. (Red)

Schucan, Martina, Prof, Hochschullehrerin, Violoncello; Hochschule Musik u Tanz, Florhofgasse 6, CH-8001 Zürich, T: 0 13 42 57 74, F: 0 13 42 57 74, *martinaschucan@yahoo.com* [Basel 18.6.1965]. Klassik, Romantik, Moderne **Ausb:** Stud Vcl (A Navarra) MH Detmold 79–85, Stud Vcl (H Schiff) MAkad Basel 85–87. **Laufb:** Prof (Vcl) MH Winterthur Zürich, Tournee Ch, SJSO, m Andreas Delfs 92, Récital Th de la Ville de Paris 93, Tournee Japan, m Metropolitan Orch Tokyo 94, Kuhmo Chamber Music Fstv 99, Wittener Tage f Neue M 01, künstl Ltg Menuhin – Stift 'Live Music Now' Schweiz. **Pr:** 1. Pr Int Wettb f Vcl 'Gaspar Cassadó' Florenz. – **Aufn/RF:** Schumann: Werke f Vcl u Kl 98. **UA:** S Gervasoni: Trittico, UA Berlin 2000; C Neidhöfer: Quasi solo ..., UA Witten 2001.

Schuch, Barbara, Klarinettistin; c/o Pierrot Lunaire Ensemble Wien, Bindergasse 11, A-1090 Wien, T: (01) 3 17 91 66, F: 3 17 20 32, *office@pierrotlunaireensemble.com, office@pierrotlunaire.at; www. pierrotlunaireensemble.com, www.pierrotlunaire.at*. (Red)

Schuch, Herbert, Klavier; Oberer Gernauweg 12, D-83026 Rosenheim, T: (0 80 31) 6 29 38, 01 75–7 13 73 02, F: 6 29 38, *herbert.schuch@gmx.de*; Merianstr 29/33, A-5020 Salzburg, T: (06 64) 6 57 24 50 [Temeschburg, Rumänien 1979]. **Ausb:** Unterr Kl (M Bodo, K Hantsch), Stud Kl (K-H Kämmerling) Mozarteum Salzburg. **Laufb:** Ass v Prof Kämmerling Inst f Hochbegabungen, Int Sommerakad Salzburg 03 (Salzburger FSp), ua Konz m London Philh Orch, Münchner KamOrch. **Pr:** Europ Music Competition f Young 04, 1. Pr Casagrande-Wettb 05, Int Piano Competition London 05, 1. Pr Int Beethoven-Wettb Wien 05. – **Aufn/RF:** erste Solo-CD 05. (Red)

Schuchter, Gabriele, Sängerin; c/o Volkstheater Am Weghuberpark, Neustiftgasse 1, A-1070 Wien; c/o Theaterverein Wiener Metropol, Hernalser Hauptstr 55, A-1170 Wien, T: (01) 4 07 77 40 40. **Laufb:** Sol Wiener Kammerop, ThVerein Wiener Metropol SpZ 04/05. (Red)

Schuck, Stefan, Prof, Hochschullehrer; St Meinradweg 6, D-72108 Rottenburg, T: (0 74 72) 93 63 35, *stschuck@hdk-berlin.de*; Auguste-Viktoria-Str 7, D-14193 Berlin, T: (0 30) 89 50 34 66. **Laufb:** Prof (Chorltg, Orchltg) H f KiM Rottenburg, LBeauftr (Chorltg) H d Künste Berlin. (Red)

Schüeli, Felix, Komponist, Cellist; Hirtenhofstr 9, CH-6005 Luzern, T: 04 13 60 05 74, *schuh@freesurf.ch* [Schaffhausen 1973]. **Ausb:** Stud SchM an d MH Luzern Schulmusik m Hauptfach Chorltg, Vcl u Komp sowie Komp an d Royal Acad of Music and Drama (RSAMD) in Glasgow, Mstrks ua b Heinz Holliger u Hanspeter Kyburz. **Laufb:** Komp v KamM, in ganz Europa aufgeführt. **Pr:** 1. Pr KompWettb Glasgow (Dinah Wolfe Memorial Award 02), Wien (Wiener Sommer-Seminar f Neue Musik 02), Basel (Int Wettb f Komp u Arrangement 2000).

Schüler, Martin, Operndirektor, Intendant; c/o Staatstheater Cottbus, Schillerpl 1, D-03046 Cottbus, T: (03 55) 7 82 41 07, F: 7 82 41 91 [Finsterwalde 11.7.1958]. Operninszenierungen (auch Operette u Schauspiel) **Ausb:** Stud H f M 'Hanns Eisler' Berlin 79–84, Mstrsch (R Berghaus) Akad d Künste Ost-Berlin 84–86. **Laufb:** LdsTh Halle a d Saale 86–90, OpDir Staatsth Cottbus seit 91 u Intend seit 03 (04/05); Gastinsz Wagner: 'D Ring d Nibelungen' NatTh Mannheim 99/2000. **Pr:** Förderpr im Rahmen d Kunstpr Berlin 01. – **UA:** R Böhm: 'Quasimodos Hochzeit', UA Staatsth Cottbus 98.

Schüller, Andreas, Musikalischer Leiter, Dirigent; c/o Neue Opernbühne Berlin NOB, Goltzstr 13, D-10781 Berlin [16.5.1974]. Oper, Konzert **Ausb:** Stud (Reuter) H f M 'Hanns Eisler' Berlin 96–01. **Laufb:** Musikal Lt Neue Opernbühne Berlin, Salzburger FSp 02/03; DgtForum seit 03, Volksop Wien seit 03, Dgt NOB Berlin SpZ 04/05.

Schüller, Brigitte, Solorepetitorin; c/o Volksoper Wien, Währinger Str 78, A-1090 Wien, T: (01) 5 14 44 30. **Laufb:** Solokorr Volksop Wien. (Red)

Schültke, Christine, Sopran; Friedrichstr 11, D-32756 Detmold, T: (0 52 31) 36 97 82; Landestheater, Theaterpl 1, D-32756 Detmold. **Ausb:** Stud Ges (H. Eckels) HfM Detmold, Cons Sydney (Australien) b R. Cowley, Mstrks b T. Quasthoff u D. Fischer-Dieskau. **Laufb:** Opernstudio Landestheater Detmold. **Pr:** Prtr Landeswettb NRW 2000. **Ens:** Dt Vocal-Concertisten. (Red)

Schümann, Jörn, Sänger (Bariton); c/o Hamburgische Staatsoper, Große Theaterstr 34, D-20354 Hamburg, PF 302448, D-20308 Hamburg; *www. hamburgische-staatsoper.de*. **Ausb:** Stud (Ges) H d Künste Berlin b H Stamm. **Laufb:** Mitgl Int OpStudio 97–99, Sol Hamburg Staatsop seit 99/00, KamOp SpZ 04/05. **Pr:** 3. Pr Hamburger Robert-Stolz-Wettb 96. (Red)

Schürch, Dorothea, Gesang; Froschaugasse 20, CH-8001 Zürich, T: 0 12 62 61 01. (Red)

Schüren, Michael, Dirigent; c/o Parktheater, Klausenberg 6, D-86199 Augsburg. **Laufb:** Musikal Lt Parkth Augsburg SpZ 01–05, Lt SchauspM Grenzlandth Aachen SpZ 03/04. (Red)

Schüssler, Kerstin, Dr, Dramaturgin; Annastr 60, D-50968 Köln, T: (02 21) 38 16 60. **Laufb:** Dram Th u Philh Essen SpZ 03/05. (Red)

Schüssler, Peer, Sänger; Lorenzstr 3, D-95028 Hof, T: (0 92 81) 1 81 49. **Laufb:** Sol Städtebundth Hof seit SpZ 03/04. (Red)

Schüßler, Veit-Peter, Prof, Kontrabassist, Hochschullehrer; Thürmchenswall 78, D-50668 Köln, T: (02 21) 1 30 06 41, F: 1 30 06 45, *profschuessler@web.de*; H f Musik, Dagobertstr 38, D-50668 Köln. **Ausb:** Stud (KB, Kl, Dierigien) H f Musik Köln, H f Musik u Darst Kunst Frankfurt (G Klaus), Conservatoire de Musique Genf (F Petracch). **Laufb:** Prof (Kb) H f Musik Köln seit 93, Prof (Kb) H f Musik u Th Rostock seit 94. (Red)

Schüttengruber, Renée, Sängerin; c/o Volksoper Wien, Währinger Str 78, A-1090 Wien, T: (01) 51 44 40, F: 5 14 44 32 15, *office@volksoper.at; www. volksoper.at*. **Laufb:** Sol Neue Op, Volkop Wien seit SpZ 03/04. (Red)

Schütter, Meinrad, Komponist; Alte Landstr 136, CH-8700 Küsnacht, T: 0 19 13 74 11; c/o Ute Stoecklin, Multenweg 68, CH-4102 Binningen, T: 06 13 02 23 63, F: 06 13 02 23 63, *email@hbs-nepomuk.ch; www.musicedition. ch/special/schuetter.htm* [Chur 21.9.1910]. Oper, Lied, Kammermusik **Ausb:** als Schüler Theoriestd (A Cherbuliez), Stud Kons Zürich, Rom 39, weiterf Stud als Fernunterr (W Burkhard), (P Hindemith) U Zürich 50–54. **Laufb:** vieljähr Tätigkeit Op Zürich Ballettkorr, Beleuchtungsdgt, freischaff Komp seit 76. – **Komp:** umfangr Instr- u VokalW: Chöre, Messen, Op, BallettM, Orchkomp, e Sinf, instr begleitete Ges, KlLieder, Kl- u KamM, e KlKonz, ua: 5 Varianten u Metamorphose f KamOrch, UA 1. Fssg Zürich, Zürcher KamOrch, Dgt: A Schaichel 39; Dass, UA 2. Fassung, m Radioorch Beromünster u Ricercare f Orch, Dgt: H Scherchen 49; Gr Messe f gem Chor, Soli u Org, UA Chur, Kam-Ch Chur, Dgt: L Juon 81; Serenade f Singst u StrTrio 34, UA Chur, m H Keller (Sop), Münchner StrTrio 86; Arie d Kreusa aus d Op 'Medea' 57, UA Chur, m K Ott (Sop), Camerate Zürich, Dgt: R Tschupp 81; 'Chanzuns de la not' (f Ges u Kl), UA Chur, m S Huonder (Mezzosop), U Stoecklin (Kl) 95; Poema f Fl u Kl 97, UA Basel, m C Hustedt (Fl), U Stoecklin (Kl) 99. **AuftrKomp:** KlKonz (Kl u StrOrch), UA m T Kramreiter, Zürcher KamOrch, Dgt: C Escher 86 (Auftr: Zürcher KamOrch); 4 KlStücke 89, UA Basel, m U Stoecklin 90 (Auftr: W Stoecklin, Basel); KlTrio/Trio in e Satz (f V, Vcl u Kl) 96, UA Villeneuve, m Fennica Trio 98 (Auftr: Fennica Trio); Gommer Suite (f Fl, V u Va) 99, UA Niederwald Goms, m Trio 'diletto musicale' Bonn 99 (Auftr: Trio 'Diletto musicale'); 'Separate Einbildungen' (f V, Klar, Vcl u Kl), UA Biala Polanska (Polen), m D Sosnowska, R Golebiowsky, J Vainio, H Maffli 99 (Auftr: Fennica Trio); Trio f 3 Klar 91, UA Chur, m Calamus Trio 93 (Auftr: P Zinsli, Chur); Duo f Fl u Cello 98, UA Vilnius, m C Hustedt, F K Gohl 98 (Auftr: C Hustedt); 'Ges' m S Hounder (Mezzosop), J Vainio (Vcl), U Stoecklin (Kl) 01, UA Rünenberg 02 (Auftr. C u G Gusewski). **Aufn/RF:** 'Lieder' m K Ott (Sop), S Huonder (Alt), O G Linsi (Ten), J Wyttenbach u U Stoecklin (Kl); 'Serenade f Singstimme u Streichtrio' m Münchner Streichtrio, H Keller (Sop); 'Kammermusik – Instrumental begleitete Gesänge 1939–1998' m S Huonder (Alt), N Rüegg (Ten), M Leibundgut (Bass), C Hustedt (Fl), H R Stalder, M Müller, E Schmid (Klar), A Pesch, D Sosnowska (V) A Pesch (Va), M Merker, J Vainio (Vcl), M Derungs, U Stoecklin (Kl), Fennica Trio; Klavierkonz 85 m A Rebstein (Kl), Dgt: H Griffith; 'Pastorale II f Klar u Orch'; 'Hesperos' m M Leibundgut (Bass), U Stoecklin (Kl) 02. **Lit:** U Stoecklin (Hg): M S. Werkverzeichnis, Biograph Daten 97; T Gartmann: Freisetzung linearer Dimensionen (NZZ) 21.09.90; A Bolliger/V Naegeli: E unermüdl Komp (Aargauer Tageblatt) 25.09.95; H Kerle:

M S (Bündner-Jb 91) 91; C Walton: Vorwort z Ed 'Chanzuns da la not' 95; U Stoecklin: M S im Gespräch (Biographie/Werkeinführung); C Walton: 'M S in d Zentralbibliothek Zürich' 99.

Schütz, Christina, Schauspielmusikerin; c/o Uckermärkische Bühnen Schwedt, Berliner Str 46–48, D-16303 Schwedt/Oder, T: (0 33 32) 53 80, F: 53 81 24, *mail@theater.de*. **Laufb:** SchspM Schleswig-Holstein Landesth, Uckerm Bühnen Schwedt. (Red)

Schütz, Karl-Heinz, Flöte; Weimarer Str 114, Stg 2, A-1190 Wien, T: (01) 3 67 16 49, *k-h.schuetz@telering.at* [Innsbruck 26.9.1975]. **Ausb:** Stud Fl (E Amsler) LndKons f Voralberg Feldkirch 90–96, (P Bernold) Cons Nat supe-rieur de Musique Lyon 96–2000, Meisterkrs u priv Stud (A Nicolet). **Laufb:** Sol u KamM ua m The Dorian Consort in Europa u USA 99, Fstv Klangspuren Schwaz Tirol 99–2000, 1. Solofl Stuttgarter Philh seit 00, Ass Meisterkrs P Bernold 00/01, Fstv Young Prague 00, Musica Vitae Schweden 01, Sol Wiener Symph. **Pr:** 1. Pr Carl Nielsen Int Fl Wettb Odense 98, 1. Pr Krakau Int Fl Wettb 99. **Ens:** The Dorian Consort, Ens Kerios (Holzbl-Qui), Flötisten d Wiener Symph. – **Aufn/RF:** CD: Hummel, Andersen, Martinu, Boulez, Debussy: flötenperspektiven – recital (Fl u Kl), The Dorian Consort; zahlr RF Aufn in Österr, USA, Schweden, Dtschld, Polen, Tschech Rep, Frankr. **UA:** E Schneider: '...im Meer der Stille' (Altfl u Git), Fstv Klangspuren Schwaz Tirol 99.

Schütz, Siiri, Klavier; Üderseestr 17, D-10318 Berlin, T: (0 30) 50 38 17 18, F: 50 37 84 71, *siiri@siiri-schuetz.de*; c/o Konzert-Direktion Hans Adler, Auguste-Viktoria-Str 64, D-14199 Berlin, T: (0 30) 8 95 99 20, F: 8 26 35 20, *info@musikadler.de*; *www.siiri-schuetz.de* [Berlin 26.7.1974]. Solo, KamM, Liedbegleitung **Ausb:** Stud (A Schmidt) H f M 'Hanns Eisler' Berlin, (L Fleisher) Peabody Cons Baltimore, (V Kaplinsky) Julliard School New York 96–98, (P Gililov) H f M Köln bis 04, Unterr ua b M Perahia, A Brendel u B Canino. **Laufb:** Philh Köln 91, Tonhalle Düsseldorf 91, Gastsol Ruhr KlFstv, Schleswig-Holstein MFstv, Berliner Festwochen, Rheingau MFest, Schwetzinger Mozartwochen, Bard MFstv New York, Bayreuther FSp; Konz ua m d Berliner Philharmonikern, MDR SinfOrch, Tonhalle Orch Zürich, Europeen Soloists Luxemburg, Berner Symphonikern; ZusArb m Dgt: ua C Abbado, C P Flor, W-D Hauschild, T Kamioka, P Schneider. **Pr:** Jüttingpr Stendal 96, 1. Pr int KlWettb Aussig, Stip J Ponto Stift d Dresdner Bank, d Dt Grammophonges, d Menuhin Stift u d Keyboard Trusts London. **Ens:** Grdg KlDuo Issoglio-Schütz 02. – **Aufn/RF:** KonzMitschn: MDR: Beethoven 3. KlKonz, MDR SinfOrch, Dgt: P Schneider; SFB: Mozartkonz KV 491, c-moll Berliner Philh Orch, Dgt: C Abbado; BR: Recital Herkulessaal München; TV/Video: 'The first Year' CAMI Video NY, Debüt-CD m Werken v Mozart, Bach/Busoni, Mendelssohn-Bartholdy u Brahms 05.

Schütz, Theresa, Violine; c/o Musicians' Management – Musik Exclusiv, Dr Christoph Cornaro, Rotenberggasse 16, A-1130 Wien, T: (01) 8 79 74 16, F: 8 79 74 16, *agentur.cornaro@aon.at*. **Ausb:** Stud Julliard School b Dorothy Delay u b Itzhak Perlman Brooklyn-College. **Laufb:** Solokonz m d Adelaide Youth Orch, Malvern Symph Orch u Julliard Symph Orchestra, SonAbende in Sydney, Melbourne, Aspen, New York, Florenz, München, London, Berlin u Wien, Geigerin im Wiener Kammerorch. **Pr:** 1. Pr Hepzibam Menuhin Competition 85 u 86, Adelaide Int Violin Competition 88, 2. Pr Dorcas McLean Competition 90, Stip Musical Society of Victoria Scholarship 90, Aspen Music Festival Full Scholarship Award 90–94, Young Performers Award Aspen 95. **Ens:** NewTonEnsemble, Pierrot Lunaire, 1. V Egon Wellesz Qua. (*)

Schuh, Hans Peter, Prof, Hochschullehrer, Trompete; c/o Wiener Philharmoniker, Bösendorfer Str 12, A-1010 Wien, *philoffice@wienerphilharmoniker.at*; Univ f Musik u Darst Kunst, Inst 12, Hauptpl 8, A-7432 Oberschützen, T: (03 16) 3 89 35 35, F: 3 89 31 21, *hanspeter.schuh@kug.ac.at*; *www.wienerphilharmoniker.at*. **Laufb:** o UProf (Trp) U f Musik u Darst Kunst Graz, Trp Wiener Philharmoniker. (Red)

Schuhenn, Reiner, Prof, Hochschullehrer, Dirigent; Lothringerstr 117, D-50677 Köln, T: (02 21) 3 04 98 71, F: 3 04 98 71; H f Musik, Dagobertstr 38, D-50668 Köln, T: (02 21) 9 12 81 81 35. **Ausb:** Stud Wien. **Laufb:** Prof (Chor- u Orchltg, KiM) H f Musik Köln seit 99. (Red)

Schuhknecht, Regine, Sängerin; c/o Städtische Theater Chemnitz, Käthe-Kollwitz-Str 7, D-09111 Chemnitz, PF 756, D-09007 Chemnitz. **Laufb:** Gastsol Städt Th Chemnitz SpZ 03/05. (Red)

Schuhmayer, Peter, Violine; 3 Kleistgasse 5, A-1030 Wien, T: (01) 5 12 40 95, F: 5 12 40 95, *peter.schuhmayer@aon.at*, *artisquartet@yahoo.com*; Mönchegg 76, A-8742 St Wolfgang/Kienberg, T: (0 35 78) 4 19 72; *www.artisquartett.at* [Wien 11.9.1960]. KamM **Ausb:** Stud (H Binder, J Suk) H f M Wien, College Cons of M Cincinnati (LaSalle-Qua), Unterr b A Staar. **Laufb:** Mitgl Wiener StrSol 80–85, Gastprof (KamM) Expositur Oberschützen d H f M Graz 90–95, Doz (V) H f M Wien seit 96, Mstrkse in Österreich, Japan, USA, Frankreich, Hong Kong. **Pr:** m Artis-Qua: Echo Klassik 2000, INDIE-Award 01, Diaposon d'Or, Grand Prix du disque Acad Charles Cros, Prix Caecilia, Wiener Flötenuhr. **Ens:** Grdg u 1. V Artis-Qua Wien. – **Aufn/RF:** über 25 CDs mit Artis-Qua, ua Mozart: 6 'Haydn-Quartette' 90, Zemlinsky: StrQua 98/99, Webern: sämtl Werke f StrQua u Trio 2000. **UA:** m Artis-Qua: UA v R Dünser, O M Zykan, G v Einem, G E Winkler, H Eder, G Schedl, A P Vargas, T Larcher.

Schuhwerk, Klaus, Prof, Trompete, Hochschullehrer; Kolpingstr 12b, D-63762 Groß-Ostheim, T: (0 60 26) 14 78, F: 9 78 41, *klaus.schuhwerk@web.de*; Hochschule f Musik u Darst Kunst, Eschersheimer Landstr 29–39, D-60322 Frankfurt [Radolfzell 1961]. **Ausb:** Stud in Trossingen, Basel u Chicago. **Laufb:** Prof (Trp) H f Musik u Darst Kunst Frankfurt/M. (Red)

Schuk, Jewgeni, Konzertmeister; c/o Staatsorchester, Oberer Schlossgarten 6, D-70173 Stuttgart. **Laufb:** Konzm 1. Violine Württemberg Staatsorch Stuttgart. (Red)

Schukoff, Nikolai A, Tenor; c/o Balmer & Dixon Management AG, Kreuzstr 82, CH-8032 Zürich, T: 04 32 44 86 44, F: 04 32 44 86 49, *mail@badix.ch* [Graz 11.2.1969]. **Ausb:** Stud Ges (L Sukis) Graz, (Lazarska) Mozarteum Salzburg. **Laufb:** OpDebüt Mozartfesttage Salzburg 92 (Poeta 'Prima la Musica, Dopo il Parole'), EnsMitgl Schillerth Gelsenkirchen/Wuppertal (ua Alfredo, Max 'Freischütz', Rodolfo 'La Bohème'), 1. Lyr Tenor Nationalth Mannheim seit 98 (Tamino, Alfredo, Eisenstein, Pinkerton, Lenski, Narrboth, Froh, Belmonte), Eng 1. Lyr Tenor Th Nürnberg SpZ 01/02, Gastsp Dt Op a Rhein Düsseldorf (Max), FSp-Haus Salzburg 99 (Leukippos 'Daphne'), Lyon 98 u Chatelet Paris 2000 (Busoni 'Faust'), Scottish Nat Op Glasgow (Alfredo), Op Comique Paris (Flamand), Staatsop Hannover, (Rodolfo), Staatsth Wiesbaden (Alfredo), Auftr Melbourne u Sydney anläßl Olymp Spiele 2000 (Flamand, Alfredo), Sydney ('La Traviata' u 'Capriccio') 2001, Op de Nancy 2001/02 (Walther v d Vogelweide), Sol OpHaus Nürnberg SpZ 03/04, Gastsol Staatsth Kassel u Weimarer Nationalth SpZ 03/04, Sol SeeFSp Mörbisch 05, Stadtth Bern SpZ 04/05. – **Aufn/RF:** Radioaufn m SWR Baden-Baden. (*)

Schuldt, Hartmut, Bassklarinette; c/o Staatskapelle Berlin, Unter den Linden 7, D-10117 Berlin. **Laufb:** Sol Staatskap Berlin. (Red)

Schulenburg, Sabine Gräfin von der, Sängerin; Förstemannstr 3, D-99734 Nordhausen, T: (0 36 31) 99 02 43; c/o Theater Nordhausen/Loh-Orchester Sondershausen GmbH, Käthe-Kollwitz-Str 15, D-99734 Nordhausen [Erfurt 4.4.1942]. Oper **Ausb:** Stud (Ch Menzel) Rostock 64–68. **Laufb:** Sol Greifswald 68–72, Th Nordhausen/Sondershausen 72–2004. **Mitgl:** GDBA.

Schuler, Thomas Herwig, Mag art, Komponist; Ölzeltg 4/9, A-1030 Wien, T: (01) 7 18 82 96, F: 7 18 82 96, *schuler@mdw.ac.at*; *www.doblinger-musikverlag.at/komponisten_doblinger.htm* [Wien 18.1.1961]. ekmelische Musik, neue Tonsysteme, Mikrotonalität, sämtl Bereiche der Vokalkomposition **Ausb:** Kl, Blockfl, Knabenchor 67–75; Kl, KompVersuche 75–80; Tonsatz (A Kubicek) MH Wien, private KompStudien (R Schollum), Tonmeisterausb 82–85; Stud Komp (E Urbanner) MH Wien 85–91, Doktoratsstud MU Wien 02. **Laufb:** LBeauftr MH Wien 91; freischaff Komp, LBeauftr Univ f M u Darst Kunst Wien seit 91 (ua am Inst f MTheorie u Harmonikale Forsch). **Pr:** Komp-Wettb f Ch MH Wien 86, ORF u Austro Mechana, 1987 Förderungspr f M Wien 87, Förderungspr f M NÖ, Prtr Int KompWettb 'Mozart 1991' 91, Österr Staatsstip (Komp) 92, Würdigungspr f ausgezeichn Studienleistungen, Förderungspr Th-Körner-Stift 94, Förderungspr f M Rep Österr 98, 1. Pr KompWettb d Österr Arbeitersängerbundes f Ch/Orch 02. **Mitgl:** ÖKB, INÖK. – **Komp:** Saxqua, UA Wien MVerein, Wiener SaxQua 89; Konz f Barsax, Perc, Str-Orch, UA Wien MVerein, Dgt: B Steiner 91; 5 Rubaiyat f Bar u Ens, UA Wien KonzHaus, Österr KamSymph, Dgt: E Theis 92; Island-island (OrchStück) 93, UA Wien KonzHaus, Krakauer RSO, Dgt: J Swoboda 93; Essentia (StrOrch), UA Tulln/NÖ, Wiener StrOrch, Dgt: B Steiner 96; selbst.spiel.kreis (StrSextett), UA Wien MVerein, Wiener StrSextett 98; Und heute löst ein Stein sich mir (OrchStück) 98, UA Linz Brucknerhaus, Wiener Jeunesse-Orch, Dgt: H Böck 98; StrQua Nr 1, UA Salzburg Mittersill, A-Webern Qua Wien 02; frieden.fach.sieben (Ch, Orch), UA Linz Brucknerhaus, Ungar Phil Debrécen, Dgt: D Grossmann 03. **AuftrKomp:** zahlr. **Sonst:** derzeit Arb an e multimedialen Buch über 'Fraktale Tonalität'.

Schuliers, Markus, Regisseur; c/o 'Chamäleon' eV, Lutherstr 15, D-06886 Wittenberg, T: (0 34 91) 40 69 19, F: 4 32 40 49, *Markus@Schuliers.de* [Nordkirchen]. Kinderoper, Musiktheater f Kinder **Ausb:** Stud (MWiss) U Münster. **Laufb:** Oberspiellt f Musikth Mitteldt Landesth Wittenberg.

Schulik, Andreas, 1. Violine; Staatskapelle, Theaterpl 2, D-99423 Weimar. **Laufb:** stellv 1. Konzm Staatskapelle Weimar. (Red)

Schulkowsky, Robin, Percussion, Komponistin; c/o Schauspiel Frankfurt, Neue Mainzer Str 17, D-60311 Frankfurt/Main [Eureka, SD, USA 1953]. Neue Musik **Ausb:** Stud (Perc) Univ of Iowa, (Percussion u Jazz) New York -77, Stud b C Caskel Köln 80. **Laufb:** 'Dir of Percussion Activities' Univ of New Mexico 77, Sol New Mexico Symph Orch 77–80, ZusArb m J Cage, H Holliger, M Kagel, L Nono, K Volans, C Wolff, Teiln an Konz u Fest in Europa, Asien, USA, Südamerika u Westafrika, Organis v Fest ua World Drum Fest anlässlich d Expo 2000 Hannover, Theater-M, SchspM Schauspiel Frankfurt SpZ 04/05. (*)

Schullz, Axel Christian, Komponist, Arrangeur, Chorleiter; Körnerstr 108, D-46047 Oberhausen, *acs@schullz.de*; *www.schullz.de* [Bremen 16.3.1974]. Vokalmusik **Ausb:** Kompstud (N A Huber) Folkwang H Essen 94–99. **Laufb:** Lt versch Gospelchöre, Arrangements f CD-Prod, musikal Berater Ruhr-FSp Recklinghausen. **Ens:** 'Stimmrecht' (A-cappella-Qua). – **Komp:** Bläser Quin (KamM), UA Essen, Folkwang-H 97; 'Don't laugh – I'm serious (nuclear power is safe) (gr gem Ch), UA Essen, Folkwang-H 99; Praise the Lord! (Gospelmesse) (gem Ch u Band), UA Essen-Kettwig 01; Heute schon geübt? (drumset). **Sonst:** Grd A-cappella-Qua 'Stimmrecht', Grd Good News Gospel Projekt.

Schult, Reiner, Komponist; Helmholtzstr 4, D-23562 Lübeck, T: (04 51) 6 93 97 55 [Dannenberg 14.6.1960]. **Ausb:** Stud Gesang (A Eggers), Kl (D Jürgens), V (F Wührer) MH Lübeck 80–89, 1. Staatsex 87, Komp (F Döhl), Dirig (G Behrens), Kompdipl 89, Referend Schleswig 89–91, 2. Staatsex 91. **Laufb:** ML Norderstedt seit 91, ML Lübeck seit 2000. – **Komp:** Gesänge d Düfte (Kantate) 85/86; Nachtzeit (OrchW) 86, UA Lübeck, Stadthalle 86; Gryphius-Kantate 87, UA Lübeck, Aegigienki 87; Jabberwocky (OrchW) 88, UA Lübeck, Kolosseum 88; Sinfonietta (OrchW) 88/89, UA Lübeck, Stadthalle 89; Concertino (KamM) 92; de mysterio magno (Kantate) 98/99, UA Schleswig, Dom 99. **AuftrKomp:** Requiem (Kantate) 99/2000; Auf eines Kindes Tod (ChorW) 01.

Schulte-Bunert, Dieter, Dr, Pianist, Organist, Chorleiter, Musiklehrer; Kempener Allee 62a, D-47803 Krefeld, T: (0 21 51) 75 64 80, F: 76 06 80, *mshubu@planet-interkom.de, mschubu@web.de* [Hamminkeln b Wesel 8.12.1934]. Chorleitung, Unterrichten **Ausb:** MH Köln, U Köln. **Laufb:** MPäd Arndt-Gym Krefeld bis 98, KiM Paulusgemeinde Krefeld ab 68, Lt d Niederrhein Singkreises, Planer f Musikleben in Krefeld u Wesel. **Mitgl:** VDOK. – **Komp:** f Chor-, Orgel- u KamM. **Aufn/RF:** div WDR-Aufn, Schallpl u TB. **Zug:** W Stockmeier: Bewahr uns, Herrn, wenn wir wachen (Chor). **Lit:** C Dohr: Musikleben u Komponisten in Krefeld.

Schulte-Kellinghaus, Hubert, Komponist; Tinkrathstr 113, D-45472 Mülheim/Ruhr, T: (02 08) 37 19 70 [Rheda 16.10.1955]. **Ausb:** Kl (F Küppers) 64–67, Kl, Orgel, Mtheorie (A Michels), autodidakt Stud seit 73. **Pr:** KompPr 'Valentin Ruiz Arnar' 89. – **Komp:** 'Manhattan' f 2 Kl 79, UA Essen 84; 'Marcel Duchamp' f Kl 83, UA Essen 84; 'Hommage à Cocteau' f Kl 85, UA Essen 85; Konz f Kl u kl Orch 86, UA Granada 90; 'Bahà u'llàh' – Die verborgenen Worte (ChW) 93, UA Rheda-Wiedenbrück 94. (*)

Schulte, Eike Wilm, KS, Bariton; c/o Oper Leipzig, Augustuspl 12, D-04109 Leipzig; c/o Sächsische Staatsoper, Theaterpl 2, D-01067 Dresden. **Laufb:** Sol Bayer Staatsop München, Sächs Staatsop Dresden, Dt Op Berlin, Gastsol Hess Staatsth Wiesbaden SpZ 00/01, Sol Dt Op Berlin SpZ 03/04, Op Leipzig. (*)

Schulten-Kuth, Claudia, Querflöte; Sudetenring 39a, D-91074 Herzogenaurach, T: (0 91 32) 17 56, F: 17 56, *Rainer.Kuth@t-online.de*. **Ens:** Duo Traverso/Trio Traverso. (Red)

Schulter, Csilla, Prof, Hochschullehrerin, Klavier; Hochschule für Musik und Theater Hamburg, Harvestehuder Weg 12, D-20148 Hamburg [Ungarn 1949]. **Ausb:** Stud (Kl) Liszt-Musikakad in Budapest. **Laufb:** Prof (Lied- u Orat-Stud) H f M u Th Hamburg seit 93. **Pr:** Gew d Klavierwettb in Vercelli/Italien u Finalistin in Jaen/Spanien, 2. Pr im Klavierwettb in Finale Ligore. (Red)

Schultheis, Bernd, Komponist; Kluckstr 34, D-10789 Berlin, T: (0 30) 26 55 00 83, F: 26 55 00 85, *mail@bernd-schultheis.de*; *www.bernd-schultheis.de* [Bochum 4.6.1964]. **Ausb:** Stud (MWiss, Philosophie, Kunstgesch) Bochum, Teilzeitstud (Komp, Git) Guildhall School of Music and Drama London. **Laufb:** Regieass in Op u Schauspiel, Aufführungen Int (Film-)Fstvs u Einladung Goethe-Inst Palermo, Athen, Mexico-Stadt, Manila, Sao Paulo, Rio de Janeiro, elektr M seit 95. – **Komp:** 'Raum-Zeit-Figur' Oktophone Musik (Konz), UA Köln 97; Signalstörung (Konz/film), UA ZDF 98. **AuftrKomp:** Musik zu Stummfilmen ZDF/ARTE, Sodom u Gomorrha (Konz/Film), UA Esslingen 95 (Musik z Stummfilm v M Kertesz 22); Les Deux Timides (Konz/Film), UA Köln 95 (Musik z Stummfilm v R Clari 28); Faust (Konz/Film), UA Rostock 99 (Musik z Stummfilm v F W Murnau 26). (*)

Schultheiß, Martin, Dr, Hochschullehrer, Musiker, Verleger; Kullmannstr 4, D-60435 Frankfurt/M, T: (0 69) 5 48 22 30, *info@duocamillo.de*; *www.dr-hochs.de/html/schulthedozentenvitae_s-z.html, www.duocamillo.de, www.frankfurter-gospelchor.de*. Gospel, Musikkabarett **Laufb:** Doz (Akustik) Dr Hoch's Kons Frankfurt, Ltg Frankfurter Gospel Chor. **Ens:** Duo Camillo. – **Sonst:** div CDs m Duo Camillo u Frankfurter Gospelchor.

Schultheiss, Ulrich, Prof, Komponist, Hochschullehrer; Musikhochschule Münster, Ludgeripl 1, D-48151 Münster, T: (02 51) 2 70 56 27, F: 2 70 56 27, *info@ulrich-schultheiss.de*; *www.ulrich-schultheiss.de* [Nürnberg 18.3.1956]. Komp zeitgen Musik, Arrangeur, Produzent u Interpret funktionaler, vorwiegend jazz- u popbeeinflusster Musik **Ausb:** Stud Kl (E Appel) Kons Nürnberg 67–76, Stud Med U Ferrara 77/778, Stud M f d Lehramt an Gymnasien (Kl, J v Károlyi) u Komp (B Hummel) H f M Würzburg 78–87, Mstrkl Komp b B Hummel. **Laufb:** LBeauftr (MTheorie) Kons Würzburg, H f M Würzburg, H d Künste Berlin 85–88, Doz (MTheorie) Berufsfachschule Dinkelsbühl 87–88, Doz (MTheorie) Richard-Strauss-Kons München 88–89, Doz (MTheorie) H f M Würzburg seit 00/02; daneben Aktivitäten als Komponist, Arrangeur u Interpret v Kabarett- u TheaterM, Prof MH Münster, Prodekan ebd. **Pr:** mehrf Prtr als Pianist Wettb 'Jugend musiziert', Bdespr 70, 2. Pr Europ KompWettb f OrchW in Verb m d Europarat 84, Stip Freistaat Bayern an d 'Cité Int des Arts' Paris 84, 1. Pr OrchKompWettb GEMA-Stift 85, 1. Pr KompWettb GEMA-Stift f ChorW 85, Kulturförderpr Stadt Würzburg 85, Bayer Staatspr f Junge Künstler 86, Stip Ld Rheinland-Pfalz u sechsmon Aufenth Künstlerhaus Edenkoben 94, Prtr Int Composing & Arranging Aw London 2000. – **Komp:** Akrostichon (Orch) 83, UA St Moritz, Jugendorch Europ Länder, Dgt: J-J Werner 84; fra virgolette (Orch) 84, UA Würzburg, Orch d H f M, Dgt: G Wich 85; Down East (f Str) 85, UA Tonhalle Zürich, Camerata Zürich, Dgt: R Tschupp 85; L'oggett (Orch) 85, UA Osnabrück, Städt Orch, Dgt: J F Monnard 86; blue-S (Vcl) 91, UA Würzburg, Dgt: K Jankovic 91; Vergossen u vergessen (Orch) 91, UA Weimar, Staatskap Weimar, Dgt: G A Albrecht 91; movimenti I–IV (StrQuin), UA Stuttgart 91 (Auftr: Henschel Qua); Vexiere (V u Kl), UA Essen 91 (Auftr: Duo K Lessing u R Klaas); notturno (V) 86/90, UA BR, Dgt: K Lessing 93; Schichten (Orch) 95, UA Würzburg, Städt Orch, Dgt: J Seers 95; Schichten (Orch), UA Würzburg 95 (Auftr: Stadt Würzburg); Poéme (Str), UA Münster, Ens Stringent 95 (Auftr: Nikolai-Gesellschaft); Carmina humana (Chor u Orch), UA München 95 (Auftr: Europ Genossenschaftsbanken); blue-S-for-3 (3 Vcl), UA Kronberg 97 (Auftr: J Berger, Trio Cellissimo); rata'tui (SaxQua), UA Würzburg 97 (Auftr: QuadroPhones); Streichquartett Nr 3, UA Kempen 99 (Auftr: Henschel Qua); Tangominuten (Orch), UA Werneck 2000, Dgt: G Feser 2000 (Auftr: Ens Con brio); tributes to (Chor), UA Würzburg 2001 (Auftr: Vokalens Würzburg); ch@nges (Bkl, Kl) (Auftr H Bok u R Klaas) 03; no rest (Sax, Git) (Auftr G Mc Chrystal u C Ogden) 04; rituale (Streichqua) (Auftr Novalis Qua) 04; lost on Dec 26 (Bkl, Vc, Kl) (Auftr H Bok 04); ritual a tre (2 BlockFl) (Auftr 'les trois en bloc') 05. **Aufn/RF:** ua Down East (Str), Camerata Zürich, Dgt R Tschupp (Radio Basel) 88; Drei Intermezzi (Vcl u Kl), R Trenkler, H-Y Song (BR) 89; Nuances (Fl u Git), E Riessbeck, E Schneider (BR) 89; notturno (V), K Lessing (BR) 95; Streichquartett Nr 2, Henschel Qua 97; Poéme (Str), KamOrch v d Goltz (BR) 99; Vergossen u vergessen (Orch), Staatskap Weimar, Dgt G Albrecht (MDR) 99; Vexiere (V u Kl), K Lessing, J Möller (BR) 2000; Tangominuten (Fl u Git), Duo Richter-Scholz (BR) 2001; CDs: 'time out (Paragon Saxophone Qua), 'witch huut' (Tribune Saxophone Octet), 'tangominuten' (Tango nùevo, duo arrabal), 'nuances' (Duo E Riessbeck u K Jäckle). **Sonst:** Mitbegr Popgruppe 'samba di più', Europatournee m d Europ JugendOrch 85.

Schultsz, Jan Christoffel, Hochschullehrer, Horn, Klavier, Dirigent; Hochschule Musik u Tanz, Tössertobelstr 1, CH-8400 Winterthur, *schultsz@freesurf.ch*; Alte Landstr 12, CH-8702 Zollikon; *www.janschultsz.com* [Amsterdam]. **Ausb:** Stud Sweelinck-Kons Amsterdam b Jan Wijn u Adriaan van Woudenberg, Stud Schola Cantorum b Thomas Müller, Kons Lausanne b Bruno Schneider, Kons Basel b Laszlo Gyimesi u Peter Efler, KapmAusbildung b Jan Schultsz Basel, Bern u Zürich b Horst Stein, Manfred Honeck, Wilfried Boettcher u Ralf Weikert 91–95, DgtKrse b Jorma Panula (Helsinki) u b Sir Edward Downes (Kirill Kondrashin Conductors-Masterclas) Holland, Stud Kons St. Petersburg b Prof. I.A. Musin. **Laufb:** Grd Basler Kammerensemble, Begleitung Mstrkse v Hermann Baumann u Paul Tortelier, Korr Op Zürich, Kapm Norske Opera Oslo, OpDgt StaatsOp Budapest, Dgt u künstl Ltg OpFstv St. Moritz seit 00, Doz (Korr) MH Winterthur Zürich, musikal Lt Orch de Chambre Neuchâtel. **Ens:** Basler Kammerensemble. (*)

Schultz, Carl, KS, Sänger; Milchstr 19, D-20148 Hamburg, T: (0 40) 45 76 69; c/o Hamburgische Staatsoper, PF 302448, D-20308 Hamburg. **Laufb:** Sol Hamburg Staatsop. (Red)

Schultz, Jürgen, Sänger; c/o Städtebundtheater Hof, Kulmbacher Str 5, D-95030 Hof. **Laufb:** Sol Staatsoptte Dresden, Th Hof, Gastsol Berliner Kammerop SpZ 00/01. (Red)

Schultz, Karl-Heinz, Konzertmeister, Dozent; Am Heimbacher Pfad 20, D-65307 Bad Schwalbach, T: (0 61 24) 70 29 15, F: 70 29 15; Hochschule f Musik, PF 6040, D-76040 Karlsruhe. **Laufb:** 1. koord Konzm Orch d Hess Staatsth Wiesbaden. (Red)

Schultz, Klaus, Prof, Intendant, Dramaturg; c/o Staatstheater am Gärtnerplatz, Gärtnerpl 3, D-80469 München, PF 140569, D-80455 München [Bad Kissingen 20.5.1947]. **Laufb:** Dramaturg Op Frankfurt 73–77; Chefdramaturg Bayer Staatsop München 77–82; Musikdramaturg Berliner Philh 80–84, Generalintend Th d Stadt Aachen 84–92, Nationalth Mannheim 92–96, Intend u Chefdramaturg Staatsth am Gärtnerplatz München 96–07; Mitgl Medienrat d BLM seit 97, Vizepräsident Bayer ThAkad August Everding seit 99, HonProf H Bremen seit 2000; freier Mitarb Ltg Bayreuther FSp seit 02; Vors d Jury d GesWettb d ARD 03 u 06. **Mitgl:** Dt Akad d Darst Künste, Freie Akad d Künste Mannheim, Europ Akad d Wiss u Künste, Mitgl Verwaltungsrat Dt Bühnenverein.

Schultz, Stefan, Trompete; c/o Niedersächsisches Staatsorchester, Opernpl 1, D-30159 Hannover. **Laufb:** stv Sol Niedersächs StaatsOrch Hannover. (Red)

Schultz, Wolfgang-Andreas, Dr, Prof, Komponist, Hochschullehrer; Rudolf-Breitscheid-Str 6, D-22880 Wedel, T: (0 41 03) 8 60 47, F: 81 87 91, *Wolfgang-A.Schultz@t-online.de*; Hochschule f Musik u Theater, Fachrichtung Komp u Theorie, Harvestehuder Weg 12, D-20148 Hamburg; *www.WolfgangAndreasSchultz.de* [Hamburg 7.9.1948]. Symphonie, Oper, Kammermusik, Musikästhetik **Ausb:** Stud (MWiss) Hamburg, Prom 74, Kompstud (E G Klussmann, G Ligeti) Hamburg 72–77. **Laufb:** LTätigkeit MH Hamburg ab 77, Prof (Komp, Theorie, Partiturkunde) seit 88. **Pr:** Stuttgarter Förderpr 77, Bach-Pr-Stip 76, Walter-Scheel-Pr 84, Kulturpr Kreis Pinneberg 94. – **Komp:** Myth Landschaft (OrchW), UA Lübeck 76; Talpa (KamOp), UA Kiel 81; Das Federgewand (KamOp), UA Saarbrücken 84; Die Versuchungen d Hl Antonius (Fantasie f 2 Kl), UA Bremen 86; Elegien u Capricci (KlTrio), UA Bremen 86; Sturmnacht (Op), UA Nürnberg 87; Die Sonne v Tabriz (KamSymph), UA Halle 88; 'Shiva', Tanzdichtung (Konz), UA Hannover 92; Son f V u Kl, UA Hamburg 94; Eurydike (2. Streichqua), UA Hamburg 95; Achill unter den Mädchen (Op), UA Kassel 97; Mein junges Leben hat ein End (Fantasie f Kl Solo), UA Köln 97; Die Stimme v Chartres (1. Symph), UA Greifswald 04. **Aufn/RF:** 'Shiva', Tanzdichtung, m St Hamburger, Radio-Philh Hannover, Dgt: H Koivula; Konz f Gambe u Orch, m I Stampa, Radio Philh Hannover, Dgt: A Wenzinger (NDR Hannover); Elegien u Capricci (KlTrio), m Trio Fontenay (Saarländ RF); Porträt-CD 97 (Variationen über ein Abendlied, Maria Aegyptiaca, VSon, 'Die Schöpfung ist zur Ruh...'); CD Nacht d Versuchungen – Nacht d Todes ('Die Versuchungen d Hl Antonius', 'Mein junges Leben hat ein End'=. **Sonst:** 'Damit die Musik nicht aufhört...' Ein musikphilosoph Essay 97; 'Das Ineinander der Zeiten'. Kompositionstechn Grundlagen eines evolutionären Musikdenkens 01. **Lit:** W-A S: Texte u komm Werkverzeichnis, hg v B Busch 98.

Schultze-Florey, Andreas, Fagott; c/o Niedersächsisches Staatsorchester, Opernpl 1, D-30159 Hannover. **Laufb:** stv Sol Niedersächs StaatsOrch Hannover. (Red)

Schultze-Florey, Anna, Viola; c/o Niedersächsisches Staatsorchester, Opernpl 1, D-30159 Hannover. **Laufb:** stv Sol Niedersächs StaatsOrch Hannover. (Red)

Schulz, Birgit, Flöte; c/o Berliner Symphoniker, Christstr 30, D-14059 Berlin. **Laufb:** Sol Berliner Symphoniker. (*)

Schulz, Friedemann, 1. Kapellmeister; Frohnauer Weg 9, D-09468 Tannenberg, T: (0 37 33) 54 27 77. **Laufb:** 1. Kapm Eduard-von-Winterstein-Th Annaberg.

Schulz, Gerhard, Prof, Violine, Hochschullehrer; 13 Meytensgasse 18, A-1130 Wien, T: (01) 8 79 21 54; Univ f Musik u Darst Kunst, Inst f Streich- u andere Saiteninstrumente, Seilerstätte 26, A-1010 Wien. **Laufb:** o UProf U f Musik u Darst Kunst Wien. **Ens:** Alban Berg Qua. (Red)

Schulz, Gernot, Dirigent; c/o Konzertdirektion Andrea Hampl, Karl-Schrader-Str 6, D-10781 Berlin, T: (0 30) 4 78 26 99, F: 4 78 37 92, *hampl @konzertdirektion.de*; *www.konzertdirektion.de* [Stuttgart 22.2.1952]. **Ausb:** Stud (Schlgz) MH Hamburg 70–73, Stud (Dirig) MH Leipzig 94–97, Ass v L Bernstein 88/89, Ass v Sir G Solti 93. **Laufb:** Mitgl Berliner Philh 74–05, regelm ZusArb m RIAS Jugendorch, Hamb Symph, Berlin Symph, Nord Nederlands Orch, Brandenburger Symph, Konz m Berliner Philh Orch. **Pr:** Dt HWettb. – **Aufn/RF:** Video-Prod m Berliner Philh; Dvořák: Symph Nr 8, RIAS-Jugendorch 99; 'Opera italiana' aus Op v Verdi u Puccini, Brandenburger Symph 2001. **UA:** Henze, Bialas, Killmeyer, v Bose, Hamel: Das Grüne Liederbuch, UA Frankfurter Feste, Scharoun-Ens 89; C Seither: objet diaphane, UA Berlin, Berliner Philh Orch 94.

Schulz, Jürgen, Prof, Dirigent, Hochschullehrer; c/o Hamburgische Staatsoper, Große Theaterstr 34, D-20354 Hamburg [Berlin 9.5.1936]. Chor u Orch **Ausb:** Stud (Dirig) MH Berlin 54–59. **Laufb:** Mitgl Staats- u Domchor Berlin 46–51, ThEngagements: Senftenberg 59–60, Kaiserslautern 61–64, Düsseldorf/ Duisburg 64–74, Mannheim 74–81, HL Duisburg 65–75, Düsseldorf 72–74, Mannheim 76–81, Prof (OpChorausb, Partienstud) H f M u Th Hamburg, Dgt Forum d H f M u Th seit 89, Lt Chordir Hamburg Staatsop seit 81.

Schulz, Matthias, Sänger; c/o Tiroler Landestheater, Rennweg 2, A-6020 Innsbruck, T: (05 12) 5 20 74. **Laufb:** Sol Staatsoptte Dresden 00/04, Tiroler Landesth Innsbruck SpZ 00/01, 04/05, Gastsol Th Bremen SpZ 03/04, Gastsol Th Altenburg-Gera SpZ 03/04. (*)

Schulz, Michael, Opernregisseur; Deutsches Nationaltheater u Staatskapelle, PF 2003, D-99401 Weimar, T: (0 36 43) 75 52 77, F: 75 52 86, *michael. schulz@nationaltheater-weimar.de* [10.1.1966]. **Ausb:** Stud H f M u Th Hamburg. **Laufb:** Gastreg ua Komische Op Berlin, Theater in Bremen, Braunschweig, Osnabrück, Neustrelitz, Spiellt u Reg Staatsth Kassel, Oberspielltr Aalto-Musikth Essen 97–01, OpDir Dt Nationalth u Staatskap Weimar seit 01. **Pr:** 1. Prtr Regiepr f Nachwuchsreg d Götz-Friedrich-Stiftg Berlin 98. – **UA:** Siegfried Matthus: 'Die unendliche Geschichte', UA Weimar 04.

Schulz, Michael P, Regisseur, Intendant; Rathenaustr 21, D-23568 Lübeck, T: (04 51) 3 27 96, F: 3 27 96, *info@luebecker-sommeroperette.com*; *www.luebecker-sommeroperette.com* [Lübeck 27.5.1964]. Operette **Ausb:** Stud (SchM, MErz) MH Lübeck 83–90, Stud (MWiss) U Hamburg 90–92. **Laufb:** Intend Lübecker Sommeroptte seit 95.

Schulz, Peter, Sänger; Ballastbrücke 10, D-24937 Flensburg; Schleswig-Holstein Landestheater, Lollfuß 53, D-24837 Schleswig. **Laufb:** Gastsol Landesth Mecklenburg Neustrelitz SpZ 00/01, Sol Schleswig-Holstein Landesth. (Red)

Schulz, Stefan, Prof, Hochschullehrer, Posaune; Univ d Künste, Fak Musik, Inst f Künstl Ausbildung / Orchesterinstr u Dirigieren, PF 120544, D-10595 Berlin, T: (01 77) 8 06 04 00; c/o music and arts Organisations GmbH & Co KG, Corsicaskamp 13, D-49076 Osnabrück, T: (05 41) 9 62 96 00, F: 96 29 60 50, *info@music-and-arts.de* [Berlin]. **Ausb:** Stud i Berlin u Chicago. **Laufb:** Bass-Pos Staatskap Berlin 93–02, GastProf (Pos) H f Musik Hanns Eisler Berlin 2000–04, Prof (Pos) U d Künste Berlin. **Ens:** Mitgl Bayreuther FSp-Orch.

Schulz, Wolfgang, Prof, Hochschullehrer, Flöte; Univ f Musik u Darst Kunst, Leonard Bernstein Inst f Blas- u Schlaginstrumente, Seilerstätte 26, A-1010 Wien, T: (01) 7 11 55 24 01, F: 7 11 55 24 99; c/o Cadenza Concert, Franz Josef Kai 3, A-5020 Salzburg, T: (06 62) 84 05 05, F: 8 40 50 54, *office@cadenza-concert.at*. Blas- u Schlaginstr **Laufb:** o UProf U f Musik u Darst Kunst Wien. (Red)

Schulze-Broniewska, Klaudyna, koord 1. Konzertmeisterin; Richard-Wagner-Str 21, D-15234 Frankfurt, T: (03 35) 6 50 27; c/o Brandenburgisches Staatsorchester, Lebuser Mauerstr 4, D-15230 Frankfurt/Oder. **Laufb:** koord 1. Konzm Staatsorch Frankfurt/O. (Red)

Schulze-Koops, Karen, Dirigentin, Flötistin; c/o Bremer Theater, PF 101046, D-28010 Bremen, T: (01 79) 2 33 29 89, *karenschulzekoops@web.de*; c/o Wuppertaler Bühnen, Spinnstr 4, D-42283 Wuppertal. als Flötistin: KamM in seltenen Besetzungen, vozugsweise m Gesang (Mira-Ensemble), zeitgen Musik **Ausb:** Stud (Fl, Dirig) MH Detmold, Lübeck u State University of New Jersey (Rutgers), USA (M Achilles, M M Kofler, J Scott, Th Biermann, J Harder. **Laufb:** Solorep m Dirigierverpfl Theater Bielefeld 99–01; musikal Ass Zeitgen Op Berlin; Dgt u Solorep Wuppertaler Bühnen seit 01; kommissar Studienlt, Dgt Junge Kammerop Köln seit 03; KonzReisen n Litauen, Lettland, Tschechien u Japan; Solorep Brener Th SpZ 04/05. **Ens:** Mira-Ensemble. – **Aufn/RF:** CD: N Telfer: 'To Dream again' (Liederzyklus f Sop, Fl, Kl) 01. **UA:** H Luchterhandt :'Aus Krähwinkels Schreckenstagen' u andere heitere u besinnl Gedichte v H Heine f hohe Stimme, Qufl u Kl, UA MH Detmold, Mira-Ens 98. **Sonst:** Unterstützung d BOWEKA-Projektes z Förder d kulturellen Austausches zwischen Baltikum u Dtl, Erstellen e OrchPartitur f d Op 'The Indian Queen' v H Purcell.

Schulze, Frank Udo, Chordirektor; Sundstr 13, D-18573 Altefähr, T: (03 83 06) 7 52 46; c/o Theater- u Sinfonieorchester GmbH, Olof-Palme-Pl, D-18439 Stralsund. **Laufb:** Chordir Vorpommersche Th- u SinfOrch GmbH Stralsund. (Red)

Schulze, Jan Philip, Prof, Hochschullehrer, Piano; Hochschule f Musik u Theater, Emmichpl 1, D-30175 Hannover. **Ausb:** Stud Klavier (K Schilde u M Schäfer) HfM München 86–91 u 94, Tschaikowskij-Kons Moskau (L Maumov) 91–93, Stud Liedgestaltung H Deutsch, D Fischer-Dieskau. **Laufb:** LAuftr (Kl, Liedgestaltung) HfM München 95–02; Prof (Liedgestaltung) HfMuTh Hannover seit 02. **Pr:** Stip Studienstift d dt Volkes 90–93; 2. Pr KamMWettb Trapani 88; 2. Pr u Sonderpr KlWettb Jaèn/Spanien 95; Sonderpr Wettb Pretoria 96. **Ens:** Ensemble TrioLog München, Trio Amédée. – **Aufn/RF:** Klaviersextette aus Frankreich m Arcis Quintett 97; Amédée Rasetti: Trios op.13 05; Violeta Urmana: Lieder 05; H W Henze: Das Solo Klavierwerk 06. **UA:** Christoph Staude: Klavierkonz, Mü Philh, Dir: G Schmöhe 02; H W Henze: Ein kl Potpourri, UA Hannover 2000; D Schnebel: Klavierstück, UA München 04; W Rihm: Sprüche des Konfuzius (Schiller), UA Bad Reichenhall 05; Isabel Mundry: Sandschleifen, UA München 03. **Sonst:** Klavierauszüge zu Mozart KV 315, 412, 447, 495, 622; Beethoven Chorfantasie.

Schulze, Jeanne Pascale, Sopran; Ulrichstr 7, D-01326 Dresden, T: (03 51) 8 01 52 16; c/o Sächsische Staatsoper, Theaterpl 2, D-01067 Dresden, T: (03 51) 4 91 10, F: 4 91 16 98, *presse@semperoper.de*. **Laufb:** Sol Sächs Staatsop Dresden. (Red)

Schulze, Jens-Eric, Sänger; Mildenauer Str 45, D-09471 Königswalde, T: (0 37 33) 2 61 39. **Laufb:** Sol Eduard-von-Winterstein-Th Annaberg Spz 01/05. (Red)

Schulze, Manfred, Komponist; Anton-Saefkow-Str 70, D-10407 Berlin, T: (0 30) 4 25 48 84 [Schweitzerthal 17.8.1934]. **Ausb:** priv Stud (Kl, V, Klar, Harmonielehre) 54–58. **Laufb:** seit 58 Mitgl in versch Formationen u Ens. – **Komp:** B-A-C-H (Impr KonzM), UA 70er Jahre; Choralkonz (Impr KonzM), UA 70er Jahre; Konzertino (Impr KonzM), UA 70er Jahre; Quintett Nr 1 (Impr KonzM), UA 70er Jahre; Nocturno (Impr KonzM), UA 70er Jahre; Quintett Nr 12 (Impr KonzM), UA 70/80er Jahre; Viertens (Impr KonzM), UA 70/80er Jahre. (*)

Schulze, Martin, Konzertmeister, Violine; c/o Anhaltische Philharmonie, Friedenspl 1a, D-06844 Dessau. **Laufb:** Konzm Anhalt Philharmonie Dessau. (Red)

Schulze, Michael, Sänger; c/o Kammeroper Göttingen eV, Alte Schule Arenborn, D-34399 Oberweser. **Laufb:** Sol KamOp Göttingen. (Red)

Schulze, Ralf-Peter, Intendant; c/o Theater & Orchester GmbH Neubrandenburg/Neustrelitz, Friedrich-Ludwig-Jahn-Str 14, D-17235 Neustrelitz. **Laufb:** Intend Th u Orch Neubrandenburg/Neustrelitz SpZ 03/04. (Red)

Schulze, Thomas, Horn; c/o MDR Sinfonieorchester, Augustuspl 9a, D-04109 Leipzig. **Laufb:** stv Sol MDR SinfOrch Leipzig. (Red)

Schulze, Werner, Dr, UProf, Komponist, Universitätsprofessor; Darwingasse 30/14, A-1020 Wien, T: (01) 2 18 39 84, 7 11 55 35 29, 0 69 91–2 18 39 84, F: 7 11 55 35 97, *Schulze@mdw.ac.at*; Univ f Musik u Darstellende Kunst, Internationales Harmonikzentrum, Anton-von-Webern-Pl 1, A-1030 Wien, T: (01) 7 11 55 35 29, F: 7 11 55 35 97; *www.werner-schulze.at* [Wiener Neustadt 10.6.1952]. E-Musik **Ausb:** Fagott (K Öhlberger), Harmonik (R Haase) H f M u Darst Kunst Wien 68–74, Phil (L Gabriel), Psychologie, Altbabylonisch U Wien 70–76, Prom Dr phil 76. **Laufb:** Fag Austrian Wind Qui (Niederösterr Bläserqui): 250 Konz in 21 Staaten Europas, d Nahen Ostens u Südamerikas 73–88, Fag Österr-Ungar Bläserens 77–85, Kontrafag Duo 'zwio' u Fag Logos Qua: Konz, Aufn u Workshops in 17 Staaten Europas u Asiens 85–96, ao UProf (Harmonikale Forschung) U f Musik u Darst Kunst Wien seit 92, Gast-Prof (Komp, MTheorie, Bläserens) Inst Seni Indonesia Jogjakarta/Indonesien 95; Komp seit 77: 470 Auff in 40 Staaten. **Pr:** Förderungspr d Niederösterr Ldesreg 77 u 83, Theodor-Körner-Förderungspr 78, 82, 94, Förderungspr d Bundesmin f Unterr u Kunst 81, Sonderpr Int KompWettb Wien 81, Förderungspr d Stadt Wien 83, Special Comm 1st Annual Vienna Modern Masters Recording Award Wien 90, Dipl d'Honneur Grand Pr Int d'Arts et Lettres Marseille 90, 3. Pr KompWettb 'Swingfonia' Ried/Oberösterr 96, 1. Pr Komp-Wettb Klosterneuburg, Würdigungspr d NÖ-Ldesreg 02. **Ens:** Austrian Wind Qui 73–88, Österr-Ungar Bläserens 77–85, Duo 'zwio' 85–96, Logos Qua 85–96. **Mitgl:** Obmann INÖK (Interessengemeinschaft NÖ Komp) Wien seit 97, Mitgl Int Ass of Greek Philosophy Athen seit 96, Ehrenvorstand d Österr-Indones Ges. – **Komp:** Contrafagottophonia (Dialog f Wale u Kontrafag) 79, UA Wien 79; Snúningur (5 Bilder f Orch) 80, UA Eisenstadt 81; Heckelphonia (f Heckelphon) 82, UA Wien 82; Variationen ohne Thema (f Klar u Kl) 81/82, UA Wien 82; Deux Mouvements (Trio f Kl, Klar (V), Vcl) 86, UA (V) Trier 89, Wien (Klar) 91; Beamtensymph in moll-dur 88/89, UA Wöllersdorf 91; Sonatina Canonica (f Vcl, Fag; oder f 2 Sax) 90, UA Jogjakarta 90; Logos (f Kl, Klar, Fag, Vcl) 94, UA Trondheim 94; Cantico di Frate Sole – Das Sonnenlied d heiligen Franziskus v Assisi (f Sop, Vcl, Kl) 98, UA St Pölten 99; Llull – El Misteri del Logos, UA Palma/Mallorca 2000; Sokrates (Drama m M), UA Wiener Neustadt 03 ua; Studienlit: Transplantazioni (3 Duos f Trio) 78, UA St Pölten 78; Metamorphosen (f BlQui) 82, UA Rohrau 82; 3 Minuten Stücke (f 2 Trp, Pos, Tb) 84; Umkehrkomp: Ein Neger (3-stimm Kanon, Text: A Schopenhauer, gleichbleibend b Drehung um 180 Grad); Fanfare (f 4 Trp, 2 Hn, 4 Pos; 10-stimm Umkehr-Fanfare, 10.-6. St=1.-5. St b Drehung um 180 Grad); Hoffnung (Choral-Meditation 1) 84, UA Wien 84 (Auftr: Ens Wien-Reykjavik); Ansichtskartengrüße (f StrSextett m Kl) 02, UA St Pölten 02 (Auftr: Acad Allegro Vivo); Anchibasie op 17, UA 04 Wiener Neustadt; Kalkül (ThOp), UA Zürich 05; Oidipus op 19, UA Wiener Neustadt 05. **Aufn/RF:** 10 Komp auf CD/Schallpl. **Sonst:** Einzelpublikationen, 60 Beitr in Sammelwerken, mehr als 120 Vorträge in 20 Staaten; Themen: philosoph Theologie, harmonikaler Pythagoreismus u Platonismus, Architekturtheorie, Theorie d M,

Kontrafag, Harmonikale Forschung; 18 Aufenth auf Färöer-Inseln (Vorträge, Konz, BeraterTätigkeit b Aufbau d färöischen MLebens) 76–2000, Mitarb b Entwicklung d v B Moosmann/Waiblingen gebauten tiefsten Kontrafag d Welt 83/84, Anreger d v J Mertin/Wien gebauten mitteltön Org (Org di legno) m Doppelpositionen dis/es u gis/as 83/84. **Lit:** 30 Komp gedruckt.

Schumacher, Stefanie, Akkordeon; Öcklweg 7, D-81369 München, T: (0 89) 74 21 76 62, *s_schumacher@gmx.de* [1976]. Kammermusik, Unterrichtstätigkeit **Ausb:** Stud (Akk, Kl) Richard-Strauss-Kons München 96–02. **Ens:** tango duende, Zimt u Zucker, Flaccord.

Schumann, Andreas *siehe* Frank, André

Schumann, Andreas, Gitarre, Komponist; c/o Musikverlag Vogt & Fritz, Inh Elke Tober-Vogt, Friedrich-Stein-Str 10, D-97421 Schweinfurt, T: (0 97 21) 2 01 90 10, priv: (0 45 21) 84 99 76, F: 2 01 90 15, *vogtfritz@t-online.de*; *www.vogtundfritz.de* [Westermühle b Itzehoe 1954]. **Ausb:** Stud (Prof Aigner) MH Lübeck, Mstrkse b Prof K Scheit/Österreich, D Tannenbaum/USA, E Kassner/ Kanada, K Ragossnig/Österreich, P Romero/Spanien. **Laufb:** Konz (solo, KamM) Dtschld, Frankreich, Italien, Niederlande, Tourneeprogramm Kultusmin Schleswig-Holstein 86 ua, Doz (Git) J-Brahms-Kons Hamburg 87, H f M u Th Rostock 93–96, Eutin. – **Komp:** ersch in folg Verlagen: Bosworth Musikverlag, Heinrichshofen, Schott. (*)

Schumann, Erik, Violine; Nerotal 24, D-65193 Wiesbaden, T: (06 11) 1 80 56 56, F: 1 80 56 57, *ErikSchumann@web.de*; c/o Künstlersekretariat Schoerke GmbH, Grazer Str 30, D-30519 Hannover, T: (05 11) 40 10 48, 40 10 49, F: 40 74 35, *info@ks-schoerke.de*; *www.erik-schumann.com* [Köln 1982]. **Ausb:** Jungstud (Z Bron) MH Köln, zahlr Mstrks. **Pr:** 1. Pr Bundeswettb Jugend musiziert 94, 1. Preis Int VWettb f jg Geiger in Novosibirsk/Rußland 95, 1. Preis beim 7. Int Wieniawski-Wettb in Lublin/Polen 97, Leonard Bernstein Award 04 (Schleswig-Holstein MFstv). (Red)

Schumann, Joachim (Pseud: Joschi Schumann), Komponist; Cimbernstr 74A, D-81377 München, T: (0 89) 74 10 03 68, *Joschi.Schumann@t-online.de*; *www.schefczyk.de* [Naila/Ofr 12.5.1958]. Musik f Vcl **Ausb:** Neuere Dt Lit (V Hoffmann) U München. **Laufb:** Konz in d R 'Sinfonia Viva', Siemens Forum München 98; R 'Komponisten in Bayern', Bayer Versicherungskammer München 2000; Eröffnung d 'Bayer MAkad Schloß Alteglofsheim' 2000; Benefizkonz f d 'Dt Parkinson Vereinigung' München 2001. **Pr:** Nachwuchspr '1. FilmM-Wettb Berlin' 89. **Ens:** Schefczyk – Das Münchner Vcl-Ens. – **Komp:** Konz f Vcl u unkonventionelle Besetzung (Konz), UA Füssen, Fürstensaal 91; Drei Lieder f Sop u 3 Vcl nach Gedichten v H Hesse (Liederzyklus), UA München, Seidlvilla 93; Phantasie f Vcl u Orch über e romant Thema v Clara Schumann (Konz), UA Füssen, Fürstensaal 74; Jusqu'au printemps prochain, Tango-Metamorphosen f Vcl-Qua, UA Füssen, Fürstensaal 94; Bunte Steine, Sieben Stücke f Vcl-Solo (Solo), UA München, Seidlvilla 95; 'Blütenduft umarmt die Welt', Liebeslieder an das Leben (Liederzyklus), UA München, Seidlvilla 96; Requiem f e romantische Frau (FilmM), UA Füssen, Alpenfilmth 99; Cello-Solo-Messe, UA München, Studentenstadt 2000. **Aufn/RF:** 8 Tonträger, ua: Powerplay 95; Jusqu'au printemps prochain 96; Requiem f e romant Frau 98; Cello Fire 01 (alle m Schefczyk).

Schumann, Joschi *siehe* Schumann, Joachim

Schumann, Martin, Prof, Hochschullehrer, Klavier; Hochschule f Musik u Theater, FB 2, Harvestehuder Weg 12, D-20148 Hamburg. **Laufb:** Prof (Klavier) H f M u Th Hamburg. (Red)

Schumann, Wolfgang, Komponist; Platanenstr 30a, D-15566 Schöneiche, T: (0 30) 6 49 86 04, F: 6 49 86 04, *schumann-schoeneiche@t-online.de* [Mönchengladbach 23.4.1927]. **Ausb:** Stud (Dirig, Komp) MH Köln. **Laufb:** ThKapm Osnabrück, Mannheim, Flensburg, Plauen, Chefdgt Staatl SinfOrch Neubrandenburg bis 57, freiberufl Dgt (RF) u Komp seit 57. **Pr:** 2x Kunstpr DDR, Ehrenmed Stadt Frankfurt/O, Ernennung MD 56, Ehrennadel Kompverband DDR in Bronze u Silber. **Mitgl:** DKV, Brandenburgischer Verein f Neue Musik. – **Komp:** ca. 200 Komp f Blasorch, 15 Ballette, ca 100 Komp u Bearb f d Sorb NatEns Bautzen; Holzbläserlaunen (Suite) 59, UA Weimar, gr RF-Orch Leipzig, Dgt: R Hanell 60; Partita moderna (Str-qua), UA Fürstenwalde 79; Rhythmische Rhapsodie (Konz BlasM) 80, UA Frankfurt/O 81; Land an d Oder (KamM Suite) 85, UA Frankfurt/O 87; Heinrich Albert (Orat) 86–89, UA Lobenstein, Kantorei i Staatl Orch Saalfeld, Dgt: F Chlum 90; Psalm 73 (Geistl ChW) 90, UA Lobenstein 91; Psalm 84 (KiM), UA Schöneiche 97; Hoffnung (Kantate), UA Lobenstein 2000; Sturmland (Kinderkantate), UA Lobenstein 01; Psalm 139 (Kl u Ges) 03; Elia (KinderKant), UA Schöneiche 03; 'Nacht im Dom' (KinderKant) 04; 'Im Ende-Anfang ohne Ende" (Orat) UA Creglingen 05; 'Jakob und Esau' (KinderKant).

Schun, Tanja, Sängerin; Alleestr 20, D-58097 Hagen, T: (0 23 31) 48 37 76. (Red)

Schunk, Heinz, Prof, Violine, Hochschullehrer, Konzertmeister; Parkstr 3, D-13187 Berlin, T: (0 30) 48 09 78 32; c/o Konzerthaus Berlin, Gendarmenmarkt, Charlottenstr 56, D-10117 Berlin. **Laufb:** LBeauftr (V) H f Musik Hanns Eisler Berlin, 1. Konzm Berliner SinfOrch. (Red)

Schuppe, Marianne, Sängerin; Eulerstr 70, CH-4051 Basel, T: 06 12 71 89 33. zeitgen Musik, experimentelles Hörspiel, Sprache.

Schurak, Silke, Horn; c/o Konzertdirektion Andrea Hampl, Karl-Schrader-Str 6, D-10781 Berlin, T: (0 30) 4 78 26 99, F: 4 78 37 92, *hampl@konzertdirektion.de*; *www.konzertdirektion.de*. **Laufb:** Lockenhaus Fstv, Schleswig-Holstein MFstv, Niedersächs Musiktage, Kissinger Sommer (mit Albert-Schweitzer-BläserEns). **Ens:** Mitgl 'Albert-Schweitzer-BläserEns'.

Schurig, Harald, KM, Fagott; c/o Landesbühnen Sachsen, Meißner Str 152, D-01445 Radebeul, T: (03 51) 8 95 40, F: 8 95 42 01, *landesbuehnen@dresden-theater.de*; *www.dresden-theater.de*. **Laufb:** Mitgl Orch d LdsBühnen Sachsen seit 76, Sol ebd seit 03; Doz H Schütz-Kons Dresden. **Pr:** KM Orch d LdsBühnen Sachsen 03. **Ens:** Sächs KamNonett. (Red)

Schurig, Wolfram, Komponist; Liechtensteiner Str 38, A-6800 Feldkirch, T: (0 55 22) 7 98 30 [Bludenz 30.12.1967]. **Ausb:** MGymnasium u Landeskons Feldkirch, Lehramtsstud Blockfl, weitere an d MH Zürich: Komp b Hans Ulrich Lehmann, Blockfl b Kees Boeke seit 89, KompStud b Helmut Lachenmann in Stuttgart 92–95. **Laufb:** zahlr Auff ua b d Darmstädter Ferienksen, Schleswig-Holstein Musikfstv, am Pariser IRCAM, b d Zürcher Tagen f neue Musik, 'Wien modern', Grazer 'Musikprotokoll', b d Bregenzer FSp u d Wittener Tagen f neue KamM; ZusArb m Interpreten d zeitgen Musik zusammen u m Ens wie Klangforum Wien, ensemble recherche, SurPlus aus Freiburg/Br, nsemble Avance aus Köln; künstl Lt d 'bludenzer tage zeitgemässer musik' seit 95. **Pr:** Prtr b KompWettb d WDR Köln 92, Stip d Villa Musica Mainz, Staatsstip d Republik Österreich f Komp 94, Plöner Hindemith-Pr 96, Förderpr int Bodenseekonferenz 98, KompPr d 'Erste Bank' 04, KompStip d Landes Vorarlberg 04. – **Komp:** 1. Streichquartett 94/95, UA Berlin, ex negativo 95; Hoquetus (Vcl, KamOrch) 97/98, UA FSp Bregenz 98; A.R.C.H.E. (Sax, Piano, Perc), UA Donaueschingen 2000; Ultima Thule (KamOrch) 03/04, UA Wien, Wien Modern 04. **Aufn/RF:** Ultima Thule, Hoquetus, Augenmaß u. a. (Kairos CD 05); in nomine, ensemble recherche (Kairos CD 04). **Sonst:** Publ. ua 'Polyphony & Complexity' 02; 'Musical Morphology' 04 und in 'Musik&Ästhetik'. **Lit:** P Böttinger: 'Sonic Death? Im Gegenteil', in: Musik & Ästhetik 7/98.

Schuster, Claus-Christian, Pianist; Esterhazygasse 15 a, A-1060 Wien, T: (01) 5 87 73 28, (06 64) 1 91 47 03, F: (01) 5 85 22 54, *schuster@altenbergtrio.at*; *www.altenbergtrio.at* [Wien 1952]. Kammermusik **Ausb:** Stud Kl Wien, Bloomington, USA u Moskau b Wilhelm Hübner, Hans Graf, Dieter Weber u Vera Gornostayeva. **Laufb:** bis 84 int SolTätigkeit, Dozent Wiener MH 76–86, Grd d Wiener Schubert Trio 84, Gast b int KamMFstv: Musikverein Wien – eigener Zyklus seit 88, Salzburger FSp, La Fenice Venedig, Teatro alla Scala Milano, Concertgebouw Amsterdam, nach d Auflösung d 'Wiener Schubert Trio' 93 Grdg d Altenberg Trio (m Amiram Ganz u Martin Hornstein, seit 04 m Alexander Gebert), int Auftr seit 94, Lt Seminarlehrgang f KlKamM Privatu Kons Wien, künstler Lt Brahmsfest Mürzzuschlag, Mstrkrse f KamM in Europa u den USA. **Pr:** Robert Schumann Pr Zwickau 99, Edison Award 2000. **Ens:** Altenberg Trio Wien. **Mitgl:** Präsident Int Paul Juon Ges, Vors Inst f Österreichische MDokumentation. – **Zug:** R Schollum: Seestück op 108; an Wiener Schubert Trio: Op 21 v R Bischof, G Lampersberg 85, op 5a v W Schulze, P Kont 90, 'in Bewegung' v E Urbanner; an Altenberg Trio: 'Wem gehört der Mensch?' u 'Heimat' v W Pirchner, 'g-kettet' v O M Zykan, 'A little peace' v Kenny Wheeler, op 64 v H Schmidinger.

Schuster, Hanns-Christoph, Komponist, Organist; Trillerweg 9, D-66117 Saarbrücken, T: (06 81) 5 84 93 15; Saarländisches Staatstheater, Schillerpl 1, D-66111 Saarbrücken, T: (06 81) 3 09 22 31 [Ebersbach, Oberlausitz 6.3.1937]. **Ausb:** Stud (KiM) Lübeck, Hamburg, Hannover 58–68, Cons di S Cecilia Rom 60–63, Meisterkl: Orgel (Germani), Klavier (Zecchi), Komp (Petrassi), Cembalo (Ruzickovà) Fak d Mus Künste Prag 70–72. **Laufb:** Bühnenkomp, Städt Bühnen Mainz 78–89, Staatsth Saarbrücken seit 91, Konz in West- u Osteuropa, Japan, USA. **Pr:** Niedersächs Kunstpr 68, Mitgl 'Accad delle belle arti' Florenz 79, 'Cité int des arts' Paris 88, KompPr Solingen, Würzburg, Karlsruhe ua. – **Komp:** Der Zauberturm d Urgroßvaters (Spr u gr Orch) 84, UA Wiesbaden, Staatsth 84 (Auftr: Hess Staatsth Wiesbaden); Die Totenklage d Francois Villon (Requiem) 86, UA Wiesbaden, Hess Staatsth 87 (Auftr: Hess Staatsth Wiesbaden); Hochzeitsszenen (Konz) 87, UA Salzgitter, Staatsorch Braunschweig, Urbanek, Schloifer (Auftr: Kultusmin Rheinland-Pfalz); Darina (Sinf Märchen) 90, UA Essen, Aalto-Th 91 (Auftr: Th u Philh Essen); Sérénade malicieuse (Konz) 90, UA Essen, Villa Hügel 90 (Auftr: Folkwang-KamOrch).

Schuster, Jürgen, Trompete; c/o WDR Rundfunkorchester, D-50600 Köln. **Laufb:** stv Sol WDR RundfunkOrch Köln. (Red)

Schuster, Martha, Prof, Hon Prof, Orgel, Hochschullehrerin; Hangleiterstr 5, D-70191 Stuttgart, T: (07 11) 2 57 23 57, F: 2 84 46 54, *marthaschuster@onlinehome.de*; H f Musik u Theater, Arcisstr 12, D-80333 München. **Ausb:** Kirchenmusikstud Frankfurt/M (Orgel b H Walcha, Theorie b K Hessenberg). **Laufb:** KMD 82, LBeauftr (Org) Staatl H f M u Darst Kunst Stuttgart, LBeauftr u HonProf (Org) H f M u Th München. **Pr:** 1. Pr Wettb Int Orgelwoche Nürnberg 68. – **Aufn/RF:** CD: 'Dupré, Messiaen, Guillou', an d Rieger Orgel, Stifts- u Probsteikirche St Mariä Himmelfahrt Kleve 01.

Schuster, Michaela, Mezzosopran; In den Rödern 14, D-64297 Darmstadt, T: (0 61 51) 42 40 55; c/o Opern-Agentur, Büro Berlin Suzana Djordjevic, Maassenstr 14, D-10777 Berlin, T: (0 30) 2 16 82 14, F: 2 15 97 76, *bueroberlin@opern-agentur.com* [Fürth 1.1.1966]. **Ausb:** Stud (Ob) Fachakad f Musik Nürnberg 81–87, Stud Ges (H Lazarska) Mozarteum Salzburg 88–91, Ges (I Figur, J Rudolfowa-Kratzer) HdK Berlin 92–96, Dipl 96, Mstrkl b C Ludwig, A Reimann, H-L Kuhse, W Hollweg, J Hamari. **Laufb:** EnsMitgl Staatsth Darmstadt 99–02, Sol Staatsth Karlsruhe 2000–02, SemperOp Dresden 01–04, NatTh Mannheim 02, Staatsth Stuttgart 03–05, Gastsol Stadtth Gießen, Op Halle/Saale u Op Frankfurt SpZ 03/04, NOB 03–05, Gastsol Dt Staatsop Berlin SpZ 04/05, Gastsol Dt Staatsop Berlin, Wiener Staatsop, Staatsop Hamburg, Teatro Sevilla 05–07. **Pr:** Stip d H Mozarteum Salzburg 90, Stip Richard-Wagner-Verb Bayreuth 91, Stip HdK Berlin 93, Stip Dt MWettb Bonn (Dtld-Tournee m Liederabenden) 94, Förderpr Bonner OpFreunde 94, 1. Pr Int GesWettb 'Debüt in Meran' 96, Wagner-Pr Int GesWettb 'Francisco Vinas' Barcelona 97, 1. Pr Int GesWettb f Wagner-Stimmen Strasbourg 97. – **Aufn/RF:** A Schönberg: Erwartung, Live-RF-Mitschnitt, Orch OpHaus Halle, Dgt: R Epple 01; R Wagner: Ring d Nibelungen (Fricka), Staatsop Stuttgart 02/03 (TV).

Schuster, Norbert, KV, Kontrabass; c/o Dresdner Philharmonie, PF 120424, D-01005 Dresden. (Red)

Schuster, Werkling *siehe* Parolari, Reto

Schutza, Katharina, lyr Mezzosopran; c/o Staatsoperette Dresden, Pirnaer Landstr 131, D-01257 Dresden, T: (03 51) 20 79 90, F: 2 07 99 37, *info@staatsoperette-dresden.de*; c/o CICADA.con Agentur & Management, Gubener Str 3b, D-10243 Berlin, T: (0 30) 29 00 13 35, 01 71–3 64 52 77, F: 29 00 58 97, *info@cicada-com.de*; *www.staatsoperette-dresden.de* [Stuttgart]. **Ausb:** Stud Ges (I Ruß) H f M Detmold, Stud Ges (G Cerepan) u Musical (Ch Gernoth, S Rudolf) H f M Würzburg. **Laufb:** Gastsol Ldsth Detmold SpZ 2000/01, Sol Staatsoptte Dresden seit SpZ 03/04, GastSol MainfrankenTh Würzburg SpZ 03/04. (Red)

Schwaabe, Natalie, Piccoloflöte, Hochschullehrerin; Effnerstr 15, D-81925 München, T: (0 89) 98 23 12, *natalie.schwaabe@web.de* [Tokio]. **Ausb:** Stud b Paul Meisen MH München, MstrklDipl 93, daneben Stud b Aurèle Nicolet u Trevor Wye. **Laufb:** Soloflötistin b d Münchner Symphonikern 91, Wechsel zum Münchner RFOrch 93, Flötistin u Solopiccoloflötistin im SymphOrch d BR seit 96, Lehrtätigkeit f Picc H f M München seit 99. **Pr:** Gewinnerin d Wettb b Int Prager Frühlings 96 u Int Carl-Nielsen-Flöten-Wettb Odense 98. (Red)

Schwaar Niederhauser, Regula, Violine; Schützengasse 71d, CH-2502 Biel, T: 03 23 41 73 30. (Red)

Schwab, Josef, Prof, Hochschullehrer; Wiesenstr 11, D-15827 Dahlewitz, T: (03 37 08) 3 05 79, 3 28 86, F: 3 05 79, 3 28 86 [Jágónak, Ungarn 27.5.1934]. Cellist, Fachmethodiker **Ausb:** Stud Vcl (A Eichhorn) H Leipzig 51–56. **Laufb:** Solocellist Gewandhausorch Leipzig 59–61, Prof (Vcl) H f M 'Hanns Eisler' Berlin seit 74, Solocellist Kom Op Berlin seit 62, Konz m bedeut Dgt wie F Konwitschny, K Masur, V Neumann, H Swarowski, Z Kosler, G Singer ua; KonzReisen Europa, Süd- u Mittel-Amerika, Ägypten, Syrien, Jordanien, Irak, Mexiko, Japan, GastProf Sibelius Akad Helsinki, Mstrkse im In- u Ausland. **Pr:** mehrere Pr nat u int Wettb, Jurytätigkeit Int Wettb Leipzig, Markneukirchen, Moskau, Helsinki, München, Prag. **Ens:** Berliner KlTrio; StrQua d Staatsop Berlin. – **UA:** G Trexler: Kl Suite, UA Leipzig 59; H-J Wenzel: VclKonz Nr 1, UA Halle 68; J-D Link: VclKonz, UA Weimar 68, G Rosenfeld: VclKonz, UA Berlin 69; H-J Wenzel: VclKonz Nr 2, UA Berlin 90; H-C Bartel: 5 Miniaturen f viele Cellisten über d Namen J Schwab, UA Berlin 2000. **Zug:** G Trexler: Kl Suite, UA Leipzig 59; H-J Wenzel: VclKonz Nr 1, UA Halle 68; J-D Link: VclKonz, UA Weimar 68, G Rosenfeld: VclKonz, UA Berlin 69; H-J Wenzel: VclKonz Nr 2, UA Berlin 90; H-C Bartel: 5 Miniaturen f viele Cellisten über d Namen J Schwab, UA Berlin 2000. **Sonst:** Publ Ausgaben: Debussy: Son 70, Dvorak: VclKonz 72.

Schwab, Siegfried, Prof, Dirigent, Hochschullehrer; Hochschule f Musik u Theater, FB 3, Harvestehuder Weg 12, D-20148 Hamburg. **Laufb:** Prof (Partien-, Ensstud, musikal Ltg im szen Unterricht) H f M u Th Hamburg, Dgt Forum d Hochschule f Musik u Th Hamburg. (Red)

Schwab, Siegfried, Gitarre; c/o Südwestdeutsche Konzertdirektion Erwin Russ GmbH, Charlottenpl 17, D-70173 Stuttgart, PF 104262, D-70037 Stuttgart, T: (07 11) 1 63 53 11, F: 1 63 53 30, *info@sksruss.de*; *www.sksruss.de*. **Ens:** Diabelli Trio. (Red)

Schwab, Ulrich, Intendant; c/o Nationaltheater Mannheim, Am Goethepl, D-68161 Mannheim, PF 102362, D-68023 Mannheim [Stuttgart 9.7.1941]. **Ausb:** Stud (Jura, BWL u ThWiss) München u Lausanne 60–64, 1. Jur Staatsex m Präd, Rechtsreferendar 65–68, SchauspUnterr (H Burgwitz) München, erste Studioinsz, 2. Jur Staatsex m Präd 68. **Laufb:** Rechtsanwalt München, Regieass u pers Ass d Intend a Bayer Staatsschausp München 69–72, VerwDir Städt Bühnen Frankfurt u Vorsitz 'VerwDir-Konferenz' 72–79, GenManager Alte Op Frankfurt 79–84, GenManager u stellv Intend Dt SchauspHaus Hamburg 85–89, GenManager Städt Bühnen Frankfurt u GF-Intend Op Frankfurt 89–91; Generaintend NatTh Mannheim 96 bis 05 (Insz: Wagner: 'Lohengrin', Turrini: 'Endlich Schluss'). **Mitgl:** mehrere Gremien u Ausschüsse d DBV. – **Sonst:** Grdg u 1. Vorsitz private M-, Th-, Ballett- u MalSch 'Mus Zentrum Altusried e V' (Insz: Horvath; 'Ital Nacht', Sobol: 'Palästinenserin', Schiller: 'Kabale u Liebe') 93–95.

Schwabe, Anke, Solorepetitorin; c/o Staatstheater am Gärtnerplatz, Gärtnerpl 3, D-80469 München, PF 140569, D-80455 München. **Laufb:** Solorep Staatsth am Gärtnerpl München. (Red)

Schwabe, Gabriele, KS, Sängerin; Talstr 3, D-18055 Rostock, T: (03 81) 48 90 61; c/o Volkstheater Rostock, PF 102215, D-18004 Rostock. **Laufb:** Sol Volksth Rostock, Op Leipzig, Kom Op Berlin SpZ 04/05. (Red)

Schwaen, Kurt, Dr hc, Komponist; Kurt-Schwaen-Archiv Berlin, Wacholderheide 31, D-12623 Berlin, T: (0 30) 5 62 63 31, F: 56 29 48 18, *ksaberlin@web.de*; *www.kurtschwaen.de* [Kattowitz 21.6.1909]. KamM, KlMusik, Op **Ausb:** Kl/Org (F Lubrich jun) Kattowitz 25–29, Stud MWiss, Germanistik (W Vetter, P Blaschke), (A Schering, C Sachs, F Blume) U Breslau u Berlin 29–33. **Laufb:** Korr f künstl Ausdruckstanz (O Schottmüller, M Wigman) Berlin 39–42, Musikreferent d Dt Volksbühne Berlin 48–53, Sekretär d Verbandes Dt Komp u MWiss 53–62, freischaff Komp seit 53, ordentl Mitgl d Deutschen Akad d Künste Berlin (Ost) 61–91, Sekretär d Sektion Musik der AdK 65–70, Vorsitzender d Beirats d Anstalt z Wahrung der Aufführungsrechte (AWA) 61–79. **Pr:** o Mitgl Dt Akad d Künste Berlin (Ost) 61–91, Sekretär d Sektion Musik 65–70. – **Komp:** ca 600 Komp, ua Die Horatier u die Kuriatier (Lehrstück) nach B Brecht 55/56, UA Halle, Th d Jungen Garde, Dgt: C Zech 58;

Dr hc Kurt Schwaen

König Midas (Szen Kinderkant), G Kunert 58, UA Düsseldorf, Dgt: M Roost 58; Leonce u Lena (Op) nach G Büchner 60/61, UA Berlin, Dt Staatsop, Dgt: R Neuhaus 61; KamKonz 68, UA Leipzig, Rathaus, Dgt: H Kegel 69; Violinkonz 80, UA Stralsund, Th, U Thiemann, Dgt: H Nerdick 81; Nocturne lugubre 92, UA Leipzig, Alte Handelsbörse, T N N Minh 94; Due carattere (Kl 4-hdg) 97, UA Berlin, KonzHaus, Ch Reumschüssel, N Osterkorn 98; Concert pour la jeunesse (Kl u StrOrch od 2 Kl) 99, UA Falkensee Berlin Rathaus, F Wasser (Kl), Märk BachEns, Dgt: B Greiner 01; Tanzbüchlein 2000, UA Albuquerque USA Kellerhall, F Steinbach (Kl) 01; Tre danzi (StrOrch) 02, UA Sofia Kulturpalast, Orpheus-KamEns Sofia, Ltg: R Christov 03; D Nacht hindurch. Liebeslieder n U Berger (Ges u Kl) 03, UA Berlin Musikbibliothek Marzahn-Hellersdorf, J Reh (Ges), A Kirichenko (Kl) 03. **AuftrKomp:** Fetzers Flucht (Fernsehfilm-Op) nach G Kunert 62, Ursendung DDR-Fernsehen, Dgt: K Sasse 62 (Auftr: Fernsehen d DDR); Pinocchios Abenteuer (Op) nach C Collodi 69/70, UA Zwickau, Stadtth, Dgt: H Storck 70 (Auftr: Dt Verlag f Musik); D eifersüchtige Alte (KamOp) n Cervantes 79, UA Berlin Apollosaal d Dt Staatsop, Dgt: E Funk 80 (Auftr: H f M Hanns Eisler Berlin); 2. KlKonz (Vietnam-Konz) 87, UA Berlin, Schauspielhaus, Ton Nu Ngyet Minh, Dgt: O Koch 89 (Auftr: Verband d Komp u MWiss d DDR); Divertissement (4 Cemb u 7 HolzBlInstr) 01/02, UA Neuberinhaus Reichenbach, Vogtland, Cemb: Z Stambolcjan, M Grünert, A Häfner, I Hufenbach, Vogtland Philh, Dgt: D Salomon 02 (Auftr: Vogtland Philh). **Aufn/RF:** 16 CD-Prod, ua Die Horatier u die Kuriatier (Lehrstück) nach B Brecht 55/56, ens zeitklänge, RSO Berlin, C Reumschüssel (Kl), Dgt: M Sohar (RF-Mitschnitt u CD-Prod) Dtschld-Radio 99; Movimenti-KlMusik aus 5 Jahrzehnten, T N N Minh (Kl) 94; Accelerando (KlTrios u Duos) Trio Vistèl 2000; Miniaturen – späte KlStücke, F Steinbach (Kl) 01; Jeu parti M f StrOrch aus 4 Jahrzehnten, Orpeus-KamEns Sofia, Dgt: R Christov 02. **Sonst:** Tonweisen sind Denkweisen 49; Stufen u Intervalle (Autobiographie) 76/96/05; KinderMTh in d Schule 79; Grdg u Ltg Emil-Stumpp-Archiv Berlin 42 u AG KinderMTh Leipzig 73–83, Grdg K-S-Archiv Berlin 80. **Lit:** I Iske: K S – Für Sie porträtiert 84; J Lucchesi, R K Shull: Musik b Brecht 88; F Hennenberg: K S u d Bühne 89; B Regler-Bellinger: Int MTh f Kinder u Jugendl 90; E Ochs, N Schüler (Hg): Fs K S z 85. Geb 96; I Iske: Mitt d K-S-Archivs Berlin seit 97; Komp d Gegenw 98/04; P Schweinhardt (Hg): K S z 90. Geb 2000; J Kraußer (Buch, Kamera, Ton): K S – Eine weite Reise (DokFilm) 01.

Schwärsky, Johannes (Pseud: Hanns Hammer), Bass-Bariton; Parkstr 42, D-13187 Berlin, T: 0 177 23 28 39 8, *hanns.hammer@imail.de*; *www.johannesschwaersky.de* [Leipzig 15.3.1966]. **Laufb:** Salzburger FSp 96, künstl Betriebsdir Staatsth Kassel 99/2000. **Pr:** Prtr Int Alexander-Girardi-Wettb Coburg 94, Finalist Int I Cestelli-Wettb Dresden 96. **Ens:** Vokalqui 'Harmonisch & co.misch', Die 5 Brüder. – **Aufn/RF:** CDs: Händel: Ezio (Varo), m Berliner KamOp 95; Spohr: Zemire u Aazor 96; Beethoven: 9. Sinf, Dgt: J Frantz 03; Carmina Burana, Dgt: J Frantz 05; RF: Beethoven: Fidelio (Pizzaro), Dgt: H Rilling 02 (SWR). **UA:** H Zender: Shi Ha Shirim, UA Oper Frankfurt 95; S Malzew: Das Opernpupp, UA Th Schwerin 96.

Schwärzler, Klaus, Schlagzeug; Asylstr 90, CH-8032 Zürich, T: 04 38 18 52 92 [Weiler i Allgäu 1973]. **Laufb:** Sol Symphorch d Bayer Rundf 97–03, Sol Op Zürich seit 03. **Ens:** Xsemble München.

Schwalke, Dietmar, Violoncello; Berliner Philharmoniker, Herbert-von-Karajan-Str 1, D-10785 Berlin, T: (0 30) 25 48 80; *www.schwalke.com*, *www.die12cellisten.com* [Pinneberg 1958]. **Ausb:** Stud Vcl (A Troester) Hamburg, (W Boettcher) Berlin, P Fournier. **Pr:** Prtr Wettb Dt Musikrat f d Podium junger Solisten. **Ens:** Philharmon StrSolisten, Ens Metropolis, VincentTrio, Duo Schwalke – Malter, Die 12 Cellisten d Berliner Philh. (Red)

Schwanbeck, Bodo, KS, Sänger; Oberlandstr 35, D-63633 Birstein, T: (0 60 54) 90 01 25, F: 60 81; c/o Theater St Gallen, Museumstr 1/24, CH-9004 St Gallen. **Laufb:** Sol Kom Op Berlin, Sol Th St Gallen seit SpZ 03/04. (Red)

Schwander, Hermann, Prof, Hochschullehrer, Percussion; Reinholdshöheweg 37, D-90559 Burgthann, T: (0 91 83) 10 53, F: 40 34 10, *SCHWANDER@lau-net.de*; H f Musik, Veilhofstr 24, D-90489 Nürnberg; *www.cabaza.*

de [18.4.1958]. **Ausb:** Stud MH Würzburg. **Laufb:** Prof (Perc) H f Musik Nürnberg-Augsburg, Abt Nürnberg 01. **Pr:** Kulturförderpr Stadt Nürnberg, Wolfram-v-Eschenbach-Pr Bezirk Mittelfranken, Förderpr d Dt Musikrats. **Ens:** CABAZA-Percussion-Qua, Klangkonzepte-Ens, Crossover-Ens 'Between Two Worlds', Neue Pegnitzschäfer Nürnberg. – **Aufn/RF:** 4 CABAZA-CDs.

Schwandt, Christoph, Dramaturg; Hohenzollernring 8, D-63739 Aschaffenburg, T: (0 60 21) 2 17 60, F: 2 17 60, *Cmschwandt@aol.com*; c/o Oper Köln, PF 101061, D-50450 Köln, T: (02 21) 22 12 82 07, F: 22 12 82 18, *christoph.schwandt@stadt-koeln.de* [Bad Homburg 2.9.1956]. **Ausb:** Stud MH u U Frankfurt/Main 75–78. **Laufb:** ChefDram Staatsth Oldenburg 78–81, Bühnen d Stadt Bonn 81–84, Ref d Intend Th u Philh Essen 86–90, ChefDram Salzburger FSp 91–94 u Op Köln seit 02. – **Sonst:** Veröff: ua 'Georges Bizet' 91; 'Giuseppe Verdi. Eine Biographie' 2000.

Schwanewilms, Anne, Sängerin (Sopran); c/o Deutsche Staatsoper, Unter den Linden 7, D-10117 Berlin, PF 354, D-10109 Berlin [Gelsenkirchen]. **Ausb:** Gesang (H Sotin) Kölner MH, Kölner OpStudio. **Laufb:** Oper Köln, seit 95 freischaffend, Sol MTh Bonn, Gastsol Hamburg Staatsop, Leipzig, Brüssel, Rotterdam, Paris, Osaka, Bayreuth-Debüt (Gerhilde, Gutrune) 96, (Sieglinde 'Walküre'), Dt Staatsop Berlin, Sächs Staatsop Dresden (03/05), MTh Essen (03/04), Gastsol Dt Staatsop Berlin SpZ 03/05. (Red)

Schwaninger, Wolfgang, Sänger (Tenor); Landsberger Str 36B, D-86928 Hofstetten, T: 0 17 27 21 41 64. **Laufb:** Sol Staatsth am Gärtnerpl München, Th Hof, Gastsol Musikal Komödie Leipzig SpZ 03/04. (Red)

Schwantes, Neal, Sänger; Hohenzollernweg 6, D-79224 Umkirch, T: (0 76 65) 54 17. **Laufb:** Sol Th Freiburg. (Red)

Schwarbach, Heide, KV, Violine; c/o Dresdner Philharmonie, PF 120424, D-01005 Dresden. (Red)

Schwartz, Felix, Prof, Viola, Hochschullehrer; Margaretenstr 12, D-16540 Hohen Neuendorf, T: (0 33 03) 50 56 46, 01 74–1 68 26 41, 01 71–6 46 05 57, F: 50 57 31, *felix.schwartz.viola@t-online.de*; c/o Konzertdirektion Fritz Dietrich, Sigmund-Freud-Str 1, D-60435 Frankfurt a M, T: (0 69) 54 45 04, 54 56 58, F: 5 48 41 07, *fdietrich@konzertdirektion-dietrich.de*; *www.felixschwartz.de* [Berlin]. **Ausb:** Stud Va (A Lipka) H f M 'Hanns Eisler' Berlin bis 91. **Laufb:** 1. Solo-Va Staatskap Berlin seit 87, Gastsol ua Jerusalem ChamberM Fstv, KamMFstv Kreuth, Fstv Schloss Moritzburg, Schwetzingen Fstv, Schleswig-Holstein Fstv, MTage Hitzacker, MFstv Kuhmo; LAuftr: Prof (Va) H f M u Th Rostock seit 01, Ltg versch Mstrkl f Va u KamM. **Pr:** zweimaliger Prtr Int MWettb Genf 87. **Ens:** Grdg 'Trio Apollon' m M Glander (Klar) u W Kühnl (Kl) 90, Grdg Berliner StrSextett 90, Grdg 'Aperto Piano Qua' 2000. – **Sonst:** Hg: C Franck: Sonate A-Dur, Einr f Va; Grdg Winterakad 'Schloss Kröchlendorff' 2000.

Schwartz, Gisela, Prof, Hochschullehrerin; Regensburger Str 2, D-10777 Berlin, T: (0 30) 2 14 35 70, F: 2 14 35 70, *gisela.schwartz@epost.de*; Univ d Künste, Fak Musik, PF 120544, D-10595 Berlin. **Laufb:** Prof (Rhythmik) H d Künste Berlin. (Red)

Schwartz, Magali, Mezzosopran; rue de Zurich 24, CH-1201 Genève.

Schwarz-Danuser, Monika, Dr, Hochschullehrerin; Waltraudstr 36a, D-14169 Berlin. **Laufb:** Doz (MGesch, Formenlehre, KiMGesch) Erzbischöfl KiMSchule Berlin bis 02. (Red)

Schwarz, Britta, Sängerin; Staatsoperette, Pirnaer Landstr 131, D-01257 Dresden. **Laufb:** Sol Staatsoptte Dresden. (Red)

Schwarz, Dietmar, Operndirektor; c/o Nationaltheater Mannheim, Am Goethepl, D-68161 Mannheim, T: (06 21) 1 68 03 68; c/o Theater Basel, Elisabethenstr 16, CH-4051 Basel. **Laufb:** Opdir u MDram Nationalth Mannheim, ab SpZ 06/07 Th Basel. (Red)

Schwarz, Dorothea, Solorepetitorin; Rieslingweg 12/6, D-71711 Murr, T: (0 71 44) 20 91 47; Staatstheater, Oberer Schloßgarten 6, D-70173 Stuttgart. **Laufb:** Solorep Staatsth Stuttgart. (Red)

Schwarz, Ernst Volker, Bariton; Goethestr 8 B, D-99817 Eisenach, T: (0 36 91) 7 74 63; c/o Thüringer Landestheater, Theaterpl 4–7, D-99817 Eisenach. **Laufb:** Sol Thüringer Landesth Eisenach. (Red)

Schwarz, Hanna, Prof, KS, Mezzosopran, Hochschullehrerin; c/o Theateragentur Dr Germinal Hilbert, Maximilianstr 22, D-80539 München, T: (0 89) 2 90 74 70, F: 29 07 47 90; c/o Hochschule ffür Musik und Theater Hamburg, Harvestehuder Weg 12, D-20148 Hamburg; *www.hilbert.de*. **Laufb:** Sol Sächs Staatsop Dresden, Hamburg Staatsop, Staatsop Wien, Prof (Gesang) H f M u Th Hamburg. (Red)

Schwarz, Mario, Dirigent; Wiedenhubstr 17, CH-9305 Berg, T: 07 14 50 00 88; c/o Collegium Musicum, PF, CH-9006 St Gallen, T: 0 72 45 11 58, F: 0 72 45 11 58, *cmsg@bluewin.ch*; *www.mypage.bluewin.ch/cmsg/*. **Laufb:** Lt Collegium Musicum St Gallen. (Red)

Schwarz, Niklas, Bratsche; Schnutenhausstr 34, D-45136 Essen, T: (02 01) 26 74 00, F: 26 84 14, *nik@msq.de*; c/o Künstlersekretariat Rolf Sudbrack, Mannheimer Streichquartett, Gösselkoppel 54 a, D-22339 Hamburg; *www.msq.de* [Aschaffenburg 27.6.1955]. Kammermusik **Ausb:** Stud (A Weigert) MH Würzburg 76–79, b G Janzer, J Gingold, F Gulli, J Starker, G Sebok in Bloomington/Indiana 79–82, Stud b Amadeus Qua, LaSalle Qua, Melos-Qua m Mannheimer Streichqua. **Laufb:** Schleswig-Holstein-Fstv, Int Str-QuaFstv Dortmund, Berliner FestW, Fstv Int Echternach, Schwetzinger FSp, Fstv Int de Musica de Cadaques, Konz in Dtschld, Holland, Belgien, Frankreich, Schweiz, Italien, Spanien, Afrika, USA, Süd-Korea, Kaukasus, Zentralasien. **Pr:** Karl Klingler Wettb 83, 28. Bundesauswahl 'Konz junger Künstler', StrQuaWettb Evian 84, Felix Mendelssohn Bartholdy Pr Berlin, Dt MWettb Bonn, Echo Klassik Pr 97, mehrer dt Schallplattenpr, Ausz in England, Frankreich, Spanien ua. **Ens:** Mannheimer Streichquartett, Consortium Classicum. – **Aufn/RF:** RF-Aufn u Einsp, ua: Reger: StreicherkamM.

Schwarz, Peter, Dr, Prof, Hochschullehrer; Boumannstr 17, D-13467 Berlin, T: (0 30) 4 04 11 04, F: 4 04 11 06, *Uta.Peter.Schwarz@t-online.de* [20.8.1936]. **Laufb:** Prof (Chorltg) H d Künste Berlin. **Pr:** Pr d poln Kulturmin 90, Dt Kritikerpr 95, BVK 02. – **UA:** I Yun: 'D weise Mann'; C Schmidt: 'An d Sonne', 'Landnahme'; F M Beyer: 'Et resurrexit'; W Jacob: 'Agnus Dei'. **Lit:** D Demuth (Hg): Klänge u Gegenklänge' FS f P Schwarz 01.

Schwarz, Timothy, Repetitor; c/o Theater d Stadt u Schlossfestsp Heidelberg, PF 105520, D-69045 Heidelberg. **Laufb:** Solorep Th u SchlossFSp Heidelberg. (*)

Schwarz, Ulrich, Dipl Musikpädagoge, Schauspielmusiker, Gitarren, Banjo, Mandoline; c/o Theater Erfurt, Placidus-Math-Str 1, D-99084 Erfurt, PF 100554, D-99005 Erfurt, T: (03 61) 2 23 30 [Bautzen 17.2.1952]. Musical, Schauspiel, Kleine Form, Konzerte **Ausb:** Stud Git (U Peter), E-Git (T Buhé) MH Franz-Liszt Weimar. **Laufb:** ständ Gast Philham Orch Erfurt, LAuftr MSch Arnstadt, SchspM Th Erfurt SpZ 03/05. **Ens:** Erfurter Camerata (Renaissance-M). **Mitgl:** Personalratsvors Th Erfurt. – **Aufn/RF:** zahlr Fernsehauftritte ua b ARD, ZDF, MDR u CD m 'Erfurter Camerata'.

Schwarz, Werner, Sänger; c/o Theater an der Rott, Pfarrkirchener Str 70, D-84307 Eggenfelden. **Laufb:** Sol Th an d Rott Eggenfelden SpZ 03/05, Gastsol Th Altenburg-Gera seit SpZ 03/04. (Red)

Schwarzbach, Heide, Dozentin; Lahmannring 18a, D-01324 Dresden, T: (03 51) 4 71 82 03, F: 4 71 82 03; Hochschule f Musik, PF 120039, D-01001 Dresden [25.4.1950]. histor Instr **Ausb:** Stud (V) MH Dresden 68–73, (Va da Gamba) MH Leipzig 87–89. **Laufb:** Dresdner Philh seit 77, Doz (Alte Musik, EnsSp auf mod Instrr) H f M Carl Maria v Weber Dresden seit 95. **Ens:** div Ens histor Instrr. – **Aufn/RF:** CD in d R: 'Sächs Musiklandschaften', Heinrich-Schütz-Akad, Dgt: H Arman.

Schwarze, Günter, Prof, Komponist, Hochschullehrer; Reicker Str 41b, D-01219 Dresden, T: (03 51) 2 70 65 87, F: 2 70 65 87, *g_schwarze@freenet.de*; Hochschule f Musik, PF 120039, D-01001 Dresden [Bautzen 8.1.1949]. Vokalmusik, Kammermusik **Ausb:** Lehre (Orgelbauer), Stud (Komp, Kl, Gesang) H f M 'Carl Maria v Weber' Dresden 70–76, Dipl (Komp). **Laufb:** freischaff Plauen/Vogtland 76–79, L MH Dresden seit 79, Prof (Mtheorie/Komp) seit 93, musikal Lt Bläserkoll Dresden, musik Berater u Betreuer Meißner Porzellanglockenspiele, Vors 'Carl Maria v Weber'-Kreis Dresden. **Pr:** Dipl Carl-Maria-v-Weber-Wettb Stadt Dresden 78. **Ens:** Bläserkollegium Dresden eV. **Mitgl:** dkv, GEMA. – **Komp:** Chagall-Lieder (KamM), UA I Berlin 84, II 84, III Dresden 87; Verteidigung des Lichts (KamM), UA Dresden 86; Sinfon Bilder I 'Aus der Lausitz' (SinfonM), UA Bautzen 87; Die Macht soll gegeben werden (OrchM), UA Dresden 90; Tobias Hawk (Op), UA Bautzen, DSV 93; Leben, Hoffnung, Zukunft (Collage) (BläserM), UA Vorsfelde, Braunschweig 98; 'Nach-Ruf am Rande des Lebens' Requiem (KiM), UA Berlin-Kreuzberg 98; 'Jerusalem, du hochgebaute' (Collage) (KiM), UA Frankfurt/M 01; 'Bautzner Psalm u Chorsinf' (FestM z Tausendjahrfeier Bautzen), UA Bautzen, Sol, Bautzner Chöre, Orch SNE, Meißner Porzellanglockenspiel, Dgt: F Böhme 02 (Auftr: Kulturamt Bautzen)REquiem auf B Lichtenberg, UA Gustav-Adolf Kirche Berlin, Ens G Schwarze 03; Hommage a Szentendre (f Fl u Kl), UA Wartenberg, G Deak (Fl), R Jobst (Kl) 03.

Schwarzenbach, Sylvia, Klarinette; Junkerngasse 48, CH-3011 Bern, T: 03 13 11 31 74. **Ausb:** Stud Klar Cons Lausanne (R Kemblinsky), Stud Kl u Theorie Kons Bern, Lehrdipl, Dipl du Virtuosité, Weiterbild Paris u Nizza (J Lancelot), Berlin (H Geuser). **Laufb:** L f Klar Kons Bern seit 65, Doz f HolzBl-Methodik u Didaktik H f M Bern, Konz in versch KamM-Formationen. **Ens:** Trio Sorop. (Red)

Schwarzer, Gundula, Sängerin; c/o Theater Altenburg-Gera, Küchengartenallee 2, D-07548 Gera; *www.gundula-schwarzer.de* [18.9.1970]. Oper, Operette **Ausb:** Stud (Gesang, MTh) 89–94, Aufbaustud (S Geszty) MH Stuttgart 94–95. **Laufb:** Dt Th München 94, Erfurt 94–96, Gera 96–99, freischaff seit 99, Gastsol Th Altenburg-Gera seit SpZ 03/04. **Ens:** Salonorch 'Belvedere' Weimar.

Schwarzer, Jeremias, Blockflöte; Petzoltstr 6, D-90443 Nürnberg, T: (09 11) 77 77 50, F: 77 77 50, *JeremSchwarzer@aol.com*. (Red)

Schwarzer, Raphael, Bariton; c/o Bühnen der Stadt Köln, PF 101061, D-50450 Köln, T: 0 17 73 42 07 59; *www.raphaelschwarzer.de* [Altdöbern 17.5.1976]. Oper, Lied, Konzert **Ausb:** Stud (Ges) H f M Dresden 94–98, Stud (Ges) H f M Hanns Eisler Berlin seit 98, Unterr b J Morris Schweiz 03, Mstrks b T Quasthoft 02. **Laufb:** Gastsol TelemannFSp (Otto) Th Magdeburg SpZ 01/02, Gastsol Th Bremen (Faust II) SpZ 2000/01, Gastsol Th Wittenberg (Così fan tutte) SpZ 01/02, Salzburger FSp (musikal-literar Abend m R Gernhardt) 02, Opernstudio Köln seit 02.

Schwarzert, Walter *siehe* Grimmel, Werner

Schwarzwald, Joachim, Sänger; Victor-Scheffel-Str 61, D-99096 Erfurt (Löbervorstadt), T: (03 61) 3 45 13 03 [Bernburg/S 12.10.1941]. KamM (Lied) **Ausb:** Stud Ges (H Forner) Kons Halle 60–64, Stud Ges, Päd (W Haselen) H Weimar 65–68. **Laufb:** Sol Th Erfurt, Gastinsz Goetheanum Dornach/Schweiz 97–99. **Ens:** Ens Musica Viva.

Schweda, Tobias, Pauke; c/o Rundfunk-Sinfonieorchester Berlin, Charlottenstr 56, D-10117 Berlin. **Laufb:** Sol RF-SinfOrch Berlin. (Red)

Schwehr, Cornelius, Prof, Komponist, Hochschullehrer; Kronenstr 20, D-79362 Forchheim, T: (0 76 42) 93 06 90, F: 93 06 91, *c.schwehr@mh-freiburg.*

de; Hochschule f Musik, Schwarzwaldstr 141, D-79102 Freiburg [Freiburg 23.12.1953]. Kammermusik, Film- u Hörspielmusik **Ausb:** b K Huber, P Förtig MH Freiburg 75–81, b H Lachenmann MH Stuttgart 81–83. **Laufb:** Prof (Komp, Theorie) Staatl H f Musik Freiburg.

Schweiger, Vera, Sängerin; Hogerwiesstr 5, CH-8104 Weiningen, T: 0 17 50 16 90, F: 0 17 51 17 86; c/o Theater St Gallen, Museumstr 1/24, CH-9004 St Gallen, T: 07 12 42 05 05, *info@theaterstgallen.ch*. **Laufb:** Sol Th St Gallen. (Red)

Schweigert, Stefan, Fagott, Hochschullehrer; Hochschule f Musik, Schwarzwaldstr 141, D-79102 Freiburg; c/o karsten witt musik management gmbh, Leuschnerdamm 13, D-10999 Berlin, T: (0 30) 6 16 92 19 20, F: 6 16 92 11 01, *info@karstenwitt.com* [Kaiserslautern 1962]. **Ausb:** Stud Fag (K Thunemann) MH Hannover, Unterr b A Rinderspacher. **Laufb:** Solo-Fag Berliner Philh Orch seit 85, regelm Gast b Gidon Kremers KamMFstv Lockenhaus, Unterr OrchAkad Berliner Philh seit 87, Prof H f M Freiburg/Br 04. **Ens:** Scharoun Ens Berlin 88–96, Bläserens Sabine Meyer. (Red)

Schweikart, Dieter, Sänger; c/o Bühnen der Stadt Köln – Opernhaus, Offenbachpl, D-50667 Köln, PF 101061, D-50450 Köln. **Laufb:** Sol Bühnen d Stadt Köln. (Red)

Schweiker, Hans-Christian, Prof, Hochschullehrer, Violoncello; Buschmühle 8, D-52222 Stolberg, T: (0 24 02) 2 23 72; H f Musik Köln, Abteilung Aachen, Theaterstr 2–4, D-52062 Aachen [Reutlingen]. **Ausb:** Stud b B Pergamenschikow u b Amadeus-Qua, Hochschule für Musik Köln. **Laufb:** Prof (Vcl, KamM, Didaktik) 91, Stellv Dekan H f Musik Köln, Abt Aachen. **Pr:** 1.Prtr int KamMWettb Citta di Castello, Italien. **Ens:** Trio Testore 2000. (Red)

Schweinitz, Wolfgang von, Komponist; Eisenbahnstr 12, D-10997 Berlin, T: (0 30) 6 18 48 51, *schweinitz@plainsound.org*; *www.plainsound.org* [Hamburg 7.2.1953]. **Ausb:** Stud Komp (E Ballou) Washington, DC 68–69, (E G Klußmann) Hamburg 70/73, (G Ligeti) 73–75, Center for Computer Research in Music and Acoustics Standford 75–76. **Laufb:** freischaff in München, Rom, Berlin, Schleswig-Holstein 83–93, Berlin seit 93, GastProf Weimar 94–96. **Pr:** Studstift 72–77, Bach-Preis-Stip Hamburg 75, Förderungspr Stadt Stuttgart 76, Villa Massimo Rom 78–79, Stip Hamburger Rotarier 80, Förderungspr Akad d Künste Berlin 81, Schneider-Schott-Musikpr 86, Plöner Hindemith-Pr 92. – **Komp:** Mozart-Variationen 76, UA Bonn, SR-Orch, Dgt: H Zender 77; 'Papiersterne' nach Sarah Kirsch (15 Lieder) 80/81, UA Berlin, D Soffel, A Reimann 81; Messe 81–83, UA Berlin, RSO Berlin, Dgt: G Albrecht 84; 'Patmos', musikal Aktion 86–89, UA München, 2. Münchner Bienale 90; 'wir aber singen' Symphon Zyklus f Vcl u Orch, UA Teil I Kiel 92, UA Teil II Hagen 95; Franz & Morton 93/94, UA Stuttgart 96; 'O-Ton 'Automne' – Linguistikherbst' nach Oscar Pastior, UA Ludwigslust 96; Helmholtz-Funk 97, UA Freiburg/Br 97; Klang auf Schön Berg La Monte Young 99, UA Berlin 01; 'Naturgesang mit Fröschen u Rotbauchunken' (Computermusik) 2000, UA Berlin 02; 'des Himmels Höhe glänzet' Gesang in reiner Stimmung 03, UA Berlin 03; 'Die Kantate oder Gottes Augenstern bist Du', Hörspiel m Friederike Mayröcker 02–03, UA Berlin 03; Plainsound-Sinfonie 03–05, UA München, F Benda, Xsemble, BR-Orch, Dgt: F Ollu 05.

Schweitzer, Benjamin, Komponist; Friedensstr 22, D-01097 Dresden, T: (03 51) 8 02 31 63, F: 8 02 31 64, *benjamin.schweitzer@t-online.de*; St-Jürgen-Ring 11, D-23560 Lübeck [Marburg 26.7.1973]. **Ausb:** Vorstud Komp/Mtheorie (M Drude), Kl (H Leistritz) Lübeck 89–93, Stud Komp (W Krätschmar), Mtheorie (J Herchet), Dirig (C Kluttig) Dresden 93–98, Sibelius-Akad (P Heininen) Helsinki 98/99, Meisterklassenex Dresden 2000. **Laufb:** erste Komp 87, über 70 Aufführungen u RF-Sendungen im In- u Ausland seit 91, LAuftr H f M u TU Dresden. **Pr:** Bundeswettb 'Schüler komponieren' 90, 91, 92, Förderpr Stadt Halberstadt 91, Förderpr Sächs Musikbund 99, Künstlerhaus Stein am Rhein 01. – **Komp:** Danse macabre (KamOrch), UA Lübeck 95; Für Fagott, Violoncell u Pianoforte (KamM), UA Dresden 96; Streichqua (Labyrinth, wenn man darin ist) (KamM), UA Dresden 98; Douze Regards sur Le Rouge et Le Noir (KamM); Marraskuu (KamM). **AuftrKomp:** 'Décontenance' (Kl, KamOrch), UA Dresden, C Cassier, Dgt: C Münch 96 (Auftr: Dresdner Zentrum zeitgen Musik); 'Jakob von Gunten' (KamOp), UA Meissen, Ens H f Musik Dresden, Dgt: T Engel 2000 (Auftr: Dresdner Zentrum zeitgen Musik); 'spätes Früh' (KamM), UA Karlsruhe, Dgt: T Engel 01 (Auftr: R Hermann, Kultusmin Baden-Württemberg). **Sonst:** Grdg u Ltg 'ens courage' Dresden 97.

Schweizer, Alfred, Komponist, em Hochschullehrer; Oberi Chros 22, CH-2513 Twann, PF 17, CH-2513 Twann, T: 03 23 15 21 29, F: 03 23 15 21 29, *classic2000@bluewin.ch* [Sevelen 4.11.1941]. Orchestermusik, Kammermusik, offene Musik **Ausb:** Stud (MWiss, Sprachwiss) U Bern, prakt-musikal Ausb Kons Bern, Komp MAkad Basel 67–72, versch Impks, Stud Schweizer Zentr f ComputerM 86/87. **Laufb:** Doz (MTheorie, Komp) H f M Biel 70–03, Autorenkonz Kiev m Nat SymphOrch d Ukraine 98, Auff Sofia-Sommer, Kunstfest Weimar, MFeste in Kiev 01 u 03, Lwiw 03, Int Fstv f zeitgen M Krakau 05. **Pr:** Prtr Int KompWettb 'Gino Marinuzzi' San Remo 77, Anerkennungspr Pro Arte Stift 87, Anerkennungspr MKomm Kanton Bern 95, Kulturpr d Stadt Biel 01. **Mitgl:** Schweizer MPädagog Verband (Ehrenmitgl), STV. – **Komp:** OrchStück Nr 4 'Sinfonie RA' 01, UA Dresdner MFSp, Orch d Heinrich-Schütz-Kons, Dgt M Kersten 01; Klaviermusik 6 02, UA Schweiz Tonkünstlerfest Biel, P Sublet, I Haefely 02; Septett 02, UA Fstv 'L'art pour l'Aar' Bern, Dgt P-A Monot 03; Gitarrenmusik 6 02, UA A Ogger, Steffisburg 03; Glasfarbenmusik (Sopr, Va, Org) 03, UA Kirche Ligerz, z Europ Tag d Denmals 03 unter d Thema 'verre et vitrails' (Auftr Ref Kirchgemeinde Ligerz u Ligerz Tourismus); KlM 8 'Die Glocken von Ligerz', UA Biel 04 m D Clottu u R Kroumov; KlM 9 'Greina', UA Moutier 04 m M Mateva, R Kroumov; 'Lichtes Wasser' (f Fl, V, Va, 2 Git), UA Kirche Ligerz 04 (Auftr Trio Cassata, W Riechsteiner). **Lit:** J Häusler: 'Danses', quint à vent (SMZ H1) 82; G Schneider: Regelmäßige Informationen üb neue Musik (dissonanz 12) 87; F Biamonte: La tonalité a encore quelque chose à dire (SMZ 7) 02; R-D Gangl: Musik f Viola v A S (Die Viola, Nr 65, 2/04).

Schweizer, Daniel, Dirigent; Buecheneggstr 31, CH-8906 Bonstetten, T: 0 17 00 26 95, F: 0 17 00 19 58, *daniel_schweizer@bluewin.ch*; c/o Symphonisches Orchester, PF, CH-8021 Zürich, T: 0 17 15 20 45, F: 0 17 15 20 58, *donfelice@swissonline.ch*. **Laufb:** Lt Symphon Orch Zürich. (Red)

Schweizer, Heinrich, Komponist; Postfach 6627, CH-8050 Zürich; Verlag Die Blaue Eule, Annastr 74, D-45130 Essen, T: (02 01) 8 77 69 63, F: 8 77 69 64, *info@die-blaue-eule.de* [Grabs 5.9.1943]. **Ausb:** Stud (V, Kl, Klar) Kons Biel, Stud (Fag, MTheorie) Kons u MH Zürich b R Leuzinger u P Müller ab 62, Int Mstrks Komp (W Fortner) Bonn 67. **Laufb:** Mitgl (Fag) Tonhalleorch Zürich, SymphOrch Kapstadt 71/72. **Mitgl:** SUISA, STV, SMPV. – **Komp:** Cape Town Pictures (f gr Orch) 71/72; Historical Symphony, 74, UA Lincoln Center New York, m American SymphOrch 79; Konzept f Ob u Orch, UA Hong Kong Philh, m P W Cooper; Die Erben d Ewigkeit (Orat); Ost West Symphonie, UA Peking, m Central Ballet Orch 95; Symph Bagatellen (f Orch), UA 2000; 'Alpstein-Suite' (f Orch), UA 05. **Aufn/RF:** CD 'The Music of H Schweizer' v VDE GALLO, Lausanne, Werke wie 'Alpstein-Suite' (RFOrch Pilsen), 'Symphonische Bagatellen' (Bangkok Symphony Orch), 'Ost West Symphonie' (China Broadcasting Orch of Traditional Musical Instruments and Zurich Symph Orch), 'Historical Symphony-Suite' (London Philh Orch and choir), 'Symphonic Splendour' (Singapore Symphony Orch). **Sonst:** Arb als Schriftsteller: 'Weitgesteckte Ziele. Aus dem Leben eines Komponisten unserer Zeit' 04.

Schweizer, Rolf, Prof, Komponist; Am Bus 4/3, D-79348 Freiamt, T: (0 76 45) 91 63 77 [Emmendingen 14.3.1936]. **Ausb:** Stud (KiM) Heidelberg, Komp (W Fortner, H W Zimmermann). **Laufb:** erste Komp-Veröffentl Beginn d 60er Jahre, Prof 84. – **Komp:** Das verlorene Schaf (Motette) 74, UA Pforzheim 78; Wir schlugen Ihn (Motette) 75, UA Pforzheim 76; Lehrstück von der Barmherzigkeit (Kantate) 77, UA Pforzheim 78; Psalmsprüche (Motetten) 78, UA Pforzheim 79; Missa Choralis (Konz) 81, UA Wiesbaden 81; Chorspiel zur Weihnacht (Geistl Singspiel) 82, UA Wiesbaden 82; Sinfon Psalm (Psalm 90) (Sinf-Kant) 83/84, UA Pforzheim 84. (Red)

Schwellenbach, Gregor, Schauspielmusiker; c/o Theater Aachen, Hubertusstr 2–8, D-52064 Aachen. (Red)

Schwemmer, Anna, Sängerin; Mechternser Berg 3, D-21391 Dachtmissen, T: (0 41 35) 70 52, F: 70 44 [Berlin]. Musical **Laufb:** Sol Th Lüneburg, 'Buddy, Das Musical' Westfäl KamSpiele, Landesbühne Hannover, BurgFSp Jagsthausen.

Schwemmer, Frank, Komponist; c/o Berliner Chormusik Verlag, Rauh/Thomas GbR, Kornmesserstr 2, D-12205 Berlin; Bülowstr 61, D-10783 Berlin, T: (0 30) 2 15 45 71, F: 2 15 45 71 [Berlin 1961]. Oper, Vokalmusik, Kammermusik **Ausb:** Stud SchulM HdK Berlin, privates KompStud Berlin u Wien. **Laufb:** erste Konz (G, V, Ges) 78, kammermusikal Komp seit 79, als Komp u Sänger freischaff tätig seit 83, musikal Lt 'Junges Theater' Berlin 84–92. **Pr:** 2. Pr KompWettb f e bibl Op durch d Konsistorium d ev Kirche Berlin 88, 1. Pr KompWettb Neuköllner Op 98, Stip Käthe Dorsch Stift. **Ens:** Ars nova Ens Berlin, Atrium Ens Berlin. – **Komp:** zuletzt: 'Allerleirausch', 7 Lieder nach H C Artmann (f Ch) 99; 'Gernhardts Gesänge' (f Ch) 01; 'Du mein einzig Licht', Volksliedbearb (f Ch) 02. **AuftrKomp:** 'Nebukadnezar' (Op) UA 87 (Auftr Lindenkirche Berlin); 'In lectulo meo' (3 Hoheliedmot f Ch), UA 95 (Auftr Ars nova Ens); 'Als welkten in den Himmeln ferne Gärten' (f Männerqua), UA 99 (Auftr Atrium Ens Berlin); 'Monocantus' (f Vcl u Kl), UA 2000 (Auftr Arthesinus Consort); 'Obwohl d Jäger geschossen hatte' (f Ch), UA 2000 (Auftr Lileinfelder Kantorei); 'Der kleine Muck' (Kinderop), UA 2001 (Auftr Berliner KamOp); 'Angela – Eine Nationaloper' (Op), UA 02 (Auftr Neuköllner Op Berlin); 'Grieve not' (f Frauench), UA 03 (Auftr Berliner Mädchenchor).

Schwendinger, Wolfgang, Prof, Chorleiter; c/o Landesth Bregenz, Seestr 2, A-6900 Bregenz. **Laufb:** Chorlt Th f Vorarlberg Bregenz, Bregenzer FSp. (Red)

Schwenk, Fredrik, Prof, Hochschullehrer, Komponist; Mansteinstr 27, D-20253 Hamburg, T: (0 40) 43 09 93 47, *fredrikschwenk@arcor.de*; Hochschule f Musik u Theater, FB 1, Harvestehuder Weg 12, D-20148 Hamburg, *fschwenk@musikhochschule-hamburg.de*; *www.verlag433.de* [München 20.10.1960]. Musiktheater, Kammermusik, Lied **Ausb:** Komp (W Killmayer) H f M u Th München 81–87, Stud (ThWiss, Kunstgesch) U München 81–87. **Laufb:** künstl Lt A*DEvantgarde Projekte Neuer M 90–2000; künstl Lt Opernworkshop JugendFSptreffen Bayreuth 92–94 u 05–06; Prof (Theorie, Komp, Formenlehre, Analyse) H f M u Th Hamburg seit 2000, Mstrks ua in Bukarest, Prag u Tromso, Norwegen. **Pr:** ua Carl-Orff-Pr f zeitgen MTh München 95. **Mitgl:** A*DEvantgarde. – **Komp:** l visconte dimmezzato, UA 94 (Auftr: Biennale München); Pan in Oslo (Op) 95, teilw UA Augsburg 96; Pro*Epimetheus (Symphon Dichtung), UA Halle, Dgt: R Epple 99 (Auftr: Op Halle): Dies Septimus (Orat), UA Benediktbeurer Sommerfstv 2000; Oppenheim-Lieder (Auftr Pur u Plus-Festival, Hamburg); Klangspuren, UA 2001 (Auftr: Biennale München); Klavierkonz (Auftr Stadt Sibiu, Rumänien, Kulturhauptstadt 07. **Aufn/RF:** div RF-Mitschn u CD-Aufn, s ua Cavalli-Records. **UA:** div UA im Rahmen d A*DEvantgarde u Studio 21-Konz Hamburg (Zeitstiftung). **Sonst:** Grdmitgl A*DEvantgarde München 89. **Lit:** div Art in versch Fach-Zs.

Schwenke, Klaus, Prof, Hochschullehrer, Viola; Hüfnerstr 18, D-04159 Leipzig, T: (03 41) 4 62 08 94; Hochschule f Musik u Theater, PF 100809, D-04008 Leipzig. **Laufb** Prof (Va) H f M Felix Mendelssohn Bartholdy Leipzig. (Red)

Schwertmann, Hermann, Prof, Komponist, Klavier; Gumpendorferstr 74, A-1060 Wien. **Laufb:** Prof (Kl) Akad f M u Darst Kunst Wien. (Red)

Schwertsik, Kurt, Prof i R, Komponist, Hochschullehrer; Penzingerstr 26, A-1140 Wien, T: (01) 8944396; Univ f Musik u Darst Kunst, Inst f Komposition u Elektroakustik, Anton-von-Webern-Pl 1, A-1030 Wien, T: (01) 711553217 [Wien 25.6.1935]. **Ausb:** Stud Komp (J Marx, K Schiske) u Horn Musik-Akad Wien 49–57, Stud (KH Stockhausen) Darmstadt u Köln 59–62, Stud Analyse (J Polnauer) 64/65, Stud Analyse (O Jonas) 66. **Laufb:** Hornist Niederösterr Tonkünstlerorch 55–59 u 62–68, Doz (Komp) U California, 2. Hornist Wiener Symphoniker 68, Prof (Komp) Kons Wien 79, o UProf i R (Komp) U f M u Darst Kunst Wien. **Pr:** Stip DAAD Kölner Elektr Studio 59/60, Stip f Österr Kulturinst Rom 60/61, Pr d Stadt Wien 80, Großer Österr Staatspr 92, Österr Ehrenzeichen f Wiss u Kunst 96, Würdigungspr Niederösterr 99, Brucknerring Wiener Symphoniker 01. **Mitgl:** Österr Kunstsenat, Curie f Wiss u Kunst. – **Komp:** ua Liebesträume, UA Darmstadt, Sommerkse62; Der lange Weg z großen Mauer (Op) 72–74; Skizzen u Entwürfe, EA Hamburg, Eröffnung C.D.-Friedrich Ausstellung 74; Walzerträume (Ballett), UA Köln 77; Alphorn-Konz, UA Wien 77; Violin-Konz, UA Graz, Steir Herbst 77; Epilog zu Rosamunde, UA Wien, FSp 78; Tag- u Nachtweisen, UA Salzburg, FSp 78; Ird Klänge, UA SymphOrch d SWR, Dgt: T Guschlbauer 80; Instant Music (Fl u Orch), UA Wien 82; Blechpartie im neuesten Geschmack, UA Innsbruck 82; Fanferlieschen Schönefüßchen (MärchenOp), UA Stuttgart, Kammertheater, Dgt D Russel-Davies 83 (Auftr Op Stuttgart); Verwandlungsmusik, UA Wien, Konzhaus, Ensemble 'Die Reihe', Dgt: F Cerha 85; Five Nature Pieces, UA Wien, Wiener Symph, Dgt: M Venzago 86; Koeppel Zyklus, UA 86; Starckdt Lieder u Tänze, UA 86. **Sonst:** Grdg Ens 'Die Reihe' (m F Zerha) 58, Grdg 'Salon Konzerte' (m OM Zykan) 65.

Schwerzmann, Magda, Querflöte, Traversflöte; Schulhausstr 9, CH-8127 Forch/Zürich, T: 0449804805, *info@magda-schwerzmann.ch*; *www.magda-schwerzmann.ch*. Alte u Neue Musik, Kammer- u Orchestermusik **Ausb:** Stud (P L Graf) MAkad Basel, Sch Cantorum Basilensis, (R Winn) London, (Ph Racine) H f M Zürich; L-Dipl, KonzDipl, SolDipl, Dipl f Alte M. **Laufb:** Tourneen Mittelamerika 2000, 01, 02; Russland 01, 02; Polen 01, 02; Workshops z L-Fortbild (z B frz Stil, Anf 18. Jh); Mstrkse u allg Fl-Kunde (Arrosa, Berlin, Polen ua). **Pr:** Nicati Wettb 01. **Ens:** Trio Liras, BlQui New European Winds. **Mitgl:** SMPV. – **Aufn/RF:** div m Ens Contrechamps. **UA:** M Müller, J Demierre, J Wyttenbach, R Kelterborn, T Demenga, D Glaus. **Zug:** M Müller, T Demenga, D Glaus. **Sonst:** Neuausg m Faksimile C M v Weber: Trio op 68.

Schwinck, Alexander, Dirigent; Flurstr 16, D-24939 Flensburg, T: (0461) 5090499, F: 5090275, *Schwinck@t-online.de* [Darmstadt 19.12.1953]. **Ausb:** Stud (Dirig) MH Saarbrücken 74–79, Mstrkse (C Melles, H v Karajan) Salzburg 72, (H Swarowsky) Ossiach 74 u Wien 75, (F Ferrara) Siena 75/76, (G Schuller, S Ozawa, L Bernstein) Tanglewood 77, (K Kondraschin) Hilversum 78, (R Kubelik) Luzern 82, (L Bernstein) Schleswig-Holstein MFstv 86. **Laufb:** Ass v L Bernstein New York 76, Ass Kyrill Kondraschin Amsterdam u ständ Dgt d Frankfurter Bachorch 79, Kapm Hess Staatsth Wiesbaden 79–81, 1. Kapm Landesth Coburg 81–83, Doz Junge Dt Philharmonie 83, LAuftr: MH Freiburg 83, Musikakad Nürnberg 84, MH Heidelberg-Mannheim 86, musikal Lt Int Jugend-FSptreffen Bayreuth 84–86, Chefdgt Folkwang KamOrch Essen 85–89, GMD Staatsop Istanbul 88–89, Chefdgt Staatl SinfOrch Istanbul 90–93, ass conductor Arena-Prod 'Die Zauberflöte' in Wien, München, Bremen u Stuttgart 96 u 97, 1. Gastdgt Slowak Staatl Philharmonie Košice seit 98, 1. Kapm Schleswig-Holstein Landesth u SinfOrch seit 2000, Lt zahlr Arbeitsphasen m Landesjugendorch Bayern, Niedersachsen, Rheinland-Pfalz sowie Bundesjugendorch, RF- u Fernsehprod, FSp-Mitwirkungen Wiesbaden, Schleswig-Holstein, Venedig, Žilina, Košice, Istanbul, Izmir u Ankara. **Pr:** Musikpr 'Diploma d'Onore' Siena 75, 'Diploma di Merito' Siena 76, Prtr Dt Musikrat u Teilnehmer 21. u 22. Bundesauswahl 'Konz junger Künstler' 79, Mozart-Pr Mozart-Ges Wiesbaden 79.

Schwinghammer, Wilhelm, Bass; Wandsbeker Chausee 84, D-22089 Hamburg, T: (040) 25496960, 0170-1800028, *wilhelmschwinghammer@acor.de* [Vilsbiburg 24.5.1977]. **Ausb:** MGymnasium Regensburger Domspatzen (Abitur 98), MH München 99–2000, U d Künste Berlin (Stud Ges) b H Stamm 2000–03; Mstrks ua b K Moll, M Lipovsek, A Tomowa-Sintow u P Beczala. **Laufb:** KamCh Stuttgart unter F Bernius 99–04; Collegium Vocale Gent unter Ph Herreweghe 2000–03; ZusArb m R Jacobs, S Soltesz, I Metzmacher, A de Marchi, Ph Auguin, F Chaslin u A Eschwe; Int OpStudio d Hamburgischen Staatsop 03–05; Auftritt als S b Jubiläumsballett J Neumeier Hamburgische Staatsop 04; Gastsp Stadtth Osnabrück 04 (Angelotti, 'Tosca'); Salzburger FSp 05 (Dr Grenvil, 'La Traviata' m A Netrebko u R Villazon); Hamburgische Staatsop SpZ 05/06 unter S Young (ua Melisso, 'Alcina'; Steuermann, 'Tristan u Isolde'; Angelotti, 'Tosca'; Kulygin, 'Tri Sestri'; Korporal, 'La fille du regiment'). **Pr:** Finalist b 33. Dt BWettb in Berlin 04. **Ens:** 'Sette Voci' (Ltg: P Kooij). – **Aufn/RF:** CD u DVD: 'La Traviata' m A Netrebko u R Villazon, Salzburger FSp 05. (Red)

Scobel, Ulrike, Viola d' amore, Kammermusikerin; Bramschstr 5, D-01159 Dresden, T: (0351) 4217092; *www.dresdnerbarockorchester.de*. **Laufb:** 2. V Sächs Staatskap Dresden. **Ens:** Dresdner Barockorch. (Red)

Scola, Vincenzo La, Tenor; c/o S Sintow-Behrens Int Promotions & Management, Schleibingerstr 8, D-81669 München, T: (089) 44218900, F: 44218903, *office@sintow-behrens.com*; c/o Opernhaus Zürich, Falkenstr 1, CH-8008 Zürich; *www.sintow-behrens.com*. **Laufb:** Sol Bühnen d Stadt Köln, Staatsop Wien, Op Zürich. (Red)

Scolari, Henri, Komponist; ch du Devin 49bis, CH-1012 Lausanne, T: 0216524763. (Red)

Scorsin, Giuseppe, Bass; c/o Opernhaus Zürich, Falkenstr 1, CH-8008 Zürich, T: 012686400; *www.opernhaus.ch* [Treviso]. **Ausb:** Stud (Paläographie u Musikphilologie) Cremona, Stud (Ges) Kons G Verdi Mailand. **Laufb:** Sol Op Zürich seit SpZ 93/94. **Pr:** Int Geswettb 'Toti dal Monte' 90. (Red)

Scovotti, Jeanette, KS, Sängerin, Hochschullehrerin; Hamburger Konservatorium, FB 6, Sülldorfer Landstr 196, D-22589 Hamburg. **Ausb:** Stud (Kl, V, Ges) High School of Music and Art u Juilliard School of Music. **Laufb:** Prof (Gesang) Hamburger Kons. (Red)

Seager, Anne-Marie, Sängerin; c/o Oper Leipzig, Augustuspl 12, D-04109 Leipzig. (Red)

Seaman, David, Arrangeur, Dirigent; 7 St Benedict Crescent, Cardiff CF14 4DP, Vereinigtes Königreich, T: (02920) 624911, F: 624911; c/o Pocket Opera Company, Gertrudstr 21, D-90429 Nürnberg [London 14.2.1943]. **Ausb:** Stud Cambridge 61–65, Hamburg 68–69. **Laufb:** Dt Op a Rhein 69–72, Städt Bühnen Nürnberg 72–79, Coburg 78–81, Welsh Nat Op seit 81, Künstl Oblt Pocket Productions Cardiff seit 99, Musikal Oblt Pocket Op Company Nürnberg seit 74. – **Komp:** Arrangements ua Ring in e Abend, Hänsel u Gretel, Pique Dame, Macbeth, Barbier v Sevilla, Cenerentola, Vampyr, Lucrezia Borgia, Elisir, Semiramide, La Gioconda, La Wally, Weill: Songplay.

Sebald, André, Prof, Querflöte, Hochschullehrer; Am Wildpfad 24, D-53639 Königswinter, T: (02244) 4104, 01703149262, F: 81620, *Andre.Sebald@gmx.de*; Robert Schumann Hochschule, Fischerstr 110, D-40476 Düsseldorf. **Laufb:** Prof (Qufl) Robert Schumann H Düsseldorf. (Red)

Sebestyén, Ernö, Prof, Hochschullehrer, Violine; Eisvogelweg 3, D-82223 Eichenau, T: (08141) 71442; Hochschule f Musik u Theater, Arcisstr 12, D-80333 München. **Laufb:** Prof (V) H f M u Th München. (Red)

Seckin, Nezih, Kapellmeister; c/o Theater Lüneburg GmbH, PF 2829, D-21318 Lüneburg. **Laufb:** 1. Kapm Th Lüneburg. (Red)

Seckinger, Konrad, Organist, Chorleiter, Musikerzieher, Komponist; Lupinenweg 1, D-77656 Offenburg, T: (0781) 54865 [Offenburg 25.11.1935]. **Ausb:** Stud PH Freiburg, Komp (K Boßler), Lehrer-Staatsexamen, Stud Komp (J Wildberger) MH Freiburg u Karlsruhe, Examen (Dipl-MPäd). **Pr:** 1. Pr Valentin-Becker-KompWettb 79 u 85, 4. Pr ebd 75, Hans-Berge-Gedächtnispr anl 125. DSB-Jubiläum 86, Pr KompWettb Stadt Mannheim/Mozart-Gem Kurpfalz eV 87, K Kreuzer-Med 95, Bürgermed Stadt Offenburg 96, BVK a Bande 99, Freiburger Münstermed 2000. – **Komp:** Der kleine Prinz (KamM), UA Bern 83; Narrensuite (OrchWerk), UA Offenburg 85; Musik ist eine Gottesgabe (Kantate), UA Offenburg 89; Das Spiel vom Trommler (Orat), UA Offenburg 90; Wiesbadener Schöpfungszyklus (Kantate), UA Wiesbaden 93; Psalm (KamM), UA Offenburg 95; Missa Brevis (Messe), UA Erdinger Orgeltage 97. **Lit:** M Decker: 'K S, ein zeitgen Komp'; CD 'KompPorträt K S'.

Secondi, Mario de, Prof, Hochschullehrer, Violoncello; Gartenhalde 52, D-89081 Ulm, T: (0731) 5505820 [Alessandria, Italien 1959]. **Ausb:** Stud Vcl (A Janigro) Dtld u (J Starker) USA. **Laufb:** Gastsol ua Martinu-Orch Brünn, BBC Orch Glasgow, Stuttgarter Philharmoniker; 'Artist in Residence' b d Fstv 'Joie et Lumière' Bagnols u 'Sidney Spring'; Prof (Vcl) Staatl H f M Trossingen. **Ens:** 'Trio Ops 8' m M Hauber (Kl) u E Fischer (V) seit 86. – **Sonst:** Grdg 'Open Chamber Music Fstv' Trossingen. (Red)

Sedghi, Maryam, Klavier; Aignerstr 23, D-81541 München, T: (089) 6924443, *m-sedghi@gmx.de* [Teheran 26.10.1976]. klass KamM **Ausb:** Stud Kl (H Siedzienewska-Alberth u J Strathern) 96–01, KamM (J.Strathern) Richard-Strauss-Kons München 01–02. **Ens:** duo trompiano, duo guerzonisedghi.

Sedlmeier Nowitz, Alexander (Pseud: Alex Nowitz), Komponist, Sänger; Clara-Zetkin-Str 6, D-14471 Potsdam, T: (0331) 9512775, F: 9512775, *alexnowitz@hotmail.com* [Buch a Erlbach 23.6.1968]. KamM, Vokal- u Pfeifkunst **Ausb:** Stud (MWiss, MPäd) München, (MWiss) Berlin, (Gesang, Kl, Komp, Elementar MPäd) Potsdam/Dtschld, (Gesang, Komp) Potsdam/New York. **Laufb:** S in Projekten auf d Gebiet improvisierter u live-elektr Musik, Gastsänger in versch Projekten auf europ Ebene, ThKomp an städt Bühnen (Berlin, Halle, Potsdam). **Ens:** 'VolVox' bis 95, 'No Doctor' bis 98. – **Komp:** Wendezeiten (KamM/Qui), UA Potsdam/NY 97; Hamlets Staatsbegräbnis (KamM, SaxQua), UA München, Praterinsel 97; Bravaria Americana (KamM, Blechqui), UA Postdam/NY 97; Painting (TB), UA Potsdam/NY 97; contritio (Kl Solo); O – rest – los (TanzMstück), UA Potsdam, Altes Rathaus 98; bericht über malmö (Stimme solo), UA Potsdam, Altes Rathaus 98; Unruhe ist in d Gräsern (Str-Qua nach e Gedicht v Th Bernhard), UA Potsdam A R 2000; Venusfalle (Fl solo); Drei Psalmen (4 Männerst a cappella), Text: Th Bernhard. **AuftrKomp:** 'Zeitsprünge' (vier Momente f 2 verstärkte V), UA Potsdam 99 (Auftr: Stadt Potsdam); 'About Noah's Boat of Ants' (f 2 toy pianos and 2 hands), UA Berlin, MInstr-Museum 2000 (f Margaret Leng Tan). **Aufn/RF:** Mitschn: About Noah's Boat of Ants, UA Berlin, Musikinstrr-Mus 2000.

Seebach, G H, Regisseur; Opernhaus, Kaiser-Josef-Pl 10, A-8010 Graz. **Laufb:** Reg Opernhaus Graz. (Red)

Seebach, Peter, Violine, Hochschullehrer; c/o HR Sinfonieorchester, Bertramstr 8, D-60320 Frankfurt. **Laufb:** Doz (V) Dr Hoch's Kons Frankfurt, Vorspieler HR SinfOrch Frankfurt. (Red)

Seebass, Stephan, Prof, Hochschullehrer, Klavier; Heckenweg 7, D-27321 Thedinghausen, T: (04204) 206; Hochschule f Künste, FB Musik, Dechanatstr 13–15, D-28195 Bremen, T: (0421) 3019208. **Laufb:** Prof (Kl, KamM) H f Künste Bremen. (Red)

Seeboth, Michael, Sänger; c/o Staatsoperette Dresden, Pirnaer Landstr 131, D-01257 Dresden, T: (03 51) 2 03 48 00. **Laufb:** Sol Staatsoperette Dresden. (Red)

Seefing, Karsten, Repetitor; Götzweg 183, D-41236 Mönchengladbach, T: (0 21 66) 61 04 08, (01 70) 8 33 84 41; c/o Vereinigte Städtische Bühnen, Odenkirchener Str 78, D-41236 Mönchengladbach. **Laufb:** Solorep m Dgt-Verpfl Vereinigte Städt Bühnen Krefeld u Mönchengladbach, Dgt Niederrhein Sinfoniker Mönchengladbach. (Red)

Seehafer, Reinhard, Dirigent, Komponist, Klavier; Beethovenstr 8, D-39106 Magdeburg, T: (03 91) 5 06 50 68, 01 60–94 40 40 48, F: 5 06 50 71, *Reinhard. Seehafer@t-online.de*; c/o Pro Arte Stefan Dörpinghaus, Rosenweg 7, D-42499 Hückeswagen, T: (0 21 92) 8 30 05, 01 77–6 63 40 66, F: 93 18 81, *info @proarte-online.de*; *www.reinhard-seehafer.de* [Magdeburg 6.9.1958]. **Ausb:** Stud (K Masur, R Reuter) MH Leipzig u Weimar, Studien b L Bernstein. **Laufb:** Kapm Kom Op Berlin 82–89, Chefdgt MTh d Stadt Görlitz 89–95, musikal Lt int Kunst- u Kulturprojekt EUROPERA 92–98, Chefdgt u künstl Lt der Europa Philh, Schloß Hundisburg seit 98. – **Komp:** Drei Bilder (f Fl u Klar) 75; Trio f Kl, V u Vcl 76; Indivisible Europe I (Hymne f Blechbl u Perc) 2000; Lyricon 01 (f Sop, Tenor u Orch) 01; Concertino (f Altpos, Hf, Tasteninstr u Tom-toms) 01; Paminas Tochter (Kleines Ballett f Kl) 01. **Aufn/RF:** zahlr Fernseh- u RF-Übertragungen sowie CD-Einsp.

Seeliger, Bettina, Hochschullehrerin, Cembalo; Waldgasse 5 B, CH-3360 Herzogenbuchsee, T: 06 29 61 74 84, F: 06 29 61 74 86; *www.musica-poetica.de* [Heidelberg 1.2.1963]. 17. u 18. Jh, Musik auf histor Instrumenten, Histor Aufführungspraxis, Generalbass **Ausb:** Stud Kons Nürnberg (Bockfl, Cemb) 83–87, Stud Schola Cantorum Basilensis: Dipl f Alte M (Cemb b A Staier, Generalbass u KamM b J Christensen) 87–92. **Laufb:** Doz (Alte Musik) MH Luzern seit 94 (Fächer: Generalbasspraxis Cemb, AuffPraxis). **Ens:** Musica Poetica Freiburg, Maskereye. **Mitgl:** SMPV. – **Aufn/RF:** CD Choralkant u InstrWerke d 17. Jh Nord- u Mitteldtschld, CD M Brunckhorst: Weihnachts- u Osterhistorie Ens 'Musica Poetica' Freiburg 99, Cantata, Concerto & Sonata: J S Bach u seine dt Zeitgen, Ens Musica Poetica Freiburg 01, RF-Mitschn Konz in d Lukaskirche Stuttgart SWR 03. **Sonst:** 'All'improvviso', eine Anleitung zum Improvisieren, inspiriert v Tanzmusik d 16 Jh (zus mit A Habert).

Seeliger, Reinhard, KMD, Kirchenmusiker, Hochschullehrer; Bäckerstr 4, D-02826 Görlitz, T: (0 35 81) 40 68 38, *seeliger-goerlitz@t-online.de* [8.11.1959]. **Laufb:** Rektor, Doz (Orgel, Chorltg) H f KiM Görlitz. (Red)

Seemann, Joachim, Komponist; Friedensallee 44, D-22765 Hamburg, T: (0 40) 3 90 35 05 [Flensborg, Jütland 6.3.1955]. **Laufb:** Konz in Skandinavien, England, Dtschld, ML Dänemark 78/79, Wien, Südostasien 79/80, L, Korr, Eurythmie-Begleiter, Pianist. – **Komp:** Concerto (KonzM); Marcia e Fuga (KonzM); Violinsonate (KamM); Violinkonz (KonzM); 6 Nocturnes f Kinder (KamM); Adagio (KonzM); Hymnus (KonzM). (Red)

Sefcik, Peter, Prof, Hochschullehrer, Gesang; Hochschule f Musik u Theater, Harvestehuder Weg 12, D-20148 Hamburg. **Laufb:** Prof (Ges) H f M u Th Hamburg. (*)

Seger, Andreas (Pseud: Martin van Geers), Komponist; Schloßstr 8, D-55444 Schöneberg, T: (0 67 24) 73 24, F: 73 24 [Ulm 11.6.1962]. **Ausb:** Stud (SchM) Trossingen 81–87. **Laufb:** Chorsänger, Instrumentalist (V, Va), GeigenL Herrenberg u fr Mitarb SWF Baden-Baden 87–89, Chorlt seit 85, Volontariat SWF 90, MRredak SWF/SWR Mainz seit 91, freischaff Komp seit 95, Chordir FDB seit 98. – **Komp:** Viel gut Gesang – Alte Weisen auf neue Weise (Volkslieder/Volksweisen) I u II; Missa brevia (KiM); Auf der Pirsch (Volkstüml Kantate); Der Panther (R M Rilke) (Chorkomp); Herbstgedanken (Chorkomp); Der Winter (Georg Heym) (Chorkomp). (Red)

Segers, Guido, Trompete; c/o Münchner Philharmoniker, Kellerstr 4, D-81667 München; c/o S Sintow-Behrens Int Promotions & Management, Schleibingerstr 8, D-81669 München, T: (0 89) 44 21 89 00, F: 44 21 89 03, *office@ sintow-behrens.com*. **Laufb:** Sol Münchner Philh. (Red)

Seib, Valentin, MD, Komponist, Musikdirektor; Planckstr 9, D-68623 Lampertheim, T: (0 62 06) 33 93 [1925]. **Laufb:** Dgt 'Gesangverein Liederkranz-Frohsinn 1879 eV' 64–80. (Red)

Seibel, Klauspeter, Prof, Dirigent, Generalmusikdirektor; Barmstedter Str 23, D-25486 Alveslohe, T: (0 41 93) 64 66, F: 96 99 89 [Offenbach]. **Ausb:** Stud (Dirig, Kl, Komp) Nürnberg u München. **Laufb:** Debüt Staatsth am Gärtnerpl München, 1. Kapm Freiburg, Lübeck, Kassel, Frankfurt u Hamburg, GMD Freiburg 75–78, ChefDgt Nürnberger Symphoniker 80–88, GMD Op u Philharm Orch Kiel 87–95, MD Louisiana Philharmonic Orch New Orleans 95, ChefDgt Frankfurter Op u Museumsorch 97–99, Dgt Sächs Staatsop Dresden 03–05, Gastdgt Dt Oper u Dt Staatsop Berlin, Bayer Staatsop, Staatsop Wien, Zürich, Moskau, Denver, Eugene, Jacksonville, Grand Rapids, Kansas City, San Diego, Salt Lake City, Spokane, Quebec, Gastdgt Sommerfstv: Texas Music Fstv, Chautauqua Institution; Prof (Dirig) H f M u darst Kunst Hamburg 78–96, Gastdoz ua MH Malmö, Juillard School. **Pr:** Richard-Strauss-Stip d Stadt München, Prtr int DirigierWettb Kopenhagen u New York. **Mitgl:** Hauptausschuss im DgtForum d Dt Musikrates. – **Aufn/RF:** zahlr CD's, ua F Lehár: OrchWerke Radio-Philh Hannover, F Mendelssohn-B: Gesamtaufn Ouvertüren Nürnberger Symphoniker, F Delius: 'Romeo u Julia a d Dorfe' Philharm Orch Kiel, M v Schilling: 'Mona Lisa', E W Korngold: 'Der Ring d Polykrates' Dt SymphOrch Berlin. **Sonst:** ZusArb m J Neumeier (Choreograph) u V Derevianko, S Thoss, U Scholz. (Red)

Seibert, Christian, Klavier; Pettenkoferstr 11, D-10247 Berlin, T: 0 17 22 02 17 20, *info@christian-seibert.com*; *www.christian-seibert.com* [Delmenhorst 30.1.1975]. Deutsche Klaviermusik d Romantik u d 20.Jhs **Ausb:** KonzEx in Köln b P Gililov; Stud b H Petermandl i Wien, C Katsaris, P Badura-Skoda, R Buchbinder, B L Gelber. **Laufb:** Umfangr KonzTätigkeit als Solist; seit 05 auch künstl Dir eines Musikverlages. **Pr:** 3. Pr ex aequo 12. 'Robert-Schumann' Int Wettb Zwickau 96. – **Aufn/RF:** Werke v Ernst Toch; Werke v Paul Hindemith 06.

Seibert, Kurt, Prof, Hochschullehrer; Westpreußenstr 3, D-26919 Brake, T: (0 44 01) 7 16 47; Hochschule f Künste, FB Musik, Dechanatstr 13–15, D-28195 Bremen, T: (04 21) 3 01 92 08, F: 3 01 92 44. **Laufb:** Prof (Kl, KamM) H f Künste Bremen. (Red)

Seidel, David, Fagott; c/o Classic Concert, Glaneggerstr 55, A-5082 Salzburg, T: (0 62 46) 7 66 53, F: 7 68 54; *www.davidseidel.com* [Salzburg 18.5.1976]. **Ausb:** FagUnterr (M Turkovic, Y Tominaga), Stud Fag (R Galler) Mozarteum Salzburg seit 94, Mstrkl (S Azzolini, K Thunemann). **Laufb:** 1. Fagottist RSO-Wien seit 98. **Pr:** 2. Pr Gradus ad Parnassum Wien 96, 1. Pr Gradus ad Parnassum Salzburg 98, Anton Bruckner- Förderpr d Wiener Symphoniker 98.

Seidel, Herbert, Prof, Hochschullehrer, Klavier; Waldstr 14, D-36396 Steinau-Ulmbach, T: (0 66 67) 2 24, F: 2 24; Hochschule f Musik u Darst Kunst, Eschersheimer Landstr 29–39, D-60322 Frankfurt. **Laufb:** Prof (Kl) H f M u Darst Kunst Frankfurt/M. (Red)

Seidel, Matthias Johann, Prof, Hochschullehrer, Gitarre; Grabenstr 26, A-5020 Salzburg, T: (06 64) 1 83 48 76; Univ Mozarteum, Abt f Streich- u Zupfinstrumente, Zentrum im Berg, Fürbergstr 18–20, A-5020 Salzburg, T: (06 62) 61 98 53 20, F: 61 98 30 33, *matthias.seidel@moz.ac.at* [Stuttgart 1.3.1949]. **Laufb:** UProf (Git) U Mozarteum Salzburg. (Red)

Seidel, Roberto, Dirigent; Franz-Joseph-Str 5, D-80801 München, T: (0 89) 21 94 91 50, F: 21 94 91 50, *roberto.seidel@gmx.net*; *www.roberto-seidel.com* [Kronach 20.11.1959]. Orchester, Chor **Ausb:** Stud (KiM) R Strauss Kons München 81–86, Dirig (U Weder), Chor (W Hagen-Groll), Komp (G Wimberger) Mozarteum Salzburg 86–91. **Laufb:** Chordir Metropolth Berlin 91–93, ass Chordir Bayreuther FSp 93, Chordir Th d Landesh Magdeburg 94, Chordir Städt Bühnen Augsburg 94–98, Gast-Chordir NDR-Chor 98, New York 99, Dir Lit Sommeroptte 2000, ass Chorlt Münchner Bachchor. – **Aufn/RF:** M Bruch: Odysseus, NDR-Chor, NDR-Orch, Dgt: L Botstein. **UA:** B Goldschmidt: 'Beatrice Cenci', UA Madeburg 94. **Sonst:** OpChorstudien (4 Bde) 95–99; Grdg Münchener Vokalisten 2000.

Seidelmann, Axel, Mag, Univ-Prof, Komponist, Universitätsprofessor; Rienößlgasse 24/11, A-1040 Wien, T: (01) 5 81 87 37, F: 5 81 87 37; Univ f Musik u Darst Kunst, Inst f Komposition u Elektroakustik, Anton-von-Webern-Pl 1, A-1030 Wien, T: (01) 7 11 55 21 18, *seidelmann@mdw.ac.at* [13.10.1954]. Orchester, Kammermusik, Musiktheater **Ausb:** Stud Geschichte, Kunstgeschichte, MWiss U Wien 74–81, Stud Komp (F Neumann, F Burt), Dirig (K Österreicher, O Suitner), V (K Maetzl), Kl (W Fleischmann) H f M u darst Kunst Wien 72–80. **Laufb:** Komp, EnsLt, als Geiger (Bratschist) Mitwirkung in namhaften Ens, seit 88 Lehrer (Harmonielehre/Kontrapunkt) MH Wien (o UProf), Grdg d Studienrichtung 'Tonmeister', Referent auf int Tagungen, Auff im In- u Ausland b namhaften Fstv, zahlr Pr u KompAuftr, Ordinarius (Harmonielehre/Kontrapunkt) U f M Wien seit 02. **Mitgl:** ÖKB, IGNM, ÖGZM. – **Komp:** Bühnenwerke, OrchWerke, Chor- u KamM sowie Bearbeitungen/Arrangements.

Seidenberg, Samuel, Horn; c/o Thomas Voigt Artist & Project Management, Kurfürstendamm 157, D-10709 Berlin, T: (0 30) 34 90 21 99, F: 34 90 21 45, *info@voigtmanagement.de*; c/o Bamberger Symphoniker, Mußstr 1, D-96047 Bamberg; *www.voigtmanagement.de* [Osterburg, Altmark 1978]. **Ausb:** MGym 'C-Ph-E-Bach' Berlin 91–98, Stud Fach Horn (Prof Palm bis 96, Prof Dallmann), Stud H f M 'Hanns Eisler' Berlin(Prof Chr-F Dallmann) seit 99. **Laufb:** Sol Dt SymphOrch Berlin 98–99, SymphOrch BR, Münchener Philh, NDR-SinfOrch Hamburg, Staatskap Berlin, Dt SymphOrch Berlin, Sol Bamberger Symph. **Pr:** 2. Pr Int MusikWettb Genf 04 (1. Pr nicht vergeben).

Seidenbusch, Helmut, Bass; c/o Dr Eike W. Grunert, Winsstr 26, D-10405 Berlin, T: (0 30) 44 05 22 29, F: 44 05 22 29, *ewgrunert@cosifacciamo. de*. **Ausb:** Stud Salzburg, Basel u Utrecht, Mstrkse b M Honig u Bl Gumeos. **Laufb:** Gastsol Th Basel, Gastsol Op Frankfurt SpZ 03/04. – **Sonst:** Gast Festival Aix-en-Provence, Schwetzinger FSp, FSp Königsfelden, Bachwochen Stuttgart, Tagen f Alte M Herne, ZusArb m Dgt: S Cambreling, D Stern, P Herreweghe, Reg: A Freyer, S Braunschweig u M Brenner. (*)

Seidlhofer, Maria-Regina, Prof, Hochschullehrerin, Klavier; Wurzingergasse, A-1180 Wien, T: (01) 4 79 23 05, *seidlhofer@hotmail.com*; Univ f Musik u Darst Kunst, Inst f Orgel, Orgelforschung u Kirchenmusik, Seilerstätte 26, A-1010 Wien, *seidlhofer@mdw.ac.at*; *www.seidlhofer.com.br* [Sao Paulo]. **Ausb:** Stud i Sao Paulo (D de Carvalho), U f Musik u Darst Kunst Wien (B Seidlhofer). **Laufb:** Prof. (Red)

Seidlmeier, Alois, Generalmusikdirektor; c/o Landestheater, Schloßpl 6, D-96450 Coburg, T: 0 17 02 37 26 66, F: (0 95 61) 23 89 07, *alois.seidlmeier@t-online.de* [Landsberg/Lech 28.12.1967]. Romantik **Ausb:** Stud Gesang (Laubenthal), Dirig (Wich, Förster, Falk) MH Würzburg 88–97. **Laufb:** Mitgl Regensburger Domspatzen 78, Solorep Mainfrankenth Würzburg 96, 1. Kapm Mainfrankenth Würzburg 2000, 1. Kapm u musikal Lt Landesth Coburg 2001, GMD Landesth Coburg SpZ 03/05.

Seifen, Wolfgang, Prof, Komponist, Kirchenmusiker, Hochschullehrer; Schwester Hermenegildisstr 33, D-47623 Kevelaer, T: (0 28 32) 7 86 70, F: 79 96 78, *mail@wolfgangseifen.de, wseifen@web.de*; c/o Univ d Künste, Fak Musik, Ökumenisches Inst f Kirchenmusik, Hardenbergstr 41, D-10623 Berlin, T: (0 30) 31 85 27 48, F: 31 85 27 48; *www.wolfgangseifen.de* [Bergheim/Erft 1956]. Konzerte, Seminare, Jurorentätigkeit, liturg Dienst **Ausb:** MGym d 'Regensburger Domspatzen' ab 67, KiM-Stud Aachen 73–76, Aufbaustud

Robert-Schumann-H Düsseldorf 82–84, A-Dipl. **Laufb:** Organistenstelle, Lt d student Kammerorch Aachen 77–80, Grdg d Kammerchors 'Cappella Cantica' 78, Kirchenmusiker an St Sebastian in Nettetal-Lobberich 76–83, Organist an d Päpstl Marienbasilika zu Kevelaer 83–2000, künstl Tätigkeit als Chor- u OrchLt, Pädagoge u Komp, Doz f Impr u Liturg OrgSpiel an d Staatl H f M u Darst Kunst Stuttgart u Lt einer Ökumen OrgKl f Liturg OrgSpiel u Impr 89–92, Ernennung z Honorarprof 95; Mitbegrd u ständ Doz d Int Altenberger OrgAkad f Impr, umfangreiche KonzTätigkeit (Europa, USA, Japan), Mitwirkung als Juror b zahlr Int Wettb (Brescia/Italien, Warschau/Polen, Montbrison/Frankreich ua), Gastdoz f Impr b Int Fstv u Akad, Prof f Impr u Liturg OrgSpiel an d U d Künste Berlin seit 2000, Berufung a d Kirchenmusikkommission d Erzbistums Berlin durch Kardinal Sterzinski 01, 2. Vorsitzender d KdL Dts 03, Titularorganist d Kaiser-Wilhelm-Gedächtniskirche i Berlin 04. **Pr:** Finalist d 1. Int ImprWettb Strasbourg 90, Prtr d ION-Impr-Wettb Nürnberg 92. **Mitgl:** GdO. – **Komp:** zahlr Komp f Chor, Org u KamM, Fantasie z Einweihung d neuen Org i Inst d 'Regensburger Domspatzen' (Charakterstück f Org); Konz f Org u Orch, UA Korshcnebroich, Dgt W Seifen (Auftr Stadt Korschenbroich), Drei Stücke f Große Org. **Aufn/RF:** CD- u TV-Prod; Seifen: Tryptique Symphonique, Hagener Symph, BasilikaCh Kevelner, Sol, Org: W Seifen, Ltg: B Böhmann; Konz f Org u Orch (F-J Frantzen gewidmet). **UA:** zahlr A capella- u Orgelwerke. **Sonst:** Publ über OrgBau u OrgImpr.

Seiferling, Steffen, MA, Dr phil, Dramaturg; c/o Theater Nordhausen/Loh-Orchester Sondershausen GmbH, Orchesterbüro, Im Loh 1 c, D-99706 Sondershausen, Pf 1206, D-99702 Sondershausen, T: (0 36 32) 77 00 03, F: 77 00 01, *seiferl@loh-orchester-sondershausen.de* [Mannheim 13.7.1960]. Konzert, Ital Oper d 18. Jh, 'Ausgrabungen' **Ausb:** Stud (MWiss, Mittellatein Phil, Geschichte) FU Berlin, Promotion TU Berlin. **Laufb:** Freie OpDramaturgien f d Batzdorfer Hofkapelle 93–99, FSp Potsdam Sanssouci, Berliner Staatsop unter d Linden, Dram Th Nordhausen/Sondershausen 02–04. **Mitgl:** GBDA, Dt Ges f MForschung.

Seifert, Bringfried, KM, Kontrabass; c/o Dresdner Philharmonie, PF 120424, D-01005 Dresden. (Red)

Seifert, Christina, KM, Viola; c/o Dresdner Philharmonie, PF 120424, D-01005 Dresden. (Red)

Seifert, Christine, Schauspielmusiker; c/o Staatsschauspiel Dresden, Theaterstr 2, D-01067 Dresden. **Laufb:** SchspM Staatsschsp Dresden SpZ 03/05. (Red)

Seifert, Heiko, KV, Violine; c/o Dresdner Philharmonie, PF 120424, D-01005 Dresden. (Red)

Seifert, Ingrid, Barockvioline; London Baroque, c/o Charles Medlam, Brick Kiln Cottage, Hollington, Newbury, Berks RG20 9XX, Vereinigtes Königreich, *c.medlam@btinternet.com*; *www.londonbaroque.com* [Vöcklabruck]. KamM **Ausb:** H f M Wien, H f M Salzburg (N Harnoncourt). **Ens:** London Baroque. – **Aufn/RF:** ca 60 CDs (m London Baroque).

Seiffarth, Roland, Dirigent; c/o Musikalische Komödie, Dreilindenstr 30, D-04177 Leipzig, T: (03 41) 1 26 11 14 [Drebach 7.10.1940]. Lehar, Stolz, Kalman **Ausb:** H f M Leipzig (Kl, Dirigieren). **Laufb:** MD, Musikal Oblt u Chefdgt Musikal Komödie Leipzig, Dgt Stadtth Bern, GastDgt Staatsth am Gärtnerpl München SpZ 00/01, GastDgt Op Halle SpZ 03/04, Gastdgt Grazer Symph Orch 04/05.

Seiffert, Peter, KS, Tenor; c/o Theateragentur Dr Germinal Hilbert, Maximilianstr 22, D-80539 München, T: (0 89) 2 90 74 70, F: 29 07 47 90; c/o Opernhaus Zürich, Falkenstr 1, CH-8008 Zürich; *www.hilbert.de* [Düsseldorf 4.1.1954]. **Ausb:** Ges b M Röhrig, H Seiffert Düsseldorf, OpSch Robert-Schumann-Inst d MH Rheinland bis 78. **Laufb:** Mitgl Dt Op am Rhein Düsseldorf-Duisburg 78–80, Stadtth Bern ('Don Giovanni', Ottavio) 81, Ens-Mitgl Dt Op Berlin 82–92, Bayer Staatsop – NatTh München ('Die lustigen Weiber v Windsor', Fenton) 83, Debüt Hamburg Staatsop ('Arabella', Matteo), Gran Th del Liceu Barcelona, Staatsop Wien 84, Covent Garden Op London ('Parsifal', Titelpartie) 88, Dt Op Berlin ('Lohengrin', Titelpartie) 91 ua, Salzburger FSp 92 u 96, Op Zürich ('Parsifal', 'Tannhäuser', jeweils Titelpartie), Debüt Bayreuther FSp ('Meistersinger', Stolzing) 96; zahlr Konz: London, Mailand, Tokyo, Amsterdam, Rom, Florenz, München, Zürich, Dresden, Chicago, New York; Rollendebüt Siegmund ('Die Walküre') Monte Carlo 2000, Bayreuther FSp ('Lohengrin', Titelpartie) 01, Zürich ('Cavalleria rusticana', Turiddu), Bayer Staatsop – NatTh München ('Die Walküre', Siegmund) 02, Bayreuther FSp ('Lohengrin', Titelpartie), Salzburger FSp (Lied v d Erde) 03, Sol Dt Op Berlin SpZ 04/05. **Pr:** Prtr Wettb Dt Musikrat Bonn 79, Kleiner Pr Berlin 91, Echo Klassik 97, Grand Prix du Disque, Sänger d Jahres 99, Grammy 02 ('Tannhäuser'). – **Aufn/RF:** Arien aus ital Op, Op v Weber, Nicolai, Wagner, Strauss; Gesamtaufn: 'Die Meistersinger von Nürnberg' (Stolzing) 99, 'Tannhäuser' 02, 'Der fliegende Holländer' 02, 'Lohengrin', Dgt D Barenboim 02, 'Freischütz' (Max), 'Oberon' (Hüon), 'Arabella' (Matteo), 'Die Fledermaus' (Eisenstein) ua.

Seifried, Reinhard, Prof, Dirigent, Hochschullehrer; Wolferkam 19, D-83083 Riedering, T: (0 80 36) 28 11, F: 28 33; Univ Mozarteum, Abt f Musiktheater, Schrannengasse 10a, A-5020 Salzburg, *reinhard.seifried@moz.ac.at* [Freising]. **Ausb:** Stud MH München, F Ferrara, Siena, Ass b R Kempe. **Laufb:** Solorep Köln, Mannheim, 1. Kapm Staatsth am Gärtnerplatz München, 1. Kapm Opernhaus Nürnberg, GMD Remscheider Symphoniker 91, GMD Staatsth Oldenburg Staatstheater 93–2000, GastProf (musikdramat Darstellung) U Mozarteum Salzburg, UProf ebd 01. – **Aufn/RF:** Gesamteinsp aller Mendelssohn-Symph. (Red)

Seigner, Michel, Komponist, Gitarre; Birchlenstr 8, CH-8600 Dübendorf, T: 04 48 20 24 12. (Red)

Seiler, Ferdinand, Sänger (Tenor); c/o Oper im Schloßgarten, PF 112, D-23691 Eutin. **Laufb:** Münchner Tournee-Bühne 85–86, OpttenFSp Gmunden, Sol Gärtnerplatzth München 88/89, Op Wuppertal 90/91, Staatsop München 91–93, Op Essen 92–94, Op Frankfurt 95–98, Staatsop Hamburg 99–2000, Gast Sol Staatsop Wien 90/91, Grand Th Genf 91, Salzburger FSp 92–93, Athen 02, Op im Schloßgarten Eutin SpZ 03/04. – **UA:** A Zemlinsky: Der König Kandaules (Op), Staatsop Hamburg 96. (Red)

Seiler, Midori, Violine; Tournee- und Projektmanagement Gisela Krüger, Landsberger Allee 144, D-10369 Berlin, T: (0 30) 9 72 67 17, F: 3 10 46 69; Uhde & Harckensee MusikManagement, Adalbertst 20, D-10997 Berlin. **Ausb:** Stud M Salzburg, Basel, London, Berlin, Stud BarockV Schola Cantorum Basiliensis. **Laufb:** Mitgl Akad f Alte M Berlin seit 91. **Pr:** Prtr Locatelli Wettb Amsterdamer Concertgebouw. **Ens:** Grdg u Mitgl Boreas Ensemble 98. (*)

Seiltgen, Annette, Mezzosopran; Bilker Str 35, D-40213 Düsseldorf, T: (02 11) 8 47 44, (01 71) 1 93 00 23, *annetteseiltgen@aol.com*; c/o Theateragentur Dr Germinal Hilbert, Maximilianstr 22, D-80539 München, T: (0 89) 2 90 74 70, F: 29 07 47 90 [Wuppertal 26.6.1964]. Oper **Ausb:** Stud (E Lisken) Leopold-Mozart-Kons Augsburg 84–89, OpStudio d Bayer Staatsop München 88–90, Mstrks (A Varnay) Münchner Singschul 90. **Laufb:** Staatsth Kassel 90–92, Staatsth am Gärtnerplatz München 92–96, Gastsp Op Madrid (La clemenza di Tito, Sextus) 99, Nizza (Eugen Onegin, Olga) 2000; Santiago de Chile (La clemenza di Tito, Sextus) 2000; Nizza (La finta giardiniera, Don Pamiro) 2001, De Nederlandse Op Amsterdam (Sabine, Page 2002; Zauberflöte, 2. Dame 2003); Dt Op am Rhein Düsseldorf-Duisburg SpZ 03/05, Gastsol Th Dortmund SpZ 04/05. **Pr:** 3. Pr Bertelsmann-Wettb 91, Staatl Bayer Förderpr 93, 4. Pr Queen Sonja int M Wettb Oslo 84, Beste Nachwuchssängerin Jb d Op-Welt 98, Förderpr f Musik d Landeshauptstadt Düsseldorf 2000. – **Aufn/RF:** Konz u Fernsehauftr: ZDF Sonntagskonz 95, Wesendonck-Lieder, Staatsphilh Krakau, Dgt: R Bader BR 95; Konz HR 97; Liszt: Graner Messe, Dgt: J P Weigle, BR 2002; Beethoven 9. Symph, Dgt: S Bychkov BR; Strauss:'D Liebe d Danae' (Alkmene), Concertgebouw Amsterdam, Dgt: E de Waart, VARA Radio Amsterdam 2002; Konz Philharmonie Dortmund, Dgt: H Wallat 2003. **UA:** W Hiller: Op 'Edward auf d Seil', UA BR 99.

Seipenbusch, Edgar, Dirigent, Hochschullehrer; c/o Tiroler Landeskonservatorium, Museumsstr 17a, A-6020 Innsbruck. **Laufb:** Gastdgt Tiroler Landesth Innsbruck SpZ 00/01. (*)

Seipp, Joachim, Bass-Bariton; Birchach 20, A-6112 Wattenberg, T: (0 52 24) 5 23 09, 06 99–81 91 31 25, F: 5 23 09, *j.seipp@aon.at*; Gießener Str 45, D-35415 Pohlheim, T: (0 64 03) 6 25 56 [Pohlheim 4.6.1956]. Konzert, ital Oper **Ausb:** Stud (M Gründler) MH Frankfurt 76–81, (C Castellani) Mailand 81/82, (M Nikolova) Wien seit 90. **Laufb:** Sol Op Kiel, Op Hannover, Op Wiesbaden, Tiroler Ldesth Innsbruck; Konz in Sevilla, Valencia, Sao Paolo, Athen, Zagreb, Dresden; OpGastsp Wien, Brüssel, Basel, Lissabon, Antwerpen, Tel Aviv, Staatsop München u Th Erfurt SpZ 3/4, Staatsth Stuttgart 05, üb 45 Hauptpartien, Sol Tiroler Ldsth SpZ 04/05. **Pr:** 1. Pr Bdeswettb Ges Berlin. – **Aufn/RF:** C Orff: Carmina Burana, Orch Teneriffa, Dgt: V Pablo; R Langgaard: Antichrist.

Seiser, Benno, Posaune; c/o Südostbayerisches Städtetheater, Fürstbischöfliches Opernhaus, Gottfried-Schäffer-Str 2 und 4, D-94032 Passau. **Laufb:** Sol Südostbayer Städteth Passau. (Red)

Seiss, Werner, Prof, Hochschullehrer, Dirigent; Graf-Ezzo-Weg 22, D-58730 Fröndenberg-Bausenhagen, T: (0 23 77) 26 31. **Ausb:** Stud Dirig m Absolvierung d Dgt-Klasse (Prof H Swarowsky) Wiener MAkad, Op-Dirig (A Quadri), ChLtg (Prof R Schmitt), HF Kl (Prof F Valenzi); weitere Kl-Ausb Accad di Cecilia Rom (Prof L Cerroni), zusätzl Dirigierstud u Auff-Praxis (B Maderna), ua Abschluss d int Dirigierkses Salzburger Mozarteum, zusätzli Probenarbeit m H v Karajan; Stud MWiss Uni Wien. **Laufb:** künstl Ltg u Dgt Ens-/OrchKonzReihe 'continuum Konzerte' seit 2002; Doz (Kl, Dirig, Partiturspiel; Ltg H-Orch) MH Detmold, Abt Dortmund seit 73, Ernenn z Prof 88. **Pr:** Auswahl-Dgt Int Sinforch Salzburg 67, Förderpr f M Dortmund 80. (*)

Seitenberger, Elisabeth, Klarinette; c/o Konzertdirektion Fritz Dietrich, Sigmund-Freud-Str 1, D-60435 Frankfurt/M, T: (0 69) 54 45 04, F: 5 48 41 07, *info@konzertdirektion-dietrich.de*; *www.konzertdirektion-dietrich.de* [Landshut 1982]. **Ausb:** Unterr b K-H Steffens i München, H f Musik „Franz Liszt" Weimar, U d Künste Berlin b F Benda. **Pr:** Stip Jürgen-Ponto-Stiftung 2000–02, Stip d Orch-Akad d Berliner Philh seit 03, 1. Pr „Kurt-Alten-Wettb" 03, Sonderpr Internationalen Wettb Lions-Club 04. (Red)

Seither, Charlotte, Dr phil, Komponistin; Helmstedter Str 29, D-10717 Berlin, T: (0 30) 2 18 74 27, F: 2 18 74 27; Kuhardter Str 5, D-76761 Rülzheim, T: (0 72 72) 20 84, F: 20 84; *www.barenreiter.com* [Landau 31.8.1965]. KamM, Orchestermusik, Op **Ausb:** Stud (SchM) MH Hannover 85–89, Stud Komp (A Koerppen, F-M Beyer, F Goldmann, A Reimann) UdK Berlin 89–94, Kompdipl 94, Stud (Kl) ebd 89–90, SMP Klav 90, Staatsex SchM 91, Stud U Hannover (Germanistik) 85–91, Stud (MWiss) FU Berlin, Prom Dr phil (R Stephan) 98. **Laufb:** LAuftr U Mainz 98, LAuftr U Magdeburg seit 99, LAuftr FU Berlin seit 2000, Gastprof H f K Bremen 02/03. **Pr:** Studienstift 88–91, Künstlerstip f d Dt Studienzentr Venedig 92, Kompstip Berliner Senat 92, 1. Pr KompWettb Göttinger SymphOrch 94, 1. Pr Int KompWettb 'Prager Frühling' 95, Stip Akad Schloß Solitude Stuttgart 95, Stip Cité Int des Arts Paris 99. Franz-Liszt-Stip Weimar 2000, Stip Villa Aurora Los Angeles 2000, Stip Schloss Weikersheim 03. – **Komp:** Kammersinfonie (objet diaphane) (KamM) 93, UA Berlin 94; Waters, earth and air (KamM) 97, UA Hannover 98, anderes/selbst (Op) 98/2000; Paires d'alternances (f Orch) 01. **AuftrKomp:** Champlère

(KamM) 94, UA Zellertal-Niefernheim 95 (Auftr Villa Musica Mainz); Pesar ses mots (KamM) 98, UA München 98 (Auftr Bienale München); Monad's face (Sop, BKl, Vcl) 97, UA Dresden 97 (Auftr Dresdener Zentr f zeitgen M); Sieben Verlautbarungen (Bar, Kl) 97, UA Ludwigslust 97 (Auftr Dtschld Radio Berlin); anderes/selbst (Op) 98/2000, UA Bonn, Op Bonn, Dgt: Wolfgang Ott 2000 (Auftr: 'bonn chance – experimentelles MTh'); Mergin strain (Vcl Solo) 99, UA Köln 99 (Auftr Kölner Philh); Herzfalter (Ten, Kl) 2000, UA Hannover 2000 (Auftr: EXPO Hannover); Himmelsspalt (Org) 200/01, UA Köln 01 (Auftr: WDR Köln); seeds of noines, UA Biennale Hannover 01 (Auftr: Beinnale Hannover); corps croisé (f StrQua), UA 02 (Auftr: Hannoversche Ges f Neue Musik); Living gardens (f Ens), UA 03 (Auftr: Ens Modern). **Aufn/RF:** 'Edition zeitgen Musik' (CD). **Sonst:** Buch: 'Dissoziation als Prozess' – D StrQua Sincronie v L Berio 2000.

Seitz, Daniel, Komponist; Turinerstr 7, D-13347 Berlin, T: (0 30) 8 24 42 36, 81 88 06 93u 01 74–5 68 64 99, F: (0 30) 81 88 06 94; Lentzeallee 103, D-14195 Berlin, T: (0 30) 8 24 42 36, F: 8 24 42 36 [Berlin 30.10.1974]. Klavier- u KamM, solist Vokalmusik, Orgelwerke **Ausb:** Vcl (Haupt), Kl u Org Tübingen u Berlin, MAkad u priv. **Laufb:** KonzReisen nach Schweden, Ungarn, Italien, KlAbend KamMSaal Phiharmonie Berlin 96 u 2001, Vorstellung u Analyse eigener Werke Volksuniv Stockholm/Gotland, zZ freischaff Berlin. **Pr:** 1. Pr Senatswettb 'Schüler komponieren' 87, 2. Pr 89. **Ens:** UAEns 'voces bacches Nazareni'. – **Komp:** Johannes, der Täufer (OrgLied), UA Berliner Dom 94; Orgellied ohne Worte op 48 (Fantasie), UA Budapest 95; Jubilarie (Suite), UA Mühlhausen/Thür; Wahnzeit (KlSinf), UA Philharmonie 96; Mörikelieder (KlLied), UA Berlin, E Langholz, Ch Herold 97; Schmücke dich, o liebe Seele (Choralfantasie), UA Berlin, Kirchenmusiktage 98; Liebestraum (KlFantasie), UA Budapest 95. **AuftrKomp:** Mitarb 'Klangdenkmal Holocaust' d Dt KompVerb (StrQua), UA vorrauss Berlin 02. **Sonst:** 'Du, Bruder mein' II (Chorstück), T: H Voteler, 01; StrTrios, OrgWerke.

Seitz, Werner, Komponist, Kantor, Organist, Dirigent; Lentzeallee 103, D-14195 Berlin, T: (0 30) 8 24 42 36, 81 88 06 93, 01 73–6 08 31 71, F: (0 30) 81 88 06 94, *WernerSeitz@web.de*; Turinerstr 7, D-13347 Berlin [Ludwigshafen 19.4.1946]. Chorische Vokalmusik, Orgelimprovisation, Bachinterpretation **Ausb:** Komp (M Kelemen) Düsseldorf u Stuttgart, 1. u 2. Staatsex Lehramt an Gymnasien (Musik, Religion) Heidelberg, Schwetzingen, Stud MWiss (R Hammerstein, R Stephan, E Jammers) Heidelberg 65–73, Stud (KiM) Berlin 74–76. **Laufb:** OrgelkonzReisen Schweden, Finnland, Norwegen 84, Polen, Israel 88, Niederlande, Ungarn 96, Italien, Doz Int Orgelakad Schloß Goldrain b Meran, Vortrag auf Int Kongreß f Hymnologie Bonn 96, Auff v 'Schnattrazon' (Messe) Berlin 87, 89, 98 (Sendung d Credo im Ferns); Auftr als Pianist Philharmonie Berlin 96 u 2001. – **Komp:** 'AIR' (f Orgel), UA Darmstädter Tage f Neue Musik 72; 'Geht flöten', UA Berlin 77; Kreuzweg f Orgel, UA Jerusalem 88; Psalmodie (12-st Mot) 93, UA Berlin 93; 'Giraffenmusik', UA Gotland 97; Caerulea nach Bildern v J Mulak, UA Berlin 98. **AuftrKomp:** 'Schnattrazon' (Messe f In- u Umwelt), UA Berlin 87 (Auftr: Ev Kirchenltg Berlin); Teiln Gemeinschaftswerk 'Klangdenkmal Holocaust', UA geplant 02 (Auftr: KompVerband). **Aufn/RF:** 'Psalmodie 93', UA Mitgl RIAS-KamChor Berlin 93; 'Geht flöten', UA Berlin, B G Schmitt 77. **UA:** D Seitz: 'Das ist unser ganzes Leiden' (f Orgel); Ders: 'Wahnzeit' (Kl), UA Berlin, Philh 96; Ders: 'Orgelleid ohne Worte', UA Budapest 95; Ders: 'Gottesferne -... Gottesnähe' (Kl), UA Berlin, Philh 01. **Zug:** D Seitz: 'Zukunftsvision' (StrQua), UA Berlin, Philh 01; Ders: 'Gottesferne – ... Gottesnähe' 01. **Sonst:** Grdg KonzR 'Kontemplative Orgelmusiken' Berlin 77; Grdg Ens 'voces bacches Nazareni' Berlin 89; R Aleotti: Motetten, EA in ZusArb m K Weil Berlin 89; 'Analyse d Improvisation' ('Ringgespräch' 97) 95; 'Fünf Lieder nach Texten v Novalis' u 'Auferstehungshymne, Novalis' 01. **Lit:** Repertorium OrgelM 99; Komp d Gegenwart 2000.

Seitzer, Werner, Generalmusikdirektor; Glockengießerweg 22, D-31141 Hildesheim, T: (0 51 21) 20 83 79. **Laufb:** Dgt Staatsop Wien, Musikal Oblt u Dgt Orch d Stadtth Hildesheim, GMD Stadtth Hildesheim seit SpZ 03/04. (Red)

Sekler, Michail, Violine; c/o Konzerthaus Berlin, Gendarmenmarkt, Charlottenstr 56, D-10117 Berlin. **Laufb:** 1. Konzm Berliner SinfOrch.

Selbig, Ute, Sopran; c/o Agentur f Musiktheater u Konzert Hannagret Bueker, Fuhsestr 2, D-30419 Hannover; c/o Sächsische Staatsoper, Theaterpl 2, D-01067 Dresden, T: (03 51) 4 91 10. **Laufb:** Sol Sächs Staatsop Dresden (01/05). (Red)

Selditz, Thomas, Prof, Viola, Hochschullehrer; c/o Agentur Legato, Seilerstätte 5, A-1010 Wien, T: (01) 5 12 76 59, F: 5 12 83 70, *mail@legato.at*; Hochschule f Musik u Theater, Emmichpl 1, D-30175 Hannover; *www.legato.at.* **Ausb:** Stud Va (A. Lipka) HfM Hanns Eisler Berlin. **Laufb:** 1. Solo- Bratscher Berliner Sinf-Orch, Staatskap Berlin 94, Prof (Va) H f M u Th Hannover seit 99. **Pr:** Prtr Int Musikwettb Markneukirchen, Pr dr Dtn Schallplattenkritik u Diapason 03. **Ens:** Gaede-Trio. (Red)

Selig, Franz-Josef, Bass; c/o KünstlerSekretariat am Gasteig, Rosenheimer Str 52, D-81669 München, T: (0 89) 44 48 87 90, F: 4 48 95 22, *team@ks-gasteig.de*; *www.ks-gasteig.de* [1962]. **Ausb:** Stud (KiM, Ges) MH Köln b Prof. C Nicolai. **Laufb:** Sol Dt Op Berlin, Bayer Staatsop München, Sol Aalto-Th Essen, Gastsol Op Köln seit 95/96, Gastsol Op London, Brüssel, Genf u Lyon, La Scala Meiland, Wiener Staatsop, Chicago Lyric Op, Op Bastille, Met Op New York, Maggio Musicale Fiorentino, Hamburger Staatsop SpZ 04/05, Gastsol Dt Staatsop Berlin SpZ 00/01, ZusArb m H Stein, N Marriner, B Haitink, K Nagano, A Pappano, M Janowski, H Blomstedt, R Frühbeck de Burgos, H Rilling u Ch Eschenbach, Konz m Concentus Musicus, N Harnoncourt, Ph Herreweghe, R Jacobs. – **Aufn/RF:** zahlr Aufn ua: W A Mozart: Missa brevis C-dur KV 220 'Spatzen' ' (m Concentus musicus Wien) 98, J S Bach: 'Matthäus-Passion BWV 244' 99, Ph Boesmans: 'Wintermärchen' (m Orchestre Symphoniques) 2000.

Selinger, Michaela, Mezzosopran; c/o Künstleragentur Dr. Raab & Dr. Böhm, Plankengasse 7, A-1010 Wien, T: (01) 5 12 05 01, F: 5 12 77 43, *office@rbartists.at*; c/o Konzert-Direktion Zagovec, Hans-Böckler-Str 23, D-65468 Trebur-Astheim, T: (0 61 47) 91 96 60, F: 91 96 62, *agentur@zagovec-artists.de*; *www.rbartists.at.* **Ausb:** U f M Wien Liedklasse v W Berry und R Holl. MAkad Basel bei K Widmer, Mstrkse M Moser u B Fassbaender. **Laufb:** Grand Th de Genève, Brucknerfest, Stadtth Klagenfurt 05, Tiroler Landesth Innsbruck 05, Bregenzer FSp 05. **Pr:** Orpheus-Pr 01, Laureatin Int Bachwettb 02, Pr Int Hans Gabor Belvedere Wettb 03. (Red)

Sell, Michael, Komponist; Erbsengasse 12, D-60439 Frankfurt/M, T: (0 69) 58 63 14, F: 57 65 79, *sell.music@web.de*; *www.michael-sell.de* [Königstein 20.8.1942]. **Laufb:** zahlr Tourneen m div Ens. – **Komp:** 'Sechs Fürsprüche' f Soli, Chor u Orch (Sinfonie) 87/88, UA Donaueschingen, Musiktage 88; Prometheus-Konz-Szenen (f Vokal-Soli u Orch) 90, UA Köln, Stadtgarten – Nachtmusik i WDR 90; Super Konvolut f Flöte(n) (KonzM), UA Frankfurt/M, Katharinenkirche 95. **AuftrKomp:** Hiroshima, mon amour (Orat) 88/89, UA Frankfurt/M, Alte Op 89 (Auftr Alte Op Frankfurt); Paradies der Narren Iterationen (Konz) 91, UA Köln, M Liebermann 92 (Auftr WDR); Und wüßten's die Nachtigallen... (Klangszene) 91, UA Frankfurt, Zoo-Gesellschaftshaus 91 (Auftr Umlandverband Frankfurt/M); Concerto Piccolo (KonzM), UA Hamburg 97 (Auftr NDR 'das neue werk' Studio 10). **Aufn/RF:** zahlr Einsp.

Sellheim, Eckart, Prof, Hochschullehrer, Klavier; 3222 South River Drive, Tempe, AZ 85828, U.S.A., T: (4 80) 7 86 85 32, F: 7 86 16 69, *Eckart.Sellheim@asu.edu*; Hochschule f Musik, Schultheiß-Koch-Pl 3, D-78647 Trossingen [Danzig]. **Ausb:** Kl b A Drescher in Hamburg, b K-H Pillney u E Schmitz-Gohr in Köln, b J Gimpel in d Schweiz. **Laufb:** Doz Rhein Musikschule Köln seit 63, später Doz u Prof Kölner MH, Gastprof g Kl u KamM Univ of Michigan in Ann Arbor, ISA, 83, Prof u 'Director of Accompanying' an d Arizona State Univ in Tempe, USA, sowie LBeauftr f Fortepiano an d MH in Trossingen seit 89; Doz b zahlr Mstrks f Kl, KamM, Liedbegleitung, Fortepiano u Aufführungspraxis in Dtschld, in d USA, in Österreich u in Griechenland. (Red)

Sellmann, Volker, Harfenist; Wurzelbauerstr 29, D-90409 Nürnberg, T: 0 17 08 14 66 30, F: (09 11) 5 81 97 89, *Volker.Sellmann@web.de*; *www.volker-sellmann.de* [Nürnberg 1964]. Klassik **Ausb:** Stud H Mozarteum Salzburg, (H Storck) MH München, (T Reichling) MH Karlsruhe, (C Michel) Paris. **Laufb:** Solo-Recitals u KamMProjekte (Ob-Hf, Bariton-Hf, Sop-Hf, Hf-StrQua etc) in ganz Europa, regelm Tätigkeit im Orch d SWF, Kölner RF-SinfOrch, Gürzenich Orch Köln, RSO Frankfurt. – **Aufn/RF:** Solo- u KamMProd f BR, HR u Radio Bremen, Solo-CD 'Virtuose Musik f Harfensolo', CD 'Virtuose Musik f Oboe u Harfe'.

Selwyn, Peter, Studienleiter u Kapellmeister; Jahnstr 5 a, D-91126 Schwabach, T: (0 91 22) 87 96 61, F: 87 96 62; c/o Hamburgische Staatsoper, PF 302448, D-20354 Hamburg. **Laufb:** Studienlt u Kapm Th Nürnberg, Solorep Hamburgische Staatsop SpZ 04/05. (Red)

Semenchuk, Ekaterina, Sängerin; c/o Bayerische Staatsoper, Brieffach, D-80075 München. (Red)

Şen, Sedat, Violine; Kiefernweg 43, D-56075 Koblenz, T: (02 61) 5 56 46, F: 5 56 46 [Velas, Mazedonien]. **Ausb:** Stud (V) H Ankara 65–68, Stud V (T Varga) MH Detmold 69–72. **Laufb:** Konzm Staatsorch Rhein Philharmonie Koblenz. – **Sonst:** Grd Philh Ens Koblenz seit 79.

Senden, Manuel von, Sänger; Dorfstr 6, A-8561 Söding, T: (06 64) 4 70 82 47. **Laufb:** Sol Vereinigte Bühnen Graz SpZ 03/05, GastSol Kom Op Berlin SpZ 04/05. (Red)

Senger, Steffen, Intendant; Große Kirchgasse 4 a, D-09456 Annaberg-Buchholz; c/o Eduard-von-Winterstein-Theater, Buchholzer Str 67, D-09456 Annaberg-Buchholz. **Laufb:** Intend Eduard-von-Winterstein-Th Annaberg-Buchholz SpZ 03/05. (Red)

Sengstschmid, Johann, Mag, Komponist, Musiktheoretiker; Buchmayrstr 1/11, A-3100 St Pölten, T: (0 27 42) 38 14 13, *johann.sengstschmid@musiker.at*; *www.musiker.at/sengstschmidjohann, www.klangreihenmusik.at* [Steinakirchen a Forst 16.7.1936]. Klangreihenmusik **Ausb:** Stud Satzlehre (A Uhl), Klangreihenkomp (O Steinbauer), KapMSchule (H Swarowsky), ChordgtSchule (R Schmid) MAkad Wien. **Laufb:** Prof MH Graz 87–97. – **Komp:** über 50 Werke, überwiegend Kammer-, Vokal- u Kirchenmusik.

Senn-Sarbu, Magda, Violine, 1. Konzertmeisterin; Klarastr 37, D-45130 Essen, T: (02 01) 79 49 35; c/o Philharmonie, Opernpl 10, D-45128 Essen. **Laufb:** Konzm Philharmonie Essen. (Red)

Sennewald, Günter, Prof, Hochschullehrer, Violoncello; Krautstr 4, D-10243 Berlin, T: (0 30) 2 42 02 60. **Laufb:** LBeauftr (Vcl) H f Musik 'Hanns Eisler' Berlin. (Red)

Seo, Eun-Jin, Alt; c/o Schleswig-Holstein Landestheater, Lollfuß 53, D-24837 Schleswig. **Laufb:** Sol Pocket Opera Company Nürnberg, Sol Schleswig-Holstein Landesth Schleswig. (Red)

Sepec, Daniel, Violine, Konzertmeister; c/o Deutsche Kammerphilharmonie, Langenstr 13, D-28195 Bremen, T: (04 21) 32 19 19, F: 9 58 85 11, *info@kammerphilharmonie.com*; c/o karsten witt musik management gmbh, Leuschnerdamm 13, D-10999 Berlin, T: (0 30) 6 16 92 19 20, F: 6 16 92 11 01, *info@karstenwitt.com.* Barockvioline **Laufb:** Konzm Dt KamPhilh Bremen. **Ens:** Balthasar-Neumann-Ens, Ens Oriol, Arcanto Qua. (Red)

Serafin, Harald, KS, Prof, Tenor, Intendant; Rudolfspl 2, A-1010 Wien, T: (01) 5 33 01 74, F: 5 33 01 71; c/o Volksoper Wien, Währinger Str 78, A-1090

Wien [Litauen 1931]. Oper, Operette **Ausb:** Stud Ges H f M Berlin, (W Domgraf Fassbaender) Kons Nürnberg. **Laufb:** EnsMitgl St Gallen, Bern, Aachen, Ulm, Sol Op Zürich, Staatsop Wien (ua 'Die Fledermaus', Eisenstein 77), Gast Op Frankfurt ('Die Lustige Witwe', Danilo, 'Fledermaus' ua), Sol Volksop Wien seit 67, Intend SeeFSp Mörbisch seit 92. **Pr:** Goldene Plak d österr Fremdenverkehrsverb 83, KS 85, Prof 95, Komturkreuz d Ldes Burgenland 96, Ehrenzeichen f Verdienste um d Land Wien 99, Ehrenkreuz f Wiss u Kunst I. Kl 01, Gold Ehrenring d Ths a d Wien. – **Aufn/RF:** CDs: 'Verliebt in Wien', 'Bel Ami', 'Die schönsten Operettenmelodien'; Mitschn: ARD, ZDF, HR, BR, SWF Saarbrücken, ORF 1 u 2, viele Shows.

Serafin, Martina, Sopran; c/o Wiener Staatsoper, Opernring 2, A-1010 Wien; c/o Erich Seitter Bühnen- und Konzertvermittlung, Opernring 8/13, A-1010 Wien, T: (01) 5 13 75 92, F: 5 12 93 51, *agentur.seitter@aon.at*; *http://users.skynet.be/martinaserafin* [Wien]. **Ausb:** Stud Wiener Kons (KS S Martikke, KS H de Groote, KS Hilde Zadek ua). **Laufb:** Sol Musikth Essen, Gastsol Vereinigte Bühnen Graz SpZ 00/01; Lyon, Sächs Staatsop Dresden, Hamburgische Staatsop SpZ 03/04; Essen, Toulouse, Debüt Wiener Staatsop SpZ 04/05, Op Zürich SpZ 04/05. (Red)

Serdar, Svetlana, Mezzosopran; c/o PRIMUSIC Konzert- und Musiktheaterproduktionen GmbH, Herrengasse 6–8/2/22, A-1010 Wien, T: (01) 5 32 71 24, F: 5 32 71 40, *office@primusic.at*; *www.primusic.at*. **Laufb:** Sol Bayer Staatsop München, Staatsop Wien. (Red)

Serfling, Susanne, Sopran; c/o CICADA.con Agentur & Management, Gubener Str 3b, D-10243 Berlin, T: (0 30) 29 00 13 35, 01 71–3 64 52 77, F: 29 00 58 97, *info@cicada-con.de*; c/o Theater Erfurt, PF 100554, D-99005 Erfurt; *www.cicada-con.de* [1975]. **Ausb:** Stud Ges (H Katterfeld) H f M 'Hanns Eisler' Berlin, 2-jährige klass Ballettausb, Liedkl v W Rieger u Mstrkl b J Varady seit 2000. **Laufb:** während d Studiums kl Partien i d Staatsop Unter den Linden Berlin, Sol Neuköllner Op, ständ Gastsol Kom Op Berlin, Sol Op Erfurt seit 02/03, Th Erfurt SpZ 04/05, Auftritte KonzHaus Berlin. **Pr:** Prtr zahlr nat u int GesWettb, Europ Kulturpr 02. (Red)

Seriakov, Mario, Violine; c/o Bruckner Orchester Linz, Promenade 39, A-4010 Linz. **Laufb:** Konzm Bruckner Orchester Linz. (Red)

Serra, Enric, Bariton; c/o Theateragentur Dr Germinal Hilbert, Maximilianstr 22, D-80539 München, T: (0 89) 2 90 74 70, F: 29 07 47 90; c/o Bayerische Staatsoper, Brieffach, D-80075 München; *www.hilbert.de*. **Laufb:** Sol Bayer Staatsop München. (Red)

Sesma, Miguel, Korrepetitor; c/o Luzerner Theater, Theaterstr 2, CH-6002 Luzern. (Red)

Sessler, Dorothea, Konzertmeisterin, Violine; Tiroler Landestheater / Orchestermanagement, c/o Werner Leithmayer, Universitätsstr 1, A-6020 Innsbruck. **Laufb:** Konzm Tiroler Landesth. (Red)

Seul, Franz, Komponist [1913]. – **Komp:** 'Gloria in Excelsis deo'. (Red)

Sevenich, Stefan, Sänger; Deggendorfer Str 21b, D-93055 Regensburg, T: (01 72) 8 23 55 45; c/o Theater Augsburg, Kasernstr 4–6, D-86152 Augsburg. **Laufb:** Sol Th Regensburg, Sol Th Augsburg (05). (Red)

Severin, Denis, Violoncello; c/o Konzert Agentur Suzanne Gfeller GmbH, Homelstr 3, CH-4142 Hofstetten, T: 06 17 33 03 73, 07 92 18 66 33, F: 06 17 33 03 74, *gfeller@konzert.ch*, *konzert.sg@magnet.ch*; *www.konzert.ch* [Ukraine 1973]. **Ausb:** MGym Kharkov, Stud Tschaikowsky-Kons Moskau (Prof D Miller) 91–96, Cons Genf (D Grosgurin) 96–98, MAkad Basel (T Demenga) seit 99, Mstkse (J Starker, N Gutman, B Mate, A Bylsma). **Laufb:** Sol Konz versch Orch (RSR, Ukrain NatOrch, Moskauer Jugend-SinfOrch ua); versch Fstvs Dtschld, Österreich, Russland, Schweiz. **Pr:** 1. Pr Thessaloniki-Wettb Griechenland, 2. Pr L-Perosi-Pr, 1. Pr Rovere d'Oro-Wettb Italien, 3. Pr Prokofieff-Wettb Moskau. **Ens:** Duo Severin/Korsunskaya. (Red)

Severin, Franziska, Operndirektorin, Opernregisseurin; c/o Stadttheater St. Gallen, Museumstr 1/24, CH-9004 St Gallen, T: 07 12 42 05 11, F: 07 12 42 05 06, *mdirektion@theaterstgallen.ch* [Berlin 15.9.1968]. **Laufb:** Regie-Ass Dt Oper Berlin 86–91, SpielLt u pers Ass d Intend G del Monaco Op Bonn 92–95, OberspielLt Op Bonn 95–96, freischaff OpRegisseurin seit 97, OpDir Th St Gallen seit 01/02, weiterhin Regisseurin. **Pr:** Regie-Pr Götz-Friedrich-Stif 01.

Severloh, Tim, Sänger; c/o Neue Opernbühne Berlin NOB, Goltzstr 13, D-10781 Berlin. **Laufb:** Sol NOB Berlin SpZ 03/05. (Red)

Sevsay, Ertugrul, DDr, Prof, Komponist, Hochschullehrer; c/o Univ f Musik u Darst Kunst, Inst f Komposition u Elektroakustik, Anton-von-Webern-Pl 1, A-1030 Wien, T: (01) 7 11 55 21 19, *sevsay@mdw.ac.at*. **Laufb:** ao Uprof (Instrumentation) Univ f M u Darst Kunst Wien. (Red)

Seyb, Tobias (Pseud: Steven Tobias), Komponist; Hölderlinstr 9, D-74366 Kirchheim, T: (0 71 43) 9 39 15, *tobias.seyb@gwup.org* [Besigheim 5.5.1961]. **Ausb:** Komp (H G Pflüger), Ausb (V, Dirig, Git). **Laufb:** freiberufl Komp u Produzent (Pop/Jazz u Klassik), eigenes Plattenlabel, Produktionsfirma u Studio. – **Komp:** Moses (Orat), UA Besigheim 85; Die Erde (Orat), UA Stuttgart 87; Stille (Meditative Musik); Coloss of freedom (Musical), UA Bietigheim-Bissingen 99. (Red)

Seyda, Thomas, Kirchenmusiker, Hochschullehrer; Carl-v-Ossietzky-Str 6, D-02826 Görlitz, T: (0 35 81) 40 35 11 [24.9.1971]. **Ausb:** Stud (KiM) München. **Laufb:** Domkantor Görlitz, Doz (Generalbass-Spiel, Partiturspiel) H f KiM Görlitz. (Red)

Seyfarth, Lothar, Prof, Hochschullehrer, Dirigent; Wilhelm-Külz-Str 2, D-99423 Weimar, T: (0 36 43) 90 30 24, F: 90 30 24, *lothar.seyfarth@tiscali.de*; H für Musik 'Franz Liszt', PF 2552, D-99406 Weimar [Bernsbach 30.10.1931]. Konzer u Oper **Ausb:** Stud (Kl, Dirig) MH Leipzig 50–55. **Laufb:** Chefdgt DEFA-SinfOrch (FilmOrch d DDR) 64–67, Dgt Dresdner Philh 67–73, Chefdgt Staatskap Weimar u Dt Nationalth Weimar 73–79, Chefdgt Staatl Sinf-Orch Thüringen 80–91, Prof (Dirig) H f Musik 'Franz Liszt' Weimar seit 86, Prof (Dirig) H f M 'Carl Maria v Weber' Dresden 94–01, Mitbegrd u musik Lt LandesjugendsinfOrch Thüringen 93–94, musikal Lt JugendsinfOrch H f M 'Carl Maria v Weber' Dresden 94–01, musik Lt EUROPERA-Jugend-MusikschulOrch 97–98, Tourneen als Dgt: Australien 80, Bulgarien 69, 72, 74, 75, CSSR/Tschechien 72, 74, 77, 86, 89, Finnland 87, 89, Frankreich 71, Italien 70, Jugoslawien 74, Kuba 79, 89, Nordkorea 74, Österreich 92, Polen 70, 78, 82, 84, 85, 91, 01, Rumänien 72, UdSSR 73, 76, Ungarn 75, 85, 86. **Pr:** Bundespr Kategorie JugendsinfOrch 96 u 2000, 1. Pr u 2 Sonderpr Kath JugendkamOrch Wettb XXI Bydgoskie Impresje Muzyczne 98. **Mitgl:** DirigForum d Dt Musikrates seit Gründung 91. – **Komp:** div Komp f Film u Bühne. **Aufn/RF:** ca 50 RF-Prod (Bartók-Zimmermann), zahlr FilmMAufn, zahlr LPs, ua Händel: Sämtl Orgelkonz, J E Köhler, KamOrch d Staatskap Weimar. **UA:** J P Thilman: 'Monolog' 68; H Bongartz: 'Der Mensch' 71; R Wagner-Règeny: 'Gesänge d Abschieds' 72; U Zimmermann: 'L'homme' 72; R Hanell: 'Fiesta 74'; S Matthus: Op 'Omphale' 77, K Dietrich: '4. Sinfonie' 81, V Nickel: 'Violinkonz' 92. **Sonst:** nat u int Jurytätigk.

Seyffert, Tatjana, Harfe; c/o Nord-Süd-Programm Internationale Künstlerzentrale A. Kolb, Bürgerreuterstr 37, D-95444 Bayreuth, T: (09 21) 16 71, F: 8 32 54, *info@nord-sued-programm.de*. (*)

Seyhan, Denise, Sängerin; c/o Junge Kammeroper Köln, Florastr 93, D-50733 Köln. (Red)

Seyler, Achim, Schlagzeuger; c/o Thomas Meixner, Xantenerstr 19, D-50733 Köln, T: (02 21) 76 53 98, F: 7 52 29 39, *meixner@schlagquartett.de*; *www.schlagquartett.de*. zeitgen Musik **Ens:** Schalgquartett Köln.

Sfiris, Konstantin, Sänger; Brucknerstr 6, A-8010 Graz, T: (03 16) 36 58 73od (06 99) 12 60 88 26. **Laufb:** Sol Vereinigte Bühnen Graz SpZ 03/05. (Red)

Shafajinskaia, Anna, Sopran; c/o Deutsche Oper, Bismarckstr 35, D-10627 Berlin, T: (02 12) 8 41 95 00, F: 8 41 97 44, *info@cami.com*; c/o Columbia Artists Management Inc, 165 West 57th St, New York, NY 10019–2276, U.S.A.; *www.cami.com*, *www.operissimo.com*. **Laufb:** Auftritte Finnish National Op, Norwegian National Op, Netherlands Op, New Orleans Op Fstv of New Jersey, Op Royal de Wallonie, Op Lisbon, Florence, Palermo, Seattle, Op Köln, Op San Diego Dallas, Op Seattle, Tokyo, Op Pacific, Gastsol Th Regensburg SpZ 00/01, Sol Dt Op Berlin SpZ 04/05, Semperop Dresden SpZ 04/05. **Pr:** 1. Pr Pavarotti Int GesWettb 95, 1. Pr Enrico Caruso Wettb, 'Opera Best Debut Artist' Award 02. (Red)

Shagoyan, Grigor, Sänger; Landesbühnen Sachsen, Meißner Str 152, D-01445 Radebeul, T: 0 17 97 33 66 61, *gregorshagoyan@weg.de* [Erewan 9.7.1975]. ital u dt Oper, Mozart, Operette, Lied, Konzert **Ausb:** Stud Ges (Kolosaryan, Arutunyan) MH Erewan 95–2000, Aufbaustud (Wild) MH Rostock, Mstrks Montserrat Caballe. **Laufb:** Staatsop Erewan, Philh 99–02, KamOp Schloss Rheinsberg 03, Sol Landesbühnen Sachsen.

Shambadal, Lior, Dirigent; c/o Berliner Symphoniker, Christstr 30, D-14059 Berlin, T: (0 30) 3 21 10 17, F: 3 25 53 26, *kontakt@berliner-symphoniker.de*; c/o Konzertdirektion Tobischek, Zimmermannstr 59, D-45239 Essen, T: (02 01) 8 40 51 75, F: 8 40 51 76, *tobischek@arcor.de*; *www.berliner-symphoniker.de* [Tel Aviv 1950]. **Ausb:** Stud (Va, Pos, Komp, Dirig) MH Tel Aviv, Stud Dirig (C Melles) Salzburger Mozarteum, (H Swarowsky) Wiener MH, Stud Dirig (C M Giulini, I Markewitch, S Celibidache, F Ferrara), Stud Komp (W Lutoslawski) Frankreich. **Laufb:** Chefdgt Haifa SymphOrch 86–93, Ltg Kibbuz KamOrch Tel Aviv 86–93, GMD Pfalzth Kaiserslautern 93–2000, Chefdgt Berliner Symph seit 97, Chefdgt RTV Slovenija Symph Orch Ljubljana seit 2000, Dgt Th Aachen. – **Sonst:** Grd KompGruppe Acustic 7/11, Ens f neue Musik Musica Nova. (*)

Shamiyeh, Marwan, Sänger; Perthalergasse 15/3, A-6020 Innsbruck, T: (05 12) 27 70 12. **Laufb:** Sol Tiroler Ldsth SpZ 03/05, Gastsol Th u Philh Essen SpZ 04/05. (Red)

Shankle, Norman, Tenor; Urbanstr 132, D-70190 Stuttgart, T: (07 11) 2 84 66 08; c/o Württembergisches Staatstheater, Oberer Schlossgarten 6, D-70173 Stuttgart [Winchester, Virginia]. **Laufb:** Sol Staatsth Stuttgart. **Pr:** 1. Pr McAllister-Wettb. (Red)

Sharoni, Miriam, Sängerin; c/o Eutiner Festspiele, Jungfernstieg, D-23691 Eutin, PF 112, D-23691 Eutin; c/o Volksoper Wien, Währinger Str 78, A-1090 Wien. **Laufb:** Sol Staatsth Braunschweig, Volksop Wien, Eutiner FSp 03/05, KamOp Hamburg Spz 04/05. (Red)

Sharp, Martha, Prof, Hochschullehrerin, Sologesang; Mayburger Kai 48, A-5020 Salzburg, T: (06 62) 87 97 82; Univ Mozarteum, Abt f Gesang, Schrannengasse 10a, A-5020 Salzburg, T: (06 62) 6 19 80, F: 61 98 30 33, *martha.sharp@moz.ac.at* [Oklahoma, USA 22.3.1947]. **Laufb:** UProf (Sologes) U Mozarteum Salzburg. (Red)

Sharp, Norma, Prof, Sopran, Hochschullehrerin; H für Musik 'Hanns Eisler', Charlottenstr 55, D-10117 Berlin, T: (0 30) 64 84 90 42, 01 77–6 48 49 00, F: (0 30) 64 84 90 44. **Ausb:** Stud (Gesang, MWiss) U Kansas, Stud (H Melchert) Hamburg, (P Witsch) Köln. **Laufb:** Ens Bad Staatsth Karlsruhe, Gastsol (insbes Mozart- u Strauss-Interpr) zahlr europ Bühnen, ua: Mailänder Scala, Dt Staatsop Berlin, Semperop Dresden, Hannover, Stuttgart, Amsterdam, Antwerpen, Gent Zürich, Basel, Bern, Genf, Rom, Neapel, Madrid, Glasgow, London, Paris, Prag u Budapest, Bayreuther FSp, Glyndebourne Fstv, Ludwigsburger

Schloßfsp, Händel-FSp Karlsruhe, Liedsängerin (dt Romantik, zeitgen Komp), Prof (Gesang) H f Musik 'Hanns Eisler' Berlin seit 92. – **Aufn/RF:** zahlr Aufn (Tonträger u Fernsehen). (Red)

Sharp, Timothy, Bariton; H7,9, D-68159 Mannheim, T: (06 21) 1 70 26 80, *mail@TimothySharp.de*; *www.TimothySharp.de* [Augsburg]. Oper, Konzert, Lied **Ausb:** Stud (Ges) b Norma Sharp HfM 'Hanns Eisler' Berlin; Mstrkse: Hans Hotter, Dietrich Fischer-Dieskau, Brigitte Fassbaender, Peter Schreier, Ruth Berghaus, Rudolf Piernay. **Laufb:** Stadtth Hildesheim 97–01, Gastsol Teatro Lirico di Cagliari 99/2000, Gastsol Chicago Opera 2000/01, Gastsol Teatro San Carlo Neapel 01–03, Gastsol Staatsth Karlsruhe 02–06, Gastsol Kom Op Berlin 04/05. **Pr:** Stip Dt Musikwettb 97, 3. Pr Schubert Wettb Wien 97, 2. Pr Nürnberger Meistersänger Wettb, 1. Pr Willy Domgraf-Fassbaender Wettb', Special Price For Young Talent Mirjam Helin Wettb, Choc du monde f CD Einsp 'Luci mie traditrici' 03. – **Aufn/RF:** Mitschn Ludwigsburger FSp, Woche d Begegnung 98 (SDR); Mitschn Liederabend Funkhaus Hannover 99; R Kurka 'The Good Soldier Schweik' (Ersteinsp) 01; 'Luci mie traditrici' (Gesamtaufn) 03; 'Nacht u Träume' Schubert Lieder 05; Mitschn Tage f Alte Musik Herne 05. **UA:** E Eyser: Madrigallilos dt EA 04; J Baur: Nachklang UA (Fassung f Bar u Saxophonqua).

Shay, Daniel, Bariton; c/o Pro Arte Stefan Dörpinghaus, Rosenweg 7, D-42499 Hückeswagen, T: (0 21 92) 8 30 05, 01 77–6 63 40 66, F: 93 18 81, *info@proarte-online.de*; c/o Künstleragentur Tobias Kade, Ammonstr 72, D-01067 Dresden, T: (03 51) 4 90 67 94, 01 72–3 66 29 07, F: 4 90 67 93, *tobias-kade@gmx.de*; *www.proarte-online.de* [Aachen 1978]. **Ausb:** musikal Ausb Clara-Schumann MSch Düsseldorf 93–99, Stud Ges (Leisenheimer, Görgen) H f M Köln 99–01, Ausb (Ges) b T Christoyannis seit 02, Mstrks b M Hampe, K Moll u W Mateuzzi. **Laufb:** Mitgl OpStudio d Dt Op am Rhein Düsseldorf 01–03, Sol OpttenFSp Bad Ischl SpZ 03/04. (Red)

Shchedrin, Rodion *siehe* Schtschedrin, Rodion

Shehata, Nabil, Kontrabass; c/o Berliner Philharmoniker, Herbert-von-Karajan-Str 1, D-10785 Berlin. **Laufb:** 1. Sol Berliner Philh. (Red)

Shekov, Ivan, Komponist, Pianist; Ahornstr 12, D-88069 Tettnang, T: (0 75 42) 5 11 74, F: 5 11 37, *ivanshekov@gmx.de*; *www.ivanshekov.de* [Sofia 21.3.1942]. Konzertante KamM f alle Instrumente u Komp f junge Musiker **Ausb:** Stud MH Sofia 60–66. **Pr:** Prtr int 'Busoni'- u 'Viotti'-Klwettb, Ausz 'E Bloch'-Kompwettb. – **Komp:** f Bulgar Fernsehen (ChorM) 80, Verlage, Verbände u KonzKünstler; Drei Impressionen (Qua), UA Tettnang 89; Konzert G-Dur (Kl u Streichorch), UA Meersburg 90; Divertimento (Suite), UA Rastatt 91; Konz-Fantasie (Konz), UA Konstanz 93; Terra sacra (Streichorch), UA Friedrichshafen 95; Jungle piece (Trio), UA Ulm 97; Utopia (Konz), UA Konstanz 2000; Ballade (Qua), UA Lindau; Rhapsodie (Kl u Blasorch), UA Tettnang 2000; A heart for New York (Fl), Frankfurt a M 01; Die Bremer Stadtmusikanten (BlasOrch), Friedrichshafen 02; Scherzo f SinfOrch, Ulm 04. **Aufn/RF:** mehrere Aufn b SWR.

Shelev, Shivko, Tenor; c/o Scharff PRomotion, Am Ortfelde 8a, D-30916 Isernhagen, T: (05 11) 77 23 77, (01 71) 4 17 00 61, F: 77 57 77, *andrea@scharff-promotion.de*; *www.scharff-promotion.de*. **Ausb:** Sonderstip Accad di Arte e Cultura Bulgaria Rom. **Laufb:** Sol Th Erfurt 01/04. **Pr:** 2. Pr Dt MWettb Lecce 89. (*)

Shemai, Etleva, Mezzosopran; c/o Konzert-Direktion Zagovec, Hans-Böcklerstr 23, D-65468 Trebur-Astheim, T: (0 61 47) 91 96 60, F: 91 96 62, *agentur@zagovec-artists.de*; *www.zagovec-artists.de/shemai.htm*. **Laufb:** Sol Mecklenburgisches Staatsth Schwerin, Gastsol Ophaus Graz SpZ 04/05. (Red)

Shepard, Craig, Komponist, Posaune; c/o Timescraper Music Publishing, Am Sandbach 24, D-42781 Haan, T: (0 21 29) 49 54, F: 49 54, *timescraper@t-online.de*; *www.timescraper.de* [Connecticut, USA 1975]. **Laufb:** freischaff Zürich seit 01. **Ens:** Wandelweiser Komp Ens. – **Aufn/RF:** als Barock-Posaunist CD-Einsp m Vokal Ens München. (*)

Sheppard, Kerrie, Sopran; c/o Staatstheater Mainz, Gutenbergpl 7, D-55116 Mainz. **Laufb:** Sol Staatsth Mainz. (*)

Sheridan-Braun, Edgar, Dirigent, Musikschuldirektor; Patriotischer Weg 86, D-18057 Rostock, T: 0 17 16 83 49 46, *EdgarSheridan@compuserve.de*; c/o Konservatorium, Schillerpl 2, D-18055 Rostock, T: (03 81) 4 99 89 28, F: 4 99 89 30 [Friedrichshafen am Bodensee 15.6.1957]. Konzert, Oper **Ausb:** Stud Dirig (Leibel) MH Hamburg. **Laufb:** Gastdgt Volksth Rostock SpZ 00/01, Lt Kons 'Rudolf Wagner-Régeny' Rostock, Gastdgt Prenzlauer KamOrch. – **UA:** W Florey: Die Prärie, UA Volksth Rostock 94; M Hübner: Concertino (f Vcl u Orch), UA Volksth Rostock 03.

Shesterneva, Galina, Sängerin; Pfeilkrautweg 8, D-68159 Mannheim, T: (06 21) 7 62 15 78, (01 73) 3 80 69 78; c/o Nationaltheater Mannheim, PF 102362, D-68023 Mannheim. **Laufb:** Sol Nationalth Mannheim SpZ 03/04, GastSol MTh Bonn SpZ 04/05. (Red)

Shevlin, Julian, Konzertmeister, Violine; c/o Münchner Philharmoniker, Kellerstr 4, D-81667 München [1967]. **Ausb:** Stud Mstrkl I. Ozim MH Köln u b S. Askenasi Northern Illinois Univ in Chicago. **Laufb:** 1. Konztm Tonhalle Orch Zürich 91, 1. Konzm Münchner Philh seit 94. **Pr:** Prtr b Yehudi-Menuhin-Wettb 83. (Red)

Shevlin, Oren, Violoncello; c/o WDR Sinfonieorchester, D-50600 Köln [Oldham, England 1969]. **Ausb:** Stud bei R Sommer, B Pergamenschikow u F Helmerson, Guildhall School of Music u H f M Köln. **Laufb:** Sol WDR SinfOrch Köln seit 98. (Red)

Shicoff, Neil, KS, Tenor; c/o Theateragentur Dr Germinal Hilbert, Maximilianstr 22, D-80539 München, T: (0 89) 2 90 74 70, F: 29 07 47 90, *agentur@hilbert.de*, *fan@shicoff.com*; c/o Wiener Staatsoper, Opernring 2, A-1010 Wien; *www.hilbert.de*, *www.shicoff.com* [Brooklyn, New York]. **Ausb:** Stud (Ges) Juilliard School of Music New York. **Laufb:** Debüt m Verdis 'Ernani' m Dgt J Levine Cincinnati 75, Sol Metropolitan Op New York, Dt Op Berlin, Bayer Staatsop München, Wiener Staatsop, Op Zürich, Staatsop Hamburg SpZ 04/05, Op Bastille Paris 06, Prague Fstv 06, Cagliari u Tokio 06. **Pr:** Ehrenring d Wiener Staatsop 04. (Red)

Shikata, Kyoko, 1. Konzertmeisterin; c/o WDR Sinfonieorchester, D-50600 Köln, T: (02 21) 1 30 14 86 [Kobe, Japan]. **Ausb:** Stud Staatl Univ f M u bildende Künste Tokio, Abschluss d Ausb b Wolfgang Marschner Freiburg. **Laufb:** 1. Konzm WDR SinfOrch Köln seit 90. **Pr:** 1. Pr Int Violinwettb Ludwig Spohr 82 u Prtr Königin-Elisabeth-Wettb Brüssel 85. (Red)

Shilhan, Michael, Regisseur; Opernhaus, Kaiser-Josef-Pl 10, A-8010 Graz [Judenburg 1964]. **Laufb:** Regisseur Opernhaus Graz. (Red)

Shim, Kunsu, Komponist; Philosophenweg 17 a, D-47051 Duisburg, *kunsushim@aol.com*; *www.kunsu-shim.de* [Pusan, Südkorea 1958]. **Ausb:** Stud (Komp) Yonsei Univ Seoul 79–83, ua b Inyong La, Stud (Komp) b Helmut Lachenmann 87–88, Stud b Nicolaus A Huber Folkwang-H Essen ab 92. **Laufb:** Mirorganisator d Reihe 'Aktive Musik' in Essen ab 92, int KonzReisen, mehrfach 'Artist in Residence' (Djerassi Artist in Residence Kalifornien 93, Ragdale Found Lake Forest USA 95, Stip d Ldes Niedersachsen Künstlerhof Schreyahn 96/97), KompGruppe 'wandelweiser' 94–99, LAuftr Folkwang-H Abt Duisburg ab 93, Grdg 'EarPort' am Innenhafen Duisburg m Gerhard Stäbler. **Pr:** zweimaliger Gew d 1. Pr Wettb f junge Komp in Pusan, Donga Newspaper Pr 82, Jungang Newspaper Pr 83, Pr Forum junger Komp WDR 92, 'Genko Uchida Fellowship' Stip Japan 03. (Red)

Shimell, William, Sänger; c/o Semperoper, Theaterplatz 2, D-01067 Dresden. **Laufb:** Sol Bayer Staatsop München SpZ 01/02, Semperop Dresden SpZ 04/05. (Red)

Shimizu, Naoko, Viola; c/o Berliner Philharmoniker, Herbert-von-Karajan-Str 1, D-10785 Berlin. **Laufb:** Solo-Va Berliner Philh. (Red)

Shin, Dae-Hee, Sänger; c/o Oper Leipzig, Augustuspl 12, D-04109 Leipzig; c/o Meininger Theater, Bernhardstr 5, D-98617 Meiningen. (*)

Shin, Yong-Bae, Tenor; c/o Südthüringisches Staatstheater Meiningen, Bernhardstr 5, D-98617 Meiningen. **Laufb:** Sol Meininger Th – Südthüring Staatsth. (Red)

Shiokawa, Yuuko, Violine; c/o Terry Harrison Artists Management (THA), The Orchard, Market St, Charlbury OX7 3PJ, Vereinigtes Königreich, T: (0 16 08) 81 03 30, F: 81 13 31, *artists@terryharrison.force9.co.uk*; *www.terryharrison.force9.co.uk* [Tokio]. **Ausb:** Stud V (E Cremer) Lima, Mstrsch (W Stross) München ab 63, Stud (S Végh) Salzburg 68. **Laufb:** Konz m Symph-Orch d BR (R Kubelik), Berliner Philh (H v Karajan), Staatskap Dresden, New York Philharmonic Orch, Boston Symph Orch, London Symph, Israel Philh Orch, Gast Marlboro MFstv, Lockenhaus MFest, Lichfield Fstv, Londoner Haydn Fstv, jährl Musiktage Mondsee 89–98, regelm Ittinger Pfingstkonz seit 95, kammusikal tätig. **Pr:** Pr d Dt MH, Mendelssohn-Pr. – **Aufn/RF:** zahlr CD-Einsp; Mozart: Violinsonaten, m A Schiff. (*)

Shirai-Höll, Mitsuko, Prof, Hochschullehrerin, Mezzosopran; Käthe-Kollwitz-Str 56, D-76227 Karlsruhe, T: (07 21) 81 46 02, F: 9 81 23 72, *KIVISAARI@aol.com*; Hochschule f Musik, PF 6040, D-76040 Karlsruhe. **Laufb:** Prof (Liedgest) Staatl H f Musik Karlsruhe, GastProf (Liedgest f Sänger) U Mozarteum Salzburg. **Pr:** Robert-Schumann-Pr d St Zwickau 82, Ehrenmitgl d Philharm Ges St Petersburg, Idemitsu Musikpr 96, ABC Int Music Award 97 (m Hartmut Höll). (Red)

Shivers, Steven, Sänger; c/o Wiener Kammeroper, Fleischmarkt 24, A-1010 Wien. **Laufb:** Gastsol Staatsth Kassel SpZ 00/01, Io Halle SpZ 03/04, Sol Wiener Kammerop SpZ 04/05. (Red)

Shklyar, Yury, Bass; c/o Tiroler Ldsth, Rennweg 2, A-6020 Innsbruck, T: (06 76) 4 40 12 97. **Ausb:** Stud Glinka Kons Gorki. **Laufb:** Auftr Tartar Th Jalil, EnsMitgl Marinsky Th St Petersburg 93, Gasteng an vielen russ u europ OpHäusern wie ua Op Nat de Paris, Savonlinna Int Op Fstv Finnland u Sigoulda OpFstv Lettland 2000, Sol Tiroler Ldsth seit 02. (Red)

Shkosa, Enkelejda, Sängerin (Mezzosopran); c/o Semperoper, Theaterplatz 2, D-01067 Dresden; c/o Columbia Artists Management Inc, 165 West 57th St, New York, NY 10019–2276, U.S.A., T: (2 12) 8 41 95 00, F: 8 41 97 44, *info@cami.com* [Tirana, Albanien 1969]. **Ausb:** Stud MH Tirana, Cons Giuseppe Verdi Mailand. **Laufb:** Auftritte Op San Carlo di Napoli, Teatro Regio di Torino, Grand Th de Tours, Royal Op House Covent Garden London, Scala di Milano, Sol Bayer Staatsop, Staatsop Wien SpZ 00/03, Sol Opéra National de Paris 03/04, Semperop Dresden SpZ 04/05. **Pr:** 1. Pr 'Leyla Gencer' Int GesWettb. – **Aufn/RF:** zahlr Aufn ua: 'La Potenza d'Amore' 99, J Massenet: 'Thaïs' (m National Bordeaux Aquitaine) 2000, 'Miricioiu, Nelly, Rossini Gala' (m Acad of St Martin in the Fields) 2000. (Red)

Shore, Nigel, Korrepetitor; Belziger Str 23, D-10823 Berlin, T: (0 30) 78 95 85 30, F: 78 95 85 31. **Laufb:** Korrep Neue Opernbühne Berlin. (Red)

Sibbing, Gerhard, Viola; c/o NDR Sinfonieorchester, Rothenbaumchaussee 132–134, D-20149 Hamburg. **Laufb:** stv Stimmführer NDR SinfOrch Hamburg. (Red)

Siberski, Leo, Dirigent; c/o Theater Görlitz, Demianipl 2, D-02826 Görlitz; c/o music and arts Organisations GmbH & Co. KG, Corsicaskamp 13, D-49076 Osnabrück, T: (05 41) 9 62 96 00, F: 96 29 60 50, *info@music-and-arts.de*. **Laufb:** GastDgt Th Görlitz SpZ 03/04. (*)

Sicca, Mario, Dr, Prof, Hochschullehrer, Gitarre; Lerchenweg 20, D-76307 Karlsbad, T: (0 72 02) 79 41; Hochschule f Musik u Darst Kunst, Urbanstr 25, D-70182 Stuttgart. **Laufb:** Prof (Git) Staatl H f M u Darst Kunst Stuttgart. (Red)

Sidhom, Peter, Sänger; c/o Oper Frankfurt, Untermainanlage 11, D-60311 Frankfurt/Main. **Laufb:** Sol Op Frankfurt seit SpZ 03/04. (Red)

Sidler, Natalia Ursina, Hochschullehrerin; Hochschule f Musik u Theater, Florhofgasse 6, CH-8001 Zürich, T: 04 43 00 36 74, 0 79–4 68 10 82, F: 04 42 51 89 54, *nsidler@gmx.net*; *www.farblicht.ch*. Gruppenimpr, Farbe-Klang-Bewegungschoreographien, Thema Synästhesie u Farblichtmusik **Ausb:** Stud (Kl) MH Zürich 89–94, Stud (Impr) H d Künste Berlin 94–98, Stud (Kl) Berlin 98–00, ImpKorr b Prof. G. Schwarz. **Laufb:** Doz (Kl-Imp u Gruppenimp) HMT Winterthur Zürich, künstl Lt Projekte 'Farb-Klang-Synthese' I, II u III Berlin 95–98, musikal Lt Farboper 'Violett' (W Kandinsky) Berlin – Zürich 99–2000. – **Sonst:** Bau eines Farblichtflügels 99–05; Hg: 'Farbe Licht Musik', Synästhesie u Farblichtmusik im 20. u 21. Jh; Zürcher Musikstudien (Bd 5), Bern/Frankfurt 06.

Sieber, Gudrun, Sängerin; Griebnitzstr 5a, D-14482 Potsdam, T: (03 31) 2 01 76 50. Oper, Konzert, Lied **Ausb:** R-Schumann-Kons Düsseldorf. **Laufb:** Sol Dt Op am Rhein Düsseldorf, Salzburger FSp, Münchner OpernFSp, Dt Op Berlin seit 88 (04/05).

Sieber, Steffi, Sopran; Heckerstr 9, D-69124 Heidelberg, T: (0 62 21) 7 14 06 91, (01 71) 7 81 60 42, *info@steffisieber.com*; c/o Konzertdirektion Fritz Dietrich, Sigmund-Freud-Str 1, D-60435 Frankfurt/M, T: (0 69) 54 45 04, F: 5 48 41 07, *info@konzertdirektion-dietrich.de*; *www.steffisieber.com/german/index.html* [Pirmasens]. **Ausb:** Saarbrücken u Frankfurt/Main, Mstrkse b S Geszty. **Laufb:** EnsMitgl Oldenburg Staatsth 93–98, Sol Th d Stadt u Schloss-FSp Heidelberg seit 98, GastSol Th Trier, Nationalth Mannheim, Staatsth Stuttgart. **Pr:** Preistr Int Erika-Köth-Wettb. (Red)

Sieber, Wolfgang, Stifts- und Hoforganist, Hochschuldozent; Stifts- u Pfarrkirche zu St Leodegar im Hof Luzern, St Leodegarstr 6, CH-6006 Luzern; Kastanienbaumstr 292, CH-6047 Kastanienbaum b Luzern, T: 04 13 42 16 86, F: 04 13 42 16 87, *sieber-kaeslin@freesurf.ch*, *sieber-kaeslin@hispeed.ch*; *www.hoforgel-luzern.ch* [St Gallen 11.9.1954]. Interpretation u Improvisation **Ausb:** Grundausb (Volksschullehrer) Kantonssch Wattwil 70–74, (Kl, m KamM u Korr) MH Zürich u SMPV Bern 77–82, (KiM) Diözesane KiMSchule St Gallen u Akad f KiM Luzern 70–86, (Ges) b J Fuchs Diözesane KiMSchule St Gallen 74–84, (Chorltg) in Zürich, Bern, Luzern, St Gallen 74–86; Funkkolleg Musik d SRG Basel 77–78; Ausb z Organisten b H Vollenweider MH Zürich 74–79, J Reinberger (Int Mstrkse Muraltengut Zürich), F Lehrndorfer, G Litaize, J Langlais 79–88. **Laufb:** Mitgl KamCh Zürich 74–89, Korr unter Celibidache 88, Partner v Syrinx Stanciu Simeon 80, K Widmer 86, R Hofmann u P Sigrist ab 91, Tournee Belgien 87, Einweihungskonz Japan 90, Konz in Wien 98, Berlin 02, Paris 03, Jurymitgl Biarritz 97 u ARD München 99, Prüfungsexperte SMPV seit 2000, Künstl Lt Luzerner Orgelsommer u Verantwortl Kirchenmusiker v jährl mehr als 150 liturg Programmen i d Stifts- u Pfarrkirche zu St Leodegar im Hof Luzern seit 91, Künstl Lt f Symposien 'Luzerner Komponistenbegegnungen' m P Eben, N Hakim, A F Kropfreiter, M-B Dufourcet, Doz (liturg OrgSp, OrgImp) MH Luzern. **Pr:** Coup de cœur (f d CD 'Innerschweizer Orgelbarock') 02. **Ens:** Partner v R Schneider u F Sikora (chestnut-Jazz), L Christinat (Luzerner SinfOrch), W Valotti (trad VolksM d Schweiz); O Zimmermann (Kabarett), H della Torre (cross-over). – **Komp:** Glaube, Hoffnig, Liebi (Kant) 89–91, UA Klosterkirche Neu St Johann; Drei Orgeltänze 91, UA Schlosskirche Rapperswil; Thunderstorm and Organshower 91, UA Hofkirche Luzern 91; sun down ... trist up! 95, UA Radio DRS 95; 's Wiehnachtsliecht 01, UA Pfarrkirche Escholzmatt 01; Allegra & B'hüeti 2000, UA CD 'Tanz' v I Natter 01. **Aufn/RF:** ca 30 CD-Einsp (davon 6 als Soloprod), ua Zürcher Sängerknaben 91; 'Ils sains da Tarasp' 94; Remigio Nussio 94; Philharmonic Brass Lucerne 96; Magic organ 97; In Memoriam 02; s'Wiehnachtsliecht 02; Reger u Franck 99 u 03. **UA:** L David: Te Deum 96; F Rechsteiner: Te Deum 96; N Hakim: Te Deum 97; F Schüeli: Legra 01; C Rütti: Die Himmelsleiter 01; F Schüeli: Spielgelungen 03. **Zug:** N Hakim: Te Deum 97; F Schüeli: Legra 01; C Rütti: Die Himmelsleiter 01, Triptique angélique 2000. **Sonst:** Hg Luzerner Orgelbuch (CD u Notenausg) 01; Forschungstätigkeit im Bereich Orgel Plus u Rezeption d abendländ Org; Rezensent NZN 82–88; Grdg d Pools Orgel Plus m Jodelchören, Hn, Ob, Trp, Philharmonic Brass Lucerne, ein Dutzend Jugendchören, Guuggenmusig 91; Beitr in Dvorak Society 2000; Art über die Toggenburger Hausorgel (Intrada f Alte M) 96; Grdg d Förderkreises z Erhaltung d Hist Bestandes d Hoforgel Luzern m jährl ca 50 Promotionveranstalt auf d Empore d Großen Hoforgel. **Lit:** Orgelführer Europa (Luzerner Hofkirche u Dornbirn) 2000; R Schweikert: 72 Stunden High Energy (Sonntagsztg) 01; GdO-Bericht üb d 50. GV in Luzern 02.

Siebert, Denis (Pseud: Jack Demare), Komponist, Gitarrist; WP am Quenstedter Weg 57, D-38829 Harsleben, F: (0 39 41) 61 13 89, *info@jackdemare.de*; *www.JackDemare.de* [Halberstadt 23.3.1975]. instrumentale Gitarrenmusik **Ausb:** Autodidakt. **Laufb:** Sachsen-Anhalt-Tag 97, Tourneen u Auftritte m bekannten Künstlern d U-Musik, TV-Auftritte, Radio-Einsätze weltweit. – **Komp:** Magical Intro, Caprice, Teufelstanz, Hexensonate, Infernale Suite, Paganinia Suite, Impertuale Symph, Concerto, Fantasia, Gitarrenmenuette, Teufelstriller.

Siebert, Isolde, Sopran; c/o Agentur für Musiktheater und Konzert Hannagret Bueker, Fuhsestr 2, D-30419 Hannover, T: (05 11) 2 71 69 10, F: 2 71 78 73, *mail@buekervoice.de*; *www.buekervoice.de*. **Ausb:** H f M Freiburg. **Laufb:** Sol Stadtth Basel, Gastsol Staatsth Darmstadt. (*)

Siebert, Oskar, Komponist. – **Komp:** 'Erinnerung an Irland'. (Red)

Siebert, Wilhelm Dieter, Komponist; Bamberger Str 33, D-10779 Berlin, T: (0 30) 2 13 67 00; Ag Nikolaos, GR-24024 Elaiochorion, T: (07 21) 7 71 58 [Berlin 22.10.1931]. Op, OrchW, KamM, Elektronik **Ausb:** Stud (Klar, Tonsatz, Dirig) Städt Kons u MH Berlin, MH Freiburg, Komp (W Fortner). **Pr:** Stip Darmstadt 67, Paris 72, New York 78, Pr d Int Carl-Maria-v-Weber-Wettb f KamOp 90, BVK 2000. – **Komp:** Der Pilot v Hiroshima (Missa apokalypsis) 91, UA Berlin, Sophienkirche 91; Die Totenfidel (VaKonz), UA Berlin, Philh 2000. **AuftrKomp:** Untergang d Titanic (Op) 79, UA Berlin, Dt Op 79; Liebe, Tod u Tango (KamOp) 86, UA Kassel, Staatsth 86; Schlemihl (Musicalop) 86/87, UA Berlin, Th d Westens 87. **Sonst:** Mitbegrd Gruppe Neue Musik Berlin.

Siecke, Jakob, Komponist, Pianist; Kaiserpfalzstr 113, D-78351 Bodman, T: (0 77 73) 75 09, *jsspianist@compuserve.de* [Konstanz 16.5.1982]. **Ausb:** Stud (Jugendkl Kl, Org) MH Trossingen, Stud (Kl) MH Stuttgart. **Pr:** 1. Pr Robert-Schumann-KompWettb 99, GEMA-Pr 99, 1. Pr Jugend komponiert, Kulturförderpr Stadt Singen, Kulturpr Stadt Konstanz. – **Komp:** Sonate f Ob u Kl 96/97, UA Karlsruhe 98; Bergmusik (Klar, Vcl, Kl) 98, UA Weikersheim 99; Winterszeit u Frühlingsgesang (Kl) 98, UA Düsseldorf 99; Ritual (Orgel) 99, UA Trossingen 2000; 3 Stücke (KamEns) 99, UA Weikersheim 2000; 3 Stücke (V, Kl) 2000; Variationen (V, Kl) 01/02, UA Stuttgart 03.

Siedel, Ulrike, Prof, Hochschullehrerin, Korrepetition (vokal); Elsa-Brändström-Str 16, D-01219 Dresden, T: (03 51) 4 76 40 49; Hochschule f Musik, PF 120039, D-01001 Dresden. Lied **Ausb:** Stud (Kl, Vokalkorr) H f M Carl Maria v Weber Dresden. **Laufb:** Ass (Vokalkorr) H f M Carl Maria v Weber Dresden, Gastdoz b Liedks MH Rotterdam 93, Prof H f M Carl Maria v Weber Dresden seit 94; Begl b Mstrks v B Fassbaender b Schleswig-Holstein-Fstv Lübeck u v D Fischer-Dieskau Berlin; Konz. **Pr:** BeglPr 'Beste Liedpianistin' Int R-Schumann-Wettb Zwickau 89. – **Aufn/RF:** H Eisler: Lieder, m M Goerne (Bar), ZDF 91.

Sieg, Michael, Oboe; c/o HR Sinfonieorchester, Bertramstr 8, D-60320 Frankfurt a M. **Laufb:** stv Sol HR SinfOrch Frankfurt a M. (Red)

Siegel, Gerhard, Tenor; Hornungstr 10, D-86161 Augsburg, T: (08 21) 51 58 61, (01 71) 89 15 40, F: 51 58 61; c/o Artists Management Zürich, Rütistr 52, CH-8044 Zürich, T: 04 48 21 89 57, F: 8 21 01 27 [Trostberg/Alz 1963]. **Laufb:** Sol Th Nürnberg seit 99, Op Köln seit SpZ 03/04, Gastsol Kom Op Berlin SpZ 00/01, Vereinigte Bühnen Graz SpZ 03/04. (Red)

Siegel, Harald, Kapellmeister, Korrepetitor; Untergasse 4, CH-2502 Biel, T: 03 23 22 36 05, 07 65 95 76 47, *haraldsiegel@gmx.net*. (Red)

Siegert, Hans-Christian, Violine, Hochschullehrer; c/o Tea-Time Agentur, Düsseldorfer Str 100, D-47051 Duisburg, PF 180347, D-47173 Duisburg, T: (02 03) 49 88 99, F: 49 78 52, *info@tea-time-agentur.de*; *www.tea-time-agentur.de*. **Ausb:** Stud b J Dahmen, Amsterdam, H Zitzmann, Köln. **Laufb:** 1. Konzm Recklinghausen u Rhein KamOrch Köln, Prof V Folkwang-H Essen, im Fachbereich IV, Duisburg seit 75. – **Sonst:** Aufsätze über VMethodik in: 'Bausteine' u VSchule (Reihe 'Wiener Instrumentalschulen'). (Red)

Siegfried, Françoise, Violine; Spiegelhofstr 35, CH-8032 Zürich, T: 0 12 51 93 01. (Red)

Sieghart, Martin, Prof, Dirigent, Hochschullehrer; 19, Strrgasse 8–12, Stg 1, A-1190 Wien, T: (01) 3 20 12 78, 06 76–4 11 14 13, *kontakt@martin-sieghart.at*; Univ f Musik u Darst Kunst, Inst 1, Hofgasse, A-8010 Graz, T: (03 16) 3 89 35 46, F: 3 89 30 11, *martin.sieghart@kug.ac.at*; *www.martin-sieghart.at* [Wien]. **Ausb:** Stud (Kl, Orgel, Vcl) Wien. **Laufb:** Solocellist Wiener Symph 75, Dirigent, Konz München, Rom, Salzburg, Debüt Wiener Symph, freischaff Dgt 86, Noord Nederlands Orkest, Chefdgt Stuttgarter KamOrch 90–95, Ltg Linzer Op u Chefdgt Bruckner Orch m Tourneen ua Dtschld, England, Niederlande, Italien, Japan, China 92–2000, seitdem freischaff, Gastdgt b versch Orch Europa, USA u Japan, Prof (Dgt) MU Graz seit 2000, Chefdgt Arnhem Philh Orch seit 03, Philh Orch London 04/05. – **Sonst:** Grdg Chor u KamOrch, OpFstv Mozart in Reinsberg. (Red)

Siegl, Gerhard, Hochschullehrer; Hochschule für Kath Kirchenmusik und Musikpädagogik, Andreasstr 9, D-93059 Regensburg, T: (0 94 21) 68 86, F: 78 93 16, *G.Siegl@t-online.de* [27.3.1954]. kath Kirchenmusik, Orgel **Ausb:** Stud b K Richter u G Weinberger MH München 73–79. **Laufb:** Doz (Orgel) KiMSchule Regensburg.

Siegler, Winfried, Komponist; Karolinger Str 10, D-63110 Rodgau, T: (0 61 06) 87 66 99, F: 87 66 98 [Nieder-Roden 30.8.1933]. **Ausb:** Stud (SchM, Kl) Staatl MH Frankfurt/M, Examina (Chor- u Orchlt). **Laufb:** Lt Chorleiterschule Hoch'sche Kons Frankfurt, Mitgl BuMAusschuß Hess Sängerbund. – **Komp:** Wald u Jägerei (ChW) 74; 'Crucifixion', Negro-Spiritual (ChW) 75; Jauchzet Gott alle Lande (ChW) 76; Freude für alle Welt (ChW) 83; Missa animas (ChW) 98. (Red)

Siegmann, Christian, Dirigent; Güetliweg 31, CH-8132 Hinteregg, T: 0 19 84 27 87, 0 76–3 44 27 87, F: 0 19 84 27 87, *forum@siegmann.ch*, *siegmann@ggaweb.ch*; *www.siegmann.ch* [St Gallen]. **Ausb:** Stud Fagott (M Sax) Kons Zürich, (M Turkovic) Mozarteum Salzburg 77–85, Stud u Mstrks Dirig (E Leinsdorf, R Tschupp W Hügler, H Wakasugi, D Runnicles, F Leitner) 84–88. **Laufb:** Fagottist Zürcher KamOrch, Tonhalle Zürich, Opernhaus Zürich 79–94, Grdg u Ltg Swiss Chamber Orch. **Pr:** div Auszeichn u Pr b int Wettb. **Ens:** Banda Classica. – **Komp:** Omnia ab uno, 99 Winterthur; Ohr am Boden, 99 Horgen; Fan-Expo02-Fare (f 12 Trp, 5 Schlgz) 01; Lamentosa (f StrOrch) 02.

Siegwart, Peter, Komponist, Dirigent, Flöte; Breitenlachenstr 23, CH-6005 Luzern, T: 04 13 60 96 00. (Red)

Sielicki, Jaroslaw, Sänger; Krakaustr 27a, D-52064 Aachen, T: (02 41) 9 96 52 91. **Laufb:** Sol Th Aachen. (Red)

Sieloff, Anke, Sängerin; Flachskuhlen 5b, D-45894 Gelsenkirchen, T: (02 09) 1 55 91 92, (01 71) 7 80 44 40; c/o Musiktheater im Revier, PF 101854, D-45818 Gelsenkirchen. **Laufb:** Sol Musikth im Revier Gelsenkirchen, Gastsol Pfalzth Kaiserslautern SpZ 00/01. (Red)

Sieniawski, Marcin, Cello; Löwenstr 22, D-30175 Hannover, T: (05 51) 8 56 50 74, 01 74–3 35 33 38, *szymanowskiquartet@hotmail.com*; c/o Künstlersekretariat Schoerke GmbH, Grazer Str 30, D-30519 Hannover, T: (05 11) 40 10 48, 40 10 49, F: 40 74 35, *info@ks-schoerke.de*; *www.szymanowski-quartet.com*. **Pr:** 2. Pr 3. Int KamM Wettb Osaka 99, 2. Pr 3. Int KamM Wettb Melbourne 99. **Ens:** Szymanowski Qua. (Red)

Siewers de Pazur, Maria Isabel, Prof, Hochschullehrerin, Gitarre; Iglerstr 47, A-6080 Igls, T: (05 12) 37 00 28, F: 37 00 28, *siewers@moz.ac.at, isiewers @hotmail.com*; Univ Mozarteum, Abt f Musikpädagogik Innsbruck, Marktgraben 2, A-6020 Innsbruck, T: (06 76) 5 31 90 55; *www.isabelsiewers.com* [Buenos Aires 22.10.1950]. **Ausb:** Stud (M L Anido) Manuel de Falla Argentinien, Kurse (Segovia, Carlevaro, Ghiglia, Harnoncourt). **Laufb:** VertragsProf (Git) U Mozarteum Salzburg seit 89, Konz m Orch in Europa, Nord- u Südamerika, Neuseeland, Australien. **Pr:** XIV Int GitWettb Paris (ORTF) 74. **Ens:** Duo Buenos Aires, Divertimento Innsbruck, Duo m Amiram Ganz. – **Aufn/RF:** Guastavino: Guitar and Chamber Music; Piegol: Guitar and Chamber Music; Ginastera: Chamber Music and Solo Guitar; Piazzolla: Gitarre u Violin-Git; Santorsola/Paganini: Violine u Git Son, m A Ganz; Radio- u Fernsehproduktionen. **UA:** zugeeignete Werke. **Zug:** Traiger: Messages; Bodorova: Gypsy Ballad; Bodorova: Concierto de Estío; Jasbar: Suite; Pujol: Elegía. **Lit:** Interviews in Classical Guitar Magazine, Git u Laute, Cahiers de la Guitare ua.

Siffert, Emmanuel, Dirigent; CP 1356, CH-1001 Lausanne, T: 02 13 11 54 15, F: 02 13 11 54 15, *esiffert@netsurfer.ch*; c/o Studiomusica srl, Viale Caduti in Guerra 194, I-41100 Modena, T: 0 59 24 54 86, F: 0 59 23 58 75; *http://home. sunrise.ch/sifferte* [Fribourg 1.11.1967]. **Ausb:** Stud (V) Salzburg b S Végh, (Dirig) Schweiz b H Stein u R Weikert, Helsinki b J Panula, Mailand b C M Giulini. **Laufb:** als Sol (V) Camerata Academica Salzburg 89–94, als Dgt Ass (J Neschling) Op St Gallen 94–97, Ass (A Jordan) Op Genf 98, Ass (R Frübeck de Burgos, G Korsten) Teatro Lirico Cagliari 01/02, Gastdgt Op Nürnberg 02/03, Hauptdgt European Chamber Op London u Orch Sinfonica Valle d'Aosta, Gastdgt in Europa, USA u Südafrika. **Pr:** Dirigier-Pr STV 93, 95. – **Aufn/RF:** m Nat Symph Orch Südafrika, Swiss Chamber Orch, Orch Sinf Valle d'Aosta, RSO Saarbrücken, Orch della Svizzera Italiana. (Red)

Siffert, Henrik (Pseud: Henrique Travassos), Prof, Hochschullehrer; c/o Conservatoire de Strasbourg, 10 rue du Hohwald, F-67000 Strasbourg, *Henrik. Siffert@wanadoo.fr* [Porto Alegre, Brasilien 20.9.1959]. Oper, Konzert, Liederabend **Ausb:** Stud (P Fortes, F Teixeira) Villa-Lobos Rio de Janeiro 77–80, Stud Ges (D Jakob) MH Köln 80–84, Stud Ges, Päd (A Baldin) MH Karlsruhe 84–87, Stud Ges (F Cavalli) Mailand 87–88, (R del Monaco) Pesaro 88–89. **Laufb:** GastProf (Ges) H f M Freiburg, Prof (Ges) Staatl Kons f Musik Straßburg, Teatro Municipal do Rio de Janeiro 78–86, Frankfurter Alte Op 85, Wiesbaden Staatsth 87, Liceo de Barcelona 90, Repertoire ua Wagner: Walküre, Siegmund; ders: Parsifal; Leoncavallo: I Pagliacci; Cilea: Adriana Lecouvreur, Maurizio de Sassonia; Verdi: Otello usw. **Pr:** 1. Pr H Villa-Lobos Wettb Rio de Janeiro 78, Gesangspr Förderpr NRW 82. – **Aufn/RF:** Oklahoma, Curly, WDR (RF) 82; Zarzuelas, WDR 83; Jungendnachwuchssänger (Leoncavallo: I Pagliacci), 'Jeder Braucht Musik' ZDF 84; Gianni Schicci, SW3 (Fernsehen) 87; Liszt: Le Forgeron, HS 3 (RF). **UA:** H-Ch Schuster: Die Totenklage d François Villon, UA Mai FSp Wiesbaden 87. **Lit:** Who is who in music, Who is who intellectuals.

Siggemann, Wolfgang, Prof, Hochschullehrer, Flöte; Univ d Künste, Fak Musik, Inst f Künstl Ausbildung / Orchesterinstr u Dirigieren, PF 120544, D-10595 Berlin, T: (0 30) 31 85 23 96, F: 31 85 28 74 [1949]. **Ausb:** Stud (Fl) MusikH Detmold, Berlin, Paris (H.-P. Schmitz, M Moyse, J.-P. Rampol) 68–74. **Laufb:** Göttinger Sinfoniker, NWD Philharmonie, Philharmonisches Orch Dortmund 74–88, Doz (Fl-Methodik) MusikhH Detmold, Abt Dortmund 77, Prof (Fl) U d Künste Berlin 88. (Red)

Sigl, Burkhard, Viola; Frauenstr 8, D-80469 München, T: (0 89) 41 77 76 20, 01 72–5 90 29 62, *bu.sigl@t-online.de*; c/o Münchner Philharmoniker, Kellerstr 4, D-81667 München [Burghausen 10.10.1966]. **Ausb:** Kons Augsburg, MH Mozarteum Salzburg b Th Riebl 87–91, Dipl m Ausz 92, Mstrks b J Bashmet, K Kashkashian, T Zimmermann, W Christ, H Schlichtig, Amadeus Qua, N Harnoncourt, S Végh. **Laufb:** Camerata academica Salzburg 88–96, LTätigkeit H Mozarteum Salzburg 93–96, Hamburger Philh 96–01, Tourneen m div KamOrch als Solova od Sol in Europa, Japan, Nord- u Südamerika, Konz m Salzburger Sol, seit 02 stellv Sol Münchner Philh. **Ens:** Sigl-Trio 85–92, Cavalieri-Qua 86–90, Stradivari-Sextett 95–97, Giovanni-Qua 98–01. – **Aufn/RF:** div Son m J Demus. **UA:** div europ Komp m Stadler-Qua u österr Ens f Neue M (ÖENM).

Sigmund, Oskar, Dr, Komponist; Roter Brachweg 81, D-93049 Regensburg, T: (09 41) 3 33 94 [Karlsbad 13.8.1919]. **Ausb:** Kl (E v Chiari, V Kurz), MWiss (G Becking) Prag, Prom 42. **Laufb:** Archivar b Breitkopf & Härtel Leipzig, Doz KiMSchule Regensburg 45–83, stellv Dir ebd seit 73, Aufführungen in fast allen europ Ländern, Hongkong, Seoul, Taecu ua. **Pr:** Kulturpr OBAG (Energie-Versorgung Ostbayern) 65, Sudetendt Musikpr 65, oMitgl Sudetendt Akad d Wiss u Künste 73, BVK a Bande 91. – **Komp:** Bläserquin (Fl, Ob, Kl, Hn, Fg) 57, UA BR 61; In memoriam Joannis Kepleri (Organis Cantantibus) 70, UA Regensburg 71; Variationen u Fuge über 'Drei Töne' 83, UA Regensburg 84; Introduction, Passacaglia u Fuge (Orgel) 91, UA Ratzeburg 92; Symphon Musik in 3 Sätzen (Kl u Orgel) 92, UA Clermont-Ferrand 93; Partita 'O Ewigkeit, du Donnerwort' (Org) 93, UA Paris 94; Musik in 3 Sätzen (Fl u Org) 94, UA Moskau 95; Symph Musik f Orgel (Orgel) 95, UA Riga 95; 3 Toccaten über B-A-C-H (Kl), UA Regensburg 96; weitere UA in Chicago, Barcelona, Bordeaux, Budapest, Uppsala, Berlin, ua. **Aufn/RF:** 5 CDs: OrgelW I–V, Es-Dur. **Lit:** O S (Komp in Bayern 35).

Sigmund, Richard, Lyrischer Tenor; c/o Chor- und Konzertverein, Alpinistr 31, I-39012 Meran, T: 04 73 44 98 11, F: 04 73 22 17 52, *info@operastudio. com*; *www.operastudio.com* [Vahrn, Südtirol 7.2.1958]. **Ausb:** Stud Stimmbildung (J Greindl, F Schuch-Tovini), musikdram Gest (H Zimmerl, D Bülther-Marell), musikal Ltg (L Plettner, N Scherlich), Lied, Orat (R Ortner) H f M Wien, weitere priv Studien. **Laufb:** KonzTätigk (Lied, Orat) im In- u Ausland; Stimmbildner, Dgt, Regisseur, Berater f MErziehung u Doz f Stimmpäd in Meran seit 88; künstl-pädagog Lt 'Jugend produziert' seit 91, Grd u künstl Lt Chor- u KonzVerein Meran 93 u Int Op- u Operettenwerkstatt Meran 95, Grd u Juryvors Int GesWettb 'Debüt in Meran' seit, künstl Lt u Doz versch StudAkad ua in Kroatien, Frankreich, Italien, Griechenland, Spanien; Mentor u Organ Schulversuch MGymn in Italien seit 97, Lt div Fstvs wie meraner Herbst, 100 J Stadtth Meran, Jeunesse musicale, OpWerkstatt Schloss Schenna, Lt u Dgt Ldsjugendorch Südtirol seit 96, Intend Int OpStudio Stadtth Meran seit 97, künstl Lt meraner SommerFSp seit 2000. – **Komp:** Brunello (Meraner Weihnachtsmusical) m K Heizmann, UA 02; Unvergessen (Op) m F Lühl, UA 04.

Sigmundsson, Kristinn, Sänger (Bass); c/o Bühnen der Stadt Köln – Opernhaus, Offenbachpl, D-50667 Köln, PF 101061, D-50450 Köln. **Laufb:** Sol Sächs Staatsop Dresden SpZ 01/05, Op Köln SpZ 01/05, Bayer Staatsop München SpZ 03/04, Wiener Staatsop SpZ 04/05. (Red)

Signer, Stefan, Komponist; Ebnetstr 21, CH-9101 Herisau, T: 07 13 51 61 91. (Red)

Signer, Werner, Intendant; c/o Stadttheater St. Gallen, Museumstr 1/24, CH-9004 St Gallen. **Laufb:** Intend Th St. Gallen SpZ 03/04. (Red)

Martin Sigrist

Sigrist, Martin, Komponist; Weinsteig 6, CH-8200 Schaffhausen, T: 05 26 24 76 59 [Sigriswil, Schweiz 18.1.1943]. Musikpädagogik: Unterricht u Ltg v Jugendorchestern **Ausb:** Stud Komp (R Blum) MAkad Zürich 60, Komp (K Huber) MAkad Basel, Kse (M Kagel), Privatstud V (ua H Schneeberger). **Laufb:** LTätigkeit ab 68. **Pr:** 1. Pr Orgelwettb Siegfried Reda Mülheim/Ruhr 72, Kiefer-Hablützel-Studienpr. – **Komp:** 'Alastaire' (Rez f 3 Spieler m Instr); 'Amanamtagga' (Rez f Schlgz); 'Backform – Konz f Antonio u Salvatore' (Konz f V u StrOrch); 'Cantarella' (Vcl, Str); 'Gang Dä Gang' (Musikszenen); 'Incrociando' (f Orch); 'Liegende Klänge f liegende Frauen' (6-stimmig); 'Mnajdra' (V solo); 'No' (Musikszen Stück f Orch m Yogi); 'Ophir' (12 Str); 'Pubococcygeus' (Kl); 'Sei Esercici per Ragazze da Suonare Destate sul Violino' (V solo); 'Ugurugusak' (f Schlgz u StrOrch); 'Växt' (Konz m Kl, gr Orch, Monitor u Video); 'Uguale è soltanto il cielo' f 4 V; 'Hosianna' f gem Chor; 'Star' f Solo-V u StrOrch; 'Fly Bird Fly' f Solo-V; 'Triangel' f 3 Schülerorch (Str); 'Duangel' (reduzierte Fassg v Triangel f 2 StrOrch). **AuftrKomp:** ua: Gang Dä Gang 99 (Auftr: STV); 'Växt' (Konz m Kl, gr Orch, Monitor u Video); Amanamtagga 01.

Sigrist, Pascal, Klavier; Avenue des Rossignols 20, B-1310 La Hulpe/ Terhulpen, T: (02) 6 53 67 46. (Red)

Sigwald, Thomas, Sänger; Weyringergasse 29/19, A-1040 Wien, T: (06 64) 3 25 72 45, *kontakte@thomas-sigwald.com*; c/o Opernhaus Halle, PF 110554, D-06019 Halle (Saale); *www.thomas-sigwald.com*. Oper, Operette **Ausb:** GesAusb b Althea Bridges, Illko Natchev, Ron Schneider; Schauspielausb am Max Reinhardtseminar. **Laufb:** Eng Landesth Linz, Gastsol Staatsth Gärtnerplatz, Landesth Salzburg, Baden b Wien, Stadtth Klagenfurt, Semperop Dresden, Volksop Wien, Tiroler Ldth Innsbruck; KonzTourneen: Australien Sidney

Opera House u Melbourne Concert Hall, Barcelona/Pallaun, Tokio Santuri Hall, Chicago Symphonic Hall, Bregenzer FSp, Op Halle SpZ 04/05. – **Aufn/RF:** CD 'Liebesgeständnisse – oft-selten-nie gehörte Meisterwerke der Operette'.

Sikora, Bernd, Schauspielmusiker; c/o Theater Junge Generation, Meißner Landstr 4, D-01157 Dresden. **Laufb:** SchspM Th Junge Generation Dresden SpZ 03/05. (Red)

Sikorski, Christian, Prof, Hochschullehrer, Violine; Im Wengert 32/1, D-71229 Leonberg, T: (0 71 52) 33 10 99; Hochschule f Musik u Darst Kunst, Urbanstr 25, D-70182 Stuttgart. **Ausb:** Stud (W. Marschner, J. Fournier, N. Brainin) in Frankfurt, Freiburg und Paris. **Laufb:** Prof (V) Staatl H f M u Darst Kunst Stuttgart seit 91. **Pr:** Regio-Förderpr d dt Industrie 89. (Red)

Silins, Egils, Bassbariton; c/o Opernhaus Graz, Kaiser-Josef-Pl 10, A-8010 Graz, T: (03 16) 80 08; c/o Erich Seitter Bühnen- und Konzertvermittlung, Opernring 8/13, A-1010 Wien, T: (01) 5 13 75 92, F: 5 12 93 51, *office@agentur-seitter.at* [Riga 1961]. **Ausb:** Stud MAkad Lettland. **Laufb:** Auftritte Op Riga, Op Frankfurt, Th Basel, Wiener Volksop, Sol Hamburg Staatsop, Staatsop Wien, Zürich, Graz, Köln, Met Op, Gastsol Vereinigte Bühnen Graz SpZ 03/04, Op Graz SpZ 04/05, Dt Op Berlin SpZ 04/05, Stadtt6h Klagenfurt SpZ 04/05. **Pr:** zahlr Pr in GesWettb Wien, Paris, Hamburg, Barcelona, Bilbao, Toulouse u Washington. – **Aufn/RF:** C Saint-Saëns: 'Samson et Dalila' 98. (Red)

Silja, Anja, KS, Sopran; c/o Artists Management Zürich, Rütistr 52, CH-8044 Zürich, T: 04 48 21 89 57, F: 04 48 21 01 27 [Berlin 17.4.1940]. **Laufb:** Sol Dt Op am Rhein Düsseldorf-Duisburg, Gastsol Nationalth Mannheim SpZ 00/01, Sol Dt Op Berlin SpZ 03/05, Hamburg Staatsop seit SpZ 03/04. (Red)

Silvasti, Jorma, Tenor; c/o ALLEGRO artist management, Rosenstr 2, D-10178 Berlin, T: (0 30) 2 43 10 21 66, F: 2 43 10 25 94; *www.allegroartist.com.* **Ausb:** Stud (Ges) Savonlinna Music Inst, Sibelius Akad Helsinki u Frankfurt/Main. **Laufb:** Sol Staatsth Krefeld-Mönchengladbach 82, Badisches Staatsth Karlsruhe 85–88, Dt Op Berlin, Gastsol Hamburg Staatsop, New Israeli Op Tel Aviv 96, Théâtre des Champs-Elysées, Op Los Angeles, Royal Op Copenhagen, Finn Nationalop Helsinki, Dt Staatsop Berlin SpZ 2000/01, Sol Dt Op Berlin SpZ 03/04, Gastsol Met Op New York 04, Covent Garden London 05, Wiener Staatsop 05/06, Gastsol Savonlinna OpFstv, Bayreuther FSp 98, 99. **Pr:** 1. Pr Timo Mustakallio GesWettb 82. (*)

Sim, In-Sung, Sänger; c/o Volksoper Wien, Währinger Str 78, A-1090 Wien. **Laufb:** Sol Staatsop Wien SpZ 03/04, Volksop Wien SpZ 04/05. (Red)

Sima, Gabriele, KS, Sängerin; c/o Volksoper Wien, Währinger Str 78, A-1090 Wien, T: (01) 51 44 40, F: 5 14 44 32 15, *office@volksoper.at*; *www.volksoper.at.* **Laufb:** Sol Volksop Wien seit SpZ 03/04. (Red)

Sima, Marius, Violine; Jenaer Philharmonie, Carl-Zeiss-Pl 15, D-07743 Jena. **Laufb:** 1. Konzm Jenaer Philharmonie. (Red)

Simeon, Stephan, Komponist; Dürrmattweg 2, CH-5734 Reinach AG, T: 06 27 72 15 73 [Luzern 5.5.1927]. Orgel- u Chorwerke (m Instr) **Ausb:** Stud (Orgel, Chorlt) MAkad Zürich 52–56, Stud (Kontrapunkt, Greg Choral) KiM-Schule Luzern 61–63, Komp (W Fortner) MH Freiburg 63–65. **Laufb:** L (Kontrapunkt, liturg Orgelsp, Dirig) Akad f Schul- u KiM Luzern 67–87, Kulturbeauftr Kulturzentrum 'Laudinella' St Moritz 82–89, Lt 'Engadiner-Kantorei' St Moritz 70–91, Lt 'Aargauer Lerche' d Engadiner Kantorei Aarau 72–96, Lt AkadChor Luzern 75–80. **Pr:** Anerkennungspr 'Aargauer Stift f Gesang u Musik' 92. **Mitgl:** SKMV (Schweizer kath KiM-Verb), AKK (Arbeitskreis f KiM). – **Komp:** 'Werden, Vergehen, Sein' (Kantate), UA AkadChor Luzern, Dgt: A Koch 82; Adventskantate, UA AkadChor Luzern, Dgt: A Koch 87; versch Motetten, Dgt: K Scheuber, St Albrecht, St Simeon 88/89/91; 'So spricht der Herr' (KiM), Dgt: M Hobi 96; Psalm 150, UA Aargauer Lerche d Engadiner Kantorei, Dgt: P Werlen 99; 'Wer nur den lieben Gott lässt walten' (Orgelpartita), UA Bern, F Gerber 01; Psalmenzyklus (Chor+8 Bl): Ps 130,42,27,100, UA Ps 100: Aargauer Lerche d Engadiner Kantorei, Dgt: P Werlen 02, UA Ps 130: Ev Singgemiende Zürich, Bern, Dgt: J Günther 05. **AuftrKomp:** 'Igl Cant' (Kantate), UA Männerchor Salux 71; Hochgebet Synode (Solo, Chor, Gem, Orgel), UA Bern, Dgt: E Mattmann 72; Cierto Consancio, UA KamCh Oberaargau, Dgt: H Roth 88; Ego dilecto mer (Motette), UA Laudinella 88; Ego sum lux mundi (Motette), UA Engadiner Kantorei 91; Eure Freude wird vollkommen sein (Motette), UA Evang Singgemeinde Bern, Zürich, Dgt: Joh Günther 02. **Sonst:** Grdg 'Aargauer Lerche' d Engadiner Kantorei 72. **Lit:** chorus, Nr.8/2003; H Reimann, Laudinella, Lob einer scheinbar unbedeutenden Idee.

Simeon, Urs, Komponist, Chorleiter, Dirigent; Pferpfierstr 205L, CH-7220 Schiers, T: 08 13 28 15 01, 08 13 28 11 91, 0 79–6 61 13 15, *usimeon@dplanet.ch*; *www.lacantata.ch* [Lantsch 8.12.1946]. KiM **Ausb:** Stud (Kl, Org, ChDir, MTheorie) Kons u MH Zürich u Luzern. **Laufb:** MD 70–72 Stans, tätig als Organist seit 70, Grdg Ch 'La Cantata' Chur 93, seitdem Ltg dess. **Pr:** SMPV, SMV. – **Komp:** ca 25 Werke, zuletzt ua: Randolina (gem Chor) 87; Risvegl tar nova veta (gem Chor u Orch) 03; Te Deum (Soli, Chor u Orch) 03; Sinfonietta Retica (Soli, Chor u Orch) 03; Igl cant (gem Chor) 04. **Aufn/RF:** Haydn: Missa in tempore belli, 99; Simeon: Te Deum, 04.

Simić, Dunja, Sopran; Steinstr 27, D-28199 Bremen, T: (04 21) 5 22 93 53, 01 79–5 96 21 81; c/o Lars-Oliver Schimanski Opern-und Konzertagentur, Syker Str 8, D-28307 Bremen, T: (04 21) 4 84 47 13, 01 77–5 10 15 91, F: 4 98 98 60, *info@scarpia.de* [Belgrad]. Partien des ital Belcanto u Verismo **Laufb:** Eng Op Belgrad (Nedda 'Der Bajazzo', Mimì 'La Bohème', Micaela 'Carmen', Desdemona 'Otello'), EnsMitgl Op Frankfurt seit SpZ 99/2000 (ua Leonora, 'Il Trovatore', Nedda 'Der Bajazzo', Alice 'Falstaff', Mimì 'La Bohème', Butterfly 'Madame Butterfly', Protagonista 'Un re in ascalto', Donna Elvira 'Don Giovanni'), Sol Th Bremen SpZ 04/05. **Pr:** 1. Pr Int GesWettb Belgrad. (Red)

Simič, Goran, Sänger; Wiener Staatsoper, Opernring 2, A-1010 Wien [Belgrad]. **Laufb:** Sol Staatsop Wien seit 84. **Pr:** Gew Tschaikowsky-Wettb in Moskau 82, Pavarotti-Wettb 85. (Red)

Simm, Michael, Klarinette; c/o Konzerthaus Berlin, Gendarmenmarkt, Charlottenstr 57, D-10117 Berlin. **Laufb:** Sol Berliner SinfOrch. (Red)

Simon, Andreas, Solorepetitor; c/o Staatstheater Cottbus, Karl-Liebknecht-Str 136, D-03046 Cottbus, T: (01 78) 8 60 58 86 [Seehausen 12.11.1963]. **Ausb:** Stud (Kl, Korr, Komp, Dirig) H f Musik Leipzig 87–92. **Laufb:** Studienlt m Dgt-Verpfl Mitteldt Landesth Wittenberg, Solorep Staatsth Cottbus SpZ 03/05. – **Komp:** 3 Charaktere f Hn u Kl 92, UA 93.

Simon, Andreas, Prof, Hochschullehrer, Tuba; Hochschule für Musik und Theater Hamburg, Harvestehuder Weg 12, D-20148 Hamburg. **Laufb:** Prof (Tb) H f M u Th Hamburg. (*)

Simon, Jörg, Sänger; c/o Staatstheater am Gärtnerplatz, PF 140569, D-80455 München; C-Heydemann-Ring 122, D-18437 Stralsund. **Laufb:** Sol Vorpommersche Th- u Sinfonieorch GmbH Stralsund, Staatsth am Gärtnerpl München. (Red)

Simon, László, Prof, Hochschullehrer, Klavier; Uhlandstr 195, D-10623 Berlin, T: (0 30) 32 30 37 25, F: 32 30 37 25; Univ d Künste, Fak Musik, Inst f Künstl Ausbildung / Klavier, PF 120544, D-10595 Berlin [1948]. **Laufb:** Prof (Kl) U d Künste Berlin 81, künstl Lt Europäisches Pianoforum Berlin. (Red)

Simon, Monique, Sängerin; Rudolf-Amelunxen-Str 20, D-50939 Köln, T: (01 60) 4 56 43 94. **Laufb:** Sol Dt Op am Rhein Düsseldorf-Duisburg, Gastsol MTh im Revier Gelsenkirchen SpZ 04/05. (Red)

Simon, Ralf, Sänger; Im Sauern 2 a, D-60437 Frankfurt, T: (0 61 01) 81 35 46, (01 72) 4 51 48 87, F: 81 35 47, *ralf@simon-projects.de*; c/o Theateragentur Reinald Heissler-Remy, Drakestr 2, D-40545 Düsseldorf; *www.simon-projects.de.* **Laufb:** Sol Staatsth Oldenburg SpZ 00/01, Gastsol Op Frankfurt SpZ 04/05. (Red)

Simone, Bruno de, Bariton; c/o Theateragentur Dr Germinal Hilbert, Maximilianstr 22, D-80539 München, T: (0 89) 2 90 74 70, F: 29 07 47 90; c/o Deutsche Staatsoper, Unter den Linden 7, D-10117 Berlin; *www.hilbert.de.* **Laufb:** Sol Op Zürich SpZ 001/01, Sol Staatsop Wien, Gastsol Dt Staatsoper Berlin SpZ 03/05, Dt Op Berlin SpZ 04/05. (Red)

Simone, Ute, Sängerin; Muldenbergerstr 6a, D-08223 Grünbach. **Laufb:** Sol Th Freiberg. (Red)

Simonian, Adrineh, Mezzosopran; c/o Volksoper Wien, Währinger Str 78, A-1090 Wien, T: (01) 51 44 40, F: 5 14 44 32 15, *office@volksoper.at*; c/o ProArt Service – A. Kirschner, Goldschmiedgasse 10/3/3, A-1010 Wien, T: (01) 5 34 62 86, *mail@proartservice.at*; *www.volksoper.at.* **Laufb:** Sol Kammerop, Volksop Wien seit SpZ 03/04, GastSol Wiener Staatsoper 05. (Red)

Simonis, Christian, Dirigent; Mitteldeutsche Kammerphilharmonie, Tischlerstr 13a, D-39218 Schönebeck [Wien 1956]. Symph Repertoire Mozart b Uraufführung, Operette **Ausb:** Wiener Sängerknabe b Prof Ferdinand Grossmann u Prof Hans Gillesberger 65–70, ab 70 Stud H f M Wien b Prof Richard Hochrainer (Schlagwerk), Prof Camillo Öhlberger (Fag), Prof Erich Urbanner (Theorie), Schenker-Seminar b Prof Franz Eibner, Stud Kons Wien b Frank Kubik (Ges), Prof Robert Werner (Opttenkl), Dirigierstud b Prof Hans Swarowsky. **Laufb:** Präsident d Joseph-Haydn-Gesellschaft Wien 74–87, Dgt d Wiener Jeunesse-Kammerorch 73–80, Chefdgt d Philh Orch Bad Reichenhall 85–90, seit 90 Chefdgt Göttinger SymphOrch bis 05, Ernennung zum GMD 2000, Chefdirgt Mitteldt Kammerphilh ab 05. **Pr:** Mozart-InterprPr d Bundesmin f Unterricht u Kunst d Rep Österreich, Niedersächs Kunstpr d Niedersächs Min f WIssenschaft u Kultur 96, Ehrenprotektorat d Dt Johann-Strauß-Gesell. – **Sonst:** Grdg v KompWettb f zeitgen M.

Simos, Angelos, Sänger; c/o Deutsche Oper am Rhein, Heinrich-Heine-Str 16 a, D-40213 Düsseldorf, T: (01 74) 8 78 78 26. **Laufb:** Sol Volksop Wien SpZ 03/04, Dt Op am Rhein SpZ 04/05, Gastsol Op Frankfurt SpZ 04/05. (Red)

Simper, Patrick, Bass; Deutschherrnpfad 23, D-66117 Saarbrücken, T: (06 81) 5 89 54 76, 01 60–1 07 11 11, F: 5 89 54 77, *mail@simper.de*; Saarländisches Staatstheater, Schillerpl 1, D-66111 Saarbrücken; *www.simper.de.* Oper **Ausb:** Stud (Ges u Op) MH Frankfurt a Main. **Laufb:** Sol Mainfranken Th Würzburg 83–2000, Sol Saarländ Staatsth Saarbrücken seit 01, Sol Op de Rennes 2000 u 05, Sol Festival de México 05. **Ens:** Élégance Acoustique, Ens Obajanje. – **Aufn/RF:** Weber: 'Freischütz', TV SWF Baden-Baden 87. **UA:** A Salieri: 'Cublai, Gran Khan dei Tartari, UA Würzburg 98; A Corghi: 'Senja', UA Münster 03.

Simpson, Timothy, Sänger; Bergstr 28, D-73635 Rudersberg, T: (0 71 83) 76 18, *timothysimpson@excite.com*; c/o Oper Bonn, Am Boeselagerhof 1, D-53111 Bonn. **Laufb:** Sol Op im Schloßgarten Eutin, Sol Op Bonn SpZ 03/05. (Red)

Simson, Florian, Sänger (Spieltenor); c/o Agentur Ocklenburg, Hartungstr 15, D-20146 Hamburg, T: (0 40) 41 86 56, 41 04 94, F: 4 10 46 68, *florian.simson@t-online.de*, *info@agentur-ocklenburg.de*; c/o Staatstheater am Gärtnerplatz, PF 140569, D-80455 München; *www.agentur-ocklenburg.de* [Ingolstadt 17.10.1968]. Oper, Konzert **Ausb:** Stud Ges (I Reichelt) MH Düsseldorf 91–95. **Laufb:** Sol Th Trier 95–98, Sol Schillerth NRW Wuppertal-Gelsenkirchen 98–2001, Sol Staatsth a Gärtnerplatz München ab 2001.

Sin, Friedrich, Kapellmeister; Hohetorwall 16, D-38118 Braunschweig; c/o Staatstheater Braunschweig, PF 4539, D-38035 Braunschweig. **Laufb:** Kapm u Studienlt Staatsth Braunschweig SpZ 01/05. (Red)

Sindemann, Werner, Sänger; c/o Bühnen der Stadt Köln – Opernhaus, Offenbachpl, D-50667 Köln, PF 101061, D-50450 Köln. **Laufb:** Sol Op Köln. (Red)

Sindram, Daniela, Mezzosopran; c/o Volksoper Wien, Währinger Str 78, A-1090 Wien, T: (01) 5 14 44 30 [Roth]. **Ausb:** Stud Ges (Illerhaus, Niss) UdK Berlin, Liedinterpr (A Reimann), Stud OpKl (T Krause, J Beckmann) H f M u Th Hamburg. **Laufb:** Sol Bremer Th (Mozart: Figaro, Cherubino; Strauss: Rosenkavalier, Octavian; Mozart: Così fan tutte, Dorabella ua) seit SpZ 95/96, Konz u Liedges, Sol NatTh Mannheim, Mitgl Ens Bayer Staatsop – NatTh München SpZ 03/04, Sol Volksop Wien SpZ 04/05. (Red)

Singer, Horst, Prof, Hochschullehrer; Am Gutspark 37, D-04316 Leipzig, T: (03 41) 6 51 77 42; Hochschule f Musik u Theater, PF 100809, D-04008 Leipzig. **Laufb:** Prof (Kl, Imp, Prakt Korr) H f M u Th Leipzig. (Red)

Singer, Pavel, Komponist, Klavier; Zur Spinnerin 41/8, A-1100 Wien, T: (06 76) 6 36 00 88, *pavel.singer@chello.at*; Stadttheater Baden, Theaterpl 7, A-2500 Baden, T: (0 22 52) 4 83 38 [Pjatigorsk]. **Laufb:** Korr Stadtth Baden b Wien. – **Komp:** Op Mozart und Salieri, Con Grosso für Klavier, Geige und Orch. (Red)

Singer, Sébastian, Violoncello; Cité-de-l'Ouest 1, CH-2000 Neuchâtel, T: 03 27 24 03 65, F: 03 27 24 03 65, *sebastiensinger@sebastiensinger.ch, singer@schweizer-klaviertrio.ch*; *www.sebastiensinger.ch, www.schweizer-klaviertrio.ch* [21.10.1974]. **Ausb:** LDipl MKons Neuchâtel 94, Stud Vcl (W Grimmer) MH Zürich, Unterr b L Claret Barcelona, Mstrks ua b P Tortelier, G Hofmann, R Flachot, R Aldulescu. **Pr:** Stip d Migros Kulturprozents, Stip d Ernst Göhner-Stift, 1. Pr Int KamMWettb Caltanissetta 03. **Ens:** Schweizer KlTrio. – **Aufn/RF:** CDs: Trios v F Martin, P Juon u D Schnyder m d Schweizer KlTrio; KamMWerke v H Huber; Live-Aufn VclKonz v Dvorak (Ltg: H Klopfenstein). (Red)

Singer, Steven, Posaune; c/o WDR Rundfunkorchester, D-50600 Köln. **Laufb:** Sol WDR RundfunkOrch Köln. (Red)

Singer, Ursula, Prof, Hochschullehrerin, Korrepetitorin, Klavier; Friedhofstr 9, D-13053 Berlin, T: (0 30) 9 82 70 20; H f Musik 'Hanns Eisler', Charlottenstr 55, D-10117 Berlin. **Ausb:** Stud Kl (F Thöne), Korr (A Busch) H f Musik 'Hanns Eisler' Berlin 60–66. **Laufb:** Ltg musikal Einstud Brecht/Weill: 'Dreigroschenop' Th Parchim, Solorep OpHaus d Städt Bühnen Erfurt 66, Solorep Hans Otto Th Potsdam 67, freiberufl 69–71, ua Gast RF-SinfOrch Berlin, als Cemb Konz m Corelli-KamOrch, LAuftr (Streicher) H f M 'Hanns Eisler' Berlin, Ass 71, Lehrerin, Doz, Prof (Korr) ebd seit 92. **Pr:** Ausz Korrep Wettb Markneukirchen 85. – **Aufn/RF:** zahlr RF- u TV-Aufn als KamMusikerin. (Red)

Singher, Claire, Sängerin; c/o Coburger Sommer-Operette, Lange Maas 17, D-96450 Coburg. **Laufb:** Sol Th Hildesheim SpZ 03/04, Sol Sommer-Optte Coburg SpZ 04/05. (Red)

Singula, Wolfgang, Solorepetitor; c/o Komische Oper, Behrenstr 55–57, D-10117 Berlin. **Laufb:** Solorep Kom Op Berlin. (Red)

Sinz, Josef, Prof, Hochschullehrer, Gesang; Auf Nordfeld 4, D-78647 Trossingen, T: (0 74 25) 43 96. **Laufb:** Prof (Ges) Staatl H f Musik Trossingen, Prof (Gesang) H f KiM Rottenburg bis 02. (*)

Siola *siehe* Zilch, Josef

Sippola, Taru, Sängerin; Kapellstr 40, D-40479 Düsseldorf, T: (02 11) 4 92 11 07, (01 77) 3 23 09 57. **Laufb:** Sol Dt Op am Rhein Düsseldorf-Duisburg. (Red)

Siragusa, Antonino, Sänger; c/o Deutsche Oper Berlin, Bismarckstr 35, D-10627 Berlin; c/o Opernhaus Zürich, Falkenstr 1, CH-8008 Zürich. **Laufb:** Sol Wiener Staatsop, Op Zürich SpZ 04/05, Gastsol Dt Staatsop Berlin SpZ 04/05, Dt Op Berlin SpZ 04/05. (Red)

Sirbu, Mariana, Prof, Hochschullehrerin, Violine; Hochschule f Musik u Theater, PF 100809, D-04008 Leipzig; *www.kammermusikfestivalleipzig.de/sirbu.htm*. **Ausb:** Stud (S.Gheorghiu) Musikakad Bukarest. **Laufb:** Prof (V) H f M Felix Mendelssohn Bartholdy Leipzig seit 02. **Ens:** Grdg Academcia Streichquartett 68, Trio di Milano 85, I Musici 92–03, Irish Chamber Orchestra, Quartetto Stradivari. (*)

Sirker, Udo, Dr, Prof, Hochschullehrer; Frickestr 26, D-50129 Bergheim, T: (0 22 71) 5 40 42, *u_sirker@web.de*; Folkwang Hochschule, Klemensborn 39, D-45239 Essen, T: (02 01) 29 58 80 [Brühl 1942]. **Ausb:** Stud MusikH u Rheinische MSchule Köln (Klar b P Blöcher, KamM b G Kehr, Kl b A Schmidt-Neuhaus), Prom U Köln 1968. **Laufb:** Tätigkeiten a Klarinettist u Rheinisches KamOrch, Kölner RundfunkOrch, Collegium Musicum, L Musikgymnasium der Stadt Köln 72–76, Ass Musikwiss Inst U Köln mit dem Schwerpunkt Musikalische Akustik/Systemat MWiss (Prof Fellerer, Prof Hüschen), Prof (Mwiss, MPäd) Folkwang Essen, Abteilung Duisburg 79, seit 02 ausschl in Essen tätig. (Red)

Sirkiä, Raimo, Tenor; c/o Alste Artists' Management, Aspergstr 48, D-70186 Stuttgart; c/o Savonlinna Ooperajuhlat (Savonlinna Opera Festival), Olavinkatu 27, FIN-57130 Savonlinna. **Ausb:** Stud Sibelius Akad Helsinki. **Laufb:** Gastsol Staatsth Darmstadt SpZ 00/01, künstl Lt Savonlinna OpFstv. (*)

Sisa, Hans, Mag art, Bass; Am Berg 5, A-3511 Tiefenfucha, T: (0 27 39) 26 34, F: 26 34, *larson-sisa@utanet.at*; *www.kunstverkehr.at, www.artvillage.co.at, www.sisa.artor.com* [Linz 30.3.1948]. Oper, seriöser Bass **Ausb:** Hochschule Morzateum Salzburg Bühnenbild, Malerei, Kostüm (Gallee), Sologesang (Seywald) 68–71. **Laufb:** Stadtth Klagenfurt 79/83, Th Gärtnerpl München 84–90, freischaff ab 90/91, zahlr Gastsp ua Fstsp Bregenz 86, Lucca, OpTh Essen, OpTh Kiel, Italien, Spanien, USA, Theheran 01, Gastsol Vereinigte Bühnen Graz SpZ 00/01, Konz u Orat; Partien: ua Landgraf, König Heinrich, König Marke, 'Fliegende Holländer' (Daland), 'Fidelio' (Rocco), 'La forza del destino' (Pater Guardian), 'Troubadour' (Ferrando), 'Barbier v Sevilla' (Basilio), 'Zauberflöte' (Sarastro), 'Götterdämmerung' (Hagen), 'Rheingold' (Fasolt), 'Evangelimann' (Johannes); auch erfolgr als Maler u Bühnenbildner. **Pr:** TZ Rose München. – **Aufn/RF:** TV: W Hiller: Goggolori (Ullerin); CD: Highlights a Wagners Tannhäuser (Landgraf), Highlights a Verdis Otello (Jago); DVD: W Hiller: Goggolini 05. **UA:** W Hiller: Goggolori, Der Schlag. **Sonst:** Initiator Malerfest Burg Reichenstein 97, 2000, 03. **Lit:** Corriere del Teatro 11/94, 12/96, 11/12/97, 07/08/09/2003, Gr Sängerlexikon; Buch: burg – fluss – mensch, Parnss Wien Sonderheft 11/95; D neue Merker Wien 02, Vernissage Wien 7/02, 07/03 u Sonderausg Kunstmesse Salzburg 01, 02, Kupf – OÖ Kulturplattform Nr 94/5/01, 100/1/03, 102/3/03; Art Hamburg 07/03.

Sisini, Giambattista, Hochschullehrer, Klarinette; Musikhochschule, via Soldino 9, CH-6900 Lugano, T: 09 19 60 30 40, F: 09 19 60 30 41, *info@conservatorio.ch*. **Laufb:** Doz (Klar, Blattsp f Holzbläser) MH Luzern, Doz (Methodik) MH Lugano. (Red)

Sist, Christian, Bass-Bariton; Volkoper, Währinger Str 78, A-1090 Wien, *info@christiansist.com*; *www.christiansist.com* [Klagenfurt]. **Ausb:** Stud (Ges) Guildhall School of Music and Drama London u Univ f Musik Wien. **Laufb:** Sol Volksop Wien seit 05/06. (Red)

Sitarski, Borys, Studienleiter; c/o Eduard-von-Winterstein-Theater, Buchholzer Str 67, D-09456 Annaberg-Buchholz. **Laufb:** Studienlt Eduard-von-Winterstein-Th Annaberg-Buchholz SpZ 03/05. (Red)

Sitkovetsky, Dmitry, Dirigent, Violine; c/o Impresariat Sonia Simmenauer, Bornstr 12, D-20146 Hamburg, T: (0 40) 42 31 31 11, F: 42 31 31 13, *Sonia.Simmenauer@impresariat-simmenauer.de*; *www.impresariat-simmenauer.de*. (Red)

Siuda, Wolfgang, Schauspielmusiker; c/o Thalia Theater GmbH, Alstertor, D-20095 Hamburg. **Laufb:** SchspM Schausp Frankfurt/Main SpZ 03/04, Burgtheater SpZ 04/05, Düsseldorfer Schauspielhaus SpZ 04/05. (*)

Siukola, Heikki, Tenor; c/o Theateragentur Heidi Steinhaus, Auerfeldstr 26, D-81541 München, T: (0 89) 93 93 01 10, 01 70–4 45 82 00, F: 93 93 01 11, *info@heidi-steinhaus.de*; *www.heidi-steinhaus.de*. **Laufb:** Op Zürich, Staatsop Wien, Staatsop Dresden.

Skelton, Stuart, Tenor; c/o Oper Frankfurt, Untermainanlage 11, D-60311 Frankfurt/Main; c/o Erich Seitter Bühnen- und Konzertvermittlung, Opernring 8/13, A-1010 Wien, T: (01) 5 13 75 92, F: 5 12 93 51, *office@agentur-seitter.at*; *www.stuartskelton.com*. **Laufb:** Sol Bad Staatsth Karlsruhe, Sol Op Frankfurt (bis SpZ 04/05), Volksop Wien seit SpZ 03/04, Wiener Staatsop, Gastsol Dt Op Berlin SpZ 04/05. (Red)

Sketris, Paul, Sänger; Am Stadion 21, D-39112 Magdeburg, T: (03 91) 6 22 74 86, 0 17 23 90 31 68, F: (03 91) 6 22 74 86, *sketris@aol.com*; c/o Theater Magdeburg, PF 1240, D-39002 Magdeburg; *www.paulsketris.de* [Sarnia, Kanada 2.6.1958]. Oper, Konzert **Ausb:** Stud Op Dipl U of Toronto 87–90, Stip Canada Arts Council 90–91. **Laufb:** Sol Th Frankfurt/O 91–93, Sol Th Magdeburg 93–06; Gastsp: Japan (Aida, Ramfis), Aldeburgh Fstv, Toronto, Vancouver, Hamilton, Braunschweig, Hannover, Münster, Schwerin, Kiel, Cottbus, Rostock, Halle; Gesangslehrer Otto v Guericke U Magdeburg 97–06. – **Aufn/RF:** zahlr Fernseh- u RF-Aufn (MDR, NDR); Schubert: 'Winterreise', S Mogensen CRC (CD). **Sonst:** Kanad Program: 'Lieder u Tierische Geschichten aus Kanada'.

Skhirtladze, Irina, Solorepetitorin; Saalbaustr 35, D-64283 Darmstadt, T: (01 77) 5 96 22 43 [Tbilissi, Georgien 4.2.1960]. **Ausb:** Stud (Kl) Staatl Kons Tbilissi 79–85, Liedgestaltung (H Höll, M Schirai) MH Karlsruhe 98–99. **Laufb:** Staatl Kons Tbilissi 85–97, Solorep Staatsth Oldenburg SpZ 2000/02, Solorep Staatsth Darmstadt SpZ 03/05.

Skiba, Stephan, Violine; Verlorener Weg 27, D-79110 Freiburg, T: (07 61) 80 79 67; c/o Badisches Staatstheater, D-76125 Karlsruhe. **Laufb:** koord 1. Konzm Bad Staatskapelle Karlsruhe. (Red)

Skigin, Semjon, Prof, Hochschullehrer, Klavier; H f Musik 'Hanns Eisler', Charlottenstr 55, D-10117 Berlin [St Petersburg]. Liedbegleitung, Solokorrepetition/Partienstudium **Ausb:** Stud Leningrader Schule f musikal Hochbegabung, Stud (Sawschinski, Perelman) Staatl Kons Leningrad. **Laufb:** Sol Leningrader Philharmonie 72, GastProf H f Musik 'Carl Maria v Weber' Dresden 78–81, Dresdner MFSp seit 81, Tourneen als Liedbegl Köln, Wien, Amsterdam, Paris, London, New York, San Francisco (ua m P Schreier, O Borodina, O Bär, S Leiferkus, L Kasarnowskaja, Ch Studer), Prof (Partienstud) H f M 'Hanns Eisler' Berlin seit 92, Mstrkse an Kons in Dtschld, Holland, USA. **Pr:** Gr Pr Int Klavierbegl-Wettb Rio de Janeiro 75, (Gramophone-Award 95, Cannes Classical Award 96 f 'Great Edition of Russian Songs'. – **Aufn/RF:** zahlr Schallpl u CDs, ua Tschaikowsky, Mussorgsky, Glinka: 'Great Edition of Russian Songs'. (Red)

Skorpik, Peter, Komponist; Perlhofgasse 6, A-2372 Gießhübl, T: (0 22 36) 4 10 96, *peter@skorpik.com*; *www.inoek.at, www.skorpik.com* [Linz 5.2.1959]. Orchester, KamM **Ausb:** Stud Komp (P Kont) MH Wien 80–86. **Laufb:** Interpr u Komp frz. Chanson (m C Leclerc ua in München/Drehleier) 80, Japan u Europa-Tournee m Wr Jeunesse Chor, Ltg Bernstein u Abbado 85, LAuftr

(MTheorie) F Schmidt-MSch Perchtoldsdorf seit 85, Tourneen F Schmidt KamOrch '...wo eine Wiege stand', Berlin Philh 97, Kairo Op 01. **Pr:** Förderungspr des Landes OÖ 88, Anerkennungspr d Landes NÖ 92, Förderungspr d Landes NÖ 94. **Ens:** Wr Jeunesse Chor 82–86 (Vorstand 84–85). – **Komp:** Terpsichore (Suite f Stabinstr) 85, UA MH Wien 86; Der frohe Tote (Symph) 85/86, UA Wien,ORF-Sendesaal, Dgt: W Veigl 86; Quartett f Fl, Klar, Vc u Kl 90/91, UA Wien, Musikverein 91; Concerto f. Vl, Va u Str (Konz) 85, UA zeitgen Herbst NÖ, G. Winischhofer, Y. Gutman, Martinu KO 93 (Auff auch: Ost-West MFest, Kunsthalle Krems, m G Winischhofer, V Oistrach, Martinu KO 94); Bearb zweier Intermedien (Op) v Leopold I ('Orfeo y Euridice' u 'La nobia barbuda') (Auff: Fest Hellbrunn 92, Wien 97, ORF Mitschn). **AuftrKomp:** ...wo eine Wiege stand (Symph), UA Perchtoldsdorf, Kulturzentrum, Dgt: A Winkler 94 (Auftr: Franz Schmidt KamOrch). **Aufn/RF:** Der frohe Tote, Pro Arte Orch Wien, Dgt: W Veigl, ORF 86; dass Janacek Philharmonie, Dgt: D Burkh 92; Terpsichore, Leipziger SchlgzEns, ORF 95. **Lit:** H. Goertz: 'P S' (Beiträge 94. Österr Komp unserer Zeit) 94; Teufert/Moschner: 'P S' (Die Komponisten des Industrieviertels u. ihre Musik) 96; B. Günther: 'P S' (Musik aus Österreich, Komponisten des 20.Jhdts) 97.

Skorupa, Johannes, Prof, Hochschullehrer, Blcokflöte; Univ f Musik u Darst Kunst, Inst Franz Schubert, Rennweg 8, A-1030 Wien, T: (01) 7 11 55 46 10, *skorupa@mdw.ac.at*. **Ausb:** Stud Kärntner Landeskons u U f Musik u Darst Kunst Wien. **Laufb:** Lehrtätigkeit U f Musik u Darst Kunst Wien seit 78, UProf ebd. (Red)

Skovhus, Bo, KS, Bariton; Hirschmattstr 62, CH-6003 Luzern; c/o Balmer & Dixon Management AG, Kreuzstr 82, CH-8032 Zürich, T: 04 32 44 86 44, F: 04 32 44 86 49, *mail@badix.ch* [Aarhus, Dänemark 22.5.1962]. **Ausb:** Stud Ges MH Aarhus 82–86, OpAkad Kopenhagen 86–88, Privatstud (O Brown) New York. **Laufb:** Debüt Wiener Volksop 88, seither regelm Gast in gr OpHäusern u KonzSälen d Welt, regelm Gastsol Hamburg Staatsop seit 98, Kopenhagen, Zürich, Bern, Met Op New York 98, Staatsop Wien seit 99, Op de Paris-Bastille 2000, Lyric Op Chicago 2000/01, Bayer Staatsop München 2000/01, Liceu Barcelona 01, Bad Staatsth Karlsruhe 2000/01, Sächs Staatsop Dresden, Aarhus Op, San Francisco Op, Grand Th Genf, Sol Volksop Wien 03/04, Gastsol Dt Staatsop Berlin 04/05, Semperop Dresden 04/05, FSp in ganz Europa, Nord- u Südamerika, Japan, zahlr Liederabende u Fstv, zB Schubertiade Feldkirch, Tanglewood Fstv, Rheingau MFstv Oestrich-Winkel, Expo Hannover, Glyndebourne Fstv, Residenzschloss Ludwigsburg, Rheingau Fstv Johannisberg, Salzburger FSp, Fstv Ravenna, Edinburgh Fstv, Bolschoi Moskau, Carnegie Hall New York; Konz m Chicago Symph Orch 2000/01, Cleveland Orch, Israel Philharmonic Orch; ZusArb m Dgt: ua Z Mehta u S Ozawa. **Pr:** KS (Österreich) 97. – **Aufn/RF:** zahlr Einsp. **Zug:** F Cerha (Text: P Turrini): Im Namen d Liebe (f Bar u Orch), UA Fstv de Gran Canarie, m Kgl Dän Kap, Dgt: M Schoenwandt.

Skrzypczak, Bettina, Dr, Komponistin, Hochschullehrerin; c/o Prof A Bürgin, Am Ausserberg 77, CH-4125 Riehen, T: 06 16 01 42 35, *bs@bettina-skrzypczak.com, bskr@gmx.ch*; *www.bettina-skrzypczak.com* [Poznan (Posen) 25.1.1962]. **Ausb:** KlDipl Bydgoszcz 81, MAkad Poznan, Lizenziat (Mwiss) 85, KompDipl (A Koszewski) 88, KompKs (W Lutoslawski, L Nono, H Pousseur, I Xenakis) Kazimierz 84–88, elektron Musik (Th Kessler), Komp (R Kelterborn) 88, MWiss Fribourg, ComputermusikKs (K Barlow) Köln, Prom MAkad Krakau 99. **Laufb:** Mitwirkung Gruppe f freie Imp Basel (m W Fähndrich) 90–92, Mitgl Planungsgruppe u Referentin b Begegnung Polen-Schweiz Wroclaw 92, Doz (MGesch, Theorie, MÄsthetik) Kons Luzern 95, künstl Beratung Fstv f Neue Musik Krakau 96, Wahl in d StiftRat Künstlerhaus Boswil 96, Konzeption u Lt e KompSem Boswil Thema 'Chaos u Ordnung in d Musik d 20. Jhs' (Gastkomp: D Schnebel) 99. **Pr:** Wettb f junge Komp d Musikbiennale Zagreb 88, Pr f Schlgz-Trio Tadeusz-Baird-Wettb Warschau 90, Ausz Tribune int des compositeurs Paris 92, Pr 10. Int Wettb f Komp Mannheim 94, Kulturförderpr Stadt Basel 96. – **Komp:** zuletzt: Arcato (f Va solo) 2000; Cercar (f präparierte Git solo) 2001, UA Zürich 2001; Szene f V u Vcl 2001, UA Marseille 01. **AuftrKomp:** ua v Musikbiennale Venedig, Fstv Warschauer Herbst, Radio DRS, Schweizer Kulturstift Pro Helvetia, Ges f KamM Basel, Basel Sinfonietta, Basler Madrigalisten, Tage f neue Musik Zürich, Migros-Genossenschaftsbund Zürich. **Sonst:** zahlr Beiträge über zeitgen Musik u Musik aus Polen im RF u in Fachzs. (Red)

Skuja, Maris, Pianist, Opernrepetitor; Mozellenfeldgasse 8–1, A-8020 Graz, T: (03 16) 31 94 98, 06 99–10 53 74 10, F: (03 16) 31 94 98 [Riga 10.8.1949]. Oper, Liederabende **Ausb:** Stud (Kl, Komp) Lett Staatl J Wihtol-MAkad Riga 67–74. **Laufb:** Studlt u solokorr NatOp Lettland Riga 74–91, Pianist u Begl Belvedere-Wettb Wien 90–95, Solokorr Vereinigte Bühnen Graz 92–95 u 96–2000, OpKorr Op Köln 96, Musikal Einstud Bregenzer FSp 98–2001, StudLt Vereinigte Bühnen Graz seit 2001, insges ca 3000 Konz u Liederabende m int renomm Sängern (Pieczonka, Naef, Silins, Lotric, Berti, Arteta, Müller-Lorenz ua).

Skuplik, Veronika, Violine; c/o Ars Musica – MusikAgentur Julia Ortmann, Beyerstr 42, D-89077 Ulm, T: (07 31) 3 98 09 65, F: 3 98 09 84, *julia.ortmann @ars-musica.com*; *www.ars-musica.com*. **Ens:** 'Ensemble Movimento'. (*)

Slaatto, Helge, Prof, Hochschullehrer, Violine; Josefstr 12, D-48151 Münster, T: (02 51) 52 39 11; Fort Allé 17, DK-2800 Lyngby, T: 45 87 64 80, F: 45 87 64 80, *helgeslaatto@mail.dk*. **Laufb:** Prof (V) H f M Detmold, Abt Münster. (Red)

Slabbert, Wicus, KS, Bariton; c/o Theateragentur Dr Germinal Hilbert, Maximilianstr 22, D-80539 München, T: (0 89) 2 90 74 70, F: 29 07 47 90; c/o Volksoper Wien, Währinger Str 78, A-1090 Wien; *www.hilbert.de*. **Ausb:** Stud Gesang (J Metternich), Gesangsstudio Dt Op am Rhein Düsseldorf. **Laufb:** Sol Dt Op am Rhein Düsseldorf, Essen 74, Staatsth Kassel 79, Sol Volksop Wien seit SpZ 88/89, MTh Bonn, Gastsol Staatsth am Gärtnerplatz München, Opernhaus Nürnberg, Turin, Hamburg Staatsop (03/04), zahlr Fstv. (Red)

Slater, Daniel, Regisseur; Opernhaus, Kaiser-Josef-Pl 10, A-8010 Graz. **Laufb:** Reg Opernhaus Graz. (Red)

Slawinski, Tomasz, Sänger; c/o Opernhaus Zürich, Falkenstr 1, CH-8008 Zürich. (Red)

Sleeman, Angela, Chordirektorin; c/o Theater Bielefeld, Brunnenstr 3–9, D-33602 Bielefeld, PF 100353, D-33503 Bielefeld. **Ausb:** Stud (Kl, Geige, Gesang) Royal Coll of Music London. **Laufb:** ehem Solorep m Dgt-Verpfl Th Mainz, Chordir m Dgt-Verpfl Th Bielefeld SpZ 00–04.

Slepneva, Ludmilla, Sängerin; U 6 Nr 14, D-68161 Mannheim; c/o Nationaltheater Mannheim, PF 102362, D-68023 Mannheim. **Laufb:** Gastsol Tiroler Landesth Innsbruck SpZ 00/01 u 03/04. (Red)

Sloane, Steven, Dirigent; c/o Bochumer Symphoniker, Prinz-Regent-Str 50–60, D-44795 Bochum, T: (02 34) 9 10 86 22, F: 9 10 86 16, *acaldoro@bochum.de*; c/o karsten witt musik management gmbh, Leuschnerdamm 13, D-10999 Berlin, T: (0 30) 6 16 92 19 20, F: 6 16 92 11 01, *info@karstenwitt.com*; *www.bochumer-symphoniker.de* [Los Angeles 1958]. **Ausb:** Stud (Va, MWiss, Dirig) U of California, Los Angeles, Studien b E Ormandy, F Ferrera, G Bertini. **Laufb:** Dgt Israel Philh Orch, Jerusalem SymphOrch, Ch- u OrchLtg Israel Cons of M u Tel Aviv Philh Ch ab 81, 1. Kapm Op Frankfurt, ständ Dgt New York City Op 90–92, MD Long Beach Op Los Angeles 92–94, GMD Bochumer Symphoniker seit 94, Dgt Welsh National Op, Dgt Covent Garden, künstl Ltg Op North Leeds 99–03, Dgt Houston Grand Op, MD American Composer Orch seit 02, Gastdgt San Francisco Symph Orch, Bamberger Symph, Tokio Metropolitan Orch, Orch Nat de Lyon, City of Birmingham Symph Orch, Gastdgt Th Schweinfurt SpZ 03/04, Dt Op Berlin SpZ 04/05, Münchener RFOrch Spz 05/06, Stavanger Symph Orch Spz 05/06, China Philh Orch Spz 05/06, Sao Paulo Org Sinf d Estedo Spz 05/06, Ltg Prod 'Zauberflöte' Nantes u Angers Spz 05/06, Ltg Los Angeles Opera Spz 05/06. **Pr:** 'Bestes Konzerprogramm', Dt Musikverleger-Verb 96/97 u 04/05. – **Aufn/RF:** J Marx: Natur-Trioloigie, m Bochumer Symph 03; ders: Orchesterlieder, m Blasi, Doufexis u Bochumer Symph, 03; ders: Alt-Wiener-Serenaden, m Bochumer Symph 03; ders: Klavierkonzerte, m D Lively u Bochumer Symph 04; E Bloch: 20the Century Portraits, m T Zimmermann, R Friedrich, S Koch u Symph Orch Berlin, alle Dgt S Sloane. **UA:** E Goldenthal: Grendel (Op), UA Los Angeles Opera Spz 05/06.

Slokar, Branimir, Prof, Posaune, Hochschullehrer; Wangelen, CH-3413 Kaltacker, T: 03 44 22 16 24, F: 03 44 22 74 26; Hochschule f Musik, Schwarzwaldstr 141, D-79102 Freiburg [1946]. **Ausb:** Stud in Ljubljana u Paris. **Laufb:** Soloposaunist in Paris und Bern, b SymphOrch d Bayer RF unter R. Kubelik, Prof (Pos) Staatl H f Musik Freiburg seit 92. **Pr:** 23. int ARD-Musikwettb in München. **Ens:** Grdg Slokar Posaunen Qua. (Red)

Slowioczek, Klemens, KS, Sänger; c/o Komische Oper, Behrenstr 55–57, D-10117 Berlin. **Laufb:** Sol Kom Op Berlin SpZ 03/05. (Red)

Slowioczek, Peter, Fagott; c/o Südostbayerisches Städtetheater, Fürstbischöfliches Opernhaus, Gottfried-Schäffer-Str 2 und 4, D-94032 Passau. **Laufb:** Sol Südostbayer Städteth Passau SpZ 03/04. (Red)

Smallwood, Michael, Sänger; c/o Opernhaus Halle, PF 110554, D-06019 Halle. (*)

Smeets, Roger, Sänger; c/o Komische Oper, Behrenstr 55–57, D-10117 Berlin. **Laufb:** Sol Kom Op Berlin SpZ 03/05. (Red)

Smentek, Marek Adam, Violine (Konzertmeister); Frankenhäuser Str 18, D-99706 Sondershausen, T: (0 36 32) 54 29 29; c/o Theater Nordhausen, PF 100244, D-99722 Nordhausen. **Laufb:** Stellv 1. Konzm Philharmon Orch Erfurt, Konzm Loh-Orch Sondershausen (SpZ 03/04). (Red)

Smeyers, David, Prof, Hochschullehrer, Klarinette; Wörthstr 7d, D-50668 Köln, T: (02 21) 21 24 30, F: 21 34 52, *dsmeyers@onlinehome.de*; H f Musik, Dagobertstr 38, D-50668 Köln [Detroit 1952]. **Ausb:** Stud Juilliard School New York u Conservatoire de Rouen in Frankreich. **Laufb:** Prof (BläserKamM, EnsLtg Neue Musik) H f Musik Köln. **Pr:** Prtr Iint KlarWettb Toulon 79 u Paris 83. **Ens:** Das Klarinettenduo m B Zelinsky. (Red)

Smirnov, Alexander, Korrepetitor, Fagottist; Am Vierergraben 47, D-85452 Eichenried, T: (0 81 23) 99 18 86, F: 99 18 87, *AlexanderSmirnov@gmx.net*.

Smirnov, Juri, Pianist; Bräuhausgasse 49, A-1050 Wien, T: (01) 5 48 37 64; c/o Künstleragentur Dr Raab & Dr Böhm, Plankengasse 7, A-1010 Wien, T: (01) 5 12 05 01, F: 15 12 77 43, *office@rbartists.at* [Leningrad 1947]. **Ausb:** Stud Kons Moskau b Heinrich Neuhaus, Jakov Flier, Vera Gornostajewa. **Laufb:** Dozent H Charkov, Ukraine 71, Sol Moskauer Staatsphilh 76, seit 90 in Österreich tätig, Dozent WIener MH, Sol ua Berliner FestW, KamMFest Lockenhaus, Bollengo Musicarte, Italien, Int Sommerakad Mozarteum Salzburg, Bachwochen Ansbach. **Ens:** Wiener Brahms Trio. – **Aufn/RF:** zahlr Aufn, ua m Tatjana Gridenko, Gidon Kremer, Yuri Bashmet, Karine Georgian, Mischa Maisky. (Red)

Smirnova, Anna, Sängerin; c/o Theater Freiburg, Bertoldstr 46, D-79098 Freiburg. (Red)

Smirnova, Maria, Harfe; Wielandstr 36, D-12159 Berlin, T: (0 30) 8 59 35 90. **Laufb:** Dt Op Berlin. **Ens:** Debussy-Ens. (Red)

Smit, Henk, Sänger; c/o Pieter G Alferink Artists Management BV, Herengracht 340, Niederlande-1016 CG Amsterdam, T: (0 20) 6 64 31 51, F: 6 75 24 26, *info@alferink.org* [Niederlande]. (*)

Smith, Catriona, KS, Sängerin; Staatstheater, Oberer Schloßgarten 6, D-70173 Stuttgart. **Ausb:** Stud Royal Scottish Acad of Music and Drama in Glasgow, Opernstudio d Univ Toronto. **Laufb:** Sol Staatsth Stuttgart seit 91. (*)

Smith, Jeffrey, Prof, Hochschullehrer; Hochschule f Musik u Theater, Emmichpl 1, D-30175 Hannover. **Laufb:** Prof (musikal Szenen- u Ensarb) H f M u Th Hannover. (Red)

Smith, Martin, Hochschuldozent, Privatmusiklehrer, Pianist; Dr-Hermann-Brunn-Str 13, D-69198 Schriesheim, T: (0 62 03) 6 15 50, *martinsmith@t-online.de* [Sheffield, England 25.1.1957]. **Ausb:** Stud (ML Kl) MH Mannheim 80–84, (KA KLav) H f KiM Heidelberg 85–87. **Laufb:** Doz (Kl) H f KiM Tübingen seit 92, LBeauftr (Kl, GesKorr) H f KiM Heidelberg seit 86, LBeauftr (GesKorr) MH MA 87–91; Vortragskonz m Dr R Wieland zu den Uhde/Wieland-Büchern 'Denken u Spielen', 'Forschendes Üben' u zu versch KlWerken Schuberts. **Pr:** Maria Martin Pr, Europ Frank Martin KamMWettb Utrecht 84. **Ens:** Heidelberger KlDuo (m A Lechler). – **Aufn/RF:** CD: Märchenmusik f Kl zu 4 Hd (Ars Produktion), zahlr RF-Aufn, Impressionismus, Groupe 'Les Six'(SWR).

Smith, Robert Dean, KS, Tenor; c/o Theateragentur Dr Germinal Hilbert, Maximilianstr 22, D-80539 München, T: (0 89) 2 90 74 70, F: 29 07 47 90; c/o Sächsische Staatsoper, Theaterpl 2, D-01067 Dresden; *www.hilbert.de, www.robertdeansmith.com* [Chetopa, KS, USA]. **Ausb:** Stud b Margaret Thuenemann in Kansas u b Daniel Ferro an d Juilliard School New York City, in Europa b Prof Janice Harper. **Laufb:** Sol Bayer Staatsop München, Sächs Staatsop Dresden 01/05, Dt Op Berlin; Gastsp Wiener Staatsop, Royal Opera House Covent Garden, Dt Op Berlin, Barcelona, Paris, Brüssel, Amsterdam, Tokyo; Sol d Bayreuther FSp seit 97; Auftr KonzHaus Wien, Berlin u Freiburg, Phil Berlin u Essen, Alte Op Frankfurt, Luzern 06, WagnerFstv Bayreuth 06 ('Tristan u Isolde') u 07 ('Die Walküre'), Baden-Baden 10 ('Die Meistersinger'). (Red)

Smith, Trefor, Prof, Hochschullehrer, Klavier; Hochschule f Musik u Theater, Harvestehuder Weg 12, D-20148 Hamburg. **Laufb:** Prof (Kl) H f M u Th Hamburg. (Red)

Smits, Geert, Bariton; Jacquingasse 15/4, A-1030 Wien, T: (01) 5 03 85 59 [Helden, Niederlande]. **Ausb:** Stud Ges Kons Tilburg, Sweelinck Kons Amsterdam, Mitgl Kölner OpStudio. **Laufb:** Salzburger FSp 96, EnsMitgl Wiener Staatsop seit 98/99, Gastsol Dt Op Berlin SpZ 04/05. (Red)

Smits, Stefanie, Sängerin; Webergasse 33, D-96450 Coburg, T: (0 95 61) 81 20 37, (01 72) 3 05 97 17. **Laufb:** Sol Landesth Coburg. **Pr:** 2.Hon. Mention Maria Callas Gr Pr Athen 97. (Red)

Smoljaninova, Soja, Sängerin; Martin-Luther-Pl 1, D-01099 Dresden, T: (03 51) 8 04 29 81. **Laufb:** Sol Sächs Staatsop Dresden, Gastsol Bad Staatsth Karlsruhe SpZ 00/01. (Red)

Snell, Martin, Bass; Hardstr 69, CH-4052 Basel, T: 07 96 01 22 38, F: 07 95 71 16 78, *kiwibasso@bluewin.ch*; c/o Balmer & Dixon Management AG, Kreuzstr 82, CH-8032 Zürich, T: 04 32 44 86 44, F: 04 32 44 86 49, *mail@badix.ch*; *www.kiwibasso.com* [Dunedin, Neuseeland 13.6.1963]. Opern- und Konzertsänger **Ausb:** Stud (Jura) Univ of Otago Dunedin Neuseeland 83–88, Antwaltspatent 89; Stud Ges (P McGuigan) Royal Northern Coll of M Manchester 91–94; Stud Ges (KS M Sandulescu) Basel 95–97. **Laufb:** ua: Mitgl Int OpStudio Zürich 94/95, EnsMitgl Stadth St Gallen 95/97, EnsMitgl Th Basel 97/01, EnsMitgl Th St Gallen seit 01; Gasteng: Mozart : 'Don Giovanni' (Komtur) Athen 96, Strawinsky: 'The Rake's Progress' (Trulove) Madrid 96, Wagner: 'D Rheingold' (Fafner) NZSO, Neuseeland 97, Rossini: 'La Cenerentola' (Alidoro) Dt Oper a Rhein, Düsseldorf 98, Monteverdi: 'La Guerra d'Amore' FSp f Alte M Innsbruck, Dgt: R Jacobs 99–00, Wagner: 'Die Walküre' (Hunding) St Gallen, Dgt: J Kout 99, Verdi: 'Simone Boccanegra' (Pietro) NZ Fstv, Dgt: M Guidarini 2000, Puccini: 'La Bohème' (Colline) Taipeh, Dgt: F Chiu Sen Chen 01, Tschaikowski: 'Eugene Onegin' (Gremin) Fest Aix-en-Provence, Dgt: D Harding 02, Tschaikowski: 'Pique Dame' (Surin) G Th de Genève, Dgt: M Letonja 03, Verdi: Requiem (szenisch) Bass-Sol Th Basel, Dgt: B Podic 03; rege KonzTätigkeit, ua Liederabende Wigmore Hall London, Neuseeland, Gast RIAS K Ch/Coll Vocale Gent/Orch des Champs-Elysées Paris ua, Dgt: P Herreweghe 2000, Gast NHK Symph Orch Tokio, Dgt: H Blomstedt 01, Gast Berlin RSO, Berlin/Nürnberg, Dgt: S Weigle 01, Gast OSESP, Sao Paulo, Dgt: R Mincuk 01, Orch Pasdeloup, Paris, Dgt: M Piquemal 03, Gast Leipzig K Orch/GewandhausCh, Leipzig Dgt: M Schuldt-Jensen 03, Sol Luzerner Th u Th St Gallen SpZ 04/05. **Pr:** Mobil Song Quest New Zealand 93, Prtr RNCM Blond Award f junge OpS 94, ROSL New Zealand Soc Pr London 94, Stip P-Moores Found 94/95 u 95/97. – **Aufn/RF:** W A Mozart: Requiem, BundesjugOrch, Dgt: B Klee 95, C Kittel: Arien u Kant, Sch Cantorum Basiliensis, Dgt: R Jacobs 99, Monteverdi: La Guerra d'Amore, Sch Cantorum Basiliensis/Th Basel, Dgt: R Jacobs 99, Beethoven: Missa Solemnis, RSO & Ch Berlin, Dgt: S Weigle 01. **UA:** U Chin: 'Kala' (Bass-Solo), Göteborg, Dgt: P Eötvös 01.

Sobe, Dirk, Solorepetitor; Deutsches Nationaltheater, PF 2003, D-99401 Weimar. **Ausb:** Stud Orchdir (G. Kahlert) MH Weimar. **Laufb:** Solorep Dt NationalTh Weimar seit 89/90. (Red)

Sobotka, Elisabeth, Operndirektorin; c/o Deutsche Staatsoper, Unter den Linden 7, D-10117 Berlin, PF 354, D-10109 Berlin. **Laufb:** OpDir Dt Staatsop Berlin SpZ 03/05. (Red)

Sobotta, Stefan, Komponist, Kirchenmusiker; Berliner Str 33, D-13467 Berlin, T: (0 30) 4 04 01 19, *Adriano009@aol.com* [Hannover 19.10.1961]. E-Musik, KiM **Ausb:** Stud (KiM) H f Kunst Bremen 84–91, Stud (Komp) Kons f Musik u Th Bern 90–93, Meisterkurse Komp (E Denisson, K Huber) Luzern 93–94. **Laufb:** KiM Berlin seit 91. – **Komp:** Beid-zeitig (KamM), UA Bern, Kons 91; Waves of an Extraneous Prayer (KamM), UA Bern, Kons 92; Der Ruf d Wasserfrau, UA Berlin, Evangeliumsgem 92; Durées Concentriques (KamM), UA Kons Luzern 93; Als wäre nichts gewesen (OrchW); Wie Schatten auf der Leinwand des Selbst (KamM), UA Boswil 94; Magnificat (deutsch) (Konz); Aus 'Suite üb mod Weihnachtslieder' (Chor, KamM), UA Berlin, Kirchengem Hermsdorf 99. **Aufn/RF:** Beid-Zeitig (KamM), m KamMKl d Kons Bern, Dgt: Ch Henking 91 (DRS 2). **UA:** M Schneider: 'Intensity' (KamM), UA Bern 91; A Csollany: 'Barbarisches Gebet' (Sop, Orgel), UA Bern 92.

Sochaczewsky, Uwe, Korrepetitor; Hessisches Staatstheater, PF 3247, D-65022 Wiesbaden. **Laufb:** Studienlt m Dgt-Verpfl Nordharzer Städtebundth Halberstadt/Quedlinburg, Korr m Dgt-Verpfl Hess Staatsth Wiesbaden. (Red)

Söderberg, Rickard, Sänger; c/o Oper Leipzig, Augustuspl 12, D-04109 Leipzig. (*)

Sökler, Christoph, Bariton; Fangelsbachstr 13, D-70178 Stuttgart, T: (01 71) 6 00 88 72; c/o Dietrich Eberhard Gross Künstleragentur, Eschenweg 19, D-61440 Oberursel, T: (0 61 72) 93 41 44, F: 93 41 45, *d.e.gross@grossagentur.de*. **Ausb:** Stud in Karlsruhe, Leipzig, Berlin und London bei D. Fischer-Dieskau, E. Schwarzkopf, Liedduo Mitsuko Shirai/Hartmut Höll, R. Piernay, R. Hermann u. H.-J. Beyer. **Laufb:** Sol Staatsop Stuttgart 97. **Pr:** Prtr Kasseler Musiktage. (Red)

Söndergaard, Jens, Sänger; c/o Deutsches Nationaltheater Weimar, PF 2003, D-99401 Weimar [Herning, Dänemark 1977]. **Ausb:** Stud MH Aarhus, Königl Opernakad Kopenhagen, Solisten-Kl in Kopenhagen. **Laufb:** Sol Dt Nationalth Weimar seit 04/05. **Pr:** 2. Pr Nat Opernwettb Dänemark 02, Talentpr 04, 2. Pl Liederwettb in Kopenhagen. (Red)

Soergel, Gero, Prof, Hochschullehrer, Orgel; Denzenbergstr 41, D-72074 Tübingen, T: (0 70 71) 2 65 21, F: 25 35 42; H f Kirchenmusik, Gartenstr 12, D-72074 Tübingen. **Laufb:** Prof (OrgellitSp, Orgelsp z Gottesdienst, Liturgik, Gregorianik) H f KiM Tübingen. (Red)

Sörup, Jürgen, Klavier, Hochschullehrer; Theodor-Heuss-Str 14, D-63329 Egelsbach, T: (0 61 03) 48 17 26, *JuergenSoerup@AOL.com* [Kreischa 18.2.1945]. E-Musik, Neu-Klassik **Ausb:** Privatstud Kl (L Auerswald), Stud Kl (Volkmann) H f M u darst Kunst Frankfurt/M. **Laufb:** Doz (Kl) Akad f Tonkunst Darmstadt, Doz Peter-Cornelius-Kons Mainz bis 88. **Ens:** KompGemeinschaft Chromatic-Sounds Mannheim-Egelsbach. – **Komp:** Solowerke f Kl u V, KamM, OrchSuiten.

Doris Soffel

Soffel, Doris, Mezzosopran; c/o Hilbert Artists Management, Maximilianstr 22, D-80539 München, T: (0 89) 2 90 74 70, F: 29 07 47 90, *agentur@hilbert.de*; *www.operissimo.com/artists* [Hechingen, Hohenzollern 12.5.1948]. Oper, Konzert, Lied **Ausb:** Stud Violine MH München 68–69; Stud Ges (Prof KS M Schech) MH München 68–73 Mstrkl (Lied) b Prof H Reutter München 70–73. **Laufb:** seit 83 Weltkarriere Oper u Konz, ganz Europa, Russland, Skandinavien, USA, Kanada, Japan, China, Südamerika; wichtige Stationen u FSp Los Angeles, New York, Buenos Aires, Tokio, Edinburgh, Wien, London, Paris, Berlin, München, Köln, Salzburg, Bayreuth; zunächst Belcanto, ab 99 weltweit tätige Wagner- u Strauss- u Mahler-Interpretin u Liedsängerin; ZusArb m Dgtn: Celibidache, Giulini, Solti, Sawallisch, Karajan, Maazel, Mehta, Metzmacher, Luisi, Thielemann u Nagano. **Pr:** Kritikerpreis TZ München 86 u 91; Grand Pr de Disque ua f Mahler-Einsp 94; Königl schwed Nordsternorden (als einzige Opernsängerin) 01. – **Aufn/RF:** über 50 CDs, ua 'Martha' m Popp 77, 'El Corregidor' m Dieskau 84, 'Mosé' Dgt: Sawallisch 89, 'Soffel sings Belcanto' Dgt: Bonynge 98, Schulhoff-Werke Dgt: Albrecht 03, viele DVDs u Videos, ua 'Die Fledermaus' Covent Garden London, Dgt: Domingo 82, L'Italiana d'Algeri' 87, 'Stille Nacht' Berlin 90, zahlr Mitschn in RF u TV, Live-Aufn ua Belcantogala m Sutherland Covent Garden, Dgt: Bonynge 83; 'Rheingold', 'Walküre' Bayreuth, Dgt: Solti 83; Bruckner u Beethoven München, Dgt: Celebidache 90; Mahler-Zykl Wien, Dgt: Inbal 94; 'Elektra' Salzburger FSp, Dgt: Maazel 96;

'Lohengrin' Berlin, Dgt: Luisi 99; 'Parsifal' Leipzig, Dgt: Luisi 01; 'Parsifal' Leipzig, Dgt: Luisi 01, 'Penthesilea' in Maggio Mus Florenz Dgt: G Albrecht 01, Zemlinski-Maeterlincklieder Paris Dgt: Inbal 02, 'Walküre' Amsterdam, Dgt: Haenchen 04, 'Parsifal' Venedig Dgt Ötvös 05. **UA:** A Reimann: 'Troades', UA Münchner FSp, Dgt: G Albrecht 86; K Penderecki: 'Ubu Rex', UA Münchner FSp, Dgt: M Boder 91; E Schulhoff: 'Menschheit' UA Wien, Dgt: G Albrecht 99; E Schulhoff: 'Landschaften' UA Berlin, Dgt: G Albrecht 99. **Zug:** A Reimann: 'Apokalyptisches Fragment', UA Berliner Festwochen, Dgt: G Albrecht 87. **Lit:** zahlr Artikel u Beiträge in Presse, Rundfunk u Fernsehen.

Sofka, Hansjörg, Rep; Sandegg 6, A-6068 Mils, T: (06 50) 2 50 09 56. **Laufb:** Korrep Landesth Innsbruck SpZ 03/05. (Red)

Sohm, Horst, Gitarrist, Dirigent; c/o Südwestdeutschen Konzertdirektion Russ, Charlottenpl 17, D-70173 Stuttgart, T: (07 11) 1 63 53 17, F: 1 63 53 19, *info@sksruss.de, sw@ahagentur.ch, horstsohm@lycos.de*; *www.sksruss.de, www.ahagentur.ch, www.albo-ala.de* [Möhringen]. span u am Musik, Klassik, sinfon OrchLit **Ausb:** Staatl H f M Trossingen 74–78, Cons Paris 78–80. **Laufb:** Eng u Tourneen in u m Paris Cité U.de Paris 80 u 96, Spanien-Solotournee 81, Qua Parisii, Crec Fstv Barcelona 87, Ost-Berlin Guitarfstv 87, Europaparlament, Europarat Strasbourg 90, Südamerika, Argentinien, Chile, Ecuador, Kolombien 92, Ferenc Erkel Chamber Orch 92, Olympiade Barcelona, Konz Ampurias 92, Solitas de Varna Madrid 93, Capella Istropolitana, Spanien, Andorra, 93, Schleswig Holstein Fstv m CJF-Trio 94, Akad Bratislava, Fstv Palencia 94, 95, Bratislava Fstv 95, Musica Bucarest, Santander Fstv 96, 97, 99, A RubinsteinPhilh Lodz 98, 2000, Santiago de Compostela, Pasion de vivir, Augsburg, Berlin etc 98, 2000, A Vivaldi Orch, Paris, Spanientournee 99, Santander Fstv m BKO 01, Camerata Instr Berlin 03; Musikal Ltg Parkth Augsburg 01–05. **Pr:** 1. Pr Wettb Cons Paris 79, Membre d'honneur Europarat Strasbourg 90. **Ens:** Freiburger KamMEns 74–78, Paganini Duo m E Léon (V), José Luis Montón Trio, Duo Cordes en Or. – **Komp:** Cadaques Night, UA Cadaques 93; Divertimento, UA Spanien 95; Souvenir du Printemps, UA Spanien 95; La Milonguita, UA Tango Argentino Show Pasion de vivir 97; Serenata de Ampurias, UA Ruinen Ampurias 98; Europa Park Fantasie, UA Europa Park Rust, m Orch Ciudad de La Línea, Dgt H S 04. **Aufn/RF:** Sanz, Barrios, Villa Lobos, Turina 80; Bach, Weiss, Sor, Rodrigo, Metronom Hamburg 82; Recital Paris 84; Sor FocNou-Barcelona 86; Bach Recital, BWV 846, 995, 1000, 1002 87; Carulli: Orginal Guitar/Piano Duos 91; ClassicJazzFlamenco Fusion: Cadaques Night 93; Live in Catalunya: F. Erkel Orch m Rossini, Grieg, Tschaikowski, Dgt H S 94 ; Nocturne: Bach, Ravel, Piazzolla 95; Lascia ch'io pianga: Händel, Gluck, Morera 97; Königin der Nacht: W A Mozart KV201, KV414 m A Rubinstein Orch, Dgt H S 01. **UA:** E Rincon: Concierto de Ampurias (z Olympiade Barcelona) 92.

Sojer, Hans, Sänger; Gretchenstr 24, D-30161 Hannover, T: (05 11) 3 48 00 35, 0 17 04 96 36 34, F: (05 11) 3 48 00 35. **Laufb:** Sol Op Hannover. (Red)

Sojnikow, Alexander, Komponist; Neufelder Str 1, D-67468 Frankenbeck, T: (0 63 25) 98 09 97, F: 98 09 97 [Gatschina 13.1.1947]. **Ausb:** Abschl Rimski-Korsakow-Kons Leningrad 75. **Laufb:** Mitgl Kompverb d UdSSR seit 80. – **Komp:** Swiatki (Ballett), UA Leningrad 81; Cyrano de Bergerac (Op), UA Leningrad 84; Festliche Suite (Ballett), UA Leningrad 86; Meister u Margerita (Sinf), UA Barnaul 86; 'In den Masken' Concerto f V u Orch, UA 93; Der vorletzte Tag von Pompeji (Op), UA 94; Die Rose d Welt (Misterium), UA Irkutsk 98. **Sonst:** Urheber d Verlags Wega eK 99.

Sokolová-Rauer, Katerina, Sängerin; Firnhaberstr 9a, D-86159 Augsburg, T: (08 21) 5 04 76 98. **Laufb:** Sol Th Augsburg. (Red)

Sol, Tom, Sänger; c/o Zeitgenössische Oper, Immanuelkirchstr 38, D-10405 Berlin. **Laufb:** GastSol Städt Bühnen Osnabrück SpZ 03/04, Zeitgen Op Berlin SpZ 04/05. (Red)

Solak, Ünal, Hochschullehrer, Posaune; c/o Badisches Staatstheater Karlsruhe, Alter Graben 25, D-76227 Karlsruhe, D-76125 Karlsruhe, T: (07 21) 40 38 77; Alter Graben 25, D-76227 Karlsruhe, T: (07 21) 40 38 77. **Laufb:** Sol (Pos) Bad Staatskap, Doz (Pos) Staatl H f Musik Karlsruhe. (Red)

Solare, Juan María, Komponist, Pianist; Adam-Stegerwald-Str 15, D-51063 Köln, T: (02 21) 88 14 74, F: 88 14 74, *solare@surfeu.de*; *www. kunstkontakte.org/deutsch/kuenstler/solare/index.html* [Buenos Aires, Argentinien 11.8.1966]. elektron Musik, Neue Musik, (dekonstruierter) Tango **Ausb:** Stud (Komp, Kl) Cons Nac Buenos Aires 86–93, Komp (J Fritsch, M Kagel, H U Humpert) MH Köln 93–01, Komp (H Lachenmann) MH Stuttgart 97–98; Mstrkse b K Stockhausen 98–03, Mstrks b T Hosokawa 01, Mstrks Beat Furrer 02. **Laufb:** LStuhl Kons Tandil/Argentinien 86–93; Kse u Vorträge über zeitgen M (Salzburg Experimental Acad of Dance, Inst f Neue M u MErziehung, El Ateneo Madrid; ca 200 Artikel veröff; neben komp u pianist auch publizist Tätigkeit; Juror (Kl) b 'Jugend musiziert' 02; LAuftr (Kl) MSch Bremen, (EnsLtg, TangoOrch) Uni Bremen. **Pr:** Stip DAAD 93–94, Heinrich-Strobel-Stift Baden-Baden 98, Künstlerhäuser Worpswede 01–03. KompPr Fondo Nac de las Artes 96, British & Int Bass Forum 99, YAGE Salzburg 2000, Walter Witte Va-Stift 01, Tribuna Argentina de Música Electroacústica 02; XI Hörspiel-Wettb Radio Clásica (Madrid) 04, Bremer Kompositonswettb (Landesmusikrat) 04. **Ens:** die Kugel (Ens f Imp); Orquesta no Típica (Ens f Tangomusik). – **Komp:** bisher mehr als 250 Werke, z B 'Veinticinco de agosto, 1983' (KamOp) 92–93; 'Passacaglia über HEIDELBERG' (KamM), UA Heidelberg, Heiliggeist-Kirche 97; 'Solidità della nebbia' (Bassetthn, Tb), UA Köln, MH, Michele Marelli 2000; 'Pope' (f Stimme), UA Köln, Fr Kammerspiele, Ligia Liberatori 98; Portraitkonzert (Ch- u OrgM), UA Worpswede, Zionskirche, U Dehning 02; Portraitkonzert (elektron M), UA Köln, Kronosom, J Solare 03; „Concertango" (gr. Orchester), UA Bremen UnivOrch, Ltg S Gläß; Kammerkonzert (Ensemble) UA Bremen 04, Unser Lieben Frauen Kirche, Ltg J Solare. **AuftrKomp:** 'Anamnesis' (f Septett) 03, UA Auditorio Nac de Música Madrid, Plural Ens, Ltg: J P Dessy 03 (Auftr: Centro para la Difusión de la Música Contemporánea Madrid); EL ES (KlTrio), UA Spiller Trio, München, Max-Joseph-Saal d Residenz 03 (Auftr: Stift Kunst u Kultur in NRW). **UA:** Pedro Sáenz: 'Para la mano derecha', UA Buenos Aires 99; Jorge Pítari 'Lo que se fue', UA Bremen 04; Hector Maisano, 'Climático', UA Bremen 05. **Zug:** Jorge Pítari: 'Lo que se fue'; Gabriel Pareyón 'GAD'. **Sonst:** mehr als 200 Art über Musik, ua 'Dónde estás hermano' (Luigi Nonos Spätwerk), in: Klang u Wahrnehmung, Inst f Neue M u MErziehung Darmstadt 01; Fachjournalismus (DW, SWR), feste Rubrik i Fach-Zs Doce Notas (Madrid) seit 96. **Lit:** Interview i Katharina Stashik: 'Die Verwendung des Saxophons in der zeitgenössischen Musik nach 1970. Eine Analyse' 05.

Solén, Eric, Kapellmeister, Dirigent, Generalmusikdirektor; c/o Theater Altenburg-Gera, Theaterpl 19, D-04600 Altenburg, T: 0 16 34 83 37 38; Lange Str 65, D-26122 Oldenburg. **Laufb:** 1. Kapm u stellv GMD Staatsth Oldenburg SpZ 03/04, ab SpZ 05/06 GMD Th Altenburg-Gera. (Red)

Solle, Burkhard, Violine; Philharmonisches Orchester, Ulmer Theater, Herbert-von-Karajan-Pl 1, D-89073 Ulm. **Laufb:** 2. Konzm Philharmon Orch d Stadt Ulm. (Red)

Sollfelner, Anton, Prof, Komponist; Adamsgasse 3a/2/2/9, A-1030 Wien, T: (01) 7 10 60 25; Mariahilfer Str 24, Stg 2, A-1070 Wien, T: (01) 5 22 97 81 [1935]. Marschmusik **Laufb:** 2. Kapm MilitärM d Gardebataillons OÖ 65–68. (Red)

Solodovnikov, Wladimir, Sänger (Tenor); c/o Städtische Theater, Käthe-Kollwitz-Str 7, D-09111 Chemnitz, PF 756, D-09007 Chemnitz. **Ausb:** GesStud Musikakad Gorki. **Laufb:** Sol Städt Th Chemnitz seit 94 (04/05), Fest- u Gasteng Kirov-Op, Op Peking, Met Op New York (Gastsp d Kirov Op), Covent Garden Opera House, Lyceo Opera Barcelona, Op Düsseldorf, Semperop Dresden. (Red)

Solothurnmann, Jürg, Komponist, Saxophon, Musikwissenschaftler; Centralweg 29, CH-3013 Bern, T: 03 13 31 80 03, 03 13 88 91 11, *jsolo@gmx.net*; *www.avantart.com/solothurnmann* [Zuchwil 22.4.1943]. Jazz, improv Musik **Ausb:** MWiss, Neue Gesch U Bern 65–72, 75–78, MEthn, Jazz, Afroamerikanistik U of Indiana, Bloomington 72–74, Swiss Jazz School 69–72. **Laufb:** aktiv in versch Bereichen d Jazz u d imp Musik seit 75, MRedakteur Schweiz Radio DRS 2 seit 78, Konz u Tourneen in Schweiz, Dtschld, Frankreich, Italien, Russland, Rumänien, Tschechien etc. **Pr:** Kulturpr Kanton Solothurn 89, Gr Musikpr d Kantons Bern 96, versch Anerkennungspr Kanton Bern, Schweiz RF-Ges. **Ens:** Agasul Orch, Alive According to E E Cummings, Potage de Jour, September Winds & Evan Parker. **Mitgl:** SMS, STV. – **Aufn/RF:** Alpine Jazz Herd: 'Alpine Two' 91, 'A Deeper Season Than Reason' 99/2000, 'September Winds' 2000. **Sonst:** Uepsilon 77–84; Alpine Jazz Herd 82–94; First Aid Band 85–92, Tätigk als Publ, Doz u Grd/Lt v Verbänden, d musikereigenen Plattenlabels Unit etc, div LPs u CDs. **Lit:** M Kunzler: Jazzlexikon 02; Alpine Jazz Herd, in: Jazz in Europa 93.

Soltani, Khosro, Rohrblattinstrumente; Maienfeld 6, A-6842 Koblach, T: (0 55 23) 6 23 12, 06 99–12 18 65 86, *khosrow.soltani@utanet.at*. **Laufb:** L (Panflöte) MSch Oberrheintal. **Ens:** Les Menestrels (ens f alte m). (*)

Solter, Fany, Dr hc, Prof, Hochschullehrerin, Pianistin; Steinhofstr 21, D-76228 Kalrsruhe, T: (07 21) 47 20 28, F: 47 20 28, *fsolter@t-online.de*; Staatl Hochschule f Musik, PF 6040, D-76040 Karlsruhev [1944]. **Ausb:** Stud MH Rio de Janeiro, MH Freiburg b Carl Seemann. **Laufb:** Doz H f M Freiburg/Breisgau 72–76, Prof (Kl, KlKamM) seit 76, Rektorin Staatl H f M Karlsruhe seit 84. **Pr:** Medaille 'Heitor Villa-Lobos' 88, BVK 94, Ehrendoktorwürde Univ Karlsruhe 01. (Red)

Soltesz, Stefan, Intendant, Generalmusikdirektor, Dirigent; c/o Aalto Musiktheater Essen, Opernpl 10, D-45128 Essen, T: (02 01) 8 12 22 91, F: 8 12 22 80 [Ungarn 6.1.1949]. **Ausb:** Stud Dgt (H Swarowsky), Komp, Kl H f M u darst Kunst Wien. **Laufb:** Kapm Th an der Wien 71, Korrep u Dgt Wiener Staatsop 73–83, 03/05, Gastdgt Grazer Op 79–81, Salzburger FSp 78, 79, 83, Musikal Ass (K Böhm, Ch v Dohnányi, H v Karajan), ständ Dgt Hamburg Staatsop 83–85, Dt Op Berlin 85–97, GMD Staatsth Braunschweig 88–93, Chefdgt Fläm Op Antwerpen/Gent 92–97, Intend Essener Aalto-MTh u GMD Stadt Essen seit 97, regelm Gastdgt Wiener Staatsop, sowie an allen gr OpHäusern in Dt, ua München, Hamburg, Berlin, Leipzig, Dresden, Stuttgart, Gastdgt ua Pariser Op, Nederl Op Amsterdam, Royal Op House Covent Garden London, Teatro Bellini Catania, Op Bilbao, Washington Op, San Francisco Op, OpHaus Zürich, Teatro Colón Buenos Aires, in Japan, bei Fstv in Montpellier u Aix, Sinf-Konz ua in München, Hamburg, Hannover, Dresden, Berlin, Wien, Rom, Turin, Mailand, Genua, Paris, Basel. **Pr:** Gr Kulturpr der Rhein Sparkassen 04. – **Aufn/RF:** zahlr LPs, ua Puccini: 'La Bohème'; G Gazzaniga: 'Don Giovanni'; A Zemlinsky: 'Der Kreidekreis'; Arien- u Liederaufn (m G Bumbry, L Popp, D Fischer-Dieskau).

Sólyom-Nagy, Máté, Bariton; Theater, PF 100554, D-99005 Erfurt [Budapest 1977]. **Laufb:** Sol Th Erfurt seit 02/03. **Pr:** Prtr Gesangswettb „Saverio Mercadante" Altamura Italien 99, „Antonín Dvorák"-Wettb Karlovy Vary 2000. (Red)

Solyom, Stefan, Dirigent; Linienstr 130, D-10115 Berlin, T: (0 30) 40 00 32 30; c/o Van Walsum Management Deutschland, PF 3409, D-30034 Hannover, T: (05 11) 3 66 07 23, F: 3 66 07 24, *rbostock@vanwalsum.com*. **Laufb:** Dgt Kom Op Berlin SpZ 03/04, Op Frankfurt SpZ 04/05. (Red)

Som, Hans, Bassbariton; Grundstr 77, CH-8712 Stäfa, T: 0 19 26 57 07. (Red)

Sommer, Armin, Schlaginstrumente; Kurbrunnenweg 40, D-67480 Edenkoben, T: (0 63 23) 7 04 05 22; *www.duo-archaeopteryx.de* [1967]. **Ausb:** OrchM (Th Keemss) MH Saarbrücken 89–94. **Laufb:** zahlr kammermusikal Tätigkeiten, Aushilfetätigkeiten b versch Orch, MPäd versch MSchulen u U Landau-Koblenz. **Ens:** [duo: archaeopteryx] ensemble f erstaunliche musik. – **Sonst:** Grdg (duo)^2 ArchaeOpteryX 90, Instrumentenbau. (Red)

Sommer, Peter, Kapellmeister, Hochschullehrer; Tiefburgweg 17, D-68219 Mannheim, T: (06 21) 87 23 74, F: 87 23 74 [Langewiesen/Thür 25.5.1938]. Oper **Ausb:** Stud (Kl, Dirig) MH Leipzig 56–60. **Laufb:** Solorep m Dgtverpfl OpHaus Leipzig 60, Musikal Oblt Landesth Altenburg 69, 1. Kapm Staatsth Saarbrücken 82; 1. Kapm u stellv GMD Bad Staatsth Karlsruhe 84, 1. Kapm u stellv GMD NatTh Mannheim (03/04), Doz (Rollen- u Ensstud) Staatl H f Musik Karlsruhe 94. – **Aufn/RF:** dt u ital Arien, A Tomowa-Sintow, Dgt: P S 85 (CD). **UA:** R Kunad: Meister u Margerita; S Matthus: Graf Mirabeau; R Febel: Kaspar Hauser. (*)

Sommer, Silvia, Komponistin; Waldhers 10, A-3844 Waldkirchen, T: (0 28 43) 31 16, F: 31 16, *sommermusic@yline.com* [Wien 9.4.1944]. E- u U-Musik **Ausb:** Kl MH Wien 52–57, (M Lauda) 57, (J Dichler) 59–70, Komp (A Uhl) 70, Dipl Kl. **Pr:** Förderungspr f Komp d Stadt Wien 70, Förderungspr f Komp d Ldes Niederösterr 82, 1. Pr KompWettb d F J Reinl Stift Wien 94, Pr KompWettb f StrOrch Lugano 94. – **Komp:** zuletzt: Sacrifice (Vcl u StrOrch) 94; Concerto (Bl, Str, Schlgz) 94, UA 94; No Words for this Dream (f FrChor, Fl, Kl, Schlgz, Str) 95; Hommage pour Bartok (2 Kl, 4 Pk, Xylophon, gr Tr, kl Tr) 95; Concerto Italien (Fl u Git) 95, UA 95; Sommermusik Musiksommer, Music for Fun (10 Sol) 95; Au Centre du Desert (Symphon Dichtg n Terre des hommes) 95 u 98; 2 Lieder (Kinderchor, 2 Fl, 2 Trp, Kl, Str, Git, Bass, Schlgz, Pk, Glsp) 96; Sonate (Kl 4-hdg) 96; B.A.CH. (V, Vcl, Schlgz, Orgel) 97, UA 97; Suite Rustique (2 Kl) 97; Viva Vienna (8 Fl) 97, UA 98; American Suite (Kl 4-hdg) 97, UA 98; Chat Noir (Trio f Klar in A, V, Kl) 99, UA 2000; Marche de Triomphe (Kl 4-hdg, Schlgz) 99, UA 2000; Bamkinkids 1–6 (Fl, V, Hf) 99, UA 2000; Traffico (Trp in B u Kl) 2000. **AuftrKomp:** zuletzt: BrechTRIOlogie 'Happy Birthday Mr Brecht' (Fl, Vcl, Kl) 97, UA 98 (Auftr: Jubal-Trio 97 z 25-jähr Jubiläum d MSlg d österr MDok); Street-Puppets (2 V, Vcl, Kl) 98, UA 98 (Auftr: Wiener Boheme-Qua); Impresiones (2 Git) 87, UA 87 (Auftr: 1. Venezolan Wochen Wien); Concerto Italien (Fl, Git, StrOrch u SchlgInstr) 95, (Auftr: S Lombardi u P Viti). **Aufn/RF:** ua Autumn Melody 84; Flowers in the Rain 88; Summertime – Wintertime 92; La Vida de Cada Canto 83; Yarma 95; Tanzstück 93; Ständchen 93; Däumling 93; Überschwang 93. **Lit:** Österr Komp d Gegenwart 82; Lex österr U-Musik Komp im 20. Jh 86; Komponistinnen v A-Z 88; Österr Komponistinnen d 20. Jhs 91; MGesch Österreichs 95; Lex zeitgen M aus Österr 97.

Sommer, Susanne, Dipl-Sängerin, Sängerin; Wohlwillstr 48, D-20359 Hamburg, T: 0 17 24 13 63 58, *susanne-sommer@web.de*; c/o Hamburgische Staatsoper, PF 302448, D-20308 Hamburg, T: (0 40) 3 56 80 [Bremen 13.4.1970]. **Ausb:** Stud Ges (G Faulstich) MH Hannover 92–98, Solistenkl (G Faulstich) 98–01, Ks b B Fassbaender, B Weikl, N Shetler. **Laufb:** Gastsol Staatsth Braunschweig SpZ 96/97, Th Calderòn SpZ 2000, Sol Op Hannover, Gastsol Landesth Detmold SpZ 2000/01, Gastsol u Sol Staatsop Hamburg SpZ 01/05, Staatsth Darmstadt SpZ 04/05. **Pr:** Förderpr Braunschweiger KamMPodium, Stip Richard Wagner Verb. – **Aufn/RF:** CD m Liedern v Mahler, Bizet, Schumann, Weill m K Sellheim (Kl); Heine-Projekt m C Garben; Liedrecital m K Sellheim (Kl) f NDR 2000. **UA:** D Wilde: London under Siège, Op Hannover 98.

Sommerer, Peter, Dirigent; c/o Künstleragentur Tobias Kade, Ammonstr 72, D-01067 Dresden, T: (03 51) 4 90 67 94, 01 72–3 66 29 07, F: 4 90 67 93, *tobias-kade@gmx.de*; *www.kuenstleragentur-kade.de* [Steyr, Oberösterreich]. **Ausb:** Stud (Vcl, MTheorie) Bruckner-Kons Linz, Stud H f M u Darst Kunst Wien 94. **Laufb:** künstler Ltg Junges Orch Wien 97, Dgt u ChDir Neue Op Wien 99, musikal Ltg Int OpStudio Meran 02, musikal Ass d 'Ring'-Prod Sächsische Staatsop Dresden 03, Eng Salzburger FSp 04, umfangreiche ZusArb m M Boder an div europ OpHäusern, ua Berlin, München, Wien. (Red)

Sommerer, Susanne, Sängerin; c/o Neue Oper Wien, Herminengasse 10/Tor 23, A-1020 Wien, T: (01) 2 16 27 69, F: 2 16 27 69, *NeueOperWien@music.at*. **Laufb:** Sol Neue Op Wien. (Red)

Sommerhalder, Max, Prof, Hochschullehrer, Trompete; Pfuhlstr 14, D-32805 Horn-Bad Meinberg, T: (0 52 34) 42 46, F: 42 46, *maxsommerhalder@web.de*; Hochschule f Musik, Neustadt 22, D-32756 Detmold, T: (0 52 31) 97 59 21 [Solothurn 1947]. **Ausb:** Stud Trp (J. Venos, H. Adelbrecht, P. Thibaud). **Laufb:** Solotrp u. a. im RSO Berlin, Festspielorch Luzern, Tonhalle- und Theaterorch Zürich 73–86, Prof (Trp) H f M Detmold seit 85. (Red)

Somodari, Péter, Cello; c/o Sonia Simmenauer Impresariat, Falkenried 7, D-20251 Hamburg, T: (0 40) 42 31 31 15, F: 42 31 31 13, *angelika.knipping@impresariat-simmenauer.de*; c/o Künstlermanagement Till Dönch, Weimarer Str 48, A-1180 Wien, T: (01) 4 70 80 83, F: 4 79 69 71, *management@doench.at*. **Ens:** Keller Qua. (*)

Sondeckis, Vytautas, Violoncello; c/o NDR Sinfonieorchester, Rothenbaumchaussee 132–134, D-20149 Hamburg. **Laufb:** stv Stimmführer NDR SinfOrch Hamburg. (Red)

Sonderegger, Peter, Komponist, Improvisator; Unterdorf 10, CH-4203 Grellingen, T: 06 17 41 24 94, F: 06 17 41 24 94, *psonderegger@datacomm.ch* [St Gallen 2.10.1960]. Soloimprovisationen mit Piano, Fortepiano oder Vihuela im Konzert und auf Ton-/Bildträgern **Ausb:** Komp, MTheorie (J Wildberger, T Kessler) MAkad Basel 80–86, Komp (W Rihm) MH Karlsruhe 87–89. **Pr:** Stip Heinrich Strobel-Stift d SWF 86, Stip STV 87. – **Komp:** 3 Delirien nach Georg Trakl 82/83, UA Basel; 'Große Dorische Chaconne c Physical Graffiti' (Git), UA Berlin 85; Sweelinck-Variationen super 'onder een linde groen' (Kl), UA Darmstadt 86; Nono-Variationen (Git, 4 Pos, Drumcomputer), UA Basel 87; 73 Pezzi degli Scrovegni (Kl), UA Basel 90; 'Quaenam sit Divina Caligo' (Frauenstimmen u V), UA Basel 94. **AuftrKomp:** 'Tombeau per tre Clarinetti', UA Basel 84 (Auftr: Staatl Musikkreditkomm); Variationen z Sinf op 21 v A Webern 87 (Auftr: Staatl Musikkreditkomm); 'Missa Incontri' (f Kl trio) 91 (Auftr: Trio Basilea); Conductus IV (f 2 Sax) 97 (Auftr: Kons u MH Zürich). **Lit:** Schweizer Komp unserer Zeit 93, Int Who is Who in Music, 2000 Outstanding Musicians of the 20th Century (IBC).

Sonn, Hye-Soo, Bass; Gudrunstr 26, D-90459 Nürnberg, T: (09 11) 4 33 13 58; c/o Stiftung Staatstheater Nürnberg, Richard-Wagner-Pl 2–10, D-90443 Nürnberg [Seoul 1976]. **Laufb:** Sol Landesth Kiel, Staatsth Nürnberg. (Red)

Sonn, Peter, Sänger; c/o Landestheater Coburg, Schloßpl 6, D-96450 Coburg, T: (01 73) 2 31 55 39. **Laufb:** Sol Landesth Coburg SpZ 03/05. (*)

Sonne-Bücklers, Carola, Prof, Hochschullehrerin, Gesang; Schulhalde 18, D-79112 Freiburg, T: (0 76 65) 9 47 55 81, F: 9 47 55 81, *sonnecarol@aol.com*; H für Musik 'Franz Liszt', Inst f Gesang/Musiktheater, PF 2552, D-99406 Weimar; *www.vocal-training.de* [Hamburg]. Oper, Konzert, Lied **Ausb:** Stud (Germanistik u Musikpäd), Stip d 'Oscar u Vera Ritter Stift', Stud Ges (J Hoefflin, W Geisler u P Lohmann) U u H f Musik Hamburg u H d K Berlin. **Laufb:** lyr Soubrette an div MTh, ua Koblenz, Regensburg, Th d Westens Berlin seit 79, LAuftr H f Musik Köln, Prof H f Musik 'Franz Liszt' Weimar seit 01, Liedkse (Romantisches Lied, Goethelieder) in Dtschld u Japan. **Pr:** Bundesprtr m d Renaissancelaute. **Mitgl:** BDG, stellv Vors Vereinigung d Freunde d Liebhaberth Schloss Kochberg. – **Aufn/RF:** CD: Berlioz: Romances 04. **UA:** X P Thoma: 7 Lieder (f Sop u Kl) nach Texten v Meerbaum-Eisinger 87; H W Plate: 'Der Schritt der Zeit' (f Sop u Bläserqui), Braunschweig 89; 'Tausend Kraniche' (f Sop u Kl), Hiroshima, Japan 99.

Sonne, Rainer, Konzertmeister, Violine; Berliner Philharmoniker, Herbert-von-Karajan-Str 1, D-10785 Berlin [Göttingen]. Orchester, Kammermusik **Ausb:** Stud MH Köln (I Ozim) 69–76, Kurse b M Rosdal, S Vegh u N Milstein. **Laufb:** Konzm Berliner Philharmoniker seit 76, Lehrtätig a d OrchAkad. **Pr:** Gew Mozart-Wettb in Würzburg 75. **Ens:** Lt Charis-Ens, Philh Solisten u Divertimento Berlin, Philh Klavierqui Berlin.

Sonnen, Thomas, Dipl Orchestermusiker, Horn, Hochschullehrer; Akad f Tonkunst, Ludwigshöhstr 120, D-64285 Darmstadt, T: (0 61 51) 9 66 40, F: 96 64 13, *Akademie-fuer-Tonkunst@darmstadt.de*; *www.akademie-fuer-tonkunst.de/Kollegium/Sonnen.html* [Hanau 1.8.1967]. **Ausb:** Stud Hn (E Penzel) H f M Köln 89–95. **Laufb:** Junge Dt Philh 88–90, Dt. KamPhilh 90–93, Op Nürnberg SpZ 93/94, NatTh Mannheim SpZ 94/95, HR Frankfurt a Main seit 95, FSpOrch Bayreuth seit 98, Doz (Hn) Akad f Tonkunst Darmstadtn seit 98. **Pr:** 1. Bundespr 'Jugend musiziert' 85. **Ens:** BlechBlKamM 'Bach, Blech + Blues', BlechBlEns 'hr-Brass', HolzBlEns 'Antares'.

Sonnenburg, Klaus, Komponist, Pianist; Wohlenstr 34, CH-3043 Uettligen, T: 03 18 29 21 77, F: 03 18 29 21 77; *www.sonnenburg.be* [Brandenburg/Havel 30.5.1927]. Bühnen- u Orchesterwerke, Kammermusik, Soloklavier, Lieder, Chöre **Ausb:** Komp (H Tiessen), Dirig (H Ahlendorf), Kl MH Westberlin 48–59, Kse (B Blacher, P Hindemith), mehrjähr Besuch (W Fortner, O Messiaen) Sommerkse Darmstadt, Dirigierkse (S Celibidache) Siena. **Laufb:** Hauspianist b T Gsovsky 53–59, Kapm u Hauskomp Stadtth Bern 59–92, Verleihung Prof-Titel Kons f M Bern 84, Prof (Chanson) SchauspielSch Bern, HörspM-Komp Radio Bern; Tätigkeit als KlBegleiter, Privat-Unterr. **Pr:** 2. Pr Int KompWettb Schweinfurt 2000. **Mitgl:** 50 Jahre GEMA, Schweizer Tonkünstlerverein. – **Komp:** ediert b Vogt&Fritz, Müller&Schade, Bote&Bock, ua: Stationen (Kl solo), UA A Schier-Tiessen 55; Labyrinth (Ballett), UA Berliner Ballett, T Gsovsky 55; 5 Essays f Kl u Orch, UA Berliner SinfOrch, C A Bünte, Kl: K Sonnenburg 57; Aucassin u Nicolette (Ballett), UA Bern, Stadtth, Dgt: E Körner 66; VKonz, UA Bern, B Boller, Dgt: M Venzago 88; Berner Fantasie, UA Bern, Dgt: D Kitajenko 94; Helena (Faust II) (Op), UA Bern, Stadtth, Dgt: E Manke 97; Beethovenia-Suite f KamOrch, UA 99, gewidmete W: Kl-Stücke ('f meinen Lehrer H Tiessen); VKonz ('meinem Freund A Schibler'); a capella Ch ('meiner lieben Frau Katharina'); div Auftr-Komp f Intpr, Ens ('Philh Geigen Berlin'), Schauspieltruppe Zürich (M Becker, R Freitag), Film; Inselzyklus (f gr Orch u Spr), UA Saarbrücken, Staatsth, Dgt: J Märkl 92 (Auftr: Staatsth Saarbrücken); Dithyrambe (Orat), UA Bern, Dgt: B Goetze 01; Suite f 4 Flöten (Auftr Berner Flötenqua) 04. **Aufn/RF:** Radioprod Berlin u Bern, KonzMitschn v OrchWerken (z B VKonz) u KamMWerken. **Lit:** W Steffen: H T als Kompositionslehrer; Buchpubl Stadtth Bern u Bernische MGes; 'Alles zum Applaus' (100 Jahre Stadtth Bern).

Sonneson, Gunter, Sänger, Schauspieler; Jella-Lepman-Str 8, D-81673 München, T: (0 89) 43 67 04 33, 01 72–7 91 88 65, *sonneson@yahoo.de*; c/o Staatstheater am Gärtnerplatz, PF 140569, D-80455 München. Operette, Musical **Laufb:** Bis z Schließung Metropolth Berlin, Sol Staatsth am Gärtnerpl München seit 95, Gastsol Op Halle, Baden-Baden, Meiningen, Musikal Komödie Leipzig.

Sonnleitner, Florian, Violine; c/o Konzertagentur Dagmar Körner, Bergstr 15, D-85120 Hepberg, T: (0 84 56) 15 30, (01 70) 5 34 19 1, F: 21 09, *koerner.konzerte@t-online.de*; c/o Bayerischer Rundfunk, Rundfunkpl 1, D-80300 München, T: (0 89) 59 00 22 30/21 30, F: 59 00 33 77, *symphonieorchester@brnet.de* [München 1952]. **Ausb:** Stud V (G Hetzel) H f Musik München 71, (W Schneiderhan) Wien 77. **Laufb:** 1. Konzm SymphOrch d BR München seit 86, Konzm u künstl Lt d Bach Collegium München, zahlr Eng als GastSol u KamM weltweit, Mstrks MH Weimar u MusikKons Shanghai. **Pr:** Dt Musikwettb Bonn 80, Int Musikwettb d ARD München 81. **Ens:** Prim Concertino

München, Cuvilliés-StrQu München, Du (m Y Matsuda). – **Aufn/RF:** zahlr CD. (Red)

Sonntag, Ulrike, Sängerin; Steigstr 21, D-71394 Kernen, T: (0 71 51) 4 78 75, F: 4 76 37, *UlrikeSonntag@z.zgs.de* [Grötzingen]. Oper, Konzert, Lied **Ausb:** Stud (SchM, Germanistik) Stuttgart, Stud (Ges) Rumänien 81/82 u (Hartmann-Dressler) HdK Berlin 82–84, Kse (Fischer-Dieskau, Schwarzkopf, Reimann). **Laufb:** Debüt (J Chr Bach: 'Amadis', Oriane) Hamburg Staatsop 83, Städt Bühnen Heidelberg 84–86, Mannheim 86–88, Staatsth Stuttgart 88–91, Staatsop Wien 91–94, Gastsp: Hamburg, Dt Op Berlin, Frankfurt, Köln, Kairo, Triest, Tel Aviv 96, Cagliari, FSp Ludwigsburg 88 u 92; zudem umfangr KonzTätigkeit in Europa, USA, China, Brasilien u Japan; Fstvs Salzburg, Wien, Frankfurt, Berlin, Montreux, Schwetzingen; Liederabende ua Alte Op Frankfurt, NDR Hannover, Kölner Philh, Ludwigsburger FSp, Rheingau-Fstv, Bad Urach, Biennale München, Lissabon, Lyon, Paris, Hindemith-Tage Berlin, Frankfurt, Mannheim, Salzburg, Mailand, Bodensee-Fstv, Madrid, Tournee durch Rußland 94, Tournee (Konz u Mstrkl) Uruguay, Paraguay u Argentinien 95, Kse Israel, Genf 2000, Gastsol Th Magdeburg SpZ 03/04. **Pr:** 1. Pr Mozartfest-Wettb Würzburg 83, 1. Pr Dt MWettb Bonn 85. – **Aufn/RF:** CDs u LPs: J S Bach: h-moll Messe, Dgt H Rilling 98; ders: Kant 9, 29, Dgt Rilling 94; Hindemith: Das Unaufhörliche, Dgt Zagrosek 95; Milhaud: Poems by L Latil op 20 94/95, 3 songs by Cocteau op 59, StrQua Nr 3, Machines agricoles op 56, Catalogue de Fleurs op 60; Schubert, Schumann, Wolf: Mignon-Verton 90; Videos: Freischütz, Dgt W Gönnenwein; Ludwigsburger FSp 88, zahlr TV-Prod u Aufz, ua: Mozart: 'Zauberflöte', Dgt W Gönnenwein 92; 'Fidelio' (Marzelline), Sevilla-Gala Wien 92; Bach: Joh-Passion, Gloucester Cathedral, Dgt P Schreier 89. **UA:** Müller-Wieland: Weihnachtslied 97; Elkana: Arabic Lessons 98; G I Kahn: Lyr Konz 2000; Rihm: Die Hamletmaschine, Dgt Schneider 87; Killmayer: Sappho-Lieder 95; I Allende-Blin: Am Ende der Zeit 03.

Soons, François, Sänger; Landestheater, PF 1449, D-99804 Eisenach. **Laufb:** Sol Landesth Eisenach. (Red)

Soós, Adrienne, Pianistin; Klavierduo Adrienne Soós & Ivo Haag, Aeschenthürlistr 11, CH-6030 Ebikon, T: 04 14 40 84 17, F: 04 14 40 84 17, *haag-soos @klavierduo.ch*; *www.klavierduo.ch* [Dorog, Ungarn 5.3.1966]. Klavierduo **Ausb:** Stud Kl (K Schweitzer) Béla Bartók Kons Budapest; Stud Kl (P Solymos), KamM (G Kurtág, F Rados) Liszt-Akad Budapest, Stud Kl (T Hazay) MH Freiburg i Br. **Laufb:** Lucerne Fstv 97, 2000 u 03; Schubertiade Feldkirch 97, MTage Mondsee 97, Davos Fstv zuletzt 98; ZusArb m Camerata Bern, Südwestdt KamOrch Pforzheim, Luzerner SinfOrch, Litauisches KamOrch, Musikkollegium Winterthur ua. **Pr:** Finalistin Premio Vittore Gui Florenz, 2. Pr Dt MH-Wettb, div Jugendwettb. **Ens:** KlDuo Adrienne Soós & Ivo Haag. – **Aufn/RF:** CDs: Werke v C Debussy, C Koechlin, Schumann, H Huber, D Ammann, U Mäder u P Benary; Mitschn: Lucerne Fstv Piano, DRS 2, 02; zahlr weitere Aufn u Mitschn. **UA:** D Ammann: 'regard sur les traditions'; D Glaus: 'Tastendes Leuchten'; L Tihanyi: 'Matrix'; P Benary: 'Bach-Variationen', U Mäder: 'stossen, schieben, ziehen – am Rand'; K Meyer: Impromptu multicolore op 92'; M Roth: 'DuElle'; L Laveglia: 'Muadib'; A Brenner: 'Schattenwürfe', F Schüeli: 'Riffs 2'.

Sooster, Evert, Sänger; c/o Südostbayerisches Städtetheater, Fürstbischöfliches Opernhaus, Gottfried-Schäffer-Str 2 und 4, D-94032 Passau. **Laufb:** Sol Südostbayer Städteth seit SpZ 03/04. (Red)

Sorg-Rose, Margarete, Diplom-Komponistin, Komponistin, Musikjournalistin; Henkellstr 3, D-65187 Wiesbaden, T: 0 18 0 50 60 34 44 58 98, F: 69 12 16, *margaretesorg-rose@t-online.de*; *www.komponistenlexikon.de* [Remscheid 11.4.1960]. Werke f Chor, Orch, Lied, KamM, Solowerke **Ausb:** Stud (KlPäd, Chorltg) Mainz, Dipl, Komp (V D Kirchner), Stud (MWiss, klass Philologie, Theologie) Mainz u Tübingen, Examen, Aufbaustud Komp (H W Henze) MH Köln, Dipl. **Laufb:** Korr Mainzer Bachchor, Ass b Musikprod d ZDF, journalist Publ, freischaff, Jurytätigk, Hg, Doktorandin (MWiss) U Mainz, Verlags-Lektorin. **Pr:** Johann-W-Stamitz-Förderpr f Komp 93, Finalistin in div Int Wettb, Finalistin Int Wettb 'Junge Komp in Leipzig' 95, Finalistin Wettb f OrchWerke Altenburg-Th-GmbH Gera 96, 'Art-Gedok-Nadel 96' f Verdienste um Kunst u Kultur, AuftrKomp '1996' d Mozart-Ges Kurpfalz eV, KompAuftr Villa Musica Stift u Ld Rheinland-Pfalz 94 ua. **Mitgl:** dkv, GEMA, VG Wort, Bachges Leipzig eV, Dt-Griech Ges eV. – **Komp:** Schwingungen (KamM) 86, UA Heidelberg 93; Diálysis (KamM) 90, UA Montepulciano 90 (Auftr: 'Cantiere D'Arte Int' Montepulciano); Nachtstück (KamM) 95, UA Andernach 95 (Auftr: Villa Musica-Stift); Im Atemhaus (Liederzyklus) 95, UA Mainz 95 (Auftr: Rose-Ausländer-Stift Düsseldorf); Streichqua (KamM) 99, UA Edenkoben 2000 (Auftr: Villa-Musica-Stift); Sinfonie (OrchW) 98 (Auftr: Land Rheinland-Pfalz); Nephélai (gem Chor a cappella) 99, UA Hamburg 2000. **Aufn/RF:** Schwingungen, Heidelberger Fstv-Ens 94 (WDR); Im Atemhaus (Liederzyklus) 95 (SWR); Streichqua, Mitschnitt Konz d Villa Musica Stift, UA 2000. **Lit:** R Sperber: 'Komponistinnen in Dtschld' 96; Olivier/Braun: 'Komponistinnen aus 800 Jahren' 96; 'Komponisten d Gegenwart' 2000 ua.

Sorg, Andreas, Komponist, Hochschullehrer; c/o Staatliche Hochschule für Musik und Darstellende Kunst Mannheim, N 7,18, D-68161 Mannheim [Mannheim 1959]. **Ausb:** Stud Kl b Hans-Helmut Schwarz u Komp b Hans-Rudolf Johner MH Heidelberg-Mannheim, künstl Mitarbeit b Mstrks, ua Liane Issakadse, Rainer Kussmaul, Saschko Gawrilow, Yfrah Neaman, Alberto Lysy u Aurèle Nicolet. **Laufb:** LAuftr f Instrumentalkorr, MH Heidelberg-Mannheim seit 85, Duopartner: Wanda Wirkomiska, Reiner Schmidt, Roman Nodel, ZusArb m d Ens Varianti Stuttgart, Komp im Auftr d Schwetzinger Kammerorch, d Uni-Orch Bamberg, d Ens Phominx Darmstadt. **Pr:** Pr f Neue Musik Delmenhorst 95, Int KompWettb f KamM Winterthur 96, Int KompPr d Stadt Klagenfurt, 2. Pr b 7. Int KompWettb f Geistl Musik Fribourg (Schweiz) 97, Pr d dt Schallplattenkritik.

Sorg, Gerd, Komponist, Chordirigent; Pinnerstr 16, D-42579 Heiligenhaus, T: (0 20 56) 6 97 53, F: 6 97 53, *gerd.sorg@gmx.de*; *www.gerd-sorg.de* [Langenberg 7.7.1941]. Chormusik **Ausb:** Chordir (K Linke), Komp (S Reda), Kl (O Brabandt) Folkwang-H Essen. **Laufb:** Chordir ADC 70, MD FDB 71, freischaff MD, Komp, Doz u Lektor Berg Musikv Solingen u Gomesia Verlage Hamm, KonzReisen ua: Ungarn, Italien, Benelux, GB, Tschechien, USA, Kanada, Rußland. **Pr:** KompPr Solingen 87, Paris, Saarbrücken 94, München 97, 'Coupe de Lutéce' Paris 91, KompPr Sachsen-Anhalt 2000, KompPr Pfälz SB 02. **Mitgl:** FDB, dkv, GEMA. – **Komp:** Ave Maria (geistl ChW), UA Duisburg 82; Legende (ChW), UA Solingen 87; Agnus Dei (geistl ChW), UA Essen 87; Missa classica (Liturg ChW), UA Essen 91; Singendes, klingendes Jahr (Kantate), UA Essen, Saalbau 93; Missa secunda (Liturg ChW), UA Velbert, Mariendom 95; Unser Leben ist Musik (Hymn ChW), UA Duisburg 97; Lobet u preiset den Herrn (Propriumsges), UA Ratingen 2000; Von Ewigkeit zu Ewigkeit (ChW), UA Hambacher Schloss 02; Ein bunter Regenbogen (ChW), UA Essen 05 (Auftr: 75 Jahre SK Essen); Dona nobis pacem – In memoriam Papst Johannes Paul II (Gem Chor a capella) 05. **Aufn/RF:** 'Ave Maria', Kam-Ch Dresdner Philh, J Becker 96 (MDR); CD-Aufn nat u int, ua in Kasachstan, Lettland, Slowenien, Neuseeland, Japan, Südafrika, Dtschld u Schweiz.

Sorokow, Anton, Violine; Czerningasse 23/10, A-1020 Wien, T: (01) 2 14 26 39, F: 2 14 26 39, *anton-sorokow@anton-sorokow.com*; c/o Wellinger Concerts, Karen-Steffi J Wellinger, Lindenstr 2, D-78713 Schramberg, *management@anton-sorokow.com*; *anton-sorokow.com* [Moskau 30.9.1978]. **Ausb:** Stud (E Tschugaeva) Moskauer ZentralMSchule, Stud (D Schwarzberg) U f M Wien, 'Isaac-Stern-Workshop' Verbier (Schweiz) 95. **Laufb:** Nürnberger Philh, 1. Konzm Wiener Symph 05. **Pr:** 2. Pr Yfrah-Neaman-Wettb Mainz 93, 1. Pr u Sonderpr Beethoven-Wettb Tschechien 94; 3. Pr H Wieniavski-Wettb Lublin 94; 1. Pr Stefanie-Hohl-Wettb Wien 97; Prtr Int J Joachim-Wettb Hannover 97; 1. Pr Romano-Romanini-Wettb Brescia. **Ens:** Mozart-Trio Wien. – **Komp:** Solokonz in d gr MZentren Europas, Asiens u Amerikas. (Red)

Sosko, Andreas, Sänger; c/o Stadttheater St Pölten, Rathauspl 11, A-3100 St Pölten. **Laufb:** Sol Th d Landeshauptstadt St Pölten SpZ 03/04. (Red)

Sostmann, Alexandra, Pianistin; Johann-Hambloch-Weg 15, D-50354 Hürth, T: (0 22 33) 69 25 70, 01 62–6 00 77 71, F: 69 25 70, *info@duo-villarceaux.de*, *duo.villarceaux@t-online.de*; c/o Konzertdirektion Tobischek, Zimmermannstr 59, D-45239 Essen, T: (02 01) 8 40 51 75, F: 8 40 51 76, *tobischek@arcor.de*; *www.duo-villarceaux.de* [Barssel 3.10.1970]. **Ausb:** Stud Kl Dipl (V Banfield, E Koroliov) H f M u Th Hamburg seit 91, Konzertex (P Katin) Royal Coll of Music London 2001. **Laufb:** Südamerikatournee 99 u 2000, KonzHaus am Gendarmenmarkt Berlin 2000, Zentral-Europ MFstv Žilina/Slovakei 2001. **Pr:** 1. Pr 14. Int M Wettb Caltanissetta Province. **Ens:** Duo Villarceaux. – **UA:** B Pròve: 'Tellur – Colours of Orient & Occident' (f 2 Kl u 2 Schlgz), UA Braunschweig, Rittersaal 2000; Xiayong Chen: 'Diary III' – Three Pieces for two pianos 01.

Sotin, Hans, Prof, Hochschullehrer, Bass; Deckerstr 21, D-25980 Westerland, Sylt, T: (0 46 51) 8 89 12 89, *sotinu@aol.com*; H f Musik, Dagobertstr 38, D-50668 Köln [Dortmund 10.9.1939]. **Laufb:** Essen 62–64, Staatsop Hamburg, weltweit als Gastsol seit 70, Met Op New York, Lyric Op Chicago, San Francisco Op, Teatro Colon Buenos Aires, Bayreuther FSp, ZusArb m H v Karajan, L Bernstein, Sir G Solti, K Richter, Z Mehta, H Stein, Ch Thielemann, F Welser-Möst, G Sinopoli, L Maazel, J Levine. **Pr:** Kammersänger Staatsop Hamburg, Ehrenmitgl Junge Kammerop Köln. – **Aufn/RF:** zahlr Einsp u Fernsehübertragungen. (Red)

Soucy, Jean-Eric, Hochschullehrer, Bratsche; Vimbucher Str 31, D-77815 Bühl, T: (0 72 23) 90 03 35, F: 90 03 55. **Laufb:** 1. Sol SWR-SinfOrch, Doz (Va, Str-Proben) Staatl H f Musik Karlsruhe. (Red)

Soukop, Elvira, Sängerin; Brandlbergstr 8, D-93173 Wenzenbach, T: (0 94 07) 81 27 45. **Laufb:** Sol Th Hagen, Th Regensburg, Th Erfurt SpZ 04/05. (*)

Soules, Sebastien, Sänger; c/o Tiroler Landestheater, Rennweg 2, A-6020 Innsbruck, T: (05 12) 5 20 74. **Laufb:** Sol Berliner KamOp Berlin, Sol Tiroler Ldsth SpZ 03/05. (Red)

Soulis, Maria, Sängerin; Zur schönen Gelegenheit 6, D-93047 Regensburg, T: (09 41) 5 99 84 39, *pbjsoulis@aol.com*. Konzert, Oper, Lied, Oratorium **Ausb:** Stud (Komp, Kl) Music Bac Toronto, Mstrks b Sutherland u Bonynge 97. **Laufb:** Sol Th Regensburg 99/02, Wexford Op Fstv 02, Angers Nantes Op 03/04, Metz Op 04. **Pr:** Canada Council Grant 98, Virginia Best Adams Fellow Grant Carmel Bach Fstv 98, Hofamnn Memorial Award Liederkranz Foundation New York 99. **Mitgl:** GVL.

Sourouzian, Nora, Sängerin; c/o Stadttheater Klagenfurt, Theaterpl 4, A-9020 Klagenfurt, T: (05 61) 9 22 39 70od (04 63) 5 52 66. **Laufb:** Sol Staatsth Kassel SpZ 00/01, Sol Ldesth Salzburg SpZ 03/04, Stadtth Klagenfurt Spz 04/05. (Red)

Soustrot, Marc, Dirigent; c/o Künstlersekretariat Schoerke GmbH, Grazer Str 30, D-30519 Hannover, T: (05 11) 40 10 48, 40 10 49, F: 40 74 35, *info@ks-schoerke.de*; *www.ks-schoerke.de* [Lyon]. **Ausb:** Stud (Pos, Kl, Dir) Cons de Paris bis 74. **Laufb:** Orch Philh d Pays de Loire 76–94, GMD Orch d Beethovenhalle Bonn, GMD Musikth Bonn (03/04), Gastdgt (ua Oslo Philh, Bamberger Symph, NDR-SinfonieOrch, ResidenzOrch Den Haag, Engl Chamber Orch). – **Aufn/RF:** CD 'Leonore 1806' EA Beethovenfest Bonn 97. (Red)

Southwick, Martha J, Komponistin; Viktorgasse 23/9, A-1040 Wien, T: (01) 5 05 71 22. (*)

Soyka, Ulf-Diether, MA, Komponist, Dirigent, Professor; Karl-Rudolf-Werner-Gasse 60, A-3400 Klosterneuburg, T: (06 76) 4 26 82 77, (0 22 43) 3 30 76, *ulfdiethersoyka@gmx.at, ud@soyka-musik.at*; *www.soyka-musik.at* [Wien 5.6.1954]. Konzert, geistl Musik, Oper **Ausb:** Stud (Komp), Mag art, Dipl (F Cerha), Stud (MErz), Dipl OrchDirig (O Suitner), Lehrgangsdipl (Harmonikale Grundlagenforsch, Musikal Graphik) U f M u Darst Kunst Wien 74–81, Stud (Philosophie, Psychologie) U Wien. **Laufb:** LAuftr (OrchAss f Dirigentenkl) U f M u Darst Kunst Wien, Koordination f Pro-Arte-Orch 79–81, Management e Ens f neue M, Eng Wiener MSommer, Wiener FestW, Jeunesses musicales, Konz Mozarteum Salzburg, Konzhaus Wien ua 81–85, AHS-Lehrer (MErz) Gänserndorf 82–83, freischaff Komp, int Kompauftrr ab 83, Org u Lt österr KompSymposion 'M v morgen' Zwettl 84, L (Tonsatz/KlImp) J G Albrechtsberger-MSch Klosterneuburg 85–87, Referent Sympos 'Mikrotöne' Mozarteum Salzburg 86, Beiratstätigkeit f Niederösterr Landesregierung 90–95, Vortragstätigkeit am austral M-U (neue M) 90, ehrenamtl Vorstand Österr KompBund seit 92, ehrenamtl Vorsitz Fachgruppe Komp in Gewerkschaft Kunst, Medien, Sport, fr Berufe seit 97, Dgt- u ChorltTätigkeit seit 98, Prof (Tonsatz, Komp) Prayner-Kons Wien ab 2000. **Pr:** Stip A-Berg-Stift 75 u 77, Würdigungspr d Unterrichtsmin 78, T-Körner-KompPr 80 u 87, Arbeitsstip d Stadt Wien f Komp 81 u 84, Österr Staatstip f Komp 83, Förderungspr Land Niederösterr f M 83, Kulturpr Stadt Klosterneuburg 85, KompPr Tolima/Kolumbien 85. – **Komp:** zahlr Messen, Orat, geistl M, KamM in kl Besetzung, gr KamEns, Str-/KamOrch, InstrKonz, Lied, Film-, Tanz- u U-M, SchM, Tasteninstr solo, Orch, Ch, Op; zuletzt: Konz f V u Orch, UA Ostrawa, Janacek-Philh, zeitgen Herbst, Dgt: D Burkh 91; Konz f Kl, Blechbl u Orch, UA Baku, Philh, m R Rzaeva, Staatl Azerbaijan SymphOrch, Dgt: R Abdullaev 92 (Auftr: Baku Arts Centre Azerbaijan); Konz f 2 V u Orch, UA Bulgar RF 93 (Auftr: VDuo Turtow); Duett u 3 Arien aus d Op Terpsichore (f Sop, Bar, Orch), UA Klosterneuburg, Augustinersaal, m M Brojer, E Jankowitsch, Capella nova, Gt: E Duit 96 (Auftr: Klosterneuburg); 5 Motetten (f gem Ch), UA Wien, Belvedere, ChVgg St Augustin, Dgt: F Wolf 96 (Auftr: Stadt Wien z Bruckner-Gedenkjahr); Missa confort@mini 2000 (Auftr: Wiener Hofmusikkap); 'Leyla' (Op) 02, UA Künstlerhaus Wien. **Aufn/RF:** zuletzt: Das Idol (Tanzsp), Aufzeichnung d UA, m Z Nagy, K Hagai, Ens u Orch d Stadtth Klagenfurt, Dgt: K-H Knobloch 90; Konz f Kl, Blechbl u Orch 92, TV-Aufz Azerbaijan Staatsphilh 'Muslim Magomaev' Baku 93; Binnenweisen (Sinfonietta concertante), m L Schmetterer, BlEns d Niederösterr Tonkünstlerorch, Dgt: W Hackl, ORF 92; StrQui, m KamMEns d Wiener Volksop 93; Konz f Querfl u Orch, KamMFstv Austria, m J Balint, Dgt: B Khadem-Missagh, ORF 95; PSIchose (f Hn u Kl), m R Horvath, A Madison 98. **UA:** als Dgt: U-D Soyka: 2. SaxKonz, UA Wien, Gr MVereinssaal, m Niederösterr Tonkünstlerorch; F Mittler; Int EA v D Kaufmann, T Dimitrova, M Selonjanov, H Schmidinger. **Sonst:** ua: Ekmelik – digital o analog? (Mikrotöne) 86; 'Analyse durch Komp' (Podium 71) 88; 'Die Erfindung d musikal Isotope' (D Furche 4) 91; 'Wie (in)tolerant wirken Schönheitsbegriffe? – Versuch über d Gutewahrschöne' (Lit aus Österr 239) 95; 'Was ist PSIchotische Kunst' (WWV-Blätter) 98; 'Audiokunst selbständig neben neuer M' (Jb d Österr KompBundes) 98/99. **Lit:** ua in: M-Hb f Österreich 89, 93; Österr Komp unserer Zeit 94; Lex zeitgen M aus Österr – Komponisten u Komponistinnen d 20. Jhs 97; Jb d Österr KompBundes 97.

Spaans, Marieke, Prof, Hochschullehrerin, Cembalo; Lichtbachstr 45, D-78647 Trossingen, T: (0 74 25) 32 89 69, (02 21) 9 72 60 10, (0 15 20) 2 83 27 81, *mspaans@clavecimbel.com*; Hochschule f Musik, Schultheiß-Koch-Pl 3, D-78647 Trossingen; *www.clavecimbel.com* [Amsterdam 1972]. **Ausb:** Stud Cemb (G. Leonhardt) am 'Sweelinck Cons' Amsterdam. **Laufb:** Prof (Hist Tasteninstr) HfM Trossingen. **Pr:** Prtr NDR-Cembalowettb in Hamburg 97, Wettb „Musica Antiqua" in Brügge 2000, "Premio Bonporti 2000" in Rovereto. – **Sonst:** Kammermusikal Partnerin v J. Holloway u A. Steck.

Spägele, Mona, Sängerin; c/o Berliner Kammeroper eV, Kottbusser Damm 79, D-10967 Berlin. **Laufb:** Sol Berliner KammerOp Berlin SpZ 03/05. (Red)

Spaeter, Matthias, Gitarre; rue de la Poterie 2, CH-1207 Genève, T: 02 23 45 12 76. (Red)

Späth, Christoph, Art Dipl, M Mus, Tenor; Nollendorfstr 26, D-10777 Berlin, T: (0 30) 3 12 14 17, F: 21 99 69 77, *stoffel_sp@yahoo.de* [Berlin 14.4.1960]. Konzert, Oratorium; Oper: Charaktertenorfach, alle Sprachen **Ausb:** Stud (Ges) H d Künste Berlin 81–86, Stud (Ges) Oberlin Cons Ohio 86–87, Stud (Ges) Yale U Connecticut 87–89. **Laufb:** Sol Landesth Altenburg 90–92, freischaff OpSänger 92–97, Volksth Rostock, Braunschweig, Erfurt, Oldenburg, Amsterdam, Trieste, Lyon, Dresden, Sol Kom Op Berlin 97–2001, festes EnsMitgl ebd seit 2002 (04/05). – **Aufn/RF:** Wolf: Manuel Venegas, H Höll 90; Mozart: Le Nozze di Figaro, m Concert Gebouw Amsterdam, Dgt: N Harnoncourt 93. **UA:** Hosokawa: 'Vision of Lear', UA München, Musik Biennale 98.

Späth, Rachel Rosina, Violine; c/o Casal-Quartett, Hauptstr 1, D-79801 Hohentengen, T: (0 77 42) 85 83 66; c/o Ars Musica – MusikAgentur Julia Ortmann, Beyerstr 42, D-89077 Ulm, T: (07 31) 3 98 09 65, F: 3 98 09 84, *julia.ortmann@ars-musica.com* [Ulm 18.10.1969]. KamM 18 – 21 Jh **Pr:** Stip Dt Musikwettb KamM 98; Gr Musikpr d Volksbank 04. **Ens:** Casal-Qua. – **Aufn/RF:** 8 CDs (alle m Casal-Qua).

Spaett, Erwin, Prof, Hochschullehrer, Gesang; Hochschule f Musik u Theater, Harvestehuder Weg 12, D-20148 Hamburg. **Laufb:** Prof (Gesang) H f M u Th Hamburg. (Red)

Spahiu, Arben, Violine; c/o Bayerische Staatsoper, Brieffach, D-80075 München. **Laufb:** Stellv Konzm Bayerische Staatsop. (Red)

Spahlinger, Mathias, Prof, Hochschullehrer, Komponist; Johann-Schill-Str 30, D-79232 March-Buchheim, T: (0 76 65) 93 08 17, F: 93 08 18, *mathias.spahlinger@t-online.de*; Hochschule f Musik, Schwarzwaldstr 141, D-79102 Freiburg [1944]. **Laufb:** Prof (Komp, Mtheorie) H f M Karlsruhe 84, Prof (Komp) H f M Freiburg seit 90. (Red)

Spanaki, Lukia, Sängerin; Staatstheater, Oberer Schloßgarten 6, D-70173 Stuttgart. **Laufb:** Sol Staatsth Stuttgart. (Red)

Spangenberg, Martin, Hochschullehrer, Klarinette; Belfortstr 10, D-81667 München, T: (0 89) 48 22 84, *martin.spangenberg@gmx.de*; c/o Konzertagentur Dagmar Körner, Bergstr 15, D-85120 Hepberg, T: (0 84 56) 15 30, 01 70-53 41 91, F: 21 09, *koerner.konzerte@t-online.de* [Wangen 1965]. **Ausb:** H f M Hannover. **Laufb:** Sol Münchner Philh 88, Prof (Klar) H f Musik 'Franz Liszt' Weimar. **Pr:** 1. Pr Dt Musikwettb 89. **Ens:** Albert Schweitzer Okt, Duo m Stephan Kiefer. (Red)

Spannhof, Christiane, Prof, Hochschullehrerin, Gitarre; Hinter dem Dorfe 24, D-99438 Legefeld, T: (0 36 43) 90 90 16; H für Musik 'Franz Liszt', Inst f Gitarre, PF 2552, D-99406 Weimar [Rostock 7.4.1962]. klass Gitarre **Ausb:** Stud Git (J Rost) MH Weimar. **Laufb:** Prof (Git) H f M 'Franz Liszt' Weimar seit 84. **Pr:** 2. Pr Int Gitwettb Radio France Paris 83, 1. Pr Int Gitwettb u Pr f beste Interpretation eines Lateinamerikan Werkes Habana (Cuba) 84. – **Sonst:** Mitwirkung in versch KamM-Besetzungen, RF- u Fernsehaufn.

Spasov, Latchezar, Sänger; c/o Landestheater und Kammerspiele Salzburg, Schwarzstr 22, A-5020 Salzburg. **Laufb:** Sol Landesth Salzburg SpZ 03/05. (Red)

Specht, Sibylle, Sängerin; Verdener Str 67, D-28205 Bremen, T: (04 21) 3 30 49 76, (01 74) 3 81 70 37. **Laufb:** Sol Th Bremen SpZ 03/05. (Red)

Speer-Keldorfer, Felicitas, Prof, Hochschullehrerin; Univ Mozarteum, Abt f Blas- u Schlaginstrumente, Alpenstr 48, A-5020 Salzburg, T: (06 62) 6 19 80, F: 61 98 30 33. **Laufb:** UProf (Blockfl) U Mozarteum Salzburg. (*)

Speer, Alan, Prof, Hochschullehrer, Gesang; H f Musik u Theater, Harvestehuder Weg 12, D-20148 Hamburg. **Laufb:** Prof (Lied- u Oratorium-Studium, Ensemblestudium) H f M u Th Hamburg. (*)

Speermann, Annemarie, Prof, Hochschullehrerin, Violoncello; H f Musik, Hofstallstr 6–8, D-97070 Würzburg. **Laufb:** Prof (Vcl) Hermann Zilcher Kons Würzburg u H f M Würzburg. (*)

Speermann, Max, Violine, Hochschullehrer; H f Musik, Hofstallstr 6–8, D-97070 Würzburg. **Laufb:** Doz (V) Hermann Zilcher Kons Würzburg H f M Würzburg. (*)

Speglitz, Laurence Maria, Violine, Viola; Alpenstr 35, CH-2502 Biel, T: 03 23 23 40 26, *laurence.speglitz@bluewin.ch*; *www.speglitz.ch* [Bern 2.2.1961]. romantische u zeitgenössische Musik/ Stilist. Improvisation **Ausb:** Stud V (E Zurbrügg) Kons f M Bern bis 83, Stud Va (J Jewel) London 83/84, Stud V (H Schneeberger) Basel bis 88; Masterclass f Improvisation am Menuhin Fstv Gstaad 02, 03, 04 (Biesenbender/Lutz). **Laufb:** Konzm Stadtorch Grenchen (Dgt B Goetze) 89–92, Tournee n Schweden m Unterstützung Stift Pro Helvetia 94: Konzerte mit Duo Klav/Vl u. a. in Stockholm, Unterricht f V seit 88 an der MSch Lengnau, Sol Bieler KamOrch 03. **Pr:** Auszeichnung 5. Int. Wiener MWettb 96. – **Komp:** Solosuite im barocken Stil für Vl über den Bass des „Airs" v J.S.Bach 04. **Aufn/RF:** Mitwirkung im Ad hoc Bern b d CD-Aufnahme v Moeschingers „Prélude et Dialogue" 86 (Dgt: D Glaus); CD mit romantischer Musik für Vl und Kl 2001 (Kl: D Beriger): u. a. Ersteinspielung der Ballade Op 22 v J-F Perrenoud.

Speidel, Sontraud, Prof, Hochschullehrerin, Pianistin; Seegasse 2, D-76228 Karlsruhe, T: (07 21) 47 48 48, F: 47 38 16. **Ausb:** Stud b Irene Slavin u Yvonne Loriod-Messiaen/Karlsruhe, Branka Musulin/Frankfurt, Stefan Askenase/Brüssel, Géza Anda/Luzern. **Laufb:** Prof (Kl) Staatl H f Musik Karlsruhe. **Pr:** 1. Pr Int Johann-Sebastian-Bach-Wettb Washington/USA, Jackson Prize d Boston Symph Orch f Neue Musik. (Red)

Speiser, Margrit, Klavier; Sonnhalde, CH-5400 Baden, T: 05 62 22 82 70. (*)

Spemann, Alexander, Tenor, Komponist; Schöne Aussicht 9 A, D-65193 Wiesbaden, T: (06 11) 5 90 04 04; c/o Staatstheater Mainz, Gutenbergpl 7, D-55116 Mainz [Wiesbaden 1.6.1967]. Dt romant Op, Optte, Musical (Komp) **Ausb:** Stud Gesang (M Gründler) H f M u Darst Kunst Frankfurt/M. **Laufb:** Gastsol Essen, Op Frankfurt/M, Philh Köln, RF-Aufn HR u WDR, Philh am Gasteig München, Niedersächs Staatsth Hannover, Staatsop Hamburg, Op d Stadt Bonn 93–97, Staatsth Darmstadt 97–99 u SpZ 04/05, Staatsth Wiesbaden 98/99, Staatsth Mainz seit 99, Sol Op Leipzig SpZ 03/04. **Pr:** 1. Jury- u 2. Publikumspr Robert-Stolz-Wettb Hamburg 96. **Mitgl:** GdBA, GEMA. – **Komp:** 'Fürchtenich od: Einer, der auszog das Fürchten zu lernen', Musical 2000/01, UA Mainz 02. **Aufn/RF:** CDs: C M v Weber: 'Silvana' (Graf Rudolf); B Smetana: 'Die Verkaufte Braut' (Hans). **UA:** Th Gabriel: 'Bonifatius'.

Spence, Toby, Sänger; c/o Bayerische Staatsoper, Brieffach, D-80075 München. **Laufb:** Sol Bayer Staatsop München. (Red)

Spencer, Charles, Prof, Klavier, Hochschullehrer; Univ f Musik u Darst Kunst, Inst f Gesang u Musiktheater, Penzinger Str 7, A-1140 Wien, T: (01) 7 11 55, F: 7 11 55; c/o Oper Frankfurt, Untermainanlage 11, D-60311 Frankfurt [Yorkshire, England]. Liedbegleitung, Sologesang u Musikdramat Darstellung **Ausb:** Stud a d Royal Academy of Music und Wien (W Fleischmann, N Flores u R Schollum), Meisterklassen b V Perlemuter u G Parsons. **Laufb:** als Liedbegleiter ZusArb m C Ludwig, J Norman, M Lipovsek, J Anderson, C Studer, P Schreier, J Shirley-Quirk, D van der Walt, T Quasthoff u T Hampson, o UProf (Sologesang u Musikdramat Darstellung) U f Musik u Darst Kunst Wien, Meisterkl in Dtschld, Japan, Island u Rubin Acad Tel Aviv. **Pr:** Pr d österrRegierung f künstl Verdienste. – **Aufn/RF:** CDs m T Felix, C Elsner u R Ziesack, m G Janowitz (Schubert-Lieder), m C Bartoli (Rossini-Recital), m M Lipovsek (Lieder v Brahms), m T Quasthoff (Goethe-Lieder u Die Winterreise). (Red)

Spengler, Dagmar, Violoncello; Theresienstr 10B, D-01097 Dresden, T: 0 17 26 94 30 96, F: (03 51) 6 56 76 77; *www.vivace-site.de* [Herten 1974]. Duo Cello-Klavier, Kammermusik **Ausb:** Stud b C Kanngiesser MH Köln 93, künstl Reifeprüfung m Ausz 98, Stud b B Greenhouse (Beaux Arts Trio) USA, int Mstrkse ua b D Geringas, B Greenhouse, Ll Claret u Alban Berg Qua, Konz-Ex MH Köln 01. **Laufb:** Sol (Vcl) ua JugSinfOrch NRW u Aushilfe Folkwang KamOrch Essen (SoloVcl), Konz m Rebecca-Clarke-Trio, Staatskap Dresden (Sächs Staatsop) 01–03, SoloVcl Staatskap Weimar seit 03. **Pr:** zahlr Pr b Landeswettb NRW Jugend musiziert, Stip Dt MWettb KamM 98. **Ens:** Duo Vcl-Kl m O Drechsel seit 99, Vcl Ens 'Vivace!'. – **Aufn/RF:** CD: 'Dialogo', Duo m O Drechsel 02.

Spengler, Ulrike, Sängerin; Warstr 17, D-30167 Hannover, T: (05 11) 3 88 74 67, (01 77) 4 08 53 21. **Laufb:** Gastsol u Sol Op Hannover seit SpZ 03/04. (Red)

Spering, Andreas, Dirigent; c/o Konzertdirektion Hans Ulrich Schmid, Königstr 36, D-30175 Hannover, PF 3409, D-30034 Berlin, T: (05 11) 3 66 07 60, 3 66 07 27, 3 66 07 69, F: 3 66 07 34, *mail@kdschmid.de, ep@kdschmid.de*; Brüsseler Str 55, D-50674 Köln, T: (02 21) 5 50 51 53; *www.kdschmid.de*. **Laufb:** Dgt Bad Staatskapelle Karlsruhe, Gastdgt Hans Otto Th Potsdam SpZ 00/01, Bad Staatsth Karlsruhe SpZ 00/01, 04/05, Gastdgt Op Halle SpZ 03/04, Stadtth Bern SpZ 04/05. (Red)

Spering, Christoph, Dirigent; Fridolinstr 10, D-50823 Köln, T: (02 21) 55 25 58; c/o Bühnen der Landeshauptstadt Kiel – Opernhaus am Kleinen Kiel, PF 1660, D-24015 Kiel [1959]. **Ausb:** Stud KiM MH Köln. **Laufb:** Gastdgt Volksth Rostock SpZ 00/01, Op Kiel, Dgt Dt Op am Rhein Düsseldorf u Wuppertaler Bühnen SpZ 03/04. – **Sonst:** Grd 'Chorus Musicus Köln' 85, 'Das Neue Orchester' 88. (Red)

Spicer, Kresimir, Tenor; Ilplein 310, Niederlande-1021 LT Amsterdam; c/o Balmer & Dixon Management AG, Kreuzstr 82, CH-8032 Zürich, T: 04 32 44 86 44, F: 04 32 44 86 49, *mail@badix.ch*; *www.badix.ch/voc/spicer.html* [Slvonski Brod, Kroatien]. **Ausb:** MAkad Zagreb, (C Canne Mejer) Amsterdam. **Laufb:** Keizer: 'Octavia' (Dgt: J v Veldhoven) Amsterdam, 'Andrea Chenier' Amsterdam, Dgt: K Bakles, Verdi: 'Don Carlo' Concertgebouw Amsterdam, Dgt: C Rizzi, 'Gianni Schicci', Dgt: A Rahbari, Gast Händel: 'Alcina' Paris Op National, Dgt: W Christie, Mahler: 'Das klagenden Lied' Amsterdam, Konz Schwäbisch Hall, Dgt: W Gönnewein, Salzburg, Monteverdi: 'Il Ritorno d'Ulisse in Patria' (Ulisse) Fstv Aix-en-Provence, Dgt: W Christie 2000; Op Zürich Il trionfo del tempo e del disinganno Dgt: M. Minkowski 04. **Pr:** 1. Pr Nat Competition f Young Singers 97. (Red)

Spiegl, Gabriele, Mezzosopran; Hohenzieritzer Str 7, D-17235 Neustrelitz, T: (0 39 81) 23 68 14; c/o Landestheater Neustrelitz, Friedrich-Ludwig-Jahn-Str 14, D-17235 Neustrelitz, T: (0 39 81) 27 70, 20 64 00, F: 20 59 44. **Laufb:** Gastsol Düsseldorfer Optte, Ldsth Coburg, Ldsth Detmold, Th Trier, Ldsth Mecklenburg Neustrelitz 03/04, Ens ebd 05/06. (Red)

Spielmann, Marina, Sängerin; c/o Neuburger Kammeroper eV, Drususstr 9, D-53111 Bonn. (Red)

Spierer, Carlos, GMD, Dirigent, Generalmusikdirektor; c/o Stadttheater Gießen, PF 111128, D-35356 Gießen, T: (06 41) 79 57 20, *Stadttheater-Giessen.GMD@t-online.de* [Stockholm 27.2.1963]. **Laufb:** musikal Ass des GMD u Solorep Op Kiel 90–95; Chefdgt u Künstl Lt Gävle SinfOrch Schweden 97–2000; Chefdgt ierigent u Künstl Lt Orquesta Sinfónica de Minería Mexico-City 03–05; GMD Stadttheater Giessen seit 03. **Pr:** BBC Music Magazine „CD des Jahres 1998" f Werke v Oscar Byström; Echo Pr f Paddington's First Concert u Poulenc's Babar der Elephant 99. – **Aufn/RF:** Oskar Byström m Gävle Sinfonieorch; Paddington's First Concert u Poulenc, Barbar der Elefant.

Spieß, Barbara, Sopran; Hauptstr 305, D-51465 Bergisch-Gladbach, T: (0 22 02) 24 91 05, F: 24 91 05, *barbara_spiesz@gmx.de*. Oper, Konzert **Ausb:** Stud Ges (West/Besselinck) MH Karlsruhe, Stud Drama (Ackermann) OpSchule Karlsruhe. **Laufb:** Festeng Lübeck 91–98, danach freischaff an versch Bühnen ua: Bremerhaven, Lübeck, Detmold, Wiesbaden, GastSol Lübecker Th SpZ 00/01, Gastsol Th Altenburg-Gera SpZ 03/04.

Spiess, Marc, Solorepetitor; c/o Brandenburger Theater GmbH, Grabenstr 14, D-14776 Brandenburg. **Laufb:** Solrep Th Brandenburg SpZ 03/05. (Red)

Spiewok, Stephan, KS, Sänger; c/o Komische Oper, Behrenstr 55–57, D-10117 Berlin. **Laufb:** Sol Kom Op Berlin 03/05, Gastsol Op Halle SpZ 00/01. (Red)

Spiller, Antonio, Violine; Max-Scheler-Str 10, D-81245 München, T: (0 89) 8 64 30 30, *spiller@spiller-trio.de*; *www.spiller-trio.de* [Buenos Aires, Argentinien]. Kammermusik, Kammerorchester **Ausb:** Unterr V, Va (L Spiller) Buenos Aires, Stud V, Va (M Rostal) MH Köln 75–77, Mstrkse KamM (S Lorenzi) Buenos Aires u Siena 70, (A Janigro) Salzburg 76. **Laufb:** Konzm SymphOrch BR seit 78, Tourneen in Holland, Schweiz u Dtschld m Münchener StrTrio, Qui u Sextett 83–90, Sol-V u Kanzm Münchener Barocksolisten b Ingolstädter Org-Tagen 84–99, Konz in Argentinien, Japan, Israel, Zypern, England, Schweiz u Dtschld m Spiller Trio; Mitbegrdg BR-OrchAkad Ingolstadt, Grdsmitgl Akad d SymphOrch d BR. **Pr:** DAAD-Stip Köln, Stip Colegio San Andrés Buenos Aires, Mozarteum Argentino Stip. **Ens:** Spiller Trio, KamM-Ens 'Camerata Bariloche', Joachim-Koeckert-Qua, Duo V u Kl m S Natiello-Spiller. – **Aufn/RF:** CDs m Spiller Trio m KlTrios v H Villa-Lobos 91, v Schostakowitch u Brahms 93, v Beethoven u Schubert 96, v Lekeu 99, Mozart: 'Serenata Notturna', BR SymphOrch, Dgt: C Davies (CD); VSon v Brahms, Debussy, Lekev u Reger (RF-Aufn); Ravel: VSon (RF-Mitschn), Qua v Saint Saëns, Grieg, Tschaikowsky, Schumann (3 CDs). **UA:** J Françaix: 'Puor remercier l'Auditoire' 94, UA Casals Hall Tokio 95; J M Solare: Klaviertrio EL-ES UA München 03 (Mittschnitt BR). **Zug:** N Richter de Vroe: 'Seance-Parcours' f KlTrio m Vibraphon ad Libitum 96. **Lit:** 1949/1999: 50 Jahre SymphOrch d BR.

Spina, Anna, Violine, Bratsche; c/o Christina Omlin, Muristr 79, CH-3006 Bern, T: 03 13 51 04 82. **Ens:** Mitgl 'ensemble interferenz'. (Red)

Spingler, Bernhard, Bariton; c/o Artists Management Peter Seyfferth, 385, av de la concorde, F-06130 Roquebrune Cap Martin; *www.bernhard-spingler.de* [Stuttgart 1963]. Lied, Oper, Operette, Oratorium, Alte Musik, zeitgen Musik **Ausb:** Stud (OpGes) H f M u Th Hannover 88–90, OpStudio Dt Op am Rhein Düsseldorf 91–93, Folkwang-MH Essen 90–92, GastStud MH Köln 92 (H Höll), Mstrkse (A Baldin, D Fischer-Dieskau, T Krause) 91–93. **Laufb:** Th/Philh Essen, Th Solingen 92 (Papageno), Bad Staatsth Karlsruhe, Dt Op am Rhein 93, Staatsth Kassel 93/94, 1. lyr Bariton Wuppertaler Bühnen 94–96, Kölner Philh 95, Musikfest Bremen, Th Solingen 96, Wuppertaler Bühnen 97, Stadtth Coburg, Städteth Passau 98, Prinzregententh München 98 ('Capriccio' Olivier), Staatsth am Gärtnerplatz München 96–99, seither Gastsol, regelm Konz u Tourneen ua Japan, Russland, Frankreich, Schweiz, Italien. **Pr:** Prtr nat u int GesWettb, ua Int KoloraturgesWettb Stuttgart 92.

Spingler, Marion, Dr hc, Sopran, Dozentin; Spieljochstr 8, D-81825 München, T: (0 89) 42 72 48 57, F: 42 72 48 58, *mspingler@onlinehome.de*; *www.spingler.org* [Neustrelitz]. Konzert, Operette, Lied **Ausb:** Stud Ges MH 'Hanns Eisler' Berlin, Begabtenstip, OpSchule (R Berghaus, H Kupfer) in Kooperat m Staatsop unter den Linden u d Kom Op Berlin 81–85, Dipl GesPäd 85, Gaststud Tschaikowsky-Kons Moskau 86, Aufbaustud (J Metternich) MH Köln 86–90, Mstrkr b G Leib, J Metternich, S Papulkas. **Laufb:** Sol Staatsop unter den Linden Berlin u Mecklenburg Landesth Neustrelitz 79–86, Gastsol OpHaus Bonn, Köln 86–90, Wuppertaler Bühnen 91–97, LAuftr an versch U, Doz (Ges) U Mozarteum Salzburg seit 01, Konz im In- u Ausland. **Pr:** Dr hc U Mozarteum Salzburg 03.

Spingler, Renate, Mezzosopran; c/o Hamburgische Staatsoper, Große Theaterstr 34, D-20354 Hamburg, PF 302448, D-20308 Hamburg, T: (0 40) 3 56 80, F: 3 56 86 10; c/o Artists Management Hartmut Haase, Aalgrund 8, D-31275 Lehrte, T: (0 51 75) 95 32 32, F: 95 32 33, *artists@t-online.de*; *www.renatespingler.de, www.hamburgische-staatsoper.de* [Kempten]. **Ausb:** Stud (Ges) H f M München b M Schech u Ch v Sicherer, Mstrkl b R Grist. **Laufb:** Gast Op Frankfurt, Auftritte Ludwigsburger u Schwetzinger FSp, Schleswig-Holstein-MFstv, Zusamenarb m Dgt: E Inbal, G Sinopoli, G Albrecht, EnsMitgl Hamburg Staatsop seit 86. (Red)

Spiri, Anthony, Prof, Hochschullehrer, Klavier; Schulstr 14, D-80634 München, T: (0 89) 7 90 01 55, F: 7 90 02 45, *SpiriPiano@aol.com*; H f Musik, Dagobertstr 38, D-50668 Köln. **Ausb:** Stud Cleveland u Boston, U Mozarteum Salzburg. **Laufb:** Prof (Kl-KamM) Staatl H f Musik Trossingen, Prof (Kl-KamM) H f Musik Köln. (Red)

Spitzer, Leopold, Mag, Prof, Gesangspädagoge; Univ f Musik u Darst Kunst, Inst f Gesang u Musiktheater, Penzinger Str 7, A-1140 Wien, T: (01) 7 11 55 27 00, F: 7 11 55, *spitzer@mdw.ac.at* [Bad Ischl 28.5.1942]. dt Lied **Ausb:** (Gesang, Päd) MH Wien 62–70, (Germanistik) U Wien 62–67, (MWiss) ebd 70–73. **Laufb:** o UProf f Musik u Darst Kunst Wien seit 78, Lt Inst f Gesang u MTh 80–86, 90–92, seit 02, Konzertsänger. **Pr:** Großes Ehrenzeichen d Rep Österreich. **Mitgl:** Int Hugo Wolf-Ges in Wien. – **Sonst:** Editionslt d krit Gesamtausg d Werke Hugo Wolfs; zahlr Publ üb Hugo Wolf.

Spöndlin, Elisabeth, Komponistin; von Suryweg 6, CH-4500 Solothurn, T: 03 26 22 99 78 [Zürich 8.2.1923]. geistl Chorwerke, Orchesterwerk, Violinkonzerte, Duette, Trios, Quartette, Quintette, Sextette etc, Gesang m Instrumenten **Ausb:** Unterr (V, Va), Komp (T Bräm) Basel 82–86. **Pr:** Kulturpr f Komp Kanton Solothurn 97. **Mitgl:** Schweizer M-Edition, Frauen M Forum, Zentralbibliothek Solothurn. – **Komp:** KamM, Ges u Instr, ChorW, Konz, Sinf- u Str-Orch, Schülerorch; ua 'Der Weg führt?' (f gem Chor), Longas, Planetenton Windspiele, UA 92; 'Lachen, Lächeln' (f FrauenCh), UA 93; 'Müdes Lied' nach e Gedicht v S Meerbaum- Eisinger (f V solo), UA 93; '5x Cello', UA 95; 'Wie klingt wohl d Musik d Ewigkeit' (f 2 Trp u Org), UA 96; 'Spiel m Intervallen' (f JugendsymphOrch), UA Olten 97; 'Anne Babi Jowäger' (f 5 Vcl, Hackbr, Sprecher), UA Huttwil 2000; 'Wunschtraum u Wirklichkeit' (f StrOrch u Qua), UA 01; 'Die Intervallspiele' (Th f Sprecher, Fl, Ob, 2 Klar, V1, V2, Va, Vcl, 2 KB, Kl), UA Solothurn 04; 'Eigene Wege' (f Ob, Kl, V1, V2, Va, Vcl), UA Solothurn 06. **Aufn/RF:** Werke in Radio-Sendung 'Musikmacher ohne Öffentlichkeit' 81; Grdg Freundeskreis ES 89, Aufn SME 02. **UA:** 29 UA 84–03. **Zug:** M Steiner: Geigenges (f V solo), UA 83. **Lit:** Schweizer Komponistinnen d Gegenwart.

Spoerri, Bruno, Komponist; Freiestr 172, CH-8032 Zürich, T: 0 14 20 15 42. (Red)

Spogis, Raimonds, Bariton; Südendstr 22, D-76137 Karlsruhe, T: (07 21) 62 27 22, F: 62 27 22, *Raimondsspogis@aol.com*; c/o Stadttheater Gießen, PF 111128, D-35356 Gießen. Konz, Op, Lied, Alte M **Ausb:** Stud Ges (U Spreckelsen) H f M Detmold, (W Workman) H f M Hamburg, (K-D Kern) H f M Karlsruhe, Mstrkse ua b E Schwarzkopf, B Fassbaender, H Höll, K Widmer, J Cash. **Laufb:** Gastsol Pfalzth Kaiserslautern, Th Koblenz, Hans-Otto-Th Potsdam, Atelier Lyrique de Tourcoing, Op de Rennes, Th an d Rott Eggenfelden, Berliner KamOp SpZ 04/05, Gastsol ua MDR-MSommer, MSommer Mecklenburg-Vorpommern, Herrnsheimer SchlossFSp Worms, Telemann-Festtage Magdeburg, Musikfest Bremen. **Pr:** Stip Dt MWettb 92, Prtr City of

London Walther-Gruner-Lieder Wettb 91, Int R-Schumann-Wettb Zwickau 93. **Mitgl:** Verb dt GesPädagogen.

Spohr, Dietburg, Mezzosopran, Dirigentin; Im Unterdorf 7, D-65779 Kelkheim-Fischbach, T: (0 61 95) 6 33 34, 91 06 73, F: 6 40 04, *belcanto.spohr@t-online.de, BelcantoDS@aol.com; www.belcanto-spohr.de.* zeitgen M **Ausb:** Stud H f M Stuttgart. **Laufb:** Mitgl Stuttgarter Schola Cantorum, LAuftr H f M Stuttgart, Künstl Ltg Ens <belcanto>. **Ens:** ‹belcanto› seit 86. – **Aufn/RF:** m Ens 'belcanto': Klangsteine – Steinklänge: K-H Stahmer (Hommage à Daidalos); M Vetter: Musik aus Stein; 'belcanto': Steinklänge; A Hölszky: '...es kamen schwarze Vögel', Monolog, vampirabile, Kommentar f Lauren; L Nono: Donde estás, Hermano¿; Y Pagh-Paan: Hin Nun, Flammenzeichen; N Brass: Rose-Ausländer-Lieder; M Spahlinger: el sonido silencioso; H Eisler: Woodbury Liederbüchlein; G Rühm: foetus, Schöpfung, Sprechqua; C Schwehr: deutsche tänze; N Van de Vate: Cocain Lil; A V Lourié: La Naissance de la Beauté; D Schnebel: Amazones; P Ablinger: Weisse Litanei; C Debussy, C Gottwald: Les Angelus; A Haim: Else Lasker Schüler Zyklus: Mein blaues Kl; K Boehmer: Un Monde abandonné des Facteurs; F Casti: Come un'ombra di luna; W Rihm: Séraphin/Stimmen.

Spohr, Mathias, Dr phil, PD, Komponist, Medienwissenschaftler; Eggbühlstr 9, CH-8050 Zürich, T: 0 13 02 15 12, F: 0 13 02 15 12, *mspohr@bluewin.ch* [Wien 11.5.1960]. **Ausb:** Stud (Kl, Kb) Schauspielakad Zürich 79/80, Stud (MWiss, Literaturkritik, Germanistik) U Zürich, Prom 87, Habil U Bayreuth 04. **Laufb:** Schauspieler, RegieAss u Regisseur, freischaff Komp u Bearb vorw dramat M, musikjournalist Arb, Redaktionsmitgl 'Pipers Enzyklopädie d Musiktheaters' seit 92, Studienganglt Darst Künste HdK Bern 05. – **Komp:** 'Leda' nach Alfred Jarry (Musikal Komödie) 87; I Elafina (Kinderchor) 89, UA Iraklion, Kreta, 'ALEA III', Boston Univ, Dgt: Th Antoniou 89; Spiegel das Kätzchen (Spielop) 90, UA Zürich, Op 90; 'Die Zauberharfe', ein imaginäres Ritterdrama nach Schubert 92, UA Zürich, Tonhalle 92; Stück f Glocken u KamOrch (Konz) 93, UA Tartu, Estland, Stadtth 93; Oktett f Bläser 97. **Sonst:** Geschichte u Medien d 'gehobenen UnterhaltungsM' Zürich 99; Das gemeinsame Maß, Medientheorie, Salzburg 03.

Spreckelsen, Uta, Prof, Hochschullehrerin, Sopran; PF 1652, D-49516 Lengerich, T: (0 54 81) 3 87 87; Musikhochschule, Ludgeripl 1, D-48151 Münster. **Laufb:** Prof (Ges) H f M Detmold, Abt Münster. (Red)

Sprenger, Christian, Posaune; c/o Rundfunk-Sinfonieorchester Berlin, Charlottenstr 56, D-10117 Berlin [Marburg a d Wehrda 1976]. **Ausb:** Stud Frankfurt/Main u Freiburg. **Laufb:** Philh Orch Freiburg, Münchner Symph, Sol (Pos) RF-SinfOrch Berlin seit 01 (seit 97 als Gast). **Pr:** 1. Pr Bundeswettb Jugend musiziert 95, Prtr Dt Musikwettb 01. (Red)

Sprenger, Christian, Instrumentalist, Querflöte; c/o MDR-Bläserquintett, Undine Röhner-Stolle, Sommerfelder Weg 86, D-04329 Leipzig, T: (03 41) 6 88 73 30, F: 6 88 73 30, *cdsprenger@t-online.de*; c/o MDR Sinfonieorchester, Augustuspl 9a, D-04109 Leipzig; *www.floetenquintett-qe.de, www.mdr-blaeserquintett.de* [Berlin 29.4.1968]. Solokonzerte, Kammermusik, Orchestermusik **Ausb:** Stud (W Tast) H f M Berlin 80–90; Mstrkse b T Wye, P-L Graf. **Laufb:** stellv Solofl Gewandhaus Leipzig 89–94, Solofl MDR-SinfOrch seit 95; Sol u EnsMitgl versch KamOrch (z B Leipziger KamOrch, Neues Bach Collegium Musicum, Ens Avantgarde) Tourneen nach USA, Großbritannien, Italien, Türkei, Costa Rica; Solokonz unter Dgt wie M Viotti Magdeburg 99, F Luisi Leipzig 04, E Colomer Markneukirchen, M Swierczewski Leipzig, B Glätzner Hamburg ua. **Pr:** JugWettb J S Bach Leipzig, Int InstrWettb Markneukirchen. **Ens:** mdr-bläserqui, 'Quintessenz' Leipziger QuerflEns, Ens 'Talea' Halle. – **Aufn/RF:** CDs: Ens Quintessenz: 'Einladung in d Salon' 99, 'Arabesques' 02, 'Bonsoir' (Neuauflage v 'Einladung in d Salon') 03; MDR-Livemitschn: C Reinecke: FlKonz; F Martin: Konz f 7 Bläser; Mozart: Konz f Fl in D; ders: Concertante (Fssg m Fl); ca 5 KamKonz m mdr-Bläserqui; div Prod mit mdr-Bläserqui u Quintessenz'. **Sonst:** Grdg mdr-Bläserqui 95, 'Quintessenz' Leipziger QuerflEns 96.

Sprenger, Christopher, Korrepetitor; c/o Theater der Bundesstadt Bonn, Boeselagerhof 1, D-53111 Bonn. **Laufb:** Korr MTh Bonn. (Red)

Sprenger, Dietrich, Repetitor; c/o Komische Oper, Behrenstr 55–57, D-10117 Berlin. **Laufb:** Studienlt Kom Op Berlin. (Red)

Sprenger, Karsten, Dirigent; c/o Sorbisches National-Ensemble, Äußere Lauenstr 2, D-02625 Bautzen. **Laufb:** Chordgt Sorb Nat-Ens Bautzen. (*)

Sprenger, Ulrich, Dirigent; Grünstr 18, D-58095 Hagen, T: (0 23 31) 38 66 26, F: 38 66 26 [Bonn 18.5.1957]. **Ausb:** Stud (Dirig, Kl) MH Köln 79–81, (Dirig, Kl) MH Detmold 81–82. **Laufb:** Rep Nürnberg 82–84, Bayer Staatsop München 84–85, Kapm Freiburg, Ulm 85–90, Musikal ObLt Annaberg 94–98, Japantournee 95, Gastdgt Klass Philh Bonn, N Rh KamOrch Köln, RF-Orch Pilsen, SinfOrch Karlsbad/Tschechien 98–01.

Spring, Rudi, Komponist, Pianist, Hochschullehrer, Dirigent; Therese-Danner-Pl 7, D-80636 München, T: (0 89) 12 77 99 00, F: 12 77 99 01 [Lindau 17.3.1962]. als Pianist: Lied, Kammermusik; Solo: Klaviermusik v J S Bach, C P E Bach, Haydn, Mozart, Beethoven, Schubert **Ausb:** Kl, Tonsatz, MTheorie (A Kuppelmayer) 73–77, GastStud Orgel, Kl, KamM (H Schiff) Kons Bregenz 76–80, Stud (Kl, Komp) MH Künchen 81–86. **Laufb:** Dgt Schumann-Orch München 85–90, LAuftr (Korr, MTheorie) MH München 87–96, LAuftr (Liedgestaltung) ebd seit 99. **Pr:** Feldkircher Kulturpr 87, Bayer Staatl Förderpr f Junge Künstler 88, Int Bodensee-Kulturpr 02, Villa-Massimo-Stip Rom 05. **Ens:** Cosi Fan Tango (Trio: Akk, Hackbrett, Kl) 94–97, Duo Violine-Klavier m Erich Höbarth seit 84, ZusArb m M Reiter (Akk) seit 94. **Mitgl:** Verb Münchner Tonkünstler, DKV. – **Komp:** Fantasien nach einer Alten Irischen Weise (OrchW) 82, rev 89, UA Bregenz 89; Galgenliederbuch nach Ch Morgenstern (Lied) 83–99, UA Seefeld 99; Duo-Sonate f V u Kl (KamM) 85, UA Eching 85; 'Präludien' f Streichsextett m Kl (KamM) 86/87, UA Schwaz 92; Vorerinnerung (OrchW) 90, UA Bregenz 90; Ach Sender Schenke (Bar u KamEns), UA Ravensburg, S A Richter 93 (Auftr: Verein z Förderung d Musik Oberschwabens u SWR); 'Chorfantasie' nach Texten v A Silesius u I Bachmann (ChM) 95, UA Stuttgart 95; II. Kammersymph (OrchW) 97, UA München 98; Schubert-Triptychon (OrchW voc) 2000/01, UA Tettnang 01; III. KamSymph 'Heimkunft' (OrchW voc) 2000/01, UA Tettnang 01; 'Die Donau u ihr Geist. Märchenmelodram' (Sprecher u KamEns), UA Stuttgart 02 (Auftr: Int Hugo-Wolf-Akad Stuttgart); 'To pneuma hopu thelei pnei' (KamKant f Sop, Alt u KamEns), UA Bregenz 04 (Auftr: Ldsbibliothek Bregenz). **Aufn/RF:** C P E Bach, J S Bach, W F Bach: 'Bach Dreifach' (KlSolow) 2000; Schubert: 'Auf Schuberts Spur' (KlSon 1823–26) 03/04. **Zug:** F Schwenk: 'Versuch über d wahre Art, C Ph E Bach nachzuempfinden' (Hackbr u Kl), UA m M Kirch, R Spring 94. **Lit:** Werkverzeichnis 79–02.

Springer, Gabriele, Sängerin; Hohe Str 9, D-96450 Coburg, T: (0 95 61) 9 26 06. **Laufb:** Sol Coburger Sommer-Operette (03/05), Chorsängerin Landesth Coburg. (Red)

Springer, Jendrik, Solokorrepetitor; Anzengrubergasse 16, A-1050 Wien, T: (01) 5 45 38 60. **Laufb:** Solorep, Kinderop, Studienlt Wiener Staatsop. (Red)

Sprung, Arnd, Komponist, Gitarre; Kempener Str 57, D-50733 Köln, T: (02 21) 72 24 10, F: 72 24 10, *arndsprung@aol.com*; *www.arndsprung.de* [1954]. **Ausb:** Stud (Git) Staatl H f M Köln m Dipl b Prof Karl-Heinz Böttner, Masayuki Hirayama, Thomas Müller-Pering 76–82; Mstrkrse (Git) b Jose Tomas Alicante (Spanien), John Mills London, Leo Brouwer Lüttich (Belgien), Mstrkrs (KamM) b Joan Lorna Pierce Richmond (USA) 79–81. **Ens:** Duo 440 hertz m Veronica Kupzog 82–2000. – **AuftrKomp:** Komp zu Hörspielen d Autoren Erland Josephson, Fitzgerald Kusz, Daniel Therriault, Jim Thompson, Friedrich Berstenreiner, Dirk Spelsberg, Adolfo Bioy-Casares, Michael Schulte, Salman Rushdie 'Des Mauren letzter Seufzer', Minette Walters 'Dunkle Kammern', Javier Marias 'Morgen in der Schlacht – denk an mich', Antonio Tabucchi 'Lissabonner Requiem', Alexandra Marinina 'Fremdes Terrain', Michel Houellebecq 'Ausweitung der Kampfzone' (Auftr: WDR, BR, HR, NDR, SDR, SWF, RB, SWR). **Aufn/RF:** LP '440 hertz' 87, CD 'Zeitspiele' 91, 'Vom Winde zersägt / Rapsody in Major Minor' 96. (Red)

Spuck, Rüdiger, 1. Konzertmeister; Brandaustr 8, D-34127 Kassel, T: (05 61) 8 90 74 78; c/o Hessisches Staatstheater, Friedrichspl 15, D-34117 Kassel. **Laufb:** 1. Konzm Orch d Staatsth Kassel. (Red)

Squire, Cyril, Komponist, Klavier; ch de la Marelle 7, CH-2300 La-Chaux-de-Fonds, T: 03 29 13 28 78 [Paris 14.4.1931]. Konzerte, Lehre, Komp **Ausb:** Stud Kl (V Perlemuter) Cons Nat Sup de M de Paris 52–56, Liedbegleitung (N Boulanger) 53–55, Komp (T Aubin) 55–60. **Laufb:** Dir MKons La-Chaux-de-Fonds 84–96. – **Komp:** Fantaisie (f Kl u Orch), UA Paris 58; 'Tu Parole est Eternelle' (f Solo, Chor u Orch), UA Lausanne 66; Souffle d' Eté (Son f StrOrch), UA Neuenburg 2000.

Šramek, Alfred, KS, Sänger; Wiener Staatsoper, Opernring 2, A-1010 Wien [Mistelbach]. **Ausb:** Mitgl Mozartsängerknaben, Stud (Ges) Kons Wien u b H. Zadek u P. Klein fort. **Laufb:** Sol Staatsop Wien. (Red)

St Clair, Carl, GMD, Dirigent, Generalmusikdirektor; Deutsches Nationaltheater, PF 2003, D-99401 Weimar. **Ausb:** Stud Univ Texas Op- und OrchDir b W. Ducloux. **Laufb:** MD Ann Arbor Symph Orch 85–92, Ltg Cayuga Chamber Orchestra 86–92, Asst Conductor Boston Symph Orchestra 86, MD Pacific Symph Orchestra of Orange County, Kalif seit 90, Ständiger Gastdirg SWR Radio-SinfOrch Stuttgart 98/99–04/05, Chefdir u GMD Dt Nationalth u Staatskapelle Weimar ab 05/06. (Red)

Staar, René, Komponist, Dirigent, Violinist; Franz-Josefs-Kai 49/15, A-1010 Wien, T: (01) 5 33 38 37, F: 5 33 38 86, *staar@staar.at*; *www.staar.at* [Graz 30.5.1951]. Neue Musik, KamM **Ausb:** V (F Samohyl) Wien seit 63, Gaststud V (A Ignatius) u Kl (I Tateno) Sibelius-Akatemia Helsinki 68/69, Dirigierstud MH Wien (H Swarovski u K Österreicher) seit 72, Abschl Kompstud MH Wien (A Uhl) 73, Abschluß VStud 74, Mstrks (N Milstein) Zürich 77–79, postgrad Stud Komp (R Haubenstock-Ramet). **Laufb:** langjähr Ass (F Samohyl) ab 74, freischaff Künstler u Komp Genf ab 81, zahlr Recitals u Debüts, ZusArb m Ens 20. Jh Wien, Schwedenreise m Ens 20. Jh, USA: Recitaltournee, Mstrkl UCSB u Philips Exeter Acad, Mitgl Wiener Streichersol 87–94, Guest Lecturer UCSB, Konz Frankfirech, Recitaltournee England u Irland 88, Wiener Staatsopchor seit 88, GF Wiener Streichersol 90–94, m Wiener Streichersol Fstv de Paris 91, m Ens Wiener Collage Japan u USA, m Wiener Streichersol Tokyo u USA, Frankreich 92/93, GastProf H f M u darst Kunst Graz ab 94, Lt u Dgt Ens Graz-St Petersburg, Konz Graz u St Petersburg 96, zahlr nat u int Konz m EWC 97/98. **Pr:** Ernst Krenek Pr Stadt Wien 86, Prtr Lissabonner Bach-Mozart-Wettb 73. – **Komp:** Structures VI Op 7/6 82; Just an Accident? Op 9 (Requiem) 85, UA New Orleans, m New Orleans Symph Orch, Dgt: P Entremont 86; Zwei Lieder nach E Lasker-Schüler 87, UA Paris 87; Bagatellen auf d Namen György Ligeti, Op 14/3a 89–96, Gesamt-UA, Wien, Schönberg-Center, m J Marian 99; Gemini Op 24 (Duette-Zyklus) 91, UA Wien 96, Kyoto 91, Wien 97; Metamorphosen e Labyrinths Op 22a (Ens) 90–95, UA 1. Fssg Fstv de Paris, m Wiener Streichersolisten 91, UA 2. Fssg Sendai, Japan 92, UA 2. Fssg St Petersburg 03; Versunkene Träume Op 22c (Sechs Skizzen f StrQua) 93, UA Wien, Musikverein, m Küchel-Qua (Auftr: BMfUK); Metropolitan Midnigh Musik Op 22d (f gr Orch) 93; Klischees Op 22e (f gr Orch) seit 95; Rinne Ten-Sho Op 30 (Tryptichon f V, Shakuhachi, Gagaku-Ens, Schlgz, Shomyo) 96, UA Wien Modern, m Tokyo Int Music Ens 96; Divertissement Suisse No 5 Op 10 Nr 5 (f Fl, Va u Hf), UA Puchberg 94, UA erw Fssg Wien, Konzerthaus 'Hörgänge', m

D Flury,T Lea, G Mossyrsch 97 (Auftr: BMfUK); Descendances Imaginaires Op 22f (work in progress) seit 2000; La Fontaine du Sang Op 22b (SoloV u gr Orch) 92–01, UA Berlin 02; Noah u die Sintflut Op 22g (f Sol, gr Orch, gr Chor), UA München 03. **Aufn/RF:** Just an Accident, m ORF 87; Metamorphosen e Labyrinths, m NHK 92; CD 10 Jahre Ens 'Wiener Collage', ORF. **Zug:** R Schollum: Violinkonz; Werke v E Hartzell, E Fiertag, E Urbanner, Z Wysocki, Wl Pantchev, R Schollum, F Cerha. **Sonst:** Mitbegrd Ens Wiener Collage 87 u EYCOS, künstl Lt ens Wien-Paris. **Lit:** Lex zeitgen Musik aus Österreich.

Stabell, Carsten, Sänger; Ovre Skogvu 14C, N-0281 Oslo; c/o Künstler-Sekretariat am Gasteig, Rosenheimer Str 52, D-81669 München, T: (0 89) 44 48 87 90, F: 4 48 95 22, *team@ks-gasteig.de* [Trondheim 1960]. **Ausb:** Staatl MAkad u Nat College of Operatic Art Oslo. **Laufb:** sechs Jahre Ens-Mitgl Op Stuttgart, Gast-Engg ua Bastille-Op, Th de Chatelet Paris, Semperop Dresden, Grand Th de Genève, Th de la Monnaie Brüssel, Royal Op House Covent Garden London, Scottish Op Glasgow, Het MTh Amsterdam, Op de Marseille, Vlaamse Op Antwerpen, Scala Mailand, wiederholte Engg Lyric Op of Chicago, Philadelphia Op 98, Houston Grand Op 2000, Silvesterkonz Gewandhausorch 98 u 99. **Pr:** Belvedere-Gesangswettb Wien 85. – **Aufn/RF:** Mahler: Symphonie Nr 8, m Danish Nat Radio Symph Orch and Choir, Dgt: L Segerstam; Monrad Johansen: Voluspa, Dgt: A Hegestad; Irgens-Jensen: Heimferd, m Trondheim Symph Orch, Dgt: O K Ruud.

Stabenow, Thomas, Prof, Hochschullehrer, Kontrabass; Gunzenlehstr 17, D-80689 München, T: (0 89) 58 78 49, F: 5 46 02 71, *stabenow@jazzrecords.com*; *www.muho-mannheim.de, www.jazzrecords.com/bassic* [Kirchberg/Jagst 11.9.1952]. Jazz **Ausb:** Stud (Prof U Lau) MH Stuttgart 75–80. **Laufb:** Prof (Kb, Ens) Staatl H f M u Darst Kunst Mannheim. **Pr:** Jazzpr d Landes Baden-Württemberg 86, Förderpr f Musik d Stadt München 99. – **Sonst:** eigenes Label 'Bassic Sound' m 3 LPs u 25 CDs seit 86. **Lit:** M Kunzler: Jazz Lex; Reclams Jazzführer.

Staber, Wilfried, Bariton; c/o Konzertdirektion Fritz Dietrich, Sigmund-Freud-Str 1, D-60435 Frankfurt/M, T: (0 69) 54 45 04, F: 5 48 41 07, *info@konzertdirektion-dietrich.de*; *www.konzertdirektion-dietrich.de*. **Ausb:** U Graz (Elektrotechnik), U f Musik u Darst Kunst Graz b Prof. Loibl, H f Musik u Th München. **Laufb:** Sol Stadtth u SchlossFSp Heidelberg, EnsMitgl Th Heidelberg seit 04/05. **Pr:** Prtr Francisco Vinas Gesangswettb Barcelona 04. (Red)

Stabrawa, Daniel, Konzertmeister; c/o Berliner Philharmoniker, Herbert-von-Karajan-Str 1, D-10785 Berlin [Krakau 1955]. **Laufb:** 1. Konzm Berliner Philharmon Orch seit 86. **Ens:** Philharmonia Qua Berlin. (Red)

Stackelberg, Annette von, Prof, Hochschullehrerin, Flöte; Krumme Str 3, D-12203 Berlin, T: (0 30) 8 33 39 07, F: 8 33 39 07; Univ d Künste, Fak Musik, Inst für Künstlerische Ausbildung/ Orchesterinstr u Dirigieren, PF 120544, D-10595 Berlin, T: (0 30) 31 85 29 70 [Freiburg 6.4.1954]. freie Improvisation **Ausb:** Stud (Richter) MH Frankfurt/M 72–75, (Zoeller) MH Hamburg 75–81. **Laufb:** Solofl Hamburger Symph 77–87, Doz MH Hamburg u Saarbrücken bis 88, Prof (Fl) U d Künste Berlin seit 89. **Pr:** Kuhlau-Wettb, Dt Mrat. **Ens:** Impgruppen 'Klangblüte' u Berlin 94.

Stadel, Andrea, Sängerin; Lessingstr 3, D-06114 Halle, T: 0 17 02 74 06 64. (Red)

Stadelmann, Christian, Violine; Bergengruenstr 24, D-14129 Berlin, T: (0 30) 8 01 81 59; c/o CCM Classic Concerts Management, Mühlenstr 22, A-86842 Türkheim, T: (0 82 45) 96 09 60, F: 96 09 80, *info@ccm-international.de* [Berlin 1959]. **Ausb:** Stud b Thomas Brandis Berlin. **Laufb:** Berliner Philharmoniker seit 85, 1. Stimmführer 2. Violinen seit 87. **Ens:** Philharmonia Qua Berlin. (Red)

Stadler, Frank, Mag, Violine; Mozarteum Orchester, Erzbischof-Gebhard-Str 10, A-5020 Salzburg, *cesco@aon.at* [Obertaufkirchen 12.4.1969]. Kammermusik, neue Musik **Ausb:** Stud V an HfM u darst Kunst Mozarteum b H Zehetmair, Ruggiero Ricci. **Laufb:** Lehrauftr Mozarteum, 1. Konzm Mozarteum Orch Salzburg seit 99; künstl. Lt u Primarius Österr Ens f Neue Musik (oenm) 97–05; Primarius stadler quartett; Konz Salzburger FSp 03: Helikopter-Quartett v Stockhausen; Gastkonzm Nürnberger Philh 02/03 u des Tokyo Symph Orch; Solist Mozarteum Orch 05/06. **Ens:** Mozarteum Orch Salzburg; stadler quartett; oenm. – **Aufn/RF:** Mozart: Haffner Serenade KV 250, Mozarteum Orch Salzburg Dgt: H Soudant (RF+CD) 99; Concertone C-Dur für zwei Violinen und Orchester m Markus Tomasi, Dgt: F Brüggen, DVD 02; Beethoven 'Grosse Fuge' u Schoenbergs 'Ode an Napoleon' m Fischer Dieskau 04; Mozart: Serenade in D-Dur KV 204, Dgt: H Soudant, Mozarteum Orch Salzburg 05. **UA:** Mit stadler quartett u oenm (Österr Ens f Neue Musik) weit mehr als 100 UA. **Zug:** Boguslav Schäffer: Violinkonzert, UA Warschau 03.

Stadler, Irmgard, KS, Sopran; Payerstr 10, D-70184 Stuttgart, T: (07 11) 24 06 31 [Michaelbeuern 28.3.1937]. Op, Lied **Ausb:** Stud (L Besalla, E Rokyt, E Werba) Mozarteum Salzburg u U Wien 57–63. **Laufb:** Sol Staatsth Stuttgart seit 63, Gastsp Staatsop Wien, München, Hamburg, Berlin, Düsseldorf, FSp: Salzburg, Glyndebourne, Edinburgh, Flandern, Venedig, Rom, Paris, London etc. – **UA:** Klebe: Das Mädchen v Domrémy (Jeanne). **Zug:** Komma: Liederzyklus 'An d Madonna'.

Stadlmair, Hans, Prof hc, Komponist, Dirigent; Gabelsbergerstr 53, D-80333 München, T: (0 89) 18 83 70 [Neuhofen a d Krems 3.5.1929]. **Ausb:** Komp, V, Va, Dirig Akad f Musik u darst Kunst Wien 46, (J N Davis) Stuttgart 52. **Laufb:** Lt mehrere Chöre u erste SymphKonz als Dgt Stuttgart, Lt Münchner KamOrch 56–95. **Pr:** Förderpr München, Stuttgart, Linz, Ober-Österr, Ehrenring Neuhofen, Mozart-Med d Mozartges Wiesbaden, Med 'München leuchtet' 89, BVK a Bande 89, Münchner Musikpr 95. – **Komp:** Toccata di Festa (gr Orch) 65, UA Münchener Philharmoniker 66; 'Lacrimae' Metamorphosen f Streichorch 67/94, UA München 94; 'Noveletten' f Streichorch, UA München 79; 'Da pacem domine' Sinfonia f Alphorn (Glocken u Streichorch), UA München 88; 'Essay' f Klar u Streichorch, UA München 89; 'Capriccio' f Fl u 15 Solo-Streicher, UA München 90; 'Saxofonia' f 15 Saxophone u Schlgz, UA Darmstadt 97. **AuftrKomp:** 'Concerto capriccioso' (f 2 Fl, Schlgz u Str-Orch) 93 (Auftr:Musikhaus Hieber München); 'XENIEN' (f KOrch) 99, UA München 2000 (Auftr: Münchener KamOrch). **Aufn/RF:** H S: Instrumentales Gesamtwerk (BR); CDs: ua H S: Orchesterwerke, 2 Cds KamM, 'Klangreden' (Neue Musik f Blockfl). **UA:** zahlr. **Zug:** H Eder: 3. Symph: Ders: 'Vertraute Räume' (Orch); J N David: 3. StrKonz; M Zahnhausen: 'Haiku' (Gesang u Instr).

Stadtfeld, Martin, Klavier; c/o Pro Arte Frankfurter Konzertdirektion, Staufenstr 4, D-60323 Frankfurt, T: (0 69) 9 71 24 00, F: 97 12 40 40, *finckenstein@proarte-frankfurt.de, mail@martinstadtfeld.de*; *www.martinstadtfeld.de* [Koblenz 1980]. **Ausb:** Stud MH Frankfurt (L Natochenny), Mstrks (M Pressler, V Margulis, V Feltsman, I Lazko, P Eicher), Kl u KamM m Th Brandis, I Bieler, K Randalu. **Laufb:** Konz in Europa u USA, ua Leipziger Gewandhaus 06, Concertgebouw Amsterdam 06. **Pr:** Stip Dt Musikwettb 97, 1 Pr Klavierwettb „Nikolai Rubinstein“ Paris 97, Preistr Busoni-Wettb Bozen 01, Int Bach-Wettb Leipzig 02, Echo-Klassik Pr 04 u 05. – **Aufn/RF:** Goldbergvariationen, „Bach Pur“. (Red)

Stäbler, Gerhard F, Komponist; c/o Earport, Philosophenweg 17a, D-47051 Duisburg, T: (02 03) 2 98 44 00, F: 2 98 44 01, *GStaebler@aol.com*; *www.gerhard-staebler.de* [Wilhelmsdorf 20.7.1949]. **Ausb:** Stud Detmold 68–70, Essen 70–76. **Laufb:** Vortragsreisen in Europa, Amerika, Asien, künstl Lt Active M New York 89, GastProf Northwestern U Chicago 92 u 94, Doz Int Darmstädter Ferienkse 92, 94, 98; Künstl Lt M Contemp innerhalb d 2as jornadas de arte contemporanea Porto 93, Künstl Lt WeltMTage d Int Ges f Neue M 95 im Ruhrgebiet, Mitgl Jury f d Gaudeamus-Pr 95, Lt Gaudeamus-Workshops f jge Komp Amsterdam, Mstrkse Moskauer Staatskons u U of Derby 96, künstl Lt Int Meeting for Young Composers 'EarTalk' Molyvos, Griechenland 96, Doz (Intpr, AuffPraxis) Saarländ H f M Saarbrücken 97, Projekt PoeticArts 97 u LandMarks 99 i Ruhrgebiet, Projekt futuressence^{xxx} San Francisco 2000, Ruhrgebiet 01, New York 02, Seoul 03, Olympia (USA) 04, Jury b Grand Prix Seoul 01 u 02, Japan- u Koreatourneen 04 u 05, Kalifornientournee 05, Composer-in-residence a d U f M u Kunst Graz 05. **Pr:** 'Cornelius Cardew Memorial Pr' London 82, Prtr 'Ensemblia'-KompWettb Mönchengladbach 83, Stip H-Strobel-Stift SWF 85/86, 'Djerassi-Artist-in-Residence' USA 86/87, 93, Stip Land Niedersachsen 87/88, Stip Japan-Foundation 94, mehrere Stip ZKM Karlsruhe, Composer-in-Residence Dt Op am Rhein Düsseldorf-Duisburg 01/02, Duisburger MPr 03. – **Komp:** drüber... (acht Schreier, Vcl, TB) 72/73, UA Essen 73; 'Ruck-Verschie/oben-Zuck' (OrchStücke) 86/88, UA Essen, Philh Hungarica, Dgt: H Imig 89; ...strike the ear... (Str-qua) 87/88, UA Düsseldorf 88; Den Müllfahrern v San Francisco (f Ens) 89, UA Witten 90; [Apparat] (f gem Ch, Ens), UA Donaueschingen 95; KARAS.KRÄHEN (f Ens) 94/95, UA Tokyo 95; Wolken. Bilder (f Orchestrion), UA Magdeburg 97; Dalí (f Kl), UA 97; Ausnahme. Zustand (f Orch), UA Frankfurt 98; Internet 3.1 (Fragment), UA Strasbourg 98 (Auftr: Frz Kultusmin); energy.light.dream (f Sop, Orch u Fernens) 99–2000, UA Vockerode, Dgt: E Kloke 2000 (Auftr: Expo 2000); Elements (acute) (f 5kanal TB) 2000 (Auftr: Kultur Ruhr GmbH); Zyklus 'SPICES' (versch Besetzungen) 2000; Timescape (f Schlgz u Orch), UA Essen 01 (Auftr Essener Philh); XXL-Great! (f Ch) 01 (Auftr: Kultur Ruhr GmbH); Die Reise (f Ens u Tb) 01/02, (Auftr: Kunststift NRW/Ives-Ens Amsterdam); Plateau (f Ens) 02 (Auftr: Luxembourg Sinfonietta); Madame la Peste (Op), UA Düsseldorf-Duisburg 01; Notebook (f V u Orch), UA Duisburg 03; TIME-OUT (Instr-Th) 03 (Auftr: Dresdner Zentrum f zeitgen M/Ens 'The Apartment House' London); white spaces (f Sop u Streichqua), UA Leipzig 04; ... day by day (f 2 Schlgz, 3 Frauenstimmen u Orch) 04 (Auftr Bayer RF f d Reihe 'musica viva'); KlangWand (f Ch u versch Ens), UA Trier 05. **Aufn/RF:** CD 'Strike the Ear', ua m Arditti Streichqua u d Ens Modern; CD TRAUM 1/9/9, m Musikfabrik NRW; CD Co-wie Kobalt, m SymphOrch d SWF; CD KARAS.KRÄHEN, ua m M Miyata (Sho), CD Palast d Schweigens, ua m d Ens recherches. **Sonst:** 'Angefügt, nahtlos, ans Heute' (Hgg J Bultmann, H-W Heister); 'SoundVisions' (Hgg T Möller, K Shim, G Stäbler); 'Poetic Arcs', multi media project 97; 'LandMarks '99', 5 multi media projekte z Abschluss d IBA Emscherpark. **Lit:** B Budisavljevic (Hg): 'LandMarks/EarMarks' – G S u sein Werk; S Fricke: 'Madame la peste' – MTh v G S u M Kaiser; H Melkert: 'G S – Klang u Sinn, Ton u Kunst'.

Staege, Roswitha, Prof, Hochschullehrerin, Flöte; Univ d Künste, Fak Musik, Mansfelder Str 39, D-10709 Berlin, T: (0 30) 2 13 84 98, F: 2 13 84 98; Univ d Künste, Fak Musik, Inst f Künstl Ausbildung / Orchesterinstrumente und Dirigieren, PF 120544, D-10595 Berlin. **Laufb:** Prof (Fl) U d Künste Berlin. (*)

Stähli, Hans, Komponist, Arrangeur, Dirigent; Am Wegfeld 10, D-96450 Coburg, T: (0 95 61) 6 65 78, F: 6 65 78 [Unterseen, Interlaken 31.3.1950]. als Komp: Sinfonik/humorist Kompositionen, als Arr: Kammerorchester/Bläseroktett, als Dgt: Sinfonik/Alt-Wiener Musik/Musiktheater **Ausb:** Stud (PrimarL) Staatl Lehrersem Hofwil-Bern 66–70, Theorie (T Hirsbrunner) Kons f Musik Bern 70–73, Orchesterdirigent (S Caduff) ebd 72–75. **Laufb:** KlBegl V-Mstrkl (M Rostal) Bern 75–76, Rep Landesth Coburg 77–81, Studienlt u KapM ebd 81–83, 2. KapM u Studienlt Stadtth Heidelberg 83–92, 1. KapM Landesth Coburg 92–97 u wieder seit 02 (04/05), LAuftr (Rollen- u EnsStud) Staatl H f Musik Karlsruhe 98–01. **Ens:** Dgt Ens 'Flotte Geister'. – **Komp:** Sinfonietta 70–71, UA Interlaken, Dgt: H Stähli 72; Scherzo (12 Bl) 73, UA Bern, Dgt: H Stähli 73; Zankpatience (2 Ob u Orch) 89/90, UA Heidelberg, M u M Friederich, Dgt: H Stähli 90 (Auftr: Florinduo); Tokachi (Sinfon Dichtung f Ch, Ten Solo) 91/92, UA Obihiro, Obihiro Chorus Assn, Tomoaki Aiba (Ten), Obihiro Symph Orch, Dgt: N Totsuka 92 (Auftr: Tokachi Mainichi Newspaper); Streichtrio 94, UA Heidelberg, Heidelberger StrTrio 98; Romanze, Rezitativ u Riff 97, UA Luzern, KbTrio d allg MGes Luzern 98; Sinfonie E-dur 98–99. **UA:** H Sternberg: Sinfonie in 1 Satz 68, UA Coburg, Orch d Landesth, Dgt: H Stähli 96. **Sonst:** Grdg Orch 'Flotte Geister', Int Unterhaltungs- u Virtuosenstücke in eigenen Bearbeitungen.

Stämpfli, Jakob, Prof, Bass, Tonmeister; Haldenweg 24c, CH-3626 Hünibach, T: 03 32 22 43 20. (Red)

Stärk, André, Prof, Hochschullehrer; Beethovenweg 5, D-32756 Detmold, T: (0 52 31) 96 29 72; Hochschule f Musik, Neustadt 22, D-32756 Detmold, *staerk@hfm-detmold.de*. Musiktheorie, künstl Tonsatz **Ausb:** H f M u Th Hannover (Schulmusik) 89–92, (Musiktheorie) 93–98, U Hannover (Germanistik). **Laufb:** PH Freiburg LBA (Musiktheorie) 98–01, Prof (Künstl Tonsatz) H f M Detmold seit 01.

Staffel, Andreas, Komponist, Pianist; Bahnhofstr 16, B-4728 Hergenrath, T: 0 87 65 32 92, F: 0 87 65 32 92, *andreas.staffel@yahoo.de* [14.4.1965]. Neue Musik **Ausb:** Dipl Cons U Maastricht 89, Dipl MH Frankfurt 93, Dipl (O Maisenberg) MH Stuttgart 95. **Laufb:** Konz EU Brüssel 94, Zürich 95, Südfrankreich 97, Habana Cuba 98, China 2000. **Ens:** Corres Pondanse Ens. – **Komp:** 3 Nachtstücke; Hölderlinlieder 99; StrQua 99; Spürst du denn nicht wie mein Herz auf dich einschlägt, UA MTh Aachen, m Aachen Lufo Space 2000; Illumination (f Kl), UA Orléans 2000. **AuftrKomp:** Celan Cyklus (7 Lieder f Bar u Kl) 01 (Auftr: EURIADE); Flötenson, Bratschenson (Auftr: Wogen d Zeit). **Aufn/RF:** Beethoven: Son op 110 95; Danner: Aphorismen 95; 4 CDs m Werken v Bach, Mozart, Beethoven, Debussy, Ravel. **UA:** Danner: Klavierson, UA Aachen 98. **Zug:** Danner: Klavierson. **Sonst:** Grdg Corres Pondanse Ens. **Lit:** Features in versch Zs.

Stahl, Andreas, Prof, Komponist, Hochschullehrer; Stauffacherstr 180, CH-8004 Zürich, T: 0 14 62 10 51, *astahl@bluewin.ch* [Frauenfeld 5.3.1955]. **Ausb:** Kompunterr (HU Lehmann) Kons Zürich, Theorie, Komp (M Spalinger, P Förtig, C Schwehr) MH Freiburg. **Laufb:** Doz (MTheorie) H f M u Th Bern. **Pr:** Stip Akad Schloss Solitude Stuttgart, Stip Künstlerhaus Schloss Wiepersdorf. – **Komp:** zuletzt: 126 pbm (f V u Kl) 98/99; o vento voa (f Altus u V) 99/2000; annäherung an e realen gegenstand (f Orch) 2000; gebunden. an anima u dich (f 4 Git) 2000/01; erinnern. an sich (f Voc, Fl, Ob, V, Vcl, Piano) 01; grauzone (f Fl, Ob, Klar, Akk) 02.

Stahl, David, Dirigent; c/o Staatstheater am Gärtnerplatz, Gärtnerpl 3, D-80469 München, PF 140569, D-80455 München, T: (0 89) 20 24 11 [New York 1949]. Wagner, R Strauss, Mahler, Verdi, am Komponisten **Ausb:** Queens College New York, Dirig priv (J Rosenstock) m 18, Ass (L Bernstein, A Copland, T Shippers), Dgt-Ass (L Bernstein) West Side Story Broadway 80. **Laufb:** MD u Dgt Charleston Symph Orch, Lt ebd seit 84, Opdgt New York City Op, am u kanad Ophäuser, Dirigate Mannheim 93/94, 1.Gastdgt Staatsth am Gärtnerpl München 96/97, Chefdgt ebd seit 99/2000, Lyric Op Chicago 2000, Gastdirigate Bamberger Symphoniker, RF-SinfOrch NDR u SWR, Münchner Philharmoniker, Staatskap Dresden, Museumskonz Alte Op Frankfurt/M, Bayer Staatsop München, Bayer ThAkad August Everding im Prinzregententh SpZ 03/04, ChefDgt Staatsth a Gärtnerplatz München seit SpZ 03/04.

Stahl, Wolfgang, Horn; c/o Staatskapelle Berlin, Unter den Linden 7, D-10117 Berlin. **Laufb:** stv Sol Staatskap Berlin. (Red)

Stahlbaum, Tatjana, Violine; c/o MDR Sinfonieorchester, Augustuspl 9a, D-04109 Leipzig. **Laufb:** stv Stimmführerin MDR SinfOrch Leipzig. (Red)

Stahmer, Elfriede, Prof, Hochschullehrerin, Violine; Hochschule f Musik u Theater, Emmichpl 1, D-30175 Hannover. **Laufb:** Prof (V) H f M u Th Hannover. (Red)

Stahmer, Klaus Hinrich, Dr, Prof, Komponist, Hochschullehrer; Am Pfad 12B, D-97204 Höchberg, T: (09 31) 4 92 32, F: 4 92 32 [Stettin 25.6.1941]. **Ausb:** Stud Dartington College of Arts, MH Hamburg, U Hamburg, U Kiel. **Laufb:** Ltätigkeit MH Würzburg seit 69, Prof (Mwiss) ebd seit 72, Präs dt IGNM-Sektion 83–87, Lt 'Studio f Neue Musik' u 'Tage d Neuen Musik' Würzburg, GastDoz Südafrika. **Pr:** 1. Pr Tokyo, 1. Pr Koblenz, Johann-Wenzel-Stamitz-Pr, Kulturpr Stadt Würzburg, BVK 1. Kl. – **Komp:** Davids Lobgesang, UA Hamburg 89; Herr d Winde (Fl u Klangskulpturen), UA Berlin 96; Sacred Site (Kl), UA Barossa Valley, Australien 96; May they come... (gr Orch), UA Toronto 99. (Red)

Stahnke, Manfred, Dr, Prof, Hochschullehrer, Komponist; Hochschule f Musik u Theater, FB 1, Harvestehuder Weg 12, D-20148 Hamburg, T: (0 40) 4 28 48 23 88, F: 4 28 48 26 66, *ms@manfred-stahnke.de*; *www.manfred-stahnke.de* [Kiel 1951]. **Ausb:** Stud Komp, Musikwss (G. Ligeti, W. Fortner, K. Huberin) Lübeck, Freiburg, Hamburg u in d USA. **Laufb:** Prof (Komp, Theorie, Computermusik) H f M u Th Hamburg. **Ens:** Hamburg Consort. – **Komp:** Orpheus Kristall (Op) 01, Der Untergang des Hauses Usher (KammOp) Kiel 81, Heinrich der Vierte 87, Wahnsinn, das ist die Seele der Handlung (KamOp) Gelsenkirchen 85. (Red)

Staicov, Constantin, 2. Konzertmeister; c/o Südwestdeutsche Philharmonie, Fischmarkt 2, D-78462 Konstanz. **Laufb:** 2. Konzm Südwestdt Philh Konstanz. (Red)

Staier, Andreas, Cembalo, Hammerflügel; c/o Claudia Nitsche artists + projects, Gierather Mühlenweg 15, D-51469 Bergisch Gladbach, T: (02 21) 9 68 93 90, F: 9 68 93 91, *artistsandprojects@compuserve.com*; *www.andreas-staier.de* [Göttingen 1955]. Alte Musik, histor Aufführungspraxis **Ausb:** Stud (Kl, Cemb) Hannover u Amsterdam. **Laufb:** Cembalist Musica Antiqua Köln 83–86, seitdem Konz als Solist, m versch Orch (regelm m Freiburger BarockOrch, Concerto Köln, Orch des Champs-Elysées Paris) u als Begleiter (ua C Prégardien, A Bylsma, F Biondi, T Grindenko, R Jacobs, A Lubimov), Doz (Cemb) Schola Cantorum Basilensis 87–96. **Pr:** ua 2x Cannes Classical Award, Caecilia Pr, Choc de l'année du Monde de la Musique, Diapason d'Or, Fono Forum Stern d Monats, Edison Award, Ehrenurkunde Pr d dt Schallplattenkritik f bisherige Einsp 02. – **UA:** B Pauset: 'Kontra-Sonate'.

Stakhov, Slavik, Schlagzeug; c/o Philharmonie Südwestfalen eV, Im Langen Feld 2, D-57271 Hilchenbach, T: (0 27 33) 44 97, F: 37 26, *sekretariat@philharmonie-suedwestfalen.de*; c/o Ensemble Antares, Benquestr 56, D-28209 Bremen, T: (04 21) 50 74 86, F: 16 82 29 36, *mbreitlow@t-online.de* [Odessa 1972]. **Ausb:** HfM Freiburg. **Laufb:** SolSchlgz Philh Südwestfalen. **Ens:** Ens Antares 97. (Red)

Stakian, Andrée-Armène, Violine; 15, bd Georges-Favon, CH-1204 Genève, T: 02 23 10 41 66, F: 02 23 12 44 43, *stakian@yahoo.fr*; *www.stakian.com*. **Ausb:** Stud (C Romano) Kons Genf, Dipl (V), (A Gertler) Königl Kons Brüssel, Dipl Supérieur (V), weiterführende Stud (S Vegh). **Laufb:** seit Beginn d 70er Jahre Sol m Orchester, im Duo (V u Kl) m D Spiegelberg, D Duport u E Balabolka, im Duo (V u Git), im Trio (Str) u in KamM-Ens, Doz (V) Kons Genf seit 73. – **Aufn/RF:** Brahms: Son Op 108 Nr 3, Bartók: D-Moll, Hindemith: 'Erste Rhapsodie', Son f Solo-V Op 31 Nr 1 (V), m D Spiegelberg; Bach: Partita D-moll, Jolivet: 'Suite rhapsodique', Martinon: Son Nr 6 Op 49 Nr 2, Hindemith: Son Op 31 Nr 1. **Zug:** mehrere Werke zeitgen Komp. (Red)

Stalder, Hans Rudolf, Klarinette; Wengi 2, CH-8126 Zumikon, T: 0 19 18 10 32. (Red)

Stallmeister, Britta, Sängerin (Sopran); Danneckerstr 6, D-60594 Frankfurt, T: (0 69) 61 99 27 90, F: 61 99 27 90; c/o Oper Frankfurt, Untermainanlage 11, D-60311 Frankfurt [1971]. **Ausb:** Stud (MWiss) Münster, Gesang (C-H Müller) H f M u Th Hannover, Mitgl OpStudio Staatsop Hamburg. **Laufb:** Gastsol Stadtth Bremerhaven, OpStudio Staatsop Hamburg 97, Ens Op Frankfurt (Despina 'Così fan tutte', Pamina 'Die Zauberflöte', Gretel 'Hänsel u Gretel', Susanna 'Figaros Hochzeit', Drusilla 'Die Krönung d Poppea', 2. Nichte 'Peter Grimes', Musetta 'La Bohème', Zerlina 'Don Giovanni', Sol Sächs Staatsop Dresden SpZ 03/04. **Pr:** 1. Pr Dt Musikrat 97. (Red)

Stalze, Gerhard, Komponist, Klavierlehrer; Castelligasse 10/10, A-1050 Wien, T: (01) 5 48 44 23, F: 5 48 44 23, *gerhard.stalze@aon.at*; *www.members.aon.at/gerhard.stalze* [Wien 19.12.1952]. E-Musik **Ausb:** Autodidakt. **Pr:** Förderungspr Theodor-Körner-Fonds 98. **Mitgl:** Österr Komp Bund, AKM. – **Komp:** Klavierstück I 88; Klavierstück II 92, Klavierstück III 95, Sextett (2 Git, Fl, Klar, V, Vcl) 95; Quartett (Sop, Alt, Tenor, BarSax)95; Konz f Altsax u Orch (Altsax solo, Orch) 98; Fantasie I f Orgel 99; Quintett (2 V, Va, Vcl, Kl) 99; 2+10 Konz f 2 Git u KamEns 99; 10x2 5 Stücke f 20 Bläser 99; 'Die Schlüsselblume' (Op) 2000; Septett (Fl, Ob, Hn, Va, Vcl, Kb, Kl) 2000; Joachim Ringelnatz-Lieder (Kinderchor, Kl) 01; StrQua 02; Concertino f V solo u Str Orch; Trio f V, Vcl u Kl.

Stamboglis, Christoforos, Bass; Mettmanner Str 41, D-40233 Düsseldorf, T: (02 11) 1 75 68 91, (01 60) 93 04 32 62; Deutsche Oper am Rhein, Heinrich-Heine-Allee 16a, D-40213 Düsseldorf. **Ausb:** Stud (Ges) in Athen, in London b V. Rosza, in New York b A. Boyadjian u K. Paskalis. **Laufb:** Mitgl d Staatsop Athen seit 89, Sol Dt Op am Rhein Düsseldorf seit 02/03. (Red)

Stamenković, Snežana, Prof, Sopran, Hochschullehrerin; Seckenheimer Hauptstr 92 a/12, D-68239 Mannheim, T: (06 21) 4 80 27 54, 0 17 12 68 79 44, F: 4 80 27 54, *Sneskica@aol.com* [Belgrad]. **Ausb:** Stud Ges (B Cvejic) Musikakad Belgrad. **Laufb:** Stadttheater Trier 90–92, Stadttheater Bern 92–97, Sol Op Leipzig, Prof (Ges) H f M u Darst Kunst Mannheim 02. **Pr:** 2. Pr Jugoslaw Gesangwettb f Lied u Op in Zagreb 86, Danica Mastilovic-Förderpreis u Bahrija Nuri-Hadžic (Alban Berg's allererste Lulù) –Förderpr 87, 1. Pr Concour Int de Chant Mme Mady Mesple" in Nantes 87. (Red)

Stamm, Hans-André, Komponist, Konzertorganist; Edelrather Weg 192, D-51375 Leverkusen, T: (02 14) 8 40 44 21, F: 8 40 44 22, *info@eufonia.de*; *eufonia.de, hansandrestamm.de* [Leverkusen 27.4.1958]. E-Musik: Orgel solo, Orgel plus, KamM, Werke f großes Orch **Ausb:** Stud Orgelsp (H Schoonbrocht) Cons Royal de Musique Liège 73–76, Stud (Kl, KiM) Kons Düsseldorf 76–80, Stud MWiss (M Vogel) U Bonn 81–85. **Laufb:** Orgelsolokonz Notre Dame Paris 74, Gesellschafter Tezak-Verlag 83–89, Grdg u zahlr Tourneen m Trio Festivo im dt-sprach Raum seit 95, ZusArb m Capella Piccola seit 98. **Pr:** Dipl Supérieur (f Orgelsp) Liège 76. **Ens:** Trio Festivo, Mittelrhein Bläserens, Cappella Piccola eV. – **Komp:** 'Konz f Orgel u Orch', UA 11. Int Orgelakad Dom Altenberg, Dgt: T Brezinka 98; 'Christus, d himml Phönix' (Kant), UA Köln, St Mauritius, Dgt: Th Reuber 98; Dass, UA Liège, Belgien, Dgt: P Wilwerth 2000. **Aufn/RF:** weltweit 1. DVD-Prod (Bach: OrgelW) f Pioneer USA/Japan eingesp auf d Trost-Orgel Waltershausen. **Sonst:** zahlr Bearb f Blechbl; Bau einer enharmon Pfeifenorgel (m akust rein Stimmung: 48 Töne/Oktave).

Stamm, Harald, Prof, KS, Hochschullehrer, Sänger; c/o Hamburgische Staatsoper, PF 302448, D-20308 Hamburg. **Laufb:** Prof (Gesang) H d Künste Berlin, Sol Hamburg Staatsop, Bayer Staatsop München. (Red)

Stampa, Benedikt, Intendant; c/o Konzerthaus Dortmund, Brückstr 21, D-44135 Dortmund. **Laufb:** GF MHalle Hamburg 96–05, Intend Konzhaus Dortmund seit 05. (Red)

Stancul, Jasminka, Klavier; Laimgrubengasse 9/11, A-1060 Wien; c/o Austroconcert, Gluckgasse 1, A-1010 Wien, T: (01) 5 13 26 57, F: 5 12 61 54, *austroconcert@ia-ac.com*; *www.stancul.com* [Voijvodina, Jugoslawien]. **Ausb:** Stud Wiener MH, (M Tipo) Genf. **Laufb:** Konz m Pittsburg Symphony, Los

Angeles Philh, Orch de Paris. **Pr:** Gewinnerin Int Beethoven-KlWettb Wien 89. – **Aufn/RF:** zahlr RF- u TV-Aufn.

Standage, Simon, Prof, Violine; c/o Akademie f Alte Musik Oberlausitz, Prof Ulrike Engelke, Neißstr 8, D-02826 Görlitz, T: (0 35 81) 87 93 24, F: 87 93 25, *U.Engelke@t-online.de*; *www.aamol.online.de*. **Ens:** KamEns d Akad f Alte M Oberlausitz, Int Barockorch Görlitz. (*)

Staneva, Elisaveta, Viola; c/o Pierrot Lunaire Ensemble Wien, Bindergasse 11, A-1090 Wien, T: (01) 3 17 91 66, F: 3 17 20 32, *office@pierrotlunaireensemble.com*, *office@pierrotlunaire.at*; *www.pierrotlunaireensemble.com*, *www.pierrotlunaire.at*. (Red)

Stange, Markus, Klavier; Olgastr 138, D-70180 Stuttgart, T: (07 11) 6 49 13 97, 8 82 22 23, 01 63–2 53 71 85, F: 6 49 13 97, 8 82 22 23, *pianopercuss99@aol.com*, *pianopercussion@aol.com*; *www.chaconne.com/piano+percussion* [Ludwigshafen 1955]. Klavier solo, 2 Klaviere, 2 Klaviere u Schlagzeug, Ensemble, traditionelle u zeitgenössische Musik **Ausb:** Stud Kl (J Uhde) MH Stuttgart 73–78, (F Rauch) Akad d Künste Prag 78–80, (R Keller) 80–84 Lübeck, KonzEx, daneben Komp u Dirig. **Laufb:** Int KonzTätigkeit i 'Stuttgarter KlDuo' 75–93, Holland-Tournee 88, Kanada- u USA-Tourneen 89 u 92, weiterhin: z B Ligeti-Fstv Amsterdam 88, Konz m Ens recherche 03, Sol (Synthesizer) m Berliner Philh; Gastdoz (Kl) Kwangju/Südkorea 95, LBeauftr (Kl, KamM) MH Karlsruhe seit 01. **Ens:** Ens piano & percussion, Koechlin-Ens Stuttgart, Ens 20 Stuttgart. **Mitgl:** Epta. – **Aufn/RF:** Messiaen: Visions de l'Amen, Radio Bremen 85; Stockhausen: Mantra, CBC Toronto 92; CD: Crumb, Berjo, Mach: Werke f 2 Kl u Schlgz, piano & persussion 97. **UA:** R Wittinger: Dialoghi e scherzino 86; D Feiler: Chiave della stella 01; M Rosenzweig: trace 01; S Corbett: piano valentines; A Imbescheid: Verlorene Orte 02, Tikara 85; G Stübler: Internet 4 02. **Zug:** A Imbescheid: Tikara, Verlorene Orte; R Wittinger: Dialoghi e scherzino.

Stangel, Peter, Dirigent; p.s. Sprachmanagement, Baaderstr 74, D-80469 München, T: (0 89) 2 01 29 09, F: 2 01 29 09. **Laufb:** GMD Loh-Orch Sondershausen. (*)

Stangier, Roland Maria, Prof, Hochschullehrer, Orgel; Große Venedig 31, D-31134 Hildesheim, T: (05 12) 14 74 94; Folkwang Hochschule, Klemensborn 39, D-45239 Essen, T: (02 01) 4 90 31 24. **Ausb:** Stud (Z Gárdonyi, G Kaunzinger, D Roth) Würzburg u Paris 77–86, Stip d Allierten Berlins (D Roth, A Fleury) Strasbourg u Paris seit 87. **Laufb:** Kantor Matthäuskirche Berlin-Steglitz, Lt KMD St Petri Hamburg seit 91, Ltg Hamburger Bachchor, LBeauftr Erzbischöfl KiMSch Berlin u H f Künste Bremen, Prof (Org) Folkwang-H Essen seit 94; KonzReisen Europa u USA. (Red)

Stankovic-Moffat, Vesna, Konzertmeister; Volksoper, Währinger Str 78, A-1090 Wien. **Laufb:** Konzm Volksop Wien. (Red)

Stankovich, Vesna, Violine; c/o Volksoper Wien, Währinger Str 78, A-1090 Wien [Belgrad]. **Ausb:** Stud (V) Curtis Institute of Music Philadelphia (S Goldberg) u Juilliard School New York. **Laufb:** Konzm Orch d Volksop Wien u Wiener KamOrch. (Red)

Stanner, Franziska, Sängerin; c/o Stadtth Baden b Wien, Theaterpl 7, A-2500 Baden b Wien, T: (0 22 52) 4 83 38, F: 4 83 38 40. **Laufb:** Sol Landesth u Kammerspiele Salzburg, Gastsol Stadtth Baden b Wien SpZ 00/01, Sol Stadtth Baden b Wien SpZ 03/05. (Red)

Starck, Claude, Violoncello; Singlistr 19, CH-8049 Zürich, T: 0 13 41 82 04. **Laufb:** Solocellist Tonhalle-Orch Zürich, Prof (Vcl) MH Zürich. **Ens:** Trio Mersson. (Red)

Starfeld, Alice, Bakkalaureat (Ges), Opernsängerin (Jugendl-dramat Sopran m Koloratur); Henriettenstr 11, D-47169 Duisburg, T: (02 03) 40 37 72, F: (02 11) 37 39 99, *aliceopera@web.de*. Oper, Konzert, Oratorien **Ausb:** Stud b E Köth Kons Kansas-City, Mozarteum Salzburg, b C L Reid New York; Mstrkse: T Stewart, E Lear, S Milnes, P Curtin. **Laufb:** Int Jugendfsp Bayreuth, Stagione-Th (ua Omaha, St Joseph, Lawrence, Kansas City), Winfield Symph u Orat Ges (USA), Landesth Wittenberg, Stadtth Regensburg, Vereinigte Bühnen Graz (jeweils auf Abruf), Zeitz, Eisleben, Konz ua New York City. **Pr:** Tanglewood Fellowship Award (The Berkshires), Stip f Int JugendFSp Bayreuth u Am Inst of Musical Studies Graz, Förderung d Bel Canto Ges New York; Aufn LP u MC f NatSammlung d Library of Congress Washington DC. **Ens:** Heritage Singers (USA), Fortnightly Musical Soc (USA). – **Aufn/RF:** LP u MC: OpArien 'By Popular Demand', 'Multi-Faceted Soprano'; Fernsehen: OpAuff 'Figaros Hochtzeit', Kansas City, Dgt: G Lawner, Metromedia TV. **Sonst:** Libretto zur Op 'Boaz u Ruth'; Synchronsprecherin u -sängerin; Veröff 'Young America sings', 'Young America speaks'. **Lit:** DBJ, National Poetry Press (USA), Cousins by the Dozen (USA).

Starke, Angelika, Kontrabass; c/o Konzerthaus Berlin, Gendarmenmarkt, Charlottenstr 57, D-10117 Berlin. **Laufb:** Sol Berliner SinfOrch. (Red)

Starke, Ipke, Prof, Hochschullehrer, Komponist; Könneritzstr 26, D-04229 Leipzig, T: (03 41) 9 26 16 84, F: 9 26 14 12; Hochschule f Musik u Theater, PF 100809, D-04008 Leipzig, *starke@hmt-leipzig.de* [Leipzig 4.9.1965]. **Laufb:** Prof (Tonsatz) H f M Felix Mendelssohn Bartholdy Leipzig. (Red)

Starke, Karl-Heinrich, Violine; c/o Sorbisches Nationalensemble, Äußere Lauenstr 2, D-02625 Bautzen. **Laufb:** Konzm Sorb Nationalens. (Red)

Starke, Katja, Sängerin; c/o Theater St Gallen, Musuemstr 1/24, CH-9004 St Gallen; c/o Opernhaus Zürich, Falkenstr 1, CH-8008 Zürich. **Laufb:** Gastsol Mainfranken Th Würzburg SpZ 00/01, Th St Gallen SpZ 04/05. (Red)

Starke, Sonja, Violine; c/o Staatstheater Mainz, Gutenbergpl 7, D-55116 Mainz. **Laufb:** Konzm Staatsth Mainz. (*)

Starke, Thomas, Fagott; c/o NDR Sinfonieorchester, Rothenbaumchaussee 132–134, D-20149 Hamburg. **Laufb:** Stimmführer NDR SinfOrch Hamburg. (Red)

Starreveld, Harrie, Prof, Querflöte, Hochschullehrer; Daniel de Langestr 13 Bv, Niederlande-1071 VZ Amsterdam, T: +31 20 6 73 99 52, *harrie.starreveld@wanadoo.nl*; Hochschule f Künste, FB Musik, Dechanatstr 13–15, D-28195 Bremen. **Ausb:** Stud Qufl (K. Verheul) Sweelinck-Kons Amsterdam. **Laufb:** Prof (Querfl) HdK Bremen. **Pr:** Prtr int Gaudeamus-Wettb. (Red)

Starzinger, Elisabeth, Mag, Mezzosopran; c/o Komische Oper, Behrenstr 55–57, D-10117 Berlin, T: (01 79) 9 11 19 58, *elisabeth_starzinger@hotmail.com*; *http://de.geocities.com/elisabeth_starzinger* [Österreich 17.10.1974]. Oper, Operette, Lied, alte Musik, Hosenrollen, Mozart, Rossini, Strauss **Ausb:** Stud (Ges) MU Wien, Opernstudio Zürich. **Laufb:** Sol Salzburger FSp 98, Toulouse 99; Konz Bach Magnificat Bachfest Leipzig 01, Mozart Requiem Hongkong 01, Bach Weihnachtsorat KonzHaus Wien 02, Sol Neue Oper Wien, Volksoper Wien 00/01, Nationalth Mannheim, Op Halle, Staatsth Kassel, Ludwigsburger SchloßFSp, SeeFSp Mörbisch, Kom Op Berlin 03/05. **Pr:** Pr d Armin Weltner Stift Zürich.

Statsenko, Boris, Sänger; Richardstr 145, D-40231 Düsseldorf, T: (02 11) 2 29 17 24, F: (01 63) 8 22 08 59. **Laufb:** Sol Dt Op am Rhein Düsseldorf-Duisburg (03/05), Sächs Staatsop Dresden (03/04), Sol MTh Essen SpZ 03/04. (*)

Staub, Volker, Dipl, Komponist; Hermannstr 5, D-63263 Neu-Isenburg, T: (0 61 02) 78 76 59, F: 78 76 72, *info@volker-staub.de*; *www.volkerstaub.de* [Frankfurt/M 17.10.1961]. KamM, Musik f experimentelle Instrumente, Klanginstallation, Ballett- u Bühnenmusik **Ausb:** Stud Kl (F Richter), Komp (J Fritsch) Akad f Tonkunst Darmstadt 81–85, Stud Komp (J Fritsch) MH Köln 85–90. **Laufb:** Entwickl u Bau v experimentellen MInstr seit 81, Konstr v Klanginstallationen seit 90, Tourneen m Konz u Vorträgen: Schweden 95, Belgien 95, England 96, Israel 2000, EXPO 2000, Belgien 01 u 04, Slovenien 04, Schweden 05, Luxemburg 05, Künstl Ltg Fstv Beyond 440 Hertz Los Angeles 99, Grdg u Vorstandsmitgl d Frankfurter Gesell f Neue Musik seit 04, Vorstandsmitgl Inst f Neue Musik u Musikerziehung Darmstadt seit 04. **Pr:** int KompWettb 'Forum junger Komp' WDR 88, StudStift d dt Volkes 88–91, Bernd-Alois-Zimmermann-Stip Stadt Köln 89, USA-Stip (Int Visitor Program) United States Information Agency 90, Graduiertenstip Land NRW 91–93, Pr X. Int KompWettb Hitzacker 92, Stip Land Niedersachsen auf d Künstlerhof Schreyahn 94, Hess KompPr f KamM 95, Stip Villa Massimo Rom 97, Composer in Residence Villa Aurora, Los Angeles 99, Logos Award d Logos Foundation, Gent 01. **Mitgl:** GEMA seit 86, Dt Komponistenverband seit 89. – **Komp:** Nr 17, Musik zum Projekt 'Rheinrot' (Musik-Tanz-Th) 89/90, UA Köln 90; Nr 19 (KamM) 91, UA Offenbach/M 91; Nr 21, Musik zu 'Världens Tak' (Ballett) 91–93, UA Göteborg 93; Nr 21, M zu Världens Tak (Ballett), UA Göteborg, Sjöbefälskolan 93 (Auftr: Rubicon Dansgruppen); Suarogate (KamM), UA Völklingen, Gasgebläsehalle 95 (Auftr: SR); Waldstücke Nr 24 (KamM) 87–94, UA Frankfurt 95 u New York 97; Weiche Gesänge Nr 26 (KamM) 94–97, UA Leipzig 95 u New York 97; Suarogate (KamM) 87–98, UA Völklingen 95; Vianden (KamM) 97–99, UA Berlin 99; Vianden (KamM), UA Berlin, Hamburger Bahnhof 99 (Auftr: Berliner FSp GmbH); Curare (KamM), UA Hannover, Dt Pavillon EXPO 2000 (Auftr: Messe Düsseldorf GmbH); Konzert Tel-Aviv (KamM) 99/2000, UA Tel-Aviv 2000; Curare (KamM) 99/2000, UA Dt Pavillon, EXPO Hannover 2000; Witterungsinstrumente (Klanginst) 2000/01, UA Wittener Tage f neue Kammermusik 01; Qua f Metalltrommeln Nr 41 (KamM), UA Witten, Haus Witten 01 (Auftr: WDR); Bessunger Strasse (KamM), UA Int Musikinst Darmstadt (Auftr Int Musikinst Darmstadt); Perseiden (KamM), UA Ljubljana (Auftr Ens Slowind). **Aufn/RF:** CDs: Komp f Stahlsaiten, Baumstämme u Glasglocken; V S: Suarogate; Taifun, Poesiekomp nach Gedichten v D M Graf; V Staub: Konz f Stahlsaiten, Schlagz u Witterungsinstr; Rundfunkprod u -sendungen b HR, SR, WDR, BR, DeutschlandRadio Berlin, Radio Bremen, Deutschlandfunk, Radio France, Suerige Radio, VPRO, BBC, KXLV (Los Angeles); KPFK (Los Angeles), Radio Slovenia. **Sonst:** 'Morton Feldmans Untitled Comp', Texte u Analysen z gleichn Komp (Feedback Paper 38); 'Beyond 440 Hertz', Texte z experimentellen InstrBau (in Vorb). **Lit:** B Uske: 'Holz, Stahl, Glas, V Ss Suche nach d verlorenen Klang' (Neue ZS f Musik) 99; E Stiebler: 'Unterwegs im Klang, zur Physiognomie d Musik v V S' (Booklet Suarogate) 99; Raumklang-Klangraum, die Instr d Komp V S (Fernsehdok SW3); RF-Porträts: R Schulz (Dtschld-Radio) 97; H Ehrler (BR) 98; B Barnett (KXLU LA) 99; J Schneider (KPFK LA) 99.

Staudacher, Sabine, Sängerin; c/o Stadttheater St Pölten, Rathauspl 11, A-3100 St Pölten. **Laufb:** Sol Th St. Pölten SpZ 03/04. (Red)

Staude, Christoph, Komponist; c/o Raketenstation Hombroich, D-41472 Neuss, T: (0 21 82) 1 83 98, F: 1 83 98 [München 30.9.1965]. Kammermusik, Solo-, Orchesterwerke, Ensemblestücke, Oratorien **Ausb:** Komp (W Szalonek) H d Künste Berlin 84, (R Riehm) Frankfurt/M 86. **Pr:** Stip Studienstift d Dt Volkes 87–91, Förderpr Stadt Stuttgart f junge Komp 87, 1. Pr Wettb ICONS Turin, 2. Förderpr Stuttgart 88, Prtr int Wettb 'Trio basso Köln' 88/89, Stip Centro tedesco Venedig 92, Vors Wiesbadener Max-Reger-Ges 93–97, 2. Pr int Wettb musik-theater-werkstatt Wiesbaden 99, 3. Pr int Wettb E-Schneider-Stift Freiburg 03. – **Komp:** Knigameteorov/Le livre des météores (OrchW) 89/90, UA Frankfurt/M 91; 'Areal', Landschaft f Kl u Orch (OrchW) 97/98, UA München 2002; Nâkodschâyistân, Areal exurs f Kl (Kl solo) 97, UA Raketenstation Hombroich 97; Le grand ciel gris (KamM) 98, UA Raketenstation Hombroich 98; Intercut/Zwischenschnitt (KamM) 99, UA Witten 99. **AuftrKomp:** En face (17 Str), UA Ingolstadt 2000 (Auftr: AUDI Kulturfonds), StrQua VI, UA Hombroich, Minguet Qua (Auftr: Stift Insel Hombroich); Doppelporträt (Im Gegenlicht II), UA Köln, Ens Resonanz 04 (Auftr: WDR Köln). **Aufn/RF:** Porträt-CD dt Musikrat Edition zeitgen M 2000.

Staude, Ulrike, Sängerin; Wormser Str 59, D-01309 Dresden, T: (03 51) 8 02 55 90; c/o Sächsische Staatsoper, Theaterpl 2, D-01067 Dresden. **Laufb:** Sol Sächs Staatsop Dresden, Th Basel. (Red)

Staudinger, Jochen, Sänger; Mühlsdorfer Weg 3, D-01257 Dresden, T: (03 51) 2 03 86 59; c/o Staatsoperette, Pirnaer Landstr 131, D-01257 Dresden. **Laufb:** Sol Staatsoptte Dresden. (Red)

Steck, Anton, Prof, Hochschullehrer, Violine, Dirigent; Niehler Str 3c, D-50670 Köln, T: (02 21) 9 72 60 09; Hochschule f Musik, Schultheiß-Koch-Pl 3, D-78647 Trossingen. **Ausb:** VStud b Prof Jörg-Wolfgang Jahn an d MH in Karlsruhe, weiteres Stud an d Hoogeschool voor de Kunsten in Amsterdam Reinhard Goebel in d Fächern BarockV u AuffPraxis. **Laufb:** Konzm b Ens Musica Antiqua Köln 91 (Einsp Heinichen: Concerti u weltweite Tourneen), Eng Premier Violon Solo b frz Barockorch Les Musiciens du Louvre (Marc Minkowski) 95, gleichzeitig Mitgl d holländ Ens Musica ad Rhenum (Jed Wentz), Grd d 'Schuppanzigh-Quartett' 96; seit 98 auch als Dgt tätig, Opernhaus Halle/Saale (Händelfestspielorch), Lissabon (Capella Real), künstl Lt d Händelfestspielorch seit 99, Prof (V, Alte Musik) HfM Trossingen seit 2000. – **Aufn/RF:** Gesamteinsp d Werke v V u Kl v Franz Schubert zusammen m Robert Hill (Pianoforte) f d Schubert-Jahr 1997 (2 CDs beim Label Dabringhaus & Grimm), Aufn Mozart-Son KV 55–60 98, mehrfach ausgezeichnet, ua 'DIAPASON d'OR' Frankreich u 'Luister 10' Holland. (Red)

Steddin, Sigmar, Kapellmeister; Bühlstr 15, D-34127 Kassel, T: (05 61) 8 41 86, *steddin@netcomcity.de* [Ravensburg 17.7.1960]. Oper **Ausb:** Stud (Dirig, Kl) MH Karlsruhe 80–86. **Laufb:** 2. Kapm Staatsth Kassel, Int OpStudio Zürich 87/88, Solorep Dt Op a Rhein Düsseldorf/Duisburg 89–91, Studienlt Staatsth Kassel 91–98.

Steeb, Karlheinz, Viola; c/o WDR Sinfonieorchester, D-50600 Köln. **Laufb:** Sol WDR SinfOrch Köln. (Red)

Steen-Nøkleberg, Einar, Prof, Hochschullehrer, Klavier; H f Musik u Theater, Emmichpl 1, D-30175 Hannover, *einarsn@hotmail.com*; Adler Konzertdirektion, Auguste-Viktoria-Str 64, D-14199 Berlin; *www.einar-steen-nokleberg.com* [1944]. Edvard Grieg **Ausb:** Stud (Kl) b N. Dirdal u H. Leygraf. **Laufb:** Prof (Kl) H f M u Th Hannover seit 94. (Red)

Steen, Jac van, GMD, Dirigent, Generalmusikdirektor; c/o Berliner Konzertagentur Monika Ott, Dramburger Str 46, D-12683 Berlin, T: (0 30) 5 14 48 58, F: 5 14 26 59, *BerlinKonzert.ott@t-online.de*; *www.berlinkonzert-ott.de* [Eindhoven, Niederlande]. **Ausb:** Stud (OrchDirig, ChDirig, MTheorie) Kons Brabant. **Laufb:** Doz BBC Europ Dgt Seminar Manchester 85, Dgt u musikal Ltg Bach-Ch Nijmegen 86–90, musikal Ltg u ChefDgt NatBallett Amsterdam 89–94, ständ Gastdgt Bochumer Symphoniker 92–94, ChefDgt Neues Berliner KamOrch seit 99, ChefDgt Nürnberger Symphoniker 97–02, GMD Dt NatTh Weimar 02–05, ChefDgt Staatskap Weimar 02–05, ChefDgt MKollegium Winterthur 02–05, 1. ständ Gastdgt BBC Nat Orch of Wales Cardiff seit 05; ZusArb ua m d BBC Philh Orch Manchester, BBC Symph Orch London, Berliner SinfOrch, RF-SinfOrch Berlin, Philh Staatsorch Halle, SinfOrch Bochum u Hamburg, Philh Orch Nürnberg, RF-SinfOrch Saarbrücken, Staatsphilh Rheinland-Pfalz, Orch d Staatsth Wiesbaden, RF-Orch d Bayer RF München, BBC Orch Cardiff 05; LAuftr: Prof Königl Kons Den Haag u Fontys H f M Tilburg seit 92. (Red)

Steenhoven, Karel van, Prof, Hochschullehrer, Blockflöte; Hauptstr 35, D-76327 Pfinztal-Söllingen, T: (0 72 40) 20 23 31, F: 20 23 32; Hochschule f Musik, PF 6040, D-76040 Karlsruhe [Voorburg/Niederlande 1958]. **Ausb:** Stud b Kees Boeke/Sweelinck Kons Amsterdam, (Komp) b R. Heppener u T. Keuris. **Laufb:** Prof (Blockfl) Staatl H f Musik Karlsruhe seit 95. **Ens:** Grdg Amsterdam Koeki Stardust Quartet. (Red)

Steenpaß, Keiko, Konzertmeisterin, Violine; Irenenstr 15, D-65191 Wiesbaden; c/o Hessisches Staatstheater, PF 3247, D-65022 Wiesbaden. **Laufb:** 3. Konzm Orch d Hess Staatsth Wiesbaden. (Red)

Stefanoff, Nadja, Mezzosopran; c/o Stadttheater Pforzheim, Am Waisenhauspl 5, D-75172 Pforzheim; c/o Künstleragentur Tobias Kade, Ammonstr 72, D-01067 Dresden, T: (03 51) 4 90 67 94, 01 72–3 66 29 07, F: 4 90 67 93, *tobias-kade@gmx.de* [Chemnitz 1976]. **Ausb:** Stud (Ges) MH Dresden u OpChStudio Sächsische Staatsop Dresden 95–99, Aufbaustud OpKlasse MH Dresden 2000–02. **Laufb:** Gastsol Th Erfurt 02/03, Dt Op am Rhein Düsseldorf/Duisburg, Eng Th Pforzheim seit 03. **Pr:** Prtr BundesWettb Ges Berlin 02. (Red)

Stefanow, Jutta, Sängerin; Domnitzer Str 1, D-06905 Bad Schmiedeberg, T: (03 49) 2 57 12 07. **Laufb:** Sol Coburger Sommer-Operette. (Red)

Stefanowicz, Artur, Sänger; c/o Opernhaus Halle, PF 110554, D-06019 Halle. **Laufb:** Gast-Sol Dt Staatsop Berlin SpZ 00/04, Sol Kom Op Berlin SpZ 03/04. (*)

stefanpaul *siehe* Paul, Stefan

Steffen-Wittek, Marianne, Prof, Hochschullehrerin; Lindenthalgürtel 103, D-50935 Köln, T: (02 21) 43 65 29, F: 43 65 29, *steffen-wittek@t-online.de*; H für Musik 'Franz Liszt', Inst f Musikpädagogik u Musiktheorie, PF 2552, D-99406 Weimar; *www.duoscordatura.de* [Maring 23.5.1952]. improvisierte Musik, Jazz **Ausb:** Stud (Rhythmik) Folkwang-H Essen 72–75, Schlgz (Ch Caskel) MH Köln 75–82. **Laufb:** LAuftr MH Köln 82–95, stellv Lt offene Jazz Haus Schule Köln 92–95, Prof (Rhythmik, elementare MPäd) H f Musik 'Franz Liszt' Weimar 95. **Pr:** Langener Jazzpr (Frauenjazzband F). **Ens:** Frauenjazzband F, SchlgzDuo Scordatura. – **Aufn/RF:** LP Schwarzwaldmädel, m Frauenjazzband F, Co-Prod m WDR 86. **Sonst:** Duo Scordatura.

Steffen, Detlef, Assistent d Chorleiters; c/o Deutsche Staatsoper, Unter den Linden 7, D-10117 Berlin, PF 354, D-10109 Berlin. **Laufb:** Ass d Chordir u Lt d Konzertchores Dt Staatsop Berlin. (Red)

Steffens, Karl-Heinz, Prof, Klarinette, Hochschullehrer; H f Musik 'Hanns Eisler', Charlottenstr 55, D-10117 Berlin, T: (0 30) 2 03 09 24 11, F: 2 03 09 24 08; Berliner Philharmoniker, Herbert-von-Karajan-Str 1, D-10785 Berlin [Trier]. **Ausb:** Stud Klar (Prof U Rodenhäuser) H f m Stuttgart 82–85. **Laufb:** stellv 1. Klar Staatsth Kassel 84, Sol Frankfurter Op 85–89, SymphOrch d BR 89–96, Sol-Klar Berliner Philh seit 2001, Prof H f M u Th Hannover 96–99, Vertretungsprof MH 'Franz Lizst' Weimar, int Mstrkse, Prof (Klar) H f M 'Hanns Eisler' Berlin seit 2002. **Ens:** Scharoun Ens. (Red)

Stegemöller-Molnar, Judit, Violine; c/o WDR Rundfunkorchester, D-50600 Köln [Budapest]. Kammermusik **Ausb:** Dipl MusikH Budpaest, Dipl H f Musik u Th Hannover, Mstrkl A Gertler. **Laufb:** 2. KonzM Rhein KamOrch Köln 74, WDR RundfunkOrch 77, Vorspielerin WDR RundfunkOrch Köln seit 95.

Steger, Maurice, Blockflöte; c/o ArsMusica-MusikAgentur Julia Ortmann, Rötebuckweg 35, D-79104 Freiburg, T: (07 61) 5 56 34 94, F: 5 56 35 34, *julia.ortmann@ars-musica.com*; *www.ars-musica.com.* KamM 16.–18. Jh **Ens:** KamM-Ens 'La Ciaccona'. (Red)

Steger, Werner, Dr, Komponist; Apartado 108, E-38379 La Matanza, T: 9 22 57 71 24, F: 9 22 57 71 24 [Emmendingen 24.1.1932]. Konzert **Ausb:** Tonsatz, Komp (W Fortner, H Vogt, K Marx), Stud (MTheorie) MH Mannheim, Staatsex 57, Stud (MWiss, Philosophie, Psychologie) U Heidelberg, Prom 62. **Laufb:** Ass m LAuftr U Heidelberg 61–64, Doz MH Karlsruhe 64–72, danach Musikkritiker u LBeauftr MH Heidelberg-Mannheim. – **Komp:** Musik f Fl, Ob, Eh, Kl, BKl, Vla, Vcl u Kb (KamM), UA Mannheim 57; Serenade I f Streichorch (OrchM) 61, UA Schwetzingen 61; Serenade II f Streichorch (OrchW), UA Heidelberg 65; Suite f Streichorch nach alten Volksliedern (OrchW), UA Heidelberg 61; Zyklus f Kl (Kl Solo), UA Heidelberg 79; Streichqua Nr 1 (KamM), UA Mannheim 77; Streichqua Nr 2 (KamM), UA SWF Mainz 97.

Stegmann, Bernd, Prof, Hochschullehrer, Chorleiter; Fritz-von-Briesen-Str 15, D-69151 Neckargemünd-Dilsberg, T: (0 62 23) 37 41, F: 37 41; H f Kirchenmusik, Hildastr 8, D-69115 Heidelberg. **Ausb:** Stud in Detmold u Berlin (M. Behrmann), weiterf Stud (OrchLtg) in Wien u b S. Celibidache. **Laufb:** Prof (Chor- u Orchltg), Lt HChor H f KiM Heidelberg, Dgt Berliner Vokalens u Heidelberger Kantorei. (Red)

Stehr, Norman, Sänger; c/o Volksoper Wien, Währinger Str 78, A-1090 Wien, T: (01) 5 14 44 30, F: 5 14 44 32 15; c/o Staatstheater am Gärtnerplatz, PF 140569, D-80455 München. **Laufb:** Sol Staatsth am Gärtnerpl München, Volksop Wien SpZ 04/05. (Red)

Steidle, Peter, Musikalischer Leiter; c/o Konzertdirektion Fritz Dietrich, Sigmund-Freud-Str 1, D-60435 Frankfurt a M, T: (0 69) 54 45 04, F: 5 48 41 07; *www.konzertdirektion-dietrich.de.* **Laufb:** Musikal Lt Frankfurter Bläser-Serenade. (Red)

Steiger, Anna, Sängerin; c/o Theater St Gallen, Museumstr 1/24, CH-9004 St Gallen. **Laufb:** Sol Th St Gallen. (Red)

Stein-Cornaz, Claudia, Flöte; c/o Künstler- und Konzertagentur Grandmontagne, Tännichtgrundstr 10, D-01462 Dresden/Niederwartha, T: (03 51) 4 54 03 04, F: 4 54 06 04; c/o Staatskapelle Berlin, Unter den Linden 7, D-10117 Berlin [Dresden]. **Ausb:** Stud Fl Spezialsch f M Dresden (Prof E Haupt) ab 82, Dresdner H f M 'Carl Maria v Weber' ab 87 (Prof E Haupt) u Kl (H Richter), Dipl u Ex als OrchM u MPäd 92, Aufbaustud MH Karlsruhe. **Laufb:** Sol Staatskap Berlin seit 94, Doz Akad d Staatskap Berlin, Sol Bayreuther FSplOrch seit 98. **Ens:** Nora Koch & Claudia Stein. (Red)

Stein, Alexander, Flöte; c/o Niedersächsisches Staatsorchester, Opernpl 1, D-30159 Hannover. **Laufb:** 1. koord Sol Niedersächs StaatsOrch Hannover. (Red)

Stein, Anna Carolin, Sängerin; Niebuhrstr 71, D-10629 Berlin, T: (0 30) 31 80 18 77; c/o Pfalztheater, Willy-Brandt-Pl 4–5, D-67655 Kaiserslautern. **Laufb:** Gastsol Landesth Detmold SpZ 00/01, Pfalzth SpZ 04/05. (Red)

Stein, Gottfried, Komponist; Wilhelmstr 56, D-52070 Aachen, T: (02 41) 50 91 18 [Frankfurt/M 11.2.1932]. E-Musik aller Sparten **Ausb:** Stud Dirig (K Thomas) u Komp (Fortner) MH Detmold 52–54, Stud Dirig (E Lindemann) MH Berlin 54–57. **Laufb:** Korr u Kapm an versch Th, zuletzt Aachen 57–71, Lehrer MSch Düren, LAuftr MH Aachen 71–95, iR 95, zahlr Veröff Kl, Kam- u OrchM. – **Komp:** 'Variationen f Kl' 76, UA Düren 92; 'Der Wilde' (Op nach Huxley) 84–91, noch unaufgeführt; 'Else' (KamOp) 93, UA Th Aachen 05; 'Kalypso' (KamOp) 05, noch unaufgeführt; 'Sulamiths Liebe' (f Sop, Klar, Kl) 95, UA Düren; 'Lieder f Sop u Kl nach Shakespeare, Eicke u chin Lyrik', UA Düren, Aachen 92–02; 'Heinelieder' (KamCh u Kl à 4 mains) 02 (Auftr Rhein Musikfest) 02; 'Rhapsodie über Bach' (Kl) (Auftr Rhein Musikfest) 02. **Sonst:** theoret-krit Schrift 'Neue Musik in der Krise' 81.

Steinauer, Mathias, Komponist, Hochschuldozent; CH-6958 Corticiasca, T: 09 19 44 13 26, F: 09 19 44 13 26, *adesso@bluewin.ch* [Basel 20.4.1959]. **Ausb:** Musikakad Basel (Kl b P Efler, Komp b R Suter, R Moser, MTheorie) 78–86, weiterführende Kompstud Budapest (G Kurtàg) 86–88. **Laufb:** Doz (MTheorie, KamM, Neue Musik, Komp) MH Winterthur Zürich seit 86, Vorstandsmitgl v 'Oggimusica' seit 94, Doz Int Symposium f Komp u Percussion Trstenice (CZ) seit 98, künstl Lt World New Music Days Schweiz 04. **Pr:** Pr d Ostschweizer Stift f Musik u Theater (Sinfonik) 90. – **Komp:** zuletzt: Rumori cardiaci op 13 f Fl, Klar, V, Vcl u Kl, 96; Nacht – Hirngespinste f KamOrch op 14, 96/97; Koren-Fantasien op 15 (27 Imaginations-Studien z griech Antike f Doppelrohrblattqua (OblInstr, Heckelphon, Fag), Sprecher/Sänger (Bass/Bar) u Schlgz) 97;

A Schönberg – 'D Buch d hängenden Gärten' op 15 (Bearb f KamEns) 98; K Stockhausen – 'Tierkreis' (Bearb f SchlgzQua, Bearb f Fl, Klar, V, Vcl, Kl u Schlgz 98; Phantasos – od 'Pavarotti's Traum' op 16 f Fl solo (u Mikrophonständer) 99; Klangfäden.Einzeln op 17 f Sax, Kl u Schlgz 99; Steinschlag op 17 f Lithophon (c-c4) od Marimba 99; Sott'acqua op 17 f SopSax, Hn, Pos, Schlgz u Kl 99; DIE EINE – frei n Heine f Klar, V, Vcl u (kelt) Hfe 99. **AuftrKomp:** f öffentl u privaten Institutionen, Orch, Ensembles, Interpreten etc.

Steinbacher, Alexander, HonProf, Hochschullehrer, Klavier; Kienbachstr 18b, D-82211 Herrsching, T: (0 81 52) 82 69, F: 82 69. **Laufb:** LBeauftr (Korr, Klbegltg) H f M u Th München. (Red)

Steinbacher, Arabella, Violine; c/o Concerto Winderstein GmbH, PF 440446, D-80753 München, T: (0 89) 38 38 46 42, F: 33 79 38, *goehre@winderstein.de*; c/o Columbia Artists Management GmbH, Till Janczukowicz, Albrechtstr 18, D-10117 Berlin, T: (0 30) 20 64 80 78, F: 20 45 34 80, *info@cami.com*; *www.concerto.de, www.arabella-steinbacher.com* [München 1981]. **Ausb:** VUnterr (H Thelen), Jungstud (A Chumachenko) MH München, Mstrks (D DeLay, K Sassmannshaus) 98. **Laufb:** FSp Mecklenburg-Vorpommern, BurgFSp Eltville 2001, Lit Nat Orch 2001, Sinf St Petersburger Philh 2002. **Pr:** Stip Gedok-Stift seit 99, Förderung durch Anne-Sophie Mutter Stift, 3. Pr Joseph-Joachim Wettb Hannover 2000.

Steinbauer, Johannes, Schlagzeug; c/o WDR Sinfonieorchester, D-50600 Köln [Landshut 1973]. **Ausb:** Stud Richard-Strauss-Kons München (A Riedhammer). **Laufb:** Mitgl Orch d Beethovenhalle Bonn 93–02, 1. Schlagz WDR SinfOrch Köln 01. (Red)

Steinberg, Mark, Violine; c/o Konzertdirektion Andrea Hampl, Karl-Schrader-Str 6, D-10781 Berlin, T: (0 30) 4 78 26 99, 01 72–3 80 56 45, F: 4 78 37 92, *hampl@konzertdirektion.de*; *www.konzertdirektion.de, www.brentanoquartet.com.* KamM, zeitgen M **Ausb:** Stud (V) Univ Indiana u Juilliard School New York, Unterr b L Behrend, J Gingold, R Mann. **Laufb:** Gastsol ua London Philh, Los Angeles Philh, Kansas City Camerata, Auckland Philh, Konz in Holland, Dtld, Österreich u Frankreich; ZusArb m Dgt: K Sanderling, E-P Salonen, M Harth-Bedoya; LAuftr: ua Univ Princeton, Univ New York. **Pr:** Preistr Lobs Foundation. **Ens:** Brentano String Qua. – **Aufn/RF:** 'Brentano plays Haydn' (3 Quartette Op 71); 'String Theory' (Musik v S Mackey); Mozart: Sonaten f V u Kl, KV 303, 304, 377, 526, m M Uchida.

Steinberg, Pinchas, Dirigent; c/o Columbia Artists Management GmbH, Till Janczukowicz, Albrechtstr 18, D-10117 Berlin, T: (0 30) 20 64 80 78, F: 20 45 34 80, *info@cami.com* [Israel 1945]. **Ausb:** Stud (M) Roosevelt U Chicago, Komp (B Blacher) Berlin. **Laufb:** Debüt m Radio-Symphonie-Orch Berlin 74, ständ Gastdgt Staatsop Wien 88–93, Chefdgt ORF-Symphonie-Orch Wien 89–96, künstl Lt Orch de la Suisse Romande 02–05.

Steinberger, Birgid, Sängerin; c/o Volksoper Wien, Währinger Str 78, A-1090 Wien, T: (01) 51 44 40, F: 5 14 44 32 15, *office@volksoper.at*; *www.volksoper.at*. **Laufb:** Sol Volksop Wien, Op Zürich SpZ 04/05. (Red)

Steinböck, Josef, Prof, Hochschullehrer, Tuba; Adolf-Schemel-Str 6, A-5020 Salzburg, T: (06 64) 3 56 27 39, F: (06 62) 43 51 21 14, *josef.tuba@aon.at*; H f Musik u Theater, Arcisstr 12, D-80333 München [Tulln, NÖ 1967]. **Ausb:** Stud H f M Wien Basstuba (N. Schafferer), Jazz-Stud Kons d Stadt Wien (E. Kleinschuster). **Laufb:** Prof (Tb, BlechBl) H f M u Th München 02. **Ens:** Mozarteum Orchester Salzburg, Blechbläserqui d MozarteumOrch. (Red)

Steinbrecher, Brigitta, Flöte, Klavier, Cembalo; Grüzenstr 14, CH-8400 Winterthur. **Ausb:** Stud (A Jaunet) MH Zürich 64–68, ebd (H Andreae) 63–67. **Laufb:** Duo m Heinrich Keller (Fl) seit 68, Städt Orch St Gallen 68–70, Zuzügerin Musikkoll Winterthur (Cemb, Kl, Fl) 72–91. **Pr:** Carl-Heinrich Ernst Kunstpr Winterthur 94. – **UA:** über 50 UA 70–2000, ua Marc André, R Kelterborn, H U Lehmann, U Stranz, M Derungs, H Keller, L Langlotz. **Zug:** R Kelterborn, H U Lehmann, U Stranz, M Derungs, P Wettstein. **Sonst:** eigene KonzR 'Musica Riservata' seit 84 m zahlr UA.

Steinfeld, Saskia, Sopran; c/o Musikalische Komödie Leipzig, Dreilindenstr 30, D-04177 Leipzig. **Laufb:** Sol Freies Landesth Bayern Miesbach SpZ 02/03, GastSol Musikal Komödie Leipzig SpZ 03/04. (*)

Steinhöfel, Hans-Christian, Prof, Hochschullehrer, Klavier; Pfeifferstr 30, D-99423 Weimar, T: (0 36 43) 51 52 95; Hochschule für Musik 'Franz Liszt', Inst f Dirigieren u Opernkorrepetition, PF 2552, D-99406 Weimar [Königsee, Thüringen 3.4.1963]. Opernkorrepetition **Ausb:** Stud (OpKorr, Kl, Dirig) H f Musik FRANZ LISZT Weimar. **Laufb:** Solorep, Studienlt u Kapm am Dt Nationalth Weimar, Prof (OpKorr) H f Musik FRANZ LISZT Weimar seit 89, KonzTätigkeit u CD-Prod a Liedbegleiter sowie a Pianist u Cembalist i versch KamMEns u Orch.

Steinhöfel, Thomas, Prof, Hochschullehrer, Kontrabass, Klavier; Gagarinpl 4, D-99510 Oßmannstedt, T: (03 64 62) 3 00 98, F: 3 00 98; H für Musik 'Franz Liszt', PF 2552, D-99406 Weimar, *thomas.steinhöfel@hfm-weimar.de* [Königsee, Thüringen]. **Ausb:** musik Ausb Spezialschule für Musik in Weimar/Belvedere, H f Musik 'Franz Liszt' Weimar (V Lehmann), Liszt-Akad Budapest (A Némethy u F Rados). **Laufb:** Prof (künstl Liedgestaltung, Werkstud) H f Musik 'Franz Liszt' Weimar. (Red)

Steinhof, Christian, Violine, Konzertmeister; Franz-Mehring-Str 60, D-07545 Gera, T: (03 65) 4 20 52 35; c/o Philharmonisches Orchester Gera, Küchengartenallee 2, D-07548 Gera. **Laufb:** Konzm 2.Violinen Philharmon Orch Gera. (Red)

Steininger, Karl, Prof, Hochschullehrer, Trompete; Triestingstr 21, A-2521 Trumau, T: (0 22 53) 75 51; Univ Mozarteum, Abt f Blas- u Schlaginstrumente, Schrannengasse 10a, A-5020 Salzburg, T: (06 62) 6 19 80, F: 61 98 30 33. **Laufb:** Uprof (Trp) U Mozarteum Salzburg. (Red)

Steinke, Günter, Prof, Hochschullehrer, Komponist; Von Seeckt Str 49, D-45130 Essen, T: 0 17 35 67 95 34; FolkwangHochschule, Klemensborn, D-45239 Essen [Lübeck 1956]. **Ausb:** Stud Komp (K. Huber) 84–88, Musikth (P. Förtig) Freiburg. – **Komp:** Arcade 91/92, Die Welt auf dem Mond 94/95, ... wie eine Feuerflamme 2000, Innen bewegt 01. (Red)

Steinkogler, Siegfried, Komponist, Konzert-Gitarrist; Obere Gasse 2, A-5110 Oberndorf, T: (0 62 72) 2 00 79, *s.steinkogler@aon.at*; *www.geocities.com/siegfriedsteinkogler, www.ig-komponisten.at* [Bad Ischl 17.6.1968]. Orchestermusik, Vokalwerke mit eigenen Texten, Mundharmonika- u Gitarrenmusik, Konzertmusik für Soloinstrumente **Ausb:** Stud Komp (G Wimberger u R Febel) u Stud Git (B Kovats, J Clerch, E Fisk) Mozarteum Salzburg, Stud (Komp u MAnalyse), alle Diplome m Ausz. **Laufb:** künstl Lt String-Fstv Salzburg seit 02, Stille-Nacht-Orgel-Konz Oberndorf seit 02, Salzkammergut-String-Fstv seit 03, Norwegentournee 02 u Italientournee 03 als Gitarrist, Italientournee m Ens 'StringPlus' 04. **Pr:** 1. Int KompWettb Berlin (f 'Duo f Flöte u Gitarre') 88, 1. Pr Int KompWettb Passau (f Komp 'Kapriolen' f Git solo) 97, Talentförderungsprämie d Landes Oberösterreich Sparte Musik/Komp 98, Staatsstip Republik Österreich 01, Würdigungspr d Bundesmin f Bildung, Wiss u Kultur 02. **Ens:** 'StringPlus', 'Painted Harmony'. **Mitgl:** ÖKB, ÖGZM, Vostandsmitgl IG-Komponisten Salzburg 94–03, Vorstandsmitgl Int Gesellschaft f Ekmelische Musik seit 02. – **Komp:** 'Duo f Fl u Git', UA Preuß Staatsbibl Berlin 93; 'Certo' f Mundharmonika u StrTrio, Salzburg Orchhaus 97; 'Endzeitlose' f HolzBlQui u Sprecher (Text: S Steinkogler), Romanischer Saal 98; 'Inconcertamiento' (f Hfe u Ens), UA Radiokulturhaus Wien, Dgt: W Danzmayr (Auftr: ORF) 2000; 'Mythen' f Hfe solo, Schloss Dürrnstein 2000; 'Die Ebene am See' (f gr Orch), UA Universität Salzburg 01; 'Cadenza senza Concerto' (f V solo), UA Nationalbibl Wien 02; 'On the brigde' (f Vcl solo), UA Burg Prag 01; 'Concerto for Harmonica and Orchestra', UA Mozarteum Salzburg, m Mozarteum-Orch, Dgt: H Soudant (Auftr: Land Salzburg) 02; 'Piece symetrique avec des chansons se tristesse', Stille-Nacht-Orgel-Konz Oberndorf 02; 'El Flamenco del Toro', m J Steinböck (Tb), G Arbonelli (Klar) u J T Kreusch (Git), UA Aspekte Festival Salzburg (Auftr: Aspekte Festival Salzburg) 03; Wandteppich-Szenen f StrQua, UA Potsdam, Dafo-Quartett (Auftr: FESAM) 05. **Aufn/RF:** RF: Konz im Rahmen d 'zeitton-tage 2000' (ORF); CDs: 'Painted Harmony' (Mundharm u Git), 'Die Neue Mundharmonika' (Mundharm u Git); CD: 'Popular' (Git solo), 05; RF: Porträt in 'Zeitton', 19.8.05 (ORF). **UA:** B Schäffer: 'Concertino' f Git, Mundharm u StrTrio; B Kovats: 'Shadows' u 'Seis Fragmentos' (jeweils f Git solo); G Waldek: 'Stille Wasser' f Git, Mundharmonika u StrTrio; P Herrmann: 'Elegie Strukturen' f Git u Mundharmonika; R Lischka: 'Traumtänzer' f Git u Mundharmonika; W Niessner: 'Blitzklänge' f Mundharmonika u Git. **Zug:** K A Hueber: 'Niobe' (f Git solo) u 'Ikaros' (f Mundharm u Git); '6 ländliche Rondelle' (f Ens 'StringPlus'). **Sonst:** Schaffung e zeitgen Repertoires f Mundharmonika, wiss Arb: 'Die Gitarrenwerke von Barna Kováts oder Die Kunst der Miniatur', 05. **Lit:** Richard Martin: 'Chats from the composer's workshop I, II', in: Harmonica Educator, Ohio (USA) 04; Tan Tiang Sang: 'Über die Mundharmonika-Werke von Siegfried Steinkogler', in: Harmonica Family, Taipeh (Taiwan) 04.

Steinle, Frieder, Trompete; c/o WDR Sinfonieorchester, D-50600 Köln. **Laufb:** stv Sol WDR SinfOrch Köln. (Red)

Steinmann, Conrad, Blockflöte; Rychenbergstr 56, CH-8400 Winterthur, T: 05 22 13 94 44. (Red)

Steinschaden, Bruno, Prof, Hochschullehrer, Violine; Döbringstr 14, A-5300 Hallwang, T: (06 62) 66 15 73, F: 66 15 73; Univ Mozarteum, Abt f Streich- u Zupfinstrumente, Schrannengasse 10a, A-5020 Salzburg, T: (06 62) 6 19 80, F: 61 98 30 33, *bruno.steinschaden@moz.ac.at* [Salzburg 24.10.1936]. **Laufb:** UProf (V) U Mozarteum Salzburg. (Red)

Steinsky, Ulrike, KS, Sängerin; 3. Bez, Landstrr Hauptstr 95, A-1030 Wien, T: (01) 7 13 51 02. **Laufb:** Sol Ldsth u KamSp Salzburg, Volksop Wien, Sol Stadtth Baden b Wien SpZ 03/04, Wiener Staatsop SpZ 04/05. (Red)

Stejskal, Margot, Sopran; Sandhofweg 9, D-12209 Berlin, T: (0 30) 79 70 70 79. (Red)

Stejskal, Paul, Mag, Prof, Hochschullehrer, Klavier; Univ f Musik u Darst Kunst, Inst Ludwig van Beethoven, Rennweg 8, A-1030 Wien, *stejskal@mdw.ac.at* [Wien]. **Ausb:** Stud (Kl) U f Musik u Darst Kunst Wien (A Sauer u M Hruby), Mstrks b E Kolodin, E Henz-Diemand J Uhde, Habil (Kl) 03. **Laufb:** künstl Ass v M Hruby U f Musik u Darst Kunst Wien, ao UProf ebd. (Red)

Stekel, Hanns-Christian, Dr, Komponist; c/o Johann Sebastian Bach Musikschule, Argentinierstr 11, A-1040 Wien, T: (06 76) 4 98 32 99, F: (01) 5 03 88 98 12, *mail@bach-musikschule.at* [Wien 15.12.1961]. **Ausb:** Stud (V, Blockfl, MPäd) MH Wien, Stud (Ev Theologie) U Wien, Leipzig. **Laufb:** J M Hauer-Kons Wiener Neustadt, Grdg Wiener Bach Solisten, Grdg J S Bach-MSchule Wien. **Ens:** Camerata Musica Wien. – **Komp:** Pentimenti (Kl Qui), UA Niederösterr Herbst 91; Gesu (KonzStück f Vcl u Kl), UA Wiener Neustadt 92; 8 Jahre Brahms (V solo, Elektr), UA Wien 96; Concerto f Kb u Orch, UA Wiener Neustadt, J Rapport 2000. **Sonst:** Brahms-Forschung: Sehnsucht u Distanz 97.

Stelzenbach, Susanne, Dipl-Pianistin, freischaffende Pianistin, Komponistin, Klangkünstlerin; Balsaminenweg 21, D-12623 Berlin, T: (0 30) 5 66 12 76, F: 5 66 12 76; *www.hoyerstelzenbach.de* [Reudnitz, Thüringen]. Neue Musik, MusikTheaterInstallationen **Ausb:** Stud Kl (H Nagel) H f M 'Hanns Eisler' Berlin 67–69, (R Dunckel) 74–76 ebd. **Laufb:** Musikal Lt 'ens pianoplus',

Musikal Einstud u Ltg versch MThProd: Maxim Gorki Th Berlin 87, Hebbel-Th Berlin 93 u 96, Musikbiennale Berlin 95, ACARTE-Fstv Lissabon 96, Th Krefeld-Mönchengladbach 99, Berliner Fstw 99 – Kunst im XX. Jh, KonzProjekt agieren-reagieren mit Ens pianoplus 02, int Fstv ECHO-Skulptur u Klang Denkmalschmiede Hoefgen 03. **Pr:** Stip Schwed Inst 90, Stip Stift Kulturfonds 92, Projektförd Hauptstadtkulturfonds 01, Stip Denkmalschmiede Hoefgen 02, Stip Stift Kullturfonds 03. **Ens:** ens pianoplus. – **Komp:** Iphigenie – Dramma per musica (KamOp), UA Berlin, Hebbel-Th 93; Imagination (3 St f Sop u Tenorsax) 94, UA Berlin 95; verzeihung, d Kopf (KamSz) 94/95, UA Berlin, Musik-Biennale 95; Ich schlafe was ich denke (MTh) 95/96, UA Berlin, Hebbel-Th 96; Ins Licht gerissen (Klar, V, Kl) 97, UA Winterthur 97; open windows 2.0 (MThInstall) 98, UA Dresden, Staatsschausp Dresden 98; Annäherung/Entfernung (KamM) 98/99, UA Berlin, Museum f Gegenwart 99; Zauberflöte 2.2 (MTheatral Fragmente) 99, UA Th Krefeld-Mönchengladbach u Hebbel-Th Berlin 99; Landschaft m Tönen (Klanginstall) 99, Berlin, Kryptonale V 99; Weiß über Schwarz (Bassklar, Vcl, Kl) 2000; Nahe u ferne Insel (Hn, V, Vcl, Kl) 2000, UA Berlin, Klangwerkstatt Kreuzberg 01; palindrom (Kl u Live-Elektr), UA Berlin, Akad d Künste 01; A Taste of 01, UA Berlin, Kulturbrauerei 01, glocken geigen glas (Klanginstall) Denkmalschmiede Hoefgen 03. **AuftrKomp:** Verzeihung, d Kopf (KaM) UA Berlin Podewil, Dgt: S Stelzenbach 95 (Auftr Musikbiennale Berlin); Open windows 2.0 (MThInstall) 98, UA Staatsschauspiel Dresden 98 (Auftr Staatsschausp Dresden); Landschaft m Tönen (Klanginstall) 99, UA Kryptonale Berlin 99 (Auftr Kryptonale Berlin); Annäherung/Entfernung (MThInstall) 98/99, UA Hamburger Bahnhof Berlin (ens recherche) 99 (Auftr Musikbiennale Berlin). **Aufn/RF:** Strawinsky: Concerto (2Kl), T Just 88; Debussy: en blanc et noir (2Kl), T Just 88; Hoyer:' ich war's, ich bin's' (Kl, Elektr) 84; Ders: Sonata (Kl, Elektr) 85; Ders: 'verborgene Gesänge' (2Kl, 2 Schlgz) 88; Ders: 'Allgemeine Erwartung' (2Kl, Schausp) 89; Ders: 'Paralipomena' (Kl u StrOrch) 90; Ligeti: Monument, Selbstportrait, Bewegung (2Kl), T Yamashita 90. **UA:** K-H Stockhausen: Mantra, DDR-EA, Akad d Künste 88; R Hoyer: Skulpturen 80; Ders: 'Allgemeine Erwartung' 81; Ders: 'ich war's, ich bin's' 82; Ders: Sonata 83; Ders: 'Paralipomena' 90; Ders: 'verborgene Gesänge' 92; M E Keller: 'agieren u reagieren' (Kl, Elektr) 01. **Zug:** R Hoyer: 'ich war's, ich bin's (Kl u Elektr); M E Keller: 'agieren u reagieren' (Kl u Elektr). **Sonst:** Grdg ens pianoplus 94.

Stemberger, Katharina, Schauspielerin, Sängerin; c/o Theaterverein Wiener Metropol, Hernalser Hauptstr 55, A-1170 Wien. **Laufb:** Sol Wiener Kammerop, ThVerein Wiener Metropol SpZ 04/05. (Red)

Stemme, Nina, Sopran; c/o Artists Management Zürich, Rütistr 52, CH-8044 Zürich, T: 04 48 21 89 57, F: 04 48 21 01 27; c/o Sächsische Staatsoper, Theaterpl 2, D-01067 Dresden; *www.artistsman.com* [Stockholm]. **Ausb:** Stud (Wirtschaft) U Stockholm, Stud (Gesang) Stockholm. **Laufb:** OpDebüt Corona/Italien (Cherubino), Sol Königl Op Stockholm, Bühnen d Stadt Köln (ua Pamina, Contessa, Mimi, Agathe) 95–98/99, Gastsol Göteborg, Sol Sächs Staatsop Dresden (03/04), Hamburg, Savonlinna, Basel, Brüssel, MET New York, English Nat Op, FSp Bregenz, Konz (ua Mozart, Beethoven, R Strauss), Sol Dt Op Berlin SpZ 02–04, Wiener Staatsop SpZ 04/05, Op Zürich SpZ 04/05, Gastsol Op Frankfurt SpZ 04/05, FSp Salzburg 02, FSp Bayreuth 94, 95, 97 (Freia)+05 (Isolde), Gastsol. Teatro San Carlo Neapel (Siegline) 04/05, San Francisco 04/05 (Senta), Genf 01/02+05/06. **Pr:** Finalistin Cardiff Singer of the World, 1. Pr Plácido Domingo-Wettb. **Mitgl:** 'Kuniglige Musikal Akad' Schweden seit 04. – **Aufn/RF:** Wagner: Tristan u Isolde, Dgt A Pappans; The Flying Dutchman, Dgt D Parry; Zemlinsky: Der König, Dgt K Nagano; Solo CD: Wagner, Nystroem, De Boech; DVD: R Strauß: Rosenkavalier, Dgt F Welser-Moest. **UA:** Lidholm: 'Ett drömspel' (Op), UA Stockholm Königl Op 92; H Gefors: 'Njutningen' UA Göteborg Konzerthaus 02/03.

Stendel, Wolfgang, Komponist; Schmiedeberg 5, D-38855 Wernigerode [Magdeburg 12.7.1943]. Sinfonik, Kammermusik in unterschiedl Besetzungen, Chormusik **Ausb:** Komp, Kl (P-H Dittrich, G Kochan, G Herwig) H f M 'Hanns Eisler' Berlin 66–72, Mstrsch (G Kochan) 72–74. **Laufb:** LTätigkeit MLU Halle-Wittenberg, freischaff Magdeburg seit 81. **Mitgl:** dkv, Ldesverband Sachsen-Anhalt Dt Komponisten. – **Komp:** 1. Sinf, 72, UA Magdeburg, Dgt R Wambeck 72 (Auftr: Städt Orch); Pensées f Orch (Sinfonik) 74, UA Radebeul 75; Inventionen f Orch (Sinfonik) 75, UA Halle 76; Conoscenza, Musik f Streicher, Holzbläser u Schlgw (Sinfonik) 76, UA Radebeul 77; Streichsextett (KamM) 75, UA Magdeburg 76; 2. Sinf, 79, UA Magdeburg, Dgt R Wambeck 80 (Auftr Städt Orch Magdeburg); Konz f Vcl u Orch, 78, UA Berlin, S H J Scheitzbach, Dgt O Koch 81 (Auftr VIII. Musik-Biennale); Sonata quasi una fantasia f V u Kl (KamM) 91, UA Halle 91; Metamorphosen f Streichqua (KamM) 92, UA Halle 93; Tuning up-Konstellationen f KamEns (OrchM) 95, UA Halle 95; CONSOLAMENTUM (OrgZykl) 96, UA Bayreuth 99; DIFFRACTION (f KamEns) 2000, UA Halle 01; Laudes (f Bar u KamEns), A Scheibner, Dgt T Müller 02 (Auftr Ges f Neue M in Sachsen-Anhalt); Zeitsprung – in Kälte u Erstarrung (f KamEns) 03, UA Halle 03; INVOCAMENTO f Org 02, UA Bayreuth 05. **Aufn/RF:** CDs:Thorofon (ua m Inventionen f Orch); FONO (ua m Sonata quasi una Fantasia); Berolina (ua m Ausschnitt aus Drei Situationen f KamEns); ambitus (m 8 KamMwerken); RF-Aufn v versch KamEns-Stücken durch Ens Konfrontation, Dgt T Müller 90–01. **Sonst:** Hg versch Werke d Sinf u KamM.

Stender, Ernst-Erich, Prof, Orgel, Hochschullehrer; St. Marien zu Lübeck, Schüsselbuden 13, D-23552 Lübeck, T: (04 51) 39 77 01 81; *www.tzl.de/orgel/organist.htm* [Tönning]. **Laufb:** Org St. Marien Lübeck seit 72, Prof (Orgel) MH Lübeck. (Red)

Stengards, Rick, Dirigent; c/o Luzerner Theater, Theaterstr 2, CH-6002 Luzern, T: 04 12 28 14 40. **Laufb:** Dgt u Ass d MDir Volksop Wien SpZ 03/04, 1. Kapm Luzerner Th SpZ 04/05. (Red)

Stengel, Bernhard, Repetitor; Schlittenweg 20, D-46286 Dorsten, T: (0 28 66) 18 84 65. **Laufb:** Kapm u Solorep Schillerth NRW Wuppertal-Gelsenkirchen, Rep m Dgt-Verpfl MTh im Revier Gelsenkirchen seit SpZ 03/04. (Red)

Stengert, Gerhard, Hochschullehrer, Marimba und Schlagzeug, Komponist; Maximilianstr 3, D-49413 Dinklage, T: (0 44 43) 31 45, F: 37 94, *gerhard_stengert@yahoo.de*; *www.osnabrueck.de/kok/23020.html* [Lohne 27.3.1962]. Konzert, Lehrtätigkeit, Komponieren **Ausb:** Stud DiplInstrL(P Klemke) H f M u Th Hannover – Abt Kons Osnabrück 84–88, H f Künste Bremen (M Nishimine) 91–94. **Laufb:** Doz (Schlgz, Marimba) MSch Lohne seit 87, LAuftr (Schlgz, Marimba, Fachdidaktik) FH/Kons Osnabrück seit 97, Schlgzkonz Danziger OpHaus, 'SchlgzEns Bremen' 93, Tournee i Michigan (USA), m 'Lohner Percussionens' 94, Tournee m 'SchlgzEns Bremen' Finnland 95. **Ens:** '3 lustige 5' 84–90, 'Menke/Stengert Duo' 88–97, Grdgmitgl 'Miniquin' seit 93 (seit 99 neuer Name: 'Akzente'), 'Schlagzeugens Bremen' 91–95, Grdgmitgl 'New Art Trio' seit 98. **Mitgl:** GVL, Kreis Osnabrücker Komp eV, GEMA, GVL. – **Komp:** 'Genesis' (f 10 Fl, 5 Schlgzge u Sprecher) UA Dinklage 90, 'Nave Nave Moe' (f Marimba, Fl u Perc) UA Wangerooger Musiktage 99, 'Klangwelten' (f Org, Fl, Marimba u Perc) UA Perc-Tage Traunstein 02. **Auftr-Komp:** 'Schmelzpunkt' m N Gerhardts, T Aldenhoff u M Menke, UA Osnabrück 99 (Auftr: Georgsmarienhütte GmbH). **Aufn/RF:** CD: G Stengert – Marimba, Auftr in 'Geld oder Liebe', m Miniquintett; New Art Trio – Movin'; Miniquintett – Miniquintett; mehrere Aufn b WDR Köln u Radio Bremen. **UA:** ua M Menke: 'Miniquintett' 91; N J Zivkovic: 'Sta Vidis' 92; W Roggenkamp: 'African Blues' 93; Akzente: 'Schmelzpunkt' 98; N Gerhardts: 'Elfentrilogie' 99; H Petri: 'Fantasia metamorphica' 99; W Roggenkamp: 'Movin' 99; N Gerhardts: 'Agravain's Dream' 2000; H Petri 'Konzertfantasie' 2000; N J Zivkovic: 'Bulgarian Etude' 01. **Zug:** H Petri: 'Konzertfantasie f Marimba'. **Sonst:** Veröffentl Komp: Promenade à la plage, Meditation for Tibet, Song for Bernadette, Choral f Carmen, Blocks in my Tempel, Unusual Timpany Groove.

Stensvold, Terje, Sänger; c/o Dietrich Eberhard Gross Künstleragentur, Eschenweg 19, D-61440 Oberursel, T: (0 61 72) 93 41 44, F: 93 41 45, *d.e.gross@grossagentur.de*; c/o Komische Oper Berlin, Behrensstr 55–57, D-10117 Berlin. **Laufb:** Gastsol Op Frankfurt SpZ 00/05, Dt Op Berlin SpZ 03/05, Sol Württemberg Staatsop Stuttgart bis SpZ 03/04, Kom Op Berlin SpZ 04/05, Dt Op am Rhein SpZ 04/05, Staatsop Hamburg SpZ 04/05. (Red)

Stenz, Markus, Generalmusikdirektor, Dirigent, Musikalischer Leiter; c/o Bühnen der Stadt Köln – Opernhaus, PF 101061, D-50450 Köln, T: (02 21) 22 12 83 90, F: 22 12 82 00; c/o Gürzenich-Orchester Köln, Bischofsgartenstr 1, D-50667 Köln; *www.guerzenich-orchester.de*. **Ausb:** Stud MH Köln (b V Wangenheim), Stip Tanglewood (b L Bernstein u S Ozawa). **Laufb:** Musikal Lt Montepulciano Fstv 89–95, Chefdgt London Sinfonietta 94–98, Musikal Ltg Melbourne Symph Orch seit 98, ZusArb ua m Münchener Philh, Symph Orch d BR, DSO Berlin, Gürzenich-Orch, Ensemble Modern, Junge Dt Philh, Dt Kammerphilh, NDR Symp Orch, Gewandhaus Orch, Op Frankfurt, Rotterdam Philh, Concertgebouw Orch, Orch della Toscana, RAI Symph Orch, Ensemble Intercontemporain Paris, Orch de Paris, Orch La Monnaie, BBC Symphony, Scottish Symph Orch, Hallé Orch, Stockholm Philh Orch, Helsinki Philh Orch, Göteborg Symph Orch, Los Angeles Philh, Chicago Symph Orch, San Francisco Op, Musikal Lt Gürzenich-Orch Köln ab 03/04, GMD Op Köln ab 04/05. – **Aufn/RF:** K Weil: Der Silbersee, London Sinfonietta 99. **UA:** ua H W Henze: 'Das verratene Meer' Dt Op Berlin 90, 'Venus u Adonis' Bayer Staatsop München 97, 'L'Upupa u d Triumph d Sohnesliebe, Salzburger FSp 03.

Stenz, Michael (Pseud: Inden, Rosenholz, Thum, Freeliner, Westland), Komponist; Möwenweg 4, D-53639 Königswinter, T: (0 22 44) 59 35, F: 59 35 [Heisterbacherrott 24.3.1930]. **Ausb:** Stud (Kl, Instrumentations- u KompLehre). – **Komp:** Oh Lord (Spiritual); Dt Messe (gem Chor u Orch), UA Heisterbacherrott, Kath Kirche 83; Romant Skizze (Kl u gr Orch); Côte d'azur (Kl u gr Orch); Irish sea (Kl u gr Orch); Lost in Dreams (Kl u Streichorch); Magic night (Kl u Orch). (Red)

Stenzl, Hans-Peter, ARAM (Associate of the Royal Acad of Music London), Prof, Piano, Hochschullehrer; Am Wildbädle 6, D-70329 Stuttgart, F: (07 11) 42 34 32; Hochschule f Musik u Theater, Beim St-Katharinenstift 8, D-18005 Rostock; *www.klavierduo-stenzl.de* [Schwäbisch Gmünd 20.5.1960]. Klavierduo (Barock bis Neue Musik) **Ausb:** Stud Kl (R Werner) MH Stuttgart 80–86, (Anglistik) U Stuttgart 82–85, künstl Aufbaustud Kl (H Seidel) MH Frankfurt 86–88, SolDipl (S Kovacevich, H Milne, F Wibaut) Royal Acad of M London 88–90, Privatstud (A Brendel). **Laufb:** Int KonzTätigkeit KlDuo in Europa seit 86, Tourneen Westafrika, Nord- u Südamerika, Japan, Konz FSp Salzburg, Ludwigsburg, Schwetzingen, Bachwochen Ansbach, Schubertiade Feldkirch, Schleswig-Holstein-M-Fstv, Rheingau-Fstv, KlFstv Ruhr, Europ MFest Stuttgart, Berliner FestW, Miami Fstv ua, GastProf Guildhall Sch of M and Drama London 90–94, Doz MH Stuttgart seit 87, Prof MH Rostock, Juror b nat u int MWettb. **Pr:** b 11 nat u int MWettb, ua Brahms Hamburg 85, ARD München 86, Jeunesses Musicales Belgrad 89, Dt MWettb Bonn 89, Dranoff Miami 89, BDI Leverkusen 90, Schubert Graz 92. **Ens:** KlDuo Hans-Peter u Volker Stenzl. **Mitgl:** Vorstandsmitgl Tonkünstlerverb Baden-Württemberg u R-Wagner-Verb Stuttgart. – **Aufn/RF:** zahlr RF- u Fernsehprod, 7 CDs. **UA:** ua V Globokar: Discours IX, UA Saarbrücken 93; R Hempel: 'Ein Augenblick Ewigkeit', UA Stuttgart 96. **Zug:** R Hempel: 'Ein Augenblick Ewigkeit' 96.

Stenzl, Volker, ARAM (Associate of the Royal Acad of Music London), Prof, Piano, Hochschullehrer; Akazienweg 25, D-73527 Schwäbisch Gmünd, F: (0 71 71) 35 15 15; Hochschule f Musik u Theater, Beim St-Katharinenstift 8,

D-18005 Rostock; *www.klavierduo-stenzl.de* [Schwäbisch Gmünd 25.4.1964]. Klavierduo (Barock bis Neue Musik) **Ausb:** Stud (R Werner) MH Stuttgart 83–88, SolDipl (S Kovacevich, H Milne, F Wibant) Royal Acad of Music London 88–90, StudPriv (A Brendel). **Laufb:** Int KonzTätigkeit im KlDuo Europa seit 86, Tourneen Westafrika, Nord- u Südamerika, Hong Kong u China, Japan, Gastsp ua FSp Salzburg, Ludwigsburg, Schwetzingen, Bachwoche Ansbach, Schubertiade Feldkirch, Rheingau Fstv, Schleswig-Holstein-M-Fstv, KlFstv Ruhr, Europ MFest Stuttgart, Berliner FestW, Miami Fstv, 'Visiting Prof' Royal Acad of M London 90–2000, Prof (KlDuo) H f M u Th Rostock, Jurymitgl nat u int Wettb. **Pr:** b 11 int u nat Wettb, ua Brahms Hamburg 85, ARD München 86, Jeunesses musicales Belgrad 89, Dt MWewttb Bonn 89, Dranoff Miami 89, Schubert Graz 92, BDI Leverkusen 90. **Ens:** KlDuo Hans-Peter u Volker Stenzl. – **Aufn/RF:** 8 CDs, RF- u TV-Prod, 1 DVD (Arthaus/Naxos). **UA:** V Globokar: Discours IX, UA Saarbrücken 93; R Hempel: 'Ein Augenblick Ewigkeit', UA Stuttgart 96. **Zug:** R Hempel: 'Ein Augenblick Ewigkeit' 96. **Sonst:** Jurymitgl b nat u int Wettb.

Stephan, Gerhard, Sänger; c/o Neue Opernbühne Berlin NOB, Goltzstr 13, D-10781 Berlin. **Laufb:** Sol Th an d Rott Eggenfelden, Gastsol NOB SpZ 00/05, Chor Volksth Rostock (03/04). (Red)

Stephanides, Michael, Mag, Dr, Prof, Hochschullehrer, Orgel; Univ f Musik u Darst Kunst, Joseph Haydn Inst, Anton-von-Webern-Pl 1, A-1030 Wien, T: (01) 711552010, F: 711552019, *stephanides@mdw.ac.at* [Wien 1953]. **Ausb:** Stud (Org) U f Musik u Darst Kunst Wien, U Wien (Musikwiss, Kunstgesch), Diss phil ebd 82. **Laufb:** ao UProf U f Musik u Darst Kunst Wien seit 87. (Red)

Stephinger, Christoph, Sänger (Bass); Peter-Paul-Althaus-Str 19, D-80805 München, T: (089) 3616815, 01762052 0735, F: (089) 3612099, *christephinger @aol.com*; c/o Hessisches Staatstheather Wiesbaden, Christian-Zais-Str 3, D-65183 Wiebaden; *www.operissimo.com* [Herrsching 4.6.1954]. Op, Orat **Ausb:** Mitgl d Regensburger Domspatzen, Stud (Gesang) MH München 76–81, Studio d Bayr Staatsop 81–82; Erarbeitung div Baß-Partien mit K Moll seit 81. **Laufb:** Sol: Stadtth Bielefeld 82, Niedersächs Staatsth Hannover 86; Staatsth am Gärtnerpl München bis 04; Hessisches Staatsth Wiesbaden ab 05; Gastsp: Staatsth Hannover (Ochs, La Roche), Dt Op Berlin (Komtur), Dt Op a Rhein Düsseldorf (Kg Heinrich, van Bett), Op Frankfurt Ochs, Sarastro), Nationalth Mannheim (Ochs, Kg Heinrich), Op Nizza (Daland), Amsterdam (Ochs), Graz (Ochs), Stuttgart (Keral). **Pr:** 1. Pr Mozart-Wettb Würzburg 81, Bielefelder Operntaler, Finalist Belvedere-Wettb Wien 88. – **Aufn/RF:** R Strauss: Capriccio (La Roche), Dgt: G Pretre 99 (SWR); A Lortzing: Wildschütz (Baculus) 2000 (BR-Fernsehen); F Busoni: Turandot (Kaiser Altoum), Dgt: G Albrecht 01 (Radio Hilversum); Dvořák: Jakobin (Hrabe), Dgt: G Albrecht, WDR 03; Boysen: Theater nach d Mode (Sir John Frederick), BR-Fernsehen 03. **UA:** K Schapfl: 'D kl Prinz im Mozarteum' (König, Säufer, Geograph), UA Dgt: E Fuchs 03.

Steppan, Hubert, Prof, Komponist; Hanns Raderweg 12, A-9470 St Paul, T: (04357) 2446 [Salzburg 6.2.1928]. **Ausb:** Stud Komp, Org, MErz (E Kornauth, P Hindemith, J N David) MH Mozarteum Salzburg, Abschluss Mozarteum Salzburg 50. **Laufb:** Tätig als Stiftsorganist u MErz Stiftsgymn d Benediktiner zu St Paul Lavanthal, Kärnten über 38 Jahre. – **Komp:** 'Speravi in te, Domine' (Missa), UA 84; 'Hemma Messe' (Missa), UA ORF 88; 'Ora et labora' (Missa), UA ORF/ZDF; Liederzykl nach G Trakl, UA 91, Liederzykl n Ch Lavant, UA ORF 93; Liederzykl n Th Bernhard, IX Psalmen, UA Salzburg 01. **AuftrKomp:** KirchenOp (Auftr: Kärntner Landesregierung); 5 Messen (Auftr: Benediktinerstift St Paul); Klavierkonz Nr 1, UA 95 (Auftr: Österr Kulturinst Warschau); 'Danziger Symph', UA Danzig 97 (Auftr: Balt Philh Danzig). **Aufn/RF:** Missa 'Speravi in te Domine', Lemberger Philh u Akad-Chor Warschau (Fernsehen); Missa 'Ora et labora', Stiftschor u Orch St Paul (ORF u ZDF); Klavierkonz Nr 1, Lebmerger Philh Warschau; 'Danziger Symph', Danzig (Poln Fernsehen); 'Klavierkonz Nr 1', UA St Paul, Philh Banatul Temesvar 01. **Lit:** Lex zeitgen Komp d 20. Jhs; B Günther: 'Musik aus Österreich' (music information centre austria).

Steppberger, Klaus, Sänger (Tenor); c/o Städtische Theater, Käthe-Kollwitz-Str 7, D-09111 Chemnitz, PF 756, D-09007 Chemnitz. **Ausb:** Stud (Psychologie) München, PrivUnterr ua b K-Ch Kohn, Stud b K-H Jarius (Frankfurt) u J Cash (London), Mstrks b K Widmer (Basel). **Laufb:** Gastsol Städt Th Chemnitz SpZ 00/05, Gastsol Dt Nationalth Weimar, Volksth Rostock (SpZ 03/04). – **Sonst:** ZusArb m Dgt: G Albrecht, G Gelmetti, C Davis u E zu Guttenberg. (Red)

Sterk, Norbert, Komponist; Hervicusgasse 4/1/9, A-1120 Wien, T: (01) 8033781, 0699-12726818, *norbert.sterk@utanet.at* [Wien 4.12.1968]. **Ausb:** KlUnterr ab 79, Stud Tonsatz (R Portisch), Kl (O Probst), KB (B Kräutler), Instrumentation (W Breitner) Kons d Stadt Wien ab 83, Analyse u Formenlehre (K H Füssl, I Eröd, G v Einem, E Krenek) Carinth Sommer 85–86, Stud (Philosophie, MWiss, ThWiss) U Wien, KompSeminar (A Schnittke) Sommer-Akad Salzburg 90, Akad f logopäd phoniatr audiolog Dienst AKH Wien 92–94, Stud Komp (H K Gruber) Kons d Stadt Wien 94–99, Sem (K Schwertsik) MFabrik Tulln 95, 'Stimmsem' (M T Escribano) 96, funktionale Stimmarb (M Heptner) 03–05. **Laufb:** composer in residence 6. Komponistenform Mittersill 'ein klang' 01. **Pr:** Arbeitsstip d Stadt Wien 95, KompFörderung d BKanzleramtes 03, österr Staatsstip f Komp 04, ArbStip d BKanzleramtes 05. **Mitgl:** IGNM Österr. – **Komp:** ua: 'Mirliton' f Singsti (Mezzosop) u Ens (n Texten v S Beckett) 98/99, UA Wien, Radiokulturhaus, m T Brauer, Ens 'die Reihe', Dgt J Kalitzke 2000; Ruine – e Fragment f Melodica, Klar, Sax, AlpHn, Hackbrett, Akk, Vcl, KB u Synth 01, UA Mittersill, e klang ens, Dgt: N Sterk 01 (Auftr: KompForum Mittersill); 'Am Rand d Augenblicks', Fragment f gr Orch 0; 'The Old Piano Plays an Air' (Version 01) f Ens, UA Wien, Tiroler Ens f Neue M, Dgt H Sofka 02 (Auftr: IGNM Österr f d 'Lange Nacht d neuen Klänge', Abschlussveranst d 'Hörgänge', Wiener KonzHaus); Ins Weiße. Fast Nichts (f Altfl, Klar, Pos, Kl, V u Vcl), UA Wien, ens reconsil, Dgt: R Freisitzer 03 (Auftr: ens reconsil vienna); 'Die Sonne stand still. Der Mond trieb davon. ' f gr Ens 03/04, UA MVerein Wien, Ens Kontrapunkte, Dgt: P Keuschnig 04 (Auftr: Gesellschaft d MFreunde Wien); 'approaching white. replay' (f kleines Ens) 04, UA Mittersill, Ens die reihe, Dgt G Rabi 04 (Auftr: KompForum Mittersill); 'Die Ankunft des Atemzugs' (F V u Ens) 05, UA Wien 05 'Hôtel de la Paix' n Worten v I Bachmann (f Bar u KlTrio) 05/06, UA MVerein Wien, Haydn Trio Eisenstadt (Auftr: Haydn Trio Eisenstadt). **Aufn/RF:** CDs: 'Ruine – Ein Fragment' (f Ens), ein klang ens 01; 'approaching white. replay (f Ens), Ens die reihe, Dgt G Rabi 04; 'Hôtel de la Paix (Bar u KlTrio), Haydn Trio Eisenstadt 06; Konz f Hn u großes Ens, Ens die reihe, Dgt G Rabi 06. **Lit:** ua D Ender: Mit ruhigem Atem genau beobachten (Musikfreunde, Dez 04).

Raimund Sterl

Sterl, Raimund W, Archivar, Komponist, Organist; Agnesstr 37, D-93049 Regensburg, T: (0941) 24293 [Regensburg 25.9.1936]. Komp f Orgel- u Kammermusikgruppen, Erforschung bayer Musikgesch **Ausb:** KompStudien (A Zehelein) München 56–58. **Laufb:** Organist an versch Kirchen Regensburg, stellv Lt Stadtarchiv Regensburg 64–93. – **Komp:** Geistl Lieder 56, UA Regensburg 96; 'Ite missa est' (Org) 61, UA Regensburg 62; Drei B-A-C-H-Studien (Org) 82/83, UA München 85; Partita festiva (Org) 85, UA Burghausen 86; Introduktion u Versetten 'Te deum laudamus' (Org) 87, UA Münster 88; Variationen 'Wir sind nur Gast auf Erden' (Org) 88, UA Cappenberg 89; Aulikon (Ob, Org) 87, UA Saltendorf; Interludien (Org) 90, UA Teublitz; Oswaldiana (Org) 90, UA 91; 'Alma Redemptoris Mater' (Singst, Va, Vcl, OrgPositiv) 92; Miniaturen IV (Kl) 96, UA Regensburg 96; Suite (Org) 98, UA Münster 99; Liederzyklus 'In alten Gärten' 95, UA Regensburg 2000; 'The Carmans Whistle' (Cemb) 99, UA Regensburg 2000; 'Sechs Studien, Dritte Orgelmesse, Scherzo, Interludium u Fuge 99, UA Regensburg 01; Drei Nachtstücke (Kl) 02, UA Regensburg 02; Musik über B-A-C-H (OrgPositiv) 2000, UA Regensburg 04; Prière à Notre Dame (Org) 03, UA Regensburg 04; Epitaph (Org) 04, UA Regensburg 05; Contrapunctus B-A-C-H (Org) 05, UA Regensburg 05; Auftr-Komp f 'Saltendorfer Telemannkonzerte' ab 83, 'Studio Neue Musik Oberpfalz' ab 84 u OrgKonz-Reihe d Univ Münster ab 88. **UA:** Weke oberpfälz Komp f Orgel im Rahmen d Liturgiefeier. **Zug:** versch Werke oberpfälz Komp f Orgel. **Sonst:** zahlr mwiss Veröff z MGesch Süddtlds in Fach-Zs u Monographien. **Lit:** M Bernhard: Orgelkomp v R W Sterl (Musik in Bayern 31) 85.

Stern, Adrian, Dirigent; c/o Konzertdirektion Fritz Dietrich, Sigmund-Freud-Str 1, D-60435 Frankfurt a M. **Laufb:** 1. Kapm Staatsth Cottbus. (*)

Stern, Markus Othmar (Pseud: Markus Othmar Wessiack), Bass; Große Str 30, D-24937 Flensburg, T: 01797308043, *zacki_u_laden@hotmail.com* [Innsbruck 12.5.1969]. Oper, Lied, Oratorium **Ausb:** Stud b K Hanser, L Karlson, B Daniels am Ldskons Tirol Innsbruck; Stud b W Berry, J H Rootering MH Wien; Mstrks b B Fassbänder. **Laufb:** Sol Schleswig-Holstein Landesth SpZ 02/03 u 03/04. – **Aufn/RF:** Mozart: Osmin, Sarastro; Puccini: Coline, Gianni Schicchi; Tschaikovsky: Gremin; Wagner: Daland; Suppè: Lambertuccio (n Bocaccio); A L Webber: Kaiphas; Schubert: 'Winterreise', div Lieder; Tschaikovsky: Liebeslieder; Dvořák: Zigeunerlieder; H Wolf: Soldatenlieder ua; Brahms: Vier ernste Gesänge; Händel: Messias; Haydn: Schöpfung ua. **UA:** I Willson: 'Hamelin' (KamOp) 03.

Sternberger, Barbara, KS, Sängerin; c/o Komische Oper, Behrenstr 55–57, D-10117 Berlin, T: (03303) 501944, F: 501944 [Gaunitz, Sachsen 21.3.1943]. **Ausb:** Stud Ges (T Dickson, M Fischer-Kupfer) MH Berlin 61–66. **Laufb:** Debüt Brandenburg (Nuri) 64, Madeburg 65–66, Neustrelitz 66–69, Kom Op Berlin seit 69 (04/05), ständ Gast Dresden StOrch, Leipzig, Berlin StOrch seit 75, Hauptpartien: Gretel, Gilda, Blondchen, Despina, Marzelline, Oskar, Lauretta, 1. Dame. – **Aufn/RF:** zahlr RF- u 8 TV-Op-Prod.

Sternlicht, Elzbieta, Magister Artium, Pianistin, Klavierlehrerin; Kantstr 154 a, D-10623 Berlin, T: (0 30) 3 13 81 04, F: 3 13 17 11, *sternlichtelz@comundo.de*; c/o Concertino Konzert Agentur GmbH Jutta Jochimsen, Berlinerstr 40, D-14467 Potsdam, T: (03 31) 2 70 98 88, F: 2 70 98 91; *www.sternlichtelzbieta.de* [Nowosibirsk 13.1.1943]. Musik d 20. Jhs **Ausb:** Stud MAkad Warschau 66, Förderstip Frz Regierung Kl (V Perlemuter) Paris 68–70, Stud Kl (V Perlemuter) Cons Europ Paris, KamM (J Dussol) 71, 72. **Laufb:** Konz in fast allen europ Ländern, Südamerika u Asien, KamM Philh Berlin, Fstvs Dtschld, Polen (Chopin), Italien, São Paulo, Belem, Frankreich ua, VdK Berlin seit 80. **Pr:** Förderstip frz Regierung 68–70, Stip Stift 'Zurückgeben'. **Mitgl:** BGNM, Musica reanimata. – **Aufn/RF:** CDs: F Hensel: Lyrische Stücke f Klavier (op 2, 6, 8) 92, dies: Klaviermusik aus d Italienzeit 98; 1. kpl Aufn v Werken F Hensels f Kl, sowie nicht veröffentl Werke ders; zahlr RF-Mittschnitte, ua Werke v Berg, Schönberg, Messiaen im Prager RF, ORT Brüssel, ORTF Frankr, RIAS Berlin. **UA:** P Hasquenoph: 'Cinq Poèmes', UA 77; G Coates: 'Five More Songs' (Sop, Kl), UA 80; K Cho: Trio (Fl, V, Kl), UA 82; L Vidovszky: 'German Dance', UA 91; L Schidlowski: 'Toccata', UA 93; A Ehrlich: 5 steps towards the truth, UA 93; J Koffler: 'Capriccio' (V u Kl) op 18, UA 94; H Keller: 'Capriccio über d Zuversicht', UA 02. **Zug:** F Ricci: 'Caleidoscopy', UA 93; dies: 'O sonho de Pada', UA 95; R Rubbert: 'KlStücke RW y 1087', UA 95; F Graef: 'Aus meinem harmolog Tagebuch 1995', UA 95; G Katzer: 'Trommelstück', UA 99; S E Panzer: 'Nomina', UA 01; M Daske: 'Klangschaften 1. Joyce', UA 02; P Mossi: 'Sternlicht-Sonate', UA 02; H Surianu: 'Sona Fanos', UA 03; M Kubo: 'Viertel d Lebens', UA 03; M Daske: 'OPstau', UA 03. **Sonst:** erste kompl Aufn v Werken F Hensels f Kl sowie nicht veröffentl Werke ders, Gedächtniskonz J Koffler 96, Konz m Ausst über S Eckhardt- Gramatté z 100. Geb in Berlin 99, Konz m Ausst über d Komp u L Prof H-J Koellreuther in Berlin 2000, 'Tu mir eine Liebe' (V Roggenkamp) verdrängte Musik 18 – Protokoll d Gesprächskonz v musica reanimata über J Koffler. **Lit:** Lex Who is who in d BRD u Schweiz; Lex Polak w swiecie (Polen in d Welt).

Stert, Wolfgang, Prof, Hochschullehrer, Kontrabass; Fridolin-Mayer-Str 6, D-79238 Ehrenkirchen-Norsingen, T: (0 76 33) 26 00. **Ausb:** Stud Staatl H f M Freiburg, sowie Kurse b S Végh u P Casals. **Laufb:** Prof (Kb, Methodik) Staatl H f Musik Freiburg seit 76. (Red)

Stessin, Alexander, Dirigent; Emilienpl 2, D-58097 Hagen, T: (0 23 31) 3 42 56 11, *mail@stessin.de*; *www.stessin.de* [Moskau 2.4.1970]. Musiktheater, Mozart, Musik d 20. Jh, ChorLtg **Ausb:** Stud MWiss Kons Moskau 89–90, Dirig (M Rodan) Akad Jerusalem 91–94, Dirig (M Gielen, J Rotter) Mozarteum Salzburg 94–98. **Laufb:** LAuftr Korr OpKlasse Mozarteum Salzburg 96–99, Solorep u Dgt Bühnen d Landeshauptstadt Kiel 99–02, Lt Städt Chor Kiel 01–02, Kapm Hagen seit 02; Solorep, mus Ass u Dgt Eutiner FSp 01/02, Dgt u ChorLt Eutiner FSp 03/05. **Pr:** 'stessin.de' durch 'vioworld.de' zu einer der '2000 besten Klassikseiten im Internet' gewählt. – **UA:** Cavallerin: 'Eine Oper f Büropa', UA Linz, Brucknerhaus, m Österreich Ens f Neue Musik 98.

Stetina, Edmund, Mag, Dr, Komponist; Florianigasse 44/21, A-1080 Wien, T: (01) 4 31 84 82. (Red)

Steuart, Richard Carson, Trompete, Hochschullehrer; Hofstr 10, D-97070 Würzburg, T: (09 31) 3 53 65 74; H f Musik, Hofstallstr 6–8, D-97070 Würzburg. **Laufb:** Doz (Trp, Barock-Trp) Hermann Zilcher Kons Würzburg u H f M Würzburg. (Red)

Steubing, Roxana, Klavier, Hochschullehrerin; Tengstr 20, D-80798 München, T: (0 89) 2 78 01 38. **Laufb:** Doz (Kl) Richard Strauss Kons München. (Red)

Steude, Volkhard, Konzertmeister, Violine; c/o Wiener Philharmoniker, Bösendorferstr 12, A-1010 Wien [Leipzig 1971]. **Ausb:** Stud b W. Scholz in Berlin u A. Staar in Wien. **Laufb:** Konzm Wiener Philh u Wiener Staatsopernorch seit 94, Konzm Wiener Virtuosen seit 02. (Red)

Steuerwald, Frank, Dirigent; Blumenstr 14, D-68766 Hockenheim, T: (0 62 05) 28 42 28. **Laufb:** Dgt u Musikal Einstudierung Musikbühne Mannheim Astoria. (Red)

Steuri, Käthi, Kontrabass; Alte Bernstr 58, CH-3075 Rüfenacht, T: 03 18 39 78 93. **Ausb:** Stud KB (B Szedlak) Bern, (F Petracchi) Genf. **Ens:** Camerata Bern, La Strimpellata Bern Trio Basso di Berna, The Dorian Consort. (Red)

Stevens, George, Sänger (Bassbariton); Fedelhören 45, D-28203 Bremen, T: (04 21) 3 38 75 19, (01 76) 29 45 72 43 [Kapstadt, Südafrika]. **Ausb:** Stud Ges (W Slabbert) Wien, Stud Ges (J Metternich) München. **Laufb:** Eng Südafrika 91–94, Sol Th Bremen (Verdi: Otello, Jago; Mozart: Figaro, Titelpartie; Berlioz: La damnation de Faust, Mephistopheles ua) seit SpZ 98/99 (04/05). (Red)

Stevens, Rainer, Opernsänger; Wittensteinstr 109, D-42283 Wuppertal, T: (02 02) 89 84 37. **Laufb:** Sol Op im Schloßgarten Eutin. (*)

Stevens, Sally, Bachelor of Music, Master of Music, Sängerin; Rheinstr 13, D-76532 Baden-Baden, T: (01 72) 3 80 11 78, *Stevenswnu@aol.com* [Neenah, WI, USA]. Oper u Operette **Ausb:** Indina U School of Music, Bloomington, Indiana, USA. **Laufb:** Teatro La Fenice Venedig 87, Gastsp Fstv Int W A Mozart Rovereto 89, Wiener KamOrch u KonzHaus 89/90, Gastsol Th Lübeck 91–94, Alto-Th Essen 97, FSpHaus Baden-Baden 98, Madison Op 99, Volksth Rostock 91/92 u 99, Op Danzig 99, Chicago Op Th 99, Optte Budapest u Th Ingolstadt 2000, Städt Bühnen Krefeld u Mönchengladbach 2000, Fstv de Belle Ile Frankreich 2000, Stadtth Gießen 2000/01, Staatsth Schwerin SpZ 00/01 u EnsMitgl ebd 94–97, Gastsol Städt Bühnen Osnabrück SpZ 00/01, Gastsp Schloßfsp Heidelberg 2001/02, Staatsoptte Dresden SpZ 04/05. **Pr:** 1. Pr Met Op Wettb u Washington Int Wettb, 2. Pr Liederkranz Wettb New York. – **Aufn/RF:** Fernsehaufn: W A Mozart: 'Exsultate jubilate', Wiener KamOrch, Fstv Int 'W A Mozart Rovereto, Dgt: Ph Entremont 89; S Romberg: 'The Student Prince' (Kathie), Schloßfsp Heidelberg, SWR u ARD 01; RF-Aufn: Schubert: Messe C-Dur, m Wiener KamOrch, Dgt: Ph Entremont 90. **UA:** A S Dargomyzhsky: 'Der steinerne Gast' (Donna Anna), am EA, Chamber Op Th of New York 86; C Gadenstätter: 'Andante u Lied', UA Wien, Wiener KonzHaus, Wiener Ens, Dgt: A Lopezrios 88.

Stevenson, Alexander, Sänger, Dozent f Gesang; Pangesweg 1N, D-34132 Kassel, T: (05 61) 40 84 43, F: 40 84 43, *Bastevenson001@aol.com*; Stadt Kassel, Musikakademie, Karlspl 7, D-34117 Kassel [New York City 15.2.1944]. Oper (Solo), Konzert (Solo) **Ausb:** Stud (V) Juilliard School of Music New York 61–62, Gesang New England Cons Boston 68–72, Stud (Op) Boston U 70–72, Ausb Zürcher OpStudio 78–79. **Laufb:** Arb als Op- u KonzSänger in USA 72–78, Lt Gesangsabt Atlantic Union Coll 75–76, Sol Op St Gallen 79–80, Sol Städt Bühnen Freiburg/Br 80–83, Sol Bad Staatsth Karlsruhe 83–85, Sol Staatsth Kassel 85–88, festes EnsMitgl Staatsth am Gärtnerpl München 88–93, freiberufl als Op- u KonzSänger, Doz MAkad Kassel (Sologes, Didaktik/Methodik), LAuftr (Sologes) MH Köln, Abt Wuppertal seit 01. **Pr:** UNO Stip 78 u 79. – **Aufn/RF:** CDs: J S Bach: 'Johannes-Passion' (Ev); Haydn: 'Schöpfung'; Händel: 'Messias'; Mendelssohn: 'Paulus'; Haydn: 'Vier Jahreszeiten', Dgt: H Rilling.

Stewart, Jeffrey, Sänger; c/o Theater am Goetheplatz, Goethepl 1–3, D-28203 Bremen, T: (04 21) 4 36 83 02, *jeffcstewart@aol.com*; c/o Komische Oper, Behrenstr 55–57, D-10117 Berlin [4.6.1967]. ital, frz, engl Oper, Oratorium, Mozart-Opern, Operetten **Ausb:** Guildhall School of Music and Drama. **Laufb:** Sol Mecklenburg Staatsth Schwerin, Kom Op Berlin SpZ 03/04, Th Bremen SpZ 03/04. **Pr:** Harold Rosenthal Award.

Stibi, Regula, Klavier; Wilfriedstr 19, CH-8032 Zürich, T: 0 12 62 67 77. (Red)

Stickert, Uwe, Tenor; Deutsches Nationaltheater, PF 2003, D-99401 Weimar [1974]. **Ausb:** Stud Ges b M. Hoff, Mitgl Liedkl L. Bätzel. **Laufb:** Sol Th d Stadt u Schlossfestspiele Heidelberg 2000–02, Nationalth Weimar seit 02. (Red)

Stieber, Peter, MA, Redaktionsleiter; SWR 2 Landesmusikredaktion RP, Am Fort Gonsenheim 139, D-55122 Mainz. **Ausb:** Stud (MWiss) Berlin. **Laufb:** Künstl Lt Schwetzinger FSp SpZ 03/04, Redaktionsleiter SWR 2 Ldesmusikredaktion RP.

Stiebler, Ernstalbrecht, Komponist, Musikredakteur; Nordendstr 27, D-60318 Frankfurt a Main, T: (0 69) 59 21 98, *e.stiebler@12move.de*; Johanniterstr 19, D-10961 Berlin, T: (0 30) 69 00 19 84 [Berlin 1934]. Neue Musik (G Scelsi, M Feldman) **Ausb:** Stud (Komp, Kl) MH Hamburger, Darmstädter Sommerkse 58–61 (ua b K Stockhausen). **Laufb:** Musikredakteur (Neue Musik) b Hess RF 69–95, ZusArb m Dieter Schnebel 70er Jahre, Gründg u Ltg d Konzreihe 'Forum Neue Musik' ab 89, zahlr CD-Produktionen, Publikationen. **Pr:** Bachpreisstip d Stadt Hamburg 66, Pr Komp-Seminar 'Stille Musik' Künstlerhaus Boswil 91. **Mitgl:** Präs d Dt Sektion d IGNM 97–99. – **Komp:** Klangmomente (f 2 Kl) 61, UA Darmstädter Ferienks; Extension I (f StrTrio) 63, UA Wien, Die Reihe 65; Continuo (F Ens) 74, UA Darmstädter Ferienks 74; Intervall 19 (f Ens) 97, Berlin Podewil, Ens Mosaik 98; Unisono diviso (f Orch), UA Frankfurt a M 99 (Auftr: DLR Berlin); Slow Motion (f StrTrio) 03, UA Barton Musikworkshop, Berlin, Podewil 03; Archifonen (f Ch u Instr) 03, UA Vokalens M Aachen, MusikProjekt Aachen, Jesuitenkirche 03. **Sonst:** Art in Fachzss (Musiktexte, Positionen). **Lit:** Fragmen 21, Pfau-Verlag in Saarbrücken.

Stiefel, Christoph, Komponist, Klavier; Im Hänsler, CH-8617 Mönchaltorf, T: 0 19 48 06 60, *mail@christophstiefel.ch*; *www.christophstiefel.ch.* (Red)

Stiefel, Werner, GMD, Prof, Hochschullehrer, Dirigent; Stadelhofer Str 11, D-76530 Baden-Baden, T: (0 72 21) 27 13 26, F: 29 01 34; Hochschule f Musik, PF 6040, D-76040 Karlsruhe; *www.philharmonie.baden-baden.de*. **Ausb:** Stud (H. Müller-Kray) MH Stuttgart, (B. Maderna) Salzburg, (F. Ferrara) Siena, (J. Fournet) Hilversum, (H. Swarowsky) Wien. **Laufb:** Grdg u Ltg Schwäb KamOrch Stuttgart, Kapm am Schleswig-Holstein Landestheater Flensburg, Prof (Orchdir) Staatl H f Musik Karlsruhe seit 03, Chefdir Baden-Badener Philharmonie seit 81, Künstl Lt d Int Baden-Badener Mstrks Carl-Flesch-Akad.

Stiefermann, Kay, Bariton; Rübenstr 6, D-42289 Wuppertal, T: (02 02) 6 98 74 87, 01 70–4 48 55 55; c/o Konzertdirektion Hans Ulrich Schmid, Königstr 36, D-30175 Hannover, T: (05 11) 3 66 07 60, 3 66 07 27, 3 66 07 80, F: 3 66 07 34, *mail@kdschmid.de, gi@kdschmid.de* [Düsseldorf]. **Ausb:** Gesangsstud an der MH Kön b KS Prof Kurt Moll, Mstrkr KS Hans Hotter u Montserrat Caballé. **Laufb:** Sol Hamburg Staatsop 99–01, Wuppertaler Bühnen SpZ 01/05, Th Erfurt SpZ 04/05. (Red)

Stieghorst, Marius, Repetitor, Kapellmeister; Jostesweg 6, D-49080 Osnabrück, T: (05 41) 6 85 58 70; c/o Städtische Bühnen Osnabrück, Domhof 10–11, D-49074 Osnabrück. **Laufb:** Studienlt, 1. Kapm, Ass d GMD Städt Bühnen Osnabrück. (Red)

Stiegler, Helge Michael, Prof, Blockflöte; c/o Setzbauernhof, Mühlein 12, A-3335 Weyer, T: (0 73 55) 76 49, *HelgeStiegler@setzbauer.com*; Univ f Musik u Darst Kunst, Inst Franz Schubert, Rennweg 8, A-1030 Wien, *stiegler@mdw.ac.at*; *members.aon.at/recorder/*. zeitgen Musik, Vivaldi ua **Ausb:** Stud (Blockfl) H f M u Darst Kunst Wien, Abschluss m Ausz u Abgangspr 78, Volontär b BlockflBauern B Marvin, F v Huene u T Prescot 77, seither eigene Blockfl-Werkstatt; L (Blockfl) H f M Wien seit 79, UProf ebd 99, tätig in versch Ens u als Sol, Bergbauer in Weyer (OÖ) seit 80, Winter jeweils d MKultur gewidmet. **Ens:** Les Menestrels. (Red)

Stiegler, Thomas, Dr med, Komponist; Am Weingarten 30, D-60487 Frankfurt, T: (0 69) 97 94 86 54, *thomasstiegler@web.de* [Meschede 1966]. **Ausb:** Stud Medizin in Köln, Freiburg u Frankfurt 87–94, Komp (I Nunes, M Spahlinger) Freiburg 91–94, Arb als Ass-Arzt seit 94, Oberarzt (Innere Medizin) seit 01. **Pr:** 1. Pr b Int KompWettb Boswil 97. **Ens:** Wandelweiser Komponisten Ens. – **Komp:** Unisono (2 Va, Ens) 97/98, UA Köln, Thürmchen Ens; Wasserschloss (Sprecherin, Ens) 93–94, UA Köln, Thürmchen Ens; Namenlose Gärten (Streichqua) 03, UA Düsseldorf, Bozzini-Qua; Und.Ging.Außen.Vorüber (Sprecherin, 12 Stimmen), UA Heidelberg 05, Schola Heidelberg, Ltg W Nußbaum.

Stiehler, Helmar, HonProf, Violoncello, Hochschullehrer; Lindenberg 51, D-82343 Pöcking, T: (0 81 57) 23 37, F: 23 77; H f Musik u Theater, Arcisstr 12, D-80333 München. **Laufb:** Sol, Konzm Münchner Philh, LBeauftr (Vcl) H f M u Th München. (Red)

Stier, Eckehard, Generalmusikdirektor, Kapellmeister; c/o Städtische Theater Chemnitz, Käthe-Kollwitz-Str 7, D-09111 Chemnitz. **Laufb:** Kapm Städt Th Chemnitz 03/05, Gastdgt Anhaltisches Th Dessau SpZ 00/01, GMD Th Görlitz seit SpZ 03/04. (*)

Stier, Gothart, Chorleiter, Sänger; Vlamenstr 19, D-04159 Leipzig. **Laufb:** Kantor Friedenskirche Leipzig-Gohlis 63–91, Lt Dresdner Kreuzchor 91–94, künstl Lt Monteverdi-Chor u Camerata Accademica Hamburg seit 94 u Robert-Franz-Singakademie 95. (Red)

Stille, Gisela, Sängerin; c/o Dietrich Eberhard Gross Künstleragentur, Eschenweg 19, D-61440 Oberursel, T: (0 61 72) 93 41 44, F: 93 41 45, *d.e.gross@grossagentur.de*; Heimdatsgade 8, 4TV, DK-2200 Kopenhagen. **Laufb:** Sol MTh Bonn. (Red)

Stiller, Christoph, Dirigent; Michelsberg 8, D-65183 Wiesbaden, T: (06 11) 3 36 97 83; Hessisches Staatstheater, PF 3247, D-65022 Wiesbaden. **Laufb:** Solorep m Dgt-Verpfl Hess Staatsth Wiesbaden. (Red)

Stiska, Rolf, Generalintendant; c/o Städtische Theater Chemnitz GmbH, Käthe-Kollwitz-Str 7, D-09111 Chemnitz, PF 756, D-09007 Chemnitz. **Laufb:** GenIntend Städt Th Chemnitz SpZ 03/05.

Stobart, John, Horn; c/o HR Sinfonieorchester, Bertramstr 8, D-60320 Frankfurt a M. **Laufb:** stv Sol HR SinfOrch Frankfurt a M. (Red)

Stock, Martin (Pseud: Salmon Rader), Komponist; Maistr 31, D-80337 München, T: (0 89) 53 18 95, F: 5 43 85 58, *contact@martinstock.de*; *www.martinstock.de* [Gießen 10.3.1961]. FilmM, ThM, Events, Songs **Ausb:** Tonsatz, Komp (KJ Müller, HU Engelmann) Frankfurt, Staatsex (Musik) 87, Staatsex (Germanistik) 89. **Laufb:** LBeauftr MH Frankfurt/M 89, Ballettpianist u musikal Lt Ballettabt Staatsth am Gärtnerplatz München 91, freier Komp u Musikproduzent 96. **Pr:** Composer's Guild Utah 93. – **Komp:** Ich hab' d Nacht geträumt (Liebeslieder-Kantate), UA Frankfurt, Klangfarben Gießen, RF-Orch d HR 86; Konz f zwei Kl u Streicher (Konz), UA Frankfurt/M 90; John (Musical), UA Bad Nauheim 90; Toccata for Organ, Orchestra and Electronic Percussion (Orgel, Orch, Computer, Sampler), UA Nürnberg, Meistersinger-Halle 98; Creation of principles (Multimediale Bühnenshow), UA München 98 (Siemens, ICN München). **AuftrKomp:** FilmM: 'Lotte Primaballerina' (Auftr: ZDF); 'Assignment Berlin' (Auftr: Pro 7); 'Lieb mich' (Auftr: ARD); 'Wie d Rad d Welt veränderte' (Auftr: VW-Autostadt, Wolfsburg).

Stock, Simone, Sopran; c/o Luzerner Theater, Theaterstr 2, CH-6002 Luzern. (Red)

Stockerer, Armin, Sänger (Bariton); Brunnhuberstr 13, D-84453 Mühldorf, T: (0 86 31) 85 91; c/o Theater an der Rott, Pfarrkirchener Str 70, D-84307 Eggenfelden. **Laufb:** Sol Th an d Rott Eggenfelden. (Red)

Stockhammer, Jonathan, Dirigent; Barbarossastr 6, D-10781 Berlin, T: (0 30) 54 71 67 47; Lübecker Str 13, D-50668 Köln, T: (02 21) 7 32 61 29 [Los Angeles 1969]. **Ausb:** Stud (Komp, Dirig), Mstrks b J Panula, M-W Chung, I Mussin u P Eötvös. **Laufb:** SchspM Hess Staatsth Wiesbaden SpZ 03/04, Gastdgt Th Freiburg, Hessisches Staatsth Wiesbaden, Th Aachen; Doz Staatl H f M Köln seit 98. (Red)

Stockhausen, Karlheinz, Prof, Komponist; c/o Stockhausen Verlag, Kettenberg 15, D-51515 Kürten, T: (0 22 68) 18 13, F: 18 13, *stockhausen-verlag@stockhausen.org*; *www.stockhausen.org* [Mödrath b Köln 22.8.1928]. **Ausb:** Stud (Kl, SchM) Staatl H f M Köln, (Germanistik, Philosophie, MWiss) U Köln 47–51, Rhythmik, Ästhetik (O Messiaen) Paris 52. **Laufb:** Mitarb Studio f Elektron M d WDR Köln seit 53, künstl Ltg 63–73, Doz (Komp) Int Ferienks f Neue M Darmstadt, MAkad Basel 62/63, Univ Pennsylvania Philadelphia 65, Univ California Davis 66/67, Prof (Komp) Kölner H f M 71–77, Stockhausen-Ks Kürten seit 98. **Pr:** über 30 Ehrungen u Pr weltweit seit 64. – **Komp:** ua: Licht, d sieben Tage d Woche seit 77: Donnerstag aus Licht, UA Mailand, La Scala 81; Samstag aus Licht, UA Mailand, La Scala 84; Montag aus Licht, UA Mailand, La Scala 88; Dienstag aus Licht, UA Leipzig, OpHaus 93; Freitag aus Licht, UA Leipzig, OpHaus 96; Mittwoch aus Licht, 98; Sonntag aus Licht, 04; seit 05 'Klang, d 24 Stunden d Tages': Erste Stunde, UA Mailand 05. **Aufn/RF:** Stockhausen Gesamted (über 100 CDs) im Selbstverlag. **Sonst:** Grdg Kölner Ks f Neue M 63, künstl Ltg bis 68, Auff eigener Werke 183 Tage lang anläßl d Weltausstellung in Osaka 70. **Lit:** Texte z Musik Bd 1–10.

Stockhausen, Markus, Trompeter, Komponist; c/o Aktivraum – Rolf Zavelberg, Volksgartenstr 1, D-50677 Köln, T: (02 21) 9 34 81 16, F: 9 34 81 17, *info@aktivraum.de, markus.stockhausen@aktivraum.de*; c/o Karsten Witt Kulturmanagement, Frau Xenia Hu, Leuschnerdamm 13, D-10999 Berlin, T: (0 30) 6 16 02 19 20, *xh@karstenwitt.com*; *www.markusstockhausen.de, www.aktivraum.de* [Köln 2.5.1957]. Intuitive Musik, Neue Musik, Jazz **Ausb:** Trp, Jazz (M Schoof), Trp, Klassik (R Platz), Kl MH Köln 74–82, Trp (P Thibaud) Paris 78–80, (T Stevens) Los Angeles 81, (K Groth) Berlin 83, Konzertexamen MH Köln 83. **Laufb:** intensive ZusArb m K Stockhausen seit 75; Mitgl u Lt versch Jazzformationen seit 73 ua m Simon Stockhausen: Trio APARIS 89–96, POSSIBLE WORLDS, versch Musikprojekte (Philh Köln), Film- u ThMusiken; Auftr Donaueschinger Musiktage 78, 85, Mailänder Scala 81, 84, Covent Garden Op London 85, Op Leipzig 93, jeweils Auff aus LICHT-Zyklus, Konz u Fstvs weltweit, ua Jazzfstv Berlin 91, 95, 01, Frankfurter Jazzfstv 88, Northsea Jazzfstv 01; regelm Sommerkse f Trp u Doz b d jährl Stockhausen-Ksen in Kürten 87–01, Doz MH Köln 96–01, Palästina 03, Festivals Leeds 04, Cheltenham 05. **Pr:** Gewinner Dt MWettb Klassik 81, Nominierung als bester Darsteller Lawrence Olivier Award London 85, Europ Förderpr f Musik Wien 96, WDT Jazzpr Kat Impr 05. **Ens:** Duo Moving Sounds m T Bouman, Duo m F Snétberger, Trio Map m A Andersen, P. Héral, Trio M Stockhausen, A Comisso, C Thomé, Karta II m Andersen, Héral, Comisso, Joyosa m Andersen, Snétberger, Rohrer, Sopra Le Nuvole, Trio Stockhausen, Bouman, M Nauseef. – **Komp:** FilmM: Berlin-Jerusalem, Golem, Patrified Garden (Auft: Regisseur Amos Gitai); 'Köln Musik Fantasy' m S Stockhausen (Auftr Philh Köln z 5jährigen Bestehen) UA 91; 'Jubilee' m S Stockhausen (Auftr Philh Köln z 10jährigen Bestehen) UA 96; 3 Theatermusiken (m S Stockhausen): Metamorfosi di una Melodia, Ansichten e Clowns 96, 4 vor Urknall; 7 Psalmen aus d Bibel, gespr v Pater Mennekes 94; 'Tara' f Bassetthn Solo, UA Siena 01; 'Choral u Sehnsucht' f Jazztrio u Orch, UA m Berg Symph Dgt R Pfundt 02; 'Vorspiel u Inseln' f V Solo; 'The Golden Light' f TrpQua u Chor; 'Christus' mantrische Komp f Chor u Trommel; 'Vater Unser' f Stimme u Begl; div Themen f Jazzens; 'Sonnenaufgang' f Jazztrio u Orch, UA Winthertur 04 (Auftr: KamOrch Winterthur); 'Ascent and Pause', Orchestra d'Archi Italiani, UA Rom 04; 'Portrait for Tara', UA Leeds 04; 'Sowieso' u 'Any Way', UA Cheltenham 05; neue FilmM: 'Ich will laufen – d Fall Dieter Baumann', SWR 04; 'Schattenväter', Regie D Metz 05. **Aufn/RF:** zahlr CDs, zuletzt: Still Light 97; Sin Tiempo 97; Honig u Asche 97; Stockhausen plays Stockhausen 98; Instantanés 98; Dockings 98; Malak 99; Karta 2000; For my People 2000; SOLO I 2000; Close to You 01; In Deiner Nähe 01; Joyosa 04; Thinking About, m Duo Moving Sounds 04; Lichtblick 05, nonDualty 05. **UA:** K Stockhausen: Werke f Trp; Eötvös: Jetstream 03; M Stockhausen: Any Way, Cheltenham 05. **Zug:** K Stockhausen: Sirius 75–76, Examen, Michaels Reise um d Erde, Drachenkampf, Vision 78–81, Oberlippentanz 84, Invasion, Pietà 90–92, In Freundschaft 98 ua; P Eötvös: Trompetenkonz, UA m BBC Orch London 03. **Sonst:** Zusammenstellung v Ensembles m Gastmusikern aus versch Ländern f spezielle Räume u Anlässe ua f d Reihe 'concerto discreto' (Deutschlandfunk), Fstv Europ KiM; m R Zavelberg: KonzReihe in St Maternus Köln (Solo- u Duokonz).

Stockhausen, Simon, Komponist, Saxophon, Synthesizer, Live-Elektronik, Schauspielmusiker; Weimarer Str 2, D-10625 Berlin [Bensberg 5.6.1967]. **Ausb:** Kl, Sax, Schlgz, Synth, Komp m 5 Jahren. **Laufb:** m 9 Jahren erste KonzAuft m Karlheinz Stockhausen (Sternklang 76, Donnerstag aus Licht 80), weltweit Konz m d Stockhausen-Ens ab 86, ZusArb m K Stockhausen (elektron M) bis 96; ZusArb m Markus Stockhausen in versch Ens (KAIROS, APARIS, Possible Worlds) ab 82, Th- u Filmmusiken, AuftrKomp; Grdg d Gruppe MIR m M Tsangaris 99, Interpret u Klanggestalter; Konz als Keyboarder, Live-Elektroniker u Sopransaxophonist ua m WDR-Bigband, L Shifrin, J Morrison, V Mendoza, P Erskine, M Riessler, P Eötvös ('Atlantis'), Sharoun-Ens, Berliner Philh; ZusArb m Maria Husmann, Benedict Mason, Kirsten Winter, Amos Gitai; vertonte Lyrik, Workshops f elektron Klangerzeugung u Klanginstallationen, performanceartige Begegnungen m bildenden Künstlern, SchspM Düsseldorfer Schauspielhaus SpZ 04/05. – **Komp:** zahlr Komp (KamM) f div Ens. **AuftrKomp:** ua 'Köln Musik Fantasy' m S Stockhausen 91 (Auftr Philh Köln z 5jährigen Bestehen); 'Jubilee' m S Stockhausen 96 (Auftr Philh Köln z 10jährigen Bestehen); 'Point of no Return' 93, 'Berliner Geschichten' 99 (Auftr: Ens Modern); 'Parametrics' 93 (Auftr: Musikfabrik NRW); 'Inner Circles' 97 (Auftr: WDR-Big Band); f Biennale Venedig 93; 'Brandnächte' 96 (Auftr: IMD/Darmstadt); ThM f Berliner Ens, Schauspielhaus Dortmund, Staatsth Mainz, Schauspiel Frankfurt, Düsseldorfer Schauspielhaus. (*)

Stockinger, Eberhard, Tuba, Hochschullehrer; Akad f Tonkunst, Ludwigshöhstr 120, D-64285 Darmstadt, T: (0 61 51) 14 45 08; c/o Staatstheater Darmstadt, Georg-Büchner-Pl 1, D-64283 Darmstadt. **Laufb:** Doz (Tb) Akad f Tonkunst Darmstadt, Sol Staatsth Darmstadt SpZ 03/04. (*)

Stockmeier, Wolfgang, Dr, Prof, KMD, Komponist, Organist, Hochschullehrer; Obere Heeg 4, D-42555 Velbert, T: (0 20 52) 17 14 [Essen 1931]. Orgel- u Chormusik **Ausb:** Stud (Kirchen- u SchulM, Komp, MWiss, Germanistik, Philosophie) MH u U Köln. **Laufb:** Prof (Org, Imp, MTheorie) MH Köln. **Mitgl:** Karg-Elert-Ges, Ernst-Pepping-Ges, Gerard-Bunk-Ges, Johann-Nepomuk-David-Ges. – **Komp:** Oratorien: 'Jona' Oberhausen 73; 'Historien' Köln 80; 'Jesus' Dortmund 90; 'Jefta u seine Tochter' Dorsten 95; 2. Symph, Neuss 97, 3. Symph, Neuss 2000; Te Deum, Berlin 84. **Lit:** M Albus: Das Orgelschaffen W Stockmeiers 94; N Jers: W Stockmeiers Komp nach Bildern 96; M Herchenröder: Neue OrgelM nach 1960, W St (Hb OrgelM) 02.

Stöbel, Manuel, Sänger; Düsseldorfer Operette, Schlesische Str 94, D-40231 Düsseldorf; c/o Konzertdirektion Fritz Dietrich, Sigmund-Freud-Str 1, D-60435 Frankfurt/M, T: (0 69) 54 45 04, F: 5 48 41 07, *info@konzertdirektion-dietrich.de*. **Ausb:** H f Musik u Th Saarbrücken b R Gilvan, Mstrkse b H Günther, E Bengston-Opitz, H Lohmann-Becker, P Kammerlander, Y Windmüller, K Widmer u U Götz. **Laufb:** Sol Düsseldorfer Optte, Pfalzth Kaiserslautern. – **Sonst:** künstl Lt Paul-Lincke-Woche Goslar/Hahnenklee. (Red)

Stöckel, Thierry, 1. Konzertmeister; Floringasse 6, D-69117 Heidelberg, T: (0 62 21) 18 17 23, F: 18 17 23 [Thionville, Frankreich 29.10.1958]. **Ausb:** Stud

(V) Kons Metz 69–74, Privatstud V (R Benedetti) Paris 74–75, V (A L Ara) Kons Brüssel 76–80, V (A L Ara) Chap Musicale Reine Elisabeth 80–83, Privatstud (Z Francescatti) 85–87. **Laufb:** 1. KonzM Philharmon Orch d Stadt Heidelberg, Sol Orch Lyrique de Region Avignon-Provence 84–88, V Solo Ens Orchestral de Marseille 88–89. **Pr:** Goldmed 'Royaume de la Musique', 1. Pr Kons Metz, 1. Pr u Dipl Sup Kons Brüssel, Dipl 'Chap Musicale Reine Elisabeth', José Miguel Ruiz Morales-Pr U Santiago de Compostela, Pr Int Sonatenwettb Vierzon Frankreich. – **Sonst:** Grd 'The Philharmonic Rock Qua', 'l'Ens Bartholdy', 'Semaine de Musique Sacrée' Mauriac.

Stöcker, Christoph, Solorepetitor; c/o Hamburgische Staatsoper, PF 302448, D-20308 Hamburg. **Laufb:** Solorep m Dgt-Verpfl Städt Bühnen Münster, Solorep Hamburg Staatsop seit SpZ 03/04. (Red)

Stöckigt, Peter, Bariton; Am Breiten Rasen 34, D-95030 Hof, T: (0 92 81) 6 79 01; c/o Eutiner Festspiele, Am Schlossgarten 7, D-23701 Eutin, T: (0 45 21) 80 01 22, F: 80 01 11 [Hamburg]. **Ausb:** Stud (Ges) H f M Hamburg ab 58. **Laufb:** Debüt Th Lüneburg, Sol Südostbayer Städteth Passau ab 66, Th Hof 69–04, Eutiner FSp 03–05. (Red)

Stöckli, Bruno, Komponist, Dirigent; Angelrainstr 6, CH-5600 Lenzburg, T: 06 28 91 99 59 [Cham 20.1.1960]. **Ausb:** Stud (Komp, Kl, Hn, Va) MH Zürich 80–85, Kapm (Dorati, Stein ua) MH Basel 86–89. – **Komp:** '(et) nunc et' (f Kl) 95; 'Fall' (f Hn, Vcl, Kl) 96; 'Rest', UA Zürich, Ens f neue Musik, Dgt: J Henneberger 99; 'Bribes' (f Ens) 01. **AuftrKomp:** 'Zeitpunkte' (f 12 Bläser) 94 (Auftr: Aargauer Bläsersolisten); 'Getönt', UA Zürich, Ens f neue Musik, Dgt: J Henneberger 99. **UA:** Werke v F Karajev, M Käser, Y-A Matsudaïra, T Müller, G Paraskeraidis, Y Nakamura, M Endo, U Stranz.

Stoecklin, Ute, Pianistin; Multenweg 68, CH-4102 Binningen, T: 06 13 02 23 63. Kammermusik u Lied d 20. Jh **Laufb:** int KonzTätigkeit, Grdg u Lt Meinrad-Schütter-Ges. – **Aufn/RF:** M Schütter: 'Lieder' m K Ott (Sop), S Huonder (Alt), O G Linsi (Ten), J Wyttenbach (Kl); M. Schütter: 'Kammermusik – Instrumental begleitete Gesänge 39–98' m S Huonder (Alt), N Rüegg (Ten), M Leibundgut (Bass), C Hustedt (Fl), H R Stalder, M Müller, E Schmid (Klar), A Pesch, D Sosnowska (V), A Pesch (Va), M Merker, J Vainio (Vcl), M Derungs (Kl), Fennica Trio. **UA:** M Schütter: 'Chanzuns de la not' (f Gesang u Kl), UA Chur, m S Huonder (Mezzosop) 95; M Schütter: 'Poema f Fl u Kl' 97, UA Basel, m C Hustedt (Fl) 99. **Sonst:** Autorin: 'Meinrad Schütter Werkverzeichnis' 97, 'Meinrad Schütter im Gespräch'; Aufarb d GesWerks M Schütters.

Stoehr, Andreas, Dirigent; Gerhart-Hauptmann-Str 6, D-55124 Mainz, T: (0 61 31) 5 76 37 74, (01 77) 4 78 74 40, *StoehrAndr@aol.com*; Axensteinstr 5, CH-9000 St Gallen, T: 07 12 23 24 74; *www.andreas-stoehr.com*. Mozart **Ausb:** Kons Wien 81–86: Kl b Alfred Kremela, Korrepetition u Liedbegleitung b David Lutz, Dirig bi Reinhard Schwarz u Gennadij Roshdestwenskij; parallel Stud MWiss Univ Wien. **Laufb:** Debüt Wiener Kammerop SpZ 85/86, Dgt Münchner Symphoniker, MDR Orch Leipzig, Orch National d'Ile de France, Residenzorch Den Haag, L'Ensemble Orchestral de Paris, Staatsorch Halle, Wiener Symphoniker, Gastdgt Dt Op am Rhein Düsseldorf-Duisburg (03/05), 1. Dgt Th u Konz St Gallen seit SpZ 03/04, Gastdgt Münchner Philh 05. (Red)

Stoellger, Rahel, Prof, Hochschullehrerin, Blockflöte; Univ f Musik u Darst Kunst, Inst Franz Schubert, Rennweg 8, A-1030 Wien. **Ausb:** Stud MusikH Münster, Sweelinck-Conservatorium Amsterdam (W van Hauwe), weiterführende Stud b K Boeke u P Memmelsdorff. **Laufb:** ao UProf (Bfl) U f Musik u Darst Kunst Wien. **Ens:** Grdg Badinerie 92. (Red)

Störmer, Sebastian, Repetitor; c/o Komische Oper, Behrenstr 55–57, D-10117 Berlin. **Laufb:** Studienlt Kom Op Berlin. (Red)

Stöß, Thomas, Komponist; Willy-Reinl-Str 9, D-09116 Chemnitz, T: (03 71) 31 25 46, *ippolitto@arcor.de* [Anklam, Mecklenburg-Vorpommern 12.12.1969]. KamM **Ausb:** Stud Komp (Prof R Wolschina), voc Korrepetition/Dirig (Prof R Geilert), Kl (Prof Müller-Nilsson) H f M 'Franz Liszt' Weimar 91–96, Aufbaustud Komp 96–98; freischaff Komp, Dgt, L seit 98. **Laufb:** L (Kl, Komp) Städt MSch Chemnitz seit 98, Ltg Nachwuchsorch ebd seit 99, stellv Ltg JugendsinfOrch ebd seit 99. – **Komp:** 'Europa – sinfon Dichtung', UA Neubrandenburg 98 (Auftr: Philh Neubrandenburg); 'Fries d Lauschenden' (Vertonung d Figurenzyklus), UA Trio pianOVo-Weimar (Auftr Ernst Barlach Stift-Güstrow) zur Vernissage Ausstellung 'Also auch Herzenssache' Druckgraphik, Zeichnungen, Skulpturen; 'Alle Wege haben geführt zum Tod – Trilogie gegen d Vergessen' (f Bar u KamEns) 95; 'Irritationen' (Streichqua), Hommage an D(ES)CH (f Kl solo) 05. **Aufn/RF:** KlavierKonz, MDR-Mitschnitt 98; CD: Fries d Lauschenden, m Trio pianOVo 01.

Stöve, Ulrike, Sängerin; c/o Neue Opernbühne Berlin NOB, Goltzstr 13, D-10781 Berlin. **Laufb:** Gastsol Neue Opernbühne Berlin SpZ 00/05. (Red)

Stoffers, Erich, Komponist; Bockradenerstr 42, D-49477 Ibbenbüren, T: (0 54 51) 67 73 [Bergen/Rügen 20.2.1930]. **Ausb:** Stud Hannover, Privatstud (H Heintze), dt u schwed Ex. **Laufb:** KonzTätigkeit (Orgel) in zahlr Ländern. – **Komp:** Missa pro coro et organo (geistl Musik) 69, UA Jönköping, Schweden 69; Requiem f Blechbläser u Orgel (geistl Musik) 70, UA Örebro, Schweden 81; 1.Streichqua 79, UA Münster-Ibbenbüren 80; Angela (Op) 79/80; Requiem (geistl Musik) 81, UA Kristianstad, Schweden 87; Die Weihnachtsgeschichte (geistl Musik) 90, UA Billerbeck 92; Das Orgelwerk (geistl Musik), UA in zahlr Orten In- u Ausland. **Aufn/RF:** Schallpl- u CD-Aufn in Dtschld u Schweden. (Red)

Stoiber, Franz Josef, Hochschullehrer, Orgel; Hochschule f Kath Kirchenmusik u Musikpädagogik, Andreasstr 9, D-93059 Regensburg, T: (09 41) 8 30 09–10, F: 8 30 09 46, *Franz.Josef.Stoiber@t-online.de*. **Ausb:** MH Würzburg, Stuttgart u Wien. **Laufb:** Prof (Gehörbildung, Tonsatz, Orgel) u Rektor KiMSchule Regensburg. (Red)

Stojkovic, Johanna, Sängerin; Luisenpl 2, D-14471 Potsdam [Passau]. **Ausb:** Stud Hamburg (J Beckmann 89–96 u R Murdock seit 99). **Laufb:** Gast-Sol Dt Staatsop Berlin SpZ 00/05. (Red)

Stokovic, Visnja, Solorepetitor; c/o Städtische Theater, Käthe-Kollwitz-Str 7, D-09111 Chemnitz, PF 756, D-09007 Chemnitz [Sarajevo]. **Ausb:** MH Sarajevo (Kl u Dirig) 85–90. **Laufb:** Landesth Altenburg 93–95, Solo-Rep Ballett u MTh Vogtlandth Plauen bis 2000, Solorep Städt Th Chemnitz SpZ 00/0%. (Red)

Stoll-Bellmann, Renate, Prof, Hochschullehrerin; Karolinenstr 59, D-67434 Neustadt, T: (0 63 21) 35 59 03; H f Musik Saar, Bismarckstr 1, D-66111 Saarbrücken [Meiningen]. **Ausb:** Gesangstud m päd Lehrbef (T Menzer) MH 'Carl Maria v Weber' Dresden 61–66. **Laufb:** Sol Th Erfurt, Chemnitz, Gera, Eisenach 66–71, Doz (Ges) KiMSchule Dresden 75–78, Doz (Ges u Sprecherz) Fachakad f KiM Bayreuth 78–84, Prof (Ges) MH Saarbrücken seit 84, Konz-Sängerin bis 99. **Pr:** 2. Pr DDR-Wettb 'Junge Talente stellen sich vor'. **Mitgl:** Bundesverb Dt GesPädagogen (BDG). – **UA:** J Herchet: 'Komposition f Oboe u Sopran' (nach J Keats), UA Dresden m M Bellmann 75.

Stoll, Gisela, Sängerin; c/o Junge Kammeroper Köln, Florastr 93, D-50733 Köln. **Laufb:** Sol Stadtth Basel SpZ 03/04, Junge KamOp Köln. (Red)

Stoll, Klaus, Prof, Kontrabass; c/o Berliner Philharmoniker, Herbert-von-Karajan-Str 1, D-10785 Berlin. **Laufb:** 1. Sol Berliner Philh. (Red)

Stoll, Stefan, Sänger; Jägerstr 17, D-12209 Berlin, T: (0 30) 7 72 43 15, F: 7 72 47 18; c/o Volkstheater Rostock, PF 102215, D-18004 Rostock. **Laufb:** Sol Kom Op Berlin 02/05, Gastsol Staatsth Cottbus 03/04, Th Hagen SpZ 04/05, Badisches Staatsth Karlsruhe SpZ 04/05. **Pr:** 2. Pr 7. Int Mozart Wettb Salzburg 99. (Red)

Stolle, Michael, Repetitor, Dramaturg; Friedrich-Naumann-Pl 3, D-07548 Gera, T: (03 65) 5 23 77, *michaelstolle@hotmail.com*; c/o Theater Altenburg-Gera, Küchengartenallee 2, D-07548 Gera [Querfurt 27.10.1947]. Oper, Operette, Musical **Ausb:** Stud MH Leipzig 66–71. **Laufb:** Eng Landesth Halle/Saale 70–73 u 77–81, Bühnen d Stadt Gera 81–96, Mitteldt Landesth Wittenberg 97–2000, Gastdgt Mitteldt Landesth Wittenberg SpZ 00/01, Studienlt u Dramaturg Th Altenburg-Gera seit 2000, LBeauftr (Korrepetition, Partiturspiel) MH Leipzig. **Ens:** Loh Orchester Sondershausen 73–77. **Mitgl:** Neue Bachgesellschaft Leipzig. – **Komp:** Lieder des Abschieds, Liederzyklus nach Gedichten v Mascha Kaleko, UA Gera 02. **UA:** Mitschke/Morgner: Puppenop 'Vom Igel, der keiner mehr sein sollte', UA Gera 86; Lorscheider: Kindermusical 'Lach, du lieber Augustin', UA Gera 90; G Neubert: Orchestermusik Nr 2, UA Gera 93. **Sonst:** Lexikon: Komponisten u ihre Werke (CD-ROM) 99.

Stolpe, Sabine, KS, Sängerin; Otto-von-Guericke-Str 54, D-39104 Magdeburg, T: (03 91) 5 43 52 32; c/o Theater Magdeburg, PF 1240, D-39002 Magdeburg [Possendorf 24.6.1945]. Oper, Konzert, Gesangspädagogik **Ausb:** Stud (Ges, GesPäd) MH Dresden 65–71. **Laufb:** Sol Staatsop Dresden 71–75, Sol Th d Ldshauptst Magdeburg seit 75 (03/04), LAuftr (Ges) U Heidelberg seit 81, Gastsp Staatsop Berlin, Leipzig, Weimar, Tourneen Litauen 86, Ukraine 89, Tschechien 90, Dtschld 90/91. – **UA:** A B Meyers: 'Defendants Rosenberg' 99; Y Amanuma: 'Das verräterische Herz' 01. **Zug:** Y Amanuma: 'Das verräterische Herz'.

Stolte, Adele, HonProf, Hochschullehrerin; Berliner Str 73 b, D-14467 Potsdam, T: (03 31) 2 70 01 97 [Sperenberg, Kr Zossen 12.10.1932]. Konzert, Oratorium **Ausb:** Stud Ges privat ab 52. **Laufb:** ZusArb m Leipziger Gewandhausorch, Berliner Staatskapelle, RF-Orch d DDR unter Dgt wie K Masur, H Koch, R Mauersberger, M Flämig, Kse f Lied- u Oratorienges in Wroclaw, Poznán, Gdánsk seit 75, Stimmbildnerin Braunschweiger Domchor 86–89, Stimmbildnerin Camerata Vocale Berlin seit 92, LBeauftr (Ges) UdK Berlin 90, HonProf (Ges) H d Künste Berlin seit 95. – **Aufn/RF:** CDs: Bach: 'Matthäuspassion', Solokantaten 51, 199, 202; Händel: 'Neun dte Arien'; Telemann: 'Ino'; Mozart: 'Bastien u Bastienne', m Schreier, Adam, Koch; Haydn: 'Die Jahreszeiten', m Schreier, Adam, Kegel. **UA:** B Britten: 'War-Requiem', m Dresdner Staatskapelle, Dgt K Sanderling (DDR-EA).

Stolz, Josef, Musikdirektor, Komponist; Fleischmarkt 22/3/70, A-1010 Wien, T: (01) 5 12 24 43, (06 64) 2 23 53 77 [Wien 27.8.1954]. **Ausb:** Stud Komp, Dirig, Cemb, Kl Kons Wien, U Wien, MH f M u darst Kunst Wien. **Laufb:** Solokorr Wiener Staatsop 84–86, Korr Salzburger FSp, Stadtth Klagenfurt, Ldesth Tübingen, Dgt Stadtth Klagenfurt, Th d Ldeshauptstadt St Pölten, Wiener KamCh, Budapester Symph, UA zeitgen öserr M b d Wiener FestW, MVerein, Wiener KonzHaus, Prof (Komp) Kons Prayner seit 02, MDir d Ths d Ldeshauptstadt St Pölten seit 02/03. **Pr:** Th Körner Pr f M 98, KompAuftrag d Kulturamtes Wien f 'Reise zum Licht' 99, Komp-Förderprämie d Bdeskanzleramtes – Kunstselektion 00, Hans Czermak Pr 01. – **Komp:** ua Trio f Fl u Kl 96; 'Ich trag im Herzen ...', MDrama 97; 'Das Treiben der Sand' 98; 'Schillernde Pflanzen der Nacht', Nocturne f Sop u Orch 98; 'Casanova Haydn', MDrama 98; 'Ewiger Golem', MDrama 99; 'Das ganze Jahr', Liederzykl f Bass-Bariton u Kl 00; 'Reise zum Licht', Orat üb Benedikt v Nursia 00; 'Kind u Traum', Liederzykl f Sop u Kl; 'Hiobs frohe Botschaft', Orat; 'Und wie mag die Liebe dir kommen sein', Liederzykl n Ged v R M Rilke u H v Hofmannsthal. (*)

Stolzenbach, Lorenz, Prof em, Hochschullehrer, Komponist; Dölitzer Str 39, D-04277 Leipzig, T: (03 41) 3 01 55 22 [Erfurt 3.12.1934]. **Ausb:** Stud Komp (O Gerster, J Weyrauch), KiM, Org (R Köbler, W Schetelich) H f M Leipzig 52–57, Mstrkl Komp (R Wagner-Régeny) Dt Akad d Künste Berlin 59–61. **Laufb:** Lektor b Edition Peters Leipzig 61–87, HL (Komp, Tonsatz) H f M Felix Mendelssohn Bartholdy Leipzig 89–92, Prof ebda 92–2000, LAuftr

2000–04. – **Komp:** zahlr Lieder, KamM, 2 OrchSuiten, KiM (f d Christengemeinschaft), ChorM, UnterrichtsM.

Stolzenberger, Veit, Oboe; c/o Rundfunk-Sinfonieorchester, Funkhaus Hallberg, D-66100 Saarbrücken. **Laufb:** Sol RF-SinfOrch Saarbrücken. (Red)

Stone, Katherine, KS, Sängerin; Mozartstr 21, D-28203 Bremen, T: (04 21) 32 36 98 [North Carolina, USA]. **Ausb:** Stud (Ges, OpGes) Curtis Inst of Music Philadelphia, Stud (Ges) Kons Paris. **Laufb:** Sol Th Bremen (Prokofjew: D feurige Engel, Renate; Janacek: Jenufa, Küsterin; Mozart: Figaro, Marcellina ua) seit 70 (04/05), Gastsol Staatsop Hamburg, Bayer Staatsop München, Frankfurt, Düsseldorf, Stuttgart ua. **Pr:** Fulbright Stip. (Red)

Stoodt, Susanne, Prof, Hochschullehrerin, Violine; Beuthener Str 18, D-55131 Mainz, T: (0 61 31) 5 27 88, *s.stoodt@t-online.de*; Hochschule f Musik u Darst Kunst, Eschersheimer Landstr 29–39, D-60322 Frankfurt. **Ausb:** Stud (E. Peinemann, Y. Neaman u T Brandis) in Frankfurt, London u Berlin. **Laufb:** Prof (V) H f M u Darst Kunst Frankfurt/M seit 94. **Pr:** Prtr b Int ARD-Wettb 81. **Ens:** Grüneburg-Trio. (Red)

Stopora, Stefan, Pauke, Schlagzeug; c/o MDR Sinfonieorchester, Augustuspl 9a, D-04109 Leipzig; Fichtestr 3, D-04275 Leipzig, T: (03 41) 4 80 62 98, F: 4 80 62 98 [Leipzig 24.9.1963]. Orchestermusik, zeitgen Kammermusik **Ausb:** MH Leipzig (K Mehlig) 80–84. **Laufb:** Sol MDR SinfOrch Leipzig. **Mitgl:** Ens 'Avantgarde', Leipziger Schlagzeugens. – **Aufn/RF:** Brown: Synergie 95; Feldman: For Franz Kline ua 96; Feldman: Durations 97; Cage: Music for Eight 96; Berio: Linea 98; Haubenstock-Ramati: Mobile for Shakespeare 99 (alle m Ens Avantgarde).

Stoppel, Klaus, Prof, Hochschullehrer, Violoncello; Wölprie 19, D-22397 Hamburg, T: (0 40) 6 05 11 65, 0 17 18 03 75 08, F: 6 05 48 41; Musikhochschule, Große Petersgrube 17–29, D-23552 Lübeck. **Ausb:** Stud (H Schüchner) in Hamburg, Arbeit mit P Fournier. **Laufb:** Mitgl Philh Staatsorch Hamburg 72, Prof (Vcl) MH Lübeck. **Ens:** Wührer-Qua. (Red)

Stoppelenburg, Charlotte, Sängerin; c/o Bühnen der Stadt Köln – Opernhaus, PF 101061, D-50450 Köln. (Red)

Storbeck, Olaf, Kapellmeister; Deutsches Nationaltheater, PF 2003, D-99401 Weimar, *olaf_storbeck@gmx.de* [31.8.1967]. **Laufb:** Solorep m Dirigier-Verpfl Th d Stadt u SchlossFSp Heidelberg, Studienlt m Dirigier-Verpfl NatTh Weimar 03/04.

Storck, Helga, HonProf, Hochschullehrerin, Harfe; Siebertstr 1, D-81675 München, T: (0 89) 98 48 06, F: 98 64 10, *stockhelga@yahoo.de*; H f Musik u Theater, Arcisstr 12, D-80333 München [Mechtal, Oberschlesien 21.5.1940]. Solo, Kammermusik, Sinfonie u Oper, Neue Zeit **Ausb:** Unterr Musikgymn Beuthen u Kattowitz, Stud Folkwang-H Essen, Guillard School of Music NY. **Laufb:** Sol-Hfe WDR Köln, Staatsop Hamburg, Münchner Philharmoniker, Doz (Hfe) Köln u Hamburg, Prof (Hfe) H f M u Th München. **Pr:** Kulturpr NRW u Oberschlesien. **Ens:** Duo m Vcl (K Storck). **Mitgl:** Board of Directors World Harpcongress. – **Aufn/RF:** zahlr CD-Einsp. **UA:** T Baird: 'Szenen f Vcl, Hfe u Orch'; G Klebe: 'Konzert f Hfe'.

Storck, Klaus, Prof, Hochschullehrer, Cellist, Kammermusiker; Siebertstr 1, D-81675 München, T: (0 89) 98 48 06, F: 98 64 10, *STORCKTOENE@aol.com* [Berlin 11.2.1928]. Solist, Duo m Harfe, Duo m Klavier **Ausb:** Unterr musisches Gymn Frankfurt/M, Stud b H Münch-Holland MAkad Detmold, Studienstift d dt Volkes, Mstrkse b E Mainardi. **Laufb:** LBeauftr (KamM m Hf) H f M u Th München, Int Mstrkse (Vcl u KamM) in Dtschld (Schloss Sondershausen), Österreich, Frankreich u Japan. **Pr:** 1. Med Genf, 1. Pr Kulturpr d dt Industrie. – **Aufn/RF:** E d'Albert: 'Cellokonzert', NDR-Orch, Dgt: H Schmidt-Isserstedt; W Walton: 'Cellokonzert', BR-Orch, Dgt: D Zinman; H Pfitzner: 'Cellokonzert Nr 2 G-dur', WDR-Orch, Dgt: C v Dohnanyi. **UA:** D Schostakowitsch: 'Cello Konzert Nr 1' (dt EA); T Baird: 'Szenen f Vcl, Hfe u Orch'; M Kagel: 'MATCH f 3 Spieler'. **Zug:** J Baur: '4 Portraits f Vcl u Orch'; H Geuzmer: 'Sonate f Vcl solo'. **Sonst:** Hg v Vcl-Literatur (Schubert Arpeggione Sonate, Schumann Märchenbilder, Rheinberger Sonate, Offenbach Duette ua).

Storz, Wolf-Michael, Repetitor; Kanonierstr 20, D-40227 Düsseldorf, T: (02 11) 7 95 20 56. **Laufb:** 1. Kapm Ulmer Th, StudLt Dt Op am Rhein Düsseldorf-Duisburg SpZ 03/05. (Red)

Stosiek, Tobias, Prof, Hochschullehrer, Violoncello; Univ f Musik u Darst Kunst, Inst 12, Hauptpl 8, A-7432 Oberschützen, T: (03 61) 3 89 37 52, *tobias.stosiek@kug.ac.at* [Schwerin 1971]. **Ausb:** Stud MH Wien 90–98, Mstrkrse b David Gerigas, Frans Helmerson, Mstislav Rostropowitsch. **Laufb:** Vprof (Vcl) Univ f Musik u Darst Kunst Graz. **Pr:** 1. Pr II. Prix-Mercure-Wettb Semmering 95, 1. Pr IV. Int. Brahms-Wettb Pörtschach 97, 2. Pr ex aequo 32. Markneukirchen Int Instr Wettb 97, 3. Pr ex aequo 30. Int Jugend M Wettb Belgrad 2000, 1. Pr V. Int Violoncello-Wettb Liezen 2000. (Red)

Stoyanov, Vladimir, Sänger; c/o Opernhaus Zürich, Falkenstr 1, CH-8008 Zürich. **Laufb:** Gastsol Bad Staatsth Karlsruhe SpZ 00/01, Gastsol Dt Staatsop Berlin u Sächs Staatsop Dresden SpZ 03/05, Sol Dt Op Berlin SpZ 04/05, Op Zürich SpZ 04/05. (Red)

Stoyanova, Krassimira, Sopran; c/o Theateragentur Dr Germinal Hilbert, Maximilianstr 22, D-80539 München, T: (0 89) 2 90 74 70, F: 29 07 47 90; c/o Staatsoper, Opernring 2, A-1010 Wien; *www.hilbert.de, www.krassimira-stoyanova.com*. **Laufb:** Sol Wiener Staatsop, Gastsol Bad Staatsth Karlsruhe SpZ 00/01, Gastsol Dt Op Berlin SpZ 03/04. (Red)

Stoytcheva, Stanislava, Opernsängerin; c/o Bayerische Staatsoper – Das junge Ensemble, Brieffach, D-80075 München, T: (01 79) 5 26 92 12, *stanislava1@hotmail.com* [Bulgarien]. **Ausb:** Kl u Komp (Prof Dr M Mollova u Prof Dr T Siljanovsky) Sofia, Bulgarien 94–99, Konzertges (Prof Dr E Wiens) H f M u Th München 99–05. **Laufb:** Konz in Japan, Dtld, Österreich, Ungarn, Rumänien, Bulgarien, Norwegen, Spanien; Auff Markgräfl Th Bayreuth 02, Prinzregententh München 02, Staatsop München 05–06, 'Live Music Now' Konz seit 03. **Pr:** Prtr Ges-, Komp- u Kl-Wettb ua in Bulgarien, Litauen, Rumänien, Japan, Dtld, Österreich.

Straaten, Roland Van, Harmonika; Frankengasse 18, CH-8001 Zürich, T: 0 12 51 07 02. (Red)

Stracke, Hans Richard (Pseud: W Wooker), Komponist, Arrangeur, Organist; Grabenstr 7, D-56745 Bell/Eifel, T: (0 26 52) 38 06 [Wittlich 7.9.1932]. Orgel- u geistliche Musik, Chorwerke, Lied, klass OrchWerke **Ausb:** MH Köln 51–57, Ex (kath KiM, Dirig). **Laufb:** ThPraxis (Solorep, Chordgt, Kapm) 57–61, lt Stellung Klassik-S-Produktion 61–83, freiberufl Doz u Journalist 84–86, OrchIntend 86–97, Doz H Stuttgart 86–88, Uni Koblenz seit 88. **Pr:** Goldene Schallplatte 71, 2. Pr u Publikumspr IDK-Wettb 90, Peter-Cornelius-Medaillle Rheinland-Pfalz. – **Komp:** 6 Tschech Tänze v Smetana (OrchTänze) 76, UA München 80; Tropus super 'Libera me' (Motette) 85; Mozart-Epitaph (Fantasie) 85–89, UA Bonn 92; Der Herr bricht ein um Mitternacht (Choralkantate) 87; Der Kinderzoo in Nirgendwo (Jugend-Kantate) 88, UA Konstanz 90; Stets wenn Jahreszeiten sind (Liedzyklus), UA Koblenz 90; Messe f alle Tage, UA Koblenz 98. **Lit:** Art 'Kleines Juwel', in: Cantate 3/03 (Mai-Juni).

Stracke, Peter, Pauke; c/o WDR Sinfonieorchester, D-50600 Köln. **Laufb:** Sol WDR SinfOrch Köln. (Red)

Stradner, Christoph, Cello; c/o Agentur Legato, Seilerstätte 5, A-1010 Wien, T: (01) 5 12 76 59, F: 5 12 83 70, *mail@legato.at*; *www.legato.at* [Wien 1970]. **Ausb:** Stud MUni Wien (Prof W Herzer), Mstrks (M Maisky, Dl Schafran, S Isserlis, H Shapiro, D Geringas). **Laufb:** Sol Niederösterr TonkünstlerOrch seit 96. **Pr:** 1. Pr 'Concurso Int de Violonchelo' Murcia 93 ua. (Red)

Strähnz, Andreas, Dramaturg; Stadttheater, PF 120541, D-27519 Bremerhaven. **Laufb:** Chefdramaturg Stadtth Bremerhaven. (Red)

Strahlegger, Günther, Sänger; c/o Neue Oper Wien, Herminengasse 10/Tor 23, A-1020 Wien. **Laufb:** Sol Neue Op Wien. (Red)

Straka, Peter, Tenor; c/o Opernhaus Zürich, Falkenstr 1, CH-8008 Zürich, T: 0 12 68 64 00; *www.opernhaus.ch*. **Laufb:** Sol Op Zürich. (Red)

Strasburger, Dorothea, Violoncellistin; Rastatter Str 8, D-68239 Mannheim, T: (06 21) 41 33 75 [Frankfurt/M 27.3.1956]. **Ausb:** Stud (A Teichmanis) MH Freiburg/Br 73–75, Stud (G Fallot) Cons Genf 75–80, Privat (P Fournier), Stud (E Finke) Orch Akad d Berliner Philh Orch 80–82. **Laufb:** 1. Solo-Vcl Symph Orch Berlin 82, KonzM Nationalth-Orch Mannheim seit 83, LAuftr MH Trossingen 2001. **Pr:** Bundespr 'Jugend musiziert' 72, 'Konz Junger Künstler' 81.

Strass, Eleonora, Sopranistin; Schrottgasse 11, A-1030 Wien, T: (01) 7 15 10 91, F: 7 15 10 91, *Reinisch@aon.at* [Wien 24.2.1950]. Oper **Ausb:** Kons (Heppe, Scheyrer, Kmentt) d Stadt Wien 71–82. **Laufb:** Debüt Wiener Volksop 1978, LdesTh Klagenfurt, StadtTh Lübeck 82–92, StadtTh Aachen, LandesTh Kiel, StadtTh Darmstadt, zahlr Konz i In – Ausland, Spielfilm: Geblendeter Augenblick (ARD), freiber Tätigk. **Pr:** Prtr int Belcantowettb Oostende 76. – **UA:** M F Hoffmann: Die Piratinnen.

Strasser, Johannes, Mag Artium, Sänger (Tenor); Carl-Petersen-Str 87a, D-20535 Hamburg, T: (0 40) 21 00 86 37, 01 73–6 33 22 37, *jo-hamburg@freenet.de*. Oper, Konzert, Lied **Ausb:** Stud (Ges) E Illes, (OpKl) J Wallnig, (Lied u Orat) Ranninger H f M u darst Kunst Mozarteum Salzburg 88–95. **Laufb:** Sol Arbos Ges f M u Th 93–95, Tournee n Klagenfurt, Hallein, Prag, Dresden, Stockholm u Theresienstadt, Sol Th Lübeck 95–99, FSpHaus Baden-Baden 99, Alleeth Hamburg 01/02, Th Vorpommern 02–04. **Pr:** Ausz v MJournalisten z besten MProd v 'D Kaiser v Atlantis' Prag (Mitw). – **Aufn/RF:** RF-Aufn: 'Szen Konz' Österr RF Ö1, 93; 'D Kaiser v Atlantis' Ö1, 94; CD-Prod: 'D Kaiser v Atlantis' 95. **UA:** A de Wit: 'Judith u Holofernes', UA Mozarteum Salzburg 93 (auch RF-Aufn).

Strasser, Markus, Violine; Flühstr 4, CH-5415 Nussbaumen, T: 08 18 54 06 76. Kammermusik, Konzertmeister versch Ensembles **Ausb:** (H Goldenberg, Prof A Fietz) MH Zürich 83–89.

Strasser, Susanne, Klarinette; c/o Ebony-Ensemble, Finkenstr 27, D-94369 Rain, *susi@ebony-ensemble.de*; *www.ebony-ensemble.de* [Esslingen 29.9.1968]. **Ausb:** HfM Karlsruhe 89–92. **Ens:** Ebony Ens. (Red)

Strassnig, Wolfgang, Prof, Hochschullehrer, Querflöte; Univ f Musik u Darst Kunst, Inst 4, Brandhofgasse 21, A-8010 Graz, T: (03 16) 3 89 35 56, F: 3 89 30 41, *wolfgang.strassnig@kug.ac.at*. **Laufb:** o UProf (Querfl) U f Musik u Darst Kunst Graz. (Red)

Strate, Petra-Ines, KS, Sängerin (Sopran); Fischer-von-Erlach-Str 66, D-06114 Halle, T: (03 45) 5 23 24 91 [Jessen (Elster)]. **Ausb:** Stud (Gesang) H f M Dresden, Mstrkl Gesang (G Leib). **Laufb:** Debüt Bühnen Stadt Magdeburg (Mozart: Zauberflöte, Pamina) 71, Sol Op Halle (Puccini: La Bohème, Mimi; Tschaikowski: Eugen Onegin, Tatjana ua) seit 73, L (Gesang) Ev H f KiM Halle seit 80, Gastsol Op Leipzig (Puccini: Turandot, Liù; Weber: Freischütz, Agathe; Bizet: Carmen, Micaela ua) seit 83, Gastsol Staatsop Berlin, Semperop Dresden, Konz in Polen, Ungarn, Italien, Österr ua. **Pr:** Wettb junger OpSänger d DDR, Händelpr 79. (Red)

Straub, Eike, Prof, Hochschullehrer; Univ f Musik u Darst Kunst, Inst 2, Brandhofgasse 21, A-8010 Graz, T: (03 16) 3 89 35 57, F: 3 89 30 21, *eike.straub@kug.ac.at*. **Laufb:** UProf (Kl)U f Musik u Darst Kunst Graz. (Red)

Straub, Hans-Joachim, Sänger; c/o Landestheater Mecklenburg, Friedrich-Ludwig-Jahn-Str 14, D-17235 Neustrelitz; *www.atem-stimme-sprache.de*

[Hamburg 7.2.1957]. Oper, Operette, Lied, Konzert **Ausb:** Stud Ges (D Hackel) U d K Berlin, OpSchule b G Roth, Interpr-u Mstrkse b A Reimann, D Fischer-Dieskau u E Schwarzkopf 77–83, später Unterr b J-H Rootering, C Lorant, J Robbins, W Murray u H Stamm. **Laufb:** Sol OpStudio d Bayer Staatsop München 83–85, Vogtlandth Plauen 90/91, Brandenburger Th, Brandenburg/H 90–99, Gast Bremer Th 88/89, Schillerth Berlin 89/90, Landesth Lutherstadt Wittenberg 99, Landesth Mecklenburg 2000–03 u Staatsth Krakau/Polen 02, Tournee m Fstv Europ Musik 03/04, Gast Lübecker Sommeroperette 03, Doz (Ges) Leo Kestenberg MSch Berlin seit 86 u Stimmtraining f Führungskräfte. **Ens:** Trio Nachtschrey.

Straub, Peter, Prof, Hochschullehrer; Univ f Musik u Darst Kunst, Inst 4, Brandhofgasse 21, A-8010 Graz, T: (03 16) 3 89 35 58, F: 3 89 30 41, *peter.straub@kug.ac.at*. **Laufb:** o UProf (Sax) U f Musik u Darst Kunst Graz. (Red)

Straub, René, Saxophon; c/o new art saxophone quartet, Pestalozzistr 8, D-79540 Lörrach, T: (0 76 21) 1 30 19 71, F: 1 30 19 72, *rene@new-art-sax.com*; *www.new-art-sax.com*. **Pr:** Prtr Dt Musikwettb KamM 98. **Ens:** new art saxophone quartet.

Straube, Holger, Fagott; c/o Staatskapelle Berlin, Unter den Linden 7, D-10117 Berlin. **Laufb:** Sol Staatskap Berlin. (Red)

Straube, Jörg, Prof, Hochschullehrer, Chorleiter; Rühmkorffstr 11, D-30163 Hannover, T: (05 11) 39 17 81, F: 6 26 69 70, *Straube@blockm.de*; H f Musik, Hofstallstr 6–8, D-97070 Würzburg [Bremen 1953]. **Laufb:** Grdg Norddt Figuralchor 81, Lt Bachchor Hannover 86, Gastdrg b d Chören d Norddt Rundfunks Hamburg, RIAS Berlin, Südwestdt Rundfunk u Rundfunkchor Berlin, Prof (Chor, Chorltg) H f M Würzburg u Escolas dos Artes Porto, Portugal. (Red)

Straube, Klaus, Musikalischer Leiter; Steubertstr 102, D-68199 Mannheim, T: (06 21) 85 26 00; c/o Städtebundtheater Hof, Kulmbach Str 5, D-95030 Hof. **Laufb:** 1. Kapm u stellv GMD Mainfranken Th Würzburg, Musikal Lt Schloss-FSp Ettlingen SpZ 03/04, Reg Th Hof SpZ 04/05. (Red)

Straube, Monika, Sängerin; c/o Städtische Theater, Käthe-Kollwitz-Str 7, D-09111 Chemnitz, PF 756, D-09007 Chemnitz. **Ausb:** Stud H f M 'Felix Mendelssohn Bartholdy' Leipzig u b Prof Eva Fleischer, Prof Helga Forner. **Laufb:** Gastsol Bühnen d Stadt Magdeburg, Landesth Linz, Mecklenburg Staatsth Schwerin, Sol Städt Th Chemnitz (03/05), Gastsol Eduard-von-Winterstein-Th Annaberg SpZ 00/01, Gastsol Staatsoptte Dresden SpZ 00/05. (Red)

Straube, Tillmann, Klarinette; c/o Staatskapelle Berlin, Unter den Linden 7, D-10117 Berlin. **Laufb:** stv Sol Staatskap Berlin. (Red)

Straubel, Martin, Kapellmeister, Solorepetitor; Uhlandstr 5, D-66121 Saarbrücken, T: (06 81) 6 21 57; Saarländisches Staatstheater, Schillerstr 1, D-66111 Saarbrücken. **Laufb:** Solorep Saarländisches Staatsth Saarbrücken. (Red)

Strauch, Alexander, Komponist; Nymphenburgerstr 108, D-80636 München, T: (0 89) 12 39 22 31, F: 12 39 22 31; *www.strauchcomposer.de* [München 22.12.1971]. neue E-Musik **Ausb:** priv Unterr Komp (K Jäger, K Westermann), Stud (H-J v Bose) MH München, (H Zender) Frankfurt seit 98. **Laufb:** Gast-Komp 'KamOp Rheinsberg' 93, Librettowerkstatt d 4.Münchener Bienale 94, Konzkurator H d Kunst München 99. **Pr:** div Hochschulstip, Musikstip München 95, PostgradStip d Freistaates Bayern 98, Stip Villa Concordia Bamberg 01. – **Komp:** Narrow Rooms (Op), UA München 96; Adamic Songs (Lieder), UA München 96; 'Der Nachhauseweg' nach F Kafka (Sopr, Akk, V, Elektr), UA München 97; Nachtgefühl (Lied), UA München 99; CHNOSPINCI (Lieder), UA München 99; Orpheusprogramm (Op); Verzicht (Vcl solo) 99; Anhörung (f Basszither) 2000; Beau Rivage 01; Harre! Singe! 01. **AuftrKomp:** v Münchener KamOrch u Eröffnung Akademieth im Prinzregententh 96, Haus d Kunst München 99, Int Musiktage Freden. **Sonst:** Vorst d ADEvantgarde eV München 97.

Strauch, Frank, Prof, Hochschullehrer, Viola; Am Pappelgraben 15, D-99425 Weimar, T: (03 64 53) 8 19 21; H für Musik 'Franz Liszt', Inst f Streicher u Harfe, PF 2552, D-99406 Weimar, *frank.strauch@hfm-weimar.de* [Kaltensundheim 25.6.1961]. Kammermusik, Neue Musik **Ausb:** Unterr MGymn Belvedere 73–79, Stud (Th Wünsch) MH Weimar 79–86, Auslandsstud Smetana-Qua Prag, Studien b Amadeus-Qua 85/86. **Laufb:** künstl Ass (Va) H f M 'Franz Liszt' Weimar seit 87, Prof (Va) ebd seit 94, Konz Frankreich, Österr, Finnland, Polen, Russland, Slowakei, Italien, Korea, Funk- u TV-Prod, Grdg Va-Ens 'BErta/Weimar' m 8 Va u Kb. **Pr:** Pr Evian, Salzburg, Reggio Emilia. **Ens:** Nasdala-Qua 78–87, 'Klangwerkstatt Weimar', BErta/Weimar, Mitteldt KamOrch. **Mitgl:** Vorstand Dt Viola-Ges. – **Aufn/RF:** m 'Tritonus Wimares': Werke v Strawinsky u Schulhoff (CD); m 'Klangwerkstatt Weimar': 'Entartete Musik' (CD). **UA:** div KamM-Komp ua v Katzer, Eder, Wessman, Wulff-Woerten, Thoma, Leidel, Kuhn, Meuse, Bone. **Zug:** X Thoma, W-G Leidel. **Sonst:** Bearb versch Werke f VaEns.

Strauch, Jacek, Bariton; c/o Lars-Oliver Schimanski Opern-und Konzertagentur, Syker Str 8, D-28307 Bremen, T: (04 21) 4 84 47 13, 01 77–5 10 15 91, F: 4 98 98 60, *info@scarpia.de*; *www.scarpia.de* [London]. **Laufb:** Sol Vereinigte Bühnen Graz, Bayer Staatsop München SpZ 03/04, Gastsol Bad Staatsth Karlsruhe SpZ 03/04, Sol Lehár Festival 05, Dt Op Berlin SpZ 04/05, Op Köln. (Red)

Strauch, Markus, Kontrabass; c/o Rundfunk-Sinfonieorchester Berlin, Charlottenstr 56, D-10117 Berlin. **Laufb:** Sol RF-SinfOrch Berlin. (Red)

Straumer, Roland, Violine, 1. Konzertmeister; Arltstr 4, D-01189 Dresden, T: (03 51) 4 01 05 28, F: 4 01 05 28; c/o Sächsische Staatsoper, Theaterpl 2, D-01067 Dresden [Dresden 23.8.1958]. **Ausb:** Stud V (M Scherzer) MH Dresden 76–81. **Laufb:** 1. KonzM Sächs Staatskap Dresden seit 82 (04/05). **Pr:** 1. Pr u Goldmed 'Maria Canals-MWettb' Barcelona 80. **Ens:** Virtuosi Saxoniae. – **Aufn/RF:** Vivaldi, Telemann, Pisendel, Graun: Violinkonz d Barock, Virtuosi Saxoniae, Dgt: L Güttler; Vivaldi: 'Jahreszeiten', Virtuosi Saxonia, Dgt: L Güttler 2002. **Sonst:** Mitbegrd u 1. Konzm KamOrch 'Virtuosi Saxoniae' 86.

Strauß-König, Richard, Komponist; Trifelsstr 15, D-66994 Dahn, T: (0 63 91) 35 43, F: 35 43 [Dudenhofen/Pfalz 26.7.1930]. Vokalmusik, symphon Musik **Ausb:** priv MStud Harmonie, Kontrapunkt, Tonsatz, Instrumentation (L Doerr, St Cosacchi), Stud KiM Inst Speyer 56–59, Stud PH Landau. **Laufb:** Lehrer in Dahn ab 65, iR seit 92. **Pr:** Peter-Cornelius-Plak 80, WettbPr Mitteldt Sängerbd 89, Valentin-E-Becker-Pr Bad Brückenau 91 u 97, Bad Sängerbd 93, Sängerbd Rheinland-Pfalz 95. – **Komp:** Vier Lieder nach Trakl-Gedichten (Sololied), UA SWF 63; Ade, mein Schatz (Chorzyklus), UA Kaiserslautern 85; Singend einander versteh'n (Chorzyklus), UA Hann Münden 89; Und das Wort ward offenbar (Chorzyklus), UA Ramstein/Pfalz, Stabsmusikkorps US-Luftstreitkräfte in Europa 92; Prolog, Fuge u Epilog (Symph Musik), UA Dahner SommerSp, Ungar Philharmoniker Debrecen, Dgt H Richter 96; Aurora, Symphon Dichtung (Klass Orch), UA Dahner SommerSp, Ungar Philh Debrecen, Dgt H Richter 99; Wie die Wolke im Wind (Chorzyklus); Panta rhei – symphon Dichtung (Klass Orch), UA Dahner SommerSp, Ostböhm Philh Debrecen, Dgt H Richter, 01; Vier Lieder nach Rilke-Gedichten (Sololied), UA Dahn 02; Concerto diatonico f Str, UA Collegium Musicum Zweibrücken, Dgt V Rüppel 02; Reminiszenen (Symphon Dichtung), UA Dahner SommerSp, Ungar Sinf Miskolc, Dgt H Richter 03; Adagio f Orch, UA Dahner SommerSp 05, Ungar Sinf Miskolc, Dgt H Richter.

Strauß, Lothar, Violine, Konzertmeister; c/o Staatskapelle Berlin, Unter den Linden 7, D-10117 Berlin. **Laufb:** Konzm Staatskapelle Berlin SpZ 01/05. (Red)

Strauß, Marlo, Gitarre, Komponist; c/o Musikverlag Vogt & Fritz, Inh Elke Tober-Vogt, Friedrich-Stein-Str 10, D-97421 Schweinfurt, T: (0 97 21) 2 01 90 10, F: 2 01 90 15, *vogtfritz@t-online.de*; *marlostrauss.kulturserver-nrw.de* [Chemnitz]. **Ausb:** Stud Git (Prof Kreidler), MPäd (Prof Zarius) H f M Wuppertal. **Laufb:** E-Git in zahlr Bands (ua b Ina Deter), Gitarrist Bühnen d Stadt Köln, Mitwirkung b Hörspielprod d WDR Köln, L MSch Monheim/Rhld; Ltg e Ens f Zupfinstr Monheim seit 83, Doz b zahlr Fortbild Dtschld u Niederlande, Korr H f M Wuppertal seit 91, Konz Dtschld u Niederlande, Spezialisierung als Continuospieler u Begl auf histor Zupfinstr seit 85. **Ens:** Konz m 'Duetto gentile', 'Duetto da Camera'. – **Komp:** f Mand u Gitarre; Bearb zahlr GitContinuos. **Sonst:** Autor Kinder-Mandolinenschule. (Red)

Strehl, Christoph, Tenor; Goethestr 14, D-68161 Mannheim, T: (06 21) 1 58 27 98; c/o Erich Seitter Bühnen- und Konzertvermittlung, Opernring 8/13, A-1010 Wien, T: (01) 5 13 75 92, F: 5 12 93 51, *agentur.seitter@aon.at* [Lübeck 1968]. **Ausb:** Stud Folkwang-H Essen, Mstrkse (N Shetler, J Metternich). **Laufb:** Sol Nationalth Mannheim, Sächs Staatsop Dresden, Gastsol Staatsth Kassel SpZ 00/01, Mitgl Ens Op Zürich seit 2002, Sol Bayer Staatsop München SpZ 03/04, Op Zürich SpZ 04/05. (Red)

Strehle, Wilfried, Hochschullehrer, Viola; Univ d Künste, Fak Musik, PF 120544, D-10595 Berlin, T: (0 30) 89 72 37 72, F: 89 72 41 74; c/o Berliner Philharmoniker, Herbert-von-Karajan-Str 1, D-10785 Berlin. **Laufb:** GastProf (Va) U d Künste Berlin, Solo-Va Berliner Philh. (Red)

Strehler, Erich, Bariton-Saxophon; c/o new art saxophone quartet, Pestalozzistr 8, D-79540 Lörrach, T: (0 76 21) 22 19, F: 22 19. **Pr:** Prtr Dt Musikwettb KamM 98. **Ens:** new art saxophone quartet. (Red)

Streib, Martine, Hochschullehrerin; Friedenstr 45, D-97072 Würzburg, T: (09 31) 88 71 46; H f Musik, Hofstallstr 6–8, D-97070 Würzburg. **Ausb:** Stud (Ges, Kl) Hermann-Zilcher Kons, Stud (Tonsatz) H f M Würzburg. **Laufb:** Doz (Tonsatz, Gehörbildung) Hermann Zilcher Kons Würzburg 86–01 u H f M Würzburg seit 88. (Red)

Streich, Folkert, Dramaturg; Sengelaubstr 7, D-96450 Coburg, T: (0 95 61) 23 87 42. **Laufb:** Dram Landesth Coburg SpZ 03/05. (Red)

Streich, Stefan, Komponist; Schliemannstr 31, D-10437 Berlin, T: (0 30) 44 73 10 85, *stefan.streich@gmx.net*; *www.stefan-streich.de* [Schwäbisch Hall 1961]. Solo-, Kammer- Orchestermusik, Konzertante Klanginstallationen, -inszenierungen **Ausb:** Stud (T Völker) u Git (W Senger) Städ Akad f Tonkunst Darmstadt 82–90, Komp (H Lachenmann) MH Stuttgart 90–94, KompSeminar b B Schäffer 86, b I Yun 90 u ComputerMSem b G M König 92. **Laufb:** Auff d Komp in Darmstadt 95, transmediale Fstv Berlin 99, MBiennale Berlin 99, EXPO Hannover 2000 ua d ens mosaik Berlin, Ens Recherche, KamEns Neue Musik Berlin, Trio Accanto; Doz f Neue Musik Schwäbisch Hall 88–93, MH Karlsruhe 91; Mitbegrd d Künstlergruppe 'WEISS Kunstbewegung' 97 u 'Brüllchor' 2000. **Pr:** 1. Pr KompWettb Stuttgart 89, 1. Pr Musica Viva KompWettb Pforzheim 90, Stip Schloss Wiepersdorf 94, Stift Kulturfonds Berlin 95 u Villa Massimo Rom 03. – **Sonst:** div Ausstellungsbeteiligungen, interdisziplin Gruppenprojekte.

Streichardt, Antonius, Prof, Hochschullehrer, Komponist; Dr-Müller-Desterro-Str 11a, D-99102 Erfurt-Windischholzhausen, T: (03 61) 3 45 03 39 [Erfurt 13.6.1936]. Orchesterwerke, Solokonzerte, Kammermusik, Chorsätze u Liedbearbeitungen, Musik f d Unterricht, Arbeiten f d Laienmusizieren **Ausb:** Stud Komp, MTheorie (A Böckmann), Kl (A Reiher) H f M 'Franz Liszt' Weimar 55–60, Aspirantur ebda 62–64. **Laufb:** LTätig Kons Halle/S, MSch Erfurt, Pädagog H Zwickau, Oberass (MTheorie, Gehörbildg, z T Komp) H f M 'Franz Liszt' Weimar seit 69, Lektor 71, Doz 81, Prof seit 93, em seit 01, LBeauftr bis 04. **Pr:** Weber-Pr f Komp Stadt Dresden 61. **Mitgl:** Verb d Komp u MWissenschaftler (DDR) 63, KompVerb Thüringen eV 90, dkv seit 03, Landesverb Thüringen. – **Komp:** Auswahl: Doppelkonz (2 V, StrOrch) 80/81;

Kammerkonz (Fl, Ob, StrQua) 81; 3 Dialoge (Fl, Hfe) 82; Scenario (2 Kl) 82/83; Serenata semplice (kl Orch) 84; Leuchtturm zu verschenken! (Kinderop) 85/86; Fresken (Zupfinstr) 88; Das Jahr steigt auf (Melodram) 89; Triosonate (3 Fag) 90; 2. Klavierkonz 92; Concerto lirico (BlSextett) 92; Bilder d Liebenden (ChZyklus) 94; Musica da camera (Mand, StrTrio) 95; Quadro Musicale (Ob, EnglHn, 2 Vcl) 97; Ansichten (Git, StrQua) 99; Theaterstücke (5 BlechBl) 99; Movimenti musicali (V, Vcl, Kl) 2000; 7 heitere Chorsätze 01; Musica per sei (Git, Bläserqui) 03; Quadrifolium (Klar, Streichqua) 04, Chordae sonantes (V, Git) 05. **Sonst:** Publ v Komp in div Verlagen.

Streicher, Wolf-Dieter, 1. Konzertmeister; c/o Staatsorchester, Oberer Schlossgarten 6, D-70173 Stuttgart. **Laufb:** Konzm 1. Violine Württemberg Staatsorch Stuttgart. (Red)

Streiff, Egidius, Violine; Lenzgasse 19, CH-4056 Basel, T: 06 13 22 11 68. (Red)

Streiff, Peter, Komponist; Cäcilienstr 14, CH-3007 Bern, T: 0 31 58 72 11 [Bern 5.6.1944]. **Ausb:** Stud Kons Bern. **Laufb:** fünf Jahre m Kindern u Jugendl in versch Unterrichtsgebieten gearbeitet seit 71, L (Theorie, Analyse, Neue Musik) Kons Winterthur 73–89, LAuftrag Kons Bern Sekundarlehramt U Bern seit 87. **Ens:** Neue Horizonte Bern. – **Komp:** zuletzt: Klänge im Alltag (f TB) 95/2000; Le mot immergé (f 2 Va da Gamba, Theorbe) 95/2000; Fünf Zeichen (f Blockfl solo) 2000. (Red)

Streitberger, Ilona, Sängerin (Alt); Paul-Felix-Str 8, D-07548 Gera, T: (03 65) 3 37 24; c/o Theater Altenburg-Gera, Küchengartenalle 2, D-07548 Gera. **Laufb:** Sol Th Altenburg-Gera, Gastsol Anhaltisches Th Dessau SpZ 00/04. (Red)

Streller, Friedbert, Dr habil, Komponist, Musikwissenschaftler; Grunaer 18/502, D-01069 Dresden, T: (03 51) 4 95 16 94, *Streller1@aol.com* [Hohburg 21.12.1931]. **Ausb:** Stud (Musikerz) 50/54, (MWiss) 54/56, Komp (F Lohse) U Leipzig, Diss 72, Habil 88. **Laufb:** Doz Päd Inst Halle 59–63, (MWiss) MH Dresden 63–90, Musikkritiker Halle seit 59, Dresden ab 68. **Mitgl:** DKV, Ges f Musikforsch, Int Hans-Eisler-Ges, Schostakowitsch-Ges. – **Komp:** Christus-Suite 51, UA Braunschweig, St-Ulrici 94; Sonatina (Vibr/Kl, auch Streichorch) 58, UA Travemünde 59; Sonatine f Kl in C 68, UA Magdeburg, MSch 68; Sonatine f Kl in G 70, UA Dresden, MH 72; 'Thomas Müntzer' Suite f Orgel (Invocation – Lamentation – Protestation) 89, UA Altenburg, Schloßkirche 93; Johannes-Passion (Choralpassion a cappella), UA Wilsdruff, St Pius X, Karfreitag 90; Motette 'Ich sah die heilige Stadt' 96, UA Wilsdruff, St Pius X 97; Motette 'Machet die Tore weit' 89, UA Wilsdruff, St Pius X 97; Sinf in memoriam D Schostakowitsch, UA Dresden 04. **Sonst:** Autor v Biographien: Sergej Prokofjew 60, 78; Dimitrij Schostakowitsch 82; Paul Hindemith 85; Aram Chatschaturjan 68; S Prokofjew u seine Zeit 03.

Strenkert, Claudia, Horn; c/o NDR Sinfonieorchester, Rothenbaumchaussee 132–134, D-20149 Hamburg. **Laufb:** Stimmführerin NDR SinfOrch Hamburg. (Red)

Streul, Eberhard, Prof, Künstlerischer Leiter, Hochschullehrer; c/o Musikbühne Mannheim Astoria eV, Ludwig-Frank-Str 29, D-68199 Mannheim, T: (06 21) 82 27 87, F: 82 27 87 [Radebeul 29.10.1941]. **Laufb:** Reg u Dramaturg an d Landesbühnen Sachsen u Dresden66/67 u 69–71 sowie an d Staatsop unter den Linden in Berlin 71–77, 1977–81, Theater Essen 77–81, Nationaltheater Mannheim 81, Prof H f M u Darst Kunst Mannheim 86. (Red)

Strey, Thomas, Kontrabass; c/o Saarländisches Staatsorchester, Schillerpl 1, D-66111 Saarbrücken. **Laufb:** Sol Saarl StaatsOrch. (Red)

Stricharz, Michael, Dr hc, Prof, Hochschullehrer, Violine; Hamburger Konservatorium, FB 4, Sülldorfer Landstr 196, D-22589 Hamburg. **Ausb:** Stud (V) MusikH Lemberg (Ukraine), Novosibirsk (Russland) u b H Szeryng. **Laufb:** Mitgl Bayreuther FSpOrch, Philh StaatsOrch Hamburg u KamOrch Solistes Européens Luxembourg, Prof (V) Hamburger Kons. (Red)

Stricker, Annette, Koloratur-Mezzo; Finkenhofstr 20, D-60322 Frankfurt/Main, T: (0 69) 95 92 88 24. Oper (Rossini), zeitgen Musik **Ausb:** (b J Beckmann) OpSchule Hamburg, Mstrkl (b I Borkh, K Ricciarelli). **Laufb:** ua: Sol Luzerner Th, Bregenzer FSp 98, Fstv d'Automne Paris 2000, Th La Monnaie Bruxelles 2000, Lincoln Center Fstv New York 01, Op Frankfurt seit 02, Bregenzer FSp SpZ 03/04. – **Aufn/RF:** S Sciarrino: 'Luci mie traditrici' 2000.

Stricker, Frieder, Sänger (Tenor); Krühoffweg 8 A, D-21039 Hamburg, T: (0 40) 7 31 81 67; c/o Hamburgische Staatsoper, PF 302448, D-20308 Hamburg. **Ausb:** Stud (Ges) Wuppertal, priv Unterr b D Jacob. **Laufb:** Sol Th Trier, Sol Staatsth Saarbrücken, Op Nürnberg, Sol Hamburg Staatsop seit 73, Hamburger KamOp SpZ 04/05. (Red)

Striepens, Ansgar, Prof, Hochschullehrer, Posaunist, Komponist, Arrangeur; Franziska-Anneke-Str 12, D-50827 Köln, T: (02 21) 5 10 64 84, F: 5 10 64 84, *astriepens@netcologne.de*; *www.ansgarstriepens.de* [Werne 7.4.1965]. Jazz, zeitgen Musik **Ausb:** Stud JazzPos (J Whigham) MH Köln 87–92, Stud (Komp, Arr) MH Köln 91–96. **Laufb:** Prof (JazzPos) H f Musik 'Franz Liszt' Weimar seit 96, künstl Lt Jugendjazzorch Sachsen-Anhalt, LAuftr MH Köln 97–99, LAuftr Folkwang-H Essen 99–01, Grd Ansgar Striepens Qui 01, EBU Jazz Orch m B Wesseltoft 2000, Mitbegrd Ansgar Striepens/Ed Partyka Jazz Orch u 'Veni Creator Spiritus' (Striepens/Bleckmann/Striepens). **Pr:** 2. Pr HR-KompWettb f Big Band 95. **Ens:** Cologne Contemporary Jazz Orch seit 02, Bob Brookmeyer's New Art Ens 94–2000. – **Aufn/RF:** CDs:'When You Speak Love' Jugendjazzorch Sachsen-Anhalt, Dgt A Striepens, 03; 'dreams and realities' m Ansgar Striepens Qui, J Abercrombie u L Konitz, 02; 'Tunnel Vision – Music for Jazz Orch' m E Partyka, 99, 'New Works' m Bob Brookmeyer New Art Orch, 99; 'Madly Loving You' m B Brookmeyer with the Ed Partyka Jazz Orch, 01; 'Large Two' m P Herborn, G Osby, G Thomas, R Eubanks, G Jackson u U Caine, 01; Aufn: Schleswig Holstein Fstv Big Band, Dgt: B Brookmeyer, Gastsol: C Terry, f ZDF/3sat 95; EBU Jazz Orch m B Wesseltoft f DLF/HR/ARD 2000. **Sonst:** Mitbegrd Striepens/Partyka Jazz Orch, Ansgar Striepens Quin.

Stringer, Mark, Hochschullehrer, Dirigent; Univ f Musik u Darst Kunst, Inst f Musikleitung, Anton-von-Webern-Pl 1, A-1030 Wien, *info@markstringer.com*; *www.markstringer.com/* [Alexandria]. **Ausb:** Stud Juilliard School of Music, Tanglewood Music Centre u Los Angeles Philharmonic Institute, u. a. bei Bernstein, Ozawa, Rattle u Tilson Thomas. **Laufb:** Stadttheater Bern 91–96, o UProf. U f Musik u Darst Kunst Wien 04. (Red)

Strobel, Frank, Dirigent, Klavier; Werftstr 13, D-10557 Berlin, T: (0 30) 3 99 49 94, F: 39 10 21 77, *kontakt@frankstrobel.de*; c/o Van Walsum Management Deutschland, PF 3409, D-30034 Hannover, T: (05 11) 3 66 07 23, F: 3 66 07 24, *ejung@vanwalsum.com*; *www.frankstrobel.de* [München 13.7.1966]. Symphonik, zeitgen Musik, Filmmusik **Laufb:** Chefdgt d Dt Filmorch Babelsberg bis 98, künstl Lt d Europ FilmPhilh ab 2000, ständ Gastdgt ua b Staatsphilh Rheinland Pfalz, Hamburger Symnphoniker, Norddt Philh, Staatskap Weimar, Städt Philh u Stadtth Gießen SpZ 00/01; künstl Berater f ZDF/arte seit 94; regelm Auslandsdirigate ua b Orch Nat de Lyon, Oslo Philharmon Orch u b Aarhus Symph Orch 03/04; regelm Dgt in Moskau ua m Russischen NatOrch 93–97, am Teatro Colon Buenos Aires seit 2000, Städt Philh u Stadtth Gießen SpZ 00/01, ppp-musikth München SpZ 03/04; Grdg d Europ FilmPhilh 2000. – **Aufn/RF:** KonzSuiten m Filmmusik Alfred Schnittkes, RSO Berlin 94–03; Ersteinsp M Deutsch: 'D Schatz' (Filmsinf), Staatsphilh Rheinland Pfalz 02; ZDF-Liveübertr u Aufz d UA A Schnittke: 'D letzten Tage v St Petersburg, Ens modern 92; ca 25 Produktionen m Stummfilmmusik f ZDF/arte m div Orch u Ens seit 94; ZusArb m Dtld-Radio Berlin seit 94. **UA:** EA u UA v Werken d Komp F Schreker, A Zemlinski u S Wagner, EA u UA jüngerer Werke d Musikth, 'D letzten Tage v St Petersburg' v A Schnittke (Alte Op Frankfurt), 'Meister u Margarita' m d Moskauer Philharmonikern; B Schultheis: 'Metropolis', UA Int FilmFSpe Berlin, RF-SinfOrch Berlin; G Becce u D Glanert: 'D letzte Mann', UA Volksbühne Berlin, RF-SinfOrch Saarbrücken.

Strobel, Norbert, Oboe; c/o MDR Sinfonieorchester, Augustuspl 9a, D-04109 Leipzig. **Laufb:** Sol MDR SinfOrch Leipzig. (Red)

Strobl, Andrea, Prof, Hochschullehrer, Klavier, Korrepetitorin; Leopoldskronstr 11, A-5020 Salzburg, T: (06 22) 83 16 69; Univ Mozarteum, Abt f Musiktheater, Schwarzstr 26, A-5020 Salzburg, *andrea.strobl@moz.ac.at* [Steyr]. **Ausb:** Stud (Kl, Vcl) Univ Mozarteum Salzburg. **Laufb:** AssProf (Korr) Univ Mozarteum Salzburg. (Red)

Strobl, Bruno, Prof, Komponist; Winkl 12, A-9701 Rothenthurm, T: (0 47 67) 81 09, F: 81 09, *brunostrobl@yline.com*; *www.gratzer.co.at/strobl.htm* [Klagenfurt 26.2.1949]. alle Sparten **Ausb:** Stud Klar, Theorie (A Jäger) Kons Klagenfurt 68–76, Komp (N Fheodoroff) 78–81, Komp (D Kaufmann) Kons Klagenfurt 83–87. **Laufb:** MittelschulL, Gymnasium Spittal/Drau seit 73, Obmann IGNM Kärnten seit 77; Lt 'Kärntner Mstrkse f aktuelle Musik' 78–90, 'Expan' 91, 92, 93, 99, künstl Lt 'Klangspectrum', Fstv f neue Musik Villach seit 98, Lt Schauspielmusik Neue Bühne Villach SpZ 04/05. **Pr:** Förderungspr Land Kärnten 83, Staatstip Komp 88, 94, Pr d Salzburger Landesregierung 91, Würdigungspr Land Kärnten 2000. **Ens:** Dgt Ens Kreativ Klagenfurt, Dgt Neues Ens Villach. – **Komp:** 'tango d nacht u d morgens', UA Th Basel, C Ascher; 'Hier ist es schön' (Op), UA Klagenfurt, ORF 95; 'Klangquadrat Plus', UA Salzburg, Salzach 92; 'Diaphonie', UA Venedig, Ens di Venezia 99; 'Überwärts', UA Salzburg, StrQua d ÖENM 2000; 'Offene Weite/Echo d Donners', UA Viktring, Musikforum, Austrian Art Ens 98. **AuftrKomp:** ua: 'O du mein Österreich' (Chor) 84 (Auftr: Steir Herbst); 'Trinica', 'Missa', 'Vesper' (Orgel, Chor, Sol) 87/90 (Auftr: Diözese Grah); 'Metachronnalis', 'Ülapp' (Orch) 90/95 (Auftr: Musikal Jugend); 'Sonita', 'Gestern Nacht' (Ens) 96/97 (Auftr: Musikforum Viktzing). **UA:** W Liebhach, B Karrer, A Hermentin, R Prausmüller, O Tanis, F Festa, D D'Alfour, H Grasse, K Abé, S Riegebaum, R Silvestrini, R Wildling, Th Heimisch, A Peschach uva. **Zug:** mehrere. **Sonst:** Grdg u Lt 'Vokalens VOX NOVA' 87–95, Grdg 'Neues Ens Villach'.

Strobl, Otto, Prof, pens Professor; Dr Karl Renner-Str 8, A-7000 Eisenstadt, T: (0 26 82) 6 28 42, F: 6 28 42 [Wiesen 19.6.1927]. Komp **Ausb:** Stud (SchM) MusikU Wien, Abschluß 48, Abschluß Orgel (K Walter) 49. **Laufb:** L Eisenstadt 50–69, Prof (Päd) 69–92 Haydn Kons 69–92. **Pr:** Würdigungspr d Burgenlandes, Kery-Pr ua. – **Komp:** Franziskus (Orat) 92, UA Eisenstadt, Wien, Dgt: E Kuhowatz 92; Hiob (Orat), UA Mattersburg, Dgt: C Dreo 95; Millenniumsmesse, UA Eisenstadt, Haydnkirche, Dgt: J Bauer 2000; Katharinenmesse, UA Pedersdorf, Dgt: S Kaintz 01. **AuftrKomp:** Concertino (f 4 Sax u Orgel), UA Ternitz 01 (Auftr: Niederösterr SaxQua).

Strocka, Kathrin, Sopranistin; c/o Theater Altenburg-Gera, Küchengartenallee 2, D-07548 Gera. **Laufb:** Sol Th Altenburg-Gera. (Red)

Strodthoff, Jörg, Dipl-A-KiM, Kirchenmusiker; Wilhelmsaue 120, D-10715 Berlin, T: (0 30) 8 61 27 37, 01 77–8 61 27 37, F: (0 30) 8 61 27 37, *Joergstrodthoff@cs.com* [Hannover 22.10.1959]. konzertantes Orgelspiel (auch Improvisation), Tätigkeit als Pianist bei Liedbegleitung, Kammermusik, Chor- u Orchesterdirigent **Ausb:** Stud (KiM-A, KapM) MH Hannover 80–86. **Laufb:** Organist u Chorlt Hannover 77–88, Auenkirche Berlin seit 89, LBeauftr (Generalbass, Partiturspiel, Impr, Liedbegl, Korr) H f M u Th Hannover 84–88, LBeauftr (Harmonielehre, Kontrapunkt) U Göttingen 87–88, KonzTourneen Schweden u Polen, ständ Gast Berliner Dom, OrgKonz an bedeutenden Orgeln u Kirchen. – **Aufn/RF:** Orgelabend z Erweiterung d Orgel d Auenkirche, SFB 91; Orgelabend zur Eröffnung d Berliner Doms, SFB 93; Prod v OrgelM, Aufn f Dtschld-Radio, ZDR, RTL, ARD (Fernsehgottesdienste); Mitwirkung CD-Prod u gesendete Konz d DSO u RSB, Dgt ua: V Ashkenazy, D Zinman, G Albrecht, W A

Albert. **UA:** A Koerppen: 'Jesus Christus unser Heiland' (Choralphant). **Sonst:** Veröffentl v OrgelM d 19. u frühen 20. Jhs.

Stroé, Aurel Georg, Prof, Komponist, Musikwissenschaftler; c/o Angelika Kohli, Pfalzpl 20, D-68163 Mannheim, T: (06 21) 82 39 83; Str Codrului 5, RO-2185 Buşteni, T: (2 44) 32 07 69, (21) 6 66 52 44 [Bukarest 5.5.1932]. Kammer-, Orchesterwerke, Opern, Komp m versch Stimmungssystemen, morphogenet Musik **Ausb:** MH Bukarest, Darmstädter Ferienkse, b M Negrea u M Andricu. **Laufb:** Prof (Komp, Instrumentation) MH Bukarest 74–85, GastProf U Metz, Straßburg, Illinois 84–85, freischaff Komp u MWiss in Dtschld seit 86, Prof (Komp) Straßburg-Selestat 92, Prof (Komp) Clausenburg 95/96, Sommerkse Buşteni ab 92. **Pr:** Pr f Komp d rumän Akad 78, Chevalier des Arts et Lettres de la Rép Française 92, DAAD-Künstlerbüro Berlin 72, Großer Pr Komp-Verb Bukarest 97, Pr f Symph M Rumänien 96, Prometheus-Pr f Gesamtwerk Bukarest 02, Herder-Pr Alfred-Toepfer-Stift 02. **Mitgl:** DKV, Rumän Komponistenverband. – **Komp:** Klarinetten-Konz (OrchW) 75, UA Bukarest 75; 'The Triology of the Closed City' (KamOp), UA Avignon 79; 'Das Welt Konzil' nach Solowjeff (Orat), UA Mannheim 88; Concerto pour Violon et Ens de Solistes (Konz), UA 90; Sax-Konz 93, UA Bukarest 94; 'Ciaconna con alcune Licenze' (Symph), UA Bukarest 96; 'Préludes Lyriques' (KamM), Mandala, UA Bukarest; Akkordeon-Konz, UA Straßburg; 'Arkaden', UA Bukarest; 'Eumeniden', UA Rom; 'Der Nobelpr wird nicht verliehen', UA Kassel; V-Konz, UA Paris. **AuftrKomp:** L'Enfant et le Diable, Ens Aleph (Auftr: Kulturmin Frankreich); Violinkonz (Auftr: Kulturmin Frankreich); Konz f Akk u Kam-Orch (Auftr: Kulturmin Frankreich); Coephoren, 2. Teil d Orestie (Auftr: FSp Avignon); Carillon et Echos (Auftr: Radio France); Canto II f gr Orch (Auftr: FSp Royan). **Aufn/RF:** 3 Klavierson m S Petrescu; SaxKonz, D Kientzy; Violinkonz, A Flammer; Ciaconna con alcune Licenze, G Pop; KlarKonz, A O Popa; Orestie, J Bona; Mandala; Akkordeon-Konz. **Zug:** Werke v Mihnea Brumariu, Cornel Dan Georgescu. **Lit:** Zs Musica (Bukarest); Thomas Beimel: Musiktexte; Angelika Kohli: 'Mannheimer Jahre'; Ruxandra Arzoiu: 'Opera de camera Românesâ' und ' In universul simfoniilor lui Gustav Mahler : dialoguri cu compozitorul Aurel Stroe'; Despina Petecel Theodoru: De la mimesis la arhetip.

Ströcker, Johann, Prof, Hochschullehrer, Posaune; Hauptpl 8, A-7432 Oberschützen, T: (03 61) 3 89 37 66, *johann.stroecker@kug.ac.at* [Wien 30.4.1960]. **Laufb:** Pos Wiener Staatsoper, VProf (Pos) Univ f Musik u Darst Kunst Graz. (Red)

Ströher, Britta, Sängerin; c/o Südostbayerisches Städtetheater, Fürstbischöfliches Opernhaus, Gottfried-Schäffer-Str 2 und 4, D-94032 Passau. **Laufb:** Sol Südostbayer Städteth. (Red)

Strömsdörfer, Oliver, Gitarre; c/o Duo Zernecke+Strömsdörfer, Münchner Str 31, D-82256 Fürstenfeldbruck, T: (0 81 41) 6 33 02; BDZ, Landesverband Bayern eV, c/o Bayerisches Landesjugendzupforchester, Wassergarten 37, D-91235 Velden [Bayreuth 11.1.1969]. **Laufb:** Lt Bayer Landesjugendzupforch. **Pr:** Stip Dt Musikwettb KamM 98. **Ens:** Duo Zernecke+Strömsdörfer. (Red)

Strömstedt, Ulrike, Sängerin; Deutsches Nationaltheater, PF 2003, D-99401 Weimar [Arvika, Schweden]. **Laufb:** Sol Dt NationalTh Weimar seit 02. (Red)

Strohbach, Siegfried, Prof, Komponist; Uhlhornstr 12, D-30625 Hannover, T: (05 11) 55 20 78 [Schirgiswalde, Oberlausitz 27.11.1929]. **Ausb:** Kl (F Töppel) Schirgiswalde 35–39, Komp (K Thomas), Kl (R Haller), V (W Isselmann) 'Mus Gym' Frankfurt/M 39–45, Komp, Dirig (K Thomas), Kl (A Leopolder) ebd 46–49, Ges (P Gümmer) LandesMSch Hannover 49–51. **Laufb:** Korr Städt Bühnen (Op) Frankfurt/M, daneben ChLtTätigkeit 47–49, Schausp-Kapm Niedersächs Staatsth Hannover 51–53, Musikal L St Ursula-Schule Hannover 53–66, Grd u Lt 'Propsteich Hannover' u 'Collegium Cantorum' Hannover 53–82, Doz H f M u Th Hannover 66–94, Prof 73, daneben Kapm u Hauskomp Landesbühne Hannover, OpDgt b FestW 'M u Th Herrenhausen' 67–84, KonzTätigkeit als Dgt (Op, Konz), KlBegl, Cemb, KonzReisen in viele europ Länder, Südafrika 72, Japan 80, Brasilien 83. **Pr:** Niedersächs Kunstpr 94. – **Komp:** z B: Dt Tedeum (Gem Ch u Kb) 60; Gr Kalender (F Graßhoff), (MrCh, Solo-Kl u gr Orch) 61; Besinnl Winterlieder (H Grunow) (FrCh) 63; Psalm 98 'Cant Domino canticum novum' (Gem Ch) 63; 5 Fabeln (FrCh) 64; Schneider-Romanzen (FrCh u Kl) 64; Eichendorff-ChLieder (Gem Ch) 64; Bild u Gleichnis (Mot-Zyklus) (Gem Ch) 70; 2 Franziskus-Motetten (Gem Ch) 73; Johannes-Passion (Solo u Gem Ch) 74; Seven songs from Shakespeares comedies (Gem Ch) 76; Ave maris stella (FrCh) 92; Magnificat (Gem Ch) 2000. **AuftrKomp:** ua: 3 Geistl Konz (Bar, FrCh, Metalloph) 69 (Auftr: MädchenCh Hannover); Gr Kalender (Neufssg) (gem Ch, 2 Kl, Schlgz) 76 (Auftr: StudioCh Offenbach); Psalm 100 'Jubilate – Jauchzet d Herrn' (2 gem Ch u 2 Kl) 77 (Auftr: Nürnberger L-GesVerein); Psalm 8 'Herr, unser Herr' (gem Ch u 2 Kl) 78 (Auftr: Hannover-Ch); D Ballade v Rieke u Nischke (gem Ch) 81 (Auftr: SDR Stuttgart); Viva la musica (Kant f Bar, 3 Ch u gr Orch) 83 (Auftr: AG dt ChVerb); Psalm 103 'Lobe d Herren, meine Seele' (Bar, MrCh u Kl/Org) 86 (Auftr: Silcherbund Hannover); Psalm 66 'Jauchzet Gott, alle Lande' (Alt-Solo, MrCh u Hf/Kl) 93 (Auftr: Liedertafel v 1888 Hannover Döhren); D Verklärung Jesu (Mot f gem Ch) 91 (Auftr: Landauer Kantorei); Max u Moritz (gem Ch u Kl) 98 (Auftr: Sängerkreis Hannover im DSB).

Strohhäcker, Martin, Prof, Hochschullehrer, Orgel; Hochschule f Kirchenmusik, Käthe-Kollwitz-Ufer 97, D-01309 Dresden. **Laufb:** Prof (Orgellit, lit Orgel), stellv Rektor H f KiM d Ev-Luth Landeskirche Sachsen Dresden. (Red)

Strolz, Norbert, Prof, Hochschullehrer; Dr Julius-Leber-Str 68, D-23552 Lübeck, T: 0 172 20 74 86 7; Musikhochschule, Große Petersgrube 17–29, D-23552 Lübeck, T: (04 51) 1 50 51 77, F: 1 50 53 00, *Norbert.Strolz@mh-luebeck.de*. **Laufb:** Prof (Studienltg, Korr) MH Lübeck. (Red)

Stromberg, Kay, Dirigent; Ernst-Grube-Str 18, D-06120 Halle (Saale), T: (03 45) 5 50 91 11; c/o Opernhaus Halle, PF 110554, D-06019 Halle (Saale). **Laufb:** Studienlt m Dgt-Verpfl Op Halle, Dgt Op Halle seit SpZ 03/04. (Red)

Strooper, Adrian, Sänger; c/o Bühnen der Stadt Köln – Opernstudio, PF 101061, D-50450 Köln. (Red)

Stroppa, Marco, Prof, Komponist, Hochschullehrer; Hochschule f Musik u Darst Kunst, Urbanstr 25, D-70182 Stuttgart, T: 0 17 15 07 07 02, *stroppa@marcostroppa.com*; *www.marcostroppa.com* [Verona 1959]. **Laufb:** Dir d Abt f musikal Forsch am IRCAM 87–90, Prof (Komp) Staatl H f M u Darst Kunst Stuttgart seit 99. **Pr:** Kompositionspr d Osterfestspiele in Salzburg 96. (Red)

Strothmann, Daniela, Sängerin; Coppistr 91, D-04157 Leipzig, T: (03 41) 0 90 66 89, (01 73) 3 77 43 50; c/o Opernhaus Halle, PF 110554, D-06019 Halle (Saale). **Laufb:** Gastsol Th Nürnberg SpZ 00/01, Staatsth Kassel SpZ 00/01, Sol Th Erfurt SpZ 03/04, Gastsol Op Halle SpZ 04/05. (Red)

Strotschilin, Pawel, Sänger; Dreieckstr 1, D-58095 Hagen, T: (0 23 31) 18 33 92. **Laufb:** Sol u RegAss Th Hagen. (Red)

Strub, Hans-Jürg, Prof, Pianist, Hochschullehrer; Oberfeldstr 158, CH-8408 Winterthur, T: 05 22 22 78 83, F: 05 22 22 78 83, *hjstrub@hotmail.com*; H Musik u Theater, Hirschengraben 46, CH-8001 Zürich, *hans-juerg.strub@doz.hmt.edu* [15.1.1959]. **Ausb:** Stud (Ch Lieske) Winterthur, (Prof H Leygraf, Krse b T Nikolajewa u Z Kocsis) MH Hannover. **Laufb:** Prof (Kl) MH Winterthur-Zürich seit 88. **Pr:** 3. Pr Int KlWettb Jaén, 2. Pr Dt HS-Wettb, 3-malig Prtr 'Concours Piano 80', Silbermed Fstv Int de Jeunes Sol. **Ens:** Ens Miroirs Berlin (KlQua). – **Aufn/RF:** Berg: Sonate op 1; Mozart: Rondo a-moll KV 511; Brahms op 119, Schumann: Carnaval op 9; Rachmaninow: 2. KlKonz (live). **Sonst:** Grdg IntprKs Schloss Weidenkam 99.

Strub, Patrick, Dirigent; Elsterweg 5, D-71686 Remseck, T: (0 71 46) 81 00 85, F: 81 00 87, *PatStrub@t-online.de*; c/o Südwestdeutsche Konzertdirektion Erwin Russ GmbH, Charlottenpl 17, D-70173 Stuttgart, T: (07 11) 1 63 53 11, F: 1 63 53 30, *info@sks-russ.de*. **Ausb:** Stud (MWiss, Psychologie), (V) Hamburg u Rom, Stud Dirig (W Brückner-Rüggeberg) Hamburg, (F Ferrara) Siena. **Laufb:** künstl Lt Christophorus-Symph-Orch Stuttgart seit 79, regelm Gastdgt USA, Australien seit 86, 1.Gastdgt USA- u Kanada-Tournee d Stuttgarter KamOrch 87 u 88, Juror MFstv Australien, USA, int MWettb Genf, Lt OrchAkad Melbourne, Grdg KamOrch arcata stuttgart 84. (Red)

Strube, Andel, Blockflöte; Schibiweg 12, CH-6006 Luzern. (Red)

Struck, Björn, Sänger; c/o Oper im Schloßgarten, PF 112, D-23691 Eutin. **Laufb:** Sol Op im Schloßgarten Eutin SpZ 03/05. (Red)

Struckmann, Falk, Bariton; c/o Opern-Agentur M Kursidem & E Tschaidse, Tal 28, D-80331 München, T: (0 89) 2 91 61 66 12, F: 29 16 16 67, *kursidem@opern-agentur.com*, *tschaidse@opern-agentur.com*; *www.opern-agentur.com* [Heilbronn]. **Laufb:** Debüt Kiel 85, Gastsol Wiener Staatsop seit 90, Staatsop Berlin, Hamburg, München u Wien, Mailänder Scala, Met Op New York, Théatre du Chatelet u Op Bastille Paris, Dt Staatsop Berlin SpZ 2000/01 u 03–05, Bayreuther FSp, Budapest Fstv. (Red)

Strübel, Bettina, Sängerin; c/o Junge Kammeroper Köln, Florastr 93, D-50733 Köln. (Red)

Struppe, Hans-Peter, Dipl-Sänger (Bariton), Hochschullehrer; Langenstr 38, D-02826 Görlitz, T: (0 35 81) 38 95 29; Käthe-Kollwitz-Str 35, D-04109 Leipzig, T: 01 79–7 70 65 41 [Leipzig 24.12.1965]. Oper, Operette, Musical, Konzert, Lied, lit-musikal Progr **Ausb:** Stud Ges (R Riemer) H f M u Th Leipzig 86–92, Zusatzstud (Dipl-MPäd, Ges) H f M Leipzig 92–94, Mstrkse (R Reuter, E Fischer), Teiln Lübecker Optten-Forum. **Laufb:** Doz (Singen, Sprechen) H f KiM Görlitz, Sol Th Görlitz, Ophaus Halle 91, lyr Barit Th Görlitz seit 92, Gastsp Dt Nationalth Weimar, Konz m d Neuen Lausitzer Philh, 28. Schles MFest 98, 13. Tage zeitgen Musik Dresden 99, Lübecker Sommeroptte 99, Mainfranken-Th Würzburg 2000, Landesbühnen Sachsen 05, Th Liberec 05. – **Aufn/RF:** CDs: Rothe: 'Nun fahr ich hin ins Paradies' (Jakob-Böhme-Requiem) 99; Benatzky: 'Die Operette lebt' (Chansons u Duette) 99. **UA:** Rothe: 'Nun fahr ich hin ins Paradies' (Jakob-Böhme-Requiem), UA 98; Schneider: 'Diana – Cry for Love' (Musical), UA 02, Schneider: 'Bahnwärter Thiel' (Op), UA 04. **Sonst:** umfangr Erfahrungen als Moderator/Chefconferencier b Konz u Bällen.

Stubbs, Stephen, Prof, Hochschullehrer; Wendtstr 36, D-28203 Bremen, T: (04 21) 3 47 73 97, *stopera@aol.com*; Hochschule d Künste, FB Musik, Dechanatstr 13–15, D-28195 Bremen [Seattle 1951]. **Laufb:** Prof (Laute, Ens) H f Künste Bremen. (Red)

Stubenvoll, Florian, Klarinette; Hornsche Str 19, D-32756 Detmold, T: (0 52 31) 3 92 28 [Villingen-Schwenningen 1973]. **Laufb:** Mitgl vieler Jugendorch, ua Landesjugendorch Baden Württem-berg, Bundesjugendorch u EU Youth Orch, als Stip d Münchner OrchAkad: Orch d Bayer Staatsop, Symph-Orch d BR, als Sol Konz ua m Berliner Symph, Nordwestdt Philh Herford, Detmolder KamOrch, Dt Musikschulorch, Landesjugendorch NRW u Hessen. **Pr:** Prtr Bundeswettb Jugend musiziert, Stip Dt Musikwettb Sol Berlin 97 u 99, Förderpr d Vereines Schuhmannhaus Bonn 99, Stip d Mozartges Dortmund 99, Stip d Studienstift d Dt Volkes, 42. Bundesauswahl Konz junger Künstler. (*)

Stucki Wildermuth, Marianne, Flöte, Hochschullehrerin; Talackerstr 1, CH-8404 Winterthur, T: 05 22 42 11 38. **Laufb:** Doz (Querfl) MH Winterthur Zürich. (Red)

Stucki, Hans Walter, Pianist; Weingartenstr 22, CH-3652 Hilterfingen, T: 03 32 43 27 55, F: 03 32 43 27 55 [Zimmerwald, Bern 22.8.1932]. Kammermusik, Liedbegleitung **Ausb:** Kl Lehrdipl (W Girsberger) Kons Bern 54–58, KonzDipl (G Hinterhofer) MAkad Wien 59–62, KamM (W Stross) München.

Laufb: KonzReisen USA, ua Washington (Nat Museum, Libr of Congress), New York (Carnegie Recital Hall) 75–77, Hongkong, Singapur, Kuala Lumpur 81, China, Hanoi, Seoul 85, Tourneen Tschechien 2000 u 04 sowie Frankreich 04 u 05, Konz u Kse Brasilien, San Salvador, Londrina 04. **Pr:** KamMWettb Colmar 85. **Ens:** Trio Elvetico. – **Aufn/RF:** div TV- u RF- sowie Schallpl- u CD-Aufn; zahlr Aufn Studio Bern, RSR Lausanne, ua V d'Indy: Tripelkonz, Dgt: A Jordan; 'Heures musicales', RSR Genf 85. **UA:** A Furer: Trio 'Chinoiserie', UA Canton 85. **Sonst:** Mitbegrd Trio Elvetico 63.

Stuckstette, Daniela, Sängerin; Bussestr 22, D-27570 Bremerhaven, T: (04 71) 1 70 14 37, (01 71) 4 94 25 58; c/o Musiktheater im Revier, PF 101854, D-45818 Gelsenkirchen [Essen 10.6.1972]. Oper, Operette **Ausb:** Stud (A Janzen, M Georg, E Moser, L Hammes), Liedkl (J Glauß) MH Köln 92–2001. **Laufb:** Sol Stadtth Bremerhaven 99 bis 03/04, Gastsol MTh im Revier SpZ 04/05.

Studer-Müller, Martin, Dirigent; Muldenweg 7, CH-3075 Rüfenacht BE, T: 03 18 39 80 28, F: 03 18 39 93 34, *ch-phil@gmx.ch, nzo@gmx.ch; www.swissphilharmonicorch.ch, www.schweizer-philharmonie.ch, www.aphis.net, www.nzo.ch.* **Ausb:** Stud (Kapm, Theorie) MH Bern 85–89, Stud (hist Aufführungspraxis) ebd 89–91. **Laufb:** künstl Lt Schweizer Philh, künstl Lt Neues Zürcher Orch, freier Mitarb Schweizer Musikztg (SMZ) u Schweizer Radio DRS, künstl Lt Akadem Philh Schweiz APhiS, FstvDir u Intend Schweizer Musikfestwochen. **Pr:** Förderungsstip Stadt Zürich, 3-maliges Förderungstip STV, mehrmaliger Prtr int Dgtwettb, Ehrenprof Staatl Kirgis MH 98. – **Aufn/RF:** Mahler, Brahms/Komma, Dvořák: 'Orchesterlieder', T Pfeiffer (Bar), Württemberg Philh Reutlingen 01; G Bottesini: 'Passioni Amorose' (versch KBKonz), M Rieber (KB), N Kern (Klar), I Turban (V), Y Savary (Vcl) u Württemberg Philh Reutlingen 02; Schubert: Italienische Ouvertüre C-Dur; Brahms: Doppelkonzert a-Maoll op. 102; Mendelsohn: Sinfonie Nr.1, I Tunban (V), W S Yang (Vcl), Neues Zürcher Orch. **UA:** Mozart: 'Lo sposo deluso' KV 430 in der v M Studer ergänzten Fassung, Bern u Zürich 05. **Sonst:** Grdg Neues Zürcher Orch 90.

Studer, Cheryl, Sopran; c/o Columbia Artists Management GmbH, Till Janczukowicz, Albrechtstr 18, D-10117 Berlin, T: (0 30) 20 64 80 78, F: 20 45 34 80, *info@cami.com; www.cami.com* [Midland, MI, USA 24.10.1955]. **Ausb:** Stud Ges Berkshire M Center Tanglewood (P Curtin), H f M u Darst Kunst Wien (H Hotter ua). **Laufb:** Sol Bayer Staatsop – NatTh München, Staatsth Darmstadt, Dt Op Berlin, Münchner Sp (Wagner: Rienzi, 'Irene') 83, OpDebüt USA Lyric Op of Chicago (Carmen, 'Micaela') 84; Gastsol OpHäuser In- u Ausland u int Fstvs, ua Royal Op House Coventgarden (Tannhäuser, 'Elisabeth'); Bayreuther FSp (Lohengrin, 'Elsa'; Fliegender Holländer, 'Senta'), Staatsop Wien u Salzburger FSp (Elektra, 'Chrysothemis'), Th du Chatelet Paris (Freischütz, 'Agathe'), Met Op (Rigoletto, 'Gilda'), Salzburger FSp unter Ltg v C Abbado (I Vespri Sicliani, 'Elena'; Guglielmo Tell, 'Mathilde'), Salzburger FSp (Rosenkavalier, 'Marschallin') 95, Dass Staatsop Wien u Bayer Staatsop München, zahlr Liederabende u Konz Europa u Amerika, Gastsol Hamburg Staatsop, Prof (Ges) H F M Würzburg. – **Aufn/RF:** ua G Verdi: Attila (Odabella), Dgt: R Muti; R Wagner: Lohengrin (Elsa), Dgt: C Abbado; R Wagner: Tannhäuser (Elisabeth), Dgt: G Sinopoli; R Strauss: Salome (Salome), Dgt: G Sinopoli; C Gounod: Faust (Marguerite), Dgt: M Plasson; Complete Songs 02. (Red)

Studer, Daniel, Komponist, Kontrabass; Streulistr 12, CH-8032 Zürich, T: 0 13 83 53 39. (Red)

Studer, Michael, Klavier, Dirigent; Rathausgasse 62, CH-3011 Bern, T: 03 13 11 93 46. (Red)

Studer, Pierre-André, Komponist; av Godefroy 14, CH-1208 Genève, T: 02 27 36 04 35. (Red)

Studer, Ulrich, Bariton; Mittelstr 14–15, D-06108 Halle [Bern]. **Ausb:** Stud (Kl) Bern, (Gesang, OpDarst) München. **Laufb:** Gastsol in zahlr europ Ländern, Lehrer (Ges) Kons Zürich seit 88, Eng Bern 80–84, ständ Gast Dortmund seit 91, Saarbrücken (A Berg: Wozzeck, Titelrolle) 94/95, Freiburg (Verdi, Maskenball, Renato), Sol Op Halle (ua Strauss: Salome, Jochanaan; Humperdinck: Hänsel u Gretel, Vater; Begnadete Angst, Marquis), Händelfsp Halle (Serse, Elviro) 97, Konz (ua Zemlinksy: Lyr Symph; Sutermeister: Die schwarze Spinne; Britten: Noah u d Sintflut) Bern u Zürich 97, Karlsruhe (Matthus: Farnelli) 98. – **Aufn/RF:** zahlr Schallpl- u Fernsehprod; CDs: Bartók: 'Blaubart'; F Hummel: 'Gesualdo'; H Sutermeister: Die schwarze Spinne. **UA:** F Hummel: Op 'Gesualdo', UA Kaiserslautern 96; S Matthus: Farinelli, UA Karlsruhe 98. (*)

Studler, Christian, Flöte; Breiteweg 13, CH-3006 Bern, T: 03 19 32 05 86. (Red)

Studnitz, Andreas von, Intendant, Regisseur; c/o Ulmer Theater, Herbert-von-Karajan-Pl 1, D-89073 Ulm. **Laufb:** ab SpZ 06/07 Intend Th Ulm. (Red)

Stückemann, Thomas, Sänger; Leipziger Str 22, D-99085 Erfurt, T: (03 61) 6 02 78 71, F: 02 78 71, *thomasstueckemann@gmx.de* [Ahlen/Westfalen 29.9.1967]. Oper (Spiel- u Charaktertenor), Konzert **Ausb:** Stud Ges HfM Würzburg (Barbara Schlick, Sigune von Osten) 88–95; Certfified Rabine Teacher (CRT), Rabine-Institut, Eugene Rabine 91–94; Mstrkrse b James Wagner 95–96; Unterr b Gisela Rohmert, Lichtenberger Inst f funktionales Stimmtraining seit 99. **Laufb:** Sol Stadtth Gießen 97–02, Sol Th Erfurt seit 02, LAuftr Univ Gießen 01–02; Gastsp u. a. Brucknerfest Linz, Festspielhaus Baden-Baden, Op Leipzig, Staatsth Stuttgart, Wiesbaden, Darmstadt, Op Bonn, Münchener Biennale; Konzertreise m Stuttgarter KammerOrch durch Australien (ua Perth Fstv, Sydney Op House); wichtigste Partien: Truffaldino (Prokofiew – Liebe zu den drei Orangen), Hexe (Hänsel und Gretel), Tanzmeister (Ariadne), Jaquino (Fidelio), Iwanow (Zar und Zimmermann), Monostatos (Zauberflöte), Arlecchino/Beppe (Pagliacci), Valzacchi (Rosenkavalier), Pedrillo (Entführung). – **Aufn/RF:** DVD: Wagner: Parsifal (3.Knappe), Festspielhaus Baden-Baden, DSO Berlin – Dgt: Kent Nagano, Inszenierung: Nikolaus Lehnhoff. **UA:** Hans Werner Henze, Das Urteil der Kalliope (Titelpartie), Stadtth Gießen 97.

Stümke, Anna, Konzertmeisterin; Theater, PF 100554, D-99005 Erfurt. **Laufb:** Sol Th Erfurt. (Red)

Stürmer, Gesche, Sängerin; Kantstr 26, D-24943 Flensburg, T: (04 61) 2 57 56, F: 9 09 43 80, *gesche-guido-st@feni.net* [Flensburg 16.7.1962]. Konzerte, Unterricht **Ausb:** Stud (K-H Pinhammer) MH Lübeck, (J Beckmann) MH Hamburg. **Laufb:** Mitgl FSpChor Bayreuth 85, Staatsth Braunschweig, Staatsop München, freischaff seit 92, Bonn 92('Walküre', Gerhilde), m S Estes als Wotan. **Pr:** 1. Pr f Land Schleswig-Holstein, Gesangswettb d VdmK 80, Teiln Finale (Buchpr). – **Aufn/RF:** J Brahms: Requiem, G Stürmer, O Bär, Flensburger Bach-Chor, Vogtland-Philh, Dgt: M Janz 99 (Livemitschn). **UA:** W Plate: Burglöwe (Fünf Lieder nach Gedichten u Fabeln v Ulrich, Lessing, W Busch, R Huch).

Stürz, Franziska, Koloratur-Sopran; c/o Artist Communication Beate J. Mennicken, Sonnenstr 50, D-94113 Tiefenbach/Haselbach, T: (0 85 09) 18 20, F: 93 49 05, *mennicken.beate@t-online.de, info@franziska-stuerz.de; www.franziska-stuerz.de* [München]. **Ausb:** Stud Gesang (I Hallstein) MH Würzburg 93–98. **Laufb:** Mitgl Junges Ens Bayer Staatsop 89/99, Gastsol Staatsop Prag 99, Gastsol Stadtth Gießen 99/00, Gastsol Ulmer Th 00/01, Gastol Staatsth Oldenburg 01/02, Engag Ulmer Th 01–03, KonzTournee m Philh Staatsorch Halle 2002, Op Chemnitz 02/03. **Pr:** Förderpr Int Gesangswettb F Tagliarini Deutschlandsberg 95, 1. Pr J Suder Liedwettb 96, Sonderpr Bundeswettb Gesang 98. – **Aufn/RF:** Neujahrskonz Ulmer Th: Strauß, Frühlingsstimmenwalzer ua (CD) 01. **UA:** H Lauermann: 'Die Befreiung' (Elisabeth), UA Ulmer Th SpZ 2000/01.

Stuhlemmer, Sebastian, Repetitor; c/o Kammeroper, Bayreuther Str 8, D-01187 Dresden, T: (03 51) 4 70 12 96, F: 4 70 12 97, *info@kammeroper.de; www.kammeroper.de.* **Laufb:** Solorep KamOp Dresden SpZ 03/05. (Red)

Stulberg, Neal, Dirigent, Pianist; c/o Konzertdirektion Martin Müller, Uhrs Knäppken 8, D-59320 Ennigerloh-Ostenfelde, T: (0 25 24) 26 34 80, F: 26 34 81, *info@kdmueller.de; www.kdmueller.de* [Michigan, USA]. **Laufb:** Gastdgt Oldenburg SpZ 00/01, Augsburg, Bochum, Dortmund, Freiburg, Münster, Rostock. (Red)

Stuller, Gyula, Violine; pl Dufour 7, CH-1110 Morges, T: 02 18 01 20 74 [Ungarn]. **Ausb:** Akad Franz Liszt Budapest. **Laufb:** Ltg V-Klasse Cons Fribourg seit 96, Dir Cons Sup u MAkad Tibor Varga Sion seit 2002. **Pr:** 1. 'Pr d Concours Int d Violon Tibor Varga' Sion 86. **Ens:** Orchestre de Chambre de Lausanne seit 90. (Red)

Stumpff, Karl-Bernhard von, KM, Violoncello; c/o Dresdner Philharmonie, PF 120424, D-01005 Dresden. (Red)

Stundyte, Ausrine, Sängerin; c/o Bühnen der Stadt Köln – Opernhaus, PF 101061, D-50450 Köln. **Laufb:** Sol Op Leipzig, GastSol Th Altenburg-Gera SpZ 03/04, Op Köln. (Red)

Sturm, Marlies, Sängerin; Schwanebecker Str 3, D-38820 Halberstadt, T: (0 39 41) 60 11 53. **Laufb:** Sol Nordharzer Städtebundth Halberstadt/Quedlinburg. (Red)

Sturm, Peer Martin, Sänger; c/o Kammeroper, Sternstr 31, D-60318 Frankfurt am Main. **Laufb:** Sol Kammerop Frankfurt SpZ 01/05, Düsseldorfer Optte SpZ 03/05. (Red)

Stutz, Reiner, Gitarre, Komponist; Am Leerender 12, D-53489 Sinzig-Löhndorf, T: (0 26 42) 52 32, F: 4 66 55, *kontakt@stutz-gitarre.de; www.stutz-gitarre.de* [Hostenbach/Saar 1958]. als Sol Klassik, Frühromantik, Moderne **Ausb:** Stud Git (M Koch) Saarbrücken, (H Käppel) Köln bis 84; Parallelstud Tonsatz u Komp (Prof M Reiter) Köln. **Laufb:** Konz (solo, KamM) seit 81, dt u int GitFstv, Tourneen Europa, USA 94; Dgt Saarländ Zupforch seit 88, LBeauftr (Git) Univ Köln u Koblenz, Mstrkse In- u Ausland, künstl Ltg 'Int Git- u MandTage Ottweiler' 97 u '2. Europ Mand- u GitFstv' 01, ständ GitDoz Trierer Mstrkse. **Ens:** Duo Concertante 83–92, Albéniz Guitar Duo seit 93. **Mitgl:** BDZ, Vorstandsmitgl BZVS. – **Komp:** f Saarländ Zupforch viele Bearb (Edition R Stutz) u Komp; Verwandlungen f Zupforch u Kl, UA Dt ZupfM-Fest Wuppertal 92; M f Saiteninstr, Schlagwerk u Kl, UA 96; Tango-Suite f Zupforch, UA MH Saarbrücken 99. **AuftrKomp:** f Landesstift 'Villa Musica' f Schubertjahr 97. **Aufn/RF:** 'Duo Concertante' 83 (LP); 'R Stutz-Gitarre' 89 (Solo-CD); 'Galante M f Zupfinstr' 92 (CD); 'Abendlied' 96 (Solo-CD); 'Mosaïque', Albéniz Guitar Duo 96 (CD); 'Impressionen' 2000 (CD).

Stutzmann, Nathalie, Sängerin; c/o Künstleragentur Helge Rudolf Augstein, Eduard Schmid Str 30, D-81541 München, T: (0 89) 26 02 43 33, F: 26 02 43 44, *mail@augstein.info*; c/o Bayerische Staatsoper, PF, D-80075 München; *www.augstein.info.* **Laufb:** Sol Bayer Staatsop München seit SpZ 03/04. (Red)

Sublet, Pierre, Klavier; Schützengasse 71d, CH-2502 Biel, T: 03 23 41 98 28, *pierre.sublet@freesurf.ch* [Vevey 26.8.1954]. zeitgen Musik, Hammerflügel **Ausb:** Stud (Kl) Cons Genève 76–80, zeitgen Kl (C Helffer) Paris 80–82. **Laufb:** Lt H f M u Th Biel, Vizepräs STV seit 2000, Tourneen in Europa, Südamerika, Debüt New York, Th La Mama 85, Mstrkl in Europa, China, Südamerika, Grdg 'Werkstatt f zeitgen Musik' 86. **Pr:** versch Pr im In- u Ausland f Kl oder KamM, ua 1. Pr du Concours d'interpretation de musique contemporaine Lausanne 81. – **UA:** zahlr. **Zug:** versch Werke Schweizer Komp. **Sonst:** Musikal Proj m d Univ Sucre (Bolivien) 99–02; künstl Lt Ens 'Paul Klee' Bern 05.

Succi, Stefano, Violine; SWR Rundfunkorchester, Fliegerstr 36, D-67657 Kaiserslautern; c/o HR Sinfonieorchester, Bertramstr 8, D-60320 Frankfurt a

M. **Laufb:** 2. Konzm SWR RFOrch Kaiserslautern, Stimmführer HR SinfOrch Frankfurt a M. (Red)

Suckel, Alexander, Schauspielmusiker; c/o Württembergisches Landesbühne, Ritterstr 11, D-73728 Esslingen. **Laufb:** Lt SchspM Städt Th Chemnitz SpZ 03/04, GastSchspM Landesb Esslingen SpZ 04/05. (Red)

Suckel, Friedrich, Dirigent; Srezdkistr 19a, D-10435 Berlin; c/o Deutsche Oper Berlin, Richard-Wagner-Str 10, D-10585 Berlin. **Laufb:** Solorep Dt Op Berlin. (Red)

Suckow, Ute, Prof, Hochschullehrerin, Violine; Camsdorfer Ufer 1, D-07749 Jena, T: (0 36 41) 89 03 28; H für Musik 'Franz Liszt', Inst f Streicher u Harfe, PF 2552, D-99406 Weimar, *ute.suckow@hfm-weimar.de*. **Laufb:** Prof (V) H f Musik 'Franz Liszt' Weimar. (Red)

Sudau, Gotlinde, Prof, Hochschullehrerin; Sturbusch 6, D-23568 Lübeck, T: (04 51) 3 26 59; Musikhochschule, Große Petersgrube 17–29, D-23552 Lübeck, T: (04 51) 1 50 51 63, F: 1 50 53 00. **Laufb:** Prof (Kl, Didaktik) MH Lübeck. (Red)

Sudbin, Yevgeny, Klavier; c/o Grant Rogers Musical Artists Management, 8 Wren Crescent, Bushey Heath, Herts WD23 1AN, Vereinigtes Königreich, T: (02 08) 9 07 07 47; 53 Northwick Avenue, Kenton HA3 0AA, Vereinigtes Königreich [Leningrad 1980]. **Ausb:** mit 5 MUnterricht v seiner Mutter; Schüler (L Pevsner) MS am Kons St Petersburg 87; Stud Kl (G Iwanzowa) MH Hanns Eisler Berlin 90; Purcell School of Music; Stud (C Elton) Royal Acad of Music seit 97; Mstrks (C Frank, S Kovacevich) Verbier Festival and Acad CH 98, (M Perahia, V Ashkenazy) Berlin, (A Satz, S Hough, M Curcio, N Goerner) London. **Laufb:** Auftritte ua in Dtschld, GB, Tschechien, Rudolfinum Prag, Kölner Philh, Gewandhaus Leipzig, Schauspielhaus Berlin; Konz in New York, Mailand, Paris, Purcell School, St John's Smith Square, St Martin In The Fields; regelm Konz m London Octave Orch u London Soloists Chamber Orch. **Pr:** 1. Pr Int Piano Wettb Aussig Tschechien; 1. Pr Steinway Piano Wettb Berlin 92, 93, 95; 1. Pr Jugend musiziert 94; 1. Pr Contertino Praga 94; 1. Pr Haverhill Sinf Soloists Wettb GB 98; Alfred Brendel-Pr 99; Bourse Reuters for Jeunes Artists; 1. Pr The Vendome Pr London 2000; 5. Pr Guardian Dublin Int Piano Wettb 2000; 2. Pr The Vendome Pr Paris (Finale); Förderung d 'The Wall Trust' GB seit 97; Stip Royal Acad of Music seit 99. – **Aufn/RF:** CDs: Liszt: Rhapsody Espagnole; Chopin-Werke; Auftritt St John's Smith Square London.

Sümegi, Eszter, Sängerin (Sopran); Wiener Staatsoper, Opernring 2, A-1010 Wien. **Ausb:** Stud (Konz- u Liedgesang, Musikdramat Darst) Franz Liszt Akad Budapest, Mstrks (L Pavarotti) Philadelphia Music Acad. **Laufb:** EnsMitgl Staatsop Budapest 92, Gast Kom Op Berlin 92–98, Konz Paris 98, Istanbul 99, Bregenzer FSpHaus 2000, Toronto 2000, Salzburger Landesth 2001, umfangr Tätigkeit als Lied- u OratSängerin, Debut Wiener Staatsop. **Pr:** Gewinnerin Int Gesangswettb Luciano Pavarotti Philadelphia 92. (Red)

Süring, Torsten, Sänger; Binger Str 82, D-14197 Berlin, T: (0 30) 8 22 31 58; c/o Oper Leipzig, Augustuspl 12, D-04109 Leipzig. **Laufb:** Sol Op Leipzig seit SpZ 03/04. (Red)

Süß, Carsten, Sänger; c/o Bregenzer Festspiele, Platz d Wiener Symphoniker, A-6900 Bregenz, PF 311, A-6900 Bregenz; c/o Staatstheater Stuttgart, Oberer Schloßgarten 6, D-70173 Stuttgart. **Laufb:** Sol Sächs Staatsop Dresden, Staatsth Stuttgart, Bregenzer FSp 05, Gastsol Th Görlitz (03/04), Badisches Staatsth Karlsruhe SpZ 02/03, Op Frankfurt SpZ 04/05. (*)

Süß, Dario, Sänger; c/o Anhaltisches Theater Dessau, Friedenspl 1a, D-06844 Dessau. **Laufb:** Gastsol Anhalt Th Dessau u ElblandFSp Wittenberge SpZ 03/05. (Red)

Süss, Margit Anna, Harfe; c/o Konzert-Direktion Hans Adler, Auguste-Viktoria-Str 64, D-14199 Berlin, T: (0 30) 8 95 99 20, F: 8 26 35 20, *info@musikadler.de*; *www.musikadler.de*. (Red)

Süße, Ulrich, Prof, Komponist, Hochschullehrer; Gerokstr 65, D-70184 Stuttgart, T: (07 11) 48 49 89, *west.rich@tandem.s.shuttle.de*; Clydebank RD 23, Südafrika-8005 Green Point, T: (0 83) 3 26 92 52, *westmorej@f.pb.wcape.gov.za*; *www.s.shuttle.de/tandem/* [Gaildorf 16.8.1944]. elektron Musik, Klanginstallation **Ausb:** Stud Komp (Karkoschka, Stockhausen, Ligti) Europa, (Berio, Tanenbaum, Wuorinen) New York. **Laufb:** Doz (Komp, MTheorie) U Natal, Durban, Südafrika 73–76, Doz Stuttgart 76, Prof ebd seit 80, Lt Stud f Elektron Musik ebd 98. **Pr:** Württemberg Chorverband 68, Int Electr Music Awards Bourges, Frankreich 82 u 93. – **Komp:** Tema (KonzM) 71, UA New York 71; Zwischen Frühling u Herbst (KonzM) 83, UA Maulbronn 83; Luft (Elektr M) 86, UA Stuttgart 86; Klangbild AE7 (Elektr M) 90, UA Mannheim 90; ...anywhere far (Ens, DAT u Live-Elektr) 91, UA Stuttgart 91 (m J Bräuninger); eng(c)aged (KonzM) 92, UA Mannheim 92; Les vusions, l'alto et les cuivres (Elektr M) 94, UA Stuttgart 94; Dirigez la fortune (Perc, Video, Elektr M), UA Stuttgart 97; Randerscheinungen (20 Orgeln, Elektr), UA Nürnberg 99. **AuftrKomp:** Klangfassaden, Installation im Museum f Kommunikation Berlin 2000; BWV (Str, Cemb) 2000, UA Rheinfelden 2000. **Aufn/RF:** D Friedmann: D-ART-S, Vibraphony. **Sonst:** Grdg elektr Studio.

Süßmuth, Gernot, Prof, Hochschullehrer, Violine; Körnerstr 30, D-15366 Neuenhagen, T: (0 33 42) 20 66 00, F: 20 66 09; H f Musik 'Franz Liszt', PF 2552, D-99406 Weimar. **Laufb:** Konzm Dt NationalTh Weimar SpZ 03/04, Prof (V) H f Musik 'Franz Liszt'. (Red)

Sütterlin, Eva, Violine; c/o Konzerthaus Berlin, Gendarmenmarkt, Charlottenstr 57, D-10117 Berlin. **Laufb:** stv Konzm Berliner SinfOrch. (Red)

Sugár, Gergely, Horn; c/o Agentur Legato, Seilerstätte 5, A-1010 Wien, T: (01) 5 12 76 59, F: 51 23 83 70, *mail@legato.at*; *www.legato.at*. **Ausb:** Stud Wien (Fr Gabler) u Budapest (Á Friedrich). **Laufb:** Mitgl Budapester FstvOrch (I Fischer), Mitgl Wiener Symph. **Pr:** 1. Pr 'Ion Hawkins Memorial Award' Eugene, Oregon, USA 96. **Ens:** Mitgl 'quintett.wien'. (*)

Suhr, Annette, Klavier; c/o Konzertdirektion Fritz Dietrich, Sigmund-Freud-Str 1, D-60435 Frankfurt a M, T: (0 69) 54 45 04, F: 5 48 41 07, *info@konzertdirektion-dietrich.de*; *www.konzertdirektion-dietrich.de*. (Red)

Suhrada, Franz, Sänger; c/o Stadttheater Baden bei Wien, Theaterpl 7, A-2500 Baden b Wien; c/o Musikalische Komödie der Oper Leipzig, Dreilindenstr 30, D-04177 Leipzig. **Laufb:** Gastsol Vereinigte Bühnen Graz SpZ 00/01, Stadtth Baden b Wien SpZ 00/01 u 03/04, Gastsol Musikal Komödie Leipzig SpZ 03/04. (Red)

Suitner, Peter, Prof hc, Komponist; Michael-Gaismair-Str 4, A-6020 Innsbruck [Ulm a d Donau 10.8.1928]. Chor, Lied, Kammermusik, Klaviermusik **Ausb:** MTheoret Stud (Harmonielehre, Kontrapunkt, Gehör, Singen, Dirig) b J E Ploner 46–49. **Laufb:** MLehrer Kons Innsbruck 60–88, LBeauftr (Harmonielehre, Gehörbildung) Inst f MWiss U Innsbruck 83–88. **Pr:** Förderungspr d Stadt Innsbruck 68, 2. Pr KamMWettb d Stadt Uelzen 70, 2. Pr Südtiroler Sängerbund 78, Würdigungspr d Ldes Tirol 79, 3. Pr Südtiroler Sängerbund 84, 'Segnalazione' Trient 91. – **Komp:** Symphonie Nr 1 f gr Orch op 113, UA 96 (Auftr: Tiroler Ldsregierung); Intermezzo f gr Blasorch op 114, UA 96 (Auftr: Tiroler Ldsregierung); Rondino f Blasorch op 117, UA 98 (Auftr: Tiroler BlasMVerband); Hörspiel- u FilmM f ORF ua. **Aufn/RF:** Veröffentl v Ch- u Kl-M. **Sonst:** UnterrWerk f Zither. **Lit:** Rez id heim Presse; MagArb v T Raich U Wien 2000; MagArb v R Ploner U Mozarteum Salzburg 05.

Sukis, Lilian, Prof, Hochschullehrerin, Sologesang; Villa Weinkammer, Imbergstr 25, A-5020 Salzburg, T: (06 62) 87 89 21; Univ Mozarteum, Abt f Gesang u Musiktheater, Schrannengasse 10a, A-5020 Salzburg, T: (06 62) 6 19 80, F: 61 98 30 33. **Laufb:** UProf (Sologesang) U Mozarteum Salzburg. (Red)

Šuklar, Kristina, Klavier; c/o Agentur Legato, Seilerstätte 5, A-1010 Wien, T: (01) 5 12 76 59, F: 5 12 83 70, *mail@legato.at*; *www.legato.at* [Novi Sad 19.7.1983]. **Ausb:** Stud Kons Wien (W Hink) seit 97, Mstrks (M Jashvili, M Frischenschlager, I Ozim, Z Bron). **Laufb:** KamMTournee Slowenien, 'Pacific Music Fstv' Japan, Gastsol Orch Wiener MGymnasium ua. (Red)

Sulikowski, Jan, Sänger; c/o Neue Opernbühne Berlin NOB, Goltzstr 13, D-10781 Berlin. **Laufb:** Gastsol Neue Opernbühne Berlin SpZ 00/05. (Red)

Sullivan, Gail, Sopran; Adolf-Schmetzer-Str 18, D-93055 Regensburg. (*)

Sulzberger, Hermann (Pseud: Hesul), MA, Komponist, Bibliothekar, EDV, freisch Tätigkeit; Musiksammlung d Österreichischen Nationalbibliothek, Sautergasse 42/2/10, A-1170 Wien, T: (01) 53 41 03 14, *hermann.sulzberger@onb.ac.at*, *hesul@aon.at*; *members.aon.at/sulzberger/* [Wien-Alsergrund 12.6.1957]. Werke f Violoncelli **Ausb:** Industriekaufmann 72–75, LGang Medienkomp HS f Musik u darst Kunst Wien 78–80, LGang Tontechnik ebd 79–82, Stud Tonsatz, Komp (A Uhl, P Kont) 80–86, LGang Kult Management 82–85, Stud MuWiss 86–87, MA 89, Stud KiM Diözesankons Wien 81–87. **Laufb:** freischaff Komp seit 87, TB-Deleg AKM 90–94, Wiss Bearb MSamlg Österr NatBibl 92–2001, Vorstandsmitgl KMSfB seit 94. **Pr:** Th-Körner-Förderungspr 87, Förderungspr Stadt Wien 89, Anerkennungspr Land Niederösterreich 89, 'Gruppe d sechs besten Teilnehmer' 2. Int KompWettb Gitarre Berlin 90, Begabten- u Arbeitsstip; Europastip d BMUK. – **Komp:** Volksliedsätze nach Liedern aus 5 Jh f 2 Vl u Vc op. 2; 5 Lieder nach Gedichten v H Kowarik-Schöbitz f Mez u KamEns op. 3; Präludium, Fuge u Phantasie üb e aus e Thema J S Bachs zusammengest Reihe f Git op. 4; Concertino f Vc u Orch op. 6; Etüde f Vc op. 9/I; 'Albumblatt für Verena' f Kl op. 9/II; Trio f 3 Vc op. 11a; 'Klangmixturen' f achtstimmigen Knabenchor op. 14; Rondo f KamEns u Schlaginstr op. 15a. **AuftrKomp:** Streichsextett op. 12 (Auftr: Alban-Berg-Stift) u Auftr v B Steiner/Wiener Sängerknaben, Stadt Wien, Th im Künstlerhaus. **Aufn/RF:** Konz eigener Werke u anschl Ausstrahlung. **Lit:** Arbeiter-Zeitung / Tagblatt 22.3.88, Wiener Rundblick 19.4.88; Musikhb 89; Who is Who in Österreich 93ff; Who is Who 97; INÖK-Almanach 97; Musik aus Österreich 97; Wiener Zeitung 29.8.91.

Sulzen, Donald, Klavier, Hochschullehrer; Richard Strauss Konservatorium, Gasteig, Kellerstr 6, D-81667 München, *prima@primartists.com*; c/o Prima International Artists Management srl, Piazza De' Calderini 2/2, I-40124 Bologna. **Ausb:** Stud MH USA, École Normale de Musique Paris (Jules Gentil), Stud Univ of North Texas b Joseph Banowetz, Harold Heiberg, Stud b Martin Katz, Geoffrey Parsons, John Wustman. **Laufb:** Doz Mozarteum Salzburg 88–94, Doz H f M München 94–98, Doz (Korr) Richard Strauss Kons München. **Pr:** ARD MWettb München, Int Mozart MWettb Salzburg, Schubert LiedWettb Wien, Int GesWettb 'Maria Caniglia'. (Red)

Sulzer, Balduin, Prof, Komponist; Linzerstr 4, A-4073 Wilhering, T: (0 72 26) 23 11 15, F: 23 11 11, *balduinsulzer_chiu@yahoo.de* [15.3.1932]. **Ausb:** Stud (Orgel, Gregorianik) Päpstl MH Rom 54–55, (Kl, MPäd) MH Wien 55–59. **Laufb:** MPäd Gymnasium Wilhering 59–74, MGymn Linz 74–97, Korr Brucknerkons Linz 70–83, Domkapm Linz 81–86. **Pr:** A Bruckner-Pr 96; Würdigungspr d Rep Österr 98. – **Komp:** 'In seinem Garten liebt Don Perlimplin Belisa', UA Linz, Landesth 84; 'Proteus od Junge Frauen u alte Griechen', UA Linz, Landesth 98; Symph Nr 3 'Orgelsymph', UA Kiel, Dgt: W F Gugerbauer 98; 'Passio Crucis', UA Linz 75. **AuftrKomp:** Symph Nr 5, UA 01 (Auftr: Sendai Philharm Orch). **Sonst:** Grdg Ens Mozart-Chor Linz 85.

Sumegi, Daniel, Sänger; c/o Bühnen der stadt Köln – Opernhaus, PF 101061, D-50450 Köln. (Red)

Summ, Michael, Leiter der Schauspielmusik; Brombergstr 17 c, D-79102 Freiburg, T: (07 61) 61 23 00, F: 61 23 66, *summ@acoustic-media.com*; *www.acoustic-media.com*. **Laufb:** SchspM Nordtour Theater Medien GmbH Elmshorz SpZ 03/05. (Red)

Summereder, Roman, Mag, Prof, Hochschullehrer, Orgel; Univ f Musik u Darst Kunst, Inst f Orgel, Orgelforschung u Kirchenmusik, Seilerstätte 26, A-1010 Wien [Ried, Innkreis 1954]. **Ausb:** Stud (Org, KiM) H f Musik u Darst Kunst Wien (A Heiller), Kons Wien bei (Komp u MTh b K Schwertsik), Conservatoire Royal Brüssel (Cemb, Basso Continuo u KamM b R Kohnen). **Laufb:** Korrepetitor Brucknerkons Linz u b Wiener Jeunesse-Chor, Lehrauftr f Partiturspiel der Wiener MusikH 79, Vertragslehrer ebd 95, UProf (Org, Improvisation) U f Musik u Darst Kunst Wien 02. **Pr:** Prtr Int OrgWettb Brügge 76, Innsbruck 77 u Nijmegen 78, Förderungsp d ORF-Kirchenfunks f Konzeption u Komp e Liturgiefeier 81, Premier Prix d Conservatoire Royal Brüssel 83. (Red)

Šumski, Alexander, Dr, Prof, Komponist; Waldeckstr 12, D-72074 Tübingen, T: (0 70 71) 5 11 75, F: 55 02 68 [Temeschburg, Rumänien 26.11.1933]. **Ausb:** Stud (Kl, Komp, OrchBegleitung) MH Bukarest, Staatsexamen Kl 56, Staatsexamen Komp u Dirig 61, Prom U Hamburg 84. **Laufb:** RF-Pianist Bukarest 53–60, Chordir Rumän RF Bukarest 60–64, Chefdgt Philharmonie Temeschburg 64–68, Chefdgt Akadem Orch Bukarest 68–72, Doz MH, U-MD Tübingen ab 72, Chordir NDR Hamburg 78–80, Lt Tübinger KamOrch ab 81, Prof U Tübingen, Herausgeber u Bearbeiter. – **Sonst:** über 100 Bearb v Werken oberschwäb Klosterkomp aus dem 18. Jh, 11 CDs Reihe 'Musik in oberschwäb Klöstern', 3 Videoproduktionen (SWF Baden-Baden), sowie Chormusik. (Red)

Sunahara, Aki, 2. Konzertmeisterin; Don-Bosco-Str 9, D-96047 Bamberg, T: (09 51) 9 68 29 29; c/o Bamberger Symphoniker, Mußstr 1, D-96047 Bamberg. **Laufb:** 2. Konzm Bamberger Symphoniker. (Red)

Suppan, Wolfgang, Komponist; Univ f Musik u Darst Kunst, Inst f Komp u Elektroakustik, Anton-von-Webern-Pl 1, A-1030 Wien, T: (01) (1) 7 11 55 [Vöcklabruck, OÖ 1966]. **Ausb:** Stud (D Kaufmann, M Jarrell) H f M u Darst Kunst Wien, weitere Kse (K Huber, E Nunes, B Ferneyhough ua). **Laufb:** LBeauftr MU Wien seit 96, künstl Ltg Kulturspektakel Stadtinitiative Wien 97; Auff b 'tagen zeitgemäßer musik bludenz', Wien Modern, Hörgängen, Zeitklängen Berlin, Linzer Brucknerhaus ua. **Pr:** Talenteförderpr Oberöseterr Landesregierung 92, Prtr Casablanca KompWettb Steir Herbst 94, Theodor-Körner-Förderpr 95, Stip Akad Schloss Solitude Stuttgart 98–99, Förderpr Stadt Wien 2000, Staatsstip f Komp 01, Anton Bruckner Stip 02, Publicitypr SKE 03. – **Sonst:** spartenübergreif Projekte m Film (K Laitalam, USA), Tanz (R Breuss, Österreich). (Red)

Supper, Franz, Sänger; Josef-Kainz-Str 7, A-5020 Salzburg, T: (06 62) 63 21 04; c/o Volksoper Wien, Währinger Str 78, A-1090 Wien. **Laufb:** Sol Staatsth am Gärtnerplatz München, Ldsth Salzburg, Volksop Wien seit SpZ 03/04. (Red)

Surberg, Ernst, Klavier; Lehrter Str 57, D-10557 Berlin, T: (0 30) 39 03 08 30, F: 39 03 08 30, *info@ensemble-mosaik.de*; *www.ensemble-mosaik.de* [Münster 1966]. **Laufb:** Lt KonzR Studio Neue Musik 95–98. **Ens:** ens mosaik. (Red)

Suschko, Werner Hans Norbert, Komponist; Forst-Kasten-Str 5, D-82131 Stockdorf, T: (0 89) 89 53 03 44 [7.10.1945]. (Red)

Sushon, Anna, Dirigentin; c/o Neue Oper, Herminengasse 10/Tor 23, A-1020 Wien. **Laufb:** Musikal Studienltg Neue Op Wien. (Red)

Suske, Konrad, Violine; c/o Gewandhausorchester Leipzig, Augustuspl 8, D-04109 Leipzig; *www.gewandhaus-quartett.com*. **Ausb:** Stud Spezialschule f M Berlin (W Döll) 71–76, H f M 'Felix Mendelssohn-Batholdy' Leipzig (G Bosse) 76–81. **Laufb:** 1. Geiger GewandhausOrch 81, Sol u Konzm Leipziger KamOrch 83, stv Konzm GewandhausOrch Leipzig 84. **Ens:** Gewandhaus-Quartett seit 89. (Red)

Suslin, Viktor, Komponist; Ziegeleiweg 14B, D-25482 Appen, T: (0 41 22) 88 92 [Miass/Ural 13.6.1942]. – **Komp:** Klavierkonz, 66; Violinkonz f V u KamOrch, 69; Sinfonia piccola f Kinder-Orch, 70; Etüden f 24 Streicher, 72; Zyklus nach Daniil Charms – f Chor a cappella, 72; Patience f 2 Kl, 73; 24 Triaden – f Cemb od Org o Pedal, 73; Gioco appassionato – ein Kartenspiel f 4 Streichinstr, 74; Terrarium – f 6 Schlgzg, 78; Capriccio über die Abreise – f 2 V, 79; Leb wohl ..., 82; Begegnung – f Bariton, Va u Vcl, 88; Grenzübertritt – f Va, Vcl u KB, 90. (Red)

Sutej, Vjekoslav, Dirigent; c/o Staatsoper, Opernring 2, A-1010 Wien. **Laufb:** Dgt Staatsop Wien, Gastdgt Dt Op Berlin SpZ 03/05 u Op Leipzig SpZ 03/04. (Red)

Suter, Hans, Prof, Hochschullehrer, Korrepetition; Eppenhauser Str 161, D-58093 Hagen, T: (0 23 31) 5 40 02; H f Musik, Dagobertstr 38, D-50668 Köln. **Laufb:** Prof (Korr MTh) H f Musik Köln. (Red)

Suter, Louis-Marc, Prof, Dirigent; rte du Pré-de-l'Ile 1, CH-1752 Villars-sur-Glâne, T: 02 64 02 58 45. (Red)

Suter, Robert, Komponist; Margarethenstr 85, CH-4102 Binningen, T: 06 14 21 24 52 [St Gallen 30.1.1919]. **Ausb:** Kl (P Baumgartner), Theorie (G Güldenstein, W Müller v Kulm, E Mohr), Komp (W Geiser) Kons, Abschluß (TheorieL) 43, Darmstädter Ferienks f Neue Musik (W Fortner, E Krenek) in d frühen Fünfzigerjahren, Kompstud (W Vogel) 56. **Laufb:** L (Theorie) Kons f Musik Bern 45–50, hauptamtl LTätigkeit (Komp, Analyse, Kontrapunkt, Harmonielehre, Imp) Berufsabt MAkad d Stadt Basel bis 84, Präs Ortsgruppe Basel d IGNM 54–64, freier Mitarb Radio Basel als Musikredakteur Montagsstudio, jahrzehntelange Tätigkeit als Amateur-Jazzmusiker. **Pr:** Kunstpr Lions Club Basel, KompPr d schweizer Tonkünstlervereins, Europ KompPr d Fördergemeinsch d europ Wirtschaft. – **Komp:** zuletzt: Brecht-Lieder (f Männerchor u 2 Schlgz) 92/99; Coming together (f V, Pos u Kl) 2000; Quartett (f Klar, Vcl, Git u Schlgz) 2000, 'Jeux' d'après un ballet imaginaire (Sol Perc u gr Orch) 99, UA Luxembourg, Orch Philharmonique, F Hauser, Dgt: M Bamert 01. **Lit:** ua J Wildberger: 'RS – Schweizer Komp' (Schweizer Musikzeitung 6) 67, T Hirsbrunner: 'Psalmen – aber ausserhalb d Kirche' (Dissonanz 33) 92, T Haefeli: 'RS, d skeptische Optimist' (Dissonanz 39) 94, C Ganter: 'RS Inventionen f Fl, V u Vcl' (Musikwiss Schriften 27) 95.

Suthoff-Gross, Rudolf, Komponist; Göttingstr 28, D-38106 Braunschweig, T: (05 31) 34 00 02 [Remscheid-Lennep 17.2.1930]. Musik f Schüler u Musikliebhaber, Kammermusik **Ausb:** PMP (Tonsatz, Gehörbildung) MH Berlin 53, PMP (Kl) ebd 57, KiM C-Prüfung KiMSchule Berlin-Spandau 54, B-Prüfung ebd 59, A-Prüfung MH Köln 64. **Laufb:** Kirchenmusiker Berlin 53, Bremen 61, Dormagen 63, Wuppertal 66, Braunschweig 69, Doz Berg Kons Wuppertal 67, Niedersächs MSchule Braunschweig 69, TU Braunschweig 79. **Pr:** 2. Pr Wettb 'Ein Lied f d Braunschweiger Land' Schöningen 97, 2. Pr 14. Siegburger KompWettb 02, 2. Pr 15. Siegburger KompWettb 03, 1. Pr 16. u 17. Siegburger KompWettb 04 u 05. **Mitgl:** Dt TKVerb (DTKV), Verb evangel KM in Dtld. – **Komp:** Divertimento (f Liebhaberorch), UA TU Braunschweig, Dgt R Wilke 86; Bläserqui, UA Witten, m Quintetto sereno 96; Akadem Festkant 'Buchstaben d Gesetzes', UA Braunschweig, Martinikirche, Dgt F Riemer 95. **Sonst:** 2 KlSchulen, OrgSchule, OrgM, KamM ua.

Sutter, Christian, Kontrabassist; Reservoirstr 203, CH-4059 Basel, T: 06 13 61 14 84, F: 06 13 61 14 57, *sutter.christian@gmx.ch* [Basel 17.4.1951]. Literatur-Konzerte (Solo), Kammermusik **Ausb:** Stud (OrchDipl) MH Basel 69–73, Mstrkse (L Montag, F Pošta) Prag, Stud Sol-Dipl (Y Goilav) MH Schaffhausen 77/78. **Laufb:** Solobass Niederrhein Sinf (Krefeld/Mönchengladbach) 74/75, Luzerner SinfOrch 75–77, SinfOrch Basel seit 79, KamMfstv Lockenhaus (G Kremer) ab 88, Mondsee 96/97 u 98/99, Vicenza (A Schiff) seit 98, Ittingen (H Holliger) seit 97, Musicades Lyon 2000/01 ua. **Ens:** Cappella Andrea Barca, Trio Pourquoi Pas, KamMPartner v A Schiff, H Holliger, H Schneeberger, T u P Demenga, K Engel, Amati-Qua, Panocha-Qua, Aura-Qua, Aria-Qua, Marcelo Nisinman Trio. **Mitgl:** ISB, SMV, STV. – **Aufn/RF:** Rossini: StrSonaten, m Camerata Bern; G Kancheli: 'Exil'; Schubert: Forellenqui, Wyttenbach u Euler Qua; M Denhoff: Trio Va, Vcl, Kb 'Los Disparates'; Palacio de la danza (Tangokonz). **UA:** G Kancheli: 'Exil' (f Sop u 7 Instr), UA 94; G Kurtág: 'Einige Sätze aus d Sudelbüchern Georg Christoph Lichtenbergs' (f Sop u KB), UA 99; ders: 'Schatten' (KB solo), UA 99; Ders: 'Botschaft an Valérie' (KB solo), UA 01. **Zug:** M Denhoff: 'Meine kl Hafnerserenade' (KB solo), UA 78; B Schulé: 'Sonate pour Contrebasse et Quatuor à Cordes', UA 78; G Kurtág: 'Message – Consolation à Christian Sutter' (KB solo), UA 99. **Sonst:** Soloprogr (M u Sprache): 'Lit-Konz f sprechenden u spielenden Kontrabassisten...'; 'Romanze m e KB' (A Tschechow); 'D Kunst ist e KB' (D Charms). **Lit:** Porträt in 'Double Bassist' 01.

Sutter, Claudia Catrina, Klavier; Haltingerstr 40, CH-4057 Basel, T: 06 16 91 39 33. (Red)

Suttheimer, Ernst Dieter, KS, Sänger; c/o Bregenzer Festspiele, Platz der Winer Symphonniker 1, A-6900 Bregenz, PF 311, A-6900 Bregenz; c/o Volksoper Wien, Währinger Str 78, A-1090 Wien. **Laufb:** Sol Volksop Wien, Staatsop Wien, Bregenzer FSp 05. (*)

Suzuki, Hiroko, Violine; c/o Theater Basel – Sinfonieorchester Basel, Elisabethenstr 16, CH-4051 Basel. (Red)

Suzuki, Yoshinori, Kontrabass; c/o Münchner Philharmoniker, Kellerstr 4, D-81667 München. **Laufb:** stv Sol Münchner Philh. (Red)

Svanberg, Carsten, Prof, Hochschullehrer, Posaune; Ziegelstr 13/3, A-8045 Graz, T: (03 16) 68 69 35, F: 68 69 35, *carstensvanberg@utanet.at*; Univ f Musik u Darst Kunst, Inst 4, Brandhofgasse 21, A-8010 Graz, T: (03 16) 3 89 35 64, F: 3 89 30 41, *carsten.svanberg@kug.ac.at*; *www.8ung.at/svanberg* [Kopenhagen, DK 6.12.1945]. Alt- u Tenorposaune m Kl, Orch, Org u BlOrch **Ausb:** Stud (Pos) Kopenhagen 65–75, New York 80, Boston 83. **Laufb:** Royal Danish Guards Band 67–69, Sol königl Op Stockholm ab 69, Danish Radio Light Orch seit 75, königl dän OpOrch Kopenhagen 75–80, div PosAbende m Kl 75, Sol u Doz PosKongress USA 77, 84, 85, 88, Skandinavien-Tournee m K Hovaldt (Trp) 78, Gastsol u Gastdoz a div Univ in USA seit 78, Konz m Nashville Symph Orch 79, m Aarhus Symphonikern u K Hovaldt 79, m Scandinavian Symph Orch im World Trade Center 83, m Jacksonville Symph Orch 84, Solorecitale m V Zanini (Kl) 86; KonzTätigk in Dänemark 79, b Elsinore M Fstv 79, in d Carnegie Hall New York m Juilliard Ens 82, im Ashbury Park m Goldman Band, im Banff Art Center Kanada 86, b 1. Brit Pos Fstv Birmingham 87, 1. Pos Danish Nat Orch 80–95, zahlr Recitale m Kl an div Univ USA 83, Sol RSO 88, USA-Kanada-Tournee m Foothill Brass Qui 88, 2. Skandin Brass Symposium 88, Doz b Kupio Symph Orch Finnland 89, Doz u Sol b Kongress in Chatenay Malabry Paris 89, o UProf (Pos) Univ f M u Darst Kunst Graz seit 92, Mstrkl, Konz u Gastprof Japan 93, 94, Konz b Musica Riva Fstv Italien 95, Gastprof Taiwan 95, Gastdgt RSO Norwegen 95, Organ 25. Int Pos Fstv Feldkirch Österr 96, Sol u Doz Acad Int de Metales Valencia 97, Mstrkl u Konz Juilliard School New York 01 u 03 sowie Eastman School New York. **Pr:** 4. bester Pos d Welt b Wettb d BR München 74, Ehrenpr d Dän Musikerverb 86, ITA Award d Int Trombone Assoc 96. **Ens:** Kopenhagen Brass Qui 68–78. **Mitgl:** Int Trombone Assoc seit 96, Dän Solistenverband. – **Aufn/RF:** div Aufn darunter: LP m Kopenhagen Brass Qui 79, Elsinore Musik Fstv-Album 79, 'Concertos for Brass' 79, Aufn d RAMSOE Qua m Hovaldt Qua 80, Solo-CD 'Trombone Concepts' 95, 'Concertos for Brass' m K Christensen u Symph Orch Ålborg 97, Solo-CD m 7 Sonaten 98. **UA:** ua G Lund: Posaunenkonz, UA Nashville USA 79; Tybo: Doublekonz f Trp, Pos u Orch, UA Carnegie Hall NY 82; O Schmidt: Posaunenkonz, UA Utrecht 2000; O Schmidt: Konz, UA Utrecht, Int PosFstv 2000. **Zug:** L Thybo: Posaunenkonz, UA Carnegie Hall NY, Juliard Ens 82; Hidas: Altposaunenkonz, UA Int Brass Kongress USA, Jacksonville Symph Orch 84;

V Holmboe: Sonate, UA 87; F Chibulka: 'Rhapsody 2', UA Int WASBE Conference 97.

Svensson, Peter, Sänger; c/o Sächsische Staatsoper, Theaterpl 2, D-01067 Dresden, T: (01 72) 3 64 29 72, *petersvensson@web.de*; *www.petersvensson.de.* **Laufb:** Gast-Sol Anhaltisches Th Dessau SpZ 00/01, Sol Sächs Staatsop Dresden SpZ 03/04. (Red)

Svete, Tomaz, Mag, Univ Prof, Komponist; Prusnikova 2, SI-2000 Maribor, T: (02) 4 20 24 81, F: 4 20 24 81, *tomaz.svete@uni-mb.si* [Ljubljana 29.1.1956]. Oper **Ausb:** Stud (Komp, Dirigi) MH Ljubljana 76–81, Stud Komp (F Cerha) 83–86 u Dirig (K Österreicher, O Suitner) 83–88 MH Wien, MA (H Goertz) ebda 89. **Laufb:** Korr Op Ljubljana 82, Prof (Komp) 'Karl Praxner' MH Wien 88–90, Prof (Komp) Päd Fak Maribor seit 95, AbtLt ebd seit 2000, Prof (Komp) U Hartford Connecticut (USA) 99. **Pr:** Theodor-Körner-Pr Wien 92, 1. Pr KompWettb Gorizia 94, 1. Pr Johann-Joseph-Fux OpKompWettb Graz 2000. **Mitgl:** Verb slowen Komp, Österr KompBund, Ges f ekmelische M Salzburg. – **Komp:** König Malhus (Op) 80, UA Ljubljana 83; L'amôr sul mar (Orch) 87, UA Ljubljana 88; Requiem (f Soli, Chor, Orch), UA Prag 91 (Auftr: Austro-Mechana); D Entführung v Laudachsee (Op) 92/97, UA d 1. Fssg Ljubljana 93, UA 3. Fssg 97 (Auftr: Austro-Mechana); Dichter u Rebelle (Op) 96, UA Maribor 03; Conc de la Nuit (Orch) 97, UA Ljubljana 97; Kriton (Op) 2000, UA Graz 2000; Kriton (Op) 2000, UA Graz 2000; Gothische Fenster (Orch), UA Ljubljana 04.

Svilpa, Almas, Sänger; Schmemannstr 16, D-45126 Essen, T: (02 01) 79 63 08. **Laufb:** Sol MTh Essen SpZ 03/05, Volksop Wien. (Red)

Svoboda, Mike, Posaune, Komposition; Nürtingerstr 8, D-72135 Dettenhausen, T: (0 71 57) 6 59 86, F: 6 58 74, *mike@mikesvoboda.de*; *www.mikesvoboda.de* [29.2.1960]. Neue Musik, Jazz, Klassik, Cross-over **Ausb:** Komp- u Dirigierstud, Meisterstud (Posaune) Stuttgart 86. **Laufb:** versch Jazzformationen, Sol m Moskauer Sinfonieorch, Orch d BR, WDR u SWR, Ens Modern, Schönberg Ens, KlangForum Wien uva. **Pr:** Louis Armstrong Award 78, Musik Kreativ Frankfurt 92, Schneider-Schott-Pr 2000. – **Komp:** Love Hurts – Carmen Remix (f Orch u Sol), UA Reutlingen 03. **AuftrKomp:** 14 Versuche Wagner lieben zu lernen, UA Stuttgart Eclat Fstv 02 (Auftr: SWR); My God Mozart, UA NatTh Mannheim 02 (Auftr: NatTh Mannheim). **Aufn/RF:** zahlr CD-Aufn unterschiedl Stilrichtungen. **UA:** mehr als 300 Werke. **Zug:** zahlr Werke v Stockhausen, Hidalgo, Jost, Spahlinger, Corbett, Smolka, Eötvös, Lachenmann. **Sonst:** div MTh-Projekte ua am Staatsth Hannover, Stuttgart u NatTh Mannheim.

Swails, Jan, KM, Trompete; c/o Rundfunk-Sinfonieorchester, Funkhaus Hallberg, D-66100 Saabrücken. **Laufb:** Sol RF-SinfOrch Saarbrücken. (Red)

Swanson, Catherine, Sängerin; Theater Basel, Elisabethenstr 16, CH-4051 Basel. **Laufb:** Sol Th Basel. (*)

Swardt, Amora de, Violine; c/o Neue Oper Wien, Herminengasse 10/Tor 23, A-1020 Wien, T: (01) 2 16 27 69, F: 2 16 27 69, *NeueOperWien@music.at.* **Laufb:** Konzm Neue Op Wien seit SpZ 03/04. (Red)

Sweeney, John, Bassbariton; Unterlaussa 62, A-8934 Altenmarkt, T: (0 36 32) 74 53; c/o Alle Theater GmbH – Hamburger Kammeroper, Max-Brauer-Alle 76, D-22765 Hamburg. **Laufb:** Sol Berliner Kammerop SpZ 04/05, Wiener Kammerop SpZ 04/05. (Red)

Swietly, Hermann, Musiker (Violine); Swietly-Klaviertrio, Kreitnerg 23/9, A-1160 Wien, T: (06 64) 3 82 32 35, F: (06 64 77) 3 82 32 35, *swietly-klaviertrio@chello.at*; *come.to/swietly* [Wien 25.3.1943]. Kammermusik, Unterricht **Ausb:** Stud (Ch Polyzoides) MH Graz 74–77, (J Suk) MH Wien 80–85. **Laufb:** ausgedehnte KonzTätigkeit m Swietly-KlTrio (Europa, Südafrika, Fernost), jahrzehntelang Unterr b KamMSem u Mstrksen f V, Auftr als KamM u Sol. **Ens:** Mitgl zahlr österr Ens, Swietly-KlTrio Wien. **Mitgl:** Ehrenmitgl: Verein d Freunde d KamM Wien, Freunde d Beethoven-Gedenkstätte Wien, Ens in residence, Haydn-Biennale Mechelen, Ges f MTh Wien; Mitgl ESTA (European String Teachers Ass), Vorstandmitgl AMC (Austrian Masterclasses). – **Aufn/RF:** zahlr CDs, Audio- u Videomitschn Haydnbiennale Mechelen 98, RF-Live-Aufn Radio Kopenhagen/Dänemark 01, mehrere RF-Aufn Österreich. **UA:** J Takacs: Altungar Hofballmusik op 115 f KlTrio; O Strobl: 3 Balladen f KlTrio 96/97. **Zug:** J Takacs: Altungar Hofballmusik op 115 f KlTrio; O Strobl: 3 Balladen f KlTrio 96/97; T Onodeira/Japan: 'Night Swimming'94; P Vähi/Estland: 'Pastorale Of The Computerized World' 96. **Sonst:** Swietly-Klaviertrio 80.

Swoboda, Hans-Peter, Bariton; Im Trierischen Hof 2, D-60311 Frankfurt, T: (0 69) 28 58 64, F: 6 03 11 53, *mail@frankphoniker.de*; *www.frankphoniker.de* [Ebern/Franken]. **Ausb:** Stud H f Musik Würzburg, Opstudio Bayr Staatsop München. **Laufb:** Eng Bremerhaven, Pforzheim, Wien u Frankfurt, Sol SchlossFSp Weikersheim, FSp Zwingenberg, Rossini-Fstv Wildbad, KonzTätigkeit im In- u Ausland, ua Tel-Aviv, Seoul. **Pr:** Stip Dt Bühnenverein, Prtr Gesangswettb d VDMK München u MA Würzburg. **Ens:** Frankphoniker Frankfurt/M. (Red)

Swope, Scott, Dr, Hochschullehrer, Bariton; Alte Poststr 23, D-49074 Osnabrück, T: (05 41) 25 90 87, *sswope@rz.uni-osnabrueck.de.* **Ausb:** Stud Portland State Uni, M Acad of the West California; Stud Ges (Prof M Baldwin), Op (R Pearlman, R Spillman), Alte M (P O'Dette) Eastman Sch of M New York; Prom 'Doctor of Musical Arts' 84; Int Mstrkse b G Souzay, P Sperry, M Schlamme, E Kirby, A Rooley, J Rifkin u Bach Ens. **Laufb:** Aspen MFstv 79–83, Bariton Freiburger u Osnabrücker MTh 85–92, Doz (Ges) FH Osnabrück, Kons, seit 92, Uni Osnabrück seit 93. (Red)

Syperek, Markus M, Dirigent; c/o Volkstheater Rostock, PF 102215, D-18004 Rostock. (Red)

Szabó, Bálint, Bass; c/o Oper Frankfurt, Untermainanlage 11, D-60311 Frankfurt. (Red)

Szabó, Eszter, Opernregisseurin; Neue Opernbühne, Goltzstr 13, D-10781 Berlin [Budapest 1965]. **Laufb:** Opernreg Neue Opernbühne Berlin. (Red)

Szabó, Szigmond, Prof, Hochschullehrer, Klavier; Univ f Musik u Darst Kunst, Inst Ludwig van Beethoven, Rennweg 8, A-1030 Wien [Levice, Slovakei 1943]. **Ausb:** Stud MusikH Budapest, U f Musik u Darst Kunst Graz (E Farnadi) u in Zürich (Gèza Anda). **Laufb:** L a Kärntner Landeskons Klagenfurt 70–82, UProf U f Musik u Darst Kunst Wien 82. (Red)

Szánthó, Lajos E, Sänger; Kapuzinerstr 1, A-4020 Linz, T: (06 76) 5 26 52 80, (01 71) 6 13 57 02, F: (07 32) 78 39 83, *lajos@szantho.com*; *www.szantho.com* [Budapest 1964]. **Ausb:** GesStud Bartók Kons Budapest 90, Bruckner Konz Linz 92, Dipl 96 (daneben auch Stud Physik). **Laufb:** Eng Chor Landesth Linz 91, Sol Augsburger Stadth, Rheinsberger SchlossFSp, Stadtth Aachen, Staddth Regensburg, Staatsop München, OpHaus Passau, Kammerop Schloss Wildberg b Linz, auch freischaff Tontechniker u Aufnahmelt, Webdesign f Künstler. (Red)

Szántó, Andrea, Opernsängerin; c/o Nationaltheater Mannheim, PF 102362, D-68023 Mannheim; *www.andreaszanto.com* [Ungarn 26.12.1972]. Oper, Konzert **Ausb:** Stud Gesang (V Berdál) Kons Szeged 89–91, (E Andor) Franz Liszt MAkad Budapest 91–97, (E Komlóssy) seit 95. **Laufb:** Ungar Staatsop Budapest 97/98, Bühnen d Stadt Bielefeld 98/2000, Nationalth Mannheim 2000/04. **Pr:** geteilter 1. Pr I. Int Barockgesangswettb Ungarn 93, Sonderpr, Erinnerungspr v Margit Szilvássy Budapest 97, Musikstip Annie Fischer Budapest 98. – **Aufn/RF:** B Galuppi: Il Café di Campagna, m Szombathely Symph Orch, Dgt: F Pirona (CD).

Szász, Tibor, Dr, Prof, Hochschullehrer, Klavier; Konviktstr 17M, D-79098 Freiburg, T: (07 61) 3 72 34, F: 28 90 77; Hochschule f Musik, Schwarzwaldstr 141, D-79102 Freiburg, *T.Szasz@mh-freiburg.de.* **Laufb:** Prof (Kl) Staatl H f Musik Freiburg 93. **Pr:** Prtr Int „George Enescu“ Klavierwettb Bukarest 67. (Red)

Szathmáry, Zsigmond, Prof, Hochschullehrer, Orgel; Wenzingerstr 25, D-79238 Ehrenkirchen, T: (0 76 33) 8 15 18, *zsigmond.szathmary@t-online.de*; Hochschule f Musik, Schwarzwaldstr 141, D-79102 Freiburg [1939]. **Ausb:** Stud (Org u Komp) in Budapest, Wien u Frankfurt (H Walcha). **Laufb:** Prof (Orgel) Staatl H f Musik Freiburg seit 78, Lt Bartók-KamOrch. **Pr:** 1. Pr Orgelwettb in Budapest 64. (Red)

Szczepanska, Barbara, Prof, Hochschullehrerin, Klavier; Glücksburger Str 6, D-40545 Düsseldorf, T: (02 11) 5 59 10 47, F: 5 59 10 48; Robert Schumann Hochschule, Fischerstr 110, D-40476 Düsseldorf [Warschau]. **Ausb:** Stud Kl MAkad Warschau, Tschaikowsky-Kons Moskau (Prof V Merzhanov). **Laufb:** KonzReisen Polen, Tschechien, Ungarn, ehem Sowjetunion, Spanien, Italien, Dtld; Päd Warschau, Prof (Kl) Robert-Schumann-H Düsseldorf seit 89, Prorektorin (künstl Praxis u Förderungswesen) ebd 98–02.

Szegleth-Zsigmund, Gabriella, Gesang; Lindenhofweg 11, CH-8645 Jona. (Red)

Szeili, Daniel, Sänger; c/o Freies Landestheater, Luitpoldstr 48, D-82152 Krailling [Rosenheim]. **Laufb:** Sol Freies Landesth Bayern Miesbach. (*)

Székely, Erik, Komponist; La Corne-du-Bois, CH-2027 Montalchez, T: 03 28 35 10 72 [Lugano 2.1.1927]. **Ausb:** Cons Lausanne u Genf. **Pr:** Prtr b int KompWettb Vercelli 51, Genua 52, Lüttich 53, Pr d Kulturstift d Banque Cantonale Neuchâteloise f d Gesamtwerk 99. (Red)

Szentpáli-Gavallér, István, MstrklDiplom, Violine; c/o Niedersächsisches Staatsorchester, Opernpl 1, D-30159 Hannover; Kircher Vorfeld 22, D-30916 Isernhagen, T: (0 51 39) 89 18 71, F: 89 18 72, *szentpali@t-online.de* [Debrecen, Ungarn 26.7.1947]. **Ausb:** Stud (V, Dirig) Franz Liszt MH Debrecen, Ungarn, b E Szabo, Stud (V) H f M u Theater Hannover b W Hentling u MH Würzburg b B Goldstein. **Laufb:** Konzm Bad Hersfelder FSp u Bückeburger Bach-Orch, Mitgl Bayreuther FSpOrch seit 85, 1. Stimmführer Niedersächs StaatsOrch Hannover, Dgt Johann-Strauss-Orch Hannover seit 83, Lt Neujahrskonz StaatsOp Hannover. **Mitgl:** ESTA. – **Aufn/RF:** 4 Cds als V-Sol u Dgt m Johann-Strauss-Orch; S Szokolay: Qui, NDR; J Strauss Vater: Walzer à la Paganini op 11, NDR. **UA:** X P Thoma: ' ... und eingesponnen', Nr III d Drei Szenen f V u Kl 86, UA Hannover 29.01.87. **Lit:** Opernbrief d Ges d Freunde d Opernhauses Hannover e V, 22. Jg, Nr 4, Dez 2000.

Szép, Ilonka, KS, Sängerin; c/o Staatsoper, Opernring 2, A-1010 Wien. **Laufb:** Sol Staatsop Wien, Volksop Wien SpZ 03/04. (*)

Szidon, Roberto, Prof, Hochschullehrer, Klavier; Blumenthalstr 3, D-40476 Düsseldorf, T: (02 11) 46 75 54; Robert Schumann Hochschule, Fischerstr 110, D-40476 Düsseldorf [Brasilien]. **Laufb:** Gastsol b zahlr Orch, KamM; HonProf H f M u Th Hannover 91–97, Prof (Kl, KamM) Robert-Schumann-H Düsseldorf seit 96; Mstrkl Europa, Brasilien, USA, Rep Korea. **Pr:** 'Stadt St-Sebastian des Rio de Janeiro'-Pr, Dt SchallplPr, Gabriel-Fauré-Pr. (Red)

Szilágyi, Károly, KS, Sänger; Steinstr 6, D-45128 Essen, T: (02 01) 22 40 20, F: 22 94 45. **Laufb:** Sol Musikth Essen. (Red)

Szilvay, Réka, Mag, Violinistin; c/o Fazer Artists' Management Inc, Nervanderink. 5 E 46, FIN-00100 Helsinki, T: +3 589 4 54 24 70, F: +3 589 44 68 41, *kaisa.ronkko@fazerartists.fi*; *www.rekaszilvay.com* [Helsinki 16.4.1972]. Solistin, Kammermusikerin **Ausb:** Stud V (G Szilvay) Helsinki 76–86, Sibelius-Akad (T Haapanen) 86–92, MH Wien (G Schulz) 92–98, Mstrks bei S Végh 92. **Laufb:** Solo-Konz ua Musikverein Wien 99, Rising Stars Tournee 01 (Concertgebouw Amsterdam, Wigmore Hall London, Konzerthaus Wien, Kölner Philharmonie, Carnegie Hall New York), Birmingham Symphony

Hall 01, Musikverein Wien 01, Musikhalle Hamburg 02, Kölner Philharmonie 02, Fstv Grafenegg 02, Suntory Hall Tokyo 02, Singapore Arts Fstv 02, Musikverein Wien 03, Gr FSpHaus Salzburg 03, Sala Sao Paulo 04, Teatro Colon Buenos Aires 04, Tivoli Kopenhagen 04, Gr FSpHaus Salzburg 05. **Pr:** Pro Musica Finnland, Stip Alban-Berg-Stift Wien, Wihuri Stift Helsinki, Finnische Kulturstift. **Ens:** The Helsinki Strings. – **Aufn/RF:** zahlr Mitschn ua: Sibelius VKonz m Helsinki Philh, Dgt L Segerstam 99 MV Wien; Mendelssohn VKonz e-Moll m Mariinski Orch, Dgt V Gergiev 01; Mozart VKonz KV 218 m Helsinki Strings, London Barbican 97; Rezital Concertgebouw 01; Rezital Wiener Konzerthaus 01; Tschaikowsky VKonz m Helsinki Philh, Dgt L Segerstam 02; Beethoven VKonz bei der MIDEM Cannes 04; CD-Aufnahme: Vivaldi Die Vier Jahreszeiten m Helsinki Strings 01.

Szita, Ferenc von, Dirigent; c/o Konzert-Direktion Hans Adler, Auguste-Viktoria-Str 64, D-14199 Berlin, T: (030) 8959920, F: 8263520, *info@musikadler.de*. (Red)

Szmytka, Elzbieta, Sopran; c/o Artists Management Zürich, Rütistr 52, CH-8044 Zürich, T: 0448218957, F: 0448210127; c/o Hamburgische Staatsoper, Große Theaterstr 34, D-20354 Hamburg; *www.artistsman.com*. **Laufb:** Sol Hamburgische Staatsop, Gastsol Op Frankfurt SpZ 00/01, 04/05. (Red)

Szönyi, Ildiko, Mezzosopran; Krawehlstr 13, D-45130 Essen, T: (0201) 721145; c/o Erich Seitter Bühnen- und Konzertvermittlung, Opernring 8/13, A-1010 Wien, T: (01) 5137592, F: 5129351, *agentur.seitter@aon.at* [Budapest]. **Ausb:** Stud Kons Budapest. **Laufb:** Mitgl Aalto-Op Essen seit 97 (04/05), Gastsol Vereinigte Bühnen Graz SpZ 00/01, Sächs Staatsop Dresden SpZ 01/05, Bregenzer FSp SpZ 03/04. (Red)

Szücs, Máté, Viola; c/o Bamberger Symphoniker, Mußstr 1, D-96047 Bamberg, PF 110146, D-96029 Bamberg. **Laufb:** Sol Bamberger Symph. (Red)

Szulc, Radoslaw, Violine, Konzertmeister; Bayerischer Rundfunk, Arnulfstr 42, D-80335 München. **Laufb:** Konzm Symphonieorch d BR München. – **Sonst:** Grd u Künstl Ltg d Kammerorch d BR 99. (Red)

Szustak, Zbnigniew, Violine; c/o WDR Rundfunkorchester, D-50600 Köln. **Laufb:** stv Stimmführer WDR RundfunkOrch Köln. (Red)

T

Tabachnik, Michel, Komponist, Dirigent; CH-1985 La Sage, T: (01273) 206623, F: 208484, *mt@tabachnik.org*, *office@tabachnik.org*; *www.tabachnik.org* [Genf, Schweiz 10.11.1942]. **Laufb:** GenDgt Gulbenkian Foundation Orchestra Lisbon, Orchestre Philharmonique de Lorrainem, Ensemble InterContemporain Paris, Canadian Opera Company in Toronto, Künstl Dir l'Orchestre des Jeunes du Québec 85–89) u l'Orchestre des Jeunes de la Méditerranée, LBeauftr University of Toronto 84–91 u Royal Acad of Music in Copenhagen 93–2001. **Pr:** Pr Künstler d Jahres 95 'Centro Int di Arte e Cultura' Rome, 'La Légende de Haïsha', 'Le Cri de Mohim', 'Le Pacte des Onze' I.R.C.A.M. Paris. (Red)

Tabakov, Emil, Dirigent; c/o Opernhaus Halle, PF 110554, D-06019 Halle. (*)

Tachezi, Herbert, Mag phil, Prof, Hochschullehrer, Komponist, Organist, Cembalist, Pianist; Reisnerstr 14/9, A-1030 Wien, T: (01) 9139535, (02243) 35603, F: (01) 9139535, (02243) 35603 [Wiener Neustadt 12.2.1930]. **Ausb:** Stud Org (Forer), Cemb (Neumeyer), Kl (Wolleitner), Komp (Schiske), MPäd MAkad Wien 48–55, Stud (Germanistik) U Wien. **Laufb:** KonzTätigkeit als Org, Cemb, Pianist, Komp, KonzertImprovisator seit 52, L (MAkad Wien) seit 58, H Prof Msch Wien seit 72, 1. Organist Hofmusikkap Wien seit 74, Tourneen u Konz in ganz Europa u Übersee seit 52. **Pr:** 2. Pr int OrgWettb Genf 55, 1. Pr int OrgWettb Innsbruck, Theodor Körner-Pr f Komp Wien 65, Ehrenkreuz f Wiss u Kunst 1. Kl Österr 89, Goldenes Ehrenkreuz f Verdienste um d Ld Wien 90. **Ens:** Concentus Musicus Wien seit 63. – **Komp:** Klavierwerke ab 51; div Chorwerke 52–70; Messe f gem Ch u Org 53; Messe über gregorian Motive f gem Ch, Bläser u Org 78; Lieder ab 70 (alle UA Wien). **Aufn/RF:** zahlr RF-Mitschn in Wien u anderen Städten Europas seit 55; zahlr Schallpl-Aufn, ua: die Alte Orgel, J S Bach, W A Mozart, C Ph E Bach.

Tachezi, Herwig, Prof, Hochschullehrer, Violoncello; Univ f Musik u Darst Kunst, Hellmesberger-Inst, Rennweg 8, A-1030 Wien [1963]. **Ausb:** Stud (Vcl) MusikH Wien (A Bachtiar, T Kühn). **Laufb:** SoloVcl Wiener Symphoniker 85–91, Lehrtätigkeit U Mozarteum Salzburg, o UProf U f Musik u Darst Kunst Wien. **Ens:** SoloVcl Ensemble Concentus Musicus, Duo m Iwan König (Kl). (Red)

Tachezi, Wilfried, Prof, Hochschullehrer; Gilbert-Buchmayr-Weg 108, A-5412 St Jakob, T: (0662) 624004; Univ Mozarteum, Schrannengasse 10a, A-5020 Salzburg, T: (0662) 61980, F: 61983033. **Ausb:** MH Wien (Prof. Krotschak), 'Pablo Casals' Mstrkrs. **Laufb:** UProf (Vcl) U Mozarteum Salzburg, Mitarb 'Capella Coloniensis' d WDR, Gastdgt Öster JugendPhilh, Acad of London Mozarteum, Mährischen Philh, Intendant d FestW Gmunden 95–978. (Red)

Taillard, Pierre-André, Klarinette, Klavier; rue du Cerisier 16a, CH-2300 Chaux-de-Fonds, T: 0329686065. (Red)

Takács, Jenö, Prof, Komponist; Eisenstädterstr 3, A-7011 Siegendorf, T: (02687) 314. (Red)

Takahashi, Naoshi, Solorepetitor, Kapellmeister; Bodenschwinghstr 17, D-09456 Annaberg-Buchholz, T: (03733) 132057. **Laufb:** Solorep m Dgt-Verpfl Städt Bühnen Osnabrück SpZ 03/04, Kapm Eduard-v-Winterstein-Th Annaberg-Buchholz SpZ 04/05. (Red)

Takanashi, Michiko, Hochschullehrerin, Gesang; Staatl Hochschule f Musik u Darstellende Kunst, Urbanstr 25, D-70182 Stuttgart [Japan]. **Ausb:** GesAusbild MH Yokohama u Tokyo, zweites abgeschlossenes GesStud H f Darst Kunst u Musik Berlin, in d Fächern Op u Konz b Prof Elisabeth Grümmer u Dr Herbert Brauer. **Laufb:** Eng Op Köln als Mezzo-Sopranistin, vierjährige Gastprofessur H f M Berlin, Professur f Gesang H f M u Darst Künste in Stuttgart seit 86. (*)

Takova, Darina, Sopran; c/o Theateragentur Dr Germinal Hilbert, Maximilianstr 22, D-80539 München, T: (089) 2907470, F: 29074790; c/o Deutsche Oper, Bismarckstr 35, D-10627 Berlin; *www.hilbert.de*. **Laufb:** Sol Dt Op Berlin. (Red)

Tallec, Cécile, Dirigentin; Ziegelstr 11, D-40468 Düsseldorf, T: (0211) 2007956, (0177) 3424361; Deutsche Oper am Rhein, Heinrich-Heine-Allee 16a, D-40213 Düsseldorf. **Laufb:** Solorep Dt Op am Rhein Düsseldorf. (Red)

Tamar, Iano, Sopran; c/o Hamburgische Staatsoper, Große Theaterstr 34, D-20354 Hamburg, PF 302448, D-20308 Hamburg; c/o Erich Seitter Bühnen- und Konzertvermittlung, Opernring 8/13, A-1010 Wien, T: (01) 5137592, F: 5129351, *office@agentur-seitter.at*. **Ausb:** Stud Kl, MWiss, Ges Kons Tbilissi. **Laufb:** Sol Wiener Staatsop, Musikth Essen, Bayer Staatsop München, Bühnen d Stadt Köln, Hamburg Staatsop, Gastsol Nationalth Mannheim; Dt Op Berlin, Köln, Palermo, Satander 2002, Dt Op Berlin 2003. (Red)

Tamchina, Jürgen, Prof, Hochschullehrer, Opernregisseur; H f Musik u Darst Kunst, Eschersheimer Landstr 29–39, D-60322 Frankfurt a M, T: (06052) 3393, F: 3393; Würzburger Str 34, D-63619 Bad Orb, T: (06052) 3393, F: 3393. **Laufb:** Prof (OpRegie) H f M u Darst Kunst Frankfurt/M. (Red)

Tamulénas, Eva, Mezzosopran; Darler Heide 48, D-45891 Gelsenkirchen, T: (0209) 141406 [Estland]. **Ausb:** Stud (Ges) Kons Wien. **Laufb:** Eng Königl Th Kopenhagen, Sol Schillerth NRW Wuppertal-Gelsenkirchen, Gastsol MTh im Revier Gelsenkirchen SpZ 03/04. (Red)

Tamura, Ricardo, Sänger (jugendlicher Heldentenor), Dipl Geologe u Physiker; Hermannstr 23, D-49080 Osnabrück, T: (0541) 9827660, 0172-5215969, F: (0541) 9827660, *ritamura@debitel.net*; c/o Städtische Bühnen Osnabrück, Domhof 10–11, D-49074 Osnabrück, T: (0541) 7600121; *www.ricardotamura.com*. Oper **Ausb:** Juillard School 92–93, IOS Zürich 95–96, private Stud b L Albanese 93–95, C Bergonzi 94, B Lang seit 96, C Bergonzi seit 03. **Laufb:** Sol Städt Bühnen Osnabrück, Gastsol Ldsth Detmold 2000–06, Th d Stadt Koblenz 01/02, Th Magdeburg 03/04, Dt Op a Rhein 03–05, ZusArb m WDR RF-Orch 05. – **Aufn/RF:** A Keil: Serrana (als Pedro), m WRO, Dgt H Froschauer 05; H W Henze: Das Wundertheater (als Chanfalla), m Osnabrücker SymphOrch, Dgt H Bäumer (noch nicht erschienen).

Tanabe, Toru, Sänger (Bariton); c/o Agentur Egmont Berlin, Goethestr 70, D-10625 Berlin, *tanabe@gmx.net*, *toruopera@infoseek.to*; *www.tanabe.de* [Yokohama 6.1.1961]. Op, Optte, Musical, Konz **Ausb:** Kl (Okuzumi) Yokohama 65–74, Querfl (Shibata) Yokohama 76–79, Querfl (Zangerle) H Mozarteum Salzburg 79–82, Gesang (Blaschke) H Würzburg 81–83; Gesang/Op (Hikita) H Musashino Tokio 84–88, HAbschluß 88, Gesang/Op (Suttheimer, Pöppelreiter) H Graz 91–92. **Laufb:** freischaff Tätigkeiten in Tokio (Op, Konz) 85–91, OpChor Hess Staatsth Wiesbaden 92–95, Sol Nordharzer Städtebundth Halberstadt 95–99, regelm KonzReisen nach Japan seit 97, regelm OpGastsp Japan seit 99, freischaff Tätigkeiten in Dtschld (Op, Optte, Musical) seit 99. **Pr:** Finalist 27. Gesangswettb 'Italo-Giappone' Tokio 91, Sonderpr 'D Andrews' 4. Int OpWettb 'A Catalani' Ostra/Italien 94. **Mitgl:** GdBA.

Tanabe, Yuka, Violine; c/o MDR Sinfonieorchester, Augustuspl 9a, D-04109 Leipzig. **Laufb:** Stimmführerin MDR SinfOrch Leipzig. (Red)

Tanaka-Thomann, Eva, Klavier; Imfangstr 12, CH-6005 Luzern, T: 0413600729. (Red)

Tanase, Ion, Violine; Dietrichstr 17c, D-30159 Hannover; c/o Niedersächsisches Staatsorchester, Opernpl 1, D-30159 Hannover. **Laufb:** Konzm Niedersächs StaatsOrch Hannover. (Red)

Tanasescu, Christian, Violine; c/o Thüringer Symphoniker, Anger 1, D-07407 Rudolstadt. **Laufb:** 1.V Thüringer Symphoniker Saalfeld-Rudolstadt. (Red)

Tanbûr, Jon *siehe* Schmitt, Gerhard

Tang, Muhai, Dirigent; c/o Käch Artists & Promotion, Wolfgang Mohr, Graumannsweg 19, D-22087 Hamburg, T: (040) 25336793, F: 25336796, *WJMohr@t-online.de*; *www.kaechartists.com* [Schanghai]. **Ausb:** Stud Komp u Dirig Schanghai, (H Michael) MH München, (H v Karajan) Berlin. **Laufb:** Dgt PhilhOrch Berlin, London, Paris, GewandhausOrch Leipzig, Staatskap Dresden, Philh S Petersburg, Israel ua. (Red)

Tanguy, Jean-Michel, Prof, Flöte, Hochschullehrer; Obere Ortsstr 8, D-64743 Beerfelden-Falkengesäß, T: (06068) 47392, 01714336075, *jm.tanguy@skynet.be*; Hochschule f Musik u Darst Kunst, N 7, 18, D-68161 Mannheim [Verneuil-sur-Avre, Frankreich 15.11.1944]. **Ausb:** Stud Int Akad Nizza, Fl (J-P Rampal) Paris ab 60, Stud (A Nicolet) Staatl H f M Berlin ab 64, (A Nicolet) MH Freiburg. **Laufb:** 1. Fl Orch d Beethovenhalle Bonn, Philharmon Orch Rotterdam, Belg Nationalorch, als KamMusiker (ua m Ens Trio Pasquier, StrQua Tel-Aviv, Zagreb, Tokio, Casals Hall) u als Sol m versch Orch Tourneen ua USA (Nat Flute Convention Chiago, Atlanta), Europa, Taiwan, Korea, Japan, Jurymitgl Int FlWettb 'Jean-Pierre Rampal' Paris 93 u 98, Doz

Königl MH Brüssel seit 76, Prof (Fl) Staatl MH Heidelberg-Mannheim, Mstrkse Frankreich, Dtschld, Wien, Italien, Korea, Russland, Luxemburg, Belgien, Japan, USA. **Pr:** 'Concours Int d'interprétation musicale' Genf 73. – **Aufn/RF:** J S Bach: Triosonaten; J S Bach: Die großen Sonaten; C P E Bach: Sonaten m obl Cemb; Bach u Söhne, m M Larrieu ua.

Tanski, Claudius, aoUProf, Klavier; c/o Künstleragentur Dr. Raab & Dr. Böhm, Plankeng 7, A-1010 Wien, T: (01) 5 12 05 01, F: 5 12 77 43, *office@rbartists.at*; Gneiserstr 64, A-5020 Salzburg, *tanski@aon.at*; *www.rbartists.at* [Essen 1959]. Klassik **Ausb:** Stud Kl Folkwang-H Essen (M Deichmann, G Stieglitz), KonzEx 78 Essen, Stud Salzburg u Wien (Prof H Leygraf, Prof H Medjimorec) ua Dirig u Liedbegl, München, London (A Brendel). **Laufb:** Künstl Lt Zollverein-Konz Essen, Konz Salzburg, Berlin, Maribor, Italien, MDR MSommer Frauenkirche Dresden, Österr, Südamerika, Japan, Indien, Iran, aoUProf 'Mozarteum'. **Pr:** 5mal 'Pr d dt Schallplattenkritik', Echo-Klassik (KamM) seit 97. – **Aufn/RF:** vgl: www.mdg.de.

Tao, Weilong, Sänger; c/o Stadttheater Pforzheim, Am Waisenhauspl 5, D-75172 Pforzheim. (Red)

Tapani, Esa, Horn; c/o music and arts Organisations GmbH & Co KG, Corsicaskamp 13, D-49076 Osnabrück, T: (05 41) 9 62 96 00, F: 96 29 60 50, *info@music-and-arts.de*; *www.music-and-arts.de* [Joutseno, Finnland 1968]. **Ausb:** Stud Kons Helsinki 85–87, Sibelius-Akad (T Ponkainen) 87–88, Nordwestdt MAkad Detmold (Prof M Höltzel) bis 89. **Laufb:** 3./stellv 1. Hn Philh Helsinki 90–92, Sol Schwed RF-SinfOrch Stockholm 92–94, Sol Finn RF-SinfOrch Helsinki seit 94. **Pr:** 2. Pr Int MWettb 'Concertino Praga' 86 u Wettb Int Hn-Ges 89, 1. Pr Skandinav Hn-Wettb 89, Blechbäser d Jahres Finnland 90. **Ens:** Europ Hornsextett.

Tar, Sándor, Kontrabass; c/o Konzerthaus Berlin, Gendarmenmarkt, Charlottenstr 57, D-10117 Berlin. **Laufb:** stv Sol Berliner SinfOrch. (Red)

Tarabuko, Wasilij, Konzertmeister; c/o Theater Görlitz, Demianipl 2, D-02826 Görlitz, PF 300463, D-02809 Görlitz. **Laufb:** Konzm Neue Lausitzer Philharmonie Hoyerswerda, Konzm Th Görlitz seit SpZ 03/04. (Red)

Tarasov, Nikolaj, Blockflötensolist; Sophienstr 25, D-70178 Stuttgart, T: (07 11) 6 36 55 12, F: 63 09 56, *nikolaj.tarasov@t-online.de*; Zihlackerstr 42, CH-4153 Reinach, T: 06 17 12 01 10, F: 06 17 12 21 18, *tarasov@bluewin.ch*; *www.recorder.org/tarasov.htm* [Kranj, Slowenien 25.3.1967]. Blockflötenmusik **Ausb:** Stud (Blockfl, Komp) MAkad Nürnberg, (Blockfl) MH Würzburg, Privatstud MWiss (J Mertin) Wien. **Laufb:** Sol (Bach: Brandenburg Konz), m M Petri u Neues Lucerne Festival Orch, Dgt: C Abbado 03. – **Sonst:** Entwicklung d InstrTyps 'Moderne Blockfl', Serienprod u KonzTätigkeit, Aufbau u Restauration Slg Originalblockfl d 19. Jhs, Redakteur Blockfl-Fach-Zs 'Windkanal'; Hg v BlockflM; Ltg Internetakad f Blockfl Fulda.

Tarcha, Carlos, Prof, Hochschullehrer; H f Musik, Dagobertstr 38, D-50668 Köln [Sao Paulo 1958]. **Ausb:** Stud H f Musik Köln u Sao Paulo. **Laufb:** Solopaukist am Orquestra Sinfonica Municipal São Paulo 86–01, Prof (Pk, Schlgz) H f Musik Köln 01. (*)

Tardy, Olivier, Flötist, Dirigent; Ickstattstr 12, D-80469 München [Clermont-Ferrand 1973]. **Ausb:** Conservatoire National Superieur de Musique de Paris, 1995 Karajan-Akademie des Berliner Phil Orch. **Laufb:** Konz unter Claudio Abbado, Daniel Barenboim, Pierre Boulez, Bernard Haitink, Zubin Mehta u Günter Wand, seit 1996 Solfl Bayerische Staatsop, 1998 Bunkamura Preis Tokyo, Gastsolfl BR-SymphOrch, Orch Maggio Musicale Fiorentino, Tokyo Phil Orch, Gustav Mahler Chamber Orch, seit 2002 Dgt Bayreuther Osterfstv, seit SpZ 03/04 Gastdgt Philh Orch Bad Reichenhall, 2004 Konzreihe XX/XXI (Bayerische Staatsop), seit SpZ 05/06 künstler Lt Fstv-Orch MúsicaMallorca. (Red)

Targler, Ursula, Sopran; Am Spargelfeld 3A, D-16540 Hohen Neuendorf, T: (0 33 03) 40 92 90, 01 77–7 07 49 59. **Laufb:** GastSol Staatsth Mainz, OpHaus Halle, NatTh Mannheim, Stadtth Koblenz SpZ 03/04, FSp Bad Hersfeld. (Red)

Tarkmann, Andreas N, Komponist, Oboist, Dirigent, Pianist; Sonnenbergstr 10, D-70184 Stuttgart, T: (01 71) 9 29 53 14 [Hannover 1959]. **Ausb:** Stud an d 'Cité Int des Arts Paris' (Stip d Min f Wiss u Kultur Niedersachsen) 89, Stud Ob b I Goritzki u H Hucke. **Laufb:** Komp, in Auftrag gegeben bzw gespielt v Ens wie Linos, Villa Musica, Sabine Meyer Ens, Chamber Orch of Europe, Bläsersol d Dt Kammerphilh, Albert-Schweizer-Oktett, HR-brass u d Aulos-Qui, Bläserfassungen u Harmoniemusiken d Op Mozarts sowie d 'Verkauften Braut', 'Carmen', d 'Lustigen Weiber v Windsor', 'Nussknacker', 'Sommernachtstraum', d 'Bildern einer Ausstellung 'Romeo u Julia' ua; Komp f gemischte Ens u SinfOrch, zB d Rekonstruktion u Instrumentation d Haydn-Kant 'Die Teilung der Erde' (CD m Kurt Moll un d Radio-Philh Hannover d NDR unter Cord Garben); Komp v Schauspiel u Bühnenmusiken f d Staatsth Hannover, Chansons; Tätigkeit als Instrumentalist: Ob, Kl, Dgt. **Pr:** Niedersächs Kulturstip 88. – **Aufn/RF:** 2 CDs Konz f Klar v Carl u Johann Stamitz (Echo Klassik Pr 94). (Red)

Tarkövi, Gábor, Trompete; c/o Berliner Philharmoniker, Herbert-von-Karajan-Str 1, D-10785 Berlin [Esztergom 13.3.1969]. **Ausb:** Musikakad Franz Liszt Budapest. **Laufb:** Sol Berliner Philh. **Ens:** Peo Brass, Austrian Brass Connection.

Tarr, Edward H, Dr, Dr hc, Prof, Trompete, Hochschullehrer; Palmstr 9, D-79618 Rheinfelden, T: (0 76 23) 49 11, F: 4 61 86, *edward@tarr-online.de*; Hochschule f Musik, PF 6040, D-76040 Kalrsruhe; *www.tarr-online.de*. **Laufb:** Lehrer an d Schola Cantorum Basiliensis 72–01, Prof H fM Karlsruhe 04. (Red)

Tarver, Kenneth, Sänger (Tenor); c/o Agentur Astrid G u KS Hermann Winkler, Grillparzerstr 46, D-81675 München, T: (0 89) 4 70 58 57, F: 4 70 71 23, *Kenneth@Tarver.com*; c/o Bayerische Staatsoper, Brieffach, D-80075 München; *www.kenneth.tarver.com* [Detroit, USA]. **Ausb:** Stud Yale Univ, Young Artist Development Program an d Met Op New York. **Laufb:** Sol Staatsth Stuttgart 94–97, Auftr Hamburg, Dresden u Berlin, Londoner Covent Garden, New York City Opera, FSp Aix-en-Provence 98, Gastsol Bayer Staatsop München ab 03/04, Sol Dt Op Berlin SpZ 04/05, GastSol Semperop Dresden SpZ 04/05. (Red)

Tasa, David, HonProf, Trompete, Hochschullehrer; Robert-Stolz-Str 2a, D-65812 Bad Soden, T: (0 61 96) 6 11 06, F: 56 19 73, *davidtasa@aol.com*; Hochschule f Musik u Darst Kunst, Eschersheimer Landstr 29–39, D-60322 Frankfurt [Milwaukee, USA 21.11.1948]. **Ausb:** BS Music Edu U of Illinois 66–70, MS Music Edu ebd 70–72. **Laufb:** SoloTrp, HonProf (Trp) H f M u Darst Kunst Frankfurt/M. **Ens:** Frankfurter Op- u Museumsorch. **Mitgl:** Künstl Beirat d Stadt Flörsheim a M. – **UA:** P Eben: 'Okna' (f Trp u Orgel), m G Angst (dt EA); W T McKinley: 'Jubilee Concerto' (f BlechblQuin), ders: 'Jenseits der Mauer' (f Trp u Orgel).

Tate, Jeffrey, Dr, Dirigent; c/o Artists Management Zürich, Rütistr 52, CH-8044 Zürich-Gockhausen, T: 04 48 21 89 57, F: 04 48 21 01 27, *schuetz@artistsman.com*; c/o Columbia Artists Management GmbH, Till Janczukowicz, Albrechtstr 18, D-10117 Berlin, T: (0 30) 20 64 80 78, F: 20 45 34 80, *info@cami.com*; *www.artistsman.com*. **Laufb:** Op Köln. **Pr:** Franco Abbiati Pr 01, 02. (Red)

Tatu, Arife Gülsen, Prof, Hochschullehrerin, Querflöte; Panoramastr 20, D-78647 Trossingen, T: (0 74 25) 46 33, 0 17 26 26 15 99, F: 32 58 68, *A.G.Tatu-Aykaner@t-online.de*; Hochschule f Musik, Schultheiß-Koch-Pl 3, D-78647 Trossingen; *www.musikerportrait.com/Tdtu*, *www.vioworld.com* [Izmir 18.8.1953]. Klassik **Ausb:** Staatl Kons Izmir Türkei, künstl Ausb (Rütters) Folkwang H Essen, Solistenex (A Nicolet) Staatl H f Musik Freiburg. **Laufb:** Ass (Nicolet) 78–82, Sol (Fl) Staatsth Pforzheim bis 79, SymphOrch d SWF Baden-Baden (E Bour), Doz MH Karlsruhe u Stuttgart ab 79, Prof (Querfl) Staatl H f Musik Trossingen seit 86. **Pr:** 2. Pr Int Flötenwettb 'Prager Frühling' 77, 2. Pr 53. Stuttgarter MWettb 78, 4. Pr Concours Int 'Guilde Français de la Flute' Paris 78, 2. Pr Int HWettb Freiburg 78, 1. Pr 'The first Int Flute Comp' Kobe 85, 'Staatskünstlerin 'd Türkei 98. – **Aufn/RF:** mehrere RF-Aufn b SDR Stuttgart u SWR Baden-Baden. **Sonst:** Grd 'Sommerkurse' Türkei.

Tatubaeva, Saule, Dr, Prof, Klavier, Hochschullehrerin; Essenweinstr 1, D-76131 Karlsruhe, T: (07 21) 9 66 44 92, F: 69 42 81, *saule.tatubaeva@t-online.de*; Hochschule f Musik, PF 6040, D-76040 Karlsruhe. **Laufb:** Prof (Kl, KamM) H f M Karlsruhe. (Red)

Taube, Werner, Prof, Hochschullehrer, Violoncello; Heumadener Str 78/I, D-73760 Ostfildern, T: (07 11) 4 58 67 03 [Leipzig 12.5.1930]. Neue M **Laufb:** Prof (Vcl) Staatl H f M u Darst Kunst Stuttgart.

Taubert, Christoph, Prof, Hochschullehrer, Klavier; Naunhofer Str 47, D-04299 Leipzig, T: (03 41) 8 78 12 47; Hochschule f Musik u Theater, PF 100809, D-04008 Leipzig. **Laufb:** Prof (Kl), H f M u Th Felix Mendelssohn Bartholdy Leipzig. (Red)

Tausch, Karin, Mag, Prof, Hochschullehrerin, Orgel; Univ f Musik u Darst Kunst, Inst 6, Bürgergasse 3, A-8010 Graz, T: (03 16) 3 89 35 66, F: 3 89 30 61, *karin.tausch@kug.ac.at*. **Laufb:** Vertragsprof (Orgel) U f Musik u Darst Kunst Graz. (Red)

Tausch, Manfred, Prof, Hochschullehrer; Univ f Musik u Darst Kunst, Inst 2, Brandhofgasse 21, A-8010 Graz, T: (03 16) 3 89 35 67, F: 3 89 30 21, *manfred.tausch@kug.ac.at*. **Laufb:** UProf (Kl)U f Musik u Darst Kunst Graz. (Red)

Tayfun *siehe* Tayfun, Erdem

Tayfun, Erdem (Pseud: Tayfun), Komponist; c/o Schreiner, Hobrechtstr 21, D-12047 Berlin, T: (0 30) 6 24 43 55 [9.5.1952]. **Ausb:** Privatstud Harmonielehre, Kontrapunkt, Komp, Kl (C Reschid Rey) Istanbul, Stud Komp (J Orrego-Salas), Kontrapunkt (B Heiden) U Indiana Bloomington. **Laufb:** freischaff Komp Berlin seit 82, nebenbei Konz (Pianist, Sänger), L (Kl, Musiktheorie, Harmonielehre). – **Komp:** Ararat-Legende (Musikal Erzählung) 79/85, UA Berlin, Passionskirche 85; 'Was will Niyazi in der Naunystraße?' nach Aras Ören (Ton-Wort-Bild-Synth) 87, UA Berlin, Akad d Künste 87; Suite f Nazim Hikmet – 5 Szenen aus d Leben d Dichters (Symph Dichtung) 88, UA Berlin, Orkest de Volharding 88; Ode an die Flugzeugträger (gr Orch m 6 Sop-Sax) 90; Nazim oder das Lied der Sonnentrinker (Ethno-Mono-Jazz-Drama) 91, UA Berlin, O Sander, G Ullmann, H Hartmann, Tayfun, H Naehring 91; Eisen, Kohle u Zucker (KamM) 91; Das Lied d Sonnensäufer (Dramat Konz) 93, UA Frankfurt, O Sander, G Ullmann 93; Ararat – The Border Crossing 79–95. **Sonst:** Seminare, Publ in Ztg, Zs etc. (*)

Taylor, Daniel, Sänger; c/o Bayerische Staatsoper, Brieffach, D-80075 München. (Red)

Taylor, Gavin, Bariton; Lindenallee 23, D-16866 Barenthin, T: (03 39 72) 2 09 30. **Laufb:** Gastsol Ldsth Flensburg, Th Hagen, Th Würzburg, Staatsth Cottbus, Th Kiel, Th Aachen, Ldsth Detmold, Th Biel/Bienne-Solothurn SpZ 2000/01, Th Magdeburg SpZ 2000/01, Th Aachen SpZ 03/04, Ldsth Schleswig SpZ 03/04, Zeitgen Op Berlin SpZ 04/05. (*)

Taylor, James, Lyrischer Tenor; c/o Künstlersekretariat am Gasteig, Rosenheimer Str 52, D-81669 München, T: (0 89) 44 48 87 90, F: 4 48 95 22, *team@ks-gasteig.de*; *www.ks-gasteig.de/taylor.htm* [Dallas 1966]. **Ausb:** Gesang (A Hopkin) Texas Christian U, Bachelor of Music Education 91, H f Musik München (A Kraus, D Evangelatos) 91, MstrklDipl 93. **Laufb:** Mitgl Opstudio

Bayer Staatsop, Gastengg Th de la Monnaie Brüssel, Staatsth Stuttgart, Rossi: Orfeo, Boston Early Music Fstv 97, Legrenzi: La divisione del mondo (Nettuno) Schwetzinger FSp 2000, Konz ua m kanad Barockorch Tafelmusik, Philharmonic Orch (M Honeck), Wiener Philharmoniker (P Herreweghe), Cleveland Symph Orch (C v Dohnanyi), zwei Tourneen m Windsbacher Knabenchor (K F Beringer), enge ZusArb m H Rillig u Gächinger Kantorei, Bach: 'Johannes-Passion' (Arien), Tournee Concentus Musicus Wien (N Harnoncourt) 2000, Schmidt: 'Buch m d sieben Siegeln' m Cleveland Symph Orch (F Welser-Möst) 2001. **Pr:** Fulbrigt Stip 91. – **Aufn/RF:** ua Bach: Kantate BWV 208 'Jagdkantate' u 'Kaffeekantate', Dgt: H Rilling; Beethoven: Missa solemnis, Dgt: P Herreweghe; Mendelssohn-Bartholdy: Paulus, Dgt: P Herreweghe; Orff: Catulli carmina, Dgt: H-R Zöbeley.

Taylor, Seth, Violine, 1. Konzertmeister; c/o Landeskapelle, Theaterpl 4–7, D-99817 Eisenach, T: (0 36 91) 21 61 53, F: 21 61 53, *seth.monica@t-online.de* [San Francisco, USA 1958]. klass u romant KamM **Ausb:** Stud V (D Delay) Kons u Juilliard School New York bis 82, Stud KamM (N Brainin). **Laufb:** KonzM Juilliard Philh Orch, Solo-Auftr m San Francisco Chamber Orch, Tourneen in d Formation V-Kl-Duo bis Mexico, Thailand u Jordanien, 2. KonzM Landeskap Eisenach seit 91, stellv 1. KonzM Eisenach SpZ 03/05. **Ens:** Lafayette-Streichtrio, Barock Trio Eisenach, Bachens Eisenach, Ripanoni-Taylor Duo. **Mitgl:** Wagner Verb. – **Aufn/RF:** CD: Son v Beethoven, Faure, Prokofiev 01, Sämtl Bach-Son f Violine u Cembalo 04.

Tchiba, Martin, Pianist, Komponist; Nierenhofer Str 182, D-42555 Velbert, T: (0 20 52) 73 34, 01 71–3 74 16 26, F: (0 20 52) 80 03 04, *martin@tchiba.com*; *www.tchiba.com* [Budapest 1982]. Klavier solo, Kammermusik; Brückenschlag zw traditionellem Repertoire u Neuer Musik, Engagement f d Musik selten gespielter u verfolgter Komponisten **Ausb:** pianist Ausb (Prof K-H Kämmerling) Hannover, derzeit Stud Kl (Prof T Duis) MH Saarbrücken, Mstrks u Workshops ua b L Berman, M-F Bucquet, P-H Chen, J M Huizing, G Kurtág, Wijn; Stud Komp (M Denhoff) Bonn. **Laufb:** rege KonzTätigkeit als Sol u KamMPartner im In- u Ausland, zB Tonhalle Düsseldorf, Hongaars-Fstv Den Haag, Int Heidelberger KlWoche, 'Braunschweig Classix Fstv', 'Wiener Saal' d Salzburger Mozarteums, Tourneen: Italien 01, Dtld als Sol m d KamOrch 'Sinfonietta Köln' 02, Solodebüt Concertgebouw Amsterdam 02, zahlr Auftr u Einsp b RF u Fernsehen; Komp: Auff durch namhafte Ens in Dtld, Italien, Russland u d Niederlanden, z B A*DEvantgarde-Fstv München, Int Gaudeamus-Fstv Amsterdam. **Pr:** 1. Bundespr 'Jugend musiziert' 99 u 2000, 'Sonderpr f d beste Nachwuchskomp' b KompWettb Sächs Tonkünstlerverb Leipzig 99; Förderpr d nordrhein-westfäl Sparkassenverb 2000, Förderung durch Stift Kunst u Kultur d Ldes NRW 2000, Kulturförderpr d Ldeshauptst Saarbrücken 02, Stip F-Ebert-Stift seit 03, Komp ausgezeichn: 'Sonderpr f beste Nachwuchkomp' b KompWettb d Sächs Tonkünstlerverb Leipzig 99, Nachwuchspr d GEMA u d Jeunesses Musicales Dtld. – **Komp:** Intermezzo (Ens) 99, UA Weikersheim 2000; StrQua 2000, UA Koblenz 2000; Melodia (Klar), UA Saarbrücken 02; Qui (wie flucht u fläche) 02, UA München 03. **AuftrKomp:** Megasex (Mezzosop, Kl), UA München 01 (Auftr: A*DEvantgarde Fstv); attacca (Kl), UA Velbert 03 (Auftr: Stadt Velbert); 4 Momente an R Wagner (Kl), UA Saarbrücken 03 (Auftr: Ldeshauptstadt Saarbrücken). **Aufn/RF:** Werke v Brahms, Schönberg, Debussy, Webern, Chopin, Puccini, Caplet, Rihm, Schloss, Kurtag, Tchiba. **UA:** M Denhoff: Skulptur II op 76, 2 f Kl solo, Skulptur III op 76, 3 f Kl solo, jeweils UA Bonn 02; Skulptur IV op 76, 4 f Kl solo, UA Ahaus 03.

Tear, Robert, Sänger; c/o Bayerische Staatsoper, Brieffach, D-80075 München. (Red)

Techet, Roland, Dirigent; Pestalozzistr 67, D-40549 Düsseldorf, T: (01 71) 6 13 54 50. **Laufb:** Dgt u Solorep Staatsth am Gärtnerpl München, Dgt u Ass d ChefDgt Dt Op am Rhein Düsseldorf-Duisburg (SpZ 03/05). (Red)

Teibenbacher, Johann, Komponist; St Nikolai 184, A-8961 St Nikolai/Söcktal, T: (06 64) 4 62 39 01; *www.musikergilde.at/mitglieder/teibenbacher* [Bruck, Österreich 2.4.1973]. KamM **Ausb:** MSch Bruck Trompete (R Kahr) 87–9, Uni f M u darst Kunst Graz (Lehrgg f BlasOrchDir) 92–94, priv Orch-Stud (J Mauceri) New York seit 98. **Laufb:** Org Pfarrkirchen Turnau u Seewiesen 85–90, Mitgl MilitärM Steiermark 92–97, Mitgl Streir TonKünstlBd seit 97, Mitgl Vorstand dess seit 01, Noteneditor seit 01, Mitgl Int Gesellsch f Neue M seit 01. – **Komp:** 'Fo(ur) fo(u)r recorders' (BflQua), UA Graz Robert-Stolz-Museum, Ens Quadrifoglio Concertante 2000, 'Klaus per fagotto solo', UA Graz Palais Meran Florentinersaal, Klaus Hubmann Fagott 01. **AuftrKomp:** 'Knute', Text J Nestroy, f vierstimm gem Ch a capella, UA Graz Minoritensaal, Steir Singwochen 01. **Aufn/RF:** 'Salve Regina', f vierstimm gem Ch a capella, Ens A Piu Voci, Graz, Ltg: K Hubmann, ORF 01.

Teimurasowa, Ilona *siehe* Krassenbaum, Ilona

Telegin, Andrey, Mag, Bass; Trierer Str 57, D-53115 Bonn, T: (02 28) 2 09 46 87, 01 73–3 26 54 38 [Moskau 11.9.1969]. **Ausb:** Stud (Ges, Kl, Dirig) Russ Sveschnikovs Knaben-Chor, GesAkad Moskau 76–87, Stud OpDirig, Vokaldirig, KonzDirig (V Balaschov), Chordirig (L Ermakova), Ges (L Ivanova) Staatl Tschaikowsky-Kons Moskau 87–94, Stud OpGes (E Buntschuk), Schausp (Levertov) Russ Lunatscharskij Th-Kunst Akad Moskau 92–96. **Laufb:** Sänger u Kl-Begl Moskauer GesEns 'Akafist' 90–95, OpSänger Novaya Op Moskau 96–99, OpSänger KamOp Wien 98, Bad Staatsth Karlsruhe seit 99, Sol Op Bonn seit 01, zahlr Konz, Newport Music Fstv 99, Salerno Fstv 2000, Fstv 'Città di Castello' 2000.

Teliga, Alessandro, Sänger; c/o Stadttheater Gießen, PF 111128, D-35356 Gießen. (*)

Temme, Michael, Prof, Opernregisseur, Hochschullehrer; Jakschgasse 12, A-1140 Wien, T: (01) 9 71 01 11, *michael.temme@chello.at*; Univ f Musik u Darst Kunst, Inst f Gesang u Musiktheater, Penzingerstr 7, A-1140 Wien, *temme@mdw.ac.at*; *www.michael-temme.com* [Hannover 1946]. **Ausb:** Stud (Musik u Th) MH Hannover. **Laufb:** Regieass Op Essen 69, Ass b Prod in ganz Dtschld, Buenos Aires, San Francisco, Lyon, Mailand, Fstv Orange, Opregisseur Op Hagen 73, Oberspiellt Oper Dortmund 75–78, als Gast ua in Augsburg, Bern, Bremerhaven, Dortmund, Essen, Giessen, Hagen, Hamburg, Kaohsiung (Taiwan), Kaiserslautern, Krefeld, Linz, Lübeck, Marseille, Saarbrücken, San Juan (Puerto Rico), Wellington (Neuseeland) u Wien, Lehrtätigkeit (Op) MH Detmold seit 82, szen Ltg d Int Jugend-FSp Baureuth 88, szen Oberlt Op Essen 88–91, o UProf U f Musik u Darst Kunst Wien (Inst f Ges u MTh) seit 89, Freischaff Opregisseur, Mitbegrd u szen Lt d 'Int Opera Workshop Vienna'. (Red)

Ten Harmsen, Susan, Sängerin; c/o Theater St Gallen, Museumstr 1/24, CH-9004 St Gallen. **Laufb:** Sol Stadtth Klagenfurt, Th St Gallen SpZ 04/05. (Red)

Tenkanen, Eeva, Sängerin (Sopran); c/o Berliner Kammeroper eV, Kottbusser Damm 79, D-10967 Berlin. **Laufb:** Gastsol Landesth Detmold SpZ 00/01, Berliner Kammerop SpZ 03/05, Th Gummersbach seit SpZ 03/04. (*)

Tenta, Philipp, Komponist; Schlattheide 20, D-32257 Bünde, T: (0 52 23) 9 94 44 94, *philipptenta@a-topmail.at* [1956]. – **Komp:** Drei jiddische Volkslieder, Wenn der Rebbe tanzt, Eine kleine Heurigenmusik. (Red)

Tepretmez, Melih, Bariton; Kulturamt, c/o operklosterneuburg, Rathauspl 25, A-3400 Klosterneuburg, T: (0 22 43) 44 44 24, F: 2 57 77, *info@operklosterneuburg.at*. **Ausb:** U Cukurova b T Hadjiev, U d Künste Berlin b A Eggers, Opstudio Marseille (CNIPAL) 03/04. **Laufb:** Sol Junge Op Lübeck SpZ 03/04, Op Erfurt 04/05, Klosterneuburg Fstv 05.

ter Linden, Jaap, Prof, Hochschullehrer, Viola; Mauritsstr 59, Niederlande-3583 HJ Utrecht, T: (0 30) 2 51 35 54, F: 2 54 18 82. **Laufb:** Prof (Va da Gamba, Barockcello) H f M Würzburg. (Red)

ter Schiphorst, Iris *siehe* Schiphorst, Iris ter

ter Wey, Fritz, Prof, Hochschullehrer, Dirigent; Grabbestr 4, D-32756 Detmold, T: (0 52 31) 92 46 18, *Prof.Fritz.Terwey@web.de*; Hochschule f Musik, Neustadt 22, D-32756 Detmold [Aachen 5.12.1943]. a cappella-ChorM d 20. Jh **Ausb:** Stud Ch- u OrchLtg (H Schröder) Köln, weitere Ausbild b F de Nobel u E Ericson. **Laufb:** regelm GastDgt Brüsseler RF-Ch, Prof (ChLtg) H f M Detmold seit 94. – **Aufn/RF:** 'Chormusik d 20. Jh' (ua F Martin: Messe, A Schoenberg: Friede auf Erden) CD 91; Chansons d 20. Jhs (ua F Poulenc: Sept Chansons, D Milhaud: Quatrains valaisans) CD 95; Ernst Krenek: Chormusik CD 2000. **UA:** H Badings: 2 Chöre nach Enzensberger-Texten; V Nees: 'Bonum est confiteri'; H Poos: 'Epistolae'. **Zug:** vgl UA. **Sonst:** Grd u Lt v Der Junge Chor Aachen, modus novus-Ch, Vox Europae (Int KamCh).

Ternes, Norbert, Violine (Konzertmeister); Tannenstr 6, D-26122 Oldenburg, T: (04 41) 7 59 59; c/o Staatsorchester Oldenburg, Theaterwall 28, D-26122 Oldenburg. **Laufb:** 2. Konzm Oldenburg Staatsorch. (Red)

Ternes, Tina, Komponistin; Wittelsbachstr 81, D-67061 Ludwigshafen, T: (06 21) 5 66 90 27, F: 5 66 90 28, *tina.ternes@web.de* [Kaiserslautern 15.8.1969]. tonaler Ansatz, div Besetzungen **Ausb:** Stud SchM Johannes-Gutenberg-Univ Mainz bis 93, Filmmusikstud an d Wiesbadener Musikakad b Hubert Minkenberg 92–94. **Laufb:** Referendariat am Studienseminar Bad Kreuznach, MLehrerin an einem Münchener Gymnasium 96, Lehrerin Integr Gesamtschule Kastellaun 96–2000, Lehrerin Theodor-Heuss-Gymnasium Ludwigshafen seit 2000, Komp: Lieder, KlStücke, KamM u OrchWerke, FilmM, Musikth, Chorwerke. **Pr:** GEDOK. – **Komp:** FilmM zu d Kurzfilm 'Steinregen' d Regisseurs Ralf Schöneberg; BühnenM zu Friedrich Dürrenmatts Th-Stück 'Romulus der Große'.

Terpitz, Felicia, Violine; Bismarckstr 31, D-73728 Esslingen, T: (07 11) 9 97 10 69, *felicia@terpitz.de*; c/o Konzertdirektion Rainer Haas, Höhenweg 1, D-69250 Schönau [Bonn 1971]. Musik d 20. Jhs **Ausb:** Stud b Edward Zienkowski in Köln u Wanda Wilkomirska in Mannheim, zweijähr Stud in d Solistenkl Cons Nat Supérieur de Paris (Cycle de Perfectionnement). **Laufb:** 1. koord Konzm Orch d Staatsth Kassel. **Pr:** 6. Pr Int Violin Wettb Hannover 97. (*)

Terts, Márton, Mag, Solorepetitor; Bremer Theater, PF 101046, D-28010 Bremen, T: (01 76) 29 59 66 30, +36 (1) 2 02 42 99, *martonterts@web.de* [Budapest 12.9.1979]. **Ausb:** Stud Kl b L Baranyay ('Franz Liszt'-U Budapest), Margaret Saunders Ott (Spokane, WA USA), D Lively u J-G Jiracek; OrchDir b L Hager, Chorltg b G Theuring, Korr b K Leitner (U f M u darst K Wien); Mstrks b Jerome Preysinger (OpernDir) 02; Ervin Acél Wiener Musikseminar 03; István Dénes Wien-Budapest-Prag Sommerakademie Wien 04. **Laufb:** Solorep m Dirigierverpfl Bremer Th. **Pr:** Gew Wettb ungar Musikschulen 89; Finalist u Sonderprtr Int Klavierwettb in Ustí nad Lábem (Tschechien); Gew Wettb f Opernkorr 'Belvedere' Wien 04.

Terwey, Berenice Christin, Violine; c/o Office Berenice Christin Terwey, Elbersstr 29, D-48282 Emsdetten; *www.berenice-christin-terwey.de*. (Red)

Terwilliger, Eric, Prof, Horn, Hochschullehrer; Münchner Philharmoniker, Gasteig, Kellerstr, D-81667 München, *terwilhorn@aol.com*; Johann-Sebastian-Bach-Str 26, D-85591 Vaterstetten, T: (0 81 06) 3 16 26; *www.ericterwilliger.com* [Bloomington, Indiana, USA]. **Ausb:** Stud Univ School of Music Bloomington b Ethel Merker, Philip Farkas, Stud MH Detmold b Michael Höltzel, MH Mozarteum Salzburg. **Laufb:** Münchner Philh seit 76, Prof (Hn) Richard Strauss Kons München. **Pr:** 2. Pr Genf 76, 1. Pr 2. Int Horn Wettb Liège 81, KV 86. (Red)

Terzakis, Dimitri, Prof em, Hochschullehrer, Komponist; Pölitzstr 26, D-04155 Leipzig, T: (03 41) 9 61 44 31, *dimitriterzakis@gmx.de*; Hochschule f

Musik u Theater, PF 100809, D-04008 Leipzig [Athen 12.3.1938]. **Ausb:** Stud Komp (J. Papaioannou) MH Athen u (B. A. Zimmermann) MH Köln. **Laufb:** Prof (Komp) H f M u Th Felix Mendelssohn Bartholdy Leipzig 94. – **Komp:** Ethos B' (Lied) 72, Katawassia (Lied) 72, Streichqua Nr 2 (Streichqua) 76/77, Sappho-Fragmente (Lied) 77, Erotikon (Lied) 79, Streichqua Nr 3 (Streichquartett) 82, Die Tore d Nacht u d Tages (Lied) 87. (Red)

Teske, Thomas, Korrepetitor; c/o HT 21 Hansa Theater, Alt-Moabit 48, D-10555 Berlin. **Laufb:** Korrep Berliner KammerOp Berlin SpZ 03/05, SchspM HT 21 Hansa Th Berlin SpZ 04/05. (Red)

Tessmann, Volker, Fagott; c/o Konzertdirektion Andrea Hampl, Karl-Schrader-Str 6, D-10781 Berlin, T: (0 30) 4 78 26 99, 01 72–3 80 56 45, F: 4 78 37 92, *hampl@konzertdirektion.de*; *www.konzertdirektion.de*. **Ausb:** Stud Fag (K Thunemann) H f M Hannover. **Laufb:** Solo-Fag Dt KamPhilh Bremen 91–93, RadioPhilh Hannover d NDR 94, SinfOrch d NDR Hamburg seit 95, Konz als Gastsol ua m d NDR SinfOrch, Dt KamPhih Bremen, Ens of Tokyo; Doz (Fag) H f M Lübeck seit 01. **Pr:** 1. Pr int MWettb ARD München 89 (m Ma'alot Qui), Stip d Stift 'Konz junger Künstler' d Dt MRats 91. **Ens:** Ma'alot Qui, ensemble acht.

Teßmer, Wolfram, Bariton; Falkentaler Steig 3, D-13467 Berlin, T: (0 30) 4 41 68 01, F: 4 41 68 01, *harmonium@web.de* [Neustrelitz 13.8.1970]. Konzert **Ausb:** Stud KiMSch Greifswald 86–91, Ges (KS Prof W Hellmich) H f M 'Hanns Eisler' 93–2000. **Laufb:** Tätigkeit als Konz-u OpS; Ltg KamCh Wistuba/Hennigsdorf. **Ens:** Mitgl 'Vox Nostra' u 'Ens archaica' (M d Mittelalters). – **UA:** mehrere UA, ua Litauische Lieder v E Austin, UA Rheinsberg 98; Th v Westernhagen: Op 'Katai', UA Alte Op Frankfurt 99; als Gast: P M Davis: 'Die zwei Fiedler' Kom Op Berlin 2000/01.

Tetruashvili, Lina, Sopran; c/o Bühnen d Stadt Köln, Offenbachpl, D-50667 Köln, PF 101061, D-50450 Köln. **Ausb:** Gesangsstud in Philadelphia, Julliard School in New York. **Laufb:** Sol Staatsth Stuttgart, Bühnen d Stadt Köln. (*)

Tetzlaff, Christian, Hochschullehrer, Violine; c/o Konzertdirektion Hans Ulrich Schmid, Königstr 36, D-30175 Hannover, PF 3409, D-30034 Hannover, T: (05 11) 3 66 07 60, 3 66 07 27, 3 66 07 39, F: 3 66 07 34, *cos@kdschmid.de, mail @kdschmid.de*; *www.kdschmid.de* [Hamburg 1966]. **Ausb:** Stud (U-M Haiberg) MH Lübeck, (W Levin) Cincinatti. **Laufb:** Nat Symph Orch Washington, New Yorker Philh, Boston Symph Orch, Cleveland Orch, London Symph Orch, Orch Philh Paris, Wiener Symph, Dt Symph Orch, Berliner Philh 2002/03 ua, Gast-Prof UdK Berlin. **Pr:** Diapason d'or. (Red)

Tetzlaff, Stephan, Generalmusikdirektor, Dirigent; c/o Stadttheater Bremerhaven, Theodor-Heuss-Pl, D-27568 Bremerhaven, T: (04 71) 48 20 60, F: 48 20 64 82, *Stadttheater@magistrat.bremerhaven.de*; c/o Konzertdirektion Tobischek, Zimmermannstr 59, D-45239 Essen, T: (02 01) 8 40 51 75, F: 8 40 51 76, *tobischek@arcor.de*; *www.stadttheaterbremerhaven.de* [Hamburg 1961]. **Ausb:** MH Hamburg, außerordentl Stud (Trompete), Stud (Dirig) 82–87. **Laufb:** Solorep u Kapm OpHaus Kiel 86–91, 1. Kapm Staatsth Darmstadt 91–95, Kapm Niedersächs Staatsop Hannover, GMD Stadtth Bremerhaven seit 2000. **Pr:** 1. Pr 'Jugend musiziert', 1. Pr Dirigierwettb unter Leonard Bernstein m d Schleswig-Holstein-Musikfstv-Orch 87. (Red)

Tetzlaff, Tanja, Violoncello; c/o Konzertdirektion Andrea Hampl, Karl-Schrader Str 6, D-10781 Berlin, T: (0 30) 4 78 26 99, 01 72–3 80 56 45, F: 4 78 37 92, *hampl@konzertdirektion.de*; c/o Cadenza Concert, Franz Josef Kai 3, A-5020 Salzburg, T: (06 62) 84 05 05, F: 8 40 50 54, *office@cadenza-concert.at*; *www.konzertdirektion.de* [Hamburg 1973]. **Ausb:** Stud Vcl (B Gmelin) H f M u Darst Kunst Hamburg 85–91, (H Schiff) Mozarteum Salzburg 91–96. **Laufb:** Konz ua m d Wiener KamOrch (Sir Y Menuhin), RSO Moskau (V Fedosseyev), Berliner Sinfonikern (A Francis), Tonhalle Orch Zürich (C-P Flor), Philharmonischen Orch Danzig (B Perrenoud), Royal Flanders Philharmonic Orch (Ph Herreweghe), Wiener KamPhilh (C Traunfellner), KamPhilh Bremen, Norr-köping SinfOrch (D Harding); regelm Teilnahme an Fstv, ua St Gallen, Davos, Pontresina, Heimbach, Berliner FestW 98, MFest Bremen 99; zahlr KamMAbende Berlin, Münster, Hamburg, Ludwigsburg, Miami m M Ursuleasa SpZ 2000/01. **Pr:** Prtr Bremer MFest, 1. Pr Int MWettb Wien 92, 1. Pr Int MWettb Bayreuth 93, 3. Pr Int ARD MWettb 94, 'Lauréate Juventus 1995' Inst Claude-Nicolas Ledaux, 'Artist in Residence' Dtld-Radio Köln 98/99, Europ Novartis-Förderpr Kultur-Fördergemeinschaft d Europ Wirtschaft 99/2000. (Red)

Tetzner, Wolfram, Dirigent, Repetitor; c/o Staatsoperette Dresden, Pirnaer Landstr 131, D-01257 Dresden [Schlema]. **Ausb:** Förderkl d 'Robert Schuhmann Kons Zwickau' im Fach Kl 79–83, Stud OrchDirig m Diplom MH 'Carl Maria v Weber' Dresden. **Laufb:** Solorep m Dgt-Verpfl Th Erfurt, Staatsoptte Dresden SpZ 03/05. **Pr:** Schumann-Pr. **Ens:** KOLORIT*. (Red)

Teuchert, Michael, Prof, Hochschullehrer, Gitarre; Schnurgasse 2, D-61200 Wölfersheim, T: (0 60 36) 17 10, F: 17 10, *michael-teuchert@web.de*; Hochschule f Musik u Darst Kunst, Eschersheimer Landstr 29–39, D-60322 Frankfurt [Königstein 1948]. **Laufb:** Prof (Git) H f M u Darst Kunst Frankfurt/M seit 79, Dr Hoch's Kons Frankfurt. **Ens:** Grd 'Frankfurter Gitarrenduo' m Olaf van Gonnissen 71. (Red)

Teuffel, Gunter, Prof, Hochschullehrer, Viola; Pfeiferstr 63, D-72622 Nürtingen, T: (0 70 22) 5 57 07, 0 17 27 15 65 43, *gunterteuffel@lycos.de*; Hochschule f Musik u Darst Kunst, Urbanstr 25, D-70182 Stuttgart [Stuttgart]. **Ausb:** Stud (E. Santiago, Melos Qua) H f M u Darst Kunst in Stuttgart, (J. Geise u S. Végh) Mozarteum in Salzburg. **Laufb:** Solobratschist d SWR RadiosinfOrch Stuttgart seit 82, Prof Staatl H f M u Darst Kunst Stuttgart. **Pr:** Würdigungspr d Österr Minist f Kultur u Wiss. (Red)

Teupke, Gordian, Solorepetitor; c/o Staatstheater Mainz, Gutenbergpl 7, D-55116 Mainz, T: (01 77) 2 78 11 49. **Laufb:** Solorep Staatsth Mainz. (*)

Teuscher-Bucher, Margarete, Prof, Hochschullehrerin; Weiherstr 73, D-78050 VS-Villingen, T: (0 77 21) 35 85; H f Kirchenmusik, Sankt-Meinrad-Weg 6, D-72108 Rottenburg. **Laufb:** Prof (Kl, Methodik) Staatl H f Musik Trossingen u H f KiM Rottenburg. (Red)

Teuscher, Lydia, Sopran; Pflügersgrundstr 33, D-68169 Mannheim, T: (06 21) 3 97 27 63, (01 75) 3 61 77 93; c/o Theater der Stadt Heidelberg, Friedrichstr 5, D-69117 Heidelberg [6.8.1975]. **Ausb:** H f Musik Trossingen b M Moldenhauer, H f Musik Mannheim, Mstrkse b L Hurst, K Kelly, Ch Spencer, U Eisenlohr, U Bästlein, R Ziesak, I Gage, F Lott, G Johnson, I Figur. **Laufb:** Nationalth Mannheim 02/03, Gastsol Th Heidelberg SpZ 03/04, Ludwigsburger FSp. **Pr:** Stip Richard-Wagnerverband, 2. Pr Joseph-Suder-Liedwettb 02, Bruno-Frey-Pr f Liedduo m J Ruf, 2. Pr. Bundeswettb Gesang Berlin 02, 1. Pr. Mannheimer Hochschulwettb 03, 2. Pr Salomon Lindberg-Wettb Udk Berlin.

Teutsch, Götz, Violoncello; c/o Berliner Philharmoniker, Herbert-von-Karajan-Str 1, D-10785 Berlin, T: (0 30) 25 48 80; *www.die12cellisten.com* [Hermannstadt 1941]. **Ausb:** Stud Vcl (D Dinicu, R Adulescu) Bukarest, E Mainardi, K Richter. **Laufb:** Solocellist Radio-SnfOrch Bukarest, Solocellist Berliner Philh seit 76. **Ens:** Die 12 Cellisten d Berliner Philh. (Red)

Teutschbein, Klaus-Jürgen, Prof, Hochschullehrer, Chorleiter; Friedrich-Naumann-Str 20, D-99423 Weimar, T: (0 36 43) 51 89 42, (0 39 41) 44 35 92; H für Musik 'Franz Liszt', Inst f Schulmusik u Kirchenmusik, PF 2552, D-99406 Weimar [Ballenstedt 24.3.1944]. Chorleitung **Ausb:** Stud (KiM) H f KiM Dresden 62–65, Stud (KiM) H f KiM Halle/S 65–68. **Laufb:** Mitgl Leipziger Thomanerchor 55–62, KiMusiker u Lt Seminar d KiMSch Dom zu Halberstadt 80–96, Prof (Chorltg) H f M 'Franz Liszt' Weimar seit 96, Lt J S Bach-Ens Weimar seit 98. **Pr:** Kulturpr Halberstadt 91. **Ens:** Lt Joh-Seb-Bach-Ens Weimar seit 98.

Tevis, Mark, Sänger; c/o Theater der Stadt und Schlossfestspiele Heidelberg, PF 105520, D-69045 Heidelberg. **Laufb:** Sol Th Regensburg, Sol Stadtth Klagenfurt SpZ 03/04, Gastsol SchlossFSp Heidelberg 02, 04/05. (*)

Tewes, Detlef, Komponist, Mandoline; Fleckensteinstr 8, D-76275 Ettlingen, T: (0 72 43) 53 14 00, 0 17 26 72 09 44, *detewes@aol.com*; *www.detlef-tewes.de* [Essen]. **Ausb:** Stud MH Köln, Inst Wuppertal, KonzEx 89. **Laufb:** KonzReisen Europa, USA, Australien. **Pr:** 1. Bundesprtr Wettb 'Jugend musiziert', Kulturprtr Essen 79, Prtr 28. Bundesauswahl junger Künstler 'Podium junger Solisten' 83. **Ens:** 'Ensemble modern' Frankfurt a M, 'Elision Ensemble' Melbourne. (Red)

Tewinkel, Sebastian, Dirigent; Werner-Siemens-Str 30, D-75173 Pforzheim, T: (0 72 31) 78 19 22; Südwestdeutsches Kammerorchester Pforzheim, Westliche Karl-Friedrich-Str 257 a, D-75172 Pforzheim, T: (0 72 31) 46 46 44, *swdko-pforzheim@t-online.de* [Unna 1971]. **Ausb:** Stud (SchulM, V, Dirig) MH Hannover, Stud Dirig (T Ungar) MH Stuttgart, Mstrkse b G Gelmetti u C Davis. **Laufb:** künstl Lt u Chefdgt Südwestdt KamOrch Pforzheim seit 02, Dgt ua Orquestra Metropolitana Lissabon, NDR-Radio-Philh Hannover, Staatsorch Halle, Münchner KamOrch, Stuttgarter Philharmoniker, SinfOrch Sofia, RSO Stuttgart, St Petersburg Philh Orch. **Pr:** Stip Herbert-v-Karajan-Stift Berlin, Dgtforum d DMR, 1. Pr Int DirigWettb Stift Fundacao Oriente Lissabon 2000, Bad Homburger DgtPr 01. – **Aufn/RF:** CD-Aufn m Südwestdt KamOrch Pforzheim. **UA:** E Schneider: 'Vivaldissmo' 03; M Svoboda: 'Love Hurts – Carmen Remix' 03; G Sollima: 'L B files' 05; P Förtig: 2. KlKonz 05.

Tews, Michael, Bass; Waisenhausstr 32, D-41236 Mönchengladbach, T: (0 21 66) 29 54 37, (01 70) 4 84 73 18; c/o Cecilia Music Concept – Franz-Georg Stähling, Brauweilerweg 183, D-50933 Köln, T: (02 21) 8 00 00 70, F: 8 00 00 71, *staehling@cecilia-cmc.de* [Hamburg 18.1.1964]. Oper **Ausb:** Gesunterr Prof Spaett Hamburg, MusikH Frankfurt/M b H Savino, A Constantino, Privatstud Ges b M Schenk. **Laufb:** Sol Landesth Coburg 98, Sol Vereinigte Städt Bühnen Krefeld u Mönchengladbach 2000/03. **Ens:** FestEng Stadtth Osnabrück 03–05. – **UA:** Blomenkamp: 'Der Idiot' (Rogoschin), UA Vereinigte Städt Bühnen Krefeld/Mönchengladbach, Dgt: A Bramall 01.

Tézier, Ludovic, Bariton; c/o Columbia Artists Management Inc, 165 West 57th St, New York, NY 10019–2276, U.S.A., T: (02 12) 8 41 95 00, F: 8 41 97 44, *info@cami.com*; *www.cami.com, www.operissimo.com*. **Ausb:** Stud (Ges) Ecole d'Art Lyrique de l'Op de Paris. **Laufb:** Sol Bregenzer FSp, Auftritte Grand-Th de Bordeaux 03, Th du Chatelet Paris 03, Sol Dt Op Berlin, Wiener Staatsop SpZ 04/05. – **Aufn/RF:** M Ravel: 'Alyssa' (m Orch du Capitole de Tolouse) 99, Ch W Gluck: 'Alceste' (m The English Baroque Soloists) 2000. (Red)

Thärichen, Werner, Prof, Komponist, Dirigent, Pauke; Am Waldhaus 34, D-14129 Berlin, T: (0 30) 8 03 61 52, F: 8 03 61 52 [Neuhardenberg 18.8.1921]. **Ausb:** Stud MH Berlin. **Laufb:** 1. Solo-Paukist BPO, Prof (Orchltg) H d Künste, Ehren-Prof Gei-Dai-U Tokio, ehem Vors d Berliner Komponistenverb u d dt Schlagzeugerverb Percussion Creativ, Vors d Mozart-Gesell Berlin-Brandenburg, Präs d Wilhelm-Furtwängler-Dirigenten-Werkstatt Mürzzuschlag. **Pr:** Kunstpr J G Berlin, Robert-Schumann-Förder-Pr Düsseldorf. – **Komp:** 70 Komp, darunter: Konz f Fl u StreichOrch op 29, UA Berlin Philh, m Celibidache u Nicolet 53; Konz f Pauken u Orch op 34 54, UA Karlsruhe, m Matzerath u Haedler 54; Konz f V u Orch op 36, UA Stuttgart, m Matač u Heller 56; Konz f Singstimme u Orch op 38, UA Flensburg 59; 1. KlKonz op 39, UA Berlin, m Karajan u Brendel 61; 2. KlKonz, UA Venedig, m Celibidache u Sonoda; Konz f Vcl u Orch op 41, UA Frankfurt a M Hess RF, m Jochum u de Machula 66; Oboenkonz, UA Berlin, m Melles u Koch 67, UA Berlin, Philharmonie 67; KlarKonz op 51, UA Dortmund 71; Betrachomyomachia (Der

Paukerkrieg) (Konz) 77, UA Berlin, Philh, m Karajan 77; Der allmächtige Vater, Ich war ein Terrorist (Der 139. Psalm) op 48 (Orat) 79, UA Berlin, RSO 79; Hotel Eden (Op) 85, Anaximanders Ende (KamOp), UA Berliner Festwochen, m Scherchen; Noch 40 Tage (Joan-Ninive) (SpielOp), UA Tokyo (Yamaha) 05. **Sonst:** Pauker-Training; Paukenschläge – Furtwängler oder Karajan; Immer wieder Babylon – oder Musik als Sprache d Seele.

Thaller, Georg, Sänger; c/o Neuburger Kammeroper eV, Drususstr 9, D-53111 Bonn. (Red)

Thalmann, Michael, Klavier; Gerberngasse 15, CH-3011 Bern, T: 03 13 12 18 64, *now@pianoenergy.ch*; *www.pianoenergy.ch* [Bern 23.3.1964]. F.Liszt **Ausb:** Stud Kl (T Herbut) MH Bern (SolDipl), Mstrkse b S Dorenski u R Kehrer Mozarteum Salzburg, Unterr b L Howard London, Unterr b K-U Schnabel, L Fleisher, D Bashkirov, F Ts'ong, S Bishop Kovacevic, R Tureck u D Fischer-Dieskau (Liedbegl)'Fondazione Int Theo Lieven per il Pianoforte' Cadenabbia, Italien 93. **Laufb:** Rezitals in d Schweiz, Dtschld, Italien, England, Belgien u Algerien, Sol m div schweizer u dt Orch, KamMPartner div Sol, Debüt Wigmore Hall London 97. – **Aufn/RF:** DRS, Live-Übertr Radio DRS2, CD-Aufn m Werken v F Schubert u F Liszt 97.

Thanner, Adelheid Maria, Sopran; St Johannesstr 1, Vogach, D-82293 Mittelstetten, T: (0 82 02) 7 70, F: 90 32 02 [Steinhöring 8.5.1955]. Konzert, Lied, neue Musik **Ausb:** Stud (Kl) Richard-Strauss-Kons München 73–78, Stud (Ges) H f M München 78–84. **Pr:** Ausz Pfitzner-Wettb 89, Förderpr Musik d Ldshauptstadt München 01.

Thauer, Edith, Prof, Hochschullehrerin, Klavier; Zellinger Str 34, D-97274 Leinach, T: (0 93 64) 23 41. **Laufb:** LBeauftr (Kl, Didaktik, Methodik) H f M Würzburg. (Red)

The, Yu-Lien, Klavier; Sedanstr 40, D-30161 Hannover. **Pr:** Stip Dt Musikwettb Sol Berlin 99. (Red)

Theiler, Christoph, Komponist; Grundsteingasse 44/1/5, A-1160 Wien, T: (01) 4 07 42 62, *theiler@tO.or.at* [Ebermannstadt 28.3.1959]. Konzertmusik, Hörspielmusik, Klanginstallationen, elektron Musik **Ausb:** Stud Kl (E Appel), Schlgz (H Schwandter), Komp (H-L Schilling) Kons Nürnberg 72–80, Kl (E Trauer) MH Stuttgart 80–82, Kl (L Brumberg), Analyse (K-H Füssl) Kons Wien 82–86. **Laufb:** Korr OpHaus Nürnberg 79–80, Solist Konz in Österr, Dtschld, Schweiz, Frankr 80–90, KonzTätigkeit m V Balzalorsky (V) in Jugoslawien, Österr, Dtschld, Belgien 86–96, Komp f Th 'meyerhold unltd' 94–97, Hörspielkomp f ORF, BR, DtschldRadio u WDR. **Pr:** KompPr Stadt Stuttgart 82, KompPr 'Luis de Narvàez-Granada' 93, bes Würdigung KompWettb ICONS Turin 95, 3. Pr KompWettb d 'Prof-Ivan-Spassov-Found' Bulgarien 98. **Ens:** KamMEns m G Hamann (Va), V Balzakorsky (V) Th 'meyerhold unltd' Wien, machfeld.net (Multimedia). – **Komp:** 13 Bilder f StrQua (KonzM) 82, UA Stuttgart 83; StrQua (KonzM) 91, UA Granada 94; In memoriam Thelonious Monk (KonzM) 94; Impr f Va od Vcl (KonzM) 96, UA Oberwart 97; Vier Jahreszeiten in Sarajevo (KonzM) 94–98; Armierung f gr Orch (KonzM) 98, UA Sevilla 98; StrQua (KonzM) 98/99, UA St Petersburg 01; GATE II u III (Klanginstallation), UA Lindabrunn 01; Fabric/Drehbank (Klanginstallation), UA Darmstadt 2000; Wideness-Nearness (TB-Komp), UA Baltimore, art@radio; Pergament III (Klar, Vcl, Kl), UA Dortmund 03; Membran II (Sax, E-Git, MW-Sender), UABerlin 02. **AuftrKomp:** HörspielM zu: 'Der gelbe Stern', UA ORF 97 (Auftr: ORF/DeutschlandRadio); 'Ausrangiert', UA ORF 97 (Auftr: ORF); 'Buchstaben, die man in einen Baum ritzt', UA DeutschlandRadio 98; 'Nur Mut', UA ORF 99 (Auftr: ORF); 'Im Tosen d Stadt', UA ORF 99 (Auftr: ORF); 'Dein Wort ist meines Fusses Leuchte', UA ORF 99 (Auftr: ORF/WDR/BR); 'Fort mit Schaden', UA WDR 2000; 'Die zerstörte Ordnung d Sergeanten Keld', UA WDR 01; 'Die Gedankenseherin', UA DeutschlandRadio 02.

Theiler, Peter, Generalintendant; c/o Musiktheater im Revier, Kennedypl, D-45881 Gelsenkirchen, PF 101854, D-45818 Gelsenkirchen, T: (02 09) 4 09 70, F: 4 09 72 50, *info@musiktheater-im-revier.de*; *www.musiktheater-im-revier.de* [Basel 1956]. **Laufb:** Betriebsdir u Reg Op de Nice 89, Dir' 'Perspectives' 91–95, Oberspiellt u Bühnenbildner Op NatTh Mannheim 94–96, Dir ensemb!e Theâtre des Régions Biel/Bienne-Solothurn 96–01, Generalint MTh im Revier Gelsenkirchen seit SpZ 01/02. **Mitgl:** Officier L'Ordre des Arts et Lettres.

Theill, Karola, Prof, Hochschullehrerin; Haydnallee 49, D-14612 Falkensee, T: (33 22) 21 52 09; Hochschule f Künste, FB Musik, Dechanatstr 13–15, D-28195 Bremen. **Laufb:** Prof (Lied- u Orat-Stud, Ens) H f M u Th Hamburg, Prof (Liedgest) HdK Bremen. (Red)

Theimer, Uwe, Prof, Dirigent, Hochschullehrer; Univ f Musik u Darst Kunst, Inst f Gesang u Musiktheater, Penzingerstr 7, A-1140 Wien, T: (01) 4 79 89 65, 7 11 55, F: 4 79 89 65, 7 11 55, *Theimer@mdw.ac.at* [Prag 9.7.1944]. Sologesang u Musikdramat Darstellung **Ausb:** Lehrerbildungsanst Wien, Akad f Musik u Darst Kunst Wien. **Laufb:** Kapm b d Wiener Sängerknaben, Leiter d Chorus Viennensis, Korr a d Wiener Staatsoper u musik Ass v Karl Böhm, Lorin Maazel u James Levine b d Salzburger FSp, Studienl a d Wiener Volksoper, Dgt a d Wiener Kammeroper und Wiener Volksoper, Int Niederösterr Operettensommer seit 99, o UProf U f Musik u Darst Kunst Wien 2000.

Theiner, Lieselotte, Dr, Pianistin; Mariahilferstr 113/26, A-1060 Wien, T: (01) 5 96 16 27, (06 76) 9 24 62 22, F: (01) 5 96 16 27, (06 76) 9 24 62 23, *lilo.walter@theiner-breitner.at*, *lilo-walter@utanet.at*; A-2162 Falkenstein 254, T: (06 64) 4 71 78 64; *www.theiner-breitner.at* [Wien 4.5.1946]. Impressionismus, zeitgen Musik aus Österreich **Ausb:** Stud (Kl) MAkad Wien 52–67, Sommerkse Paris 65–66, Stud (MWiss) U Wien 65–70. **Laufb:** Tourneen: Polen 96, 98, 99, England 96, Frankreich 98, stellv Lt Inst f Österr Musikdokumentation Wien. **Pr:** Abgangspr Akad f M u Darst Kunst Wien. **Ens:** 3-T-Trio, 2-T-Duo, Klavierduo Theiner & Breitner, TH-Trio. **Mitgl:** Vorstandsmitgl INÖK 96–99, GF Kulturverein WORT-TON-ART. – **Aufn/RF:** CDs/LPs: F Poulenc: Sonate (f 2 Kl) 66; W Breitner: Kinderreime 95; ders: Klaviertrio 97; A Uhl: Commedia musicale 95; ders: Sonate Nr.1 (f Vcl u Kl) 95; H Erbse: 7 Skizzen (f Vcl u Kl) 96; P Kont: Heptameron 96; ders: Italien Suiten 96; ders: Klaviertrio 96; ders: Fragmente (f Vcl u Kl) 96; ders: Eichendorff-Lieder 96; F Dallinger: Suite, m W Breitner, 97; A Kubizec: Pro u Contra, m W Breitner, 97; B Sulzer: Colloquium 97. **UA:** H Erbse: Sonate (f 2 Kl) 95; W Breitner: Madrimombascubiscaya (Kl 4händ) 93; ders: Merowingische Toccata u Wutmarsch; ders: Paradiesische Ruhe; ders: Lieder (nach Texten v Csokor u Fried); ders: Frühjahrsara-Phrasen; ders: Gral goes TV; ders: Ein Amerikaner in Schönbrunn; ders: Toccata; ders: Hommage à Edualc Yssubed; ders: 14 Spiegel; ders: Trio (Klar, Vcl, Kl); R Bonelli: Streiflichter; R Heller: Essay; K Schwertsig: Kleiner Festakt; F Leitermeyer: Toccata; ders: Wiener Herzen; R Parufnik: Stück in Arbeit; J L Petit: RA (2 Kl); B Sulzer: die Fledermaus – quergehört; ders: Vermischte Reflexionen über 'D Rosensteiner' (J Lanner); ders: 'Aida, ove sei tu?'; F Thürauer: Tasten-Duo, F Weiss: Boogie; ders: 'mehr meier als bieder'; ders: Keine Angst vor der Hölle (2 Kl); F Zebinger: Bilder keiner Ausstellung; F Dallinger: Lanner-Kaleidoskop; ders: Kleine Suite; ders: Metamorphosen über ein Thema v M Reger (Vcl, Kl); R Clemencic: Klavierduo; E Eder: Rondo Grande; H Erbse: Scherzo; N Theodoroff: Trilogie; P W Fürst: Hermann u Dorothea; ders: Roma Romantica; H Gattermeyer: Millenniumsduo; ders: Spanische Suite; ders: Lanner-Paraphrasen; ders: Intrada 'Old America'; ders: Kirbisch-Suite; K Haidmayer: John Synthesizer Bach; D Kaufmann: Flügelschlag; K A Huber: D Spiegelwelt d linken Weges; P Kont: Hommage à Brahms; ders: Hommage à Prokofieff; ders: Hommage à Mozart; ders: Paraphrasen über 'Sissi'; ders: Kleine Salonmusik; A F Kropfreiter: 3 Bagatellen; ders: Von Lanner zu Schubert; ders: Ouverture-Tema con variazioni-Finale; U Küchl: Stress; H Raffaseder: Sketches from Nowhere; W Liebhart: For two (2 Kl); M Amon: Inseln (Vcl, Kl); K Rapf: Szene (Vcl; Kl), ders., Three pieces of the same cake 04; B Sulzer: Nur nicht Rosamunde (Kl solo); ders: Impromptu (Kl solo); Breitner: Trio (Klar, Vcl, Kl). **Zug:** zahlr, vgl UA. **Lit:** Who is who in Österreich 98, EU-Who is who 03.

Theis, Ernst, Dirigent; c/o Staatsoperette Dresden, Pirnaer Landstr 131, D-01257 Dresden, T: (03 51) 20 79 90, *info@staatsoperette.de*; *www.staatsoperette-dresden.de*, *www.proartservice.com* [Oberösterreich 1961]. **Laufb:** Chefdgt Staatsoptte Dresden seit SpZ 03/04, Dgt Volkoper Wien SpZ 03/04. (Red)

Theis, Wolfgang, Sänger; c/o Theater Augsburg, Kasernstr 4–6, D-86044 Augsburg, PF 111949, D-86044 Augsburg, T: (01 73) 3 23 15 05. **Laufb:** Sol Th Augsburg SpZ 03/05. (Red)

Thelen, Dagmar, Solorepetitorin; Mariawaldstr 11, D-50935 Köln, T: (02 21) 4 30 39 88, (01 77) 6 57 56 07. **Laufb:** Solrep Dt Op am Rhein Düsseldorf-Duisburg SpZ 03/05. (Red)

Then-Bergh, Ismene, Konzertmeisterin; Bochumer Symphoniker, Prinz-Regent-Str 50–60, D-44795 Bochum, T: (0 23 30) 80 18 79. **Laufb:** Konzm Bochumer Symphoniker. (Red)

Théodoloz, Annelise, Mezzo-Sopran; av de la Harpe 20B, CH-1007 Lausanne, T: 02 16 17 27 71; c/o Catherine Schoendorff Felix, av du Tribunal Fédéral 25, CH-1005 Lausanne. **Ausb:** Cons Lausanne, Guildhall School of Music and Drama London. **Laufb:** Sol, ZusArb ua m Orch de la Suisse Romande, Orch de Chambre Lausanne, Israel Chamber Orch, Amsterdamse Bach Soloisten, Orch Nat Lyon, Op-Debüt National Hungarian Op 96, Op Nancy 98, Op Fribourg 98/99, Op Nancy 99/2000, Grand Th Tours, Th Caen 2000. (Red)

Theodoridis, Christian, Sänger; Klettestr 50, D-01257 Dresden, T: (03 51) 3 11 74 83, *christiantheodoridis@gmx.net*. **Laufb:** Sol Staatsoptte Dresden. (Red)

Theodoridou, Sonia, Sängerin (Sopran); c/o Prime Art Cultural Productions Ltd, 3 Hadjiyanni Mexi st. & Vass. Sofias Ave, GR-11528 Athen, T: 17 21 14 14, F: 17 29 38 22, *primeart@primeart.gr* [Veria, Griechenland]. **Ausb:** Stud Griech NatKons 'Manolis Kalomiris'. **Laufb:** Gastsol Dt Op Berlin, Staatsop Berlin, Staatsop Hamburg, München, Th Royal de la Monnaie Brüssel, Th du Châtelet Paris, Teatro Comunale Florenz, Op Lyon, Schwetzinger FSp, div bedeutenden Musikzentren Griechenlands; ZusArb m W Sawallisch, Z Mehta, A Pappano, R Jacobs, C v Dohnanyi, G Albrecht, G Bertini, I Fischer, M Viotti, F Brüggen; Int OpTätigk; Lt Institut 'Human Voice' Veria.

Theorin, Iréne, Sopran; Östra Förstadsgatan 2, S-21131 Malmö; c/o Theateragentur Heidi Steinhaus, Senftlstr 1, D-81541 München, T: (0 89) 93 93 01 10, F: 93 93 01 11, *info@heidi-steinhaus.de*. **Ens:** Gastsol OpHaus Nürnberg ab 03. (Red)

Theurillat, Franziskus, Horn; Baselstr 68, CH-4153 Reinach, T: 06 17 12 22 40 [Basel]. **Ausb:** Stud (J Brejza) MAkad Basel, LDipl 86, Orch-Konzreifedipl 87. **Laufb:** Mitgl Radio-SinfOrch Basel 88–90, Sol (Hn) Städt Orch St Gallen 90–91, Radio-SinfOrch Basel seit 92, SinfOrch Basel seit 97. (Red)

Theuring, Günther, Dirigent; Hauptstr 67, A-1030 Wien, T: (01) 7 14 61 25; Univ f Musik u Darst Kunst, Inst f Musikleitung, Antorn-von-Webern-Pl 1, A-1030 Wien, *theuring@mdw.ac.at*. **Ausb:** ChDirig (F Grossmann), OrchDirig (H Swarowsky). **Laufb:** Ltg Akad KamCh seit 55, Grdg Wiener Jeunesse-Ch 59 u Ens Contraste Wien 71; Ltg Leipziger RFCh, ORF-Ch, Ch BR, Wiener Singakad, Berliner RFCh, Ch Dän RF; Dgt Wiener Symph, GewandhausOrch Leipzig, Orch Scala Milano, Jerusalem Symph Orch, Slowak Philh, ORF

SymphOrch; Fstvs Israel, Barcelona, Wiener FestW, Monreale, Palermo; Ordinarius Dgt-Klasse H f M u Darst Kunst Wien 73–99, künstl Lt 'Wiener Mstrkse' seit 74, künstl Lt '1. Weltsympos f ChM' 87. **Pr:** Gold Verdienstz Rep Österr, Österr Ehrenkreuz f Wiss u Kunst 1. Klasse. (Red)

Theus, Christine, Violoncello; Weinbergstr 148, CH-8006 Zürich, T: 0 13 61 02 61, F: 0 13 61 02 61; Opernhaus, Falkenstr 1, CH-8008 Zürich. **Ausb:** Stud Vcl (R Flachot) Kons Basel, (C Henkel) Freiburg iBr, (W Boettcher) UdK Berlin, (H Schiff). **Laufb:** ZusArb m L Nono, H Lachenmann, K Huber, I Xenakis, Sol u KamM b Fstv, stellvertr Solocellistin Orch d Op Zürich seit 85. **Ens:** opera nova Zürich. – **Sonst:** Grd Ens opera nova Zürich. (Red)

Theus, Urs-Michael, Musikdirektor, Chefdirigent; c/o Theater Lüneburg GmbH, An den Reeperbahnen 3, D-21335 Lüneburg, PF 2829, D-21318 Lüneburg [1959]. **Laufb:** Musikdir u Chefdgt Th Lüneburg, MD Lüneburger Synfoniker. (Red)

Thewes, Bernd, MA, Komponist; Leibnizstr 54, D-55118 Mainz, T: (0 61 31) 61 18 70, F: 61 18 70, *bthw57@aol.com*; *www.bernd-thewes.net* [Saarbrücken 13.5.1957]. Neue Musik **Ausb:** Stud (SchM) MH Saarbrücken 78–81, Stud (MWiss) U Mainz 83–97. **Laufb:** Grd u Organ 'Illinger Burgfest f Neue Musik' 88–97, Auff b 'Musik im 20. Jh' d SR 93, 96, 98, 'ars nova' d SWR 95, 'klangaktionen' München 96, 'Saarbrücker KamMTage' 99, 'Forum Neue Musik' d HR 2000, 'musica viva' d BR, ua RF-Prod b SR, HR u BR. **Pr:** Förderstip Ldeshauptst Saarbrücken 95, Cité Int des Arts Paris 97. **Mitgl:** DKV. – **Komp:** Umrisszeichnung e Gefühls (KamM), UA Mainz, D Wiesner, M Gross, B T 92; Paraphrasen zu d 7 Sieben des Salzhändlers (Ens), UA Saarbrücken, Neuer MVerein Ill, Dgt: M Gross 92; Studie zu e Selbstporträt (Ens), UA Saarbrücken, Neuer MVerein Ill, Dgt: M Gross 93; motion picture (Pos Solo), UA Saarbrücken, M Svoboda 96; blocksubstitut (StrTrio), UA Illingen, Trio Recherche 97; off line (Pos-Konz), UA Saarbrücken, M Svoboda, Ens Aventure 98; 'Herr u Frau Goldkopf' nach H Ball (konz Op), UA Saarbrücken, Ens Pan-Arte 99; morg(u)estern (Orch), UA Frankfurt, Radio-Sinf-Orch Frankfurt/M, Dgt: P Rundel 2000; SchlgzQua II, UA Köln, SchlgQua Köln 2000; wait for the ricochet (StrQua u Klanginst), UA Mainz, Habà-Qua 2000; Code – Figur auf Landschaft (Fl u 5-Kanal-Zuspiel), UA Berlin, m D Wiesner 02; RICOCHET (f präp Kl), UA Mainz, m P v Blumröder 05. **Aufn/RF:** 'B T – Kompositionen', M Svoboda, D Rothbrust, Ens Aventure, SchlagQua Köln, Radio-SinfOrch Frankfurt/M, Dgt: P Rundel (CD). **Lit:** 'child in time' Der Komp B T (hr 2 'Neue Musik') 2000; 'Dorfmusik u Emerson, Lake & Palmer', in: Anfänge 03; 'Zwischen Klanginstallation u Konz', in: MusikTexte 95, 02.

Thiede, Helga, Sängerin; c/o Niedersächsische Staatstheater Hannover, Opernpl 1, D-30159 Hannover. **Laufb:** Sol Sächs Staatsop Dresden, Gastsol Op Hannover SpZ 04/05. (*)

Thiel, Wolfgang, Dr phil, HonProf, Komponist, Musikschuldirektor, Hochschullehrer; Leiblstr 12, D-14467 Potsdam, T: (03 31) 2 70 42 44, F: 2 70 42 44 [Berlin 23.9.1947]. Komposition, Filmmusikforschung **Ausb:** Stud MWiss (G Knepler, H A Brockhaus) Humboldt U Berlin 66–73, Prom 75, Stud Komp (W Hohensee, A Asriel) u Kontrapunkt (R Zechlin) H f M 'Hanns Eisler' Berlin, 69–74, Mstrsch (S Matthus) Akad d Künste d DDR 79–81. **Laufb:** Freischaffender Komp u Musikwiss75–90, Dir städt MSch 'Johann Sebastian Bach' Potsdam seit 91, HonProf (Filmmusik) H f M 'Hanns Eisler' Berlin seit 92. – **Komp:** 2. Klaviersonate 79, UA Berlin, G Kupfernagel 82; Schiff im Eismeer oder Die gescheiterte Hoffnung (4 OrchStücke zu Bildern v C D Friedrich) 87–89, UA Potsdam, Orch d Th Potsdam, Dgt: T Ukigaya) 91; 2 Sinf, Kantate 'Ehrfurcht vor d Leben' (n Texten v A Schweitzer), Kl- u OrgelW; KamM in versch Besetzungen, Lieder, 50 FilmM. **Sonst:** 'Filmmusik in Geschichte u Gegenwart' 81.

Thiele, Franz-Wilhelm, Dr, Prof, Hochschullehrer, Kirchenmusiker; Hochschule f Musik u Theater, Emmichpl 1, D-30175 Hannover, *franz-wilhelm.thiele@bistum-hildesheim.de*. **Laufb:** LBeauftr (Liturgik) H f M u Th Hannover. (Red)

Thiele, Siegfried, Prof em, Komponist, Hochschullehrer; Poetenweg 19, D-04155 Leipzig, T: (03 41) 5 90 61 73 [Chemnitz 28.3.1934]. **Ausb:** Stud (Dirig, Komp) Leipzig 53–58. **Laufb:** LTätigkeit an MSch, Prof H f Musik Leipzig 84, Rektor ebd 90–97. **Pr:** Kunstpr Stadt Leipzig, Kunstpr d DDR, Freie Akad d Künste Leipzig, Sächs Akad d Künste, Verdienstorden d Freistaates Sachsen. – **Komp:** Hommage à Machaut (Vokalsinf) 77, UA Leipzig, G Pohl, S Lorenz, Gewandhaus-Orch, Dgt: Masur 78; Wolkenbilder 77, UA Leipzig, Leipz Kam-Orch, Dgt: Moosdorf 77; Übungen im Verwandeln (M f Str) 78, UA Dresden, Staatskap, Dgt: Blomstedt 78 (Auftr: Staatskap Dresden); Gesänge an die Sonne (f Alt, Tenor, Chor, Org u Orch), UA Leipzig, Gewandhaus, Dgt: K Masur 81 (Auftr: Gewandhaus); Prophezeiungen (Chorzyklus) 87, UA Leipzig, RF-Chor Lpz, Dgt: Frischmuth 88; L'homme, l'univers, la pensée (f Sop u 11 Instr), UA Dresden, S Weiss, Dgt: J Wirrmann 98 (Auftr: Dresdner Zentrum f zeitgen Musik); Erdengesänge (Vokalsinf) 89–92, UA Leipzig 93 (Auftr: Gewandhaus); Wolkenbilder-Chöre (Chorzyklus), UA Leipzig, MDR-Chor, Dgt: H Arman 01 (Auftr: MDR); Gebet d Zoroaster f KamCh u Okt, UA Leipzig, Dgt: Schuldt-Jensen 04 (Auftr: Gewandhaus). **Sonst:** Vortragstätigkeit, musik-analyt Veröffentlichungen (Vitry, Bruckner, Bartók, Bach). **Lit:** E Kneipel: S T – für Sie porträtiert 90.

Thielemann, Christian, GMD, Generalmusikdirektor, Künstlerischer Leiter; Münchner Philharmoniker, Kellerstr 4, D-81667 München. **Laufb:** GMD u künstl Ltg d Konz d Orch d Dt Op Berlin 97–04, GMD Münchner Philh seit SpZ 04/05, Dgt Wiener Staatsop SpZ 04/05. **Pr:** BVK 03.

Thieme, Helga, Prof, Hochschullehrerin, Klavier; Treitschkestr 23, D-12163 Berlin, T: (0 30) 8 22 08 87. **Laufb:** LBeauftr (Kl) H d Künste Berlin. (Red)

Thieme, Ulrich, Dr, Prof, Hochschullehrer, Blockflöte; Hochschule f Musik u Theater, Emmichpl 1, D-30175 Hannover. **Ausb:** Stud (Bfl, SchM, Philosophie, MWiss) MH u Univ Köln. **Laufb:** Mithg Zs TIBIA, Vizepräs deutschen Sektion d ERTA (European Recorder Teachers Assoc), Prof (Blockfl) H f M u Th Hannover seit 82. (Red)

Thiergärtner, Carmen, Mandoline, Musikpädagogin; c/o Musikverlag Vogt & Fritz, Inh Elke Tober-Vogt, Friedrich-Stein-Str 10, D-97421 Schweinfurt, T: (0 97 21) 2 01 90 10, F: 2 01 90 15, *vogtfritz@t-online.de*; *www.vogtundfritz.de*. musikal Ausb v Kindern u Jugendl **Laufb:** Ltg Jugendzupforch Schweinfurt, L (Mand) MSch Schweinfurt, Sol, Doz BDZ, Mitgl Nordrhein-Westfäl Landesjugendzupforch u Bayer Landeszupforch. (*)

Thies, Sabine, Sopran; c/o Fathali, Zeisigweg 12, D-60598 Frankfurt, *cavallerotti@t-online.de*. **Ausb:** OpSchule d H f M München, Gast am Richard-Strauss-Kons München. **Laufb:** Münchner Musikth, Münchner Prinzregententh, Sol Südt Kammerop Weißenhorn, freie Sängerin in d Bereichen Op, Oratorium, KonzGes, Optte u Musical. (Red)

Thies, Volker, lyr Tenor, Klavier; Wittekamp 14, D-30177 Hannover, T: (05 11) 3 90 69 60, 01 75–1 64 53 64; c/o Kanapee Künstler Büro Barbara Blust, Edenstr 1, D-30161 Hannover, T: (05 11) 3 18 05 27, F: 3 18 05 29, *barbara.blust@kuenstler-buero.de* [Oldenburg]. **Ausb:** Stud (SchM) H f M Hannover ab 87, Fachexamen 91, Stud Ges (W Reimer) H f M Hannover, Unterr b R Leisenheimer, C Eder, F Araiza, P Schreier, Op-Solo-Diplom 97. **Laufb:** Gastsol KamOp Schloss Rheinsberg 94/95, Sol Th Hagen 96–01, Gastsol Savonlinna Op Fstv 97, Ens Niedersächsische Staatsop Hannover seit 01. **Pr:** Stip Richard-Wagner-Stift 96. (Red)

Thim, Günter, Komponist; Kilian-Leib-Str 98, D-85072 Eichstätt, T: (0 84 21) 14 81 [Zanow 3.5.1922]. KamM **Ausb:** Stud (Päd, MWiss, Kunstgesch, Komp, Kl). **Laufb:** freiberufl, Schuldienst u LBeauftr Inst f Kirchen- u SchM PH Eichstätt 55–84. **Pr:** KompPr Gerhard-Maasz-Stift, Stift Ostdt Kulturrat, Konrad-Wölki-Komppr, Bürgermed Eichstätt, Pr Carl-Woitschach-Stift. **Mitgl:** DKV. – **Komp:** Messe (ChW) 57, UA Berlin 58; John Kabys (KamOp) 68, UA Eichstätt 69; Klavier-Trio (KamM) 72, UA Nürnberg 89; Scène traumatique (OrchW) 77; Wohin es geht (Kant) 89, UA Friedrichshafen 90; Danach (KamM), UA Berlin 91; Horizonte (Konz) 94, UA Schweinfurt 95; Hornqua 96; 'Capriccio' (f Bläserqui) 97; 'Reflexe I' (f Bassklar), UA Berlin 96; 'Reflexe II' (f Bassklar), UA Berlin 97; SaxTrio, UA Eichstätt 97; SaxDuo, UA Eichstätt 97; Blechbläserqua 98; 'Lobgesang' (f gem Chor a capp), UA 98; 'Kein Raum in d Herberge' (f 2 Sop u Alt m Orgel) 99; 'Epilog' (f StrOrch u Prinzipalgeige) 2000. **Auftr-Komp:** 'Erinnerungsstück' (f Klar u StrOrch), UA Eichstätt 92. **Aufn/RF:** StrQua, BR 65; 'Toccata' (f 2 Kl), BR 75; 'Fantasie' (f Org), BR 82; 'Seirenes' (f V u Kl), BR 86; 'Metamorphosen' (f Kl), BR 89; 'Jahrtag' (f Klar u Kl), BR 91; 'Spiegelung' (f 4 Sax), UA 94. **UA:** 'Stationen' (f V u StrOrch) 02. **Zug:** 'In Memoriam Josef Knörgl' (KlSon) 83.

Thirvaudey, Ludovic, Komponist, Bass; rue Cavour 7, CH-1203 Genéve. (*)

Thönes, Jo, Prof, konzertierender Musiker, Hochschullehrer, Schlagwerk; Paul-Schneider-Str 38, D-99425 Weimar, T: (0 36 43) 51 54 90, F: 51 54 90, *jk.thoenes@freenet.de*; H für Musik 'Franz Liszt', PF 2552, D-99406 Weimar [Opladen (jetzt Leverkusen) 28.11.1958]. zeitgen Jazz **Ausb:** Rhein MSchule Köln 76, klass Schlgw (Ch Caskel) ebd 77–79. **Laufb:** Manfred Schoof Orch 80–88, Tony Oxley Celebration Orch 94, 98, Klaus König H.E.A.R.T. Project 98, Klaus König Orchestra 99; Tourneen f Goethe-Inst m Manfred Schoof Qua Jugoslawien 82, m dens DDR 83, m Christof Lauer Qua Südostasien 85, M Rainer Brüninghaus Trio östl Mittelmeerraum 86, m APARIS östl Mittelmeerraum 91, Ost-Europa u Hong Kong 93; Prof (Drumset Jazz) H f Musik 'Franz Liszt' Weimar 96. **Pr:** Prtr WDR-Wettb 'Stadtmusik' 85. **Ens:** Manfred Schoof Trio/Qua 79–84, A Mangelsdorff Trio 81–82, Dt-Frz Jazz Ens 81–83, Christof Lauer Qua 82–85, Uli Beckerhoff Group 81–83 u 92–99, Busch/Thönes/van der Geld 83–86, H Read 'Alto Music' 92–95, APARIS (Trio) 89–97, Quatuor pour L'Avenir seit 03. – **Aufn/RF:** 'The Glassblower', m Reinhard Glöder Qua 82; 'Reflections', m Manfred Schoof Orch 84; 'Song Of A Wayfarer', m Hugo Reads 'Alto Music' 93; 'Private Life', m Uli Beckerhoff Group 93; 'Aparis', m APARIS 90; 'Despite The Fire-Fighters' Efforts...' m dens 93; 'Songs and Solos', m Klaus König Orch 2000.

Thoma, Ernst, Komponist; Flurweg 1, CH-8260 Stein am Rhein, T: 05 27 41 26 77. (Red)

Thoma, Pierre, Komponist; ch des Champs-Gottreux 8, CH-1212 Grand-Lancy, T: 02 27 94 39 04, F: 02 27 94 39 04, *thomap@bluewin.ch*; *www.musicedition.ch/special/thoma.htm*. (Red)

Thoma, Xaver Paul, Komponist; Raunerstr 35, D-73230 Kirchheim/Teck, T: (0 70 21) 98 23 13 [Haslach i K 5.2.1953]. **Ausb:** Stud V, Va, KiM (A Dietrich, J-W Jahn), Theorie (R Weber, E-W Velte) MH Karlsruhe ab 68. **Laufb:** Bratschist Bad Staatskap 72–77, Wahl-Qua 72–80, Bayreuther FSp-Orch 77–93, freie Mitarb in versch Orch, freischaff Komp u Bratschist. **Pr:** Niedersächs Künstlerstip 83, Niedersächs Arbeitsstip 84. – **Komp:** Streichtrio op 73 88, UA Karlsruhe 89; II. Kammer-Symph op 76 88/89, UA Dresden, Musica-Viva-Ens 89; Musik f Orch 'Concerto grosso' op 78, UA Freiburg, Philharmonie-Orch Freiburg, Dgt: D C Runnicles 90; Draußen vor der Tür op 86 (Op) 90/93, UA Hannover 94; 'Wie ein zerissen Saitenspiel' op 95 (Konz f V u Orch) 94, UA Stuttgart, J Schall, Staatsorch Stuttgart, Dgt: Ph Auguin 95; 'Kafka' Tanzth in 24 Bildern op 100 (BallettM) 95/96, UA Hannover 97; Konz f Ob d'amore u Orch op 107, UA Augsburg, G Veith, Philh Orch Augsburg, Dgt: P Leonard 98. (Red)

Thomann, Mario, Sänger; Waldsiedlung 58, D-17235 Neustrelitz, T: (0 39 81) 44 24 16; c/o Landestheater Mecklenburg Neustrelitz / Neubrandenburg, Friedrich-Ludwig-Jahn-Str 14, D-17235 Neustrelitz. **Laufb:** Sol u Regieassistent Landesth Mecklenburg Neustrelitz. (Red)

Thomas-Mifune, Werner, Prof, Komponist, Hochschullehrer; Denninger Str 100, D-81925 München, F: (0 89) 91 14 01. (Red)

Thomas, Birgit, Sängerin; Am Heidesheimer Weg 39, D-55257 Budenheim, T: (0 61 39) 67 14. **Ausb:** MH Heidelberg/Mannheim Bühnenreifeprüfung 88. **Laufb:** Sol Staatsth Mainz 91–98, freiberufl Opernsängerin, Gastsol ua Th Baden Baden 87–89, Nationalth Mannheim, Staatsth Darmstadt, Dt Op am Rhein, Pfalzth Kaiserslautern, DomFSp Bad Gandersheim, SchlossFSp Heidelberg, TV-Produktionen. (*)

Thomas, Caroline, Prof, Sopran, Hochschullehrerin; Am Küchenbusch 4, D-48161 Münster, T: (02 51) 53 13 02, 01 76 21 11 50 05, F: 5 34 73 59, *carolinethomas2000@yahoo.com*; Hochschule f Musik, Neustadt 22, D-32756 Detmold [Atlanta, GA, USA 15.10.1959]. Wagner, Verdi, Strauss, Puccini **Ausb:** Stud Juilliard Op Center New York 87–89, Curtis Inst of M Philadelphia MM 84–86, Stud privat (B Fassbaender, J Beckman, J Levy). **Laufb:** Sol Städt Bühnen Münster 96/01, Malmö Schweden 2000 Tiroler Ldesth Innsbruck 01/02 u 03/04, Teatro Bellini Catania 02, Seattle Op Washington 03. **Pr:** Förderpr Münster 98, Puccini Foundation New York 90, Wagner Soc New York 90. – **Sonst:** 'Ring' in Münster.

Thomas, Kelly, Solokorrepetitor; c/o Opernhaus Zürich, Falkenstr 1, CH-8008 Zürich, T: 0 12 68 64 00; *www.opernhaus.ch*. **Laufb:** Solokorr Op Zürich. (Red)

Thomas, Ludwig, Bariton; c/o Konzert Agentur Suzanne Gfeller, Homelstr 34, CH-4114 Hofstetten, T: 06 17 33 03 73, F: 06 17 33 03 74, *gfeller@konzert.ch* [München 1957]. **Pr:** 'Singphoniker': 1. Pr int ChWettb Gorizia/Italien 88, Prix Charles Cros v Radio France ua. **Ens:** Mitgl Ens 'Singphoniker'. (Red)

Thomas, Marco, Prof, Hochschullehrer, Klarinette; Landweg 21, D-28203 Bremen, T: (01 77) 8 85 52 12, *marco@clarinet-news.de*; Hochschule f Künste, FB Musik, Dechanatstr 13–15, D-28195 Bremen; *www.clarinet-news.de*. **Ausb:** SfM Halle 84–90 Rudi Reski; HfM Leipzig 90–96 Klaus Stöckel; Orchesterakad Berliner Philh 95–96 Fuchs. **Laufb:** Soloklar G-M-Jugendorch 95–96; Soloklar Berliner Philh 97–99; Soloklar Mahler Chamber Orch97–2000; Prof f Klar HfK Bremen seit 2000; Mitwirkung ua im Chamber Orch of Europe, Dt Op Berlin, Bamberger Symph, Dt Sinfonieorch Berlin, Dt Kammerphilh Bremen; als KamMusiker u Solist im In- u Ausland tätig. **Pr:** Gewandhausstip 94. **Ens:** Salonorch Cappuccino Leipzig, Ens Clarinet News, Ens Punto It. – **Aufn/RF:** zahlr Aufn m Berliner Philh ua unter: Solti, Abbado, Barenboim, Harnoncourt u Wand; ua Verdi-CD m R Alanga (Macht d Schicksals 'La Vita e Inferno'); Aufn f Radioanstalten in Dtld, Schweiz, Frankreich u Italien, ua Klar-Qui v Mozart u Brahms. **Sonst:** Grd d Norddt Klarinettentage.

Thomas, Stefan, Komponist; Ferdinandstr 31, D-51063 Köln, T: (02 21) 81 29 66, F: 81 29 66, *stef.thomas@freenet.de*; Dammstr 16, D-63165 Mühlheim, T: (0 61 08) 99 01 14 [Offenbach 7.2.1968]. KamM **Ausb:** Komp (G Schedl), Kl (Th Lungu) Dr Hoch's Kons Frankfurt/M 82–90, Musikstud Komp (K Meyer), Kl (Psi-Hsien-Chen, P Degenhardt), Musiktheorie (R Löbner, F Jaecker) MH Köln 90; Komp Meisterklasse (T Keuris) Hogeschool voor de Kunsten, Utrecht/NL 92–95, Reifeprüfung m Ausz 95. **Laufb:** L (Kl, Theorie) MSchule Lüdenscheid seit 94, freiberufl Tätigkeiten als Komp u Pianist, LAuftr (theoret Fächer) MH Köln 96–99. **Pr:** 1. Pr Wettb 'Junge Europ Komp in Leipzig', 1. Pr 'Int KompWettb Joseph Haydn' Eisenstadt, Österr 97, Stip Konrad-Adenauer-Stift 2000–01. **Ens:** Duo m C Rall (Sax), KlDuo m F Zabel. – **Komp:** Sonate f Alt-Sax u Kl, UA Herne, Hibernias-Schule 93; Veränderungen (3 BassBfl), UA Celle, Beckmann-Saal 93; Postludium (Kl Solo), UA Schloss Morsbroich 97; Four toys for orchestra (KamM), Ua Eisenstadt, Haydn-Saal Schloss Esterhazy 97; SaxQua 97, UA Köln, Alte Feuerwach 98; Relaciones (f Fl u Git) 97, UA New York, Dt Konsulat, Duo Bozza 98; Plainte (f SaxEns) 01, UA Lörrach, Raschér-SaxEns 01. **AuftrKomp:** Selffulfilling Processes (f 10 BlechBl) 98, UA Wuppertal, Stadthalle, Ens 'Brass Partout', Dgt: H Bäumer 98 (Auftr: Ens 'Brass Partout'); 'Drei Bagatellen' (f TenorBfl) 97, UA Calw 99 (Auftr: Int BflSymposion Calw); Bläserqui 2000, UA Siegerlandhalle 01 (Auftr: Stift Kunst u Kultur NRW); 'Laberintos' (f TenorBfl, Sop u V) nach Texten v J L Borges 01, UA Basel, Kons, Bfl: G Lünenburger, Sop: R Weber, V: M Homburger 01 (Auftr: Moeck-Verlag). **Aufn/RF:** CDs: Veränderungen, Incontri Musicali 94; 'Postludium' (f Kl), F Steinbach 98; Portrait Essay f Git, 5 Stücke nach Texten v A Ostermaier, StrQua, Veränderungen, Sonate (f Altsax u Kl) 01; RF-Mitschnitte: Ernste Gesänge, Altsax: J-E Kelly, Vcl: F Groben, Kl: B Versteegh, Finn RF; Inherent Patterns (f 4 TenorBfl), Flautando Köln, WDR-Band; Sestetto Basso (f 2 Va, 2 Vcl u 2 KB), Va: L Ponton, A Kaufmann, Vcl: S Kalbhenn, H Peters, KB: M Wind, S Sturm, WDR; Bläserqui, Ma'alot-Qui, WDR-Band. **Sonst:** Publ ua: Essay (f Git) 92; Vier Preludes (f Kl) 93, Veränderungen (f 3 BassBfl) 94; Drei Bagatellen (f TenorBfl) 98; Inherent Patterns (f 4 TenorBfl) 98; SaxQua 2000; Relaciones (f Fl u Git) 2000.

Thomaschke, Thomas, KS, Prof, Sänger, Hochschullehrer, Intendant; Gartenstr 38, D-01796 Pirna, T: (0 35 01) 5 85 30, 0 17 24 10 04 74; Musikhochschule, Gosse Petersgrube 17–29, D-23552 Lübeck [Pirna 1943]. **Ausb:** Stud Ges (H Schwickardi, MH Dresden, A Dermota, Wien). **Laufb:** Prof (Ges) MH Lübeck, ThEng ua Mailänder Scala, Coventgarden Op London, Teatro Fenice Venedig, Staatsop München, Wien, Lissabon, Brüssel, Südafrika, Oslo, Florenz, Köln, Dresden, Leipzig, Hamburg, Berlin, Wiener Staatsop, Glyndebourner FSp. **Pr:** BVK am Bande. – **Aufn/RF:** Händel, Bach, Mozart unter N Harnoncourt (Teldec). **UA:** J Tal: D Versuchung, UA München 76. **Sonst:** Intend Dt-Tschech Fstv 'Mitte Europas' seit 92.

Thomasius, Hans-Günther, Viola; c/o MDR Sinfonieorchester, Augustuspl 9a, D-04109 Leipzig. **Laufb:** Vorspieler MDR SinfOrch Leipzig. (Red)

Thomé, Jörg-Michael, Prof, Fagott, Hochschullehrer; August-Bebel-Str 2d, D-04416 Markkleeberg, T: (03 41) 9 98 56 87, *thomezerfass@compuserve.de*; Hochschule f Musik u Theater, PF 100809, D-04008 Leipzig. **Laufb:** Doz (Fagott) Akad f Tonkunst Darmstadt, Prof H f M u Th Leipzig. (Red)

Thompson, Martin, Tenor; c/o Columbia Artists Management Inc, 165 West 57th St, New York, NY 10019–2276, U.S.A., T: (2 12) 8 41 95 00, F: 8 41 97 44, *info@cami.com* [Michigan, USA]. **Ausb:** Stud (Ges) Yale Univ. **Laufb:** Auftritte NY City Op, Wexford-Fstv, Sol Dt Op Berlin, Bayer Staatsop München, Gastsol Op Frankfurt SpZ 00/01, Op Santa Fé 03/04. – **Aufn/RF:** L Cherubini: 'Missa solemnis Nr.2 d-moll' (m Bach-Collegium Stuttgart) 92, V Bellini: 'Beatrice di Tenda' (Dt Op Berlin) 92, P I Tschaikowski: 'Evgenij Onegin' (m London Philharmonic) 94. (*)

Thonke, Claudia, Prof, Hochschullehrerin, Korrepetition (instrumental); Martin-Luther-Pl 11, D-01099 Dresden, T: (03 51) 8 03 55 17; Hochschule f Musik, PF 120039, D-01001 Dresden. **Ausb:** b Prof G Berge SpezialSch f M Dresden 69; Stud Kl, Instrkorr, Vokalkorr (b Prof G Berge, Prof G Philipp, Prof M Raithel, Prof E Herrmann) H f M Carl Maria v Weber Dresden seit 74, Staatsex DiplM 79. **Laufb:** Ass (Instrkorr) H f M Carl Maria v Weber Dresden, Prof ebd seit 94. (Red)

Thorn, Penelope, Sängerin; c/o Konzertdirektion Fritz Dietrich, Sigmund-Freud-Str 1, D-60435 Frankfurt/M, T: (0 69) 54 45 04, F: 5 48 41 07, *info@konzertdirektion-dietrich.de*. **Laufb:** Sol Saarländisches Staatsth Saarbrücken, Sol Dt Op Berlin SpZ 01–04. (Red)

Thorner-Mengedoht, Jane, Prof, Hochschullehrerin, Sängerin; H Musik u Theater, Hirschengraben 46, CH-8001 Zürich, *jane.david.thorner@bluewin.ch*. **Ausb:** Stud in d USA, Schweiz, München, Milano. **Laufb:** Prof (Didaktik, Ges) HMT Zürich. (Red)

Thorspecken, Cornelia, Dipl-Päd, Querflöte, Hochschullehrerin; Kapellenstr 49, D-65193 Wiesbaden, T: (06 11) 5 90 06 38, F: 5 28 01 64, *thorspecken@bio-medizin.org*; c/o Hessisches Staatstheater, Christian-Zais-Str 3, D-65189 Wiesbaden; *www.lapicassola.de* [Heidelberg 24.12.1958]. **Ausb:** b Prof J Starke MH Mannheim, b Prof A Jaunert u Prof W Bennett MH Freiburg. **Laufb:** Doz (Querfl, KamM) Wiesbadener Musikakad, Orch Hess StaatsTh. **Ens:** La Picassola. – **AuftrKomp:** J Josef: 'M f Fl, Va u KB', UA 01 (Auftr: Ens La Picassola); C Kühnel: 'Gewendete Figur' (Fl, Va, KB), UA 03 (Auftr: Ens La Picassola); C Zimanowski: 'Nächtliches Bad' (Fl, Va, KB), UA 03 (Auftr: Ens La Picassola). **Sonst:** CDs: 'Begegnung m Japan' (Fl, Kl); 'Der Ferne Spiegel' (Fl, Kl); 'Die verlorene Generation'; 'Rosa Klassik'.

Thorwald, Achim, Intendant, Regisseur; c/o Badisches Staatstheater, Baumeisterstr 11, D-76137 Karlsruhe, D-76125 Karlsruhe. **Laufb:** Intend, OpDir u Reg Badisches Staatsth Karlsruhe seit SpZ 03/04. (Red)

Thünken, Theo, Sänger; c/o Freies Landestheater, Luitpoldstr 48, D-82152 Krailling [Hagen]. **Laufb:** Sol Freies Landesth Bayern Miesbach. (*)

Thürauer, Franz, Prof, Komponist; Kochholz 20, A-3642 Aggsbach-Dorf, T: (0 27 52) 88 08, F: 88 08, *f.thuerauer@aon.at* [Wolfenreith 25.9.1953]. E-Musik **Ausb:** Komp (F Burt) MH Wien 76–81. **Pr:** Förderungspr Theodor-Körner-Stift 82, Pr Land Niederösterr 83, Förderungspr d BMUK 90. **Mitgl:** ÖKB, ÖGZM. – **Komp:** Konz f V u Orch 93, UA Wien, ORF, Sendesaal 93; 'Lukas-Passion' (Orat), UA Wien, Konzerthaus, Dgt: H Böck 93/94 (Auftr Konzerthaus Wien); 'Wein u Wasser' (Op) 97/98, UA St Pölten, Stadtth 98; 'Richard III' (Dramat Szene/Konzertant), UA Wien, Musikverein, Dgt: P Keuschnig 99 (Auftr Musikverein Wien); Konz f Vc u StrOrch 99, UA Chicago, Staatsbibliothek, Dgt: A Lewis (Auftr Chicago String Ens).

Thum *siehe* Stenz, Michael

Thunemann, Klaus, Prof, Hochschullehrer, Fagott; Cantianstr 11, D-10437 Berlin, T: (0 30) 8 53 33 03; H f Musik 'Hanns Eisler', Charlottenstr 55, D-10117 Berlin [Magdeburg]. **Ausb:** musikal Erstausb (Kl, später Fag) Georg Philipp Telemann Fachschule f M Magdeburg, Fag (W Fugmann) H f M Berlin. **Laufb:** Solo-Fag Städt Orch Münster 60, NDR-Sinf-Orch Hamburg 62–78, Konz u MFstvs als Sol u KamMPartner im In-U Ausland, Prof (Fag) H f M u Th Hannover ab 78, Lt Mstrkse Dtschld, Österr, Italien, Spanien, Dänemark, Schweden, Japan, Argentinien, USA u Royal Acad London, Prof (Fag) H f M 'Hanns Eisler' Berlin seit 96/97. **Pr:** Prtr ARD Wettb München 65. (Red)

Thurneysen, François, Komponist; Ausserdorfstr 50, CH-5603 Staufen, T: 06 28 91 93 15, *fth@freesurf.ch*. (Red)

Thury, François, Komponist; Bas du Rossé 1b, CH-1163 Etoy, T: 02 18 07 20 32, *fr.thury@bluewin.ch*; *www.megaphone.org/hipparque*. (Red)

Thut, Stefan, Violoncello; Krummturmstr 5, CH-4500 Solothurn, T: 03 26 21 63 39. (Red)

Tichman, Nina, Prof, Hochschullehrerin; Niehler Str 86, D-50733 Köln, T: (02 21) 7 32 65 87, F: 7 32 65 87, *musica.nt@uni-koeln.de*; H f Musik, Dagobertstr 38, D-50668 Köln. **Laufb:** Prof (Kl) H f Musik Köln. **Ens:** Xyrion-Trio. (Red)

Tichy, Georg, KS, Sänger; c/o Wiener Staatsoper, Opernring 2, A-1010 Wien. **Laufb:** Sol Wiener Staatsop. (Red)

Tietje, Kai, Kapellmeister; Ebertstr 1, D-45879 Gelsenkirchen, T: (02 09) 4 08 43 30, 01 79–2 29 44 50, F: 4 08 43 30, *kai.tietje@freenet.de* [Aschaffenburg]. **Laufb:** Musikal Lt Th 'Kontra-Punkt' Düsseldorf 96–2000, Solorep Schillerth NRW Wuppertal-Gelsenkirchen, Solorep m Dgt-Verpfl MTh im Revier Gelsenkirchen, Kapm ebd seit SpZ 03/04, koord 1. Kapm ebd seit SpZ

05/06. **Pr:** Gelsenkirchener Theaterpr 02. – **UA:** E Schneider: 'Das Salomé-Prinzip', UA Gelsenkirchen MTh im Revier 02; ders: 'nullvier – keiner kommt an Gott vorbei', UA ebd 04. **Sonst:** zahlr Arr.

Tietje, Lars, Intendant; c/o Theater Nordhausen, PF 100244, D-99722 Nordhausen. (Red)

Tiihonen, Kirsi, Sängerin; c/o Komische Oper Berlin, Behrensstr 55–57, D-10117 Berlin. **Laufb:** Sol Mecklenburgisches Staatsth Schwerin, Gastsol Staatsth Braunschweig SpZ 00/01, Sol Kom Op Berlin SpZ 04/05, Gastsol Op Halle SpZ 04/05. (Red)

Tilch, Peter, Dipl-KonzSänger, Dipl-ML, Bassbariton; c/o Südostbayerisches Städtetheater, Fürstbischöfliches Opernhaus, Gottfried-Schäffer-Str 2 u 4, D-94032 Passau [Passau 31.3.1972]. Oper, Lied, Konzert, Chanson **Ausb:** Stud Klar (D Marshall), Ges (N Hillebrand) Richard-Strauss-Kons 92–99, Stud Ges (G Fuchs) MH München 99–2000. **Laufb:** Sol Südostbayer Städteth seit 03. **Pr:** Sonderpr Robert-Stolz-Stift b Bundeswettb Ges 02.

Tilch, Stefan, Intendant; c/o Südostbayerisches Städtetheater, Ländtorplatz 2–5, D-84028 Landshut, T: (08 71) 92 20 80, F: 9 22 08 34, *Stefantilch@hotmail.com*; *www.suedostbayerisches-staedtetheater.de* [Passau 2.1.1968]. **Ausb:** LMU München (ThWiss, MWiss, Ital Phil), M.A. 93. **Laufb:** Spielleiter Bayer Staatsop 95–02; Intend Südostbayerisches Städteth seit 02. **Pr:** Bayer Jugendfilmpr 94; 'Golden Knight' FilmFstv Malta. – **UA:** Inszenierung Kam-Op 'Elissa' v Ruth Zechlin u Hellmuth Matiasek 05. **Sonst:** Inszenierung 'Acis und Galatea' 01.

Tiliakos, Dimitris, Bariton; An der Schanze 10, D-90547 Stein, T: (09 11) 3 78 89 51; c/o S Sintow-Behrens Int Promotions & Management, Schleibingerstr 8, D-81669 München, T: (0 89) 44 21 89 00, F: 44 21 89 03, *office@sintow-behrens.com*. **Laufb:** Sol Th Nürnberg. (Red)

Tilli, Johann, Sänger; c/o Sächsische Staatsoper, Theaterpl 2, D-01067 Dresden. **Laufb:** Sol Sächs Staatsoper Dresden (04/05), Bühnen d Stadt Köln. (*)

Tilling, Peter, Solorepetitor; c/o Badisches Staatstheater, D-76125 Karlsruhe, T: (0 63 21) 8 04 25, 01 63–2 54 54 72. (Red)

Timm, Andreas, Violoncello; c/o Konzerthaus Berlin, Gendarmenmarkt, Charlottenstr 57, D-10117 Berlin. **Laufb:** stv Sol Berliner SinfOrch. (Red)

Timm, David, UMD, Hochschullehrer; Goldschmidt-Str 12, D-04103 Leipzig, T: (03 41) 9 73 01 90, F: 9 73 01 98, *unichor@uni-leipzig.de*; *www.uni-leipzig.de/unimusik* [Waren an der Müritz 1969]. **Ausb:** Stud KiM (H Kästner, A Gast, V Bräutigam) H f M u Th Leipzig, Mstrkl (Kl) v M Tomas, Stud Kl (K-H Kämmerling) Mozarteum Salzburg 99. **Laufb:** Mitgl u 1. Präfekt Leipziger Thomanerch, LBeauftr (Org) H f M u Th Leipzig, L (Ch- u OrchLtg) Evang H f KiM Halle 98–02, musikal Ltg Leipziger VokalEns seit 99, UMD Leipzig seit 05; Konz in zahlr europ Ländern, USA u Japan. **Pr:** 1. Pr Weimarer Kl-ImpWettb, Johann-Sebastian-Bach-ImpWettb, Int Org-ImpWettb Schwäbisch-Gmünd, Leipziger Nachwuchsjazzstip 98. (Red)

Timm, Jürnjakob, Cello; Gewandhausorchester, Augustusplatz 8, D-04109 Leipzig. **Ausb:** Stud H f M 'Felix Mendelssohn Batholdy' Leipzig. **Laufb:** Sol GewandhausOrch Leipzig, HonProf H f M 'Felix Mendelssohn Batholdy' Leipzig 88, Sol Orch d Bayreuther FSp 93. (Red)

Timm, Thomas, Violine; c/o Berliner Philharmoniker, Herbert-von-Karajan-Str 1, D-10785 Berlin. **Laufb:** Sol (Stimmführer 2. V) Berliner Philh. **Pr:** Stip Dt Musikwettb Sol Berlin 99. (Red)

Timoianu, Yvonne, Solocellistin; c/o Klangfrühling Burg Schlaining, Elisabeth Reiter, Stumperg 7/14, A-1060 Wien, T: (01) 5 97 30 37, 06 99–10 25 75 20, F: 5 97 30 37, *eli@klangfruehling.com*. zeitgen Musik **Ausb:** Stud Musikakad Bukarest u 'Mozarteum' Salzburg b Serafim Antropov, Stefan Popov u Mstislaw Rostropowitsch, Dipl 83. **Laufb:** Teilnahme an namhaften Mfstv sowi sol u kammermusikal KonzTätigkeit in vielen europäischen Ländern, in Städten Nord- u Südamerikas, Südostasiens u d Orients, Doz Mstrkl u Workshops in Belgien, Indien, Korea, Luxemburg, Österreich, Spanien u Südafrika. **Pr:** Würdigungspr Bundesmin f Wiss u Forschung Wien, 1. Pr Int Vcl-Wettb Vina del Mar, Chile, Goldmedaille u 1. Pr d 'Int String Competition' d Univ v Pretoria 88. (Red)

Timotic, Alexander, Cellist; c/o Pierrot Lunaire Ensemble Wien, Bindergasse 11, A-1090 Wien, T: (01) 3 17 91 66, F: 3 17 20 32, *office@pierrotlunaireensemble.com*, *office@pierrotlunaire.at*; *www.pierrotlunaireensemble.com*, *www.pierrotlunaire.at*. (Red)

Tippelskirch, Nikolaus von, Trompete; c/o Berliner Symphoniker, Christstr 30, D-14059 Berlin. **Laufb:** Sol Berliner Symphoniker. (*)

Tippelt, Angelika, Flöte; c/o Kammeroper, Bayreuther Str 8, D-01187 Dresden, T: (03 51) 4 70 12 96, F: 4 70 12 97, *info@kammeroper.de*; *www.kammeroper.de*. **Laufb:** Solo-Fl KamOp Dresden SpZ 03/05. (Red)

Tirasoglu, Selcuk Hakan, Bass; c/o Theater Augsburg, PF 111949, D-86044 Augsburg. (Red)

Tirendi, Lidia, Sängerin; c/o Oper Leipzig, Augustuspl 12, D-04109 Leipzig. **Laufb:** Sol Dt Op Berlin, Op Leipzig. (*)

Tischbirek, Ulf, Prof, Hochschullehrer, Cello; Friesenweg 25, D-23617 Stockelsdorf, T: (04 51) 49 15 56, F: 49 17 76; Musikhochschule, Große Petersgrube 17–29, D-23552 Lübeck, T: (04 51) 1 50 51 04, F: 1 50 53 00, *Ulf.Tischbirek@mh-luebeck.de* [Düsseldorf 1955]. **Ausb:** Stud Vcl (K Storck) H f M Hannover, Privatstud Vcl (R Aldulescu) Nizza/Rom. **Laufb:** 1. Solocellist Staatsth Braunschweig, Prof (Vcl, KamM) MH Lübeck seit 86, Lt Mstrkse Schleswig-Holstein MFstv seit 96, int Konz als Sol u KamM, Mstrkse, Juror v Wettb. **Pr:** Stip Studienstift d Dt Volkes, Stip 25. Bundesauswahl 'Konz Junger Künstler'. (Red)

Tischhauser-Helesfai, Andrea *siehe* Helesfai, Andrea

Tischhauser, Franz, Komponist; In der Stelzen, CH-8428 Teufen, T: 04 48 65 06 05; Hauptstr 1, CH-6315 Oberägeri, T: 04 17 50 54 79 [Bern 28.3.1921]. **Ausb:** Stud (Komp, Kl) Kons Zürich 40–45. **Laufb:** MAbt Radio Zürich 51–83, Ltg ders 71–83. **Pr:** C-F-Meyer Pr 51, MPr Stadt Zürich. – **Komp:** 'Seldwyliana' (Orch), UA Bern, Stadtorch, Dgt: L Balmer 62; 'Punctus contra punctum' (Tenor, Bass, Orch), UA Stuttgart, Sol: H U Mielsch, B McDaniel, Württemberg KamOrch, Dgt: J Färber 62 (Auftr: SDR); 'Antiphonarium profanum' (f 2 Männerchöre), UA Stuttgart, Sängerbundfest, Schubert-Bund Wuppertal, Dgt: H Hansen 68; 'Kontertänze f 2 Orch', UA Zürich, Dgt: C Dutoit 68 (Auftr: Tonhalleorch Zürich); 'Eve's Meditation on Love' (Sop, Tb, StrOrch), UA Bern, Sol: E Speiser, H Holzheu, Dgt: H Müller 72; 'The Beggar's Concerto' (Klar u StrOrch), UA Zürich, Camerata, Sol: T Friedli, Dgt: R Tschupp 76; 'Dr Bircher u Rossini' (Cemb u StrOrch), UA Luzern, Fstv Strings, Dgt: M Venzago 79; 'Die Bremer Stadtmusikanten' (Fag, Klar, Ob, Fl, Kl), UA Bern 85 (Auftr: Stadt Bern).

Titscher, Horst, Prof, Hochschullehrer, Violine; Wiesenstr 8, D-01277 Dresden, T: (03 51) 2 57 18 81. **Laufb:** Prof (OrchStudien, Registerprobe V) H f M Carl Maria v Weber Dresden. (Red)

Tittel, Gerhard, Prof, Hochschullehrer, Komponist; H f Musik 'Hanns Eisler', Charlottenstr 55, D-10117 Berlin, T: (0 30) 90 26 98 86 [bei Zwickau]. **Ausb:** Stud V (O Klinge), Komp (G Kochan) H f Musik Berlin 58–64. **Laufb:** LTätigkeit H f Musik 'Hanns Eisler' Berlin 66, zeitweilig Lt Fachabt Komp/Tonsatz, Prof (Komp) ebd 81. **Pr:** Hanns-Eisler-Pr Berliner RF 72, Kunstpr Stadt Berlin 74. – **Komp:** OrchWerke, ua Konz f 2 StrGruppen, Musik f StrOrch, 2 Sinfonien, V- u KlKonz, KamM, StrQua, Nonett, 'Der Bauer u sein König' (Op), 'Die Regentrude' (Ballett), 'Der Müller u d Zwergenkönig'. **Sonst:** Mitbegrd u künstl Lt JungendsinfOrch Berlin 77–92. (Red)

Titus, Alan, KS, Bariton; c/o Theateragentur Dr Germinal Hilbert, Maximilianstr 22, D-80539 München, T: (0 89) 2 90 74 70, F: 29 07 47 90; c/o Bühnen d Stadt Köln, Offenbachpl, D-50667 Köln; *www.hilbert.de*, *www.alan-titus.com* [New York]. **Ausb:** Stud Juilliard School. **Laufb:** Sol Sächs Staatsop Dresden SpZ 01/05, Sol Bühnen d Stadt Köln, Sol Wiener Staatsop, Gastsol Op Frankfurt SpZ 00/01, Sol Dt Op Berlin SpZ 04/05; singt an allen wichtigen Opernhäusern, Hamburg Staatsop SpZ 03/05, Bayer Staatsop, Covent Garden London, Mailänder Scala, Teatro Coumunale di Bologna, Bregenzer u Salzburger FSp, in Bayreuth, in Glyndebourne u Maggio Musicale in Florenz. (Red)

Titze, Guido, KV, Oboe, Dozent; Heinrich-Zille-Str 39, D-01445 Radebeul, T: (03 51) 8 30 67 61, F: 8 30 67 61, *titze@dresdnerbarockorchester.de*; Hochschule f Musik, PF 120039, D-01001 Dresden; *www.dresdnerbarockorchester.de*. **Laufb:** SoloOb Dresdner Philh, Doz (Ob) H f M Dresden. **Ens:** Dresdner Barockorch. (Red)

Titze, Ulrike, Barockvioline; Heinrich-Zille-Str 39, D-01445 Radebeul, T: (03 51) 8 30 67 61, F: 8 30 67 61, *titze@dresdnerbarockorchester.de*; *www.dresdnerbarockorchester.de*. Alte Musik (KamM u Orch) **Ausb:** Stud V (W Hartwich) MH Dresden 77–82. **Laufb:** V Staatskap Weimar 82–86, Konzm Dresdner Barockorch seit 90, LBeauftr (BarockV) MH Dresden 90–04, LBeauftr (Str) Internat Bach-Akad Rumänien 97 u 99 sowie Ukraine 04. **Ens:** V Dresdner Barockorch. – **Aufn/RF:** Hasse/Zelenka: Geistl M am Sächsisch-Polnischen Hof, m Dresdner Barockorch, KamCh H-Ch Rademann; J D Heinichen: Messen (3 CDs), m Dresdner Barockorch, Dresdner KamCh, H-Ch Rademann; Bach: WO I–III, m Dresdner Barockorch, Dresdner KamCh, H-Ch Rademann.

Tjalve, Lisa, Sängerin; Engelsgrube 38–42, D-23552 Lübeck, T: (04 51) 3 96 98 00; c/o Lore Blümel Opern- und Konzertagentur, Heiglhofstr 49, D-81377 München, T: (0 89) 8 59 38 64, F: 8 59 37 59, *opkoag-bluemel@t-online.de* [Kopenhagen 1974]. **Ausb:** HfM Köln, Kgl Dän Musikkons Kopenhagen. **Laufb:** Sol Lübecker Th SpZ 03/04. (Red)

Tjönn, Hege Gustava *siehe* Tjønn, Hege Gustava

Tjønn, Hege Gustava (Pseud: Hege Gustava Tjönn), Opernsängerin (Sopran); c/o Stadttheater Gießen, PF 111128, D-35356 Gießen; *www.tjoenn.com* [Hamar, Norwegen]. Oper, Operette, Lied (skandinav, dt, frz), Konzert **Ausb:** Stud (E Skaug) Vokalpäd Östlandets MKons Olso 85–89, Sol-Stud (Prof M Isene) MH Norwegen Oslo 89–91, (Prof Marit Isene) Op-HS Norwegen Oslo 91–94, Mstrkl: J Sipusch, A Nordmo Lövberg, I Bjoner, E Mathis, E Ameling. **Laufb:** Sol Th Vorpommern seit 94, Sol Staatsth Darmstadt 2001–04, Tournee GB u Kopenhagen m European Op Centre u KS B Fassbaender (Mozart: Lucio Silla, Giunia) 97/98, Gastsol Tiroler Landesth Innsbruck SpZ 99–02(Eurydike, Cordelia, Gretel, Königin), Gastsol Norweg Op Oslo SpZ 98–00 (Zerbinetta), Gastsol Stadtth Regensburg SpZ 98/99 (Corilla), Gastsol Vestnorges Op Bergen 2000 (Adina), Gastsol Sächs Staatsop Dresden SpZ 00/01 (Zerbinetta), Gastsol Dortmund SpZ 01/02 (Eurydike, Königin), Gastsol Essen SpZ 01/02 (Cordelia), Gastsol Kassel SpZ 02/03 (Königin), Gastsol Bonn SpZ 02/03 (Zerbinetta). **Pr:** Königin Sonja MWettb Oslo 97 ('Beste Norweg Sängerin'), 1. Pr 2. Yapi Kredi Int Leyla Gencer Voice Comp Istanbul 97.

Tkachuk, Oleksiy, Fagott; c/o Bamberger Symphoniker, Mußstr 1, D-96047 Bamberg, PF 110146, D-96029 Bamberg. **Laufb:** Sol Bamberger Symph. (Red)

Tluck, Bernhard, Prof, Hochschullehrer, Violine; Hochschule f Musik Nürnberg-Augsburg, Abt. Augsburg, Maximilianstr 59, D-86150 Augsburg, T: (08 21) 45 04 16 10, F: 45 04 16 21, *tluck@t-online.de* [1946]. **Ausb:** Stud MH München, Würzburg und Wien (G. Pichler, T. Kakuska). **Laufb:** Münchner

Rundfunkorch 74–80, Prof (V) H f Musik Nürnberg-Augsburg, Abt Augsburg. (Red)

Tluck, Wolfgang, Viola; Untermainkai 68–71, D-60311 Frankfurt, T: (0 69) 74 09 34 93. **Laufb:** Radio SinfOrch Frankfurt. **Ens:** Adorján Streichtrio, Di Lasso Quartett. (Red)

Tober-Vogt, Elke, Komponistin, Verlagsinhaberin; c/o Musikverlag Vogt & Fritz, Friedrich-Stein-Str 10, D-97421 Schweinfurt, T: (0 97 21) 2 01 90 10, F: 2 01 90 15, *vogtfritz@t-online.de*; *www.vogtundfritz.de* [1957]. **Laufb:** Ltg Bayer Landesjugend-Zupforch 82–98, Inh d MVerlages 'Vogt & Fritz' seit 90. **Pr:** BVK. (Red)

Tobias, Steven *siehe* Seyb, Tobias

Tobschall, Joachim, Posaune, Hochschullehrer; Kellerstr 7, D-65183 Wiesbaden, T: (06 11) 9 59 91 06 [Flatow 3.1.1949]. Sinfonie- u Opernorch, Dirigent Blechbläserens **Ausb:** MH Detmold (W Walther). **Laufb:** Doz (Pos, Methodik) Wiesbadener MAkad, Basspos Hess Staatsorch Wiesbaden, Lt Wiesbaden Symphonic Brass. **Pr:** 1. Bundespr 'Jugend musiziert' 71. **Ens:** Westfäl PosQua, Lt Wiesbaden Symphonic Brass seit 82. – **Zug:** V Bieliauskas: '8+2' (8 Pos u Schlgz) 98. **Sonst:** Bearbeitungen f PosQua.

Tocco, James, Prof, Hochschullehrer, Klavier; Musikhochschule, Große Petersgrube 17–29, D-23552 Lübeck, T: (04 51) 1 50 51 77, 0 17 24 14 66 21, F: 1 50 53 00, *James.Tocco@mh-luebeck.de* [Detroit]. **Ausb:** Stud Kl (M Tagliaferro) Paris, (C Arrau) New York. **Laufb:** Auftr Wiener FestW (Tschaikowsky: KlKonz Nr 1) 77, KonzTourneen m Auftr in USA, Canada, Europa, Südamerika, ehemalige Sowjetunion, Japan, Australien, Südafrika, Naher Osten, Zus-Arb ua m Berliner u Münchner Philh, Concertgebouworch Amsterdam, BBC, London Symph, Chicago Symph, Cleveland Orch, Fstvs in Salzburg, Wien, Lockenhaus, Holland u Schleswig-Holstein u USA, LTätigkeit Indiana U u U of Cincinnati, Prof (Kl) MH Lübeck seit 90. **Pr:** mehrere Pr, ua Stip f Studien am Mozarteum Salzburg u Stip frz Regierung, 1. Pr ARD-Wettb München 73. – **Aufn/RF:** L Bernstein: SoloklWerke; A Copland: Werke; F Chopin: Préludes; Ch T Griffes: KlWerk; E MacDowell: Klaviersonaten; E Schulhoff: Cinq Etudes de Jazz, Live-Auff Lockenhaus-Fstv; Bach: Orgelwerke (Transkription v Liszt). (Red)

Todorovich, Zoran, Tenor; c/o Gerstel International Opera Management, Stockerstr 10, CH-8002 Zürich, T: 04 17 63 91 88 01, F: 04 42 53 14 53, *gerstel @swissonline.ch*; c/o Konzert-Direktion Zagovec, Hans-Böckler-Str 23, D-65468 Trebur-Astheim, T: (0 61 47) 91 96 60, F: 91 96 62, *agentur@zagovec-artists.de*; *www.zoran-todorovich.com*. **Laufb:** Sol Op im Schloßgarten Eutin, Op Leipzig, Hamburg Staatsop, Op Hannover, Staatsop Wien, Op Zürich, Sächs Staatsop Dresden SpZ 03/04, Gastsol Op Frankfurt SpZ 03/04, Gastsol Dt Staatsop Berlin SpZ 04/05, Gastsol Bayer Staatsop München 05/06. (Red)

Todorovitch, Marie Ange, Sängerin; c/o Primartists, P.zza de' Calderini, 2/2, I-40124 Bologna. **Laufb:** Sol Bühnen d Stadt Köln. (*)

Tönz, Stefan, Violine; Bergstr 157, CH-8032 Zürich, T: 04 44 22 15 73, *stefan.toenz@concertagency.com*; c/o Konzert Agentur Suzanne Gfeller, Homelstr 3, CH-4114 Hofstetten, T: 06 17 33 03 73, F: 06 17 33 03 74, *gfeller@konzert.ch*; *www.konzert.ch* [1972]. **Ausb:** b S Zöldy u V Klimov. **Laufb:** zahlr Konz, z B Schleswig-Holstein-MFstv, Int MFstWochen Luzern 97/98, Stavanger Int Chamber MFstv/Norwegen (Komp v Debussy, Boccherini, C M v Weber, Haydn, Pergolesi) 03. **Pr:** Int Pr Wettb Genf (CIEM), Wien, Florenz. – **Aufn/RF:** CD 3. Vkonz v C Saint-Saëns 98.

Töpfer, Sabine, Sängerin; c/o Musikalische Komödie der Oper Leipzig, Dreilindenstr 30, D-04177 Leipzig. **Laufb:** Sol Musikal Komödie Leipzig. (*)

Török, Enikö, Hochschullehrer, Klavier; Birkentalstr 33, D-97209 Veitshöchheim, T: (09 31) 9 23 00; H f Musik, Hofstallstr 6–8, D-97070 Würzburg. **Ausb:** Stud (Kl) Franz Liszt Musikhochschule Budapest (K Zempléni). **Laufb:** Doz (Kl) Kons Szeged, Tätigkeit i d Musikabt d Ungarischen RF i Budapest, Doz (Kl) Hermann Zilcher Kons Würzburg seit 76, L H f M Würzburg seit 77, Prof ebd. **Ens:** Amati Klaviertrio. (Red)

Törzs, Ivan, Dirigent; Theater, PF 100554, D-99005 Erfurt. **Laufb:** Dirigent Th Erfurt. (Red)

Tognetti, Fabio, Komponist; viale Portone 17, CH-6500 Bellinzona, T: 09 18 26 21 39. (Red)

Tokushima, Sumiko, Korrepetitorin; Weingartnerstr 85, A-6020 Innsbruck, T: (05 12) 57 12 93. **Laufb:** Korr Tiroler Landesth Innsbruck SpZ 03/05. (Red)

Tol, Han (Pseud: Giovanni Pedaggio), Prof, Blockflöte, Hochschullehrer, Dirigent; Morsweg 44, Niederlande-2312 AE Leiden, T: (0 71) 5 14 02 79, F: 5 14 72 86, *jh.tol@wanadoo.nl*; Hochschule f Künste, FB Musik, Dechantstr 13–15, D-28195 Bremen, *jh.tol@hfk-bremen.de*; *www.flanders-recorder-quartet.be* [Waalre, Niederlande 26.10.1957]. Alte Musik **Ausb:** Sweelinck-Cons Amsterdam (Blockfl) b K Boeke 76–82. **Laufb:** Mstrks an MH Wien, Graz, Genf, Frankfurt/M, Freiburg, München, Dresden, Leipzig, Kopenhagen, Löwen, Utrecht, Amsterdam, Baltimore, Mozarteum Salzburg, Grdg Trio La Dada 84, Konz in Europa, Amerika, Asien, Afrika, Sol m Freiburger Barockorch u Balthasar Neumann-Ens, Prof (Blockfl, Ens) H f Künste Bremen. **Pr:** Gewinner Musica-Antiqua Wettb Brügge 84, Tech-Art Pr Belgien 02. **Ens:** Flanders Recorder Qua (Belgien) seit 99. – **Aufn/RF:** ca 25 CDs, ua 'Perpetuum Mobile': Ersteinsp v unpublizierten Telemann Kantaten, m Balthasar-Neumann-Ens. **UA:** J Hamburg: Ronde, m La Fontegara Amsterdam; P Swerts: Three Gadgets, m Flanders Recorder Qua 99. **Zug:** G Braun: About H.

Toll, Winfried, Prof, Hochschullehrer, Dirigent, Komponist; Konviktstr 13, D-79098 Freiburg; Hochschule f Musik u Darst Kunst, Eschersheimer Landstr 29–39, D-60322 Frankfurt [Dorsten 1955]. **Ausb:** Stud Komp, Mtheorie (K. Huber, B. Ferneyhough) u SchM MH Freiburg, Mstrks b E. Schwarzkopf, A. Baldin u H. Rilling. **Laufb:** Künstl Ltg d Kölner Bach-Vereins, 94–02, Prof (ChorLt, Dirig) H f M u Darst Kunst Frankfurt/M seit 97, Lt Frankfurter Kantorei seit 97. – **Komp:** Wegkreuze, Wenn ich dein je vergesse, Tu es pulchra. (Red)

Tomàs-Realp, David, Prof, Hochschullehrer; Collenbachstr 17, D-40476 Düsseldorf. **Laufb:** Prof (Fagott) Folkwang H Essen. (*)

Tomas, Markus, Prof, Hochschullehrer, Klavier; Hochschule f Musik u Theater, PF 100809, D-04008 Leipzig, T: (01 77) 2 92 59 15, *markustomas@aol.com*. **Laufb:** Prof (Kl) H f M Felix Mendelssohn Bartholdy Leipzig seit 93. (Red)

Tomaschek, Michael, Dirigent; c/o Volksoper Wien, Währinger Str 78, A-1090 Wien, T: (01) 5 14 44 30. **Laufb:** Dgt, ChDir Volksop Wien. (Red)

Tomasello, Valentina, Sängerin; c/o Pocket Opera Company, Gertrudstr 21, D-90429 Nürnberg. **Laufb:** Sol Pocket Opera Company Nuernberg. (*)

Tomasi, Markus, Violine; c/o Mozarteum Orchester Salzburg, Erzbischof-Gebhard-Str 10, A-5020 Salzburg, T: (06 62) 84 35 71. **Laufb:** Konzm Mozarteum Orch. (Red)

Tómasson, Tómas, Sänger; c/o Bühnen der Stadt Köln – Opernhaus, PF 101061, D-50450 Köln. **Laufb:** Sol Bühnen d Stadt Köln, Bayer Staatsop München, Bregenzer FSp 05. (Red)

Tomaszewski, Rolf, KS, Sänger; Suttnerstr 20, D-01237 Dresden, T: (03 51) 2 52 83 00, F: 2 52 83 07; c/o Sächsische Staatsoper, Theaterpl 2, D-01067 Dresden. **Laufb:** Sol Sächs Staatsop Dresden. (Red)

Tomaszewski, Tomasz, Violine, Hochschullehrer; Badenallee 1, D-14052 Berlin, T: (0 30) 3 04 17 95, F: 3 04 17 95; Univ d Künste, Fak Musik, PF 120544, D-10595 Berlin [Czechowice, Polen]. **Ausb:** Stud (V) Warschauer H f Musik (Wronski), Leningrader Kons (Gutnikov), Freiburg (Marschner), Mstrks b Druzhnin, Krysa, Fournier, Liebermann, Hiller u Szerny. **Laufb:** 1. Konzm Orch d Dt Op Berlin, Lehrauftr U d Künste Berlin, Prof (V) ebd 01. **Ens:** Polish String Quartet, Kammersolisten d Deutschen Oper Berlin. (Red)

Tombor, Zoltán, Sänger; c/o Opernhaus Halle, PF 110554, D-06019 Halle. (*)

Tomeš, Jan, Prof, Hochschullehrer, Violine; Kamminerstr 5, D-10589 Berlin, T: (0 30) 34 50 10 69; Univ d Künste, Fak Musik, Inst f Künstl Ausbildung / Orchesterinstr u Dirigieren, PF 120544, D-10595 Berlin. **Laufb:** Prof (V) U d Künste Berlin. (Red)

Tomlinson, John, Bass; c/o Austrokonzert International, Gluckgasse 1, A-1010 Wien, T: (01) 5 13 26 57, F: 5 12 61 54, *suggestions@johntomlinson.org*, *office@austroconcert.com*; c/o Bayerische Staatsoper München, Brieffach, D-80075 München; *www.johntomlinson.org*, *www.austroconcert.com* [Lancashire]. **Ausb:** Stud (Architektur, Brückenbau) Univ Manchester, Stud (Ges) Royal College of Music Manchester b P Mc Guigan, weitere Stud b O Kraus, R Bruce-Lockhart, M Joel-Tomlinson (London). **Laufb:** Ch Scottish Op Glasgow seit 68, FSp Glyndebourne 70–74, Tourneen d Glyndebourne Touring Op Company, Sol English National Op London, Covent Garden Op London, New Op Company London, Kent Op, Grand Th Genf, Op San Diego, Op Vancouver, Sol Op San Francisco 83–85, Gastsol Op Amsterdam, 94–96, Gastsol Dt Op Berlin, English Nat Op London 90–91, Op North Leeds, Opera North, Staatsop Wien, Sol Sächs Staatsop Dresden (03/04), Bayer Staatsop München, Auftr Genf, Lissabon, Stuttgart, New York, Pittsburgh, Paris, Bologna, Florenz, Tokyo, Fstv: Orange, Aix-en-Provence, FSp Salzburg, OsterFSp, jährl Auftr FSp Bayreuth seit 88, Semperop Dresden SpZ 04/05. – **Aufn/RF:** zahlr CDs ua: M P Mussorgskij: 'Boris Godunov' (m English Northern Philh) 98, R Strauss: 'Der Rosenkavalier' (m London Philharmonic Orch) 98, R Wagner: 'Die Walküre' (m Bayer Staatsorch) 02. (Red)

Tomowa-Sintow, Anna, KS, Sopran; c/o S Sintow-Behrens Int Promotions & Management, Schleibingerstr 8, D-81669 München, T: (0 89) 44 21 89 00, F: 44 21 89 03, *contact@tomowa-sintow.com*, *office@sintow-behrens.com*; *www.tomowa-sintow.com*, *www.sintow-behrens.com* [Stara-Zagora, Bulgarien]. Op, Konz, Lied **Ausb:** Stud Ges (Zlatev-Tcherkin u K Spiridonowa) Kons Sofia, Dipl Ges u Kl. **Laufb:** Debüt Op Leipzig 69, Sol Dt Staatsop Berlin 72, Auftr in allen gr Opernhäusern d Welt, ua Covent Garden London, Scala Mailand, Wiener Staatsop, Staatsop München, Staatsop Hamburg, Op Zürich, Grand Op Paris, Op Genf, Liceu Barcelona, Op San Francisco, Met Op New York, Lyric Op Chicago, Konz u Tourneen in Europa, Amerika u Japan, ständ Gast Salzburger FSp 73–91; ZusArb ua m GMD P Schmitz, K Masur, W Sawallisch, C Kleiber, H v Karajan u allen Dgt unserer Zeit. **Pr:** Goldmed int Wettb Sofia, Rio de Janeiro 71, KS Dt Staatsop Berlin 72, Wiener Staatsop, Ehrenmitgl Dt Op Berlin. – **Aufn/RF:** zahlr Aufn, Op, Lieder, Messen u and Werke v Mozart, Strauss, Wagner, Verdi, Beethoven, Brahms, Bruckner, Haydn, Bach; zuletzt E Korngold: 'Das Wunder d Heliane'. **UA:** C Orff: De tempore fine comoedia (Salzburger FSp) 73.

Tomtschin, Arkadi, Komponist; St Laurentiusstr 38, D-54550 Daun, T: (0 65 92) 98 06 08 [St Petersburg 10.4.1947]. symphon u KamM **Ausb:** Komp (S Slonimski) Kons Leningrad, Abschluß 70. **Laufb:** Tätigkeit als MusikL an div MSchulen seit 70, mehrmals Teilnahme an versch FSp u Musikwochen, Mgl KompVerb UdSSR seit 70, Mgl Dt KompVerb seit 94, Autorenkonz St Petersburg 97 u 99. – **Komp:** 1.Sinfonie (OrchW) 69, UA Leningrad, Orch d Kons Leningrad, W Tschernuschenko 70; 2.Sinfonie (KamM) 77, UA Leningrad, KamOrch d Philh Leningrad, Dgt: A Steinlucht 81; 3.Sinfonie f Tenor u Blasorch (OrchW) 80, UA Leningrad, N Dumzew 83; Tsar Maximilian (Kam-Op), UA Leningrad, N Dumzew, L Gladkow u KamOrch 92; 4.Sinfonie 'Jugendliche' (OrchW) 90, UA Leningrad, Schulorch Leningrad, Dgt: R Talan 91; Veröff v ca 25 Werken f versch Besetzungen.

Tomuschat, Jutta, Sängerin, dramat Koloratursopran; c/o Schröder, Julius-Ludowieg-Str 42, D-21073 Hamburg, T: (0 40) 7 65 18 88, F: 7 65 18 88 [1956]. ital u dt Op **Ausb:** Stud (Kagel, Molin, Bestmann) Hamb MH 82–85. **Laufb:** Senta (Fliegender Holländer) 88, Elektra (Elektra) 90, Lady Macbeth (Macbeth) 91, Gelsenkirchen 88, Schleswig-Holstein-Fstv 84, Lübeck 90, Regensburg u Mannheim 91, Köln 92, Leipzig 94, Toulon 97. **Pr:** Sonderpr LTH Hamburg 85, Sommerakad Salzburg (R Tebaldi) 87.

Tonca, Ileana, Sopran; c/o Wiener Staatsoper, Opernring 2, A-1010 Wien; c/o Künstleragentur Dr. Raab & Dr. Böhm, Plankengasse 7, A-1010 Wien, T: (01) 51 20 50 10, F: 5 12 77 43, *office@rbartists.at.* **Laufb:** Sol Wiener Staatsop. (Red)

Toradze, Alexander, Pianist; c/o Bayerische Staatsoper, Brieffach, D-80075 München; c/o Columbia Artists Management GmbH, Till Janczukowicz, Albrechtstr 18, D-10117 Berlin, T: (0 30) 20 64 80 78, F: 20 45 34 80, *info@cami.com.* **Laufb:** Sol Bayerische Staatsop. (Red)

Torger, Arne, Prof, Hochschullehrer, Klavier; H f Musik 'Franz Liszt', PF 2552, D-99406 Weimar, T: (09 31) 28 35 62, *toerger-wuerzburg@t-online.de.* **Ausb:** Studium (Kl) b H Leygraf i Stockholm u Hannover. **Laufb:** Lehrtätigk MusikH Stockholm, Akad f Tonkunst Darmstadt sowie d H i Heidelberg u Hannover, Prof (Kl) MusikH Würzburg 80–97, H f Musik 'Franz Liszt' Weimar 97. **Ens:** Seraphin-Trio. (Red)

Torkewitz, Dieter, Dr, Prof, Hochschullehrer, Musiktheorie, Komponist; An der Seilerei 36, D-45219 Essen, T: (0 20 54) 8 35 06. **Laufb:** 1972 bis 1977 war Dieter Torkewitz als Lehrbeauftr U Freiburg u Musikschule und MusikH Trossingen 72–77, Doz Folkwang H Essen 77, Prof (MThorie) ebd 80 u U f M u Darst Kunst Wien 03. (Red)

Torre, Silvio Dalla, Prof, Kontrabass; Hochschule f Musik u Theater Rostock, Beim St-Katharinenstift 8, D-18055 Rostock [Kempten i Allgäu]. **Ausb:** Stud MH München b Georg Hörtnagel u Josef Niederhammer, Mstrkl-DIpl, Aufbaustud MH Wien b Ludwig Streicher 83–85. **Laufb:** Eng als Solo-Kontrabassist: Städt Orch St Gallen (Schweiz) u Orch de l'Opéra Royal de Wallonie in Liège (Belgien), Nordt Philh 88, Int KonzReisen als OrchMusiker ins europ Ausland sowie in die USA u Japan, Grd v mehreren Ens, ua 'Duo Rossini' (Aufn v 2 CDs), LBeauftr MH Detmold 91–98, Berufung als Prof f KB u KamM an die H f M u Th Rostock 02. (Red)

Torriani, Catherine, Sängerin; Quai Turrettini 1, CH-1201 Genève. (Red)

Toschmakov, Juri, 1. Konzertmeister; c/o Brandenburgisches Staatsorchester, Lebuser Mauerstr 4, D-15230 Frankfurt/Oder. **Laufb:** 1. Konzm Brandenburg Staatsorch Frankfurt/O. (Red)

Tosi-Sokolov, Matias, Sänger; Staatstheater, Oberer Schloßgarten 6, D-70173 Stuttgart; c/o Theater Regensburg, Bismarckpl 7, D-93047 Regensburg [Buenos Aires]. **Ausb:** Stud Ges in Buenos Aires, weitere Stud b H. Sotin u. W. Brendel. **Laufb:** Teatro Colón Buenos Aires 99, Sol Staatsth Stuttgart, Th Regensburg. (Red)

Totzek, Kristina, Sängerin; Bahnhofstr 10, D-52064 Aachen, T: (02 41) 40 00 27 99. **Laufb:** Sol Th Aachen SpZ 01/05, Gastsol Schillerth NRW Wuppertal-Gelsenkirchen SpZ 00/01. (*)

Toufektsis, Orestis, Komponist; Mandellstr 31, A-8010 Graz, *orestistouf@hotmail.com* [Tashkent 1966]. **Laufb:** VertragsL (Einf praxisbez MTheorie, Tonsatz, Gehörschulung) Inst f Komp, MTheorie, MWiss, Dirig Uni f M u Darst Kunst Graz. (Red)

Tovey, Rachael, Sopran; St.-Pauli-Str 22, D-28203 Bremen, T: (04 21) 7 94 03 77; c/o CICADA.con Agentur & Management, Gubener Str 3b, D-10243 Berlin, T: (0 30) 29 00 13 35, 01 71–3 64 52 77, F: 29 00 58 97. **Ausb:** Stud (Ges) Guildhall School London. **Laufb:** Gastsol Scottish Op, Glyndebourne Touring Op, Theater Krefeld 96, Sol Bremer Th, Op Hannover SpZ 03/04, Gastsol Pfalzth SpZ 04/05. (Red)

Traar, Adolf, Prof, Hochschullehrer, Oboe; Univ f Musik u Darst Kunst, Inst 4, Brandhofgasse 21, A-8010 Graz, T: (03 16) 3 89 35 71, F: 3 89 30 41, *adolf.traar@kug.ac.at.* **Laufb:** o UProf (Ob) U f Musik u Darst Kunst Graz. (Red)

Trabauer, Monika, Sängerin; Auhofstr 108 b/9, A-1130 Wien, T: (02 26) 6 53 04, (06 76) 6 26 40 92, F: (01) 8 77 56 77. Operette, Musical, Oper **Ausb:** Stud Musical, Operette u Chanson Kons Wien 91–94 Stud Ges (S Vitucci) 94–98, Ges (H Zadek) seit 98, div Schauspielsem. **Laufb:** Sol Verein Bühnen Wien 95, Gastsol Volksop Wien 02 u 03, Sol 04/05, Stadtth Baden 99, 2000, 01, 02, 04/05, Stadtth Klagenfurt 02, zahlr Tourneen in Japan, Dtschld, Schweiz, Niederlande u Österreich 98–01, Sol Ldsth Salzburg. **Pr:** 1. Pr Nico-Dostal-Wettb 99.

Trabert, Dagmar, Opern- u Konzertsängerin; Hauptstr 50a, D-82284 München-Grafrath, T: (0 81 44) 99 67 27, 01 60–3 10 18 77 [Berlin 3.2.1940]. Oper u Konzert (Lied u Oratorium) **Ausb:** Stud (MWiss, ThWiss) U Wien 59–61, Stud (Lied, Orat, Op) MH Wien 61–67. **Laufb:** Salzburger FSp 70, Bayreuth Fstp 76, Gastsp an Dt Theatern (10 Jahre festes Ens-Mitgl), ua Hamburg, Köln, München, Essen, Hannover, Karlsruhe, 'Th Liceo' Barcelona 79, Venedig 79/80, Bologna 82, Graz 83, Essen 84. **Pr:** Österr Staatspr f Abschluss Lied u Orat 63, 'Tristan u Isolde' Op d Jahres Krefeld-Mönchengladbach 78. **Ens:** Musica antiqua Wien 67/70. – **Aufn/RF:** R Wagner: Tannhäuser, Live-Fernsehübertragung Frankreich/Spanien Barcelona 79, L Boulanger: Op 'Faust et Hélène', Kölner RF-Orch 77; R Wagner: Götterdämmerung, Bayreuth 76.

Trachsel, Matthias, Prof, Hochschullehrer, Klavier; Univ f Musik u Darst Kunst, Inst Ludwig van Beethoven, Rennweg 8, A-1030 Wien. **Ausb:** Stud Kons f Musik u Theater Bern (A Schneeberger), Stud in London (L Kentner) u in Wien (L Brumberg), Meisterkurse b O Maisenberg, Kammermusikstud b Altenberg-Trio, Wien. **Laufb:** Lehrtätigkeit U f Musik u Darst Kunst Wien seit 87, UProf ebd. **Pr:** Eduard-Tschumi-Preis Bern f d beste Solistendiplom des Jahres 80. (Red)

Track, Gerhard, Prof, Komponist, Dirigent; Praterstr 76/8, A-1020 Wien, T: (01) 2 16 73 33, F: 2 12 15 55, *gerhard.track@surfeu.at* [Wien 17.9.1934]. **Ausb:** Komp (O Siegl), Dirig (H Swarowsky) MAkad Wien 48–54, Chorlt (R Schmid) U Wien. **Laufb:** Chorlt Wiener Sängerknaben, UProf St John's U Minnesota 58–69, 'Thatcher'-Prof of Music Southern Colorado U 69–86, Lehrkraft H f M u darst Kunst u Kons Wien 87–89, Dir Kons Wien 89–99, künstl Lt u Dgt d int Prträgerchores 'St John's U Men's Chorus' u St. John's Symphony Orch 58–69, Pueblo Symphony Orch 69–86, Chorvereinigung 'Jung-Wien' 86–96, Wiener Männergesang-Verein seit 90, Int Gastdgt: USA, Europa, Asien, Australien, künstl Lt Mozart-Fstv Pueblo 70–86, künstl Lt Orch 'Pro Musica Int', 'Wiener Serenaden Orch', 'World Choral Fstv Vienna'. **Pr:** 1. Pr 16. u 19. Int Eisteddfod Llangollen, Wales 62 u 65, KompPr 'Das neue Lied' ORF Rf Wien. – **Komp:** Hymnus f Orch (Hommage an Anton Bruckner), UA Wien, Arkadenhof d Rathauses, Wiener Symphoniker 59; Festl Ordinarium, UA Wien, Franziskanerkirche 68; 'Minnequa' (Op) 76, UA Pueblo 76; 'Concerto grosso' (f Blechblasqui u Orch), UA Pueblo 83; Dumba-Messe (f Sol, Chöre, Orgel u Orch), UA Wien, Stephansdom 92. **AuftrKomp:** ua: 'Ode to Music' (f gem Ch, Knabenchor, Blechblasens u Orgel), UA Wien, Großer Musikvereins-Saal, 'World Choral Fstv' Vienna 01. **Aufn/RF:** Serie: Österreich Komp d Gegenwart: G T; 'Einen Jux wollen wir uns machen' (Kindermusical), E Ott, W Heider, A Sas, W Track, W Lang; viele RF-Aufn (ORF). **UA:** ua K Rapf, F Burkhart, K Etti, E L Uray, Heinz Kratochwil, A Kubizek, H Bauernfeind, E Tittel, F v Suppé, O Siegl, A Bruckner, F Mendelssohn-Bartholdy. **Sonst:** Grd 'Mozart-Fstv USA' Pueblo 70, Grd Verlag PMI Kalifornien.

Trafton, Joseph L, Dirigent; c/o Theater Regensburg, Bismarckpl 7, D-93047 Regensburg. (Red)

Trajanov, Boris, Sänger; Rheinfelder Str 42, D-79639 Grenzach-Wyhlen, T: (0 76 24) 98 84 49. **Laufb:** Sol Mecklenburg Staatsth Schwerin, Stadtth Bremerhaven, Konz u Th St Gallen, Gastsol Ophaus Graz SpZ 04/05. (*)

Tralla, Juhan Hannes, Sänger; Deutsches Nationaltheater, PF 2003, D-99401 Weimar [Tallinn, Estland 1974]. **Laufb:** Sol Volksop Wien 2000–03, Sol Dt Nationaltheater Weimar seit 03/04. (Red)

Trantow, Cornelius, Prof, Hochschullehrer, Chorleiter, Dirigent; Vogelbeerenweg 4, D-22299 Hamburg, T: (0 40) 5 11 04 74, F: 5 11 04 74, *trantow@ensemble-vocal.de*; Hochschule f Musik u Theater, Harvestehuder Weg 12, D-20148 Hamburg [Hannover 27.2.1965]. Chorltg **Ausb:** Stud (KiM, B-Examen) MH Hamburg 92–96, Stud Chorlt, Dipl (H Pardall) 96–99. **Laufb:** Prof (Chorltg) H f M u Th Hamburg. **Pr:** m vokalkreis bielefeld u Ensemble vocal, Landeschorwettb NRW u Hamburg, Brahms-Chorwettb Hamburg, Int Chorwettb Lindenholzhausen. **Ens:** vokalkreis bielefeld (Grdgsmitgl), Hamburger SingAkad, Ensemble vocal (Lt). – **UA:** W Knuth: Op 'Friedrich u Katte', UA Stadtth Minden u Schloßfsp Potsdam-Sanssouci 98/99, div a-cappella-Werke.

Trapp, Willy, Komponist, Musikpädagoge; Kalk-Mülheimer Str 294/96, D-51065 Köln, T: (02 21) 62 58 34 [1923]. geistl M. (Red)

Trappe-Wiel, Margret, Prof, Hochschullehrerin, Gesang; Oskar-Pletsch-Str 14, D-01324 Dresden, T: (03 51) 2 68 41 24, F: 2 68 41 24, *margretrappe@freenet.de*; Hochschule f Musik, PF 120039, D-01001 Dresden. **Laufb:** Prof (Ges) H f M Carl Maria v Weber Dresden. **Mitgl:** BDG.

Trattnigg, Sandra, Sopran; c/o Laurent Delage Artists Management, Albertplatz 8, A-1080 Wien, T: (01) 4 03 63 49, F: 4 03 63 49, *office@delage.at, sandra.trattnigg@gmx.at*; *www.delage.at, www.sandratrattnigg.at* [Klagenfurt 1976]. **Ausb:** U für M u darst Kunst Wien b H Lazarska u E Mathis. **Laufb:** Sol Op Zürich seit 05. **Pr:** Wettb d Kammerop Schloss Rheinsberg 01, Pr d „Musica Juventutis“ Wettb (Wiener Konzerthaus) 03, Förderpr U Mozarteum Salzburg 03. (Red)

Trauer, Friederike, Klavier, Hochschullehrerin; Birkkarspitzstr 21, D-81671 München, T: (0 89) 40 24 16. **Laufb:** Doz (Kl) Richard Strauss Kons München. (Red)

Trauner, Manfred, Pauke; c/o Münchner Philharmoniker, Kellerstr 4, D-81667 München. **Laufb:** stv Sol Münchner Philh. (Red)

Traunfellner, Claudius, Dirigent; c/o Künstlermanagement Till Dönch, Roegergasse 24–26/G2, A-1190 Wien, T: (01) 4 70 80 83, F: 4 79 69 71, *management@doench.at*; *www.doench.at.* **Ausb:** H f Musik und darst Kunst Wien b K Österreicher. **Laufb:** Dgt Wiener Kammerphilharmonie. (Red)

Trauth, Alexander, Sänger; c/o Theater der Stadt und Schlossfestspiele Heidelberg, PF 105520, D-69045 Heidelberg. **Laufb:** Sol Staatsth Mainz SpZ 03/04, Th u SchlossFSp SpZ 04/05. (Red)

Trautmann, Clemens, Klarinettist; Wrangelstr 10, D-20253 Hamburg, T: (0 40) 43 27 59 40, *clemenstrautmann@web.de* [Braunschweig]. **Ausb:** MH Lübeck (R Wehle, S Meyer) seit 97, Juilliard School New York (Charles Neidich) 99–2001. **Laufb:** Auftritte b Weltausst Lissabon 98 u Hannover 2000, Schleswig-Holstein Musik Fstv 98–2000, FSp Mecklenburg-Vorpommern 99 u 03, Mozart Fstv New York 02. **Pr:** 1. Pr b Bundeswettb Jugend musiziert 95, Hans-Sikorski-Gedächtnispr 95, Förderpr Schleswig-Holstein MFstv 98, Stip Dt MWettb KamM Bonn 2000, Gerd-Bucerius-FörderStip 99–2001. **Ens:** Duo

Trautmann-Meister, Feuerbach Trio. – **Aufn/RF:** CD: 'Auftakte' (Weber, Schumann) 99; Mitschnitt: 'Weber u Poulenc', m Poln KamPhilh, Dgt W Rajski (DR) 97, 'Konz d Bundespräsidenten' (3sat) 2000. **UA:** M Trojahn: 'Tre Canti' f Klar, V, Vcl u Kl; S-I Koch: 'Anders u Y' f Klar u Kl 2000.

Travassos, Henrique *siehe* Siffert, Henrik

Travis, Francis, BM, MM, Dr, Prof, Dirigent; 43, rte de Lavaux, CH-1802 Corseaux VD, T: 02 19 21 04 83, F: 02 19 21 04 83, *travis@classicalia.com* [Detroit 9.7.1921]. Bach, Beethoven, Mahler u zeitgen Musik **Ausb:** Stud Wayne U Detroit, Michigan State U East Lansing (Bachelor), U Michigan Ann Arbor (Master), U Zürich (P Hindemith, A Cherbuliez), Dr phil, priv Dirigier-Stud (H Scherchen). **Laufb:** seit 53 freiberufl Dgt, Konz, Op, Radioaufführungen in 16 europ Ländern, später auch Japan, China, Korea, Grdg d 'Hamburger Kammersol' 57, Gastdgt b über 80 Orch, Auftritte an vielen europ Fstv, 25 Jahre Prof (orchestrales Dirigat) Staatl H f Musik Freiburg, 2 Jahre Chefdgt Th Basel, 2 Jahre Th Trier, 2 Jahre ständ Gastdgt Nederlandse Op Stichting Amsterdam, 10 Jahre Dgt u Lt Abt f VokalM Schweizer RF Lugano. **Mitgl:** 12 Jahre Präs d Schweizer Sektion d IGNM. – **UA:** hunderte v Welt-UA, ua 'Welt-Feste d IGNM' in Rom, Zürich, Kopenhagen, Helsinki, 'Moderne Musik' Serien Berlin, Hamburg, München, Köln, Oslo, Stockholm, zB Heinz Holliger, L Berio, C Ballif, Nørgaard, B Nilsson, I Lidholm, Fellegara, Raxach, Isang Yun, K Huber, J Wildberger, Matsudaira. **Sonst:** Hg v J S Bach, 'Kunst d Fuge' in d Instrumentierung v H Scherchen.

Trdy, Stefan, Bariton; Donaufelderstr 36/1/7, A-1210 Wien, T: (06 76) 5 44 65 54, *stefantrdy@hotmail.com*; Gloria Theater, Prager Str 9, A-1210 Wien. **Laufb:** Sol Volksop Wien, Eng Gloria Th Wien. (Red)

Trebeljahr, Dittmar, KM, Klarinette; c/o Dresdner Philharmonie, PF 120424, D-01005 Dresden. (Red)

Trebes, Rüdiger, Bariton; c/o Bayerische Staatsoper, Brieffach, D-80075 München. **Laufb:** Mitgl Ens Bayer Staatsop München. (Red)

Trefz, Hermann, Prof, Hochschullehrer, Orgel; Edenbergstr 4, D-70329 Stuttgart, T: (07 11) 42 54 49, F: 42 54 49; Hochschule f Kirchenmusik, Gartenstr 12, D-72074 Tübingen. **Laufb:** Prof (OrgellitSp, Orgelsp z Gottesdienst) H f KiM Tübingen. (Red)

Treganza, Jeffrey, Sänger; Ludwigshöhstr 52, D-64285 Darmstadt. **Laufb:** Sol Operetten-FSp Bad Ischl SpZ 03/04, Sol Staatsth Darmstadt SpZ 04/05, Gastsol Th Dortmund SpZ 04/05. (Red)

Treherne, Nigel, Oboe, Komponist; Hohenzollernstr 73, D-75177 Pforzheim, T: (0 72 31) 42 79 65. **Laufb:** Solist Städt Orch Pforzheim. (Red)

Treiber, Felix, Komponist; Köblerweg 15a, D-76229 Karlsruhe, T: (07 21) 4 53 97 07, *felixtreiber@aol.com* [Stuttgart 1960]. KamM, OrchW, SolKonz, Liederzyklen **Ausb:** Stud V (N Chumachenco, W Marschner) MH Freiburg i Br. **Laufb:** stellv Konzm Bad Staatskapelle Karlsruhe 87–2001. **Ens:** Grdg Spohrquar 94, Mitbegrdg Ens Sorpresa. – **Komp:** Trio f Fagott, Violine u Klavier 94, Konz f Harfe, Horn u Orch 2000, Konz f Gitarre, Schlagzeug u Orch 02. (Red)

Prof Dr Karl Ottomar Treibmann

Treibmann, Karl Ottomar, Dr, Prof, Komponist, Hochschullehrer; Tarostr 20/144, D-04103 Leipzig, T: (03 41) 2 21 62 49; Lohstr 58, D-08648 OT Raun Bad Brambach, T: (03 74 38) 2 24 64 [Raun/Vogtland 14.1.1936]. Oper, Sinfonik, KamM **Ausb:** Stud (MPäd, Germanisitik) U Leipzig 54–59, Prom ebd 66, Stud (Komp) H f Musik Leipzig b F Geißler u C Ortwein (extern) 67–70, Akademiemeisterschülerstud Akad d Künste d DDR b P Dessau 74–75. **Laufb:** musikpäd Tätigkeit i Delitzsch 59–66, Doz seit 66, Prof (MLehre, Tonsatz) U Leipzig 81–01, em 01. **Pr:** Kunstpr Stadt Leipzig 81, Kunstpr d DDR 88. **Mitgl:** Dt Komponistenverb, Sächs Musikrat. – **Komp:** Der Preis (Op), UA Erfurt, Op 80; Scherz, Satire, Ironie... (Op), UA Erfurt, Op 87; Der Idiot (Op), UA Leipzig, Op 88; Capriccio 71 (Orch), UA Halle 71; Konz f V u Orch, UA Leipzig, RF-SinfOrch, m G Garay, Dgt: H Neumann 74; Chorsinf 'Der Frieden' (3. Sinf), nach Worten v Volker Braun, UA Leipzig, Dgt: M Pommer 83; 4. Sinfonie, UA Leipzig, MDR-SinfOrch, Dgt: M Pommer 89; 5.Sinfonie, UA Leipzig, Gewandhaus-Orch, Dgt: K Masur 89; 'Hölderlin'. Briefe u Dichtungen f Bar, Fl u Kl, UA Jena, Tagung d Hölderlin-Ges 92; SchlagKonz f 6 Schlgz, UA Festival Mitte Europa, Ruine Waldstein, m Leipziger Schlgz-Ens 95; Hoffnungslied (Alttestamentarisch) f gem Chor, Altsolo u Orch, UA Leipzig, Dgt: W Unger 96; Klangwanderungen – Orchestersonate, UA Leipzig, Akad Orch, Dgt: H Förster 98; KlangMobil (Orch), UA Eisenach, Dgt: W Wappler 01. **Sonst:** Strukturen i neuer Musik. Anregungen z zeitgenöss Tonsatz 81 (korean 04). **Lit:** U Liedtke: K O Treibmann, Klangwanderungen 04; Das geliebte Sinfonische: K O Treibmann, in: Gewandhausmagazin, Nr 48, 05.

Treichel, Eckhard, Prof, Hochschullehrer, Posaune; Rotkehlchenweg 22, D-40885 Ratingen, T: (0 21 02) 3 75 82, 01 73–2 71 60 60; Robert Schumann Hochschule, Fischerstr 110, D-40476 Düsseldorf. **Ausb:** Stud Pos (Prof W Walther) Nordwestdt MAkad. **Laufb:** Sol Dt Op a Rhein Düsseldorf/Duisburg seit 75; Tourneen West- u Osteuropa, ferner Osten m namh Orch u KamMEns; Workshops u Rezitats, Prof (Pos, KamM) Robert Schumann H Düsseldorf seit 84. (Red)

Treichler, Jacqueline, Sängerin (Sopran); c/o Musische Akademie in der CDJ-Jugenddorf Christophorosschule, Georg-Westermann-Allee 76, D-38104 Braunschweig. Konz, Lied, Oper (Mozart) **Ausb:** Stud Kl (E Serman)Kons Luzern 83–88, Ges (S Geszty) Kons Zürich 88–92, Mstrks (S Geszty, L Bosabalian, E Poettgen) 90–93, Int Opernstudio Zürich 93–94, Mstrks (H Zadek, S Jurinac) 94–95, KonzReifedipl Basel 03. **Laufb:** Unterr: L (Kl) MSch Luzern, Adligenswil, Sissach 83–93, L (Ges) Gym Freudenberg, Liceo Artistico Zürich 92–97, Privat-L Braunschweig seit 97, L (Ges) Musische Akad Braunschweig; Festeng Opernstudio Zürich 94, Festeng 97–2000 u Gastsol Staatsth Braunschweig SpZ 2000/01; Gastvertr: OpHaus Zürich 93, H Hamburg 95, Staatsth Oldenburg 96, Staatsth Cottbus 97/98, Fstv 'Musik u Theater Saar' 2000, Städt Bühnen Osnabrück 2000/01, Stadtth Aachen 02; Gast: Magdeburg, Braunschweig, Hagen, Detmold, Osnabrück 01; KonzTätigk, Lieder- u Duoabende ua m Philh Staatsorch Halle, Staatsphilh Rheinland Pfalz, Südwestdt Philh, Klass Philh Bonn, Philh Orch Südwestfalen, Philh d Nationen, Anhalt Philh Dessau. **Pr:** 3. Pr Erika Köth-Wettb Neustadt a d Weinstr 91, GesStip Kiefer-Hablitzel-Stift Bern 92/93/94, Prtr Othmar Schoeck-Wettb Luzern 93, GesStip Dienemann-Stift Luzern 94, Finalistin Francisco Vinas-Wettb Barcelona 94 u Belvedere-Wettb Wien 95. – **Aufn/RF:** div Cds u Radioaufn b Schweiz Radio DRS.

Trekel-Burckhardt, Ute, KS, Mezzosopran; c/o Agentur Seitter, Opernring 8/13, A-1010 Wien, T: (01) 5 13 75 92, F: 5 12 93 51, *office@agentur-seitter.at*; *www.agentur-seitter.at*. **Laufb:** Sol Bayer Staatsop München, Kom Op Berlin (-03/04), Gastsol Op Halle/Saale SpZ 03/04, Dt Staatsop Berlin SpZ 04/05.

Trekel, Jürgen, KS, Sänger (Bass); Talstr 37 c, D-06120 Halle (Saale), T: (03 45) 5 50 50 11 [Stettin]. **Ausb:** Stud (Vcl) Kons Schwerin, Stud (Ges) H f M 'Hanns Eisler' Berlin 57–63. **Laufb:** Eng Plauen, Frankfurt/O, EnsMitgl Op Halle (ua Händel: Ezio, Poros, Alexander; Mozart: Figaro, Osmin, Don Alfonso, Sarastro; Fidelio, Pizarro; Freischütz, Kaspar u Eremit; Fliegender Holländer, Daland; Tristan, König Marke; Tannhäuser, Landgraf; Sorbas, Sorbas; Martha, Plumkett; Barbier v Sevilla, Bartolo u Basilio; Wildschütz, Baculus; La Cenerentola, Don Magnifico; Verkaufte Braut, Kezal; Rosenkavalier, Baron Ochs; My fair Lady, Prof Higgins u Doolittle; Zar u Zimmermann, van Bett; Der Mann v La Mancha, Cervantes u Don Quichote) seit 70, Gast an zahlr Op in Dtschld, Polen, Ungarn, Österr u Belgien. **Pr:** Händelpr 79, KS.

Trekel, Roman, KS, Sänger (Bariton); Amalienpark 5, D-13187 Berlin, T: (0 30) 47 54 98 59; c/o Lore Blümel Opern- und Konzertagentur, Heiglhofstr 49, D-81377 München, T: (0 89) 8 59 38 64, F: 8 59 37 59, *opkoag-bluemel@t-online.de*. **Ausb:** Stud Ges (H Reeh) 80–86, OpStudio Staatsop Unter d Linden Berlin. **Laufb:** Sol Staatsop Unter d Linden Berlin (ua Ariadne auf Naxos, Harlekin; Così fan tutte, Guglielmo; Il barbiere di Siviglia, Figaro; Die Zauberflöte, Papageno; Der Kaiser v Atlantis, Kaiser; Pelléas et Mélisande, Pelléas; Die Brautwahl, Leonhard; Orpheus, Orpheus; Capriccio, Oliver; Croesus, Croesus; Tannhäuser, Wolfram; Zar u Zimmermann, Zar; Madame Butterfly, Sharpless; Le Nzze di Figaro, Graf Almaviva) seit 88 (04/05), Debüt Staatsop Dresden u Bayreuther FSp 96, Gastsol Op Madrid, Florenz, Catania, Konz Flandern-Fstv, Maggio Musicale Fiorentino, Schubertiade Feldkirch, Fstv f Alte Musik Innsbruck, Salzburger FSp, Soloabende ua Frankfurt, Hannover, Köln, Schwetzingen, London, Wien, Zürich, Brüssel, Atlanta, New York, Op Halle SpZ 03/04. **Pr:** 1. Pr Int Wettb 'Walter Gruner' London 89. (Red)

Treleaven, John, Tenor; c/o Theateragentur Dr Germinal Hilbert, R Meindl, Maximilianstr 22, D-80539 München, T: (0 89) 2 90 74 70, F: 29 07 47 90, *meindl@hilbert.de*, *mennicken.beate@t-online.de*; *www.johntreleaven.com*, *www.hilbert.de* [Cornwall]. **Ausb:** College of Music (W Lloyd Webber) London, London Op Center, Covent Garden, Maestro Campanino (Neapel). **Laufb:** Sol Op Hannover, Bad Staatsth Karlsruhe, Bühnen d Ldeshauptstadt Kiel, Gastsol Städt Th Chemnitz SpZ 01/05, Th Weimar, Th Kiel SpZ 00/01, Op Frankfurt SpZ 00/05, Staatsop Hamburg SpZ 01/05, Bayer Staatsop München SpZ 01/04, Nederlandse Op Amsterdam, Wiener StaatsOp, Dt StaatsOp Berlin SpZ 01/05, Op Nürnberg SpZ 03/04, Semperop Dresden SpZ 04/05. – **Aufn/RF:** John Treleaven, Wagner's Heroes, Dgt I Anguélov (CD).

Trelles Diaz, Mario, Sänger (Tenor); Knieperstr 12, D-18439 Stralsund, T: (0 38 31) 44 47 45; c/o Lübecker Theater, Beckergrube 16, D-23552 Lübeck. **Laufb:** Sol Stadtth Pforzheim, Sol Lübecker Th (SpZ 03/04), Gastsol Wuppertaler Bühnen (SpZ 03/04). (*)

Tremmel, Anton, Chordirektor; c/o Oper Leipzig, Augustuspl 12, D-04109 Leipzig. **Laufb:** Chdir Op Leipzig bis SpZ 04/05. (*)

Trenkner, Evelinde, Prof, Klavier, Hochschullehrerin; Prassekstr 5, D-23566 Lübeck, T: (04 51) 6 42 64, F: 6 50 98, *ETrenkner@aol.com*; Musikhochschule, Gosse Petersgrube 17–29, D-23552 Lübeck; *www.scharwenka.de* [Weimar 14.3.1933]. Epoche 1871–1918 **Ausb:** Stud Kl (W Gieseking, W Kempff) H f Musik 'Franz Liszt' Weimar bis 54. **Laufb:** KonzPianistin solo: 6 Tourneen UdSSR 72–87, Konz auf allen Kontinenten, KlDuo ab 91: Mahler Fest Kassel, Rotterdam, New York, Carinth Sommer, Oleg-Kagan MFest, Bruckner-Fest Linz, Brahms Fstv Lübeck, Schlesw-Holst MFstv 2000, Dresdner Frauenkirche 04, Int Lübecker KamMFest 91–05. **Ens:** KlDuo E Trenkner u S Speidel. – **Aufn/RF:** Scott: 1. Klavierkonz 75 (NDR), CDs: Bach/Reger: Brandenburg Konz; Bach/Reger: OrchSuiten u Orgelwerke; Reger: Gesamtwerk f 2 Kl; Schubert/Schönberg: Rosamunde; Bruckner/Mahler: 3. Sinf; Mahler/Zemlinski/Casella: 6. u 7. Sinf; Escapades (Ouvertüren u Eskapaden 4ms). **UA:** zugeeignete Werke. **Zug:** W Trenkner: 1. u 2. KlKonz 54 u 56; V Dinescu: 'Cyclotron' (4ms) 95; A Stenger: 'Lesezeichen' (f 2 Kl) 2000. **Sonst:** KlDuo Trenkner u Zenker 89–92, KlDuo Trenkner u Speidel seit 92, Grdg u Ltg: Xaver u Philipp Scharwenka-Ges eV 88, Int Lübecker KamMFstv seit 91. **Lit:** Klassik heute 4/00, FONO FORUM 11/00, Fanfare 3/03 'Classical Hall of Fame' (USA).

Treßelt, Klaus, Prof, Hochschullehrer, Schlagzeug; Bauernwaldstr 111, D-70195 Stuttgart, T: (07 11) 69 22 76, F: 69 16 55, *TresPercussion@aol.com*; Hochschule f Musik u Darst Kunst, Urbanstr 25, D-70182 Stuttgart. **Ausb:** Stud in Weimar u Lübeck. **Laufb:** Prof (Schlgz) Staatl H f M u Darst Kunst Stuttgart seit 81. **Ens:** Ens 70 Wiesbaden, Percussion Ens Stuttgart. (Red)

Tretjakov, Victor, Prof, Hochschullehrer, Violine; Burgblick 9b, D-53177 Bonn, T: (02 28) 9 32 96 41, F: 9 32 96 41 [Krasnojarsk 1946]. **Ausb:** Stud Irkutsk, Stud (J Jankelevitch) Kons Moskau. **Laufb:** Berliner u Wiener FestW, Sol Wiener Philh b Salzburger FSp, Cleveland u Philadelphia Orch, SymphOrch Chicago, Pittsburgh, Detroit u Toronto, Berliner Philh Orch, Münchner Philh, Bamberger Symph, Wiener Philh, Orch de Paris, Orch National de France, NHK Symph Orch Tokyo, London Philh Orch, Philharmonia Orch, Orch della RAI Roma, Osloer Philh, St Petersburger Philh ua, ZusArb ua m V Gergiev, M Jansons, E Jochum, K Kondrashin, J Krips, J Levine, Lorin Maazel, J Martinon, Lovro v Matacic, Z Mehta, E Ormany, K Penderecki, A Previn, S Skrowaczewsky, G Bertini, Y Temirkanov, KamM m O Kagan, S Richter u M Rostropowitsch, N Gutman u Y Bashmet, Prof H f Musik Köln. **Pr:** Gewinner Tschaikowski-Wettb 66. – **Aufn/RF:** Tschaikowski u Brahms: Violinkonz; M Bruch: Doppelkonz, m Y Bashmet, Dgt: N Järvi. (Red)

Trexler, Peter, Konzertmeister, Hochschullehrer; Adolf-Kolping-Str 1, D-76275 Ettlingen, T: (0 72 43) 1 74 17, F: 37 45 05, *peter.trexler@web.de*. **Laufb:** Konzm Bad Staatskap i. R., Doz (Orchstudien, Str-Proben, Vcl) Staatl H f Musik Karlsruhe. (Red)

Trieb, Joachim, Violine; c/o WDR Sinfonieorchester, D-50600 Köln. **Laufb:** 2. Konzm WDR SinfOrch Köln. (Red)

Triebener, Heiko, Tuba; Bamberger Symphoniker, PF 110146, D-96029 Bamberg, T: (0 21 74) 27 62, F: 6 19 39, *mail@musikmanagement-haas.de*; Musikmanagement Haas, PF 1232, D-51388 Burscheid; *www.musikmanagement-haas.de*. **Laufb:** Mitgl Bamberger Symph. **Ens:** Melton Tuba Qua (mit M Hötzel, U Haas, H Müller). (Red)

Triendl, Oliver, Klavier; Hohenbrunnerstr 12 a, D-85521 Riemerling, T: 0 172 83 13 47 6, F: (0 87 72) 9 10 57. **Pr:** 1. Pr 3. Int Wettb 'Premio Trio di Trieste' 98. **Ens:** Duo Triendl-Berg. (Red)

Trifan, Marioara, Prof, Hochschullehrerin, Dirigentin, Klavier; H f Musik f u Theater, Arcisstr 12, D-80333 München, T: (0 89) 74 66 43 59, F: 74 66 43 79, *tribay@t-online.de*; Kyreinstr 16, D-81371 München, T: (0 89) 74 66 43 59, F: 74 66 43 79, *tribay@t-online.de*. **Laufb:** Dgt Bayer ThAkad August Everding München, Musikal Lt OpSchule H f M u Th München. (Red)

Trinca-Rytz, Ursula, Sängerin; Alemannenweg 15b, CH-3232 Ins. (Red)

Trinca, Franco, Dirigent; Alemannenweg 15b, CH-3232 Ins, T: 03 23 13 71 40, 07 96 27 67 64, F: 03 23 13 71 41, *franco.trinca@bluewin.ch, oper@theater-biel.ch*. **Laufb:** 1. Kapm Th Biel-Solothurn, musikal Lt Th Biel-Solothurn. (Red)

Triner, Ernst, Prof, Hochschullehrer, Violine; Ellingshohl 2a, D-56076 Koblenz, T: (02 61) 70 26 29, F: 70 26 29; H f Musik, Hofstallstr 6–8, D-97070 Würzburg. **Ausb:** Stud (V) H f M Würzburg u i Kanada u Indiana University Bloomington/USA. **Laufb:** Konzm Stadttheater Kassel bis 82, Prof (V) H f M Würzburg, Konzm Staatsorch Rhein Philharmonie Koblenz. **Pr:** Primarius d Acanthis-Qua. (Red)

Trinks, Constantin, Dirigent, Pianist; Bismarckstr 22, D-66111 Saarbrücken, T: (06 81) 9 68 69 94, 0 17 93 92 04 57, F: (06 81) 9 68 69 94, *ctrinks@web.de*; c/o Saarländisches Staatstheater, Schillerstr 1, D-66111 Saarbrücken, T: (06 81) 3 09 22 45; *www.constantintrinks.com* [Karlsruhe 9.4.1975]. Oper, Sinfonik, Lied, Alte Musik **Ausb:** Stud Dirig (W-D Hauschild), Kl (G Reinhold) MH Karlsruhe 94–2000. **Laufb:** Solorep m Dgt-Verpfl Bad Staatsth Karlsruhe, 2. Kapm, seit SpZ 05/06 1. Kapm u stellv GMD Saarländ Staatsth Saarbrücken. **Ens:** KamCh Stuttgart, Leoniden Qua. – **UA:** Lance Hulme: Octet 99.

Trinsinger, Heiko, Sänger; Brauerstr 1, D-45127 Essen, T: (02 01) 2 40 87 00; c/o Oper Leipzig, Augustuspl 12, D-04109 Leipzig. **Laufb:** Sol Musikth Essen, Op Leipzig. (Red)

Tröster, Gertrud, Mandoline; Uferstr 3, D-34277 Fuldabrück, T: (01 72) 5 64 77 43. ital Mstr d Klassik u Romantik, Werke v Komp d 20. Jh **Ausb:** Stud Mandoline (Prof M Wflden-Hüsgen) MH Köln. **Laufb:** KonzReisen ('Duo Capriccioso') USA, Japan, Korea, Niederlande, GUS, Schweiz. **Ens:** Duo Capriccioso. (Red)

Troester, Jens, Dirigent; Scharnhorststr 26, D-24105 Kiel, T: (04 31) 3 64 51 23; c/o Theater Neustrlitz / Neubrandenburg, Friedrich-Ludwig-Jahn-Str 14, D-17235 Neustrelitz. **Laufb:** Solorep u Dgt Bühnen d Landeshauptstadt Kiel. (Red)

Tröster, Michael, Gitarre; Uferstr 3, D-34277 Fuldabrück, T: (01 72) 5 64 77 43. ital Mstr d Klassik u Romantik, Werke v Komp d 20.Jh, insbes H Villa-Lobos **Laufb:** ZusArb m Warschauer SinfOrch; KonzReisen ('Duo Capriccioso') USA, Japan, Korea, Niederlande, GUS, Schweiz. **Pr:** Prtr zahlr int GitWettb. **Ens:** Duo Capriccioso. (Red)

Trötschel, Oliver, Komponist; Breite Str 116, D-50667 Köln, T: (02 21) 2 57 61 40; Schwachhauser Ring 4, D-28209 Bremen, T: (04 21) 34 42 98 [Bremen 18.2.1961]. **Ausb:** Tonsatz, Komp (T Holterdorf) Kons Bremen 75–79, M- u ThWiss (F Burt) Wien 82–85, Komp (HW Henze) Köln 85–89, Dipl 89. **Laufb:** freischaffend, Doz (MTheorie) Max-Reger-MSchule Hagen seit 98. **Pr:** Ehrendipl Int Carl-Maria-v-Weber-Wettb Dresden 89 u 91, Semifinale int Wettb f OrchKomp Masterprize 97. – **Komp:** Symph Nr 1 f gr Orch 86–88, UA München, 2.Bienale 90; Drei Elegien f Kl 88/89, UA Köln 90; Drei Gesänge nach Rilke, George u Gryphius 93, UA Bremen 94; De Profundis f gr Orch. **Auftr-Komp:** Traum u Nachtmahr, Imaginäre Theaterszene f 15 Spieler 88/89, UA Aachen 89 (Auftr: Stadt Aachen im Rahmen d Rhein Musikfestes 89); Symph Nr 2 f gr Orch 88–91, UA Hannover, Tage d Neuen Musik, NWD Philh, Dgt: K Bernbacher 93 (Auftr: RB). (Red)

Trog, Erich, Pauke; c/o Deutsches Symphonie-Orchester Berlin, Masurenallee 8–14, D-14057 Berlin. **Laufb:** Sol Dt SymphOrch Berlin. (Red)

Troilus, Reno, Sänger; c/o Oper Leipzig, Augustuspl 12, D-04109 Leipzig. (*)

Trojahn, Manfred, Prof, Komponist, Hochschullehrer; c/o Robert Schumann Hochschule, Fischerstr 110, D-40476 Düsseldorf, T: (02 11) 4 91 80, F: 4 91 16 18, *M.Trojahn@uni-duesseldorf.de*; *www.rsh-duesseldorf.de, www.baerenreiter.com/html/zeitgen/trojahn.htm* [Cremlingen 22.10.1949]. **Ausb:** Stud (OrchM, Komp) Niedersächs MSch 66–70, Stud (Fl) H f Musik Hamburg, Stud Komp (D de la Motte), Seminare (G Ligeti), Dgt (A Bittner), Stip (Komp) d StudStift d Dt Volkes, Stud Villa Massimo Rom 77, 79/80. **Laufb:** Porträtkon: Op Stabile Hamburg 80, u eig Ltg ORF Wien 86, H f Musik Köln 90, Gastdoz (Komp) H f Musik München 91, freiberufl Komp, Prof (Komp) Robert-Schumann-H Düsseldorf 91, ständ Gastdgt Ens Philh d Philh Staatsorch Hamburg 91, als Dgt ZusArb m ua Ens Modern, Bläsern d Berliner Philh 95, Münchner Philharmoniker, Düsseldorfer Symphoniker 95, 2000, Händel-FSpOrch Halle 95, Gürzenich Orch 96, KamHarm Staatskap Berlin 96, Radio-Philh Hannover 96, Musikfabrik NRW 96, Dt SymphOrch Berlin 96, Brucknerfest Linz m KamHarm Staatskap Berlin 97, Radio-Philh Hannover 97, MDR SinfOrch Leipzig 2000. **Pr:** Förderpr f Junge Komp Stuttgart 74, Förderpr 'Alte Kirche Boswil' 74, Bachpr-Stip Hamburg 75, Pr u PublAusz 2. Int Komp-Wettb Sommerl Musiktage Hitzacker 76, Int Rostrum of Composers Paris 78, Bernhard-Sprengel-Pr 80, Berufg z Mitgl d 'Fr Akad d Künste' Hamburg 93, Berufg z Mitgl d Bayer Akad d Schönen Künste München 01, Composer in Residence Mainfranken Th Würzburg SpZ 04/05. – **Komp:** ua 5 See-Bilder f Mezzosop u Orch (Orchlieder), UA Hamburg 84; Cinq Epigraphes (Orchstücke), UA Berlin 87; Variationen f Orch (Lieder m Ens), UA Frankfurt 89; Enrico – dram Komödie (Op), UA Schwetzingen 91; ...une campagne noire de soleil – sept scènes de ballet pour Ensemble (Ballett), UA Köln 93; Was ihr wollt (Op), UA NatTh München 98; 'Vier Orchesterstücke', UA Duisburg 03; 'Limonen aus Sizilien', UA Köln 03, UA revidierte Fssg Mainfranken Th Würzburg 05. **Aufn/RF:** CD: 5 See-Bilder m T Schmidt u RF-SymphOrch Berlin 92.

Tromm, Helmut, KS, Sänger; Norderweg 21, D-24980 Meyn, T: (0 46 39) 77 28, (01 74) 4 33 88 10; Schleswig-Holstein Landestheater, Lollfuß 53, D-24837 Schleswig. **Laufb:** Sol Schleswig-Holstein Landesth u SinfOrch Schleswig, KS 05. (Red)

Trommer, Wolfgang, Prof, Hochschullehrer, Dirigent; Am Sonnenlehen 9, D-52072 Aachen, T: (02 41) 1 44 74 [Wuppertal]. **Ausb:** Stud Frankfurt a M, Köln, Detmold, Salzburg. **Laufb:** Kapm Dortmund u Hannover, GMD (Op, Konz) Aachen 62–74, Prof (Dirig, OrchLtg) Robert-Schumann-H Düsseldorf seit 77, Grdg 'Düsseldorfer Ens' 80; Gastdgt Berliner Philh, RSO Berlin, Berliner Symph, Münchner Philh, Bamberger Symph, Württemberg Philh, Orch Lamoureux Paris, Orch dell' Accad Fil Romana, Orch d RAI Roma, Orch Nat d L'Op d Monte Carlo, Wiener Sinfonietta, Limburgs Symph Orkest, South African Broadcasting Corp Orch Johannesburg, Orqu Sinfónica Simón Bolivar Caracas ua; Op-GastSp Hamburg, Stuttgart, Köln, Düsseldorf, Rom, Monte Carlo, Holland, Belgien. **Pr:** Ehrenkr d Bundeswehr in Gold f Verdienste um d musikal Nachwuchs in d BW-Musikkorps 02.

Trompke, Josef, Prof, Hochschullehrer, Orgel, Komponist, Buchautor; Hochschule für Musik, Hofstallstr 6–8, D-97070 Würzburg, *josef.trompke@*

hfm-wuerzburg.de, trompke@gmx.de; *www.trompke.de.vu*. **Ausb:** Stud (Philosophie, Theologie) Univ Passau, Stud (KiM, Komp, MPäd) MH München b F Lehrndorfer, F Schieri, H Genzmer. **Laufb:** Prof (MTheorie, ChLtg, Partitur- u Kl-Auszugssp) H f M Würzburg 74–04. – **Komp:** Dt Messe f Ch u Org 72, UA München 72; Triptychon f Org 79, UA Kaiserdom Bamberg 79; Trinklieder (Text Li TAi-bo) f Ges u Kl 86, UA Würzburg 86. **Sonst:** 'Tonsatz. Lehrbuch u Übungen in histor Satztechniken', Eigenverl, 3. Aufl 2002; CD 'Musikal Temperaturen' m Darst histor Stimmungen.

Trompler, Christian, Violine; c/o Staatskapelle Berlin, Unter den Linden 7, D-10117 Berlin. **Laufb:** 2. Konzm Staatskapelle Berlin. (Red)

Troschke, Michael von, Dr, Prof, Hochschullehrer; Hochschule f Musik u Theater, FB 1, Harvestehuder Weg 12, D-20148 Hamburg, T: (0 40) 4 28 48 25 85, *Michael.vontroschke@t-online.de* [Hannover 13.9.1952]. **Ausb:** Stud (H H Eggebrecht) U Freiburg, (SchM, MTheorie) MH Freiburg. **Laufb:** Prof (Komp, Theorie, Formenlehre) H f M u Th Hamburg, Vizepräs ebd. – **Lit:** Art in HmT, MGG.

Trost, Rainer, Sänger; c/o Bayerische Staatsoper, Brieffach, D-80075 München; c/o Wiener Staatsoper, Opernring 2, A-1010 Wien. **Laufb:** Sol Op Hannover, Bayer Staatsop München, Hamburg Staatsop, Wiener Staatsop, GastSol Semperop Dresden SpZ 04/05. (Red)

Trudy, Walter, Opernsängerin; c/o Stadttheater Biel-Solothurn, Schmiedegasse, CH-2500 Biel [Zürich 22.5.1974]. **Ausb:** Accademia internationale, Cagli-Pesaro b Mario Melani 97–2000; H d Künste Bern b Janet Perry 03–05. **Laufb:** Ens Stadtth Biel-Solothurn: Giulietta, Capuleti e I Montecchi sowie Violetta Valéry, La Traviata 05. **Pr:** Finalistin Concorso int Maria Caniglia, Sulmona 04.

Trümpy, Balz, Komponist, Dozent; Dublerstr 10, CH-4412 Nuglar, T: 06 19 11 80 38, F: 06 19 11 80 38, *balztruempy@bluewin.ch* [Basel 4.8.1946]. Orchester-, Kammer-, Vokalmusik **Ausb:** Kl (R Mäser, P Baumgartner), Theorie (J Wildberger, R Suter), Komp (G Bennett) Kons Basel, Komp (L Berio) Rom, Ass (Berio), versch Aufenthalte am ICRAM Paris. **Laufb:** L (Komp, Theorie) Kons Basel seit 79, stellv Lt Kons Basel 82–87. **Pr:** Kunstpr Lions-Club Basel 77. **Mitgl:** Schweizer Tonkünstlerverein, Ges f MTheorie (GMTH) Berlin. – **Komp:** zuletzt: Helios (f gr Orch, Chor u Sol) 90/96; Konz (f V, Orch) 97/98; Zwei Stücke f Orch 98; 4 Interludien (f Kl vierhändig) 2000. **Sonst:** Veröffentl musiktheoret Schriften.

Truhlár, Jan, Komponist; Dauphinestr 82, A-4030 Linz, T: (07 32) 30 44 40 [Prag 6.7.1928]. Komp f Akk u Git **Ausb:** Stud Git (S Urban) u Komp (F Picha) Kons Prag 48–53, weitere Komp-Stud (P Borkovec) MAkad Prag. **Laufb:** Korr Jonas-Zaborsky-Th Presov 62–68, LBeauftr Kons Kosice, Kons Prag seit 75, L (Git, Kl, MTheorie) MSch Perg seit 81. **Pr:** 1. Pr u Goldmed 'Coup Int de la Guitare' ORF Paris 63, Prtr 'Le prix de l' Acad d' Accordeon des Alpes' Digne-les-Bains 89. – **Komp:** Impromptu f Git 64 uva. (Red)

Trummer, Johann, Dr, Prof, Hochschullehrer, Orgel; Univ f Musik u Darst Kunst, Inst 6, Bürgergasse 3, A-8010 Graz, T: (03 16) 3 89 35 73, F: 3 89 30 61, *johann.trummer@kug.ac.at*. **Laufb:** o UProf (Liturgik, Org) U f Musik u Darst Kunst Graz. (Red)

Trummer, Sigrid, Pianistin; c/o Re Nova Classics, Andreas Zadeyan, Herzgasse 92, A-1100 Wien; *http://members.aon.at/renovaclassics* [Graz 1967]. **Ausb:** KlStud H f M u darst Kunst Graz b Prof Eugen Jakab, KlStud H f M u darst Kunst Wien b Adrian Cox u Prof Klara Harrer- Baranyi. **Laufb:** rege KonzTätigkeit als Sol, Kammermusikerin u Liedbegleiterin im In- u Ausland, Tourneen nach Japan, USA, Dtschld, Italien, Kroatien, Türkei, ständ ZusArb im Duo m Mario Nardelli jr (Git) u Edda Breit (Vcl), Teiln an zahlr in- u ausländ Fstv, RF- u Fernsehaufn. – **Aufn/RF:** Debüt CD m KlKonz v Komponistinnen. (Red)

Trumpf, Klaus, Prof, Kontrabass, Hochschullehrer; Am Fohlengarten 5A, D-85764 Oberschleißheim, T: (0 89) 17 23 33, F: 17 23 33, *info@klaus-trumpf-sperger.de*; Meistersingerstr 7, D-14471 Potsdam, T: (03 31) 9 51 25 56, F: 9 51 25 56; *www.klaus-trumpf-sperger.de* [Görlitz 8.6.1940]. **Ausb:** Stud (Kb) MH 'Hanns Eisler' Berlin 62–66. **Laufb:** Mitgl Dt Staatsop Berlin (Staatskap, Solokb) 61–89, Bayer FSpOrch 89–90, Doz MH 'Hanns Eisler' Berlin, Prof MH Saarbrücken 91–96, Prof (Kb) H f M u Th München seit 95. **Pr:** Scholarship-Award d Int Soc of Bassists USA 93. **Ens:** versch KamMEns d Dt Staatsop Berlin. **Mitgl:** Präsident Int J-M-Sperger-Ges eV. – **Aufn/RF:** 4 CDs m div Kontrabass-Solo-Lit. **Sonst:** Veröffentl KB-Lit (Erstausg v Werken J M Sperger); Stud- u Konz-Lit; Veröffentl Kb-Historie (Kb u Komp J M Sperger 1750–1812), Grd Int Kb-Wettb 'J M Sperger', Präs d Int J-M-Sperger-Ges eV. **Lit:** in: 'The Strad' London 92, 'Bass-World' USA 92, 'Double Bassist' London 2000.

Truninger, Martin, Klarinette; Brauerstr 44, CH-8400 Winterthur, T: 05 22 12 02 37. **Ens:** cosmoquintet. (*)

Trust, Heinz-Ewald, StD, Komponist, Chordirektor; Feldstr 32, D-58256 Ennepetal, T: (0 23 33) 8 13 32, F: 8 13 32 [Gevelsberg 20.10.1928]. geistl Musik **Ausb:** Stud MWiss (K G Felherer), Komp (H Schroeder), ChLtg (P Hammers) MH Köln u U Köln. **Laufb:** ua Konz in Prag, Stettin, St Petersburg u Tallinn. **Pr:** BVK 86. – **Aufn/RF:** OrgWerke, m J Dorfmüller, Unikirche Münster. **Lit:** in div MLexika.

Tsangaris, Manos, Komponist; Hansaring 94, D-50670 Köln, T: (02 21) 12 24 83, *tsangaris@netcologne.de*; *www.tsangaris.de* [Düsseldorf 8.12.1956]. Musiktheater **Ausb:** Stud Komp (M Kagel), Schlagz (Ch Caskel) MH Köln 76–83. **Laufb:** Auff d Komp b versch Fstvs wie Wittener Tage f neue KamM, MBiennale Berlin, Donaueschinger MTage, Neue M Rümlingen/Schweiz u Th- u OpHäuser Köln u Bielefeld; Kurator Diözesanmus Köln seit 93, Berater d Intend Schauspiel Köln seit 02. **Pr:** B-A-Zimmermann-Stip d Stadt Köln 91, Stip Akad Schloss Solitude Stuttgart 93/94, Kunstpr (MFörderpr) Akad d Künste Berlin 97. – **AuftrKomp:** zuletzt z B: Haben Sie Zeit? 2000, (Text: K Valentin) f Sprecherin, Sprecher, V (Stimme), Ob (EnglHn), Hn in F, Harmonium u Schlag, UA H Schygulla, M T, Ens Modern, K de Roo, Sendesaal d DLF Köln 2000 (Auftr: Dtschld-Funk); RELIEF ODER DIE BUCHSTABENREVOLTE 2000, Raumdichtung f Sprecherin, V (Sop), Hn in F, Harmonium, Sampler (SopSax), stummen Darsteller, Bühneninstall, Zuspielungen, Textprojektion u Lichtquellen, UA P Torky, F Ritts-Kirby, P-H Chen, S Stockhausen, F Ollu, M Schmitz, Sternensaal Donaueschingen 2000 (Auftr: SWR 2000) 2000; Orpheus, Zwischenspiele (Text: M T), Stationenth f Sop, Mezzosop, Altus, kl Orch, Buchstabenprojektion, 15 Darsteller, mind 50 Statisten, Fadenorg, Aufzug, 3 U-Bahnzüge u Licht (Auftr: Th Bielefeld): I. Orpheus' Garten, II. Die Reise, III. Zwischenreich, IV. Abschied, V. Der andere Abschied, UA Bielefeld 2002. **Sonst:** Gedichte in Einzelveröffentl u Anthologien seit 86; Ausstell In- u Ausland (Diözesanmus Köln, Kunsthallen Brandts Klaedefabrik Odense Dk etc) m ThApparaten, Zeichnungen. **Lit:** Lexikon Komp der Gegenwart 03; ZS MTexte Nr 91 01; Katalog Sma Stükke/Kleine Stücke, Kunsthallen Brandts Klaedefabrik, Odense Dk 02.

Tsarev, Valery, Tenor; Route St Julien 30, CH-1227 Carouge, T: 02 23 01 18 63, 07 63 85 31 75, F: 02 23 01 18 63, *vtsarevkivanova@freesurf.ch*; c/o Artists Management Verena Keller, Lohwisstr 52, CH-8123 Ebmatingen, T: 04 49 80 15 13, F: 9 80 36 86, *keller.verena@bluewin.ch*. **Laufb:** Sol Th Luzern SpZ 03/04, Th Biel Solothurn SpZ 04/05. (Red)

Tschabrun, Jochen, Klarinette; c/o HR Sinfonieorchester, Bertramstr 8, D-60320 Frankfurt a M. **Laufb:** Sol HR SinfOrch Frankfurt a M. (Red)

Tschammer, Hans, Bass; Sonnenbichlweg 3, D-82319 Starnberg; c/o Lore-M. Schulz International Artists Management, Zittelstr 8, D-80796 München, T: (0 89) 3 08 70 92, F: 3 08 70 93, *artists@lore-m-schulz.com* [Birkenstedt]. **Ausb:** Stud (Gesang) Staatskons Würzburg, Mozarteum Salzburg, MH Aachen. **Laufb:** Debüt FSp Salzburg 73, Eng Dt Oper a Rhein Duisburg/Düsseldorf, Gastsol Hamburg, München, Wien, Scala Mailand, Met New York, Sächs Staatsop Dresden, Dt Op Berlin ua. – **Aufn/RF:** zahlr LP's u CD's. (Red)

Tschanun, Eugen, Akkordeon, Komponist [1929]. **Ausb:** AkkStud in Trossingen, KompStud in Saarbrücken b Heinrich Konietzny. (Red)

Tschaplik, Peter, KS, Prof, Sänger, Hochschullehrer; Raumerstr 24, D-10437 Berlin, T: (0 30) 4 42 28 45. **Ausb:** Stud H f M 'Carl Maria von Weber' Dresden (E Plehn) 61–67 u in Wien b H Hotter. **Laufb:** LBeauftr (Gesang) H f Musik 'Hanns Eisler' Berlin seit 83, 91 GastProf ebd. **Pr:** Prtr Robert-Schumann-Wettb 69, Gesangswettb Genf 70, Johann-Sebastian-Bach-Wettb 72 u int Wettbwerben i s'Hertogenbusch u Barcelona 75, KS 80. (Red)

Tschelebiew, Christian, Sänger; c/o Komische Oper, Behrensstr 55–57, D-10117 Berlin, T: (06 11) 1 66 96 42. **Laufb:** Sol Staatsth Mainz, Sol Th Erfurt u Gastsol Landesth Mecklenburg Neustrelitz SpZ 03/04, Sol Kom Op Berlin SpZ 04/05. (Red)

Tschöke, Simone, Dipl-Sängerin, Mezzosopran; Am Rüßkamp 2, D-49565 Bramsche, T: 0 17 92 21 28 72, *simonetschoeke@hotmail.com*; An der Untertrave 71–73, D-23552 Lübeck, T: (04 51) 3 84 50 89. Oper, Operette **Ausb:** Stud (MWiss) U-GH Paderborn 95–96, Stud (Ges, Op) MH Detmold 96–2002. **Laufb:** GastSol Landesth Detmold SpZ 99/04, Junge Kölner KamOp, Gastsol Th Bielefeld SpZ 02/03. – **UA:** I Schiphorst: Euridice (2. Gefährtin), Th Bielefeld.

Tschopp, Sibylle, Violinistin; Rigiblick 11, CH-8913 Ottenbach, T: 0 17 60 43 28, F: 0 17 60 43 28, *sibylletschopp@hotmail.com* [Zürich 4.5.1971]. Konzerttätigkeit als Solistin u Kammermusikerin, Lehrtätigkeit (alle Stufen) **Ausb:** Stud Lehrdipl V (H Scherz) Kons Luzern 87–90, Stud KonzReife u Sol-Dipl V (A Stucki Piraccini) MH Winterthur/Zürich 90–93, Stud (F Gulli) Indiana U Bloomington 95, Mstrkse b Y Menuhin, P Amoyal, R Baumgartner ua. **Laufb:** Konz in Europa, USA, Zentral-Amerika, Südafrika; Solo-Debüts: Lucerne Fstv 89, Tonhalle Zürich 89, Gr MHalle Hamburg 90, Wigmore Hall London 91, Gr Saal Kons Moskau 2001. **Pr:** '15. Int Tribüne junger Interpreten' (UNESCO) 95, Silbermed 'Acad Arts-Sciences-Lettres' Paris 99, Pr Maurice Sandoz 88, 1. Pr Schweiz JugendMWettb 86, Studienpr Migros Kulturstift ua. **Ens:** Arsika Trio. – **Aufn/RF:** CDs: C Diethelm: 'Menhir', Fstv Strings Lucerne, Dgt: R Baumgartner 92; Grieg, Debussy, Martinu: Sonaten 94; 'Swiss Composers 2' 95; 'Swiss Violin Concertos' 98; Vivaldi: Le Quattro Stagioni, 'Serenade' KamOrch Yerevan, Dgt: E Topchjan 2000; div RF- u TV-Mitschn. **UA:** C Diethelm: 'Menhir, Meditation f SoloV u StrOrch' op 265, UA Luzern, Lucerne Fstv, Fstv Strings Lucerne, Dgt: R Baumgartner 89; ders: 'Enneagramm' (Konz f 2 V) op 274, UA Fstv Strings Lucerne, Dgt: C Diethelm 95; ders: 'Anubis' (VKonz) op 285, UA Zürich, Tonhalle 96; R d'Alessandro: VKonz op 41 (1941), Stadtorch Winterthur, Dgt: N Carthy 97; T Mansurjan: KlTrio, UA Lausanne, 'Soc de Musique Contemporaine', Arsika Trio. **Zug:** C Diethelm: 'Anubis' (VKonz) op 285 92; ders: 'Hemerocallis', 6 Aspekte f V solo 96. **Sonst:** Essay 'Der magische Stein', Hommage an d Komp C Diethelm 96.

Tselegidis, Maria, Koloratursopran; Ubostr 8, D-81245 München, T: (0 17 92) 16 98 80. **Ausb:** (E Schmid-Valentin, S Geszty) Stuttgart, (D Heath) München u Los Angeles, Abschlussdipl MH Stuttgart, Mitgl Mstrkl (J King) Münchner Singschul 92/93, Int Mstrks (R Berghaus) Berlin 93, Int Mstrks (M Olivmro) 93, ausgewählte Teilnehmerin Mstrks (C Ludwig, P E Deiber)

Schleswig Holstein MFstv 94. **Laufb:** Eng Bayer Staatsorch, 'Zauberfl' (Königin) Stadtth Kempten/Füssen, 'Entführung aus d Serail' (Blonde) München u Berlin, Konz ua m Stuttgarter Philharmoniker, Operakonz, Jenaer Philharmoniker. **Pr:** 1. Prtr Landeswettb Gesang Bayern, FörderprTrägerin int Koloratur-Gesangswettb Stuttgart, Finalistin Bundesgesangswettb d VDNIK, Finalistin Gesangswettb Hannover. (Red)

Tsialis, Stefanos, Dirigent, Violine; c/o Kammerphilharmonie, Tischlerstr 13a, D-39218 Schönebeck, T: (0 39 28) 40 04 29, F: 40 04 29. **Laufb:** MD Kammerphilharmonie Schönebeck. (*)

Tsuda, Michiko, Klavier; c/o Melos Konzerte Christian May, Salesianergasse 12/11, A-1037 Wien, T: (01) 7 14 91 96, F: 7 14 91 91, *michiko.tsuda@bluewin.ch*; *www.michiko-tsuda.com/*. **Ausb:** Stud (K Yasukawa) Tokyo U of Arts, Stud (E del Pueyo) Cons Royal Brüssel. **Pr:** Spezialpr Fstv v Santander 80, Premio Jaen 76, Pr Vina del Mar 78. (Red)

Tsumaya, Hidekazu, Sänger; Deutsches Nationaltheater, PF 2003, D-99401 Weimar [Osaka, Japan 1964]. **Ausb:** Stud H f M u Kunst in Tokyo. **Laufb:** Sol Op Leipzig 94–01, Sol Dt Nationalth Weimar seit 02. (Red)

Tsuruoka-Barth, Hiroko, Prof, Hochschullehrerin, Klavier; Sonnhalde 88, D-79194 Gundelfingen, T: (07 61) 58 06 60; Hochschule f Musik, Schwarzwaldstr 141, D-79102 Freiburg. **Laufb:** Prof (Kl) Staatl H f Musik Freiburg. (Red)

Tsymbalyuk, Alexander, Sänger; c/o Hamburgische Staatsoper, PF 302448, D-20308 Hamburg. (Red)

Tuchscheerer, Thomas, Solorepetitor; c/o Landesbühnen Sachsen, Meißner Str 152, D-01445 Radebeul. **Laufb:** Solorep Landesbühnen Sachsen. (Red)

Tudorache, Romeo, Klarinette; In den Gärten 7, D-53424 Remagen, T: (0 22 28) 76 16; c/o Konzertdirektion Johanna Apostol, PF 200203, D-53131 Bonn, T: (02 28) 76 16 [Rumänien]. **Laufb:** L Rhein MSch Köln, Accad Pescarese; künstl Ltg MFstv 'Int MTage Koblenz'. (Red)

Tueller, Niklaus, Dr, Prof, Opern- u Konzertsänger; Postgasse 56, CH-3011 Bern, T: 03 13 11 29 88, F: 03 13 12 53 22, *niklaus.tueller@bluewin.ch*; PF 514, CH-3000 Bern. Oper, Lied, Oratorium **Ausb:** Stud MH Bern u Zürich b S Gähwiller u E Haefliger. **Laufb:** Konz u Tourneen in ganz Europa, Japan, England, Israel usw; Sol in Orat (Zelenka). **Pr:** Grand Pr d Disque Paris (Schoeck: Lieder; vok KamM) s'Hertogenbosch Genf. – **Aufn/RF:** Bach-Kant, H Rilling ua; Sol in div Orat; Schoeck-Lieder. **UA:** Roland Moser Wortabend. **Sonst:** Grdg e KamMReihe, Grdg u Ltg e multimedialen Sommerfstv (Berner Altstadtsommer). **Lit:** z B im Atlantis Musikbuch v Ch Walton: 'Othmar Schoeck, eine Biographie'.

Tuercke, Berthold, Komponist; Geibelstr 4, D-12205 Berlin, T: (0 30) 8 11 75 36 [1957]. **Ausb:** Komp-Ausb (R Kolisch, F Greissle, L Stein) USA. **Pr:** Förderpr Ernst-v-Siemens-Stift 94. – **AuftrKomp:** f Kieler Op, SinfOrch Wuppertal, Kronos Qua (Los Angeles), Goethe Inst Brasilien. (*)

Türner, Sabine, Sängerin; Keplerstr 13, D-68723 Schwetzingen, T: (0 62 02) 5 77 81 48. **Laufb:** Sol Th Aachen, Gastsol Stadtth Bremerhaven SpZ 03/04, Sol Eutiner FSp SpZ 03/04. (Red)

Tumýán, Satik, Mezzosopran; c/o Oper im Schlossgarten, PF 112, D-23691 Eutin [Jerewan]. **Ausb:** Stud (OpGes) Jerewan. **Laufb:** Gastsol Staatsth Oldenburg 94, EnsMitgl Landesth Coburg, freischaff Sängerin, Gastsp u Konz ua Op Leipzig, Italien, Carnegy Hall New York, Sol Op im Schlossgarten Eutin SpZ 03/04. **Pr:** 2. Pr Bellini Int Voice-Competition Ibla Grande. (*)

Tung, Chao-Ming, Komponist; Neusser Str 85, D-50670 Köln, T: (02 21) 7 22 03 79, F: 7 22 03 79, *chaoming@gmx.de*; *www.chaomingtung.com* [Taipei, Taiwan 1969]. Konzert, Tanztheater, Performance, interdiszipl Darstellung, elektron Musik **Ausb:** Stud (Tb) b Shuang-Liang Xu Chinese Culture Univ Taipei 87–88, (Komp) b Zhang Nan-Qian 87–90, (Komp) b Johannes Fritsch u Mauricio Kagel H f M Köln 90–98, (Komp) b Nicolaus A Huber Folkwang-H Essen. **Laufb:** Lt Streichorch d Chuon-Yuan-Univ in Chuon-Li Taiwan, freischaff Künstler u KonzVeranstalter. **Pr:** Prtr d Bernd Alois Zimmermann Stip d Stadt Köln 99. – **Komp:** Formosa (f Kl, 4-händig) 99, Energie (f V, Va, Vcl, KB u Kl) 98, Terima Kasih (f V solo) 02, Lied des verlorenen Landes (f Gu-Zheng u Live-Elektronik) 03. **AuftrKomp:** Im Tempel (chinesisches Ens), UA Köln (Auftr: China Found Music Workshop Taipei); Die Gesichter des Buddhas (chinesisches Ens), UA Berlin 02 (Auftr: MaerzMusik Berlin); Jagd im Wind (Bfl), UA Essen 2000 (Auftr: 3. Folkwang-Symposion f Blockflötenmusik).

Turba, Martin C, Dr, Künstlerischer Leiter; c/o Musik Theater Schönbrunn, PF 111, A-1190 Wien, *turba@musik-theater-schoenbrunn.at*.

Turban, Ingolf, Prof, Geiger, Hochschullehrer; Nordstr 4, D-82131 Stockdorf bei München, F: (0 89) 8 56 12 18, *Ingolf.Turban@t-online.de*; c/o Künstlersekretariat Andreas Liebrandt, Höhenweg 7, D-82541 Münsing, T: (0 89) 72 64 96 60; *www.ingolfturban.de* [München 17.3.1964]. **Ausb:** Stud V (G Hetzel) MH München 76–85, Sommerkse (J Ellermann, D Delay) Aspen/Colorado. **Laufb:** Prof (V) Staatl H f M u Darst Kunst Stuttgart seit 95, 1. KonzM Münchner Philh 85–88, seither Sol weltweit: Washington 91, Paris 90, Zürich 89, Scala Mailand 91, Semperop Dresden 92, Tel Aviv 93, Montréal 94, zZ ca 50 Konz/Jahr. **Ens:** Busoni-Ens, Ens Tu-Le-Fe-Ya, Trio Vipiace, Grdg v 'I virtuosi di Paganini' 05. – **Aufn/RF:** Ersteinsp: Respighi: Werke f V u Orch, Engl Chamber Orch, Dgt: M Viotti; Tartini: 'Teufelstriller' – u 4 weitere Son f V u Basso Continuo, U Duetschler, Y Savary; Paganini: 24 Capricen, Klavierbegleitung Schumann, Giovanni Bria; Hartmann: Werke f V allein: 2 Suiten u 2 Sonaten; Ernst: Virtuose Werke f V allein u m Klavierbegleitung, m G Bria; Strauss/Thuille: Werke f V u Kl, G Pirner; Reitz: 12 Capricen f V allein; Marek: Serenade f V u Orch, Philharmonia Orch London, Dgt: G Brain; Marek: Werke f V u Kl, J Cechova; Renié: Trio f Hf, V u Vcl, X de Maistre, W-S Yang; Achron ua: 'Hebrew Melodies' m J Nemtsov (Kl); Raff: Sämtl W f V u Kl; Paganini/Sivori: W f V u StrOrch m 'I virtuosi di Paganini'; Gesamteinsp VKonz v Paganini. **UA:** Mayseder: Variations Brillantes 83; Nordgren: Solosonate 99; Reitz: Duo f V u Vcl 2000; Graf: 'Im Zeitenwandel' f moderne V u BarockV 2000. **Zug:** Nordgren: 'Solosonate' 99, Ruoff: Bacchanale f V solo 2000. **Sonst:** Kadenz z 2. Paganini-Konz 94; Vorstellung d 1. Paganinikonz in Skordatur (Es-Dur) Berlin 2000. **Lit:** S Drees: Lexikon der Violoine; A Roeseler: 'Große Geiger unseres Jh'; H Eggebrecht: 'Große Geiger'; div Art u Porträts ua in FONOFORUM, Klassik heute u ensemble.

Turek, Thomas, Komponist, Musikpädagoge; c/o 'edition 49' Bühnen-und Musikverlag GmbH, Albstr 59, D-76275 Ettlingen, T: (0 72 43) 33 22 80, F: 33 22 81, *info@edition49.de*; *www.edition49.de* [Oppeln 11.1.1973]. Musik f Film u Th, KlPäd **Ausb:** Stud Kl (O Janke), Komp (U Euteneuer-Rohrer) Kons Baden 87–96; Stud Kl (Prof S Speidel) MH Karlsruhe 96–2002. **Laufb:** L MSch Ettlingen seit 99. **Pr:** Stip Stadt Karlsruhe 95. (Red)

Turetschek, Gerhard, Prof, Hochschullehrer, Oboe; Univ f Musik u Darst Kunst, Inst 12, Hauptpl 8, A-7432 Oberschützen, T: (03 16) 3 89 35 74, F: 3 89 31 21, *gerhard.turetschek@kug.ac.at*. **Laufb:** o UProf (Ob) U f Musik u Darst Kunst Graz. (Red)

Turk, Miljenko, Sänger; c/o Bühnen der Stadt Köln – Opernhaus, PF 101061, D-50450 Köln. (Red)

Turkovic, Milan, Prof, Fagott, Dirigent, Buchautor; c/o Konzertagentur Baron u Weingartner, Bösendorferstr 4/12, A-1010 Wien, T: (01) 4 89 61 54, *baron@baronartists.com*; *www.milanturkovic.com* [Zagreb 14.9.1939]. KamM, Histor Instr **Ausb:** Stud Akad f M Wien 54–61. **Laufb:** Bamberger Symph 62–67, Wiener Symph 67–83, Prof U Mozarteum Salzburg 83–92, oUProf U f M u darst Kunst Wien bis 03, jetzt freischaff Fag u Dgt. **Pr:** Edison-Pr, Diapason d'Or. **Ens:** Ens Wien-Berlin, Concentus Musicus Wien, Chamber Music Soc of Lincoln Center New York. **Mitgl:** Vorst 'Mozartgemeinde' Wien. – **Aufn/RF:** ua Weber: Konz, Dgt: Marriner; Vivaldi: Konz, m I Solisti Italiani; Mozart: KV 191, Dgt: Harnoncourt; Mozart: KV 191, m Stuttgarter KamOrch; J Chr Bach: Konz, m Budapest Strings; 'Basson Extravaganza'. **UA:** W Marsalis: A Fiddlers Tale, UA 2000; W Rihm: Bläserquin, UA Luzern 03; W Wagner: FagQuin; W Pirchner: Mit Fa-Gottes Hilfe. **Zug:** H Eder: Fagott-Konz; W Marsalis: Fagott-Quin; W Wagner: FagottQuin; I Eröd: 'Sonata Milanese'; R Bischof: 'Trasfigurazione (f Fag solo). **Sonst:** Essays in 'Das Orchester', 'Die Presse', 'FAZ'; 'Was Musiker tagsüber tun' 98; 'D seltsamsten Wiener d Welt' 03; 'Hast du Töne? E musikal Tagebuch' 05.

Turner, Margarita, KS, Sängerin; Goldammerweg 9, D-45134 Essen, T: (02 01) 44 32 01. **Laufb:** Sol Musikth Essen. (Red)

Turner, Roy *siehe* Platt, Peter

Turnovsky, Stepan, Prof, Hochschullehrer, Fagott; Univ f Musik u Darst Kunst, Leonard Bernstein Inst f Blas- u Schlaginstrumente, Seilerstätte 26, A-1010 Wien; Heiligenkreuzer Str 5, A-2531 Gaaden bei Mödling, T: (0 22 37) 87 53, F: 83 25 [Prag 1959]. **Ausb:** Stud an d Wiener MH in d Kl v Prof Karl Öhlberger. **Laufb:** Lehrtätigkeit an d U f Musik u Darst Kunst Wien BläserkamM u Fag seit 88, Gastprof f Fag an d U f Musik u Darst Kunst seit 2000, o UProf (Fag) ebd seit 02, seit 78 Mitgl im Orch d Wiener Staatsop u Wiener Philharmonikern, sol Tätigkeit u in Ens. **Ens:** Wiener Bläserens, Wiener Oktett, Wiener Virtuosen. – **Aufn/RF:** Mozarts FagKonz KV191. (Red)

Turunen, Taneli, Violoncello; c/o Konzerthaus Berlin, Gendarmenmarkt, Charlottenstr 57, D-10117 Berlin. **Laufb:** stv Sol Berliner SinfOrch. (Red)

Tuschewitzki, Stefan, Komponist, Musikschullehrer; Klemensstr 1a, D-47929 Grefrath OT Oedt, T: (0 21 58) 95 13 98 [Hüls/Krefeld 13.6.1963]. **Ausb:** Stud (KL, Tonsatz) H f Musik Köln b Prof Klaus Oldemeyeru Prof Wilhelm Empt bis 88. **Laufb:** LAuftr (Tonsatz) H f Musik Köln 98–01; MSch-Lehrer (KlTheorie, FB-Lt f Tasteninstr) MSch Krefeld. – **Komp:** Epigramme f Kl, 85; Die Plejaden, 8 Stücke f Kl, 86; 6 kl Miniaturen f Kl, 82; Trilogie 3 Kl-Stücke n Gedichten v E Platen, 87; Suite f Kl zu 4 Händen, Praeludium – Kanon – Scherzo – Choral – Fandango, 93; Piano al dente f zwei Kl zu 8 Händen, 95; Kl Stück f A Berg; Préludes f Kl, Zodiakos 1 u 2 – Experimentelle Kl-M ü d Tierkreiszeichen Widder u Krebs; Liebeslieder f gem Ch a cap (n Gedichten v Goethe); Klagelied f gem Ch a cap (n Jeremia); Talos 4 f Ens; Praeludidum u Fuge (12-tönig) f Kl 03; Ombra della sera f Kl 03. **Aufn/RF:** CDs aller Komp. **Lit:** Ch Dohr: Musikleben u Komponisten in Krefeld. Das 20. Jh (Krefelder Studien Bd 5); Fermate – Rhein M-Magazin, Heft 4/97 ua.

Tuserkani, Djahan, Komponist; Weisselgasse 17/2/18, A-1210 Wien, T: (01) 2 78 29 37, *felicitas_roemer@aon.at* [Iran 10.7.1936]. **Ausb:** Stud Kl u Begl Kons Teheran, (A Uhl, R Haubenstock-Ramati) MH Wien 64, Medienkomp (P Kont), Elektroakust Musik (D Kaufmann). **Laufb:** Radio u TV Teheran 60, aus polit Gründen entlassen, inhaftiert, gefoltert, Berufsverbot 62, Immigration nach Wien; Konz in Asien, Europa, Afrika, Kuba. **Pr:** 1. Pr Musikprtotokoll Steir Herbst 81, Nomin f Weltmusiktage Seoul 97 u Rumänien 99, 2. Pr Prof Ivan Spassov-Foundation Bulgarien 98, 1. Pr Platform Minorities in Austria, 1. Pr MusikU Wien 2000. – **Komp:** ua Fragen nach Tschernobyl, UA Wiener Rathaus; Homo instrumentalis, UA Graz, Steir Herbst; Oriental KamSymph (f SymphOrch), UA Kairo Opera; Klanggesetz (f 2 Instrumentalisten u 2 Schauspieler), UA Schloss Esterhazy Eisenstadt; Fasciophonie II (f Chor u Kl), UA Wiener Konzerthaus; Auftr-Komp f FrauenkamOrch Österr, ORF, Vianna Philh

Djahan Tuserkani

Orch, IGNM. **Aufn/RF:** fast alle Werke durch ORF gesendet. **Sonst:** Transitor Notation (Doblinger). **Lit:** Künstler in Österreich, österr Musikzeitschrift.

Tutschku, Hans, Dr, Komponist, Live-Elektronik; c/o Michael von Hintzenstern, Paul-Schneider-Str 26, D-99425 Weimar, T: (0 36 43) 5 34 20, F: 5 34 20, *hanstutschku@gmx.de*; *www.tutschku.com* [Weimar 30.1.1966]. elektroakust Musik, neue Kammermusik m Live-Elektronik **Ausb:** Stud (Komp, elektron M) MH Dresden 87–88, (Klangregie) b KonzZyklen v K Stockhausen seit 89, Stud (Sonologie) Inst f Sonologie Kgl Kons Den Haag 91–92, Komp Ircam Paris 94–95, DEA (MWiss) Sorbonne Paris 99, PhD (Komp) U Birmingham bis 03. **Laufb:** KonzReisen m Ens f Intuitive Musik durch Europa, Asien u Südamerika, Mitgrd Vereinigung f moderne Musik 'Klang Projekte Weimar' 89, GastProf Weimarer H f M 95–96, IRCAM Paris 97–2001, KompWorkshops Univ v São Paulo, Buenos Aires, Singapur, MAkad Budapest, Darmstadt, Stuttgart, Florenz, Mailand u Porto, L Kons (elektroakust Komp) Montbéliard seit 01, Gastprof (ComputerM) TU Berlin 03. **Pr:** Bourges, CIMESP Sao Paulo, Hanns-Eisler-Pr, Prix Ars Electronica, Prix Noroit, Weimar-Pr 05. **Ens:** Ens f Intuitive Musik Weimar. – **Komp:** InstrKomp: 'D Bleierne Kl' f Kl u live-Elektr 2000, 'SprachSchlag' f Schlgz u live-Elektr 2000, 'Cito' f Hn, Kl u live-Elektr 02; elektroakust Komp: 'resorption – coupure' 2000, 'Epexergasia – Neun Bilder' 2000, 'memory – fragmentation' 2000, 'Migration pétrée' 01, 'Vibration décomposée' 02, 'La joie ivre' 02; Klanginst: 'D Kirche als Klangskulptur' 99, 'Glockenklangfeld' z 'Weltglockengeläut' 99, 'Klangschmelze' f d Dachsteinhöhle (Österr) 99, 'KlangSpirale' f d Neufert-Würfel Weimar 2000, 'D unsichtbare Hörturm' a d Schloßturm Montbéliard 01. **Aufn/RF:** CDs: 'MOMENT' 2000, 'eXcitations' 2000, 'Prix Ars Electronica Linz' 98, 'Ausbruch Aufbruch' 98, 'Prix Int Noroit' 98, 'CIMESP Sao Paulo' 95, 'Ausbruch d Klänge' (live-Mittschn Konz d Ens f Intuitive Musik Weimar in Mexico) 94. **Sonst:** Jurymitgl d int Wettb f elektroakust Komp 'CIMESP' Sao Paulo u 'Métamorphoses' Brüssel.

Tyler-Hall, Elaine, Regisseurin; Wiener Kammeroper, Fleischmarkt 24, A-1010 Wien [London]. **Laufb:** Reg Wiener Kammerop. (Red)

Tzonev, Martin, Sänger; c/o Theater d Bundesstadt, Am Boeselagerhof 1, D-53111 Bonn. **Laufb:** Sol Th Bonn SpZ 03/05. (Red)

Tzoneva, Iona, Sängerin; c/o Allee Theater – Hamburger Kammeroper, Max-Brauer-Allee 76, D-22765 Hamburg. **Laufb:** Sol Th Lüneburg, KamOp Hamburg SpZ 04/05. (*)

U

Ubbelohde, Anna-Elisabeth, Prof, KMD, Hochschullehrerin; Hochschule f Musik u Theater, FB 1, Harvestehuder Weg 12, D-20148 Hamburg. **Laufb:** Prof (Chorltg) H f M u Th Hamburg. (Red)

Uchida, Miho, Korrepetitorin; c/o Badisches Staatstheater, D-76125 Karlsruhe. (Red)

Ude, Armin, KS, Sänger (Tenor), Hochschullehrer; Weg zur Quelle 12, D-12587 Berlin, T: (0 30) 64 19 71 19, F: 64 19 71 18 [Weißenfels/Saale 16.1.1933]. Oper, Liederabende, Konzerte v Bach, Haydn, Beethoven IX Sinfonie, Britten **Ausb:** Stud (SchM) U Leipzig, Ges (Hähnel-Zuleger), Privatstud (Freiwald-Lange) Berlin. **Laufb:** Debüt Frankfurt/O (Nozze di Figaro, Basilio) 59, Sol ebd 59–61, Cottbus 61–66, Magdeburg 66–68, zugleich feste Gastvertr Metropol-Th Berlin u Halle, EnsMitgl Staatsop Dresden seit 68 (04/05), Gast (ua Raoul, Rodolfo, Lenski) Leningrad, Sofia, Prag, Budapest, Lausanne, Doz (Ges) H f Musik 'Hanns Eisler' Berlin 69–74, Doz (Ges) H f Musik 'Carl Maria v Weber' Dresden bis 2001, Konz u Tourneen m Thomanerchor Leipzig, Kreuzchor Dresden, RF-Chor Berlin u Leipzig, Philh Chor Prag, Staatsop Prag, Dt Staatsop Berlin, Th Leipzig, Mitw an FSp: Maifsp Wiesbaden, Musik im alten Krakau, Prager Winter u Prager Frühling, Brno Herbstfsp, Carinth Sommer, Wratislava Cantans, Int Bachfest Schaffhausen. **Pr:** Dipl Erkel-Wettb Budapest 65, Bachwettb Leipzig 64, KS seit 76, NatPr d DDR 89. – **Aufn/RF:** Schallpl: Schütz: Matthäuspassion; Ders: Weihnachtshistorie; Bach: Johannespassion; Mozart: Zauberflöte, Dgt: C Davis; Ders: Idomeno, Dgt: K Böhm; Ders: Messe Regina coelis; Ders: C-Dur-Messe KV 262; Ders: C-Dur-Messe KV 258; Verdi: La Traviata; Ders: Rigoletto; Schönberg: Moses u Aron; Monteverdi: Marienvesper; Strauss: Rosenkavalier; CDs: 'Una furtiva lagrima' Operatic Arias and Duets, Staatskap Dresden (Sängerporträt); Brahms: 'Romanzen aus Magelone'; Schubert: 'Winterreise'; Brahms: Liebesliederwalzer op 52 u op 65; Mozart: Spaur-Messe ua; Saint-Saëns: 'Weihnachtsorat'; Monteverdi: 'Vespro della beata vergine', Dresdner Kreuzchor, Dgt: M Flämig. **UA:** U Zimmermann: ' Pax questuosa', 'D Schuhu u d fliegende Prinzessin', ' Levins Mühle'; K-H Füssl: 'Kain', UA Carinth Sommer.

Ueberschaer, Camilla, MA, Mezzosopran; Hochgernstr 4, D-81671 München, T: 0 172 286 65 23, F: (0 89) 40 19 18, *CUeberschaer@aol.com*; *www.Camilla-Ueberschaer.de*. A Dvořák, R Strauss, R Wagner, frühes 20. Jh, J S Bach **Ausb:** Stud b H Gottschalk H d Künste Berlin 75–80, b J Metternich ebd 84–88, Kurs (M del Monaco) 82. **Laufb:** Berliner FestW 77, Teatro Bellini Catania 79, 96, 98, 01, 03, Teatro San Carlo Neapel 80, Bregenzer FSp 81, Heidenheimer SchlossFsp 83, Teatro Gran Liceu Barcelona 83, 90, Brucknerfest Linz 85, 86, Staatsth Linz 85, 86, Darmstadt 84–86, Staatsth Wiesbaden 84–95, Teatro Regio Turin 86–89, Holland-Fstv u FSp Bad Hersfeld 87, Bayer Staatsop München 87–92, Münchener Biennale u OpFSp 92, Teatro Comunale di Bologna 88, Teatro Comunale di Parma 89, Städt Bühnen Köln 90, Int MaiFSp Wiesbaden 91, Gasteig München 92, Pocket-Op Nürnberg 90–99, Fstv Taormina Arte 92, Salle Pleyel Paris u Athens Concert Hall 93, Teatro Colon Bogota u Scala di Milano 94, Kulturcenter C Kai-Shek Taipei u Suntory Hall Tokyo 95, Semperop Dresden 95, 99, Innsbruck 95, Kurhaus Wiesbaden u Teatro Carlo Felice Genua 97, Palau de la M Valencia u Kreuz-Kirche Berlin 98, Covent-Garden-Fstv London, Int M Fstv of Bath, Th d Ldshauptst Magdeburg u Baden-Baden-Fstv 99, Op de Nice 2000, Kom Op Berlin 99–02, Dt Op Berlin 01, 02, Hamburgische Staatsop 03, KonzHaus Dortmund 03, Dt NatTh Weimar 04. **Pr:** Förderung d Gotthard-Schierse-Stift 79. – **Aufn/RF:** CDs: P Schöbach: Sassi; D Schnebel: Revisionen/Wagner-Idyll, auch Aufn m Radio-SinfOrch Frankfurt, Dgt: Z Pesko 89; LPs: J Haydn: Harmonie-Messe, m Trierer Sängerknaben; Belcanto: Nutte; Aufn: C Loewe/A Schönberg: Der Nöck, m SymphOrch SWF Baden-Baden, Dgt: Z Pesko; H v Eycken/A Schönberg: Lied d Walküre, m SymphOrch SWF Baden-Baden, Dgt: Z Pesko 88. **UA:** R M Helmschrott: Orgelpunkte I, UA Berlin; R Bawdon: Le Livre de Fauvel, UA Gasteig, Münchener Biennale; U Leyendecker: Versunken in d Nacht, UA Mannheim, Nationalth; I Grünauer: Die Mutter, UA Wiesbaden, Int Maifsp; P Schöbach: Sassi UA München, Gasteig 96; A Prestele: Carmencita, UA Nürnberg; G Kingsley: Tierra, UA München, Gasteig. **Zug:** R M Helmschrott: Neigung z Verstummen (Lieder).

Uecker, Gerd, HonProf, Intendant, Hochschullehrer; Prof-Wilhelm-Ring 26, D-01445 Radebeul, T: (03 51) 2 72 28 42, 01 72–8 66 33 96; Sächsische Staatsoper, Theaterpl 2, D-01067 Dresden, T: (03 51) 4 91 10, F: 4 91 16 98 [München 1946]. **Ausb:** Stud H f M u Th München. **Laufb:** Solorep OpHaus Köln 69, LAuftr Rhein MKons Köln 70, MD u Ltg d OpAbt d Südostbayer Städteth Passau 73, Bayer Staatsop München 79, OpDir Bayer Staatsop München 93, Intend Sächs Staatsop Dresden seit 03, HonProf H f M u Th München, Prof H f M Dresden, Vors Dt OpKonferenz seit 05.

Ueckermann, Ernst (Pseud: Matálas), Komponist, Pianist; Nussbaumweg 71, D-53797 Neuhonrath, T: (0 22 06) 86 94 21, *ernst.ueckermann@web.de*; c/o L Ketterer, Ibentalstr 9, D-79256 Buchenbach; *www.ernst-ueckermann.de* [Estcourt, Natal 11.9.1954]. Komposition, Klavierkammermusik, Liedbegleitung **Ausb:** Stud (Komp, Kl u KlKamM) Johannesburg, London, Würzburg u Freiburg. **Laufb:** KonzReisen, RF- u TV-Aufn, LTätigkeit MH Freiburg u versch int Meisterkurse, Doz MH Würzburg u U Köln. **Ens:** div. – **Komp:** Concerto (Doppelkonz), UA Würzburg 82; Circulus Croit (Der Kreis schließt sich) (Minimal-Op), UA Würzburg 85; Trakl-Trilogie: Wunderlicher Herbst, Zwei Gesänge, Frühlingsdämmerung (Lied f Gesang u Kl), UA Freiburg 86; Fantasie (KamM), UA Köln 89; Separate Reality (KamM), UA Mannheim 95; Requiem for the innocent (KonzM); Oratorium – 'Mass for Peace' (KonzM). **Auftr-Komp:** 'Chants de Rimbaud' 86 (Auftr: Int Kb-Fstv Freiburg); Prelude VIII 97 (Auftr: Frankfurter Ges f Lit u Musik z Heine-Jahr). **Aufn/RF:** eigene Werke: 3 Stücke f Fg; KamM; Kaleb f Kl-Duo; Zwei Gesänge; Chants de Rimbaud; Japan Liederzyklus; als Pianist: Debussy u Mozart: Trios 89; Separate Reality 97; The Casa Herbfredo Sessions 98; Debussy: Musique pour piano 01; Haydn, Beethoven, Brahms: Trios 93; Turina, Rachmaninow: Trios 90/91. **UA:** D Salbert: Klavierqua; I Yun: Tropen; B Hummel: Eichendorff Lieder. **Sonst:** Separate Reality 97/98; Kreative Harmonielehre 99; Harmonielehre 01.

Uehlein, Felix, Sänger (Altus); c/o Staatstheater Mainz, Gutenbergpl 7, D-55116 Mainz. (Red)

Ueki, Yoriko, Viola; c/o Südostbayerisches Städtetheater, Fürstbischöfliches Opernhaus, Gottfried-Schäffer-Str 2 und 4, D-94032 Passau. **Laufb:** Sol Südostbayer Städteth Passau SpZ 03/04. (Red)

Ünlü, Altug, Dr, Prof, Hochschullehrer; Magdalenenstr 43, D-20148 Hamburg, T: (0 40) 4 48 08 13, F: 41 49 87 60, *uenlue@t-online.de*; Robert Schumann Hochschule, Fischerstr 110, D-40476 Düsseldorf; *www.altug-uenlue.de* [Istanbul 8.11.1965]. Komposition, Theorie **Ausb:** Stud Komp, Theorie (G Ligeti) H f M u Th Hamburg 86–91, histor MWiss (C Floros) U Hamburg. **Laufb:** Prof (Tonsatz) Robert-Schumann-H Düsseldorf 2000. **Pr:** KompStip Stadt Hamburg 95, BachprStip Stadt Hamburg 2000. **Mitgl:** Ges f Musiktheorie. – **Komp:** KlKonz – Hommage a B Bartók, UA Hamburg 95; Variationen f Orch – 'Der Kuckkuck', UA Hamburg 96; Passacaglia f Orch, UA Dornbirn 2001; Sonate f Fl solo, UA Hamburg 87; StrTrio (f zwei V u ein Vcl), UA Lübeck 99; Phantasie u Tanz f V solo, UA Hamburg 2000. **Sonst:** Grdg Junge Philharmonie Hamburg 2000; Buch: 'Gustav Mahlers Klangwelt' 06.

Ugarte, Enrique, Musikalischer Leiter; Rassogasse 6a, D-81245 München. **Laufb:** Musikal Oberltg Schlossfestsp Ettlingen. (*)

Ugorski, Anatol, Prof, Hochschullehrer, Klavier; Humboldtstr 8, D-32756 Detmold, T: (0 52 31) 1 82 41, F: 6 39 81, *a.ugorski@gmx.de*; Hochschule f Musik, Neustadt 22, D-32756 Detmold [Leningrad 1942]. Stücke d 20. Jhs **Ausb:** MSchule am Leningrader Kons bis 60, Stud (N Golubowskaja) Kons 60–65. **Laufb:** L Kons Leningrad 82, Prof (Kl) H f M Detmold. – **Aufn/RF:** Beethoven: Diabelli-Variationen; Brahms: Klaviersonaten; Messiaën: Catalogue d'Oiseaux, La Fauvette des Jardins; Mussorgsky: Bilder e Ausstellung; Stravinsky: Drei Sätze aus Petruschka; Schubert: Wanderer-Phantasie; Schumann: Davidsbündlertänze; Busoni, Liszt, Debussy, Skrjabin; Busoni ua: Short Stories; Skrjabin: Konz f Kl u Orch Nr 1 fis-moll, op 20; Ders: Prometheus (Le Poème de feu) op 60; Chopin: Gesamtwerk. (Red)

Uhde, Michael, Prof, Hochschullehrer, Piano; Eichwaldstr 14, D-76228 Karlsruhe, T: (07 21) 9 47 27 77, F: 9 47 42 18; Hochschule f Musik, PF 6040, D-76040 Karlsruhe, *michael.uhde@hfm-karlsruhe.de*. **Ausb:** Stud b C. Seemann MH Freiburg u b B. Canino/Mailand. **Laufb:** Prof (Kl, KlKamM), Prorektor Staatl H f Musik Karlsruhe. **Ens:** Schumann-Ens, Ens 13/Baden-Baden, Ens Recherche/Freiburg, Schumann-Duo (m Antonio Pellegrini). (Red)

Uhde, Sören, Prof, Hochschullehrer; Ilmenau 7, D-96160 Geiselwind, T: (0 95 56) 13 89, F: 13 89, *soeren.uhde@web.de*; H f Musik, Hofstallstr 6–8, D-97070 Würzburg [Bolanden 1963]. **Ausb:** Stud V (C v d Goltz) MH Würzburg 74–83, Stud V (J Fuchs) Juilliard School New York 83–86. **Laufb:** 1. Konzm Philh Orch Ulm 86–90, 1. Konzm Orch d Staatsth Darmstadt 90–94, Primarius Hugo-Wolf-Qua 81–94, Prof (V) H f M Würzburg seit 94, Primarius Residenz Qua Würzburg seit 94, künstl Lt u Konzm Camerata Würzburg seit 97, int Mstrkse. **Pr:** Stip Studienstift d dt Volkes, d GVL u Juilliard School New York; Preise m Hugo-Wolf-Qua: 2. Pr u Zusatzpr 'Joseph Rey' int StrQuaWettb Colmar 87, Sieger int StrQuaWettb Evian 87, Zusatzpr f beste Int e Werkes 20. Jh. **Ens:** Primarius Residenz-Qua, Künstl Lt u Konzm Camerata Würzburg, Ens extempore, Ens Roseau, Konzm Bach-Orch Nürnberg. – **Aufn/RF:** CDs: 'Hermann Schroeder in memoriam' 90; L Boccherini: GitQui, m W Abt, H-Wolf-Qua 94; W A Mozart: KlarQui KV 581 u 516c, m N Friedrich, Hugo-Wolf-Qua 94; 'Brahms Reflexionen', m Ens Roseau 96; J Brahms: Sextette op 18 u op 36 94; W A Mozart: Messen, m Camerata Würzburg, Nordic Chamber Choir N Matt 02; Brahms u Mozart: KlarQui, m Residenz-Qua Würzburg u V Mariozzi (Klar) 03.

Uhden, Pit, Kapellmeister, Dirigent; Frühlingstr 15, D-01099 Dresden, T: (03 51) 8 48 53 36, 0 17 99 73 24 60, *pit.uhden@gmx.de*. **Ausb:** MH Dresden (Dir) b C Kluttig 96–01, MH Leipzig (Dir Aufbaustud) 01–03, Mstrkse b Sir C Davis 2000 u F Luigi 04/05. **Laufb:** Musikal Lt Optte 'Die lustigen Nibelungen' Sächs Staatsop Dresden 01–03, Gastdgt Erzgebirgisches Sinf Orch 02/04/05; Kapellm Städtebundth Hof 03–05, Musikal Lt Rock-Op 'Jesus Christ Superstar' Südostbayerisches Städteth 05/06.

Uhl, Manuela, Sängerin; Christian-Pries-Str 5 c, D-24159 Kiel, T: (04 31) 3 80 44 83; c/o Herwald Artists, Str d Roten Kreuzes 64, D-76228 Karlsruhe, T: (07 21) 9 47 39 39, F: 9 47 39 37, *info@herwald-artists.com* [Ravensburg]. **Laufb:** Sol Bühnen d Landeshauptstadt Kiel, Sol Bad Staatsth Karlsruhe, Gastsol Op Halle SpZ 00/01, Sol Hamburg Staatsop SpZ 03/04, Gastsol Tiroler Ldsth SpZ 04/05. (Red)

Uhlenhopp, John, Tenor; Oberkuonimattweg 72, CH-6010 Kriens, T: 04 13 40 07 05; c/o Volksoper Wien, Währinger Str 78, A-1090 Wien [Rochester, MN, USA]. **Ausb:** Stud (Musik, Musikpädagogik, Dirig) U Northwestern Chicago, Ex U Rutgers, New Jersey. **Laufb:** Sol Pittsburgh Op Th (Copland: The Tender Land, Martin 87), Konz ua m Chicago SymphOrch, SymphOrch Prag, Op Orch New York, Sol Th Giessen SpZ 95/96, Sol Luzerner Th (ua Dvorak: Stabat Mater), Sol Saarländisches Staatsth Saarbrücken, Gastsol Bremer Th SpZ 00/01, Gastsol Staatsth Mainz SpZ 00/01, Gastsol Staatsth Oldenburg SpZ 03/04, Dt Op am Rhein SpZ 04/05, Sol Volksop Wien SpZ 04/05. **Pr:** zahlr Pr, ua Richard Tauber Int Tenor Competition 94, Met Op Nat Council Auditions. – **Aufn/RF:** CDs ua Puccini: Messa di Gloria, Sop: E Urbanova. (Red)

Uhlig, Christian, Prof, Hochschullehrer, Violine; Hammeraue 4, D-01157 Dresden, T: (03 51) 4 22 37 30; c/o Konzertdirektion Goette, Brahmsallee 6, D-20144 Hamburg, T: (0 40) 45 01 18 50, *info@goette.de*. **Laufb:** Prof (V) H f M Carl Maria v Weber Dresden. (Red)

Uhlig, Florian, MMus, BMus, FRCO, FTCL, FLCM, FNCM, FVCM, ARCM, DipRAM, DipRCM, Klavier; c/o Konzertdirektion Goette, Brahmsallee 6, D-20144 Hamburg, T: (0 40) 45 01 18 50, F: 45 01 18 60, *info@goette.de*; *www.florian-uhlig.com* [Düsseldorf 28.10.1974]. Klavierabende, Solokonzerte, Kammermusik, Liedbegleitung **Ausb:** Stud KamM (P Feuchtwanger), Stud (B Roberts) Royal College of Music London, (H Milne) Royal Acad of Music London. **Laufb:** Solokonz in Europa, Amerika, Afrika, Asien, OrchDebüt m EA d Clara-Schuamnn-KlKonz Barbican London 97, KamMPartner ua v P Coburn, A Gerhardt, J Hattori, M Contzen, R Sacca, F Hawlata, W White, letzter KlBegleiter v H Prey, Mstrks u Vorlesungen Royal College of Music London, Kwangju Art U Südkorea, Cons Neuchâtel, U Johannesburg u Kapstadt. **Pr:** Stephen-Arlen-Gedächtnis-Pr d English Nat Op, Queen Elizabeth Rose Bowl f Verdienste um d Künste 99, Europ Kulturpr d 'Fondation Européenne de la Culture', 1. Pr 'Tunbridge Wells Int Young Concert Artists Wettb', Stip Nat Yamaha-Wettb Großbritannien, Bernard Stevens Pr, Frank Merrick Pr, Fellow Trinity College London, London College of Music and Media, Royal College of Organists. – **Aufn/RF:** CDs: Venezia; Original u Fälschung, m Hermann Prey; zahlr RF-Prod u -Sendungen weltweit. **UA:** J James: 'Souvenir de Florence' (KlKonz); T Salter: Dragonflies Draw Flames; H G Leonhardt: Stone Bells. **Zug:** T Salter: Dragonflies Draw Flames; H G Leonhardt: Stone Bells.

Uhlig, Silke, Flöte; c/o Rundfunk-Sinfonieorchester Berlin, Charlottenstr 56, D-10117 Berlin. **Laufb:** Sol RF-SinfOrch Berlin. (Red)

Ulbrich, Andrea Edina, Mezzosopran; c/o Erich Seitter Bühnen- und Konzertvermittlung, Opernring 8/13, A-1010 Wien, T: (01) 5 13 75 92, F: 5 12 93 51, *agentur.seitter@aon.at*; c/o Deutsche Oper am Rhein, Opernhaus Heinrich-Heine-Allee 16a, D-40213 Düsseldorf [Budapest]. **Ausb:** Stud Bela-Bartok-Kons, Franz-Liszt-H Budapest (Prof E Andor). **Laufb:** Sol Dt Op am Rhein Düsseldorf-Duisburg 2000/01 u 04/05, Klagenfurt 2001/02.

Ulbrich, Hans Martin, Englischhorn, Oboe, Hochschullehrer; Feldimoosstr 9, CH-8803 Rüschlikon, T: 0 17 24 08 03. **Laufb:** Doz (EnglHn, Ob d'amore) MH Winterthur Zürich. (Red)

Ulbrich, Markus, Prof, Hochschullehrer; Im Mühleboden 67, CH-4106 Therwil, T: 06 17 21 56 66. **Laufb:** Prof (Solfège, Gehörbildung) Staatl H f Musik Freiburg. (Red)

Ulbricht, Reinhard, Prof, Hochschullehrer, Violine; Wägnerstr 2, D-01309 Dresden, T: (03 51) 3 10 12 59; H f Musik, PF 120039, D-01001 Dresden [Dresden 22.5.1927]. **Ausb:** Stud Kons Dresden (W Roth) 42–43, Privatstud b G Schneider, Prof E Mühlbach. **Laufb:** Dresdner Philh 46, Sächs Staatskap 47–95, Konzm der 2. V seit 59, Ehrenmitgl Sächs Staatskap seit 95; LBeauftr H f M Dresden seit 58, Gastprof Franz-Liszt-Akad Budapest 79–87, Prof (V) H f M Carl Maria v Weber Dresden, Honorarprof (V) seit 86. **Pr:** Ehrensenator H f M Carl Maria v Weber seit 92. **Ens:** FstSpOrch Bayreuth 66 u 88–95.

Ulen, Ronald, Bariton; Judenberg 3A, D-96450 Coburg, T: (0 95 61) 7 66 56, (01 71) 4 64 99 42, F: 42 69 75, *Ronald.Ulen@Onlinehome.de*; c/o Landestheater Coburg, Schloßpl 6, D-96450 Coburg; *www.ronulen.de* [Norfolk, Virginia 4.5.1956]. Oper u Konzert **Ausb:** Stud Ges Mankato State U Minnesota 75–79, Ges Florida State U 79–82, Mstrdipl Ges sowie Regie u OpManagement; Wien, Met Op New York 87–90, OpStudio Zürich 90–91. **Laufb:** Sol National Op Comp Raleigh, NC 82–87, Tournee in 25 US-Bdesstaaten m mehr als 350 Vorstell, OpStudio Zürich 90/91, Ldesth Coburg 91/94 u 04/05, Staatsth Schwerin 94–96, Staatsth Mainz 96–98, Städt Bühnen Augsburg 98–2000, seit 2000 freiberufl, Gastsol Augsburg, Braunschweig, Deutsche Op am Rhein Düsseldorf, Essen, Flensburg, Hagen, Heidelberg, Kassel, Kiel, Gelsenkirchen, Mannheim, Meiningen, Saarbrücken, Ulm, Würzburg, Wuppertal u. a.; als Solist ZusArb m Florida State Symphony, North Carolina Symphony, North Carolina Chamber Players, Bamberger Symphoniker, Hamburger Symphoniker; Konz ua in Hamburg, Wien, Rom, Zürich, New York, Miami, Washington DC, Chicago, Bamberg. **Pr:** Prtr div GesWettb, v a American Opera Auditions. – **Aufn/RF:** TV (USA): Donizetti: 'L'Elisir d'Amore' (Belcore), Dgt D Wilder; BR Radio: 'Johann Strauss Gala Konz', Dgt R Bibl; Dtschld Radio Berlin: Flotow: 'Alessandro Stradella' (Bassi), konzertant, Dgt I Toerzs; NDR Radio: Mendelssohn Bartholdy: 'Elias' (Elias), Dgt A Luebke. **UA:** P Goldstaub: 'The Marriage Proposal' (Chubukov; Komp); S Malzew (Text v B R Krieger): 'Das Opernpupp' (Opernpupp; Komp).

Ulewicz, Marina, Sopran; Am Mühlstetter Graben 9, D-82178 Puchheim, T: (0 89) 89 02 05 52 [München 1960]. **Ausb:** priv Gesangsunterr (A Vogel-Angerbauer), Stud (U Hirschberger-Coppel) Richard-Strauss-Kons München 83–89, Mitgl OpStudio Bayer Staatsop 89–92. **Laufb:** Festeng Th Augsburg 92–99, ua 'Zauberfl' (Pamina), 'Hänsel u Gretel' (Gretel), 'Orfeo' (Euridice), 'Gespräche d Karmeliterinnen' (Blanche), 'Hoffmanns Erzählungen' (Antonia), 'Westside-Story' (Maria), Goggolori (Zeipoth), Konz ua m Bachs 'Johannespassion' Philh am Gasteig München. **Pr:** Bayer Förderpr f junge Künstler 97. (Red)

Ullmann, Marcus, Tenor; Bergweg 47, D-56179 Vallendar, *marcusullm@aol.com*; c/o Artists Management Hartmut Haase, Aalgrund 8, D-31275 Lehrte, T: (0 51 75) 95 32 32, F: 95 32 33, *artists@t-online.de*; *www.marcus-ullmann.de* [Olbernhau b Dresden 1967]. **Ausb:** Dresdner KreuzCh 76–86, Stud MAkad 'Carl Maria v Weber' Dresden (H Zabel) seit 88, Perfektionierungskse (D Fischer-Dieskau: 'Lied', E Schwarzkopf, A Baldin, T Adam, W Moore, S Skigin, J Stämpfli), Dipl 92, Msrkl MAkad Dresden, SolGes-Dipl 94–95. **Laufb:** Gastsol Op Chemnitz, Halle, Oldenburg, Dresden, Koblenz, Gastsol Staatsth Mainz SpZ 00/01, Sol Stastth Klagenfurt SpZ 03/04.

Ullrich, Maria Theresa, Sängerin; Alexanderstr 74, D-70182 Stuttgart, T: (07 11) 2 36 74 36, *mt_ullrich@gem-music.de*; Württembergisches Staatstheater, Oberer Schlossgarten 6, D-70173 Stuttgart [Bonn]. **Ausb:** Stud Romanistik, Komparatisik Univ Bonn u Univ Lissabon 90–95, GesStud (G Aulmann) Berg GesInst Gummersbach 93–98. **Laufb:** Sol Staatsth Stuttgart seit 98. **Pr:** Zonta Young Artists Award.

Ullrich, Michael, Bratsche; c/o Landestheater Detmold, Theaterpl, D-32756 Detmold. **Laufb:** Sol (Bratsche) Orch d Landesth Detmold. (Red)

Ullrich, Peter, Prof, Hochschullehrer, Bass-Bariton; Göllstr 50, D-83404 Ainring, T: (0 86 54) 6 95 66, F: 6 95 67, *peter.ullrich@moz.ac.at*; Univ Mozarteum, Abt f Musikpädagogik Innsbruck, Innrain 15, A-6020 Innsbruck; *http://www.moz.ac.at/user/ullrich/*. **Ausb:** Sologesangstud Musikhochschule München (H Blaschke), Weiterbild b Franz Reuter-Wolf, München, u Rudolf Knoll, Salzburg. **Laufb:** o UProf (Ges) U Mozarteum Salzburg. (Red)

Ulrich, Bodo, Prof, Hochschullehrer; Lenbachstr 33, D-15370 Fredersdorf, T: (03 34 39) 5 31 85. **Laufb:** LBeauftr (Waldhn) H f Musik Hanns Eisler Berlin. (Red)

Ulrich, Burkhard, Sänger; Bismarckstr 19, D-10625 Berlin, T: (0 30) 36 40 58 88. **Laufb:** Sol Bühnen d Landeshauptstadt Kiel, Sol Dt Op Berlin SpZ 03/05, Th Basel SpZ 04/04. (Red)

Ulrich, Jürgen, Prof, Komponist, Hochschullehrer (em); Papenbergweg 33, D-32756 Detmold, T: (0 52 31) 30 09 66, 01 72–5 23 30 61, F: 3 89 91, *prof.ulrich@web.de*; *www.dtkv-nrw.de* [Berlin 21.11.1939]. JugendM, KamM **Ausb:** Stud Komp (J Driessler, G Klebe) MH Detmold, Staatl Musiklehrerprüfg (Kl, Tonsatz, Gehörbildung) 62. **Laufb:** Kl- u TheorieL an versch MAusbildungsinst, Detmold seit 74, Doz (Tonsatz, Gehörbildung) seit 68, Prof (Komp, MTheorie) 89–05 u Prorektor H f M Detmold, seit 05 em. **Pr:** Kuhlau-Wettb Stuttgart 67 u Uelzen 70, KamM u Neue Musikschullit Braunschweig u Hamm 67, Kongress d VdM Aachen 80. – **Komp:** Sonata serena (Konz) 64, UA München, P Hackenberg 82; Apparitions (Konz) 66, UA Sion, H Maile, KamOrch, T Varga 77, -mit'nacht- (OrchW) 82; Rondo totale (Orch-Rondo) 84, UA Arnsberg 84; 'Wunderliche Reise' (2 Hörner u StrOrch), UA Detmold 84, Dgt: T Varga (Auftr: KamOrch T Varga); Klingen-sonar... (OrchW) 92, UA Lingen 93; div Musik f Jugendliche u Laien; 'Lage-launig', UA Lage/Lippe 02, Dgt: K Steffens; Mu-Sieg-Werkstatt, UA Siegburg 05, Dgt: J Nickel.

Ulrich, Mel, Bariton; c/o Agentur Seitter, Opernring 8/13, A-1010 Wien, T: (01) 5 13 75 92, F: 5 12 93 51, *office@agentur-seitter.at, mel@melulrich.com*; c/o Columbia Artists Management GmbH, Till Janczukowicz, Albrechtstr 18, D-10117 Berlin, T: (0 30) 20 64 80 78, F: 20 45 34 80, *info@cami.com*; *www.agentur-seitter.at, www.melulrich.com* [Aibonito, Puerto Rico]. **Ausb:** Stud Univ Washington Seattle u Oberlin Cons. **Laufb:** Auftritte New York City Op, Puerto Rico's Teatro de la Op, Austin Lyric Op, Salzburg Fstv, Op Colorado, Florentine Op, Orlando Op, Met Op, Konz m Welsh National Op u Bournemouth Symphony Orch, New York City Op, Op d Stadt Köln, Op San José, Op Th of St. Louis, L'Op Français de New York, San Francisco Op, Festival Op, Piedmont Op, Wiener Kammerop, Winer Volksop, Sol Op San José 93–96, Seattle Op, Lyric Op Cleveland, Wolf Trap Op, San Francisco Op Center, Virginia Arts Fstv, Konz m Indianapolis Symphony, Florentine Op, Teatro de la Opera, Op Pittsburg, Op Dallas, Washington Op, Sol Klangbogen Fstv 03. **Pr:** Kurt Herbert Adler Award 97, Sullivan Award 97, Gaetano Merola Award 96, Pr Int Belvedere Wettb Wien 98, ARIA Award 99, Richard Tucker Career Grant 99, Opera Index Award 99, Op Comique de Paris award 99.

Ulrich, Patrice, Dirigent; Bahnhofstr 65b, CH-6430 Schwyz, T: 04 18 11 33 87, F: 04 18 11 75 58, *patrice.ulrich@bluewin.ch*; *www.skp.ch*. **Laufb:** Lt Schweizer KamPhilh. (Red)

Umierski, Elisabeth, tiefer Alt; Kranoldpl 10, D-12051 Berlin, T: (0 30) 6 26 18 42, 01 71–2 76 23 67, F: 6 26 18 42, *umierski-zahn@p-soft.de*; c/o Künstleragentur Elke Wiemer, Exerzierstr 9, D-13357 Berlin, T: (0 30) 46 60 78 03, F: 46 60 78 17, *mail@agentur-wiemer.de*. Konz, Op, Orat **Ausb:** Stud (KonzGes, GesPädagogik) H f M Hamburg, Unterr b G Litz, I Czerny, H Coblenzer, N McGegan. **Laufb:** Gastsol Th d Westens Berlin, Th Bremen, Städt Bühnen Osnabrück, Zeitgen Op Berlin, Th Brandenburg, Sol Berliner KamOp SpZ 03/04, Gastsol ua Berliner FestW, Bach Fstv Orlando. **Mitgl:** Bund Dt GesPädagogen. – **Sonst:** eigenes Studio 'Singing feels good'.

Umlauf, Angela, Sängerin; Am Altenbruch 35, D-40822 Mettmann, T: (01 79) 3 97 88 16 [Beckum 25.12.1974]. Oper, Konzert **Ausb:** Stud (SchM/Gesang) MH Detmold 94–2001. **Laufb:** Gastsol Ldesth Detmold SpZ 00/01, Th Osnabrück SpZ 00/01, Aushilfe RF-Chor WDR Köln seit 2000, RIAS seit 01, RF-Chor Berlin seit 01, BR seit 02 u NDR seit 02, Jahreseng Rias-KamChor 03/04. **Pr:** 2. Pr VDMK-Landeswettb 96.

Umstadt, Peter, Sänger; Heßstr 54, D-80798 München, T: (01 71) 2 65 93 80. **Ausb:** Stud Ges b Gertie Charlent Darmstadt. **Laufb:** Mitglied d OpStudios d Bayer Staatsop München 90–92, Eng Ens Städt Bühnen Augsburg 92, Gastsp Baye Staatsop, Staatsop Stuttgart, Staatsth Hannover, Schwetzinger FSp 91, Gastsol Semperoper Dresden 2000, Gastsol Dt Nationalth Weimar seit 97, Ens Staatsth am Gärtnerplatz München SpZ 99/04, Sol Th Erfurt SpZ 04/05. **Pr:** Bayer Förderpr f junge Künstler im Bereich Darst Kunst. – **Aufn/RF:** Fernsehaufz d BR Idamante in Mozarts 'Idomeneo'. (Red)

Unden, Martina, Sängerin; Elisabethstr 8, A-8010 Graz, T: (03 16) 38 20 84, F: 38 20 84. Oper, Operette **Ausb:** Stud (Widetzky) Brucknerkons Linz. **Laufb:** Debüt NatTh Mannheim, Sol Vereinigte Bühnen Graz seit 92, Gastsol Stadtth Baden b Wien SpZ 00/01, Gastsol Ldsth Linz SpZ 04/05. – **Aufn/RF:** J Offenbach: 'Il Signor Fagotto', RSO Wien, Dgt: D R Davies. **UA:** T Pernes: 'Hödlmoser'-Fragment, UA Graz 01.

Ungar, Thomas, Prof, Hochschullehrer, Dirigent; Staatl H f Musik u Darst Kunst, Urbanstr 25, D-70182 Stuttgart, T: (07 11) 63 49 57, F: 63 24 99; Leibnizstr 22, D-70193 Stuttgart, T: (07 11) 63 49 57, F: 63 24 99. **Laufb:** Prof (Dirig) Staatl H f M u Darst Kunst Stuttgart. (Red)

Unger, Annette, Prof, Hochschullehrerin, Violine; Wachwitzer Höhenweg 11a, D-01328 Dresden, T: (03 51) 2 64 04 91, F: 2 64 04 91; Hochschule f Musik, PF 120039, D-01001 Dresden, *Annette.Unger@hfmdd.smwk.sachsen.de* [Dresden 28.5.1962]. **Ausb:** Stud V u KamM (K Unger) MH Dresden 79–83; Mstrkse V (E Melkus) u KamM (S Skigin). **Laufb:** Dresdner KamOrch 85–95, Dresdner KamSol 92–2000, Dresdner Kapellsol seit 94, Prof (f V seit 92, f V-Methodik seit 96) H f M Carl Maria v Weber Dresden, künstl Ltg R 'KamM in d Sempergalerie' Dresden seit 96, Vorsitz u künstl Ltg 'Int MAkad Meißen eV' seit 99; Vorträge, Workshops, Kse Dtschld, Tschechien, Schweiz, Konz in Europ u Japan. **Ens:** Dresdner KapSol, Dreiklang-Sol. **Mitgl:** ESTA. – **Aufn/RF:** CDs: W Furtwängler: Sonate f V u Kl d-Moll op 1, m B Webersinle 97; Mitarb an CD-Aufn d Dresdner KapSol. **UA:** H Börner: 'Kleines Ballett' (Fssg V u Kl); 'Andantino amoroso' (Gesang, V, Kl). **Sonst:** Grdg 'Int MAkad Meißen eV' 99.

Unger, Bernd, Sänger; Feldstr 527a, D-06484 Westerhausen, T: (0 39 46) 6 51 01, F: (0 39 44) 90 00 57 [Quedlinburg 26.4.1955]. Oper, Lied, Konzert **Ausb:** Spezialschule f Musik Dresden 71–73, MH Dresden (Gesangsstud, Diplom) b Prof C Elßner 73–79, Mstrks b T Adam 79. **Laufb:** Sol Staatsth Cottbus 82–86, Sol Kom Op Berlin (Figaro b H Kupfer) 86–89, Sol Semperop Dresden 86–91, Sol Nordharzer Städtebundth Halberstadt/Quedlinburg 97–03. – **Aufn/RF:** RF: Beethoven: An die ferne Geliebte (Kl: C Bauer) 88 (MDR Dresden), R Strauss: Gilm-Lieder (Kl: C Bauer) 89 (MDR Dresden), versch Lieder 88.

Unger, Dietmar, Sänger; Münzstr 15, D-19055 Schwerin, T: (03 85) 56 17 60; Mecklenburgisches Staatstheater, Alter Garten 2, D-19055 Schwerin. **Laufb:** Sol Mecklenburgisches Staatsth Schwerin. (Red)

Unger, Frank, Komponist, Gitarre; c/o 'edition 49' Bühnen- und Musikverlag GmbH, Albstr 59, D-76275 Ettlingen, T: (0 72 43) 33 22 80, F: 33 22 81, *info@edition49.de*; *www.edition49.de* [1953]. **Ausb:** Git-Unterr (D Kreidler) Düsseldorf, Stud Mathe TU Berlin, Stud (Git) Julius-Stern-Inst Staatl H f M Berlin seit 71. **Laufb:** Mitgl Berliner Konz Ch 74–78; zahlr Auff v Oratorien m Berliner Philh, RSO Berlin ua; Mitgl Bach-Chor 78–81; öffentl Auftr in Mennonitenkirchen Berlin 96, Krefeld, Düsseldorf, Paulus-Kirche Ettlingen ua; Teiln an div Git-Workshops u Ksen. **Pr:** Landessieger 'Jugend musiziert' Berlin 72. – **Aufn/RF:** Schallpl-Aufn m synagogaler M (m Oberkantor E Nachama). (Red)

Unger, Johannes, Diplomorganist, Organist, Pianist; Goldschmidtstr 12, D-04103 Leipzig, T: (03 41) 9 61 73 23, *johannesunger@aol.com*; *www.johannesunger.de* [Schlema 4.7.1976]. **Ausb:** Stud Kl, Org (M Tomas, U Böhme) H f M u Th 'Felix Mendelssohn Bartholdy' Leipzig 95–98, Stud Org (H Fagius) Königl Kons Kopenhagen 99–01. **Laufb:** Lr Förderkreis z Aufbau d großen Org i d Peterskirche seit 97, Org d Thüring Akad Singkreises, Australien-Tournee m Limburger Domchor 97, USA-Tournee m Leipziger UChor 99, Einladung Fstv de Grand Org de Chartres 99, KonzR durch Dänemark 99, Debütkonz u SolDipl Kopenhagen 01, Einladung z 25. OrgFstv Bratislava 01, AssOrg St Thomas Leipzig, KonzReisen USA u Schweden 03. **Pr:** 1. Pr 7. OrgWettb Odense 98, 1. Pr 12. OrgWettb J S Bach Leipzig 2000, 1. Pr 21. OrgWettb St Albans 01. **Ens:** KlDuo Meinel-Unger. – **Aufn/RF:** CD: 'Pleno et Piano'; CD-Prod a d Silbermann-Org d Georgenkirche zu Rötha (Querstand/Altenburg); weitere CD-Prod f Label Querstand u Priory-Records/UK 02/03; RF-Prod MDR 02.

Unger, Karl, Prof, Hochschullehrer, Violine; Wachwitzer Höhenweg 11a, D-01328 Dresden, T: (03 51) 2 64 04 91, F: 2 64 04 91 [Dresden 22.9.1920]. **Ausb:** Stud V (K Stiehler) MH Leipzig 37–41. **Laufb:** Prof (V) H f M Carl Maria v Weber Dresden, Mitgl Dresdner Staatskap (1. V) 49–91, Dresdner KamOrch 70–80.

Unger, Kurt, Komponist; Marienberger Str 10, D-09125 Chemnitz [Leipzig 14.10.1914]. **Ausb:** MFachschule Mühlberg 29–33, Weiterbildung V, Kl, Theorie, Komp (A Wehner, O Geyer) Dresden 33–35, Stud (V, Komp) MH Felix Mendelssohn Bartholdy Leipzig 50/51, Komp (JP Thilmann) MH Carl Maria v Weber Dresden 63–64, Abendstd (MPäd) 70–73. **Laufb:** Sol (Va) Staatl SinfOrch Halle u Gotha sowie Ldesbühnen Sachsen, Dresden u Radebeul 51–70. **Mitgl:** dkv 53–02. – **Komp:** Concerto Nr 1 f Va u Orch 56, UA Riesa, A Schindler 58; Sextett (KamM) 80, UA Dresden, Zwinger 81; Konzertante Sinfonietta f V, Va u Orch 82; Concerto Nr 2 f Va u Orch 85, UA Radebeul, Landesbühnenorch 86; Concerto f Bassklar u Orch 85, UA Dresden, Semperop 85; Wachet auf, ruft uns d Stimme (sinfon Dichtung), UA Radebeul, Orch d Landesbühnen 91.

Unger, Robert, Prof, Hochschullehrer+Blockflöte; Univ f Musik u Darst Kunst, Inst 15, Brandhofgasse 21, A-8010 Graz, T: (03 16) 3 89 35 75, F: 3 89 31 51, *robert.unger@kug.ac.at*. **Laufb:** o UProf (Blockfl) U f Musik u Darst Kunst Graz. (Red)

Ungureanu, Dan, Violine, Konzertmeister; c/o Stadttheater Bremerhaven, Theodor-Heuss-Pl, D-27568 Bremerhaven. **Laufb:** Konzm Städt Orch Bremerhaven SpZ 01/05. (*)

Ungureanu, Marius, Komponist, Bratsche; c/o Theater an der Winkelwiese, Winkelwiese 4, CH-8001 Zürich. **Laufb:** SchspM Th an der Winkelwiese Zürich SpZ 04/05. (*)

Ungureanu, Mihaela, Sängerin; c/o Wiener Staatsoper, Opernring 2, A-1010 Wien. **Laufb:** Sol Bayer Staatsop München, Sol Staatsop Wien, Volksop Wien. (Red)

Ungureanu, Mihai, Klavier; c/o Südwestdeutsche Konzertdirektion Erwin Russ GmbH, Charlottenpl 17, D-70173 Stuttgart, PF 104262, D-70037 Stuttgart, T: (07 11) 1 63 53 11, F: 1 63 53 30, *info@sksruss.de*; c/o Sekretariat Jenny Abel, Lautenbacher Str 17, D-76593 Germsbach, T: (0 72 24) 99 08 22, F: 6 95 20; *www.sksruss.de* [Craiova, Rumänien 19.4.1958]. **Ausb:** Stud Kl (D Grigore, I Minei) MAkad Bukarest, KonzExamen 81. **Laufb:** Konz in allen Sälen u m allen Orch Rumäniens, Konz, LPs u Auftr im Westen erst seit 90, Gast in Argentinien, Bulgarien, Dtschld, Frankr, Großbrit, Italien, Jugoslawien, Mazedonien, Moldawien, Österr, Polen, Schweiz, Spanien, Tschechien, Ungarn, USA u ehem UDSSR, Repertoire: klass Lit wie KlKonz v Bach, Haydn, Mozart, Beethoven, chopin, Brahms, Liszt, Dvořák, Rachmaninoff, Tschaikowsky u Gershwin u rumän Komp wie Bentoiu, Lipatti ua; Lt Mstrkse Int Mosel Festwochen; künstl Dir Philh Craiova seit 90. **Pr:** 1. Pr NatWettbFstv Rumänien 85 u 87, Pr d Verb d rumän M u ThKritiker 86. **Ens:** Duo m J Abel. – **Aufn/RF:**

CDs in Dtschld: Gershwin: 'Concerto', 'Rhapsody in blue'; Haydn: Konz, Son; Werke v G Rosenfeld. **UA:** Werke v G Rosenfeld. **Zug:** Werke v G Rosenfeld. **Sonst:** Juror b int Wettb.

Unkrodt, Dietrich, Prof, Musiker (Tuba); Karl-Liebknecht-Str 9, D-10178 Berlin, T: (0 30) 2 41 48 23, F: 2 41 48 23, *dietrich.unkrodt@web.de* [Neustadt/O 25.8.1934]. improvisierte Musik, Pädagoge, Orchestermusiker **Ausb:** Stud (R Iser) H f M Hanns Eisler Berlin 52–55. **Laufb:** Mitgl Orch Meininger Th 55–60, Mitgl Orch d Kom Op Berlin 60–00, Doz hFm Hanns Eisler seit 78; Solo-Tourneen m Gruner- u Williams-Tubakonzert in Frankreich, USA, Japan, Ungarn seit 79. **Ens:** Berliner Blechbläser-Ensemble, Duo Unkrodt-Zerbe. – **Aufn/RF:** J Gruner: Tubakonzert, m RFSinfOrch Berlin, Dgt: J Willert 79; J Gruner: Tubakonzert, m Radiophilharmonie Hannover, Dgt: Richter-Reignier 84; Musik f Blechbläser (KamM) 89; 'Spiralen', Duo Unkrodt-Zerbe 87. **UA:** J Gruner: Tubakonzert, m Orch d Kom Op Berlin, Dgt: J Willert 78; J Gruner: Tripelkonzert, Trp: R Auerbach, Pos: C Lommatzsch, Schweriner Philharmonie, Dgt: H Förster 84. **Zug:** J Gruner: Tubakonzert. **Sonst:** B5 (Berliner Blechbläserquintett) 80; Hrsg Tuba-Heft 1 u 2 (Verlag Neue Musik Berlin).

Unsicker, Andreas, Schauspielmusiker; Schloßtheater, Markt 14–16, D-29221 Celle [Kiel 1969]. **Ausb:** Stud Theaterregie und Dramaturgie an d Bayer Theaterakad b A. Everding. **Laufb:** Ltr Schauspielmusik Schloßth Celle. (*)

Unterreiner, Clemens, Bariton; c/o Primusic Konzert- und Musiktheaterproduktionen GmbH, Herrengasse 6–8/2/22, A-1010 Wien, T: (01) 5 32 71 24, F: 5 32 71 40, *office@primusic.at*; *www.primusic.at*. **Laufb:** GastSol Landesth Linz 02, GastSol Wiener Staatsoper 03–05. (Red)

Upadhyaya, Vijay, Chorleiter; 6 Gumpendorfer Str 30, A-1060 Wien, T: (01) 9 66 29 92, *info@vocalconsort.at*; c/o Künstleragentur Dr Raab & Dr Böhm, Plankengasse 7, A-1010 Wien, *gonzalez@rbartists.at* [Lucknow, Indien 6.9.1966]. **Ausb:** KlUnterricht, DiplStud indische Perc u Ballett, Bachelor engl Lit, Geschichte u Wirtschaft U Lucknow, Indien, Stud H f M Graz (KiM, Ges), Spezialisierung auf Vokalmusik d Renaissance. **Laufb:** Lt Domchor Delhi, Lt v mehreren Chören in Österreich, ua Grazer Schubertbund u Grazer Universitätschor seit 88, Dozent Grazer MH 93–95, Lt d Chors b d Meisterkl d American Institute of Musical Studies, MD Wiener Karlskirech 95–99, derzeit Lt Vienna Vocal Consort, Chöre d U Wien, Renaissance-Ens 'I Vocalisti Europei' am österr Kulturinstitut in Rom. (Red)

Uray, Peter, Sänger; Dr.-Karl-Renner-Weg 7, A-8580 Köflach, T: (0 31 44) 28 57 [Schärding 1939]. **Laufb:** Sol Wiener Volksth, Gastsol Stadtth Baden b Wien. (Red)

Urban, Bernd, Viola; c/o Rundfunk-Sinfonieorchester Berlin, Charlottenstr 56, D-10117 Berlin. **Laufb:** Vorspieler RF-SinfOrch Berlin. (Red)

Urban, Ulrich, Prof, Hochschullehrer, Klavier; Tschaikowskistr 25, D-04105 Leipzig, T: (03 41) 9 80 26 26, F: 9 80 26 26, *UlrichUrban@web.de*; Hochschule f Musik u Theater, PF 100809, D-04008 Leipzig. Klavier solo, Kammermusik **Ausb:** Stud Kl (G Kootz), Dirig (R Reuter) MH Leipzig. **Laufb:** 35 versch KlKonz m zahlr bedeutend Orch (alle ostdt RFOrch), Tourneen: Europa, Japan, Nord- u Südamerika, Afrika; Prof (Kl) H f M Felix Mendelssohn Bartholdy Leipzig. **Mitgl:** Chopin-Ges, H-Pfitzner-Ges. – **Aufn/RF:** CDs: ua b Ambitus, erlin-Classics, Beoton, Capstone, Eterna, Koch-Schwann, Magna, Querstand u VMS; RF: über 90 Solo-Aufn, 70 KamM-Aufn b dt u ausländ Sendern, 20 Klkonz (darunter Raritäten v C Ph E Bach, Haydn, Pfitzner, Reger, Dvorák, Gerster u R Strauss). **UA:** Neue M. **Zug:** Neue M, zuletzt: E Austin: An American Triptych.

Urbanek, Hans, Dirigent; c/o Theater Biel Solothurn, Schmiedengasse 1, Postfach, CH-2500 Biel 3. **Laufb:** ChefDgt u Lt d Staatsorch-Konz Op Hannover, ChefDgt u künstl Lt Orch Th Biel Solothurn seit SpZ 03/04. (Red)

Urbaniak Lisik, Monika, Violine; Lutertalstr 37/1, CH-3065 Bolligen, T: 03 19 21 98 68. (Red)

Urbanner, Erich, Prof em, Komponist, Hochschullehrer; Auhofstr 237a, A-1130 Wien, T: (01) 8 76 94 84, *urbanner@mdw.ac.at*; Univ f Musik u Darst Kunst, Inst f Komp u Elektroakustik, Anton-von-Webern-Pl 1, A-1030 Wien, T: (01) 7 11 55 21 21. Komposition, Musiktheorie, Dirigentenausbildung **Laufb:** o UProf em U f Musik u Darst Kunst Wien. (Red)

Urderean, Ruxandra, Mag, Sängerin; Georg-Eydel-Str 17, D-97082 Würzburg, T: (09 31) 2 70 75 54, 01 73–4 53 69 96, *Habelea.Urderean@t-online.de*; Schleswig-Holstein Landestheater, Lollfuß 53, D-24837 Schleswig [Bukarest, Runänien]. **Ausb:** Stud MH Bukarest bis 95, Stud (MagDipl Op) Mozarteum Salzburg 95–97, Mstrkse ua b G Friedrich, T Langhoff, P Langrige, D Pountney. **Laufb:** Teiln an nat u int Fstv, Eng Bayer Staatsop München 98–2000, danach Gast, dort ZusArb m Dgt wie Z Mehta, M Viotti, J Delacôte, F Luisi, J Märkl, H Bender, G A Albrecht, W Kurz; Eng u Gastsp in Dtschld, Italien, Schweden, Dänemark, Spanien, Österreich u Rumänien; Konz u SolAbende in Salzburg, München, Würzburg, Bukarest, Barcelona, Lissabon u Weimar, Sol Schleswig-Holstein Landestheater Saarbrücken. **Pr:** zahlr ausz u Pr b int GesWettb. – **Aufn/RF:** div RF- u TV-Aufn, versch CDs.

Urhausen, Brigitte, Sängerin; c/o Pfalztheater Kaiserslautern, Willy-Brandt-Pl 4–5, D-67655 Kaiserslautern. (Red)

Urmana *siehe* Urmana, Violeta

Urmana, Violeta (Pseud: Urmana), Sopran; Waldstr 48, D-82110 Germering; c/o Caecilia Lyric Department, Rennweg 15, CH-8001 Zürich, T: 0 12 21 33 88, F: 2 11 71 82, *caecilia@caecilia-lyric.ch*; *www.caecilia.ch/newPres/bio/urm.htm* [Litauen 19.8.1961]. Oper, Konzert **Ausb:** Stud (Kl, Ges) MAkad Vilnius 81–91, Mstrkl (Y Loibl) MH München 91–93, OpStudio Bayer Staatsop München 91–93. **Laufb:** Sol Wiener Staatsop, Sol Dt Op Berlin (bis SpZ 04/05), Gast (ab 93) Teatro alla Scala Mailand, Op Nat de Paris, Met Op New York, San Francisco, OpHäuser Amsterdam, Genf, Bologna, Florenz, Royal Op House Covent Garden, Fstvs Bayreuth, Aix-en-Provence, Orange, Edinburgh, Pesaro, Ravenna, Ravello, 'Styriarte' Graz, Liederabende Graz, Schwarzenberg (Schubertiade), Vilnius, La Scala di Milano, Ludwigsburg, Bayer Staatsop München SpZ 03/04. **Pr:** beste Sängerin Litauens 'KIPRAS' 2000, Orden d Rep Litauen 01. – **Aufn/RF:** Verdi: 'Oberto', Dgt: N Marriner; Zemlinsky: Maeterlink-Lieder, Dgt: Y Conlon; Mahler: D Lied v d Erde, Wiener Philh, Dgt: P Boulez; Beethoven: IX. Symph, Berliner Philh, Dgt: C Abbado; Wagner: Brangäne, Covent Garden Orch, Dgt: A Pappano.

Ursprung, Mario, Komponist, Musikpädagoge; Amselweg 6, CH-4500 Solothurn, T: 03 26 23 28 26. **Laufb:** L f M Solothurn. (Red)

Ursu, Octavian, Orchestermusiker, Hochschullehrer; Marienauer Weg 1b, D-02828 Görlitz, T: (0 35 81) 30 54 10 [28.10.1967]. **Laufb:** Doz (Melodieinstr Trp, Bläsergruppenspiel) H f KiM Görlitz. (*)

Ursuleasa, Mihaela, Klavier; c/o Konzertdirektion Hans Ulrich Schmid, Königstr 36, D-30175 Hannover, PF 3409, D-30034 Hannover, T: (05 11) 3 66 07 60, 3 66 07 27, 3 66 07 84, F: 3 66 07 34, *mail@kdschmid.de*, *ij@kdschmid.de*; *www.kdschmid.de*, *www.ursuleasa.com* [Brasov, Rumänien 1978]. **Ausb:** 'Wunderkind', Diplom cum laude im Konzfach (Prof H Medjimorec) Wien 99. **Laufb:** Tournee Dt KamPhilh Bremen (P Järvi) 99, Sol Dtl-Tournee Acad of St Martin-in-the-Fields (Sir N Marriner) 2000, Dtl-Tournee Göteborger Symph (N Järvi) 03. **Pr:** Cl- Haskil-Wettb 95. (Red)

Urtnasan, Urantsetseg, Sängerin; c/o Theater & Philharmonie Essen GmbH, Opernplatz 10, D-45128 Essen. **Laufb:** Sol Kammerop Wien SpZ 03/04, Th u Philh Essen SpZ 04/05. (Red)

Ushakova, Natalia, Sängerin; c/o Agentur Seitter, Opernring 8/13, A-1010 Wien, T: (01) 5 13 75 92, F: 5 12 93 51, *office@agentur-seitter.at*; *www.ushakova.com*. **Laufb:** Sol Stadtth Klagenfurt, Gastsol Op Hannover SpZ 04/05. (Red)

Usselmann-Kock, Natalie, Prof, Hochschullehrerin, Sängerin; Hauptstr 25, D-27367 Ahausen, T: (0 42 69) 10 57 75, *clkock@aol.com*; Hochschule f Musik, Dagobertstr 38, D-50668 Köln [Selz/Odessa 12.6.1936]. Oper, Oratorium, Lied **Ausb:** Stud Ges (A Kayssler-Beblo) MH München 57–61. **Laufb:** Sol Städt Bühnen Augsburg (I Kertesz) 61–63, Staatsop Hamburg 63–67, Engl Nat Op 75, Tournee Montreal, Met Op New York (Jenufa, Jano; Freischütz, Brautjungfer) 67, LAuftr (Ges) London Coll of Music 75–77, Doz Univ Kiel 81–90, Prof (Ges) H f Musik Köln 89. **Mitgl:** VDMK Hamburg, BDG. – **Aufn/RF:** C W Gluck: Pilger v Mekka (Magd), ZDF 64; A Lortzing: Wildschütz (Gretchen), ZDF 64; Mozart: Figaro (Barbarina), OpFilm, Hamburg Staatsop, Dgt Schmidt-Isserstedt 67; R Strauss: 4 OrchLieder, Dgt C Fry (Danmarks Radio) 72; Gilbert und Sullivan: Arien u Duette, m R Gilvan (Ten), Dgt C Fry (SDR Stuttgart) 73; Recital (NDR Hannover) 86. **UA:** A Biballo: Das Lächeln am Fuße d Leiter (Anni), UA Staatsop Hamburg 66.

Utecht, Oliver, Sänger; c/o Theater Lüneburg GmbH, PF 2829, D-21318 Lüneburg. (Red)

Utiger, Mary, Prof, Violine, Hochschullehrerin; Lothringer Str 26, D-81667 München, T: (0 89) 48 05 85 40, *m.utiger@gmx.de*; H f Musik u Theater, Arcisstr 12, D-80333 München. **Laufb:** Konzm La Stagione Frankfurt, Konzm u musik Lt Neue Düsseldorfer Hofmusik 95, Prof H f M u Th München. **Pr:** Pr i Wettbewerb f Alte Musik Brügge 84. (Red)

Utz, Christian, Mag art, Dr phil, UnivProf, Komponist, Musikforscher, Hochschullehrer; Mariahilferstr 56/27, A-1070 Wien, T: (01) 8 93 37 51, F: 8 93 37 51, *post@christianutz.net*; *www.christianutz.net* [München 27.10.1969]. **Ausb:** Stud Komp (D Kaufmann, E Urbanner), MTheorie (D de la Motte), Kl-Pädag H f M u darst K Wien 90–97, Stud Komp (W Rihm), Kl (G Reinhold) Karlsruhe 91/94, Stud MWiss (J Stenzl) Univ Salzburg 97/98, Stud Sinologie Univ Wien 98–99, Doktorat MWiss Univ Wien 98–2000, Mstrkse b E H Flammer, M Kagel, E Henz-Diémand (Kl), L Francesconi, B Ferneyhough, S Sciarrino 91–02, Komp-Sem in Royaumont/Paris 98, 'Stage d'informatique musicale' IRCAM Paris 99, Komp-Sem Künstlerhaus Boswil/Schweiz 01, Komp-Sem d Ictus Ens Brüssel 02. **Laufb:** Grdg u Ltg d Gruppe 'KlangArten' m T Désy 91–95, szen Konz u Performances, Radiophone M, Videoarbeiten, Arb m Improvisationsgruppen, Computerm, Live-Elektr u Installationsk, Musik-Th im öffentl Raum 92–97, Kurator d int Fest f zeitgen M-Performance 'Das innere Ohr' Linz 95, Grdg v 'AsianCultureLink' m X Hu 98, Koop m asiat Künstlern u Ens, Komp f traditionelle ostasiat Instr u gem Besetzungen 98–05, Dgt Ens China Found Music Workshop Taipei 2000–03, Konzeption d Veranstaltungsreihe 'cross//roads' Wien seit 01, Produktionslt d Ens 'Studio Percussion graz' 01–03, Prof (MTheorie, MAnalyse) Kunst-Univ Graz seit 04. **Pr:** ua Erasmus-Stip 93/94, Stip d Stift Kulturfonds i Künstlerhaus Schloss Wiepersdorf 96, Max-Brand-Pr 96, österr Staatstip f Komp 98, Stip Künstlerhof Schreyahn 99, Stuttgarter Komponistenpr 99, Forschungsstip d Fondation Sino-Française Pour l'Education et la Culture Taipei/Taiwan 2000, artist in residence d Akiyoshidai Int Art Village Japan 2001, österr Staatsstip f Komp 02. – **Komp:** Abstract Voyage 2000, UA Hannover, m A M Pammer u Arditti Qua (Auftr: Österr Kulturprogramm/EXPO 2000 u Hannoversche Ges f Neue M); Kreise 01, UA Stuttgart, m Varianti; Unsichtbares Theater 01, UA Basel, m Klangforum Wien; Zersplitterung 02, UA Essen/Duisburg, Fest Reis & Brot; Speculum 03, UA Köln, m Schlagqua Köln; the wasteland of minds 03/04, UA Wiener KonzHaus, m ensemble on-line. **Aufn/RF:** CD 'Site' 02. **Sonst:** Buchpubl: Neue Musik u Interkulturalität. Von John Cage bis Tan Dun. Beihefte z Archiv f MWiss 51, Stuttgart 02. **Lit:** Bernhard Günther (Hg): Lexikon zeitgen M aus Österreich, Wien 97; EU Who is Who 02; Lutz Lesle:

CD Rezension 'Site', Neue ZS f M 3/03; Rico Gubler: CD Rezension 'Site', Dissonanz 80/03.

Utz, Helga, Dr, Dramaturgin; Lucasweg 23, D-64287 Darmstadt, T: (0 61 51) 49 46. **Laufb:** ChefDram Staatsth Darmstadt SpZ 03/05. (Red)

Uusitalo, Juha, Sänger; c/o Bayerische Staatsoper, Brieffach, D-80075 München. **Laufb:** Sol Kom Op Berlin, Bayer Staatsop München seit SpZ 03/04. (Red)

Uzor, Charles, PhD, Master of Music, Komponist, Oboist; Müller-Friedberg-Str 34, CH-9000 St Gallen, T: 07 12 2 06 1 86, F: 07 12 23 33 82, *cuzor@attglobal.net* [Udo Mbaise, Nigeria 27.4.1961]. **Ausb:** Stud Cons di S Cecilia Rom 83, Stud Ob (H Elhorst) Kons Bern 83–85, Komp (H U Lehmann) Kons Zürich 84–85, Postgrad Stud Ob (G Hunt), Komp (H W Henze, P Patterson) Royal Acad of Music London 86–90, Recital-Dipl ebd 90, Master London U 88–90, PhD London U 90–02. **Laufb:** Grd Ens La Notte 92, 1. KonzZykl Ens La Notte 93–95 (UA u RF-Übertr), 2. KonzZykl u 3. KonzZykl 96 4. KonzZykl 98 (Koprod m DRS 2), 1. Ägypten-Projekt: künstl Lt u Mstrkl (Ob u Komp) Cairo Op House 96, 2. Ägypten-Projekt 97, Schweiz-Tournee m 'Kolophon'. **Pr:** Leila Bull Ob-Pr 87, Messiaen-Pr f Komp 87, Croft Pr f KamM 88, Holland-Pr f Komp 89, Royal Overseas League Int Ob-Pr 89, Mosco Carner Fellowship 89, Manson Parker Stip 88–90, Werkbeitr Stadt u Kt St Gallen 95, 99, Werkbeitr ThVerein St Gallen 95, Förderpr d Stadt St Gallen 96, Onassis Pr f Komp 01. **Mitgl:** STV, Suisa. – **Komp:** ua Impromptus f Ob solo 85; Canto I 'La notte bella' f Sop solo 85–88, f Sop u Ens 88; 'Mouvement' f KlTrio 87 (Auftr: MAkad Zürich); Ricercar f KlTrio 87/88; Ricercare, Konz f Kl, 2 Hfen, Str u gr Perc 89; 'White paperflowers descending on Tienanmen Square' f 5 Vlc 89; 'Kolophon' Fragment f Ob, Ob d'amore/EnglHn u Kl 92/93 (Auftr: E Voumard, M Bellenot); 'Melody I' f Kl solo 94; 'Eclipse' Op f Soli, Chor u Orch seit 95; 'Echnaton's Hymnos to Aton' f Ten u Ens (aus 'Eclipse') 95; 'Le temps déborde' f Org solo 96 (Auftr: S u D Kempter); 'Notre Vie' f Sänger u Ens 97/98, 'Zimzum' f 2 Git 97/98 (Auftr: K Rüdt, C Bissig); 'Shakespeares's Sonnet 8' f Ges u Perc 98; 'Go' Ballett f Ens 99; String Qua 99/2000 (Auftr: Arioso Qua); 'Black Tell Op Interludes u Finale' 2000–02 (Auftr: Pro Helvetia); 'La Princesse de Samarkand' f Perc solo 01 (Auftr E Brunner); 'Petit Poucet' f Kl z 4 Hd 02 (Auftr: M Bellenot, C Berset); 'Qui ainsi me refait ... veoir seulement es ouïr' f GitQua 02/03 (Auftr: GitQua Quasi Fantasia)'Das süsseste Leben' 3 Lieder n Novalis f 3 FrStimmen u Ens 03; Klarinettenqui 03. **Aufn/RF:** 1. CD m KamM 97, CD-Prod 'Echnaton's Hymnos to Aton' 97, DRS 2 Radioporträts 97, div RF-Übertr. **Sonst:** 'Melody and the phenomenology of internal time-awareness' (Diss) 02.

V

Vaask, Tarmo, Dirigent; c/o Theater der Stadt und Schlossfestspiele Heidelberg, PF 105520, D-69045 Heidelberg, T: (0 71 81) 48 95 89, *t.vaask@web.de*; *www.musikerportrait.com/tarmo-vaask* [Estland 20.4.1967]. Oper, Konzert **Ausb:** Dipl Ch- u OrchLtg MAkad Estland 92, Kontaktstud (Ch- u OrchDirigieren) MH Stuttgart 97–98, Kse b Iwaki, Bernius, Rilling. **Laufb:** NatOp Estonia/Tallinn 91–94, Ens Interferenz Stuttgart 96–98, Est Philh KamCh 98, ChDir m Dirigierverpfl Th Altenburg-Gera, künstl Lt Philh Schwäbisch Gmünd seit 02 (ua in: Wagner: Fliegender Holländer, Verdi: Nabucco, Korngold: Tote Stadt), Akad Orch Freiburg 99–2003, Konz ua m Mahlers 2. u Bruckners 5. Symph, Tourneen USA, Kanada, Frankreich, OpOrch Tartu/Estland 98–2002, MAkad Estlands 02, Lt e Dirigierkses, Jurymitgl, Ch v Radio France, Radio Lettland u SWR-Vokalens Stuttgart 2000 u 01, Studienlt Orat Des Jona Sendung v R Tobias (1873–1918), Ass v N Järvi, ChDir u Kapm Th u SchlossFSp Heidelberg SpZ 04/05. **Pr:** 2. Pr nat DgtWettb Estland 91. – **Aufn/RF:** RF-Aufn H Wolf: Symph Chöre; Neue M: Aufn f SWR 2 u Hess RF (z B G Scelsis: Gloria f 8 Stimmen) ua. **UA:** U Sisask: Sinfonie, UA 92; J M Rotmann: Oper 'Die sechste Stunde', UA 04; J M Staud: Oper 'Berenice', EA 05. **Sonst:** Übersetzung v Harnoncourts Buch 'Die Musik als Klangrede'.

Vacik, Jan, Tenor; c/o Peter Seyfferth Artist Management, 385, avenue de la Concorde, F-06190 Roquebrune Cap Martin; c/o Opernhaus, Opernpl 1, D-30159 Hannover [Tschechien]. **Ausb:** Gesangsstud b Else Domberger-Widmayer, Charlotte Lehmann, Prof S Subertova, Carlo Bergonzi. **Laufb:** Bayer Staatsop München 88–93, Gastsol Staatsth Braunschweig SpZ 00/01, Staatsop Hannover SpZ 02/03. (Red)

Väth, Sven, Sänger; c/o Stadttheater Gießen, PF 111128, D-35356 Gießen. (Red)

Vahle, Petra, Viola; c/o Sinfonieorchester Basel, Barfüsserpl 8, Casino Basel, CH-4051 Basel, T: 06 12 05 00 95, *p.vahle@sinfonieorchesterbasel.ch*. **Laufb:** Mitgl SinfOrch Basel. **Ens:** Euler Quartett Basel. (Red)

Vaice, Sonora, Sängerin; c/o Dietrich Eberhard Gross Künstleragentur, Eschenweg 19, D-61440 Oberursel, T: (0 61 72) 93 41 44, F: 93 41 45, *d.e.gross@grossagentur.de*; c/o Stadttheater Klagenfurt, Theaterpl 4, A-9020 Klagenfurt. **Laufb:** Sol Stadtth Klagenfurt SpZ 03/04. (Red)

Vaiman, Michael, Prof, Hochschullehrer, Violine; Salierallee 18a, D-52066 Aachen, T: (02 41) 9 61 07 74; H f Musik Köln, Abt Aachen, Theaterstr 2–4, D-52062 Aachen [Odessa, Ukraine]. **Ausb:** Stud (V) Stolarky Schule Odessa, Tschaikovsky Kons Moskau (D Oistrach, S Snitkovksy). **Laufb:** L Rubin Music Academy Tel Aviv, Prof (V) H f Musik Köln, Abt Aachen. **Pr:** 2. Pr Wieniawski Competition Poznan. (Red)

Vaiviulenas-Piss, Margarita, Repetitorin; c/o Volksoper Wien, Währinger Str 78, A-1090 Wien. **Laufb:** Solokorr Volksop Wien seit SpZ 03/04. (Red)

Valayre, Sylvie, Sopran; c/o Opernhaus Zürich, Falkenstr 1, CH-8008 Zürich; c/o Columbia Artists Management Inc, 165 West 57th St, New York, NY 10019–2276, U.S.A., T: (2 12) 8 41 95 00, F: 8 41 97 44, *info@cami.com*. **Ausb:** Stud Nat MKons Paris b C Eda-Pierre. **Laufb:** Debüt Teatro La Fenice Venedig 86, Auftritte Covent Garden, Londoner Royal Albert Hall, Th Scala Mailand, Op San Francisco, Op Genua, Met Op New York, Op Bastille, Fstv Macerata, jährl Arena di Verona, Sol Op Zürich seit 98, Gastsol Vereinigte Bühnen Graz SpZ 00/01, Gastsol Dt Staatsop u Dt Op BerlinSpZ 03/05 u Bayer Staatsop München SpZ 03/04, Wiener Staatsop SpZ 04/05. – **Aufn/RF:** F Lattuada: 'Le Preziose ridicole' (m Orch Arturo Toscanini) 91, R de Banfield: 'Lord Byron's Love Letter' (m Orch Arturo Toscanini) 91, 'Le Château des Carpathes' (m Orch Philharmonique de Montpellier) 92. (Red)

Valdimarsson, Johann, Tenor; Hessisches Staatstheater, PF 3247, D-65022 Wiesbaden [Reykjavík 1967]. **Ausb:** Stud Reykjavík College of Singing, Stud b G. Canetti am Conservatorio Giuseppe Verdi, A. Bertacchi in Modena u F. Ghitti in Brescia. **Laufb:** Sol Hess Staatstheater Wiesbaden seit 03/04. **Ens:** The Icelandic Three Tenors. (Red)

Valdma, Arbo, Dr hc, Prof, Hochschullehrer, Klavier; An der Marienburg 24, D-50127 Bergheim, T: (0 22 71) 98 03 56, F: 98 03 56, *A20Valdma@aol.com*; Hochschule f Musik, Dagobertstr 38, D-50668 Köln [Pärnu, Estland 1942]. **Ausb:** Stud (Kl) MAkad Tallinn (B Lukk) u Kons Moskau (N Emeljanova). **Laufb:** L MAkad Tallinn 7, Prof (Kl) U d Künste Belgrad, Prof (Kl) H f Musik Köln 93. **Pr:** D hc MAkad Estlands 91. (Red)

Valenta, Giorgio, Tenor; Kükenthalstr 18, D-96450 Coburg, T: (0 95 61) 42 08 70, 01 73–6 20 79 25, F: 83 10 50 [Coburg 2.6.1966]. Operette **Ausb:** Stud Ges (L Spitzer, W Berry) H f M u darst Kunst Wien, Mstrkl b R Celletti u M Freni. **Laufb:** Gastsol ua Op Leipzig, Staatsth Braunschweig, Volksth Rostock, Th Hildesheim, Th Brandenburg, Staatsop Prag 93–95, Teatro Alfieri Turin 96–99, Teatro Goldoni Venedig 97–99, Volksth Bautzen 99, Ldsth Detmold SpZ 99/2000, Teatro Metropolitan Catania SpZ 2000/01, Ldsth Mecklenburg Neustrelitz SpZ 2000/01, Fstv Neustrelitzer OptteSommer.

Valentin, Bernd, Bariton; Friedbergstr 39, D-14057 Berlin, T: (0 30) 30 10 51 21, (01 77) 6 55 43 21, *kontakt@bernd-valentin.de*; *www.bernd-valentin.de* [Pirmasens 2.4.1965]. Oper, Lied, Konzert **Ausb:** Stud Ges (C Nicolai, K Kelly) MHS Köln 89–98, Dipl künstl Reife 95, Konzertex 98. **Laufb:** Sol Ens Th d Ldeshauptstadt Kiel 95–99, Sol Ens Niedersächs Staatsop Hannover 99–01, Sol Th Hagen 01–04, Sol Ens Dt Op Berlin seit 04; Gastsol Th Basel, Stadtth Bern, Th Bremen, Th Dortmund, Th Essen, Th Freiburg, Th Kaiserslautern; Schleswig-Holstein-Musik-Fstv 97 (Händel: Herkules); Sommerakad d Int Bachakad Stuttgart 98 (Ullmann: Kaiser v Atlantis), 99 (Mahler: Lieder eines fahrenden Gesellen); EXPO 2000 (UA Kirchner: Gilgamesh); Osterfsp Luzern 01 (Rihm: Deus Passus); Kissinger Sommer 01 (Liedermatinee); X. Encuentro Int d Música 'Ciudad d El Paso' 05 (Liederabend, Brahms: Requiem). – **Aufn/RF:** Malipiero: 'I Capricci di Callot', m Kieler Philh, Dgt: P Marschik, NDR 99; Mendelssohn: 'Der Onkel aus Boston', m Gächinger Kantorei u Bach-Collegium Stuttgart, Dgt: H Rilling, 05. **UA:** M Niehaus: Gespräch über Beine (f Sop, 2 Bar, Fl, Sax, Perc, Mandoline), UA Essen 92; M Niehaus: Unser Lieber Freund (f Sop, 2 Bar, Klar, Va, Kl), UA Essen 92; M Sorg-Rose: 5 Lieder f Bar u Kl, UA Köln 93; W Hiller: Der Schimmelreiter (Op), UA Kiel 98; X P Thoma: Aus 'trilogie d lichtmetamorphosen' I. rembrandplain, sommerleibend, grachtengemustert (f Sop, Bar, Fl, Schlgz, Va, Kl), UA Hausach 99; V D Kirchner: Gilgamesh (Op) UA Hannover 2000; F Mendelssohn: Der Onkel aus Boston (Op) UA Essen 04.

Valiguras, Andrey *siehe* Valikuras, Andriy

Valikuras, Andriy (Pseud: Andrey Valiguras), Sänger; Dahlenkampstr 3, D-58095 Hagen, T: (0 23 31) 3 62 09 72, *lytuano@yahoo.it* [23.6.1977]. Op, Lied **Ausb:** Musikakad Odessa (G Polivanova) 02, HfM Freiburg (R Pinheiro) 03. **Laufb:** Staatsop Odessa 01–03, Th Hagen seit 03, Gast: Th Freiburg 03, Staatsop Stuttgart 03. **Pr:** 1. Pr Dvorák-Wettb 98. – **UA:** S Matthus: Unendliche Geschichte, UA Th Hagen 04.

Valle, Fernando del, Tenor; Löwensternweg 1, D-64287 Darmstadt, T: (0 61 51) 99 87 30. **Laufb:** Sol Staatsth Darmstadt. (Red)

Valmond-Nicoud, Jacques, Violine; Mollardgasse 34, A-1060 Wien, T: (01) 9 20 04 61. (Red)

Valtancoli, Roberto, Dirigent; via Luganetto 2, CH-6962 Viganello; c/o Ensemble I Cameristi, Piazza E Bossi 2, CH-6900 Lugano, T: 09 19 71 50 24, F: 09 19 71 50 24, *cameristi@cameristi.org*. **Laufb:** künstl Lt Ens I Cameristi Lugano. (*)

Van de Vate, Nancy *siehe* Vate, Nancy Van de

Vançin, Ayser, Oboe; rue de l'Athénée 38, CH-1206 Genève, T: 02 23 47 94 31. **Ens:** Trio Vançin-Leclerc-Slatkine de Genève. (Red)

Vanden Berg, Terence *siehe* Berg, Terence Vanden

Varady, Julia, Prof, KS, Sopran, Hochschullehrerin; Lindenallee 22, D-14050 Berlin, T: (0 30) 3 01 93 32, F: 3 02 93 93; Hochschule f Musik 'Hanns Eisler', Charlottenstr 55, D-10117 Berlin; *www.mwolf.de/julia_varady/index.html* [Oradea, Rumänien 1.9.1941]. **Ausb:** Stud (V, Kl, Ges) Kons Cluj (Klausenburg), Stud (MPädagogik). **Laufb:** Debüt Oper Cluj 62, Op Frankfurt (Dohnány), Münchner FSp, Bayer Staatsop (Sawallisch, La Clemenza di Tito), EnsMitgl ebd (Verdi, Il Trovadore: Leonora; Desdemona) seit 76, Dt Oper Berlin (Violetta; La Forza del Destino: Leonora), Gastsol Covent Garden London,

Teatro Colón Buenos Aires u Op Bastille (Nabucco: Abigaille), Gastprof (Gesang, Intpr) H f M 'Hanns Eisler' Berlin. **Pr:** Bayer Theaterpr 97, Dortmunder Kulturpr 98, Bayer Maximiliansorden 98. – **Aufn/RF:** zahlr Aufn, Cimarosa: Il matrimonio segreto (Elisetta); Don Giovanni (Donna Anna); Halévy: La Juive (Rachel); Fledermaus (Rosalinde); Zigeunerbaron (Saffi); Verdi-Recitals m D Fischer-Dieskau; Wagner-Recitals, Strauss-Recitals; Tschaikowsky: Arien. **UA:** A Reimann: König Lear 78. (Red)

Varcol, Liviu, Oboe; c/o HR Sinfonieorchester, Bertramstr 8, D-60320 Frankfurt a M. **Laufb:** Sol HR SinfOrch Frankfurt a M. (Red)

Vardi, Arie, Prof, Hochschullehrer, Klavier; Hochschule f Musik u Theater, Emmichpl 1, D-30175 Hannover. **Ausb:** Stud (Kl) b P Baumgartner i Basel, Stud (Komp) b P Boulez u K Stockhausen. **Laufb:** Prof (Kl) H f M u Th Hannover. **Pr:** 1. Pr George-Enescu-Wettb Bukarest, Minister of Education Award 04. (Red)

Vardigans, Richard, Dirigent, Generalmusikdirektor; Langgarten 12, D-69124 Heidelberg, T: (0 62 21) 78 61 49. **Laufb:** Chefdgt Eduard-von-Winterstein-Th Annaberg, Musikal Lt Erzgebirg Sinfonieorch Aue, seit 03 GMD. (Red)

Varema, Henry-David, Cello; c/o Impresariat Simmenauer, Henriette Haage, Bornstr 12, D-20146 Hamburg, T: (0 40) 42 31 31 12, F: 42 31 31 13, *henriette.haage@impresariat-simmenauer.de*, *henry.varema@petersenquartett.de*; c/o Künstlervermittlung Klaus Eisenberger, Peter-Jordan-Str 8, A-1190 Wien, T: (01) 3 68 13 63, F: 3 69 23 23, *Eisenberger@classic-music.at*; *www.impresariat-simmenauer.de*, *www.petersenquartett.de* [Tallinn, Estland]. **Ausb:** Stud in München b Wather Nothas u in Berlin b Wolfgang Boettcher. **Laufb:** umfangreiche KonzTätigkeit in Skandinavien, Großbritannien, Belgien, d Schweiz, d Baltischen Staaten u Japan. **Pr:** Prtr d Estonian Nat Cello Wettb, Auszeichnung b Int Maria Canals Wettb Barcelona. **Ens:** Petersen Qua. – **UA:** Cellokonz v Eino Tamberg. (Red)

Varga, Tamás, Violoncello; c/o Wiener Philharmoniker, Bösendorferstr 12, A-1010 Wien. **Ens:** Sol Wiener Philh. (Red)

Vargas, Ramón, Tenor; c/o Bayerische Staatsoper, PF 101404, D-80080 München; c/o Columbia Artists Management Inc, 165 West 57th St, New York, NY 10019–2276, U.S.A., T: (2 12) 8 41 95 00, F: 8 41 97 44, *info@cami.com*; *www.ramonvargas.com*. **Ausb:** KnabenCh Basilica of Guadalupe Mexico City, Stud 'Cardenal Miranda' Inst of Music and Arts b A Lopez, R Sanchez, Stud (Ges) b L Müller. **Laufb:** Debüt Op Monterrey Mexico, Auftr Met Op, Op Bastille Paris, Op Bologna, Op Zürich, Sol Luzerner Th, Op Hamburg, Bayer Staatsop München, Wiener Staatsop, Gastsol Hessisches Staatsth 03, Salzburger FSp 03, Dt Staatsop Berlin SpZ 04/05. **Pr:** 1. Pr Carlo Morelli Nat GesWettb 82, 1. Pr 'Enrico Caruso' Tenor Wettb Mailand 86. – **Aufn/RF:** zahlr CDs ua: 'Possession' 02, 'Arie Antiche 17th & 18th century songs' 02. (Red)

Vargicová, Lubica, Sopran; c/o Künstleragentur Dr. Raab & Dr. Böhm, Plankengasse 7, A-1010 Wien, T: (01) 51 20 50 10, F: 5 12 77 43, *office@rbartists.at*; *www.rbartists.at*. **Ausb:** Stud Ges (Prof K Figurová) Kons Bratislava, weitere Stud (Prof V Hudecová). **Laufb:** Sol NatTh Bratislava, Sol Projekt 'Belcanto' 92 u 93 München u Passau; regelm in Österreich, Schweden, Italien, Frankreich, Dtschld, Tschechien; Gastsolin Fürth/Bayern 99, Japan-Tournee 01, Wiener Staatsop 01+03, Salzburger FSp 03, Sol Dt Op Berlin SpZ 04/05, Bayerische Staatsop 04/05, Hamburgische Staasop 04/05. **Pr:** Pr d Banka Tatra. (Red)

Várjon, Dénes, Klavier; c/o Südwestdeutsche Konzertdirektion Erwin Russ GmbH, Charlottenpl 17, D-70173 Stuttgart, PF 104262, D-70037 Stuttgart, T: (07 11) 1 63 53 11, F: 1 63 53 30, *info@sksruss.de*; c/o Cadenza Concert, Franz Josef Kai 3, A-5020 Salzburg, T: (06 62) 84 05 05, F: 8 40 50 54, *office@cadenza-concert.at*; *www.sksruss.de* [Budapest 23.2.1968]. **Ausb:** Liszt Ferenc Musik Akad Budapest 84–91. **Pr:** Concours Géza Anda 91, Liszt Preis 97. **Ens:** Camerata Salzburg 93. (Red)

Varner, Christofer John, Komponist, Posaune; c/o musikverlag christofer varner, Fraunhoferstr 12, D-80469 München, T: (0 89) 23 68 77 90, F: 23 68 77 91, *info@musikvarner.de*; *www.musikvarner.de* [Salt Lake City]. Avantgarde, Neue M, Jazz **Ausb:** Stud (J Knepper) MH München. **Laufb:** Konz m J Widmann, Ph Durrant, B Guy, G Lewis. **Pr:** M-Stip München 2000. **Mitgl:** Tonkünstlerverein München. – **Komp:** Th-M, Hörspiele, Orch- u KamM-Werke; zB 'Deliver us Lynx' (Suite, f gr Ens), UA München 02.

Varner, Johanna, Cello, Verlagsleitung; c/o musikverlag christofer varner, Fraunhoferstr 12, D-80469 München, T: (0 89) 23 68 77 90, F: 23 68 77 91, *info@musikvarner.de*; *www.musikvarner.de*. Konz in Bereichen Jazz, Klassik, zeitgen Musik, Imp **Ausb:** Stud Vcl (Kiskalt, E Issakadze). **Laufb:** Münchner KamOrch, Konz m Ph Minlon, U Haage, G Lewis, B Guy. **Ens:** Three Angels, Varner&Varner, Ens Laurier, ICImunich. **Mitgl:** Tonkünstlerverein München. – **Sonst:** Veröffentl: Rinaldo f 2 Vcl; Abel Prelude, Bearb f Vcl.

Varon, Neil, Dirigent; c/o Konzert & Künstler Agentur Jens Gunnar Becker, Grünstr 13, D-58313 Herdecke, T: (0 23 30) 7 03 89, F: 75 07, *becker@beckerkonzert.de*; *www.beckerkonzert.de* [New York 1950]. **Laufb:** 1. Kapm Dt Op am Rhein Düsseldorf-Duisburg seit 81, Chefdgt Südwestfäl Philh 87–91, GMD Musikth im Revier Gelsenkirchen 91–96. (Red)

Vasar, Lauri, Sänger; c/o Landestheater Linz, Promenade 39, A-4010 Linz. **Laufb:** Sol Ldsth Linz SpZ 03/05. (Red)

Vasicek, Adolf, Mag Artium, Dirigent; Bisambergerstr 3, A-2100 Korneuburg, T: (06 60) 2 12 12 12, F: (0 22 62) 6 43 64, *adolf-vasicek@aon.at*; *members.aon.at/avas* [Güssing 1.6.1954]. E-Musik **Ausb:** Konzertfachstud (R Jettel) MH Wien 76, Ergänzungsfachstud u Dipl (W Deutsch) MH Wien, Abschluss m mag art, Dirigierunterr (M Caridis), Mstrkse (Dirig) Wien. **Laufb:** Intendant Kornenburger Musiksommer 95–04, als Dgt Konz m G Jones, K Ridderbusch, H Holecek, J Demus, E Lienbacher, T Kreuzberger, B Schollum, S Ivan, B Skovhus, R Fatyol ua, Arb m Orch wie Amadeus Orch Wien, Niederösterr Tonkünstlerorch, Philharmon Orch Györ, Mähr Philh Olmütz, Litau Kam-Philh, St George Chamber Orch, Orch Filarmonica di Iasi, Orch Filarmonica Satu Mare, Dohnáhnyi Orch Budapest, KamOrch Patras, Orch d NatTh Brünn ua. **Pr:** Kulturmed u Kulturpr d Stadt Korneuburg, Ehrennadel 'Int Kunstförderung Nico Dostal'. – **Komp:** Lt ua NTO (Niederösterr Tonkünstlerorch), Litau KamOrch, Mähr Philharmonie Olmütz, Dohnanyi Orch Budapest, Filarmonica Dinu Lipatti, Rumänien, St George Chamber Philharmonie, Intendant d Korneuburger Musiksommers seit 95. **Aufn/RF:** CDs: W A Mozart: Klavierkonz KV 595, m J Demus; W A Mozart: Klarinettenkonz KV 622, m K F Schmid; F Liszt: 'Totentanz', m T Kreuzberger; A Baksa: Klavierkonz Nr 1, m T Kreuzberger. **UA:** A Baksa: 'Klavierkonz Nr 1'; A Baksa: 'Decamerone'; P Branka: 'Nordlandrhapsodie'.

Vasilescu-Häusler, Elisabeth, Violine; c/o Stadttheater Bern, Nägeligasse 1, CH-3007 Bern. **Laufb:** Konzm Stadtth Bern seit SpZ 03/04. (Red)

Vass, Elisabeth, Sängerin; c/o Pocket Opera Company, Gertrudstr 21, D-90429 Nürnberg. **Laufb:** Sol Pocket Opera Company Nuernberg. (*)

Vassallo, Franco, Sänger (Bariton); c/o Oper Leipzig, Augustuspl 12, D-04109 Leipzig; c/o Columbia Artists Management Inc, 165 West 57th St, New York, NY 10019–2276, U.S.A., T: (2 12) 8 41 95 00, F: 8 41 97 44, *info@cami.com* [Mailand 1969]. **Laufb:** Debüt Teatro La Fenice Venedig, Auftritte Teatro Filarmonico di Verona, Arena di Verona, Op Parma, Op Brescia, Op Catania, Op Cremona, Op Piacenza, Op Modena, Op Bergamo, Op Mailand, Op Turin, Op Florenz, Op Neapel, Op GenuaOp Philadelphia, Palm Beach, Sol Wiener Staatsop seit 2000, Sol Dt Op Berlin SpZ 04/05, Op Leipzig. – **Aufn/RF:** L Mancinelli: 'Paolo e Francesca' (m Orch Pro Arte Marche) 99, G Verdi: 'Attila' (Della Sardegna) 2000. (*)

Vassena, Nadir, Komponist; Via Pollini 15, CH-6850 Mendrisio, T: 09 16 46 54 10, 0 76–3 43 26 58, *nadir@ticino.edu*, *nadir@ticino.com*; c/o Conservatorio della Svizzera italiana, Via Soldino 9, CH-6900 Lugano; *www.nadir.ch.vu* [Balerna 22.8.1970]. **Ausb:** Stud Komp (B Zanolini, A Solbiati) Mailand bis 98 u (J Schöllhorn) Freiburg. **Laufb:** Doz (Theorie, Gehörbildung) Cons della Svizzera Italiana, Direktoriumsmitgl ebd seit 04, Ltg 'tage f neue m zürich'. **Pr:** Ausz b Wettb d WDR Köln 92, 1. Pr ex aequo H d Künste, Inst f Neue M Berlin 94, Prtr KompWettb f KamM Winterthur 95/96, 2. Pr Mozart-Wettb Salzburg 97, 1ère mention Concours Int de la Comp musicale pour orch de Besançon 98, Werkjahr d Christoph Delz Stift 99, ausgewählt f Gaudeamus Music Week 96–99, 2. Pr 7. Int Mozart Wettb Salzburg 99, Stip Akad Schloss Solitude Stuttgart 2000/01, Stip d Stift Denkmalschmiede Höfgen 02. – **Komp:** ua Formulae 95–97, UA Winterthur, Dgt: Keller-Steibrecher 97; Totem 96, UA Amsterdam, Radio Kamer Orkest, Dgt: P Eötvös 97; d'après 99, UA Mailand, Ens Oggimusica 99; rivolto verso terra – rivolto verso il mare (f Va, Vcl) 01; machine parlanti (f Klar, Akk, KB) 02. (Red)

Vassilev, Valentin, Chordirektor, Sänger; Obergasse 12, CH-2502 Biel, T: 03 23 23 36 54, 07 63 77 41 82, F: 03 23 23 36 54, *v.vassilev@freesurf.ch*. **Laufb:** Chordir u Sol Th Biel Solothurn. (Red)

Vassiliev, Alexandre, Sänger; Jasperallee 39, D-38102 Braunschweig. **Laufb:** Sol Musikth Essen, Staatsth Braunschweig, Gastsol Th Bielefeld SpZ 00/01u 04/05. (*)

Vate, Nancy Van de, Dr mus, Komponistin; Khleslplatz 6, 2309, A-1120 Wien, T: (01) 5 45 17 78, F: 5 45 17 78, *vmmcds@yahoo.com*; *www.xs4all.nl/~gdv/vmm* [Plainfield, USA 30.12.1930]. Oper, Orchestermusik (E-Musik) **Ausb:** Stud b C Genhart Eastman School of Music Rochester/NY 49–50, BA (MTheorie) Wellesley Coll Wellesley 49–52, M.Mus (Komp) U of Mississippi 56–58, Dr of Music (Komp) Florida State U 63–68, (Elektron Musik) Dartmouth Coll u U New Hampshire 72. **Laufb:** Komp, UProf, Pianistin Solo- u KamMKonz, Bratschistin m mehreren SymphOrch, Gastvorlesungen in Österr, Dtschld, Polen u USA, Jurymitgl Förderungspr u Arbeitsstip d Stadt Wien 92–97, Vorträge H f M u darst Kunst Wien u U Wien, Fstvs, ua Aspekte Salzburg 90 u 91, Musica Viva München 89, Poznan Spring 84, Wratislava Cantans 90, Japan Soc for Contemporary Music 91, Ultima Oslo 92, Soro Int Musik Fstv Dänemark 94, Wiener Klangbogen 95, Jurymitgl Kyoto Pr 89, 93, 97, 01, 05, Mitgl versch MJuries Polen, Österr u USA. **Pr:** Nominierungen f OrchM: 6x 'Pulitzer-Pr', 6x 'Grawemeyer Award', Wellesley College Alumnae Achievement Award 01. **Mitgl:** Nat Acad of Recording Arts and Sciences (NARAS), Music Critics Assn, American Music Center, Österr Ges f zeitgen Musik. – **Komp:** zahlr Komp f Orch, Chor u Orch, Op, ThMusik, StrInstr, Tasteninstr, Bläser, Schlgz, gem Ens, elektron M, ua: Loneliness (Text: R M Rilke) 60, UA Oxford, Mississippi 60; Invention No 1 (Tb) 72, UA Knoxville, Tennessee 73; Satellite Music (Tb) 72, UA ebd 73; A Night in the Royal Ontario Museum (Gedicht: M Atwood) 83, UA Maryland, Coll Park, M DeReggi 84; Cocaine Lil 86, UA Bremen, ens belcanto 88 u Fernsehprod Poln RF 90; Teufelstanz 88, UA München, Münchner Residenz, Herkulessaal, 'Musica Viva', SchlgzEns Krakow 89; Violinkonz Nr 1, UA Wiener KonzHaus, E Kovacic, Mährische Filh 92; Four Somber Songs (Gedichte: G Trakl, E A Poe, W Blake, P Verlaine) 92, UA Slovak RF-Orch, S Girardi, Dgt: S Kawalla 92; How Fares the Night? (Gedichte: anon Chinese) 93, UA Köslin/PL, Schles UChor, Dgt: S Kawalla 93; Vier Fantasiestücke f Fl u Kl 93, UA Wien, R Stummer, R Marciano 93; Der Herrscher u d Mädchen (Kinderop) 95, UA Wien, Th Künstlerhaus 95; Sextet for Hf u Str 96, UA Mähr Phil Streichqui 01; Night Journey 96, UA Eisenstadt/Österr, R Spindler 97; Konz f Hf u StrOrch 96, UA Olomouc/Tschech Rep,

Mähr Phil, A Antalova, Dgt: T Shimada 98; Concerto No 2 (V u Orch) 96, UA N Stoyanova, Dgt: T Delibozov 96; Suite f StrOrch nach M v Magdeburg 2000, UA Rom, Scarlatti di Napoli Orch, Dgt: D Moles 2000; Dark Nebulae 2000, UA Wiener Musikverein, St Pölten FSpHaus, Niederösterr Tonkünstler Orch 2000; Tschernobyl, dt EA Wandsbeker SymphOrch Hamburg 02; Im Westen nichts Neues (Op), UA Osnabrück 03; engl Version: All Quiet on the Western Front, UA New York City Op 03; Where the cross is made (Op) UA Illinois State Univ 05; Streichquar Nr 2, UA Wien 05; Qui f Blechbl Nr 2, UA Oxford (MS, USA) 05. **Aufn/RF:** OrchWerke, KamM sowie Op u Liedvertonungen auf zahlr CDs, zuletzt: Nemo: Jenseits v Vulkania (Op in 4 Akten) 01, All Quiet on th eWestern Front (Op in 3 Akten) 02. **Sonst:** Art f 'Musical America', 'The Int Musician', 'The Instrumentalist' u zahlr Fach-Zs USA, Europa u Japan. **Lit:** Musik aus Österreich; Baker's Biographical Dictionary 01; Grove's Dictionary of Music and Musicians 01; 'Komponistin-Porträts' Wien u USA; Journeys through the life and music of Nancy Van de Vate 05.

Vater, Wolfgang, Sänger; c/o Hessisches Staatstheater Wiesbaden, Christian-Zais-Str 3, D-65189 Wiesbaden, PF 3247, D-65022 Wiesbaden. **Laufb:** Städt Bühnen Bielefeld, Th Gelsenkirchen, Gastsol Hessisches Staatsth Wiesbaden SpZ 00/01. (Red)

Vaucher, Jean-François, Orgel; rue du Midi 18, CH-1003 Lausanne, T: 02 13 12 01 73. (Red)

Vaughn, Pauletta de, Dipl KS, Opernsängerin (Sopran); Salzbrunner Str 26, D-14193 Berlin, T: 0 16 25 37 84 19, F: +43 7 47 17 02 10, *pauletta_de@yahoo.de*; Sand 24, A-3323 Neustadtl a d Donau [Alabama, USA 8.8.1957]. Opern, Konzerte (Lied u Oratorium), UA neuer Werke **Ausb:** Music Acad of the West St Barbara (CA), Juillard School New York 74, MH Wien 74–81, Staatsop-Studio Wien. **Laufb:** Savonlinna Fstv 86–89, St-Op Helsinki, Gr Op Paris, Kgl Op Kopenhagen u Stockholm 89–97, UdL Berlin 87–92, Karlsruhe, Essen, Mannheim, Dresden 87–99, Wiesbaden, StaatsOp München, Hamburg, Kiel, Prag 83–04, Bratislava 91–04; Festivals: Verona, Tivoli, Hertztogenbush, Montpellier, Amsterdam, Luxor, Alexandria, Sizilien, Agricenca, Los Angeles, Florida, Marseille, Mallorca, Gran Canaria, Barcelona, Lubljana, Mecklenburg, Mainau 02. **Pr:** Award of US House of Representatives, US Congress Award Achievement and Commitment. **Mitgl:** Präsident NAACP Europe. – **Aufn/RF:** Video-Op-Live-Mitschnitte; div Fernsehübertragungen HR (Gershwin); Radio de France; DVD 'La Forza del Destino', 'Aida'. **UA:** Ernest Fuchs: Lieder; John Sarkarissan: Lieder. **Sonst:** Schauspiel ZDF, ORF, zB 'Nelkenkönig'.

Vaughn, Tichina, Sängerin; Wölflinweg 16, D-70771 Leinfelden-Echterdingen, T: (07 11) 2 36 59 70. Verdi, Wagner **Laufb:** Sol Staatsth Stuttgart. **Pr:** Metropolitan Op Award. (Red)

Vavic, Anika, Mag art, Piano; c/o HarrisonParrott – Sabine Frank, Lucile-Grehn-Str 37, D-81675 München, T: (0 89) 45 72 61 54, F: 45 72 61 50, *info@anikavavic.com*; c/o Künstlermanagement Till Dönch, Roegergasse 24–26/G2, A-1090 Wien, T: (01) 4 70 80 83, F: 4 79 69 71, *management@doench.at*; *www.anikavavic.com* [Kosovska Mitrovica, Jugoslawien 9.11.1975]. Soloabende, Klavierkonzerte, Kammermusik **Ausb:** Kons Belgrad, Stud U f Musik u darst Kunst Wien KonzFachKl v N Flores, weitere bedeutende künstl Impulse v L Berman, E Leonskaja, O Maisenberg, A Satz u M Rostropowitsch. **Laufb:** int KonzEng ua: Wien Konzerthaus 03; Rising Stars Konz 03/04; Mozarteum Salzburg, Concertgebouw Amsterdam, FSp Baden-Baden, Carnegie Hall New York, Kölner Philh, Wigmore Hall London, Cité de la Musique Paris, Münchner Philh, Schubertiade, Moskau, Palau de la Musica Barcelona, KlavierFstv Ruhr 04/05, Oslo/Norwegisches RSO, Heidelberger Frühling 04/05, Styriate Graz 05, Teatro Municipal Santiago de Chile 05. **Pr:** Austrian National Award for Women in the Arts, Gewinnerin 2. Steinway Wettb Wien 02 u Sonderpr f d beste Haydn Interpr, Stip d Herbert v Karajan Centrums Wien u Gottfried v Einem Stift seit 01. – **Aufn/RF:** Solo CD (Haydn, Skriabin, Ravel, Prokofiev) ORF 03, Kammermusik CD, Rundfunkmitschnitte beim ORF, im dt, holländ u franz Radio. **UA:** I Sokolow u P Kopatschinskaja: Heimat (f V u Kl) 01; Shih: Ein Takt f Kl u Streichqua, UA New York, Austrian Cultural Forum 05; J M Staud: 'Peras' f Kl solo, Klavierfstv Ruhr 05.

Vayne, Ian, Sänger; c/o Opernhaus Halle, PF 110554, D-06019 Halle (Saale). **Laufb:** Sol Th Basel, Sol Nationalth Mannheim SpZ 03/04, Gastsol Th Aachen SpZ 04/05, Op Halle SpZ 04/05. (*)

Vecellio, Valentin, Komponist, Klarinette; Forchstr 130, CH-8032 Zürich. (*)

Vedernjak, Mojka, Sängerin; c/o Stadttheater Gießen, PF 111128, D-35356 Gießen. **Laufb:** Sol Th Bielefeld. (*)

Veer, Lutz de, 1. koord Kapellmeister; Kollenrodtstr 54, D-30163 Hannover, T: (05 11) 2 62 44 11; c/o Niedersächsische Staatstheater Hannover, Opernpl 1, D-30159 Hannover. **Laufb:** stellv GMD u 1. Kapm Osnabrücker Symphonieorch, 1. Kapm u Vertr d GMD Städt Bühnen Osnabrück, koord 1. Kapm Op Hannover SpZ 03/04, Gastdgt Op Hannover SpZ 04/05. (Red)

Veerhoff, Carlos Heinrich, Komponist; Gabriele Münter Pl 3, D-82418 Murnau, T: (0 88 41) 41 43 [Buenos Aires 3.6.1926]. **Ausb:** Komp (H Grabner), Kl (Wikarsky), Dirig (Gmeindl) MH Berlin 43–44, priv Klunterr (Dobrowolny) 48–50, Komp (B Blacher) MH Berlin 52, Privatunterricht (H Scherchen) 50 u 52, jährl Teilnahme int Ferienks Darmstadt 55–58. **Laufb:** Doz (Theorie) U Tucuman (Argentinien) 49, Ass (F Fricsay) 51–52, freischaff Komp ab 53. **Pr:** Stip Cité Int Paris 67, Aufenthalt Villa Massimo Rom 99, Förderpr z Robert-Schumann-Pr 54, 1. Pr Bühnenwettb Teatro Colón 63, 2. Pr Südwestdt KamOrch 70, Förderungspr München 72, Premio Cittá di Trieste 73, Premio de Alicante 74. – **Komp:** 1.Symph 'Sinfonia panta-rhei', UA Buenos Aires 60; Die goldene Maske (Op), 66–68; 4.Symph, UA Baden-Baden 74; Gesänge aus Samsara (OrchGesang), UA 1.Fass Stuttgart 76; 1.VKonz, UA Bremen, R Ricci 77; 1. KlKonz, H Francesch, 79; 1.StrTrio, UA Stuttgart 87; 2. KlKonz, UA München, G Oppitz, 90; 2.VKonz, UA Recklinghausen, T Zehetmair 93; 6.Symph DESIDERATA (3 Sänger, Sprecher, Chor u gr Orch), UA Leipzig, Dgt: L Hager 97. **AuftrKomp:** 1. KlKonz, UA 79 (Auftr: BR); Gesänge aus Samsara (OrchGesang), UA 1.Fass Stuttgart 76 (Auftr: SDR); 1.VKonz, UA Bremen 77 (Auftr: Philh Gesellschaft Bremen); 2. KlKonz, UA München 90; 2.VKonz, UA Recklinghausen 93 (Auftr: Westfäl SinfOrch); 6.Symph DESIDERATA (3 Sänger, Sprecher, Chor u gr Orch), UA Leipzig 97.

Veigl, Walter, Mag, Dr, Prof, Hochschullehrer; Univ f Musik u Darst Kunst, Leonard Bernstein Inst f Blas- u Schlaginstrumente, Seilerstätte 26, A-1010 Wien; St. Johanngasse 1–5/1 Stg 5/13, A-1050 Wien. Blas- u Schlaginstr **Laufb:** o UProf U f Musik u Darst Kunst Wien. (Red)

Veit, Michael, Cellist; Nieder-Ramstädter Str 67, D-64372 Ober-Ramstadt, T: (0 61 54) 62 40 59, F: 62 40 59; c/o Hessisches Staatstheater Darmstadt, Georg-Büchner-Pl 1, D-64283 Darmstadt [3.7.1957]. KamM, Neue Musik **Ausb:** Kons München b H Cenarin 78–81, MH Detmold b A Navarra 81–84, MH Düsseldorf b J Goritzki 84–86, Mstrkse b D Schafran u J Starker. **Laufb:** Sol Staatsth Darmstadt seit 86. **Pr:** Jean-Frédéric-Perrenoud-Pr b Wiener Int Wettb 92. **Ens:** Duo m W Steinhausen (Kl). – **Aufn/RF:** Giovanni Platti: Cellokonzert g-moll BR 87; J S Bach: Suite Nr.1 u Tonio Battista: „Like a duck to the water" UA 01 SWR. **UA:** German Romero: El mito del reencuento UA Darmstadt 92; Wilhelm Lutz-Rijeka: 'Contemplation', UA Darmstadt 03. **Zug:** Oskar R Wenzel: Fruit à la tête-Lieder für zwei; Wilhelm Lutz-Rijeka: Materialermüdung 1 für Cello solo; Peter Vogel: 5 Miniaturen für Cello solo. **Sonst:** Künstl Lt Konz-Reihe 'Soli fan tutti' mit Mitgl des Staatsth Darmstadt.

Vejzovic, Dunja, Prof, Hochschullehrerin, Gesang; Heinrich-Baumann-Str 43, D-70190 Stuttgart, T: (07 11) 9 97 95 98, F: 9 97 95 98, *dunjavejzovic@net.hr*; Hochschule f Musik u Darst Kunst, Urbanstr 25, D-70182 Stuttgart. **Laufb:** Prof (Ges) H f M u Darst Kunst Stuttgart. (Red)

Velázquez Diaz, Pedro, Sänger; c/o Landestheater Linz, Promenade 39, A-4010 Linz. **Laufb:** Sol Ldsth Linz SpZ 03/05. (Red)

Veldhoven, Jos van, Dirigent; c/o Theater d Bundesstadt, Am Boeselagerhof 1, D-53111 Bonn. **Laufb:** Dgt Th Bonn SpZ 03/05. (Red)

Velea, Dan-Constantin, Cello; Dorfaue 44, D-03096 Dissen-Striesow. (Red)

Velenczei, Tamás, Trompete; c/o Berliner Philharmoniker, Herbert-von-Karajan-Str 1, D-10785 Berlin. **Laufb:** Sol Berliner Philh. (Red)

Veljkovic, Natasa, Prof, Klavier; c/o Mersich & Kiess OEG, Erlaaer Pl 2/2/19, A-1230 Wien, T: (01) 8 17 87 73, F: 8 17 87 73, *mersich-kiess@akis.at*; Univ f Musik u Darst Kunst, Inst Ludwig van Beethoven, Rennweg 8, A-1030 Wien, *veljkovic@gmx*; *www.mersichkiess.at* [Belgrad 1968]. **Ausb:** Kl (A Valdma) Belgrad, Stud (P Badura Skoda) U f Musik u Darst Kunst Wien, Abschluß 87, Stud (R Firkusny) Juilliard School New York 88–89, (H Datyner) Kons Genf 90–92, MA (Kl-Kunst). **Laufb:** rege KonzTätigkeit in Europa seit 85, KonzReisen m Belgrad Strings 'Dusan Skovran' u A Pavlovic nach Rußland u China, Teilnahme an vielen europ Fstv, ao UProf. u Kl-Klasse U f Musik u Darst Kunst Wien seit 93. **Pr:** 1. Pr Prix Clara Haskil Vevey 85, 1.Pl World Music Masters Paris 90. – **Aufn/RF:** zahlr RF- u TV-Aufn, CDs. (Red)

Velte, Roland, Prof, Hochschullehrer; Hohler Weg 26, D-32760 Detmold-Heiligenkirchen, T: (0 52 31) 91 09 92; Hochschule f Musik, Neustadt 22, D-32756 Detmold. **Laufb:** Szen Lt Opernschule H f M u Th München, Prof (Szen Unterricht) H f M Detmold. (Red)

Velten, Klaus, Dr phil, Prof, Hochschullehrer; Keltenstr 30, D-66424 Homburg, T: (0 68 41) 49 16. **Laufb:** Prof (MPäd, MTheorie) H d Saarlandes f Musik u Th Saarbrücken. (Red)

Venanzoni, Felice, Repetitor; c/o Oper Frankfurt, Untermainanlage 11, D-60311 Frankfurt, T: (0 69) 21 23 55. **Laufb:** Solorep Op Frankfurt. (Red)

Venditti, Tara, Sängerin; c/o Stiftung Staatstheater Nürnberg, Richard-Wagner-Pl 2–10, D-90443 Nürnberg. (Red)

Vengerov, Maxim, Prof, Violine, Hochschullehrer; H f Musik Saar, Bismarckstr 1, D-66111 Saarbrücken [Novosibirsk 1974]. **Ausb:** Stud V (G Tourchaninova, Z Bron). **Laufb:** ZusArb m führenden Orch (ua Wiener Philharmoniker, Berliner Philharmoniker, New York Philh Orch, Israel Philh Orch, Chicago Symph Orch, National Symph Orch, London Symph Orch, Concertgebouw, Gewandhaus Leipzig), Dirigenten (C Abbado, D Barenboim, R Chailly, C M Giulini, M Jansons, L Maazel, K Masur, Z Mehta, R Muti, W Sawallisch u a) u Sol; Unicef-MBotschafter seit 97; Prof (V) H d Saarlandes f Musik u Th Saarbrücken seit 2000. **Pr:** 1. Pr Wieniawski-Wettb d Junioren Polen 84, Int Carl Flesch-Violinwettb 90, Nachwuchskünstler d Jahres 1994 (v Gramophone Magazine u Ritmo Magazine), Grammynominierung (Kat 'Klass Album d Jahres' u 'Bester InstrSol m Orch) 96, Edison Award 'Beste Konzertaufn' 97. – **UA:** Beethoven: Violinson Nr 9; Brahms: Violinson Nr 2; Beethoven, Mendelssohn Bartholdy, Mozart: Violinsonaten; J Brahms: Violinkonz, Violinson Nr 3; Mendelssohn Bartholdy, Bruch: Violinkonz; Dvorak: Violinkonz; Prokofjew, Schostakowitsch: Violinkonz Nr 1 u Nr. 2; Sibelius: Violinkonz op 47, Nielsen: Violinkonz op 33; Tschaikowsky: Violinkonz, Glasunow: Violinkonz; The Road I Travel; Virtuoso Vengerov. (Red)

Venter, Jaco, Sänger; c/o Nationaltheater Mannheim, PF 102362, D-68023 Mannheim. **Laufb:** Sol Stadtth Pforzheim SpZ 03/04, Nationalth Mannheim. (Red)

Ventre, Carlo, Sänger; c/o Deutsche Oper, Bismarckstr 35, D-10627 Berlin. **Laufb:** Sol Sächs Staatsop Dresden, Gastsol Dt Staatsop Berlin SpZ 00/01,

Gastsol Op Frankfurt SpZ 03/04, Sol Dt Op Berlin SpZ 04/05, Sol Wiener Staatsop SpZ 04/05. (*)

Ventris, Christopher, Tenor; c/o Artists Management Zürich, Rütistr 52, CH-8044 Zürich, T: 04 48 21 89 57, F: 04 48 21 01 27; c/o Opernhaus Zürich, Falkenstr 1, CH-8008 Zürich; *www.artistsman.com.* **Laufb:** Gastsol Op Leipzig, Bayerische Staatsop München, Wiener Staatsop, Hamburgische Staatsop, Op Zürich, Royal Op House Covent Garden, Op Köln. (Red)

Ventura, Fabrizio, GMD, Dirigent; c/o PR-Sekretariat artist communication, Sonnenstr 50, D-94113 Tiefenbach, T: (0 85 09) 18 20, F: 93 49 05, *mennicken.beate@t-online.de*; c/o Staatstheater Wiesbaden, Christian-Zais-Str 3, D-65189 Wiesbaden [Rom 14.11.1958]. Oper, Symphoniekonzerte **Ausb:** Stud (Komp, Kl) Cons S Cecilia Rom 79–81, (Dirig) MH Wien 81–85. **Laufb:** KapM Volksop Wien 87–89, Musikal ObLt Th Biel 89–94, StaatskapM Th Braunschweig 94–98, 1. KapM u Stellv d GMD Th Nürnberg 98–02, GMD Meininger Theater – Südthüring Staatsth Meiningen seit 02 (03/04), Gastdirigate: Teatro dell'Op Roma, Staatsop Prag, Op Trieste, Op House Sydney, Orch: Bayer Staatsorch München, Münchener RF-Orch, Staatsorch Stuttgart, Residenzorch den Haag, Klang Forum Wien, Wiener KamOrch, European Youth Orch, Tiroler Ldesth Innsbruck SpZ 03/04. – **Aufn/RF:** G Sgambati: Symphon Werke, Nürnb Philh. **Sonst:** künstl Dir Soc Philh de Bienne.

Venuti, Maria, Prof, Sopran, Hochschullehrerin; Machstr 13, D-76227 Karlsruhe, T: (07 21) 40 70 24, F: 40 70 25, *mariavenuti@aol.com*; c/o Agentur f Musiktheater u Konzert Hannagret Bueker, Fuhsestr 2, D-30419 Hannover [Rochester, NY]. **Ausb:** Stud Eastman School of Music, (H Kretschmar) H f M Detmold, Mstrks b C Ludwig. **Laufb:** Prof (Gesang) Staatl H f Musik Karlsruhe seit 94. **Pr:** Prtr Maria-Callas-Wettb in Athen, s'Hertogenbosch, Int Hugo-Wolf-Wettb. (Red)

Venzago, Mario, Prof, Dirigent, Komponist, Klavier; Quinckestr 37, D-69120 Heidelberg, T: (0 62 21) 40 26 30, *mvenzago@aol.com*; *www.mariovenzago.com* [Zürich 1.7.1948]. Sinfonik, Oper **Ausb:** Stud Kl (S Savoff) MH Zürich, Dirig (R Tschupp, E Schmid), Dirig (H Swarowsky) Kons Wien, Kl (P Baumgartner). **Laufb:** Hauspianist u Dgt Radio d ital Schweiz (RTSI) 69–78, HausDgt d MKollegium Winterthur/Schweiz 78–86, daneben Kapm Stadtth Luzern u Radio Dgt d Orch de la Suisse Romande Genf, GMD Stadt Heidelberg 86–89, Prof Staatl H f M Mannheim 89–91, 1. Dgt Dt KamPhilh Frankfurt 89–92, Chefdgt Grazer Op u Philh Orch 90–94, Bask Nat Orch San Sebastian 99–2003, SinfOrch Basel 97–2003, Indianapolis Symph Orch seit 02; künstl Lt Baltimore M Summer Fest seit 98, Chefdgt Göteborger Symph (Schwed NatOrch) ab 04; Gastdgt ua Berliner Philh, Birmingham, Kopenhagen (Radio u Philh), Münchner Philh, Gewandhaus Leipzig, Royal Scottish Nat Orch, London Philh Orch, Scala Mailand, Philadelphia Orch uvm; auch Op-Dgt; Konz m berühmten Sol (Argerich, Bell, Freire, Kremer, Lupu, Nicolet, Maisky, Ohlson, Pletnev, Tetzlaff, Vengerow, Zehtmair, K Zimerman, F P Zimmermann ua) u namhaften S (Araiza, Banse, Baltsa, Häfliger, Ziesak etc). **Pr:** div Schallpl-Pr (Edison, Diaposon d'or etc); Ehrenmitgl Schweizer O-Schoeck-Ges. **Mitgl:** Schweizer Tonkünstlerverein. – **Aufn/RF:** CDs m Schweizer Komp; R Schumann: ges sinf Werk, 'Manfred'; L Nono, Ravel, Strawinsky, G Englert, R Moser: OrchWerke; O Schoeck: 'Penthesilea', 'Venus'; Radioaufn: Strawinsky: 'Les Noces' (eig Orchfssg); L Janacek: Glagolytische Messe (eig Urfssg). **UA:** div UA (ua R Moser, P Hamel, W Rihm, B Furrer, K Schwertsik, R Majek etc); Schubert: 'Alfonso u Estrella' (Op), szen WeltUA Graz, amerikanische u schwed AuftrKomp. **Sonst:** Grdg freiberufl SinfOrch Philh Werkstatt Schweiz.

Verebics, Ibolya, Sopran; Fleischhauerstr 7B, D-70567 Stuttgart, T: (07 11) 7 19 90 21 [Györ, Ungarn]. **Ausb:** Gesangsunterr (A Gonda) während der Schulzeit, Stud (J Sandor, C Végvári, B Keönch) Fenrenc-Liszt-H f Musik Budapest 81–86, Dipl als Konz- u OpS, Mstrkl (E Schwarzkopf) Mozarteum Salzburg, (L Pavarotti) Pesaro. **Laufb:** zahlr Tournee (ua m A Dorati, A Fischer, I Fischer, E Ericson, P Schreier, H Rilling) im In- u Ausland, Mitgl Unagr Staatsop Budapest seit 86, regelm Gast Haydn-MFstv Eisenstadt, Europ MFest d Int Bachakad Stuttgart u Int Wolfegger Konz. **Pr:** Prtr Karlovy Vary 82, Mirham-Helim-Wettb m Sonderpr d Jury Helsinki 83, Vinas-Lieder-Wettb Barcelon 85, BBC-Wettb Cardiff 87, Pavarotti-Wettb Philadelphia u New York 88. – **Aufn/RF:** zahlr Schallpl-Aufn, ua Mozart: 'Messe in c-moll, Dgt: H Rilling; RF- u Fernsehaufn. (Red)

Veress, Claudio, Violine, Bratsche; Spitalackerstr 70, CH-3013 Bern, T: 03 13 31 51 54. (Red)

Verfürth, Bernd, Sänger; Birkenweg 32, D-31199 Diekholzen, T: (0 51 21) 98 27 92. **Laufb:** Sol Stadtth Hildesheim. (Red)

Vergara-Pink, Betty, Prof, Hochschullehrerin, Klavier; Schillerstr 10, D-79102 Freiburg, T: (07 61) 7 57 27; Hochschule f Musik, Schwarzwaldstr 141, D-79102 Freiburg [1945]. **Ausb:** Stud Melbourne Univ-Cons u H f M Freiburg. **Laufb:** Prof (Kl, Methodik) Staatl H f Musik Freiburg 93. (Red)

Vergara, Francisco, Sänger; Huhnsgasse 12, D-50676 Köln, T: (02 21) 23 56 21, F: 23 56 21; c/o Bühnen der Stadt Köln – Opernhaus, PF 101061, D-50450 Köln. **Laufb:** Gastsol Th Dortmund SpZ 03/04, Sol Bühnen d Stadt Köln SpZ 03/04. (Red)

Verkerk, Mario, Tenor; Basler Köpfle 80, D-79395 Neuenburg, T: 0 17 36 74 72 05, F: (0 76 35) 82 58 01, *m.verkerk@freenet.de, info@operettencocktail.de*; *www.operettencocktail.de* [Koblenz]. Operette, Musical **Ausb:** Gesangs-, Tanz- u Schauspielausbildung in München (Dance Center J. Iwanson/ Zinner Studio); Konservatorium Hamburg ab 90; Mstrks bei Birgit Nilsson; kontinuierl Arbeit m Maria Candida Caliccio. **Laufb:** Mitgl 'Operettencocktail' (Optten- u Musicalprogramm), Staatsth Mainz 88–90, BernsteinFstv Innsbruck 93, OpttenHaus Hamburg 92/93, Stadtth Basel 93/94, Staatsth Karlsruhe 98, Optten-Tournee Israel 98, Carl-Th VS 99, Eng Carl-Th VS 2000–02, MBühne Mannheim seit 03.

Vermillion, Iris, Mezzosopran; c/o Sächsische Staatsoper, Theaterpl 2, D-01067 Dresden; c/o Künstleragentur Dr. Raab & Dr. Böhm, Plankengasse 7, A-1010 Wien, T: (01) 51 20 50 10, F: 5 12 77 43, *office@rbartists.at* [Bielefeld]. Oper, Konzert, Lied **Ausb:** Stud (Fl) Detmold, Stud Ges (J Beckmann) Hamburg, Mstrkl (Ch Ludwig, H Prey). **Laufb:** Sol Staatsth Braunschweig (Sesto, Dorabella, Octavian, Charlotte), Sol Dt Op Berlin (Cherubino) 88, Mozart, Dorabella u Cherubino in Amsterdam (N Harnoncourt), Strauss, 'Capriccio' (Clairon) Salzburger FSp 91, ZusArb m C Abbado, G Albrecht, S Bychkov, D Barenboim, R Chailly, Ch v Dohnányi, V Fedosejev, M Gielen, N Harnoncourt, R Jacobs, P Jordan, M Janowski, K Masur, G Prêtre, H Rilling, D C Runnicles, G Sinopoli, G Solti, M Viotti, freiberufl tätig seit 92, GastSol Dt Staatsop Berlin, Wiener Staatsop, Semperop Dresden, Salzburger FSp, Salzburger Mozartwoche, FestW d Alten M in Innsbruck, Wiener FestW, Berliner FestW, Ludwigsburger Schloßfestsp, Beethovenfest Bonn, Dresdner MFSp, Sol Sächs Staatop Dresden SpZ 03/05, Sol Dt Op Berlin SpZ 04/05. **Pr:** 1. Pr Bundeswettb Ges Berlin 86. – **Aufn/RF:** Konz u LP-Aufn Meistersinger, m Chicago Symph Orch, Dgt Sir G Solti. (Red)

Veronesi-Kagen, Yasuko, Klavier; Bismarckstr 9, D-67251 Freinsheim, T: (0 63 53) 50 82 52 [Japan 1965]. **Pr:** 2. Pr ex aequo 3. Int Wettb 'Franz Schubert' u d M d Moderne Graz 97. (Red)

Versteegh, Bob, Prof, Klavier, Hochschullehrer; Erbhofstr 6, D-32760 Detmold, T: (0 52 31) 46 99 07, F: 46 99 07, *fb2@hfm-detmold.de*; c/o Konzertdirektion Andrea Hampl, Karl-Schrader-Str 6, D-10781 Berlin, T: (0 30) 4 78 26 99, F: 4 78 37 92, *hampl@konzertdirektion.de* [Arnhem, Niederlande]. **Ausb:** KonzEx Sweelinck-Cons Amsterdam, Stud MH Antwerpen (F Gever), Hamburg (Y Bernette), weitere Stud (M Frager). **Laufb:** Doz MH Leeuwarden, Prof (Kl) H f M Detmold seit 95. **Ens:** Alloys-Ens. (Red)

Verwey, Ansi, Klavier, Dirigentin; c/o Niedersächsische Staatstheater Hannover, Opernpl 1, D-30159 Hannover [Südafrika]. **Laufb:** Solorep m Dgt-Verpfl Op Hannover. (Red)

Very, Raymond, Tenor; c/o Bayerische Staatsoper, Max-Joseph-Pl 2, D-80539 München, T: (0 89) 21 85 01, F: 21 85 11 33, *info@st-oper.bayern.de*; c/o Opern-Agentur M Kursidem & E Tschaidse, Tal 28, D-80331 München, T: (0 89) 2 91 61 66 12, F: 29 16 16 67, *kursidem@opern-agentur.com, tschaidse@opern-agentur.com*; *www.bayerische.staatsoper.de* [Pittsburgh]. **Ausb:** Mitgl Houston Grand Op Studio 93–95. **Laufb:** Sol Met Op 01/02, Dt Op Berlin SpZ 02/03, Teatro Comunale di Firenze 03, Op Frankfurt 03, Bayer Staatsop München seit 03, Gastsol Houston Grand Op 04, Maggio Musicale Florenz 03, Salzburger FSp 03. **Pr:** Ausz 'F Gold Career Grant' 94, R Tucker Career Pr 96. – **Aufn/RF:** 'The Dracula Diary' 94. (Red)

Veselka, Stefan, Pianist, Dirigent; Reinhold-Frank-Str 15, D-76137 Karlsruhe, T: (07 21) 2 03 06 84, *stefanveselka@gmx.de* [Stavanger, Norwegen 1968]. **Ausb:** Stud (C Lieske) Mozarteum Salzburg 86–88, (H Leygraf) H d Künste Berlin 88–96, Kl-Interpretationskurse (G Sebok, E Steen-Nokleberg, Liedinterpretationskurse (A Reimann), Konzertex 93–96. **Laufb:** Konz als Pianist, Dirigent u KamM in Europa, USA u Japan, MLt Altes Schsphaus Suttgart 03, Solorep m DgtVerpfl Badisches Staatsth Karlsruhe SpZ 04/05. **Pr:** b mehreren nat u int Kl-Wettb: 1. Pr Granite State Auditions New Hampshire 85, Sonderpr 3. Europ Kl-Wettb Luxemburg, Shell-Pr 88, 9. Int Beethoven Kl-Wettb 93, 1. Prtr 'P L Salomon Wettb' Berlin, A Schnabel Kl-Wettb 95 Berlin. – **Aufn/RF:** S Prokofief: 2. u 3. Son, Sarkasmen u Visions Fugitives 92; A Dvořák: D Kompl KlWerk 92–98, KamMAufn.

Veser, Gerhard, freischaffender Musiker (Orgel, Cembalo); Spannerstr 9, D-79801 Hohentengen, T: (07 43) 3 96 74 60 [Rosenfeld, Württemberg 6.1.1967]. Orgel, Cembalo, Komposition, Theorie **Ausb:** Stud (KiM, hist Tasteninstr, Theorie) MH Stuttgart 86–96, Stud Komp (A Hölszky) MH Rostock, Stud Komp (M Spahlinger) MH Freiburg. **Pr:** 1. Bundessieger Orgel 'Jugend musiziert' 81, Prtr Pachelbel-Wettb Nürnberg 91. – **AuftrKomp:** 'Inseln d Lauschens' (f Orch), UA Gießen, Stadtth, Dgt: A Wintersen 99 (Auftr: Stadtth Gießen). **Sonst:** Studien zu kompositionstechn Verfahrensweisen in K-H Stockhausens Werk Nr V 'Zeitmaße' (f 5 Holzbläser).

Vetre, Oscar Rino, Prof, Hochschullehrer, Klavier; Hans-Böckler-Str 55, D-55128 Mainz, T: (0 61 31) 73 24 95; Hochschule f Musik u Darst Kunst, Eschersheimer Landstr 29–39, D-60322 Frankfurt. **Laufb:** Prof (Kl) H f M u Darst Kunst Frankfurt/M. (Red)

Vette, Ulrich, Prof, Hochschullehrer, Tonmeister; Univ f Musik u Darst Kunst, Inst f Komposition u Elektroaukustik, Anton-von-Webern-Pl 1, A-1030 Wien, T: (01) 7 11 55 21 40. **Ausb:** Stud i Detmold. **Laufb:** o UProf U f Musik u Darst Kunst Wien 04. (Red)

Vetter, Gerhard, Oboe; c/o WDR Rundfunkorchester, D-50600 Köln. **Laufb:** Sol WDR RundfunkOrch Köln. (Red)

Vetter, Michael, Komponist, Sänger, Bildender Künstler, Kalligraph, Autor; Am Mühlrain 24 D, D-69151 Neckargemünd, T: (0 62 23) 64 01, *zen@vetter-transverbal.de*; *www.vetter-transverbal.de* [Oberstdorf/Allgäu 18.9.1943]. Intermediale Imp, Transverbale Sprache, Sprachliche Musik, Obertöne **Ausb:** Stud (Theol, Philosophie). **Laufb:** 90 Konz im Dt Pavillon d EXPO '70 Osaka/Japan als Interpr d Werke K Stockhausens '70, Tourneen m Goethe-Inst durch GB u Griechenland 71, Ltg d Studios f Experimentelle MPäd an MSch Bad Godesberg 71/72, Stockhausen-Konz in Shiraz/Persien 72, Zenmönch in Japan 72–83, Retrospektive im Landesmuseum Münster 75, Stip Atelierhaus Worpswede 77, Kse f musikalische Meditation in Pondicherry/Indien 81, Ltg Zentrum f Zen-Musik Todtmoos-Rütte u Ober-Ibach 83–87, 'Klangwelten'-Tournee 89,

Tournee „Das Tao des Hörens" m J E Berendt 90, Tournee 'Friedensoratorium' m J E Berendt 93, Ltg d Accademia Capraia f 'Intermediale Improvisation u Transverbale Sprachen' seit 95, 'Weiße Linie auf weißem Grund' JoksanFstv Korea 99, Solo-Tournee 'Requiem für das zweite Jahrtausend' 99, 'Projektionen' – eine improvisatorische Oper UA Paris 02. **Pr:** ua Kunstpr d japan Außenmin 82. – **Komp:** ua DuO – eine dialogische Passion (KamOp); Die Gesetzestafeln (KamOp); Weiße Linie auf weißem Grund (MTh), UA JooksanFstv Korea 99. **Aufn/RF:** Transverbale Hör-Spiele im DeutschlandRadio: 'sechs Sonaten für Stimme solo' 91, 'Nschaflumpilkirismjaklap' 92, 'Sprechende Inseln in singendem Meer' 94, 'DuO' 97, 'Die Gesetzestafeln' 99, 'Faust III' 99, 'Soto voce' 99, 'Okyo' 03; CDs bzw Schallplatten: 'Il flauto dolce ed acerbo' 67, 'Informationen' 71, 'Schwebungen – Übung I' 72, Zwischenräume-Stimmen' 72, Overtones' 82, 'Tambura-Preludes' 82, Zen-Musik' 85, 'missa universalis' 86, 'OM – eine Obertonschule' 87, "Liebes-Lied' 88, 'Gesänge der Nacht' 88, 'Light' 90, 'Wind' 90, 'Clouds' 90, 'Spaces' 90, 'Silence' 90, 'Flowers' 90, 'ancient voices' 92, 'Musik aus Stein' 93, 'Offene Geheimnisse' 94, 'Flow' 95, K Stockhausen: SPIRAL 95, 'AllEin' 99, 'Adrenalin' 99, 'Goldgrund' 99, 'missa dialogica' 02, 'Ein Oberton-Requiem' 03, 'Schamanische Musik' 03, 'Der Raga des Dialoges' 03. **Zug:** K Stockhausen: Op MITTWOCH (Hauptrolle). **Sonst:** Bücher u Noten: 'Il flauto dolce ed acerbo-Anleitungen und Übungen für Spieler neuer Blockflötenmusik' 68, 'Liebesspiele-musikalische Konzepte' 73, 'Linienspiel-grafische Musik' 73, 'Handbewegungen-ein grafischer Roman' 73, 'Schreibspiele ohne Worte' 73, 'Cosmic Comic: a long song along a long song' 75, 'Hör-Spiele I–VI' 78, 'shijima no oto' (des Schweigens Ton) 79, 'Wenn Himmel und Erde sich wieder vereinen-Gedanken, Meditationen und Übungen zum Weg der Stimme' 84, 'Seinserfahrung – das Buch von der Liebe zum Leben' 88, 'Das Oberton-Chorbuch' 91, 'Okyo' 91, 'Graf Fitti und seine Buchstabienchen' 92, 'Tscheretinamm' 93, 'Transverbal' 94, 'Die Psychologie der Seinserfahrung' 95, 'Musik' 96, 'Pianissimo' 97, 'Das JiJing' 98, 'Lauf was du kannst – Roman über die Entdeckung der Gegenstandslosigkeit' 2000. **Lit:** Werner Weick/RTSI: 'I cercatori del infinito VI: La via di Michael Vetter' 89.

Vetters, Roland, Klarinettist; c/o Landesbühnen Sachsen, Meißner Str 152, D-01445 Radebeul. **Laufb:** Sol LdesBühnen Sachsen. **Ens:** Sächs KamNonett. (Red)

Vettraino, Fabio, Prof, Hochschullehrer, Dirigent, Arangeur, Klavier; Emilienstr 15, D-32756 Detmold, T: (0 52 31) 30 92 65, 01 71–8 12 85 83, *vettraino @web.de*; Hochschule f Musik, Neustadt 22, D-32756 Detmold [Rom 24.10.1961]. **Ausb:** Stud S Cecilia C Rom (Komp, Kl, Dirig) b B Aprea ua 84–88, Mstrks b M Atzmann u A Jóo. **Laufb:** Korrep StaatsOp Stuttgart 88–89, 2. Kapm Th a Goethepl Bremen 89–97, Prof (Partien-, EnsStud) H f M Detmold seit 2000, Lt Opernschule. – **Sonst:** versch Bearb ua f Rheinisches Musikfest 05.

Vicens, Alex, Tenor; Mecklenburgisches Staatstheater, Alter Garten 2, D-19055 Schwerin. **Laufb:** Sol Mecklenburg Staatsth Schwerin. (Red)

Vickers, Catherine, Prof, Piano, Hochschullehrerin; Hochschule f Musik u Darstellende Kunst, Eschersheimer Landstr 29–29, D-60322 Frankfurt/M, T: (0 69) 48 00 24 89, F: (02 01) 44 43 41 [Regina, Saskatchewan, Kanada 24.7.1952]. Musik d frühen 20. Jhs bis zur Gegenwart **Ausb:** Stud U of Alberta, Edmonton, Staatl H f M Hannover. **Laufb:** Prof Folkwang-H Essen 81–99, Prof (Kl) H f M u Darst Kunst Frankfurt seit 98. **Pr:** Goldmed u Busoni Pr Int KlWettb Busoni, Pr Int Kl Wettb Sydney. – **Aufn/RF:** zahlr CD-Veröffentl. **UA:** div. **Zug:** N A Huber: Beds and Brackets.

Vieira, Juremir (Pseud: Jure), Tenor; Heinestr 26, CH-9008 St Gallen, T: 07 12 78 52 30, *vieiraju@hotmail.com*; c/o Theater St Gallen, Museumstr 1/24, CH-9004 St Gallen [Porto Alegre, Brasilien 3.11.1962]. ital u frz Oper, Konzert **Ausb:** Stud (Ing) Univ Catolic Porto Alegre, (Mathe) Staatsuniv Porto Alegre, MSch Symph Orch Porto Alegre, Mstrkl M Olivero/Barcelona. **Laufb:** Sol Ens Theater St Gallen, Gastsol Belgrad SpZ 2000/01, Bukarest 2000–02, Dublin u Brügge 2000/01, Sanxay/Frankreich 01/02, Biel-Solothurn/Schweiz 2000–02, Th Palermo u Como 01/02, Freiburg/Dltd 01–03. **Pr:** Gewinner Pavarotti Int Vocal conc 97.

Vier, Michael, Bariton; c/o Hamburgische Staatsoper, Große Theaterstr 34, D-20354 Hamburg, PF 302448, D-20308 Hamburg [Hamburg 27.8.1963]. **Laufb:** Sol Bühnen d Stadt Köln, Staatsop Hamburg SpZ 04/05. (Red)

Vierlinger, Lydia, ao Univ Prof Mag, Hochschullehrerin, Sängerin; Univ f Musik u Darstellende Kunst, Anton Webernpl 1, A-1030 Wien, *vierlinger@ mdw.ac.at*; *www.vierlinger.at* [Linz]. Lied, Oratorium, alte Musik **Ausb:** Stud (Ges) U f Musik u Darst Kunst Wien, Unterr b Diane Forlano (London) u Herwig Reiter (Wien); Habil 04 (Univ f Musik u darst Kunst/Wien). **Laufb:** Palau de la musica Barcelona 03, Concertgebouw 03, Theatro Real Madrid 04, Bach „h-moll Messe" – Singapur 05 und Wiener Musikverein 06, Bach „Matthäus-Passion" Wiener Musikverein und USA-Tournee 07, PfingstFSp Salzburg 04, Mozartfest Würzburg 05; VertragsL f Stimmbildung Kons f KiM d Erzdiözese Wien 88–02, VertragsL U f Musik u Darst Kunst Wien 02–04, ao UProf (Ges) seit 04. **Pr:** Nominierung für „classic amadeo 2005" Austria m Solo-CD „Vedo il ciel" (Händel-Arias) erschienen 04. **Ens:** Arnold Schönberg Chor 84–93; voces, NOVA 90–96. – **Aufn/RF:** zahlreiche CDs ua: „Romantische Duette" (ORF 02); „Vedo il ciel – Händel Arias" (solo CD) 04; „Boten der Liebe – Brahms Raritäten" (Duett-CD) 05; Telemann „Pastorelle en musique" m Capella Leopoldina, Ltg Kiril Karabit 05; C PH E Bach: „Kantaten für Hamburg" m Wiener Akademie Ltg Martin Haselböck (ORF 2000); „Musik für einen Kirchenraum" v u m Max Nagl (Saxophon, Komp). **UA:** Wiederaufführung von Telemanns Oper „Pastorelle en musique", Gmunden 04; Oper „Franziskus" v Heinz Kratochwil (ORF CD) 99.

Lydia Vierlinger

Viersen, Quirine, Cello; c/o Konzertdirektion Martin Müller, Uhrs Knäppken 8, D-59320 Ennigerloh-Ostenfelde, T: (0 25 24) 26 34 80, F: 26 34 81, *info@kdmueller.de*; c/o Künstleragentur Dr. Raab & Dr. Böhm, Plankengasse 7, A-1010 Wien, T: (01) 5 12 05 01, F: 5 12 77 43, *office@rbartists.at*; *www.kdmueller.de, www.quirineviersen.com* [1972]. **Ausb:** Mozarteum Salzburg b H Schiff 97. **Laufb:** Konz Wiener Philh Dgt Z Mehta Luzerner Festw 2000, Hessisches RFO Frankfurt, St Petersburg Philh Orch, Tokyo Metropolitan Symph Orch, Salzburger Fsp 04, Konzerte u. a. mit Israel Philh Orch 05 u 07, Concertgebouw Orchestra 06. **Pr:** 2. Pr Int Wettb Scheveningen 89, Prix Pièrre Fournier Paris 90, Rostropovich Wettb Paris 90, Int Paolo Cello Competition 91, 1. Pr Moskauer Tschaikowsky-Wettb 94, European Soloist Prize d European Foundation of Cultural Awards Paris 99 Young Artist Award 2000. (Red)

Viertel, Elisabeth, Prof, Hochschullehrer, Violine; Univ f Musik u Darst Kunst, Inst 12, Hauptpl 12, A-7432 Oberschützen, T: (03 61) 3 89 35 74, *elisabeth.viertel@kug.ac.at* [Leipzig]. **Ausb:** Stud H f Musik u Theater Felix Mendelssohn Bartholdy Leipzig (G Schmahl), Kons f Musik u Theater Bern (I Ozim u K Turpie). **Laufb:** UProf (V) U f Musik u Darst Kunst Graz. (Red)

Vieweg, Matthias, Sänger; Schraderstr 6, D-12437 Berlin, T: (0 30) 5 33 48 36, F: 5 33 48 36, *m.vieweg@gmx.de* [Sonneberg 4.4.1970]. Konzert u Oper **Ausb:** Stud (Mathematik, Geschichte) TU Berlin 90–91, Stud Ges (G Leib) H f M 'Hanns Eisler' Berlin 91–97, Dipl KonzEx, Stud Kl (R Schorler) ebd 91–95, Liedbegl (W Olbertz) ebd 94–96, Msterkse (H Hotter, P Schreier, D Fischer-Dieskau, R Piernay). **Laufb:** KonzSol: Int Orgelwoche Nürnberg 97, MDR Musiksommer Leipzig 98, Dresdener MFSp (Semperoper) 99, Europ MFest Stuttgart (Beethovenhalle) 2000 OpProd: KonzHaus Berlin 95–98, Dresdener MFSp, HändelFSp 98, Kom Op 2001, Potsdamer ParkFSp 2001, Innsbrucker FestW 2001, Staatsop Berlin 2002, Gastsol Dt Staatsop Berlin SpZ 04/05. **Pr:** 1. Pr Wettb Richard-Strauss-Gesellschaft München (Richard-Strauss-Med) 97, 2. Pr Int Bachwettb Leipzig u MDR Sonderpr 98. – **Zug:** R Füting: 'Schweigen, wie Gold', Komp n e Gedicht v P Celan (f KamMEns), II: Bar u Va.

Vieweg, Roland, Dirigent, Solorepetitor; c/o Landestheater Mecklenburg, Friedrich-Ludwig-Jahn Str 14, D-17235 Neustrelitz. **Laufb:** Solo-Korr Landesth Mecklenburg Neustrelitz. (Red)

Vihavainen, Ilkka, Sänger; Am Freistein 74, D-40822 Mettmann, T: (0 21 04) 97 65 90, (01 72) 9 51 46 29. **Laufb:** Sol Dt Op am Rhein Düsseldorf-Duisburg. (Red)

Vila, Gerardo, Prof, Klavier; Neufeldstr 27d, CH-3012 Bern, T: 03 13 01 84 04, F: 03 13 01 84 04, *gvila@freesurf.ch*; c/o Konzert Agentur Suzanne Gfeller, Homelstr 3, CH-4114 Hofstetten, T: 06 17 33 03 73, F: 06 17 33 03 74, *gfeller@konzert.ch* [Buenos Aires 3.8.1964]. Klavierliteratur, lateinam Komponisten (A Piazzolla) **Ausb:** Stud Cons Nac de música 'Carlos López Buchardo' Buenos Aires 72–84, (M Tipo) Cons de Genève 85–88, (Mstrkl K Engel) Kons f M Bern 88–90. **Laufb:** rege KonzTätigkeit in Europa, USA, Südamerika, z B Sol m Orch de la Suisse Romande Genf 88, m Orquesta 'Ciutat de Barcelona' Palau-Barcelona 90, Sol Fstv Bratislava 92, Sol m Dresdner Philh Orch Interlaken/Schweiz 93, m Orch de Chambre de Lausanne Martigny/Schweiz 99, m Berner SymphOrch Bern 03. **Pr:** Profesor superior nacional, 1. Pr de virtuosité avec distinction Genève; 2. pr 'Alessandro Casagrande' Concorso Int di Pianoforte Terni/Italien 88, 1. Pr int KlWettb 'Maria Canals' Barcelona 89, 2. Pr world piano comp Cincinnati/USA 89, Ausz als 'Miembro Invitado del Consejo Argentino de la Música' UNESCO 2000. **Ens:** Sterntrio. **Mitgl:** Schweizer Musikpäd Verband, Schweizer Musikerverband. – **Aufn/RF:** K Engel/G Vila: Piano à deux et à quatre mains (Schubert, Mozart, Beethoven), Radio Suisse Romande E2 96; G Vila: Piano Music (Bach, Liszt, Piazzolla, Ginastera) 98; Beethoven: 4. KlKonz, Orch de Chambre de Lausanne, Dgt: Ch Arming, Radio Suisse Romande E2 99; Rezital KlM aus Lateinamerika (Villa-Lobos, Guastavino, Ginastera), Berner Studiokonzerte, DRS 2 01; Medtner: 2. KlKonz, Berner SymphOrch, Dgt: C Kalmar, DRS 03; CD: A Piazzolla: Tango 3 01. **UA:** Schweizer EA: O

Messiaen: 'Reveil des oiseaux' m Berner SymphOrch, Dgt: F Cramer, Bern 91; N Medtner: 2. KlKonz, m Berner SymphOrch, Dgt: C Kalmar, Bern 03.

Villa, Eduardo, Tenor; c/o Konzert-Direktion Zagovec, Hans-Böckler-Str 23, D-65468 Trebur-Astheim, T: (06147) 919660, F: 919662, *agentur@zagovec-artists.de*; *www.zagovec-artists.de*. **Laufb:** Sol Bayer Staatsop München. (Red)

Villar, German, Sänger; c/o Stadttheater Gießen, Berliner Pl, D-35390 Gießen, PF 111128, D-25256 Gießen. **Laufb:** Sol Stadtth Gießen seit SpZ 03/04. (Red)

Villaret, Claude, Dirigent; Seefeldstr 73, CH-8008 Zürich, F: 013810921, *cvillaret@datacomm.ch* [30.5.1960]. Op, Symphonik **Ausb:** Dirig (W Hügler) 91–94. **Laufb:** Teatro Colon Argentinien, Südamerikan Jugendorch, New Opera (7 Todsünden 90, Don Giovanni 97, Trouble in Tahiti 99). **Pr:** MAkad Biel 94. – **Sonst:** Grdg New Opera.

Villarosa, Emanuel di, Sänger; Randsman Artists Management, 400 West 43rd Street, Suite 18E, New York, NY 10036, U.S.A., *emmanuel@divillarosa.com*; *www.divillarosa.com* [New York]. **Laufb:** Sol Staatstheater Stuttgart, Sol Landesth Linz. (Red)

Villavert, Rico, Sänger; c/o Theater St. Gallen, Museumstr 1/24, CH-9004 St Gallen. **Laufb:** Sol Th St. Gallen seit SpZ 03/04. (Red)

Villazon, Rolando, Tenor; c/o Deutsche Staatsoper, Unter den Linden 7, D-10117 Berlin, PF 354, D-10109 Berlin; c/o Columbia Artists Management Inc, 165 West 57th St, New York, NY 10019–2276, U.S.A., T: (212) 8419545, F: 8419687, *kbenson@cami.com*. **Ausb:** Mitgl OpStudio Pittsburgh, Mitgl Merola Opstudio San Francisco Op, Mstrkse b J Sutherland. **Laufb:** Gastsol Op Genua, Op Bastille Paris, Teatro dell'Opera Rom, Opéra nat de Lyon, Op de Nice, NY City Op, Met Op, Royal Op Covent Garden, San Francisco Op, Los Angeles Op, Hamburgische Staatsop, Op Pittsburgh, Sol Bayer Staatsop München 03/04, Dt Op Berlin, Gastsol Dt Staatsop Berlin 2000/01 u 03/05, Bregenzer FSp, Salzburger FSp 05. **Pr:** 2. Pr Plácido Domingo 'Operalia' Wettb u 1. Pr (Kat Zarzuela) u Publikumspr 99, Echo-Pr 05. (Red)

Villebois, Elisabeth, Sängerin; Flurstr 16, D-24939 Flensburg, T: (0461) 5008521; Schleswig-Holstein Landestheater, Lollfuß 53, D-24837 Schleswig. **Laufb:** Sol Schleswig-Holstein Landesth SpZ 03/04. (Red)

Villiers, David de, Prof, Hochschullehrer, Dirigent; Bergische Str 49, D-42579 Heiligenhaus, T: (02056) 255218, F: 5859718, *davdev@web.de*; FolkwangHochschule, Klemensborn 39, D-54239 Essen, T: (0201) 4903142 [Kapstadt, Südafrika 1944]. **Ausb:** Stud Südafrika, Dtschld. **Laufb:** GMD Stadtth Gießen 91–97, Prof (Orch, Dirig) Folkwang-H Essen seit 98, Ltg H-Orch H f M u Th Hamburg seit 2001, Chefdir RSO Radiotele Slovenia Ljubljana 03. (Red)

Villiger, Edwin, Dirigent; Sonnmattstr 18, CH-8200 Schaffhausen, T: 0526257622. (Red)

Vilsmaier, Irmgard, Sängerin; c/o Wiener Staatsoper, Opernring 2, A-1010 Wien [4.4.1970]. Opern, Wagner, Strauss **Ausb:** Stud Berufsfachschule f M Plattling 86–87, Stud Fachakad f M Meistersingerkons Nürnberg 87–94, Abschl staatl MReifeprfg. **Laufb:** Sol Tiroler Ldsth, Salzburger FSp (Elektra, 4. Magd) 96, Mitgl Bayer Staatsop München 96–98, Niederländ Op Amsterdam (Walküre, Gerhilde; Götterdämmerung, 2. Norn) 99, Nationalth Mannheim (Venus u Adonis, Venus) 99, Tiroler Landesth (Hänsel u Gretel, Mutter; Rosenkavalier, Leitmetzerin) 00, Bayreuther FSp (Walküre, Gerhilde; Götterdämmerung, 2. Norn) 00 u 01, Tiroler Landesth (Tristan u Isolde, Brangäne) 01, Nationalth Weimar (Tannhäuser, Venus) 02–04, Bayer Staatsop München 02/04; Volksop Wien seit SpZ 03/04, Debüt Wiener Staatsop SpZ 04/05, GastSol Semperop Dresden SpZ 04/05, Sol Staatsop Hamburg SpZ 04/05. **Pr:** 1. Pr Sologes, Dr J E Drexel Pr 93, 2. Pr MeistersingerWettb Nürnberg 93, Förderpr Mozartfest Wettb Würzburg 91, 2. Pr vereinigte Freunde d Op Amsterdam 99.

Vilsmeier, Irmgard, Sängerin; c/o Bayerische Staatsoper, Brieffach, D-80075 München. (Red)

Vincent, Alexis, Violine, 1. Konzertmeister; c/o Stadttheater Bern, Nägeligasse 1, CH-3000 Bern 7, T: 0241152880; c/o Theater Aachen, D-52062 Aachen. **Laufb:** 1. Konzm SinfOrch Aachen, Stadtth Bern SpZ 04/05. (Red)

Vincent, Paul *siehe* Gunia, Paul Vincent

Vincken, Anja, Sängerin (Sopran); Sandstr 36, D-64283 Darmstadt, T: (06151) 2739611, (0170) 1862026; c/o Oper Bonn, Am Boeselagerhof 1, D-53111 Bonn [Niederlande]. **Ausb:** Gesang (B Degelin) MH Maastricht. **Laufb:** Sol Staatsth Kassel (Zauberflöte, Pamina; Don Giovanni, Donna Elvira; Le Nozze di Figaro, Gräfin; Falstaff, Alice Ford; Gianni Schicchi, Lauretta; Meistersinger v Nürnberg, Eva), Th Aachen, MTh Essen SpZ 03/05, Op Bonn seit SpZ 97/98 (03/04), Gastsol Staatsth Kassel SpZ 00/01; Konz ua A Berg: Sieben frühe Lieder, Ltg M Piolett, Philharmonie Berlin, Sol Staatsth Darmstadt SpZ 04/05. **Pr:** Prtr Königin Elisabeth Wettb Brüssel 96.

Vinçon, Horst, Sänger; c/o Bühnen der Stadt Köln – Opernhaus, PF 101061, D-50450 Köln. (Red)

Vincze, Istvan, Prof, Hochschullehrer, Horn; Loschwitzer Str 7, D-01309 Dresden, T: (0351) 3100980, F: 3100980; H f Musik, PF 120039, D-01001 Dresden. **Ausb:** Stud 'Liszt Ferenc' MAkad Budapest, H f M 'Franz Liszt' Weimar. **Laufb:** Hn Ungar NatPhilh 69–71, Sol Jenaer Philh 71–73, Staatskap Weimar 73–76, Sächs Staatskap Dresden seit 76; HonProf (Hn) H f M Carl Maria v Weber Dresden seit 93. (Red)

Vincze, Uta, Prof, Hochschullehrerin, Viola; Loschwitzer Str 7, D-01309 Dresden, T: (0351) 3100980, F: 3100980; H f Musik, PF 120039, D-01001 Dresden. **Ausb:** Stud Va (Prof H-W Gerhardt), KamM (Prof F Ehlers) Weimar; Aspirantur b Prof P Lukács MAkad Budapest. **Laufb:** L MH Weimar seit 71, Sol KamOrch Weimar, Doz H f M Carl Maria v Weber Dresden seit 77, Mitgl Ständige Jury V/Va (f ostdt MHs) seit 86, Prof (Va) H f M Carl Maria v Weber seit 93, Juror b 'Jugend musiziert' (Landes- u Bundesebene), Mitgl Auswahlkommission DAAD Bonn; Künstl Dir SpezialSch f M Dresden seit 2000. **Ens:** Mitbegrdg Spohr-Nonett Weimar, Mitgl Dresdner KamOrch seit 78, 'Streicherconsortium Dresden' 89–95. (Red)

Vinke, Stefan, Sänger (Tenor); Mozartstr 19, D-55595 Hargesheim, T: (0671) 4831947, (0171) 5302954, *s.vinke@t-online.de*; c/o Oper Leipzig, Augustuspl 12, D-04109 Leipzig; *www.stefan-vinke.com* [Osnabrück]. **Ausb:** Stud KiM, Gesang (E Moser) Köln, (E Kohn). **Laufb:** Eng (lyr u Spielpartien) Staatsth Karlsruhe 93, Th Krefeld Mönchengladbach 95, Nationalth Mannheim SpZ 99/04, SpZ 01/02, Th Erfurt SpZ 03/04, Op Leipzig 05/06; Gastsp ab 2000: Halle, Graz, St Gallen u Schwerin, Darmstadt, Wiesbaden, Schwetzingen, Straßburg, Philadelphia, Saarbrücken, Köln; Konz: Hamb MHalle (Buch m 7 Siegeln), Alte Op Frankfurt 2001 (Beethoven IX).

Vintschger, Jürg von, Prof, Hochschullehrer, Klavier; Univ f Musik u Darst Kunst, Inst f Tasteninstrumente, Lothringerstr 18, A-1030 Wien, T: (01) 711552200, *vintgschger@mdw.ac.at* [St Gallen, Schweiz]. **Ausb:** Stud Akad f M u darst K Wien b B Seidlhofer. **Laufb:** Konz in Europa u Amerika, Kl-Duo m Isabel v Vintschger, Mstrkse, Lt Konz-Ausbildungsklasse MH Zürich 71, Gastprof seit 86, o UProf U f Musik u Darst Kunst Wien seit 90. **Pr:** Josef-Pembaur-Pr 54. – **Aufn/RF:** ua gesamtes Kl-Werk v Schönberg u Honegger, sämtl vierhänd Werke v Mozart, kompl Werke f 2 Kl v Busoni u Reger.

Virgens, Mauricio Santos, Sänger; c/o Junge Kammeroper Köln, Florastr 93, D-50733 Köln. (Red)

Virovlansky, Anna, Sopran; Theater, Am Boeselagerhof 1, D-53111 Bonn. **Ausb:** Stud Ges (A. Massini, N. Herstick, S. Poretzky) Rubin Akad Jerusalem, Mstrks b T. McCaffrey, J. Dornemann, G. Maresta, D. Etinger u G. Bertini. **Laufb:** Sol Th Bonn 03/04. **Pr:** Gew Spring Voices Wettb in Israel 03, 4. Pr „Neue Stimmen"-Wettb in Gütersloh 03, Pr d „Professional Assoc of Opera Directors" b Belvedere Wettb in Wien 04. (Red)

Visca, Claudia, Prof, Sängerin, Hochschullehrerin; Aßmayerg 22, A-1120 Wien, T: (01) 8170480; Univ f Musik u Darst Kunst, Inst f Gesang u Musiktheater, Penzingerstr 7, A-1140 Wien [New York]. **Ausb:** GesAusb am 'Curtis Institute' in Philadelphia, Fulbright-Stip Wien. **Laufb:** 30-jährige Bühnenkarriere, Gastsp in mehr als 25 Opernhäusern in Europa, ua Amsterdam, Berlin, Köln, Genf, München, Wien u Zürich; 75 Opern-, Optten- u Musical-Rollen in rund 200 Vorstellungen, zahlr KamMAuftr, ua zusammen m Leonard Bernstein, Eugene Ormandy, Istvan Ertesz, Rudolf Serkin, Yo Yo Ma, Mitgl d Guaneri Qua, Sandor Vegh, Bruno Canino, Salvatore Accardo, Das Rom StrQua, Jean-Pierre Rampal, José Carreras, Plácido Domingo, Prof f Ges an der Wiener MusikU u H f M Köln, Doz b Mstrks f Ges u Interpr. (Red)

Visse, Dominique, Sänger; c/o Bayerische Staatsoper, Brieffach, D-80075 München. **Laufb:** Sol Bayer Staatsop München, Gastsol Dt Staatsop Berlin SpZ 03/04. (Red)

Vitale, Caroline, Sängerin (Mezzosopran); c/o Staatstheater Mainz, Gutenbergpl 7, D-55116 Mainz, T: (06131) 832417; c/o Luzerner Theater, Theaterstr 2, CH-6002 Luzern [Schweiz]. **Ausb:** Stud Schulmusik u Gesang in Luzern, Int OpStudio am OpHaus Zürich, Mstrkr b Hilde Zadek, Udo Reinemann u Giovanna Canetti. **Laufb:** Eng Th Trier 96–98, Sol Staatsth Mainz seit 98/99, Gasteng Pfalzth Kaiserslautern u Luzerner Th seit SpZ 03/04. **Pr:** Gewinnerin d Studienpr f Gesang d Ernst-Göhner-Stift u d Migros Genossenschaftsbundes Schweiz 91/93, 1. Pr Int Gesangswettb 'Toti dal Monte' in Treviso 94. (*)

Vitkova, Lea, Sopran; c/o Les Menestrels, ensemble für alte musik; Dr Michel u Klaus Walter, Laudongasse 25/6, A-1080 Wien, T: (01) 408274414, F: 408274422, *music@menestrels.at*; *www.menestrels.at*. **Ens:** Les Menestrels (ens f alte m).

Vitlin, Alexander, Prof, Hochschullehrer, Klavier, Dirigent; H für Musik 'Hanns Eisler', Charlottenstr 55, D-10117 Berlin, *royalpianiste@aol.com* [St Petersburg]. **Ausb:** Begabtenschule d H f M 'Rimsky-Korsakoff' Leningrad, Teiln Sem (H v Karajan) Leningrader Philh 68, Ausb Dirig ab 69, Lt Schulorch u -chor, Stud Kl (I Mussin, V Nielssen) H f M 'Rimsky-Korsakoff' Leningrad 74–79. **Laufb:** Doz (Dirig, Kl) H f M Krassnojarsk 81–85, GMD Städt Bühnen Chabarovsk bis 88, GMD Staatsth Irkutsk 88–90, Doz (Kl, Korrep) MH Tel-Aviv 90, MH Jerusalem 90, MAss Kom Op Berlin 92, regelm Gastdgt Mittelsächs Th u Philh 93–95, Prof (Korrep) H f M 'Hanns Eisler' Berlin 94. **Pr:** Prtr all-russ KlWettb 77, Prtr all-russ Dgt-Wettb 82. (Red)

Vittucci, Sebastian, Mag, Prof, Hochschullehrer, Gesang; Titlgasse 12, A-1130 Wien, T: (01) 8766810; Univ f Musik u Darst Kunst, Inst f Gesang u Musiktheater, Penzingerstr 7, A-1140 Wien. **Ausb:** Bachelor of Music Education, Stud (Musikpäd) Eastman School of Music U Rochester 77, Dipl (Lied u Orat) Wiener H f M u darst Kunst b Anton Dermota u Roman Ortner 84, Master of Music (Sologes) Musikschule d U Michigan Ann Arbor 86, Abschluss als Lehrer Int Feldenkrais-Ausb in Wien 95, Magister Artium (Lied u Orat) MusikU Wien 01. **Laufb:** Doz f Stimmbildung b versch Kursen im In- u Ausland, Gesangspädagoge Tanz/Gesang-Studio Vereinigte Bühnen Wien 88–93, LAuftrag (künstl Einzelunterr Ges) H f M u Darst Kunst Wien, Abt Musikpäd 91–01, Gesangspäd Kons Wien, Abt Ges seit 92, auch Abt Musikal Unterhaltungsth seit 94, AbtLt (Sologes, Lied u Orat) Kons Wien seit 95, zusätzl Lehrer (Atemtechnik – Feldenkrais f Sänger) seit 96, Initiator u Hauptorganisator d Projekts 'Gesangstag d offenen Tür' am Kons Wien zur rechtzeitigen Erfassung d begabten österr Sängernachwuchses 98–01, Prof (Sologes) U f Musik u Darst Kunst Wien seit 01. (Red)

Vitu, Fritz, KS, Bass; Rostocker Str 37, D-26121 Oldenburg, T: (04 41) 88 36 18 [Wien]. **Laufb:** Eng Th Ulm 63, Ens Staatsth Oldenburg seit 69, Sol Optte Düsseldorf 03–05. (Red)

Vizin, Viktoria, Sängerin; c/o Künstleragentur Hollaender-Calix, Grinzinger Allee 46/2, A-1190 Wien, T: (01) 3 20 53 17, 3 28 47 33, F: 3 20 53 17, *office.hollaender-calix@chello.at*; *www.viktoriavizin.com* [Kecskemet, Ungarn]. **Ausb:** Franz Liszt Cons Szeged. **Laufb:** Gastsol Bad Staatsth Karlsruhe SpZ 00/01, GastSol Dt Op am Rhein Carmen 2003, GastSol Central Opera 2003, Dallas Op, Pittsburgh Op, Santa Fe Op 2004, Sol MTh Essen SpZ 03/04, Sol Dt Op am Rhein Düsseldorf-Duisburg SpZ 04/05. **Pr:** 1. Pr Int GesWettb 'Nicolae Bretan' Cluj-Napoca, 2. Pr GesWettb Budapest. (Red)

Vladar, Horst, Regisseur, Sänger, Schauspieler, Künstlerischer Leiter; c/o Neuburger Kammeroper eV, Drususstr 9, D-53111 Bonn, *Vladar@t-online.de*; *www.neuburger-kammeroper.de* [Odrau 1941]. **Ausb:** Stud (Waldhn, Ges) Kons Augsburg 58–66. **Laufb:** Sol (Bassbuffo) Stadtth St Gallen 66–67, Raimundth Wien 67–69, Th Ulm 69–70, Städt Bühnen Dortmund 70–74, Sol (Bassbuffo) u Regisseur Landesth Coburg 74–78, ObSpiellt MTh u Sol (Bassbuffo) Th Trier 78–82, Gastregisseur Th Osnabrück, Pforzheim 82–86, Regisseur, Schausp, Sol (Bassbuffo) Th Lüneburg 86–97, freischaff als Regisseur, Schauspieler u Sol (Bassbuffo) seit 97, Regisseur, Sänger, künstl Lt Neuburger KamOp seit 69. – **Sonst:** Grdg Neuburger KamOp 69.

Vladar, Stefan, Prof, Klavier, Dirigent; Univ f Musik u Darstellende Kunst, Inst f Tastenintrumente, Lothringerstr 18, A-1030 Wien, T: (01) 7 11 55 22 00, F: 7 11 55, *office@stefanvladar.com*; c/o PRIMUSIC Konzert- und Musiktheaterproduktionen GmbH, Herrengasse 6–8/2/22, A-1010 Wien, T: (01) 5 32 71 24, F: 5 32 71 40, *office@primusic.at*; *www.stefanvladar.com* [Wien 1965]. Tasteninstrumente **Ausb:** Stud (R Kramer-Preisenhammer, H Petermandl) MH Wien. **Laufb:** Konz ua Amsterdam, Berlin, Brüssel, Hongkong, London, Mailand, Mexico City, München, New York, Paris, Wiener Philh, Wiener Symph, Concertgebouworch Amsterdam, Rotterdamer Philh, Chicago Symph Orch, Acad of St Martin-in-the-Fields, Camerata Academica Salzburg, Tonhalle Orch Zürich, Bayer Staatsorch, NHK Symph Orch Tokyo, Chamber Orch of Europe, Gast Salzburger FSp, Mozartwoche, Ravinia, Schleswig-Holsteinfstv, künstl Lt 'Neuberger Kulturtage' seit 88, künstl Ltg 'Oberösterr Stiftskonz' 99, Dgt, spielte u dirig zykl Auff Beethoven-KlKonz Wien u München 96, Konz m Wiener KamOrch, Budapester KonzOrch, Württemberg Philh, Haydn-Orch Bozen, Dgt Brahms: 'dt Requiem', m Wiener Symph u Wiener Singverein 97 u Lt Neueinstud v Mozart: 'La clemenza di Tito', Stadtth Klagenfurt 99, o UProf U f Musik u Darst Kunst Wien seit 99. **Pr:** Int Beethoven-KlWettb 85. – **Aufn/RF:** Mozart: Klavierkonzerte, m Acad of St Martin-in-the-Fields, Dgt: Sir N Marriner; zahlr Solo- u KamMEinsp. **Sonst:** Neuberger Kulturtage, Oberösterr Stiftskonzerte.

Vlatkovic, Radovan, Prof, Hochschullehrer, Horn; Bachbauernweg 4, A-5026 Elsbethen; Univ Mozarteum, Abt f Blas- u Schlaginstrumente, Schrannengasse 10a, A-5020 Salzburg, T: (06 62) 6 19 80, F: 61 98 30 33; *www.buchmann.at*. **Laufb:** UProf (Hn) U Mozarteum Salzburg. (Red)

Vöckel, Ilonka, Sängerin; Lederergasse 2, D-93047 Regensburg, T: (09 41) 5 84 07 46. **Laufb:** Sol Th Regensburg u Coburger Sommer-Optte SpZ 03/04. (Red)

Voegelin, Fritz, Komponist, Dirigent; Rosenbergstr 64, CH-9000 St Gallen, T: 07 12 23 27 02, F: 07 12 23 27 02, *leon.vargas@tele2.ch* [Zürich 19.9.1943]. **Ausb:** Dipl (V) Kons Bern, Dipl (Kapm) MAkad Basel, Komp (K Huber, R Suter), Dirig (H Swarowsky) Wien. **Laufb:** Grd u Dgt Orch de Chambre de Fribourg, Chefdgt Orch de la Ville et de l'U de Fribourg, Gastdgt schweizer SinfOrch Bern, Basel, Lugano, künstl Dir en Résidence Landeskons Kolumbien 84, Chefdgt Orquesta Sinfonica de Antioqui 88, Prof (Dirig) U Antioquia, Gastdgt NatOrch Kolumbien u Natphilharmonie Venezuela. **Pr:** viele nat u int Pr. – **Komp:** zuletzt: Acercamiento (Annäherung) (f Perk, Orgel, V) 2000; Sonett an O (f Englhn, Bassklar, Pos) 2000; Bolero (f Orgel) 2000. (*)

Völker-Zabka, Anke, Dipl-MWiss, Konzertdramaturgin; c/o Theater & Orchester GmbH Neubrandenburg/Neustrelitz, Neubrandenburger Philharmonie, Pfaffenstr 22, D-17033 Neubrandenburg, T: (03 95) 5 69 98 37, F: 5 82 61 79, *Voelker-Zabka@Landestheater-Mecklenburg.de*. Konzertrepertoire 19./20. Jh **Ausb:** Uni Leipzig. **Laufb:** KonzDram Neubrandenburger Philh seit 90, Dram Th u Orch Neubrandenburg/Neustrelitz SpZ 03/04. **Pr:** Publ z F Benda, z Neubrandenburger MGeschichte.

Völker, Toni, Hochschullehrer; Akad f Tonkunst, Ludwigshöhstr 120, D-64285 Darmstadt. **Laufb:** Doz (MWiss, Instrkde, Tonsatz, Gehörbildung, Komp, Neue Musik) Akad f Tonkunst Darmstadt. (Red)

Völkl, Helmut, Dr, Hochschullehrer; Böheimstr 47A, D-70199 Stuttgart, T: (07 11) 6 40 00 69, F: 6 40 00 69. **Laufb:** Doz (MWiss, Grundlagenwiss) H f KiM Tübingen, LBeauftr Staatl H f M u Darst Kunst Stuttgart, Orgelsachverständiger Ev Ldeskirche in Württemberg. (Red)

Völkl, Walter, Prof, Komponist; Reisenbauerring 3/2, A-2351 Wiener Neudorf, T: (0 22 36) 4 83 35. (Red)

Vogel, Eva, Sängerin; c/o Bühnen der Stadt Köln – Opernstudio, PF 101061, D-50450 Köln. **Laufb:** Gastsol Elysium between two continents München SpZ 00–03, Sol Allee MTh Hamburg 03, Op Köln (Opstudio). (Red)

Vogel, Gerd, Sänger (Bariton); Carl-von-Ossietzky-Str 13, D-06114 Halle, T: (03 45) 5 22 35 64 [Leipzig 12.12.1961]. Oper **Ausb:** Stud Gesang (R Riemer) MH Leipzig 82–88. **Laufb:** EnsMitgl Op Halle seit 88.

Vogel, Harald, Prof, Hochschullehrer, Orgel; Am Günnemoor 17, D-27711 Osterholz-Scharmbeck, T: (0 47 96) 12 80; Hochschule f Künste, FB Musik, Dechanatstr 13–15, D-28195 Bremen [1941]. **Laufb:** Dir Norddt Orgelakad, Prof (Orgel) H f Künste Bremen 94. (Red)

Vogel, Holm, Prof, Hochschullehrer; Schachtstr 4, D-04155 Leipzig, T: (03 41) 3 01 20 05; Evang H f Kirchenmusik, Kleine Ulrichstr 35, D-06108 Halle. **Ausb:** Stud (Köbler, J. Weyrauch, K. Zieschang) MH Leipzig, Stud b H. Walcha. **Laufb:** Organist u Kantor Paul-Gerhardt-Kirche Leipzig 87–2000, Auferstehungsgemeinde Leipzig 2000, Prof (Org) H f M Felix Mendelssohn Bartholdy Leipzig. (Red)

Vogel, Katharina, Violine; c/o MDR Sinfonieorchester, Augustuspl 9a, D-04109 Leipzig. **Laufb:** stv Stimmführerin MDR SinfOrch Leipzig. (Red)

Vogel, Martin Christian, Prof, Hochschullehrer, Sänger; Michaelstr 9, D-32756 Detmold, T: (0 52 31) 3 82 31, *martin.christian.vogel@planet-interkom.de*; Hochschule f Musik, Neustadt 22, D-32756 Detmold, T: (0 52 31) 97 56 01, *rektor@hfm-detmold.de*. **Laufb:** Prof (Ges) u Rektor H f M Detmold. (Red)

Vogel, Matthias, Sänger; rue du Souvenir 17, F-66250 St-Laurent-de-la-Salanque. (*)

Vogel, Michael, Kapellmeister; c/o Badisches Staatstheater, Baumeisterstr 11, D-76137 Karlsruhe. **Laufb:** Stellv Chordir u Kapm Bad Staatsth Karlsruhe. (*)

Vogel, Siegfried, KS, Sänger; c/o Deutsche Staatsoper, Unter den Linden 7, D-10117 Berlin, PF 354, D-10109 Berlin. **Laufb:** Sol Dt Staatsop Berlin, Kom Op Berlin, Sächs Staatsop Dresden, Gast-Sol Städt Th Chemnitz SpZ 00/01 u 04/05, Gastsol Dt Staatsop Berlin SpZ 04/05. (Red)

Vogel, Ulrich, Prof, Hochschullehrer, Opernkorrepetitor; Virchowstr 134a, D-04157 Leipzig, T: (03 41) 9 11 05 66; H f Musik 'Franz Liszt', PF2552, D-99406 Weimar [18.1.1962]. **Ausb:** Stud (Dirigieren, Kl, Komp) H f M Leipzig. **Laufb:** 1. Kapm Opernhaus Leipzig seit 88, freischaff Dirigent und Pianist seit 94, Prof (OpKorr) H f M 'Franz Liszt' Weimar 03. (Red)

Vogel, Volker, Tenor; c/o Opernhaus Zürich, Falkenstr 1, CH-8008 Zürich, T: 0 12 68 64 00; c/o Artists Management Zürich, Rütistr 52, CH-8044 Zürich, T: 04 48 21 89 57, F: 8 21 01 27; *www.opernhaus.ch* [Karlsruhe]. **Ausb:** Stud H f M u Th Hannover. **Laufb:** Regieass Niedersächs Staatsth Hannover, Regisseur, Sänger u Schauspieler in Hildesheim, Tenorbuffo in Dortmund, Freiburg u ad Volksoper Wien, Sol Op Zürich seit 91/92. (Red)

Vogl, Albert, DI, Komponist; Währinger Gürtel 137/16, A-1180 Wien, T: (01) 4 78 26 42. (Red)

Vogl, Willi, Komponist; c/o Int MERZ Gesellschaft, Karl-Liebknecht-Str 20, D-06114 Halle, T: (0 84 50) 88 23, (03 45) 5 25 05 20, *Merz-GbR@gmx.de* [Bayern 3.12.1961]. **Ausb:** Klar (H Deinzer), Komp (A Koerpen) MH Hannover, MusikLdipl 67, künstl Reifeprfg (Klar) 89, Dipl (Komp), Komp (H Winbeck) Würzburg 90/91. **Laufb:** L (MTheorie, Gehörbildung, Komp, KamM) Landesgymnasium Latina Halle seit 92, LAuftrag Ev H f KiM Halle seit 96. **Pr:** div Pr als Klar (ua KamMWettb Lions-Club Ingolstadt, BWettb 'Jugend musiziert', HWettb Hannover) 81–96, Stip 'Int Ferienkse f Neue Musik Darmstadt' 88; Förderung durch 'Forum junger dt Komp Berlin' 88; Nachwuchsstip u Arbeitsstip Niedersächs Min f Wiss u Kunst 91; Förderung Stift Niedersächs Volksbanken u Raiffeisenbanken 91; Förderung Stift Bayr Kulturfonds 93, Arbeitsstip d Landes Sachsen-Anhalt 95. **Mitgl:** Komponistenverband, GEMA, Gesell f Musiktheorie. – **Komp:** Farbspiegel (Zyklus f Sop u Orch) 87, UA Hannover, Orch d MH Hans-Herbert Jöris, S Paßow 89; Der Kessel d Weisheit (kelt Tanzepos) 88/89, UA Hannover, P Kuhn 89 (Auftr: Scharnierth Hannover); Max u Moritz 90 (Auftr: W-Busch-Ges); Vier Kabarettlieder nach Texten v Friedhelm Kändler (Gesang u Kl) 90/91, UA Hannover, G Wagner, T Gäbel 96; StrQua I, UA StrQua Georg KamOrch 91 (Auftr: Kulturamt d Stadt Ingolstadt); Lebendige Forellensauce überlaut; Veilchen Rumann ins Kastens Kurhaus Luisenhof (KamM) 91, UA Hannover, Musica-Viva-Ens 91; DRIO f V, Vcl u Kl 93, UA Lingen, A Klaua, T Dörrie, M Grabow 93 (Auftr: Landesmusikrat Niedersachsen); Palindrom f Kl 93/94, UA Leipzig, T Rank 93; Musik f BlQui, UA Roseau-Qui 96 (Auftr: Land Sachsen-Anhalt); Schubert-Landschaft (Klar u Orch) 98, UA Halle, Orch d Op, W Meyer 98 (Auftr: Stift Kulturfonds); Neues Werk f Orch, UA Dgt: R Kluttig 01 (Auftr: Sinf Sommer Riedenburg, F Hummel), Fritz Brat Händel Intermezzo (Klar u Tb) UA Halle 03; Scheene Neie Musik (f gem Ch acapella) UA Halle 05. **Aufn/RF:** 'Judicium Paridis' (Ob Solo), R Rodriguez 94; 'Farbspiegel, -Drio-, Plastmassa, Vokalise, Palindrom, Vier Kabarettlieder' 95; 'W V – Berührte Landschaft' 95; Geburtstag II 99; 'Momentaufnahmen – Auf d Weg z Meisterschaft' 99. **Sonst:** Porträt-CD 'Berührte Landschaft' Thorofon CTH 2340, Ortus-Musikverlag, Verlag Neue Musik Berlin.

Vogler, Jan, Violoncello; c/o PR2 classic, Kreuznacher Str 63, D-50968 Köln, T: (02 21) 38 10 63, F: 38 39 55, *office@pr2classic.de, JRVogler@aol.com*; *www.pr2classic.de, www.janvogler.com* [Berlin 18.2.1964]. dt Repertoire **Ausb:** Stud Vcl (P Vogler, J Schwab) Berlin, (H Schiff) Basel. **Laufb:** 1. Vcl u Sol Staatskap Dresden 84–97, künstl Ltg KamM-Fstv Schloss Moritzburg u Meisterkonz Schloss Albrechtsberg Dresden, Gastsol Ottawa-Fstv, Europ Wochen Passau, MWoche Hitzacker, Kneisel Hall Fstv Maine/USA, Debut New Yorker Philh 05, gemeins Konz z Wiedereröffnung d Dresdbner Frauenkirche. **Pr:** Echo classic 02. **Ens:** Duos m B Canino, A Lucchesini, L Lortie u M Wang. – **Aufn/RF:** A. Dvořák: Cellokonz, Lieder; S. C. Foster: Lieder; R. Strauss: Don Quixote u Romanze, Sächs Staatskap Dresden; S. Barber: Cellokonz; E. W. Korngold: Cellokonz; J. Bürger: Adagio, RSO Saarbrücken. **Zug:** J Widmann: 'Dunkle Saiten' (Konz f Vcl), UA EXPO 2000.

Vogler, Kai, Violine, Konzertmeister; Friedrich-Hegel-Str 9, D-01187 Dresden, T: (03 51) 4 03 17 38; c/o Sächsische Staatsoper, Theaterpl 2, D-01067 Dresden. **Laufb:** 1. Konzm Sächs Staatskapelle Dresden (04/05). (Red)

Vogler, Michael, Prof, Hochschullehrer, Violine; Oderberger Str 48, D-10435 Berlin, T: (0 30) 4 48 83 44, F: (0 30) 43 73 55 40, *michvogler@gmx.de*; H f Musik 'Hanns Eisler', Charlottenstr 55, D-10117 Berlin, *vogler_michael@hfm.in-berlin.de* [Leipzig]. Violinliteratur, Kammermusik **Ausb:** Stud (V) MH 'Felix Mendelssohn Bartholdy' Leipzig. **Laufb:** OrchEng Kom Op Berlin, Konz Sol u KamM, Tourneen m Camerata musica in Europa, Amerika, InstrUnterr H f M 'Hanns Eisler' Berlin 69, LBeauftr (Methodik d VSpiels, Lehrpraxis) ebd, Organisation v Weiterbildungsveranst f Berliner MSch, Vorträge u Unterr ESTA Dtschld, Dänemark, England, Schweiz, Prof (V u Lehrpraxis) H f M 'Hanns Eisler' Berlin seit 92, Prorektor seit 01. **Ens:** Orch Kom Op Berlin, Camerata musica.

Vogler, Peter, Prof, Hochschullehrer; Bahnhofstr 47, D-13125 Berlin, T: (0 30) 9 43 03 94, *mail@petervogler.de*; *www.petervogler.de* [Stahmeln 30.4.1937]. **Ausb:** Stud Cello (A Eichhorn) MH Leipzig 55–61. **Laufb:** Th Chemnitz 61–62, Kom Op Berlin 62–95, stellv Solocellist ebd 70–95, LBeauftr (Vcl) H f M 'Hanns Eisler' Berlin seit 72, Prof seit 91.

Vogt, Erwin, Sänger; c/o Städtische Bühnen, Domhof 10–11, D-49074 Osnabrück. **Laufb:** Gastsol Städt Bühnen Osnabrück. (*)

Vogt, Gerhard, Verleger, Musikpädagoge; c/o Musikverlag Vogt & Fritz, Inh Elke Tober-Vogt, Friedrich-Stein-Str 10, D-97421 Schweinfurt, T: (0 97 21) 2 01 90 10, F: 2 01 90 15, *vogtfritz@t-online.de*; *www.vogtundfritz.de* [1942]. **Laufb:** L (M) Schweinfurt. **Pr:** Verdienstkreuz 1. Kl. – **Sonst:** Grdg Verlag Vogt & Fritz 73. (Red)

Vogt, Klaus Florian, Sänger; c/o Sächsische Staatsoper, Theaterpl 2, D-01067 Dresden; c/o Bühnen der Stadt Köln – Opernhaus, PF 101061, D-50450 Köln. **Laufb:** Sol Sächs Staatsop Dresden 00/05, Gastsol Th Regensburg SpZ 00/01, Bremer Theater SpZ 02/05, Kom Op Berlin SpZ 04/05, Staatsop Hamburg SpZ 04/05, Op Köln. (Red)

Vogt, Lars, Klavier; c/o Konzertdirektion Hans Ulrich Schmid, Königstr 36, D-30175 Hannover, PF 3409, D-30034 Hannover, T: (05 11) 3 66 07 60, 3 66 07 27, 3 66 07 69, F: 3 66 07 34, *ep@kdschmid.de, mail@kdschmid.de, lars@larsvogt.de*; *www.kdschmid.de, www.larsvogt.de* [1970]. **Laufb:** Sol Bamberg Symphoniker, Dt Symph Orch Berlin, Philharmon Orch Hamburg, Gewandhausorch Leipzig, Dresdner Staatskap, SinfOrch v WDR, HR, SDR, NDR, Beethoven-KlKonz m Gürzenich Orch Köln (J Conlon) 97/98, Gast Orch Nat de France, Oslo Philharmonic, London Philharmonic Orch, Royal Philharmonic Orch, Scottish Chamber Orch, Radio SymphOrch Wien, Philharmonia Orch London, KonzTournee durch Australien auf Einl d Australian Broadcasting Corporation, Gast d NHK Orch 98, Soloabende, KamM, ua Bad Kissingen, KlFstv Ruhr, Rheingau MFstv, Schubertiade, Salzburger FSp, ZusArb m K-M Bruckner: 'Dr Faustus', 'Eine Pilgerfahrt zu Beethoven'. **Pr:** 2. Pr Int Klavierwettb Leeds 90. – **Aufn/RF:** zahlr CDs, ua: Schumann: Klavierkonzerte; Grieg: Klavierkonzerte, m City of Birmingham Symph Orch, Dgt: Sir S Rattle; Beethoven: erste zwei Klavierkonzerte, Dgt: Sir S Rattle; Hindemith: Klavierkonz, m Berliner Philharmonikern, Dgt: C Abbado. **Sonst:** Grd KamMFstv 'Spannungen' Heimbach/Eifel. (Red)

Vogt, Rainer, Posaune; c/o music and arts Organisations GmbH & Co KG, Corsicaskamp 13, D-49076 Osnabrück, T: (05 41) 9 62 96 00, F: 96 29 60 50, *info@music-and-arts.de*; *www.music-and-arts.de*. **Laufb:** Pos Dt Sinf-Orch Berlin. **Ens:** NOMOS – Das Berliner Posaunenquartett.

Vogtel, Thomas, Violine; c/o Saarländisches Staatsorchester, Schillerpl 1, D-66111 Saarbrücken. **Laufb:** Stimmführer Saarl StaatsOrch. (Red)

Voigt, Alexander, Fagott; c/o Rundfunk-Sinfonieorchester Berlin, Charlottenstr 56, D-10117 Berlin. **Laufb:** Sol RF-SinfOrch Berlin. (Red)

Voigt, Alexander, Sänger; c/o Musikalische Komödie der Oper Leipzig, Dreilindenstr 30, D-04177 Leipzig. (*)

Voigt, Alexandra, Sängerin; Düsseldorfer Operette, Schlesische Str 94, D-40231 Düsseldorf. **Laufb:** Sol Düsseldorfer Optte. (Red)

Voigt, Christian, jugendlich-dramatischer Heldentenor; Märkische Str 19, D-15569 Woltersdorf, T: (0 33 62) 88 75 13, 01 72–6 35 86 82, F: 88 75 14, *christian.a.voigt@onlinehome.de*; c/o Artists Management Hartmut Haase, Aalgrund 8, D-31275 Lehrte, T: (0 51 75) 95 32 32, F: 95 32 33, *artists@t-online.de*; *www.christianvoigt-tenor.com*. Klassik u Romantik **Ausb:** Stud Ges (H Reeh, D Fischer-Dieskau) Berlin, Mstrkse b P Schreier, J Protschka, K Equiluz, W Rieger u R Kollo. **Laufb:** Sol Th Vorpommern Stralsund/Greifswald 97–99, freischaff tätig seit 99, Gastsol Staatsop Hannover 03, OpHaus Frankfurt a Main 04, Staatsop Izmir 05–07, Styriarte Graz, Strauss-FSp Garmisch-Partenkirchen, Dresdener MFSp, Schubertiade Feldkirch 97 u 98, Schwetzinger FSp 2000, Int Hugo-Wolf-Akad Stuttgart, Wiener Festwochen 01, Bad Hersfelder OpernFSp 02, SchlossFSp Zwingenberg 05; Konz u Liederabende ua in Österreich, Italien, Frankreich, Belgien, Dänemark, Polen, Estland, Ungarn, Dtld, Libanon, Türkei, Schweiz, Niederlande; ZusArb m Dgt: N Harnoncourt, H Rilling, Ph Herreweghe, M Schoenwandt, A Fischer, G Albrecht; ZusArb ua m d Chamber Orch of Europe, La Chapelle Royale, Staatskap Berlin, Bach-Collegium Stuttgart, Danish Radio Concert Orch. **Pr:** Prtr 6. Int Mozart-Wettb Salzburg 95, Stip d Studienstift d dt Volkes. – **Aufn/RF:** CDs: F Schubert/E Denisov: 'Lazarus', m Gächinger Kantorei, Bach-Collegium Stuttgart, unter d Ltg v H Rilling 96; Kunzen: 'Das Hallelujah d Schöpfung', m Danish Nat Radio Ch, Danish Radio Sinfonietta, unter d Ltg v P Marschik 98; R Schumann: 'Szenen aus Goethes Faust', m Collegium Vocale, La Chapelle Royale, RIAS-KamCh, Orchestre des Champs Elysees, unter d Ltg v Ph Herreweghe 98; A Schweitzer: 'Alceste' (Weltersteinsp), m Ch u Orch Th Erfurt, unter d Ltg v S E Wehr 02.

Voigt, Deborah, Sopran; c/o Theateragentur Dr Germinal Hilbert, Maximilianstr 22, D-80539 München, T: (0 89) 2 90 74 70, F: 29 07 47 90, *agentur@hilbert.de*; c/o Wiener Staatsoper, Opernring 2, A-1010 Wien; *www.hilbert.de* [Chicago 4.8.1960]. **Ausb:** Stud California State U, AusbProgramm San Francisco Op. **Laufb:** Auftritte San Francisco Op 86/87 ua, Chelsea Op Group (Don Giovanni, 'Elvira') 90, Op Boston (Ariadne auf Naxos, 'Ariadne') 91, Debüt Met Op New York (Ballo in maschera, 'Amelia') 91, Dass Op Köln 92 u Chicago Op 93, FSp Arena di Verona (Wilhelm Tell, 'Mathilde') 92, Mailänder Scala (Oberon, 'Rezia') 93, Op Rom (McBeth, 'Lady McBeth') 95, Staatsop Dresden (Frau ohne Schatten, ' Kaiserin') 96, Op Nat Paris, Covent Garden London, Salzburger FSp, Sol Dt Op Berlin u Wiener Staatsop seit 96 (bis SpZ 04/05). **Pr:** Rosa Ponselle-Medaille, 1. Pr Tschaikowsky-Wettb Moskau, 1. Pr Concours Voce Verdiani Busseto 90. – **Aufn/RF:** zahlr CDs ua: R Strauss Richard: 'Die Frau ohne Schatten' (m Staatskap Staatskapelle Dresden) 97, H Berlioz: 'Les Troyens' (m Ch et Orch Symphonique de Montréal) 98. (Red)

Voigt, Uwe, Prof, Hochschullehrer, Posaune; Birkenstr 3, D-01478 Weixdorf, T: (03 51) 8 90 17 26, F: 8 90 17 26; Hochschule f Musik, PF 120039, D-01001 Dresden [Dresden 1963]. **Ausb:** Stud (Pos) H f M 'Carl Maria v Weber' Dresden 81–86. **Laufb:** Solopos Dresdner Philh 84–89, Sächs Staatskap Dresden seit 90, Prof (Pos) H f Musik 'Carl Maria v Weber' Dresden. (Red)

Voigtländer, Lothar, Prof, Komponist; Waldenburger Str 78, D-12621 Berlin, T: (0 30) 56 70 20 10, 0 17 36 22 19 14, F: 56 70 20 11; Hochschule f Musik, PF 120039, D-01001 Dresden [Leisnig 3.9.1943]. **Ausb:** Dresdner Kreuzchor 54–62, Dirig (R Reuter), Komp (E Geißler) H f Musik Leipzig 62–68, Staatsex u apl Aspirantur ebd, Mstrsch (Kochan) Akad d Künste Berlin 70–73. **Laufb:** Chordir u Kapm Th d Altmark Stendal 68–70, Mitbegr u Vizepräs d CIME (DDR), freischaff in Berlin seit 73, Vors DKIV–Ldesverband Berlin 90–96, Vorstand DKIV ab 95, Prof (Komp) H f M Dresden. **Pr:** Mendelssohn-Stip, div Förderpr, mehrfach Prtr Fstv Int de Musique Electroacustique Bourges ua 1. Pr 85, Euphonie d'Or 92, Grand Prix ebd 96. – **AuftrKomp:** Memento – Orchestermusik I 75, UA Prag, Janacek-Phil 80 (Auftr: Musik-Bienale Berlin); Orchestermusik II 86, 2.Fssg 88, UA Berlin, Staatskap 86, 2.Fssg Poznan, Staatl Philh Poznan 88 (Auftr: Musik-Bienale-Berlin); Orgel-Sinf 90, UA Radio Bremen, Philh Staatsorch 90 (Auftr: RB); Le temps en cause (Orat) 90, UA Liverpool 90 (Auftr: Europ Gem); ARENDT-Lieder (Orch-Lieder) 93, UA Bremen, NWD Philharm 93 (Auftr: RB). (Red)

Voigtländer, Roland, Prof, Hochschullehrer, Dirigent, Pianist; Feriendorf Holz 62, D-83734 Hausham, T: (0 80 26) 92 50 60, F: 92 50 60; H f Musik u Theater, Arcisstr 12, D-80333 München [Hilbersdorf Kr Freiberg, Sachsen 7.11.1938]. Oper, Lied, Kammerensemble **Ausb:** Stud Dirig, Kl, Komp (H Rögner, H Steurer, J Weyrauch) MH Leipzig 56–59, Stud Dirig, Kl, Komp (K Eichhorn, H Steurer, H Genzmer) MH München 59–62. **Laufb:** Mitgl Dresdner Kreuzchor 48, Rep u Dir Coburg 62–65, Augsburg 65–67, Kapm Dortmund 67–71, 1. Kapm Aachen 71–75, Bonn 77–78, Doz H f Musik Frankfurt/M 79–84, Prof (Partien-, Ensemblestudium, musikal Ltg im szen Unterricht) H f M u Th Hamburg, Dgt Forum ebd 83–93, LBeauftr (Kl-Auszugssp) H f M u Th München.

Voit, Helge, Viola da Gamba; c/o Classic Communication – Johanna von Mikusch-Buchberg, Max-Weber-Pl 8a, D-81675 München, T: (0 89) 4 70 56 86, F: 4 70 61 52, *info@classic-comm.com*. Alte Musik **Laufb:** Staatsth Stuttgart. **Ens:** affetti strumentali 97. (*)

Voithofer, Johann, Posaune; c/o Bamberger Symphoniker, Mußstr 1, D-96047 Bamberg, PF 110146, D-96029 Bamberg. **Laufb:** Sol Bamberger Symph. (Red)

Volet, Christian, Violoncello; ch de Bellevue 23, CH-1005 Lausanne, T: 02 13 23 02 66. (Red)

Volke, Eberhard, Prof, Hochschullehrer; H f M u Theater 'Felix Mendelssohn Bartholdy' Leipzig, Grassistr 8, D-04107 Leipzig, T: (03 41) 2 14 47 30; Hohe Str 18, D-04416 Markkleeberg. **Laufb:** Prof (Tonsatz, Gehörbildung) H f M u Theater 'Felix Mendelssohn Bartholdy' Leipzig. (Red)

Volkhardt, Ulrike, Prof, Blockflöte, Hochschullehrerin; FolkwangH, Klemensborn 39, D-45239 Essen; *www.ulrikevolkhardt.de*. Mittelalter, Renaissance, Barock, zeitgen Musik **Ausb:** Stud Blockfl (F Conrad) H f M u Th Hannover, (K Boeke) Sweelinck Cons Amsterdam; Philosophie. **Laufb:** L Meistersinger-Kons Nürnberg 81–94, Prof Folkwang-H Essen seit 94, Ltg 'Folkwang Sympos f BlockflM', zahlr Kse u Mstrkl, Konz (m Ens u als Sol) in Europa u Übersee (Fstvs Savolinna, Brügge, Amsterdam, Melbourne ua); Grdg u Ltg Ens 'camerata moderna' (2 Blockfl, Va da gamba, Cemb, Lt), 'Ut Re Mi' (BlockflQua). **Mitgl:** Grdgspräsidentin 'European Recorder Players Club (EURORPC). – **Aufn/RF:** CDs m camerata moderna: 'E-C Jacquet de la Guerre: Sonaten u Suiten'; 'Palimpsest'. **Zug:** D Reith: 'Un Lay de Consolation'; W Jentzsch: 'Cantus'; S Erding Swiridoff: 'Rosenroman, Maske u Kristall; A D Ruoff: 'Palimpsest', 'Epicedion'; H-C v Dadelsen: 'Nordnordost', 'Südsüdwest'; F Schmidt-Mechan: 'Von d Schwarzen Erde dieser Welt'. **Sonst:** Performances m M d Mittelalters, Renaissance, Barock; m AuftrWerken zeitgen Komp in ZusArb m Tanz, Sprache, Bild Kunst; Hg Alter M, Autorin e BlockflSch.

Volkmann, Joachim, Prof aD, Hochschullehrer, Klavier; Ludwig-Sauer-Str 39, D-61476 Kronberg, T: (0 61 73) 64 05 60 [Osnabrück 1.4.1931]. **Ausb:** (Schmitz-Gohr) MH Köln, (Leopolder) MH Frankfurt/M, Mstrks (W Kempff) 58–63 (Premio Positano). **Laufb:** Prof aD (Kl) H f M u Darst Kunst Frankfurt/M. **Pr:** 1. Pr Wettb Bundesverb d Dt Industrie 56. – **Komp:** 'Variationes humoris causa' (Kl), UA Köln (WDR); 'Komponisten auf Abwegen' (Sgst, Kl, Orch), UA Frankfurt/M; 'Hänschen steht im Walde' (f Sprecher, Sgst, Kl,

Chor, Orch), UA Frankfurt/M; Harmon Interpretationen d 15 Inventionen v Bach (Str), UA Frankfurt/M. **AuftrKomp:** Paraphrase über 'Happy Birthday' (gr Orch), 175. Jubiläum d Frankf Sparkasse v 1822, UA Alte Op Frankfurt/M 97. **Lit:** Range: Die Konzertpianisten d Gegenwart 64; Bach-Hb 99.

Volkov, Vadim, Sänger (Bariton); Regerstr 2, D-55127 Mainz, T: (0 51 21) 33 98 30 [1969]. **Ausb:** Rimsky-Korsakov-Kons 88–95, HfM Köln, Abt Aachen (Prof Dorothea Wirtz) 95–98, HfM Hamburg (Prof Tom Krause) 98–2000. **Laufb:** Rimsky-Korsakov Musikth St Petersburg 93–95, Stadtth Aachen 96–97, Sol Stadtth Hildesheim 99–01, Sol Staatsth Mainz 01–03, Gastsol Landesth Detnold SpZ 04/05. **Pr:** Musikförderpr d Stadt Aachen 96, Sonderpr Int Ada-Sary-Gesangswettbew 99, Finalist Robert-Stolz-Gesangswettb Hamburg 99, 2. Pr Elise-Meyer-Stiftg-Musikwettb Hamburg 99. (Red)

Volle, Dietrich, Sänger; c/o Oper Frankfurt, Untermainanlage 11, D-60311 Frankfurt/Main, *dietrich_volle@web.de*. **Ausb:** priv Stud b J Metternich, L Hagenau, E Wilm Schulze ua. **Laufb:** Sol Landesth Coburg. **Mitgl:** GDBA.

Volle, Michael, Bariton; c/o Bühnen der Stadt Köln – Opernhaus, PF 101061, D-50450 Köln. **Ausb:** Stud Ges (J Metternich, R Piernay). **Laufb:** Sol Nationalth Mannheim 90, Sol Op Bonn, Dt Op am Rhein/Düsseldorf, Gastsol Op Köln 98–01, Sol Op Köln, Debüt Staatsop Wien 02, Sol Sächs Staatsop, Gastsol Dt Staatsop Berlin SpZ 03/04, Sol Op Zürich bis 04/05, Sol Bayer Staatsop München SpZ 03/04. (Red)

Vollertsen, Götz, Komponist; Marienhöhe 136, D-25451 Quickborn, T: (0 41 06) 55 16 [St Georgen 20.10.1958]. **Ausb:** OML-Git (P McAren) Hamburger Kons, Abschluß 95, Komp (A Grenz, Th Jahn, Einfeld). **Laufb:** Tätigkeit als GitL, zahlr Konz. – **Komp:** Die blaue Giraffe (Git solo); Eröffnung/Iris/München (Git solo); Gitarrentrio Nr 1 (3 Git), UA Hamburg, Moritz-Trio 96; Traum (Sologit), UA Hamburg, W Stegmann 96; Feuertanz I (2 Git), UA Hamburg 98; Crazy Blues (Git-Orch u 3 Schlgz), UA Hamburg, Kleynsjahs – Ens d Hamburger JugendMSchule 98; Ein Sommerabend (Mandolinenorch u 2 Schlgz), UA Hamburg 98. (Red)

Vollmann, Wolf-Dieter, Violine, 1. Konzertmeister; Probstgrund 47, D-96450 Coburg. **Laufb:** 1. Konzm Landesthorch Coburg. (Red)

Volný, Adolf, Dr, Prof, Hochschullehrer; Eckermannstr 44, D-12683 Berlin, T: (0 30) 5 41 92 54. **Laufb:** LBeauftr (Tonsatz, Gehörbildung, Methodik Tonsatz) H f Musik Hanns Eisler Berlin.

Volodos, Arcadi, Klavier; c/o Konzertdirektion Hans Ulrich Schmid, Königstr 36, D-30175 Hannover, PF 3409, D-30034 Hannover, T: (05 11) 3 66 07 60, 3 66 07 27, 3 66 07 69, F: 3 66 07 34, *mail@kdschmid.de, ep@kdschmid.de*; *www.kdschmid.de, www.volodos.com* [St Petersburg 1972]. **Ausb:** Stud Kons Moskau b G Eguizarowa, Pariser Kons b J Rouvier. **Laufb:** Auftritte seit 96, ZusArb m Berliner Philharmoniker, Israel Philh Orch, Rotterdam Philh Orch, Royal Concertgebouw, Royal Philh Orch, Tonhalle Orch, Boston Symphony Orch, Chicago Symphony Orch, San Francisco Symphony Orch, Los Angeles Philh Orch, Philadelphia Orch, Orch di Santa Cecilia, Dgt: V Ashkenazy, R Chailly, V Gergiev, J Levine, Z Mehta, S Ozawa, L Foster, D Zinman, L Maazel, Europa Tour 03. **Pr:** Gramophone Magazine's Editor's Choice Award 97, 99, Classic CD's Disc of the Year, Pr d dt Schallplattenkritik, Choc du Monde de la Musique, Echo Klassik Pr 99. – **Aufn/RF:** zahlr CDs ua: Rachmaninoff: 'Piano Concerto No.3, Solo Piano Works' 01, Schubert, Liszt: 'Piano Sonatas' 02. (Red)

Volpé, François, Perkussion; av Théodore-Flournoy 5, CH-1207 Genève, T: 02 27 36 95 75. **Ens:** Contrechamps. (Red)

Volpert, Markus, Bariton; Rieselfeldallee 9, D-79111 Freiburg, T: (07 61) 1 51 79 01, 01 79–7 46 67 54, F: 1 51 79 63, *imv@gmx.ch* [Singen 13.1.1972]. **Ausb:** Stud Lied, Orat (W Gamerith) MH Graz 91–96, KonzKlasse (K Widmer) MAkad Basel 96–2000, OpStudio Zürich 99–01, Mstrkse b T Quasthoff, S Jurinac, Ch Ludwig. **Laufb:** Salzburger FSp 97–01, Ludwigsburger FSp 01, 'Jahreszeiten' m R Jacobs Paris, Berlin, Brüssel, Köln, Zürich; 'Lieder e fahrenden Gesellen', m G Contratto Lyon 01, 'Titus' (Publio) Ludwigsburger FSp 03, 'Freischütz' (Kilian) Th Basel, Fiorillo, Th Basel 04 (Il Barbiere), Pandolfo, Les Baroqueries Genf 04 (La Serva Padrona), BWV 201, m S Kuijken Lausanne, Mailand. **Pr:** Stip Dt Musikwettb Sol Berlin 99, Prtr Bachwettb Leipzig 96, Prtr Franz Schubert u d Musik d Moderne Graz 2000, Stip Elvira-Lüthi-Stift Schweiz, Prtr Anneliese-Rothenberger-Wettb 01. – **Aufn/RF:** CD Rheinberger: Vom Goldenen Horn, m W Schäfer, CD Teile v Matthäus-Passion, m O Kargl.

Volz, Manfred, Bass-Bariton; Friedensstr 20, D-34305 Niedenstein, T: (0 56 24) 81 95, F: 51 41; c/o Konzertdirektion Fritz Dietrich, Sigmund-Freud-Str 1, D-60435 Frankfurt a M, T: (0 69) 54 45 04, F: 5 48 41 07, *info@konzertdirektion-dietrich.de* [Darmstadt]. **Laufb:** Sol Staatsth Kassel seit 85. (Red)

Vonderau, Christof, Komponist; Clayallee 337, D-14169 Berlin, T: (0 30) 8 91 75 16, F: 80 90 91 39, *christofvonderau@t-online.de* [Berlin 16.7.1960]. KamM, Crossover (Klassik m Orientierung an Natur u außereurop Musik) **Ausb:** priv Ausb (klass Git, Kl), Stud (MWiss). **Mitgl:** DKV. – **Komp:** Soria Moria (Prelude), UA Berlin, Jesus-Christus-Kirche 95; Surfaces in Reflection (KamM), UA Berlin, Schwartzsche Villa 97; Wild Forms II (KamEns), UA Berlin 97; Berg Seele (Konz), UA Berlin 2000; Three Cars on the Moon (KamM), UA 05; div Filmmusiken. **Aufn/RF:** 'Surfaces in Reflection', Sol: L Dinca (V) 01; 'Hidden Fortress', Sol: Wu Wei Sheng 01.

Vondung, Anke, Mezzosopran; Meixstr 5, D-01326 Dresden, T: (03 51) 4 17 65 64; c/o Semperoper, Theaterplatz 2, D-01067 Dresden [1972]. **Ausb:** Mstrkse b R Capecchi, R Bowman, J Hamari. **Laufb:** OpDebüt im Rahmen d OpSchule Mannheim (Britten, 'Albert Herring', Nancy) 95, Sol Tiroler Landesth Innsbruck SpZ 00/01, Sol Ldesth Salzburg SpZ 03/04, Semperop Dresden SpZ 04/05. **Pr:** 2. Pr ex aequo 3. Int Wettb 'Franz Schubert' u d M d Moderne Graz 97, 3. Pr 47. Int ARD M Wettb 98. (Red)

Vonk, Hendrik, Tenor; c/o Opernhaus Halle, Universitätsring 24, D-06108 Halle, PF 110554, D-06019 Halle; c/o Agentur Seitter, Opernring 8/13, A-1010 Wien, T: (01) 5 13 75 92, F: 5 12 93 51, *office@agentur-seitter.at*; *www.operhalle.de/ensemble*. **Laufb:** Sol Op Halle 05, Gastsol Dt Op Berlin, Sol Th Basel SpZ 03/04, Gastsol Staatsth Kassel SpZ 03/04. (*)

Voppel, Konrad, Prof, KMD, KMD em, Hochschullehrer em, Konzertier, Organist; Fasanenstr 49, D-47055 Duisburg, T: (02 03) 77 05 00 [Leipzig 1.12.1925]. OrgKonz J S Bach **Ausb:** Hospitant Staatl MH Leipzig 42/43, Stud Org (K Straube) 42/43, Weiterstud (K Straube 47/48) Org u OrgImp (G Ramin, R Köbler) Kl (A Webersinke) Leipzig 47–50. **Laufb:** Orgellehrer LdeskirchenMSch Ev Kirche im Rheinland, Kantor u Organist Salvatorkirche Duisburg, Grd 'Kantorei d Savatorkirche Duisburg', Initiator Salvator-Konz; KMD 65; künstl Berater Orgelneubau Duisburger Mercatorhalle 72; künstl Lt 61. Bachfest Duisburg 86; Prof (Org) Robert Schumann H Düsseldorf, em 01; int KonzTätigkeit, ua OrgelkonzTourneen Nord-, Süd- u Mittelamerika 73–84, int Orgelherbst Prag 82, Orgelkonz UdSSR 85 u 88, Gewandhaus u Nikolaikirche Leipzig 89, Vilnius 90 (Chor- u OrgKonz), KonzTournee Dt m Thomanerchor 91, Litauen 92, 95, 96 (ua KMFstv Siauliai). **Pr:** Diplom f Orgelspiel u Imp sowie Sonderpr DDR-RF Int Bachwettb Leipzig 50, Mercator-Plak Duisburg 76. **Mitgl:** Neue Bachges (NBG). – **AuftrKomp:** 4 Choralsätze f 'Das Wochenlied f gem St' 52, daraus veröff. Glaubenslied. **Aufn/RF:** RF-Aufn in Europa, Nord- u Südamerika; Schallpl m OrgM, ChorM a capella, ua Europ OrgM 16.–18. Jh 71; Sowjet OrgM 72; Weihnachtl Chor- u OrgM 73; Bach – OrgW in Kunstkopfstereophonie 74; Festl Chor- u OrgM 77, WeihnachtsM aus d Salvatorkirche Duisburg 84. **UA:** E K Rößler: Präludium u Meditation üb d 46. Psalm, UA Hannover, Gartenkirche 54; O Galachow: 'Konspekti' f Orgel, UA Duisburg, Int Prokofjew-Fstv 90. **Sonst:** 'Karl Straube u d Wesen d dt Orgelspiels' (Musik u Kirche) H 2, 55.

Vorraber, Franz, Pianist, Hochschullehrer; c/o Artists Management Basting, Sanderaustr 18, D-97225 Zellingen, T: (0 93 64) 26 02, F: 28 13, *franzvorraber@hotmail.com*; *www.vorraber.com* [Graz 24.8.1962]. Klassik **Ausb:** Stud (KlKlasse f außerordentl Talente) MH Graz 75–87, Stud Kl (J Volkmann) MH Frankfurt 87–91. **Laufb:** Solotourneen Japan 83, 87, 88, 99, USA 01, Gesamtauff Schumann Klavierwerk in 12 Konz Frankfurt 97–98 u München 98, Doz (Kl, KamM) Wiesbadener Musikakad, Spanien 03. **Pr:** Bösendorfer Pr Wien, Pr d österr Bundesmin, Pr d japan Schallplattenkritik 01. **Ens:** Frankfurter Klaviertrio. – **Aufn/RF:** ORF Mitschn 86, 94, Portrait 95; BR Schumann-Mitschn 98; Solo Recital (CD) 98; 'Wiener Abend' Solo Recital (DVD) 2000; Mozart: Klavierkonz KV 271, Liszt: Malediction, m Südwestdt KamOrch, Dgt: Csarnecki (DVD) 01; Schumann Gesamtaufn (13 CDs); Rachmaninow: 3. KlKonz, m Würzburger Philh, Dgt Klajner; Fuchs: KlKonz op 27, m Orch Philh du Luxembourg, Dgt Francis. **Sonst:** 1. zykl Ges-Auff d Kl-Werks v R Schumann. **Lit:** Portraits ORF 95 u Michigan Publ TV 01.

Vorzellner, Markus, Komponist; Jedleseerstr 110, A-1210 Wien, T: (01) 2 70 48 02 [Wien]. **Ausb:** H f M u Darst Kunst Wien b Elisabeth Dvorak-Weisshaar u Harald Ossberger. **Ens:** Ens Lyrique Amsterdam. (Red)

Vosberg, Astrid, Sängerin; Königstr 57, D-67655 Kaiserslautern, T: (06 31) 3 10 56 78, (01 70) 4 34 68 22. Musical, Operette, Chanson **Laufb:** Gastsol Th Dortmund SpZ 00/01, SpZ 03/04; Sol Th an d Rott Eggenfelden SpZ 03/05, Gastsol u Sol Pfalzth Kaiserslautern, Staatsth Stuttgart.

Voss, Friedrich, Komponist; Hoppenstedts Weg 5, D-29308 Winsen/Aller, T: (0 51 43) 91 17 52 [Halberstadt 12.12.1930]. Orchestermusik u Kammermusik, geistl Musik **Ausb:** MH Berlin 49–54. **Laufb:** freischaff Komp Berlin ab 55, Calw 69, Winsen/Aller ab 98. **Pr:** 1. Pr KompWettb Münchner KamOrch 55, Förderpr Stadt Stuttgart 60, Berliner Kunstpr 61, Robert-Schumann-Pr Stadt Düsseldorf 62, Rom-Pr Villa Massimo 64/65 u 77, Johann-Wenzel-Stamitz-Pr Mannheim 85. **Mitgl:** dkv. – **Komp:** Variationen f Bläser u Pauken 60, UA Berlin, BPO, Dgt: H v Karajan 60; Konz f V u Orch Nr 1 62, UA Brüssel, SinfOrch d Belg RF 66; Sinfonia humana 66/67, UA Berlin, Radio SinfOrch, Dgt: H Wallat 69; Hamlet-Ouvertüre 68/69, UA Berlin, Radio SinfOrch Berlin, Dgt: L Maazel 70; Dithyrambus über e Motiv v Beethoven 69, UA Bonn, Orch d Beethovenhalle, Dgt: V Wangenheim 70 (Auftr: Stadt Bonn); Metamorphose 78/79, UA Tokio, Japan Philh Orch, Dgt: J Loughran 80 (Auftr: Tokio); Streichqua Nr 4 90, UA Braunschweig, Leipziger Streichqua 93; Missa MM (Versöhnungsmesse) 97/99, UA KiMTage Heidelberg, Dgt: T Berning 04 (Auftr: Kath u evang Kirchen Baden-Württembergs). **Sonst:** Werke im Verlag Breitkopf & Härtel, Wiesbaden, über 100 Rundfunk-Prod im In- u Ausland, 5 Werke auf CD (Thorofon, Westminster Gold, USA). **Lit:** Grove's Dictionary of Music & Musicians, London; Ulllstein-Lex, Int Biographical Centre, Cambridge.

Voss, Henning, Sänger; c/o vocal concertisten e. V., Britta Niehoff, Bornstr 25, D-12163 Berlin [1967]. **Laufb:** Sol Hamburg Staatsop. **Ens:** Cantus Cölln, Wiener Akad, Weserrenaissance Bremen, Lautten Compagney Berlin, Grdgsmitglied d Hamburger Vokalquintetts 'Die Himlische Cantorey'. (*)

Voss, Hermann, Prof, Hochschullehrer, Viola; Brucknerstr 6/1, D-71111 Waldenbuch, T: (0 71 57) 92 71; c/o Art Productions Irena Nemecek, Müllerstr 15, D-80469 München, T: (0 89) 23 00 01 82, F: 23 00 08 52, *music@artproductions.com* [Brünen]. **Laufb:** Sol KamOrch Stuttgart 60–67, Prof (Va) Staatl H f M u Darst Kunst Stuttgart. **Pr:** Prtr Int Musikwettb ARD 62. **Ens:** Melos-Qua 65, Busoni Ens 94. (Red)

Voß, Kathrin, Sängerin; c/o Junge Kammeroper Köln, Florastr 93, D-50733 Köln. (Red)

Vossebrecker, Roland, Komponist; Anne-Frank-Str 22, D-51429 Bergisch Gladbach, T: (0 22 04) 2 58 19, *vossebr@gmx.de*; Richard Zörner Str 7, D-51429 Bergisch Gladbach, T: (0 22 04) 5 24 18, F: 5 41 89 [Bensberg 31.3.1965]. **Ausb:** Kl (Neuhaus), Dirig (Wangenheim) MH Köln. **Laufb:** Lt versch int Workshop-Projekte ua m Aufführungen eigener Werke, Lt Aachener Studentenorch 91–2000, freischaff als Pianist, Dgt, Komp, L tätig seit 92. – **Komp:** Lyrisches Requiem (Orat), UA Aachen 95; Konz f Bratsche u 9 Instr (Konz) 90, UA MH Köln 91; Klagelied (Bariton u KamEns) 92/93, UA Bergisch Gladbach 94; Konz f 12 Instr (KamKonz) 93, UA Bergisch Gladbach 94; Konz f 21 Instr (Konz) 94/95, UA Aachen 95; Sonate (Son) 96, UA Aachen 97; Konz f V, Ob (Eh), Klar, Vcl, Kl u gr Orch (5 Soli u gr Orch) 98, UA Aachen 99; Adagio f 21 Str 99; Qua f Ob, Cla, Fg u Kl 2000; Sonate f Vcl u Kl 2000; Scherzo f 21 Str 2000/01, 'O Meer' (Motette f gem Chor u StrOrch auf Worte v Thomas Mann), UA Litauen 01 (Auftr LandesjugendkamOrch NRW), Musik f Ob, Cla, Fg u Kl 03, UA Bergisch Gladbach 04; Ein Klavierbuch 04, UA Bergisch Gladbach 05.

Vranos, Georgios, Dipl-Mus, Dirigent; c/o Theater Regensburg, Bismarckpl 7, D-93047 Regensburg, *vranos@web.de* [Athen 23.6.1969]. **Ausb:** Stud (Kl) NatKons Athen 84–90, Stud Dirig (Turnowski) MH Graz 90/91 u (H Michael) MH München 91–95. **Laufb:** Ass b M Carydis RF-Orch Athen 96, 2. Kapm u Solorep Städt Orch Pforzheim 97–03, 1. Kapm u stellv GMD Philh Orch Regensburg seit 03.

Vratogna, Marco, Bariton; Staatstheater, Oberer Schloßgarten 6, D-70173 Stuttgart [La Spezia]. **Ausb:** Stud Puccini Kons, Stud b L. Magiera. **Laufb:** Sol Staatsth Stuttgart. (Red)

Vrhovnik, Oto, Prof, Hochschullehrer, Saxophon; Univ f Musik u Darst Kunst, Leonard Bernstein Inst f Blas- u Schlaginstrumente, Seilerstätte 26, A-1010 Wien, T: (01) 7 11 55 24 01, F: 7 11 55 24 99. **Laufb:** o UProf (Sax) U f Musik u Darst Kunst Wien. (Red)

Vries, Nanco de, Sänger (Bariton); Heinrich-Heine-Str 27, D-10179 Berlin, T: (0 30) 23 45 89 66; c/o Pieter G Alferink Artist Management BV, Herengracht 340, Niederlande-1016 CG Amsterdam. **Ausb:** Gesangsausb MH Utrecht b Udo Reinemann (Abschluss 94). **Laufb:** Sol Meininger Th – Südthüringisches Staatsth, Sol Kom Op Berlin SpZ 03/05. **Pr:** Prtr Christina Deutekom-Wettb Niederlande. (Red)

Vries, Thomas de, Bariton; Roonstr 19, D-65195 Wiesbaden, T: (06 11) 41 18 29 49; Hessisches Staatstheater, PF 3247, D-65022 Wiesbaden [Bad Kreuznach]. **Ausb:** Stud Ges ab 86 MH Köln b Prof Willi Gesell u b Kurt Moll. **Laufb:** Eng Staatsth Cottbus 92–95, Oldenburg Staatsth, Sol Th Dortmund 99–02, festes EnsMitglied Landesth Wiesbaden seit SpZ 02/03, Gastsol Staatsoptte Dresden SpZ 03/04. (Red)

Vuletic, Janja, Mezzosopran; c/o Laurent Delage International Artists Management, Albertpl 8, A-1080 Wien, T: (01) 4 03 64 49, (01 73) 7 81 15 58, (01 76) 20 07 47 75, F: 4 03 63 49, *laurent@delage.at*; *www.delage.at* [Dubrovnik, Kroatien 1979]. **Ausb:** Stud Ges U f M Wien 98. **Laufb:** Mitgl int Op-Studio Zürich 01, Gastsol Op Zürich, Badisches Staatsth Karlsruhe seit 02/03, Th Royal de la Monnaie Brüssel 05/06. **Pr:** 1. Pr 'Schneider Trnavsky'-Wettb (Slowakei) 2000, 6 Pr b Int Belvedere Wettb Wien 05. (Red)

Vyhnálek, Ivo, Komponist, Medienberater; Lautensackstr 25, D-80687 München, T: (0 89) 54 72 97 53, 5 70 13 98, F: 54 72 97 53 [Milevsko 7.3.1930]. E-Musik **Ausb:** Musikakad Prag 50–54. **Laufb:** Musikchef tschechoslowak Fernsehen 64–68, GF Filmkunst-Musik-Verlag München 71–95, freier Komp u Medienberater seit 95. – **Komp:** Mandragora (Kom Op) 58, UA Prag 58; Expositio in Apocalypsim Beati Joannis Apostoli (Orat) 67, UA BR 97; Petite Rossiniosophie (konz Ouvertüre) 96, UA München, Herkulsessaal 97; Galimathias Musicum – Mandragora – Suite No 1 & No 2 (Orch) 90, UA MH München 90; Rossinietta (konz Ouvertüre) 01.

W

Waas, Peter, Prof, Hochschullehrer, Klavie; Tannenweg 2, D-99428 Weimar-Gaberndorf, *Peter.waas@gmx.de, liszt-junior-wettbewerb@hfm-weimar.de*; H für Musik 'Franz Liszt', Inst f Tasteninstr u Alte Musik, PF 2552, D-99406 Weimar. **Ausb:** Stud (Kl) Tschaikowski-Konservatorium Moskau (J Sak, E Wirssaladse u T Nikolaewa). **Laufb:** Prof (Kl) H f Musik 'Franz Liszt' Weimar seit 94, Initiator und künstl Lt d Int Franz Liszt Wettb f junge Pianisten 05. (Red)

Wachowski, Gerd, Prof, Hochschullehrer, Orgel; Ludwig-Siebert-Str 56, D-91541 Rothenburg odT, T: (0 98 61) 23 60, 0 17 12 84 97 74, F: 71 43, *GerdWachowski@t-online.de*; Hochschule f Musik u Darst Kunst, Eschersheimer Landstr 29–39, D-60322 Frankfurt [Neustadt/Ostholstein 1950]. **Ausb:** Stud Theologie u Mwiss Univ Kiel 69–73, Stud KiM (U. Röhl, W. Kraft, H. Gebhard, K. Thomas).MH Lübeck 72–78. **Laufb:** KMD 84, Prof (Orgel, Orgelimp) H f M u Darst Kunst Frankfurt/M seit 93. (Red)

Wachsmuth, Hans-Jürgen, KS, Opernsänger; Am Mühlenfeld 4, D-06193 Löbejün, T: (03 46 03) 7 85 05 [Aschersleben 3.2.1940]. Oper, Oratorien **Ausb:** Stud Ges (M Bäumer) MH Leipzig 60–64, (R Apreck) ebd 64–65. **Laufb:** Sol Landesth Halle 65–89, Op Halle seit 89, KonzTourneen: UdSSR 73, ČSSR 74, Ungarn 81, Niederlande (Bach-Passionen), Gastsp MaiFSp Wiesbaden (Ariodante) 72; sämtl Op d DDR 73–75, GastSol Staatsop Dresden, Op Leipzig 80–88, Konz m Dresdner Kreuzchor u Thomanerchor Leipzig. **Pr:** Pr d Kritik Int MaiFSp Wiesbaden 72, Händelpr d Stadt Halle f Händelinterpr. – **Aufn/RF:** Breitkopf: Goethe-Lieder (RF-Aufn); Händel: 'Deidamia' (Fernsehen); Vivaldi: 'D teuer erkaufte Wahrheit' (Fernsehen); LPs: Händel: 'Alexanderfest'; Schütz: 'Auferstehungshistorie'; ders: 'Matthäus-Passion'; Wagner: 'Parzival'. **Lit:** E Krause/M Schöne: 'Opernsängerporträts' 79.

Wachter, Michael, Trompete; c/o Sonus Brass Ensemble, Christoph Thoma, Steingasse 23/2/5, A-1030 Wien, T: (06 76) 4 00 57 44, *sonus.brass@chello.at, c.thoma@jeunesse.at*; *www.sonusbrassensemble.at*. **Ausb:** LDipl (Prof L Hilbrand) Landeskons f Vorarlberg, (Prof C Rippas) KonzDipl MH Zürich. **Laufb:** Mitgl SymphOrch Vorarlberg, Eng Stadtth St Gallen, LAuftr (Trp, KamM) MSch St Gallen. **Ens:** Sonus Brass Ens. (*)

Wachutka, Elisabeth-Maria, Sopran; Im Hopfengarten 1a, D-88696 Owingen, T: (0 75 51) 6 89 12, F: 91 63 33, *soukup.wachutka@t-online.de*; *www.operissimo.com/performer/performers.html* [23.1.1960]. Oper, Lied, Konzert **Ausb:** Stud Richard-Strauss-Kons München, MH München. **Laufb:** Ersteng Bonn, dann Oldenburg, Hamburg, Saarbrücken, Karlsruhe, Hannover, Dt Op Berlin, Dresden; Gastauftr Prag, Neapel, Triest, Staatsop Wien, San Francisco, Japan, Lissabon, Int Richard-Strauss-Tage Garmisch-Partenkirchen, Gastsol Ophaus Graz SpZ 04/05. **Pr:** Stip Walter-Kaminsky-Stift u Richard-Wagner-Verb München. – **Aufn/RF:** CDs: R Strauss: Ariadne auf Naxos (Ariadne) 2000; ders: Taillefer (Herzog Wilhelms Schwester) 99; ders: Guntram (Freihild) 98; ders: Feuersnot (Diemut) 84; R Wagner: Siegfried (Brünnhilde) 99; RF-Übertr (live): R Strauss: Ariadne auf Naxos (Ariadne), Lissabon 03; RF-Übertr (Aufz): ders: Daphne (Daphne), BR 02; R Wagner: Lohengrin (Elsa), MDR 99. **UA:** S Wagner: Op 'Rainulf u Adelasia' (Adelasia), UA Herstliche Musiktage Bad Urach 03.

Wackenhut, Ingo, Sänger (Tenor), Musikjournalist; c/o Musikbühne Mannheim Astoria eV, Ludwig-Frank-Str 29, D-68199 Mannheim, T: (06 21) 33 16 49 [Ludwigshafen 22.7.1963]. **Ausb:** Stud privat (Gesang), Stud (Musikwiss) U Heidelberg 84–91. **Laufb:** Mitgl Immesheimer Vocalisten 95–00, Sol u Dram Musikbühne Mannheim 95 (03/04).

Wade jr, Ray M, Tenor; c/o Bühnen der Stadt Köln – Opernhaus, PF 101061, D-50450 Köln; c/o Konzert-Direktion Zagovec, Hans-Böckler-Str 23, D-65468 Trebur-Astheim, T: (0 61 47) 91 96 60, F: 91 96 62, *agentur@zagovec-artists.de*. **Laufb:** Sol Stadtth Basel SpZ 03/04, Op Köln. (Red)

Wächter, Erich, Generalmusikdirektor; c/o Landestheater Detmold, Theaterpl 1, D-32756 Detmold, T: (0 52 31) 97 46 16. Oper, Sinfoniekonzert **Ausb:** Stud (Dgt, Liedbegl) H f M Berlin 66–69. **Laufb:** Gastdgt: Dt Op Berlin, Kom Op Berlin, Semperop Dresden, OpHaus Göteborg, Staatsop Hamburg, OpHaus Köln, Leipzig, NatTh München, Den Norske Op Oslo, Staatsth Saarbrücken, Staatsop Stuttgart, Königl Op Stockholm, OpHaus Tblissi, Staatsth Wiesbaden, Volksop Wien, OpHaus Zürich, Städt Orch Aachen, Königl Philh Orch Antwerpen, Philh Orch Augsburg, RF-Orch Berlin, SinfOrch Berlin, Philh Orch Dortmund, Staatsorch Frankfurt a d Oder, Philh Orch Freiburg, OrchVerein St Gallen, Hamburger Symphoniker, Philh Orch Heidelberg, Hofer Symphoniker, SinfOrch Innsbruck, Orch Staatsth Kassel, Bad Staatskap Karlsruhe, RF-Orch WDR Köln, RF-Orch München, SinfOrch Nürnberg, Niederösterr Tonkünstlerorch, Württemb Philh Reutlingen, Staatsphilh Rheinland-Pfalz, MFSp Saar, Philh Tblissi, SinfOrch Wuppertal; GMD Lübecker Th, GMD Philharmon Orch d Hansestadt Lübeck, GMD Ldsth Detmold 02–06, Gastdgt Th Bonn SpZ 04–06.

Waechter, Franz, Sänger; c/o Volksoper Wien, Währinger Str 78, A-1090 Wien, T: (01) 51 44 40, F: 5 14 44 32 15, *office@volksoper.at*; *www.volksoper.at*. **Laufb:** Sol Volksop Wien seit SpZ 03/04. (Red)

Wächter, Matthias, Konzertmeister, 1. Violine; c/o Philharmoniker, Leonhardspl 28, D-70182 Stuttgart. **Laufb:** Konzm Stuttgarter Philharmoniker. (Red)

Wächter, Waltraut, 1. Konzertmeisterin; c/o MDR Sinfonieorchester, Augustuspl 9a, D-04109 Leipzig, *waltrautw@aol.com* [Jena 27.4.1956]. **Ausb:** Stud (V) H f Musik Leipzig, SolDipl (V Pikaisen) TschaikowskiKons Moskau 81–83. **Laufb:** 1. Konzm MDR Sinfonieorch Leipzig seit 86, Mstrkl 'Solowerke J S Bach' USA 95 u 2000, als Sol Auftritte m versch Orch u m KamM i vielen Ländern Europas, USA, Lateinamerika, Arabische Emirate, Asien, RF, Fernsehen, CDs. **Pr:** Int Fritz-Kreisler-W Wien 79, Bachpreisträgerin 80, Jurymitgl Int BachWb 02/06 u andere nat u int Wettb. **Ens:** Bensmann-Trio (Sax, V, Kl) seit 04. **Mitgl:** Neue Bachgesellschaft. – **Aufn/RF:** m MDR-SinfOrch: Violinkonz u Werke v Weill, Domhardt, Gubaidulina, K A Hartmann, Britten, Bernstein, Prokofiew, Ravel, Respighi, Bach. **UA:** G Domhard: Violinkonz UA; K Weill: Violinkonz, EA Leipzig; Gubaidulina: Offertorium, EA Leipzig. **Zug:** G Domhardt: Violinkonz u Violinson; J Kies: Son f V solo; K O Treibmann: Ballade f Solovioline.

Wäldele, Hansjürgen, Oboe; Auf dem Sausenhard 2, D-79400 Kandern, T: (0 76 26) 10 41, *Sausenhard@datacomm.ch*. **Ens:** Les Roseaux Chantants. (Red)

Wäntig, Unolf, Klarinette; c/o Staatskapelle Berlin, Unter den Linden 7, D-10117 Berlin. **Laufb:** Sol (Es-Klar) Staatskap Berlin. (Red)

Wagemakers, Monique, Opernregisseurin; Staatstheater, Oberer Schloßgarten 6, D-70173 Stuttgart. **Laufb:** OpReg Staatsth Stuttgart. (Red)

Wagemann, Rose, Sängerin; Fritschestr 26, D-10585 Berlin, T: (0 30) 3 41 05 62, F: 3 41 06 52 [Grabowce, Polen]. Oper, Konzert, Lied **Ausb:** Stud (Prof I Beilka) H f M Berlin. **Laufb:** Düsseldorf, Krefeld, Mönchengladbach, Bielefeld 68, Festeng 73, Gast 73–90, Ludwigsburger FSp (Fidelio) 73, Dt Op Berlin, Staatsop München, Hamburg, Stuttgart ua, Luzerner Festwochen (Romeo) 74, Züricher Festwochen (Gurrelieder: Tove), Israel (Waldtaube), Met Op,

Lyric Op Chicago, Rom, Turin, Madrid, Barcelona, Staatsop Wien, Südafrika (Liederabende), Brüssel, Brasilien, Argentinien, Prag, Paris, Bordeaux, Marseille, Iran (Isolde), Stockholm, Lissabon; weitere Rollen: Ortrud, Kundry, Venus, Elisabeth, Salome, Elektra, Rosenkavalier u Marschallin, Antigone, Eboli, Komponist, Ariadne ua. **Pr:** GesWettb Berlin 68. – **Aufn/RF:** Vivaldi: Tito Manlio, Hindemith: Mathis der Maler, Korngold: Tote Stadt, Orff, Monteverdi; Gurrelieder Leinsdorf, BR, HR.

Wagendristel, Alexander, Komponist; Hüttelbergstr 157, A-1140 Wien, T: (01) 9 14 13 03 [Wien 1965]. Genre Horror ua **Ausb:** Stud Fl (W Tripp), Komp (F Neumann, H Gattermeyer, E Urbanner) H f M u Darst Kunst Wien 80–90, Darmstädter Ferienkse f Neue M 88. **Laufb:** Fl Orch Verein Bühnen Wien seit 87. **Pr:** 1. Pr KompWettb 'Neue Hausmusik', 3. Pr Neuköllner Opernpr Berlin, Förderpr Stadt Wien, Land Niederösterreich, Theodor Körner-Stift, Wissenschaftsmin; Staatsstip f Komp. **Ens:** Imp-Gruppe 'Things of NowNow' 88–92. (*)

Wagenführer, Roland, Ten; c/o Theateragentur Dr Germinal Hilbert, Maximilianstr 22, D-80539 München, T: (0 89) 2 90 74 70, F: 29 07 47 90; c/o Sächsische Staatsoper, Theaterpl 2, D-01067 Dresden; *www.hilbert.de.* **Laufb:** Sol Sächs Staatsop Dresden (03/04), Bayer Staatsop München, Gastsol Ophaus Graz SpZ 04/05. (Red)

Wagenhäuser, Wolfgang, Prof, Hochschullehrer, Klavier, Kammermusiker; Altes Rathaus Oberdorfstr 4, D-78554 Aixheim, T: (0 74 24) 90 11 32, F: 90 11 31, *wowa@web.de*; Hochschule f Musik, Schultheiß-Koch-Pl 3, D-78647 Trossingen [Frankfurt, Main]. **Ausb:** Stud b Wendelin Röckel u Norbert Brech, Stud MH Frankfurt Kl u Komp. **Laufb:** Prof (Kl, KamM) Staatl H f Musik Trossingen seit 87. (Red)

Wagler, Dietrich, Kirchenmusikdirektor und Domkantor iR, Orgel, Hochschullehrer; Hochschule für Kirchenmusik Dresden, Käthe-Kollwitz-Ufer 97, D-01309 Dresden; Obermarkt 18, D-09599 Freiberg/Sachsen, T: (0 37 31) 2 22 52, F: 21 57 66, *Dietrich.Wagler@t-online.de* [Mildenau, Erzgebirge 17.5.1940]. Organist **Ausb:** Stud KiMSchule Dresden 58–61, KiMSchule Halle 62–63, Fern-Stud (J-E Köhler, K R Böhme, W Schönheit) H 'Franz Liszt' Weimar 77–80. **Laufb:** Kantor u Org in St Georgen Glauchau m Silbermannorg 76–86; Domkantor u -org Freiberger Dom 86–01, Orgel-KonzReisen in viele Länder Europas u USA, Imp-Sem Dtschld, Norwegen, England, USA; Präs d 'Gottfried-Silbermann-Ges eV Freiberg' seit 96, Mitarb in Jurys b int Org-Wettb, Doz (Orgellit, lit Orgel) H f KiM d Ev-Luth Ldeskirche Sachsen Dresden. **Pr:** 1. Pr f Org-Imp Thüringer Bach-Tage Weimar 74. **Mitgl:** Präsident d Gottfried-Silbermann-Gesellschaft Freiberg e V seit 96, künstl Lt v E.C.H.O. (Europae Civitates Historicorum Organorum) seit 99. – **Aufn/RF:** zahlr CDs, ua Great European Organs Vol 24, Die Orgeln G Silbermanns Vol 7 90–02. **UA:** R Lischka: 'Introduktion u Passacaglia' f d Große Silbermannorg im Freiberger Dom, UA 95; Matthias Drude: 'Toccata in C' f Org, UA 98.

Wagner-Artzt, Manfred, oUProf, Pianist, Hochschullehrer; Gartengasse 12, A-2352 Gumpoldskirchen, T: (0 22 52) 6 29 69, F: 6 29 69; Univ f Musik u Darst Kunst, Inst Ludwig van Beethoven, Rennweg 8, A-1030 Wiem, *wagner-artzt@mdw.ac.at*; *www.wagnerartzt.com* [Wien 5.12.1952]. **Ausb:** Stud b Alexander Jenner am d H f M u darst Kunst Wien. **Laufb:** Tätigkeit als Sol, Kammermusiker u Liedbegleiter, int KonzTätigkeit (Europa, USA, Russland, Japan, Hongkong, Naher u Mittlerer Osten), ZusArb m vielen bedeutenden Instrumentalisten (zB Mitgl d Alban-Berg-Quar, Wiener Streichsextett, Wiener Philharmoniker, Heinrich Schiff), Lehrtätigkeit an d U f M u Darst Kunst Wien seit 75 (Ordinarius). **Pr:** Goldmedaille b Int KlWettb in Vercelli. **Ens:** Arsio Piano Duo, Ens 20. Jahrhundert. – **Aufn/RF:** Schallpl u CDs. **Sonst:** Neuausg d Kl-QuaSatzes v G Mahler; RF-Sendungen f WDR üb Mozart u Schubert 03.

Wagner-Dix, Doris, Hochschullehrerin, Klavier; Rendtorffstr 23, D-14165 Berlin, T: (0 30) 8 15 81 89. **Ausb:** Stud Kl U d Künste Berlin. **Laufb:** Lekt f Kl Päd-H Berlin seit 74, LBeauftr H f M u Darst Kunst Berlin seit 76, Ltg Julius-Stern-Inst Fak M UdK seit 99, Ernennung z HonProf. (Red)

Wagner, Alexander, Prof, Hochschullehrer, Kantor; Rosenstr 33, D-32756 Detmold, T: (0 52 31) 2 61 96; Hochschule f Musik, Neustadt 22, D-32656 Detmold [Berlin 31.5.1926]. Dirigieren **Ausb:** Stud (P Höffer, K Börner) H f M Berlin 43–44, Stud (E v d Heyde-Dohrn) H f M Hannover 47–50, Stud (W Maler, K Thomas, M Schneider) Nordwestdt MAkad Detmold 50–53. **Laufb:** Kantor Christuskirche Detmold 49–94, Doz (Chorerz) Nordwestdt MAkad Detmold 53–60, Prof (Chorerz) ebd 60–91, Prof (Chorerz) H d Künste Bremen 96–98, Prof (Orat) H f M Detmold 99–05, Lt Kantorei d Christuskirche Detmold, CAPPELLA d Nordwestdt MAkad Detmold, vocalens alexander wagner. **Pr:** Kulturpr d Landesverband Lippe 95. – **Komp:** Kleiner Liedpsalter; Braunschweiger Liedmesse, UA Braunschweig 51; Vokal-, Orgel-, Bläserkomp; 'Lob Gott getrost m Singen' (Kant), UA Ravensberger Musiktage, Herford 55. **Aufn/RF:** über 100 Prod f RF, Fernsehen, Schallpl, CDs. **UA:** E Pepping: Die wandelnde Glocke, UA Detmold, MH 73; J Driessler: 3 Heiseler-Chöre, UA Gütersloh, Stift Gymnasium 66; G Bialas: Hugenottenpsalm, UA Detmold, Christuskirche 72. **Zug:** G Bialas: Hugenottenpsalm. **Sonst:** Lehrbuch d Chorleitung (3 Bde); Reclams ChorM- u OratFührer; Chorausg z Genfer Psalter.

Wagner, Alexis, Bass-Bariton; Hellmut-Hartert-Str 28, D-67655 Kaiserslautern, T: (06 31) 3 10 96 02; c/o Konzertdirektion Fritz Dietrich, Sigmund-Freud-Str 1, D-60435 Frankfurt/M, T: (0 69) 54 45 04, F: 5 48 41 07, *info@konzertdirektion-dietrich.de.* **Laufb:** Gastsol Th Regensburg SpZ 00/01, Südostbayer Städteth Landshut SpZ 00/01, Sol Pfalzth Kaiserslautern seit 02. (Red)

Wagner, Andreas, Sänger; Steinackerstr 18, D-64285 Darmstadt, T: (01 63) 7 82 44 33. **Laufb:** Sol Staatsth Darmstadt (03/05), Staatsth am Gärtnerpl München, Staatsoptte Dresden SpZ 03/04. (Red)

Wagner, Anja Daniela, Sängerin-Mezzosopran; Stieglitzstr 95, D-04229 Leipzig, T: (03 41) 9 01 68 31, F: 4 92 58 92, *anjadanielawagner@web.de*; c/o Theater Nordhausen, PF 100244, D-99722 Nordhausen; *www.anjadanielawagner.de* [Halle-Saale 11.3.1969]. Oper-und Konzertgesang **Ausb:** Stud Ges (J Kovarikova) MH Leipzig 92–97, Aufbaustud Ges (H Zabel) MH Dresden 97–99, Hist.Gesang C Melian) 93–95, Mstrkrs (B Fassbaender) 99, (I Boas) Berlin. **Laufb:** Part: 'Hänsel u Gretel' (Hexe, Hänsel) Gewandhaus Leipzig 94–00, (Hänsel) Th Zwickau 98–00, R Schumann: Faustszenen Zwickauer MTage, Konz: Thomaskirche m Thomanerchor, Dgt: G C Biller, Gewandh-Orch 99, 00; MDR-Orch, Dgt: H Arman u F Luisi 99, 00; Italien-Tournee Johannes Passion m W Unger 00, Sol Th Nordhausen SpZ 03/04. – **Aufn/RF:** Werke v H Distler m W Unger 99 (CD).

Wagner, Anna, Mag, Prof, Hochschullehrerin, Klavier; Univ f Musik u Darst Kunst, Inst f Gesang u Musiktheater, Penzingerstr 7, A-1140 Wien. **Laufb:** Prof U f Musik u Darst Kunst Wien. (Red)

Wagner, Axel, Sänger; Listmannstr 5, D-65307 Bad Schwalbach, T: (0 61 24) 81 09, F: 70 28 54, *re.ax.wagner@t-online.de*; c/o Hessisches Staatstheater, Christian-Zais-Str 3, D-65189 Wiesbaden [Kirberg 1.5.1951]. Oper, Konzert **Ausb:** Stud Peter Cornelius Kons Mainz 74–78, Privatstud (K Liebl) Wiesbaden 74–78, Privatstud (J Metternich) München 81–82. **Laufb:** Sol Op Hannover, Gastsol Hess Staatsth Wiesbaden SpZ 00/01, Gastsol Staatsop Hamburg SpZ 00/01, Sol Hess Staatsth Wiesbaden seit 01, 'Oper auf der Burg' Hohenstein (Puccini: 'Tosca', Angelotti) 03, OpFSp Heidenheim SpZ 04/05 (Rigoletto). **Pr:** 1. OpPr VDMK Wettb Rheinland-Pfalz 77. – **UA:** Op: Lothar/Ende: 'Momo' (1. grauer Herr), UA Coburg 78; Schnyder: 'Sturm' (Alonso), UA Bern 96; D Wilde: 'London under Siège' (Father), UA Hannover 98.

Wagner, Barb, Komponistin, Klavier; Büelstr 25f, CH-6340 Baar, T: 04 17 61 05 42. (Red)

Wagner, Beatrix, Flöte; Ensemble reflexion K, Reeperbahn 20a, D-24340 Eckernförde, T: (0 43 51) 76 70 75, F: 76 70 75, *beatrix.wagner@freenet.de*; *www.beatrixwagner.de.* zeitgen Musik **Ausb:** Stud Fl (R Müller-Dombois) MH Detmold 89–96, Kse b R Aitken, R Dick, C Levine, I Matuz, Darmstädter Ferienks f Neue M 98 u 2000, Stud b P Racine Paris 2000/01. **Laufb:** Sol-Fl Schleswig-Holstein-MFstv-Orch 95, Arb m Dgt wie H Blomstedt, D Kitajenko, G Schuller, K Penderecki; Solo-Recitals; ZusArb m Künstlern anderer Kunstsparten (Malerei, Bild Kunst, Installation, Tanz, Literatur), Workshops z Thema Neue Musik auf d Fl; fr Imp u Performance: z B Performance-Fstv Burg Sternberg/Extertal 96, AuffReihe m Install v Stud d FH Bielefeld 97, Performancereihe m Tänzerin D Neimann 2000, Grd ens reflexion K 01, Gast b Musikfabrik NRW, Ens Aventure, Ens Modern, Ens Sur Plus, Ens Insomnio (Nl); KonzReisen n USA u Litauen 02 u n Großbrit u Singapur 03, Aserbaidschan Fstv 'Before the symbol' 04; Mongolei Fstv 'Roaring Hoofs' 05, NWEAMO-Fstv Portland, Oregon u San Diego, Kalifornien 05. **Pr:** 7. Int Kuhlau-Wettb f Fl Uelzen 95, 1. Int Contest for Wind ens Kerkrade/Niederlande 96 m FlQua 'Pro Arte', Stip d Office franco-allemand pour la jeunesse Paris 2000, d Lds NRW f Paris 01 u d Lds Schleswig-Holstein 03. – **Aufn/RF:** 1. Solo-CD m Werken v H Holliger, G Eckert, B Marcus, N A Huber i ZusArb m BR 03, Debüt-CD d Ens Reflexion K m Werken v Maderna, Zender, Eckert, Ishii, Carcano, Cage 03; Portrait-CD G Eckert, Ens Aventure 04; weitere CD-, RF- u TV-Aufn m BR, WDR, HR, RB, SWR, DtschldRadio Berlin; Einsp v H Holliger: '(t)air(e)' f Fl solo, Ersteinsp v N A Huber: 'First Play' Mozart f Fl solo u B Marcus: 'Solo for Flute', Neueinsp v B Maderna: 'Musica su due dimensioni' f Fl u TB. **UA:** Europ EA: K Penderecki: 5. Symph, G Eckert: 'dem schweigenden Antlitz' f Bassfl 99, UA Hannover (auch Ersteinsp CD), EA USA Manhattan School of Music New York 02; G Eckert: 'Klangräume II' f Piccolofl u TB, UA 2000, EA USA Hartford U u 3rd Practice Fstv Richmond 02, EA Singapur ICMC 03 u G Eckert: fast alle KamMWerke m Fl. **Sonst:** Veröffentl i Fach-ZS, z B Art über d Stück 'Dem schweigenden Antlitz' v G Eckert, in: ZS 'Flöte aktuell' Nr 4/99; Projekte d ens relflexion K: 'Wie Wolken um d Zeiten legt' (M gegen rechte Gewalt) 01/02/03, 'Musica su due dimensioni' (neue M in d auseinandersetzung m elektr M u Lyrik) 02/03, 'La testa d'Adriana' (MTh) 02, Konzertreihe Neue Musik Eckernförde seit 01, Konzertreihe Neue Musik Kiel seit 03, Mitinitiatorin von CHIFFREN – Tage f Neue Musik Kiel ab 06, Nolde-Projekt Dt/DK 06.

Wagner, Christian, Horn; c/o Staatskapelle Berlin, Unter den Linden 7, D-10117 Berlin. **Laufb:** stv Sol Staatskap Berlin. (Red)

Wagner, Christoph Maria, Komponist, Pianist, Dirigent; Auf dem Driesch 9, D-50259 Pulheim, T: (0 22 38) 30 97 37, 01 63–8 30 59 18, F: (0 22 38) 30 97 38, *wagnercm@freenet.de* [Pfullendorf b Bodensee 28.11.1966]. Neue Musik **Ausb:** Stud Dirig (V Wangenheim) MH Köln 87–92, Stud Komp (K Meyer) MH Köln 92–95, pianist Ausb b D Gomez u K Oldemeyer. **Laufb:** Lauftr (Partitur- u Generalbasssp) MH Köln seit 95, Grdgsmitgl Kölner Komp-Gruppe SCHISMA seit 95, Mitw Gergiev-Fstv Rotterdam 97, Int BodenseeFstv 2000, Gaudeamus Fstv Beurs van Berlage Amsterdam 01, zahlr Auff v Trakl-Abarb ua in Amsterdam, Maastricht, Eindhoven 03, regelm Auff seiner Werke b int Fstv ua Darmstädter Ferienkurse f neue Musik u int OrgFestW Nürnberg; Auftr als Kl-Sol u KamMusiker in Dtschld, Österr, Niederlande, Belgien, Polen u d Schweiz, Dgt-Tätigk Musik d 20. u 21. Jh wie Einstudierungen f I Metzenmacher b Ens Modern u Junger Dt Philh, ZusArb m H Lachenmann u M Kagel; Gastdgt ua b Kölner Op- u SchauspHaus, oh Ton-Ens Oldenburg, Doelen Ens Rotterdam; Auft m MTh Köln EXPO 2000. **Pr:** Kulturförderpr d Stadt Konstanz 92, 1. Pr b 1. Int Wettb f Komp u Interpr d European Flute Fstv f Komp 'Zoom' 99. **Mitgl:** Vors d KonzVeranstaltungsvereins Klang Köln eV 2000–02. – **Komp:** Klavieretüden Heft I 90/92 u Heft II 93/94; StrQua (Introduzione-Nostalgia-Intossicazione) 93–94, revidiert 97 u 01/02; Volando (KlEtüde) 94 (Auftr: Saarländ RF); Anstelle v mehreren f V solo 95; CHROMATOmanie f

Kl 95/96; D Finger (Kurzop n Koan-Text a d Zen-buddhismus f Counterten, 2 Bässe, Klar, Git, Schlgz u 2 Synth) 96 (Auftr: MusikTheater Köln); D Opferstock (Op n e Predigt v Mst Eckart f 5 Sänger, Sprecher u 5 Instr), UA Köln, Dgt: C M Wagner 97/98; Märchenstunde (MTh f Sop u Kl) 98/99; Chiaroscuro f Fl, Klar, Fag u Akk 98 revidiert 01 (Auftr: Dt Akkordeonlehrerverband); Viva il pubblico! (MTh f Ob, Klar, Sax, Bassklar u Fag) 99 (Auftr: Calefax Reed Qui); Konz f Kl u Orch 2000, UA C M Wagner (Kl) u Noordhollands Philharm Ork, 01; Déjà-vu f Ob u StrOrch 99/2000, UA Int BodenseeFstv, s Schilli (Ob) u Litau KamOrch, 2000 (Auftr: S Schilli u Litau KamOrch); Trakl-Abarbeitung (musikal Aktion f Mezzosop, V, Vcl, Klar, Fag, Kl u Schlgz) 02; 'diatonisch reisen' (f 2 Fag u Kl) 03/04 (Auftr: E u K Okazaki, D Jensen); 2. StrQua 04. **Aufn/RF:** Ausstrahlung seiner W v RF- u TV-Sendern in Dtld, Polen, Bulgarien, d Schweiz u d Niederlanden; CD-Aufn, RF- u TV-Mitschn als Dgt u Pianist; Einsp aller KlW CD u RF 06.

Wagner, Dieter, Oboe; c/o Staatskapelle Berlin, Unter den Linden 7, D-10117 Berlin. **Laufb:** Sol Staatskap Berlin. (Red)

Wagner, Eckhard, Kapellmeister; c/o Theater Trier, Am Augustinerhof, D-54290 Trier, PF 3470, D-54224 Trier, T: (06 51) 7 18 34 62; *www.theater-trier.de*. **Laufb:** Kapm u ChorDir Th Trier SpZ 03/04.

Wagner, Erich, Klarinette; c/o trio e-vent, Kirsten Reese, Kurfürstenstr 9, D-10785 Berlin, T: (0 30) 25 70 01 57, F: 25 70 01 57, *kirsten.reese@gmx.net*; *trio-e-vent.kulturserver-berlin.de* [Todtnau]. **Ausb:** Stud Klar H f M Freiburg i Br (Prof D Klöcker), OrchM-Dipl Klar; Aufbaustud H f M Mannheim (Prof H Pfeifer), Mstrkse (G Peyer, K Leister, J Michaels, G Deplus). **Laufb:** Sol Anhalt Philh Dessau seit 93; Gast Musikfabrik Nordrheinwestfalen, KamEns Neue Musik Berlin, United Berlin; Auftritte in Indonesien, Fstv Wien, Genf, Warschau, Int Ferienkse f Neue M Darmstadt, Berliner FestW. **Ens:** Ens Surplus, trio e-vent. (*)

Wagner, Gertraud, KS, Mezzosopran; Lothringer Str 32, D-30559 Hannover, T: (05 11) 51 77 52, 0 17 25 15 57 52, F: (05 11) 51 77 52. **Laufb:** Sol Op Hannover. (Red)

Wagner, Josef, Bassbariton; c/o Stadttheater Klagenfurt, Theaterplatz 4, A-9020 Klagenfurt, T: (01) 51 44 40, F: 5 14 44 32 15, *office@volksoper.at*; c/o Volksoper Wien, Währinger Str 78, A-1090 Wien; *www.volksoper.at* [1975]. **Ausb:** U f M u darst Kunst Wien b K Equiluz u R Holl, Mstrks b P Esswood, W Berry, Ch Ludwig, W Slabbert. **Laufb:** EnsMItgl Volksop Wien seit 02/03, Salzburger Landesth 04, Stadtth Klagenfurt SpZ 04/05, Stadtth Bern SpZ 05/06, Th an d Wien 05/06, Salzburger FSp 06. (*)

Wagner, Jürgen J, Sänger; Manteuffelstr 16, D-45138 Essen, T: (02 01) 2 79 80 79, F: 2 79 80 78, *jjwagner@gmx.de*. **Ausb:** Stud Ges (Gründler) MH Frankfurt/M 80–86. **Laufb:** Stadtth Pforzheim 86–88, Pfalzth Kaiserslautern 88–90, Th d Westens Berlin 91, Staatsth Kassel 91–92, Nationalth Mannheim 91–93, Stadtth Augsburg 92–94, Landesth Coburg 93–94, Th Bautzen 93–95, Rhein-Main-Th Niedernhausen 96–98, Op Frankfurt/M 98, Neue Metropol Th Bremen 98–2001, Unterrichtstätigkeit. – **Aufn/RF:** RF-Aufn HR, WDR, SWF (Konz, Orat, Liederabende).

Wagner, Karl, Dr phil, Prof, Hochschullehrer (Klavier); Fischergasse 84, A-5020 Salzburg, T: (06 62) 43 42 15, F: 43 42 15 [Salzburg 11.2.1935]. **Laufb:** UProf (Kl) U Mozarteum Salzburg. (Red)

Wagner, Karl Friedrich, Hochschullehrer, Orgel; Hochschule f Kath Kirchenmusik u Musikpädagogik, Andreasstr 9, D-93059 Regensburg. **Laufb:** Doz (Org, Generalbaßsp) KiMSchule Regensburg. (Red)

Wagner, Konrad, KMD, Domkapellmeister iR, Hochschullehrer; Rayskistr 6, D-01219 Dresden, T: (03 51) 2 70 62 48 [Hainitz 18.1.1930]. Kirchenmusik, Chorleitung **Ausb:** Kath KiM (Prof Joseph Ahrens) H f M Berlin Charlottenburg 51–55. **Laufb:** Doz (kath Liturgik) H f KiM Dresden, Musikpräfekt d 'Dresdner Kapellknaben' 48–51, Chordir ebd u Domkapm Kathedrale d Bistums Dresden-Meißen 55–97. **Pr:** Kunstpr d Stadt Dresden 95, Verdienstorden d Freistaates Sachsen 01, Leisentrit-Med d Bistums Dresden-Meißen. **Mitgl:** Vors 'Kath Schulwerk St Benno eV', Mitgl 'Kath Akad Dresden eV'. – **Aufn/RF:** Johann Adolph Hasse: Te Deum, Gloria, Regina coeli (CD); Jan Dismas Zelenka: Missa Circumcisionis D N J Chr (CD); Musik an der Dresdner Hofkirche. C M v Weber: Messe in Es-Dur (CD); Dresdner Kapellknaben singen z Weihnacht (CD); Cantate Domino – Die Dresdner Kapellknaben 98. **UA:** Helge Jung: Laudes Creaturarum 82. **Zug:** Georg Trexler: Proprium v 'Allerheiligen'; Helge Jung: Ps. **Sonst:** Die KiM an d Kath Hofkirche in Dresden seit 1940 (Kirchenmusikal Jb) 95.

Wagner, Laurent, Kapellmeister; c/o Austroconcert, Gluckgasse 1, A-1010 Wien, T: (01) 5 13 26 57, F: 5 12 61 54, *austroconcert@ia-ac.com*; *www.ia-ac.com*. **Ausb:** Lyon (Kl, Fagott, Tonsatz und KamM), OrchM (Fagott), Wiener MH Kapmklasse Prof. K Österreicher. **Laufb:** Erster Kapm Dortmund, GMD Saarl Staatsth Saarbrücken 94–98, Operndir Th St Gallen 98–01, Gastdir Dt Op Berlin (Aida), Op Chemnitz (Meistersinger von Nürnberg), Th Basel (Viaggio a Reims u Carmen), Op Graz; Principal Conductor d Irischen RF-Orch (RTE Concert Orchestra) 04/05. (Red)

Wagner, Markus, Prof, Hochschullehrer, Violoncello; Hochschule f Musik Nürnberg-Augsburg, Abt Augsburg, Maximilianstr 59, D-86150 Augsburg, *Profmarkuswagner@aol.com*. **Ausb:** Stud (W Notha) H f M München, (Z Nelsova) Juilliard Sch/NY; Mstrkse b Yo-Yo Ma, H Schiff, P Tortelier, N Gutman, W Pleeth. **Laufb:** Prof (Vcl) H f M Nürnberg-Augsburg, Abt Augsburg.

Wagner, Martin, Chordirektor; c/o Staatsoperette Dresden, Pirnaer Landstr 131, D-01257 Dresden. **Laufb:** Chordir Staatsoptte Dresden. (Red)

Wagner, Michael, Sänger; c/o Tiroler Landestheater, Rennweg 2, A-6020 Innsbruck, T: (05 12) 5 20 74. **Laufb:** Sol Operetten-FSp Bad Ischl SpZ 03/04, Sol Neue Op Wien SpZ 03/04, Sol Tiroler Ldsth SpZ 04/05, Th Aufstand Wels SpZ 04/05. (Red)

Wagner, Sibylle, Dirigentin, Chordirektorin; c/o Oper Bonn, Boeselagerhof 1, D-53111 Bonn, T: (02 28) 77 82 45 [München]. **Ausb:** MH München, Mozarteum Salzburg u Berlin (H Bilgram, W Hagen-Groll, M Gielen, R Reuter, N Harnoncourt). **Laufb:** stellvertr Chordir Hamb Staatsoper, Chordir MTh Bonn seit SpZ 97/98 (04/05), Dgt Op Bonn SpZ 03/05. **Pr:** Paumgartner-Med Inter Stift Mozarteum. (Red)

Wagner, Silvan, Dipl Mus Päd, Dipl Phil, Konzertmusiker (Mandoline), Komponist, Mediävist; Oberdorfstr 12, D-96224 Burgkunstadt / Ebneth, *silvan.wagner@gmx.de* [Kronach 7.5.1976]. Kammermusik; Verbindung v Musik, bildender Kunst, Theater u Wissenschaft **Ausb:** MandUnterr b C Thiergärtner Schweinfurt 93–99, Stud Mand (Prof M Wilden-Hüsgen, G Weyhofen) u MTheorie (Prof W Weiand) HfM Köln Abt Wuppertal 96–99; Stud (LA Gymn Ev Theologie, Germanistik) Uni Bayreuth 99–05; Promotion ab 05. **Laufb:** Mitgl Bayer Landesjugendorch 91–99, Doz Bayer Landesjugendzupforch seit 99 Mitgl Bayer Landesjugendzupforch 91–99, Doz Bayer Landesjugendzupforch seit 99; zahlr KamM-Konz m Theatergruppe Bumerang u versch Künstlern; Doz (Musik im MA) Uni Bayreuth, Mediävistik. **Pr:** 1. Pr Bundeswettb 'Jugend musiziert' (Wertung Zupfens) 95, 3. Pr 1. Giacomo-Sartori-Wettb Ala/ Italien 98. **Ens:** Aramis-Qua, München. – **Komp:** 'Numen' (Mand solo), UA Burgkunstadt 2000; Zupfqua Nr. 1, UA München 03; '... Du segnest mich denn!' (Zupforch) UA München 03. **Sonst:** Mitgl ThGruppe Bumerang seit 95, künstl Ltg u Regie seit 99, Konzeption d Ausst 'Frauenbilder – Männerbilder' Lichtenfels 05.

Wagner, Stefan, Violine, Konzertmeister; c/o NDR Sinfonieorchester, Rothenbaumchaussee 132–134, D-20149 Hamburg. **Laufb:** Konzm NDR SinfOrch. (Red)

Wagner, Thomas, Posaune; Marienstr 1, D-79346 Endingen, *thomaswagner.end@web.de*. Neue Musik **Ausb:** Stud Pos MH Freiburg (Vitus Böhler, Armin Bachmann, Markus Wuest). **Laufb:** Gast b MusikFabrik NRW, Ens Modern (Frankfurt), SWR-SinfOrch, Osaka Century Orch, Kyushu Symph Orch (Japan). **Ens:** composers slide quartet, Quartett Avance, Ensemble Aventure, Ensemble SurPlus. – **UA:** Jens Joneleit: Le Tout est le Rien, UA Dresden 05; Mesias Maiguashca: Tongeographie II, UA Freiburg 05, Robin Hoffmann: Finte, UA Stuttgart 04, Valerio Sannicandro: Quadranti, UA Stuttgart 04. **Zug:** Roland Breitenfeld: Moments of Darkness, UA Breisach 02.

Wagner, Ulrich, Studienleiter, Kapellmeister, Komponist; Hinterm Dorf 22, D-76199 Karlsruhe, T: (07 21) 3 52 81 52 [Bad Oeynhausen 17.4.1967]. Musiktheater **Ausb:** Stud Komp (K Meyer, M Kagel), OrchDirig (V Wangenheim), Hauptfach Kl (I Schapira) MH Köln 88–95. **Laufb:** Studienlt, Kapm, Ass d GMD, Dgt u Moderator d Kinderkonzerte Vereinigte Städt Bühnen Krefeld u Mönchengladbach, Lt Niederrhein Konzertchor, Kapm und Studlt Badisches Staatsth Karlsruhe SpZ 04/05. – **Komp:** Auf d Kirchhofe (Zykl f Sop u Kl oder InstrEns) 90/91; Yvonne (KamOp in 2 Akten, Libretto: C Martin nach W Gombrowicz), UA Hamburg 94; Circulations f 22 Spieler 01 ua. **Aufn/RF:** R Blömer: Seconde Stravaganze 2000. **UA:** B König: Talk 91; C M Tung: Sternennacht 94; T Beimel: Idyllen 99.

Wagner, Wolfgang, Dr hc, Festspielleiter, Regisseur; c/o Bayreuther Festspiele GmbH, Festspielhügel 1–2, D-95445 Bayreuth [Bayreuth 30.8.1919]. **Ausb:** priv MStud seit 40. **Laufb:** Regieass u Hilfsinspizient Preuss Staatsop Berlin seit 40, Regiedebüt Staatsop Berlin 44, gem Ltg d Bayreuther FSp m Wieland Wagner 50–66, alleinige Ltg ders seit 67, Gesellschafter-GF d Bayreuther FSp GmbH seit 86, zahlr Inszenierungen in Bayreuth 53–02, Gastinszenierungen in Europa u Japan. **Pr:** Dr hc d Univ Bayreuth 94, Kulturpr d Europ Kulturstift 03, BVK 05. – **Sonst:** Mitinitiator d Richard-Wagner-Stift 73, Autobiographie 'Lebens-Akte' 94. (Red)

Wagner, Wolfram, ao Univ Prof Mag, Komponist, Hochschullehrer; Sieveringer Str 91/3/9, A-1190 Wien, T: (01) 3 20 31 05, F: 3 20 31 05, *wagner@mdw.ac.at*; Universität für Musik und Darstellende Kunst, Institut Anton Bruckner, Anton-von-Webern-Pl 1, A-1030 Wien; *www.wolfram-wagner.com* [Wien 28.9.1962]. Bühnenwerke, Orchester- u Chorwerke, Kirchenmusik, Kammermusik **Ausb:** Stud (Komp, Fl, MPäd) MH Wien 77–87, Komp (Zender) MH Frankfurt 91/92, Post graduate Komp (Saxton) Guildhall School of Music and Drama London 90–92. **Laufb:** VertragsL (Tonsatz, Komp) Univ f Musik u Darst Kunst Wien seit 95, LBeauftr ebd seit 92, ao UProf ebda, Composer in Residence Acad of St Martin in the Fields London 92/93, Auff weltweit. **Pr:** Int Anton Bruckner Pr Linz 97, Förderungspr d Republik Österr f Komp ua. – **Komp:** 'Wenn der Teufel tanzt' (Op), UA Carinth Sommer 96; 'Die Unvollendete...' (Ballett), UA Donaufstv 97; 'Hiob' (Orat), 'Augustinus' (Orat); 'Sonnengesang', UA Wiener Singverein, Prinz 99 (Auftr: Musikverein Wien); 'Symphonia', UA Berlin, Konzerthaus am Gendarmenmarkt, Wiener Jeunesse Orch, Dgt: H Böck; 'Dances in the Ether', UA London, Queen Elizabeth Hall, Acad of St Martin in the Fields, Dgt: W Wagner. **Lit:** Lex Österr Komp d Gegenwart.

Wahl, Erika, Sopran; Langenstr 7, D-18439 Stralsund, T: (0 38 31) 66 77 88; c/o Theater Stralsund, Olof-Palme-Platz, D-18439 Stralsund, T: (0 38 31) 2 64 60, *oeffentlichkeit.hst@theater-vorpommern.de* [Taldy-Kurgan, Kasachstan 1973]. **Ausb:** Stud (Ges) H f M Lübeck ab 94, Mstrks ua b P Stamm, E Facini u B Fassbaender. **Laufb:** Gastsol Th Lübeck, Stadtth Hildesheim, Ens Th Vorpommern Stralsund seit 02, Gastsol Schleswig-Holstein-Fstv 02. (Red)

Wahlmüller, Michael, Komponist; Kleinwört 52, A-4030 Linz, T: (07 32) 30 17 29, (06 76) 7 07 99 97; Forsthausgasse 2–8/2719, A-1200 Wien [Linz 5.3.1980]. KamM, Vokalmusik **Ausb:** Stud Vcl, Komp (G Waldek) Bruckner Kons, U f Musik Wien, (Lehramt ME, Psychologie, Phil) U Wien. **Laufb:** Projekt UA Wien 98 (UA Ancipiti fortuna f Fl-Solo). – **Komp:** 1. Sinf, UA Linz, Ursulinenkirche, UOrch, Dgt: J Wetzler 99; 'Nur was in dir brennt...' (Qua f 2 Va, Vcl, Kb), UA Int Schlägler Musikveranst 2000. **AuftrKomp:** Sinfonia per archi, UA m Linzer KamOrch, Dgt: F Hinterdorfer 02. **Aufn/RF:** RF-Mitschn: 'Ein Walzer im neuen Geschmack', m das bösze Salonorch (ORF).

Wahren, Karl Heinz, Prof, Komponist; Jenaer Str 12, D-10717 Berlin, T: (0 30) 8 54 42 60, F: 8 54 84 76 [Bonn 28.4.1933]. Kammermusik, Orchestermusik, zeitgen Oper **Ausb:** Stud Berlin ab 53, Ex 61, Weiterstud (KA Hartmann) München, (J Rufer) Berlin. **Laufb:** Vorlesungen H f M u Th München seit 02, Honorar-Professur ebd 03. **Pr:** mehrmals Stip Int Ferienks f Neue Musik Darmstadt, Rompr Villa Massimo 69/70, Förderungspr Akad d Künste Berlin 78, BVK am Bande 94, GEMA-Ehrenring 2000, GEMA-Ehrenmitgl 03, Werner-Egk-Medaille 03. **Mitgl:** Präs DKV seit 90. – **Komp:** 3 Op, 18 Orch-Komp, über 50 KamM-Werke, ua: Fettklößchen (Op), UA 78; By, By, Bayreuth (sinfon Farce f Orch), UA 85; Nächtl Tänze toscan Jungfrauen in florentin Gärten z Blütezeit d Inquisition (f Str-Qui u Big Band), UA 86; Galathee, d Schöne nach Fr v Suppé (Kom Op), UA 96; Metropolis Berlin (gr Suite), UA 98. **Sonst:** Mitbegrd Gruppe Neue Musik Berlin.

Wahren, Tobias, Komposition, Klavier, Schauspielmusik; Karlstr 67, D-89073 Ulm, T: (07 31) 9 60 97 78, *TobiasWahren@aol.com*. **Ausb:** Stud Kl (Prof K-H Kämmerling, Prof B Goetzke) MH Hannover 83–87, Dirig (Prof H Kast) MH Düsseldorf 87–90; DirigKs Altenburg (R Reuter) 92. **Laufb:** Korrep Th Oberhausen 88–90, Rep m DirigVerpfl Th Wuppertal 90–91, Kapm Th Stendal 91–93, ChDir u Kapm Th Ulm 93–96, SchauspM f Th Ulm, Neu-Ulm, Theaterei Erbach (03/05), Herrlingen. **Pr:** Prtr Steinway KlWettb 80. – **Komp:** 'JONA' (Orat), UA Elberfelder KamCh, Dgt: N Hebel 93; 'Bobrov' (Op), UA Op Ulm, Ltg: T W 95; 'Wiederkehr' (OrchW), UA Ulmer Philh, Ltg: J A Gähres 96; 'D hl Antonius' (Musical), UA Ch Bellenberg, Ltg: A Sacher 97; 'Faust' (BühnenM), UA Th Neu-Ulm, Ltg: C Riese 99; 'Wiederkehr'(OrchW), UA KamOrch Köln, Ltg: O L Schmidt 2001; 'D Letzten Tage d Menschheit' (BühnenM), UA Ulmer Th, Ltg: F Solter 02. **AuftrKomp:** ua'Bobrov' (Op) am Ulmer Th 96.

Wahren, Ulrike, Sängerin; Woldemarstr 47, D-32756 Detmold, T: (0 52 31) 30 29 60, (01 77) 7 44 50 89. **Laufb:** Gast-Sol Landesth Detmold SpZ 00/05. (Red)

Wakeham, David, Bariton; Haubachstr 18, D-22765 Hamburg, T: (0 40) 38 61 48 65, *management@davidwakeham.com*; *www.davidwakeham.com*. **Laufb:** Mitgl Opernstudio Zürich ab 93, Sol Kom Op Berlin SpZ 03/04. (Red)

Wakita, Mariko, Sängerin; c/o Theater Aufstand Wels, Reinberghof 3, A-4600 Thalheim. **Laufb:** Sol Klagenfurter Ens SpZ 03/04, Th Aufstand Wels SpZ 04/05. (Red)

Walachowski, Anna, Pianistin; c/o Concertino Agentur, Nerotal 24, D-65193 Wiesbaden, T: (06 11) 1 80 56 56, F: 1 80 56 57, *concertino-wiesbaden@t-online.de*. **Ausb:** Musikgymn f Hochbegabte Breslau, Mozarteum Salzburg, MH Hannover, Mstrkl (K-H Kämmerling, A Kontarsky, Drechsel, A Valdma, T Nikolajewa, R Kehrer, M Horszowski, J Ekier). **Laufb:** KonzTourneen Europa. **Ens:** Klavierduo Anna u Ines Walachowski. – **Aufn/RF:** CD: Mendelssohn: Konz f 2 Kl u Orch/ Pulenc: Konz f 2 Kl u Orch, Württ Philh, Dgt: R Paternostro. (Red)

Walachowski, Ines, Pianistin; c/o Concertino Agentur, Nerotal 24, D-65193 Wiesbaden, T: (06 11) 1 80 56 56, F: 1 80 56 57, *concertino-wiesbaden@t-online.de*. **Ausb:** Musikgymn f Hochbegabte Breslau, Mozarteum Salzburg, MH Hannover, Mstrkl (K-H Kämmerling, A Kontarsky, Drechsel, A Valdma, T Nikolajewa, R Kehrer, M Horszowski, J Ekier). **Laufb:** KonzTourneen Europa. **Ens:** Klavierduo Anna u Ines Walachowski. – **Aufn/RF:** CD: Mendelssohn: Konz f 2 Kl u Orch/ Pulenc: Konz f 2 Kl u Orch, Württ Philh, Dgt: R Paternostro. (Red)

Walbeck, Martina, Klavier; Heinrich-Lersch-Str 7, D-41352 Korschenbroich, T: (0 21 61) 64 19 86, 01 70–9 41 93 66, F: 64 15 63, *webmaster@walbeck-kerkeling.de*; c/o Pro Arte Stefan Dörpinghaus, Rosenweg 7, D-42499 Hückeswagen, T: (0 21 92) 8 30 05, 01 77–6 63 40 66, F: 93 18 81, *info@proarte-online.de*; *www.walbeck-kerkeling.de* [1967]. **Ausb:** Mstrkl (B Strobel, D Levine), Kl (R Szidon) Robert-Schumann-H Düsseldorf. **Laufb:** Konz-Reise USA m Kl-Duo Walbeck & Kerkeling 99, Argentinien 99. **Pr:** 1. Prtr 9. Int Wettb f junge Pianisten Rom 98, Int Kl-Wettb Gino Gandolfi Salsomaggiore Terme 99, Plazierung Ibla Grand Prize-Wettb Sizilien 99. **Ens:** Kl-Duo Walbeck & Kerkeling seit 93. (Red)

Walchshofer, Alois Albert, Sänger (Bariton); Schaufuszstr 34, D-01277 Dresden, T: 0 17 23 56 20 62, F: (03 51) 3 14 88 03, *alois.a.walchshofer@web.de* [Auberbach, Österreich 30.4.1953]. Oper, Operette, Musical **Ausb:** Stud (Gesang, opdramat Ausb) m Dipl Brucknerkons Linz u Mozarteum Salzburg. **Laufb:** Wiener KamOp, Städtebundth Hof/Saale, Oberbayer Städteth München, Fürstbischöfl OpHaus Passau, Stadtth St Pölten, Landesth Linz, MTh Biel, Münchner OpBühne, Op Factory Zürich, Städt Bühnen Osnabrück, Op- u Opttenprod sowie KonzTourneen in Skandinavien, Frankreich, Belgien, Schweiz, Tschechien, Ungarn, Bulgarien, Israel, Japan.

Waldeck, Mark, Sänger; c/o Tomberg, v-Schiller-Str 18, D-63263 Neu-Isenburg, T: (0 69) 69 16 25. (*)

Waldek, Gunter, Mag, Komponist, Dirigent, Professor; Schubertstr 3, A-4770 Andorf, T: (06 76) 9 45 63 73, *g.waldek@eduhi.at* [Linz 26.7.1953]. Musiktheater, Vokalkompositionen **Ausb:** Stud MPäd, Dirig (Wimberger), Chorlt (Prestel), Komp (Eder) Mozarteum Salzburg 71–82, (Romanistik, MWiss) U Salzburg 71–77. **Laufb:** Prof (Komp, Theorie) Bruckner-Kons Linz seit 82, stellv Dir (Komp) ebd seit 90, Dgt Th Aufstand Wels SpZ 04/05. **Pr:** Kunstförderungsstip d Stadt Linz 87, Ldeskulturpr f Musik 94, Förderungspr d Bundesmin 96. **Ens:** musikal Lt Grieskirchner KamOrch, Brucknerbund-Orch Ried, ARGE 'Op auf Rädern'. **Mitgl:** IGNM, Österr Komponistenbund, Int Joh-Nep-David-Ges, Int Paul Hofhaymer-Ges, Künstlergilde Esslingen. – **Komp:** Up & Down, UA Ried, Musikmesse 89; Domklang, UA Neuer Dom Linz 90; Von der Verwüstung d Westind Länder, UA Salzburg, World-Uranium-Hearing 92; Bows & Arrows, UA Wien Modern 93; Ein etwas seltsames Abendessen (MTh), UA Wels/Klagenfurt 94; Schneeluft in meiner Hand, UA Radstadt, Int Hofhaymer Tage 2000. **AuftrKomp:** Lacrimosa (f gr Orch), UA Linz, Brucknerhaus 89; Et l'enfant dit (szen Kant), UA Lausanne 91 (Auftr: 700 Jahre Schweiz); Das Hohe Lied (KiOp), UA Linz, Brucknerfest 93; ...meins traurens ist... (VKonz), UA Salzburg, Mozarteum-Orch 86; Un ballo di gioia, m Bruckner-Orch Linz, UA Linz 03. **Lit:** div Art in Kultur-Zs.

Waldner, Therese, Sängerin; Hermann-Dornscheidt-Str 44, D-40470 Düsseldorf, T: (02 11) 6 39 71 23, (01 71) 2 61 89 88. **Laufb:** Sol Dt Op am Rhein Düsseldorf-Duisburg SpZ 03/05, Bad Staatsth Karlsruhe. (Red)

Waldner, Veronika, dramatischer Mezzosopran; Barkhof 13, D-23558 Lübeck, T: (04 51) 8 09 05 52, F: 8 09 05 52, *waldner@debitel.net*; *home.debitel.net/user/waldner* [Klagenfurt]. deutsch-französische Oper, Konzert u Lied **Ausb:** pädagog Ausb f Deutsch u Musik; Stud Ges H f M u Darst K Graz. **Laufb:** erste Gasteng Op Graz, Landesth Salzburg u Wiener Staatsop 88/89; festes Eng Ulmer Th 89–91; Ensemblemitgl Wuppertaler Bühnen 91–01; Schillerth NRW Wuppertal-Gelsenkirchen ab 96; weitere Gasteng ua Th Dortmund, Aaltoth Essen, Staatsth Mannheim u Op Leipzig; Gasteng Wuppertaler Bühnen, Stadtth Münster u Stadtth Lübeck 02/03; festes Eng Stadtth Lübeck seit 03; Gasteng Staatsop Hannover 04/05; Tourneen m Pina Bausch als Orpheus (in 'Orpheus u Eurydike' v Gluck) Op National de Paris u Teatro Carlo Felice Genua, u als Diana (in 'Iphigenie auf Tauris' v Gluck) Saitama Arts Theatre Tokyo, Teatro dell'Opera Rom u Teatro Regio Turin. **Pr:** 'beste Sängerin' lt Kritiker-Umfrage z Theatersaison 92/93 im Rheinland (Neues Rheinland, Nr. 8, 93); zwei Nennungen im Jahrbuch d Opernwelt 93 u 96 f herausragende Leistungen einer Sängerin (Cyrus in 'Belsazar', Händel u Alcina in 'Orlando', Vivaldi); Gauklerpr Wuppertal 99 (Publikumspr).

Waldschmidt, Ralf, Dr, Dramaturg; Humboldtstr 89, D-28203 Bremen, T: (04 21) 7 94 78 22; Bremer Theater, PF 101046, D-28010 Bremen. **Laufb:** Ltd Dramat Musikth Bremen. (Red)

Walek, Georg, Violine; c/o Berliner Symphoniker, Christstr 30, D-14059 Berlin. **Laufb:** Vorspieler Berliner Symphoniker. (*)

Walendowski, Dariusz, Sänger; Zum Steilufer 51, D-19065 Görslow, T: (0 38 60) 84 51; c/o Volkstheater Rostock, PF 102215, D-18004 Rostock. **Laufb:** Gastsol Volksth Rostock SpZ 00/01, Gastsol Lübecker Th SpZ 00/04, Gastsol Anhalt Th Dessau u Landesth Mecklenburg Neustrelitz SpZ 03/04, GastSol Staatsth Braunschweig SpZ 04/05. (Red)

Walerowicz, Monika, Mezzosopran; c/o Staatstheater Kassel, Friedrichspl 15, D-34117 Kassel. (Red)

Walesch, Manou, Sängerin; Trierer Str 138, L-6960 Senningen; Saarländisches Staatstheater, Schillerpl 1, D-66111 Saarbrücken. **Laufb:** Sol Saarländ Staatsth SpZ 03/04. (Red)

Walewska, Malgorzata, Mag, Sängerin; c/o Deutsche Oper, Bismarckstr 35, D-10627 Berlin, *mwalewska@wp.pl*; *www.walewska.net* [Warschau, Polen 5.7.1965]. **Ausb:** Stud Ges (H Slonicka) E Chopin MAkad Warschau bis 94. **Laufb:** Debüt Paderewski: 'Manru' (Aza) NatOp Warschau 91–94, Bremer Th SpZ 94/95, 95/96, 97/98, Sol Wiener Staatsop 96/97, 97/98, Sol Sächs Staatsop Dresden (03/04), Volksop Wien (03/04), Gastsol Vereinigte Bühnen Graz SpZ 02/03, 03/04; Auftritte: Teatro Comunale di Bologna, Ferrara, Modena, Teatro Municipale Valli Reggio Emilia, Dt Op a Rhein Düsseldorf, Essen, Luxemburg, FSp Brüssel, Sevilla, London, Savonlinna, Athen, Dt Op Berlin, Wiener Volksop, Palm Beach Op Florida, Th Graz, Staatsop Helsinki, Fstv Gran Canaria, Nante, Bregenzer FSp, Sol Dt Op Berlin SpZ 04/05. **Pr:** 2. Pr I. Int GesWettb MH Breslau 90, 1. Pr II. Int Wettb 'A Kraus' Las Palmas 92, zwei Pr 'Bester Mezzosop' Int St Moniuszko Wettb Warschau, Finalistin Belvedere wettb Wien, Prtr L Pavarotti Wettb Philadelphia. – **Aufn/RF:** Bruckner: 'Te Deum' 95, 'Voce di Donna' 2000, 'Mezzo' 2000, 'Ave Maria' 01.

Walker, Drummond, Heldentenor; Hoffeldring 8C, D-83080 Oberaudorf, T: (0 80 33) 30 34 37, 01 79–4 58 81 83; c/o Alber Concert Theater GmbH, Gleimstr 5, D-81677 München, T: (0 89) 29 45 65, F: 2 28 93 59, *info@alber-concert.de* [Ware (England) 22.6.1959]. Oper, Operette, Konzert **Ausb:** Trinity Coll of Music London. **Laufb:** Gastsol Pfalzth Kaiserslautern SpZ 00/01, Stadtth Hildesheim SpZ 04/05, Sol Thüring Landesth Eisenach SpZ 03/04.

Walker, Granville, Chordirektor; c/o Theater Dortmund, Kuhstr 12, D-44137 Dortmund. **Laufb:** Chordir Th Dortmund. (Red)

Walker, Urs, Violine; Möttelistr 34, CH-8401 Winterthur, T: 05 22 33 52 88, F: 05 22 38 15 63. **Laufb:** Lt Ripieno KonzR Winterthur. **Ens:** Collegium Novum. (Red)

Wall, Gudrun, Prof, Hochschullehrerin, Akkordeon; Karl-Liebknecht-Str 18, D-14542 Glindow, T: (0 33 27) 7 13 24; H f Musik 'Hanns Eisler', Charlottenstr 55, D-10117 Berlin. **Ausb:** (Akk, Kl, MTheorie, MGesch) Robert-Schumann-Kons Zwickau bis 69, Stud Dipl-MErz (Akk) H f Musik 'Hanns Eisler' 73.

Laufb: ZusArb Berliner Sprech- u MTh, als Mitgl e Berliner KamMVereinigung Konz im In- u Ausland, m Berliner Philh b Salzburger FSp 97, Japantournee m Orch d Staatsop 97, Jurorin auf nat u int Wettb, LAuftr H f Musik 'Hanns Eisler' Berlin 75, künstl Lehrkraft im HDienst ebd 84, Prof (Akk) ebd 92. **Pr:** zahlr 1. Pr b Int AkkWettb Klingenthal. (Red)

Wallat, Hans, Dirigent; c/o Deutsche Oper am Rhein, Heinrich-Heine-Allee 16 a, D-40213 Düsseldorf. **Laufb:** ehem GMD Dortmund, Dgt Dt Op am Rhein Düsseldorf-Duisburg (03/05). (Red)

Wallén, Hermann, Bariton; Linienstr 130, D-10115 Berlin, T: 0 172760 3108; c/o ALLEGRO artist management, Rosenstr 2, D-10178 Berlin, T: (0 30) 2 43 10 21 66, F: 2 43 10 25 94 [Stockholm 21.4.1978]. **Ausb:** Stud Ges (R Hermann, H Höll, M Shirai) H f M Karlsruhe. **Laufb:** Sol Kom Op Berlin 02–04, Op Leipzig seit SpZ 03/04, Gastsol Dresdner Tage d neuen M 2000, Helsinki Fstv, Savonlinna OpFstv, Kuhmo Chamber Music Fstv, Rheingauer MFstv, Sommets Musicauts de Gstaad, Salzburger FSp 05, regelm Konz m K Nakagawa (Kl), Konz m Helsinki Philh Orch, Philh Orch Köln, Turku Philh Orch, Philharmonia Hungarica, Avanti! Chamber Orch, Tampere Philh Orch, ZusArb m Dgt: ua M Jurowski, W Sawallisch, M Janowski. **Pr:** Stip d Studienstift d dt Volkes, d Kunststift Baden-Württemberg u d Martti-Talvela-Stift, 2. Pr 4. Int Wettb 'Franz Schubert u Musik d Moderne' Graz 2000, Prtr Wigmore Hall Int Song Competition London, Int Wettb f Liedkunst Stuttgart 01. (Red)

Wallenstein, René *siehe* Breuer, Reiner Maria

Wallfisch, Raphael, Hochschullehrer; c/o Konzertdirektion Martin Müller, Uhrs Knäppken 8, D-59320 Ennigerloh-Ostenfelde, T: (0 25 24) 26 34 80, F: 26 34 81, *info@kdmueller.de*; c/o Hochschule Musik u Tanz, Tössertobelstr 1, CH-8400 Winterthur; *www.kdmueller.de.* **Ausb:** Stud Royal Acad of Music London u Rom b Amadeo Baldovino, Stud b Gregor Piatigorsky. **Laufb:** ZusArb m English Chamber Orch, BBC Philharmonic Orch, Doz (Vcl) MH Winterthur Zürich, Prof Guildhall School of Music London, Gastprof Royal Scottish Acad of Music. **Pr:** Vcl-Wettb 'Caspar Cassadó' Florenz. (Red)

Wallin, Ulf, Prof, Hochschullehrer, Violine; H f Musik 'Hanns Eisler', Charlottenstr 55, D-10117 Berlin [Wäxjö, Schweden]. **Ausb:** Stud V (S Karpe) Königl MH Stockholm, (W Schneiderhan) H f M u Darst Kunst Wien, Kons Luzern, SolDipl 85. **Laufb:** KonzTourneen Europa, USA, KamM ua m: B Canino, H u U Holliger, M L Neunecker, R Pöntinen, A Schiff, Debüt Berliner Philh 81, Konz d Ges d MFreunde Wien 85, Int MFestW Luzern, Schnittke Fstv Stockholm, Musiktage Mondsee, Berliner FestW, Schubertiade Feldkirch, Schleswig-Holstein Musik-Fstv, GastProf H f M u Darst Kunst Wien bis 93, Prof H f Musik Detmold 92, VertrProf H f Musik 'Hanns Eisler' Berlin 96, Prof (V) ebd 97. **Ens:** Mitgl Cherubini-Qua 94–97. – **Aufn/RF:** zahlr RF-, Fernseh- u CD-Aufn. (*)

Wallisch, Gottlieb, Mag art, Klavier; Viktorgasse 12a, A-1040 Wien, *gottlieb@gmx.li*; c/o Mayler Artist Management, Längenfeldgasse 26/33, A-1120 Wien, T: (01) 8 15 37 33, F: 8 12 71 67, *mam-vienna@utanet.at*; *www.gottliebwallisch.com, www.maylerartistmanagement.at* [Wien 1978]. **Ausb:** H f Musik u darst Kunst b H Medjimorec, Mstrkl b O Maisenberg u D Bashkirov; UdK Berlin b P Devoyon; Conservatoire d Paris b J Rouvier. **Laufb:** Sol Wiener Philharmoniker unter G Sinopoli 2000 u des G Mahler JugendOrch 01; Konz unter Y Menuhin, Sir Neville Marriner, H Müller-Brühl, Tourneen n Japan, USA, GB, NL. **Pr:** 1. Pr 'The Stravinsky Awards' 95. – **Aufn/RF:** 3CDs Schubert-Klaviersonaten 04–07; Brahms: 1. Klavierkonz, RSO Wien, Dgt: K Petrenko, ORF 02. **UA:** T C David: 2.Klaviersonate UA 97; S Themessl: Klavierkonz op. 13 UA Klangspuren 02; U Chin: Etüden f Klavier, EA 05.

Walliser, Patrick, Prof, Hochschullehrer, Klavier; Angerburger Allee 33, D-14055 Berlin, T: (0 30) 3 05 65 33, F: 3 05 65 33; Univ d Künste, Fak Musik, Inst f Künstl Ausbildung / Orchesterinstr u Dirigieren, PF 120544, D-10595 Berlin. **Laufb:** Prof (Partiturkunde/Partiturspiel) U d Künste Berlin. (Red)

Wallmann, Johannes H, Komponist; Hielscherstr 17, D-13158 Berlin, T: (0 30) 4 16 36 19, F: 40 71 42 32, *production@integral-art.de*; c/o Kunsthochschule Berlin-Weißensee, Hochschule für Gestaltung, Bühringstr 20, D-13086 Berlin; *www.integral-art.de* [Leipzig 1952]. **Ausb:** Musikstud Weimar 68–73, Mstrsch (F Goldmann) Akad d Künste Berlin. **Laufb:** Orch Meiningen 73–75, Mitgl Staatskap Weimar 75–79, Grdg u Lt 'gruppe neue musik weimar' 75–84, Entwicklung KLANGZEIT-Projekt Wuppertal 88/89, Initiator u künstl Lt BAUHÜTTE KLANGZEIT Wuppertal 90–93, Gastdoz int Ferienkse f Neue Musik Darmstadt 90, Konzept u Lt KLANGZEIT-Symposion 91/92, int Fstv KLANGZEIT Wuppertal 92, künstl Lt Studio Neue Musik d TKV Berlin 94/95, LAuftr (Fachber Architektur) KunstH Berlin-Weißensee seit 97, Hg d CD 'musik als raum' m Aufn v WDR, SFB, HR, SR 01, DeutschlandRadio. **Pr:** Hanns-Eisler-Pr 80. – **Aufn/RF:** zahlr RF-Aufn, Ursendung d virtuellen Fassung v INNENKLANG-AUSSENKLANG (DeutschlandRadio) 02. (Red)

Wallner, Günter, Dirigent, Chordirektor; c/o Theater Nürnberg, Richard-Wagner-Pl 2–10, D-90443 Nürnberg [Wien 12.4.1973]. Chor-Orch Repertoire **Ausb:** Chorlt (J Prinz) MH Wien 92–96, Dirig-Orchlt (R Schwarz, G Mark) Kons Wien 95–99. **Laufb:** Grd u Lt Veranstaltungsplattform 'Podium d Jugend' St Pölten SpZ 94/96, Kapm u Chordir Op Kapstadt SpZ 99/01, Chordir u Kapm Th Nürnberg SpZ 03/04, 2. Kamp m DgtVerpfl Th Dortmund SpZ 04/05. **Pr:** Youngster of Arts 96, Kulturpr Stadt St Pölten. – **Sonst:** Grd Veranstaltungsplattform 'Podium d Jugend' St Pölten.

Wallner, Helmut, Sänger; c/o Stadtth Baden b Wien, Theaterpl 7, A-2500 Baden b Wien. **Laufb:** Sol Stadtth Klagenfurt, Gastsol Stadtth Baden b Wien SpZ 00/01 u 03/05, GastSol Staatsth am Gärtnerplatz München SpZ 03/04. (Red)

Wallnig, Josef, Prof, Hochschullehrer, Operndirigent; Alter Markt 5, A-5020 Salzburg, T: (06 62) 84 22 03; Univ Mozarteum, Abt f Musiktheater, Schwarzstr 26, A-5020 Salzburg, T: (06 62) 61 98 57 23, F: 61 98 30 33, *josef.wallnig@moz.ac.at.* **Ausb:** Stud (Kl, Komp) U Mozarteum Salzburg, H f Musik u Darst Kunst Wien (Kl, Komp, Dirigieren), Diplom für Chordirigieren und OrchDirigieren, Stud (Jura) U Wien, Dr jur ebd 68. **Laufb:** Korr a d Wiener Staatsop 72–74, Tätigkeit a Pfalzth Kaiserslautern, stellv Opernchef u Erster Kapm d Salzburger Landesth 77–80, Korr b d Salzburger FSp, o UProf U Mozarteum Salzburg seit 80, stellv künstl Lt Mozart-Chor Salzburg, Ltg Ensemble 'Vaganten'. (Red)

Wallprecht, Klaus, Sänger; Veilchenstr 7, D-76307 Karlsbad, T: (0 72 02) 62 71; c/o Badisches Staatstheater Karlsruhe, Baumeisterstr 11, D-76137 Karlsruhe, T: (07 21) 3 55 70. **Laufb:** Sol Volksop Wien, Bad Staatsth Karlsruhe, Sol Optte Düsseldorf SpZ 04/05. (Red)

Walser, Christine, Mezzosopran, Klavier; Brauerstr 51, CH-8004 Zürich, T: 0 12 42 37 91, F: 0 12 42 37 88, *c.walser@hispeed.ch* [6.6.1947]. Lied u Schweizer Komponisten d 20. Jh **Ausb:** Stud Folkwang-H Essen, Stud b U Graf Manhattan School of Music New York 70–74, Stud b G Linos u C Smith, div Mstrks. **Laufb:** Mitgl Op Zürich, Bayreuther FSpChor, Schweiz-Tournee: A Reimann: 'Gespenstersonate' (Strindberg); ML Kantonsschule Limmattal/Urdorf Zürich, Begleiterin v S. **Ens:** Ophaus Zürich 74–86, FSpCh Bayreuth 78–81, Vokalens Radio Lugano. **Mitgl:** STV. – **Aufn/RF:** CDs: Lieder n R M Rilke 94, Lieder n H Hesse 02. **UA:** R U Ringger: 'Central Park' (Kant f Mezzosop u 5 Instr), UA Zürich 96. **Sonst:** Instrumentierung v O-Schoeck-Liedern aus: 'D stille Leuchten'.

Walsh, Thomas, Tuba, Hochschullehrer; Pleonstr 2, D-85652 Pliening, T: (0 81 21) 8 21 49. **Laufb:** Doz (Tb) Richard Strauss Kons München. (Red)

Walt, Deon van der, Sänger (Tenor); c/o Opernhaus Zürich, Falkenstr 1, CH-8008 Zürich; c/o Lore-M. Schulz International Artists Management, Zittelstr 8, D-80796 München, T: (0 89) 3 08 70 92, F: 3 08 70 93, *artists@lore-m-schulz.com* [Kapstadt]. **Ausb:** Stud U v Stellenbosch. **Laufb:** Debüt als Joaquino ('Fidelio') Op Kapstadt, Sol Hamburg Staatsop, Op Zürich seit 87, Auftr in München, Berlin, Hamburg, San Francisco, Paris, Wien, Mailand, Barcelona, New York, Salzburg. (Red)

Walter, Caspar Johannes, Komponist, Cello; c/o Thürmchen Verlag, Münsterer Str 37, D-51063 Köln, T: (02 21) 6 40 23 66 [Frankfurt/M 1964]. **Ausb:** Stud Komp (J Fritsch) Darmstadt seit 82, Köln 84–89. **Laufb:** Bau v Instr in selbstentw Tonsystemen 82–84, Ltg Workshop (Mikrointervalle u Klangobjekte) Darmstädter Ferienkse 84. **Pr:** zahlr Pr u Ausz. – **Komp:** Musik f Fl solo 83, Musik f Cello, Euphone, Stahlpanzerrohre u Tamtam 83. **Sonst:** Mitbegrdg Thürmchen Verlag 85. (Red)

Walter, Heiko, Sänger; Staatstheater, Lausitzer Str 33, D-03046 Cottbus. **Laufb:** Sol Staatsth Cottbus. (Red)

Walter, Heinz, em Prof, Komponist, Hochschullehrer; Bernardigasse 21, A-5020 Salzburg, T: (06 62) 82 24 04 [Salzburg 26.11.1928]. Kl, Kl-Päd **Ausb:** Stud Kl (Wührer) u Komp (Frischenschlager) MH Mozarteum Salzburg 49–52. **Laufb:** HProf Mozarteum Salzburg seit 75, em. **Mitgl:** EPTA. – **Komp:** KamM u Solowerke f Bläser, Streicher u Klavier (Cembalo), virtuose Blockfl-Werke. **Sonst:** Klavierschule in 3 Bden (auch chines Ausg); Klavier-Lit f d Unter- u Mittelstufe (30 Hefte); Werke bei: Breitkopf, Schott, Doblinger, Möseler.

Walter, Joachim, Prof, Orgel, Hochschullehrer; Hochschule f Musik u Theater, Harvestehuder Weg 12, D-20148 Hamburg. **Laufb:** Prof (Orgkde) H f M u Th Hamburg. (Red)

Walter, Johannes, Prof, Hochschullehrer, Flöte; Hausbergstr 2, D-01326 Dresden, T: (03 51) 2 61 82 79; H f Musik, PF 120039, D-01001 Dresden [Dresden 22.5.1937]. **Ausb:** Stud H f M Dresden. **Laufb:** Sol Dresdner Philh 60–63, 1. Solofl Sächs Staatskap Dresden 63–03, OrchKonz, SolAbende u KamM in Europa, im Nahen Osten u in Japan; Prof (Fl) H f M Carl Maria v Weber Dresden, musikpäd tätig b int Sem (Weimar, Paris, Tokio), Grdg u Ltg Dresdner KamSol. **Pr:** Fritz-Busch-Pr d Stift z Förderung d Dresdner Semperop 2000. – **Aufn/RF:** ua b Dtschldsender Berlin, Berliner RF, DLF, BR, RAI, jugosl RF u japan RF-Stationen; LPs u CDs m Werken v J S Bach (FlSonaten), Pergolesi u Vivaldi (FlKonz), Beethoven (Serenade op 25), Mozart (4 FlQua u alle Fl-Konz), Debussy. **Zug:** ua G Kochan: Concertino f Fl u Orch, UA m Staatskap Dresden 65; S Matthus: Trio f Fl, Va u Hfe, UA Dresden 87; ders: 'Impromptu' f AltFl solo, UA Paris 85. **Sonst:** Juror b div FlWettb (ua Budapest 80, Prag 81, Leipzig 84, München 85, Kobe 93).

Walter, Klaus, Laute, Blasinstrumente; c/o Les Menestrels, ensemble für alte musik; Dr Michel u Klaus Walter, Laudongasse 25/6, A-1080 Wien, T: (01) 4 08 27 44 14, F: 4 08 27 44 22, *music@menestrels.at*; *www.menestrels.at.* **Ausb:** Stud (Klar, Theorie) Kons Wien, (Git) H f M Wien. **Ens:** Les Menestrels (ens f alte m).

Walter, Ludwig, Prof, Hochschullehrer, Cembalo; Platanenhof 7, D-14532 Kleinmachnow, T: (03 32 03) 2 30 70 [Dessau 21.2.1928]. Komp, Tonsatz **Ausb:** Stud Komp (W Weismann) u Tonsatz (P Schenk) MH Leipzig 47–51. **Laufb:** Doz (Kl, Tonsatz) Bernburg 53–55, Doz (Tonsatz) H f Musik Hanns Eisler Berlin 55–93, Prof (Tonsatz, Komp) 92. **Ens:** Barockmusikkreis Kleinmachnow 56–90. **Mitgl:** Brandenburgischer Verein Neue Musik. – **Komp:** 'Violinsonate', A Einstein z 100. Geb, UA Potsdam 79; 'PSE (Das Periodensystem d Elemente) – e bescheidenes Bild d Vielfalt auf d Planeten Erde' (SymphOrch), Fertigstellung 2000; Lieder, KamM in: Lit f Musikschüler; Psalm 104 (Solo, Ch, Org), UA Berlin 01; Das Himmelreich (5st gem Ch acapella), UA 03 (Auftr: Vocalkreis Potsdam e V); Halleluja – Klangraum, Hornqua z 4st Ch, vorauss Potsdam 05.

Walter, Michel, Dr, Zink, Blasinstrumente; c/o Les Menestrels, ensemble für alte musik; Dr Michel u Klaus Walter, Laudongasse 25/6, A-1080 Wien, T: (01) 4 08 27 44 14, F: 4 08 27 44 22, *music@menestrels.at, walter@vip.at; www. menestrels.at*. **Ens:** Les Menestrels (ens f alte m). (*)

Walter, Stefan Johannes, Komponist, Schlagzeug; Prenzlauer Str, D-16352 Basdorf, T: (03 33 97) 2 91 15; *www.stefanjohanneswalter.de* [Schweinfurt 1968]. **Ausb:** Stud (Schlgz – Klassik u Jazz) Hermann-Zilcher-Kons Würzburg 88–91, (Komp) b Prof Heinz Winbeck H f M, MstrklDipl 2000, anschl Arbeits- u StudAufenthalt an d Cité Int des Arts Paris. **Laufb:** freischaff seit 97, daneben Tätigkeit als musikal Lt u Arrangeur/Musiker f Musical- u MusikthProjekte an versch Bühnen, LBeauftr H f M Würzburg u Gastdoz U d K Berlin seit 01. – **AuftrKomp:** ua f d Kammerorch Schloss Werneck, f d musikal Gestaltung zahlr Vernissagen zeitgen bildender Künstler (ua Gianni Colombo, Herbert Achternbusch, Julian Walter). (Red)

Walter, Urs, Hochschullehrer; Hochschule Musik u Tanz, Florhofgasse 6, CH-8001 Zürich, *urswalter@yahoo.de*. **Ausb:** Stud b Sava Savoff, Harry Datyner. **Laufb:** Doz (Korr, Blattsp) MH Winterthur Zürich. (Red)

Walter, Wilhelm, Hochschullehrer, Gesang; Hochschule f Kath Kirchenmusik u Musikpädagogik, Andreasstr 9, D-93059 Regensburg. **Laufb:** Doz (Ges, GesMethodik) KiMSchule Regensburg. (Red)

Walther, Gabriele, Sängerin; Am Schöneberg 13, D-31162 Lechstedt, T: (0 50 64) 8 58 33; c/o Stadttheater Hildesheim, Theaterstr 6, D-31141 Hildesheim. **Laufb:** Gastsol Stadtth Hildesheim SpZ 00/05. (Red)

Walther, Sabina von, Sopran; c/o Stiftung Staatstheater Nürnberg, Richard-Wagner-Pl 2–19, D-90443 Nürnberg, T: 0 16 04 50 24 59; T: +39 (3 49) 4 30 07 02 [Rom]. **Ausb:** Stud Ges (H Lazarska, W Berry) U f M Wien, Fortbildungs- u Mstrkrse b L Magiera u Dietrich Fischer-Dieskau. **Laufb:** Sol Th Nürnberg seit 02/03, Gastsol Tiroler Ldsth Innsbruck 03/04, Bayerische Staatsop 05, Teatro alla Scala Mailand 05. **Pr:** 1. Preis u Erik Werba Gedenkpr GesWettb 'Jugend musiziert' Leoben 93, Jamaha Foundation-Stip 95, Prtr Wettb 'Franz Schubert u d M d 20. Jhs' Graz 97, 3. Pr int Wettb 'Das Schubert-Lied Wien 97, Bayer Kunstförderpr 05.

Walther, Ute, KS, Sängerin; Helmstedter Str 3, D-10717 Berlin, T: (0 30) 2 11 86 49. **Laufb:** Sol Dt Op Berlin. (Red)

Walther, Wilfried, Trompeter; c/o Landesbühnen Sachsen, Meißner Str 152, D-01445 Radebeul. **Laufb:** Sol LdesBühnen Sachsen SpZ 03/04. (Red)

Walz, Klaus, Kapellmeister, Hochschullehrer; Seldeneckstr 36, D-76185 Karlsruhe, T: (07 21) 55 36 39 [Hechingen]. **Ausb:** Stud i Stuttgart, Wien, Venedig u Salzburg (Komp b J N David u Hermann Erpf, Liedbegleitung b H Reutter, Dirig b H Müller-Kray, H Swarowsky u I Kertesz. **Laufb:** Kapm und Solokorr an verschiedenen Bühnen, ua Gießen, Basel, Wuppertal, Stuttgart, Karlsruhe, Kapellmeister, Hochschullehrer, Kapm Bad Staatsth seit 69, Doz (OpKorr) Staatl H f Musik Karlsruhe seit 77. (Red)

Walz, Melanie, Sängerin; c/o Niedersächsische Staatstheater Hannover, Opernpl 1, D-30159 Hannover. **Laufb:** Sol Bühnen d Stadt Köln, Gastsol Dt Op Berlin SpZ 03/04, Op Hannover SpZ 04/05. (Red)

Walz, Wilhelm F, 1. Konzertmeister; c/o Philharmonisches Orchester, Kasernstr 4–6, D-86152 Augsburg, PF 111949, D-86044 Augsburg. **Laufb:** 1. Konzm Philharmon Orch d Stadt Augsburg. (Red)

Wambach, Bernhard, Prof, Hochschullehrer, Klavier; Virchowstr 5, D-14482 Potsdam, T: (03 31) 6 01 36 78, *wambach@wanadoo.fr*; Folkwang Hochschule, Klemensborn 39, D-45239 Essen, *wambach@folkwang-hochschule.de* [1948]. **Ausb:** Stud (K Meister) Bremen, (P-J Hofer) Hamburg, Kse b F Gulda 73–77, Int Ferienkse f Neue M Darmstadt 78–82. **Laufb:** Konz-Reisen Europa, Israel, Japan, Taiwan, Korea, China, Indien; Gastsol Berliner FestW, Biennale Berlin u Venedig, BBC, Wiener FestW, Fstv d áutomne Paris, Donaueschinger MTage, Frankfurtfeste, Pro Musica Nova Bremen ua; Kl-Kse b Int Ferienksen f Neue M Darmstadt, Centre Acanthes Avignon, Akiyoshidai Muic Fstv Japan, Korea, Italien, China, Taiwan; Prof (Kl) Folkwang H Essen seit 89, Dekan ebd. **Pr:** Prtr Int A-Schönberg-Wettb Rotterdam 79, Kranichsteiner MPr 82. (Red)

Wambeck, Roland, GMD iR, Dirigent; Bördestr 19, D-39110 Magdeburg, T: (03 91) 7 39 19 41. **Laufb:** Dgt Th d Landeshauptstadt Magdeburg. (Red)

Wand, Ulrich, Bariton; c/o Künstleragentur Elke Wiemer, Exerzierstr 9, D-13357 Berlin, T: (0 30) 46 60 78 06, F: 46 60 78 17, *mail@agentur-wiemer.de*; *www.agentur-wiemer.de*. **Laufb:** Gastsol Op de Mosset, Sol Städt Bühnen Osnabrück, Stadtth Gießen, Gastsol Würzburger Mozartfest, Beethoven-Fstv Krakau, Fstv d'Automne Paris, Thornbury Arts Fstv; rege Lied- u KonzTätigkeit ua in Dtld, Italien, Spanien, Tschechien, USA, Polen, Frankreich, Japan, England. (Red)

Wanderer, Oskar, Komponist; Reisnerskamp 7/II, D-22045 Hamburg, T: (0 40) 66 50 72 [Hamburg 9.8.1926]. romant Musik **Ausb:** Kl (M Wandeer), Komp (Penkert) 40, Komp (H Vogt), Dgtklasse (Brückner-Rüggeberg) 60–61. **Pr:** 2. Pr NDR-Musikfstv Hamburg 67. – **Komp:** Ball auf Schloß Salzau (BallettM) 87; In mir klingt es wie Glockenläuten (f Kl) 91; Die Seelenmesse (KamM) 93; Denn Dein ist d Reich u d Kraft u d Herrlichkeit (f Kl u Orgel) 93; Grüße aus Bad Wildungen (KamM) 94.

Wang, Chen, Sopran; c/o Staatstheater Mainz, Gutenbergpl 7, D-55116 Mainz. (*)

Wang, Jin, Kapellmeister; Komische Oper, Behrensstr 55–57, D-10117 Berlin. **Ausb:** Stud Dir in Peking u in Wien an d Musikakad b K. Österreicher, L. Hager, Z. Mehta u L. Bernstein. **Laufb:** Kapm Komische Op Berlin seit 03/04. **Pr:** Sieger Prague Spring, "Nicolai Malko" u "Arturo Toscanini". (Red)

Wangemann, Hendrikje, Sängerin; c/o Oper Leipzig, Augustuspl 12, D-04109 Leipzig. **Laufb:** Sol Op Leipzig, Gastsol Op Halle/Saale SpZ 03/04. (Red)

Wangenheim, Andreas von, Prof, Gitarre, Hochschullehrer; Bützmattweg 51, D-79594 Inzlingen, T: (0 76 21) 42 28 45, 0 17 23 57 76 74, F: 57 82 90, *andreasvonwangenheim@t-online.de*; Hochschule f Musik, PF 6040, D-76040 Karlsruhe; *www.philmultic.com/artists/wangenheim/index.html*. **Ausb:** Stud MH Hamburg u Basel. **Laufb:** Prof (Git) H f M Karlsruhe. **Pr:** Bachpr d int Gitarrenwettb f Studenten in Europa 87. (Red)

Wangenheim, Hagen, HonProf, Hochschullehrer, Oboe; Amalienstr 14, D-82131 Gauting, T: (0 89) 8 50 39 60; H f Musik u Theater, Arcisstr 12, D-80333 München. **Laufb:** LBeauftr (Ob) u H f M u Th München. (Red)

Wangler, Eugen, Prof, Hochschullehrer, Korrepetition; Waldschmidtstr 57, D-60316 Frankfurt, T: (0 69) 49 91 81; Hochschule f Musik u Darst Kunst, Eschersheimer Landstr 29–39, D-60322 Frankfurt/ Main. **Laufb:** Prof (Korrep) H f M u Darst Kunst Frankfurt/M. (Red)

Wapenhans, Stephan, Sänger; c/o Stadtth Baden, Theaterpl 7, A-2500 Baden bei Wien. **Laufb:** Sol Stadtth Baden SpZ 03/05. (Red)

Wappler, Wolfgang, Dirigent, Generalmusikdirektor; c/o Thüringer Landestheater, Theaterpl 4–7, D-99817 Eisenach, PF 1449, D-99804 Eisenach, T: (0 36 91) 25 61 49; c/o Konzertdirektion Fritz Dietrich, Sigmund-Freud-Str 1, D-60435 Frankfurt/M. **Laufb:** GMD, Musikal Oblt u Chefdgt Thüringer Landesth Eisenach bis 05. (Red)

Ware, Allan, Master of Music, Klarinette, Saxophon, Hochschullehrer; Buchenbrink 4, D-49086 Osnabrück, T: (05 41) 3 75 39, *saintware@aol.com*; *hometown.aol.de/saintware/* [Raleigh, NC, USA]. Solist, Kammermusik **Ausb:** Stud Theologie, M; Fulbright-Stip z Weiterbild b Prof J Michaels MH Detmold. **Laufb:** Doz (Klar, Sax, Fachdidaktik) FH Osnabrück, Kons; Ltg zahlr Mstrkse (Klar, KamM) im Ausland. **Pr:** 'Grand Prix' f Blasinstr b int KamMWettb Paris 87, 'Ehrenvolle Erwähnung' Int Brahms -Wettb Hamburg 84, Finalist 'Carnegie Hall Concert Artist Guild Comp' New York 85, Förderpr Bayer Vereinsbank, Wahl durch amerikan Kulturbehörde als musikal Repräsentant d USA im Ausland 84. **Ens:** 'Trio Saint-Clair', Bremer Klar-Qua. **Mitgl:** ehem Landesvertreter f Dtschld 'Int Clarinet Association', Grdg-Mitgl Dt Klar-Ges. – **Sonst:** Mitverfasser 'Systematik d klarinettistischen Grifftechnik' f Boehm-Klar 02. **Lit:** P Weston: 'Clarinet Virtuosi of today', England.

Warken, Katharina, Sängerin; Moritzplan 1, D-38820 Halberstadt, T: (0 39 41) 67 89 87, 01 77–5 38 38 20. **Laufb:** Sol Nordharzer Städtebundth SpZ 03/04. (Red)

Warneke, Ehrhard, HonProf, Regisseur für Musiktheater; Haeckelstr 7, D-99425 Weimar, T: (0 36 43) 90 51 48, F: 90 51 48, *ehrhard.warneke@gmx.de*; H f Musik 'Franz Liszt', PF 2552, D-99406 Weimar. **Ausb:** Stud Trp (H Teubig) H f M Leipzig, Staatsexamen als OrchMusiker 57; Externer Student f MTh-Regie (C Riha) H f M Berlin u Regievolontär Städt Th Karl-Marx-Stadt 57, Staatsexamen MThRegie 62. **Laufb:** Spiellt Karl-Marx-Stadt 64, Oberspiellt Meiningen 67, LBeauftr H f M Weimar 69–82, Oberspiellt Dt NatTh Weimar 70–72, OpDir Dt NatTh Weimar 72–99, Seminare u Inszen a d Statens operahoegskole, National College of Operatic Art Oslo (Norwegen) seit 82, Gastprof Sakuyo College of M Tsuyama (Japan) 88, LAuftr H f M Weimar 90, HonProf H f M Weimar u freischaff Regisseur f MTh 99, Gastsp u Inszenier ua Staatsop Berlin, Op Leipzig, Hess Staatsth Wiesbaden, Den Norske Op Oslo, Vilnius (Litauen) Ljubljana (Slowenien), Sendai (Japan), Tsuyama (Japan). **Pr:** Literatur- u Kunstpr d Stadt Weimar 77, Kunstpr d DDR 79. – **UA:** Geißler: 'Das Chagrinleder'; Hanell: 'Fiesta'; Rosenfeld: 'Der Mantel'; Ullmann: 'Der zerbrochene Krug'; Obst: 'Caroline'; Ringuraufführungen; Zimmermann: 'Levins Mühle'; Matthus: 'Omphale', sowie mehrere EA. **Sonst:** Beschäftigung m zeitgen Opernkunst.

Warren, Nina, Sängerin; c/o Bühnen der Stadt Köln – Opernhaus, PF 101061, D-50450 Köln. **Laufb:** Sol MTh Essen, Op Köln. (Red)

Wartenberg, Christina, Prof, Hochschullehrerin; Thomasiusstr 23, D-04109 Leipzig, T: (03 41) 9 60 94 56; Hochschule f Musik u Theater, PF 100809, D-04008 Leipzig. **Laufb:** Prof (Gesang, MTh) H f M u Th Felix Mendelssohn Bartholdy Leipzig.

Wartha, Alexander, Sänger; c/o Theater mit Horizont, Hietzinger Hauptstr 36 A/6 (Büro), A-1130 Wien, T: (01) 8 76 36 20, *horizont@eventpro.at*. **Laufb:** Sol Mariahilfer Op Wien. (Red)

Wartmann-Bührer, Monika, Mezzosopran; c/o Staatstheater Mainz, Gutenbergpl 7, D-55116 Mainz. (*)

Waschinski, Jörg, Countertenor; c/o Konzertdirektion Hans Ulrich Schmid, Königstr 36, D-30175 Hannover, PF 3409, D-30034 Hannover, T: (05 11) 3 66 07 60, 3 66 07 27, 3 66 07 33, F: 3 66 07 34, *mail@kdschmid.de, ds@kdschmid.de*; c/o Niedersächsische Staatstheater Hannover, Opernpl 1, D-30159 Hannover; *www.kdschmid.de* [Berlin]. **Ausb:** Stud KiM, Stud Ges H f M Hanns Eisler (Prof R Faltin), Mstrks ua b P Schreier, E Battaglia, B Schlick, stilist Arbeit S Weir. **Laufb:** Stadtth St. Gallen 98, Op Hannover SpZ 00/01, 04/05, Dessau, Op Bonn, Mainzer Staatsth. (Red)

Wasikowski, Ingo, Sänger; Dompl 47, D-38820 Halberstadt. **Laufb:** Gastsol Th Görlitz SpZ 00/04. (Red)

Waskiewicz, Danuta, Viola; Käthe-Niederkirchner-Str 10, D-10407 Berlin, T: (01 73) 6 17 05 70 [Würzburg]. **Ausb:** Stud b G Hoelscher H f M Würzburg 90–92, Stud b W Forchert u T Zimmermann H f M Frankfurt 92–98. **Laufb:** Orch d BR München, KamOrch Stuttgart, Leopoldina Orch Wroclaw, Berliner

Philh, Chamber Orch f Europe. **Pr:** Lenzewski Pr MH Frankfurt 96 u 98, 2. Pr 49.Int ARD M Wettb München 2000.

Wasmuth, Christopher, Solorepetitor; Friedrich-Ebert-Ring 16, D-97072 Würzburg, T: (09 31) 8 80 58 72, F: 8 80 58 72, *Christopher.Wasmuth@t-online.de* [Diepholz 25.6.1970]. Solorepetition, Dirigieren **Ausb:** Stud (Kl) MH Detmold, Stud Dirig (W Müller) MH 'Hanns Eisler' Berlin. **Laufb:** Studienlt Mainfranken Th Würzburg.

Wasserlof, Rudolf, KS, Sänger; c/o Volksoper Wien, Währinger Str 78, A-1090 Wien. **Laufb:** Sol Volksop Wien, Gastsol Stadtth Baden b Wien SpZ 00/01 u 03/04. (Red)

Watson, Linda, Sopran; Am Hommelshof, D-41352 Korschenbroich, T: (0 21 61) 64 27 17, (01 73) 9 90 52 20; c/o Theateragentur Dr Germinal Hilbert, Maximilianstr 22, D-80539 München, T: (0 89) 2 90 74 70, F: 29 07 47 90. **Laufb:** Sol Dt Op am Rhein Düsseldorf-Duisburg SpZ 03/045 Dt Op Berlin SpZ 01/05, Wiener Staatsop SpZ 04/05. (Red)

Watson, Ricky, Sänger; Hornstr 21, D-10963 Berlin, T: (0 30) 21 75 69 89; c/o Städtische Theater Chemnitz, Käthe-Kollwitz-Str 7, D-09111 Chemnitz [1968]. **Laufb:** Gastsol Städt Th Chemnitz SpZ 00/04. (Red)

Watson, Thaddeus, Flöte; Unterlindau 32, D-60323 Frankfurt/M, T: (0 69) 71 67 54 76; c/o Konzertdirektion Fritz Dietrich, Sigmund-Freud-Str 1, D-60435 Frankfurt/M, T: (0 69) 54 45 04, F: 5 48 41 07, *info@konzertdirektion-dietrich.de* [Los Angeles]. **Laufb:** Sol RSO Frankfurt/M, Doz. HfM Frankfurt/M. (Red)

Watts, Lyndon, Fagott; c/o Münchner Philharmoniker, Kellerstr 4, D-81667 München. **Laufb:** Sol Münchner Philh. (Red)

Watz, Franz, Komponist, Arrangeur, Musikpädagoge; Hauffweg 9, D-72221 Haiterbach, T: (0 74 56) 7 91 72 [9.3.1949]. Blasmusik **Laufb:** Kurse f traditionelle Blasmusik; Doz (Dgt-Ausb) Blasmusik-Verband Baden-Würtemberg. – **Komp:** 5 Adagios, Sehnsucht nach Musik, Zwei Schürzenjäger. (Red)

Watzel, Johannes, Violine; c/o Deutsches Symphonie-Orchester Berlin, Masurenallee 8–14, D-14057 Berlin. **Laufb:** stv Stimmführer Dt SymphOrch Berlin. (Red)

Watzel, Rudolf, Kontrabass; c/o Berliner Philharmoniker, Herbert-von-Karajan-Str 1, D-10785 Berlin. **Laufb:** Sol Berliner Philh. (Red)

Watzinger, Wolfgang, Prof, Hochschullehrer, Klavier; Univ f Musik u Darst Kunst, Inst f Tasteninstrumente, Lothringerstr 18, A-1030 Wien, T: (01) 7 11 55 22 00 [Darmstadt]. Tasteninstrumente **Laufb:** o UProf U f Musik u Darst Kunst Wien.

Wauer, Hans Günther, KMD, Prof, Komponist, Orgel; Humboldtstr 60 e, D-99425 Weimar, T: (0 36 43) 51 66 86 [Strahwalde 12.12.1925]. Bach, Improvisation **Ausb:** Stud (K Straube) H f Musik Leipzig. **Laufb:** Domorganist Merseburg 51, Doz KiMSchule Halle, Organist Sauerorgel Konzhalle Ulrichskirche 80–90, Vors d Jury Impwettb junger Organisten, KonzReisen in fast alle Länder Europas, Prof 97. **Pr:** Händelpr 87, BVK 1. Kl 98. – **Komp:** Verschränkte Konstruktion (Orgel, Schlgz); Kyrie leis (Orgel u Sax); Gregorian Introitus; Modifizierte Modi (Orgel); Seismogramme (Orgel, Sax, Schgz, Sprecher); Anagramm B-A-C-H; Kontraste f Manuale (Orgel solo); Bach u Kommentare (Org, Sax, Schlgz). **Aufn/RF:** zahlr RF-, Schallpl- u Fernsehaufn m d Ladegast-Orgel. **Zug:** Tilo Medek: Verschüttete Bauernflöte. **Sonst:** Initiator KonzR Orgelmusik im Dom u d jährl stattfindenden Merseburger Orgeltage.

Wawiloff, Alex, Konzertsänger, Opernsänger, Tenor; Friesenstr 26, D-32760 Detmold, T: (0 52 31) 58 04 24, (01 70) 5 43 70 96, F: 58 04 24, *alex.wawiloff@t-online.de*; c/o Konzert-Direktion Zagovec, Hans-Böckler-Str 23, D-65468 Trebur-Astheim, T: (0 61 47) 91 96 60, F: 91 96 62, *agentur@zagovec-artists.de* [Moskau]. ital, dt, franz, slaw Oper, Konz **Ausb:** Stud (Ges) Kons Moskau 85–91, Indiana U 'School of Music' 91–94. **Laufb:** Gastsol Görlitz, Coburg 99/2000, GastSol Th Magdeburg, Weimar, Halle 01/02, GastSol Th Hildesheim, Düsseldorf 02/03, GastSol Th Hannover, Grand Théatre de la Ville de Luxembourg, Philh Essen 04/05, Sol Kom Op Berlin SpZ 04/05, GastSol Anhalt Th Dessau SpZ 04/05, Schwerin, Leipzig, Konzerte USA, Kanada, Spanien, Japan, Russland, China, Griechenland, Finnland, Frankreich. – **UA:** Duarskaja: Pan Woyevode Moskau 91.

Weaver, Jason, Kapellmeister, Solorepetitor, Chordirektor; Huntestr 19, D-26135 Oldenburg, T: (04 41) 5 94 95 47; c/o Staatstheater Oldenburg, Theaterwall 28, D-26122 Oldenburg. **Laufb:** 2. Kapm, Solorep m Dgt-Verpfl Staatsth Oldenburg. (Red)

Weber-Schuwerack, Petra, Sängerin; Am Oberfeld 6, D-84307 Eggenfelden, T: (0 87 21) 1 09 42. **Laufb:** Sol Th an d Rott Eggenfelden. (*)

Weber, Andreas, Hochschullehrer, Klavier; Raschenbergstr 22a, A-5020 Salzburg, T: (06 62) 42 25 99, F: 42 25 99; Univ Mozarteum, Abt f Tasteninstrumente, Schrannengasse 10a, A-5020 Salzburg, T: (06 62) 6 19 80, F: 61 98 30 33, *andreas.weber@moz.ac.at*. **Laufb:** ao UProf Mozarteum Salzburg. (Red)

Weber, Astrid, Sängerin; Herkulesstr 28, D-34119 Kassel, T: (05 61) 77 07 43. **Laufb:** Sol Th Erfurt, Gast-Sol Th Augsburg SpZ 00/01, Gast-Sol Städt Th Chemnitz SpZ 03/05. (Red)

Weber, Elisabeth, Dipl-OrchM, Violine; Hegemeisterweg 12, D-14478 Potsdam, T: (03 31) 8 71 31 25, F: 8 71 31 25, *elisabethweb@web.de* [Bad Salzungen 20.4.1975]. **Ausb:** Spezialschule f Musik Schloß Belvedere Weimar (W Schiecke, J Witter) 88–94, Stud V (J Witter) H f M 'Franz Liszt' Weimar 94–96, V (A Weithaas) H f M 'Hanns Eisler' Berlin 96–2001, 'Advanced Studies' (D Takeno) Guildhall School of Music and Drama London 99/2000. **Laufb:** Debüt (Glasunov: Violinkonz) Ivo Pogorelich Fstv 93, Budapest Spring Fstv 98, Young Musicians Fstv Halifax 2000, Schleswig-Holstein MFstv 2001, Tourneen: Asien m EU-KamOrch 2001, Australien, Neuseeland 02; Konz ua m SinfOrch d HR, SR, RSO Berlin 002, Einladung zu Fstvs: Kronberg, Prussia Cove, Neuhardenberg, Traunstein, Bad Hersfeld, Warschau 02/03. **Pr:** 1. Pr u ('absolutes Laureat') Int VWettb 'Kocian' Usti/Tschechien 91, 1. Pr u Sonderpr Int Wolfgang Marschner-VWettb Weimar 92, 2. Pr ex aequo Int VWettb Ludwig Spohr Freiburg 97, 1. Pr ex aequo 33. Int MWettb – VWettb 'Josef Szigeti' Budapest 97, 2. Pr ex aequo Int Max Rostal-VWettb Berlin 98; Stift Dt MWettb Berlin 01, Ausz m Imbusch-Jubiläums-MPr 01. – **Aufn/RF:** Brahms: VKonz, m RF-SinfOrch Berlin, Dgt: H-M Schneidt, 01 (RF-Mitschn Dtschld-Radio Berlin); 2 CDs: Bach, Beethoven, Szymanowsky, Kl: T Mokatsian, 02; K A Hartmann: Concerto funèbre, m Dt MSchOrch, Dgt: H-M Schneidt, 03; S Sciarrino: Allegoria della Notte (VKonz), m SinfOrch d HR, Dgt: K Gourzi, 02 (Liveübertr HR); G Kurtag: Duos f Zimbal, V u Trio f Sop, V, Zimbal, 03 (RF-Mitschnitt SFB, DLR Berlin). **UA:** M Rüggeberg: 'Lampenfieber' (Konz f V, Hf u StrOrch), UA m H Storck, Dgt: G Weiß 93.

Weber, Hartmut, Kontrafagott; c/o Konzerthaus Berlin, Gendarmenmarkt, Charlottenstr 57, D-10117 Berlin. **Laufb:** Sol Berliner SinfOrch. (Red)

Weber, Horst, Dr, Prof, Hochschullehrer; Renteilichtung 89, D-45134 Essen, T: (02 01) 46 65 60 [Koblenz 1.4.1944]. Mozartzeit, 20. Jh **Ausb:** Stud U Wien 62–68. **Laufb:** Prof (MWiss) Folkwang H Essen.

Weber, Jürgen, HonProf, Viola, Hochschullehrer; Buchengrabenweg 7, D-82327 Tutzing, T: (0 81 58) 92 78 70, F: 92 78 71, *jurgen-weber@web.de*; c/o Konzertdirektion Andrea Hampl, Karl-Schrader-Str 6, D-10781 Berlin, T: (0 30) 4 78 26 99. **Ausb:** Stud (I Ozim) MH Köln 68–71, (U Koch) MH Freiburg 71–73. **Laufb:** Prof (Va) H f M u Th München, Solobratscher BR seit 77. **Pr:** 3. Pr ARD-Wettb 73, Jugend musiziert, Bdesausw Dt Musikrat, Förderpr Land Hessen. **Ens:** Dt Streichtrio seit 88, Robert-Schumann-Qua 73–80. – **Auftr-Komp:** K Penderecki: Streichtrio, UA Krakau; H W Henze: Streichtrio, UA Schwetzinger Fsp. **Aufn/RF:** m Dt Streichtrio CD-Aufn v Mozart, Schubert, Dohnaniy, Weiner, Kodaly, Reger, Krommer, Herzogenberg, Amani, Tanejew, Villa-Lobos, Penderecki, Henze, Eybler. **UA:** v Bose: Soloson f Va; K Huber: Konz f Va. **Sonst:** künstl Mitarb Henle-Verlag, ua Hg v Schubert: Arpeggione-Son, Bach: Gambenson; Schumann: Märchenbilder; Stamitz: Konz f Va u Orch.

Weber, Knut, Violoncello; c/o Martin Menking, Herderstr 6, D-10625 Berlin, T: (0 30) 8 83 44 37, *info@die12cellisten.de*; *www.die12cellisten.com* [Klagenfurt 1974]. **Ausb:** Stud Vcl (M Mlejnik), (C Kanngießer) Köln, (W Boettcher) Berlin, Mstrkse H Schiff, S Palm, W Pleeth, F Helmerson, D Geringas, B Greenhouse, Alban Berg Quartett, Beaux Arts Trio. **Laufb:** Cellist Berliner Philh seit 98. **Pr:** 1. Pr Int Wettb f Cello Liezen. **Ens:** Die 12 Cellisten d Berliner Philh. (Red)

Weber, Kurt, Dirigent, Klarinette; Beaumontweg 32, CH-3007 Bern, T: 03 13 71 10 40, F: 03 13 71 10 04. **Laufb:** künstl Lt ClarinArt Ens. (Red)

Weber, Maja, Violoncello; c/o Lukas Wigger, Wolfbachstr 17, CH-8032 Zürich, T: 0 12 60 30 10, 07 65 80 30 67, F: 08 60 12 60 30 10, *sekretariat@amarquartett.ch*; Alte Landstr 170, CH-8700 Küsnacht; *www.amarquartett.ch* [Zürich 3.6.1974]. **Ausb:** Stud b C. Chmel u M. Stocker (Winterthur), MH Köln b Prof. Claus Kanngiesser u Prof. Frans Helmerson. **Pr:** 2. Pr 4. Int Wettb 'Franz Schubert u d Musik d Moderne' Graz 2000. **Ens:** Amar Qua, Ars Amata Zürich Ens seit 92. (Red)

Weber, Margrit, Klavier; Höhestr 72, CH-8702 Zollikon, T: 0 13 91 51 68. (Red)

Weber, Mathias, Prof, Hochschullehrer, Klavier; Hamburger Konservatorium, FB 3, Sülldorfer Landstr 196, D-22589 Hamburg. **Laufb:** Prof (Kl, KamM) Hamburger Kons. (Red)

Weber, Matthias, Kontrabass; c/o Münchner Philharmoniker, Kellerstr 4, D-81667 München. **Laufb:** Sol Münchner Philh. (Red)

Weber, Peter, KS, Bariton; Franz Hainzl Artists' Management, PF 17, A-1043 Wien, T: (01) 5 86 45 36, F: 5 85 55 51, *office@hainzl.net*; c/o Wiener Staatsoper, Opernring 2, A-1010 Wien; *www.operaphile.com/pweber.html* [Wien 16.11.1951]. Wagner, Strauss **Ausb:** Stud Lied u Orat (Werba), OpSchule (Moeller) Uni f M Wien. **Laufb:** Wiener Staatsop seit 76, Hannover seit 82, Gastsp London, Glyndebourne, Berlin, Nürnberg, Hamburg, Zürich, Paris, Amsterdam, Athen, Lissabon, Mailand, Genua, Venedig, Taipe, Japan, Chile, Buenos Aires, Dallas, Sol Dt Op Berlin SpZ 04/05, Op Leipzig. **Pr:** H Wolf Salzburg 76, Schubert-Wolf Wien 78, Mozart Pr Wien 80, KS Wien 01 u Hannover. – **Aufn/RF:** Un ballo in maschera, Zauberflöte, Der Weltuntergang (Zobl), Penthesilea, Alfonso u Estrella, Lieder v v Einem u Strauss.

Weber, Rainer, Prof, Hochschullehrer; Uhlenburgstr 45, D-32760 Detmold; Hochschule f Musik, Neustadt 22, D-32756 Detmold. **Laufb:** Prof (künstl Liedgestaltung) H f M Detmold.

Weber, Reinhold, Komponist, Klavier; Landauerstr 1, D-76185 Karlsruhe, T: (07 21) 7 49 26 [Gießen 18.7.1927]. instrumentale-, elektron u Computermusik **Ausb:** R-Schuhmann-Inst Düsseldorf Stud Komp b J Baur, Kl b MM Stein, Ex (Komp, Kl, Theorie, Gehörbildung), Kurse ua b W Fortner, H Heiss, O Messiaen, K Thomas, A Foldes, G Nestler. **Laufb:** ML am Badischen Kons 64–92; Mitarb im Studio f Elektronische Musik Univ Karlsruhe bis 2000; seit 83 freischaff: Aufführungen ua in Österreich, Frankreich, Dänemark, USA, Ukraine, Indien, Italien, Australien, Singapur, Schweiz. **Pr:** Akzessit KompWettb Voya Toncitch Paris 87. **Mitgl:** GEMA, dkv, DTKV. – **Komp:** Verwendung v eigener elektron M in Vorführ d Planetariums in Stuttgart 79; Klangspektrale Kernentladungen durch rhythm Alphabeschuß (SinfOrch) 74, UA Passau 93; Eruptionen

(SinfOrch) 81; Festmusik-Passacaglia f Orch (SinfOrch) 83, UA Karlsruhe 87; Ritual (sinfon Besetz f Orch) 83; Passacaglia (f Orgel), UA Lübeck, St Marien 83; Passacaglia u Spektrales Kontinuum (f Org), Paris, Notre-Dame 88; Toccata (f 2 Git u Computerklänge), UA Georgsmarienhütte, Int Forum Artium 91; Las Vegas – e atmosphär Klanggemälde (SinfOrch) 93; Klangspektrale Kernentladungen durch rhythmischen Alphabeschuß f Orchester, UA Passau 93, Japan Traum (KamM) 94, UA Düsseldorf 95; Chines Traum (KamM) 95; Kontraste (f GitOrch u Computerklänge), UA Simferopol (Ukraine), Int GitFstv 98; Fantasia e Fuga con risposte alla septima sopra B-A-C-H per organo, UA St Moritz, Augsburg 98; Turbulenzen (f Sinf Orch) 01; Klangstrukturen über 'Veni Sancte Spiritus', UA St Moritz, Augsburg 03. **Aufn/RF:** zahlr Sendungen eigener Werke in SDR, SWF, SR, WDR ('Karneval in Venedig' CompM 90), NDR, HR, Radio Bremen. **Sonst:** mehrere LPs u Kassette; Notendruck in 8 Verlagen.

Weber, Sabine, Sängerin; c/o Pocket Opera Company, Gertrudstr 21, D-90429 Nürnberg. **Laufb:** Sol Pocket Opera Company Nuernberg. (*)

Weber, Sebastian, Schauspielmusiker; Theater, Wasserturmstr 16, D-91054 Erlangen. **Laufb:** Schauspielmusiker Th Erlangen. (Red)

Weber, Serge, Schauspielmusiker; c/o Bremer Theater, Am Goethepl 1–3, D-28203 Bremen, PF 101046, D-28010 Bremen. **Laufb:** SchspM Th Bremen SpZ 03/05. (Red)

Weber, Tamás, Violoncello; Riehentorstr 33, CH-4058 Basel, T: 06 16 92 87 78. (Red)

Weber, Wolfgang, Prof, Hochschullehrer, Dirigent; c/o Theater Augsburg, Kasernstr 4–6, D-86152 Augsburg, PF 111949, D-86044 Augsburg, T: (08 21) 3 24 49 14. **Laufb:** Studienlt, Kapm u Solorep Th Augsburg, Prof (Streichinstr, Hf, Konzgit) H f M u Th Felix Mendelssohn Bartholdy Leipzig. (Red)

Weber, Wolfgang, Prof, Hochschullehrer, Violoncello; Finkenhain 3, D-04416 Markkleeberg, T: (03 42 99) 7 75 44; Hochschule f Musik u Theater, PF 100809, D-04008 Leipzig. **Laufb:** Prof (Vcl) H f M Felix Mendelssohn Bartholdy Leipzig. (Red)

Webersinke, Brunhild, Prof, Hochschullehrerin, Korrepetition (instrumental); Steglichstr 8, D-01324 Dresden, T: (03 51) 2 64 12 45; Hochschule f Musik, PF 120039, D-01001 Dresden. **Laufb:** LBeauftr (Korr, Kl) H f M Carl Maria v Weber 77–89, H f M Hanns Eisler Berlin 93–97, L im H-Dienst H f M Carl Maria v Weber Dresden 89, Prof (Instrkorr) ebd seit 94. **Pr:** Int Bachpr Leipzig. – **Aufn/RF:** dt EA Sonate d-moll op. 1 v W Furtwängler (m A Unger) 96; CD-Aufn dess b Sächs Tonträger 97. (Red)

Webster, Nathaniel, Bariton; c/o Oper Frankfurt, Untermainanlage 11, D-60311 Frankfurt, T: 0 173 59 26 341, *nlwebster@yahoo.com*; c/o Kontarsky, Fichardstr 34, D-60322 Frankfurt a M [8.1.1975]. **Ausb:** Eastman School of Music, Rochester, NY, USA 93–97; Royal Scottish Academy of Music and Drama, Glasgow, UK 97–99; Studio, Opera National de Paris, France 99–01. **Laufb:** Solist Op Frankfurt seit 02.

Wecker, Wladimir, Komponist, Hochschullehrer; Klausenstr 11, D-72108 Rottenburg a Neckar, T: (0 74 72) 81 06 [St Kopjeck, Russland 2.2.1947]. **Ausb:** Stud (Bajan) MFachschule 63–67, (Komp, L f theoret Disziplinen) Uraler Kons Swerdlowsk. **Laufb:** L (theoret Disziplinen, Komp, Instrkde) 75–94, ua Doz H f Kunst u Kultur Stadt Tscheljabinsk. – **Komp:** Sinf Nr 1 (gr SinfOrch), UA Jekaterinburg 74; Capriccio (SinfOrch), UA St Tscheljabinsk 78; Sinf Nr 2 (gr SinfOrch), UA Tscheljabinsk 79; Sinf Nr 3 (gr SinfOrch), UA St Tscheljabinsk 82; Suite Nr 1 u Suite Nr 2 (gr SinfOrch), UA St Tscheljabinsk 90; Hommage à Gershwin (Konz-Dichtung), UA St Tscheljabinsk 91; Konzert I (Klar m Str-Orch). (Red)

Wedemeyer, Isa von, Violoncello; Planckstr 22, D-10117 Berlin, T: (0 30) 89 54 02 00, F: 89 54 02 00, *isa.vonwedemeyer@web.de* [Hamburg 7.9.1975]. **Ausb:** Stud Vcl (M Kliegel) MH Köln 95–97, 99, Stud (J Starker) School of Music Bloomington Indiana U 97/98, Stud (W Boettcher) H d Künste Berlin 2000–02, Stud KamM (A Berg Qua) MH Köln 96–99, KamMKurs (I Stern) Köln 99. **Laufb:** SoloVcl Jeunesses Musicales Word Orch 99, Vorspielerin d Celli Dt Op Berlin seit 02. **Pr:** Landessieger 'Jugend musiziert' NRW 92, Prtr 'Wettb d Dt MusikinstrFonds' 96, 97, 99, OrchAkad 'Dt Staatsop Berlin', Villa Musica Stip seit 2000, Stip Dt MWettb Berlin 01.

Weder, Oliver, MD, Dirigent; c/o Thüringer Symphoniker, Anger 1, D-07407 Rudolstadt, T: (0 36 72) 45 01 52, F: 45 01 59; c/o Konzertdirektion Fritz Dietrich, Sigmund-Freud-Str 1, D-60435 Frankfurt/M, T: (0 69) 54 45 04, F: 5 48 41 07, *info@konzertdirektion-dietrich.de* [Frankfurt/Main 1963]. **Ausb:** HfM Frankfurt/M. **Laufb:** Orchlt, MD Thüringer Symphoniker Saalfeld-Rudolstadt. (Red)

Wedmann, Dirk, Solorepetitor; Mozartstr 27, D-42781 Haan, T: (0 21 29) 37 68 78. **Laufb:** Solrep Dt Op am Rhein Düsseldorf-Duisburg SpZ 03/05. (Red)

Wee, Judy, Repetitorin; Brehmstr 83, D-40239 Düsseldorf, T: (02 11) 63 78 03. **Laufb:** Studienlt Dt Op am Rhein Düsseldorf-Duisburg. (Red)

Weese, Helmut, Prof, Hochschullehrer; Im Limburgerpark 12, D-04279 Leipzig, T: (03 41) 1 24 89 10, 0 17 16 15 08 20, F: 1 24 89 11, *prof.weese@web.de*; Robert Schumann Hochschule, Fischerstr 110, D-40476 Düsseldorf. **Laufb:** Prof (Korrep) H f M Felix Mendelssohn Bartholdy Leipzig, Prof (Korrep) Robert Schumann H Düsseldorf. (Red)

Wegele-Kefer, Ulrike Theresia, Mag, Prof, Hochschullehrer, Orgel; Ungargasse 45/6, A-1030 Wien, T: (03 61) 3 89 35 87, *ulrike.wegele-kefer@aon.at*; Univ f Musik u Darst Kunst, Inst 12, Hauptpl 8, A-7432 Oberschützen; *www.wegele.at* [Weingarten]. **Ausb:** Stud H f M u Darst Kunst (kathol KiM) Stuttgart (L Lohmann), Aufbaustud Univ f M u Darst Kunst Wien (M Radulescu). **Laufb:** Ltg OrgKlasse Joseph-Haydn Kons Eisenstadt 92, Prof (Org, KlPraxis) Univ f M u Darst Kunst Graz 99, Kulturbeirätin f d Burgenland, künstl Ltg Fstv 'Weinklang'. – **Aufn/RF:** ORF-Porträt: Der Klang Gottes; div RF-Aufn u CD-Einsp. **UA:** Werke v Aranyi-Aschner, Krammer, Nemeth, Zebinger, French, Kocsis, Sauseng, Kern. **Zug:** v Aranyi-Aschner, Nemeth, French.

Wegele, Matthias, Dirigent; Hochschule f Musik u Theater Hannover, Emmichpl 1, D-30175 Hannover, PF 1151, D-30953 Hemmingen, T: (07 21) 1 51 52 32 04, F: (07 21) 1 51 52 32 04, *info@mwegele.de*; *www.mwegele.de* [Paderborn 12.5.1962]. Musiktheater, Konzert **Ausb:** Stud (SchM, Kl, Dirig) MH Detmold 82–89. **Laufb:** Solorep m Dirig-Verpfl Städt Bühnen Dortmund 89, StudienLt, Kapm, Solorep, Dgt Op Hannover 90–01, MusikLt Operetten-Tounee-Th Hannover seit 01, Chefdgt Op Antalya Türkei seit 03. – **UA:** C M v Weber: 'Freischütz', vietnames EA NatTh Hanoi 99; G Frid: 'Das Tagebuch d Anne Frank', UA d Neufassung f KamEns Op Braunschweig 99.

Wegenberger, Brigitte, Sängerin; c/o Theater an der Rott, Pfarrkirchener Str 70, D-84307 Eggenfelden. **Laufb:** Sol Th an d Rott Eggenfelden. (Red)

Wegener, Klaus, Sänger; c/o Junge Kammeroper Köln, Florastr 93, D-50733 Köln. **Laufb:** Sol Junge Kammerop Köln seit SpZ 03/04. (Red)

Wegerbauer, Klaus, Dirigent, Kirchenmusiker; Am Rathaus 12, D-94051 Hauzenberg, T: (0 85 86) 97 70 33. (Red)

Wegmann, Theo, Hochschullehrer, Komponist; c/o Kirchgemeinde Zürich-Witikon, Witikonerstr 286, CH-8053 Zürich, *smeverlag@bluewin.ch* [Herisau 1951]. **Ausb:** Stud (Kl, Org – KonzDipl, Theorie u Kontrapunkt) Kons u MH Zürich. **Laufb:** LAuftr f Kl MH Zürich 76, Doz Komp u Impr f Organisten, hauptamtl Organist d ref Kirchengemeinde Zürich Witikon seit 78, gleichzeitig Tätigkeit als Komp, KonzMusiker, Verleger u Produzent. (Red)

Wegner, Gabriele, Violine, Hochschullehrerin; Akad f Tonkunst, Ludwigshöhstr 120, D-64285 Darmstadt. **Laufb:** Doz (V) Akad f Tonkunst Darmstadt. (Red)

Wegner, Hans-Jörg, Prof, Hochschullehrer, Flöte; Kleine Pfahlstr 20b, D-30161 Hannover, T: (05 11) 3 48 15 99, F: 31 61 38, *hans-joerg.wegner@web.de*; Hochschule f Musik, Neustadt 22, D-32756 Detmold; *www.hans-joerg-wegner.de* [Burgwedel b Hannover]. **Ausb:** Stud Fl MH Hannover u Detmold (E Boehr, M Achilles, R Staege), Stud Kl (K-H Kämmerling, B Goetzke), Unterr KamM u div Kse (K Engel, P-L Graf, R Metzmacher ua), KonzEx Hannover 88. **Laufb:** LBeauftr Uni Hildesheim 86–2000, Prof (Fl) H f M Detmold, Abt Dortmund seit 97. **Ens:** Duo Cantabile, Trio Cantabile, Duo (Fl, Hfe) m E Wegner, Con voce, Trio Interlude, Intermezzo Armonico, Duo Concertante, Molino Trio ua. – **Aufn/RF:** va Ersteinsp v Werken aus Klassik, Romantik, Impressionismus, 20. Jh. (Red)

Wegner, John, Sänger (Bassbariton); Kyffhäuserstr 7, D-40545 Düsseldorf, T: (02 11) 5 50 96 45, (01 72) 7 23 59 27, F: 5 50 96 51; c/o Columbia Artists Management Inc, 165 West 57th St, New York, NY 10019–2276, U.S.A., T: (2 12) 8 41 95 00, F: 8 41 97 44, *info@cami.com*. **Laufb:** Australian Op Sydney, Sol Dt Op am Rhein Düsseldorf-Duisburg (03/05), Staatsth Stuttgart, Sol Staatsth Karlsruhe 92, MTh Bonn, Kom Op Berlin SpZ 03/04. **Pr:** Stip in Europa 87. – **Aufn/RF:** F Cilea: 'Adriana Lecouvreur' (m Elizabethan Sydney Orch) 84, G Meyerbeer: 'Les Huguenots' (m Opernorch Australien) 90. (Red)

Wegner, Uwe, Prof, Hochschullehrer, Gesang; Hamburger Konservatorium, FB 6, Sülldorfer Landstr 196, D-22589 Hamburg. **Laufb:** Prof (Korr, Lied, Orat) Hamburger Kons. (*)

Wegorzewska-Whiskerd, Alicja (Pseud: Alicja de Rota), MA, Opernsängerin (Mezzosopran); ul Reprezentacyjna 12, Polen-02–797 Warschau, T: 5 01–01 10 07, F: (0 22) 8 25 23 05, *alicja.ww@wp.pl* [Stettin 28.2.1967]. frz, russ u ital Oper, moderne Musik, Strauß (Rosenkavalier) **Ausb:** Stud Kl Kons f M Stettin 85, Stud Akad f M 'F Chopin' Warschau, MA 93, (R Karczykowski) 98, Mstrkse b H Zadek Wien 99, G Bumbry Lugano 2000, M Hristova 01. **Laufb:** Wiener KamOp 99, Neue Op Wien 99, Schlossth Rheinsberg u Dt Op Berlin 99, FestW f Alte Musik Innsbruck 99, Grand Th Lodz 02, Concertgebouw Amsterdam 03, Berliner KonzHaus 03, Krakov Op 03–04, StaatsOp Warschau 04–05, StaatsOp Stettin 05, StaatsOp Danzig 05, Nat Philh Warschau 05. **Pr:** Prtr GesWttb Rheinsberg 99, Goldene Platte f FilmM 'Wiedzmin'. – **Aufn/RF:** 'Kinder in Not', Benefizkonz Th a d Wien 99; FilmM 'Wiedzmin' 01, Arien- u Liederabend (poln TV); Video: S Matthus: 'Kronprinz Friedrich'; Ein neues Jahr in Rheinsberg (3sat/ZDF); Konz im Concertgebouw Amsterdam (Radio Auro).

Wegrzyn, Krzysztof, Prof, Hochschullehrer, Violine; Kopenhagener Str 49, D-30457 Hannover, T: (05 11) 46 24 77; Hochschul f Künste, FB Musik, Dechanatstr 13–15, D-28195 Bremen. **Laufb:** Konzm Niedersächs Staatsorch, Prof (V) H f M u Th Hannover, Prof HfK Bremen. (Red)

Wehinger, Rainer, Prof, Hochschullehrer; Neue Heimat 31, D-74343 Sachsenheim, T: (0 70 46) 91 20 27, F: 91 20 27, *rainer.wehinger@t-online.de*; Hochschule f Musik u Darst Kunst, Urbanstr 25, D-70182 Stuttgart. **Laufb:** Prof (MTheorie, Hörerz, Studio elektron Musik) Staatl H f M u Darst Kunst Stuttgart. (Red)

Wehle, Reiner, Prof, Hochschullehrer, Klarinette; Dankwartsgrube 26, D-23552 Lübeck, T: (04 51) 7 06 09 01, F: 7 06 09 02; Musikhochschule, Große Petersgrube 17–29, D-23552 Lübeck, T: (04 51) 1 50 51 78, F: 1 50 53 00. **Ausb:** Stud Klar (H Deinzer) MH Hannover, (G Deplus) Paris. **Laufb:** Klar Münchner Philh, 1. Soloklar NDR Hannover 85, Konz als Sol m div dt Orch (ua Münchner Philh, Radio SinfOrch Berlin, RF-Orch Hannover d NDR), KamMusiker, KonzReisen, Prof (Klar) MH Lübeck seit 92. **Pr:** 1. Pr Dt MWettb Bonn 78, 2. Pr Int Wettb Toulon 79, 3. Pr Int MWettb Prag, 2. Pr ARD-Wettb 80. **Ens:**

Qui Chalumeaux, Trio Di Clarone, Bläserens Sabine Meyer, Bläsersol Hannover, Ens Kontraste. – **Aufn/RF:** zahlr LP- u CD-Aufn.

Wehnert, Wolfram, Prof, Hochschullehrer; Hochschule f Musik u Theater, Emmichpl 1, D-30175 Hannover. **Ausb:** H f M (SchM, Dgt) Frankfurt. **Laufb:** Doz (Ch- u OrchLtg), Ltg Collegium musicum Johannes Gutenberg Univ Mainz 73–82, Grd u Ltg VokalensEns Mainz 74–82, Ltg Niedersächs Singkreis (umbenannt KamCh Hannover) 85–94, Ltg Marburger BachCh, Hessisches Bach-Kollegium, BarockensEns Marburg 70–01, Prof (Chor- u Ensltg) H f M u Th Hannover seit 82. (Red)

Wehren de Siebenthal, Marguerite, Violine; Chalet Lowina, CH-3780 Gstaad. (Red)

Wehrens, Evelyne, Sängerin; c/o Kammeroper Dresden, Bayreuther Str 8, D-01187 Dresden. **Laufb:** Gastsol Staatsth Braunschweig u Sol Kammerop Ulm SpZ 03/04, Kammerop Dresden SpZ 04/05, Gastsol MTh im Revier Gelsenkirchen SpZ 04/05. (Red)

Wehrle, Heinz, Komponist, Orgel; Biberlinstr 39, CH-8032 Zürich, T: 0 13 81 80 31. (Red)

Wehrle, Markus, Hochschullehrer, Violoncello; Carl-von-Ossietzky-Str 7, D-02826 Görlitz, T: (0 35 81) 41 81 78 [16.4.1958]. **Laufb:** Doz (Vcl) H f KiM Görlitz. (Red)

Wehrli, Martin, Komponist; Froschaugasse 20, CH-8001 Zürich, T: 0 12 62 47 81. (Red)

Wehrli, Susann, Flöte; Martastr 116, CH-8003 Zürich, T: 0 14 63 50 13. (Red)

Wehrum, Michaela, Opernsängerin; Breiter Weg 64, D-35440 Linden, T: 0 17 22 45 54 71, F: (0 69) 43 05 73 70, *Gandenberger@gmx.de*; c/o Konzertdirektion Fritz Dietrich, Sigmund-Freud-Str 1, D-60435 Frankfurt/M, T: (0 69) 54 45 04, F: 5 48 41 07, *info@konzertdirektion-dietrich.de* [Lich 16.6.1970]. Oper, Konzert **Ausb:** Stud Gesang (L Hammes) MH Köln 93–2001. **Laufb:** Opernschule Köln 94–99, Gastsol StaatsTh Wiesbaden 98–2000 (Bizet: Carmen, Mercedes; Strauss: Fledermaus, Orlofsky; Strauß: Salome, Page) 98–2000, Gastsol Th Bremen (Verdi: La Traviata, Flora) 99–2001, LandesTh Detmold (Massenet: Werther, Charlotte), StadtTh Gießen (Purcell: Dido u Aeneas, 2. Frau), Konz Philharmonie Köln (Bizet: Arie d Carmen; Mozart: Arie d Cherubinos) 99, Konz (Bach: Weihnachtsorat) Brasilien 98, Konz (Rossini: Stabat Mater) KonzHalle Ludwigshafen 2000. **Pr:** 3. Pr Hochschulwettb Köln 97, Förderpr Meistersinger Nürnberg Wettb 98.

Wehse, Matthias, Hochschullehrer; Maiglöckchenweg 15, D-55126 Mainz, T: (0 61 31) 47 58 62; Wiesbadener Musik- & Kunstschule, Schillerpl 1–2, D-65185 Wiesbaden. **Laufb:** Doz (KamM) Wiesbadener Musikakad. (Red)

Weiand, Werner, Prof, Komponist, Hochschullehrer; Cäcilienstr 7, D-42119 Wuppertal, T: (02 02) 43 74 75, F: 43 74 75 [Duisburg 29.1.1939]. Neue Musik, Kammer- u Orchestermusik, Oper **Ausb:** Stud (MErz, Tonsatz) Duisburg Kons 57, Staatsex 64, Komp (Ch Penderecki) Folkwang-H Essen 68, Tonsatz, Komp (W Hufschmidt) ebd bis 73, Ex 72. **Laufb:** Unterr JugendMSch, LAuftr Staatl MH Rheinland 72, Prof (Komp, Tonsatz) seit 79, Chor- u Enslt b versch Konz eig M. – **Komp:** 'D Belagerung' (Op) 91; 'Sursum corda II' (KonzM), UA Kreuzkirche Wuppertal, StrOrch J Watze, Stud d MH Wuppertal, Dgt: W Rittau 92; 'dona nobis pacem' (KonzM) 98, UA Wuppertal 99; 'Elegie' (KonzM) 99/2000, UA Wuppertal; 'E.L.S.' Komp m Texten v E Lasker-Schüler. **Auftr-Komp:** 'Silenda' (6 Sätze f KamOrch, 2 Sprecher u Singst), UA Stadthalle Wuppertal 81 (Auftrkomp z Hindemith Jahr); 'Requiem' (f gr Orch u 8 Sprecher, 4 S, 6 Schlgz, Fl solo), UA Immanuelskirche Wuppertal, Orch, Sprecher u S d MH Wuppertal, Dgt: F Doolan 84 (Auftr: MH, F Doolan); 'De profundis' (f Orch u Sprecher), UA Unterbarmer Hauptkirche Wuppertal, Orch d Gym Am Kothen, Dgt: E Strehler 85 (Auftrkomp z Europ Jahr d M); 'Lux aeterna luceat nobis' (f Org solo), UA Immanuelskirche Wuppertal, M Beutel 86 (Auftr: M Beutel); 'Catena facilis' (f Git solo), UA MH Wuppertal, G Reichenbach 90 (Auftr: D Kreidler); 'sursum corda I' (KonzM), UA Kreuzkirche Wuppertal, Kl PosCh d Ev Kirche i Rheinland, Dgt: W Rittau 91 (Auftr: Kl PosCh d Ev Kirche i Rheinland); 'Elegie' (4 Sätze f Orch, Sprecher, Schlgz), UA MH Wuppertal, Stud d MH 96 (Auftr: Gym Wuppertal West). **Aufn/RF:** '1. StrQua' 71.

Weibel, Anneliese, Komponistin; State University of New York, School of the Arts, Geneseo, NY 14454, U.S.A., *weibel@geneseo.edu*. (Red)

Weibel, Mathias, Violine, Dirigent; c/o Kammerorchester Basel, Kanonengasse 37, CH-4051 Basel, T: 06 12 62 36 36, F: 06 12 62 36 37, *mail@kammerorchesterbasel.ch*. **Laufb:** Mitgl KammOrch Basel, Lt Ens Turicum. (Red)

Weiche, Volkmar, Violoncello; c/o Rundfunk-Sinfonieorchester Berlin, Charlottenstr 56, D-10117 Berlin. **Laufb:** Vorspieler RF-SinfOrch Berlin. (Red)

Weichert, Caroline, Prof, Hochschullehrerin, Pianistin, Komponistin; H f Musik u Theater, Fachrichtung Tasteninstr, Harvestehuder Weg 12, D-20148 Hamburg [Detmold]. **Laufb:** Prof (Klavier) H f M u Th Hamburg. – **Komp:** Hexentanz 96. (*)

Weichert, Gregor, Prof, Hochschullehrer, Klavier; Schlichtenfelde 9, D-48346 Ostbevern, T: (0 25 32) 55 11. **Laufb:** Prof (Kl) H f M Detmold, Abt Münster. (Red)

Weichert, Matthias, Prof, Bariton, Hochschullehrer; Am Wäldchen 6, D-01259 Dresden, T: (03 51) 2 03 45 43, 01 79-8 38 36 16, F: 2 03 45 43, *MatthiasWeichert@web.de*; Hochschule f Musik, PF 120039, D-01001 Dresden; *www.matthiasweichert.de.vu* [Frankenberg 24.7.1955]. Konzert, Oratorium **Ausb:** Stud (Ges, Dirig, Päd) H f M Dresden 76–81, Staatsex (OpSänger, Dipl-GesPäd) 81. **Laufb:** Ldsbühnen Sachsen 81–90, Gast Staatsop Berlin, Op Leipzig, Kom Op Berlin; Nat Op Brüssel 90–91, Ldsbühnen Sachsen 91–95, freischaffend, gr Japan-Tournee m Thomanerchor u Gewandhausorch 96, Ldsbühnen Sachsen 96–2000, LAuftr H f M Dresden seit 81, 2. LAuftr H f KiM Dresden seit 97, vielfältige RF- u TV-Aufn, CD-Einsp 94, 95, 96, 97, 98, 99, 2000, 01, 02, 03, 04, 05, ausgedehnte Konz- u OratTätigkeit, Konz im Schauspielh Berlin, Berliner Philh, Kölner Philh, Altenberger Dom, Berliner Dom, Gewandhaus Leipzig, Kloster Eberbach, Kreuzkirche Dresden, Thomaskirche Leipzig, Magdeburger Dom, Stuttgarter Liederhalle, Merseburger Dom, Kathedrale in Eu, Mercatorhalle Duisburg, Liederhalle Hamburg ua, KonzReisen Österr, Belgien, Isreal, Japan, Dänemark u Frankreich, Gastsp Japan m Thomanerchor u Gewandhausorch Leipzig 2000, Luisenburg-FSp Wunsiedel 2000, freischaff Konz- u OratSänger ab 2000, Doz (GesKl) H f KiM u H f M Dresden, Prof (Ges) seit 02, Jury-Mitgl 'Jugend musiziert', Int Bachfest Leipzig 02, KonzReise Israel (5 Konz, L v Beethoven: Sinf Nr 9), KonzReise Paris, J S Bach: 'Weihnachtsoratorium', m Thomanerchor u Gewandhausorch Leipzig 03, KonzTournee Japan 04, KonzReise Italien 04, KonzReise USA 05, Eröffnungskonz Int Bachfest 05, Bach: 'Matthäuspassion' in Houston, Texas 06. **Pr:** Robert-Schumann-Pr Zwickau 81, Hugo-Wolf-Pr Stuttgart 87, Stip Bayreuther FSp 88. **Mitgl:** BDG. – **Aufn/RF:** J S Bach: Kantaten, Thomaskirche Leipzig (MDR); P Casals: 'El Pesebre' (MDR). **UA:** A Schlünz: Kammerop, UA EXPO Hannover 2000.

Prof Matthias Weichert

Weidanz, Wiebke, Cembalo; c/o Catharina Bürklin Künstler- und Konzertmanagement, August-Siebert-Str 12, D-60323 Frankfurt/M, T: (0 69) 95 50 48 80, *kontakt@ensemble-mediolanum.de*; *www.ensemble-mediolanum.de* [Bremen 1974]. **Laufb:** Lehrbeauftr HfM Frankfurt/M. **Pr:** Bach-Prtr Leipzig 2000. **Ens:** 'Ens Mediolanum'. (Red)

Weidauer, Stephan, KM, Fagott, Hochschuldozent, Dirigent; c/o Saarländisches Staatsorchester, Schillerplatz, D-66111 Saarbrücken; 4 rue des Merles, F-57915 Woustviller, T: 03 87 95 35 71, F: 03 87 95 35 71, *s.weidauer@wanadoo.fr*; *www.weidauer.de.tt* [Stuttgart 14.12.1951]. **Ausb:** Stud Musikwiss u Philosophie U Tübingen; Fag Staatl H f M u darst K Stuttgart; Examen 76. **Laufb:** Solo-Fag Th d Stadt Ulm 75–77; Saarländ Staatsorch seit 77; Tourneen Europa, Korea, Japan; H f M Saar; MSchule d Landeshauptstadt Saarbrücken. **Ens:** Stadtorch 1865 'Harmonie' St Wendel. – **Sonst:** Regelm Beitr u Rez in 'Rohrblatt' u 'Das Orchester'. **Lit:** 'Spitzernmusiker u ihr Instrument: S W' (M – Musik zum Lesen 04/03).

Weidinger, Andreas, Komponist, Hochschullehrer; Buttermelcherstr 11, D-80469 München, T: (0 89) 21 56 83 40, F: 21 56 68 41, *info@andreasweidinger.de*; *www.andreasweidinger.de* [Würzburg 9.2.1970]. FilmM, KamM **Ausb:** Stud (SchM) H d Künste Berlin, Komp f Film u Fernsehen (E Schneider) MH München, Komp, Dirig (T Bricetti) Perugia. **Laufb:** LAuftr (Komp f Film u Fernsehen) MH München, LAuftr H f Film u Fernsehen München, div workshops ua Goethe-Inst Nairobi, Lehrstuhlvertr Prof (Komp f Film u Fernsehen) München. **Pr:** 1. Pr Int FilmM-Biennale Bonn 02. **Mitgl:** DKV, CC. – **Komp:** Musik zu div Kino- u Fernsehfilmen; Rites and circles (KamM), UA München 98; Holz Steine Farben (KamM), UA Landau/Pfalz 99; Augsburger Puppenkiste 2000/01; Fabrixx (Kinder-, Jugendserie). **AuftrKomp:** Tanz d Derwisch (Ob u Liveelektr), UA München, Herkulessaal, m S Schilli 2000; Hello Jonny B (KamM), UA Kloster Andechs, m Ens Triolog 2000. **Aufn/RF:** Tanz d Derwisch (UA) m S Schilli, Symph d BR 2000.

Weidinger, Georg, Dr, Komponist, Pianist, Arzt; Getreideweg 6A, A-2301 Wittau, T: (0 22 15) 32 24, F: 32 24, *mail@klaviermusik.at*; *www.klaviermusik.at* [Wien 14.12.1968]. Klavier solo, Lied **Ausb:** Stud (Medizin) U Wien 87–95, Stud Musik Kl, Tonsatz, Komp (Ch Minkowitsch, H K Gruber, M Fernandes, I Gernert) Kons Wien 89–95, Stud ComputerM, elektr Medien (T Ungvary) U f Musik Wien 95–2000. **Laufb:** freiberufl Arzt, Pianist, Komp seit 2000, regelm Konz, Fstvs Elektr Frühling Wien, Wien Modern, Fstv f Absolute Musik Allensteig, Filmfstv Györ, Wiener FestW, Elektrokomplex Wien u Linz, Musik Aktuell Niederösterr. **Pr:** 1. österr Gewinner 18. u 20. Int KompWettb Luigi Russolo Varese. **Ens:** Duo Adelhard Roidinger-Georg Weidinger. – **Komp:**

'Lautes Schweigen 2' (f Orch), UA Wien, Kons 95; 'Verschränkungen' (f Sop u Kl), UA Wien, Elektr Frühling 98. **AuftrKomp:** 'Amen' (f Chor, Cemb, Str-Orch), UA Stift Zwettl 95 (Auftr: Land Niederösterr – musik aktuell); 'burn!' (EM), UA Wien, Elektr Frühling 01. **Aufn/RF:** CD: obsessive piano part one & two, dark side, weinberg 99; Vienna Concert 2000; Burn!; RF-Aufn: 'between' (f SensOrg, KB, Pf) ORF Sendesaal 98; 'Vienna Concert 2000', BöSaal Wien 2000.

Weidinger, Oliver, Tenor; Rosental 9, D-32756 Detmold, T: (0 53 21) 30 61 47, (01 63) 8 14 03 68; Landestheater, Theaterpl 1, D-32756 Detmold; *www.oliver-weidinger.de* [Nürnberg]. **Ausb:** Stud (J-H Rootering) H f M u Th München, Liedkl b H. Deutsch. **Laufb:** Sol Landesth Detmold. (Red)

Weidlich, Günter, Prof, Horn, Hochschullehrer; Hochschule f Musik u Theater, Beim St-Katharinenstift 8, D-18005 Rostock [Klingenthal 1944]. **Ausb:** Stud Hn (P. Damm), KamM (E. List) MH Leipzig. **Laufb:** Solohornist in d Schweriner Philh 67–71, Stellvertr Solohornist in d Norddt Philh Rostock 71–88, Berufung in d „Rostocker Nonett" 72, HonProf HMT Rostock 2000. **Pr:** Kulturpr d Hansestadt Rostock, Kunstpr d DSF, „Bedrich Smetana"-Med. (Red)

Weidlich, Raphael, Flöte; c/o Deutsches Symphonie-Orchester Berlin, Masurenallee 8–14, D-14057 Berlin. **Laufb:** stv Sol Dt SymphOrch Berlin. (Red)

Weidlich, Sina, Sängerin; c/o Junge Kammeroper Köln, Florastr 93, D-50733 Köln. (Red)

Weidmann, Martin Lorenz, Bassbariton; c/o Künstleragentur Elke Wiemer, Exerzierstr 9, D-13357 Berlin, T: (0 30) 46 60 78 06, F: 46 60 78 17, *mail@agentur-wiemer.de*. **Ausb:** Stud Ges (J Stämpfli) H f M u Th Bern, Aufbau-Stud Ges (R Werner) H f M 'F Mendelssohn Bartholdy' Leipzig, Mstrkl b H-J Beyer. **Laufb:** Gastsol Op Leipzig, Ldsbühnen Sachsen, Opéra de Fribourg, OpttenBühne Sirnach, Th Biel Solothurn seit SpZ 03/04, Fstv M & Th Saar 02. (*)

Weidmüller, Susan, Sängerin; c/o Städtische Theater, Käthe-Kollwitz-Str 7, D-09111 Chemnitz, PF 756, D-09007 Chemnitz. **Laufb:** Gastsol Städt Th Chemnitz SpZ 00/05. (Red)

Weigel, Achim, Prof, Hochschullehrer; Hochschule für Musik und Theater Hamburg, Harvestehuder Weg 12, D-20148 Hamburg. **Laufb:** Prof (Va) H f M u Th Hamburg. (*)

Weigel, Helmut, MD, Komponist, Dirigent; Gottfried-Keller-Str 11, D-91541 Rothenburg odT, T: (0 98 61) 83 03 [Schrobenhausen 3.2.1917]. sinfon Lit **Ausb:** Stud (Fl, Kl, V, Dirig, Komp) MH Würzburg u Berlin 34–38 u 43/44. **Laufb:** 1. Kapm Th Komödie München 46–48, musikal Lt Rothenburger SinfOrch bis 58, städt Kapm 55–58, städt MD Radolfzell 58–63, städt MD Heidenheim 64–82, OpChef Heidenheim 69–84, künstl Lt Rothenburger Mstrkonz 88–01, GastDgt Südwestdt Philh Konstanz, Münchner, Hofer u Nürnberger Symph, Göttinger SymphOrch, Landes- u Staatl SymphOrch Thüringen, Nordböhm Staatsphil Teplice, Würzburger u Jenaer Philh, Thüringen Philh, Janacek-Philh Ostrawa; bedeutende Auswärtsgastsp Op: SchlossFSp Ettlingen, BurgFSp Jagsthausen; Optte: Ansbach, Treuchtlingen, Weißenburg, Neuburg/Donau, Schwäb Gmünd, Feuchtwangen, Dinkelsbühl, Bad Mergentheim; OrchSinf- u MstrKonz: Meran, Sterzing, Garmisch, Bad Windsheim, Rothenbg, Konstanz, Überlingen, Friedrichshaven, Singen, Nördlingen, Ulm, Aalen. **Pr:** Goldene Ehrennadel Fränk Musikbund 58, BVK d BRD 77, viele Ehrenmitgliedschaften, Ehrenmed In- u Ausland, Rothenburg Wiederaufbau-Med 94. **Mitgl:** dkv. – **Komp:** Graf Bernadotte Marsch, d König v Schweden gewidmet, in memoriam F Bernadotte, UA BR 51; Fränk Rhapsodie (OrchW) 51; Am Meer (Kanzone), UA Würzburg 52; Romant Szene, Reminiszenz (2 sinfon Dichtungen) 52, UA Rothenburg odT 53; Romanze in As u Scherzo in F (f Vcl u Kl), UA Bayreuth 53; Libellenjagd (Tarantella), UA Nürnberg 56; Toppler Fanfare, Hymnus u Siegesmarsch (Kantate) 57, UA Rothenburg odT 58; Eldorado-Ouvertüre (OrchW) 61, UA Nürnberg 61; 'Ouvertüre scherzando' (f BlasOrch), UA Nürnberg, RF-Orch, Dgt: Blum 64 (Auftr: BR); Wander-Polka, Bundespräs aD K Carstens gewidmet, UA unter seiner Anwesenheit auf Schloss Hellenstein Heidenheim m städt Orch, Dgt: H Weigel 81. **Aufn/RF:** H W Komponisten-Portrait BR 70 (m 4 Werken); 'Musik-Parade' städt Orch Heidenheim, Dgt: H Weigel, Rothenbg, BR 74; Live-Sendung (Kaisersaal Rothenbg) m städt Orch Heidenheim, Dgt: H Weigel, BR 74; TV-Aufz Mozart:'Die Entführung aus d Serail' (Op), MTh Heidenheim, Schwäb-Fränk SymphOrch, Dgt H Weigel, SWR 77; CD: Start 2000 (KonzMarsch), UA m 84. Inf Regimentskap 2000. **UA:** A v Laban: 'Gott segn' dich, alte Stadt' (Rezitatorium), UA m Rothenbg SinfOrch, Dgt: H Weigel 51. **Sonst:** Grdg Heidenheimer MTh-Schloßserenade, Initiator KonzR Rothenburger Mstrkonz, Grdg u ChefDgt Schwäb-Fränk SinfOrch. **Lit:** 'H W -Meister seines Fachs' Aalen 85; 'H W – Musikpionier f Heidenheim' (Bayer Blasmusik 8) 89; 'H W – Ein großer Kapellmeister dirigiert das letzte Meisterkonzert', in: Rothenbg Anzeigenblatt 01.

Weigel, Johan, Sänger; Raichbergstr 1, D-70329 Stuttgart, T: (01 60) 7 30 05 83; Staatstheater, Oberer Schloßgarten 6, D-70173 Stuttgart [Västeras, Schweden]. **Ausb:** Mendel-Stip/Bloomington, Kristina-Nilsson-Stip/Stockholm, Kulturstip d Stadt Västeras, Finalist int Wettb Voix Wagnerienne/Strasbourg. **Laufb:** Sol Volksop Wien, Sol Staatsth Stuttgart seit 03/04. (Red)

Weigel, Michael, Fagott; c/o Münchner Rundfunkorchester, Rundfunkpl 1, D-80300 München. **Laufb:** Sol Münchner RFOrch. (Red)

Weiger, Michael, Solorepetitor; Georg-Käß-Pl 4, D-86179 Augsburg, T: (08 21) 5 89 35 51. **Laufb:** Solorep, Kapm u Ass d GMD Th Augsburg. (Red)

Weigle, Daniel, Kapellmeister; c/o Deutsche Staatsoper, Unter den Linden 7, D-10117 Berlin, PF 354, D-10109 Berlin, T: (0 30) 20 35 40, F: 20 35 42 06. **Laufb:** Dgt Dt Staatsoper Berlin Spz 01/05. (Red)

Weigle, Friedemann, Viola; c/o Impresariat Simmenauer, Henriette Haage, Bornstr 12, D-20146 Hamburg, T: (0 40) 42 31 31 12, F: 42 31 31 13, *henriette.haage@impresariat-simmenauer.de, friedemann.weigle@petersenquartett.de*; c/o Künstlervermittlung Klaus Eisenberger, Peter-Jordan-Str 8, A-1190 Wien, T: (01) 3 68 13 63, F: 3 69 23 23, *Eisenberger@classic-music.at; www.impresariat-simmenauer.de, www.petersenquartett.de*. Etablierung d Va als Soloinstr, Entwicklung außergewöhnl KonzProgramme **Ausb:** Stud H f M 'Hanns Eisler' Berlin b Alfred Lipka. **Laufb:** 1. Solobratschist d Berliner SinfOrch, zunehmende sol u kammermusikal Eng m d Petersen Qua, Doz H f M 'Hanns Eisler' Berlin (Va u KamM), Doz b Kursen u Mstrkl. **Ens:** Grd Petersen Qua (m Ulrike Petersen).

Weigle, Jörg-Peter, Prof GMD, Dirigent, Hochschullehrer; c/o H f Musik 'Hanns Eisler', Charlottenstr 55, D-10155 Berlin, T: (0 30) 56 29 33 39, *Lipka_sonja@hfm-berlin.de* [Greifswald 1953]. **Ausb:** Mitglied d Leipziger Thomanerchores 63–71, Stud H f M 'Hanns Eisler' Berlin 73–78 b Prof Horst Förster (Dirig), Dietrich Knothe (Chordirig), Mstrkrse Weimar u Wien. **Laufb:** Dgt Staatl SinfOrch Neubrandenburg 77–80, Lt u Chefdgt d Rundfunkchores Leipzig 80–88; Chefdgt Dresdner Philh ab 86–94, Chefdgt Stuttgarter Philh 95–03, Prof für Chordirigieren H f M 'Hanns Eisler' (Chorltg) seit 03; künstl Lt Philh Chor Berlin seit 03; erste vollst Aufführung aller Beethoven-Sinfonien auf hist Instrumenten 04–07 mit Concerto Brandenburg.

Weigle, Sebastian, Dirigent, Hochschullehrer; Chausseestr 94 Süd, D-10115 Berlin, T: (0 89) 29 16 16 61, F: 29 16 16 67, *kursidem@opern-agentur.com*; Chausseestr 94, D-10117 Berlin; *www.opern-agentur.com*. **Laufb:** Staatskapm Staatskapelle Berlin 97–02, Dgt Sächs Staatsop Dresden bis SpZ 04/05, LBeauftr (Hn) H d Künste Berlin, Dgt Dt Staatsop Berlin 03/04, GastDgt Staatsth Cottbus SpZ 03/04, Dgt Op Frankfurt SpZ 03/05, Chefdgt Gran Teatre del Liceu Barcelona seit 04. (Red)

Weigmann, Knut, Sänger; Jakob-Ruppert-Str 9, D-69214 Eppelheim, T: (0 62 21) 75 57 95. **Laufb:** Sol Eduard-von-Winterstein-Th Annaberg, Sol Sommer-Optte Coburg SpZ 04/05. (Red)

Weigold, Paul, Dirigent; c/o Wiener Staatsoper, Opernring 2, A-1010 Wien. **Laufb:** Dgt Wiener Kammerop, Kinderop, Studienlt Wiener Staatsop. (Red)

Weiherer, Christian, Chordirektor, Orgel; c/o Pfarrgemeinde St Josef, Josef-Schmid-Weg 2, D-87700 Memmingen [Regensburg 1971]. **Ausb:** Stud (Org) b N Düchtel KiMSch Regensburg 90, b G Weinberger u R Zimmermann HfM Detmold 92, A-Examen kath KiM m Ausz 96, weiterf Stud (Org, Kl u OrchLtg), zahlr Mstrkse, KonzEx (Org) 01. **Laufb:** Organist u Chordir Stadtpfarrkirche Memmingen/Allgäu seit 98, Lt 'vokalensemble christian weiherer', 'Gregorianiker', künstl Lt KonzReihe, LBeauftr (Org, Impr) HfM Augsburg seit 2000, Konz (Org u Cemb). **Pr:** Finalist Mendelssohn-Wettb Berlin 95, 2. Pr ImprWettb Sindelfingen 95, Finalist Int ImprWettb Haarlem (Niederlande) 96, Finalist Int ImprWettb 'in memoriam Maurice Duruflè' Hamburg 96, 2. Pr Wettb 'Impr im Gottesdienst' Trier 96, Stip Dt Musikwettb Sol Berlin 99. (Red)

Weikert, Ralf, Prof, Dirigent; Neubruchstr 5, CH-8127 Forch, T: 04 49 80 34 73, F: 04 49 80 34 73, *ralf.weikert@bluewin.ch*; Mandlgasse 13, A-5026 Salzburg, T: (06 62) 62 57 39, F: 62 57 39; *www.greatconductors.com/deutsch/weikert/* [St Florian b Linz 10.11.1940]. Oper (Belcanto, Mozart, Strauss), Konzert (Bruckner, Mahler, Strauss) **Ausb:** Stud (Kl, Orchltg) Kons Linz, Orchltg (H Swarowsky), Komp (H Jelinek) Wien 60–63. **Laufb:** 1. Kapm Bonner Oper, Chefdgt 68, regelm a d Op Kopenhagen seit 72, 1. Kapm Frankfurter Op 77–81, Lt Salzburger Mozarteum-Orch, MD Zürcher Op 83–92, seither freier Dgt in Op u Konz m ständ Gastverträgen in Zürich, München, Düsseldorf, Dresden u m zahlr Orch in Europa u USA (Met Op New York, San Francisco), Dgt Staatsop Wien, Bühnen d Stadt Köln, Bayer Staatsop München, Staatsop Hamburg, Finn Nationalop Helsinki, Lehrtätigkeit (Dirig) H d Künste Bern, GastDgt Semperop Dresden u Op Zürich SpZ 05/06. **Pr:** 1. Pr Nicolai-Malke-Wettb 65, Mozart-InterpretPr Wien 67, Karl-Böhm-Pr Wien 75, Österr Ehrenkreuz f Wiss u Kunst 1. Kl 99. – **Aufn/RF:** Operngesamtaufn: Rossini: 'Tancredi', Teatro La Fenice Venedig 83; Rossini: 'Barbiere d Siviglia', m Münchner RundfunkOrch 97; Zemlinsky: 'Kleider machen Leute' Op Zürich 91; D'Albert: 'Die toten Augen', Dresdner Philharmonie 97; Video-Prod: Rossini: 'Barbiere di Siviglia, ' Met Op New York; Rossini: 'L'Italiana in Algeri', Stuttgart-Schwetzingen; zahlr OpSänger-Porträts, ua J Morris, F Araiza, E Lind, D Schellenberger, P Seiffert, L DeVol, Deon van der Walt. **UA:** F Valdambrini: 'Penteo', UA 68; Ders: 'Il Gatto Con Gli Stivali', UA 71; H U Engelmann: 'Revue f ein Musikth', UA 73; Kelterborn: Op 'Der Kirschgarten', UA 84. **Zug:** F Valdambrini: Concerto Tricordale f gr Orch 2000.

Weikl, Bernd, Dr, HonProf, KS, Bariton, Hochschullehrer; Binderstr 4, D-20148 Hamburg; Musikhochschule, Gosse Petersgrube 17–29, D-23552 Lübeck [Wien]. **Ausb:** Stud (Ges) in Mainz und an der MH Hannover. **Laufb:** Sol Bayer Staatsop München, Hamburg Staatsop, Dt Op Berlin, Staatsop Wien, Gastsol Nationalth Mannheim SpZ 00/01, Sol Volksop Wien SpZ 03/04, Semperop Dresden SpZ 04/05, Op Köln, HonProf MH Lübeck. **Pr:** Gr BVK 94, Bayer Verdienstorden 95, Ehrenmitgl d Wiener Staatsop. (Red)

Weil, Bruno, Prof, Dirigent, Hochschullehrer; Panoramaweg 1, D-86391 Stadtbergen, T: (08 21) 43 48 33, F: 43 66 73, *brunoweil@web.de*; H f Musik u Theater, Arcisstr 12, D-80333 München. **Ausb:** Mstrsch H. Swarowsky. **Laufb:** GMD Duisburger Philh, Th Duisburg 94–02, Ltg Dirigkl d H f M u Th München, MD Fstv 'Klang u Raum' Kloster Irsee u Fstv Carmel Bach Kalifornien. **Pr:** Dt Schallplattenpr 97, Mercator-Plak 02. (Red)

Weil, Ernö, Intendant, Regisseur; c/o Theater Regensburg, Bismarckpl 7, D-93047 Regensburg [München 1947]. **Ausb:** Stud Theaterwiss U München, Reige MH München. **Laufb:** Regiedebut TH Augsburg 73, Regie Optte, Musical u Schauspiel, Intend LandesTH Coburg 88–95, Th Pforzheim 97–02, Th Regensburg seit 02. – **UA:** M Weber: Aus der Traum, Regie, UA; J Sári: Die Sonnenfinsternis, Regie, UA.

Weil, Raphaela, Sängerin; Friedrichstr 2, D-65346 Eltville, T: (0 61 23) 6 22 84, F: 6 22 84, *raphaelanaegler@web.de* [Pilsting 4.3.1963]. Operette, Chanson **Ausb:** Stud Sologesang, OpDarstellung (R Grist, P Kertz) MH München 83–88. **Laufb:** Sol Hess Staatsth Wiesbaden, Frankfurt, Köln, Bremen, Mannheim uva. – **UA:** G Kührs: 'Stallerhof', UA München 88.

Weilenmann, Matthias, Prof, Blockflöte, Hochschullehrer; Hofstr 117, CH-8044 Zürich, T: 04 42 61 19 53, *matthias.weilenmann@hmt.edu*; Musikhochschule, Florhofgasse 6, CH-8001 Zürich [Zürich]. **Ausb:** Stud Blockfl in Zürich, Winterthur u Amsterdam, SolDipl m Auszeichnung 74–82 b Conrad Steinmann, Kees Boeke u bes Walter van Hauwe, Stud MWiss u Kunstgeschichte. **Laufb:** Mitwirkung in versch Orch unter Ltg v N. Harnoncourt, Sol u Kammermusiker, ua m d Ens ASPECTE u BROKEN CONSORT sowie als Duopartner d Lautenisten J. Held, intensive Konz- u Lehrtätigkeit in Europa u d USA, RF- u CD-Aufn, Lt (m Walter van Hauwe) d 'Studientage f Blockfl Zürich' 82–88, Prof H f M u Th Zürich 82, Abteilungslt Bereich Alter Musik seit 98, Mitgl Musikkommission d Stadt Zürich seit 98. **Pr:** im Vorstand d Int Bachges Schaffhausen 86–96, im Präsidium d 'Neuen Forums f Alte Musik Zürich' seit 94. (Red)

Weimer, Jürgen, Prof, Komponist, Hochschullehrer; Lembacher Str 6, D-79848 Bonndorf, T: (0 77 03) 70 08, F: 93 39 45; Hochschule f Musik, Schultheiß-Koch-Pl 3, D-78647 Trossingen [Görlitz 2.6.1941]. **Ausb:** Stud (V, Komp) Detmold u Berlin. **Laufb:** Prof (Komp, MTheorie) Staatl H f Musik Trossingen, Rektor seit 80. – **Komp:** Count Down (TB), UA Würzburg 72; Schöne neue Musik (Op), UA Kiel 73; So schallt es heraus... (TB), UA Baden-Baden, Landesgartenschau 80; Tröstest so d arme Welt? (Sop, Orgel, Kl), UA Stuttgart 83; Der Name dieses Sternes ist Wermuth (Vokalsol, Chor, Orch), UA Stuttgart 87; Ecce Homo (Vokalsol, Chor, Orch), UA Ulmer Münster 91; Muß nicht d Erde um ihren Grundton zittern? (Actons f Orgel), UA Int Orgelwochen Trossingen. (Red)

Weimer, Swaantje, Prof, Hochschullehrerin, Gesang; Lembacher Str 6, D-79848 Bonndorf, T: (0 77 03) 70 08, F: 93 39 45; Hochschule f Musik, Schultheiß-Koch-Pl 3, D-78647 Trossingen [Berlin]. **Ausb:** Stud Ges (H. Kretschmar) MH Detmold u (L. Walter) HdK Berlin. **Laufb:** Prof (Gesang, Methodik) Staatl H f Musik Trossingen. (Red)

Weinberger, Gerhard, Prof, Hochschullehrer, Orgel; Neubeuernerstr 11, D-80686 München, T: (0 89) 5 70 48 34, F: 5 70 38 93; Hochschule f Musik, Neustadt 22, D-32756 Detmold, T: (0 52 31) 97 56 31, F: 97 56 20; *www.hfm-detmold.de/texts/de/personen/weinberger* [Pfaffenhofen/Ilm 31.7.1948]. Bach, Reger **Ausb:** Stud Org, KiM, SchM (F Lehrndorfer) MH München. **Laufb:** Doz (Org, KiM) H f M München 74–83, Prof (Org) ebd ab 77, Prof (Org) H f M Detmold, Lt Studiengang KiM ebd seit 83, Grdg Vokalens 'Dt Bachvocalisten' 86. **Pr:** ARD-Prtr 72, Mitgl Europ Akad f Wiss u Künste, Mitgl Direktorium d Neuen Bachges. – **Aufn/RF:** J S Bach: ges Orgelwerke (auf histor Instr) 98; J L Krebs: ges Orgelwerke. **Zug:** OrgWerke v H Genzmer (ua 2 OrgKonz), P Wittrich u H U Engelmann. **Sonst:** wiss Gesamt-Ed d Org-Werkes v J L Krebs u R Schumann, 3malige Gesamtauff d OrgWerke Bachs 2000; Buch: 'Zur Interpretation d Orgelmusik Bachs'.

Weingardt, Oksana, Klavier, Solorepetitorin; c/o Kammeroper, Bayreuther Str 8, D-01187 Dresden; c/o Offenes Ohr Dresden, Barlachstr 8, D-01219 Dresden, T: (03 51) 4 72 13 60, F: 4 72 13 61, *music@offenesohr.de* [Taldy-Korgan, Kasachstan 31.8.1974]. **Ausb:** MH 'Carl Maria v Weber' Dresden 94–99, Stud Kl MH Dresden seit 99. **Laufb:** Gast Musikal Einstudierung Kammerop Dresden SpZ 00/01, Solrep KamOp Dresden SpZ 03/05. **Pr:** Carl Maria v Weber Stip (Stift f Kunst u Kultur Dresden) 98; 3. Pr Kl-Wettb 'Musizieren mit LIONS' 98; 2. Pr u Sonderpr 'beste Intpr d Werkes Emmanuel Durlets' int Kl-Wettb 'Immanuel Durlet' Antwerpen 99. (Red)

Weingarten, Elisabeth, Sängerin; c/o Junge Kammeroper Köln, Florastr 93, D-50733 Köln. (Red)

Weingarten, Elmar, Dr, Geschäftsführer; c/o Ensemble Modern, Schwedlerstr 2–4, D-60314 Frankfurt, T: (0 69) 94 34 30 10, F: 94 34 30 30, *info@ensemble-modern.com*; *www.ensemble-modern.com* [Gleiwitz 20.2.1942]. **Laufb:** Lt d Musikabt d Berliner FSp 85, Intend d RSO Berlin 90, Intend d ROC GmbH Berlin 94, Intend Berliner Philh Orch 96, GF Ens Modern 01. **Pr:** BVK 1. Klasse.

Weinhart, Christoph, Komponist; Elsenheimerstr 20, D-80687 München [Würzburg 11.11.1958]. **Ausb:** Stud (Komp, Kl, Orgel) Würzburg u Paris. **Laufb:** LTätigkeit MH München u Würzburg, KonzTätigkeit als Pianist/Organist, Dgt. – **Komp:** Der Kaiser, d Nachtigall u d Tod (Op), UA Würzburg; Variationen über e Punkt (Kl u KamEns), UA Würzburg 86; Ophelia (MTh), UA Würzburg 88; Sterntagebuch (KamM), UA Würzburg 91; Der Trommler (KamOp), UA Würzburg 93; Sinnende Flammen (Ges u KamEns), UA Würzburg 97; Die Welt ist rund (KamOp), UA Würzburg 97.

Weinmeister, Bruno, Violoncello; c/o Künstlersekretariat Rolf Sudbrack, Gösselkoppel 54a, D-22339 Hamburg, T: (0 40) 5 38 21 65, 5 38 20 49, F: 5 38 72 20, *Rolf.Sudbrack@t-online.de*, *weinmeister@telda.net*; c/o Schauspielhaus Zürich, Rämistr 34, CH-8001 Zürich; *www.sudbrackmusik.de*, *www.brunoweinmeister.com*. **Ausb:** Stud Vcl (H Litschauer, H Schiff, W Boettcher) Basel, Salzburg u Berlin, Mstrkse b B Pergamentschikow u D Geringas. **Laufb:** Sol NDR SinfOrch Hamburg 93, 1. SoloVcl Staatskap Dresden 97–99, Dt SinfOrch 98, Schauspielhaus Zürich SpZ 04/05, regelm Konz m H Schiff (Vcl), Gastsol Wiener Festwochen, KamMFstv Lockenhaus, Schleswig-Holstein MFstv, Rheingau-MFstv, Kissinger Sommer, Berliner Festwochen, Schubertiade Hohenems, Konz ua m d RF-SinfOrch Stuttgart, Dt SymphOrch Berlin, Berliner SinfOrch, Orch d Staatsth Darmstadt, Staatsphilh Rheinland-Pfalz, RSO Wien, Mozarteum Orch Salzburg, Wiener KamOrch, Orch de Chambre de Lausanne, MKollegium Winterthur, Basler Symphonikern, Northern Sinf Newcastle, RAI Orch Turin, Copenhagen Philh Orch, ZusArb m Dgt: M Gielen, H Holliger, J Rudel, L Hager, Th Guschlbauer, H Graf, S Weigle, Ch Zacharias, Ch Arming, M Tilkin. **Pr:** Int Wettb Scheveningen 95. **Ens:** Duo m S Veselka seit 93, Trio Weinmeister. (Red)

Weinmeister, Gertrud, Viola, Violine; 8 Strozzig 38, A-1080 Wien, T: (01) 4 08 03 36 [Salzburg 1965]. **Ausb:** Stud Va (B Steinschaden) Mozarteum Salzburg, (E Kovacic) H f M u darst Kunst Wien bis 91, Unterr Va (S Ashkenasi) Northern Illinois Univ, Master of Music 93. **Laufb:** Eng Chamberorch of Europe, Ens Modern Frankfurt, Klangforum Wien 94/95, Concentus Musicus Wien; Ltg einer Kl f V u Va LdsKons Innsbruck 96–01, Ltg einer Kl f Va Kons Wien seit 03. **Pr:** Stip d A Berg-Stift, Stip d Fulbright-Stift. **Ens:** Trio Weinmeister. (Red)

Weinmeister, Hanna, Violine, Viola; Rheingasse 51, CH-4058 Basel; c/o Opernhaus Zürich, Falkenstr 1, CH-8008 Zürich, T: 03 16 34 93 93, F: 03 16 34 93 90 [Salzburg 1969]. **Ausb:** Stud Mozarteum Salzburg, Stud (G Schulz) H f M Wien, Mstrkl b Z Bron (Lübeck). **Laufb:** 1. Konzm Orch d Op Zürich seit 98, Salzburger FSp 05, Konz m d Münchner Philharmonikern, Berliner Symphonikern, SWR-SinfOrch, Mozarteum Orch Salzburg, Bruckner Orch Linz, English Chamber Orch, ZusArb m Dgt: ua F Welser Möst, E Inbal, M Gielen; Doz H f M u Th Bern 2000–04. **Pr:** Prtr Int Mozart-Wettb Salzburg 91, Ausz b 'Concours Int J Thibaud' 94, Int Parkhouse Award London 95. **Ens:** Tetzlaff Qua, Trio Weinmeister. (Red)

Weinmeister, Siegmund, Kapellmeister; Fauthweg 4, D-67663 Kaiserslautern, T: (06 31) 3 20 46 59, 01 72–2 64 82 36; c/o Pfalztheater Kaiserslautern, Willy-Brandt-Pl 4–5, D-67657 Kaiserslautern. **Laufb:** 2. Kapm Th Bielefeld, 1. Kapm u stellv GMD Pfalzth Kaiserslautern SpZ 03/04. (*)

Weinrebe, Helmut, Prof, Hochschullehrer, Klavier, Orgel; Untersteinbach 22, D-51429 Bergisch Gladbach, T: (0 22 07) 28 00, F: 70 65 01, *Helmut.Weinrebe@gmx.de*; Hochschule f Musik, Dagobertstr 38, D-50668 Köln [Rostock 22.9.1939]. Pianistik, Orgel **Ausb:** Stud Orgel (Forstemann) Hamburger H f M u darst Kunst 60–63, Kl (C Seemann) H f Musik Freiburg/Br 64–69. **Laufb:** Prof (Kl) H f M Köln seit 74, Tourneen Griechenland 74, Österreich u Holland 99/2000, Österreich 2000/01, Korea 01, Schweden 01, Einladungskonz zum Tod d Urenkelin v F Liszt Linz; Ltg v Mstrkl Kyung-Hee Univ Seoul, Sun Cheon Nat Univ, Mokpo Nat Univ Korea; Organist evang Kirchengem Bensberg. **Pr:** Studienstift d Dt Volkes, Ehrenbürger v Kwang Yu (Korea) 2000. **Ens:** 'Musica viva' Freiburg 64–67, Duo m G Sweekhorst 70–73. – **Aufn/RF:** Kounadis, Athener RF 64; Schubert: op 143, SDR Heidelberg; Jarnack: 'Amrumer Tagebuch', NDR 68; Meiderna: 'Sputnik I', Hilversum RF 70; Petrassi: 'Gymel', Linz u Wien RF 71, Peschek: 'poesie lyrique', Linz OR 71 u 2000; Bach: 18 Sinfonien; Brahms: 'op 24' ua Sunchon (Korean RF) 2000. **UA:** Peschek: 'poesie lyrique', UA 71. **Sonst:** 'Wegweiser z künstl Kl-Spiel'; 'Landschaften künstl Berufsziele'; 'Die Freiburger Jahre v Heinrich Lindlar'.

Weinschenk, Hans-Jörg, KS, Tenor; Lessingstr 44, D-75015 Diedelsheim, T: (0 72 52) 4 26 25. **Laufb:** Sol Bad Staatsth Karlsruhe. (Red)

Weinstein, Grigorij, Viola; c/o Staatstheater Braunschweig, Am Theater, D-38100 Braunschweig, PF 4539, D-38035 Braunschweig. **Laufb:** Sol Staatsth Braunschweig SpZ 03/04. (Red)

Weinzierl-Wächter, Elisabeth, Flöte, Hochschullehrerin; Magdalenenstr 36, D-80638 München, T: (0 89) 15 54 92, *weinzierl-waechter@t-online.de*; Richard Strauss Konservatorium, Gasteig, Kellerstr 6, D-81667 München; *www.weinzierl-waechter.de*. Kammermusik **Laufb:** Konz, Kse, Jurymitgl in vielen Ländern Europas u USA; Doz (Fl, Methodik, Didaktik, Unterrichtspraxis) Richard Strauss Kons München. **Ens:** Münchner Flötenduo, Münchner Flötentrio, Münchner Flötenensemble, La Chanson du Pan, Nymphenburger Kammersolisten. – **Aufn/RF:** ca 200 KamMWerke bei versch RF-Anstalten im In- und Ausland; CDs. **Zug:** Werke v Dieter Acker, Gloria Coates, Harald Genzmer, Peter Kiesewetter, Roland Leistner-Mayer ua. **Sonst:** 'Lern Querflöte spielen', 'Flöte spielen', 'Querflöten-workshop', 'Lern Querflöte spielen in der Gruppe' sowie ca 50 weitere Editionen z Thema Flötenmusik.

Weinzierl, Stefan, Korrepetitor; c/o Berliner Kammeroper eV, Kottbusser Damm 79, D-10967 Berlin. **Laufb:** Korrep Berliner KammerOp Berlin SpZ 03/05. (Red)

Weir, Scot, Prof, Hochschullehrer, Tenor; Tempelhofer Damm 140, D-12099 Berlin, T: (0 30) 7 55 90 38, F: 7 55 92 31; c/o Austroconcert International, Gluckgasse 1, A-1010 Wien [New Mexico, USA]. **Ausb:** Stud Gesang (L Cunningham, B Doscher, G Hüsch, G Souzay, R Cappechi, R Herbert) MH d U of Colorado Boulder/USA. **Laufb:** MTh Gelsenkirchen, Hess Staatsth Wiesbaden, ua Gast Th de la Monnaie Brüssel, Op Bastille, Op Châtelet Paris, OpHaus Zürich, Nederlands Op Amsterdam, Berliner Bachtage, Berliner FestW, FSp Salzburg, Ludwigsburg, Schwetzingen, Mostly Mozart New York, Haydn FSp Eisenstadt, Wien Modern, Mozartwoche Salzburg, zahlr Fstvs in Europa, Nordamerika, Japan u Israel, Konz- u Liedsänger, MusikKse U of Colorado, U of Oregon, Doz (Vokal) Int Bachakad Stuttgart seit 93, Prof (Ges) H f M 'Hanns Eisler' Berlin seit 95, Sol Hamburg Staatsop SpZ 03/04. – **Aufn/RF:** zahlr RF- u Schallpl-Aufn. **Sonst:** Grd u künstl Lt Musikherbst Wiesbaden seit 92. (Red)

Weirauch, Peter, Komponist; Prierosser Str 58 a, D-12357 Berlin, T: (0 30) 6 63 21 11 [Polsnitz 30.8.1933]. **Ausb:** Stud (Git, Kl, Komp) Städt Kons Berlin 55–60. **Laufb:** freiberufl Komp u Bearbeiter seit 62. – **Komp:** Imagination (KamM), UA Lublin, I Tanzil 93; Tronic-Suite Nr 1 (Ballett-Suite), UA Berlin, I Tanzil 95; 3 Episoden f Blechbläser-Qui (KamM), UA Berlin 96; Spectra Nr 2 (KamM), UA Berlin 97; 7 Zyklen (Performance Malerei u Musik) (KamM), UA Berlin 97; Maria 2000 (KamM), UA Berlin 97; Brandenburg Impressionen (OrchW); Heine-Lieder-Zyklus (Sop u Git), UA Berlin 2000; Zwei Wege (KamM), UA Berlin 2000.

Weis, Erhard, KS, Sänger; Auf dem Hähnchen 6, D-56203 Höhr-Grenzhausen, T: (0 26 24) 31 24, F: 31 24; c/o Theater der Stadt Koblenz, Clemensstr 5, D-56068 Koblenz [Frankfurt a Main 29.1.1935]. Balladen, Lieder, Oper **Ausb:** Ges b A Rauch 52–54, b N Merz-Gehrke 54–64, Dr Hoch's Kons Frankfurt a Main 62–64. **Laufb:** Gastsol Staatsth Darmstadt SpZ 00/01, Sol Th d Stadt Koblenz. **Mitgl:** GDBA.

Weis, Sascha Oskar, Sänger, Schauspieler; Gärtnerstr 26, D-45128 Essen, T: (02 01) 1 05 49 79, (01 73) 6 08 39 96 [Wien 4.11.1970]. **Ausb:** Kons Wien (Schausp). **Laufb:** Stadtth Bielefeld 93–97, th Koblenz 97–98, Th d Westens 98, Op Bonn 98–99, Capitolth Düsseldorf 98–99, Th Bern 2000, Gastsol Staatsth Mainz SpZ 00/01, Colosseum Th Essen SpZ 01/02, Gastsol Landesth Detmold SpZ 03/04.

Weise, Klaus, Dirigent, Generalmusikdirektor, Regisseur; Oper, PF 110554, D-06019 Halle/Saale. **Ausb:** Stud Leipzig, Dresden, Berlin. **Laufb:** Eng in Trier, Wuppertal, Kiel, Essen, Doz Folkwann-H (Dirig), Chefdirig Op Bern, GMD Freiburg 78, Kiel 81, Dortmund 85–90, Chefdgt Op u Philh Orch Nizza bis 97, regelm Gastdgt in Dtld, Dänemark, Schweden, Norwegen, Italien, Schweiz, Frankreich, Spanien, Portugal, Tschechien, Polen, Bulgarien, Brasilien u Japan. seit 98 ständiger Gastdgt Philh Orch China, Chefdgt Königl Sinf Orch Sevilla, Int Orch d Jerusalem-Fstv Israel, GMD u Reg Op Halle/Saale seit SpZ 03/04. (Red)

Weise, Klaus, Regisseur, Intendant; Theater, Am Boeselagerhof 1, D-53111 Bonn [9.12.1951]. **Ausb:** Stud Film- u Fernsehakad München 70–73, Philosophie, Germanistik u Theaterwiss in München ab 74. **Laufb:** 75–78 Regieass Dt Schauspielhaus Hamburg, Ass u a b Kirchner, Karge, Langhoff, Bondy, Zadek, festes Eng als Reg Schauspielhaus Düsseldorf 86–88, Schauspieldir Staatsth Darmstadt 89–91, Intendant u Reg Th Oberhausen seit 91, Generalintendant Th Bonn seit Spz03/04. **Pr:** Dr Otto-Kasten-Pr f Regie 85. – **Sonst:** Drehbuch u Regie f Fernsehfilme. (Red)

Weishappel, Rudolf, Prof, Komponist; Boschstr 24/8/6, A-1190 Wien, T: (01) 3 18 99 38. (Red)

Weiskam, Margo, Sängerin (Dramatischer Mezzosopran); Stettiner Str 8, D-32756 Detmold, T: (0 52 31) 68 06 34, (01 74) 5 40 59 81 [Helsinki 14.1.1964]. Oper **Ausb:** Privatstud (L Quante), Stud H f M Hamburg, Stud (Einhaus) H f M Lübeck bis 94/95. **Laufb:** Leipzig, Flensburg, Strauss: 'Zigeunerbaron' (Czipra); Coburg, Verdi: 'Aida' (Amneris); Flensburg, Britten: 'Albert Herring' (Mrs Herring); Eutin u Lübeck, Wagner: 'Fliegender Holländer' (Mary); Eutin, Smetana: 'Verkaufte Braut' (Hata); Junges Th Göttingen, Monteverdi: 'Krönung d Poppeä' (Octavia), Sol Landesth Detmold SpZ 03/05: Verdi: 'Don Carlos' (Eboli), Humperdinck: 'Hänsel u Gretel' (Mutter Gertrud), Massenet: 'Werther' (Charlotte), Strauss: 'Ariadne auf Naxos' (Komp), Mascagni: 'Cavalleria Rusticana' (Santuzza), Klebe: 'Der Jüngste Tag' (Frau Leimgruber), Wagner: 'Lohengrin' (Ortrud), Weill: 'Mahagonny' (Witwe Begbick).

Weiske, Volker, Dramaturg; Grellstr 2, D-06120 Halle/Saale, T: (03 45) 50 99 20, 5 11 01 11, F: 5 11 01 13, *weiske@opernhaus-halle.de* [Eisleben 22.9.1943]. Barockoper, Barockmusik, ital Oper, Musical **Ausb:** Martin-Luther-U Halle (Stud MErziehung u Gesch auf Lehramt) 62–66; ebda (Sud MWiss) b W Siegmund-Schultze, G Fleischhauer u B Baselt. **Laufb:** MDram Th d Stadt Zeitz 68–70, Bühnen d Stadt Magdeburg 70–74, Op Halle/Saale seit 74. **Pr:** Adam-Kuckhoff-Pr d Marthin-Luther-U Halle-wittenberg 67, Dipl II. zentr Leistungsvergleich d Stud u jungen Wiss d DDR 67.

Weiss, André, Chordirektor; Wilhelm-Glässing-Str 34a, D-64283 Darmstadt, T: (0 61 51) 2 18 52. **Laufb:** Chordir Staatsth Darmstadt (01/05). (*)

Weiss, Andreas, Prof, Hochschullehrer, Dirigent; Nesenstr 7, D-60322 Frankfurt/Main, T: (0 69) 15 24 28 33, *weissas@web.de*; Hochschule f Musik, PF 6040, D-76040 Karlsruhe [1952]. **Ausb:** Stud (Hn, Dgt) b Jiri Stárek, Karl Maria Zwissler u Helmuth Rilling/Frankfurt/Main, Mstrkrs b Rafael Kubelik. **Laufb:** GastDgt b zahlr SymphOrch Berlin, Frankfurt, Hannover, Saarbrücken, Stuttgart, Basel, Budapest, Katowice, Bamberger Symph, Folkwang KamOrch Essen 82–84, Südwestfäl Philh 87–88, musikal Lt KamOp Franfurt/Main 85–93, Prof (Dirig) Staatl H f M Karlsruhe seit 86.

Weiss, Erhard, KS, Bassbariton; Auf dem Hähnchen 6, D-56203 Höhr-Grenzhausen, T: (0 26 24) 31 24, F: 31 24; c/o Stadttheater Koblenz, Clemensstr 5, D-56068 Koblenz [Frankfurt/Main 29.1.1935]. Lieder, Loewe-Balladen, Oper u Operette, Unterhaltung **Ausb:** Stud b A Rauch Frankfurt/Main, b N Merz Gehrke Frankfurt/Main, Dr Hoch'sches Kons Frankfurt/Main. **Laufb:** Sol Landesth Coburg, Stadtth Flensburg, Stadtth Koblenz bis 98, Gastsol Staatsth Darmstadt, Liederabende, Eng auf Kreuzfahrtschiffen. **Pr:** Titel 'Kammersänger', SolPr d Volksbühne. **Mitgl:** GDBA.

Weiss, Ferdinand, Mag Art, Komponist; Christalnigg-Gasse 11, A-2500 Baden b Wien, T: (0 22 52) 2 26 32, F: 2 26 32 [Wien 6.6.1933]. Komp, OrchW, KamM **Ausb:** Komp (O Siegl) MH Wien 53–58, Dirig (H Swarowsky) ebd 58–60, Fl (H Reznicek) ebd 54–61. **Laufb:** Lt AG Niederöster Komp 72–97, Präs u Grdgsmitgl INÖK 89–97. **Pr:** 9 Pr Kompwettb, ua 1. Pr f 1. StrQua, 6 Kultur- u Förderungspr, ua Staatl Förderungspr f 2. Sinf. **Mitgl:** ua IGNM, ÖKB, ÖGZM. – **Komp:** 2. Sinf 71, UA Wien, RF-Saal, Dgt: K Etti 72; Relazioni Variabili (f gr Orch) 79, UA Wien, RF-Saal, Dgt: J Hopkins 84; Konz f Fl u Orch 83, UA Salzburg, Residenz, Dgt: F Weiss 91; Quattrofonia f SaxQua, UA New York, Carnegiehall 89; Trio f Mandoline, Git u Hfe 89, UA Rom, Trio G Petrassi 98; 5 Szenen f Git-Qua 91, UA Paris 92; Emotions (f Bassklar u Kl 92, UA Prag, Due Boemi di Praga 92; A sa fin... (f gr Orch) 93, UA St Pölten, m Staatsphilh Brünn, Dgt: A Hauser 94 (Auftr: Land Niederösterreich); Quartetto Nuovo per Antico 94, UA Havanna/Kuba 94 (Auftr: Ens Flauto Dolce e Traverso); Intorno a Cassella 95, UA Cesena, Trio Strawinsky 95; Heiligenkreuzer Orgelsuite 96, UA Stift Melk, W Capek 96 (Auftr: Kulturszene St Pölten); ...avec un souffle de tristesse... (f Fl u StrOrch) 97, UA Wien, F Weiss (Fl), Ens Neue Streicher 97 (Auftr: Ens Neue Streicher); Missa Roberti 99, UA Eisgarn, Stiftskantorei Eisgarn 2000 (Auftr: Kulturref Diözese St Pölten); Musica Tenera per dieci corde 99, UA Damaskus, E Melkus (V), W Würdinger (Git) 2000; Quartetto in modo egiziano 02, UA Kairo Op House, Ens Divertimento Wien 02; 3 Textvertonungen nach E Kästner, UA New York m W Bankl u M Vorzellner 05. **Sonst:** Grdg KonzR im Land Niederösterreich z Förderung Niederösterr Komp 73–89. **Lit:** W Szmolyan: D Staatspreisträger 72, in: ÖMZ 25/1970; H Goertz: Musikhandbuch f Österr 89; M Bieringer: F Weiss, stilst Entwicklung anhand ausgewählter Beisp 94; Inst f Österr Musikdokumentation, F Weiss, Musikal Dokumentation 96; B Günther (Hg): Lexikon zeitgen M aus Österr 98.

Weiß, Hans-Otto, Bass; Birkenweg 1, D-55270 Ober-Olm, T: (0 61 36) 83 98, (01 71) 1 94 19 51; c/o Staatstheater Mainz, Gutenbergpl 7, D-55116 Mainz. **Laufb:** Sol Staatsth Mainz. (Red)

Weiss, Harald, Komponist; c/o Schott Musik International GmbH & Co KG, Weihergarten 5, D-55116 Mainz, T: (0 61 31) 24 60, F: 24 62 11 [Salzgitter 26.5.1949]. **Ausb:** Stud (SchM, Dgt, Komp) H f M u Th Hannover, Stud (Schlgz) MH Hamburg. **Laufb:** Dgt u Schlgz Ens 'Neue Musik' d MH Hannover 69–73, Studioorch d NDR, Orch d Hamburg Staatsop, SchauspielM Niedersächs StaatsTh u LdesBühne Hannover 70–73, HausKomp städt Bühnen Bielefeld 73–76, LAuftr (Rhythmik, Arrangemenet) MH Hannover 73–83, Film- u Hörfunkproduzent, Action- u Performancekunstprojekte, Workshops, Tourneen u Theaterproduktionen auf allen Kontinenten. **Pr:** ua int KompWettb Stadt Hamm 76, Niedersachsen-Stip f Musik 80, Rom-Stip Villa Massimo 85/86, Pr d TV-Senders Premiere 91, Niedersachsen-Stip f Film 95, Pr 'Stück d Jahres' Salvador u Bahila/Brasilien 95. – **Aufn/RF:** zahlr Aufn d eigenen Komp. (*)

Weiß, Jens-Uwe, Horn; c/o MDR Sinfonieorchester, Augustuspl 9a, D-04109 Leipzig. **Laufb:** stv Sol MDR SinfOrch Leipzig. (Red)

Weiss, Manfred, Prof, Komponist, Hochschullehrer; Wilhelm-Weitling-Str 19, D-01259 Dresden, T: (03 51) 2 01 34 40, F: 2 01 34 40, *manfred.weiss@manfredweiss.com*; *www.manfredweiss.com* [Niesky 12.2.1935]. Orchesterwerke (Sinfonik, Konzerte), Kam- u ChorM **Ausb:** Stud Komp (H Stieber) MH Halle 52–55, Komp (R Wagner-Regeny) MH Hanns Eisler Berlin 55–57, Mstrsch (R Wagner-Regeny) Akad d Künste d DDR 57–59. **Laufb:** L (Tonsatz, Komp) MH Dresden seit 59, Doz 70, Prof 83, Prorektor 91–97. **Pr:** Kunstpr Stadt Dresden 77, Hanns-Eisler-Pr, Komp-Pr Hans Stieber, Kunstpr d DDR 85. **Ens:** Sächs Musikrat, Sächs Ges f Neue Musik, Sächs Musikbund d Dt KompVerb. – **Komp:** ca 80 Komp, ua: Ahnung d Liebe Liederzyklus f Bariton u Orch, UA Cottbus, Stadtth, Dgt: F Morgenstern 76; Musik f 12 Blechbl u Pauken, UA Staatskap Dresden 76; Konz f Orgel, Streichorch u Schlgz (Orgel, Str-Orch), UA Dresdner Staatskap, Dgt: S Kurz 77; Konz f V u Orch (Konz), UA Dresdner Philh, Dgt: J Winkler 79; 3.Sinf (OrchW), UA Dresdner Staatskap, Dgt: H Blomstedt 84; Schütz-Metamorphosen (Orch), UA anläßl Festakt z 400. Geb v Heinrich Schütz, Dresdner Staatskap 85; Konz f Vcl u Orch (Konz), UA Chemnitz, Rob-Schumann-Philh, Dgt: D Epstein 86; 4.Sinf (OrchW), UA Dresdner Philh, Dgt: L Zagrosek 89; Die Erlösten Gottes Kantate nach d Offenbarung Johannes (Kant), UA Dresdner Kreuzchor, Dgt: R Kreile 98 (Auftr: Förderverein Dresdner Kreuzchor); '... aber die Liebe ist die größte unter ihnen' (Mot f 2 Chöre a cap) 99 (Auftr: H f KiM Dresden). **Aufn/RF:** CDs: 3. Sinf, Dresdner Staatskap, Dgt: H Blomstedt (auch Schallpl); 'Zeitgenossen Ost': 4. Sinf, Dresdner Philh, Dgt: L Zagrosek; 'Zeitgenossen Ost': Konz f Org, Str-Orch u Schlgz, Dresdner Staatskap. **UA:** Konz f Org (A Webersinke), StrOrch u Schlgz, Dresdner Staatskap, Dgt: S Kurz 77; Konz f V u Orch, Dresdner Philh, Dgt: J Winkler 79; 'Unsere Tür werde Christus aufgehen' (Kant), Herrnhut 2000. **Sonst:** Art 'Plastizität d musikal Inhalts' (positionen 3) 89. **Lit:** Seegers Musiklex 65, Köhler: 'Die 5. Sinf v M W' (positionen 3) 89; F Grimmer: 'Bewältigt-unbewältigt. Neue Musik im Zeichen krit Lebensereignisse' (Musik u Bildung 2) 96; dies: 'Auf den Spuren d VKonz v M W' (Musik in d Schule) 97; H John: 'Der Komp u HochschulL M W' (Jb) 97; Komp d Gegenwart, The New Grove 01; CD: 'Zeitgenossen Ost: Manfred Weiss'.

Weiss, Marcus, Saxophon; Stockertstr 37, CH-4132 Muttenz, T: 0 79–3 44 86 44, *marcusweiss@tiscalinet.ch*; Im Wasenboden 41, CH-4056 Basel, T: 06 13 22 67 88; *www.marcusweiss.com*, *www.trio-accanto.de* [Basel 1961]. **Ausb:** Stud Sax (I Roth) H f M Basel u (F L Hemke) Northwestern Univ Chicago. **Laufb:** Gastsol ua Chamber Orch of Europe, Ens Modern, Dt KamPhilh, Berliner SinfOrch, Klangforum Wien, Ens Contrechamps, ens recherche, Fstv Wien Modern, Wittener Tage f Neue KamM, Donaueschinger Tage f Neue M, Fstv d'Automne de Paris, Biennale München, Tage f Neue M Zürich, Salzburger FSp, Eclat Stuttgart, Warschauer Herbst; Doz (Sax, KamM) H f M Basel seit 95, Doz Darmstädter Ferienks f neue M seit 04. **Pr:** SolPr Schweizerischer TKV 89. **Ens:** 'Trio Accanto' m Y Sugawara (Kl) u Ch Dierstein (Perc), SaxEns 'XASAX' Paris. (Red)

Weiss, Peter Philippe, Komponist; Elsässerstr 63, CH-4056 Basel, T: 06 13 22 09 44. (Red)

Weiss, Rainer, Opern- u Konzertsänger; Am Vorbruch 4, D-32760 Detmold, T: (0 52 31) 87 06 80, (01 71) 2 75 28 45, F: 87 79 21, *Weiss.CHRI@gmx.de*

[Bayreuth]. **Ausb:** Stud (Staatsex u Päd) MH München, Mstrkl (B Fassbaender) München, Mstrkl (D Fischer-Dieskau) Berlin. **Laufb:** Sol Landesth Detmold SpZ 03/05, Staatsth am Gärtnerpl München, Stadtth Bern, Th Freiburg, Staatsth Karlsruhe, Sale Pleyel Paris, Staatsth Oldenburg, Op Halle, Nationalth Weimar.

Weiss, Silvia, Sopran; Westiger Pfad 3, D-13507 Berlin, T: (0 30) 43 56 63 41, F: 43 56 63 42, *soprana@t-online.de*; c/o Konzert-Direktion Hans Adler, Auguste-Viktoria-Str 64, D-14199 Berlin, T: (0 30) 8 95 99 20, F: 8 26 35 20, *info@musikadler.de*; *www.musikadler.de*. **Ausb:** Stud Ges (D Grobe) H d K Berlin 83–89, Mstrks (A Reimann, I Cotrubas, B Fassbaender, J Metternich). **Laufb:** ZusArb m: Berliner Philh, Lt: N Harnoncourt; RSB, Lt: R Kluttig; Dt SymphOrch u Dresdner Philh, Lt: M Janowski; Int Bach Akad, Lt: H Rilling; Dresdner KreuzCh; ThomanerCh Leipzig; Wiener Akad; Concerto Köln; Ens Lyrique Amsterdam; Akad f Alte Musik; Scharoun Ens; Ens Neue Musik Berlin; Ens Avantgarde Leipzig; OpDebüt: Henze: 'Elegie f junge Liebende' (Elisabeth), Berliner KamOp, U Zimmermann: 'Weiße Rose' (Sophie Scholl), Mozart: 'Don Giovanni' (Donna Elvira); Donizetti: 'Lucia di Lammermoor'; Gast: Dt Op Berlin, Schönberg: 'Moses u Aron', Dgt: C Thielemann, 99; Op Brandenburg, Händel: 'Xerxes' (Romilda) 99; Op Wien, Hasse: 'Piramo e Tisbe' (Tisbe), Dgt: S Schouten, 2000; Debüt Concertgebouw Amsterdam, Mozart: 'Entführung a d Serail' (Konstanze), Lt: M Helmrath, 01; Gast: Mozarteum Orch Salzburg, Lt: I Bolton, 02, Styriarte Graz 02, Th de la Monnaie Brüssel, Francesconi: 'Ballata', 02; SolProgr UltraschallFstv Berlin 03, Verdi: 'Rigoletto' (Gilda), Haydn: 'Die Jahreszeiten' m Berliner SymphOrch, Lt. M Gielen 03; Gast b div Fstv: Salzburger OsterFSp, Biennale di Venezia, Dresdner MusikFSp, Berliner FestW, Potsdamer u Ludwigsburger SchlossFSp, Gastsol Th Altenburg-Gera SpZ 04/05. – **Aufn/RF:** div. RF-, CD- u Fernsehaufn.

Weiss, Stefan, Dr phil, Hochschullehrer; Hochschule für Musik und Theater, Emmichplatz 1, D-30175 Hannover, *stefan.weiss@hmt-hannover.de* [Köln 27.12.1964]. **Ausb:** Stud (MWiss) U Köln 86–92. **Laufb:** Doz (MWiss, Neue Musik) H f Musik Carl Maria v Weber Dresden 97. **Pr:** Vors Sächs Ges f Neue Musik Dresden eV 01.

Weißbach, Nancy, Sängerin (Sopran); Holsteinische Str 29, D-10717 Berlin, T: (0 30) 86 20 71 26, 01 77–3 12 57 56, F: (0 30) 86 20 71 26, *nancy.w@gmx.net*; *www.nancy-weissbach.de* [Berlin 25.5.1970]. Oper, Konzert, Lied **Ausb:** Stud (Ges) MH Weimar 89–91, Ges (C Deutekom, D Forlano) Königl Kons Den Haag, (R Celletti, A Tabiadon) Scuola Civica Mailand, (G Wischnewskaja) Britten-Pears-School for advanced Musical Studies Aldeburgh; Stud (V Rösza, G Kurtàg). **Laufb:** Sol Meininger Th -Südthüring Staatsth 99–2002, Tournee (Prod d Fstv d'Ambroney; H Purcell: 'Dido u Aeneas', Dido) Genf, St Etienne, Rennes, Limoges, Op Comique Paris ua 95, Eng Strasbourg op du Rhin (R Strauss: 'Elektra', Chrysothemis) 01/02, Eng Op du Capitole de Toulouse (R Wagner: 'Götterdämmerung', Gutrune, dritte Norn) 03, Sol Beethovens 9. Sinf, Mahlers 2. Sinf (Ltg: D Inbal) 03, Gastsol Mecklenburg Staatsth Schwerin SpZ 03/04, Eng Strasbourg Op du Rhin (C M v Weber: 'Euryanthe', Titelrolle) 04, Teatro Lirico Trieste (R Strauss: 'Ariadne', Titelrolle) 04, Op Lüttich 05, Schloßth Sanssouci 05/06, Op Tel Aviv 06. **Pr:** 1. Stip-Pr Belcanto-Fstv Niederlande, Bayreuth-Stip R Wagner Verband Amsterdam. **Ens:** Ens baroque européennes 95–96.

Weissberg, Daniel, Komponist; Hermann Albrecht-Str 13, CH-4058 Basel, T: 06 16 83 17 51, *dweissberg@tiscali.ch, dweissberg@datacomm.ch* [Basel 1954]. Neues Musiktheater, Multimediale Werke, Live-Elektronik **Ausb:** Kons Basel (Kl b K Linder, Komp b J Wildberger), MH Köln (b M Kagel). **Laufb:** Ass v Kagel MH Köln, Doz MAkad Basel, Doz H f M u Th Bern. **Pr:** Pr Italia 95, Kunstpr Kanton Solothurn 97. – **Komp:** Charakterstück (MTh) 85/88; '...nach meinem Bilde...' 88/89; Oh mi! 98; Harpeggio (Multimedia) 96, UA Dresden 96; Zeitball (Ens, El) 99/2000, UA Karlsruhe 2000.

Weissberg, Herbert, Prof, Hochschullehrer, Flöte; Univ f Musik u Darst Kunst, Inst 12, Hauptpl 8, A-7432 Oberschützen, T: (03 16) 3 89 35 90, F: 3 89 31 21, *herbert.weissberg@kug.ac.at*. **Laufb:** o UProf (Fl) U f Musik u Darst Kunst Graz. (Red)

Weißenauer, Matthias, Pauke; c/o Saarländisches Staatsorchester, Schillerpl 1, D-66111 Saarbrücken. **Laufb:** Sol Saarl StaatsOrch. (Red)

Weit, Henry, Dirigent, Solorepetitor; c/o Staatstheater Cottbus, Karl-Liebknecht-Str 136, D-03046 Cottbus. **Laufb:** Solorep m Dgt-Verpfl Staatsth Cottbus (01/05). (*)

Weithaas, Antje, Prof, Hochschullehrerin, Violine; Hegemeisterweg 12, D-14478 Potsdam, T: (03 31) 8 71 32 02, F: 8 71 32 02; Univ d Künste, Fak Musik, Inst f Künstl Ausbildung / Orchesterinstr u Dirigieren, PF 120544, D-10595 Berlin, T: (0 30) 31 85 26 02. **Ausb:** Stud (V) H f M 'Hanns Eisler' Berlin (W Scholz). **Laufb:** Prof (V) UdK Berlin, LBeauftr (V) H f Musik Hanns Eisler Berlin, Sol Schlossth Fulda SpZ 04/05, Prof (V) H f M 'Hanns Eisler'. **Pr:** Prtr Kreisler Wettb Graz, Bach-Wettb Leipzig, Int Violin-Wettb Hannover. **Ens:** Arcanto-Qua. (Red)

Weitzel, Christoph von, Bariton; Am Gehren 15, D-97297 Waldbüttelbrunn, T: (09 31) 4 04 96 75, F: 4 04 96 75; c/o Musikado GmbH, Franz-Marc-Str 4, D-50999 Köln, T: (0 21) 3 57 94 67, F: 3 57 94 68, *musikado@musikado.de, www.musikado.com* [Pähl/Weilheim, Oberbayern 31.5.1960]. Oper, Lied, Oratorium **Ausb:** Stud Ges b Barry Mora (Op Frankfurt), Prof J Lester (Missoula, USA), KS W Merry (Wien), Opernstudio G Heindel (München). **Laufb:** Festeng: Vogtlandth Plauen, Mainfranken- Th Würzburg, Salzburger Landesth; Szen Liederabende, bes F Schubert: Winterreise; Gastsp an zahlr Opernhäusern Dtlds, im europ Ausland u auf Fstvs. – **UA:** Gerhard Schedl: 'Fremd bin ich eingezogen', Partie 'Franz Schubert', UA Salzburger Landesth 97; Hartmut Schmidt: 'Ärschte Hohenloher Warrtschaftskandade', UA Niederstetten 01.

Weitzendorf, Heinz, Komponist; Pl d Vereinten Nationen 12, D-10249 Berlin, T: (0 30) 4 27 07 37 [Altenweddingen 4.5.1931]. **Ausb:** MH Hanns Eisler Berlin ab 52, Staatsex (Chorltg) 57, Komp (W Hohensee). **Laufb:** Konz als Chordir/Orchlt, Mitarb Komp-Verband d DDR 63–86, Aufbau u Lt Berliner Zentrum f zeitgen Musik, abgewickelt 90. **Pr:** versch Ausz u Komppr, ua Hanns-Eisler-Pr, Theodor-Körner-Pr, 2. Pr KompWettb Baden-Württemberg 95. – **Komp:** Sinfon Marsch (konzertante BlasM), UA Berlin 74; Aurora I Sinfon Prolog (konzertante BlasM), UA Berlin 77; Scherzo à la marcia (KamM), UA Berlin 80; Wo ist unser Bruder Chorpoem (VokalM), UA Berlin 81; Blümerante Lieder – Liederzyklus (VokalM), UA Berlin 83; Kontraste Konzertstück (Sinf BlasM), Ua Cottbus 98; Heitere Szene f Picc, Tb u gr Blasorch (konzertante BlasM). (Red)

Welch, Corby, Sänger; Grupellostr 14, D-40210 Düsseldorf, T: (02 11) 1 71 20 79, 01 79–8 30 05 45, *corbywelchtenor@web.de*; c/o Boris Orlob Management, Jägerstr 70, D-10117 Berlin, T: (0 30) 20 45 08 39, F: 20 45 08 49, *info@orlob.net*; *www.corby.w.ms, www.orlob.net* [Minneapolis, USA 1973]. **Ausb:** Stud Univ of Minnesota b L Weller, Stud H f M u Darst Kunst Mannheim/Heidelberg b Prof. R Piernay, Mstrkse ua b S Leiferkus, J Wustman, K Equiluz, H Hagegard, E Haefliger, M Katz, M Garrett, P Moll. **Laufb:** Gastsol Volksth Rostock 2000/01, Nat Reisop Enschede 02, Hamburg Staatsop 01–05, Megaron Athen 02/03, Teatro Nacional de São Carlos Lissabon 02/03, Aalto MTh Essen 02–04, EnsMitgl Dt Op a Rhein Düsseldorf seit 03/04, Gastsol Teatro Comunale di Ferrara 05, Schwetzinger FSp 01, 05, Konz Europäisches MFest Stuttgart, Schleswig Holstein MFstv, Fstv Europ KiM Schwäbisch Gmünd, RuhrFSp Recklinghausen 02, Einladung Oregon Bach Fstv 02, Ludwigsburger SchlossFSp 02, Galakonz m P Domingo (Lt K Nagano) m Dt Symph-Orch Berlin 02, Konz m Ch Spering Oslo 02, Bachs Weihnachts-Oratorium Ludwigsburg 03, ZusArb m Hamburger Symphonikern, Philharmonisches Sinf-Orch Köln, Münchner RFOrch, Orch u Ch d Accademia di Santa Cecilia Rom, KamAkad Potsdam, RIAS KamCh. **Pr:** Stip b Steans Inst 2000 Ravinia Fstv (Chicago). (Red)

Weldner, Martin, Violine; c/o Stadttheater Hildesheim, Theaterstr 6, D-31141 Hildesheim. (Red)

Welge, Anneliese, Sängerin; Vorbecks Riehe 7, D-23562 Lübeck, T: (04 51) 50 19 57 [Wolfenbüttel 1.12.1927]. Oper, Operette **Ausb:** Kons Heidelberg, StaatsMSchule Braunschweig. **Laufb:** Sol Lübecker Sommeroptte SpZ 03/04. – **Lit:** v Podewill: 'Vorhang auf'; W Tshechne: 'Lübeck u sein Th'.

Welker, Hartmut, KS, Bariton; c/o Theateragentur Dr Germinal Hilbert, Maximilianstr 22, D-80539 München, T: (0 89) 2 90 74 70, F: 29 07 47 90; c/o Hamburgische Staatsoper, PF 302448, D-20308 Hamburg; *www.hilbert.de*. **Laufb:** Sol Sächs Staatsop Dresden, Sol Dt Op Berlin, Hamburger Staatsop SpZ 04/05. (Red)

Welker, Mario, Sänger; Collegienstr 80, D-06886 Wittenberg, T: (01 77) 4 95 82 46. **Laufb:** Sol Coburger Sommer-Operette SpZ 03/05. (Red)

Wellemeyer, Tobias, Intendant; c/o Theater Magdeburg, PF 1240, D-39002 Magdeburg. (Red)

Weller, Andreas, Dipl Musiklehrer, Tenor; Steinbachstr 21, D-70565 Stuttgart, T: (07 11) 6 36 10 48, F: 68 64 38 65, *mail@andreasweller.com*; c/o Konzertdirektion Hans Ulrich Schmid, Königstr 36, D-30175 Hannover, T: (05 11) 3 66 07 60, 3 66 07 27, 3 66 07 80, F: 3 66 07 34, *mail@kdschmid.de, gi@kdschmid.de*; *www.andreasweller.com* [Stuttgart 18.10.1969]. Evangelist u OratS, Lied, dt Oper **Ausb:** Stud Ges (B Abel), Stud Chor- u OrchLtg Stuttgart, künstl Aufbaustud (J Wagner) Hamburg ab 98, Mstrkse b J Stämpfli 96, S Wier 97, K Equiluz 2000, Lied-Dipl 2000, Stud SolKlasse Ges (J Wagner) MH Lübeck bis 02, Konz-Dipl Lied-Duo m G Payer (I Gage) MH Zürich 02–05, SolKlasse Ges (C Prégardien) Dipl 05. **Pr:** 1. Pr Elise-Meyer-Wettb, 1. Pr Michel-GesWettb Hamburg 99, 4. Pr Bach-Wettb Liepzig 02; Stip Kunststift Baden-Württemberg 02, 1. Pr Kiwanis MWettb Zürich 04. **Mitgl:** 1. Vorsitzender Knabenchor collegium iuvenum Stuttgart eV. – **UA:** H G Pflüger: 'eisig ist d welt aussen', UA Zeughauskonz Neuss, A Joy (Hn), Dt KamAkad, Ltg: J Goritzki, 98 (auch WDR-Mitschn); W Jacob: 'Burlesca sopra quattro toni', UA Nürnberg, W Jacob (Org) 2000; B Krol: 'Con Amore', 4 Arien op 151 (f Ten, 2 Cornetti, Hn, Pos), UA Stuttgart, Bläser d Dt Op Berlin 05; R Temmingh: 'Wenn wir in höchsten Nöten sein' (Orat), UA Bad Dürkheim 02.

Weller, Dieter, Sänger; Wührenredder 15, D-24794 Bünsdorf, T: (0 43 56) 6 67, F: 98 60 57, *Weller-Buensdorf@t-online.de*; c/o Hamburgische Staatsoper, PF 302448, D-20308 Hamburg [Essen 25.5.1937]. Oper, Konzert **Ausb:** Stud (E Röttgen) Essen. **Laufb:** Stadtth Bremerhaven, Städt Bühnen Frankfurt/M, Sol Hamb Staatsop, San Francisco Op, Met Op New York, Wiener Volksop. – **Aufn/RF:** Martha; Freischütz; Geburtstag d Infantin; Le Grand Macabre; Luisa Miller; Eigenlabel: Gounod: Margarethe; Berg: Wozzek, Haydn: Die Schöpfung; Lebens-CD: So war Es. **UA:** Verdi: Attila, Dt EA 64; Ligeti: Le Grand Macabre, Dt EA Hamb Staatsop 77; Jörn Arnecke: Das Fest im Meer, EA Hamb Staatsop 03.

Weller, Martin, Trompete; c/o Staatstheater Braunschweig, Am Theater, D-38100 Braunschweig, PF 4539, D-38035 Braunschweig [Königlutter]. **Ausb:** Stud (MWiss, LitWiss, KGesch) U Göttingen, Autodidakt, Stud Trp (P Kallensee, A Krause) MH Hamburg, weitere Studien (E H Tarr) Basel. **Laufb:** Eng Montpellier, solist Auftritte im In- u Ausland m div Orch, Sol Staatsorch Braunschweig seit 83, OrchDir Braunschweig SpZ 04/05. **Ens:** mehrerer Kam-Ens. – **Aufn/RF:** zahlr CD-Einsp. **UA:** S Matthus: Trompetenkonzert, UA Dgt: S Matthus 01. **Sonst:** OrchManager Staatsorch Braunschweig. (Red)

Wellmann, Dieter, KMD, Kantor, Chorleiter, Organist, Komponist; Ahornweg 7, D-55442 Stromberg, T: (0 67 24) 17 66; Römerstr 3, D-55543 Bad Kreuznach, T: (06 71) 2 79 26 [Berlin 28.1.1933]. Kirchenmusikpflege **Ausb:** Stud (KiM) Halle a S, A-Ex 57, Ergänzungsstud Haarlem u Salzburg. **Laufb:** Kantor Pauluskirche Bad Kreuznach seit 60, KonzOrg, Nachwuchsausb, verzweigte Chorarb, kompositor Arb aus d Praxis f d Praxis, KMD 78, seit 96 i R. **Mitgl:** GdO, Lv ev KiM. – **Komp:** Toccata, Choral u Fuge über d Michaelislied 'Herr Gott, dich loben alle wir' (f Orgel) 61, UA Soest, Petrikirche 61; 'Die Vogelhochzeit' (ChorM), UA Heddesheim 66; Die Weihnachtsgesch 68, UA Bd Kreuznach, Pauluskirche 68; Liturgie mehrstimmig – d Ordinarium d ev Gottesdienstes in dialog Sätzen 79, 83/84; Der Zauberlehrling (Chorballade), UA Bad Kreuznach 82; Suchet d Wohl d Stadt (Jubiläumsmotette) 91, UA Bad Kreuznach, 700-Jahrfeier 91; Naheländisches Orgelbuch (Miniaturen f hist Org), div. Werke f Kinder- u gemischten Chor.

Welp, Willi, Sänger; c/o Theater Lüneburg GmbH, PF 2829, D-21318 Lüneburg. **Laufb:** Gastsol Th Bielefeld SpZ 00/01, Staatsth Braunschweig SpZ 03/05, Sol Th Lüneburg. (Red)

Wels, Wolfgang, Chordirektor, Solorepetitor; Lossaustr 14, D-96450 Coburg, T: (0 95 61) 79 92 34. **Laufb:** Solorep Landesth Coburg, ChorDir Sommer-Operette Coburg, Korrep u Ass d ChorDir MTh Bonn SpZ 04/05. (*)

Welsch, Ulrich, Solorepetitor m Dirigierverpflichtung, Pianist; c/o Theater Chemnitz, PF 756, D-09007 Chemnitz [Meiningen 1973]. **Ausb:** Stud Fach Waldhorn 89–91, Dirigierstud m Diplom-Abschluss MH 'Hanns Eisler' Berlin. **Laufb:** Solorepetitor m Dgt-Verpfl Staatsth Meiningen u Volksth Rostock 94–2000, Solorep m Dgt-Verpfl Städt Th Chemnitz SpZ 03/04. – **UA:** Pianist d szen Urauff 'Die schöne Magelone'. (*)

Welschenbach, Martina, Sängerin; c/o Opernhaus Zürich, Falkenstr 1, CH-8008 Zürich. (Red)

Welser-Möst, Franz, Dirigent, Generalmusikdirektor; c/o Opernhaus Zürich, Falkenstr 1, CH-8008 Zürich, T: 0 12 68 64 50, F: 0 12 68 64 58 [Linz 1960]. **Ausb:** Stud (B Sulzer). **Laufb:** Debüt Salzburger FSp, Lt österr Jugendorch 85, ständ Lt Norrköping Symphony Orch 86, ständ Lt Collegium Musicum Winterthur 87, Opdgt Wiener Staatsop 87, Dgt Covent Garden 90, MD Staatsphilh Rheinld-Pfalz 91, Chefdgt Londoner Philharmoniker 90–96, Strauss: 'Der Rosenkavalier' Op Zürich 92, Tournee durch Südafrika 93, wiederholt 95, Mozart: 'Cosi fan tutte' Glyndebourne 96, Chefdgt Op Zürich seit 95, 05 bis 11 GMD Op Zürich. – **Aufn/RF:** Porträt im BR 05. (Red)

Welte, Anne, Sängerin; c/o Theater Bremen, PF 101046, D-28010 Bremen. **Laufb:** Sol Saarländ Staatsth SpZ 03/04, GastSol Th Bremen SpZ 04/05. (Red)

Welz, Joachim, Klarinette, Hochschullehrer; Univ d Künste, Fak Musik, PF 120544, D-10595 Berlin, T: (0 30) 3 18 50, privat (0 30) 8 17 64 09, F: 31 85 26 35, 31 85 26 59, *presse@udk-berlin.de*. **Laufb:** Doz (Klar/Methodik) U d Künste Berlin. (Red)

Wen, De-Qing, Komponist; av de la Roseraie 36, CH-1205 Genève, T: 02 23 21 01 58, F: 02 23 21 01 58, *deqing.wen@freesurf.ch*; *cn.geocities.com/deqingwen/index.html* [Fujing 10.7.1958]. zeitgen Musik **Ausb:** Stud (Komp) Fuzhon 78–82, Genf 92–96, Pekin 89–90, Lyon 93–94. **Laufb:** Porträt-Konz (m Ens Nigxia) Xining 86, Porträt-Konz (m Ens Contrechamps u Ens CIP) Geneve 95, organisiert Tourneen schweizer Ens in China, Concert Portrait Ens Tetra Basel, China 99. **Pr:** Pr d Staatsrates Genf 93, 1. Pr f Komp Neuchâtel 96, 'Cultura'-Pr d Kiwanis-Stift 99. – **Komp:** FilmM zu 'Tong Nian Zai Ruijing' 90; Snow in summer (Konz f V u Orch) 92; Complainte (Sprecher u 3 Perc) 94; Spring, River, Flowers, Moon, Night (12 Frauenstimmen) 95; Traces II (9 Instr) 96; Divination (6 Instr) 97; Ballade (pipa u Str-Qua) 98; Quatre Poésies f KamOrch 99; Piping and Drumming (f Blas- u Perc-Instr) 2000; Silk and Bamboo (Fl u Str-Qua), UA Arditti Qua 01; Ji I u II, Le Souffle, Wu Qua Nr 1, UA Ens Contrechamps/CIP.

Wendeberg, Michael, Klavier, Dirigent; c/o Ensemble Intercontemporain, 223, avenue Jean Jaurès, F-75019 Paris, T: 01 44 84 44 50, F: 01 44 84 44 61 [Ebingen 1974]. **Ausb:** erster KlUnterr 79, wichtige Lehrer: J Uhde 88–91, B Glemser ab 93, B Lupo ab 99. **Laufb:** Solist Auftr m Orch in Dtschld (HR, SWF u Bamberger Sinfoniker), Schweiz, Österreich, Portugal, Frankreich; weltweite KonzTätigkeit m Musik d 20. Jhs m Ens Intercontemporain (seit 2000 Solo-Pian im Ens), intensive ZusArb m K Huber, Ligeti, J Harvey, P Boulez u G Kurtág, Debüt Salzburger Festspiele 03, Konz m Bamberger Sinfoniker, Berliner Philh, RFSinfOrch Baden-Baden, Frankfurt u Köln, Debüt Lincoln Center New York m J Nott 05, seit SpZ 05/06 Dgt Ophaus Wuppertal. **Pr:** je 1. Pr Bundeswettb 'Jugend musiziert' in KamM-, Begleiter- u Solowertung 90–93, Mitgl Dt Studienstift, 1. Pr Gieseking-Wettb Saarbrücken u Int MWettb Classica Nova Hannover 97, 2. Pr u Sonderpr Zeitgen M Int Schubert-Wettb Graz 2000, Prtr UNESCO-Wettb d Union d Europ RF-Anstalten Lissabon 2000. **Ens:** Ens Intercontemporain seit 2000. – **Aufn/RF:** Produktionen u Mitschn b zahlr RF-Anstalten seit 94.

Wendel, Martin, Komponist; Gerlisbergstr 42, CH-8303 Bassersdorf, T: 0 18 36 78 04 [Biberist 2.6.1925]. **Ausb:** Stud (R Flury, H Haug, E Defrancesco) Kons Bern u Lausanne 44–47, weitere Ausb (T Aubin, A Honegger, M Moyse) Paris 47–49. **Laufb:** Sol (Fl) Orch d Nationalth Mannheim 52–56, Orch d Musikkollegiums Winterthur 56–69, MusikL Kantonsschule Zürcher Oberland Wetzikon 70–90. **Pr:** 1. Pr (Komp) Premio Città di Trieste 67. – **Komp:** zuletzt: Zwei Skizzenblätter f Kl, op 66 98/99; Trio f Fl, V, Kl, op 67 98/99; Später Gesang, op 68 (Fünf Sätze f Tenor u Streicherens) 99/2000.

Wendling, Grazia, Klavier, Hochschullehrerin; Kuhbüel 17, CH-6043 Adligenswil, T: 04 13 70 23 01. **Laufb:** Doz (KamM, Kl) MH Luzern. (Red)

Wendrich, Fritz, Intendant; Birkigter Hang 43, D-01189 Dresden, T: (03 51) 4 01 08 12. **Laufb:** Intend Staatsoptte Dresden 95–03, Ehrenmitgl ebd. (Red)

Wendt, Artur F, KM, 2. Konzertmeister, Dozent; c/o Staatstheater Mainz, Gutenbergpl 7, D-55116 Mainz [Bielefeld 9.6.1948]. R Wagners Opernwerk **Ausb:** Stud Höhere SchM, V (Prof Isselmann, Prof Müller-Gronau), Dirig (Prof Stephani, Prof Wagner) NDW MAkad Detmold 66–71; Mstrkl V (Prof F-J Maier) MH Köln 71–73, (Prof Peinemann) MH Frankfurt a M 76/77; Mstrkse V (Prof Goutnikow) Leningrad 80–82, Budapest (Prof Kapas) 83, Amsterdam (Prof v Keulen) 90, Mstrkse Dirig, ChLtg (Prof Swarowski) Wien 71, 72, 75, (Prof Gönnenwein) Stuttgart 69. **Laufb:** Konzm Landesjugendorch NRW, Carinth Sommer Ossiach 71, 72, 75, 2. Konzm Osnabrück 71–73, Freiburg i Br 74, stellv Konzm Staatsth Darmstadt 74–80, 2. Konzm Philh Orch d Staatsth Mainz GmbH seit 80, Doz f V, OrchStudien u OrchAusbildung a Kons Mainz seit 81, freier Mitarb b Saarländ RSO, Johann-Strauß-Orch Wiesbaden, FSpOrch Bayreuth seit 95. – **Sonst:** Hg v OrchStudien f V (3 Bde Beethoven, Konzm-Probespiel-Bd).

Wendt, Barbara, Hochschullehrerin; Richard Strauss Konservatorium, Gasteig, Kellerstr 6, D-81667 München. **Laufb:** Doz (Gesang) Richard Strauss Kons München. (*)

Weng, Katrin, Dramaturgin; Kammeroper, Bayreuther Str 8, D-01187 Dresden. **Laufb:** Dramaturgin KamOp Dresden. (Red)

Wengenmayr, Ralf, Komponist; Konrad-Adenauer-Allee 53, D-86150 Augsburg, T: (08 21) 31 44 62, F: 51 42 45, *wengenmayr@newsfactory.de* [Augsburg 7.4.1965]. **Ausb:** Kl-Unterr U Augsburg 81. **Laufb:** Solo (Kl) ab 84, Engagements als Pianist in Europa ab 87, freischaff Komp u Arrangeur seit 89. **Pr:** 1. Pr 1. Dt Filmmusikwettb Berlin 89, 2. Prtr Ernst-Fischer-Pr 90, Publikumspr Berliner Philh 92, mehrere Golden Awards Directors Club New York. – **Komp:** Land d Träume (gr Orch), UA Frankfurt 90; Klavierkonz Nr 1 (Kl-Solo, gr Orch), UA Berliner Philh 92; Herkules (gr Orch), UA Augsburg 93; Jimmy the Kid (Filmmusik, gr Orch), UA Dtschld 99. (Red)

Wengenroth, Wolfgang, Solorepetitor; c/o Komische Oper, Behrenstr 55–57, D-10117 Berlin. **Laufb:** Dgt u Solorep Kom Op Berlin SpZ 03/05. (Red)

Wenger, Philipp, Violine; c/o Staatstheater Mainz, Gutenbergpl 7, D-55116 Mainz. **Laufb:** Konzm Staatsth Mainz. (*)

Wengler, Marcel, Komponist, Dirigent; Am Freibad 7, D-38259 Salzgitter, T: (0 53 41) 39 16 51; c/o Musikverlag Vogt & Fritz, Inh. Elke Tober-Vogt, Friedrich-Stein-Str 10, D-97421 Schweinfurt, T: (0 97 21) 2 01 90 10, F: 2 01 90 15, *vogtfritz@t-online.de* [1946]. **Ausb:** Stud (Komp) Kons Brüssel, b H W Henze MH Köln, (Dirig) b I Markevitch, S Celebidache. – **Aufn/RF:** Einsp m luxemburg RF-Orch: CD-Reihe m über 20 Werken luxemburg Komp. (Red)

Wenhold, Oliver, Violoncello; c/o WDR Rundfunkorchester, D-50600 Köln. **Laufb:** stv Sol WDR RundfunkOrch Köln. (Red)

Wenke, Corinna, Dramaturgin; c/o Volkstheater Rostock, Patriotischer Weg 33, D-18057 Rostock, PF 102215, D-18004 Rostock. **Laufb:** Dram Volksth Rostock SpZ 03/04. (Red)

Wenkel, Horst-Dieter, Prof, Hochschullehrer, Kontrabass; Lisztstr 35, D-99423 Weimar; H für Musik 'Franz Liszt', PF 2552, D-99406 Weimar. **Laufb:** Prof (Kb) H f Musik 'Franz Liszt' Weimar. (Red)

Wenkel, Ortrun, Contraalt, Mezzosopran; c/o Dr Peter Rothe, Eichendorffstr 25, D-69493 Hirschberg, T: (0 62 01) 5 53 56, F: 5 53 56 [Buttstädt 25.10.1942]. Oper, Konzert, Lied; Spektrum v Vivaldi über Klassik u Romantik bis Mitte 21. Jh; Bach, Händel, Mahler, Wagner, R Strauss **Ausb:** Stud (P Lohmann) MH Frankfurt a M 60–65, OpStudien b E Cavelti 71–75. **Laufb:** Debüt London English Bach Fstv 64, intens KonzTätigkeit bis 70, OpDebüt Heidelberg (Ch W Gluck: 'Orpheus u Eurydike', Orpheus) 71, weitere Gasteng (R Strauss: 'Rosenkavalier', Octavian; G Verdi: 'Trovatore', Azucena) 71–74, (R Wagner: 'Rheingold' u 'Siegfried', Erda; 'Götterdämmerung', Waltraute; C Orff: 'Antigonae', Ismene; R Strauss: 'Daphne', Gaea) Bayer Staatsop München 75–80, Münchener OpFSp, ('Rheingold' u 'Siegfried', Erda; 'Götterdämmerung', 1. Norn) FSp Bayreuth 76–80, Salzburger FSp 77, ('Ring') Genf 77, Monteverdi-Zyklus ('Ulisse', Penelope) Zürich 77–80, ('Götterdämmerung', Waltraute) London Covent Garden 78, (Mahler: 'D Klagende Lied') New York Carnegie Hall 80, Liederabend Op Zürich 81/82, (G Mahler: 8. Sinf) Wiedereröffn KonzHaus Alte Op Frankfurt a M 81, (Debüt P I Tschaikovsky: 'Eugen Onegin', Olga) Paris Grand Op Paris 82/83, Liederabend Paris Athénée 83/84, (Bühnenprod Bach: Matthäuspassion) Mailand La Scala 85, (G Mahler: 2. Sinf) MaiFSp Wiesbaden 86, (R Strauss: 'Daphne', Gaea) R-Strauss-Fstv New York Carnegie Hall 86, ('Ring') Turin 86–88, Liederabend Sächs Staatsop Dresden 82 u 86, (Debüt R Strauss: 'Salome', Herodias) Spoleto Fstv 89, (Debüt R Wagner: 'Die Walküre', Fricka) Miami Wagner Fstv 89, (H W Henze: 'The Bassarids', Beroe) Stuttgart 90, (dass) Cleveland u New York 91, (Debüt R Wagner: 'Rienzi', Adriano) Staatsop Prag 91/92, (W Kienzl: 'Der Evangelimann', Magdalena) Wiesbaden 92, ('Ring') Wiesbaden 92/93, Int Brucknerfest Linz 92, ('D Walküre', Fricka, Debüt 'Rheingold', Fricka) Essen 95–97, (Debüt R Strauss: 'Elektra', Klytämnestra) Budapest Frühlingsfstv 99, (UA G Kühr: 'Tod u Teufel', Magda Schneider) Graz Steir Herbst 99, ('Rheingold' u 'D Walküre', Fricka; 'Götterdämmerung', Waltraute u 1. Norn) Graz 99–01, (Schweizer EA v A Reimann: 'Bernarda Albas Haus', Bernarda) Bern 02/03. **Pr:** Grammy als Principal Soloist (Wagner: Der Ring d Nibelungen, Dgt: Boulez) 82; Dt Schallpl-Pr (Mozart: Requiem, Dgt: Harnoncourt) 82. – **Aufn/RF:** zahlr RF- u Fernseh-Aufn im In- u Ausland; ca 50 Schallpl, ua: Mahler: 3. Symph, m London Philh Orch, Dgt K Tennstedt; 8. Symph, m Frankfurter Museumsorch, Dgt M Gielen; Mozart: Requiem, m Concentus Musicus, Dgt N

Harnoncourt; Penderecki: Te Deum, m RSO Berlin, Dgt K Penderecki; Schostakowitsch: 'Aus jüd Volkspoesie' u '6 Poèmes of Marina Tswetajewa', m Concertgebouworkest, Dgt B Haitink; Wagner: Ring d Nibelungen, m Orch d Bayreuther Fsp, Dgt P Boulez u Staatskap Dresden, Dgt M Janowski; Kienzl: 'Evangelimann', m Münchener RSO, Dgt L Zagrosek; Zemlinsky: 'Sinfon Gesänge', m SWR-Sinf-Orch, Dgt V Neumann; Schönberg: 'Die Jakobsleiter', m BBC Symph Orch, Dgt P Boulez. **UA:** Wagner: Wesendonck-Lieder in d Instrumentierung v Henze, UA Köln m WDR Sinf-Orch, Dgt HW Henze 77; Gerd Kühr: 'Tod u Teufel' (Op), UA Steir Herbst Graz, Dgt U Schirmer 99.

Wenkel, Sabine, Prof, Hochschullehrerin, Gesang; Wilhelm-Külz-Str 23, D-99423 Weimar, T: (0 36 43) 20 22 50. **Laufb:** Prof (Ges, Stimmbildung) H f Musik 'Franz Liszt' Weimar. (Red)

Wentorf, Ruth, Flöte, Hochschullehrerin; Gutenbergstr 39a, D-61231 Bad Nauheim, T: (0 60 32) 48 17, F: 3 13 58, *Ruth.Wentorf@t-online.de*; H f Musik, Hofstallstr 6–8, D-97070 Würzburg. **Laufb:** Doz (Fl) MH Freiburg u Würzburg. **Ens:** ens musica 2000. **Mitgl:** Vorsitz Dt Ges f Fl e V.

Wentzel, Willem M, Dirigent; Werastr 79, D-70190 Stuttgart, T: (07 11) 26 12 27; Staatstheater, Oberer Schloßgarten 6, D-70173 Stuttgart. **Laufb:** Dgt Staatsth Stuttgart. (Red)

Wenzel, Hans-Jürgen, Prof, Hochschullehrer; Gräfestr 13, D-06119 Halle, T: (03 45) 2 90 50 68. **Laufb:** Prof (Komp) H f Musik Carl Maria v Weber Dresden.

Wenzel, Silke, Sängerin (Sopran); c/o Dr Eike W. Grunert, Montgelasstr 1, D-81679 München, T: (0 89) 99 88 49 03, F: 99 88 49 03, *ewgrunert@cosifacciamo.de*. **Ausb:** Stud MH München, Stud (Ges) b M Lenz (Salzburg), Mstrkse ua b K Widmer. **Laufb:** Ens f Alte & Neue Musik Così Facciamo. (Red)

Wenzel, Timo Alexander, Sänger; c/o Pfalztheater Kaiserslautern, Willy-Brandt-Pl 4–5, D-67655 Kaiserslautern. (Red)

Wenzl, Winfried, Prof, Violine, Hochschullehrer; Am Mühlberg 14, D-93077 Bad Abbach, T: (0 94 05) 23 84, *winfried.wenzl@gmx.de*; H f Musik u Theater, Arcisstr 12, D-80333 München [Ingolstadt 31.7.1945]. **Ausb:** Violinstud (G Seitz) Richard-Strauss-Kons München 64–66, Stud H f Musik München 66–70, Violinstud (H Endres) ebd 70–74, Mstrkl-Dipl. **Laufb:** Schulmusiker (Regensburger Domspatzen) ab 73, LBeauftr (V) KiMSchule u U Regensburg ab 74, KonzReise Japan (m Staatsorch München) 74, LBeauftr (V) MH München, KonzReise USA (m Recital) 79 u 93, KonzReise China 95, Prof (V) H f M u Th München seit 95.

Werba, Markus, Bariton; c/o Agentur Seitter, Opernring 8/13, A-1010 Wien, T: (01) 5 13 75 92, F: 5 12 93 51, *office@agentur-seitter.at*; c/o Volksoper Wien, Währinger Str 78, A-1090 Wien, T: (01) 51 44 40, F: 5 14 44 32 15, *office@volksoper.at*; *www.volksoper.at/Content.Node2/home/ensemble/4175.php* [Villach]. **Laufb:** Sol Kom Op Berlin, Landesth u Kammerspiele Salzburg, Volksop Wien, Konz u Th St Gallen.

Werbatus-Forestier, Mireille, Sängerin; Heissgländstr 42, CH-4132 Muttenz, T: 06 14 61 39 37. (Red)

Werder, Manfred, Komponist; Erismannstr 24, CH-8004 Zürich, T: 0 14 00 37 75, F: 0 14 00 37 75, *manfred.werder@mydiax.ch*; c/o Edition Wandelweiser, Am Sandbach 24, D-42781 Haan, T: (0 21 29) 49 54, F: 49 54; *www.timescraper.de/komponisten/manfred_werder.html* [9.5.1965]. – **Komp:** ua: 72 klänge f 1–5 instr (f beliebige Instr) 94; ungefähr 5–16 minuten f 1–3 instr (f Tb, Va, Kb in freier Auswahl) 94/97; f instr m gr tonumfang (f beliebige Instr) 95. (Red)

Weresch, Adolf, Prof, Hochschullehrer, Trompete; Berliner Pl 4, D-76275 Ettlingen, T: (0 72 43) 7 89 83; Hochschule f Musik, PF 6040, D-76040 Karlsruhe. **Laufb:** KamM Bad Staatskap, Prof (Trp) Staatl H f Musik Karlsruhe. (Red)

Wernecke, Jeannette, Sängerin; c/o Vereinigte Städtische Bühnen, Odenkirchener Str 78, D-41236 Mönchengladbach. (Red)

Wernecke, Matthias, Kontrabass, Hochschullehrer; Poststr 96, D-49077 Ibbenbüren, T: (0 54 51) 1 82 86. **Laufb:** Doz (KB) FH Osnabrück, Kons. (Red)

Werner-Dietrich, Regina, Prof, Hochschullehrerin; Liviastr 5, D-04105 Leipzig, T: (03 41) 9 80 25 22; Hochschule f Musik u Theater, PF 100809, D-04008 Leipzig. **Laufb:** Prof (Ges) H f M u Th Leipzig. (Red)

Werner, Alfred, Bass; c/o John Goodman, Dopschstr 20/3/11, A-1210 Wien, T: (01) 2 59 20 27, F: 2 59 20 27, *johngoodman@goodman.at*; *www.goodman.at* [Wien]. Konzert, ital Oper, Lied **Laufb:** Debüt Wiener KamOp 75, Op Köln 76–78, Coburg u Linz 78–82, Gastsol Gran Teatro del Liceu Barcelona seit 82, zahlr Gastsp z B Op Graz, Innsbruck, Salzburg, Freiburg, Koblenz, Flensburg, Nürnberg, Ulm, Sol Wien Staatsop 89, Op Frankfurt 90, Sol Volksop Wien u Neue Op Wien SpZ 03/04.

Werner, Astrid, Dipl-MPäd, Dipl-S, Sängerin; Karl-Liebknecht-Str 70, D-04275 Leipzig, T: 0 17 33 79 48 84; Asbacher Str 15, D-98574 Schmalkalden, T: (0 36 83) 78 05 86 [Schmalkalden 4.7.1973]. Oper, Konzert, Lied, histor Gesang **Ausb:** Stud Ges (I Hahn) MH Dresden 92–99, SolEx, Mstrkse b C Eder, R Holm, KS E Schwarzkopf u P Schreier. **Laufb:** Sol Th Görlitz seit 97, freischaff S Leipzig seit 03. **Pr:** 'Grand Prix du Disque 2002' Acad Charles Cro Pars f CD H Schütz: 'Der Schwanengesang' 02. – **Aufn/RF:** H Schütz: Der Schwanengesang, Ens 'Alte M Dresden', Dgt: H-Chr Rademann 2000.

Werner, Erik Nelson, Opern- und Konzertsänger (Bassbariton); Dunckerstr 34, D-10459 Berlin, T: (0 30) 44 65 23 13, *eriknw@hotmail.com* [Denver, USA 26.11.1973]. **Ausb:** Ges (H Brauer) H d Künste Berlin, Dipl 01, Aufbaustud KonzGes (J Loibl) H f M u Th München seit 01. **Laufb:** Mitgl Junges Ens d Bayer Staatsop München. **Pr:** 1. Pr 55. Int MWettb Genf 2000. **Ens:** Inboccallupo Ens Berlin.

Werner, Evelyn, Sängerin; c/o Theater Lüneburg, An den Reeperbahnen 3, D-21335 Lüneburg [Wuppertal 1970]. **Ausb:** Kl-, Git-, Tanzausb, GesStud H f M Köln b Prof Mechthild Georg. **Laufb:** Gastsol Th Dortmund SpZ 00/01, Neue Flora Hamburg SpZ 03/04, Th Lüneburg SpZ 05/06. (Red)

Werner, Hanna Margarete, Solorepetitorin; Ebertallee 28, D-49084 Osnabrück, T: 0 17 35 77 26 19, *hanna.werner@gmx.de* [Leipzig 20.2.1981]. Opernrepertoire, Begleitung v Instrumentalkonz (Schwerpunkt Horn) **Ausb:** H 'F Mendelssohn-Bartholdy' (Korr, KamM) b H-M Schreiber 99–04. **Laufb:** Solorepetitorin am Th Osnabrück. **Pr:** 3. u 1. BundesPr 'Jugend musiziert' 94+97, 2. Pr KamMWettb H Leipzig 02.

Werner, Heinz, 2. Violine; c/o Staatskapelle, Theaterpl 2, D-99423 Weimar. **Laufb:** 2. V Staatskapelle Weimar. (Red)

Werner, Herta, Prof, Hochschullehrerin, Gesang; Hochschule f Musik u Theater, Harvestehuder Weg 12, D-20148 Hamburg. **Laufb:** Prof (Lied- u Oratorium-Studium, Ensemblestudium) H f M u Th Hamburg. (*)

Werner, Horst, Hochschullehrer; Dr. Hoch's Konservatorium, Hebelstr 15–19, D-60318 Frankfurt/M, T: (0 69) 9 15 00 40, F: 5 96 15 76, *mail@dr-hochs.de*; *www.dr-hochs.de*. **Laufb:** Doz (Theorie) Dr Hoch's Kons Frankfurt. (Red)

Werner, Jörg E, Bass; c/o Künstleragentur Elisabeth Seifert, Waltharistr 32 B, D-14109 Berlin, T: (0 30) 80 40 21 07; *www.agentur-seifert.de*. **Laufb:** Mitgl OpStudio d Dt Op Düsseldorf 01/02, Sol Nationalth Weimar 03/04. (Red)

Werner, Louise, Sopran; Bögelskamphoek 119, Niederlande-7546 DJ Enschede, T: (0 53) 4 76 95 29 [Lund 6.4.1949]. Oper, Operette, Lieder **Ausb:** Stud (M- u ThWiss) U Lund 69–71, OpH Stockholm 71–74, OpKl (G Bechi) Accad Chigiana 70–71, Liedkl (P v Schilhawsky) Mozarteum Salzburg 74–75. **Laufb:** Debüt Kgl Op Stockkholm 74, Norrlandsop Umeå 75–86, Oscarsteatern Stockholm 80–82, Tiroler Ldesth Innsbruck 86–92, FSp: Laxenburger Kultursommer 84–92, Luisenburger FSp, Baden b Wien OpttenfSp, Waxholm SommerfSp; Tourneen: Dtschld, Schweiz, Österr, Niederlande, Skandinavien 84–2001; Gastsp in Stockholm, Göteborg, Malmö, Linz, Baden b Wien, Innsbruck, Eggenfelden, München, Regensburg, Osnabrück, Marseille. – **Aufn/RF:** Verdi: La Traviata (Violetta), Dgt: R Harris 85 (Schwed RF); zahlr RF- u TV-Aufn in Schweden u Frankreich. **UA:** Eyser: Der Traum vom Manne, UA Vadstena, Schweden, Dgt: A Östman 73; Deak: Tschüss Erde!, UA Umeå 77; S-E Johansson: Skandal, Eure Majestät, UA Umeå 78.

Werner, Mathias, Komponist, Produzent; Op de Barg 12, D-24811 Owschlag, T: (0 43 36) 14 15 [Hamburg 16.9.1959]. **Laufb:** Doz (Musik in d Altenhilfe), Pianist Hamburger Th, nur noch Komp u Produzent seit 90. **Pr:** Anerkennungspr f KinderMTh. – **Komp:** Mutanten (Musical), UA Hamburg 93; Finnland-Suite (KamOrch), Ua Wedel 94; Sonderbare Zeiten (KamOp), UA Flensburg 97; Im Garten (Kindermusical), UA Rendsburg 97; Schlei-Hai (Suite), UA Schleswig 98; 1645 (Musical), UA Rendsburg 99; AuftKomp aus In- u Ausland. (Red)

Werner, Regina, Sängerin; c/o Musikalische Komödie der Oper Leipzig, Dreilindenstr 30, D-04177 Leipzig. (*)

Werner, Stephan, Gitarre, Hochschullehrer; Dr. Hoch's Konservatorium, Hebelstr 15–19, D-60318 Frankfurt/M, T: (0 69) 9 15 00 40, F: 5 96 15 76, *mail@dr-hochs.de*; *www.dr-hochs.de*. **Laufb:** Doz (Git) Dr Hoch's Kons Frankfurt. (Red)

Werner, Volkmar, Hochschullehrer; Hochschule f Kirchenmusik d Ev-Luth Landeskirche Sachsens, Käthe-Kollwitz-Ufer 97, D-01309 Dresden. **Laufb:** Doz (Gemeindesingen) H f KiM d Ev-Luth Landeskirche Sachsen Dresden. (*)

Werner, Witolf, Dirigent; Theater Bielefeld, Brunnenstr 3–9, D-33602 Bielefeld [Mönchengladbach 2.11.1978]. **Ausb:** Stud Dir (M. Luig) MH Köln. **Laufb:** Korr Th Dortmund.

Wernhard, Eike, Prof, Klavier, Hochschullehrer; Gaußstr 4, D-60316 Frankfurt, T: (0 69) 49 77 10, F: 40 59 15 13, *EikeWernhard@aol.com*; Hochschule f Musik u Darst Kunst, Eschersheimer Landstr 29–39, D-60322 Frankfurt. **Ausb:** Stud b A. Meyer-Hermann in Frankfurt u L.. Hoffmann in München. **Laufb:** Doz (Kl) Akad f Tonkunst Darmstadt, Prof (Kl) H f M u Darst Kunst Fankfurt/M 04. (Red)

Werres, Elisabeth, Sopran; c/o Badisches Staatstheater, D-76125 Karlsruhe [Bonn]. **Ausb:** Stud Ges H f M Köln, OpStudio Köln. **Laufb:** Stadtth Hagen, Offenbachth Köln, EnsMitgl, seit SpZ 04/05 Gastsol Badisches Staatsth Karlsruhe (ua 'Barbier v Sevilla', Rosina), Th Dortmund (Nedda, Adina, Gilda, Martha u Aminta), Niedersächs Staatsop Hannover (Donna Elvira, Gräfin, Tatjana, Rosalinde, Marschallin), Gastsol Th Augsburg, Lübecker Th SpZ 00/01, Sol Volksop Wien SpZ 03/04, Kom Op Berlin SpZ 04/05. **Pr:** Förderpr Mozart Wettb Würzburg. (*)

Wesenauer, Peter, Komponist, Dirigent; Baderpl 108, Villa Tritonus, A-4830 Hallstadt, T: (06 99) 11 44 28 51, F: (0 61 34) 2 00 55, *peterwesenauer@yahoo.com* [Bad Aussee 14.10.1966]. **Ausb:** Stud Komp u Dirig b B Schäffer, M Gielen, H Graf in Salzburg, Wien u München. **Laufb:** als Dgt zahlr UA u KonzReisen n Dtschld, Dänemark, Frankr, Russland, Polen, Italien, Tschechien, Japan u China; Grdg u musikal Ltg Ens f Zeitgen M Rubato Salzburg; Chefdgt SINFONIETTA DA CAMERA SALZBURG seit 02. **Pr:** Landeskulturpr OÖ f MTh 'Schwarzes Gold' 96, 1. Pr KompWettb Verein Prato-Ebensee m 'Lamentation', 1. Pr KompWettb ARGE-ALP m 'Covent Garden' 98. – **Komp:** '...still am See so laut' (Op), WWV 33, UA Seebühne Hallstadt, Ens Rubato, 'Und Gott sprach', WWV 32, UA Pfarrkirche Almünster, Dgt: J Schipflinger

95, Halleiner Zeiserlspiel (Op), WWV 38, UA Stadtth Hallein, Dtg: L Wagenhofer, Requiem, WWV 44, UA Andrä-Kirche Salzburg, Dgt: P Wesenauer 98, Worlds Heritage Suite, WWV 64, UA Kongresshaus Hallstadt, Ens Rubato, 'Ermordung von Mr mm', WWV 68 (trag Miniaturtonbild), UA Galerie Ropatsch, 'Ich habe dir meine wilden Blumen gereicht', WWV 73 (SoloTb u SaxOrch), UA MUni Wien, Sol: J Steinböck, Dgt: O Vrohovnik 2000, 'Schrei der Medusa', WWV 85, UA Tauernhalle Schladming, WeltjugendOrch. **AuftrKomp:** zahlr Aufträge namhafter Ens u Veranst ua PosQua TUBA MIRUM Salzburg, BrassQui d Mozarteum-Orch Salzburg, ZDF, ORF, Ens Kitz Brass Tirol, Fstv d Regionen (OÖ), UNESCO, Leopold Mozart Kons Augsburg, WASBE, Leopold Kohr Univ, Kulturtage Ottnang (OÖ), Wiener SaxOrch, Steven Mead.

Wesley, Ron, Bass; c/o Allee Theater GmbH – Hamburger Kammeroper, Max-Brauer-Allee 76, D-22765 Hamburg. (*)

Wessel-Therhorn, Helmut, Prof, GMD, Hochschullehrer; Am Tiergarten 31a, D-48167 Münster, T: (0 25 06) 61 50. **Laufb:** LBeauftr (Partitursp) H f Musik Detmold. (Red)

Wessel, Kai, Countertenor, Komponist, Dozent; c/o Opernhaus Halle, PF 110554, D-06019 Halle, *info@kaiwessel.com*; c/o Semperoper, Theaterplatz 2, D-01067 Dresden; *www.kaiwessel.com*. **Laufb:** GastSol Th Basel, Bregenzer FSp, Op Hannover, Bad Staatsth Karlsruhe, Doz (Ges u Histor Aufführungspraxis f Sänger) Staatl H f Musik Köln seit 97, Sol Semperop Dresden SpZ 04/05. (Red)

Wessel, Michael, Prof i K, Hochschullehrer, Pianist, Komponist; Hochschule f Ev Kirchenmusik, Wilhelminenstr 9, D-95444 Bayreuth, *michael.wessel @t-online.de* [4.12.1960]. Solo, Liedbegleitung **Ausb:** Kl (H U Kunze) MH Detmold 81–88, Privatstud Kl (J Uhde) 84–88, Theorie/Tonsatz (M Chr Redel); Komp (H Lachemann) MH Stuttgart 86–90, Mstrks (E Leonskaja) 88; Privatstud 88–91. **Laufb:** Prof (Kl, KlMethodik, Liedbegltg) H f Ev KiM Bayreuth, Künstl Lt Reihe 'Akademiekonzerte' seit 98, Prorektor seit 01, Organistor 'Bayreuther KlWettb f KiM' 02. – **Komp:** 'Lenz' f Kl 93, UA Pescara; 'Short Cuts – For Robert Altman' f Org u Kl 97/98, UA Bayreuth 3. Tl 98, 1. Tl Bayreuth 02; 'Kreuzwege' f StrQua 02/03, UA 'Zeit f Neue Musik' Bayreuth 03.

Wesseling, Maria Riccarda, Mezzosopran; Meisenweg 22, CH-4564 Obergerlafingen, T: 03 26 75 92 22; Aegartenstr 59a, CH-3005 Bern. **Ausb:** MH Bern (E Glauser), Sweelinck Cons Amsterdam (Ges, Op) b M Honig, (Melodik) b R Janssen, Sommerks Operacentre Amsterdam 95. **Laufb:** Sol Semperop Dresden, Mainfranken Th Würzburg, Op Lausanne, Luzern, Besançon, Lille, Stadtth Bern, Konz Concertgebouw Amsterdam, Tonhalle Zürich. **Pr:** Pr d Friedl-Wald-Stift 93, Kulturpr d Stadt Coire 95, Pr 'Erna Spoorenberg Vocalistenpresentatie' Den Haag 95, Migros-Stip Zurich 96, 2. Pr XII. Int Robert-Schumann-Wettb Zwickau 96. (Red)

Wessiack, Markus, Bass; Schleswig-Holstein Landestheater, Lollfuß 53, D-24837 Schleswig. **Laufb:** Sol Schleswig-Holstein Landestheater. (*)

Wessiack, Markus Othmar *siehe* Stern, Markus Othmar

Weßler, Kai, Musikdramaturg; c/o Theater Aachen, Hubertusstr 2–8, D-52064 Aachen. **Laufb:** Dram Th Aachen SpZ 03/04. (Red)

West, Jon Fredric, Tenor; c/o Deutsche Oper, Bismarckstr 35, D-10627 Berlin. **Laufb:** Debüt (Tabarro, 'Luigi') Met Op New York SpZ 89/90, Gastsol San Francisco (Monteverdi: Ulisse ua), New York City Op ua, Sol Bayer Staatsop München ('Siegfried'), Staatsop Wien, Sol Dt Op Berlin SpZ 03/05, Sächs Staatsop Dresden SpZ 03/04. (*)

Westbroek, Eva-Maria, Sängerin (Sopran); Landhausstr 126, D-70190 Stuttgart, T: (07 11) 2 62 32 06. **Laufb:** Sol Kom Op Berlin, Staatsop Hamburg SpZ 04/05, MTh Bonn, Staatsth Stuttgart SpZ 03/05, GastSol Semperop Dresden SpZ 04/05. (Red)

Westenberger, Günther, Flötist; c/o Staatstheater Braunschweig, Am Theater, D-38100 Braunschweig, PF 4539, D-38035 Braunschweig; c/o Musische Akademie, Georg-Westermann-All 76, D-38104 Braunschweig, T: (05 31) 7 07 80, F: 7 07 81 55, *musische.akademie@cjd-braunschweig.de*. **Laufb:** Lt Musische Akad Braunschweig, Sol Staatsth Braunschweig SpZ 03/04. (Red)

Westerkamp, Jörg, Bariton; Zeinlhofergasse 11/11, A-1050 Wien, T: (01) 9 20 05 06, F: 9 20 05 06, *joerg.westerkamp@gmx.de*; Im Schrägen 10, D-28790 Bermen-Schwanewede, T: (04 21) 63 06 06. Operette, Musical **Ausb:** Stud Ges Hannover u Hamburg, Boston, USA. **Laufb:** Gastsol Staatsop Hamburg SpZ 95/96, Staatsoperette Dresden 97–2000, Lübecker Sommeroptte 02, Gastsp in Erfurt u Ettlingen, Th ad Wien 99/2000, EXPO 2000 Hannover, Gastsol Op Graz SpZ 02/03, Op Leipzig SpZ 02/04. **Pr:** Stip New England Cons (USA) 90, 1. Pr d NATS. – **Aufn/RF:** V Thompson: 'Lord Byron' (CD).

Westermann, Kay, Prof, Hochschullehrer; Hahnemannstr 2, D-80999 München, T: (0 89) 8 11 54 27, F: 16 17 78, *KayWestermann@hotmail.com*; H f Musik u Theater, Arcisstr 12, D-80333 München, T: (0 89) 28 92 74 84. **Laufb:** Prof (Gehörbildung) H f M u Th München. (Red)

Westland *siehe* Stenz, Michael

Westlund, Björn, Prof, Hochschullehrer, Querflöte; Hochschule f Musik u Theater, Harvestehuder Weg 12, D-20148 Hamburg. **Laufb:** Prof (Qfl) H f M u Th Hamburg. (Red)

Westphal, Barbara, Prof, Hochschullehrerin, Viola; Blasfeld 27, D-23560 Lübeck, T: (04 51) 5 12 14, F: 5 56 68, *bwviola@yahoo.de*; Musikhochschule, Große Petersgrube 17–29, D-23552 Lübeck, T: (04 51) 1 50 51 91, F: 1 50 53 00, *Barbara.Westphal@mh-luebeck.de*. **Ausb:** Stud (Va) London, (I Perlman, M Tree) New York. **Laufb:** als Sol u KamMusikerin Konz in Europa, USA, Südamerika, Bratschistin Delos-Qua USA 78–85, regelm Gast b Int Fstvs (ua Santa Fe, New Mexico; Sarasota, Florida; Great Lakes Fstv, Michigan; Incontri in Terra di Siena u Schleswig-Holstein-Fstv), Prof (Va) MH Lübeck seit 89, regelm Mstrkse in Europa u USA, Jurorin int Wettb. **Pr:** ARD-Wettb 83, Busch Pr 83, 1. Pr Int Wettb f StrQua Colmar (m Delos Qua) 81. **Ens:** Delos Qua 78–85. – **Aufn/RF:** CDs: Brahms: Sonaten, U Oppens; Reger: Sonaten m Kl, J Swann; J S Bach: 6 Suiten; Mozart u Beethoven: Trios; Werke v R Clarke, H Vieuxtemps, G Enescu 2001. **Sonst:** Mitbegr Trio da Sal. (Red)

Westphal, Hartmut, Komponist; Schweidnitzer Str 8, D-10709 Berlin, T: (0 30) 8 91 69 94, F: 8 91 77 70 [Berlin 1.2.1939]. **Ausb:** Stud Städt Kons Berlin 58–64, Stud (Kl, Waldhn, Dirig, Komp) H f M u darst Kunst Berlin, Stud (MWiss, Philosophie) FU Berlin 72–74. **Laufb:** freiberufl Komp u Bearb ab 74, Doz b Kompseminaren in d ML-Fortbildung, musikwiss Gutachter b urheberrechtl Auseinandersetzungen, ehrenamtl Tätigkeiten GEMA, in Stift, Jurys u anderen Gremien. **Ens:** No Set 72–79. (*)

Weth, Alexandra von der, Sängerin; Münsterstr 38, D-40476 Düsseldorf, T: (02 11) 9 84 66 54, 9 46 87 21, (01 79) 5 19 22 45. **Laufb:** Sol Dt Op am Rhein Düsseldorf-Duisburg (03/05), Staatsop Wien, GastSol Dt Op Berlin SpZ 04/05. (Red)

Weth, Wolfgang, Hochschullehrer, Klarinette; Mathystr 29, D-76133 Karlsruhe, T: (07 21) 81 64 88. **Laufb:** KamM Bad Staatskap, Doz (Klar) Staatl H f Musik Karlsruhe. (Red)

Wettstein, Peter, Komponist, Dirigent; Schützenstr 45, CH-8702 Zollikon, T: 04 43 90 36 11, *pw27@bluewin.ch* [Zürich 15.9.1939]. **Ausb:** Musikakad u U Zürich, MH Detmold, Dipl (V, Tonmstr, Theorie, Komp, Dirig) 61–65, Kurse u Praktika Darmstadt, Paris, Hilversum, New York. **Laufb:** Doz (theoret Fächer) Musikakad Zürich seit 65, Lt Berufsabt Kons/MH Zürich seit 76, Lt MH Zürich seit 99–03, Doz U Zürich. **Pr:** Prtr versch Wettb u Institutionen als Dgt u Komp. – **Komp:** zuletzt Von Kissen u Küssen in Chüesenacht (f 4 Sol, 4 Chöre, 2 Blasmusiken, Klarens, Streichorch) 99; Inannas Abstieg in d Unterwelt (Qui f Fl, V, zwei Va, Vcl) 2000; Pierre de Lune (f Saxophon, Streicher) 2000. (Red)

Wetz, Bernhard, Prof, Hochschullehrer, Klavier; Im Berggarten 1, D-35519 Rockenberg, T: (0 60 33) 6 72 02, 0 17 12 75 69 56, F: 74 45 09; Hochschule f Musik u Darst Kunst, Eschersheimer Landstr 29–39, D-60322 Frankfurt [1954]. **Ausb:** Stud H f M u Darst Kunst Frankfurt/M. **Laufb:** Prof (Kl) H f M u Darst Kunst Frankfurt/M seit 84. (Red)

Wetz, Ehrhard, Prof, Posaune, Hochschullehrer; Wilhelm-Röntgen-Str 12, D-75015 Bretten, T: (0 72 52) 97 55 77, 0 17 72 63 32 73, F: 97 57 53, *EWetz @t-online.de*; Staatliche Hochschule für Musik und Darstellende Kunst, N7, 18, D-68161 Mannheim [Worms 15.2.1953]. Blechbläserkammermusik **Ausb:** Stud (SchM) MH Heidelberg-Mannheim 71–76, Stud Pos (Prof Schreckenberger) ebd 77–80. **Laufb:** Solo-Pos Staatsop Stuttgart 78–81, Solo-Pos NDR-SinfOrch Hamburg 81–96, Prof (Pos) Teilzeit MH Hamburg 86–2000, Prof (Pos) MH Lübeck 96–2000, Prof (Pos) Staatl H f M u Darst Kunst Mannheim seit 2000, LAuftr MH Lübeck seit 2000, Bayreuther FSp 80–87. **Ens:** Klass Philh Stuttgart, Barockorch Stuttgart. – **Aufn/RF:** 'Trombones on Time', Pos-Ens Ehrhard Wetz 99; 'Brass Promenade', BlechBlEns H f M Lübeck, Ltg Ehrhard Wetz, 03; 'Mannheimer Blech', Großes BlechBlEns H f M, Ltg Ehrhard Wetz, 04. **UA:** D Behle: Tannhäuser Okt (8 Pos), UA 98; C Borkowski: 'light metal' (4 Pos), UA 98; F Döhl: Graduale f 8 Pos, UA 99. **Zug:** F Döhl: Graduale f 8 Pos. **Sonst:** GrdgMitgl Junge Dt Philh 74, Grdg 'Pos-Ens Ehrhard Wetz', Grdg Ens 'Mannheimer Blech' 02.

Wetzel, Christian, Prof, Oboe, Hochschullehrer; c/o Konzertdirektion Andrea Hampl, Karl-Schrader-Str 6, D-10781 Berlin, T: (0 30) 4 78 26 99, F: 4 78 37 92, *hampl@konzertdirektion.de*; Hochschule f Musik u Theater, PF 100809, D-04008 Leipzig; *www.konzertdirektion.de*. **Ausb:** Stud Ob (I. Goritzki) MH Hannover. **Laufb:** Prof (Ob) H f M u Th Felix Mendelssohn Bartholdy Leipzig 88. **Pr:** 1. Pr int MWettb ARD München 89 (mit 'Ma'alot Quintett'). **Ens:** 'Ma'alot Quintett'. – **Aufn/RF:** zahlr CDs m d Ma'alot Quintett.

Wetzler, Johannes, Dirigent, Chorleiter; Römerstr 2, A-4020 Linz, T: (07 32) 61 21 50. **Ausb:** H f M Wien 59–61. **Laufb:** Kapm Landesth Linz, Künstl Lt u Mitbegr d Universitätsorch, Chorlt d Linzer Singakad. **Pr:** Ehrenzeichen d Johannes-Kepler-Univ Linz (1989), Silbernes Ehrenzeichen d Landes Oberösterreich 1995. (Red)

Wetzler, Peter, Hochschullehrer, Gesang; Fößerstr 10, D-93059 Regensburg, T: (09 41) 89 77 51. **Laufb:** Doz (Ges) Hermann Zilcher Kons Würzburg u H f M Würzburg, KiMSchule Regensburg. (Red)

Wewelsiep, Ulrich, Sänger; Wartburgstr 18, D-42285 Wuppertal, T: (02 02) 8 78 12; c/o Theater der Stadt und Schlossfestspiele Heidelberg, PF 105520, D-69045 Heidelberg. **Laufb:** Gastsol Schillerth NRW Wuppertal-Gelsenkirchen SpZ 00/01, Th u SchlossFSp Heidelberg SpZ 04/05. (Red)

Wewezow, Gudrun, Hochschullehrerin; Waffenschmiedweg 49A, D-86911 Dießen, T: (0 88 07) 92 43 88. **Laufb:** Doz (Gesang) Richard Strauss Kons München. (Red)

Wey, Fritz ter *siehe* ter Wey, Fritz

Wezel, Astrid, Sängerin (Alt); Kapuzinerstr 21a, D-97070 Würzburg, T: 0 17 77 45 17 61, *astrid_wezel@yahoo.com* [Weinheim 31.1.1961]. **Ausb:** Stud (Gesang) Akad f Tonkunst Darmstadt 82–87. **Laufb:** OpChor Karlsruhe87–90, Städtebundth Hof 94–97, Stadtth Würzburg 97–99.

Whilds, Richard, Repetitor; Landsberger Str 447, D-81241 München, T: (0 89) 89 69 12 60. **Laufb:** Korr u Komponist Tiroler Landesth Innsbruck, Solorep Bayer Staatsop München. (Red)

Whisnant, Caroline, Sänger; c/o Nationaltheater Mannheim, PF 102362, D-68023 Mannheim. (Red)

Whitehouse, Elisabeth, Sopran; c/o Artists Management Zürich, Rütistr 52, CH-8044 Zürich, T: 04 48 21 89 57, F: 04 48 21 01 27; *www.artistsman.com.* **Laufb:** Sol Nationalth Mannheim, Dt Op Berlin. (Red)

Whiting, Christopher, Hochschullehrer; Mutschellenstr 55, CH-8038 Zürich, T: 04 44 81 24 00; Hochschule Musik u Tanz, Florhofgasse 6, CH-8001 Zürich; *www.geocities.com/christopher_whiting* [San Francisco]. **Ausb:** Stud San Francisco Cons of Music, Univ Kalifornien Berkeley, Kons Luzern, Stud b Serban Rusu, Gunars Larsens, Nathan Milstein, Josef Gingold, Franco Gulli, Aaron Rosand, Pierre Amoyal u Yfrah Neaman. **Laufb:** 2. Konm Fstv Strings Lucerne 92–94, Mitgl Orch Op Zürich 94–99, Doz (Orchstellen, Blattsp, V) MH Winterthur Zürich, Sol Tonhalle Orch Zürich, Dgt OrchVerein Wiedikon Zürich, Auslandkorrespondent 'Strings Magazine'. (Red)

Whittlesey, Christine, O Univ Prof, Hochschulprofessorin, Sopran, Klavier; Laßnitzthal 251, A-8200 Gleisdorf, T: (0 31 33) 20 53, *christine.whittlesey@kug.ac.at*; c/o Künstlervermittlung Klaus Eisenberger, Peter-Jordan-Str 8, A-1190 Wien, T: (01) 3 68 13 63, F: 3 69 23 23, *Eisenberger@classic-music.at* [New York]. Lieder, zeitgen Musik **Ausb:** Ges u Kl in Boston, Frühstud b L Honau (Kl), Ges b A Carbonell, Boston Conservatory of Music, New England Conservatory of Music. **Laufb:** Auftr Op Boston, Santa Fe u Washington sowie m KamM Ens (ua 'New York Pro Musica Antiqua'), Übersiedlung nach Dtschld 81, ThEng (ua Berlin, Basel u Gelsenkirchen) u KonzS, ZusArb m Pierre Boulez, Michael Gielen u Peter Keuschnig sowie m d Ensemble Intercontemporain (Paris), dem Ensemble Modern (Frankfurt), dem Ensemble Kontrapunkte (Wien) u London Sinfonietta, Gast b Wien Modern, Berliner- u Wiener FestW, Salzburger FSp, Lockenhaus Fstv, o UProf (Lied, Orat) U f Musik u Darst Kunst Graz seit 91, Juryvorsitzende f Lied b Int Wettb 'Schubert u die Moderne' Graz. **Pr:** Gewinnerin d Met Op Wettb Neu England. – **Aufn/RF:** zahlr CDs, ua Schönberg: Streichqua Nr 2 m PrazakQuartett u 'Von heute auf morgen'; Kurtág: 'Szenen eines Romans'; S Gubaidulina: 'Hommage à T.S. Eliot'; B Mason: 'Self-Referential Songs'; Mahler: 4. Sinf (Dgt M Gielen); D Schnebel: 'Dahlemer Messe'; R Riehm: 'Das Schweigen der Sirenen'; zahlr RFAufn, ua b ORF, Rias, SWF, WDR, SDR, NDR, BBC u NRH (Japan). **UA:** weibl Hauptrolle UA v Olga Neuwirths u Elfriede Jelineks Op 'Bählamms Fest' 99.

Wibom, Madelaine, Sängerin; c/o Luzerner Theater, Theaterstr 2, CH-6002 Luzern, T: 0 79–3 97 13 55, 04 14 10 07 73, F: 04 14 10 07 73, *madelaine@wibom.com*; *www.madelaine.wibom.com* [Stockholm 28.4.1971]. **Ausb:** Stud OpSchule Stockholm 95–98. **Laufb:** Sol Luzerner Th seit SpZ 03/04.

Wick, Tilmann, Prof, Cello, Hochschullehrer; Hochschule f Musik u Theater, Emmichpl 1, D-30175 Hannover, *tilmannwick@mac.com* [Ludwigshafen 6.10.1959]. **Ausb:** Stud (Architektur) U München 80–81, Stud (A Janigro, A Navarra, I Güdel, P Tortelier, M Rostropowitsch, K Georgian) MH Detmold, Konzex 87. **Laufb:** rege KonzTätigkeit seit 85, ua Montreal, Carnegie Hall New York, Santiago de Chile, Seoul, Melbourne, Alte Op Frankfurt/M, Tonhalle Zürich, Pretoria, Konz Berliner FestW 86, Musiktreffen St Moritz 87, Ludwigsburger SchlossFSp 88, Salzburger FSp 89, Fstv Quincena Musical San Sebastián 90, Portogruaro Musikfstv, Dartington Int Fstv of Music, Schleswig-Holstein Musikfstv, Konz m MDR-SinfOrch Leipzig, Mstrkurse USA, Kanada, Korea, Australien, Italien, England, Frankreich, Dtschld seit 86, Doz (Vcl) H f Musik Detmold seit 96, Prof (Vcl) H f M u Th Hannover seit 98. **Pr:** 1. Pr Vcl-Wettb Kulturkreis im Bundesverband d Dt Industrie 84, Bundesauswahl Konz Junger Künstler 85, Stip Piatigorsky-Sem Los Angeles 85, 1. Pr 16. Int East & West Artists Wettb New York 86, Solpr NRW 87, Künstlerpr Rheinland-Pfalz 89, 1. Pr 4. Int Nicanor Zabaleta Wettb 90, Künstlerliste Dt Musikrat. **Ens:** Sol (Vcl) The Chamber Orch of Europe 81–84. – **Aufn/RF:** Britten: Gesamtwerk f Vcl solo; Schubert, Mendelssohn, Schumann m K Sakoda (Kl) 84; Mozart: Kl-Qua, m F P Zimmermann, T Zimmermann, C Zacharias 88; Miaskovsky, Carter, Poulenc, m H Rhee (Kl) 91; zahlr Aufn f RF u Fernsehen im In- u Ausland. **UA:** Sung: Three Fantasy Pieces, UA Washington DC 91; Flammer: Capriccio (f Vcl u gr Orch), m MDR-SinfOrch Leipzig 91; Sung: Chameleon Dances (f Vcl solo u Orch), UA Kultursommer Rheinland-Pfalz 95. **Zug:** Sung: Three Fantasy Pieces; Sung: Chameleon Dances.

Wick, Ursula, Gesang (Mezzosopran); Seestr 82, CH-8002 Zürich, T: 07 63 45 55 84, F: 07 68 57 26 32, *ursula-wick@bluewin.ch* [Schweiz]. frz Musik d 20. Jh **Ausb:** KonzDipl Kons Bern 68, Staatsex (M Gerdes, E Haefliger) MH München 72, (D Hall) Bern. **Laufb:** Orat u klass Konz Schweiz sowie Europa, Liederprogr, Komp: Weill, Satie, Kosma, Wiener, Poeten: Prévert, Cocteau, Desnos, Auftr zeitgen Avantgarde-Musik. – **Aufn/RF:** Ersteinsp Chansons u Lieder v A Honegger, Ch Verger, P Maurice, J Kosma, G Marx ua; CDs: 'Le chanson, l'amour, l'absurde', G Wyss 96; 'Tour de chant' 99; Pierre Maurice: Werke, G Wyss, Sine Nomine Qua 2000; Ch Kobelt: 'Canticum perpetuum', Radio DRS; Ch Gounod: 'La Rédemption'; O Respighi: 'Il natale del Redentore', Tonhalle Zürich, Dgt: M Kobelt. **UA:** P Mieg: 3 Lieder 85; F Voegelin: 3 cantos de amor 94; G Marx: Elpoem 96; V Uspensky: 3 Gedichte v M Zwetajewa 99, F Voegelin: Streichqua Nr 2 99. **Zug:** P Mieg: 3 Lieder 85; Ch Kobelt: Canticum perpetuum 91; F Voegelin: 3 cantos de amor 94; G Marx: Elpoem 96; V Uspensky: 3 Gedichte v M Zwetajewa 99, F Voegelin: Streichqua Nr 2 99.

Wickel, Hans Hermann, Dr, Prof, Hochschullehrer, Klavier; Boelestr 2, D-48167 Münster, T: (02 51) 62 40 30, *hanshermann.wickel@fh-muenster.de*; Musikhochschule, Ludgeripl 1, D-48151 Münster. **Laufb:** Prof (elementares Arr, Kl-Imp) H f M Detmold, Abt Münster. (Red)

Wickihalder, Jürg, Komponist, Saxophon; Nidelbadstr 82, CH-8038 Zürich, *mail@juerg-wickihalder.ch*; *www.juerg-wickihalder.ch* [Glarus 1973]. **Ausb:** Jazzschule Luzern 89–92, Stud (Sax, Bassklar, Komp, Arr, Imp) Berklee College of M 92–95, Unterr b S Lacy, J Viola, G Garzone, U Leimgruber, H Crook, P Wilson. **Laufb:** ZusArb ua m I Schweizer, C Streiff, P Favre; GrdgsMitgl u Ltg Interplay Collective. (Red)

Wickihalder, Nicole, Klavier; av de la Gare 8, CH-1028 Préverenges, T: 02 18 01 33 77. (Red)

Wicklein, Thomas, Kapellmeister; c/o Theater Altenburg-Gera, Küchengartenallee 2, D-07548 Gera. **Laufb:** Kapm Th Altenburg-Gera. (Red)

Wiczonke, Hildegard, Sängerin; c/o Anhaltisches Theater, Friedenspl 1a, D-06844 Dessau. **Laufb:** GastSol Anhalt Th Dessau SpZ 00/05. (Red)

Widawska, Olga *siehe* Kotulecki-Widawska, Olga

Widholm, Gregor, Prof, Hochschullehrer, Horn; Ziehrergasse 4, A-2230 Gänserndorf, T: (0 22 82) 85 20, (06 76) 7 21 51 30; Univ f Musik u Darst Kunst, Inst f Wiener Klangstil, Singerstr 26, A-1010 Wien, T: (01) 7 11 55 43 00, F: 71 55 43 99, *widholm@mdw.ac.at* [Gänserndorf 14.1.1948]. **Ausb:** Stud (Nachrichtentechnik) TU Wien u (KonzFach Horn) H f M Wien ab 67. **Laufb:** Mitgl d Orch d Wiener Volksop seit 71, Inst f Wiener Klangstil an d U f Musik u Darst Kunst Wien seit 81. (Red)

Widmaier, Matthias, Tenor; Str d Roten Kreuzes 64, D-76228 Karlsruhe, T: 0 17 26 21 05 21 [Darmstadt]. Oper (Strauss, Wagner), Lied, Konzert **Ausb:** Va, Kl, Gesang (L West) MH Karlsruhe, (L Devos) Brüssel, (W Neumann) Mannheim. **Laufb:** Eng Pfalzth Kaiserslautern (Wenzel, Caramello, Pedrillo, Scaramoucho, Hauptmann, Normanno) 91–95, Festeng Saarländ Staatsth Saarbrücken 96–98, Gastp Kassel (Caramello), Cottbus (Jaquino), Teatro Sao Carlos Lissabon, Op National du Rhin Straßburg 94 u 98, FSp Eutin, Styriarte Graz 97, Fstv Musik-Saar Saarbrücken, Bad Staatsth Karlsruhe (Mime) 98–99, Staatsth Kassel u Luzern(Hauptmann), Stadtth Ulm (Herodes), Th du Capitole Toulouse (Heinrich d Schreiber) 99–2000, Th Dortmund (Scaramoucho, 1. Geharnischter) 01, Toulouse 02–03 (Heinrich d Schreiber 'Tannhäuser', Zorn 'Die Meistersinger'), RAI (Tate), Erfurt (Herodes), Trier (Porcus 'Jeanne d-Arc', Dgt: L Hager), Festival Saar Musik (Loge 'Rheingold'). **Mitgl:** 'ars musica antiqua' Mainz bis 90. – **Aufn/RF:** CDs: H Schütz: Historien, Dgt: R Jacobs; F Hummel: Gesualdo (UA), H Sutermeister: Die schwarze Spinne. **UA:** Wieso verschwand Mozart, Bad StaatsTh Karlsruhe. **Sonst:** offenes Singen.

Widmann, Carolin Anne, Violine; Ludwig-Steub-Str 2, D-82008 Unterhaching, T: (0 89) 61 86 21, F: 61 01 97 67, *cawidmann@yahoo.com* [München 27.6.1976]. solist Tätigkeit, klass Musik **Ausb:** Stud V (K Guntner) MH München 90–93, (I Ozim) MH Köln 93–96, (M Auclair) New England Cons Boston 96–2000, Art Dipl, (D Takeno) Guildhall School of Music London 2000–02, Master of Music. **Laufb:** Beethoven: Violinkonz (Ltg Lord Y Menuhin) 98, Solo-Recital Jordan Hall Boston 99, Debüt London m Beethoven-Romanzen 2000, Brahms: Violinkonz m Belgrader Philh Belgrad 2001, W Egk – 'Geigenmusik' m Bamb Symph Prinzregententh München 2001. **Pr:** Kulturförderpr d Stadt München 95; 'Prix du Président' Int Yehudi-Menuhin-Wettb Boulogne-sur-Mer 98, 3. Pr Int VWettb Köln 99, 3. Pr Int Jeunesses Musicales-Wettb Belgrad 01. **Ens:** 'Metamorphosen Chamber Orch' New York 96–2000. – **Aufn/RF:** CDs: C Orff: 'Schulwerk' 95; L Hyla: 'Amnesia Variance' 2000; RF-Aufn: Solo-Recital, Boston, Jordan Hall, Nat Public Radio 99; R Strauss: Violinson, WDR 2000; J Brahms: 2. Violinson, E Ysaye: 2. Violinson, BR 01; W Egk: 'Geigenmusik', Bamb Symph, Dgt: J Nott, BR 01; W A Mozart: Violinkonz, Orch de Wallonie, Dgt: J Octors, RTBF Belgien. **Zug:** J Widmann: 'Kreisleriana' (Violinkonz); K Natano: 'Tears' – Conc f V u Orch; D Felsenfeld: 'Air that kills' (f V solo).

Widmann, Jörg, Klarinette, Komponist, Hochschullehrer; Marienstr 5, D-79098 Freiburg, T: (07 61) 2 17 01 39; Hochschule f Musik, Schwarzwaldstr 141, D-79102 Freiburg [München 19.6.1973]. **Ausb:** Unter Komp (K Westermann) 84, Stud Komp (H W Henze, W Hiller, W Rihm), Klar (G Starke) H f M München, Klar (C Neidich) Juilliard School of Music New York. **Laufb:** Sol ua m Sinfonia Varsovia, Berliner Philh, Münchner Symphoniker, Münchner Kam-Orch, SinfOrch d BR, Vorträge Royal Acad of Music London seit 93, Kurse ua Kons Odessa, MH Lissabon, Konz im Rahmen v 'Rising Stars' Amsterdam, London, New York, Athen, Birmingham, Köln SpZ 2000/01, Prof (Klar) Staatl H f M Freiburg seit 01/02. **Pr:** 1. Pr (Klar) Carl-Maria-v-Weber-Wettb München, 1. Pr (Klar) Wettb dt MSch Berlin, Kulturförderpr Ldshauptstadt München 96, Bayer Staatspr f junge Künstler 97, Belmont-Pr f Neue M d Schneider-Forberg-Stift 99, Schneider-Schott-MPr 02, Paul-Hindemith-Pr 02, Förderpr d Ernst v Siemens Stift 03, Arnold Schönberg Pr 04. **Ens:** GrdgsMitgl Ens Trio-Log. – **Komp:** 'Signale', 'Hallstudie'; SchauspM z Shakespeare: 'Cymbelin', Euripides: 'Hekabe' 98/99 (Auftr: Münchner KamSp); 'Implosion' (f Orch) 01; 'Nachtstück' (f Klar, Vcl, Kl); 'Polyphone Schatten (Lichtstudie II)' (f Va, Klar u Orch); 'dunkle Saiten' (f Vcl u Orch); 'Das Gesicht im Spiegel' (Op), UA München OpernFSp 03 (Auftr: Bayer Staatsop); Messe f gr Orch, UA Philh München, Dgt: Ch Thielemann 05 (Auftr: Münchner Philh); Labyrinth (f 48 Saiteninstr), UA Berlin, Dgt K Nagano (Auftr DSO Berlin); 'Versuch über d Fuge' (5. StrQua), UA Köln 05 m Artemis-Qua u J Banse; 'ad absurdum' (Konz f Trp u Orch), UA Essen m Münchener KamOrch, C Poppen u S Nakariakov (Auftr: Münchener KamOrch u Phil Essen). **Zug:** Rihm: Über die Linie II, UA München, 'musica viva', J Widmann m SinfOrch d BR, Dgt: S Cambreling, 99. **Lit:** M Fein: Im Sog d Klänge. Gespräche m d Komp J Widmann (edition neue zeitschrift f musik).

Widmer, Josef Roman, Kammermusiker; Hirschenpl 12, CH-6004 Luzern, T: 04 14 10 16 02. (Red)

Widmer, Kurt, Bassbariton; St Johanns-Ring 89, CH-4056 Basel, T: 06 13 21 55 35. (Red)

Widmer, Oliver, Bariton; c/o Opernhaus Zürich, Falkenstr 1, CH-8008 Zürich, T: 0 12 68 64 00; c/o Künstleragentur Dr. Raab & Dr. Böhm, Plankengasse 7, A-1010 Wien, T: (01) 51 20 50 10, F: 5 12 77 43, *office@rbartists.at*; *www.opernhaus.ch* [Zürich]. **Ausb:** Ges Ausb (K Widmer) MH Basel, Gaststud Mstrkl (D Fischer-Dieskau) H d Künste Berlin, Int OpStudio Zürich. **Laufb:** Ensmitgl Oper Zürich seit 91; Gast Schubertiade Feldkirch, Wigmore Hall London, Liedprogramme ua in Philh Berlin, Residenz München, Alte Op Frankfurt, Louvre Paris, Fêtes Musicales en Tourraine, Aldenburgh Fstv, Lincoln Center New York, Wiener KonzHaus, Konz m bedeutenden Schweizer Orch, Berliner Philh, RF-Orch v Berlin, München u Stuttgart, Chamber Orch of Europe, Orch Pittsburgh, San Francisco u Baltimore, Gast Teatro Bellini Catania (Korngold: Die tote Stadt), Salzburger FSp (Monteverdi: L'Incornacione di Poppea; Mozart: Pasticcio L'Ombra Felice), Berlin u Ludwigsburg (Mahler: Lieder e fahrenden Gesellen, m Pittsburgh Symph Orch, Dgt: M Jansons) 99, Konz im Wiener Musikverein (Haydn: Armida, Dgt: N Harnoncourt) 2000, Steir Fstv Styriarte (Haydn: Mariazeller-Messe) 2000, Aufn (Bach: Matthäuspassion, Dgt: N Harnoncourt) 2000. **Pr:** Gewinner Hugo-Wolf-Wettb 87, ARD-MWettb München, Othmar Schoek-Wettb Luzern, MPr d Europarates. – **Aufn/RF:** LPs, ua Schumann: Genoveva; Haydn: Paukenmesse, Salve Regina, Harmoniemesse, Dgt: Harnoncourt; Schöpfungsmesse, Dgt: Gardiner; Mozart-Messen, Schubert-Aufn u Lieder, Schumanns Lieder; Bach: Weihnachtsorat; Mozart: Zauberflöte; Schreker: Die Gezeichneten; Holliger: Schneewittchen. **UA:** H Holliger/B Goldschmidt: OrchLieder 'Les petits adieux', UA Luzern, Int MFestW; H Holliger: Op 'Schneewittchen', UA 98. (Red)

Widmer, Roger, Tenor; c/o Young Opera Company Freiburg eV, Gerberau 24, D-79098 Freiburg, T: (07 61) 6 96 35 73, *ks@youngoperacompany.de*; *www.youngoperacompany.de* [Affoltern, Schweiz 1975]. **Laufb:** Sol Staatsth Stuttgart 2000–02, Gastsol Op Zürich. (*)

Wiebecke-Gottstein, Andreas, Kontrabassist; c/o PRObass Musikverlag, Dorfstr 42, D-17039 Neuendorf, T: (03 95) 5 44 11 92, F: 5 44 11 92, *probass@probass.de*; *www.probass.de* [1964]. **Ausb:** Stud b G Klaus Frankfurt a Main. **Laufb:** Stud b Prof Günter Klaus in Frankfurt. **Ens:** cello'n bass, duo contrapunkt, klarinette kontra bass. – **Komp:** div Werke f Str, insbes KamM m KB, Bearb ua Schostakowitsch u Piazzolla f KamM m KB, elektr Musik f Pantomime u Puppenth. **Aufn/RF:** 4 CDs m eig Komp u Arr f Vcl u KB. **Sonst:** eig Komp u Bearb f KB in versch Besetzungen im eig PRObass Musikverlag.

Wieczorek, Andreas, Schauspielmusiker; c/o Uckermärkische Bühnen Schwedt, Berliner Str 46–48, D-16303 Schwedt/Oder, T: (0 33 32) 53 80, F: 53 81 24, *mail@theater.de*. **Laufb:** SchspM Schleswig-Holstein Landesth, Uckerm Bühnen Schwedt. (Red)

Wiedecke, Johannes, Sänger; Wiener Staatsoper, Opernring 2, A-1010 Wien [Bad Oldesloe 1978]. **Laufb:** Sol Wiener Staatsoper. **Pr:** Prtr Int Gesangswettb Alexander Girardi. (Red)

Wiedemann, Herbert, Dr, Prof, Hochschullehrer, Klavier; Schaperstr 33, D-10719 Berlin, T: (0 30) 2 13 88 45; Univ d Künste, Fak Musik, Institut für Musikpädagogik, PF 120544, D-10595 Berlin, T: (0 30) 31 85 23 96. **Ausb:** Stud (SchulM) H f Musik München, Diss phil i Mpäd 83. **Laufb:** Künstl Mitarb (Kl) U Oldenburg 81, Prof (Schulprakt KlSp) U d Künste Berlin 88. – **Sonst:** Publ: 'Impulsives Klavierspiel' 88, 'Klavier-Improvisation-Klang' 92, 'Klavierspiel u das rechte Gehirn' 94; H Wiedemann u D Pauligk: 'Improvisatorische Spiele'. (Red)

Wiedenbach, Johanna, Prof, Hochschullehrerin, Klavier; Hochschule f Musik u Theater, FB 2, Harvestehuder Weg 12, D-20148 Hamburg. **Laufb:** Prof (Klavier) H f M u Th Hamburg. (Red)

Wiedensahl, Uz *siehe* Dressler, Rudolf

Wiederstein, Carmen, Sängerin; c/o Volksoper Wien, Währinger Str 78, A-1090 Wien, T: (01) 51 44 40, F: 5 14 44 32 15, *office@volksoper.at*; *www.volksoper.at*. **Laufb:** Sol Volksop Wien seit SpZ 03/04. (Red)

Wiedl, Richard, Sänger; c/o Oper Leipzig, Augustuspl 12, D-04109 Leipzig. (*)

Wiedner-Zajac, Elzbieta, Mag, Prof, Hochschullehrerin, Solokorrepetitorin, Klavier; Univ f Musik u Darst Kunst, Leonard Bernstein Inst, Seilerstätte 26, A-1010 Wien. **Laufb:** ao UProf U f Musik u Darst Kunst Wien. (Red)

Wiedstruck, Yvonne Martina, Mezzosopran; Wilhelmstr 87, D-10117 Berlin, T: (0 30) 2 29 59 07, F: 22 48 80 66, *Yvonne.Wiedstruck@gmx.de*; c/o Theateragentur Dr Germinal Hilbert, Maximilianstr 22, D-80359 München, T: (0 89) 2 90 74 70, F: 29 07 47 90; *www.yvonnewiedstruck.de* [Potsdam]. Oper, Konzert, Lied, Uraufführungen **Ausb:** Stud Gesang (C Less) H f M 'Hanns Eisler' Berlin 81–86, Mstrks b C Ludwig 87. **Laufb:** Sol Dt Op Berlin bis 05, Kom Op Berlin, Staatsop München, Schwetzinger FSp 92, Covent Garden London 95, Mailänder Scala 96, Salzburger FSp 96, Bayreuther FSp 02–04, Glyndebourne Fstv 03, Liederabend Bayreuth 05 (alle Lieder v S Wagner). – **Aufn/RF:** R Wagner: Lieder, m S Skigin (Dtld-Radio); S Matthus: Desdemona u ihre Schwestern, Schwetzinger FSp 92 (WDR); H Pfitzner: Das dunkle Reich 94 (CD); 'Schostakowtisch u Tradition!', Jüd Lieder aus Russland, m S Skigin 95 (CD); Ich schenk mein Herz 01 (CD); Wesendonck-Lieder 02 (CD); R Wagner: Die Götterdämmerung/Die Walküre, Bayreuther FSp 02, 03 u 04 (BR); Ders: Tristan u Isolde, Glyndebourne Fstv 03 (BBC-Radio). **UA:** G Katzer: 'Antigone oder die Stadt' (Kom Op), UA Berlin, 91; S Matthus: '10 Gedichte v M Wesendonk', UA Bayreuth 04. **Zug:** S Matthus: '10 Gedichte v M Wesendonk', Lieder aus d grünen Mappe. **Sonst:** Revidierung d Ausgabe d Lieder v S Wagner.

Wieg, Hugo, Sänger; c/o Theater Altenburg-Gera, Küchengartenallee 2, D-07548 Gera. **Laufb:** Sol Th Altenburg-Gera. (Red)

Wiegand, Mario, Komponist; Falkstr 29, D-99423 Weimar, T: (0 36 43) 85 15 16, F: 49 07 48, *mariowiegand@web.de* [Chemnitz 3.7.1970]. Musiktheater, Orchester- u Kammermusik **Ausb:** Stud (Komp, Kl) H f Musik Franz Liszt Weimar 90–95, Aufbaustud 95–97. **Laufb:** freischaff Komp. **Pr:** Prtr Forum Junger Dt Komp 92, Stip Stift Kulturfonds 98, 02 u 03, 1. Pr Int KompWettb Zeitklang 05. **Mitgl:** Dt KompVerb, Gesellschaft f Neue M. – **Komp:** Sextett (f 2 Kl, 2 Hn, 2 Fagotte), UA Sebnitz 94; Qui (f Klar, Vl, Vcl, Vibraphon, Kl), UA Weimar 98; Capriccio Lirico (f KamOrch), UA Dresden 99; Liaison (f Big Band u Orch), UA Gera 99; Der rote Tod (Ballett) 2000; Zu Ende glüht ein goldener Tag (f Mezzosop u 14 Instr) 02; Wenn die Sirenen erwachen, schläft die Vernunft ein (OrchWerk) 03. **AuftrKomp:** 'Sombres lumières' (Konz f Hf u KamOrch), UA Toronto 01 (Auftr. Toronto Symphony).

Wiegmann, Olaf, Dirigent, Kapellmeister, Solorepetitor; Sachsenstr 27, D-26121 Oldenburg, T: (04 41) 88 55 25; c/o Staatstheater Oldenburg, Theaterwall 28, D-26122 Oldenburg [Lemgo 17.9.1965]. **Ausb:** Stud (Tonmeister, Kl) MH Detmold 87–93, Dirig (K-H Bloemeke) MH Detmold 90–96. **Laufb:** Solorep m Dgt-Verpfl Staatsth Oldenburg seit 96, KapM u Solorep Staatsth Oldenburg seit 2000, LAuftr (Ens-Ltg) U Oldenburg seit 2000. **Ens:** Lt Jugendorch Oldenburg seit 98.

Wiegräbe, Eckart, Posaune; c/o MDR Sinfonieorchester, Augustuspl 9a, D-04109 Leipzig. **Laufb:** Sol MDR SinfOrch Leipzig. (Red)

Wiegräbe, Henning, Prof, Posaune; Dr.Semmelweisstr 33, D-67434 Neustadt, T: (0 63 21) 1 63 23, F: 1 78 27, *h.wiegraebe@t-online.de*; H f Musik Saar, Bismarckstr 1, D-66111 Sarbrücken [Neustadt a d Weinstr 1968]. Kammermusik **Ausb:** Stud b E Wetz (Hamburg), W Schrietter (Karlsruhe) und Ch Toet (Trossingen/Basel). **Laufb:** Sol Staatsphilh Rheinland-PfalzProf (Pos) H f M Saar. **Ens:** Posaunenqua „Trombonissimo". (Red)

Wiek, Florian, Prof, Klavier, Hochschullehrer; Staatl Hochschule f Musik u Darst Kunst, Urbanstr 25, D-70182 Stuttgart [Bonn]. **Ausb:** MH Köln, Cons Nat Supérieur Paris. **Laufb:** Prof Staatl H f M u Darst Kunst Stuttgart seit 04. **Pr:** 1. Pr Kölner BeethovenWettb 98, 1. Pr 45.Maria Canals Barcelona Int M Wettb 99, 1. Pr Elise-Meyer-Wettb Hamburg, Masefield-Stip d Alfred-Toepfer-Stift. **Ens:** Duo Wiek-Grimm. (Red)

Wieland, Friedemann Johannes, Orgel; Ev.-luth. Kirchengemeinde St. Marien, An der Marienkirche 21, D-24768 Rendsburg, T: (0 43 31) 12 34 78, F: 12 34 79, *Kantor.Wieland@st-marien-rendsburg.de*. **Laufb:** Chordir Op im Schloßgarten Eutin, Kantor St Marien/Rendsburg. (Red)

Wieland, Sylvia, Sängerin, Operettendiva; Nordergraben 26, D-24937 Flensburg, T: (04 61) 8 07 99 73, 0 17 95 99 95 27, F: (04 61) 8 07 99 73 [Ravensburg 5.9.1966]. Oper, Operette **Ausb:** Stud Ges (A Kraus, M Bence) 85–87, ebd (H Blaschke) 88–93, Konzex m Ausz 91, MstrklStud (H Blaschke) 91–93. **Laufb:** Bühnendebüt Südostbayer Städteth Passau 92, Ens Landesth Altenburg 92–94, Ens Städt Bühnen Gera 94–95, Ens Th Altenburg-Gera 95–98, Stimmfachwechsel v lyr Mezzosop z lyr Sop, Ens Schleswig-Holstein Landesth (lyr Sop u Opttendiva) seit 98, Gast als 'Madam Pompadour' Staatsth Darmstadt 2000/01, int als Konz- u OratSängerin tätig, Konz m Münchner Bachchor, Brandenburg Philh Potsdam, Nürnberger Symphon, Göttinger SymphOrch, Philharmon Orch 'Dino Lipatti', Philh Hungarica ua, Sol Sommer-Optte Coburg SpZ 04/05.

Wieler, Jossi, Regisseur; c/o Niedersächsische Staatstheater Hannover, Opernpl 1, D-30159 Hannover [1951]. **Laufb:** Ass Schauspielhaus Düsseldorf 80, Regisseur Schauspielhaus Düsseldorf 82, Th d Stadt Heidelberg 83–85, Th Basel 88–93, Dt Schauspielhaus Hamburg 93/94, Inszenier ua Staatsop Stuttgart ('La Clemenza di Tito', 'L'italiana in Algeri', 'Alcina', 'Tosca'), Salzburger FSp ('Ariadne auf Naxos') 01, Op Hannover (Pelléas et Mélisande') 03, 04/05. **Pr:** Regisseur d Jahres d Zeitschr 'Opernwelt' 02, Konrad-Wolf-Preis Akad d Künste Berlin 02. (*)

Wieler, Michael, Dr, Intendant; c/o Theater Görlitz, Demianipl 2, D-02826 Görlitz, PF 300463, D-02809 Görlitz. **Laufb:** Intend Th Görlitz seit SpZ 03/04. (Red)

Wielgus, Radoslav, Sänger; c/o Städtische Bühnen Münster, Neubrückenstr 63, D-48143 Münster. **Laufb:** Sol Städt Bühnen Münster SpZ 03/04. (*)

Wiemer, Gerd, Sänger; c/o Staatsoperette Dresden, Pirnaer Landstr 131, D-01257 Dresden. **Laufb:** Sol Staatsoptte Dresden. (Red)

Wiemes, Johannes-Theodor, Horn; c/o NRD Radiophilharmonie, Rudolf-von-Bennigsen-Ufer 22, D-30169 Hannover. **Laufb:** Sol NDR RadioPhilh Hannover. (Red)

Wiencke, Manuel, Bariton; Königsberger Str 69, D-86167 Augsburg, T: (08 21) 9 07 21 83 [Berlin 1972]. **Ausb:** HfM Berlin. **Laufb:** Sol Kom Op Berlin, Sol Th Augsburg SpZ 03/05. (Red)

Wienhausen, Sascha, Dipl-MPäd, Sänger; Neue Str 13, D-49074 Osnabrück, T: (05 41) 3 35 01 96, (01 72) 5 34 51 08, *sascha-wienhausen@t-online.de*; Konradstr 1, D-48145 Münster [Lingen, Ems 5.5.1966]. Musical, moderne Oper **Ausb:** Stud MH Detmold (Gesang u Gesangspädagogik), Hamburger MH, Mstrkr b Francisco Araisa, Irwin Gage, Michael Pinkerton u Christoph Prégardien. **Laufb:** Sol Pocket Op Company Nürnberg, Th a d Wien, Dortmunder Opernhaus, Städt Bühnen Münster ua. **Pr:** 1. Pr VDMK Hagen (Halbfinale Bundeswettb Gesang) 91, 2. Pr VDMK (Finale Bundeswettb Gesang) 93. **Mitgl:** VDTK, Richard Wagner Verband Münster. – **Aufn/RF:** Andrea Molino: The smiling carcass, Dgt: Andrea Molino (UA).

Wiens, Edith, Dr hc mult, Prof, Sopran, Hochschullehrerin; Georg-Schuster-Str 10, D-82152 Krailling, T: (0 89) 8 57 42 81, F: 8 56 22 18; H f Musik u Theater, Arcisstr 12, D-80333 München; *www.edithwiens.com* [Saskatoon, Kanada

9.6.1950]. Mozart bis Zemlinsky **Ausb:** Stud (Mstrkldipl) MH Hannover 70–74, BM and Master of Music Th (R Miller) Oberlin Coll Ohio/USA 75–76. **Laufb:** Konz, Liederabende u Op-Auff in aller Welt, z B Salzburger FSp, Carnegie Hall, London Proms usw; Mstrkse Wien, Stuttgart, Toronto usw; Jurorin b int Wettb; Prof (Ges) H f M 'Robert Schumann' Düsseldorf 95–99, H f M Nürnberg-Augsburg, Abt Augsburg seit 2000, H f M u Th München seit 01. **Pr:** Grammy u Diapason d'Or, Ehrenprom (Musik) Oberlin College USA 97, Officer of the Order of Canada 99, Rotarierin 01, Pr ua b ARD-Wettb München, Mozart-Wettb Salzburg, Robert-Schumann-Wettb Zwickau usw. – **Aufn/RF:** Grieg: 'Peer Gynt' (Solveig), m Gewandhaus-Orch, Dgt: Masur 88; Schumann: 'Paradis u Peri' (Peri), m Suisse Romande, Dgt: Jordan 91; Haydn: 'Schöpfung', m Radio-SinfOrch Stuttgart, Dgt: Marriner 90; Mahler: 'Symph Nr 4', m Suisse Romande, Dgt: Jordan 91; Mahler: 'Symph Nr 8', m London Philh Orch, Dgt: Tennstedt 87; Schumann, Brahms, Schubert, Strauss: 'Lieder' 92–98; Mendelssohn: 'Symph Nr 2', m Gewandhaus-Orch, Dgt: Masur 89.

Wierig, Matthias, Prof, Hochschullehrer, Klavier; H f Musik Saar, Bismarckstr 1, D-66111 Saarbrücken. **Ausb:** Stud HfM Köln b Jürgen Glauß, Mstr-Kl v Irwin Gage Zürich, MstKrs b Tom Krause, Gustav Djupsjöbacka, Leonard Hokanson, Graham Johnson u Irwin Gage, Stip d Richard Wagner-Verbandes 99. **Laufb:** Prof (Liedgestaltung) H f M u Th Saarbrücken 02. (*)

Wiese, Hans-Jürgen, Sänger; c/o Staatsoperette Dresden, Pirnaer Landstr 131, D-01257 Dresden. **Laufb:** Sol Staatsoptte Dresden. (Red)

Wiese, Henrik, Flötist; Franziskanerstr 2, D-81669 München, T: (0 89) 4 80 75 67, F: 44 76 92 29, *zauberfloete@henrikwiese.de*; *www.henrikwiese.de* [Wien 22.7.1971]. Mozart, Kirnberger **Ausb:** Privatstud (I Koch-Dörnbrak, R Staege), Stud (P Meisen) MH München 92–96. **Laufb:** Solofl Bayer Staatsop seit 95. **Pr:** Dt MWettb 95, 1. Pr Elise-Meyer-Wettb Hamburg 96, 3. Pr Int Fl Wettb Kobe 97, 2. Pr 33. Markneukirchen Int InstrWettb 98, 3. Pr 1. Carl Nielsen Int FlWettb Odense 98, 2. Pr 49. Int ARD MWettb München 2000. – **Komp:** Mozart: Kadenzen u Eingänge zu KV 313, 412; Mozart: Vervollständigung zu KV 412; Reinecke: Rekonstr d Urfass v op 283. **Aufn/RF:** Mozart: Flötenqua, Artemis Qua; Bach: Flötenson, A Soltész, Y Savary; Bach: Piano Trios, O Dreßler, G Schiefen; Kirnberger: Flötenson, A Soltész, Y Savary. **UA:** R Mense: 'Traviata'-Fantasie 2000. **Zug:** R Mense: 'Traviata'-Fantasie 2000. **Sonst:** div Ed b G Henle Verl, Breitkopf & Härtel, Zimmermann, Amadeus.

Wiesemann, Günther, Komponist, Pianist, Perkussionist, Musiktherapeut; Königsteiner Str 48, D-45529 Hattingen, T: (0 23 24) 8 33 50, F: 8 44 69, *info@guenther-wiesemann.de*; Friedrichstr 55, D-45525 Hattingen, T: (0 23 24) 20 22 59; *www.musikbibliothekEssen.de* [Hattingen 12.10.1956]. Kammerkonzerte **Ausb:** Privatstud (J Baur, A Schnittke). **Laufb:** langjähr Laufbahn als Pianist in eigenem Ens, Jurymitgl, UDoz, Lt e Abt f MTherapie, künstl Lt d 'tamigu-Trio'-Tourneen. **Pr:** Stip Steinbrenner-Stift 85, Dramatiker-Union Berlin, 1. Pr Kl-KompWettb ostdt Kulturrat 91. **Ens:** trio possibile, quartetto possibile, ens un poco, Tromba Organo plus, tamigu-Trio, Trio contemporaneo. **Mitgl:** Dt Komponistenverb (DKV). – **Komp:** Brot u Spiele (Op) 87–91, UA Dortmund 89; Brot u Spiele (konzertante Neufssg d Op), Dgt: E Kloke 91 (Auftr Brucknerhaus Linz); Circulatio (KamM), UA Schleiden 93; Ausklang-inwendig Einklang (KamM), UA Duisburg 94; Alimenti di vita (OrchW) 94/95, UA Dortmund 95; oggi stesso (Requiem) 94/95, Dgt G Meditz (Auftr Stift Kunst u Kultur NRW), UA Schwerte, Dgt: G Meditz 97; 3. Symph (symphon Musik) 97; 5 Hörbilder (la prima neve e visione...u nachts u...) (KamM) 97/98, UA Düsseldorf 98. **Aufn/RF:** Wiesemann: Ruhrstadtsymphonie (als Pianist an d Aufn beteiligt); Requiem 'oggi stesso'; Op 'Brot u Spiele', 2. Streichqua 'Einklang-inwendig Ausklang'. **UA:** Benninghoff: evoluzioni, Missa brevis. **Sonst:** Grdg Ens trio/quartetto possibile, tamigu-Trio, ua. **Lit:** ARD-Film über d Op 'Brot u Spiele' ua.

Wieser, Gerhard, Bratsche; Auf der Bürglen 7, CH-8627 Grüningen, T: 0 19 35 35 35. (Red)

Wieser, Markus, Viola; Cysatstr 6, CH-6004 Luzern, T: 04 14 10 05 43. **Ens:** Sabeth Trio Basel. (Red)

Wieshalla, Axel, Gitarre, Hochschullehrer; Wiesbadener Musik- & Kunstschule, Schillerpl 1–2, D-65185 Wiesbaden. **Laufb:** Doz (Git, Modulationssp, Generalbaß) Wiesbadener Musikakad. (Red)

Wiesinger, Helmut, Sänger; c/o Stadttheater St Pölten, Rathauspl 11, A-3100 St Pölten. **Laufb:** Sol Th St. Pölten SpZ 03/04. (Red)

Wiesner, Dietmar, Flöte; c/o Ensemble Modern, Schwedlerstr 2–3, D-60314 Frankfurt, T: (0 69) 94 34 30 10, F: 94 34 30 30, *info@ensemble-modern.com*; *www.ensemble-modern.com* [Lünen 1955]. **Pr:** zahlr Pr m Ens Modern. **Ens:** Ensemble Modern. – **Aufn/RF:** zahlr Schallpl, CDs, RF-Mitschn m Ens Modern. **UA:** zahlr EA/UA m Ens Modern.

Wiesner, Tomris, Viola, Hochschullehrer; Gustav-Freytag-Str 7, D-65189 Wiesbaden, T: (06 11) 37 64 83; Wiesbadener Musik- & Kunstschule, Schillerpl 1–2, D-65185 Wiesbaden. **Laufb:** Doz (Va) Wiesbadener Musikakad. (Red)

Wiethaus, Birgitt, Violine; Fortunastr 18, D-03054 Cottbus. (Red)

Wiethaus, Frank, Cello; Fortunastr 18, D-03054 Cottbus. (Red)

Wiget, Ueli, Klavier, Harfe; c/o Ensemble Modern, Schwedlerstr 2–3, D-60314 Frankfurt, T: (0 69) 94 34 30 10, F: 94 34 30 30, *info@ensemble-modern.com*; *www.ensemble-modern.com*. **Pr:** zahlr Pr m Ens Modern. **Ens:** Ensemble Modern. – **Aufn/RF:** zahlr Schallpl, CDs, RF-Mitschn m Ens Modern. **UA:** zahlr EA/UA m Ens Modern.

Wigger, Anja-Katharina, Sängerin; c/o Theater an der Rott, Pfarrkirchener Str 70, D-84307 Eggenfelden. **Laufb:** Sol Th a d Rott Eggenfelden SpZ 03/05, Gastsol Pfalzth Kaiserslautern SpZ 03/04. (Red)

Wigglesworth, Mark, Dirigent; c/o Bayerische Staatsoper, Brieffach, D-80075 München. (Red)

Wijnkoop, Alexander van, Violine; Schaffhauserrheinstr 69, CH-4058 Basel, T: 06 16 92 18 50. (Red)

Wilbers, Jan, Hochschullehrer; Cobbingstr 7, Niederlande-7631 JB Ootmarsum, T: (05 41) 29 24 41, F: 29 25 07, *j.wilbers@a1.nl* [14.10.1950]. **Ausb:** Kl- u Orgelunterr (G Bartelink, A Gaalman, D Dechenne) 60–71, Stud Hörerz, Allg MLehre, MWiss (T Willemze) 70–75, Harmonie, Kontrapunkt, Analyse, Formenlehre (H Mayer) 72–76. **Laufb:** Kirchenorganist 71–93, Chordgt u Chorpäd 73–93, Doz (Gehörbild, Allg MLehre) Kons Enschede 75, Doz (Harmonie, Kontrapunkt, Analyse, Formenlehre) 76, Doz (Theorie d M) 77, Entwickl v Softwareprogrammen, Kurse (MGesch) 90–99, LTätigkeit Städt Kons Osnabrück 94–99. – **Sonst:** Functionele harmonie (LB Funktionsharmonik) 83–84, 97 dt 97–98; Renaissance-contrapunt (LB Kontrapunkt) 84, 97 dt 97–98; Trappenharmonie 84 u 93; Franz Schubert – Die Winterreise 87; Algemene Muziekleer 88, 95; Muziekgeschiedenis Barok 95; Muzikale Retoriek in Bach's Matthäus-Passion 99.

Wilczek, Berno, Komponist; Eugenstr 4, D-70771 Leinfelden-Echterdingen, T: (07 11) 7 54 52 70 [21.10.1953]. **Ausb:** Privatstud Komp, MTheorie (P-M Riehm) ab 72. **Laufb:** freischaff Komp. **Pr:** Braunschweiger KamMWettb 77, Jahresarbeitsstip Kunststift Baden-Württemberg 79/80. – **Komp:** Dein Leib im Rauch durch d Luft (Lieder-Zyklus), UA Braunschweig 75–66/77; Abschieds-Schaukel (KamOp), UA 76/79; Diotima (Lieder-Zyklus), UA 79; Eli nach Nelly Sachs (Op) 79–95; Gebete f d toten Bräutigam (Lieder-Zyklus), UA Bad Dürrheim 89–92/91; 1.Sinf (gr Orch), UA 92–96; Ich wart an d Tor (Lieder-Zyklus), UA Hamburg 96. (Red)

Wilczok, Axel, Prof, Violine; c/o Staatskapelle Berlin, Unter den Linden 7, D-10117 Berlin. **Laufb:** stv 1. Konzm Staatskapelle Berlin. (Red)

Wilczok, Inge, Prof, Hochschullehrerin, Gitarre; Hochschule f Musik 'Hanns Eisler', Charlottenstr 55, D-10117 Berlin [Bleicherode]. **Ausb:** Stud Git (R Zimmer) H f Musik 'Franz Liszt' Weimar. **Laufb:** LAuftr MSchule Berlin-Friedrichshain u H f Musik 'Hanns Eisler' Berlin, Prof (Git) ebd seit 92, kammusikal Tätigkeit, Mitwirkung b Schausp- u BühnenM, Debüt Staatsop Unter den Linden Berlin (Monteverdi: 'Orfeo'), Konz m Musikern d Kom Op Berlin in Prag, Bratislava, Budapest, Konz m A Wilczok (V) im In- u Ausland (tradition Lit, zeitgen Komp). (Red)

Wild, Florence, Klavier; av des Alpes 25, CH-1820 Montreux, T: 02 19 61 27 93. (Red)

Wild, Michael, Violine; Wilhelm-Busch-Str 6, D-21391 Reppenstedt; c/o Niedersächsisches Staatsorchester, Opernpl 1, D-30159 Hannover. **Laufb:** stv Konzm Niedersächs Staatsorch. (Red)

Wild, Waldemar, Prof, Hochschullehrer, Sänger; Hochschule f Musik u Theater, Beim St-Katharinenstift 8, D-18005 Rostock. **Ausb:** Stud (Ges) HfM Leipzig. **Laufb:** Gesangssolist an d Dt Staatsop UdL Berlin 78–80, Prof (Ges) H f M u Th Rostock seit 95. **Pr:** 1. Pr Int Bach-Wettb Leipzig 76. (Red)

Wildberger, Jacques, Komponist, Hochschullehrer; Inzlingerstr 50, CH-4125 Riehen, T: 06 16 41 56 34 [Basel 3.1.1922]. **Ausb:** Kons Basel, Komp (W Vogel) 48–52. **Laufb:** Doz (Komp, Analyse, Instrumentation) Bad H f Musik Karlsruhe 59–66, DAAD-Stip Berlin 67, L (Komp, Satzlehre, Analyse, Instrumentation) Berufsabt d Musik-Akad d Stadt Basel bis 87. **Pr:** Pr Lions Club Basel 60, Stereo-Pr d dt RF-Industrie 65, KompPr STV 81, Kulturpr Gemeinde Riehen 81. – **Komp:** zuletzt: Commiato (f Streichqua), UA Basel 97; Fantasia sul Re (f Kb-Fl) UA Basel 98. **AuftrKomp:** 'Epitaphe pour Evariste Galois' (Action documentée, pour récit, choeur parlé, hautparleurs et orch), UA Basel 64 (Auftr: Pro Helvetia); 'Tod u Verklärung' (f Bar u KamOrch), UA Zürich, Dgt: R Tschugg) 77 (Auftr: Fondation B A T Genève); 'An die Hoffnung' (f Sop, Sprecher u Orch), UA Metz, Dgt: Bamert 79 (Auftr: Radio Basel); 'Du holde Kunst' Rappresentazione profana (f Sprecher, Sop u Orch), UA Basel, Basel Sinfonietta, Dgt: E Pomàrico 88 (Auftr: Musikkreditkomm Basel-Stadt); Tempus cadendi tempus sperandi (f gem Chor, Schlgz, Keyboard), UA SWF Stuttgart, Dgt: R Huber 99 (Auftr:SDR Stuttgart). **Lit:** A Haefeli (Hg): 'J W oder die Lehre vom Anderen' Analysen u Aufsätze v u über J W 95.

Wilde, Jens Klaus, Sänger; c/o Staatstheater Cottbus, Karl-Liebknecht-Str 136, D-03046 Cottbus, T: (01 79) 2 93 65 44 [Leipzig]. **Ausb:** Stud (Ges) MH Leipzig. **Laufb:** Op Halle; Gastsp Wien, Dresden, Berlin, Chemnitz, Mannheim 93–99; Sol Staatsth Cottbus seit 99 (04/05), Gast-Sol Staatsoptte Dresden u h Altenburg-Gera. **Pr:** 1. P int GesWettb 'Robert Stolz' Hamburg. (*)

Wilde, Werner, Hochschullehrer; Dr. Hoch's Konservatorium, Hebelstr 15–19, D-60318 Frankfurt/M, T: (0 69) 9 15 00 40, F: 5 96 15 76, *mail@dr-hochs.de*; *www.dr-hochs.de*. **Laufb:** Doz (Theorie) Dr Hoch's Kons Frankfurt. (Red)

Wilden-Hüsgen, Marga, Prof, Hochschullehrerin, Mandoline; Amyastr 6, D-52066 Aachen, T: (02 41) 6 24 78, F: 60 16 29, *marga.wilden@web.de*; Sattlerstr 15a, D-42105 Wuppertal, T: (02 02) 31 46 36, F: 2 57 48 67 [Roetgen/Eifel 17.2.1942]. KamM, Mandoline, Barockmandoline **Ausb:** Stud (K Wölkl) Berlin, (V Hladky) Wien. **Laufb:** Prof (Mandoline) H f Musik Köln, Abt Wuppertal, Tourneen m 'Fidium Concentus', 'Capella di Leutino'; 'Capella Aquisgrana'; 'Qua Aquisgrana'; 'Duetto da Camera'. **Pr:** BDZ-Med, Landesverdienstorden NRW. **Ens:** Konzm 'Fidium Concentus', Lt 'Capella di Leutino'; 'Capella Aquisgrana'; 'Qua Aquisgrana'; 'Duetto da Camera'. **Mitgl:** Bund Dt Zupfmusiker (BDZ) (Landes- u Bundesmusiklt). – **Zug:** zahlr zeitgen Werke, zB: F Zehm: 'Sonatine'; F Pilsl: 'Sonatine'; Y Kuwahara: 'Improvised Poem', 'Moon and Yanamba', 'Perpetual Movement' u 'A dumb door'; E t'Haart: 'Macabranza' u 'Het weer is goed'. **Sonst:** Grdg u Lt 'Capella di Leutino'; 'Capella Aquisgrana'; 'Qua Aquisgrana'; 'Duetto da Camera'; Veröffentl ua: Mandolinen-Schule, Technikkompendium, Originalmusik f Mandoline-Solo u KamM, M f ZupfOrch.

Wildhaber, Helmut, KS, Sänger; c/o Wiener Staatsoper, Opernring 2, A-1010 Wien. **Laufb:** Sol Wiener Staatsop, Gastsol Sächs Staatsop Dresden SpZ 03/04. (Red)

Wildner, Johannes, Dr, Generalmusikdirektor; c/o Neue Philharmonie Westfalen, Castroper Str 12c, „Im Depot", D-45665 Recklinghausen; c/o Esther Schollum Artists' Management, Guntramsdorfer Str 12/2, A-2340 Mödling bei Wien, T: (0 22 36) 4 10 04, F: 41 00 44, *es@art-mgmt.com*. **Ausb:** Stud (Dirig, V, MWiss) Wien, Prom 79. **Laufb:** Lt 'Johann-Strauss-Ens d Wiener Symphoniker' 84, Mitgl Wiener Philh u Wiener StaatsOpOrch 85–95, Chefdgt Staatsphilh Košice 90–93, 1. Gastdgt RF-Orch Bratislava 93–96, Chefdgt Staatsop Prag 94–95, 1. ständ Dgt Op Leipzig 96–98, GMD Neue Philharmonie Westfalen Recklinghausen seit 97, Gastdgt ua Royal Philh Orch London, St Petersburger Philh, MDR-SymphOrch, Wiener Symph, Radio SinfOrch Wien, Bruckner-Orch Linz, Mozarteum-Orch Salzburg, BBC-Orch London, Nat Symph Orch Ireland, New Zealand Symph, Taipei Nat Symph Orch, Münchner u Kölner RF-Orch, Dresdner Philharmoniker, Orch d Pfalzth Kaiserslautern, Tivoli-Fstv Orch, J Haydn-Orch Bozen, SinfOrch Aachen, Op Halle, Staatsop Prag, Op Leipzig, Richard-Wagner-FSp Wels, Sommerfstv 'Mozart in Schönbrunn', Op Graz, GMD Landesorch Nordrh-Westf, Dgt MTh im Revier SpZ 04/05. **Pr:** Prtr Dr Karl Böhm-Stift d Wiener Philharm 79. – **Aufn/RF:** über 40 CDs u Videos. (Red)

Wiles, Elizabeth, Sängerin; Graf-Johann-Str 9, D-66121 Saarbrücken, T: (06 81) 9 65 02 34, 0 17 98 59 10 87; Saarländisches Staatstheater, Schillerpl 1, D-66111 Saarbrücken. **Laufb:** Sol Saarländ Staatsth seit 03/04. (Red)

Wilhelm, Hans-Georg, Schauspielmusiker; Langestr 132, D-76530 Baden-Baden, T: (0 72 21) 96 89 78. **Laufb:** SchspM FSp Schloß Neersen Willich SpZ 03/05, SchlossFSp Ettlingen SpZ 04/05. (Red)

Wilhelm, Ines, Sängerin; c/o Volkstheater Rostock, PF 102215, D-18004 Rostock. (Red)

Wilhelm, Rolf Alexander, Komponist, Dirigent; Hubertusstr 64, D-82031 Grünwald, T: (0 89) 6 49 28 51, F: 64 98 09 81, *rolf_wilhelm@web.de* [München 23.6.1927]. Film-, Fernseh- u BühnenM, KamM f Bläser **Ausb:** Kl (G Hinterhofer), Komp (J Marx) MH Wien 42, Dirig (Knappe, H Rosbaud), Komp (GG Geierhaas, J Haas) MH München 46–48, Staatsex 48. **Pr:** BVK a Bande 93, Poetentaler d Münchner Turmschreiber. **Mitgl:** Dt Komponistenverband. – **Komp:** erste Kompauftr f Radio München 46, später BR, insges 220 Hörspiel, 64 Film-, 25 Bühnenmusiken, Bläser-KamM; Fortsetzung folgt... (Suite) 56, UA Stuttgart, SDR 56; Concertino for Tb and Wind Instr, UA Washington, R Tucci 83; Lumpazivagabundus (BühnenM), UA Wien, Burgth 86; 5 Stücke f Bläserens, UA Salurn 95; Pappa ante portas (Marsch), UA Akad Blasorch Grünwald 97; United Winds (KonzOuvertüre), UA München, Akad Blasorch 98; Concertino f Euphonium u Orchestra (Solokonz), UA Minnesota, S Mead 98. **Aufn/RF:** div LP u CD-Veröffentlichungen eigener Werke. **Sonst:** 'Die Donau' (Richard-Strauss-Jb 54); 'Musik von Kaisersachern' (Doktor Faustus, Hg v G Seitz) 82. **Lit:** M Wetternich: 'Musik im Film' (über 'Doktor Faustus') 88; A Gorzawski: 'Musikalische Komik am Beispiel der Filme 'Ödipussi' und 'Pappa ante portas' 95; Reiner Boller: 'Filmmusik in Deutschland; E Flurl: 'Die Kompositionen Adrian Leverkühns/Beobachtungen zu 'Doktor Faustus' 2000.

Wilhelmi, Michael, Dipl, Pianist, Komponist, Entwickler f Audiosoftware; Schonensche Str 14, D-10439 Berlin, T: (0 30) 44 04 76 88, *michaelwilhelmi@web.de*; *www.michaelwilhelmi.com* [29.6.1974]. improvisierte Musik, elektronische Musik **Ausb:** Stud (Mathe, Logik, Philosophie) bis 98, dann Stud Jazz-Kl (A Takase, R Friedl, A v Schlippenbach, G Graewe, J Taylor), Komp (G Tittel, A Arteaga), elektr M (M Sapper). **Pr:** Finalist Dutch Jazz Competition m Super 700, 02, 1. Pr Intpr-Pr b Hanns-Eisler-Pr 02, 1. Pr int Wettb f junge Kultur Dusseldorf m Cliquetris Creux 02. **Ens:** 'Cliquetris-Creux', 'Die Neue Phonothek', elektr M: 'contorller-band'. – **Komp:** Blitzlicht f Kl, UA H f M Hanns Eisler Berlin 02; Variationen f Kl, UA ebda 03. **Aufn/RF:** E Mendoza: 'Contextos' (H-Eisler-Pr 02).

Wilhelmi, Wolfgang, Prof, Hochschullehrer, Horn; Eponenweg 7, D-82008 Unterhaching, T: (0 89) 61 50 05 93, F: 61 50 05 95, *ww-hw@t-online.de*; H f Musik u Theater, Arcisstr 12, D-80333 München. **Ausb:** Stud H f M u Th München (H Noeth), weitere Stud b H. Lohann in Stuttgart u E. Penzel in Köln. **Laufb:** Philh Orch d Stadt Essen 68–94, Prof (Hn) Folkwang-H f Musik Essen 70–94, Prof (Hn) H f M u Th München 96. (Red)

Wili, Anmari, Pianistin, Komponistin, Dirigentin, Performerin; Mörsbergerstr 28, CH-4057 Basel [1963]. zeitgen-experimentelle Kunst **Ausb:** Stud MAkad Basel seit 80, Weiterbild (KamM, Neue M, Dirig, Komp, Musik-Kinesiologie). **Laufb:** Tätigkeit MAkad Basel seit 85, Vorstandsmitgl FMF Frauenmusikforum Schweiz 98–2001. – **Komp:** 'Oh-I-Love-You' (KonzPerformance f Kl, Stimme, verst Stimme, Licht u Objekte) 94, UA Basel, Kaserne 94; pianosyndrom (f Kl, Zuspielband, Live-Elektr, Licht) 97/98, UA Basel, MAkad 98; nancarrow study nr 7 (Bearb f Kl 4-händ) 97, UA Basel, MAkad 98; aubergine-oh-virgine (Kl, Zuspielband, verst Stimme) 99/2000, UA Basel 01; katchamooribum-degree (f Wurlitzer-E-Piano, Tape, Live-Elektr, Surprises) 01, UA cargocult basel 01. **Aufn/RF:** Radio-Aufn: A Berg: KamKonz (Kl, V u 13 Bläser), E Streiff (Kl), Dgt: J Henneberger, Radio DRS2 90; Werke v Mozart, Mendelssohn, Schoeck (Klar, Bassethn), Th Friedli, E Molinari, ESPACE 2 Lausanne 91; B Monk Feldmann: Trompes d'Oreille, C Nancarrow, UA d Bearb v A W f Kl 4-hd 98; D Ammann: Speach, Ens concertino, Dgt: J Krause, Radio DRS2 99; Pauline Oliveiros Portrait, 'le donne ideali' u Gäste, Dgt: A W, Radio DRS2 99; KOREAexchange, 'le donne ideali' u Gäste, Dgt: A W, Radio DRS2 2000; CDs: R Kelterborn: Ens-Buch I, K Widmer, IGNM-Ens Basel, Dgt: J Wyttenbach 93; H Wüthrich: Chopin im TGV Paris-Bâle; 2' gegen d Vergessen 95; A W Live: Werke v P Oliveros, Y Pagh-Paan, M Kyung, A Buess u A W 01. **Sonst:** Grdg 'le donne ideali', Ens d FMF Schweiz 98.

Wilke, Elena, Schauspielmusikerin, Komponistin; Vierradener Str 25B, D-16303 Schwedt/Oder, T: (0 33 32) 52 32 96 [Leipzig]. **Laufb:** SchspM Schleswig-Holstein Landesth, Uckerm Bühnen Schwedt. – **Komp:** Preussen mon amour 2000, Schneeweißchen und Rosenrot 01. (Red)

Wilke, Elisabeth, Prof, KS, Hochschullehrerin, Mezzosopran; Lerchenweg 18, D-01454 Großerkmannsdorf, T: (0 35 28) 44 20 00, (06 62) 84 60 47, F: (0 35 28) 44 20 00; c/o Austrokonzert International, Gluckgasse 1, A-1010 Wien, T: (01) 5 13 26 57, F: 5 12 61 54, *office@austroconcert.com* [Dresden]. **Ausb:** Stud (H Köhler-Wellner) H f M Dresden 70–75. **Laufb:** Sol Sächs Staatsop Dresden seit 75 (04/05), Prof (Gesang) H f Musik Carl Maria v Weber Dresden, UProf (Sologesang) U Mozarteum Salzburg, Tourneen m P Schreier Israel 2000 u Italien 2001, Tourneen m Dresdner Kreuzchor ua Japan, Spanien, Polen. **Pr:** Händelpr Stadt Halle.

Wilke, Erich, Landeskirchenmusikdirektor iR, Kirchenmusiker, Hochschullehrer; Reichertstr 3, D-02826 Görlitz, T: (0 35 81) 40 70 66 [Kienitz 15.11.1936]. virtuoses Orgelspiel, Chorleitung **Ausb:** Stud H f KiM Görlitz 55–58. **Laufb:** Doz (Melodieinstr Blockfl, Orgelkde, Instrumentenkde, MGesch) H f KiM Görlitz, Chor-KonzReisen nach Polen, Tschechien, Italien, Israel, Frankreich, OrgelkonzReisen nach Polen, Tschechien, Italien, Dtschld. **Mitgl:** Gesellschaft d Orgfreunde e V. – **Sonst:** Grdg Ökumen KiChor Görlitz 72, Grdg Singwoche Jauernick (b Görlitz) 96, Grdg Oberlausitzer Orgelsommer 98.

Wilkening, Carsten, Fagott; c/o HR Sinfonieorchester, Bertramstr 8, D-60320 Frankfurt a M. **Laufb:** Sol HR SinfOrch Frankfurt a M. (Red)

Wilker, Thomas, Hochschullehrer, Gitarre; Hans-Böckler-Str 16, D-49074 Osnabrück, T: (05 41) 25 96 24. **Laufb:** Doz (MTheorie f Git) FH Osnabrück, Kons. (Red)

Wilkins, Caroline, Komponistin; Nützenberger Str 33, D-42115 Wuppertal, T: (02 02) 4 79 31 37; TRE MEDIA Musikverlage, Amalienstr 40, D-76133 Karlsruhe, *tremedia@aol.com* [Taunton 1953]. **Ausb:** Royal College of Music London, HfM Köln. **Pr:** Pr FMF Kompositionswettb Bern 92, Karl-Sczuka-Pr 2000. – **AuftrKomp:** Mecanica Natura 2000. (Red)

Will, Karl-Heinz, Prof, Hochschullehrer, Klavier; Dehmelstr 2, D-18055 Rostock, T: (03 81) 2 93 97; Hochschule f Musik u Theater, Beim St-Katharinenstift 8, D-18005 Rostock. **Ausb:** Stud (H. Zimbehl) HfM „Hanns Eisler" Berlin. **Laufb:** Prof (Kl) H f M u Th Rostock seit 94. (Red)

Willcox, Reuben, Bariton; Friedenspl 10, D-53111 Bonn, T: (02 28) 3 69 50 36; c/o Oper Bonn, Am Boeselagerhof 1, D-53111 Bonn. **Ausb:** Stud Guildhall School of Music London, Juilliard School New York, (R Piernay) OpSchule d MH Mannheim. **Laufb:** Gast ua Köln, Wiesbaden, FSpHaus Baden-Baden, Festeng Landesth Coburg 98, Konz- u OratSänger, Sol Op Bonn SpZ 03/05, Gastsol Dt Staatsop Berlin SpZ 04/05. **Pr:** Stip Richard-Wagner-Verband 99, Prtr Int Gesangswettb 'Neue Stimmen'. – **Aufn/RF:** zahlr RF- u Fernsehprod d SWR u Staatsphilh Rheinland-Pfalz. (Red)

Wille, Oliver, Violine; c/o Impresariat Sonia Simmenauer, Bornstr 12, D-20146 Hamburg, T: (0 40) 42 31 31 11, F: 42 31 31 13, *Sonia.Simmenauer@impresariat-simmenauer.de*; *www.impresariat-simmenauer.de* [Berlin 1975]. **Ausb:** Stud V (E Feltz, C Poppen, U Walin) H f M 'Hanns Eisler' Berlin, (M Fuks) Indiana, Mstrkse I Ozim, H-H Schneeberger. **Pr:** Stip StudStift Dt Volkes u DAAD. **Ens:** Kuss Quartett. (Red)

Wille, Torsten, Orgel; Am Burgtor 6, D-51427 Bergisch-Gladbach, T: (0 22 04) 24 96 96 [Hamburg]. **Ausb:** Stud (M Schneider u V Lukas) MH Köln, KonzEx 97. **Laufb:** Konz in ganz Europa, Organist Ev Zeltkirche Bergisch Gladbach, LBeauftr (Org) H f KiM Herford. **Pr:** 1. Pr Int OrgWettb Elburg 96, Prtr Fugato Fstv Bad Hamburg 97, Stip Dt Musikwettb Sol Berlin 99. – **Aufn/RF:** 2 CDs. (*)

Willer, Birger, Buffo, Musicaldarsteller; Hindenburgstr 114 A, D-21335 Lüneburg, T: (0 41 31) 39 00 95, 01 71–3 14 31 32, F: (0 41 31) 3 10 40, *reisewelt@hotmail.com* [Hamburg 30.12.1960]. **Ausb:** Tanz Lola-Rogge-Schule Hamburg. **Laufb:** Solotänzer Lüneburg, Th d Westens Berlin, Kaiserslautern, Staatsop Hannover, Musicaldarst Th d Westens Berlin, Kaiserslautern, Th am Dom Köln, Gießen ua.

Willer, Gutzi, Sängerin; c/o Theater an der Rott, Pfarrkirchener Str 70, D-84307 Eggenfelden. **Laufb:** Sol Th an d Rott Eggenfelden. (Red)

Willershäuser, Ralf, Tenor; Popitzweg 7, Apt 91, D-13627 Berlin, T: 0 17 23 06 45 63. **Laufb:** Sol Dt Op Berlin, Kom Op Berlin, Konz u Th St Gallen, Sol Dt Op Berlin SpZ 03/04. (*)

Willi, Herbert, Mag phil, Komponist; Haus 78, A-6771 St Anton, T: (0 55 52) 6 71 48; *www.schott-online.com/nocache/smi/autoren/KomponistenAZ/* [Vorarlberg 7.1.1956]. **Ausb:** Stud (SchM, Theologie) U Innsbruck, Stud (Fag, Kl) Kons Innsbruck, Stud Komp (H Eder) H f M Mozarteum Salzburg 83, Studien (B Schaeffer). **Laufb:** freischaff Komponist. **Pr:** Österr Staatsstip f Komp 85, Förderungspr f M d Rep Österr 86, Prtr StrQuaWettb Wiener KonzHausges 87, Romstip 87/88, österr Staatsstip f OpKomp 89, Rolf-Liebermann-Pr f OpKomp 90, Förderpr d E-v-Siemens-Stift 91, 'Composer in residence' Salzburger FSp 92, 'Composer in residence' Camerata Acad Salzburg 96–98, österr Ehrenkreuz f Wiss u Kunst 97, gr Verdienstzeichen d Lds Vorarlberg 99, Composer in Residence d Ges d MFreunde d Wiener MVereins 02/03. – **Komp:** ua: Stück f Fl solo 85/86, UA Bludenz, Tage zeitgemäßer M, D Flury 89. **AuftrKomp:** zuletzt:

Räume (f Orch) 91, UA München, Prinzregententh, SymphOrch d BR, Dgt: P Eötvös 92 (Auftr: BR); Konz f Orch 91/92, UA Cleveland, Cleveland Orch, Dgt: C v Dohnányi 92 (Auftr: Salzburger FSp u Cleveland Orch); Trio f V, Hn u Kl 92, UA Adelaide, Int Barossa M Fstv, B Langbein (V), B Tuckwell (Hn), M Jones (Kl) 92 (Auftr: P Sacher); FlKonz 93, UA München, NatTh, Bayer Staatsorch, A Nicolet, Dgt: P Schneider 93 (Auftr: Bayer Staatsop); Schlafes Bruder (Op) 94/95, Libr R Schneider, UA Zürich, OpHaus, Dgt: M Honeck 96 (Auftr: OpHaus Zürich); Begegnung (f Orch) 97/98, UA Wien, KonzHaus, Wiener Philh, Dgt: S Ozawa 99 (Auftr: Wiener Philh); Rondino (f Orch) UA Salzburg, Mozarteum, Mozarteum Orch Salzburg, Dgt: M Honeck 2000 (Auftr: Land Vorarlberg), Eirene (Konz f Trp u Orch) 01 (Auftr: Ges f MFreunde); ...geraume Zeit... (Konz f Fl, Ob u Orch) 02/03 (Auftr: Land Vorarlberg). **Lit:** Art u Bibliographie in: New Grove Dictionary of M and Musicians 01.

Williams, Daniel Lewis, Bass; c/o Boris Orlob Management, Jägerstr 70, D-10117 Berlin, T: (0 30) 20 45 08 39, F: 20 45 08 49, *info@orlob.net*; c/o Pfalztheater, Willy-Brandt-Pl 4–5, D-67655 Kaiserslautern; *www.orlob.net*. **Ausb:** Stud (Gesang) University of Utah, (R Grumbach, E Haeflinger) Staatl H f M München, Stud priv (K Böhme, K Moll). **Laufb:** Gastsol int OpHäuser, ua Met Op, Marseille, Nizza, Palermo, Op di Roma, La Fenice Venedig, Königl Op Göteborg, Staatsth Hannover, Darmstadt, Dortmund, Op Bonn, Aalto Th Essen, Dt Op Berlin, Op Leipzig, Semperop Dresden, Op Köln, Staatsth Hamburg, Prinzregententh München, Dt NationalTh Weimar SpZ 00/01, Gastsol Pfalzth SpZ 04/05, Fstv ua Spoleto M Fstv, Ital MFstv Turin, Wagner Fstv Caracas, ZusArb m Nürnberger Symphonie Orch, Dt Radio Orch, Teatro La Fenice Orch Venedig, Thüringer Symphonie, Gast Music Center Georgia Tiblissi, Georgien, Saito Kinen Music Fstv Matsumoto, Konz Dtschld u int.

Williams, Howard, Dirigent; c/o Hamburgische Staatsoper, Große Theaterstr 34, D-20354 Hamburg, PF 302448, D-20308 Hamburg. **Laufb:** Dgt Hamburgische Staatsop seit SpZ 03/04. (Red)

Williams, Janet, Sängerin; c/o Opernhaus Halle, PF 110554, D-06019 Halle (Saale). **Laufb:** Gastsol Nationalth Mannheim SpZ 00/01, Op Halle SpZ 04/05. (*)

Willig, Johannes, Dirigent; Schillerstr 16, D-76135 Karlsruhe, T: (07 21) 8 30 34 06, F: 8 30 34 06, *johanneswillig@web.de*; *members.tripod.de/Willig* [Freiburg i Br 8.5.1969]. **Ausb:** Stud (Kl) MH Freiburg 90–94, Stud (Dirig) MH Wien 94–98. **Laufb:** Ass d GMD u 2. Kapm Bad Staatsth Karlsruhe. **Pr:** 1. Pr u Publikumspr 5. Int Dgt-Wettb 'Dinu Niculescu' Brasov 95, Finalist Int Dgt-Wettb 'L v Beethoven' Bonn 97.

Willis, Alastair, Dirigent; c/o Bühnen der Stadt Köln – Opernhaus, Offenbachplatz, D-50667 Köln, PF 101061, D-50450 Köln, *oper@buehnenkoeln.de*; c/o Columbia Artists Management GmbH, Till Janczukowicz, Albrechtstr 18, D-10117 Berlin, T: (0 30) 20 64 80 78, F: 20 45 34 80, *info@cami.com*; *www.buehnenkoeln.de*. (Red)

Willisegger, Hansruedi, Komponist, Pianist; Alpstr 34, CH-6020 Emmenbrücke, T: 04 12 60 42 52, F: 04 12 60 42 52 [Ettiswil 22.4.1935]. Vokalmusik, KamM, Orgel, Klavier, Orchesterwerke **Ausb:** musikal Stud Luzern, Zürich, Basel, Dipl Direktion, Orgel (JB Hilber, J Bucher, R Sidler), SchM, Lehr- u Konzdipl (H Harry), Theorie (R Blum), Komp (A Jenny, R Blum, K Huber, W Lutoslawski, P Boulez), Kurse f Imp, Tanz, Pantomime, MDidaktik. **Laufb:** SemL Hitzkirch 64–95, L (Kl) Kons Luzern, L (Tanzerziehung, Imp) Akad f Schul- u KiM Luzern, Lt gem Chor Emmenbrücke u Luzerner Singer, Vizepräs u Präs, Lt Osterks f Tanzerz u darst Kunst Luzern, Vizepräs u Präs Ortsgruppe Luzern d Schweizer musikpädagog Verbandes, Präs Schweizer Vereinigung d ML an Mittelschulen, Mitgl versch nat u int Chorverbände, Konz als Dgt, Pianist u Organist im In- u Ausland. **Pr:** versch nat u int Pr m d Luzerner Singern, Pr f vokale u instr Komp, Anerkennungspr u Kunstpr Stadt Luzern. – **Auftr-Komp:** Metamorphosen vitae (Orgel), UA Kathedrale Barcelona 01. **Aufn/RF:** CDs: Musik in Luzern (a-cappella-ChorM); 30 Jahre LUZERNER SINGER-Konzertante ChorM a cappella). **Sonst:** Mitautor div musikpädagog Publ, Grd gem Chor Emmenbrücke, Luzerner Singer, Osterkurse f Tanzerz u darst Kunst Luzern, Mitbegrd Schweiz Föderation Europa Cantat SFEC.

Willmann, Petra, KM, Violoncello; c/o Dresdner Philharmonie, PF 120424, D-01005 Dresden. (Red)

Willrich, Hans-Joachim, Chordirektor, Dirigent; c/o Staatstheater am Gärtnerplatz, Gärtnerpl 3, D-80469 München, PF 140569, D-80455 München [Neustadt/Weinstraße]. **Ausb:** Stud KiM in Berlin b Helmut Rilling u Karl Hochreither, Gastst b Dirigentenkrs Herbert v Karajans am Sternschen Kons, Dirigentenkl b Prof M Stephanie in Detmold. **Laufb:** Kantorenstelle, Lt v Chor u Orchester d Detmolder Studentengemeinde, Konz als Organist u Dirigent v Oratorien- u SymphKonz, 1. Kapm u stellvertretender GMD in Bremerhaven, Coburg u Essen, Dgt u Chordir Staatsth am Gärtnerpl München seit 80, Dozent H f M u Th München f Ens- u Berufschorges. (Red)

Willscher, Andreas, Komponist; Anderheitsallee 58, D-22175 Hamburg, T: (0 40) 6 41 04 02, F: 6 41 04 02, *awillscher@aol.com*; *www.willscher.de* [Hamburg 4.11.1955]. **Ausb:** Komp (G Friedrichs) H f M u Th Hamburg. **Laufb:** Komponist, Organist, Musikschriftsteller. **Pr:** Förderpr f Musik d Sudetendt Landsmannschaft 85, Sudetendt Kulturpr f Musik 95. – **Komp:** Toccata alla Rumba ((OrgelW), UA Hamburg 81; Requiem (Soli, Chor, Orgel, Orch), UA Hamburg 89; Sterbender Tag in Mähren (zwei Spieler an e Orgel), UA Ingolstadt 94; Perigordinische Skizzen (Ballett), UA P Cloos, M Wenning 95; Burlesken, UA München, Trio Armin Rosin; Klaviertrio à E.T.A. Hoffmann, UA Schloss Elmau 98; Barabam u Stummel (Kinderop). **Sonst:** Biographie über Ferdinand Pfohl 01. **Lit:** A Hader: A W – Porträt eines zeitgen sudetendt Komp 95.

Willwohl, Andreas, Viola; c/o Rundfunk-Sinfonieorchester Berlin, Charlottenstr 56, D-10117 Berlin. **Laufb:** Sol u Stimmführer RF-SinfOrch Berlin. (Red)

Wilpert, Günter, Prof, Hochschullehrer, Trompete; Heubnerstr 4a, D-01309 Dresden, T: (03 51) 3 10 54 21. **Laufb:** Prof (Trp) H f Musik Carl Maria v Weber Dresden. (Red)

Wilscher, Florian, Violine; c/o Pierrot Lunaire Ensemble Wien, Bindergasse 11, A-1090 Wien, T: (01) 3 17 91 66, F: 3 17 20 32, *office@pierrotlunaireensemble.com*, *office@pierrotlunaire.at*; *www.pierrotlunaireensemble.com*, *www.pierrotlunaire.at*. (Red)

Wilsing, Jörn W, KS, Sänger; Böcklerstr 5 b, D-70199 Stuttgart, T: (07 11) 6 49 24 26; Staatstheater, Oberer Schloßgarten 6, D-70173 Stuttgart [Hamm, Westf 25.10.1940]. Oper **Ausb:** Stud MH Köln 61–63, (C Glettenberg) Richard Strauss-Kons 63–65. **Laufb:** Sol Staatsth Stuttgart, Coburg, Gießen, Karlsruhe, München GärnerplTh, Dortmund, Südamerika-Tournee 73. – **Aufn/RF:** RF-Aufn b fast allen dt Sendern, bes unter E Smola in Kaiserslautern, Schallpl u CDs.

Wilson, Carol, Sängerin (Sopran); Friedrich-Lau-Str 306, D-40474 Düsseldorf, T: (02 11) 5 16 23 23; c/o Columbia Artists Management Inc, 165 West 57th St, New York, NY 10019–2276, U.S.A., T: (2 12) 8 41 95 00, F: 8 41 97 44, *info@cami.com*; *www.deutsche-oper-am-rhein.de*. **Ausb:** Stud Yale School of Music. **Laufb:** Sol Dt Op am Rhein Düsseldorf-Duisburg SpZ 99/05, ZusArb m Orch of Saint Luke's, Brooklyn Philh, American Symphony Orch, Gastsol Lübecker Th SpZ 03/04, Gastsol Th Aachen SpZ 04/05. (Red)

Wilson, Glen, Prof, Hochschullehrer; H f Musik, Hofstallstr 6–8, D-97070 Würzburg; Alte Landstr 57, D-97218 Gerbrunn, T: (09 31) 7 00 09 60, F: 7 00 09 61, *glentessa@t-online.de*. **Ausb:** Stud Juilliard School New York u b G Leonhardt i Holland 71–75. **Laufb:** Niederländisches KamOrch, Dozent Kons Utrecht Prof (hist Tasteninstr) H f M Würzburg 88. **Pr:** Prtr Cembalowettbewerb Brügge 80, Dt Musikeditionspreis 04. (Red)

Wilson, Nicholas, Sänger; c/o Neue Opernbühne Berlin NOB, Goltzstr 13, D-10781 Berlin. **Laufb:** Gastsol Neue Opernbühne Berlin SpZ 00/05. (Red)

Wilson, William, Sänger; Schusterdamm 20, D-96450 Coburg, T: (01 72) 7 91 04 87. **Laufb:** Sol Landesth Coburg. (Red)

Wimberger, Gerhard, em UProf, Komponist, Dirigent, em Hochschullehrer; Heinrich Wallmannweg 13, A-5020 Salzburg, T: (06 62) 64 36 59, F: 64 36 59 [Wien 30.8.1923]. Konzert, Op **Ausb:** MH Mozarteum Salzburg. **Laufb:** UProf (Dirig, Komp) Mozarteum Salzburg, em 91, Mitgl Direktorium Salzburger FSp 71–91, Präs AKM 90–98. **Pr:** korresp Mitgl Bayer Akad d schönen Künste. – **Komp:** 'Stories' (f Bl u Schlgz) 62, UA Donaueschinger MTage, SWF-Orch, Dgt: H Rosbaud 62 (Auftr: SWF Baden-Baden); 'Dame Kobold' (musikal Kom) 63/64, UA Städt Bühnen Frankfurt/M, Dgt: W Rennert 64 (Auftr: Städt Bühnen Frankfurt/M u HR); Memento vivere (Gesänge v Tod) 73/74, UA Salzburger FSp, H Angevo, S Nimsgern, ORF-SymphOrch, ORF-Chor Wien, Dgt: L Segerstam 75; Plays (f 12 Vcl soli, Bl, Schlgz) 75, UA Salzburger FSp, zwölf Vcl d Berliner Philh Orch, Berliner Philh Orch, Dgt: H v Karajan 76; StrQua 78, UA Salzburger FSp, A-Berg-Qua 80; Programm (f gr Orch) 78, UA Beethoven-Halle Bonn, Kölner RF-SinfOrch, Dgt: H Wakasugi (Auftr: Dt Welle Köln); 'Ausstrahlungen W A Mozart'scher Themen' (f Orch) 78, UA München, Herkulessaal, Mozarteum-Orch, Dgt: L Hager (Auftr: Mozarteum-Orch); Sonetti in vita e morte di Madonna Laura (f Ch a cap) 79, UA Wien, ORF-Ch Wien, Dgt: G Preinfalk 83; 2. KlKonz 81, UA München, R Buchbinder, Bayer Staatsorch, Dgt: W Sawallisch 84; Paradou (Op n E Zola) 81/85; 'Fürst v Salzburg – Wolf Dietrich' (szen Chronik f M) 85/87, UA Felsenreitschule Salzburg, Salzburger Landesth, Dgt: H Graf 87 (Auftr: Bundesland Salzburg); 'NachtM TrauerM FinalM' (f Orch) 87/88, UA Mozartwoche Salzburg, Wiener Philh, Dgt: P Schneider 89 (Auftr: Int Stift Mozarteum Salzburg); Ahnungen (f Orch) 94, UA Salzburger FSp, Mozarteum Orch, Dgt: H Soudant 98; Quaestio aeterna (Fragen nach Gott) 01, UA Salzburg, m St Rehm, P Edelmann, Mozarteum Orch, Dgt: I Bolton. **Aufn/RF:** LPs: Chronique; Stories; Signum: Programm; CDs: Memento vivere; Nachtmusik, Trauermusik, Finalmusik; Ausstrahlungen W A Mozart'scher Themen; Disegni: Streitquartett (1978); Sonetti in vita e in morte di Madonna Laura; Szenerie f V u Kl; Ahnungen; Plays; Im Namen d Liebe; Zweites KlavierKonz; Heiratspostkantate. **UA:** als Dgt mehrere UA. **Sonst:** '...nicht nur M' 97; 'Kreuz-Weg' 99. **Lit:** H Goertz: 'G W' 91.

Winbeck, Heinz, Prof, Komponist, Hochschullehrer; Schambach 1, D-93339 Riedenburg, T: (0 94 42) 29 74, F: 35 69, *winbeck@t-online.de*; H f Musik, Hofstallstr 6–8, D-97070 Würzburg [Landshut 11.2.1946]. **Ausb:** Kl, Dirig, Komp (H Genzmer, G Bialas) Richard-Strauss-Kons u MH München 63–73. **Laufb:** Schauspielkomp u Kapm Ingolstadt u Wunsiedel 74–78, L (Gehörbildung, Theorie) MH München 81–88, Prof (Komp) H f M Würzburg seit 88. **Pr:** Pr in München u Berlin, Ostbayer Kulturpr. – **Komp:** 'Denk ich an Haydn', Drei Fragmente f Orch 82, UA Remscheid, Städt Orch, Dgt: Ch Stepp 82; Erste Sinf 83, UA Donaueschingen, SWF-SinfOrch, Dgt: A Tamayo 84; Zweite Sinf (OrchW) 86/87, UA Saarbrücken, SR-SinfOrch, Dgt: DR Davies 87; Dritte Sinf 'Grodek' (OrchW) 87/88, UA München, Ch Borchers, W Euba, BR-SinfOrch, Dgt: RD Davies 88; Vierte Sinf 'De Profundis', Requietis aeternae fragmenta (OrchW) 91–93, UA Bonn, Ch Borchers,G Binge, W Buchin, W Euba, Konz-Chor Darmstadt, Orch d Beethovenhalle, Dgt: DR Davies 93. (Red)

Wincent, Thérèse, Sängerin; c/o Staatstheater am Gärtnerplatz, PF 140569, D-80455 München. (Red)

Winck, Volker, Prof, Hochschullehrer, Saxophon; Arndtstr 3, D-49078 Osnabrück, T: (05 41) 4 57 98. **Ausb:** Stud Hamburger H f M, Folkwang MH Essen.

Laufb: Prof (Sax, Jazz-Sax) FH Osnabrück, Kons. **Ens:** Jazz-Qui 'Five', 'Joachim Raffel Qui', Jazzorch Niedersachsen. (Red)

Wincor, Ilse, Prof, Hochschullehrerin, Viola; Univ f Musik u Darst Kunst, Hellmesberger-Inst, Rennweg 8, A-1030 Wien, T: (01) 7 14 70 89, F: 7 14 70 89, *wincor@mdw.ac.at* [Vöcklabruck, Oberösterreich]. **Ausb:** Stud (Va) U f Musik u Darst Kunst Wien (H Beyerle) u b W Primrose u P Schidlof. **Laufb:** L U f Musik u Darst Kunst Wien seit 82, ao UProf ebd. **Ens:** Wiener KammerOrch seit 80, Camerata Academica Salzburg, Klangforum Wien, Capella Andrea Barca. (Red)

Wind, Gerhard, Komponist; Ahornstr 23, D-68542 Heddesheim, T: (0 62 03) 4 17 03, F: 4 25 57 [Hemsbach 19.3.1928]. **Ausb:** Stud Staatl MH Mannheim/Heidelberg. **Laufb:** Dir MH Schriesheim, Mitgl Dt Musikrat u Musikausschuß d DSB, 1.Vors Fachverband Dt Berufschorlt, Bundeschorlt Bad Sängerbund seit 92, Lt mehrerer dt Männerchöre, ltd Chorlt-KamCh-Bergstr. **Pr:** Verdienstorden d BRD, Schillerplak Stadt Mannheim, Kodaly-Med d Ungar Chorverbandes, zweimaliger Gewinner Schubertpr Wien. – **Komp:** ua Johannes-Passion 47, UA Hemsbach, Caecilienverein 47. (Red)

Windbacher, Gerhard, Prof, Hochschullehrer, Schlagzeug; Univ f Musik u Darst Kunst, Leonard Bernstein Inst f Blas- u Schlaginstrumente, Seilerstätte 26, A-1010 Wien; Grillparzerstr 22, A-2380 Wien, T: (01) 7 11 55 24 15, *windbacher@mdw.ac.at* [Niederösterreich 1966]. **Ausb:** Stud H f M Wien. **Laufb:** 1. Eng Schlagwerker im Brucknerorch Linz 84, Pauker im Radio SymphOrch Wien seit 88, Hauptfachlehrer am Kons d Stadt Wien seit 96, Gastprof U f Musik u Darst Kunst Wien seit 01, o UProf ebd, Grd d Schlagwerkens 'Supercussion Vienna'. (Red)

Windfuhr, Ulrich, Dirigent; c/o Philharmonisches Orchester Kiel, Rathauspl, D-24103 Kiel, T: (04 31) 9 01 28 56. **Laufb:** GMD Philharmon Orch d Landeshauptstadt Kiel, GMD u Lt d Philharm Konz Bühnen d Landeshauptstadt Kiel. (*)

Windisch, Bernd, Dirigent; c/o Volkstheater Rostock, Patriotischer Weg 33, D-18057 Rostock, PF 102215, D-18004 Rostock. **Laufb:** OrchDir Norddt Philharmonie Volksth Rostock SpZ 03/04. (Red)

Windmüller, Yaron, Prof, Bariton, Hochschullehrer; Bismarckstr 6, D-66117 Saarbrücken, T: (06 81) 9 38 79 56; c/o Konzertdirektion Hans Ulrich Schmid, Königstr 36, D-30175 Hannover, T: (05 11) 3 66 07 41, *sam@kdschmid.de*; *www.yaron-windmueller.net* [25.5.1956]. **Ausb:** Stud (Ges, Dgt, Kl) Rubin-MAkad, Stud (Maleri) AVNI–Institut f Bildende Kunst Tel Aviv 77–79, H f M München b Ernst Haeflinger 79–81, Stud Italien u Belgien b Malcolm King 81–86. **Laufb:** Mitarb Th u Schule STUDIO d Bayer Staatsop München 81–83, EnsMitgl d Bayer Staatsth am Gärtnerplatz München 86–92; Sol d Städtischen Bühnen Augsburg seit 92, Prof (Ges) H d Saarlandes f M u Th Saarbrücken, Künstl Lt OpStudio d New Israeli Op Tel Aviv seit 2000. – **UA:** A Reimann 'Kumi Ori' (Kantate), m NDR SinfOrch Hamburg, Dgt C Eschenbach 2000. (Red)

Wingen, Katharina, Sopran; Lannesdorferstr 31, D-53179 Bonn, T: (02 28) 3 50 95 89, 01 73–6 71 21 76, F: 85 88 50, *kontakt@soprano-mezzo-duett.de, Katharina.Wingen@Operette-Online.de*; c/o Pro Arte Stefan Dörpinghaus, Rosenweg 7, D-42499 Hückeswagen, T: (0 21 92) 8 30 05, 01 77–6 63 40 66, F: 93 18 81, *info@proarte-online.de*; *www.katharina-wingen.de, www.opernsopranistin.de.* **Ausb:** Stud Ges H f M Köln (KS E Moser, Prof M Pick- Hieronimie), Mstrks (M Caballé, Ch Ludwig, T Berganza, T Quasthoff), Münchner Singschul. **Laufb:** Mitgl OpStudio Dt Op am Rhein Düsseldorf 96–99, Gastsol Landesth Mecklenburg Neustrelitz SpZ 03/04. (Red)

Wingrich, geb Metzing, Anke, Dipl-Päd, Orchestermusikerin, Violine; Karlstr 18, D-03044 Cottbus, T: (03 55) 3 83 24 97, *anke.wingrich@freenet.de*; c/o Staatstheater Cottbus, Lausitzer Str 33, D-03046 Cottbus [Halle]. **Ausb:** Stud Spezialschule f M Halle u H f M Leipzig 84–89, Stud V (Prof K Hertel) H f M u Th 'Felix-Mendelssohn-Bartholdy' Leipzig 89–96, KonzEx (Prof K Hertel) H f M u Th 'Felix-Mendelssohn-Bartholdy' Leipzig 96–98. **Laufb:** Engagement in d 1. Violinen philh Orch Staatsth Cottbus seit 98, LAufträge (V) H f M u Th Leipzig u Univ Leipzig. **Pr:** 1. Konzm OrchAkad BR (Ltg: S Bychkov) 95, Teilnahme an d Akad f M d 20. Jhs Paris (Grd: P Boulez) 98. **Ens:** Konzm KamEns 'arte amena'. **Mitgl:** Dt OrchVereinigung.

Wingrich, Peter, Dirigent, Organist, Pianist; Karlstr 18, D-03044 Cottbus, T: (03 55) 3 83 24 97, *peter.wingrich@freenet.de*; c/o Staatstheater Cottbus, Lausitzer Str 33, D-03046 Cottbus. **Ausb:** H f KiM Halle/S (KiM), H f M u Th Hannover (Dirig/OrchLtg). **Laufb:** Solorep m Dirigier-Verpfl Staatsth Cottbus (01/05). **Ens:** Johann-Friedrich-Fasch-Ens (Halle/S), Ltg 'arte amena' (KamEns). **Mitgl:** Elgar Society (UK), ESCOM (Europ Soc for the Cognitive Science of M).

Winkelmann, Jens, Sänger; c/o Staatsoperette Dresden, Pirnaer Landstr 131, D-01257 Dresden. **Laufb:** Sol Staatsoptte Dresden. (Red)

Winkler, Andreas, Sänger; c/o Opernhaus Zürich, Falkenstr 1, CH-8008 Zürich. (Red)

Winkler, Gerhard E, Dr, Komponist; Bründlweg 3, A-5020 Salzburg, T: (06 62) 42 32 60, *winklerg@ping.at* [Salzburg 14.10.1959]. **Ausb:** Stud (Komp) MH Mozarteum Salzburg 74–80, Stud (MWiss, Psychoilogie, Philosophie) U Salzburg/Wien 79–86, 'Le Stage' IRCAM Paris 93. **Laufb:** Freier Mitarb ORF 79–86, LAuftr U Salzburg u U Innsbruck, LAuftr (Multimedia Art) FH Salzburg 97–99, Gastkünstler ZKM Karlsruhe 94/95 u 99–2001, Gastkünstler IRCAM Paris 95/96, Gastkünstler UCSD San Diego/CA 99, freiberuflich seit 99, intensive Beschäftigung m Live-Elektronik seit 88, Erarbeitung interaktiver Modelle Instrument-Computer-Live-Elektronik seit 93. **Pr:** Österr Förderpr f M 85, StrQua-Wettb d Wiener KonzHaus-Gesellschaft 87, Stip Heinrich-Strobel-Stift d SWR 88/89, 93 97/98. – **Komp:** zuletzt: Heimwärts – multimedial (Szen Exkurs f Tänzer, Videoinstallation, TB, variables Ens u Farb-Licht-Regie) 92; Hybrid I – Super Poses (Bar-Sax u Live-Elektronik) 92; dünungen (f Ens u Live-Elektronik) 94, UA Wien, ORF, Ens d 20. Jhdts, Lt: P Burwick 94; Hybrid II – NetWorks (Va u Live-Elektronik), 96, Neufassung 01, G Knox; Hybrid III – Clumps (Kb u Live-Elektronik) 96/97, Neufassung 01, U Fussenegger; entrop (Frauenstimme, EnglHn, Live-Elektronik) 94/98, UA SWR, Ferienkse f Neue Musik Darmstadt 98, Neufassung 01. **AuftrKomp:** zuletzt: KOMA (StrQua u Live-Elektronik) 95/96, UA Paris, Espace de projection des IRCAM 96 (Auftr: IRCAM, Arditti-Qua); Vestiges (Installation) 97/98, UA Donaueschingen, Sternensaal 98 (Auftr: Donaueschinger Musiktage); Hybrid IV – Zoomed::Fringes (Fl u Live-Elektronik) 01, UA Konzerthaus Wien, Hörgänge-Fstv 01 (Auftr: Wiener KonzHausgesellschaft, C Levine); Heptameron (interaktives MTh) 98/02, UA München 02 (Auftr: Münchner Opernbiennale 02); Excursion – Wölfli-Voyages (Schlgzg, interaktives Environment u Videoprojektion) 01, UA KOnzerthaus Wien 01 (Auftr: Wien modern); Sphaira (szen Environment f Stimmen, Publikum, Videoinstallation u Live-Elektronik), UA Graz 03 (Auftr: Steir Herbst). **Lit:** div Rezensionen u Konzerteinführungen sowie div Art in Tagespresse u FachZs.

Winkler, Jon Michael, Komponist; c/o Tonstudio Wollmann & Hampe Gbr, Senftlstr 7, D-81541 München, T: (0 89) 6 88 64 65, F: 44 71 81 22, *kontakt@khap-la.de*; *www.Khaplamusic.de, www.Khap-la.de/jon_michael_winkler.html* [München 27.8.1962]. **Laufb:** ZusArb m S Ellinor Lau u Multimediakünstler Jürgen Fiege, Mitwirkung b experimentellen Th- u Musikgruppen, div Jazzformationen. – **Komp:** Nigun (Variations-Zyklus), UA 86; Sonate f Git solo e-Moll (Son), UA 87; Suite Asturiana (Instr-Suite), UA 89; PHI-Metamorphosen über d Seikiloslied (Tanzperformance), UA Oberammergau, J Fiege, R Eroglu 90; Tombeau pour un poète (Instr Zyklus), UA 98; Begegnung im Zug (Serenade), UA 99. **Aufn/RF:** CD-Einsp m Komp/Musikerens AGEDEZ. (Red)

Winkler, Juliane, Violine; c/o Staatskapelle Berlin, Unter den Linden 7, D-10117 Berlin. **Laufb:** stv 1. Konzm Staatskapelle Berlin. (Red)

Winkler, Jutta, Sängerin (Mezzosopran); Schibiweg 10, CH-6006 Luzern, T: 04 14 20 05 12, 07 95 81 58 48, F: 04 14 20 05 12 [Mannheim 24.8.1959]. Oper, Konzert, Oratorien **Ausb:** MSchule Mannheim 73–82, Stud Ges (E Jaeger) Staatl H f M Mannheim 78–84, M-L-Dip 82, KonzReife 84; Ges u Darst (E Cavelti) H f M u Darst Kunst Frankfurt 84–87, OpDipl (Ges, Darst) m Ausz. **Laufb:** Sol Nationalth Mannheim 77–87, Stadtth Luzern 87–92, 2000, Alpengala Gstaad 89, Int MFestW Luzern (IMF) 91, Barbican London 92, Wexford Op Fstv 92, 93, Dt-Sorb Volksth Bautzen 93, Scottish Op Glasgow 94, 95, 97, Metropol Th Berlin 95, MFstv Cannes 95, Stadtth Bern 95, 96, 98, 99, 03/04, Musikal Komödie Leipzig 95–98, Städt Bühnen Nürnberg 96, 97, Aalto Th Essen 98, Zwingenberger FSp 98, Städt Bühnen Regensburg 99, Doz (Sologes) MSch Luzern seit 99. **Pr:** Förderpr f junge Künstler, 2. Pr Wundeswettb Gesang VDMK Berlin 84, 2. Pr Bundeswettb Ges Berlin, 'OpWeltpr' Int Belvedere Wettb f OpSänger Wien 88, Förderpr Ausz d Stadt Mannheim f junge Künstler 90. – **Aufn/RF:** RF-Aufn: P Richter: Lieder, SDR 80; Schubert: Lieder, SDR 80; C Santoro: Missa, SDR 84; B Britten: A Ceremony of Carols, HR 85; W Hofmann: Die sieben Worte Christi am Kreuz, SDR 87; Alpengala Gstaad: Giordano: Andrea Chenier, DRS 89; Schubert: Messe Nr 5, RSR 95; CD: H Suter: Le Laudi di San Francesco d'Assisi op 25 (f Soli, Ch, Kinderch, Org, Orch) 91. **UA:** C Santoro: Messe f Soli, Ch u Orch 83, UA 84; W Hofmann: Orat 'Die sieben Worte Christi am Kreuz', UA Mannheim 87; J Demierre, D Wohnlich, A Nick: MTh 'Das Lachen d Schafe', UA Luzern 91 (Auftr: Stadtth Luzern).

Winkler, Martin, Sänger (Bariton); c/o Komische Oper, Behrensstr 55–57, D-10117 Berlin; c/o Bregenzer FSp, Platz der Wiener Symphoniker 1, A-6900 Bregenz. **Laufb:** Sol Kom Op Berlin SpZ 03/05, Schleswig-Holstein Landesth Schleswig SpZ 03/04, Bregenzer FSp 05. (Red)

Winkler, Mathias, Kontrabass; c/o Staatskapelle Berlin, Unter den Linden 7, D-10117 Berlin. **Laufb:** stv Sol Staatskap Berlin. (Red)

Winkler, Tatjana, Englischhorn; c/o Staatskapelle Berlin, Unter den Linden 7, D-10117 Berlin. **Laufb:** Sol Staatskap Berlin. (Red)

Winklhofer, Friedemann, HonProf, Orgel, Hochschullehrer; Gedonstr 2, D-80802 München, T: (0 89) 39 45 43, F: 39 49 86, *FWinklhofer@compuserve.com*; H f Musik u Theater, Arcisstr 12, D-80333 München. **Ausb:** Stud (Org, Kl, Dirigieren) H f M u Th in München, Weitere Stud b J. Guillou Paris. **Laufb:** Ass K. Richters b Münchner Bach-Ch 77–81, Prof H f M u Th München, LAuftr Münchner Richard-Strauss-Konservatorium, Orgelsachverständiger d Erzbischöfl Ordinariats München. **Pr:** Prtr Int Orgwettb d Accad di Santa Cecilia Rom 81. (Red)

Winn, Robert, Prof, Hochschullehrer, Querflöte; Ubierring 9, D-50678 Köln, T: (01 73) 2 12 12 23, *r.winn@debitel.net*; H f Musik, Dagobertstr 38, D-50668 Köln. **Laufb:** Prof (QuFl) H f Musik Köln. (Red)

Winn, Tanja, Sängerin (lyr Sopran); c/o CICADA. con Agentur & Management, Gubener Str 3b, D-10243 Berlin, T: (0 30) 29 00 13 35, F: 29 00 58 97, *info@cicada-con.de*; c/o Theater Lüneburg GmbH, PF 2829, D-21318 Lüneburg; *www.cicada-con.de*. **Ausb:** Stud Kons St. Petersburg, Stud H d Künste Berlin b Prof. H Stamm. **Laufb:** Sol KamOp St. Petersburg, Hochschulproduktionen 'Fidelio', 'Eugen Onegin' u 'La clemenza di Tito', 'Die Meisterklasse' in Berlin u Dresden, Auftritte KamOp Hamburg. **Pr:** Stip DAAD. (Red)

Winsauer, Waltraud, Mezzosopran; Karolinengasse 23/48, A-1040 Wien, T: (01) 5 05 84 13; c/o Wiener Staatsoper, Opernring 2, A-1010 Wien [Bregenz].

Konzert, Oper, Lied, Wagner **Ausb:** Stud b H Konetzky u A Dermota Horakkons Wien u H f M u darst Kunst Wien 69–78. **Laufb:** Sol Th a d Wien 68–76, St Pölten 74 ('Hänsel u Gretel'), 3 Welt-Tourneen m Wiener Akad KamChor, Volksop Wien ('Verkaufte Braut', 'Hochzeit d Figaro', 'D lustigen Weiber v Windsor'), Bregenzer FSp ('Lucia d Lammermoor') 82 u ('Carmen') 91, Salzburger FSp ('Rosenkavalier') 83 u ('Elektra') 89, Mitgl OpStudio d Wiener Staatsop 76, EnsMitgl Wiener Staatsop (über 50 Partien ua Kate Pinkerton, Mercedes, 2. Dame, Gräfin v Coigny, 'fleigender Holländer' (Mary), Roßweiße, Blumenmädchen, 'Soldaten' (Charlotte), Dryade) seit 78. **Pr:** Ehrenring d Wiener Staatsop 03. – **UA:** 'Gesualdo', UA Wiener Staatsop; G Enescu: 'Der 35. Mai' (Kinderop); W Hiller: 'Pinocchio' (Kinderop); N Rota: 'Aladdin'; Zimmermann: 'Soldaten'; Schillings: 'Mona Lisa'; Prokofjew: 'Feurige Engel'.

Winschermann, Helmut, Prof, Musikalischer Leiter, Oboe; Goddardstr 28, D-53125 Bonn, T: (02 28) 25 74 76; c/o Konzertdirektion Fritz Dietrich, Sigmund-Freud-Str 1, D-60435 Frankfurt a M, T: (0 69) 54 45 04, F: 5 48 41 07, *info@konzertdirektion-dietrich.de*. **Laufb:** Lt Dt Bachsol. **Pr:** 2 x Edison-Pr. (Red)

Winslade, Glenn, Tenor; Franz Hainzl Artists' Management, PF 17, A-1043 Wien, T: (01) 5 86 45 36, F: 5 85 55 51, *office@hainzl.net*; c/o Hamburgische Staatsoper, PF 302448, D-20308 Hamburg; *www.hainzl.net* [Australien]. Wagner, Strauss **Ausb:** Stud Sydney, Wien. **Laufb:** Sydney, English Nat Opera u Covent Garden London, Wiesbaden, Hamburg, Dt Op Berlin, Wiener Staatsop, Mailänder Scala, Antwerpen, Brüssel, Bayreuther FSp, Wiener Konzerthaus, Edinburgh Fstv, Dresden, Venedig, Stuttgart; ZusArb m Dgt wie G Albrecht, A Davis, C Davis, v Dohnányi, Fedosejev, Flor, Frühbeck de Burgos, Gielen, Haenchen, Haitink, Harnoncourt, Janowski, Leppard, Luisi, Maazel, Mackerras, Metzmacher, Minkowski, Pappano, Prêtre, Schirmer, Tate, Thielemann, de Waart, Weikert. – **Aufn/RF:** Idomeneo, Die lustige Witwe, Mahlers 8. Symph.

Winter, Albrecht, Prof, Hochschullehrer, Violine; Kasseler Str 35, D-04155 Leipzig; H f Musik Köln, Abt Wuppertal, Friedrich-Ebert-Str 141, D-42117 Wuppertal [Rüdersdorf 1970]. **Ausb:** Stud SpezialMSch in Halle/Saale 81–88, H f Musik u Theater Leipzig 88–93 (K Hertel). **Laufb:** Konzm der 2. Violinen d GewandhausOrch Leipzig 97–03, Prof (V) H f Musik Köln, Abt Wuppertal. (Red)

Winter, Gottfried, Sänger; c/o Städtische Theater, Käthe-Kollwitz-Str 7, D-09111 Chemnitz, PF 756, D-09007 Chemnitz [Zwickau 1.11.1931]. **Ausb:** Stud Dt H f M Berlin b Prof Adelheid Müller-Heß 52–57. **Laufb:** Eng Kreisth Borna 57–59, Kreisth Annaberg 59–62, Landesth Altenberg 62–81, Op Chemnitz seit 81 (04/05). (Red)

Winter, Hubert, Saxophon, Klarinette; c/o yvp music – York v. Prittwitz und Gaffron, Hirschweihe 3, D-89250 Senden [Mainz 1966]. Jazz **Ausb:** H f M Würzburg. **Pr:** Förderpr Bayerisches Jazzinst, Berklee- u DAAD-Stip. **Ens:** Art of the duo m Michael Wollny. (Red)

Winter, Louise, Sängerin; c/o Oper Frankfurt, Untermainanlage 11, D-60311 Frankfurt/Main. **Laufb:** Sol Op Frankfurt seit SpZ 03/04. (Red)

Winter, Manon-Liu, Prof, Hochschullehrerin, Klavier; Univ f Musik u Darst Kunst, Inst Ludwig van Beethoven, Rennweg 8, A-1030 Wien, T: (01) 5 22 52 79, F: 5 22 52 79, *manon.winter@utanet.at*. **Laufb:** Doz Wiener Tage d zeitgen Kmusik, ao UProf U f Musik u Darst Kunst Wien. (Red)

Winter, Matthias, Sänger; c/o Städtische Theater Chemnitz, Käthe-Kollwitz-Str 7, D-09111 Chemnitz, PF 756, D-09007 Chemnitz. **Laufb:** Sol Städt Th Chemnitz SpZ 03/05, Gastsol Th Altenburg-Gera seit SpZ 03/04. (Red)

Winterberg, Ernst Wolfram, Violine; Oberer Langerain 2b, D-69259 Wilhelmsfeld, T: (0 62 20) 63 01. **Laufb:** 2. Konzm Philharmon Orch d Stadt Heidelberg. (Red)

Winternheimer, Stefan, Komponist, Tenorhorn; Unterer Jenneweg 37, D-66113 Saarbrücken, T: (06 81) 8 59 12 70. **Laufb:** Tenor-Hn Stadtkap Saarbrücken. (Red)

Winterson, Alexander, Repetitor; c/o Hamburgische Staatsoper, PF 302448, D-20308 Hamburg. **Laufb:** Rep u Ass d GMD Th Dortmund SpZ 03/04, Studienlt Hamburgische Staatsop SpZ 04/05. (Red)

Wintsch, Michel, Komponist, Klavier; rte de Sous-Moulin 8, CH-1225 Chêne-Bourg, T: 02 23 48 63 63. (Red)

Wintz, Heike, Chefdramaturgin; c/o Theater Aachen, Hubertusstr 2–8, D-52064 Aachen. (Red)

Wippermann, Raimund, Prof, Hochschullehrer, Dirigent; In der Borbeck 16 a, D-45239 Essen, T: (02 01) 8 49 65 06, F: 8 49 65 07, *wippermann.essen@t-online.de*; Robert Schumann Hochschule, Fischerstr 110, D-40476 Düsseldorf, T: (02 11) 4 91 81 09, *rektor@rsh-duesseldorf.de* [Duisburg 20.10.1956]. Chorleitung / Geistl Musik m Schwerpunkt auf zeitgen Musik **Ausb:** Stud SchM MH Köln 77–81: Stud ChLt (J Hömberg) MH Köln 81–83; Stud Kath KiM Robert-Schumann-H Düsseldorf 82–87, Stud ChLt (E Ericson, S Sköld, A Eby, A Colldén) MH Stockholm 83–84. **Laufb:** KiM St. Laurentius Oberwinter a Rhein 84–87; Grd KamCh CANTEMUS 84; Kantor St. Martinus Kaarst 87–91; Domkapm Hoher Dom zu Essen 91–97, Grd u künstl Lt MädchenCh am Essener Dom 92, Prof (ChLt) seit 97 und Rektor seit 04 Robert-Schumann-H Düsseldorf, künstl Lt Städt MVerein Düsseldorf 95–2000. **Pr:** 2. Pr u SonderPr 2. Dt ChWettb Stuttgart 90, Stip Dt Musikrat 90. – **Aufn/RF:** CDs: Mendelssohn: Elias, m Gürzenich-Orch Köln, Dgt: J Conlon; Zemlinski: Psalmen u andere Chorwerke, m dens; 'Bred dina vida vingar' Geistl ChM v Mendelssohn, Rheinberger, Britten ua, m Mädchench Essener Dom, Dgt: R Wippermann; 'Der Mädchenchor am Essener Dom singt...' Rheinberger: Messe A-Dur op. 126 f Chor u Orchester, M Haydn: Vesper in F f Soli, Chor u Orch, Pergolesi: Stabat Mater. **Zug:** Rolf Rudin: 'Weg zum Licht', 7 Motetten f Frauenchor a cappella, 01; ders: 'Irische Segenswünsche' f Mädchenchor a cappella, 01.

Wippich, Matthias, Sänger; c/o Bayerische Staatsoper – Das junge Ensemble, Brieffach, D-80075 München. (Red)

Wirbach, Wolf-Dietrich, KM, Violoncello; c/o Saarländisches Staatsorchester, Schillerpl 1, D-66111 Saarbrücken. **Laufb:** Sol Saarl StaatsOrch. (Red)

Wirrmann, Jürgen, Musikalischer Leiter; c/o Dresdner Zentrum f zeitgenössische Musik, Karl-Liebknecht-Str 56, D-01109 Dresden, T: (03 51) 2 64 62 15/20, F: 2 64 62 23, *wirrmann@zeitmusik.de*; *www.zeitmusik.de*. **Laufb:** Musikal Lt musica-viva-ens dresden 82. (Red)

Wirschaz, Erwin, Sänger; c/o Bremer Theater, Am Goethepl 1–3, D-28203 Bremen, PF 101046, D-28010 Bremen. **Laufb:** Gastsol Th Bremen SpZ 03/05. (Red)

Wirsching, Wolfgang, Dipl GesPäd, Sänger, Gesangspädagoge; Frauentorstr 21, D-86152 Augsburg, T: (08 21) 5 08 70 06. Oper, Operette, Lied, Oratorium **Ausb:** Stud H f M München 92–98. **Laufb:** Sol Coburger Sommer-Operette, Sol Bayer Staatsop u Prinzregententh München, Th Wolfsburg, Sol Freies Landesth Bayern Miesbach SpZ 03/04. **Pr:** 2x 2. Pr Vdmk Bayern, Förderpr (Liedgestaltung) Bayr Landesbank. **Mitgl:** GrdgMitgl 1. Garmischer Liederkreis. – **Aufn/RF:** M Eggert: 'Helle Nächte', Münchner Biennale 97; Lied-CD m I Dannhorn: Schubert, Schumann, Strauss; Mozart: Zauberflöte (Papageno) Bayer Landesth. **UA:** M Eggert: 'Helle Nächte', UA Prinzregententh München; W Hiller: Peter Pan, UA ebd; U Sprau: Hamlet-Bühnenmusik, UA Gasteig München. **Zug:** Shakespeare-Vertonung U Sprau: 'To die, to sleep, no more...'. **Sonst:** Regiedebüt (Gluck: Orfeus u Euridike) 03.

Wirssaladze, Elisso, Prof, Klavier, Hochschullehrerin; c/o Künstleragentur Helge Augstein, Eduard-Schmid-Str 30, D-81541 München, T: (0 89) 26 02 43 33, F: 26 02 43 44, *AgenturHRA@aol.com*; H f Musik u Theater, Arcisstr 12, D-80333 München [Tiflis]. **Laufb:** Prof (Kl) H f M u Th München. – **Aufn/RF:** CDs: Musik f Kl u andere Tasteninstr, E W in London 16.10.93; Schubert: Wanderfantasie 97; Schubert: Klaviersonate 98; Chopin: Etüden Nr 1–24 98; Chopin: Klavierwerke 2000; Schumann: Klaviersonaten 1&2 2000.

Wirth-Matsuda, Yasuko, Klavier, Hochschullehrerin; Herzogstr 12, D-80803 München, T: (0 89) 3 40 11 43, F: 39 40 83; Richard Strauss Konservatorium, Gasteig, Kellerstr 6, D-81667 München. **Laufb:** Doz (Kl) Richard Strauss Kons München. (Red)

Wirth, Franz, Dr, HonProf, Hochschullehrer; Cherubinistr 2, D-80803 München, T: (0 89) 30 95 66. **Laufb:** LBeauftr (Gehörbildung) H f M u Th München. (Red)

Wirth, Gerald, Dirigent, Chorleiter, Komponist; c/o Wiener Sängerknaben, Augartenpalais, A-1020 Wien, T: (01) 2 16 39 42, *office@wsk.at*; c/o Schauspielhaus, Porzellangasse 19, A-1090 Wien; *www.wsk.at*. **Ausb:** Wiener Sängerknabe, Stud Bruckner-Kons Linz. **Laufb:** Kapm Wiener Sängerknaben, ChDir Ldesth Salzburg, künstl Lt Calgary Boys' Choir, musikal Ltr Calgary Civic Symphony u Vokalens Sangita, Assoc Conductor Calgary Philharm Orch, künstl Lt Wiener Sängerknaben seit 01, Schauspielmusik Schauspielhaus Wien SpZ 04/05. – **Komp:** ua Die Reise des Kleinen Prinzen (Op f Kinder). (Red)

Wirtz, Dorothea, Prof, Hochschullehrerin, Sängerin; Türkenlouisstr 10, D-79102 Freiburg i Br, T: (07 61) 7 07 45 27, F: 7 07 45 28, *D.Wirtz@mh-freiburg.de*; Hochschule f Musik, Schwarzwaldstr 141, D-79102 Freiburg [Tuttlingen 13.3.1953]. Oper, Oratorium, Lied **Ausb:** H f Musik u bildende Künste Berlin (Ges) 71–73, H f Musik München (Ges) 73–78. **Laufb:** Studio d Bayer Staatsop 78/79, Bayer Staatsop 79/80, Staatsth Kassel 80–84, OpHaus Zürich 84–87, danach freiberufl tätig, Gast an vielen int OpHäusern u b vielen FSp, Prof (Ges) Staatl H f Musik Freiburg, H f Musik Köln. – **Aufn/RF:** C H Graun: Op 'Montezuma', Dt KamAkad Neuß, Dgt J Goritzki. **UA:** Kelterborn: 'Der Kirschgarten', UA Zürich, OpHaus 84; E Llácer: 'Regoli' (Concertino para soprano coloratura y orch) op 28, UA Madrid, Auditorio Nacional, Orch y coro Nacionales de España, Dgt W Weller 97.

Wirtz, Elisabeth, Dramaturgin; Friedrich-Ebert-Str 58, D-32760 Detmold, T: (0 52 31) 6 37 22, (01 72) 8 63 86 77. **Laufb:** Dram Landesth Detmold SpZ 03/05. (Red)

Wirtz, Tiny, Konzertpianistin, Hochschullehrerin; Belvederestr 34, D-50933 Köln, T: (02 21) 4 97 18 26. **Ausb:** Stud MH Köln u b M Long in Paris. **Laufb:** Sol, KonzReisen u Mstrkse in Europa, Amerika, Asien, KlKonz unter d Lt v G Wand, W Sawallisch, C v Dohnanyi, F Konwitschny, E Szenkar, L Zagrosek, E de Waart, J Kulka, W A Albert, M Sieghart ua; ZusArb ua m RF Symph Orch d ARD, Dresdner Philh, Dresdner Staatskap, Münchner Philh, Bamberger Symph, Orch de la Suisse Romande, Sofia-Philh, Shanghai Symph Orch, Prof MH Köln (Solokl f Kl) 63–94. **Pr:** 'T W Archiv' im Archiv d Akad d Künste Berlin 98, Eintr ins 'Goldene Buch' d Stadt Köln 99, BVK 1. Kl 2000. **Mitgl:** Soroptimist Int, Ges f Neue M, H Eisler Ges, H Schroeder Ges. – **Aufn/RF:** RF-, TV-, Schallpl- u CD-Aufn, ua E Künneke u Mendelssohn: Klavierkonz; B A Zimmermann: Klavierwerke; A Reicha: '36 Fugen'; R Schumann: 'Phantasie' (Son); 'Esquisses de Jazz' m Werken v P Hindemith, Stravinsky, Debussy, Schulhoff u K A Hartmann; Mozart: 'Fantasien'. **UA:** ua B A Zimmermann: Soloklavierwerke, J Blume: Klavierkonz, KlWerke u KamM, Parabel; P Breuer: Klavierkonz, KlWerke; H Schroeder: 'Sonate a-moll', KLavierkonz, Trio; W Gieseler: KLStücke, 'Canti Toccati', Trio. **Zug:** P Breuer: 'Klavierfantasie'; J Blume: KlKonz, KlStücke ua. **Sonst:** 'Erinnerungen an B A Zimmermann', in: Musica 4/95, mehrere Artikel im Journal d MH Köln. **Lit:** W Brenneke: 'Komp u Interpr', in: Musica 4/84 (Brief v B A Zimmermann an T W).

Wirweitzki, Peter, Pauke, Schlagzeug; c/o HR Sinfonieorchester, Bertramstr 8, D-60320 Frankfurt a M. **Laufb:** Sol HR SinfOrch Frankfurt a M. (Red)

Wischnizkaja, Irina, Sopran; Weberstr 23, D-28203 Bremen, T: (04 41) 2 17 16 35; c/o Staatstheater Oldenburg, Theaterwall 28, D-26122 Oldenburg [Gomel, Weißrussland 14.8.1971]. Konzert, Oper, Moderne Musik **Ausb:** Stud Ges (T Niznikova) MAkad Minsk 92–96, (N Usselmann) MH Köln 96–97, Stud (GesPäd) ebda 98–01. **Laufb:** Gast Th Köln 2000/01 u Th Bremen 01/02, Sol Th Bremen seit 02. – **UA:** R Soiron: 'D Massakerspiele' (n Janeska), UA 99; S Corbett 'Noach', UA 01.

Wise, Thomas, Solorepetitor; c/o Theater der Bundesstadt, Am Boeselagerhof 1, D-53111 Bonn. **Laufb:** Solrep Hamburg Staatsop SpZ 03/04, Dgt Th Bonn SpZ 04/05. (Red)

Wissmann, Friedbert, Komponist; Großschönauer Str 33, D-01324 Dresden, T: (03 51) 4 42 00 90 [Riesa 2.5.1953]. **Ausb:** Stud (Informationstechnik) TU Dresden, Stud (Komp) MH Carl Maria v Weber Dresden 78–82. **Laufb:** Lt Studio f elektr Klangerzeugung MH Dresden. – **Komp:** Tanzende Alte (Ballett) 86, UA Dresden, Semperop 86; Fries d Lauschenden (Ballett), UA Dresden, Semperop 86; Im Licht (Ballett) 87, UA Dresden, Semperop 87; Lear (Ballett) 98/90, UA Dresden, Semperop 90. (Red)

Wißmüller-Hornsteiner, Angelika, Hochschullehrerin; Asamstr 7, D-83700 Rottach-Egern, T: (0 80 22) 55 64; Richard Strauss Konservatorium, Gasteig, Kellerstr 6, D-81667 München. **Laufb:** Doz (Korr) Richard Strauss Kons München. (Red)

Wistreich, Richard, Dr, Prof, Universitätsprofessor, Sänger; International Centre for Musical Studies, University of Newcastle upon Tyne, Newcastle upon Tyne NE1 7RU, Vereinigtes Königreich, *Richard.Wistreich@ncl.ac.uk* [Großbritannien 10.8.1954]. Gesang, Musikgeschichte **Ausb:** King's College, Uni of Cambridge (BA) 73–77; Uni of Birmingham (MA) 87–88; Royal Holloway College, Uni of London (PhD) 96–2002. **Laufb:** Prof (Ges) Inst f Alte M 91–03, Lt ebd 99–2001, Staatl H f M, Trossingen. **Ens:** Red Byrd. – **Aufn/RF:** über 100 CD Aufn, va Musik aus der Zeit vor 1800. **Zug:** v Gavin Bryars, John Paul Jones, Nigel Osbourne, Barry Guy, Ivan Moody, James Ellis ua. **Sonst:** Grdg (m J Potter) Ens Red Byrd 89.

Witoszynskyj, Leo, Dr, o UProf, Hochschullehrer, Gitarre; Schlüsselgasse 5/13, A-1040 Wien, T: (03 16) 3 89 23 09, F: 3 89 27 09; Univ f Musik u Darst Kunst, Inst 3, Brandhofgasse 21, A-8010 Graz, *leo.witoszynskyj@kug.ac.at* [Wien 23.6.1941]. **Ausb:** Stud Git (L Walker) MAkad Wien 56–64, Stud (Jura) U Wien, Graz 59–65, Música en Compostela (A Segovia) 61, 63, 65, Privatunterr (N Yepes). **Laufb:** Debüt Nürnberg 64, BBC London 69, Prag 71, Caracas, New York 74, Sowjetunion 84, Lviv 90, Rio d Janeiro 91, Madrid 99, Venezuela 01, o UProf (Git) U f Musik u Darst Kunst Graz, Rektorstellv 80–88. **Pr:** 2. Pr 1. Int Wettb f Git Alessandria 68, Gr Ehrenz f Verdienste um d Rep Österr 92, Prof hc MAkad Lviv 98, Verdienter Künstler d Ukraine, Mitgl Europ Akad d Wiss u Künste. **Mitgl:** Verein z Förderung d österr Rektorenkonferenz, ESTA Österr, Österr-Ukrain Ges. – **Aufn/RF:** div LPs, MCs u CDs; Bolling: 'Picnic-Suite', G Hechtl u Jazztrio 86 (ORF); 'Concerto', Jazztrio 88 (ORF), zahlr Aufn f ORF u BBC; Rodrigo: 'Conc d Aranjuez', Philh Orch Lviv, Dgt: I Jusjuk 93. **UA:** R Leukauf, E Wellesz, M Rubin, A Uhl, G Walters, F Farkas, E Marckhl, Z Wysocki, W Muthspiel, V Fortin, A Andrushko, P W Fürst ua. **Zug:** ua v R Leukauf, A Uhl, F Farkas, Z Wysocki, W Muthspiel, E Marckhl. **Sonst:** 'Cantabile e ritmico – über d Kunst d Gitarresp', div Fachartikel. **Lit:** Git & Laute 3/99, div Lex.

Witschurke, Günther, Komponist; Schloss 13, D-04600 Altenburg, T: (0 34 47) 50 80 81, F: 50 80 81, *eccolo@freenet.de* [Dresden 19.7.1937]. Kirchenmusik **Ausb:** Pos (A Bambula), Komp (KR Griesbach, H-H Wehding, F Geißler) MH Dresden 51–73. **Laufb:** einige Jahre in Theater-Orch tätig, jetzt freischaff Komp, Interpret (Org, Kl) u MPäd, KonzReisen im In- u Ausland, ua Schweiz, Israel, USA, Frankreich. **Pr:** Sonderpr d Kompverbandes Berlin 82, Stip d Min f Wiss u Kultur Dresden 94. **Ens:** eccolo. **Mitgl:** Dt KompVerb. – **Komp:** Toccata-Hommage à Johann Ludwig Krebs (Orgel-Solo), UA 89; Das hohe Lied Salomo (KiM), UA Lindau, Stephanskirche 92; Messe d Demut (KiM), UA Halle, Heilig Kreuz Kirche 94; 'Mann im Mohn' (Kinderop), UA Leipzig, Dgt: J Ritter 95 (Auftr: Fstv zeitgen Op Leipzig); Die Glocken v Chatin (Chorsinfonik), UA Gewandhaus Leipzig 98; 'Toccata' (OrgelW), UA 99 (Auftr: Kulturamt Altenburg); 'Legende' (f Mädchenchor), UA Jerusalem, Dgt: E Budrowitz 2000 (Auftr: Schola Kantorum Leipzig); Die Glasfenster in Jerusalem (Sinfonik); Kirke u Odysseus (Ballett); Magister Praenestinus (KamM). **Aufn/RF:** 'Die Glocken v Chatyn', Berliner RF (Produktion); 'Marienbildnis', MDR 98; 'Tripelkonz', MDR 98; CDs: 'Orgelmusik' 93; 'Weihnachtsgeschichte' 99. **Sonst:** Grdg eccolo.

Witsenburg, Edward Herbert, Prof, Hochschullehrer, Harfe; Vivienstr 64, Niederlande-2582 RV Den Haag, T: (0 70) 3 54 46 68, F: 3 54 46 68 [Amsterdam 12.9.1934]. **Laufb:** UProf (Hf) U Mozarteum Salzburg. (*)

Witt, Fred, Komponist, Arrangeur; c/o Musikverlag Vogt & Fritz, Inh Elke Tober-Vogt, Friedrich-Stein-Str 10, D-97421 Schweinfurt, T: (0 97 21) 2 01 90 10, F: 2 01 90 15, *vogtfritz@t-online.de*; *www.vogtundfritz.de* [Dortmund 1922]. **Ausb:** Stud (Ges, Komp, Git, Zither, Akk, Dirig) Kons Dortmund. **Laufb:** Dgt zahlr Ch u Orch Europa; Dgt Melbourne Mandolin Orch 90–96. – **Komp:** M f Zupforch (Komp u Arr). (Red)

Witt, Gregor, Oboe; c/o Staatskapelle Berlin, Unter den Linden 7, D-10117 Berlin. **Laufb:** Sol Staatskap Berlin. (Red)

Witt, Kerstin, Sängerin; Werderstr, D-76137 Karlsruhe, T: (07 21) 9 33 89 00. **Laufb:** Sol Sächs Staatsop Dresden, Badisches Staatsth SpZ 04/05. (*)

Witt, Titus, Sänger (Bariton); Ecklossberg 18, D-22391 Hamburg, T: (0 40) 6 40 21 47; c/o Allee Theater GmbH – Hamburger Kammeroper, Max-Brauer-Allee 76, D-22765 Hamburg. (Red)

Witteborn, Günter, Posaune; c/o MDR Sinfonieorchester, Augustuspl 9a, D-04109 Leipzig. **Laufb:** stv Sol MDR SinfOrch Leipzig. (Red)

Wittekind, Wolfram, Sänger; c/o Tourneetheater Kontra-Punkt, Heyestr 116, D-40625 Düsseldorf. **Laufb:** Sol Optte Düsseldorf SpZ 03/04, Gastsol Th Hagen SpZ 03/04, Sol Tourneeth Kontra-Punkt Düsseldorf SpZ 04/05. (Red)

Wittenbecher, Thomas, Schauspielmusiker; Rathenaupl 3, D-06114 Halle/Saale, T: (03 45) 5 23 16 13, 01 72–7 92 07 47, F: (03 45) 5 23 16 13, *Thomas-Wittenbecher@t-online.de* [Halle/Dölau 1961]. **Laufb:** SchspM Th Erfurt. (Red)

Wittenberger, Alfred, Komponist; Praterstr 76/11, A-1020 Wien, T: (01) 2 14 04 01. (Red)

Witter, Jost, Prof, Hochschullehrer, Violine; Am Weingarten 105, D-99439 Ramsla, T: (03 64 52) 7 03 49, *prof.jost.witter@t-online.de*; H für Musik 'Franz Liszt', PF 2552, D-99406 Weimar. **Laufb:** Prof (V) H f Musik 'Franz Liszt' Weimar. (Red)

Wittges, Max, Sänger; Kanonierstr 40, D-40476 Düsseldorf, T: (01 74) 3 20 70 00 [Omaha, NE, USA]. **Ausb:** Stud Curtis Inst of Music Philadelphia. **Laufb:** KonzS in USA u Europa, Minnesota Op, Op Hannover 96, Sol Saarländ Staatsth Saarbrücken, Sol Op Bonn, Gastsol Staatsth Braunschweig SpZ 00/04. (Red)

Wittiber, Sebastian, Flöte; c/o HR Sinfonieorchester, Bertramstr 8, D-60320 Frankfurt a M. **Laufb:** Sol HR SinfOrch Frankfurt a M. (Red)

Wittig, Thomas, Sänger (Bariton); Hebbelstr 28, D-14469 Potsdam, T: (03 31) 29 41 67, F: 29 41 67, *thwittig@web.de*; *www.thwittig.de* [Borsdorf b Leipzig 1955]. lyrisches u Charakterfach **Ausb:** Stud Ges (H Forner) H f M Felix-Mendelssohn-Bartholdy Leipzig 75–80, GesKse b B Karnobatlova in Sofia, b W Berry in Wien u b J Stämpfli a d Bach-Akad Stuttgart. **Laufb:** Eng Bühnen d Stadt Gera 80–83; Eng Hans-Otto-Th Potsdam 83–89; freischaff 89–91 ua als ständ Gast Dt Staatsop Berlin, Eng Th Potsdam 91–96, wieder freischaff seit 96, seitdem vorwiegend Konz: Bach: 'Matthäuspassion' Kreuzkirche Dresden, Dgt: Kreile, 2000; Haydn: 'Die Jahreszeiten' m Philharmon Chor Köln, Kölner Philh 01; Beethoven: 'Missa solemnis' m NDR-Chor Hamburg, Dgt Pasquet, KonzHalle Neubrandenburg 01; Orff: 'Carmina Burana' m Gewandhauschor, 20 Jahre Neues Gewandhaus Leipzig 01, auch m Philharmon Staatsorch Halle u Robert-Franz-Singakad; Bach: 'Hohe Messe h-moll' Grand Teatre Shanghai b Shanghai Int Fstv of Arts 01; Weihnachtsorat Kreuzkirche Dresden m Dresdner Kreuzchor 02; 'Odysseus' Stuttgarter Liederhalle 02/03; 'Moses' KonzHaus 'Glocke' Bremen u Mainz; Liederabende ua b Berliner Schubert-FestW 97, im Ekhof-Th Gotha u im Schloß Friedrichsfelde Berlin, Mendelssohn-Haus Leipzig 2000. **Pr:** 3. Pr Concours Int de Chant de Toulouse 87, 2. Pr Int Wettb junger Opernsänger Sofia 88, 1. Pr Concours Int de Chant de Paris 88. – **Sonst:** Double d Rolle d Mönches Benno als Sänger im Film 'Vaya con Dios' 01.

Witting, Matthias, Schauspielmusiker, Komponist, Autor, Regisseur; Barbarossastr 61, D-10781 Berlin, T: (0 30) 21 99 68 05, F: 21 99 68 06, *M.Witting@t-online.de*; *www.staatspoperette.de* [Berlin 29.7.1952]. Bühnenmusik **Ausb:** Stud Päd H Berlin 70–75. **Laufb:** GRIPS Th Berlin 86(04/05), musikal Ltg 'Linie 1'; seit 86 musikal Ltg u Bühnenmusiken ua f Schauspiel Köln, Schauspiel Frankfurt a M, GRIPS Th Berlin, Staatsth Hannover, Rote Grütze Berlin, h strahl Berlin (04/05), MTh ATZE Berlin, carrousel Th Berlin, dansteater Amsterdam, JAK Hamburg, Th d Jungen Welt Leipzig; Sounddesign Radiowelle SFB 2 87; Sounddesign SFB FS 93; Ko-Autor u -Regie GRIPS Th Berlin ('Auf der Kippe') 99; Ko-Autor, -Regie u Komp GRIPS Th Berlin ('Schlag auf Schlag') 2000; musikal Konzeption u Regie BERLINER STAATSPOPERETTE ("n Blick in der Stadt') 02; MTh ATZE 03. – **Komp:** Musikal Geschichte 'Ben liebt Anna', UA Hans-Otto-Th Potsdam 99; BühnenM 'Schlag auf Schlag', UA GRIPS Th Berlin 2000. **AuftrKomp:** BühnenM 'Auf der Mauer...', UA GRIPS Th Berlin 90; Komp 'Duett Berlin' danstheater Amsterdam/carrousel Th UA 97; BühnenM 'Romeo u Julia', UA th strahl Berlin 01; BühnenM 'Creeps', UA GRIPS Th Berlin 02; BühnenM 'Die Jungs von Nebenan', UA th strahl Berlin 03. **Sonst:** Grdg freies MTh BERLINER STAATSPOPERETTE: Autor u Regie d 1. Prod "n Blick in der Stadt', Premiere 02.

Wittinger, Róbert, Komponist; Eifelstr 33, D-64625 Bensheim, T: (0 62 51) 6 78 24 [Knittelfeld, Österreich 10.4.1945]. **Ausb:** Stud Budapest, Kurs f elektr Musik München 65, Ferienks Darmstadt 65–70. **Laufb:** Lt ars nova-Konz Stuttgart 70/71. **Pr:** SWF-Pr 67, Pr Stadt Stuttgart 68 u 70, Pr Bartók-KompWettb Budapest 71, Villa Massimo Rom 72/73, Cornelius-Plak 88, Staatspr Land Rheinland-Pfalz 89. – **Komp:** Sinf no 1 61–63, UA Stuttgart, Staatsphilh Stuttgart, Dgt: J Kulka 76; Sinfonia no 2 78–80, UA München 80; Maldoror (Op) 78–88, UA Hagen 89; Concerto per due pianoforti ed orchestra 81, UA Hagen, E Tusa, L Baranyai, M Halász 82; Sinfonia funebre 82/83, UA Baden-Baden, SinfOrch d SWF, Dgt: J Latham-Koenig 84. **Sonst:** Grd Hambacher Pr (Int Kompwettb). (Red)

Wittlich, Käte, Prof, Hochschullehrerin; Univ f Musik u Darst Kunst, Inst 2, Brandhofgasse 21, A-8010 Graz, T: (03 16) 3 89 35 99, F: 3 89 30 21, *kaete.wittlich@kug.ac.at*. **Laufb:** o UProf (Kl-KamM) U f Musik u Darst Kunst Graz. (Red)

Wittlieb, Heike, Sängerin; c/o Oper Kiel, D-24113 Molfsee, T: (04 31) 65 85 62, F: 6 58 05 12, *wittlieb.fechner@t-online.de* [Dortmund]. Oper, Lied, Konzert, Kammermusik **Ausb:** Stud b KS R Streich, KS E Lachmann FolkwangH Essen u MH Dortmund 83–89. **Laufb:** Sol Stadtth Luzern, Dt Op a Rhein, Gastauftr: Staatsth Hannover, Staatsth Braunschweig, Aalto Th Essen, Musikth Gelsenkirchen, SeeFSp Mörbisch 99. **Ens:** ClarinoBelcanto. – **Aufn/RF:** CDs: J Strauß: 'Eine Nacht in Venedig', SeeFSp Mörbisch 99; F Schreker: 'Flammen', Op Kiel 01; 'Con voce festiva', Ens ClarinoBelcanto 03.

Wittmann, Christoph, Tenor; Contrescarpe 91, D-28195 Bremen, T: (04 21) 1 60 47 40, *chrwittmann@web.de*; c/o Artists Management Hartmut Haase, Aalgrund 8, D-31275 Lehrte, T: (0 51 75) 95 32 32, F: 95 32 33, *artists@t-online.de* [Offenbach/M 14.11.1967]. Oper u Konzert **Ausb:** Ges (B Abel) Stuttgart 90–92, (R Piernay) MH Mannheim 92–97, PDVT bzw. Opera Course (R Piernay) Guildhall School of Music and Drama London 94–97, (N Gedda seit 99. **Laufb:** EnsMitgl Städt Bühnen Freiburg 97–2000, Th Bremen seit 2001 (03/04), Gastvertr u. a. Staatsth Braunschweig, Th im Pfalzbau Ludwigshafen, Städt. Bühnen Osnabrück, Th Potsdam/Goethe-Th Bad Lauchstädt, Teatro Regio di Parma, Staatsop Hamburg SpZ 04/05, umfass KonzTätigkeit. **Pr:** ua John McCormack – Golden Voice of Athlone 96.

Wittmoser, Carsten, Sänger; c/o Theater Freiburg, Bertoldstr 46, D-79098 Freiburg i Br; c/o Hamburgische Staatsoper, PF 302448, D-20308 Hamburg [Essen 1967]. **Ausb:** Stud Gesang b Jan-Hendrik Rootering. **Laufb:** Sol Staatsth Stuttgart, Landesth Linz, Gastsol Dt Staatsop Berlin SpZ 03/04, Sol Th Freiburg i. Br. SpZ 04/05. (Red)

Wittrich, Peter, Prof, Komponist, Hochschullehrer; H f Musik u Theater, Arcisstr 12, D-80333 München [1959]. **Ausb:** Stud (SchM) MH München 80–84, Komp (D Acker) MH München 83–87. **Laufb:** Prof (MTheorie) MH München. **Pr:** 1. Pr KompWB Erdinger Orgelmusik 85, 1. Pr Int KompWB 'F Schubert' ÖSB 96, Kulturpr d Stadt Freising 96, 1. Pr KompWB d 'F J Reinl-Stift 98, 1. Pr KompWB SaarSängerBund 98, 1. Pr KompWB Eur KiM in Schwäb Gmünd 99. (*)

Wittrisch, Katrin, Repetitorin; Magdeburger Str 35, D-04155 Leipzig, T: (03 41) 5 66 20 78, F: 5 66 20 70 [Zeitz 11.3.1964]. Barock, Klassik **Ausb:** Stud (Kl, Korr) MH Leipzig 82–87. **Laufb:** Solorep Op Halle seit 87. **Pr:** Händel-Förderpr d Stadt Halle 98.

Witzig, Simon, Sänger; Fridbach 1, CH-6300 Zug. (Red)

Witzmann, Dominik, Tenor; c/o PlankTon, Gernot Cernajsek, Khekgasse 34–36/1/10, A-1230 Wien [Wien]. **Ausb:** Sologesangsausbildung b Mag Mohrenberger, Bernhard Maxara u Sigrun Quetes. **Laufb:** Sol Coburger Sommer-Operette. (*)

Witzmann, Thomas, Komponist, Schlagzeug; Clever Str 11, D-50668 Köln, T: (02 21) 2 70 73 85, *thomas@witzmann.com*; *www.witzmann.com* [Coburg 1958]. **Ausb:** Schlagzeugstud (Ch Caskel, P Giger) MH Köln 80–85. **Laufb:** KonzTätigkeit als Interpret bzw Sol Neuer Musik, Engagement im Grenzbereich zw Neuer Musik, Improvisation, Musikth u Bildender Kunst seit 86, zahlr UA u RF-Prod seit 82, Bühnenmusiken seit 93, Auslandsstip d Kultusmin NRW 99, Workshop u Performance Glasgow School of Art sowie Fak f Architektur RWTH Aachen 2000/2001, Composer in residence Ensemblia Mönchengladbach 05. **Pr:** Stip Akad Schloß Solitude Stuttgart, Auslandstip Kultusmin NRW. – **Komp:** Zeug f Schlagquartett 98; Unter Tage (Szen M f 19 Musiker, einen Akteur u einen Dgt), UA Köln, Kölner Philharmonie, Dgt: J Stockhammer 99 (Auftr: KölnMusik); Wanderlust (f 2 Git), UA Stuttgart, Fstv ECLAT 01(Auftr SWR); Um Formung (MusikTh f 4 Perc u 4 Tänzerinnen), UA Köln, Domforum 04 (Auftr MusikTriemale); Bank-Geheimnis (MusikTh f Tr, Pos, Tub, 3 Schlgz, 2 Schauspielerinnen), UA Mönchengladbach, Dt Bank (Auftr Ensemblia); ausgepackt (Szen M f Org u 2 Sol), Dgt K Duryea, UA Mönchengladbach, Museum Abteiberg (Auftr Ensemblia). **Aufn/RF:** H Grabosch: Alltage 96; H Grabosch: Die Kälte des Weltraums 91; directors 91.

Wlaschiha, Ekkehard, Sänger; c/o Allied Artists Agency, 42 Montpelier Square, London SW7 1JZ, Vereinigtes Königreich, T: (0 20) 75 89 62 43, F: 75 81 52 69, *info@alliedartists.co.uk*; *www.alliedartists.co.uk*. **Ausb:** MH Weimar. **Laufb:** Sol Bayer Staatsop München, Sol Sächs Staatsop Dresden SpZ 03/04. (*)

Wodner, Peter, Chordirektor; c/o Komische Oper, Behrenstr 55–57, D-10117 Berlin. **Laufb:** Chordir Kom Op Berlin. (Red)

Woebcken, Friederike, Prof, Hochschullehrerin; Hochschule f Künste, FB Musik, Dechanatstr 13–15, D-28195 Bremen, T: (04 21) 3 01 92 10, F: 3 01 92 77, *f.woebcken@hfk-bremen.de*; *www.hochschulchor-bremen.de, www.madrigalchor-kiel.de* [Bonn]. skandinav Chormusik **Ausb:** Stud (SchM, Anglistik) Univ Freiburg u Glasgow, AufbauStud b Eric Ericson Stockholm. **Laufb:** Ltg Madrigalchor Kiel seit 90, Doz (Chorltg) Univ Kiel, Prof (Chorltg) H f Künste Bremen seit 98. **Pr:** Kulturpr d Stadt Kiel 02. **Mitgl:** IFCM, AMJ. – **Aufn/RF:** Nordeurop ChorM, m Madrigalchor Kiel 95; Es ist ein Ros entsprungen – weihnachtl ChorM aus aller Welt, m Madrigalchor Kiel 99.

Wölfel, Martin, Dipl-Sänger, Dipl-MPäd (Ges), SolEx, MstrklExamen, Countertenor; c/o Konzertdirektion Hans Ulrich Schmid, Königstr 36, D-30175 Hannover, PF 3409, D-30034 Hannover, T: (05 11) 3 66 07 60, 3 66 07 27, 3 66 07 33, F: 3 66 07 34, *mail@kdschmid.de, ds@kdschmid.de*; *www.kdschmid.de, www.martin-woelfel.de* [Potsdam 29.8.1969]. Oper, Konzert **Ausb:** Stud (Ges) MH Dresden 90–99. **Laufb:** Gastsol Stadtth Koblenz SpZ 98/99, Staatsth Cottbus 98–01, Stadtth Heidelberg 99–2000, NOB Berlin 00/05, Bad Staatsth Karlsruhe 2000–02, Sächs Staatsop Dresden 2000–02, Dt Op a Rhein Düsseldorf 01–05, Stadtth Klagenfurt SpZ 01/02, Staatsth Mainz SpZ 01/02, Nationalth Mannheim 01–03, Staatsth Braunschweig SpZ 04/05, Staatsop Hamburg SpZ 04/05, StaatsOp Dresden SpZ 2000–02, 04/05, 05/06. – **Aufn/RF:** Ristori: Op 'Calandro', Batzdorfer Hofkap 97; Gesualdo: In Monte Olivieti (Responsorien, Mot), Weimarer Hofsänger 97; 'Siehe, meine Freundin, du bist schön' (Hoheliedmot), Ens 'Alte Musik Dresden' 2000; Schütz: Der Schwanengesang, Dresdner KamChor, Dgt: H Chr Rademann 2000; Telemann: Matthäuspassion 1750, Magdeburger KamChor, Dgt: H Chr Rademann 02; Händel: Messiah, Knabenchor Hannover, Dgt: J Breiding 03; J S Bach: Matthäus-Passion, m Dt Bachsolisten, Ltg: H Winschermann 03 (CD); G H Stölzel: Cantatas for Pentecost, m Telemannisches Collegium Michaelstein, Ltg: L Rémy 02 (CD), G F Händel: Teseo, m Lauttencompagney Berlin, Ltg: W Katschner, Regie: A Köhler 04 (DVD); B Lang: Das Theater d Wiederholungen, m Klangforum Wien, Ltg: J Kalitzke, ORF 03; G F Händel: Giulio Cesare in Egitto, m Philh Staats-Orch Hamburg, Ltg: A De Marchi, NDR 05. **UA:** V D Kirchner: 'Aus 53 Tagen' 98; J Lunn: 'Die Zofen', Dt EA 2001; B Lang: Das Theater d Wiederholungen, UA 03; A B Meyers: Nico. Sphinx aus Eisen, UA 05. **Lit:** ua 'Lesebuch Weißer Hirsch', 'Künstler am Dresdner Elbhang'.

Wöpke, Peter, Cello; Reinerstr 12, D-81545 München, T: (0 89) 6 41 56 73. **Laufb:** Sol m Bayer Staatsorch. – **UA:** M Seloujanov, Badinage, 04. (*)

Wörle, Robert, Tenor; c/o Opern-Agentur M Kursidem & E Tschaidse, Tal 28, D-80331 München, T: (0 89) 2 91 61 66 12, F: 29 16 16 67, *kursidem@opern-agentur.com, tschaidse@opern-agentur.com*; *www.opern-agentur.com.* **Ausb:** Stud (Ges) Leopold-Mozart-Kons Augsburg u H f M München. **Laufb:** Gastsol Staatsth Stuttgart seit 86, ständ Gastsol Opera Bastille Paris seit 93, Gastsol Semperop Dresden, Dt Op Berlin, Staatsop unter d Linden Berlin, Staatsop Hamburg, Teatro Real Madrid, Dt Op am Rhein Düsseldorf-Duisburg, Bayer Staatsop München, Th u Philh Essen SpZ 04/05, Th Erfurt SpZ 04/05, Salzburger FSp, Bregenzer FSp. (Red)

Wörner, Frank, Sänger; Helmensbergweg 1, D-73728 Esslingen, T: (07 11) 56 08 48 [Esslingen]. **Laufb:** Gast-Sol Staatsth Braunschweig SpZ 00/01. (Red)

Wöste, Hans-Jürgen von der, Trompeter, Verleger; Käthe-Kollwitz-Weg 29/1, D-89081 Ulm, T: (07 31) 38 51 80, F: 3 79 91 72, *info@edition-vonderwoeste.de*; *www.edition-vonderwoeste.de* [1956]. **Ausb:** Stud Trompete am Städt Kons Osnabrück. **Laufb:** 2. Tpt d Philharmon Orch d Stadt Bielefeld, 1. u Solo-Trp d Philharmon Orch d Stadt Essen, pädagog Tätigkeit an d MS Ulm, Arr zahlr Werke f BlechblEns. **Ens:** Ltg u Grdg 'Sakrales Blechbläserens'. – **Aufn/RF:** CD-Prod d Sakralen Blechbläserens 'Klangräume-Raumklänge/Sakral'. **Sonst:** H-J v d Wöste: Die Kunst d Blastechnik.

Wohlbrecht, Matthias, Sänger (Spiel- u Charaktertenor); c/o Rainer Zagovec Konzert- u Theateragentur, Hans-Böckler-Str 23, D-65468 Trebur-Astheim, T: (0 61 51) 10 58 38; c/o Nationaltheater Mannheim, PF 102362, D-68023 Mannheim [Dortmund 31.12.1969]. **Ausb:** Stud (Ges) MH Würzburg 93–96, Privatstud (Ges) Mailand 96–97. **Laufb:** Mitgl OpChor Mailänder Scala 97–98, Sol Volksth Rostock SpZ 98–99, Sol Staatsth Darmstadt, Gastsol Volksth Rostock SpZ 99/01, Gastsol Th Krefeld/Mönchengladbach 2001, Sol Nationalth Mannheim 01/04, Badisches Staatsth Karlsruhe SpZ 04/05. **Pr:** Stip Bayer Bühnenverband. – **Aufn/RF:** M Polscher: 'Die mechanische Braut', UA (CD) 01.

Wohlgemuth, Gerhard, Komponist; Spechtweg 6, D-06120 Halle/Saale, T: (03 45) 5 50 77 49 [Frankfurt/M 16.3.1920]. **Ausb:** Stud U Greifswald u Halle. **Laufb:** freier Mitarb Landessender Halle, Lektor u Cheflektor Halle u Leipzig, LBeauftr Inst f MWiss Halle, freischaff seit 56. **Pr:** Kunstpr Stadt Halle, Händelpr, Kunstpr d DDR. – **Komp:** Concertino f Ob u Str-Orch 57, UA Halle 64; Händel-Metamorphosen f gr Orch 58, UA Halle 59; Konz f V u Orch 63, UA Halle 64; Telemann-Variationen f gr Orch 64, UA Magdeburg 64; Divertissement f Kl u Orch 86/87. (Red)

Wohlgenannt Zincke, Johannes, Komponist; Kirchenpl 41, A-3920 Groß Gerungs, T: (0 28 12) 5 10 91, F: 5 12 09, *kukzentrum@jwz.at*; *jwz.at* [Ludesch 11.7.1959]. 'Musik sein' – Inszenierung von 'Stille' **Ausb:** Stud MKons Innsbruck 78–79, MH Wien 79–80, Kl Kons Feldkirch 88–93, Komp (H Willi) 93–98. **Laufb:** KonzTh 81, Fest d Region 83, Kult Hierbscht 88, Die Offenbarung d Kunst seit 88, Ich kämpfe 93, Der Einzelne (Soloprogr) 96, Stille Wanderung – Vergebt 01. – **Komp:** Da mach ich nicht mit!, ORF Landesstudio Vorarlberg 88; Motions 1–10. **Sonst:** Die Offenbarung d Kunst. **Lit:** Porträt in Ö1-Zeitton; ORF-CD, Zeitungsporträts.

Wohlhauser, René, Komponist; Schillerstr 5, CH-4053 Basel, T: 06 13 61 04 37, *wohlhauser@freesurf.ch* [Brienz, Schweiz 24.3.1954]. **Ausb:** Kons Basel (R Suter, J Wildberger, Th Kessler), KompKurse (K Serocki, M Kagel, H Brün, H Holliger), KompStud (K Huber, B Ferneyhough). **Laufb:** umfangr Vortragstätigkeit, regelm Einl als Gastdoz Int Darmstädter Ferienkurse f Neue Musik seit 88, Doz (Musiktheorie, Komp) Akad Luzern bis 91, Musikakad Basel. **Pr:** Valentino-Bucchi-Pr 78, Pr Verband Dt Musikschulen 81, Pr VJMZ Zürich 83, Freiburg 84, Domkapitel Salzburg 87, Kranichsteiner Stipendienpr 88, 1. Pr St Gallen 90, 1. Pr Luzern 91, Anerkennungspr d Schweizer Ges f musikpädagog Forsch 92, Auswahlpr 'Selection' Swiss Radio Int 96, Kulturförderungspr Basel-Landschaft 98. – **Komp:** ua: 'Fragmente' (f Orch) 79, UA Basel, SinfOrch Basel, Stadt Casino, Dgt: T Bräm 79; Klavierquartett 79/83–84, UA Basel, IGNM, Sol: A Preißer (V), M Clemann (Va), O Faller (Vcl), J Dünki (Kl) 84; 'Duometrie' 85/86, UA Zürich, OpHaus, Sol: P Racine (Fl), E Molinari (Bassklar) 86; Orgelstück 86, UA Speyer, Dom zu Speyer, O Pierre (Org) 88; Klarinettentrio: Metamusik 86/87, UA St Gallen, Kirche St Mangen, Schweizer KlarTrio 91; 'Adagio assai' 88, UA Darmstadt, Ferienkurse, Arditti-StrQua 88; 'in statu mutandi' (f Orch) 91–93, UA Luzern, Kunsthaus Luzern, SinfOrch Luzern, Dgt: O Henzold; 'vocis imago' 93–95, UA Köln, MH, Ens Köln, Dgt: RHP Platz; Quantenströmung 96, UA Zürich, Tage f Neue Musik, Sabeth Trio Basel 96 (Auftr: Sabeth Trio Basel); Entropia 97/98, UA Stuttgart, Schloß Solitude, F Cox Violoncello 99 (Auftr: Min f Frauen, Bildung u Kunst d Ldes Baden-Württemberg); 'Carpe Diem in beschleunigter Zeit' 98/99, UA Basel, Europ Musikmonat, Paul Sacher-Halle, Arditti-Quartett (Auftr: Kulturstift Pro Helvetia); Gantenbein (Op) 02–04, UA Luzern, SinfOrch Luzern, Dgt: M

Foster 04 (Auftr: Stadtth Luzern). **Aufn/RF:** Portait-CD 'in statu mutandi' 96. **Sonst:** Publ ua in MusikTexte, NZZ, Darmstädter Beiträge z Neuen Musik; Mitgrd 'Komponistenforum' Basel 80; Mitgrd weltw Partituren-Vertriebssystem 'Adesso' 94. **Lit:** 'Schweizer Komp unserer Zeit' 93; 'Komp d Gegenwart'; T Meyer: 'Suche nach allen Dimensionen' 2000; B Scheidegger: 'Konz rund um d Erdball' 01.

Wohlleben, Christoph, Dirigent; c/o Stadttheater St. Gallen, Museumstr 1/24, CH-9004 St Gallen. **Laufb:** GastDgt Th St Gallen seit SpZ 03/04. (Red)

Wohlleber, Hartmut, Komponist; Nehringstr 12, D-14059 Berlin, T: (0 30) 32 10 54 09, *info@wohlleber.com*; *www.wohlleber.com* [Heilbronn am Neckar 1965]. **Ausb:** Stud d Philosophie u MWiss in Tübingen, Kl u MTtheorie in Berlin, Komp b Paul-Heinz Dittrich in Berlin u b Nicolaus A Huber in Essen, elektroakust Komp b Dirk Reith u Ludger Brümmer in Essen, Int KompSeminar Boswil 99. **Laufb:** LAuftr f Gehörbildung u Tonsatz H f M Berlin 01. **Pr:** b Int KompWettb f Git u KamM Berlin 92, Hanns-Eisler-Pr Berlin 93, Stip d Berliner KunstH 99–01. (Red)

Wohlleber, Tilman, Sänger; c/o Oper an der Leine, Im Wiesenkampe 14, D-30659 Hannover. **Laufb:** Sol Op a d Leine Hannover seit SpZ 03/04. (Red)

Wohlmacher, Johannes, Violoncello; c/o WDR Sinfonieorchester, D-50600 Köln [München 1957]. **Ausb:** Stud (Vcl) Musikhochschule München (F Kiskalt). **Laufb:** Sol Philh Orch Essen, Sol WDR SinfOrch Köln seit 87, Mitgl Orch d Bayreuther FSp. **Pr:** 1. Pr 'Jugend musiziert', Förderpr Bayer Vereinsbank, Stip Deutscher Musikrat. (Red)

Wohlrab, Martin *siehe* Grimmel, Werner

Wohnlich, David, Komponist; Lindenberg 15, CH-4058 Basel, T: 06 16 81 81 82, *wohnlich@gmx.ch* [Basel 1953]. Oper, Kantaten, Chorlieder, experimenteller Instrumentenbau **Ausb:** (Sologes) Kons Basel. **Mitgl:** STV/ASM Schweizerischer Tonkünstlerverb. – **Komp:** ua Ich bin einfach zu mager (Kant) 85/93; Ein Taugenichts (Op) 89; Das Geheimnis der Trüffel (Op) 91; En passant Lenz (Op) 01; Sturmgipfel (szen Kant) 02; Judas Ischarioth (Orat) 03; Zurück vom Ring! (Op) 03; 4 Lieder (Ch u Schlgz) 03.

Woiselschläger, Ingrid, Sängerin; c/o Kammeroper Frankfurt, Sternstr 31, D-60318 Frankfurt/Main. **Laufb:** Sol KamOp Frankfurt seit SpZ 03/04. (Red)

Wojciechowski, Johannes, Komponist; Hans-Goltz-Weg 16, D-81247 München, T: (0 89) 8 11 32 72; Landshuter Str 5, D-10779 Berlin, T: (0 30) 2 11 31 14 [Berlin 20.11.1912]. **Ausb:** Stud (Fagott, Kl, Harmonielehre, MGesch) Stern'sches Kons Berlin. **Laufb:** Fagottist Landesth Neu-Strelitz, Stadtth Ulm, Dresdner Philh, Radio SinfOrch Berlin, auch als musikwiss Hrsg u Bearb alter Meister tätig seit 37. – **Komp:** jeweils sehr zahlr KamM-Bearb, Konz, OrchW. (Red)

Wojciechowski, Tadeusz, Dirigent; c/o Filharmonia Rzeszow, Chopina 30, Polen-35–959 Rzeszow, *kontakt@tadeusz-wojciechowski.de*; c/o Staatstheater am Gärtnerplatz, Gärtnerpl 3, D-80469 München; *www.tadeusz-wojciechowski.de*. **Ausb:** Frédéric-Chopin-Musikakad Warschau, KonzDipl Cellokl v Andrej Orkisz 76, DgtDipl d Kl v Stanislaw Wislocki 79, Stud Cons Nat Paris. **Laufb:** Poln Kammerorch (heute Sinfonia Varsovia) Warschau Konzm Vcl 76–79, Dgt Nationalop Warschau 77, Dgt Königl Th u Dän RFOrch Kopenhagen 81–01, Chefdgt/Künstl Lt RFORch Krakau 94, Generalintend, Künstl Lt, Chefdgt 94–96, Künstl Lt, Chefdgt Neue Poln Philh, Rzeszow/Int Musikfstv, Lancut 98–02, Chefdgt Philh Orch Pommern, Bydgoszcz 02, Gastdgt Staatsth am Gärtnerpl München (SpZ 03/04). **Pr:** Wettb d Zeitgen Musik Rotterdam (Vcl) 73, Poln Nationalcellowettb Posen 74, Dgtwettb Besançon 79, Dgtwettb Kattowitz 79. (*)

Wolak, Ewa, Mezzosopran; Weinbrennerstr 62, D-76185 Karlsruhe, T: (07 21) 8 30 67 51; c/o Komische Oper Berlin, Behrenstr 55–57, D-10117 Berlin. **Laufb:** Sol Bad Staatsth Karlsruhe, Kom Op Berlin SpZ 03/05. (Red)

Woldt, Lars, Bass; c/o Staatstheater Braunschweig, Am Theater, D-38100 Braunschweig [Herford 15.12.1972]. Oper u Konzert **Ausb:** Stud Ges (Vogel) H f M Detmold 94–2001, Komp (G Klebe), ergänz Stud (W Berry, F Crass). **Laufb:** Ldesth Detmold 98, Tiroler Ldesth Innsbruck 2000, Tätigkeit als KonzSänger, u. a. Dt KamMPhilh, Schleswig-Holstein-MFstv, Gast-Sol Staatsth Braunschweig SpZ 04/05, Sol Volksop Wien SpZ 04/05. **Pr:** Stip Richard-Wagner-Verband. – **UA:** T R Poller: Thanatos 97; Shi-Hao Lee: In einer Nacht 99; G Klebe: Otto canti con rime di Michelangelo Buonarroti 2000; O Kroupova: Michelangelo-Lieder 01. **Zug:** G Klebe: Otto canti con rime di Michelangelo Buonarroti 2000; O Kroupova: Michelangelo-Lieder 01.

Wolf, Axel D, Komponist, Viola; Dompl 18, D-99084 Erfurt [Eisenach 1969]. **Ausb:** Stud b Wünsch H f M Franz Liszt Weimar 86–87, Stud b Hallmann Leipziger MH Felix Mendelssohn Bartholdy 87–91, Unterr Komp (R Wolschina) Weimar seit 97. **Laufb:** freischaff seit 94, ständ Gast Th Waidspeicher Erfurt, zahlr Konz, Komp u Bühnenmusiken, ua f SchauspHaus Erfurt, Th Nordhausen u freie Bühnen. (*)

Wolf, Carl, Klavier; Stettiner Str 17, D-51026 Bergheim, T: (0 22 71) 6 59 59, F: 6 64 22 [Köln 2.10.1976]. **Ausb:** Stud Kl (R Gedja) MH Köln 91–2000, Stud Solistenkl (K Zimerman) MAkad Basel ab 2000. **Laufb:** Schleswig Holstein MFstv 95, Dresdner MFSp 96, MFSp Mecklenburg-Vorpommern 96. **Pr:** Stip Dt Musikwettb 97, 3. Pr ex aequo 52. Int Piano Wettb Bozen Ferruccio Busoni 2000. **Ens:** Pianist Trio Con Spirito (m Ch Ludwig, V; J Ludwig, Vcl).

Wolf, Christian, Schauspielmusiker; c/o Staatstheater Braunschweig, Am Theater, D-38100 Braunschweig, PF 4539, D-38035 Braunschweig. **Laufb:** SchspM Th Braunschweig SpZ 03/05. (Red)

Wolf, Frank *siehe* Krebs, Johann

Wolf, Georg, Trompete; c/o Rundfunk-Sinfonieorchester Berlin, Charlottenstr 56, D-10117 Berlin. **Laufb:** stv Sol RF-SinfOrch Berlin. (Red)

Wolf, Gerd, KS, Sänger; c/o Deutsche Staatsoper, Unter den Linden 7, D-10117 Berlin, PF 354, D-10109 Berlin [Flöha]. Oper, Konzert, Lied **Ausb:** Stud Ges MH Berlin b Trommler, MH Dresden b Plehm u J Kempter. **Laufb:** Bühnendebüt (Der Freischütz, Eremit), Gastsol Dt Staatsop Berlin (ua Figaros Hochzeit, Bartolo; Die lustigen Weiber v Windsor, Falstaff) seit 82, festes EnsMitgl ebd (ua Entführung aus d Serail, Osmin; Hoffmanns Erzählungen, Crespel; Zar u Zimmermann, Bürgermeister van Bett; Meistersinger, Nachtwächter; Elektra, Pfleger d Orest; Tosca; Der Rosenkavalier; Salome; Rossini: Barbier v Sevilla, Doktor Bartolo) seit 84, Gastsp ua Karlsruhe, Leipzig, München, Polen, Ungarn, Südafrika, Japan, Wiener FestW, Sol Dt Staatsop Berlin SpZ 03/05. – **Aufn/RF:** RF-, Fernseh- u Schallplattenaufn, ua R Strauss: Elektra, Dgt: D Barenboim; R Strauss: Ariadne auf Naxos, Dgt: K Masur; Pfitzner: Palestrina, Dgt: O Suitner.

Wolf, Heidi, Dipl Gesangspäd, Sopran; Kunigundenstr 41, D-80805 München, T: (0 89) 36 00 88 30, F: 36 00 89 80, *wolf.heidi@t-online.de*; c/o Schmidtpeter, Auhofstr 186/AB, A-1130 Wien, T: (01) 8 77 04 94 [Hof/Saale 14.4.1969]. Oper, Konzert **Ausb:** Stud (Ges/OpSch) MH Karlsruhe. **Laufb:** Sol Dt Op am Rhein Düsseldorf-Duisburg, Straßburg, Klagenfurt, Nationalth Mannheim, Aalto Th Essen, Staatsth Karlsruhe, Volksop Wien SpZ 03/04, Gast-Sol Th Bremen SpZ 04/05, Sol Stadtth Bern SpZ 04/05.

Wolf, Heinrich, Sänger; Ötzerau 28, A-6433 Ötz, T: (0 52 52) 67 48. **Laufb:** Sol Tiroler Ldsth SpZ 03/05. (Red)

Wolf, Jürgen W, Musikdirektor, Dirigent, Violoncello; c/o Düsseldorfer Operette eV, Schlesische Str 94, D-40231 Düsseldorf, T: (02 11) 22 22 81, F: 7 15 04 43; c/o Tea-Time Agentur, Düsseldorfer Str 100, D-47051 Duisburg, T: (02 03) 49 88 99, F: 49 78 52, *info@tea-time-agentur.de*; *www.duesseldorfer-operette.de*. **Laufb:** GrdgsMitgl Philh Cellisten Köln 64, 1. SoloVcl Düsseldorfer Symphoniker seit 72, Initiator Int MSommer Rügen seit 92, Grdg u Ltg KamOrch Düsseldorf seit 93, Dgt Philh Ges Düsseldorf seit 96, MDir Optte Düsseldorf SpZ 03/04. **Ens:** Tea-Time Ens seit 82, 4 Rheinischen Cellisten seit 93. – **Sonst:** Hg zahlr Lehrwerke. (Red)

Wolf, Karin, Prof, Hochschullehrerin, Viola; Hochschule f Musik u Theater, Beim St-Katharinenstift 8, D-18005 Rostock, *ka-wolf@t-online.de* [Neumünster 1956]. **Laufb:** Prof (Va) HfM Rostock 04. **Ens:** Verdi Qua. (Red)

Wolf, Karsten, Komponist, Arrangeur, Pianist, Instrumentallehrer; Sasstr 27, D-04157 Leipzig, T: (03 41) 9 11 35 86, 01 77–5 24 68 07, F: (03 41) 9 11 35 86, *k_wolf@t-online.de*; *www.karsten-wolf.de* [Erfurt 26.7.1964]. VolkalM, KamM, KinderMTh **Ausb:** Stud H f M Leipzig, Dipl (Kl, Arr) 86–91. **Laufb:** freischaff Komp u Pianist seit 88. – **Komp:** Allt under Himmelens Fäste (sinfon Bearb), UA Leipzig 91; Something about E (Son), UA Leipzig 95; Liederliche Klavierstücke (Kl solo), UA Leipzig 96; 'Luises Wintertraumnacht' (Kindermusical), UA Leipzig 97 (Auftr: Leipziger SG); Hölderlin-Zyklus (Lied), UA Leipzig 98; 'Das singende, klingende Wunderbäumchen' (Kinderop), UA Leipzig 99 (Auftr: Leipziger SG); 'Heiterer Frühling' Liederzykl nach Trakl, UA Leipzig, Gewandhaus 01 (Auftr: Ens 'amarcord'); 'Ritter Runkels große Stunde' (Musical), UA Bautzen 03 (Auftr Deutsch-Sorbisches VolksTh Bautzen).

Wolf, Markus, Violine, Viola, Hochschullehrer, 1. Konzertmeister; Richard Strauss Konservatorium, Gasteig, Kellerstr 6, D-81667 München, T: (0 89) 89 89 15 53; c/o Bayerische Staatsoper, Brieffach, D-80075 München [Wien 28.5.1962]. **Ausb:** Stud V (E Bertschinger, G Pichler) Wiener MH 68–83, VUnterr (M Rostal), Mstrkse (O Shumsky, N Milstein, S Vegh), VaUnterr (H Beyerle) 80–81. **Laufb:** Grdg KlTrio 'Beethoven Trio Wien' 81, Ass (G Pichler) Wiener MH 83–89, 1. Konzm Bayer Staatsop München seit 89, Doz (V) Richard-Strauss Kons München seit 2000, GastKonzm London Symph Orch 97–02, Doz (V) MH Augsburg seit 05. **Pr:** 1. Pr Österr Bundeswettb 'Jugend musiziert' 73, 1. Pr VWettb 'Stefanie-Hohl' Wiener MH 82, Bayerischer Kammervirtuose 2000. **Ens:** Beethoven-Trio Wien (V), Duo Wolf – Riem (Kl), Horntrio: Koster (Hn), Lohusen (Kl), Münchner Horntrio: Dengler (Hn), Riem (Kl). **Mitgl:** Musikal Akad d Bayer StaatsOrch eV. – **AuftrKomp:** CF-Aufnahmen Mozart, Schubert, Mendelssohn: Kl-TrioW; Tschaikowsky, Beethoven: Trios; Dvorak: Dumky; Smetana: KlTrio, Suk: Elegie, Korngold: KLTrio; Schönberg: Verklärte Nacht (Bearb f Kl-Trio), 1. Kammersinfonie, Dgt Z Metha; Mahler: Kl-Qua; Beethoven: Trippelkonz, m Wiener KamOrch, P Entremont; Mozart: Quintette, m Alban Berg Qua; Mendelssohn: Violinkonz e-Moll m Münchner Jugendorch, Dgt Z Mehta, V-Sonaten v Pfitzner u Strauss, m Riem (Kl). **UA:** Henze, Furrer, Schedl, Pernes, Tscherepnin, Rihm, Rennert: Klaviertrios; Siegl, Heller, Eder de Lastra: Streichtrios; Seidelmann: Flötentrio; Veerhoff: Horntrio; Widmann: 'umdüstert' f KamEns.

Wolf, Michael, Prof, Hochschullehrer, Kontrabass; Walterhöfer Str 25b, D-14165 Berlin, T: (0 30) 8 15 46 77, F: 84 50 93 01; Univ d Künste, Fak Musik, Inst f Künstl Ausbildung / Orchesterinstr u Dirigieren, PF 120544, D-10595 Berlin, T: (0 30) 31 85 28 30, *mwolf@hdk-berlin.de*. **Laufb:** Prof (KB) U d Künste Berlin. (Red)

Wolf, Peter, Violoncello, Hochschullehrer; Akad f Tonkunst, Ludwigshöhstr 120, D-64285 Darmstadt, T: (0 61 51) 5 36 41, F: 53 78 10, *cellowolf@web.de*; c/o HR Sinfonieorchester, Bertramstr 8, D-60320 Frankfurt a M. **Ausb:** Stud (A. Molzahn, G. Mantel) MH Frankfurt, Studien Mozarteum in Salzburg b H. Litschauer. **Laufb:** Doz (Vcl) Akad f Tonkunst Darmstadt, Sol HR SinfOrch Frankfurt seit 86. **Ens:** Alvarez Qua. **Mitgl:** Prtr Int Musikwettb in Genf 79.

Wolf, Peter Manfred, Prof, Komponist, Hochschullehrer; Am Mühlbachtal 3, D-18184 Poppendorf, T: (03 82 02) 3 02 26, F: 3 60 23, *Peter-Manfred.Wolf@t-*

online.de [Hamburg 27.6.1958]. Kammermusik, Orchestermusik **Ausb:** SchM, Kl, MTheorie, Komp (R Ploeger, F Döhl, W Rihm) Lübeck, Karlsruhe, Hamburg. **Laufb:** Doz H f Musik Detmold, Abt Dortmund 88–95, Prof (MTheorie, Tonsatz, Komp) H f M u Th Rostock seit 95, Teilnahme an int Fstv. **Pr:** Förderpr Stadt Quickborn. **Mitgl:** Vorsitz dkv-Landesverband seit 2000 u Kuratorium d Stift Kulturfonds seit 03. – **Komp:** Kalkulation (KamM), UA Lübeck 85; Ein-Satz (OrchW), UA Lübeck 87; Ritual (KamM), UA Dortmund 90; Sérénade des jeux (KamM), UA Dortmund 91; Ritual II (OrchW), UA Rostow/Don 93; Konsonanz (KamM), UA Lübeck 88; Versanglicht (KamM), UA Nordkirchen 95. **Sonst:** Initiator v Konz u Fstv f Neue Musik.

Wolf, Reinhold, Violine, Konzertmeister; Bozener Str 3, D-10825 Berlin. **Laufb:** Konzm Orch d Dt Op Berlin. (Red)

Wolf, Robert, Mag, Prof, Hochschullehrer, Flöte; Univ f Musik u Darst Kunst, Inst Franz Schubert, Rennweg 8, A-1030 Wien. **Ausb:** Stud (Fl) U f Musik u Darst Kunst Wien (W Tripp), sowie Kompositionsstud b F Neumann, atempädag Stud b H Langer-Rühl. **Laufb:** SoloFl Wiener Symphoniker seit 76, Lehrtätigkeit U f Musik u Darst Kunst Wien seit 75, UProf ebd. **Ens:** Concentus Musicus Wien seit 81. (Red)

Wolf, Thomas C, Violine; c/o Philharmonisches Staatsorchester Hamburg, PF 302448, D-20308 Hamburg. **Laufb:** Konz Philh StaatsOrch Hamburg. (Red)

Wolfe, Nyle P, Sänger; Hans-Böckler-Allee 13, D-45883 Gelsenkirchen, T: (02 09) 3 61 62 01, (01 62) 8 49 38 00, *nylewolfe@operamail.com*. **Laufb:** Sol MTh im Revier Gelsenkirchen seit SpZ 03/04. (Red)

Wolfensberger, Rita, Klavier, Musikwissenschaftlerin; Rietstr 107, CH-8200 Schaffhausen, T: 05 26 24 51 63. (Red)

Wolff, Christiane, Violine; c/o Komische Oper, Behrenstr 55–57, D-10117 Berlin. **Laufb:** Vorspielerin Orch d Komischen Op Berlin. (Red)

Wolff, Christine, Sängerin; Nansenstr 14, D-14471 Potsdam, T: (03 31) 96 31 05, F: 9 51 01 86, *info@christine-wolff.de*; *www.christine-wolff.de*. Op, Konz **Ausb:** Stud (S Kehl, V Hruba-Freiberger) MH Leipzig. **Laufb:** 7 Jahre FestEng Ophaus Chemnitz, Landesth Dessau, freischaff seit 93, Gastsol NOB SpZ 00/05, Musikal Komödie Leipzig SpZ 00/01. **Pr:** Div Förderpr, zB Opsängerwettb Gera 88, Opttenförderpr d Fam Kollo 84, 2. Pr Podium Junger Sol v Verb Dt KonzChöre 2000. – **Aufn/RF:** div CD-Aufn, vorrangig Alte M.

Wolff, Hugh, Dirigent; c/o HR-Sinfonieorchester, Bertramstr 8, D-60320 Frankfurt. **Laufb:** ChefDgt HR-SinfOrch 97–06. (Red)

Wolff, Kurt *siehe* † Köhler, Wolfgang

Wolff, Robert, Dr, Prof, Hochschullehrer, Gitarre; Univ Mozarteum, Abt f Streich- u Zupfinstrumente, Schrannengasse 10a, A-5020 Salzburg, *robert.wolff @moz.ac.at*; *www.moz.ac.at/user/rwolff/*. **Laufb:** UProf (Git) U Mozarteum Salzburg. (*)

Wolfgang, Gernot, Komponist; 2065–67 Vine St, Los Angeles, CA 90068, U.S.A., T: (3 23) 4 61 62 95, *gernot@gernotwolfgang.com*; *www.gernotwolfgang.com* [Bad Gastein]. – **Komp:** CONTINUUM II – Dance with the Devil 94, Metamorphosis 01, Alpine Story 04. (Red)

Wolfrum, Ludwig, Bariton; c/o Künstleragentur Dr. Raab & Dr. Böhm, Plankengasse 7, A-1010 Wien, T: (01) 5 12 05 01, F: 5 12 77 43, *office@rbartists.at*; *www.rbartists.at* [Linz 1972]. **Ausb:** Stud (R Trekel) H f Musik 'Hanns Eisler' Berlin, (G Hornik) Wien, Mstrks (D Fischer-Dieskau). **Laufb:** Debüt (R Strauss: Ariadne auf Naxos, Athen, Dgt: H Stein) 94, Gastverpfl ua Wiener FestW (R Strauss: Der Friedenstag), Wiener KonzHaus (K Weill: Aufstieg u Fall d Stadt Mahagonny), Seefsp Mörbisch (Rossini: Barbiere, Figaro), Auftr Op Berlin, Montpellier, Florenz (R Strauss: Ariadne auf Naxos, Harlekin), Bilbao, Neapel, Genf, Biennale München, Maggio-Musicale Fiorentino, Liederabende ua Edinburgh-Fstv, Lockenhaus-Fstv, RF- u KonzVerpfl Berliner u Kölner Philh, WDR Köln, SWF Baden-Baden/Freiburg, Radio Suisse Romande Geneve, ZusArb m Dgt, ua Z Metha, D Barenboim, H Stein, Michael Gielen, J Latham-König, G Kuhn, S Weigle ua sowie Regisseuren wie J Miller, A Everding, P Greenaway, P Halmen, D Mesguich. (*)

Wolfstieg, Gerhard, Komponist; Kolberger Str 10c, D-76139 Karlsruhe, T: (07 21) 67 99 85, F: 67 88 37, *gw@wolfstieg.com*; *www.wolfstieg.com* [Köln 2.7.1953]. Das Existentielle in Komp u Kunst, Verbindung m anderen Künsten **Ausb:** Stud (EW Velte) Karlsruhe. **Laufb:** frei tätig seit 85. **Pr:** Klaus Martin Ziegler Gedächtnis-Sonderpr Kassel 01. – **Komp:** Ebene u Höhenzug (Konz), UA 700 Jahre Bad Bergzabern 86; Chaconne bleu (Qui), UA SDR 87; Kantate m Solocello (Kantate), UA Konzhaus Karlsruhe 90; An Hildegard v Bingen (Inventionen), UA Martinskirche Kassel 90; Liederzyklus f Altstimme u Orgel (Liederzyklus); m Folie (Performance), UA ZKM Karlsruhe 92; Jenseits d Tages (KamM), UA Bürgerzentr Waiblingen 96; mI (maschinelle Interpretation), Serie v Komp u Videos 01; Nachtlied (Kantate), 2 Chöre, Synth u Echtzeitprozesse, UA Schloßgarten Karlsruhe 04. **Sonst:** Yol – der Weg der Kunst 04.

Wolke, Daniela, Sängerin; c/o Städtische Theater, Käthe-Kollwitz-Str 7, D-09111 Chemnitz, PF 756, D-09007 Chemnitz. **Laufb:** Gastsol Städt Th Chemnitz SpZ 00/05. (Red)

Wolleitner, Karl, Dr, Komponist, Tonmeister, Klavier; Pacassistr 21, A-1130 Wien, T: (01) 8 04 97 86. **Laufb:** Ltg techn Team v 'Westminster' (Label b 'Speakers Corner Records'), Pianist Wiener Symph, Techniker b Dombach Studios, Gastsp Symphonia-Studio u Haydn-Ges, Hauptarchitekt d 'Natural Balance'-Technik. (Red)

Wollenweber, Birgitta, Prof, Klavier, Hochschullehrerin; Koloniestr 67, D-13359 Berlin, T: 0 17 36 00 05 58, *birgittawollenweber@t-online.de*; H f Musik 'Hanns Eisler', Charlottenstr 55, D-10117 Berlin; *www.birgittawollenweber.de* [Köln]. **Ausb:** Stud H f M Detmold (R Kretschmar-Fischer), DAAD-Stip Royal College of Music London (P Wallfish), KonzEx Detmold 90, Mstrkse (G Oppitz, B L Gelber, H Leygraf, H Czerny-Stefanska). **Laufb:** Prof (Kl) H f M 'Hanns Eisler' Berlin, int KonzTätigkeit als Solistin u KamMusikerin. **Pr:** Prtr Chopinwettb Köln u Darmstadt, 'Int KlWettb Maria Canals' Barcelona. **Ens:** Grdg 'Solisten-Ens Berlin'. **Mitgl:** Bundesauswahl Konz Junger Künstler (Dt Musikrat). – **Aufn/RF:** CDs m Werken v Schumann, Chopin, Loewe, v Albrecht, Weismann, Denhoff, Joachim, Jadassohn, Furtwängler.

Wollitz, Katharina, Sängerin; c/o Concertino Agentur, Nerotal 24, D-65193 Wiesbaden, T: (06 11) 1 80 56 56, F: 1 80 56 57, *concertino-wiesbaden@t-online.de* [Mainz 1969]. **Laufb:** Sol Kammerop Frankfurt. **Ens:** Con Voce Festiva. (Red)

Wollny, Michael, Klavier; Friedrich-Ebert-Ring 20, D-97072 Würzburg [Schweinfurt 1978]. Jazz **Ausb:** H f M Würzburg. **Pr:** Kulturförderpr Lions Club Würzburg 1999, Stip Kulturstift Rhein-Neckar-Kreis 02, Bayerischer Kunstförderpr 05. **Ens:** Art of the duo m Hubert Winter. (Red)

Wollong, Matthias, Violine, Konzertmeister; Wolfshagener Str 68, D-13187 Berlin, T: (0 30) 47 54 88 31. **Laufb:** Konzm Neues Berliner KamOrch 91–99, Konzm Sächs Staatskap Dresden (01/05). (Red)

Wollrad, Rolf, Sänger; Staatsoperette, Pirnaer Landstr 131, D-01257 Dresden. **Laufb:** Sol Staatsoptte Dresden. (Red)

Wollschläger, Hanna, Dipl, Sängerin; c/o Berliner Dom, Am Lustgarten 1, D-10178 Berlin [Gelsenkirchen 16.2.1967]. Wagner, dt Musik, dramat u hochdramat **Ausb:** MH Lübeck, Mozarteum Salzburg, H d Künste Berlin. **Laufb:** Gastsol Th d Landeshauptstadt Magdeburg SpZ 99/00, Landesth Meiningen SpZ 00/01, Th Osnabrück SpZ00/01, Einladung II. Int Regiewettb PARSIVAL Graz 2000, Verdi Requiem Oetker Halle Bielefeld 99, Beethoven: IX. Sinf, SchauspHaus Berlin 98. – **UA:** Henze: IX. Sinf, m RF-Chor Berlin, Berliner FestW.

Wolovsky, Leonardo, Sänger; c/o Scheuermann, Nusszeil 69, D-60433 Frankfurt/M, T: (0 69) 52 99 92. (*)

Wolschina, Reinhard, Prof, Hochschullehrer, Klavier, Komponist; Abraham-Lincoln-Str 12, D-99423 Weimar, T: (0 36 43) 77 79 54, F: 55 51 87, *post@bilobram.de*; H f Musik 'Franz Liszt', Inst f Neue Musik, PF 2552, D-99406 Weimar, T: (0 36 43) 55 51 89, F: 55 51 87 [Leipzig 31.8.1952]. klass InstrumentalM, besonders 20. Jh, KamM in div Besetzungen **Ausb:** Komp (Cilensek), Kl (V Lehmann), MH Weimar 70–77, Mstrsch (Kochan) Berliner Akad d Künste 82–84. **Laufb:** Prof (Komp, MTheorie) H f Musik 'Franz Liszt' Weimar seit 92, Konz u Auff in ganz Osteuropa, Finnland, Dänemark, Schweiz, USA, Schweden, Österreich, Niederlande. **Pr:** Eisler-Pr d RF d DDR 85 u 88, IntprPr Künstlergilde Mannheim 96. **Ens:** Kl u Künstl Ltg Trio 'pianOVo' Weimar, Kl im Duo mit Chris Bilobram (Kl u Git). **Mitgl:** DKIV, Liszt-Ges Weimar, Heidenheimer Förderverein f Neue M eV. – **Komp:** ua: 7 Inventionen (f 3 Fl), UA Weimar 93 (Auftr: Trio Sanssouci Freiburg); Klangspiele IV (f 2 Kl z 8 Hd u 4 Schlgz), UA Weimar 94 (Auftr: Staatskap Weimar); Zimra (f Klar u Orch), UA Erfurt, m G Feidman (Auftr: Europ Kulturzentrum Erfurt); Duodramma (f ObInstr u Vcl), 95, UA Weimar 96; Doppelkonz f KB, Mar, 18 Bl u 2 Hfen, UA Erfurt, m M Bunya, P Sadlo 96 (Auftr: Philh Erfurt); Kandinsky-M f Fl-Instr (BassFl/Fl, Picc u Kl), 96, UA Marburg 96; Windspiele f Kl, 97, UA Brno 97; Traumbilder (Kl u Vdl), 99, UA Leipzig 2000; Moments of Silence (Bassetthn u StrTrio), UA Freiburg 2000 (Auftr: Camerata Instr Freiburg u Ld Baden-Württemberg); Epitaph f J C (f 2 Fl u Hfe), UA Erfurt 03 (Auftr: Verein m rara eV Erfurt) Klangwege f V u Akk, UA Weimar 03; perpetuum mobile per JSB f 6 Klar, UA Erfurt 04; IMPULSE f Git u Kl, UA Ahrenshoop 05; 'Musik für 4 Flöten', UA Erfurt 05 (Auftr: Verein musica rara eV Erfurt). **Aufn/RF:** auf CD: 'pezzo capriccioso p trio', Gmünder Trio 74; 'pezzo capriccioso p trio', Brahms-Trio Weimar 74; 'Fantasie' f e Schlagz, Leipziger SchlgzEns 83; 'Klangzeichen' f V, Git u Akk, C Apel (V), M Myslivecek (Git) u I Koval (Akk) 87; 'Zimra' f Klar, Str, Hfe, Kl u Schlgz, G Feidman (Klar), Leipziger KamOrch, Dgt W Rögner 95; 'Duoramma' f ObInstr u Vcl, A Schmidt (ObInstr) M-L Ewald (Vcl) 95; 'Klangspiele I' f Fl u 18 Instr m Joy Dult (Fl) u BSO Berlin. **UA:** insges 20 Werke (m Trio 'pianOVo'), ua v K Aho, F Emmert, Y Gubanov, F Michael, B K Przybylski, A Radwilowitsch, J Sermilä, T Stöß, E R Austin, T Müller, K Nieminen, Elliott Schwartz, Robert Carl, Thomas Böttger. **Zug:** vgl UA. **Sonst:** Grdg u Ltg Studio Inst Für Neue M Weimar 90, Grdg Trio 'pianOvo' Weimar 92.

Wolter, Lucius, Sänger; c/o Kammeroper Göttingen eV, Alte Schule Arenborn, D-34399 Oberweser. **Laufb:** Sol KamOp Göttingen. (Red)

Wolter, Thomas, Schauspielmusiker; c/o Staatstheater Braunschweig, Am Theater, D-38100 Braunschweig, PF 4539, D-38035 Braunschweig. **Laufb:** SchspM Th Braunschweig SpZ 03/05. (Red)

Wolters, Rainer, Violine, Konzertmeister; c/o Rundfunk-Sinfonieorchester Berlin, Charlottenstr 56, D-10117 Berlin. **Laufb:** 1. Konzm RF-SinfOrch Berlin. (Red)

Wong, Frank Dolphin, Bariton; c/o Theater Hagen, Elberfelder Str 65, D-58095 Hagen, T: (0 23 71) 78 80 58, F: 78 80 69, *frank@delferro.nl*; Seilerblick 19, D-58636 Iserlohn; *ww.frankdolphinwong.nl* [Amsterdam 8.3.1968]. Italienische Oper **Ausb:** Sweelinck Conservatorium, Amsterdam (Klass Sologes) b Udo Reinemann 94–98; Cons de Metz, (Liedinterpretation) b Udo Reinemann 94–96; De Nieuwe Opera Akademy, Den Haag 96–97; Mstrks b Elly Ameling, Robert Loyd, Charlotte Margiono, Peter Elkus. **Laufb:** Gala-Eröffnungskonz d Eurogipfels, Amsterdam, 97; Solist Allee Th Hamburg 99; Solist Het Muziekth Amsterdam 01, project Kurt Weill; Tournee 'Le Nozze di Figaro' Frankreich +

Frank Dolphin Wong

Belgien 03+05; Sol Th Hagen seit 04. **Pr:** 'Premier Prix' z Abschluß d zweijährigen Kurses f d Deutsche Lied am Cons de Metz 96.

Woodside, Mary Ellen, Violine; Steinacher 51, CH-8484 Weisslingen, T: 05 23 94 36 25. (Red)

Woodward-Stadtmueller, Donna, Sängerin, Dozentin, Gesangslehrerin; Auf der Weide 4a, D-65550 Limburg/Linter, T: (0 64 31) 4 57 27, *Woodstadt @aol.com*; 1694 Wayah Drive, Charleston, SC 29414, U.S.A., T: (08 43) 8 52 06 06 [Baltimore, USA 2.6.1946]. Oper, Operette, Lied, Oratorium, Stimmbildung **Ausb:** Stud (Ges, Kl) Virginia Intermont Coll 64–66, M Coll-Cons U of Cincinnati 66–69. **Laufb:** Sol (Koloratur-Soubrette) Th Luzern 70, StaatsTh Darmstadt 71–73, Städt Bühnen Heidelberg 73–75, NatTh Mannheim 75–86, freischaff seit 86, Gast ua NatTh München, Th Antwerpen, Gent, St Gallen, Op Paris, Doz (Ges) H f M Heidelberg/Mannheim 92–97 u U Mainz 91–2001, eigenes Gesangsstudio in Koselburg/Frankfurt seit 99; Doz (klass Ges) MKse Musica Viva/Toscana seit 03. **Pr:** Giorno MPr Ohio 66, Corbett Found Fellow 69. **Mitgl:** Nat Ass of Teachers of Singing. – **Aufn/RF:** D v Dittersdorf: Arzt u Apotheker. **Lit:** Who's Who in Int Music and Musicians, zuerst 84.

Wooker, W *siehe* Stracke, Hans Richard

Workman, William, Dr, Prof, Hochschullehrer; Hochschule f Musik u Theater, FB 3, Harvestehuder Weg 12, D-20148 Hamburg. **Laufb:** Prof (Gesang) H f M u Th Hamburg. (Red)

Worlitzsch, Volker, Violine; An d Schachtbahn 4, D-29314 Hambühren, T: (0 50 84) 68 97; c/o NRD Radiophilharmonie, Rudolf-von-Bennigsen-Pl 22, D-30169 Hannover. **Laufb:** Konzm NDR RadioPhilh Hannover. (Red)

Worm, Dieter-Gerhardt, Prof, GMD, Dipl phil, Generalmusikdirektor; Waidmannsweg 49, D-16548 Glienicke, T: (03 30 56) 7 76 02, 01 73–9 16 59 61; Promenadenstr 5, D-09111 Chemnitz, T: (03 71) 3 36 45 36 [Zittau, Oberlausitz 31.8.1930]. Konzert, Oper, Kammermusik **Ausb:** Stud (Dirig, Kl) Akad f M u Th Dresden 49–50, Stud (Dirig, Kl, MWiss) H f M Weimar 50–52, Stud (MWiss) Humboldt-U Berlin 52–54. **Laufb:** ProdChef VEB Dt Schalplatten 55–74, Dir Berliner Staatskap 74–78, Chefdgt Robert-Schumann-Philh u Städt Th Chemnitz 74–95, Prof (Dirig) Sommerakad Mozarteum Salzburg 79–86, GMD 81, Initiator Neugrdg u 1. Vorsitzender Chemnitzer MVerein eV seit 91, GMD Mittelsächs Philh 93–95, GMD Philharm Orch Plauen 98–2000, GMD Philh Orch Plauen-Zwickau 01–03; Gastsp in fast allen Ländern Europas, in Japan u USA, ZusArb ua m NHK Orch Tokio, Metropolitan Orch Tokio, Shinsei Nikon Symph Orch Tokio, New Orch of Boston, Nat Philh Havanna, Orch Nat Palermo, Orch de Bordeaux-Aquitaine, Mozarteumorch Salzburg, Göteborger Sinfoniker, Dresdner Staatskap u Philh, Gewandhausorch Leipzig, BSO u RSO Berlin u Leipzig, Stuttgarter, Kieler u Nürnberger Philharmoniker. **Pr:** Kunstpr d DDR 83, Ehrenmitgl Mauersberger-Ges seit 90, Robert-Schumann-Philh Chemnitz seit 93 u Städt Th Chemnitz seit 95, Int Robert-Schumann-Pr d Stadt Zwickau 95, Ehrenmitgl Th Plauen-Zwickau seit 03. **Mitgl:** Vorst Int Schumannges Zwickau. – **Aufn/RF:** CDs:Brahms/Schönberg: 'Klavierqua g-moll op 25 f gr Orch, m Robert-Schumann-Philh Chemnitz 89; K Schwaen: Violinkonz; g Katzer: Soundhouse f gr Orch; zahlr RF-Mitschn u TV-Aufn. **UA:** Werke v Katzer (Vcl-Konz, Kl-Konz), Kochan, Matthus, Fišer, Leimert, Kurzbach ua. **Zug:** Katzer: Soundhouse; z 70. Geb: Katzer: L'amitie u Matthus: Geburtstagswunsch, UA 2000. **Sonst:** mehrfach Jury-Mitgl Mozart-Wettb Salzburg u Schumann-Wettb Zwickau. **Lit:** W Sawallisch: 'Im Dienste d Deutlichkeit'; div Aufsätze u Artikel, Who is who.

Wortig, Dominik, Sänger; Hohenzollernstr 12, D-58095 Hagen, T: (0 23 31) 78 89 31. **Laufb:** Sol Th Hagen. (Red)

Wosnitza, Cornelia, Sängerin; Calberlastr 3, D-01326 Dresden, T: (03 51) 2 68 77 47, F: 2 68 77 47. **Laufb:** EnsMitgl Staatsop Hannover 89–95, Sol Th Erfurt, freischaffend. (Red)

Wottrich, Endrik, Tenor; c/o Boris Orlob Management, Jägerstr 70, D-10117 Berlin, T: (0 30) 20 45 08 39, F: 20 45 08 49, *info@orlob.net*; *www.orlob.net* [Celle]. **Ausb:** Stud V, Ges (Egel-Goldschmidt, R Nodel, I Hallstein) MH Würzburg, Stud Ges (D Ferro) Juilliard School New York ab 90. **Laufb:** Sol Staatsth Wiesbaden 92, Dt Op Berlin, MTh Bonn, Dt Staatsop Berlin 93–01, Gastsol Scala in Mailand 99/2000, BBC Proms London 2000, Op Bonn 2000/01, Op Chicago 2000/01, Semperop Dresden 04/05, Gast Berliner FestW, Bergen-Fstv, Schubertiade Wien, Bayreuther FSp, Wiener FestW, MaiFSp Wiesbaden, ZusArb m Berliner Philharmonischen Orch, Chicago Symphony Orch, Dt SymphOrch Berlin, Dresdner Philh, Düsseldorfer Symphoniker, Gustav-Mahler-Jugendorch, MDR RF-SinfOrch Leipzig, Osloer RFOrch, Philharmonia Orch London, RF SinfOrch Berlin, Staatsphilh Krakau, Orch d SWF Baden-Baden, Wiener Philharmoniker, ZusArb m Dgt: C Abbado, G Albrecht, D Barenboim, R Frühbeck de Burgos, H Haenchen, N Harnoncourt, G Kuhn, Z Mehta, D Nazareth, K Seibel, M Tilson Thomas, S Bychkov, Ph Herreweghe, R Chailly, Ch Thielemann u L Zagrosek, Prof (Ges) H f M Würzburg. **Pr:** Stip d Dt Studienstift, 40. Annual Grammy Awards Nomination. – **Aufn/RF:** zahlr Aufn, zahlr RFÜbertragungen: Fernseh-Liveübertragung d Verdi Requiems z Gedenken an d Zerstörung Dresdens (m MDR-Sinfonieorch), Übertragung d Schweizer Fernsehens m Mahlers 'Lied von der Erde', Einsp v Webers 'Der Freischütz' (m Berliner Philharmoniker, Lt N Harnoncourt).

Wouterse, Nico, Sänger; Engelstr 54, D-54292 Trier, T: (06 51) 9 12 04 49, *taragota@hotmail.com* [Heerlen, Niederlande 12.12.1969]. **Ausb:** Stud (M Besselink) Hogeschool Maastricht, dep Cons 96–2001, Priv (J P Blivet) Paris 89–95; Stud Cons Maastricht (Sax). **Laufb:** Sol Th d Stadt Trier, Jeunesses Musicales Weikersheim (Kaspar, Freischütz) 99. – **UA:** Grünauer: Trilogie d Sommerfrische (Fulgenzio), UA Hannover, EXPO 2000.

Woyke, Andreas, Klavier, Dozent; Schörgelgasse 76/2, A-8010 Graz, T: (03 16) 94 84 53, F: 94 84 53, *mail@andreas-woyke.com*; Diesterwegstr 21, D-57299 Burbach, T: (0 27 36) 15 58 [Siegen 1966]. **Ausb:** JugendMsch Siegen 69–83, MH Köln 83–85, Stud HKlasse Kl Köln 85–93, Dipl 90, 1993 Dipl KonzEx, Gaststud MH Wien 91–97. **Laufb:** LBeauftr MH Graz 95–98, L MH Graz seit 98. **Pr:** 1. Pr Bremer Klavierwettb 87, Knezkova-Hussey Pr 96. (Red)

Wragge, Ina, MA, Dramaturgin; Papestr 45, D-45147 Essen, T: (01 75) 2 01 63 10 [Bremen 13.1.1966]. **Ausb:** Stud (MWiss, ThWiss, KuGe) U München. **Laufb:** Dram Oldenburg Staatsth, Staatsth Kassel seit 92, Aalto-Th, Th u Philh Essen seit 97 (04/05).

Wrede, Bert, Schauspielmusiker; Winsstr 64, D-10405 Berlin; c/o Burgtheater, Dr-Karl-Lueger-Ring 2, A-1014 Wien. **Laufb:** SchspM Schausp Frankfurt/Main SpZ 03/04, Burgth SpZ 04/05, Dt Th Berlin SpZ 04/05. (Red)

Wretschitsch, Walter, Prof, Hochschullehrer, Flöte; Univ f Musik u Darst Kunst, Inst Franz Schubert, Rennweg 8, A-1030 Wien, T: (01) 7 11 55 46 00, *wretschitsch@mdw.ac.at.* **Laufb:** Lehrtätigkeit (Fl) U f Musik u Darst Kunst Wien seit 81, UProf ebd. **Ens:** Ens Vienna Flautists. (Red)

Wright, John, Hochschullehrer, Querflöte; Langewingertstr 13, D-76275 Ettlingen, T: (0 72 43) 1 53 89, F: 1 53 89. **Laufb:** KamM Bad Statskap, Doz (Querfl) Staatl H f Musik Karlsruhe. (Red)

Claudius von Wrochem

Wrochem, Claudius Sebastian von, Cello; Jagowstr 16, D-10555 Berlin, T: (0 30) 39 10 10 39, *claudius@von.wrochem.de*; *www.wrochem.de, www. kairosquartett.de* [Berlin 1965]. Kammermusik, Neue Musik, Improvisation **Ausb:** Cellostud b Peter Mann in Berlin u George Neikrug in Boston, USA. **Laufb:** Tourneen in Europa (Kairos Qua), Südamerika (Solocellist in Kammerorch, Mitgl v UnitedBerlin), Lehrtätigkeit an der Musikschule Neukölln, Workshops H Zürich, Berlin (U d K) und Bergen z Aufführungspraxis Neuer Musik, Beschäftigung m freier Impr. **Pr:** Stip Akad Schloss Solitude, Kranichsteiner Stip 96, Förderpr Ev Siemens-Stift 2000. **Ens:** Duo von Wrochem seit 83 (Grdgsmitgl), work in progress Berlin 91–98, UnitedBerlin 95–98, Kairos Qua seit 96 (Grdsmitgl). **Mitgl:** Initiative Neue Musik Berlin. – **Aufn/RF:** Neue Musik in Rheinsberg: Matthias Jann mouvement de silence;

Juro Metsk Portrait-CD: Canti per cello e piano, Syndrom, Kontraktion; New Saxophone Chamber Music: Kyburz Cells (col legno); Kairos Quartett – Interpretenportrait 1: K Müller Thorn; G Kurtág: Quartetto per archi op 1, J Estrada: Canto mnémico, L Berio: Sincronie, Interpretenportrait 2: G F Haas: Streichquartette 1+2; Einspielung der Klangdatenbank 'Das virtuelle Orchester' (www.swr.de/swr2/faszination-musik/orchester/exp/vo.htm). **UA:** zahlr., insb als Mitgl d Kairos Quartetts. **Zug:** zahlr, insbes als Mitgl d Kairos Quartetts. **Sonst:** Musik in Geschichte u Gegenwart (MGG), Personenteil: J Berger, A Bijlsma, D C Dounis, J du Pré, E Feuermann, P Fournier, E Mainardi, H Schiff.

Johann Gottlob von Wrochem

Wrochem, Johann Gottlob von, Pianist, Komponist; Knesebeckstr 4A, D-14167 Berlin, PF 370153, D-14131 Berlin, T: (0 30) 8 11 66 79, F: 8 12 10 86, *vonwrochem@aol.com*; Dorfstr 80, D-06862 Serno, T: 01 79–7 95 41 08; *www.vonwrochem.de* [Gryfice/Hinterpommern]. Konzert u Komposition **Ausb:** Stud (Kl) ua b Hans Richter-Haaser u Conrad Hansen, MH Berlin 57–58, Nordwestdt Musikakad u Musikakad Hamburg 59–62, HdK Berlin 63–64 (Konzertdiplom). **Laufb:** 40-jährige Laufbahn als Sol, Liedbegleiter u KamMPartner, etwa 1000 Konz auf allen Kontinenten außer Australien seit 63, umfassendes Repertoire (großer Teil d KlLit, inkl ausgehendes 20 Jh), LAuftr an d Päd-H u UdK Berlin, Doz Mstrks in Japan u Griechenland. **Pr:** Interpretenpr d Künstlergilde Esslingen 92. **Ens:** Duo von Wrochem m Claudius von Wrochem (Vcl). **Mitgl:** GEMA, Weltföderalisten, Verein z Förderung der Schönen Künste, der Gastfreundschaft sowie der Völkerverständigung. – **Komp:** 45 Kompositionen. **AuftrKomp:** zahlr. **Aufn/RF:** über 60 RF-Aufn u einige CDs (mehrere KlAbende sowie eigene Rekonstruktion/Bearb d Gurrelieder v Schönberg f Sop, Ten u Kl als Livemitschn). **UA:** ca 30, ua Werke v Yun, Kelterborn, Kopelent, Filonenko. **Zug:** zahlr. **Sonst:** zahlr Konzertkritiken.

Wüest, Markus, Prof, Hochschullehrer, Posaune; Staatliche Hochschule für Musik Freiburg, Schwarzwaldstr 141, D-79102 Freiburg i Br, *mwueest@yahoo.de* [1954]. **Ausb:** Stud Pos (R W Bodendorfer) Kons Luzern, Stud Pos (Prof B Slokar) MH Bern. **Laufb:** Pos SymphOrch Luzern bis 80, Orch de la Suisse Romande Genf bis 82, SymphOrch Basel seit 83, Prof (Pos, Methodik) Staatl H f Musik Freiburg iBr. **Ens:** Edward Tarr-BrassEns, Basel Brass Quintett, Slokar-Posaunenquartett. (*)

Wünsch, Angela, Hochschullehrerin; Uffenheimer Str 13a, D-97239 Aub, T: (0 93 35) 13 22, F: 99 89 39. **Laufb:** Doz (InstrKde, Akustik, allg MLehre) Hermann Zilcher Kons Würzburg. (Red)

Wünsch, Christoph, Dr, Prof, Hochschullehrer, Komponist, Pianist, Musikwissenschaftler; Uffenheimer Str 13a, D-97239 Aub, T: (0 93 35) 13 22, F: 99 89 39, *christoph.wuensch@t-online.de*. **Laufb:** Prof (MTheorie) H f M Würzburg, Lt Studio f Neue M Würzburg. **Mitgl:** Ges f MForschung, Ges f MTheorie.

Wünsch, Eberhard, Viola; c/o Komische Oper, Behrenstr 55–57, D-10117 Berlin. **Laufb:** Sol Orch d Komischen Op Berlin. (Red)

Wünsch, Thomas, Prof, Hochschullehrer, Viola; Platanenweg 24, D-04564 Großdeuben, T: (03 42 99) 7 73 39; H für Musik 'Franz Liszt', PF 2552, D-99406 Weimar. **Laufb:** Prof (Va) H f M 'Franz Liszt' Weimar, Sol (Va) MDR SinfOrch Leipzig. (Red)

Würdinger, Ernst, Mag, Prof, Hochschullehrer, Komponist; Eipelsberg, A-3400 Weidling, T: (0 22 43) 3 76 93; Univ f Musik u Darst Kunst, Inst Anton Bruckner, Anton-von-Webern-Pl 1, A-1030 Wien, *wuerdinger-e@mdw.ac.at* [1952]. **Laufb:** Prof (Komp) U f Musik u Darst Kunst Wien. – **Komp:** Christ lag in Todesbanden, Komm Heiliger Geist, Nun freut Euch, Discatus Super f Org. (Red)

Würdinger, Walter, Prof, Hochschullehrer, Gitarre; Univ f Musik u Darst Kunst, Inst f Streich- u andere Saiteninstrumente, Seilerstätte 26, A-1010 Wien, T: (01) 7 11 55 23 14, F: 7 11 55 23 99, *wuerdinger@mdw.ac.at*. **Laufb:** o UProf (Git) U f Musik u Darst Kunst Wien. (Red)

Würsch, Matthias, Schlagzeug, Cymbal, Glasharmonika, S Säge; Schönaustr 46, CH-4058 Basel, T: 06 16 93 46 20, F: 06 16 93 46 20, *mjwuersch@bluewin.ch* [Basel 1.10.1965]. Neue Musik, Musikth **Ausb:** Stud (Schlgz) MH Basel 83–88, Privatstud (J-P Drouel) Paris 88–91. **Laufb:** Cymbalsp b Orch de Paris seit 88, Orch nat de France, BR, NDR, Tonhalle Zürich, Op Zürich ua. **Pr:** Förderpr f Musik d Kantons Basel-Landschaft 91. **Ens:** phoenix-ens Basel, BEAM (Basel electric Art Messangers). – **Aufn/RF:** MTh Solo Programm 01 (DRS), percussion plus, Schweizer Radio Int 89 (CD). **UA:** H Holliger: Op 'Schneewittchen', UA Zürich 98; H Holliger: Voies métalliques (Schlgz solo), UA 99.

Würtz, Ingrid, Sopran; Leistadter Str 14, D-67273 Weisenheim am Berg, T: (0 63 53) 88 33, F: 88 33 [Kolberg, Pommern]. Konzert, Lied, Belcanto **Laufb:** Stadtth Saarbrücken, Op Köln, Gastsp FestW Wien, Kulturtage u Mozartwochen Salzburg, Dt Mozartfest Mannheim, Mozartfest Marienbad, Bordeaux, Brüssel, Venedig ua. **Pr:** Ehrenmitgl Assoc Culturale Italo-Tedesca Venezia 01. – **Aufn/RF:** RF- u CD-Aufn; sämtl Mozart-Lieder m E Werba (SWR), Verdi-Lieder m T Campburn.

Würzebesser, Mario, Prof, Hochschullehrer, Schlagzeug; Hochschule f Musik 'Hanns Eisler', Charlottenstr 55, D-10117 Berlin, T: (0 30) 2 29 92 16, F: 2 29 92 16 [Unstruttal]. **Ausb:** musikal Ausb Kl, Schlgz-Unterr, Stud (Schlgz/Klassik) H f Musik 'Hanns Eisler' Berlin. **Laufb:** Mitgl Berliner SinfOrch 81, zahlr Auftr m versch Jazzens, freischaff Musiker 83, kontinuierl ZusArb m versch Ens, ua Volker-Schlott-Qua, Acoustic Art, Tourneen, ZusSpiel m versch namhaften Sol b Prod u Konz im Rahmen nat u int Fstvs, KonzTätigkeit in ganz Europa, ZusArb m Perc Project Rostock, Auff eigener Komp, Prof (Schlgz im Bereich Jazz u PopularM) H f Musik 'Hanns Eisler' Berlin. **Ens:** Grdg u Ltg Berlin Drum Comp seit 97. (Red)

Wüst-Richter, Ursula, Prof, Hochschullehrerin, Flöte; Niewalder Str 8, D-32791 Lage-Heiden, T: (0 52 32) 6 65 96, F: 98 01 62, *WUEST-RICHTER@t-online.de*; Musikhochschule, Ludgeripl 1, D-48151 Münster. **Laufb:** Prof (Fl) H f M Detmold, Abt Münster. (Red)

Wüsthoff, Klaus, Komponist; An der Rehwiese 15a, D-14129 Berlin, T: (0 30) 8 03 66 73, *Klaus.Wuesthoff@gmx.de*; c/o Sekretariat Friedel Weißert, Tilburgerstr 10, D-12359 Berlin, T: (0 30) 60 08 27 10, *Sekretariat.Klaus.Wuesthoff@t-online.de*; *www.klaus-wuesthoff.de*, *www.kuscheltierkonzert.de* [Berlin 1.7.1922]. Orchesterwerke, Chor- u Kammermusik, Musical **Ausb:** Stud (Dirig, Komp) MH Berlin. **Laufb:** 6 Jahre RIAS-Musikabt, 2 Jahre Schiller- u Schloßparkth, dann freischaff (Komp, Dgt, Autor, Moderator). **Pr:** Brüssel 62, 2. Pr Sing up 76, Publikumssieger u 1. Pr d SFB-Hörer (KompWettb d Berliner Philh Orch) 82, BVK 93, Paul Woitschach-Pr d DKV 99. **Mitgl:** Ehrenmitgl DTKV Berlin, dkv, Vorstandsmitgl Dramatiker Union. – **Komp:** Weihnachtskantate f junge Leute 72, UA Berlin 72; Concierto de Samba (3 Git u Orch) 83, UA Köln, S Behrend, M Troester, WDR-RF-Orch, Dgt H Geese 83; Frohe Jagd (Konz-Suite f Blasorch u Jagdhnbläser) 87, UA Berlin 87; Himmel u Hölle Berlin (Musical) 87, UA Berlin, Philh 87; Concertino f Klar u Streicher, UA Weilburg, S Meyer, Wittenberger KamOrch, Dgt J Faerber 84; Das Kuscheltierkonz (f gr Orch u Sprecher), UA 97, Philh Berlin, O Sander (Auftr: Berliner Symphoniker); Weihnachtskantate f Junge Leute; Zille sein Milljöh, UA Berlin, Liederrevue, Th d Westens 2000; 'Cagliostro' (Musical), UA Ens Theatrum, Schloss Hohenerxleben 03; 'Der jroße Schwof' (Musical); 'Freunde wie wir' (Musical); Neufssg 'Das Kuscheltierkonzert', UA Ldsth Coburg 05. **Aufn/RF:** ca 30 OrchProduktionen 'leichte Sinfonik' (ARD); 'Himmel u Hölle', ein dt Musical, Berlin, Philh, SFB/RIAS 87, 'Frohe Jagd' (KonzSinf f Blasorch); CD-Prod Stabsmusikkorps d Bundeswehr 03, Kuscheltierkonzert 05. **Zug:** M Troester: Collagen (f Git u StrQua od Git u Kl). **Sonst:** Initiator Forum junger dt Komp, Schüler komponieren, Glienicker Schloßkonz, Neue SalonM ua; Die Rolle d Musik in d Funk-, Film- u Fernsehwerbung, 2.Aufl 99.

Wüsthoff, Sabine, Komponistin; Binger Str 55, D-14197 Berlin, T: (0 30) 8 21 60 09 [Berlin 9.7.1953]. **Ausb:** Stud (SchM, Gesch) H f M u Th u U Hannover. **Laufb:** Arbeit an versch Th, später mehr Konzentration auf Konz- u KamM, zunehmend dirigentische Tätigkeit, Schwerpunkt VokalM, zusätzl Konzorganisation. – **Komp:** Nebukadnezar (Op), UA Berlin, Lindenkirche 87; Bläserqui (KamM), UA Berlin 87; 6 Miniaturen f Fl u Git (KamM), UA Berlin 88; Tremotion (KamM), UA Heidelberg 90; Concertino (Konz), UA Berlin 92; Augenblicke (ChorM), UA Berlin 96; Sixpack (Kl-Musik), UA Berlin 98.

Wüthrich-Mathez, Hans *siehe* Wüthrich, Hans

Wüthrich, Hans, Dr phil, Komponist, Hochschullehrer; Kirchgasse 4, CH-4144 Arlesheim, T: 06 17 01 68 42, 06 17 01 39 23, F: 06 17 01 68 42, *hanswuetrich@freesurf.ch* [Aeschi 3.8.1937]. Musiktheater **Ausb:** Kl (S Savoff), Theorie (S Veress) Kons Bern, KlDipl 62, Kompunterr (K Huber) 68–72, Prom (Dt Sprach- u Litwiss, Philosophie, MWiss) U Zürich 73. **Laufb:** LBeauftr (Phonetik/Phonemik) U Zürich u Basel 71–85, Doz (MTheorie, Komp) MH Winterthur Zürich seit 85, Auff: IGNM-WeltMFeste Bonn 77, Athen 79, Warschau 92, Donaueschinger MTage 78, 85, 1. Fstv d zeitgen MTh Leipzig 95, Tage f Neue Musik Stuttgart 91, Zürich 93. **Pr:** KompPr Stadt Zürich 72, KompPr Int KompWettb Boswil 74, 76, 78, Grand Prix Paul Gilson de la Communauté radiophonique des programmes de langue française 84, Spartenpr f Musik Kanton Basel-Landschaft 91. **Ens:** mixt media basel. – **Komp:** ua Das Glashaus (MusikTh) 74/75, UA Zürich 76; Annäherungen an Gegenwart (Str-Qua) 86/87, UA Basel 87; Sky, seated man/seated woman, train, garden pool, cut (5 Chiffren f 8 Solostimmen) 93; Happy Hour. Zyklus (Acht Sports) 94/97, UA Winterthur 96; Übergänge in Rot, Orange u leuchtendem Blau (f Vokalens, 2 Keyboards) 99. **AuftrKomp:** Procuste deux étoiles 81; Netz-Werke

I–III f Orch ohne Dgt 82–89, UA Zürich 88 (I, II), Basel 90 (III); Chopin im TGV Basel-Paris 90; Wörter, Bilder, Dinge (Alt u Str-Qua) 89/91, UA Zürich 91; leve (13 Szenen) 92, UA Basel 93; Happy Hour 98; Glühende Übergänge in Rot, Orange u leuchtendem Blau 2000. **Aufn/RF:** H Wüthrich: 'Das Glashaus', mixt media basel, DRS 78. **Sonst:** Grdg Ens mixt media basel 74, Veröff div Komp. **Lit:** T Meyer: 'H W' (Komp d Gegenwart) 92; G Nauck: 'Annäherungen an Gegenwart. Zu einem StrQua v H W' (Positionen 30) 97; T Meyer: 'Idealerweise ist bereits d ernste Einfall multimedial. Zum MTh v H W' (dissonanz 69) 99; A Haefeli: 'H W' (The New Grove) 01.

Wulff-Woesten, Johannes, Komponist; Pirnaer Str 3d, D-01728 Bannewitz/Rippien, T: (03 51) 6 44 19 37, *johannes.wulff-woesten@freenet.de* [Jena 19.4.1966]. Kammermusik, Kammeroper **Ausb:** Stud (Komp, Dirig, Kl) Franz-Liszt-H Weimar 86–92. **Laufb:** Solorep Sächs Staatsop Dresden SpZ 91/05, Ass Sinopoli 95–01, musikal Ass u Solorep Bayreuther FSp seit 96, StudLt Sächs Staatsop Dresden SpZ 03/04. **Mitgl:** KompVerband Sachsen. – **Komp:** 7 Lieder nach Gedichten v Nelly Sachs, UA Weimar 87; Sinf in 4 Sätzen (Sinf), UA Weimar, Weimarhalle 89; St Petersburger Impressionen (Va, Akk, Hf), UA 91; Konz f Kl u Orch (Konz), UA Weimar 92; Rhapsodie in Black (Ob, Vcl, Kl), UA 94; Die weiße Fürstin (KamOp), UA Meissen 97; Tangooper, UA 02.

Wulff, Bernhard, Prof, Hochschullehrer, Komponist, Dirigent, Schlagzeug; Lexerstr 3, D-79110 Freiburg, T: (07 61) 8 75 48, F: 89 44 90, *b.wulff@mh-freiburg.de*; Hochschule f Musik, Schwarzwaldstr 141, D-79102 Freiburg [Hamburg 1948]. **Ausb:** Stud (Dgt, Komp, Kl, Schlgz) Siena, Basel, Hamburg. **Laufb:** ZusArb m Orch i Schweiz, Argentinien, Mexico u m Odessa Kons-Chor, GastProf Basel, Mexico-City, Santiago, Tokio, Osaka, Rochester, San Juan, Odessa, Prof (Schlgz) Staatl H f Musik Freiburg, stellv Rektor ebd 86–96. **Ens:** Arcana Ens Basel. – **Sonst:** Grd u Lt Ens f zeitgen M in Frankfurt, Freiburg, Basel, San Juan. (Red)

Wulfhorst, Martin, PhD, Musikwissenschaftler, Violine; c/o Hamburger Symphoniker, Dammtorwall 46, D-20355 Hamburg, T: +49 (0 40) 77 73 85, F: 7 66 50 64, *mwulfhorst@t-online.de*; *www.wulfhorst-web.com*. **Ausb:** Stud (V) MH Berlin, Dipl ebd, Master of Arts Brooklyn College, Prom (MWiss) City U of New York 95. **Laufb:** Doz (V, KamM) Colgate U 85, 2. Konzm Hamburger Symph seit 90. **Pr:** Stip Studienstift d Dt Volkes, Aspen Summer M Fstv Fellowship. **Ens:** Syracuse Society f New Music, Hamburger StrQua. – **Aufn/RF:** LPs u CDs: D Godfrey u A Silsbee: KamM 87; Grädener: KamM 99. **Sonst:** zahlr Veröffentl, ua: L Spohr's Early Chamber Music 95, Artikel, FachZss, Lexika (ua MGG 2), FS, Jahrbücher, Bach-, Mozart-, Mendelssohn-Ausgaben, 'OrchPlaying f Violinists' 06.

Wulkopf, Cornelia, KS, Sängerin; Effnerstr 85a, D-81925 München, T: (0 89) 98 73 76, 01 71–6 54 28 06, F: 98 73 76 [Braunschweig]. Oper, Konzert **Ausb:** Stud Ges, Lied, Orat (Kretschmar, G Weißenborn) MH Detmold 71–77. **Laufb:** Sol Bayer Staatsop München SpZ 77/78 u 89/90, Bühnen d Stadt Köln, Gastsol Staatsop Hamburg 93–97, Kom Op Berlin 93–98, Basel 95, Mailand 97/98, Op Leipzig 99/2000, Bad Staatsth Karlsruhe SpZ 2000/01, Vereinigte Bühnen Graz SpZ 2000/01, Staatsth Braunschweig 2001 (03/04), FSp Bayreuth 77, Münchner OpFSp 78–96, Montpellier 97, Bergen Fstv 97, Brucknerfest Linz 97 u 98, Ravello 98 u 99, Bregenzer FSp 2000, Sol Dt Op Berlin SpZ 03/04. **Pr:** 1. Pr HWettb 76, Solokonz Junger Künstler, 1. Pr Konz u 2. Pr Op VDMK Berlin, Pr BDD-Kulturverband. – **Aufn/RF:** div Lied- u Op-CDs, RF-Aufn u -Mitschn.

Wunderer, Gabriele, Sängerin; Auf den Wöörden 19, D-22359 Hamburg, T: (0 40) 42 93 66 92, F: 42 93 66 91, *gabrielewunderer@gmx.de* [Würzburg 28.4.1964]. Oper, Konzert, Oratorium **Ausb:** Stud Lied u Orat (J Paustian) MH Mannheim-Heidelberg 83–86, Stud Opkl (G Litz) MH Hamburg 86–91. **Laufb:** Ensmitgl Städt Bühnen Münster 91–96, Freies Mitgl NDR-RF-Chor 88, Freies Mitgl RF-Chor Berlin 97, Opernchor Bremen 03/04. **Pr:** Förderpr Richard-Strauss-Wettb München 90, Förderpr Musik- u Theaterfreunde Münster 96. – **Aufn/RF:** J Haydn: Sieben letzte Worte (Orat), m Kurpfälz Kammerorch Mannheim, Dgt: N Matt; W A Mozart: Messen, m Kurpfälz Kammerorch Mannheim, Dgt: N Matt. **UA:** A Corghi: Op 'Divara' (Mutter), städt Bühnen Münster, m SymphOrch d Stadt Münster, Dgt: W Humburg 93 (CD).

Wunderlich, Stephan, Komponist; c/o Verein f experimentelle Musik Darmstadt eV, Lerchenweg 14, D-64291 Darmstadt, T: (0 89) 3 59 31 10, F: 3 56 91 92, *106037.2333@compuserve.com* [Nürnberg 1952]. **Laufb:** musikal Lt Ens f experimentelle Musik München. (Red)

Wunn, Jürgen, Akkordeon, Hochschullehrer; Schäferwiese 12, D-97440 Essleben, T: (0 97 22) 73 68, F: 44 53 [Saarbrücken 1954]. **Ausb:** AkkStud MH Trossingen b Prof Hugo Noth. **Laufb:** AkkLehrer Musikschule Schweinfurt u Doz f Akk u Fachmethodik H f M Würzburg, KonzTätigkeit, Mitglied in verschiedenen KamM-Besetzungen, ua Prisma-Ensemble u Improvisations-Ensembles, regelm Doz auf Kursen f Akk-solo u KamM, Verleger. (Red)

Wurlitzer, Ulrich, Prof, Hochschullehrer; H f Musik, Hofstallstr 6–8, D-97070 Würzburg. **Laufb:** Prof (Klar, KamM) H f M Würzburg. (Red)

Wustlich, Frank, Sänger; Oststr 4, D-03058 Cottbus-Gallinchen, T: (03 55) 53 01 58. **Laufb:** Staatsth Cottbus SpZ 03/05. (Red)

Wuttke, Friedemann, Gitarre, Laute; c/o SIMANE Musik- & Kulturmanagement, Fritz-Frey-Str 6, D-69121 Heidelberg, T: (0 62 21) 40 80 62, F: 40 80 63, *FWuttke@aol.com*; *www.friedemann-wuttke.de*.

Wycik, Ekhart, Dirigent; Wilhelmstr 14, D-67655 Kaiserslautern, T: (06 31) 9 29 22, F: 9 29 22, *gibcik@t-online.de* [Hagen, Westf 12.4.1967]. **Ausb:** Stud Dirig (H Kast), Liedbegl (R Goetze) MH Düsseldorf 88–92; Mstrkse Wien 90, Dt Musikrat 92–94. **Laufb:** 2. Kapm Stadtth Bielefeld 92–97, 2. Kapm Pfalzth Kaiserslautern 97–98, Koord 1. Kapm Pfalzth Kaiserslautern seit 98, Gastdgt Berliner Symph Staatsphilh Halle/Saale 01, Jenaer Philh, Norwestdt Philh Herford, Bochumer Symph 03, Gastdgt Staatsorch Rhein Philh 04, Staatsphilh Rheinland-Pfalz, Orchestra Haydn, Bolzano 05, RSO Saarbrücken 04, Wichita Grand Opera, USA 06. **Pr:** Bielefelder OpTaler 94, Förderpr Furtwängler-Dirigierwerkstatt Mürzzuschlag 99. – **UA:** Anne Le Baron: 'Fleeting Shades', Jenaer Philh 03.

Wykydal, Andreas, Mag, Komponist; Währinger Str 174, A-1180 Wien, T: (01) 4 70 21 52. (*)

Wyn-Rogers, Catherine, Sängerin; c/o Bayerische Staatsoper, Brieffach, D-80075 München. **Laufb:** Sol Bayer Staatsop München. (Red)

Wynarski, Daniel, Sänger; Geschwister-Scholl-Str 2, D-99423 Weimar, T: 0 16 36 93 52 12, *wynarski@web.de*; c/o Eduard-v-Winterstein-Theater, Buchholzer Str 67, D-09456 Annaberg-Buchholz; *www.musikerportrait.com/daniel-wynarski* [Herzebrock 15.5.1972]. Oper/Musiktheater **Ausb:** Stud Jazz-Ges H f M 'Franz Liszt' in Weimar 94–95; Stud Ges/Musikth H für Musik 'Franz Liszt' b Prof Gudrun Fischer 96–03. **Laufb:** Kantatenkonz m Weimarer Bachkantaten-Ens seit 02; 'Der Barbier von Sevilla' (Basilio) m Neuem Musikth Weimar 03; Eng Th Nordhausen 03/04; Bass in 'Ode an die Freude' i 9.Symphonie von L.v.Beethoven m Erzgebirgischen SymphOrch, Dgt: Prof. Klemm 04; Eng+Sol Eduard-von-Winterstein Th Annaberg-Buchholz 04/05. **Ens:** Weimarer Bachkantaten-Ensemble. – **UA:** Ludger Vollmer: 'Paul und Paula', Th Nordhausen, Ltg Kapm Stefan Ottersbach.

Wyrsch, Peter Beat, Künstlerischer Leiter, Regisseur; Rudolf-von-Langen-Str 53, D-48147 Münster, T: (02 51) 27 94 09, *wyrsch@pocket-opera.de*, *wyrschP@stadt-muenster.de* [Stans/Schweiz]. zeitgenöss Musiktheater (Kompositionsaufträge) **Ausb:** Stud MWiss in Basel u Erlangen. **Laufb:** Künstl Lt Pocket Opera Company Nürnberg SpZ 03/04, Reg Th Biel Solothurn SpZ 04/05, Oberspiellt Städt Bühnen Münster, Mitarb b 'GRAME', Lyon u 'la fabrica' Treviso.

Wysocki, Zdzisław, Mag, Komponist; Pfarrgasse 34–44/16/7, A-1232 Wien, T: (01) 6 15 30 24, F: 6 15 30 24 [Poznan (Posen) 18.7.1944]. Kammer-, Orchester- u Chormusik **Ausb:** Kompstud (S B Poradowski, A Koszewski) MH Poznań 63–68, Kompstud (E Urbanner) MH Wien 69–70, Dipl 73, Stud ElektroakustM (D Kaufmann) MH Wien 78–80. **Laufb:** Gastprof (Tonsatz, Komp) MH Graz 97. **Pr:** Prtr Wettb f KlKomp Polen 68, f KamM Wien 80, f ChM Wien 88, Th Körner-Pr 77, Pr d Stadt Wien, Pr Wiener Kunstfonds, A-Schärf-Fonds 84, österr Staatsstip f Komp 79, 83, Orden f Verd um d poln Kultur 84. **Ens:** Ensemble Wiener Collage. **Mitgl:** Österr Komponistenbund, GNM Sekt Österr. – **Komp:** Missa in honorem Ioannis Pauli Secundi op 30, UA Wien, Augustinerkirche, Posener KnabenCh, Dgt: I Kurczewski 83; Fantasia op 33 (Vcl, Kl), UA Wien, KonzHaus, M Peters, Ch Spencer 82; 4 Miniaturi op 35 (V, Kl) UA Wiener Neustadt, R Staar, H Ossberger 84; Quasi conc grosso op 36 (StrOrch), UA Wien, MVerein, Poln KamOrch, Dgt: J Maksymiuk 84; Quartetto op 46 (V, Va, Vcl, Kl), UA Tokio, Suntory Hall, Ens Wiener Collage, R Staar 91 (Auftr: Ens Wiener Collage, R Staar); Movimenti f 4 Sax op 47, UA Wien, MVerein, Wiener Sax Qua 92 (Auftr: Wiener Sax Qua); Quasi Divertimento op 49 (Klar, Sax, Akk, Kl, Perc, V, Kb) UA Wien, Kons, Ens Wiener Collage 93 (Auftr: Ens Wiener Collage, R Staar); Deus artifex, Liederzyklus op 50 (Bass, Kl), UA Plauen, Fstv Mitte Europa, T Tomaschke, Geissler 93 (Auftr: Fstv Mitte Europa); Trio op 51 (V, Hn, Kl) UA Wien, Ens Wiener Collage 93 (Auftr: Ens Wiener Collage, R Staar); De finibus temporum op 52 (Sop, 16 Spieler), UA Wien, ORF, Ens Wiener Collage 94 (Auftr: Ens Wiener Collage, R Staar); 12 Etüden f KamEns op 54, 24 Etüden op 56, 24 Etüden op 60, UA ua Wien, Graz, Linz, Salzburg, Paris, Köln, Bratislava, Lemberg, Odessa, Ens Graz, St Petersburg m Ens Wiener Collage, Dgt: R Staar 95–01 (Auftr: Ens Wiener Collage, R Staar); Momenti per 4 op 59 (V, Klar, Sax, Kl), UA Budapest, Ens Wiener Collage 97 (Auftr: Ens Wiener Collage, R Staar); Double Concerto op 63 (2 V, Orch), UA Berkeley CA, K R Shinozaki, Dgt: K Nagano 02 (Auftr: Berkeley Symph Orch); In Memoriam op 66, UA Wien, Wiener KammerOrch, Dgt: E Jaffe 02 (Auftr Wiener KammerOrch); Concerto Doppio op 67 (Pos, Hfe, Ens), UA Salzburger FSp, I Bousfield, G Mossyrsch, Ens Wiener Collage, Dgt: R Staar 03. **Aufn/RF:** CDs: Z W: Werke ('Österr M d Gegenwart'); Porträt ('Österr Komp d Gegenwart'); VclM d 20 Jhs; Klangdebut 6 – MH Graz; Git-Recital L Witoszynskyj. **Zug:** K H Schrödl: Gifthexe f Kl op 57/2. **Lit:** The New Grove Dictionary of M and Musicians, Lex zeitgen M aus Österr, Österr Komp unserer Zeit.

Wyss, Gérard, Klavier; Bündtenweg 4, CH-4102 Binningen, T: 06 14 21 74 90; c/o Konzert-Direktion Hans Adler, Auguste-Viktoria-Str 64, D-14199 Berlin, T: (0 30) 8 95 99 20, F: 8 26 35 20, *info@musikadler.de* [Porrentruy]. **Ausb:** Musik-Akad Basel b R Mäser und P Baumgartner. **Ens:** Art Ensemble Basel, Duo Stefan Tönz/Gérard Wyss. (Red)

Wyss, Niklaus, Dirigent; Schulhausstr 16, CH-8002 Zürich, T: 0 12 01 31 91. (Red)

Wyttenbach, Jürg, Dirigent, Komponist; St Alban-Vorstadt 18, CH-4052 Basel, T: 06 12 72 29 55; c/o Gare du Nord – Bahnhof für Neue Musik, Schwarzwaldallee 200, CH-4058 Basel, T: 06 16 83 13 13, *neuemusik@garedunord.ch*; *www.swissclassic.net/wyttenbach.htm* [Bern 2.12.1935]. **Ausb:** Kl (K v Fischer), Komp (S Veress) Bern, Cons Paris. **Laufb:** Doz Musikschule Biel, Berner Kons, LAuftr (Kl) seit 67, Doz (Intpr zeitgen Musik) Kons d MAkad Basel, rege KonzTätigkeit als Pianist u Dgt, Gastdgt Konz u Th St Gallen SpZ 00/01, Gastdir Gare du Nord Basel SpZ 04/05. **Pr:** Kunstpr Stadt Basel 93. – **Komp:** zuletzt: Gargantua chez les Helvétes du Haut-Valais – od: 'Was sind das für Sitten!?' 99; '...allerhand u fuss – u mund...' (Madrigal-Komöd) 99/2000; ...ist doch alles Schall u Rausch... (f Klar u Hf) 99/2000. (Red)

Y

Yamagishi, Kodo, Dirigent, Solorepetitor; c/o Pfalztheater Kaiserslautern, Willy-Brandt-Pl 4–5, D-67655 Kaiserslautern. (Red)

Yamahata, Renie, Prof, Harfe, Hochschullehrerin; c/o Concertino Agentur, Nerotal 24, D-65193 Wiesbaden, T: (06 11) 1 80 56 56, F: 1 80 56 57; Hochschule f Musik, Schultheiß-Koch-Pl 3, D-78647 Trossingen. **Laufb:** Prof (Hfe) HfM Trossingen. **Ens:** Aeolus Duo.

Yamamoto, Chisato, Violine; Sittardstr 58, D-41061 Mönchengladbach, T: (0 21 61) 29 43 32. **Laufb:** Konzm Niederrhein Sinfoniker Mönchengladbach. (Red)

Yamamoto, Kaoru, Violine; c/o K&F Konzertmanagement, Waldvögeleinstr 4a, D-80995 München, T: (0 89) 15 89 18 98, F: 15 88 25 49, *management @kaoru-yamamoto.de, info@k-f-konzerte.de*; *www.kaoru-yamamoto.de, www. k-f-konzerte.de* [Toyama, Japan]. **Ausb:** Staatl H f M Tokio 1988–1992 (Takaya Urakawa, Bela Katona), Stud München (Kurt Guntner) u Freiburg (Nicolas Chumachenco). **Laufb:** seit 98 als Doz f KamM in Dtschld u Japan. **Pr:** Fukushima Pr d Staatl MH Tokio, Pr d MFstv Kirishima (Japan), 1. Pr Mozart-Wettb Tokio, 1. Pr Mendelssohn-Wettb Freiburg, 1. Pr Freiburger HWettb, 2. Pr Viotti – Wettb Vercelli, 2. Pr Lion' s Club – Wettb, BrahmsPr, KulturPr der Nordjapanischen Zeitung. **Ens:** Aglaia – Quartett.

Yamamura, Yoko, Violine, Konzertmeister; c/o Orchester d Landesbühnen Sachsen, Meißner Str 152, D-01445 Dresden-Radebeul. **Laufb:** koord 1. Konzm Orch d Landesbühnen Sachsen Radebeul. (Red)

Yamasaki, Tomoko, Viola; c/o Südwestdeutsche Konzertdirektion Erwin Russ GmbH, Charlottenpl 17, D-70173 Stuttgart, PF 104262, D-70037 Stuttgart, T: (07 11) 1 63 53 11, F: 1 63 53 30, *info@sksruss.de*; *www.sksruss.de*. **Ens:** Lotus String Qua. (Red)

Yamashita, Toyoko, Komponistin, Pianistin; Hertastr 6, D-12051 Berlin, T: (0 30) 22 01 85 74, 01 79–2 26 95 10 [Tokio 3.10.1942]. Komponieren u Aufführen **Ausb:** Stud (Komp, Kl) Tokio 58–62, Stud (Kl- u KamM) Stuttgart u Berlin 62–71. **Laufb:** Lt Japan Musikverein seit 70, Berliner Klavierduo 72–89, Int GitFstv 83–93, Int Gitwettb 86–93, Int Kompwettb Berlin 89–93. **Pr:** Prtr ARD-Musikwettb München 65, Dipl Musikwettb Genf 67, Med Bordeaux-Fstv 75. **Ens:** Duo B Brauckmann (Vcl) u T Yamashita (Kl) seit 63, Berliner Klavier Duo (M Takahashi) 72–89. **Mitgl:** GEMA seit 78. – **Komp:** Danses fantastiques f Kl 4händig (Suite) 80, UA Pörtschach/Österreich 80; Dounia f Cello (Vcl solo) 80, UA Berlin 80; Umkehr (Vokal, Kl, Schlgz) 82, UA Hannover 82; Ameisenmarsch (Git-Ens) 84/86, UA Berlin 84; Le Paradis des enfants f Fl u Git (Zyklus) 85, UA Berlin 85; Aus d Märchenbuch 'Kosmos' (Zyklus) 86, UA Tokio 86; 12 Sternbilder f Fl (Zyklus) 95, UA Berlin 95; Urelemente (Vcl u Akk), UA Darmstadt 2000; Versunkene Insel (Vcl u Kl), UA Kassel 01. **Auftr-Komp:** Dounia (f Vcl) 80, UA Berlin 80; Ameisenmarsch (f Git Ens) 84/86, UA Berlin 84; Aus d Märchenbuch 'Kosmos' (f Fl, Git, Kl, V, Vcl) 86, UA Tokio 86; Aus d Märchenbuch 'Mondhase' (f Kl) 89, UA Tokio 89; Urelemente (f Akk u Vcl) 2000, UA Darmstadt 2000; Hanato tori f Ges, Trp u Kl, UA Berlin 01; Hibiki f Vcl solo, UA Darmstadt 03. **Aufn/RF:** 'Danses fantastiques' f Kl z 4 Hd, SFB, NDR; 'Für Cherif' f Kl z 4 Hd, WDR; 'Dounia' f Vcl, HR, BRIN/ VRT Brüssel; CD 'Ameisenmarsch' (GitEns u GitDuo).

Yamashita, Yoichi, Violine; Erich-Weinert-Str 5, D-39112 Magdeburg, T: (03 91) 6 23 11 35. **Laufb:** 1. Konzm Magdeburg Philharmonie. (Red)

Yamato, Tomoko, Violine; c/o HR Sinfonieorchester, Bertramstr 8, D-60320 Frankfurt a M. **Laufb:** 2. Konzm HR SinfOrch Frankfurt a M. (Red)

Yang, Simon, Sänger; c/o Hamburgische Staatsoper, Große Theaterstr 34, D-20354 Hamburg, PF 302448, D-20308 Hamburg; c/o Wiener Staatsoper, Opernring 2, A-1010 Wien. **Laufb:** Sol Hamburg Staatsop, Wiener Staatsop SpZ 04/05. (Red)

Yang, Tianwa, Klavier; c/o Bayerische Staatsoper, Max-Joseph-Pl 2, D-80539 München, T: (0 89) 21 85 10 28, F: 20 85 10 33, *bettina.schimmer@st-oper. bayern.de (Marketing)*; *www.staatsoper.de* [Peking 1987]. **Laufb:** Dtschld-Debüt Bayer Staatsop – NatTh München 03/04. (*)

Yang, Wen-Sinn, Prof, Cello, Hochschullehrer; Liebigstr 1, D-80538 München, T: (0 89) 21 94 99 51, F: 21 94 99 46, *wensinn@hotmail.com*; H f Musik u Theater, Arcisstr 12, D-80333 München [Bern 1965]. **Ausb:** Stud (C Starck) Zürich u (W Boettcher) Berlin, Mstrkse b J Starker u D Geringas. **Laufb:** Solocellist Symphorch d BR seit 89, regelm Gast b int MFstv St Moritz, Davos, Biel, Dresden, Weilburger u Ludwigsburger SchlossFSp, Unterr MH Saarbrücken 95–97, Kse Dtschld u Schweiz, Acad 'Lorenzo Perosi' Biella (Italien) seit 01. **Pr:** 1. Pr Int MWettb Genf 91. **Ens:** Spiller Trio, Busoni Ens. – **Aufn/RF:** über 20 CD-Einsp b div Labels. **UA:** Huang-Long Pan: Cellokonz, UA Taipeh; Kevin Volans: Cellokonzert, UA i Rahmen d Münchner 'Musica Viva'- Konz d BR. (Red)

Yang, Yi, Bass; c/o Deutsche Staatsoper Berlin, PF 354, D-10109 Berlin. **Ausb:** Stud (Ges) Musikkons Peking. **Laufb:** Zentrales Opern- und Ballett-theater Peking 97–2000; Int Opernstudio Zürich ab 2000; EnsMitgl Dt Staatsop Berlin seit SpZ 02/03. (Red)

Yano, Keiko, Sängerin; Schäferstr 2a, D-40479 Düsseldorf, T: (02 11) 4 92 02 92. **Laufb:** Sol Dt Op am Rhein Düsseldorf-Duisburg. (Red)

Yasunaga, Toru, Konzertmeister, Violine; Bamberger Str 33, D-10779 Berlin, T: (0 30) 2 18 38 40, F: 2 18 66 82; Berliner Philharmoniker, Herbert-von-Karajan-Str 1, D-10785 Berlin. **Laufb:** 1. Konzm Berliner Philharmon Orch. (Red)

Yenque, Dante, Horn; c/o music and arts Organisations GmbH & Co KG, Corsicaskamp 13, D-49076 Osnabrück, T: (05 41) 9 62 96 00, F: 96 29 60 50, *info@music-and-arts.de*; *www.music-and-arts.de* [Piure, Peru 1964]. **Ausb:** Stud Nordwestdt MAkad Detmold (Prof M Höltzel) 87–92. **Laufb:** Hn Staatl SinfOrch Peru u Camerata Lima; Sol 'Orguesta Sinf Municipalde Caracas Venezuela' 84–86, 2. Hn Philh Hungarica 89, Orch Dt Op a Rhein Duisburg 91, Aushilfe Münchner Philh 92, Wechsel-Hn Staatskap Dresden 93–95, Sol Argentin RF-SinfOrch Buenos Aires seit 96. **Ens:** Europ Hornsextett.

Yinon, Israel, Dirigent; Mönchwörthstr 78A, D-68199 Mannheim, T: 0 17 14 96 64 03; c/o Künstleragentur Dr. Raab & Dr. Böhm, Plankengasse 7, A-1010 Wien, T: (01) 5 12 05 01, F: 5 12 77 43, *office@rbartists.at*; *www.rbartists. at* [1956]. **Ausb:** Rubin Acad of M Tel Aviv 81–84, Jerusalem 85–88, Rubin Academy of Music in Tel Aviv (1981–1984) und Jerusalem (1985–1988), Ass N Sheriff, Mstrkl i Italien, Dtld, Israel u i Schweiz. **Laufb:** Brünner Philh 92, Gastdgt Anhalt Th Dessau SpZ 00/01, ChefDgt u künstl Lt Grazer Symph Orch 01–04. **Pr:** Masterplayers M a Conductors Competition, Schweiz 88 u 89, Staatl KulturPr d Tschech Rep 95, Grazer Symph Orch seit 01. (Red)

Yonezawa, Mika, Violine; c/o Komische Oper, Behrenstr 55–57, D-10117 Berlin. **Laufb:** 2. Konzm Orch d Komischen Op Berlin. (Red)

Yonov, Hristofor, Sänger; c/o Neuburger Kammeroper eV, Drususstr 9, D-53111 Bonn. (Red)

Yoo, Jin-Ho, Sänger; c/o Theater Regensburg, Bismarckpl 7, D-93047 Regensburg, T: (09 41) 5 86 18 98, *zinoyoo4@yahoo.co.kr* [Seoul 11.9.1972]. italien u dt Oper **Ausb:** MusikH Mannheim, Opernschule A Ramirez 00, R Piernay 01, A M Dur 02–04. **Laufb:** Sol Th Regensburg seit SpZ 03/04. **Pr:** 3. Pr Europ GesWettb 'Debut 2004', 2. Pr Int GesWettb Passau.

York, Deborah, Sopran; Invalidenstr 4, D-10115 Berlin, T: (0 30) 24 72 53 07; c/o Konzertdirektion Hans Ulrich Schmid, Königstr 36, D-30175 Hannover, T: (05 11) 3 66 07 60, 3 66 07 27, 3 66 07 33, F: 3 66 07 34, *mail@kdschmid.de, ds@kdschmid.de* [Sheffield]. **Laufb:** Glyndebourne, Covent Garden, Berliner Staatsop, Bayer Staatsop München (03/04), Sydney Op House, Teatro Colon Buenos Aires, Semperop Dresden SpZ 04/05. (Red)

You, Eun Yee, Sopran; c/o Oper Leipzig, Augustuspl 12, D-04109 Leipzig. **Ausb:** Stud MH Seul, Tito Gobbi Akad, Giuseppe Verdi Kons Mailand, Genfer Kons. **Laufb:** Sol Théatre de Genève seit 97, ZusArb m Orchestre Suisse Romand, Sol Opéra de Chambre de Genève, Fstv du Chaise Dieu, Mitgl In OpStudios Zürich 99–01, Sol Op Leipzig seit 01/02. **Pr:** Finalistin d Viotti- u Vercelli-Wettb 96. (Red)

You, Tito, Bariton; Stettiner Str 4, D-61440 Darmstadt, T: (01 76) 24 06 66 73; c/o Staatstheater Kassel, Friedrichspl 15, D-34117 Kassel. **Laufb:** Sol Bayer Staatsop München, Staatsth Kassel, Staatsth Darmstadt SpZ 04/05, Gastsol Op Hannover SpZ 04/05. (Red)

Youn, Kwangchul, Bass; c/o Opern-Agentur Büro München – M Kursidem & E Tschaidse, Tal 28, D-80331 München, T: (0 89) 29 16 16 61, F: 29 16 16 67, *kursidem@opern-agentur.com*; *www.opern-agentur.com* [Chungju, Südkorea]. **Ausb:** Stud (Ges) Univ Chungju, Stud Ges (L Koleva) H f M Sofia 90/91, (H Brauer) H d Künste Berlin 91–93. **Laufb:** Debüt Staatsop Seoul, Gastsol Koreanische Staatsop 89/90, Op Leipzig 93/94, EnsMitgl Staatsop Unter d Linden Berlin seit 93, Sol Dt Op Berlin 03–05, Gastsol Met Op New York 04, Sol Wiener Staatsop SpZ 04/05, Gastsol Teatro Real Madrid 05, Washington Op 05, Opéra Nat de Bastille 06, Bayreuther FSp, Dresdner MFSp, Ludwigsburger SchlossFSp, Salzburger FSp, KlangBogen Fstv Wien; ZusArb ua m M Gielen, M-W Chung, Z Mehta, H Stein, T Hengelbrock, Konz ua m d RIAS-KamCh, Dt SymphOrch Berlin, RSO Wien. **Pr:** 1. Pr Korean LdsGesWettb, 1. Pr 'Concours Int des Voix d'Opéra Plácido Domingo' Paris 93. – **Aufn/RF:** R Wagner: Meistersinger, Aufn Bayreuther FSp, Dgt: D Barenboim. (Red)

Youn, Samuel, Sänger; c/o Bühnen der Stadt Köln – Opernhaus, Offenbachpl, D-50667 Köln, PF 101061, D-50450 Köln. **Laufb:** Sol Op Köln seit 01, Gastsol Th Dortmund SpZ 04/05. (Red)

Young, Simone, GMD, Dirigentin, Generalmusikdirektorin; c/o Hamburgische Staatsoper, Große Theaterstr 34, D-20354 Hamburg, PF 302448, D-20308 Hamburg, T: (0 30) 20 35 40, F: 20 35 42 06, *pressoffice@staatsoper-berlin.de*; *www.staatsoper-berlin.org* [Sydney 1961]. **Ausb:** Stud (Komp, Kl) Sydney, Ass v Barenboim in Bayreuth u Berlin. **Laufb:** Debüt Op Sydney 85, Korr Op Köln, Kapm Staatsop Berlin 93–95, Gastdgt Staatsop Wien, Kom Op Berlin, Volksop Wien, Op Bastille Paris, Royal Opera House Covent Garden London, Staatsop München, Staatsop Hamburg, Met Op New York, Houston Grand Op, ChefDgt Bergen Philharmonic Orch 99–02, künstl Ltg u ChefDgt Op Australia Sydney u Melbourne 01–03, ChefDgt Dt Staatsop Berlin 03–05, GMD u Intend Hamburgische Staatsop sowie GMD Philharmonisches Staatsorch Hamburg ab SpZ 05/06, Gastdgt Baden-Baden Fstv, Dubrovnik Fstv, Maggio Musicale Florenz, Sydney Fstv; Konz ua m d Münchner Philharmonikern, Philh Staatsorch Hamburg, NHK Tokio, New York Philh, NDR Hannover, Gürzenich Orch Köln. **Pr:** Goethe-Med 05 (Goethe-Institut).

Yu, Yamei, Violine; c/o Bayerische Staatsoper, Brieffach, D-80075 München; c/o Münchener Kammerorchester, Wittelsbacher Pl 2, D-80333 München. **Laufb:** Konzm Orch d Komischen Op Berlin, Sol (V) Münchner Kammerorch, 1. Konzm Bayerische Staatsop. (Red)

Yuguchi, Miwa, Klavier; c/o Concertino Agentur, Nerotal 24, D-65193 Wiesbaden, T: (06 11) 1 80 56 56, F: 1 80 56 57, *concertino-wiesbaden@t-online.de*. **Ausb:** HfM München, HfM Detmold. **Pr:** Osaka Critic Club Award.

Yun, Hogen, Repetitor; c/o Oper Frankfurt, Untermainanlage 11, D-60311 Frankfurt/Main. **Laufb:** Solorep u Kapm Stadtth Gießen, GastDgt Op Frankfurt SpZ 03/05. (Red)

Z

Zabel, Frank, Prof, Komponist, Pianist, Hochschullehrer; Oberer Worthhagen 46, D-58507 Lüdenscheid, T: (0 23 51) 1 48 11, F: 66 78 24, *frank@frank-zabel.de*; Robert Schumann Hochschule, Fischerstr 110, D-40476 Düseeldorf; *www.frank.zabel.de* [Meinerzhagen 14.10.1968]. Neue Musik **Ausb:** Kl b Robert v d Beck, L Doenecke, V u Va b K Schmidt; Stud Kl (Pi-hsien Chen, R Löbner), Tonsatz (F Jaecker) MH Köln 90–95; KompKse b T Brandmüller u M Ch Redel. **Laufb:** Prof (Tonsatz, Gehörbild) Robert-Schumann-H Düsseldorf seit 2001, L (Kl, Theorie, Komp) MSch Lüdenscheid 91–2001; als Komp: Weltmusiktage 03, WASBE Luzern, Westfäl MFest 01; Lüdenscheid Ensemblia 99, Wiedereröffn d Reichstages Berlin 99. **Pr:** Premio V Bucchi Rom 2000 (f 1. StrQua 'Danse macabre'); Finalist b ALEA III Wettb Boston 03 (m Concertino f Kl u Ens). **Ens:** Yallah-Trio (KlTrio), the lemmings (Rockband). – **Komp:** Elegien u Intermezzi f Kl; Concerto (per) piccolo f Piccolo u Ensemble, UA Freiburg; Pictures of imaginary dreamscapes f Orchester, UA Lüdenscheid; Concertino f Kl u Ens, UA Boston; Schatten/Risse f Horn u Kl, UA Düsseldorf. **AuftrKomp:** Airborne fractals f Renaissance-BlockflQua (Auftr: WDR f Westfäl MFest 01); 1. StrQua 'Danse macabre', UA Lüdenscheid 2000 (Auftr: Minguet-Qua); Echoes of light f SaxEns (Auftr: Rascher Sax Orch); Illuminare Klangspektren f freies Ens (Auftr: Märkische Kulturkonferenz f fstv grenzgänge 02); Sinfonische Variationen-hommage a Prokofieff (Auftr: W Richard, Dr Carl Dörken Stift f Dortmunder MFest 02); Touching colours, OrgKonz, UA Saarbrücken (Auftr: Art Link Saarbrücken f CD-Prod RSO Saarbrücken, Ch Schmitt). **Aufn/RF:** CD-Einsp: Pictures of imaginary windscapes (f Sinf Blasorch), auf 'Galakonzert'01, LBO Baden-Württemberg, W Ratzek; Touching Colours (f Org u gr Orch) auf 'AUDITE' 03, RSO Saarbrücken, Ch Schmitt, J Wildner; Concerto (per) piccolo (f Piccolofl, KamEns) auf 'chez muziek' 03, Ens Mosaik, B Junge, E Poppe; Radiomitschn ua WDR, BR, SR. **Sonst:** 'Man ist vielmehr Künstler als man weiß', Bilder u Bildner: Werk- u Lebenskunst b F Nietzsche, Mitarb an e interdisziplinären Publ d Rhein Friedrich-Wilhelms-Uni Bonn (Phil Fak) über Nietzsche, Alfter/Bonn 01; Kurt-Weill-Akad Lüdenscheid 02.

Zabel, Hartmut, Prof, Hochschullehrer, Gesang; Windmühlenhöhe 13, D-01728 Possendorf, T: (03 52 06) 2 39 41, *hartmut.zabel@hfmdd.smwk.sachsen.de*; Hochschule f Musik, PF 120039, D-01001 Dresden [Caputh b Potsdam]. **Ausb:** Stud H f M Carl Maria v Weber Dresden 81–86. **Laufb:** Sol div Th Ostdtld u KonzS, Prof (Ges, Studio f Stimmforsch) H f M Carl Maria v Weber Dresden, stimmtechn Betreuung bekannter S (A Liebold, Britta Schwarz ua). – **Sonst:** Forsch u Vorträge In- u Ausland (NL, Schweden, Tschechien, Frankreich) Zur Bed d Stimmphysiologie f d Ges-Unterr; VorlR z Stimmphysiologie Dresden, Aufbau e Therapiezentrums an H f M Dresden; div Buchrezens z GesPäd u Stimmforsch. (Red)

Zabelka, Mia, Mag, Komponistin, Violine; 1, Wipplingerstr 5, A-1010 Wien, T: (06 99) 10 68 59 91 [Wien 1963]. **Ausb:** Stud Kl, V (A Arenkov) Kons Wien 70–86, Stud (Mwiss, Publizistik) U Wien 82–88, Mag phil, Stud Elektroakustik (D Kaufmann), Komp (R Haubenstock-Ramati) MH Wien 85–88/89, Stud Komp (K Schwertsik) Kons Wien 85–89. **Laufb:** Composer in residence d Stadt Köln 87/88, Elektron Studio d MH Köln, zahlr Aufn u Konz in Europa, UdSSR, USA, Elektron Studio TU Berlin 88/89, ZKM Karlsruhe 91/92, Elektron Studio Warschauer RF 92, STEIM Amsterdam 94, Kuratorin Klangturm St Pölten 96–2000, Kuratorin MSalon im 'Haus der Musik' Wien seit 2000, Grdg Kultur- & Eventverein 'enterprise z' z Realisation v intermedialen u experimentalen Projekten im u f d öffentl Raum 01, Performances, Klanginstallationen, RF-Produktionen, Schallpl, CDs, Videos. **Pr:** ua Stip d BMWF 87, Anerkennungspr Ld Niederösterreich 87, Anerkennungspr int Wettb f elektroakust M 'Luigi Russolo' 87, 1. Pr int Wettb Forum junger Komponisten 88, Gast DAAD u Stip d BMUK 89, Fulbright Stip 90, ABI Woman of the Year Degree 91, KompWettb Forum junger Komponisten 92, Anerkennungspr Ars Electronica 93, 2. Pr Ars Electronica 94. (*)

Zabner, Antoinette van, Mag, Prof, Hochschullehrerin, Klavier; Univ f Musik u Darst Kunst, Inst Ludwig van Beethoven, Rennweg 8, A-1030 Wien, T: (01) 8 76 57 74, F: 8 76 57 74, *antoinette@aon.at*; *www.pianoduo.at/*. **Ausb:** Stud i Frankreich b J u R Casadesus Kl u b N Boulanger Harmonielehre, Vassar College (B Uribe), Yale University School of Music, H f Musik u Darst Kunst Wien (D Weber u H Graf). **Laufb:** o Uprof U f Musik u Darst Kunst Wien. **Ens:** Klavierduo m W Wulz. (Red)

Zach, Cornelia, Sängerin; Saldernstr 3, D-24118 Kiel, T: (04 31) 56 70 55, (01 72) 4 52 76 46; c/o Künstleragentur Dr. Raab & Dr. Böhm, Plankengasse 7, A-1010 Wien, T: (01) 5 12 05 01, F: 5 12 77 43, *office@rbartists.at*. **Laufb:** Sol Bühnen d Landeshauptstadt Kiel, Dt Op Berlin, Gastsol Th Hagen SpZ 04/05. (Red)

Zacharias, Christian, Pianinist, Dirigent, Artistic Director; c/o Orchestre de Chambre de Lausanne, Rue St-Laurent 19, CH-1003 Lausanne, T: 02 13 45 00 20, F: 02 13 45 00 21, *ocl@vtxnet.ch*; c/o Künstlersekretariat Schoerke GmbH, Grazer Str 30, D-30519 Hannover, T: (05 11) 40 10 48, 40 10 49, F: 40 74 35, *info@ks-schoerke.de*; *www.christianzacharias.com*, *www.regart.ch/ocl* [Jamshedpur, Indien 27.4.1950]. **Ausb:** Stud Kl (I Slavin) MH Karlsruhe 61–69, Kl (V Perlemuter) Paris. **Laufb:** int KonzTätigkeit als Pianist, ZusArbeit m bedeut Orch in allen Musikzentren d Welt; Debüt als Dgt beim Orch de la Suisse Romande Genf 92, Gastdgt Bamberger Symph, Northern Sinf, Orch di Padova e del Veneto, Dresdner Philh, English Chamber Orch, Zürcher KamOrch, Radio Philharm Hannover, Orch Santa Cecilia Rom, Nederlands Philh Orkest, Scottish Chamber Orch (Edenburgh Fstval); Chefdgt u künstl Lt Orch de Chambre de Lausanne seit 2000/01, Gast Chefdgt u Pian Tibor Varga Fstv Sion 01, Gast Chefdgt Gothenburg Symphony Orch 02/03, Gastdgt Th Schweinfurt 03/04. **Pr:** Prtr Wettb Genf, 2. Pr Van Cliburn Wettb (USA), 1. Pr Ravel-Wettb Paris. – **Aufn/RF:** zahlr Aufn, als Pianist: Beethoven u Mozart: Klavierkonz; Scarlatti u Schubert: Klavierson; F Schubert: Quintett D. 667 'Die Forelle' m Leipziger StrQua; R Schumann: Streichquartett 1–3, Cherubini-Qua; Pianist u Dgt: W A Mozart: Klavierkonz KV 503, Prager KV 504 ua, Orch de Chambre de Lausanne; R Schumann: Konz f Klavier u Orch, Orch de Chambre de Lausanne 01.

Zachariassen, Mathias, Sänger; c/o Opernhaus Graz, Kaiser-Josef-Pl 10, A-8010 Graz, T: (03 16) 80 08; c/o Wiener Staatsoper, Opernring 2, A-1010 Wien. **Laufb:** Sol Wiener Staatsop, Gastsol Vereinigte Bühnen Graz SpZ 00/01, 04/05, Dt Staatsop Berlin SpZ 00/01, 03/04, Op Frankfurt seit SpZ 03/04. (Red)

Zack, Bernd, Prof, Hochschullehrer, Klavier; Hochschule f Musik u Theater, Beim St.-Katharinenstift 8, D-18055 Rostock. **Ausb:** Stud b W. Schamschula, V. Margulis (St. Petersburg/Freiburg), J. Tocco (Bloomington/USA), N. Magaloff (Genf), L. Hokanson (Frankfurt), Stud b H. Höll, J. Gingold, F. Gulli, J. Starker. **Laufb:** Ass Univ Bloomington/USA, Prof MH Lübeck, Prof (Kl) MH Rostock seit 95. **Pr:** Stip d Studienstift d Dt Volkes u d Kulturkonf d Märkischen Kreises. (Red)

Zack, Herwig, Prof, Violine, Hochschullehrer; Am Wasen 12, D-97318 Kitzingen, T: (0 93 21) 3 63 08, F: 38 56 39, *herwigzack@web.de*; H f Musik, Hofstallstr 6–8, D-97070 Würzburg [Frankfurt/M 6.7.1954]. KamM **Ausb:** Stud (K-A Herrmann) Dr Hoch's Kons 68–74, Stud (K-A Herrmann, E Peinemann) H f M u Darst Kunst Frankfurt/M 74–78, Stud (J Gingold) Indiana U Bloomington/Indiana 78–81, Mstrkse u UnterrPriv (M Rostal) ab 75, Künstl Reifeprfg Frankfurt/M 79, KonzEx ebd 81. **Laufb:** Bundesjugendorch 72–76, 1. KonzM Stuttgarter KamOrch 82–95, Prof (V) H f M Würzburg 95, ständ Gast 1. KonzM Real Filharmonia de Galicia (Spanien) 96–2000, Tourneen in Japan (Duo u Solo) 91, 93, 95, 96, 2000, Ks u Konz Chile 98, 2000, 2001. **Pr:** 25. Bundesauswahl KJK d Dt Musikrates 81. – **Aufn/RF:** Turina: Werke f V u Kl, CD 99; Bach: Brandenburg Konz (Konz f V u Ob), Laser-Disc Live-Mitschn Radio France 85; Bartók: Solosonate, Elgar: Sonate op 82, SWR 91; Turina: Sanaten, ders: El poema de una sanluqueña, Bloch: Baal Shem, Delius: Sonate Nr 3; Gershwin/Heifetz: Selections from Progy and Bess, BR seit 97. **UA:** X de Paz: Noite na auga (Konz f V), UA Real Filh de Galicia, Dgt: M Zumalave, Live-Mitschn Radio Nacional de España 96.

Zagler, Herbert, Mag, Komponist; Obstgasse 10, A-2700 Wiener Neustadt, T: (0 26 22) 8 17 21, *zagler-art@aon.at*; *members.aon.at/zagler-art* [Pernitz, Niederösterreich 20.4.1940]. Orchester **Ausb:** Dipl: Musikerz Wiener MusikU 64, Komp ebd 66, OrchDirig ebd 86, Chorlt ebd 86, M.A. ebd 81. **Laufb:** Musikpräfekt Burgenländ Knabenseminar 74–91, KonzM sinf Orch 'Merkur' Wiener Neustadt seit 94. **Pr:** Kulturpr Niederösterreich, Burgenland, Stadt Wiener Neustadt. – **Komp:** 207 Opus Nrn, darunter 28 OrchW, ua 4 Temperamente op 48, UA Wiener Neustadt, Sparkassensaal, m NTO, Dgt: F Bauer-Theussl 78; Symposion, op 60, UA Wien, Großer Musikvereinssaal, m NTO, Dgt: H Zagler 86; An Ferdinand Raimund, op 93, UA Pernitz, Pfarrkirche, m Europasymph, Dgt: W Gröhs 2000; Violinkonzert, op 69, UA Krems, Stadtsaal, m Philh St Petersburg, Dgt: S Sondeckis, Sol: G Winischhofer 03.

Zagórski, Tomasz, Sänger; c/o Oper Leipzig, Augustuspl 12, D-04109 Leipzig. **Laufb:** Sol Op Hannover, Op Leipzig, Stadtth Bern, Sächs Staatsop Dresden. (*)

Zagrean-Chiba, Ariadna, Studienleiterin; c/o Luzerner Theater, Theaterstr 2, CH-6002 Luzern, T: 04 12 28 14 40. **Laufb:** Korr Wiener Kammerop, Studienlt Luzerner Th seit SpZ 03/04. (Red)

Zagrosek, Lothar, Dirigent; Grillparzerstr 6, D-60320 Frankfurt, T: (0 69) 56 21 02, F: 56 85 25 [Bayern]. **Ausb:** Mitgl Regensburger Domspatzen, Stud Dirig (H Swarowsky, I Kertesz, B Maderna, H v Karajan) 62–67. **Laufb:** GMD Solingen, Krefeld-Mönchengladbach, ChefDgt österr RSO Wien 82, Dir musicale Grand Op Paris, Chief Guest Conductor BBC Symph Orch London, GMD Op Leipzig 90–92, 1. Gastdgt u künstl Berater Junge Dt Philh seit 95, GMD Württemberg Staatsop Stuttgart seit 97, Dgt Dt Op Berlin SpZ 03/04, ChefDgt Berliner SinfOrch ab 06/07, GastDgt ua Staatsop Wien u Hamburg, Berliner u Münchner Philh, Orch Nat de France, Gewandhausorch Leipzig, Salzburger FSp, Wiener u Berliner FestW, London Proms, Münchner OpFSp, Fstv f zeitgen M Donaueschingen, Berlin, Brüssel, Paris, ua Neuprod, Stuttgarter Staatsop, Mozart: Zauberflöte, Wagner: Tristan, Op Frankfurt a Main, Janacek: Katia Kabanova. **Pr:** Dgt d Jahres 97 u 99. – **Aufn/RF:** zahlr Einsp m Gewandhausorch Leipzig, ua L Nono:' Al gran sole carico d'amore'; G v Einem: Dantons Tod; O Messiaen: 'Saint François d'Assise'; E Krenek: 'Jonny spielt auf'; V Ullmann: 'Der Kaiser v Atlantis'; H Eisler: 'Dt Sinf'.

Zaharchuk, Tatjana, Spinto-Sopran; c/o Bayerische Staatsoper, Brieffach, D-80075 München [Moldova]. **Ausb:** Stud Kons Odessa. **Laufb:** Gastsol Opéra de Nice, Marinsky Th St. Petersburg, Op Dublin u Odessa, Nationalop Warschau 01/02, Sol Frühlingsfstv Prag, Ludwig-van- Beethoven-Osterfstv Krakau, Sol Musikth Essen, Gastsol Dt Op Berlin 99–01, Bayer Staatsop München, Gastsol Aalto Th Essen, San Francisco Op, Washington Op 03, Wuppertaler Op 03, LBeauftr Kons Odessa. **Pr:** Grand Prix u 1. Pr 91 Toulouse, Silbermed d Tschaikowsky-Wettb 94 Moskau, Titel 'Honoured Artist of the Ukraine'. (Red)

Zahn, Dieter, Kontrabass; c/o MDR Sinfonieorchester, Augustuspl 9a, D-04109 Leipzig. **Laufb:** Sol MDR SinfOrch Leipzig. (Red)

Zahner, Tom, Sänger; c/o Pfalztheater Kaiserslautern, Willy-Brandt-Pl 4–5, D-67655 Kaiserslautern. (Red)

Zahnhausen, Markus, Blockflötist, Komponist, Hochschullehrer; Lachmannstr 16, D-80634 München, T: (0 89) 17 03 40, *Flautodiritto@aol.com*; *hometown.aol.com/zahnhausen/myhomepage/index.html* [Saarbrücken 12.3.1965]. Musik d 18. u 20. Jh, russ u skandinav Musik **Ausb:** privat V-Stud b H Pfaff, F-J Dautzenberg, R Reiet; Stud Blockfl (H Elsner) Richard-Strauss-Kons München, (Slavistik, Sinologie, MWiss) Uni Trier u München, Komp-Studien m R Shchedrin, G Kochan, H Stadlmair. **Laufb:** Doz Münchner VHS 88–2000; Gastdoz MH Kopenhagen u Odense/Dänemark, Grieg Akad, Bergen/Norwegen, Birmingham Cons/UK, Wichita State Uni/USA; Doz (Blockfl) H f M u Th München seit 02; weltweite Konz- u Kurstätigkeit; regelm InstrSol b Münchner OpFSp d Bayer Staatsop (Rinaldo, Rodelinda, Acis u Galatea, Il ritorno d'Ulisse in patria); Fstv Moskauer Herbst 96; Fstv St Petersburger Frühling 99; Zwischenzeiten-Fstv München 2000; KNOB-Fstv Wichita/USA 03. **Pr:** Bayer Staatspr 'Villa Concordia' 02. **Ens:** Blockfl-Duo Zahnhausen-Bartholomé seit 95; München Barock seit 97. – **Komp:** Klangreden (Blockfl, Querfl) 86, UA München, Zahnhausen-Bene 87; Lux aeterna (Blockfl solo) 92/94, UA Helsingborg, Dan Laurin 92; Lyrische Szenen (Blockfl solo) 92, UA Skálholt/Island), Dan Laurin 92; Klingende Zeit-Sieben Szenen (KamM) 98; Nunc est bibendum! (Kant) 99, UA Trier AGNeM, Dgt: K Risch 99; Horns of Elfland (Blockfl solo) 99, UA St Petersburg, M Zahnhausen 99; Sakura (V solo) 99, UA München, A Sunahara 99; Strophen (Fag solo) 2000, UA München, Ch Risch 2000. **AuftrKomp:** Sviréli (Str u 4 Blockfl) 01, UA Konstanz, Junges KamOrch Konstanz, Dgt: W Mettler, Quartetto con Affetto 01 (Auftr: Junges KamOrch Konstanz); Stilleben (StrQua) 03, UA Leipzig, Gewandhaus 03 (Auftr: Gewandhaus-Qua). **Aufn/RF:** zahlr RF-, TV- u CD-Prod im In- u Ausland; Aufn: Lyrische Szenen (Lyrische Szenen, Lux aeterna, Musica inquieta, Jahreszeichen), m S Laurin (Blockfl); Klangreden (Klangreden, Flauto dolce solo ua), m S Federspieler (Blockfl); Horns of Elfland (Horns of Elfland, Russ Skizzen, Lux aeterna ua), m M Bartholomé (Blockfl); C Orff: Schulwerk Vol 1 u 2, m M Zahnhausen (Blockfl); J Rohwer: Son f Cemb u Blockfl, m M Zahnhausen (Blockfl), F Tröger (Cemb), BR; R Shchedrin: Echos auf einen Cantus firmus v O di Lasso, m M Zahnhausen (Blockfl), E Zawadke (Org), BR. **UA:** R Shchedrin: Echos auf einen Cantus firmus v O di Lasso 94; ders: Music from afar 96; H Genzmer: Klänge der Nacht 98); R Zechlin: Hommage à H Purcell 97; dies: Studie f Tenorblockfl solo 98; dies: Gedanken zu B.A.C.H. 2000; H Stadlmair: Concerto sereno 98; ders: Aviarium 98; ders: Intermezzi 97; B Tishchenko: Sonate 2000; Ch Laplante: Himmelweit 03. **Zug:** s UA u zusätzl: H Stadlmair: Sonata pastorale. **Sonst:** Klassik-Redakteur Jazzwelle-Plus 90–95; Concerto bavarese am Montag (BR) 96–2001; Tätigkeit als MKritiker f zahlr nat u int FachZS; Grdg Blockfl-Duettformation Zahnhausen-Bartholomé (m M Bartholomé) 95, Grdg München Barock (m d Cembalisten A Skouras) 97, Grdg Int Sommersem 'Blockfl u Meer' in Wyk/Föhr 01. **Lit:** umfangr Portraits in 'The Recorder Magazine'/UK, Revista de flauto de pico/Spanien; B Schmaus: 'Wege aus der Krise', in: Tibia 98, M Bartholomé: 'Marginalien zu Horns of Elfland', in: Tibia 03, A Mayes: 'Horns of Elfland', in: The Recorder Magazine 03.

Zajick, Dolora, Mezzosopran; c/o Columbia Artists Management GmbH, Till Janczukowicz, Albrechtstr 18, D-10117 Berlin, T: (0 30) 20 64 80 78, F: 20 45 34 80, *info@cami.com, dolorazajick@aol.com*; *www.cami.com, www.dolorazajick.com*. **Laufb:** Auftr Met Op, Chicago's Lyric Op, San Francisco Op, Houston Grand Op, La Scala, Wiener Op, London's Covent Garden, Staatsop Berlin, Neapel, Florenz, Barcelona, Rom, Bilbao, Madrid, Orange Fstv, Caracalla Fstv Rom, Arena di Verona, Gastsol Bayer Staatsop München 03/04, Gastsol Staatsop Wien 03, ZusArb m Dgt wie J Levine, R Muti, L Maazel, Z Mehta, J Conlon, M Rostropovich, M Tilson Thomas, V Gergiev, D Gatti u B Bartoletti. – **Aufn/RF:** zahlr CDs ua: 'The Art of the Dramatic Mezzo-Soprano', Verdi: 'Don Carlo', 'Aida', I Prokofiev: 'Ivan the Terrible', Video-Aufn: 'Aida', 'Il Trovatore'.

Zakotnik, Breda, Prof, Hochschullehrerin, Gesang; Univ Mozarteum, Abt f Gesang u Musiktheater, Schrannengasse 10a, A-5020 Salzburg, T: (06 62) 6 19 80, F: 61 98 30 33. **Laufb:** UProf (Lied, Orat) U Mozarteum Salzburg. (*)

Zakowsky, Horst-Rüdiger, Violoncello, Konzertmeister; c/o Städtische Theater, Käthe-Kollwitz-Str 7, D-09111 Chemnitz, PF 756, D-09007 Chemnitz. **Laufb:** Konzm Robert-Schumann-Philharmonie Chemnitz. (Red)

Zambelli, Bianca von, Sängerin; Düsseldorfer Operette, Schlesische Str 94, D-40231 Düsseldorf. **Laufb:** Sol Düsseldorfer Optte. (Red)

Zamfir, Mihai, KS, Tenor, Dozent; c/o Bremer Theater, Am Goethepl 1–3, D-28203 Bremen, PF 101046, D-28010 Bremen, T: (04 21) 3 65 30, F: 3 65 33 32, *info@bremertheater.com*; c/o Lars-Oliver-Schimanski Opern- u Konzertagentur, Syker Str 8, D-28307 Bremen, T: (04 21) 4 84 47 13, F: 4 98 98 60, 01 77-5 10 15 91, *info@scarpia.de*; *www.bremertheater.com* [Baia Mare, Rumänien 6.11.1947]. **Ausb:** Stud (Ges) H f M Siebenbürgen, Stud (M Breazu, I Pantea) MAkad 'G Dima' Cluj-Napoca, Rumänien. **Laufb:** Sol Th Bremen (Cilèa: Adriana Lecouvreur, Maurizio; Offenbach: Orpheus i d Unterwelt, Pluto/Aristeus; Weill: Aufstieg u Fall der Stadt Mahagonny, Jim ua) ab 85 (04/05), KS ebd 92, Gastsol Op Palermo, Paris, Zürich, Antwerpen, Ankara, Berlin, Hamburg, Köln ua, Doz H f K Bremen seit 91, Ungar Staatsop Cluj-Napoca, Rumän Staatsop Cluj-Napoca.

Zamponi, Francesca, Solorepetitorin; c/o Oper Frankfurt, Untermainanlage 11, D-60311 Frankfurt. (Red)

Zander, Heinz Joachim, Komponist, Pianist, Pädagoge; Bethesdastr 25a, D-20535 Hamburg, T: (0 40) 2 54 24 18 [Breslau 29.11.1920]. KamM **Ausb:** Musikal Ausb (Kl, Dirig, Kontrapunkt) Schles LandesMSchule Breslau bis 40, Kriegsbedingte Unterbrechung b 48, Stud (Kl) Hamburg, Ex KlL 49. **Laufb:** freischaff als KlPäd, Korr, KonzBegleiter, Komp seit 70, Doz Hamburger Kons, KonzTätigkeit als KamM u Liedbegleiter. – **Komp:** Rezitativ u Rondo (f Fl u Kl) 71, UA Hamburg, 72, W Busch Lieder 65; Variationen über 'Der Winter ist vergangen' (f Blockfl-Qua) 70, UA Hamburg 74, Bläserqui 77, UA Hamburg 82; Rhapsodie f Altsax 83, UA Hamburg 84; KamKonz (f Fl, Klar, Str (Sept)) 83/84, UA Hamburg 90; Trio f Klar, Vcl u Kl 85, UA Hamburg 85; StrQua, UA Hamburg 95; Rondo über oberschles Folklore (f Zupforch) 84, UA Hamburg 91; Duo f Hfe u Vcl 96, UA Hamburg 2000; Moment musicaux (f Hf solo) 2000, UA Hamburg 2000; Scherzo f Okt (Klar, Fag, Hn, StrQui), UA Hamburg 01. **Aufn/RF:** RF-Aufn: 5 Bagatellen f 3 Querfl, m Ulmer FlTrio C Bauer, SDR 71; Variationen über e schwed Volkslied (f Orch), NDR 62; Capriccio (f Bläserens 2 Fl, 2 Ob, 2 Klar, 2 Hn, 2 Fag) 88, UA NDR 88; CDs: Serenade (f Blockfl-Qua), Rhapsodie (f Bassklar u Kl), Due Boemi di Praga 88; Capriccio (f Bassklar solo) 92; Fantasie (f Fl, Bassklar u Kl), C Bauer, Due Boemi di Praga 95.

Zanetti, Massimo, Dirigent; c/o Konzertdirektion Hans Ulrich Schmid, Königstr 36, D-30175 Hannover, PF 3409, D-30034 Hannover, T: (05 11) 3 66 07 60, 3 66 07 27, 3 66 07 39, F: 3 66 07 34, *mail@kdschmid.de, cos@kdschmid.de*; *www.kdschmid.de*. **Ausb:** Stud Kons Guiseppe Verdi Mailand. **Laufb:** Kapm Op Bremen 96–99, Chefdgt d Flämischen Op Antwerpen 99–02, Dgt Staatsop Berlin (ua 'Norma', 'Italienierin in Algier') seit 02, Op Kopenhagen ('Don Carlos') 03, Gasteng Sächs Staatsop Dresden (ua 'Maskenball', 'Madame Butterfly', 'Viva la Mamma', 'Saul') SpZ 00/05; Auftr Gläserne Manufaktur ('Carmen') 02, Mailänder Scala ('Liebestrank'), Teatro dell'Op Rom ('Norma', 'Madame Butterfly'), Covent Garden Op London ('La Bohème'), Hamburg Staatsop ('Maskenball'), 2 Benefizkonz m Staatskap Dresden u Stuttgart 02, Konz m Orch d Frankfurter Museumsges, Bamberger Symphoniker, SinOrch SWR Stuttgart, City of Birmingham Symph Orch, Hallé Orch Manchester, Finnish Radio Orch, Bournemauth Symph Orch, NHK Symph Orch Tokyo 03, NDR SinfOrch Hamburg 03/04, Orch Philharm de Radio France, Niederösterr Tonkünstlerorch, Berner SymphOrch, GastDgt Dt Staatsop Berlin SpZ 04/05. **Pr:** mehrere int Pr ua 'Forum junger Künstler' Wien, Int DirigWettb Donatella Flick London.

Zanger, Daniela, Sängerin; c/o Anhaltisches Theater, Friedenspl 1a, D-06844 Dessau. **Laufb:** Sol Anhaltisches Th Dessau SpZ 01/05. (Red)

Zank, Ralf, Posaune; c/o Staatskapelle Berlin, Unter den Linden 7, D-10117 Berlin. **Laufb:** stv Sol Staatskap Berlin. (Red)

Zapata, José Manuel, Sänger; c/o Theater Basel, Elisabethenstr 16, CH-4051 Basel. (*)

Zapf, Anton, Dirigent, Komponist; Heinrich-von-Kleist-Str 21, D-53113 Bonn, T: 0 17 26 00 45 04, F: (02 28) 9 48 98 92, *antonzapf@gmx.de*; *www.musikerportrait.com/anton-zapf* [Neubau/Bayreuth 16.10.1951]. Konzert, Oper, Neue Musik **Ausb:** Stud (SchM) MH Stuttgart 71–76, (MWiss) Uni Tübingen, Org (W Jacob) 76–80 u Kapm (T Ungar); Stip Rotary Int 80–82, Karl Böhm Stip, (Ch Bruck) Hartford Uni, (J Levine) New York. **Laufb:** Kapm Staatsth Stuttgart 83–90, 1. Kapm NatTh Mannheim 90–92, ständ Gastdgt Finn NatOp Helsinki 93–96, 1. Kapm Op Bonn 99–01, GastDgt Op Bonn SpZ 04/05, Landesth Eisenach SpZ 04/05, ständ Gstdgt Philh Königgrätz seit 02. **Pr:** 1. Pr OrgWettb Stuttgarter MH 73, Kulturförderpr Stadt Regensburg 78, Prtr Int Fitelberg-DgtWettb d Schlesischen Philh Kattowitz 83. – **Komp:** Ave Maria (f Sop u gr Orch) op 2, UA Regensburg, m ostböhm Philh Königgrätz 03; 'let's jump and fly' (Song), UA Int. Masters Championship in Skijumping 04; Symph Fragmente, op 4: 'in memoriam Antonin', Weidener Max-Reger-Tage 04. **Aufn/RF:** A Webern: Sinf op 21, 6 Lieder op 14, 5 Geistl Lieder op 5; I Xenakis: Analogiques A u B, Aurora; U Süsse: Zwischen Frühling u Herbst, Ens Neue Musik Stuttgart, SWR 83; W Vogel: Etüden f gr Orch, RSO Berlin 98. **UA:** H W Henze: Toccata senza fuga (f Org), SWR 79; J v Buren: Fantasie (f Org), SWR 80; G Wötzer: Sechsjähriger (f Ens) Stuttgart 80; B S Wilson: Moment for small orchestra, USA 82; S Eipper: Kadenz (f KamEns), SWR 83; Y Pagh-Paan: Madi SWR 83; H P Jahn: Passacaglia-Variationen, SWR 84; Requiem, MTh op 10, SR 85; H Stuppner: Cafe Eros, Staatsop Stuttgart 86; R Febel: FilmM zu 'Der Zauberbaum', WDR 87; Besuchszeit, Bonner Op 2001; E Karkoschka: ...n P Celan (f Sprecher, Git u Ens), Stuttgart 88; U Süsse: Schach dem Dreiklang (f 32 Musiker), Stuttgart 88; J Krebs: Doubles and Echoes (f 11 Instr u Tonband), SWR 93; S Corbett: Sinf Nr.1 'Tympan', SWR 93; 'Dom l'adonai' (f Ch a cappella), SWR 94; Konz (f Pos u Orch), Finn NatOp Helsinki 94; R Hempel: Konz (f V u KamOrch), SWR 97; K Lang: Königin Ök, Bonner Op 2000; A Zapf: Ave Maria (f Sop u gr Orch) op 2, Philh Königgrätz 03, UA 'in memoriam Antonin, op 4'. **Sonst:** Grdg Ens 81 Hartford, Hg v Henzes 'Toccata Senza Fuga' (Schottverlag).

Zapf, Helmut, Komponist; Schönower Str 74, D-16341 Zepernick, T: (0 30) 94 41 95 45, F: 94 41 95 46, *muta@berlin.sireco.net* [Raschengeses, Thüringen 4.3.1956]. zeitgen Musik **Ausb:** Stud (KiM) Eisenach u Halle 74–79, Mstrschüler (Komp) b G Katzer Akad d Künste d DDR 82–86. **Laufb:** freischaff Komp, Grdg d Ens Junge Musik, Grdg d Fstv f Neue Musik 'Randspiele' 93. **Pr:** ua Valentino Bucchi Pr Rom 86, Hanns-Eisler-Pr 87. **Ens:** Duo BZ. – **Komp:** vgl composers21.com; ua: Brechungen I–III (KamM), UA Gewandhaus 86; Psalmos (KamM), UA Mannheim 89; Rivolto (KamM), UA Witten, Ens Recherche 90; Abendklänge (KamM), UA Berlin, United Berlin, Dgt: M Venzago 95; Approximation (KamM), UA Rheinsberg 96; Lilith (KamOp), UA Rheinsberg, Dgt: J Avery. **AuftrKomp:** vgl composers21.com; ua: Zusammenklang II (KamM), UA Donaueschingen, Hanns-Eisler-Gruppe 88 (Auftr: SWF); Dreiklang III (OrchW), UA Donaueschingen, Phil Dresden, Dgt: J Wyttenbach 92 (Auftr: SWF); Dreiklang IV, UA Biennale Berlin, Dgt: H Zensler 93; 'Klangbeschreibung f Orgel', UA ION Nürnberg 2001 (Auftr: Siemens Kulturstift). **Aufn/RF:** vgl composers21.com; ua: 'Trio' f Streicher, Ens Oriol (SFB); 'Abendklänge', United Berlin, Dgt: W Gutowski (SFB).

Zaplechny, Vadim, Sänger; c/o Bremer Theater, Am Goetheplatz 1–3, D-28203 Bremen, PF 101046, D-28010 Bremen. **Laufb:** Sol Nationalth Mannheim, Stadtth Klagenfurt, GastSol Th Bremen SpZ 04/05. (Red)

Zaremba, Elena, Mezzosopran; c/o Theateragentur Dr Germinal Hilbert, Maximilianstr 22, D-80539 München, T: (0 89) 2 90 74 70, F: 29 07 47 90; c/o Bayerische Staatsoper, Brieffach, D-80075 München; *www.hilbert.de*. **Laufb:** Sol Dt Op Berlin, Hamburg Staatsop, Bayer Staatsop München, Op Zürich. (Red)

Zarius, Karl-Heinz, Prof, Hochschullehrer, Komponist; Luegallee 7, D-40545 Düsseldorf, T: (02 11) 57 15 84, F: 57 15 84; H f Musik Köln, Abt Wuppertal, Friedrich-Ebert-Str 141, D-42117 Wuppertal. **Laufb:** Prof (allg MErz, Neue Musik) H f Musik Köln, Abt Wuppertal. (Red)

Zarmas, Pieris, Dr phil, Bariton; Belderberg 7, D-53111 Bonn, T: (02 28) 9 76 89 55, F: 9 76 89 55 [Akanthou, Zypern 1933]. Bariton **Ausb:** erste MAusb b G Arvanitaxis, D Tyrimos, K Syriotou, C Ioannides auf Zypern; Stud (Ges) Royal College of M, Guildhall Sch of M, Royal Acad of M London; (Ferrara, Naducci, Soresina) Mailand; Stud (MWiss, Klass Philologie, SpraWi, Volkskunde) Uni Bonn, Prom (Philosophie) ebd 75. **Laufb:** erste Rolle: Gran Liceu Barcelona u Lyrische Bühne v Athen, Sol MTh Bonn 65–02, Düsseldorf, Hamburg, Mainz, Frankreich, Brasilien, Südkorea, Griechenland; Partien: Rossini: 'Barbier v Siviglia', Titelrolle; Mozart: 'Figaros Hochzeit', Figaro; ders: 'Don Juan', Titelrolle; Verdi: 'Falstaff', Titelrolle; ders: 'Rigoletto', Titelrolle; ders: 'Otello', Jago; ders: 'Simone Boccanegra'; Beethoven: 'Fidelio', Don Pizzarro; Puccini: 'Scarpia' ua. **Pr:** Prtr Akad Athen 76, Lit- u Kunstpr Zypern 99, BVK am Bande 02. – **Aufn/RF:** CD u DVD m Liedern u Arien aus d eigenen Repertoire; Bearb zahlr zypr, griech u neapolitan Lieder u deren Aufn m Bonner Beethoven Orch u Mand Orch Niederkassel. **Sonst:** intensive Beschäftigung m Religion, Kunst, Ethik u Verf zahlr MWiss-Werke, z B 'Die Volksmusik Zyperns', 'Die Musikinstr d Zyprer', 'Das altgriech Tonsystem', 'Das byzantin Tonsystem', 'Das Tonsystem im arab-pers Raum', 'Quellen d zypr Volksmusik', 'Die Toponymien v Akanthou', 'Religion u Kunst', 'Ethik'; Hg 'Zypern-Nachrichten'-Bulletin f d dt Publikum 84–95; Organisation u Förderung Aktion 'Hilfe f Zypern' 74; 14 Jahre lang Presserat d zypr Botschaft in Bonn u EU; Weg u Stationen, Das Volkslied i Akanthou; Die Flora v Akanthou; Autobiographie.

Zaufke, Thomas, Komponist, Arrangeur; c/o GRIPS Theater, Altonaer Str 22, D-10557 Berlin, *music@zaufke.de*; c/o Theater der Jugend – Zwischenraum, Mondscheingasse 18, A-1070 Wien; *www.zaufke.de* [Bremen 11.12.1966]. Musical/Theatermusik **Ausb:** Stud Tonmeister u. Gesang UdK Berlin 87–97. **Laufb:** TheaterM seit 96; Kurt-Weill-FSp Dessau; Th des Westens; Neuköllner Op; GRIPS Th Berlin; Düsseldorfer Schauspielhaus; Wiener Renaissanceth; Zusammenarb m Librettist Peter Lund seit 2000. – **Aufn/RF:** CDs: 'Zaufke Songbook' ; 'Babytalk' 2000; 'Cinderella passt was nicht' 01; 'Elternabend' 03; 'Letterland' 05; 'Kannst Du Pfeifen, Johanna'/ 'Julius & die Geister'; 'Baden gehen'. **UA:** Babytalk, UA 2000; Cinderella passt was nicht, UA 01; Elternabend, UA 03; Letterland, UA 05. **Sonst:** Auswahl Musicals: Babytalk, Cinderella passt was nicht; Elternabend; Letterland (alle m Peter Lund, Neuköllner Op); Kannst Du Pfeifen, Johanna; Julius & die Geister; Baden gehen; Die Faxen dicke (alle GRIPS Theater); Die wundersame Reise des kleinen Kröterich; Konrad, das Kind aus der Dose (alle Wien).

Zaugg, Priska, Harfe; Rainstr 84, CH-8712 Stäfa, T: 04 49 26 67 40; *www.harpa.com/priska-zaugg/*. **Ausb:** Stud Hfe b E. Hürlimann in Zürich, MH Freiburg i Br. **Laufb:** Solist Auftritte mit d Zürcher Kammerorch, d Sinfonietta Helvetica ua. **Pr:** Kiwanis-Pr. **Ens:** Trio Musaïque, Amar Qua. (Red)

Zaun, Rainer, Sänger, Solist (Bassbariton); Ringstr 48, D-52078 Aachen, T: (02 41) 92 21 17, 01 72–9 80 17 92, F: 92 21 17 [Wiesbaden 12.12.1960]. Oper **Ausb:** Peter-Cornelius-Kons Mainz, Priv (M Schenk). **Laufb:** Staatsth Wiesbaden 88–92, Th Aachen 92–98, Staatsth Braunschweig 98–2000, Japan Tournee 92, Wiener KamOp 94/95, Grenoble 95, Granada 95, Lissabon 95, Athen 96, 97, 98, Sevilla 97, Hamburg Staatsop 97/98/02, Aalto Th Essen 98/99/00, Dt Op a Rhein 99/00/01, Schiller Th NRW 00/01, Th Bielefeld 00/01/02/03, Staatsth Wiesbaden 00/01/02, Staatsth Karlsruhe 01, Nationalth Mannheim 01, San Francisco Op 01, MTh im Revier Gelsenkirchen 02/04, Tiroler FSp Erl 03, Th Klagenfurt 02, Gastsol MTh im Revier Gelsenkirchen SpZ 04/05, Wagnerfstv Wels 04/05, Op Leipzig 04/05, Staatsth Cottbus 01/05/06, Th Wuppertal 04–06, wichtigste Rollen: Figaro, Leporello, Magnifico, Bartolo, Fank, Ollendorf, Caspar, Pizarro, Tierbändiger/Athlet, Alberich, Mephisto, Boris Godunov, Gurnemanz, Escamillo, Baculus. **Pr:** OpPr Bad Hersfeld 86 u 01, Gesangswettb 'The Quest for Don Giovanni' Paris/Athen 94. **Mitgl:** GDBA. – **Aufn/RF:** Mozart: Le Nozze di Figaro (Partie Bartolo); Wagner: Meistersinger v Nürnberg (Partie H Ortel). **UA:** 'Dreyfus' v M M Cotel, Titelpartie österr EA StaatsOp/KamOp Wien 94.

Zaunschirm, Franz, Mag, Dr, Prof, Komponist, Hochschullehrer; Haus Nr 128, A-5120 St Plantaleon, T: (0 62 77) 76 74, F: 76 74; Univ Mozarteum, Abt f Dirigieren, Komposition u Musiktheorie, Zentrum im Berg, Fürbergstr 18–20, A-5020 Salzburg, T: (06 62) 61 98 51 20, F: 61 98 30 33, *franz.zaunschirm@moz.ac.at* [Tamsweg, Österreich 29.4.1953]. **Ausb:** Stud (SchM, KiM, Komp) Salzburg, (de la Motte) Hamburg, Prom. **Laufb:** Doz, dann Prof (Komp, MTheorie) MH Hamburg, Mozarteum Salzburg seit 91, Vors Salzburger Volksliedwerk 96–99. **Pr:** KompPr: Hamburg 82, Dresden u Wien 82, Touvs 84. – **Komp:** Partita super 'Nun komm du Heiden Heiland' f Orgel 77, UA Hamburg 87; Gezeiten (KamM) 90, UA Hamburg 90; Surrexiv (Geistl ChW) 93, UA Salzburg 93; Eine zerbrochene Zeit (FilmM) 93, UA Saarbrücken 94; Alpenlust 93/94; Eine Gans im Theater (Musical) 98, UA Salzburg; Coole Planeten (Musical) 01, UA Lauffen; Maria im Advent (szen Orat), UA Salzburg 2000; Maria Himmelskönigin, UA Laufen 02.

Zavelberg, Irmgard, Violine; c/o Ulrike Zavelberg, Rubin Quartett, Steinbergerstr 31, D-50733 Köln, T: (02 21) 73 82 07, F: 7 32 59 00, *ulrikezavelberg@t-online.de*; *www.rubin-quartett.de* [1967]. **Ausb:** Stud V (B. Volmer, S. Rabenschlag u J. W. Jahn) in Köln u Karlsruhe, Mstrks b M. Rostal, I. Neaman u V. Klim. **Ens:** Rubin Qua, Thürmchen Ens. (Red)

Zavelberg, Ulrike, Cello; Steinbergerstr 31, D-50733 Köln, T: (02 21) 73 82 07, F: 7 32 59 00, *ulrikezavelberg@t-online.de*; *www.rubin-quartett.de*. **Ens:** Rubin Qua. (Red)

Zaworka, Rita, Sängerin; Dammstr 18, D-09599 Freiberg, T: (0 37 31) 24 80 36. **Laufb:** Sol Th Freiberg. (Red)

Zazzo, Lawrence, Countertenor; c/o Phoenix Artists Management, 4th Floor, 6 Windmill Street, London W1P 1HF, Vereinigtes Königreich; c/o Théâtre Royal de la Monnaie, 4, rue Leopold, B-1000 Bruxelles [Philadelphia, PA, USA]. **Ausb:** BA Englische Literatur, Yale Univ, USA 93; BA Musik, King's College, Cambridge, England 95; Diploma, Opera, Royal College of Music, London 97. **Laufb:** Sol Hamburg Staatsop, Gastsol Dt Staatsop Berlin SpZ 00/01, 03/04, Bayerische Staatsop. – **Aufn/RF:** Haendel: Rinaldo; Saul; Messiah; Serse; Deborah; Partenope; Lotario; Scarlatti: Griselda; Pergolesi: Stabat Mater; Goehr: Arianna.

Zbinden, Julien-François, Komponist, Klavier; rte de Berne 59, CH-1010 Lausanne, T: 02 16 52 11 37, F: 02 16 52 11 37 [Rolle, Schweiz 11.11.1917]. **Ausb:** Cons de Laussanne (Gertrude S Keller-Ching) 35–38; Ges (C Mayour) u V (Henri Gerber) Ecole Normale Lausanne 34–38; Kl (Marie Panthès) Genf 41–44; Komp (Renè Gerber) 42–45. **Laufb:** Pianist Jazz- u Variété-Orch 38–47; Pianist u Musikregisseur Radio Lausanne 47–56; musikal Ltg Radio Lausanne 56–64; musikal Ltg Radio Suisse Romande 65–82; Vors d Orchestervorstands Orch de Chambre de Lausanne 77–88; Expert général Cons de Lausanne 83–87; Jurymitgl bei zahlr Wettb seit 47. **Pr:** 3. Pr Komp-Wettb Henryk Wieniawski, Warschau 56; Pr d Fondation Pro Arte 54 u 61; Pr d Radiodiffusion Suisse 61 u 67; Grand Pr d Communauté Radiophonique des Programmes de Langue Française, Montreal 63; Vors d Assoc Suisse des Musiciens (Ehrenmitgl) 73–79; Ehrenmitgl Amis du Septembre Musical de Montreux-Vevey 77; Offizier Ordre des Arts et des Lettres 78; Pr d Soc des Auteurse et Compositeurs Dramatiques 79; Ehrenmitgl Soc Cantonale des Chanteurs Vaudois 81; P d Assoc des Amis du Festival de Lausanne 85; Vors d SUISA (Ehrenmitgl) 87–91; Med d'Or d Stadt Lausanne 93. – **Komp:** zuletzt: 'Lord' (Motette f doppelten gem Chor a cappella), UA Lausanne 2000; 'Itinéraire avec M.A.R.C.' (f Kl), UA Neuchâtel 01; 'Episodes' (f Hn u Kl / Hn u Orch) UA Guebwiller 01; '4x4' (f Fl, Pos, KB (Basson), Kl), UA Lausanne 02; 'Solissimo Primo' (f Fl), UA Lutry 04; 'Eternité' (f Frauenchor u Org), UA Lausanne 05; '3 Inventions à mi-voix' (f Kl), UA Rompon 05; Symponie Nr 5 (f gr Orch) 05; 'Solissimo Secondo' (f Va) 05; 'Double jeu' (f 2 KB), UA Paris 05. **Aufn/RF:** ua CD: Portrait Grammont, m Orch de la Suisse Romande, Orch de Chambre de Lausanne 78; m Orch de Chambre de Lausanne u A Jordan 89; m M André, Orch Philh de l'ORTF, Orch de Chambre de Lausanne ua 97; L'oeuvre pour et avec orgue 97; Hommage à A-M Gründer, m Orch de Chambre de Lausanne, Orch de la Radiodiffusion Belge 98; Itinéraire avec M.A.R.C, m M Pantillon 02; OEuvres pour et avec Harpe, m C Mathieu, M Kelz ua 04. **Lit:** C Tappolet: 'J-F Z, compositeur' 95.

Zebinger, Franz, Dr phil, Prof, Komponist, Interpret, Hochschullehrer; Univ f Musik u Darst Kunst Graz, Hauptpl 8, A-7432 Oberschützen, T: (03 16) 3 89 36 05, F: 3 89 31 21, *franz_zebinger@web.de*; A-7423 Kroisegg Nr 25, T: (0 33 53) 76 16, F: 76 16 [St Peter am Ottersbach 29.4.1946]. Komposition E-Musik, Interpretation Alter Musik **Ausb:** Stud (Org, Cemb) MH Graz, Stud (Klass Archäologie, Romanistik) U Graz. **Laufb:** Prof (Generalbass, Klpraxis) U f M u Darst Kunst Graz, langjährige Mitwirk in Ens f Alte M (ua Gamerith Consort, Ljubljanski Barocni Trio), Organ e KonzReihe m Neuer M ad Burgenland ab 2000, KonzOrganisator f d Kulturverein Oberschützen 01–03. **Mitgl:** Präs v KIBu – Komp u Interpreten im Burgenland. – **Komp:** 'Markuspassion', UA Graz 96; 'DIES ILLA', apokalyptisches Orat, UA Graz 99; 'Bruder Sonne – Schwester Mond', UA Zschorlau (D) 03.

Zechberger, Günther, Hochschullehrer, Komponist; Galgenfeldstr 25/56, A-6060 Hall in Tirol, T: (0 52 23) 4 49 43, 06 50–4 02 39 69, 06 50–4 02 39 70 [Zams, Tirol]. **Ausb:** Stud (Komp, Git) Kons Innsbruck, (MWiss) Uni Innsbruck, private Komp-Stud (Prof B Schaeffer); Kse u Workshops Computer-Komp u Elektro-akust M ('CCMIX' Paris ua). **Laufb:** L (Harmonielehre) Abt MWiss Uni Innsbruck. **Ens:** Grdg u Ltg 'Tiroler Ens f Neue M' 84. (Red)

Zechlin, Ruth, Prof, Komponistin; Löwengrube 20, D-94032 Passau, T: (08 51) 4 90 87 49, F: 4 90 87 50, *sekretariat@ruthzechlin.de*; *www.ruthzechlin.de* [Großhartmannsdorf 22.6.1926]. OrchM, SakralM **Ausb:** Stud (JN David, Straube, Ramin) H f M Leipzig 43–45 u 46–49. **Laufb:** Doz (Tonsatz) seit 50, Prof (Komp) H f M 'Hanns Eisler' Berlin seit 69, em 86, Gastprof, auch als Cembalistin u Organistin tätig. **Pr:** Mitgl Akad d Künste d DDR seit 70, Akad d Künste Berlin seit 93, FAdK Mannheim seit 97, Geothepr Berlin 62, Kunstpr DDR 65, Hanns-Eisler-Pr 68, NatPr DDR 75 u 82, Heidelberger Künsterinnenpr 96, VK 1. Kl 9, Bayer Maximiliansorden f Wiss u Kunst 01. **Mitgl:** dkv, Ehrenmitgl DMR, TKV. – **Komp:** 'Canzoni alla notte' f Bar u Orch (Sinf/Konz), UA Leipzig, Gewandhaus, S Lorenz, Dgt: K Masur 76 (Auftr: Gewandhaus

Leipzig); Metamorphosen f Orch (Sinf), UA Berlin, Kom Op, M di Bonaventura 83 (Auftr: Kom Op Berlin); 'La Vita' (Ballett f Orch) 83, UA Berlin, Kom Op 85; M zu Bach (Sinf), UA Berlin, Kom Oper, Dgt: R Reuter 85 (Auftr: Bach-Ges Leipzig); 'Elissa' (KamOp), UA Südostbayer Städteth Passau 05; Stufen f Orch (Sinf), UA Hamburg, G Albrecht 93 (Auftr: Hamburg Staatsop); 'Die Reise' (KamOp) 92, UA Saarbrücken, Staatsth 98; Violinkonz – Hommage à György Kurtàg (Sinf/Konz), UA Chemnitz, W Hentrich 94; Geisl Kreise (VokalM), UA Passau 96 (Auftr: Europ Wochen Passau); Triptychon 2000 (Sinf), UA Passau 96 (Auftr: Europ Wochen Passau); 'De Sanctissima Trinitate' (Orgelw) 99/2000, UA Passau, Dom, R Zechlin 2000; Triptychon 2000 (Sinf), UA Passau, Dom, Nat-RSO Kattowice, Dgt: A Wit 2000 (Auftr: Europ Wochen Passau); Konz f Schlgz u Str (Sinf), UA München, E Guggeis u Münchener KamOrch 02 (Auftr: Münchener KamOrch); KamOp Elissa 05; Missa in honorem Sancti Stephan 05; Dank an W A Mozart (f Orch), UA 06 (Auftr Europ Wochen Passau); Hommage à Händel UA Halle, Händelfest 06 (Auftr Legrande-Ens, England). **Lit:** R Zechlin: Situationen – Reflexionen 86; A L Suder (Hg): Komp in Bayern, Bd 41: Ruth Zechlin.

Zechmeister, Barbara, Sopran; c/o Opernagentur Inge Tennigkeit, Kempener Str 4, D-40474 Düsseldorf, T: (0 69) 38 19 98, 0 17 94 94 71 68 [Bad Mergentheim]. **Ausb:** Stud SchM, Ges (E-M Molnàr, R Piernay) H f M Heidelberg-Mannheim, Ges (L Sarti) London. **Laufb:** Gast Städt Bühne Hagen 94, Staatsth Mainz 95, festes EnsMitgl Op Frankfurt seit 96 ('Hänsel u Gretel', Gretel; 'Zauberflöte', 1. Dame u Pamina ; 'Così fan tutte', Despina ; 'Das Tagebuch d Anne Frank', Anne; 'Freischütz', Ännchen; 'La Bohème', Musetta; 'Falstaff', Nannetta; 'Peter Grimes', 1. Nichte; 'Un re in ascolto', Sopran II; 'Don Giovanni', Zerlina; 'Walzertraum', Prinzessin Helene); Gast Lissabon ('Zauberflöte', Pamina), Ludwigsburger FSp ('Liebestrank', Gianetta) 01, Städt Bühnen Osnabrück ('La Bohème', Mimi) 01, Staatsth Hannover ('La Bohème', Mimi) 01, Kissinger Sommer (Konz) 02, Op de Rouen ('Don Giovanni', Zerlina) 03, Wexford Op Fstv ('Die drei Pintos', Clarissa) 03.

Zeczek, Brigitte, Prof, Hochschullehrerin, Gitarre; Univ f Musik u Darst Kunst, Hellmesberger-Inst, Rennweg 8, A-1030 Wien [Wien]. **Ausb:** Stud Wiener Musikakad (L Walker) u b A Segovia u A Díaz. **Laufb:** Lehrtätigkeit U f Musik u Darst Kunst Wien seit 72, o UProf ebd. (Red)

Zedda, Alberto, Dirigent; c/o Deutsche Oper Berlin, Richard-Wagner-Str 10, D-10585 Berlin [Mailand 2.1.1928]. **Laufb:** Debut Dt Op Berlin 61; New York City Op 67–69; int Karriere als Dgt; künstl Lt Rossini-Fstv u Accad Rossiniana, Pesaro; HL Univ Urbino u Accad Osimo. **Pr:** RAI Int Wettb f. Dgt 57; Ehrenpräs Dt Rossini-Ges. – **Sonst:** Musikwiss: krit Edit v Op, Orat u a insbes 1. Hälfte 19. Jh; Neuedit d Fondazione Rossini. (*)

Zedler, Ralph, Solorepetitor; Mecklenburgisches Staatstheater, Alter Garten, D-19055 Schwerin. **Laufb:** Solorep Mecklenburgisches Staatsth Schwerin. (Red)

Zednik, Heinz, KS, Tenor; c/o Wiener Staatsoper, Opernring 2, A-1010 Wien; c/o Volksoper Wien, Währinger Str 78, A-1090 Wien, T: (01) 51 44 40, F: 5 14 44 32 15, *office@volksoper.at* [Wien]. **Ausb:** Kons Wien b Prof. Klein u b KS E Réthy. **Laufb:** Sol Wiener Staatsop, Volksop Wien seit SpZ 03/04. (Red)

Zehe-Schmahl, Helmut, Musikschulleiter; c/o orfeo21 Musikverlag, Palanterstr 51, D-50937 Köln, T: (02 21) 41 76 68, F: 44 84 97, *orfeo21@t-online.de*; *www.orfeo21.de* [Schweinfurt 3.9.1951]. Gitarre in d Kammermusik **Ausb:** Künstl Reifeprüfung (Git) MH Köln. **Laufb:** Brasilien-Tournee m Friedrich-Puetz-Ens, Tourneen m Heidelberger KamOrch in Frankreich, zahlr Auftr in Dtschld u Spanien m d Duo Tiramisu u d Duo Dialg'U'E in Dtschld. **Ens:** Nova Ens Wuppertal, Picking Generations, Guitaromanie. – **Komp:** Kinderlieder: El Gato, Traurig-Lied, Muß-Song, Ich werd'einmal ein Rockstar; Fantasia Nova f 4 Git od GitOrch; E-Tuet-E f 4 Git; Mucho f 4 Git; Searings f Fl u Git; Wired f elektr Orch. **Aufn/RF:** RF-, TV- u Plattenaufn m versch RF-Orch u Ens f Neue Musik. **UA:** alle UA d zahlr EnsWerke m Gitarre v K Hupfer; weitere UA v KamM d Komp H-W Henze, M Niehaus, E Pütz, F Pütz, N W. Peters, H Zehe-Schmahl. **Zug:** M Niehaus: vier kurze Stücke f Git, E Pütz: sentimental serenades. **Sonst:** Mitautor d GitLehrweks 'acoustic guitar', Mitautor 'mein Gitarrenkonzert', Hg u Bearb v mehr als 50 Werken zeitgen KamM m Git, Autor u Komp d Werkes 'El Gato u seine Freunde' Lehrwerk f GitUnterr f Gruppen über 8.

Zehelein, Klaus, Prof, Dramaturg, Intendant; Solitude 14, D-70197 Stuttgart, T: (07 11) 69 12 25, F: 69 17 27; Württembergisches Staatstheater, Oberer Schloßgarten 6, D-70173 Stuttgart [Frankfurt/M 1940]. **Laufb:** Intend Staatsop Stuttgart, Präs Dt Bühnenverein seit 03, Präs Bayer ThAkad ab 06. **Pr:** Verdienstmed d Lds Baden-Württemberg 01, Titel 'Prof' 03. (Red)

Zehetmair, Helmut, Dr phil, Prof em, Hochschullehrer, Violine; Universität Mozarteum, Schrannengasse 10a, A-5020 Salzburg, T: (06 62) 6 19 80, F: 61 98 30 33, *helmut.zehetmair@moz.ac.at*. **Laufb:** UProf (V) U Mozarteum Salzburg, seit 04 em m venia docendi. (Red)

Zehetmair, Thomas, Prof, Hochschullehrer, Violine, Dirigent; Univ f Musik u Darst Kunst, Inst 3, Brandhofgasse 21, A-8010 Graz, T: (03 16) 3 89 36 06, F: 3 89 30 31, *thomas.zehetmair@kug.ac.at*; c/o Künstlersekretariat Schoerke GmbH, Grazer Str 30, D-30519 Hannover, T: (05 11) 40 10 48, 40 10 49, F: 40 74 35, *info@ks-schoerke.de*. **Laufb:** o UProf (V) U f Musik u Darst Kunst Graz. (Red)

Zehm, Friedrich (Pseud: Heinz Cammin), Komponist; Schlichterstr 6, D-65185 Wiesbaden, T: (06 11) 37 47 08 [Neusalz/Oder 22.1.1923]. **Ausb:** Stud Mozarteum Salzburg, Komp (H Genzmer) MH Freiburg 41–53. **Laufb:** freiberufl Komp, Pianist, L, Musikreferent AH Freiburg 56–63, Lektor u Redakteur Musikverlag Schott 63–85. – **Komp:** Lyrische Kantate (Vokalzyklus) 65, UA Freiburg, R Hermann 67; Serenade (KamM) 69; Rhythmophonie f Orch (OrchW) 70; Capriccio f Schlgz u Orch (Konz) 86, UA Mainz, Ch Caskel 86; Divertissement (KamM) 88, UA Wiesbaden, Trio Papillon 89. (Red)

Zehnder, Heidi, Mezzosopran; c/o Caecilia Lyric Department, Rennweg 15, CH-8001 Zürich, T: 0 12 21 33 88, F: 0 12 11 71 82, *caecilia@caecilia-lyric.ch*; c/o Agentur Seitter, Opernring 8/13, A-1010 Wien, T: (01) 5 13 75 92, *office@agentur-seitter.at*; *www.caecilia.ch*. **Laufb:** Sol Th d Stadt Trier, Gastsol Th Meiningen SpZ 03/04. (Red)

Zehnder, Kaspar, Flöte, Dirigent; Junkerngasse 13, CH-3011 Bern, T: 03 13 12 13 75, F: 03 13 12 13 75, *kaspar.zehnder@datacomm.ch*; c/o Konzert Agentur Suzanne Gfeller, Homelstr 3, CH-4114 Hofstetten, T: 06 17 33 03 73, F: 0 61 73 33 03 74, *gfeller@konzert.ch* [Bern 27.8.1970]. **Ausb:** Stud (H Indermühle) H f M u Th Bern 86–92, (A Nicolet) Accad Chigiana Siena 94/98, European Mozart Foundation 95/96. **Laufb:** Auftritte als Solist u Dirigent: Fstv Mecklenburg-Vorpommern 96, Fstv Le stelle del futuro Venedig 97, künstl Lt Fstv Murten Classics Schweiz seit 99, ständ Doz Bohemia Fstv Tschech Rep 97, Lt Blasorch Berner Oberland 98, Tschaikowsky RadioSinfOrch Moskau 99 u 2000, künstl Lt KamOrch Neufeld Bern 81–2001, künstl Lt Burgdorfer Kamorch seit 96, künstl Lt Kontrast SinfOrch (Orch d H f M u Th Bern-Biel) seit 98, künstl Lt KamMKonz Hondrich/Thun seit 99, Präs Brahms-Ges Schweiz seit 2000. **Pr:** Studienpr Friedl Wald-Stift Basel 89, Kiwanis-Pr 90, Ehrendipl Accad Chigiana Siena 94, Migros-Studienpr 94–96, STV-Pr 97, Ehrendipl Accad Chigiana Siena 98. **Ens:** 'mit vier', Trio Seneca, Salon mobile. – **Aufn/RF:** CDs: Frz Musik f Fl u Kl, m P Mazzola (CD); Franck, Martinu, Prokofjew: Sonaten, m M Nemes (CD). **UA:** Sokolow: 20'00'' – ein Blick auf die Zeit, UA 2000; Henking: Wölfli-Kantate, UA 97; Meier: Rhapsodie f Fl/Orch, UA 93. **Zug:** Furer: 'Balada' (f Fl u Kl), UA 92. **Sonst:** Grdg BUKO Op 2000, Erweiterung d Fstv Murten Classics v 5 auf 25 Konz 99–01.

Zeibig, Werner, KV, Prof, Hochschullehrer, Kontrabass; Hermann-Prell-Str 2, D-01326 Dresden, T: (03 51) 2 68 33 59; Hochschule f Musik, PF 120039, D-01001 Dresden [Possendorf 1939]. **Ausb:** Stud H f M Dresden. **Laufb:** Prof (KB) H f Musik Carl Maria v Weber Dresden. **Ens:** Staatskap Dresden. (Red)

Zeiher, Christine, Violoncello; c/o Niedersächsisches Staatsorchester, Opernpl 1, D-30159 Hannover. **Laufb:** stv Sol Niedersächs StaatsOrch Hannover. (Red)

Zeiner, Marliese, Prof, Komponistin, Hochschullehrerin; Heinrich-Heine-Str 9, D-30173 Hannover, T: (05 11) 88 95 08 [Znaim 7.10.1944]. **Ausb:** Stud (Frz, Geographie, Päd) U Bonn bis 68, Musikstud Kons u MH Köln, staatl MusikLPrfg (Kl, Tonsatz), Dipl (Komp). **Laufb:** Unterrichtsauftr PH Bonn 71–76, Doz MH Köln 80–88, Prof (MTheorie) H f Musik u Th Hannover seit 88. **Pr:** 1. Pr Klwettb U Bonn 66, 3. Pr KompWettb d VdM 81, Mitwirkung AMJ-Projekt Neue Musik f Kinder- u Jugendchöre 96/97. – **Komp:** Drei Klavierstücke f Kinder 77, UA Köln 80; Drei leichte Klavierstücke, UA Köln 80; Stücke f Kinderchor, UA Aachen 81; Gedichte v Christian Morgenstern (gem Ch); ...und ihr sollt staunen... (Liederzyklus), UA Wolfenbüttel 97; Gambenqua (KamM), UA Dormagen 99; 's war doch wie ein leises Singen (Liederzyklus), hieraus UA Gotha 98, Halle/Saale 99 u 01, Rostock 2000; Regenbogen (Liedersammlung), hieraus UA Gotha 99, Bad Doberau 01. **AuftrKomp:** 'Solis inbar' (f KinderCh m Blechbläserbegl), UA Halle/S 98 (Auftr: 'Int KinderChFstv' Halle/S). **Aufn/RF:** Komp sind enthalten auf folgenden CDs: Veidl-Variationen; 20 Jahre Gothaer KinderCh; Int KinderChFstv Halle/S Nr 4; 25 Jahre KinderCh d Rostocker Singakad; Ein Haus voll Musik. **Zug:** E Pütz: 12 Präludien f Kl. **Lit:** Lex zur Dt Musikkultur.

Zelenka, István, Komponist; ch de la Montagne 134, CH-1224 Chêne-Bougeries, T: 02 23 48 73 49. (Red)

Zelenskaya, Elena, Sängerin; c/o Bühnen der Stadt Köln – Opernhaus, PF 101061, D-50450 Köln. (Red)

Zelinka, Wilfried, Sänger; Franckstr 3, A-8010 Graz, T: (03 16) 68 40 17od (06 64) 1 03 45 90. **Laufb:** Sol Vereinigte Bühnen Graz SpZ 03/05. (Red)

Zeller, Annemarie, Prof, Hochschullehrerin, Gesang; Univ f Musik u Darst Kunst, Inst 7, Jakoministr 3–5, A-8010 Graz, T: (03 16) 3 89 36 07, F: 3 89 30 71, *annemarie.zeller@kug.ac.at*. **Laufb:** o UProf (Gesang) U f Musik u Darst Kunst Graz. (Red)

Zeller, Gerhard, Prof, Hochschullehrer, Gesang; Univ f Musik u Darst Kunst, Inst 2 u 7, Jakoministr 3–5, A-8010 Graz, T: (03 16) 3 89 36 08, F: 3 89 30 71, *gerhard.zeller@kug.ac.at*. **Laufb:** o UProf (Liedintpr, Kl-Vokalbegl) U f Musik u Darst Kunst Graz. (Red)

Zeller, Gernot, KV, Trompete; c/o Dresdner Philharmonie, PF 120424, D-01005 Dresden. (Red)

Zeller, Walter-Karl, Prof, Hochschullehrer, Violine; Zur Nachtheide 66, D-12557 Berlin, T: (0 30) 6 55 49 51; Hochschule für Musik / Abt B, Charlottenstr 55, D-10117 Berlin [Nordböhmen]. **Ausb:** Stud (W Scholz) H f M 'Hanns Eisler' Berlin ab 57. **Laufb:** KonzM Berliner SinfOrch 61, freischaff ab 74, Ltg KlTrio u StrQua, LAuftr (V) H f M 'Hanns Eisler' Berlin 76, Doz ebd 87, Prof (V) ebd 92. **Pr:** V- u KamM-Wettb. (Red)

Zelm, Paul van, Prof, Hochschullehrer, Horn; In der Hardt 12, D-51503 Rösrath, T: (0 22 05) 90 88 03; Marisstr 44, Niederlande-1058 JA Amsterdam, T: (0 20) 6 14 30 32, F: 6 17 19 97 [Alkmaar, Niederlande 1964]. **Ausb:** Stud (Hn) Sweelinck Cons Amsterdam (A van Woudenberg), . Folkwang-H Essen (H Baumann). **Laufb:** Prof (Hn) H f Musik Köln. **Ens:** Kölner Rundfunk-Sinf, 1. Solo-Hornist d Düsseldorfer Symphoniker 93, 1. Solo-Hornist d Niederl Radio Phil 94, Mitgl d Amsterdamer Bachsolisten u d Nieder Bläser-Ens. (Red)

Zemp, Robert, Violoncello; Sonnenbergstr 74, CH-6005 Luzern, T: 04 13 10 60 80. (Red)

Zemtsov, Evgueni, Doz, Komponist, Hochschullehrer; Katharinenfleet 4, D-20457 Hamburg, T: (0 40) 36 77 47, F: 36 77 47 [Rußland 27.8.1940]. **Ausb:** Stud (D Kabalevskj, A Pirumov) Moskauer Kons 62–69. **Laufb:** Päd u Doz (MTheorie, Komp) H d Künste (Ufa) 72–89 u Gnessin-MH Moskau 91–93. **Mitgl:** Russ Kom Verband seit 69, Dt Komp Verband seit 98. – **Komp:** 1.Sonate f Geige u Kl 61, UA Ufa 74; Str-Qua 62, UA Ufa 79; Drei Inventionen f Kl 65, UA Halle 79; Sechs russ Lieder f Chor 66, UA Ufa 80; 1.Symph 67, UA Moskau 69; Flamme u Rhythmus (Orat) 68; 2.Symph 72; 'Ohnemaß' f Kl 04. **Aufn/RF:** 'Ballade' f V u Kl (RF-Aufn NDR Hamburg 01 m D Zemtsova u B Lehmann). **Sonst:** Lermontov-Album Moskau 87, Lyrik v A Fett Moskau 88, Chorwerke Moskau 89, Str-Qua Moskau 90, Ballade Brüssel 03, 5 Japan Gedichte Moskau 05. **Lit:** Music in the USSR (July/September) 89, Sowjetische Musik NG 79.

Ženatý, Ivan, Prof, Violine, Hochschullehrer; Hochschule für Musik, PF 120039, D-01001 Dresden [Lomnice, Tschech Rep 2.2.1962]. **Ausb:** Stud V Akad Prag 83–87. **Laufb:** Prof (V, StreicherkamM) H f M Carl Maria v Weber Dresden. **Pr:** Laureatdipl Tschaikowski Wettb Moskau 82, 1. Pr Prager Frühling Wettb Prag 87. – **Aufn/RF:** Dvorak, Compl Works f V u Piano; Grieg, Three Sonatas f V and Piano; Mozart, Compl Works f V and Va, m Clarton, Suk, Belohlavek, Prager KamPhilh.

Zender, Hans, Prof, Hochschullehrer, Dirigent, Komponist; c/o SWR Sinfonieorchester, Orchestermanagement, Konrad-Adenauer-Pl 1, D-79098 Freiburg, D-79100 Freiburg, T: (07 61) 2 90 78 87, F: 2 90 78 89 [Wiesbaden 22.11.1936]. **Ausb:** Stud MH Frankfurt u Freiburg, Mstrkl-Abschl Komp (W Fortner), Kl u Dirig 56–63. **Laufb:** pianist Tätigkeit, Kapm Städt Bühnen Freiburg 59, ChefDgt Op d Stadt Bonn 63–68, GMD Stadt Kiel 68–71, ChefDgt RF-SinfOrch Saarbrücken 72–84, GMD Staatsop Hamburg 84–87, ChefDgt Radiokamerorkest d Niederländ RF 87–94, ständ Gastdgt Op Nat Brüssel 87–90, Prof (Komp) MH Frankfurt seit 88, ständ Gastdgt u Mitgl d künstl Ltg SWR Sinf-Orch Baden-Baden u Freiburg seit 99, Gastdgt Gare du Nord Basel SpZ 04/05. **Pr:** Stip Villa Massimo Rom 63/64 u 68/69, Mitgl Freie Akad d Künste Hamburg 85, Mitgl Akad d Künste Berlin 89, Mitgl Bayer Akad d Schönen Künste München 94, Frankfurter MPr u Goethepr d Stadt Frankfurt 97, Ehrengast Villa Massimo Rom 99, Hessischer Staatspr 02, Wissenschaftskolleg Berlin 05/06. – **Komp:** ua Op 'Stephen Climax' 79/84, UA Frankfurt/M 86; Op 'Don Quijote' 89/91, UA Stuttgart 93; Schubert: Winterreise (e komp Interpr) 93; 'Shir Hashirim' (Chor, gr Orch u Live-Elektr) 95/96; Zyklus 'Hölderlin lesen'; Cantos 1–8; Cellokonz 'Bardo'; komponierte Intpr, zB 'Schuberts Winterreise'. **Auftr-Komp:** zahlr Werke ua f WDR, SR, HR, SDR; Kalligraphie 4 u 5 (f Orch), UA KonzHaus Berlin 04; Chief Joseph (Op), UA Staatsop Berlin 05. **Aufn/RF:** Dirigentenporträts: Die H Z-Edition (17 CDs m Aufn v Klassik bis zur Moderne); G Mahler, Sinf Nr. 1 D-dur u Ch Ives, 'Central Park in the Dark', 'The Unanswered Question'. **Sonst:** 'Happy New Ears' u 'Wir steigen niemals in denselben Fluß' (Ges Aufsätze), 'Die Sinne denken' (Aufsätze u theor Schriften) 04.

Zenker, Christian, Sänger; Museumstr 9, A-6020 Innsbruck, T: (06 50) 4 64 58 88, *christianzenker@chello.at*; Nelkenstr 34, D-91522 Ansbach, T: (09 81) 6 17 04, *chzenke@web.de* [Ansbach, Mittelfranken 17.6.1975]. Oper, Konzert, Barock, Renaissance, Klassik, Mozart **Ausb:** Stud H f M u Th München, Mstrkl ebd 96–03, Mstrks b T Quasthoff 01 u J Loibl 02 u 03, musikal Arb m B Fassbaender. **Laufb:** SchlossFSp Rheinsberg (Orpheus) 01, Freie Landesth Bayern (Tamino) 02, Sol Tiroler Landesth Innsbruck SpZ 02/05, Spettacolo Barocco (Ruggiera) Ophaus Halle 03, Gastsol Op Halle SpZ 04/05. – **UA:** R Spring: 'Du Blume im Tau', op 70C 99, UA 03.

Zenker, Falk, Gitarre, Komponist, Klangkünstler; Am Bäckerberg 6, D-99510 Kapellendorf, T: (03 64 25) 5 09 82, 01 71–7 56 24 60, F: (03 64 25) 5 09 82, *music@falk-zenker.de*; *www.falk-zenker.de* [Mittweida 1967]. Konz, Klanginstallation, Filmmusik **Ausb:** Unterr Git (H J Sachse), klass MSchAusb in Flöha u Chemnitz, Stud KonzGit (G Sauer u M Rost) H f M Franz Liszt Weimar 87–92, Int Mstrkse ua b R Aussel u H Käppel, regelm StudReisen n Granada 90–97, Kompks b L Brouwer 98, Gregorianik-Kurs Plankstetten 03–05, Gasthörer HfM Weimar. **Laufb:** Mitw als ThMusiker Dt NatTh Weimar 88–96, ZusArb m O Andrade 92–99, Tourneen m span-dt Flamencogruppe Trio Romero 93–98, LAuftr (Git, Liedbegl) H f M F Liszt Weimar 96–99, Solo-Konz seit 97; Klanginstallationen seit 99, seit 03 Filmmusik. **Mitgl:** DKV. – **Aufn/RF:** CD: m O Andrade: 'Desde la luz' 96, Solo-CDs: 'Landschaften' ua m R Shotham 2000, 'Cinema' ua m M Donoso (Perc) u A Román (Perc) 01, KonzMitschn im RF (ua NDR, SWR, WDR, HR, MDR) u TV (MDR, ONYX).

Zenker, Lorenz, Violine; c/o Theater Görlitz, Demianipl 2, D-02826 Görlitz, PF 300463, D-02809 Görlitz. **Laufb:** Stellv Konzm Th Görlitz seit SpZ 03/04. (Red)

Zentai, Csilla, Prof, KS, Hochschullehrerin, Sängerin; Hegelstr 8, D-40667 Meerbusch, T: (0 21 32) 88 38, F: 7 38 80; FolkwangHochschule, Klemensborn 39, D-45239 Essen, T: (02 01) 4 90 31 77 [Makó, Ungarn 23.5.1940]. Oper, Konzert **Ausb:** Dipl Liszt Ferenc MH Budapest 64, Dipl MH Stuttgart 69. **Laufb:** Sol Ulmer Th, Bremer Th, Prof (Ges) Folkwang-H Essen, Sol Dt Op am Rhein Düsseldorf-Duisburg SpZ 76/05, Gastsp: Stuttgart, Köln, Hamburg, Dt Op Berlin, Staatsop München, OpHaus Zürich, Schönbrunner Schloßfsp, Staatsop Wien, FSpHaus Salzburg, Bolschoj Th Moskau, Mexico, Columbien, Italien, Ungarn, Frankr, Conzertgebouw Amsterdam (Niederlande). **Pr:** 1. Pr 'Int Gesangswettb s'Hertogenbosch', 1. Pr 'Int Gesangswettb Francisco Vinan' Barcelona, Silbermed Int Gesangswettb Toulouse.

Zenzipér, Arkadi, Prof, Hochschullehrer, Klavier; Dostojewskistr 3, D-01326 Dresden, T: (03 51) 8 03 11 33, F: 26 30 89 98; Amtshof, D-29493 Schnakenburg/Elbe, T: (0 58 40) 12 78, F: 12 34 [St Petersburg 1958]. **Ausb:** Stud Kl (G Sokolow, N Perlmann) St Petersburger Kons. **Laufb:** Konz m Staatskap Dresden, Berliner RSO, Tschech Philh, Staatskap St Petersburg; Schleswig-Holstein-MFstv, Münchner Kl-Sommer, Concertgebouw Amsterdam; Prof (Kl) H f M Carl Maria v Weber Dresden. **Pr:** XI. Int KamMWettb Florenz. – **Sonst:** Grdg 'Schubertiaden' Schnakenburg a d Elbe. (Red)

Zeppenfeld, Georg, Bass; c/o Sächsische Staatsoper, Theaterpl 2, D-01067 Dresden; Hofgartenstr 13 b, D-53757 St Augustin-Meindorf, T: (0 22 41) 3 16 98 90 [Attendorn]. **Ausb:** Stud (SchM) Detmold, (Germanistik) U Paderborn, Gesang (H Sotin) MH Köln. **Laufb:** Städt Bühnen Münster u Opernhaus Bonn, dann Ens d Semperoper seit 2001 (04/05), Gastsp Niedersächs Staatsthr Hannover, Nationalth Mannheim, Th Bern, Gastsol Dt Op Berlin SpZ 03/04. (Red)

Zepperitz, Paul-Rainer, Prof, Hochschullehrer, Kontrabass; Max-Eyth-Str 35, D-14195 Berlin, T: (0 30) 8 32 50 30, F: 8 31 65 90. **Laufb:** Prof (KB) U d Künste Berlin. (Red)

Zerbe, Hannes, Komponist; Ifflandstr 1, D-10179 Berlin, T: (0 30) 2 41 94 39, F: 24 63 07 88; Dorfstr 30, D-15868 Trebitz [Lodz 17.12.1941]. **Ausb:** Stud (Kl, Komp) MH Dresden u Berlin, Mstrsch Komp (P-H Dittrich) Akad d Künste Berlin 85–87. **Laufb:** freiberufl Musiker u Komp seit 69. – **Komp:** Im Kriege schweigen d Musen? Nein... (KamM), UA Berlin, Altes Museum 91; Rondo à la Fried (KamM), UA Donaueschingen 91; Concert Spectacle König Kacke (KamM), UA Potsdam-Babelsberg 94; Die Hydra (KamM), UA Erfurt 95; Konz f Altsax u Orch (Konz), UA Greiz, Vogtlandphilh 97; Vier Miniaturen aus Brechts Tierversen (KamM), UA Postdam, Th 98; Reflexionen z Eislers Winterschlacht-Suite (KonzM), UA Potsdam, Th 98. (Red)

Zerer, Wolfgang, Prof, Hochschullehrer, Orgel; Hochschule f Musik u Theater, FB 2, Harvestehuder Weg 12, D-20148 Hamburg [Passau 1961]. **Ausb:** Stud H für Musik u Darst Kunst in Wien, Stud (Org) b M Radulescu, (KiM) K. Österreicher, (Cemb) G. Murray, T. Koopman, (KiM, Org) L. Lohmann. **Laufb:** Prof (Orgel) H f M u Th Hamburg. (Red)

Zeretzke, Georg, Prof, Hochschullehrer, Klarinette; Halmstr 10, D-14050 Berlin, T: (0 30) 3 02 86 02, F: 3 02 86 02; Univ d Künste, Fak Musik, PF 120544, D-10595 Berlin. **Laufb:** HonProf (Klar) U d Künste Berlin. (Red)

Zernecke, Ariane, Mandoline; c/o Duo Zernecke+Strömsdörfer, Münchner Str 31, D-82256 Fürstenfeldbruck, T: (0 81 41) 6 33 02 [Berlin 1974]. **Pr:** Stip Dt Musikwettb KamM 98. **Ens:** Duo Zernecke+Strömsdörfer. (Red)

Zettisch, Bernd, Sänger (Bass); c/o Deutsche Staatsoper, Unter den Linden 7, D-10117 Berlin, PF 354, D-10109 Berlin [Dresden]. **Ausb:** Spezialschule f Musik Dresden, Stud (Gesang) H f M Dresden, Mstrkl (G Leib) Dresden. **Laufb:** Sol Dt Staatsop Berlin (ua Nozze di Figaro: Figaro; Fürst Igor: Igor; Frischütz: Kaspar; Lohengrin: Heerrufer; Zauberflöte: Sprecher/Priester), Gastsp In- u Ausland (ua (Parsifal 94, Lohengrin 97, Fidelio 97, Zar 97, Figaro 99, Meistersinger 98, Postillon 98, Robert le diable 2000, Tannhäuser 2000) – SpZ 04/05, Gastsol Sächs Staatsop Dresden SpZ 03/04. (Red)

Zettl, Karl-Heinz, Prof, Dirigent, Hochschullehrer; Hofstr 4, D-19075 Pampow, T: (0 38 65) 83 89 43; Hochschule f Musik u Theater, PF 100809, D-04008 Leipzig. **Laufb:** MD u Geschäftsf Kapm, Dgt SpZ 03/04 Anhalt Th Dessau, Prof (Dgt) HfMT Felix Mendelssohn Bartholdy Leipzig. (Red)

Zettl, Ralf, Violine; c/o Norddeutsche Philharmonie Rostock, PF 102215, D-18004 Rostock. **Laufb:** Konzm Norddt Philharmonie Rostock. (*)

Zetzsche, Albert, Diplom, Bariton; Helmholtzstr 46, D-65199 Wiesbaden, T: (06 11) 5 05 84 31 [Dresden]. Oper, Oratorium, Lied **Ausb:** Stud Ev KiMSch Halle, Stud (Ges) H f M Leipzig. **Laufb:** Leipziger ThomanerCh; Debüt Städt Th Chemnitz, Bühnen d Stadt Gera seit 81 (Don Giovanni, Wolfram, Barbier von Sevilla, Graf Luna, Eugen Onegin), Konz In- u Ausland; ThReferent b Hess Ministerium f Wissenschaft u Kunst. **Pr:** Prtr 5. Int Bachwettb.

Zeumer, Manfred, Prof, Hochschullehrer, Posaune; Cunnersdorfer Str 12c, D-01189 Dresden, T: (03 51) 4 01 23 34; Hochschule f Musik, PF 120039, D-01001 Dresden. **Laufb:** Prof (Pos) H f M Carl Maria v Weber Dresden. **Ens:** Sächs Staatskap Dresden. (Red)

Zeyen, Justus, Klavier, Hochschullehrer; c/o Konzertdirektion Hans Ulrich Schmid, Königstr 36, D-39175 Hannover, PF 3409, D-30034 Hannover, T: (05 11) 3 66 07 60, 3 66 07 27, 3 66 07 33, F: 3 66 07 34, *mail@kdschmid.de, ds@kdschmid.de*; *www.kdschmid.de* [Kiel]. Liedbegleitung **Ausb:** Stud H f M u Th Hannover, Stud Kl (Prof M Dörrie, K Engel, B Ebert), Ks b E Werba, M Shirai, H Höll, Fischer-Dieskau, Stip Richard Wagner Stift 82–86. **Laufb:** HL Detmold u Hannover. (Red)

Zgraja, Krysztof, MA, Dipl, Komponist, Musiker, Pädagoge; Große Münzstr 5, D-39104 Magdeburg, T: (03 91) 5 31 34 48, F: 5 31 34 50, *krystof@zgraja.de*; Raciborska 64/1, Polen-44–200 Rybnik; *www.zgraja.de, www.consonus.de* [Gliwice, Polen 20.2.1950]. interkultureller Dialog, konzertante pädagog Komp **Ausb:** Dipl Querfl (J Mrozik) 72, Dipl Komp (W Szalonek) MH Katowice 77. **Laufb:** Solo-Fl Europa u Asien, Moderne Musik 70–77, Jazzmusik 75–85, Flamenco 80–84, Solo-Recitals seit 85. – **Komp:** Concerto Duo per flauto et orchestra 76; Concertino per flauto, violbasso et orchestra da camera 86, UA Rybnik 86; Buleria – Sonora (Fl u Orch) 88, UA Rybnik 88; Kolenda f Orch 88; UA Bergkamen 88; Corale et Sanctus (drei Handglockenchöre u Orch) 92, UA Emden 92; CONSONUS f JugendsinfOrch, UA Wroczaw 2000; Sinfonie d Toleranz 01. **Aufn/RF:** ca 20 Einsp eigener Werke auf LP, CD, MC. **Sonst:** zahlr Lehrwerke, Unterrichtsmethodiken, päd Material.

Zhang, Yalun, Sänger; Roeselerstr 1, D-30159 Hannover, T: (05 11) 2 35 20 90, (01 60) 8 43 84 89. **Laufb:** Sol Niedersächs Staatsth Hannover seit SpZ 03/04. (Red)

Zhang, Ying, Violine, 1. Konzertmeisterin; c/o Philharmonisches Staatsorchester, Kleine Brauhausstr 26, D-06108 Halle. **Laufb:** koord 1. Konzm Philharmon Staatsorch Halle. (*)

Zhidkova, Elena, Mezzosopran; c/o Theateragentur Dr Germinal Hilbert, Maximilianstr 22, D-80539 München, T: (089) 29074 70, F: 29074790; c/o Hamburgische Staatsoper, PF 302448, D-20308 Hamburg; *www.hilbert.de.* **Laufb:** Sol Bühnen d Landeshauptstadt Kiel, Sol Hamburg Staatsop, Th Regensburg SpZ 03/04, Sol Dt Op Berlin 02–04. (Red)

Zhislin, Grigori, Prof, Hochschullehrer, Violine; Heinestr 12, D-97070 Würzburg, T: (0931) 54772; Whitehall Gardens, London W3 9RD, Vereinigtes Königreich, T: (0181) 99382 23, F: 9938295. **Laufb:** Prof (V) H f M Würzburg. (Red)

Ziegler, Armin, Doz, Klarinette; Eschersheimer Landstr 248 D, D-60320 Frankfurt a M, T: (069) 5481154, F: 5488227, *ArminZiegler@t-online.de*; c/o HR Sinfonieorchester, Bertramstr 8, D-60320 Frankfurt a M. Klassik, Kammermusik, Pädagogik **Ausb:** MH Saarbrücken b A Reiser, Ks b A Prinz, K Leister u G Zeretzke. **Laufb:** Orch Teddy Stauber 70–72, Soloklar Heeresmkorps 5 Koblenz 72–79, Düsseldorfer Symphoniker 81–86, seit 86 stv Solklar HR SinfOrch Frankfurt a M, 2000 u 01 Hoher Klar im Saito Kinen Orch Japan, Mstrks in Hiroshima 05. **Pr:** Jugend musiziert, VMed d BRD vom VOrden f sol Leistungen im Militär. **Ens:** Mainzer Bläserens, frz SaxQua 'Sax4+1'. **Mitgl:** DOV/GVL. – **Aufn/RF:** CDs: 'Klarinettissimo' m Heeresmkorps Koblenz 300, Dgt Th Klinkhammer; 'Sorbische Komponisten' m SaxQui (Sax u StrQua) v U Pogoda. **UA:** U Pogoda: Sax u StrQua, KlarTrios; H Roy: Klar u StrQua. **Zug:** U Pogoda: Sax u StrQua, KlarTrios; H Roy: Klar u StrQua.

Ziegler, Matthias, Flöte, Hochschullehrer; Hochschule f Musik u Theater, Hirschengraben 46, CH-8001 Zürich, *flute@matthias-ziegler.ch*; c/o Collegium Novum Zürich, Zürichbergstr 17, CH-8032 Zürich; *www.matthias-ziegler.ch.* **Ausb:** b Conrad Klemm, André Jaunet, Geoffrey Gilbert u William Bennett. **Laufb:** vielfältige KonzTätigkeit: Soloflötist b Zürcher Kammerorch, Auftr m d Perkussionisten Pierre Favre, Doz (Imp, Querfl) MH Winterthur Zürich. **Pr:** Förderpr Siemens Kulturstift 98. **Ens:** Collegium Novum. (*)

Ziegler, Ralph Philipp, Dr, Musikwissenschaftler, Komponist; Röhrstr 18, D-99423 Weimar, T: 016329371 51, F: (06052) 1509, *ralph.ziegler@neuephilharmoniefrankfurt.de*; Haselstr 54, D-63619 Bad Orb; *www.neuephilharmoniefrankfurt.de* [Bad Orb 27.4.1971]. **Ausb:** Stud (MWiss, kath Theologie, Mittl u Neuere Gesch) J-W-Goethe-U Frankfurt 91–96, Prom Dr phil (A Nowak) 01, Aufbaustud (Kulturmanagement) H f M 'FRANZ LISZT' Weimar, prakt Ausb Horn (J Debinsky) 83–88, (H Krebs) 88–91, Org (J Quack) 88–90, (M Leder-Bals) 90–91, Dirig (H Welter) 91–96. **Laufb:** Künstl Lt Neue Philh Frankfurt, hauptamtl L am Studgg Kulturmanagement H f M 'Franz Liszt' Weimar, fr Jorunalist f Tages-Ztg u FachZss in Hessen, Bayern, Thüringen u Brandenburg seit 87, Ltg OrchDramaturgie Südhess KamOrch 93–96, Mitarb b TV-Prod d HR u Dt Welle 94–96, Dram pianopianissimo-MTh München seit 96, künstl Ltg v Veranst ua f Autostadt Wolfsburg, BMW, Cosmopolitan, Dt Krebsges, Shooter Promotions & Classics Frankfurt, La Vergne Classics. **Pr:** 1. Pr Oberstufe KompWettb BlasMVerb Baden-Württemberg 97 KonzM f Sinfon BlasOrch, Stip d Journalist Nachwuchsförd d Konrad-Adenauer-Stift. – **Komp:** 'Vorspiel z Winter d Alten Jahres' (TenPos u KamOrch) 93, UA Konz-Halle Bad Orb, Südhess KamOrch, Dgt: J Bílik; 'Ges v d Trauer d Städte' (V, Vcl, Live-Elektronik, gr Orch); Rhapsodie, Lamento u Battaglia (Vcl, Blech-Bl, Schlgw) 97, UA Stadthalle Aschaffenburg, Sol: C Salow, Sinf Blasorch Vorspessart, Dgt: H Krebs 98; 'Jedermann', kamMusikal Disputationen z v Hoffmannsthals FSp n Froberger u Praetorius 98, UA Bad Soden, KamEns d Orch d SchlossFSp Bad Soden, Dgt: S Poppe 98; 'Visiones, e gr sinf Weltth d Hessenldes nach Aufz d W Gerstenberg v Frankenberg, d Evangelium u d Offenb d Joh' (Sprecher, SolPicc, SolTrp, Sinf Blasorch), UA 5. u 6. Satz Ehingen LdesMFest Baden-Württemberg (Mitschn SWR), Spr.: A Leistenschneider, Ldesblasorch Baden-Württemberg, Dgt: W Ratzek 98, UA Gesamtwerk Frankenberg, Spr: K Wolfewicz, Pii E Alt, Trp M Löffler, Sinf Blasorch Hessen, Dgt: R Lange 2000; SchauspM z 'Götz v Berlichingen', 'Schinderhannes', 'Richter v Orb', 'Peter v Orb' f gr Orch, KamOrch, BlechBl u Schlgw; 'M Lunaria' Sinf Nocturne (V u Sinf Blasorch). **AuftrKomp:** 'UniCorn Concerto' (Hn u gr Orch) 99/2000, UA Autostadt Wolfsburg, Hn: I Schmitt, Neue Philh Frankfurt, Dgt: H Krebs 01 (Auftr: U Freund); 'Silberflügellieder' (S u Sinf Blasorch) 02/03, UA Waldorfschule Wangen/Allg, S: S Gross, Stadtkap Wangen, Dgt: A Gross 03 (Auftr: Stadtkap Wangen). **UA:** Dgt v J d Meij: 'Gandalf' f gr Orch, dt EA Bad Pyrmont 01. **Sonst:** Grdg 'ens pathétique' m O Fürbeth ua 94, Grdg Sinfonietta Rhein-Main-Lahn 96; Grdg u künstl Lt Neue Philh Frankfurt m D Eisermann u T Günther 99; 'A F Landgraf v Hessen – Leben u Werk e Komp zw Romantik u Moderne' Kassel 01; 'A Jung – Dgt u Komp i musikal u polit Spannungsfeld d 1. H d 20. Jh' Frankfurt 96; LexikBeitr 'Finanzierung durch Eigenmittel u Umsatzerlöse', Handbuch Kulturmanagement, Berlin 03; Aufs u Symposiumsbeitr z Werken u Biograf ua v R Wagner, S Wagner, B Sekles, W Czernik, E Krenek, E-K Rössler, H Poss, R Zechlin, O Fürbeth.

Ziemen, Florian, MMus, Solorepetitor, Dirigent; Rüttenscheider Pl 8, D-45130 Essen, T: (0201) 9596802, *florianziemen@hotmail.com*; Musiktheater, Opernpl 10, D-45128 Essen [München 5.10.1975]. **Ausb:** Stud (H Michael, J Delacôte) MH München 97–01, Stud (G Hurst, C Metters) Royal Acad of M London 01–03. **Laufb:** Solorep Musikth Essen.

Zienkowski, Edward, Mag, Prof, Hochschullehrer, Violine; Univ f Musik u Darst Kunst, Inst f Streich- u andere Saiteninstrumente, Seilerstätte 26, A-1010 Wien, T: (01) 71155 2301, F: 71155 2399. Streich- u Saiteninstr **Laufb:** o UProf (V) U f Musik u Darst Kunst Wien. (Red)

Ziesak, Ruth, Sopran; c/o Künstlersekretariat am Gasteig, Rosenheimer Str 52, D-81669 München, T: (089) 44488790, F: 4489522, *team@ks-gasteig.de*; *www.ks-gasteig.de* [Hofheim 1963]. **Ausb:** Stud Ges (E Cavelti) H f M u Darst Kunst Frankfurt/M. **Laufb:** Stadtth Heidelberg 88, Dt Op am Rhein Düsseldorf/Duisburg 90, Salzburger FSp (Mozart: Die Zauberflöte, Pamina) 91, Mailänder Scala, Bayer Staatsop München, Dt Staatsop Berlin, Semperop Dresden, Stuttgarter Op, Teatro Communale di Florenz, Wiener Staatsop, Debüt Op Bastille Paris u Hamburg Staatsop 93, OpHaus Covent Garden London 96/97, Met Op New York, Bastille-Op Paris, Wien, Münchner OpFSp, Chatêlet Paris, Amsterdam, Gast Salzburger u Ludwigsburger FSp, Berliner u Frankfurter FestW, Japan, Gastsp BBC Proms, Fstv Luzern, ZusArb m Orch de Paris, Philadelphia u Cleveland Symph Orch, Wiener Philharmoniker, SymphOrch d BR, Orch Philharmonique de Radio France, Leipziger Gewandhausorch, Konz- u Liederabende, Schlossth Fulda SpZ 04/05. **Pr:** Stip Studienstift d Dt Volkes 86, Pr Int Walther Gruner-Liedwettb London 87, 1. Pr Kat Lied s'-Hertogenbosch Wettb. – **Aufn/RF:** CDs m Werken v J S Bach, A Melani, A Scarlatti, L v Beethoven, J Haydn, E Humperdinck, G Mahler, W A Mozart, A Salieri, C Orff, A Stradella, G Ph Telemann, C M v Weber, H Wolf, R Strauss, C Debussy, A Reimann, F Schubert, A Zemlinksy.

Ziesch, Thomas, Klarinette; c/o Gewandhausorchester, Augustuspl 8, D-04109 Leipzig. **Ausb:** Stud Spezialschule f M Dresden u H f M 'Carl Maria von Weber' Dresden. **Laufb:** Mitgl GewandhausOrch 85. **Pr:** 1. Prtr int RF-Wettb 'Concertino Praga' 71. **Ens:** Gewandhaus-BläserQui seit 89. (Red)

Zieschang, Gundel, Prof, Hochschullehrerin, Kirchenmusikerin; Ev Hochschule f Kirchenmusik, Kleine Ulrichstr 35, D-06108 Halle. **Ausb:** H f M Leipzig (KiM) 54–58. **Laufb:** L MSchule Markneukirchen 59–61, freischaff Organistin u Pianistin 61–66, KiM Bethlehemkirche Leipzig 66–84, LBeauftr MH Leipzig 75–87, KonzOrg Marktkirche Halle/S 84–00, Prof (Orgel, MTheorie, MWiss) Ev H f KiM Halle. (*)

Ziethen, Peter, Prof, Hochschullehrer, Bariton; Aachener Str 697, D-50226 Königsdorf, T: (02234) 619 27, 0172–8713530, F: 63284, *peterziethen@aol.com* [Berlin]. Lied, Oratorium, Oper **Ausb:** Stud Ges (Prof P Witsch, Prof C Glettenberg, KS E Köth) H f M Köln. **Laufb:** Gastprof H f M u Darst Kunst Wien 89–91, Prof (Ges) H f M Detmold, Detmold u Abt Münster bis 01; Auftr u Tourneen als Konz- u OpernS in ganz Europa, USA, Südamerika, Afrika, Korea, Japan, Australien, New Zealand. **Pr:** Dt Musikrat, Heimsoeth-Pr. **Mitgl:** Dt Tonkünstlerverb (DTKV), Vorst NRW. – **Aufn/RF:** RF-, TV-, Schallpl- u CD-Aufn. **UA:** Werke v J Kalitzke (Saarländ RF), Lieder v H Frederichs, W Hildemann, R Petzold, J Baur, F Werder. **Zug:** F Werder: Liedergruppen (Morgenstern, Catull, W v d Vogelweide, Mörike); Frederichs: Liebelobelabe. **Sonst:** Juror b vielen namhaften Wettb u Mstrks.

Ziffels, Michael Maria, Komponist; Gneisenaustr 42, D-10961 Berlin, T: (030) 69599579, *post@michael-maria-ziffels.de*; *www.michael-maria-ziffels.de* [Viersen 15.2.1967]. Komp, Liveelektronik, Stromfl **Ausb:** Komp, MTheorie (N A Huber) FolkwangH Essen, elektr Musik/Klangsynthese (D Reith) 84–89, Ausb (Grafikdesign) 90–92. **Laufb:** Portraitkonz Festhalle Viersen 89, auditive diagnose 99, künstl Lt R nachHALL ens f musik 2000–04. **Ens:** Sensor 2000/01, nachhall 2000–03, electric tango 05. **Mitgl:** DKV. – **Komp:** faint confused cries in my head (virtuelles Orch), UA Viersen, Festhalle 89; NO-TEK-NO (4-KanalTB, Stroboskope), UA Berlin, Kunstgewerbemus 95; Dimitris letzter Marsch (Tb u Live-Elktr), UA Berlin, Podewil 96; Clematis (8-KanalTB u Licht), UA Berlin, Kirche hl Kreuz 97; Honey suckle (Tb u Live Elektr), UA Berlin 97; die verminderte u d übermäßige (Sax, Elektr, Tb), UA Berlin, Inst Unzeit, U Krieger 98; auditive diagnose (Multimedia), UA Berlin, Parochialkirche 99; Kontamination (Kl u TB), UA Berlin 01; 'absolute perversion' (f Kl, Str, SaxQua, Ges u Schlgz, Computer u Video), UA Berlin, Klangbrücken, m U Agnesens 01.

Ziga, Josef, Violine, Konzertmeister; Altstadtring 17, D-38118 Braunschweig. **Laufb:** Konzm Staatsorch Braunschweig SpZ 01/05. (*)

Zilberstein, Lilya, Klavier; Künstleragentur Dr. Raab & Dr. Böhm, Plankengasse 7, A-1010 Wien, T: (01) 5120501, F: 5127743, *office@rbartists.at* [Moskau 1965]. **Ausb:** Stud (A Satz) Gnessin-Inst Moskau, Abschlußex 88. **Laufb:** Gast Schleswig-Holstein Musik-Fstv, Rheingau Musik-Fstv, Schwetzingen-Fstv, KlFstv Ruhr, FSp Kissingen u Ludwigsburg, Sol Finn Radio-SinfOrch, Dän Nat Radio-SinfOrch, Tschech Philh, Staatskap Dresden, Konz weltweit, ua m M Argerich, ausgedehnte Tourneen m Odense Symph Orch, Mahler Chamber Orch, Tschaikowsky SymphOrch Moskau, Recitals u OrchKonz Scala Mailand, Wigmore Hall London, Semperop Dresden, Liederhalle Stuttgart, Berliner Philharmonie, Kölner Philharmonie, Großer Musikvereinssaal Wien, Rachmaninof: alle KlKonz m RF-SinfOrch Berlin. **Pr:** Siegerin Busoni-Wettb Bozen 87, 1. Pr Wettb d Föderativen Russ Republik 85, Prtr Allunions-Wettb Riga, Int Pr 'Accad Musicale Chigiana' Siena 98. – **Aufn/RF:** 8 CDs, ua: Grieg: Klavierkonzert, m Göteborger Symphoniker, Dgt: Järvi; Rachmaninof: Zweites u Drittes Klavierkonz, m Berliner Philharmoniker, Dgt: C Abbado. (Red)

Zilch, Josef (Pseud: Siola), Prof, Komponist; Schanzenstr 11, D-82544 Neufahrn-Egling, T: (08171) 18484; Maierfeldweg 8, D-85540 Ottendicht, T: (089) 469384 [Schwandorf 29.5.1928]. **Ausb:** Stud (SchM, Dirig, Gesang) MH München. **Laufb:** Prof (MPäd, OrchLtg) MH München 71, als Gastdgt int tätig, em seit 93. **Pr:** Nordgau-Pr, Kulturpr Stadt Wolfratshausen, Ehrenmed Stadt Schwandorf, BVK 1. Kl, Bayer Verdienstorden, Prof hc Musashino-U Tokyo. – **Komp:** Ein Mädchen wollt nach Hollywood (Musical) 68, UA Aschaffenburg 68; Hubertusmess f vier Waldhn u Orgel 76; Heitere Variationen f Str-Orch 80, UA Aschaffenburg 80; Vier Lieder nach Morgenstern-Texten (Sop, Kl) 82, UA Aschaffenburg 82; Suite f Str-Orch 84; UA Aschaffenburg 84. (Red)

Zilio, Elena, Sängerin; c/o Bayerische Staatsoper, Brieffach, D-80075 München. **Laufb:** Sol Bayer Staatsop München, Gastsol Op Frankfurt SpZ 00/01. (Red)

Zillhardt, Rainer, Prof, Hochschullehrer; Folkwang Hochschule, Klemensborn 39, D-45239 Essen, T: (02 01) 4 90 31 66. **Laufb:** Prof (MTheorie) Folkwang H Essen. (*)

Zilz, Norbert, Sänger; Große Ringstr 18, D-38820 Halberstadt, T: (0 39 41) 60 77 57. **Laufb:** Sol Nordharzer Städtebundth Halberstadt/Quedlinburg. (Red)

Zimanowski, Cornelia, Klavier, Hochschullehrerin; Wiesbadener Musik- & Kunstschule, Schillerpl 1–2, D-65185 Wiesbaden, T: (06 11) 56 37 87, F: 56 37 87, *Zimanowski@web.de* [Wiesbaden 3.11.1955]. Improvisation, Komposition **Ausb:** Stud (Kl) Wiesbaden 74–77. **Laufb:** Doz (Kl, Liedbegltg) Wiesbadener Musikakad. **Ens:** Zimanowski-Duo, EURYDIKE (Kl, Ges, Sax). – **Komp:** 'Musik f d Frauen dieser Welt', UA Kurhaus Wiesbaden, Dgt: M Blankenburg 96; '13 ways of listening to crows', UA Kopenhagen, Corona Ens. **Aufn/RF:** 'C Zimanowski – Kompositionen' (KamM); 'Musik f d Frauen dieser Welt' (Str-Orch, Ch, Congas).

Zimansky, Robert, Prof, Violine, Hochschullehrer; Dorfstr 10, CH-8902 Urdorf, T: 04 47 34 34 44, F: 04 47 34 34 44; c/o Konzert & Künstler Agentur Jens Gunnar Becker, Grünstr 13, D-58313 Herdecke, T: (0 23 30) 7 03 89, F: 75 07, *becker@beckerkonzert.de*; *www.musicedition.ch/interpret/Rzimans.htm, www.beckerkonzert.de.* **Ausb:** Stud (J Ferell), Ausb (I Galamian) Juilliard School New York. **Laufb:** 1. Konzm Spoleto, München, Stuttgart, Orch de la Suisse Romande Genf, Prof (fortgeschrittene Klassen) Kons Genf seit 80, Vorstandsmitgl STV 88, Konzkl MH Zürich ab 93, Doz (V) MH Winterthur. **Pr:** Grand Prix du Disque de l'Acad Charles Cros 86.

Zimmer, Hans E, Dirigent; c/o Sächsische Staatsoper, Theaterpl 2, D-01067 Dresden. **Laufb:** Dgt Sächs Staatsop Dresden. (Red)

Zimmer, Heinz, Sänger; c/o Staatsoperette Dresden, Pirnaer Landstr 131, D-01257 Dresden. **Laufb:** Sol Staatsoptte Dresden. (Red)

Zimmerhackl, Wilhelm, Prof, Komponist, Grafiker, Maler, Videokünstler, Dichter; Johann-Georg-Albrechtsbergerstr 22, A-3390 Melk, T: (0 27 52) 5 25 53, 06 76–9 49 90 01, F: (0 27 52) 5 25 53, *w.zimmerhackl@telering.at* [Melk 17.6.1942]. Konzert **Ausb:** Stud Malerei (F Wotruba, F Riedl) 62–66 u (E Fuchs) 73, Stud Komp (H Gattermeyer) 71–74. **Pr:** Filmpr d Stadt Wien 77. **Mitgl:** ÖGZM. – **Komp:** D Träumende (f Ob, V, Vcl, Vibraphon, Kl); Rotation f KamOrch 72; Acht Visionen f KamOrch 72; Alestra (KlSon m 3 Sätzen) 72; Sehnsucht f Kl u V 72; D Auserwählten (Sextett) 74, UA Brahmssaal Wiener Musikverein 74; D Traum d Träume 85; Freiheit (Ballettop) 85, UA Ouvertüre, Palais Palffy Wien 88; Ein Stück Wahrheit f Kl 87; Euroasia (KlarKonz), UA Palais Palffy Wien 88; D Morgen f KamOrch, UA ebd 88; Klangbilder 91. **Aufn/RF:** zahlr RF-Sendungen u -Aufn v eig Komp ua 'Alestra' im ORF u BR 74; 'D Auserwählten' ORF 75; 'Sehnsucht' ORF 76/77. **Sonst:** zahlr Ausstellungen ua Grafikausst in d Wachau 74, Ausst in Ziersdorf, Volksbank Tulln, Sparkasse Krems 79, Stadtmuseum St Pölten 97, Forstamt Melk 03, Gemeinschaftsausst in Beaune Cotes-D'Or Frakreich 74, Galerie Alte Schmiede Wien, Palais Pallavicini Wien u Kunstförderungsverein Stockerau 79, Wiener Hofburg u Künstlerhaus Wien 81; Prod Video 'Rotation – Acht Visonen' 76; E Harmannstein: Video über W Z als Maler u Komp 93; Video über W Z's Malerei 94; TV-Aufn Ausst im Forsthaus u Atelier NÖ-ORF 03. **Lit:** S Kysely: 'Blaugelber Literaturbogen' v Frau Ava bis heute.

Zimmerlin, Alfred, Komponist; Scheuchzerstr 77, CH-8006 Zürich, T: 0 13 63 13 97, F: 0 13 63 13 97, *azimmerlin@smile.ch, azimmerlin@access.ch*; *www.timescraper.de/komponisten/alfred_zimmerlin.html* [12.4.1955]. **Ausb:** Stud MWiss, MEthnologie (K v Fischer, W Laade) Univ Zürich, Stud Komp (H Wüthrich-Mathez) 79–84, MTheorie (P Benary) bis 83, Komp (H U Lehmann) 83/84. **Laufb:** Mitarb Werkstatt f improvisierte M Zürich seit 80, als improvisierender Musiker (Vcl) int in versch Formationen tätig, ZusArb m d Filmemacher U Graf u d Schriftstellerin E Wandeler-Deck. **Pr:** Werkjahre Aargauisches Kuratorium 83 u 85, Musikpr CF Meyer-Stift 86, Werkjahr f Komp Stadt Zürich 88. – **Komp:** zuletzt: Zerstreut in Arbeit m Wörtern (f Sopr, Kl, TB) 95/96; Abendland (Klstück 6) (f Kl, TB) 96; In Bewegung (La Montagne Sainte-Victoire) (f 12 Solostreicher, Tb) 98; Motivo (f Altus, V) 2000; Auf nach Hippodamien (f Sprecher, 2 V, Va, Vcl) 01/02. **AuftrKomp:** Langsamer Eingang (f Va solo) 2000 (Auftr: Fondation Nicati-De Luze); Narrenschifferklavier – tanzen (f Klar solo) 01 (Auftr: 'Moments Musicaux' Aarau); Streichquartett 01/02 (Auftr: E Weibel). (Red)

Zimmermann, Frank Peter, Violine; c/o Künstlersekretariat am Gasteig, Rosenheimer Str 52, D-81669 München, T: (0 89) 44 48 87 90, F: 4 48 95 22, *team@ks-gasteig.de*; *www.ks-gasteig.de/fpz.htm* [Duisburg 1965]. **Ausb:** Stud (W Gradow) Folkwang-MH Essen, (S Gawriloff) Staatl H d Künste Berlin, (H Krebbers) Amsterdam. **Laufb:** Debüt New York Philharmonic Orch (K Masur) 96, Konz m Wiener Philharmonikern (L Maazel) Salzburger FSp 96, Konz ua m Berliner Philharmonikern, Philharmonic Orch (M Jansons), Philadelphia Orch (W Sawallisch), Orpheus Chamber Orch, Chicago Symph 01, Concertgebouw Orch 03, Cleveland Orch 03, Los Angeles Philh 03, umfangreiche Tourneen nach Japan u Australien. **Pr:** 1. Pr Wettb 'Jugend musiziert' 77, Premio dell'Accad Musicale Chigiana Siena 90, Rhein Musikpr 94. **Ens:** Duo m E Pace, KlTrio m H Schiff u C Zacharias. – **Aufn/RF:** Ligeti: 'Violinkonzert' 92, Ysaye: 'Solosonaten op 27', Prokofiev: sämtl Werke f V, Brahms: ' Violinkonzert op 77' m Berliner Philh, Dgt: W Sawallisch. **Zug:** M Pintscher: 'En Sourdine' (f V u Orch) 02, UA m Berliner Philh, Dgt: P Eötvös, 03. **Sonst:** sämtl. Beethoven-VSon m C Zacharias 99, sämtl. Mozart-VKonz m div Orch 03, sämtl. Bach-VSon m E Pace 04.

Zimmermann, Franz, Kontrabassist; c/o Neue Lausitzer Philharmonie, Promenadenstr 60, D-02827 Görlitz. **Laufb:** Sol Neue Lausitzer Philh SpZ 02/03. (Red)

Zimmermann, Heinz Werner, Dr hc, Prof, Komponist; Ursemer Str 9, D-61440 Oberursel/Ts, T: (0 61 71) 30 44, F: 58 08 27 [Freiburg i Br 11.8.1930]. **Ausb:** Privatstud Komp (J Weissmann) Überlingen 46–48, Privatstud (W Fortner) Heidelberg 50–54, MWiss (T Georgiades) U Heidelberg 52–53. **Laufb:** KompL Ev Kirchenmusikal Inst Heidelberg 54, KompL u Dir Berliner KiM-Schule Berlin-Spandau 63–75, GastProf Wittenberg U Springfield (Ohio) 71, oProf (Komp) MH Frankfurt/M 75, iR seit 66. **Pr:** Förderungspr Stadt Stuttgart f junge Komp 62 u 65, Musikpr Junge Generation Stadt Berlin 66, Villa Massimo-Stip Rom 65–66, Dr of Music hc Wittenberg U Springfield, Ohio 67, Mitgl Direktorium d 'Neuen Bach Ges' seit 76, J S Bach-Pr d Int Bach-Akad Stuttgart 82, Wittenberg Award d Luther-Inst Washington DC 01. **Mitgl:** Direktoriumsmitgl Neue Bach-Ges. – **Komp:** Psalmkonz 57, UA Heidelberg 57; Chorvariationen über e Thema v Distler (Solo-Sop u Chor) 64, UA Berlin 64, Crucifixion u In that great gettin-up (Spiritual-Fantasie) 68, UA Minneapolis, MN 72; Missa Profana (Orch-Messe) 62–77, UA Minneapolis 81; The bible of spirituals (Orat) 84–86, UA Teil I Berlin 96, Teil II Manila 87; Symphonia sacra (Symph), UA Leipzig, Gewandhaus, 97; Streichquartett 88, UA Bad Homburg 88; Te Deum 98, UA Berlin, Philh 2000. **AuftrKomp:** 'The Hebrew Chillen's Hallelu' (f Soli, Chor u Orch), UA Berlin, Philh, Dgt: U Gronostay 86 (Auftr: Philh Chor Berlin). **Aufn/RF:** CDs: 'Psalmkonz', in 'Neue Musik in d Kirche; 'Geistl ChorM', Jugendkantorei Hösel; Streichquartett, Artus-Qua Saarbrücken; 'Chorvariationen', Amici Musicae Leipzig. **Sonst:** H W Z – Komp u Kontemplation. Gesammelte Aufs, hg. v F Brusniak 2000. **Lit:** A Illick: 'The Choral Style of H W Z' (Diss Stanford U) 70; R Stroope: 'Later Choral Works of H W Z' (Diss Arizona State U) 88.

Zimmermann, Jürgen, Komponist, Verleger, Bildender Künstler; c/o FIDULA, Ahornweg 19–21, D-56154 Boppard, PF, D-56154 Boppard, T: (0 67 42) 24 88, F: 26 61, *info@fidula.de*; *www.fidula.de* [1949]. Obertonmusik, Crossover, Improvisation **Laufb:** Autor 'Labyrinthprojekt' seit 94, 'Böxprojekt' u 'Spechtartartist' seit 2000. – **Sonst:** Verleger v Lit-Kalendern, Prod v Holz-Objekten. (Red)

Zimmermann, Kaspar, Hochschullehrer, Fagott; Hochschule Musik u Tanz, Florhofgasse 6, CH-8001 Zürich, *kaspar.zimmermann@doz.hmt.edu.* **Laufb:** Doz (Orchstellen, Blattsp, Ob) MH Winterthur Zürich. **Ens:** La Gran Partita Zürcher Bläseroktett. (Red)

Zimmermann, Knut, Violine; c/o Staatskapelle Berlin, Unter den Linden 7, D-10117 Berlin. **Laufb:** Konzm Staatskapelle Berlin. (Red)

Zimmermann, Kurt, Komponist; Mattenweg 4, CH-4663 Aarburg, T: 06 27 91 52 26. (Red)

Zimmermann, Manfredo, Prof, Hochschullehrer, Blockflöte; Kempener Str 36b, D-40699 Erkrath, T: (0 21 04) 4 37 25, F: 94 62 46, *manfredoz@5x2.de*; H f Musik Köln, Abt Wuppertal, Friedrich-Ebert-Str 141, D-42117 Wuppertal. **Laufb:** Prof (Blockfl, Traversfl, KamM) H f Musik Köln, Abt Wuppertal. (Red)

Zimmermann, Margrit, Komponistin, Dirigentin; Ostermundigenstr 22, CH-3006 Bern, T: 03 13 52 35 73; c/o Schweizer Kammer-Solisten, Noël Bach, PF 157, CH-8706 Feldmeilen, T: 0 19 23 66 76, F: 0 19 23 26 89. **Laufb:** Lt Schweizer KamSol. (Red)

Zimmermann, Renate, Prof, Hochschullehrerin, Orgel; Ursemer Str 9, D-61440 Oberursel, T: (0 61 71) 30 44, F: 58 08 27. **Laufb:** Prof aD MH Detmold 86–01, Prof (liturg Orgelsp) H f KiM Heidelberg. (Red)

Zimmermann, Tabea, Viola; c/o karsten witt musik management gmbh, Leuschnerdamm 13, D-10999 Berlin, T: (0 30) 6 16 92 19 20, F: 6 16 92 11 01, *info@karstenwitt.com*; *www.karstenwitt.com* [Lahr]. **Ausb:** Stud Va (U Koch) MH Freiburg, Stud Va (S Végh) Mozarteum Salzburg. **Laufb:** Gastsol ua Gewandhausorch Leipzig (K Masur), Houston Symph Orch (Ch Eschenbach) 93, BBC Symph Orch (B Haitink), Konz in ganz Europa u Ferner Osten, KamM m G Kremer, H Holliger, P Frank, H Schiff ua, Salzburger FSp, Edinburgh Fstv, Schleswig-Holstein M Fstv, Fstv in Marlboro, Kuhmo u City of London, künstl Ltg KamMProjekt Cité de la Musique Paris 2000, MH Saarbrücken 87–89, Prof H f M Frankfurt 94–02, Prof H f M 'Hanns Eisler' Berlin seit 02. **Pr:** mehrere WettbErfolge, ua Pr Int Concours Genf 82, Budapest 84, Wettb 'Maurice Vieux' Paris 83, Frankfurter MPr 95, Int Pr Accad Musicale Chigiana Siena 97, Würth-Pr d Jeunesse Musicales Dtld 99, Rheingau MPr 99, Hessischer Kulturpr 02. **Ens:** Arcanto Qua. – **Aufn/RF:** ua: Penderecki: Konz f Va u Orch, m Amadeus KamOrch Posen, Dgt: A Duczmal; Kopytman: Cantus V, m Jerusalem Symph Orch, Dgt: D Shallon; Strawinsky, Britten, Schostakowitsch m H Höll; Mozart: Kegelstatt-Trio, m S Meyer, H Höll; Beethoven, Hoffmeister, Hummel auf Beethovens Bratsche; Berlioz: Harold en Italie, m LSO, Dgt: Davis. **UA:** Ligeti: Sonate f Va solo 94; Goehrs: Schlußgesang, UA Aldeburgh Fstv 97; Lentz: Monh f Va solo u Orch, UA Luxembourg 05. **Zug:** Ligeti: Sonate f Va solo 94; S Beamish: 2. Konz 'The Seafarer' 02; Holliger: Recicanto (Konz m kl Orch) 02; Rihm: 2. Konz 'Über d Linie IV' 02.

Zimmermann, Udo, Prof, Komponist, Intendant; Schillerstr 4g, D-01326 Dresden, T: (03 51) 2 68 31 58; c/o Konzert-Direktion Hans Adler, Auguste-Viktoria-Str 64, D-14199 Berlin, T: (0 30) 8 95 99 20, F: 8 26 35 20, *info@musikadler.de* [6.10.1943]. **Ausb:** Stud MH 'Carl Maria v Weber' Dresden 62, Mstrschüler Akad d Künste d DDR 68. **Laufb:** Mitgl Dresdner Kreuzch 54, Prof 73, Dir Zentrum f zeitgen M Dresden 86, Intend Op Leipzig 90, künstl Ltg Reihe 'musica viva' (BR) seit 97, Generalintend Dt Op Berlin SpZ 03/04, Intend Europ Zentrum d Künste Hellerau 04. **Pr:** Mitgl Akad d Künste Berlin, Freie Akad d Künste Hamburg, Europ Akad d Wiss u Künste Salzburg,

Präs Freie Akad d Künste Leipzig, Präs sächs Kultursenat 96, Mehrf Preisträger 'Komponistentribüne' d UNESCO Paris, Hanns-Eisler-Pr, BVK 1. Kl, Sächs Verdienstorden, Mitgl Bayer Akad der Schönen Künste. – **Komp:** Die weiße Rose (Op) 67, Neufassg 68, UA Dresden 67; Levins Mühle (Op) 72, UA Dresden 73; Der Schuhu u die fliegende Prinzessin (Op), UA Dresden 77; Die wundersame Schustersfrau (Op) 81, UA Schwetzingen, FSp, 82; Weiße Rose (Szenen f 2 Sänger u 15 Instrumentalisten) Neufassg 85, UA Hamburg 86; sowie zahlr weitere Op, Kmk, OrchW, Ballette etc.

Zimmermann, Uwe, Repetitor; c/o Landesbühnen Sachsen, Meißner Str 152, D-01445 Radebeul. **Laufb:** Rep Landesbühnen Sachsen. (Red)

Zimmermann, Viola, Dipl-S, Dipl-GesPäd, Sängerin; Schaffrathsg 26b, D-50829 Köln, T: (02 21) 5 40 20 93, 01 77–4 54 27 45, *viola-zimmermann@web.de*; c/o Bühnen der Stadt Köln – Opernhaus Köln, PF 101061, D-50450 Köln [Olpe 11.7.1974]. Oper, Konzert, Lied **Ausb:** Stud Ges u GesPäd (Prof KS E Moser) H f M Köln 96–2002; Mstrkse b Prof C Eder/Rheinsberg, KS Ch Ludwig. **Laufb:** Sol Staatsth Braunschweig 01–03, Gast ebd SpZ 03/04, Sol Op Köln seit 03, Gast Dt Op a Rhein Düsseldorf, Op Köln, Meininger Staatsth, Staatsth Schwerin. **Pr:** Prtr BundesWettb Ges 02.

Zimmermann, Walter, Prof, Komponist, Hochschullehrer; Görlitzerstr 40a, D-10997 Berlin, T: (0 30) 6 12 66 54, F: 6 12 66 54, *nanne.walter@snafu.de*; Univ d Künste, Fak Musik, PF 120544, D-10595 Berlin [Schwabach 15.4.1949]. **Ausb:** Kompstud (W Heider) 68–70, Stud Utrecht (Sonologie, O E Laske), ethnolog Zentr Jaap-Kunst Amsterdam. **Laufb:** Doz Darmstädter Ferienkurse 82–84, Lehrer (Komp) Cons Liège seit 82, LBeauftr Koinlijk Kons Den Haag 88, Lehrer (Komp) Karlsruhe seit 90, Gastprof FolkwangH Essen 92–93, Prof (Komp) U d Künste Berlin 93. **Pr:** Förderpr d Stadt Köln 80, 1. Pr 'Ensemblia' Mönchengladbach 81, Schneider-Schott Pr 89. **Ens:** ars-nova-ensemble Nürnberg (Kl) 68–70. – **Komp:** zuletzt: Erased-Retraced 93/94; Randonnée 95/96; Clinamen I–V 96–99. **Sonst:** Aufn v Volksmusik in d Oase Siwa, in e Ghetto in Pittsburgh, in e Indianerreservat in Montana u im Hinterland v Fürth 76, Eröffnung d Beginnerstudios Köln 77, seither regelm Konz m neuer Musik, Organisation (m S Schädler) d Festivals Anarchic Harmony Frankfurt z 80. Geb v J Cage 92. (Red)

Zimmermann, Willi, Violine; Rötistr 28, CH-8702 Zollikon. **Ens:** Amati Quartett. (Red)

Zimpel, Sylke, Dipl Komp u Chordirigieren, Komponistin, Chordirigentin; Regensburger Str 18, D-01187 Dresden, T: (03 51) 4 72 27 11, *sylke.zimpel@nexgo.de*; *www.sylkezimpel.de* [Dresden 10.9.1959]. Chormusik **Ausb:** Stud Komp (K-R Griesbach, W Krätzschmar) H f M Carl Maria v Weber Dresden 78–83, Stud Chordirig (J Puschbeck) H f M Franz Liszt Weimar 90–94, Stud Cons Nat Supérieur de musique Lyon (N Corti-Lyant). **Laufb:** freiberufl Komp u Chorlt seit 86. **Pr:** 3. Pr KompWettb d 'Carl-Engel-Stift' Köln 91, Pr 1. Int KompWettb 'musica mundi' d Fördervereins Interkultur, Stip d Landes Sachsen f Künstlerhaus Schloss Wiepersdorf 98 u 02; Pr 1. KompWettb d Sächs Musikrates 2000, 1. Pr Kath FrCh im KompWettb d Chorverb Niedersachsen Bremen 01. – **Komp:** An den Vogel Frühling (Liederzykl) 88, UA Bad Freienwalde 88; Ich träume so leise v dir (Liederzykl) 93; Jidd Liederbuch, UA Dresden 95; Bobrowski-Lieder, UA Dresden 99; 'Erde, uralte Erde', UA Dresden 2000; 'Lieder v Wegrand' (Liederzykl) 01, UA Berlin 03; Neuer Tag neue Nacht (Liederzykl f KiCh) 02 UA: Dresden 05; Vogelwort (Liederzykl f gem Chor) 02, UA: Dresden 04; sowie zahlr weitere Lieder u Stücke f Chor u Solostimme, Bearb vorw osteurop Volkslieder f alle Chorgattungen; 'Gedichte d Mütter' (Liederzykl), UA Weimar, Pfälz Kurrende, C Bischoff 99 (Auftr: Arbeitskreis Musik in d Jugend); Und oben schwimmt die Sonne davon (Liederzykl f gleiche Stimmen) 05. **Aufn/RF:** CD u RF-Mitschn DtschldRadio Berlin: UA 'Gedichte d Mütter' Weimar 99.

Zindler, Holger, Violine; c/o Staatsorchester Oldenburg, Theaterwall 28, D-26122 Oldenburg. **Laufb:** stellv 1. Konzm Oldenburg Staatsorch. (Red)

Zink, Cornelia, Sängerin; c/o Internationales Lehár Festival, Kurhausstr 8, A-4820 Bad Ischl, T: (0 61 32) 2 38 39. **Laufb:** Gastsol Th Augsburg SpZ 00/01, Sol Optten FSp Bad Ischl SpZ 02/03, Sol Lehár Festival 05. (*)

Zinke, Gabriel, Komponist; Konservatorium, Puschkinpromenade 13/14, D-03044 Cottbus [Cottbus 29.5.1956]. **Laufb:** Dir Kons Cottbus. – **Komp:** Magnifikat (Geistl Musik), UA Cottbus, Marienkirche 94; 3 Miniaturen f Violine Solo, UA 94, Cottbus Regionalwettb 'Jugend Musiziert' 96; Schauspielmusik zu 'Viel Lärm um Nichts', UA Cottbus, Kons 97; Trio f Klarinette, Cello u Klavier, UA Spremberg, Regionalwettb 'Jugend Musiziert' 97; Vivaldi – ein Concerto Grosso, UA Cottbus, Kons 98; 6/8-tel ein symphonisches Minimal (Orchw), UA Cottbus, Kons 99; Duo f Cello u Violine, UA Forst, Regionalwettb 'Jugend Musiziert' 99. (*)

Zinkler, Jan, Sänger; c/o Staatstheater Braunschweig, Am Theater, D-38100 Braunschweig, PF 4539, D-38035 Braunschweig, T: (01 72) 6 85 51 13. **Laufb:** Sol Bayer Staatsop München SpZ 03/04, Staatsth Braunschweig SpZ 04/05. (Red)

Zinman, David, Dirigent; c/o Konzertdirektion Hans Ulrich Schmid, Königstr 36, D-30175 Hannover, PF 3409, D-30034 Hannover, T: (05 11) 3 66 07 60/27, F: 3 66 07 34, *Mail@KDSchmid.de*; *www.kdschmid.de* [1936]. **Laufb:** Chefdirgt Tonhalle-Orch Zürich. (Red)

Zinniker, Adrian, Klarinettist; conVentus Bläserquintett, Ammannsmatt 4, CH-6300 Zug, T: 04 17 41 42 85, F: 04 17 41 42 85, *info@conventus.ws*; *www.conventus.ws*. **Ens:** conVentus Bläserquintett.

Zinovenko, Juri, Sänger; Am Mariahof 70, D-54296 Trier, T: (06 51) 3 64 55. **Laufb:** Sol Th d Stadt Trier, Gastsol Düsseldorfer Optte SpZ 00/01. (Red)

Zinsstag, Gérard, Komponist; Seefeldstr 191, CH-8008 Zürich, T: 0 13 82 24 73, *gzinsstag@hotmail.com*; *www.mediatheque.ircam.fr/compositeurs/textes/c00002223* [Genf 9.5.1941]. **Ausb:** klass Stud Collège Calvin, musikal Ausb (Fl) Cons Genf, Cons Nat Sup de M Paris, Akad Siena 61–63, Komp (H U Lehmann) MH Zürich 73–75, Stuttgart (H Lachenmann), Hannover 75–77, Ferienks Darmstadt 76–78; Aufenth in New York u San Francisco, U Berkeley 79, Berlin (DAAD-Stip) 81–82, IRCAM Paris 82. **Laufb:** Europatourneen als OrchM 64–67, Tonhalleorch Zürich 67–75, Grdg Fstv Tage f Neue M Zürich 86, Ehrengast Leningrader Frühling 90, Sem in Bamberg, Moskau, Paris, Salzburg, Taipeh, Zürich 92–99, Jurymitgl Int Kompwettb Arezzo, Paris, Parma, Taipeh, Triest; gelegentl Doz f KamM. **Pr:** Werkjahr d Stadt Zürich. **Mitgl:** SUISA, SSA (Société Suisse des Acteurs). – **Komp:** zuletzt: Ubu Cocu (Op) 98–2000, UA St Gallen, Dgt: J Wyttenbach 01; Passage – à la mémoire de G Grisey (f Orch) 2000/01, UA Genf, Dgt: F Luisi 02. **AuftrKomp:** zuletzt: Espressivo (Cimbal, 13 Instr) 90, UA Paris, Centre G Pompidou, Hack-un: M Cerutti, Dgt: P Eötvös 91 (Auftr: Ens InterContemp); Tempor (Fl, Klar, Kl, StrTrio) 91/92, UA Perpignan, Ens Ex Novo, Dgt: C Ambrosoni 92 (Auftr: Fstv Antidogma); Diffractions (SchlgzTrio) 93, Basler SchlgzTrio UA Basel (Auftr: Stadt Basel); 2. Qua (StrQua) 94/95, UA Zürich, Qua Diotima 97 (Auftr: Kanton Zürich); Tahir (Alt, StrOrch, kl Perc) 95, UA Lyon, Dimitrios Polisoidis, Orch d Pays de Savoie, M Foster 96 (Auftr: Min de la Culture); Ergo (Kl, kl Ens f Bl u Perc) 96, UA Zürich, T Bächli, Ens S, C Mueller (Auftr: Stadt Zürich); Hommage à Ch Racine (Mezzosop, Ens) 96/97, UA Paris, Mireille Deguy, Ens d l'Itinéraire, R Rivolta 98 (Auftr: Radio France); Passage (gr Orch), UA Genf 02 (Auftr: Orch d la Suisse Romande u Radio Suisse Romande); 3. StrQua, Qua sine nomine 03, UA Luzern (Auftr: Lucerne Fstv); Kinôsis (Ob, Kl) 03, UA Zürich (Auftr: MSch Zürich); Empreintes (Mezzosop u Orch), UA 04 (Auftr: SWR Stuttgart). **Aufn/RF:** alle erw Werke u CD. **Zug:** G Grisey: 1. Teil Vortex temporum; A Gaussin: Satori. **Sonst:** Grd Tage f Neue M Zürich, Lt 84–92; 'Innanzi' (Revue Musicale Suisse) 82, 'Die helvet Vorsicht oder d Ohnmacht d zeitgen M in d Schweiz' (50 Jahre Pro Musica) 88; 'Regards sur l'Itinéraire' (Revue Musicale) 91; 20 compositeurs suisses sur la sellette (Dissonance 42) 94; Le Seuil est franchi, hommage à G Grisey (Dissonance 64) 99; Humus musical 99. **Lit:** de Chalendar: Artifices I et II, cahiers de l'Itinéraire pour le conc monographique 91; U Feld: Von d Schönheit d Monster (ProgrHeft Th St Gallen, anlässl UA v 'Ubu Cocu'); Jungheinrich: Zitiermaschine auf vollen Touren (Frankfurter Rundschau) 01; Korschunova: G Z: popularité et impopularité (Acad musicale 1) 93; T Meyer: E Gespräch m d Komp G Z (Tages-Anzeiger Zürich) 79; S Schibli: U z Abendessen gibt es Bürgerhirn (Basler Ztg) 01; M Zeck: Trauma 81; Zeit-Schönheit-Tradition, Kategorien im MDenken v G Z (MTexte 52) 94; New Grove 2000; La m de XXe siècle; Die M d 20. Jhs; Videos: wenn zum beispiel DRS 76; KompPorträt SWF 79, eden jeden ZDF 89; Traumjäger 97.

Zippelius, Ulrich, Solorepetitor, Dirigent; Grupenbergstr 2 a, D-32757 Detmold, T: (0 52 31) 60 27 43, (01 73) 8 91 21 49. **Laufb:** Solorep m Dgt-Verpfl Landesth Detmold. (Red)

Zipperling, Rainer, Prof, Violoncello, Viola da Gamba, Violone, Kontrabass, künstl Leitung; Mainstr 4, D-61352 Bad Homburg, T: (0 61 72) 4 16 46, F: 45 88 95, *Rainer.Zipperling@t-online.de*; Hochschule f Musik u Darst Kunst, Eschersheimer Landstr 29–39, D-60322 Frankfurt [Frankfurt am Main 29.10.1955]. histor Interpretationspraxis **Ausb:** Stud Musikwiss Heidelberg 76; Vcl u Gambe, b Anner Bijlsma u Wieland Kuijken Den Haag 77–81; KamM b Frans Brüggen, Sigiswald Kuijken u Gustav Leonhardt. **Laufb:** Mitgl 'La Petite Bande' 80–92, Camerata Köln seit 79, 'Orkest van de 18de eeuw' seit 82; Grdg CD-Label 'Flora' 01; Prof H f M Köln, H f M u darst K Frankfurt/M, Koninklijk Cons Den Haag. **Pr:** Prtr 'Jugend Musiziert' 70. **Ens:** Ricercar Ensemble. – **Komp:** Roel v Oosten: Duo f Gambe u Hfe (AuftrKomp). **Aufn/RF:** Monn: Cellokonz, Sammartini: Piccolocello-Konz, Mozart: Divertimento KV 563, Abel: Gambenwerke, Telemann: Gambenwerke, Bach: Matthäus-Passion, Johannes-Passion, SoloSuiten. **UA:** Bach: Suiten f Vcl-Solo, Monn: Cellokonz. **Sonst:** Produzent Flora-Records (CD Label).

Zippert, Pauline, Sängerin; c/o Opernfestspiele Heidenheim, Stadtverwaltung, PF 1146, D-89501 Heidenheim. **Laufb:** Sol OpFSp Heidenheim seit SpZ 03/04. (Red)

Zisterer, Thomas, Sänger; Innrain 67/9, A-6020 Innsbruck, T: (06 76) 6 30 47 94. **Laufb:** Sol Tiroler Ldsth SpZ 03/05, Lehár Festival 05. (Red)

Zitka, Stefan, Posaunist; c/o Staatstheater Braunschweig, Am Theater, D-38100 Braunschweig, PF 4539, D-38035 Braunschweig. **Laufb:** Sol Staatsth Braunschweig SpZ 03/04. (Red)

Zitterbart, Gerrit, Prof, Klavier, Hochschullehrer; Brüder-Grimm-Allee 16, D-37075 Göttingen, PF 1113, D-37001 Göttingen, T: (05 51) 4 37 14, 5 83 70, F: 4 78 31, *gerritzitterbart@hotmail.com*; *www.gerrit-zitterbart.de*, *www.abegg-trio.de* [Göttingen 9.5.1952]. Konzert, CD **Ausb:** Stud b Erika Haase, Karl Engel, Hans Leygraf, Carl Seemann, Stefan Askenase Hannover, Salzburg, Freiburg, Bonn. **Laufb:** Prof (Kl) H f M u Th Hannover seit 83. **Ens:** Mitgl 'Abegg Trio'. – **Aufn/RF:** ca 45 CDs.

Zivkovic, Nebojsa Jovan, Komponist, Konzertpercussionist; Rechweg 12, D-67729 Sippersfeld, T: (0 63 57) 98 93 44, *office@zivkovic.de*; *www.zivkovic.de* [Sremska Mitrovica, Serbien 5.7.1962]. Marimba, Perc **Ausb:** Stud (Schlgz, MTheorie, Komp) Staatl H f Musik Heidelberg-Mannheim 80–86, MLDiplom (Schlgz) 84, Abschlußprfg OrchMusiker (Schlgz) 85, Dipl (MTheorie) 86, künstl Aufbaustud (Schlgz) Staatl MH Stuttgart 85–87, künstl Aufbaustud Komp (M Kelemen) Staatl MH Stuttgart 86–92. **Laufb:** als Sol Auftr ua m Stuttgarter Philharmonikern, Münchner Symphonikern, Bochumer Symphonikern, Bielefelder Philharmonikern, NDR-Hannover RF-Orchester, Österr Kam-

Symphonikern im In- u Ausland. – **Komp:** Nada mnom je nebo zatvoreno (f Str-Orch, Frauenchor, Schlgz u solo Bassstimme) 89, UA Belgrad 89; The Castle of the mad King 98, UA Stockholm, E Glennie 98; Quasi una sonata (f Perc u Kl) 01, UA London, Wigmore Hall, E Ax, E Glennie 01; Born to beat wild (f Trp in C u gr Trommel) 01, UA London, Wigmore Hall, H Hardenberger, E Glennie 01. **AuftrKomp:** Jenet (family songs), UA Kornwestheim 90 (Auftr: MSchule Kornwestheim); Uneven Souls (Sta Vidis II) (f Marimba u 3 Schlgz) 92, UA Fulpmes (Österreich) 92 (Auftr: Kultuinitiative Stubai); Die Arten des Wassers 93 (Auftr: Kulturmin Baden-Württemberg); Concerto No 2 Per Marimba e Orchestra 96/97, UA München, Herkulessaal, Münchener Symphoniker, Dgt: N Zivkovic 97 (Auftr: Stift 100 Jahre Yamaha); Concerto per Percussione e Orchestra No 1 99/2000, UA Reading, Northern Sinfonia, E Glennie 2000 (Auftr: E Glennie, Northern Sinfonia) 2000. **Aufn/RF:** Solo-CDs m PercM 88, 91 u 2000; eigene Werke f Perc u Marimba 95; Milhaud: Marimbakonz, m Wiener KamSymphoniker 95, Produktionen eigener u fremder Werke f Perc u Marimba f NDR, BR, SDR. **UA:** zugeeignete Werke. **Zug:** v R Haubenstock-Ramati, M Ptascynska, M Halt, H Schäfer, J Kotschy. **Sonst:** Grd u Lt 'Jovan Ens', 'Jovan Percussion Group'.

Zlateva, Wessela, Opernsängerin, Solistin; Rittnertstr 270, D-76227 Karlsruhe, T: (07 21) 9 47 44 80, *zlateva@uk2.net* [Sofia]. Oper **Ausb:** H f M u Darst Kunst Wien 81–89, Dipl Stimmbild m Ausz (Kl v Prof KS H Rössel-Majdan) 89; Mitgl OpStudio Wiener Staatsop (Kl v M Lantieri) 85/86. **Laufb:** Salzburger Landesth 90/91, Freiburger Th 91 u 93, Th Basel 93/94, Staatsth Karlsruhe 99 u 2002; freischaff Gastsp: Op Saarbrücken 92, La Filature Mulhouse 93, Staatsop München 94, Th Basel 94–96, Staatsop Hamburg 95, Volksop Wien 96, Dresdner Semperop 96 u 99, Op Bonn 97, Staatsop Berlin 97, Op Bastille Paris 97, Op Mannheim 98, Op Frankfurt 98–2000, Aalto Th Essen 99/2000, Op Wiesbaden 01, Th St Gallen 2000/01, Op Bremen 02, NatOp Sofia 02/03; Bregenzer FSp 93, Schwetzinger FSp 94 u 97, (Schostakovitsch: 14. Symph) Jeunesse Klagenfurt 91, (Beethoven: 9. Sinf) Bulgaria-Konzertsaal Sofia 92, (Bruckner: Te Deum) Münster 98, Osnabrück, Luxemburg; (Petite messe solennelle) BrucknerFSp Linz 98, (Mozart: Requiem) Smetanasaal Prag 98, Musikvereinssaal Wien, (Verdi: Requiem) Jesuitenkirche Luzern 97, Bad Staatsth Karlsruhe 01. **Pr:** als Stud Prse b Wettb: 2. Pr Puccini Lucca 86, 2. Pr Maria Callas Athen 87, Mozart-Pr b F Viñas-Wettb Barcelona 88. – **Aufn/RF:** K M v Weber: 'Der Freischütz', Ännchen, Radiodirektübertr aus Kopenhagen, Weber-FestW, Ltg: H Graf 86; Arien u 2 Lieder i bulgar TV; 3 Arien i bulgar RF; Schubert: B-Dur-Messe, Radiodirektübertr z Eröffnung d Bregenzer FSp 93; Cavalli: 'La Didone', Venus u 1. Dame, Ltg: T Hengelbrock 97.

Zlatkova, Sonia, Sängerin; Schützenhofgasse 7/9, A-8010 Graz, T: (03 16) 82 43 84, F: 82 43 84, *soniazlatkova@netway.at* [Bulgarien]. Oper **Ausb:** Stud (OpGes) Sofia 84–89. **Laufb:** Sol Op Sofia 90–92, Sol OpHaus Dortmund 92–95, Sol Vereinigte Bühnen Graz seit 95, Gastsol Bregenzer FSp 91 u 92, St Gallen 91, 92 u 95, Aalto Th Essen 93, Dresden 94 u 97, Stuttgart 92–94, Liège 95, Saarbrücken 97 u 98. **Pr:** 1. Pr m Goldmed 'Maria Callas'-Wettb Athen 89, 1. Pr 'Neue Stimmen', Europ Sängerwettstreit d Bertelsmann-Stift 91.

Zlatnikova, Katerina, Cymbal, Blockflöte, Musikpädagogin; Onstmettinger Weg 17, D-70567 Stuttgart, T: (07 11) 71 17 16, 01 78–2 17 20 49, *katerinazlatnikova@yahoo.de*; c/o Südwestdeutsche Konzertdirektion Erwin Russ GmbH, Charlottenpl 17, D-70173 Stuttgart, T: (07 11) 1 63 53 11, F: 1 63 53 30, *info@sksruss.de*; *www.cimbal-zlatnikova.de* [Prag 20.1.1939]. zeitgen Musik, Volkslied, ZymbalM **Ausb:** Stud (Zymbal, Blockfl, Git, Kl) Kons Prag 55–61; Kse f Alte M in Köln 64–67, f Neue M in Darmstadt seit 67. **Laufb:** MPäd (Git, Hackbr, Blockfl, Keyboard, Kl) Prag, MSch Stuttgart 70–75, SMTT Sindelfingen seit 75; Konz Donaueschinger u Wittener Musiktage, RSO Stuttgart, Köln, Hamburg, Frankfurt, Wiener Philh, RSO Berlin, Berliner Philharmonie u Symphoniker ua; versch Duo-Programme (m Hfe u Rezitation, Fl, V, Kl). **Pr:** Stamitz-Pr d Künstlergilde Esslingen 94 (f Lebenswerk). **Mitgl:** Tonkünstler Verb, Künstlergilde Esslingen. – **Komp:** KamM f Zymbal; 'Erinnerung an die Mutter' 89; 'Meditation' (Z solo) 95; 'Landschaft' (Z, elektron M) 95; 'Prager Gärten' (Hfe, Z) 97; 'Meditation' 2000; Lieder (Sop, Z) 01; 'Erinnerung an Budapest' (Z solo) 01; 'Weihnachtsphantasie' (Z solo) 01; 'Melancholie' (V, Z) 02. **Aufn/RF:** Zymbal-Konz m Orch; Kodaly: Hary-Janos-Suite; Solokomp; Strawinsky: Ragtime, Renard; CDs: 'Zymbal-Musik aus Prag', 'Zymbalmusik aus Dtschld', 'Zymbal-Konzerte mit Orchester'. **UA:** alle Komp f K Zlatnikova u weitere Zymbal-Komp (ua v Adriana Hölszky). **Zug:** 2solo: A Hába, V Kučera, S Vorlová, Kl Slavicky ua; über 70 Komp f Zymbal; Konz m Orch: Milos Stedron, Arnost Pars, Róbert Wittinger, Wolfgang Steffen, Marek Kopelent, Zbynek Vostrák, Ilja Hurník, Markus Lehmann; Zymbal u Fl: Wolfgang Hildemann, Hermann Große-Schware, Eva Schorr-Weiler, Dietrich v Bausznern, Bert Rudolf, Balduin Sulzer, Klaus Jungh, Peter Sander, Alice Samter, Herbert Baumann, Dietrich Erdmann, Paul B Michel, Ladislav Kupkovic, Stepán Zilka, Eugen Illín, Friedrich Voss ua; KamM m Zymbal: Pavel Palkovský, Gerhard Kaufmann ua; Zymbal u Violine: Marek Kopelent, Alice Samter, Jarmil Burghauser, Tomas Luzian, Daniel Brozák. **Sonst:** Veranst u Arr zahlr eigener Konz, eigener M-Verlag (Cimbal-Edition Stuttgart), GrdgMitgl 'Cimbalon World Ass' Budapest 91. **Lit:** Who is who in Musik.

Znaider, Nikolaj, Violine; c/o Künstlersekretariat am Gasteig, Rosenheimer Str 52, D-81669 München, T: (0 89) 44 48 87 90, F: 4 48 95 22, *team@ks-gasteig.de*; *www.ks-gasteig.de* [1975]. **Ausb:** (b D Delay) Juillard School, Stud (b B Kuschnir) Kons Wien seit 94. **Laufb:** Konz u a m Berliner Philharmonikern, Royal Concertgebouw Orch, Gewandhausorch Leipzig, SymphOrch d BR, Münchner Philharmoniker, New York Philharmonic Orch, Oslo Philharmonic Orch, St Petersburger Philharmoniker, Tournee durch Australien, Auftritte in Japan, Singapur, Neuseeland, Tournee m London Symphony Orch Japan 2001, Rezitals m B Davidovich Saison 2001/02. **Pr:** 1. Pr 'Reine Elisabeth'-Wettb Brüssel 97, 1. Pr Carl-Nielsen-Wettb 92, Echo Klassik-Pr 04. – **Aufn/RF:** Bruch/Nielsen: Violinkonz, m London Philharmonic Orch, Dgt: L Foster 2000.

Zoboli, Omar, Oboe, Hochschullehrer; Musik-Akademie der Stadt Basel, Leonhardsstr 6, CH-4003 Basel, PF 232, CH-4003 Basel, T: 0 12 51 60 44, F: 0 12 53 19 56, *pmueller@collegium-novum.ch*; Rümelinspl 7, CH-4001 Basel; *www.collegium-novum.ch*. **Ausb:** Stud (H Holliger) MH Freiburg/Br. **Laufb:** Soloob RF-Orch Lugano, RF-Orch Neapel, Prof (Ob) Kons Basel seit 88; weltweite KonzTätigkeit m int Spitzenorch, KamM, Musik d Barock, auch auf hist Instr, Tätigk als Dirigent, Werke v d Klassik b z Avantgarde. **Pr:** Prtr Wettb Turin, Prtr Wettb Neapel, Förderpr Siemens Kulturstift 98. **Ens:** Collegium Novum. – **Aufn/RF:** B Maderna: Grande Aulodia, Widmung, VKonz, SinfOrch Giuseppe Verdi Mailand, Dgt: S Gorli 98; Bach, Händel, Vivaldi ua: Werke f Oboe u Orgel, D Fasolis 99; Werke v A Pasculli. **UA:** ua v Bussotti, Castiglioni, Glass, Möschinger. **Zug:** ua v Bussotti, Castiglioni, Glass, Möschinger. (Red)

Zocche, Lodovico, Dirigent; c/o Deutsche Oper am Rhein, Heinrich-Heine-Allee 16a, D-40213 Düsseldorf, T: (01 75) 6 12 59 25. **Laufb:** Dgt, Musikal Einstudierung, Studienlt Bregenzer FSp, Dgt Dt Op am Rhein Düsseldorf-Duisburg SpZ 03/05. (Red)

Zöbl, August, Mag, Prof, Hochschullehrer, Schlaginstrumente; Univ f Musik u Darst Kunst, Inst 4, Brandhofgasse 21, A-8010 Graz, T: (03 16) 3 89 36 14, F: 3 89 30 41, *august.zoebl@kug.ac.at*. **Laufb:** Vertragsprof (Schlaginstrr) U f Musik u Darst Kunst Graz. (Red)

Zoephel, Klaus, Komponist; Barlachstr 12, D-85053 Ingolstadt, T: (08 41) 6 77 69, F: 6 77 69, *MDZoephel@gmx.de* [Plauen 16.7.1929]. **Ausb:** Stud Komp, Dirig (J Weyrauch, W Weismann) MH Leipzig 48–53. **Laufb:** Musikal Lt Staatl Kulturorch Senftenberg 53–56, Kapm an versch Th, Musikal Oblt Staatl Kulturorch Mühlhausen/Thür 62–63, Chefdgt Staatl Orch Pirna 63–91, LAuftr (MTheorie, Dirig, Partiturspiel) MH Dresden 65–96, ständ GastspTätigkeit als KonzDgt im In- u Ausland, RF-Aufn, Ernennung z MDir 70, freischaff als Komp u Dgt seit 91. **Pr:** ua 1. Pr Wettb z Schaffung neuer UnterhaltungsM 52; C M v Weber-Pr 59. – **Komp:** La truren varn ('Lass Trübsal fahren') 49, UA Leipzig 49; Sinfonietta (Nr 1) f kl Orch (OrchW), UA Bad Elster, Kurorch, Dgt W Schumann 53; Kleine Lustspielmusik f KamOrch (OrchW) 58, UA Weimar, Staatskap, Dgt R Bräuer 60; Capriccio f Kl u Orch (Konz) 59, UA Aue, Erzgebirgs-SinfOrch 59; Sinfonie in D (OrchW), UA Riesa, Staatl Orch Pirna u Riesa 69; Finckenschläge (OrchW) 85, UA Pirna, Staatl Orch 85; Strehlener KamKonz (OrchW) 93, UA Dresden, KamOrch d Christuskirche 93, sowie weitere OrchW, KamM, VokalW etc. **AuftrKomp:** Verwandlungen e Themas v G H Stölzel (OrchW), UA Gera, Dgt J-D Link 64 (Auftr Orch d Bühnen d Stadt Gera); Meditationen über e Thema v Carl Maria v Weber (OrchW), UA Dresden, Philharmonie, Dgt K Z 65 (Auftr Radio DDR, Sender Dresden); Musica ilare (OrchW), UA Radio DDR, Gr RF-Orch Leipzig, Dgt K Wiese 77 (Auftr Dt Dem RF); Musik f Orch (OrchW), UA Görlitz, Orch d Gerhart-Hauptmann-Th Görlitz, Dgt V Erben 82 (Auftr Gerhart-Hauptmann-Th Görlitz); Sinfonietta Nr 2 (Hainer Spiel) (OrchW), UA Großenhain, Gemeinschaftsorch Großenhain, Dgt J Wirrmann 86 (Auftr Gemeinschaftsorch Großenhain); Dohnasche Anekdoten (OrchW), UA Dohna, Staatl Orch Pirna, Dgt A Grohmann 90 (Auftr Rat d Kreises Pirna); Trio f V, Vcl u Kl, UA Dresden 68 (Auftr Dresdner Trio). **Aufn/RF:** Capriccio f Kl u Orch, RF-SinfOrch Leipzig, R Schorler, Dgt K Masur (RF-Prod) 65. **UA:** zuletzt: Rentzsch: OrchM m Staatl Orch Pirna 80; Röllig: Kuban Rhapsodie m dens 82; Schulze: Akzente f Orch m dens 82; Treibmann: Sinf Nr 2 m dens 82; Thiers: Impressionen 84; Bodenstein-Hoyme: Heitere Ouvertüre 85; Krätzschmar: Die Wettermaschine, ein Fantasiestück 85; Knebel: Concerto in Swing f Vcl u Orch 86; Kroß: Die Gewürzmühle 88; Schwarze: Sinfon Bilder II 'Stadtansichten' 89; Weinreich: Doppelkonz f 2 Vcl u Orch, UA Orch d G-Hauptmann-Th Görlitz, Ch Erben, P Weber 88; D Schubert: Concertino rhapsodioso f Vcl u Orch, UA Orch d Stadtth Plauen, H-J Scheitzbach 89.

Zoller, Christine, Sängerin; c/o Opernhaus Zürich, Falkenstr 1, CH-8008 Zürich. (Red)

Zollitsch, Robert, Komponist, Produzent; Kalvarienberg 2, D-94239 Gotteszell, T: (0 99 29) 95 96 74, *RZollitsch@aol.com*; *www.zollitsch.com* [München 9.4.1966]. Verb Europa u Asien **Ausb:** Stud MWiss u MTheor/Gehörbildung München u Berlin (H Fladt) 86–90, Shanghai (chines Zither Guqin). **Laufb:** L seit 86, SolKonz Europa 99–2001 (alpenländ Zither), musikethnolog Arb in Mongolei u Tibet. **Pr:** Musica Vitale 2000, Dt Folkförderpr. – **Komp:** Ayan Zamdaan (KamM), UA Fürstenfeldbruck 96; Phase V (KamM), UA Trossingen 98; Hödööd (Weltmusik), UA Berlin 97; Zwei Betrachtungen zum Wesen d Pflaumenblüte (KamM); Lamayuru (KamM), UA 95; Flumen-Circlus (Vokalmusik); Attikon (KamM), UA Hannover 93. **Aufn/RF:** Shesh 95, Zwiefach 2000, Jamar 01. (*)

Zollmann, Ronald, Dirigent; c/o Konzertdirektion Tobischek, Zimmermannstr 59, D-45239 Essen, T: (02 01) 8 40 51 75, F: 8 40 51 76, *tobischek@arcor.de*; *www.tobconcert.de* [Antwerpen 1950]. **Laufb:** Gastdgt Berliner Symphoniker SpZ 2000/01. (Red)

Zolnhofer, Gerhard, Posaune; c/o NRD Radiophilharmonie, Rudolf-von-Bennigsen-Ufer 22, D-30169 Hannover. **Laufb:** Sol NDR RadioPhilh Hannover. (Red)

Zomer, Johannette, Sopran; c/o Komische Oper, Behrensstr 55–57, D-10117 Berlin, T: (0 53) 4 87 85 00, F: 4 87 85 30, *nationale@reisopera.nl*; c/o Nationale Reisopera, Postbus 1321, Niederlande-7500 BH Enschede. **Ausb:** Stud Sweelinck Cons Amsterdam 90–97. **Laufb:** Nat ReisOp Enschede 2000–2005, Sol Kom Op Berlin SpZ 04/05. (Red)

Zoubek, Wolfgang, Komponist; Birnauerstr 11, D-80809 München, T: (0 89) 3 08 61 26, F: 3 08 61 26; Allescherstr 2a, D-81479 München, T: (0 89) 79 75 82; *db.allmusic.de* [Klattau 11.5.1945]. **Ausb:** SchM, Orgel (F Lehrndorfer), Komp (G Bialas, W Killmayer), Gaststudent (O Messiaen) 76–77, Stud (balinesische GamelanM). **Laufb:** KonzTätigkeit, Interpret eigener Werke, Komp, L, Organist in München, Tätigkeit in der Ltg Studio f Neue Musik München. **Pr:** Sudetendt Kulturpr f Musik. – **Komp:** Nocturnes (OrchW), UA München 87; Klavierstücke (Kl), UA Gilching 88; Chinesisches Liederbuch (Sop-Solo u StrQua), UA Prag 90; Miniaturen (Fl, Kl), UA Würzburg 92; Introduktion, Allegro u Epilog (Trp, Pos, Kl), UA Straubing 94; Peterchens Mondfahrt (BalletM), UA München 96; 2 Klaviertrio 'Hommage à Messiaen' (V, Cl, Kl), UA München 99. **Aufn/RF:** CD-Produktion zeitgen Orgelmusik. (Red)

Zscherpe, Thomas, Kontrabass; c/o MDR Sinfonieorchester, Augustuspl 9a, D-04109 Leipzig. **Laufb:** Vorspieler MDR SinfOrch Leipzig. (Red)

Zubaite, Asta, Sängerin; c/o Tiroler Landestheater, Rennweg 2, A-6020 Innsbruck, T: (05 12) 5 20 74; c/o Theater der Bundesstadt, Am Boeselagerhof 1, D-53111 Bonn. **Laufb:** Sol Th Bonn SpZ 03/05, Gastsol Tiroler Ldsth SpZ 04/05. (*)

Zuber, Heinz, Sänger; Stadttheater, Theaterpl 7, A-2500 Baden. **Laufb:** Sol Stadtth Baden b Wien. (Red)

Zuber, Kurt, Sänger; c/o Theater Nordhausen/Loh-Orchester Sondershausen GmbH, Käthe-Kollwitz-Str 15, D-99734 Nordhausen, Pf 100244, D-99722 Nordhausen. **Laufb:** Sol Th Nordhausen/Sondershausen SpZ 03/04. (Red)

Zubler, Monique, lyrischer Mezzosopran; Aryanastr 33, CH-8704 Herrliberg, T: 0 19 15 17 71, 07 63 42 17 71, F: 0 19 15 17 71, *monique.zubler@bluewin.ch.* Konzert, Lied, Oper (Hosenrollen), Mozart **Ausb:** Master of M, Diplom OpGes. **Laufb:** GastSol Th Biel-Solothurn 98, 99, 2000, 02, Gast Th Luzern 02, Gast Badisches Staatsth Karlsruhe 02. **Ens:** Zürcher Vokalsolisten. – **Aufn/RF:** 'Une flute invisible' in Vorber. **UA:** B Schweitzer: 'Jakob van Gunten' (Schweizer EA). **Sonst:** CD-Projekt.

Zuckmantel, Diethelm, Komponist, Dirigent; Hoferhofstr 63, D-40468 Düsseldorf, T: (02 11) 42 75 55 [Düsseldorf 31.8.1955]. **Ausb:** Stud (Germanistik, Philosophie) U Düsseldorf 75–78, (Klar) MH Köln 78–82, Komp (G Becker) Robert-Schumann-H Düsseldorf 82–87, Komp (G Grisey) Paris 88–90. **Pr:** Förderpr Musik d Ldeshauptst Düsseldorf 87, KompPr Steir Herbst Graz 88, KompPr Forum junger Komp WDR Köln 90, Panel Board Soc for the Promotion of New Music London 91. – **Komp:** Giacometti (KamM) 85/86; Grundriss f e Stadt aus Glas (KamM) 87/88, UA Mönchengladbach, Ensembletta 90; Sueño f zwei Kla 88, UA Berlin, Akad d Künste 88; Landschaften d wirklichen Einst (KamM) 90, UA Düsseldorf, Forum 20, Stadtmus 90. (Red)

Zünd, Samuel, Bariton; Messikommerstr 26, CH-8620 Wetzikon, T: 04 34 77 54 77, 0 76–3 22 27 22, F: 04 34 77 54 77, *samuel.zuend@freesurf.ch*; *www.samsingers.ch* [Altstätten 1.4.1968]. histor Aufführungspraxis, Lied, Orat **Ausb:** Unterr Ges (DKM J Fuchs) St Gallen 87/88, Ges, Opkl (J Mengedoht-Thorner) Kons u MH Zürich 88–92, (M Honig) Seelinck Kons Amsterdam 92–95, Konz- u OpDipl, Mstrks (R Holl, H Hotter, U Reinemann, F Palmer) 93–97, Liedintprkl (R Jansen) Amsterdam, (I Gage) MH Zürich, (K Richter) H f M Stuttgart 95–97, Barockges (R Jacobs) Schola Cantorum Basiliensis 96–98, (Ch Prégardien) 01/02. **Laufb:** Liederabende in EU u USA m Th Schmid, G Zoch-Westphal 2000. **Pr:** div priv Stip 90–96, 3. Pr Paula Lindberg Salomon Wettb Berlin 95, Peter-Schmidheiny-Stift Heerbrugg 92–95. **Ens:** Vokalens Zürich, Cappella Palestrina, Nederlands Bachvereeniging, Ens Aspecte, Zürcher Schubert Qua. **Mitgl:** STV. – **Aufn/RF:** Schubert, Schoeck, Poulenc, Fauré, Wolf: Lieder 'Wandern', m J Sarphatie 99. **UA:** Derungs: Op 'Aschenbrödel' (König), UA Zürich, 97; Kelterborn: Weltl Triptychon, UA Schaffhausen 97; Nick: 'Georg Trakl – Gesang zur Nacht' (Arzt), UA Zürich, Zug, Luzern, 98/99. **Sonst:** Mitbegrd Vokalens Zürich, Zürcher Schubert Qua.

Zürcher, Liliane, Mezzosopran, Hochschullehrerin; Hochschule f Musik u Theater, Papiermühlstr 13a, CH-3000 Bern 22. **Laufb:** Doz f Ges MH Bern seit 2000. (Red)

Zugowski, Karl, Sänger; c/o Musikalische Komödie der Oper Leipzig, Dreilindenstr 30, D-04177 Leipzig. **Laufb:** Sol Musikal Komödie Leipzig. (*)

Zumbült, Marietta, Sängerin; Deutsches Nationaltheater, PF 2003, D-99401 Weimar. **Ausb:** Stud (Op- u Ges) den MH Essen Folkwang u Hannover b Reimer, Richardson, J. Beckmann, u in Weimar b E. Rabine. **Laufb:** Eng Brandenburger Th als lyr Sopran 93–97, Sol Dt NationalTh Weimar seit 97. **Pr:** VDMK-Prtr 89. (Red)

Zuppardo, Alessandro, Chordirektor; c/o Oper Frankfurt, Untermainanlage 11, D-60311 Frankfurt. (Red)

Zurabishvili, Zurab, Sänger (Tenor); c/o Theater Augsburg, Kasernstr 4–6, D-86152 Augsburg, PF 111949, D-86044 Augsburg. **Laufb:** Sol Th Augsburg SpZ 03/05. (Red)

Zurbrügg, Eva, Violine; Kalcheggweg 22, CH-3006 Bern, T: 03 13 51 16 77. (Red)

Zvetanov, Boiko, Tenor; c/o Oper Leipzig, Augustuspl 12, D-04109 Leipzig; c/o Artists Management Verena Keller, Lohwisstr 52, CH-8123 Ebmatingen, T: 04 49 80 15 13, F: 9 80 36 86, *keller.verena@bluewin.ch.* **Laufb:** Sol Dt Op Berlin, Gastsol Staatsth Darmstadt SpZ 00/01, Op Zürich, Op Leipzig. (*)

Zvetkova, Mariana, Sängerin (Sopran); c/o Theater & Philharmonie Essen GmbH, Opernpl 10, D-45128 Essen; c/o Columbia Artists Management Inc, 165 West 57th St, New York, NY 10019–2276, U.S.A., T: (2 12) 8 41 95 00, F: 8 41 97 44, *info@cami.com.* **Laufb:** Sol Mecklenburg Staatsth Schwerin, Sächs Staatsop Dresden, Sol Th Essen SpZ 03/04, Gastsol Dt Op Berlin SpZ 03/04. (*)

Zwarg, Oliver, Opernsänger; Eilbektal 60, D-22089 Hamburg, *oliverzwarg@web.de* [Bergisch-Gladbach 30.10.1971]. Oper u Konzert **Ausb:** Stud (SchulM, Geschichte) Bremen 91–96, Stud (Ges) b J Hamari u C Davis MH Stuttgart 96–99. **Laufb:** Hamburg Staatsop 99–01; Stuttgarter Staatsth (Turandot) 01; Staatsop Hannover seit 01; Gran Teatre del Liceu Barcelona (Zauberflöte) 02; Bayer Staatsop München (Verkaufte Braut) 03; Kom Op Berlin (Alcina) 04/05; Wiener Festwochen (Pelleas) 04; Gran Teatre del Liceu Barcelona (Caesare) 04; Int Fstv Edinburgh (Pelleas) 04; Hamburg Staatsop (Fledermaus) 05. **Pr:** 2. Pr Bundeswettb Ges (Konz.) 98; Verb d Dt Gesangspädagogen 05. – **Aufn/RF:** 'Freischütz' Hamburg 99; 'Der jüngste Tag ist jetzt' Hannover 03; 'Psalm 23' Köln 03; 'Caesare' Barcelona 04; 'Child of our time' Hannover 05.

Zwiauer, Florian, Violine; c/o Wiener Symphoniker, Lehargasse 11, A-1060 Wien. **Laufb:** Konzm Wiener Symphoniker SpZ 03/05. (Red)

Zwick, Sabine, Baritonsaxophon; c/o Wiener Saxophon-Quartett, Kleine Stadtgutgasse 10/4, A-1020 Wien, T: (01) 2 14 95 87, F: (06 76) 6 48 01 98, *vie.sax4@nextra.at*; *members.magnet.at/vie.sax4/* [Villach]. zeitgen Musik **Laufb:** int Tourneen durch Europa, Afrika, USA, Festivals Wien Modern, Hörgänge, Carinthischer Sommer, Kilkenny Arts Week (Irland), New Music dePaul (Chicago), int Sommerkurs f klass Sax seit 90. **Pr:** Gewinner East & West Artists Competition, Prtr int Kammermusikwettb Martigny. **Ens:** Ens Kontrapunkte, RSO Wien, NÖ-Tonkünstler, Wiener Kammerorchester, Ensemble die Reihe, Klangforum Wien, Österr Kammersymphoniker, Volksop Wien, Amadeus Ens Wien, Wiener Saxophon-Qua. – **Zug:** über 70 Werke großteils österr Komp. (Red)

Zwicker, Alfons Karl, Komponist; Grüntalstr 18, CH-9303 Wittenbach, PF 634, CH-9004 St Gallen, T: 07 12 98 34 90, 0 79–7 18 12 54, F: 07 12 98 08 50, *composer@ak-zwicker.ch*; *www.ak-zwicker.ch*, *www.swissclassic.net/zwicker.htm* [St Gallen 21.4.1952]. **Ausb:** Kl (H Schwimmer) Winterthur, (W Bärtschi) Zürich, Komp (R Kelterborn, E Denissow) Basel. **Pr:** Kulturförderungspr Stadt St Gallen 89, Int Bodenseeförderungspr f kompositor Wirken 91, versch Werkbeiträge. – **Komp:** zuletzt: Kosmogramm I (f Kl solo) 98/99; Erinnerung an Nelly Sachs (f 2 Fl, Cembalo, Frauenstimme) 99; Konstellation m Mondtransit (f Sop, V, Pos, Vcl, Klar, Kl) 89/99. **Sonst:** Mitbegrd IGNM-Sektion Contrapunkt St Gallen 87. (Red)

Zwirnmann, Peter, Prof, Hochschullehrer; Oswald-Kahnt-Ring 48, D-04158 Leipzig, T: (03 41) 4 61 65 74, *p.zwirnmann@arcor.de*; Hochschule f Musik u Theater, PF 100809, D-04008 Leipzig. **Laufb:** Prof (Kl, Gehörbildg) H f M Felix Mendelssohn Bartholdy Leipzig. (Red)

Zwitzers, Ingeborg, Sängerin; c/o Landestheater Detmold, Theaterpl 1, D-32756 Detmold. **Ausb:** Stud MH Detmold, (A. Jansen, A Salta) Essen, (H P Bendt), Detmold. **Laufb:** Sol Schleswig-Holstein Landesth u SinfOrch Schleswig, Kom Op Berlin, MTh Bonn, Gastsol Th Regensburg. **Ens:** Ldesth Detmold 84–90, Ldesth Schleswig 91–03, Nationalth Weimar 01/02, Kom Op Berlin 02, MTh Bonn 02, MThNürnberg 03.

Zybal, Roman *siehe* Rabe, Gerhard

Zydek, Thomas, Cellist; c/o Neue Lausitzer Philharmonie, Promenadenstr 60, D-02827 Görlitz. **Laufb:** Sol Neue Lausitzer Philh SpZ 02/03. (Red)

Zysset, Martin, Tenor; c/o Opernhaus Zürich, Falkenstr 1, CH-8008 Zürich; c/o Artists Management Verena Keller, Lohwisstr 52, CH-8123 Ebmatingen, T: 04 49 80 15 13, F: 9 80 36 86, *keller.verena@bluewin.ch* [Solothurn]. **Ausb:** Stud (Klar), Ges (H Vonlanthen u J Koelz), Mstrkse (E Haefliger u E Mathis), Mitgl Int OpStudio Zürich 90/91. **Laufb:** Sol Op Zürich seit 91/92. **Pr:** Stip Migros-Genossenschaftsbd, Prtr 'Pro Arte Lyrica'-Wettb Lausanne 90/91. (Red)

Anhang

Festkalender

50., 60., 65., 70., 75., 80., 85., 90., 95., 100. Geburtstag

Die Zahlen vor dem Namen geben das Datum des Geburtstages an, die Ziffer nach dem Namen nennt die Zahl der erreichten Lebensjahre

2006

3. 1. Herbert Blendinger 70
5. 1. Alfred Brendel 75
7. 1. Herbert Willi 50
11. 1. Walter Breitner 70
13. 1. Klaus-Dieter Kopf 65
14. 1. Klaus Hertel 70
14. 1. Karl Ottomar Treibmann 70
15. 1. Hildegard Laurich 65
16. 1. Peter Bares 70
16. 1. Renate Faltin 60
17. 1. Wolfgang Hock 70
18. 1. Christoph Prégardien 50
20. 1. André William Delapierre-Coulon 85
22. 1. Aurèle Nicolet 80
27. 1. Erdmute Peuker 65
29. 1. Ulrich Leyendecker 60
29. 1. Tomaz Svete 50
4. 2. Manuel Hidalgo 50
5. 2. Erik Kross 50
9. 2. Andrea Sabine Nagy 50
11. 2. Heinz Winbeck 60
16. 2. Sibylle Pomorin 50
17. 2. Friedrich Cerha 80
18. 2. Lena Nordin 50
18. 2. Dieter Schönbach 75
22. 2. Bernard Hebb 65
24. 2. Hajo Müller 75
26. 2. Günther Grandinger 75
29. 2. Michael von Hintzenstern 50
4. 3. Gert von Bülow 60
4. 3. Aribert Reimann 70
4. 3. Helmut Zapf 50
5. 3. Alexander Blechinger 50
6. 3. Hans-Peter Kirchberg 50
7. 3. Marten Root 50
8. 3. Christoph Jäggin 50
10. 3. Volkmar Fritsche 70
11. 3. Günter Neubert 70
11. 3. Herbert Peter 80
13. 3. Leo Bachmann 50
14. 3. Rolf Schweizer 70
15. 3. Wilfried Hiller 65
15. 3. Manfred Schlenker 80
17. 3. Ladislav Kupkovič 70
18. 3. Helge Jörns 65
18. 3. Ulrich Schultheiss 50
21. 3. Zsolt Gárdonyi 60
24. 3. Siegfried Pank 70
27. 3. David Babcock 50
27. 3. Dorothea Strasburger 50
28. 3. Jean-Pierre Gerber 60
28. 3. Hartmut Kretzschmann 65
28. 3. Franz Tischhauser 85
30. 3. Klaus Balzer 60
30. 3. Uwe Mund 65
30. 3. Günter M Schillings 50
31. 3. Josef Bach 85
1. 4. Joachim Beez 70
1. 4. Hermann Große-Schware 75
1. 4. Joachim Volkmann 75
3. 4. Friedrich Meyer-Oertel 70
4. 4. Michael Erni 50
6. 4. Janusz Kusmierz 65
7. 4. Gunther Anger 50
13. 4. Dieter Klöcker 70
14. 4. Cyril Squire 75
17. 4. Louisa Lasdun 50
18. 4. Nikolaus Friedrich 50
19. 4. Werner Seitz 60
22. 4. Dieter Kaufmann 65
22. 4. Christian Pöppelreiter 65
24. 4. Wilfried Maria Danner 50
25. 4. Paul Walter Fürst 80
27. 4. Friedrich Goldmann 65
27. 4. Henry Kaufmann 85
27. 4. Waltraut Wächter 50
28. 4. Francis Burt 80
29. 4. Franz Zebinger 60
30. 4. Alexander Kramarov 60
30. 4. Franz N Rechsteiner 65
3. 5. Michael Flaksman 60
4. 5. Karl-Heinz Jäger 65
4. 5. Lieselotte Theiner 60
4. 5. Ronald Ulen 50
4. 5. Heinz Weitzendorf 75
7. 5. Franz R Miller 80
9. 5. Martin Göss 70
9. 5. Igor Ozim 75
9. 5. Jürgen Schulz 70
9. 5. Gérard Zinsstag 65
10. 5. Klaus Ager 60
12. 5. Stelios Coucounaràs 70
14. 5. Viktor Fortin 70
14. 5. Adolf Gebauer 65
14. 5. Aloys Kontarsky 75
15. 5. Jean Balissat 70
16. 5. Alfred Ehrismann 80
19. 5. Gerhard Allroggen 70
21. 5. Peter K Frey 65
21. 5. Richard Rudolf Klein 85
23. 5. Wolfgang Marschner 80
24. 5. Konrad Boehmer 65
24. 5. Helmut Quakernack 50
25. 5. Yaron Windmüller 50
28. 5. Friedrich Gabler 75
29. 5. Gabriel Zinke 50
30. 5. Michael Lion 50
31. 5. Dietmar Jürgens 50
31. 5. Alexander Wagner 80
2. 6. Jürgen Weimer 65
2. 6. Donna Woodward-Stadtmueller 60
3. 6. Lynne Dawson 50
3. 6. Friedemann Rieger 50
3. 6. Carlos Heinrich Veerhoff 80
4. 6. Johann G Jacomet 60
4. 6. Joachim Seipp 50
5. 6. Martin Blasius 50
6. 6. Gabriel Iranyi 60
12. 6. Christine Daxelhofer 65
12. 6. Kurt Hüttinger 50
12. 6. Natalie Usselmann-Kock 70
13. 6. Antonius Streichardt 70
14. 6. Oscar Schmid 70
17. 6. Gerhard Schneider 60
20. 6. Eckehard Mayer 60
22. 6. Widmar Hader 65
22. 6. Ruth Zechlin 80
23. 6. Helmut Sadler 85
23. 6. Leo Witoszynskyj 65
24. 6. Johannes Ritzkowsky 60
25. 6. Klaus Hinrich Stahmer 65
26. 6. Herwig Reiter 65
27. 6. Mark Bowman-Hester 50
28. 6. Georg Graewe 50
28. 6. Monika Kammerlander 50
29. 6. Wulf Konold 60
30. 6. Meinhard Rüdenauer 65
1. 7. Hans Werner Henze 80
1. 7. Friedrich Landmann 60
2. 7. Jean-Luc Darbellay 60
7. 7. Friedhelm Döhl 70
7. 7. Siegfried Müller 80
7. 7. Gerd Sorg 65
9. 7. John Andrew Porter 65
9. 7. Ulrich Schwab 65
9. 7. Francis Travis 85
10. 7. Djahan Tuserkani 70
11. 7. Friedrich Scholz 80
12. 7. Klaus Karl Hübler 50
13. 7. Reinhard Schmidt 60
14. 7. Rudolf (Rolf) Lukowsky 80
16. 7. Ernst Breidenbach 50
16. 7. Johann Sengstschmid 70
17. 7. Manfred Bertram 70
17. 7. Helmut Bieler-Wendt 50
17. 7. Karlheinz Donauer 65
17. 7. Jürgen Flimm 65
20. 7. Peter Lang 60
24. 7. Gunda Köhler-Scharlach 65
25. 7. Jacob Bürthel 80
25. 7. Magdalena Schauss-Flake 85
26. 7. Heinz Reeh 65
27. 7. Johannes Fritsch 65
28. 7. Riccardo Muti 65
29. 7. Werner Kirschbaum 50
1. 8. Theo Adam 80
1. 8. Wolfgang Klint 65
3. 8. Klaus Hellwig 65
4. 8. Balz Trümpy 60
5. 8. Carmen Maria Anhorn 50
5. 8. Wittwulf Y Malik 60
6. 8. Bernhard Hangartner 50
7. 8. Luis Eduardo Iturrizaga 80
7. 8. Ionel Pantea 65
8. 8. Joachim Maaß-Geiger 60
8. 8. Kathinka Rebling 65
9. 8. Oskar Wanderer 80
10. 8. Wolfgang Lüderitz 80
15. 8. Bruce E Ford 50
16. 8. Karl-Heinz Koch 70
18. 8. Eberhard Lauer 50
18. 8. Werner Thärichen 85
20. 8. Eckart Beinke 50
20. 8. Peter Schwarz 70
23. 8. Andreas Pflüger 65
24. 8. Paul Eberhard Kreisel 75
25. 8. Urs Joseph Flury 65
26. 8. Marion Hofmann 65
27. 8. Hans Georg Bertram 70
29. 8. Wolfgang Schmidt 50
1. 9. Julia Varady 65
2. 9. Alejandro Ramirez 60
2. 9. Christoph Schwandt 50
3. 9. Rudolf Kelterborn 75
4. 9. Patrizio Mazzola 50
6. 9. Christina Kubelka 65
7. 9. Hans John 70
8. 9. Hans Ulrich Engelmann 85
10. 9. Arthur Dangel 75
10. 9. Christopher Hogwood 65
12. 9. Gunther Pohl 65
13. 9. Jürgen Bräuninger 50
15. 9. Mie Miki-Schenk 50
17. 9. Peter Benary 75
18. 9. Wolfgang Schoor 80
19. 9. Peter Horton 65
21. 9. George Barcos 60
21. 9. Hartmut Schmidt 60
23. 9. Alfred Knüsel 65
24. 9. Kurt Dietmar Richter 75
25. 9. Raimund W Sterl 70
29. 9. Anton Kuhn 50
29. 9. Urs Markus 60
30. 9. Karl Kolbinger 85
30. 9. Gerhart Schäfer 80
4. 10. Edmund Buschinger 65
5. 10. Gottfried Michael Koenig 80
5. 10. Gabriel Patocs 65
6. 10. Francis Corke 50
6. 10. Boris Mersson 85
7. 10. Charles Dutoit 70
7. 10. Rolf Friedrich Reuter 80
11. 10. Friedemann Böhme 50
11. 10. Thomas Pfeiffer 60
12. 10. Joachim Schwarzwald 65

12. 10. Günther Wiesemann 50
14. 10. Theo Fischer 80
15. 10. Hans Kraus-Hübner 65
16. 10. Jacek Dutka 60
16. 10. Wolfgang Rübsam 60
18. 10. Gregor Schildknecht 70
20. 10. Raimund Wippermann 50
21. 10. Jopo Poffet 50
22. 10. Wilhelm Dieter Siebert 75
24. 10. Sofia Gubaidulina 75
24. 10. Detlef Heusinger 50
24. 10. Bruno Steinschaden 70
25. 10. Gabriel Amiras 70
26. 10. György Pauk 70
29. 10. Eberhard Streul 65
30. 10. Lothar Seyfarth 75
1. 11. Gottfried Winter 75
2. 11. Wolfgang Nicklaus 50
3. 11. Hans Martin Corrinth 65
4. 11. Jean-François Monnard 65
4. 11. Alfred Schweizer 65
6. 11. Barbara Heller 70
7. 11. Gerald Humel 75
7. 11. Dame Gwyneth Jones 70
8. 11. Volker Lutz 65
15. 11. Peter Baur 50
15. 11. Erich Wilke 70
17. 11. Renate M Birnstein 60
22. 11. Nello Santi 75
22. 11. Hans Zender 70
30. 11. Günther Herbig 75
1. 12. Edmund Illerhaus 70
2. 12. Peter Michael Braun 70
3. 12. Marjana Lipovšek 60
4. 12. Helmut Holzapfel 65
7. 12. Nicolas Corti 50
7. 12. Wolfgang Ludewig 80
8. 12. Urs Simeon 60
8. 12. Manos Tsangaris 50
9. 12. Christoph Huntgeburth 50
14. 12. Roderic Keating 65
15. 12. Berton Nordblom 60
15. 12. Jacek Rabinski 50
16. 12. Alfred Koerppen 80
17. 12. Hannes Zerbe 65
19. 12. Peter Herrmann 65
19. 12. Michael Junge 65
20. 12. Josef Maria Horvath 75
21. 12. Maria Anna Schartner 65
21. 12. Friedbert Streller 75
22. 12. Jürgen Becker 60
23. 12. Ralf-Carsten Brömsel 50
23. 12. Edita Gruberová 60
24. 12. Mauricio Kagel 75
25. 12. Bruno Karrer 50
26. 12. Raimund Heusch 65
30. 12. Manfred Fechner 65
31. 12. Reiner Roon 65

2007

2. 1. Erik Székely 80
3. 1. Cornelius Eberhardt 75
3. 1. Jacques Wildberger 85
5. 1. Heinz Christian Schaper 80
6. 1. Gösta Neuwirth 70
9. 1. Arnold Schalker 70
12. 1. Avram Popov 65
13. 1. Heather G Hartinger 65
13. 1. Alexander Sojnikow 60
16. 1. Gottfried Kleinig 90
17. 1. Jacques Cerf 75
19. 1. Gorjan Kosuta 60
21. 1. Zbigniew Bargielski 70
21. 1. Klaus Hofmann 70
21. 1. Rudi Kühn 80
22. 1. Ilja Bergh 80
24. 1. Werner Steger 75
25. 1. Martin Smith 50
29. 1. Reiner Maria Breuer 60
30. 1. Wolfgang Hocke 70
30. 1. Martin Christoph Redel 60
1. 2. Gertrud Assmann 80
2. 2. Arnulf von Arnim 60
2. 2. Wladimir Wecker 60
3. 2. Helmut Weigel 90
4. 2. Lothar Böhm 65
7. 2. Hans-Joachim Straub 50
9. 2. Gert-Ulrich Molsen 60
11. 2. Gottfried Stein 75
12. 2. Matthias Janz 60
14. 2. Hans Kann 80
15. 2. Kurt Rapf 85
15. 2. Peter-Michael Riehm 60
17. 2. Marga Wilden-Hüsgen 65
18. 2. Cordt-Wilhelm Hegerfeldt 70
20. 2. Elmar Weingarten 65
21. 2. Hans Herzberg 90
21. 2. Bernd Schaumann 60
22. 2. Andre Asriel 85
24. 2. Annerös Hulliger 60
24. 2. Edgar Hykel 60
24. 2. Bernhard Lang 50
26. 2. Wolfgang Gentner 50
27. 2. Gerhard Braun 75
3. 3. Helmuth Hieber 75
3. 3. Burkhard Schlothauer 50
4. 3. Ursula Görsch 75
4. 3. Rolf Kuhnert 75
6. 3. Daniel Andres 70
6. 3. Hermann Schäfer 80
6. 3. Hanns-Christoph Schuster 70
8. 3. Siegmund Goldhammer 75
9. 3. Hans Ludwig Schilling 80
10. 3. Andrew Parrott 60
12. 3. Konrad Hünteler 60
14. 3. Hans-Dietrich Klaus 65
15. 3. Balduin Sulzer 75
19. 3. Rudolf Dressler 75
19. 3. Max E Keller 60
21. 3. Erwin Mattmann 65
21. 3. Ivan Shekov 65
22. 3. Regina Irman 50
22. 3. David Padrós 65
22. 3. Martha Sharp 60
24. 3. Axel Ruoff 50
27. 3. Johannes Leonhard Beck 65
28. 3. Maria Nussbaumer-Eibensteiner . . 50
28. 3. Irmgard Stadler 70
29. 3. Folker Schramm 60
30. 3. Andreas Salm 50
31. 3. Karl-Josef Müller 70
1. 4. Ulrich Furrer 65
3. 4. Michael Braunfels 90
4. 4. Sabine Gräfin von der Schulenburg 65
6. 4. Peter Heinrich 65
6. 4. Hugo Raithel 75
8. 4. Hermann Christian Polster 70
10. 4. Arkadi Tomtschin 60
12. 4. Günther Leib 80
18. 4. Jens-Uwe Günther 70
20. 4. Friedbert Groß 70
23. 4. Wolfgang Schumann 80
24. 4. Dietmar Schermann 50
25. 4. Rainer Lischka 65
26. 4. Bernhard Kontarsky 70
27. 4. Manfred Schubert 70
28. 4. Heinrich A Pfaar 80
29. 4. Kurt-Franz Schmid 65
30. 4. Peter Vogler 70
1. 5. Eberhard Dietz 60
1. 5. Karl Haidmayer 80
2. 5. Markus Stockhausen 50
3. 5. Günter Thim 85
4. 5. Hans Ulrich Lehmann 70
5. 5. Stephan Simeon 80
5. 5. Aurel Georg Stroé 75
6. 5. Gottfried Menth 50
8. 5. Lenz Meierott 65
9. 5. Peter Planyavsky 60
10. 5. Gottfried Aegler 75
10. 5. Wolfgang Mühlenbeck 60
11. 5. Henner Eppel 60
13. 5. Karl-Heinz Köper 80
13. 5. Bernd Thewes 50
14. 5. Dieter Schnerring 70
16. 5. Paul Angerer 80
17. 5. Lech-Rudolf Gorywoda 60
18. 5. Ulrich Sprenger 50
19. 5. Wolfgang Guggenberger 50
19. 5. Wolfram Heicking 80
20. 5. Klaus Schultz 60
22. 5. Reinhard Ulbricht 80
22. 5. Johannes Walter 70
24. 5. Gerhard Dorda 75
24. 5. Marie-Luise Heinritz 70
25. 5. Dieter Weller 70
28. 5. Louwrens Langevoort 50
28. 5. Leopold Spitzer 65
30. 5. Klaus Sonnenburg 80
2. 6. Andor Losonczy 75
3. 6. Edgar Krapp 60
5. 6. Wolfgang Dorschner 70
6. 6. Christine Walser 60
8. 6. Ursula Holliger 70
8. 6. Ion Ionita 70
9. 6. Paul Roczek 60
12. 6. Frank Jaremko 50
12. 6. Dennis Kuhn 50
12. 6. Almut Rößler 75
12. 6. Hermann Sulzberger 50
13. 6. Carlos Crespo Repetto 60
13. 6. Viktor Suslin 65
15. 6. Rolf Riehm 70
15. 6. Edgar Sheridan-Braun 50
17. 6. Wilhelm Zimmerhackl 65
19. 6. Rainer Rubbert 50
19. 6. Karlheinz Schrödl 70
19. 6. Otto Strobl 80
21. 6. Bernhard Janz 50
21. 6. Gerhard Präsent 50
23. 6. Rolf Alexander Wilhelm 80
24. 6. Lothar Göthel 70
25. 6. Volker David Kirchner 65
25. 6. Ulrich Masuth 50
25. 6. Kunibert Schäfer 50
28. 6. Rolf Hempel 75
30. 6. Wilfried Gärtner 75
1. 7. Luiz Francisco (Chico) Mello . . . 50
1. 7. Klaus Wüsthoff 85
3. 7. Michael Veit 50
5. 7. Matthias Bamert 65
6. 7. Vladimir Ashkenazy 70
9. 7. Karl Dietrich 80
11. 7. Gesine Schröder 50
12. 7. Manfred Grote 65
15. 7. Peter Michael Hamel 60
16. 7. Daniel Glaus 50
17. 7. Klaus Heinrich Schader 50
18. 7. Philippe Adam 50
18. 7. Kurt Masur 80
18. 7. Reinhold Weber 80
19. 7. Günther Witschurke 70
20. 7. Dietrich Erdmann 90
20. 7. Michael Gielen 80
20. 7. Nandor Ronay 65
22. 7. Klaus Bäßler 70
25. 7. Willibald Bezler 65
26. 7. István Szentpáli-Gavallér 60
30. 7. Johann Peter Gampl 60
30. 7. Detlev Müller-Siemens 50
1. 8. William Blank 50
2. 8. Dieter Salbert 75
3. 8. Hans Wüthrich 70
8. 8. Albert Limbach 70
8. 8. Pauletta de Vaughn 50
10. 8. Jörg Iwer 50
11. 8. Otmar Desch 65
11. 8. Regine Köbler 50
12. 8. Lia Frey-Rabine 60
15. 8. Thomas Böttger 50
15. 8. Holger Höring 50
16. 8. Angelika Nebel 60
16. 8. Rainer Pezolt 50

20. 8.	Michael Sell	65
21. 8.	Wilhelm Killmayer	80
22. 8.	Hans Walter Stucki	75
25. 8.	Peter Langgartner	50
26. 8.	Andreas Göpfert	60
27. 8.	Bernhard Hunziker	50
27. 8.	Winfried Müller	70
29. 8.	Henner Leyhe	60
31. 8.	Gunter Hampel	70
1. 9.	Werner Linden	50
5. 9.	Christoph Bossert	50
6. 9.	Wolf-Dieter Hauschild	70
6. 9.	Manfred Ramsenthaler	80
7. 9.	Dieter Nathow	70
7. 9.	Hans Richard Stracke	75
8. 9.	Lothar Knappe	60
8. 9.	Christian Schneider	65
12. 9.	Andreas Birken	65
13. 9.	Günter Philipp	80
15. 9.	Peter Hoch	70
15. 9.	Johann-Walter Scharf	75
19. 9.	Kurt Sanderling	95
23. 9.	Wolfgang Thiel	60
24. 9.	Hans-Jörn Brandenburg	50
25. 9.	Sir Colin Davis	80
25. 9.	Thomas Kessler	70
28. 9.	Ruggiero Orofino	85
28. 9.	Eva Schorr	80
29. 9.	Hans Peter Nowak	75
1. 10.	Thomas Richter	50
2. 10.	Helmut W Erdmann	60
2. 10.	Helmut Lörscher	50
3. 10.	Robert Delanoff	65
3. 10.	Christoph Rueger	65
3. 10.	Toyoko Yamashita	65
5. 10.	Ulrich Blomann	50
6. 10.	Paul Badura-Skoda	80
6. 10.	Wolfgang Rüdiger	50
7. 10.	Bernard Wayne Sanders	50
9. 10.	Alfons Kontarsky	75
10. 10.	Claus Bantzer	65
11. 10.	Bernardo Grossenbacher	65
12. 10.	Adele Stolte	75
16. 10.	Klaus-Peter Bruchmann	75
17. 10.	Pierre-André Bovey	65
18. 10.	Horiana Branisteanu	65
20. 10.	Wolfgang Brendel	60
20. 10.	Bernhard Klär	70
20. 10.	Michael Leinert	65
24. 10.	Günther Metz	70
25. 10.	Ortrun Wenkel	65
26. 10.	Ilan Gronich	65
26. 10.	Thomas Daniel Schlee	50
26. 10.	Han Tol	50
27. 10.	Michael Stolle	60
28. 10.	Herbert Gietzen	60
28. 10.	Johann-Nikolaus Matthes	65
29. 10.	Richard Michael (Ryszard Mieczyslaw) Klisowski	70
31. 10.	Daniel Roth	65
1. 11.	Hanny Schmid Wyss	65
2. 11.	Hansjoachim Kaps	65
4. 11.	Rochus Gebhardt	85
4. 11.	Jürgen Golle	65
5. 11.	Mary Satterthwaite	50
6. 11.	Michael Hussla	60
6. 11.	Mihai Zamfir	60
9. 11.	Wolfgang Bozic	60
10. 11.	Ingo Metzmacher	50
10. 11.	Michel Tabachnik	65
11. 11.	Madeleine Baer	85
11. 11.	Julien-François Zbinden	90
13. 11.	Heiner Frost	50
13. 11.	Anthony Plog	60
17. 11.	Claus Kühnl	50
19. 11.	Firus Akhmedov	65
20. 11.	Walter Haefeli	90
20. 11.	René Kollo	70
20. 11.	Johannes Wojciechowski	95
22. 11.	Theophil Antonicek	70
23. 11.	Hans Peter Müller-Kieling	60
23. 11.	Michael Ruf	50
26. 11.	Detlev Eisinger	50
26. 11.	William Mason	60
26. 11.	Christfried Schmidt	75
26. 11.	Heinz Scholz	80
29. 11.	Philippe Huttenlocher	65
1. 12.	Christian Schmidt	50
1. 12.	Anneliese Welge	80
2. 12.	Heinz Acker	65
2. 12.	Elena Filipova	50
2. 12.	Kit Powell	70
3. 12.	Wolfgang Liebscher	70
3. 12.	Martin Schlumpf	60
5. 12.	Mayako Kubo	60
6. 12.	Ulrich Beckerhoff	60
6. 12.	Ernst Pfiffner	85
6. 12.	Heinz Roy	80
6. 12.	Reiner Schmidt	65
9. 12.	Herbert Hechtel	70
12. 12.	Lukas Brandt	50
13. 12.	Urs Bührer	65
13. 12.	Wolfgang Kohlhaußen	60
15. 12.	Marek Jerie	60
16. 12.	Gerald Hambitzer	50
16. 12.	Rodion Schtschedrin	75
17. 12.	Christfried Brödel	60
19. 12.	Nikolai Badinski	70
20. 12.	Cornelius Hummel	50
20. 12.	Wilfried Krüger	60
22. 12.	Hans-Dieter Schöne	65
23. 12.	Friedrich Schenker	65
24. 12.	Ivan Dimitrov	50
26. 12.	Wolfgang Bloser	60
26. 12.	Jiri Kout	70
28. 12.	Helmut Barbe	80
28. 12.	Klaus Hirte	70

2008

1. 1.	Corneliu Dan Georgescu	70
2. 1.	Pascal Borer	60
2. 1.	Alberto Zedda	80
3. 1.	Heinz Karl (HK) Gruber	65
3. 1.	Robert Pronk	80
5. 1.	Wolfgang Lendle	60
7. 1.	Michele Carulli	50
11. 1.	Wladimir Pantchev	60
13. 1.	Juan Manuel Chávez	50
13. 1.	Elzbieta Sternlicht	65
14. 1.	Mariss Jansons	65
14. 1.	Gregor Widholm	60
15. 1.	François Pantillon	80
16. 1.	Johann Krebs	75
16. 1.	Charlotte Lehmann	70
16. 1.	Armin Ude	75
18. 1.	Martin Sigrist	65
21. 1.	Karl Messner	85
22. 1.	Friedrich Zehm	85
28. 1.	Dieter Wellmann	75
29. 1.	Herbert Feldhofer	70
29. 1.	Wolfgang Gönnenwein	75
29. 1.	Paul Kantschieder	65
1. 2.	Edith Mathis	70
2. 2.	Theo Brandmüller	60
2. 2.	Daniel Hellbach	50
2. 2.	Klaus Lang	70
3. 2.	Frank Michael	65
4. 2.	Rainer Hrasky	65
4. 2.	Klaus Kirbach	70
6. 2.	Hubert Steppan	80
7. 2.	André Desponds	50
7. 2.	Richard Sigmund	50
8. 2.	Siegfried Fink	80
8. 2.	Elisabeth Spöndlin	85
9. 2.	Günter Pirow	65
10. 2.	Günter Heinig	75
10. 2.	Florian Mohr	50
11. 2.	Klaus Storck	80
13. 2.	Hansjörg Schellenberger	60
14. 2.	Francesco Hoch	65
14. 2.	David Seaman	65
16. 2.	Fridolin Dallinger	75
20. 2.	Hermann J Busch	65
21. 2.	Thomas Schindler	50
21. 2.	Ludwig Walter	80
22. 2.	Paul Moser	65
23. 2.	Andreas Pieper	50
25. 2.	Eva Johansson	50
27. 2.	Rene Clemencic	80
28. 2.	Jean-Jacques Dünki	60
29. 2.	Berthold Paul	60
1. 3.	Ernst-Martin Schär	50
2. 3.	Edwin Kammerer	70
2. 3.	Lynda Kemeny	50
4. 3.	Werner Jacob	70
5. 3.	Martin Schneider	70
6. 3.	Erhard Karkoschka	85
7. 3.	Ricarda Bröhl	60
7. 3.	Peter Marschik	50
7. 3.	Jean van Ree	65
8. 3.	Frank Michael Beyer	80
9. 3.	Ernst Kutzer	90
10. 3.	Lorenzo Martínez Palomo	70
12. 3.	Johannes Denhoff	50
12. 3.	Dimitri Terzakis	70
13. 3.	Konrad von Abel	50
13. 3.	Hans-Joachim Hespos	70
13. 3.	Hans-Wilhelm Hösl	65
14. 3.	Evelinde Trenkner	75
15. 3.	Oskar Hillebrandt	65
15. 3.	Thomas Hofmann	50
16. 3.	Gus Anton	70
16. 3.	Jörg Ewald Dähler	75
16. 3.	Horst Lohse	65
16. 3.	Christa Ludwig	80
17. 3.	Johannes Prinz	50
19. 3.	Michael Radanovics	50
19. 3.	Gerhard Wind	80
21. 3.	Hartmut Haenchen	65
21. 3.	Barbara Sternberger	65
22. 3.	Eugen Regnier	60
23. 3.	Kurt Hans Hütten	65
23. 3.	Johannes H E Koch	90
25. 3.	Ernst Josef Kubitschek	60
25. 3.	Hermann Swietly	65
29. 3.	Eberhard Egermann	75
30. 3.	Anton Enders	85
30. 3.	Friedemann Gottschick	80
30. 3.	Diether de la Motte	80
30. 3.	Hans Sisa	60
2. 4.	Arnold Kratz	70
3. 4.	Antoni Duda	70
3. 4.	Miriam Gauci	50
4. 4.	Suzanne Husson	65
6. 4.	Rainer Koch	75
7. 4.	Walter Baer	80
10. 4.	Andrzej Saciuk	75
11. 4.	Kurt Moll	70
12. 4.	Peter-Christoph Runge	75
14. 4.	Peter Langhof	75
15. 4.	Dale Kavanagh	50
16. 4.	Wolfgang Haugg	70
16. 4.	Gerd Leo Kuck	65
16. 4.	Roland Moser	65
16. 4.	Markus Wehrle	50
17. 4.	Michael Bach Bachtischa	50
17. 4.	Nicolás Pasquet	50
18. 4.	Hermann Schwander	50
19. 4.	Mihai Ungureanu	50
20. 4.	Horst Hofmann	65
20. 4.	Klaus Obermayer	65
21. 4.	Ulrich Simon Eggimann	50
22. 4.	Jürg Solothurnmann	65
24. 4.	Ulrich Holle	65
27. 4.	Emil Čič	50
27. 4.	Hans-André Stamm	50
28. 4.	Karl Heinz Wahren	75
29. 4.	† Hermann-Josef Nellessen	85
3. 5.	Charles Dobler	85
4. 5.	Gerhard Deutschmann	75
7. 5.	Dorin Marc	50
12. 5.	Martin Derungs	65
12. 5.	Hermann Regner	80
12. 5.	Joachim Schumann	50
12. 5.	Doris Soffel	60

13. 5.	Thomas Gsteiger	50
15. 5.	Thomas Lauck	65
17. 5.	Claus Creuznacher	75
19. 5.	Ursula Dehler	50
21. 5.	Michael Halász	70
21. 5.	Ronald Hamilton	60
22. 5.	Charles Robin Broad	65
22. 5.	Horst Maria Merz	50
23. 5.	Konrad Rupf	75
24. 5.	Helmut Fleinghaus	50
25. 5.	Peter Sommer	70
27. 5.	Inge Lindner	65
28. 5.	George Kern	60
28. 5.	György Ligeti	85
28. 5.	Helmuth Rilling	75
29. 5.	Krisztina Faludy	50
29. 5.	Burkhard Glaetzner	65
29. 5.	Helmut Neumann	70
29. 5.	Josef Zilch	80
31. 5.	Andres Briner	85
31. 5.	Helge Jung	65
31. 5.	Matthias Kern	80
1. 6.	Karl-Heinz Brandt	50
1. 6.	Pascal Mayer	50
1. 6.	Barry L Roshto	50
2. 6.	Klaus Burger	50
2. 6.	Paul Sketris	50
6. 6.	Ferdinand Weiss	75
8. 6.	Norbert Riccabona	60
9. 6.	Artur F Wendt	60
12. 6.	† Wolfgang Köhler	85
14. 6.	Ernst von Marschall	50
15. 6.	Rudolf Ewerhart	80
15. 6.	Lothar Graap	75
16. 6.	Stefan Bevier	50
17. 6.	Viviane Goergen	60
18. 6.	Conrad von der Goltz	80
19. 6.	Michael Radulescu	65
20. 6.	Hatto C Beyerle	75
21. 6.	Mathias Husmann	60
26. 6.	Claudio Abbado	75
27. 6.	Thomas Rebensburg	50
27. 6.	Peter Manfred Wolf	50
28. 6.	Lothar Gast	80
29. 6.	Gustav Adolf Krieg	60
1. 7.	Mario Venzago	60
3. 7.	Rudolf Meyer	65
3. 7.	Peter Ruzicka	60
4. 7.	Michael Schmoll	50
5. 7.	Michael Heltau	75
6. 7.	Jan Truhlár	80
9. 7.	Heinrich Gattermeyer	85
9. 7.	Kurt Anton Hueber	80
9. 7.	Günter Marx	65
10. 7.	Jürgen Demmler	50
10. 7.	De-Qing Wen	50
11. 7.	Martin Schüler	50
12. 7.	Katharina Beidler-Badertscher	60
12. 7.	Ralf Grössler	50
12. 7.	Wolfgang Stendel	65
15. 7.	Sylvia Arndt	60
17. 7.	Frank Morgenstern	80
18. 7.	Hans-Joachim Marx	85
19. 7.	Peter Kluge	50
21. 7.	Georg Heike	75
21. 7.	Christiane Hellmann	50
21. 7.	Anton Kuerti	70
21. 7.	Barbara Schlick	65
26. 7.	Bernd Casper	70
26. 7.	Janos Liebner	85
27. 7.	Dietmar Bonnen	50
28. 7.	Herbert Karl Henck	60
29. 7.	Georg Menskes	50
30. 7.	Gisbert Näther	60
31. 7.	Tony Kurmann	65
31. 7.	Gerhard Weinberger	60
5. 8.	Matthias Liebich	50
10. 8.	Fritz Froschhammer	60
10. 8.	Peter Suitner	80
11. 8.	Ingomar Grünauer	70
11. 8.	Krzysztof Meyer	65
12. 8.	Maria Höller	60
12. 8.	Klaus Richard Kaufmann	60
13. 8.	Herbert Callhoff	75
18. 8.	Joachim Gruner	75
19. 8.	Torsten Janicke	50
20. 8.	Heinz Bernhard Orlinski	80
22. 8.	Karlheinz Stockhausen	80
23. 8.	Robert M Helmschrott	70
23. 8.	Roland Straumer	50
24. 8.	Albrecht Holder	50
24. 8.	Hermannjosef Rübben	80
26. 8.	Wolfgang Sawallisch	85
29. 8.	Kurt Hotz	65
30. 8.	Winfried Siegler	75
30. 8.	Peter Weirauch	75
30. 8.	Gerhard Wimberger	85
3. 9.	Lothar Voigtländer	65
5. 9.	Heinrich Schweizer	65
6. 9.	Boris Bakow	65
6. 9.	Reinhard Seehafer	50
7. 9.	Friedemann Kupsa	65
7. 9.	Wolfgang-Andreas Schultz	60
8. 9.	Gisela Galander	70
11. 9.	Wolfgang Guttmann	60
12. 9.	Hermann Jung	65
15. 9.	Rafael Frühbeck de Burgos	75
18. 9.	Melikof Karaian	70
18. 9.	Manfred Niehaus	75
18. 9.	Michael Vetter	65
19. 9.	Fritz Voegelin	65
20. 9.	Jörg Herchet	65
22. 9.	Stan Ford	50
22. 9.	Geertje Nissen	65
22. 9.	Volker Weiske	65
23. 9.	Luzius Gartmann	50
23. 9.	Péter Kerekes	60
24. 9.	Heinz Chur	60
24. 9.	Karl Haus	80
25. 9.	Martin Dehning	50
25. 9.	Hans Niklas Kuhn	50
26. 9.	Rudolf Franz Josef Scholz	75
29. 9.	Theodor Hlouschek	85
29. 9.	Theo Jörgensmann	60
29. 9.	Matthias Kleemann	60
30. 9.	Hans Kohlhase	65
2. 10.	Walter Melchers	80
2. 10.	Emil Rieder	60
3. 10.	Dieter Jordi	50
6. 10.	Udo Zimmermann	65
8. 10.	Michael Jarrell	50
8. 10.	Kurt Redel	90
9. 10.	Gunter Kahlert	70
10. 10.	Gloria Coates	70
13. 10.	Rainer Promnitz	50
14. 10.	Ernst Ludwig Leitner	65
17. 10.	Volker Karp	65
20. 10.	Heinz-Ewald Trust	80
20. 10.	Götz Vollertsen	50
24. 10.	Walter Pfann	50
26. 10.	Xenia Jankovic-Richter	50
27. 10.	Edda Moser	70
29. 10.	Roman Dostal	65
29. 10.	Dietrich Manicke	85
29. 10.	Thierry Stöckel	50
31. 10.	Eva Ander	80
4. 11.	Wolfgang Heißler	60
4. 11.	Joh Christoph Lieske	70
6. 11.	Alan Cemore	50
7. 11.	Roland Voigtländer	70
8. 11.	Tobias Kühne	80
11. 11.	Jürg Baur	90
11. 11.	Christoph Weinhart	50
12. 11.	Richard Salter	65
14. 11.	Fabrizio Ventura	50
18. 11.	Günther P Rieckhoff	80
21. 11.	David Tasa	60
22. 11.	Tomislav Nedelkovic-Baynov	50
23. 11.	Krzysztof Penderecki	75
25. 11.	Eckart Kröplin	65
26. 11.	Alexander Šumski	75
26. 11.	Heinz Walter	80
27. 11.	Horst Gehann	80
27. 11.	Johannes Schlecht	60
28. 11.	Jo Thönes	50
29. 11.	Roger Jannotta	65
29. 11.	Marilyn Schmiege	60
1. 12.	Andreas Ketelhut	50
1. 12.	Ekkehard Klemm	50
4. 12.	Hans-Christian von Dadelsen	60
4. 12.	Stefan Klöckner	50
5. 12.	Karl-Ernst Sasse	85
5. 12.	Fritz ter Wey	65
7. 12.	Ulrich Lehmann	80
8. 12.	Klaus Dieter Jung	50
10. 12.	Herbert Böck	50
16. 12.	Otmar Faulstich	70
16. 12.	Radu Malfatti	65
20. 12.	Martin Brauß	50
20. 12.	Michael Schlüter	60
22. 12.	Heinz-Werner Kemmling	60
24. 12.	Sr Leonore Jenny	85
24. 12.	Karl Michael Komma	95
24. 12.	Karsten Küsters	65
24. 12.	Mesias Maiguashca	70
24. 12.	Cornelia Thorspecken	50
25. 12.	Heinrich Poos	80
25. 12.	Reinhild Runkel	65
30. 12.	Rolf Gehlhaar	65
31. 12.	Michael Roske	60

2009

1. 1.	Mischa Käser	50
2. 1.	Peter Eötvös	65
2. 1.	Matitjahu Kellig	60
3. 1.	Joachim Tobschall	60
5. 1.	Peter-Lukas Graf	80
6. 1.	Hans-Christian Müller	50
6. 1.	Christopher Oakden	50
6. 1.	Stefan Soltesz	60
8. 1.	Günter Schwarze	60
9. 1.	Friedemann Graef	60
9. 1.	Karl-Heinz Passin	70
10. 1.	Lothar Arnold	50
11. 1.	York Höller	65
12. 1.	Alfred Thomas Müller	70
15. 1.	Ernst Helmuth Flammer	60
15. 1.	Günter Hässy	65
15. 1.	Hans-Jürg Strub	50
16. 1.	Helmut Gerhard Bogenhardt	80
17. 1.	Salome Kammer	50
17. 1.	Lutz Lesle	75
17. 1.	Fabio Luisi	50
18. 1.	Nigel Downing	50
18. 1.	Wolff-Dietrich Gasztner	70
18. 1.	Gottfried Klier	60
18. 1.	Martin Klietmann	65
19. 1.	Hans-Gottfried Henkel	75
20. 1.	Hans-Joachim Schröpfer	75
20. 1.	Katerina Zlatnikova	50
23. 1.	Alexander Müllenbach	60
25. 1.	Ragnhild Kopp-Mues	70
25. 1.	René Rumpold	50
26. 1.	Ernst Kölz	80
29. 1.	Katia Borissova	50
29. 1.	Werner Weiand	70
30. 1.	Robert Suter	90
31. 1.	Sonja Gimaletdinow	50
1. 2.	Hartmut Westphal	70
4. 2.	Ludger Rémy	60
5. 2.	Peter Skorpik	50
9. 2.	Harald Genzmer	100
9. 2.	Fredo Jung	60
14. 2.	Michel Corboz	75
14. 2.	Urs Peter Schneider	70
15. 2.	Alexander Stevenson	65
16. 2.	Rudolf Constantin	70
16. 2.	Roland Hartmann	60
16. 2.	Reinhard Leisenheimer	70
18. 2.	Marek Janowski	70
18. 2.	Jürgen Löchter	70
20. 2.	László Kövi	60
20. 2.	Heinz Kricke	70

21. 2.	Hanno Haag	70
21. 2.	Armin Rosin	70
22. 2.	Anny Schlemm	80
23. 2.	Richard Kittler	85
26. 2.	Thomas Bürkholz	60
26. 2.	Diego Pagin	65
26. 2.	Bruno Strobl	60
27. 2.	Richard Panzner	80
1. 3.	Jürgen-Dietmar Kühn	65
1. 3.	Matthias Johann Seidel	60
2. 3.	Bernd-Johannes Alter	65
2. 3.	Franz Furrer-Münch	85
2. 3.	Maria A Niederberger	60
3. 3.	Siegrid Ernst	80
4. 3.	Josef Rissin	65
4. 3.	Joachim Schmeißer	75
5. 3.	Michael Heinemann	50
8. 3.	Horst Laubenthal	70
8. 3.	Petra Müllejans	50
8. 3.	Barbara Probst-Polasek	70
9. 3.	Walter Grimmer	70
9. 3.	Franz Watz	60
10. 3.	Gustav Gunsenheimer	75
10. 3.	Miomir Nikolic	65
10. 3.	Anton Prestele	60
11. 3.	Peter Florian	65
12. 3.	Jörg Hofmann	70
13. 3.	Ruth Bodenstein-Hoyme	85
15. 3.	Peter Ablinger	50
15. 3.	Wolfgang Hufschmidt	75
15. 3.	Jost Meier	70
16. 3.	Sir Roger Norrington	75
17. 3.	Art Clay	50
17. 3.	Erhard Grosskopf	75
18. 3.	Eva Gilhofer	70
18. 3.	Hilary Griffiths	60
19. 3.	Gaby Pas-van Riet	50
22. 3.	Bernd Asmus	50
22. 3.	Ingo Bredenbach	50
23. 3.	Wilfried Krätzschmar	65
24. 3.	Klaus-Jürgen Teutschbein	65
25. 3.	André Arnim Ruschkowski	50
26. 3.	Peter Schneider	70
28. 3.	Thomas Daniel	60
28. 3.	Arthur Furer	85
28. 3.	Michael Junge	50
28. 3.	Christoph Theiler	50
28. 3.	Siegfried Thiele	75
29. 3.	Erhard Künzel	65
30. 3.	Milko Kelemen	85
30. 3.	Hubert Kross	75
30. 3.	Olga Rissin-Morenova	65
1. 4.	Horst Weber	65
3. 4.	Christoph Eberle	50
4. 4.	Isak Roux	50
6. 4.	Louise Werner	60
7. 4.	Detlef Kobjela	65
7. 4.	Christine Schornsheim	50
9. 4.	Harald Heilmann	85
9. 4.	Richard Lah	65
9. 4.	Silvia Sommer	65
10. 4.	Thüring Bräm	65
13. 4.	Siegfried Matthus	75
13. 4.	Michael Millard	50
14. 4.	Friedrich Radermacher	85
15. 4.	Walter Zimmermann	60
16. 4.	Dennis Russell Davies	65
16. 4.	Veit Erdmann-Abele	65
17. 4.	Grit van Jüten	65
18. 4.	Karl-Friedrich Dürr	60
18. 4.	Roland Keller	60
18. 4.	André Richard	65
19. 4.	Hermann Keckeis	60
20. 4.	Mathias Steinauer	50
22. 4.	Franz Mazura	85
22. 4.	Frido Meyer-Wolff	75
23. 4.	Alfred Schönfelder	85
24. 4.	Vladislav Jaros	60
24. 4.	Jörgen Kristensen	60
27. 4.	Helmut Michael Brand	50
27. 4.	Louis Lortie	50
28. 4.	Andrew Hannan	50
29. 4.	Peter Gülke	75
1. 5.	Frank Corcoran	65
2. 5.	Johannes Kotschy	60
3. 5.	Shigeru Kan-no	50
3. 5.	Georg Kröll	75
3. 5.	Martin Lichtfuss	50
3. 5.	Hans Stadlmair	80
7. 5.	Heinz Marti	75
8. 5.	Hans Eugen Frischknecht	70
13. 5.	Kari Lövaas	70
13. 5.	Jörg Nonnweiler	50
14. 5.	Ingrid Haselberger	50
14. 5.	Alfred Peschek	80
15. 5.	Willi Gundlach	80
16. 5.	Klaus-Helmut Heizmann	65
16. 5.	Karl-Heinz Höne	85
16. 5.	Werner Richter	80
16. 5.	Urs Schneider	70
17. 5.	Hans Gebhard	80
18. 5.	Justus Frantz	65
19. 5.	Jochen Langer	70
20. 5.	Andreas Baumann	60
21. 5.	Rolf Dietrich Claus	60
21. 5.	Heinz Holliger	70
22. 5.	Klemens Schnorr	60
23. 5.	Volker Bräutigam	70
24. 5.	Jonathan Alder	60
24. 5.	Stefan Heucke	50
25. 5.	Renate Greiss-Armin	60
26. 5.	Deborah Polaski	60
26. 5.	Harald Weiss	60
27. 5.	Jürgen Flügge	65
27. 5.	Christoph Krummacher	60
27. 5.	Josef Schwab	75
29. 5.	Viola Mokrosch	65
31. 5.	Eberhard Grünenthal	75
31. 5.	Alfred Muff	60
2. 6.	Oliver Pitt	50
3. 6.	Neven Belamaric	60
4. 6.	Klaus Peter Offner	65
5. 6.	Peter Streiff	65
13. 6.	Rachel Knobler	85
13. 6.	Dorothea Ohly	50
15. 6.	Yakov Kreizberg	50
19. 6.	Ulf Bästlein	50
20. 6.	Alois Kottmann	80
21. 6.	Kurt Schwaen	100
22. 6.	Drummond Walker	50
23. 6.	Robert Houben	50
24. 6.	Hans Dieter Kiemle	70
25. 6.	André Froelicher	50
27. 6.	Fred Armbruester	75
27. 6.	Karen De Pastel	60
3. 7.	Brigitte Fassbaender	70
4. 7.	Karl-Heinz Bloemeke	60
6. 7.	Andreas Breiter	50
7. 7.	Joachim Kümmritz	60
8. 7.	Gerhard Rabe	65
9. 7.	Uwe Theimer	65
11. 7.	Johannes Wohlgenannt Zincke	50
13. 7.	Daniel Grosgurin	60
16. 7.	Klaus Zoephel	80
17. 7.	Roland Garscha	75
18. 7.	Zdzisław Wysocki	65
20. 7.	Jens-Peter Ostendorf	65
20. 7.	Gerhard F Stäbler	60
21. 7.	Klaus Wolfgang Niemöller	80
22. 7.	Altfried Beele	75
23. 7.	Gerald Fauth	50
24. 7.	Brigitte Schäfer-Schwartze	60
26. 7.	Gerhard Nöbel	80
26. 7.	Achim Rinke-Bachmann	50
30. 7.	Bernd Maltry	60
7. 8.	Wolfgang Knuth	50
8. 8.	Ulrich Nicolai	60
10. 8.	Maris Skuja	60
12. 8.	Renate Eggebrecht-Kupsa	65
12. 8.	Hansjürgen Scholze	65
13. 8.	Oskar Sigmund	90
15. 8.	Mario-Ratko Delorko	50
15. 8.	Ulrich Ludat	50
16. 8.	Ulrich Süße	65
17. 8.	Manfred Schulze	75
22. 8.	Alfred Eschwé	60
23. 8.	Reinbert Evers	60
24. 8.	Jutta Winkler	50
25. 8.	Dietrich Unkrodt	75
26. 8.	Klaus Eichhorn	60
29. 8.	Renaldo Battaglia-Tomaschett	60
30. 8.	Wolfgang Wagner	90
3. 9.	Albert Neumayr	65
4. 9.	Bernhard Marx	60
7. 9.	Enrique Santiago	70
9. 9.	Jolyon Brettingham-Smith	60
9. 9.	Albrecht Gürsching	75
10. 9.	Peter Fischer	80
10. 9.	Hans-Peter Müller	70
10. 9.	Hans Sotin	70
10. 9.	Sylke Zimpel	50
12. 9.	Edward Herbert Witsenburg	75
14. 9.	Milan Turkovic	70
15. 9.	Peter Wettstein	70
16. 9.	Alexei Lubimov	65
16. 9.	Mathias Werner	50
17. 9.	Torsten Brandes	50
17. 9.	Miguel Angel Gomez-Martinez	60
17. 9.	Gerhard Track	75
18. 9.	Manfred Bründl	50
18. 9.	Hansjürg Kuhn	70
20. 9.	Henrik Siffert	50
21. 9.	Richard-Anthelme Jeandin	80
22. 9.	Raymond Meylan	85
22. 9.	Helmut Weinrebe	70
23. 9.	Liana Bertók	50
25. 9.	John Palmer	50
26. 9.	Benny (Bertram) Gebauer	70
28. 9.	Hans-Rudolf Johner	75
29. 9.	François Courvoisier	80
29. 9.	Fritz Jessler	85
1. 10.	Christian Elßner	75
2. 10.	Jürgen Buttkewitz	70
2. 10.	Rudolf Koelman	50
4. 10.	Hans Christian	80
5. 10.	Stephan Freund	50
6. 10.	Tilmann Wick	50
7. 10.	Marliese Zeiner	65
9. 10.	Hartmut Gerhold	70
9. 10.	Dietmar Pester	50
10. 10.	Peter Baberkoff	80
10. 10.	Willy Daum	50
13. 10.	Ulf Klausenitzer	65
14. 10.	Michael Häfner	50
14. 10.	Nana Jaschwili	60
14. 10.	Kurt Unger	95
14. 10.	Gerhard E Winkler	50
15. 10.	Caroline Thomas	50
22. 10.	Jörg Strodthoff	50
22. 10.	Manfred Trojahn	60
25. 10.	Daniel Bonilla-Torres	65
28. 10.	† David Hönigsberg	50
30. 10.	Gerhard Schnitter	70
1. 11.	Eberhard Fritz Böttcher	75
3. 11.	Manfred Capell	75
5. 11.	Branko Robinšak	50
7. 11.	Peter Israiloff	65
8. 11.	Reinhard Seeliger	50
9. 11.	Thomas Quasthoff	50
9. 11.	Andrzej Ratusinski	60
15. 11.	Hermann Gerner	70
15. 11.	Jean-Michel Tanguy	65
17. 11.	Charles Kalman	80
19. 11.	Agnes Baltsa	65
19. 11.	Paul Glass	75
20. 11.	Davor Krnjak	65
20. 11.	Roberto Seidel	50
21. 11.	Jürgen Ulrich	70
22. 11.	Gregorij H von Lëitis	65
22. 11.	Alfred Maultasch	95
23. 11.	Waldram Hollfelder	85
24. 11.	Manfred Hoppert	75
24. 11.	Ivan Koval	60
27. 11.	Siegfried Strohbach	80
29. 11.	Hermann Dechant	70
30. 11.	Klaus Huber	85
3. 12.	Lorenz Stolzenbach	75
4. 12.	Reinhold Glembotzki	70
6. 12.	Nikolaus Harnoncourt	80
7. 12.	Daniel Chorzempa	60
8. 12.	Sir James Galway	70
8. 12.	Harald Lorscheider	70
8. 12.	Dieter Schulte-Bunert	75
9. 12.	Christoph Albrecht	65
9. 12.	Jürgen Mutze	70
11. 12.	Thomas Mayr	50
12. 12.	Teodoro Anzellotti	50
14. 12.	Wolf-Günter Leidel	60

15. 12. Nicolaus A Huber 70
17. 12. Raimund Juelich 60
18. 12. Dankwart Gahl 70
19. 12. Victor Fenigstein 85
22. 12. Franz Kalchmair 70
25. 12. Bernhard Hemmerle 60
28. 12. Jean Micault 85
29. 12. Petra Constanza 50

Register der Musikerinnen und Musiker nach Berufen und/oder Instrumenten

Instrumentalisten

Fischer-Münster, Gerhard
Frei, Oliver Fabian
Heisch, Michael
Kuhn, Hans Niklas
Reyhani, Markus Dariusch
Sprenger, Christian

Kammermusiker

Arens, Rolf-Dieter
Branny, Helmut
Buchberger, Hubert
Chastain, Nora
Dörner, Hans
Doll, Barbara
Epstein, Moshe Aron
Fritzsche, Günter
Gräff-Schestag, Matthias
Gruner, Joachim
Hauber, Michael
Hoffmann, Rainer
Knoop, Annegret
Koella, Ulrich
Kussmaul, Jürgen
Löffler-Asal, Peter-Klaus
Rabenschlag, Susanne
Reiner, Andreas
Rieger, Friedemann
Rißmann, Bernhard
Scobel, Ulrike
Storck, Klaus
Wagenhäuser, Wolfgang
Widmer, Josef Roman

Orchestermusiker

Flury, Dieter
Höring, Holger
Hoffmann, Alf
Krämer, Jörg
Riester, Helmut
Ursu, Octavian
Wingrich, geb Metzing, Anke

Improvisation

Comploi, Franz
Essl, Karlheinz
Henck, Herbert Karl
Schneider, Urs Peter
Sonderegger, Peter

Blasinstrumente

Hoeltzel, Hans Michael
Ludat, Ulrich
Rovatkay, Adrian
Walter, Klaus
Walter, Michel

Blechblasinstrumente

Hinsche, Siegfried
Hoffmann, Daniel
Lewark, Egbert
Michel, Andreas

Horn

Allmayer, Silke
Angerer, Dieter
Angerer, Hansjörg
Arnold, Peter
Babanov, Dmitri
Baborak, Radek
Baucke, Juliane
Baumann, Hermann
Berg, Matthias
Bilgeri, Wolfgang
Binde, Angela
Binde, Christian
Böhlke, Andreas
Böhm, Lothar
Bölk, Tino
Brandt, Christoph
Brückner, Jörg
Büttner, Reinhard
Christinat, Lukas
Claessen, Dave
Crespo Repetto, Carlos
Dallmann, Christian Friedrich
Damm, Peter
Danker, Jürgen
Darbellay, Olivier
Denk, Stefan
Dessel, Louisa van
Dippmann, Manfred
Dohr, Stefan
Downing, Nigel
Draxinger, Franz
Einicke, Ingo
Ernst, Reinhold
Frank, Markus
Frisch, Niklaus
Gaag, Wolfgang
Gabler, Friedrich
García, Ignacio
Gasciarino, Michel
Gass, Ivo
Götz, Ralf
Graf, Peter
Greull, Mischa
Grewel, Volker
Grüger, Nikolaus
Grüner, Axel
Guarnaschelli, Nury
Haider, Ulrich
Han, Xiao-Ming
Haug, Thorsten
Hauschild, Thomas
Hefti, Jakob
Hermann, Sascha
Hilpert, Max
Högner, Günter
Höltzel, Michael
Hoffmann, Daniel
Holjewilken, Uwe
Holz, Thomas
Janezic, Willibald
Jöbstl, Thomas
Johnson, David
Joy, Andrew
Kaufmann, Volker
Klinkhammer, Ingo
Köhli, Jens
Kohler, Christoph
Kopetschke, Stefanie
Koster, Ab
Kowal, Erasmus
Krüger, Wilfried
Krumstroh, Hans-Jürgen
Kschischo, Edmund
Kubina, Barnabas
Kühner, Martin
Langbein, Robert
Lewis, Adam
Lloyd, Frank
Löflath, Joachim
Mc Donald, Hector
MacDonald, John
Mahni, Sibylle
Maschmann, Heiko
Maskuniitty, Markus
Max, Johannes
Mikulski, Dariusz
Moltz, David
Moriabadi, Martina
Nagel, Petra
Nassauer, Michael
Neunecker, Marie Luise
Ohno, Soichiro
Ollu, Franck
Orval, Francis
Palm, Kurt
Penzel, Erich
Petkov, Andrey
Plücker, Jens
Pöltl, Joachim
Poulissen, Henricus
Rast, Ludwig
Reitmayer, Karl
Ritzkowsky, Johannes
Rivinius, Paul
Ruh, Thomas
Sanders, Will
Schlät, Dietrich
Schmitz, Otto
Schneider, Bruno
Schneider, Klaus
Schneider, Michael
Schroeder, Jan
Schultsz, Jan Christoffel
Schulze, Thomas
Schurak, Silke
Seidenberg, Samuel
Sonnen, Thomas
Stahl, Wolfgang
Stobart, John
Strenkert, Claudia
Sugár, Gergely
Tapani, Esa
Terwilliger, Eric
Theurillat, Franziskus
Vincze, Istvan
Vlatkovic, Radovan
Wagner, Christian
Weidlich, Günter
Weiß, Jens-Uwe
Widholm, Gregor
Wiemes, Johannes-Theodor
Wilhelmi, Wolfgang
Winternheimer, Stefan
Yenque, Dante
Zelm, Paul van

Posaune

Alter, Bernd-Johannes
Arndt, Wolfram
Bachmann, Armin
Baldemaier, Ernst
Beck, Timothy
Beuret, Denis
Bichlmeier, Wolfgang
Bonvin, Daniel
Bruchez, David
Bruschke, Klaus
Bucher, Pia
Burger, Klaus
Bylund, Jonas
Candotto, Simone
Dahinden, Roland
Daum, Norbert
Dersch, Wolfgang
Dierksen, Uwe
Dimow, Dimtscho
Dunst, Wolfgang
Eibinger, Thomas
Einicke, Ingo
Ellwardt, Andreas
Elser, Joachim
Eßbach, Gerhard
Fadle, Heinz
Féjer, András
Fischer, Matthias
Flad, Ulrich
Franke, Joachim
Geiger, Stefan
Gerhardt, Jörg
Giehl, Ernst
Gössling, Christhard
Grützmann, Lutz
Haderer, Emil
Haemhouts, Ben
Hagen, Wolfgang
Handrow, Rolf
Heinel, Jürgen
Helm, Wilfried
Hofmeyer, Martin
Hombsch, Hans
Jahn, Thomas
Josel, Rudolf
Kamleiter, Herbert
Kessler, Jürgen
Klein, David
Kokott, Michael
Kollarz, Wolf-Dieter
Kraft, Andreas
Krause, Sebastian
Kricke, Heinz
Krüttli, Philippe
Krumpfer, Olaf
Küblböck, Dietmar
Leonbacher, Uwe
Liebscher, Jens
Lommatzsch, Curt
Malfatti, Radu
Manyak, Edgar
Marreck, Fritz
Massong, Michael
Merz, Eberhard
Mittelacher, Joachim
Moriabadi, Dinyar
Muster, Ludmila
Nietert, Reinhard
Niswandt, Helge von
Ott, Olaf
Pester, Dietmar
Puntigam, Werner
Raschke, Tim
Rhoten, Bruce
Ries, Hendricus
Rosin, Armin
Roth, Andreas
Rovatkay, Adrian
Rückert, Hans
Salvenmoser, Norbert
Sawade, Ingeborg
Schenker, Friedrich
Schmeißer, Norbert
Schmidt, Dankwart
Schmidt, Peter
Schneider, Mario
Scholl, Toni
Schreckenberger, Paul
Schrietter, Werner
Schrodi, Uwe
Schulz, Stefan
Seiser, Benno
Shepard, Craig
Singer, Steven
Slokar, Branimir
Solak, Ünal
Sprenger, Christian
Striepens, Ansgar
Ströcker, Johann
Svanberg, Carsten
Svoboda, Mike
Tobschall, Joachim
Treichel, Eckhard
Varner, Christofer John
Vogt, Rainer
Voigt, Uwe
Voithofer, Johann
Wagner, Thomas
Wetz, Ehrhard
Wiegräbe, Eckart
Wiegräbe, Henning
Witteborn, Günter
Wüest, Markus
Zank, Ralf
Zeumer, Manfred
Zitka, Stefan
Zolnhofer, Gerhard

Trompete

Agnas, Urban
Antonsen, Ole Edvard
Arnold, Stanislav
Auerbach, Rainer
Bartels, Bernd
Basch, Wolfgang
Bauer, Wolfgang
Baumann, Franz David
Baumgartner, Andreas Hérm
Bazdorf, Christian
Beetz, Günther
Bertsch, Matthias
Berwaerts, Jeroen
Besançon, André
Bierlmeier, Josef
Bockschweiger, Manfred
Böhning, Jürgen
Boldoczki, Gábor
Bolz, Horst-Dieter
Bruckner, Heinrich
Burba, Malte
Buschinger, Edmund
Chkolnik, Ilia
Conrad, Jörg
Couloumy, Guillaume
Deuschel, Christian
Dittmann, Jochen
Dörpholz, Florian
Dünser, Stefan
Ebert, Andreas
Ehritt, Reinhard
Ellensohn, Jürgen
Fiebiger, Lothar
Fischer, Gerd
Forman, William
Freeman, Anna
Friedrich, Reinhold
Gansch, Johann
Gerloff, Wolfgang
Groth, Konradin
Güttler, Ludwig
Guggenberger, Wolfgang
Hahn, Jürgen
Hardenberger, Håkan
Heng, Regina
Hengst, Bernd
Hinsche, Siegfried
Hirtreiter, Siegfried
Höfs, Matthias
Hoffmann, Daniel
Hofmann, Robert
Immer, Friedemann
Kallensee, Peter
Kelemen, Csaba
Kleindienst, Uwe
Klingler, Florian
Köller, Uwe
Komischke, Uwe
Krämer, Peter-Michael
Krebs, René
Kuhlmann, Andreas
Läubin, Hannes
Leiner, Peter
Lewark, Egbert
Lohse, Peter
MacDonald, John Roderick
Maertens, Falk
Markert, Maja
Menth, Gottfried
Mester, Markus
Michel, Andreas
Michel, Jean-François
Mönkediek, Peter
Müller, Lothar
Mürbe, Heiko
Nagel, Kurt
Nakariakov, Sergej
Naumann, Holger
Nemes, Balázs
Neumann, Steffen
Pliquett, Joachim
Plog, Anthony
Pohlmann, Jochen
Pomberger, Josef
Presencer, Gerard
Radzischewski, Heinz
Ranch, Lars
Randow, Lutz
Rau, Willi
Rippas, Claude
Roderick, John
Rudolph, Roland
Saegebarth, Uwe
Sauter, Otto
Schäfer, Holger
Schäfer, Joachim
Scheck, Rudi
Schild, Jürgen
Schlabes, Michael Andre
Schmid, Bernhard
Schmidt, Eckhard
Schmutzler, Mathias
Schneider, Martin

Schubert, Peter
Schuh, Hans Peter
Schuhwerk, Klaus
Schultz, Stefan
Schuster, Jürgen
Segers, Guido
Sommerhalder, Max
Steininger, Karl
Steinle, Frieder
Steuart, Richard Carson
Stockhausen, Markus
Swails, Jan
Tarkövi, Gábor
Tarr, Edward H
Tasa, David
Tippelskirch, Nikolaus von
Velenczei, Tamás
Wachter, Michael
Walther, Wilfried
Weller, Martin
Weresch, Adolf
Wilpert, Günter
Wöste, Hans-Jürgen von der
Wolf, Georg
Zeller, Gernot

Tuba

Angerhöfer, Bernd
Bachmann, Leo
Beck, Ludwig
Björn-Larsen, Jens
Buquet, Gérard
Burger, Klaus
Gelhar, Hans
Haas, Ulrich
Hilgers, Walter
Hötzel, Markus
Hoppert, Manfred
Liemen, Hans-Werner
Maierhofer, Josef
Mazurkowski, Artur
Mieger, Bernd
Moriabadi, Dinyar
Müller, Hartmut
Nickel, Hans
Sandow, Stefan
Schafferer, Nikolaus
Schele, Harald
Schmitt, Volker
Simon, Andreas
Steinböck, Josef
Stockinger, Eberhard
Triebener, Heiko
Unkrodt, Dietrich
Walsh, Thomas

Holzblasinstrumente

Burger, Klaus
Chalupsky, Gebhard
Eckert, Dieter
Herkenhoff, Ulrich
Schick, Berthold
Soltani, Khosro

Englischhorn

Kleinfeld, Gerd-Albrecht
Kwak, Yeon Hee
Ulbrich, Hans Martin
Winkler, Tatjana

Fagott

Andrae, Axel
Baier, Mathias
Bandel, Martin
Baumgartner, Stephan
Binggeli, Ueli
Bogányi, Bence
Bohner, Clarens
Bormann, Eckhart
Bretschneider, Kai
Bühlmann, Matthias
Bull, Douglas
Dahl, Ole Kristian
Damiano, Daniele
Dietzelt, Frank
Dudley, Margaret
Engelhardt, Marc
Eßmann, Fritz
Faludy, Krisztina
Feyertag, Maximilian
Finsch, Fritz
Forst, Frank
Galler, Richard
Gallois, Pascal
Grau, Hans-Martin
Grazzi, Alberto
Grimm, Klaus
Grothaus, Uwe
Halász, Michael
Hartmann, Karl-Otto
Heine, Till
Held, Thomas
Hendel, Mario
Hübner, Eckart
Huschke, Joachim
Husemann, Wiebke
Jensen, Dag
Jung, Helman
Kegel, Albert
Kilchenmann, Marc
Klütsch, Georg
Königstedt, Eckart
Kolbinger, Karl
Kollikowski, Thomas
Koyama, Akio
Lang, Michael
Liebscher, Wolfgang
Lohrer, Klaus
Lüscher, Patrik
Luft, Rainer
Lupp, Bruce
Maler, Niko
Marschall, Eberhard
Martens, Pierre
Marx, Hans-Joachim
Mészaros, Janos
Minkowski, Marc
Mittag, Frank
Mizuma, Hiroaki
Müller, Matthias
Nagel, Karsten
Núnez, Gustavo
Nykiel, Franziska
Petersen, David
Petersen, Jörg
Piesk, Günter
Pokorny, Gottfried
Postinghel, Marco
Rabien, Henrik
Refardt, Malte
Renz, Georg
Reuter, Ingo
Rheineck, Gabriele
Rihs, Nicolas
Rose, Bernhard
Rovatkay, Adrian
Sabow, Ralph
Schick, Karoline
Schönermark, Michael von
Schultze-Florey, Andreas
Schurig, Harald
Schweigert, Stefan
Seidel, David
Slowioczek, Peter
Smirnov, Alexander
Starke, Thomas
Straube, Holger
Tessmann, Volker
Thomé, Jörg-Michael
Thunemann, Klaus
Tkachuk, Oleksiy
Turkovic, Milan
Turnovsky, Stepan
Voigt, Alexander
Watts, Lyndon
Weber, Hartmut
Weidauer, Stephan
Weigel, Michael
Wilkening, Carsten
Zimmermann, Kaspar

Flöte

Achilles, Michael
Adorján, András
Aegler, Gottfried
Aeschlimann, Charles
Aitken, Robert
Ambos, Sabine
Amsler, Eva
Anneser, Gisela
Antonini, Giovanni
Asbjörnsen, Lars
Auer, Walter
Bachofner, Philipp
Bàlint, János
Bammes, Götz
Batschelet, Bernhard A
Bauer, Sabine
Baumann, Elmar
Baumann, Franziska
Behrmann, Karsten
Beisch, Katja
Beyer, Thomas
Billig, Hans
Bischof, Madeleine
Bissinger, Rolf
Blau, Andreas
Bodoky, Gergely
Boehr, Erdmuthe
Boeke, Kees
Bömer, Ruth
Börner, Ruth
Boldt-Fierla, Marianne
Bopp, Charles-Joseph
Borsch, Susanna
Bosshart, Verena
Boßler, Irmela
Boucly, Philippe
Bovey, Pierre-André
Brandkamp, Kornelia
Britz, Vanessa
Bröhl, Ricarda
Bromberger, Birgit
Brunner, Vladislav
Bryner-Kronjäger, Brigitte
Büchsel, Walter
Bünz-Elfferding, Anke
Bultmann, Gabriele
Burch, Gabriela
Buxtorf, Brigitte
Calle, Clara Andrada de la
Careddu, Silvia
Castellon, José-Daniel
Clay, Art
Clemencic, Rene
Clément-Cart, Marianne
Creuzburg, Adelheid
Cutka, Michaela
Dahme, Paul
Derschmidt, Maria Elisabeth
Djafar-Zadeh-Karimi, Forough
Dobberthin, Wolf
Döbereiner, Doris
Döbler, Rudolf
Döring, Andrea
Dohn, Christiane
Dohn, Robert
Dorwarth, Agnes
Dressel, Gernot
Dupras, Louis
Ebner, Matthias
Ehrhardt, Susanne
Ehrlich, Robert
Eichberger, Myriam
Elsner, Hermann
Endelweber, Alfred
Engelke, Ulrike
Engels, Johannes
Eppel, Henner
Erben-Toaspern, Cornelia
Erler, Michaele
Fassbender, Christina
Faust, Michael
Fink, Franz
Finster, Robert
Firkins, Angela
Fischer, Johannes
Flury, Dieter
Formisano, Davide
Frehner, Hans Peter
Frei, Jürg
Freivogel, Willy
Fritzsching, Angelika
Führer-Pawikovsky, Dorit
Futyma-Daske, Johanna
Gabriel, Alina
Gärtner, Wilfried
Galway, Sir James
Geise, Marianne Elisabeth
Gelos, Silvia
Gérard, Jean-Claude
Gerauer, Claudia
Gerhold, Hartmut
Gisler, Barbara
Goldschmidt-Pahn, Maria
Graf, Peter-Lukas
Grafenauer-Ruppel, Irena
Grehl, Pirmin
Greiss-Armin, Renate
Groier, Ulrike
Grossi, Bruno
Grünenthal, Eberhard
Günther, Ute
Hadorn, Verena
Hamburger, Stephanie
Hampel, Gunter
Hase, Wally
Haupt, Eckart
Heerden, Carin van
Heinzmann, Hans-Udo
Hellgardt, Lorenz
Hellmann, Christiane
Henkel, Marianne
Hermann, Thomas
Heyens, Gudrun
Höller, Günther
Höring, Angela
Hofer, Doris
Hofmann, Karin
Holtslag, Peter
Huber, Suzanne
Hufnagel, Anja
Hug, Angela
Huntgeburth, Christoph
Hunziker-Utagawa, Anne
Hunziker, Dominique
Ikeda, Jiro
Imbescheid, Albrecht
Jackowiak, Monika
Jacobsen, Rüdiger
Jäckle, Burkhard
Jochims, Brigitta
Joos, Martina
Josef, Jens
Junge, Bettina
Kaiser, Karl
Keller Stucki, Marianne
Keller, Heinrich
Klambauer, Erwin
Klein, Markus
Klemeyer, Hermann
Klinger, Angelika
Kluge, Peter
Kneihs, Hans Maria
Koch, Wolfram
Köber, Michaela
Köck, Theresia
Kölz, Ernst
Kofler, Michael Martin
Kolbe, Birgit
Krämer, Nils Thilo
Kramarics, Katalin
Kubitschek, Ernst Josef
Küffer, Regula
Lajos, Béla
Lanfranconi, Jürg
Lanzendörfer, Heidrun
Leone, Raphael
Lieberknecht, Andrea
Linde, Hans-Martin
Lötzsch, Max
Lucke, Annegret
Lünenbürger, Gerd
Lütolf, Beat
Luisi-Weichsel, Yvonne
McCall, Kersten
Magnin, Alexandre
Malz, Heike
Martin, Maria
May, Katrin
Meier, Bruno
Meier, Hans-Jürg
Meinl, Sonja
Mertens, Georg
Meyer, Katharina
Meylan, Raymond
Milin, Vukan
Minis, Jérôme
Mittermayr, Georg
Müller, Hans-Martin
Mützenberg, François
Nägele, Barbara
Nastasi, Mirjam
Nicolet, Aurèle
Nilles, Dagmar
Nitz, Martin
Oberlinger, Dorothee
Omlin, Christina
Ott, Gunhild
Pahud, Emmanuel
Pas-van Riet, Gaby
Passin, Karl-Heinz
Perl, Matthias
Pfeiffer, Natalie
Pfister, Hermann
Planyavsky, Andreas
Pohl, Gunther
Pulcini, Jutta
Racine, Philippe
Radestock-Ehinger, Carmen
Range, Mattias
Rath, Iris
Redel, Kurt
Reese, Kirsten
Reichel, Jean-Luc
Reiss, Anthony
Renggli, Felix
Rentsch, Beatrice
Renz, Christoph
Ritter v Hattingberg, Monika
Ritter, Wolfgang
Root, Marten
Rovatkay, Siri
Ruhland, Tatjana
Rumpel, Günter
Rutz, Alfred
Sawade, Ingeborg
Schaaff, Ulf-Dieter
Schädler, Hieronymus
Schaller, Helmut
Schaufelbühl, Maya
Scherrer, Luzia
Schieffer, Eva
Schmeiser, Hansgeorg
Schmeling, Astrid
Schmidt-Laukamp, Ursula
Schmidt, Uta
Schneider, Michael
Schnöller, Isabelle
Schochow, Klaus
Schöne, Arndt
Schöpp, Klaus
Schreiner, Brigitte
Schütz, Karl-Heinz
Schulten-Kuth, Claudia
Schulz, Birgit
Schulz, Wolfgang
Schulze-Koops, Karen
Schwaabe, Natalie
Schwarzer, Jeremias
Schwerzmann, Magda
Sebald, André
Siegwart, Peter
Siggemann, Wolfgang
Skorupa, Johannes

Sprenger, Christian
Stackelberg, Annette von
Staege, Roswitha
Starreveld, Harrie
Steenhoven, Karel van
Steger, Maurice
Stein-Cornaz, Claudia
Stein, Alexander
Steinbrecher, Brigitta
Steinmann, Conrad
Stiegler, Helge Michael
Stoellger, Rahel
Strassnig, Wolfgang
Strube, Andel
Stucki Wildermuth, Marianne
Studler, Christian
Tanguy, Jean-Michel
Tarasov, Nikolaj
Tardy, Olivier
Tatu, Arife Gülsen
Thieme, Ulrich
Thorspecken, Cornelia
Tippelt, Angelika
Tol, Han
Uhlig, Silke
Unger, Robert
Volkhardt, Ulrike
Wagner, Beatrix
Walter, Johannes
Watson, Thaddeus
Wegner, Hans-Jörg
Wehrli, Susann
Weidlich, Raphael
Weilenmann, Matthias
Weinzierl-Wächter, Elisabeth
Weissberg, Herbert
Wentorf, Ruth
Westenberger, Günther
Westlund, Björn
Wiese, Henrik
Wiesner, Dietmar
Winn, Robert
Wittiber, Sebastian
Wolf, Robert
Wretschitsch, Walter
Wright, John
Wüst-Richter, Ursula
Zahnhausen, Markus
Zehnder, Kaspar
Ziegler, Matthias
Zimmermann, Manfredo
Zlatnikova, Katerina

Klarinette

Aegler, Gottfried
Arend, Katharina
Ashkenazy, Dimitri
Bach, Hans-Georg
Bachl, Alexander
Benda, François
Biegenzahn, Heinrich
Bissegger, Hansruedi
Böttcher, Horst
Borgardts, Ingo Sebastian
Bornheimer, Nicole
Brahn, Lux
Brandhofer, Alois
Brüggemann, Jürgen
Brunner, Eduard
Bühler, Hermann
Cadisch, Peter
Càsola, Fabio di
Darbellay, Jean-Luc
Debrunner, Ruedi
Denk, Stefan
Diry, Roland
Dornbusch, Karin
Eckardt, Tomas
Egger, Bertram
Ehrhardt, Susanne
Eichenberger, Markus
Fadle, Jörg
Faiss, Bettina
Fankhauser, Rupert
Feidman, Giora
Forster, Ralf
Forstmaier, Günther
Frey, Jürg
Friebel, Frank
Friedl, Heinz
Friedländer, Andreas
Friedli, Thomas
Friedrich, Nikolaus
Fritsche, Dietrich
Gießer, Hermut
Gillhaus, Christine
Gilsdorf, Hildegard
Glander, Matthias
Gohl, Michael
Grötsch, Kerstin
Gruber, Alexandra
Hajek, Horst
Halevi, Chen
Halevi, Chen
Haller, Matthias
Haller, Meinrad
Hampel, Gunter
Hansen, Frauke
Harrer, Harald
Hausmann, Ib
Hefti, David Philip
Hepp, Heinz
Hilser, Hubert
Himpel, Florian
Hindler, Johann
Hoeprich, Eric
Höring, Holger
Hofer, Heinz
Holzhäuser, Wolfgang
Houben, Robert
Hülsermann, Stefan
Janßen, Nina
Johanns, Thorsten
Jopp, Klaus
Jürgensen-Jacobsen, Nicola
Kaiser, Norbert
Kam, Sharon
Kern, Michael
Klaus, Hans-Dietrich
Klemm, Joachim
Klinser, Wolfgang
Klöcker, Dieter
Knabl, Rudolf Gregor
Knobloch, Eberhard
Koch, Hans
Kösling, Bernhard
Kraft, Bernd
Kühn, Diethelm
Kuip, Sven van der
Lampert, Thomas
Landmann, Friedrich
Lehmann, Jean-François
Leister, Karl
Lindner, Manfred
Link, Oliver
Löchner, Hans-Detlef
Löffler, Thomas
Lörch, Uwe
Mäder, Wolfgang
Mähr, Ivan
Mätzener, Heinrich
Manno, Ralph
Marguier, Antoine
Matzeit, Friedemann
Maucher, Annette
Mehlhart, Ulrich
Meier, Rita Karin
Meyer, Paul
Meyer, René
Meyer, Sabine
Meyer, Wolfgang
Möckel, Uwe
Möller, Norbert
Molinari, Ernesto
Morel, Arnaud
Mrozek, Wojtek
Müller-van Recum, Rainer
Müller, Guido
Müller, Matthias
Müller, Nothart
Nabicht, Theo
Nebl, Frank
Niederhauser, Markus
Obermayer, Richard
Oehl, Josef
Ogg, Christoph
Ottensamer, Ernst
Pachinger, Gerald
Peitz, Johannes
Petraglio, Curzio
Pfeifer, Hans
Pfeifer, Peter
Philipp, Henry
Poffet, Jopo
Rapin, Frédéric
Renner, Till
Rieder, Emil
Rocke, Wolfram
Rodenhäuser, Ulf
Roske, Alexander
Ruf, Katharina
Schäfer, Ulf-Guido
Schilling, Stefan
Schindler, Heiner
Schmid, Andree
Schmid, Kurt-Franz
Schmidl, Peter
Schmidt, Michael
Schneider, Diemut
Schneider, Regula
Schön, Markus
Schönenberger, Richard
Schorn, Matthias
Schraml, Günter
Schuch, Barbara
Schuldt, Hartmut
Schwarzenbach, Sylvia
Seitenberger, Elisabeth
Simm, Michael
Sisini, Giambattista
Smeyers, David
Spangenberg, Martin
Stalder, Hans Rudolf
Steffens, Karl-Heinz
Strasser, Susanne
Straube, Tillmann
Stubenvoll, Florian
Taillard, Pierre-André
Thomas, Marco
Trautmann, Clemens
Trebeljahr, Dittmar
Truninger, Martin
Tschabrun, Jochen
Tudorache, Romeo
Vecellio, Valentin
Vetters, Roland
Wäntig, Unolf
Wagner, Erich
Ware, Allan
Weber, Kurt
Wehle, Reiner
Welz, Joachim
Weth, Wolfgang
Widmann, Jörg
Winter, Hubert
Zeretzke, Georg
Ziegler, Armin
Ziesch, Thomas
Zinniker, Adrian

Oboe

Angerer, Anne
Arter, Matthias
Aussem, Armin
Bastian, Gabriele
Becker, Klaus
Becker, Ulrich
Bednarik, Josef
Beisch, Katja
Bellroth, Uwe
Bemmann, Wolfgang
Bernardini, Alfredo
Besser, Volkmar
Bilz, Manuel
Bischoff, Andrea
Bizzotto, Renato
Bode, Barbara
Brandt, Lukas
Dekkers, Maarten
Dent, Clara
Dietze, Jürgen
Dimigen, Christiane
Elhorst, Hans
Evers, Jürgen
Exl, Engelbert
Feit, Pierre
Frömbgen, Kai
Fuchs, Peter
Fuchs, Wenzel
Gerbeth, Christoph
Girard, Alain
Glaetzner, Burkhard
Goritzki, Ingo
Goy, Jean-Paul
Grazzi, Paolo
Grube, Florian
Hartmann, Christian
Heerden, Carin van
Heinrichs, Bernhard
Herweg, Rainer
Hindinger, Wolfgang
Hörth, Harald
Hofstetter, Stefan
Holliger, Heinz
Hommel, Christian
Indermühle, Thomas
Ingwersen, Kerstin
Jonas, Diethelm
Kaminski, Mario
Kelly, Jonathan
Kleinsorge, Uwe
Kögel, Martin
Kolb, Nikolaus
Krauk, Andrea
Kuljus, Kalev
Kuntz, Michaela
Kwak, Yeon Hee
Laporte, Anne-Katrin
Leleux, François
Liebermann, Winfried
Lienbacher, Klaus-Dieter
Lorenz, Andreas
Lorenz, Günter
Lührmann, Detlev
Mattes, Gunhard
Mayer, Albrecht
Meier, Kurt
Menzel, Fabian
Merwe, Paul van der
Merwe, Paulus van der
Milliken, Catherine
Modersohn, Marie-Luise
Mühlbach, Bernhard
Müller-Brincken, Jochen
Niesemann, Michel
Pápai, Szilvia
Passin, Günther
Pfeiffer-Cecanu, Grigore
Pfitzenmaier, Günter
Prasse, Jens
Radonici, Ionel
Rodrigues, Ricardo
Röhner-Stolle, Undine
Schäfer, Bastian
Schäfer, Fabian
Schaeferdiek, Marc
Schellenberger, Hansjörg
Schilli, Stefan Martin
Schippmann, Ralf
Schlootz, Margret
Schmalfuß, Gernot
Schmidt, Axel
Schmieder, Birgit
Schneider, Christian
Schubert, Michael
Sieg, Michael
Stolzenberger, Veit
Strobel, Norbert
Tarkmann, Andreas N
Titze, Guido
Traar, Adolf
Treherne, Nigel
Turetschek, Gerhard
Ulbrich, Hans Martin
Uzor, Charles
Vançin, Ayser
Varcol, Liviu
Vetter, Gerhard
Wäldele, Hansjürgen
Wagner, Dieter
Wangenheim, Hagen
Wetzel, Christian
Winschermann, Helmut
Witt, Gregor
Zoboli, Omar

Saxophon

Aegler, Gottfried
Bangs, Linda
Biegenzahn, Heinrich
Böttcher, Horst
Bühler, Hermann
Buess, Alex
Chmelik, Daniel
Demmler, Jürgen
Dobberthin, Wolf
Ernst, Johannes
Estoppey, Laurent
Gauthier, Daniel
Graef, Friedemann
Gubler, Rico
Haussner, Gert
Hofstetter, Beat
Kelly, John-Edward
Kirschke, Christoph
Kluge, Peter
Koch, Hans
Landmann, Friedrich
Legros, André
Leimgruber, Urs
Losert, Martin
Marti, Valentin
Matzeit, Friedemann
Maurer, Christian
Mejer, Thomas K J
Müller-Irion, Rainer
Nabicht, Theo
Niederhauser, Markus
Pfister, Klaus
Poffet, Jopo
Priesner, Günter
Read, Hugo
Rid, Hermann
Rieder, Emil
Rinke-Bachmann, Achim
Ruf, Michael
Schillings, Nicole
Schneller, Oliver Martin
Schön, Thomas
Solothurnmann, Jürg
Stockhausen, Simon
Straub, René
Strehler, Erich
Vrhovnik, Oto
Ware, Allan
Weiss, Marcus
Wickihalder, Jürg
Winck, Volker
Winter, Hubert
Zwick, Sabine

Streichinstrumente

Boelli, Marcy Jean
Brunner, Eva
Liebner, Janos
Würsch, Matthias

Kontrabass

Adelmann, Stefan
Ahrens, Iris
Anacker, Christoph
Aoe, Hiroaki
Balogh, Bors
Barchmann, Reiner
Bauer, Franz
Bauer, Stephan

Bergemann, Donatus
Berggold, Ulrich
Beringer, Ekkehard
Beyer, Willi
Bladerer, Michael
Bomhardt, Jens
Bonanomi, Marc-Antoine
Brunners, Katharina C
Bunya, Michinori
Burghausen, Ingo
Casimir, Olaf
Cincera, Andreas
Dobner, Martin
Dunin, Timothy
Dzwiza, Gerhard
Emmert, Ilka
Engels, Gottfried
Ermold, Thilo
Eschenburg, Martin
Espitalier, Matthias
Fichtner, Jürgen
Forster, Kilian
Frasch, Albert
Frey, Peter K
Fröhlich, Berndt
Gellrich, Igor
Glöckler, Tobias
Grabner, Frithjof Martin
Graf, Stephan
Grenda, Slawomir
Groot, Niek de
Güttler, Wolfgang
Hartmann, Erich
Haubold, Bernd
Heyder, Carsten
Hoock, Christine
Horn, Christian
Iuga, Petru
Janczuk, Dariusz
Jirka, Gerd
Kälberer, Oliver
Kammer, Stefan
Kawahara, Yasunori
Klaus, Günter
Klier, Joachim
Koch, Andreas
Krauß, Peter
Krawagna, Alfred
Kurzawa, Wenancjusz
Langgartner, Martin
Lau, Ulrich
Lavanchy, Popol
Linowitzki, Jörg
Lorenz, Jörg
Ludwig, Rüdiger
Lüdecke, Fritz
McTier, Duncan
Maldfeld, Eberhard
Marc, Dorin
Masson, Volker
Mayr, Herbert
Muthspiel, Gerhard
Nawra, Ingo
Nelson, Peter
Niederhammer, Josef
Niemeier, Klaus
Noda, Ichiro
Nordstrom, Randall
Normann, Jürgen
Ockert, Christian
Paradzik, Bozo
Perl, Wolfgang
Pernutz, Manfred
Peus, Michael
Pflüger, Andreas
Pliakas, Marino
Posch, Alois
Pühn, Peter
Rapport, James
Rau, Stefanie
Reinecke, Frank
Rex, Markus
Richter, René
Rieber, Michael
Rolle, Christian
Roth, Esther
Ruge, Axel
Sanderling, Barbara
Schäfer, Stefan
Schicke, Thomas
Schmidt, Christoph
Schmidt, Peter
Schmuschkowitsch, Josif
Schüßler, Veit-Peter
Schuster, Norbert
Seifert, Bringfried
Shehata, Nabil
Stabenow, Thomas
Starke, Angelika
Steinhöfel, Thomas
Stert, Wolfgang
Steuri, Käthi
Stoll, Klaus
Strauch, Markus
Strey, Thomas
Studer, Daniel
Sutter, Christian
Suzuki, Yoshinori
Tar, Sándor
Torre, Silvio Dalla
Trumpf, Klaus
Watzel, Rudolf
Weber, Matthias
Wenkel, Horst-Dieter
Wernecke, Matthias
Wiebecke-Gottstein, Andreas
Winkler, Mathias
Wolf, Michael
Zahn, Dieter
Zeibig, Werner
Zepperitz, Paul-Rainer
Zimmermann, Franz
Zipperling, Rainer
Zscherpe, Thomas

Viola

Adrion, Gernot
Altenburger, Sylvie
Anderes, Cornel
Angerer, Paul
Bärtschi, Hannes
Barzen, Andrea
Bashmet, Yuri
Bauer, Friedrich
Benker-Steiner, Matthias
Beyerle, Hatto C
Biwank, Christina
Blaumer, Stephan
Bretschneider, Silke
Brown, Barnaby
Brown, Lila
Buchholz, Matthias
Bukac, Vladimir
Cantor-Samana, Emile
Carnarius, Kleif
Christ, Wolfram
Coleman, William
Corti, Daniel
Corti, Nicolas
Creitz, James
Dähler, Jürg
Dähler, Valérie
Darzins, Andrea
Dassow, Klaus-Dieter
Dickel, Werner
Douvier, Philip
Dressler, Rudolf
Dürr, Franziska
Dumrese, Stefanie
Eaton, Stewart
Eberhard, Alexander J
Egidi, Hans
Eichenauer, Ulrich
Ellemunter, Alois
Enderle-Champney, Wendy
Engelbach, Christoph
Engelke, Helmut
Euler, Christian
Fähndrich, Walter
Fehlandt, Stefan
Felder-Hurd, Linda
Fiebig, Constanze
Fischer, Dominik
Floare, Dorina
Forrer, Felix
Fritzsch, Ekkehart
Frömbling, Sascha
Frohn, Christian
Führlinger, Siegfried
Füri, Thomas
Fukai, Hirofumi
Gábor, Ferenc
Gál, Zoltán
Gartemann, Julia
Glassl, Roland
Gridchuk, Andrey
Grötzschel, Gerd
Haag, Georg
Hagen-Di Ronza, Veronika
Hallmann, Dietmar
Hammer, Christoph
Hampe, Hiltrud
Hasler, Susanne
Haudenschild, Heinz
Hegel, Horst
Heilgendorff, Simone
Henschel-Schwind, Monika
Herberg, Sebastian
Heyer, Jörg
Hörr-Grote, Christiane
Hug, Charlotte
Hummel, Stefan David
Imai, Nobuko
Jacobsen, Volker
Juda, Iris
Kakuska, Thomas
Karanfilova, Eli
Karni, Gilad
Kashkashian, Kim
Katsouris, Georg
Kefer, Herbert
Keulen, Isabelle van
Kircher, Axel
Kleiner, Herbert
Klos, Wolfgang
Knight, Susan
Knörzer, Ulrich
Kobayashi, Hideko
Kohlhase, Hans
Koll, Heinrich
Kossjanenko, Wladimir
Kraushofer, Martin
Krist, Joachim
Kröhnert, Gabriele
Krüger, Erich
Krunnies, Sebastian
Kubina, Johanna
Landsverk, Lois
Langgartner, Peter
Larsen, Jan
Lea, Tobias
Lemme, Joachim W
Leser, Ditte
Leval Jeszierski, Kirsikka de
Lewis, Anna
Lindemann, Hartmut
Lüthy, Johannes
Lysy, Oscar
Magnenat, Isabelle
Mai, Julia
Malý, Lubomír
Masurenko, Tatjana
Maurer, Matthias
Max, Wolfgang
Meier, Peter
Mendelsohn, Vladimir
Merkl, Norbert
Metz, Volker
Metzger, Roland
Meyer, Michael
Meyerhans, Kurt
Mitterer, Anita
Mohr, Florian
Moog, Rainer
Moorcroft, Annemarie
Mouller, Mikhail
Müller, Beate
Müller, Betina
Mulch-Gahl, Birgit
Mykytka, Vladimir
Nagy, Vidor
Neuhaus, Michael
Nichiteanu, Marius
Nicolai, Helmut
Niewöhner, Dirk
Nowicki, Jan Josef
Nüßlein, Theodor
Ochsenhofer, Hans Peter
Opitz, Klaus Jürgen
Paskalev, Hristo
Pehrisch, Rainer
Penkov, Dimitar
Perl, Hille
Petri, Edgar
Peuker, Erdmute
Pfister, Anna
Pierlot, Philippe
Pohl, Christian
Poppen, Diemut
Püschel, Katja
Resa, Neithard
Riedel, Gerhard
Rivinius, Benjamin
Rohde, Hartmut
Rohde, Martin-Albrecht
Rossbacher, Gertrude
Roßner, Gottfried
Rott, Reynard
Rouilly, Michel
Ruprecht, Gesa
Sagaischek, Peter
Sannemüller, Matthias
Sannicandro, Valerio
Santiago, Enrique
Schaller, Irmgard
Schiller, Christoph
Schlichtig, Hariolf
Schloifer, Eckart
Schröder, Lothar
Schultze-Florey, Anna
Schwartz, Felix
Schwarz, Niklas
Schwenke, Klaus
Scobel, Ulrike
Seifert, Christina
Selditz, Thomas
Shimizu, Naoko
Sibbing, Gerhard
Sigl, Burkhard
Soucy, Jean-Eric
Speglitz, Laurence Maria
Spina, Anna
Staneva, Elisaveta
Steeb, Karlheinz
Strauch, Frank
Strehle, Wilfried
Szücs, Máté
ter Linden, Jaap
Teuffel, Gunter
Thomasius, Hans-Günther
Tluck, Wolfgang
Ueki, Yoriko
Ullrich, Michael
Ungureanu, Marius
Urban, Bernd
Vahle, Petra
Veress, Claudio
Vincze, Uta
Voss, Hermann
Waskiewicz, Danuta
Weber, Jürgen
Weigle, Friedemann
Weinmeister, Gertrud
Weinmeister, Hanna
Weinstein, Grigorij
Westphal, Barbara
Wieser, Gerhard
Wieser, Markus
Wiesner, Tomris
Willwohl, Andreas
Wincor, Ilse
Wolf, Axel D
Wolf, Karin
Wolf, Markus
Wünsch, Eberhard
Wünsch, Thomas
Yamasaki, Tomoko
Zeiher, Christine
Zimmermann, Tabea

Violine

Abel, Jenny
Adam, Karin
Adamka, Attila
Adorf, Margarete
Adorján, Gabriel
Aeschbacher, Marianne
Albert, Thomas
Alshuth, Ulrich
Altenburger, Christian
Amoyal, Pierre
Anatchkov, Svetosar
Anatchkov, Svetosar
Ander-Donath, Claudia
Andreescu, Florentina
Andres, Susanna
Andruk, Babette
Angerer, Paul
Apap, Gilles
Arditti, Irvine
Arias, Raúl Teo
Assmann, Gertrud
Auer, Maeve
Aydintan, Atila
Badinski, Nikolai
Baer, Monika
Bätzel-Chong, Barbara
Bahk, Jehi
Baich, Lidia
Baksa, Andreas
Baldini, Roland
Balint, Magdalena
Balint, Robert
Banchini, Chiara
Bara, Daniel
Barachovsky, Anton
Baranowski, Krzysztof
Bardenhagen, Boris
Barsch, Thomas
Barschewitsch, Viktor
Barta, Attila
Bartha, Alexander
Batiashvili, Lisa
Båtnes, Elise
Batzdorf, Wolf-Dieter
Bechler, Peter
Becker-Bender, Tanja
Beetz, Ulrich
Behr-König, Anette
Bell, Daniel
Bender, Wolfgang
Beno, Alexander
Berg, Thomas
Berg, Ursula Maria
Bernau, Götz
Bernhöft, Takashi
Besig, Jürgen
Bettin, Matthias
Betz, Alexander
Bieler, Ida
Birckner, Hannelore
Birke, Dorothee
Bischof, Andrea
Blacher, Kolja
Blechschmidt, Gert
Bloch, Werner
Böhm, Barbara
Boesen, Albert
Boettcher, Marianne
Böttcher, Thomas
Bogner, René
Bokor, Robert
Boller, Bettina
Bolotowski, Igor
Bondas, Marina
Borel, Felix
Boros, Monica
Bottomley, Catherine
Bouton, William

Bräuning, Antje
Bräutigam, Andreas
Brandis, Thomas
Bratchkova, Dora
Braun, Ralph
Braunstein, Guy
Braunstein, Lawrence
Brenner, Rudolf A
Breuninger, Albrecht
Breuninger, Sebastian
Bringolf, Régis
Brömsel, Hans-Christian
Brömsel, Ralf-Carsten
Bron, Zakhar
Brunner, Anna
Budagjan, Geworg
Büchler, Giullermo
Büchler, Willy
Bülow, Anne
Bumbacher, Urs
Burgdorf, Barbara
Burgener, Hans
Burian, Jiri
Busch, Christine
Campen-Bálint, Myra van
Cantoreggi, Muriel
Capt, Marlyse
Carmignola, Giuliano
Carruzzo, Madeleine
Casleanu, Liviu
Chang, Sarah
Chastain, Nora
Chmel, Clemens
Christian, Thomas
Christiansen, Rainer
Chumachenco, Ana
Chumachenco, Nicolas
Ciobota, Emil-Silviu
Cizmarovic, Juraj
Clemente, Peter J
Contini, Nadine
Contzen, Mirijam
Conzelmann, Curt
Couch, Odette
Csapó, Gábor
Cudek, Ilona
Cútitaru-Gerten, Haiganus
Cutka, Michaela
Cuttitaru-Gerten, Haiganus
Czermak, Stefan
Dähler-Mathieu, Ilse
Dähler, Jürg
Däunert, Markus
Däunert, Ulf
Danhofer, Ulrike
Daniel, Pieter
Dartsch, Michael
Daskalakis, Ariadne
David, Lukas
Debré, Zsuzsa
Debus, Rüdiger
Dedu, Julian
Deffner, Bernhard
Dehler, Ursula
Dehning, Martin
Denhoff, Johannes
Denisova, Elena
Deutsch, Karl-Georg
Deyneka, Yulia
Dierick, Ulrike
Dill, Anke
Dillmann, Klaus
Dimitrov, Dimitar
Dimitrov, Ivan
Dittrich, Andrea
Dobosch, Dietmar
Doll, Barbara
Donath, Antje
Donderer, Florian
Dora, Claudia
Douliba, Oleg
Dreßler, Friedmann
Dressler, Rudolf
Drop, David
Dubrovskaya, Lydia
Dudea, Gregor
Duka Löwenstein, Andrea
Dumicz, Marek
Eberle, Karel
Eberle, Veronika
Eckoldt, Andrea
Ecseghy, Janos
Edelmann, Ulrich
Edinger, Christiane
Effner, Johannes
Egel-Goldschmidt, Thomas
Egelhof, Maria
Eggebrecht-Kupsa, Renate
Ehrhardt, Werner
Eichhorn, Alexia
Eichhorn, Friedemann
Eisenberger, Christian
Eitrich, Roland
Eldinnouh, Heidrun
Ellegiers, Koenraad
Enderle, Matthias
Endres, Christine
Engel, Irmtraut
Epstein, Joshua
Erben, Frank-Michael
Erdmann, Annemarie
Erlich, Nachum
Erxleben, Michael
Eschenburg, Ulrike
Espig, Holger
Evian, Mihnea
Fain, Rosa
Faßmann, Jörg
Fatton, Anita
Faust, Isabelle
Fellmann, Dieter
Fernandez, Alonso
Fiala, Tamara
Finsterbusch, Andreas
Fischer, Eckhard
Fischer, Franz Peter
Fischer, Julia
Fischer, Mathis
Fleck, Markus
Fleck, Thomas
Fleischhauer, Jürgen
Flury, Urs Joseph
Forchert, Walter
Forck, Bernhard
Fordham, Simon
Forrer, Felix
Frank, André
Frank, Robert
Frank, Susanne
Franzke, Kai
Frenzel, Uta-Maria
Freund, Mathias
Freund, Stephan
Freyer, Annedore
Friedrich, Günter
Friedrich, Lothar
Friedrich, Stefan
Friessnegg, Ernst
Fritzsch, Marion
Früh, Franziska
Fuchs, Joachim
Füri, Thomas
Füzesi, Tamás
Funke, Christian
Gäbler, Lutz
Gaede, Daniel
Gaiser, Michael
Gaitzsch, Steffen
Galgoczi, Sandor
Gamma, Lorenz
Ganz, Amiram
Garcia, Oscar
Garrett, David
Gartemann, Cornelia
Geanta, Leonora
Gebauer, Adolf
Geise, Jürgen
Geldsetzer, Erika
Geldsetzer, Florian
Genet, Patrick
Genowa, Mariana
Gerhardt, Axel
Gerlach, Arnfried
Geyer-Linsmann, Bernhard
Ghita, Florin
Gielnik, Wojciech
Gigelberger, Felix
Giglberger, Daniel
Gilman, Jacob
Glass, Elisabeth
Gluzman, Vadim
Gödde, Wilfried
Goldfeld, Denis
Goltz, Conrad von der
Goltz, Gottfried von der
Gottraux, François
Gottschick, Sebastian
Grabe, Winfried
Gradinger, Bettina
Gradow, Waleri
Greiner-Neumann, Annett
Greutter, Roland
Grevesmühl, Detlev
Griep, Gerhard
Grindenko, Tatjana
Grobholz, Werner
Gröner, Ulrich
Groh, Holger
Gronich, Ilan
Groskopff, Martin
Grudzinska-Pisarek, Ewa
Grüttner, Boris
Guelbard, Lev
Gürtler, Sebastian
Guntner, Kurt
Gutgesell, Felix
Guth, Peter
Gwilt, Richard
Györbiro, Gabriella
Haag, Hanno
Haas, Ingo de
Haas, Thomas
Hadelich, Augustin
Häberli, Mariann
Haffner, Eszter
Hagen, Lukas Johannes
Hagner, Viviane
Hahn, Hilary
Haiberg, Uwe-Martin
Hamann, Sebastian
Hammar, Wolfgang
Hammer, Christoph
Hampel-Harbaum, Ulrike
Hamza, Razvan
Hanel, Winnie
Hartmann, Götz
Hartwich, Walter
Hasegawa, Akiko
Haudenschild, Emilie
Haunhorst, Martin
Haunold, Heinz
Hegel, Horst
Heicegh, Katalin
Heidrich, Peter
Heimbrock, Joachim
Hein, Ulrike
Heise-Glass, Elisabeth
Heise, Reinhold
Helesfai, Andrea
Hell, Josef
Hempel, Dietrich
Hengelbrock, Thomas
Henke, Karl
Henkel, Susanna
Henriot, René
Henschel, Christoph
Henschel, Markus
Hentrich, Wolfgang
Herrmann, Otto
Hertel, Klaus
Herzl, Harald
Herzog, Susanne
Hess, Katja
Hildebrandt, Horst
Hink, Werner
Hirschfeld, Caspar René
Hoba, Markus
Hoelscher, Ulf
Hoene, Andreas
Höpcker, Sabrina-Vivian
Hofmann, Jörg
Hofmann, Klaus
Holloway, John
Honda-Rosenberg, Latica
Honeck, Rainer
Honegger, Marcus
Hope, Daniel
Hornung, Ludwig-Michael
Hudson, Benjamin
Hutcap, Christiane
Ijac, Gabriela
Ikeda, Megumi
Iliescu, Adrian
Ille, Georg
Inagaki, Yuko
Ishiodori, Eri
Ishizaka, Kiyondo
Jacobi, Christoph
Jahn, Jörg-Wolfgang
Jakubowski, Antoni
Janailancovici, Radu
Janicke, Heike
Janicke, Torsten
Janoska, Maria
Januszkiewicz, Mariusz
Jaschwili, Nana
Jennings, Graeme
Johnson Herrera, Carlos
Jonas, Tibor
Juda, Iris
Jung, Daniela
Jung, Erika
Jurys, Franciszek
Kabayashi, Sachiko
Kalafusz, Hans
Kalbhenn-Rzepka, Gesine
Kammerlander, Monika
Kanajan, Chatschatur
Kappus, Dorothée
Karadschow, Iwan
Karmon, Nina
Karp, Volker
Karsko, Igor
Karwath, Jürgen
Kavakos, Leonidas
Keller, András
Keller, Dorothee
Keller, Judith
Keller, Tomo
Kennedy, Nigel
Keraj, Skerdjano
Kertscher, Ina
Keulen, Isabelle van
Khadem-Missagh, Bijan
Khadem-Missagh, Martha
Khadem-Missagh, Vahid
Khodyko, Julia
Kido, Keiko
Kienzl, Hermann
Kim, Hyun-Jin
Kim, Shin-Kyung
Kink, Barbara
Kipp, Oliver
Kircher, Fabian
Kircher, Fritz
Kisauer, Tiberiu
Kiss-Lazar, Emil
Klahn, Ilmar
Klausenitzer, Ulf
Kless, Yair
Klimkiewicz, Jacek
Klimov, Valerij
Klisowski, Richard Michael (Ryszard Mieczyslaw)
Klug, Thomas
Klupsch, Ulrich
Knoop, Annegret
Koch, Alexander
Koch, Indira
Koch, Maya Katharina
Koeckert, Nicolas
Koegler, Siegfried
Koelman, Rudolf
König, Wolfram
Kohlhaußen, Wolfgang
Kolar, Birgit
Kolarowa, Kalina
Kopatchinskaja, Patricia
Kornek, Erik
Korr, Wolfram
Kosak, Ladislaus
Kostecki, Adam
Kotková, Hana
Kotow, Grzegorz
Kottmann, Alois
Kovac, Tibor
Kovacic, Ernst
Kovatcheva, Maia
Kowalski, Andrzej
Krachler, Arthur
Kramarov, Alexander
Krastev, Ivan
Kratz-Peschke, Marietta
Krause, Sylvio
Krecher, Andreas
Kremer, Gidon
Kreuter, Henry
Kreuter, Ute
Krömmelbein, Brigitte
Kropfitsch, Elisabeth
Krumov, Andrej
Kubelik, René
Kudelka, Cathrin
Küchl, Rainer
Künzler, Gabriela
Kufferath, Elisabeth
Kulling, Ralph
Kummer-Buchberger, Barbara
Kuna, Viktor
Kurkowski, Andrzej
Kurosaki, Hiro
Kuschnir, Boris
Kuss, Jana
Kussmaul, Rainer
Kussmaul, Wolfgang
Lämmermann, Katja
Lafontaine, Julie
Landchek, Michael
Lang, Brigitte
Langeheine, Jens
Langer, Christine
Langmann, Johann
Lazov, Vladimir
Lehmann, Martin
Lehmann, Ulrich
Leskowitz, Luz
Lessing, Kolja
Letzbor, Gunar
Li, Yin
Lieb, Klaus
Liebig, Tomasz
Linaric, Darko
Lindemann, Christoph
Lindig, Anne-Kathrin
Lingenfelder, Matthias
Löhlein, Matthias
Lösch, Erika
Loewe, Christian
Lohmann, Reinhard
Loho, Linda
Lorenz, Karin
Lu, Wei
Lui, Chan
Lutz, Alfred
Lysy, Alberto
Mc Crann, Maighread
Maetzl, Klaus
Magnenat, Isabelle
Maiß, Burkhard
Malich, Agnes
Malinovsky, Igor
Manacorda, Antonello
Mandozzi, Melina
Mandylas, Georgios
Marangozov, Nikolay
Marasch, Arkadi
Marcovici, Silvia
Margiol, Günther
Markowski, Stefan

Martin, Mihaela
Marx, Günter
Marzin, Viola
Maté, Janos
Mathé, Ulrike-Anima
Matsuyama, Yasuko
Matzka, Peter
Mayer, Florian
Mayer, Luitgard
Mazurkowski, Artur
Meissl, Johannes
Menke, Markus
Menzel, Iris
Merse, Bruno
Mertes, Wolfgang
Miesen, Christine-Maria
Miesen, Gerhard
Milton, Nicholas
Mintchev, Mintcho
Mirring, Peter
Mishelovich, Dmitry
Mistry, Jagdish
Möck, Alexander
Moeckli, Jean-Pierre
Mokatsian, Hovhannes
Molnar, Ernö
Monnier, Pierre Eric
Moog-Ban, Ildiko
Moser, Paul
Moser, Sophie
Mostetschnig, Josef
Muck, Conrad
Mücke, Michael
Müllejans, Petra
Müller, Bernd
Müller, Christoph
Müller, Heime
Muench, Markus
Mugur, Catalin
Mumelter, Martin
Mutter, Anne-Sophie
Mykytka, Vladimir
Nasdala, Carola
Nasturica, Lorenz
Naumann, Günther
Nawrotek, Katarina
Nawrotek, Katarzyna
Nedin, Vitaliy
Neubauer, Christina
Neudauer, Lena
Nikitenko, Boris
Nobeta, Mieko
Nodel, Olga
Nodel, Roman
Nojogan, George
Nollau, Jürgen
Nosske, Regine
Nova, Sabine
Núñez, Antonio
Odenthal, Hanns Heinz
Ofer, Erez
Oishi, Toshio
Ojstersek, Christine
Oku, Urara
Opitz, Ikki
Oppermann, Jens
Oprean, Adelina
Orendain, Ralph
Orlovsky, Harald
Ortner-Kläring, Annemarie
Ostertag, Christian
Other, Konrad
Ovrutsky, Mikhail
Ozim, Igor
Paetsch Neftel, Michaela Modjeska
Pagin, Diego
Pagostkin, Alina
Panhofer, Thomas
Paraschkevov, Vesselin
Park, Alyssa
Patocs, Gabriel
Paul, Florin
Pejcic, Borivoje
Pepkowska, Agnieszka
Pesch, Ada
Peterhof, Rainer
Peters, Gerhard
Peters, Klaus
Petersen, Ulrike
Petrosjan, Isabella
Petzold, Sylvia
Pfaender, Katja
Pfenninger-Stoffel, Franziska
Pfenninger, Andreas
Pfister-Benda, Lola
Pfister, Ariane
Pfreundschuh, Elena
Picard, Stephan
Pichler, Günter
Piedicuta, Emilian
Pietsch-Arndt, Susanna
Pietsch, Franziska
Piguet, Jean
Pilz, János
Piraccini-Stucki, Aida
Piske, Nora
Plewa, Johannes
Pogorelova, Olga
Pogostkin, Alina
Polonek, Krzysztof
Pop, Florian
Popov, Avram
Pospichal, Jan
Preisinger, Jiri
Preisser, Andreas
Prelle, Johannes
Preuß, Hartmut
Prischepenko, Natalia
Probst, Sven
Przesdzing, Bodo
Purschke, Hans-Peter
Rabenschlag, Susanne
Rabus, Kathrin
Rachlin, Julian
Radanovics, Michael
Rademacher, Winfried
Ragaz, Christine
Rainer, Peter
Ranck, Wilken
Randacher, Roswitha
Ranneberg, Sabine
Rasinski, Jürgen
Ratajczak, Bernhard
Rau, Albrecht
Rau, Marcelle
Raudales, Henry
Rebling, Kathinka
Redik, Wolfgang
Reeh, Heinz
Reichel, Rodrigo
Reinhold, Volker
Reitz, Heiner
Repin, Vadim
Reymond, Valentin
Rezler-Niesiolowska, Magdalena
Richard, Johanna
Richard, Susanne
Richter de Vroe, Nicolaus
Richter, Christian
Richter, Heinz-Dieter
Rick, Johannes
Rilling, Rahel
Rissin, Josef
Rivinius, Siegfried
Rizkallah, Monia
Rizzi, Marco
Roczek, Paul
Röhn, Andreas
Röhn, Anja
Rohde, Martin-Albrecht
Romanoff-Schwarzberg, Isidora
Rose, Helmut
Rosen, Peter
Rosenberg, Peter
Rosenbusch, Thorsten
Rosianu, Andrei
Roth, Linus
Rubinstein, Ya'akov
Rudolf, Heinz
Rübenacker-Müller, Jutta
Rüssmann, Winfried
Rüstig, Götz
Ruprecht, Gesa
Rutkauskas, Alejandro
Rybar, Peter
Sandmann, Constanze
Sandmann, Heidrun
Santora, Andreas
Saudan, Nathalie
Schacher, Axel
Schäfer, Adelheid
Schall, Joachim
Schatz, Kamilla
Schayegh, Leila
Scheerer, Ingeborg
Schergaut, Susanne
Scherzer, Manfred
Schibel, Tonio
Schickedanz, Christoph
Schiebel, Tonio
Schiecke, Wolfram
Schill, Hartmut
Schliephake, Ernst
Schlosser, Karl-Hermann
Schmalenberg, Hilmar
Schmid, Benjamin
Schmidt, Rainer
Schmitt, Vivica
Schneeberger, Hansheinz
Schneider, Ines-Sonja
Schneider, Isabel
Schneider, Ulf
Schnitzler, Michael
Schönweiß, Eva-Christina
Scholl, Christian
Scholz, Joachim
Scholz, Katrin
Scholz, Susanne
Scholz, Torsten
Scholz, Ursula
Scholz, Werner
Schröder, Jochen
Schröter, Gudrun
Schubert, Gert
Schubert, Marianne
Schütz, Theresa
Schuhmayer, Peter
Schuk, Jewgeni
Schulik, Andreas
Schultz, Karl-Heinz
Schulz, Gerhard
Schulze-Broniewska, Klaudyna
Schulze, Martin
Schumann, Erik
Schunk, Heinz
Schwaar Niederhauser, Regula
Schwarbach, Heide
Sebestyén, Ernö
Seebach, Peter
Seifert, Heiko
Seifert, Ingrid
Seiler, Midori
Sekler, Michail
Şen, Sedat
Senn-Sarbu, Magda
Sepec, Daniel
Seriakov, Mario
Sessler, Dorothea
Shevlin, Julian
Shikata, Kyoko
Shiokawa, Yuuko
Siegert, Hans-Christian
Siegfried, Françoise
Sikorski, Christian
Sima, Marius
Sirbu, Mariana
Sitkovetsky, Dmitry
Skiba, Stephan
Skuplik, Veronika
Slaatto, Helge
Smentek, Marek Adam
Solle, Burkhard
Sonne, Rainer
Sonnleitner, Florian
Sorokow, Anton
Späth, Rachel Rosina
Spahiu, Arben
Speermann, Max
Speglitz, Laurence Maria
Spiller, Antonio
Spina, Anna
Spuck, Rüdiger
Staar, René
Stabrawa, Daniel
Stadelmann, Christian
Stadler, Frank
Stahlbaum, Tatjana
Stahmer, Elfriede
Staicov, Constantin
Stakian, Andrée-Armène
Standage, Simon
Stankovic-Moffat, Vesna
Stankovich, Vesna
Starke, Karl-Heinrich
Starke, Sonja
Steck, Anton
Steenpaß, Keiko
Stegemöller-Molnar, Judit
Steinbacher, Arabella
Steinberg, Mark
Steinhof, Christian
Steinschaden, Bruno
Steude, Volkhard
Stöckel, Thierry
Stoodt, Susanne
Strasser, Markus
Straumer, Roland
Strauß, Lothar
Streicher, Wolf-Dieter
Streiff, Egidius
Stricharz, Michael
Stümke, Anna
Stuller, Gyula
Succi, Stefano
Suckow, Ute
Süßmuth, Gernot
Sütterlin, Eva
Sunahara, Aki
Suske, Konrad
Suzuki, Hiroko
Swardt, Amora de
Swietly, Hermann
Szentpáli-Gavallér, István
Szilvay, Réka
Szulc, Radoslaw
Szustak, Zbnigniew
Tanabe, Yuka
Tanase, Ion
Tanasescu, Christian
Tarabuko, Wasilij
Taylor, Seth
Ternes, Norbert
Terpitz, Felicia
Terwey, Berenice Christin
Tetzlaff, Christian
Then-Bergh, Ismene
Timm, Thomas
Titscher, Horst
Titze, Ulrike
Tluck, Bernhard
Tönz, Stefan
Tomasi, Markus
Tomaszewski, Tomasz
Tomeš, Jan
Toschmakov, Juri
Tretjakov, Victor
Trexler, Peter
Trieb, Joachim
Triner, Ernst
Trompler, Christian
Tschopp, Sibylle
Tsialis, Stefanos
Turban, Ingolf
Uhlig, Christian
Ulbricht, Reinhard
Unger, Annette
Unger, Karl
Ungureanu, Dan
Urbaniak Lisik, Monika
Utiger, Mary
Vaiman, Michael
Valmond-Nicoud, Jacques
Vasilescu-Häusler, Elisabeth
Vengerov, Maxim
Veress, Claudio
Viertel, Elisabeth
Vincent, Alexis
Vogel, Katharina
Vogler, Kai
Vogler, Michael
Vogtel, Thomas
Vollmann, Wolf-Dieter
Wächter, Matthias
Wächter, Waltraut
Wagner, Stefan
Walek, Georg
Walker, Urs
Wallin, Ulf
Walz, Wilhelm F
Watzel, Johannes
Weber, Elisabeth
Wegner, Gabriele
Wegrzyn, Krzysztof
Wehren de Siebenthal, Marguerite
Weibel, Mathias
Weinmeister, Gertrud
Weinmeister, Hanna
Weithaas, Antje
Weldner, Martin
Wendt, Artur F
Wenger, Philipp
Wenzl, Winfried
Werner, Heinz
Widmann, Carolin Anne
Wiethaus, Birgitt
Wijnkoop, Alexander van
Wilczok, Axel
Wild, Michael
Wille, Oliver
Wilscher, Florian
Wingrich, geb Metzing, Anke
Winkler, Juliane
Winter, Albrecht
Winterberg, Ernst Wolfram
Witter, Jost
Wolf, Markus
Wolf, Reinhold
Wolf, Thomas C
Wolff, Christiane
Wollong, Matthias
Wolters, Rainer
Woodside, Mary Ellen
Worlitzsch, Volker
Wulfhorst, Martin
Yamamoto, Chisato
Yamamoto, Kaoru
Yamamura, Yoko
Yamashita, Yoichi
Yamato, Tomoko
Yasunaga, Toru
Yonezawa, Mika
Yu, Yamei
Zabelka, Mia
Zack, Herwig
Zavelberg, Irmgard
Zehetmair, Thomas
Zeller, Walter-Karl
Ženatý, Ivan
Zenker, Lorenz
Zettl, Ralf
Zhang, Ying
Zhislin, Grigori
Zienkowski, Edward
Ziga, Josef
Zimansky, Robert
Zimmermann, Frank Peter
Zimmermann, Knut
Zimmermann, Willi
Zindler, Holger
Znaider, Nikolaj
Zurbrügg, Eva
Zwiauer, Florian

Violoncello, Viola da Gamba

Adorján, Dávid
Ahrndt, Thomas
Aichinger, Wolfgang
Altmann, Gunda
Angermann, Gerda
Arndt, Andreas
Bach Bachtischa, Michael
Backhaus, Simon
Bäz, Thomas
Baillie, Alexander
Bartolomey, Franz
Basler, Susanne
Beckmann, Matthias Michael
Berger, Julius
Berner, Florian
Beyer, Mathias
Bitter, Adele
Bittner-Kunstreich, Maike
Blaumer, Mario
Bloos, Tobias
Böcker, Eva
Boeckheler, Ulrich
Böhme, Brunhard
Boeke, Kees
Bönisch, Angelika
Boettcher, Wolfgang
Bohórquez, Claudio
Bräutigam, Matthias
Braica, Ioan Cristian
Breit, Edda
Breith, Stephan
Brendel, Adrian
Breuninger, Jörg
Brotbeck, Conradin
Bru, Ricardo
Bruder, Thomas
Bruggaier, Roswitha
Bruns, Peter
Buck, Peter
Bülow, Gert von
Busch, Karlheinz
Busching-Brero, Susanne
Carewe, Anna
Carneiro, Marcio
Carrai, Phoebe
Caudle, Mark
Cenariu, Horatiu
Cho, Young-Chang
Christiansen, Yuri-Charlotte
Cincera, Andreas
Contino, Adriana
Courvoisier, François
Darbellay, Olivier
Darmstadt, Gerhart
David, Imke
Degen, Johannes
Demenga, Patrick
Demenga, Thomas
Dengler-Speermann, Annemarie
Denhoff, Michael
Dieltiens, Roel
Diesselhorst, Jan
Dubrovsky, Ruben
Dubrowsky, Ruben
Duftschmid, Lorenz
Duven, Richard
Eckert, Gerald
Eppinger, Niklas
Erben, Christian
Erben, Valentin
Erffa, Christoph von
Erichson, Birgit
Eschenburg, Hans-Jakob
Eyberg, Michaela
Eychmüller, Susanne
Faludi, Stefan
Faust, Georg
Felder, Alfred
Felsch, Christine
Feltz, Kerstin
Fenyö, László
Filippini, Rocco
Finckh, Franziska
Finke, Eberhard
Fischer-Dieskau, Manuel
Flaksman, Michael
Fleck, Andreas
Forck, Stephan
Frank, Imke
Franklin, Brian
Franzius, Christopher
Fritzsch, Georg
Frodl, Isabelle
Frohmüller-Seidel, Ingrid
Fromm, Armin
Furtok, Boguslaw
Gabetta-Timacheff, Sol
Gahl, Dankwart
Gartmann, Luzius
Georgian, Karine
Gerhardt, Alban
Geringas, David
Gieron, Thomas
Giglberger, Stefan
Ginzel, Reiner
Gleißner, Rudolf
Gmelin, Bernhard
Goerner, Stephan
Goetze, Kai von
Gohl Moser, Käthi
Goritzki, Johannes
Graf, Daniel Robert
Gredler, Edgar
Gredler, Matthias
Greger, Andreas
Greiner, Gottfried
Grimm, Justus Emmanuel
Grimmer, Walter
Groben, Françoise
Grosgurin, Daniel
Groth, Hartwig
Grün, Svetlana
Grünkorn, Andreas
Guthmann, Frank-Michael
Gutman, Natalia
Haack, Stephan
Hablitzel, Michael
Haefeli, Walter
Haefliger, Daniel
Häublein, Hans
Hagen, Clemens
Hanjohr-Popa, Nikolaus
Harada, Sadao
Hausegger, Siegmund von
Heidrich, Konstantin
Heinemeyer, Stefan
Hell, Michael
Helmersson, Frans
Henkel, Christoph
Henneberger-Mercier, Christiane
Herrmann, Claudius
Herwig, Gerhard
Herzer, Wolfgang
Hesselbarth, Sybille
Hilger, Norbert
Hinsche, Siegfried
Hintzenstern, Matthias von
Hirth-Schmidt, Uwe
Hönle, Hartwig
Höppner, Christian
Hörr, Peter
Hofmann, Ulrike
Hornstein, Martin
Hülshoff, Alexander
Hütter, Erich Oskar
Huros, Karl
Hussla, Michael
Huyssen, Hans
Igelbrink, Christoph
Ilea, Catalin
Inniger, David
Ishizaka, Danjulo
Jaermann, Marc
Jankovic-Richter, Xenia
Jauernig, Jochen
Jerie, Marek
Kämper, Klaus
Kanngiesser, Claus
Kasper, Michael M
Kipp, Andreas
Kircher, Arne
Kitt, Florian
Kitzmüller, Gottfried
Klemt, Hermelinde
Kliegel, Maria
Knüsel, Alfred
Koch, Felix
Korth, Dietmar
Kostyák, Emeric
Kraftzoff, Kira
Kroggel, Uwe
Kropfitsch, Stefan
Krotov, Denis
Kühne, Tobias
Kuntze, Roland
Kupsa, Friedemann
Laine, Sennu
Langmeier, Samuel
Latzko, Reinhard
Lauri, David
Lechner, Anja
Leclerc, Gérard
Lehrmann, Sabina
Leihenseder-Ewald, Marie-Luise
Lessing, Wolfgang
Liebner, Janos
Lindenthal, Roland
Litschauer, Adelheid
Löhr, Martin
Loerkens, Pablo
Ludwig, Friedemann
Luitz, Josef
Lupu, Dan
Macher, Bettina
Maechler, Katharina
Maintz, Jens Peter
Malik, Wittwulf Y
Mandalka, Rudolf
Mandozzi, Orfeo
Maninger, Olaf
Mantel, Gerhard
Marks, Christoph
Marosi, Joël
Maurs, Augustin
Medlam, Charles
Mehlhorn, Wolfgang
Menking, Martin
Mermoud, Philippe
Metzger, Caroline
Metzger, Jörg
Meyer, Hermann
Milatz, Friedrich
Mirow, Johannes
Möllenbeck, Markus
Moldovan, Rodin-George
Monighetti, Ivan
Moser, Johannes
Moster, Tobias
Mühlbach, Martin
Müller-Hornbach, Susanne
Müller-Schott, Daniel
Müller, Alexandra
Müller, Annette
Müller, Othmar
Natola, Aurora
Negoita, Titi
Nellessen, Michael
Nichifor, Serban
Nickel, Felix
Niebuhr, Anna
Nothas, Walter
Nüßlein, Wolfgang
Nyffenegger, Esther
Nyikos, Markus
Oliveira Pinto, Matias de
Ostertag, Martin
Pandolfo, Paolo
Pank, Siegfried
Perényi, Miklós
Pernoo, Jérôme
Pezzani, Luciano
Pezzotti, Daniel
Pfaender, Michael
Plattner, Andreas
Plüss, Erich
Pohlandt, Sabine
Polasek, Jan
Poltéra, Christian
Popp, Claudius
Popp, Gotthard
Pruscha, Zdenko
Pstrokonska-Nawratil, Maria
Pünter, Albert-Roman
Quandt, Ludwig
Queyras, Jean-Guihen
Ranft, Matthias
Range, Mattias
Reichardt, Claus
Richter, Christoph
Riemke, Ringela
Riniker, David
Rißmann, Bernhard
Rivinius, Gustav
Römisch, Nikolaus
Rohland, Ulrike
Rootering, Katalin
Roscheck-Morad, Jaqueline
Rosenfeld, Rafael
Rudin, Alexander
Rübel, Jan-Hendrik
Ruge, Thomas
Runge, Eckart
Saito, Chihiro
Saram, Rohan de
Scharff, Valentin
Schiefen, Guido
Schiff, Heinrich
Schirmer, Rouven
Schmidt, Niklas
Schmidt, Wolfgang Emanuel
Schmitt, Werner
Schneider, Nikolai
Schreier, Inge
Schucan, Martina
Schüeli, Felix
Schwalke, Dietmar
Schweiker, Hans-Christian
Secondi, Mario de
Sennewald, Günter
Severin, Denis
Shevlin, Oren
Sieniawski, Marcin
Singer, Sébastian
Somodari, Péter
Sondeckis, Vytautas
Speermann, Annemarie
Spengler, Dagmar
Starck, Claude
Stiehler, Helmar
Stoppel, Klaus
Storck, Klaus
Stosiek, Tobias
Stradner, Christoph
Strasburger, Dorothea
Stumpff, Karl-Bernhard von
Tachezi, Herwig
Taube, Werner
Tetzlaff, Tanja
Teutsch, Götz
Theus, Christine
Thut, Stefan
Timm, Andreas
Timm, Jürnjakob
Timoianu, Yvonne
Timotic, Alexander
Tischbirek, Ulf
Turunen, Taneli
Varema, Henry-David
Varga, Tamás
Varner, Johanna
Veit, Michael
Velea, Dan-Constantin
Viersen, Quirine
Vogler, Jan
Voit, Helge
Volet, Christian
Wagner, Markus
Walter, Caspar Johannes
Weber, Knut
Weber, Maja
Weber, Tamás
Weber, Wolfgang
Wedemeyer, Isa von
Wehrle, Markus
Weiche, Volkmar
Weinmeister, Bruno
Wenhold, Oliver
Wick, Tilmann
Wiethaus, Frank
Willmann, Petra
Wirbach, Wolf-Dietrich
Wöpke, Peter
Wohlmacher, Johannes
Wolf, Jürgen W
Wolf, Peter
Wrochem, Claudius Sebastian von
Yang, Wen-Sinn
Zakowsky, Horst-Rüdiger
Zavelberg, Ulrike
Zemp, Robert
Zipperling, Rainer
Zydek, Thomas

Zupfinstrumente

Keinemann, Karl-Heinz
Schwarz, Ulrich

Gitarre

Ahlert, Bernd
Aigner, Albert
Altenburg, Gunther
Aussel, Roberto
Bagger, Boris Björn
Beck, Johannes Leonhard
Bittermann, Thomas
Borgardts, Ingo Sebastian
Borter, Christoph
Brandt, Christopher
Bungarten, Frank
Clerch, Joaquin de Jesus
Clormann, Jury K
Croton, Peter
Daiß, Wolfgang
Donath, Heiner
Eickholdt, Alfred
Erni, Michael
Esslinger, Paul
Evers, Reinbert
Falk, Rainer
Feldmann, Rainer
Feybli, Walter
Finger, Peter
Fisch-Sao Marcos, Maria Livia
Fisk, Eliot
Flößner, Thomas
Glawischnig, Birgit
Göritz, Daniel
Gonnissen, Olaf van
Grün, Andreas
Guttmann, Wolfgang
Halasz, Franz
Halter, Wilfried
Hampel, Michael Raman
Haussner, Gert
Hebb, Bernard
Hein, Hans
Heinzmann, Melitta
Hempel, Klaus
Higi, Andreas
Horn, Günter
Hornsteiner, Josef
Horton, Peter
Irmler, Heinz
Jäckle, Klaus
Jäggin-Takahama, Sayuri
Jäggin, Christoph
Jaros, Vladislav
Jaroslawski, Dieter
Josel, Seth

Jungwirth, Wolfgang
Kälberer, Oliver
Kämmerling, Werner
Käppel, Hubert
Kanthou, Eugenia
Kavanagh, Dale
Koch, Hans Michael
Koch, Kurt
Krause, Ansgar
Kreidler, Dieter
Krüger, Martin Maria
Lawall, Georg-Friedrich
Lendle, Wolfgang
Libbert, Jürgen
Lichtenberg, Caterina
Lillmeyer, Harald
Magyar, Zoltan
Mangold, Maximilian
Marchione, Carlo
Masuhr, Jan
Melounek, Gertrude
Merk, Ulrike
Miolin, Anders
Mokry, Andrzej
Monno, Johannes
Müller-Pering, Thomas
Munzer-Dorn, Markus
Muthspiel, Wolfgang
Myslivecek, Martin
Nagy, Andrea Sabine
Nardelli, Mario
Offermann, Thomas
Pierri, Alvaro
Pliakas, Marino
Probst-Polasek, Barbara
Prunnbauer, Sonja
Rabinski, Jacek
Ragossnig, Konrad
Ratzkowski, Torsten
Rennert, Martin
Röver, Christian
Rost, Jürgen
Rost, Monika
Ruck, Jürgen
Samah, Karim
Sasaki, Tadashi
Satke, Wilfried
Schneider, Gunter
Scholz, Karin
Schrader, Mirko
Schröder, Michael
Schumann, Andreas
Schwab, Siegfried
Schwarz, Ulrich
Seidel, Matthias Johann
Seigner, Michel
Sicca, Mario
Siebert, Denis
Siewers de Pazur, Maria Isabel
Sohm, Horst
Spaeter, Matthias
Sprung, Arnd
Steinkogler, Siegfried
Strauß, Marlo
Strömsdörfer, Oliver
Stutz, Reiner
Teuchert, Michael
Tröster, Michael
Unger, Frank
Wangenheim, Andreas von
Werner, Stephan
Wieshalla, Axel
Wilczok, Inge
Wilker, Thomas
Witoszynskyj, Leo
Wolff, Robert
Würdinger, Walter
Wuttke, Friedemann
Zeczek, Brigitte
Zenker, Falk

Harfe

Ausborn, Ursula
Bachhuber, Birgit
Balzereit, Charlotte
Bassand, Anne
Benkert, Claudia
Bertschinger, Jaël
Blovsky-Miller, Adelheid
Bousková, Jana
Clemenz, Alexandra
Ecke, Kirsten
Eisenhoffer-Meyer, Catherine
Fitzpatrick, Stephen
Giles, Alice
Giulianelli, Consuelo
Graf, Maria
Haag, Gudrun
Hanstedt, Katharina
Herbet, Gisele
Herwig, Regina
Hofmann, Marion
Holler, Martina
Holliger, Ursula
Hütten, Anne
Kadar, Judy
Kelz, Mahalia
Koch, Max
Koch, Nora
Konhäuser, Ruth
Konrath, Annegret
Kopp-Mues, Ragnhild
Liu, Han-An
Maistre, Xavier de
Marino, Ruth-Alice
Müller, Vicky
O'Brien, Sarah
Philipp, Susanne
Ponzer, Veronika
Preuß, Michaela
Reichling, Therese
Schindler, Xenia
Schlemm, Nina
Schrama, Godelieve
Sellmann, Volker
Seyffert, Tatjana
Smirnova, Maria
Storck, Helga
Süss, Margit Anna
Wiget, Ueli
Witsenburg, Edward Herbert
Yamahata, Renie
Zaugg, Priska

Laute

Akyol, Taner
Apel, Hans-Werner
Contini, Luciano
Croton, Peter
Daiß, Wolfgang
Grossmann, Robert
Hornsteiner, Josef
Kälberer, Oliver
Katschner, Wolfgang
Koch, Hans Michael
Lislevand, Rolf
Probst-Polasek, Barbara
Ragossnig, Konrad
Richter, Sigrun
Walter, Klaus
Wuttke, Friedemann

Mandoline

Kälberer, Oliver
Lichtenberg, Caterina
Müller, Betina
Schwarz, Ulrich
Tewes, Detlef
Thiergärtner, Carmen
Tröster, Gertrud
Wagner, Silvan
Wilden-Hüsgen, Marga
Zernecke, Ariane

Zither

Burri, Jessica
Glasl, Georg
Hurt, Leopold Josef Helmut

Tasteninstrumente

Blum, Dominik
Brembeck, Christian
Bucsky, Sandor Istvan
Clemencic, Rene
Daum, Willy
Dobberthin, Wolf
Ewerhart, Rudolf
Hedinger, Christine
Hogwood, Christopher
Klapprott, Bernhard
Maas, Robert Philip
Schmidt, Michael

Akkordeon

Aegler, Gottfried
Anzellotti, Teodoro
Bahr, Stephan
Bamert, Felix
Biegenzahn, Heinrich
Crabb, James
Hensel, Lothar
Hermann, Sven
Hippe, Stefan
Hussong, Stefan
Koval, Ivan
Löchter, Jürgen
Lüder, Christiane
Maltry, Bernd
Mehren, Jörg
Miki-Schenk, Mie
Moser, Elsbeth
Nebl, Andreas
Noth, Hugo
Poffet, Ingeborg
Rättyä, Janne
Scheibenreif, Herbert
Schenker, Margrit
Schumacher, Stefanie
Straaten, Roland Van
Tschanun, Eugen
Wall, Gudrun
Wunn, Jürgen

Cembalo

Ad-El, Shalev
Albrecht, Hansjörg
Altner, Stefan
Bauer, Sabine
Bégert, Mady
Bernreuther, Martin
Bilgram, Hedwig
Birsak, Florian
Bratschke, Detlef
Brembeck, Christian
Charlston, Terence
Chojnacka, Elisabeth
Chorzempa, Daniel
Christie, William
Clemencic, Rene
Dähler, Jörg Ewald
Dalitz, Joachim
Daxelhofer, Christine
Eberth, Michael
Engelhard, Brigitte
Erdmann, Johannes von
Fanning, Franklin
Fortino, Sally
Frey, Vital Julian
Frischknecht, Hans Eugen
Glüxam, Wolfgang
Gottfried, Stefan
Graap, Lothar
Hambitzer, Gerald
Hasselt, Michaela
Haugsand, Ketil
Hill, Robert
Hoeren, Harald
Hohler-Kunz, Christina
Jakobi, Jörg
Kabitz, Christian
Kelley, Eric Lynn
Kircheis, Friedrich
Kitaya, Naoki
Klapprott, Bernhard
Laukvik, Jon
Lehmann, Christoph
Lewinski, Claudia von
Lookeren Campagne, Augusta van
Lutz, Rudolf
Marcon, Andrea
Meniker, Zvi
Meyerson, Mitzi
Miehling, Klaus
Müller, Thomas
Musalek, Konrad
Nüßlein, Ulrike
Palm, Stefan
Paulmichl, Herbert
Petersen-Mikkelsen, Birger
Petrenz, Siegfried
Pfeiffer, Natalie
Ragossnig, Thomas
Rainer, Ingomar
Rémy, Ludger
Rieger, Christian
Russell, Lucy Hallman
Schade, Tobias
Scheurich, Marga
Schnoor, Hans-Jürgen
Schornsheim, Christine
Seeliger, Bettina
Spaans, Marieke
Staier, Andreas
Steinbrecher, Brigitta
Tachezi, Herbert
Veser, Gerhard
Walter, Ludwig
Weidanz, Wiebke

Hammerflügel, Hammerklavier

Bilgram, Hedwig
Birsak, Florian
Dähler, Jörg Ewald
Dalitz, Joachim
Eberth, Michael
Fortino, Sally
Hecher, Gert
Hedinger, Christine
Komen, Paul
Lubimov, Alexei
Privano, Elena
Schornsheim, Christine
Staier, Andreas

Klavier

Achilles, Susanne
Achucarro, Joaquin
Adam, Doris
Adam, Philippe
Agnesens, Udo
Aimard, Pierre-Laurent
Albrecht, Hansjörg
Alex, Constantin
Almeida, Marco de
Alteheld, Matthias
Amiras, Gabriel
Amon, Reinhard
Anatchkova, Susanne
Ander, Eva
Andreas, Erich
Andsnes, Leif Ove
Anger, Gunther
Angerer, Paul
Antonioli, Jean-François
Apel, Winfried
Appel, Erich
Arbenz, Emanuel
Arens, Rolf-Dieter
Armbrust, Rainer
Arnim, Arnulf von
Arnold, Sheila
Arnold, Stefan
Arnold, Wolfgang
Aronsky, Peter
Artzt, Susanna
Ashikawa, Mariko
Ashkenazy, Vladimir
Attl, Elisabeth
Aubert, Marc-Henri
Aubert, Roger
Auerbach, Lera
Aumaier, Leonore
Avenhaus, Silke
Avery, James
Ax, Emanuel
Aydin, Özgür
Babcock, David
Babinsky, Margarete
Bacca, Daisy
Backhaus, Peter
Badaracco, Carla
Badura-Skoda, Paul
Bärtsch, Manuel
Bärtsch, Nik
Bärtschi, Werner
Bäßler, Klaus
Bäßler, Marleen
Bätzner, Aglaia
Bahner, Joyce-Carolyn
Balanesco, Gustavo
Baldaszti, Ingeborg
Balet, Jean-Jacques
Balke, Michael
Balshai, Tal
Banfield, Volker
Banfield, Volker
Barcaba, Peter
Barenboim, Daniel
Barras, Vincent
Bartha, Julia
Barthel, Thomas
Bashkirova, Elena
Batik, Roland
Bauer-Jara, Erika
Baumann, Christoph
Baur, Peter
Bavouzet, Jean-Efflam
Becker, Markus
Becker, Rainer
Beek, Johan van
Beele, Altfried
Bégert, Mady
Bellheim, Markus
Bennett-Gutherz, Verena
Bennett, Gerald
Benz, Robert
Berger, Friedemann
Berkovitz, Françoise
Berner, Christoph
Berthold, Beatrice
Bertók, Liana
Berzon, Vitali
Betz, Karl
Bieler, Helmut
Binder, Claudia-Ulla
Biss, Jonathan
Bittner, Gottfried
Bloch, Boris
Bloser, Wolfgang
Blum, Dominik
Blum, Pia
Blumina, Elisaveta
Boainain, André
Bodalia, Bianca
Bodoky-Krause, Annamaria
Böckheler, Thomas
Böhm, Kurt
Boer, Jeanette de
Böttger, Thomas
Bohnke, Robert-Alexander
Borboudakis, Minas
Borg, Anne
Born, Bettina
Botvinov, Alexey
Bowien, Carsten
Boyde, Andreas
Bräunlich, Hendrik
Bräutigam, Sabine
Braun, Richard
Brauns, Dagmar
Brecht, Norbert
Bredohl, Tobias
Breidenbach, Ernst

Breitner, Walter
Brembeck, Christian
Brendel, Alfred
Brennan, John Wolf
Brieger-Ungelenk, Barbara
Broad, Charles Robin
Brown, Ian
Bruckmann, Ferdinand
Brüggen, Henrike
Brügger, Roger
Brumberg, Leonid
Brummer, Johannes
Bruyn, Christian de
Buchbinder, Rudolf
Burri, Rosemarie
Busch, Holger
Cacciari, Enrico
Cada, Sybille
Capitani, Anna de
Carda, Franz
Casper, Bernd
Cech, Christoph
Chastain, Nora
Chen, Pi-hsien
Chernyavska, Milana
Cholette, Daniel
Chorzempa, Daniel
Chou, Chia
Christ, Martin
Christof, Josef
Chuquisengo, Juan José
Clemann, Paul
Contratto, Graziella
Courvoisier, Sylvie
Cox, Adrian
Cramer, Gunilde
Custer, Laurenz
D'Orazio, Ugo
Dan, Paul
Dangel, Arthur
Danner, Wilfried Maria
Darlington, Jonathan
Daum, Willy
Dauner, Wolfgang
David, Anja
Davies, Dennis Russell
Debrunner, Ruedi
Degenhardt, Peter
Delamboye, Enrico
Delapierre-Coulon, André William
Delorko, Mario-Ratko
Demierre, Jacques
Denhof, Robert
Derungs, Martin
Desponds, André
Deuflhart-Schreck, Angelika
Deutsch, Helmut
Devoyon, Pascal
Dimitrieva, Masha
Dimitrov, Liuben
Dimitrova, Tzveta
Dimowa-Florian, Ljuba
Dinkel, Philippe
Ditisheim-Faller, Elise
Dobler, Charles
Dobler, Fabian
Döberlein, Wolfgang
Dördüncü, Bahar
Dorfmann, Leonid
Dorn, Babette
Dorsch, Helge
Drechsel, Herbert
Drechsel, Oliver
Drefahl, Jutta
Dreier, Klaus
Dreßler, Olaf
Dünki, Jean-Jacques
Duis, Thomas
Dumno, Hilko
Duport-Cellich, Denise
Duschl, Carl-Heinz
Dutilly, Céline
Dvorak-Weisshaar, Elisabeth
Ebert, Andreas
Eckardstein, Severin von
Eggert, Moritz
Egri, Monika
Ehrismann, Alfred
Eichberg, Søren Nils
Eicher, Peter
Eichhorn, Rainer
Eichmann, Dietrich
Eickhorst, Konstanze
Eisinger, Detlev
Eistert, Ulrich
Elfer, Peter
Elger, Antje
Ellenberger, Wolfgang
Elser, Konrad
Emerson, Stewart
Enachescu, Sorin
Engel, Karl
Engel, Konrad Maria
Engel, Till
Engelhard, Brigitte
Engerer, Brigitte
Englbrecht, Bernd
Erben, Mathilde
Erben, Volker
Erber, Gerhard
Eschen, Andreas
Falk, Peter
Favre, Christian
Favre, Max
Fellner, Till
Fervers, Andreas
Filippini-Salati, Dafne
Fink, Hans Joerg
Fischer, Edith
Fleischmann, Helena
Florian, Peter
Fock, Manfred
Förster, Hans-Rainer
Fonyad-Joo, Imola
Ford, Stan
Foretic, Silvio
Forster, Tobias
Fournier, Isabelle
Francesch, Homero
Friedl, Reinhold
Fritschi, Beat
Froschhammer, Fritz
Frowein, Cornelius
Frucht, Christiane
Fry, Barbara
Fueter, Daniel
Furrer, Ulrich
Fussi, Margit
Gajan, Ivan
Gallardo, José
Gambashidze, Tinatin
Gareis, Ute
Gaudibert, Eric
Gebhardt, Axel
Gediga-Glombitza, Roswitha
Geiger, Susanne
Genova, Aglika
Gheorgiu, Tio
Gililov, Pavel
Gill, Brian
Giordano, Roberto
Glaßner, Bernhard
Glauß, Jürgen
Glemser, Bernd
Glemser, Wolfgang
Goergen, Viviane
Goerner, Nelson
Görtz, Heide
Goetze, Ria
Goetzke, Bernd
Gogolin, Lisa
Golan, Itamar
Goris, Dominique
Gottlieb, Felix
Gourari, Anna
Graf-Adnet, Carmen
Graf, Otto
Grandjean, Wolfgang
Grandt, Michael
Griffiths, Hilary
Grimaud, Hélène
Groethuysen, Andreas
Groh, Markus
Groh, Norbert
Groschopp, Holger
Großmann, Linde
Grützmann, Susanne
Grunelius, Wilhelm von
Gruzman, Grigory
Gülbadamova, Sofja
Günther, Jens-Uwe
Gulda, Paul
Gulda, Rico
Gysin, Erica
Haag, Ivo
Hadelich, Augustin
Haebler, Ingrid
Haefely Sublet, Iris
Häusler-Altinok, Inci
Haidmayer, Karl
Hamary, András
Hammer, Christoph
Han, Kaya
Harada, Hideyo
Harden, Wolf
Harrer-Baranyi, Klara
Hartl, Heinrich J
Hauber, Michael
Haupt, Christina
Hayashi, Naomi
Hazay, Tibor
Hedinger, Christine
Hefele, Gottfried
Heider, Werner
Heiligers, Eckart
Heinisch, Eveline
Heinz, Wolfgang
Heise, Michael
Helg, Carl-Robert
Hellmann, Christophe
Hellwig, Klaus
Henck, Herbert Karl
Henneberger, Jürg
Henß, Norbert
Henz-Diémand, Emmy
Hernádi, Ákos
Hernandez-Slatkine, Muriel
Herrmann, Cornelia
Hess, Wolfgang
Hewig-Tröscher, Sylvia
Hielscher, Uta
Hierholzer, Babette
Hild, Rudolf
Hillenhagen-Iwanzowa, Galina
Hinsche, Siegfried
Hinterhäuser, Markus
Hinterhuber, Christopher
Hintzenstern, Michael von
Hitzlberger, Thomas
Hlawatsch, Thomas
Hochstenbach, Jochem
Hocke, Wolfgang
Höfer-Teutsch, Cordelia
Höhenrieder Dornier, Margarita
Höll, Hartmut
† Hönigsberg, David
Hörig, Günter
Hoffmann, Jean
Hofmann, Dorothea
Holló, Mari
Holt, Gary B
Holzer-Graf, Gottfried Franz
Horndasch, Matthias
Horvath, Josef Maria
Hoteev, Andrej
Hough, Stephen
Huang, Shao-Yin
Huber, Andreas
Huber, Felix
Huber, Gerold
Hübl, Claudia
Hüttinger, Kurt
Hughes, Martin
Huh, Seun-Yeun
Husson, Suzanne
Iber, Michael
Ickert, Bernd
Imamine, Yuka
Immer, Andreas
Imorde, Stephan
Ionita, Ion
Ishay, Roglit Miryam
Ishizaka, Kimiko
Israel, Christoph
Ito, Suguru
Jacob, Marlies
Jacomet, Johann G
Janczewski-Sosinska, Marta
Janke, Ansgar
Jarchow, Peter
Jeandin, Richard-Anthelme
Jiracek, Jan Gottlieb
Jönsson, Lars
Joeres, Dirk
Johnson, David
Johnson, Graham
Joó, Imola
Juhl, Nici
Jurowski, Vladimir
Kälberer, Oliver
Kämmerling, Karl-Heinz
Kaiser, Detlef
Kaiser, Pia
Kalbe, Cornelia
Kaliga, Herbert
Kalvelage, Elzbieta
Kan-no, Shigeru
Kann, Hans
Kapfer, Herbert Christian
Karajev, Christiane
Kato, Kenji
Katsaris, Cyprien
Kaufmann, Klaus Richard
Kaunzinger, Günther
Kehlenbach, Ewald
Kehrer, Rudolf
Kehring, Burkhard
Keilmann, Arthur
Keller, Christoph
Keller, Hermann
Keller, Konstantin G
Keller, Michael
Keller, Roland
Kellig, Matitjahu
Kellinghaus, André
Kerkeling, Burkhard
Kern, George
Kern, Oliver
Kersting, Frank
Kilcher, Erika
Kirmess-Weisbrod, Annette
Kirschbaum, Werner
Kirschnereit, Matthias
Kirst, Michael
Klaas, Rainer Maria
Kleeb, Hildegard
Klein, Annekatrin
Klein, David
Kleiner, Gereon
Klockewitz, Wolfgang
Knaak, Manfred
Knauer, Sebastian
Kneihs, Ursula
Koch, Sara Janina
Kocher, Philippe
Koehlen, Benedikt
Köhler-Scharlach, Gunda
Köhler, Heidi
Köhler, Wolfgang
Köhn, Christian
Koenen, Rolf
Körber, Till Alexander
Kolb, Oliver
Kolly, Karl-Andreas
Kolodin, Elza
Komen, Paul
Kondratjewa, Larissa
Kontarsky, Alfons
Kontarsky, Aloys
Kontarsky, Bernhard
Kornieko, Alexei
Koroliov, Evgenij
Kostadinova, Belina
Krämer, Sieglind
Krajnew, Wladimir
Krassenbaum, Ilona
Kretschmar-Fischer, Renate
Kretzschmann, Hartmut
Kretzschmar, Hermann
Kriete-Ahringsmann, Brigitte
Kröger, Olav
Kroidl, Malte
Kropfitsch, Johannes
Krüger, Matthias S
Krumpöck, Florian
Kübler, Wolfgang
Kühnl, Wolfgang
Kuerti, Anton
Kuhn, Hansjürg
Kuhnert, Rolf
Kulek, Robert
Kunert, Regina
Kunz-von Gymnich, Peter Josef
Kupfernagel, Gabriele
Kupiec, Ewa
Kuroe, Shoko
Kutrowatz, Eduard
Kutrowatz, Johannes
Lallinger, Dieter
Lang, Bernhard
Lang, Lang
Lang, Peter
Lang, Peter Helmut
Lang, Yvonne
Langlotz, Lukas
Lapitzkaja, Elena
Larcher, Thomas
Largacha, Julio
Larson, Andrew Clifford
Lasheras, Edmundo
Leander, Thomas
Lee, Mi-Joo
Lehmstedt, Sigrid
Lehrbaumer, Robert
Leibnitz, Wolfgang
Lein-Edelstein, Irina
Leonardy, Robert
Leonskaja, Elisabeth
Lessing, Kolja
Leuschner, Jacob
Leuschner, Michael
Lewinski, Claudia von
Leygraf, Hans
Li, Yundi
Lichtfuss, Martin
Lieske, Joh Christoph
Linder, Klaus
Lippert, Manja
Lisy, Oliver
Liu, Chun Wei
Lively, David
Lobanov, Vassily
Lörscher, Helmut
Löser, Christof M
Lonquich, Alexander
Lortie, Louis
Losonczy, Andor
Lu, I-Tsen
Lubimov, Alexei
Ludwig, Günter
Lühr, Jens
Lüthy, Jürg
Lüthy, Susy
Lungu, Theodora
Lutz, David
Lux, Erika
Madatova, Julia
Maffei, Fabio
Maier, Bernhard
Maisenberg, Oleg
Malikova, Anna
Manasi, Matthias
Mansker, Carl

Manz, Wolfgang
Marchand, André B
Marian, Johannes
Marnitz, Heinz-Ludwig
Marsoner, Ingrid
Marton, Cristina
Maruko, Hiroko
Matthies, Silke-Thora
Maus, Frank
Mauser, Siegfried
Maxsein, Ludger
May, Eva-Maria
Mayer, Eckehard
Mayer, Guido
Mazzola, Patrizio
Mechsner, Birgit
Mechsner, Wolfgang
Meister, Cornelius
Meister, Rudolf
Mell, Ulrike
Mendl, Stefan
Merkle, Angelika
Merle, Karin
Mersson, Boris
Merz, Horst Maria
Meyer, Krzysztof
Meyer, Michael
Micault, Jean
Michel, Susanne
Migdal, Marian
Miki, Hiroko
Millet, Florence
Minkoff, Ulrike
Mirón, Julio
Mishory, Gilead
Mitrenga-Wagner, Urszula
Mitsuyu, Mariko
Möller-Spaemann, Stephan
Möller, Johannes
Moll, Phillip
Mommertz, Dirk
Montandon, Christiane
Montani, Alexa
Monti, Luca
Moog, Joseph
Mórocz, Klara
Mosch, Judith
Müller-Beißenhirtz, Michael
Müller-Steinbach, Wolfgang
Müller, Dario C
Müller, Florian
Müller, Victor
Mund, Uwe
Musalek, Konrad
Mustonen, Olli
Nagakomi, Tamiko
Natiello-Spiller, Silvia
Natochenny, Lev
Nattkemper, Ralf
Nauck, Gunnar
Naumann, Karl-Heinz
Navaee, Neda
Nawroth, Dietmar
Nebel, Angelika
Nebolsin, Eldar
Nedelkovic-Baynov, Tomislav
Nesterenko, Elena
Neumann, Alexandra
Nicklaus, Wolfgang
Niebuhr, Ulrich
Nieder, Fabio
Nikiforova, Anna
Nordhoff, Hubert
Nüßlein, Ulrike
Numajiri, Ryusuke
Nussbaum, Barbara
Nußbaum, Günther
Nussbaum, Marlène
Nussbaumer-Eibensteiner, Maria
O'Byrne, Patrick
Oakden, Christopher
Oczkowski, Piotr
Önder, Ferhan
Önder, Ferzan
Oertzen-Rocha, Maria Helena von
Oetiker, Adrian
Ogasawara, Tomoko
Ommer, Norbert
Oppitz, Gerhard
Orth, Peter
Ott, Daniel
Otto, Gerlinde
Ovens, Tim
Owens, Robert Lee
Padrós, David
Pagitsch, Florian
Palomo, Lorenzo Martínez
Pantillon, Marc
Pape, Margarethe
Paratte, Renée
Park, In-Kun
Paul, Berthold
Paul, Stefan
Pavlovska, Ruslana
Pawlik, Markus
Peace, James
Pelinka, Werner
Pepi Alós, Jorge
Perl, Alfredo
Perretti, Claudine
Pertis, Attila
Peter, Frank
Peters, Gregor
Petersen, Christian
Petkova, Rada
Pezzotti, Daniel
Pfeiffer, Anna
Pfeiffer, Konrad
Pfister, Bernard
Phear, Gwendolyn
Philipp, Günter
Piazzini, Carmen
Pick, Karl-Heinz
Pirklbauer, Gerhard Ruprecht
Pirner, Gitti
Pistorius, Andreas
Plagge, Rolf
Pletnev, Mikhail
Pohl, Klaus-Georg
Polionov, Wladik
Polus, Eugen
Poncette, Xaver
Ponti, Michael
Ponzer, Elga
Prechtl, Franz
Pressler, Menahem
Preu, Pia
Privano, Elena
Profos, Felix
Pruggmayer-Philipp, Ute
Pühn, Michaela
Rabinovitch-Barakovsky, Alexandre
Radermacher, Erika
Radicke, Camillo
Raithel, Hugo
Raithel, Monika
Ramdohr, Niclas
Ramisch, Beate
Ramming, Rudolf
Randalu, Kalle
Rathmann, Sebastian
Ratusinski, Andrzej
Rebstein, Antoine
Redfern, James
Regös, Robert
Reimann, Aribert
Reimann, Jürgen
Reinhold, Günter
Reinhold, Walter
Reischl, Erik
Reitz, Karin
Rentsch-Bauer, Brigitte
Reymond, Stéphane
Rheault-Scherer, Mary Lise
Riccabona, Norbert
Richter, Friederike
Richter, Heidrun
Richter, Konrad
Riedel, Wolfgang
Rieder, Franziska
Rieger, Wolfram
Risler, Sébastien
Rissin-Morenova, Olga
Ritter, Christoph
Rivinius, Paul
Rodewald, Heidrun
Röder, Annerose
Röhm, Daniel
Römhild, Inge-Susann
Rössler, Alexander
Rogé, Pascal
Roggenkamp, Peter
Rohden, Birgid von
Rohmann, Imre
Rojas-Lazo, Daniel
Roll, Michael
Ronner, Petra
Roos, Rainer
Rosar, Inge
Rosenberg, Gabriel
Rosenfeld, Marian
Rost, Susanne
Roth, Esther
Roux, Isak
Rudiakov, Shoshana
Rudin, Alexander
Rudy, Mikhail
Ruedi-Nicolau, Olivia
Rüegg, Claudia
Ruesch, Myriam
Rütti, Carl
Russell, Oswald
Rydholm, Michael
Sagara-Schuchter, Akiko
Sallmann, Klaus
Salmutter, Eva
Sassmann, Albert
Satterthwaite, Mary
Sauer, Alma
Sava, Georg
Sawade, Ingeborg
Say, Fazil
Schäfer, Michael
Schäffer, Thorsten
Schaetz, Tobias
Schalker, Arnold
Schapira-Marinescu, Ilana
Scharf, Johann-Walter
Schenck, Georg Friedrich
Scheps, Ilja
Scherbakov, Konstantin
Scherrer, Josef Anton
Scheurich, Marga
Schilde, Klaus
Schille, Tasso
Schiller, Christoph Markus
Schirmer, Markus
Schirmer, Ragna
Schlabertz, Dietmar
Schleiermacher, Steffen
Schlippenbach, Alexander von
Schlotter, Michaela
Schlüter Corbaz, Françoise
Schlüter, Michael
Schmid Wyss, Hanny
Schmid, Brigitte
Schmid, Oscar
Schmidt-Oberländer, Gero
Schmidt, Annerose
Schmiedel, Reinhard
Schmitz, Hans-Joachim
Schmitz, Heinz-Eberhard
Schneider Rüfli, Gertrud
Schneider, Eric
Schnier, Petra
Schnitzler, Vera von
Schnyder, Oliver
Scholl, Eckehard
Schoor, Wolfgang
Schreiber, Hanns-Martin
Schröder, Jürgen
Schroeder, Marianne
Schtschedrin, Rodion
Schubert, Tanja
Schubert, Thomas
Schuch, Herbert
Schütz, Siiri
Schulte-Bunert, Dieter
Schulter, Csilla
Schultsz, Jan Christoffel
Schulze, Jan Philip
Schuster, Claus-Christian
Schwertmann, Hermann
Sedghi, Maryam
Seebass, Stephan
Seehafer, Reinhard
Seibert, Christian
Seidel, Herbert
Seidlhofer, Maria-Regina
Sellheim, Eckart
Shekov, Ivan
Siecke, Jakob
Sigrist, Pascal
Simon, László
Singer, Pavel
Singer, Ursula
Skigin, Semjon
Skuja, Maris
Smirnov, Juri
Smith, Martin
Smith, Trefor
Sörup, Jürgen
Solare, Juan María
Solter, Fany
Sonnenburg, Klaus
Soós, Adrienne
Sostmann, Alexandra
Speidel, Sontraud
Speiser, Margrit
Spencer, Charles
Spiri, Anthony
Spring, Rudi
Squire, Cyril
Stadtfeld, Martin
Staffel, Andreas
Stalze, Gerhard
Stancul, Jasminka
Stange, Markus
Steen-Nøkleberg, Einar
Steinbacher, Alexander
Steinbrecher, Brigitta
Steinhöfel, Thomas
Stejskal, Paul
Stelzenbach, Susanne
Stenzl, Hans-Peter
Stenzl, Volker
Sternlicht, Elzbieta
Steubing, Roxana
Stibi, Regula
Stiefel, Christoph
Stoecklin, Ute
Strobel, Frank
Strobl, Andrea
Strub, Hans-Jürg
Stucki, Hans Walter
Studer, Michael
Stulberg, Neal
Sublet, Pierre
Sudbin, Yevgeny
Suhr, Annette
Šuklar, Kristina
Sulzen, Donald
Surberg, Ernst
Sutter, Claudia Catrina
Szabó, Szigmond
Szász, Tibor
Szczepanska, Barbara
Szidon, Roberto
Tachezi, Herbert
Taillard, Pierre-André
Tanaka-Thomann, Eva
Tanski, Claudius
Tarkmann, Andreas N
Tatubaeva, Saule
Taubert, Christoph
Tchiba, Martin
Thalmann, Michael
Thauer, Edith
The, Yu-Lien
Theiner, Lieselotte
Thieme, Helga
Thies, Volker
Tocco, James
Török, Enikö
Tomas, Markus
Toradze, Alexander
Torger, Arne
Trachsel, Matthias
Trauer, Friederike
Trenkner, Evelinde
Triendl, Oliver
Trifan, Marioara
Trinks, Constantin
Trummer, Sigrid
Tsuda, Michiko
Tsuruoka-Barth, Hiroko
Ueckermann, Ernst
Ugorski, Anatol
Uhde, Michael
Uhlig, Florian
Unger, Johannes
Ungureanu, Mihai
Urban, Ulrich
Ursuleasa, Mihaela
Valdma, Arbo
Vardi, Arie
Várjon, Dénes
Vavic, Anika
Veljkovic, Natasa
Venzago, Mario
Vergara-Pink, Betty
Veronesi-Kagen, Yasuko
Versteegh, Bob
Verwey, Ansi
Veselka, Stefan
Vetre, Oscar Rino
Vettraino, Fabio
Vickers, Catherine
Vila, Gerardo
Vintschger, Jürg von
Vitlin, Alexander
Vladar, Stefan
Vogt, Lars
Voigtländer, Roland
Volkmann, Joachim
Volodos, Arcadi
Vorraber, Franz
Waas, Peter
Wagenhäuser, Wolfgang
Wagner-Artzt, Manfred
Wagner-Dix, Doris
Wagner, Anna
Wagner, Barb
Wagner, Christoph Maria
Wagner, Karl
Wahren, Tobias
Walachowski, Anna
Walachowski, Ines
Walbeck, Martina
Wallisch, Gottlieb
Walliser, Patrick
Walser, Christine
Wambach, Bernhard
Watzinger, Wolfgang
Weber, Andreas
Weber, Margrit
Weber, Mathias
Weber, Reinhold
Weichert, Caroline
Weichert, Gregor
Weidinger, Georg
Weingardt, Oksana
Weinrebe, Helmut
Welsch, Ulrich
Wendeberg, Michael
Wendling, Grazia
Wernhard, Eike
Wessel, Michael
Wetz, Bernhard
Whittlesey, Christine
Wickel, Hans Hermann
Wickihalder, Nicole
Wiedemann, Herbert
Wiedenbach, Johanna

Wiedner-Zajac, Elzbieta
Wiek, Florian
Wierig, Matthias
Wiesemann, Günther
Wiget, Ueli
Wild, Florence
Wilhelmi, Michael
Wili, Anmari
Will, Karl-Heinz
Willisegger, Hansruedi
Wingrich, Peter
Winter, Manon-Liu
Wintsch, Michel
Wirssaladze, Elisso
Wirth-Matsuda, Yasuko
Wirtz, Tiny
Wolf, Carl
Wolf, Karsten
Wolfensberger, Rita
Wolleitner, Karl
Wollenweber, Birgitta
Wollny, Michael
Wolschina, Reinhard
Woyke, Andreas
Wrochem, Johann Gottlob von
Wünsch, Christoph
Wyss, Gérard
Yamashita, Toyoko
Yang, Tianwa
Yuguchi, Miwa
Zabel, Frank
Zabner, Antoinette van
Zacharias, Christian
Zack, Bernd
Zander, Heinz Joachim
Zbinden, Julien-François
Zenzipér, Arkadi
Zeyen, Justus
Zilberstein, Lilya
Zimanowski, Cornelia
Zitterbart, Gerrit

Orgel

Albrecht, Hansjörg
Alex, Constantin
Altner, Stefan
Amtmann, Emanuel
Andres, Daniel
Angerer, Paul
Arx-Widmer, Hanni von
Baier, Stefan
Balli, Heinz
Bares, Peter
Baumgratz, Wolfgang
Becker-Foss, Hans-Christoph
Beele, Altfried
Bégert, Mady
Bernecker, Michael
Bernreuther, Martin
Bigenzahn-Ullmann, Elisabeth
Bilgram, Hedwig
Bleicher, Stefan J
Böhme, Rainer
Böhme, Ulrich
Bönig, Winfried
Böttinger, Peter
Bolliger, Albert
Bossert, Christoph
Bovet, Guy
Bräutigam, Volker
Bratschke, Detlef
Brembeck, Christian
Brennan, John Wolf
Busch, Hermann J
Buwen, Dieter
Capek, Wolfgang
Chorzempa, Daniel
Clasen, Hans-Werner
Claus, Rolf Dietrich
Comploi, Franz
Crivellaro, Paolo
Dalitz, Joachim
De Pastel, Karen
Delor, François
Derungs, Gion Antoni
Deutsch, Helmut
Dijk, Pieter van
Doeselaar, Leo van
Düchtel, Norbert
Dufour, Marie
Dutka, Jacek
Eichenlaub, Markus
Eisenberg, Matthias
Emmert, Heidi
Engels, Stefan
Erdmann, Johannes von
Ericsson, Hans-Ola
Ernst, Jan
Essl, Jürgen
Felix, Michael
Feller, Harald
Fleinghaus, Helmut
Flury, P. Theo
Frieberger, Rupert Gottfried
Friedrich, Felix
Frischknecht, Hans Eugen
Fritschi, Beat
Fritz, Patrick
Furrer, Ulrich
Garcia-Ferreras, Arsenio
Gárdonyi, Zsolt
Gast, Arvid
Gebhard, Hans
Geffert, Johannes
Gehann, Horst
Glaus, Daniel
Gleim, Helmut
Gottschick, Friedemann
Graf, Wolfram
Grieder, Stephan
Gut, Ursula
Haarbeck, Hans-Joachim
Haas, Bernhard
Halbartschlager, Alfred
Hammer, Christoph
Haselböck, Martin
Hedinger, Christine
Heinemann, Rudolf
Herchenröder, Martin
Herz, Friedemann
Hinsche, Siegfried
Hinterberger, Marlene
Hintzenstern, Michael von
Hocke, Wolfgang
Hoppe, Michael
Horn, Erwin
Hürholz, Margareta
Hüttel, Walter
Hulliger, Annerös
Jacob, Werner
Jacomet, Johann G
Jakobi, Jörg
Janssen, Thiemo
Jeandin, Richard-Anthelme
Kabitz, Christian
Kaleschke, Martin
Kapfer, Herbert Christian
Kaunzinger, Günther
Kircheis, Friedrich
Kitaya, Naoki
Klomb, Carsten
Klomp, Carsten
Knappe, Lothar
Koch, Felix
Koito, Kei
Korte, Heinrich
Krämer, Leo
Krapp, Edgar
Krieg, Gustav Adolf
Kronsteiner, Hemma
Kühne, Christian
Lang, Klaus
Laubscher, Philippe
Lauer, Eberhard
Laukvik, Jon
Laux, Torsten
Layer, Gerhard
Lehmann-Girod, Janine
Lehmann, Christoph
Lehrbaumer, Robert
Leonardy, Bernhard
Luchterhandt, Gerhard
Lucke, Hannfried
Lücker, Martin
Lusser, Ludwig
Lutz, Rudolf
Lutz, Verena
Luy, André
Manz, André
Maranca, Elisabeth
Marnitz, Heinz-Ludwig
Marx, Bernhard
Mathis-Blöchliger, Imelda
Mattmann, Erwin
Maureen, Karl
Mechler, Thierry
Meinel, Friedrich
Meister, Hubert
Menger, Reinhardt
Meniker, Zvi
Metzger, Heribert
Meyer, Rudolf
Michel-Ostertun, Christiane
Mitterer, Wolfgang
Möller, Hans-Dieter
Moosmann, Christoph Maria
Müller, Thomas
Neuenschwander, Jürg
Nowak, Tomasz Adam
Oberson, René
Pagitsch, Florian
Palm, Stefan
Paulmichl, Herbert
Peretti, Pier Damiano
Peters, Gregor
Planyavsky, Peter
Prassl, Franz Karl
Pulfer, Jean-Marc
Radulescu, Michael
Rainer, Ingomar
Raiser, Christian-Markus
Rapf, Kurt
Rehfeldt, Wolfram
Röder, Annerose
Röhl, Uwe
Rößler, Almut
Rogg, Lionel
Rohmeyer, Hartmut
Rondthaler, Andreas
Rost, Gunther
Roth, Daniel
Rothert, Thomas
Rothkopf, Andreas
Rübsam, Wolfgang
Rütti, Carl
Sander, Martin
Sauer, Thomas
Schaetz, Tobias
Scheidegger, Rudolf
Scherers, Bernd
Schlee, Thomas Daniel
Schmeding, Martin
Schmitt, Christian
Schnorr, Klemens
Schönberger, Albert
Schöne, Hans-Dieter
Schönstedt, Rolf
Scholz, Rudolf Franz Josef
Scholz, Viktor
Scholze, Hansjürgen
Schröder, Andreas
Schubert, Heino
Schulte-Bunert, Dieter
Schuster, Hanns-Christoph
Schuster, Martha
Seckinger, Konrad
Seitz, Werner
Sieber, Wolfgang
Soergel, Gero
Stamm, Hans-André
Stangier, Roland Maria
Stender, Ernst-Erich
Stephanides, Michael
Sterl, Raimund W
Stockmeier, Wolfgang
Stoiber, Franz Josef
Stracke, Hans Richard
Strohhäcker, Martin
Summereder, Roman
Tachezi, Herbert
Tausch, Karin
Trefz, Hermann
Trompke, Josef
Trummer, Johann
Unger, Johannes
Vaucher, Jean-François
Veser, Gerhard
Vogel, Harald
Voppel, Konrad
Wachowski, Gerd
Wagler, Dietrich
Wagner, Karl Friedrich
Walter, Joachim
Wauer, Hans Günther
Wegele-Kefer, Ulrike Theresia
Wehrle, Heinz
Weiherer, Christian
Weinberger, Gerhard
Wellmann, Dieter
Wieland, Friedemann Johannes
Wille, Torsten
Wingrich, Peter
Winklhofer, Friedemann
Zerer, Wolfgang
Zimmermann, Renate

Schlag- und Rhythmusinstrumente

Jungnickel, Karl
Kerschbaum, Martin
Ludat, Ulrich
Peter, Alexander
Punto, David
Sadlo, Peter
Schmidt, Bernhard
Sommer, Armin
Steffen-Wittek, Marianne
Thönes, Jo
Würzebesser, Mario
Zenker, Falk
Zöbl, August

Cymbal

Gaggero, Luigi
Würsch, Matthias
Zlatnikova, Katerina

Hackbrett

Ilgenfritz, Heidi

Pauke

Agatha, Rainer
Bayer, Hans-Jörg
Bjelik, Martin
Blumberg, Thorsten
Böhnlein, Stephan
Borst, Werner
Brust, Holger
Caskel, Christoph
Cichon, Joachim
Cürlis, Robert
Cürlis, Stephan
David, Ana
Gagelmann, Stefan
Graf, Konrad
Greifensteiner, Markus
Hansen, Jörn
Herzog, Heiner
Hilgers, Ernst-Wilhelm
Hilse, Jens
Hopfer, Joachim
Jungmann, Michael
Kittlaus, Stefan
Kühn, Werner
Linke, Marcus
Melzer, Willi
Miyazaki, Zaijiro
Nietzsche, Winfried
Peschke, Raimund
Ramlow, Axel
Rapp, Stefan
Reda, Klaus
Reipsch, Hans-Joachim
Riedhammer, Arnold
Rückel, Guido
Sadlo, Peter
Schlenk, Arno
Schmidt, Michael
Schönfeld, Torsten
Schöttler, Romanus
Schweda, Tobias
Stopora, Stefan
Stracke, Peter
Thärichen, Werner
Trauner, Manfred
Trog, Erich
Weißenauer, Matthias
Wirweitzki, Peter

Percussion

Blank, William
Brustaux, Yves
Ceuninck, Laurent De
Eser, Matthias
Favrod, Maxime
Gaggero, Luigi
Gläßer, Hendrik
Grubinger, Martin
Haag, Babette
Häfner, Michael
Kostowa, Wessela
Kremling, Bernd
Mühlbacher, Christian
Myćka, Katarzyna
Neffe, Roland
Paul, Berthold
Racz, Gyula
Sawade, Ingeborg
Schulkowsky, Robin
Schwander, Hermann
Volpé, François
Wiesemann, Günther
Zivkovic, Nebojsa Jovan

Schlagzeug

Anhalt, Berthold
Bähr, Frank
Baumann, Gerrit
Becher, Tilo
Behrend, Jan F
Blumberg, Thorsten
Boettger, Andreas
Borst, Werner
Breitlow, Matthias
Brunner, Christoph
Brunner, Ernst
Buess, Daniel
Cichon, Joachim
Daum, Willy
Eser, Matthias
Favre, Pierre
Froleyks, Stephan
Funke, Hellmut
Gantenbein, Martin
Gläßer, Gerhard
Gläßer, Hendrik
Graf, Konrad
Greifensteiner, Markus
Grubinger, Martin
Hansen, Jörn
Hason, Omri
Heinrich, Jürgen
Kälberer, Oliver
Kaul, Matthias
Kittlaus, Stefan
Knoop, Jens
Krause, Martin
Kuhn, Dennis
Lang, Franz
Lode, Klaus
Lutz, Thomas

Maeder, Tobias
Mehlig, Karl
Meixner, Thomas
Melzer, Willi
Mühlbacher, Christian
Müller, Boris
Nakamura, Isao
Niggli, Lucas
Ogawa-Helferich, Rumi
Papadopoulos, Wassilios
Pattmann, Michael
Prihoda, Kurt
Pyras, Olaf
Rapp, Stefan
Rieben, Margrit
Riedhammer, Arnold
Roderburg, Christian
Römer, Rainer
Rothbrust, Dirk
Sadlo, Peter
Salmen, Edith
Schenker, Gerd
Schlenk, Arno
Schmidt, Michael
Schneider, Wolfgang
Schöttler, Romanus
Schwärzler, Klaus
Seyler, Achim
Stakhov, Slavik
Steinbauer, Johannes
Stengert, Gerhard
Stopora, Stefan
Treßelt, Klaus
Walter, Stefan Johannes
Windbacher, Gerhard
Wirweitzki, Peter
Witzmann, Thomas
Würsch, Matthias
Wulff, Bernhard

Xylophon

Bàcanu, Bogdan
Borgardts, Ingo Sebastian
Bott, Oli
Favrod, Maxime
Hampel, Gunter
Myćka, Katarzyna
Neffe, Roland
Prommel, Peter
Roderburg, Christian
Stengert, Gerhard

Elektronische Instrumente

Hajdu, Georg
Hug, Charlotte
Koch, Hans
Niehusmann, Frank
Satke, Wilfried

Live-Elektronik

Bosshard, Andres
Marx, Günter
Stockhausen, Simon
Tutschku, Hans

Synthesizer

Hintzenstern, Michael von
Stockhausen, Simon

Sänger

Abdrazakov, Askar
Acker, Eva
Ackermann, Kurt
Adler, Bernhard
Adler, Mark
Agache, Alexandru
Aigner, Oliver
Ainsley, John Mark
Aken, Frank van
Akerlund, Lina Maria
Alagna, Roberto
Alamilla, Glen
Albert, Marian
Albright, Dale
Alessandri, Reinhard
Alexandre, Ingrid
Alicca, Vojtech
Alizade, Louisa
Allemano, Carlo Vincenzo
Almaguer, Carlos
Álvarez, Carlos
Amberger, Wolfgang
Ambros, Hermi
Amesmann, Eugene
Amou, Akie
Andel, Gabriele
Andersen, Hilke
Andersson, Thilo
Andree, Elmar
Ansorge, Christina
Antonacci, Anna Caterina
Antonucci, Stefano
Aparicio, José
Arandes, Elaine Ortiz
Arbel, Carsten
Arellano, Margarita De
Arenkens, Paul
Arguirov, Kostadin
Arlt, Konrad
Årman, Erik
Arndt, Sylvia
Arnold, Rotraut
Arróniz, Mauricio
Arsentieva, Joulia
Arteta, Ainhoa
Arvidsson, Björn
Asawa, Brian
Atamanchuk, Natalia
Athanasiadis, Caroline
Attenberger, Evelyn
Auer, Erich
Auer, Gerhard
Aufrichtig, Karl
Augenstein, Kurt
Aurich, Frieder
Auweiler, Birgit
Avramova, Snejinka
Azarmi, Nassrin
Baba, Michael
Babajanian, Karine
Bacelli, Monica
Bach-Röhr, Christiane
Bach, Marion
Bacher, Martin
Bachtadze, Michael
Backlung, Ann-Marie
Bader, Hans-Dieter
Baehr, Guido
Bähr, Hannelore
Bähre, Katrin
Bänsch, Patricia
Baer, Axel
Bahl, Arno
Baier, Barbara
Bakow, Boris
Bakst, Lawrence
Balazs, Lorant
Ball, Manfred
Ballhaus, Lothar
Balmelli, Bruno
Banaudi, Antonella
Baniewicz, Vera
Bannon, Kenneth
Banse, Fred
Barabás, Sári
Baranowska, Barbara
Baransky, Pavel
Baráthová, Petra
Barsky, Irina
Barstow, Josephine
Bartolova, Janet
Barz, Ulrike
Basa, Sibrand
Baschung, Christina
Basile, Alexia
Basiner, Marc
Batey, Paul
Bauer-Huppmann, Julia
Bauer, Andreas
Bauer, Gesine
Bauer, Hartmut
Bauer, Peter
Baumann, Birgitt
Baumann, Franziska
Baumann, Helmut
Baumgärtner, Gunda
Baumgartner, Tanja Ariane
Bayley, Clive
Bazsinka, Zsuzsanna
Beaumont, Francisca
Beaumont, Maite
Bechstein, Kathrin
Becht, Hermann
Becht, Nicola
Beck, Johannes
Bečka, Daphne
Becker Urban, Franz
Becker, Andreas
Becker, Josef
Begemann, Hans Christoph
Behle, Daniel
Beimpold, Ulrike
Beisert, Rosemarie
Belamaric, Neven
Bell, Emma
Bell, Kevin
Béltran, Tito
Bengl, Volker
Bennett, Marilyn
Berau, Thomas
Bereznai, Zsuzsa
Berger, Cornelia
Bergmann, Tanja
Bermudez, Gabriel
Bernardy, Hélène
Berndt, Anke
Berner, Cordula
Berning, Judith
Bernsdorf, Gabriele
Berry, Anita
Berry, Judy
Bertram, Manfred
Bespalovaite, Irena
Best, Julius
Best, Matthew
Beyer, Hans-Joachim
Beyer, Susanne
Bezuyen, Arnold
Bickers, Helen
Bidlingmaier, Inge
Bidzinski, Boguslaw
Bieber, Clemens
Biebuyck, Wolfgang
Biegel, Erik
Biehal, Viktoria
Bieri, Adrienne
Bierkamp, Andreas
Bihler Shah, Rose
Bik, Jeroen
Bill, Eveline Inès
Binder, Beppo
Binder, Franz
Bird, Jennifer
Birke, Corinna
Birschel, Tilman
Birve, Marie
Bischof, Hubert
Bitterlich, Antje
Bitterlich, Tom
Bjerno, Majken
Blacyczek, Annette
Blanchard, Sabine
Blanke, Heidi
Blattert, Susanne
Bley, Stefan
Blochwitz, Hans Peter
Blohn, Sabine von
Blomberg, Tilmann von
Blüml, Georg
Blumeier-Braun, Christiane
Bobach, Björn
Bobby, James
Bobro, Bernarda
Bocelli, Andrea
Bocharova, Oxana
Bock, Hans Jörg
Börner, Heiko
Böttcher, Thomas
Bogan, Karen
Bogner, Andrea
Boguslawski, Ruth
Bohrenfeldt, Dorit
Boissy, Nathalie
Bolstadt, Anne
Bone, Gabriela
Bonilla-Torres, Daniel
Bonitatibus, Anna
Bonitz, Fred
Bonnemann, Heinz
Boog, Maya
Borchard, Kirsten
Bording, Peter
Borer, Pascal
Bormann, Ruth
Bornemann, Barbara
Borowska-Isser, Joanna
Borowy, Gabriele
Borst, Martina
Bortnick, Evan
Bosshart-Mumme, Beate
Bostridge, Ian
Both, Sarah
Bovensmann, Arno
Boving, Stephan
Bowers, Evan
Bozhkov, Milen
Brachmann, Hardy
Brady, Paul
Brandstetter, Adelheid
Brandstetter, Rainer
Brandt, Karl-Heinz
Branisteanu, Horiana
Branoff, Peter
Bratschke, Detlef
Brauer, Ruth
Braun, Rolli
Braun, Rupprecht
Breckheimer, Björn
Breschke, Manfred
Briban, Roxana
Bric, Ion
Brilova, Elena
Brinkmann, Bodo
Britton, Rhodri
Brix, Kerstin
Broad, Charles Robin
Brock, Hannes
Brockhaus, Daniel
Bröcheler, John
Brohm, Sabine
Broitman, Ruben
Bronder, Peter
Bronisch, Kai
Brownless, Edmund
Bruckschen, Jörg
Brückel, Gerhard
Brückner, Jörg
Bruggmann, Kornelia
Bruneder, Wolfgang
Bruns, Benjamin
Bucelis-Dehn, Jutta
Buchholz, Helmut
Büchner, Björn
Bühler-Fey, Rosemarie
Bünten, Wolfgang
Büsching, Rainer
Büse, Rainer
Büttner, Ute
Buffle, Christine
Bujor, Metodie
Bullock, Susan
Bundgaard, Sine
Burden, William
Burg, Wolfgang von der
Burger, Thomas
Burkert, Dorothée
Burksi, Arkadius
Burski, Arkadius
Busch-Ebel, Ulrike
Busch, Klaus
Busert, Patrick
Byers, Mardi
Byrne, Elizabeth
Cabiria, Laura
Calleja, Joseph
Calvano Forte, Carmela
Calvert, Mark
Candao, Abdul
Cangemi, Veronica
Capell, Manfred
Caproni, Bruno
Cara, Selcuk
Carlsen, Toril
Carlson, Lenus
Carosi, Micaela
Carrara, Mario
Carrey, Susann
Carter, Barbara
Cave, Adrian
Caves, Erin
Cerny, Florian
Cerny, Stefan
Chadim, Michael
Chafin, Robert
Chamandy, Jennifer
Chang, Xu
Chaundy, Stephen
Chavez, Monica
Chen, Yu
Chevalier, Nicole
Chiummo, Umberto
Chiuri, Anna-Maria
Choi, Seung Jin
Choukeyn, Plamen
Christensen, Birgitte
Christian, Hans
Christova, Penka
Christoyannis, Anastassis
Chuchrova, Liuba
Ciofi, Patrizia
Clark, Graham
Clementi, Anja
Cloete, Andries
Cogran, John
Cole, Deborah Lynn
Coleman, Barry
Collis, Andrew
Commichau, Jürgen
Compes, Werner
Concetti, Andrea
Connolly, Sarah
Constantin, Rudolf
Constanza, Petra
Cooley, Thomas
Cooper, Randall
Cordier, David
Cornelius, Susanne
Cornetti, Marianne
Corthy-Hildebrandt, Bettina
Cory, Daniel
Costea, Caterina Cellia
Coston, Jesse
Cramm, Barbara
Crawford, Adele
Creswell, Janice
Crohns, Jennifer
Cuento, Lemuel
Cura, José
Curtis, Emma
Czekala, Pawel
Czesla, Evelyn
Czurda, Jutta
D'Arcangelo, Ildebrando
Dahm, Christian
Dalal, Gregor
Damato, Adriana
Damm, Klaus
Danner, Thorsten
Dashuk, Maya
Daszak, John
Daubner, Otto
David, Nicola
Davis, E. Lee
Davislim, Garrie
Dean, Mikel

Degebrodt, Jana
Dehler, Monika
Delamboye, Hubert
Delavan, Mark
Denecke, Rotraud
Denhof, Robert
Denkinger, Sven Olaf
Denzler, Doris
Derilova, Jordanka
Derntl, Doris
Dessi, Daniela
Dewal, Martha
Diadkova, Larissa
Diamond, Randy Dean
Diaz, Mario
Dick, Johannes
Dickie, John
Diefenthal, Margit
Dierig, Gerhard
Dietrich, Stefanie
Dietrich, Thomas
Dimitrov, Ivan
Dittebrand, Jürgen
Dittmann-Bennert, Rosemarie
Dittmann, Peter
Djambazian, Daniel
Djavadi, Asita
Dobay, Kinga
Dobrzanska, Barbara
Döring, Ute
Dolezal, Christian
Doll, Ingrid
Doneva, Svetlana
Dosch, Wolfgang
Doss, Mark S
Dostal, Ulrike
Dott, Daniela
Dovis, Pieter Willem
Drescher, Christian
Drese, Cornelia
Dressel, Matthias
Dreßler, Günter
Drole, Ruben
Dugger, Adrienne
Dumitrescu, Dan Paul
Dunaev, Andrej
Dunbar, Lea-ann
Duras, Johanna
Dustdar, Ramin
Dziecielski, Tomasz
Ebbecke, Michael
Ebel, Gudrun
Eberle, Friedhelm
Ebertseder, Gabriele
Eberz, Alfons
Ebi, Guido
Ebner, Karl-Michael
Ecker, Heinz Klaus
Eckermann, Antje
Edelbauer, Martin
Eger, Birgit
Eggimann, Ulrich Simon
Ehrensperger, Gisela
Ehrensperger, Vera
Ehrich, Hans-Hermann
Ehrke, Sven
Ehrler, Hans-Heinrich
Eichler, Jörn
Eickelmann, Udo
Einarsdottir, Thora
Eisenburger, Michael
Ek, Klara
El Sigai, Ingrid
Elbe, Christina
Elbert, Jochen
Elchlepp, Isolde
Elina, Päivi
Elliott, James
Elmgren, Asa
Elsner, Christian
Elsner, Fred
Elverum, Ann-Christin
Emerson, Stewart
Ender, Thomas
Engelhardt, Christian A
Engelhardt, Susanne
Enguita, Eugenia
Enns, Norma
Enßle, Nicole
Erbe, Teresa
Erdmann, Mojca
Erkrath, Carl-Heinz
Erkrath, Hagen
Erlwein, Helmuth M
Ernst, Frank
Ernst, Gerhard
Ernst, Hartmut
Ernst, Norbert
Erpenbeck, Christoph
Esper, Simeon
Esterházy, Christine Gräfin
Estlinbaum, Elke
Eterno, Sara
Evangelatos, Daphne
Evans, Rebecca
Facini, Francesco
Fadayomi, Morenike
Fahnert, Kai-Uwe
Fahrland, Marco
Falk, Holger
Fankhauser, David-Erich
Fankhauser, Renate
Fantini, Norma
Fardilha, Jóse
Farina, Franco
Favaro-Reuter, Jeanette
Faveyts, Tijl
Feder, Astrid von
Feldmann, Nina
Felke, Claudia
Fenner, Sören
Fenton, Eric
Fergurson, Karen
Ferlin, Daniel S
Fernandes, Debra
Fernandez, Andion
Feuerstein, Herbert
Feyerabend, Klaus
Fieber, Pavel
Fiedler, Dietmar
Fiehl, Horst
Filip, Felicia
Fingerle, Günther
Finke, Martin
Firrincieli, Sandra
Fischer-Poerschke, Andra
Fischer, Anne-Kathrin
Fischer, Annette
Fischer, Gudrun
Fischetti, Leandro
Fitzka, Heinz
Fleischmann, Thomas
Flöth, Michael
Flohr, Matthias
Flórez, Juan Diego
Födinger, Franz
Fontana, Gabriele
Forberger, Gesine
Ford, Bruce E
Ford, Sandra
Foretic, Silvio
Forstner, Josef
Foster, Catherine
Foster, Emma
Fracarro, Walter
Frank, Caroline
Franosch, Brigitte
Franz, Manolito Mario
Franz, Olaf
Freier, Jürgen
Frenzel, Annette
Frenzel, Kay
Frey, Jana
Friebel, Barbara
Fried, Anneliese
Friedl-Aventin, Ingeborg
Friedl, Werner
Friedrich, Horand
Fries, Jutta Maria
Friess, Frédérique
Fritschi, Beat
Frittoli, Barbara
Froemer, Angela
Fromm, Ines
Frost, James Daniel
Fuchs, Christian
Fuchs, Gabriele
Fuchs, Joachim
Fuchsberger, Hans
Fürst, Stella
Füssel-Harris, Yvonn
Fuhrmann, Inga
Fuhrmann, Ulrike
Fulgoni, Sara
Funkhauser, Kristine Larissa
Furch, Rainer
Furch, Roland
Furlanetto, Ferruccio
Furmancokova, Zdena
Fussenegger, Ingrun
Gabriel, Beate
Gade, Axel
Gadnitze, George
Gagnidze, George
Galander, Gisela
Galczuk, Tadeusz
Galkin, Nikolai
Galkin, Sonia
Gallardo-Domas, Cristina
Galliford, Brian
Gallo, Lucio
Ganassi, Sonia
Gann, Michael
Garciacano, Gerardo
Garczynski, Ute von
Gardner, Teresa
Garr, Michael
Garst, John
Garstenauer, Ernst
Gasser-Clerc, Evelyn
Gates, John T
Gazheli, Thomas
Gebauer, Bruno
Geber, Klaus
Gebhardt, Martin
Gebhart, Carola
Gebler, Anthony
Geipel, Dorothea
Geißler, Severin
Gemert, Richard van
Gemert, Theo van
Gennrich, Judith
Gens, Veronique
Gentile, Louis
Gentzen, Ulrich
Genzel, Alenka
Georg, Uta Christina
Gerlach, Sonja
Gerstberger, Christina
Gerstenberger, Katrin
Gersthofer, Frank
Gettler, Rachel
Gfrerer, Ute
Gheorghita, Ulpia
Gibson, Laurie
Giesecke, Nils
Giesecke, Nils
Gilbert, Barbara
Gilhofer, Eva
Gionfriddo, Roberto
Gipali, Giuseppe
Girolami, Renato
Giurca, Florentina
Glaser, Anette Yasmin
Glaser, Carola
Glass, Roland
Glatte, Jessica
Glountchadze, Naira
Glunz, Stefan
Godor, Antoine
Goebel, Elmar
Göetjes, Wiebke
Göhrig, Heinz
Göhring, Florian
Göpfert, Bernd
Göpfert, Heidrun
Gogg, Moritz
Gohritz, Siegfried
Golbs, Petra
Golisch, Stefanie
Gonsi, Bernd
Good, Anny
Goodman, Barbara
Gordon-Stewart, Miriam
Goritzki, Markus
Gothe, Arnd
Gottschick, Jörg
Govi, Michele
Grabmeier-Müller, Roswitha
Grabmeier, Ludwig
Grätzel, Matthias
Graf, Lisa
Grager, Frederic
Graichen, Ullrich
Graner, Anton
Granlund, Victoria
Gratschmaier, Wolfgang
Greuel, Thomas
Greve, Dietrich
Griffith, Lisa
Grigorev, Alexej
Grigorian, Stella
Grima, Danielle
Grimmer, Wolfgang
Gritton, Susan
Grollitsch, Günther
Grose, Cynthia
Gruber, Ferry
Gruber, Petra
Grümbel, Thorsten
Gründler, Martin
Grünert, Christa
Grünwald, Alexander
Grujic, Tijana
Guarin, Claudia
Gudmundsson, Einar
Günther, Alexander
Günther, Kai
Günzel, Kai S
Günzel, Marcus
Günzler, Thomas
Gumos, Karolina
Gunn, Nathan
Gunnarsson, Vidar
Guo, Yanyu
Gurina, Alina
Guryakowa, Olga
Gustafsson, Ulla
Ha, Hyeong-Joon
Ha, Man-Taek
Haag, Michael
Haas, Eva-Maria
Haase, Jürgen
Habereder, Agnes
Haberfeld, Susannah
Hackett, William
Hackl, Karlheinz
Hadley, Jerry
Häfner, Michael
Haeger, Martina
Hänni, Hannah E
Hänsch, Bernhard
Hagen, Christina
Hagen, Reinhard
Hagley, Alison
Hahn, Barbara
Hahn, Jürgen
Hahn, Werner
Hajek, Aurelia
Hajossyova, Magdalena
Hall, Gaines
Hallenberg, Ann
Halvorson, Carl
Hamann, Freimut
Hamberg-Möbius, Martina
Hamleh, Tanja
Hammes, Liselotte
Hamvasi, Sylvia
Han, Xiaotong
Hannemann, Gerda
Hanner, Vivian
Hansmann, Christine
Hansmeier, Friederike
Hansson, Kristina
Harper, Michael
Harrer, Uwe
Harrison, Steven Neil
Hartel, Heinz
Hartfiel, Florian
Hartfiel, Jürgen
Hartinger, Heather G
Hartman, Sidwill
Hartmann, Elke
Hartmann, Rudolf A
Haselböck, Lukas
Haudenschild, Doris
Haugland, Tonje
Hausberg, Martin
Hauser, Lena
Hauser, Sigrid
Hay, Thomas
Haye, Olaf
Haymon, Cynthia
Hays, Debra
Hayward, Robert
He, Hui
Hechfellner, Peter
Hees, Christian
Heidemann, Stefan
Heiermann, Julia
Heim, Michael
Heinrich, Markus
Heinz, Kathrin
Heinze, Andreas
Heising, Barbara
Hellmich, Wolfgang
Helm, Matthias
Helmich, Katinka
Helms, Joachim
Heltau, Michael
Helwig, Paul
Hemminki, Juuso
Henckens, Patrick
Hendricks, Scott
Henkel, Hans-Gottfried
Henneberg, Matthias
Hennes, Oliver
Henriks, Daniel
Henschel, Helmut
Henschel, Jane
Henze, Gunter
Herborn, Patrizia
Hercules-Joseph, Angela
Herlitzius, Evelyn
Hermann, Andreas
Hermanns, Elke
Hernandez, Raul
Herold, Egbert
Herrera, Gabriela
Herterich, Folker
Herwig, Monika
Hesse, Dagmar
Hesse, Klaus
Heubusch, Mathias
Heuvelmans, Pamela
Heyer, Willy
Heyng, Susanne
Heyse, Ulrike
Hidjov, Plamen
Hielscher, Ulrich
Hiemsch, Christiane
Hildebrandt, Matthias St
Hille, Fritz
Hilmes, Maria
Hilsberg, Esther
Hilverth, Alexandra
Hindersin, Isabel
Hintermeier, Margareta
Hintzenstern, Matthias von
Hirsch, Bernhard
Hirsch, Melanie
Hirschal, Adi
Hirschfeld, Berthold
Hjerrild, Sune
Höcht-Opel, Andrea
Hoene, Barbara
Höner zu Siderdissen, Kirsten
Hösli, Franziska

Markfort, Michael
Markowska, Anna
Markwarth, Günter
Marquardt, Markus
Marti, Pascal
Martikke, Sigrid
Martin, Andrea
Martin, Gary L
Martin, Jeff
Martin, Luca
Martin, Rebecca
Martinez, Mariselle
Martinsen, Tom
Martirossian, Tigran
Marx, Dorothea Maria
Mascus, Monica
Massis, Annick
Mastromarino, Alberto
Mathias, Chantal
Mattei, Peter
Matzeit, Hagen
Mavropoulou, Chariklia
Maxara, Bernhard
Maxara, Maria
Maxhofer, Ursula T
Maxsein, Konstanze
May, Hermine
May, Oliver
Mayer, Ulrike
Mayr, Reinhard
Mayr, Thomas
Maze, David
Mechelen, Werner van
Mee, Anthony
Meer, Nikolaus
Mehari, Senait
Mehling, Angela
Mehnert, Thomas
Mehring, Michaela
Mehta, Bejun
Meier, Heidi
Meier, Hilmar
Meinel, Friederike
Meißner, Arlette
Meli, Francesco
Menzel, Peter
Mera-Euler, Juan-Carlos
Mestmacher, Dirk
Mészár, Renatus
Meszaros, Barbara
Metaxaki, Evmorfia
Metzger, Anja
Meus, Stanislaw (Stan)
Mewis, Franz
Mewis, Rosita
Mey, Guy de
Meyer, Robert
Meyring, Ralf
Miakotine, Vladimir
Michaeli, Katarina
Micheiloff, Michael
Michel, Gerald
Michel, Ingulf
Mieden, Petra van der
Mihanovic, Iva
Mihaylov, Mihail
Mikaberidze, Khatuna
Milanesi, Raffaela
Milanov, Michail
Mild, Marlene
Millard-Kelly, Zelma
Miller, Marlin
Millot, Valerie
Mills, Mary
Min, Insun
Mingardo, Sarah
Mirfin, Tim
Mock, Florian
Moderegger, Günter
Möbius-Huß, Susan
Möllendorff, Nina von
Moellenhoff, James
Möwes, Tomas
Mohr, Thomas
Moisnik, Kristijan
Molina Davila, Jordi
Molnárová, Larysa
Molsberger, Friedrich
Monarcha, Janusz
Monogarova, Tatjana
Monteiro, David
Moody, Morgan
Moon, Sandra
Moore, Previn
Morawitz, Felicitas
Morbach, Sönke
Moreno, Carlos
Moreno, Xavier
Morigi, Gabriella
Morozowa, Ekaterina
Most, Ingeborg
Most, Regina
Mraz, Thomas
Mucedu, Daniel
Mühleck, Sonja
Mühlenbeck, Wolfgang
Müller, Christian
Müller, Claudia
Müller, Gudrun
Müller, Hajo
Müller, Hans-Günther
Müller, Markus
Müller, Susanne
Müller, Wieland
Muik, Hannes
Munkittrick, Mark
Murphy, Mark
Murray, Christopher
Musovic, Dubravka
Muth, Claudius
Mutze, Jürgen
Nagore, Antonio
Naidu, Ann-Katrin
Naouri, Laurent
Nasrawi, Douglas
Nassauer, Peter
Nau, Hans-Martin
Nazlamov, Konstantin
Nebera, Elena
Néméth, Sandor
Neu, Larisa
Neumann, Gottfried
Neumann, Günter
Neumann, Julia
Neumann, Manja
Neuweiler, Ulrich
Newerla, Wolfgang
Nick, Angela
Nicolay, Ruth-Maria
Nicoletti, Mauro
Niedermeyr, Marcus
Niedziella, Achim
Niehoff, Beatrice
Niemann-Lorenz, Gabriele
Niemelä, Hannu
Nienstedt-Wegner, Tuula
Nijkamp, Gijs
Nilon, Paul
Nishitani, Misato
Nissen, Geertje
Noack, Erwin
Noack, Romana
Noh, Arabella
Nordin, Lena
Noventa, Alfons
Nowaczyk, Klaus
Nowak, Günter
Nucci, Leo
Nüesch, Peter
Nunius, Sara
Nye, Rebekah
Nykänen, Laura
O' Regan-Thiele, Beverly
O'Loughlin, Jennifer
Obata, Machiko
Oberauer, Josef
Oberüber, Frank
Oberüber, Nicole
Obr, Gerhard
Ochakovski, Manuela
Odjidja, Frank
Oertel-Gormanns, Thomas
Oetterli, Marc-Olivier
Oetterli, Patrick
Oettermann, Niclas
Ofczarek, Klaus
Offele, Viola
Offner, Klaus Peter
Ogawa-Yatake, Noriko
Ohanyan, Karine
Ohlenschläger, Daniel
Ohlmann, Daniel
Ohlmann, Holger
Ohlmann, Ruth Ingeborg
Ohly, Dorothea
Ohnoutka, Manfred
Oijen, Caren van
Oknina, Irina
Olvera, Rebeca
Ombuena, Vicente
Oostwoud, Roelof
Opie, Alan
Or, Talia
Ordoñez, Edilberto Regalado
Orelly, Jürgen
Orofino, Ruggiero
Osorio Doren, Francisca
Osterloh, Barbara
Oswald, Bettina
Ott, Stephanie Maria
Ott, Ursula
Otte, Matthias
Otto, Alec
Otto, Gudrun Sidonie
Otto, Ilse-Christine
Owen-Leinert, Susan
Ozbic, Marco
Pagani, Matthias
Pahl, Anne-Dorothea
Pajic-Dahl, Kerstin
Pansegrau, Maike
Pantea, Ionel
Pape, René
Papian, Hasmik
Papulkas, Soto
Parcells, Elizabeth
Park, Ki-Chun
Park, Kim Hyun
Park, Sung-Keun
Parlapanou, Anna
Parrillo, Joshua
Parsch, Peter
Partanen, Lassi
Pascale, Sonja
Paschner-Bohatsch, Olaf
Pasichnyk, Olga
Paspirgilis, Titus
Paßow, Sabine
Patané, Francesca
Patterson, Brenda
Pauls, Tom
Pauly, Simon
Pauritsch, Walter
Pauß, Raphael
Pawlus, Maria
Payha, Barbara
Paz-Zaen, Jonathan de la
Pearson, Gail
Pearson, James
Pecoraro, Herwig
Pedaci, Francesca
Pelker, Gudrun
Pellekorne, Anne
Pelz, Marcus
Penninger, Claudine
Perez, Anton
Persson, Annalena
Pertusi, Michele
Pescevich, Jon
Pessatti, Kismara
Peters, Tiny
Petersen, Karl
Petersen, Marlis
Petersen, Uwe
Petroni, Luigi
Pettersson, Kerstin
Pétursdóttir, Hlín
Petzold, Martin
Pfaff-Lapins, Daniela M
Pfeffer, Anneli
Pfeifer, Annnette
Pfeiffer, Thomas
Pfitzner, Ursula
Pfretzschner, Brigitte
Pfülb, Tobias
Philippi, Volker
Picconi, Maurizio
Pichler-Steffen, Ulrike
Pichler, Annabelle
Pichler, Emanuel
Pick-Hieronimi, Monica
Pickering, John
Pierags, Bettina
Pietsch, Ellen
Pietzsch, Peter
Pikal, Guido
Pikl, Peter
Piland, Jeanne
Pimentel, Francisco
Pinheiro, Reginaldo
Pirgu, Saimir
Pirow, Günter
Pirvu, Arthur
Pitcher, Rob
Pitscheider, Renate
Pitt, Oliver
Plang, Nina
Planté, Walter
Plas, Harrie van der
Plassa, Olaf
Plautz, Uschi
Plester, Tracy
Plock, Florian
Podstawa, Tina
Poffet, Ingeborg
Pohjanheimo, Sirja
Pohl, Günter
Pohnert, Daniel
Pokern, Siegfried
Polakovs, Alexander
Polenz, Oliver Thomas
Polly, Veronika
Pontow, Ronny
Pop, Olivia
Porcher, Hans-Joachim
Porstein, Heike Rosemarie
Porta, Andrea
Porter, John Andrew
Posselt, Marita
Potapenko, Irina
Powell, Claire
Powroslo, Felix
Prammer, Joseph
Prasser, Norbert Anton G
Pratico, Bruno
Preißinger, Johannes
Prem, Ursula
Prestia, Giacomo
Priew, Uta
Prina, Sonia
Probst, Wolfgang
Prohaska, Daniel
Prokein, Thomas
Protschka, Josef
Prudenskaja, Marina
Puchberger, Markus
Pürgstaller, Oskar
Pütters, Susanna
Pugel, Savo
Puhlmann, Hella
Puhrer, Alexander
Purves, Christopher
Pusch, Kay-Gunter
Puttkamer, Burkhard von
Quinn, Gerard
Raab, Markus
Rabe, Volker Maria
Rabine, Eugene
Rabsch, Fabian
Rabsilber, Michael
Raccichini, Norma
Radmilovic, Kate
Radneva, Antonia
Radvanovsky, Sondra
Raffeiner, Walter
Raftery, Patrick
Raimondi, Ruggero
Rainer, Andreas
Ramos, Iago
Ranada, Helene
Randazzo, Tommaso
Randes, Diogenes
Randt, Sally du
Rankin, Bruce
Raschle, Michael
Rastbichler, Otto
Rath, John
Rathmann, Jörg
Rauch, Franziska
Rauschnabel, Verena
Rautenstengel, Werner
Raynaud, Sophie
Raz, Melissa
Razawi, Isabelle
Real, Itziar
Rechter, Joslyn
Ree, Jean van
Reeh, Heinz
Reeh, Klaus-Michael
Regnitter, Annette
Reibenspies, Andreas
Reich, Yvonne
Reichardt, Theodor
Reichert, Katja
Reichert, Marek
Reid, Charles
Reik, Martin
Rein, Klaus-Uwe
Reiss, Richard
Remigio, Carmela
Remling, Benno
Remmert, Birgit
Rendall, David
Renick, Therese
Renner, Wiebke
Renz, Peter
Resch, Eva
Rhaue, Stefania
Rhode, Daniel
Rhoden, Girard
Ribalta, Joan
Ribeiro, Rosemara
Rice, Christine
Richardson-Smith, Carol
Richardt, Anne
Richter-Merz, Jutta
Richter, Bernard
Richter, Poland
Richter, Regina
Riedel, Marion
Rieger, Wolfram
Riegger, Susanne
Riemer, André
Riemer, Maja-Rosewith
Riemer, Rudolf
Rieß-Berthold, Heidi
Riesterer, Florian
Riga, Eike Harriet
Rittel-Kobylianski, Konstantin
Robertson, Karen
Robinšak, Branko
Robinson, Twyla
Rodgers, Joan
Röhr, Rainer-Maria
Römer, Claudia
Römpp, Christiane
Rönnebeck, Tilmann
Roese, Nils
Rösel, Gabriele
Röttig, Stefan
Rohrbach, Claudia
Rohsmann, Christine
Roider, Michael
Rollenmüller, Werner
Romanò, Paola
Roocroft, Amanda
Rosales-Pagani, Ruby
Rosendorff, Friedhelm

Rosenthal, Mark
Rosin, Reto Raphael
Roth, Brigitte
Rott, Annamaria
Rotter, Norbert
Rozum, Yuri
Rubenhold, Samantha
Rudik, Christian
Rudolf, Angela
Rüggeberg, Claudia
Rümann, Christina
Rüping, Martina
Rüppel, Ute
Ruggiero, Paolo
Ruppik, Susanne
Ruprecht, Margarita
Ruth, Christian
Rutherford, Donald
Ruzzafante, Angelina
Ryberg, Anna
Rydh, Johan
Rydholm, Birgitta
Rydlewski, Radoslaw
Rynkowski-Neuhof, Ulrike
Ryser, Simona
Sabbatini, Giuseppe
Sabrowski, Carsten
Sabrowski, Jörg
Sabrowski, Manfred
Sacher, Jürgen
Sacher, Regine
Saciuk, Andrzej
Sadil, Robert
Sadnik, Roman
Saetre, William
Šafař, Pavel
Salazar, Ines
Salter, Richard
Salzmann, Uwe
Sanchez, Adam
Sander, Katrin
Sanders, Graham
Sandis, Marie-Belle
Sandmann, Marcus
Sanmarti, Alex
Santafé, Silvia Tro
Sapell, Hermann
Sapia, Marco Di
Sattler-Ferrand, Bianka
Sauermann, Elke
Sawabu, Noriyuki
Sawade, Ingeborg
Sawaley, Victor
Scalchi, Gloria
Schaal, Fritz
Schabel, Tobias
Schade, Nicole Julia
Schaechter, Dalia
Schäfer, Ansgar
Schäfer, Edgar
Schäfer, Magdalena
Schalaewa, Olga
Schaller, Ellen
Schantz, Steffen
Scharf, Johann-Walter
Scharnke, Thorsten
Schartner, Maria Anna
Schatte, Bianca
Scheidegger, Andreas
Scheidegger, Hans-Peter
Scheler, Thomas
Schell, Sigrun
Schendel, Andreas
Schenker, Margrit
Scherbel, Uli
Scherer, Tina
Scherr, Vera U G
Schettler, Maltus
Schiering, Victor
Schildknecht, Gregor
Schiller, Frank
Schillo, Benedikt
Schlegel, Jutta
Schlemm, Anny
Schlüsslmayr, Gerhard
Schmid, Angelika
Schmid, Christof
Schmid, Hubert
Schmidt-Gaden, Barbara
Schmidt, Gabi
Schmidt, Johannes
Schmidt, Petra
Schmidt, Tanja
Schmied, Diana
Schmitt, Isabell
Schmitt, Maximilian
Schmitz, Dieter
Schneider, Karl
Schneider, Klaus
Schneider, Michaela
Schneider, Rita-Lucia
Schneider, Simone
Schneider, Ulrike
Schneidereit, Eva
Schneiderman, Helene
Schöne, Peter
Schönfeld, Christina
Schoenfelder, Friedrich
Schöpf, Ingeborg
Schörner, Jörg
Schörnig, Marina
Schöttl, Markus
Scholz, Anja
Scholz, Heinz
Schote-Frenzel, Melanie
Schrader, Kim
Schramm, Christian
Schreckenbach, Veronika
Schreer, Dieter
Schreibmayer, Kurt
Schröder, Andrea
Schroeder, Barbara
Schröder, Gerlind
Schröder, Simone
Schröpfer, Hans-Joachim
Schrott, Erwin
Schuchter, Gabriele
Schürch, Dorothea
Schüssler, Peer
Schüttengruber, Renée
Schuhknecht, Regine
Schulenburg, Sabine Gräfin von der
Schultz, Carl
Schultz, Jürgen
Schulz, Matthias
Schulz, Peter
Schulze, Jens-Eric
Schulze, Michael
Schun, Tanja
Schuppe, Marianne
Schwabe, Gabriele
Schwanbeck, Bodo
Schwantes, Neal
Schwarz, Britta
Schwarz, Werner
Schwarzer, Gundula
Schwarzwald, Joachim
Schweiger, Vera
Schweikart, Dieter
Schwemmer, Anna
Scovotti, Jeanette
Seager, Anne-Marie
Sedlmeier Nowitz, Alexander
Seeboth, Michael
Sefcik, Peter
Semenchuk, Ekaterina
Senden, Manuel von
Sevenich, Stefan
Severloh, Tim
Seyhan, Denise
Sfiris, Konstantin
Shagoyan, Grigor
Shamiyeh, Marwan
Sharoni, Miriam
Sharp, Martha
Shesterneva, Galina
Shimell, William
Shin, Dae-Hee
Shivers, Steven
Sidhom, Peter
Sieber, Gudrun
Sielicki, Jaroslaw
Sieloff, Anke
Sigwald, Thomas
Sim, In-Sung
Sima, Gabriele
Simič, Goran
Simon, Jörg
Simon, Monique
Simon, Ralf
Simone, Ute
Simos, Angelos
Simpson, Timothy
Sindemann, Werner
Singher, Claire
Sinz, Josef
Sippola, Taru
Siragusa, Antonino
Sketris, Paul
Slawinski, Tomasz
Slepneva, Ludmilla
Slowioczek, Klemens
Smallwood, Michael
Smeets, Roger
Smirnova, Anna
Smit, Henk
Smith, Catriona
Smits, Stefanie
Smoljaninova, Soja
Söderberg, Rickard
Söndergaard, Jens
Sojer, Hans
Sokolová-Rauer, Katerina
Sol, Tom
Sommer, Susanne
Sommerer, Susanne
Sonn, Peter
Sonneson, Gunter
Sonntag, Ulrike
Soons, François
Sooster, Evert
Sosko, Andreas
Soukop, Elvira
Soules, Sebastien
Soulis, Maria
Sourouzian, Nora
Spägele, Mona
Spaett, Erwin
Spanaki, Lukia
Spasov, Latchezar
Specht, Sibylle
Speer, Alan
Spence, Toby
Spengler, Ulrike
Spielmann, Marina
Spiewok, Stephan
Springer, Gabriele
Šramek, Alfred
Stabell, Carsten
Stadel, Andrea
Stamm, Harald
Stanner, Franziska
Starke, Katja
Statsenko, Boris
Staudacher, Sabine
Staude, Ulrike
Staudinger, Jochen
Stefanow, Jutta
Stefanowicz, Artur
Stehr, Norman
Steiger, Anna
Stein, Anna Carolin
Steinberger, Birgid
Steinsky, Ulrike
Stemberger, Katharina
Stensvold, Terje
Stephan, Gerhard
Sternberger, Barbara
Stevens, Rainer
Stevens, Sally
Stevenson, Alexander
Stewart, Jeffrey
Stier, Gothart
Stille, Gisela
Stöbel, Manuel
Stöve, Ulrike
Stojkovic, Johanna
Stoll, Gisela
Stoll, Stefan
Stolpe, Sabine
Stone, Katherine
Stoppelenburg, Charlotte
Stoyanov, Vladimir
Stoytcheva, Stanislava
Strahlegger, Günther
Straub, Hans-Joachim
Straube, Monika
Ströher, Britta
Strömstedt, Ulrike
Strooper, Adrian
Strothmann, Daniela
Strotschilin, Pawel
Struck, Björn
Strübel, Bettina
Stuckstette, Daniela
Stückemann, Thomas
Stürmer, Gesche
Stundyte, Ausrine
Sturm, Marlies
Sturm, Peer Martin
Stutzmann, Nathalie
Süring, Torsten
Süß, Carsten
Süß, Dario
Suhrada, Franz
Sukis, Lilian
Sulikowski, Jan
Sumegi, Daniel
Supper, Franz
Suttheimer, Ernst Dieter
Svensson, Peter
Svilpa, Almas
Swanson, Catherine
Szánthó, Lajos E
Szántó, Andrea
Szegleth-Zsigmund, Gabriella
Szeili, Daniel
Szép, Ilonka
Szilágyi, Károly
Tao, Weilong
Taylor, Daniel
Tear, Robert
Teliga, Alessandro
Ten Harmsen, Susan
Tevis, Mark
Tézier, Ludovic
Thaller, Georg
Theis, Wolfgang
Theodoridis, Christian
Thiede, Helga
Thomann, Mario
Thomas, Birgit
Thomaschke, Thomas
Thorn, Penelope
Thorner-Mengedoht, Jane
Thünken, Theo
Tichy, Georg
Tiihonen, Kirsi
Tilli, Johann
Tirendi, Lidia
Tjalve, Lisa
Todorovitch, Marie Ange
Töpfer, Sabine
Tomasello, Valentina
Tómasson, Tómas
Tomaszewski, Rolf
Tombor, Zoltán
Torriani, Catherine
Tosi-Sokolov, Matias
Totzek, Kristina
Trabauer, Monika
Trabert, Dagmar
Trajanov, Boris
Tralla, Juhan Hannes
Trauth, Alexander
Treganza, Jeffrey
Trinca-Rytz, Ursula
Trinsinger, Heiko
Troilus, Reno
Tromm, Helmut
Trost, Rainer
Trudy, Walter
Tschaplik, Peter
Tschelebiew, Christian
Tsumaya, Hidekazu
Tsymbalyuk, Alexander
Tueller, Niklaus
Türner, Sabine
Turk, Miljenko
Turner, Margarita
Tzonev, Martin
Tzoneva, Iona
Uehlein, Felix
Uhl, Manuela
Ullrich, Maria Theresa
Ulrich, Burkhard
Umlauf, Angela
Umstadt, Peter
Unden, Martina
Unger, Bernd
Unger, Dietmar
Ungureanu, Mihaela
Uray, Peter
Urderean, Ruxandra
Urhausen, Brigitte
Urtnasan, Urantsetseg
Ushakova, Natalia
Usselmann-Kock, Natalie
Utecht, Oliver
Uusitalo, Juha
Väth, Sven
Vaice, Sonora
Valikuras, Andriy
Vasar, Lauri
Vass, Elisabeth
Vassiliev, Alexandre
Vaughn, Tichina
Vayne, Ian
Vedernjak, Mojka
Velázquez Diaz, Pedro
Venditti, Tara
Venter, Jaco
Ventre, Carlo
Verfürth, Bernd
Vergara, Francisco
Vetter, Michael
Vierlinger, Lydia
Vieweg, Matthias
Vihavainen, Ilkka
Villar, German
Villarosa, Emanuel di
Villavert, Rico
Villebois, Elisabeth
Vilsmaier, Irmgard
Vilsmeier, Irmgard
Vinçon, Horst
Virgens, Mauricio Santos
Visca, Claudia
Visse, Dominique
Vizin, Viktoria
Vladar, Horst
Vöckel, Ilonka
Vogel, Eva
Vogel, Martin Christian
Vogel, Matthias
Vogel, Siegfried
Vogt, Erwin
Vogt, Klaus Florian
Voigt, Alexander
Voigt, Alexandra
Volle, Dietrich
Vosberg, Astrid
Voss, Henning
Voß, Kathrin
Wachsmuth, Hans-Jürgen
Waechter, Franz
Wagemann, Rose
Wagner, Andreas
Wagner, Axel
Wagner, Jürgen J
Wagner, Michael
Wahren, Ulrike
Wakita, Mariko
Waldeck, Mark
Waldner, Therese
Walendowski, Dariusz
Walesch, Manou

Walewska, Malgorzata
Wallner, Helmut
Wallprecht, Klaus
Walter, Heiko
Walter, Wilhelm
Walther, Gabriele
Walther, Ute
Walz, Melanie
Wangemann, Hendrikje
Wapenhans, Stephan
Warken, Katharina
Warren, Nina
Wartha, Alexander
Wasikowski, Ingo
Wasserlof, Rudolf
Watson, Ricky
Weber-Schuwerack, Petra
Weber, Astrid
Weber, Sabine
Wegenberger, Brigitte
Wegener, Klaus
Wegner, Uwe
Wehrens, Evelyne
Wehrum, Michaela
Weidlich, Sina
Weidmüller, Susan
Weigel, Johan
Weigmann, Knut
Weil, Raphaela
Weingarten, Elisabeth
Weis, Erhard
Weis, Sascha Oskar
Weiss, Rainer
Welch, Corby
Welge, Anneliese
Welker, Mario
Weller, Dieter
Welp, Willi
Welschenbach, Martina
Welte, Anne
Wenkel, Sabine
Wenzel, Timo Alexander
Werbatus-Forestier, Mireille
Wernecke, Jeannette
Werner, Astrid
Werner, Evelyn
Werner, Herta
Werner, Regina
Weth, Alexandra von der
Wewelsiep, Ulrich
Whisnant, Caroline
Wibom, Madelaine
Wiczonke, Hildegard
Wiedecke, Johannes
Wiederstein, Carmen
Wiedl, Richard
Wieg, Hugo
Wieland, Sylvia
Wielgus, Radoslav
Wiemer, Gerd
Wienhausen, Sascha
Wiese, Hans-Jürgen
Wiesinger, Helmut
Wigger, Anja-Katharina
Wild, Waldemar
Wilde, Jens Klaus
Wildhaber, Helmut
Wiles, Elizabeth
Wilhelm, Ines
Willer, Birger
Willer, Gutzi
Williams, Janet
Wilsing, Jörn W
Wilson, Nicholas
Wilson, William
Wincent, Thérèse
Winkelmann, Jens
Winkler, Andreas
Winter, Gottfried
Winter, Louise
Winter, Matthias
Wippich, Matthias
Wirschaz, Erwin
Wirsching, Wolfgang
Wirtz, Dorothea
Wistreich, Richard
Witt, Kerstin
Wittekind, Wolfram
Wittges, Max
Wittlieb, Heike
Wittmoser, Carsten
Witzig, Simon
Wlaschiha, Ekkehard
Wörner, Frank
Wohlleber, Tilman
Woiselschläger, Ingrid
Wolf, Gerd
Wolf, Heinrich
Wolfe, Nyle P
Wolff, Christine
Wolke, Daniela
Wollitz, Katharina
Wollrad, Rolf
Wollschläger, Hanna
Wolovsky, Leonardo
Wolter, Lucius
Woodward-Stadtmueller, Donna
Wortig, Dominik
Wosnitza, Cornelia
Wouterse, Nico
Wulkopf, Cornelia
Wunderer, Gabriele
Wustlich, Frank
Wyn-Rogers, Catherine
Wynarski, Daniel
Yang, Simon
Yano, Keiko
Yonov, Hristofor
Yoo, Jin-Ho
Youn, Samuel
Zach, Cornelia
Zachariassen, Mathias
Zagórski, Tomasz
Zahner, Tom
Zakotnik, Breda
Zambelli, Bianca von
Zanger, Daniela
Zapata, José Manuel
Zaplechny, Vadim
Zaworka, Rita
Zelenskaya, Elena
Zelinka, Wilfried
Zeller, Annemarie
Zeller, Gerhard
Zenker, Christian
Zentai, Csilla
Zhang, Yalun
Zilio, Elena
Zilz, Norbert
Zimmer, Heinz
Zimmermann, Viola
Zink, Cornelia
Zinkler, Jan
Zinovenko, Juri
Zippert, Pauline
Zisterer, Thomas
Zlateva, Wessela
Zlatkova, Sonia
Zoller, Christine
Zubaite, Asta
Zuber, Heinz
Zuber, Kurt
Zugowski, Karl
Zumbült, Marietta
Zwarg, Oliver
Zwitzers, Ingeborg

Alt

Bartosz, Bogna
Bönig, Andrea
Bohrmann-Fortuzzi, Susanne Hannah
Boost, Katja
Bürgener, Monika
Damm, Annelott
Danz, Ingeborg
Denschlag, Daniela
Derbès-Chédel, Arlette
Ejsing, Mette
Flitz, Annetraud
Florack, Erika
Friedli, Irène
Georg, Mechthild
Gjevang, Anne
Glauser, Elisabeth
Goretzko, Stefany
Hanke, Elisabeth
Hiefinger, Maria
Hildebrandt, Kathrin
Jahns, Annette
Kapfhammer, Rita
Köbler, Regine
Krauer, Karin Maria
Krusche, Michaela
Laurich, Hildegard
Mauel, Regina
Mayer, Christa
Morloc, Renée
Otto, Susanne
Paulsen, Melinda
Pellmont, Irène
Romberger, Gerhild
Rossier, Nicole
Ruß, Ingeborg
Schaffner, Anna
Schmidt, Helga
Schreckenbach, Gabriele
Seo, Eun-Jin
Streitberger, Ilona
Umierski, Elisabeth
Wenkel, Ortrun
Wezel, Astrid

Bariton, Bassbariton

Abel, Bruce
Ackermann, Martin
Adam, Marius
Adam, Stefan
Adam, Theo
Adams, Robin
Arapian, Armand
Asllani, Sokolin
Ataneli, Lado
Babajanyan, Mikael
Bär, Olaf
Bästlein, Ulf
Bailey, Simon
Bauer, Thomas E
Baykov, Vladimir
Belcher, Daniel
Belobo, Jacques-Greg
Bergmann, Rupert
Bernstein, Richard
Bettens, Etienne
Blees, Frank
Bluth, Sebastian
Böhm, Daniel
Böhm, Henryk
Boesch, Florian
Bollacher, Sebastian
Bologna, Sergio
Borchev, Nikolay
Bork, Robert
Bracht, Roland
Braun, Russell
Brendel, Wolfgang
Bronikowski, Marcin
Brück, Markus
Bruns, Martin
Bruson, Renato
Buchwald, Jan
Bunde-Dunbar, Ulf
Butter, Markus
Cachemaille, Gilles
Capitanucci, Fabio Maria
Carlson, Theodor
Cavalcanti, Miguelangelo
Cemore, Alan
Chaignaud, Jean-Luc
Chernov, Vladimir
Chmelo, Vladimir
Choi, Joo Il
Christou, Nicolas
Coliban, Sorin
Colín, Noé
Costello, Andrew
Croft, Howard Quilla
Dam, José van
Danailov, Peter
Daniel, Boaz
Danuser, Claudio
Darbellay, Claude
Davidson, Cheyne
Daza, Alfredo
Dewis, Michael
Dijkstra, Peter
Dobber, Andrzej
Dohmen, Albert
Donati, Walter
Dopfer, Jörn
Dürr, Karl-Friedrich
Duisburg, Johannes von
Duminy, Philippe
Edelmann, Paul Armin
Edelmann, Peter
Eglitis, Peteris
Eiche, Markus
Einhaus, Franz-Josef
Elßner, Christian
Eröd, Adrian
Eyberg von Wertenegg, Wilhelm
Faulstich, Gerhard
Fenes, Roland
Fink, Marcos
Fink, Walter
Fiolka, Daniel
Fischer-Dieskau, Dietrich
Fondary, Alain
Fosser, Lars
Fox, Tom
Frank, Gregory
Friedrich, Wolf Matthias
Frisch, Torsten
Frontali, Roberto
Fürst, Sven
Gantner, Martin
Gauntt, Edward
Gavanelli, Paolo
Gazheli, Thomas
Gebhardt, Bernd
Gerhaher, Christian
Geyer, Sebastian
Geyrhofer, Klemens
Gien, Laurence
Gilfry, Rodney
Goerne, Matthias
Goffing, Dieter
Golder, Andrew
Goltz, Joachim
Grappe, Boris
Grobe, Ralf
Grochowski, Gerd
Gröning, Hans
Gropper, Thomas
Grünwoldt, Lars
Grundheber, Franz
Grygas, Christian
Häger, Klaus
Hakala, Tommi
Hale, Robert
Haller, Andreas
Hampson, Thomas
Hartmann, Carlo
Hartmann, Roland
Haunstein, Rolf
Heijnsbergen, Henk van
Hempel, Jörg
Henschel, Dietrich
Hermann, Roland
Hieronimi, Uwe Tobias
Hillebrand, Nikolaus
Hillebrandt, Oskar
Hirte, Klaus
Hönig, Dieter
Hönisch, Falko
Hoffmann, Michael
Holecek, Sebastian
Holzmair, Wolfgang
Hovsepian, Garegin
Hruška, Ernst
Hüning, Ansgar
Hunka, Pavlo
Huttenlocher, Philippe
Hyoun, Ko Seng
Janiska, Mirko
Jenis, Dalibor
Jentjens, Guido
Johnson, James
Junge, Michael
Kanel, Vladimir de
Kannen, Günter von
Kapellmann, Franz-Josef
Kiefer, Günter
Kilpeläinen, Heikki
Kim, Ki-Yong
Kindschuh, Andreas
Klajn, Miklós
Klein, Matthias
Klos, Friedemann
Koch, Wolfgang
Kögel, Christoph J H
Kösters, Johannes M
Kohl, Thomas
Kokora, Jouni
Kolarczyk, Armin
Komatsu, Hidenori
Konieczny, Tomasz
Kränzle, Johannes Martin
Kraus, Michael
Krause, Tilo
Krekow, Ude
Kronthaler, Martin
Kruzel, Adam
Kunz, Hanns-Friedrich
Kupfer, Jochen
Kurth, Gotthelf
Lang, Loren Christopher
Lanskoi, Michail
Larsen, Morten Frank
Laske, Thomas
Lavalle, Gérard
Lawrence, Derrick
Lechte, Werner
Lettowsky, Andreas
Levitin, Assaf
Lhote, Lionel
Linn, Jürgen
Loges, Stefan
Lorenz, Siegfried
Lučić, Željko
Lukas, Ralf
Mädler, Ulf Dirk
Mann, Mathias
Marco-Buhrmester, Alexander
Markus, Karl
Markus, Urs
Matthias, Frank
Mayer, Franz
Mayer, Thomas Johannes
Mazura, Franz
Mewes, Karsten
Meyer, Werner Volker
Milev, Milko
Missenhardt, Günter
Mitschke, Andreas
Monti, Matteo de
Morosow, Igor
Morouse, Mark
Morozov, Igor
Morrison, Richard
Mühling, Gunnar
Müller-Brachmann, Hanno
Muff, Alfred
Muraro, Maurizio
Murga, Valeriy
Murphy, Andrew
Naef, Peter
Nagler, Christoph
Nagy, Michael
Nah, Yoo-Chang
Nenner, Matthias
Neumann, Wolfgang
Neumcke, Klaus
Nieminen, Markus
Nigl, Georg
Nimsgern, Siegmund
Noack, Sebastian

Nolte, Raimund
Novique, Serge
Otelli, Claudio
Papagiannopoulos, Aris
Papendell, Günter
Paul, Peter
Paulsen, Ulf
Peeters, Harry
Peiró, Felipe
Perret, Werner
Persson, Carry
Petean, George
Pfaar, Heinrich A
Piernay, Rudolf
Pittman-Jennings, David
Ploumis, Damon Nestor
Pokora, Jens
Pola, Bruno
Pons, Juan
Pop, Marian
Possemeyer, Berthold
Prein, Johann Werner
Prey, Florian
Priese, Hans-Georg
Putilin, Nicolai
Quasthoff, Thomas
Quezada, Oscar
Raimondi, Ruggero
Rasilainen, Jukka
Reinmann, Franz
Reuter, Johan
Riedel, Bernd
Rieger, Christian
Riley-Schofield, John
Rössler, Steffen
Rosen, Rudolf
Rosskopp, Florian
Roth, Detlef
Rouillon, Philippe
Roux, François Le
Rucker, Marc
Runge, Peter-Christoph
Rupf, Konrad
Ruuttunen, Esa
Sändig, Jörg
Sander, Klemens
Sanders, Martijn
Satter, Wieland
Schagidullin, Albert
Schaletzky, Matthias
Scharfenberger, Tobias
Scharferberger, Tobias
Scharinger, Anton
Scharpf, Berno
Scheibner, Andreas
Scheider, Rolf A
Schendel, Johannes
Scheschareg, Steven
Schmeckenbecher, Jochen
Schneiders, Frank
Schober, Kurt
Schöder, Olaf
Schöne, Wolfgang
Schollum, Benno
Schümann, Jörn
Schulte, Eike Wilm
Schwärsky, Johannes
Schwarz, Ernst Volker
Schwarzer, Raphael
Seipp, Joachim
Serra, Enric
Sharp, Timothy
Shay, Daniel
Silins, Egils
Simone, Bruno de
Sist, Christian
Skovhus, Bo
Slabbert, Wicus
Smits, Geert
Sökler, Christoph
Sólyom-Nagy, Máté
Som, Hans
Spingler, Bernhard
Spogis, Raimonds
Staber, Wilfried
Stevens, George
Stiefermann, Kay
Stockerer, Armin
Stöckigt, Peter
Strauch, Jacek
Struckmann, Falk
Struppe, Hans-Peter
Studer, Ulrich
Sweeney, John
Swoboda, Hans-Peter
Swope, Scott
Tanabe, Toru
Taylor, Gavin
Tepretmez, Melih
Teßmer, Wolfram
Tézier, Ludovic
Thomas, Ludwig
Tilch, Peter
Tiliakos, Dimitris
Titus, Alan
Trdy, Stefan
Trebes, Rüdiger
Trekel, Roman
Ulen, Ronald
Ullrich, Peter
Ulrich, Mel
Unterreiner, Clemens
Valentin, Bernd
Vassallo, Franco
Vater, Wolfgang
Vier, Michael
Vogel, Gerd
Volkov, Vadim
Volle, Michael
Volpert, Markus
Volz, Manfred
Vratogna, Marco
Vries, Nanco de
Vries, Thomas de
Wagner, Alexis
Wagner, Josef
Wakeham, David
Walchshofer, Alois Albert
Wallén, Hermann
Wand, Ulrich
Weber, Peter
Webster, Nathaniel
Wegner, John
Weichert, Matthias
Weidmann, Martin Lorenz
Weikl, Bernd
Weiss, Erhard
Weitzel, Christoph von
Welker, Hartmut
Weng, Katrin
Werba, Markus
Werner, Erik Nelson
Westerkamp, Jörg
Widmer, Kurt
Widmer, Oliver
Wiencke, Manuel
Willcox, Reuben
Windmüller, Yaron
Winkler, Martin
Witt, Titus
Wittig, Thomas
Wolfrum, Ludwig
Wong, Frank Dolphin
You, Tito
Zarmas, Pieris
Zaun, Rainer
Zetzsche, Albert
Ziethen, Peter
Zünd, Samuel

Bass

Ackermann, Richard
Adami, Herbert G
Ahrens, Hans Georg
Aliev, Eldar
Anastassov, Orlin
Anger, Ain
Anissimov, Alexander
Bach Nissen, Per
Baldvinsson, Magnus
Ballard, Derrick
Bankl, Wolfgang
Baydar, Erdem
Berger-Tuna, Helmut
Black, Lynton
Blasius, Martin
Borisewitz, Kristof
Borowski, Daniel
Bou, Felipe
Brattaberg, Rúni
Brieske, Michael
Bruninx, Piet
Bryjak, Oleg
Burchuladze, Paata
Capuano, Enzo
Chausson, Carlos
Chen-Hauser, Yongfan
Choi, Woong-jo
Christou, Nicolas
Coles, Mark
Colombara, Carlo
Crasnaru, George-Emil
Crawford, Alvin
Creswell, James
Daaliysky, Peter
Daniluk, Pavel
Daum, Andreas
Dèinyan, Hayk
Dimitrov, Daniel
Dorn, Reinhard
Dries, Michael
Driessen, Bart
Eckert, André
Emmerlich, Gunther
Evans, Allan
Feldhoff, Heinz
Furlanetto, Giovanni
Gerber, Jean-Pierre
Götzen, Guido
Gorny, Konstantin
Griepentrog, Hans
Groissböck, Günther
Häser, Frank
Hagge, Tobias
Hannula, Tero
Harach, Janet
Hauptmann, Cornelius
Hawlata, Franz
Heckel, Georg
Helm, Karl
Hemm, Manfred
Hölle, Matthias
Hörl, Andreas
Holl, Robert
Huijpen, Jaco
Humes, Steven
Iturralde, Hernan
Izdebski, Pawel
Jäkel, Walter
Jankowski, Gary
Jesatko, Thomas
Jong, Timm de
Jun, Attila
Kalbus, Marek
Kalchmair, Franz
Kamp, Harry van der
Kang, Philip
Kang, Soon-Won
Kekeisen, Georg
Kestler, Christian
Kim, Nam Soo
Klaveness, Peter
Klawa, Nicolai
Klemm, Stephan
Klorek, Krzysztof
Klug, Erich
Kocán, Stefan
Konstantinov, Julian
Kotchinian, Arutjun
Kotscherga, Anatoli
Kowaljow, Vitalij
Kristensen, Jörgen
Küsters, Karsten
Kuhn, Alfred
Kuznetsov, Fyodor
Larsen, Jens
Leibundgut, Michael
Lika, Peter
Lindroos, Petri
Liska, Ewald
Litmanow, Michail
Liu, Yue
Loehle, Peter
Macco, Andreas
Mäthger, Thomas
Mason, William
Matsui, Hiroshi
Medenbach, Richard
Meyer-Wolff, Frido
Miles, Alastair
Moll, Kurt
Molz, Luiz
Monte, Duccio dal
Muff, Alfred
Nagerl, Norbert
Nijhof, Martin-Jan
Nikolic, Miomir
Olsen, Frode
Pesendorfer, Albert
Petronje, Boris
Pivovarov, Valentin
Pöschel, Thomas
Polgár, László
Prein, Johann Werner
Pursio, Tuomas
Ramey, Samuel
Raviola, Fabrice
Reiter, Alfred
Rodionow, Gennadi
Röhlig, Friedemann
Rootering, Jan-Hendrik
Rosca, Marcel
Rose, Peter
Rózycki, Grzegorz
Rydl, Kurt
Sacchi, Federico
Saevarsson, Jóhann Smári
Sakai, Winfried
Salminen, Matti
Scandiuzzi, Roberto
Scheidig, Axel
Schelomianski, Michail
Schmidt, Christian
Schmidt, Thomas
Schneider, Ulrich
Schopper, Michael
Schubert, Roland
Schwinghammer, Wilhelm
Scorsin, Giuseppe
Seidenbusch, Helmut
Selig, Franz-Josef
Shklyar, Yury
Sigmundsson, Kristinn
Simper, Patrick
Sisa, Hans
Snell, Martin
Sonn, Hye-Soo
Sotin, Hans
Stämpfli, Jakob
Stamboglis, Christoforos
Stephinger, Christoph
Stern, Markus Othmar
Szabó, Bálint
Telegin, Andrey
Tews, Michael
Thirvaudey, Ludovic
Tirasoglu, Selcuk Hakan
Tomlinson, John
Trekel, Jürgen
Tschammer, Hans
Vitu, Fritz
Weiß, Hans-Otto
Werner, Alfred
Werner, Jörg E
Wesley, Ron
Wessiack, Markus
Williams, Daniel Lewis
Woldt, Lars
Yang, Yi
Youn, Kwangchul
Zeppenfeld, Georg
Zettisch, Bernd

Countertenor

Alves da Silva, Luiz
Chance, Michael
Daniels, David
Diestler, Thomas
Erler, David
Gloger, Daniel
Ilg, Christian
Jacobs, René
Koch, Matthias
Lakey, Denis
Mayr, Florian
Oro, Martín
Plust, Alexander
Popken, Ralf
Raunig, Arno
Rehkop, Peter
Rexroth, Matthias
Riede, Thomas
Robson, Christopher
Sales, Gerson Luiz
Schmid, Gunther
Scholl, Andreas
Waschinski, Jörg
Wessel, Kai
Wölfel, Martin
Zazzo, Lawrence

Mezzosopran

Agathonos, Anna
Alperyn, Graciela
Andonian, Andrea
Anhorn, Carmen Maria
Ardam, Elzbieta
Armstrong, Karan
Arnold, Jennifer
Baechle, Janina
Baker, Andrea
Balleys, Brigitte
Baltsa, Agnes
Barcellona, Daniela
Bartosz, Bogna
Bartz, Anjara Ingrid
Batoukova, Elena
Bildstein, Anja
Borowski-Tudor, Sonja
Bräckelmann, Barbara
Braun, Lioba
Breedt, Michelle
Breuer, Edith Maria
Brillembourg, Fredrika
Buchheister, Uta
Bülow, Katharina von
Bytnarova, Karla
Carlstedt, Jenny
Chappuis, Marie-Claude
Colecchia, Gabriella
d'Intino, Luciana
Dähne, Ute
Descher, Kerstin
Dietrich, Cornelia
Dimitriadis, Foula
Dineen, Kathryn
Donose, Ruxandra
Doufexis, Stella
Dur, Anna Maria
Eder, Claudia
Eggers, Anke
Eiselmair, Gerda Maria
Entling, Cornelia
Ernst-Mosuraitis, Wilja
Espina, Lorena
Fassbaender, Brigitte
Ferri, Ursula
Fichtl, Silvia
Fideli, Marina
Fink, Bernarda
Fiorillo, Maria Elisabetta
Fischer, Carola
Fischer, Hanne
Forgeron, Mélanie
Frank, Carolyn
Fredricks, Olive
Fuhr, Edith
Fujimura, Mihoko

Garanca, Elina
Garnier, Simone
Gebhardt, Regine
Genaux, Vivica
Gilmore, Gail
Girardi, Sulie
Glose, Kathleen
Gnauck, Gritt
Goeldner, Katharine
Göring, Kathrin
Gohl, Verena-Barbara
Gottwald, Franziska
Graves, Denyce
Grötzinger, Heike
Groop, Monica
Grunewald, Eugenie
Guber, Carola
Günschmann, Eva Maria
Günther, Carola
Hablowetz, Silvia
Häßner, Heidrun
Halevy, Hadar
Hall, Janice
Hamari, Julia
Haselböck, Hermine
Haselmann, Lena
Heinritz, Marie-Luise
Helfricht, Cornelia
Hellekant, Charlotte
Helm, Wilhelmina van der
Helzel, Ulrike
Hesse von den Steinen, Ursula
Hesse, Ruth
Hölzl, Barbara
Hörhold, Tina
Horne, Betsy M
Houtzeel, Stephanie
Ilieva, Vera
Ingenfeld, Dorothe
Iten, Claudia
Jacobus, Britta
Jaeckh, Susanne
Jänicke, Yvi
Jahn, Gertrude
Jütten, Heidi
Juon, Julia
Kallisch, Cornelia
Kaluza, Stefania
Kammerloher, Katharina
Karišik, Maida
Kasarova, Vesselina
Kirchhof, Angelika
Klare, Susanne
Komlosi, Ildikó
Koppelstetter, Martina
Kožená, Magdalena
Kreusch, Susanne
Krusche, Michaela
Kushpler, Zoryana
Lang, Anja
Lang, Petra
Leiber, Karen Leonie
Lenormand, Marie
Lesaka, Itziar
Liebold, Angela
Lipovšek, Marjana
Ludwig, Christa
Magnus, Elisabeth von
Marilley, Sophie
Markert, Annette
Marquez, Marta
Masur, Carolin
Mateewa, Borjana
May, Frauke
May, Gabriele
Mayer, Christa
Meier, Waltraud
Michael, Nadja
Mijanovic, Marijana
Minutillo, Hannah Esther
Mishura, Irina
Moraleda, Ines
Morein, Donna
Mucher, Waltraud
Müller, Roswitha
Murray, Dame Ann
Naef, Yvonne
Neiman, Elizabeth
Neubauer, Margit
Nicolai, Jolanta Teresa
Nies, Christel
Nikiteanu, Liliana
Noack, Sabine
Nymoen, Ilona
Obelgönner, Kirsten
Oertel, Christiane
Oprisanu, Carmen
Otter, Anne Sofie von
Overmann, Leandra
Pagmar, Karin
Palacios, Nidia
Papila, Jale
Papoulkas, Antigone
Pappas, Frances
Paulsen, Melinda
Pecková, Dagmar
Peebo, Annely
Peetz, Katharina
Petersamer, Alexandra
Petrova, Petia
Pieweck, Katja
Pilcher, Diane
Pini, Daniela
Pinter, Brigitte
Plessing, Kaja
Ponten, Tanja
Poulson, Lani
Prochnik, Edna
Proudenskaja, Marina
Pye, Suzanne Irene Eleonore
Radomirska, Violetta
Ramerth, Heike-Beate
Rappé, Jadwiga
Ratzenböck, Christa
Reinhard, Susanne
Reinholz, Gabriele
Rentz, Carola
Riedl, Eva Maria
Risley, Patricia
Roach, Patricia
Rothmaler, Juliane Philine
Runkel, Reinhild
Sajonz, Miriam
Saljé, Cornelia
Sandel, Marina
Saragosa, Olivia
Savova, Olga
Schiff-Riemann, Helga
Schiml, Marga
Schlüter, Anne-Carolyn
Schmid, Judith
Schmiege, Marilyn
Schneider, Gundula
Schöller, Barbara
Schramm-Heilfort, Sylvia
Schubert, Gisela
Schuster, Michaela
Schutza, Katharina
Schwartz, Magali
Schwarz, Hanna
Seiltgen, Annette
Selinger, Michaela
Serdar, Svetlana
Shemai, Etleva
Shirai-Höll, Mitsuko
Shkosa, Enkelejda
Simonian, Adrineh
Sindram, Daniela
Soffel, Doris
Spiegl, Gabriele
Spingler, Renate
Spohr, Dietburg
Starzinger, Elisabeth
Stefanoff, Nadja
Stricker, Annette
Szönyi, Ildiko
Tamulénas, Eva
Théodoloz, Annelise
Trekel-Burckhardt, Ute
Tschöke, Simone
Tumýán, Satik
Ueberschaer, Camilla
Ulbrich, Andrea Edina
Vermillion, Iris
Vitale, Caroline
Vondung, Anke
Vuletic, Janja
Wagner, Anja Daniela
Wagner, Gertraud
Waldner, Veronika
Walerowicz, Monika
Walser, Christine
Wartmann-Bührer, Monika
Wegorzewska-Whiskerd, Alicja
Weiskam, Margo
Wenkel, Ortrun
Wesseling, Maria Riccarda
Wick, Ursula
Wiedstruck, Yvonne Martina
Wilke, Elisabeth
Winkler, Jutta
Winsauer, Waltraud
Wolak, Ewa
Zajick, Dolora
Zaremba, Elena
Zehnder, Heidi
Zhidkova, Elena
Zubler, Monique
Zürcher, Liliane

Sopran

Aikin, Laura
Ailakowa, Nedjalka
Åkerlund Salzmann, Lina Maria
Alföldi, Zsuzsa
Aliberti, Lucia
Ammann, Marion
Anthony, Susan B
Arens, Judith
Argast, Patricia
Arkaeva, Oxana
Armentia, Arantxa
Artmann, Andrea
Auyanet, Yolanda
Babajanyan, Karine
Bacher, Rosina
Bachmaier, Ute
Backlund, Ann-Marie
Bader, Anita
Baer, Madeleine
Baird, Janice
Bamert-Galli, Dorothea
Banse, Juliane
Barainsky, Claudia
Barkmin, Gun-Brit
Bartha, Clarry
Barthe, Julia
Bartoli, Cecilia
Batori, Eva
Bauer, Julia
Baum, Ute
Bauma, Brigitte
Beckmann, Judith
Beer, Birgit
Beer, Katja
Behle, Renata
Behnke, Anna-Katharina
Behrens, Ursula
Beidler-Badertscher, Katharina
Beller-Carbone, Nicola
Bengtsson, Maria Cecilia
Bernhard, Susanne
Berten, Nina
Bessel, Margaretha
Bezold, Talia von
Bicks, Lydia
Binnewies, Birgit
Blanck, Kirsten
Blasi, Angela-Maria
Blunk, Yvonne
Böhnert, Jutta
Boesiger, Christiane
Bogner, Anna-Maria
Bogza, Anda-Louise
Bolgari, Olga
Bonfadelli, Stefania
Bonin, Christin
Borchert, Julia
Bosenius, Daniela
Brähler, Simone
Braun, Claudia
Briggs, Hope
Bringmann, Isabell
Brockman, Kimberly
Broderick, Kathleen
Brunner, Heidi
Bubach, Nina
Büchner, Jana
Bügler, Jacqueline
Burg, Susanna von der
Burkhardt-Mühlbach, Gisela
Burri, Jessica
Butaeva, Milana
Byström, Malin
Card, June
Carey, Suzanne
Casselman, Jane
Cedolins, Fiorenza
Chalker, Margaret
Ciesinski, Kristine
Clark, Christina
Coburn, Pamela
Coelho, Eliane
Coku, Alexandra
Colombini, Silvia
Connell, Elizabeth
Cousin, Alexia
Crider, Michèle
Culmer-Schellbach, Lona
Cvilak, Sabina
Dalayman, Katarina
Damrau, Diana
Dasch, Annette
Daum, Heike Susanne
Dawson, Lynne
Deibele, Mona
Denoke, Angela
Deschenaux, Valentine
DeVol, Luana
Diener, Melanie
Dilbèr
Dixon, Janice
Dorak, Martina
Düerkop, Renate
Dürrler, Brigitte
Duncan, Rachael
Dussmann, Silvana
Eckhoff, Jessica
Eggler, Iris
Egloff, Michaela
Eisenfeld, Brigitte
Ellen, Donna
Ender, Jeanette
Endres, Anke
Engelmann, Susanne
Etezadzadeh, Jasmin
Evers, Silke
Faltin, Renate
Fandrey, Birgit
Farcas, Valentina Maria
Farnocchia, Serena
Fassbender, Hedwig
Feis, Doreen Maria De
Filipcic, Carin
Filipova, Elena
Fink, Adelheid
Fink, Elena
Fischer, Inga
FitzPatrick, Carole
Flechl, Elisabeth
Fleming, Renée
Foltran Mürner, Simone
Francesca-Cavazza, Maria de
Frauchiger, Ingrid
Frauchiger, Katrin
Freni, Mirella
Frey-Rabine, Lia
Friede, Stephanie
Frimmer, Monika
Füri-Bernhard, Ursula
Fuggiss, Carmen
Furmansky, Abbie
Gabler, Anna
Gabrielli-Kutrowatz, Ruth
Galstian, Juliette
Garmendia, Ainhoa
Gasteen, Lisa
Gauci, Miriam
Gazi-Laki, Krisztina
Gecer, Dilek
Geier, Gesche
Geleva, Gergana
Geller, Brigitte
Gerber, Marelize
Gessendorf, Mechthild
Gessler, Maria
Gibson, Nancy
Ginzer, Frances
Girard, Valerie
God, Kelly
Goda, Masako
Götz, Cornelia
Golay, Yumi
Golovanova, Jaroslavna
Gornik, Sonja
Gouthro, Susan
Gracher, Beate
Graf, Kathrin
Graham, Christine
Gramß, Nele
Greenberg, Sylvia
Grekova, Evgenia
Grimm, Anne
Grothkopf, Bettina
Gruberová, Edita
Günther, Gertrud
Guo, Sen
Gustafson, Nancy
Habermann, Ingrid
Häggander, Mari Anne
Hagedorn, Elizabeth
Hahn, Brigitte
Hahn, Heidrun Maria
Halasz, Judith
Halbwachs, Danielle
Hallstein, Ingeborg
Hampe, Christiane
Harnisch, Rachel
Harper-Smith, Janice
Hartelius, Malin
Harteros, Anja
Haselberger, Ingrid
Hasselmann, Kirstin
Haubold, Ingrid
Havranová, Jana
Healey, Kate (Catherine)
Hedgpeth, Sara
Hendricks, Barbara
Henning, Julia
Hermann, Regine
Herrmann, Elisabeth
Herzog, Marlen
Heuer-Christen, Beata
Hinze, Elisabeth
Hirzel, Franziska
Höhn, Carola
Höller, Maria
Hofmann, Anne
Hofmann, Martina
Horner, Melanie
Huang, Ying
Huffstodt, Karen
Hundeling, Maida
Im, Sunhae
Ionova, Iva
Isenbürger, Cornelie
Isokoski, Soile
Ito, Akiko
Iven, Christiane
Jacoby, Cynthia
James, Carolyn
Jankova, Martina
Jansen, Dorothee
Javakishvili-Iveri, Tamar

Jecklin-Speiser, Elisabeth
Jenis, Eva
Jeskova, Inna
Jo, Sumi
Johannsen, Robin
Johannsen, Sarah
Johansson, Eva
Jonas, Maria
Jones, Dame Gwyneth
Jun, Ji-Young
Jungwirth, Helena
Kabatu, Isabelle
Kaesmacher, Anja
Kaiser, Kristiane
Kaiserfeld, Ingrid
Kakuta, Yuko
Kalna, Inga
Kamenik, Julia
Kaminiczny, Nora
Kampe, Anja
Karl, Natalie
Karlsen, Turid
Karnéus, Katarina
Kaufman, Elise
Kaufmann, Anna Maria
Kaufmann, Julie
Kaune, Michaela
Kekyte, Rosita
Keller, Kersten
Keller, Sybille
Kiehr, Maria Christina
Klauder, Silvia
Klobucar, Margareta
Knoth, Mareen
Koller, Dagmar
Kopinits, Stefanie
Korondi, Anna
Kottmair, Elke
Kovalova, Nataliya
Krämer, Michaela
Krahnenfeld, Stefanie
Kraus, Elisabeth
Krause, Monika
Kreuter, Melanie
Kreutzfeldt, Anja Eva
Kringelborn, Solveig
Krug, Stephanie
Kühmeier, Genia
Kuhn, Gabriela
Kuhn, Judith
Kulman, Elisabeth
Kunz-Eisenlohr, Claudia
Kupfer, Elvira
Kurtz, Birgit
Kwon, Hellen
Längle, Sarah
Larson, Sophia
Larsson, Lisa
Lechner, Gabriele
Lee, Byung-Soon
Lehmann, Charlotte
Leitgeb, Katharina
Leitner, Charlotte
Leß-Brandau, Christiane
Lewandowski, Jeanette
Ley, Marcie Ann
Libor, Christiane
Lichdi, Maraile
Lichtenstein, Romelia
Lienbacher, Edith
Lier, Ellen van
Lindsley, Celina
Lindwall, Cecilia
Lins-Reuber, Martina
Lister, Marquita
Lloyd-Davies, Mary
Lott, Felicity
Loukianetz, Victoria
Lubchansky, Alexandra
Lukács, Georgina
Ma-Zach, Isabella
McCalla, Kathleen
McKrill, Elaine
Magee, Emily
Makris, Cynthia
Malfitano, Catherine
Maller, Wilma
Marbot, Anne-Florence
Marguerre, Eleonore
Marrocu, Paoletta
Marti, Beata
Martin, Sabina
Martinez, Iride
Marton, Eva
Mathis, Edith
Matthews, Sally
Mei, Eva
Meier-Schmid, Monika
Melnik, Natalia
Melzer, Caroline
Merbeth, Ricarda
Merz, Christine
Mescheriakova, Marina
Meyer, Anja
Meyer, Miriam
Michaelides, Georgia
Michel, Silona
Mields, Dorothee
Miklósa, Erika
Mikolaj, Aga
Milanova, Julia
Mili, Isabelle
Mitchell, Brenda
Mizushima, Ikumu
Monoyios, Ann
Montmollin, Nathalie de
Mooslechner, Katharina
Morikawa, Eiko
Moser, Edda
Mosuc, Elena
Müller, Katherina
Mulhern, Sinéad
Nachfolger, Birgitt
Nadelmann, Noëmi
Nadvornik, Petra
Näther, Gabriele
Naglestad, Catherine
Nakajima, Akiko
Nanneson, Cecilia
Naydenova, Albena
Netrebko, Anna
Neumann, Manuella
Nielsen, Inga
Nievergelt, Eva
Nilsson, Pia-Marie
Nitescu, Adina
Nold, Simone
Nossek, Carola
Nylund, Camilla
Oelze, Christiane
Or, Netta
Orgonášová, Luba
Osten, Sigune von
Ottenthal, Gertrud
Pálmadóttir, Sigrún
Pammer, Anna Maria
Pankratova, Elena
Papczok-Brückner, Ursula E
Pape, Margarethe
Papoulia, Althea-Maria
Park, Eun-Joo
Parks, Marcia
Patchell, Sue
Peacock, Lucy
Persson, Miah
Petersen, Ann
Petibon, Patricia
Peyerl, Gundula
Pfeiffer, Regina
Pieczonka, Adrianne
Piunti, Giuseppina
Poblador, Milagros
Polaski, Deborah
Popova, Irina
Queiroz, Adriane
Radermacher, Erika
Raimondi, Ildiko
Ramos, Melba
Randall, Kerstin
Rath, Susanne
Reinprecht, Alexandra
Reiss, Chen
Rempe, Julia
Renzowa Jürgens, Regina
Rey, Isabel
Richards, Elizabeth
Richter, Katharina
Ringholz, Teresa
Rio, Leonora del
Ritterbusch, Sabine
Roberts, Brenda
Röschmann, Dorothea
Rösel, Corinna
Rogner-Umschaden, Eva Maria
Romanko, Olga
Ronge, Gabriele-Maria
Rossmanith, Gabriele
Rost, Andrea
Rubens, Sibylla
Rudiferia, Milena
Sämann, Gerlinde
Sala, Ofelia
Salminen, Sarianna
Samuil, Anna
Savelsbergh, Kim
Scaini, Francesca
Schäfer, Christine
Schäfer, Frauke
Schellenberger, Dagmar
Scherrer, Letizia
Schirmer, Astrid
Schlenker, Tina
Schlick, Barbara
Schlingensiepen, Ina
Schmithüsen, Ingrid
Schmock, Elisabeth
Schnaut, Gabriele
Schneider-Hofstetter, Barbara
Schneider, Melanie
Schnitzer, Petra Maria
Schönberg, Marika
Schoeneich, Sabine Maria
Schörg, Regina
Scholl, Elisabeth
Schültke, Christine
Schulze, Jeanne Pascale
Schwanewilms, Anne
Selbig, Ute
Serafin, Martina
Serfling, Susanne
Shafajinskaia, Anna
Sharp, Norma
Sheppard, Kerrie
Sieber, Steffi
Siebert, Isolde
Silja, Anja
Simić, Dunja
Spieß, Barbara
Spingler, Marion
Spreckelsen, Uta
Stadler, Irmgard
Stallmeister, Britta
Stamenković, Snežana
Starfeld, Alice
Steinfeld, Saskia
Stejskal, Margot
Stemme, Nina
Stock, Simone
Stoyanova, Krassimira
Strass, Eleonora
Strate, Petra-Ines
Strocka, Kathrin
Studer, Cheryl
Stürz, Franziska
Sümegi, Eszter
Sullivan, Gail
Szmytka, Elzbieta
Takova, Darina
Tamar, Iano
Targler, Ursula
Tenkanen, Eeva
Tetruashvili, Lina
Teuscher, Lydia
Thanner, Adelheid Maria
Theodoridou, Sonia
Theorin, Iréne
Thies, Sabine
Thomas, Caroline
Tjønn, Hege Gustava
Tomowa-Sintow, Anna
Tomuschat, Jutta
Tonca, Ileana
Tovey, Rachael
Trattnigg, Sandra
Treichler, Jacqueline
Tselegidis, Maria
Ulewicz, Marina
Urmana, Violeta
Valayre, Sylvie
Varady, Julia
Vargicová, Lubica
Vaughn, Pauletta de
Venuti, Maria
Verebics, Ibolya
Vincken, Anja
Virovlansky, Anna
Vitkova, Lea
Voigt, Deborah
Wachutka, Elisabeth-Maria
Wahl, Erika
Walther, Sabina von
Wang, Chen
Watson, Linda
Weiss, Silvia
Weißbach, Nancy
Wenzel, Silke
Werner, Louise
Werres, Elisabeth
Westbroek, Eva-Maria
Whitehouse, Elisabeth
Whittlesey, Christine
Wiens, Edith
Wilson, Carol
Wingen, Katharina
Winn, Tanja
Wischnizkaja, Irina
Wolf, Heidi
Würtz, Ingrid
York, Deborah
You, Eun Yee
Zaharchuk, Tatjana
Zechmeister, Barbara
Ziesak, Ruth
Zomer, Johannette
Zvetkova, Mariana

Tenor

Ackermann, Neville
Aeberhard, Matthias
Afanasenko, Viktor
Agafonov, Mikhail
Alegret, David
Algieri, Stefano
Allen, Tom
Althammer, Thomas
Alvarez, Marcelo
Amacher, Ulrich
Ambrosio, Enrique
An, Johannes
Andersen, Stig
Andersson, Ulric
Araiza, Francisco
Arason, Jón Rúnar
Arévalo, Octavio
Armiliato, Fabio
Aronica, Roberto
Azesberger, Kurt
Bachlund, Gary
Badea, Alexandru
Bae, Jae-Chul
Bandi, Janos
Banerjee, Neil
Baricelli, Carlo
Bartolini, Lando
Baumgärtel, Christian
Beczala, Piotr
Bednarski, Piotr
Bennett, Gary
Berchtold, Bernhard
Berg, Terence Vanden
Bernhard, Peter
Biyik, Cenk
Bjarnason, Olafur
Blaser, Pierre-André
Bleidorn, Matthias
Bonnema, Albert
Botha, Johan
Bothmer, Ferdinand von
Bowman-Hester, Mark
Brandl, Alfons
Brenciu, Marius
Breslik, Pavol
Bros, José
Brüggemann, Christian
Bruins, Robert
Brunner, Richard
Brutscher, Markus
Cambensy, Tobias
Carter, Ronald
Casapietra, Björn
Casciarri, Giorgio
Cazals, Carlo
Chamandy, Dan
Christoff, Miroslav
Chum, Johannes
Cleveman, Lars
Cole, Steven
Conners, Kevin
Conrad, Andreas
Coronella, Andrea Cesare
Croft, Richard
Cuénod, Hugues
Cupido, Alberto
Dalis, Fabrice
Dallapozza, Adolf
Damkier, Brent Lee
Daniecky, John
Davidoff, Mikhail
Davislim, Steve
Decker, Richard
dell'Antonio, Camillo
Dewald, Thomas
Diebschlag, Peter
Doberauer, Steffen
Domingo, Plácido
Dowd, Jeffrey
Drescher, Manfred
Drevinskas, Algirdas
Dürmüller, Jörg
Dutka, Jacek
Dvorsky, Miroslav
Dvorsky, Peter
Ebenstein, Thomas
Eikötter, Uwe
Eisermann, Dirk
Emge, Ralf
Enciñas, Ignacio
Ende, Michael
Enders, Werner
Engelsviken, Henrik
Ertel, Ralph
Evreux, Pierre
Falcón, Juan Carlos
Fedin, Alexander
Fehenberger, Lorenz
Feith, Erwin
Fink, Manfred
Fischesser, Christof
Forbis, Clifton
Fowler, Bruce
Fraccaro, Walter
Francis, Jeffrey
Franz, Christian
Freeman, Colenton
Fritz, Burkhard
Furlan, Jean-Pierre
Galliard, Peter
Gambill, Robert
Garin, Rémi
Garrido Mendoza, Omar
Garrison, Kenneth
Gavin, Julian
Genz, Christoph
George, Donald
Gerber, Daniel
Gerber, Klaus R
Gerwig, Heinz
Giacomini, Giuseppe

Komponisten

Hesse, Lutz-Werner
Hesselmann, Constantin
Hettmer, Matthias
Heucke, Stefan
Heusinger, Detlef
Heyde, Thomas Christoph
Heyn, Volker
Heyn, Walter Thomas
Hidalgo, Manuel
Hieber, Helmuth
Hild, Rudolf
Hildebrandt, Johannes K
Hilger, Manfred
Hiller, Wilfried
Hilsberg, Esther
Hinsche, Siegfried
Hinterdorfer, Rudolf
Hippe, Stefan
Hippler, Dietmar
Hirsch, Michael
Hirschfeld, Caspar René
Hlouschek, Theodor
Hoch, Francesco
Hoch, Peter
Hoche, Hubert
Hocke, Wolfgang
Höldrich, Robert R
Höller, York
Hölszky, Adriana
† Hönigsberg, David
Hösl, Hans-Wilhelm
Hoffmann, Alf
Hoffmann, Daniel
Hoffmann, Jean
Hofmann, Dorothea
Hofmann, Thomas
Hohensee, Wolfgang August Johann
Holik, Johannes
Hollfelder, Waldram
Holliger, Heinz
Holtmeier, Ludwig
Holzer, Gerhard
Homann, Michael
Hombsch, Hans
Horn, Günter
Horndasch, Matthias
Hornig, Reiner
Horton, Peter
Horvath, Josef Maria
Hosokawa, Toshio
Hostettler, Michel
Houben, Christian-Armand
Hoyer, Ralf
Hrasky, Rainer
Huber, Felix
Huber, Klaus
Huber, Michael F P
Huber, Nicolaus A
Hueber, Kurt Anton
Hübler, Klaus Karl
Hübner, Dietmar
Hübner, Werner
Hünigen, Ellen
Hüningen, Ellen
Hürlimann, Hans
Hüttel, Walter
Hütten, Kurt Hans
Hufschmidt, Wolfgang
Hug, Charlotte
Humel, Gerald
Hummel, Cornelius
Hummel, Franz
Hummel, Stefan David
Humpert, Hans Ulrich
Hupfer, Konrad
Hurt, Leopold Josef Helmut
Husmann, Mathias
Huyssen, Hans
Iber, Michael
Ickstadt, Alois
Ihme, Hans-Friedrich
Imbescheid, Albrecht
Imholz, Martin
Inderhees, Carlo
Iranyi, Gabriel
Irman, Regina
Israiloff, Peter
Iturrizaga, Luis Eduardo
Iwer, Jörg
Jacob, Werner
Jaecker, Friedrich
Jäckle, Klaus
Jäger, Karl-Heinz
Jahn, Raimund
Jahn, Thomas
Jannotta, Roger
Jaros, Vladislav
Jaroslawski, Dieter
Jarrell, Michael
Jenny, Sr Leonore
Jessler, Fritz
Jörgensmann, Theo
Jörns, Helge
Johner, Hans-Rudolf
Jordi, Dieter
Josef, Jens
Jost, Christian
Juelich, Raimund
Jünger, Patricia
Jürgens, Dietmar
Jung, Fredo
Jung, Helge
Junghanns, Bernd
Jungwirth, Rudolf
Kaegi, Werner
Kälberer, Inge
Kälberer, Oliver
Kämper, Klaus
Käser, Mischa
Kästle, Tobias
Kagel, Mauricio
Kaiser, Marcus
Kalbe, Cornelia
Kalitzke, Johannes
Kalke, Ernst-Thilo
Kalman, Charles
Kammerer, Edwin
Kampe, Gordon
Kan-no, Shigeru
Kanajan, Chatschatur
Kann, Hans
Kaps, Hansjoachim
Karaian, Melikof
Karkoschka, Erhard
Karrer, Bruno
Katzer, Georg
Kaufmann, Dieter
Kaufmann, Henry
Kaul, Matthias
Keinemann, Karl-Heinz
Kelemen, Milko
Keller, Heinrich
Keller, Hermann
Keller, Judith
Keller, Max E
Keller, Niklaus A
Kelterborn, Rudolf
Kemmling, Heinz-Werner
Kerekes, Péter
Kern, Matthias
Kessler, Thomas
Kesten, Christian
Keuk, Alexander
Keusen, Raimund
Kiefer, Peter
Kiemle, Hans Dieter
Kiesewetter, Peter
Kilchenmann, Marc
Killmayer, Wilhelm
Kim, Hyo-Sung
Kindle, Jürg
Kinzler, Burkhard
Kirchner, Volker David
Kirmße, Herbert
Kisters, Ludger
Kittler, Richard
Klär, Bernhard
Klahn, Ilmar
Klaschka, Martin
Klaus, Holger
Klebe, Giselher
Kleemann, Matthias
Klefisch, Walter
Klein, Georg
Klein, Julian
Klein, Juliane
Klein, Richard Rudolf
Kleinig, Gottfried
Klien, Gilbert
Klier, Gottfried
Klint, Wolfgang
Klisowski, Richard Michael (Ryszard Mieczyslaw)
Klockewitz, Wolfgang
Klötzke, Ernst-August
Knaak, Manfred
Knabl, Rudolf Gregor
Knecht, Johannes
Knobler, Rachel
Knüsel, Alfred
Knuth, Wolfgang
Kobjela, Detlef
Koblenz, Babette
Koch-Raphael, Erwin
Koch, Hans
Koch, Johannes H E
Kochan, Günter
Kocher, Philippe
Kocsis, Stefan
† Köhler, Wolfgang
Kölmel, Philipp Fabian
Kölz, Ernst
Koenig, Gottfried Michael
Köper, Karl-Heinz
Koepf, Siegfried
Körber, Till Alexander
Koerppen, Alfred
Koester, Werner
Köszeghy, Pèter
Kövi, László
Kohle, Roland
Kokkas, Vassilios
Kolbinger, Karl
Kolmann, Peter
Komarova, Tatjana
Komatsu, Satoshi
Komma, Karl Michael
Kopatchinskaja, Patricia
Kopf, Klaus-Dieter
Korda, Grete
Kost, Josef
Kotschy, Johannes
Kotulecki-Widawska, Olga
Koukl, Giorgio
Kovats, Barna
Kozak, Wolfgang
Krätzschmar, Wilfried
Kram, Christian F P
Kramer, Viola
Kratz, Arnold
Kraus-Hübner, Hans
Krebs, Johann
Krebs, René
Kreisel, Paul Eberhard
Kretz, Johannes
Kreuz, Maximilian
Krist, Joachim
Kristinsson, Gunnar
Kröger, Olav
Kröll, Georg
Kroidl, Malte
Krol, Bernhard
Kroll, Fredric
Kross, Erik
Kross, Hubert
Kroupova, Olga
Krüger, Matthias S
Kubizek, Augustin
Kubo, Mayako
Küchl, Ulrich
Kühn, Rudi
Kühnl, Claus
Kühr, Gerd
Künzel, Erhard
Kürschner, Martin
Kuhn, Dennis
Kuhnert, Rolf
Kulling, Ralph
Kunstein, Andreas
Kunz-von Gymnich, Peter Josef
Kupfer, Jürgen
Kupkovič, Ladislav
Kurz, Karl-Wieland
Kurz, Siegfried
Kusmierz, Janusz
Kutzer, Ernst
Kyburz, Hanspeter
Lachenmann, Helmut
Lagrange, Gerhard
Lajos, Béla
Lampson, Elmar
Landmann, Friedrich
Landvogt, Castor
Lang, Bernhard
Lang, Klaus
Lang, Peter Helmut
Lange, Annegret
Langer, Jochen
Langhof, Peter
Langlotz, Lukas
Langner, Raimund Andreas
Larcher, Thomas
Lasdun, Louisa
Lauck, Thomas
Lauermann, Herbert
Lautenbach, Rainer
Lavanchy, Popol
Lawall, Georg-Friedrich
Lee, Junghae
Lehmann, Hans Ulrich
Lehmann, Jörg
Lehmann, Ulrich
Lehnhoff, Dieter
Lehrmann, Sabina
Leimert, Volkmar
Leimgruber, Urs
Leistner-Mayer, Roland
Leitermeyer, Fritz
Leitner, Ernst Ludwig
Lemec-Arnic, Blazenka
Lemmermann, Heinz
Lendle, Wolfgang
Lensing, Jörg U
Leyendecker, Ulrich
Li Puma, Nelly
Liardet, Jean-Paul
Liberda, Bruno
Lichtfuss, Martin
Liebhart, Wolfgang
Liebich, Matthias
Liebner, Janos
Ligeti, György
Lilienthal, Arthur Heinz
Linde, Hans-Martin
Linden, Werner
Linke, Norbert
Lintz-Maues, Igor
Lippert, Reinhard
Lischka, Rainer
Llywelyn, Dafydd
Lobanov, Vassily
Löchter, Jürgen
Lötfering, Dirk
Lohff, Dietrich
Lohse, Horst
Lorscheider, Harald
Losonczy, Andor
Lu, I-Tsen
Ludat, Ulrich
Ludewig, Wolfgang
Lücker, Arno
Lüderitz, Wolfgang
Luhn, Jürgen
Lukowsky, Rudolf (Rolf)
Maazel, Lorin
McCall, Brent
Mack, Dieter
Maeder, Tobias
Mäder, Urban
Märkl, Max
Maffei, Fabio
Magidenko, Olga
Mahnkopf, Claus-Steffen
Mai, Peter
Maierhof, Michael
Maiguashca, Mesias
Mainka, Jörg
Maintz, Philipp
Malfatti, Radu
Malik, Wittwulf Y
Malzew, Stefan
Manicke, Dietrich
Manion, Michael
Mansker, Carl
Mariétan, Pierre
Marquardt, Marlene
Marschner, Wolfgang
Marti, Heinz
Marti, Valentin
Marx, Hans-Joachim
Maschmann, Heiko
Masuth, Ulrich
Matthus, Siegfried
Mattmann, Erwin
Maultasch, Alfred
Mautner, Michael
Mayer, Eckehard
Medek, Tilo
Mehta, Rajesh
Meier, Hans-Jürg
Meier, Jost
Meierhans, Mela
Mejer, Thomas K J
Melchers, Walter
Mell, Roland
Mello, Luiz Francisco (Chico)
Merk, Ulrike
Mersson, Boris
Merz, Horst Maria
Messner, Karl
Mětšk, Juro
Mettraux, Laurent
Metzger, Martin
Meyer-Metzenthin, Jürgen
Meyer, Krzysztof
Meyer, Rudolf
Michael, Frank
Michel, Johannes Matthias
Miehling, Klaus
Miller, Franz R
Minkowitsch, Christian
Mirza, Pervez
Mitschke, Herbert A
Mittendorf-Labiche, Hans
Mitterer, Wolfgang
Mittermayr, Georg
Mittmann, Jörg-Peter
Miwa, Masahiro
Möckl, Franz
Mohaupt, Günther
Mohr, Burkhard
Moldvai, László
Molino, Andrea
Moser, Elsbeth
Moser, Roland
Moser, Sophie
Motte, Diether de la
Motz, Wolfgang
Mühlbacher, Christian
Müllenbach, Alexander
Müller-Goldboom, Gerhardt
Müller-Hornbach, Gerhard
Müller-Kieling, Hans Peter
Müller-Siemens, Detlev
Müller-Wieland, Jan
Müller, Alfred Thomas
Müller, Detlef
Müller, Hans-Christian
Müller, Hans-Peter
Müller, Hans Peter
Müller, Karl-Josef
Müller, Knut
Müller, Siegfried
Müller, Thomas David
Münch, Christian
Muench, Markus
Münch, Martin

Muenz, Harald
Mützenberg, François
Muggler, Fritz
Mundry, Isabel
Musalek, Konrad
Mustonen, Olli
Muthspiel, Wolfgang
Muttenthaler, Adriane
Nabicht, Theo
Näther, Gisbert
Nagy, Andrea Sabine
Nathow, Dieter
Natschinski, Gerd
Neffe, Roland
Neidhöfer, Christoph
† Nellessen, Hermann-Josef
Nening, Wolfgang
Neubert, Günter
Neuhaus, Thomas
Neukom, Martin
Neumann, Helmut
Neumayr, Albert
Neuwirth, Gösta
Neuwirth, Olga
Neuwirth, Roland
Nichifor, Serban
Nick, Andreas
Nicklaus, Wolfgang
Nieder, Fabio
Niederberger, Maria A
Niehaus, Manfred
Niehusmann, Frank
Niemöller, Oliver
Niggli, Lucas
Nishikaze, Makiko
Nix, Reinhold
Nobis, Herbert
Nöther, Willi
Nonnweiler, Jörg
Nowak, Hans Peter
Numajiri, Ryusuke
Nussbaumer, Georg
Nussgruber, Walther
Obenaus, Petra
Obermayer, Klaus
Oberson, René
Obst, Michael
Ockert, Christian
Oehl, Johannes
Oehring, Helmut
Oesterle, Michael
Ofenbauer, Christian
Olbrisch, Franz Martin
Olive, Vivienne
Orlinski, Heinz Bernhard
Osborne, William
Ostendorf, Jens-Peter
Ott, Daniel
Owens, Robert Lee
Padrós, David
Pärt, Arvo
Pagh-Paan, Younghi
Palmer, John
Palomo, Lorenzo Martínez
Pantchev, Wladimir
Pantillon, François
Pappert, Robert
Paratte, Renée
Parolari, Reto
Paul, Berthold
Paulmichl, Herbert
Peace, James
Pelinka, Werner
Pellet, Jean-Pierre
Penderecki, Krzysztof
Penkuhn, Michael
Pepi Alós, Jorge
Perényi, Miklós
Pernes, Thomas
Peschek, Alfred
Peskó, Zoltan
Peter, Herbert
Peters, Gregor
Petersen-Mikkelsen, Birger
Petzold, Frank
Pezolt, Rainer
Pezzotti, Daniel
Pfiffner, Ernst
Pflüger, Andreas
Pfundt, Reinhard
Pick, Karl-Heinz
Pieper, Andreas
Pillinger, Wolfgang Heinz
Pilsl, Fritz
Pintscher, Matthias
Pirklbauer, Gerhard
Ruprecht
Plangg, Volker Michael
Planyavsky, Peter
Plate, Antonius
Platz, Robert HP
Pletnev, Mikhail
Pliakas, Marino
Pöll, Hubert
Poffet, Ingeborg
Poffet, Jopo
Pogoda, Ulrich
Polansky, Alfred
Pollerberg, Dirk
Pomorin, Sibylle
Poos, Heinrich
Poppe, Enno
Porter, John Andrew
Powell, Kit
Präsent, Gerhard
Prammer, Heinz
Prestele, Anton
Prinz, Gerhard
Pröve, Bernfried EG
Profos, Felix
Promnitz, Rainer
Pronk, Robert
Pütz, Friedrich
Putz, Josef
Quadranti, Luigi
Quakernack, Helmut
Quell, Michael
Rabe, Emil
Rabe, Gerhard
Rabinovitch-Barakovsky,
Alexandre
Rabinski, Jacek
Radanovics, Michael
Radeke, Winfried
Radermacher, Erika
Radermacher, Friedrich
Radulescu, Michael
Raecke, Hans-Karsten
Raffaseder, Hannes
Raiser, Christian-Markus
Raithel, Hugo
Ramdohr, Niclas
Ramoné, Joël
Ranta, Michael W
Rapf, Kurt
Rappaz, Marc-André
Raseghi, Andreas
Ratzkowski, Torsten
Rauchbauer, Friedrich
Read, Hugo
Rebbe, Josef
Rebensburg, Thomas
Reber, Marie-Cécile
Rechsteiner, Franz N
Redel, Martin Christoph
Regner, Hermann
Regnier, Eugen
Reiche, Johannes
Reimann, Aribert
Reinberger, Karl
Reiser, Niki
Reiter, Herwig
Reith, Dirk
Retchitzky, Marcel
Reuter, Georg
Reutter, Hans Peter
Reyhani, Markus Dariusch
Rheault-Scherer, Mary Lise
Richard, André
Richter de Vroe, Nicolaus
Richter, Kurt Dietmar
Richter, Peter
Richter, Thomas
Richter, Werner
Rieben, Margrit
Rieckhoff, Günther P
Riedl, Josef Anton
Riehm, Rolf
Riffel, Bernhard
Rihm, Wolfgang
Ringger, Rolf Urs
Ritsch, Winfried
Roch, Winfried
Rochat, Michel
Röhl, Uwe
Rövenstrunck, Bernhard
Röver, Christian
Rogg, Lionel
Rogl, Helmut
Rohloff, Steingrimur
Rojas-Lazo, Augusto Jorge
Rojko, Uros
Rosenberger, Katharina
Rosenthal, Mark
Roshto, Barry L
Rossin, Vadim
Rot, Michael
Rota, Renzo
Roth, Esther
Roux, Isak
Roy, Heinz
Rubbert, Rainer
Rudin, Rolf
Rübben, Hermannjosef
Rüdenauer, Meinhard
Rüegg, Mathias
Rueger, Christoph
Rütti, Carl
Ruf, Bernd
Ruggli, Madeleine
Ruoff, Axel
Ruppel, Jakob Philipp
Ruschkowski, André Arnim
Russ, Wolfgang
Ruzicka, Peter
Sabbagh, Peter
Sadler, Helmut
Sahler, Gernot
Salamon, Michael
Salbert, Dieter
Salm, Andreas
Sannicandro, Valerio
Santi, Nello
Sári, József
Sasse, Karl-Ernst
Satke, Wilfried
Saunders, Rebecca
Sawade, Ingeborg
Scartazzini, Andrea
Schacher, Jan
Schader, Klaus Heinrich
Schädler, Hieronymus
Schäfer-Schwartze, Brigitte
Schäfer, Gerhart
Schäfer, Hermann
Schäffer, Thorsten
Schär, Ernst-Martin
Schalker, Arnold
Schambach, Christoph
Schanderl, Hans
Schaper, Heinz Christian
Schapfl, Nikolaus
Schapira-Marinescu, Ilana
Scharf, Johann-Walter
Schaumann, Bernd
Schauss-Flake, Magdalena
Schecher, Fred
Scheck, Helmut
Schellhase, Steffen
Schenker, Friedrich
Schenker, Margrit
Schermann, Dietmar
Scherner, Helmuth
Schiff-Riemann, Helga
Schild, Johannes
Schiller, Christoph Markus
Schilling, Hans Ludwig
Schillings, Günter M
Schiphorst, Iris ter
Schlaepfer, Jean-Claude
Schlecht, Johannes
Schlechtriem, Theresia
Schlee, Thomas Daniel
Schleiermacher, Steffen
Schlenker, Manfred
Schlippenbach, Alexander
von
Schlothauer, Burkhard
Schlünz, Annette
Schlumpf, Martin
Schmalenberg, Hilmar
Schmeißer, Joachim
Schmetterer, Leopold
Schmid, Kurt-Franz
Schmidinger, Helmut
Schmidt-Mechau,
Friedemann
Schmidt, Axel
Schmidt, Christfried
Schmidt, Hartmut
Schmidt, Lorenz
Schmidt, Mia
Schmitt, Gerhard
Schmitt, Jürgen
Schmitt, Meinrad
Schmitz, Hans-Joachim
Schnebel, Dieter
Schneegass, Klaus-Peter
Schneid, Tobias P M
Schneider-Hollek, Matthias
Schneider, Enjott
Schneider, Joachim F W
Schneider, Michael
Schneider, Norbert Jürgen
Schneider, Urs Peter
Schneider, Walther
Schneikart, Heinrich
Schneiter, Arthur
Schneller, Oliver Martin
Schnitter, Gerhard
Schnyder, Daniel
Schöllhorn, Johannes
Schönbach, Dieter
Schönfelder, Alfred
Scholz, Friedrich
Schoor, Wolfgang
Schorcht, Michael
Schorr, Eva
Schrader, Mirko
Schreiter, Heinz
Schroeder, Marianne
Schrödl, Karlheinz
Schtschedrin, Rodion
Schubert, Heino
Schubert, Manfred
Schubert, Thomas
Schüeli, Felix
Schütter, Meinrad
Schuler, Thomas Herwig
Schulkowsky, Robin
Schullz, Axel Christian
Schult, Reiner
Schulte-Kellinghaus, Hubert
Schultheis, Bernd
Schultheiss, Ulrich
Schultz, Wolfgang-Andreas
Schulze, Manfred
Schulze, Werner
Schumann, Andreas
Schumann, Joachim
Schumann, Wolfgang
Schurig, Wolfram
Schuster, Hanns-Christoph
Schwaen, Kurt
Schwarze, Günter
Schwehr, Cornelius
Schweinitz, Wolfgang von
Schweitzer, Benjamin
Schweizer, Alfred
Schweizer, Heinrich
Schweizer, Rolf
Schwemmer, Frank
Schwenk, Fredrik
Schwertmann, Hermann
Schwertsik, Kurt
Scolari, Henri
Seckinger, Konrad
Sedlmeier Nowitz,
Alexander
Seehafer, Reinhard
Seemann, Joachim
Seger, Andreas
Seib, Valentin
Seidelmann, Axel
Seifen, Wolfgang
Seigner, Michel
Seither, Charlotte
Seitz, Daniel
Seitz, Werner
Sell, Michael
Sengstschmid, Johann
Seul, Franz
Sevsay, Ertugrul
Seyb, Tobias
Shekov, Ivan
Shepard, Craig
Shim, Kunsu
Siebert, Denis
Siebert, Oskar
Siebert, Wilhelm Dieter
Siecke, Jakob
Siegler, Winfried
Siegwart, Peter
Sigmund, Oskar
Signer, Stefan
Sigrist, Martin
Simeon, Stephan
Simeon, Urs
Singer, Pavel
Skorpik, Peter
Skrzypczak, Bettina
Sobotta, Stefan
Sojnikow, Alexander
Solare, Juan María
Sollfelner, Anton
Solothurnmann, Jürg
Sommer, Silvia
Sonderegger, Peter
Sonnenburg, Klaus
Sorg-Rose, Margarete
Sorg, Andreas
Sorg, Gerd
Southwick, Martha J
Soyka, Ulf-Diether
Spahlinger, Mathias
Spemann, Alexander
Spöndlin, Elisabeth
Spoerri, Bruno
Spohr, Mathias
Spring, Rudi
Sprung, Arnd
Squire, Cyril
Staar, René
Stadlmair, Hans
Stäbler, Gerhard F
Stähli, Hans
Staffel, Andreas
Stahl, Andreas
Stahmer, Klaus Hinrich
Stalze, Gerhard
Stamm, Hans-André
Staub, Volker
Staude, Christoph
Steger, Werner
Stein, Gottfried
Steinauer, Mathias
Steinke, Günter
Steinkogler, Siegfried
Stekel, Hanns-Christian
Stelzenbach, Susanne
Stendel, Wolfgang
Stengert, Gerhard
Stenz, Michael
Steppan, Hubert
Sterk, Norbert
Sterl, Raimund W
Stetina, Edmund
Stiebler, Ernstalbrecht
Stiefel, Christoph
Stiegler, Thomas

Arrangeure

Schauspielmusiker

Dirigenten

Holub, Achim
Honeck, Manfred
Hornef, Christian
Hosokawa, Toshio
Hoyem-Cavazza, Daniel
Hulin, Jeremy
Humburg, Will
Husmann, Mathias
Hykel, Edgar
Ihlenfeldt, Thomas
Iimori, Norichika
Imamura, Chikara
Imig, Helmut
Inbal, Eliahu
Ingensand, Ingo
Ingram, Alexander
Inouye, Derrick
Ishizaka, Hiroshi
Iwer, Jörg
Jackson, Graham
Jacobs, René
Järvi, Paavo
Jakobi, Daniel
James, Huw Rhys
Janowski, Marek
Jansons, Mariss
Jenemann, Gerhard
Jenkins, Graeme
Jensen, Eivind Gullberg
Joel, Alexander
Joël, Emmanuel
Joeres, Dirk
Johner, Hans-Rudolf
Jones, Brynmor
Jones, Julia
Jordan, Armin
Jordan, Philippe
Jung, Fredo
Jung, Klaus Dieter
Junghänel, Konrad
Juon, Lucius
Jurowski, Michail
Jurowski, Vladimir
Kabitz, Christian
Kaftan, Dirk
Kagel, Mauricio
Kahlert, Gunter
Kalitzke, Johannes
Kalmar, Julius
Kamensek, Karen
Kamioka, Toshiyuki
Kammerlander, Karl-Peter
Kammler, Steffen
Kamper, Karl
Kan-no, Shigeru
Kanajan, Chatschatur
Kantschieder, Paul
Kardos, Georg
Karr-Bertoli, Julius
Katschner, Wolfgang
Keil, Hartmut
Keilhack, Dorian
Kellinghaus, André
Kempe, Dieter
Kersting, Frank
Keuschnig, Peter
Khadem-Missagh, Bijan
Kinzler, Burkhard
Kircher, Ralf
Kirsch, Tjaard
Kissóczy, Marc
Kitajenko, Dmitrij
Klaus, Heinz
Kleinschmidt, Norbert
Klemm, Detlef
Klemm, Ekkehard
Klingele, Stefan
Klinkhardt, Leif
Klisowski, Richard Michael (Ryszard Mieczyslaw)
Klopfenstein, Hervé
Klubertanz, Michael
Kluge, Wolfgang
Kluttig, Christian
Kluttig, Roland
Knaak, Manfred
Knabl, Rudolf Gregor
Knauff, Harald
Knecht, Johannes
Knüsel, Guido
Knutson, Byron
Kobéra, Walter
Koch, Alois
Kocsár, Balázs
Kodama, Hiroshi
Köhler, Lutz
Köhler, Michael
Köhler, Siegfried
König, Christoph
Koenigs, Lothar
Kofman, Roman
Kohlhaußen, Wolfgang
Kollar, Violetta
Kontarsky, Bernhard
Koopman, Ton
Kornieko, Alexei
Kout, Jiri
Kovacic, Ernst
Kovatchev, Julian
Kowalewitz, Andreas
Kowalsky, Alexander
Krämer, Árpád
Kreile, Roderich
Kreizberg, Yakov
Krejčí, Miloš
Kretzschmann, Hartmut
Kreuzberger, Thomas
Krieger, Felix
Krnjak, Davor
Kroidl, Malte
Krüger, Matthias S
Kubitz, Judith
Kühr, Gerd
Kuhn, Gustav
Kunz-von Gymnich, Peter Josef
Kunz, Hanns-Friedrich
Kunzel, Erich
Kupke, Wolfgang
Kurz, Siegfried
Kurz, Wolfgang
Kussel, Henning
Kussmaul, Jürgen
Lafleur, Markus
Lagrange, Gerhard
Lampsatis, Raminta
Landchek, Michael
Lang-Lessing, Sebastian
Langlotz, Lukas
Lanzetta, Giuseppe
Lasserre, Jacques
Lawton, Scott
Layer, Friedemann
Lechte, Werner
Lehrbaumer, Robert
Lehtinen, Markus
Leitner, Konrad
Lemke, Felix
Leonard, Peter
Leonardy, Bernhard
Letonja, Marko
Levin, Ira
Lewis, Glenn
Liebreich, Alexander
Ligeti, Andras
Lilienthal, Arthur Heinz
Linde, Hans-Martin
Lipton, Daniel
Lischke, Wolfgang
Llywelyn, Dafydd
Löhr, Frank
Löser, Christof M
Lombard, Alain
Loosli, Théo
Lopicic, Dragan Sandy
Ludwig, Florian
Lü, Shao-Chia
Lübke, Andreas
Luig, Michael
Luisi, Fabio
Luisotti, Nicola
Lutz, Rudolf
Lyth, Harry Spence
Maazel, Lorin
Mach, Miho
Mader, Michael
Märkl, Jun
Märzendorfer, Ernst
Maffei, Fabio
Mága, Othmar
Magnus, Clemens
Malát, Jiri
Malazonia, David
Malgoire, Jean-Claude
Malkowicz, Zbigniew
Maltry, Bernd
Malzew, Stefan
Manacorda, Antonello
Manasi, Matthias
Mancusi, Guido
Marchand, André B
Marchi, Alessandro de
Marcon, Andrea
Marguier, Antoine
Marik, Anton
Markovic, Aleksandar
Marlow, David
Marschall, Ernst von
Marturet, Eduardo
Marx, Hans-Joachim
Mason, William
Masur, Kurt
Masurok, Juri
Maté, Janos
Matzeit, Friedemann
Mayer-Ullmann, Joachim
Mayer, Guido
Mayer, Pascal
Mayrhofer, Manfred
Mazzola, Enrique
Mehling, Karl Andreas
Mehta, Zubin
Meier, Christoph Ulrich
Meinardus, Horst
Meißner, Heinz
Meister, Cornelius
Mell, Roland
Mercurio, Steven
Mersson, Boris
Merz, Florian
Metzmacher, Ingo
Meyer-Wolff, Frido
Meyer, Christoph
Meyer, Hermann
Meyer, Paul
Michael, Tilman
Mikkelsen, Terje
Mikulski, Dariusz
Milton, Nicholas
Minkowski, Marc
Miranda, Jaume
Mirón, Julio
Möbius, Christian
Moeckli, Jean-Pierre
Möhringer-Gross, Gerhard
Mönius, Mathias
Moesus, Johannes
Molino, Andrea
Moncado, Bernhard
Monnard, Jean-François
Monot, Jean-François
Morandi, Pier Giorgio
Morgenstern, Frank
Moulds, Christopher
Mounk, Alicja
Mrozek, Wojtek
Mühlbach, Rainer
Müller-Brühl, Helmut
Müller-Goldboom, Gerhardt
Müller-Lorenz, Gerd
Müller-Wieland, Jan
Müller, Adrian
Mueller, Christoph
Müller, Patrick
Müller, René
Müller, Winfried
Münch, Christian
Müssauer, Manfred
Mund, Uwe
Mustonen, Olli
Muti, Riccardo
Muus, Niels
Näf, Fritz
Nagano, Kent
Nagora, Klaus
Natschinski, Gerd
Netopil, Tomáš
Neuhold, Günter
Neumann, Peter
Neuner, Dominik
Nicolai, Ulrich
Nielsen, Erik
Niemann, Marc
Norrington, Sir Roger
Nott, Jonathan
Numajiri, Ryusuke
Olberg, Jan
Ollu, Franck
Olmi, Paolo
Orth, Martin
Ortner, Erwin
Oskamp, Gerard
Ostermann, Oliver
Osthoff, Cosima Sophia
Otava, Martin
Ott, Wolfgang
Otto, Ralf
Oue, Eiji
Ozawa, Seiji
Pacor, Giovanni
Pähn, Vello
Palmen, Alvaro
Palomo, Lorenzo Martínez
Palumbo, Renato
Pan, Daxi
Pantillon, François
Parik, Ivan
Parolari, Reto
Parrott, Andrew
Pasquet, Nicolás
Pasquier, Marius
Paulmichl, Herbert
Pazmany, Tibor
Pazur, Robert
Penderecki, Krzysztof
Perick, Christof
Peschek, Alfred
Peskó, Zoltan
Petignat, Jean-Louis
Petith, Hans
Petrenko, Kirill
Pfaff, Luca
Pfund, Romely
Phear, Gwendolyn
Piehlmayer, Rudolf
Pintscher, Matthias
Piollet, Marc
Plangg, Volker Michael
Platen, Emil
Pletnev, Mikhail
Plettner, Leo
Podic, Baldo
Pointner, Philipp
Poncette, Xaver
Popp, Markus
Poppen, Christoph
Poschner, Markus
Präsent, Gerhard
Prammer, Heinz
Presser, André
Prestele, Anton
Previn, André
Prévost, Jean
Priadeev, Konstantin
Prick, Christof
Prinz, Johannes
Prochazka, Ottokar
Prokopetz, Karl
Puhani, Andreas
Puhl, Victor
Pyhrr, Christian
Rabenstein, Hans-Martin
Rabinovitch-Barakovsky, Alexandre
Radeke, Winfried
Rademann, Hans-Christoph
Radulescu, Michael
Rainer, Ingomar
Rajski, Wojciech
Ramdohr, Niclas
Ranzani, Stefano
Rapf, Kurt
Rattle, Sir Simon
Rauscher, Hans-Peter
Raytscheff, Russlan
Rebensburg, Thomas
Reck, Stefan Anton
Redel, Kurt
Reichel, Daniel
Reimann, Christoph
Reimer, Robert
Reiter, Herwig
Rémy, Ludger
Renne, Max
Rennert, Wolfgang
Reuter, Rolf Friedrich
Richter, Caspar
Richter, Peter
Richter, Thomas
Ridder, Ludwig de
Rieger, Johannes
Rilling, Helmuth
Ringborg, Patrik
Rizzi Brignoli, Roberto
Rizzo, Pietro
Rochat, Michel
Roderick, John
Röder, Annerose
Rögner, Wolfgang
Rösner, Thomas
Romanul, Myron
Roos, Rainer
Rosensteiner, Florian
Rosin, Armin
Rossberg, Dieter
Rotman, Hans
Rottenaicher, Alois
Rotter, Jorge Teodoro
Roubaty, Pierre-Georges
Rouland, Sébastien
Rousset, Christophe
Rovetta, Michele
Rozhdestvensky, Gennadi
Rucha, Barbara
Rudin, Alexander
Rudner, Ola
Rüegg, Mathias
Ruf, Bernd
Rumpf, Alexander
Rundel, Peter
Runnicles, Donald
Ryan, Kwamé
Rybach, Ladislaus
Sahler, Gernot
Salemkour, Julien Sadi
Sallaberger, Oswald
Sallmann, Klaus
Salomon, Doron
Sanderling, Kurt
Sanderling, Michael
Sanderling, Stefan
Sanderling, Thomas
Sandorf, Pavel
Sannicandro, Valerio
Santi, Nello
Saraste, Jukka-Pekka
Sarbach, Pierre
Sawallisch, Wolfgang
Saye, Theo
Schäfer, Wolfgang
Schaetz, Tobias
Schaller, Gerd
Scharf, Johann-Walter
Scharovsky, Yeruham
Schecher, Fred
Scheitzbach, Michael
Schellenberger, Hansjörg
Scherer, Alexander
Scheuber, Karl
Schiff, Heinrich

Schirmer, Ulf
Schlabertz, Dietmar
Schlaefli, Johannes
Schmalenberg, Hilmar
Schmelzer, Peter
Schmid, Kurt-Franz
Schmidt-Gaden, Gerhard
Schmidt, Reinhard
Schmidtsdorff, Michael
Schmiedel, Reinhard
Schmöhe, Georg
Schnack, Michael
Schneider, Michael
Schneider, Peter
Schneider, Urs
Schneidt, Hanns-Martin
Schnitzler, Claude
Schöllhorn, Johannes
Schönfelder, Alfred
Scholl, Toni
Scholzen, Frank
Schoor, Wolfgang
Schoots, Koen
Schreier, Peter
Schrottner, Peter
Schubert, Gert
Schubert, Manfred
Schubert, Thomas
Schüller, Andreas
Schüren, Michael
Schuhenn, Reiner
Schultsz, Jan Christoffel
Schulz, Gernot
Schulz, Jürgen
Schulze-Koops, Karen
Schwab, Siegfried
Schwarz, Mario
Schweizer, Daniel
Schwinck, Alexander
Seaman, David
Seehafer, Reinhard
Seibel, Klauspeter
Seidel, Roberto
Seiffarth, Roland
Seifried, Reinhard
Seipenbusch, Edgar
Seiss, Werner
Seitz, Werner
Seyfarth, Lothar
Shambadal, Lior
Sheridan-Braun, Edgar
Siberski, Leo
Sieghart, Martin
Siegmann, Christian
Siegwart, Peter
Siffert, Emmanuel
Simeon, Urs
Simonis, Christian
Sitkovetsky, Dmitry
Sloane, Steven
Sohm, Horst
Solén, Eric
Soltesz, Stefan
Solyom, Stefan
Sommerer, Peter
Soustrot, Marc
Soyka, Ulf-Diether
Spering, Andreas
Spering, Christoph
Spierer, Carlos
Spohr, Dietburg
Sprenger, Karsten
Sprenger, Ulrich
Spring, Rudi
St Clair, Carl
Staar, René
Stadlmair, Hans
Stähli, Hans
Stahl, David
Stahnke, Manfred
Stangel, Peter
Starke, Ipke
Steck, Anton
Steen, Jac van
Steinberg, Pinchas
Stengards, Rick
Stenz, Markus
Stern, Adrian
Stessin, Alexander
Steuerwald, Frank
Stiefel, Werner
Stiller, Christoph
Stockhammer, Jonathan
Stöckli, Bruno
Stoehr, Andreas
Stolzenbach, Lorenz
Stringer, Mark
Strobel, Frank
Stromberg, Kay
Strub, Patrick
Studer-Müller, Martin
Studer, Michael
Stulberg, Neal
Suckel, Friedrich
Sushon, Anna
Sutej, Vjekoslav
Suter, Louis-Marc
Syperek, Markus M
Szita, Ferenc von
Tabachnik, Michel
Tabakov, Emil
Tallec, Cécile
Tang, Muhai
Tardy, Olivier
Tarkmann, Andreas N
Tate, Jeffrey
Techet, Roland
ter Wey, Fritz
Tetzlaff, Stephan
Tetzner, Wolfram
Tewinkel, Sebastian
Thärichen, Werner
Theimer, Uwe
Theis, Ernst
Theuring, Günther
Theus, Urs-Michael
Törzs, Ivan
Tol, Han
Toll, Winfried
Tomaschek, Michael
Track, Gerhard
Trafton, Joseph L
Trantow, Cornelius
Traunfellner, Claudius
Travis, Francis
Trifan, Marioara
Trinca, Franco
Trinks, Constantin
Troester, Jens
Trommer, Wolfgang
Tsialis, Stefanos
Turkovic, Milan
Uhden, Pit
Ulrich, Patrice
Ungar, Thomas
Urbanek, Hans
Vaask, Tarmo
Valtancoli, Roberto
Vardigans, Richard
Varon, Neil
Vasicek, Adolf
Veldhoven, Jos van
Ventura, Fabrizio
Venzago, Mario
Verwey, Ansi
Veselka, Stefan
Vettraino, Fabio
Vieweg, Roland
Villaret, Claude
Villiers, David de
Villiger, Edwin
Vitlin, Alexander
Vladar, Stefan
Voegelin, Fritz
Voigtländer, Roland
Vranos, Georgios
Wagner, Christoph Maria
Wagner, Sibylle
Wallat, Hans
Wallner, Günter
Wallnig, Josef
Wambeck, Roland
Wappler, Wolfgang
Weber, Kurt
Weber, Wolfgang
Weder, Oliver
Wegele, Matthias
Wegerbauer, Klaus
Weibel, Mathias
Weidauer, Stephan
Weigel, Helmut
Weigle, Jörg-Peter
Weigle, Sebastian
Weigold, Paul
Weikert, Ralf
Weil, Bruno
Weise, Klaus
Weiss, Andreas
Weit, Henry
Welsch, Ulrich
Welser-Möst, Franz
Wendeberg, Michael
Wengler, Marcel
Wentzel, Willem M
Werner, Witolf
Wesenauer, Peter
Wettstein, Peter
Wetzler, Johannes
Wiegmann, Olaf
Wigglesworth, Mark
Wilhelm, Rolf Alexander
Wili, Anmari
Williams, Howard
Willig, Johannes
Willis, Alastair
Willrich, Hans-Joachim
Wimberger, Gerhard
Windfuhr, Ulrich
Windisch, Bernd
Wingrich, Peter
Wippermann, Raimund
Wirth, Gerald
Wohlleben, Christoph
Wojciechowski, Tadeusz
Wolf, Jürgen W
Wolff, Hugh
Wulff, Bernhard
Wycik, Ekhart
Wyss, Niklaus
Wyttenbach, Jürg
Yamagishi, Kodo
Yinon, Israel
Young, Simone
Zacharias, Christian
Zagrosek, Lothar
Zanetti, Massimo
Zapf, Anton
Zedda, Alberto
Zehetmair, Thomas
Zehnder, Kaspar
Zender, Hans
Zettl, Karl-Heinz
Ziemen, Florian
Zimmer, Hans E
Zimmermann, Margrit
Zinman, David
Zippelius, Ulrich
Zocche, Lodovico
Zollmann, Ronald
Zuckmantel, Diethelm

Chorleiter, -direktoren

Alber, Michael
Amelung, Philipp
Andres, Daniel
Andresen, Jörn Hinnerk
Anglberger, Albert
Arman, Howard
Baisch, Markus
Balatsch, Norbert
Bannasch, Barbara
Bauer, Christof
Becker, Jürgen
Beringer, Karl-Friedrich
Böhm, Matthias
Bönisch, Thomas
Brauer, Matthias
Breiding, Jörg
Breuer, Heribert
Broad, Charles Robin
Brownless, Edmund
Büchler, Claudio
Büchner, Roland
Coombe, Deborah
Corke, Francis
Creed, Marcus
Csizmadia, Florian
Czernetzki, Leonhard
Dijkstra, Peter
Dittrich, Uta
Druschel, Frank
Dutka, Jacek
Eberle, Alexander
Eckhoff, Sören
Eistert, Ulrich
Eitler, Thomas
Enke, Hagen
Evyapan, Zeki
Ewald, Cornelia
Feigl, Joseph
Feller, Harald
Fischer, Sebastian Matthias
Flade, Frank
Fliegner, Christian
Folz, Martin
Franke, Gotthard
Freibott, Hermann
Friedrich, Eberhard
Frischknecht, Hans Eugen
Gärtner, Martin
Garo, Edouard
Gatz, Dagmar
Gentner, Wolfgang
Gläser, Michael
Glaßner, Alois
Gottwald, Clytus
Grohotolsky, Michael
Grube, Christian
Günther, Christian
Gundlach, Willi
Hämmerli, Jürg
Haus, Karl
Heesch, Franz-Georg
Heimann, Robert
Heinze, Andreas
Helg, Carl-Robert
Henking, Christian
Hernandez-Laverny, Sebastian
Heusch, Raimund
Hiemetsberger, Johannes
Hilsberg, Inga
Hoffmann, Jan
Horn, Wolfgang
Huschke, Wolfram Joachim
Hykel, Edgar
Ihl, Alfredo
Irmscher, Johanna
Itaya, Kazuko
Jeandin, Richard-Anthelme
Jenny, Sr Leonore
Jeub, Christian
Jirka, Kai-Uwe
Junge, Michael
Kaiser, Marbod
Kallos, Apostolos
Kapfer, Herbert Christian
Ketelhut, Andreas
Kinzler, Burkhard
Klaus, Heinz
Klug, Dieter
Knappe, Lothar
Köhler, Matthias
Koester, Werner
Korn, Andreas
Kowalsky, Alexander
Kratz, Arnold
Kubisch, Peter
Kurig, Christoph
Lang, Thomas
Lemke, Felix
Leopold, Georg
Limbach, Albert
Maczewski, Winfried
Maiwald, David
Masopust, Ulrike
Máspero, Andrés
Matthiesen, Hellwart
Mehrpohl, Udo
Meier, Stefan
Meinardus, Horst
Menskes, Georg
Michalski, Gerhard
Mikkelsen, Johannes
Miteva, Dorka
Möbius, Christian
Moncado, Bernhard
Monem, Ronald
Müller-Salow, Wolfgang
Müller, Adrian
Münch, Uwe
Nolte, Ulrich
Nordhoff, Hubert
Olberg, Jan
Ollivant, Andrew
Oppeneiger, Markus
Ostermann, Oliver
Paetzholdt, Ulrich
Petereit, Jens
Pettite, Simon
Pilster, Bettina
Polus, Henryk
Puschbeck, Jürgen
Quarré, Sierd
Raffelsberger, Ernst
Rathgeber, Karl
Rehberg, Hans-Hermann
Reuss, Daniel
Rieder, Jochen
Roberge, Michel
Rösel, Corinna
Rösler, Eckehard
Ronay, Nandor
Roscher, Gerhard
Rottenwöhrer, Maria
Salm, Jost
Schaetz, Tobias
Scharf, Johann-Walter
Schillo, Benedikt
Schlechtriem, Theresia
Schmeller, Johannes
Schmidt-Gaden, Gerhard
Schmidt, Martin
Schmiedel, Roland
Schneider, Bernhard
Scholz, Viktor
Schreier, Manfred
Schreyer, Steffen
Schröfel, Gudrun
Schubert, Enrico
Schullz, Axel Christian
Schulte-Bunert, Dieter
Schulze, Frank Udo
Schwendinger, Wolfgang
Seckinger, Konrad
Simeon, Urs
Sleeman, Angela
Sorg, Gerd
Steffen, Detlef
Stegmann, Bernd
Stier, Gothart
Straube, Jörg
Teutschbein, Klaus-Jürgen
Trantow, Cornelius
Tremmel, Anton
Trust, Heinz-Ewald
Upadhyaya, Vijay
Vassilev, Valentin
Wagner, Martin
Wagner, Sibylle
Walker, Granville
Wallner, Günter
Weaver, Jason
Weiherer, Christian
Weiss, André
Wellmann, Dieter
Wels, Wolfgang
Wetzler, Johannes
Willrich, Hans-Joachim
Wirth, Gerald

Wodner, Peter
Zimpel, Sylke
Zuppardo, Alessandro

Kapellmeister

Amanuma, Yuuko
Andresen, Jörn Hinnerk
Anifantakis, Boris
Bargel, Martin
Bauche, Burkhard
Bergius, Allan
Betta, Giuliano
Blomstedt, Herbert
Böer, Roland
Bönisch, Thomas
Bohn, Rüdiger
Bousso, Joseph
Braschkat, Peter
Braun, Martin
Bremer, Christian
Brüsch, Hartmut
Büchler, Claudio
Carulli, Michele
Christ, Volker
Clar, Sigrid
Contratto, Graziella
Cotta, Erhard
Delamboye, Enrico
Domay, Wolfram
Dorschner, Wolfgang
Duryea, Kenneth
Eichhorn, Rainer
Eistert, Ulrich
Ewaldt, Peter
Falkenhausen, Achim
Feigel, Peter Christian
Fischer, Peter
Frank, Markus L
Fresis, Errico
Fromageot, Stéphane
Fruhmann, Günter
Garbosnik, Christian
Goerke, Arn
Gribow, Thomas-Michael
Grüneis, Raoul
Hammer, Christian
Heine, Cornelius
Heinig, Günter
Hellmann, Christophe
Heusch, Raimund
Hild, Rudolf
Hilsberg, Inga
Hoff, Martin
Holm, Dietger
Hornischer, Christoph
Horstmann, Jan Michael
Hube, Frank Maximilian
Huschke, Karsten
Jaremko, Frank
Joho, Andres
Junge, Michael
Kapfer, Herbert Christian
Karr-Bertoli, Julius
Kirbach, Klaus
Kliebes, Hans-Christoph
Klieme, Stefan
Klug, Dieter
Kluge, Hans-Georg
Knapp, Johannes
Kober, Axel
Koloseus, Wolfram
Koo, Jahbom
Korth, Michael
Kütson, Mihkel
Lange, Ralf
Leißner, Steffen
Lemberg, Werner
Leopold, Georg
Liao, Hsiao Lin
Liebmann, Hans-Frieder
Manz, Adrian
Marschik, Peter
Meier, Stefan
Meister, Martin Lukas
Menskes, Georg
Mewes, Friedemann
Millard, Michael
Müksch, Matthias
Müller-Gabriel, Steffen
Müller-Salow, Wolfgang
Müller, Adrian
Münch, Uwe
Mund, Uwe
Murta, William Ward
Nánási, Henrik Elöd
Negrin, Alexander
Nordmeyer, Carolin
Ollivant, Andrew
Pasquier, Marius
Pettite, Simon
Pflanz, Ludwig
Pointner, Philipp
Preu, Hans-Peter
Puhl, Victor
Rademacher, Lutz
Rank, Ralph
Rieder, Jochen
Röhrig, Kai
Rohrbeck, Bettina
Sandner, Uwe
Schelhaas, Martin
Schille, Tasso
Schimm, Günter
Schmid, Wolfgang
Schmiedel, Roland
Schneider, Gerhard
Schoeps, Ekkehard
Schulz, Friedemann
Seckin, Nezih
Selwyn, Peter
Siegel, Harald
Sin, Friedrich
Solén, Eric
Sommer, Peter
Steddin, Sigmar
Stieghorst, Marius
Stier, Eckehard
Storbeck, Olaf
Straubel, Martin
Takahashi, Naoshi
Tietje, Kai
Uhden, Pit
Veer, Lutz de
Vogel, Michael
Wagner, Eckhard
Wagner, Laurent
Wagner, Ulrich
Walz, Klaus
Wang, Jin
Weaver, Jason
Weigle, Daniel
Weinmeister, Siegmund
Wicklein, Thomas
Wiegmann, Olaf

Repetitoren, Studienleiter

Adam, Philippe
Aichner, Lorenz
Akimoto, Juriko
Albert, Mikhail
Alteheld, Matthias
Amoretti, Alessandro
Anifantakis, Boris
Arpin, Christopher
Atkin, Jeremy
Avery, Michael
Bargel, Martin
Barnett, Marilyn
Barthel, Thomas
Baruth, Rainer
Bathe, Marion
Battaglin, Siro
Bauche, Burkhard
Baumann, Michael
Beckedorf, Sebastian
Bernard, Frank
Betta, Giuliano
Biermann, Norbert
Bilenko, Ilia
Boissen, Pablo
Borissova, Katia
Borrmann, Matthias
Bousso, Joseph
Boyde, Amadeus
Brandstätter, Michael
Breunig, Peter
Brown, Douglas V
Brown, Valery
Brusatti, Charlotte
Buhrow, Jens Olaf
Cacciari, Enrico
Carlberg, Daniel
Champert, Anne
Christoph, Thom
Cipowicz, André
Cremonesi, Attilio
Dammann, Christian
Daver, Mark
Dawson, John
Deichstetter, Christian
Deliano, Donato
Dethleffsen, Bendix
Diederich, Stefan
Dietz, Dorothee
Dimowa-Florian, Ljuba
Domay, Wolfram
Domnick, Christina
Dussmann, Rupert
Eberle, Alexander
Eckert, Anorthe
Eckhoff, Sören
Eichenberger, Markus
Eichner, Engelbert
Enckelmann, Ville
Enders, Joachim
Epstein, Bernhard
Filges-Hillerin, Nivia
Fister, Roland
Fitzgerald, Maria
Flade, Frank
Forno, Roberto
Frister, Wolfgang
Fritzsche, Wolfgang
Garms, Leonhard
Gattringer, Wolfgang
Gebauer, Claudia
Geisler, Askan
Gerner, Hermann
Gildein, Uwe
Gimaletdinow, Sonja
Girard, William
Gläser, Thomas
Glennon, Giulia
Glinz, Christian
Gogou, Elisavet
Grabowski, Thomas
Greve, Anja
Gribow, Thomas-Michael
Grinberg, Anna
Gromis, Gary
Günther, Christian
Guramulta, Oana
Gurevich, Boris
Handschuh, Timo
Hanke, Bettina
Hass, Till
Haupt, Diethard Stephan
Heinig, Christoph
Hellwege, Malte
Henn, Markus
Hennemann, Sigurd
Hess, Stephen
Hesse, Christine
Hiekkapelto, Jari
Hochmann, Irina
Hönes, Michael
Holm, Dietger
Holzkamp, Jens
Honeck, Otto
Hornischer, Christoph
Hoshino, Mitsugu
Hristova, Krassimira
Hudezeck, Hartmut
Ioannidis, Symeon
Jarvis, Rosemary
Johnson, David
Kaldewei, Thorsten
Kandyba, Tatyana
Kauffman, Mary-Adelyn
Keilhack, Dorian
Kellinghaus, André
Kießling, Reinhard
Klee, Franz Leander
Kluge, Wolfgang
Knapp, Johannes
Knobloch, Karl-Heinz
Knorre-Bogdan, Evelyn
Kobayashi, Montonori
Kohl, Lutz
Kollar, Violetta
Koo, Jahbom
Kozinski, Stefan
Krasmann, Vladimir
Kravtsova, Anna
Krulano, Nebojsa
Krulanovic, Nebojsa
Kulischewa, Darina
Lahnsteiner, Werner
Lang, Claudia
Lange, Manuel
Lange, Ralf
Lange, Thilo
Lehner, Manfred Hermann
Leitner, Matthias
Lemke, Felix
Lindner, Inge
Lüdicke, Michael
McShane, Catherine
Maier, Ulrich
Maiwald, David
Malitius, Oliver
Mallon, Allardyce
Mauer, Annette
Mayers, Philip
Meißner, Heinz
Meschwelischwili, Gregori
Mihajlovic, Egon
Mikhailuk, Alexander
Millard, Michael
Mittermeyer, Markus
Murakami, Toshiaki
Murta, William Ward
Myslewicz, Natalia
Nauck, Christine
Nauke, Rita
Niemann, Marc
Nordmeyer, Carolin
Nündel, Michael
Okerlund, Kristin
Olefirowicz, Joseph R
Orth, Martin
Ostrowski, Jana
Otto, Herma
Ozolina, Ilse
Pakusch, Ulrich
Palmova, Julia
Pazur, Robert
Pestell, Florian
Pflänzel, Sybille
Phillips, Robin
Pohlit, Hannes
Pons, Eva
Popova, Natalia
Poser, Ursula
Prandi, Ettore
Prießnitz, Gerrit
Ptashnikov, Oleg
Puhani, Andreas
Raithel, Monika
Reibel, Marc
Rentsch-Bauer, Brigitte
Reukauf, Andres
Richstone, Lorne
Richter, Michael
Rizzi, Claudio
Roche, Robert
Röder, Johanna
Röhr, Hans-Trudo
Röhrig, Kai
Römer, Michael
Römhild, Inge-Susann
Rohde, Mark
Roscher, Gerhard
Rovetta, Michele
Rubay, Frédéric
Ryser, Beat
Sarge, Daniel
Satterthwaite, Mary
Schäfer, Boris
Schelhaas, Martin
Schmieger, Thomas
Schmitz, Norbert
Schneiderat, Jobst
Schoeps, Ekkehard
Schreiber, Stefan
Schüller, Brigitte
Schwabe, Anke
Schwarz, Dorothea
Schwarz, Timothy
Seefing, Karsten
Selwyn, Peter
Sesma, Miguel
Shore, Nigel
Siedel, Ulrike
Siegel, Harald
Simon, Andreas
Singula, Wolfgang
Sitarski, Borys
Skhirtladze, Irina
Skuja, Maris
Smirnov, Alexander
Sobe, Dirk
Sochaczewsky, Uwe
Sofka, Hansjörg
Spiess, Marc
Sprenger, Christopher
Sprenger, Dietrich
Springer, Jendrik
Stengel, Bernhard
Stieghorst, Marius
Stöcker, Christoph
Störmer, Sebastian
Stokovic, Visnja
Stolle, Michael
Storz, Wolf-Michael
Straubel, Martin
Stuhlemmer, Sebastian
Suter, Hans
Takahashi, Naoshi
Terts, Márton
Teske, Thomas
Tetzner, Wolfram
Teupke, Gordian
Thelen, Dagmar
Thomas, Kelly
Thonke, Claudia
Tilling, Peter
Tokushima, Sumiko
Tuchscheerer, Thomas
Uchida, Miho
Vaiviulenas-Piss, Margarita
Venanzoni, Felice
Vieweg, Roland
Vogel, Ulrich
Wagner, Ulrich
Wangler, Eugen
Wasmuth, Christopher
Weaver, Jason
Webersinke, Brunhild
Wedmann, Dirk
Wee, Judy
Weiger, Michael
Weingardt, Oksana
Weinzierl, Stefan
Weit, Henry
Wels, Wolfgang
Welsch, Ulrich
Wengenroth, Wolfgang
Werner, Hanna Margarete
Whilds, Richard
Wiedner-Zajac, Elzbieta
Wiegmann, Olaf
Winterson, Alexander
Wise, Thomas
Wittrisch, Katrin
Yamagishi, Kodo
Yun, Hogen
Zagrean-Chiba, Ariadna
Zamponi, Francesca
Zedler, Ralph

Ziemen, Florian
Zimmermann, Uwe
Zippelius, Ulrich

Sonstige musikalische Berufe

Hildebrandt, Horst
Schneider, Hermann

Generalmusikdirektoren

Alber, Jonas
Albrecht, Gerd
Auguin, Philippe
Bäumer, Hermann
Ban, Tetsuro
Bareza, Niksa
Berg, Golo
Billy, Bertrand de
Blunier, Stefan
Boggasch, Roger
Bramall, Anthony
Brogli-Sacher, Roman
Brück, Alexander von
Carignani, Paolo
Carulli, Michele
Chailly, Riccardo
Christ, Volker
Coleman, Basil H E
Dénes, István
Domingo, Plácido
Dufour, Marie-Jeanne
Eberhardt, Cornelius
Epple, Roger
Fagen, Arthur
Fanger, Peter
Feltz, Gabriel
Fischer, Adam
Foremny, Matthias
Fritzsch, Georg
Gähres, James Allen
Gugerbauer, Walter E
Hämäläinen, Jari
Hauschild, Wolf-Dieter
Helmrath, Michael
Hermus, Antony
Hocke, Wolfgang
Husmann, Mathias
Jackson, Graham
Kalb, Thomas
Kamensek, Karen
Klajner, Daniel
Koch, Rainer
Kuhn, Gustav
Kuhn, Peter
Leonard, Peter
Lü, Shao-Chia
Malzew, Stefan
Masuda, Hiroaki
Meister, Cornelius
Mikkelsen, Terje
Milton, Nicholas
Monnard, Jean-François
Morgenstern, Frank
Neuhold, Günter
Neumann, Horst
Oskamp, Gerard
Ozawa, Seiji
Paternostro, Roberto
Petersen, Reinhard
Petrenko, Kirill
Renes, Lawrence
Reuter, Rolf Friedrich
Richter, Peter
Rögner, Wolfgang
Rückwardt, Catherine
Rumpf, Alexander
Ryan, Kwamé
Sandmann, Georg-Christoph
Schaller, Gerd
Seibel, Klauspeter
Seidlmeier, Alois
Seitzer, Werner
Solén, Eric
Soltesz, Stefan
Spierer, Carlos
St Clair, Carl
Steen, Jac van
Stenz, Markus
Tetzlaff, Stephan
Thielemann, Christian
Vardigans, Richard
Ventura, Fabrizio
Wächter, Erich
Wambeck, Roland
Wappler, Wolfgang
Weise, Klaus
Welser-Möst, Franz
Wessel-Therhorn, Helmut
Wildner, Johannes
Worm, Dieter-Gerhardt
Young, Simone

Intendanten

Adam, Marc
Albrecht, Christoph
Ammann, Hans J
Anton, Gus
Arnold, Rolf-Rüdiger
Aust, Jan
Bachler, Klaus
Beilharz, Manfred
Berg, Anette
Bircher, Urs
Bloch, Rüdiger
Bockelmann, Thomas
Bohn, Rüdiger
Bondy, Luc
Bosshart, Res
Breuer, Hermann
Bücker, André
Buribayev, Alan
Curti, Jean-Marie
Dammann, Christoph
Delnon, Georges
Döderlein, Albrecht
Dorn, Dieter
Drechsel, Uwe
Esterhazy, Paul
Fassbaender, Brigitte
Fausch, Georg
Felsenstein, Johannes
Flügge, Jürgen
Fontheim, Matthias
Friedemann, Rainer
Froboese, Klaus
Gackstetter, Dieter
Gerber, Regula
Gerhards, Fritzdiester
Geyer, Roland
Gramss, Eike
Grisebach, Peter
Gropper, Wolfgang
Grote, Siegfried
Grube, Cornelius
Haag, Ansgar
Haenchen, Hartmut
Hansen, Per Boye
Harms, Kirsten
Hauville, François-Xavier
Hazebrouck, Vera van
Hilchenbach, Norbert
Holender, Ioan
Homoki, Andreas
Huhn, Ingolf
Hummel, Stefan David
Iljinskij, Alexander
Jonas, Sir Peter
Kaufmann, Michael
Klügl, Michael
Kneipel, Eberhard
Kneisel, Christian
Kobéra, Walter
Köhl, Georg
Köpplinger, Josef Ernst
Konold, Wulf
Kossdorff, Jörg
Kost, Albert
Kuck, Gerd Leo
Kümmritz, Joachim
Lakner, Michael
Langevoort, Louwrens
Lapins, Klaus
Laufenberg, Uwe Eric
Lehmann, Hans-Peter
Leinert, Michael
Lëitis, Gregorij H von
Leonardy, Robert
Lissner, Stéphane
Loebe, Bernd
Lukas-Kindermann, Heinz
Märki, Stephan
Maier, Henri
Matiasek, Hellmuth
Mennicken, Rainer
Merz, Florian
Meyer, Andreas K W
Mielitz, Christine
Mittendrein, Georg
Miville, Cathérine
Montavon, Guy
Müller, Markus A
Müller, Paul
Müller, Werner
Mund, René Serge
Mussbach, Peter
Niermeyer, Amélie
Nüesch, Peter
Oldag, Matthias
Pereira, Alexander
Pesel, Jens
Petermichl, Harald F
Peters, Ulrich
Pflegerl, Dietmar
Pierwoß, Klaus
Pietzsch, Peter
Piontek, Steffen
Pountney, David
Puhlmann, Albrecht
Quetes, Wolfgang
Reiher, Ulf
Reitmeier, Johannes
Richter, Tobias
Ritzel, Annegret
Rögner, Wolfgang
Rosenberg, Pamela
Rosendorff, Friedhelm
Sartorius, Joachim
Schaller, Wolfgang
Schildknecht, Karl Josef
Schindhelm, Michael
Schindler, Thomas
Schlicht, Michael W
Schmidt, Christian
Schönwasser-Görke, Mark
Schüler, Martin
Schultz, Klaus
Schulz, Michael P
Schulze, Ralf-Peter
Schwab, Ulrich
Senger, Steffen
Serafin, Harald
Signer, Werner
Soltesz, Stefan
Stampa, Benedikt
Stiska, Rolf
Studnitz, Andreas von
Theiler, Peter
Thomaschke, Thomas
Thorwald, Achim
Tietje, Lars
Tilch, Stefan
Uecker, Gerd
Wagner, Wolfgang
Weil, Ernö
Weise, Klaus
Wellemeyer, Tobias
Wendrich, Fritz
Wieler, Michael
Zehelein, Klaus
Zimmermann, Udo

Musikalische / Künstlerische Leiter

Adler, Ronald H
Albèra, Philippe
Ansel, Wolfgang
Anton, Gus
Arming, Christian
Axelrod, John
Bach, Konrad
Bächli, Samuel
Balanesco, Gustavo
Beckmann, Matthias Michael
Beissel, Heribert
Berger, Rudolf
Besançon, André
Bleck, Holger
Bohn, Rüdiger
Bonitz, Laurentius
Borissova, Katia
Bowien, Carsten
Breuer, Hermann
Breznik, Franz Josef
Brinkmann, Bernd E
Cahn, Aviel
Canonica, Marco-Maria
Carlstedt, Christian
Caron, Dominique
Ciobota, Emil-Silviu
Corteyn, Serge
Delfs, Andreas
Drgac, Karel
Ehrhardt, Werner
Ender, Thomas
Engels, Ulrike
Erben, Volker
Erkrath, Carl-Heinz
Fitzner, Christian
Frommlet, Dieter
Fugelsang, Bernd
Gabor, Isabella
Gefe, Udo
Gellermann, Bernd
Gerbert, Carola
Gilvan, Raimund
Goldhammer, Siegmund
Gräbner, Hans-Martin
Graf, Hans
Grafe, Manfred
Griffiths, Hilary
Grootens, André
Grosgurin, Daniel
Gstaltmayr, Barbara
Hartig, Achim
Hauser, Reinhard
Heinicke, Michael
Henneberger, Jürg
Herrmann, Michael
Hertling, Ralf
Hinterhäuser, Markus
Höbarth, Erich
Höferl, Harald
Hölzer, Sabrina
Hoffmann, Anke
Holtbernd, Benedikt
Hoyem-Cavazza, Daniel
Izsák, Andor
Jäckel, Manfred
Käch, Marianne
Kaiser, Matthias
Kammler, Reinhard
Kamptz, Christoph-Albrecht von
Kehr, Klaus-Peter
Kiesel, Markus
Kirchberg, Hans-Peter
Klebel, Bernhard
Klöcker, Dieter
Kolbinger, Eleonora H
Kompalla, Andreas
Krause, Carlos
Kuntze, Kay
Kupich, Horst Otto
Landgraf, Joachim
Lang, Günther
Lehrbaumer, Robert
Lëitis, Gregorij H von
Lochmann, Walter
Maczewski, Winfried
Menke, Markus
Mentha, Dominique
Merz, Horst Maria
Meyer-Oertel, Friedrich
Miehe, Julia
Mittmann, Jörg-Peter
Monnard, Jean-François
Müller, Patrick
Müller, Sven
Müller, Winfried
Münstermann, Thomas
Mussbach, Peter
Nagano, Kent
Nast, Jan
† Nellessen, Hermann-Josef
Niggemeier, Burkhard
Nilius, Matthias
Nöbel, Gerhard
Osten, Sigune von
Paeffgen, Alexander
Perick, Christof
Piontek, Steffen
Poppen, Christoph
Porzner, Stefan
Pudenz, Rainer
Radeke, Winfried
Raithel, Hugo
Ramdohr, Niclas
Reichert, Manfred
Reith, Bettina
Renes, Lawrence
Reymond, Simone
Richter, Caspar
Rittershaus, Jürgen
Roch, Winfried
Rochholl, Andreas
Rüdiger, Wolfgang
Sandorf, Pavel
Scheiber, Florian
Schlingensiepen, Mark-Andreas
Schmöhe, Georg
Scholz, Katrin
Scholzen, Frank
Schrem, Arnold
Schüler, Martin
Schüller, Andreas
Schwarz, Dietmar
Severin, Franziska
Sobotka, Elisabeth
Steidle, Peter
Stenz, Markus
Stolz, Josef
Straube, Klaus
Streul, Eberhard
Summ, Michael
Theus, Urs-Michael
Thielemann, Christian
Turba, Martin C
Ugarte, Enrique
Vladar, Horst
Winschermann, Helmut
Wirrmann, Jürgen
Wolf, Jürgen W
Wyrsch, Peter Beat
Zacharias, Christian

Kirchenmusiker

Alter, Bernd-Johannes
Bannasch, Barbara
Beele, Altfried
Bertram, Anke-Elisabeth
Bezler, Willibald
Biller, Georg Christoph
Böhme, Friedemann
Brand, Helmut Michael
Brandt, Konrad
Braun, Hans-Peter
Bremsteller, Ulrich
Brödel, Christfried
Büchner, Roland
Corrinth, Hans Martin
Dinglinger, Wolfgang
Egermann, Eberhard
Erdmann, Johannes von
Fischbach, Klaus
Fischer, Rudolf
Fritz, Patrick

Fussenegger, Ingrun
Gentner, Wolfgang
Glaus, Daniel
Gottschick, Friedemann
Grössler, Ralf
Haarbeck, Hans-Joachim
Harrassowitz, Hermann
Hemmerle, Bernhard
Höne, Karl-Heinz
Höring, Holger
Horz, Stefan
Hunziker, Bernhard
Janz, Matthias
Kammler, Reinhard
Klein, Markus
Kohlhäufl, Josef
Kreile, Roderich
Kreisel, Paul Eberhard
Kühne, Christian
Kühne, Hartmut
Lah, Richard
Lauer, Eberhard
Leenen, Frank
Liebich, Matthias
Luchterhandt, Gerhard
Maltzahn, Damian von
Metternich, Eberhard
Munz, Rainer-Michael
Neumann, Wolfgang
Nöbel, Gerhard
Penkuhn, Michael
Peter, Herbert
Phear, Gwendolyn
Pouderoijen OSB, Cornelius
Prassl, Franz Karl
Ramsenthaler, Manfred
Rathmann, Martin
Röder, Annerose
Sanders, Bernard Wayne
Schäffer, Hermann
Schlenker, Manfred
Schöne, Hans-Dieter
Scholze, Hansjürgen
Schoof, Armin
Seeliger, Reinhard
Seifen, Wolfgang
Seitz, Werner
Seyda, Thomas
Sobotta, Stefan
Strodthoff, Jörg
Thiele, Franz-Wilhelm
Voppel, Konrad
Wagler, Dietrich
Wagner, Alexander
Wagner, Konrad
Wegerbauer, Klaus
Wellmann, Dieter
Wilke, Erich
Zieschang, Gundel

Konzertagenten, Produzenten

Bühler, Hermann
Eggebrecht-Kupsa, Renate
Ender, Jeanette
Heizmann, Klaus-Helmut
Keller, Christoph
Knaak, Manfred
Künzel, Erhard
Märkl, Max
Meyer-Wolff, Frido
Osten, Signe von
Paul, Berthold
Rüdenauer, Meinhard
Schlee, Thomas Daniel
Werner, Mathias
Zollitsch, Robert

Dramaturgen

Abels, Norbert
Altenhof, Andreas
Amlinger, Birgit
Bartnig, Hella
Bausch, Stefan
Bayerl, Sabine
Becher, Christoph
Binder, Oliver
Blaha, Peter
Böhnisch, Carola
Bömers, Julia
Bormann, Irmgard
Brendel, Daniela
Bronkalla, Andreas
Brousek, Gabriele
Busse, Bodo
Carlstedt, Christian
Dietrich, Karin
Dißmeier, Michael
Dosch, Wolfgang
Eccarius, Michael
Eckerle, Felix
Eisner, Anja
Engelbert, Cordula
Essinger, Martin W
Großkreutz, Joachim
Gsteiger, Thomas
Hardt, Ruth
Hasselwander, Annelen
Helmich, Bernhard
Hintze, Werner
Hoffmann, Anke
Horpácsy, Zsolt
Huber, Franz
Kaiser, Antje
Kaiser, Matthias
Kan-no, Shigeru
Klabholz, Kerstin
Kleinitz, Eva
Klement, Joachim
Klötzke, Ernst-August
Kothes, Franz-Peter
Krasting, Malte
Krispin, Bernd
Kröplin, Eckart
Kunze, Dagmar
Láng, Andreas
Langer, Arne
Leicht, Urs
Leimert, Volkmar
Leinert, Michael
Leistner, Saskia
Leliwa, Elisabeth von
Lenort, Bernhard
Linden, Jón Philipp von
Lorenz, Katja
Lošek, Matthias
Losert, Felix
Maier-Gehring, Christoph
Maier, Sven
Maintz, Marie Luise
Markert, Harald
Marquardt, Carin
Marten-Molnár, Christian
Mautner, Henrikje
Maxara, Bernhard
Meine, Anne Sophie
Meißner, Christina
Menze, Ansgar
Möller, Karl-Hans
Mörchen, Roland
Neppl, Carla
Neundorf von Enzberg, Jens
Niehaus, Manfred
Paço, Anne do
Pfaff-Lapins, Daniela M
Plank, Christiane
Ponath, Jens
Quitt, Roland
Rapp, Regula
Rehn, Tina
Reinsberg, Ilsedore
Rögner, Janka
Roth, Sylvia
Salzbrenner, Udo
Scheibe, Peter
Schindler, Thomas
Schmidt, Jörg
Schubert, Matthias
Schüssler, Kerstin
Schultz, Klaus
Schwandt, Christoph
Seiferling, Steffen
Stolle, Michael
Strähnz, Andreas
Streich, Folkert
Utz, Helga
Völker-Zabka, Anke
Waldschmidt, Ralf
Weiske, Volker
Wenke, Corinna
Weßler, Kai
Wintz, Heike
Wirtz, Elisabeth
Wragge, Ina
Zehelein, Klaus

Regisseure

Absenger, Karl
Achatz, Maximilian
Ackermann, Renate
Alden, David
Angermayr, Daniel
Baumann, Andreas
Bhagwati, Sandeep
Bircher, Urs
Bode, Sabine
Broad, Charles Robin
Brück, Markus
Bücker, Heinrich
Busse, Wolf
Card, June
Coston, Jesse
Curran, Paul
Decker, Willy
Dörrie, Doris
Dolder, Peter
Dollé, Daniel
Dorn, Dieter
Dorst, Tankred
Dosch, Wolfgang
Doucet, Renaud
Drechsel, Uwe
Drgac, Karel
Eccarius, Michael
Eichinger, Bernd
Fassbaender, Brigitte
Fieber, Pavel
Flimm, Jürgen
Fontheim, Matthias
Freyer, Achim
Friedemann, Rainer
Fritdum, Isabella
Gerhards, Fritzdiester
Gröning, Hans
Gsteiger, Thomas
Gürbaca, Tatjana
Hampe, Michael
Haupt, Walter
Heinicke, Michael
Heinz, Gerd
Herrmann, Karl-Ernst
Herrmann, Ursel
Hilbrich, Frank
Himmelmann, Philipp
Holle, Ulrich
Holliger, Erich
Homoki, Andreas
Hoyem, Robert
Hoyer, Ralf
Jahns, Annette
Jesgarz, Karsten
Jones, Dame Gwyneth
Kabitz, Christian
Kagel, Mauricio
Keckeis, Hermann
Kesten, Christian
Köhl, Georg
Köhler, Axel
Kolbinger, Eleonora H
Kollo, René
Konwitschny, Peter
Krämer, Günter
Kuhn, Gustav
Kupfer, Harry
Lehmann, Hans-Peter
Leinert, Michael
Lensing, Jörg U
Loy, Christoph
Marten-Molnár, Christian
Marthaler, Christoph
Matiasek, Hellmuth
Mentha, Dominique
Meschwitz, Lucia
Meyer-Oertel, Friedrich
Meyer-Wolff, Frido
Meyer, Thomas Max
Mielitz, Christine
Mittendrein, Georg
Musial, Helge
Mussbach, Peter
Nel, Christoph
Neuner, Dominik
Nickler, Reto
Niehaus, Manfred
Offner, Klaus Peter
Oldag, Matthias
Ommer, Norbert
Paschner-Bohatsch, Olaf
Peters, Ulrich
Pöppelreiter, Christian
Polscher, Mark
Prestele, Anton
Prohaska, Andreas
Raab, Nicola
Reissig, Heiko Christian
Reitmeier, Johannes
Remus, Matthias
Schau, Reinhard
Scheidl, Michael
Scheinschock, Tankred
Schindler, Thomas
Schlingensief, Christoph
Schneider, Martin
Scholz, Heinz
Schuliers, Markus
Schulz, Michael
Schulz, Michael P
Seebach, G H
Severin, Franziska
Shilhan, Michael
Slater, Daniel
Studnitz, Andreas von
Szabó, Eszter
Tamchina, Jürgen
Temme, Michael
Thorwald, Achim
Tyler-Hall, Elaine
Vladar, Horst
Wagemakers, Monique
Wagner, Wolfgang
Warneke, Ehrhard
Weil, Ernö
Weise, Klaus
Weise, Klaus
Wieler, Jossi
Witting, Matthias

Tonmeister

Albrecht, Carlos
Haas, Hans-Joachim
Kölmel, Philipp Fabian
Märkl, Max
Matthes, Johann-Nikolaus
Reber, Marie-Cécile
Sandner, Michael
Stämpfli, Jakob
Vette, Ulrich
Wolleitner, Karl

Lehrende

Contratto, Graziella
Kratz, Arnold
Oberson, René

Dozenten

Baumann, Christoph
Beckschäfer, Max
Breuer, Reiner Maria
Broad, Charles Robin
Cutka, Michaela
Denhof, Robert
Eckardt, Tomas
Engels, Johannes
Faulstich, Otmar
Fischer-Münster, Gerhard
Fischer, Theo
Glaesner, Ellen
Grolms, Thomas
Heckmann, Heinz
Jaggi, Rudolf
Klemt, Hermelinde
Köhler, Michael
Kremling, Bernd
Kuhnert, Rolf
Lillmeyer, Harald
Nüßlein, Wolfgang
Ohno, Soichiro
Opeskin, Mark
Ott, Ursula
Porter, John Andrew
Privano, Elena
Rauchbauer, Friedrich
Sauer, Thomas
Schöder, Olaf
Schubert, Gert
Schultz, Karl-Heinz
Schwarzbach, Heide
Sieber, Wolfgang
Smith, Martin
Spingler, Marion
Titze, Guido
Trümpy, Balz
Wendt, Artur F
Wessel, Kai
Woyke, Andreas
Zamfir, Mihai

Hochschullehrer, Professoren

Abel, Bruce
Achatz, Egon
Achilles, Michael
Acker, Dieter
Acker, Eva
Acker, Heinz
Ackermann, Renate
Adelmann, Stefan
Adolfsen, Hans
Adorján, András
Adt, Christoph
Aeschlimann, Charles
Ager, Klaus
Agnas, Urban
Ahlert, Bernd
Ahluwalia-Fernandes, Marialena
Aichinger, Wolfgang
Aigner, Albert
Ailakowa, Nedjalka
Aimard, Pierre-Laurent
Aitken, Robert
Åkerlund Salzmann, Lina Maria
Akerlund, Lina Maria
Albert, Thomas
Albrecht, Carlos
Albrecht, George Alexander
Albrecht, Matthias
Alder, Jonathan
Allroggen, Gerhard
Almeida, Marco de
Altenburg, Gunther
Altenburger, Sylvie
Alter, Bernd-Johannes
Altmann, Gunda
Ambros, Hermi
Amiras, Gabriel
Ammann, Dieter
Ammerbach, Klaus-Dieter
Amon, Reinhard
Amtmann, Emanuel
Ander, Eva
Andreas, Erich
Andres, Simon
Andretta, Giancarlo
Andruk, Babette
Anger, Gunther

Angerer, Hansjörg
Anglberger, Albert
Anhalt, Berthold
Anneser, Gisela
Ansel, Wolfgang
Anzellotti, Teodoro
Apel, Winfried
Appel, Erich
Arens, Rolf-Dieter
Armstrong, Karan
Arndt, Andreas
Arndt, Wolfram
Arnim, Arnulf von
Arnold, Peter
Arnold, Stanislav
Arnold, Stefan
Arnold, Wolfgang
Arp, Klaus Michael
Arter, Matthias
Asbjörnsen, Lars
Ashikawa, Mariko
Asmus, Bernd
Asper, Ulrich
Assmann, Gertrud
Auer, Maeve
Auersperg, Heide
Aumaier, Leonore
Aussel, Roberto
Aussem, Armin
Avery, James
Aydintan, Atila
Babcock, David
Bàcanu, Bogdan
Bach-Röhr, Christiane
Bach, Hans-Georg
Bachl, Alexander
Bachmann, Armin
Baer, Monika
Bäßler, Klaus
Bäßler, Marleen
Bästlein, Ulf
Bahner, Gert
Bahr, Reinhard
Baier, Stefan
Baillie, Alexander
Bakow, Boris
Baldemaier, Ernst
Baldini, Roland
Bàlint, János
Balleys, Brigitte
Bangs, Linda
Bante, Helga
Barcaba, Peter
Barchmann, Reiner
Barlow, Klarenz (Clarence Albertson)
Bartels, Wolf-Eike
Barthel, Ernst R
Basler, Susanne
Batzdorf, Wolf-Dieter
Bauer-Huppmann, Julia
Bauer-Jara, Erika
Bauer-Schenk, Günther
Bauer, Sabine
Bauer, Wolfgang
Baum, Hans-Dieter
Baumann, Andreas
Baumann, Elmar
Baumann, Gerrit
Baumann, Michael
Baumgratz, Wolfgang
Baur, Jürg
Baur, Peter
Bavouzet, Jean-Efflam
Bayer, Hans-Jörg
Bayer, Maria
Bazu, Marius
Beck, Johannes Leonhard
Becker-Foss, Hans-Christoph
Becker, Jürgen
Becker, Klaus
Becker, Markus
Becker, Rainer
Becker, Reinhard
Beckerhoff, Ulrich
Beckmann, Irvin
Beckmann, Judith
Beek, Johan van
Beetz, Günther
Beetz, Ulrich
Beez, Joachim
Behle, Renata
Behrend, Jan F
Behrmann, Karsten
Bellheim, Markus
Bemmann, Wolfgang
Benda, François
Bengtson-Opitz, Elisabeth
Benz, Robert
Berg, Michael
Berg, Thomas
Berger, Friedemann
Berger, Julius
Berka-Schmid, Gertraud
Berkovitz, Françoise
Bernecker, Michael
Berthold, Beatrice
Bertram, Anke-Elisabeth
Bertsch, Matthias
Berzon, Vitali
Besançon, André
Betz, Karl
Beuerle, Hans Michael
Beyer, Frank Michael
Beyer, Hans-Joachim
Beyer, Keiko
Beyer, Willi
Beyerle, Hatto C
Bezler, Willibald
Bieler, Helmut
Bieler, Ida
Biesenbender, Volker
Bigenzahn-Ullmann, Elisabeth
Binge, Günter
Birke, Dorothee
Birnstein, Renate M
Bischoff, Andrea
Bissinger, Rolf
Bittermann, Thomas
Bittner-Kunstreich, Maike
Bittner, Gottfried
Björn-Larsen, Jens
Blacher, Kolja
Blaser, Hans-Peter
Bleicher, Stefan J
Bley, Stefan
Bloch, Boris
Bloemeke, Karl-Heinz
Bloser, Wolfgang
Blovsky-Miller, Adelheid
Blovsky, Hilde
Boainain, André
Bockschweiger, Manfred
Bodalia, Bianca
Bode, Sabine
Bodoky-Krause, Annamaria
Böck, Herbert
Böckheler, Thomas
Böhm, Bernhard
Böhm, Lothar
Böhme, Brunhard
Böhme, Friedemann
Böhme, Rainer
Böhme, Ulrich
Boehmer, Konrad
Boehr, Erdmuthe
Boeke, Kees
Bömer, Ruth
Bönig, Winfried
Boer, Jeanette de
Börger, Roland
Börner, Ruth
Böttcher, Horst
Boettcher, Marianne
Boettcher, Wolfgang
Boettger, Andreas
Böttinger, Peter
Boldt-Fierla, Marianne
Bolz, Horst-Dieter
Bonvin, Daniel
Books, Donald
Borg, Anne
Borin, Per
Borling, Glen
Borowska-Isser, Joanna
Bose, Hans-Jürgen von
Bossard, Corrado
Bossert, Christoph
Boßler, Irmela
Boucly, Philippe
Bozic, Wolfgang
Bräm, Thüring
Brämer, Dorothee
Bräuninger, Jürgen
Bräutigam, Sabine
Bräutigam, Volker
Brandhofer, Alois
Brandis, Thomas
Brandmüller, Theo
Brandstetter, Norbert
Brandt, Gunhild
Brandt, Konrad
Branisteanu, Horiana
Branny, Helmut
Braschkat, Peter
Bratchkova, Dora
Braun, Hans-Peter
Braun, Peter Michael
Braun, Richard
Brauns, Dagmar
Braunstein, Guy
Brauß, Martin
Brecht, Norbert
Bredenbach, Ingo
Breidenbach, Ernst
Breiding, Jörg
Bremsteller, Ulrich
Brendel, Wolfgang
Bretschneider, Wolfgang
Brettingham-Smith, Jolyon
Breuer, Heribert
Breuer, Wolfram
Breuninger, Albrecht
Brieger-Ungelenk, Barbara
Brödel, Christfried
Bröhl, Ricarda
Brömsel, Ralf-Carsten
Bron, Zakhar
Brotbeck, Conradin
Brotbeck, Roman
Brown, Lila
Brownless, Edmund
Bruckner, Otto
Bründl, Manfred
Bruggaier, Roswitha
Bruhn, Bettina
Brummer, Johannes
Bruneder, Wolfgang
Brunmayr-Tutz, Linde
Brunner, Eduard
Brunner, Vladislav
Bruns, Peter
Brusatti, Charlotte
Brustaux, Yves
Bruyn, Christian de
Bryner-Kronjäger, Brigitte
Brzoska, Matthias
Bucelis-Dehn, Jutta
Buchberger, Hubert
Buchholz, Matthias
Buchholz, Thomas
Buck, Peter
Bucsky, Sandor Istvan
Budde, Elmar Bernard
Büchner, Ljudmila
Bücker, Heinrich
Bühler-Fey, Rosemarie
Bülow, Gert von
Bünz-Elfferding, Anke
Bürgener, Monika
Büsing, Otfried
Bukac, Vladimir
Bungarten, Frank
Bunya, Michinori
Buquet, Gérard
Burkhardt-Mühlbach, Gisela
Burwik, Peter
Busch, Christine
Busch, Hermann J
Buschinger, Edmund
Busse, Wolf
Buwen, Dieter
Bylund, Jonas
Cada, Sybille
Caeners, Johannes
Callhoff, Herbert
Campbell, John Allison
Cantor-Samana, Emile
Capek, Wolfgang
Carda, Franz
Carmignola, Giuliano
Carneiro, Marcio
Carrai, Phoebe
Caskel, Christoph
Càsola, Fabio di
Casper, Bernd
Cenariu, Horatiu
Cervone, Gabriele
Cesarini, Franco
Chalier, Alexis
Chastain, Nora
Chen, Pi-hsien
Cho, Young-Chang
Chojnacka, Elisabeth
Chorzempa, Daniel
Chou, Chia
Christ, Martin
Christ, Wolfram
Christian, Thomas
Christinat, Lukas
Christof, Josef
Chumachenco, Ana
Chumachenco, Nicolas
Cichewiecz, Dieter
Clark, Arcola E
Clark, Stanley
Claus, Tilmann
Clerch, Joaquin de Jesus
Clormann, Jury K
Commichau, Kristian
Comploi, Franz
Conant, Abbie
Conrad, Jörg
Contini, Luciano
Contino, Adriana
Corcoran, Frank
Cordes, Manfred
Corrinth, Hans Martin
Corti, Nicolas
Cox, Adrian
Crabb, James
Cramer, Gunilde
Crasnaru, George-Emil
Creed, Marcus
Creitz, James
Crespo Repetto, Carlos
Creuzburg, Adelheid
Crivellaro, Paolo
Cromm, Helmut
Dahme, Paul
Dallmann, Christian Friedrich
Damm, Peter
Dan, Paul
Danhofer, Ulrike
Daniel, Pieter
Daniel, Thomas
Danker, Jürgen
Darmstadt, Gerhart
Dartsch, Michael
Darzins, Andrea
Daskalakis, Ariadne
Dassow, Klaus-Dieter
Dau, Katharina
Daum, Norbert
David, Anja
David, Lukas
Davies, Dennis Russell
Davis, Sir Colin
Daxelhofer, Christine
Dechant, Hermann
Degen, Johannes
Degenhardt, Peter
Degenkolb, Tilo
Dehning, Martin
Demmler, Jürgen
Dengler-Speermann, Annemarie
Denzler, Doris
Deppert, Heinrich
Derschmidt, Maria Elisabeth
Desponds, André
Deuflhart-Schreck, Angelika
Deutsch, Helmut
Deutsch, Helmut
Deutsch, Karl-Georg
Devoyon, Pascal
Dickel, Werner
Dickinson, William
Dieltiens, Roel
Dierick, Ulrike
Dietrich, Karl
Dietze, Annemarie
Dietzelt, Frank
Dijk, Pieter van
Dill, Anke
Diller-Dörnenburg, Eva
Dillmann, Klaus
Dimowa-Florian, Ljuba
Dinescu, Violeta
Dinglinger, Wolfgang
Dings, Manfred
Diry, Roland
Dittrich, Marie-Agnes
Dittrich, Paul-Heinz
Djafar-Zadeh-Karimi, Forough
Döbereiner, Doris
Döberlein, Wolfgang
Döhl, Friedhelm
Döhl, Riklef
Döring, Ralf
Dörner, Wolfgang
Dörrie, Martin
Doeselaar, Leo van
Dohn, Robert
Doll, Ingrid
Dombrowski, Martin
Donauer, Karlheinz
Donderer, Florian
Donner, Franz
Dopfer, Jörn
Dorsch, Helge
Dorwarth, Agnes
Downing, Nigel
Drechsel, Herbert
Drechsel, Oliver
Drechsler, Nanny
Drefahl, Jutta
Dreier, Klaus
Dressel, Gernot
Dreßler, Olaf
Drude, Matthias
Dubrovskaya, Lydia
Düchtel, Norbert
Dünser, Richard
Dürrler, Brigitte
Duftschmid, Lorenz
Duis, Thomas
Dunin, Timothy
Dutilly, Céline
Dvorak-Weisshaar, Elisabeth
Dzwiza, Gerhard
Eaton, Stewart
Eberth, Michael
Eckardt, Friedrich
Eckhoff, Sören
Eckoldt, Andrea
Edelmann, Ulrich
Edinger, Christiane
Efler, Peter
Egel-Goldschmidt, Thomas
Egelhof, Maria
Egermann, Eberhard
Egger, Bertram
Eggers, Anke
Egüez, Eduardo

Ehricht, Thomas
Ehrlich, Robert
Ehwald, Christian
Eibinger, Thomas
Eichberger, Myriam
Eichenlaub, Markus
Eicher, Peter
Eichhorn, Friedemann
Eichhorn, Klaus
Eickholdt, Alfred
Eickhorst, Konstanze
Einfeldt, Dieter
Einhaus, Franz-Josef
Eisenmann, Klaus
Eitrich, Roland
Eldinnouh, Heidrun
Elfer, Peter
Elhorst, Hans
Ellermann, Jens
Ellinghaus, Wolfram
Elsas, Christian
Elser, Konrad
Elsner, Fred
Elsner, Hermann
Elßner, Christian
Emerson, Stewart
Emmert, Heidi
Empt, Wilhelm
Enachescu, Sorin
Endelweber, Alfred
Enderle-Champney, Wendy
Endres, Michael
Engel, Till
Engelhard, Brigitte
Engelhardt, Marc
Engelmann, Hans Ulrich
Engels, Gottfried
Englbrecht, Bernd
Enns, Norma
Eötvös, Peter
Eppel, Henner
Epstein, Joshua
Epstein, Moshe Aron
Erb, Helmut
Erben, Mathilde
Erben, Valentin
Erben, Volker
Erber, Gerhard
Erding-Swiridoff, Susanne
Erdmann, Dietrich
Erdmann, Helmut W
Erdmann, Johannes von
Erffa, Christoph von
Erhold, Margarita
Ericsson, Hans-Ola
Erlich, Nachum
Erni, Michael
Ernst, Hartmut
Ernst, Jan
Eröd, Ivan
Eschen, Andreas
Eser, Matthias
Espitalier, Matthias
Eßbach, Gerhard
Essl, Jürgen
Eßmann, Fritz
Estermann, Kurt Alexander
Euler, Christian
Euteneuer-Rohrer, Ursula
Evangelatos, Daphne
Evers, Reinbert
Fabisch, Bruno
Fadle, Heinz
Fadle, Jörg
Fain, Rosa
Falk, Peter
Faltin, Renate
Faludy, Krisztina
Fankhauser, Rupert
Fanning, Franklin
Farcas, Ioana-Maria
Fassbender, Hedwig
Faßmann, Jörg
Faulstich, Gerhard
Faust, Isabelle
Fauth, Gerald

Favaro-Reuter, Jeanette
Favre, Pierre
Febel, Reinhard
Fechner, Manfred
Feinstein, Diego
Feit, Pierre
Feldmann, Rainer
Felix, Michael
Feller, Harald
Feltz, Eberhard
Feltz, Kerstin
Feßmann, Klaus
Feybli, Walter
Fiedler, Eric
Fink, Franz
Fink, Johannes
Fink, Siegfried
Finke, Eberhard
Finnendahl, Orm
Finsch, Fritz
Finster, Robert
Firkins, Angela
Fischer-Dieskau, Martin
Fischer, Eckhard
Fischer, Gudrun
Fischer, Johannes
Fischer, Peter-Michael
Fischer, Rudolf
Fisk, Eliot
Flad, Ulrich
Fladt, Hartmut
Flaksman, Michael
Fleinghaus, Helmut
Fleischmann, Helena
Fleischmann, Margit
Fleischmann, Rudolf
Flößner, Thomas
Flöth, Michael
Flores, Noel
Florian, Peter
Flury, Dieter
Flury, P. Theo
Fock, Manfred
Förster, Hans-Rainer
Fonyad-Joo, Imola
Forchert, Walter
Forck, Stephan
Ford, Stan
Forman, William
Forst, Frank
Fortin, Viktor
Fournier, Isabelle
Francesca-Cavazza, Maria de
Francesch, Homero
Franke, Gudrun
Franke, Thomas
Franklin, Brian
Franz-Vetter, Heidrun
Frauchiger, Ingrid
Freeman, Anna
Freibott, Hermann
Frenzel, Uta-Maria
Frey, Maximilian
Freyer, Annedore
Frieberger, Rupert Gottfried
Fried, Anneliese
Friedrich, Günter
Friedrich, Harald
Friedrich, Lothar
Friedrich, Reinhold
Friedrichs, Günter
Frischenschlager, Michael
Fritsch, Johannes
Fritsche, Volkmar
Fritschi, Beat
Fritz, Reto E
Fröhlich, Norbert
Frohmüller-Seidel, Ingrid
Froleyks, Stephan
Fromme, Gerald
Froschhammer, Fritz
Frühwirth, Norbert
Fruhmann, Günter
Fry, Barbara
Fuchs, Gabriele

Fuchs, Rainer
Fuchs, Simon
Führer-Pawikovsky, Dorit
Führlinger, Siegfried
Fueter, Daniel
Fuhr, Jens
Fuhrmann, Ulrike
Fukai, Hirofumi
Funderburk, Jeffrey
Funke, Christian
Furrer, Beat
Furrer, Ulrich
Fussenegger, Ingrun
Fussi, Margit
Futamura, Miki
Gaag, Wolfgang
Gabriel, Wolfgang
Gabrielli-Kutrowatz, Ruth
Gabrisch, Thomas
Gaede, Daniel
Gärtner, Wilfried
Gage, Irwin
Gahl, Dankwart
Gaiser, Michael
Galler, Richard
Gallois, Pascal
Gambashidze, Tinatin
Gansch, Johann
Ganzer, Jürgen
Garczynski, Ute von
Gárdonyi, Zsolt
Gast, Arvid
Gatscher, Wolfgang
Gatz, Dagmar
Gauthier, Daniel
Geanta, Leonora
Geber-Brandt, Karin
Gebhard, Hans
Gediga-Glombitza, Roswitha
Geffert, Johannes
Geiger, Stefan
Geilert, Reinhard
Geise, Jürgen
Geise, Marianne Elisabeth
Geissler, Matthias
Geld, Thomas van der
Gelhar, Hans
Geller, Doris
Gellrich, Igor
Genzmer, Harald
Georg, Mechthild
Georgi, Petra
Georgian, Karine
Gérard, Jean-Claude
Gerhardt, Axel
Gerhold, Hartmut
Geringas, David
Gerloff, Wolfgang
Gernot-Heindl, Christel
Geyer, Helen
Giehl, Ernst
Gießer, Hermut
Gililov, Pavel
Gillhaus, Christine
Gilman, Jacob
Gilvan, Raimund
Gimaletdinow, Sonja
Ginzel, Reiner
Gisler, Barbara
Gläser, Michael
Glaesner, Ellen
Gläßer, Gerhard
Glaetzner, Burkhard
Glasl, Georg
Glass, Paul
Glassl, Roland
Glaßner, Alois
Glaßner, Bernhard
Glaus, Daniel
Glauß, Jürgen
Gleim, Helmut
Gleißner, Rudolf
Glemser, Bernd
Glemser, Wolfgang
Gleue, Jutta

Glüxam, Wolfgang
Gmelin, Bernhard
Göckeritz, Christfried
Göpfert, Andreas
Göpfert, Bernd
Görgen, Karl-Josef
Goerne, Matthias
Görsch, Ursula
Görtz, Heide
Görtz, Herbert
Göschl, Johannes
Göss, Martin
Gössling, Christhard
Göthel, Lothar
Goetze, Ria
Goetzke, Bernd
Gogolin, Lisa
Gohritz, Siegfried
Goldmann, Friedrich
Goldschmidt-Pahn, Maria
Goltz, Conrad von der
Goltz, Gottfried von der
Gonnissen, Olaf van
Goritzki, Ingo
Goritzki, Johannes
Goritzki, Markus
Gostomsky, Dieter
Gottfried, Stefan
Gottlieb, Felix
Goujon, Dominique
Gourzi, Konstantia
Grabmeier, Ludwig
Grabner, Frithjof Martin
Grabowski, Thomas
Gradow, Waleri
Gräff-Schestag, Matthias
Graf-Adnet, Carmen
Graf, Daniel Robert
Graf, Maria
Graf, Wolfram
Grafe, Manfred
Grafenauer-Ruppel, Irena
Gramann, Heinz
Grandjean, Wolfgang
Grandt, Michael
Grau, Hans-Martin
Greenberg, Sylvia
Greger, Andreas
Greiss-Armin, Renate
Gremmel, Jens-Uwe
Grimm, Klaus
Grimmel, Werner
Grimmer, Walter
Gröner, Ulrich
Grötsch, Kerstin
Groh, Markus
Groh, Norbert
Groier, Ulrike
Gronich, Ilan
Gronostay, Uwe
Groot, Niek de
Groppenberger, Walter
Gropper, Thomas
Grosgurin, Daniel
Große-Jäger, Hermann
Grossenbacher, Thomas
Großmann, Linde
Grossmann, Peter
Groth, Hartwig
Groth, Konradin
Grube, Christian
Gruber, Alexandra
Grüger, Nikolaus
Grün, Georg
Grünauer, Ingomar
Gründler, Martin
Grünenthal, Eberhard
Grünert, Christa
Grünhagen, Norbert
Grützmann, Susanne
Grunelius, Wilhelm von
Gruzman, Grigory
Gülzow, Susanne
Günther, Gertrud
Gürsching, Andreas
Güther, Christiane

Güttler, Wolfgang
Guggenberger, Wolfgang
Guglhör, Gerd
Gumz, Gisela
Guntner, Kurt
Gut, Rosmarie
Gutjahr, Elisabeth
Gutmann, Yossi
Guttmann, Wolfgang
Haag, Gudrun
Haake, Hildebrand
Haarbeck, Hans-Joachim
Haas, Bernhard
Haas, Georg Friedrich
Haas, Hans-Joachim
Haase, Erika
Häberli, Mariann
Häger, Klaus
Hänggeli, Heinz
Haenggli, Urs
Hänschke, Bernd
Häusler-Altinok, Inci
Häusler, Andreas
Haffner, Eszter
Hagen, Clemens
Hagen, Lukas Johannes
Hagen, Werner
Hagen, Wolfgang
Hager, Leopold
Hager, Margret
Hahn, Ilse
Hahn, Volker
Haiberg, Uwe-Martin
Hainzl, Erik
Hajek, Horst
Hajossyova, Magdalena
Halasz, Franz
Halbartschlager, Alfred
Halevi, Chen
Hallmann, Dietmar
Hallstein, Ingeborg
Halter, Wilfried
Hamann, Sebastian
Hamari, Julia
Hamary, András
Hambitzer, Gerald
Hamburger, Stephanie
Hamel, Peter Michael
Hamers, Maurice
Hammerschmitt, Matthias
Hammes, Liselotte
Hampe, Christiane
Hampe, Hiltrud
Hampe, Michael
Hampel-Harbaum, Ulrike
Hampel, Michael Raman
Han, Kaya
Han, Xiao-Ming
Hangartner, Bernhard
Hanslik, Christian
Hansmann, Rotraud
Hantzschk, Joachim
Harada, Sadao
Harder, Joachim
Harder, Lutz-Michael
Harper-Smith, Janice
Harrer-Baranyi, Klara
Harrer, Harald
Harrer, Uwe
Harrer, Wolfgang
Hartfiel, Jürgen
Hartinger, Albert
Hartinger, Heather G
Hartmann, Christa-Maria
Hartmann, Karl-Otto
Hartmann, Rudolf A
Hartwich, Walter
Hase, Wally
Hasel, Michael
Haselböck, Martin
Hauber, Michael
Haubold, Bernd
Haubold, Ingrid
Haug, Thorsten
Haugsand, Ketil
Haupt, Christina

Krahmer, Renate
Krajnew, Wladimir
Kramarov, Alexander
Krapp, Edgar
Kraus, Adalbert
Krause, Ansgar
Krause, Sylvio
Krauß, Peter
Krawagna, Alfred
Krecher, Andreas
Kreidler, Dieter
Kreikenbaum, Michael
Kremling, Ingrid
Kretschmar-Fischer, Renate
Kretschmer, Reinhard
Kretzschmann, Hartmut
Kreuels, Matthias
Kreuzberger, Thomas
Kricke, Heinz
Krieg, Gustav Adolf
Kriete-Ahringsmann, Brigitte
Krist, Michael
Kronstein-Uhrmacher, Hildegard
Kronsteiner, Hemma
Kropfitsch, Stefan
Krüger, Erich
Krüger, Martin Maria
Krummacher, Christoph
Krumpfer, Olaf
Kschischo, Edmund
Kubitschek, Ernst Josef
Kucharsky, Andrej
Küblböck, Dietmar
Küblböck, Horst
Kübler, Wolfgang
Küchl, Rainer
Kühn, Clemens
Kühn, Diethelm
Kühne, Christian
Kürschner, Martin
Kufferath, Elisabeth
Kuhn, Dennis
Kuhn, Hans Niklas
Kuip, Sven van der
Kukuk, Helmut
Kummer-Buchberger, Barbara
Kunert, Regina
Kuntze, Roland
Kunz-Eisenlohr, Claudia
Kupfernagel, Gabriele
Kupke, Wolfgang
Kurmann, Tony
Kurz, Dieter
Kurzawa, Wenancjusz
Kuschnir, Boris
Kussmaul, Jürgen
Kussmaul, Rainer
Kwak, Yeon Hee
Kyburz, Hanspeter
Laatz, Wilfried
Labusch, Dorothee
Lachenmann, Helmut
Läubin, Hannes
Lajovic, Uros
Lallinger, Dieter
Lampert, Thomas
Lampsatis, Raminta
Lampson, Elmar
Landvogt, Castor
Lanfranconi, Jürg
Lang, Franz
Lang, Frieder
Lang, Peter
Langenstein, Gottfried
Langgartner, Peter
Langnickel, Reinhard
Langshaw, Phillip
Lanskoi, Michail
Lapitzkaja, Elena
Largacha, Julio
Lasheras, Edmundo
Lassauer, Karl
Latzko, Reinhard
Lau, Ulrich
Laubenthal, Horst
Lauer, Eberhard
Laukvik, Jon
Lautenbach, Rainer
Laux, Torsten
Lazarska, Helena
Leander, Thomas
Lechner, Gabriele
Lechte, Werner
Lechthaler, Isolde
Lee, Chung
Leenen, Frank
Legros, André
Lehmann, Charlotte
Lehmann, Janine
Lehmstedt, Sigrid
Leib, Günther
Leidel, Wolf-Günter
Leihenseder-Ewald, Maria-Luise
Lein-Edelstein, Irina
Leiner, Peter
Leisenheimer, Reinhard
Leißner, Steffen
Leister, Karl
Leitner, Ernst Ludwig
Leitner, Konrad
Leleux, François
Lemme, Joachim W
Lenz, Volker
Leonardy, Robert
Leonbacher, Uwe
Leone, Raphael
Leopold, Rudolf
Leser, Ditte
Lesle, Lutz
Leß-Brandau, Christiane
Lessing, Kolja
Lessing, Wolfgang
Leuschner, Michael
Levin, Walter
Lewinski, Claudia von
Leyendecker, Ulrich
Leygraf, Hans
Leyhe, Henner
Libbert, Jürgen
Lichtenhahn, Ernst
Lichter, Robert
Lichtfuss, Martin
Lieb, Klaus
Lieberknecht, Andrea
Liebermann, Winfried
Liebich, Matthias
Liebscher, Wolfgang
Liemen, Hans-Werner
Lienbacher, Klaus-Dieter
Lieske, Joh Christoph
Lilova, Margarita
Lindemann, Hartmut
Lindenau, Karl-Heinz
Lindig, Anne-Kathrin
Lindner, Manfred
Ling, Peter Anton
Lingenfelder, Matthias
Linowitzki, Jörg
Lintz-Maues, Igor
Lipka, Alfred
Lipovšek, Marjana
Lippert, Manja
Lischka, Rainer
Lislevand, Rolf
Litaker, Donald
Litschauer, Adelheid
Litwin, Stefan
Litz, Gisela
Liu, Han-An
Lloyd, Frank
Lobanov, Vassily
Lode, Klaus
Löchner, Hans-Detlef
Löffler-Asal, Peter-Klaus
Löhr, Frank
Lörscher, Helmut
Lösch, Erika
Löser, Wolfgang
Lövaas, Kari
Lohff, Carsten
Lohmann, Ludger
Loho, Linda
Lohse, Peter
Loibl, Josef
Long, Wayne
Lonquich, Alexander
Lookeren Campagne, Augusta van
Loosli, Théo
Lorenz, Andreas
Lorenz, Günter
Loritz, Martin D
Lubimov, Alexei
Luchterhandt, Gerhard
Lucke, Annegret
Lucke, Hannfried
Lücker, Martin
Lüder, Christiane
Lünenbürger, Gerd
Lüthy, Johannes
Luig, Michael
Luisi-Weichsel, Yvonne
Luisi, Fabio
Lukasovsky, Franz
Lungu, Theodora
Lutz, David
Lutz, Mark Christopher
Lutz, Thomas
Lutz, Volker
Lux, Erika
Maas, Robert Philip
Mc Crann, Maighread
Mc Donald, Hector
Mack, Dieter
McTier, Duncan
Madatova, Julia
Maechler, Katharina
Mäder, Wolfgang
Mähr, Ivan
Märtson-Wilson, Eva
Mätzener, Heinrich
Maetzl, Klaus
Magnin, Alexandre
Magyar, Zoltan
Mai, Peter
Maier, Bernhard
Maier, Gerhard
Maierhofer, Josef
Maiguashca, Mesias
Mainka, Jörg
Maintz, Jens Peter
Maistre, Xavier de
Malinin, Wladimir
Malm, Curt
Maltry, Bernd
Malý, Lubomír
Mandalka, Rudolf
Manno, Ralph
Mantel, Gerhard
Manz, Wolfgang
Maranca, Elisabeth
Marc, Dorin
Marchand, André B
Marchione, Carlo
Marcovici, Silvia
Marian, Johannes
Markus, Karl
Marnitz, Heinz-Ludwig
Marreck, Fritz
Marsch, Reiner
Marschall, Eberhard
Marti, Andreas
Martin, Mihaela
Martin, Wolfgang
Maruko, Hiroko
Marx, Bernhard
Maskuniitty, Markus
Massinger, Franz
Masurenko, Tatjana
Mathé, Ulrike-Anima
Mathis, Edith
Matthes, Johann-Nikolaus
Matthies, Silke-Thora
Mattmann, Erwin
Maureen, Karl
Maurer, Christian
Maurer, Matthias
Maus, Frank
Mauser, Siegfried
Maxsein, Ludger
May, Eva-Maria
Mazurkowski, Artur
Mechler, Thierry
Mechsner, Birgit
Mechsner, Wolfgang
Medjimorec, Heinz
Mehlhorn, Wolfgang
Mehlig, Karl
Mehren, Jörg
Meier-Schmid, Monika
Meier, Christoph Ulrich
Meier, Kurt
Meierott, Lenz
Meijering, Cord
Meinardus, Horst
Meinel, Friedrich
Meinl, Sonja
Meister, Hubert
Meister, Konrad
Meister, Rudolf
Mejer, Thomas K J
Mell, Ulrike
Melounek, Gertrude
Mendelsohn, Vladimir
Menger, Reinhardt
Meniker, Zvi
Menth, Gottfried
Menzel, Fabian
Merle, Karin
Merscher, Kristin
Merwe, Paul van der
Metternich, Eberhard
Metz, Günther
Metzger, Heribert
Metzger, Jörg
Metzger, Roland
Meyer, Katharina
Meyer, Sabine
Meyer, Thomas Max
Meyer, Wolfgang
Meyerson, Mitzi
Mezriczky, Helene
Michaelides, Georgia
Michaely, Aloyse
Michel-Ostertun, Christiane
Michel, Catherine
Michel, Susanne
Miesen, Gerhard
Migdal, Marian
Mihajlovic, Egon
Miki-Schenk, Mie
Miki, Hiroko
Milatz, Friedrich
Millet, Florence
Minard, Robin
Minis, Jérôme
Mintchev, Mintcho
Miolin, Anders
Mirkovic, Eleonora
Mirring, Peter
Mishory, Gilead
Mitchell, Brenda
Mitrenga-Wagner, Urszula
Mitsuyu, Mariko
Mittelacher, Joachim
Mittermayr, Georg
Miyazaki, Zaijiro
Modeß, Jochen A
Möllenbeck, Markus
Möller-Spaemann, Stephan
Möller, Hans-Dieter
Möller, Hartmut
Möller, Johannes
Mokrosch, Viola
Moldenhauer, Monika
Moll, Kurt
Molsen, Gert-Ulrich
Monighetti, Ivan
Monno, Johannes
Moog-Ban, Ildiko
Moog, Rainer
Moore, Walter
Mórocz, Klara
Mosch, Judith
Moser, Edda
Moser, Elsbeth
Moser, Roland
Most, Ingeborg
Motz, Wolfgang
Mouller, Mikhail
Mounk, Alicja
Mücke, Michael
Mühlbach, Bernhard
Müllejans, Petra
Müller-Beißenhirtz, Michael
Müller-Brincken, Jochen
Müller-Hornbach, Gerhard
Müller-Hornbach, Susanne
Müller-Lorenz, Gerd
Müller-Pering, Thomas
Müller-Siemens, Detlev
Müller-Steinbach, Wolfgang
Müller, Alexandra
Müller, Carl-Heinz
Müller, Guido
Müller, Hans Peter
Müller, Heime
Müller, Matthias
Müller, Thomas
Müller, Ulrich
Müller, Vicky
Müller, Winfried
Münch, Martin
Mumelter, Martin
Mundry, Isabel
Munteanu, Petru
Munz, Rainer-Michael
Murray, Gordon
Myslivecek, Martin
Nagel, Hellmuth
Nagel, Karsten
Nagel, Kurt
Nagora, Klaus
Nakamura, Isao
Nastasi, Mirjam
Natochenny, Lev
Nattkemper, Ralf
Nauck, Christine
Nauck, Gunnar
Naumann, Karl-Heinz
Nawroth, Dietmar
Nebel, Angelika
Nedelkovic-Baynov, Tomislav
Neidhöfer, Christoph
† Nellessen, Hermann-Josef
Nelson, Peter
Neubert, Günter
Neuhaus, Michael
Neuhaus, Thomas
Neukom, Martin
Neumann, Helmut
Neumann, Horst
Neumann, Peter
Neumann, Wolfgang
Neunecker, Marie Luise
Neuner, Dominik
Neuse, Gerhard
Neuwirth, Gösta
Nichiteanu, Marius
Nick, Andreas
Nick, Angela
Nickel, Hans
Nicolai, Ulrich
Nicolet, Aurèle
Niederberger, Maria A
Niederdorfer, Otto
Niederhammer, Josef
Nielbock, Christoph
Niemöller, Klaus Wolfgang
Nienstedt-Wegner, Tuula
Niesemann, Michel
Nietert, Reinhard
Nilles, Dagmar
Niss, Ute
Nitz, Martin

Nobis, Herbert
Noda, Ichiro
Nodel, Roman
Nöbel, Gerhard
Nonnweiler, Jörg
Nordblom, Berton
Nordhoff, Hubert
Noth, Hugo
Nothas, Walter
Nowak, Tomasz Adam
Nowicki, Jan Josef
Nüßlein, Theodor
Núnez, Gustavo
Nußbaum, Günther
Nußbaum, Walter
Nussbaumer-Eibensteiner, Maria
Nyikos, Markus
O'Brien, Sarah
O'Byrne, Patrick
Oakden, Christopher
Oana, Caius
Obenaus, Petra
Obst, Michael
Ochsenhofer, Hans Peter
Oehl, Josef
Oelze, Christiane
Oertzen-Rocha, Maria Helena von
Ofenbauer, Christian
Offermann, Thomas
Ohly, Dorothea
Olbertz, Walter
Oldag, Matthias
Oldemeyer, Klaus
Onozaki-Krieger, Rieko
Oppermann, Jens
Oppitz, Gerhard
Orendain, Ralph
Orlowsky, Didier von
Orth, Norbert
Ortner, Erwin
Orval, Francis
Ossberger, Harald
Ostendorf, Jens-Peter
Ostertag, Martin
Ott, Gunhild
Ottensamer, Ernst
Otto, Gerlinde
Otto, Ralf
Oue, Eiji
Ozim, Igor
Pagh-Paan, Younghi
Pagitsch, Florian
Pahl, Anne-Dorothea
Palm, Kurt
Palmer, John
Pank, Siegfried
Papulkas, Soto
Paradzik, Bozo
Paraschkevov, Vesselin
Pardall, Hannelotte
Parik, Ivan
Paris, Massimo
Parrott, Andrew
Pas-van Riet, Gaby
Pasquet, Nicolás
Passin, Günther
Passin, Karl-Heinz
Pattis-Mumelter, Maria Magdalena
Pauk, György
Pauli, Werner
Paulsen, Melinda
Peitz, Johannes
Pellerin, Louise
Penzel, Erich
Peretti, Pier Damiano
Perifánova, Stefka
Perl, Alfredo
Perl, Hille
Peter, Alexander
Peter, Frank
Petermandl, Hans
Peters, Gerhard
Peters, Sonja
Petersen, Uwe
Petrenz, Siegfried
Petri, Hans-Michael
Petrosjan, Isabella
Petry-May, Angelika
Petzold, Frank
Petzold, Stephan
Petzold, Winfried
Pfann, Walter
Pfeifer, Hans
Pfeiffer, Anna
Pfeiffer, Konrad
Pfeiffer, Thomas
Pfister, Anna
Pfitzenmaier, Günter
Pfundt, Reinhard
Philipp, Günter
Philipp, Henry
Piazzini, Carmen
Picard, Stephan
Pichler, Günter
Pick-Hieronimi, Monica
Pick, Karl-Heinz
Pierlot, Philippe
Piernay, Rudolf
Pierri, Alvaro
Piesk, Günter
Piland, Jeanne
Pillinger, Wolfgang Heinz
Pinheiro, Reginaldo
Pirklbauer, Gerhard Ruprecht
Pirner, Gitti
Pistorius, Andreas
Pistorius, Günter
Plagge, Rolf
Planyavsky, Peter
Plate, Antonius
Platen, Emil
Plettner, Leo
Plog, Anthony
Pöltl, Joachim
Pöppelreiter, Christian
Pohl, Gunther
Pokorny, Gottfried
Polasek, Jan
Polgár, László
Polster, Hermann Christian
Polus, Eugen
Pomberger, Josef
Pommer, Max
Poncette, Xaver
Ponzer, Elga
Poos, Heinrich
Popp, Gotthard
Poppen, Christoph
Poppen, Diemut
Posch, Alois
Posedu, Ortrud
Pospichal, Jan
Possemeyer, Berthold
Postinghel, Marco
Pouderoijen OSB, Cornelius
Prasser, Norbert Anton G
Prassl, Franz Karl
Prechtl, Franz
Prégardien, Christoph
Prelle, Johannes
Prelle, Ulf
Prelle, Una
Presencer, Gerard
Preu, Pia
Preuß, Volkhardt
Prey, Stefan
Prick, Christof
Prick, Kathrin
Priester, Irmgard
Prihoda, Kurt
Prinz, Johannes
Prinz, Ulrich
Probst-Polasek, Barbara
Profos, Felix
Prohaska, Andreas
Prommel, Peter
Protschka, Josef
Pruggmayer-Philipp, Ute
Prunnbauer, Sonja
Pühn, Michaela
Pühn, Peter
Pulfer, Jean-Marc
Punto, David
Pusch, Waltraud
Puschbeck, Jürgen
Pyhrr, Christian
Quakernack, Helmut
Quasthoff, Thomas
Queyras, Jean-Guihen
Rabenschlag, Susanne
Rabenstein, Hans-Martin
Rabien, Henrik
Rabine, Eugene
Racine, Philippe
Racz, Gyula
Rademacher, Winfried
Rademann, Hans-Christoph
Radestock-Ehinger, Carmen
Radulescu, Michael
Rättyä, Janne
Rahe, Franz-Josef
Rainer, Ingomar
Raithel, Hugo
Raithel, Monika
Rajski, Wojciech
Ramirez, Alejandro
Ramming, Rudolf
Rampe, Siegbert
Ramsenthaler, Manfred
Randacher, Roswitha
Randalu, Kalle
Rank, Ralph
Rapin, Frédéric
Rasinski, Jürgen
Rathgeber, Karl
Rathmann, Martin
Ratusinski, Andrzej
Rauhe, Hermann
Rauscher, Hans-Peter
Rauschnabel, Verena
Read, Hugo
Rebling, Kathinka
Rechsteiner, Franz N
Redel, Martin Christoph
Redik, Wolfgang
Redmann, Bernd
Reeh, Heinz
Regös, Robert
Rehfeldt, Wolfram
Reibenspies, Andreas
Reichardt, Claus
Reichert, Peter
Reimer, William
Reinecke, Frank
Reiner, Andreas
Reinhart, Carole Dawn
Reinhold, Günter
Reinhold, Walter
Reiss, Anthony
Reiss, Richard
Reith, Dirk
Remus, Matthias
Rémy, Ludger
Renggli, Felix
Rennert, Martin
Rentsch-Bauer, Brigitte
Rentsch, Andreas
Rentsch, Beatrice
Reuter, Rolf Friedrich
Revers, Peter
Rezler-Niesiolowska, Magdalena
Riccabona, Norbert
Richards, Elizabeth
Richardson-Smith, Carol
Richenhagen, Albert
Richter, Christoph
Richter, Friederike
Richter, Hans-Peter
Richter, Heidrun
Richter, Heinz-Dieter
Richter, Konrad
Richter, Peter
Richter, Sigrun
Richter, Tobias
Ridder, Ludwig de
Riedel, Gerhard
Riedel, Wolfgang
Rieder, Emil
Riedhammer, Arnold
Rieger, Christian
Rieger, Friedemann
Rieger, Wolfram
Riehm, Peter-Michael
Riehm, Rolf
Rieke, Joachim
Rieker, Martin
Riemer, Rudolf
Ries, Hendricus
Rieß-Berthold, Heidi
Riester, Helmut
Rihm, Wolfgang
Rinke-Bachmann, Achim
Rippas, Claude
Rissin-Morenova, Olga
Rissin, Josef
Ritsch, Winfried
Ritter, Christoph
Ritterbusch, Sabine
Ritzkowsky, Johannes
Rivinius, Gustav
Rizzi, Marco
Rizzi, Werner
Rocke, Wolfram
Roczek, Paul
Rode-Breymann, Susanne
Rodenhäuser, Ulf
Rodewald, Heidrun
Rodrigues, Ricardo
Rödger, Eckhard
Röhl, Uwe
Röhn, Andreas
Röhr, Hans-Trudo
Römer, Rainer
Römhild, Inge-Susann
Römpp, Christiane
Roese, Nils
Rösel, Peter
Rössler, Alexander
Rößler, Almut
Roetschi, Adalbert
Röver, Christian
Roggenkamp, Peter
Rohde, Hartmut
Rohde, Martin-Albrecht
Rohden, Birgid von
Rohmann, Imre
Rohmeyer, Hartmut
Rohringer, Stefan
Roll, Michael
Rolle, Christian
Romanoff-Schwarzberg, Isidora
Romberger, Gerhild
Rondthaler, Andreas
Root, Marten
Rootering, Katalin
Rosar, Inge
Roscheck-Morad, Jaqueline
Rose, Bernhard
Rose, Helmut
Rosenberg, Gabriel
Rosin, Armin
Roske, Michael
Rosset, Janek
Rost, Gunther
Rost, Jürgen
Rost, Monika
Rot, Michael
Roth, Daniel
Rothert, Thomas
Rothfahl, Wolfgang
Rothkopf, Andreas
Rott, Annamaria
Rotter, Jorge Teodoro
Rouilly, Michel
Rovatkay, Siri
Ruck, Jürgen
Rudiakov, Shoshana
Rudolf, Heinz
Rudolph, Niels-Peter
Rübenacker-Müller, Jutta
Rübsam, Wolfgang
Rückert, Hans
Rüdiger, Wolfgang
Rueger, Christoph
Rüggeberg, Claudia
Rütti, Carl
Rumpel, Günter
Runge, Peter-Christoph
Ruoff, Axel
Ruprecht, Gesa
Ruß, Ingeborg
Russell, Lucy Hallman
Rydholm, Michael
Rynkowski-Neuhof, Ulrike
Sadlo, Peter
Sagara-Schuchter, Akiko
Salbert, Dieter
Salmen, Edith
Salmutter, Eva
Salvenmoser, Norbert
Sandel, Marina
Sander, Martin
Sanderling, Barbara
Sanderling, Michael
Sanders, Will
Sandmeier, Scott
Sandner, Michael
Santiago, Enrique
Sasaki, Tadashi
Sattler, Klaus-Peter
Satz, Alexandr
Sauer, Alma
Sauseng, Wolfgang
Sava, Georg
Schaaff, Ulf-Dieter
Schäfer, Adelheid
Schäfer, Beat
Schäfer, Gerhart
Schäfer, Kunibert
Schäfer, Michael
Schäfer, Wolfgang
Schaeferdiek, Marc
Schäffer, Hermann
Schafferer, Nikolaus
Schall, Joachim
Schaller, Helmut
Schapira-Marinescu, Ilana
Schartner, Maria Anna
Schatz, Kamilla
Schau, Reinhard
Scheerer, Ingeborg
Scheidegger, Rudolf
Schenck, Georg Friedrich
Scheps, Ilja
Scherbakov, Konstantin
Scherers, Bernd
Schermann, Dietmar
Scherr, Vera U G
Scherrer, Josef Anton
Scherzer, Manfred
Scheuber, Karl
Schick, Siegfried
Schickedanz, Christoph
Schiecke, Wolfram
Schieke, Werner
Schiff, Heinrich
Schild, Johannes
Schilde, Klaus
Schiller, Christoph
Schilling, Stefan
Schiml, Marga
Schindler, Xenia
Schirmer, Astrid
Schirmer, Markus
Schirmer, Ragna
Schirmer, Ulf
Schittenhelm, Anke
Schlegel, Jutta
Schlichtig, Hariolf
Schlick, Barbara
Schlotter, Michaela
Schlüter, Michael
Schlumpf, Martin
Schmalfuß, Gernot

Schmeding, Martin
Schmeiser, Hansgeorg
Schmid, Bernhard
Schmid, Bernhard
Schmid, Berthold
Schmid, Brigitte
Schmid, Wolfgang
Schmidl, Peter
Schmidt-Laukamp, Ursula
Schmidt-Oberländer, Gero
Schmidt, André
Schmidt, Annerose
Schmidt, Axel
Schmidt, Bernhard
Schmidt, Christian
Schmidt, Christoph
Schmidt, Dirk
Schmidt, Eckhard
Schmidt, Hanns-Dietrich
Schmidt, Helgeheide
Schmidt, Martin
Schmidt, Niklas
Schmidt, Peter
Schmidt, Rainer
Schmidt, Reiner
Schmidt, Stephan
Schmidt, Uta
Schmidt, Wolfgang Emanuel
Schmied, Rosemarie
Schmieder, Birgit
Schmitz, Heinz-Eberhard
Schmitz, Otto
Schmock, Elisabeth
Schmoll, Michael
Schmutzler, Mathias
Schneider, Bruno
Schneider, Christian
Schneider, Enjott
Schneider, Gerhard
Schneider, Gottfried
Schneider, Gunter
Schneider, Martin
Schneider, Martin
Schneider, Michael
Schneider, Ulf
Schnier, Petra
Schnitzler, Michael
Schnitzler, Vera von
Schnoor, Hans-Jürgen
Schnorr, Klemens
Schoch, Knuth
Schochow, Klaus
Schöllhorn, Johannes
Schöne, Arndt
Schöne, Hans-Dieter
Schönenberger, Richard
Schönfelder, Alfred
Schönstedt, Rolf
Schoeps, Ekkehard
Schollum, Benno
Scholz, Heinz
Scholz, Katrin
Scholz, Rudolf Franz Josef
Scholz, Susanne
Scholz, Ursula
Scholz, Werner
Scholze, Hansjürgen
Schoneweg, Harald
Schoof, Armin
Schopper, Michael
Schornsheim, Christine
Schote-Frenzel, Melanie
Schrama, Godelieve
Schramm, Folker
Schreckenbach, Gabriele
Schreckenberger, Paul
Schreiber, Hanns-Martin
Schreier, Inge
Schreier, Manfred
Schreyer, Steffen
Schrietter, Werner
Schröder, Andreas
Schröder, Gesine
Schroeder, Jan
Schröder, Jürgen
Schröfel, Gudrun
Schröter, Gudrun
Schubert, Michael
Schucan, Martina
Schuck, Stefan
Schüßler, Veit-Peter
Schuh, Hans Peter
Schuhenn, Reiner
Schuhwerk, Klaus
Schulter, Csilla
Schultheiß, Martin
Schultheiss, Ulrich
Schultsz, Jan Christoffel
Schultz, Wolfgang-Andreas
Schulz, Gerhard
Schulz, Jürgen
Schulz, Stefan
Schulz, Wolfgang
Schulze, Jan Philip
Schulze, Werner
Schumann, Martin
Schunk, Heinz
Schuster, Martha
Schwaabe, Natalie
Schwab, Josef
Schwab, Siegfried
Schwander, Hermann
Schwartz, Felix
Schwartz, Gisela
Schwarz-Danuser, Monika
Schwarz, Hanna
Schwarz, Peter
Schwarze, Günter
Schwehr, Cornelius
Schweigert, Stefan
Schweiker, Hans-Christian
Schweizer, Alfred
Schwenk, Fredrik
Schwenke, Klaus
Schwertsik, Kurt
Scovotti, Jeanette
Sebald, André
Sebestyén, Ernö
Secondi, Mario de
Seebach, Peter
Seebass, Stephan
Seeliger, Bettina
Seeliger, Reinhard
Sefcik, Peter
Seibert, Kurt
Seidel, Herbert
Seidel, Matthias Johann
Seidelmann, Axel
Seidlhofer, Maria-Regina
Seifen, Wolfgang
Seifried, Reinhard
Seipenbusch, Edgar
Seiss, Werner
Selditz, Thomas
Sellheim, Eckart
Sennewald, Günter
Sevsay, Ertugrul
Seyda, Thomas
Seyfarth, Lothar
Sharp, Martha
Sharp, Norma
Shirai-Höll, Mitsuko
Sicca, Mario
Sidler, Natalia Ursina
Siedel, Ulrike
Siegert, Hans-Christian
Sieghart, Martin
Siegl, Gerhard
Siewers de Pazur, Maria Isabel
Siffert, Henrik
Siggemann, Wolfgang
Sikorski, Christian
Simon, Andreas
Simon, László
Singer, Horst
Singer, Ursula
Sinz, Josef
Sirbu, Mariana
Sirker, Udo
Sisini, Giambattista
Skigin, Semjon
Skorupa, Johannes
Skrzypczak, Bettina
Slaatto, Helge
Slokar, Branimir
Smeyers, David
Smith, Jeffrey
Smith, Trefor
Soergel, Gero
Sörup, Jürgen
Solak, Ünal
Solter, Fany
Sommer, Peter
Sommerhalder, Max
Sonne-Bücklers, Carola
Sonnen, Thomas
Sorg, Andreas
Soucy, Jean-Eric
Soyka, Ulf-Diether
Spaans, Marieke
Spaett, Erwin
Spahlinger, Mathias
Spangenberg, Martin
Spannhof, Christiane
Speer-Keldorfer, Felicitas
Speer, Alan
Speermann, Annemarie
Speermann, Max
Speidel, Sontraud
Spencer, Charles
Spiri, Anthony
Spreckelsen, Uta
Spring, Rudi
Stabenow, Thomas
Stackelberg, Annette von
Staege, Roswitha
Stärk, André
Stahl, Andreas
Stahmer, Elfriede
Stahmer, Klaus Hinrich
Stahnke, Manfred
Stamenković, Snežana
Stamm, Harald
Stangier, Roland Maria
Starke, Ipke
Starreveld, Harrie
Steck, Anton
Steen-Nøkleberg, Einar
Steenhoven, Karel van
Steffen-Wittek, Marianne
Steffens, Karl-Heinz
Stegmann, Bernd
Steinauer, Mathias
Steinbacher, Alexander
Steinböck, Josef
Steinhöfel, Hans-Christian
Steinhöfel, Thomas
Steininger, Karl
Steinke, Günter
Steinschaden, Bruno
Stejskal, Paul
Stender, Ernst-Erich
Stengert, Gerhard
Stenzl, Hans-Peter
Stenzl, Volker
Stephanides, Michael
Stert, Wolfgang
Steuart, Richard Carson
Steubing, Roxana
Stiefel, Werner
Stiehler, Helmar
Stockinger, Eberhard
Stockmeier, Wolfgang
Stoellger, Rahel
Stoiber, Franz Josef
Stoll-Bellmann, Renate
Stolte, Adele
Stolzenbach, Lorenz
Stoodt, Susanne
Stoppel, Klaus
Storck, Helga
Storck, Klaus
Stosiek, Tobias
Strassnig, Wolfgang
Straub, Eike
Straub, Peter
Straube, Jörg
Strauch, Frank
Strehle, Wilfried
Streib, Martine
Streichardt, Antonius
Streul, Eberhard
Stricharz, Michael
Striepens, Ansgar
Stringer, Mark
Strobl, Andrea
Strobl, Otto
Ströcker, Johann
Strohhäcker, Martin
Strolz, Norbert
Stroppa, Marco
Strub, Hans-Jürg
Struppe, Hans-Peter
Stubbs, Stephen
Stucki Wildermuth, Marianne
Suckow, Ute
Sudau, Gotlinde
Süße, Ulrich
Süßmuth, Gernot
Sukis, Lilian
Sulzen, Donald
Summereder, Roman
Suter, Hans
Svanberg, Carsten
Swope, Scott
Szabó, Szigmond
Szász, Tibor
Szathmáry, Zsigmond
Szczepanska, Barbara
Szidon, Roberto
Tachezi, Herbert
Tachezi, Herwig
Tachezi, Wilfried
Takanashi, Michiko
Tamchina, Jürgen
Tanguy, Jean-Michel
Tarcha, Carlos
Tarr, Edward H
Tasa, David
Tatu, Arife Gülsen
Tatubaeva, Saule
Taube, Werner
Taubert, Christoph
Tausch, Karin
Tausch, Manfred
Temme, Michael
ter Linden, Jaap
ter Wey, Fritz
Terwilliger, Eric
Terzakis, Dimitri
Tetzlaff, Christian
Teuchert, Michael
Teuffel, Gunter
Teuscher-Bucher, Margarete
Teutschbein, Klaus-Jürgen
Thauer, Edith
Theill, Karola
Theimer, Uwe
Thiel, Wolfgang
Thiele, Franz-Wilhelm
Thiele, Siegfried
Thieme, Helga
Thieme, Ulrich
Thönes, Jo
Thomas-Mifune, Werner
Thomas, Caroline
Thomas, Marco
Thomaschke, Thomas
Thomé, Jörg-Michael
Thonke, Claudia
Thorner-Mengedoht, Jane
Thorspecken, Cornelia
Thunemann, Klaus
Tichman, Nina
Timm, David
Tischbirek, Ulf
Titscher, Horst
Tittel, Gerhard
Tluck, Bernhard
Tobschall, Joachim
Tocco, James
Török, Enikö
Tol, Han
Toll, Winfried
Tomàs-Realp, David
Tomas, Markus
Tomaszewski, Tomasz
Tomeš, Jan
Torger, Arne
Torkewitz, Dieter
Traar, Adolf
Trachsel, Matthias
Trantow, Cornelius
Trappe-Wiel, Margret
Trauer, Friederike
Trefz, Hermann
Treibmann, Karl Ottomar
Treichel, Eckhard
Trenkner, Evelinde
Treßelt, Klaus
Tretjakov, Victor
Trexler, Peter
Trifan, Marioara
Triner, Ernst
Trojahn, Manfred
Trommer, Wolfgang
Trompke, Josef
Troschke, Michael von
Trummer, Johann
Trumpf, Klaus
Tschaplik, Peter
Tsuruoka-Barth, Hiroko
Turban, Ingolf
Turetschek, Gerhard
Turnovsky, Stepan
Ubbelohde, Anna-Elisabeth
Ude, Armin
Uecker, Gerd
Ünlü, Altug
Ugorski, Anatol
Uhde, Michael
Uhde, Sören
Uhlig, Christian
Ulbrich, Hans Martin
Ulbrich, Markus
Ulbricht, Reinhard
Ullrich, Peter
Ulrich, Bodo
Ulrich, Jürgen
Ungar, Thomas
Unger, Annette
Unger, Karl
Unger, Robert
Urban, Ulrich
Urbanner, Erich
Ursu, Octavian
Usselmann-Kock, Natalie
Utiger, Mary
Utz, Christian
Vaiman, Michael
Valdma, Arbo
Varady, Julia
Vardi, Arie
Veigl, Walter
Vejzovic, Dunja
Velte, Roland
Velten, Klaus
Vengerov, Maxim
Venuti, Maria
Vergara-Pink, Betty
Versteegh, Bob
Vetre, Oscar Rino
Vette, Ulrich
Vettraino, Fabio
Vickers, Catherine
Vierlinger, Lydia
Viertel, Elisabeth
Villiers, David de
Vincze, Istvan
Vincze, Uta
Vintschger, Jürg von
Visca, Claudia
Vitlin, Alexander
Vittucci, Sebastian
Vlatkovic, Radovan
Völker, Toni
Völkl, Helmut
Vogel, Harald

Vogel, Holm
Vogel, Martin Christian
Vogel, Ulrich
Vogler, Michael
Vogler, Peter
Voigt, Uwe
Voigtländer, Roland
Volke, Eberhard
Volkhardt, Ulrike
Volkmann, Joachim
Volný, Adolf
Voppel, Konrad
Vorraber, Franz
Voss, Hermann
Vrhovnik, Oto
Waas, Peter
Wachowski, Gerd
Wagenhäuser, Wolfgang
Wagler, Dietrich
Wagner-Artzt, Manfred
Wagner-Dix, Doris
Wagner, Alexander
Wagner, Anna
Wagner, Karl
Wagner, Karl Friedrich
Wagner, Konrad
Wagner, Markus
Wagner, Wolfram
Waldek, Gunter
Wall, Gudrun
Wallfisch, Raphael
Wallin, Ulf
Walliser, Patrick
Wallnig, Josef
Walsh, Thomas
Walter, Heinz
Walter, Joachim
Walter, Johannes
Walter, Ludwig
Walter, Urs
Walter, Wilhelm
Walz, Klaus
Wambach, Bernhard
Wangenheim, Andreas von
Wangenheim, Hagen
Wangler, Eugen
Ware, Allan
Wartenberg, Christina
Watzinger, Wolfgang
Weber, Andreas
Weber, Horst
Weber, Jürgen
Weber, Mathias
Weber, Rainer
Weber, Wolfgang
Weber, Wolfgang
Webersinke, Brunhild
Wecker, Wladimir
Weese, Helmut
Wegele-Kefer, Ulrike Theresia
Wegmann, Theo
Wegner, Gabriele
Wegner, Hans-Jörg
Wegner, Uwe
Wegrzyn, Krzysztof
Wehinger, Rainer
Wehle, Reiner
Wehnert, Wolfram
Wehrle, Markus
Wehse, Matthias
Weiand, Werner
Weichert, Caroline
Weichert, Gregor
Weichert, Matthias
Weidauer, Stephan
Weidinger, Andreas
Weidlich, Günter
Weigel, Achim
Weigle, Jörg-Peter
Weigle, Sebastian
Weikl, Bernd
Weil, Bruno
Weilenmann, Matthias
Weimer, Jürgen
Weimer, Swaantje
Weinberger, Gerhard
Weinrebe, Helmut
Weinzierl-Wächter, Elisabeth
Weir, Scot
Weiss, Andreas
Weiss, Manfred
Weiss, Stefan
Weissberg, Herbert
Weithaas, Antje
Welz, Joachim
Wendling, Grazia
Wendt, Barbara
Wenkel, Horst-Dieter
Wenkel, Sabine
Wentorf, Ruth
Wenzel, Hans-Jürgen
Wenzl, Winfried
Weresch, Adolf
Wernecke, Matthias
Werner-Dietrich, Regina
Werner, Herta
Werner, Horst
Werner, Stephan
Werner, Volkmar
Wernhard, Eike
Wessel-Therhorn, Helmut
Wessel, Michael
Westermann, Kay
Westlund, Björn
Westphal, Barbara
Weth, Wolfgang
Wetz, Bernhard
Wetz, Ehrhard
Wetzel, Christian
Wetzler, Peter
Wewezow, Gudrun
Whiting, Christopher
Whittlesey, Christine
Wick, Tilmann
Wickel, Hans Hermann
Widholm, Gregor
Widmann, Jörg
Wiedemann, Herbert
Wiedenbach, Johanna
Wiedner-Zajac, Elzbieta
Wiek, Florian
Wiens, Edith
Wierig, Matthias
Wieshalla, Axel
Wiesner, Tomris
Wilbers, Jan
Wilczok, Inge
Wild, Waldemar
Wildberger, Jacques
Wilde, Werner
Wilden-Hüsgen, Marga
Wilhelmi, Wolfgang
Wilke, Elisabeth
Wilke, Erich
Wilker, Thomas
Will, Karl-Heinz
Wilpert, Günter
Wilson, Glen
Wimberger, Gerhard
Winbeck, Heinz
Winck, Volker
Wincor, Ilse
Windbacher, Gerhard
Windmüller, Yaron
Winklhofer, Friedemann
Winn, Robert
Winter, Albrecht
Winter, Manon-Liu
Wippermann, Raimund
Wirssaladze, Elisso
Wirth-Matsuda, Yasuko
Wirth, Franz
Wirtz, Dorothea
Wirtz, Tiny
Wißmüller-Hornsteiner, Angelika
Wistreich, Richard
Witoszynskyj, Leo
Witsenburg, Edward Herbert
Witter, Jost
Wittlich, Käte
Wittrich, Peter
Woebcken, Friederike
Wolf, Karin
Wolf, Markus
Wolf, Michael
Wolf, Peter
Wolf, Peter Manfred
Wolf, Robert
Wolff, Robert
Wollenweber, Birgitta
Wolschina, Reinhard
Workman, William
Wretschitsch, Walter
Wright, John
Wüest, Markus
Wünsch, Angela
Wünsch, Christoph
Wünsch, Thomas
Würdinger, Ernst
Würdinger, Walter
Würzebesser, Mario
Wüst-Richter, Ursula
Wüthrich, Hans
Wulff, Bernhard
Wunn, Jürgen
Wurlitzer, Ulrich
Yamahata, Renie
Yang, Wen-Sinn
Zabel, Frank
Zabel, Hartmut
Zabner, Antoinette van
Zack, Bernd
Zack, Herwig
Zahnhausen, Markus
Zakotnik, Breda
Zarius, Karl-Heinz
Zaunschirm, Franz
Zebinger, Franz
Zechberger, Günther
Zeczek, Brigitte
Zehetmair, Helmut
Zehetmair, Thomas
Zeibig, Werner
Zeiner, Marliese
Zeller, Annemarie
Zeller, Gerhard
Zeller, Walter-Karl
Zelm, Paul van
Zemtsov, Evgueni
Ženatý, Ivan
Zender, Hans
Zentai, Csilla
Zenzipér, Arkadi
Zepperitz, Paul-Rainer
Zerer, Wolfgang
Zeretzke, Georg
Zettl, Karl-Heinz
Zeumer, Manfred
Zeyen, Justus
Zhislin, Grigori
Ziegler, Matthias
Zienkowski, Edward
Zieschang, Gundel
Ziethen, Peter
Zillhardt, Rainer
Zimanowski, Cornelia
Zimansky, Robert
Zimmermann, Kaspar
Zimmermann, Manfredo
Zimmermann, Renate
Zimmermann, Walter
Zitterbart, Gerrit
Zoboli, Omar
Zöbl, August
Zürcher, Liliane
Zwirnmann, Peter

Gesangspädagogen, Stimmbildner

Adler, Bernhard
Baer, Madeleine
Baschung, Christina
Bayer, Maria
Beidler-Badertscher, Katharina
Bengtson-Opitz, Elisabeth
Bertram, Anke-Elisabeth
Dutka, Jacek
Frey-Rabine, Lia
Friedl-Aventin, Ingeborg
Gracher, Beate
Hahn, Ilse
Hütten, Anne
Hummel, Martin
Hunziker, Bernhard
Junghanns, Christiane
Köhler-Wellner, Helga
Komann, Egon
Kovacs, Elisabeth Gyöngyi
Kovariková-Richter, Jitka
Lins-Reuber, Martina
Mack, Friedrich
Mayr, Thomas
Pattis-Mumelter, Maria Magdalena
Pfaar, Heinrich A
Podrečnik, Mario
Polster, Hermann Christian
Rastbichler, Otto
Rösel, Corinna
Schieke, Werner
Schillo, Benedikt
Schmidt-Gaden, Gerhard
Schmidt, Dirk
Schoeps, Ekkehard
Sonne-Bücklers, Carola
Spitzer, Leopold
Stevenson, Alexander
Takanashi, Michiko
Trappe-Wiel, Margret
Vejzovic, Dunja
Vittucci, Sebastian
Weimer, Swaantje
Wirsching, Wolfgang
Woodward-Stadtmueller, Donna
Zabel, Hartmut

Instrumentallehrer

Alteheld, Matthias
Bloch, Werner
Borgardts, Ingo Sebastian
Büchner, Ljudmila
Bühler, Hermann
Dobberthin, Wolf
Hanslik, Christian
Haudenschild, Emilie
Hecher, Gert
Kann, Hans
Kefer, Herbert
Kostowa, Wessela
Lajos, Béla
Lehmann, Ulrich
Pachinger, Gerald
Peters, Gregor
Rheault-Scherer, Mary Lise
Rißmann, Bernhard
Stalze, Gerhard
Sternlicht, Elzbieta
Wolf, Karsten

Musikerzieher, Musikpädagogen

Armbruester, Fred
Balshai, Tal
Beil, Michael
Brandt, Lukas
Brauneiss, Leopold
Brockman, Kimberly
Cech, Christoph
Danner, Wilfried Maria
De Pastel, Karen
Debrunner, Ruedi
Deutschmann, Gerhard
Dietz, Eberhard
Duschl, Carl-Heinz
Engels, Johannes
Erben-Toaspern, Cornelia
Escher, Peter
Esser, Stefan
Gönnenwein, Wolfgang
Haefliger, Pius
Haussner, Gert
Hofmann, Thomas
Ihl, Alfredo
Ilgenfritz, Heidi
Jahn, Thomas
Jaroslawski, Dieter
Kindle, Jürg
Kinzler, Burkhard
Klahn, Ilmar
Klein, Markus
Knüsel, Alfred
Lennartz, Martin
Lutz, Rudolf
Mason, William
May, Oliver
Mell, Roland
Mersson, Boris
Mühlbacher, Christian
Mund, Uwe
Neumann, Helmut
Neumayr, Albert
Nichifor, Serban
Nicklaus, Wolfgang
Niebuhr, Ulrich
Pelinka, Werner
Pilster, Bettina
Platt, Peter
Powell, Kit
Rabinski, Jacek
Racz, Gyula
Reimann, Christoph
Rieckhoff, Günther P
Rizzi, Werner
Rottenaicher, Alois
Rüdiger, Wolfgang
Scheibenreif, Herbert
Schellhase, Steffen
Schmidt, Mia
Schneider, Martin
Schneider, Urs Peter
Seckinger, Konrad
Sheridan-Braun, Edgar
Smith, Martin
Thiel, Wolfgang
Thiergärtner, Carmen
Trapp, Willy
Turek, Thomas
Tuschewitzki, Stefan
Ursprung, Mario
Vogt, Gerhard
Watz, Franz
Zander, Heinz Joachim
Zehe-Schmahl, Helmut
Zgraja, Krysztof
Zlatnikova, Katerina

Musikwissenschaftler

Allroggen, Gerhard
Antonicek, Theophil
Barras, Vincent
Benary, Peter
Berg, Michael
Bimberg, Siegfried
Bloch, Werner
Braun, Peter Michael
Brauneiss, Leopold
Briner, Andres
Chopard, Patrice
Dinkel, Philippe
Engels, Johannes
Ewerhart, Rudolf
Favre, Max
Forrer, Felix
Garcia-Ferreras, Arsenio
Georgescu, Corneliu Dan
Göpfert, Bernd
Gottwald, Clytus
Grandjean, Wolfgang
Grossmann, Robert
Gülke, Peter
Haefliger, Daniel
Haselböck, Lukas
Herchenröder, Martin
Hochstein, Wolfgang

† Hönigsberg, David
Hüttel, Walter
Klisowski, Richard Michael (Ryszard Mieczyslaw)
Kröplin, Eckart
Linke, Norbert
Löser, Christof M
Miehling, Klaus
Möller, Hartmut
Muggler, Fritz
Naydenova, Albena
Nichifor, Serban
Petersen-Mikkelsen, Birger
Platen, Emil
Poos, Heinrich
Rebling, Kathinka
Ringger, Rolf Urs
Ruschkowski, André Arnim
Sarbach, Pierre
Schäfer-Schwartze, Brigitte
Schmalzriedt, Siegfried
Schneider, Michael
Sengstschmid, Johann
Solothurnmann, Jürg
Streller, Friedbert
Stroé, Aurel Georg
Wolfensberger, Rita
Wünsch, Christoph
Wulfhorst, Martin
Ziegler, Ralph Philipp

Sonstige Berufe

Agnesens, Udo
Brauer, Ruth
dell'Antonio, Camillo
Desch, Otmar
Dupras, Louis
Ellenberger, Wolfgang
Fichter, Thomas
Gerwin, Thomas
Hecher, Gert
Horndasch, Matthias
Israiloff, Peter
Kesten, Christian
Kotschy, Johannes
Lennartz, Martin
Ludat, Ulrich
Mello, Luiz Francisco (Chico)
Molsberger, Friedrich
Preuss, Malte
Roshto, Barry L
Roth, Esther
Sämann, Gerlinde
Scholz, Viktor
Spohr, Mathias
Sterl, Raimund W
Sulzberger, Hermann
Vyhnálek, Ivo
Wagner, Silvan
Weidinger, Georg
Weingarten, Elmar
Wiesemann, Günther
Wilhelmi, Michael
Wili, Anmari

Autoren, Publizisten, Journalisten

Andres, Daniel
Birken, Andreas
Boehmer, Konrad
Broad, Charles Robin
Čić, Emil
Dick, Johannes
Dorn, Babette
Erdmann-Abele, Veit
Frost, Heiner
Gattermeyer, Heinrich
Gerhards, Fritzdiester
Giesecke, Mark Andreas
Grimmel, Werner
Grün, Andreas
Hartmann, Ulrich
Heisch, Michael
Henck, Herbert Karl
Hesse, Horst-Peter
Hintzenstern, Michael von
Hofmann, Dorothea
Hogwood, Christopher
Horndasch, Matthias
Hübler, Klaus Karl
Kann, Hans
Keller, Christoph
Klaas, Rainer Maria
Klefisch, Walter
Klisowski, Richard Michael (Ryszard Mieczyslaw)
Knobler, Rachel
Lesle, Lutz
Lötfering, Dirk
Mahnkopf, Claus-Steffen
Maltzahn, Damian von
Mechsner, Wolfgang
Mumelter, Martin
Osborne, William
Ramdohr, Niclas
Rieckhoff, Günther P
Roggenkamp, Peter
Rüdenauer, Meinhard
Salzbrenner, Udo
Schneider, Norbert Jürgen
Sorg-Rose, Margarete
Stieber, Peter
Stiebler, Ernstalbrecht
Trompke, Josef
Turkovic, Milan
Vetter, Michael
Wackenhut, Ingo
Witting, Matthias
Zimmerhackl, Wilhelm

Bildende Künstler

Bach Bachtischa, Michael
Biel, Michael von
Kleemann, Matthias
Lajos, Béla
Vetter, Michael
Zimmerhackl, Wilhelm
Zimmermann, Jürgen

Schauspieler

Bachler, Klaus
Bonilla-Torres, Daniel
Brauer, Ruth
Clementi, Anja
Dick, Johannes
Fürst, Stella
Gilhofer, Eva
Günzel, Kai S
Häfner, Michael
Herterich, Folker
Holle, Ulrich
Kuhn, Björn Christian
Löwinger, Guggi
Marel, Leander de
Merz, Horst Maria
Meyer, Robert
Nissen, Geertje
Offner, Klaus Peter
Oswald, Bettina
Ott, Daniel
Pagmar, Karin
Pirow, Günter
Powroslo, Felix
Reissig, Heiko Christian
Schmid, Angelika
Schmidt, Gabi
Sonneson, Gunter
Stemberger, Katharina
Vladar, Horst
Weis, Sascha Oskar

Verleger

Denhof, Robert
Finger, Peter
Gehann, Horst
Kulling, Ralph
Maltzahn, Damian von
Medek, Tilo
Obermayer, Klaus
Paul, Berthold
Scharf, Johann-Walter
Schultheiß, Martin
Tober-Vogt, Elke
Varner, Johanna
Vogt, Gerhard
Wöste, Hans-Jürgen von der
Zimmermann, Jürgen

Verzeichnis der Musikagenturen

AAA All Artists Agency K. Tissot-Daguette & Co., Frymannstr 20, CH-8041 Zürich, T: +41 4 44 81 89 81, F: +41 4 44 81 89 92.

ABC Musikagentur Ossy Valenta, Hauptstr 13, A-2511 Pfaffstätten, T: +43 22 5 24 23 54, F: +43 22 5 24 99 53, *info@musik-show-valenta.at*; *www.musik-show-valenta.at*.

act entertainment ag, Paulusgasse 16, CH-4011 Basel, Postfach 4, CH-4011 Basel, T: +41 6 12 26 90 00, F: +41 6 12 26 90 01, *act@actentertainment.ch*; *www.topact.ch*. – **GF:** Thomas Dürr.

Konzert-Direktion Hans Adler, Auguste-Viktoria-Str 64, D-14199 Berlin, T: +49 30 8 95 99 20, F: +49 30 8 26 35 20, *info@musikadler.de*; *www.musikadler.de*. – **GF:** Witiko Adler, Jutta Adler **KtP:** Witiko Adler, Jutta Adler – **Vermittl:** Klass M, Dgt, Instr- u GesSol, Ens u Orch.

Agence artistique Promusica-Genève Ménélik Plojoux-Demierre, Rue des Granges 4, Schweiz, CP 1922, CH-1211 Genève 1, T: +41 2 23 10 36 30, 78 6 20 72 20, F: +41 2 23 10 36 31, *pro-musica@pro-musica.com*; *www.pro-musica.com*.

Agentur Horn & Co, An den Siedlergärten 20a, D-12623 Berlin, T: +49 30 56 40 09 87, F: +49 30 56 40 09 89, *horn&co@t-online.de* – **Vermittl:** Künstleragentur, Künstlermanager.

agentur klein internationale künstleragentur, Possartstr 8, D-81679 München, T: +49 89 45 57 99 31, F: +49 89 45 57 99 42, *aklein@agenturklein.de*; *www.agenturklein.de*.

agentur legato Jürgen Partaj, Seilerstätte 5, A-1010 Wien, T: +43 1 5 12 76 59, F: +43 1 5 12 83 70, *mail@legato.at*; *www.legato.at*. – **GF:** Jürgen Partaj **KtP:** Jürgen Partaj – **Vermittl:** Musikermanagement, Konzertvermittlung.

Agentur Tojwe Heinz Baldermann, Haasemannstr 8, D-30449 Hannover, T: +49 5 11 45 58 23, F: +49 5 11 45 28 06, *info@tojwe.de*; *www.tojwe.de*. – **GF:** Heinz Baldermann – **Vermittl:** E-Musik, Klezmer, jüdische M.

Agentur Wrage – Oper und Konzert, Rothenbaumchaussee 1, D-20148 Hamburg, T: +49 40 41 86 56, F: +49 40 4 10 46 68, *info@agentur-wrage.de*; *www.agentur-wrage.de*.

Alber Concert Theater GmbH, Frickastr 29, D-80639 München, T: +49 89 29 45 65, F: +49 89 2 28 93 59, *info@alber-concert.de*.

Albert-Konzerte GmbH Konzertdirektion, Bertoldstr 10, D-79098 Freiburg/Breisgau, Postfach 1349, D-79013 Freiburg/Breisgau, T: +49 7 61 28 94 42, F: +49 7 61 28 97 42, *info@albert-konzerte.de*.

ALBO – Concert Management, Handjerystr 64, D-12161 Berlin, T: +49 30 8 52 81 88, F: +49 30 8 52 81 88, *ALBO.WALDO@t-online.de*; *www.albo-ala.de*. – **GF:** Waldo Alvizuri-Borda – **Vermittl:** Spezialisiert auf Jazz, Klassik, Folk u WeltM, Vermittlung vor allem d Artisten aus Lateinamerika.

alexandra heinz – artists, Kleine Brunnenstr 18, D-22765 Hamburg, T: +49 40 39 80 37 90, F: +49 40 39 80 49 03, *heinz@ah-artists.de*; *www.ah-artists.de*.

Allegro Artist Management Berlin, Alexander Plaza WWBC, Rosenstr 2, D-10178 Berlin, T: +49 30 2 43 10 21 66, F: +49 30 2 43 10 25 94, *allegro@allegroartist.com*; *www.allegroartist.com*. – **GF:** Pekka K Pohjola, Anne-Kathrin Seibel (Berlin).

Allegro Konzertagentur Susanna Uszkurat, Menzelstr 2, D-81679 München, T: +49 89 98 10 88 48, F: +49 89 95 95 94 55, *info@allegrokonzert.de*; *www.allegrokonzert.de*. – **KtP:** Susanne Uszkurat – **Vermittl:** Sänger (klass), Musikveranstaltungen.

Allgäu-Concerts GmbH Franz Bernhard, Campimontweg 8, D-87474 Buchenberg, T: +49 83 7 89 20 04 18, F: +49 83 7 89 20 04 31, *info@allgaeu-concerts.de*; *www.allgaeu-concerts.de* – **Vermittl:** Veranstalter.

Allgemeine Kultur-Agentur Bernhard Zachmayer, Nelkenstr 18, D-93326 Abensberg, T: +49 94 4 326 52, F: +49 94 4 326 92 – **Vermittl:** Künstleragentur, Veranstalter.

Andante Oper & Konzert Wolfgang Eichelmann, An der Rehwiese 10, D-81375 München, T: +49 89 70 05 84 08, F: +49 89 70 05 83 72, *wolf.eichelmann@web.de*. – **GF:** Wolfgang Eichelmann **KtP:** Wolfgang Eichelmann – **Vermittl:** Oper u Konz Intpr.

APOLLON GmbH Opern- und Konzertdirektion, Schleissheimer Str 187, D-80797 München, T: +49 89 30 00 11 88, +49 1 6010 1 50 04(mobile), *apollon-workshop@t-online.de*; *www.apollon-workshop.de*.

arcano Künstlersekretariat Susanne Geer, Bernhardstr 120, D-50968 Köln, T: +49 2 21 34 47 63, F: +49 2 21 34 47 63, *arcano-geer@t-online.de*.

ARDESA Arbeitsgemeinschaft Deutsche Saxophonisten e. V., c/o Günter Priesner, Rötenäckerstr 2, D-90427 Nürnberg, T: +49 9 11 5 30 76 06, F: +49 9 11 5 30 76 06, *info@ardesa.de*; *www.ardesa.de*. – **GF:** Günter Priesner **KtP:** Günter Priesner – **Vermittl:** Kurse, Fortbildungen, Wettb.

Aries Events GmbH Siegfried Schäfer, Blumenstr 9, D-40212 Düsseldorf, T: +49 2 11 86 49 00, F: +49 2 11 86 49 0 80.

ARS Media Konzertservice GmbH, Bergstr 22/38, A-5020 Salzburg, T: +43 6 62 87 33 35, F: +43 6 62 87 47 52, *artists@arsmedia.at*; *www.arsmedia.at*.

ArsMusica – MusikAgentur Julia Ortmann, Rötebuckweg 35, D-79104 Freiburg, T: +49 7 61 55 63 4 94, F: +49 7 61 55 63 5 34, *julia.ortmann@ars-musica.com*; *www.ars-musica.com*.

Art-Concerts GmbH Franz Abraham, Stephaniweg 7, D-82335 Berg am Starnberger See, T: +49 81 7 88 6 80, F: +49 81 7 88 68 1 99, *info@art.concerts.de*; *www.art-concerts.de*.

art contact Kulturmanagement – Künstleragentur Komm, Breitsamer&Wunder GbR, Töginger Str 94, D-84453 Mühldorf/Inn, T: +49 86 3 1 16 15 22, F: +49 86 3 11 49 50, *artcontact@inn-sider.de*.

Art-Productions Irena Nemecek, Marbachstr 19 A, D-81369 München, T: +49 89 7 91 65 62, F: +49 89 7 91 65 82, *music@art-productions.com*; *www.art-productions.com*. – **GF:** Irena Nemecek **KtP:** Irena Nemecek.

Art Works Agentur Vera Giese, Kantstr 14, D-10623 Berlin, T: +49 30 31 50 38 60, 31 50 38 60 62, F: +49 30 31 50 38 61, *artworksberlin@aol.com*; *www.artworksberlin.de*. – **GF:** Vera Giese – **Vermittl:** Klassik, KamM, Weltmusik.

Artist Consulting Berlin Bernhard M. Schröder, Thielallee 6a, D-14195 Berlin, T: +49 30 83 22 17 05, F: +49 30 83 22 18 76, *artservice@yahoo.de*; *www.arconetwork.com*.

Artist Network Company GmbH, Harzburger Weg 9c, D-22459 Hamburg, T: +49 40 55 58 34 68, F: +49 40 55 58 34 67, *orchestra@artist-network.org*; *www.UNYouthOrchestra.org*.

Artista-Ignoto Künstlervermittlung & Kartenbüro, Argenotstr 10, A-8047 Graz, T: +43 3 16 81 25 47, F: +43 3 16 81 35 47, *artista@artista-ignoto.org*; *www.artista-ignoto.org*.

Artists International Linda Abberton, Citadellstr 12, D-40231 Düsseldorf, T: +49 2 11 8 36 81 55, F: +49 2 11 8 36 85 88, *abberton@artists-international.de*; *www.artists-international.de*.

Artists Management Basting, Konrad-Adenauer-Str 7, D-97225 Retzbach, T: +49 93 6 428 13, F: +49 93 6 428 13, *mbasting@t-online.de*; *www.vorraber.com*. – **GF:** Marion Basting **KtP:** Peter Herteux.

Artists Management Claudia Dickie, Schloss Tribuswinkel, A-2512 Tribuswinkel2, T: +43 22 5 28 44 99, F: +43 22 5 24 58 97, *dickie.artists@aon.at*. – **GF:** Claudia Dickie – **Vermittl:** Bühnenvermittlung für Opernsänger.

Artists Management Company AG, Holbeinstr 31, CH-8008 Zürich, T: +41 4 32 55 14 45, F: +41 4 32 55 14 41, *amc@artistsmanagement.com*; *www.artistsmanagement.com*. – **GF:** Daniel Zulauf.

Artists Management Hartmut Haase, Aalgrund 8, D-31275 Lehrte, T: +49 51 7 595 32 32, F: +49 51 7 595 32 33, *artists@t-online.de*; *www.artists-haase.de*. – **GF:** Hartmut Haase – **Vermittl:** Klass Musik, Dgt, S.

Artists Management Zürich, c/o Rita Schütz, Rütistr 52, CH-8044 Zürich-Gockhausen, T: +41 4 48 21 89 57, F: +41 4 48 21 01 27, *schuetz@artistsman.com*; *www.artistsman.com*.

Artists Personal Representative Claudia Bloechlinger, Gatterstr 1b, CH-9010 St. Gallen, T: +41 7 12 22 39 80, F: +41 7 12 22 38 89, *urs.schneider.conductor@freesurf.ch*.

artists & projects Claudia Nitsche, Gierather Mühlenweg 15, D-51469 Bergisch Gladbach, T: +49 2 219 68 93 90, F: +49 2 219 68 93 91, *claudianitsche@t-online.de*.

arton Wolfram Arton, Hektorstr 9/10, D-10711 Berlin, T: +49 30 3 23 30 20, F: +49 30 32 70 21 91, *contact@arton-music.de*; *www.arton.de*. – **GF:** Wolfram Arton.

artsprojects Kulturmanagement Kristel Josel, Meytensgasse 14, A-1130 Wien, T: +43 1 8 76 07 55, F: +43 1 8 76 07 55, *office@artsprojects.com*; *www.artsprojects.com* – **Vermittl:** Instrum, Beratung f MFstv.

AURIS Musik Management Petra S. Hildebrand-Wanner, Eisenbahnstr 21, D-10997 Berlin, T: +49 30 61 28 04 61, F: +49 30 61 28 04 63, *AurisMusik@aol.com*; *www.auris-berlin.de* – **Vermittl:** Künstlervermittlung, Veranstaltungsorganisation.

Ballett, Classic und Entertainment Gastspielbüro GmbH, Lister Str 8, D-30163 Hannover, T: +49 5 11 3 99 39 60, F: +49 5 11 39 93 96 50.

Balmer & Dixon Management AG Rudolf Balmer & Ritha Dixon, Kreuzstr 82, CH-8032 Zürich, T: +41 4 32 44 86 44, F: +41 4 32 44 86 49, *mail@badix.ch*; *www.badix.ch*. – **GF:** Ritha Dixon, Rudolf Balmer **KtP:** Ritha Dixon, Rudolf Balmer – **Vermittl:** Managm v Dgt, Sängern, Pian.

Baron & Weingartner KEG International Artists Management, Bösendorferstr 4/12, A-1010 Wien, T: +43 1 4 89 61 54, F: +4 314 89 61 54–44, *office@baronartists.com*; *www.BaronArtists.com*.

Bayerische Konzertdirektion Paul Kreye, Marienpl 1, D-80331 München, T: +49 89 22 74 88, F: +49 89 22 53 11. – **GF:** Paul Kreye – **Vermittl:** Klass M, KamM, Ch.

BB art Service GmbH Doris & Bruno Bischof, Ebnetstr 27c, CH-9032 Engelburg, Postfach 148, CH-9032 Engelburg, T: +41 7 12 78 63 66, F: +41 7 12 78 63 68, *bb.service@bluewin.ch*.

BelcantoArtist International Artist Management, c/o Saverio Suárez-Ribaudo, Isartalstr 26, D-80469 München, T: +49 89 78 07 16 52, F: +49 89 78 07 16 51, *belcantoartist@yahoo.de*; *www.belcantoartist.de*.

Bell'Arte Konzertdirektion – Marie Theres Schreyer GmbH, Jakob-Klar-Str 14, D-80796 München, T: +49 89 27 81 77 88, F: +49 89 27 81 77 28, *info@bellarte-muenchen.de*; *www.bellarte-muenchen.de*.

Berliner Konzertagentur 3-Klang Horst Gutteck, Krautstr 53, D-10243 Berlin, T: +49 30

9 33 20 14, F: +49 30 9 33 18 21, *agentur3-klang@t-online.de* – **Vermittl:** KamM, Sol, Dgt.

Berliner Konzertagentur Monika Ott, Dramburger Str 46, D-12683 Berlin, T: +49 30 5 14 48 58, F: +49 30 5 14 26 59, *BerlinKonzert.ott@t-online.de*; *www.berlinkonzert-ott.de* – **Vermittl:** Klass M, Dgt, Sol.

Berliner Scala Veranstaltungs- und Künstlermanagement, Mahlower Str 24, D-12049 Berlin, T: +49 30 62 72 33 55, F: +49 30 62 72 38 50, *info@berliner-scala.de*; *www.berliner-scala.de*.

Beverly Veranstaltungs- & Künstler Agentur GmbH, Homburger Str 22, D-50969 Köln, T: +49 2 213 68 90 00, F: +49 2 213 68 90 36, *info@beverly.de*; *www.beverly.de*. – **GF:** Andreas Rosmiarek **KtP:** Sven Krüger.

Bielefelder Konzertdirektion Werner Vollmer, Vormbaumstr 9 a, D-33604 Bielefeld, T: +49 5 2128 55 65, F: +49 5 212 70 35 24. – **KtP:** Werner Vollmer – **Vermittl:** Veranstalter v Konz (SinfOrch, KamOrch, Liederabende) in der Oetkerhalle.

Blue Orchid Artist Management, Kirchstr 33, D-73342 Bad Ditzenbach, T: +49 73 3 439 88, F: +49 73 3 438 40, *office@blueorchid.de*; *www.blueorchid.de*.

Bühnen- und Konzertagentur Marianne Böttger Bühnen- und Konzertagentur, Dahlmannstr 9, D-10629 Berlin, Postfach 3010, D-10730 Berlin, T: +49 30 3 24 85 27, F: +49 30 3 23 11 93, *agency@boettger-berlin.de*; *www.boettger-berlin.de*.

Bonnot's Event House Christian Bonnot, Alte Landstr 133, CH-8700 Küsnacht, Postfach 1000, CH-8700 Küsnacht, T: +41 19 12 02 91, F: +41 19 91 14 88, *info@bonnotseventhouse.ch*; *www.bonnotseventhouse.ch*. – **GF:** Christian Bonnot – **Vermittl:** Eventmanagement, Künstlervermittlung aus Klassik, Oper, Jazz, Pop, Folklore, Blues, Rock ua.

Born Theater & Konzerte Regula Born-Villa / Peter-Matthias Born, Postfach 82, CH-8332 Russikon, T: +41 19 55 07 47, F: +41 19 55 07 51, *info@fest-idee.ch*; *www.fest-idee.ch*. – **GF:** Regula Born-Villa, Peter-Matthias Born.

Braunschweiger Konzertdirektion Walter Ernst Schmidt GmbH & Co., c/o Büro-Leitung Frau Lydia Daniel, Kemenate, Hagenbrücke 5, D-38100 Braunscheig, T: +49 5 314 41 15, F: +49 5 314 68 73, *info@braunschweiger-konzertdirektion.de*; *www.braunschweiger-konzertdirektion.de*.

Markus Bröhl Artists & Concerts, Sülzburgstr 113, D-50937 Köln, T: +49 2 212 82 51 85, *info@kuenstleragentur-markusbroehl.de*; *www.artistsandconcerts.de*.

Bubu-Concerts GbR, Widderter Str 45, D-42657 Solingen, T: +49 2 1281 64 68, F: +49 2 1281 64 80, *info@bubu-concerst.de*; *www.bubu-concerts.de*. – **GF:** Rolf Leukel, Stephan Frink.

Hannagret Bueker Agentur für Musiktheater und Konzerte im In- und Ausland, Fuhsestr 2, D-30419 Hannover, T: +49 5 112 71 69 10, F: +49 5 112 71 78 73, *mail@buekervoice.de*; *www.buekervoice.de*.

Büro für Internationale Kulturprojekte GmbH, Wallstr 12, D-79098 Freiburg/Breisgau, T: +49 7 6129 62 16, F: +49 7 6129 62 17, *info@kulturprojekte.com*; *www.kulturprojekte.com*. – **GF:** Karin Paeffgen – **Vermittl:** Agentur, Tourneeveranstalter, Produktions- u künstlerisches Betriebsbüro.

Burghof Kultur- und Veranstaltungsgesellschaft mbH, Herrenstr 5, D-79539 Lörrach, T: +49 76 2 19 40 89 67, F: +49 76 2 19 40 89 34, *info@burghof.com*; *www.stimmen.com*.

C. Cornaro Musicians' Management – Musik Exclusiv, Rotenberggasse 16, A-1130 Wien, T: +43 1 8 79 74 16, 06 76 77 73 3 16, F: +43 1 8 79 74 16, *agentur.cornaro@aon.at*; *www.concert-soloists.at*. – **GF:** Dr Christoph Cornaro.

Cadenza Concert Alja Batthyány-Végh, Franz-Josef-Kai 3, A-5020 Salzburg, T: +43 6 628 40 50 51, F: +43 6 628 40 50 54, *office@cadenza-concert.at*; *www.cadenza-concert.at* – **Vermittl:** Klass M, KamM, Sol, Ens, Dgt, Organ v Fstv.

Caecilia, Agence de Concerts et Spectacles, c/o Louise-Antoinette Lombard, Rue de la Coulouvrenière 29, CH-1204 Genève, T: +41 2 28 09 15 20, F: +41 2 28 09 15 28, *caecilia@caecilia.ch, concerts@caecilia.ch*; *www.caecilia.ch*.

Caecilia, Lyric Departement, c/o Mariano Horak, Rennweg 15, CH-8001 Zürich, T: +41 4 42 21 33 88, F: +41 4 42 21 71 82, *caecilia@caecilia-lyric.ch*.

Catharina Bürklin Künstler- und Konzertmanagement, August-Siebert-Str 12, D-60323 Frankfurt/Main, T: +49 69 95 50 48 80, F: +49 69 95 50 48 81, *CBuerklin@aol.com*.

CCM Classic Concerts Management, Mühlenstr 22, D-86842 Türkheim, T: +49 82 4 596 09 60, F: +49 82 4 596 09 80, *info@ccm-international.de*; *www.ccm-international.de*.

CCM-Gegamusic Gernot Haas, Theodor-Storm-Str 59, A-8042 Graz, T: +43 3 164 81 52 40, F: +43 3 1647 31 94, *gernothaas@aon.at*; *www.ccm-gegamusic.com*. – **GF:** Gernot Haas.

Pio Chesini Internationale Konzertagentur, Aeschenvorstadt 24, CH-4010 Basel, Postfach 350, CH-4010 Basel, T: +41 6 12 72 22 29, F: +41 6 12 72 22 91.

CICADA. con Agentur & Management Volker Piefke, Gubener Str 3/b, D-10243 Berlin, T: +49 30 29 00 13 35, +49 1 713 64 52 77(mobile), F: +49 30 29 00 58 97, *info@cicada-con.de*; *www.cicada-con.de*. – **GF:** Volker E Piefke – **Vermittl:** Oper, Operette, Musical, Revue.

Circolo Musicale Rappresentanza artisti, c/o Emilia Tonolla-Rosa, Vignon, CH-6558 Lostallo, T: +41 9 18 30 12 88, F: +41 9 18 30 15 55, *etonolla@ticino.com*; *www.circolomusicale.net*. – **GF:** Emilia Tonolla-Rosa – **Vermittl:** Klass M.

Classic Communication Artists & Culturemarketing / PR, Max-Weber Platz 8a, D-81675 München, T: +49 89 4 70 56 86, F: +49 89 4 70 61 52, *info@classic-comm.com*; *www.classic-comm.com*. – **GF:** Johanna von Mikusch-Buchberg – **Vermittl:** PR / Management.

Classic Concert Music Group Artist Management and Record Label, Glaneggerstr 55, A-5082 Salzburg-Groedig, T: +43 62 4 67 66 53, F: +43 62 4 67 68 54, *office@classicconcert.com*; *www.classicconcert.com*. – **GF:** Michael Preibisch – **Vermittl:** Klassische M bes im deutschsprach Raum.

Classical Projects Ltd, Via Luganetto 4, CH-6962 Viganello/Lugano, T: +41 9 16 82 02 82, F: +41 9 16 82 02 83, *classicalprojects@ticino.com*.

Cm Reimann GmbH Concert Management Hans Reimann, Dörpfeldstr 43, D-12489 Berlin, T: +49 30 6 78 01 12, F: +49 30 6 78 01 10, *info@Cm-Reimann.com*; *www.cm-reimann.com*.

CMC Cecilia Music Concept GmbH – Franz-Georg Stähling Agentur – Musikverlag – Künstlervermittlung, Brauweilerweg 183, D-50933 Köln, T: +49 2 218 00 00 70, F: +49 2 218 00 00 71, *staehling@cecilia-cmc.de*; *www.cecilia-cmc.de*.

Coco Tours eine Tochtergesellschaft der Deutschen Entertainment AG, Kurfürstendamm 63, D-10707 Berlin, T: +49 30 81 07 50, F: +49 30 81 07 55 19, *info@deag.de*; *www.deag.de*.

COFO Concertbüro Oliver Forster GmbH & Co KG, Dr.-Emil-Brichta-Str 7, D-94036 Passau, T: +49 8 5198 80 80, F: +49 8 518 97 40; *www.cofo.de*.

Collien Konzert & Theater GmbH Thomas Collien, Spielbudenplatz 29/30, D-20324 Hamburg, Postfach 304140, D-20324 Hamburg, T: +49 40 4 71 10 60, F: +49 40 3 19 19 19; *www.collien.com*.

Columbia Artists Management International AG, c/o Beatrice Vesper, Kapuzinerweg 7, CH-6006 Luzern, T: +41 4 14 20 77 58, F: +41 4 14 20 77 59, *cami_ch@compuserve.com* – **Vermittl:** Künstl u Ens, OrchTourneen u bes Atraktionen.

Columbia Artists Management GmbH Berlin, Germany, Albrechtstr 18, D-10117 Berlin, T: +49 30 20 64 80 78, F: +49 30 20 45 34 80, *camiberlin@t-online.de*; *www.cami.com*.

Comedia Concept Konzert- und Gastspieldirektion Chemnitz, Karin Uhlmann, Schloßstr 12, D-09111 Chemnitz, T: +49 3 714 64 11, F: +49 3 7141 01 44.

Concert Concept Veranstaltungs GmbH, Kurfürstendamm 63, D-10707 Berlin, T: +49 30 81 07 50, F: +49 30 81 07 55 19, *concert-concept@deag.de*; *www.deag.de* – **Vermittl:** Rock, Pop, Klass M.

Concert Management Classic 2000, Hans-Bredow-Str 42B, D-65189 Wiesbaden, T: +49 6 1146 46 19, F: +49 6 1146 47 55, *concmanag@aol.com*; *www.concertmanagement-classic2000.com*.

Concert-Service Hilmar Schunke, Tempelhofer Weg 9, D-61348 Bad Homburg, T: +49 61 7 230 33 97, F: +49 61 7 230 45 66, *medicals@aol.com* – **Vermittl:** Sol, Ch, Orch.

Concertino GmbH, Berliner Str 40, D-14467 Potsdam, T: +49 3 312 70 98 88, F: +49 3 312 70 98 91, *kontakt@concertino-online.de*; *www.concertino-online.de*. – **GF:** Jutta Jochimsen **KtP:** Jutta Jochimsen.

Concertino Wiesbaden Kulturbüro, Nerotal 24, D-65193 Wiesbaden, T: +49 6 111 80 56 56, F: +49 6 111 80 56 57, *webmaster@concertinowiesbaden.de*; *www.concertinowiesbaden.de*. – **GF:** de la Chevallerie **KtP:** Rita de la Chevallerie – **Vermittl:** Solisten, KamM.

Concerto Berlin Künstlerkontakte Luise Bernau, Torfstr 28, D-13353 Berlin, T: +49 30 4 54 48 65, F: +49 30 45 48 28 00, *Concerto.Berlin.L.Bernau@t-online.de*; *www.concertoberlin.de*. – **GF:** Luise Bernau.

Concerto Winderstein GmbH, Leopoldstr 25, D-80802 München, Postfach 440446, D-80753 München, T: +49 89 38 38 46 11, F: +49 89 33 79 38, *artists@winderstein.de*; *www.concerto.de*.

Concorde Opera Management Elisabeth Promonti, Michael Sauser, Hagenberggasse 25/4, A-1130 Wien, T: +43 1 9 24 58 25, F: +43 1 9 24 59 53, *concordeopera@hotmail.com*. – **GF:** Michael Sauser **KtP:** Elisabeth Promonti, Michael Sauser – **Vermittl:** OpS, Reg, Dgt, Op/Konz int.

Concorno Kulturmanagement, Löffelstr 40, D-70597 Stuttgart, T: +49 7 116 33 90 84, F: +49 7 116 33 90 85, *info@concorno.de*; *www.concorno.de*. – **GF:** Dariusz Mikulski **KtP:** Dariusz Mikulski – **Vermittl:** E- u U-Musik.

Denise Conta Personal Artists Management, Chemin de la Mairie 1, CH-1294 Genthod, T: +41 2 27 74 12 29, F: +41 2 27 74 31 38, *contartist@bluewin.ch*.

ConTakt Mathias Weigmann, Im Gässle 25, D-79252 Stegen, T: +49 76 61 91 22 21, F: +49 76 61 91 22 24, *agency@ensemble-phoenix.ch*.

Contour GmbH Büro für Konzert- und Gastspieltourneen, Hildebrandstr 7, D-40215 Düsseldorf, Postfach 250152, D-40093 Düsseldorf, T: +49 2 119 34 84 86, F: +49 2 1134 52 35, *info@contour-concert.de*; *www.contour-concert.de* – **Vermittl:** Klass M.

Crepaz Music Management Christoph Crepaz, Altenbach 17, FL-9490 Vaduz, T: +4 237 66 30 30, *office@crepaz-music.com*; *www.crepazmusic.com*.

Crepaz Music Management – Germany, c/o pavlik concerts, Alte Dorfstr 21, D-25992 List/Sylt, T: +49 46 5 195 76 34, F: +49 46 5 195 76 65, *info@pavlikconcerts.com*; *www.pavlikconcerts.com*.

Crescendo Artists Management Alec Band, Sophienstr 3a, D-76530 Baden-Baden, T: +49 72 2 19 98 01, F: +49 72 2 19 98 02, *creartman@compuserve.com*.

Culture – Consulting Bühnenvermittlung für das Musiktheater / Karin Fuger – Michael Fuger, Soonblick 8, D-55543 Bad Kreuznach, T: +49 6 718 96 42 70, +49 1 714 48 74 30, F: +49 6 718 96 42 40. – **GF:** Michael Fuger.

Da Capo Künstler- und Veranstaltungsagentur e.K. Inh Petra Denecke, Marktstr 1, D-65343 Eltville am Rhein, T: +49 61 2 379 99 93, F: +49 61 2 379 99 94, *info@da-capo.de*; *www.da-capo.de*. – **GF:** Frank Präder **KtP:** Frank Präder – **Vermittl:** Gala-Veranstalt.

Da Capo Musikmarketing GmbH, Oberer Stadtpl 5a, A-6332 Kufstein, Postfach 63, A-6332 Kufstein, T: +43 53 7 266 66 00, F: +43 53 7 26 66 60 16, *info@dacapo.at*; *www.dacapo.at* – **Vermittl:** Klass M.

DEBUT Concerts GmbH, c/o Wittenstein AG, Presse- und Öffentlichkeitsarbeit, Walter-Wittenstein-Str 1, D-97999 Igersheim, T: +49 79 3 149 34 69, F: +49 79 3 149 32 00, *info@debut.de*; *www.debut.de*.

Laurent Delage International Artists Management, Albertplatz 8, A-1080 Wien, T: +43 1 4 03 63 49, F: +43 1 4 03 63 49, *office@delage.at*; *www.delage.at*.

James Dietsch – München Internationale Künstleragentur / Musiktheater und Konzert weltweit, Thierschstr 11, D-80538 München, T: +49 89 34 08 63–0, F: +49 89 34 08 63–10, *JWDietsch@t-online.de*. – **GF:** James Dietsch – **Vermittl:** Vermittlung v Sängern, Dirigenten, Regisseuren f Oper und Konzert.

DM Artist Management SA Mario Dradi, Gabrielle Favre, Bundesstr 26, CH-3001 Bern, Postfach 5124, CH-3001 Bern, T: +41 3 13 12 13 14, 6 99 17 00 06 61, F: +41 3 13 12 13 12, *gall@dmartist.com*.

DOMINO Musik + Produktion + Vertrieb Österreichische Musik Spezialitäten, Untermarkt 15, A-5270 Mauerkirchen, T: +43 77 2 421 58 11, F: +43 77 2 421 58 22, *music@domino.co.at*. – **GF:** Günter Menschik.

Doremi International Art Management, Seligerstr 3, D-91781 Dettenheim, T: +43 6 769 24 00 58, F: +43 1 9 58 64 12, *management@doremi-art.de*; *www.doremi-art.de*.

DTC Classics GmbH, Bundesgasse 26, CH-3011 Bern, T: +41 3 13 12 13 30, F: +41 3 13 12 13 29, *d.thoma@dtc-classics.com*; *www.dtc-classics.com* – **Vermittl:** Konz- u TourneeManagm, SymphOrch.

Emmert Konzertbüro GmbH Hans Emmert, Wilhelm-Helwig-Str 26, D-34613 Schwalmstadt, Postfach 1323, D-34603 Schwalmstadt, T: +49 66 9 12 24 64, F: +49 66 9 12 46 43, *info@konzertbuero-emmert.com*; *www.konzertbuero-emmert.com*.

Erdmann Entertainment GmbH, Ketteler Str 56, D-65439 Flörsheim, T: +49 61 4 594 24 25, F: +49 61 4 594 25 05, *erdmann.entertainment@t-online.de*; *www.erdmann-entertainment.de*.

Euro-Studio Konzertdirektion Landgraf, Lärchenweg 1, D-79822 Titisee-Neustadt, T: +49 76 5 120 70, F: +49 76 5 120 77 7, *postbox@landgraf.de*; *www.landgraf.de*.

Euroconcert GmbH Heidrun Walschburger, Im Hotzental 17, D-78234 Engen, T: +49 77 3 332 56, F: +49 77 3 332 59, *euroconcert@t-online.de*.

Fine Arts Management Walter Hitz, Postfach 1, CH-8407 Winterthur, T: +41 5 23 35 09 33, F: +41 5 23 35 09 29, *eigenmann@fineartsonline.ch*; *www.fineartsonline.ch*.

Forum Artium, Am Kasinopark 1–3, D-49124 Georgsmarienhütte, T: +49 54 0 13 50 77, F: +49 54 0 13 42 23, *info@forum-artium.de*; *www.forum-artium.de*. – **GF:** Herbert Vieth.

Forum Christian Siegmann, Güetliweg 31, CH-8132 Hinteregg, T: +41 19 84 27 87, F: +41 19 84 27 87, *forum@siegmann.ch*.

funke media gmbh, Altersterrasse 10, D-20354 Hamburg, T: +49 40 45 01 10 10, F: +49 40 45 01 10 20, *info@funkemedia.de*; *www.funkemedia.de*. – **GF:** Hans-Werner Funke.

Gastspiel- und Theaterdirektion Gerhartz GmbH, Forstweg 24, D-24105 Kiel, T: +49 4 3180 10 08, F: +49 4 3180 40 51, *info@gastspiel-gerhartz.de*; *www.gastspiel-gerhartz.de*.

Gastspieldirektion Traudel Schulte Congress & Concert GmbH, Beyrodtstr 15, D-12277 Berlin, T: +49 30 7 21 85 15, F: +49 30 7 22 70 55 – **Vermittl:** Künstleragentur.

Gastspieldirektion Viktor Scheller Classic Entertainment, Postfach 1145, D-86382 Stadtbergen, T: +49 8 2158 55 61, F: +49 8 2158 57 84, *gd.scheller@t-online.de*; *www.gd-scheller.de*.

Gerhard Rieder Promotions Künstler & Veranstaltungsmanagement Ges mbH, Chimanistr 30/12, A-1190 Wien, T: +43 1 4 40 54 62, F: +43 1 4 40 54 62, *info@riederprom.at*; *www.riederprom.at*.

Gerstel International Opera Management, Stockerstr 10, CH-8002 Zürich, T: +41 7 63 91 88 01, F: +41 4 42 53 14 53, *gerstel@swissonline.ch*. – **GF:** Teddy Gerstel.

Gesellschaft Musica Sacra Salzburg Mozart-Kirchenkonzerte Salzburg, Josef v Eichendorff-Str 20, A-5020 Salzburg, T: +43 6 6282 37 88, F: +43 6 6282 38 16, *musicasacra@salzburg.co.at*.

GOLIATH Show & Promotion GmbH, Hannes-Meyer-Pl 27, D-18146 Rostock, T: +49 3 8160 93 50, F: +49 3 816 09 35 99, *hello@goliath-show.deS*; *www.goliath-show.de*.

Gommers Konzert- & Werbeagentur GmbH, Kölner Str 275, D-45481 Mülheim/Ruhr, T: +49 2 084 69 59 0, F: +49 2 084 66 93 63; *www.gommers.de*.

Good News Productions AG, c/o André Béchir, Talackerstr 5, CH-8065 Zürich, PF, CH-8065 Zürich, T: +41 4 48 09 66 66, F: +41 4 48 09 66 00, *info@goodnews.ch*; *www.goodnews.ch*. – **GF:** André Béchir.

John Goodman Management & Consulting KEG, Dopschstr 20/3/11, A-1210 Wien, T: +43 1 2 59 20 27, F: +43 1 2 59 20 27, *johngoodman@goodman.at*; *www.goodman.at*. – **GF:** John Goodman **KtP:** John Goodman, Elisabeth Goodman – **Vermittl:** klass M (alle Sparten), spez Projekte.

Dietrich Eberhard Gross Künstleragentur, Eschenweg 19, D-61440 Oberursel, T: +49 61 7 293 41 44, F: +49 61 7 293 41 45, *d.e.gross@grossagentur.de*; *www.grossagentur.de*.

D. Grosskinsky + Partners Daniel Grosskinsky, Postfach 101318, D-68013 Mannheim, T: +49 1 717 53 74 97(mobile), *DanielGrosskinsky@arcor.de*; *home.arcor.de/danielgrosskinsky/index.htm*.

Barbara Gülzow Musiktheater & Konzert In- u. Ausland, Bergsonstr 146 b, D-81245 München, T: +49 89 86 30 86 37, F: +49 89 86 30 86 38 – **Vermittl:** Klass M.

h.-g. Konzert- und Gastspieldirektion Hubert Geulen, Von-Coels-Str 181–183, D-52080 Aachen, T: +49 2 4155 12 50, F: +49 2 4155 81 56.

Karl-Erich Haase Agentur für Musiktheater und Konzert Vorm. Wolfgang Stoll, Martiusstr 3, D-80802 München, T: +49 89 33 31 62, 39 41 90, F: +49 89 34 26 74, *info@theateragentur-k-e-haase.de*.

Franz Hainzl Artists' Management, Faulmanngasse 5/12, A-1040 Wien, Postfach 17, A-1043 Wien, T: +43 1 5 86 45 36, 6 763 19 54 93, F: +43 1 5 86 45 36, *office@hainzl.net*; *www.hainzl.net*. – **GF:** Franz Hainzl – **Vermittl:** Vermittlung von Sängern und Dirigenten (Oper, Konz).

Hamburger Theater- und Konzert-Kontor Hans-Dieter Schmidt, Große Bleichen 23, D-20354 Hamburg, T: +49 40 3 74 25 95, F: +49 40 3 74 25 94, *info@htkschmidt.de*; *www.htkschmidt.de*.

Hanseatische Konzertdirektion Kalus Wollny GmbH, Elbgaustr 126, D-22547 Hamburg, T: +49 40 85 50 06 00, F: +49 40 85 50 03 11, *service@hkdconcert.com*.

Harfen-Agentur, Dorneckstr 105, CH-4143 Dornach, T: +41 6 17 01 88 66, F: +41 6 17 01 88 58, *info@odilia.ch*; *www.odilia.ch*.

Hertlein Veranstaltungs GmbH, Friedenstr 5a, D-97072 Würzburg, T: +49 9 3188 06 40, F: +49 9 318 80 64 64, *hertlein.konzerte@t-online.de*; *www.hertlein-veranstaltungen.de*. – **GF:** Manfred Hertlein **KtP:** Manfred Hertlein – **Vermittl:** Tourneen.

Herwald Artists Internationale Management-Agentur für Musiktheater und Konzert, Str des Roten Kreuzes 64, D-76228 Karlsruhe, T: +49 7 219 47 39 39, F: +49 7 219 47 39 37, *info@herwald-artists.com*; *www.herwald-artists.com*. – **GF:** Thomas Herwald **KtP:** Thomas Herwald, Matthias Widmaier, Jonathan Hahn – **Vermittl:** Künstlervermittlung f MTh u Konz.

H&H Theateragentur Leipzig-München MD Wolfgang Hoyer, Brandvorwerkstr 78, D-04275 Leipzig, T: +49 3 413 01 83 18, F: +49 3 4130 69 09 72, *hoyer@hh-kuenstleragentur.de*; *www.hh-kuenstleragentur.de*.

H&H Theateragentur München Gerhard Hüttl, Postfach 900562, D-81539 München, T: +49 89 69 70 89 99, F: +49 89 69 73 76 37, *gerhard.huettl@nexgo.de*.

Hilbert Artists Management, Maximilianstr 22, D-80539 München, T: +49 89 2 90 74 70, F: +49 89 29 07 47 90, *agentur@hilbert.de*; *www.hilbert.de*.

Hill & Knowlton Communications GmbH & Co. KG, Quartier 207, Friedrichstr 76, D-10117 Berlin, T: +49 30 2 88 75 80, F: +49 30 28 87 58 38, *info.berlin@hillandknowlton.com*; *www.hillandknowlton.de* – **Vermittl:** Mainstream, Klass M, Komödien.

hollabolla Kulturmanagement, c/o Elmar Gangl, Eichenstr 697, FL-9492 Eschen, T: +4 237 77 62 33, F: +4 233 73 62 33, *hollabolla@hollabolla.li*; *www.hollabolla.li*.

Hollstein Business Service e.K., Badestube 12, D-36251 Bad Hersfeld, T: +49 66 2 17 81 76, F: +49 66 2 15 16 10, *office@hollstein.de* – **Vermittl:** Animateure, U- u E-Musikervermittlung.

Andrea Hopp Künstleragentur, Dr.-Imhof-Str 1, D-83471 Berchtesgaden, T: +49 86 5 294 49 02, +49 1 791 05 81 36, F: +49 86 5 294 49 01.

ICE Geneva international cultural exchange Kazuma Tomisawa, 15, chemin de la Rochette, CH-1202 Genève, T: +41 2 27 33 22 22, 7 92 06 44 44(mobile), F: +41 2 27 33 44 00, *ktice@bluewin.ch*; *www.tomisawa.ch*. – **GF:** Kazuma Tomisawa.

ima – concert & Werbung GmbH, Wendelsteinstr 26, D-84508 Burgkirchen, T: +49 86 7 996 98 83, F: +49 86 7 991 11 78, *info@ima-concert.de*; *www.ima-concert.de* – **Vermittl:** Künstler- und Konzertagentur.

Image Concert GmbH Thomas Krause, Ilse Fischer, Hüttuferstr 4, D-37412 Herzberg, Postfach 1136, D-37401 Herzberg, T: +49 55 2 156 10, F: +49 55 2 17 29 72, *Image.Concert@t-online.de*; *www.image-concert.de* – **Vermittl:** Klass M.

Image Performaning Arts Promotion GmbH, c/o Orangerie Schloß Schönbrunn, Schönbrunner Schloßstr 47, A-1130 Wien, T: +43 1 8 12 50 04, F: +43 1 8 12 50 04, *office@imagevienna.com*; *www.imagevienna.com*. – **GF:** Peter Hosek, Sascha Petrovic.

Impresariat Simmenauer GmbH Sonia Simmenauer, Bornstr 12, D-20146 Hamburg, T: +49 40 42 31 31 11, F: +49 40 42 31 31 13, *sonia.simmenauer@impresariat-simmenauer.de*; *www.impresariat-simmenauer.de* – **Vermittl:** Klass M.

Impresario Events – Holyhead Promotion Hans-Jörg Funck, Schubertstr 4, D-64832 Babenhausen, T: +49 60 7 374 09 81, *impresario@t-online.de*; *www.impresarioevents.de*.

Inter Pan Music, c/o Hildegard Wadiasch, Hasnerpl 12/II, A-8010 Graz, T: +43 3 1682 55 66, F: +43 3 1682 55 66, *hildegard.wadiasch@utanet.at*; *www.interpannon.org*.

Interclassica S.A., c/o Jean-Jaques Indermühle, Rue J.-J. Rousseau 4, CH-1800 Vevey, T: +41 2 19 25 90 61, 7 63 41 25 81(mobile), F: +41 2 19 22 40 18, *jean.indermuehle@bluewin.de*.

International Artists Management Laurent Delage, Albertplatz 8, A-1080 Wien, T: +43 1

4 03 63 49, F: +43 1 4 03 63 49, *laurent@delage.at*; *www.delage.at*. – **GF:** Laurent Delage.

International Promotions Silvana Sintow-Behrens, Schleibingerstr 8, D-81669 München, T: +49 89 44 21 89 00, F: +49 89 44 21 89 03, *office@sintow-behrens.com*; *www.sintow-behrens.com* – **Vermittl:** PR / Promotion.

Internationale Künstleragentur Alfred Herath Inh. Ralph Herath, Romanstr 8, D-95444 Bayreuth, T: +49 9 213 08 06, F: +49 9 213 35 00, *info@kuenstleragentur-herath.de*; *www.kuenstleragentur-herath.de*.

Internationale Musik-, Künstler- und Veranstaltungsagentur, c/o Horst Vocke, Zur Bauernbrücke 34, D-59597 Erwitte Merklinghausen-Wiggeringhausen, T: +49 29 4 520 01 87, F: +49 18 0 5060 33 41 68 17, *info@vocke-musikagentur.de*; *www.vocke-musikagentur.de*. – **GF:** Horst Vocke **KtP:** Rita Peters – **Vermittl:** U- u E-Musiker Management, Entertainment, CD-Produktion u Vertrieb.

Intveen – International Music Management, c/o Christine Sauer-Intveen, Schützenstr 2/1, D-78315 Radolfzell, T: +49 77 3 25 88 37, F: +49 77 3 25 88 36, *c.intveen@web.de*. – **GF:** Christine Sauer-Intveen.

Italartist-Austroconcert Kulturmanagement GmbH (IAAC), Gluckgasse 1, A-1010 Wien, T: +43 1 5 13 26 57, F: +43 1 5 12 61 54, *austroconcert@ia-ac.com*; *www.ia-ac.com*.

Dr. Carl F. Jickeli Musiktheater und Konzert In- und Ausland, Nymphenburger Str 62, D-80335 München, T: +49 89 12 39 26 26, F: +49 89 12 39 26 27, *agentur-jickeli@foni.net*.

JoKo Promotion Jo Kogel GmbH, Hauptstr 69, D-57074 Siegen, T: +49 2 712 32 00 00, F: +49 2 712 32 00 30, *info@joko.de*; *www.joko.de*.

Joybringer Music International Promoter & Artist Agency, Edward Str 12, D-66131 Saarbrücken, T: +49 68 9 345 72, F: +49 68 9 37 04 03, *mail@joybringer.com*; *www.joybringer.com*.

JS management, Postfach 500571, D-70335 Stuttgart, T: +49 7 11 38 07 34 50, *info@js-management.com*; *www.js-management.com*.

K-Promotion Michael Kmoch GmbH, Mecklenburger Str 58, D-24106 Kiel, T: +49 4 31 55 42 80, F: +49 4 31 55 62 10, *K-Promotion-Kiel@t-online.de*; *www.k-promotion.de*. – **GF:** Michael Kmoch **KtP:** Melinda Thompson – **Vermittl:** Veranstalter v örtl Gastsp u Tourneen, populäre Klass.

Käch Artists & Promotion Marianne Käch, Graumannsweg 19, D-22087 Hamburg, T: +49 40 25 33 67 93, F: +49 40 25 33 67 96, *wjmohr@t-online.de*.

Kaiserkonzerte Leipzig Jens Kaiser, GutsMuthsstr 41, D-04177 Leipzig, T: +49 3 414 01 18 79, 1 743 25 10 16, *info@kaiserkonzerte.de*; *www.kaiserkonzerte.de*.

Kanapee Künstler Büro Barbara Blust, Edenstr 1, D-30161 Hannover, T: +49 5 11 3 18 05 27, F: +49 5 11 3 18 05 29, *barbara.blust@t-online.de*; *www.kuenstler-buero.de*.

Kancz, Kahry, Kulturmanagement Robert Kancz Künstlervermittlung, Schottenring 33/5, A-1010 Wien, T: +43 6 64 13 15 53 04, 6 641 83 72 23, F: +43 1 3 19 09 18, *kulturmanagement@netway.at*; *www.culture.privateweb.at/kk*.

Katz Event Agentur Edgar Lehmann, Fiechtenweg 65, CH-4153 Reinach 1, T: +41 6 17 12 08 08, F: +41 6 17 11 76 38, *katzagentur@katzmusic.ch*; *www.katzmusic.ch*.

Verena Keller Artists Management Oper und Konzert, Vermittlung im In- und Ausland, Lohwisstr 52, CH-8123 Ebmatingen, T: +41 19 80 15 13, F: +41 19 80 36 86, *keller.verena@bluewin.ch*.

Dr. Klingsporn & Partner Classical Music Consulting, Augustenstr 82a, D-70178 Stuttgart, T: +49 7 11 61 61 57, F: +49 7 11 61 61 97, *matthias.hutzel@arcor.de*.

KMP GmbH Konzerte und Veranstaltungen, Fasanenstr 49, D-38102 Braunschweig, T: +49 5 312 38 88 90, F: +49 5 312 38 89 79, *info@kmp-festival.de*; *www.kmp-festival.de*.

Michael Kocyan Artists Management, Wielandstr 37, D-10629 Berlin, T: +49 30 31 00 49 40, F: +49 30 31 00 49 84, *artists@kocyan.de*; *www.kocyan.de*.

Kölnkonzert, Buchmühlenstr 17–21, D-51465 Bergisch Gladbach, T: +49 22 0 23 76 75, F: +49 22 0 23 87 31, *koelnkonzert@t-online.de*; *www.koelnkonzert.de*.

Marguerite Kollo Bühnenvermittlung, c/o Marguerite Kollo, Geibelstr 42, D-12305 Berlin, T: +49 30 30 10 00 12, F: +49 30 30 10 00 15, *office@kollo.com*; *www.kollo.com*.

Kontrapunkt-Konzerte Martin Blankenburg, Lohnskotter Weg 18, D-51069 Köln, T: +49 2 21 60 17 98, F: +49 2 21 60 17 98, *kontrapunkt@t-online.de*; *www.kontrapunkt-konzerte.de*.

Konzert-Agentur Dagmar Körner, Bergstr 15, D-85120 Hepberg, T: +49 84 5 615 30, F: +49 84 5 621 09, *Koerner.Konzerte@t-online.de*; *www.konzertagentur-koerner.de*.

Konzert Agentur Suzanne Gfeller GmbH, Homelstr 34, CH-4114 Hofstetten, T: +41 6 17 33 03 73, F: +41 6 17 33 03 74, *gfeller@konzert.ch*; *www.konzert.ch*.

Konzert- & Künstleragentur Jens Gunnar Becker, Grünstr 13, D-58313 Herdecke, T: +49 23 3 07 03 89, F: +49 23 3 075 07, *becker@beckerkonzert.de*; *www.beckerkonzert.de* – **Vermittl:** Orch, Sol, Dgt.

Konzert & Theater Agentur Güttler Reif, Bleichwiesenstr 2, D-65203 Wiesbaden, T: +49 6 11 67 5 80, F: +49 6 11 69 19 71, *guettler-theater@t-online.de*; *home.t-online.de/home/061167523/homepage.htm* – **Vermittl:** Vermittlung v Künstlern aller Art.

Konzert Theater Kontor René Heinersdorff GmbH, Wallstr 10, D-40213 Düsseldorf, T: +49 2 11 13 00 30, F: +49 2 111 30 03 99, *heinersdorff@t-online.de*; *www.heinersdorff-konzerte.de*.

Konzert- und Künstleragentur Michael Herrmann, Rheinallee 1, D-65375 Oestrich-Winkel, T: +49 67 2 275 02 32, F: +49 67 2 391 77 19 – **Vermittl:** Beratung.

Konzert und Theater AG Basel Hans Rudolf Fuog, Burgunderstr 42, CH-4002 Basel, Postfach 3428, CH-4002 Basel, T: +41 6 12 72 29 02, F: +41 6 12 72 29 02.

Konzert- und Veranstaltungsagentur Rudolf, Neue Reihe 12, D-18059 Rostock, T: +49 3 814 00 10 67, F: +49 3 814 00 13 66, *rudolf-agentur@t-online.de*; *www.agentur-rudolf.de*.

Konzertagentur 2000, Habenhauser Landstr 150, D-28279 Bremen, T: +49 4 218 39 94 88 88, F: +49 4 218 39 94 89, *jezior@konzertagentur2000.de*; *www.konzertagentur2000.de*.

Konzertagentur Erika Esslinger, Spittlerstr 6, D-70190 Stuttgart, T: +49 7 11 28 32 76, F: +49 7 11 26 14 21, *esslinger@konzertagentur.de*; *www.konzertagentur.de* – **Vermittl:** Klass M, BarockM, Orch, Ens, Sol.

Konzertagentur Eva-Maria Kaufmann, Pillnitzer Landstr 7, D-01326 Dresden, T: +49 3 512 68 72 12, F: +49 3 512 64 05 85, *mail@konzertagentur-kaufmann.de*; *www.konzertagentur-kaufmann.de*.

Konzertagentur Fahrenholtz, Winterleitenweg 17 B, D-97082 Würzburg, T: +49 9 317 84 72 30, F: +49 9 317 84 72 30, *Konzertagentur.Fahrenholtz@gmx.de*.

Konzertagentur Heide Stock, Mesmerweg 2, D-30655 Hannover, T: +49 5 11 3 94 31 14, F: +49 5 11 3 94 31 15, *heide.stock@gmx.de*; *www.heidestockagentur.de*.

Konzertagentur Hellmann Ingrid Hellmann, Birnenweg 12, D-06112 Halle/Saale, T: +49 3 455 60 30 41, F: +49 3 455 60 36 54, *KAHellmann@aol.com*. – **GF:** Ingrid Hellmann **KtP:** Ingrid Hellmann – **Vermittl:** Sol, Ens, Orch, Ch, Dgt.

Konzertagentur Jörg Hannemann, Haynstr 15, D-20249 Hamburg, T: +49 40 4 80 75 75, F: +49 40 48 62 81, *konzerte.hannemann@t-online.de* – **Vermittl:** Sol, Dgt, KamMEns, OrchTourneen.

Konzertagentur Thüringen, Freiligrathstr 8, D-99096 Erfurt, T: +49 3 613 46 58 75, F: +49 3 616 02 67 26, *konzertagentur-thueringen@t-online.de*; *www.konzertagentur-thueringen.de*. – **KtP:** Roland Häußer – **Vermittl:** KamM, Sol-Konz.

Konzertagentur Trude Kleinheisterkamp, Welzheimer Str 28 a, D-70188 Stuttgart, T: +49 7 11 48 32 47, F: +49 7 11 48 57 96.

Konzertbüro Andreas Braun, Sülzgürtel 86, D-50937 Köln, T: +49 2 219 42 04 30, F: +49 2 21 94 20 43 19, *braun@angel.de*; *www.konzertbuero-braun.de*. – **GF:** Andreas Braun – **Vermittl:** Vermittlung v Dgt, Sol, Ens, Ch, Orch.

Konzertbüro Augsburg, Maximilianstr 21, D-86150 Augsburg, T: +49 8 21 15 19 45, F: +49 8 21 15 19 50, *loeffler@konzertbuero-augsburg.de*, *kistler@konzertbuero-augsburg.de*; *www.konzertbuero-augsburg.de*. – **GF:** Maria Löffler, Erwin Kistler.

Konzertbüro Nikolaus Schmidt, Kirchenallee 22, D-20099 Hamburg, T: +49 40 28 05 66 17, F: +49 40 28 05 66 18, *schmidtkonzert@aol.com*.

Konzertbüro Schoneberg GmbH, Rudolf-von-Langen-Str 42, D-48147 Münster, T: +49 2 51 20 13 20, F: +49 2 512 01 32 23, *eva.pues@schoneberg.de*; *www.schoneberg.de*.

Konzertbüro Uebelherr, Neidhartstr 2, D-86159 Augsburg, T: +49 8 21 58 60 28, F: +49 8 21 58 40 72, *konzertbuero-uebelherr@gmx.de*.

Konzertbüro Uwe Penner, c/o Uwe Penner, Priel 20, D-85408 Gammelsdorf, T: +49 87 6 693 98 66, F: +49 87 6 693 98 77, *upenner@t-online.de*; *www.uwekonzerte.de*. – **GF:** Uwe Penner – **Vermittl:** Country-M, Blues, Klass M, Klass Open-air Konz.

Konzertdirektion Andrea Hampl, Karl-Schrader-Str 6, D-10781 Berlin, T: +49 30 4 78 26 99, F: +49 30 4 78 37 92, *hampl@konzertdirektion.de*; *www.konzertdirektion.de*. – **GF:** Andrea Hampl – **Vermittl:** Klass M, KamM, Symphorch, Sol.

Konzertdirektion Bern, Rolf Hamberger, Sonnenrain 4, CH-3063 Ittigen/Bern, T: +41 3 19 28 28 27, F: +41 3 19 28 28 29, *KDBern@swissonline.ch*. – **GF:** Rolf Hamberger **KtP:** Rolf Hamberger – **Vermittl:** Klass M.

Konzertdirektion Bingel GmbH Jürgen Bingel, Poststr 4–6, D-64293 Darmstadt, T: +49 61 5 19 80 09–0, F: +49 61 5 19 80 09 30.

Konzertdirektion Büscher Franz Günther Büscher, Pfitznerstr 9, D-69245 Bammental, Postfach 101424, D-69004 Heidelberg, T: +49 62 2 34 06 95, F: +49 62 2 34 71 35, *Kd_buescher@t-online.de*.

Konzertdirektion Dorothea Schlösser, Bismarckstr 6, D-14109 Berlin, T: +49 30 8 03 33 23, F: +49 30 8 03 73 51.

Konzertdirektion Dr. Rudolf Goette GmbH, Alsterterrasse 10, D-20354 Hamburg, T: +49 40 45 01 18 50, F: +49 40 45 01 18 60, *info@goette.de*; *www.goette.de*. – **GF:** Prof Hans-Werner Funk, Bernd Voorhamme; AbteilungsLtg Künstlervermittlung: Alexandra Heinz – **Vermittl:** Instr-Sol, KamM, OrchTourneen.

Konzertdirektion Drissen, Berliner Str 1, D-65474 Bischofsheim, T: +49 61 4 496 45 11, F: +49 61 4 496 45 12, *info@drissen-management.de*, *zacharias@drissen-management.de*; *www.drissen-management.de* – **Vermittl:** Sol u KamM-Ens.

Konzertdirektion Erich Schmidtke, Pfauengasse 8/24, A-1060 Wien, T: +43 1 5 86 55 07, F: +43 1 5 86 55 07, *SchmidtkeKassel@aol.com*.

Konzertdirektion Fischer GmbH, Theodor-Heuss-Str 8, D-70174 Stuttgart, T: +49 7 11 16 34 80, F: +49 7 11 16 34 81 11, *info@piano-fischer.de*; *www.piano-fischer.de* – **Vermittl:** Kl-, KamM.

Konzertdirektion Fritz Dietrich GmbH, Sigmund-Freud-Str 1, D-60435 Frankfurt/

Main, T: +49 69 54 56 58, 54 45 04, F: +49 69 5 48 41 07, *info@konzertdirektion-dietrich.de*; *www.konzertdirektion-dietrich.de* – **Vermittl:** Klass M.

Konzertdirektion Haas Rainer Haas, Höhenweg 1, D-69250 Schönau, Postfach 1240, D-69247 Schönau, T: +49 62 2 81 3 75, F: +49 62 2 884 55, *KD.Haas@t-online.de*; *www.konzertdirektion-haas.de* – **Vermittl:** Sol u Ens ausschl Klass.

Konzertdirektion Hans Ulrich Schmid, Königstr 36, D-30175 Hannover, Postfach 3409, D-30034 Hannover, T: +49 5 113 66 07–33/-77, F: +49 5 113 66 07 81, *ds@kdschmid.de*; *www.kdschmid.de*.

Konzertdirektion Hörtnagel GmbH, Oranienburger Str 50, D-10117 Berlin, T: +49 30 30 88 77 30, F: +49 30 30 88 77 33, *agentur@hoertnagel.com*; *www.hoertnagel.com*.

Konzertdirektion Hörtnagel GmbH, Neufahrner Str 23, D-81679 München, Postfach 860520, D-81632 München, T: +49 89 9 82 92 80, F: +49 89 98 29 28 33, *konzert@hoertnagel.de*; *www.hoertnagel.de*. – **GF:** Georg Hörtnagel – **Vermittl:** Klass M.

Konzertdirektion Hörtnagel GmbH, Äußere Cramer-Klett-Str 5, D-90489 Nürnberg, Postfach 210220, D-90120 Nürnberg, T: +49 9 1155 80 03, F: +49 9 1155 04 22, *konzert@hoertnagel.de*; *www.hoertnagel.de*.

Konzertdirektion Ilse Weichert, Eschenweg 17, D-37079 Göttingen, T: +49 5 516 26 04.

Konzertdirektion Kempf, Schöne Aussicht 34, D-65193 Wiesbaden, T: +49 6 1152 50 91, F: +49 6 1152 50 93, *info@konzertdirektion-kempf.de*; *www.konzertdirektion-kempf.de*.

Konzertdirektion Laube GmbH, Mathystr 3, D-76133 Karlsruhe, T: +49 7 213 84 86 86, F: +49 7 213 84 86 87, *chrrieker@aol.com*; *konzertdirektion-laube.de*. – **GF:** Michaela Russ-Grüber.

Konzertdirektion Martin Müller, Uhrs Knäppken 8, D-59320 Ennigerloh-Ostenfelde, T: +49 25 2 426 34 80, F: +49 25 2 426 34 81, *info@kdmueller.de*; *www.kdmueller.de*.

Konzertdirektion Nerat, Lieferinger Hauptstr 130, A-5013 Salzburg, Postfach 28, A-5013 Salzburg, T: +43 6 6243 68 70, F: +43 6 6243 69 70, *mozart@salzburg.co.at*; *www.adventserenaden.at*. – **GF:** Elisabeth Nerat **KtP:** Harald Nerat – **Vermittl:** Betreuung eigener KonzReihen (Österr, Dtld), Künstlervermittlung.

Konzertdirektion Richard Berg, Messeler Weg 21, D-64807 Dieburg, T: +49 60 7 12 31 34, F: +49 60 7 18 12 54, *konzertdirektionberg@medianet-world.de*; *www.konzertdirektionberg.de*.

Konzertdirektion Robert Streiber Inh. Kl.-P. Marschall, Holstenstr 88–90, D-24103 Kiel, T: +49 4 319 14 16, F: +49 4 3197 00 00.

Konzertdirektion Schlote GmbH, Danreitergasse 4, A-5020 Salzburg, T: +43 6 6262 21 74, F: +43 6 626 22 17 45, *office@schlote.at*; *www.schlote.at*.

Konzertdirektion Tobischek Dr. Herbert Tobischek, Zimmermannstr 59, D-45239 Essen, T: +49 2 018 40 51 75, F: +49 2 018 40 51 76, *tobischek@arcor.de*; *www.tobconcert.de*. – **GF:** Dr. Herbert Tobischek – **Vermittl:** Klass M.

Konzertrabofsky Friedhelm Rabofsky, Masurenweg 15, D-53119 Bonn, T: +49 2 2866 20 01, F: +49 2 2866 20 02.

KPS-Concertbüro GmbH Klaus-Peter Schulenberg, Contrescarpe 46, D-28195 Bremen, T: +49 4 2136 66 02, F: +49 4 213 66 62 90, *c.liberz@kps.de*; *www.concertbuero.de*.

Krisper Bros. Musik Management Wien GmbH, Landskrongasse 5/2, A-1010 Wien, T: +43 1 7 18 78 50, F: +43 1 7 18 78 51, *office@krisper.at*; *www.krisper.at*. – **GF:** Matthias Eckart **KtP:** Matthias Eckart – **Vermittl:** Events, Galas, Klassik.

Werner Kühnly, Wörthstr 31, D-70563 Stuttgart, T: +49 7 117 80 27 64, F: +49 7 117 80 44 03, *agentur-kuehnly@t-online.de*. – **GF:** Werner Kühnly **KtP:** Herta u Michael Kühnly – **Vermittl:** BühnenVermittl an u von Th, Einzel/GesamtGastsp In- u Ausland seit 70; Vermittl v S, Dgt, Regie/Dramaturgie f Op, Konz, TV u Radio.

Künstler- & Konzertagentur Grandmontagne Tanja Grandmontagne-Forster, Tännichtgrundstr 10, D-01462 Dresden/Niederwartha, T: +49 3 514 54 03 04, F: +49 3 514 54 06 04, *info@grandmontagne.de*; *www.grandmontagne.de*.

Künstler Sekretariat am Gasteig Elisabeth Ehlers – Lothar Schacke, Rosenheimer Str 52, D-81669 München, T: +49 89 44 48 87 90, F: +49 89 4 48 95 22, *team@ks-gasteig.de*; *www.ks-gasteig.de*.

Künstler-Vermittlung, c/o Rosemarie Ryf, Haldenstr 21, CH-8625 Gossau, T: +41 19 35 21 82, F: +41 19 35 21 82.

Künstleragentur Dr. Raab und Dr. Böhm Oper, Operette und Konzert, Plankengasse 7, A-1010 Wien, T: +43 1 5 12 05 01–0, F: +43 1 5 12 77 43, *office@rbartists.at*; *www.rbartists.at*. – **GF:** Dr Horst Böhm – **Vermittl:** General- u lokales Managm v namhaften Sängern (Konz, Op, Optte), Instrum, KamM-Ens, KamOrch, OrchTournee u Sonderprojekte.

Künstleragentur Helge Rudolf Augstein Augstein Artist Management, Eduard-Schmid-Str 30, D-80541 München, T: +49 89 26 02 43 33, F: +49 89 26 02 43 44, *mail@augstein.info*; *www.augstein.info* – **Vermittl:** Dgt, Instr- u GesSol.

Künstleragentur Hollaender-Calix, Grinzinger Allee 46/2, A-1190 Wien, T: +43 1 3 20 53 17, 3 28 47 33, F: +43 1 3 28 90 70, *office.hollaender-calix@chello.at*. – **GF:** Ariane Hollaender-Calix – **Vermittl:** Künstl f Op u Konz sowie Musical, Schauspiel, Film u Ballett.

Künstleragentur Langosch, Hauptstr 9, D-01097 Dresden, T: +49 3 518 02 23 00, F: +49 3 518 02 23 01, *AgenturLangosch@web.de*. – **GF:** Frank Langosch (Inhaber) – **Vermittl:** Theater.

Künstleragentur Markow Oper & Konzert, Turmstr 18, D-73728 Esslingen, T: +49 7 1135 20 01, F: +49 7 113 50 97 70, *markow@t-online.de*.

Künstleragentur Monika Klinkner, Lippen 13 A, CH-8184 Bachenbülach, T: +41 18 60 73 83, F: +41 18 86 34 01, *pk_design@bluewin.ch*; *agenturen.freepage.de/klinkner/agenturstart.html*.

Künstleragentur Petra Breidenbach, Äuss Bayreuther Str 123, D-90409 Nürnberg, T: +49 9 113 50 93 10, F: +49 9 113 50 93 11.

Künstleragentur STOY, Eschbachweg 5, D-79117 Freiburg/Breisgau, T: +49 7 616 05 26, F: +49 7 616 05 46, *mail@k-stoy.de*.

Künstleragentur Tobias Kade, WTC / Ammonstr 72, D-01067 Dresden, T: +49 3 514 90 67 94, +49 1 723 66 29 07(mobile), F: +49 3 514 90 67 93, *tobias.kade@gmx.de*; *www.kuenstleragentur-kade.de*.

Künstleragentur Vivace, c/o Claudia Fehlandt-Köster, Eintrachtstr 3, D-16515 Zühlsdorf, T: +49 3 33 9 72 99 47, F: +49 3 33 9 72 99 48, *agenturvivace@aol.com*.

Künstlerbüro Dr. Roseline Riefenstahl, Thomasburg 37 a, D-26131 Oldenburg, T: +49 4 415 05 04 66, F: +49 4 415 05 04 67, *riefenstahl@nwn.de*.

Künstlermanagement Dieter Mauritz, Wilhelmstr 54, D-46145 Oberhausen, Postfach 140136, D-46131 Oberhausen, T: +49 2 0863 19 07, F: +49 2 0866 45 77, *dieter.mauritz@t-online.de*.

Künstlermanagement Till Dönch, Roegerergasse 24–26/G2, A-1090 Wien, T: +43 1 4 70 80 83, F: +43 1 4 79 69 71, *management@doench.at*; *www.doench.at*. – **GF:** Till Dönch, Cora Engel **KtP:** Till Dönch – **Vermittl:** Orch, KamOrch, InstrSol, Dgt, S, VokalEns.

Künstlermedia GmbH Büro für Werbung, Künstlerservice und Programmgestaltung GmbH, Heinrich-Kahn-Str 27, D-89150 Laichingen, Postfach 1247, D-89150 Laichingen, T: +49 73 3 39 67 00, +49 1 773 64 08 03, F: +49 73 3 396 70 30, *info@kuenstlermedia.de*; *www.kuenstlermedia.de*. – **GF:** Werner Kirsamer, Peter Buchmann.

Künstlersekretariat Astrid Schoerke, Grazer Str 30, D-30519 Hannover, T: +49 5 1140 10 48, F: +49 5 1140 74 35, *info@ks-schoerke.de*; *www.ks-schoerke.de*. – **GF:** Astrid Schoerke-Stehli **KtP:** Astrid Schoerke, Aniela Baumann, Simone Koerber – **Vermittl:** Dgt, Instrum, KamMEns.

Künstlersekretariat Buchmann GmbH, Schachnerstr 27, A-1220 Wien, T: +43 1 2 03 63 57, F: +43 1 2 03 74 83, *office@buchmann.at*; *www.buchmann.at*.

Künstlersekretariat Dagny von Oepen, Osterseestr 20, 8 OG, D-82194 Gröbenzell, T: +49 81 4 271 82, F: +49 81 4 271 82; *www.andreas-woyke.com/Anhang.htm*.

Künstlersekretariat Ingrid Reznicek, Hintere Zollamtsstr 3, A-1030 Wien, T: +43 1 7 15 37 10, F: +43 1 7 14 29 90.

Künstlersekretariat Rolf Sudbrack, Gösselkoppel 54 a, D-22339 Hamburg, T: +49 40 5 38 21 65, F: +49 40 5 38 72 20, *Rolf.Sudbrack@t-online.de*; *www.sudbrackmusik.de*.

Künstlersekretariat Stefan Trhal, Waldstr 36, D-30163 Hannover, T: +49 5 1166 92 77, F: +49 5 1166 92 00, *Stefan.Trhal.Agency@t-online.de*.

Künstlervermittlung Klaus Eisenberger, Peter-Jordan-Str 8, A-1190 Wien, T: +43 1 3 68 13 63, F: +43 1 3 69 23 23, *eisenberger@classic-music.at*; *www.classic-music.at/eisenberger*. – **GF:** Klaus Eisenberger **KtP:** Klaus Eisenberger – **Vermittl:** KamM, Sol, Alte/Neue MOrch.

KulTour GmbH Gesellschaft für kulturelle Veranstaltungen mbH, Berliner Promenade 12, D-66111 Saarbrücken, T: +49 6 8158 82 21 10, F: +49 6 8158 82 22 25, *info@kultour-sb.de*; *www.kultour-sb.de*. – **GF:** Hasso Müller-Kittnau **KtP:** Hasso Müller-Kittnau – **Vermittl:** zZ fast ausschl als örtl Veranstalter E u U sowie Kartenvorverkauf, Buchhandlung.

kulturdienst: GmbH, Hegelstr 5, D-99423 Weimar, T: +49 36 4 377 69 41, F: +49 36 4 377 69 48, *info@kulturdienst.com*; *www.kulturdienst.com*. – **GF:** Christoph Drescher, Martin Kranz.

Kulturkreis Niederfellabrunn Konzerte im Schloss Niederfellabrunn, c/o Walter Riemer, Rosengasse 9, A-2102 Bisamberg, T: +43 22 6 27 22 42, F: +43 22 6 27 22 42–5, *mail@niederfellabrunn.at*; *www.niederfellabrunn.at*. – **GF:** Walter Riemer **KtP:** Walter Riemer – **Vermittl:** Konz, KamM, Lied.

Langemusic Christian Lange, Ludwig-Behr-Str 7, D-82327 Tutzing, T: +49 81 5 818 32, F: +49 81 5 885 21 – **Vermittl:** GesSol.

Otfried Laur Veranstaltungs-Management GmbH, Hardenbergstr 6, D-10623 Berlin, T: +49 30 3 13 70 07, F: +49 30 3 12 65 53, *info@laur-veranstaltungen.de*; *www.laur-veranstaltungen.de*.

Michael Lewin Künstlermanagement, Wasagasse 12/1/3, A-1090 Wien, T: +43 1 3 10 60 95.

Lux Musik Promotion und Konzerte GmbH, Niederhalberg 21, D-53773 Hennef, T: +49 22 4 291 35 07, F: +49 22 4 29 13 50 88, *mail@luxmusik.de*; *www.luxmusik.de*.

M-Impresariat Friedrich Robert Müller, Von-Leyden-Str 50, D-65191 Wiesbaden, T: +49 6 1156 14 42, F: +49 6 112 38 49 49, *mueller@m-impresariat.de*; *www.m-impresariat.de*.

M & S Promotion Künstleragentur und Management, Rüskenkamp 35 b, D-48683 Ahaus, T: +49 25 6 19 81 40, F: +49 25 6 198 14 14, *info@ms-eventhouse.de*; *www.ms-eventhouse.de*.

M.A.M. Management (Mayler Artist Management), Längenfeldgasse 26/33, A-1120 Wien, T: +43 1 8 15 37 33, F: +43 1 8 12 71 67, *mamvienna@utanet.at*; *www.maylerartistmanagement.at*. – **GF:** Keith Hoare-Mayler – **Vermittl:** InstrSol, KamOrch, BarockM.

M.F.W. Promotion Musik-Film-Werbung, Postfach 129, D-83697 Rottach-Egern, T: +49

80 2 29 20 90, F: +49 80 2 22 49 97, *info@bogner-records.com*; *www.bogner-records.de*.

M.S.M-Engineering Momberg Sound & Music Engineering, Schönfelder Str 12, D-34121 Kassel, T: +49 5 611 67 51, *msm-engineering@online.de*.

Managementagentur Rolf Zavelberg, Volksgartenstr 1, D-50677 Köln, T: +49 2 219 34 81 18, F: +49 2 219 34 81 17, *info@aktivraum.de*; *www.aktivraum.de*.

MCM Europe Opera & Concert, Bismarckstr 62, D-10627 Berlin, T: +49 30 43 72 96 11, +49 1 791 08 14 45, F: +49 30 43 72 96 12, *mcm@mcm-europe.org*; *www.mcm-europe.org*.

Meisterkonzert Hartmut Hellberg, Am Viehbruch 6, D-29690 Lindwedel, T: +49 50 7 315 88, F: +49 50 7 315 18, *meisterkonzerte@talknet.de*; *www.meisterkonzerte.de*.

Melos Konzerte Wien, Salesianergasse 12/11, A-1030 Wien, T: +43 1 7 14 91 96, F: +43 1 7 14 91 91, *info@melos.at*; *www.melos.at*. – **GF:** Christian May **KtP:** Petra Weinmaier – **Vermittl:** Instr, Dgt, Orch.

Mersich & Kiess AG Konzertagentur und Musikverlag, Erlaaer Platz 2/2/19, A-1230 Wien, T: +43 1 8 17 87 73, F: +43 1 8 17 87 73, *office@mersichkiess.at*; *www.mersichkiess.at*. – **GF:** Thomas Mersich, Wolgang Kiess **KtP:** Thomas Mersich, Wolgang Kiess.

Mitteldeutsche Konzert- & Gastspieldirektion MKGD Bodo Dresen, Franz-Liszt-Str 28, D-98529 Suhl, T: +49 36 8 170 71 65, F: +49 36 8 170 71 66, *info@mkgd.de*; *www.mkgd.de*.

MM Konzerte GmbH Erfurt, Rosengasse 5b, D-99084 Erfurt, T: +49 3 615 65 53 30, F: +49 3 615 65 53 33, *mr@mmkonzerte.de*.

MM Konzerte GmbH Kassel Uwe Vater, Christian Schaeling, Untere Königsstr 78–82, D-34117 Kassel, T: +49 5 617 09 55 50, F: +49 5 611 50 81, *info@mmkonzerte.de*; *www.mmkonzerte.de*.

MMR Management Martin Riehl, Sakrower Landstr 101h, D-14089 Berlin, T: +49 30 3 05 70 36, 0 17 18 90 05 03, F: +49 30 3 05 70 38, *mail@mmr-riehl.de*; *www.mmr-riehl.de*. – **GF:** Martin Riehl **KtP:** Martin Riehl – **Vermittl:** Pop, Rock, Klass M, TV-Recherchen.

Mödersheim Artists Management, Kantstr 133, D-10625 Berlin, T: +49 30 3 083 18 90, F: +49 30 3 083 18 91, *guido@moedersheim-artists.com*; *www.moedersheim-artists.com*.

MünchenMusik GmbH & Co. KG, Rößelerstr 30, D-81929 München, Postfach 810952, D-81909 München, T: +49 89 9 43 89 60, F: +49 89 93 93 11 23, *info@muenchenmusik.de*; *www.muenchenmusik.de*. – **GF:** Andreas Schessl.

MuM Konzertagentur Jürgen Welter, Oberstr 96, D-20149 Hamburg, T: +49 40 46 09 02 60, 1 705 43 42 44(mobile), F: +49 40 46 09 02 61, *mum-konzertagentur@t-online.de*.

Musa Promotion – Bern Ileana et Alexandru Lucianu, Thormannstr 64, CH-3005 Bern, T: +41 3 13 51 42 45, 7 92 19 57 25(mobile), F: +41 3 13 51 42 46, *ileana.one@freesurf.ch*.

music and arts Organisations GmbH & Co KG, Corsicaskamp 13, D-49076 Osnabrück, T: +49 5 419 62 96 00, F: +49 5 4196 29 60 50, *info@music-and-arts.de*; *www.music-and-arts.de* – **Vermittl:** BlasSol u Ens, Klass Sol u Ens.

Music Concept Catherine von Mutius, Rondellstr 10, D-85540 Haar, T: +49 89 46 20 06 76, F: +49 89 46 20 06 77, *catherine@mutius-musicconcept.com*; *www.mutius-musicconcept.com* – **Vermittl:** Klass M, KamM, Sol.

Music-Live Künstleragentur – Wieselburg Manfred Stehrlein, Trollmannhof 3/2, A-3250 Wieselburg, T: +43 6 641 61 33 40, F: +43 72 7 650 11, *office@music-live.at*; *www.music-live.at*.

Music Masters Management Claudius Hirt, Riedstr 1, CH-6343 Rotkreuz, T: +41 4 17 99 59 29, F: +41 4 17 99 59 31, *mmm@pobox.ch*; *www.musicmasters.ch*. – **GF:** Claudius Hirt.

Music Promotion Manfred Gerber, Gugerhalde 10, CH-8207 Schaffhausen, T: +41 5 26 24 71 18, F: +41 5 26 24 71 11. – **GF:** Manfred Gerber **KtP:** Manfred Gerber – **Vermittl:** OrchTourneen.

MUSICA Management GmbH Marcus Carl, Antje Carl, Neubauerstr 4, D-65193 Wiesbaden, T: +49 6 114 07 00–91/-93, +49 1 708 03 93 93(mobile), F: +49 6 114 07 00 92, *musica@opernagent.de* – **Vermittl:** Oper, Ballett.

musica vivendi, Müllerstr 15 (Rückgebäude), D-80469 München, T: +49 89 23 23 06 12, F: +49 89 23 22 59 77; *www.musicavivendi.de*.

MusiConcepts (GbR), Alter Weinberg 11, D-97204 Höchberg, T: +49 9 314 04 23 50, 0 17 14 06 01 82, F: +49 9 314 04 23 50, *connect@musiconcepts.de*, *info@musiconcepts.de*; *www.musiconcepts.de*.

musicontact Egbert Zinner, Kirchenallee 22, D-20099 Hamburg, T: +49 40 28 05 22 27, F: +49 40 28 05 22 28, *service@musicontact.de*; *www.musicontact.de*. – **GF:** Egbert Zinner.

Musikado GmbH, Franz-Marc-Str 4, D-50999 Köln, T: +49 2 213 57 94 67, F: +49 2 213 57 94 68, *musikado@musikado.de*; *www.musikado.de*.

Musikagentur Akemi Andraschek, Franzosenweg 22, A-1100 Wien, T: +43 1 6 88 68 69, +43 6 9917 11 05 48, F: +43 1 6 88 68 69, *akemi@EUnet.at*.

MusikAgentur Hans Christian Hohl, Engelboldstr 28, D-70569 Stuttgart, T: +49 7 116 78 79 12, F: +49 7 116 78 79 13, *hch-musik@t-online.de*. – **GF:** Hans-Christian Hohl.

Musikkreis Feldkirch Forum Feldkirch – Musik des 20. Jahrhunderts, c/o Kulturreferat Feldkirch, Palais Liechtenstein, Schlossergasse 8, A-6800 Feldkirch, T: +43 55 2 23 04 12 71, F: +43 5 523 04 12 79, *nicole.wehinger@feldkirch.at*; *www.feldkirch.at/rathaus/kultur/veranstaltervereine* – **Vermittl:** zeitgen Musik, bes Sakralmusik, Vorarlberger Komp.

Musikmanagement Haas, Nagelsbaum 58, D-51399 Burscheid, Postfach 1232, D-51388 Burscheid, T: +49 21 7 427 62, 76 69 92, F: +49 21 7 46 19 30, *mail@musikmanagement-haas.de*; *www.musikmanagement-haas.de*. – **GF:** Dieter Haas.

Musikproduktion Jörg Höflich, Enhuberstr 6–8, D-80333 München, T: +49 89 52 20 81, F: +49 89 52 54 11, *hoeflich@musikmph.de*; *www.musikmph.de*. – **GF:** Jürgen Höflich **KtP:** Evelyne Höflich – **Vermittl:** Künstlermanagement, Videoproduktion, Konzertmitschnitte, Dokumentation.

Niebelheim Agentur und Verlag, c/o Regina Hruška, Gallgasse 76, A-1130 Wien, T: +43 1 8 97 90 91, F: +43 1 8 97 90 91, *agentur@niebelheim.com*; *www.niebelheim.com*. – **GF:** Regina Hruška **KtP:** Regina Hruška – **Vermittl:** Klass Ges, Konz, Klass M.

Nightingale Classics AG Dr. Andreas Maag, Fabrikstr 20, CH-4600 Wels, T: +41 7 24 24 49 34, F: +41 72 4 24 56 26; *www.nightingaleclassics.com*.

Nord-Süd-Programm Internationale Künstlerzentrale A. Kolb, Alexanderstr 4, D-95444 Bayreuth, Postfach 100847, D-95408 Bayreuth, T: +49 9 211 6 71, F: +49 9 218 32 54, *info@nord-sued-programm.de*; *www.nord-sued-programm.de*.

Norddeutsche Konzertdirektion Melsine Grevesmühl, Twischlehe 5, D-27580 Bremerhaven, Postfach 310265, D-27538 Bremerhaven, T: +49 4 719 82 49 82, F: +49 4 719 82 49 80, *grevesmuehl.ballett@t-online.de*; *www.grevesmuehl.de* – **Vermittl:** KamM, Ballett, Sol.

Nota Bene – die Agentur für Kultur- und Konzertmanagement, Postfach 700335, D-70573 Stuttgart, T: +49 7 1171 10 75, F: +49 7 116 36 18 70, *info@kulturkalender-bw.de*; *www.kulturkalender-online.de*. – **GF:** Claudia Fenkart-N'jie, Ulrike Geist **KtP:** Claudia Fenkart-N'jie, Ulrike Geist.

nu-musix Kulturmanagement, c/o Christoph Kirschke, Kupfertorstr 46, D-79206 Breisach, T: +49 76 6 794 28 91, F: +49 76 6 794 28 91, *kirschke@nu-musix.de*; *www.nu-musix.de/index.php*. – **GF:** Sascha Bastian **KtP:** Christoph Kirschke.

Odeon Concerte Regensburg – Würzburg – Mannheim, Schenkendorfstr 9, D-93049 Regensburg, T: +49 9 4129 60 00, F: +49 9 412 96 00 19, *info@odeon-concerte.de*; *www.odeon-concerte.de*.

Offenes Ohr Dresden, c/o Karsten Bretschneider, Barlachstr 8, D-01219 Dresden, T: +49 3 514 72 13 60, F: +49 3 514 72 13 61, *music@offenesohr.com*; *www.offenesohr.com/dresden*.

„Opera" – Lotte Vladarski Theateragentur – Oper, Konzert, Döblinger Hauptstr 57/18, A-1190 Wien, T: +43 1 36 86 96–0/-1, F: +43 1 3 68 69 62, *opera.vladarski@utanet.at*.

Operissimo, Hornbachstr 50, CH-8034 Zürich, T: +41 4 43 89 84 50, F: +41 4 43 89 84 00, *opera@operissimi.com*; *www.operissimo.com*.

Opern-Agentur – Manuela Kursidem & Elene Tschaidse Büro München, Tal 28, D-80331 München, T: +49 89 2 91 61 66–1/-2, F: +49 89 29 16 16 67, *kursidem@opern-agentur.com*, *tschaidse@opern-agentur.com*; *www.opern-agentur.com*.

Opern-Agentur – Suzana Djordjevic Büro Berlin, Maassenstr 14, D-10777 Berlin, T: +49 30 2 16 82 14, F: +49 30 2 15 97 76, *bueroberlin@opern-agentur.com*; *www.opern-agentur.com*.

Opern-Agentur – Tamara Herzl Büro Wien, Wasagasse 12/1/3, A-1090 Wien, T: +43 1 3 10 60 96, F: +43 1 3 10 60 94, *herzl@opern-agentur.com*; *www.opern-agentur.com*.

Opern- und Konzertagentur Lore Blümel, Heiglhofstr 49, D-81377 München, T: +49 89 8 59 38 64, F: +49 89 8 59 37 59, *opkoag-bluemel@t-online.de*.

Opern- und Konzertagentur Monika Bundschu, Am Anger 3, D-83546 Au/Inn, T: +49 80 7 3731, +49 1 727 22 17 38(mobile), F: +49 80 7 326 11, *monika.bundschu@arcor.de*.

Opernagentur Athanasios Oikonomou, Menzinger Str 21, D-80638 München, T: +49 89 17 09 40 79, 1 628 69 91 87(mobile), F: +49 89 17 09 40 81. – **GF:** Athanasios Oikonomou **KtP:** Athanasios Oikonomou – **Vermittl:** OpS, Dgt.

Opernagentur Inge Tennigkeit Musiktheater- und Konzertvermittlung, Kempener Str 4, D-40474 Düsseldorf, T: +49 2 115 16 00 60, F: +49 2 1151 60 06 16, *tennigkeit_ag@t-online.de*.

Ophelias Agentur für PR und Kultur, Lucile-Grahn-Str 37, D-81675 München, T: +49 89 45 72 61 53, F: +49 89 45 72 61 71, *ophelias-pr@gmx.de*; *www.klassik-pr.com*.

Boris Orlob Management, Jägerstr 70, D-10117 Berlin, T: +49 30 20 45 08 39, F: +49 30 20 45 08 49, *info@orlob.net*; *www.orlob.net*. – **GF:** Boris Orlob, Natascha van Randenborgh **KtP:** Nicole Hellwig – **Vermittl:** Sänger u Dgt.

Hans Otto Musikmanagement, Boisseréestr 3, D-50674 Köln, T: +49 2 212 40 89 80, F: +49 2 212 40 89 82, *otto.hans@web.de*.

Papillon Concerts, Kurlistr 89, CH-8404 Winterthur, T: +41 5 22 42 43 80, F: +41 5 22 43 03 80, *info@papillonconcerts.com*; *www.papillonconcerts.com*.

part of art – cultural management Edmund Knorr, Sigmund-Haffner-Gasse 5 A, A-5020 Salzburg, T: +43 6 6284 24 84, F: +43 6 6284 24 84, *e.knorr@inode.at*. – **GF:** Edmund Knorr **KtP:** Edmund Knorr – **Vermittl:** OrchTourneen, KonzManagm, persönl Managm, Opgalas, KamOrch, InstrSol.

pavlik concerts & consulting, Alte Dorfstr 21, D-25992 List/Sylt, T: +49 46 5 195 76 34, F: +49 46 5 195 76 65, *info@pavlikconcerts.com*; *www.pavlikconcerts.com*.

Persona Musica Karin Wylach, Mühlstr 25, D-86911 Dießen, T: +49 88 0 792 96 10, F: +49 88 0 792 96 17, *kwylach@t-online.de*.

Margareta Peters Agency of Performing Arts, Lindenstr 37, CH-8008 Zürich, T: +41

4 34 99 88 79, F: +41 4 34 99 89 73, *kitchen@margaretapeters.ch*; *www.margaretapeters.ch*.

Anne Petkov Artists Management, 6, rue du Conseil-Général, CH-1205 Genève, T: +41 2 23 21 32 26, F: +41 2 23 21 32 27, *annepetkov@bluewin.ch*. – **GF:** Anne Petkov.

PMI Paradise Management International, c/o R. Klug, Postfach 2180, D-63263 Neu-Isenburg, T: +49 12 1 25 13 08 72 47, F: +49 12 1 25 13 08 72 47, *pmi.mailbox@web.de*.

Power Concerts Oberpfalz Renate Reichel, Holzheimer Str 46, D-93133 Burglengenfeld, T: +49 94 7 17 03 80, F: +49 94 7 170 38 70, *mail@power-concerts.de*; *www.power-concerts.de*.

PR Agentur Rossner Redaktion Grafik Medien für Musik, Bützowstr 37, D-10407 Berlin, T: +49 30 42 80 53 40, F: +49 30 42 80 53 41, *pr_rossner@yahoo.de*; *www.pr-rossner.de*.

PR Sekretariat artist communication Beate J. Mennicken, Sonnenstr 50, D-94113 Tiefenbach Haselbach, T: +49 85 0 918 20, F: +49 85 0 993 49 05, *mennicken@mennicken-pr.com*; *mennicken-pr.com* – **Vermittl:** Presse u Promotion für Künstler.

PR2 classic, Kreuznacherstr 63, D-50968 Köln, T: +49 2 2138 10 63, F: +49 2 2138 39 55, *office@pr2classic.de*; *www.pr2classic.de*. – **GF:** Gabriele Schiller – **Vermittl:** Klass M.

Prestige Artists Elisabeth Christeler, 69, rue du Rhône, CH-1207 Genève, T: +41 2 27 86 45 21, F: +41 2 27 86 52 21, *info@prestigeartists.ch*; *www.prestigeartists.ch* – **Vermittl:** Klass M, Jazz.

Peteris Prieditis Künstleragentur, POB 660112, D-10267 Berlin, T: +49 30 50 17 83 62, F: +49 30 50 17 83 63, *prieditis@t-online.de*. – **GF:** Peteris Prieditis.

Primusic – Internationale Künstlervermittlung Thomas Wolfram, Herrengasse 6–8/2/22, A-1010 Wien, T: +43 1 5 32 71 24, F: +43 1 5 32 71 40, *office@primusic.at*; *www.primusic.at*.

Pro Art Künstler- und Veranstaltungsagentur GmbH, Viehbotsche 9 a, D-01326 Dresden, T: +49 3 512 61 09 96, F: +49 3 512 61 09 97, *gabi@pro-art-dresden.de*; *www.pro-art-dresden.de*.

Pro Arte, Rosenweg 7, D-42499 Hückeswagen, Postfach 100132, D-42499 Hückeswagen, T: +49 21 9 28 30 05, F: +49 21 9 293 18 81, *info@proarte-online.de*; *www.proarte-online.de*.

Pro Arte Frankfurter Konzertdirektion, Staufenstr 4, D-60323 Frankfurt/Main, T: +49 69 9 71 24 00, F: +49 69 97 12 40 40, *info@proarte-frankfurt.de*; *www.proarte-frankfurt.de* – **Vermittl:** Klass M, Symph- u KamOrch, InstrSol.

Pro Arte Kiel Konzertagentur Annette Riechert, Voorder Winkel 18, D-24220 Flintbek, T: +49 43 4 770 84 96, F: +49 43 4 770 84 95, *konzertagentur@proarte-kiel.de*; *www.proarte-kiel.de*. – **GF:** Annette Riechert **KtP:** Annette Riechert – **Vermittl:** So, Dgt, KamMEns im dt-sprachigen Raum.

Pro Musica Alexander Jankow, Postfach 38, A-1043 Wien, T: +43 1 5 03 65 75, F: +43 1 5 05 30 80.

Pro Musica Classic GmbH, Postfach 27, CH-3000 Bern 15, T: +41 3 19 44 10 11, F: +41 3 19 44 10 12, *pro.musica.classic@bluewin.ch*.

Pro Musicis Andrea Frehner, Loeberenstr 49, CH-6300 Zug, T: +41 7 12 11 47, F: +41 7 12 11 57, *info@promusicis.ch*; *www.promusicis.ch*. – **GF:** Andrea Frehner **KtP:** Andrea Frehner – **Vermittl:** Sol, KamM, KamOrch.

ProArt Service – A. Kirschner KEG Bühnen- und Konzertvermittlung, Goldschmiedgasse 10/3/3, A-1010 Wien, T: +43 1 5 34 62 86, F: +43 1 5 34 62 67, *proart@chello.at*; *www.proartservice.com*. – **GF:** Alexander Kirschner.

Provinztour R. Weinmann, Blumenstr 35, D-74196 Neuenstadt, Postfach 1109, D-74194 Neuenstadt, T: +49 71 3 9547, F: +49 71 3 928 73.

PW Musikagentur GesnbR Pur Walter und Gertrude, Nr 129, A-4910 Neuhofen im Innkreis, T: +43 77 5 28 03 36, F: +43 77 5 280 33 64, *buero@pw-musikagentur.at*; *www.pw-musikagentur.at*.

Quintessenz Monika Csampai, Ferchenbachstr 7, D-80995 München, T: +49 89 1 50 50 99, F: +49 89 1 50 37 76, *info@quint-essenz.com*; *www.quint-essenz.com*.

Raddatz Concerts, Burgunderstr 4, D-79104 Freiburg, T: +49 7 612 33 80, F: +49 7 6155 48 62, *info@raddatzconcerts.de*; *www.raddatzconcerts.de*.

Re Nova Classics Andreas Zadeyan, Herzgasse 92, A-1100 Wien, T: +43 1 66 41 41 27 07, F: +43 1 66 41 41 27 07, *azrnc@aon.at*; *www.renovaclassics.com*. – **GF:** Andreas Zadeyan – **Vermittl:** Komp, Dgt, Orch, Jazz- u KlassEns, Op, Tanzgruppen u Sänger.

Rheingau Musik Festival Konzertgesellschaft mbH, Rheinallee 1, D-65375 Oestrich-Winkel, T: +49 67 2 39 17 70, F: +49 67 2 391 77 19, *info@rheingau-musik-festival.de*; *www.rheingau-musik-festival.de*. – **GF:** Michael Herrmann, Andreas Eckel **KtP:** Evelyn Meining.

Rößner & Hahnemann Gastspieldirektion, Rautenstr. 2, D-99734 Nordhausen, T: +49 36 31 62 61–0, F: +49 36 31 62 61–13, *g.r.h@t-online.de*; *www.roessner-hahnemann.de*.

Gudrun Rohrbach Personal Artists Management, Sierichstr 99, D-22299 Hamburg, Postfach 605410, D-22249 Hamburg, T: +49 40 48 81 47, F: +49 40 4 80 12 47, *pamhamburg@t-online.de* – **Vermittl:** Klass M.

Edith Roschlau Agentur für Musiktheater und Konzert, Samuel-Schmidt-Str 7, D-96450 Coburg, T: +49 95 6 13 25 49, F: +49 95 6 142 07 92, *frankenjoy2002@yahoo.de* – **Vermittl:** Klass M, Unterhaltung.

Tobias Rosenthal Musikmanagement, Landsberger Str 1, D-04157 Leipzig, T: +49 3 419 10 22 44, F: +49 3 419 10 22 45, *trosen2250@aol.vom*; *www.mdg.de*.

Sigrid Rostock Bühnen- und Konzertagentur Musiktheater und Konzert in- und Ausland, Eugen-Schönhaar-Str 1, D-10407 Berlin, T: +49 30 4 25 75 14, F: +49 30 4 23 91 36, *sigridrostock@web.de*.

Cornelia Rothkegel-Hartke, Dinklager Str 33, D-49393 Lohne, T: +49 44 4 27 33 67, F: +49 44 4 27 31 74, *Rothkegel-Hartke@t-online.de*; *www.rothkegel-hartke.de*. – **GF:** Cornelia Rothkegel-Hartke **KtP:** Cornelia Rothkegel-Hartke – **Vermittl:** Pers Managm weltweit f Linos Ens, Idee u Vertrieb d Branchensoftware 'Rokoko'.

Salten Theater – Promotion GmbH, Beuthener Str 5, D-67117 Limburgerhof, Postfach 90, D-67114 Limburgerhof, T: +49 62 3 66 78 11, F: +49 62 3 687 31, *limburgerhof@saltengastspiele.de*; *www.saltengastspiele.de*.

Salzburger Festungskonzerte Konzertdirektion Papousek, Anton-Adlgasser-Weg 22, A-5020 Salzburg, T: +43 6 6282 58 58, F: +43 6 6282 58 59, *info@mozartfestival.at*; *www.mozartfestival.at* – **Vermittl:** KamM.

Salzburger Konzertgesellschaft, Getreidegasse 31, A-5020 Salzburg, T: +43 6 6282 86 95, 6 643 57 51 36, F: +43 6 6282 86 95 14, *office@salzburg-concerts.com*; *www.salzburg-concerts.com*. – **GF:** Konstantin Hiller, Thomas Bodmer **KtP:** Konstantin Hiller.

Salzburger Schlosskonzerte, Theatergasse 2, A-5020 Salzburg, T: +43 6 6284 85 86, F: +43 6 6284 85 86 87, *info@salzburger-schlosskonzerte.at*; *www.salzburger-schlosskonzerte.at*. – **GF:** Luz Leskowitz **KtP:** Silvia Steiner-Span – **Vermittl:** KamMReihe im Marmorsaal v Schloss Mirabell Salzburg, Schwerpunkt: KamM d Wiener Klassik u Romantik.

Sardis Artists' Management Dr Yvonne Brodetti, c/o Dr. Yvonne Brodetti, Via Generale Guisan 7, CH-6900 Lugano, T: +41 9 19 66 55 88, F: +41 9 19 67 22 56, *y-brodetti@bluewin.ch*.

Scharff PRomotion, Am Ortfelde 8a, D-30916 Isernhagen, T: +49 5 11 77 23 77, +49 1 714 17 00 61, F: +49 5 11 77 57 77, *andrea@scharff-promotion.de*; *www.scharff-promotion.de* – **Vermittl:** Veranstaltungen, Öffentlichkeitsarbeit, Künstlervermittlung.

Scheibmaier Promotions Ges.m.b.H., Argentinierstr 71, A-1040 Wien, T: +43 1 5 05 35 26, F: +43 1 5 05 02 86, *management@scheibmaier.at*; *www.scheibmaier.at*.

Lars-Oliver Schimanski Opern- und Konzertagentur, Syker Str 8, D-28307 Bremen, T: +49 4 214 84 47 13, +49 4 214 84 47 14(mobile), F: +49 4 214 98 98 60, *info@scarpia.de*; *www.scarpia.de*.

Musik Agentur Schönherr, Möllenseestr 23a, D-12587 Berlin, T: +49 30 64 19 79 64, F: +49 30 64 19 79 65, *schoenherr.musik@t-online.de*; *www.schoenherr-musik.de*.

Esther Schollum Artists' Management, Guntramsdorferstr 12/2, A-2340 Mödling, T: +43 22 3 64 10 04, F: +43 22 3 641 00 44, *es@art-mgmt.com*; *www.art-mgmt.com*. – **GF:** Esther Schollum **KtP:** Esther Schollum.

Lore-M. Schulz International Artists Management Musiktheater u Konzert weltweit, Zittelstr 8, D-80796 München, T: +49 89 3 08 70 92, F: +49 89 3 08 70 93, *artists@lore-m-schulz.com*; *www.lore-m-schulz.com*. – **GF:** Lore-M Schulz **KtP:** Lore-M Schulz – **Vermittl:** Op/Konz.

Secrétariat Artistique Muriel Denzler, Rue de la Cure 4, CH-2022 Bevaix, T: +41 3 28 46 26 12, F: +41 3 28 46 37 87, *secret.art@murieldenzler.com*; *www.murieldenzler.com*. – **GF:** Muriel Denzler.

Elisabeth Seifert Künstleragentur Musiktheater / Konzert / In- und Ausland, Waltharistr 32 B, D-14109 Berlin, T: +49 30 80 40 21 07, F: +49 30 80 40 21 08, *mail@agentur-seifert.de*; *www.agentur-seifert.de*.

Erich Seitter Bühnen- und Konzertvermittlung, Opernring 8/13, A-1010 Wien, T: +43 1 5 13 75 92, F: +43 1 5 12 93 51, *agentur.seitter@aon.at*; *www.agentur-seitter.at*. – **GF:** Kurt Walther Schober **KtP:** Kurt Walther Schober – **Vermittl:** Vermittlung v klass S.

Semmel Concerts Veranstaltungsservice GmbH, Am Mühlgraben 70, D-95445 Bayreuth, T: +49 9 2174 60 00, F: +49 9 217 46 00 50, *info@semmel.de*; *www.Semmel.de*.

Shéhérazade – Agence Artistique, c/o Monica Pilati, Via alla Chiesa, CH-6984 Bioggio, T: +41 9 16 05 65 06, F: +41 9 16 05 65 07, *info@agence-sheherazade.com*; *www.agence-sheherazade.com* – **Vermittl:** Klass M, KamM, Orch, Sol.

Shooter Promotions & Classics GmbH, Gartenstr 6, D-60594 Frankfurt/Main, T: +49 69 6 10 93 90, F: +49 69 61 09 39 88, *christa.wenzl@shooter.de*; *www.shooter.de*.

Simane Musik- & Kulturmanagement, Fritz-Frey-Str 6, D-69121 Heidelberg, T: +49 62 2 140 80 62, F: +49 62 2 140 80 63, *musikmanagement@simane.de*; *www.simane.de* – **Vermittl:** Klass M, MTh, Shows, Open Air Veranstalt, Korean Trommeln.

Gabriele Skarda Künstleragentur und Management, Bergstr 31, D-82069 Hohenschäftlarn, T: +49 81 7 835 84, F: +49 81 7 839 15, *skarda@t-online.de*; *www.agentur-skarda.de*.

SKS Michael Russ GmbH, Charlottenplatz 17, D-70173 Stuttgart, Postfach 104262, D-70037 Stuttgart, T: +49 7 111 63 53 25, F: +49 7 111 63 53 44, *entertainment@sks-russ.de*; *www.sks-russ.de*.

Solisten Agentur Berlin Werner Blanke, Mierendorffplatz 13, D-10589 Berlin, T: +49 30 3 44 10 10, F: +49 30 3 44 66 60, *solistenagenturberlin@web.de*. – **GF:** Werner Blanke.

Sounds Production, c/o Daniel Gerber, Wiesenstr 20, CH-3014 Bern, Postfach 266, CH-3000 Bern 22, T: +41 3 13 32 09 82, F: +41 3 13 32 09 43, *info@soundsproduction.ch*; *www.soundsproduction.ch*.

Spectrum Concerts Berlin, c/o Frank Sumner Dodge, Eisenacher Str 53, D-10823 Berlin, T: +49

30 7 82 51 42, F: +49 30 7 82 44 69, *speconcert@aol.com*; *www.spectrumconcerts.com*.

Paul Spiegel Internationale Künstler- und Medien-Agentur, Postfach 110938, D-40509 Düsseldorf, T: +49 2 114 98 31 99, F: +49 2 114 98 34 45, *info@paulspiegel.de*; *www.paulspiegel.de*.

Heidi Steinhaus Theateragentur, Senftlstr 1, D-81541 München, T: +49 89 93 93 01 10, 1 704 45 82 00(mobile), F: +49 89 93 93 01 11, *info@Heidi-Steinhaus.de*; *www.heidi-steinhaus.de*. – **GF:** Heidi Steinhaus **KtP:** Heidi Steinhaus.

Südwestdeutsche Konzertdirektion Erwin Russ GmbH, Charlottenpl 17, D-70173 Stuttgart, Postfach 104262, D-70037 Stuttgart, T: +49 7 111 63 53 11, F: +49 7 111 63 53 30, *info@sks-russ.de*; *www.sks-russ.de*.

Taifun Music AG Musik -und Theateragentur, Henzmannstr 39, CH-4800 Zofingen, T: +41 6 27 49 20 10, F: +41 6 27 49 20 19, *info@taifunmusic.ch*; *www.taifunmusic.ch*.

Tea-Time Agentur, Düsseldorfer Str 100, D-47051 Duisburg, T: +49 2 0349 88 99, F: +49 2 0349 78 52, *info@tea-time-agentur.de*; *www.tea-time-agentur.de*. – **GF:** Hans Joachim Tummes.

TERTSA GmbH Kulturmanagement, Hallwylstr 31, CH-8004 Zürich, T: +41 4 42 42 28 82, F: +41 4 42 42 28 83, *tertsa@datacomm.ch*; *www.tertsa.ch* – **Vermittl:** Musikmanagement, Kultur-/Musikmanagement-Beratung, Kulturmanagement-Ausbildung.

Theater- und Konzertagentur Astrid G. Winkler, Grillparzerstr 46, D-81675 München, T: +49 89 4 70 58 57, F: +49 89 4 70 71 23.

Theateragentur Heidi Schäfer Musiktheater und Konzert In- und Ausland Künstlermanagement, Glauburgstr 83, D-60318 Frankfurt/Main, Postfach 180380, D-60084 Frankfurt/Main, T: +49 69 28 33 47, F: +49 69 29 55 13, *kontakt@santuzza.de*. – **GF:** Heidi Schäfer **KtP:** Heidi Schäfer – **Vermittl:** Dtld, Österr, Schweiz.

Theateragentur Heissler-Remy, Drakestr 2, D-40545 Düsseldorf, Postfach 110931, D-40509 Düsseldorf, T: +49 2 1157 80 51, F: +49 2 1155 34 98, *remy.agent@t-online.de*. – **GF:** Reinald Heissler-Remy – **Vermittl:** Vermittlung von Opernsängern.

Theateragentur Luisa Petrov, Glauburgstr 95, D-60318 Frankfurt/Main, T: +49 69 5 97 03 77, F: +49 69 5 97 48 08, *luisapetrov@web.de*.

Tiedemann Art Production GmbH, Blankeneser Chaussee 30 a, D-22869 Schenefeld, T: +49 40 25 63 98, F: +49 40 25 66 46, *contact@tiedemann.de*; *www.tiedemann.de*.

Time4 Agentur – Peter Walter-Hallström Betreung / Management von Künstlern, Mönchbergstr 27, D-81825 München, T: +49 89 42 77 57 32, +49 1 733 85 56 30, *peter@time4agentur.de*.

Toger Media & Veranstaltungs GmbH, Otto-Heilmann-Str 24b, D-82031 Grünwald, T: +49 89 64 91 40 53, F: +49 89 64 91 40 55, *info@toger.de*; *www.toger.de*.

Tonicale Musik & Event GmbH, Brienner Str 55, D-80333 München, T: +49 89 5 45 89 50, F: +49 89 54 58 95 99, *info@musikerlebnis.de*; *www.musikerlebnis.de*.

Tonicale Musik&Event GmbH Helmut Pauli, Briennerstr 55, D-80333 München, T: +49 89 5 45 89 50, F: +49 89 54 58 95 99, *info@musikerlebnis.de*; *www.musikerlebnis.de*.

Tournee- & Projektmanagement Gisela Krüger, Charlottenburger Str 17, D-13086 Berlin, T: +49 30 9 72 67 17, F: +49 30 97 60 99 00, *krueger.konzertmanagement@t-online.de*; *www.konzertmanagement.com*. – **GF:** Gisela Krüger **KtP:** Gisela Krüger – **Vermittl:** Vermittl u Organ, Konz u KonzTourneen f Orch, KamOrch, Ch, KamEns nat und int.

Tourneemanagement Berlin, Greifswalder Str 198, D-10405 Berlin, T: +49 30 4 41 52 99, F: +49 30 44 35 57 14, *Lutz-ReinerSeidel@t-online.de*. – **GF:** Lutz-Reiner Seidel.

Martin C. Turba Arts Management, Franz-Josef-Kai 7, A-5020 Salzburg, T: +43 6 6284 65 78, F: +43 6 6284 75 56, *turba@netway.at*; *www.turba.at* – **Vermittl:** Konz, Fstv u Projekt Managm, OrchTourneen.

Turnus Konzert- und Theater-Agentur Rainer Zagovec, Hans-Böckler-Str 23, D-65468 Trebur-Astheim, T: +49 61 4 791 96 60, F: +49 61 4 791 96 62, *agentur@zagovec-artists.de*; *www.zagovec-artists.de*.

Uhde & Harckensee MusicManagement, Adalbertstr 20, D-10997 Berlin, T: +49 30 6 94 14 11, F: +49 30 6 94 14 13, *info@uhmm.de*; *www.uhmm.de*.

Van Walsum Management Deutschland GmbH, Königstr 36, D-30175 Hannover, T: +49 5 113 66 07 23, F: +49 5 113 66 07 24, *vwm@kdschmid.de*; *www.vanwalsum.co.uk*.

Veranstaltungsbüro Bernhard Schuh, Pfarrgasse 4, D-69121 Heidelberg, T: +49 62 2 147 51 86, F: +49 62 2 147 21 41, *Bernhard.Schuh@t-online.de*; *www.rondo-classico.de*.

Veranstaltungsbüro Roland Halbauer, Geisbergstr 19, D-86316 Friedberg, T: +49 8 2178 23 24, F: +49 8 2178 42 70.

La Vergne Verlag & Musikproduktion GmbH Pascal Amann, Ulvenbergstr 16, D-64297 Darmstadt, T: +49 61 5 15 66 91, F: +49 61 5 159 43 32.

Viartis Artist Management, Blumenplatz 3, D-79400 Kandern, T: +49 76 2 613 51, (+37 2 5 01 91 43(Estland), F: +49 76 2 613 51, (+37) 2 6 40 11 16 87, *feldmann@mame.ee*.

Vienna Artist Service, Adambergergasse 8/1, A-1020 Wien, T: +43 1 2 76 31 25, F: +43 1 2 76 31 25, *office@vienna-artist-service.com*; *www.vienna-artist-service.com*.

Dagmar von Vietinghoff-Scheel Personal Artists Management, Lange Furche 44, D-72072 Tübingen, T: +49 70 7 17 35 66, F: +49 70 7 17 66 12 – **Vermittl:** KamM, Sol, Lesungen.

Vogel Entertainment Michael Vogel, Stralsunder Weg 16, D-53119 Bonn, T: +49 2 289 87 82-0, F: +49 2 289 87 82-50, *webmaster@vogel-entertainment.de*; *www.vogel-entertainment.de*.

Thomas Voigt Management GmbH, Kurfürstendamm 157, D-10709 Berlin, Postfach 450110, D-10709 Berlin, T: +49 30 34 90 21 99, F: +49 30 34 90 21 45, *info@voigtmanagement.de*; *www.voigtmanagement.de*.

Gerry Weber Management & Event GmbH Ralf Weber, Neulehenstr 8, D-33790 Halle, Westfalen, T: +49 52 0 118 51 67, F: +49 52 0 166 51 28.

Weigold & Böhm International Artists & Tours GmbH Yvonne Weigold, Streitfeldstr 19, D-81673 München, T: +49 89 5 20 34 90, F: +49 89 52 03 49 29, *agentur@weigold-boehm.de*; *www.weigold-boehm.de*.

Wellinger Concerts Karen-Steffi J. Wellinger, Lindenstr 2, D-78713 Schramberg, T: +49 74 2 252 00 18, 17 72 50 11 49, F: +49 74 2 252 07 21.

Westdeutsche Konzertdirektion GmbH, Obenmarspforten 7–11, D-50667 Köln, T: +49 2 212 58 10 17, F: +49 2 212 57 89 49, *wdkk@netcologne.de*; *www.wdk-koeln.de*.

wfm Kulturagentur Wolfram Mergard, Blutenburgstr 48, D-80636 München, T: +49 89 18 32 42, F: +49 89 12 16 20 80, *wfm-kultur@t-online.de*.

Daniela Wiehen Artist Management, Oevelgönne 4 D, D-22605 Hamburg, T: +49 40 38 69 99 27, F: +49 40 38 69 99 28, *daniela@wiehen.de*; *www.wiehen.de*.

Elke Wiemer Künstleragentur Musiktheater und Konzert, Exerzierstr 9, D-13357 Berlin, T: +49 30 46 60 78 03, +49 1 723 20 93 91(mobile), F: +49 30 46 60 78 17, *mail@agentur-wiemer.de*; *www.agentur-wiemer.de*.

Wismer-Casetti, Monique, Rue du Vieux-Vésenaz 30, CH-1222 Vésenaz, T: +41 2 27 52 54 39, 7 93 33 03 27(mobile), F: +41 2 27 52 53 72, *wismer@infomaniak.ch*.

Karsten Witt Musik Management GmbH, Leuschnerdamm 13, D-10999 Berlin, T: +49 30 6 16 92 19 20, F: +49 30 6 16 92 11 01, *info@karstenwitt.com*; *www.karstenwitt.com*.

Wu Promotion, c/o Vienna Contact Bureau, Fasangarten 22, A-1070 Wien, *office@wupromotion.com*; *www.wupromotion.com*.

Veranstaltungsbüro Wünsch, Schumannstr 5, D-55595 Hargesheim, T: +49 6 714 09 69, F: +49 6 713 11 26, *klaus@va-wuensch.de*; *www.va-wuensch.de*.

Württemberg-Bayerische Konzertdirektion Michael Russ, Münsterpl 51/Stadthaus, D-89073 Ulm, T: +49 7 3196 70 70, F: +49 7 319 67 07 44, *wbk.russ@t-online.de*.

Ilse Zellermayer Musiktheater und Konzert, Seepromenade 25, D-14476 Groß-Glienicke, T: +49 3 32 0 15 05 50, F: +49 3 32 0 15 03 53.

ZYX-Music GmbH & Co, KG Promotion-Department, Benzstr 1 /Industriegebiet, D-35797 Merenberg, T: +49 64 7 150 50, F: +49 64 7 150 51 99, *zyxinfo@zyx.de*; *www.zyx.de*.

Verzeichnis der Musikfestivals

Deutschland

Aachener Bachtage, c/o Aachener Bachverein, Michaelstr 8–10, D-52062 **Aachen**, T: +49 2414530, F: +49 24145 32 22; *www.bachverein.de*.

Alpirsbacher Kreuzgangkonzerte, Hauptstr 20, D-72275 **Alpirsbach**, T: +49 74449 51 62 81, F: +49 74449 51 62 83, *tourist-info@alpirsbach.de*; *www.kreuzgangkonzerte.de, www.alpirsbach.de* **Tr:** Alpirsbacher Kreuzgangkonzerte e. V. – jährl Ende Juni bis Anfang August.

Konzertreihe Alsfeld MusikArt, c/o Magistrat der Stadt Alsfeld, Markt 1, D-36304 **Alsfeld**, T: +49 66 3 118 22 64, F: +49 66 3 118 21 09, *b.dahmer@stadt.alsfeld.de*; *www.alsfeld.de/musik_art.234_0.html* **Tr:** Stadt Alsfeld.

Internationales Chor Forum Tage der Neuen Chormusik, Kälberauer Str 17, D-63755 **Alzenau**, T: +49 60 2 358 79, F: +49 60 2 377 65 **Tr:** Fränkische Musiktage – Internationales Chor Forum e. V.

Amorbacher Abteikonzerte, c/o Fürstlich Leiningensche Verwaltung – VBG, Marktplatz 12, D-63916 **Amorbach**, T: +49 93 7 320 05 73, F: +49 93 7 320 05 74, *kultur@fuerst-leiningen.de*; *www.fuerst-leiningen.de* **Tr:** Fürstenhaus zu Leiningen. – internat, jährl.

Orff in Andechs, c/o Kloster Andechs, Bergstr 2, D-82346 **Andechs**, T: +49 81 5 237 62 71, 37 64 00, F: +49 81 5 237 62 39, *orff@andechs.de*; *www.andechs.de, www.orff-in-andechs.de* **Tr:** Orff in Andechs e. V. – internat, jährl, im Sommer.

Andernacher Musiktage, Burg Namedy, D-56626 **Andernach**, T: +49 26 3 292 21 66, F: +49 26 3 292 21 07, *kultur@andernach.de*; *www.andernach.net* **Tr:** City Council of Andernach, Office for Cultural Affairs (Kulturamt). – jährl, im Mai/Juni.

Angermünder Sommerkonzerte, c/o Dieter Glös, Kirchpl 4, D-16278 **Angermünde**, T: +49 33 3 12 02 89, F: +49 33 3 12 02 89; *www.kulturfeste.de/feste/ang.html* **Tr:** Angermünder Sommerkonzerte e. V. – Konzertreihe m d Barockorg v Joachim Wagner als Mittelpunkt. – internat, jährl, Mai-September.

Bachwoche Ansbach GmbH, Karlsplatz 7, D-91522 **Ansbach**, Postfach 1224, D-91503 **Ansbach**, T: +49 9 811 50 37, F: +49 9 811 55 01, *info@bachwocheansbach.de*; *www.bachwocheansbach.de* **Tr:** City of Ansbach, Association „Freunde der Bachwoche Ansbach" e. V. – internat, alle 2 Jahre, 10 Tage Juli/August.

Fränkischer Sommer – Musica Franconia, Danziger Str 5, D-91522 **Ansbach**, T: +49 9 8146 64 50 11, F: +49 9 8146 64 59 98, *info@fraenkischer-sommer.de*; *www.fraenkischer-sommer.de* **Tr:** District of Middle Franconia. – jährl, Juni-September.

Internationale Gitarrenkonzerte Ansbach, c/o Amt für Kultur und Touristik der Stadt Ansbach, Stadthaus, Johann-Sebastian-Bach-Pl 1, D-91522 **Ansbach**, T: +49 9 815 12 43, F: +49 9 815 13 65, *akut@ansbach.de*; *www.gitarrenkonzerte-ansbach.de* **Tr:** Office of of Culture and Tourism of the City of Ansbach. – jährl.

Thüringer Orgelsommer, c/o Thüringer Orgelsommer e. V., Bahnhofstr 2a, D-99310 **Arnstadt**, T: +49 36 2 84 80 96, F: +49 36 2 864 07 77, *info@orgelsommer.de*; *www.orgelsommer.de*.

Aschaffenburger Bachtage, c/o Bachgesellschaft Aschaffenburg e. V., Dalbergstr 9, D-63739 **Aschaffenburg**, Postfach 100163, D-63701 **Aschaffenburg**, T: +49 60 2 133 04 23, F: +49 60 2 133 06 81, *mail@bachgesellschaft-aschaffenburg.de*; *www.aschaffenburger-bachtage.de, www.bachgesellschaft-aschaffenburg.de* **Tr:** Bachgesellschaft e. V. – jährl.

festivo Musik im Chiemgau, Hainbach 51a, D-83229 **Aschau i. Ch.**, T: +49 80 5 290 49 41, *info@festivo.de*; *www.festivo.de*. – int, nicht-kommerzielles Fstv m Schwerpunkt KamM; verschiedene Spielorte im Chiemgau. – jährl, im August.

Augsburger Mozartfest, c/o Kulturbüro der Stadt Augsburg, Bahnhofstr. 18 1/3 a, D-86150 **Augsburg**, T: +49 8 213 24 32 53, F: +49 8 213 24 32 52, *mozartstadt@augsburg.de*; *www.mozartstadt.de* **Tr:** Stadt Augsburg. – internat.

Deutsches Mozartfest, c/o Deutsche Mozart-Gesellschaft e. V., Mozarthaus, Frauentorstr 30, D-86152 **Augsburg**, T: +49 8 2151 85 88, F: +49 8 2115 72 28, *Deutsche-Mozart-Gesellschaft@t-online.de*; *www.mozartgesellschaft.de, www.markt-schwetzingen.de* **Tr:** Deutsche Mozart-Gesellschaft e. V. – national, jährl.

Konzerte im Fronhof, c/o Geschäftsstelle, Theatergemeinde Augsburg, Karolinenstr 21, D-86150 **Augsburg**, T: +49 8 213 09 84, F: +49 8 213 49 11 40, *info@konzerte-im-fronhof.de*; *www.konzerte-im-fronhof.de* **Tr:** Theatergemeinde Augsburg. – Open Air-Fstv. – internat, jährl, im Juli.

Dollart-Festival, c/o Festivalbüro, Ostfriesische Landschaft Kulturagentur, Georgswall 1–5, D-26603 **Aurich**, T: +49 49 5 191 22 03, F: +49 49 5 191 22 05, *ol@ostfriesischelandschaft.de, organeum@t-online.de*; *www.dollart-festival.de* **Tr:** Verein für Orgel- und Musikkultur in der Ems-Dollart-Region e. V. in cooperation with: Ostfriesische Landschaft and International Festival Management Thomas Hummel, Hamburg. – internat, alle 2 Jahre, 2 Wochen im August/September.

Musikalischer Sommer in Ostfriesland und Groningen, c/o Ostfriesische Landschaft, Georgswall 1–5, D-26603 **Aurich**, Postfach 1580, D-26585 **Aurich**, T: +49 49 4 117 99 67, F: +49 49 4 117 99 75, *kultur@ostfriesischelandschaft.de*; *www.ostfriesischelandschaft.de, www.musikalischersommer.net* **Tr:** Ostfriesische Landschaft. – internat, jährl, zwei Wochen im Juli u August.

Arolser Barock-Festspiele, Rauchstr 2, D-34454 **Bad Arolsen**, T: +49 56 9 189 44 17, F: +49 56 9 151 21, *barockfestspiele@bad-arolsen.de*; *www.arolser-barockfestspiele.de* **Tr:** Volksbildungsring Bad Arolsen e. V. and the City of Bad Arolsen. – jährl, 10 Tage zwischen Mai-Juni.

Musikfestwoche auf Schloss Berleburg, c/o Kulturgemeinde Bad Berleburg, Postfach 1428, D-57304 **Bad Berleburg**, T: +49 27 5 19 36 33, F: +49 27 5 193 63 43, *info@kulturgemeinde-bad-berleburg.de*; *www.kulturgemeinde-bad-berleburg.de* **Tr:** Cultural comummity and the City of Bad Berleburg. – internat, jährl, erste Juliwoche.

Jahreszeiten Kulturfeste Bad Brückenau, c/o Bayerisches Kammerorchester Bad Brückenau, Heinrich-von-Bibra-Str 5, D-97769 **Bad Brückenau**, Postfach 1140, D-97763 **Bad Brückenau**, T: +49 97 4 19 38 90, F: +49 97 4 193 89 11, *info@kammerorchester.de*; *www.kammerorchester.de* **Tr:** Bayer. Kammerorchester. – internat.

Chursächsische Festspiele, c/o Chursächsische Veranstaltungs GmbH, König Albert Theater, D-08641 **Bad Elster**, T: +49 3 74 37 5 390–11, F: +49 3 74 37 5 390–53, *info@chursaechsische.de*; *www.chursaechsische.de* **Tr:** Chursächsische Veranstaltungs GmbH.

Chursächsische Mozartwochen, c/o Chursächsische Veranstaltungs GmbH, König Albert Theater, D-08641 **Bad Elster**, T: +49 3 74 37 53 90 11, F: +49 3 74 37 53 90 33, *info@chursaechsische.de*; *www.chursaechsische.de*.

Chursächsische Winterträume Ein Fest für alle Sinne, c/o Chursächsische Veranstaltungs GmbH, König Albert Theater, D-08641 **Bad Elster**, T: +49 3 74 37 53 90 11, F: +49 3 74 37 53 90 53, *info@chursaechsische.de*; *www.chursaechsische.de*.

Chursächsischer Sommer – Vogtländisches Kulturfestival, c/o Chursächsische Veranstaltungs GmbH, König Albert Theater, D-08641 **Bad Elster**, T: +49 3 74 37 53 90 11, F: +49 3 74 37 53 90 53, *info@chursaechsische.de*; *www.chursaechsische.de*.

Internationales Jacques-Offenbach-Festival Bad Ems, Römerstr 1, D-56130 **Bad Ems**, *info@offenbach-festival.de*; *www.offenbach-festival.de* **Tr:** City of Bad Ems. – internat, jährl, Mai-Juni.

Bad Gandersheimer Dommusiktage/ Internationale Orgeltage, c/o Geschäftsstelle Concerto Gandersheim e. V., Fuchswinkel 12, D-37581 **Bad Gandersheim**, T: +49 53 8 29 32 92 95, F: +49 53 8 210 47, *info@concerto-gandersheim.de*; *www.concerto-gandersheim.de*.

Harzburger Musiktage, c/o Gesellschaft zur Förderung der Harzburger Musiktage, Postfach 1364/1365, D-38655 **Bad Harzburg**, T: +49 53 2 27 53 30, F: +49 53 2 27 52 54, *info@bad-harzburg.de* **Tr:** Gesellschaft zur Förderung d Harzburger Musiktage e. V. – internat, jährl, Juni.

Internationales Klavierduo-Festival Bad Herrenalb, c/o Tourismusbüro Bad Herrenalb, Bahnhofsplatz 1, D-76332 **Bad Herrenalb**, T: +49 70 8 350 05 55, F: +49 70 8 350 05 44, *info@badherrenalb.de*; *www.badherrenalb.de*. – jährl im Frühjahr.

Arbeitskreis für Musik e. V. Opernfestspiele in der Bad Hersfelder Stiftsruine – Internationale Bachtage, Nachtigallenstr, D-36251 **Bad Hersfeld**, T: +49 66 2 150 67–0, F: +49 66 2 16 43 55, *arbeitskreis@oper-hersfeld.de, info@oper-hersfeld.de*; *www.oper-hersfeld.de* **Tr:** Arbeitskreis für Musik e. V. – jährl, Osterwoche, Juni-August.

Fugato – Internationales Orgelfestival Bad Homburg, c/o Arbeitskreis Orgelkunst Bad Homburg v.d. Höhe, Kur- und Kongress-GmbH, Postfach 1845, D-61288 **Bad Homburg v. d. Höhe**, T: +49 61 7 217 81 50/-1 10, F: +49 61 7 217 81 58, *p.bruckmaier@kuk.bad-homburg.de*; *www.orgelfestival-fugato.de*. – internat, alle 2 Jahre.

Schlosskonzerte Bad Iburg, c/o Harry Jahns, Schlossstr 7, D-49186 **Bad Iburg**, T: +49 54 0 325 63, F: +49 54 0 325 63, *h.jahns@schlosskonzert.de*; *www.schlosskonzert.de*. – jährl.

Kissinger Sommer, Maxstr 23, D-97688 **Bad Kissingen**, T: +49 9 718 07 11 00, F: +49 9 718 07 11 09, *kissingersommer@stadt.badkissingen.de*; *www.kissingersommer.de*. – jährl, Dezember/Januar.

Kissinger Winterzauber, c/o Bayerisches Staatsbad Bad Kissingen GmbH, Am Kurgarten 1, D-97688 **Bad Kissingen**, T: +49 9 718 04 82 70, F: +49 9 718 04 82 79, *kultur@badkissingen.de*; *www.badkissingen.de* **Tr:** Bayerisches Staatsbad Bad Kissingen GmbH. – internat, jährl, Dezember/Januar.

Schlosskonzerte Bad Krozingen/Festliche Tage Alter Musik, c/o Kulturamt Bad Krozingen, Basler Str 30, D-79189 **Bad Krozingen**, T: +49 76 3 337 00. – jährl, Januar-Juli, September.

Bad Lauterberger Musiktage, c/o Fritz und Renate Dittmar, Steiler Weg 3, D-37431 **Bad Lauterberg**, T: +49 55 2 431 09, F: +49 55 2 431 09, *fritzdittmar@aol.com*; *www.harz-online.de/kultur/osterode4.html*. – jährlich wechselnde Thematik; Brückenschlag zwischen U- u E-Musik. – jährl, im Sommer.

Atlantisches Festival Rheinland-Pfalz, c/o ART POINT, Trombacher Hof, D-55583 **Bad Münster**, T: +49 67 0 836 16, F: +49 67 0 836 53, *info@*

artpoint-th.com; *www.artpoint-th.com* **Tr:** Atlantische Akademie RLP e. V. – Bekanntmachung d Arbeit d Atlantischen Akademie, Ur- u Erstauff. – internat, alle 2 Jahre.

Parkmusik, c/o ART POINT, Trombacher Hof, D-55583 **Bad Münster**, T: +49 67 0 836 16, F: +49 67 0 836 53, *info@artpoint-th.com*; *www.artpoint-th.com* **Tr:** Freunde d Trombacher Hofes e. V. – internat, jährl, im August.

Mozartwoche Bad Reichenhall-Bayerisch Gmain, c/o Tourist-Info Bad Reichenhall, Wittelsbacherstr 15, D-83435 **Bad Reichenhall**, T: +49 86 5 160 61 51, *vorverkauf@bad-reichenhall.de*; *www.bad-reichenhall.de*. – jährl, im März.

Musiktage Bad Reichenhall, c/o Kur GmbH Bad Reichenhall / Bayerisch Gmain, Wittelsbacherstr 15, D-83435 **Bad Reichenhall**, T: +49 86 5 160 60, F: +49 86 5 160 63 11, *vorverkauf@bad-reichenhall.de*; *www.bad-reichenhall.de*.

Sommerfestival Alpenklassik, c/o Kultur-GmbH Bad Reichenhall/Bayerisch Gmain, Wittelsbacherstr 15, D-83435 **Bad Reichenhall**, T: +49 86 5 160 60, F: +49 86 5 160 61 33, *vorverkauf@bad-reichenhall.de*; *www.bad-reichenhall.de*.

Bad Rothenfelder Musikfest, c/o Bad Rothenfelde, Am Kurpark 12, D-49214 **Bad Rothenfelde**, T: +49 54 2 42 21 80, F: +49 54 2 42 21 81 29, *touristinfo@bad-rothenfelde.de*; *www.bad-rothenfelde.net* **Tr:** Kur und Touristik GmbH and Förderverein Musikfest e. V. – klass Konzertreihe.

Herbstliche Musiktage Bad Urach, c/o Herbstliche Musiktage Bad Urach, Hermann-Prey-Pl 1, D-72574 **Bad Urach**, Postfach 1240, D-72563 **Bad Urach**, T: +49 71 2 59 46 06, F: +49 71 2 594 60 80, *info@herbstliche-musiktage.de*; *www.herbstliche-musiktage.de*. – internat, jährl.

Podium für junge Solisten Freundeskreis für die Förderung junger Musiker e. V., c/o Dr. Fritz Schwarz, Anton-von-Rieppel-Str 30, D-83707 **Bad Wiessee**, T: +49 80 2 227 18 29, *contact@podium-fuer-junge-solisten.de*; *www.podium-fuer-junge-solisten.de*.

Rossini in Wildbad Belcanto Opera Festival, Postfach 100201, D-75313 **Bad Wildbad**, T: +49 70 7 14 90 40, F: +49 70 7 14 90 85, *info@rossini-in-wildbad.de*; *www.rossini-in-wildbad.de* **Tr:** City of Bad Wildbad. – internat, jährl, im Juli.

Internationale Festwoche der Alten Musik, c/o Zunftmarkt e. V., Burgviertel 4, D-74206 **Bad Wimpfen**, T: +49 70 6 39 60 30, F: +49 70 6 39 60 31, *zunftmarkt@t-online.de*; *www.zunftmarkt.de* **Tr:** Zunftmarkt e. V. – Mittelalterl Musik, bes. 13. Jh. – internat, alle 2 Jahre, September/Oktober.

Internationale Kneipp-Musiktage, c/o Städtische Kurdirektion Bad Wörishofen, Luitpold-Leusser-Pl 2, D-86825 **Bad Wörishofen**, Postfach 1443, D-86817 **Bad Wörishofen**, T: +49 82 4 799 33 55, F: +49 82 4 799 33 59, *info@bad-woerishofen.de*; *www.bad-woerishofen.de* **Tr:** Kurverwaltung Bad Wörishofen (cultural administration office). – internat, jährl, 10 Tage Juni/Juli.

Ballett International, c/o Festspielhaus und Festspiele Baden-Baden gGmbH, Beim Alten Bahnhof 2, D-76530 **Baden-Baden**, T: +49 72 2 13 01 31 00, F: +49 72 2 13 01 31 14, *info@festspielhaus.de*; *www.festspielhaus.de* **Tr:** Festspielhaus and Festspiele Baden-Baden gGmbH. – internat.

Brahms-Tage Baden-Baden, c/o Brahmsgesellschaft Baden-Baden e. V., Maximilianstr 85, D-76534 **Baden-Baden**, T: +49 72 2 19 98 72, F: +49 72 2 17 11 04, *brahms.baden-baden@t-online.de*; *www.brahms.baden-baden.de* **Tr:** Brahmsgesellschaft Baden-Baden, City of Baden-Baden and Südwestrundfunk Baden-Baden. – internat, alle 2 Jahre.

Herbert von Karajan Pfingstfestspiele, c/o Festspielhaus Baden-Baden, Beim Alten Bahnhof 2, D-76530 **Baden-Baden**, T: +49 72 2 13 01 30, F: +49 72 2 13 01 33 83, *presse@festspielhaus.de*; *www.festspielhaus.de* **Tr:** Festspielhaus and Festspiele Baden-Baden GmbH. – internat, jährl, zu Pfingsten.

Opernfestspiele – Sommerfestspiele, c/o Festspielhaus Baden-Baden, Beim Alten Bahnhof 2, D-76530 **Baden-Baden**, T: +49 72 2 13 01 30, F: +49 72 2 13 01 32 11, *info@festspielhaus.de*; *www.festspielhaus.de* **Tr:** Festspielhaus and Festspiele Baden-Baden gGmbH.

Philharmonischer Sommer, Schloss Solms, Solmsstr 1, D-76530 **Baden-Baden**, T: +49 72 2 193 27 91, F: +49 72 2 193 27 94, *philharmonie@baden-baden.de*; *www.philharmonie.baden-baden.de* **Tr:** City of Baden-Baden. – national, jährl.

Schwetzinger Festspiele, Hans-Bredow-Str, D-76530 **Baden-Baden**, T: +49 72 2 19 29 49 90, F: +49 72 2 19 29 49 95, *Schwetzinger-Festspiele@swr.de*; *www.schwetzinger-festspiele.de* **Tr:** Schwetzinger Festspiele GmbH in cooperation with Südwestrundfunk. – internat, jährl, April-Juni.

Römerbad-Musiktage Badenweiler, c/o Hotel Römerbad, Schlosspl 1, D-79410 **Badenweiler**, T: +49 76 3 2700, F: +49 76 3 27 02 00, *info@hotel-roemerbad.de*; *www.hotel-roemerbad.de*. – jährl.

Festspiele Balver Höhle, Widukindpl 1, D-58802 **Balve**, Postfach 1139, D-58735 **Balve**, T: +49 23 7 510 30, F: +49 23 7 520 25 45; *www.festspiele-balver-hoehle.de*. – jährl.

Bamberger Sommernächte, c/o Bamberger Symphoniker – Bayerische Staatsphilharmonie – „Sinfonie an der Regnitz", Mußstr 1, D-96047 **Bamberg**, Postfach 110146, D-96029 **Bamberg**, T: +49 9 519 64 71 00, F: +49 9 519 64 71 23, *intendanz@bamberger-symphoniker.de*; *www.bamberger-symphoniker.de*.

Frühling/Sommer-Serenaden im Schloss Seehof, c/o Bamberger Veranstaltungsdienst, Lange Str 22–24, D-96047 **Bamberg**, T: +49 9 519 80 82 20, F: +49 9 519 80 82 30. – jährl, Juni u August.

Rosengarten-Serenaden, c/o Bamberger Veranstaltungsdienst, Lange Str 22–24, D-96047 **Bamberg**, T: +49 9 519 80 82 20, F: +49 9 519 80 82 30, *info@rosengarten-serenaden.com*; *www.rosengarten-serenaden.com* **Tr:** Rosengarten Serenaden Bamberg e. V. – internat, jährl, Juli-September.

Tage der Alten Musik in Bamberg, c/o Musica Canterey Bamberg, Obere Dorotheenstr 3, D-96049 **Bamberg**, T: +49 9 515 19 00 41, F: +49 9 515 19 00 41, *kontakt@musica-canterey.de*; *www.musica-canterey.de*.

Internationale Komponistinnentage für Neue Musik, c/o Internationale Künstlerinnenvermittlung Die Höge, Högenhausen 2, D-27211 **Bassum**, T: +49 42 4 99 30 30, F: +49 42 4 993 03 44, *info@hoege.org*; *www.hoege.org* **Tr:** Künstlerinnenhof „Die Höge". – internat.

Lausitzer Musiksommer, c/o Stadtverwaltung Bautzen Kulturamt, Fleischmarkt 1, D-02625 **Bautzen**, Postfach 1109, D-02607 **Bautzen**, T: +49 35 9 153 44 10, F: +49 35 9 153 44 11, *goetz.mueller@bautzen.de*; *www.bautzen.de* **Tr:** City Council of Bautzen. – internat, alle 2 Jahre, Juli-August.

Bayreuther Barock, c/o Stadt Bayreuth/ Kulturamt, Wahnfriedstr 1, D-95444 **Bayreuth**, T: +49 9 2150 720 160, F: +49 9 2150 720 170, *kulturamt@stadt.bayreuth.de*; *www.bayreuther-barock.bayreuth.de* **Tr:** City of Bayreuth. – jährl, im September.

Bayreuther Festspiele, Festspielhügel 1–2, D-95445 **Bayreuth**, Postfach 100262, D-95402 **Bayreuth**, T: +49 9 217 87 80, F: +49 9 217 87 81 30; *www.bayreuther-festspiele.de* **Tr:** Bayreuther Festspiele GmbH (Bayreuth Festival). – jährl, Juli u August.

Bayreuther Osterfestival, Postfach 101139, D-95411 **Bayreuth**, T: +49 9 218 43 21, F: +49 9 2185 37 61, *info@osterfestival.de*; *www.osterfestival.de* **Tr:** Internationale Junge Orchesterakademie. – jährl Karfreitag bis Ostermontag.

Festival junger Künstler Bayreuth, Äussere Badstr 7 a, D-95448 **Bayreuth**, T: +49 9 219 80 04 44, F: +49 9 219 80 04 49, *info@youngartistsbayreuth.com*; *www.youngartistsbayreuth.com*. – Forum int Begegnung, Ausbildungsstätte f d künstler Nachwuchs u Experimentierfeld f neue Ideen u Formen. – internat, jährl, im August.

Fränkische Festwoche Bayreuth, c/o Stadt Bayreuth, Kulturreferat, Postfach 101052, D-95410 **Bayreuth**, T: +49 9 2125 15 02, F: +49 9 2125 15 20, *kulturreferat@stadt.bayreuth.de*; *www.bayreuth.de* **Tr:** City of Bayreuth. – jährl, Mai/Juni.

Musica Bayreuth Orgelwoche Bayreuth e. V., c/o Prof Viktor Lukas, Ludwigstr 26, D-95444 **Bayreuth**, T: +49 9 216 73 67, F: +49 9 216 73 67, *info@musica-bayreuth.de*; *www.musica-bayreuth.de* **Tr:** Orgelwoche Bayreuth e. V. – internat, jährl, erste Maihälfte.

Orgel-Sommer Gartow, c/o Axel Fischer, Banzau 3, D-29468 **Bergen**, T: +49 58 4 5736, F: +49 58 4 5536, *Axel.Fischer@evlka.de*. – mittwochs im Juli/August.

Forum Ost-West, c/o Rheinisch-Bergischer Kreis, Kulturbüro, Refrather Weg 30–36, D-51469 **Bergisch Gladbach**, T: +49 22 0 213 28 34, F: +49 22 0 213 27 65, *kultur@rbk-online.de*; *www.forum-ostwest.de* **Tr:** Rheinisch-Bergischer Kreis. – kulturelle Begegnung m Polen, unterschiedl Themenschwerpunkte. – alle 2 Jahre, September.

Alte Musik-Treff, c/o Staatliches Institut für Musikforschung Preußischer Kulturbesitz, Tiergartenstr 1, D-10785 **Berlin**, T: +49 30 2 54 81-1 24/-1 29, F: +49 30 25 48 11 72, *wagner@sim.spk-berlin.de*; *www.sim.spk-berlin.de*; *www.mim-berlin.de* **Tr:** Staatliches Institut für Musikforschung. – ausschl Alte M. – internat, jährl (Juni), Berlin, Musikinstr-Museum.

Bach-Tage Berlin, c/o Marianne Arnold, Kaiserdamm 31, D-14057 **Berlin**, T: +49 30 3 01 55 18, F: +49 30 3 01 93 07 **Tr:** Verein zur Förderung der Musik in Berlin und der Mark Brandenburg e. V. – internat, alle 2 Jahre, 1. Juliwoche.

Berliner Schlosskonzerte – Klassiktage Berliner Schlösser, c/o Musik in Brandenburgischen Schlössern e. V., Postfach 280303, D-13443 **Berlin**, T: +49 30 43 60 53 90, F: +49 30 43 60 53 90; *www.berliner-schlosskonzerte.de* **Tr:** Musik in Brandenburgischen Schlössern e. V. – Konz an verschiedenen Orten (Schloss Charlottenburg, Zitadelle Spandau, Schloss Köpenick, Schlosskirche Buch, Orangerie Schloss Glienicke, Palmensaal Neuer Garten Potsdam).

Berliner Tage für Alte Musik, c/o ars musica – Musik und Instrumente Berlin e. V., Postfach 580411, D-10414 **Berlin**, T: +49 30 44 73 65 72, F: +49 30 4 47 60 82, *BerlinAlte Musik@t-online.de*; *www.berlinaltemusik.com* **Tr:** ars musica – Musik und Instrumente Berlin e. V. – Fstv m Konz, Musikinstr-Markt, Workshops etc. – internat, jährl, Mitte Oktober.

Blankenseer Musiksommer, c/o Erhard Marek, Sterndamm 98, D-12487 **Berlin**, T: +49 30 975 27 84, F: +49 30 97 60 82 97, *marek@blankenseer-musiksommer.de*; *www.blankenseer-musiksommer.de* **Tr:** Blankenseer Musiksommer e. V. – Konzertreihe an d Jehmlich-Orgel im Kirchenzentrum „Waldfrieden" d Johannischen Kirche. – internat, jährl, April-September.

Brandenburgische Sommerkonzerte, Schützenstr 8, D-10117 **Berlin** – Mitte, T: +49 30 8 90 43 40, F: +49 30 89 04 34 40, *info@brandenburgische-sommerkonzerte.de*; *www.brandenburgische-sommerkonzerte.de* **Tr:** Brandenburgische Sommerkonzerte gGmbH u e. V. – national, jährl, Mitte Juni-September.

Cadenza Barocktage, c/o Staatsoper Unter den Linden, Unter den Linden 7, D-10117 **Berlin**, T: +49 30 20 35 40, F: +49 30 20 35 44 80, *contact@staatsoper-berlin.de*; *www.staatsoper-berlin.de*. – internat.

Classic Open Air Berlin – Magdeburg – Rüsselsheim, c/o MEDIA ON-LINE Management GmbH

& Co Classic Open Air KG, Knausstr 3, D-14193 **Berlin**, T: +49 30 31 57 54 13, F: +49 30 31 57 54 49, *mom@snx.de*; *www.classicopenair.de* **Tr:** MEDIA ON-LINE Management GmbH & Co Classic Open Air KG. – jährl.

Festival of Sacred Music, c/o Haus der Kulturen der Welt, John-Foster-Dulles-Allee 10, D-10557 **Berlin**, T: +49 30 39 78 71 41, F: +49 30 3 94 86 79, *info@hkw.de*; *www.hkw.de* **Tr:** Haus der Kulturen der Welt. – jährl, im Dezember.

Festtage der Staatsoper Unter den Linden, Unter den Linden 5–7, D-10117 **Berlin**, Postfach 354, D-10109 **Berlin**, T: +49 30 20 35 40, F: +49 30 20 35 44 80, *contact@staatsoper-berlin.de*; *www.staatsoper-berlin.de* **Tr:** State Opera „Unter den Linden". – internat, jährl, zu Ostern.

Fête de la Musique, c/o Fête Company, Schönhauser Allee 163, D-10435 **Berlin**, T: +49 30 41 71 52 89, F: +49 30 4 48 51 49, *hallo@fetedelamusique.de*; *www.fetedelamusique.de* **Tr:** Fête Company. – Fstv in verschiedenen dt Städten. – jährl.

In Transit, c/o Haus der Kulturen der Welt, John Foster Dulles Allee 10, D-10557 **Berlin**, T: +49 30 39 78 70, F: +49 30 3 94 86 79, *info@hkw.de*; *www.in-transit.de*.

Inventionen Festival Neuer Musik Berlin, c/o DAAD, Markgrafenstr 37, D-10117 **Berlin**, T: +49 30 2 02 20 80, F: +49 30 2 04 12 67, *beirer.berlin@daad.de*; *www.inventionen.de* **Tr:** Deutscher Akademischer Austausch Dienst(German Academic Exchange Service), Technische Universität Berlin. – Toninstallationen, Performances, Konzerte, Symposien, Workshops. – internat, alle 2 Jahre.

Kammermusikfestival am Gendarmenmarkt Cultura Viva e. V., c/o Oliver Stelzelberg, Michael Bohnen Ring 37, D-12057 **Berlin**, T: +49 30 8 34 01 33, *mail@cultura-viva.de*. – internat.

MaerzMusik – Festival für aktuelle Musik, c/o Berliner Festspiele, Schaperstr 24, D-10719 **Berlin**, Postfach 15 01 69, D-10663 **Berlin**, T: +49 30 25 48 92 18, F: +49 30 25 48 91 14, *maerzmusik@berlinerfestspiele.de*; *www.maerzmusik.de*, *www.berlinerfestspiele.de* **Tr:** Berliner Festspiele – ein Geschäftsbereich der Kulturveranstaltungen des Bundes in Berlin GmbH (KBB). – internat, jährl.

Musikfest Berlin, c/o Berliner Festspiele, Schaperstr 24, D-10719 **Berlin**, T: +49 30 25 48 90, F: +49 30 25 48 91 11, *info@berlinerfestspiele.de*; *www.berlinerfestspiele.de* **Tr:** Berliner Festspiele (Berlin Festival). – internat.

UltraSchall Das Festival für neue Musik, c/o Rundfunk Berlin-Brandenburg, Masurenallee 8–14, D-14057 **Berlin**, T: +49 30 30 31 36 11, F: +49 30 30 31 36 09, *martin.demmler@rbb-online.de*; *www.rbb-online.de* **Tr:** Deutschland Radio Berlin and Rundfunk Berlin-Brandenburg. – jährl, im Januar.

young.euro.classic – Europäischer Musik Sommer Berlin, Meierottostr 6, D-10719 **Berlin**, T: +49 30 88 47 13 93, F: +49 30 88 47 13 92, *info@yecl.de*; *www.young-euro-classic.de* **Tr:** Deutscher Freundeskreis europäischer Jugendorchester e. V., Berlin. – jährl im August.

Zeitfenster, c/o Konzerthaus Berlin, Gendarmenmarkt 2, D-10117 **Berlin**, T: +49 30 2 03 09 23 78, *press@konzerthaus.de*; *www.konzerthaus.de*. – internat.

Festival Alter Musik Bernau, c/o Fremdenverkehrsamt Bernau, Bürgermeisterstr 4, D-16321 **Bernau**, T: +49 33 3 876 19 19, F: +49 33 3 876 19 70, *info@public-berlin.de*; *www.altemusik.de* **Tr:** Förderverein St Marien Bernau e. V. – internat, jährl, im September.

Mosel Festwochen Musikfestival, c/o Kultur und Kur GmbH Bernkastel-Kues, Im Kurpark 1, D-54470 **Bernkastel-Kues**, T: +49 65 3 130 00, F: +49 65 3 138 94, *info@moselfestwochen.de*; *www.moselfestwochen.de* **Tr:** Kultur und Kur GmbH Bernkastel-Kues. – internat, jährl, Juni-Oktober.

Musiksommer Loisachtal, c/o Johannes Schickhaus, Waldhauserstr 1, D-82547 **Beuerberg**, T: +49 81 7 987 25, F: +49 81 7 987 25, *info@musiksommerloisachtal.de*; *www.musiksommerloisachtal.de*.

Mitteldeutsche Heinrich-Schütz-Tage, c/o Ständige Konferenz Mitteldeutsche Barockmusik, Michaelstein 3c, D-38889 **Blankenburg**, T: +49 39 4 498 04 38, F: +49 39 4 498 04 39, *SKMBM@t-online.de*, *info@staendige-konferenz-mbm.de*; *www.staendige-konferenz-mbm.de* **Tr:** Ständige Konferenz Mitteldeutsche Barockmusik e. V. – jährl Mitte September bis Anfang Oktober.

Musikalischer Frühling Schloss Bleckede, c/o Festspielbüro im Elbschloss Bleckede, Schlossstr 10, D-21354 **Bleckede**, T: +49 58 5 29 51 40, *info@elbschloss.bleckede.de*; *www.musikalischer-fruehling.de* **Tr:** County of Lüneburg, City and Culture Association of Bleckede. – jährl v Mitte bis Ende Mai in Bleckede.

Beethovenfest Bonn, Poppelsdorfer Allee 17, D-53113 **Bonn**, T: +49 2 282 01 03–0, F: +49 2 282 01 03–33, *info@beethovenfest.de*; *www.beethovenfest.de* **Tr:** Internationale Beethovenfeste Bonn gGmbH. – auch Musik d 19. u 20. Jhs. – internat, jährl, September/Oktober.

Bonner Sommer, c/o Kulturamt, Kurfürstenallee 2–3, D-53142 **Bonn**, T: +49 2 2877 45 36, F: +49 2 2877 43 98, *hans-joachim.over@bonn.de*; *bos.bonn.de*. – internat, jährl, Mai-September.

Endenicher Herbst, c/o Schumannhaus, Sebastianstr 182, D-53115 **Bonn**, T: +49 2 2877 36 56, F: +49 2 282 09 13 00, *post@schumannhaus-bonn.de*; *www.Schumannhaus-Bonn.de*. – jährl, im November.

Neuburger Kammeroper, Drususstr 9, D-53111 **Bonn**, T: +49 2 289 81 34 34, *info@neuburger-kammeroper.de*; *www.neuburger-kammeroper.de*.

Sommer-Schlösser-Virtuosen, c/o Kreis Borken, FB Schule-Kultur-Sport, Burloer Str 93, D-46325 **Borken**, T: +49 28 6 182 13 48, F: +49 28 6 182 13 65, *sommer@kreis-borken.de*; *www.kreis-borken.de* **Tr:** Kreis Borken, FB Schule-Kultur-Sport. – internat, jährl, Ende August bis Anfang Oktober.

Festival Orgel PLUS, c/o Kulturamt, Kulturzentrum August Everding, Blumenstr 12–14, D-46236 **Bottrop**, T: +49 20 4 170 33 08, *orgelplus@aol.com*; *www.orgelplus.de*. – auch andere Instr; Urauff. – jährl, Anfang Januar.

Braunschweig Classix FESTIVAL, c/o KMP GmbH, Fasanenstr 49, D-38102 **Braunschweig**, T: +49 5 312 388 90, F: +49 5 312 38 89 79, *info@kmp-festival.de*; *www.classixfestival.de* **Tr:** KMP GmbH. – alle Musikstile. – internat, jährl, Mai-Juni.

Domkonzerte Königslutter, c/o Euro Kultour- und Veranstaltungs GmbH, Postfach 1827, D-38008 **Braunschweig**, T: +49 5 317 52 20, F: +49 5 317 99 99 43, *eurokultour@t-online.de*; *www.koenigslutter.de* **Tr:** Braunschweigischer Vereinigter Kloster- und Studienfonds. – Schwerpunkt Klassik; auch Cross-Over. – jährl, im August.

Festliche Tage Neuer Musik, c/o Staatstheater Braunschweig, Am Theater, D-38100 **Braunschweig**, T: +49 5 311 23 41 30, F: +49 5 311 23 41 23, *ispanakakis@staatstheater-braunschweig.de*; *www.staatstheater-braunschweig.de* **Tr:** City of Braunschweig. – jährl.

Musikfest Bremen, Domsheide 3, D-28195 **Bremen**, Postfach 103063, D-28030 **Bremen**, T: +49 4 2133 66 77, F: +49 4 2133 66 66, *info@musikfest-bremen.de*; *www.musikfest-bremen.de* **Tr:** Musikfest Bremen GmbH. – Musik v Mittelalter bis zur Gegenwart. – jährl, im September.

pro musica antiqua, c/o Radio Bremen, Hauptabteilung E-Musik, Bürgermeister-Spitta-Allee 45, D-28329 **Bremen**, T: +49 4 212 46 14 74, F: +49 4 212 46 10 14, *rbonline@radiobremen.de*; *www.radiobremen.de* **Tr:** Radio Bremen. – histor Auff-Praxis. – internat, alle 2 Jahre.

Rotenburger Gitarrenwoche, c/o Förderkreis der Rotenburger Gitarrenwochen e. V., Hans Wilhelm Kaufmann, Graf-Haeseler-Str 84, D-28205 **Bremen**, T: +49 4 214 91 97 01, F: +49 4 214 98 65 27, *info@rotenburger-gitarrenwoche.de*; *www.rotenburger-gitarrenwoche.de* **Tr:** Förderkreis der Rotenburger Gitarrenwoche e. V. – internat, jährl.

Kirchensommer Brodowin, c/o Pfarrer Andreas Lorenz, Evangelisches Pfarramt Brodowin-Chorin, Dorfstr 11, D-16230 **Brodowin**, T: +49 3 33 6 27 08 08, F: +49 3 33 6 27 08 08, *a.lorenz.brodowin@t-online.de*; *www.kulturfeste.de/feste/brod.html*. – internat, jährl, Mai-September.

Bruchsaler Barocktage, c/o Geschäftsstelle der Bruchsaler Barocktage, Bürgerzentrum Bruchsal, Am Alten Schloss 22, D-76646 **Bruchsal**, T: +49 72 5 17 27 70, *buergerzentrum-bruchsal@t-online.de*; *www.bruchsal.de*. – internat, jährl.

Brühler Schlosskonzerte, c/o Brühler Schlosskonzerte eV, Bahnhofstr 16, D-50321 **Brühl**, T: +49 22 3 294 18 84, F: +49 22 3 294 18 85, *info@schlosskonzerte.de*; *www.schlosskonzerte.de* **Tr:** Brühler Schlosskonzerte e. V. – Schlosskonz, Matineen, Musikfestwoche, Fest im Schloss. – internat, jährl, Mai-September.

Musikfest auf Gut Bötersheim, c/o Musikschule für die Stadt Buchholz in der Nordheide e. V., Dependahl 8, D-21244 **Buchholz**, T: +49 41 8 683 14, F: +49 41 8 689 22 45, *schulbuero@buchholz-musikschule.de*; *www.buchholz-musikschule.de* **Tr:** Musikschule für die Stadt Buchholz in der Nordheide e. V. – jährl, im Juni.

Klassik im Grünen Musik in Dorfkirchen der Märkischen Schweiz, c/o Fremdenverkehrsamt Märkische Schweiz, Wriezener Str 1 a, D-15377 **Buckow**, T: +49 30 6 91 75 66, +49 3 34 3 35 75 00, F: +49 30 6 91 75 66, *ernstherzog@t-online.de*; *www.kulturfeste.de/feste/buck.html* **Tr:** Klassik im Grünen Buckower Kunst- u Kulturförderverein e. V. – internat, jährl, Mai-Oktober.

Schaumburg Musikfest, c/o Schaumburger Landschaft e. V., Schlosspl 5, D-31657 **Bückeburg**, T: +49 57 2 29 56 60, F: +49 57 2 295 66 18. – KamM, Oper, Ballett, Sinfoniekonz, Oratorien. – jährl, September-November.

Musik und Literatur in fränkischen Schlössern, c/o Konzertagentur Anne Meiners, Eichelhof – Ibind, D-97496 **Burgpreppach**, T: +49 95 3 41 72 80, F: +49 95 3 417 31 30, *post@schloesser-und-musik.de*; *www.schloesser-und-musik.de*. – internat, jährl, im Sommer.

Burgwedeler Tage Alter Musik, c/o Christian Conradi, Küstergang 2, D-30938 **Burgwedel**, T: +49 51 3 98 85 92, *christianconradi.kantor@st-petri-burgwedel.de*; *www.st-petri-burgwedel.de* **Tr:** St. Petri Kirchengemeinde Burgwedel. – jährl, im May.

Caputher Musiken, c/o Andreas Iwer, Havelstr 3, D-14548 **Caputh**, T: +49 3 32 0 92 09 06, F: +49 3 32 0 92 09 07, *cmusiken@t-online.de*; *www.kulturfeste.de/feste/capu.html* **Tr:** Förderverein Caputher Musiken e. V. – internat, jährl.

Sachsens Glanz im Celler Land, c/o Sigrid Kühnemann, Stauffenbergstr 16, D-29223 **Celle**, T: +49 51 4 15 17 78, F: +49 51 4 190 97 41 **Tr:** Wiederaufbau d Frauenkirche Dresden – Freundeskreis Celle e. V. – jährl.

Sächsisches Mozartfest, c/o Sächsische Mozart-Gesellschaft, Hartmannstr 7 c, D-09111 **Chemnitz**, T: +49 3 716 94 94 44, F: +49 3 716 94 94 43, *info@mozart-chemnitz.de*; *www.mozart-chemnitz.de* **Tr:** Sächsische Mozart Gesellschaft e. V. – internat, jährl, im Mai.

Johann-Strauss-Musiktage, c/o Kulturbüro Stadt Coburg, Pfarrgasse 4, D-96450 **Coburg**, T: +49 95 6 189 20 30, F: +49 95 6 189 20 39, *albrecht.tauer@coburg.de*; *www.coburg.de/kultur* **Tr:** City of Coburg, Deutsche Johann Strauss Gesellschaft. – alle 2 Jahre, Juni/Juli.

Cottbuser Musikherbst, Frauendorfer Weg 2, D-03051 **Cottbus**, T: +49 3 5553 20 26, F: +49 3 554 30 96 28, *Harald.Lorschneider@web.de*; *www.kulturfeste.de/feste/cottb.html* **Tr:** Cottbuser

Musikherbst e. V. – zeitgen Musik. – jährl Mitte September bis Mitte Oktober.

intersonanzen brandenburgisches fest der neuen musik, c/o Brandenburgischer Verein Neue Musik e. V., Werner-Seelenbinder-Ring 44/45, D-03048 **Cottbus**, T: +49 3 554 30 22 94, F: +49 3 554 99 37 39, *bvnm.ev.@t-online.de*; *www.neue-musik-brandenburg.de* **Tr:** Brandenburgischer Verein Neue Musik e. V. – internat, jährl, im November.

Lausitzer Opernsommer, c/o Kleitz @ Wirth GbR, Poznaner Str 8, D-03048 **Cottbus**, T: +49 3 555 90 29 00, F: +49 3 555 90 29 50, *info@kleitz-wirth.de*; *www.kulturfeste.de/feste/lausitz.html* **Tr:** Kulturfeste im Land Brandenburg e. V. – internat, jährl.

Bachfest Cuxhaven, c/o Jürgen Sonnetheil, Thomas-Mann-Str 15, D-27474 **Cuxhaven**, T: +49 47 2 16 33 45, F: +49 47 2 16 33 45, *kirchenmusik@st-petri-cuxhaven.de*; *www.st-petri-cuxhaven.de*. – abwechselnd mit dem Nordsee-Orgelfestival. – alle 2 Jahre.

Nordsee Orgelfestival, c/o Jürgen Sonnentheil, Thomas-Mann-Str 15, D-27474 **Cuxhaven**, T: +49 47 2 16 33 45, F: +49 47 2 16 33 45, *kirchenmusik@st-petri-cuxhaven.de*; *www.st-petri-cuxhaven*. – abwechselnd mit dem Bachfest; nächstes Fstv 2005. – jährl, im September.

Kultursommer Südhessen KUSS, c/o Kultursommer Südhessen e. V., Geschäftsstelle beim Regierungspräsidium Darmstadt, Geschäftsführerin Ines Schader, Luisenpl 2, D-64283 **Darmstadt**, T: +49 61 5 112 43 96, F: +49 61 5 112 43 97, *kuss@rpda.hessen.de*; *www.kultursommer-suedhessen.de* **Tr:** Kultursommer Südhessen e. V. – internat, jährl, Juni-September.

Kulturverein Darmstädter Residenzfestspiele e. V., Mauerstr 17, D-64289 **Darmstadt**, T: +49 61 5 129 39 29, F: +49 61 5 128 900, *info@residenzfestspiele.de*; *www.residenzfestspiele.de* **Tr:** Konzertchor Darmstadt e. V. – jährl Mitte Juli bis Ende August.

Musikalischer Herbst, c/o Philharmonie Merck, Frankfurter Str 250, D-64293 **Darmstadt**, T: +49 61 5 172 71 98, F: +49 61 5 172 79 32, *stefan.reinhardt@merck.de*; *www.philharmonie-merck.de*.

Tage für Neue Musik, c/o Akademie für Tonkunst, Ludwigshöherstr 120, D-64285 **Darmstadt**, T: +49 61 5 19 66 40, F: +49 61 5 196 64 13, *akademie-fuer-tonkunst@darmstadt.de*; *www.akademie-fuer-tonkunst.de*. – internat, jährl, Februar/März.

Tutzinger Brahmstage, c/o Kulturteam München GmbH, Am Weiher 5, D-86920 **Denklingen**, T: +49 18 0 546 36 67, F: +49 82 4 399 39 18, *buero@brahms-tage.de*; *www.brahms-tage.de* **Tr:** Kulturteam Munich GmbH. – internat, jährl, im November.

Kurt-Weill-Fest, c/o Kurt Weill Gesellschaft, Ebertallee 63, D-06846 **Dessau**, T: +49 3 406 19 5 95, F: +49 3 406 11 9 07, *weill-zentrum@t-online.de*; *www.kurt-weill-fest.de* **Tr:** Kurt-Weill-Gesellschaft e. V. – internat, jährl, 1. Märzwoche.

Wege durch das Land – Literatur- & Musikfest in Ostwestfalen-Lippe, c/o Literaturbüro Ostwestfalen-Lippe e. V., Hornsche Str. 38, D-32756 **Detmold**, T: +49 52 3 139 06 03, F: +49 52 3 139 06 53, *literaturbuero@owl-online.de*; *www.literaturbuero-detmold.de*.

Internationales Musikfest Dietzenbach, c/o Förderverein Internationales Musikfest Dietzenbach, Wilhelm-Leuschner-Str. 1, D-63128 **Dietzenbach**, T: +49 60 7 430 10 65, F: +49 60 7 448 30 21, *Int.Musikfest@t-online.de*; *www.intmusikfest.org* **Tr:** Förderverein Internationales Musikfest Dietzenbach e. V. – jährl Ende September bis Anfang Oktober.

Bachwochen Dill, c/o Wolfgang Schult, Lindenstr 3, D-35684 **Dillenburg-Frohnhausen**, T: +49 27 7 13 47 29, F: +49 27 7 13 61 32, *wolfgang.schult@bachwochen.de*; *www.bachwochen.de* **Tr:** Bachwochen Dill e. V. – internat, jährl, im November.

Fantastival Dinslaken – Junge Sommernacht der Klassik Open Air im Burgtheater, c/o Freilicht AG – Beratungshaus Am Rutenwall, Am Rutenwall 2, D-46535 **Dinslaken**, T: +49 20 6 443 27 00, F: +49 20 6 443 27 04; *www.fantastival.de*.

Donaueschinger Musiktage, c/o Städtisches Kulturamt, Karlstr 58, D-78166 **Donaueschingen**, T: +49 7 718 57 2 66, F: +49 7 718 57 2 63, *donaueschingen@swr.de*; *www.donaueschingen.de*, *www.swr2.de/donaueschingen* **Tr:** Gesellschaft der Musikfreunde Donaueschingen e. V. – internat, jährl, 3. Oktoberwochenende.

Festliche Tage Alter Musik Knechtsteden, Ostpreußenallee 5, D-41539 **Dormagen**, T: +49 21 3 321 09 92, F: +49 21 3 347 79 05, *altemusik@t-online.de*; *www.knechtsteden-altemusik.de* **Tr:** Festliche Tage Alter Musik Dormagen e. V. – internat, jährl, 2. Septemberhälfte.

Dresdner Musikfestspiele, Tiergartenstr 36, D-01219 **Dresden**, Postfach 202723, D-01193 **Dresden**, T: +49 3 514 78 5 60, F: +49 3 514 71 78 96, *dmf@musikfestspiele.com*; *www.musikfestspiele.com* **Tr:** City of Dresden. – jährl, 2 Wochen Mai/Juni.

Dresdner Opernfestspiele, Theaterpl 2, D-01067 **Dresden**, T: +49 3 514 91 10, F: +49 3 514 91 17 00, *presse@semperoper.de*; *www.semperoper.de* **Tr:** Free State of Saxony. – alle 2 Jahre, 2 Wochen um Ostern.

Dresdner Tage der zeitgenössischen Musik, c/o Europäisches Zentrum der Künste Hellerau, Karl-Liebknecht-Str 56, D-01109 **Dresden**, T: +49 3 512 64 6 20, F: +49 3 512 64 6 22; *www.KunstForumHellerau.de* **Tr:** Europäisches Zentrum der Künste Hellerau. – internat, jährl, Anfang Oktober.

Fest Alter Musik im Erzgebirge Konzerte an der Silberstraße, c/o Dresdner Hofmusik e. V., Tannenstr 2, D-01099 **Dresden**, T: +49 3 518 01 28 15, F: +49 3 518 01 28 15, *buero@dresdner-hofmusik.de*; *www.alte-musik-im-erzgebirge.de* **Tr:** Dresdner Hofmusik – Gesellschaft zur Pflege Alter Musik e. V. – Schwerpunkt: Komponisten aus Sachsen u d Erzgebirge. – internat, jährl, Ende Juni-Anfang Juli.

Moritzburg Festival, c/o Kammermusik Festival Schloss Moritzburg e. V., Maxstr 8, D-01067 **Dresden**, T: +49 3 518 10 54 95, F: +49 3 518 10 54 96, *buero@moritzburgfestival.de*; *www.moritzburgfestival.de* **Tr:** Kammermusik Festival Schloss Moritzburg e. V. – internat, jährl, 1. u 2. Augustwoche.

Atelier neuer Klänge, c/o Kunstraum e. V., Manfred Strohm, Bauernreihe 1, D-21706 **Drochtersen**, T: +49 47 7 582 49, F: +49 47 7 583 40, *kunstraum-huell@t-online.de*. – Schwerpunkt neue KamM. – jährl, im September.

6-Tage-Oper, c/o Europäische Vereinigung für Kammeroper & Musiktheater e V, Heyestr 116, D-40625 **Düsseldorf**, T: +49 2 119 29 35 82, F: +49 2 119 29 35 74, *festival@6-tage-oper.de*; *www.6-tage-oper.de* **Tr:** Stadt Düsseldorf, Kulturministerium NRW. – internat.

altstadtherbst kulturfestival düsseldorf, Bolkerstr 57, D-40213 **Düsseldorf**, T: +49 2 113 22 3 32, F: +49 2 113 22 2 03, *info@altstadtherbst.de*; *www.altstadtherbst.de* **Tr:** Düsseldorfer Altstadt Herbst gGmbH. – internat, jährl, September/Oktober.

Schloss Benrath Musikfestival, c/o Chor der Landesregierung Düsseldorf e. V., Roswitha Baumdick, Volksgartenstr 29, D-40227 **Düsseldorf**, T: +49 2 117 73 3 17, F: +49 2 117 88 66 05, *info@cdl.nads.de*; *www.cdl.nads.de/Musikfestival.html*. – jährl.

Schumannfest, c/o Robert-Schumann-Gesellschaft, Bilkerstr 15, D-40213 **Düsseldorf**, T: +49 2 111 33 2 40, F: +49 2 118 83 97 70, *RSGDuesseldorf@aol.com*; *members.aol.com/schumannga* **Tr:** Robert-Schumann-Gesellschaft, Landeshauptstadt Düsseldorf. – internat, alle 3 Jahre, Mai/Juni.

Duisburger Akzente, c/o Duisburg Marketing GmbH, Königstr 51, D-47051 **Duisburg**, T: +49 2 832 83 26 14, F: +49 2 032 83 21 88, *festivalbuero@duisburg-marketing.de*; *www.duisburger-akzente.de* **Tr:** City of Duisburg. – spartenübergreifend. – jährl, Juni/Juli.

Internationales Musikfestival der Stadt Duisburg, c/o Stadt Duisburg, Kulturdezernat, Rathaus, Burgpl 19, D-47051 **Duisburg**, D-47049 **Duisburg**, T: +49 2 032 83 68 01, F: +49 2 032 83 39 73; *www.duisburg.de* **Tr:** Stadt Duisburg. – alle 2 Jahre.

Choriner Musiksommer, Friedrich-Ebert-Str 28, D-16225 **Eberswalde**, T: +49 33 3 465 73 10, F: +49 33 3 423 63 16, *info@choriner-musiksommer.de*; *www.choriner-musiksommer.de* **Tr:** Kulturfeste im Land Brandenburg e. V. – internat, jährl, Juni-August.

Ebracher Musiksommer, c/o Marktgemeinde Ebrach, Rathauspl 2, D-96157 **Ebrach**, T: +49 95 5 39 22 00, F: +49 95 5 392 20 20. – im Kaisersaal u im Abteigarten v Kloster Ebrach. – jährl, Mai-September.

Eckelshausener Musiktage Internationales Kammermusikfestival, c/o Förderverein Eckelshausener Musiktage, Obere Bergstr 12, D-35216 **Eckelshausen**, T: +49 64 6 127 10, F: +49 64 6 192 39 25, *info@eckelshausener-musiktage.de*; *www.eckelshausener-musiktage.de* **Tr:** Förderverein Eckelshausener Musiktage e. V. – internat, jährl, Mai-Juni.

Gitarrenfestspiele Nürtingen, c/o Gitarrenkreis Nürtingen, Renate Weiß, Peter-Rosegger-Str 9, D-82223 **Eichenau**, T: +49 81 4 180 6 48, F: +49 81 4 13 72 14, *webmaster@gitarre-nuertingen.de*; *www.gitarre-nuertingen.de* **Tr:** Gitarrenkreis Nürtingen e. V. – internat, alle 2 Jahre im Sommer.

Eisenacher Telemann-Tage, Am Hainstein 17, D-99817 **Eisenach**, Postfach 1536, D-99805 **Eisenach**, T: +49 36 9 174 27 47, F: +49 36 9 174 27 47, *kammermusik.eisenach@gmx.de*; *www.kdw.eisenachonline.de* **Tr:** KamM d Wartburgstadt e. V. – alle 2 Jahre, Juni.

Klassik im Schloß Ellwangen, c/o Kulturhaus der Stadt Ellwangen, Rathaus, D-73479 **Ellwangen**, T: +49 79 6 18 42 46, F: +49 79 6 18 43 10, *info@ellwangen.de*; *www.ellwangen.de*.

Burghofspiele Eltville, c/o Burghofspiele gemeinnützige GmbH, Wilhelmstr 1, D-65343 **Eltville am Rhein**, T: +49 61 2 390 71 71, F: +49 61 2 390 71 72, *info@burghofspiele.de*; *www.burghofspiele.de* **Tr:** Burghofspiele gemeinnützige GmbH. – umfangreiches Programm. – jährl.

Emsbürener Musiktage, c/o Gemeinde Emsbüren, Markt 18, D-48488 **Emsbüren**, T: +49 59 0 393 05 28, F: +49 59 0 393 05 55, *musiktage@emsbueren.de*; *www.emsbuerener-musiktage.de* **Tr:** Municipality of Emsbüren. – Veranstaltungsreihe m Konzerten, Kursen, Vorträgen u Ausstellungen. – internat, jährl, Oktober/November.

Dom Stufen-Festspiele in Erfurt, c/o Theater Erfurt, Postfach 800554, D-99031 **Erfurt**, T: +49 3 612 23 30, F: +49 3 612 23 31 23, *info@theater-erfurt.de*; *www.domstufen.de* **Tr:** Theater Erfurt. – internat, jährl.

Europäisches Klassik-Festival Ruhr, c/o Gesellschaft zur Förderung der Philharmonia Hungarica, Gildehofstr 1, D-45127 **Essen**, T: +49 2 018 13 54 95, F: +49 2 018 13 54 69, *info@klassikfestival-ruhr.de*; *www.klassikfestival-ruhr.de* **Tr:** Gesellschaft zur Förderung der Philharmonia Hungarica e. V. – jährl v Mitte Juni bis Mitte September.

Klavier-Festival Ruhr, c/o Initiativkreis Ruhrgebiet Verwaltungs-GmbH, Alfred-Herrhausen-Haus, Schinkelstr 30–32, D-45138 **Essen**, T: +49 2 018 96 68 42, F: +49 2 018 96 68 71, *info@i-r.de*; *www.klavierfestival.de* **Tr:** Initiativkreis Ruhrgebiet Verwaltungs-GmbH. – internat, jährl, Juni-August.

Eutiner Festspiele Oper im Schlossgarten, c/o Eutiner Festspiele GmbH, Jungfernstieg, D-23691 **Eutin**, Postfach 112, D-23691 **Eutin**, T: +49 45 2 180 01 22, F: +49 45 2 180 01 11, *info@*

eutiner-festspiele.de; *www.eutiner-festspiele.de* **Tr:** Eutiner Festspiele GmbH. – Opern. – jährl Ende Juni bis Anfang August.

Flöten Festival Frankfurt, c/o Deutsche Gesellschaft für Flöte e. V., Eschersheimer Landstr 93, D-60322 **Frankfurt/Main**, T: +49 69 5 96 24 43, F: +49 69 59 02 77, *floete@floete.net*; *www.floete.net* **Tr:** Deutsche Gesellschaft für Flöte e. V. – internat, alle 2 Jahre.

Musikfesttage an der Oder, c/o Messe und VeranstaltungsGmbH, Platz der Einheit 1, D-15230 **Frankfurt/Oder**, T: +49 3 3514 01 01 20, F: +49 3 3514 01 01 05, *info@muv-ffo.de*; *www.muv-ffo.de* **Tr:** Messe- u Veranstaltungs GmbH, concert hall in cooperation with Musikgesellschaft Carl Philipp Emanuel Bach e. V. Frankfurt (Oder) and the Neuen Bach- Gesellschaft e. V. – internat, jährl, im März.

Internationale Fredener Musiktage Sommerkonzerte in Freden, Postfach 1159, D-31080 **Freden**, T: +49 6 514 36 76 84, F: +49 6 514 36 76 85, *musiktage@compuserve.com*; *www.fredener-musiktage.de* **Tr:** Internationale Fredener Musiktage e. V. – Urauff. – internat, jährl, im August.

Gottfried-Silbermann-Tage Internationaler Gottfried-Silbermann-Wettbewerb, Schlosspl 6, D-09599 **Freiberg/Sachsen**, T: +49 37 3 12 22 48, F: +49 37 3 121 16 25, *silbermanngesellschaft@t-online.de*; *www.silbermann.org* **Tr:** Gottfried-Silbermann-Gesellschaft e. V. – alle 2 Jahre, September.

Festival Wolfgang Marschner Hinterzarten, c/o Raddatz Concerts, Burgunderstr 4, D-79104 **Freiburg/Breisgau**, T: +49 7 612 33 80, F: +49 7 6155 48 62. – jährl, September.

Internationales Zelt-Musik-Festival Freiburg, Waldkircher Str 51, D-79106 **Freiburg/Breisgau**, T: +49 7 615 04 03 33, F: +49 7 615 04 03 99, *info@zmf.de*; *www.zmf.de* **Tr:** Internationales Zelt-Musik-Festival e. V. – jährl, Ende Juni/Anfang Juli.

Schwarzwald Musik Festival GmbH, Lauterbadstr 5, D-72250 **Freudenstadt**, T: +49 74 4 186 47 16, F: +49 74 4 186 47 29, *info@schwarzwald-musikfestival.de*; *www.schwarzwald-musikfestival.de* **Tr:** SMF Schwarzwald Musikfestival GmbH. – Konz an verschiedenen Spielorten; unterschiedl Themenschwerpunkte. – internat, jährl, April-Juni.

Schwarzwald Musikfestival, Lauterbadstr 5, D-72250 **Freudenstadt**, T: +49 74 4 186 47 16, F: +49 74 4 186 47 29, *info@schwarzwald-musikfestival.de*; *www.schwarzwald-musikfestival.de* **Tr:** SMF Schwarzwald Musikfestival GmbH. – jährl zwischen Ostern u Pfingsten.

Internationales Bodenseefestival, c/o Bodensee-Festival-GmbH, Olgastr 21, D-88045 **Friedrichshafen**, T: +49 75 4 12 03 33 00, F: +49 75 4 12 03 33 10, *Henner.Faehndrich@Bodenseefestival.de*; *www.bodensee-festival.de* **Tr:** Gesellschaften der Bodensee-Festival GmbH (23). – Orch-, Kammer- u OrgKonz, Theater, Ballett, Jazz, Lit u Kabarett. – internat, jährl.

Fürther Kirchenmusiktage, c/o Verein zur Pflege der Kirchenmusik, Weiherhofer Str 64, D-90768 **Fürth**, T: +49 9 1172 00 80, *info@schriegel.com*; *www.kmtf.de* **Tr:** Verein zur Pflege der Kirchenmusik und zur Durchführung der Kirchenmusiktage e. V. – ökumenisch. – internat, jährl.

Festival vielsaitig, c/o Kulturamt der Stadt Füssen, Lechhalde 3, D-87629 **Füssen**, T: +49 83 6 290 31 46, F: +49 83 6 290 32 01, *kultur@fuessen.de*; *www.stadt-fuessen.de* **Tr:** City of Füssen. – Streicherfestival, Meisterkurse u Lauten- u Geigenbautage. – internat.

Internationaler Orgelsommer Füssen – Breitenwang/Tirol, c/o Verein zur Förderung Alter Musik St Mang Füssen e. V., Köllespitzweg 11, D-87629 **Füssen**, Postfach 1367, D-87629 **Füssen**, T: +49 83 6 23 94 07, F: +49 83 6 294 09 22, *info@Musik-Fuessen.de*; *www.musik-fuessen.de/orgelsommer.htm*. – internat.

Tage alter Musik im Königswinkel, c/o Verein zur Förderung Alter Musik St Mang Füssen e. V., Köllespitzweg 11, D-87629 **Füssen**, Postfach 1367, D-87629 **Füssen**, T: +49 83 6 23 94 07, F: +49 83 6 294 09 22, *info@Musik-Fuessen.de*; *www.musik-fuessen.de/tage_musik.htm* **Tr:** Verein zur Förderung Alter Musik St Mang Füssen e. V. – internat, jährl.

Richard-Strauss-Tage Garmisch-Partenkirchen, c/o Polyarte Kulturmanagement GmbH, Am Kurpark 3, D-82467 **Garmisch-Partenkirchen**, T: +49 88 2 19 66 84 80, F: +49 88 2 19 66 84 89, *heinke.poulsen@polyarte.de*; *www.gaponline.de/strauss/* **Tr:** Richard-Strauss-Festspiele GbR. – Op, KamM, Lieder, OrchW; zusätzlich Rahmenveranstaltungen wie Meisterkurse, Werkeinführungen, Kolloquien, Künstlergespräche, Symposien u Straßenmusik. – jährl.

Deutsch-Polnische Musiktage Gartz, Kastanienallee 85, D-16307 **Gartz**, T: +49 3 33 32 5 96, F: +49 3 33 32 5 96; *www.kulturfeste.de/feste/gartz.html* **Tr:** Musiktage Gartz e. V. – internat, jährl, Mai-Juni.

Münchner Klaviersommer, c/o LOFT Music, Wessobrunner Str 4, D-82131 **Gauting**, T: +49 89 89 34 08 94, F: +49 89 89 34 08 60, *info@klaviersommer.de*; *www.klaviersommer.de*. – internat, jährl, im Juli.

Kultursommer Hessen Main – Kinzig – Fulda, c/o Renate Nettner-Reinsel, Main-Kinzig-Kreis, Barbarossastr 16–18, D-63571 **Gelnhausen**, T: +49 60 5 185 42 26, F: +49 60 5 185 46 58, *info@kultursommer-hessen.de*; *www.kultursommer-hessen.de* **Tr:** Hessian Ministry for Science and the Arts & Sparkassen-Kulturstiftung Hesse and Thuringia. – internat, jährl, Mai-September.

RuhrTriennale, c/o Kultur Ruhr GmbH, Leithestr 35, D-45886 **Gelsenkirchen**, T: +49 2 091 67 17 00, F: +49 2 091 67 17 39, *service@ruhrtriennale.de*; *www.ruhrtriennale.de* **Tr:** Kultur Ruhr GmbH. – 3-jährige Zyklen.

Tage Alter Musik, c/o Internationales Festival für Alte Musik im Osnabrücker Land, Am Kasinopark 1, D-49124 **Georgsmarienhütte**, Postfach 1616, D-49114 **Georgsmarienhütte**, T: +49 54 0 13 41 60, F: +49 54 0 13 42 23, *tage-alter-musik@forum-artium.de*; *www.tagealtermusik.de* **Tr:** Forum Artium Georgsmarienhütte e. V. – internat, jährl, im September.

Feuer & Wasser live Open Air Festival, c/o Kulturverein Gifhorn e. V., Lüneburgerstr 17, D-38518 **Gifhorn**, T: +49 53 7 181 37 04, F: +49 53 7 181 38 89, *kulturverein.gifhorn@t-online.de*; *www.kulturverein-gifhorn.de* **Tr:** Kulturverein Gifhorn e. V. – Klassik-Open-Air-Festival im Schlosspark Gifhorn. – jährl, im Juli.

Görlitzer Bachwoche, c/o Hochschule für Kirchenmusik Görlitz, Langenstr 37, D-02826 **Görlitz**, T: +49 35 8 14 84 10, F: +49 35 8 148 41 20, *hskimu@kkvsol.net* **Tr:** Evang. Kirche Berlin-Brandenburg-schlesische Oberlausitz. – internat, alle 2 Jahre, Anfang Oktober.

Schlesisches Musikfest, c/o Kuratorium „Schlesische Lausitz“, Blumenstr 54, D-02826 **Görlitz**, Postfach 300416, D-02809 **Görlitz**, T: +49 35 8 166 77 54, F: +49 35 8 176 78 86, *organisation@schlesische-musikfeste.de*; *www.schlesische-musikfeste.de* **Tr:** Kuratorium „Schlesische Lausitz“ e. V. – internat, alle 2 Jahre.

Internationale Händel-Festspiele Göttingen, c/o Göttinger Händel-Gesellschaft, Hainholzweg 3–5, D-37085 **Göttingen**, T: +49 5 515 67 00, F: +49 5 514 53 95, *info@haendel.org*; *www.haendel.org* **Tr:** Göttinger Händel-Gesellschaft e. V. – internat, jährl, Mai-Juni.

Grauhofer-Orgel-Sommer Goslar, c/o Verein Treutmann-Orgel e. V. Ernst Otto Arntz, Ortelsburgerstr. 44, D-38642 **Goslar**, T: +49 53 2 188 08, F: +49 53 2 15 09 76, *treutmann-orgel@sparkasse-goslar-harz.de*; *www.marktplatz-goslar.de/orgel* **Tr:** Verein der Förderer der Treutmann-Orgel von 1737 e. V. – Fstv um Treutmann-Orgel aus d Jahr 1737. – jährl, im Sommer.

Ekhof-Festival, c/o Gotha Kultur, Hauptmarkt 1, D-99867 **Gotha**, Postfach 100319, D-99853 **Gotha**, T: +49 36 2 122 26 66, F: +49 36 2 122 25 55, *veranstaltungsplanung@gotha.de*; *www.ekhof-festival.de* **Tr:** City of Gotha. – unbekannte, aber qualitätvolle Werke d 18. Jhs: Präsentation in histor genauen Inszenierungen. – internat, jährl, Juli-August.

Uckermärkische Musikwochen, Kirchstr 7, D-17291 **Gramzow**, T: +49 3 312 31 12 15, F: +49 3 312 31 12 16, *ch.wichtmann@t-online.de*; *www.kulturfeste.de/feste/ucker.html* **Tr:** Uckermärkische Musikwochen e. V. – Alte Musik in histor AuffPraxis. – internat, jährl, Mitte August bis Mitte September.

Greifswalder Bachwoche, c/o Geschäftsstelle der Greifswalder Bachwoche, Bahnhofstr 48–49, D-17489 **Greifswald**, T: +49 38 3 486 35 21, F: +49 38 3 459 42 28, *aeheike@mail.uni-greifswald.de*; *www.greifswalder-bachwoche.de* **Tr:** Protestant Church of Pomerania. – internat, jährl, Juni.

Ostseefestspiele, c/o Vorpommersche Theater- und Sinfonieorchester GmbH, Anklamer Str 106, D-17489 **Greifswald**, T: +49 38 3 457 22–2 25, F: +49 38 3 450 27 79, *ostseefestspiele@theater-vorpommern.de*; *www.ostseefestspiele.info*.

Internationales Musikfestival 'Was hören wir?', c/o Denkmalschmiede Höfgen, Teichstr 12, D-04668 **Grimma**, Postfach 436, D-04663 **Grimma**, T: +49 34 3 79 87 70, F: +49 34 3 798 77 10, *denkmalschmiede@hoefgen.de*; *www.hoefgen.de* **Tr:** Denkmalschmiede Höfgen gGmbH. – jährl Ende August/Anfang September.

Bebersee Festival Das Kammermusikfestival in der Schorfheide, c/o Hotel Döllnsee-Schorfheide, Döllnkrug 2, D-17268 **Groß Dölln**, T: +49 9 119 71 64 54, *info@bebersee.de*; *www.bebersee.de* **Tr:** Beberseer Konzertwochen e. V. – KamM. – internat.

Opernfestival Chiemgau Gut Immling, c/o Unsere Oper eV, Gut Immling, D-83128 **Halfing**, T: +49 80 5 59 03 40, F: +49 80 5 590 34 29, *info@gut-immling.de*; *www.gut-immling.de* **Tr:** Unsere Oper e. V. – jährl Ende Juni bis Anfang August.

Johanniskantorei Halle Haller Bachtage – Haller Orgelfest – Musikalischer Herbst, c/o Kulturamt der Stadt Halle (Westf.), Ravensberger Str 1, D-33790 **Halle, Westfalen**, T: +49 52 0 118 31 64, F: +49 52 0 118 31 10, *HalleWestfalen@gt-net.de*; *johanniskantorei-halle.de*. – jährl.

Händel-Festspiele, c/o Direktion der Händel-Festspiele im Händel-Haus, Große Nikolaistr 5, D-06108 **Halle/Saale**, T: +49 3 4550 09 02 22, F: +49 3 4550 09 04 16, *haendel@halle.de*; *www.haendelfestspiele.halle.de* **Tr:** City of Halle. – Aufführung d Gesamtwerks Georg Friedrich Händels nach neuesten wissenschaftl u künstler Erkenntnissen; auch Auff v Werken aus d Schaffen in Sachsen-Anhalt beheimateter u in geistiger Nähe zu Händel stehender Komp. – internat, jährl, 10 Tage Mitte Juni.

Hallische Musiktage Landesverband Sachsen-Anhalt Deutscher Komponisten e. V., Marktpl 13/Marktschlösschen, D-06108 **Halle/Saale**, T: +49 3 452 02 40 22, F: +49 3 452 02 40 23, *LV.dt-Komponisten@t-online.de*; *home.t-online.de/home/LV.dt-Komponisten* **Tr:** Landesverband Sachsen-Anhalt Deutscher Komponisten e. V. – internat, jährl, November.

Jugendmusikfest Sachsen-Anhalt, c/o Landesmusikrat Sachsen-Anhalt e. V., Kleine Ullrichstr 37, D-06108 **Halle/Saale**, T: +49 3 4567 89 98 15, F: +49 3 4567 89 98 19, *info@landesmusikrat.de*; *www.landesmusikrat.de* **Tr:** Regional Music Council Saxony-Anhalt. – national, jährl, September/Oktober.

Mai-Festival Rellingen, c/o Verein zur Förderung der Musik an der Rellinger Kirche, Grüne Twiete 86 a, D-25469 **Halstenbek**, T: +49 41 0 14 20 25, F: +49 41 0 140 34 03, *paxcastellum@freenet.de*; *www.mrk-rellingen.de*. – jährl.

Bach-Wochen Hauptkirche St. Michaelis, c/o Michel-Musik-Büro, Krayenkamp 4 c, D-20459

Hamburg, T: +49 40 37 67 81 43, F: +49 40 37 67 82 43, *info@michel-musik.de*; *www.michel-musik.de*. – jährl, Oktober/November.

Hamburger Musikfest, Dammtorwall 46, D-20335 **Hamburg**, T: +49 40 3 98 20 90, F: +49 40 39 82 09 20, *mail@hamburger-musikfest.de*; *www.hamburger-musikfest.de* **Tr:** Hamburger Musikfest GmbH. – zeitgen Musik.

Musikwochen Weserbergland, c/o Musikwochen-Büro, Prof Hans Christoph Becker-Foss, Wachtelweg 10, D-31789 **Hameln**, T: +49 51 51 67 1 52, F: +49 51 51 66 3 86, *info@musikwochen-weserbergland.de*; *www.musikwochen-weserbergland.de* **Tr:** Kirchenkreise Hameln-Pyrmont u Holzminden-Bodenwerder. – acht Sonntagskonz an jährlich wechselnden Orten. – jährl, im Juni.

Klassik Sommer Hamm, c/o Kulturbüro der Stadt Hamm, Caldenhofer Weg 159, D-59063 **Hamm**, T: +49 23 8 117 55 90, F: +49 23 8 137 88 07, *info@klassik-sommer.de*; *www.klassik-sommer.de* **Tr:** Klassik Hamm GmbH. – jährl, Juni/Juli.

Biennale Neue Musik Hannover, c/o Hannoversche Gesellschaft für Neue Musik e. V., Nienburger Str 10, D-30167 **Hannover**, T: +49 5 11 70 26 36, F: +49 5 11 70 26 36, *h-g-n-m@web.de*; *www.biennale-hannover.de*, *www.hgnm.de* **Tr:** Hannoversche Gesellschaft für Neue Musik e. V. – internat, alle 2 Jahre, im Juni.

Festwochen Herrenhausen, c/o Landeshauptstadt Hannover, Kulturbüro, Friedrichswall 15, D-30159 **Hannover**, T: +49 5 11 16 84 63 56, F: +49 5 11 16 84 50 73, *festwochen-herrenhausen@hannover-stadt.de*; *www.festwochen-herrenhausen.de* **Tr:** City of Hannover. – internat, jährl, Juni-August.

Niedersächsische Musiktage, c/o Niedersächsische Sparkassen Stiftung, Schiffgraben 6–8, D-30159 **Hannover**, Postfach 4380, D-30043 **Hannover**, T: +49 5 11 3 60 33 33, F: +49 5 11 3 60 37 54, *Kirsten.Friedrich@svn.de*; *www.musiktage.de* **Tr:** Niedersächsische Sparkassenstiftung. – jeweils unter einem besonderen Themenschwerpunkt. – internat, jährl, September/Oktober.

Brahmswochen, c/o Brahms-Gesellschaft Schleswig-Holstein e. V., Lüttenheid 34, D-25746 **Heide**, T: +49 4 81 6 83 71 62, 6 31 86, F: +49 4 81 6 16 62, *info@brahms-sh.de*; *www.brahms-sh.de* **Tr:** Brahms-Gesellschaft Schleswig-Holstein e. V. – jährl, Mai/Juni.

Heidelberger Frühling, c/o Kulturservice Heidelberg, Ziegelhäuser Landstr 3, D-69120 **Heidelberg**, T: +49 62 2 11 4 22 10, F: +49 62 2 11 4 22 33, *heidelberger-fruehling@heidelberg.de*; *www.heidelberger-fruehling.de* **Tr:** City of Heidelberg. – internat, jährl, im März/April.

Schlossfestspiele Heidelberg, c/o Theater der Stadt Heidelberg, Friedrichstr 5, D-69117 **Heidelberg**, T: +49 62 2 15 83 50 20, F: +49 62 2 15 83 59 90, *schlossfestspiele@heidelberg.de*; *www.schlossfestspiele-heidelberg.de* **Tr:** Theatre of the City of Heidelberg. – ausschließl Eigeninszenierungen d Th d Stadt Heidelberg aus Schauspiel, MTh u TanzTh als Freilichtauff an verschiedenen, wechselnden Spielorten auf d Heidelberger Schloss. – internat, jährl, Ende Juni bis Anfang August.

Opernfestspiele Heidenheim, Postfach 1146, D-89501 **Heidenheim/Brenz**, T: +49 73 2 13 27 46 10, F: +49 73 2 13 27 46 11, *opernfestspiele@heidenheim.de*; *www.opernfestspiele.de* **Tr:** City of Heidenheim. – internat, jährl, Juli-August.

Heiligenberger Musikwoche, Neuer Klang auf neuen Instrumenten, Schweizerhaus, D-88633 **Heiligenberg**, T: +49 75 5 49 80 54, F: +49 75 5 49 80 85, *arthur.bay@t-online.de*; *www.heiligenberger-musikwoche.de* **Tr:** Heiligenberger Musikwoche e. V. – Alle 2–3 Jahre.

Tage Alter Musik in Herne Kulturamt der Stadt Herne, Heidrun Jungs, Berliner Pl 11, D-44623 **Herne**, T: +49 23 2 3 16 28 39, F: +49 23 2 3 16 29 77, *heidrun.jungs@herne.de*; *www.omm.de/TAM-Herne* **Tr:** City of Herne and WDR Köln. – jährl, im November.

Internationales Gitarrenfestival Hersbruck, c/o Stadt Hersbruck, Unterer Markt 1, D-91217 **Hersbruck**, T: +49 91 5 173 51 50, F: +49 91 5 173 51 60, *info@gitarre-hersbruck.de*; *www.gitarre-hersbruck.de* **Tr:** Stadt Hersbruck. – internat, jährl.

Walkenrieder Kreuzgangkonzerte, c/o Image Concert GmbH, Hüttuferstr 4, D-37412 **Herzberg am Harz**, T: +49 55 2 156 10, F: +49 55 2 17 29 72, *Image.Concert@t-online.de*.

Musikwoche Hitzacker, c/o Verein zur Förderung der Musikwoche Hitzacker eV, D-29456 **Hitzacker**, T: +49 58 6 281 97, F: +49 58 6 281 06.

Sommerliche Musiktage Hitzacker, c/o Gesellschaft der Freunde der sommerlichen Musiktage Hitzacker e. V., Postfach 1264, D-29453 **Hitzacker**, T: +49 58 6 294 14 30, F: +49 58 6 294 14 31, *musiktage-hitzacker@t-online.de*; *www.musiktage-hitzacker.de* **Tr:** Gesellschaft der Freunde der Sommerlichen Musiktage Hitzacker e. V. – internat, jährl, Juli/August.

Corveyer Musikwochen, c/o Kulturkreis Höxter-Corvey gGmbH, Schloss Corvey, D-37671 **Höxter**, T: +49 52 7 169 40 10, F: +49 52 7 169 44 00, *empfang@schloss-corvey*; *www.schloss-corvey.de* **Tr:** Kulturkreis Höxter/Corvey GmbH. – internat, jährl, Mai-Juni.

Musik im Pfaffenwinkel, c/o Musik im Pfaffenwinkel Förderverein e. V., Blumenstr 22, D-82383 **Hohenpeißenberg**, T: +49 88 6 813 40, F: +49 88 6 813 40, *info@musik-im-pfaffenwinkel.de*; *musik-im-pfaffenwinkel.de* **Tr:** Förderverein e. V. – jährl.

Festival Raritäten der Klaviermusik, c/o Stiftung Nordfriesland, Schloss vor Husum, D-25813 **Husum**, T: +49 48 4 18 97 31 02, F: +49 48 4 18 97 31 11, *info@piano-festival-husum.de*; *www.piano-festival-husum.de*, *www.nordfriesland.de* **Tr:** County of North Frisia. – internat, jährl, im August.

Iffeldorfer Meisterkonzerte, c/o Gemeinde Iffeldorf, Hofmark 9, D-82393 **Iffeldorf**, T: +49 88 5 637 46, F: +49 88 5 68 22 53, *info@arzt-und-gesundheit.de*; *www.arzt-und-gesundheit.de/iffeldorfer-meisterkonzerte*. – jährl.

Internationale Tage für Alte Musik in Ostfriesland und Groningen, c/o Ralf Tischer, Am Wall 2, D-26632 **Ihlow**, T: +49 49 4 147 92, F: +49 49 4 147 92. – jährl.

Güldener Herbst – Festival Alter Musik in Thüringen, c/o Geschäftsstelle Festival „Güldener Herbst" und Academia Musicalis Thuringiae e. V., Lisztstr. 2a, D-99423 **Ilmenau**, T: +49 36 4 349 36 30, F: +49 36 4 349 36 34, *amt@hfm-weimar.de*; *www.amt-ev.de*, *www.gueldener-herbst.de* **Tr:** Academia Musicalis Thuringiae e. V. – jährl im Oktober.

Sommerkonzerte I/GP-S Vorsprung live erleben, c/o Audi AG, D-85045 **Ingolstadt**, T: +49 8 41 89 36 1 94, F: +49 8 41 89 36 1 95, *sommerkonzerte@audi.de*; *www.sommerkonzerte.de* **Tr:** AUDI AG and Bayerischer Rundfunk. – internat, jährl, Mitte Juni-Ende Juli.

Klang & Raum Musikfestival im Kloster Irsee/Allgäu, Festivalbüro, Klosterring 4, D-87660 **Irsee**, T: +49 83 4 190 66 66, F: +49 83 4 17 42 78, *musikfestival@kloster-irsee.de*; *www.kloster-irsee.de*, *www.musikfestival-irsee.de* **Tr:** Schwäbisches Tagungs- u Bildungszentrum Kloster Irsee. – histor Aufführungspraxis. – internat, jährl, 1. Septemberwochenende.

Internationales Gitarren-Symposion Iserlohn, c/o Thomas Kirchhoff & Dale Kavanagh, Oestricher Str 39b, D-58638 **Iserlohn**, T: +49 23 7 156 07 07, 1 73 2 09 56 85, F: +49 23 7 156 07 07, *info@guitarsymposium.de*; *www.guitarsymposium.de* **Tr:** Kultursymposion Iserlohn. – Kurse u Konz. – internat, jährl, Juli/August.

Opernfestival Isny, c/o Kulturamt Isny, Wassertorstr 3, D-88316 **Isny**, T: +49 5 629 14 52 21, F: +49 5 629 14 52 22, *mann@rathaus.isny.de*; *www.isny-oper.de*. – internat, jährl, im Juli.

Fläming-Festival Jüterbog, c/o Theater- und Konzertstätte Jüterbog, Mönchenkirchpl 4, D-14913 **Jüterbog**, T: +49 33 7 243 26 02, F: +49 33 7 243 26 02, *konzertstaette.jueterbog@t-online.de*; *www.jueterbog-online.de*. – ChM. – internat, jährl, im Juni.

Leitheimer Schlosskonzerte, c/o Jutta Frfr von Tucher, Schlossstr 1, D-86687 **Kaisheim**, Schloss Leitheim, T: +49 90 9 710 16, F: +49 90 9 710 19, *schlosskonzerte@tucher-leitheim.de*; *www.tucher-leitheim.de*. – jährl, Juni-September.

Händel-Festspiele des Badischen Staatstheaters Karlsruhe, c/o Badisches Staatstheater Karlsruhe, Baumeisterstr 11, D-76137 **Karlsruhe**, T: +49 7 213 55 70, F: +49 7 213 7 32 23, *pressestelle@staatstheater.de*; *www.karlsruhe.de/Kultur/Staatstheater*, *www.karlsruhe.de/Kultur/Haendel/fest.html* **Tr:** Badisches Staatstheater Karlsruhe. – jährl, Februar-März.

Karlsruher Musiktage, Riefstahlstr 2, D-76133 **Karlsruhe**, T: +49 7 218 30 83 85, F: +49 7 218 30 83 86, *musikanderchristuskirche@web.de* **Tr:** Karlsruher Musiktage e. V. – alle 2 Jahre, Mai/Juni.

Musik auf dem 49. Breitengrad, c/o Manfred Reichert, Birkenwälde 38, D-76228 **Karlsruhe**, T: +49 7 218 82 43 **Tr:** Ensemble 13. – internat, jährl.

Wintermusik, c/o Manfred Reichert, Birkenwälde 38, D-76228 **Karlsruhe**, T: +49 7 218 82 43 **Tr:** Ensemble 13. – jährl, Januar/Februar.

Internationales Heinrich-Schütz-Fest, c/o Internationale Heinrich-Schütz-Gesellschaft, Heinrich-Schütz-Allee 35, D-34131 **Kassel**, T: +49 5 613 10 50, F: +49 5 613 10 52 40, *info@schuetzgesellschaft.de*; *www.schuetzgesellschaft.de* **Tr:** Internationale Heinrich-Schütz-Gesellschaft e. V. – internat, unregelm.

Kasseler Musiktage – Klangfarben, Heinrich-Schütz-Allee 33, D-34131 **Kassel**, T: +49 5 619 88 39 30, F: +49 5 619 88 39 33, *info@kasseler-musiktage.de*; *www.kasseler-musiktage.de* **Tr:** Kasseler Musiktage e. V. – jährl, Oktober/November.

Kultursommer Nordhessen, Heinrich-Schütz-Allee 33, D-34131 **Kassel**, T: +49 5 619 88 39 30, F: +49 5 619 88 39 33, *info@kultursommer-nordhessen.de*; *www.kultursommer-nordhessen.de* **Tr:** Kultursommer Nordhessen e. V. – internat, jährl, Juli/August.

neue musik in der kirche Interdisziplinäre Tage für Neue Musik und Theologie, c/o Kantorei an St Martin, Mauerstr 15, D-34117 **Kassel**, T: +49 5 612 87 60 13, F: +49 5 612 87 60 15, *kantorei-st.martin@ekkw.de*; *www.ekkw.de/Kassel/nmk* **Tr:** Evangel Landeskirche von Kurhessen-Waldeck in cooperation with the Hessischen Rundfunk. – internat, alle 2 Jahre, im Juni.

Kempen Musik Festival, c/o Kulturforum Franziskanerkloster, Burgstr 19, D-47906 **Kempen**, T: +49 21 5 291 73 83, *Martin.Klapheck@kempen.de*; *www.kempenklassik.de* **Tr:** Kempen Klassik e. V. and Concerto Köln cooperation with the City of Kempen. – internat.

Hunsrücker Musiktage, c/o Kulturverein Region Kirchberg, Bahnhofstr 14, D-55481 **Kirchberg**, T: +49 67 6 317 76 **Tr:** Stadt Kirchberg. – jährl, September/Oktober.

Internationales SEILER Klavierfestival Kitzingen, Schwarzacher Str 40, D-97318 **Kitzingen**, T: +49 93 2 19 33 11, F: +49 93 2 19 33 50, *info@steffen-seiler-verein.de*; *www.steffen-seiler-verein.de* **Tr:** Steffen-Seiler-Verein zur Förderung der Klaviermusik e. V. – jährl, im Mai.

Kloster-Zinna-Sommermusiken, c/o Museum Kloster Zinna, Am Kloster 6, D-14913 **Kloster Zinna**, T: +49 30 7 73 62 99, *info@pmsconcert.de*; *www.kloster-zinna-sommermusiken.de*. – internat, jährl, Juni/Juli.

Internationale Musiktage Koblenz Montabaur, Schlossstr 2, D-56068 **Koblenz**, T: +49 2 28 76 16,

F: +49 2 2881 02, *internet@stadt.koblenz.de*; *barrierefreies.koblenz.de* **Tr:** City of Koblenz, Kuratorium d IMK e. V., City of Montabaur. – internat, jährl, März-Juni.

Koblenzer Mendelssohn-Tage, c/o Veronika Leggewie, Kastorpfaffenstr 7, D-56068 **Koblenz**, T: +49 2 611 53 01, F: +49 2 611 81 33, *christa-molitor@rz-online.de*; *www.kulturland.rlp.de* **Tr:** Koblenzer Mendelssohn-Tage e. V. – jährl.

Mittelrhein Musik Momente, c/o Forum Mittelrheintal e. V., Eltzerhofstr 6a, D-56068 **Koblenz**, T: +49 2 611 29 16 10; *www.musikmomente.de* **Tr:** Mittelrhein Musik Momente im Forum Mittelrheintal e. V. – internat, jährl, Juli/August.

Concerto Köln Festtage Alte Musik, Am Grauen Stein, D-51105 **Köln**, T: +49 2 219 83 41 90, F: +49 2 2198 34 19 99, *info@concerto-koeln.de*; *www.concerto-koeln.de* **Tr:** Concerto Köln e. V. – internat, alle 2 Jahre.

Deutsches Chorfest, c/o Deutscher Sängerbund e. V. 1862, Bernhardstr 166, D-50968 **Köln**, T: +49 2 2138 60 01, F: +49 2 219 34 99 92, *info@saengerbund.de*; *www.saengerbund.de*. – über 1.000 Konzerte. – unregelm.

MusikTriennale Köln GmbH, Bischofsgartenstr 1, D-50667 **Köln**, Postfach 102507, D-50465 **Köln**, T: +49 2 219 25 71 60, F: +49 2 219 25 71 63 95, *mtk@koelnmusik.de*; *www.MusikTriennaleKoeln.de* **Tr:** Musik Triennale Köln GmbH. – internat, alle 3 Jahre.

Rheinisches/Westfälisches Musikfest, c/o Westdeutscher Rundfunk, Appellhofpl 1, D-50600 **Köln**, T: +49 2 212 20 31 80, F: +49 2 212 20 46 80 **Tr:** WDR cooperation with the cooperation with the respective city and the Cultural Ministry NW. – jährl.

Romanischer Sommer, c/o Kulturamt der Stadt Köln, Musikreferat, Richartzstr 2–4, D-50667 **Köln**, T: +49 2 2122 12 29 12, F: +49 2 2122 12 49 53, *wagner@musik-in-koeln.de*; *www.musik-in-koeln.de/sommer* **Tr:** Cultural Office of the City of Cologne ans musik+Konzept e. V. together with Westdeutschen Rundfunk Cologne/ WDR 3. – jährl im Juni.

Domfestspiele Königslutter, Am Markt 1, D-38154 **Königslutter**, T: +49 53 5 39 12 10–6/-7, F: +49 53 5 391 21 55, *Eurokultour@t-online.de*.

Freundes- und Förderkreis Bach-Gedenkstätte im Schloss Köthen e. V. „Köthener Herbst", Schlosspl 4, D-06366 **Köthen**, Postfach 1415, D-06354 **Köthen**, T: +49 34 9 651 19 77, F: +49 34 9 651 19 77, *info@bachfreunde-koethen.de*; *www.bachfreunde-koethen.de* **Tr:** Freundes- u Förderkreis Bach-Gedenkstätte in Schloss Köthen e. V. – internat, alle 2 Jahre, im September.

Köthener Bachfesttage, c/o Köthener Bach GmbH, Schlosspl 5, D-06366 **Köthen**, Postfach 1438, D-06354 **Köthen**, T: +49 34 9 630 39 85, F: +49 34 9 630 39 87, *bach-in-koethen@t-online.de*; *www.bach-in-koethen.de*. – internat, alle 2 Jahre, September.

Internationales Oleg Kagan-Musikfest Kreuth – Tegernseer Tal, c/o Geschäftsstelle Musikfest Kreuth e. V., Nördliche Hauptstr 3, D-83708 **Kreuth**, T: +49 80 2 918 20, F: +49 80 2 918 28, *musikfest@kreuth.de*; *www.oleg-kagan-musikfest.de* **Tr:** Musikfest Kreuth e. V. – internat, jährl, 1. Julihälfte.

Kunstförderverein Kreis Düren e. V. – Spannungen: Musik im Kraftwerk Heimbach, Am Rebstock 7, D-52372 **Kreuzau**, T: +49 24 2 250 31 60, F: +49 24 2 250 31 61, *kfv.dueren@t-online.de*; *www.spannungen.de* **Tr:** Kunstförderverein Kreis Düren e. V. – KamM. – internat, jährl, im Juni.

Cello Festival, c/o Kronberg Academy, Friedrich-Ebert-Str 6, D-61476 **Kronberg**, T: +49 61 7 378 33 78, F: +49 61 7 378 33 79, *info@kronbergacademy.de*; *www.kronbergacademy.de* **Tr:** Internationale Kammermusik-Akademie. – internat.

Viola Fest, c/o Kronberg Academy, Friedrich-Ebert-Str 6, D-61476 **Kronberg**, T: +49 61 7 378 33 78, F: +49 61 7 378 33 79, *administration@kronbergacademy.de*; *www.kronbergacademy.de* **Tr:** Kronberg Academy. – internat.

Hohenloher Kultursommer, c/o Kulturstiftung Hohenlohe, Geschäftsstelle, Allee 17, D-74653 **Künzelsau**, Postfach 1362, D-74643 **Künzelsau**, T: +49 79 4 01 83 73, F: +49 79 4 01 84 31, *kulturstiftung@Hohenlohekreis.de*; *www.hohenloher-kultursommer.de* **Tr:** Kulturstiftung Hohenlohe. – 60 Konzerte im histor Ambiente v Schlössern, Burgen u Kirchen im Hohenloher Land. – internat, jährl.

Landshuter Hofmusiktage, c/o Verkehrsverein Landshut, Altstadt 315, D-84028 **Landshut**, T: +49 8 7192 20 50, F: +49 8 718 92 75, *verkehrsverein@landshut.de*; *www.landshut.de* **Tr:** Verkehrsverein Landshut e. V., City of Landshut, BMW AG. – alle 2 Jahre, Juni/Juli.

Wartburg-Festival, c/o Sabine Kierdorf media & eventservice GmbH, Brandsackerstr 10, D-40764 **Langenfeld**, T: +49 21 7 398 07 42, F: +49 21 7 398 07 43, *presse@sabinekierdorf.com*; *www.wartburg-festival.de*.

Internationales Orgelfestival, c/o Kultur- und Tourismusbüro, Friedrichstr 11, D-35321 **Laubach**, T: +49 64 0 592 13 21, F: +49 64 0 592 13 52, *tourist-info@laubach-online.de*; *www.orgelfestival.net*. – internat.

Lehniner Sommermusiken, Klosterkirchpl 20, D-14797 **Lehnin**, T: +49 33 8 2291, F: +49 33 8 270 35 19, *a_behrendt@web.de*; *www.klosterkirche-lehnin.de* **Tr:** Evangel St Marien-Klosterkirchengemeinde Lehnin. – Konz, Seminare, Workshops u Meisterkurse. – internat, jährl, Mai-September.

Musica Medievalis, c/o Evangelische St Marien-Klosterkirchengemeinde, Klosterkirchpl 20, D-14797 **Lehnin**, T: +49 30 7 73 62 99, *info@pmsconcert.de*; *www.musica-mediaevalis.de* **Tr:** Kirchenkreis Lehnin-Belzig in cooperation with Luise-Henrietten-Stift and the Kirchengemeinde Kloster Zinna. – internat.

Bach-Fest der Neuen Bachgesellschaft e. V. (NBG), Thomaskirchhof 16, D-04109 **Leipzig**, Postfach 101349, D-04007 **Leipzig**, T: +49 3 419 60 14 63, F: +49 3 419 13 71 05, *info@bachgesellschaft.de*; *www.bach-leipzig.de*. – jährl eine Woche lang zwischen Frühling u Herbst.

Bachfest Leipzig, c/o Bach-Archiv Leipzig, Thomaskirchhof 15/16, D-04109 **Leipzig**, T: +49 3 419 13 73 33, F: +49 3 419 13 73 35, *bachfest@bach-leipzig.de*; *www.bach-leipzig.de* **Tr:** Bach-Archiv Leipzig. – jährl um Himmelfahrt.

Festival für Vokalmusik „a cappella", c/o Verein zur Förderung der Vokalmusik – a-cappella e. V., Seegeritzer Str 15, D-04328 **Leipzig**, T: +49 3 412 52 18 04, F: +49 3 412 52 18 04, *info@a-cappella-festival.de*; *www.a-cappella-festival.de*. – internat.

Gewandhaus-Festtage, c/o Gewandhaus zu Leipzig, Augustuspl 8, D-04109 **Leipzig**, Postfach 100853, D-04008 **Leipzig**, T: +49 3 411 27 00, F: +49 3 411 27 02 00, *ticket@gewandhaus.de*; *www.gewandhaus.de* **Tr:** Gewandhaus zu Leipzig. – jährl.

Herbstfestival, c/o Forum Zeitgenössischer Musik Leipzig e. V., Weinligstr 11, D-04155 **Leipzig**, T: +49 1 704 61 28 36 **Tr:** Forum Zeitgenössischer Musik Leipzig. – m Urauff zeitgen Künstler.

MDR Musiksommer, Augustusplatz 9a, D-04109 **Leipzig**, T: +49 3 413 00 87 02, F: +49 3 413 00 87 12, *musiksommer@mdr.de*; *www.mdr.de/musiksommer* **Tr:** Mitteldeutscher Rundfunk. – internat, jährl, Juni-September.

Mendelssohn-Festtage, c/o Gewandhaus zu Leipzig, Augustusplatz 8, D-04109 **Leipzig**, T: +49 3 411 27 00, F: +49 3 411 27 02 00, *publicrelations@gewandhaus.de*; *www.gewandhaus.de* **Tr:** Gewandhaus zu Leipzig. – jährl.

Musiksommer Obermain, c/o Veranstaltunsgemeinschaft, Kronacher Str 30, D-96215 **Lichtenfels**, T: +49 95 7 11 84 18, F: +49 95 7 11 82 88, *info@musiksommer-obermain.de*; *www.musiksommer-obermain.de* **Tr:** Veranstaltungsgemeinschaft des Landkreises Lichtenfels and County ofCoburg and the City of Coburg. – jährl.

Master Class – Young Masters Festival and International Master Class for Piano, c/o Europäische Musikakademie Lindau, PF1402, D-88104 **Lindau/Bodensee**, T: +49 83 8 226 01 22, F: +49 83 8 226 01 26, *piet.hein@konzertverein.com*; *www.konzertverein-bodensee.de* **Tr:** Internationaler Konzertverein Bodensee e. V. – internat.

Lindower Sommermusiken Evangelische Kirchengemeinde Lindow, c/o Christoph Schubach, Str des Friedens 24, D-16835 **Lindow (Mark)**, T: +49 3 39 3 37 19 74, *ch.schubach@freenet.de*; *www.kulturfeste.de/feste/lindow.html*. – internat, jährl, Juli/August.

Stimmen, c/o Burghof Kultur- und Veranstaltungsgesellschaft mbH, Herrenstr 5, D-79539 **Lörrach**, T: +49 76 2 19 40 89 67, F: +49 76 2 19 40 89 34, *info@burghof.com*; *www.stimmen.com* **Tr:** Burghof Kultur- und Veranstaltungsgesellschaft mbH. – jährl Ende Juni bis Ende Juli.

Ludwigsburger Schlossfestspiele Internationale Festspiele Baden-Württemberg, Palais Graevenitz, Marstallstr 5, D-71634 **Ludwigsburg**, T: +49 71 4 19 39 60, F: +49 71 4 193 96 77, *info@schlossfestspiele.de*; *www.schlossfestspiele.de* **Tr:** Ludwigsburger Schlossfestspiele gGmbH. – internat, jährl, Juni-September.

Musikfestival der seltenen Besetzungen, c/o Förderverein Musikfestival der seltenen Besetzungen e. V., Postfach 485, D-71604 **Ludwigsburg**, T: +49 71 4 192 49 28, F: +49 71 4 190 16 42, *musikfestival@musikfestivaldsb.de*; *www.musikfestivaldsb.de* **Tr:** Musikfestival der seltenen Besetzungen e. V. – klass KamKonz m ungewöhnl Besetzungen in Burgen, Schlössern u Kirchen in Baden-Württemberg u optional in anderen Bundesländern. – internat, jährl.

Brahms-Festival Lübeck, c/o Brahms-Institut an der Musikhochschule Lübeck, Jerusalemsberg 4, D-23568 **Lübeck**, T: +49 4 511 50 54 02, F: +49 4 511 50 54 20, *Brahms-Institut@mh-luebeck.de*; *www.mh-luebeck.de, www.brahms-institut.de*. – jährl.

Internationales Kammermusikfest Lübeck, c/o Xaver & Philipp Scharwenka-Gesellschaft e. V., Prassekstr 5, D-23566 **Lübeck**, T: +49 4 516 42 64, F: +49 4 516 50 98, *ETrenkner@aol.com*; *www.scharwenka.de* **Tr:** Xaver & Philipp Scharwenka-Gesellschaft e. V. – KamM aus d Epoche 1870–1918, insbes v Xaver u Philipp Scharwenka. – internat, jährl, Himmelfahrt.

Schleswig-Holstein Musik Festival, c/o Stiftung Schleswig-Holstein Musik Festival, Palais Rantzau, Parade 1, D-23552 **Lübeck**, T: +49 4 5138 95 70, F: +49 4 513 89 57 57, *info@shmf.de*; *www.shmf.de* **Tr:** Stiftung Schleswig-Holstein Musik Festival. – jährl, Anfang Juni bis Ende August.

Theater Sommer Lübeck, c/o Lübecker Sommeroperette, Rathenaustr 21, D-23568 **Lübeck**, T: +49 4 513 27 96, F: +49 4 513 27 96, *info@luebecker-sommeroperette.com*; *www.luebecker-sommeroperette.com*. – jährl v Juni bis August.

Schreyahner Herbst, c/o Samtgemeinde Lüchow, Theodor-Körner-Str. 14, D-29439 **Lüchow**, T: +49 58 4 112 60, F: +49 58 4 112 62 79 **Tr:** Samtgemeinde Lüchow. – jährl Ende September.

Festival Neue Musik in Lüneburg, c/o Prof. Helmut W. Erdmann, An der Münze 7, D-21335 **Lüneburg**, T: +49 41 3 130 93 90, F: +49 41 3 130 93 90, *erdmann@uni-lueneburg.de*; *www.neue-musik-lueneburg.de* **Tr:** City of Lüneburg. – internat, jährl, im Oktober.

Lüneburger Bachwoche, c/o Claus Hartmann, Falkenhorst 12, D-21337 **Lüneburg**, T: +49 41 3 130 95 66, F: +49 41 3 130 93 90, *info@bachwoche-lueneburg.de*; *www.bachwoche-lueneburg.de* **Tr:** City of Lüneburg supported by the Freunde der Lüneburger Bachwoche e. V. – schwerpunktmäßig weltliche Bach-Werke an verschiedenen Veranstaltungsorten; Integration einheimischer Künstler u Förderung d künstler Nachwuchses. – alle 2 Jahre.

Magdeburger Telemann-Festtage, c/o Landeshauptstadt Magdeburg, Telemannzentrum im Kulturamt, Schönebecker Str 129, D-39104 **Magdeburg**, PF, D-39090 **Magdeburg**, T: +49 3 915 40 67 55, F: +49 3 915 40 67 98, *telemann@tz.magdeburg.de*; *www.telemann.org* **Tr:** City of Magdeburg. – internat, alle 2 Jahre, um den 14. März (Geburtstag v Telemann).

Tonkünstlerfest des Deutschen Tonkünstlerverbandes, c/o Landesverband Sachsen-Anhalt e. V., Hermann-Löns-Str. 21, D-39116 **Magdeburg**, T: +49 3 916 31 20 86, F: +49 3 916 31 20 86, *si.hansen1@gmx.de* **Tr:** Deutscher Tonkünstlerverband – Landesverband Sachsen-Anhalt eV. – jährl Ende November.

Kultursommer Rheinland-Pfalz, c/o Willi Becker, Kaiserstr 26–30, D-55116 **Mainz**, T: +49 61 3 12 88 38 15, F: +49 61 3 128 83 88, *info@kultursommer.de*; *www.kultursommer.de* **Tr:** Kultursommer Rheinland-Pfalz e. V. – jährl, Mai-Oktober.

Musik in Burgen und Schlössern, c/o Villa Musica, Auf der Bastei 3, D-55131 **Mainz**, T: +49 61 3 19 25 18 00, F: +49 61 3 116 92 03, *info@villamusica.de*; *www.villamusica.de*. – 100 klass Konz in histor Bauten d Landes Rheinland-Pfalz. – jährl.

Gegenwelten Festival Musikfestival Gegenwelten, c/o Prof Rudolf Meister, Hochschule für Musik und Darstellende Kunst Mannheim, N 7, 18, D-68161 **Mannheim**, T: +49 6 212 92 35 11, F: +49 6 212 92 20 72, *rektorat@muho-mannheim.de*; *www.gegenwelten.de* **Tr:** Staatl H f M u Darst Kunst Mannheim and Kulturstiftung Rhein-Neckar-Kreis e. V. – jährl, im Juni.

Mannheim Summer Wind Academy, c/o Förderverein Mannheimer Bläsermusik e. V., Gartenstr 5a, D-68309 **Mannheim**, Postfach 410364, D-68277 **Mannheim**, T: +49 6 217 27 4 10, F: +49 6 217 27 41 13, *info@blaesermusik.de*; *www.mannheim-wind-academy.de* **Tr:** Förderverein Mannheimer Bläsermusik e. V. – Workshops u Konz. – internat, jährl.

mannheimer schule Internationale Orchesterakademie des Nationaltheaters Mannheim, c/o Nationaltheater Mannheim, Mozartstr 9, D-68161 **Mannheim**, T: +49 6 211 68 02 40, F: +49 6 211 68 03 71, *mannheimerschule@mannheim.de*; *www.sommer-akademie-mannheim.de*. – Konzertprogramme, von Teilnehmern d Akademie erarbeitet. – jährl, im Juli.

Musica Sacra International, c/o Bayerische Musikakademie, Kurfürstenstr 19, D-87616 **Marktoberdorf**, T: +49 83 4 296 18 25, F: +49 83 4 24 03 70, *info@musica-sacra-international.de*; *www.modmusik.de* **Tr:** Bavarian Music Council, gProjektGes.mbH. – internat, gerade Jahreszahlen, um Pfingsten.

Schlosskonzerte Neuschwanstein, c/o Landratsamt Ostallgäu, Wolfgang Kühnl, Postfach 1255, D-87610 **Marktoberdorf**, T: +49 83 4 291 14 60, F: +49 83 4 291 15 44, *wolfgang.kuehnl@lra-oal.bayern.de*, *info@schwangau.de*; *www.ostallgaeu.de*, *www.schwangau.de* **Tr:** County of Ostallgäu, Municipality of Schwangau. – jährl, im September.

Klosterkonzerte Maulbronn Das Musikfestival im Weltkulturerbe, c/o Ev Seminar, Klosterhof 12–17, D-75433 **Maulbronn**, Postfach 47, D-75433 **Maulbronn**, T: +49 70 4 377 34, F: +49 70 4 357 02, *info@klosterkonzerte.de*; *www.klosterkonzerte.de* **Tr:** Seminar Maulbronn. – internat, jährl, April-September.

Merseburger Orgeltage, c/o Freundeskreis Musik und Denkmalpflege in Kirchen Merseburg, Unteraltenburg 14, D-06217 **Merseburg**, T: +49 34 6 13 09 91 83, F: +49 34 6 13 09 91 84, *info@merseburger-orgeltage.de*; *www.merseburger-orgeltage.de* **Tr:** Freundeskreis Musik und Denkmalpflege in Kirchen des Merseburger Landes e. V. – internat, jährl, im September.

Ensemblia Mönchengladbach Festival, Voltastr 2, D-41061 **Mönchengladbach**, T: +49 21 6 125 24 21, F: +49 21 6 125 24 39, *ensemblia@mgmg.de*; *www.ensemblia.de* **Tr:** City of Mönchengladbach together with NRW KULTURsekretariat. – internat.

Münchberger Bach-Tage, c/o Dekanatskantor Jürgen Kerz, Otto-Kalbskopf-Str 16, D-95213 **Münchberg**, T: +49 92 5 144 06 81, F: +49 92 5 144 06 82, *juergenkerz@fonj.net*.

A.Devantgarde-Festival München, c/o Axel F. Singer, Sentilostr 28, D-81477 **München**, T: +49 89 7 84 95 84, F: +49 40 75 11 02 03 72, *eggy@moritzeggert.de*; *www.adevantgarde.de* **Tr:** A.Devantgarde e. V. – Projekte Moderner Musik. – internat, alle 2 Jahre, im Juni.

Benediktbeurer Konzerte, c/o Bayrischer Volksbildungsverband München, Pienzenauer Str 12, D-81679 **München**, T: +49 89 9 97 38 96, F: +49 89 99 73 89 73, *konzerte@bvv-ev.de*; *www.bvv-ev.de* **Tr:** Bayerischer Volksbildungsverband e. V. – national, jährl, Juni-September.

Europa-Tage der Musik, c/o Bayerischer Musikrat, Maria-Theresia-Str 20, D-81675 **München**, T: +49 89 52 04 64 22, F: +49 89 52 04 64 52, *bayerischer.musikrat@t-online.de*; *www.europa-tage-der-musik.de* **Tr:** Bavarian Music Council e. V. – Veranstaltungen an versch Orten. – internat, jährl.

Europamusicale Europäisches Musikfest, c/o Europamusicale VeranstaltungsGmbH, Brienner Str 55, D-80333 **München**, T: +49 89 5 45 89 40, F: +49 89 54 58 94 99, *info@europamusicale.com*; *www.europamusicale.com* **Tr:** Europamusicale VeranstaltungsGmbH. – internat, unregelm.

KLANG-AKTIONEN Neue Musik München, c/o Josef Anton Riedl, Sandstr 49, D-80335 **München**, T: +49 89 52 81 52. – internat, jährl, Frühjahr u Herbst.

Klassik am Odeonsplatz, c/o Münchner Philharmoniker, Kellerstr 4, D-81667 **München**, T: +49 89 4 80 98 55 02, F: +49 89 4 80 98 53 00, *philharmoniker@muenchen.de*; *www.klassik-am-odeonsplatz.de* **Tr:** Kulturreferat der Landeshauptstadt of München. – jährl, im Juni.

Münchener Bach Konzerte, c/o Tonicale Musik & Event GmbH, Brienner Str 55, D-80333 **München**, T: +49 89 5 45 89 50, F: +49 89 54 58 95 99, *info@musikerlebnis.de*; *www.musikerlebnis.de*. – jährl.

Münchener Biennale Internationales Festival für neues Musiktheater, c/o Kulturreferat der Landeshauptstadt München und Spielmotor München e. V., Ludwigstr 8, D-80539 **München**, T: +49 89 2 80 56 07, F: +49 89 2 80 56 79, *biennale@spielmotor.de*; *www.muenchenerbiennale.de* **Tr:** Kulturreferat der Landeshauptstadt München and Spielmotor München e. V. – Urauff, Förderung junger Komp. – internat, alle 2 Jahre, Frühjahr.

Münchner Mozart Konzerte, c/o Tonicale Musik & Event GmbH, Brienner Str 55, D-80333 **München**, T: +49 89 5 45 89 50, F: +49 89 54 58 95 99, *info@musikerlebnis.de*; *musikerlebnis.de*. – jährl.

Münchner Opern-Festspiele, c/o Bayerische Staatsoper, Max-Joseph-Pl 2, D-80539 **München**, Postfach 101404, D-80080 **München**, T: +49 89 21 85 19 20, F: +49 89 21 85 19 45, *tickets@st-oper.bayern.de*; *www.muenchner-opern-festspiele.de* **Tr:** Bavarian State Opera Munich. – jährl, im Juli.

musica viva, c/o Bayerischer Rundfunk, Rundfunkpl 1, D-80335 **München**, T: +49 89 59 00 28 26, F: +49 89 59 00 38 27, *musicaviva@brnet.de*; *www.br-online.de/musicaviva*.

Schleißheimer Schlosskonzerte, c/o Bayrischer Volksbildungsverband München, Pienzenauer Str 12, D-81679 **München**, T: +49 89 9 97 38 96, F: +49 89 99 73 89 73, *konzerte@bvv-ev.de*; *www.bvv-ev.de* **Tr:** Bayerischer Volksbildungsverband e. V. – national, jährl.

Wiener Klassik München – Frankfurt – Düsseldorf, c/o Tonicale Musik & Event GmbH, Brienner Str 55, D-80333 **München**, T: +49 89 5 45 89 55, F: +49 89 54 58 95 99, *info@musikerlebnis.de*; *musikerlebnis.de*. – jährl.

Barockfest Münster, c/o Kulturamt der Stadt Münster, Klemensstr 10, D-48127 **Münster**, T: +49 2 514 92 41 04, F: +49 2 514 92 77 52, *Wistokat@Stadt-Muenster.de*; *www.muenster.de/stadt/barockfest* **Tr:** City of Münster. – internat, alle 2 Jahre.

Weltmusikfestival Murnau Grenzenlos, c/o Kulturverein Murnau e. V., Mühlhagen 2, D-82418 **Murnau**, T: +49 88 4 14 01 85, *koethe@onlinehome.de*; *www.musikfestival-grenzenlos.de*.

Festspiele Herrenchiemsee, c/o Internationale Herrenchiemsee Festspiele GmbH, Am Gasteig 7, D-83115 **Neubeuern**, T: +49 80 3 510 31, F: +49 80 3 584 92; *www.herrenchiemsee-festspiele.de*. – internat, jährl, im Juli.

Internationale Neuburger Osterakademie für Alte Musik, c/o Rathaus, Amt für Kultur und Tourismus, Karlsplatz A 12, D-86633 **Neuburg/Donau**, T: +49 84 3 15 52 30; *www.neuburg-donau.de*. – jährl.

Neuburger Barockkonzerte, c/o Michael Bickel, Mühlenweg 33 1/2, D-86633 **Neuburg/Donau**, T: +49 84 3 192 11, *bickel.michael@web.de*, *angelika.rittberger@neuburg-donau.de* **Tr:** Stiftung „Neuburger Barockkonzerte". – jährl, im September.

Open Air Klassik Hoppegarten, c/o Musikpodium Neuenhagen-Hoppegarten e. V., Ahornstr 32, D-15366 **Neuenhagen**, T: +49 33 4 274 32, F: +49 33 4 274 32, *musikpodium@t-online.de* **Tr:** Musikpodium Neuenhagen-Hoppegarten e. V. – internat, jährl.

Europäische Opernakademie, Historischer Reitstadel, Residenzpl 3, D-92318 **Neumarkt, Oberpfalz**, T: +49 91 8 123 87 70, F: +49 91 8 123 89 48, *info@opernakademie.de*; *www.operaacademy.com*. – Konzerte, Kurse u Vorträge (offen f das gesamte Publikum). – jährl.

Inselfestival Hombroich, c/o Museum Insel Hombroich, D-41472 **Neuss**, T: +49 21 8 220 94, F: +49 21 8 212 29 **Tr:** Verein zur Förderung d Kunst- u Kulturraumes Hombroich e. V. – internat, alle 2 Jahre, Mai-Juni.

Hambacher Musikfest, c/o Förderkreis Hambacher Musikfest, Ahornweg 7, D-67434 **Neustadt an der Weinstraße**, T: +49 63 2 19 20 43, F: +49 63 2 189 97 82, *konzerte@hambachermusikfest.de*; *www.hambachermusikfest.de* **Tr:** Förderkreis Hambacher Musikfest e. V. – internat, jährl, Juni.

Open Air-Konzerte Schloss Engers, c/o Akademie für Kammermusik im Kurfürstlichen Schloss Engers, Alte Schlossstr 2, D-56566 **Neuwied-Engers**, T: +49 26 2 29 26 41 17, F: +49 26 2 29 26 42 64, *schloss-engers@t-online.de*; *www.villamusica.de*, *www.schloss-engers.de*. – jährl.

RheinVokal – Festival am Mittelrhein, c/o RheinVokal – Festival am Mittelrhein GmbH, Alte Schlossstr 2, D-56566 **Neuwied-Engers**, T: +49 26 2 29 26 42 50, F: +49 2 62 29 26 42 53, *info@rheinvokal.de*; *www.rheinvokal.de*.

Oper Oder-Spree Stiftung Stift Neuzelle, Stiftspl 7, D-15898 **Neuzelle**, T: +49 3 36 52 8 140, F: +49 3 36 5 28 14 19, *info@stift-neuzelle.de*; *www.kloster-neuzelle.de*. – internat, jährl, Juli/August.

Europäisches Musikfest Münsterland, Bohlenstr 2, D-59394 **Nordkirchen**, T: +49 2 511 44 22 45, F: +49 2 511 44 22 46, *info@emm-festival.de*; *www.emm-festival.de* **Tr:** Europäisches Musikfest Münsterland e. V. – jährl.

ars nova nürnberg, c/o Bayerischer Rundfunk, Studio Franken, Wallensteinstr 117, D-90431 **Nürnberg**, T: +49 9 116 55 02 36, F: +49 9 116 55 02 58, *susette.clausing@brnet.de*; *www.br-online.de/franken* **Tr:** Bayerischer Rundfunk, City of Nürnberg, Evangel Kirchengemeinde St Sebald. – nur zeitgen Musik. – jährl, Oktober/November.

Internationale Orgelwoche Nürnberg – Musica Sacra, Lorenzer Platz 10a, D-90402 **Nürnberg**, T: +49 9 112 14 44 66, F: +49 9 112 14 44 77, *info @ion-musica-sacra.de*; *www.ion-musica-sacra.de* **Tr:** Internationale Orgelwoche Nürnberg – Musica Sacra, Öffentliche Stiftung des Bürgerlichen Rechts. – Europas ältestes Fest geistl Musik. – internat, jährl, Juni/Juli.

Internationales Kammermusikfestival Nürnberg, c/o Gero Nievelstein, Nürnbergerstr 49, D-90762 **Nürnberg**, T: +49 9 116 53 89 00, *info @kammermusik-festival.de*; *www.kammermusik-festival.de*. – jährl, im September.

Klassik Open Air beim Picknick im Park, c/o Kultur Information, Königstr 93, D-90402 **Nürnberg**, T: +49 9 112 31 40 00, F: +49 9 112 31 75 75, *kulturinfo@stadt.nuernberg.de*; *www.klassikopenair.de*.

Oberstdorfer Musiksommer, c/o Festivalbüro des Oberstdorfer Musiksommers, Bahnhofplatz 3, D-87561 **Oberstdorf**, T: +49 83 2 270 02 67/-2 90, F: +49 83 2 270 02 48, *musik@oberstdorf.de*; *www. oberstdorfer-musiksommer.de*.

Musikfestspiele Schwäbischer Frühling, Marktpl 1, D-88416 **Ochsenhausen**, T: +49 73 5 292 20 27, F: +49 73 5 292 20 19, *info@schwaebischer-fruehling.de*; *www.schwaebischer-fruehling.de* **Tr:** Musikfestspiele Schwäbischer Frühling e. V. – internat, jährl, in d Fronleichnamswoche.

Rheingau Musik Festival Konzertgesellschaft mbH, Rheinallee 1, D-65375 **Oestrich-Winkel**, T: +49 67 2 39 17 70, F: +49 67 2 391 77 19, *info@ rheingau-musik-festival.de*; *www.rheingau-musik-festival.de* **Tr:** Rheingau Musik Festival Konzertgesellschaft mbH. – internat, jährl, Juni-August.

Internationales Musikfestival „Oldenburger Promenade", c/o Gemeinschaft der Freunde der Kammermusik in Oldenburg e. V., Gartenstr 7, D-26122 **Oldenburg**, T: +49 4 415 94 92 22, F: +49 4 415 94 92 24, *info@oldenburger-promenade. de*; *www.oldenburger-promenade.de* **Tr:** Gemeinschaft der Freunde der Kammermusik in Oldenburg e. V., Oldenburgische Landesbank, EWE Aktiengesellschaft. – in historischen Sälen d Stadt werden gleichzeitig etwa 45 Minuten dauernde Konzerte aufgeführt. – internat, jährl, im Juni.

Euregio Musikfestival, c/o music and arts Organisations GmbH & Co KG, Corsicaskamp 13, D-49076 **Osnabrück**, T: +49 5 419 62 96 00, F: +49 5 4196 29 60 50, *info@music-and-arts.de*; *www.euregio-musikfestival.com* **Tr:** Music and Arts Organisations GmbH & Co KG. – Region Osnabrück, Münster, Enschede, Hengelo (Niederlande). – internat, jährl, Mai-Juni.

KlangArt, c/o Forum Musik und Elektronik e. V., Dominikanerkloster, Hasemauer 1, D-49074 **Osnabrück**, Postfach 4460, D-49034 **Osnabrück**, T: +49 5 412 49 60, F: +49 5 412 49 13, *klangart @osnabrueck.de*; *www.osnabrueck.de/klangart* **Tr:** Forum Musik & Elektronik e. V. – alle 2 Jahre.

Osnabrücker Kammermusiktage, c/o Schlossverein Osnabrück e. V., Postfach 4027, D-49030 **Osnabrück**, T: +49 54 0 253 09, F: +49 54 0 224 83, *hagengleisner@aol.com*; *www. osnabruecker-kammermusiktage.de* **Tr:** Schlossverein Osnabrück e. V. – internat, jährl.

Festtage für Alte Musik in Schleswig-Holstein, c/o Gesellschaft für Alte Musik in Schleswig-Holstein und Nordschleswig, Fehmarnstr 66, D-24783 **Osterrönfeld**, T: +49 43 3 18 04 40, F: +49 43 3 18 04 40, *info@kulturnetz-sh.de* **Tr:** Gesellschaft für Alte Musik in Schleswig-Holstein und Nordschleswig e. V. – unregelm.

Schlossfestspiele Worms-Herrnsheim, c/o Festspielbüro, Schlossfestspiele Worms-Herrnsheim e. V., Margareta Wittenberg, Dr H. Böcklerstr 4, D-67574 **Osthofen**, T: +49 62 4 291 46 39, F: +49 62 4 291 46 41; *www.worms.de* **Tr:** Schlossfestspiele Worms-Herrnsheim e. V. – internat, jährl, Juni/Juli.

Ottobeurer Konzerte, c/o Touristikamt Kur & Kultur Ottobeuren, Marktpl 14, D-87724 **Ottobeuren**, T: +49 83 3 292 19 50, F: +49 83 3 292 19 92; *www.ottobeuren.de*. – jährl, Februar bis November.

Internationale Musikfestwochen in Nordrhein-Westfälischen Burgen und Schlössern, c/o Carmen Daniela, Klefhaus 8, D-51491 **Overath**, T: +49 22 0 770 15 46, F: +49 22 0 791 20 39, *carmendaniela@t-online.de* **Tr:** Verein zur Förderung von künstlerischen Veranstaltungen in Burgen u Schlössern e. V. – jährl, August-Dezember.

Musica Sacra Paderborn, c/o Kulturamt der Stadt Paderborn, Mühlenstr 15, D-33098 **Paderborn**, T: +49 52 5 188 16 05, F: +49 52 5 188 20 41, *kulturamt@paderborn.de*; *www.musicasacra-paderborn.de* **Tr:** City of Paderborn. – Alle 2 Jahre.

Festspiele Europäische Wochen Passau, Dr.-Hans-Kapfinger-Str 20, D-94032 **Passau**, T: +49 8 5156 09 60, F: +49 8 517 09 94, *ew@ew-passau. de*; *www.ew.passau.de* **Tr:** Festspiele Europäische Wochen Passau e. V. – jährl, Juni/Juli.

Festival „Sandstein & Musik", Maxim-Gorki-Str 1, D-01796 **Pirna**, T: +49 35 0 144 65 72, F: +49 35 0 144 64 72, *info@sandstein-musik.de*; *www.sandstein-musik.de* **Tr:** Sandstein & Musik e. V. Pirna. – KamM, ChM an verschiedenen Spielorten. – internat, jährl, März-November.

Festival Mitte Europa Bayern – Cechy – Sachsen, Paul-Gerhardt-Str 14, D-08525 **Plauen**, T: +49 37 4 152 53 31, +49 35 0 15 85 30, F: +49 37 4 152 55 27, +49 35 0 158 53 22, *info@festival-mitte-europa.com*; *www.festival-mitte-europa.com* **Tr:** „Mißlareuth 1990, Mitte Europa" e. V., „Cheb 1991, Kulturelle Zusammenarbeit". – internat, jährl, Juli-September.

Osterfestival Nördliche Oberpfalz, c/o Internationale Junge Orchesterakademie, Neuenhammerstr 1, D-92714 **Pleystein**, T: +49 96 5 491 41 41, F: +49 96 5 491 41 42, *office@ijoa.de*; *www.osterfestival. de* **Tr:** Internationale Junge Orchesterakademie. – internat, jährl in der Karwoche.

Plöner Musikherbst, c/o Prinzenhaus, Schlossgebiet 10, D-24306 **Plön**, T: +49 45 2 274 78 20, F: +49 45 2 274 78 33, *info@ploener-musikherbst.de*; *www.ploener-musikherbst.de* **Tr:** Kreismusikschule Plön. – internat, jährl, September/Oktober.

Choir Olympics, c/o Förderverein INTERKULTUR e. V., Am Weingarten 3, D-35415 **Pohlheim**, T: +49 64 0 395 65 25, F: +49 64 0 395 65 29, *mail @musica-mundi.com*; *www.musica-mundi.com*.

International Choir Competition and Festival Budapest, c/o Förderverein INTERKULTUR e. V., Am Weingarten 3, D-35415 **Pohlheim**, T: +49 64 0 395 65 25, F: +49 64 0 395 65 29, *mail@ musica-mundi.com*; *www.musica-mundi.com*. – internat.

International Choir Festival for Sacred and Secular Music Malta, c/o Förderverein INTERKULTUR e. V., Am Weingarten 3, D-35415 **Pohlheim**, T: +49 64 0 395 65 25, F: +49 64 0 395 65 29, *mail @musica-mundi.com*; *www.musica-mundi.com*. – alle 3 Jahre, Ende Juli.

Internationale Festtage geistlicher Chormusik, c/o Förderverein INTERKULTUR e. V., Am Weingarten 3, D-35415 **Pohlheim**, T: +49 64 0 395 65 25, F: +49 64 0 395 65 29, *mail@ musica-mundi.com*; *www.musica-mundi.com*. – internat, alle 3 Jahre, Ende Juli.

Internationaler Robert-Schumann-Chorwettbewerb, c/o Förderverein INTERKULTUR e.v., Am Weingarten 3, D-35415 **Pohlheim**, T: +49 64 0 395 65 25, F: +49 64 0 395 65 29, *mail @musica-mundi.com*; *www.musica-mundi.com* **Tr:** City of Zwickau in cooperation with the Förderverein Interkultur Pohlheim. – offen f gemischte Chöre, Frauen- u. Männerchöre sowie Vokal- u. KamEns m Amateurstatus. – internat, alle 4 Jahre, Zwickau.

Johannes Brahms Choir Festival Wernigerode, c/o Förderverein INTERKULTUR e. V., Am Weingarten 3, D-35415 **Pohlheim**, T: +49 64 0 395 65 25, F: +49 64 0 395 65 29, *mail@ musica-mundi.com*; *www.musica-mundi.com*. – internat.

Mallorca en Música, c/o Förderverein INTERKULTUR e. V., Am Weingarten 3, D-35415 **Pohlheim**, T: +49 64 0 395 65 25, F: +49 64 0 395 65 29, *mail@musica-mundi.com*; *www.musica-mundi. com*. – alle 3 Jahre, Ende Juli.

Musica Sacra a Roma, c/o Förderverein INTERKULTUR e. V., Am Weingarten 3, D-35415 **Pohlheim**, T: +49 64 0 395 65 25, F: +49 64 0 395 65 29, *mail@musica-mundi.com*; *www.musica-mundi. com*. – alle 3 Jahre, Ende Juli.

Rimini in Musica, c/o Förderverein INTERKULTUR e. V., Am Weingarten 3, D-35415 **Pohlheim**, T: +49 64 0 395 65 25, F: +49 64 0 395 65 29, *mail @musica-mundi.com*; *www.musica-mundi.com*. – alle 3 Jahre, Ende Juli.

Venezia in Musica, c/o Förderverein INTERKULTUR e. V., Am Weingarten 3, D-35415 **Pohlheim**, T: +49 64 0 395 65 25, F: +49 64 0 395 65 29, *mail @musica-mundi.com*; *www.musica-mundi.com*.

World Music Festival – Venezia, c/o Förderverein INTERKULTUR e. V., Am Weingarten 3, D-35415 **Pohlheim**, T: +49 64 0 395 65 25, F: +49 64 0 395 65 29, *mail@musica-mundi.com*; *www.musica-mundi.com*. – alle 3 Jahre, Ende Juli.

Collegium Musicum Internationale Sommerakademie Schloss Pommersfelden, c/o Schlossverwaltung, Schloss Weißenstein, D-96178 **Pommersfelden**, T: +49 95 4 898 18 68, F: +49 95 4 898 18 18; *www.collegium-musicum.info* **Tr:** Collegium Musicum Schloss Pommersfelden e. V. – internat, jährl, Juli-August.

Bachtage Potsdam, Burgstr 32, D-14467 **Potsdam**, T: +49 3 312 70 62 22, F: +49 3 312 80 33 35, *info@bachtage-potsdam.de*; *www.bachtage.de* **Tr:** Musik an St Nikolai Potsdam e. V. – jährl, September.

Internationaler Orgelsommer Potsdam, c/o Friedenskirche, Matthias Jacob, Am Grünen Gitter 1, D-14469 **Potsdam**, T: +49 3 3190 11 67, F: +49 3 319 51 24 69; *www.kulturfeste.de/feste/orgel. html*. – internat, jährl, Juli-September.

Musikfestspiele Potsdam Sanssouci, Wilhelm-Staab-Str 10/11, D-14467 **Potsdam**, T: +49 3 3128 88 80, F: +49 3 312 88 88 29, *service@ musikfestspiele-potsdam.de*; *www.musikfestspiele-potsdam.de* **Tr:** Musikfestspiele Sanssouci und Nikolaisaal Potsdam GmbH. – jährl, im Juni.

Potsdamer Hofkonzerte Sanssouci, c/o Konzert- und Küstleragentur Barbara V. Heidenreich, Gartenstr 11, D-14482 **Potsdam**, T: +49 3 3124 56 09, F: +49 3 3124 56 10, *potsdamerhofkonzertesanssouci@t-online.de*; *www.potsdamer-hofkonzerte.de*. – internat, jährl.

InselKonzerte – Kammermusik auf Herrenchiemsee, c/o Chiemsee – Kultur Dr. Claudia Trübsbach, Seestr. 53 B, D-83209 **Prien am Chiemsee**, T: +49 80 5 16 36 72, F: +49 80 5 16 36 72.

Kirchenkonzerte Probsteierhagen/ Internationale Tage für Alte Musik Schloss Hagen/St. Katharinen zu Probsteierhagen, c/o Verein zur Erhaltung der historischen Orgel, Alte Dorfstr 49, D-24253 **Probsteierhagen**, T: +49 43 4 435 14, F: +49 43 4 435 14, *reichel@kirchenkonzerte.de*; *www.kirchenkonzerte.de*.

Putbus Festspiele, c/o Putbus-Festspiele e.V, Barbara Lüth, Vorsitzende, Berger Str 3 a, D-18581 **Putbus**, T: +49 3 83 01 8 150, F: +49 3 83 0 18 87 20, *gerhard@reese.to*; *www.putbus-festspiele.com* **Tr:** Putbus-Festspiele e. V. u d Förderverein Theater Putbus e. V. – im Mittelpunkt jeweils ein best Komp d vergangenen Jh oder eine Epoche d Musikgeschichte. – internat, jährl, von Himmelfahrt bis Pfingstmontag.

Quakenbrücker Musiktage, c/o Günter Schuhriemen, An der Mühle 40a, D-49610 **Quakenbrück**, T: +49 54 3 190 07 90, F: +49 54 3 190 63 12, *gschuhriemen@aol.com*; *www.quakenbruecker-*

musiktage.de **Tr:** City of Quakenbrück. – alle 2 Jahre, im November.

Quedlingburger Musiksommer, Aegidiikirchhof 3, D-06484 **Quedlinburg**, T: +49 39 4 637 38, F: +49 39 4 630 85, *qtm@quedlinburg.de*; *www.quedlinburg-info.de*. – ca 25 Konz (meist in d Stiftskirche St Servatius). – jährl, Mai-September/Oktober.

Ratinger BachTage, c/o Cantare e. V., Postfach 106151, D-40859 **Ratingen**, T: +49 21 0 296 30 60, F: +49 21 0 296 30 90, *info@cantare.de*; *www.cantare.de* **Tr:** Cantare e. V. – jährl, Juni/Juli.

Spectaculum Musicae Musica Antiqua Ambergensis, c/o Dr Helmut Schwämmlein, Utastr 27, D-93049 **Regensburg**, T: +49 9 412 10 27, F: +49 9 412 10 26, *Hsmaa@aol.com*. – jährl.

Tage Alter Musik Regensburg, c/o Pro Musica Antiqua, Postfach 100903, D-93009 **Regensburg**, T: +49 9 418 30 09 48, F: +49 9 418 30 09 39, *TageAlterMusik@t-online.de*; *www.tagealtermusik-regensburg.de* **Tr:** Pro Musica Antiqua. – histor AuffPraxis. – internat, jährl, im Mai.

Thurn und Taxis Schlossfestspiele Regensburg, Schenkendorfstr 9, D-93049 **Regensburg**, T: +49 9 4129 60 00, F: +49 9 412 96 00 19, *info@odeon-concerte.de*; *www.odeon-concerte.de*.

Festival Kammeroper Schloss Rheinsberg, Kavalierhaus der Schlossanlage, D-16831 **Rheinsberg**, T: +49 3 39 31 7 250, F: +49 3 39 3 17 25 15, *kammeroper.schloss.rheinsberg@t-online.de*; *www.kammeroper-schloss-rheinsberg.de*.

Festtage der Alten Musik, c/o Musikakademie Rheinsberg, Kavalierhaus der Schlossanlage, D-16831 **Rheinsberg**, T: +49 3 39 31 7 210, F: +49 3 39 3 17 21 13, *musikakad1@aol.com*; *www.schlosstheater-rheinsberg.de* **Tr:** Musikakademie Rheinsberg. – aufführungsprakt Einrichtung lange Zeit ungespielter alter Noten, Musizieren auf histor Instr u wiss Kolloquien. – internat, jährl, zu Ostern.

Rheinsberger Pfingstwerkstatt Neue Musik, c/o Musikakademie Rheinsberg, Kavalierhaus der Schlossanlage, D-16831 **Rheinsberg**, T: +49 3 39 31 7 210, F: +49 3 39 3 17 21 13, *musikakad1@aol.com*; *www.schlosstheater-rheinsberg.de* **Tr:** Musikakademie Rheinsberg. – Auff neuer zeitgen Komp. – internat, jährl.

Rintelner Musiktage, c/o Ev Kreiskantorat Grafschaft Schaumburg – Kreiskantor W. Westphal, Ritterstr 18, D-31737 **Rinteln**, T: +49 57 5 14 13 44, F: +49 57 5 195 94 51, *ulrich.woehler@evlka.de*. – jährl, im November.

Landesmusikrat M-V e. V. Projektbüro Musikantentreff Ostsee (MTO), Postfach 104112, D-18006 **Rostock**, T: +49 3 814 00 61 85, F: +49 3 814 00 61 87+, *musikantentreff@web.de*; *www.lmr-mv.de* **Tr:** Regional Music Council Mecklenburg-Western Pomerania. – internat, jährl.

Tage für Neue Musik, c/o Kulturverein Zehntscheuer, Geschäftsstelle, Bahnhofstr 16, D-72101 **Rottenburg**, Postfach 29, D-72101 **Rottenburg**, T: +49 74 7 216 52 14, F: +49 74 7 216 53 92, *Post@kultur-rottenburg.de*; *www.kultur-rottenburg.de* **Tr:** Kulturverein Zehntscheuer e. V. in cooperation with SWR Baden Baden, Ars nova. – jährl.

Klassik-Festival Sommersprossen, Postfach 1753, D-78619 **Rottweil**, T: +49 7 4149 42 17, F: +49 7 4149 42 88, *simone.maiwald@rottweil.de*; *www.rottweil.de/neu/res/1024.htm* **Tr:** Stadt Rottweil Volksbank. – internat.

Rudolstädter Festspiele, Anger 1, D-07407 **Rudolstadt**, Postfach 110, D-07392 **Rudolstadt**, T: +49 36 7 2450–1 13, F: +49 36 7 241 26 60 **Tr:** Zweckverband der Thüringer Landestheater Rudolstadt und Thüringische Symphoniker Saalfeld-Rudolstadt.

Musik im 21. Jahrhundert, c/o Saarländischer Rundfunk, Funkhaus Halberg, Deutschland, D-66100 **Saarbrücken**, T: +49 6 816 02 22 30, F: +49 6 816 02 22 43, *musik21@sr-online.de*; *www.sr-online.de/musik21* **Tr:** Saarländischer Rundfunk. – internat, jährl, Himmelfahrt.

Musik & Theater Saar Musiktheater und Konzerte im Zelt, Zeltpalast Merzig – Kammermusiktage Mettlach, Klassik Open Airs Losheim am See, c/o Musik & Theater Saar GmbH, Stummstr 1a, D-66130 **Saarbrücken**, T: +49 6 819 92 68–0, F: +49 6 819 92 68–20, *info@musik-theater.de*; *www.musik-theater.de* **Tr:** Musik & Theater Saar GmbH. – jährl, Juni-August.

Musikfestspiele Saar, Rotenbühler Weg 28a, D-66123 **Saarbrücken**, T: +49 6 813 97 3 59, F: +49 6 8137 23 10, *intendanz@musikfestspiele-saar.de*; *www.musikfestspiele-saar.de* **Tr:** Musikfestspiele Saarland e. V. – internat, alle 2 Jahre, Mai-September.

Musiktage Salzgitter Klassik für Jedermann, c/o Förderverein Musiktage Salzgitter, Brücknerstr 80, D-38226 **Salzgitter**, F: +49 53 4 185 91 78, *Kasonate@aol.com*; *www.salzgitter.de* **Tr:** Förderverein Musiktage Salzgitter. – jährl, im Oktober.

Ramholzer Musiktage, c/o Kulturforum Ramholz gGmbH, Ulrich-von-Hutten-Str 1, D-36381 **Schlüchtern**, T: +49 66 6 4400, F: +49 66 6 466, *kontakt@kulturforum-ramholz.de*; *www.kulturforum-ramholz.de* **Tr:** Kulturforum Ramholz gGmbH. – internat, jährl, im August.

Schmallenberger Kammermusiktage, c/o Kulturelle Vereinigung Schmallenberger Sauerland e. V., Postfach 1140, D-57376 **Schmallenberg**, T: +49 29 7 298 01 39, *info@kammermusikfestival.de*; *www.kammermusikfestival.de* **Tr:** Kulturelle Vereinigung Schmallenberger Sauerland e. V. – Auff an verschiedenen Spielstätten.

Schönberger Musiksommer, Am Markt 1, D-23923 **Schönberg/Mecklenburg**, T: +49 3 88 2 82 38 44, F: +49 3 88 2 82 38 44, *musikschoenberg@t-online.de*; *www.schoenberg-online.de* **Tr:** Evangelisch-Luthererische Kirchgemeinde Schönberg. – jährl, Juni-September.

Schönebecker Operettensommer, c/o Mitteldeutsche Kammerphilharmonie Schönebeck gGmbH, Tischlerstr 13a, D-39218 **Schönebeck**, T: +49 39 2 840 04 29, 40 05 97, F: +49 39 2 840 04 29, *mkp-sbk@t-online.de*; *www.mitteldeutsche-kammerphilharmonie/projekte* **Tr:** Mitteldeutsche Kammerphilharmonie Schönebeck gGmbH.

Festlicher Sommer in der Wies, c/o Stadt Schongau, Marienpl 7, D-86956 **Schongau**, T: +49 88 6 181 73, F: +49 88 6 120 08 61, *info@foerderverein-fsw.de*; *www.schongau.de, www.foerderverein-fsw.de* **Tr:** Förderverein Festl Sommer in d Wies e. V. – jährl, Juni-August.

Festival Europäische Kirchenmusik Schwäbisch Gmünd, c/o Kulturbüro, Waisenhausgasse 1–3, D-73525 **Schwäbisch Gmünd**, T: +49 71 7 160 34 1 10, F: +49 71 7 160 34 1 19, *Kulturbuero@schwaebisch-gmuend.de*; *www.kirchenmusik-festival.de* **Tr:** City of Schwäbisch Gmünd in cooperation with the SWR. – internat, jährl, Juli/August.

Festspiele Mecklenburg-Vorpommern, Graf-Schack-Allee 11, D-19053 **Schwerin**, T: +49 3 8559 18 50, F: +49 3 855 91 85 10, *service@festspiele-mv.de*; *www.festspiele-mv.de* **Tr:** Festspiele Mecklenburg-Vorpommern gGmbH. – internat, jährl, Juni-September.

Forum Neue Musik Schwerin, c/o Staatliches Museum Schwerin, Alter Garten 3, D-19055 **Schwerin**, T: +49 3 855 95 80, F: +49 3 8556 30 90, *heidemarie.otto@museum-schwerin.de*; *www.museum-schwerin.de*. – zeitgen Musik m Urauff.

Musiksommer Mecklenburg-Vorpommern, c/o Musikverein Mecklenburg-Vorpommern e. V., Apothekenstr 28, D-19055 **Schwerin**, T: +49 3 8551 29 34, F: +49 3 855 50 73 12, *info@musiksommer-mv.de*; *www.musiksommer-mv.de* **Tr:** Musikverein Mecklenburg-Vorpommern e. V. – jährl.

Schlossfestspiele Schwerin, c/o Mecklenburgisches Staatstheater Schwerin, Alter Garten 2, D-19055 **Schwerin**, T: +49 3 855 30 00, F: +49 3 855 30 02 00, *info@theater-schwerin.de*; *www.theater-schwerin.de* **Tr:** Mecklenburgisches Staatstheater Schwerin gGmbH. – jährl, Juni-August.

Schwetzinger Mozartfest, c/o Mozartgesellschaft Schwetzingen e. V., Uhlandstr 4, D-68723 **Schwetzingen**, T: +49 62 0 25 66 06, F: +49 62 0 212 79 77, *musikmanagement@simane.de*; *www.schwetzingen-aktuell.de/mozart* **Tr:** Mozartgesellschaft Schwetzingen e. V. – internat, jährl, September/Oktober.

Usedomer Musikfestival, c/o Festivalbüro, Kulmstr 33, D-17420 **Seebad Heringsdorf**, T: +49 3 83 7 83 46 47, F: +49 3 83 7 83 46 48, *info@usedomer-musikfestival.de*; *www.usedomer-musikfestival.de* **Tr:** Förderverein Usedomer Musikfreunde e. V. – internat, jährl, im September.

Musikfestival Seelze, c/o Festivalbüro, Hannoversche Str 41, D-30926 **Seelze**, T: +49 51 3 78 22 19, *slaby.k@t-online.de*; *www.musikfestival-seelze.de* **Tr:** Ev-Luth Kirchengemeinde St Martin, Förderverein Konzertorgel Seelze e. V., City of Seelze. – jährl.

Seligenstädter Klosterkonzerte, c/o Franz Preuschoff, Am Breitenbach 4, D-63500 **Seligenstadt**, T: +49 61 8 29 35 90, F: +49 61 8 282 99 46, *info@klosterkonzerte-seligenstadt.de*; *www.klosterkonzerte-seligenstadt.de* **Tr:** Kulturring Seligenstadt u Umgebung e. V. – jährl, März-Dezember.

Sommerliche Musiktage Soest, Niederbergheimer Str 17, D-59494 **Soest**, T: +49 29 2 11 28 62, F: +49 29 2 134 31 03, *info@sommerliche-musiktage.de*; *www.sommerliche-musiktage.de* **Tr:** Kammerphilharmonie Amadé e. V. – internat, jährl, im Juli.

Loreley Festspiele Loreley Klassik, Wellmicher Str 80, D-56346 **St. Goarshausen**, T: +49 67 7 19 48 95, F: +49 67 7 19 48 96, *info@loreley-klassik.de*; *www.loreley-klassik.de* **Tr:** Loreley Klassik GmbH. – Opernauff. – jährl.

Rosetti-Festtage im Ries, c/o Günther Grünsteudel, Nebelhornstr 1, D-86391 **Stadtbergen**, T: +49 8 2143 22 67, 5 98 53 58, F: +49 8 2143 22 67, *gg@rosetti.de*; *www.rosetti.de* **Tr:** Internationale Rosetti-Ges e. V. – jährl im Mai/Juni.

Staufener Musikwoche, Rathaus, D-79219 **Staufen/Breisgau**, T: +49 76 3 38 05 53, F: +49 76 3 35 05 93, *info@staufen.de*; *www.staufen.de*. – Chorkonz, Dirigierkurse. – jährl.

Canto Bayreuth, c/o New European Festival GmbH, Hohenheimer Str 84, D-70184 **Stuttgart**, T: +49 7 116 40 93 57, F: +49 7 116 40 97 74, *info@new-european-festival.de*; *www.new-european-festival.de* **Tr:** New European Festival GmbH. – Austragungsort Bayreuth. – internat, jährl, um Pfingsten.

ECLAT – Festival Neue Musik Stuttgart Musik der Jahrhunderte, Siemensstr. 13, D-70469 **Stuttgart**, T: +49 7 116 29 05 10, F: +49 7 116 29 05 16, *office@mdjstuttgart.de*; *www.mdjstuttgart.de* **Tr:** Musik der Jahrhunderte Stuttgart e. V. – internat, jährl, Anfang Februar.

Europäisches Musikfest Stuttgart, c/o Internationale Bachakademie Stuttgart, Johann-Sebastian-Bach-Pl, D-70178 **Stuttgart**, T: +49 7 1161 92 10, F: +49 7 116 19 21 23, *office@bachakademie.de*; *www.bachakademie.de* **Tr:** Internationale Bachakademie Stuttgart. – internat.

Internationale Festtage Alter Musik Stuttgart, Christophstr 5, D-70178 **Stuttgart**, Postfach 102630, D-70022 **Stuttgart**, T: +49 7 112 39 13 90, F: +49 7 112 39 13 99, *info@musikpodium.com*; *www.musikpodium.com* **Tr:** Musik Podium Stuttgart e. V. – histor AuffPraxis. – internat, jährl, April/Mai.

Stuttgart Barock, c/o Musik Podium Stuttgart eV, Christophstr 5, D-70178 **Stuttgart**, T: +49 7 112 39 13 90, F: +49 7 112 39 13 99, *info@musikprodium.com*; *www.stuttgart-barock.de*.

Freilichtspiele Tecklenburg Musiktheater auf der Burg, Schlossstr 7, D-49545 **Tecklenburg**, T: +49 54 8 2220, F: +49 54 8 212 69, *info@buehne-te.com*; *www.freilichtspiele-tecklenburg.de*

Tr: Freilichtspiele Tecklenburg e. V. – jährl, Mai-September.

Internationales Gitarrenfestival des Kunstinstituts BAJA e. V., Am Markt 19/Historisches Rathaus, D-17268 **Templin**, T: +49 39 8 725 11, F: +49 39 8 725 11, *info@baja-templin.org*; *www.baja-templin.org* **Tr:** Kunstinstitut BAJA e. V. – internat, jährl.

Musiksommer zwischen Inn und Salzach, c/o Landratsamt Traunstein, Ludwig-Thoma-Str 2, D-83278 **Traunstein**, T: +49 8 615 83 24, F: +49 8 615 85 26, *elisabeth.stadler@lra-ts.bayern.de*; *www.traunstein.com* **Tr:** Musiksommer zwischen Inn u Salzach e. V. – national, jährl, Mitte Mai bis Ende September.

Traunsteiner Sommerkonzerte, c/o Dorothee Ehrensberger, Rupprechtstr 12, D-83278 **Traunstein**, T: +49 8 616 48 20, F: +49 8 611 66 65 30, *traunstein.sommerkonzerte@t-online.de*; *www.traunstein.de/sommerkonzerte.htm* **Tr:** City of Traunstein. – internat, jährl, im September.

Festliche Musiktage Trier, c/o Musikschule der Stadt Trier, Oerenstr 15, D-54290 **Trier**, Postfach 3470, D-54224 **Trier**, T: +49 6 517 18 24 48, F: +49 6 517 18 24 47 **Tr:** City of Trier. – internat, jährl, September-Oktober.

Rossini in Wildband – Belcanto Opera Festival, Neckarhalde 38, D-72070 **Tübingen**, T: +49 70 7 14 90 40, F: +49 70 7 14 90 85, *info@rossini-in-wildbad.de*; *www.rossini-in-wildbad.de*.

Festival der Nation Justus Frantz präsentiert Klassik-Stars von Morgen, c/o CCM Classic Concerts Management, Mühlenstr 22, D-86842 **Türkheim**, T: +49 82 4 596 09 60, F: +49 82 4 596 09 80, *info@ccm-international.de*; *www.festivaldernationen.de* **Tr:** City of Bad Wörishofen. – Austragungsort Bad Wörishofen. – jährl, Ende September/Anfang Oktober.

Festival der Nationen Bad Wörishofen, c/o CCM Classic Concerts Management, Mühlenstr 22, D-86842 **Türkheim**, T: +49 82 4 596 09 63, *info@festivaldernationen.de*; *www.festivaldernationen.de*.

Holdenstedter Schlosswochen, c/o Stadt Uelzen, Veerßer Str 2, D-29525 **Uelzen**, T: +49 5 818 00 215, F: +49 5 818 00 220, *ute.lange-brachmann@stadt.uelzen.de*; *www.uelzen.de* **Tr:** Kulturmanagement der Stadt Uelzen. – Werke des in Uelzen geb Komp Friedrich Kuhlau. – alle 2 Jahre (Nov 2003, Nov 2005 usw), Uelzen, Theater an d Ilmenau.

Sommerfestival auf Schloss Filseck Meisterkurse auf Schloss Filseck, c/o Musik auf Schloss Filseck e. V., Schloss Filseck, D-73066 **Uhingen**, T: +49 71 6 192 21 66, F: +49 71 6 192 21 67, *kontakt@schloss-filseck.de*; *www.schloss-filseck.de* **Tr:** Musik auf Schloss Filseck e. V. – auch Meisterkurse u Sonntagskonzerte. – internat, jährl, im Juli.

Neue Musik im Stadthaus Ulm, Münsterplatz 38, D-89073 **Ulm**, T: +49 7 311 61 77 00, F: +49 7 311 61 77 01, *stadthaus@ulm.de*; *www.stadthaus.ulm.de* **Tr:** City ofhaus Ulm. – jährl.

Carl-Loewe-Musiktage in Unkel, c/o Geschichtsverein Unkel e. V., Auf dem Rheinbüchel 3, D-53572 **Unkel am Rhein**, T: +49 22 2 461 77, *heide.lorenz@t-online.de*; *www.Geschichtsverein.Unkel.org* **Tr:** Geschichtsverein Unkel e. V. – internat.

Bürklins Sommeroper, c/o Dr Bürklin-Wolf'sche Gutsverwaltung GmbH, Veranstaltungsbüro, Weinstr 65, D-67157 **Wachenheim**, T: +49 63 2 295 33 22, F: +49 63 2 295 33 88, *info@sommeroper.de*; *www.sommeroper.de*. – jährl.

Schwarzenfelder Musiksommer, c/o Zweckverband Oberpfälzer Seenland, Im Büropark Werk 1, D-92442 **Wackersdorf**, T: +49 94 3 175 93 40, F: +49 94 3 175 93 41, *info@oberpfaelzer-seenland.de*; *www.oberpfaelzer-seenland.de*. – jährl, am letzten Juli-Wochenende.

Weidener Max-Reger-Tage, Obere Bachgasse 3, D-92637 **Weiden**, T: +49 9 614 16 27 47, F: +49 9 614 70 25 32, *max-reger-tage@weiden-oberpfalz.de*; *www.MaxRegerTage.de* **Tr:** City of Weiden. – jährl.

Weilburger Schlosskonzerte Internationale Musikfestwochen in der fürstlichen Residenz, c/o Weilburger Schlosskonzerte e. V., Schlossgasse 3, D-35781 **Weilburg**, Postfach 1329, D-35773 **Weilburg**, T: +49 64 7 194 42 11, F: +49 64 7 194 42 17, *info@weilburger-schlosskonzerte.de*; *www.weilburger-schlosskonzerte.de* **Tr:** Weilburger Schlosskonzerte e. V. – jährl, Juni/Juli.

Deutsche ChorKonzertTage, c/o VDKC-Bundesgeschäftsstelle, Ralf Schöne, Martin-Klauer-Weg 14, D-99425 **Weimar**, T: +49 36 4 37 75 58 17, F: +49 36 4 37 75 58 18, *info@vdkc.de*; *www.vdkc.de* **Tr:** VDKC e. V. & respective City where the festival takes place. – 2004 in Wiesbaden. – alle 4 Jahre.

Liszt-Festival Weimar, c/o Hochschule für Musik „Franz Liszt" Weimar, Pl d Demokratie 2/3, D-99423 **Weimar**, Postfach 2552, D-99406 **Weimar**, T: +49 36 4 355 51 59, F: +49 36 4 355 51 99, *presse@hfm-weimar.de*; *www.hfm-weimar.de* **Tr:** H f M Franz Liszt Weimar. – internat, jährl, Oktober/November.

pèlerinages – Kunstfest Weimar, c/o Kunstfest Weimar GmbH, Am Palais 3, D-99423 **Weimar**, T: +49 36 4 38 11 40, F: +49 36 4 381 14 44, *pelerinages@kunstfest-weimar.de*; *www.kunstfest-weimar.de* **Tr:** Kunstfest Weimar GmbH. – Theater, Tanz, Cross-over-Musik. – internat, jährl, August.

Tage Neuer Musik in Weimar, c/o Klang Projekte Weimar, Paul-Schneider-Str 26, D-99423 **Weimar**, T: +49 36 4 35 34 20, F: +49 36 4 35 34 20, *hintzenstern@gmx.de*; *www.lmrthueringen.de* **Tr:** Klang Projekte Weimar e. V. – Musik u Multimedia. – jährl, Ende Oktober.

Thüringer Bach-Wochen, c/o Kulturdienst GmbH, Hegelstr 5, D-99423 **Weimar**; *www.thueringer-bachwochen.de* **Tr:** Gesellschaft Thüringer Bach-Wochen e. V. – national, jährl, März/April.

Festspielsommer im Bergwaldtheater, c/o Amt für Kultur und Touristik im Römermuseum, Martin-Luther-Pl 3–5, D-91781 **Weißenburg i. Bay.**, T: +49 91 4 190 71 23, F: +49 91 4 190 71 21, *akut@weissenburg.de*; *www.weissenburg.de*.

Wernigeröder Schlossfestspiele, c/o Philharmonisches Kammerorchester Wernigerode gGmbH, Bahnhofstr 16, D-38855 **Wernigerode**, T: +49 39 4 394 95–0, F: +49 39 4 394 95 29, *info@kammerorchester-wr.de*; *www.kammerorchester-wr.de* **Tr:** Förderverein Kammerorchester Wernigerode e. V., Stadt und Landkreis Wernigerode. – jährl, Juli/August.

Internationale Maifestspiele Wiesbaden, c/o Hessisches Staatstheater Wiesbaden, Christian-Zais-Str 3–5, D-65189 **Wiesbaden**, Postfach 3247, D-65022 **Wiesbaden**, T: +49 6 111 32 1, F: +49 6 111 32 337, *info@staatstheater-wiesbaden.de* **Tr:** City of Wiesbaden. – jährl, Mai.

Winsener Kulturtage, c/o Wolfgang Kahle, Am Halloh 15, D-21423 **Winsen**, T: +49 41 7 17 23 02, F: +49 41 7 188 03 24, *kunst@wokahle.de*; *www.wokahle.de/kulturtage.htm*. – Schwerpunkt Neue Musik. – jährl, im Juni.

Wittener Tage für neue Kammermusik, c/o Kulturforum Witten, Bergerstr 25, D-58452 **Witten**, T: +49 23 0 25 81 24 24, F: +49 23 0 25 81 24 99, *info@wittenertage.de*; *www.wittenertage.de* **Tr:** City of Witten and in cooperation with the Ministry for Urban Development, Culture and Sports of the State of North Rheine Westphalia, Landschaftsverband Westfalen-Lippe, Kommunalverband Ruhrgebiet. – internat, jährl, Ende April.

Elblandfestspiele Wittenberge Das internationale Festival der Operette und heiteren Bühnenkunst in Brandenburg, c/o Gesellschaft Elblandfestspiele e. V., Kultur- und Festspielhaus, Paul-Lincke-Platz, D-19322 **Wittenberge**, T: +49 38 7 756 45 03, F: +49 38 7 756 45 05, *elblandfestspiele@wittenberge.info*; *www.elblandfestspiele.de* **Tr:** Gesellschaft Elblandfestspiele e. V. – jährl.

Internationale Wolfegger Konzerte, c/o Wolfegg Information, Rötenbacher Str 13, D-88364 **Wolfegg**, T: +49 75 2 796 01 51, F: +49 75 2 79 60 17 08, *wolfegg.info@wolfegg.de*; *www.wolfegg.de* **Tr:** Freundeskreis der Internationalen Wolfegger Konzerte. – internat.

Wolfegger Wintermusik Alte Pfarr Wolfegg, c/o Wolfegg Information, Rötenbacher Str 13, D-88364 **Wolfegg**, T: +49 75 2 796 01 51, F: +49 75 2 79 60 17 08, *wolfegg.info@wolfegg.de*; *www.wolfegg.de* **Tr:** Wolfegger Wintermusik e. V. – internat.

Mozartfest Würzburg Mozart und die Moderne, c/o Mozartfest-Büro der Stadt Würzburg, Oeggstr 2, D-97070 **Würzburg**, T: +49 9 313 72 33 6, F: +49 9 313 90 83 00, *info@mozartfest-wuerzburg.de*; *www.mozartfest-wuerzburg.de* **Tr:** City of Würzburg. – jährl, Juni/Juli.

Tage der Alten Musik, c/o Hochschule für Musik, Hofstallstr 6–8, D-97070 **Würzburg**, T: +49 9 3132 18 70, F: +49 9 313 21 87 40, *hochschule@hfm-wuerzburg.de*; *www.hfm-wuerzburg.de*.

Tage der Neuen Musik, c/o Hochschule für Musik Würzburg, Hofstallstr 6–8, D-97070 **Würzburg**, T: +49 9 3132 18 70, F: +49 9 313 21 87 40, *hochschule@hfm-wuerzburg.de*; *www.hfm-wuerzburg.de* **Tr:** H f M Würzburg. – alle 2 Jahre.

Würzburger Bachtage, Hofstallstr 5, D-97070 **Würzburg**, T: +49 9 313 22 84 88, F: +49 9 313 22 84 71, *info@bachtage-wuerzburg.de*; *www.bachtage-wuerzburg.de* **Tr:** Johann Sebastian Bach-Gesellschaft Würzburg e. V. – jährl, Ende November.

Luisenburg-Festspiele Wunsiedel, c/o Verkehrs- und Kulturamt, Jean-Paul-Str. 5, D-95632 **Wunsiedel**, T: +49 92 3 260 21 62, F: +49 92 3 260 21 69, *kultur@wunsiedel.de*; *www.luisenburg-aktuell.de* **Tr:** City of Wunsiedel. – jährl, v Juni bis August.

Bergische Biennale Neue Musik, c/o Bergische Gesellschaft für Neue Musik, Nüller Str 141, D-42115 **Wuppertal**, T: +49 2 023 10 84 6, F: +49 2 023 17 98 95, *begnm@gmx.de*; *www.begnm.de* **Tr:** Bergische Gesellschaft für Neue Musik. – Alle 2 Jahre im September u Oktober.

Wurzer Sommerkonzerte, c/o Freundeskreis Wurzer Sommerkonzerte e. V., Dr Rita Kielhorn, Kirchpl 1, D-92715 **Wurz/Püchersreuth**, T: +49 96 0 271 78, 0 308 73 84 81, F: +49 96 0 293 95 79, 0 308 73 76 18, *kielhorn@wurzer-sommerkonzerte.de*; *www.wurzer-sommerkonzerte.de* **Tr:** Freundeskreis Wurzer Sommerkonzerte e. V. – Fstv z Förderung d Kommunikation zwischen Ost u West, d künstler Austausches, d Kontaktes zwischen Publikum u Musikern. – internat, jährl, Juli-September.

Sommerfestspiele Xanten, c/o Arena Theater- und Festspiel GmbH, Küvenkamp 21, D-46509 **Xanten**, T: +49 28 0 177 76, F: +49 28 0 177 78 88, *info@arena-theater.de*; *www.sommerfestspiele.de* **Tr:** Arena Theater & Festspiel GmbH. – Oper u Konz. – jährl, im Juli.

Zeilitzheimer Sommerfestival, Schloss Zeilitzheim, D-97509 **Zeilitzheim**, T: +49 93 8 193 89, F: +49 93 8 137 10, *info@schloss-zeilitzheim.de*; *www.barockschloss.de*. – jährl, im Juli.

Randspiele Festival Neue Musik, c/o Evangelische Kirchengemeinde Zepernick, Kantorin Karin Zapf, Schönower Str 74, D-16341 **Zepernick**, T: +49 30 94 41 95 47, F: +49 30 94 41 42 48, *kimuz@sireconnect.de*; *www.randspiele.de* **Tr:** Evangel Kirchengemeinde Zepernick. – internat, jährl.

Internationale Fasch-Festtage, c/o Internationale Fasch-Gesellschaft e. V., Postfach 1113, D-39251 **Zerbst**, T: +49 39 2 378 47 72, F: +49 39 2 378 47 72, *IFaschG@t-online.de*; *www.fasch.net* **Tr:** City of Zerbst. – internat, alle 2 Jahre, Mitte April.

Zwickauer Musiktage Ein Fest für Schumann, Postfach 200933, D-08009 **Zwickau**, T: +49 3 7521 26 36, F: +49 3 7583 41 30, *kulturbuero@zwickau.de*; *www.zwickau.de* **Tr:** City of Zwickau,

Robert-Schumann-Gesellschaft Zwickau e. V. – internat, jährl.

Schlossfestspiele Zwingenberg am Neckar, Rathaus, D-69439 **Zwingenberg/Neckar**, T: +49 62 63771, F: +49 62 6342 98 71, *info@schlossfestspiele-zwingenberg.de*; *www.schlossfestspiele-zwingenberg.de* **Tr:** Verein Schlossfestspiele Zwingenberg am Neckar e. V. – jährl, im August.

Österreich

Cellensis Festival geistlicher Musik, c/o Marktgemeinde Altenmarkt, Hauptstr 32, A-2571 **Altenmarkt**, T: +43 26 7 322 00 13, F: +43 26 7 32 20 02, *redaktion@cellensis.at*; *www.cellensis.at* **Tr:** Marktgemeinde Altenmarkt. – geistl Musik christ Tradition. – internat.

Ausseer Musikfestwochen, c/o Kulturreferat der Stadtgemeinde Bad Aussee, Chlumeckypl 44, A-8990 **Bad Aussee**, T: +43 36 2 25 25 11 21, F: +43 36 2 25 25 11 27, *cornelia.koeberl@badaussee.at*; *www.badaussee.at/kulturreferat/ausseermusikfestwochen.htm* **Tr:** Cultural Department od the Municipality of Bad Aussee. – internat, jährl, im Juli.

Lehár Festival Bad Ischl, c/o Büro des Lehár Festival Bad Ischl, Kongress & TheaterHaus, Kurhausstr 8, A-4820 **Bad Ischl**, T: +43 61 3 22 38 39, F: +43 61 3 22 38 39–39, *info@leharfestival.at*; *www.leharfestival.at*. – internat, jährl, Juli/August.

Musiksommer Bad Schallerbach, c/o Vitalwelt Hausruck/Verein Kurmusik Bad Schallerbach, Kurpromenade 1, A-4701 **Bad Schallerbach**, T: +43 72 4 94 20 71, *info@vitalwelt.at*, *office@musiksommerbadschallerbach.at*; *www.musiksommerbadschallerbach.at* **Tr:** Verein Kurmusik Bad Schallerbach. – KamM. – internat, jährl.

Badener Beethoventage, c/o Kulturamt der Stadt Baden, Hauptpl 1, A-2500 **Baden**, T: +43 22 5 286 80 02 30, F: +43 22 5 286 80 04 07, *kultur@baden.gv.at*; *www.baden.at* **Tr:** Cultural Office of City of Baden. – internat, jährl.

Sommerarena Baden Operettenfestival, c/o Stadttheater Baden bei Wien, Theaterpl 7, A-2500 **Baden**, T: +43 22 5 24 85 47, F: +43 22 5 2483–38/-50, *ticket@stadttheater-baden.at*; *www.stadttheater-baden.at*. – internat, jährl, Juni-September.

Bregenzer Festspiele, c/o Bregenzer Festspiele GmbH, Pl der Wiener Symphoniker, A-6901 **Bregenz**, T: +43 55 7 440 70, F: +43 55 7 440 70, *info@bregenzerfestspiele.com*; *www.bregenzerfestspiele.com* **Tr:** Bregenzer Festspiele GmbH. – internat, jährl, Juli/August.

Bregenzer Herbstfestival „Wort und Musik", c/o Tourismus & Stadtmarketing, Bahnhofstr 14, A-6900 **Bregenz**, T: +43 55 7 449 59–0, F: +43 55 7 477 16 61, *wort-und-musik@aon.at*; *members.aon.at/wort-und-musik*. – Kombination v Lit u Musik. – jährl.

Sommerspiele Schloss Frauenthal, c/o Künstlerforum Deutschlandsberg, Wildbachberg 50, A-8530 **Deutschlandsberg**, T: +43 34 6 261 99, F: +43 34 6 261 26, *kuenstlerforum@kultourissimo.at*; *www.kultourissimo.at* **Tr:** Künstlerforum Deutschlandsberg. – internat, jährl, Juli/August.

Haydn Festspiele Eisenstadt Internationale Haydntage, c/o Büro der Haydn Festspiele, Schloss Esterházy, A-7000 **Eisenstadt**, T: +43 26 8 26 18 66, F: +43 26 8 26 18 05, *office@haydnfestival.at*; *www.haydnfestival.at*. – internat, jährl.

Seefestspiele Mörbisch, Schloss Esterházy, A-7000 **Eisenstadt**, T: +43 26 8 266 21 00, F: +43 26 8 266 21 04, *tickets@seefestspiele-moerbisch.at*; *www.seefestspiele-moerbisch.at* **Tr:** Verein der Seefestspiele Mörbisch. – internat, jährl, Juli/August.

Feldkirch Festival, Palais Liechtenstein, Schlossergasse 8, A-6800 **Feldkirch**, T: +43 55 2 28 29 43, F: +43 55 2 28 31 66, *festival@feldkirch.at*; *www.feldkirchfestival.at*. – internat.

Feldkircher Schloss- und Palaiskonzerte, c/o Gesellschaft der Musikfreunde, Palais Liechtenstein, Schlossergasse 8, A-6800 **Feldkirch**, T: +43 55 2 23 04 12 71, F: +43 55 2 23 04 12 79, *nicole.wehingerl@feldkirch.at*; *www.feldkirch.at* **Tr:** Gesellschaft der Musikfreunde Feldkirch. – internat, jährl, Juli/August.

Internationales Orgelimprovisationsfestival, Reichenfeldgasse 9, A-6800 **Feldkirch**, T: +43 55 2 27 11 10–0, F: +43 55 2 27 11 10–63, *sekretariat@vlk.ac.at*; *www.vorarlbergerlandeskonservatorium.ac.at* **Tr:** Vorarlberger Landeskonservatorium. – internat.

Festwochen Gmunden, c/o Festwochenbüro im Foyer des Stadttheaters, Theatergasse 7, A-4810 **Gmunden**, T: +43 76 1 27 06 30, F: +43 76 1 27 06 38, *kultur.skokan@aon.at*; *www.festwochen-gmunden.at* **Tr:** Veranstaltungs- und Festspiel GesmbH. – Klass u Moderne Musik, Theater, Literatur u Kunst. – internat, jährl, Juli-September.

AIMS Mittsommernächte Konzertreihe des American Institute of Musical Studies, Dallas-Graz, c/o Frau Dr von Künsberg Sarre, Elisabethstr 93, A-8010 **Graz**, T: +43 3 1632 70 66, F: +43 3 1632 55 74, *aims@aimsgraz.at*; *www.aimsgraz.at*.

Classics in the City, c/o Kul-Tour, Wastiangasse 16, A-8010 **Graz**, T: +43 3 1681 81 33, F: +43 3 1681 81 33, *office@classicsinthecity.at*; *www.classicsinthecity.at*. – internat, jährl, im Sommer.

Eggenberger Schlosskonzerte ORF Landesstudio Steiermark, Marburger Str 20, A-8042 **Graz**, T: +43 3 1647 02 82 46, F: +43 3 1647 02 84 00, *gernot.rath@orf.at* **Tr:** ORF Steiermark; Hypo; ESTAG. – internat.

ORF-musikprotokoll, Marburger Str 20, A-8042 **Graz**, T: +43 3 1647 02 82 24,47 02 82 27, F: +43 3 1647 02 82 53, *musikprotokoll@orf.at*; *www.kultur.orf.at/musikprotokoll*. – internat, jährl, Oktober/November.

steirischer herbst, c/o steirischer herbst Veranstaltungs GmbH, Sackgasse 17, A-8010 **Graz**, T: +43 3 168 23 00 70, F: +43 3 168 23 00 70, *info@steirischerbst.at*; *www.steirischerbst.at* **Tr:** steirischer herbst Veranstaltungs GmbH. – internat, jährl, Oktober/November.

styriarte Die steirischen Festspiele, c/o Steirische Kulturveranstaltungen GmbH, Sackstr 17, A-8010 **Graz**, T: +43 3 168 12 94 10, F: +43 3 1682 50 00 15, *info@styriarte.com*; *www.styriarte.com* **Tr:** Steirische Kulturveranstaltungen GmbH. – internat, jährl, Juni/Juli.

donauFESTWOCHEN im strudengau Alte Musik an historischen Orten, c/o Kulturforum Donauland-Strudengau, Stadtpl 7, A-4360 **Grein**, T: +43 72 6 82 68 57, F: +43 72 6 826 85 74, *office@donau-festwochen.at*; *www.donau-festwochen.at* **Tr:** Kulturforum Donauland Strudengau. – internat, jährl, Juli/August.

la donna in musica, c/o Telebüro Groß Siegharts, Schlossplatz 2, A-3812 **Groß Siegharts**, T: +43 28 4 720 90, F: +43 28 4 72 09 04, *donna.musica@chello.at*; *www.la-donna-in-musica.at* **Tr:** Telebüro Groß Siegharts. – Auff klass u zeitgen Werke v Komponistinnen – interpretiert v Künstlerinnen uKünstlern.

Güssinger Musiktage, Hauptpl 7, A-7540 **Güssing**, T: +43 33 2 24 23 11 31, *post@guessing.bgld.gv.at*. – internat, jährl, April/Mai.

Halbturner Schlosskonzerte, Parkstr 4, A-7131 **Halbturn**, T: +43 6 645 58 24 14, *schlosskonzerte@schlosshalbturn.com*; *www.musique.at/halbturn* **Tr:** Verein „Halbturner Schlosskonzerte". – internat, jährl, Juli/August.

Osterfestival Innsbruck – Musik der Religionen, Schiedgasse 5, A-6060 **Hall**, T: +43 52 2 35 38 08, F: +43 52 2 35 38 08 80, *office@osterfestival.at*; *www.osterfestival.at*. – internat.

Internationales Musikfestival Hartberg, c/o Frau Sigrid Schmallegger, Rathaus, Kulturreferat, Hauptpl 10, A-8230 **Hartberg**, T: +43 33 3 26 03 36, F: +43 33 3 26 03 67, *festival@hartbergmusic.com*; *www.hartbergmusic.com*. – in Verbindung m Mstrks.

Schubertiade Schwarzenberg, c/o Schubertiade GmbH, Villa Rosenthal, Schweizer Str 1, A-6845 **Hohenems**, Postfach 100, A-6845 **Hohenems**, T: +43 55 7 67 20 91, F: +43 55 7 67 54 50, *info@schubertiade.at*; *www.schubertiade.at* **Tr:** Schubertiade GmbH. – internat, jährl, Juni-September.

Kammermusikfest Hopfgarten, Meierhofgasse 19, A-6361 **Hopfgarten**, T: +43 53 3 539 72, F: +43 53 3 539 72, *organisation@kammermusikfest.net*; *www.kammermusikfest.net* **Tr:** Verein Kammermusik Hopfgarten. – KamM (m Themenschwerpunkt). – internat, jährl, im August.

Allegro Vivo Internationales Kammermusik Festival Austria, Wiener Str 2, A-3580 **Horn**, T: +43 29 8 243 19, F: +43 29 8 24 31 94, *office@allegro-vivo.at*; *www.allegro-vivo.at*. – SommerAkad m Mstrkrsn u Konz. – internat, jährl, August/September.

Musiksommer Waldviertel, Wiener Str 2, A-3580 **Horn**, T: +43 29 8 243 19, F: +43 29 8 24 31 94, *musiksommer-waldviertel@music.at*; *www.music.at/musiksommer-waldviertel* **Tr:** Allegro Vivo Kammermusik Festival Austria in Zusammenarbeit m d Musikreferat d NÖ Kulturabteilung. – rund 150 Veranstaltungen in Stiften, Schlössern, Burgen u Städten d Waldviertels. – internat, jährl, April-Oktober.

Innsbrucker Festwochen der Alten Musik und Ambraser Schlosskonzerte, Herzog-Friedrich-Str 21/1, A-6020 **Innsbruck**, T: +43 5 1257 10 32, F: +43 5 1256 31 42, *festwochen@altemusik.at*; *www.altemusik.at* **Tr:** Innsbrucker Festwochen der Alten Musik GmbH. – internat, jährl, Juli/August.

Tiroler Festspiele Erl Betriebsgesellschaft, c/o Büro der Tiroler Festspiele Erl, Adamgasse 1, A-6020 **Innsbruck**, T: +43 5 1257 88 88 11, F: +43 5 1256 09 98, *info@tiroler-festspiele.at*; *www.tiroler-festspiele.at*. – internat, jährl, im Juli.

Musik Sommer Klaus „Konzerte bei Kerzenschein", Hausmanning 214, A-4560 **Kirchdorf an der Krems**, T: +43 75 8 26 34 96 18, F: +43 75 8 26 34 96 14, *office@musiksommer.at*; *www.musiksommer.at*. – internat, jährl, Juli/August.

Trigonale-Festival der Alten Musik, Feldmarschall-Conrad-Platz 8, A-9020 **Klagenfurt**, T: +43 4 6350 03 60, F: +43 4 6350 00 80 20, *office@trigonale.com*; *www.trigonale.com*.

Musikforum Viktring-Klagenfurt Stift Viktring, Stift-Viktring-Str 25, A-9073 **Klagenfurt-Viktring**, T: +43 4 6328 22 41, F: +43 4 6328 16 26, *office@musikforum.at*; *www.musikforum.at*. – internat.

Oper Klosterneuburg, c/o Kulturamt, Rathauspl 25, A-3400 **Klosterneuburg**, T: +43 22 4 344 44 24, *info@operklosterneuburg.at*; *www.operklosterneuburg.at*. – internat, jährl, Juli/August.

Niederösterreichisches Donaufestival, Körnermarkt 13, A-3500 **Krems**, T: +43 27 3 290 80 30, F: +43 27 3 290 80 31, *office@donaufestival.at*; *www.donaufestival.at*.

Internationale Woche der Alten Musik in Krieglach, c/o Johann Joseph Fux-Studio – Gertrude Täubl, Friedrich-Schlegel-Gasse 3, A-8670 **Krieglach**, T: +43 38 5 522 87 12, F: +43 38 5 525 97, *office@fux-studio.at*; *www.fux-studio.at*.

Niederösterreichischer Operettensommer, c/o Schlossfestspiele Langenlois Betriebs-GmbH, Rathausstr 2, A-3550 **Langenlois**, T: +43 27 3 434 50, F: +43 27 3 434 50 15, *operettensommer@t-online.at*; *www.operettensommer.at* **Tr:** Schlossfestspiele Langenlois GmbH. – internat, jährl.

Leutasch Klangdom, c/o Informationsbüro Leutasch, Weidach 320, A-6105 **Leutasch**, T: +43

52 1 462 07, F: +43 52 1 469 65, *info.leutasch@ seefeld.com*; *www.seefeld.com*.

Ars Electronica Center Linz, Hauptstr 2, A-4040 **Linz**, T: +43 7 3272 72–0, F: +43 7 3272 72–77, *festival@aec.at*; *www.aec.at* **Tr:** Ars Electronica Center Linz. – internat.

Brucknerfest Linz Brucknerhaus, Untere Donaulände 7, A-4010 **Linz**, T: +43 7 327 61 20, F: +43 7 3276 12 20 69, *marketing@liva.co.at*; *www. brucknerhaus.at*. – jährl.

Festival 4020.mehr als Musik, c/o Kulturamt, Dr Peter Leisch, A-4041 **Linz**, T: +43 70 70 70 29 45, F: +43 70 70 70 29 55, *4020@mag.linz. at*; *www.linz.at/kultur/4020-03/start-03.htm*. – internat, jährl, im Juni.

International Marimba Festival and Competition Classic Concert Music Ggroup, Wildbergstr 18, A-4040 **Linz**, Glaneggerstr 55, A-5082 **Salzburg-Groedig**, T: +43 62 4 67 66 53, F: +43 62 4 67 68 54, *office@marimbafestival.at*; *www.marimbafestival.at* **Tr:** Classic Concert Music Group. – internat.

Oberösterreichische Stiftskonzerte, Domgasse 12, A-4020 **Linz**, T: +43 7 3277 61 27, F: +43 7 327 63 73 33, *kontakt@stiftskonzerte.at*; *www. stiftskonzerte.at* **Tr:** KKB Bank. – Konz in d Stiften St Florian, Kremsmünster, Lambach u Engelszell: OrchKonz, KamM, Liederabende, SolKonz, ChM. – internat, jährl, Juni/Juli.

Internationales Kammermusikfest Lockenhaus Kremerata, Hauptpl 5, A-7442 **Lockenhaus**, T: +43 26 1 622 24, F: +43 26 1 620 23, *info@ kammermusikfest.at*; *www.kammermusikfest.at* **Tr:** Kulturverein Burg Lockenhaus. – KamM. – internat, jährl, im Juli.

Internationale Barocktage Stift Melk Pfingstkonzerte Melk, c/o Kulturamt der Stadtgemeinde Melk, Rathauspl 11, A-3390 **Melk**, T: +43 27 5 25 23 07, F: +43 27 5 252 30 71 90, *kultur@ stadt-melk.at*; *www.barocktage.at* **Tr:** Cultural Office of City of Melk. – internat, jährl, im Juni.

Internationale Musikwochen Millstatt, c/o Büro Musikwochen Millstatt, Marktpl 8, A-9872 **Millstatt**, Postfach 27, A-9872 **Millstatt**, T: +43 47 6 620 22 35, F: +43 47 6 634 79, *info @musikwochen.com*; *www.musikwochen.com*. – jährl, Mai-Oktober.

Musiktage Mondsee, Postfach 3, A-5310 **Mondsee**, T: +43 62 3 235 44, F: +43 62 3 235 44. – internat, jährl.

Internationale Neuberger Kulturtage Neuberger Kulturtage, Neuberger Herbst, Hauptstr 24, A-8692 **Neuberg/Mürz**, T: +43 38 5 783 21, F: +43 38 5 783 21, *kartenbuero@neuberger-kulturtage. org*; *www.neuberger-kulturtage.org* **Tr:** Verein „Neuberger Kulturtage". – jährl.

Gottfried von Einem-Tage, Franz Gilly-Gasse 7, A-3712 **Oberdürnbach bei Maissau**, T: +43 29 5 88 22 71, F: +43 29 5 882 27 15, *maissau@ aon.at*; *www.maissau.at* **Tr:** Town of Maissau in collaboration with the Gottfried v Einem Musik-Privatstiftung. – internat, jährl, im Juni.

Festival der Regionen, Marktpl 12, A-4100 **Ottensheim**, T: +43 72 3 48 52 85, F: +43 72 3 485 28 54, *office@fdr.at*; *www.fdr.at*. – internat, alle 2 Jahre.

Kammermusikfestival Pertisau, Tourismusverband, A-6213 **Pertisau**, T: +43 52 4 343 07, F: +43 52 4 353 33, *info@pertisau.at*.

Tage der Alten Musik Pöllau, c/o Tourismusverband Naturpark Pöllauer Tal, Schloss 1, A-8225 **Pöllau**, T: +43 33 3 542 10, F: +43 33 3 542 10, *tv.poellau@ito.at*; *www.geocities.com/ tagederaltenmusikpoellau*. – internat, jährl, im Juli.

Pörtschacher Brahms-Sommer, c/o Johannes-Brahms-Gesellschaft, Hauptstr 205, A-9210 **Pörtschach**, T: +43 42 7 231 48, F: +43 42 7 248, *waltraud.arnold@brahmscompetition.org*; *www. brahmscompetition.org*. – Soireen u Chorkonz, Konz d PrTräger d Brahms-Wettb. – internat, jährl, Mai-August.

Paul-Hofhaimer-Tage Radstadt, M. Schütte Lihotzky Pl 1, A-5550 **Radstadt**, T: +43 64 5 271 50, F: +43 64 5 248 69, *das.zentrum@ radstadt.at*; *www.radstadt.at/daszentrum* **Tr:** Kulturkreis Das Zentrum. – Aufrecherhaltung d Erbes v Paul Hofhaimer, alte u zeitgen Musik, Singen geistl Musiklit. – internat, jährl, im Januar.

Klangburg Festival, c/o Verein der Freunde der Burg Rappottenstein, Klangburg Nr 85, A-3911 **Rappottenstein**, T: +43 28 2 882 50 29, F: +43 28 2 882 50 19, *klangburg@atf.at*; *www.burg-rappottenstein.at* **Tr:** Verein der Freunde der Burg Rappottenstein. – internat, jährl.

Reichersberger Sommer, Stift Reichersberg, A-4981 **Reichersberg** 1, T: +43 77 5 823 13 30, F: +43 77 5 823 13 32, *verwaltung@stift-reichersberg. at*; *www.stift-reichersberg.at/veranstaltungen. html*. – KiM. – internat, jährl.

Mozart in Reinsberg, Burgarena Reinsberg, A-3264 **Reinsberg** 7, T: +43 74 8 771 80, F: +43 74 8 72 35 14, *office@reinsberg.at*; *www.mozart.in. reinsberg.at* **Tr:** Burgarena Reinsberg. – internat, jährl, Mai-Oktober.

Aspekte Salzburg – Internationales Festival Zeitgenössischer Musik, Lasserstr 6, A-5020 **Salzburg**, T: +43 6 6288 15 47, F: +43 6 6288 15 47 15, *office@aspekte-salzburg.at*; *www. aspekte-salzburg.at*. – internat, jährl, im Frühjahr.

Cantus Salisburgensis Internationales Chor- und Orchesterfestival, Hörglwörthweg 10/4, A-5020 **Salzburg**, T: +43 6 6282 13 10, F: +43 6 6282 13 40, *office@cultours.at*; *www.cultours. at* **Tr:** cultours Austria. – internat, jährl, im Juli.

Internationale Orgelwochen, c/o Katholisches Bildungswerk, Kapitelpl 6, A-5020 **Salzburg**, T: +43 6 6262 38 54, F: +43 6 6262 38 54. – jährl.

Internationale Salzburger Orgelkonzerte, Postfach 92, A-5010 **Salzburg**, T: +43 6 6284 08 40, F: +43 6 6284 08 40, *mahrle@aon.at*; *www.kirchen. net/franziskanerkirche*. – jährl.

Internationales Cantus MM Chor- u Orchesterfestival, Fürstallergasse 48/9, A-5020 **Salzburg**, T: +43 6 6264 59 72, F: +43 6 6264 59 72, *chorus2000 @aon.com*; *www.chorus2000.com* **Tr:** Chorus MM – Verein zur Förderung d Chormusik. – jährl, Juni-Juli.

Mozart Open Air Festival, Anton-Adlgasser-Weg 22, A-5020 **Salzburg**, T: +43 6 6282 58 58, F: +43 6 6282 58 59, *info@mozartfestival.at*; *mozartfestival.at* **Tr:** Salzburger Festungskonzerte GmbH. – internat, jährl, im Juli.

Mozart-Serenaden, c/o Salzburger Konzertgesellschaft, Getreidegasse 31, A-5020 **Salzburg**, T: +43 6 6282 86 95, F: +43 6 6282 86 95 14, *office @salzburg-concerts.com*; *www.salzburg-concerts. com* **Tr:** Salzburger Konzertgesellschaft. – internat, jährl.

Mozartwoche Salzburg, c/o Internationale Stiftung Mozarteum, Schwarzstr 26, A-5024 **Salzburg**, T: +43 6 628 89 40–0, F: +43 6 628 89 40–36, *office @mozarteum.at*; *www.mozarteum.at* **Tr:** Internationale Stiftung Mozarteum. – internat, jährl, im Januar.

Osterfestspiele Salzburg, Herbert-von-Karajan-Pl 9, A-5020 **Salzburg**, T: +43 6 628 04 53 61/-7 09, F: +43 6 628 04 57 90, *karten@osterfestspiele-salzburg.at*; *www.osterfestspiele-salzburg.at* **Tr:** Osterfestspiel GmbH Salzburg. – internat, jährl.

Salzburger Festspiele Pfingsten, Sommer + Barock, c/o Salzburger Festspiel-Fonds, Hofstallgasse 1, A-5010 **Salzburg**, Postfach 140, A-5010 **Salzburg**, T: +43 6 628 04 54 51, F: +43 6 628 04 54 51, *info@salzburgfestival.at*; *www.salzburgfestival.at* **Tr:** Salzburger Festspiel-Fonds. – jährl, im Juni und Juli/August.

Salzburger Festungskonzerte & Salzburger Residenzkonzerte, c/o Konzertdirektion Papousek, Anton Adlgasser-Weg 22, A-5020 **Salzburg**, T: +43 6 6282 58 58, F: +43 6 6282 58 59, *info@ mozartfestival.at*; *www.mozartfestival.at* **Tr:** Salzburger Festungskonzerte GmbH. – national, jährl.

Salzburger Kulturtage, Waagpl 1a, A-5010 **Salzburg**, T: +43 6 6284 53 46, F: +43 6 6284 26 65, *kulturvereinigung@salzburg.co.at*; *www.salzburg. com/kulturvereinigung* **Tr:** Salzburger Kulturvereinigung. – internat, jährl, im Oktober.

Salzburger Schlosskonzerte, Theatergasse 2, A-5020 **Salzburg**, T: +43 6 6284 85 86, F: +43 6 6284 85 87, *info@salzburger-schlosskonzerte.at*; *www.salzburger-schlosskonzerte.at*. – 270 Konzerte pro Jahr m klass Kammermusik im Marmorsaal v Schloss Mirabell. – internat.

stART / Festival aktueller Musik, Erzbischof-Gebhard-Str 10, A-5020 **Salzburg**, T: +43 6 6912 37 00 05, *gruber.kasparek@aon.at*; *www. stART-festival.at* **Tr:** Österreichisches Ensemble für Neue Musik. – zeitgen Musik. – internat.

Schladminger Musiksommer, c/o Tourismusverband Schladming, Erzherzog-Johann-Str 213, A-8970 **Schladming**, T: +43 36 8 722 26 80, F: +43 36 8 72 41 38, *touristoffice@schladming.com*; *www.schladmingermusiksommer.at*. – Mstrks u Konz; Werke zeitgen österreich Komp. – internat, jährl.

Klangspuren Schwaz – Tage Neuer Musik, Ullreichstr 8a / Klangspurengasse 1, A-6130 **Schwaz**, T: +43 52 4 27 35 82, F: +43 52 4 27 35 82 20, *info @klangspuren.at*; *www.klangspuren.at*. – internat, jährl, im September.

Festival St. Gallen, Naturparkbüro, A-8933 **St. Gallen**, T: +43 36 3 277 14, *festival@stgallen.at*; *www.festival.stgallen.at*. – auch Auftragswerke. – internat, jährl, im Sommer.

Attergauer Kultursommer, c/o Kulturkreis Attergau, Attergaustr 31, A-4880 **St. Georgen im Attergau**, T: +43 76 6 786 72, F: +43 76 6 789 18, *office @attergauer-kultursommer.at*; *www.attergauer-kultursommer.at* **Tr:** Kulturkreis Attergau. – internat, jährl, Juli/August.

Festival Musica Sacra Internationale Kirchenmusiktage in Niederösterreich, Prandtauerstr 2, A-3100 **St. Pölten**, T: +43 27 4 23 33 26 01, F: +43 27 4 23 33 26 09, *office@festival-musica-sacra.at*; *www.festival-musica-sacra.at* **Tr:** Verein zu Veranstaltung Internationaler Kirchenmusiktage in NÖ. – internat, jährl.

Meisterkonzerte der Landeshauptstadt St Pölten, c/o Kulturverwaltung der Stadt St Pölten, Prandtauerstr 2, A-3100 **St. Pölten**, T: +43 27 4 23 33 26 01, F: +43 27 4 23 33 26 09, *kultur@ st-poelten.gv.at* **Tr:** Cultural Administration of City of St Pölten. – internat.

klangfruehling burg schlaining internationales kammermusik festival, c/o Hotel & Konferenzzentrum Burg Schlaining, Wolfgang Strobach, Klingergasse 2–4, A-7461 **Stadtschlaining**, T: +43 33 5 52 60 00, F: +43 33 5 52 60 02 16, *hotel@klangfruehling.com*, *duo@klangfruehling. com*; *www.strucom.com/klang*. – Mischung v traditionellen Werken, neuen u außergewöhnl Musikstücken (Auftragskomp, Urauff) sowie grenzüberschreitenden Projekten (z.B. Musik u Lit, Kombinationen v Instr versch Kulturkreise). – internat, jährl, Mai/Juni.

Internationales Schubert Festival Steyr, Preuenhueberstr 5, A-4400 **Steyr**, Postfach 80, A-4401 **Steyr**, T: +43 72 5 27 26 58, F: +43 72 5 27 26 58, *info@schubertfestivalsteyr.at*; *www. schubertfestivalsteyr.at* **Tr:** Verein zur Förderung des Int. Schubert Festivals Steyr. – internat, jährl, im Mai.

Kirchenmusikfestival Steyr Passion, c/o FA für Kulturangelegenheiten, Stadtpl 31, A-4400 **Steyr**, T: +43 72 5 257 53 43, *kultur@steyr.gv.at* **Tr:** FA für Kulturangelegenheiten. – jährl.

Musikfestival Steyr, c/o Verein Musikfestival Steyr, Stadtpl 27, A-4402 **Steyr**, T: +43 6 9910 01 00 34, F: +43 72 5 25 32 29 15, *musikfestival_steyr@gmx.de*; *www.musikfestivalsteyr.at*. – internat, jährl, August/September.

Stockerauer Festspiele, Rathauspl 1, A-2000 **Stockerau**, T: +43 22 6 66 95 18, F: +43

22 66 95 70, *kulturamt@stockerau.gv.at*; *www.stockerau.gv.at*. – internat, jährl.

musik aktuell – neue musik in nö, c/o Musikfabrik NÖ, Wilhelmstr 29, A-3430 **Tulln**, T: +43 22 7 26 50 51, F: +43 22 7 26 50 52, *musikfabrik@aon.at*; *www.musikfabrik.at* **Tr:** Musikfabrik NÖ. – zeitgen Musik m jährl wechselndem Thema. – jährl.

Spectrum Villach, Postfach 214, A-9500 **Villach**, T: +43 42 4 22 87 16 40, F: +43 42 4 228 71 64 14, *office@neuebuehnevillach.at*; *www.neuebuehnevillach.at*. – alle 2 Jahre.

Musik im Riesen, c/o Swarovski Kristallwelten, Kristallweltenstr 1, A-6112 **Wattens**, T: +43 52 2 45 10 80, F: +43 52 2 45 10 80 38 31, *barbara.wegscheider@swarovski.com*; *www.swarovski.com/kristallwelten*.

Richard Wagner Festival, c/o Trodat GmbH, Linzer Str 156, A-4600 **Wels**, T: +43 72 4 223 91 11, F: +43 72 4 223 99 35, *ernestine.rupp@at.trodat.net*; *www.trodat.at/wagner*. – jährl, Mai/Juni.

Attersee Klassik, c/o Verein Attersee Klassik, Papagenogasse 5/8, A-1060 **Wien**, T: +43 1 58 54 53 12, F: +43 1 58 54 53 19, *office@atterseeklassik.at*; *www.atterseeklassik.at* **Tr:** Verein Attersee Klassik. – jährl, im Juli/August.

Carinthischer Sommer, Gumpendorfer Str 76, A-1060 **Wien**, T: +43 1 5 96 81 98(Sept-May, Vienna), +43 42 4 325 10(June-Aug, Ossiach), F: +43 1 5 97 12 36(Sept-May, Vienna), +43 42 4 323 53(June-Aug, Ossiach), *office@carinthischersommer.at*; *www.carinthischersommer.at* **Tr:** Verein Carinthischer Sommer.

Chopin-Festival in der Kartause Gaming, c/o Internationale Chopin-Gesellschaft in Wien, Biberstr 4, A-1010 **Wien**, T: +43 1 5 12 23 74, F: +43 1 5 12 23 75, *officel@chopin.at*; *www.chopin.at* **Tr:** Int Chopin-Gesellschaft. – internat, jährl.

Festival Wien modern, c/o Wiener Konzerthaus, Lothringerstr 20, A-1030 **Wien**, T: +43 1 24 20 03 27, F: +43 1 24 20 01 11, *mail@wienmodern.at*; *www.wienmodern.at*. – zeitgen Musik. – internat, jährl.

Festspiele Ossiach-Villach Carinthischer Sommer, Gumpendorfer Str 76, A-1060 **Wien**, T: +43 1 5 96 81 98, F: +43 1 5 97 12 36, *office@carinthischersommer.at*; *www.carinthischersommer.at* **Tr:** Verein Carinthischer Sommer. – KompAuftr f neue Kirchenop. – internat, jährl, Juli/August.

Frühlingsfestival Wien, c/o Wiener Konzerthaus, Lothringerstr 20, A-1030 **Wien**, T: +43 1 24 20 02, F: +43 1 24 20 01 11, *mail@konzerthaus.at*; *www.musikverein.at* **Tr:** Musikverein Gesellschaft der Musikfreunde. – internat, alle 2 Jahre, im Wechsel m d Int Musikfest.

Grabenfest der ÖBV, c/o Österreichische Beamten-Versicherung (ÖBV), Grillparzerstr 14, A-1016 **Wien**, T: +43 1 40 12 00, F: +43 1 40 12 01 0 70, *maurer@oebv.com*; *www.oebv.com*. – internat, jährl.

Haydn-Tage Gesellschaft der Musikfreunde in Wien, Bösendorferstr 12, A-1010 **Wien**, T: +43 1 5 05 81 90, F: +43 1 5 05 81 90 94, *tickets@musikverein.at*; *www.musikverein.at*. – internat, jährl, im März.

Hörgänge Musik in Österreich, c/o Dr. Thomas Schäfer, Wiener Konzerthausgesellschaft, Lothringerstr 20, A-1030 **Wien**, T: +43 1 24 20 03 52, F: +43 1 24 20 01 13, *schäfer@konzerthaus.at*; *www.konzerthaus.at*. – zeitgen Musik. – internat, jährl.

Internationale Sommerakademie Prag-Wien-Budapest Meisterkurse und Musikfestival, c/o Universität für Musik und darstellende Kunst Wien, Johannesgasse 8, A-1030 **Wien**, T: +43 1 7 11 55 51 10, F: +43 1 7 11 55 51 99, *sommerakademie@mdw.ac.at*; *www.mdw.ac.at/isa* **Tr:** Universität für Musik und Darstellende Kunst Wien. – Auff an verschiedenen Orten (Semmering, Reichenau, Baden, Gloggnitz/Raach, Maria Schutz, Prein, Wiener Neustadt, Wien, Burg Feistritz). – internat, jährl, im August.

Internationales Musikfest, c/o Wiener Konzerthaus, Lothringerstr 20, A-1037 **Wien**, T: +43 1 24 20 02, F: +43 1 24 20 01 11, *mail@konzerthaus.at*; *www.konzerthaus.at*. – internat, alle 2 Jahre, im Wechsel m d Wiener Frühlingsfestival.

Jugend & Musik in Wien AICE – Vereinigung für Internationalen Kulturaustausch / AICE – Association of International Cultural Exchange, c/o Wiener Symphoniker, Michael Haring, Lehárgasse 11, A-1060 **Wien**, T: +43 6 641 80 09 05, F: +43 1 3 17 54 60, *michael.haring@chello.at*; *www.austrianfestivals.at*. – Chor-, Orch- u Blasmusik-Wettb. – internat, jährl, Anfang Juli, in Wien und Umgebung.

KlangBogen Wien, c/o Vereinigte Bühnen Wien Ges.m.b.H., Linke Wienzeile 6, A-1060 **Wien**, T: +43 1 58 83 06 60, F: +43 1 58 83 06 50, *oper@vbw.at*; *www.klangbogen.at* **Tr:** Vereinigte Bühnen Wien Ges.m.b.H. – internat, jährl, Juli/AUgust.

Laxenburger Meisterkonzerte im Schlosstheater Laxenburg, Floriangasse 2/5, A-1080 **Wien**, T: +43 1 4 06 58 58, F: +43 1 4 06 89 98, *wilke@aon.at*; *www.laxenburgerkultursommer.at*. – Konzerte von Mitgliedern Wiener Meisterkurse. – jährl, Juli/August.

Open Music, c/o Ute Pinter, Lichtenauer Gasse 5/16, A-1020 **Wien**, T: +43 1 2 18 52 62, F: +43 1 2 18 52 62, *ute.pinter@utanet.at*; *www.openmusic.at*.

Opern Air Festspiele- und VeranstaltungsgmbH, Postfach 66, A-1091 **Wien**, T: +43 1 3 10 20 26, F: +43 1 3 19 15 86, *opernair@aon.at*; *www.opernair.at*. – internat, jährl.

Orgel Modern Ausseer Orgelfestwochen, Leopoldauerstr 5, A-1210 **Wien**, T: +43 1 2 78 64 10, F: +43 1 2 78 33 63, *info@orgelmodern.info*; *www.orgelmodern.info* **Tr:** Orgel Modern – Ausseer Orgelfestspielwochen. – internat, jährl, im August.

Ost-West Musikfest Krems, c/o Konzertbüro Ost-West Musikfest, Delugstr 11, A-1190 **Wien**, T: +43 1 3 20 87 97, F: +43 1 3 20 87 97, *musikfest@gmx.at*; *www.go.to/musikfest*. – internat, jährl, Juli-August.

OsterKlang, c/o Vereinigte Bühnen Wien Ges.m.b.H., Linke Wienzeile 6, A-1060 **Wien**, T: +43 1 58 83 06 60, F: +43 1 58 83 06 50, *oper@vbw.at*; *www.klangbogen.at* **Tr:** Vereinigte Bühnen Wien Ges.m.b.H. – internat, jährl, zu Ostern.

Resonanzen Festival Alter Musik, c/o Christoph Lackner, Wiener Konzerthausgesellschaft, Lothringerstr 20, A-1037 **Wien**, T: +43 1 24 20 03 51, F: +43 1 24 20 01 11, *lackner@konzerthaus.at*; *www.konzerthaus.at* **Tr:** Wiener Konzerthaus. – internat, jährl, letzte Januarwoche.

Sommerkonzerte der Altenburger Musikakademie, c/o Freunde der Claviermusik, Hirschengasse 21/26, A-1060 **Wien**, T: +43 6 767 87 36 86, F: +43 1 5 86 19 00, *ama@musique.at*; *www.musique.at*. – internat, jährl, im Juli.

Sommerspiele Perchtoldsdorf, Köstlergasse 1, A-1060 **Wien**, T: +43 1 5 85 45 45 14, F: +43 1 5 85 45 45 14, *office@sommerspiele.cc*; *www.sommerspiele.cc* **Tr:** Sommerspiele Perchtoldsdorf BetriebsGmbH i.Gr. – internat, jährl.

Spectaculum Gesellschaft für Musiktheater, Türkenstr 19, A-1090 **Wien**, T: +43 1 3 17 06 99, F: +43 1 3 10 82 92. – internat, jährl.

Voices of Percussion Vienna – International Percussion Festival, c/o Percussionclub Austria, Tempelgasse 4/2, A-1020 **Wien**, T: +43 1 2 12 19 13, F: +43 1 2 12 19 13, *percussion@talering.at*; *www.percussion-festival.at*.

Wiener Festwochen, Lehárgasse 11, A-1060 **Wien**, T: +43 1 5 89 22–0, F: +43 1 5 89 22 49, *festwochen@festwochen.at*; *www.festwochen.at*. – internat, jährl.

Wiener Opernsommer, c/o Wiener Kammeroper, Fleischmarkt 24, A-1010 **Wien**, T: +43 1 5 12 01 00, F: +43 1 5 12 01 00 30, *gabor@wienerkammeroper.at*, *bleck@wienerkammeroper.at*; *www.wienerkammeroper.at* **Tr:** Wiener Kammeroper. – internat, jährl.

Wiener Tage der Zeitgenössischen Klaviermusik, c/o Universität für Musik und Darstellende Kunst, Institut Ludwig van Beethoven, Rennweg 8, A-1030 **Wien**, T: +43 1 7 11 55 44 01, F: +43 1 7 11 55 44 99, *dinhof@mdw.ac.at*; *www.mdw.ac.at/tip* **Tr:** Universität für Musik und Darstellende Kunst, Vienna. – internat, jährl, im Februar.

World Choral Festival Salzburg & Vienna, c/o Haring KEG, Grünentorgasse 10/7, A-1090 **Wien**, T: +43 6 641 81 11 80, F: +43 1 3 17 54 60, *World.Choral.Festivals@chello.at*; *www.austrianfestivals.at*. – internat, jährl, im Juni.

Opernfestspiele St. Margarethen, c/o Wolfgang Werner GesmbH & CoKG, Neunkirchnerstr 17, A-2700 **Wiener Neustadt**, T: +43 26 2 28 26 05, F: +43 26 2 28 26 13, *tickets@ofs.at*, *n.szigethy@ofs.at*; *www.ofs.at*. – internat, jährl, Juli/August.

Academia Vocalis, c/o Academia Vocalis Tirolensis, Pacherstr 16, A-6300 **Wörgl**, T: +43 53 3 27 56 60, F: +43 53 3 27 56 60 10, *gma.gabi@aon.at*; *www.academia-vocalis.com*. – internat.

Internationales Orgelfest Stift Zwettl, Stift Zwettl 1, A-3910 **Zwettl**, T: +43 28 2 255 00, F: +43 28 2 25 50 50, *info@stift-zwettl.co.at*; *www.stift-zwettl.at*. – Konz auf d Egedacher-Org (Westempore d Zisterzienserstiftes Zwettl). – internat, jährl, an den Juli-Wochenenden.

Schweiz

Kulturkreis Arosa – Musikkurswochen, PF, CH-7050 **Arosa**, T: +41 8 13 53 87 47, F: +41 8 13 53 87 50, *info@kulturkreisarosa.ch*; *www.kulturkreisarosa.ch* **Tr:** Kulturkreis Arosa. – internat, jährl.

Ope(r)n Air Waldbühne Arosa, c/o Kulturkreis Arosa, CH-7050 **Arosa**, T: +41 81 3 53 87 47, F: +41 81 3 53 87 50, *info@kulturkreisarosa.ch*; *www.alpenoper.ch*.

Settimane Musicali di Ascona, c/o Lago Maggiore Turismo, Casa Serodine, CH-6612 **Ascona**, T: +41 9 17 91 00 94, F: +41 9 17 92 10 08, *ascona@etlm.ch*; *www.settimane-musicali.ch* **Tr:** Ente turistico Lago Maggiore. – internat, jährl, August-Oktober.

Les Jardins Musicaux, c/o Amis des Jardins Musicaux, CP 28, CH-2012 **Auvernier**, T: +41 3 27 30 47 25, F: +41 3 27 30 37 92, *amis@operadene.ch*; *www.jardinsmusicaux.operadene.ch*. – jährl.

Opernfestival Avenches, Place du Montauban 1, CH-1580 **Avenches**, T: +41 2 66 76 06 00, F: +41 2 66 76 06 04, *opera@avenches.ch*; *www.avenches.ch/de/Opera*. – jährl, im Juli.

les muséiques MusikMuseumsWoche Basel, c/o Stiftung les muséiques Basel, Postfach 1650, CH-4001 **Basel**, T: +41 62 71 24 42, F: +41 6 12 71 24 41, *info@lesmuseiques.ch*; *www.lesmuseiques.ch* **Tr:** Stiftung les muséiques Basel. – jährl.

Festa dell'Opera a Castelgrande, Bellinzona, c/o Opera Bellinzona, CP 2212, CH-6501 **Bellinzona**, T: +41 9 18 30 12 88, F: +41 9 18 30 15 55, *operabellinzona@ticino.com* **Tr:** Associazione Amici dell'Opera Bellinzona. – Open Air-Fstv m Opernauff. – jährl, Juli/August.

Biennale Bern, c/o Hochschule der Künste Bern HKB, Fellerstr 15a, CH-3027 **Bern**, T: +41 3 19 90 06 60, F: +41 3 19 90 06 61, *info@biennale-bern.ch*; *www.biennale-bern.ch* **Tr:** Hochschule der Künste Bern HKB. – zeitgen Musik: Konz, Klanginstallationen, Performances, Theater. – national, alle 2 Jahre.

Festival Suisse de l'orgue, Rue du Stand 33, CH-2502 **Biel**, T: +41 3 23 23 30 24.

Boswiler Sommer, c/o Künstlerhaus Boswil, Flurstr 21, CH-5623 **Boswil**, T: +41 5 66 66 12 85, F:

+41 5 66 66 30 32, *office@kuenstlerhausboswil.ch*; *www.kuenstlerhausboswil.ch*. – KamM. – internat, jährl.

Königsfelder Festspiele, Klosterkirche Königsfelden, Promenade 24, CH-5200 **Brugg**, T: +41 5 64 41 00 26, F: +41 5 64 41 16 26. – Liturgische M. – internat, alle 2 Jahre.

Festival Sommerklänge, Moosstr 10, CH-6330 **Cham**, T: +41 4 17 80 84 18, F: +41 4 17 80 84 18, *info@sommerklaenge.ch*; *www.sommerklaenge.ch*. – Kl-Trio, -Qua oder -Qui je nach Programm. – internat.

Flâneries Musicales de Champéry, c/o Luis Mendes de Leon, Les Jonquilles, CH-1874 **Champéry**, T: +41 2 44 79 10 10, *info@flaneries.ch*; *www.flaneries.ch*. – jährl, im August.

Le Bois qui chante Fête du violon à Château d'Oex, CP 103, CH-1660 **Château-d'Oex**, T: +41 7 92 30 71 51, *bois-qui-chante@chateau-doex.ch*; *www.bois-qui-chante.ch*. – Fstv d Violine, versch Genres. – jährl, im Oktober.

Festival de Bellerive, CP 186, CH-1245 **Collonge-Bellerive**, T: +41 2 23 19 61 11; *www.bellerive-festival.ch*.

Festival du Jura, 15, le Chêne, CH-2950 **Courgenay**, T: +41 3 24 71 31 34, F: +41 3 24 71 31 34. – klass u zeitgen Musik. – alle 2 Jahre, im Herbst.

Les Semaines Musicales de Crans-Montana, c/o Danielle Emery Mayor, Crans-sur-Sierre, Schweiz, CP 112, CH-3963 **Crans-Montana**, T: +41 2 74 85 99 99, 2 74 81 27 02, F: +41 2 74 81 46 71, *info@vie-a-crans-montana.ch*; *www.vie-a-crans-montana.ch*. – KamM. – internat, jährl, Dezember-Februar, August.

Davos Festival 'young artists in concert', c/o Kirchner Museum Davos, Ernst Ludwig Kirchner Platz, CH-7270 **Davos-Platz**, T: +41 8 14 13 05 22, F: +41 8 14 13 22 10, *info@davosfestival.ch*; *www.davosfestival.ch* **Tr:** Stiftung Internationales Musik Festival Davos. – internat, jährl, Juli-August.

Ernen Musikdorf, Postfach 28, CH-3995 **Ernen**, T: +41 27 97 10 00, F: +41 2 79 71 30 00, *info@musikdorf.ch*; *www.musikdorf.ch* **Tr:** Verein Ernen Musikdorf. – internat, jährl, im August.

Musikwochen Ettiswil, PF, CH-6218 **Ettiswil**, T: +41 4 19 80 42 80, F: +41 4 19 80 42 84, *franz_wuest@starnet.ch*; *www.mwett.ch*. – jährl, im Mai.

Académie d'Orgue de Fribourg Masterclasses Concerts, CP 23, CH-1702 **Fribourg**, T: +41 2 64 70 00 89, F: +41 2 64 70 00 89, *info@academieorgue.ch*; *www.academieorgue.ch*. – jährl, im April.

Festival du Lied, c/o Musica Virtuosa, Mme Marie-Claude Chappuis, CP 235, CH-1705 **Fribourg**, T: +41 82 64 70 15 43, *chappuis@bluemail.ch*; *www.festivalofthelied.ch*. – jährl, im August.

Festival Internationalde Musiques Sacrées de Fribourg, c/o Secrétariat, 7, rue des Alpes, CH-1701 **Fribourg**, CP 540, CH-1701 **Fribourg**, T: +41 2 63 22 48 00, F: +41 2 63 22 83 31, *office@fins-fribourg.ch*; *www.fins-fribourg.ch*. – internat, alle 2 Jahre, im Juli (nächstes Fstv 2004).

Internationales Gitarrenfestival Freiburg, c/o Association Guitare Passion, CP 126, CH-1709 **Fribourg**, T: +41 2 63 50 11 00, *info@figf.ch* **Tr:** Association Guitare Passion. – jährl, im April.

Archipel – Festival des musiques d'aujourd'hui, Rue de la Coulouvrenière 8, CH-1204 **Genève**, T: +41 2 23 29 42 42, F: +41 2 23 29 68 68, *festival@archipel.org*; *www.archipel.org*. – zeitgen Musik. – internat, jährl, März/April.

Sommets Musicaux de Gstaad, Rue de Montchoisy 36, CH-1207 **Genève**, T: +41 2 27 38 66 75, F: +41 2 27 86 85 05, *Administration@sommets-musicaux.com*; *www.sommets-musicaux.com*. – jährl, Februar/März.

Menuhin Festival Gstaad, Postfach 65, CH-3780 **Gstaad**, T: +41 3 37 48 83 38, F: +41 3 37 48 83 39, *info@menuhinfestivalgstaad.com, menuhinfestival@gstaad.ch*; *www.menuhinfestivalgstaad.com*. – festl, klass, experimentell. – internat, jährl, Juli-September.

Interlaken Classics, Postfach, CH-3800 **Interlaken**, T: +41 3 38 21 21 15, F: +41 3 38 21 21 16, *info@interlaken-classics.ch*; *www.interlaken-classics.ch* **Tr:** Verein Interlakner Musikfestwochen. – internat, jährl, August.

Jungfrau Music Festival, c/o Geschäftsstelle, Postfach 79, CH-3800 **Interlaken**, T: +41 3 38 21 21 16, F: +41 3 38 21 21 16, *info@jungfrau-music-festival.ch*; *www.jungfrau-music-festival.ch* **Tr:** Förderverein Jungfrau Music Festival. – internat, jährl, im Juli.

Festival Bach de Lausanne, c/o Jean-Marc Longchamp, Rue de Bourg 10, CH-1003 **Lausanne**, CP 2411, CH-1002 **Lausanne**, T: +41 2 13 11 15 68/50, F: +41 2 13 11 15 80, *GrandprixBach@freesurf.ch*; *www.lausanne.ch/festivalbach*.

Le Festival de Musique Improvisée de Lausanne, c/o Association pour la Musique Improvisée de Lausanne AMIL, CP 2102, CH-1002 **Lausanne**, *info@fmil.org*; *www.fmil.org* **Tr:** Association pour la Musique Improvisée de Lausanne AMIL. – Verbreitung d Impr auf d Gebiet d klass Musik. – jährl.

Schubertiade d'Espace 2, c/o Radio Suisse Romande Espace 2, Av du Temple 40, CH-1010 **Lausanne**, T: +41 2 13 18 11 11, F: +41 2 16 53 08 66. – Austragungsort wechselnd. – alle 2 Jahre.

Les Estivales des Orgues du Jura, c/o Vallée du Joux Tourisme, CP 253, CH-1347 **Le Sentier**, T: +41 2 18 45 17 77, F: +41 2 18 45 50 08, *orgues.haut.jura@free.fr*; *orgues.haut.jura.online.fr/festival.html*. – länderübergreifend in Frankreich u in der Schweiz. – jährl, im Sommer.

Musikalische Begegnungen Lenzburg, c/o Altstadt Reisen, Rathausgasse 14, CH-5600 **Lenzburg**, T: +41 6 28 92 07 00, *info@altstadtreisen.ch*. – internat.

Festival Musique et Neige des Diablerets, CH-1865 **Les Diablerets** **Tr:** Association des Amis du Festival. – internat, jährl, Januar-März.

Festival Rümlingen, Postfach 207, CH-4410 **Liestal**, T: +41 6 19 22 22 12, F: +41 6 19 22 22 11, *info@neue-musik-ruemlingen.ch*; *www.neue-musik-ruemlingen.ch*. – zeitgen Musik m Urauff. – jährl, im August.

Lugano Festival, Villa Carmine, Via Trevano 55, CH-6900 **Lugano**, T: +41 9 18 00 82 40, F: +41 9 18 00 82 44; *www.luganofestival.ch*. – jährl, April-Juni.

Ticino Musica International Classic, POB 117, CH-6903 **Lugano**, T: +41 9 19 80 09 72, F: +41 9 19 80 09 71, *ticinomusica@bluewin.ch*; *www.ticinomusica.com*. – Meisterkurse, Konzerte, Opern, Musikausstellungen. – internat, jährl, Juli/August.

Les Concerts J.S. Bach de Lutry, Quai Gustave Doret, CH-1095 **Lutry**, T: +41 2 17 91 47 65; *www.regart.ch/org/concerts-bach*. – jährl.

Lucerne Festival Ostern – Sommer – Piano, Hirschmattstr 13, CH-6002 **Luzern**, PF, CH-6002 **Luzern**, T: +41 4 12 26 44 00, F: +41 4 12 26 44 60, *info@lucernefestival.ch*; *www.lucernefestival.ch*. – jährl, zu Ostern, im Sommer u im November.

Mozart-Tage Luzern, c/o Mozart Gesellschaft Luzern, Obergrundstr 13, CH-6003 **Luzern**, T: +41 4 12 41 01 60, F: +41 4 12 40 14 53, *cdillier@mhs.fhz.ch*; *www.mozarttage-luzern.ch*. – jährl.

Riffelalp-Festival, c/o Hubert Eblenkamp Kulturmanagement, Kapuzinerweg 7, CH-6006 **Luzern**, T: +41 4 14 29 80 64, F: +41 4 14 29 80 68, *info@riffelalp-festival.com*; *www.riffelalp-festival.com*. – Konz in d Riffelalp-Kapelle oberhalb v Zermatt. – jährl.

Festival Amadeus, c/o Association Amadeus, CP 36, CH-1252 **Meinier**, T: +41 2 27 50 20 20, F: +41 2 27 50 20 20, *info@festival-amadeus.ch*; *www.festival-amadeus.ch* **Tr:** Association Amadeus. – internat, alle 2 Jahre, nächstes Fstv 2005.

Musikfestwochen Meiringen, c/o Tourist Information Meiringen-Haslital, Bahnhofstr 22, CH-3860 **Meiringen**, T: +41 3 39 72 50 50, F: +41 3 39 72 50 55, *musikfestwochen@alpenregion.ch*; *www.musikfestwoche-meiringen.ch* **Tr:** Verein Musikfestwochen Meiringen. – internat, jährl, Juni/Juli.

Settimane Musicali di Lugano, c/o Arch. Flavio Riva, Via Valleggia, CH-6926 **Montagnola**, T: +41 9 19 94 65 34, F: +41 9 19 94 24 62. – internat, jährl, Juli-August.

Montreux Voice and Music Festival, Rue du Théâtre 5, Schweiz, CP 353, CH-1820 **Montreux**, T: +41 2 19 66 80 25, F: +41 2 19 63 25 06, *courrier@montreux-festival.com*; *www.montreux-festival.com*.

Rencontres internationales harmoniques, c/o Fondation harmoniques, CP 1218, CH-1820 **Montreux**, T: +41 2 19 64 74 70, F: +41 2 19 64 74 70, *info@harmoniques.ch*; *www.harmoniques.ch*. – jährl, im April.

Septembre Musical, CH-1820 **Montreux**, T: +41 2 19 62 21 19, F: +41 2 19 23 60 55, *culture@comx.org*; *www.septembremusical.ch*. – jährl, im September.

Murten Classics Festival d'été de Morat, PF, CH-3280 **Murten**, T: +41 2 66 70 22 57. – jährl, im August.

Festival Choral International Neuchâtel (FCIN), CP 473, CH-2001 **Neuchâtel**, T: +41 3 27 31 13 15, F: +41 3 27 31 61 45, *fcin@planet.ch*; *www.planet.ch/fcin*.

Journées Internationales de Musique de Neuchâtel, c/o Denise Perret, Caille 78, CH-2006 **Neuchâtel**, CP 156, CH-2006 **Neuchâtel**, T: +41 38 30 53 18, F: +41 38 30 53 18. – jährl, September-Dezember.

Fête de la Musique, c/o Service de la Culture, Place du Château 5, CH-1260 **Nyon** 1, CP 265, CH-1260 **Nyon** 1, T: +41 2 23 63 83 64, *culture@nyon.ch*; *www.nyon.ch* **Tr:** Nyon. – jährl.

Engadiner Konzertwochen Internationale Kammermusik-Festspiele, c/o Claudio Chiogna, Postfach 54, CH-7504 **Pontresina**, T: +41 8 18 42 65 73, F: +41 8 18 42 65 25, *info@engadin.ch*; *www.engadin.ch*. – internat, jährl, Juli/August.

20 Heures de musiques – Romont, CP 6, CH-1680 **Romont**, T: +41 2 66 52 31 52, F: +41 2 66 52 47 77, *musiques@20heures.ch*; *www.20heures.ch*. – verschiedene Genres. – alle 2 Jahre.

La Folia Alte Musik Festival, c/o Office du Tourisme de Rougemont, CH-1659 **Rougemont**, T: +41 2 69 25 11 62, F: +41 2 69 25 11 67, *folia@rougemont.ch*; *www.festival-la-folia.ch*. – jährl.

Música Romântica Klassische Festwochen Saas-Fee, c/o Tourismusorganisation Saas-Fee, CH-3906 **Saas-Fee**, T: +41 2 79 58 18 58, F: +41 2 79 58 18 60, *to@saas-fee.ch*; *www.saas-fee.ch/romantica*. – 14-tägiges Fstv m Musik d romant Klassik; neben populären Werken auch Musik v weniger bekannten Komp. – jährl, im August.

Internationales Bachfest Schaffhausen, Ringkengässchen 11, CH-8200 **Schaffhausen**, T: +41 5 26 25 74 24, *sh-stam@bluewin.ch*; *www.bachfest.ch* **Tr:** City of Schaffhausen in cooperation with the International Bach-Gesellschaft Schaffhausen. – alle 3 Jahre, nächstes Fstv 2006.

Musikfesttage der Internationalen Kultur- und Theater-Preisträger, Schaffhausen, c/o Stadthaus, Kulturdienst, Oberstadt 23, CH-8201 **Schaffhausen**, T: +41 5 26 32 52 87, F: +41 5 26 32 52 74 **Tr:** City of Schaffhausen. – Prtr d europ Musikwettb. – alle 3 Jahre.

Festival international de l'orgue ancien et de la musique ancienne Valère – Sion, CP, CH-1950 **Sion** 2, T: +41 2 73 23 57 67, F: +41 2 73 23 57 67; *www.novelliste.ch*. – jährl, Juli/August.

Festival International de Musique Sion-Valais, Villa de Riedmatten, Av Ritz 1, CH-1950 **Sion**, CP 1429, CH-1950 **Sion**, T: +41 2 73 23 43 17,

F: +41 2 73 23 46 62, *festivargasion@vtx.ch*; *www.sion-festival.ch*. – internat, jährl, Juli-September.

Classic Open Air Solothurn, c/o Dino Arici Stiftung, Hans-Rothstr 15, CH-4500 **Solothurn**, T: +41 3 26 22 30 70, F: +41 3 26 21 63 02, *info@classic-openair.ch*; *www.classic-openair.ch* **Tr:** Dino Arici Stiftung. – Opernauff. – internat, jährl.

Golf and Symphony – The St. Moritz Music Festivals, Via Stredas 12, CH-7500 **St. Moritz**, T: +41 8 18 34 46 46, F: +41 8 18 34 46 47, *info@stmoritzfestival.ch*; *www.stmoritzfestival.ch*. – internat, jährl, August/September.

OpernFestival Engadin St. Moritz, Postach 110, CH-7500 **St. Moritz**, T: +41 8 18 42 65 73, F: +41 8 18 42 65 25, *info@opernfestival-engadin.ch*; *www.opernfestival-engadin.ch*. – jährl, im Juli.

Barock-Festspiele Thun, c/o Freunde Alter Musik Thun, CH-3600 **Thun**, T: +41 3 32 22 72 02.

Schlosskonzerte Thun, Bahnhofstr 1, CH-3600 **Thun**, T: +41 3 32 23 56 33, F: +41 3 32 23 56 32, *info@schlosskonzerte-thun.ch*; *www.schlosskonzerte-thun.ch*. – jährl, Juni/Juli.

Orgelfestival Uster, Zentralstr 39, CH-8610 **Uster**, Talweg 109c, CH-8610 **Uster**, T: +41 1 94 31 51 5, F: +41 1 94 31 51 6, *mail@orgelfestival.ch*; *www.orgelfestival.ch* **Tr:** Orgelfestival Uster. – jährl.

Semaine internationale de piano et de musique de chambre, c/o Montreux-Vevey Tourisme, CH-1800 **Vevey**, *festival@sipiano.com*; *www.sipiano.com*. – internat, jährl, im August.

Verbier Festival & Academy, Rue Jean-Jacques-Rousseau 4, CH-1800 **Vevey**, T: +41 2 19 25 90 60, F: +41 2 19 25 90 68, *info@verbierfestival.com*; *www.verbierfestival.com* **Tr:** Verbier Festival & Academy Association.

Festival internazionale di musica organistica di Magadino, c/o Federico Alluisetti, CH-6574 **Vira Gambarogno**, T: +41 9 17 95 18 66, F: +41 9 17 95 33 40, *info@organ-festival.ch*; *www.organ-festival.ch*. – Schwerpunkt Werke v Bach. – jährl, Juli.

Internationales Festival der gehobenen U-Musik, c/o Orchester Reto Parolari, Tössertobelstr 12, CH-8400 **Winterthur**, T: +41 52 2 13 55 29, F: +41 52 2 13 09 95, *info@retoparolari.ch*; *www.u-musik.ch* **Tr:** Orchester Reto Parolari GmbH.

Winterthurer Musikfestwochen, c/o Verein Winterthurer Musikfestwochen, Marktgasse 56/58, CH-8401 **Winterthur**, Postfach 2562, CH-8401 **Winterthur**, T: +41 5 22 12 61 16, F: +41 5 22 13 29 91, *info@musikfestwochen.ch*; *www.winterthur.musikfestwochen.ch* **Tr:** Verein Winterthurer Musikfestwochen. – internat, jährl, August-September.

Klubhaus-Konzerte, c/o Federation of Migros Cooperatives, Postfach, CH-8031 **Zürich**, T: +41 4 42 77 20 40, F: +41 4 42 77 23 35, *sabina.escana@mbg.ch*; *www.klubhauskonzerte.ch*, *www.kulturhausprozent.ch*. – internat.

Kyburgiade Internationales Kammermusik-Festival auf Schloss Kyburg, Fichtenstr 18, CH-8032 **Zürich**, T: +41 4 43 80 23 32, F: +41 4 43 80 23 33, *stephan.goerner@bluewin.ch*; *www.kyburgiade.ch*. – jährl, im Augst.

Tage für Neue Musik Zürich, c/o Präsidialdepartement der Stadt Zürich, Stadthausquai 17, CH-8022 **Zürich**, Postfach, CH-8022 **Zürich**, T: +41 4 42 16 34 22, F: +41 4 42 12 14 04, *tene.karten@prd.stzh.ch*; *www.tfum.ch*. – internat, jährl, im November.

Zürcher Festspiele, Postfach 6036, CH-8026 **Zürich**, T: +41 4 42 69 90 90, F: +41 4 42 60 70 25, *info-office@zuercher-festspiele.ch*; *www.zuercher-festspiele.ch*. – internat, jährl.

Verzeichnis der Musikhochschulen und -akademien

Deutschland

Hochschule für Musik Köln – Abteilung Aachen, Theaterstr 2–4, D-52062 **Aachen**, Postfach 1265, D-52013 **Aachen**, T: +49 2 414 55 03, F: +49 2 4145 54 99, *verwaltung@mhs-aachen.de*; *www.mhs-aachen.de*.

Katholische Hochschule für Kirchenmusik, Weyhestr 16, D-52072 **Aachen**, T: +49 2 411 50 48, F: +49 2 4115 98 29, *khk@khkstgregorius.de*; *khkstgregorius.de*.

Amt für Kirchenmusik im Bischöflichen Ordinariat Augsburg, Peutingerstr 5, D-86152 **Augsburg**, T: +49 8 213 16 68 51, F: +49 8 213 16 68 59, *kirchenmusik@bistum-augsburg.de*; *www.kirchenmusik.bistum-augsburg.de*.

Hochschule für Musik Nürnberg-Augsburg – Abt Augsburg, Maximilianstr 59, D-86150 **Augsburg**, T: +49 8 2145 04 16 11, F: +49 8 2145 04 16 21, *hfm-sekretariat@a-city.de*; *www.hfm-n-a.de*.

Amt für Kirchenmusik im Erzbistum Bamberg, Jakobspl 4, D-96049 **Bamberg**, T: +49 9 5150 26 81, F: +49 9 5150 26 85, *kirchenmusik@erzbistum-bamberg.de*.

Hochschule für evangelische Kirchenmusik der evangelisch-lutherischen Kirche in Bayern Bayreuth, Wilhelminenstr 9, D-95444 **Bayreuth**, T: +49 9 217 59 34 17, F: +49 9 217 59 34 36, *info@hfk-bayreuth.de*; *www.hfk-bayreuth.de*.

Hochschule für Musik „Hanns Eisler" Berlin, Charlottenstr 55, D-10117 **Berlin**, T: +49 30 90 26 97 00, F: +49 30 90 26 97 01, *rektorat.hfm@berlin.de*; *www.hfm-berlin.de*.

Orchesterakademie des Berliner Philharmonischen Orchesters e. V., Herbert-von-Karajan-Str 1, D-10785 **Berlin**, T: +49 30 25 48 82 65, F: +49 30 25 48 82 89, *akademie@berliner-philharmoniker.de*; *www.berlin-philharmonic.com*.

Orchesterseminar der Deutschen Oper Berlin, Richard-Wagner-Str 10, D-10585 **Berlin**, T: +49 30 34 38 43 10, *UBBerlin@aol.com*.

Universität der Künste (UdK) – Fakultät Musik, Fasanenstr 1 B, D-10623 **Berlin**, T: +49 30 31 85 23 42, F: +49 30 31 85 26 87, *presse@udk-berlin.de*; *www.udk-berlin.de*.

Hochschule für Künste – Fachbereich Musik, Dechanatstr 13–15, D-28195 **Bremen**, T: +49 4 2195 95–15 03, F: +49 4 2195 95–29 53, *studsek@hfk-bremen.de*; *www.hfk-bremen.de*.

Technische Universität Chemnitz, Philosophische Fakultät Fachgebiet Musik, Wilhelm-Raabe-Str 43, D-09120 **Chemnitz**, D-09107 **Chemnitz**, T: +49 3 715 31 63 70, F: +49 3 715 31 63 07, *conrad.seibt@phil.tu-chemnitz.de*, *ursula.schiller@phil.tu-chemnitz.de*; *www.tu-chemnitz.de/phil/musik*.

Fachhochschule Lausitz- Fachbereich Musikpädagogik, Puschkinpromenade 13–14, D-03044 **Cottbus**, Postfach 1538, D-01958 **Senftenberg**, T: +49 3 555 81 89 01, F: +49 3 555 81 89 09, *istvanffy@fh-lausitz.de*; *www.fh-lausitz.de*.

Akademie für Tonkunst Darmstadt, Ludwigshöhstr 120, D-64285 **Darmstadt**, T: +49 61 5 19 66 40, F: +49 61 5 196 64 13, *akademie-fuer-tonkunst@darmstadt.de*; *www.akademie-fuer-tonkunst.de*.

Hochschule für Musik Detmold, Neustadt 22, D-32756 **Detmold**, T: +49 52 3 197 55, F: +49 52 3 197 59 72, *kontakt@hfm-detmold.de*; *www.hfm-detmold.de*.

Universität Dortmund – Lehrstuhl f Musikerziehung u Musiktherapie in Rehabil. u Pädagogik bei Behinderung, Emil-Figge-Str 50, D-44221 **Dortmund**, T: +49 2 317 55 45 83, F: +49 2 317 55 45 84, *irmgard.merkt@uni-dortmund.de*; *www.uni-dortmund.de/FB13/Musikerziehung/lehre/index.html*.

Hochschule für Kirchenmusik der Evangelisch-Lutherischen Landeskirche Sachsens, Käthe-Kollwitz-Ufer 97, D-01309 **Dresden**, T: +49 3 5131 86 40, F: +49 3 513 18 64 22, *hfkimudd@t-online.de*; *www.kirchenmusik-dresden.de*.

Hochschule für Musik „Carl Maria von Weber", Wettiner Platz 13, D-01067 **Dresden**, Postfach 120039, D-01001 **Dresden**, T: +49 3 514 92 36 00, F: +49 3 514 92 36 04, *rektorat@hfmdd.smwk.sachsen.de*; *www.hfmdd.de*.

Orchesterakademie der Dresdner Philharmonie, Kulturpalast am Altmarkt, D-01067 **Dresden**, Postfach 120424, D-01005 **Dresden**, T: +49 3 514 86 63 60, F: +49 3 514 86 62 83, *presse-marketing@dresdnerphilharmonie.de*.

Orchesterakademie der Sächsischen Staatskapelle Dresden, Theaterpl 2, D-01067 **Dresden**, T: +49 3 514 91 13 40, F: +49 3 514 91 16 33, *kapelle@semperoper.de*.

Robert-Schumann-Hochschule Düsseldorf, Fischerstr 110, D-40476 **Düsseldorf**, T: +49 2 114 91 80, F: +49 2 114 91 16 18, *rsh@rsh-duesseldorf.de*; *www.rsh-duesseldorf.de*.

Folkwang-Hochschule Essen – Abteilung Duisburg, Düsseldorfer Str 19, D-47051 **Duisburg**, T: +49 2 032 95 88 0, F: +49 2 032 195 88 55, *rektor@folkwang-hochschule.de*; *www.folkwang-hochschule.de*.

Amt für Kirchenmusik, c/o Diözese Eichstätt, Residenzpl 14, D-85072 **Eichstätt**, T: +49 84 2 15 09 31, F: +49 84 2 15 09 39, *kirchenmusik@bistum-eichstaett.de*; *www.bistum-eichstaett.de/kirchenmusik*.

Bischöfliche Kirchenmusikschule, Klosterstr 4, D-45127 **Essen**, T: +49 2 012 20 42 84, F: +49 2 0122 32 60, *kirchenmusikschule@bistum-essen.de*; *www.kirchenmusikschule.de*.

Folkwang Hochschule Kunsthochschule des Ruhrgebiets, Klemensborn 39, D-45239 **Essen**, T: +49 2 014 90 30, F: +49 2 014 90 32 88, *rektor@folkwang-hochschule.de*; *www.folkwang-hochschule.de*.

Städtische Musikschule, Stephan-Cosacchi-Pl 1, D-67227 **Frankenthal**, T: +49 62 3 345 48, F: +49 62 3 34 82 39.

Fachhochschule Frankfurt – Fachbereich 4, Masterstudiengang Musiktherapie, Nibelungenplatz 1, D-60318 **Frankfurt/Main**, T: +49 69 15 33 28 07, F: +49 69 15 33 28 09, *seidel@fb4.fh-frankfurt.de*; *www.fh-frankfurt.de*.

Dr. Hoch's Konservatorium Frankfurt am Main Staatlich anerkanntes Seminar für Musikerzieher, Sonnemannstr 16, D-60314 **Frankfurt/Main**, T: +49 69 21 24 48 22, F: +49 69 21 24 48 33, *mail@dr-hochs.de*; *www.dr-hochs.de*.

Hochschule für Musik und Darstellende Kunst Frankfurt am Main, Eschersheimer Landstr 29–39, D-60322 **Frankfurt/Main**, T: +49 69 1 54 00 70, F: +49 69 1 54 00 71 08, *krueger-verw@hfmdk-frankfurt.de*; *www.hfmdk-frankfurt.de*.

Amt für Kirchenmusik der Erzdiözese Freiburg, Schoferstr 4, D-79098 **Freiburg/Breisgau**, T: +49 7 612 18 82 44, F: +49 7 6138 10 83, *sekretariat@afk-freiburg.de*; *www.afk-freiburg.de*.

Hochschule für Musik Freiburg i.Br., Schwarzwaldstr 141, D-79102 **Freiburg/Breisgau**, T: +49 7 613 19 15–0, F: +49 7 613 19 15 42, *info@mh.freiburg.de*; *www.mh-freiburg.de*.

Bischöfliches Kirchenmusikinstitut der Diözese Fulda, Hinterburg 2 a, D-36037 **Fulda**, Postfach 1153, D-36001 **Fulda**, T: +49 6 618 72 68, F: +49 6 618 74 05, *kirchenmusik@bistum-fulda.de*; *www.bistum-fulda.de*.

Hochschule für Kirchenmusik der Evangelischen Kirche Berlin-Brandenburg-schlesische Oberlausitz Görlitz, Langenstr 37, D-02826 **Görlitz**, T: +49 35 8 14 84 10, F: +49 35 8 148 41 20, *hskimu@kkvsol.net*; *www.kkvsol.net*.

Ernst-Moritz-Arndt-Universität Greifswald – Institut für Kirchenmusik und Musikwissenschaft, Bahnhofstr 48/49, D-17489 **Greifswald**, T: +49 38 3 486 35 21, F: +49 38 3 459 42 28, *archiv@uni-greifswald.de*; *www.uni-greifswald.de/~kimu-muwi*.

Referat Kirchenmusik im Bistum Limburg, Bernardusweg 6, D-65589 **Hadamar**, T: +49 64 3 38 87 20, F: +49 64 3 38 87 30, *rkm.limburg@musisches-internat.de*; *www.kirchenmusik.bistumlimburg.de*.

Kirchenmusikalisches Seminar Halberstadt, Kantstr 15, D-38820 **Halberstadt**, T: +49 39 4 144 78 88, F: +49 39 4 162 10 98, *kirchenmusikseminar@freenet.de*; *www.kirchenmusikseminar.de*.

Evangelische Hochschule für Kirchenmusik Halle an der Saale, Kleine Ulrichstr 35, D-06108 **Halle/Saale**, T: +49 3 4521 96 90, F: +49 3 452 19 69 29, *sekretariat@ehk-halle.de*; *www.ehk-halle.de*.

Hamburger Konservatorium Akademie und Musikschule, Sülldorfer Landstr 196, D-22589 **Hamburg**, T: +49 40 8 70 87 70, F: +49 40 87 08 77 30, *musik@hamburger-konservatorium.de*; *www.hamburger-konservatorium.de*.

Hochschule für Musik und Theater Hamburg, Harvestehuder Weg 12, D-20148 **Hamburg**, T: +49 40 42 84 80, F: +49 40 4 28 48 26 66, *pressestelle@hfmt.hamburg.de*; *www.hfmt-hamburg.de*.

Internationales Opernstudio der Hamburgischen Staatsoper, Große Theaterstr 34, D-20354 **Hamburg**, T: +49 40 3 56 83 89, F: +49 40 3 56 84 58.

Johannes-Brahms-Konservatorium in Hamburg, Ebertallee 55, D-22607 **Hamburg**, T: +49 40 8 99 18 06, F: +49 40 89 20 98, *info@brahms-konservatorium.de*; *www.brahms-konservatorium.de*.

Musikseminar Hamburg, Max-Brauer-Allee 24, D-22765 **Hamburg**, T: +49 40 44 75 31, F: +49 40 41 75 44, *info@musikseminar.de*; *www.musikseminar.de*.

Sängerakademie Hamburg Privates Ausbildungsinstitut für Laien- und Berufssänger, Hammer Landstr 204, D-20537 **Hamburg**, T: +49 40 21 30 43, F: +49 40 21 29 21, *info@saengerakademie.de*; *www.saengerakademie.de*.

Universität Hamburg – Fachbereich Erziehungswissenschaften, Arbeitsbereich Musikpädagogik, Von-Melle-Park 8, D-20146 **Hamburg**, T: +49 40 4 28 38 31 98, F: +49 40 4 28 38 21 12, *vogt.juergen@erzwiss.uni-hamburg.de*; *www.erzwiss.uni-hamburg.de/Inst10/Musik/musik.html*.

Arbeitsstelle für Gottesdienst und Kirchenmusik der evangelisch-luterischen Landeskirche Hannover, Knochenhauerstr 33, D-30159 **Hannover**, T: +49 5 111 24 13 77, F: +49 5 111 24 12 59, *agk@trilos.han.de*; *www.nepomuk.de/agk/index.html*.

Hochschule für Musik und Theater Hannover, Emmichpl 1, D-30175 **Hannover**, T: +49 5 113 10 02 50, F: +49 5 113 10 03 07, *hmt@hmt-hannover.de*; *www.hmt-hannover.de*.

Fachhochschule Heidelberg – Studiengang Musiktherapie, Maaßstr 26, D-69123 **Heidelberg**, T: +49 62 2 188 41 50/51, F: +49 62 2 188 41 52, *fbmth@fh-heidelberg.de*; *www.mtha.fh-heidelberg.de*.

Hochschule für Kirchenmusik der Evangelischen Landeskirche in Baden, Hildastr 8, D-69115 **Heidelberg**, T: +49 62 2 12 70 62, F: +49 62 2 12 18 76, *sekr@hfk-heidelberg.de*; *www.hfk-heidelberg.de*.

Hochschule für Kirchenmusik der Evangelischen Kirche von Westfalen, Parkstr 6, D-32049 **Herford**, T: +49 52 2 199 14 50, F: +49 52 2 183 08 09, *info@hochschule-herford.de*; *www.hochschule-herford.de*.

Bischöfliches Generalvikariat Hildesheim – Fachbereich Liturgie, Domhof 18–21, D-31134 **Hildesheim**, T: +49 51 2 130 73 03(liturgy), 30 73 05(church music), F: +49 51 2 130 75 35, *liturgie@bistum-hildesheim.de*, *kirchenmusik@bistum-hildesheim.de*.

Internationale Händel-Akademie Karlsruhe, Baumeisterstr 11, D-76137 **Karlsruhe**, T: +49 7 2137 65 57, *haendel-akademie@bstaatstheater.de*; *www.karlsruhe.de/Kultur/Haendel-Akademie*.

Staatliche Hochschule für Musik Karlsruhe, Wolfartsweierer Str 7 a, D-76131 **Karlsruhe**, Postfach 6040, D-76040 **Karlsruhe**, T: +49 7 216 62 92 70, 6 62 92 12, F: +49 7 2166 29 66, *ingrid.rudat@hfm-karlsruhe.de*; *www.hfm-karlsruhe.de*.

Musikakademie der Stadt Kassel, Karlsplatz 7, D-34117 **Kassel**, T: +49 5 614 10 65, F: +49 5 614 10 66, *musikakademie-kassel@t-online.de*; *www.stadt-kassel.de*.

Erzbistum Köln – Referat Kirchenmusik, Marzellenstr 32, D-50668 **Köln**, T: +49 2 2116 42 15 44, F: +49 2 2116 42 11 40, *dcvkoeln@netcologne.de*; *www.erzbistum-koeln.de*.

Hochschule für Musik Köln, Dagobertstr 38, D-50668 **Köln**, T: +49 2 219 12 81 81 05, F: +49 2 219 12 81 81 06, *sauer@mhs-koeln.de*; *www.mhs-koeln.de*.

Hochschule für Musik und Theater „Felix Mendelssohn Bartholdy" Leipzig, Grassistr 8, D-04107 **Leipzig**, Postfach 100809, D-04008 **Leipzig**, T: +49 3 412 14 45 5, F: +49 3 412 14 45 03, *rektor@hmt-leipzig.de*; *www.hmt-leipzig.de*.

Universität Leipzig – Institut für Grundschulpädagogik Bereich für Grundschuldidaktik Musik, Karl-Heine-Str 22b, D-04229 **Leipzig**, T: +49 3 419 73 14 92, F: +49 3 419 73 15 98.

Bischöfliches Musikseminar Osnabrück – Außenstelle Meppen/Lingen, In den Hornen 4, D-49808 **Lingen**, T: +49 5 916 30 20, F: +49 5 916 30 20, *JDiedrichs@t-online.de*; *www.kirchenmusik-im-bistum-osnabrueck.de*.

Musikhochschule Lübeck, Große Petersgrube 17–29, D-23552 **Lübeck**, T: +49 4 511 50 50, F: +49 4 511 50 53 01, *info@mh-luebeck.de*; *www.mh-luebeck.de*.

Musikhochschule Lübeck – Brahms-Institut, Grosse Petersgrube 17–29, D-23552 **Lübeck**, T: +49 4 511 50 50, F: +49 4 511 50 53 00, *info@mh-luebeck.de*; *www.mh-luebeck.de*.

Hochschule Magdeburg-Stendal – Studiengang Musiktherapie, Postfach 3680, D-39011 **Magdeburg**, T: +49 3 918 86 43 81, F: +49 3 918 86 44 71, *Manuela.Schwartz@sgw.hs-magdeburg.de*; *www.sgw.hs-magdeburg.de/musik/*.

Institut für Kirchenmusik des Bistums Mainz, Adolf-Kolping-Str 10, D-55116 **Mainz**, T: +49 61 3 123 40 32, F: +49 61 3 123 63 52, *kirchenmusik@bistum-mainz.de*; *www.kath.de/bistum/mainz*.

Peter-Cornelius-Konservatorium, Klarastr 4, D-55116 **Mainz**, T: +49 61 3 112 26 24, F: +49 61 3 112 29 47, *pck@stadt.mainz.de*; *www.pck-mainz.de*.

Johannes Gutenberg-Universität Mainz Fachbereich Musik, Binger Str 26 R 7, D-55122 **Mainz**, T: +49 61 3 13 93 52 97, F: +49 61 3 13 93 01 46, *honsack@uni-mainz.de*; *www.musik.uni-mainz.de*.

Staatliche Hochschule für Musik und Darstellende Kunst Mannheim, N 7, 18, D-68161 **Mannheim**, T: +49 6 212 92 35 12, F: +49 6 212 92 20 72, *studentensekretariat@muho-mannheim-de*; *www.muho-mannheim.de*.

Akademie des Symphonieorchesters des Bayerischen Rundfunks, Hanselmannstr 20, D-80809 **München**, T: +49 89 35 09 97 56, F: +49 89 35 09 97 57, *so.akademie@brnet.de*; *www.br-klassik.de*.

Amt für Kirchenmusik im Ordinariat des Erzbistums München und Freising, Schrammerstr 3/II, D-80333 **München**, T: +49 89 21 37 12 04, *Amt-fuer-Kirchenmusik@ordinariat-muenchen.de*.

Hochschule für Musik und Theater München, Arcisstr 12, D-80333 **München**, T: +49 89 2 89 03, F: +49 89 28 92 74 19, *verwaltung@musikhochschule-muenchen.de*; *www.musikhochschule-muenchen.de*.

Richard-Strauss-Konservatorium Fachakademie für Musik der Stadt München, Kellerstr 6, D-81667 **München**, T: +49 89 48 09 84 09, F: +49 89 48 09 84 17, *sekretariat@rsk.musin.de*.

Bischöfliches Kirchenmusikseminar, Rosenstr 17, D-48135 **Münster**, T: +49 2 5149 55 70, F: +49 2 514 95 63 11, *kirchenmusik@bistum-muenster.de*; *www.kirchenmusik-bistum-muenster.de*.

Musikhochschule Münster Fachbereich 15 der Westfälischen Wilhelms-Universität Münster, Ludgeripl 1, D-48151 **Münster**, T: +49 2 5148 23 30, F: +49 2 514 82 33 30, *info.mhs@uni-muenster.de*; *www.uni-muenster.de/Musikhochschule*.

Hochschule für Musik Nürnberg-Augsburg, Veilhofstr 34, D-90489 **Nürnberg**, T: +49 9 112 31 84 43, F: +49 9 112 31 39 72, *hfm-rektorat@nuernberg.de*; *www.hfm-n-a.de*.

C-Seminar Oldenburg, c/o LKMD Johannes von Hoff, Scharnhorst-Str 17, D-26131 **Oldenburg**, T: +49 4 415 19 35, F: +49 4 415 94 85 62, *info@ev-kirche-oldenburg.de*; *www.ev-kirche-oldenburg.de*.

Bischöfliches Kirchenmusikseminar Osnabrück, Kleine Domfreiheit 22, D-49074 **Osnabrück**, T: +49 5 4131 84 49.

Erzbischöfliches Generalvikariat – Referat Kirchenmusik, Domplatz 3, D-33098 **Paderborn**, T: +49 52 5 112 53 55, F: +49 52 5 112 54 70.

Kirchenmusikseminar der Diözese Passau, Dompl 3, D-94032 **Passau**, T: +49 8 5139 33 15, F: +49 8 5139 38 80, *Heinz-Walter.Schmitz@bistum-passau.de*; *www.bistum-passau.de/seelsorgeamt/kirchenmusik.htm*.

Diözesanreferat Kirchenmusik, Obermünsterpl 7, D-93047 **Regensburg**, Postfach 110228, D-93015 **Regensburg**, T: +49 9 415 97 22 95, F: +49 9 415 97 22 06, *kirchenmusik@bistum-regensburg.de*.

Hochschule für katholische Kirchenmusik und Musikpädagogik Regensburg, Andreasstr 9, D-93059 **Regensburg**, T: +49 9 4183 00 90, F: +49 9 418 30 09 46, *info@hfkm-regensburg.de*; *hfkm-regensburg.de*.

Hochschule für Musik und Theater Rostock, Beim St-Katharinenstift 8, D-18055 **Rostock**, T: +49 3 815 10 80, F: +49 3 815 10 81 01, *hmt@hmt.rostock.de*; *www.hmt-rostock.de*.

Hochschule für Kirchenmusik der Diözese Rottenburg-Stuttgart, St-Meinrad-Weg 6, D-72108 **Rottenburg**, T: +49 74 7 29 36 30, F: +49 74 7 22 13 37, *hfk-rottenburg@t-online.de*; *www.hfk-rottenburg.de*.

Hochschule für Musik Saar (HFM) Conservatoire Supérieur de Musique du Land de Sarre, Bismarckstr 1, D-66111 **Saarbrücken**, T: +49 6 8196 73 10, F: +49 6 819 67 31 30, *t.wolter@hfm.saarland.de*; *www.hfm.saarland.de*.

Kirchenmusikalische Fortbildungsstätte Schlüchtern, Im Kloster 2, D-36381 **Schlüchtern**, Postfach 1234, D-36372 **Schlüchtern**, T: +49 66 6 17 47 80, F: +49 66 6 174 78 19, *kmfschluechtern@t-online.de*; *www.kmf-info.de*.

Fachhochschule Würzburg-Schweinfurt – Studienschwerpunkt Musiktherapeutische Sozialarbeit, Ignaz-Schön-Str 11, D-97421 **Schweinfurt**, T: +49 97 2 194 05, F: +49 97 2 194 06 00; *www.fh-wuerzburg.de/fh/fb/soz/index.html*.

Bischöfliches Kirchenmusikalisches Institut der Diözese Speyer, Obere Langgasse 2, D-67346 **Speyer**, T: +49 62 3 220 91 91, F: +49 62 3 220 91 90; *www.kath.de/bistum/speyer/bki*.

Internationale Bachakademie Stuttgart, Johann-Sebastian-Bach-Pl, D-70178 **Stuttgart**, T: +49 7 1161 92 10, F: +49 7 116 19 21 23, *office@bachakademie.de*; *www.bachakademie.de*.

Staatliche Hochschule für Musik und Darstellende Kunst, Urbanstr 25, D-70182 **Stuttgart**, T: +49 7 112 12 46 20, F: +49 7 112 12 46 32, *post@mh-stuttgart.de*; *www.mh-stuttgart.de*.

Bischöfliche Kirchenmusikschule, Hinter dem Dom 6, D-54290 **Trier**, T: +49 6 517 10 50, F: +49 6 517 10 54 22, *matthias.balzer@bgv-trier.de*; *www.kirchenmusik.bistum-trier.de*.

Staatliche Hochschule für Musik Trossingen, Schultheiß-Koch-Platz 3, D-78647 **Trossingen**, T: +49 74 2 59 49 10, F: +49 74 2 594 91 48, *rektorat@mh-trossingen.de*; *www.mh-trossingen.de*.

Hochschule für Kirchenmusik der Evangelischen Landeskirche in Württemberg, Gartenstr 12, D-72074 **Tübingen**, T: +49 70 7 192 59 97, F: +49 70 7 192 59 98, *hkm.tue@t-online.de*; *www.kirchenmusikhochschule.de*.

Bischöflich Münstersches Offizialat Kirchenmusikausbildung, Bahnhofstr 6–8, D-49377 **Vechta**, Postfach 1462, D-49363 **Vechta**, T: +49 44 4 187 23 94, F: +49 44 4 187 21 99, *seelsorge@bmo-vechta.de*; *www.bmo-vechta.de*.

Hochschule für Musik FRANZ LISZT Weimar, Platz der Demokratie 2/3, D-99423 **Weimar**, Postfach 2552, D-99406 **Weimar**, T: +49 36 4 355 50, F: +49 36 4 355 51 17, *presse@hfm-weimar.de*; *www.hfm-weimar.de*.

Wiesbadener Musikakademie Fachschule für musikalische Berufsausbildung der Stadt Wiesbaden, Schillerpl 1–2, D-65185 **Wiesbaden**, T: +49 6 1131 30 44, F: +49 6 1131 39 18, *musikakademie@wiesbaden.de*; *www.wiesbaden.de/musikakademie*.

Bischöfliches Kirchenmusikseminar, c/o Abteilung Kirchenmusik im Bischöflichen Ordinariat, Ottostr 1, D-97070 **Würzburg**, T: +49 9 3138 66 31 60, F: +49 9 3138 66 37 69, *kirchenmusik@bistum-wuerzburg.de*; *www.bistum-wuerzburg.de/bwo/dcms/sites/bistum/stellen/3/159/index.html*.

Fachhochschule Würzburg-Schweinfurt – FB Sozialwesen, Studienschwerpunkt Musiktherapeutische Sozialarbeit, Münzstr 12, D-97070 **Würzburg**, T: +49 9 3130 41 76, F: +49 9 3130 43 25, *feser@mail.fh-wuerzburg.de*; *www.fh-wuerzburg.de/fh/fb/soz/index.html*.

Hochschule für Musik Würzburg, Hofstallstr 6–8, D-97070 **Würzburg**, T: +49 9 313 21 87–0, F: +49 9 313 21 87–28 00, *hochschule@hfm-wuerzburg.de*; *www.hfm-wuerzburg.de*.

Hochschule für Musik Köln – Abteilung Wuppertal, Friedrich-Ebert-Str 141, D-42117 **Wuppertal**, T: +49 2 0237 15 00, F: +49 2 023 71 50 40, *gabriele.amend@mhs-wuppertal.de*; *www.mhs-wuppertal.de*.

Robert-Schumann-Konservatorium der Stadt Zwickau, Crimmitschauer Str 1b, D-08056 **Zwickau**, T: +49 3 7521 57 91, F: +49 3 7521 52 87, *robert-schumann-konservatorium@t-online.de*; *www.robert-schumann-konservatorium.de*.

Österreich

Joseph Haydn-Konservatorium des Landes Burgenland, Gloriette-Allee 2, A-7000 **Eisenstadt**, T: +43 26 8 26 37 34, F: +43 26 8 26 37 34, *office@haydnkons.at*; *www.haydnkons.at*.

Vorarlberger Landeskonservatorium GmbH, Reichenfeldgasse 9, A-6800 **Feldkirch**, T: +43 55 2 27 11 10–0, F: +43 55 2 27 11 10–63, *sekretariat@vlk.ac.at*; *www.vorarlbergerlandeskonservatorium.ac.at*.

Johann-Joseph-Fux-Konservatorium des Landes Steiermark in Graz, Nicolaigasse 2, A-8027 **Graz**, T: +43 3 1671 12 50 26, F: +43 3 1671 12 50 26, *kons@stmk.gv.at*.

Konservatorium für Kirchenmusik der Diözese Graz-Seckau, Heinrichstr 145, A-8010 **Graz**, T: +43 3 1638 49 10, F: +43 3 1638 49 10, *konservatorium@graz-seckau.at*; *www.graz-seckau.at/schulen/kons/konserva.html*.

Universität für Musik und darstellende Kunst Graz Kunstuniversität Graz (KUG), Palais Meran, Leonhardstr 15, A-8010 **Graz**, Postfach 208, A-8010 **Graz**, T: +43 3 163 89–0, F: +43 3 163 89 11 01, *info@kug.ac.at*; *www.kug.ac.at*.

Tiroler Landeskonservatorium, Museumstr 17 H, A-6020 **Innsbruck**, T: +43 5 1250 80, F: +43 5 1250 80, *internet.redaktion@tirol.gv.at*; *www.tirol.gv.at/themen/bildung/einrichtungen/konservatorium/index.shtml*.

Universität Mozarteum Salzburg – Abteilung für Musikpädagogik Innsbruck, Innrain 15, A-6020 **Innsbruck**, T: +43 5 1256 03 19–0, F: +43 5 1256 03 19 67 09, *angelika.eckerieder@mozu.ac.at*; *www.moz.ac.at*.

Kärntner Landeskonservatorium, Mießtalerstr 8, A-9020 **Klagenfurt**, T: +43 4 635 36 40 51–0, F: +43 4 6353 64 05 08, *klk@aon.at*; *www.konse.at*.

Anton Bruckner Privatuniversität, Wildbergstr 18, A-4040 **Linz**, T: +43 7 3270 10 00–0, F: +43 7 3270 10 00–30, *info@bruckneruni.at*; *www.bk-linz.at*.

Universität für Musik und darstellende Kunst in Graz – Institut Oberschützen, Hauptplatz 8, A-7432 **Oberschützen**, T: +43 3 163 89 31 20, F: +43 3 163 89 31 21, *info@kug.ac.at*; *www.kug.ac.at*.

Universität Mozarteum Salzburg, Schrannengasse 10a, A-5020 **Salzburg**, T: +43 6 6261 98, F: +43 6 6261 98–30 33, *presse@moz.ac.at*; *www.moz.ac.at*.

Konservatorium für Kirchenmusik der Diözese Sankt Pölten, Domplatz 1, A-3100 **St. Pölten**, T: +43 27 4 232 43 45, F: +43 27 4 232 43 42, *kons.bo.stpoelten@kirche.at*; *www.kirche.at/stpoelten/kons*.

Diözesankonservatorium für Kirchenmusik, Stock im Eisen-Pl 3/IV, A-1010 **Wien**, T: +43 1 5 13 18 65, F: +43 1 5 15 52 36 40, *konservatorium@kirchenmusik.at*; *www.kirchenmusik-wien.at*.

Franz Schubert Konservatorium für Musik und darstellende Kunst, Musikschule, Mariahilfer Str 51/II, A-1060 **Wien**, T: +43 1 5 87 47 87, F: +43 1 5 87 47 87/84, *sek@fsk.at*; *www.fsk.at*.

Gustav Mahler Konservatorium für Musik und darstellende Kunst mit Öffentlichkeitsrecht, Mautner Markhof-G 45, A-1110 **Wien**, T: +43 1 7 43 40 00, F: +43 1 7 43 40 00.

Konservatorium Prayner für Musik und dramatische Kunst mit Öffentlichkeitsrecht, Mühlgasse 28–30, A-1040 **Wien**, T: +43 1 5 87 57 49, F: +43 1 5 87 57 49, *josef.schmid@konservatorium-prayner.at*; *www.konservatorium-prayner.at*.

Konservatorium Wien GmbH, Johannesgasse 4a, A-1010 **Wien**, T: +43 1 5 12 77 47, F: +43 1 5 12–77 47–79 13, *studieninfo@konswien.at*; *www.konservatorium-wien.ac.at*.

Universität für Musik und darstellende Kunst Wien, Anton-von-Webern-Platz 1, A-1030 **Wien**, T: +43 1 71 15 50, F: +43 1 71 15 50, *salmhofer@mdw.ac.at*; *www.mdw.ac.at*.

Vienna Konservatorium mit Öffentlichkeitsrecht, Stiegergasse 15, A-1150 **Wien**, T: +43 1 9 85 81 12, F: +43 1 8 92 28 13, *office@viennaconservatory.at*; *www.viennaconservatory.at*.

Josef Matthias Hauer-Konservatorium und Musikhochschule, Herzog Leopold-Str 21, A-2700 **Wiener Neustadt**, T: +43 26 2 237 39 40, F: +43 26 2 237 39 40; *www.wiener-neustadt.at/schule/kons.htm*.

Schweiz

Musikakademie der Stadt Basel Musikalische Grundkurse, Allgemeine Musikschule, Hochschule für Musik, Schola Cantorum Basiliensis, Leonhardsstr 6, CH-4051 **Basel**, PF, CH-4003 **Basel**, T: +41 6 12 64 57 57, F: +41 6 12 64 57 13, *info@musakabas.ch*; *www.musakabas.ch*.

Schola Cantorum Basiliensis (SCB) Hochschule für Alte Musik an der Musik-Akademie der Stadt Basel, Leonhardsstr 6, CH-4003 **Basel**, Postfach 232, CH-4003 **Basel**, T: +41 6 12 64 57 57, F: +41 6 12 64 57 49, *schola@mab-bs.ch*; *www.mab-bs.ch*.

Hochschule der Künste Bern / HKB – Musik, Papiermühlestr 13 a, CH-3000 **Bern** 22, T: +41 3 16 34 93 93, F: +41 3 16 34 91 71, *musik@hkb.bfh.ch*; *www.hkb.bfh.ch*.

Hochschule der Künste Bern / HKB – Oper, Albert-Anker-Weg 10, chemin Albert-Anker, CH-2502 **Biel**, T: +41 3 23 22 84 82, F: +41 3 23 22 84 82, *opernstudio@hkb.bfh.ch*; *www.hkb.bfh.ch*.

Hochschule für Musik und Theater Bern-Biel – Standort Biel, Bahnhofstr 11, CH-2502 **Biel**, T: +41 3 23 29 50 14, F: +41 3 23 22 84 71, *office@hmt-bern.ch*; *www.hmt-bern.ch*.

International Menuhin Music Academy, 7, route de Vervey, CH-1807 **Blonay**, T: +41 2 19 43 39 64, F: +41 2 19 43 39 60; *www.menuhinacademy.ch*.

Ecole Jurassienne de musique & conservatoire de musique, 6, rue de la Promenade, CH-2800 **Delémont**, T: +41 3 24 22 11 35, F: +41 3 24 22 24 70, *ejcm@bluewin.ch*.

Académie de musique de Genève Fondation Briccarello-Rehfous, 69, rue des Vollandes, CH-1207 **Genève**, T: +41 2 27 36 99 07, F: +41 2 27 36 99 07.

Conservatoire de musique de Genève, 8, rue Petitot, CH-1206 **Genève**, CP 5155, CH-1211 **Genève** 11, T: +41 2 23 19 60 60, F: +41 2 23 19 60 62, *infosup@cmusge.ch*; *www.cmusge.ch*.

Conservatoire de musique de Genève Centre de Musique Ancienne de Genève, 8, rue Charles-Bonnet, CH-1206 **Genève**, T: +41 2 23 47 48 88, F: +41 2 23 47 48 89, *dma@cmusge.ch*; *www.cmusge.ch/cmg2002/CMA/Default.htm*.

Conservatoire de Fribourg, 8, rte Louis-Braille, CH-1763 **Granges-Paccot**, T: +41 2 64 66 22 22, F: +41 2 64 66 65 17, *conservatoire@fr.ch*; *www.fr.ch/cof*.

International Menuhin Music Academy (IMMA) Académie internationale de musique pour les jeunes musiciens des instruments à cordes, BP 430, CH-3780 **Gstaad**, T: +41 3 19 51 86 21, F: +41 3 19 51 86 22, *imma.gstaad@bluewin.ch*; *www.menuhinacademy.ch*.

Conservatoire de musique de La Chaux-de-Fonds – Le Locle, 34, av Léopold-Robert, CH-2300 **La Chaux-de-Fonds**, T: +41 3 29 19 69 12, F: +41 3 29 19 60 54, *Conservatoire.MusiqueChauxFonds@ne.ch, Jacques.Ditisheim@ne.ch*.

Conservatoire de musique de Lausanne, 2, rue de la Grotte, CH-1002 **Lausanne**, CP 2427, CH-1002 **Lausanne**, T: +41 2 13 21 35 35, F: +41 2 13 21 35 36, *reception@cdlhem.ch*; *www.cdlhem.ch*.

Ecole sociale de Musique, Case postale 239, CH-1000 **Lausanne** 17, T: +41 2 13 12 44 41, F: +41 2 13 12 91 73, *esml@swissonline.ch*; *www.regart.ch/esm*.

Institut de Ribaupierre Ecole supérieure de la musique, 5, av Georgette, CH-1003 **Lausanne**, CP 6510, CH-1002 **Lausanne**, T: +41 2 13 12 09 81, F: +41 2 13 12 09 84, *info@institutderibaupierre.ch*; *www.institutderibaupierre.ch*.

Conservatorio della Svizzera Italiana (CSI) Scuola universitaria di musica / Musikhochschule / Haute Ecole de Musique, Via Soldino 9, CH-6900 **Lugano**, T: +41 9 19 60 30 40, F: +41 9 19 60 30 41, *info@conservatorio.ch*; *www.conservatorio.ch*.

Musikhochschule Luzern, Zentralstr 18, CH-6003 **Luzern**, T: +41 41 21 17 70, F: +41 41 21 17 71, *info@musikhochschule.ch*; *www.musikhochschule.ch*.

Conservatoire de Musique et Ecole de Jazz Montreux – Vevey – Riviera, 32, rue du Pont, CH-1820 **Montreux**, T: +41 2 19 63 18 02, F: +41 2 19 63 66 86, *info@conservatoire.ch*; *www.conservatoire.ch*.

Conservatoire de Neuchâtel, Clos-Brochet 30–32, CH-2007 **Neuchâtel**, CP 25, CH-2007 **Neuchâtel**, T: +41 3 27 25 20 53, F: +41 3 27 25 70 24, *conservatoire.ntel@ne.ch*.

Académie de musique de Sion, Rue du Vieux Collège 13, Schweiz, CP 107, CH-1951 **Sion**, T: +41 2 73 22 66 52, F: +41 2 73 22 66 52, *info@amsion.ch*; *www.amsion.net*.

Conservatoire cantonal de musique de Sion, 10, rue de la Dixence, CH-1950 **Sion**, CP, CH-1950 **Sion** 2, T: +41 2 73 22 25 82, F: +41 2 73 22 20 70, *secretariat@conservatoirevs.ch*; *www.conservatoirevs.ch*.

Haute Ecole de Musique HEM-Vs Conservatoire Supérieur et Académie de Musique Tibor Varga, Rue du Vieux-Collège 13, CH-1951 **Sitten**, Postfach 536, CH-1951 **Sitten**, T: +41 2 73 22 02 70, F: +41 2 73 22 02 70, *info@hemvs.ch*; *www.hemvs.ch*.

Diözesane Kirchenmusikschule, Klosterhof 6 b, CH-9000 **St. Gallen**, T: +41 7 12 27 33 38, F: +41 7 12 27 33 37, *dkms@kirchenmusik-sg.ch*; *www.kirchenmusik-sg.ch*.

Conservatoire de musique de Vevey, 4, rue Communaux, CH-1800 **Vevey**, T: +41 2 19 21 18 52.

Musikschule und Konservatorium Winterthur (Hochschule Musik und Theater Zürich), Tössertobelstr 1, CH-8400 **Winterthur**, T: +41 5 22 68 15 00, F: +41 5 22 68 15 01, *zentrale.mw@hmt.edu*; *www.hmt.edu/musik*.

Hochschule Musik und Theater Zürich – Departement Musik, Florhofgasse 6, CH-8001 **Zürich**, T: +41 4 33 05 41 40, F: +41 4 33 05 41 30, *zentrale.mz@hmt.edu*; *www.hmt.edu*.

Hochschule Musik und Theater Zürich – Fachbereich evangelische Kirchenmusik Beat Schäfer, Studienleitung, Postfach, Hirschgraben 50, CH-8025 **Zürich**, T: +41 4 42 58 92 76, F: +41 4 42 58 91 41, *beat.schaefer@hmt.edu*; *www.hmt.edu*.

Internationales Opernstudio, Falkenstr 1, CH-8008 **Zürich**, T: +41 4 42 68 66 01, F: +41 4 42 68 64 37, *ios@opernhaus.ch*; *www.opernhaus.ch/d/akademie/ios/index.php*.

Konservatorium und Musikhochschule Zürich Hochschule für Musik und Theater Zürich, Hirschgraben 1, CH-8001 **Zürich**, T: +41 4 42 68 30 60, F: +41 4 42 60 32 27, *nina.bochet@konsi.ch*; *www.konsi.ch*.

Verzeichnis der Musiktheater

Deutschland

Theater Aachen Stadttheater und Musikdirektion, Hubertusstr 2–8, D-52064 **Aachen**, T: +49 2414 78 41, F: +49 2414 78 42 00, *theater@mail.aachen.de*; *www.theater-aachen.de*.

Eduard-von-Winterstein-Theater, Buchholzer Str 67, D-09456 **Annaberg-Buchholz**, T: +49 37 3 31 40 70, F: +49 37 3 31 40 71 80, *service@winterstein-theater.de*; *www.winterstein-theater.de*.

Theater Augsburg, Kasernstr 4–6, D-86152 **Augsburg**, Postfach 11949, D-86044 **Augsburg**, T: +49 8 213 24 49 12, F: +49 8 213 24 45 44, *pressebuero.theater@augsburg.de*; *www.theater.augsburg.de*.

Chursächsische Philharmonie e. V., c/o König Albert Theater, Theaterplatz 1, D-08645 **Bad Elster**, Postfach 1162, D-08641 **Bad Elster**, T: +49 3 74 37 53 90 11, F: +49 3 74 37 53 90 53, *philharmonie@chursaechsische.de*; *www.chursaechsische.de*.

Mutare Musiktheater Ensemble, c/o Prof Gerhard Müller-Hornbach, Taunusblick 3, D-61118 **Bad Vilbel**, T: +49 61 0 14 48 99, F: +49 61 0 14 90 89, *gmh@mutare.de*, *webmaster@mutare.de*; *www.mutare.de*.

Berliner Kammeroper, Kottbusser Damm 79, D-10967 **Berlin**, T: +49 30 6 93 10 54, F: +49 30 6 92 52 01, *info@berlinerkammeroper.de*; *www.berlinerkammeroper.de*.

Deutsche Oper Berlin, Bismarckstr 35, D-10627 **Berlin**, T: +49 30 3 43 84 01, F: +49 30 34 38 42 32, *info@deutscheoperberlin.de*; *www.deutscheoperberlin.de*.

Friedrichstadtpalast Berlin, Friedrichstr 107, D-10117 **Berlin**, T: +49 30 23 26 23 26, F: +49 30 2 82 45 78, *info@friedrichstadtpalast.de*; *www.friedrichstadtpalast.de*.

Komische Oper Berlin, Behrenstr 55–57, D-10117 **Berlin**, T: +49 30 20 26 00, F: +49 30 20 26 04 05, *info@komische-oper-berlin.de*; *www.komische-oper-berlin.de*.

Neue Opernbühne Berlin, Goltzstr 13, D-10781 **Berlin**, T: +49 30 21 75 35 88, F: +49 30 21 75 35 89, *info@neueopernbuehne.de*; *www.neueopernbuehne.de*.

Neuköllner Oper, Karl-Marx-Str 131–133, D-12043 **Berlin**, T: +49 30 68 89 07 77, F: +49 30 68 89 07 89, *info@neukoellneroper.de*; *www.neukoellneroper.de*.

Staatsoper Unter den Linden, Unter den Linden 7, D-10117 **Berlin**, T: +49 30 20 35 40, F: +49 30 20 35 44 80, *contact@staatsoper-berlin.org*; *www.staatsoper-berlin.org*.

Zeitgenössische Oper Berlin, c/o Klaus A. Heiliger, Immanuelkirchstr 38, D-10405 **Berlin**, T: +49 30 44 34 21 01, F: +49 30 43 73 95 66, *Rochholl@zeitgenoessische-oper.de*; *www.zeitgenoessische-oper.de*.

Theater Bielefeld, Brunnenstr 3–9, D-33602 **Bielefeld**, T: +49 5 21 51 25 02, F: +49 5 21 51 34 30, *info@theater-bielefeld.de*; *www.theater-bielefeld.de*.

Neuburger Kammeroper, Drususstr 9, D-53111 **Bonn**, T: +49 2 28 98 13 434, *info@neuburger-kammeroper.de*; *www.neuburger-kammeroper.de*.

Theater Bonn – Opernhaus, Am Boeselagerhof 1, D-53111 **Bonn**, Postfach 2440, D-53014 **Bonn**, T: +49 2 28 77 80 00, F: +49 2 28 77 83 70, *theater@bonn.de*; *www.theater-bonn.de*.

Brandenburger Theater GmbH, Grabenstr 14, D-14776 **Brandenburg**, T: +49 33 8 15 11 0, F: +49 33 8 15 11 11 60, *info@brandenburgertheater.de*; *www.brandenburgertheater.de*.

Staatstheater Braunschweig, Am Theater, D-38100 **Braunschweig**, Postfach 4539, D-38035 **Braunschweig**, T: +49 5 31 12 34 0, F: +49 5 31 12 34 103, *service@staatstheater-braunschweig.de*; *www.staatstheater-braunschweig.de*.

Bremer Theater, Am Goethepl 1–3, D-28010 **Bremen**, Postfach 101046, D-28010 **Bremen**, T: +49 4 21 36 53 0, F: +49 4 21 36 53 216, *info@bremertheater.com*; *www.bremertheater.com*.

Stadttheater Bremerhaven, Theodor-Heuss-Pl, D-27568 **Bremerhaven**, Postfach 120541, D-27519 **Bremerhaven**, T: +49 4 71 48 20 60, F: +49 4 71 48 20 682, *info@stadttheaterbremerhaven.de*; *www.stadttheaterbremerhaven.de*.

Städtische Theater Chemnitz GmbH, Käthe-Kollwitz-Str 7, D-09111 **Chemnitz**, Postfach 756, D-09007 **Chemnitz**, T: +49 3 71 69 69 50 0, F: +49 3 71 69 69 699, *generalintendanz@theater-chemnitz.de*; *www.theater-chemnitz.de*.

Landestheater Coburg, Schlosspl 6, D-96450 **Coburg**, Postfach 2342, D-96412 **Coburg**, T: +49 95 6 18 98 900, F: +49 95 6 18 85 28, *info@landestheater.coburg.de*; *www.landestheater.coburg.de*.

Staatstheater Cottbus, Lausitzer Str 33, D-03046 **Cottbus**, T: +49 3 55 78 24 0, F: +49 3 55 78 24–1 91, *intendanz@theater-cottbus.de*; *www.staatstheater-cottbus.de*.

Staatstheater Darmstadt, Georg-Büchner-Platz 1, D-64283 **Darmstadt**, T: +49 61 5 128 11-ß, F: +49 61 5 12 81 13 76, *presse@staatstheater-darmstadt.de*; *www.staatstheater-darmstadt.de*.

Anhaltisches Theater Dessau, Friedenspl 1a, D-06844 **Dessau**, Postfach 1203, D-06812 **Dessau**, T: +49 3 40 25 11 0, F: +49 3 40 25 11 2–13/-15, *presse@anhaltisches-theater.de*; *www.anhaltisches-theater.de*.

Landestheater Detmold, Theaterpl 1, D-32756 **Detmold**, Postfach 2121, D-32711 **Detmold**, T: +49 52 3 19 74 60, F: +49 52 3 19 74 701, *info@landestheater-detmold.de*; *www.landestheater-detmold.de*.

Theater Dortmund, Kuhstr 12, D-44137 **Dortmund**, T: +49 2 31 50 27 555, F: +49 2 31 50 22 461, *presseinfo@theaterdo.de*; *www.theaterdo.de*.

Kammeroper Dresden, Bayreuther Str 8, D-01187 **Dresden**, T: +49 3 51 47 01 296, F: +49 3 51 47 01 297, *info@kammeroper.de*; *www.kammeroper.de*.

Sächsische Staatsoper Dresden (Semperoper), Theaterplatz 2, D-01067 **Dresden**, T: +49 3 51 49 11–0, F: +49 3 51 49 11 698, *presse@semperoper.de*; *www.semperoper.de*.

Staatsoperette Dresden, Pirnaer Landstr 131, D-01257 **Dresden**, T: +49 3 51 20 79 90, F: +49 3 51 20 79 922, *info@staatsoperette-dresden.de*; *www.staatsoperette-dresden.de*.

Deutsche Oper am Rhein Theatergemeinschaft Düsseldorf-Duisburg, Opernhaus Düsseldorf, Heinrich-Heine-Allee 16a, D-40213 **Düsseldorf**, T: +49 2 11 89 08 0, F: +49 2 11 89 08 289, *info@deutsche-oper-am-rhein.de*; *www.deutsche-oper-am-rhein.de*.

Tourneetheater Kontra-Punkt, Heyestr 116, D-40625 **Düsseldorf**, T: +49 2 11 92 93 578, F: +49 2 11 92 93 574, *theater@kontra-punkt.de*; *www.kontra-punkt.de*.

Theater an der Rott, Pfarrkirchener Str 70, D-84307 **Eggenfelden**, T: +49 87 2 18 181, F: +49 87 2 11 01 74.

Theater Eisenach, Theaterpl 4–7, D-99817 **Eisenach**, T: +49 36 9 12 56 0, F: +49 36 9 12 56 159, *info@theater-eisenach.de*; *www.theater-eisenach.de*.

Theater Erfurt, Placidus-Muth-Str 1, D-99084 **Erfurt**, Postfach 800554, D-99031 **Erfurt**, T: +49 3 61 22 33–0, F: +49 3 61 22 33–1 23, *info@theater-erfurt.de*; *www.theater-erfurt.de*.

Aalto Musiktheater Theater und Philharmonie Essen, Opernplatz 10, D-45128 **Essen**, T: +49 2 01 81 22–2 00, F: +49 2 01 81 22 112, *infoaalto@theater-essen.de*; *www.theater-essen.de*.

Schleswig-Holsteinische Landestheater und Sinfonieorchester GmbH – Musiktheater Flensburg, Nordergraben 2–8, D-24937 **Flensburg**, T: +49 4 61 14 10 00, F: +49 4 61 14 10 083, *kontakt@sh-landestheater.de*; *www.sh-landestheater.de*.

Kammeroper Frankfurt, Sternstr 31, D-60318 **Frankfurt/Main**, T: +49 69 55 61 89, F: +49 69 55 61 89, *pudenz@kammeroper-frankfurt.de*; *www.kammeroper-frankfurt.de*.

Oper Frankfurt Städtische Bühnen der Stadt Frankfurt, Untermainanlage 11, D-60311 **Frankfurt/Main**, T: +49 69 2 12 02, F: +49 69 21 23 74 99, *info@oper-frankfurt.de*; *www.oper-frankfurt.de*.

Mittelsächsisches Theater und Philharmonie Freiberg und Döbeln, Borngasse 1, D-09599 **Freiberg/Sachsen**, PF, D-09582 **Freiberg/Sachsen**, T: +49 37 3 13 58 20, F: +49 37 3 12 34 06, *info@mittelsaechsisches-theater.de*; *www.mittelsaechsisches-theater.de*.

Theater Freiburg, Bertoldstr 46, D-79098 **Freiburg/Breisgau**, Postfach 1569, D-79015 **Freiburg/Breisgau**, T: +49 7 61 20 12 807, F: +49 7 61 20 12 999, *oeffentlichkeitsreferat@stadt.freiburg.de*; *www.theater.freiburg.de*.

Young Opera Company e. V. (YOC), Gerberau 24, D-79098 **Freiburg/Breisgau**, T: +49 7 61 69 63 573, F: +49 7 61 69 63 573, *yoc@youngoperacompany.de*; *www.youngoperacompany.de*.

Musiktheater im Revier, Kennedypl, D-45881 **Gelsenkirchen**, Postfach 101854, D-45818 **Gelsenkirchen**, T: +49 2 09 40 970, F: +49 2 09 40 97 250, *info@musiktheater-im-revier.de*; *www.musiktheater-im-revier.de*.

Altenburg-Gera Theater, Küchengartenallee 2, D-07548 **Gera**, T: +49 3 65 82 790, F: +49 3 65 82 79 135, *werner@theater.altenburg.gera.de*; *www.theater.altenburg.gera.de*.

Stadttheater Gießen GmbH, Berliner Platz, D-35390 **Gießen**, Postfach 111128, D-35356 **Gießen**, T: +49 6 41 79 57 0, F: +49 6 41 79 57 80, *dialog@stadttheater-giessen.de*; *www.stadttheater-giessen.de*.

Theater Görlitz, c/o Musiktheater Oberlausitz/Niederschlesien GmbH, Demianipl 2, D-02826 **Görlitz**, Postfach 300463, D-02809 **Görlitz**, T: +49 35 8 14 74 70, F: +49 35 8 14 74 736, *info@theater-goerlitz.de*; *www.theater-goerlitz.de*.

Theater der Stadt Gummersbach, Moltkestr 50, D-51643 **Gummersbach**, T: +49 22 6 16 12 65, F: +49 22 6 18 76 542, *gus.anton@stadt-gummersbach.de*; *www.oberberg-online.de/staedte/gummersbach*.

Theater Hagen, Elberfelder Str 65, D-58095 **Hagen**, T: +49 23 3 12 07 32 10, F: +49 23 3 12 07 24 46, *theater@stadt-hagen.de*; *www.theater.hagen.de*.

Nordharzer Städtebundtheater Halberstadt/Quedlinburg, Spiegelstr 20a, D-38820 **Halberstadt**, T: +49 39 4 16 96 50, F: +49 39 4 14 42 652, *info@nordharzer-staedtebundtheater.de*; *www.nordharzer-staedtebundtheater.de*.

Opernhaus Halle, Universitätsring 24, D-06108 **Halle/Saale**, Postfach 110554, D-06109 **Halle**, T: +49 3 45 51 10 0, F: +49 3 45 51 10 333, *kontakt@opernhaus-halle.de*; *www.opernhaus-halle.de*.

Allee Theater GmbH Hamburger Kammeroper, Max-Brauer-Allee 76, D-22765 **Hamburg**, T: +49 40 38 29 59, F: +49 40 3 89 29 21; *www.alleetheater.de*.

Hamburgische Staatsoper GmbH, Große Theaterstr 34, D-20354 **Hamburg**, T: +49 40 3 56 80,

F: +49 40 3 56 83 08, *pressestelle@hamburgische-staatsoper.de*; *www.hamburgische-staatsoper.de.*

Staatsoper Hannover Niedersächsische Staatstheater Hannover GmbH, Opernplatz 1, D-30159 **Hannover**, T: +49 5 11 99 99 00, F: +49 5 11 99 99 19 99, *webmaster@staatstheater-hannover.de*; *www.staatstheater-hannover.de.*

Theater der Stadt Heidelberg, Friedrichstr 5, D-69117 **Heidelberg**, T: +49 62 2 15 83 59 00, F: +49 62 2 15 83 59 90, *kappus@heidelberg.de*; *www.heidelberger-philharmoniker.de, www.theaterheidelberg.de.*

Stadttheater Hildesheim GmbH, Theaterstr 6, D-31141 **Hildesheim**, T: +49 51 2 11 69 30, F: +49 51 2 11 69 3 92, *pr@stadttheater-hildesheim.de*; *www.stadttheater-hildesheim.de.*

Theater Hof, Kulmbacher Str 5, D-95030 **Hof/Saale**, T: +49 92 8 17 07 00, F: +49 92 8 17 07 02 99, *info@theater-hof.com*; *www.theater-hof.com.*

Pfalztheater Kaiserslautern, Willy-Brandt-Pl 4–5, D-67655 **Kaiserslautern**, T: +49 6 31 3 67 50, F: +49 6 31 3 67 52 35, *info@pfalztheater.bv-pfalz.de*; *www.pfalztheater.de.*

Badisches Staatstheater Karlsruhe, Baumeisterstr 11, D-76137 **Karlsruhe**, Postfach 1449, D-76003 **Karlsruhe**, T: +49 7 21 3 55 70, F: +49 7 21 37 32 23, *pressestelle@bStaatstheater.de*; *www.staatstheater.Karlsruhe.de.*

Staatstheater Kassel, Friedrichsplatz 15, D-34117 **Kassel**, T: +49 5 61 1 09 41 19, F: +49 5 61 1 09 42 12, *info@staatstheater-Kassel.de*; *www.staatstheater-kassel.de.*

Opernhaus Kiel Bühnen der Landeshauptstadt Kiel, Rathauspl 4, D-24103 **Kiel**, Postfach 1660, D-24015 **Kiel**, T: +49 4 31 90 16 28 80, F: +49 4 31 90 16 28 89, *info@theater-kiel.de*; *www.theater-kiel.de.*

Theater der Stadt Koblenz, Clemensstr 1, D-56068 **Koblenz**, T: +49 2 61 1 29 28 70, F: +49 2 61 1 29 28 00, *stadttheater@rz-online.de*; *www.theater-koblenz.de.*

Oper der Stadt Köln Bühnen der Stadt Köln, Offenbachplatz, D-50667 **Köln**, Postfach 101061, D-50450 **Köln**, T: +49 2 21 22 12 82 56, F: +49 2 21 22 12 83 67, *info@buehnenkoeln.de*; *www.buehnenkoeln.de.*

Theater Krefeld Vereinigte Städtische Bühnen Krefeld und Mönchengladbach, Theaterpl 3, D-47798 **Krefeld**, T: +49 21 5 18 05 0, F: +49 21 5 12 82 95, *siebold@theater-kr-mg.de*; *www.theater-krefeld-moenchengladbach.de.*

Südostbayerisches Städtetheater, Ländtorpl 2–5, D-84028 **Landshut**, T: +49 8 71 92 20 80, F: +49 8 71 92 20 83 4, *Stadttheater.Landshut@t-online.de*; *www.suedostbayerisches-staedtetheater.de.*

Oper Leipzig – Musikalische Komödie Haus Dreilinden, Dreilindenstr 30, D-04177 **Leipzig**, T: +49 3 41 12 61 19, F: +49 3 41 1 26 11 50, *presse@oper-leipzig.de*; *www.oper-leipzig.de.*

Oper Leipzig – Opernhaus, Augustusplatz 12, D-04109 **Leipzig**, Postfach 100346, D-04177 **Leipzig**, T: +49 3 41 1 26 10, F: +49 3 41 1 26 13 85, *oper@leipzig-online.de*; *www.oper-leipzig.de.*

Junge Oper Lübeck e. V., Hagenowweg 4, D-23564 **Lübeck**, T: +49 4 51 3 48 61, F: +49 4 51 60 61 68, *info@caruso.de*; *www.caruso.de/jungeoper.html.*

Theater Lübeck, Beckergrube 16, D-23552 **Lübeck**, T: +49 4 51 7 08 80, F: +49 4 51 7 08 81 02, *theater@luebeck.de*; *www.theaterluebeck.de.*

Theater Lüneburg, An den Reeperbahnen 3, D-21335 **Lüneburg**, Postfach 2829, D-21318 **Lüneburg**, T: +49 41 3 17 52 0, F: +49 41 3 14 04 21 0, *dramaturgie@theater.lueneburg.de*; *www.theater-lueneburg.de.*

Theater der Landeshauptstadt Magdeburg, Universitätsplatz 9, D-39104 **Magdeburg**, Postfach 1240, D-39002 **Magdeburg**, T: +49 3 91 5 40 65 00, F: +49 3 91 5 40 65 99, *info@theater.magdeburg.de*; *www.theater-magdeburg.de.*

Staatstheater Mainz, Gutenbergplatz 7, D-55116 **Mainz**, T: +49 61 3 12 85 10, F: +49 61 3 12 85 11 59, *info@staatstheater-mainz.de*; *www.staatstheater-mainz.de.*

Nationaltheater Mannheim, Am Goetheplatz, D-68161 **Mannheim**, Postfach 102362, D-68023 **Mannheim**, T: +49 6 21 1 68 00, F: +49 6 21 1 68 04 35, *nationaltheater@mannheim.de*; *www.nationaltheater.de.*

Das Meininger Theater – Südthüringisches Staatstheater, Bernhardstr 5, D-98617 **Meiningen**, T: +49 36 9 3 45 10, F: +49 36 9 3 45 13 00, *presse@das-meininger-theater.de*; *www.das-meininger-theater.de.*

Freies Landestheater Bayern, Am Hochwald 1, D-82714 **Miesbach**, T: +49 80 2 5 73 07, F: +49 80 2 5 99 96 34, *theater@flt-bayern.de*; *www.flt-bayern.de.*

Theater Mönchengladbach Vereinigte Städtische Bühnen Krefeld und Mönchengladbach, Odenkirchener Str 78, D-41236 **Mönchengladbach**, T: +49 21 6 66 15 10, F: +49 21 6 64 20 11 0, *siebold@theater-kr-mg.de*; *www.theater-krefeld-moenchengladbach.de.*

Bayerische Staatsoper – Nationaltheater, Max-Joseph-Platz 2, D-80539 **München**, T: +49 89 21 85 19 20, F: +49 89 21 85 19 03, *info@st-oper.bayern.de, tickets@st-oper.bayern.de*; *www.staatsoper.de.*

Pianopianissimo-Musiktheater- Ensemble München e. V., Trostberger Str 6, D-81671 **München**, T: +49 7 21 1 51 56 12 36, F: +49 7 21 1 51 56 12 36, *pppachl@aol.com, mail@pppmt.de*; *www.pppmt.de.*

Staatstheater am Gärtnerplatz, Gärtnerplatz 3, D-80469 **München**, Postfach 140569, D-80455 **München**, T: +49 89 20 24 11, F: +49 89 20 24 12 37, *presse@st-gaertner.bayern.de*; *www.staatstheater-am-gaertnerplatz.de.*

Städtische Bühnen Münster, Neubrückenstr 63, D-48143 **Münster**, T: +49 2 51 5 90 90, F: +49 2 51 5 90 92 02, *staedt.buehnen@stadt-muenster.de*; *www.stadttheater.muenster.org.*

Theater umd Orchester GmbH Neubrandenburg/Neustrelitz, c/o Landestheater Neustrelitz, Friedrich-Ludwig-Jahn-Str 14, D-17235 **Neustrelitz**, T: +49 39 8 12 77 0, F: +49 39 8 12 05 43 5, *info@landestheater-mecklenburg.de*; *www.landestheater-mecklenburg.de.*

Theater Nordhausen Loh-Orchester Sondershausen GmbH, Käthe-Kollwitz-Str 15, D-99734 **Nordhausen**, Postfach 100244, D-99722 **Nordhausen**, T: +49 36 3 16 26 00, F: +49 36 3 16 26 01 66, *info@theater-nordhausen.de*; *www.theater-nordhausen.de.*

Pocket Opera Company, Gertrudstr 21, D-90429 **Nürnberg**, T: +49 9 11 3 29 04 7, F: +49 9 11 31 46 06, *info@pocket-opera.com*; *www.pocket-opera.com.*

Staatstheater Nürnberg – Oper, Richard-Wagner-Platz 2–10, D-90443 **Nürnberg**, T: +49 9 11 2 31 35 75, F: +49 9 11 2 31 35 08, *carola.buck@staatstheater.nuernberg.de*; *www.staatstheater-nuernberg.de.*

Kammeroper Göttingen, Alte Schule Arenborn, D-34399 **Oberweser**, T: +49 55 7 49 99 89 1.

Oldenburgisches Staatstheater, Theaterwall 28, D-26122 **Oldenburg**, T: +49 4 41 2 22 50, F: +49 4 41 2 22 52 22, *dramaturgie@staatstheater-ol.niedersachsen.de*; *www.oldenburg.staatstheater.de.*

Städtische Bühnen Osnabrück GmbH, Domhof 10–11, D-49074 **Osnabrück**, T: +49 5 41 76 00 00, F: +49 5 41 7 60 01 09, *info@theater.osnabrueck.de*; *www.theater.osnabrueck.de.*

Südostbayerisches Städtetheater Musik. Abteilung am Theater im Fürstbischöflichen Opernhaus Passau, Gottfried-Schäffer-Str 2 und 4, D-94032 **Passau**, T: +49 8 51 9 29 19 10, F: +49 8 51 9 29 19 33, *dramaturgie@stadttheater-passau.de*; *www.suedostbayerisches-staedtetheater.de.*

Theater Pforzheim Grosses Haus und Podium, Am Waisenhausplatz 5, D-75172 **Pforzheim**, T: +49 72 3 1 39 14 88, F: +49 72 3 1 39 14 85, *theater@stadt-pforzheim.de*; *www.theater-pforzheim.de.*

Theater Plauen-Zwickau GmbH – Theater Plauen, Theaterplatz 1–3, D-08523 **Plauen**, T: +49 3 75 83 46 00, F: +49 3 75 83 46 09, *info@theater-plauen-zwickau.de*; *www.theater-plauen-zwickau.de.*

Hans Otto Theater Potsdam, Berliner Str 27a, D-14467 **Potsdam**, T: +49 3 31 98 11 10, F: +49 3 31 98 11 2 80, *musiktheater@hot.potsdam.de*; *www.hot.potsdam.de.*

Landesbühnen Sachsen, Meißner Str 152, D-01445 **Radebeul**, T: +49 3 51 8 95 40, F: +49 3 51 8 95 42 01, *info@dresden-theater.de*; *www.dresden-theater.de.*

Theater Regensburg, Bismarckpl 7, D-93047 **Regensburg**, T: +49 9 41 5 07 14 21, F: +49 9 41 5 07 44 29, *presse@theater-regensburg.de*; *www.theater-regensburg.de.*

Volkstheater Rostock, Patriotischer Weg 33, D-18057 **Rostock**, Postfach 102215, D-18003 **Rostock**, T: +49 3 81 3 81 46 00, F: +49 3 81 3 81 46 59, *vtrinfo@rostock.de*; *www.volkstheater-rostock.de.*

Thüringer Landestheater Eisenach-Rudolstadt-Saalfeld, Anger 1, D-07407 **Rudolstadt**, Postfach 110, D-07407 **Rudolstadt**, T: +49 36 7 2 45 00, F: +49 36 7 2 45 01 14, *tlt@thueringer landestheater.de*; *www.thueringerlandestheater.de.*

Saarländisches Staatstheater, Schillerpl 1, D-66111 **Saarbrücken**, T: +49 6 81 3 09 20, F: +49 6 81 3 09 22 73, *drama@theater-saarbruecken.de*; *www.staatstheater-saarbruecken.de.*

Bayerische Kammeroper Veitshöchheim Intendanz, Wengertspfad 2, D-97523 **Schwanfeld**, T: +49 93 8 4 88 14 90, F: +49 93 8 4 88 15 90, *blagoy.apostolov@radio-opera.fm*; *www.bayerische-kammeroper.de.*

Mecklenburgisches Staatstheater Schwerin, Alter Garten 2, D-19055 **Schwerin**, T: +49 3 85 5 30 00, F: +49 3 85 5 30 02 00, *kommunikation@theater-schwerin.de*; *www.theater-schwerin.de.*

Theater Vorpommern GmbH Theater und Philharmonisches Orchester in Vorpommern, Olof-Palme-Platz, D-18439 **Stralsund**, Postfach 1351, D-18403 **Stralsund**, T: +49 38 3 12 64 60, F: +49 38 3 12 64 61 05, *oeffentlichkeit.hst@theater-vorpommern.de*; *www.theater-vorpommern.de.*

Südostbayerisches Städtetheater Theater am Hagen, Am Hagen 61, D-94315 **Straubing**, T: +49 94 2 19 44 25 1, F: +49 94 2 19 44 11 3, *theater@inet-nb.de*; *www.suedostbayerischesstaedtetheater.de.*

Staatstheater Stuttgart, Oberer Schlossgarten 6, D-70173 **Stuttgart**, T: +49 7 11 2 03 20, F: +49 7 11 2 03 23 89, *thomas.hoch@staatstheater-stuttgart.de*; *www.staatstheater.stuttgart.de.*

Theater der Stadt Trier, Am Augustinerhof, D-54290 **Trier**, Postfach 3470, D-54224 **Trier**, T: +49 6 51 7 18 34 64, F: +49 6 51 7 18 14 68, *theater@trier.de*; *www.theater-trier.de.*

Kammeroper Ulm, Fort Unterer Kuhberg 12, D-89077 **Ulm**, T: +49 7 31 9 21 64 44, F: +49 7 31 9 21 64 45, *Kammeroper@Ulm-direkt.net.*

Süddeutsche Kammeroper e. V. La Musica, Am Eselsberg 10–12, D-89075 **Ulm**, T: +49 7 31 5 78 31, F: +49 7 31 5 09 77 79.

Ulmer Theater, Herbert-von-Karajan-Platz 1, D-89070 **Ulm**, T: +49 7 31 1 61 44 00, F: +49 7 31 1 61 16 19, *m.dreyer@ulm.de*; *www.theater.ulm.de.*

Deutsches Nationaltheater Weimar, Theaterpl 2, D-99423 **Weimar**, Postfach 2003 & 2005, D-99401 **Weimar**, T: +49 36 4 3 75 50, F: +49 36 4 3 75 52 46, *presse@nationaltheater-weimar.de*; *www.nationaltheater-weimar.de.*

Hessisches Staatstheater Wiesbaden, Christian-Zais-Str 3, D-65189 **Wiesbaden**, Postfach 3247,

D-65022 **Wiesbaden**, T: +49 6 111321, F: +49 6 1113 23 37, *info@staatstheater-wiesbaden.de*; *www.staatstheater-wiesbaden.de.*

Mainfranken Theater Würzburg, Theaterstr 21, D-97070 **Würzburg**, T: +49 9 313 90 80, F: +49 9 313 90 81 02, *info@theaterwuerzburg.de*; *www.theaterwuerzburg.de.*

Wuppertaler Bühnen Opernhaus Wuppertal, Friedrich-Engels-Allee 4, D-42103 **Wuppertal**, T: +49 2 025 63 42 30, F: +49 2 025 63 48 06, *info@wuppertaler-buehnen.de*; *www.wuppertaler-buehnen.de.*

Theater Plauen-Zwickau gGmbH – Theater Zwickau, Gewandhausstr 7, D-08056 **Zwickau**, Postfach 201039, D-08012 **Zwickau**, T: +49 3 7583 46 00, F: +49 3 7583 46 09, *info@theater-plauen-zwickau.de*; *www.theater-plauen-zwickau.de.*

Liechtenstein

Operette Balzers, Gatter12, FL-9496 **Balzers**, T: +4 233 84 26 92, F: +4 233 84 26 92, *kontakt@operette-balzers.li*; *www.operette-balzers.li.*

Operettenbühne Vaduz, c/o Georg Fausch, Postfach 29, FL-9490 **Vaduz**, T: +4 232 32 72 55, F: +4 232 32 72 64, *info@operette.li*; *www.operette.li.*

Österreich

Stadttheater Baden bei Wien, Theaterpl 7, A-2500 **Baden**, T: +43 22 5 24 83 38, F: +43 22 5 24 83 38 40, *office@stadttheater-baden.at*; *www.stadttheater-baden.at.*

Bregenzer Festspiel- und Kongreßhaus GmbH, Symphonikerplatz 1, A-6900 **Bregenz**, Postfach 311, A-6900 **Bregenz**, T: +43 55 7 440 70, F: +43 55 7 440 74 00, *info@bregenzerfestspiele.com*; *www.bregenzerfestspiele.com.*

Vorarlberger Landestheater Bregenz, Seestr 2, A-6900 **Bregenz**, T: +43 55 7 44 28 70, F: +43 55 7 44 83 66, *info@theater-bregenz.at*; *www.theater-bregenz.at.*

Opernhaus Graz, Kaiser-Josef-Platz 10, A-8010 **Graz**, T: +43 3 1680 08, F: +43 3 1680 08 15 85, *info@buehnen-graz.com*; *www.buehnen-graz.com.*

Tiroler Landestheater, Rennweg 2, A-6010 **Innsbruck**, T: +43 5 125 20 74, F: +43 5 1252 07 43 33, *tiroler@landestheater.at*; *www.landestheater.at.*

Stadttheater Klagenfurt, Theaterpl 4, A-9020 **Klagenfurt**, T: +43 4 635 52 66, F: +43 4 6355 26 67 24, *h.plessin@stadttheater-klagenfurt.at*; *www.stadttheater-klagenfurt.at.*

Landestheater Linz, Promenade 39, A-4010 **Linz**, Postfach 271, A-4010 **Linz**, T: +43 7 327 61 10, F: +43 7 327 61 13 08, *intendanz@landestheater-linz.at*; *www.landestheater-linz.at.*

Salzburger Landestheater, Schwarzstr 22, A-5020 **Salzburg**, T: +43 6 628 71 51 20, F: +43 6 628 71 51 21 90, *service@theater.co.at*; *www.salzburger-landestheater.at.*

Stadttheater St Pölten, Rathauspl 11, A-3100 **St. Pölten**, T: +43 27 4 235 20 26–0, F: +43 27 4 235 20 26 52, *r.prochaska@stadttheater.info*; *www.stadttheater.info.*

Etablissement Ronacher Vereinigte Bühnen Wien GesmbH, Seilerstätte 9, A-1010 **Wien**, T: +43 1 5 14 11–0, F: +43 1 5 14 11–5 11, *info@vbw.at*; *www.musicalvienna.at.*

Jugendstiltheater Kulturstandort Baumgartnerhöhe, Baumgartnerhöhe 1, A-1145 **Wien**, T: +43 1 9 11 24 92 19, F: +43 1 9 11 24 92 15, *jugendstiltheater@@ows.magwien.gv.at*; *www.jugendstiltheater.co.at.*

Raimund Theater – Theater an der Wien Vereinigte Bühnen Wien GesmbH, Wallgasse 18–20, A-1060 **Wien**, T: +43 1 5 99 77, F: +43 1 5 99 77 77, *info@vbw.at*; *www.musicalvienna.at.*

Volksoper Wien, Währingerstr 78, A-1090 **Wien**, T: +43 1 5 14 44 30, F: +43 1 5 14 44 32 15, *office@volksoper.at*; *www.volksoper.at.*

Wiener Kammeroper, Fleischmarkt 24, A-1010 **Wien**, T: +43 1 5 12 01 00, F: +43 1 5 12 01 00 30, *information@wienerkammeroper.at*; *www.wienerkammeroper.at.*

Wiener Staatsoper GmbH, Opernring 2, A-1010 **Wien**, T: +43 1 51 44 40, F: +43 1 5 14 44 23 30, *information@wiener-staatsoper.at*; *www.wiener-staatsoper.at.*

Schweiz

Theater Basel, Stadttheater, Elisabethenstr 16, CH-4010 **Basel**, T: +41 6 12 95 11 00, F: +41 6 12 95 12 00, *info@theater-basel.ch*; *www.theater-basel.ch.*

Stadttheater Bern, Nägeligasse 1, CH-3000 **Bern** 7, T: +41 3 13 29 51 11, F: +41 3 13 29 51 00, *info@stadttheater.ch*; *www.stadttheaterbern.ch.*

Theater Biel Solothurn – Théâtre Bienne Soleure, Schmiedengasse 1, CH-2502 **Biel**, PF, CH-2500 **Biel** 3, T: +41 3 23 28 89 69, F: +41 3 23 28 89 67, *info@theater-biel.ch*; *www.theater-biel.ch.*

Stadttheater Chur, Zeughausstr 6, CH-7000 **Chur**, T: +41 8 12 52 25 03, F: +41 8 12 52 76 86, *info@stadttheater-chur.ch*; *www.stadttheater-chur.ch.*

Grand Théâtre de Genève, 11, bd du Theâtre, CH-1211 **Genève** 11, T: +41 2 24 18 30 00, F: +41 2 44 18 30 01, *dirgen@geneveopera.ch*; *www.geneveopera.ch.*

Opéra de Lausanne Théâtre Municipal de Lausanne, CP 3972, CH-1002 **Lausanne**, T: +41 2 13 10 16 16, F: +41 2 13 10 16 90, *opera@lausanne.ch*; *www.opera-lausanne.de.*

Luzerner Theater, Theaterstr 2, CH-6002 **Luzern**, T: +41 4 12 28 14 40, F: +41 4 12 28 14 40, *contact@luzernertheater.ch*; *www.luzernertheater.ch.*

Theater Winterthur am Stadtgarten, Theaterstr 4, CH-8400 **Winterthur**, T: +41 5 22 67 50 20, F: +41 5 22 67 50 30, *theater@win.ch*; *www.theater-winterthur.ch.*

Opernhaus Zürich, Falkenstr 1, CH-8008 **Zürich**, T: +41 4 42 68 64 00, F: +41 4 42 68 64 01, *info@opernhaus.ch*; *www.opernhaus.ch.*

Verzeichnis der Musikverlage

A-FAIR Musikverlag + Promotion Michael Koßmann, Herrenhäuser Str 83, D-30419 Hannover, T: +49 51 3 726 03, F: +49 51 3 726 04, *106151.2634 @compuserve.com, fairkoss@aol.de.*

AarTon Verlag Ewald Schumacher, Goethestr 47, D-74613 Öhringen, T: +49 79 4 196 00 45, F: +49 79 4 196 00 47, *aarton@t-online.de.*

Abakus Musik Barbara Fietz, Haversbach 1, D-35753 Greifenstein, T: +49 64 7 822 50, F: +49 64 7 813 55, *hotline@abakus-musik.de; www.abakus-musik.de.*

ABC-Edition Musikverlag A. Breitfuss, Brunnenfeldstr 8, A-5411 Oberalm, T: +43 62 4 58 54 50, F: +43 62 4 585 45 05, *abc-edition@utanet.at; www.abc-edition.at.*

Musikverlag Abel, Uga 80, A-6884 Damüls, T: +43 55 1 030 50, F: +43 55 1 030 51, *abel.musikverlag@aon.at; www.abel.at* – Blasmusik.

Acanthus Music, c/o Pius Urech, PF, CH-4522 Rüttenen, T: +41 3 26 37 06 30, F: +41 3 26 37 06 31, *info@acanthus-music.ch; www.acanthus-music.ch.* – **GF:** Pius Urech – Unterrichtslit.

ACCENT MUSIKVERLAG GmbH, Bahnhofstr 28, D-93339 Riedenburg, Postfach 33, D-93337 Riedenburg, T: +49 94 4 290 66 05, F: +49 94 4 290 66 58, *accent-musikverlag@gmx.de.* – **GF:** Dr Jost Schindel, Erdmuthe Salpietro (office) – Ludwig-Musical, Talking Music CDs.

Accolade Musikverlag und Notenversand, Guffertstr. 18a, D-83627 Warngau, T: +49 80 2 150 66 46, F: +49 80 2 150 66 47, *Accolade @t-online.de; www.accolade.de.* – **GF:** Bodo Koenigsbeck.

accorda Musikverlag Andreas Steiner, Sternenstr 1, CH-3360 Herzogenbuchsee, T: +41 6 29 61 96 10, F: +41 6 29 61 96 14, *info@accorda.ch; www.accorda.ch* – AkkM.

ad libitum music Andreas Salm, Papenbütteler Weg 14, D-27729 Hambergen, Postfach 1131, D-27727 Hambergen, T: +49 47 9 39 50 86, F: +49 47 9 39 50 85, *ad-libitum-music@t-online.de.* – **GF:** Andreas Salm **ProgrLt:** Andreas Salm – zeitgen Musik.

ADU-Verlag für zeitgenössische Musik Arnd-Dieter Ubben, Heerenkamp 34, D-26605 Aurich, T: +49 49 4 16 26 23, F: +49 49 4 16 48 70, *webmaster @adu-verlag.de; adu-verlag.de* – zeitgen KunstM, KiM vokal, KiM instrumental (Bläser).

Advance Music, Maieräckerstr 18, D-72108 Rottenburg, T: +49 74 7 218 32, F: +49 74 7 22 46 21, *mail@advancemusic.com; www.advancemusic.com.*

agentur neue musik, Schilfweg 5, D-26180 Rastede, T: +49 1 795 04 16 77(mobile), F: +49 9 317 84 78 64, *verlag@agentur-neue-musik.de; www.agentur-neue-musik.de* – nicht-experimentelle Musik d 20. u 21. Jh.

Ahn & Simrock Bühnen- und Musikverlag GmbH, Deichstr 9, D-20459 Hamburg, T: +49 40 30 06 67 80, F: +49 40 30 06 67 89, *as@ahnundsimrockverlag.de; www.ahnundsimrockverlag.de.* – **GF:** Per H Lauke.

Musik- und Bühnenverlag Josef Aibl OHG, Karlsplatz 6, A-1010 Wien.

aka-Musikverlag Karlsruhe Anne Kern, Ernst-Barlach-Str 10, D-76227 Karlsruhe, T: +49 7 2149 33 89, F: +49 7 2140 45 14, *kern.aka-musik @t-online.de; www.aka-musikverlag.de.* – **GF:** Anne Kern **ProgrLt:** Anne Kern – Werke f Schulensembles (Bearbeitungen).

Akademische Druck- u. Verlagsanstalt, Auerspergasse 12, A-8010 Graz, T: +43 3 1636 44, F: +43 3 1636 44 24, *info@adeva.com; www.adeva.com.* – **GF:** Dr Ursula Struzl **ProgrLt:** Gerhard Lechner – Musikal Denkmälerausgaben, Alte M, MWiss Reihen; H I F Biber, Anton Diabelli, C Ditters v Dittersdorf, Johann Jacob Froberger, Johann Joseph Fux, Joseph Lanner, Wolff Lauffensteiner, Georg Muffat, Gottlieb Muffat, Johann Pachelbel, Franz Schubert ua.

AlbisMusic, Postfach 2505, D-25538 Brunsbüttel, T: +49 48 5 244 68, *info@albismusic.com; www.albismusic.com* – MWiss Urtextausgaben, Musik d Romantik u Neuzeit.

Alfred Publishing Verlags GmbH, Hansestr 99, D-51149 Köln, T: +49 22 0 31 04 19–0, F: +49 22 0 31 04 19–16, *info@alfredverlag.de; www.alfredverlag.de.* – **GF:** Steve Manus – MPäd.

Alkor-Edition Kassel GmbH, Heinrich-Schütz-Allee 35–37, D-34131 Kassel, Postfach 100329, D-34003 Kassel, T: +49 5 613 10 50, F: +49 5 613 77 55, *alkor@baerenreiter.com; www.alkor-edition.com* – Bühnen- u OrchWerke (Leihmaterial).

Allegra Musikverlag GmbH & Co KG Edition Hieber, Strubbergstr 80, D-60489 Frankfurt/Main, T: +49 69 9 78 28 66, F: +49 69 97 82 86 79, *info@allegra-musikverlag.de; www.edition-hieber.de.*

Alte und neue Kunst, Rheingaustr 2, D-12161 Berlin, T: +49 30 8 27 93 30, F: +49 30 82 79 33 29, *info@blackbird-music.de.*

AMA Verlag GmbH, Wesselinger Str 2–8, D-50321 Brühl, Postfach 1168, D-50301 Brühl, T: +49 22 3 29 69 30, F: +49 22 3 296 93 66, *mail@ama-verlag.de; www.ama-verlag.de.* – **GF:** Detlef Kessler.

Amadeus Vertrieb, Hermannstrasse 7, CH-8400 Winterthur, T: +41 5 22 33 28 66, F: +41 5 22 33 54 01, *info@amadeusmusic.ch; www.amadeusmusic.ch.*

AME – Akkordeon Music Edition Lyss, Bernstr 32, CH-3250 Lyss, Postfach 440, CH-3250 Lyss, T: +41 3 23 84 50 84, F: +41 3 23 85 18 79, *ame-lyss.ch@bluewin.ch; www.ame-lyss.ch.*

Antinea Verlag Stephanos Gazoúleas, Sankt-Veit-Str 53, D-81673 München, T: +49 89 4 31 70 22, F: +49 89 4 31 70 94, *gazouleas@antinea.de; www.antinea.de.*

ANTIQUA-EDITION Verlag und Versand für Lauten- und Gitarrenmusik, Bornwiese 29, D-56412 Welschneudorf, T: +49 26 0 892 20 21, F: +49 26 0 892 20 22, *antiqua-edition@t-online.de; www.antiqua-edition.de.*

Anton-Verlag, Beethovenstr 60, D-51643 Gummersbach, T: +49 22 6 12 34 47, F: +49 22 6 12 93 13, *anton-musikverlag@t-online.de.*

Apollo-Verlag Paul Lincke GmbH, Stralauer Allee 1, D-10245 Berlin, T: +49 30 5 20 07 12 21, F: +49 30 52 00 73 12 21 – Operette, Musical, AkkordeonM.

Are Musik Verlag GmbH, Am Kirchborn 20 b, D-55126 Mainz, T: +49 61 3 147 74 74, F: +49 61 3 17 97 59, *info@are-musikverlag.de; www.are-musikverlag.de.* – **GF:** Hans-Jürgen Fickel-Schatz – KiM, ChW.

Paul C. R. Arends Verlag OHG, Höhenweg 36, D-83253 Rimsting, Postfach 1120, D-83251 Rimsting, T: +49 80 5 116 34, 23 85, F: +49 80 5 16 30 42, *kontakt@arends-musikverlag.de; www.arends-musikverlag.de.* – **GF:** Michael Arends – zeitgen E-Musik; zugehörig: Keturi-Verlag.

Arezzo Musikverlag, Schöneberger Str 102, D-22149 Hamburg, T: +49 40 6 72 20 30, F: +49 40 6 72 30 69, *amv@arezzo.de; www.arezzo.de* – ChorM.

Ariadne Buch- und MusikverlagsgmbH, Geibelgasse 14, A-1150 Wien, T: +43 1 89 53 25 55, F: +43 1 8 95 32 44 20, *music@ariadne.vienna.at.* – **GF:** Viktor Liberda **ProgrLt:** Viktor Liberda – zeitgen Musik.

ARNO Musik Verlag & Produktion Peter Heinrichs, Chorbuschstr 21, D-50259 Pulheim, T: +49 22 3 857 08 09, F: +49 22 3 88 30 33, *arnomusik@t-online.de; www.arnomusik.de.*

Ars cantandi Musikverlag Doris Burkhardt, Am Weisenacker 5, D-69198 Schriesheim, T: +49 62 2 055 76, F: +49 62 2 055 76, *burkhardt@verlag-ars-cantandi.de; www.verlag-ars-cantandi.de* – Chormusik.

Arton Records Production & Publishing, c/o Wolfgang Arton, Hektorstr 9/10, D-10711 Berlin, T: +49 30 3 23 30 20, F: +49 30 32 70 21 91, *mail@arton.de; www.arton.de.* – **GF:** Wolfram Arton **ProgrLt:** Wolfram Arton – WeltM, Jazz.

ArtSyrinX Musikverlag Josef Schlotter, Schafmaier 12, D-88289 Waldburg, T: +49 75 2 926 40, F: +49 75 2 991 29 97, *Josef.Schlotter@artsyrinx.de; www.artsyrinx.de.*

Astoria Verlag Bühnen- und Musikverlag, Hospitalstr 19, D-40597 Düsseldorf, T: +49 2 1171 79 96, F: +49 2 117 18 42 76, *astoriaverlag@t-online.de.* – **GF:** Egon A. von Preyß.

Atelier-Editionen Röhm Noten für Streichinstrumente, Johann-Sebastian-Bach-Str 27, D-74219 Möckmühl, T: +49 62 9 892 92 80, F: +49 62 9 892 92 81, *haroehm@aol.com; www.a-er.de.* – **GF:** Ingeborg Röhm **ProgrLt:** Ingeborg Röhm – Noten f Streichinstr.

Augemus Musikverlag Ralf Kaupenjohann, Bleckstr 1 a, D-44989 Bochum, Wuppertaler Str 424 b, D-45259 Essen, T: +49 2 3453 42 21, F: +49 2 3453 42 21, *info@augemus.de; www.augemus.de.* – **GF:** Ralf Kaupenjohann **ProgrLt:** Ralf Kaupenjohann – Musik f Einzeltonakkordeon, 'Texte z Gesch u Gegenwart d Akkordeons'.

Aurum Musikverlag Inh Berthold Paul e.K., Bernhard-Ihnen-Str 13 c, D-21465 Reinbek, T: +49 40 8 22 32 65, F: +49 40 8 22 32 66, *b.paul@ensembleneuehorizonte.de, bpaul@aurum-musik.de.* – **GF:** Hanns-Peter Simmendinger – zeitgen KamM.

Bärenreiter Verlag Basel AG, Neuweiler Str 15, CH-4015 Basel, T: +41 6 13 07 96 66, F: +41 6 13 07 96 60, *info@baerenreiter.com; www.baerenreiter.com.* – **GF:** Peter G Isler.

Bärenreiter-Verlag Karl Vötterle GmbH & Co KG, Heinrich-Schütz-Allee 35–37, D-34131 Kassel, Postfach 100329, D-34003 Kassel, T: +49 5 613 10 50, F: +49 5 613 10 52 40, *info@baerenreiter.com; www.baerenreiter.com.* – **GF:** Barbara Scheuch-Vötterle, Leonhard Scheuch – zugehörig: Johann-Philipp-Hinnenthal Verlag, Nagels-Verlag, Süddeutscher Musikverlag.

Bernd Bauer Verlag, Detmolder Str 60, D-10715 Berlin, T: +49 30 8 83 78 00, F: +49 30 8 83 57 31, *kontakt@berndbauerverlag.de; www.berndbauerverlag.de.*

BavariaSonor Musikverlag und Merchandising GmbH, Bavariafilmplatz 8, D-82031 Geiselgasteig, T: +49 89 6 49 28 34, F: +49 89 64 99 37 30, *karin.gatzke@bavaria-film.de; www.bavaria-sonor.de.* – **GF:** Bernd Strasser.

Beboton-Verlag GmbH, Heimhuder Str 36, D-20148 Hamburg, T: +49 40 4 14 10 00, F: +49 40 41 41 00 40, *contact@sikorski.de; www.sikorski.de.*

befoco-verlag, Lindenstr 1, D-04420 Atranstädt, T: +49 3 42 0 58 74 61, F: +49 3 42 0 58 74 01, *befoco @befoco.de; www.befoco.de.* – **GF:** Bernhard Forster – Lit f Doppelrohrbläser.

M.P. Belaieff Musikverlag, c/o <C.F.> Peters Musikverlag, Kennedyallee 101, D-60596 Frankfurt/Main, Postfach 700851, D-60558 Frankfurt, T: +49 69 63 00 99–0, F: +49 69 63 00 99–45/-54, *kbm@edition-peters.de; www.edition-peters.de/belaieff.*

Bella Musica Edition Jürgen Rinschler, Eisenbahnstr 30, D-77815 Bühl/Baden, T: +49 72 2 38 08 35 60, F: +49 72 2 38 08 35 69, *bella-*

musica@bella-musica-edition.de; *www.bella-musica-edition.de*. – **GF:** Jürgen Rinschler – Musik d 20. Jhs bis z Gegenwart, Schwerpkte: A Piazzolla & Co, Musik Estlands u zeitgen Musik deutschspr Komp.

Bellmann Musikverlag, Markt 5, D-06188 Landsberg, T: +49 3 46 0 22 37 29, F: +49 3 46 0 22 37 28, *info@bellmannmusik.de*; *www.bellmannmusik.de*. – **GF:** Michael Bellmann – KamM, Unterrichtslit f Kinder u Jugendliche.

Anton J. Benjamin GmbH Bühnen- und Musikverlag, Lützowufer 26, D-10787 Berlin, T: +49 30 2 50 01 30, F: +49 30 25 00 13 99, *musikverlag@boosey.com*.

Albert Bennefeld, Wilmersdorfer Str 155, D-10585 Berlin, T: +49 30 8 01 50 08, F: +49 30 8 02 84 93, *bennefeldMV@t-online.de*.

Karl Bergauer Bücher – Musikalien – Musikverlag, Hauptstr 125, A-2124 Kreuzstetten, T: +43 22 6 33 89 94, F: +43 22 6 33 89 94, *buch@bergauer.at*; *www.bergauer.at*. – **GF:** Karl Bergauer **ProgrLt:** Karl Bergauer – Lit f d Unterr, EnsM, Blasorch.

Bergischer Musikverlag Erwin P. Becker, Melanchthonstr 32, D-42653 Solingen, T: +49 2 12 59 31 78, F: +49 2 12 59 09 09, *Bergischer.Musikverlag@t-online.de*.

Berliner Chormusik Verlag Rauh/Thomas GbR, Pücklerstr 29, D-10997 Berlin, T: +49 30 62 72 23 03, F: +49 30 62 72 23 79, *contact@berliner-chormusik-verlag.de*; *www.berliner-chormusik-verlag.de*. – **GF:** Olaf Thomas **ProgrLt:** Stefan Rauh – a-cappella-Lit.

Edmund Bieler Musikalienhandlung & Verlag, Thürmchenswall 72, D-50668 Köln, T: +49 2 21 12 38 42, F: +49 2 21 12 23 36.

Richard Birnbach Musikverlag, Aubinger Str 9, D-82166 Lochham, T: +49 89 87 54 50, F: +49 89 8 71 46 39 – zugehörig: Rud. Erdmann Musikverlage.

BIT-Musikverlag OHG, Clayallee 311, D-14169 Berlin, T: +49 30 7 12 25 00, F: +49 30 7 12 77 29, *jazz@bit-musikverlag.de*; *www.bit-musikverlag.de*. – **GF:** Andreas Danisch, Knut Jens – zeitgen u moderner Jazz, Filmmusik.

Felix Bloch Erben GmbH & Co KG Verlag für Bühne, Film und Funk, Hardenbergstr 6, D-10623 Berlin, T: +49 30 3 13 90 28, F: +49 30 3 12 93 34, *info@felix-bloch-erben.de*; *www.felix-bloch-erben.de*. – **GF:** Johannes Volkmer, Bettina Migge.

Anton Böhm & Sohn GmbH & Co KG Musikverlag, Lange Gasse 26, D-86152 Augsburg, T: +49 8 21 50 28 40, F: +49 8 215 02 84 33, *boehmundsohn@freenet.de*.

Bohne & Schulz, c/o Verlags- und Medienhaus Orthmann GmbH, An der Linde 1, D-78464 Konstanz, Postfach 5520, D-78434 Konstanz, T: +49 75 3 19 96 96 00, F: +49 75 3 19 96 96 06, *info@bohne-schulz.de*; *www.bohne-schulz.de*. – **GF:** Marc Orthmann – Blasmusik.

Boosey & Hawkes Bote & Bock GmbH & Co, Lützowufer 26, D-10787 Berlin, T: +49 30 2 50 01 30, F: +49 30 25 00 13 99, *musikverlag@boosey.com*; *www.boosey.com*. – **GF:** Winfried Jacobs – E-Musik.

Born & Bellmann Musikverlag und Produktion GmbH, Wurth 3, D-06193 Ostrau/Saale, T: +49 3 46 0 02 16 10/11, F: +49 3 46 0 02 16 12. – **GF:** Bernd Born **ProgrLt:** Bernd Born – Jazz, Neue Musik.

Musikverlag Bornmann, Theodor-Storm-Weg 12, D-71101 Schönaich, T: +49 70 3 165 21 30, F: +49 70 3 16 51 36, *info@musikverlag-bornmann.de*; *www.musikverlag-bornmann.de*. – **GF:** Johannes Bornmann – Blfl.

Gustav Bosse Verlag, Heinrich-Schütz-Allee 35, D-34131 Kassel, Postfach 101420, D-34014 Kassel, T: +49 5 613 10 50, F: +49 5 613 10 52 40, *info@bosse-verlag.de*; *www.bosse-verlag.de*.

Bosworth & Co Ltd GmbH, Heinestr 1/6, A-1020 Wien, Postfach 178, A-1200 Wien, T: +43 6 644 22 43 23, F: +43 1 2 14 19 30, *office@bosworth.at*; *www.bosworth.at*.

Bosworth Music GmbH The Music Sales Group, Friedrichstr 153a, D-10117 Berlin, T: +49 30 2 06 24 60, F: +49 30 20 62 46 17, *bosworth.berlin@musicales.co.uk*; *www.bosworth.de*. – **GF:** Michael Ohst.

Musikverlag Georg Bratfisch GmbH, Hans-Herold-Str 23, D-95326 Kulmbach, T: +49 92 2 173 00, F: +49 92 2 173 00. – **GF:** Reinhard Bratfisch **ProgrLt:** Heinz Bratfisch – leichte BlockflM, geistl OrgelM d Romantik, geistl u weltl ChorM.

Musik-Verlag Braun-Peretti GmbH, Suroide 2, D-29649 Wietzendorf, T: +49 51 9 696 37 96, F: +49 51 9 696 37 95, *Braun-Peretti-Musikverlag@t-online.de*; *www.braun-peretti.de*.

Braunschweiger Musik-Verlag ER-EM-BE Richard Maul, Thiedebacher Weg 27, D-38124 Braunschweig, T: +49 5 317 53 99, F: +49 5 31 79 81 35.

Breitkopf & Härtel KG Annekathrin Mascus International Sales, Walkmühlstr 52, D-65195 Wiesbaden, T: +49 6 114 50 08–0, F: +49 6 114 50 08–59/-60/-61, *info@breitkopf.de*; *www.breitkopf.de*. – **GF:** Lieselotte Sievers, Gottfried Möckel – zugehörig: Deutscher Verlag für Musik GmbH.

Breitkopf & Härtel, Leipzig, Bauhofstr 3–5, D-04103 Leipzig, T: +49 3 419 97 19–0, F: +49 3 419 97 19–30, *info@breitkopf.de*; *www.breitkopf.de*.

Breitkopf & Härtel, Taunusstein, Obere Waldstr 30, D-65232 Taunusstein, T: +49 61 2 896 63–0, *info@breitkopf.de*; *www.breitkopf.de*.

Max Brockhaus Musikverlag, Mainzer Str 45, D-53179 Bonn, Postfach 210268, D-53157 Bonn, T: +49 2 2834 79 89, F: +49 2 2885 63 72, *musikverlag@robert-forberg.de*; *www.rob-forberg.de* – klass M.

Broude Europa, Rosmarinstr 15, D-55232 Alzey, T: +49 67 3 11 09 06, F: +49 67 3 154 98 34, *broude@net-art.de* – Faksimile.

Rolf Budde Musikverlag GmbH, c/o Prof. Sr. Rolf Budde, Hohenzollerndamm 54 a, D-14199 Berlin, T: +49 30 8 23 40 15, F: +49 30 8 23 70 76, *budde@buddemusic.de*; *www.buddemusic.de*. – **GF:** Dr Rolf Budde, Andreas Budde – zugehörig: Edition Corona.

Verlag Burkhard & Co, Stationsstr 37, CH-8487 Zell, T: +41 5 23 83 15 14, F: +41 5 23 83 20 41 – ChM.

Dr. J. Butz Musikverlag, Bahnhofstr 39b, D-53757 Sankt Augustin, Postfach 3008, D-53739 Sankt Augustin, T: +49 22 4 131 58 38, F: +49 22 4 131 48 97, *email@butz-verlag.de*; *www.butz-verlag.de*. – **GF:** Hans-Peter Bähr **ProgrLt:** Hans-Peter Bähr – Noten: geistl/weltl Chor- u Orgelmusik; Musikbücher.

Cantate Domino, 2a, Sapin, CH-2114 Fleurier, T: +41 3 28 61 37 19, F: +41 3 28 61 27 27, *schola@sysco.ch* – KiM.

Cantate Musikverlag, Hauptstr 71, D-76698 Ubstadt-Weiher, T: +49 72 5 136 97 84, F: +49 72 5 136 97 85, *cantate-musikverlag@web.de*; *www.cantate-musikverlag.de*. – **GF:** Viktoria Wippel **ProgrLt:** Dr. Patrick Wippel – ChW, KiM; P J Wippel, F Mendelssohn-Bartholdy, J S Bach, A Bruckner, G F Händel, B A Weber, J F Reichardt, P da Palestrina, H Schütz, G M Nanini, G Verdi, F Schubert, M Vulpius, J H Schein, B Gesius, H Crüger, M Franck, M Pretorius, O di Lasso, Mozart ua.

Musikverlag Robert Carl, Mozartstr 5, D-66399 Mandelbachtal, T: +49 68 9 334 81, F: +49 68 9 380 38 36, *info@musikverlag-carl.de*; *www.musikverlag-carl.de*.

Carpe Diem Musikverlag, Külsheimer Str 2, D-97941 Tauberbischofsheim, T: +49 93 4 128 24, F: +49 93 4 144 74, *lukmurphy.carpediem@t-online.de*. – **GF:** Luk Murphy – Blasmusik.

Carus-Verlag GmbH Musikverlag, Sielminger Str 51, D-70771 Leinfelden-Echterdingen, T: +49 7 117 973 30–0, F: +49 7 117 973 30–29, *info@carus-verlag.com*; *www.carus-verlag.com*.

Centraton-Musikverlag GmbH, In den Erlen 30, D-51519 Odenthal, T: +49 22 0 721 00.

CH-Musica Musikverlag Philipp E. Muster, Sägeweg 10, CH-4147 Aesch, T: +41 6 17 53 83 58, *info@chmusica.com*; *www.chmusica.com* – Blasorch-Komp.

Chanterelle Verlag, Postfach 103909, D-69029 Heidelberg, T: +49 62 2 178 41 05, F: +49 62 2 178 41 06, *chanterelle@chanterelle.com*; *www.chanterelle.com*.

Chili Notes Musikverlag Bastian Fiebig und Oliver Gläser GbR, Berger Str 275, D-60385 Frankfurt/Main, T: +49 69 46 35 09, F: +49 69 46 36 45, *oglaeser@saxophon.com*; *www.saxophon.com*.

Chormusikverlag Seebold E.K., Drachenfelsstr 27, D-53757 St. Augustin, T: +49 22 4 134 41 21, F: +49 22 4 134 41 20; *www.chormusik-seebold.de*. – **GF:** Joachim Seebold – ChorM aller Art.

Christophorus-Verlag GmbH, Hermann-Herder-Str 4, D-79104 Freiburg/Breisgau, T: +49 7 61 27 17 91, F: +49 7 612 71 73 52.

ClassiCulturCentrum Ute Ellenberger, Am Gückelberg 1 a, D-74722 Buchen, T: +49 70 00, F: +49 12 1 25 11 91 79 68, *WolfgangEllenberger@onlinehome.de*; *www.ccc.docwebs.com*. – **ProgrLt:** Wolfgang Ellenberger.

CMC Cecilia Music Concept GmbH – Franz-Georg Stähling Agentur – Musikverlag – Künstlervermittlung, Brauweilerweg 183, D-50933 Köln, T: +49 2 218 00 00 70, F: +49 2 218 00 00 71, *staehling@cecilia-cmc.de*; *www.cecilia-cmc.de*.

CMPO Musikverlag Steffen Molderings, Petersweg 5, D-47647 Kerken, T: +49 28 3 335 56, F: +49 28 3 39 27 35, *webmaster@musikverlagonline.de*; *www.musikverlagonline.de*. – **GF:** Steffen Molderings – innovative Komp.

Comes Verlag Dr Rudolf Weikl, Postfach 2416, D-83426 Bad Reichenhall, T: +49 86 5 16 22 56, F: +49 86 5 16 99 13. – **GF:** Ursula Schubert **ProgrLt:** Ursula Schubert.

ConBrio Verlagsgesellschaft mbH, Brunnstr 23, D-93053 Regensburg, PF100245, D-93002 Regensburg, T: +49 9 4194 59 30, F: +49 9 419 45 93 50, *info@conbrio.de*; *www.conbrio.de*. – **GF:** Theo Geißler – Neue Musik, KiM, MPäd, Musikfachzeitschriften, neue musikzeitung, Jazzzeitung, OPER + Tanz, Musica sacra, politik + kultur, music outlook.

concertino musicverlag Gerhard Rabe, Ostwall 5, D-59399 Olfen, T: +49 25 9 576 76, +49 1 709 30 87 97, F: +49 25 9 576 75, *info@concertino.de*; *www.concertino.de*. – **GF:** Gerhard Rabe **ProgrLt:** Gerhard Rabe – Chormusik, Kammermusik, Blechbläser-Ensemble.

Contempora Musikverlag und Musikproduktion mbH, Funkstr 2–10, D-53797 Lohmar, Postfach 2206, D-53792 Lohmar, T: +49 22 0 558 10, F: +49 22 0 58 45 31, *Contempora@t-online.de*; *contempora-musik.de*. – **GF:** Dr Klaus Unger.

Alfred Coppenrath Musikverlag, Martin-Moser-Str 23, D-84503 Altötting, T: +49 86 7 150 65 20, F: +49 86 7 150 65 25, *mail@coppenrath.com*; *www.coppenrath.com* – Ausgaben m Schwerpunkt 17.–19. Jh, KiM, KamM.

copy-us Verlags GmbH Internet Music Publishing, Ruppenthaler Weg 43, D-47533 Kleve, T: +49 28 2 189 56 73, F: +49 28 2 12 13 90, *info@copy-us.com*; *www.copy-us.com*. – **GF:** Andreas Daams, Heiner Frost **ProgrLt:** Andreas Daams – Neue M (zeitgen E-Musik), Arrangements.

Cornetto Verlag und Fachhandel für Alte Musik, Hummelgasse 4, D-70378 Stuttgart, T: +49 7 119 56 13 96, F: +49 7 119 56 13 97, *webmaster@cornetto-music.de*; *www.faksimile.org*.

Crelier Music Publishing (Suisa) Crelier Louis, c/o Louis Crelier, 8, av de la Gare, CH-2001 Neuchâtel, T: +41 3 27 25 77 65, F:

+41 2 16 53 65 97, *info@creliermusic.ch*; *www.creliermusic.ch*.

Crescendo Musikverlag GmbH, Neumarkter Str 28, D-81673 München, Postfach 802009, D-81620 München, T: +49 89 41 36–0, F: +49 89 41 36–99 52, *hartwig.masuch@bmg.com*; *www.bmgmusicsearch.de*.

Edition Maria Cron, Zinggentorstr 3 + 5, CH-6006 Luzern, T: +41 4 14 10 12 54, F: +41 4 14 10 54 52 – ChM.

CYBELE Musikverlag, c/o Ingo Schmidt-Lucas, Martinstr 11, D-40223 Düsseldorf, T: +49 21 3 275 55 33, F: +49 21 3 275 55 34, *info@cybele.de*; *www.cybele.de*. – **GF:** Ingo Schmidt-Lucas – zeitgen Musik auf SACD.

Daimonion Verlag, Michelsberg 6, D-65183 Wiesbaden, T: +49 6 119 88 28 08, F: +49 6 119 88 28 58, *info@damonion.de*; *www.daimonion.de*.

De Haske (Deutschland), Rotlaubstr 6, D-79427 Eschbach, T: +49 8 003 34 27 53, F: +49 76 3 455 01 55, *verkauf@dehaske.de*; *www.dehaske.com*. – **GF:** Alexandra Link – BlechBl, MPäd.

De Haske (Schweiz), Flurstr 10, CH-6332 Hagendorn, Postfach 60, CH-6332 Hagendorn, T: +41 4 17 84 30 84, F: +41 4 17 84 30 80, *dehaskeCH@aol.com*; *www.dehaske.com* – Blasmusiklit; Verlage Scherzando, Mitropa, Curnow Music Press, Klostermann & Watz, Edition DeHaDe, LernMaterial Musik, Amstel Verlag.

Johann Dennerlein KG Erster Bayerischer Musikverlag, Max-Planck-Str 3, D-85540 Haar, T: +49 89 4 30 20 61, F: +49 89 4 39 39 09.

Der Noten-Haase, Nagelsbaum 58, D-51399 Burscheid, Postfach 1232, D-51388 Burscheid, T: +49 21 7 427 62, F: +49 21 7 46 19 30. – **GF:** Dieter Haas.

DEUSA Musikverlag, c/o Michael Ruf, Rozenburgstr 31, D-76684 Östringen, T: +49 72 5 327 00 73, F: +49 72 5 327 00 74, *deusa@onlinehome.de*.

Deutscher Verlag für Musik GmbH, c/o Breitkopf & Härtel, Bauhofstr 3–5, D-04103 Leipzig, T: +49 3 419 97 19–0, F: +49 3 419 97 19–30.

Die Deutsche Bibliothek/Deutsches Musikarchiv Berlin (DMA), Gärtnerstr 25, D-12207 Berlin, T: +49 30 77 00 20, F: +49 30 77 00 22 99, *info@dma.ddb.de*; *www.ddb.de*. – **GF:** Dr Ingo Kolasa – zentrale Sammlung v Musikalien u Musiktonträgern d Bundesrepublik; musikbibliograph Informationszentrum.

Difem Frédéric Monard SA, c/o Diffusion & édition de musique, 43, faubourg du Lac, CH-2000 Neuchâtel, T: +41 3 27 27 37 97, F: +41 3 27 27 37 98.

Dinner Panflöten, Wehntalerstr 37, CH-8181 Höri, T: +41 44 8 61 17 37, F: +41 86 04 48 61 17 37, *info@panfloete.ch*; *www.panfloete.ch*. – **GF:** Michael Dinner – Lit f Panfl.

DIVERTIMENTO Blasmusikverlag Heidelberg, Lucas-Cranach-Str 7 a, D-69190 Walldorf, T: +49 62 2 726 61, F: +49 62 2 726 63, *info@divertimento.de*; *www.divertimento.de* – Blasorch.

DME Musikverlag GmbH & Co Service KG, Von-Millau-Str 7, D-85604 Zorneding, T: +49 81 0 627 90, F: +49 81 0 62 90 60, *DMEMUSIC@t-online.de*.

Musikverlag Doblinger, Dorotheergasse 10, A-1010 Wien, T: +43 1 51 50 30, F: +43 1 5 15 03 51, *music@doblinger.at*; *www.doblinger.at*. – **GF:** Helmuth Pany **ProgrLt:** Michael Publig, Dr Angela Pachovsky – zeitgen Musik, Alte Musik, MPäd, Wiener Musik, Johann Strauss Gesamtausgabe, KiM, ChM, OrchW.

Musikverlag Chr. Dohr, Kasselberger Weg 120, D-50769 Köln, T: +49 2 21 70 70 02, F: +49 2 21 70 43 95, *info@dohr.de*; *www.dohr.de*. – **GF:** Christoph Dohr **ProgrLt:** Christoph Dohr – Musik d 20. u 21. Jhs, Wiederentdeckungen d 18. u 19. Jhs; zugehörig: ehem edition mf.

Dreiklang-Dreimasken Bühnen- und Musikverlag GmbH, Neumarkter Str 28, D-81673 München, T: +49 89 41 36–99 51, F: +49 89 41 36–99 52.

DVH Dominik von Huebner, Blutenburgstr 116, D-80634 München, T: +49 89 13 99 84 70, F: +49 89 13 99 84 71.

eaf-edition Eigenverlag Dr. Elisabeth Anzenberger, Postfach 27, A-3062 Kirchstetten, T: +43 6 645 69 46 14, F: +43 27 4 386 30, *eaf@aon.at*; *members.aon.at/anzenberger/Eaf-Home.html* – MWiss.

Ebert Musik Verlag Andreas Ebert, Stieglitzstr 82, D-04229 Leipzig, T: +49 3 414 80 50 74, F: +49 3 414 80 50 37, *ebert.musikverlag@t-online.de*; *www.ebert-musikverlag.de*. – **GF:** Andreas Ebert – zeitgen M; M Franck, G Gabrieli, M Praetorius, J Rosenmüller ua.

Musikverlag Hans Jürgen Eckmeier, Kirchstr 22, D-41542 Dormagen-Gohr, T: +49 21 8 257 18 80, F: +49 21 8 296 99, *hjeckmeier@freenet.de*; *www.musikverlageckmeier.de*. – **GF:** Hans Jürgen Eckmeier **ProgrLt:** Hans Jürgen Eckmeier – Git, Klar, Sax, SchülerLit.

Editio Alto Musikverlag – Music Publishing, An der Weinleite 26 D, D-85560 Ebersberg, T: +49 80 9 225 61 88, F: +49 40 36 03 84 87 91, *mail@editioalto.com*; *www.editioalto.com* – Musik f Va u Va d'amore.

Edition 49 Bühnen- und Musikverlag, Notensatz GmbH, Albstr 59, D-76275 Ettlingen, T: +49 72 4 333 22 80, +49 1 716 00 71 00(mobile), F: +49 72 4 333 22 81, *info@edition49.de*; *www.edition49.de*. – **GF:** Boris Björn Bagger **ProgrLt:** Marie Bagger – M aus Estland, Git-M, M f Zupf-Orch, Arrangements, Orch-M, Crossover.

Edition 7 Buch- und Musikverlag Klaus Ager, Lasserstr 6, A-5020 Salzburg, T: +43 6 6288 15 47, F: +43 6 6288 15 47 15, *klaus_ager@hotmail.com*.

Edition Bochinsky Verlag PVVmedien, Postfach 57, D-85230 Bergkirchen, T: +49 81 3 15 65 50, F: +49 81 3 156 55 10, *info@bochinsky-fachbuch.de*; *www.bochinsky-fachbuch.de*.

Edition Brand Musikverlag, Asslkofener Str 12, D-85560 Ebersberg, T: +49 80 9 28 80 92, F: +49 80 9 22 59 25, *info@edition-brand.de*; *www.edition-brand.de*. – **GF:** Johanna Beldzik-Brand – BlBläser, Chor, KamM.

Edition Canavas Oliver Woog/WooGit / Reata Label, Schulstr 2, D-89614 Öpfingen, T: +49 73 9 175 70 95, F: +49 73 9 17 51 52, *catfishwoog77@yahoo.de*; *www.woogit.de* – Git.

Edition con Fuoco Peter Bernard Smith, Josef-Winkler-Str 20, D-33332 Gütersloh, T: +49 52 4 190 44 09, F: +49 52 4 190 44 10, *info@confuoco.de*; *www.confuoco.de*. – **GF:** Peter Bernard Smith – Blasorch, BlechBl, HolzBl, Chor, Weihnachtsmusik.

Edition Dabrass Music Dominik Arz, Kölner Str 58, D-53579 Erpel, T: +49 26 4 460 15 86.

Edition Daminus, Postfach 1152, D-29651 Walsrode, T: +49 51 6 613 38, F: +49 51 6 653 81, *info@daminus.de*; *www.daminus.de*. – **GF:** Norbert Dams – Git.

Edition Dux, Schreiner Str 8, D-85077 Manching, T: +49 84 5 932 49 20, F: +49 84 5 932 49 25, *info@dux-verlag.de*; *www.dux-verlag.de*.

Edition Ebenos musik – verlag – publishing, Maxstr 5, D-52070 Aachen, T: +49 2 419 01 08 83, F: +49 2 419 97 64 47, *edition@ebenos.de*; *www.ebenos.de* – KlarM.

Edition Engel, Frühlingstr 17, D-82178 Puchheim, Postfach 145, D-82217 Eichenau, T: +49 89 8 00 59 00, F: +49 89 8 00 59 00, *info@edition-engel.de*; *www.edition-engel.de*. – **GF:** Dr Volker Engel – Schulwerke, Bläser- u GitKamM, Werkverzeichnisse.

Edition Esplanade OHG, Johnsallee 23, D-20148 Hamburg, T: +49 40 4 14 10 00, F: +49 40 41 41 00 40, *contact@sikorski.de*; *www.sikorski.de*.

Edition Gamus OHG, An der Kreuzkirche 20, D-06849 Dessau, T: +49 3 408 50 63 30, F: +49 3 408 50 63 31, *edition@gamus.de*; *www.gamus.de*. – **GF:** Michael Assmann, Reinhart Gutte **ProgrLt:** Michael Assmann – KamM.

Edition Gravis Musikverlag, Adolfstr 71, D-65307 Bad Schwalbach, Postfach 1107, D-65301 Bad Schwalbach, T: +49 61 2 437 19, F: +49 61 2 434 72, *editiongravis@t-online.de*; *www.editiongravis.de*. – **GF:** Dr Rudolf Lück – zeitgen E-M (v Solowerken bis Op); Erstausg klass M: Reihe 'Musica Mundi'; Claudio Monteverdi, J S Bach, Ditters v Dittersdorf, Franz Schubert.

Edition Helbling AG, Pfäffikerstr 6, CH-8604 Volketswil, T: +41 19 08 12 12, F: +41 19 08 12 24, *info@helblingmusic.ch*.

Edition Margaux, Wesselingerstr 2–8, D-50321 Brühl, Postfach 1168, D-50301 Brühl, T: +49 22 3 29 69 30, F: +49 22 3 296 93 66, *info@edition-margaux.de*; *www.edition-margaux.de*.

Edition Melodie GmbH, Brunnwiesenstr 26, CH-8049 Zürich, Postfach 260, CH-8049 Zürich, T: +41 4 43 44 35 35, F: +41 4 43 44 35 20, *melodie@musikcenter.ch*; *www.melodie.ch*. – **GF:** Stephan F Peterer.

Edition Metropol Musikverlage GmbH, Berrenrather Str 383, D-50937 Köln, T: +49 2 214 30 10 42, F: +49 2 2143 72 28, *nc-metropcz@netcologne.de*; *www.metropol-musikverlag.de*.

Edition Michael Procter und Beauchamp Press, Rintheimer Str 50, D-76131 Karlsruhe, T: +49 7 2161 64 50, F: +49 7 2162 38 95 30, *EditionMP@aol.com*; *www.Edition-MP.com*. – **GF:** Michael Procter.

edition modern, c/o Musikverlage Hans Wewerka, Elisabethstr 38 / III, D-80796 München, T: +49 89 2 72 89 90, F: +49 89 27 28 99 20, *office@hwmedia.de*; *www.wewerka-online.de*.

Edition Molinari, Unter den Schwibbögen 7, D-93047 Regensburg, T: +49 9 415 99 99 28, F: +49 9 415 99 99 39, *info@molinari.de*; *www.molinari.de*. – **GF:** Uwe Müller, Ralf Müller **ProgrLt:** Uwe Müller, Ralf Müller – Musik f Holzbläser.

Edition Music Contact, Am Weingarten 3, D-35415 Pohlheim, T: +49 64 0 395 65 25, F: +49 64 0 395 65 29, *mail@edition-music-contact.de*; *www.edition-music-contact.de* – ChM.

Edition Musica Rinata, c/o Elisabeth Hofmann, Leharstr 7/1, D-71254 Ditzingen, T: +49 71 5 657 55, F: +49 71 5 61 82 68, *edition@musica-rinata.de*; *www.musica-rinata.de*. – **GF:** Elisabeth Hofmann – ChM, KamM, Org, Ges.

Edition Nordstern, Spitzwegstr 17, D-70192 Stuttgart, T: +49 7 118 17 91 06, F: +49 7 118 10 67 81, *raff@edno.de*; *www.edno.de*. – **GF:** Volker Tosta – Joachim Raff, Gesamtausgabe.

Edition Santiago Navascués Musikverlag Richard Kleinmaier, Kappelstr. 7, D-90559 Burgthann, T: +49 91 3 890 32 99, F: +49 91 3 890 32 97, *r.kleinmaier@t-online.de*. – **GF:** Richard Kleinmaier.

Edition Swiss Music Musica Classica, c/o Reto Parolari, Tössertobelstr 12, CH-8400 Winterthur, T: +41 5 22 13 55–27/-29, F: +41 5 22 13 09 95, *info@edition-swiss-music.ch*; *www.edition-swiss-music.ch*.

Edition Tre Fontane Ronald Brox, Eckener Str 12, D-48147 Münster, T: +49 2 512 30 14 83, F: +49 2 512 30 14 83, *service@edition-tre-fontane.de*; *www.edition-tre-fontane.de*. – **GF:** Ronald Brox **ProgrLt:** Heida Vissing – BflEns; Bach, Boismorties, Leibold, Franck, Palestrina ua; Reihen: Musikal Bibliothek, Musica Portuguesa, Musica Bohemica.

Edition Walhall Verlag Franz Biersack, Richard-Wagner-Str 3, D-39106 Magdeburg, T: +49 3 9185 78 20, F: +49 3 918 52 00 79, *info-edition-walhall@freenet.de*; *www.edition-walhall.de*. – **GF:** Franz Biersack **ProgrLt:** Franz Biersack – BarockM, KiM, Streichinstr, Faksimile, Bl-Noten; Zoltán Gárdonyi, Wilhelm Kempff, Johann Caspar Ferdinand Fischer, Georg Philipp Telemann.

Editions Bim – The Brass Press, c/o Gabi Mathez, CP 12, CH-1674 Vuarmarens, T: +41 2 19 09 10 00, F: +41 2 19 09 10 09, *order@editions-bim.com.*

Editions Contrechamps, Rue de la Coulouvrenière 8, CH-1204 Genève, T: +41 2 23 29 24 00, F: +41 2 23 29 68 68, *editions@contrechamps.ch*; *www.contrechamps.ch* – zeitgen Musik.

Editions Papillon, Route d'Annecy 46, CH-1256 Troinex, T: +41 2 23 43 35 42, F: +41 2 23 43 35 42, *editionp@worldcom.ch*; *www.editionspapillon.ch.* – **GF:** Marie-Christine Papillon Völki, Eric Völki – zeitgen Musik.

Editions Résonances et Chante-Jura, c/o Jean-Claude Guermann, Rue du Prieuré 8, CH-2036 Cormondrèche, T: +41 3 27 31 32 41, F: +41 3 27 31 32 41.

Egge-Verlag Coblenz am Rhein, Am Mühlbach 33, D-56072 Koblenz, T: +49 2 614 83 28, F: +49 2 614 83 28, *mail@egge-verlag.de*; *www.egge-verlag.de.* – **GF:** Stéphane Egeling **ProgrLt:** Stéphane Egeling, M Josiane Egeling – Ob u HolzBlKamM.

ENA-Musikverlag hudźbny nakład-ENA, Uhyster Str 2, OT Litschen, D-02999 Lohsa, T: +49 3 57 2 45 01 53, F: +49 3 57 2 45 01 53, *ENANagel@t-online.de*; *www.ena-musikverlag.de.* – **GF:** Elke Nagel **ProgrLt:** Elke Nagel – Herausgabe d Werke v Jan Paul Nagel.

Musikverlag Engelhart, Am Lohgarten 11, D-76706 Dettenheim, T: +49 72 4 750 00, F: +49 72 4 736 36, *info@musikverlag-engelhart.de*; *www.musikverlag-engelhart.de* – ChorM.

Rud Erdmann Musikverlage Richard Birnbach, Aubinger Str 9, D-82166 Lochham, T: +49 89 87 54 50, F: +49 89 8 71 46 39.

Eres Edition Horst Schubert, Hauptstr 35, D-28865 Lilienthal, Postfach 1220, D-28859 Lilienthal, T: +49 42 9 816 76, F: +49 42 9 853 12, *info@eres-musik.de*; *www.eres-musik.de* – ChM, MPäd, Musiktherapie, Instrumentalmusik, Tonträger.

Ernesto Musikverlag Heidelberg, Jahnstr 3, D-69226 Nußloch, T: +49 62 2 41 02 65, F: +49 62 2 41 52 42, *knorr-stiftung@hotmail.com*; *www.knorr-stiftung.de/webshop.* – **GF:** Britt Gun von Knorr.

EVERSONGS Musikverlag und Musikproduktion GmbH, Firkenweg 7, D-85774 Unterföhring, T: +49 89 9 50 44 16, F: +49 89 9 50 30 57, *info@eversongs.com*; *www.eversongs.com.* – **GF:** Jörg Evers **ProgrLt:** Susan Zimmermann – InstrMusik.

Feedback Studio Verlag Erster deutscher Komponistenverlag, Genter Str 23, D-50672 Köln, T: +49 2 215 2 77 63, F: +49 2 215 10 41 39, *fbstudio@web.de*; *www.genterstr.hypermart.net/feedback.html.* – **GF:** Prof Johannes Fritsch **ProgrLt:** Prof Johannes Fritsch – Neue M, Live-Elektronik, Computer-M.

Felsenfest Musikverlag GmbH & Co KG, Blumenkamper Weg 16, D-46485 Wesel, T: +49 2 819 62 99 27, F: +49 2 819 92 99 87, *info@felsenfest.de*; *www.felsenfest.de.* – **GF:** Reinhard Kawohl, Hartmut Raab-Kawohl **ProgrLt:** Werner Hoffmann – christl Popmusik u Musicals.

FERRARESI Musikverlage, Geierpfad 2, D-13465 Berlin, T: +49 30 40 63 72 72, F: +49 30 40 63 72 72, *marcellalady@gmx.de.* – **GF:** Marcella Ferraresi.

Feuchtinger & Gleichauf GmbH, Niedermünstergasse 2, D-93047 Regensburg, T: +49 9 415 30 05, F: +49 9 415 43 39, *kern@music-publishers.com*; *www.music-publishers.com* – KiM.

FIDULA, Ahornweg 19–21, D-56154 Boppard, PF, D-56154 Boppard, T: +49 67 4 224 88, F: +49 67 4 226 61, *info@fidula.de*; *www.fidula.de.* – **GF:** Georg Holzmeister – ChM, KiM, MPäd.

Filmkunst-Musikverlags- und Produktionsgesellschaft mbH, Jahnstr 45, D-60469 München, T: +49 89 1 89 40 90, F: +49 89 18 94 09 79, *info@fkmv.de*; *www.filmkunstmusikverlag.de.*

Flautando Edition Karlsruhe, Leopoldhafener Str 3, D-76149 Karlsruhe, T: +49 7 217 07 2 91, F: +49 7 2178 23 57, *Notenversand@Schunder.de.*

FMM Music publishing R. Besser, P. Ries GbR, Mörfelder Landstr 165, D-60598 Frankfurt/Main, T: +49 69 6 97 66 60, F: +49 69 69 76 66 11, *info@fm-production.de.* – **GF:** Reinhard Besser, Peter Ries – Filmmusik, Pop, Werbespots.

FMR digital, Äußere Bayreuther Str 230, D-90411 Nürnberg, T: +49 9 1151 10 22, F: +49 9 1151 17 27, *info@fmr.de*; *www.fmr.de.*

Musikverlag Josef Förg, Allgäustr 15, D-88317 Aichstetten, T: +49 75 6 571 38, F: +49 75 6 571 28, *piano-musikhaus.foerg@t-online.de*; *www.musikhaus-foerg.de.*

Editions Foetisch Frères SA, c/o Hug Musique SA, Grand-Pont 2bis, CH-1003 Lausanne, T: +41 2 13 10 48 10, F: +41 2 13 12 20 47.

Maurice et Pierre Foetisch SA, 6, rue de Bourg, CH-1002 Lausanne, CP 2793, CH-1002 Lausanne, T: +41 2 13 23 94 44, F: +41 2 13 11 50 11.

Musikverlag Franz Suppan, Villacher Weg 20, D-40789 Monheim, T: +49 21 7 36 12 15, F: +49 21 7 31 06 85 14, *Musikverlag.Suppan@web.de.* – **GF:** Udo Suppan.

Friedrich Berlin Verlagsgesellschaft mbH, Reinhardtstr 29, D-10117 Berlin, T: +49 30 25 44 95–0, F: +49 30 25 44 95–12, *verlag@friedrichberlin.de*; *www.friedrichberlin.de.*

Funkturm Verlag GmbH, Marschnerstr 14, D-12203 Berlin, T: +49 30 7 91 10 41, F: +49 30 79 70 38 89, *gl@funkturmverlag.de*; *www.funkturmverlag.de.*

Furore Verlag, Naumburger Str 40, D-34127 Kassel, T: +49 5 618 9 73 52, F: +49 5 618 34 72, *info@furore-verlag.de*; *www.furore-verlag.de* – Noten, Literatur u CDs, Komponistinnen d 11. bis 21. Jh.

G.P.S. records Musikverlag und Tonstudio, Im Band 17, D-56743 Mendig, Postfach 1437, D-56740 Mendig, T: +49 26 5 247 68, F: +49 26 5 252 86 85, *info@gps-records.de*; *www.gps-records.de.* – **GF:** Gerhard Schlich **ProgrLt:** Gerhard Schlich – KiM, ChW.

Galima Verlag, Bartholomäus-Arnoldi-Str 26 a, D-61250 Usingen, T: +49 60 8 11 67 74, *galima@pcnet.de*; *galima.pcnet.de.*

Roland-Ganz-Verlag Karlsruhe Roland und Monika Ganz, Hirschstr 121, D-76137 Karlsruhe, T: +49 7 2181 87 34, F: +49 7 2181 87 34, *post@roland-ganz-verlag.de*; *www.roland-ganz-verlag.de* – Zupforch m Solo, Mandoline/Mandola, Balalaika, Git, Blasinstr, Streichinstr.

Gebrüder Maschmann Edition GbR, Corsicaskamp 13, D-49076 Osnabrück, T: +49 5 419 62 96 00, F: +49 5 4196 29 60 50, *mail@maschmann-edition.de*; *www.maschmann-edition.de.* – **GF:** Timo u Heiko Maschmann – Blechbl- u BlasorchLit.

Gecko Verlag Köln – Bamberg, Loreleystr 28, D-50677 Köln, T: +49 2 2155 50 75, F: +49 2 216 90 54 27, *grieshammer@geckoverlag.de*; *www.geckoverlag.de* – KamM.

Gehann-Musik-Verlag, Lamperter Flur 2, D-55481 Kludenbach, T: +49 67 6 321 95, F: +49 67 6 321 75, *Gehann-Musik@freenet.de*; *www.G-M-V.de.*

Musikverlage Hans Gerig, Frankenforster Str 40, D-51427 Bergisch Gladbach, T: +49 22 0 42 00 30, F: +49 22 0 420 03 33.

Musikverlag Klaus Gerth, Dillerberg 2, D-35614 Aßlar, T: +49 64 4 368 45, F: +49 64 4 368 49, *info@gerth.de*; *www.gerth.de.* – **GF:** Klaus Gerth – geistl moderne ChM.

Girolamo Musikverlag Franz Müller-Busch e.K., Trift 18, D-29221 Celle, T: +49 51 4 170 98 49, F: +49 51 4 19 78 32 67, *girolamo@onlinehome.de*; *www.girolamo.de.* – **GF:** Franz Müller-Busch – Alte u Neue Musik f Ges, Blfl, Fl, Schlgz.

Gitarre & Laute Verlagsgesellschaft mbH, c/o Verlag Dr Peter Päffgen, Sielsdorfer Str 1a, D-50935 Köln, Postfach 410411, D-50864 Köln, T: +49 2 217 10 57 55, F: +49 2 217 10 57 56, *info@gitarre-und-laute.com*; *www.gitarre-und-laute.com.*

Gitarrenstudio Musikverlag Eleonora & Michael Haas, Blissestr 54, D-10713 Berlin, T: +49 30 82 70 29 46, F: +49 30 82 70 29 48, *info@haasdtp.com*; *www.haasdtp.com* – FlamencoM f Gitarren.

Glocken Verlag GmbH, Oeder Weg 26, D-60318 Frankfurt/Main, T: +49 69 95 52 88 30, F: +49 69 95 52 88 44, *mail@glockenverlag.de*; *www.glockenverlag.de.*

G. Goldbach Musikverlag, Blieskastelerstr 94, D-66386 St. Ingbert, T: +49 68 9 438 62 06, F: +49 68 9 438 62 07, *info@goldbachverlag.de*; *www.goldbachverlag.de.* – **GF:** Andreas Goldbach **ProgrLt:** Andreas Goldbach – weniger bekannte alte u noch unbekannte junge Komp.

Gomesia Verlage Musikverlag Mechthild Goms, Doenchstr 35, D-59077 Hamm, T: +49 23 8 140 01 15, F: +49 23 8 140 27 52.

Grell Verlag Hans Kröll, Heroldsöd 13, D-83233 Bernau, T: +49 80 5 16 41 41, F: +49 80 5 16 41 41, *hans.kroell@grellverlag.de*; *www.grellverlag.de.* – **GF:** Hans Kröll – Edition Grassauer BlechBlEns, KaM f BlechBl.

Grenzland-Verlag Theo Hüsgen, Hauptstr 6, D-52066 Aachen, T: +49 2 416 01 6 31, F: +49 2 416 07 5 95, *theo.huesgen@ginko.de*; *www.grenzland-verlag.de.* – **GF:** Theo Hüsgen **ProgrLt:** Theo Hüsgen – Musik f Zupfinstr.

GUSTOWA Musikverlag Ursula Wahnfried, Sebastianstr 13, D-46325 Borken, T: +49 28 6 19 08 55 56. – **GF:** Ursula Linke **ProgrLt:** Ursula Linke – Werke f Tasteninstr, Werke v Kindern u Jugendl, gehaltvolle Avantgarde, 'Musik d Stille'.

Wolfgang G. Haas-Musikverlag Köln e.K. International Music Publishing, Rheinbergstr 92, D-51143 Köln, T: +49 22 0 398 88 30, F: +49 22 0 39 88 83 50, *info@Haas-Koeln.de*; *www.Haas-Koeln.de.* – **GF:** Wolfgang G Haas **ProgrLt:** Wolfgang G Haas – Noten v Renaissance bis heute, Bücher, CDs.

hänssler CLASSIC, Max-Eyth-Str 41, D-71088 Holzgerlingen, D-71087 Holzgerlingen, T: +49 70 3 17 41 42 00, F: +49 70 3 17 41 43 59, *classic@haenssler.de*; *www.haenssler-classic.de.* – **GF:** Dr Raimund Utsch **ProgrLt:** Günter Hänssler – geistl ChorM.

Hainholz Verlag, Wagnerstr 6, D-37085 Göttingen, Postfach 3044, D-37020 Göttingen, T: +49 5 514 88 35 99, F: +49 5 514 13 92, *info@hainholz.de*; *www.hainholz.com.*

Wilhelm Halter Musikverlag GmbH, Gablonzer Str 24, D-76185 Karlsruhe, T: +49 7 2156 72 72, F: +49 7 2156 26 74, *office@halter.de*; *www.halter.de.*

Heinz Haubrich Musikverlag, Karlsruher Str 60, D-45478 Mülheim/Ruhr, Postfach 140247, D-45442 Mülheim/Ruhr, T: +49 2 085 26 96, F: +49 2 085 44 06, *heinzhaubrich@aol.com.* – **GF:** Inhaberin Monika Haubrich e.K. – ChM.

HBA Verlag, Georg-Wolf-Str 17, D-96163 Gundelsheim, T: +49 9 514 34 32.

HBS Nepomuk, c/o Francis Schneider, Entfelderstr 39, CH-5000 Aarau, PF, CH-5001 Aarau, T: +41 6 28 24 88 37, F: +41 6 28 24 27 14, *email@hbs-nepomuk.ch*; *www.hbs-nepomuk.ch* – MPäd.

HeBu Musikverlag GmbH, Gottlieb-Daimler-Str 22, D-76703 Kraichtal, T: +49 72 5 09 22 80, F: +49 72 5 092 12 31, *noten@hebu-music.de*; *www.hebu-music.de* – Blasmusik.

Herbert Heck Musikverlag, Ossweiler Weg 27, D-71334 Waiblingen, T: +49 71 5 15 43 68, F: +49 71 5 15 95 04; *www.mvheck.de.* – **GF:** Herbert Heck – ua AkkLit.

Heinrichshofen's Musikverlag & Druckerei O.H. Noetzel Verlag, Liebigstr 16, D-26389 Wilhelmshaven, T: +49 44 2 19 26 70, F: +49 44 2 192 67 99, *info@heinrichshofen.de*; *www.heinrichshofen.de*, *www.www.noetzel-edition.de.* – **GF:** Jürgen Etzold – Instrumentalschulen u Unterrichtslit, BlockflM, SpielM, Urtext-Ausgaben, Sinfon M, zeitgen M, gehobene UnterhaltungsM, Vokal- u ChorM.

Helbling Verlag GmbH, Martinstr 42–44, D-73728 Esslingen, Postfach 100754, D-73707 Esslingen, T: +49 7 115 50 91 82, F: +49 7 115 50 91 81, *service@helbling.com*; *www.helbling.com*. – **GF:** Alwin Wollinger – MPäd: Chor, Liederbücher, Unterrichtswerke, Arbeitsmaterialien, instr Musizieren, Fachlit.

Helbling Verlagsgesellschaft mbH, Kaplanstr 9, A-6063 Rum, T: +43 5 122 62 33 30, F: +46 5 122 62 33 31 11, *office@helbling.co.at*; *www.helbling.com*. – **GF:** Markus Spielmann **ProgrLt:** Klaus Mayerl – MPäd: Chor, Liederbücher, Unterrichtswerke, Arbeitsmaterialien, instr Musizieren, Fachlit.

Helm & Baynov Verlag, Westendstr 5, D-87439 Kempten, T: +49 8 3151 10 48, F: +49 8 3151 10 49, *info@helm-baynov-verlag.de*; *www.helm-baynov-verlag.de*. – **GF:** Gisela Helm – mehrhändiges Klavierspiel.

Helvetia-Verlag Gerhard Zießnitz, Kreuzbergstr 7, D-10965 Berlin, T: +49 30 78 89 84 77, F: +49 30 7 85 60 28.

G. Henle Verlag, Forstenrieder Allee 122, D-81476 München, Postfach 710466, D-81454 München, T: +49 89 75 98 20, F: +49 89 7 59 82 40, *info@henle.de*; *www.henle.de*. – **GF:** Dr Wolf-Dieter Seiffert **ProgrLt:** Dr Wolf-Dieter Seiffert – 18.–20. Jh; Urtextausgaben (Noten) klass Musik, Referenzkataloge d MWiss.

Editions Henn, c/o Fanfan Music Liechti & Cie, Bertrand Liechti, 5–7, Rue de l'Ancien Port, CH-1201 Genève, T: +41 2 27 38 91 10, F: +41 2 27 38 91 16, *sidomusic@bluewin.com*.

Henschel Verlag für Musik GmbH, c/o Bärenreiter-Verlag, Heinrich-Schütz-Allee 35, D-34131 Kassel, T: +49 5 613 10 52 80, F: +49 5 613 77 55, *alkor@baerenreiter.com*; *www.baerenreiter.com*.

Musikverlag Michael Herm, Rebhuhnweg 16, D-24558 Henstedt-Ulzburg, T: +49 41 9 395 97 55, F: +49 41 9 395 97 57, *info@herm-musik.de*; *www.herm-musik.de*. – **GF:** Michael Herm – KamM m Vcl.

Musikverlag & Notensatz Arno Hermann, Richthofenstr 10, D-70771 Leinfelden-Echterdingen, T: +49 7 117 97 03 23, F: +49 7 117 95 786, *info@musikverlag-arnohermann.de*; *www.musikverlag-arnohermann.de*.

Hespos Eigenverlag, c/o Hans-Joachim Hespos, Riedenweg 16, D-27777 Ganderkesee, T: +49 42 2 261 71, F: +49 42 2 257 78, *hespos@web.de*; *www.hespos.info*. – **GF:** Hans-Joachim Hespos.

Johann-Philipp Hinnenthal Verlag, Heinrich-Schütz-Allee 35–37, D-34131 Kassel, Postfach 100329, D-34003 Kassel, T: +49 5 613 10 50, F: +49 5 613 10 52 40, *baerenreiter@baerenreiter.com*; *www.baerenreiter.com*.

Hubert-Hoche-Musikverlag, Frühlingstr 27, D-97264 Helmstadt, T: +49 93 6 999 03 11, F: +49 93 6 999 03 12, *info@partitur.de*; *www.partitur.de*. – **GF:** Hubert Hoche **ProgrLt:** Hubert Hoche – zeitgen M, Transkriptionen, Erstveröff alter M.

Alfred Hochedlinger Zeitgemäße Kirchenmusik, Promenade 7, A-4310 Mauthausen, T: +43 72 3 840 90, F: +43 72 3 840 90, *a.hochedlinger@eduhi.at*; *www.welcome.to/hochedlinger* – KiM.

Musikverlag Hochstein, Friedrich-Ebert-Anlage 28, D-69117 Heidelberg, T: +49 62 2 12 23 35, F: +49 62 2 116 13 10.

Edition Hoffmann Spezialverlag für Kontrabassliteratur, c/o Paul Hoffmann, Lutherstr. 29, D-39112 Magdeburg, F: +49 3 916 62 65 35, *bestellung@editionhoffmann.de*; *www.editionhoffmann.de*. – **GF:** Paul Hoffmann **ProgrLt:** Paul Hoffmann – Kontrabass: Sololit, m Kl, Duo-Reihen, KamM.

Friedrich Hofmeister Musikverlag, Büttnerstr 10, D-04103 Leipzig, T: +49 3 419 60 07 50, F: +49 3 419 60 30 55, *info@friedrich-hofmeister.com*; *www.friedrich-hofmeister.com*. – **GF:** Stefanie Schwarze.

Hohner Verlag, c/o Schott Musik International GmbH & Co KG, Weihergarten 5, D-55116 Mainz, Postfach 3640, D-55026 Mainz, T: +49 61 3 124 60, F: +49 61 3 124 62 11, *SCHOTT@SCHOTT-MUSIK.de*; *www.schott-music.com*.

Musikverlag Günter B. H. Hoppe, Auf der Geist 31, D-69067 Hamm, T: +49 23 8 14 49 42.

Hortulus AG, Bahnhofstr 7, CH-8307 Effretikon, T: +41 5 23 43 39 82. – **GF:** Max Schlecker **ProgrLt:** Max Schlecker – ChorLit.

Hüllenhagen & Griehl Verlage Scherzo-Verlag, Ringstr 52, D-22145 Hamburg, T: +49 40 6 78 43 89, F: +49 40 6 78 43 89; *www.huellenhagen-griehl.de*, *www.cantiamo.com*. – **GF:** Christina Hüllenhagen – OrgMusik, ChM.

Hug & Co Musikverlage, Limmatquai 28–30, CH-8001 Zürich, PF, CH-8022 Zürich, T: +41 4 42 69 41 41, F: +41 4 42 69 41 01, *info@hug-musikverlage.ch*; *www.hug-musikverlage.ch*.

HZ Edition Helen Zweig-Rabinski, Heesestr 12, D-12169 Berlin, T: +49 30 7 92 78 85, F: +49 30 7 92 78 85, *info@hz-edition.de*, *info@hz-edition-musikverlag.de*; *www.hz-edition.de*, *www.hz-edition-musikverlag.de*. – **GF:** Helen Zweig-Rabinski **ProgrLt:** Helen Zweig-Rabinski – KamM in außergewöhnl Besetzung.

Intermusik Schmülling Zeitungsverlag Ulrich Schmülling, Hammer Str 18, D-59174 Kamen, Postfach 1609, D-59159 Kamen, T: +49 23 07 79 11 11, F: +49 23 07 71 82 2, *service@intermusik-zeitung.de*; *www.intermusik-zeitung.de*. – **GF:** Ulrich Schmülling – Hg Zeitung 'Intermusik' (Bereich Harmonika-Instr).

Internationale Musikverlage Hans Sikorski, Johnsallee 23, D-20148 Hamburg, Postfach 130848, D-20108 Hamburg, T: +49 40 41 41 00–0, F: +49 40 41 41 00–41, *contact@sikorski.de*; *www.sikorski.de*. – **GF:** Dagmar u Axel Sikorski – zugehörig ua Beboton-Verlag, Cineton-Verlag, Connelly-Musikverlag, Edition Esplanade, Edition Wilhelm Hansen, Neuer Theater Verlag GmbH.

Iris Musik- und Theater-Verlag GmbH, Am Stadion 35, D-45659 Recklinghausen, Postfach 100851, D-45608 Recklinghausen, T: +49 23 6 12 21 90, F: +49 23 6 118 34 31, *info@iris-musikverlag.de*; *www.iris-musikverlag.de*. – **GF:** Ellenruth u Günther Isenburg.

Jarchow Verlag, Sönke-Nissen-Allee 9, D-21509 Glinde, T: +49 40 7 10 25 41, F: +49 40 7 10 53 86, *mail@jarchow.com*; *www.jarchow.com*. – **GF:** Ralf Jarchow.

Jubilate-Verlag Eichstätt, Friedhofgasse 8, D-85072 Eichstätt, T: +49 84 2 153 32, F: +49 84 2 140 52, *info@jubilate-verlag.com*; *www.jubilate-verlag.com* – KiM, ChW, Org.

Junker Verlag Hildegard Junker, Rothenbergpark, D-29575 Altenmedingen, T: +49 58 0 7372, F: +49 58 0 714 86, *Hamburg@junker-verlag.de*; *www.junker-verlag.de*.

Otto Junne Musikverlag, c/o G. Ricordi & Co., Baumkirchner Str 53a, D-81673 München, T: +49 89 99 15 06–16, F: +49 89 9 03 88 59; *www.ricordi.de*.

K & K – Experimentalstudio – Musikverlag – Musiktheaterverein, c/o Dieter Kaufmann, Linke Wienzeile 94/30, A-1060 Wien, T: +43 1 5 87 54 42, F: +43 1 5 87 54 42, *kaufmann@mdw.ac.at*; *www.presence.or.at/kuk*. – **GF:** Dieter Kaufmann – Werke v Dieter Kaufmann.

K & K Verlagsanstalt, Arzheimer-Tor-Str 36, D-76829 Landau, Pfalz, T: +49 63 4 193 94 40, F: +49 63 4 193 94 45, *mail@kuk-verlagsanstalt.com*; *www.kuk-verlagsanstalt.com*. – **GF:** Josef-Stefan Kindler – Klass M (Schwerpunkt: KonzMitschnitte), Jazz, WeltM, FilmM, Hörlit.

k.o.m. bühnen- und musikverlag (kom), Thurneyssenstr 21, D-80687 München, T: +49 89 58 41 94, F: +49 89 58 29 15, *kom.verlag@t-online.de*; *www.komverlag.com*. – **GF:** Klaus Obermayer – zeitgen Komp, Musik f HolzBlEns, MPäd.

Verlag Klaus-Jürgen Kamprad querstand – das klassiklabel, Hillgasse 15, D-04600 Altenburg, T: +49 34 4 731 18 89, 37 56 10, F: +49 34 4 737 56 11, *verlag@querstand.de*, *musik@querstand.de*; *www.querstand.de*. – **ProgrLt:** Klaus-Jürgen Kamprad – MWiss, Regionallit.

KaNo Musik Verlag GmbH, Bachtelstr 78, CH-8400 Winterthur, T: +41 5 22 13 33 05, F: +41 5 22 13 33 75, *kano@bluewin.ch*; *www.kano.ch*. – **GF:** Karl Göhri – GitM.

Karthause-Schmülling GmbH Internationale Musikverlage, Hammer Str 18, D-59174 Kamen, Postfach 1609, D-59159 Kamen, T: +49 23 07 75 11 5, F: +49 23 07 71 82 2, *service@karthause-schmuelling.de*; *www.karthause-schmuelling.de*. – **GF:** Prof Ulrich Schmülling – InstrumentalM aller Besetzungen, VokalM, Lit f Akkordeon-Bajan sowie Holzbläser, Werke ehem sowjet Komp f versch Besetzungen, BuchR: 'Hb d Harmonika-Instr', Musikbücher, Int Frauenmusikvertrieb.

Musikverlag Katzbichler Inh. Bernd Katzbichler, Zirnberg 5, D-94344 Wiesenfelden, T: +49 99 6 460 16 90, F: +49 99 6 460 16 91, *katzbichler@web.de*; *www.katzbichler.de* – Biographien, Reprints, Faksimiles, MWiss.

Hans Kessler Musikhaus + Verlag, Dietrichstr 49, D-54290 Trier, T: +49 6 517 31 02, F: +49 6 517 35 58, *info@hanskessler.de*; *www.hanskessler.de*.

Fr. Kistner & C.F.W. Siegel & Co, Springerstr. 2, D-04105 Leipzig, T: +49 3 415 85 16 66.

Kiwitz-Edition, Ritterstr 44, D-66822 Lebach, T: +49 68 8 15 30 30, F: +49 68 8 15 30 31, *KIWITZ@aol.com*. – **GF:** Andreas Kiwitz.

Edition Juliane Klein, Chodowieckistr 12 II, D-10405 Berlin, *info@editionjulianeklein.de*, *schelcher@hotmail.com*; *www.editionjulianeklein.de*. – **GF:** Juliane Klein **ProgrLt:** Juliane Klein – zeitgen Komp: Solo- u KamM, Orch u ChM, MTh, Performance, Elektroakustik, Op, Impr.

Johann Kliment KG Musikverlag, Kolingasse 15, A-1090 Wien, T: +43 1 3 17 51 47, F: +43 1 3 10 08 27, *office@kliment.at*; *www.kliment.at* – Lit f Bläser/Blasorch, OrchM.

Koch Universal – a division of Universal Music GmbH, Lochhamer Str 9, D-82152 Planegg, T: +49 89 85 79 50, F: +49 89 85 79 52 09, 85 79 52 56, *franz.selb@umusic.com*; *www.kochuniversal.com*. – **GF:** Rudi Schedler.

Edition Kossack Musikverlag, Cauzpertstr 18, D-79618 Rheinfelden, T: +49 76 2 379 97 74, F: +49 76 2 379 97 85, *editionkossack@t-online.de*; *www.editionkossack.de*. – **GF:** Wolfgang Kossack – Fl-Musik.

Edition Kröpcke Mellenthin/++Stroetmann Musikverlag, Lange Laube 22, D-30159 Hannover, T: +49 5 111 53 51, F: +49 5 111 31 61 69.

Albert J. Kunzelmann GmbH Musikverlag, Hauptstr 35, D-79807 Lottstetten, Postfach 16, D-79806 Lottstetten, T: +49 77 4 580 20, F: +49 77 4 572 21, *info@edition-kunzelmann.de*; *www.edition-kunzelmann.de*. – **GF:** Ursula Heusler Kunzelmann – Vcl- u Bläsermusik.

Laaber-Verlag, Regensburger Str 19, D-93164 Laaber, T: +49 94 9 823 07, F: +49 94 9 825 43, *info@laaber-verlag.de*; *www.laaber-verlag.de*. – **GF:** Dr Henning Müller-Buscher – Musikbücher, Komponisten-Handbücher, Faksimile-Ausgaben, Themenlexika zur Musik.

Editions Labatiaz, CP 112, CH-1890 St-Maurice, T: +41 2 44 85 24 80, F: +41 2 44 85 34 60, *labatiaz@bluewin.ch*; *www.editions-labatiaz.com*.

Leu-Verlag, Herweg 34, D-51429 Bergisch Gladbach, T: +49 22 0 498 11 41, F: +49 22 0 498 11 43, *leuverlag@aol.com*; *www.leu-verlag.de* – MPäd.

Leuberg Edition GmbH, Turicophonstr 31, CH-8616 Riedikon, T: +41 19 05 70 00, F: +41 19 05 70 20, *info@turicaphon.ch*; *www.turicaphon.com*, *www.vinylfactory.ch*.

F. E. C. Leuckart, c/o Elisabeth Thomi-Berg, Pasinger Str 38a, D-82152 Planegg, Postfach 1736, D-82145 Planegg, T: +49 89 8 59 99 44, F: +49 89 8 59 33 23, *thomi-berg@t-online.de*; *www.thomi-berg.de*. – **GF:** Marco Sander – sinfon OrchM, Vokal- u InstrM, ChM.

Leuenhagen & Paris Buch- und Musikverlag, Lister Meile 39, D-30161 Hannover, T: +49 5 1131 30 55, F: +49 5 1131 30 10, *Leuenhagen-Paris@t-online.de*; *www.Leuenhagen-Paris.de*. – **GF:** Sabine, Klaus u Dirk Eberitzsch – Regionale klass u VolksM.

Robert Lienau Musikverlag GmbH+Co.KG, Strubbergstr 80, D-60489 Frankfurt/Main, T: +49 69 9 78 28 66, F: +49 69 97 82 86 79, *info@lienau-frankfurt.de*; *www.lienau-frankfurt.de*. – **GF:** Cornelia Großmann, Volker Mandler – Kl u KamM, Schriftenreihe DIE OPER, Der Tonkünstler-Kalender.

Linos Musikverlag, Am Rahmer Bach 143, D-47269 Duisburg, T: +49 2 0376 74 55, F: +49 2 0376 37 77. – **GF:** Prof Dr Norbert Linke – KamM.

Hermann Löffler Musikverlag und Musikmanagement Musikverlag Ries & Erler, Wandalenallee 8, D-14052 Berlin, T: +49 30 8 25 10 49, F: +49 30 8 25 97 21, *verlag@rieserler.de*; *www.rieserler.de*. – **GF:** Andreas Meurer **ProgrLt:** Andreas Meurer – zeitgen M, Lit f Zither, Lit f Mandolinenorch.

Loosmann-Musikverlag, Avelgemerstr 25, D-77955 Ettenheim, T: +49 78 2 232 17, F: +49 78 2 238 11, *Loosmann-Musikverlag@t-online.de*. – **GF:** Marlene Loosmann **ProgrLt:** Josef Loosmann.

Lothringer Verlag für Bühne und Musik Holger Stefaniak, Friedensplatz 10, D-06844 Dessau, T: +49 3 49 09 2 148, F: +49 12 1 25 37 26 85 09, *lothringer@web.de*; *www.lothringer-verlag.de*. – **GF:** Holger Stefaniak **ProgrLt:** Holger Stefaniak – Neue M, jg unbekannte Autoren.

Lugert Verlag GmbH & Co KG, Oldershausener Hauptstr 34, D-21436 Marschacht, T: +49 41 3 321 49 11, F: +49 41 3 321 49 18, *info@lugert-verlag.de*; *www.lugert-Verlag.de*. – **GF:** Dr Wulf Dieter Lugert, Uwe Brinkmann – MPäd.

Musikverlag Hans Lutz, Schillerplatz 4, D-96047 Bamberg, T: +49 9 512 55 90, F: +49 9 512 24 75.

Lyra-Musik Münster, Kerstingskamp 10, D-48159 Münster, Postfach 201613, D-48097 Münster, T: +49 2 5141 70 90, F: +49 2 514 17 09 26, *info@lyra-musik.de*; *www.lyra-musik.de*. – **GF:** Marcus Viegener – Notendatenbank.

M-P-V Musikverlag Thomas Laar, Pfarrer-Loidl-Str 9a, D-83052 Bruckmühl, T: +49 80 6 1363–36, F: +49 80 6 1363–31, *T.Laar@mpv-musikverlag.de*; *www.mpv-musikverlag.de*.

Mannheimer Musik-Verlag GmbH, Mainzer Str 45, D-53179 Bonn, T: +49 2 2834 79 89, F: +49 2 2885 63 72, *musikverlag@robert-forberg.de*; *www.rob-forberg.de*.

Margraf Publishers & Morramusik online, Kanalstr 21, D-97990 Weikersheim, Postfach 1205, D-97985 Weikersheim, T: +49 79 3 430 71, F: +49 79 3 481 56, *info@margraf-verlag.de*; *www.margraf-verlag.de*. – **GF:** Dirk Hangstein – KiM, Schulbücher, GitM.

Musikverlag Alexander Mayer, Hofmannsthalgasse 10/7/3, A-1030 Wien, T: +43 1 7 99 35 68, F: +43 1 7 99 35 68, *office@mvam.at*; *www.mvam.at*.

Musikverlag David McNaughtan, Rögener Str 11, D-96450 Coburg, T: +49 95 6 12 55 86, F: +49 95 6 12 88 86, *info@mcnaughtan.com*; *www.mcnaughtan.com* – Trp u BlechBl.

Edition Tilo Medek, Rheinhöhe, Westerwaldweg 22, D-53424 Remagen, T: +49 22 2 881 75, F: +49 22 2 881 76, *medek@bn-online.de*, *tilo@medek.net*; *www.medek.net*. – **GF:** Tilo Medek **ProgrLt:** Tilo Medek – das Schaffen Tilo Medeks.

Musikverlag Alfred Mehner Inh Jörg Reling, Ludwig-Finckh-Str 14, D-78604 Rietheim-Weilheim, T: +49 74 2 456 87, F: +49 74 2 456 92, *info@alfredmehner.de*; *www.alfredmehner.de* – Unterr-Werke, Akk-Einzelausg; Walter Pörschmann.

Meiselmusik, Wittelsbacherstr 18, D-10707 Berlin, T: +49 30 88 41 40, F: +49 30 8 81 62 43, *contact@meiselmusic.de*; *www.meiselmusik.de* – zugehörig ua: Edition Gabriel.

Meistersinger Musik, Breitenlohestr 48, D-91301 Forchheim, T: +49 91 9 17 07 00, F: +49 91 9 170 70 50.

Melle Music Musik- und Bühnenverlag, Rodenbergerstr 22, D-31655 Stadthagen, T: +49 57 2 17 23 75, F: +49 57 2 17 58 88, *MelleMusik@t-online.de*.

meludrion Musikverlag, Bodenstedtstr 3, D-81241 München, T: +49 89 8 34 64 50, *pk@meludrion-music.de*; *www.floeten-musik.de*, *www.meludrion.com*. – **GF:** Peter Kütt – FlM.

Verlag Merseburger Berlin GmbH, Motzstr 9, D-34117 Kassel, Postfach 103880, D-34038 Kassel, T: +49 5 617 89 80 90, F: +49 5 6178 98 09 16, *info@merseburger.de*; *www.merseburger.de*.

Mersich & Kiess AG Konzertagentur und Musikverlag, Erlaaer Platz 2/2/19, A-1230 Wien, T: +43 1 8 17 87 73, F: +43 1 8 17 87 73, *office@mersichkiess.at*; *www.mersichkiess.at*. – **GF:** Thomas Mersich, Wolgang Kiess **ProgrLt:** Thomas Mersich, Wolgang Kiess.

Verlag J.B. Metzler, Werastr 21–23, D-70182 Stuttgart, T: +49 7 112 19 40, F: +49 7 112 19 42 49, *info@metzlerverlag.de*; *www.metzlerverlag.de*. – **GF:** Dr Bernd Lutz, Ralf Müller.

Hendrik Meyer Musikverlag, Tannenstr 2, D-01099 Dresden, T: +49 3 518 26 24 13, F: +49 3 518 26 24 11.

Editions Minkoff, 8, rue Eynard, CH-1211 Genève 12, CP 377, CH-1211 Genève 12, T: +41 2 23 10 46 60, F: +41 2 23 10 28 57, *minkoff@minkoff-editions.com*; *www.minkoff-editions.com*.

Moeck Musikinstrumente + Verlag, Lückenweg 4, D-29227 Celle, Postfach 3131, D-29231 Celle, T: +49 51 4 18 85 30, F: +49 51 4 188 53 42, *info@moeck-music.com*; *www.moeck.com*. – **GF:** Sabine Haase-Moeck **ProgrLt:** Sabine Haase-Moeck – Musik f Holzbl, zeitgen OrchM.

Verlag Ch. Möllmann, Schloss Hamborn 94, D-33178 Borchen, T: +49 52 5 12 72 80, F: +49 52 5 12 72 56, *info@chmoellmann.de*; *www.chmoellmann.de*. – **GF:** Christoph Möllmann **ProgrLt:** Christoph Möllmann – zeitgen M.

Möseler Verlag, Hoffmann-von-Fallersleben-Str 8, D-38304 Wolfenbüttel, T: +49 53 3 19 59 70, F: +49 53 3 195 97 20, *info@moeseler-verlag.de*; *www.moeseler-verlag.de* – ChM, InstrM, Liederbücher, SchM, Musikbücher.

Monopol-Verlag GmbH Kollo Verlag, Wittelsbacherstr 18, D-10707 Berlin, T: +49 30 88 41 40, F: +49 30 8 81 62 43, *contact@meiselmusic.de*; *www.kollo-verlag.de*.

Musikverlag Mook, Gartenweg 36, D-74592 Kirchberg/Jagst, T: +49 79 5 472 71, F: +49 79 5 472 00. – **GF:** Oleg Mook **ProgrLt:** Oleg Mook – Blasmusik.

Mozart-Edition GmbH Musik- und Bühnenverlag, Hallerstr 52, D-83404 Ainring, T: +49 86 5 469 42 94, F: +49 86 5 469 42 91.

Müller & Gössl Musikverlag, Auf dem Rotental 56, D-50226 Frechen, T: +49 22 3 46 12 76, F: +49 22 3 46 55 74, *rohrblatt@t-online.de*. – **GF:** Karin Gössl, Ingeborg Müller-Logemann.

Müller & Schade AG Musikhaus und Musikverlag, Kramgasse 50, CH-3011 Bern, T: +41 3 13 20 26 26, F: +41 3 13 20 26 27, *musik@mueller-schade.com*; *www.mueller-schade.com*.

Mueller-Speiser Wissenschaftlicher Verlag, Mitterweg 6, A-5081 Anif/Salzburg, T: +43 62 4 67 31 66, F: +43 62 4 67 31 66, *verlag@mueller-speiser.at*; *www.mueller-speiser.at*. – **GF:** Ursula Mueller-Speiser – MWiss.

mundorgel Verlag GmbH, Postfach 960148, D-51085 Köln, T: +49 2 2163 63 88, F: +49 2 2163 63 78, *lektorat@mundorgel-verlag.de*; *www.mundorgel.de*. – **GF:** Klaus Schoschnig, Hans Heise – Liederbücher.

MUSCAL–VERLAG Ulrich Herkenhoff, Herzogspitalstr 14, D-80331 München, T: +49 89 2 60 32 60, F: +49 89 26 94 96 67, *Ulrich.Herkenhoff@t-online.de*; *www.art-of-pan.de/muscal*. – **GF:** Ulrich Herkenhoff – Panfl.

Music Design Lutz-Musikverlag, Schepp-Allee 17, D-64295 Darmstadt, T: +49 61 6 28 40 86, F: +49 61 6 28 40 86, *Lutz-Musikverlag@t-online.de*; *home.t-online.de/home/Lutz-Musikverlag* – GitM.

musica vera – Musikverlag, An den Eichen 37, D-64546 Mörfelden-Walldorf, T: +49 61 0 57 63 03, F: +49 61 0 57 63 78.

Musicosophia-Verlag, Finkenherd 5–6, D-79271 Sankt Peter, T: +49 76 6 0581, F: +49 76 6 015 36, *musicosophia@musicosophia.de*; *www.musicosophia.de* – MTheorie.

Musik André, Frankfurter Str 28, D-63065 Offenbach/Main, T: +49 69 81 35 39, F: +49 69 81 53 39, *info@musik-andre.de*; *www.musik-andre.de*.

Musik- & Geisteswerte Verlag, Gartenstr 29, D-56182 Urbar, T: +49 2 619 62 27 18, F: +49 2 619 62 27 19, *info@musik-geisteswerte.de*; *www.musik-geisteswerte.de* – Instrumentalschulen, HolzblKamM u zeitgen tonale Musik.

Musik- und Buchverlag Werner Feja, An der Dorfkirche 1 d, D-12277 Berlin, T: +49 30 72 32 05 37, F: +49 30 7 21 75 41, *fejaverlag@gmx.de*; *www.feja.net* – Noten f Fag, Kontrabass, Kl.

Musik und Bühne Verlagsgesellschaft mbH, Marktpl 13, D-65183 Wiesbaden, T: +49 6 1130 03 99, F: +49 6 1137 21 56, *post@musikundbuehne.de*; *www.musikundbuehne.de*.

Musik- und Sortimentverlag Waltraud Krause, Bergstr 1, D-35236 Breidenbach, T: +49 64 6 572 36, F: +49 64 6 572 36.

Musik- und Theaterverlag Wilhelm Gebauer, Siegfriedring 30 b, D-65189 Wiesbaden, T: +49 6 1170 22 39, F: +49 6 1170 22 39. – **GF:** Evelyn Feix **ProgrLt:** Evelyn Feix – ChorM.

Musik- & Videoverlag Ralph Kulling Edition Hera, Augustenstr 46, D-70178 Stuttgart, T: +49 7 1161 19 90, F: +49 7 1161 19 50, *mail@editionhera.de*; *editionhera.de*. – **GF:** Ralph Kulling – Notenwerk Arthur Kullings – Bearbeitungen d Strauss-Dynastie, Lanners, Mozarts, Schuberts, Beethovens, R Strauss', R Wagners u eigene Komp, audiophile Klassik-CDs.

Musikhaus Jecklin & Co AG, Rämistr 30+42, CH-8024 Zürich, T: +41 4 42 53 77 77, F: +41 4 42 53 76 66, *info@jecklin.ch*; *www.jecklin.ch*.

Musikhaus und -verlag Gottfried Aegler Edition Thöni, Lindenmätteli, CH-3762 Erlenbach, T: +41 3 36 81 16 65, F: +41 3 36 81 16 80, *musik.aegler@tiscalinet.ch*; *www.thoeni-edition.ch*.

Musikmarkt GmbH & Co KG, Fürstenrieder Str 265, D-81377 München, T: +49 89 7 41 26–4 50, F: +49 89 7 41 26–4 51, *info@musikmarkt.de*; *www.musikmarkt.de*. – **GF:** Joachim Pschorr, Patrick Keller, Werner Oehring – Fachpublikationen/Handbücher.

Musikverlag Ample Edition Inh Karl-Heinz Dingler, Untere Bahnhofstr 58, D-82110 Germering, D-82102 Germering, T: +49 89 89 42 83 90, F: +49 89 89 42 83 92, *ample@ample.de*; *www.ample.de*. – **GF:** Roland Fiala.

Musikverlag Donautal Inh Eduard Scherzer, Rathgasse 2a, A-3400 Weidling, T: +43 22 4 33 51 03, F: +43 22 4 32 28 61, *info@mvdonautal.com*; *www.mvdonautal.com*.

musikverlag frank mf-publications, Schulhausgasse 22, CH-4528 Zuchwil, T: +41 3 26 85 48 80, F: +41 3 26 85 48 81, *mf@musikverlag-frank.ch*; *www.musikverlag-frank.ch*.

Musikverlag Hayo, Emmersweilerstr 98, D-66352 Großrosseln, T: +49 68 9 84 15 50, F: +49 68 9 844 15 50, *bernhard@hayo-music.com*; *www.hayo-music.de*.

Musikverlag Hilaria, Burggasse 8, A-4073 Wilhering, T: +43 72 2 630 03, F: +43 72 2 631 92, *marchi @utanet.at*. – **GF:** Martin Wögerer **ProgrLt:** Martin Wögerer – zeitgen Musik.

Musikverlag Holzschuh, Schreiner Str 8, D-85077 Manching, T: +49 84 5 932 49 20, F: +49 84 5 932 49 25, *info@holzschuh-verlag.de*; *www.holzschuh-verlag.de*.

Musikverlag Schwarzwaldpforte, Silberdistelweg 1, D-75242 Neuhausen, T: +49 72 3 443 05, F: +49 72 3 410 30. – **GF:** Ilse Freudenthaler – ChM.

Musikverlag und Bühnenvertrieb Zürich AG, Utoquai 41, CH-8008 Zürich, T: +41 4 42 52 77 88, F: +41 4 42 52 07 30. – **GF:** Lilly Iffrig.

Musikwissenschaftlicher Verlag, Dorotheergasse 10, A-1010 Wien, T: +43 1 5 15 03 43, F: +43 1 5 15 03 51, *office@mwv.at*; *www.mwv.at*. – **GF:** Tilly Eder **ProgrLt:** Dr Angela Pachovsky – Anton Bruckner, Hugo Wolf.

Musikverlag Burkhard Muth, Gartenstr 27, D-35463 Fernwald, T: +49 6 41 49 48 46, F: +49 6 41 49 48 46, *Burkhard.Muth.Musikpaedagoge@t-online.de*; *www.verlagmuth.de* – MPäd.

Mykenae Verlag Rossberg KG, Robert-Bosch-Str 35, D-65625 Bensheim, T: +49 62 5 177 07 77–0, F: +49 62 5 177 07 77–9, *mykenae@mykenae.de*; *www.mykenae.de*. – **GF:** Bernd Erdmann.

Mythen-Verlag, St Martinstr 37, CH-6430 Schwyz, T: +41 4 18 11 24 55, F: +41 4 18 11 60 16, *mythen-verlag@bluewin.ch*; *www.mythenmusic.ch* – Blasorch.

Nagels-Verlag, Heinrich-Schütz-Allee 35–37, D-34131 Kassel, Postfach 100329, D-34003 Kassel, T: +49 5 613 10 50, F: +49 5 613 10 52 40, *baerenreiter@baerenreiter.com*; *www.baerenreiter.com*.

Neue Horizonte Musikverlag Ingeborg Paul e.K., Am Rosenplatz 4, D-21465 Reinbek, T: +49 40 4 20 04 05, F: +49 40 4 20 04 05, *info@ensembleneuehorizonte.de*. – **GF:** Ingeborg Paul – zeitgen Musik.

Nightingale Classics AG Dr. Andreas Maag, Fabrikstr 20, CH-4600 Wels, T: +41 7 24 24 49 34, F: +41 72 4 24 56 26; *www.nightingaleclassics.com*.

Hubertus Nogatz Musikverlag, Unterer Pustenberg 42, D-45239 Essen, T: +49 2 01 49 63 63, F: +49 2 01 49 63 64, *info@nogatz.de*; *www.nogatz.de* – Git.

NonEM-Verlag Der Verlag für Neue und Experimentelle Musik, Blücherstr 26, D-44147 Dortmund, T: +49 2 31 98 22 98 11, F: +49 2 31 98 22 98 17, *info@nonem.de*; *www.nonem.de*. – **GF:** Joachim Heßler – Neue Musik, MPäd.

Noten Roehr, Eschersheimer Landstr 61–63, D-60322 Frankfurt/Main, T: +49 69 23 71 35, F: +49 69 23 75 15, *info@noten-roehr.de*; *www.music-cabinet.de*, *www.music-cabinet.com*, *www.noten-roehr.de*. – **GF:** Lothar Röhr – J S Bach, M A Balakirev, C Bärmann, R Bartmuss, J J Becker, L v Beethoven, L H Berlioz, H I F v Biber, P Bodon, P Borkovec, G Bottesini, L J M Boulanger, K P Bourgeois, J Brahms, C Breunig, G Briccialdi, D Buck, W Burkhard, B Compagnoli, E A Chausson ua.

Notenverlag Edition Magnus Daniel Kuhn, Postfach 160140, D-56077 Koblenz, T: +49 2 61 65 27 6, F: +49 2 61 67 91 46, *info@edition-magnus.de*; *www.edition-magnus.de* – Noten f Git.

Arno Oberländer Musikverlag & Produktion GmbH, Albert-Rusch-Str 42, D-32545 Bad Oeynhausen, T: +49 57 3 19 11 94. – **GF:** Arno Oberländer.

Obrasso Verlag AG, Baselstr 23 c, CH-4537 Wiedlisbach, T: +41 3 26 36 37 27, F: +41 3 26 36 26 44, *obrasso@bluewin.ch*; *www.obrasso.ch* – Blasmusik.

Johannes Oertel Musikverlag und Bühnenvertrieb, Ismaninger Str 74, D-81675 München, T: +49 89 98 10 59 79, F: +49 89 98 10 59 79 – E-Musik.

Louis Oertel oHG, Hermann-Löns-Str 7, D-30938 Burgwedel, T: +49 51 3 921 63, F: +49 51 3 982 93.

Österreichische Musikzeitschrift/ Verlag Lafite, Hegelgasse 13, A-1010 Wien, T: +43 1 5 12 68 69, F: +43 1 51 26 86 99, *redaktion@musikzeit.at*; *www.musikzeit.at*. – **GF:** Prof Dr Marion Diederichs-Lafite – Wiener Schule, zeitgenöss österr Komp, MWiss; György Ligeti, Anestis Logothetis, Ernst Krenek, Franz Schmidt, Franz Schreker, Ejou Wellesz ua.

Georg Olms Verlag AG Weidmannsche Verlagsbuchhandlung, Hagentorwall 7, D-31134 Hildesheim, T: +49 51 2 11 50 10, F: +49 51 2 115 01 50, *info@olms.de*; *www.olms.de*. – **ProgrLt:** Dietrich Olms – MWiss.

OrchestralArt – Musikverlag Thomas Reingruber, Am Bahndamm 25, A-4614 Marchtrenk, F: +43 72 4 35 46 73, *r.reingruber@eduhi.at*; *www.orchestralart.at*.

orfeo 21, c/o The New Guitar Company – Uli Türk u Helmut Zehe, Römerstr 5, D-51580 Reichshof, T: +49 2 21 41 76 68, F: +49 2 21 44 84 97, *orfeo21@t-online.de*; *www.orfeo21.de* – KamM, MPäd.

Orlando-Musikverlag Gartenmaier KG, Kapruner Str 11, D-80689 München, T: +49 89 56 74 26, F: +49 89 56 94 85, *Orlando-Musikverlag @t-online.de*; *www.Orlando-Musikverlag.de*.

Orpheus Verlag für systematische Musikwissenschaft, Eduard-Otto-Str 41, D-53129 Bonn, T: +49 2 28 24 16 60, F: +49 2 28 24 16 60, *orpheusverlag@web.de*; *www.orpheus-verlag.de*. – **GF:** Hannelore Vogel – MWiss.

ortus musikverlag Krüger & Schwinger OHG, Rathenaustr 11, D-15848 Beeskow, T: +49 30 4 72 03 09, F: +49 33 6 625 39 96, *ortus@t-online.de*; *www.ortus.de*. – **ProgrLt:** Ekkehard Krüger, Tobias Schwinger – Musik d 17. u 18. Jh u d Gegenwart, Erstveröffentlichungen aus d Kulturraum zwischen Elbe u Oder, MWiss.

Robert Ostermeyer Musikedition, Hohe Str 26 B, D-04109 Leipzig, T: +49 3 41 21 30 19 4, F: +49 3 41 21 30 19 1, *postmeister@corno.de*; *www.corno.de*. – **GF:** Robert Ostermeyer – KamM, Solokonz f Bläser.

panofon Matthias Schlubeck, Kaulbachstr 27, D-42113 Wuppertal, T: +49 2 02 76 79 36, F: +49 2 02 27 61 49 7, *panofon@panofon.de*; *www.panofon.de* – Panfl.

Pape Verlag Berlin, Prinz-Handjery-Str 26 a, D-14167 Berlin, T: +49 30 8 11 10 64, F: +49 30 80 58 17 55, *pape@pape-verlag.de*; *www.pape-verlag.de*. – **GF:** Prof Dr Uwe Pape **ProgrLt:** Prof Dr Uwe Pape – Orgelbau, Orgelbaugeschichte.

Paradise Music GmbH, Bergiusstr 13, D-86199 Augsburg, T: +49 8 21 33 33 6, F: +49 8 21 33 30 9, *info@paradise.de*; *www.paradise.de*.

Peermusic (Germany) GmbH, Mühlenkamp 45, D-22303 Hamburg, Postfach 602129, D-22231 Hamburg, T: +49 40 27 83 79–0, F: +49 40 27 83 79–40, *info@peermusic-classical.de*; *www.peermusic-classical.de*.

Bühnen- und Musikverlag Hans Pero, Bäckerstr 6, A-1010 Wien, T: +43 1 5 12 34 67, F: +43 1 5 12 22 69, *office@peroverlag.at*; *www.peroverlag.at*.

perola barocca-Musikverlag, Ellerstr 217, D-40227 Düsseldorf, T: +49 2 11 78 47 00, F: +49 2 11 79 52 50 6, *info@barockmusik.org*; *www.barockmusik.org*. – **GF:** Vadim Rossin – Neobarock-M (Triosonate G-Dur f Org; Komp V Ivanov).

Edition Peters Leipzig GmbH, Haus des Buches, Gerichtsweg 28, D-04103 Leipzig, Postfach 100746, D-04007 Leipzig, T: +49 3 41 96 04 70 7, F: +49 3 41 96 03 12 0, *peters.leipzig.info@edition-peters.de*; *www.edition-peters.de*.

C.F. Peters Musikverlag, Kennedyallee 101, D-60596 Frankfurt/Main, T: +49 69 63 00 99–0, F: +49 69 63 00 99–54, *info@edition-peters.de*; *www.edition-peters.de*. – **GF:** Karl Rarichs, Ina Bilges – zugehörig: Henry Litolff's Verlag, Edition Schwann, C F Kahnt Musikverlag, M P Belaieff.

Pfau-Verlag, Hafenstr 33, D-66111 Saarbrücken, Postfach 102314, D-66023 Saarbrücken, T: +49 6 81 37 34 71, F: +49 6 81 37 34 71, *info@pfau-verlag.de*; *www.pfau-verlag.de*. – **GF:** Sigrid Konrad, Stefan Fricke.

philoTon Verlag Daniel & Philippe Ohl GbR, Kreuzstr 23, D-73730 Esslingen, T: +49 7 11 31 60 05 8, F: +49 7 11 31 61 56 5, *info@philoton.de*; *www.philoton.de* – Perc.

Phon und Ton – plus Discant Musik GmbH, Weiherfeldring 32, D-94360 Mitterfels, T: +49 99 6 191 10 03, F: +49 99 6 191 10 04; *www.phonundton.de*.

Piper Verlag GmbH, Georgenstr 4, D-80799 München, T: +49 89 3 81 80 10, F: +49 89 33 87 04, *info @piper.de*; *www.piper.de*. – **GF:** Viktor Niemann – MWiss.

Hans Pizka Edition, Weidenweg 12, D-85551 Kirchheim, Postfach 1136, D-85541 Kirchheim, T: +49 89 9 03 95 48, F: +49 89 9 03 94 14, *hans.pizka @t-online.de*; *www.pizka.de*. – **GF:** Prof Hans Pizka.

Pizzicato Verlag Helvetia, Albisstr 57, CH-8134 Adliswil, T: +41 17 10 62 52, F: +41 17 10 61 53, *info@pizzicato.ch*; *www.pizzicato.ch* – zeitgen Musik.

Polyhymnia Buch- und Musikverlag, Neumarkter Str 24, D-90584 Allersberg, T: +49 91 7 675 43, F: +49 91 7 668 41, *info@polyhymnia-verlag.de*; *www.polyhymnia-verlag.de* – MPäd, ChM, int Musik.

Pro Organo Musikverlag Herbert Jess Pro Organo Musikversand, Brühlstr 42, D-88299 Leutkirch, T: +49 75 6 133 98, F: +49 75 6 17 21 88, *order@pro-organo.com*.

PRObass Musikverlag, Dorfstr 42, D-17039 Neuendorf, T: +49 3 955 44 11 92, F: +49 3 955 44 11 92, *probass@probass.de*; *www.probass.de*. – **GF:** Andreas Wiebecke-Gottstein **ProgrLt:** Andreas Wiebecke-Gottstein – Kontrabass.

Friedrich Pütz Edition, Am Schmidtgrund 66, D-50765 Köln, T: +49 2 21 59 05 91 0, F: +49 2 21 59 05 91 0, *verlag@friedrichpuetz-edition.de*; *www.friedrichpuetz-edition.de*.

Rapp Verlag, Markgrafenstr 38, D-79410 Badenweiler, T: +49 76 3 282 82 83, F: +49 76 3 282 82 84, *info@rapp-verlag.de*; *www.rapp-verlag.de* – Blasmusik, MPäd.

Editions Marc Reift, Route du Golf 122, CH-3963 Crans-Montana, T: +41 2 74 83 12 00, F: +41 2 74 83 42 43, *info@reift.ch*; *www.reift.ch* – Blasmusik.

Renaissance Musikverlag, Wettersberg 7, D-24819 Halle, Schleswig-Holstein, T: +49 48 7 490 06 62, F: +49 48 7 490 06 63, *renaissance.musikverlag@t-online.de*; *www.renaissance-musikverlag.de*. – **GF:** Norbert Klose – Erstausgaben va klass u romant geistl Vokalmusik.

Rensch Orgelbauverlag Ulrike Schneider, Bahnhofstr 100, D-74348 Lauffen, Postfach 226, D-74345 Lauffen, T: +49 71 3 536 02, F: +49 71 3 596 16 86, *orgelbau@renschorgelbau.de*; *www.renschorgelbau.de*.

Residenz Verlag, Sigmund Haffner-Gasse 14, A-5020 Salzburg, T: +43 6 62 64 19 86 0, F: +43 6 62 64 35 48, *info@residenzverlag.at*; *www.residenzverlag.at*. – **GF:** Dr Martina Schmidt – Almanach d Salzburger FSp, Almanach d Salzburger OsterFSp.

G. Ricordi & Co Bühnen- und Musikverlag, Baumkirchner Str 53a, D-81673 München, T: +49 89 99 15 06–0, F: +49 89 9 03 88 59, *info@ricordi.de*; *www.ricordi.de* – Op, pädagog Lit, zeitgen Musik.

Ries & Erler Musikverlag Hermann Löffler Musikverlag, Wandalenallee 8, D-14052 Berlin, T: +49 30 8 25 10 49, F: +49 30 8 25 97 21, *verlag @rieserler.de*; *www.rieserler.de*. – **GF:** Andreas

Meurer **ProgrLt:** Andreas Meurer – Zeitgen E-Musik (alle Bereiche), SalonorchW, Unterrichtslit, Lit f Zither u Mandolinenorch.

Robert Forberg Musikverlag GmbH & Co KG, Kunigundenstr 4, D-53179 Bonn, T: +49 2 2834 79 89, F: +49 2 2885 63 72; *www.rob-forberg.de*.

Adolf Robitschek GesmbH, Graben 14, A-1010 Wien, T: +43 1 5 33 80 58, F: +43 1 5 33 80 50.

Musikverlag Robitschek oHG, Hagenauer Str 53, D-65203 Wiesbaden, T: +49 6 1192 89 80, F: +49 6 119 28 98 24.

Rotary-Verlag-Siegen Matthias Merzhäuser, Hauptstr 34, D-57555 Birken/Sieg, T: +49 2 7135 44 88, F: +49 2 7135 03 33, *rotary-verlag@t-online.de*; *www.rotary-verlag-siegen.de* – zeitgen ChM sowie Werke d Romantik, d Renaissance u d klass Vokalpolyphonie.

Emil Ruh Musikverlag, c/o Viktor Hug, Zürichstr 33, CH-8134 Adliswil, T: +41 17 10 63 13, F: +41 17 10 62 07, *emil@ruh.ch*.

Musikverlag Rundel GmbH, Untere Gewendhalde 27–29, D-88430 Rot/Rot, Postfach 61, D-88428 Rot/Rot, T: +49 83 9 59 42 60, F: +49 83 9 59 42 98 90, *info@rundel.de*; *www.rundel.de*.

Salm Verlag, Hauptstr 23, CH-3033 Wohlen bei Bern, T: +41 3 18 22 01 01, F: +41 3 18 22 07 61, *info@salmverlag.ch*; *www.salmverlag.ch*. – **GF:** Urs Beter Salm **ProgrLt:** Dr Aldo Birnbaum.

F.K. Sandvoss Musikalien & Verlag, Irmerstr 6, D-40474 Düsseldorf, T: +49 2 114 54 15 98, F: +49 2 114 54 15 98.

K.G. Saur Verlag GmbH A part of The Thomson Corporation, Ortlerstr 8, D-81373 München, Postfach 701620, D-81316 München, T: +49 89 7 69 02–0, F: +49 89 7 69 02–1 50, *saur.info@thomson.com*; *www.saur.de*.

Musikverlag Scherbacher, Blumenstetter Str 6, D-72379 Hechingen, T: +49 74 7 147 22, F: +49 74 7 11 26 65, *info@scherbacher.de*; *www.scherbacher.de*.

Wolfram Schleenbecker Musikverlag, Kattenbachstr 87, D-35435 Wettenberg, T: +49 6 418 32 05.

Schmid Musikverlage, Adlerweg 6, D-75365 Calw, T: +49 70 5 172 27, F: +49 70 5 11 38 23, *schmidmusic@addcom.de*; *www.schmid-musikverlage.de*.

Musikverlag C. F. Schmidt, Leonberger Str 1, D-71272 Renningen, T: +49 71 5 929 69, F: +49 71 5 961 30.

Dr. Hans Schneider Verlag GmbH, Mozartstr 6, D-82327 Tutzing, T: +49 81 5 830 50, F: +49 81 5 869 67, *Musikbuch@aol.com*; *www.schneider-musikbuch.de*.

Schola Cantorum Editions Musicales, c/o Fabienne Frochaux, Sapin 2 a, CH-2114 Fleurier, T: +41 3 28 61 37 19, F: +41 3 28 61 27 27 – Org, ChM.

Werner Scholing Musikverlag, Trollingerweg 19/I, D-71336 Waiblingen, T: +49 71 5 120 46 43, F: +49 71 5 120 46 69.

Schott Musik International GmbH & Co KG, Weihergarten 5, D-55116 Mainz, T: +49 61 3 124 60, F: +49 61 3 124 62 11, *info@schott-musik.de*; *www.schott-music.com* – zugehörig: Atlantis Musikbuch, Ars Viva, Cranz, Ernst Eulenburg & Co, Fürstner Musikverlag, Hohner-Verlag, Panton.

Verlag Franz Schreiner, Am Weiher 168, A-8563 Ligist, T: +43 31 4 338 91, F: +43 31 4 338 91 12, *schreiner1@utanet.at* – ChLit.

Schuh Musikverlag, Wilhelmstr 22, D-71116 Gärtringen, T: +49 70 3 492 97 24, F: +49 70 3 492 97 25, *mail@schuh-verlag.de*; *www.schuh-musikverlag.de* – MPäd.

Carl L. Schultheiß Musikverlag Inh. Elisabeth Thomi-Berg, Pasinger Str 38a, D-82152 Planegg, Postfach 1736, D-82145 Planegg, T: +49 89 8 59 99 44, F: +49 89 8 59 33 23, *thomi-berg@t-online.de*; *www.thomi-berg.de*. – **GF:** Elisabeth Thomi-Berg – KiM, Chor- u OrgelM.

Seeber FILM Verlag für Bläsermusik Filmskripten – Illustration – Literatur – Musik / Michael Seeber, Pierlstr 33, A-9020 Klagenfurt, *musik@seeberfilm.com*; *www.seeberfilm.com*. – **GF:** Michael Seeber.

Seilkopf-Verlag, Lipaer Str 25 II, D-12203 Berlin, T: +49 30 83 22 07 86, *webmaster@seilkopf-verlag.de*; *www.seilkopf-verlag.de*. – **GF:** Michael Seilkopf **ProgrLt:** Michael Seilkopf – Ziel: noch unbekannte Künstler d Öffentlichkeit näher zu bringen.

Thomas Sessler Bühnen- und Musikverlag, Johannesgasse 12, A-1010 Wien, T: +43 1 5 12 32 84, 5 05 96 24, F: +43 1 5 13 39 07, 5 04 48 95, *heidi.wunsch@sesslerverlag.at*, *musik@sesslerverlag.at*; *www.sesslerverlag.at*. – **GF:** Prof Ulrich N Schulenburg **ProgrLt:** Heidi Wunsch – zeitgen M f Orch, KamM u musikdramat Werke; Vertretung in Österreich: Boosey&Hawkes London, Bote&Bock Berlin, Anton J Benjamin GmbH, F E C Leuckart Musikverlag, J L G Grimm Verlag.

Joh. Siebenhüner Musikverlag, Tannenstr 25, D-64546 Mörfelden-Walldorf, T: +49 61 0 553 57, F: +49 61 0 57 53 64, *info@joh-siebenhüner.de*; *www.joh-siebenhüner.de*. – **GF:** Alfred Pfortner – Unterrichtslit, SchM.

Sinus-Verlag AG, Alte Landstr 18, CH-8802 Kilchberg, Postfach 526, CH-8802 Kilchberg, T: +41 4 47 15 53 19, F: +41 4 47 15 53 19, *sinus@sinus-verlag.ch*; *www.sinus-verlag.ch*. – **GF:** Albert Bolliger **ProgrLt:** Albert Bolliger – Orgelmusik, CDs, Musiknoten.

Rudolf Slezak Musikverlag GmbH, Klosterrichterweg 4, D-83684 Tegernsee, T: +49 80 2 243 31, F: +49 80 2 243 32.

SMV Schacht Musikverlage GmbH, Herbert-Weichmann-Str 47, D-22085 Hamburg, T: +49 40 3 74 11 20, F: +49 40 37 51 81 81, *all@smv.de*; *www.smv.de*.

Sonoton Music GmbH Co KG, Schleibinger Str 10, D-81669 München, T: +49 89 4 47 78 20, F: +49 89 44 77 82 88, *sonoton@sonoton.com*; *www.sonoton.com*. – **GF:** Gerhard u Rotheide Narholz.

Special Music Edition SME Verlag + Label, Kehlhof 522, CH-8124 Maur, T: +41 19 80 31 74, F: +41 19 80 31 74, *smeverlag@bluewin.ch*. – **GF:** Lucia Buchli Wegmann, Theo Wegmann **ProgrLt:** Theo Wegmann – Erstveröffentlichungen von va zeitgen u alter Musik (Noten u CDs).

Staccato-Verlag, Heinrichstr 108, D-40239 Düsseldorf, T: +49 2 119 05 30 48, F: +49 2 119 05 30 50, *info@staccato-verlag.de*; *www.staccato-verlag.de*. – **GF:** Carsten Dürer **ProgrLt:** Carsten Dürer – Zeitschrift Piano News, Zeitschrift ensemble.

Steingräber Verlag, Villbacher Str 4, D-63619 Bad Orb, T: +49 60 5 012 67.

Stockhausen-Verlag, Kettenberg 15, D-51515 Kürten, T: +49 22 6 818 13, F: +49 22 6 818 13; *www.stockhausen.org* – nur Partituren, CDs u Bücher v Karlheinz Stockhausen.

Musikverlag Storz KG, Hauptstr 114, D-37520 Osterode/Harz, T: +49 55 2 29 05 00, F: +49 55 2 290 50 40, *arminia-musik@t-online.de*; *www.arminia-musik.de* – Noten f Chöre, Blaskapellen u Einzelausg.

Strauss Edition Wien, Goldschmiedgasse 10, A-1010 Wien, T: +43 1 5 34 62 40, F: +43 1 5 34 62 67, *office@strauss.at*; *www.strauss.at*. – **GF:** Alexander Hermann.

Strube Verlag GmbH, Pettenkoferstr 24, D-80336 München, T: +49 89 54 42 66 11, F: +49 89 54 42 66 30, *strube.verlag@strube.de*; *www.strube.de*. – **GF:** Friedemann Strube sen – KiM.

Studio-Verlag Rudi Seifert, Eugenstr 11, D-88045 Friedrichshafen, T: +49 75 4 12 62 82, F: +49 75 4 13 39 93, *info@studioverlag.de*; *www.studioverlag.de*.

Studiopunkt Verlag Dr. Gisela Schewe, Zehnthofstr 2, D-53489 Sinzig, T: +49 26 4 259 19, F: +49 26 4 259 17, *mail@studiopunktverlag.de*; *www.studiopunktverlag.de*. – **GF:** Dr Gisela Schewe – MWiss.

stückgut Bühnen- und Musikverlag GmbH, Marienplatz 1, D-80331 München, T: +49 89 29 31 78, F: +49 89 22 67 57, *info@stueckgutverlag.de*; *www.stueckgutverlag.de*.

Synästhesie Verlag Inh Hans-Jürgen Fliedner, Glockenberg 6 a, D-96450 Coburg, T: +49 95 6 12 07 60, F: +49 95 6 12 07 60, *synaesthesie@t-online.de*; *www.synaesthesie.com* – MTheorie.

Syrinx Verlag, Mozartstr 8, D-32756 Detmold, T: +49 52 3 12 87 18, F: +49 52 3 12 87 18, *syrinx-verlag@gmx.de*; *www.syrinx-verlag.de*. – **GF:** Prof Dr Richard Müller-Dombois – Musik f Fl u Oboe.

Musikverlag Tatzer Willibald Tatzer, Florianistr 13, A-2263 Waidendorf, T: +43 25 3 88 54 64, F: +43 25 3 88 55 95, *kontakt@tatzer.at*; *www.tatzer.at*.

Taunus-Verlag Inh. Jürgen Gral, Gwinnerstr 39, D-60388 Frankfurt/Main, T: +49 69 94 76 00 44, F: +49 69 41 10 36.

Verlag Otto Teich Bühnenverlag, Theaterverlag, Musikverlag, Hilpertstr 9, D-64295 Darmstadt, T: +49 61 5 182 41 20, F: +49 61 5 189 56 56. – **GF:** Christine Otto – Otto Reutter ua.

Theaterverlag Eirich GmbH Verlag für Bühne, Funk und Film, Schulstr 107, A-2103 Langenzersdorf, T: +43 22 4 43 53 20, F: +43 22 4 435 32 20, *office@theaterverlag-eirich.at*; *www.theaterverlag-eirich.at*.

Werner H. Theisen Musikverlag Varia-Music-Production, Am Mitterfeld 13, D-85622 Weißenfeld, T: +49 89 90 46 88 43, F: +49 89 90 46 88 45, *theisen-musik@t-online.de*; *www.theisen-musik.de*.

THIASOS Musikverlag, Birkenweg 15 G, D-64295 Darmstadt, T: +49 61 5 133 94 56, F: +49 61 5 133 94 57, *thiasos@t-online.de*; *www.thiasos.de* – Publ z Ges-Päd, Liedbegl, japan Lieder, Kinder-Op-Abenteuer ua.

Edition Thöni, c/o Gottfried Aegler, Lindenmätteli, CH-3672 Erlenbach, T: +41 3 36 81 16 65, F: +41 3 36 81 16 65.

Elisabeth Thomi-Berg, Pasinger Str 38a, D-82152 Planegg, Postfach 1736, D-82145 Planegg, T: +49 89 85 99 94 44, F: +49 89 8 59 33 23, *thomi-berg@t-online.de*; *www.thomi-berg.de* – Musik f Bläser, KamM, Musik f Orch (u Blasorch), ChorM.

Thürmchen Verlag, Münsterer Str 37, D-51063 Köln, T: +49 2 216 40 11 63, F: +49 2 216 40 50 96, *thuermchen@netcologne.de*; *www.thuermchen.de* – zeitgen Musik.

Timescraper Music Publishing, Am Sandbach 24, D-42781 Haan, T: +49 21 2 949 54, F: +49 21 2 949 54, *timescraper@onlinehome.de*; *www.timescraper.de*. – **GF:** Antoine Beuger – zeitgen M.

Tischer & Jagenberg Musikverlag, c/o Portius Musikverlag, Fuggerstr 1, D-85625 Glonn, T: +49 80 9 344 93, F: +49 80 9 323 19.

TonArt MultiMedia Chor- und andere Noten, Platenhofer Weg 9, D-13503 Berlin, T: +49 30 43 66 87 51, F: +49 30 43 66 60 61, *kontakt@tonart-multimedia.de*; *www.tonart-multimedia.de*. – **GF:** Heinz Schroth – ChM.

P.J. Tonger Musikverlag GmbH & Co, Auf dem Brand 10, D-50996 Köln, T: +49 2 219 35 56 40, F: +49 2 2193 55 64 11, *musikverlag@tonger.de*; *www.tonger.de* – Chorlit; zugehörig: Musikverlag Carl Engels Nachf GmbH u Co.

Tonos Musikverlags GmbH, Holzhofallee 15, D-64295 Darmstadt, T: +49 61 5 139 040, F: +49 61 5 139 04 90, *mail@tonos-online.de*; *www.tonos-online.de*. – **GF:** Marian Golf – Tango-Musik, ChM, Neue Musik.

Top Music Musik- und Bühnenverlag Anna Karolina Fischer-Stracke, Grabenstr 7, D-56745 Bell, Eifel, T: +49 26 5 252 71 44, F: +49 26 5 252 71 43, *kundenservice@top-music-verlag.*

de; *www.top-music-verlag.de.* – **GF:** Anna Karolina Fischer-Stracke **ProgrLt:** Hans Richard Stracke, Anna Karolina Fischer-Stracke – Bühnenwerke, Orch- u KamM, ChorW.

Trans-World Music Verlag und Produktion Gesellschaft mbH, Volkartstr 63, D-80636 München, T: +49 89 1 89 55 80, F: +49 89 1 89 55 30.

traunmusik Josef Peter Traun, Pillersdorfgasse 1, A-1020 Wien, Postfach 300, A-1021 Wien, T: +43 1 216 57 55 10, F: +43 1 216 57 55 13, *office@traunmusik.at*; *www.traunmusik.at* – Noten f Unterricht u Konzert, Klass M, Jazz, BlasM.

Tre Media Musikverlage, Amalienstr 40, D-76133 Karlsruhe, T: +49 7 212 60 23, F: +49 7 212 60 44, *tremedia@aol.com*; *www.tremediamusicedition.de.* – **GF:** Friederike Zimmermann **ProgrLt:** Friederike Zimmermann – zeitgen E-Musik; Edition HH, Edition Love.

Joachim Trekel-Musikverlag, Willerswiete 17, D-22415 Hamburg, T: +49 40 5 20 33 97, F: +49 40 5 20 78 24, *info@trekel.de*; *www.trekel.de* – GitarrenM, MandolinenM.

Trio Musik Edition, Gewerbestr 2, D-84562 Mettenheim-Hart, T: +49 86 3 116 41 60, F: +49 86 3 116 41 62, *info@trio-musik.de*; *www.trio-musik.de* – Blasorch, Blech- u Holzbl.

triptychon agentur für design und kulturkommunikation GmbH, Baaderstr. 19, D-80469 München, T: +49 89 21 04 39 10, F: +49 89 21 04 39 22, *info@triptychon-kultur.de*; *www.triptychon-kultur.de.* – **GF:** Mark Mast, Werner Schauer.

UBM Records Musikverlag, Menzelstr. 11, D-14193 Berlin, T: +49 30 89 73 69 10, F: +49 30 8 97 36 91 20, *buschkoetter@ubm-records.com*; *www.ubm-records.com* – zeitgen Musik.

Musikverlag Bruno Uetz/Uetz Music, Voigtei 39, D-38820 Halberstadt, T: +49 39 4 157 00 40, F: +49 39 4 157 00 41, *info@uetz.de*; *www.uetz.de/music.* – **GF:** Bruno Uetz **ProgrLt:** Bruno Uetz – Bläser, SalonM, Streicher, Sax, Orch.

Musikverlag Albert Ullrich, Schenkendorfstr 3, D-53173 Bonn.

Ultimus, c/o schneemann produktion Harald Skorepa, Berner Str 15, D-12205 Berlin, T: +49 30 3 13 69 39, *info@ultimus.de*; *www.ultimus.de.* – **ProgrLt:** Harald Skorepa – MWiss, Musiksoftware.

Edition Karin Unger, Aichelestr 7, D-70599 Stuttgart, T: +49 7 1145 36 77, F: +49 7 114 57 04 63.

Universal Edition AG, Karlsplatz 6, A-1010 Wien, T: +43 1 3 37 23–0, F: +43 1 3 37 23–4 00, *office@universaledition.com*; *www.universaledition.com.* – **GF:** Johann Juranek, Marian von Hartlieb, Hans Musser – zugehörig: Philharmonia.

Universal Edition AG Zürich, Seefeldstr 19, CH-8024 Zürich, T: +41 4 42 61 51 50, F: +41 4 42 51 30 25.

Universal Edition GmbH, Weihergarten 5, D-55116 Mainz, T: +49 61 3 124 68 83, F: +49 61 3 124 62 52; *www.universaledition.at.*

Universal Music Publishing GmbH, Stralauer Allee 1, D-10245 Berlin, T: +49 30 5 20 07 06, F: +49 30 5 20 07 20 78, *janine.wolf@umusic.de*; *www.universal-publishing.de* – zeitgen Musik.

Vandenhoeck & Ruprecht, Theaterstr 13, D-37073 Göttingen, PF, D-37070 Göttingen, T: +49 5 5150 84 40, F: +49 5 515 08 44 22, *info@vandenhoeck-ruprecht.de*; *www.vandenhoeck-ruprecht.de.* – **GF:** Dr Arndt Ruprecht, Dr Dietrich Ruprecht, Ulrich Ruprecht, Paul Brenner – MWiss.

musikverlag christofer varner, Fraunhoferstr 12, D-80469 München, T: +49 89 23 68 77 90, F: +49 89 23 68 77 91, *info@musikvarner.de*; *www.musikvarner.de.* – **GF:** Johanna u Christofer J Varner **ProgrLt:** Johanna Varner – zeitgen Komp, Erstdrucke Renaissance-M, Jazz, Cello.

Verein «Schweizer Musikedition», Postfach 7851, CH-6000 Luzern 7, T: +41 4 12 10 60 70, F: +41 4 12 10 60 70, *mail@musicedition.ch*; *www.musicedition.ch.*

Verlag Beethoven-Haus Bonn, Bonngasse 18–26, D-53111 Bonn, T: +49 2 289 81 75 21, F: +49 2 289 81 75 72, *verlag@beethoven-haus-bonn.de*; *www.beethoven-haus-bonn.de.* – **GF:** Dr Ernst Herttrich – MWiss, Faksimilia.

Verlag der Österreichischen Akademie der Wissenschaften, Postgasse 7/4, A-1010 Wien, T: +43 1 5 15 81 34 02, F: +43 1 5 15 81 34 00, *verlag@oeaw.ac.at*; *verlag.oeaw.ac.at* – MWiss.

Verlag der Spielleute – Hofmann & Co. KG, Langlosenweg 14, D-64385 Reichelsheim, T: +49 61 6 491 20 83, F: +49 61 6 492 10 84, *verlag@spielleute.de*; *www.spielleute.de.* – **GF:** Michael Hofmann – Bordun-M (Dudelsack, Drehleier), trad Tanz-M.

Verlag Die blaue Eule, Annastr 74, D-45130 Essen, T: +49 2 018 77 69 63, F: +49 2 018 77 69 64, *info@die-blaue-eule.de*; *www.die-blaue-eule.de.* – **GF:** Dr Werner L Hohmann – MWiss, MPäd, MSoziologie.

Verlag edition text + kritik im Richard Boorberg Verlag GmbH & Co KG, Levelingstr 6a, D-81673 München, Postfach 800529, D-81605 München, T: +49 89 43 60 00 12, F: +49 89 43 60 00 19, *info@etk-muenchen.de*; *www.etk-muenchen.de.*

Verlag Ernst Kuhn (VEK) – Berlin Bücher und CD-Rom zur Musik- und Zeitgeschichte, Mendelssohnstr 7, D-10405 Berlin, Postfach 080147, D-10001 Berlin, T: +49 30 44 34 22 30, F: +49 30 4 42 47 32, *kuhn@vek.de*; *www.vek.de.* – **GF:** Ernst Kuhn **ProgrLt:** Ernst Kuhn – Bücher über russ Komp, MWiss (Schostakowitsch-Studien), Galina Ustwolskaja, Dimitri Schostakowitsch, Sofia Gubaidulina, György Ligeti, Edison Denissow ua.

Verlag Lafite Österreichische MUSIKZEITedition, Hegelstr 13/22, A-1010 Wien, T: +43 1 5 12 68 69, F: +43 1 51 26 86 99, *edition@musikzeit.at*; *www.musikzeit.at.*

Verlag Neue Musik, Grabbeallee 15, D-13156 Berlin, T: +49 30 6 16 98 10, F: +49 30 61 69 81 21, *vnm@verlag-neue-musik.de*; *www.verlag-neue-musik.de.*

Verlag Singende Gemeinde, Westfalenweg 207, D-42111 Wuppertal, T: +49 2 0275 06 33, F: +49 2 0275 53 04, *cs-vsg@cs-vsg.de*; *www.cs-vsg.de.* – **GF:** Holger Würth **ProgrLt:** Stephan Ringeis – ChM, MPäd.

Verlag vierdreiunddreissig Juliane Gross, Barer Str 78, D-80799 München, T: +49 89 2 72 39 68, F: +49 89 27 37 03 48, *jg@verlag433.de*; *www.verlag433.de.* – **GF:** Juliane Gross **ProgrLt:** Juliane Gross – zeitgen M (alle Gattungen u Instr), Musik f Hackbrett u Zither (alle Epochen).

Vertriebsstelle und Verlag Deutscher Bühnenschriftsteller und Bühnenkomponisten GmbH, Buchweizenkoppel 19, D-22844 Norderstedt, Postfach 2045, D-22810 Norderstedt, T: +49 40 5 22 56 10, F: +49 40 5 26 32 86, *info@vvb.de*; *www.vvb.de.*

VICTORY Media GmbH, Neue Zeile 3, D-87600 Kaufbeuren, T: +49 83 4 19 61 18 57, F: +49 83 4 19 61 18 20, *hubert.hass@victory.tv*; *www.victory.tv.*

Musikverlag Chr. Friedrich Vieweg e.K., Pasinger Str 38a, D-82152 Planegg, Postfach 1736, D-82145 Planegg, T: +49 89 8 59 99 44, F: +49 89 8 59 33 23, *thomi-berg@t-online.de*; *www.thomi-berg.de.* – **GF:** Elisabeth Thomi-Berg – Musikschätze aus vergangenen Zeiten, KamM, OrchM.

Vindobona Chytra-Verlag, Kegelgasse 45, A-1010 Wien, T: +43 1 7 13 52 21, F: +43 1 7 18 91 72, *vindibona.verlag@aon.at* – musikhistor Bücher.

Voggenreiter Verlag oHG, Viktoriastr 25, D-53173 Bonn-Bad Godesberg, T: +49 2 289 35 75–0, F: +49 2 289 35 75–75, *info@voggenreiter.de*; *www.voggenreiter.de.* – **GF:** Ralph und Charles Voggenreiter **ProgrLt:** Ralph und Charles Voggenreiter – InstrMusik, MWIss, MPäd.

Musikverlag Vogt & Fritz Inh. Elke Tober-Vogt, Friedrich-Stein-Str 10, D-97421 Schweinfurt, T: +49 97 2 12 01 90 10, F: +49 97 2 12 01 90 15, *vogtfritz@t-online.de*; *www.vogtundfritz.de* – zeitgen E-M.

von Maltzahn'scher Musikverlag, Alte Balinger Str 9, D-72336 Endingen, T: +49 7 116 74 73 99; +49 74 3 33 46 70, 3 45 70, *bvmaltzahn@t-online.de*; *www.reutlingen.ihk.net/mekowi.* – **GF:** Damian Frhr von Maltzahn **ProgrLt:** Damian von Maltzahn – Süddt Orgel- u ChorM d Klassik u Romantik, M f KamOrch.

Verlag der Musikalienhandlung Karl Dieter Wagner, Schulstr 36a, D-29640 Schneverdingen, T: +49 51 9 397 58 53. – **GF:** Karl Dieter Wagner – MWiss: Schriftenreihe zur Musik, Hamburger Beiträge zur MWiss, Schriften zur MWiss aus Münster, Beiträge zur Ethnomusikologie, Schriften zur Mitteldeutschen Musikgeschichte ua.

Waldkauz Musikverlag, c/o Wolf-Dietrich Hörle, Elberfelder Str 69, D-42853 Remscheid, Postfach 100663, D-42806 Remscheid, T: +49 21 9 129 14 70, F: +49 21 9 14 18 40, *wolf-dietrich-hoerle@waldkauz.de*; *www.waldkauz.de* – Kl, Blfl, Git, Str, Ch- u EnsM sowie musikpäd Lit.

Edition Heinz Wallisch, Liechtensternsiedlung I/8, A-3150 Wilhelmsburg, T: +43 2 746 35 94, F: +43 2 746 35 94, *office@gitarre.cc*; *www.gitarre.cc* – GitM.

Edition Wandelweiser GmbH, Am Sandbach 24, D-42781 Haan, T: +49 21 2 949 54, 91 53 67, F: +49 21 2 949 54, *info@wandelweiser.de*; *www.timescraper.de.* – **GF:** Antoine Beuger **ProgrLt:** Burkhard Schlothauer, Gunhild Peetz – Neue, experimentelle Musik.

Josef Weinberger GesmbH Bühnen- und Musikalienverlag, Neulerchenfelder Str 3–7, A-1160 Wien, T: +43 1 40 35 99 10, F: +43 1 4 03 59 91 13, *musik@weinberger.co.at*; *www.weinberger.co.at* – angeschlossen ua: Arends Music KG, Glockenverlag, Papageno, Solisten-Verlag, Wiener Arion.

Musikverlag Josef Weinberger GmbH, Oeder Weg 26, D-60318 Frankfurt/Main, T: +49 69 95 52 88 30, F: +49 69 95 52 88 44, *mail@josefweinberger.de*; *www.josefweinberger.de.* – **GF:** Jan Rolf Müller **ProgrLt:** Jan Rolf Müller, Sabrina Yvonne Scherf – Bühne, Symphon Werke, KamM, gehobene U-Musik; dt Auslieferung der Verlage Glocken, Heros, Octava, Weinberger Wien u London sowie Casa Musicale Sonzogno Mailand.

Roland Weissbach NOTEN Spezialverlag, Barckhausenstr 44, D-21335 Lüneburg, T: +49 41 3 14 34 38, *Roland.Weissbach@t-online.de*; *www.roland-weissbach.de.* – **GF:** Roland Weissbach – besondere KamM, Musik f seltene Besetzungen, OrchM, Hausmusik.

Wertach Musikverlag GmbH, Stotzinger Weg 4 a, D-87662 Kaltental/Blonhofen, T: +49 83 4 499 16 60, F: +49 83 4 499 16 61, *wertachmusik@t-online.de*; *www.wertach-musik.de.* – **GF:** Freek Mestrini – Blasmusik.

Musikverlage Hans Wewerka, Elisabethstr 38, D-80796 München, T: +49 89 2 72 89 90, F: +49 89 27 28 99 20, *wewerka@hwmedia.de*; *www.wewerka-online.de.* – **GF:** Hans Wewerka **ProgrLt:** Hans Wewerka – TV- u Filmmusik, Bühnenmusik, Werbemusik, gehobene Unterhaltungsmusik; zugehörig: Edition Modern.

Whale Songs Communications Verlagsgesellschaft mbH und Co, Schaartor 1, D-20459 Hamburg, T: +49 40 36 98 45–0, F: +49 40 36 98 45–20, *hb@whalesongs.de*; *www.whalesongs.de.*

Musikverlag Andrea Wiegand, Traubinger Str 39, D-82327 Tutzing, T: +49 81 5 895 65, F: +49 81 5 892 22 67, *info@wiegandmusik.de*; *www.wiegandmusik.de.* – **GF:** Andrea Wiegand **ProgrLt:** Andrea Wiegand – SchM, MPäd, OrchM.

Wiener Urtext Edition Musikverlag GmbH & Co KG, c/o Dr Jochen Reutter, Forsthausgasse 9, A-1200 Wien, T: +43 1 33 72 32 26, F: +43 1 33 72 34 25, *reutter@wiener-urtext.com*, *reutter@universaledition.com*; *www.wiener-urtext.com* – Urtextausgaben v Werken d Barock bis z frühen Moderne.

Wildt's Musikverlag, Mendestr 24, D-44141 Dortmund, Postfach 104533, D-44045 Dortmund, T: +49 2 3143 12 34, F: +49 2 314 27 39 77, *kontakt @wildtmusik.de*; *www.wildtmusik.de*. – **GF:** Klaus Wildt – ChM.

Musikverlag Willers Inhaberin Kamini Barbara Govil-Willers, Bahnhofstr 5, D-40489 Düsseldorf, T: +49 2 0374 10 87, F: +49 18 0 50 60 33 89 68 91, *musik@govil-willers.de*; *www.musikverlag-willers. de*. – **GF:** Kamini Barbara Govil-Willers – Flöten-M, M f Ens-Arb in MSch u Sch.

Musikverlag Alois Wimmer, Leharstr 16, A-4701 Bad Schallerbach, T: +43 72 4 94 20 32, F: +43 72 4 94 20 32, *a.wimmer.1@utanet.at*; *musikverlag-aloiswimmer.at.tf* – Komp v Alois Wimmer: Blasorch, KamM.

Wißner-Verlag, Im Tal 12, D-86179 Augsburg, T: +49 8 2125 98 90, F: +49 8 2159 49 32, *info@ wissner.com*; *www.wissner.com*. – **GF:** Dr Bernd Wißner **ProgrLt:** Albrecht Lamey – MPäd, MWiss.

Edition Von der Wöste, Käthe-Kollwitz-Weg 29/1, D-89081 Ulm, T: +49 7 3138 51 80, F: +49 7 313 79 91 72, *info@edition-vonderwoeste.de*; *www.edition-vonderwoeste.de* – BlechBl, MPäd.

Wolke Verlags GmbH, Niederhofheimer Str 45 a-c, D-65719 Hofheim, Taunus, T: +49 61 9 272 43, F: +49 61 9 295 29 39, *wolke@wolke-verlag.de*; *www.wolke-verlag.de*. – **GF:** Peter Mischung – zeitgen Musik.

Wolkenklang Verlag, Bursibantstr 3, D-48429 Rheine, T: +49 7 0056 67 66 47, F: +49 59 7 17 12 50, *verlag@wolkenklang.de*; *www. wolkenklang.de*. – **GF:** Frank Engeln – histor M; Andreas Romberg, Alessandro Grandi, Cornelius Burgh, Carl Friedrich Zelter.

WoodBrass Music SA, Route de Fribourg 30, CH-1724 Praroman-le-Mouret, T: +41 2 64 13 40 13, F: +41 2 64 13 45 55, *office@woodbrass-music.ch*; *www.woodbrass-music.ch*.

Otto Wrede Regina-Verlag, Schumannstr 35, D-65193 Wiesbaden, T: +49 6 1152 31 18, F: +49 6 1152 07 73.

Edition Wunn, Schäferwiese 12, D-97440 Essleben, T: +49 97 2 273 68, F: +49 97 2 244 53, *info@ edition-wunn.de*; *www.edition-wunn.de* – AkkKaM u Akk-solo, Git.

Z.o.o. Verlag, Katernberger Str 145, D-45327 Essen, T: +49 2 013 71 90 47, F: +49 2 013 71 90 48, *post@zooverlag.de*.

Musikverlag Zimmermann GmbH+Co.KG, Strubbergstr 80, D-60489 Frankfurt/Main, T: +49 69 9 78 28 66, F: +49 69 97 82 86 79, *info @zimmermann-frankfurt.de*; *www.zimmermann-frankfurt.de*. – **GF:** Cornelia Großmann, Volker Mandel – Unterrichtsmusik, Musik f Fl, Git, Perc, Musikbücher.

Zinneberg Musikverlag, c/o Portius Musikverlag, Kurt Hanke, Almweg 30, D-94227 Zwiesel, T: +49 99 2 250 08 40, F: +49 99 2 250 08 42.

Edition Zwachen, c/o Jürg Frey, Hebelweg 2, CH-5000 Aarau, T: +41 6 28 22 20 04, F: +41 6 28 22 20 04 – zeitgen Komp.

Zweiklang-Verlag, Herweghring 2, D-15834 Rangsdorf, T: +49 3 37 0 82 25 01, F: +49 3 37 0 87 38 91, *zweiklang@t-online.de*; *www. zweiklang-verlag.de*.

Verzeichnis der Musikwettbewerbe

Adolf-Metzner-Musikpreis, c/o Städtische Musikschule, Stephan-Cosacchi-Pl 1, D-67227 Frankenthal, T: +49 62 3 345 48, F: +49 62 3 34 82 39. – Solisten u Ens; vorzutragen sind Komp aus zwei Epochen. – national, alle 2 Jahre **Altersb:** 27 (drei Altersgruppen) **Tr:** Adolf Metzner Stiftung u Städt Musikschule Frankenthal **AustrOrt:** Frankenthal **PrG:** Pr in Gesamthöhe v 5.000 €.

Alte Musik-Treff, c/o Staatliches Institut für Musikforschung Preußischer Kulturbesitz, Tiergartenstr 1, D-10785 Berlin, T: +49 30 2 54 81–1 24/-1 29, F: +49 30 25 48 11 72, *wagner@sim.spk-berlin.de*; *www.sim.spk-berlin.de; www.mim-berlin.de*. – ausschl Alte M. – internat, jährl (Juni) (GrJ: 1996) **Altersb:** keine **Tr:** Staatliches Institut für Musikforschung **AustrOrt:** Berlin, Musikinstr-Museum **PrG:** honorierte Konzertauftr in: Alte Musik – Live.

Anna-Amalia-Gitarrenwettbewerb für Kinder und Jugendliche, c/o Weimarer Gitarre-Verein e. V., Goetheplatz 9b, D-99423 Weimar, T: +49 36 4 351 78 01, F: +49 36 4 351 78 01, *mail @gitarreverein-weimar.de*; *www.gitarreverein-weimar.de*. – 3 Altersgruppen: bis 13 Jahre, 14–16 Jahre, 17–20 Jahre. – internat, alle 2 Jahre (GrJ: 1993) **Altersb:** 20 **Tr:** Weimarer Gitarre-Verein e. V. **AustrOrt:** Weimar **PrG:** Pr im Wert v insges 4.500 €.

Bach-Preis der Landeshauptstadt Wiesbaden Johann-Sebastian-Bach-Gesellschaft Wiesbaden, Bernhard-Schwarz-Str 25, D-65201 Wiesbaden, T: +49 6 112 08 90, F: +49 6 112 08 90, *wettbewerb@ bach-wiesbaden.de*; *www.bach-wiesbaden.de*. – internat, alle 2 Jahre (GrJ: 1977) **Altersb:** 30 **Tr:** City of Wiesbaden and the Johann-Sebastian-Bach-Gesellschaft **AustrOrt:** Lutherkirche Wiesbaden **PrG:** 1. Pr 2.500 €, 2. Pr 1.500 €, 3. Pr 1.000 €.

Bad Homburger Dirigentenpreis, c/o Kulturkommunikation, Mainzer Str 11, D-61381 Friedrichsdorf, T: +49 60 0 793 00 76, F: +49 60 0 793 00 78, *info@kulturkommunikation.de*; *www.kulturkommunikation.de*. – Förderung junger Dgt. – national, jährl (GrJ: 2000) **Altersb:** 35 **Tr:** BHF-Bank-Stiftung **AustrOrt:** Bad Homburg **PrG:** Geldpr im Wert v 10.000 €, CD-Prod.

Bamberger Symphoniker Gustav Mahler-Dirigentenwettbewerb, c/o Bamberger Symphoniker e. V., Mußstr 1, D-97047 Bamberg, T: +49 9 519 64 71 00, F: +49 9 519 64 71 23, *intendanz @bamberger-symphoniker.de*; *www.bamberger-symphoniker.de*. – internat.

Beethoven-Klavier-Wettbewerb Richard Laugs, c/o Hochschule für Musik und Darstellende Kunst – Rektorat, N 7, 18, N 7, 18, D-68161 Mannheim, T: +49 6 212 92 35 00, F: +49 6 212 92 20 72, *konzertbuero@muho-mannheim.de*; *www.muho-mannheim.de*. – Beethoven-Klaviersonaten. – internat, alle 2 Jahre, nächster Wettb 2004 (GrJ: 2000) **Tr:** Preisgeld v Rotary Club Mannheim **AustrOrt:** MH Mannheim **PrG:** 10.000 € Gesamtwert.

Berliner Akkordeonwettbewerb für Solo- und Duo-Akkordeon, c/o Deutscher Harmonika-Verband, Landesverband Berlin, Straße 264, Nr 7a, D-14089 Berlin, T: +49 30 36 28 23 20, F: +49 30 36 28 23 21. – national, alle 4 Jahre (GrJ: 1990) **Tr:** Deutscher Harmonika-Verband e. V. **AustrOrt:** Berlin.

Berliner Chortreff, Berliner Orchestertreff, c/o Landesmusikrat Berlin e. V., Lübecker Str 23, D-10559 Berlin, T: +49 30 39 73 10 87, F: +49 30 39 73 10 88, *info@landesmusikrat-berlin.de*; *www.landesmusikrat-berlin.de* (GrJ: 1984) **Tr:** Regional Music Council Berlin e. V. (Regional Music Council Berlin).

Berliner Klavierwettbewerb der Renate-Schorler-Stiftung, c/o Hochschule für Musik „Hanns Eisler" Berlin, Abteilung D (Renate-Schorler-Stiftung), Charlottenstr 55, D-10117 Berlin, T: +49 30 90 26 98 80, F: +49 30 90 26 97 80, *abteilung.d@berlin.de*; *www.hfm-berlin.de/renate_schorler_stiftung*. – Förderung junger begabter Pianisten, dem Klavierwerk Felix Mendelssohn- Bartholdys verpflichtet. – national, alle 2 Jahre (GrJ: 2002) **Altersb:** Stud d Berliner MH **Tr:** Renate-Schorler-Stiftung **AustrOrt:** H f M Berlin.

BMW Kompositionspreis der musica viva, c/o Bayerischer Rundfunk, Dr. Thomas Schmidt OH, Chefmanager Symphonieorchester, Rundfunkpl 1, D-80335 München, T: +49 89 59 00 22 32, F: +49 89 59 00 38 27, *musicaviva@brnet.de*; *www.br-online.de/musica viva*. – internat, alle 2 Jahre (GrJ: 1997) **Altersb:** 45 **Tr:** BMW AG and Bayerischer Rundfunk **AustrOrt:** München **PrG:** 1. Pr 10.225 €, 2. Pr 7.670, 3. Pr 5.115 €.

Bösendorfer Klavierwettbewerb, c/o Universität für Musik und darstellende Kunst Wien, Anton-von-Webern-Pl 1, A-1030 Wien, T: +43 1 711 55 71 10, F: +43 1 711 55 71 99, *chizzola @mdw.ac.at*. – Klavierwerke versch Komponisten. – internat, 2004, 2007 ab dann alle 4 Jahre (GrJ: 1889) **Altersb:** 30, Stud u Absolv MUniv Wien (Kl) **Tr:** Bösendorfer Klavierfabrik Wien **AustrOrt:** Wien **PrG:** Bösendorfer Flügel.

Bremer Klavierwettbewerb, Metzer Str 16, D-28211 Bremen, T: +49 4 2144 56 42, F: +49 4 2144 56 42, *info@bremerklavierwettbewerb.org*; *www.bremerklavierwettbewerb.org*. – gesamteuropäisch, einschl GUS, Israel u Türkei. – internat, alle 2 Jahre (GrJ: 1987) **Altersb:** 16–30 **Tr:** Veranstalter: Regional Music Council Bremen e. V., Radio Bremen, Sparkasse Bremen, Glocke Veranstaltungs GmbH **AustrOrt:** Bremen **PrG:** 1. Pr 8.000 €, 2. Pr 5.000 €, 3. Pr 3.000 €, Publikumspr 1.500 €, Förderprämien u CD-Prod m Prtr.

Bremer Komponistenwettbewerb, c/o Landesmusikrat Bremen, Hanseatenhof 9, D-28195 Bremen, T: +49 4 2170 59 99, F: +49 4 2170 59 99, *landesmusikrat-bremen@gmx.de*. – Nachwuchskomp aus d Region erarbeiten zusammen m e Laien-Ens (instrumental od vokal) e Werk zeitgen Musik (ca 15 Min). – national, alle 2 Jahre (GrJ: 1998) **Altersb:** 35 **Tr:** Regional Music Council of Bremen **AustrOrt:** Bremen.

Bundesweiter Instrumental- und Gesangswettbewerb 'Verfemte Musik', c/o JMD Landesverband Mecklenburg-Vorpommern, Konservatorium Schwerin, Großer Moor 2–6, D-19055 Schwerin, T: +49 3 855 55 72 90, F: +49 3 8555 57 29 20, *Jemumv@aol.com*; *www.jeunessesmusicales-mv.de*. – Förderung d Auseinandersetzung m Musik, d während d Zeit d Nationalsozialismus verboten war; Sparten KlLieder, StrQua. – internat, jährl (GrJ: 2001) **Tr:** JMD Landesverband MV e. V. **AustrOrt:** Schwerin **PrG:** 1. Pr 1.500 €, 2. Pr 1.000 €, 3. Pr 500 €, Sonderpr u Stip.

Bundeswettbewerb Gesang Berlin (BWGB), Friedrichstr 107/im Friedrichstadtpalast, D-10117 Berlin, T: +49 30 23 26 23 70, F: +49 30 23 26 24 12, *info@bundeswettbewerbgesang.de*; *www.bundeswettbewerbgesang.de*. – Talentbörse f Musical, Chanson, Song u Oper, Operette, Konzert. – national, jährl (GrJ: 1966) **Altersb:** 28 (Musical, Chanson, Song), 30 (Op, Optte, Konz) **Tr:** Verein zur Förderung der Musik Berlin und der Mark Brandenburg e. V. **AustrOrt:** 2004: Komische Oper (Wettb f Op, Optte, Konz), 2005: vorauss Th am Potsdamer Platz (Wettb f Musical, Chanson, Song) **PrG:** Gesamtwert 50.000 €.

Bundeswettbewerb Schulpraktisches Klavierspiel Grotrian-Steinweg, c/o Hochschule für Musik FRANZ LISZT Weimar, Pl der Demokratie 2–3, D-99423 Weimar, T: +49 36 4 355 51 38, F: +49 36 4 355 51 35, *organisation@schupra-wettbewerb.de*; *www.schupra-wettbewerb.de*. – deutschspr Länder; f Stud LA Musik, Fach Schulprakt Klavierspiel: Liedspiel, Partitur- u Vom-Blatt-Spiel, Improvisation. – alle 2 Jahre, nächster Wettb 2004 (GrJ: 1992) **Altersb:** keine **Tr:** HfM FRANZ LISZT Weimar **AustrOrt:** Weimar **PrG:** 100–1.500 €.

Calwer Blockflöten Symposium Wettbewerb, Konzerte, Seminare, Fachausstellung, c/o Musikschule Calw, Lederstr 38, D-75365 Calw, T: +49 70 5 19 20 80, F: +49 70 5 192 08 99, *info@ musikschule-calw.de*; *www.musikschule-calw.de*. – internat (GrJ: 1983) **Altersb:** 17–30/32 **Tr:** City of Calw **AustrOrt:** Calw.

Carl-Maria-von-Weber-Wettbewerb, c/o Hochschule für Musik, Arcisstr 12, D-80333 München, T: +49 89 28 92 74 03, F: +49 89 28 92 74 09. – jährl (GrJ: 1986) **Tr:** Hochschule für Musik in München **AustrOrt:** München.

Carl-Schroeder-Wettbewerb, c/o Kreismusikschule „Carl Schroeder" Sondershausen, Schloss/Westflügel, D-99706 Sondershausen, Postfach 1159, D-99702 Sondershausen, T: +49 36 3 278 23 13, F: +49 36 3 25 99 37, *post@carl-schroeder-wettbewerb.de*; *www.carl-schroeder-wettbewerb.de*. – Solowertung in: V, Va, Vcl, KB, Fl, Blockfl, Fag, Ob, Klar, Sax, alle BlechblInstr, Kl, Ges, Git, Akk, jugendl Korr. – national, jährl (zu Himmelfahrt, immer Do-So) (GrJ: 1997) **Altersb:** 18 (Ges u Org: 25) **Tr:** Kyffhäuserkreis / Sparkasse **AustrOrt:** Sondershausen **PrG:** Carl-Schroeder-Pr (250 €) u weitere Pr; Hauptpreise: PrTr-Konzert m Loh-Orch, Max-Bruch-Philh.

Choir Olympics, c/o Förderverein INTERKULTUR e. V., Am Weingarten 3, D-35415 Pohlheim, T: +49 64 0 395 65 25, F: +49 64 0 395 65 29, *mail @musica-mundi.com*; *www.musica-mundi.com* (GrJ: 2000).

Chopin-Klavierwettbewerb Stiftung Aschenbrenner, c/o Hochschule für Musik Köln, Dagobertstr 38, D-50668 Köln, T: +49 2 219 12 81 81 03, F: +49 2 219 12 81 81 39, *dittrich-peters@mhs-koeln.de*. – national, alle 3 Jahre, nächster Wettb 2004 (GrJ: 1983) **Tr:** Hochschule für Musik, Köln **AustrOrt:** Köln **PrG:** 1. Pr 3.000 €, 2. Pr. 2.000 €, 3. Pr. 1.000 €, Förderpr 750 €.

Chorwettbewerb Baden-Württemberg – Jugend singt, c/o Landesmusikrat Baden-Württemberg, Ortsstr 6, D-76228 Karlsruhe, T: +49 7 2194 76 70, F: +49 7 219 47 33 30, *kontakt@landesmusikrat-bw.de*; *www.landesmusikrat-bw.de*. – national (GrJ: 1960) **Altersb:** 25 **Tr:** Regional Music Council Baden-Württemberg.

Chorwettbewerb Bayern, c/o BMR ProjektgGmbH, Maria-Theresia-Str 20, D-81675 München, T: +49 89 5 20 46 40, F: +49 89 52 04 64 52, *chorwettbewerb@bayerischer-musikrat.de*; *www.musik-in-bayern.de*. – national **Tr:** Bavarian Music Council.

Chorwettbewerb Mecklenburg-Vorpommern, c/o Landesmusikrat Mecklenburg-Vorpommern, Apothekerstr 28, D-19055 Schwerin, T: +49 3 855 57 44 41, F: +49 3 855 57 44 39. – national (GrJ: 1993) **Tr:** Regional Music Council Mecklenburg-Western Pomerania.

Chorwettbewerb Saar Landesmusikrat Saar e. V., c/o Saarländischer Rundfunk, Schloßstr 8, D-66117 Saarbrücken, Postfach 1050, D-66100 Saarbrücken, T: +49 6 8158 51 41, F: +49 6 8158 49 69. – national **Tr:** Regional Music Council Saar.

Club Carinthia – Musikpreis, c/o Dr Walburga Litschauer, Bösendorferstr 6/21, A-1010 Wien, T: +43 1 5 15 81 35 57, F: +43 1 5 13 95 41, *Walburga.Litschauer@oeaw.ac.at*; *www.club-carinthia.at/foerderungspreise.htm*. – f Personen, d entweder Kärntner sind o deren Werk sich m d Thema 'Kärnten' befasst. – national, alle 2 Jahre (GrJ: 1995) **Altersb:** 18–30 **Tr:** Club Carinthia **AustrOrt:** Carinthischer Sommer, Ossiach.

Competizione dell'Opera Internationaler Gesangswettbewerb der italienischen Oper, c/o Internationales Forum für Kultur und Wissenschaft – Villa Tiberius, Hermann-Prell-Str 5–7, D-01324 Dresden, T: +49 3 512 63 09 90, F: +49 3 5126 30 99 21, *info@forum-international.org*; *www.forum-international.org*. – internat.

Concours Clara Haskil Concours International de Piano, 31, rue du Conseil, CH-1800 Vevey, CP 234, CH-1800 Vevey 1, T: +41 2 19 22 67 04, F: +41 2 19 22 67 34, *clara.haskil@bluewin.ch*; *www.regart.ch/clara-haskil*. – internat, alle 2 Jahre, 20. Wettbewerb 28.08.-09.09.03 (GrJ: 1963) **Altersb:** 27 **Tr:** Association Clara Haskil **PrG:** 20.000 SFr.

Concours de Genève, c/o Orchestre de la Suisse Romande, Rue Bovy-Lysberg 8, CH-1204 Genève, T: +41 2 23 28 62 08, F: +41 2 23 28 43 66, *music@concoursgeneve.de*; *www.concoursgeneve.ch*. – 23.11.-5.12.2003: Gesang (Oper); Nov/Dez 2004: V, Hn, Strqua; Nov 2005: noch festzulegen. – internat, jährl (GrJ: 1939) **Altersb:** jährl Reglement **AustrOrt:** Genf **PrG:** 1. Pr SFr 15.000, 2. Pr SFr 10.000, 3. Pr SFr 8.000 u weitere Sonderpr.

Concours Géza Anda, Bleicherweg 18, CH-8002 Zürich, T: +41 4 42 05 14 23, F: +41 4 42 05 14 29, *info@gezaanda.org*; *www.gezaanda.org*. – Stiftungszweck: Förderung d Pianistennachwuchses im musikal Geiste Géza Andas. – internat, alle 3 Jahre, 9. Wettb 12.-24.6.2003 (GrJ: 1978) **Altersb:** 32 **Tr:** Géza Anda-Stiftung **AustrOrt:** 1. u 2. Runde MH Zürich, 3. Runde Stadthaus Winterthur, 4. Runde Tonhalle Zürich **PrG:** Barpr von insges 60.000 SFr, Konzerteng, freies Konzertmanagement während 3 Jahren, versch Sonderpr (Mozart-Pr, Géza Anda-Publikumspr, Schumann-Pr, Förderpr d Géza Anda Stift).

Concours International de Composition de Musique Sacrée, c/o Festival International de Musiques Sacrées, Fribourg, 7, rue des Alpes, CH-1701 Fribourg, CP 540, CH-1701 Fribourg, T: +41 2 63 22 48 00, F: +41 2 63 22 83 31, *office@ins-fribourg.ch*; *www.fins-fribourg.ch*. – internat, alle 2 Jahre (GrJ: 1986) **PrG:** 1. Pr 8.000 SFr u UA, 2. Pr 2.000 SFr, 3. Pr 1.000 SFr.

Concours International de Harpe de Lausanne Musique, Art et Jeunesse, c/o Music Business School, Rue du Marché 10, CH-1260 Nyon, T: +41 2 23 61 96 26. – internat, alle 2 Jahre (GrJ: 1998) **Altersb:** 25 **AustrOrt:** Kons Lausanne.

Concours International de Violon de Sion-Valais, c/o Maison du Diable, Rue Creusets 31, CH-1950 Sion, CP 1429, CH-1950 Sion, T: +41 2 73 23 43 30, F: +41 2 73 23 46 62, *info@sion-festival.ch*; *www.sion-festival.ch*. – internat, jedes 2. Jahr (2003, 2005 usw) **Altersb:** 15–32 **Tr:** Maestro Salomo Mintz **AustrOrt:** Sion **PrG:** 1.-6. Pr 1.000–15.000 US$; Sonderpr 500 CHF.

Concours International de Violon Tibor Varga, c/o BERSY Consulting, Route de Monteiller, CH-1965 Savièse, T: +41 2 73 95 53 33, F: +41 2 73 95 53 34, *bersy@concours-violon.ch*; *www.concours-violon.ch*. – internat.

Concours International Reding-Piette International Competition for two pianos, c/o ARCODIS, CP 2165, CH-1211 Genève 1, T: +41 2 27 33 86 19, F: +41 2 27 40 11 56, *janine.reding@reding-piette.ch*; *www.reding-piette.ch*. – internat, alle 3 Jahre, nächster Wettb 2005 (GrJ: 1995) **Altersb:** 30 **Tr:** Fondation Reding-Piette.

DEBUT Europäischer Gesangswettbewerb, c/o Wittenstein AG, Presse- und Öffentlichkeitsarbeit, Walter-Wittenstein-Str 1, D-97999 Igersheim, T: +49 79 3 149 34 69, F: +49 79 3 149 32 00, *info@debut.de*; *www.debut.de*. – internat, alle 2 Jahre **PrG:** 1. Pr 7.500 €, 2. Pr 5.000 €, 3. Pr 2.500 €, 4. Pr 1.000 €, 5. Pr 500 €.

Deutscher Akkordeon-Musikpreis, c/o Deutscher Harmonika-Verband (DHV), Rudolf-Maschke-Pl 6, D-78647 Trossingen, Postfach 1150, D-78635 Trossingen, T: +49 74 2 532 66 47, F: +49 74 2 532 66 48, *dhv-trossingen@t-online.de*; *www.dhv-ev.de*. – 2-Phasen-Wettb f Sol, Duos, Akk-Ens, KamM. – national (GrJ: 1980) **Tr:** Deutscher Harmonika-Verband in Verbindung m d DALV.

Deutscher Chorwettbewerb (DCW), c/o Deutscher Musikrat, Geschäftsstelle DCW, Weberstr 59, D-53113 Bonn, T: +49 2 282 09 11 50, F: +49 2 282 09 12 50, *chorwettbewerb@musikrat.de*; *www.musikrat.de/dcw.htm*. – national (GrJ: 1982) **Tr:** Deutscher Music Council Projekt gGmbh.

Deutscher Musikeditions-Preis, c/o Deutscher Musikverleger-Verband, Friedrich-Wilhelm-Str 31, D-53113 Bonn, T: +49 2 2853 97 00, F: +49 2 285 39 70 70, *info@musikverbaende.de*. – Wettb f Musikbücher. – national, jährl (GrJ: 1992) **Tr:** Deutscher Musikverleger-Verband e. V.

Deutscher Musikwettbewerb (DMW), c/o Deutscher Musikrat gemeinnützige Projektgesellschaft mbH, Weberstr 59, D-53113 Bonn, T: +49 2 282 09 11 60, F: +49 2 282 09 12 50, *musikwettbewerb@musikrat.de*; *www.deutscher-musikrat.de/dmw*. – Wettb f junge professionelle Instrumentalisten u Sänger m anschl Förderung d Prtr u Stip. – national, jährl in wechselnden Kategorien, abwechselnd in Bonn f KamMGruppen u Berlin f Sol u Klavierpartner (GrJ: 1975) **Altersb:** Solisten: 28, KamMEns: Durchschnittsalter 28 **Tr:** Deutscher Music Council gemeinnützige Projektgesellschaft mbH **AustrOrt:** Bonn u Berlin im jährl Wechsel **PrG:** insges 30.000 €, CD-Prod.

Deutscher Orchesterwettbewerb (DOW), c/o Deutscher Musikrat gemeinnützige Projektgesellschaft mbH, Weberstr 59, D-53113 Bonn, T: +49 2 282 09 11 50, F: +49 2 282 09 12 50, *dcw-dow.dmr@t-online.de*; *www.Deutscher-Musikrat.de/dow.htm*. – national (GrJ: 1986) **Tr:** Deutscher Music Council, Kulturstiftung der Länder.

Dichler-Sato Wettbewerb (Klavier), c/o Wiener Musikseminar, Schönburgstr 32/17, A-1040 Wien, T: +43 1 5 05 06 88, F: +43 1 50 50 68 89, *musikseminar@music.at*, *office@musikseminar.at*; *www.musikseminar.music.at/info/dichlersato.html*, *www.musikseminar.at*. – internat (GrJ: 1970) **PrG:** 1. Pr 350 €, 2. Pr 250 €, 3. Pr 150 €, Sonderpr f d beste Interpr eines Stückes d Wiener Klassik.

Domenico-Gabrielli-Wettbewerb, c/o Universität der Künste Berlin, Fakultät Musik, Künstlerisches Betriebsbüro, Beate Roesner, Fasanenstr 1 B, D-10623 Berlin, Postfach 120544, D-10595 Berlin, T: +49 30 31 85 24 31, F: +49 30 31 85 28 21, *kbb@udk-berlin.de*; *www.udk-berlin.de*. – Wettb f Vcl d U d K Berlin u d H f M 'Hanns Eisler'. – national, jährl (GrJ: 1997) **Altersb:** keine **Tr:** Universität der Künste **AustrOrt:** Konzertsaal Bundesallee **PrG:** Gesamtwert 4.000 €.

Dr. Josef Dichler-Klavierwettbewerb Universität für Musik und darstellende Kunst Wien, Lothringerstr 18, A-1030 Wien, T: +43 1 7 11 55 22 01, *murbacher-sanna@mdw.ac.at*. – f Konzertpianisten, d an österr Univ od Kons studieren. – internat, alle 2 Jahre (GrJ: 1995) **Tr:** Dr.-Josef-Dichler-Stiftung.

Elena Rombro-Stepanow-Klavierwettbewerb Universität für Musik und darstellende Kunst Wien, Anton-von-Webern-Pl 1, A-1030 Wien, T: +43 1 7 11 55 71 10, F: +43 1 7 11 55 71 99, *chizzola@mdw.ac.at*. – Klavierwerke versch Komponisten. – internat, jedes 2. Jahr im Dezember (GrJ: ca 1960) **Altersb:** 15–25 **Tr:** Elena-Rombro-Stepanow-Stiftung **AustrOrt:** Wien **PrG:** je nach Kapitalerträgnissen.

Elisabeth Mraz Wettbewerb Grafenegg, Fischerstiege 1–7/5/3, A-1010 Wien, T: +43 1 5 32 44 58, F: +43 1 5 32 44 58; *www.mdw.ac.at/Mraz-Wettbewerb*. – Werke Franz Schuberts, besonderes Augenmerk wird auf d Bereich Liedbegleitung gelegt. – national.

Ensemblia-Kompositionswettbewerb der Stadt Mönchengladbach, Voltastr 2, D-41061 Mönchengladbach, T: +49 21 6 125 24 21, F: +49 21 6 125 24 39, *ensemblia@mgmg.de*; *www.ensemblia.de*. – internat (GrJ: 1980) **Tr:** City of Mönchengladbach **PrG:** insgesamt 7.500 €.

Europäischer Chopin-Klavierwettbewerb Darmstadt, c/o Chopin-Gesellschaft in der Bundesrepublik Deutschland e. V., Kasinostr 3, Kennedy-Haus, D-64293 Darmstadt, T: +49 61 5 12 59 57, 5 72 71, F: +49 61 5 12 59 57, 5 72 71, *kontakt@chopin-gesellschaft.de*; *www.chopin-gesellschaft.de*. – Wettb in drei Etappen, Soloklavierwerke u Konz f Kl u Orch e-Moll u f-Moll, Chopin-Werke. – internat, alle 3 Jahre, nächster Wettb 2006 (GrJ: 1983) **Altersb:** 30 **Tr:** Chopin-Gesellschaft in der Bundesrepublik Deutschland e. V. **AustrOrt:** Darmstadt **PrG:** 1. Pr 10.000 €.

Europäischer Musikpreis für die Jugend, c/o Europäische Union der Musikwettbewerbe für die Jugend e. V. (European Union of Music Competition for Youth), Trimburgstr 2, D-81249 München, Postfach 662205, D-81219 München, T: +49 89 87 10 02 42, F: +49 89 87 10 02 90, *info@emcy.org*; *www.emcy.org*. – wechselnde Kategorien, 2004 Git u Holzbl-Ens, 2005 Lied u Marimba. – internat, jährl (GrJ: 1984) **Altersb:** 23–25 **Tr:** Europäische Union der Musikwettbewerbe für die Jugend e. V. (EMCY) **AustrOrt:** 2004 in Dubrovnik (Kroatien).

Europäischer Rhythmikwettbewerb, c/o Staatliche Hochschule für Musik Trossingen, Prof. Elisabeth Gutjahr, Schultheiß-Koch-Pl 3, D-78647 Trossingen, T: +49 74 2 59 49 10, F: +49 74 2 594 91 48. – internat (GrJ: 1994) **Tr:** Staatliche Hochschule für Musik Trossingen.

Fanny-Mendelssohn-Wettbewerb für Komposition Internationaler Komponistinnenwettbewerb der Stadt Unna, Nicolaistr 3, D-59423 Unna, T: +49 23 0 320 59 11, F: +49 23 0 320 59 20, *komponistinnen-bibliothek@t-online.de*; *www.stadt-unna.de/inka*. – Wettb f Komponistinnen. – internat, alle 2 Jahre (GrJ: 1987) **Tr:** City of Unna **AustrOrt:** Unna.

Felix-Mendelssohn-Bartholdy-Preis, c/o Stiftung Preußischer Kulturbesitz, Von-der-Heydt-Str 16–18, D-10785 Berlin, T: +49 30 25 46 32 84, F: +49 30 25 46 32 68, *lipowski@hv.spk-berlin.de*; *www.udk-berlin.de*, *www.hv.spk-berlin.de*. – Anerkennung f außergewöhnl begabte, fortgeschr ordentl Stud d MH n Dtschld. – national, jährl (GrJ: 1963) **Altersb:** 30 **Tr:** Stiftung Preußischer Kulturbesitz **AustrOrt:** U d K Berlin **PrG:** 2 Pr (3.600 €), höhere PrSumme f Ens.

Festival Bach de Lausanne, c/o Jean-Marc Longchamp, Rue de Bourg 10, CH-1003 Lausanne, CP 2411, CH-1002 Lausanne, T: +41 2 13 11 15 68/50, F: +41 2 13 11 15 80, *GrandprixBach@freesurf.ch*; *www.lausanne.ch/festivalbach*.

Festival Choral International Neuchâtel (FCIN), CP 473, CH-2001 Neuchâtel, T: +41 3 27 31 13 15, F: +41 3 27 31 61 45, *fcin@planet.ch*; *www.planet.ch/fcin*.

Förderpreis der Weidener Max-Reger-Tage, c/o Weidener Max-Reger-Tage, Obere Bachgasse 3, D-92637 Weiden, T: +49 9 614 16 27 47, F: +49 9 614 70 25 32, *max-reger-tage@weiden-oberpfalz.de*; *www.maxregertage.de/wettbewerb/index.html*. – Kategorien wechselnd. – internat, jährl (GrJ: 2002) **Altersb:** 35 **AustrOrt:** Weiden.

Förderpreise für Musik des Kulturkreises der deutschen Wirtschaft im BDI e. V., c/o Haus der Deutschen Wirtschaft, Breite Str 29, D-10178 Berlin, T: +49 30 20 28 14 06, F: +49 30 20 28 24 06, *kulturkreis@bdi-online.de*; *www.kulturkreis.org*. – jährl wechselnde Schwerpunkte. – national, jährl (GrJ: 1951) **Tr:** Kulturkreis der deutschen Wirtschaft im BDI e. V.

Franz Josef Reinl-Stiftung - Kompositionswettbewerb, c/o Dr Ernst Grossmann, Singerstr 27, A-1010 Wien, F: +43 1 5 12 75 55, *info@reinl-stiftung.at*; *www.reinl-stiftung.at*. – internat, alle 3 Jahre **Altersb:** 40 **PrG:** 1. Pr 4.500 €, 2. Pr 3.000 €, 3. Pr 2.000 €.

Fugato – Internationales Orgelfestival Bad Homburg, c/o Arbeitskreis Orgelkunst Bad Homburg v.d. Höhe, Kur- und Kongress-GmbH, Postfach 1845, D-61288 Bad Homburg v. d. Höhe, T: +49 61 7 217 81 50/-1 10, F: +49 61 7 217 81 58, *p.bruckmaier@kuk.bad-homburg.*

de; *www.orgelfestival-fugato.de*. – internat, alle 2 Jahre.

GEDOK Internationaler Wettbewerb für Komponistinnen, Postfach 101324, D-68013 Mannheim, T: +49 6 21 86 16 31, F: +49 6 21 15 45 77, *upawlak@aol.com*; *www.mannheim.de/gedok*. – internat, alle 4 Jahre (GrJ: 1950) **Altersb:** Keine **Tr:** GEDOK Mannheim-Ludwigshafen **AustrOrt:** Mannheim.

GEDOK-Musikwettbewerb, c/o Haus der Kultur, Weberstr 59a, D-53113 Bonn, T: +49 2 28 26 18 77 9, F: +49 2 28 26 19 91 4, *gedok@gedok.de*; *www.gedok.de*. – Wettb f Musikerinnen. – internat, alle 2 Jahre (GrJ: GEDOK 1926, music competition 1961) **Altersb:** 30 **Tr:** GEDOK – Verband der Gemeinschaft der Künstlerinnen und Kunstförderer e. V.; Sitz: Bonn.

Gerhard Maasz-Preis, c/o GEMA Stiftung, Rosenheimer Str 11, D-81667 München, T: +49 89 4 80 03 00, F: +49 89 48 00 34 50, *gemastiftung@gema.de*; *www.gema.de*. – national, unregelmäßig (GrJ: 1985) **Tr:** Gema-Stiftung.

Gerhard-Taschner-Preis für Violine, c/o Universität der Künste Berlin, Fakultät Musik, Künstlerisches Betriebsbüro, Beate Roesner, Fasanenstr 1 B, D-10623 Berlin, *kbb@udk-berlin.de*. – f V-Stud d UdK Berlin. – national, alle 2 Jahre **PrG:** 5.000 €, zwei Förderpr à 1.000 €.

Gernsbacher Wettbewerb für Orchestermusiker, c/o Wolfgang Hock, Im Rad 11, D-76571 Gaggenau, Postfach 1609, D-76556 Gaggenau, T: +49 72 2 598 35 76, F: +49 72 2 598 35 78, *info@Tobisch-Kohlbecker.de*. – Wettb f OrchMusiker. – internat, alle 2–3 Jahre (GrJ: 1981) **Tr:** City of Gernsbach **AustrOrt:** Gernsbach.

Gesang-Studienpreise des Migros-Genossenschafts-Bundes und der Ernst Göhner-Stiftung, Postfach 266, CH-8031 Zürich, T: +41 4 42 77 20 40, F: +41 4 42 77 23 35, *sabina.escana@mgb.ch*; *www.kulturprozent.ch*. – national (GrJ: 1981) **Tr:** Migros-Genossenschafts-Bund/Kulturprozent.

Grand Prix Emanuel Feuermann Internationaler Cello-Wettbewerb, c/o Kronberg Academy, Friedrich-Ebert-Str 6, D-61467 Kronberg, T: +49 61 7 378 33 78, F: +49 61 7 378 33 79, *info@kronbergacademy.de*; *www.gp-emanuelfeuermann.de*. – Förderung junger Cellisten. – internat, alle 4 Jahre (GrJ: 2002) **Altersb:** 28 **Tr:** Universität der Künste Berlin und Kronberg Academy **AustrOrt:** Berlin **PrG:** Pr insgesamt 25.000 € sowie versch Sonderpr im Gesamtwert v 25.000 €.

Großer Förderpreiswettbewerb der Konzertgesellschaft München e. V., c/o Konzertgesellschaft München e. V., Brienner Str 55, D-80333 München, T: +49 89 5 45 91 30, F: +49 89 54 59 13 99, *info@konzertgesellschaft.de*; *www.konzertgesellschaft.de*. – internat, jährl, m wechselnden Disziplinen (GrJ: 1987) **Altersb:** je nach Disziplin **Tr:** Konzertgesellschaft München e. V. **AustrOrt:** München **PrG:** Geldpr u Konzertauftr, Aufz b BR, August-Everding-Pr (Gutschein über 2.500 € f Besuch e Meisterks).

Grotrian-Steinweg Klavierspielwettbewerb, Grotrian-Steinweg-Str 2, D-38112 Braunschweig, T: +49 5 31 21 01 00, F: +49 5 31 21 01 04 0, *contact@grotrian.de*; *www.grotrian.de*. – Nachwuchsförderung. – internat, in d Jahren, in denen 'Jugend Musiziert' keine Solowertung in d Sparte Kl vergibt (GrJ: 1955) **Altersb:** 18 **Tr:** Fa Grotrian-Steinweg **AustrOrt:** Braunschweig **PrG:** Musikaliengutscheine, Karl-Heinz-Kämmerling-Pr, Konz Braunschweig Classix Fstv, Teiln am Schlusskonz.

Günter Bialas-Kompositionswettbewerb für Kammermusik, c/o Hochschule für Musik und Theater in München, Arcisstr 12, D-80333 München, T: +49 89 28 92 74 40, F: +49 89 28 92 74 49, *dorothee.goebel@musikhochschule-muenchen.de*; *www.musikhochschule-muenchen.de*. – internat, alle 2 Jahre (GrJ: 1997) **Altersb:** 35 **Tr:** Hochschule für Musik und Theater München & GEMA-Stiftung **PrG:** 7.500 €.

Gustav Mahler – Kompositionspreis der Stadt Klagenfurt, c/o Musikforum Viktring, Stift-Viktring-Str 25, A-9073 Klagenfurt-Viktring, T: +43 4 63 28 22 41, F: +43 4 63 28 16 26, *office@musikforum.at*; *www.musikforum.at/Kompallg.htm*. – internat, jährl (GrJ: 1995) **Tr:** Klagenfurt Viktring **AustrOrt:** Klagenfurt **PrG:** 1. Pr 3.600 €, 2. Pr 2.900 €, 3. Pr 2.200 €.

Hamburger Instrumental-Wettbewerb, c/o Landesverband der Tonkünstler u Musiklehrer, Bockhorst 108, D-22589 Hamburg, T: +49 40 48 54 16, 6 90 10 91. – Nachwuchsförderung. – jährl **Altersb:** 6–20 **Tr:** Landesverband der Tonkünstler u Musiklehrer Hamburg **AustrOrt:** Hamburg **PrG:** Geldpr, Abschlusskonz.

Hamburger Orchesterwettbewerb, c/o Landesmusikrat Hamburg, Mittelweg 42, D-20148 Hamburg, T: +49 40 6 45 20 69, F: +49 40 6 45 26 58, *lmr.hh@t-online.de*. – national **Tr:** Regional Music Council Hamburg.

Hanns-Eisler-Preis für Komposition und Interpretation zeitgenössischer Musik, c/o Hochschule für Musik 'Hanns Eisler' Berlin, Charlottenstr 55, D-10117 Berlin, T: +49 30 90 26 98 80, F: +49 30 90 26 97 80, *pr@hfm-berlin.de*; *www.hfm-berlin.de*. – Neue Musik: Komposition u Interpretation. – national, jährl **Altersb:** Stud d H f M oder Univ d Künste Berlin **Tr:** Hochschule für Musik „Hanns Eisler" **AustrOrt:** H f M 'Hanns Eisler' Berlin **PrG:** 2.500 €.

Hans-Stieber-Preis Landesverband Sachsen-Anhalt Deutscher Komponisten e. V., c/o Hans-Stieber-Stiftung, Böllberger Weg 188, D-06110 Halle/Saale, T: +49 3 45 2 02 40 22, F: +49 3 45 2 02 40 23, *LV.dt-komponisten@t-online.de*; *home.t-online.de/home/LV.dt-Komponisten*. – Förderung d Komp-Nachwuchses. – national, alle 2 Jahre (GrJ: 1977) **Altersb:** 23 **Tr:** Landesverband Sachsen-Anhalt Deutscher Komponisten e. V. **AustrOrt:** Halle/Saale **PrG:** 1.000 €, Urauff, Konzertverpflichtung.

Hessischer Chorwettbewerb Hessischer Sängerbund e. V., Mauerweg 25, D-61440 Oberursel, T: +49 61 7 170 49 72, F: +49 61 7 170 49 74. – national (GrJ: 1973) **Tr:** Hessischer Sängerbund in cooperation with dem Regional Music Council Hessen.

Hochschulwettbewerb der Rektorenkonferenz der Musikhochschulen in der Bundesrepublik Deutschland, c/o Universität der Künste Berlin, Prof Dr Patrick Dinslage, Einsteinufer 43–53, D-10587 Berlin, T: +49 30 31 85 24 49, F: +49 30 31 85 28 70, *rkm@udk-berlin.de*; *www.rektorenkonferenz.de*. – jedes Jahr f 2 Wettb-Fächer (davon eines f Sol, anderes f Ens) ausgeschrieben. – internat, jährl (GrJ: 1952) **Altersb:** 30 **Tr:** Rektorenkonferenz der Musikhochschulen in der Bundesrepublik Deutschland **AustrOrt:** wechselnd **PrG:** 1. Pr. 3.000 € (bis 6.000 € f Ens), 2. Pr. 1.800 € (bis 3.600 € f Ens).

Ibolyka-Gyarfas-Violinwettbewerb, c/o Universität d Künste Berlin, Fakultät Musik, Künstlerisches Betriebsbüro, Beater Roesner, Fasanenstr 1 B, D-10623 Berlin, Postfach 120544, D-10595 Berlin, T: +49 30 31 85 20 90, F: +49 30 31 85 26 87, *kbb@udk-berlin.de*; *www.udk-berlin.de*. – Wettb f VStud d U d K Berlin u H f M 'Hanns Eisler'. – national, jährl (GrJ: 1991) **Altersb:** keine **Tr:** Universität der Künste **AustrOrt:** Kammersaal Fasanenstr **PrG:** Gesamtsumme 6.000 €.

Inge-Pittler-Wettbewerb, c/o Hochschule für Kirchenmusik, Hildastr 8, D-69115 Heidelberg, T: +49 62 2 12 70 62, F: +49 62 2 12 18 76, *sekr@hfk-heidelberg.de*; *www.hfk-heidelberg.de*. – Wettb f Studenten d H f KiM Heidelberg, Sologes, Vokal-Ens u KlBegleitung. – national, jährl.

International Choir Competition and Festival Budapest, c/o Förderverein INTERKULTUR e. V., Am Weingarten 3, D-35415 Pohlheim, T: +49 64 0 395 65 25, F: +49 64 0 395 65 29, *mail@musica-mundi.com*; *www.musica-mundi.com*. – internat (GrJ: 1988).

International Chorus MM Choral competition, c/o Chous MM, Fischhornstr 27, A-5020 Salzburg, T: +43 6 62 82 13 10, F: +43 6 62 82 13 10; *www.chorus2000.com* **Tr:** Chorus MM – Verein zur Förderung der Chormusik.

International Johann-MatthiasSperger-Competition for Double Bass, c/o Landesmusikrat Mecklenburg-Vorpommern e. V., Apothekerstr 28, D-19055 Schwerin, T: +49 3 85 51 29 34, F: +49 3 85 55 07 31 2, *info@musiksommer-mv.de*; *www.sperger-wettbewerb.de*. – internat.

International Marimba Festival and Competition Classic Concert Music Ggroup, Wildbergstr 18, A-4040 Linz, Glaneggerstr 55, A-5082 Salzburg-Groedig, T: +43 62 4 67 66 53, F: +43 62 4 67 68 54, *office@marimbafestival.at*; *www.marimbafestival.at*. – internat (GrJ: 2004) **Tr:** Classic Concert Music Group.

International Music Competition Classica Nova, c/o Herr Livoton, Kestnerstr 32, D-30159 Hannover, T: +49 5 11 35 06 03 7, F: +49 5 11 35 06 03 8. – internat, jährl.

International Pablo Casals Cello Competition, c/o Kronberg Academy – Receptur, Friedrich-Ebert-Str 6, D-61476 Kronberg, T: +49 61 7 378 33 78, F: +49 61 7 378 33 79, *info@kronbergacademy.de*; *www.kronbergacademy.de*. – Förderung junger Cellisten. – internat, alle 4 Jahre (GrJ: 2000) **Altersb:** 30 **Tr:** Kronberg Academy **AustrOrt:** Kronberg **PrG:** 1. Pr 15.000 €, 2. Pr 10.000 €, 3. Pr 5.000 €, 4. Pr 4.000 €, 5. Pr 3.000 €, 6. Pr 2.000 €, Sonderpr, Konzertverpflichtungen.

Internationale Musikwettbewerbe Schweinfurt, c/o Musikforum Schweinfurt, Friedrich-Stein-Str 10, D-97421 Schweinfurt, T: +49 97 2 12 01 90 10, F: +49 97 2 12 01 90 15, *vogtfritz@t-online.de*; *www.musikforum-schweinfurt.de*. – Förderung d zeitgemäßen Schaffens. – internat, jährl wechselnde Kategorien (Komp, KamM, Mandoline Solo), 2004 KaM, 2005 Mandoline (GrJ: 1990) **Altersb:** keine **Tr:** Musikforum Schweinfurt e. V. **AustrOrt:** Schweinfurt **PrG:** 1. Pr 5.000 €, Preisg insg 12.000 €.

Internationaler Akkordeonwettbewerb Klingenthal, Schlossstr 3a, D-08248 Klingenthal, Postfach 10005, D-08248 Klingenthal, T: +49 3 74 67 23 21 0, F: +49 3 74 67 22 27 5, *Intern.Akkordeonwettbewerb@t-online.de*; *www.accordions.com/klingenthal*, *www.accordion-competition.de*. – Akkordeonsolisten. – internat, jährl (GrJ: 1963) **Altersb:** keine **Tr:** City of Klingenthal and Kuratorium Vogtländische Musikwettbewerbe Klingenthal/Markneukirchen **AustrOrt:** Klingenthal **PrG:** 250–3.500 €.

Internationaler August-Gottfried-Ritter-Orgelwettbewerb, c/o Musikrat der Landeshauptstadt Magdeburg, Schönebecker Str 43, D-39104 Magdeburg, T: +49 3 91 40 11 62 3, F: +49 3 91 40 11 62 3, *musikratMD@gmx.de*. – internat, alle 4 Jahre (GrJ: 1995) **Altersb:** 34 **Tr:** Music Council of City of Magdeburg **PrG:** 1. Pr 5.000 €, 2. Pr 4.000 €, 3. Pr 2.500 €.

Internationaler Bach-Abel-Wettbewerb für Viola da gamba, c/o Musikschule „Johann Sebastian Bach", Schlosspl 4, D-06366 Köthen, T: +49 34 9 62 13 00 5, F: +49 34 9 62 13 00 5, *info@kulturstaetten-koethen.de*. – internat, alle 4 Jahre (GrJ: 1997) **Altersb:** 32 **Tr:** County of Köthen **AustrOrt:** Köthen **PrG:** 1. Pr 5.000 €, 2. Pr 4.000 €, 3. Pr 3.000 €, Sonderpr 1.500 €.

Internationaler Beethoven Klavierwettbewerb Wien, c/o Universität für Musik und darstellende Kunst Wien – Frau Elga Ponzer, Anton-von-Webern-Platz 1, A-1030 Wien, T: +43 1 7 11 55 60 50, F: +43 1 7 11 55 60 59, *info@beethoven-comp.at*. – Zulassungprüfung u 3 Auslesen. – internat, alle 4 Jahre, nächster Wettb 2005 (GrJ: 1961) **Altersb:** 17–32 **Tr:** International Beethoven Piano Competition Vienna **AustrOrt:** Wien **PrG:** 7.000 €, 5.000 €, 4.000 €, 3 Anerkennungspr à 1.500 €.

1. Internationaler Carl Bechstein Klavierwettbewerb – Ruhr 2006, c/o C. Bechstein Pianofabrik AG, Künstler- und Kulturmanagement, Im Stilwerk, Kantstr 17, D-10623 Berlin, T: +49 30 31 51 52 15, F: +49 30 31 51 52 29, *info@bechstein-klavierwettbewerb.de*; *www.bechstein-klavierwettbewerb.de*. – internat.

Internationaler Carl Orff-Gesangswettbewerb, c/o Carl Orff-Stiftung, Gewerbegebiet 11, D-82399 Raisting, T: +49 88 07 94 65 60, *info@orff.de*; *www.orff.de*. – internat, alle 4 Jahre, nächster Wettb 2003 (GrJ: 1997) **Altersb:** 34 **Tr:** Carl Orff-Stiftung in cooperation with the Bayerischen Akademie der Schönen Künste **AustrOrt:** München.

Internationaler Chorwettbewerb auf Schloss Porcia, c/o Kulturamt, Burgpl 1, A-9800 Spittal/Drau, T: +43 47 62 56 50 22 3, F: +43 47 62 32 37, *obernosterer@spittal-drau.at*; *www.spittal-drau.at*. – Wettb f gem Chöre, Kategorie Volkslied u Kunstlied. – internat, jährl (GrJ: 1964) **Altersb:** keine Kinderchöre **Tr:** State of Kärnten, Office of the Federal Chancellor, Cultural Office Spittal/Drau, ORF Kärnten, Singkreis Porcia **AustrOrt:** Schloss Porcia, Spittal an d Drau **PrG:** 500 € bis 1.500 €.

Internationaler Concours Clara Schumann für Klavier, c/o Robert-Schumann-Gesellschaft e. V. Düsseldorf, Bilkerstr 4–6, D-40213 Düsseldorf, T: +49 21 11 33 24 0, F: +49 21 13 27 08 3, *SchumannGA@aol.com*; *www.members.aol.com/schumannga/gesell.htm*. – KlavierM d 19. Jhs m bes Berücksichtigung d Repertoires v Clara Schumann. – internat, alle 3 Jahre (GrJ: 1994) **Altersb:** 30 **Tr:** Robert Schumann-Gesellschaft e. V. Düsseldorf **AustrOrt:** Düsseldorf.

Internationaler Dirigentenwettbewerb Sir Georg Solti, c/o Frankfurter Museums-Gesellschaft e. V., Goethestr 25, D-60313 Frankfurt/Main, T: +49 61 72 67 55 86, F: +49 61 72 67 55 87, *dirigentenwettbewerb-solti@t-online.de*; *www.dirigentenwettbewerb-solti.de*. – Schaffung eines Forums f junge Dgt. – internat, alle 2 Jahre (GrJ: 2002) **Altersb:** 18–33 **Tr:** Alte Oper Frankfurt, Oper Frankfurt, Frankfurter Museumsgesellschaft Unterstützung der Deutschen BankHR **PrG:** 1. Pr 15.000 €, 2. Pr 10.000 €, 3. Pr 5.000 €, f d Gewinner zusätzl Einl zu e Doppelkonz m d Frankfurter Opernhaus- u Museumsorch in d Alten Oper Frankfurt.

Internationaler ERTA-Blockflötenwettbewerb, c/o ERTA, Johannes Fischer, Leopoldshafener Str 3, D-76149 Karlsruhe, T: +49 72 17 00 35 4, 70 72 91, F: +49 72 17 88 10 2, *erta@erta.de*; *www.erta.de*. – internat (GrJ: 1994) **Tr:** European Recorder Teachers Association e. V.

Internationaler Flötenwettbewerb Friedrich Kuhlau, c/o Kulturkreis Uelzen e. V. in Verbindung mit der Stadt Uelzen, Veerßer Str 2, D-29525 Uelzen, T: +49 58 18 00 21 5, F: +49 58 18 00 22 0, *ute.lange-brachmann@stadt.uelzen.de*; *www.uelzen.de*. – Werke des in Uelzen geb Komp Friedrich Kuhlau. – internat, alle 2 Jahre (Nov 2003, Nov 2005 usw) (GrJ: 1970) **Altersb:** 32 (Durchschnittsalter) **Tr:** Kulturkreis Uelzen e. V. in Verbindung mit der Stadt Uelzen **AustrOrt:** Uelzen, Theater an d Ilmenau **PrG:** Gesamtwert ca 11.200 €.

Internationaler FRANZ LISZT Klavierwettbewerb, c/o Hochschule f Musik Franz Liszt Weimar, Wettbewerbsbüro, Platz der Demokratie 2/3, D-99423 Weimar, Postfach 2552, D-99406 Weimar, T: +49 36 43 55 51 50, F: +49 36 43 55 51 70, *liszt-wettbewerb@hfm-weimar.de*; *www.hfm-weimar.de/liszt-engl*. – Förderung junger Pianisten, Interpreten d Werke v F Liszt u a Komp. – internat, alle 3 Jahre (GrJ: 1994) **Altersb:** 32 **Tr:** H f Musik Franz Liszt Weimar **AustrOrt:** Weimar **PrG:** 1. Pr 10.000 €, 2. Pr 6.000 €, 3. Pr 4.000, 1 Semester Stip f d begabtesten osteurop Teilnehmer, Anschlusskonz u Produktionen.

Internationaler Fritz Kreisler Violinwettbewerb, Postfach 76, A-1031 Wien, T: +43 1 71 15 55 11 0, F: +43 1 71 15 55 19 9, *office@fritz-kreisler.music.at*; *www.fritz-kreisler.music.at*. – internat, alle 4 Jahre, nächster Wettb 2004 (GrJ: 1979) **Altersb:** 30 **AustrOrt:** Wien.

Internationaler Geigenbauwettbewerb Jacobus Stainer, c/o Raddatz Concerts, Burgunder Str 4, D-79104 Freiburg/Breisgau, T: +49 76 12 33 80. – national (GrJ: 1987) **Tr:** Spohr-Gesellschaft Freiburg.

Internationaler Gesangswettbewerb Förderpreis-Wettbewerb des Fördervereins Braunschweig Classix Festival e. V., c/o KMP GmbH Konzerte und Veranstaltungen – Förderpreis-Wettbewerb, Fasanenstr 49, D-38102 Braunschweig, T: +49 53 12 38 89 0, F: +49 53 12 38 89 79, *info@kmp-festival.de*; *www.kmp-festival.de*.

Internationaler Gesangswettbewerb „Alexander Girardi", c/o Stadt Coburg / Kulturbüro, Pfarrgasse 4, D-96450 Coburg, T: +49 95 61 89 20 3, F: +49 95 61 89 20 39, *info@alexander-girardi.coburg.de*; *www.alexander-girardi.coburg.de*. – Fachgebiete Op u Optte, es sind 7 Arien aus d Op (2 Pflichtarien) und 5 Arien aus d Optte (1 Pflichtarie) vorzubereiten. – internat, alle 2 Jahre (GrJ: 1992) **Altersb:** Sängerinnen 18–30, Sänger 18–32 **Tr:** City of Coburg **AustrOrt:** Coburg **PrG:** 1. Pr 7.500 €, 2. Pr 6.000 €, 3. Pr 4.500 € u 4 Sonderpr à 1.500 €.

Internationaler Gesangswettbewerb der Festspielstadt Passau, c/o Gesellschaft zur Förderung junger begabter Sängerinnen und PianistInnen, Freudenhain 2, D-94034 Passau, T: +49 85 12 11 21 48, F: +49 85 12 11 09 47, *loewe@gesang-2002-passau.via-t-online.de*; *www.gesang-freudenhain-passau.de*. – internat, alle 2 Jahre (GrJ: 1998) **Altersb:** 33 **AustrOrt:** Passau **PrG:** 1. Pr 2.500 €, 2. Pr 1.530 €, 3. Pr 1.025 €, Sonderpr f Liedinterpretation (1.530 €) u Liedbegleitung (1.025 €).

Internationaler Gesangswettbewerb der italienischen Oper Competizione dell'Opera, Postfach 500262, D-01032 Dresden, T: +49 35 14 78 56 25, F: +49 35 14 78 56 16, *info@competizionedellopera.de*; *www.competizionedellopera.de*. – internat, alle 2 Jahre (GrJ: 1996) **Altersb:** 31/33 **Tr:** Competizione dell'Opera e. V. **AustrOrt:** Vorausscheidung Zürich, Mailand, Hamburg, London, Budapest, New York, Helsinki, Moskau, Finale Semperoper Dresden **PrG:** 1. Pr 8.000 €, 2. Pr 5.000 €, 3. Pr 4.000 €, Publikumspr 3.000 €, Sonderpr.

Internationaler Gesangswettbewerb – Ferruccio Tagliavini, c/o Ruefa Reisen AG, Frauenthalerstr 8, A-8530 Deutschlandsberg, T: +43 34 62 31 30, F: +43 34 62 39 10 9, *e.schubert@ruefa.at*; *www.iso.or.at*. – internat. – **Altersb:** 35.

Internationaler Gesangswettbewerb für Operette „Jan Kiepura", c/o Elblandfestspiele Wittenberge, Festspielbüro, Paul-Lincke-Platz, D-19322 Wittenberge, T: +49 38 77 56 45 03, F: +49 38 77 56 45 05, *service@elblandfestspiele.de*; *www.elblandfestspiele.de*. – internat (GrJ: 2003).

Internationaler Gesangswettbewerb für Wagnerstimmen, Weberhof 4, D-95448 Bayreuth, T: +49 92 12 15 12, F: +49 92 18 54 36 6, *goetz.paul@t-online.de*; *www.rwv-bayreuth.de*. – in 3 Durchgängen (Vorauswahl, Semi-Finale, Finale). – internat, alle 3 Jahre (Wettb 2003) (GrJ: 1994) **Altersb:** 35 **PrG:** 1000 € f jeden Finalisten, zusätzlich 3000 € f d Gewinner d Wettb, Sonderpr u Publikumspr in Höhe v je 1.000 €.

Internationaler Gesangswettbewerb Köln Stiftung Helga und Paul Hohnen, c/o Hochschule für Musik Köln, Dagobertstr 38, D-50668 Köln, T: +49 22 19 12 81 81 03, F: +49 22 19 12 81 81 39, *dittrich-peters@mhs-koeln.de*; *www.mhs-koeln.de*. – internat, alle 4 Jahre, nächster Wettb 2006 (GrJ: 1998) **Altersb:** 29 **Tr:** Stiftung Helga u Paul Hohnen **AustrOrt:** Bergheim u H f M Köln **PrG:** 1. Pr 7.500 €, 2. Pr 5.000 €, 3. Pr 2.500 €, Publikumspr 1. 500 € und Förderprämien 500 €, OrchPr d WDR Rundfundorch, Sängerpr Bergheim.

Internationaler Gesangswettbewerb 'Neue Stimmen', c/o Bertelsmann Stiftung, Carl-Bertelsmann-Str 256, D-33311 Gütersloh, T: +49 52 41 81 81 17 1, F: +49 52 41 81 68 11 71, 8 18 19 13, *neue.stimmen@bertelsmann.de*; *www.neue-stimmen.de*. – Oper. – internat, alle 2 Jahre (GrJ: 1987) **Altersb:** f: 30, m: 32 **Tr:** Bertelsmann Stiftung **AustrOrt:** Gütersloh **PrG:** 1. Pr 10.000 €, 2. Pr 7.500 €, 3. Pr 6.000 €, 4.-6. Pr 3.000 €, CD-Aufn.

Internationaler Gitarrenwettbewerb des Kunstinstituts BAJA e. V., Am Markt 19/Historisches Rathaus, D-17268 Templin, T: +49 39 87 25 11, F: +49 39 87 25 11, *info@baja-templin.org*; *www.baja-templin.org*. – Schwerpunkte: zeitgen M, Improvisation, Fstv themat gebunden. – internat, jährl (bis 24 Jahre nur alle 2 Jahre) (GrJ: 1994) **Altersb:** 12/14/24 **Tr:** Kunstinstitut BAJA e. V. **AustrOrt:** Templin **PrG:** Schüler 100–250 €; Erwachsene 750–2.500 €.

Internationaler Gitarrenwettbewerb Karl Scheit Universität für Musik und darstellende Kunst Wien, Johannesgasse 8, A-1010 Wien, T: +43 1 71 15 52 02 1, F: +43 1 71 15 52 02 9, *gitarrenwettbewerb@mdw.ac.at*; *www.mdw.ac.at/gitarrenwettbewerb*. – internat (GrJ: 1998) **Altersb:** 30 **Tr:** Universität für Musik und darstellende Kunst Wien **AustrOrt:** Wien **PrG:** 1. Pr 7.500 € u Gitarre, 2. Pr 5.500 €, 3. Pr 3.500 €, Sonderpr, Konzertverpflichtungen.

Internationaler Gottfried-Silbermann-Orgelwettbewerb, c/o Gottfried-Silbermann-Gesellschaft, Schlosspl 6, D-09599 Freiberg/Sachsen, T: +49 37 31 22 24 8, F: +49 37 31 21 16 25, *info@silbermann.org*, *silbermanngesellschaft@t-online.de*; *www.silbermann.org*. – speziell auf histor Org. – internat, alle 2 Jahre (GrJ: 1993) **Altersb:** 32 **Tr:** Gottfried-Silbermann-Gesellschaft e. V. **PrG:** 1. Pr 5.000 €, 2. Pr 3.500 €, 3. Pr 2.500 €.

Internationaler Händel Wettbewerb der Händel-Festspiele Halle, c/o Direktion der Händel-Festspiele, Große Nikolaistr 5, D-06108 Halle/Saale, T: +49 34 55 00 90 32 4, F: +49 34 55 00 90 41 6, *haendel@halle.de*; *www.haendelsneuegeneration.de*. – Sparten hist u moderne Instr im jährl Wechsel. – internat, jährl (GrJ: 1996) **Altersb:** 30 **Tr:** City of Halle **AustrOrt:** Halle/Saale **PrG:** Geldpr.

Internationaler Hans Gabor Belvedere Gesangswettbewerb Oper, Operette, Wettbewerb für Operkorrepetition, c/o Wiener Kammeroper, Fleischmarkt 24, A-1010 Wien, T: +43 1 51 20 10 03 4, F: +43 1 51 20 10 03 0, *belvedere@wienerkammeroper.at*; *www.wienerkammeroper.at*. – internat, jährl (GrJ: 1982).

Internationaler Henri Marteau Violinwettbewerb Freundeskreis der Internationalen Musikbegegnungsstätte Haus Marteau e. V., c/o Wilfried Schönweiß, Postfach 14, D-95192 Lichtenberg, T: +49 92 81 14 07 31, F: +49 92 81 14 07 31, *marteau.wettbewerb@t-online.de*; *www.haus-marteau.de*. – internat, alle 3 Jahre (GrJ: 2002) **Altersb:** Kat A: bis 16, Kat B: 17–25 **Tr:** Freundeskreis der internationalen Musikbegegnungsstätte Haus Marteau e. V. **AustrOrt:** Lichtenberg/Oberfranken **PrG:** Kategorie A: 2.500 €, 1.500 €, 1.000 €, Kategorie B: 3.500 €, 2.500 €, 2.000 € sowie Sonderpr.

Internationaler Instrumentalwettbewerb Markneukirchen, Am Rathaus 2, D-08258 Markneukirchen, T: +49 37 42 22 01 0, F: +49 37 42 22 01 0, *Instrumentalwettbewerb@markneukirchen.de*; *www.instrumental-competition.de*. – Streichinstr u. Blasinstr im jährl Wechsel, 2004 Blasinstr (Hn, Tb). – internat, jährl (GrJ: 1950) **Altersb:** 30/32 **Tr:** Kuratorium „Vogtländische Musikwettbewerbe e. V." **AustrOrt:** Markneukirchen **PrG:** 1. Pr 5.000 €, 2. Pr 3.500 €, 3. Pr 2.500 €.

Internationaler Jacobus Stainer Wettbewerb, c/o Raddatz Concerts, Burgunder Str 4, D-79104 Freiburg/Breisgau, T: +49 76 12 33 80, F: +49 76 15 54 86 2, *info@raddatzconcerts.de*; *www.raddatzconcerts.de*. – national (GrJ: 1987) **Tr:** Spohr-Gesellschaft Freiburg.

Internationaler Jan-Koetsier-Wettbewerb für Blechbläserkammermusik, c/o Hochschule für

Musik u Theater München, Büro des Kanzlers, Arcisstr 12, D-80333 München, T: +49 89 28 92 74 40, F: +49 89 28 92 74 49, *dorothee.goebel@extern.lrz-muenchen.de*; *www.musikhochschule-muenchen.de*. – Erinnerung an d Schaffen u Wirken v Jan Koetsier. – internat, alle 2 Jahre in wechselnden Kategorien (nächster Wettb 2005) (GrJ: 1999) **Altersb:** Durchschnittsalter 27 **Tr:** Jan-Koetsier-Stiftung München and Hochschule für Musik uand Theater München **AustrOrt:** München **PrG:** Geldpreise in Höhe v 5.000 € (1. Pr), 3.500 € (2. Pr) u 2.000 € (3. Pr), zwei RF-Prod.

Internationaler Johann-Sebastian-Bach-Wettbewerb (IBW), c/o Bach-Archiv Leipzig, Sekretariat Bach-Wettbewerb, Thomaskirchhof 15, D-04109 Leipzig, Postfach 101349, D-04013 Leipzig, T: +49 3 419 13 73 02, F: +49 3 419 13 73 05, *wettbewerb@bach-leipzig.de*; *www.bach-leipzig.de*. – in wechselnden Fächern, 2004 Orgel-Violoncello/Barockvioloncello-Gesang. – internat, alle 2 Jahre, nächster Wettb Juli 2004 (GrJ: 1950) **Altersb:** 16–34 **Tr:** Stiftung Bach-Archiv Leipzig, together with the city of Leipzig, the State Saxony and the Ministry for Internal Affairs **AustrOrt:** Leipzig **PrG:** 1. Pr 6.000 €, 2. Pr 4.500 €, 3. Pr 3.000 €, Sonderpr u Vermittlung v Konzerten.

Internationaler Johannes Brahms Wettbewerb in Pörtschach, c/o Waltraud Arnold, Seeuferstr 129, A-9210 Pörtschach, T: +43 42 7 231 48, F: +43 42 7 231 48, *waltraud.arnold@brahmscompetition.org*; *www.brahmscompetition.org*. – Kl, KamM, V, Va, Vcl u Ges. – internat, jährl **PrG:** Sol: 1. Pr 2.000 €, 2. Pr 1.000 €; KamM: 1. Pr 3.000 €, 2. Pr 1.500 €, Sonderpr u KonzVerpflichtungen.

Internationaler Joseph Haydn Kammermusik Wettbewerb Joseph Haydn Institut für Kammermusik der Universität für Musik und darstellende Kunst Wien, Anton-von-Webern-Platz 1, A-1030 Wien, T: +43 1 7 11 55 30 01, F: +43 1 7 11 55 30 99, *haydnwettbewerb@mdw.ac.at*; *www.mdw.ac.at/haydn_competition/index.html*. – StrQua u KlTrio v J Haydn. – internat, alle 3 Jahre (GrJ: 2001) **Altersb:** 35 **Tr:** Universität für Musik und Darstellende Kunst Wien, Haydnfestspiele of Eisenstadt **AustrOrt:** Wien **PrG:** f StrQua: 1. Pr 18.000, 2. Pr 11.000, 3. Pr 6500 €, f KlTrio: 1. Pr 13.500, 2. Pr 7.500, 3. Pr 4.500 €.

Internationaler JOSEPH JOACHIM Kammermusikwettbewerb, c/o Hochschule f Musik 'Franz Liszt' Weimar, Platz der Demokratie 2/3, D-99423 Weimar, Postfach 2552, D-99406 Weimar, T: +49 36 4 355 51 50, F: +49 36 4 355 51 70, *joachim-wettbewerb@hfm-weimar.de*; *www.hfm-weimar.de/joachim-engl*. – Wettb f Streicher-KamMEns (3–5 Mitgl) mit u ohne Kl; Ziel: Anregung d KamMSpiels u Förderung d int Nachwuchses. – internat, alle 3 Jahre (GrJ: 1996) **Altersb:** Durchschnittsalter der EnsMitgl 33 **Tr:** H f Musik Franz Liszt Weimar **AustrOrt:** Weimar **PrG:** 1. Pr 10.000 €, 2. Pr 5.000 €, 3. Pr 2.500 € sowie CD-Prod u Vermittlung v Konz.

Internationaler Jugend-Kammermusik-Wettbewerb, c/o pro-crescendo, Laurenzenvorstadt 93, Schweiz, Postfach 3466, CH-5001 Aarau, T: +41 6 28 23 89 23, F: +41 6 28 23 89 24, *info@pro-crescendo.ch*; *www.pro-crescendo.ch* **Tr:** Verein pro crescendo Aarau.

Internationaler Jugendwettbewerb der 'Oldenburger Promenade', c/o Gemeinschaft der Freunde der Kammermusik in Oldenburg e. V., Gartenstr 7, D-26122 Oldenburg, T: +49 4 415 94 92 22, F: +49 4 415 94 92 24, *info@oldenburger-promenade.de*; *www.oldenburger-promenade.de*. – internat (GrJ: 2001) **Tr:** Gemeinschaft der Freunde der Kammermusik in Oldenburg e. V., EWE Aktiengesellschaft.

Internationaler Justus-Johann-Friedrich-Dotzauer-Wettbewerb für junge Cellisten, c/o Sächsisches Landesgymnasium für Musik, Carl Maria von Weber, Mendelssohnallee 34, D-01309 Dresden, T: +49 3 513 10 09 01, F: +49 3 513 12 28 70, *info@musikgym.smk.sachsen.de*; *www.landesmusikgymnasium.de*. – internat, alle 4 Jahre, nächster Wettb 2005 (GrJ: 1998) **Altersb:** 20 **Tr:** Saxon State Ministry for Culture **AustrOrt:** Dresden.

Internationaler Kammerchor-Wettbewerb Marktoberdorf, c/o Bayerische Musikakademie, Kurfürstenstr 19, D-87616 Marktoberdorf, T: +49 83 4 296 18 25, F: +49 83 4 24 03 70, *info@int-kammerchor-wettbewerb.de*; *www.modmusik.de*. – internat (GrJ: 1989) **Tr:** Arbeitsgemeinschaft Deutscher Chorverbände.

Internationaler Klavierwettbewerb Anton G. Rubinstein, c/o Internationales Forum für Kultur und Wissenschaft – Villa Tiberius, Lehnertsstr 8, D-01324 Dresden, T: +49 3 512 63 09 90, 26 30 99 14, F: +49 3 5126 30 99 21, *piano@forum-international.org*; *www.forum-international.org*, *www.piano-forum.org*. – internat (GrJ: 2003) **Tr:** Competizione dell'Opera e. V.

Internationaler Klavierwettbewerb „J.S. Bach" Saarbrücken, c/o Prof. Walter Blankenheim, Höhenweg 197, D-66133 Saarbrücken, T: +49 6 8189 31 86, F: +49 6 8189 31 86, *info@bach-competition.de*; *www.bach-competition.de*. – Originale Klavierwerke v J S Bach. – internat, alle 3 Jahre (GrJ: 1992) **Altersb:** 36 **Tr:** Internationaler Klavierwettbewerb „J.S. Bach" Saarbrücken e. V. **AustrOrt:** Saarbrücken, Bürgerhaus Dudweiler **PrG:** 1. Pr 4.000 €, 2. Pr 3.000 €, 3. Pr 2.000 €, 4. Pr 1.000 €.

Internationaler Klavierwettbewerb Köln Stiftung Tomassoni, c/o Hochschule für Musik Köln, Dagobertstr 38, D-50668 Köln, T: +49 2 219 12 81 81 03, F: +49 2 219 18 18 11 39, *dittrich-peters@mhs-koeln.de*; *www.mhs-koeln.de*. – internat, alle 4 Jahre, nächster Wettb 2005 (GrJ: 1981) **Altersb:** 29 **Tr:** Hochschule für Musik Köln, KölnMusik GmbH, WDR **AustrOrt:** Köln **PrG:** 1. Pr 7.500 €, 2. Pr 5.000 €, 3. Pr 2.500 €, Publikumspr 1.500 €, OrchPr d WDR Rundfunkorch.

Internationaler Komponisten- und Interpretenpreis „Blaue Brücke", c/o Europäisches Zentrum der Künste Hellerau, Karl-Liebknecht-Str 56, D-01109 Dresden, T: +49 3 5126 46 20, F: +49 3 512 64 62 23, *geissler@KunstForumHellerau.de*; *www.KunstForumHellerau.de*. – Förderung enger Zusammenarb zwischen Komp u Interpreten, Projekte dürfen als Entwürfe, Skizzen oder in Teilen nur weitgehend ausgearbeitet sein. – internat, alle 2 Jahre (GrJ: 1995) **Altersb:** keine **Tr:** Europäisches Zentrum der Künste Hellerau **AustrOrt:** Dresden **PrG:** Gesamtwert 15.000 €.

Internationaler Kompositionspreis Musikalischer Frühling Schloss Bleckede, c/o Landkreis Lüneburg, Auf dem Michaeliskloster 4, D-21335 Lüneburg, Postfach 2080, D-21310 Lüneburg, T: +49 41 3 126 16 48, F: +49 41 3 126 16 42, *landkreis@lueneburg.de*; *www.musikalischer-fruehling.de*. – Werke f untersch kammermusikal Besetzung. – internat, alle 2 Jahre (GrJ: erstmalige Vergabe 2000) **Altersb:** 41 **Tr:** County of Lüneburg.

Internationaler Kompositionswettbewerb des Österr. Kompositionsbund, Baumannstr 8–10, A-1030 Wien, T: +43 1 73 15 55, 75 72 33.

Internationaler Kompositionswettbewerb „Elisabeth-Schneider-Preis", c/o Ensemble Aventure, Caroline Hommel, Zasiusstr 74, D-79102 Freiburg/Breisgau, T: +49 7 617 05 98 80, F: +49 7 617 05 98 82, *info@ensemble-aventure.de*; *www.ensemble-aventure.de*. – Förderung v Ensemble-Komp im Bereich d Neuen Musik (Besetzung 3–10 Spieler). – internat, alle 2 Jahre (GrJ: 2001) **Altersb:** keine **Tr:** Elisabeth-Schneider-Stiftung **PrG:** 13.000 € (in bis zu 3 Pr aufteilbar), Urauff d präm Werke.

Internationaler Kompositionswettbewerb für Kammermusik Sommerliche Musiktage Hitzacker, c/o Geschäftsstelle, Postfach 1264, D-29453 Hitzacker, T: +49 58 6 294 14 30, F: +49 58 6 294 14 31, *musiktage-hitzacker@t-online.de*; *www.musiktage-hitzacker.de*. – Grdjahr Fstv: 1946; Traditionsreicher KompWettb m int Beachtung, ehemalige Prtr ua: H-J v Bose, D Müller-Siemens, T P M Schneid, M Pintscher. – internat, alle 2 Jahre, nächster Wettb 2004 (GrJ: 1946) **Altersb:** 35 **Tr:** Gesellschaft der Freunde der Sommerlichen Musiktage Hitzacker e. V. **AustrOrt:** Hitzacker/Elbe **PrG:** insgesamt 6.500 €.

Internationaler Louis Spohr Wettbewerb für junge Geiger, c/o Hochschule für Musik FRANZ LISZT Weimar, Wettbewerbsbüro, Platz der Demokratie 2/3, D-99423 Weimar, Postfach 2552, D-99406 Weimar, T: +49 36 4 355 51 50, F: +49 36 4 355 51 70, *spohr-wettbewerb@hfm-weimar.de*; *www.hfm-weimar.de/spohr-engl*. – Förderung junger Geigerinnen u Geiger. – internat, alle 3 Jahre (GrJ: 1995) **Altersb:** Kat I: 14; Kat II: 15–17; Kat III: 18–21 **Tr:** H f M Franz Liszt Weimar **AustrOrt:** Weimar **PrG:** Gesamtwert 16.250 €, dazu Sonderpr u Anschlusskonz.

Internationaler Max Reger Wettbewerb für Kammermusik, c/o Raddatz Concerts, Burgunderstr 4, D-79104 Freiburg/Breisgau, T: +49 7 612 33 80, F: +49 7 615 54 86 2, *info@raddatzconcerts.de*; *www.raddatzconcerts.de*. – Förderung d KamM; 3 Runden in d Kategorien Streichtrio u StrQua. – internat, alle 3 Jahre (GrJ: 1993) **Altersb:** 35 **Tr:** Cultural Office der City of Sondershausen **AustrOrt:** Sondershausen **PrG:** 1. Pr 5.000 €, 2. Pr 3.000 €, 3. Pr 1.500 €, 4. Pr 1.000 €, Sonderpr, Konz.

Internationaler Mozartwettbewerb der Universität Mozarteum Salzburg, c/o Universität Mozarteum Salzburg, Schrannengasse 10a, A-5020 Salzburg, T: +43 6 6261 98 22 00, F: +43 6 6261 98 22 09, *ulrike.godler@moz.ac.at*; *www.moz.ac.at*. – internat, alle 3–4 Jahre (GrJ: 1975) **Tr:** Universität Mozarteum **AustrOrt:** Univ Mozarteum Salzburg **PrG:** pro Sparte: 1. Pr 10.000 €, 2. Pr 6.000 €, 3. Pr 3.000 €, Sonderpr u Konzertauftr.

Internationaler Musikwettbewerb Bubenreuth Kulturförderverein Bubenreuth, c/o Christian Benker, Schönbacher Str 51, D-91088 Bubenreuth, T: +49 91 3 181 61 64, F: +49 91 3 181 61 66, *christian.benker@t-online.de*; *www.bubenreuth.de/kultur*. – GitDuos, StrQua. – internat, alle 2 Jahre, nächster Wettb 2004 (GrJ: 1985) **Altersb:** 35 **Tr:** Kulturförderverein Bubenreuth **AustrOrt:** Bubenreuth **PrG:** Streichqua: 4.000/3.000/1.500 €; Gitarrenduos 2.000/1.500/1.000 €; Sonderpr: je 1 KonzEng f StrQua u GitDuos.

Internationaler Musikwettbewerb der ARD, c/o Bayerischer Rundfunk, Rundfunkpl 1, D-80300 München, T: +49 89 59 00 24 71, F: +49 89 59 00 35 73, *ard.musikwettbewerb@brnet.de*; *www.ard-musikwettbewerb.de*. – wechselnde Schwerpunkte; 2004: Va, Fl, Hfe, StrQua, 2005: Hn, V, Vcl, KlDuo. – internat, jährl (GrJ: 1952) **Altersb:** untersch Altersgrenzen je nach Wettb **Tr:** ARD RF-Anstalten **AustrOrt:** München **PrG:** 5.000–30.000 €.

Internationaler Musikwettbewerb für junge Kultur Düsseldorfer Altstadt Herbst, c/o Littlebit GbR, Martin Schmitz, Hansaring 94, D-50670 Köln, T: +49 2 2191 40 98 40, F: +49 2 2191 40 98 50, *competition@altstadtherbst.de*; *www.altstadtherbst.de*. – internat, jährl (GrJ: 1995) **Altersb:** 35 **Tr:** Düsseldorfer Altstadt Herbst gGmbH **AustrOrt:** Düsseldorf **PrG:** 1. Pr 6.000 € u Konz auf Düsseldorfer Altstadt Herbst, 2. Pr 4.000 €, 3. Pr 2.500 €.

Internationaler Musikwettbewerb für Kontrabass 'Johann Matthias Sperger', c/o Prof Klaus Trumpf, Am Fohlengarten 5a, D-85764 Oberschleißheim, T: +49 89 17 23 33, F: +49 89 17 23 33, *info@klaus-trumpf-sperger.de*; *www.sperger-wettbewerb.de*. – Werk v J M Sperger. – internat, alle 2 Jahre (GrJ: 2000) **Altersb:** 35 **Tr:** Internationale J.M. Sperger-Gesellschaft e. V. **AustrOrt:** versch Orte in Deutschland **PrG:** 1. Pr 5.000 €, 2. Pr 3.500 €, 3. Pr 2.500 €, Sonderpr u Konzertverpflichtungen.

Internationaler Musikwettbewerb Iserlohn, c/o Musikschule der Stadt Iserlohn, Gartenstr 39, D-58636 Iserlohn, Postfach 2462, D-58636 Iserlohn, T: +49 23 7 12 17 19 52, -19 53, F: +49 23 7 183 71 17, *musikschule@iserlohn.de*; *www.*

iserlohn.de. – Instrumentalwettb. – internat, alle 2 Jahre (GrJ: 1975) **Altersb:** 30 **Tr:** City of Iserlohn **AustrOrt:** Iserlohn.

Internationaler Musikwettbewerb „Pacem in terris", c/o Verein zur Förderung des musikalischen Nachwuchses und zeitgenössischer Musik e. V., Allensteiner Ring 29, D-95448 Bayreuth, T: +49 921 22 8 52, F: +49 921 85 29 90, *musiccompetition-paceminterris@t-online.de*; *www.musiccompetition-paceminterris.de*. – Fl, Ob, Klar, Fag, Sax/V, Vc, Kl im Wechsel. – internat (GrJ: 1987) **Altersb:** 28 **Tr:** Verein zur Förderung des musikalischen Nachwuchses und zeitgenössischer Musik e. V. **AustrOrt:** Bayreuth **PrG:** 500/1.000/1.500/2.000/4.000/6.000 €.

Internationaler Orgel-Kompositionswettbewerb Pfarrkirche Saarlouis-Lisdorf, c/o Kulturamt Saarlouis, Grünebaumstr 2, D-66740 Saarlouis, Postfach 2260, D-66722 Saarlouis, T: +49 68 31 12 22 20, F: +49 68 31 12 32 60, *mb @klingende-kirche.de*; *www.klingende-kirche.de*. – internat, alle 3 Jahre (GrJ: 1996) **Tr:** Pfarrgemeinde Lisdorf, Kreisstadt Saarlouis **AustrOrt:** Saarlouis.

Internationaler Orgelimprovisationswettbewerb Dommusikverein Linz, Herrenstr 26, A-4020 Linz, T: +43 7 32 27 78 85.

Internationaler Orgelwettbewerb, c/o Wettbewerbsbüro Hessischer Orgelwettbewerb, Kultur- und Tourismusbüro, Friedrichstr 11, D-35321 Laubach, T: +49 64 05 92 13 21, F: +49 64 05 92 13 13, *tourist-info@laubach-online.de*; *www.laubach-online.de/orgel.htm*. – internat. – **Altersb:** 18–32 **Tr:** Evangelische Kirchengemeinde Laubach **PrG:** Pr: 2.500 €, 1.250 € u 500 €.

Internationaler Orgelwettbewerb Füssen / Breitenwang / Mittenwald, c/o Verein zur Förderung Alter Musik St Mang Füssen e. V., Köllespitzweg 11, D-87629 Füssen, Postfach 1367, D-87629 Füssen, T: +49 83 62 39 40 7, F: +49 83 62 94 09 22, *info@musik-fuessen.de*; *www.musik-fuessen.de/wettbewerb.htm*. – internat, alle 2 Jahre **Tr:** Verein zur Förderung Alter Musik St Mang Füssen e. V. **PrG:** 1. Pr 2.500 €, 2. Pr 1.500 €, 3. Pr 800 €, Sonderpr f beste Bachinterpr.

Internationaler Orgelwettbewerb der Stadt Landau um den Arthur-Piechler- und Heinrich-Kaspar-Schmid-Musikpreis, c/o Walter Homolka, Kolpingstr 3, D-94405 Landau/Isar, T: +49 99 51 77 54, F: +49 99 51 77 54. – internat, alle 3 Jahre (GrJ: 1993) **Altersb:** 35 **Tr:** City of Landau/Isar **AustrOrt:** Landau/Isar **PrG:** 1. Pr 2.000 €, 2. Pr 1.000 €, 3. Pr 500 €.

Internationaler Orgelwettbewerb „Dom zu Speyer", c/o Geschäftsstelle, Musik am Dom, Edith-Stein-Pl 7, D-67346 Speyer, T: +49 62 32 10 09 23 2, F: +49 62 32 10 00 93 4, *dommusik @bistum-speyer.de*; *www.kath.de/bistum/speyer*. – internat, alle 2 Jahre, nächster Wettb 2004 (GrJ: 1980) **Altersb:** 35 **Tr:** Domkapitel Speyer **PrG:** Geldpr u Konz.

Internationaler Orgelwettbewerb Gelsenkirchen, c/o Stadtverwaltung, D-45875 Gelsenkirchen, T: +49 209 16 94 74 4, F: +49 209 16 94 76 5, *karl-heinz.obernier@gelsenkirchen.de*. – Förderung d Nachwuchses u d Interesses an OrgMusik, Herausstellung d WalckerOrg (einz erh KonzOrg dieser Größe m symph Disp, Bj 1927); Werke v M Reger u Mitwirk d gr SinfOrch d Neuen Philharm Westf. – internat, alle 4 Jahre (GrJ: 1993) **Altersb:** 32 **Tr:** Gelsenkirchen-Stiftung **AustrOrt:** Gelsenkirchen.

Internationaler Orgelwettbewerb „Johann Nepomuk David", c/o Internationale Johann-Nepomuk-David-Gesellschaft (IDG) e. V., Fichtenstr 19, D-73066 Uhingen, *gotthart.schulz@web.de*; *www.j-n-david.de*. – internat (GrJ: 1984) **Altersb:** 35 **Tr:** IDG e. V. **PrG:** Geldpr u Konzerteng.

Internationaler Orgelwettbewerb Korschenbroich, c/o Kulturamt d Stadt Korschenbroich, Hannenplatz 4, D-41352 Korschenbroich, T: +49 21 61 61 31 07, F: +49 21 61 61 32 98, *kultur@korschenbroich.de*; *www.korschenbroich.de*. – internat, alle 2 Jahre (GrJ: 1997) **Altersb:** 35 **Tr:** Freundeskreis f Orgelmusik an St Andreas, Sparkassenstiftung Korschenbroich, City of Korschenbroich **AustrOrt:** Kirche St Andreas/Korschenbroich **PrG:** 1. Pr 4.000 €, 2. Pr 2.000 €, 3. Pr 1.000 €.

Internationaler Orgelwettbewerb zu Erfurt 'Domberg-Prediger', c/o Katholisches Dompfarramt Erfurt/Silvius von Kessel, Domstr 9, D-99084 Erfurt, T: +49 36 12 22 52 38, F: +49 36 12 22 52 38, *svkessel@aol.com*; *www.orgelwettbewerb-erfurt.de*. – internat, alle 3 Jahre (GrJ: 1999) **Altersb:** 34 **Tr:** Erfurt Cathedral, City of Erfurt, Free State of Thuringia **AustrOrt:** Erfurt **PrG:** 1. Pr 10.000 €, 2. Pr 6.000 €, 3. Pr 3.000 €, Sonderpr (1.000 €) f besonders gute Interpr.

Internationaler Robert-Schumann-Chorwettbewerb, c/o Förderverein INTERKULTUR e.v., Am Weingarten 3, D-35415 Pohlheim, T: +49 64 03 95 65 25, F: +49 64 03 95 65 29, *mail @musica-mundi.com*; *www.musica-mundi.com*. – offen f gemischte Chöre, Frauen- u. Männerchöre sowie Vokal- u. KamEns m Amateurstatus. – internat, alle 4 Jahre (GrJ: 1992) **Tr:** City of Zwickau in cooperation with the Förderverein Interkultur Pohlheim **AustrOrt:** Zwickau **PrG:** Robert-Schumann-Chorpr in Höhe v 5.000 € u. Vergabe v Kategoriepr in Höhe v 1.500, 750 u 500 €.

Internationaler Robert-Schumann-Wettbewerb für Klavier und Gesang, Postfach 200933, D-08009 Zwickau, T: +49 375 21 26 36, F: +49 375 83 41 30, *kulturbuero@zwickau.de*; *www.zwickau.de/wettbewerbe*. – Schwerpkt: Kl- u Liedzyklen Schumanns. – internat, alle 4 Jahre, 14. Wettb 8.-18. Juni 2004 (GrJ: 1956) **Altersb:** PianistInnen 30, SängerInnen 32 **Tr:** City of Zwickau, Robert-Schumann-Gesellschaft Zwickau e. V. **AustrOrt:** Zwickau **PrG:** 1. Pr 7.500 €, 2. Pr 5.000 €, 3. Pr 2.500 €, Sonderpr LiedpianistIn 2.500 €.

Internationaler Robert-Stolz-Gesangswettbewerb, c/o Landesverband der Tonkünstler und Musiklehrer e. V., Bockhorst 108, D-22589 Hamburg, T: +49 40 690 10 91, F: +49 40 690 10 92, *gehlert-walter@t-online.de*. – jährl (GrJ: 1960) **Altersb:** 35 **Tr:** Landesverband d Tonkünstler u Musiklehrer Hamburg **AustrOrt:** Hamburg **PrG:** 1.500/2.500/4.000 €, Publikumspr.

Internationaler Saxophonwettbewerb 'Gustav Bumcke', c/o Günter Priesner, Rötenäckerstr 2, D-90427 Nürnberg, T: +49 911 53 07 60 6, F: +49 911 53 07 60 6, *info@ardesa.de*; *www.ardesa.de*. – Saxophonwettb m überregionaler Konkurrenz aus Dtld, Österr, Schweiz, Holland, Luxemburg, Polen, Slowenien. – internat, alle 2 Jahre (GrJ: 1995) **Altersb:** 30 **Tr:** Arbeitsgemeinschaft Deutsche Saxophonisten **AustrOrt:** wechselnd (an einer dt MH) **PrG:** Pr im Wert v insges 6.000 €.

Internationaler Schubert-Wettbewerb für Klavier, c/o RWE Westfalen-Weser-Ems AG, Am Kaiserhain 1, D-44139 Dortmund, T: +49 231 10 38 36, F: +49 231 43 81 18 3, *schubert@rwe.com*; *www.schubert-competition.de*. – alle 2 Jahre (GrJ: 1987) **Altersb:** 32 **Tr:** Internationaler Schubert-Wettbewerb Dortmund e. V. **AustrOrt:** Dortmund **PrG:** 1. Pr 7.500 €, 2. Pr 5.000 €, 3. Pr 4.000 €, 4. Pr 3.000 €, 5. Pr 2.500 €, Sonderpr.

Internationaler SEILER Klavierwettbewerb Kitzingen, Schwarzacher Str 40, D-97318 Kitzingen, T: +49 93 21 93 31 1, F: +49 93 21 93 35 0, *info@seiler-pianos.de*; *www.seiler-pianos.de/de/wettbewerb/home.htm*. – Förderung junger Talente. – internat, alle 2 Jahre (GrJ: 1999) **Altersb:** 12–17 bzw. 18–32 **Tr:** Steffen Seiler Verein zur Förderung der Klaviermusik e. V. **PrG:** Geld- u Sachpr im Gesamtwert v ca 40.000 €, Steffen-Seiler-Gedächtnispreis (1.500 €) f d feinsinnigste Chopin-Interpr.

Internationaler Telemann-Wettbewerb, c/o Telemann-Gesellschaft e. V. (Int. Vereinigung), Schönebecker Str 129, D-39104 Magdeburg, T: +49 391 54 06 75 5, F: +49 391 54 06 79 8, *telemann@tz.magdeburg.de*; *www.telemann.org*. – Interpretation v Werken Telemanns in untersch Besetzungen auf histor Instr bzw deren Nachbauten. – internat, alle 2 Jahre, nächster Wettb 2005 (GrJ: 2001) **Altersb:** 18–35 **Tr:** Telemann-Gesellschaft e. V. (Internationale Vereinigung) **AustrOrt:** Magdeburg **PrG:** variabel.

Internationaler Violin-Wettbewerb Hannover, c/o Stiftung Niedersachsen, Sophienstr 2 – Künstlerhaus, D-30159 Hannover, T: +49 511 99 05 41 3, F: +49 511 31 44 99, *info@violin-wettbewerb.de*; *www.violin-wettbwerb.de*. – internat, alle 3 Jahre (GrJ: 1991) **Altersb:** 16–27 **Tr:** Stiftung Niedersachsen **AustrOrt:** Hannover **PrG:** 1. Pr 30.000 €, 2. Pr 20.000 €, 3. Pr 10.000 €, Finalisten 4–56: je 5.000 €, CD-Prod, Konz.

Internationaler Violinwettbewerb Köln Stiftung Georg Kulenkampff, c/o Hochschule für Musik Köln, Dagobertstr 38, D-50668 Köln, T: +49 221 91 28 18 12 2, F: +49 221 91 28 18 13 9, *dittrich-peters@mhs-koeln.de*; *www.mhs-koeln.de*. – internat, alle 4 Jahre, nächste Wettb 2003 u 2007 (GrJ: 1988) **Altersb:** 29 **Tr:** Hochschule für Musik Köln, Köln Musik GmbH, WDR **AustrOrt:** Köln **PrG:** 1. Pr 7.500 €, 2. Pr 5.000 €, 3. Pr 2.500 €, Publikumspr 1.500 €, Förderpr 500 €, Sonderpr 3.000 €, OrchPr, Anschlusskonzerte.

Internationaler Violinwettbewerb Leopold Mozart, c/o Hochschule für Musik Nürnberg-Augsburg, Maximilianstr 59, D-86150 Augsburg, T: +49 821 32 44 89 2, F: +49 821 45 06 98 1, *info @leopold-mozart-competition.de*; *www.leopold-mozart-competition.de*. – Violine. – internat, alle 4 Jahre, nächster Wettb 2006 (GrJ: 1987) **Altersb:** 15–30 **Tr:** Leopold-Mozart-Kuratorium Augsburg e. V. together with the City of Augsburg and the Hochschule für Musik Nürnberg-Augsburg Abt Augsburg **AustrOrt:** Augsburg **PrG:** Geldpr i Gesamtwert v 35.000 €.

Internationaler Violinwettbewerb Ludwig Spohr Concours International de Violon Ludwig Spohr, c/o Spohr-Gesellschaft Freiburg, Burgunder Str 4, D-79104 Freiburg/Breisgau, T: +49 761 23 38 0, F: +49 761 55 48 62, *info@raddatz-concerts.de*. – alle 3 Jahre (GrJ: 1979) **Altersb:** 32 **Tr:** Spohr-Gesellschaft Freiburg **AustrOrt:** Freiburg.

Internationaler Walther von der Vogelweide-Chorwettbewerb, c/o Österreichischer Sängerbund, Opernring 11/5, A-1010 Wien, T: +43 1 586 94 94, F: +43 1 586 94 94 4, *saengerbund@xpoint.at*. – internat.

Internationaler Wettbewerb „Franz Schubert und die Musik der Moderne", c/o Universität für Musik und Darstellende Kunst, Leonhardstr 15, A-8010 Graz, T: +43 316 38 91 90 0/-11 40, F: +43 316 38 91 90 1/-11 41, *franz.schubert@kug.ac.at*; *www.kug.ac.at/schubert*. – KamMWettb, Sparten Lied u Streichqua regelm; d dritte Sparte wechselt im 3-Jahres-Rhythmus d Veranstaltung. – internat, alle 3 Jahre (GrJ: 1989) **Altersb:** Lied: Sängerinnen 32, Sänger 34, Pianisten 34, Flöte/Kl: 32, d Gesamtalter darf 60 Jahre nicht übersteigen; Streichqua: 34, d Gesamtalter d EnsMitgl darf 120 Jahre nicht übersteigen **Tr:** Univ für Musik u darstellende Kunst Graz **AustrOrt:** Univ f Musik u darst Kunst Graz **PrG:** Duo f Gesang u Kl (Lied): 1. Pr 9.000 €/2. Pr 6.500 €/3. Pr 4.500 €; Duo f Fl u Kl: 1. Pr 9.000 €/2. Pr 6500 €/3. Pr 4500 €; Streichqua: 1. Pr 18.000 €/2. Pr 13.000 €/3. Pr 9.000 €.

Internationaler Wettbewerb für Dirigenten Ltg. Prof Günther Theuring, Wienerstr 80, A-8680 Mürzzuschlag, T: +43 385 24 61 4.

Internationaler Wettbewerb für junge Pianisten Ettlingen, c/o Musikschule der Stadt Ettlingen, Pforzheimer Str 25, D-76275 Ettlingen, T: +49 724 31 01 31 1, 10 14 48, F: +49 724 31 01 43 6, *info@pianocompetition.org*; *www.pianocompetition.org*. – Brücke zwischen nat Jugendwettb u int Profi-Wettb (2002: Bewerbungen von über 266 jugendl Pianisten aus 40 Nationen). – internat, alle 2 Jahre, nächster Wettb 2004

(GrJ: 1988) **Altersb:** Kat A: 15; Kat B: 20 **Tr:** Sparkasse Ettlingen **AustrOrt:** Ettlingen **PrG:** 10 Hauptpr im Gesamtwert von über 15.000 €.

Internationaler Wettbewerb für Klavier zu sechs Händen, c/o Verein zur Förderung des mehrhändigen Klavierspiels, Postfach 1109, D-78635 Trossingen, T: +49 74 24 87 40 5, F: +49 74 24 87 40 5. – internat, alle 2 Jahre (GrJ: 1998) **Altersb:** keine **Tr:** Verein zur Förderung des mehrhändigen Klavierspiels e. V. **AustrOrt:** Bayer Musikakad Marktoberdorf **PrG:** Geldpr, Sachpr, Vermittlung v Konzerten.

Internationaler Wettbewerb für Liedkunst, c/o Internationale Hugo-Wolf-Akademie f Gesang, Dichtung, Liedkunst e. V. Stuttgart, Jägerstr 40, D-70174 Stuttgart, T: +49 7 11 22 11 77, F: +49 7 11 22 79 91 9, *hugowolf@t-online.de*; *www.hugo-wolf-akademie.de*. – f Liedduos (Ges u Kl). – internat, alle 3 Jahre (GrJ: 2001) **Altersb:** 35 **PrG:** Geldpreise.

Internationaler Wettbewerb für Orgelimprovisation Festival Europäische Kirchenmusik, c/o Kulturbüro, Waisenhausgasse 1–3, D-73525 Schwäbisch Gmünd, T: +49 71 71 60 34 11 0, F: +49 71 71 60 34 11 9, *kulturbuero@schwaebisch-gmuend.de*; *www.kirchenmusik-festival.de*. – internat, alle 2 Jahre (GrJ: 1989) **Altersb:** 35 **Tr:** Stadtverwaltung Schwäbisch-Gmünd **AustrOrt:** Schwäbisch-Gmünd **PrG:** 1. Pr 1.500 €, 2. Pr 1.000 €, 3. Pr 500 €.

Internationaler Wettbewerb für Violine, c/o Kulturstiftung Hohenlohe, Annette Limbach, Allee 17, D-74653 Künzelsau, T: +49 79 40 18 37 3, F: +49 79 40 18 43 1, *Annette.Limbach@hohenlohekreis.de*; *www.violinwettbewerb.de*. – internat, alle 2 Jahre (GrJ: 1987) **Altersb:** 21 **Tr:** Kulturstiftung Hohenlohe **AustrOrt:** Kloster Schöntal **PrG:** Geldpr insges 25.000 €.

Internationaler Wettbewerb für Violoncello, Salbergweg 24, A-8940 Liezen, T: +43 36 12 22 24 2, 6 64 50 03 09 2, *ute.kruse-pitter@utanet.at*. – internat (GrJ: 1992) **Tr:** Stadtgemeinde Liezen u. a.

Internationaler Wettbewerb junger Kirchenmusiker, c/o Verein zur Pflege der Kirchenmusik und Durchführung der Kirchenmusiktage in Fürth/Bayern, Weiherhofer Str 64, D-90768 Fürth, T: +49 9 11 72 00 80. – internat, alle 3 Jahre (GrJ: 1962) **Altersb:** 30 **Tr:** Verein zur Pflege der Kirchenmusik und Durchführung der Kirchenmusiktage in Fürth.

Internationales Akkordeon-Festival, c/o Arnold Kutzli, Rudolf-Maschke-Pl 6, D-78647 Trossingen, Postfach 1150, D-78635 Trossingen, T: +49 74 25 32 66 47, F: +49 74 25 32 66 48, *dhv-trossingen@t-online.de*; *www.dhv-ev.de*. – internat, alle 3 Jahre (GrJ: 1983) **Tr:** Deutscher Harmonika Verband.

Internationales Festival zur Förderung junger Sänger, c/o Kammeroper Schloss Rheinsberg, Kavalierhaus der Schlossanlage, D-16831 Rheinsberg, T: +49 3 39 31 72 50, F: +49 3 39 31 72 51 5, *Kammeroper.Schloss.Rheinsberg@t-online.de*; *www.Kammeroper-Schloss-Rheinsberg.de*. – Prtr erarbeiten in Rheinsberg m erfahrenen Dirigenten u Regisseuren unter professionellen Bedingungen e Oper, d während d Fstv aufgeführt wird. – internat, jährl (GrJ: 1991) **Altersb:** OpSänger zw 20 u 32 **Tr:** Kammeroper Schloss Rheinsberg GmbH **AustrOrt:** Berlin u beim jeweiligen Kooperationspartner d Kammeroper Schloss Rheinsberg.

Internationales Gitarrenfestival des Kunstinstituts BAJA e. V., Am Markt 19/Historisches Rathaus, D-17268 Templin, T: +49 39 87 25 11, F: +49 39 87 25 11, *info@baja-templin.org*; *www.baja-templin.org*. – internat, jährl (GrJ: 1993) **Tr:** Kunstinstitut BAJA e. V.

IPV-Wettbewerbe für Bassposaune, Posaunenquartett und Tenorposaune, c/o Internationale Posaunen-Vereinigung e. V., Vor dem Moore 21, D-26316 Varel, T: +49 44 51 86 17 15, F: +49 44 51 86 17 16, *michael.karusseit@nwn.de*, *bennomusic@web.de*; *www.ipv-news.de*. – internat, unregelm (GrJ: 1991) **Tr:** Internationale Posaunen-Vereinigung e. V. **PrG:** Geldpr in versch Kategorien.

Jecklin Musiktreffen, Rämistr 30+42, CH-8024 Zürich, T: +41 4 42 53 77 77, F: +41 4 42 53 76 66, *info@jecklin.ch*; *www.jecklin.lch*. – national (GrJ: 1938).

Jeunesses Musicales de Suisse, Rue de Merle d' Aubigné 25, CH-1207 Genève, T: +41 2 27 86 32 73, F: +41 2 27 86 32 73, *info@jmsuisse.ch*; *www.jmsuisse.ch*. – national, alle 2 Jahre (GrJ: 1956) **Altersb:** 30 **Tr:** Jeunesses Musicales **AustrOrt:** Neuchâtel **PrG:** mind 8.000 SFr.

Johann Heinrich Schmelzer-Wettbewerb Internationaler Wettbewerb für Barock-Ensembles und Solisten, c/o Intendant Prof Helmut Pilss, Rathauspl 11, A-3390 Melk, T: +43 27 52 52 30 7, F: +43 27 52 52 30 71 90, *kultur@stadt-melk.at*; *www.barocktage.at*. – f BarockEns u Sol. – internat (GrJ: 1993) **Altersb:** 32 **AustrOrt:** Stift Melk **PrG:** 1.000 €, 750 €, 500 €.

Johann-Pachelbel-Wettbewerb der Internationalen Orgelwoche Nürnberg – Musica Sacra, Lorenzer Platz 10a, D-90402 Nürnberg, T: +49 9 11 21 44 46 6, F: +49 9 11 21 44 47 7, *wettbewerb@ion-musica-sacra.de*; *www.ion-musica-sacra.de*. – internat, jährl (GrJ: 1968) **Altersb:** 30 (Impr), 35 (Interpr) **Tr:** Internationale Orgelwoche Nürnberg – Musica-Sacra **AustrOrt:** Nürnberg (St Sebald, St Martin, St Nikolaus, St Ulrich Mögeldorf ua) **PrG:** InterprWettb: 1. Pr 5.000 €, 2. Pr 2.000 €, 3. Pr 1.000 €, Impr 5.000 €.

Johannes Brahms Choir Festival Wernigerode, c/o Förderverein INTERKULTUR e. V., Am Weingarten 3, D-35415 Pohlheim, T: +49 64 03 95 65 25, F: +49 64 03 95 65 29, *mail@musica-mundi.com*; *www.musica-mundi.com*. – internat (GrJ: 1999).

Joseph Joachim-Violinwettbewerb Kittsee, Hauptplatz 50, A-7100 Neusiedl, T: +43 21 67 25 16. – national.

Joseph-Suder-Liedwettbewerb, c/o Hochschule für Musik Nürnberg-Augsburg, Veilhofstr 34, D-90489 Nürnberg, T: +49 9 11 23 18 44 5, F: +49 9 11 23 13 97 2, *hfm@nuernberg.de*; *www.suder.org*. – Werke v Joseph Suder u Gesänge dt Sprache v Komp d 20. Jh. – internat, alle 2 Jahre (GrJ: 1994) **Altersb:** 35 **Tr:** H f M Nürnberg-Augsburg **AustrOrt:** Nürnberg **PrG:** 1. Pr 3.200 €, 2. Pr 2.600 €, 3. Pr 2.100 €, Sonderpr 1.000 €.

Jubiläumsstiftung Musik Hug „Kind und Musik", c/o Musik Hug AG, Limmatquai 28–30, CH-8001 Zürich, T: +41 4 42 69 41 41, F: +41 4 42 69 41 01, *info@musikhug.ch*; *www.musikhug.ch*. – internat (GrJ: 1982).

Jugend komponiert – Landeswettbewerb Baden-Württemberg, c/o Landesmusikrat Baden-Württemberg, Ortsstr 6, D-76228 Karlsruhe, T: +49 7 21 94 76 70, F: +49 7 21 94 73 33 0, *kontakt@Landesmusikrat-bw.de*; *www.landesmusikrat-bw.de*. – national (GrJ: 1992) **Tr:** Regional Music Council Baden-Württemberg.

Jugend komponiert – Landeswettbewerb Berlin-Brandenburg, c/o Landesmusikrat Berlin, Lübecker Str 23, D-10559 Berlin, T: +49 30 39 73 10 87, F: +49 30 39 73 10 88, *LMR.Berlin@t-online.de*; *www.berlin.de/lmr*. – national (GrJ: 1983) **Tr:** Regional Music Council Berlin.

Jugend komponiert – Landeswettbewerb Nordrhein-Westfalen, c/o Wettbewerbsbüro „Jugend komponiert", Klever Str 23, D-40477 Düsseldorf, T: +49 2 11 86 20 64 18, F: +49 2 11 86 20 64 50, *juko@lmr-nrw.de*; *www.jugend-komponiert.de*. – national (GrJ: 1981/82) **Tr:** Regional Music Council Nordrhein-Westfalen, Verein der Komponisten und Musikwissenschaftler, Dezernat für Bildung und Kultur der Stadt Duisburg, RWE Entsorgung Essen, LINOS Konzerte.

Jugend komponiert – Landeswettbewerb Rheinland-Pfalz und Saarland, c/o Landesmusikrat Rheinland-Pfalz, Klarastr 4, D-55116 Mainz, T: +49 61 31 22 69 12, F: +49 61 31 22 81 45 (GrJ: 1988) **Tr:** Regional Music Council Rheinland-Pfalz.

Jugend-Kompositions-Wettbewerb im Land Sachsen-Anhalt DTKV, Landesverband Sachsen-Anhalt, Hermann-Löns-Str 21, D-39116 Magdeburg, T: +49 3 91 63 12 08 6, F: +49 3 91 63 12 08 6, *si.hansen@gmx.de*. – national (GrJ: 1994) **Tr:** DTKV, Landesverband Sachsen-Anhalt.

Jugend & Musik in Wien AICE – Vereinigung für Internationalen Kulturaustausch / AICE – Association of International Cultural Exchange, c/o Wiener Symphoniker, Michael Haring, Lehárgasse 11, A-1060 Wien, T: +43 6 64 18 00 90 5, F: +43 1 31 75 46 0, *michael.haring@chello.at*; *www.austrianfestivals.at*. – Chor-, Orch- u Blasmusik-Wettb. – internat, jährl, Anfang Juli **Altersb:** 29 **AustrOrt:** in Wien und Umgebung.

„Jugend musiziert" Österr. Instrumental- u. Gesangswettbewerb, Rudolf Novak Gasse 1, Postfach 14, A-8793 Trofaiach, T: +43 38 47 25 78, F: +43 38 47 25 78. – national (GrJ: 1969) **Tr:** Verein 'Jugend musiziert'.

Jugend musiziert – Wettbewerbe für das instrumentale und vokale Musizieren, c/o Deutscher Musikrat (DMR), Bundesgeschäftsstelle „Jugend musiziert", Trimburgstr 2, D-81249 München, Postfach 662205, D-81219 München, T: +49 89 8 71 00 20, F: +49 89 87 10 02 90, *jumu@musikrat.de*; *www.musikrat.de*. – national (GrJ: 1963/64) **Tr:** Deutscher Musikrat gemeinnützige Projektgesellschaft mbH.

Jugend singt – Landeswettbewerb Nordrhein-Westfalen, c/o Sängerjugend im Sängerbund Nordrhein-Westfalen, Schützenstr 11, D-46214 Bottrop, Postfach 101454, D-46214 Bottrop, T: +49 20 41 28 07 8, F: +49 20 41 26 63 4, *info@saengerjugend.de*; *www.saengerjugend.de*. – national (GrJ: 1976) **Tr:** Regional Music Council of North Rheine Westphalia, juvenile singers in Sängerbund Nordrhein-Westfalen.

Jugendorchesterpreis der Jeunesses Musicales Deutschland, c/o Jeunesses Musicales Deutschland, Marktpl 12, D-97990 Weikersheim, T: +49 79 34 99 36 0, F: +49 79 34 99 36 40, *Weikersheim@JeunessesMusicales.de*; *www.JeunessesMusicales.de*. – national (GrJ: 1997) **Tr:** Jeunesses Musicales Deutschland e. V.

Jugendwettbewerb des Tonkünstlerverbandes Baden-Württemberg, c/o Tonkünstlerverband Baden-Württemberg, Kernerstr 2A, D-70182 Stuttgart, T: +49 7 11 22 37 12 6, F: +49 7 11 22 37 33 1, *tkv-bw@t-online.de*; *www.tkv-bw.de*. – national (GrJ: 1956) **Tr:** Tonkünstlerverband Baden-Württemberg e. V.

Kiwanis-Musikpreis, c/o Kiwanis Club Zürich, Zunfthaus zur Schmieden, Marktgasse 20, CH-8001 Zürich; *www.kiwanis.ch/zurich*. – national, jährl (GrJ: 1963) **Altersb:** Stud d MH Winterthur **PrG:** 18.000 CHF.

Kleiner Schumann-Wettbewerb Wettbewerb junger Pianisten zu Ehren Robert Schumanns, c/o Robert-Schumann-Konservatorium der Stadt Zwickau, Crimmitschauer Str 1 b, D-08056 Zwickau, Postfach 200859, D-08008 Zwickau, T: +49 3 75 21 57 91, F: +49 3 75 21 52 87, *robert-schumann-konservatorium@t-online.de*; *www.robert-schumann-konservatorium-zwickau.de*. – national (GrJ: 1968) **Tr:** Robert-Schumann-Gesellschaft, City of Zwickau.

Kompositionspreis der AGEC Arbeitsgemeinschaft Europäischer Chorverbände, c/o Deutscher Sängerbund, Bernhardstr 166, D-50968 Köln, Postfach 510628, D-50942 Köln, T: +49 2 21 37 12 90, F: +49 2 21 93 49 99 2, *projekte@saengerbund.de*; *www.saengerbund.de*. – Förderung zeitgen M, insbes neuer Chorformen. – internat, jährl (GrJ: 1987) **Tr:** Arbeitsgemeinschaft Europäischer Chorverbände **AustrOrt:** wechselnd.

Kompositionspreis der Landeshauptstadt Stuttgart, c/o Kulturamt der Landeshauptstadt Stuttgart, Eichstr 9, D-70173 Stuttgart, D-70161 Stuttgart, T: +49 7 11 21 63 29 2, 2 16 55 91, F: +49 7 11 21 67 62 8, *poststelle.kulturamt@stuttgart.de*; *www.stuttgart.de*. – auch Werke f multimediale u elektron Realisation. – national, jährl (GrJ: 1955)

Altersb: 35 **Tr:** City of Stuttgart **PrG:** Gesamtwert 12.000 €.

Kompositionspreis des Deutschen Chorwettbewerbs, c/o Deutscher Musikrat, Deutscher Chorwettbewerb, Weberstr 59, D-53113 Bonn, T: +49 2 282 09 11 50, F: +49 2 282 09 12 50, *chorwettbewerb@musikrat.de*; *www.musikrat.de/dcw*. – Wettb f Komp f Laienchöre, in zwei Kategorien. – national, alle 4 Jahre (GrJ: 1997) **Altersb:** keine **Tr:** German Music Council **PrG:** 1. Pr 3.000 €, 2. Pr 2.000 €, 3. Pr 1.000 €, Urauff.

Kompositionspreis des Göttinger Symphonieorchesters zur Förderung junger niedersächsischer Komponisten, c/o Göttinger Symphonieorchester, Godehardstr 19–21, D-37081 Göttingen, T: +49 5 513 05 44–0, F: +49 5 513 05 44–20, *info@gso-online.de*; *www.gso-online.de*. – national, alle 2 Jahre (GrJ: 1992) **Altersb:** 36 **Tr:** Göttinger Symphonieorchester, Regional Music Council Niedersachsen e. V. **PrG:** Urauff ausgewählter Komp; professionelle Herst d OrchMaterials, d Partituren u eines Tonträgers d prämierten Werkes.

Kompositionswettbewerb anlässlich der Weimarer Frühjahrstage für zeitgenössische Musik, c/o via nova – zeitgenössische Musik in Thüringen e. V., Goetheplatz 9b, D-99423 Weimar, T: +49 36 4 349 07 48, F: +49 36 4 349 07 48, *via_nova@web.de*. – KompWettb f KamM. – national, jährl (GrJ: 2000) **Altersb:** keine **Tr:** via nova – zeitgenössische Musik in Thüringen e. V. **AustrOrt:** Weimar **PrG:** Geldpr.

Kompositionswettbewerb der Staatlichen Jugendmusikschule Hamburg, c/o Staatliche Jugendmusikschule Hamburg, Mittelweg 42, D-20148 Hamburg, T: +49 40 4 28 01 41 23, F: +49 40 4 28 01 41 33. – Förderung junger Komp zeitgen Musik. – alle 2 Jahre (GrJ: erstmalige Durchführung 1996/97) **Altersb:** Erwachsene 35, Schülerinnen u Schüler 20 **Tr:** Staatliche Jugendmusikschule Hamburg.

Kompositionswettbewerb der Stadt Neuss Kirchenmusikpreis der Stadt Neuss, c/o Kulturamt der Stadt Neuss, Oberstr 17, D-41460 Neuss, T: +49 21 3 190 41 18, F: +49 21 3 190 41 08. – KiM. – national, alle 4 Jahre (GrJ: 1980) **Altersb:** keine **Tr:** City of Neuss **PrG:** 5.000 €.

Kompositionswettbewerb des Blasmusikverbandes Baden-Württemberg, c/o Blasmusikverband Baden-Württemberg e. V., König-Karl-Str 13, D-70372 Stuttgart, T: +49 7 1152 08 92 30, F: +49 7 1152 08 92 57, *info@bvbw-online.de*; *www.bvbw-online.de*. – Förderung neuerer Blasmusiklit. – national, jährl (GrJ: 1978) **Tr:** Blasmusikverband Baden-Württemberg e. V.

Kompositionswettbewerb des Ostdeutschen Rundfunks Brandenburg Das neue sorbische Lied, c/o ORB-Studio Cottbus, Sorbisches Programm, Berliner Str 155, D-03046 Cottbus, T: +49 3 551 44 70, F: +49 3 551 45 24, *sorben@orb.de*; *www.orb.de/hoerfunk/sorbisch.html*. – Wettb f Komp nach sorb Textvorlagen. – internat, alle 2 Jahre (GrJ: 2000) **Altersb:** 35 **Tr:** Ostdeutscher Rundfunk Brandenburg **PrG:** 1. Pr 1.500 €, 2. Pr 1.000 €, 3. Pr 500 €, Auff d prämierten Komp.

Kompositionswettbewerb für Spielleutemusik, c/o Bundesvereinigung Deutscher Musikverbände e. V., König-Karl-Str 13, D-70372 Stuttgart, T: +49 7 1152 08 92 32, F: +49 7 1152 08 92 57, *info@bdmv-online.de*; *www.bdmv-online.de*. – Wettb f versch Besetzungen u Schwierigkeitsstufen. – national, alle 2–3 Jahre (GrJ: 1978) **Tr:** Bundesvereinigung Deutscher Musikverbände e. V. **PrG:** Geldpr im Wert v insges ca 7.500 €.

Kompositionswettbewerb für Viola, c/o Viola-Stiftung Walter Witte, Mendelssohnstr 59, D-60325 Frankfurt/Main, T: +49 69 74 38 67 66, F: +49 69 74 38 67 66. – KamM f Va. – internat, alle 3 Jahre (GrJ: 1997) **Altersb:** 35 **Tr:** Viola-Stiftung Walter Witte **PrG:** 1. Pr 3.000 €, 2. Pr 2.000 €, 3. Pr 1.000 €.

Kompositionswettbewerb um den "Carl-von-Ossietzky-Preis des Unichores, c/o Universität Oldenburg, FK III, Ammerländer Heerstr 114–118, D-26111 Oldenburg, T: +49 4 417 98 23 05, 8 58 23, *uni.chor@web.de*; *www.unichor-oldenburg.de*. – Förderung musikal Kultur im Sinne v Ossietzkys Lebenswerk, d f d Achtung d Menschenwürde u Übernahme persönl Verantwortung steht. – national, alle 2 Jahre (GrJ: 1992) **Altersb:** keine **Tr:** uniChor der Universität Oldenburg **PrG:** Hauptpr 750 €, Förderpr 250 €, Urauff d prämierten Werke.

Kompositionswettbewerb Zeitgenössische Geistliche Musik, c/o Kulturbüro, Waisenhausgasse 1–3, D-73525 Schwäbisch Gmünd, T: +49 71 7 16 03 41 10, F: +49 71 7 16 03 41 19, *kulturbuero@schwaebisch-gmuend.de*; *www.kirchenmusik-festival.de*. – Komp v 10 Min Dauer f vierstimmigen gemischten Chor. – internat, alle 2 Jahre (GrJ: 1989) **Altersb:** keine **Tr:** Fstv Europ Kirchenmusik Schwäbisch Gmünd **AustrOrt:** Schwäbisch Gmünd **PrG:** 2.500 €.

Kompositionswettbewerb 'Zeitgenössische Kammermusik für Kinder und Jugendliche', c/o Deutscher Tonkünstlerverband (DTKV), Landesverband Sachsen, Erikenweg 1, D-04416 Markkleeberg, T: +49 3 413 58 17 20, F: +49 3 413 58 17 20, *M.Huebner@DTKV-Sachsen.de*; *DTKV-Sachsen.de*. – internat, alle 2 Jahre (GrJ: 1999) **Altersb:** 35 **Tr:** DTKV e. V., Landesverband Sachsen **AustrOrt:** Leipzig **PrG:** Geldpr, Urauff.

Landes-Chorwettbewerb Nordrhein-Westfalen / Landes-Orchesterwettbewerb Nordrhein Westfalen, c/o Landesmusikrat Nordrhein-Westfalen, Klever Str 23, D-40477 Düsseldorf, T: +49 2 118 62 06 40, F: +49 2 1186 20 64 50, *info@lmr-nrw.de*; *www.lmr-nrw.de*. – national (GrJ: 1982) **Tr:** Regional Music Council North Rheine Westphalia.

Landes-Chorwettbewerb Sachsen-Anhalt, c/o Landesmusikrat Sachsen-Anhalt, Kleine Ulrichstr 37, D-06108 Halle/Saale, T: +49 3 456 78 99 80, F: +49 3 4567 89 98 19, *lmr.san@t-online.de*; *www.lmr-san.de* **Tr:** Regional Music Council Saxony-Anhalt.

Landes-Orchesterwettbewerb Brandenburg, c/o Landesmusikrat Brandenburg e. V., Wilhelm-Staab-Str 10/11, D-14467 Potsdam, T: +49 3 312 80 35 25, F: +49 3 312 80 35 25, *lmrBB@t-online.de*; *www.Landesmusikrat-Brandenburg.de*. – national (GrJ: 1991) **Tr:** Regional Music Council Brandenburg.

Landeschorwettbewerb Brandenburg, c/o Landesmusikrat Brandenburg, Wilhelm-Staab-Str 10 / 11, D-14467 Potsdam, T: +49 3 312 80 35 25, F: +49 3 312 80 35 25, *lmrBB@t-online.de*; *www.landesmusikrat-brandenburg.de*. – national (GrJ: 1991) **Tr:** Regional Music Council Brandenburg.

Landeschorwettbewerb Rheinland-Pfalz, c/o Landesmusikrat Rheinland-Pfalz, Klarastr 4, D-55116 Mainz, T: +49 61 3 122 69 12, F: +49 61 3 122 81 45, *info@lmr-rp.de* **Tr:** Regional Music Council Rheinland-Pfalz.

Landeschorwettbewerb Thüringen, c/o Landesmusikrat Thüringen, Karlstr 6, D-99423 Weimar, Postfach 3698, D-99407 Weimar, T: +49 36 4 390 56 32, F: +49 36 4 390 56 34, *lmr.thueringen@t-online.de*. – national (GrJ: 1993) **Tr:** Regional Music Council Turingia.

Landesorchesterwettbewerb Mecklenburg-Vorpommern, c/o Landesmusikrat Mecklenburg-Vorpommern, Apothekerstr 28, D-19055 Schwerin, T: +49 3 855 57 44 41, F: +49 3 855 57 44 39, *lmr-mv@t-online.de*. – national (GrJ: 1991) **Tr:** Regional Music Council Mecklenburg-Western Pomerania.

Landesorchesterwettbewerb Rheinland-Pfalz, c/o Landesmusikrat Rheinland-Pfalz, Klarastr 4, D-55116 Mainz, T: +49 61 3 122 69 12, F: +49 61 3 122 81 45, *info@lmr-rp.de*. – national **Tr:** Regional Music Council Rheinland-Pfalz.

Landesorchesterwettbewerb Sachsen-Anhalt, c/o Landesmusikrat Sachsen-Anhalt, Kleine Ulrichstr 37, D-06108 Halle/Saale, T: +49 3 4567 89 98–0, F: +49 3 4567 89 98 19, *lmr.san@t-online.de*; *www.lmr-san.de*. – national **Tr:** Regional Music Council Saxony-Anhalt.

Landeswettbewerb Hamburg für Erwachsenen- und Jugendchöre, c/o Landesmusikrat Hamburg, Mittelweg 42, D-20148 Hamburg, T: +49 40 6 45 20 69, F: +49 40 6 45 26 58, *lmr.hh@t-online.de*. – national (GrJ: 1981) **Tr:** Regional Music Council Hamburg.

Leipziger Improvisationswettbewerb, c/o Hochschule für Musik und Theater „Felix Mendelssohn Bartholdy", Grassistr 8, D-04107 Leipzig, Postfach 100809, D-04008 Leipzig, T: +49 3 413 01 86 80, *augtou@lycos.de*. – Vokal- u Instrumentalsol, Duos u Gruppen. – internat, jährl (GrJ: 1996) **Altersb:** 35 **Tr:** H f M u Th „Felix Mendelssohn Bartholdy" Leipzig **AustrOrt:** Leipzig **PrG:** Geld- u Sachpr.

Lotte-Lenya-Gesangswettbewerb, c/o Kurt-Weill-Gesellschaft e. V., Ebertallee 63, D-06846 Dessau, T: +49 3 4061 95 95, F: +49 3 4061 19 07, *weill-zentrum@t-online.de*; *www.kurt-weill-fest.de*. – GesWettb zur Interpr d Werke Kurt Weills. – alle 2–3 Jahre (GrJ: 2000) **Tr:** Kurt-Weill-Gesellschaft e. V. **AustrOrt:** Dessau.

Louis-Spohr-Förderpreis, c/o Förderverein Louis-Spohr-Stiftung e. V., Nordshäuser Str 6, D-34132 Kassel, T: +49 5 619 40 29 00, F: +49 5 6140 87 88, *info@louisspohr.de*; *www.louisspohr.de*. – KamM, Soloinstr. – internat, jährl (GrJ: 1994) **Altersb:** 16–30 **Tr:** Förderverein Louis-Spohr-Stiftung e. V. **AustrOrt:** Kassel **PrG:** 1.000 €.

Max-Rostal-Wettbewerb, c/o Universität der Künste Berlin, PR-V-MRW Max-Rostal Wettbewerb, Einsteinufer 43–53, D-10587 Berlin, Postfach 120544, D-10595 Berlin, T: +49 30 31 85 24 41, F: +49 30 31 85 27 58; *www.udk-berlin.de*. – Wettb f Va u V im Wechsel. – national, alle 2 Jahre, nächster Wettb Okt 2004 (GrJ: 1991) **Altersb:** keine **Tr:** Universität der Künste **AustrOrt:** Kammersaal Fasanenstr **PrG:** 1. Pr 7.000 €, 2. Pr 3.500 €, 3. Pr 2.500 €.

Moerser Akkordeonwettbewerb, c/o Moerser Musikschule, Filderstr 126, D-47447 Moers, T: +49 28 4 113 33, F: +49 28 4 117 82 19. – Akk Solo, Duo u Akk-KamM. – national, alle 3 Jahre (GrJ: 1987) **Tr:** DALV – Landesverband Nordrhein-Westfalen & Bundesverband, Moerser Musikschule **AustrOrt:** Moers.

Montreux Choral Festival, CP 1526, CH-1820 Montreux 1, T: +41 2 19 66 55 50, F: +41 2 19 66 55 69, *montreuxchoralfestival@bluewin.ch*; *www.choralfestival.ch*. – internat, jährl (GrJ: 1964) **AustrOrt:** Montreux **PrG:** 8.000 SFr bzw 2.000 SFr.

Mozartfest-Wettbewerb für Gesang, c/o Hochschule für Musik, Hofstallstr 6–8, D-97070 Würzburg, T: +49 9 313 21 87–0, F: +49 9 313 21 87–28 00, *Mozartfestwettbewerb@web.de*; *www.hfm-wuerzburg.de*. – Förderung junger dt Sängerinnen u Sänger, Interpret v Werken W A Mozarts. – internat, 2-jährig, nächster Wettb 2004 (GrJ: 1975) **Altersb:** 32 **Tr:** Hochschule für Musik Würzburg **AustrOrt:** H f M Würzburg **PrG:** 1. Pr 4.000 €, 2. Pr 3.000 €,3. Pr 1.500 €, 2.000 €Sonderpr f beste Interpr eines Werkes eines noch lebenden Komp.

Musica Sacra a Roma, c/o Förderverein INTERKULTUR e. V., Am Weingarten 3, D-35415 Pohlheim, T: +49 64 0 395 65 25, F: +49 64 0 395 65 29, *mail@musica-mundi.com*; *www.musica-mundi.com*. – alle 3 Jahre, Ende Juli (GrJ: 2005).

Musikantentreff Ostsee Internationales Jugendfestival für sinfonische Bläserensembles, Postfach 104112, D-18006 Rostock, T: +49 3 814 00 61 85, F: +49 3 814 00 61 87; *www.lmr-mv.de*. – Zusammenführung europ Blasorch u Bläser-Ens in versch Leistungsklassen u Kategorien; max 10% Berufsmusiker pro Blasorch. – internat, jährl (GrJ: 1982) **Tr:** Regional Music Council Mecklenburg-Western Pomerania.

Musikförderungspreis des Konzertvereins Ingolstadt, c/o Konzertverein Ingolstadt, Markomannenstr 3, D-85051 Ingolstadt, T: +49 8 417 27 84, F: +49 8 4198 08 24, *hans.ott@konzertverein.de*;

www.konzertverein.de. – Förderung v Stud in Meisterklassen Bayer MH. – national, jährl (GrJ: 1968) **Altersb:** 27 **AustrOrt:** Ingolstadt **PrG:** 2.500 €.

Musikpreis Grenchen, Postfach 143, CH-4537 Wiedlisbach, T: +41 3 26 36 11 33, F: +41 3 26 36 11 34. – internat.

Musikwettbewerb Lampersdorf Wettbewerb für Instrumentalmusik, c/o Peter Dietschi, Herzimatt 606, CH-4712 Laupersdorf, T: +41 6 23 91 18 61, *musikwettbewerb@netzone.ch*; *www.musikwettbewerb.ch*. – Amateurmusiker u Musikstudenten m Blasinstr, Saiteninstr sowie Tasteninstr; Tambourenwettb. – internat, jährl (Nov) (GrJ: 1969).

Nachwuchswettbewerb der Richard-Strauss-Gesellschaft, c/o Richard-Strauss-Institut, Schnitzschulstr 19, D-82467 Garmisch-Partenkirchen, T: +49 88 2 191 09 50, F: +49 88 2 191 09 60, *rsi@gapa.de*; *www.richard-strauss-institut.de*. – national, jährl (GrJ: 1986) **Tr:** Richard-Strauss-Gesellschaft e. V. **AustrOrt:** München.

Nancy Van de Vate International Composition Prize for Opera, c/o Vienna Masterworks, Kheslpl 6, #2309, A-1120 Wien, T: +43 1 5 45 17 78, F: +43 1 5 45 17 78, *viennamasterworks@yahoo.com*. – Zulassungprüfung u 3 Auslesen. – internat, alle 4 Jahre, nächster Wettb 2005 **Altersb:** 17–32 **AustrOrt:** Wien **PrG:** 7.000 €, 5.000 €, 4.000 €, 3 Anerkennungspr à 1.500 €.

Nationaler Bach-Wettbewerb für junge Pianisten, c/o Köthener Bach GmbH, Schloßplatz 5, D-06366 Köthen, Postfach 1438, D-06354 Köthen, T: +49 34 9 630 39 85, F: +49 34 9 630 39 87, *koethen--bach-gmbh@t-online.de*; *www.bach-in-koethen.de*. – national (GrJ: 2001).

NDR Musikpreis Internationaler Orgelwettbewerb, c/o NDR Radio 3, Alte Musik, Gabriele Hertz-Eichenrode, Rothenbaumchaussee 132, D-20149 Hamburg, T: +49 40 41 56 27 01, F: +49 40 41 56 75 67, *g.hertz-eichenrode@ndr.de*; *www.radio3.de*. – alle 2 Jahre (GrJ: 2000) **Altersb:** 16–32 **Tr:** NDR **PrG:** 1. Pr 7.600 €, 2. Pr 5.100 €, 3. Pr 2.500 €.

Neuköllner Opernpreis, c/o Neuköllner Oper, Karl-Marx-Str 131–133, D-12043 Berlin, T: +49 30 6 88 90 70, F: +49 30 68 89 07 89, *info@neukoellneroper.de*; *www.neukoellneroper.de*. – Wettb f Komp f zeitgen MTh. – internat, ca 2-jährl (GrJ: 1997) **Altersb:** 35 **Tr:** Neuköllner Oper, Berliner Gaswerke AG (GASAG) **PrG:** 1. Pr 4.500 € u Komp Auftr (MTh-Werk), 2. Pr 1.500 €, 3. Pr 1.000 €.

Niedersächsischer Chorwettbewerb (NCW), c/o Landesmusikrat Niedersachsen, Lange Laube 22, D-30159 Hannover, T: +49 5 11 15 4 71, F: +49 5 11 18 9 40, *info@lmr-nds.de*; *www.landesmusikrat-niedersachsen.de*. – national (GrJ: 1981) **Tr:** Regional Music Council Lower Saxony.

Niedersächsischer Orchesterwettbewerb (NOW), c/o Landesmusikrat Niedersachsen, Lange Laube 22, D-30159 Hannover, T: +49 5 11 15 4 71, F: +49 5 11 18 9 40, *info@lmr-nds.de*; *www.landesmusikrat-niedersachsen.de*. – national **Tr:** Regional Music Council Lower Saxony.

Nürnberger Klavierwettbewerb, c/o Pianohaus Rück, Bahnhofstr 41–45, D-90402 Nürnberg, T: +49 9 11 46 70 21, F: +49 9 11 44 47 70. – national **Tr:** Pianohaus Rück.

Orchesterwettbewerb Bayern, c/o BMR Projekt-gGmbH, Maria-Theresia-Str 20, D-81675 München, T: +49 89 52 04 64 20, F: +49 89 52 04 64 52, *orchesterwettbewerb@bayerischer-musikrat.de*; *www.musik-in-bayern.de*. – national **Tr:** Bavarian Music Council.

Orchesterwettbewerb Saar, c/o Landesmusikverband Saar e. V., RA Josef Petry, Mainzer Str 116, D-66121 Saarbrücken, T: +49 6 818 76 26 93, F: +49 6 818 76 26 95, *lmr-saar@t-online.de*. – national **Tr:** Landesmusikverband Saar.

Orchesterwettbewerb Thüringen, c/o Landesmusikrat Thüringen, Friedensstr 42, D-99423 Weimar, T: +49 36 4 390 56 32, F: +49 36 4 390 56 34, *lmr.thueringen@t-online.de*. – national (GrJ: 1991) **Tr:** Regional Music Council Thüringen.

Orgelwettbewerb um den Hermann-Schroeder-Preis im Rahmen der Internationalen Orgelfestwochen, c/o Geschäftsstelle der Mosel Festwochen, Kurgastzentrum, D-54470 Bernkastel-Kues, T: +49 65 3 130 00, F: +49 65 3 138 94, *info@moselfestwochen.de*; *www.moselfestwochen.de*, *www.trierer-orgelpunkt.de*. – jährl, im September **Altersb:** unter 35 **AustrOrt:** St Antonius u Hohe Domkirche zu Trier oder Himmerod Abteikirche **PrG:** 1. Pr 2.500 € u Konzertverpflichtungen, 2. Pr 1.250 €, 3. Pr 750 €, 2 Förderpr à 250 €.

Otto-Ditscher-Kunstpreis des Landkreises Ludwigshafen, c/o Kreisverwaltung Ludwigshafen, Europapl 5, D-67063 Ludwigshafen, T: +49 6 215 90 92 45, F: +49 6 215 90 96 60, *post@kv-lu.de*. – Komp, insbes f Werke, die sich f d Darbietung durch Schüler eignen. – national, alle 4 Jahre (GrJ: 1990) **Tr:** Kreisverwaltung des Landkreises Ludwigshafen **PrG:** Gesamtwert 10.000 €.

Paul Hofhaymer-Wettbewerb der Landeshauptstadt Innsbruck, c/o Kulturamt des Stadtmagistrates Innsbruck, Herzog-Friedrich-Str 21/II, A-6020 Innsbruck, T: +43 5 1253 60 16 60, F: +43 5 1253 60 16 49, *b.neu@magibk.at*. – Interpr v Orgelmusik alter Meister. – internat, alle 3 Jahre (GrJ: 1969) **Altersb:** keine **Tr:** City of Innsbruck **AustrOrt:** Innsbruck **PrG:** 2.000, 3.500, 5.000 €.

Paula-Salomon-Lindberg-Wettbewerb 'Das Lied', c/o Universität der Künste Berlin, Zentrale Hochschulverwaltung, Einsteinufer 43–53, D-10587 Berlin, Postfach 120544, D-10595 Berlin, T: +49 30 31 85 24 41, F: +49 30 31 85 28 21, *inge.scheffler@intra.udk-berlin.de*; *www.udk-berlin.de*. – Wettb f immatrikulierte Gesangsstud sowie ihre student KlBegl Dtld, Österr, Schweiz u Benelux-Staaten. – internat, alle 2 Jahre (GrJ: 1989) **Altersb:** f: 30, m: 32 **Tr:** Universität der Künste, Berlin **AustrOrt:** Konzertsaal Hardenbergstr **PrG:** 1. Pr 3.500 €, 2. Pr 1.500 €, 3. Pr 1.000 €, Sonderpr f beste Klavierbegleitung.

Petyrek-Lang-Wettbewerb Universität für Musik und darstellende Kunst, Anton-von-Webern-Pl 1, A-1030 Wien, T: +43 1 7 11 55 60 50, F: +43 1 7 11 55 60 59, *ponzer@mdw.ac.at*. – f ordentl HörerInnen d H f M u darst Kunst Wien, Graz u Salzburg. – internat, alle 2 Jahre (GrJ: 1998) **Tr:** Petyrek-Lang-Stiftung.

Preis der Europa-Stadt Passau Internationaler Wettbewerb für Blechbläser-Ensembles, c/o Städtische Musikschule Passau, Landrichterstr 42, D-94034 Passau, T: +49 8 519 66 8 50, F: +49 8 519 66 85 10, *mail@blechblaeser-wettbewerb.de*, *musikschule@passau.de*; *www.blechblaeser-wettbewerb.de*. – Int musikal Begegnung u Förderung d BlechBl-KamM. – internat, alle 2 Jahre, nächster Wettb 2004 (GrJ: 1990) **Altersb:** keine **Tr:** City of Passau **AustrOrt:** Passau **PrG:** Professionals: 1. Pr 4.000 €, 2. Pr 2.000 €, 3. Pr 1.000 €; Amateure: 1. Pr 1.500 €, 2. Pr 1.000 €, 3. Pr 500 €.

Prix Ars Electronica, c/o Ars Electronica Center Linz, Hauptstr 2, A-4040 Linz, T: +43 7 3272 72–74, F: +43 7 3272 72–6 74, *info@prixars.aec.at*; *prixars.aec.at*. – internat (GrJ: 1987) **Tr:** Ars Electronica Center Linz.

Prix International de Composition Musicale „Reine Marie José“, CP 102, CH-1237 Avully-Genève, T: +41 2 13 18 67 51, *prix@reinemariejose.ch*; *www.reinemariejose.ch*. – internat, alle 2 Jahre, nächster Wettb Nov 2004 (GrJ: 1960) **Altersb:** keine **AustrOrt:** Genf **PrG:** 15.000 SFr.

Rahn-Wettbewerb, c/o Konservatorium und Musikschule Zürich, Florhofgasse 6, CH-8001 Zürich, T: +41 4 42 51 89 55.

Reinl-Preis, c/o Franz Josef Reinl-Stiftung, Dr Ernst Grossmann, Singerstr 27, A-1010 Wien, T: +43 1 5 12 75 55, F: +43 1 5 13 75 88, *info@reinl-stiftung.at*; *www.reinl-stiftung.at*. – f Personen, d entweder Kärntner sind o deren Werk sich m d Thema 'Kärnten' befasst. – alle 2 Jahre **Altersb:** 18–30 **AustrOrt:** Carinthischer Sommer, Ossiach.

Richard Lauschmann-Wettbewerb für Oboe, c/o Hochschule für Musik und Darstellende Kunst – Veranstaltungsbüro, N 7, 18, D-68161 Mannheim, T: +49 6 212 92 35 00, *konzertbuero@muho-mannheim.de*. – national, alle 2 Jahre (GrJ: 1995) **Altersb:** 26 **Tr:** Richard Lauschmann-Stiftung, Mannheim **AustrOrt:** Staatl H f M u Darst Kunst Mannheim.

Rudolf Heydner-Klavierwettbewerb, c/o Universität für Musik und darstellende Kunst Wien, Anton-von-Webern-Pl 1, A-1030 Wien, T: +43 1 7 11 55 71 10, F: +43 1 7 11 55 71 99, *chizzola@mdw.ac.at*. – Klavierwerke versch Komponisten. – national, alle 2 Jahre (Januar) (GrJ: 1965) **Altersb:** österr Studenten d Musikuniv Wien **Tr:** Verein der Freunde der Universität für Musik Wien **AustrOrt:** Wien **PrG:** 1. Pr 1.500 €, 2. Pr 750 €.

Rudolf-Würthner-Musikpreis, c/o Deutscher Harmonika-Verband (DHV), Postfach 1150, D-78635 Trossingen, T: +49 74 2 532 66 47, F: +49 74 2 532 66 48, *dhv-trossingen@t-online.de*; *www.dhv-ev.de*. – internat, alle 3 Jahre (GrJ: 1984) **Tr:** Deutscher Harmonika-Verband.

Sächsischer Chorwettbewerb, c/o Sächsischer Musikrat, Berggartenstr 11, D-01277 Dresden, T: +49 3 518 02 42 80, *pagenkopf@saechsischer-musikrat.de*; *www.saechsischer-musikrat.de*. – national (GrJ: 1993) **Tr:** Saxon Music Counil.

Sächsischer Kompositionswettbewerb, c/o Sächsischer Musikrat e. V., Berggartenstr 11, D-01277 Dresden, T: +49 3 518 02 42 80, *info@saechsischer-musikrat.de*; *www.saechsischer-musikrat.de*. – Komp v Werken in untersch Besetzung, f Laien-Ens spielbar. – national, alle 2 Jahre (GrJ: 2000) **Altersb:** Komp m Wohnsitz in Sachsen **Tr:** Saxon Music Counil **PrG:** Geldpr v insges 5.000 € sowie Urauff u Veröffentl.

Sächsischer Orchesterwettbewerb, c/o Sächsischer Musikrat, Berggartenstr 11, D-01277 Dresden, T: +49 3 518 02 42 80, *pagenkopf@saechsischer-musikrat.de*; *www.saechsischer-musikrat.de*. – national **Tr:** Saxon Music Counil.

Schleswig-Holsteinischer Landes-Chorwettbewerb, c/o Landesmusikrat Schleswig-Holstein, Rathausstr 2, D-24103 Kiel, T: +49 4 319 86 5 80, F: +49 4 319 86 58 20, *info@landesmusikrat.de*; *www.landesmusikrat-sh.de*. – national (GrJ: 1981) **Tr:** Regional Music Council of Schleswig-Holstein.

Schüler komponieren – Landeswettbewerb Bremen, Reuterstr 20, D-28217 Bremen, T: +49 4 212 77 52 5 72, F: +49 4 212 77 52 5 72, *dtkvbremen@gmx.de*; *www.musicunterricht-bremen.de*. – national (GrJ: 1985) **Tr:** Deutscher Tonkünstlerverband, Landesverband Bremen.

Schüler komponieren – Landeswettbewerb Saar, c/o Geschäftsstelle des Landeswettbewerbs, Annastr 27, D-66386 Sankt Ingbert, T: +49 68 9 496 62 18, F: +49 68 9 496 62 19, *lmr-saar@t-online.de*. – national (GrJ: 1988) **Tr:** DTKV, Landesverband Saar.

Schweizerischer Solisten- und Ensembles-Wettbewerb für Holz- und Blechblasinstrumente (SSEW), c/o Ueli Schori, Kappelenstr 29, CH-3250 Lyss, T: +41 3 23 85 14 82. – national, jährl (GrJ: 1979) **Altersb:** 40.

Schweizerischer Solo- + Quartett-Wettbewerb für Blechinstrumente Concours national de solistes et quatuors de cuivres, c/o Michael Zoppas, Dürrenbühlweg 10, CH-3700 Spiez, T: +41 8 13 03 03 13, F: +41 8 13 30 03 11, *berni.matter@swissonline.ch*. – national, jährl (GrJ: 1974).

Stavenhagenwettbewerb der Stadt Greiz, c/o Stadtverwaltung Greiz, Kulturamt, Markt 12, D-07973 Greiz, T: +49 36 6 121 16, F: +49 36 6 126 66, *musikschule-greiz@jetzweb.de*; *www.kms-Greiz.de*. – national (GrJ: 1947) **Tr:** City of Greiz.

Stefanie Hohl Wettbewerb, c/o Institut für Streich- und andere Saiteninstrumente, Seilerstätte 26, A-1010 Wien, T: +43 1 7 11 55 23 01, F: +43 1 7 11 55 23 99, *zobl@mdw.ac.at*; *www.mdw.ac.at/inst5*. – f österr ordentl Stud d Studienrichtung V an d Univ. – internat, jährl **AustrOrt:** Seilerstätte 26, 1010 Wien.

Steinway-Klavierspiel-Wettbewerb für Kinder und Jugendliche Berlin, c/o Steinway & Sons, Hardenbergstr 9, D-10623 Berlin, T: +49 30 3 15 73 10, F: +49 30 31 57 31 21, *berlin@steinway.de*; *www.steinway-berlin.de*. – internat (GrJ: 1954) **Tr:** Steinway & Sons, Berlin.

Steinway-Klavierspiel-Wettbewerb für Kinder und Jugendliche unter 17 Jahren, c/o Steinway & Sons, Rondenbarg 10–12, D-22525 Hamburg, T: +49 40 85 39 13 00, F: +49 40 85 39 13 10, *klavier@steinway.de*; *www.steinway-hamburg.de*. – internat (GrJ: 1937) **Tr:** Steinway-Haus, Hamburg.

Stiftung Christoph Delz Basel, General Guisan-Str 51, CH-4054 Basel, T: +41 6 13 02 92 22, F: +41 6 13 02 93 22, *delz@smile.ch*; *www.delz.ch*. – Verbreitung d musikal Nachlasses v Christoph Delz u Förderung zeitgen Komp. – internat, alle 3 Jahre (GrJ: 1994).

Stiftung Domnick Domnick-Cello-Preis, Oberensinger Höhe 4, D-72622 Nürtingen, F: +49 70 2 25 16 16, *stiftung@domnick..de*; *www.domnick.de*. – internat, alle 2–3 Jahre (GrJ: 1982/1996) **Altersb:** 28 **Tr:** Stiftung Domnick (Land Baden-Württemberg) **AustrOrt:** Stuttgart **PrG:** Domnick-Cello-Preis 5.000 € u 2 Förderpr à 2.500 €.

Stiftung Schweizerischer Jugendmusikwettbewerb, Beethovenstr 45, CH-8002 Zürich, T: +41 4 42 02 30 30, F: +41 4 42 02 32 32, *admin@sjmw.ch*. – national, jährl (GrJ: 1975) **Altersb:** 12–20 **AustrOrt:** überall in d Schweiz.

Stuttgarter Matthaes-Klavierwettbewerb, c/o Stuttgarts Piano Centrum Matthaes, Silberburgstr 143, D-70176 Stuttgart, T: +49 7 11 61 55 37 60, F: +49 7 11 61 55 37 70, *info@matthaes-piano.de*; *www.matthaes-piano.de*. – national (GrJ: 1989) **Tr:** Stuttgarts Piano Centrum Matthaes GmbH.

Südwestdeutscher Kammermusikwettbewerb der Stadt Bad Dürkheim um den Karel-Kunc-Musikpreis, c/o Stadtverwaltung Bad Dürkheim, Mannheimer Str 24, D-67098 Bad Dürkheim, T: +49 63 2 293 51 43, F: +49 63 2 293 51 45, *musikschule@bad-duerkheim.de*; *www.bad-duerkheim.de*. – internat, jährlich (GrJ: 1985) **Tr:** City of Bad Dürkheim.

Take Wing Österreichischer Steinway-Klavierwettbewerb, c/o Steinway-Haus Wien, Opernring 6–8, A-1010 Wien, T: +43 1 5 12 07 12, F: +43 1 51 20 71 29, *steinwayhaus.wien@netway.at*; *www.steinwayaustria.at/a_wettbewerbe.htm* **PrG:** Geldpr u Konz-Eng.

Valentin-Eduard-Becker-Komponisten-Wettbewerb, c/o Stadt Bad Brückenau, Alter Rathauspl 1, D-97769 Bad Brückenau, T: +49 97 4 18 04 55, F: +49 97 4 169 04, *kultur@bad-brueckenau.de*; *www.bad-brueckenau.de*. – ChM. – internat, alle 3 Jahre (GrJ: 1953) **Altersb:** keine **Tr:** City of Bad Brückenau **PrG:** 1.500 €, 1.250 €, 1.000 €, Förder- u Sonderpr.

Vienna TV Award, c/o IMZ / Opera Screen, Stiftgasse 29, A-1070 Wien, T: +43 1 8 89 03 15, F: +43 1 8 89 03 15 77, *office@imz.at*; *www.imz.at*. – internat **Tr:** IMZ.

Vocalis – Kompositionspreis der Stadt Fellbach, c/o Stadt Fellbach, Kulturamt, Marktpl 1, D-70734 Fellbach, Postfach 2020, D-70710 Fellbach, T: +49 7 115 85 13 64, F: +49 7 115 85 11 19, *kulturamt@fellbach.de*; *www.fellbach.de*. – Schaffung hochrangiger zeitgen ChM in Verb m literarischen Vorlagen zur Vertonung. – internat, alle 3 Jahre (GrJ: 1997) **Altersb:** keine **Tr:** City of Fellbach **AustrOrt:** Fellbach **PrG:** 5.000 €.

La Voce – BR-Musikzauber-Liedwettbewerb, c/o Bayerischer Rundfunk – Studio Franken – Musikabteilung, Wallensteinstr 117, D-90431 Nürnberg, T: +49 9 116 55 02 32, F: +49 9 116 55 02 58, *marion.kapusta@brnet.de*; *www.br-online.de/franken/musik/lavoce.html*.

Vorausscheidung Baden-Württemberg zum Deutschen Chorwettbewerb (DCW), c/o Landesmusikrat Baden-Württemberg, Ortsstr 6, D-76228 Karlsruhe, T: +49 7 2194 76 70, F: +49 7 219 47 33 30, *kontakt@Landesmusikrat-bw.de*; *www.landesmusikrat-bw.de*. – national (GrJ: 1984) **Tr:** Regional Music Council Baden-Württemberg.

Vorausscheidung Baden-Württemberg zum Deutschen Orchesterwettbewerb (DOW), c/o Landesmusikrat Baden-Württemberg, Ortsstr 6, D-76228 Karlsruhe, T: +49 7 2194 76 70, F: +49 7 219 47 33 30, *kontakt@Landesmusrikrat-bw.de*; *www.landesmusikrat-bw.de* **Tr:** Regional Music Council Baden-Württemberg.

Wartburg-Klavierwettbewerb e. V., c/o Gesellschaft d Freunde u Förderer des nationalen Wettbewerbes, Theaterpl 4–7, D-99817 Eisenach, Postfach 101131, D-99801 Eisenach, T: +49 36 9 125 61 61, F: +49 3 69 2 12 75 33, *wartburg.klavierwettbewerb@theater-eisenach.de*. – Klavier, Klassik. – national, alle 3 Jahre (GrJ: 1996) **Altersb:** 18–30 **Tr:** Wartburg-Klavierwettbewerb e. V. **AustrOrt:** Eisenach **PrG:** 1. Pr 6.000 €, 2. Pr 3.000 €, 3. Pr 2.000 €.

Wettbewerb der Musiklehranstalten der Stadt Wien Ltg Hugo Breitner-Gesellschaft, Johannesgasse 4, A-1010 Wien, T: +43 1 51 28 56.

Wettbewerb der Vereinigung Deutscher Harfenisten e. V., c/o Verband der Harfenisten in Deutschland e. V., Wigbertstr 8, D-33098 Paderborn, T: +49 52 5 17 55 80, F: +49 52 5 17 55 80, *vdh-harfe@gmx.de*; *www.harfe-vdh.de*. – Solo- u OrchLit in 5 Altersstufen. – national, alle 2 Jahre (GrJ: 1996) **Altersb:** 28 **Tr:** VDH **AustrOrt:** Schloss Kapfenburg/Lauchheim.

Wettbewerb 'Jugend komponiert' der Länder Brandenburg und Berlin, c/o Landesmusikrat Brandenburg, Calauer Str 18, D-01968 Senftenberg, T: +49 35 7 379 58 68, F: +49 35 7 379 58 68, *lmrbev@gmx.de*; *www.Landesmusikrat-Brandenburg.de*. – national (GrJ: 1995) **Tr:** Regional Music Council Brandenburg – catagory A, Regional Music Council Berlin – catagory B.

Wettbewerb „Junge Leute spielen neue Musik", Rathausplatz 1, A-3400 Klosterneuburg, T: +43 22 4 367 95/2 22.

Wiener Internationaler Kompositionspreis Claudio Abbado, c/o Wiener Festwochen, Lehárgasse 11, A-1016 Wien, T: +43 1 5 89 22, F: +43 1 5 89 22 49, *festwochen@festwochen.at*; *www.festwochen.at*. – jährl.

Wiener Pianisten-Wettbewerb (WPW), c/o Panmusica Austria, Albertgasse 59/7, A-1080 Wien, T: +43 1 5 13 92 94, F: +43 1 9 13 06 04, *panmusica.lee@chello.at*; *www.panmusica.jp*. – Wiener Klassik u Romantik. – internat, jährl (GrJ: 2001) **Altersb:** 8–30 **Tr:** Panmusica Austria. Verein zur Förderung musikalischer Aktivitäten **AustrOrt:** Wien **PrG:** 600 €.

Wiener Sommer-Seminar für Neue Musik Kompositionswettbewerb, c/o OStR Prof Konrad Musalek, Postfach 345, A-1061 Wien, *konrad.musalek@chello.at*; *www.sommer-seminar.welcome.to*, *members.chello.at/konrad.musalek*. – neue, zeitgen M; freitonal, ametrisch, amorphe Formen, evtl mit visueller Komponente, Collagetechnik, Elektronik. – internat, jährl **Altersb:** keine **AustrOrt:** Beethoven-Gedenkstätte Wien-Floridsdorf.

World Music Festival – Venezia, c/o Förderverein INTERKULTUR e. V., Am Weingarten 3, D-35415 Pohlheim, T: +49 64 0 395 65 25, F: +49 64 0 395 65 29, *mail@musica-mundi.com*; *www.musica-mundi.com*. – alle 3 Jahre, Ende Juli (GrJ: 2005).

Wuppertaler Musikwettbewerb um den Preis der Barmenia Versicherungen, c/o Hochschule für Musik Köln, Standort Wuppertal, Friedrich-Ebert-Str 141, D-42117 Wuppertal, T: +49 2 0237 15 00, F: +49 2 023 71 50 40, *dekanat@mhs-wuppertal.de*; *www.mhs-wuppertal.de*. – wechselnde Instrumente. – national, alle 2 Jahre (GrJ: 1989) **Tr:** Barmenia Versicherungen Wuppertal **AustrOrt:** Wuppertal **PrG:** 1. Pr 2.500 €, 2. Pr 2.000 €, 3. Pr 1.500 €, Sonderpr 500 €.

Yamaha-Stipendien-Wettbewerb Yamaha Music Foundation of Europe Administration, c/o Yamaha Music Central Europe GmbH, Vertretung Deutschland, Siemensstr 22–34, D-25462 Rellingen, T: +49 41 0 130 38 88, F: +49 41 0 130 38 69, *b.breiter@yamaha.de*. – internat, jährl (GrJ: 1990) **Altersb:** 25 **Tr:** Yamaha Music Foundation of Europe (YMFE), Sitz: Milton Keynes **AustrOrt:** wechselnd (an einer dt MH) **PrG:** 3 x 2.000 £.

Yfrah-Neaman-Wettbewerb für Geiger, c/o Peter-Cornelius-Konservatorium der Stadt Mainz, Klarastr 4, D-55116 Mainz, T: +49 61 3 112 34 52, F: +49 61 3 112 30 87, *volker.mueller@stadt.mainz.de*. – internat, alle 2 Jahre (GrJ: 1987) **Altersb:** 22 **Tr:** City of Mainz **AustrOrt:** Mainz **PrG:** 5.000/3.000/2.000 € bzw 3.000/2.000/1.000 €.

Young Concert Artists International Auditions European Round, c/o Hochschule für Musik „Felix Mendelssohn Bartholdy", Grassistr 8, D-04107 Leipzig, Postfach 100809, D-04008 Leipzig, T: +49 3 412 14 46 40, F: +49 3 412 14 46 42, *kbb@hmt-leipzig.de*; *www.yca.org*. – Soloinstr, Gesang u StrQu. – internat, jährl (GrJ: 1963) **Altersb:** 26 **Tr:** Hochschule für Musik „Felix Mendelssohn Bartholdy" ans „Young Concert Artists New York" **AustrOrt:** Leipzig.

Verzeichnis der Chöre, Orchester und Ensembles

1. Frauen-Kammerorchester von Österreich 1. Women's Chamber Orchestra of Austria, Maria-Theresien-Str 11, A-1090 Wien, T: +43 1 31 31 68 38 80, 6 765 10 88 48, F: +43 1 3 13 16 79 84, *1.frauen-kammerorchester@oegb.at*; *www.kmsfb-at.* – Mitgl: 40.

4VentiQuattro Ensemble für improvisierte Musik, c/o Ursula Maehr, Schaffhauserstr 242, CH-8057 Zürich, T: +41 4 43 11 25 85, F: +41 4 43 11 25 85. – Mitgl: Ursula Maehr (Bfl), Susanne Wehrli (Fl), Matthias Arter (Ob), Valentin Vecellio (Klar).

Aarauer Turmbläser, c/o Peter Roschi, Küttigerstr. 64, CH-5000 Aarau, T: +41 6 28 22 91 46, F: +41 6 28 22 94 39, *postmaster@turmbläser.ch*; *www.turmbläser.ch.* – Mitgl: Thomas Bosshard (Trp), Peter Roschi (Trp), Werner Peter (Pos), Max Sidler (Pos).

Aargauer Kammerorchester, Haus der Musik, Gönhardweg 32, CH-5000 Aarau, T: +41 6 28 22 76 42, *ako@aargauerkammerorchester.ch*; *www.aargauerkammerorchester.ch.* – Mitgl: 40.

Aargauer Symphonie-Orchester, Laurenzenvorstadt 90, CH-5001 Aarau, T: +41 6 28 34 70 00, F: +41 6 28 34 70 01, *aso-ag@bluewin.ch*; *www.aso-ag.ch.* – Mitgl: 60.

Ab-Art Ensemble, c/o Ulrich Blomann, An der Dommelmühle 1, D-34508 Willingen/Rattlar, T: +49 56 3 292 77 74, F: +49 56 3 292 77 76, *UBlomann@aol.com*; *www.ab-art-ensemble.de.* – Mitgl: 3.

Abegg Trio, Postfach 1113, D-37001 Göttingen, T: +49 5 514 37 14, F: +49 5 514 78 31, *abeggtrio@hotmail.com*; *www.abegg-trio.de.* – Mitgl: 3, Ulrich Beetz (V), Birgit Erichson (Vcl), Gerrit Zitterbart (Kl).

Academia Allegro Vivo, Wiener Str 2, A-3580 Horn, T: +43 29 8 243 19, F: +43 29 8 24 31 94, *academia@allegro-vivo.at*; *www.academia.allegro-vivo.at.* – Mitgl: 17.

Accademia Filarmonica Köln, c/o Gabriele Nußberger, Alte Str 51, D-50226 Frechen, T: +49 22 3 42 29 81, F: +49 22 3 492 30 10, *walter.nussberger@t-online.de.* – Mitgl: 20.

Accenti Musicali Ensemble für Alte Musik, c/o Stefan Lipka, Michaelstr 11, D-70597 Stuttgart, T: +49 7 117 65 19 66, *LipkaS@web.de.* – Mitgl: 3.

Ad Libitum, c/o Berliner Konzertagentur 3-Klang Horst Gutteck, Krautstr 53, D-10243 Berlin, T: +49 30 9 33 20 14, F: +49 30 9 33 18 21, *agentur3klang@t-online.de.*

ad libitum music, c/o Andreas Salm, Papenbütteler Weg 14, D-27729 Hambergen, Postfach 1131, D-27727 Hambergen, T: +49 47 9 39 50 86, F: +49 47 9 39 50 85, *klangkristalle@yahoo.com.* – Mitgl: 10.

Les Adieux, c/o Hajo Bäß, Huppichterother Str 27a, D-51588 Nümbrecht, T: +49 22 9 344 98, F: +49 22 9 339 11, *les_adieuxbsp@web.de.* – Mitgl: 6.

Akademie für Alte Musik Berlin, Adalbertstr 20, D-10997 Berlin, T: +49 30 6 94 14 15, F: +49 30 6 94 14 13, *susanne.emig@akamus.de, folkert.uhde@akamus.de*; *www.akamus.de.* – Mitgl: 23.

Alban Berg Quartett, Kielmanseggasse 26, A-2340 Mödling, T: +43 22 3 64 18 26. – Mitgl: Günter Pichler (V), Thomas Kakuska (Va), Gerhard Schulz (V), Valentin Erben (Vcl).

Albert Schweitzer-Quintett / Albert Schweitzer-Oktett, c/o Konzertdirektion Andrea Hampl, Karl-Schrader-Str 6, D-10781 Berlin, T: +49 30 4 78 26 99, F: +49 30 4 78 37 92, *hampl@konzertdirektion.de*; *www.konzertdirektion.de.* – Mitgl: 5–8, Angela Firkins (Fl), Eckart Hübner (Fag), Silke Schurack (Hn), Christiane Dimigen (Ob), Diemut Schneider (Klar).

Albicastro-Ensemble, c/o Konzertagentur Marianne Böttger, Dahlmannstr 9, D-10629 Berlin, T: +49 30 3 24 85 27, F: +49 30 3 23 11 93, *agency@boettger-berlin.de*; *www.boettger-berlin.de.*

Aleph Gitarrenquartett, c/o Sehringer GbR, Goethestr 51, D-76135 Karlsruhe, *masou@alephgitarrenquartett.de*; *www.alephgitarrenquartett.de.* – Mitgl: Andres Hernandes-Alba (Git), Rodger Masou (Git), Wolfgang Sehringer (Git), Klara Tomljanovic (Git).

Allegria Ensemble (Mitglieder der Staatskapelle Dresden), c/o Allegria Concept, Jens Becker, Kamelienweg 16, D-01279 Dresden, T: +49 3 512 51 12 83, F: +49 3 512 51 12 44, *JJB-Allegria@t-online.de*; *www.allegria-concept.de.* – Mitgl: 10, Jens J Becker (Fl, Piccolofl), Joachim Hans (Fag), Uwe Kroggel (Vcl), Solveig Rosenhauer (V).

Allerley Klangk & Allerley Gesangk, c/o Thomas M Schallaböck, Erzabt-Klotz-Str 27, A-5020 Salzburg, T: +43 6 6283 10 02, 6 643 37 85 22, F: +43 6 6283 10 02, *thomas@altemusik.net*; *www.altemusik.net.*

Alloys-Ensemble, c/o Konzertdirektion Andrea Hampl, Karl-Schrader-Str 6, D-10781 Berlin, T: +49 30 4 78 26 99, F: +49 30 4 78 37 92, *hampl@konzertdirektion.de*; *www.konzertdirektion.de.* – Mitgl: 3, Françoise Groben (Vcl), John-Edward Kelly (Sax), Bob Versteegh (Kl).

Alphorn-Terzett Armin Rosin, c/o Armin Rosin, Urbanstr 64, D-70182 Stuttgart, T: +49 7 1151 21 01, 1 72–7 11 18 85, F: +49 7 1151 55 61, *prof.armin.rosin@t-online.de*; *www.armin-rosin.com.* – Mitgl: 3, Prof Armin Rosin, Berthold Schick, Dieter Eckert.

Altenberg Trio, c/o Künstlersekretariat Eva Blancafort, Rothenbaumchaussee 30, D-20184 Hamburg, T: +49 40 45 66 96, F: +49 40 45 66 40, *Niklas.Schmidt@t-online.de*; *www.altenberg.co.at.*

Alvarez Quartett, c/o Norddeutsche Konzertdirektion Melsine Grevesmühl GmbH, Twischlehe 5, D-27580 Bremerhaven, Postfach 310265, D-27538 Bremerhaven, T: +49 4 719 82 49 82, F: +49 4 719 82 49 80, *grevesmuehl.ballett@t-online.de*; *www.grevesmuehl.de.* – Mitgl: Carmen Piazzini (Kl), Werner Grobholz (V, KonzM Münchner Philh), Bodo Hersen (Va), Peter Wolf (Vcl).

Amadeus Knabenchor Wien, Leebgasse 34, A-1100 Wien, T: +43 1 6 02 00 86, 6 644 41 22 56(mobile), F: +43 1 6 02 00 86, *amadeusknabenchor@utanet.at*; *www.bth.at/~amadeusknabenchor/.*

AMAR QUARTETT, c/o Frank Horn, Birkenweg 2, CH-8700 Küsnacht, T: +41 19 11 06 33, F: +41 19 11 06 33, *frank@amarquartett.ch*; *www.amarquartett.ch.* – Mitgl: Anna Brunner (V), Daria Zappa (V), Hannes Bärtschi (Va), Maja Weber (Vcl).

Amati Quartett, c/o Philipp Bachofner, Neuguet, CH-8820 Wädenswil, T: +41 17 80 11 35, F: +41 16 80 20 74, *philippbachhofner@artarena.ch*; *www.artarena.ch.* – Mitgl: Willi Zimmermann (V), Katarzyna Nawrotek (V), Nicolas Corti (Va), Claudius Herrmann (Vcl).

Ambassade-Orchester Wien, c/o Buchmann & Kaspar OEG, Märzstr 60/22, A-1150 Wien, T: +43 1 8 88 02 86, +43 6 642 21 75 25, F: +43 1 8 88 02 86, *office@ambassade-orchester.com*; *www.ambassade-orchester.com.*

Ambassade-Quartett Wien, c/o Musikagentur Buchmann & Kaspar OEG, Märzstr 60/22, A-1150 Wien, T: +43 1 8 88 02 86, F: +43 1 8 88 02 86, *office@ambassade-orchester.com*; *www.ambassade-orchester.com/.*

Anhaltische Philharmonie Dessau, Friedensplatz 1 a, D-06844 Dessau, Postfach 1203, D-06812 Dessau, T: +49 3 402 51 12 20, F: +49 3 402 51 13 59, *gom@anhaltisches-theater.de*; *www.anhaltisches-theater.de.* – Mitgl: 84, GMD Solo Berg (ChefDgt); Myra van Campen-Bálint (V,1. Konzm), Martin Schulze (V, stellv 1. Konzm), Christine Langer (V, 2. Konzm); Susanne Dudicz (V), Matthias Gallien (Va), Maurice Lepetit (Vcl), Ingo Burghausen (KB), Beate Ann-Neumann (Fl) ua.

Animae Trio, c/o Tomas Dratva, Jurastr 45, CH-4053 Basel, T: +41 6 13 31 30 85, F: +41 6 13 31 30 85, *tomas.dratva@bluewin.ch*; *www.trio-animae.ch.* – Mitgl: Jean-Christophe Gawrysiak (V), Dieter Hilpert (Vcl), Tomas Dratva (Kl).

AnSchlag – Musik für Klavier und Schlagzeug, c/o Michael Pattmann, Falterweg 11, D-44799 Bochum, T: +49 2 3477 21 08, F: +49 2 3477 21 08, *info@duo-anschlag.de*; *www.duo-anschlag.de.* – Mitgl: 2, Michael Pattmann (Schlgz), Christian Nagel (Kl).

Arcadia Ensemble, c/o Janette Flöel, Schöneckstr 10, D-79104 Freiburg/Breisgau, T: +49 7 613 26 96, F: +49 7 613 26 96. – Mitgl: 4.

Arcadia-Ensemble, Beatrixgasse 26/8/95, A-1030 Wien, T: +43 1 9 13 34 18, F: +43 6 9910 80 50 60.

Arcadia-Ensemble, c/o Christoph Ehrsam, Klybeckstr 62, CH-4057 Basel, T: +41 6 16 91 20 18, F: +41 6 16 91 20 18, *ehrsam@com.inserve.com.* – Mitgl: Christoph Ehrsam (Blfl), Eunice Brandao (Vcl), Attilio Cremonesi (Cemb).

Arcani musicali, c/o Herbert Vieth, Forum Artium, Am Kasinopark 1–3, D-49124 Georgsmarienhütte, T: +49 54 0 13 41 60, F: +49 54 0 13 42 23, *h.vieth@formartium.de.* – Mitgl: 8.

[archae.o.pteryx] – ensemble für erstaunliche musik, c/o Ulrich Ludat, St Johanner Markt 17, D-66111 Saarbrücken, T: +49 6 818 30 88 72, F: +49 6 818 30 88 71, *post@duo-archaeopteryx.de; ludat@duo-archaeopteryx.de*; *www.duo-archaeopteryx.de.* – Mitgl: 2, Ulrich Ludat (Blasinstr, Schlgz, Elektronik, Performance), Armin Sommer (Schlgz, Performance), NN (Klangregie), NN (Video).

L'Archibudelli, c/o Künstlersekretariat Rolf Sudbrack, Gösselkoppel 54a, D-22339 Hamburg, T: +49 40 5 38 21 65, F: +49 40 5 38 72 20, *Rolf.Sudbrack@t-online.de*; *www.sudbrackmusik.de.* – Mitgl: Vera Beths, Jürgen Kussmaul, Anner Bylsma.

Arditti Quartet, c/o Künstleragentur Dr. Raab & Dr. Böhm, Plankengasse 7, A-1010 Wien, T: +43 1 5 12 05 01, F: +43 1 5 12 77 43, *office@rbartists*; *www.rbartists.at.* – Mitgl: Irvine Arditti (V), Graeme Jennings (V), Ralf Ehlers (Va), Rohan de Saram (Vcl).

Aria Quartett, c/o Pro Musicis, Rütistr 38, CH-8032 Zürich, T: +41 4 42 51 65 33, F: +41 4 42 52 29 14. – Mitgl: Thomas Füri (V), Adelina Oprean (V), Christoph Schiller (Va), Conradin Brotbek (Vcl).

Arioso Quartett Wien, c/o Martin Klimek, Löwengasse 42/21, A-1030 Wien, T: +43 1 5 04 49 37, F: +43 1 5 04 49 37, *arioso@music.at.*

Arnold Schoenberg Chor, Prinz-Eugen-Str 16/3, A-1040 Wien, T: +43 1 5 04 25 40, F: +43 1 5 04 25 49, *asc@asc.at*; *www.asc.at.*

arpeggione Kammerorchester Hohenems, c/o Alber Concert Theater, Frickastr 29, D-80639 München, T: +49 89 29 45 65, F: +49 89 2 28 93 59, *info@alber-concert.de.*

ars-nova-ensemble Berlin, c/o Dr. Peter Schwarz, Boumannstr 17, D-13467 Berlin, T: +49 30 4 04 11 04, F: +49 30 4 04 11 06, *Uta.Peter.Schwarz@t-online.de.* – Mitgl: 12.

ars nova ensemble nürnberg, c/o Werner Heider, An der Lauseiche 14, D-91058 Erlangen, T: +49 91 3 16 65 87. – Mitgl: 7.

ART Ensemble NRW, c/o Miro Dobrowolny, Bergstr 142 a, D-41063 Mönchengladbach, T: +49 21 6 11 35 72, F: +49 21 6 11 64 67; *www.art-ensemble.de.* – Mitgl: 15.

Art of Brass Vienna, c/o Thomas Bieber, Postgasse 2/3/55, A-1010 Wien, T: +43 1 5 13 84 35, F: +43 1 5 13 84 35, *kojeder@gmx.at*; *www.artofbrassvienna.com*.

ARTA-Trompetenensemble, c/o Andreas Michel, In der Breite 9, D-78595 Hausen ob Verena, T: +49 74 2 460 15 37, F: +49 74 2 490 59 41, *info@arta-trompeten.de*; *www.arta-trompeten.de*. – Mitgl: 3, Andreas Michel (Trp, Corno da Caccia), Thomas Reiner (Trp), Yume Shimizu (Trp).

ARTE Quartett, c/o Claudia Bosshardt, Postfach 204, CH-4001 Basel, T: +41 6 12 62 00 27, *info@arte-quartett.com*; *www.arte-quartett.com*. – Mitgl: 4, Beat Hofstetter (Sax), Sascha Armbruster (Sax), Andrea Formenti (Sax), Beat Kappeler (Sax).

Artemis-Ensemble, c/o Susanne Geiger, Friedrichweg 4, D-71083 Herrenberg, T: +49 70 3 22 63 64, F: +49 70 3 250 89 66, *geiger.dieterle@t-online.de*. – Mitgl: 9.

Artemis Quartett, c/o Sonia Simmenauer Impresariat, Bornstr12, D-20146 Hamburg, T: +49 40 42 31 31 11, F: +49 40 42 31 31 13, *sonia.simmenauer@impresariat-simmenauer.de*; *www.impresariat-simmenauer.de/htdocs/artemis.html*. – Mitgl: Natalia Prischepenko (V), Heime Müller (V), Volker Jacobsen (Va), Eckhart Runge (Vcl).

Artis-Quartett Wien, c/o Peter Schuhmayer, Kleistgasse 5/15, A-1030 Wien, T: +43 1 5 12 40 95, F: +43 1 5 12 40 95, *peter.schuhmayer@aon.at*; *www.artis-quartett.at*. – Mitgl: 4, Peter Schuhmayer (1. V), Johannes Meisel (2. V), Herbert Kefer (Va), Othmar Müller (Vcl).

ArToll-Ensemble, c/o Raimund Philippi, Nassauer Allee 186, D-47533 Kleve, T: +49 28 2 14 52 70, F: +49 28 2 14 52 70, *wolfgang@artoll-ensemble.de*; *www.artoll-ensemble.de*. – Mitgl: 16.

Augsburger Domsingknaben, Haus St Ambrosius, Hoher Weg 30, D-86152 Augsburg, T: +49 8 2151 00 88, F: +49 8 2131 26 15, *augsburger-domsingknaben@t-online.de*; *www.augsburger-domsingknaben.de*. – Mitgl: 36.

Aulos-Bläserquintett, c/o Norddeutsche Konzertdirektion Melsine Grevesmühl GmbH, Twischlehe 5, D-27580 Bremerhaven, T: +49 4 719 82 49 82, F: +49 4 719 82 49 80, *grevesmuehl.ballett@t-online.de*; *www.grevesmuehl.de*.

Aura Ensemble/Quartett, c/o Conrad Wyss, Fichtenrain 11, CH-4106 Therwil, T: +41 6 17 21 83 47, F: +41 6 17 23 18 29, *info@auraquartett.ch*; *www.auraquartett.ch*. – Mitgl: Antonio Núñez (V), Roger Pyne (V), Christian Vaucher (Va), Conrad Wyss (Vcl), Hans Joerg Fink (Kl), Adrian Oetiker (Kl).

Auryn Quartett, c/o Konzertbüro Nikolaus Schmidt, Kirchenallee 22, D-20099 Hamburg, T: +49 40 28 05 66 17, F: +49 40 28 05 66 18, *schmidtkonzert@aol.com*. – Mitgl: Andreas Arndt (Vcl), Matthias Lingenfelder (V), Jens Oppermann (V), Stewart Eaton (Va).

Austrian Horns, c/o Nury Guarnaschelli, Breitenfurter Str 384, A-1230 Wien, T: +43 1 8 86 16 26, F: +43 1 8 86 16 26, *nurygu@aon.at*, *austrianhorns@aon.at*, *viennabrass@aon.at*; *www.austrianhorns.com*. – Mitgl: 6, Nury Guarnaschelli, Josef Eder, Yuquan Wang, Peter Erdei, Hans Widihofer, Martin Schöpfer.

Axis-Duo, c/o Klang & Körper, Am See 1, D-17440 Klein Jasedow, T: +49 3 83 7 47 52 28, F: +49 3 83 7 47 52 23, *Kh@humantouch.de*; *www.klangundkoerper.de*. – Mitgl: 2, Beata Seemann (Cemb, Clavichord), Claus Holsten (Traversfl).

B.I.C.E. Berlin Improvising Composer's Ensemble, c/o Klaus Schöpp, Curtiusstr 77, D-12205 Berlin, T: +49 30 3 95 63 26, F: +49 30 3 95 63 26, *schoeppklaus@gmx.de*. – Mitgl: 5.

Bach Collegium München, c/o Tonicale Musik + Event GmbH, Elisabethstr 9, D-80796 München, T: +49 89 5 45 89 50, F: +49 89 54 58 95 99, *info@bachcollegium.de*; *www.bachcollegium.de*. – Mitgl: 30–60, Florian Sonnleitner (V).

Bach-Collegium Osnabrück eV, c/o Forum Artium, Am Kasinopark 1–3, D-49124 Georgsmarienhütte, T: +49 54 0 13 41 60, F: +49 54 0 13 42 23, *h.vieth@forumartium.de*. – Mitgl: 30.

Bach Consort Wien, Porzellangasse 22/1/14, A-1090 Wien, T: +43 1 3 10 91 84, F: +43 1 3 10 91 84, *office@bachconsort.com*; *www.bachconsort.com*.

Bachorchester des Gewandhauses zu Leipzig, c/o CONTOUR GmbH Büro für Concert- und Gastspieltourneen, Postfach 250152, D-40093 Düsseldorf, T: +49 2 119 34 84 86, F: +49 2 1134 52 35, *info@contour-concert.de*; *www.contour-concert.de*.

Bad Reichenhaller Philharmonie e. V., Salzburger Str 7, D-83435 Bad Reichenhall, Postfach 2123, D-83423 Bad Reichenhall, T: +49 86 5 186 61, F: +49 86 5 171 05 51, *kontakt@philharmonie-reichenhall.de*; *www.philharmonikerreichenhall.de*. – Mitgl: 40.

Baden-Badener Philharmonie, Schloss Solms, Solmsstr 1, D-76530 Baden-Baden, T: +49 72 2 193 27 91, F: +49 72 2 193 27 94, *philharmonie@baden-baden.de*; *www.philharmonie.baden-baden.de*. – Mitgl: 34.

Badische Staatskapelle, Baumeisterstr 11, D-76137 Karlsruhe, Postfach 1449, D-76003 Karlsruhe, T: +49 7 213 55 72 81, F: +49 7 2137 32 23, *Pressestelle@BStaatstheater.de*; *www.staatstheater.karlsruhe.de*. – Mitgl: 99.

Bänkelthomas, c/o Thomas M Schallaböck, Erzabt-Klotz-Str 27, A-5020 Salzburg, T: +43 6 6283 10 02, F: +43 6 623 37 85 22, *thomas@altemusik.net*; *www.altemusik.net*.

bärmann trio, c/o Ulrich Büsing, Jahnstr 9, D-60318 Frankfurt/Main, T: +49 69 55 85 62, F: +49 69 55 85 66, *webmaster@baermann-trio.de*; *www.baermann-trio.de*.

Balletto Terzo, c/o Dr. Eckhard Weber, Waisenhausgasse 47, D-50676 Köln, T: +49 2 219 32 74 35, F: +49 2 119 32 74 35, *e.weber@balletto-terzo.de*; *www.balletto-terzo.de*. – Mitgl: 3.

Balthasar-Neumann-Chor, Wallstr 14a, D-79098 Freiburg/Breisgau, T: +49 7 6129 62 16, F: +49 7 6129 62 17, *info@kulturprojekte.com*; *www.kulturprojekte.com*.

Balthasar-Neumann-Ensemble, c/o Büro f Int Kulturprojekte GmbH, Wallstr 14a, D-79098 Freiburg/Breisgau, T: +49 7 6129 62 16, F: +49 7 6129 62 17, *info@kulturprojekte.com*; *www.kulturprojekte.com*. – Mitgl: variabel.

Bamberger Barock-Ensemble, c/o Gertrud Kaleschke-Jemiller, Andreas-Lang-Steig 8, D-96049 Bamberg, T: +49 9 516 43 27, *G.Kaleschke-Jemiller@gmx.de*. – Mitgl: 5, Ursula Haeggblom (Fl), Otto Winter (Ob), Burkhard Browa (V), Franz Hammermayer (Gambe, Vcl), Gertrud Kaleschke-Jemiller (Cemb, Hammerflügel).

Bamberger Symphoniker – Bayerische Staatsphilharmonie, Mußstr 1, D-96047 Bamberg, Postfach 110146, D-96029 Bamberg, T: +49 9 519 64 71 00, F: +49 9 519 64 71 23, *intendanz@bamberger-symphoniker.de*; *www.bamberger-symphoniker.de*. – Mitgl: 113.

Banda Classica, c/o Christian Siegmann, Güetliweg 31, CH-8132 Hinteregg, T: +41 19 84 27 87, F: +41 19 84 27 87, *forum@siegmann.ch*.

Barock Ensemble Berlin, c/o Thomas Ahrndt, Braunschweiger Str 68, D-12055 Berlin, T: +49 30 6 85 17 96, F: +49 30 6 85 17 96. – Mitgl: 4.

Barock Ensemble Herzogenaurach, c/o Claudia Schulten-Kuth, Sudetenring 39a, D-91074 Herzogenaurach, T: +49 91 3 217 56, F: +49 91 3 217 56, *Claudia.Schulten-Kuth@d2mail.de*. – Mitgl: 5.

Barockensemble Freudenfeuer, c/o Martin Klepper, Am Dorfbach 6, D-83623 Ascholding, T: +49 81 7 148 18 40, *info@freudenfeuer.net*; *www.freudenfeuer.net*.

Barockorchester München, c/o Christoph Hesse, Gotenweg 42, D-35578 Wetzlar, T: +49 64 4 12 31 81, F: +49 64 4 121 16 68, *hesse.arpa.festante@t-online.de*. – Mitgl: variabel.

Barockorchester „musica laetitia", c/o Jürgen Hartmann, Mühlenviertel 58, D-04509 Selben, T: +49 3 42 0 29 30 94, *BueroJuergenHartmann@t-online.de*; *www.musicalaetitia.de*. – Mitgl: 12–24.

Barockorchester Schleswig-Holstein Concertino Schleswig-Holstein, c/o Thomas Rink, Kaiserstr 12, D-24534 Neumünster, T: +49 43 2 14 53 85, F: +49 43 2 14 53 85, *thomas.rink@web.de*, *barockorchester@web.de*; *www.barock-orchester-schleswig-holstein.de*. – Mitgl: 25, Thomas Rink (Fag), Susanne Lorenz-Sprenger (Blockfl), Peter Godt, Johanna Wesnigk (Traversfl), Susanne Horn (Va da Gamba), Franziska Jacknau (Trp), Gabrielle Gieselbusch (V), Felix Stockmar (Vcl), Gerd Jordan (Cemb).

Barockorchester Stuttgart, c/o Musik Podium Stuttgart, Christophstr 5, D-70178 Stuttgart, Postfach 102630, D-70022 Stuttgart, T: +49 7 112 39 13 90, F: +49 7 112 39 13 99, *info@musikpodium.com*; *www.musikpodium.com*. – Mitgl: 30.

basel sinfonietta, Postfach 332, CH-4018 Basel, T: +41 6 13 35 54 15, F: +41 6 13 35 55 35, *mail@baselsinfonietta.ch*; *www.baselsinfonietta.ch*. – Mitgl: 85.

Basler Festival Orchester, Delsberger Allee 74, CH-4018 Basel, Postfach 129, CH-4018 Basel, T: +41 6 13 32 10 66, F: +41 6 13 32 10 70, *info@bfo.ch*; *www.bfo.ch*. – Mitgl: 75.

Basler Madrigalisten, c/o Schweizer Kammerchor, Bodmerstr 12, CH-8002 Zürich, T: +41 4 42 01 02 32, F: +41 4 42 01 27 94, *admin@skbm.ch*; *www.skbm.ch*.

Basler Streichquartett, c/o Sinfonieorchester Basel, Ria Wolff, Barfüsserplatz 8, CH-4051 Basel, T: +41 6 12 05 00 95, F: +41 6 12 05 00 99, *grevesmuehl.ballett@t-online.de*; *www.sinfonieorchesterbasel.ch*. – Mitgl: Susanne Matté (V), Katrin Adelmann (V), Ria Wolff (Va), Michael Keller (Vcl).

Bayerische Kammerphilharmonie e. V., c/o Alexander Scheirle, Jesuitengasse 2, D-86152 Augsburg, T: +49 8 215 21 36 20, F: +49 8 215 21 36 22, *info@kammerphilharmonie.de*; *www.kammerphilharmonie.de*. – Mitgl: 30.

Bayerisches Kammerorchester Bad Brückenau, Heinrich-von-Bibra-Str 5, D-97769 Bad Brückenau, Postfach 1140, D-97763 Bad Brückenau, T: +49 97 4 193 89–0, F: +49 97 4 193 89–11, *info@kammerorchester.de*; *www.kammerorchester.de*. – Mitgl: 58.

Bayerisches Staatsorchester, Max-Joseph-Pl 2, D-80539 München, T: +49 89 21 85 13 31, F: +49 89 21 85 13 03, *leitung.orchesterbuero@st-oper.bayern.de*; *www.bayerische.staatsoper.de*, *www.staatsorchester.de*. – Mitgl: 140.

Bayreuther Kammerorchester, c/o Nicolaus Richter, Zeckenmühle 1, D-95511 Bayreuth-Mistelbach, T: +49 92 0 179 96 67, F: +49 92 0 19 17 01 73, *Nicolaus.Richter@uni.de*. – Mitgl: 28–40.

Bazin Streichquartett, c/o Stephan Hänggeli, chemin de la Vanne 62, CH-2604 La Heutte, T: +41 3 23 22 64 36, *anita@jehli.ch*. – Mitgl: Stephan Hänggeli (V), Johanna Pfister (V), Paul Westermayer (Va), Anita Jehli (Vcl).

Beethoven Orchester Bonn Orchester der Beethovenhalle Bonn, Wachsbleiche 21, D-53111 Bonn, T: +49 2 2845 49 30, F: +49 2 284 54 93 25, *info@beethoven-orchester.de*; *www.beethoven-orchester.de*. – Mitgl: 122.

Bergische Symphoniker Orchester der Städte Remscheid und Solingen, Konrad-Adenauer-Str 72–74, D-42651 Solingen, T: +49 2 122 80 15 83, F: +49 2 122 80 15 82, *Kontakt@BergischeSymphoniker.de*; *www.BergischeSymphoniker.de*. – Mitgl: 83.

Berlin Baroque Akademie für historische Aufführungspraxis eV, Plüschowstr 7, D-14163 Berlin, T: +49 30 80 90 80 70, F: +49 30 80 90 80 71, *info@elisabeth-musiquen.de*; *www.elisabeth-musiquen.de*. – Mitgl: 2–18.

Berlin Sinfonietta Kammerorchester des Berliner Sinfonie-Orchesters, c/o Michail Sekler, Kronenstr 72, D-10117 Berlin. – Mitgl: 25.

Berliner Barock-Compagney, c/o Jan Freiheit, Eichenallee 20, D-14641 Wansdorf, T: +49 33 0 420 37 00, 01 72–9 07 61 84, F: +49 33 0 420 37 01, *jan.freiheit@freenet.de*. – Mitgl: 3.

Berliner Blechbläser Trio, c/o Erhard Schwartz, Cotheniusstr 16, D-10407 Berlin, T: +49 30 42 80 00 15, F: +49 30 42 85 77 27, *Erhard.Schwartz@t-online.de*; *www.berlinerblechblaesertrio.de*. – Mitgl: 3, Erhard Schwartz (Tb), Paul Goodman (Hn), Clemens Erdmann (Pos).

Berliner Cellharmoniker, c/o Rouven Schirmer, Berliner Str 10, D-13187 Berlin, T: +49 30 78 00 14 25, 1 75–2 43 88 08, F: +49 30 78 00 14 26, *schirmer@berliner-cellharmoniker.de*; *www.berliner-cellharmoniker.de*. – Mitgl: 4, Stefan Faludi, Stefan Heinemeyer, Andreas Kipp, Rouven Schirmer.

Berliner Conzert, c/o Hartwig Groth, Andersenstr 6, D-90482 Nürnberg, T: +49 9 11 50 18 83, F: +49 9 11 50 18 91, *vdggroth@aol.com*. – Mitgl: 3.

Berliner KammerOrchester e. V., Danckelmannstr 54a, D-14059 Berlin, T: +49 30 3 25 88 23, F: +49 30 3 25 88 23, *B.K.O@t-online.de*; *www.BKO.de*. – Mitgl: 25.

Berliner Kammerphilharmonie e. V., Akazienstr 3, D-10823 Berlin, T: +49 30 72 01 11–0, F: +49 30 72 01 11–29, *info@philharmonie.de*; *www.philharmonie.de*.

Berliner Konzert Chor, Starnberger Str 3, D-10781 Berlin, T: +49 30 2 18 50 01, F: +49 30 2 13 87 03, *berlinerkonzertchor@t-online.de*; *www.berlinerkonzertchor.de*. – Mitgl: variabel.

Berliner Konzert Chor e V – Spatzenchor, Starnberger Str 3, D-10781 Berlin, T: +49 30 2 18 50 01, F: +49 30 2 13 87 03, *berlinerkonzertchor@t-online.de*; *www.berlinerkonzertchor.de*. – Mitgl: variabel.

Berliner Philharmoniker, Herbert-von-Karajan-Str 1, D-10785 Berlin, T: +49 30 25 48 80, F: +49 30 2 61 48 87, *presse@berliner-philharmoniker.de*; *www.berliner-philharmoniker.de*. – Mitgl: 128.

Berliner Posaunen-Ensemble (Four in Hand), c/o Konzert-Direktion Hans Adler, Auguste-Viktoria-Str 64, D-14199 Berlin, T: +49 30 8 95 99 20, F: +49 30 8 26 35 20, *info@musikadler.de*; *www.musikadler.de*. – Mitgl: Harald Winkler, Olaf Krumpfer, Artur Frenzel, Frank van Nooy.

Berliner Posaunenquartett, c/o MusikAgentur Schönherr, Möllenseestr 23a, D-12587 Berlin, T: +49 30 64 19 79 64, F: +49 30 64 19 79 65, *schoenherr.musik@t-online.de*.

Berliner Quintett, c/o Norddeutsche Konzertdirektion Melsine Grevesmühl GmbH, Twischlehe 5, D-27580 Bremerhaven, T: +49 4 719 82 49 82, F: +49 4 719 82 49 80, *grevesmuehl.ballett@t-online.de*; *www.grevesmuehl.de*.

Berliner Saxophon Quartett, c/o Detlef Bensmann, Christstr 38, D-14059 Berlin, T: +49 30 3 22 81 26, F: +49 30 3 22 89 44, *SaxophonBensmann@aol.com*; *www.saxart.de/pages/BSQ-port.html*. – Mitgl: 4.

Berliner Sinfonie-Orchester, c/o Konzerthaus Berlin, Gendarmenmarkt 2, D-10117 Berlin – Mitte, D-10106 Berlin, T: +49 30 20 30 90, F: +49 30 2 03 09 22 09, *intendanz@konzerthaus.de*, *www.berliner-sinfonie-orchester.de*; *www.konzerthaus.de*. – Mitgl: 108.

Berliner Virtuosen, c/o Prof Manfred Scherzer, Karl-Marx-Allee 70g, D-10243 Berlin, T: +49 30 2 96 39 81. – Mitgl: 16.

Berner Bach Solisten, c/o Jean-Luc Reichel, Steinauweg 27, CH-3007 Bern, T: +41 3 13 71 98 36, F: +41 3 13 71 98 34, *reichelbern@access.ch*. – Mitgl: 25.

Berner Flötenquartett, c/o Jean-Luc Reichel, Steinauweg 27, CH-3007 Bern, T: +41 3 13 71 98 36, F: +41 3 13 71 98 34, *reichelbern@access.ch*. – Mitgl: Fabienne Seban (Qufl), Marianne Hübscher (Qufl), Jean-Luc Reichel (Qufl), Gerhard Schertenleib (Qufl).

Berner Kammerorchester, c/o Eveline Hürzeler-Merz (Geschäftsführerin), Eschenweg 16, CH-3053 Münchenbuchsee, T: +41 3 18 69 32 31, F: +41 3 18 69 32 31, *eveline.huerzeler@bluewin.ch*. – Mitgl: 33.

Berner Konzertorchester, c/o Michel Biedermann, Stauffenbühl, CH-3664 Burgistein, T: +41 3 13 56 23 01, F: +41 3 13 56 23 01, *biedermann.burgistein@smile.ch*. – Mitgl: 45.

Berner Symphonie-Orchester (BSO), c/o Stiftung Berner Symphonie-Orchester, Münzgraben 2, CH-3000 Bern 7, Postfach 185, CH-3000 Bern 7, T: +41 3 13 28 24 24, F: +41 3 13 28 24 25, *info@bernorchester.ch*; *www.bernorchester.ch*. – Mitgl: 101.

Bielefelder Philharmoniker Philharmonisches Orchester der Stadt Bielefeld, Brunnenstr 3–9, D-33602 Bielefeld, Postfach 100353, D-33503 Bielefeld, T: +49 5 21 51 24 94, F: +49 5 21 51 64 08, *tilmann.boettcher@bielefeld.de*; *www.bielefelder-philharmoniker.de*. – Mitgl: 67.

Bieler Symphonieorchester (OGB), Schmiedengasse 1, CH-2500 Biel, T: +41 3 23 28 89 79, F: +41 3 23 28 89 77, *info@ogb-sob.ch*; *www.ogb-sob.ch*. – Mitgl: 49.

Bläserensemble Sabine Meyer, c/o Konzertdirektion Hans Ulrich Schmid, Königstr 36, D-30175 Hannover, Postfach 3409, D-30034 Hannover, T: +49 5 11 36 60 7 60/27, F: +49 5 11 36 60 73 4, *Mail@KDSchmid.de*; *www.kdschmid.de/deutsch/index.htm*. – Mitgl: 9, Sabine Meyer (Klar), Reiner Wehle (Klar), Diethelm Jonas (Ob), Albrecht Mayer (Ob), Bruno Schneider (Hn), Niklaus Frisch (Hn), Dag Jensen (Fag), Stefan Schweigert (Fag), Klaus Lohrer (Fag).

Bläsersolisten Aargau, c/o Christoph Brunner, Etoile, CH-2612 Cormoret, T: +41 3 29 43 10 05, *christoph.brunner@tiscali.ch*. – Mitgl: Renato Bizzotto (Ob), Bernhard Kühne (Ob), Susanne Gutthauser (Fl), Stephan Lauper (Fl), Reto Wildeisen (Klar), Urs Gloor (Klar), Thomas Hunziker (Klar), Urla Kahl (Hn), Brigitte Leutenegger (Fag).

Blue Collar, c/o Andreas Willers, Wacholderweg 25, D-14532 Kleinmachnow, T: +49 3 32 03 77 76 4, *a.willers@t-online.de*; *www.andreas-willers.com*. – Mitgl: 5.

Blue Noise – (Performers' Cooperative), c/o Anna Carewe, Wielandstr 34, D-12159 Berlin, T: +49 30 28 38 60 06, F: +49 30 28 38 60 01, *Anna_Carewe@t-online.de*. – Mitgl: 4.

Bochumer Symphoniker, Prinz-Regent-Str 50–60, D-44795 Bochum, T: +49 2 349 10 86 22, F: +49 2 349 10 86 16, *amt41bs@bochum.de*; *www.bochumer-symphoniker.de*. – Mitgl: 86.

boris blacher ensemble Ensemble für Neue Musik, c/o Pro Avantgarde, Achim Hartig, Samariterstr 7, D-10247 Berlin, T: +49 30 42 25 60 20, F: +49 69 1 33 04 86 81 01, *pro.avantgarde@nexgo.de*. – Mitgl: 17.

Brandenburger Symphoniker, Grabenstr 14, D-14776 Brandenburg, T: +49 33 8 151 11 31, F: +49 33 8 151 11 30, *sekretariat@brandenburgertheater.de*; *kneisel@brandenburgertheater.de*; *www.brandenburgertheater.de*. – Mitgl: 56.

Brandenburgische Philharmonie Potsdam, Nansenstr 5, D-14471 Potsdam, T: +49 3 312 70 91 79, F: +49 3 312 70 91 53. – Mitgl: 74.

Brandenburgisches Konzertorchester Eberswalde, Naumannstr 3 c, D-16225 Eberswalde, T: +49 33 3 42 56 50, F: +49 33 3 42 56 51, *brandenburgisches-konzertorchester@telta.de*; *www.brandenburgisches-konzertorchester.de*. – Mitgl: 25.

Brandenburgisches Staatsorchester Frankfurt, Lebuser Mauerstr 4, D-15230 Frankfurt/Oder, T: +49 3 356 06 73 40, F: +49 3 356 80 27 48, *info@bsof.de*; *www.bsof.de*. – Mitgl: 86, Juriy Toschmakow, Klaudyna Schulze-Broniewska, Wojciech Gielnik (V), Claudia Georgi (Va), Thomas Georgi (Vcl), Elisabeth Voigt (Fl), Akeo Watanabe (Ob), Christian Krech (Klar), Eckhard Schulze (Hn), Thilo Hoppe, Tamás Csötönyi (Trp).

Brandis Quartett Berlin, c/o Konzert-Direktion Hans Adler, Auguste-Viktoria-Str 64, D-14199 Berlin, T: +49 30 8 95 99 20, F: +49 30 8 26 35 20, *info@musikadler.de*; *www.musikadler.de*. – Mitgl: Wilfried Strehle (Va), Thomas Brandis (V), Peter Brem (V), Wolfgang Boettcher (Vcl).

brass of the moving image, c/o Rochus Aust, Grüner Talstr 70, D-58644 Iserlohn, T: +49 23 71 50 44 2, 1 72–4 29 84 87, F: +49 23 7 153 94 17, *bmi@chezmuziek.de*; *www.chezmuziek.de*. – Mitgl: 6–20, Rochus Aust (Trp), Rita Bielians-Kaile (Sop).

Brass-Partout, c/o Raphael Mentzen, Suarezstr 7, D-14057 Berlin, T: +49 30 30 82 49 07, F: +49 30 30 82 49 07. – Mitgl: 17, Herrman Bäumer (Lt).

Brass-Philharmonie-Stuttgart, c/o Prof Armin Rosin, Urbanstr 64, D-70182 Stuttgart, T: +49 7 11 51 21 01, F: +49 7 11 51 55 61, *prof.armin.rosin@t-online.de*; *www.armin-rosin.com*. – Mitgl: 12.

Bremer Philharmoniker GmbH, Plantage 13, D-28215 Bremen, T: +49 4 21 62 67 30, F: +49 4 21 62 67 32 0, *info@bremerphilharmoniker.de*; *www.bremerphilharmoniker.de*. – Mitgl: 82.

Bronsky Ritual, c/o Wulfin Lieske, Lindenstr 17, D-50674 Köln, T: +49 2 21 21 48 11, F: +49 2 212 40 54 47, *bm-contact@netcologne.de*; *www.bronsky-ritual.de*. – Mitgl: 4.

Bruckner Orchester Linz, Promenade 39, A-4010 Linz, T: +43 7 327 61 11 94, F: +43 7 327 61 13 15, *office@bruckner-orchester.at*; *www.bruckner-orchester.at*. – Mitgl: 102.

Buccina Ensemble Bonn, c/o Antonios Gerochristodoulou, Heinrich-Bursch-Str 4, D-53117 Bonn, T: +49 2 28 67 48 41, F: +49 2 28 68 77 44, *buccina@telda.net*; *www.buccina.de*. – Mitgl: 5, Antonios Gerochristodoulou (Pos), Michael Junghans (Pos), Udo Köhne (Trp), Herbert Lange (Trp), Robert Schäfer (Pk, Schlgz).

Bühnenorchester der Wiener Staatsoper, Opernring 2, A-1010 Wien, T: +43 1 5 14 44 27 17, F: +43 1 5 14 44 27 19, *erich.kitir@wiener-staatsoper.at*; *www.wiener-staatsoper.at*. – Mitgl: 42.

CABAZA – Percussion-Quartet, c/o Hermann Schwander, Reinholdshöheweg 37, D-90559 Burgthann, T: +49 91 8 31 05 3, F: +49 91 8 340 34 10, *SCHWANDER@lau-net.de*; *www.cabaza.de*. – Mitgl: 4, Hermann Schwander, Axel Dinkelmeyer, Roland Schmidt, Hans-Günter Brodmann.

Camerata Bern, Mayweg 4, CH-3007 Bern, T: +41 3 13 71 86 88, F: +41 3 13 71 38 35, *administration@cameratabern.ch*; *www.cameratabern.ch*. – Mitgl: 14.

camerata concertante, c/o Regula Schwarzenbach, Raad, CH-8498 Gibswil, T: +41 5 52 46 36 15, F: +41 5 52 46 36 15, *info@camerataconcertante.ch*.

Camerata Giovanile della Svizzera Italiana – SSPM, Via Agreste 3, CH-6962 Albonago-Viganello, T: +41 9 19 71 20 93, F: +41 9 19 71 20 93. – Mitgl: 14.

Camerata Graz, c/o Robert Fischer, Redtenbacher-Gasse 9, A-8010 Graz, T: +43 3 16 84 09 43, +43 6 99 10 87 84 85.

Camerata Instrumentale Berlin, c/o Uwe Gaffrontke, Leipziger Str 118, D-10117 Berlin, T: +49 30 2 29 10 41, F: +49 30 2 29 10 41, *ugaffrontke@web.de*; *www.camerata-instrumentale-berlin.de*. – Mitgl: 25.

Camerata Köln, Siedlungsstr 9, D-76646 Bruchsal, T: +49 72 5 793 11 85, F: +49 72 5 793 11 88, *camerata.koeln@t-online.de*; *www.camerata-koeln.de*. – Mitgl: 7, Michael Schneider (Fl, Qufl), Karl Kaiser (Qufl), Sabine Lier (V), Ingeborg Scheerer (V, Va), Rainer Zipperling (Va, Vcl), Julianne Borsodi (Va, Vcl), Sabine Bauer (Cemb).

Camerata Lysy Gstaad, Postfach 430, CH-3780 Gstaad, T: +41 3 19 51 86 21, F: +41 3 19 51 86 22, *imma.gstaad@bluewin.ch*; *www.menuhinacademy.ch*. – Mitgl: 20.

Camerata Salzburg, Bergstr 22, A-5020 Salzburg, T: +43 6 628 73 10 40, F: +43 6 628 73 10 45, *info@camerata.at*; *www.camerata.at*. – Mitgl: 40, Leonidas Kavakos (Gast), Natalie Chee (V) ua.

camerata variabile basel Kammerensemble, c/o Christoph Dangel, Nonnenweg 30, CH-4055 Basel, T: +41 6 12 61 20 05, F: +41 6 12 61 20 05, *contact@cameratavariabile.ch*; *www.cameratavariabile.ch*. – Mitgl: 14.

Camerata Vitodurum, c/o Christoph Reimann, Loorstr 22, CH-8400 Winterthur, T: +41 5 22 13 05 66. – Mitgl: 12–24.

Camerata Wien, c/o Erke Duit, Reichergasse 3, A-3400 Weidling, T: +43 2 24 33 43 31, F: +43 6 99 10 24 99 59, *erke.duit@aon.at*.

Camerata Zürich, c/o Geschäftsstelle Camerata, Tertsa GmbH, Hallwylstr 31, CH-8004 Zürich, T: +41 4 42 42 28 87, F: +41 4 42 42 28 83, *info@cameratazuerich.ch*; *www.cameratazuerich.ch*. – Mitgl: 17.

Cantus Cölln, c/o Konrad Junghänel, Mittelstr 6a, D-50321 Brühl, T: +49 22 3 23 44 33, F: +49 22 3 23 51 13, *cantus_coelln@t-online.de*; *www.cantuscoelln.com*. – Mitgl: 6, Johanna Koslowsky (Sop), Elisabeth Popien (Alt), Hans Jörg Mammel (Ten), Wilfried Jochens (Ten), Stephan Schreckenberger (Bass).

Canzonetta Berlin, c/o Almute Zwiener, Söhtstr 3 a/b, D-12203 Berlin, T: +49 30 8 33 33 73, F: +49 30 8 33 33 73. – Mitgl: 12, Jutta Mantel-Buchholz (Fl), Almute Zwiener (Ob), Rumi Sota-Klemm (Klar), Dietlind Uhlig (Fag), Yamashita (Kl).

Canzoni Cölln, c/o Lucia Mense, Bismarckstr 53, D-50672 Köln, T: +49 2 212 40 91 09, 1 726 80 75 82, F: +49 2 212 40 91 09, *lucia.a.e.mense@netcologne.de*, *info@canzoni-coelln.de*; *www.canzoni-coelln.de*. – Mitgl: 3, Lucia Mense (Blockfl), Antje Plieg-Oemig (Va da Gamba), Thomas Rudolph (Org).

Capella Academica Wien – Ensemble Eduard Melkus, Obere Donaustr 57/11, A-1020 Wien, T: +43 1 2 14 66 26, *capella.academica@aon.at*. – Mitgl: 5–33, Alexander Krins, Michael Stüve, Robert Neumann, Eric Ota (BarockV); Harald I Chalumeans (Klar).

Capella Antiqua Bambergensis, c/o Prof Dr Wolfgang Spindler, St-Getreu-Str 36b, D-96049 Bamberg, T: +49 9 515 49 00, 1 72–8 60 07 84, F: +49 9 515 49 13, *CAB.Records@capella-antiqua.de*; *www.capella-antiqua.de*. – Mitgl: 7.

Capella Antiqua Rendsburg e. V., c/o Gesellschaft für Alte Musik in Schleswig-Holstein und Nordschleswig e. V., Lothar Stöbel, Fehmarnstr 66, D-24783 Osterrönfeld, T: +49 43 3 18 04 40, F: +49 43 3 18 04 40; *gam.Kulturnetz-sh.de*. – Mitgl: 15.

Capella Cantorum Berlin Vocalensemble mit Knaben- und Männerstimmen, c/o Klaus Eichhorn, Dernburgstr 13, D-14057 Berlin, T: +49 30 3 25 52 82, F: +49 30 3 25 83 90; *eichhorn.org/gmx.de*. – Mitgl: 15.

Capella Piccola Neuss eV, c/o Thomas Reuber, Archimedesstr 54, D-51065 Köln, T: +49 2 216 91 04 93, F: +49 2 216 91 04 93, *ReuberCP@gmx.de*; *www.capella-piccola.de*. – Mitgl: 20, Martina Lins (Sop).

Capella Scaramella e Piffari, c/o Johannes Schickhaus, Waldhauser Str 15, D-82547 Eurasburg, T: +49 81 7 987 25, F: +49 81 7 987 25. – Mitgl: 15.

Cappella Coloniensis e. V., c/o Avi-Service for music, Von-Huenefeld-Str 2, D-50829 Köln, T: +49 2 2116 88 89 81, F: +49 2 2116 88 89 80, *avi@cappella-coloniensis.de*; *www.cappella-coloniensis.de*.

Cappella Sagittariana, c/o Wolfram Just, Eisenstuckstr 42, D-01069 Dresden, T: +49 3 514 71 10 02, F: +49 3 514 71 10 02. – Mitgl: 7.

Il Capriccio, c/o Matthias Kögel, Main-Neckar-Bahn-Str 28, D-68229 Mannheim, T: +49 6 214 84 26 46, F: +49 6 214 84 22 71, *info@ilcapriccio.de*; *www.ilcapriccio.de*. – Mitgl: 10.

Carl-Philipp-Emanuel-Bach-Ens Hannover, c/o Hans-Christian Euler, Nienburger Str 10, D-30167 Hannover, T: +49 5 117 01 02 12, F: +49 5 1170 26 36. – Mitgl: 4.

Carmina Quartett, c/o Stephan Goerner, Fichtenstr 18, CH-8032 Zürich, T: +41 4 43 80 23 30, F: +41 4 42 51 40 60. – Mitgl: Matthias Enderle (V), Susanne Frank (V), Wendy Champney (Va), Stephan Goerner (Vcl).

Casal-Quartett, c/o Konzertdirektion Fritz Dietrich GmbH (FFM), Sigmund-Freud-Str 1, D-60435 Frankfurt/Main, T: +49 69 54 56 58, F: +49 69 5 48 41 07, *info@konzertdirektion-dietrich.de*; *www.konzertdirektion-dietrich.de/html/casal_-_quartett.html*. – Mitgl: Rachel R. Späth (V), Daria Zappa (V), Markus Fleck (Va), Andreas Flech (Vcl).

Chamber Players Luzern, c/o Georg Paradise, Luegetenstr 14, CH-6004 Luzern, T: +41 41 22 11 14, *paradise@swissonline.ch*. – Mitgl: George Paradise (Ob), Rosmarie Paradise (Fl), Hans-Ulrich Stohler (Vcl), Cyprian Meyer (Cemb).

CHAOSMA – Ensemble für Jetzt-Musik, c/o Dr Manfred Stahnke, Kupferdamm 12, D-22159 Hamburg, T: +49 40 6 68 29 70, F: +49 40 6 68 29 70, *ms@manfred-STOPTHEPLAGUEstahnke.de*; *www.manfred-stahnke.de/chaosma.html*. – Mitgl: 12.

La Chapelle Ancienne Orchester mit historischen Instrumenten, c/o Thomas Hunziker, Zopfweg 27a, CH-5033 Buch, T: +41 6 28 23 23 38, F: +41 6 28 23 63 78, *thohunziker@bluewin.ch*; *www.chapelle-ancienne.ch*. – Mitgl: variabel.

Chor der Bamberger Symphoniker, c/o Gerhard Fleck, Babenbergerring 77, D-96049 Bamberg, T: +49 2 211 20 91 82, F: +49 2 211 20 91 83, *anja.pees@chor-der-bamberger-symphoniker.de*; *www.chor-der-bamberger-symphoniker.de*.

Chor der Bayerischen Staatsoper Nationaltheater, Max-Joseph-Pl 2, D-80539 München, Brieffach, D-80075 München, T: +49 89 21 85–13 60, F: +49 89 21 85 11 33, *chorvorstand@st-oper.bayern.de*; *www.staatstheater.bayern.de/staatsoper*.

Chor der Bühnen der Hansestadt Lübeck, Beckergrube 16, D-23552 Lübeck, T: +49 4 517 08 80, F: +49 4 517 08 81 02, *theater@luebeck.de*; *www.theaterluebeck.de*.

Chor der Bühnen der Landeshauptstadt Kiel, Postfach 1660, D-24015 Kiel, T: +49 4 319 01 28 80, F: +49 4 319 01 28 38, *buehnen@LHStadt.kiel.de*; *www.kiel.de/buehnen*.

Chor der Bühnen der Stadt Gera, Küchengartenallee 2, D-07548 Gera, T: +49 3 6582 71 16, F: +49 3 658 27 91 35, *intendanz@theater.altenberg.gera.de*; *www.theater.altenburg.gera.de/*.

Chor der Deutschen Oper am Rhein, Heinrich-Heine-Allee 16a, D-40213 Düsseldorf, T: +49 2 118 90 80, F: +49 2 1132 90 51, *info@deutsche-oper-am-rhein.de*; *www.deutsche-oper-am-rhein.de*.

Chor der Deutschen Oper Berlin, Richard-Wagner-Str 10, D-10585 Berlin, T: +49 30 3 43 84 01, F: +49 30 34 38 42 32.

Chor der Deutschen Staatsoper Berlin, Unter den Linden 7, D-10117 Berlin, Postfach 354, D-10109 Berlin, T: +49 30 20 35 40, F: +49 30 20 35 42 06; *www.staatsoper-berlin.de*.

Chor der Grazer Oper Vereinigte Bühnen Graz/Steiermark, Kaiser-Josef-Platz 10, A-8010 Graz, T: +43 3 1680 08, F: +43 3 1680 08 15 92, *info@theater-graz.com*; *www.theater-graz.com*.

Chor der Hamburgischen Staatsoper, Große Theaterstr 34, D-20354 Hamburg, Postfach 302448, D-20308 Hamburg, T: +49 40 3 56 80, F: +49 40 3 56 84 56, *pressestelle@hamburgische-staatsoper.de*; *www.hamburgische-staatsoper.de*.

Chor der Jungen Kammeroper Junge Kammeroper Köln – Musiktheater e. V., c/o ARTEMIS Künstler- und PR-Agentur, Florastr 93, D-50733 Köln, T: +49 2 212 40 86 07, F: +49 2 212 40 86 08, *jkok.koeln@t-online.de*; *www.junge-oper-koeln.de*.

Chor der Komischen Oper Berlin Stiftung Oper in Berlin, Behrenstr 55–57, D-10117 Berlin, T: +49 30 20 26 00, F: +49 30 20 26 04 05, *info@komische-oper-berlin.de*; *www.komische-oper-berlin.de*.

Chor der Landesbühnen Sachsen, Meißner Str 152, D-01445 Radebeul, T: +49 3 518 95 40, F: +49 3 518 95 42 01, *landesbuehnen@dresden-theater.de*; *www.dresden-theater.de*.

Chor der Neuen Oper Neue Oper Wien, Herminengasse 10/ Tor 23, A-1020 Wien, T: +43 1 2 16 27 69, F: +43 1 2 16 27 69, *NeueOperWien@music.at*; *www.NeueOperWien.at*.

Chor der Niedersächsischen Staatsoper, c/o Opernhaus, Opernpl 1, D-30159 Hannover, T: +49 5 1199 99 11 11, F: +49 5 1199 99 29 84; *www.staatstheater-hannover.de*.

Chor der Oper der Stadt Bonn, Am Böselagerhof 1, D-53111 Bonn, T: +49 2 287 28 80 00, *theater@bonn.de*; *www.theater-bonn.de*.

Chor der Oper der Stadt Köln, Offenbachpl, D-50667 Köln, Postfach 101061, D-50450 Köln, T: +49 2 2122 10, F: +49 2 2122 12 84 87, *info@buehnenkoeln.de*; *www.buehnenkoeln.de*.

Chor der Oper Leipzig, Opernhaus, Augustuspl 12, D-04109 Leipzig, T: +49 3 411 26 10, F: +49 3 419 60 58 51, *oper@leipzig-online.de*; *www.leipzig-online.de/oper*.

Chor der Sächsischen Staatsoper Dresden, Theaterpl 2, D-01067 Dresden, T: +49 3 514 91 16 21, F: +49 3 514 91 14 53, *presse@semperoper.de*; *www.semperoper.de*.

Chor der Staatsoperette Dresden, Pirnaer Landstr 131, D-01257 Dresden, T: +49 3 5120 79 90, F: +49 3 5120 79 99 22, *info@staatsoperette-dresden.de*, *www.staatsoperette-dresden.de*, *www.operettentheater-dresden.de*.

Chor der Städtischen Bühnen Augsburg, Kasernenstr 4–6, D-86152 Augsburg, Postfach 111949, D-86044 Augsburg, T: +49 8 213 24 49 33, F: +49 8 213 24 49 21.

Chor der Städtischen Bühnen der Stadt Frankfurt, Untermainanlage 11, D-60311 Frankfurt/Main, T: +49 69 2 12 02, F: +49 69 21 23 75 65, *staedtische.buehnen@stadt-frankfurt.de*.

Chor der Städtischen Bühnen Münster, Neubrückenstr 63, D-48143 Münster, T: +49 2 515 90 90, F: +49 2 515 90 92 02, *staedt.buehnen@stadt-muenster.de*; *www.muenster.de/stb*.

Chor der Städtischen Bühnen Nürnberg, Richard-Wagner-Pl 2–10, D-90443 Nürnberg, T: +49 9 112 31 35 75, F: +49 9 112 31 35 08, *opernuernberg@stadt.nuernberg.de*; *www.theater.nuernberg.de/oper*.

Chor der Städtischen Bühnen Regensburg Opernchor des Theaters Regensburg, Bismarckpl 7, D-93047 Regensburg, T: +49 9 415 07 17 24, F: +49 9 415 07 44 29, *kontakt@theaterregensburg.de*; *www.theater-regensburg.de*.

Chor der Wiener Staatsoper Konzertvereinigung Wiener Staatsopernchor, Opernring 2, A-1010 Wien, T: +43 1 5 12 48 84, F: +43 1 5 12 48 84, *konzertvereinigung@wiener-staatsoper.at*; *www.wiener-staatsoper.at*.

Chor der Wiener Volksoper Volksoper Wien GmbH, Währinger Str 78, A-1090 Wien, T: +43 1 5 14 44 30, F: +43 1 5 14 44 32 15; *www.kv-volksopernchor.at*.

Chor der Wuppertaler Bühnen, c/o Wuppertaler Bühnen GmbH, Bundesallee 260, D-42103 Wuppertal, T: +49 2 025 63 42 30, F: +49 2 025 63 84 30, *info@wuppertaler-buehnen.de*; *www.wuppertaler-buehnen.de*.

Chor des Anhaltischen Theaters Dessau, Friedensplatz 1a, D-06844 Dessau, T: +49 3 402 51 10, F: +49 3 402 51 12 13, *dramatirgue@anhaltisches-theater.de*; *www.anhaltisches-theater.de*.

Chor des Badisches Staatstheaters, Baumeisterstr 11, D-76137 Karlsruhe, PF, D-76125 Karlsruhe, T: +49 7 213 55 72 34, F: +49 7 2137 32 23.

Chor des Bayerischen Rundfunks, Rundfunkplatz 1, D-80300 München, T: +49 89 59 00 22 43, F: +49 89 59 00 31 52, *chordesbr@brnet.de*; *www.br-klassik.de*.

Chor des Deutschen Nationaltheaters Weimar, Theaterpl 2, D-99423 Weimar, Postfach 2003, D-99401 Weimar, T: +49 36 4 375 50, F: +49 36 4 375 53 07, *service@nationaltheater-weimar.de*; *www.nationaltheater-weimar.de*.

Chor des Eduard-von-Winterstein-Theaters, Buchholzerstr 67, D-09456 Annaberg-Buchholz, T: +49 37 3 31 40 70, F: +49 37 3 314 71 80.

Chor des Hessischen Staatstheaters, Christian-Zais-Str 3–5, D-65189 Wiesbaden, T: +49 6 1113 21, F: +49 6 1113 23 37; *www.staatstheater-wiesbaden.de*.

Chor des Landestheaters Landestheater Linz, Promenade 39, A-4010 Linz, T: +43 7 327 61 11 57, F: +43 7 327 90 26 91 57, 7 61 13 08, 7 61 13 33; *www.landestheater-linz.at*.

Chor des Landestheaters Landestheater Salzburg, Schwarzstr 22, A-5020 Salzburg, T: +43 6 628 71 51 20, F: +43 6 628 71 51 21 90, *dramaturgie@theater.co.at*; *www.theater.co.at*.

Chor des Landestheaters Coburg, Schloßpl 6, D-96450 Coburg, T: +49 95 6 188 50, F: +49 95 6 179 36 76, *info@landestheater.coburg.dr*; *www.landestheater.coburg.de*.

Chor des Landestheaters Detmold, Theaterpl 1, D-32756 Detmold, Postfach 2121, D-32711 Detmold, T: +49 52 3 19 74 60, F: +49 52 3 197 47 01, *info@landestheater-detmold.de*; *www.landetheater-detmold.de*.

Chor des Landestheaters Innsbruck Tiroler Landestheater, Rennweg 2, A-6020 Innsbruck, T: +43 5 125 20 74, F: +43 5 1252 07 43 33, *tiroler@landestheater.at*; *www.landestheater.at*.

Chor des Landestheaters Mecklenburg, Friedrich-Ludwig-Jahn-Str 14, D-17235 Neustrelitz, T: +49 39 8 127 70, F: +49 39 8 120 54 35, *info@landestheater-mecklenburg.de*; *www.landestheater-mecklenburg.de*.

Chor des Luzerner Theaters, Theaterstr 2, CH-6002 Luzern, T: +41 4 12 10 33 63, F: +41 4 12 10 33 67, *contact@luzernertheater.ch*; *www.luzernertheater.ch*.

Chor des Mecklenburgischen Staatstheaters Schwerin, Alter Garten, D-19055 Schwerin, T: +49 3 855 30 00; *www.theater-schwerin.de*.

Chor des Meininger Theaters, Bernhardstr 5, D-98617 Meiningen, T: +49 36 9 345 10, F: +49 36 9 345 13 00; *www.das-meininger-theater.de*.

Chor des Mittelsächsischen Theaters Freiberg/Döbeln, Borngasse 1–3, D-09599 Freiberg/Sachsen, PF, D-09582 Freiberg/Sachsen, T: +49 37 3 13 58 20, F: +49 37 3 12 34 06.

Chor des Musiktheaters Stadttheater Bern, Nägeligasse 1, CH-3000 Bern 7, T: +41 3 13 29 51 11, F: +41 3 13 29 51 00, *info@stadttheaterbern.ch*; *www.stadttheaterbern.ch*.

Chor des Musiktheaters im Revier, Kennedypl, D-45881 Gelsenkirchen, Postfach 101854, D-45818 Gelsenkirchen, T: +49 2 094 09 70, F: +49 2 094 09 72 50, *info@musiktheater-im-revier.de*; *www.musiktheater-im-revier.de*.

Chor des Nationaltheaters Mannheim, Am Goethepl, D-68161 Mannheim, Postfach 102362, D-68023 Mannheim, T: +49 6 211 68 03 56, F: +49 6 211 68 03 85.

Chor des Nordharzer Städtebundtheaters, Spiegelstr. 20a, D-38820 Halberstadt, Postfach 1145, D-38820 Halberstadt, T: +49 39 4 16 96 50, F: +49 39 4 144 26 52; *www.halberstadt.de*.

Chor des Oldenburgischen Staatstheaters, Theaterwall 28, D-26122 Oldenburg, T: +49 4 4122 25–2 80, F: +49 4 4122 25–2 32, *dramaturgie@staatstheater-ol.niedersachsen.de*; *www.oldenburg.staatstheater.de*.

Chor des Opernhauses Halle, Universitätsring 24, D-06108 Halle/Saale, Postfach 110554, D-06019 Halle/Saale, T: +49 3 455 11 00, F: +49 3 455 11 03 33, *kontakt@opernhaus.halle.de*; *www.opernhaus.halle.de*.

Chor des Saarländischen Staatstheaters, Schillerpl 1, D-66111 Saarbrücken, T: +49 6 813 09 20, F: +49 6 813 09 22 73, *drama@theater-saarbruecken.de*; *www.theater.saarbruecken.de*.

Chor des Schleswig-Holsteinischen Landestheaters, Rathausstr 22, D-24937 Flensburg, T: +49 4 6114 10 00, F: +49 4 611 41 00 83; *www.sh-landestheater.de*.

Chor des Sorbischen National Ensembles GmbH, Äußere Lauenstr 2, D-02625 Bautzen, T: +49 35 9 135 80, F: +49 35 9 14 30 96, *info@sne-gmbh.com*; *www.sne-gmbh.com*.

Chor des Staatstheaters am Gärtnerplatz, Gärtnerpl 3, D-80469 München, Postfach 140569, D-80455 München, T: +49 89 2 02 41–1, F: +49 89 20 24 12 37; *www.staatstheater-am-gaertnerplatz.de*.

Chor des Staatstheaters Cottbus, Lausitzer Str 33, D-03046 Cottbus, T: +49 3 557 82 40, F: +49 3 557 82 41 91, *intendanz@staatstheater-cottbus.de*; *www.staatstheater-cottbus.de*.

Chor des Staatstheaters Darmstadt, Georg-Büchner-Pl 1, D-64283 Darmstadt, T: +49 61 5 128 11 11, F: +49 61 5 12 81 12 26, *info@staatstheater-darmstadt.de*; *www.staatstheater-darmstadt.de*.

Chor des Staatstheaters Mainz, Gutenbergpl 7, D-55116 Mainz, T: +49 61 3 12 85 10, F: +49 61 3 12 85 13 33.

Chor des Stadttheaters, Am Waisenhauspl 5, D-75172 Pforzheim, T: +49 72 3 139 14 88, F: +49 72 3 139 14 85, *theater@Stadt-Pforzheim.de*; *www.theater-pforzheim.de*.

Chor des Stadttheaters Baden Stadttheater Baden, Theaterplatz 7, A-2500 Baden, T: +43 22 5 24 85 47, F: +43 22 5 24 83 38 50, *office@stadttheater-baden.at*; *www.stadttheater-baden.at*.

Chor des Stadttheaters Bremerhaven, Theodor-Heuss-Pl, D-27568 Bremerhaven, Postfach 120541, D-27519 Bremerhaven, T: +49 4 7148 20 60, F: +49 4 714 82 06 82, *Stadttheater@bremerhaven.de*; *www.stadttheaterbremerhaven.de*.

Chor des Stadttheaters Gießen, Berliner Pl, D-35390 Gießen, Postfach 111128, D-35356 Gießen, T: +49 6 417 95 70, F: +49 6 4179 57 80.

Chor des Stadttheaters Görlitz, Demianipl 2, D-02826 Görlitz, Postfach 300463, D-02809 Görlitz, T: +49 35 8 14 74 70, F: +49 35 8 147 47 36, *info@theater-goerlitz.de*; *www.theater-goerlitz.de*.

Chor des Stadttheaters Hildesheim, Theaterstr 6, D-31141 Hildesheim, T: +49 51 2 11 69 30, F: +49 51 2 116 93 93; *www.stadttheater-hildesheim.de*.

Chor des Stadttheaters Klagenfurt Stedttheater Klagenfurt, Theaterplatz 4, A-9020 Klagenfurt, T: +43 4 6355 26 61 92, F: +43 4 635 40 64, *a,kowalsky@stadttheater-klagenfurt.at*; *www.stadttheater-klagenfurt.at*.

Chor des Stadttheaters Würzburg, Theaterstr 21, D-97070 Würzburg, T: +49 9 313 90 80, F: +49 9 313 90 81 00; *www.theaterwuerzburg.de*.

Chor des Städtischen Theaters Chemnitz, Käthe-Kollwitz-Str 7, D-09111 Chemnitz, Postfach 756, D-09007 Chemnitz, T: +49 3 716 96 95, F: +49 3 716 96 98 96, *pressestelle@theater-chemnitz.de*; *www.theater-chemnitz.de*.

Chor des Theaters Aachen, Hubertusstr 2–8, D-52064 Aachen, T: +49 2 414 78 41, F: +49 2 414 78 42 00, *theater@mail.aachen.de*; *www.theater_aachen.de*.

Chor des Theaters Basel Stadttheater Basel, Elisabethenstr 16, CH-4051 Basel, T: +41 6 12 95 11 00, F: +41 6 12 95 12 00.

Chor des Theaters Biel Solothurn, Schmiedengasse 1, CH-2500 Biel 3, PF, CH-2500 Biel, T: +41 3 23 28 89 69, F: +41 3 23 28 89 67, *info@theater-biel.ch*; *www.theater-biel.ch*.

Chor des Theaters der Landeshauptstadt Magdeburg, Universitätspl 9, D-39104 Magdeburg, Postfach 1240, D-39002 Magdeburg, T: +49 3 915 40 65 00, F: +49 3 915 40 65 99.

Chor des Theaters der Stadt Heidelberg, Friedrichstr 5, D-69117 Heidelberg, Postfach 105520, D-69045 Heidelberg, T: +49 62 2 158 35 02, F: +49 62 2 158 35 99; *www.theaterheidelberg.de*.

Chor des Theaters der Stadt Koblenz, Clemensstr 5, D-56068 Koblenz, T: +49 2 611 29 28 01, F: +49 2 611 29 28 00, *stadttheater@rz-online.de*; *www.koblenz.de/kultur/theater*.

Chor des Theaters der Stadt Trier, Am Augustinerhof, D-54290 Trier, Postfach 3470, D-54224 Trier, T: +49 6 517 18 18 18, F: +49 6 517 18 14 68; *www.theater-trier.de*.

Chor des Theaters Dortmund, Kuhstr 12, D-44137 Dortmund, T: +49 2 315 02 55 47, F: +49 2 315 02 24 61; *www.theaterdo.de*.

Chor des Theaters Erfurt, c/o Theater Erfurt – Chor, Postfach 800554, D-99031 Erfurt, T: +49 3 612 23 32 00, F: +49 3 612 23 31 20, *info@theater-erfurt.de*; *www.theater-erfurt.de*.

Chor des Theaters Essen, Opernpl 10, D-45128 Essen, T: +49 2 018 12 20, F: +49 2 018 12 22 11; *www.theater-essen.de*.

Chor des Theaters Hagen, Elberfelder Str 65, D-58095 Hagen, T: +49 23 3 12 07 32 10, F: +49 23 3 12 07 24 46; *www.theater.hagen.de*.

Chor des Theaters Lüneburg, An den Reeperbahnen 3, D-21335 Lüneburg, Postfach 2829, D-21318 Lüneburg, T: +49 41 3 175 20, F: +49 41 3 140 42 10, *dramaturgie@theater-lueneburg.de*; *www.theater-lueneburg.de*.

Chor des Theaters Mönchengladbach, Odenkirchener Str 78, D-41236 Mönchengladbach, T: +49 21 6 66 15 10, F: +49 21 6 642 01 10; *www.theater-krefeld-moenchengladbach.de*.

Chor des Theaters Nordhausen, Käthe-Kollwitz-Str 15, D-99734 Nordhausen, Postfach 100244, D-99722 Nordhausen, T: +49 36 3 16 26 00, F: +49 36 3 16 26 01 47, *theater@nordhausen.de*; *www.theater-nordhausen.de*.

Chor des Theaters Plauen-Zwickau gGmbH Theater Plauen-Zwickau GmbH, Gewandhausstr 7, D-08056 Zwickau, Postfach 201039, D-08012 Zwickau, T: +49 3 7583 46 00, F: +49 3 7583 46 35, *info@theater-plauen-zwickau.de*; *www.theater-plauen-zwickau.de*.

Chor des Theaters St. Gallen, Museumstr 1/24, CH-9004 St. Gallen, T: +41 7 12 42 05 05, F: +41 7 12 42 05 06.

Chor des Thüringer Landestheaters, Theaterpl 4–7, D-99817 Eisenach, Postfach 1449, D-99804 Eisenach, T: +49 36 9 125 60, F: +49 36 9 125 61 59, *tlt@thueringerlandestheater.de*; *www.thueringerlandestheater.de*.

Chor des Ulmer Theaters, Herbert-von-Karajan-Pl 1, D-89073 Ulm, T: +49 7 3138 75 31, F: +49 7 313 88 51 58, *adk-ulm@t-online.de*; *www.theater-ulm.de*, *www.adk-ulm.de*.

Chor des Volkstheaters Rostock, Patriotischer Weg 33, D-18057 Rostock, Postfach 102215, D-18004 Rostock, T: +49 3 813 81 46 00, F: +49 3 813 81 46 19, *vtrinfo@rostock.de*.

Chor des Württembergischen Staatstheaters, Oberer Schloßgarten 6, D-70173 Stuttgart, T: +49 7 112 03 20, F: +49 7 112 03 23 89, *Presse@oper.WStaatstheater.BWL.de*; *www.staatstheater.stuttgart.de*.

Chor und Orchester der Neuköllner Oper, Karl-Marx-Str 131–133, D-12043 Berlin, T: +49 30 6 88 90 70, F: +49 30 68 89 07 89, *info@neukoellneroper.de*; *www.neukoellneroper.de*.

Chor und Orchester der Neuköllner Oper, Karl-Marx-Str 131–133, D-12043 Berlin, T: +49 30 6 88 90 70, F: +49 30 68 89 07 89, *info@neukoellneroper.de*; *www.neukoellneroper.de*.

Die Churpfälzische Hofcapelle, c/o Matthew Peaceman, Domitianstr 42, D-55126 Mainz, T: +49 61 3 147 39 68, F: +49 61 3 147 39 71, *mpeaceman @mpeaceman.com*; *churhofcap.mpeaceman.com*. – Mitgl: variabel.

Chursächsische Philharmonie e. V., c/o König Albert Theater, Theaterplatz 1, D-08645 Bad Elster, Postfach 1162, D-08641 Bad Elster, T: +49 3 74 37 53 90 11, F: +49 3 74 37 53 90 53, *philharmonie@chursaechsische.de*; *www.chursaechsische.de*. – Mitgl: 10.

Il Cimento, c/o Matthew Peaceman, Domitianstr 42, D-55126 Mainz, T: +49 61 3 147 39 68, F: +49 61 3 147 39 71, *mpeaceman@mpeaceman.com*; *cimento.mpeaceman.com*. – Mitgl: variabel.

Clara Schumann Orchester Köln, Lockner Str 4, D-50674 Köln, T: +49 2 21 24 34 95, F: +49 2 21 24 34 95, *maschaburg@tiscalinet.it*.

Clara-Schumann-Trio, c/o MusikAgentur Schönherr, Möllenseestr 23a, D-12587 Berlin, T: +49 30 64 19 79 64, F: +49 30 64 19 79 65, *schoenherr.musik@t-online.de*.

ClarinArt Ensemble, c/o Sven Bachmann, Freienmattstr 9, CH-5712 Beinwil am See, T: +41 6 27 71 86 02, F: +41 6 27 71 86 94. – Mitgl: Kurt Weber, Sven Bachmann, Patrick Bader, Wenzel Grund, Eveline Eichenberger.

Clemencic Consort Dr. René Clemencic, Reisnerstr 26/7, A-1030 Wien, T: +43 1 7 12 53 41, F: +43 1 7 12 50 20, *clemecic.consort@utanet.at*, *office@clemencic.at*; *www.clemencic.at*. – Mitgl: 2–40, René Clemencic (Cemb, Orgelpositiv, Clavichord, mittelalterl Blockfl, Renaissance-Blockfl, Barock-Blockfl); Hiro Kurosaki, Ilja Korol (Barock-V), Ursula Kortschak (Barock-Va), Pierre Pitzl (Renaissance- u Barock-Git), Rene Zosso (Radleier, Ges) ua.

Clemencic Consort Dr. René Clemencic, Reisnerstr 26/7, A-1030 Wien, T: +43 1 7 12 53 41, F: +43 1 7 12 50 20, *clemecic.consort@utanet.at*, *office@clemencic.at*; *www.clemencic.at*. – Mitgl: 2–40, René Clemencic (Cemb, Orgelpositiv, Clavichord, mittelalterl Blockfl, Renaissance-Blockfl, Barock-Blockfl); Hiro Kurosaki, Ilja Korol (Barock-V), Ursula Kortschak (Barock-Va), Pierre Pitzl (Renaissance- u Barock-Git), Rene Zosso (Radleier, Ges) ua.

Le Co-Co Collectif de Compositeurs, c/o Claude Jordan, rue des Gares 15, CH-1201 Genève, T: +41 2 27 34 71 73. – Mitgl: Patrick Devers (Perc), Pete Ehrnrooth (Klar), Claude Jordan (Fl), Jean-François Mathieu (Git), Christine Schaller (Sop), Jacques Siron (KB), Claude Tabarini (Perc).

Colla Parte Quartett, c/o Georg Jacobi, Wallenbuch, CH-3206 Rizenbach, T: +41 3 17 51 09 11, F: +41 3 17 51 09 11. – Mitgl: Georg Jacobi, Susanna Holliger, Friedemann Jähnig, Eva Simmen.

Collage – forum für frühe musik berlin, c/o Judit Kadar, Schützenstr 16, D-12165 Berlin, T: +49 30 7 92 18 59, F: +49 30 7 92 18 59, *judy.kadar@t-online.de*. – Mitgl: 5, Judy Kadar (Hfe, Psalterium, Schellentrommel), Klaus Sonnemann (Schalmei, Fl), Achim Blazejewski (Saitentrommel, Fidel), Farhan Sabbagh ua.

Collège des Cuivres de Suisse Romande, c/o Mario Alberti, Av de Lavaux 22, CH-1009 Pully, T: +41 2 17 29 12 88, F: +41 2 17 29 15 76, *doudou@bluewin.ch*.

Collegium Aureum, c/o Prof Franzjosef Maier, An der Wallburg 37, D-51427 Bergisch Gladbach, T: +49 22 04 67 55 57. – Mitgl: 24.

Collegium Cartusianum, c/o See-Hyoung Chang, Hansaring 94, D-50670 Köln, T: +49 2 211 26 03 37, F: +49 2 211 26 03 41, *s.chang@web.de*; *www.koelner-kammerchor.de*. – Mitgl: 15–55.

Collegium Instrumentale Alois Kottmann, c/o Prof. Alois Kottmann, Ostpreußenstr 28, D-65719 Hofheim, Taunus, T: +49 61 9 23 54 7, F: +49 61 9 23 92 60. – Mitgl: 15.

collegium instrumentale halle, c/o Opernhaus Halle, Universitätsring 24, D-06108 Halle/Saale, T: +49 3 455 11 00, F: +49 3 455 11 01 02, *opernhaus@halle.de*; *www.opernhaus.halle.de*. – Mitgl: 18.

Collegium Musicum St Gallen, c/o Mario Schwarz, Grossackerstr 4, CH-9006 St. Gallen, Postfach 349, CH-9006 St Gallen, T: +41 7 12 45 11 58, F: +41 7 12 45 11 68, *cmsg@bluewin.ch*; *www.collegium-musicum.ch*. – Mitgl: 25–30.

Collegium Musicum Wien, Sonnenuhrgasse 1/11, A-1060 Wien, T: +43 1 5 96 44 26, F: +43 1 5 96 44 26, *mitisek@aol.com*. – Mitgl: 25.

Collegium Musicum Zug CMZ, c/o Lilly Ezra, Grabenackerstr 34, CH-6312 Steinhausen, T: +41 7 40 46 29, *lilly.ezra@econophone.ch*; *www.stadtzug.ch*. – Mitgl: 20.

Collegium Novum Zürich, Zürichbergstr 17, CH-8032 Zürich, T: +41 4 42 51 60 44, F: +41 4 42 53 19 56, *info@collegium-novum.ch*; *www.collegium-novum.ch*. – Mitgl: 30.

collegium viennense, c/o Mag Peter Schreiber, Quellenstr 10/3, A-2340 Mödling, T: +43 22 3 686 42 71, F: +43 22 3 686 42 71, *peter.schreiber@utanet.at*.

Commedia Nova Duo für Musik, Tanz und Theater, c/o Gabriele Bultmann, Steinmetzstr 21, D-10783 Berlin, T: +49 30 21 75 62 83, F: +49 30 21 75 62 83, *gb@gaby-bultmann.de*; *www.gaby-bultmann.de*.

con tempo Ensemble für zeitgenössische Musik, c/o Udo Diegelmann, Rohrbachstr 40d, D-60389 Frankfurt/Main, T: +49 69 46 00 35 83, F: +49 69 46 00 35 84, *diegelmann.perc.pro.ffm@t-online.de*; *home.t-online.de/home/diegelmann.perc.pro.ffm*. – Mitgl: 3.

Con Voce Festiva, c/o Egbert Lewark, Sausenheimer Str 18c, D-67269 Grünstadt, T: +49 63 5 98 38 47, *ELewark@t-online.de*; *www.el-t.homepage.t-online.de*. – Mitgl: 4.

Concentus Musicus Wien, c/o Helmut Mitter, Grillparzerstr 75, A-2380 Perchtoldsdorf, T: +43 1 86 59 76 24, F: +43 1 86 59 76 24, *helmut.mitter@utanet.at*.

Concert Guitar Trio, c/o Daniel Zimmermann, Chemin des Ages 16, CH-2533 Evilard, T: +41 3 23 23 74 88, F: +41 86 03 23 23 74 79, *info@concertguitartrio.ch*; *www.concertguitartrio.ch*. – Mitgl: Daniel Erni, Walter Feybli, Daniel Zimmermann.

Concertino Basel Das Kammerorchester, c/o Bruno Schmidlin, Hauptstr 11a, CH-4107 Ettingen, T: +41 6 17 21 26 66, F: +41 6 17 21 26 66. – Mitgl: 20–35.

Il Concertino Köln, c/o Künstlerbüro Aguirre, Rudolfstr 41, D-52070 Aachen, T: +49 2 41 40 49 92, F: +49 2 41 40 49 05, *paula@aguirre.de*; *www.kuenstlerbureau.de*. – Mitgl: 5, Michael Niesemann (Ob), Martin Sandhoff (Querfl), Manfred Kraemer (V), Werner Matzke (Vcl), Gerald Hambitzer (Cemb).

Concertino-München, c/o Konzert-Agentur Dagmar Körner, Bergstr 15, D-85120 Hepberg, T: +49 84 5 615 30, F: +49 84 5 621 09, *Koerner.Konzerte@t-online.de*; *www.konzertdirektion.de*. – Mitgl: Florian Sonnleitner (V), Jürgen Besig (V), Jürgen Weber (Va), Peter Wöpke (Vcl).

Concerto Brandenburg Barockensemble, c/o Kulturring in Berlin, Friedrichstr 128, D-10117 Berlin, T: +49 30 28 09 98 44, F: +49 30 27 59 49 93, *concerto.brandenburg@t-online.de*; *www.concerto-brandenburg.de*. – Mitgl: variabel.

Concerto Köln, Heliosstr 15, D-50825 Köln, T: +49 2 213 10 60 80, F: +49 2 2131 06 08 29, *info@concerto-koeln.de*; *www.concerto-koeln.de*. – Mitgl: 15.

Condanza Ars Choralis Coeln – Vokalensemble für Mittelalterliche Musik, c/o Maria Jonas, Hermannstr 14, D-50321 Brühl, T: +49 22 3 24 83 71, F: +49 22 3 24 83 71, *hallo@mariajonas.de*. – Mitgl: 5, Maria Jonas (Ges, Konzept), Michaela Fünfhausen (Tanz, Choreographie), Stephan Rath (Lt), Paula v Uaarhoven (Va da Gamba), Wolfgang Kosniak (Cemb), Ann Christin Ronnen (Regie).

ConGioco Ensemble, c/o Andreas Roth, Rüttenscheiderstr 252, D-45131 Essen, T: +49 2 017 22 06 73, F: +49 2 017 22 06 73, *ConGioco@web.de*. – Mitgl: 8.

Consortium Artis, c/o Wolfgang Bensmann, Jonasstr 31, D-12053 Berlin, T: +49 30 3 22 81 26, *WolfgangBensmann@gmx.de*. – Mitgl: 8.

Consortium Classicum, c/o Konzertagentur Jörg Hannemann, Nissenstr 17, D-20251 Hamburg, T: +49 40 4 80 75 75, F: +49 40 48 62 81, *Konzerte.Hannemann@t-online.de*. – Mitgl: Dieter Klöcker (Klar, musikal Ltg).

Consortium Margaritari Ensemble für Alte Musik Wien, c/o Margaretha Novak, Wiengasse 6/5/12, A-1140 Wien, T: +43 1 9 79 29 63, F: +43 1 9 79 29 63. – Mitgl: 11.

Consortium Margaritari Ensemble für Alte Musik Wien, c/o Margaretha Novak, Wiengasse 6/5/12, A-1140 Wien, T: +43 1 9 79 29 63, F: +43 1 9 79 29 63. – Mitgl: 11.

Coro della Radio Svizzera, c/o Radio Svizzera di lingua italiana, Casella Postale, CH-6903 Lugano, T: +41 9 18 03 51 11, F: +41 9 18 03 53 55, *giuseppe.clericetti@rtsi.ch*; *www.rtsi.ch*. – Mitgl: 70.

Cosa vocale Wien, Eyermann-Weg 263, A-1220 Wien, T: +43 1 2 02 27 04 11, F: +43 1 2 02 27 04 33, *alois.glassner@i-one.at*.

cosmoquintet, c/o Philipp Bachofner, Neuguet, CH-8820 Wädenswil, T: +41 17 80 11 35. – Mitgl: Philipp Bachofner (Fl), Matthias Arter (Ob), Martin Truninger (Klar), Karl Fässler (Hn), Franziska Weibel (Fg).

Il Curioso Ensemble für Alte Musik, c/o Johannes Kurz, Blücherstr 9a, D-76185 Karlsruhe, T: +49 7 218 30 80 77, F: +49 40 36 03 66 63 31, *ilcurioso@gmx.de*. – Mitgl: 4.

Daius Quintett, c/o Ildiko Deak, Schönbergstr 22, A-4020 Linz, T: +43 6 99 11 10 92 93, F: +43 7 32 60 10 66, *daiusquintett@utanet.at*; *www.daiusquintett.at*. – Mitgl: 5, Kathrin Moser (Klar), Nadia Perathoner (Fag), Ildiko Deak (Fl), Madeleine Dahlberg (Hn), Gabriele Kindler (Ob).

Danubia Saxophon Quartett Wien, c/o Mag Harald Müller, Hauptstr 15, A-4111 Walding, T: +43 72 3 48 37 68, 6 641 92 09 26, F: +43 72 3 48 37 68, *info@dsqw.net*; *www.dsqw.net*.

Darmstädter Hofkapelle, Mauerstr 17, D-64289 Darmstadt, T: +49 61 5 129 39 29, F: +49 61 5 12 89 00, *konzertchor@t-online.de*; *www.konzertchor-darmstadt.de*. – Mitgl: 25.

Das erste improvisierende Streichorchester E.I.S., c/o Willem Schulz, Borgholzhausener Str 75, D-49324 Melle, T: +49 54 2 295 13 25, F: +49 54 2 295 13 27, *willemschulz@t-online.de*; *www.erstesimprovisierendesstreichorchester.de*. – Mitgl: 12–20.

Das Kleine Konzert, c/o Geschäftsstelle Kirchenmusik, Ostpreußenallee 5, D-41539 Dormagen, T: +49 21 3 321 09 92, F: +49 21 3 347 79 05, *altemusik@t-online.de*; *www.rheinischekantorei.de*. – Mitgl: variabel.

Das Neue Ensemble (DNE), Edwin-Oppler-Weg 5, D-30167 Hannover, T: +49 5 111 61 19 83, F: +49 5 111 61 42 50, *DasNeueEnsemble@t-online.de*; *www.DasNeueEnsemble.de*. – Mitgl: 7, Udo Grimm (Klar), Bernardo Martinez (Kl), Christian Schulte (Kl), Stephan Meier (Schlgz), Jutta Rübenacker (V), Karsten Dehning (Vcl), Juliane Wolf (Fl).

Dauprat-Hornquartett, c/o Daniel Lienhard, Nonnenweg 49, CH-4055 Basel, T: +41 6 12 61 55 23, F: +41 6 12 61 55 23, *dlien@bluewin.ch*. – Mitgl: Peter Bromig, Olivier Darbellay, Jörg Dusemund, Daniel Lienhard.

Debussy Trio München, c/o Art Works, Agentur Vera Giese, Kantstr 14, D-10623 Berlin, T: +49 30 31 50 38 60, F: +49 30 31 50 38 61, *artworksberlin@aol.com*; *www.artworksberlin.de*. – Mitgl: Bettina Fuchs (Fl), Gunter Pretzel (Va), Rosmarie Schmid-Münster (Hf).

Dehler-Quartett d Staatskapelle Weimar, c/o CONTOUR GmbH Büro für Concert- und Gastspieltourneen, Postfach 250152, D-40093 Düsseldorf, T: +49 2 119 34 84 86, F: +49 2 1134 52 35, *info@contour-concert.de*; *www.contour-concert.de*.

Detmolder Kammerorchester, Bruchstr 25, D-32756 Detmold, T: +49 52 3 13 16 03, F: +49 52 3 13 16 06, *info@detmolder-kammerorchester.de*; *www.detmolder-kammerorchester.de*.

Deutsche Bachsolisten, c/o Prof Helmut Winschermann, Goddardstr 28, D-53125 Bonn, T: +49 2 2825 74 76, F: +49 2 283 6923 26, *info@konzertdirektion.de*. – Mitgl: 30, Helmut Winschermann (Lt).

Deutsche Bläserphilharmonie, c/o Roland Stuppin, Sonnenblumenstr 13, D-49661 Cloppenburg, T: +49 44 7 187 93 02, F: +49 44 7 193 22 87, *kontakt@blaeserphilharmonie.de*; *stuppin@blaeserphilharmonie.de*; *www.blaeserphilharmonie.de*. – Mitgl: 60.

Deutsche Händel-Solisten eV, c/o Badisches Staatstheater Karlsruhe, Baumeisterstr 11, D-76137 Karlsruhe, T: +49 7 213 55 70, F: +49 7 2137 32 23, *klaus.essig@bstaatstheater.de*; *www.staatstheater.karlsruhe.de*. – Mitgl: 34.

Deutsche Kammerakademie Neuss am Rhein, Oberstr 17, D-41460 Neuss, T: +49 21 3 190 41 16, F: +49 21 3 190 41 27, *info@deutsche-kammerakademie.de*; *www.deutsche-kammerakademie.de*. – Mitgl: 21+, Indendant Matthias Gawniloff.

Die Deutsche Kammerphilharmonie Bremen, c/o Kulturhaus Stadtwaage, Langenstr 13, D-28195 Bremen, T: +49 4 2195 88 50, F: +49 4 219 58 85 11, *info@kammerphilharmonie.com*; *www.kammerphilharmonie.com*. – Mitgl: 33, Günther Breest (Indend).

Deutscher Kammerchor, c/o Annette Schneider-Spindler, Rotkehlchenweg 14, D-70734 Fellbach, T: +49 7 1151 09 84 97, F: +49 7 115 20 38 78, *ass@deutscher-kammerchor.de*; *www.deutscher-kammerchor.de*.

Deutsches Bachorchester e. V., c/o Prof Dr KiM Dir Neithard Bethke, Domhof 14, D-23909 Ratzeburg, T: +49 45 4 146 77. – Mitgl: 48.

Deutsches Bachorchester e. V., c/o Prof Vesselin Paraschkevov, Vürfels 87, D-51427 Bergisch Gladbach. – Mitgl: 30.

Deutsches Blechbläser Quintett, c/o music and arts Organisations GmbH & Co KG, Corsicaskamp 13, D-49076 Osnabrück, T: +49 5 419 62 96 00, F: +49 5 4196 29 60 50, *info@music-and-arts.de*; *www.music-and-arts.de*. – Mitgl: Holger Schäfer (Trp), Falk Maertens (Trp), Heiko Maschmann (Hn), Martin Hofmeyer (Pos), Volker Schmitt (Tb).

Deutsches Filmorchester Babelsberg, Wilhelm-Staab-Str 10/11, D-14467 Potsdam, T: +49 30 53 80 51 92, F: +49 30 53 80 51 91, *intendant@filmorchester.de*, *studio@filmorchester.de*; *www.filmorchester.de*. – Mitgl: 57.

Deutsches Kammerorchester Berlin, Suarezstr 15–17, D-14057 Berlin, T: +49 30 3 22 19 23, F: +49 30 32 60 86 10, *office@dko-berlin.de*; *www.dko-berlin.de*. – Mitgl: 20.

Deutsches Kammerorchester Frankfurt am Main, Hans-Bredow-Str 42B, D-65189 Wiesbaden, T: +49 6 1146 46 19, F: +49 6 1146 47 55, *dkosaviv@aol.com*; *www.deutscheskammerorchester-frankfurt.com*. – Mitgl: 28.

Deutsches Streichtrio, c/o Prof Hans Kalafusz, Hölderlinstr 68, D-73728 Esslingen, *hanskalafusz@ad.com*; *www.sksruss.de*. – Mitgl: 3, Prof Hans Kalafusz (V), Jürgen Weber (Va), Reiner Ginzel (Vcl).

Deutsches Symphonieorchester Berlin (DSO), c/o RBB Fernsehzentrum, Masurenallee 8–14, D-14057 Berlin, T: +49 30 2 02 98 75 30, F: +49 30 2 02 98 75 39, *info@dso-berlin.de*; *www.dso-berlin.de*. – Mitgl: 114.

Diabelli-Trio, c/o Killy Freivogel, Berliner Str 15, D-71083 Herrenberg. – Mitgl: Wily Freivogel (Fl), Enrique Santiago (Va), Siegfried Schwab (Git).

Die Grazer Instrumentisten Domorchester Graz / Grazer Domchor / Domkantorei Graz, Bürgergasse 2, A-8010 Graz, T: +43 3 1682 90 85, F: +43 3 1681 53 09. – Mitgl: 20–60.

Die Lautmaler Kammerchor Perg, c/o Anni Weinzinger, Mühlsteinstr 14, A-4320 Perg, T: +43 6 769 35 16 23, F: +43 1 72 6 25 41 77, *w.hackl@perg.at*; *www.lautmaler.at*.

Die Maulwerker, c/o Susanne Elgeti, Wilhelmshavener Str 47, D-10551 Berlin, T: +49 30 39 03 99 00, 39 03 99 02, F: +49 30 39 03 99 01, *elgeti.su@snafu.de*. – Mitgl: 9.

'die neue brücke' – Berliner Künstlerinitiative, c/o Kurt Dietmar Richter, Landsberger Allee 166, D-10369 Berlin, T: +49 30 9 72 40 94, F: +49 30 9 72 40 94, *Kurt.Dietmar.Richter@t-online.de*; *www.dieneuebruecke.de*. – Mitgl: 7.

Dietzsch-Trio d Sächsischen Staatskapelle, c/o Konzertagentur Eva-Maria Kaufmann, Pillnitzer Landstr 7, D-01326 Dresden, T: +49 3 512 68 72 12, F: +49 3 512 64 05 85, *mail@konzertagentur-kaufmann.de*; *www.konzertagentur-kaufmann.de/kontakt.htm*. – Mitgl: Volker Dietzsch (V), Matthias Meißner (V), Uwe Jahn (Va).

Divertimento Salzburg Ensemble für Alte Musik, Raphael Donnerstr 31, A-5020 Salzburg, T: +43 6 622 01 07.

Divertimento Vocale, c/o Niels Köpcke, Dorfstr 70, D-16835 Banzendorf, T: +49 3 39 3 37 28 30, F: +49 3 39 3 37 28 32. – Mitgl: 4.

Il Dolcimelo Barockensemble, c/o Katja Beisch, Kasparstr 43, D-50670 Köln, T: +49 2 2172 23 31, F: +49 22 2 792 99 64, *beisch@dolci.de*; *www.dolcimelo.de*. – Mitgl: 2–9, Katja Beisch (Blockfl), Doris Runge (Barock-Vcl), Christoph Lehmann (Cemb, Org), Thomas Boysen (Theorbe), Marie Verweyen (Barock-V).

Dortmunder Philharmoniker, Kuhstr 12, D-44137 Dortmund, T: +49 2 315 02 24 77, F: +49 2 315 01 51 16, *hroggenbach@theaterdo.de*; *www.theaterdo.de*. – Mitgl: 102.

Dreiländer Kammerorchester, c/o Marius Suciu, Melatenstr 127, D-52074 Aachen, T: +49 2 4154 10 23, F: +49 2 4154 10 23. – Mitgl: 20.

Dresdner Barockorchester, c/o Dresdner Hofmusik, Tannenstr 2, D-01099 Dresden, T: +49 3 518 01 28 15, F: +49 3 518 01 28 15, *titze@dresdnerbarockorchester.de*; *www.dresdnerbarockorchester.de*. – Mitgl: 21, Ulrike Titze (V), Ulrike Scobel (Va d' amore), Jarek Thiel (Vcl), Michaela Hasselt (Cemb), Angelika Fritzsching (Fl), Adrian Rovatkay (Fag), Guido Titze (Ob).

Dresdner Bläserquintett, c/o CONTOUR GmbH Büro für Concert- und Gastspieltourneen, Postfach 250152, D-40093 Düsseldorf, T: +49 2 119 34 84 86, F: +49 2 1134 52 35, *info@contour-concert.de*; *www.contour-concert.de*.

Dresdner Kammerorchester, c/o Prof Manfred Scherzer, Karl-Marx-Allee 70g, D-10243 Berlin, T: +49 30 2 96 39 81. – Mitgl: 20.

Dresdner Kapellsolisten, c/o Helmut Branny, Schmidts Weg 4, D-01737 Oberhermsdorf, T: +49 3 514 76 39 11.

Dresdner Klaviertrio, c/o Konzert-Direktion Hans Adler, Auguste-Viktoria-Str 64, D-14199 Berlin, T: +49 30 8 95 99 20, F: +49 30 8 26 35 20, *info@musikadler.de*; *www.musikadler.de*. – Mitgl: Kai Vogler (V), Peter Bruns (Vcl),Roglit Ishay (Kl).

Dresdner Kreuzchor, Eisenacherstr 21, D-01277 Dresden, T: +49 3 513 15 35 60, F: +49 3 513 15 35 61, *buero@kreuzchor.de*; *www.kreuzchor.de*.

Dresdner Philharmonie, Kulturpalast am Altmarkt, D-01067 Dresden, Postfach 120424, D-01005 Dresden, T: +49 3 514 86 62 82, F: +49 3 514 86 62 83, *buero_chef@dresdnerphilharmonie.de*; *www.dresdnerphilharmonie.de*. – Mitgl: 116.

Dresdner Sinfoniker e. V., Bärensteiner Str 30, D-01277 Dresden, T: +49 1 723 45 56 87(mobile), F: +49 3 514 97 10 11, *info@dresdner-sinfoniker.de*; *www.dresdner-sinfoniker.de*. – Mitgl: 120.

Düsseldorfer Schlagzeugensemble, c/o Christian Roderburg, Bilker Allee 217, D-40215 Düsseldorf, T: +49 2 1131 85 28, F: +49 2 113 85 98 47, *c.roderburg@eplus-online.de*. – Mitgl: 5.

Düsseldorfer Symphoniker, Tonhalle, Ehrenhof 1, D-40479 Düsseldorf, PF, D-40200 Düsseldorf, T: +49 2 118 99 61 11, F: +49 2 118 92 91 43, *tonhalle@stadt.duesseldorf.de*; *www.duesseldorfer-symphoniker.de*. – Mitgl: 130.

Duisburger Philharmoniker Orchester der Deutschen Oper am Rhein, Neckarstr 1, D-47051 Duisburg, T: +49 2 033 00 90, F: +49 2 033 00 92 51, *Philharmoniker@duisburg.de*; *www.duisburger-philharmoniker.de*; *www.duisburg.de/Philharmoniker*. – Mitgl: 93.

Dulamans Vröudenton Salzburger Ensemble für Alte Musik, c/o Thomas Schallaböck, Erzabt-Klotz-Str 27, A-5020 Salzburg, T: +43 6 6283 10 02, F: +43 6 6283 10 02, *thomas@aLtgemusik.net*; *www.aLtgemusik.net/Dulamans-Home.html*. – Mitgl: 4.

Duo Belladonna, c/o Klang & Körper, Am See 1, D-17440 Klein Jasedow, T: +49 3 83 7 47 52 10, F: +49 3 83 7 47 52 23, *kk@humantouch.de*; *www.klangundkoerper.de*. – Mitgl: 2.

Duo Bowing, c/o Martin Ingenhütt, Palanterstr 40, D-50937 Köln, T: +49 2 2141 38 29, F: +49 2 214 73 40 50.

Duo BZ, c/o Helmut Zapf, Schönower Str 74, D-16341 Zepernick, T: +49 30 94 41 95 45, F: +49 30 94 41 95 45, *muta@berlin.sireco.net*; *composers21.com*. – Mitgl: 2.

Duo Conradi/Gehlen, c/o Stefan Conradi, Gaisbergstr 45, D-69115 Heidelberg, T: +49 62 2 118 98 53, *stefan_conradi@web.de*. – Mitgl: 2, Stefan Conradi, Bernd Gehlen.

Duo Duellante, c/o Hermann-Josef Tillmann, Dechant-Ibach-Str 8, D-53639 Königswinter, T: +49 22 2 330 86, *tillmann@onlinehome.de*. – Mitgl: 2.

Duo „Ganz Ohr", c/o Managementagentur Rolf Zavelberg, Volksgartenstr 1, D-50677 Köln, T: +49 2 219 34 81 18, F: +49 2 219 34 81 17, *info@aktivraum.de*; *www.aktivraum.de*. – Mitgl: 2.

Duo Karola Pasquay – Uwe Rosier, c/o Karola Pasquay, Lüttringhauser Str. 94, D-42369 Wuppertal, T: +49 2 0244 84 38, *traverse@freenet.de*.

Duo Markus Stockhausen und Ferenc Snétberger, c/o Managementagentur Rolf Zavelberg, Volksgartenstr 1, D-50677 Köln, T: +49 2 219 34 81 18, F: +49 2 219 34 81 17, *info@aktivraum.de*; *www.aktivraum.de*. – Mitgl: 2.

Duo Markus Stockhausen und Margareta Hürholz, c/o Managementagentur Rolf Zavelberg, Volksgartenstr 1, D-50677 Köln, T: +49 2 219 34 81 18, F: +49 2 219 34 81 17, *info@aktivraum.de*; *www.aktivraum.de*. – Mitgl: 2.

Duo Melante, c/o Leila Schoeneich, Jägerstr 17, D-12209 Berlin, T: +49 30 7 72 43 15, F: +49 30 7 72 47 18. – Mitgl: 2.

Duo Moring Sounds Markus Stockhausen und Tara Bouman, c/o Managementagentur Rolf Zavelberg, Volksgartenstr 1, D-50677 Köln, T: +49 2 219 34 81 18, F: +49 2 219 34 81 17, *info@aktivraum.de*; *www.aktivraum.de*. – Mitgl: 2.

Duo Stephanie Haas – Christoph Haas, Bönnigheimer Str 27, D-70435 Stuttgart, T: +49 7 1187 16 64, F: +49 7 118 70 18 41, *c.s.haas@t-online.de*; *www.the-ocean-of-rhythm.com*. – Mitgl: 2.

Duo Voccord Ensemble f Alte Musik, c/o Eckhard Finckh, Schellingstr 53, D-72622 Nürtingen, T: +49 70 2 23 32 40, F: +49 70 2 23 32 40, *voccord@nuertingen.net*; *www.voccord.nuertingen.net*. –

Mitgl: 2, Susann Finckh-Bucher (Sop), Wolfgang Daiß (KonzGit, Tapping).

Duo von Wrochem, c/o Claudius von Wrochem, Jagowstr 16, D-10555 Berlin, T: +49 30 39 10 10 39, F: +49 30 39 10 10 40, *claudius@von.wrochem.de*; *www.von.wrochem.de*.

Duo Zwieclanc, c/o Thomas M Schallaböck, Erzabt-Klotz-Str 27, A-5020 Salzburg, T: +43 6 6283 10 02, F: +43 6 643 37 85 22, *thomas@altemusik.net*; *www.altemusik.net*.

e-mex neue musik ensemble, c/o Joachim Striepens, Wittener Str 10–14, D-44149 Dortmund, T: +49 2 3117 16 68, 1 735 38 97 10, F: +49 2 3117 16 68, *e-mex@gmx.net*; *www.e-mex.de*. – Mitgl: 6.

EarPort Ensemble, Philosophenweg 17a, D-47051 Duisburg, T: +49 2 032 98 44 00, F: +49 2 032 98 44 01, *earportDU@aol.com*; *www.earport.de*. – Mitgl: 7.

Eichendorff-Quintett, c/o Mag Rudolf Nekvasil, Gerhard-Fritsch-Gasse 33, A-1170 Wien, T: +43 1 4 70 93 97, F: +43 1 4 70 93 97, *rudolf.nekvasil@utanet.at*; *kknf.pcnews.at/eichendf.htm*.

Ensemble 13, c/o Sekretariat Ensemble 13, Birkenwäldle 38, D-76228 Karlsruhe, T: +49 7 2188 82 43, F: +49 7 2188 19 33, *mare13@t-online.de*. – Mitgl: 40.

Ensemble 20. Jahrhundert, c/o Dr. Peter Burwik, Hügelgasse 12, A-1130 Wien, T: +43 1 5 12 91 34, F: +43 1 5 12 91 34, *e20j@aon.at*; *www.exxj.com*. – Mitgl: 30.

Ensemble Agora, c/o Matthias Hofmann, Blumenthastr 72, D-50668 Köln, T: +49 2 219 72 56 33, F: +49 2 219 72 56 34, *ensemble-agora@gmx.de*; *www.ensemble-agora.de*. – Mitgl: 4.

Ensemble Alta Musica Berlin, c/o Rainer Böhm, Joachim-Friedrich-Str 41, D-10711 Berlin, T: +49 30 8 93 52 95, F: +49 30 89 54 24 21, *ensemble@altamusica.de, rainerboehm.altamusica@t-online.de*; *www.altamusica.de*. – Mitgl: 14, M Köpcke (Sop), D Jaenicke (Pommer, Blockfl), H-J Burggaller (Pommer), P Prieß (Fidel), R Böhm (Schalmei, Blockfl).

ensemble Alte musik, c/o Christian Möwes, Wagga-Wagga-Str 67, D-86720 Nördlingen, T: +49 90 8 125 77 19, F: +49 90 8 125 72 48, *CM.Moewes@t-online.de*; *www.eam-noerdlingen.de*. – Mitgl: 8, Christian Möwes (HolzBl), Klaus Burger (Fag,), Martin Schnierer (Schlgz), Stefan Noderer (Git, Lt), Elke Moll (Fl), Klaus Peter Möwes (HolzBl), Karin Prell (Fl), Silke Bartz (Fl).

Ensemble „Alte Musik Dresden", c/o Dresdner Hofmusik, Tannenstr 2, D-01099 Dresden, T: +49 3 518 01 28 15, F: +49 3 518 01 28 15, *buero@dresdner-hofmusik.de*; *www.dresdner-hofmusik.de*.

ensemble amarcord, c/o Tobias Rosenthal Musikmanagement, Landsberger Str 1, D-04157 Leipzig, T: +49 3 419 10 22 44, F: +49 3 419 10 22 45, *management@amarcord.de*; *www.amarcord.de*. – Mitgl: 5, Wolfram Lattke (Ten), Dietrich Barth (Ten), Frank Ozimek (Bar), Daniel Knauft (B), Hilger Krause (B).

ensemble apostrophe – elektroakustische Musik, c/o Bernd Schultheis, Tieckstr 9, D-10115 Berlin, T: +49 30 26 55 00 83, F: +49 30 26 55 00 85, *apostrophe@bernd-schultheis.de*; *www.bernd-schultheis.de*. – Mitgl: 3.

ensemble arcimboldo, c/o Thilo Hirsch, Laufenstr 17, CH-4053 Basel, T: +41 6 13 33 82 79, F: +41 6 13 33 82 74, *ensemble@arcimboldo.ch*; *www.arcimboldo.ch*.

ensemble arcimboldo, c/o Thilo Hirsch, Laufenstr 17, CH-4053 Basel, T: +41 6 13 33 82 79, F: +41 6 13 33 82 74, *ensemble@arcimboldo.ch*; *www.arcimboldo.ch*.

Ensemble Avantgarde, c/o Steffen Schleiermacher, Paul-List-Str 8, D-04103 Leipzig, T: +49 3 419 61 29 78, F: +49 3 419 61 29 72, *schleiermacher-leipzig@t-online.de*; *www.schleiermacher-leipzig.de*. – Mitgl: variabel.

Ensemble Aventure, Eschbachweg 5, D-79117 Freiburg/Breisgau, T: +49 7 616 05 26, F: +49 7 616 05 46, *info@ensemble-aventure.de*; *www.ensemble-aventure.de*.

ensemble baroque florian prey, Hangstr 121, D-82131 Gauting, T: +49 89 89 30 94 12, F: +49 89 8 57 71 93, *florian_prey@yahoo.de*; *www.florianprey.de*. – Mitgl: 3–7, Florian Prey (Bar), Marga Scheurich (Cemb), Klaus Kämper (Vcl), Stefan Palm (Cemb, Org), H C Schweiker (Vcl).

Ensemble belcanto Dietburg Spohr, c/o Dietburg Spohr, Im Unterdorf 7, D-65779 Kelkheim, T: +49 61 95 91 06 73, 6 33 34, F: +49 61 9 56 40 04, *belcanto.spohr@t-online.de*; *www.just-me.de/belcanto/inhalt_ie.html*. – Mitgl: 7, Brigitta Zehetner (Alt), Dietburg Spohr (Sop), Rica Rauch (Alt), Dzuna Kalnina (Alt), Rita Huber (Sop), Andrea Baader (Sop).

ensemble camena, c/o René Hirschfeld, Albertstr 6, D-10827 Berlin, T: +49 30 78 71 38 78, F: +49 30 78 71 39 08, *intouch@hirschfeld-music.com*; *www.hirschfeld-music.com*. – Mitgl: 8.

Ensemble Cantoclarino / Die Kurpfälzischen Kammersolisten, c/o Prof Peter Leiner, Wattenheimer Str 32, D-67316 Carlsberg, T: +49 63 5 682 32, F: +49 63 5 658 79, *peter.leiner@t-online.de*. – Mitgl: 3; 5.

Ensemble Chamäleon, c/o Dr. Peter Hoppe, Moosstr 10, CH-6330 Cham, T: +41 4 17 80 84 18, F: +41 4 17 80 84 18, *info@ensemblechamaeloeon.ch*; *www.ensemblechamaeloeon.ch*. – Mitgl: variabel, Jonathan Allen (V), Luzius Gartmann (Vcl), Madeleine Nussbaumer (Kl).

Ensemble Clamo, c/o Rosina Zappi, Glämischstr 7, CH-8102 Oberengstringen, T: +41 4 42 52 51 48, *info@clamo.ch*; *www.clamo.ch*. – Mitgl: Rosina Zoppi (Ges), Erika Keller (Fl), Lucius Weber (Va), Damaris Baltensweiler (Vcl), Natalie Dietrich (Schlzg), Sophie Jeanmaire (V), Nina Hürlimann (Klar).

Ensemble „ClarinoBelcanto", c/o Roman Reichel, Tegeledder 1, D-24253 Passade, T: +49 43 4 435 14, F: +49 43 4 435 14; *www.clarinobelcanto.de*.

Ensemble Classique, c/o CCM Classic Concerts Management, Mühlenstr 22, D-86842 Türkheim, T: +49 82 4 596 09 70, F: +49 82 4 596 09 80, *brass-sextet@ensemble-classique.de*; *www.ensemble-classique.de*.

Ensemble „Concert Royal" Köln Barockensemble auf historischen Instrumenten, c/o Karla Schröter, Sebastianstr 115, D-50735 Köln, T: +49 2 217 12 56 67, F: +49 2 217 12 56 67, *karla.schroeter@freenet.de*; *www.concert-royal.de*. – Mitgl: Karla Schröter (Ob), Hans-Martin Kothe (Trp), Andreas Gerhardus (Va), Ulrich Hübner (Hn), Jörg Schultess (Hn), Alain De Rijckere (Fag).

Ensemble Contemporano, c/o Prof Peter Leiner, Wattenheimer Str 32, D-67316 Carlsberg, T: +49 63 5 682 32, 01 72–8 75 45 09, F: +49 63 5 658 79, *peter.leiner@t-online.de*. – Mitgl: 10.

ensemble contrasts, c/o Michael Faust, Worringer Str 21, D-50668 Köln, T: +49 3 215 10 32 13, F: +49 3 215 10 32 13, *info@ensemble-contrasts.de*; *www.ensemble-contrasts.com*. – Mitgl:.12.

Ensemble Contrechamps, Rue de la Coulouvrenière 8, CH-1204 Genève, T: +41 2 23 29 24 00, F: +41 2 23 29 68 68, *concerts@contrechamps.ch*; *www.contrechamps.ch*. – Mitgl: René Meyer (Klar), Isabelle Magnenat (V), Daniel Haefliger (Vcl), Sébastien Risler (Kl), François Volpé (Perc), Bahar Dördüncü (Kl).

Ensemble Corund, Rütlimatte 10, CH-6043 Adligenswil, T: +41 4 13 71 06 24, *info@corund.ch*; *www.corund.ch*. – Mitgl: 8–20.

Ensemble Creativ, Wurth 3, D-06193 Ostrau/Saale, T: +49 3 46 00 21 61 0, F: +49 3 46 00 21 61 2, *info@ensemblecreativ.de*; *www.ensemblecreativ.de*. – Mitgl: 25.

Ensemble :DA CAPO:, Niederblockland 17, D-28357 Bremen, T: +49 4 2150 12 50, F: +49 4 2150 80 67, *ahmels@uni-bremen.de*; *i.am/dacapo*. – Mitgl: 7.

Ensemble „die reihe", Taborstr 24a, Stiege 2/25, A-1020 Wien, T: +43 1 2 16 00 65, F: +43 1 2 18 52 86, *office@diereihe.at*; *www.diereihe.at*. – Mitgl: 15.

Ensemble Dsch, c/o Hilmar Schmalenberg, Klaustaler Str 2, D-13187 Berlin, T: +49 30 47 53 75 70, F: +49 30 47 54 02 51, *SchoG.HS@t-online.de*. – Mitgl: 10.

Ensemble du Centre International de Percussion, 8, rue de la Coulouvrenière, CH-1204 Genève, T: +41 2 23 29 85 55, F: +41 2 23 29 68 68, *cip@freesurf.ch*; *www.cmusge.ch/cip/*.

Ensemble En Silence, c/o Jörn Schipper, Willigstr. 236, D-28203 Bremen, T: +49 4 217 94 26 90. – Mitgl: 11.

Ensemble EST!EST!!EST!!!, c/o Walter und Irmgard Waidosch, Heiligenberg 1, D-84337 Schönau, T: +49 87 2 691 01 93. – Mitgl: 6, Kersten McCall.

Ensemble Favori, c/o Sabine Weber, Herderstr 39a, D-50931 Köln, T: +49 2 214 06 26 36, F: +49 2 214 06 26 36, *saweberdue@aol.com*; *www.favori.de*. – Mitgl: bis 4.

Ensemble „Fin de siècle – Fin de millénaire", c/o Silvio Foretic, Martinsfeld 32, D-50676 Köln, T: +49 2 2131 79 82, F: +49 2 2131 79 82.

Ensemble FRAAL / Kammermusik Ensemble Freiburg, c/o Hans-Wolfgang Brassel, Im Zinken 18, D-77731 Willstätt, T: +49 78 5 275 58, F: +49 78 5 260 84, *info@fraal-concerts.de*; *www.FRAAL-concerts.de*. – Mitgl: 3–5.

Ensemble für Alte Musik Berlin „Musica Antiqua Coepenicciensis", c/o Angela und Holger Höring, Luisenstr 29, D-12557 Berlin, T: +49 30 6 51 91 70, F: +49 30 6 51 91 70. – Mitgl: div Konzertbesetzungen m A Höring (Blockfl), H Höring (Org, Cemb), A Ellwardt (Pos alter Mensur), M Range (Blockfl, Va d gamba).

Ensemble für Alte Musik „famusica", c/o Thomas Jahn, Elmenhorster Weg 25, D-18109 Rostock, T: +49 3 8171 29 54, F: +49 3 817 69 79 17, *Jahn-Rostock@t-online.de*. – Mitgl: 6.

Ensemble für Alte Musik Hannover, c/o Prof Hans W Köneke, Leinerandstr 33, D-30880 Laatzen, T: +49 5 1186 41 43, F: +49 5 1186 41 43. – Mitgl: 5, Judith Kumfert, Eva Weiss, Beate Heins-Höntsch, Uwe Oltmanns.

Ensemble für Alte Musik und Barockorchester LA BEATA OLANDA crossover, c/o Claudia Hoffmann, Hammerschmiedstr 10b, D-79117 Freiburg/Breisgau, T: +49 7 616 58 93, 30 23 63 99 03, F: +49 7 616 96 74 35, *info@la-beata-olanda.de*; *www.la-beata-olanda.de*. – Mitgl: 2–25, Claudia Hoffmann (V, Hfe), Thorsten Bleich (Lt, Git, Dudelsack, Musette), Tina Speckhofer (Cemb, Org).

Ensemble für experimentelle Musik München, c/o Stephan Wunderlich, Postfach 431317, D-80743 München, T: +49 89 3 56 91 92, F: +49 89 3 56 91 92, *106037.2333@compuserve.com*; *home.t-online.de/home/Experimentelle_Musik*. – Mitgl: variabel.

ensemble für frühe musik augsburg, c/o Claudia Schwamm, Kemptener Str 31, D-86163 Augsburg, T: +49 8 2166 46 39, F: +49 8 2166 73 69, *c.u.h.schwamm@t-online.de*. – Mitgl: 3.

Ensemble für Intuitive Musik Weimar, c/o Michael von Hintzenstern, Paul-Schneider-Str 26, D-99423 Weimar, T: +49 36 4 35 34 20, F: +49 36 4 35 34 20, *hintzenstern@gmx.de*; *www.tutschku.com*. – Mitgl: 4, Michael v Hintzenstern (Kl, Synthesizer), Daniel Hoffmann (Trp, Flügelhn), Matthias v Hintzenstern (Vcl, Obertonges), Hans Tutschhu (Live-Elektronik).

Ensemble für Neue Musik via nova, c/o Johannes K Hildebrandt, Untergraben 1, D-99423 Weimar, T: +49 36 4 350 27 20, 1 716 86 35 45, *JohannesHildebrandt@web.de*. – Mitgl: 7.

ensemble für neue musik zürich, Hegibachstr 58, CH-8032 Zürich, T: +41 4 43 83 81 81, F: +41 4 43 83 82 14, *info@ensemble.ch*; *www.ensemble.*

ch. – Mitgl: Hans Peter Frehner (Fl), Hansruedi Bissegger (Klar), Urs Bumbacher (V), Samuel Brunner (Vcl), Viktor Müller (HamKl), Matthias Eser (Schlzg), Jürg Henneberger (Dgt).

Ensemble GEGENWELTEN – Heidelberger Festival Ensemble Solistenensemble für Zeitgenössische Musik, c/o Staatliche Hochschule für Musik und Darstellende Kunst, N 7,18, D-68161 Mannheim, *gegenwelten@t-online.de*; *www.gegenwelten.de*.

Ensemble Horizonte, c/o Dr Jörg-Peter Mittmann, Krumme Str 40, D-32756 Detmold, T: +49 52 3 13 25 73, 5 08 09, F: +49 52 3 13 25 73, 5 08 09, *ensemblehorizont@t-online.de*. – Mitgl: 16.

ensemble incanto, c/o Förderverein Eckelshausener Musiktage e. V., Obere Bergstr 12, D-35216 Biedenkopf-Eckelshausen, T: +49 64 6 127 10, F: +49 64 6 192 39 25, *info@eckelshausener-musiktage.de*; *www.eckelshausener-musiktage.de*. – Mitgl: Ralph Manno (Klar), Michaela Paetsch-Neftel (V), Guido Schiefen (Vcl), Lise Klahn (Kl).

ensemble Intégrales, c/o Burkhard Friedrich, Missundestr 30, D-22769 Hamburg, T: +49 40 4 39 08 83, F: +49 40 4 39 08 83, *burkhard.friedrich1@hanse.net*; *www.ensemble-Integrales.com*. – Mitgl: 12.

ensemble interferenz, c/o Christina Omlin, Muristr 79, CH-3006 Bern, T: +41 3 13 51 04 82. – Mitgl: Cécile Ohlshausen (Vcl), Christina Omlin (Perc), Franz Rüfli (Perc), Anna Spina.

Ensemble Intrors, c/o Iris ter Schiphorst, Fichtestr 24, D-10967 Berlin, T: +49 30 6 92 49 03, F: +49 30 6 92 49 03, *iris.terschiphorst@snafu.de*; *www.iris-ter-schiphorst.de*. – Mitgl: 7.

Ensemble JungeMusikBerlin/Brandenburg, c/o Helmut Zapf, Schönower Str 74, D-16341 Zepernick, T: +49 30 94 41 95 45, *muta@berlin.sireco.net*. – Mitgl: 6.

Ensemble Klang Köln, c/o Christoph Maria Wagner, Auf dem Driesch 9, D-50259 Pulheim, T: +49 22 3 830 97 37, *wagnercm@freenet.de*. – Mitgl: 7.

Ensemble Konfrontation, c/o Thomas Müller, Hermannstr 33, D-06108 Halle/Saale, T: +49 3 455 50 44 17, 01 71–9 32 22 96, F: +49 3 455 50 44 17. – Mitgl: variabel, Elizabeth Bice (Sop), Ralf Mielke (Fl).

Ensemble Kontrapunkte, Weyringergasse 37/3/9, A-1040 Wien, T: +43 1 5 05 23 59, *office@mica.at*; *www.mica.at*. – Mitgl: 25.

ensemble KONTRASTE, c/o Anke Trautmann, Eckhard Kierski, Hagenhausener Str 13, D-90518 Altdorf/Nürnberg, T: +49 91 8 722 29, F: +49 91 8 777 07, *info@ensembleKONTRASTE.de*; *www.ensembleKONTRASTE.de*. – Mitgl: 13, Anke Trautmann (Fl), Helmut Bott (Ob), Eberhard Knobloch (Klar), Günther Voit (Klar, Sax), Filip Kovac (Hn), Eckhard Kierski (Trp), Hans Peter Hofmann (V), Jessica Hartlieb (V), Makiko Odagiri (V), Cornelius Boensch (Vcl), Rolf Schamberger (KB) ua.

Ensemble Kreativ, c/o Michael Kasalicky, Hermannstädter Weg 14, A-9020 Klagenfurt, T: +43 4 6344 02 46, *guenther.fliedl@uni-klu.ac.at*; *www.buk.ktn.gv.at/kultur/ensem_kreativ.htm*.

Ensemble L'Art pour L'Art, Lüneburger Str 220, D-21423 Winsen/Luhe, T: +49 41 7 17 35 30, F: +49 41 7 17 35 30, *wir@lartpourlart.de*; *www.lartpourlart.de*. – Mitgl: 3–12, Astrid Schmeling (Fl), Matthias Kaul (Schlgz+Komp).

Ensemble Linea, c/o Yves Brustaux, Chemin des Marais 109, CH-1255 Veyrier, T: +41 2 27 84 11 37, F: +41 2 27 84 49 48, *ybrustaux@worldcom.ch*. – Mitgl: Ulrike Minkoff (Kl), Sébastien Risler (Kl), William Blank (Perc), Yves Brustaux (Perc).

Ensemble lunaire, c/o Michael Kleiser, Neumarkt 3, CH-8001 Zürich, T: +41 7 87 48 67 54, *tillmann_kleiser@bluewin.ch*; *www.lunaire.ch*. – Mitgl: Barbara Bolliger (V), Sabine Bärtschi (Vcl), Michael Kleiser (Kl) ua.

Ensemble Lux Brahn, c/o Lux Brahn, General-Willestr 375, CH-8706 Meilen, T: +41 19 23 15 42, F: +41 19 23 40 35, *Lux Brahn@Genswein.com*. – Mitgl: Lux Brahn (Klar), Heini Mätzener (Klar), Florenz Jenny (Fag).

Ensemble Mediolanum Ensemble für Alte Musik, c/o Catharina Bürklin Künstler- und Konzertmanagement, August-Siebert-Str 12, D-60323 Frankfurt/Main, T: +49 69 95 50 48 80, F: +49 69 95 50 48 81, *CBuerklin@aol.com*; *www.ensemble-mediolanum.de*. – Mitgl: Sabine Ambos (Fl), Felix Koch (Vcl), Wiebke Weidanz (Cemb).

Ensemble messanza, c/o Peter Grunwald, An der Holtemme 27, D-38855 Wernigerode, T: +49 39 4 324 92 07, F: +49 69 1 33 04 39 51 58, *info@messanza.de*; *www.messanza.de*. – Mitgl: 5.

Ensemble Modern Ensemble Modern Orchestra, Schwedlerstr 2–4, D-60314 Frankfurt/Main, T: +49 69 94 34 30 20, F: +49 69 94 34 30 30, *info@ensemble-modern.com*; *www.ensemble-modern.com*. – Mitgl: 19.

Ensemble Mondial Mondial Philharmonic Orchestra, c/o Betin Günes, Hofstr 2–4, D-51061 Köln, T: +49 2 2166 41 31, F: +49 2 216 90 16 86, *info@betingunes.de*; *www.betingunes.de*. – Mitgl: Betin Günes (Kl), Selcuk Sahinoglu (Klar), Andrjey Kurkowski (V), Caro Kurkowski (V), Yalkin Aksoy (Va), Rudi Kappmeyer (Vcl), René Lozynski (KB), Tibor Herzeg (Pk, Schlgz), Michael Pattmann (Schlgz), Fethi Ak (Perc), Serdar Yayla (Baglama).

ensemble mosaik, Lehrter Str 57, D-10557 Berlin, T: +49 30 39 03 08 30, F: +49 30 39 40 88 30, *info@ensemble-mosaik.de*; *www.ensemble-mosaik.de*. – Mitgl: 12.

Ensemble „musica scapino", c/o Andreas Schweizer, Dorfstr 5a, CH-8266 Steckborn, T: +41 5 27 61 23 95, F: +41 5 27 61 23 30, *a.schweizer.steckborn@bluewin.ch*.

ensemble Musica Temporale (EMT), c/o Freie Akademie der Künste zu Leipzig, Sigune von Osten, Trombacher Hof, D-55583 Bad Münster, T: +49 67 0 836 16, F: +49 67 0 836 53, *emt@artpoint-th.com*; *emt.artpoint-th.com*. – Mitgl: 20.

Ensemble „Musica viva", c/o Dr Jürgen Kupfer, Freiligrathstr 8, D-99096 Erfurt, T: +49 3 613 46 58 75, F: +49 3 616 02 67 26, *Konzertagentur-Thueringen@t-online.de*; *www.konzertagentur-thueringen.de*. – Mitgl: 5.

Ensemble Musica Viva Hannover, c/o Hans-Christian Euler, Nienburger Str 10, D-30167 Hannover, T: +49 5 117 01 02 12, F: +49 5 1170 26 36. – Mitgl: 8.

Ensemble Musicalina, c/o Patrick Oetterli, Winznauerstr 51, CH-4632 Trimbach, T: +41 6 22 93 44 36, F: +41 6 22 93 67 43, *musicalina@arsmusica.ch*; *www.arsmusica.ch/musicalina*. – Mitgl: Theresa Lehmann (Sop), Anne Schmid (Alt), Hubert Saladin (Ten), Patrick Oetterli (Bass), Christoph Greuter (Lt), Regina Kobe (Vcl), Gregor Ehrsam (Org, Cemb).

Ensemble musicAvantgarde, c/o Eberhard Petri, Kulturzentrum Alte Feuerwache, Brückenstr 2–4, D-68167 Mannheim, T: +49 6 212 93 92 81, F: +49 6 212 93 92 93, *eberhard petri@mannheim.de*.

Ensemble Musik unserer Zeit, c/o Prof Klaus Hinrich Stahmer, Am Pfad 12 B, D-97204 Höchberg, T: +49 9 314 92 32. – Mitgl: Ernst Triner (V), Klaus Hinrich Stahmer (Vcl), Jürgen Ruck (Git).

Ensemble Neue Horizonte Bern, c/o Prof. Urs Peter Schneider, Tessenbergstr 45, CH-2505 Biel, T: +41 3 23 23 44 57. – Mitgl: 9, Prof Urs Peter Schneider (Kl, Schlzg), Elisabeth Grimm (V), Suzanne Huber (Fl), Erika Radermacher (Sop, Kl), Matthias Bruppacher (Fl), Roland Moser (Hn, Org), Peter Streiff (Vcl), Hansjürgen Waeldele (Ob), Niklaus Sitter (Klar).

Ensemble Neue Streicher Klosterneuburg, Lothringerstr 20, A-1030 Wien, T: +43 1 7 13 92 60, +43 22 6 575 93, F: +43 1 7 13 60 71, *ens@nextra.at*; *members.nextra.at/ens*. – Mitgl: 12–30.

Ensemble NiederRhein, Hauptstr 12, D-47623 Kevelaer, T: +49 28 3 268 72, F: +49 28 3 268 72, *ensemble-niederrhein@freenet.de*; *www.ensemble-niederrhein.de*. – Mitgl: 15.

Ensemble Obligat, c/o Pro Arte Kiel Konzertagentur Annette Riechert, Voorder Winkel 18, D-24220 Flintbek, T: +49 43 4 770 84 96, F: +49 43 4 770 84 95, *konzertagentur@proarte-kiel.de*; *www.proarte-kiel.de*. – Mitgl: Imma-Jeanne Klett (Fl), Stefan Latzko (V), Andres Hamborg (Vcl), Nimrod Guez (Va), Gesine Drever (Hf).

Ensemble officium, Herrenberger Str 25, D-72070 Tübingen, T: +49 70 7 179 35 90, F: +49 70 7 179 35 91, *kontakt@ensemble-officium.de*; *www.ensemble-officium.de*. – Mitgl: 14.

Ensemble Oriol Berlin eV, c/o Kammerakademie Potsdam, Wilhelm-Staab-Str 11, D-14467 Potsdam, T: +49 3 312 37 05 27, F: +49 3 312 37 01 30, *ensemble-oriol@snafu.de*; *www.ensemble-oriol.de*. – Mitgl: 21.

Ensemble Papillon, c/o Kamini Barbara Govil-Willers, Bahnhofstr 5, D-40489 Düsseldorf, T: +49 2 0374 10 87, F: +49 18 0 50 60 33 89 68 91, *musik@govil-willers.de*; *www.ensemble-papillon.de*. – Mitgl: 3, Kamini Barbara Govil-Willers, Monika Strahl, Ursula Broich-Tophofen.

Ensemble Phœnix, c/o ConTakt – Mathias Weigmann, Im Gässle 25, D-79252 Stegen, T: +49 76 6 191 22 21, F: +49 76 6 191 22 24, *agency@ensemble-phoenix.ch*; *www.ensemble-phoenix.ch*.

Ensemble Phorminx Darmstadt, c/o Thomas Löffler, St.-Leonhard-Str 33, D-72764 Reutlingen, T: +49 71 2 147 07 75, F: +49 71 2 147 07 75, *info@ensemble-phorminx.de*; *www.ensemble-phorminx.de*. – Mitgl: 8.

Ensemble 'piano & percussion', c/o Markus Stange, Olgastr 138, D-70180 Stuttgart, T: +49 7 116 49 13 97, F: +49 7 116 49 13 97, *pianopercussion@aol.com*; *www.chaconne.com/piano+percussion*. – Mitgl: 4.

ensemble pianoplus – Spezialensemble für Kammermusik/Musiktheater mit Live-Elektronik, c/o Susanne Stelzenbach, Balsaminenweg 21, D-12623 Berlin, T: +49 30 5 66 12 76, F: +49 30 5 66 12 76; *www.hoyerstelzenbach.de*. – Mitgl: variabel.

Ensemble PrismaBerlin, c/o Ulrike Merk, Medebacher Weg 5, D-13507 Berlin, T: +49 30 4 34 20 62, F: +49 30 43 40 02 64, *Ulrike.Merk@t-online.de*. – Mitgl: 7.

Ensemble Pyramide, c/o Barbara Tillmann, Mühlegasse 12, CH-8001 Zürich, T: +41 4 42 62 18 46, F: +41 4 42 62 18 46, *ensemble-pyramide@bluewin.ch*; *www.ensemble-pyramide.ch*. – Mitgl: Markus Brönnimann (Fl), Barbara Tillmann (Ob), Ulrike Jacoby (V), Muriel Gross-Schweizer (Va), Anita Jehli (Vcl), Jaël Bertschinger (Hfe).

Ensemble Reflexion K Kammermusikensemble, c/o Beatrix Wagner, Reeperbahn 20a, D-24340 Eckernförde, T: +49 43 5 176 70 75, F: +49 43 5 176 70 75, *beatrix.wagner@freenet.de*; *www.ensemblereflexionk.de*. – Mitgl: 4+, Beatrix Wagner (Fl), Olaf Pyras (Schlagwerk), Talia v Bezold (Sop), Gerald Eckert (Dgt, Vcl).

Ensemble Resonanz GmbH, c/o Musikhalle Hamburg, Johannes-Brahms-Platz (Dammtorwall 46), D-20355 Hamburg, T: +49 40 34 99 38 82, F: +49 40 34 99 38 86, *mail@ensembleresonanz.de*; *www.ensembleresonanz.de*. – Mitgl: 19, Juditha Haeberlein (V), Barbara Bultmann (V), Swantje Tessmann (V), Tobias Rempe (V), Nikolaus Schlierf (Va), Miriam Göttling (Va), Saskia Ogilvie (Vcl), Patrick Sepec (Vcl), Anne Hofmann (KB).

Ensemble Sarband / Ensemble Vox / L'Orient Imaginaire, c/o Dr Vladimir Ivanoff, Orionstr 2, D-85716 Unterschleissheim, T: +49 89 2 72 42 43, F: +49 89 37 42 85 12, *info@sarband.de*; *www.sarband.de*. – Mitgl: 4–10.

Ensemble Serenata Genève, c/o Roland Perrenoud, Chemin Louis Burgy 8B, CH-1212 Grand-Lancy, T: +41 2 27 92 00 31, F: +41 2 27 92 00 31, *p.roland@tprolink.ch*. – Mitgl: Catherine Stutz (Fl), Roland Perrenoud (Ob), René Meyer (Klar), Gregory Cass (Hn), Roger Birnstingl (KB).

Ensemble Sieber Plus, c/o Smac & Co Sieber + Käslin, Kastanienbaumstr 292, CH-6047 Kastanienbaum, T: +41 4 13 42 16 85, F: +41 4 13 42 16 87. – Mitgl: Wolfgang Sieber (Org, Cemb, Kl) und wechselnde Partner.

ensemble sonorfeo, c/o Matthias Nahmmacher, In den Stöcken 1, D-42117 Wuppertal, T: +49 2 0262 16 97, F: +49 2 0262 16 97, *sonorfeo@gmx.net, ensemble@sonorfeo.de*; *www.sonorfeo.de*. – Mitgl: 5, Heiner Waniek, Ulrich Allroggen (Schauspiel), Matthias Nahmmacher (Fl), Ulrike Nahmmacher (V), Bettina Hagedorn (Vcl).

Ensemble Sortisatio, c/o Matthias Sannemüller, Universitätsstr 20, D-04109 Leipzig, T: +49 3 419 80 26 74, 1 77–2 13 94 15, F: +49 3 419 80 26 74, *info@musik-zeit.de*; *www.musik-zeit.de/sortisatio.htm*. – Mitgl: 4, Walter Klinger (Ob), Axel Andrae (Fag), Thomas Blumenthal (Git).

Ensemble TRA I TEMPI, c/o Michael Veltmann, Kaiser-Konrad-Str 73, D-53225 Bonn, T: +49 2 2846 88 16, F: +49 2 284 22 58 77. – Mitgl: 8.

Ensemble Trazom, c/o Stefan Fuchs, Im Altwick 12, D-77955 Ettenheim, T: +49 78 2 234 40, *trazom@gmx.net*; *www.trazom.de*. – Mitgl: variabel.

Ensemble TrioLog München, c/o Friederike Blum, Aufkirchner Str 12, D-82069 Hohenschäftlarn, T: +49 81 7 834 50, F: +49 81 7 863 07, *Friederike.Blum@gmx.de*. – Mitgl: 7.

Ensemble TURICUM, Mühlebachstr 148, CH-8008 Zürich, T: +41 4 43 83 24 21, F: +41 4 43 83 25 23, *contact@ensembleturicum.ch*; *www.ensembleturicum.ch*.

ensemble un poco, c/o Ortwin Benninghoff, Timpenstr 19, D-46117 Oberhausen, T: +49 2 0866 10 53. – Mitgl: 7, Günther Wiesemann (Kl), Ortwin Benninghoff (Kl, Org), Dietmar Hippler (Trp, Kl, Schlgz).

Ensemble Villa Musica, c/o Berliner Konzertagentur 3-Klang Horst Gutteck, Auf der Bastei 3, D-55131 Mainz, T: +49 61 3 116 92 02, F: +49 61 3 116 92 03, *agentur3klang@t-online.de*; *www.mdg.de/artists/evm.htm*. – Mitgl: 17.

Ensemble Vivi Felice Ensemble für barocke Kammermusik, c/o Jeremias Schwarzer, Petzoltstr 6, D-90443 Nürnberg, T: +49 9 1177 77 50, F: +49 9 1177 77 50, *JeremSchwarzer@aol.com*. – Mitgl: 8.

Ensemble Vocal de Lausanne, Av du Grammont 11bis, CH-1007 Lausanne, T: +41 2 16 17 47 07, F: +41 2 16 17 48 67, *ensemble.vocal@freesurf.ch*; *www.evl.ch*.

Ensemble Vocal et Instrumental de Carouge (EVIC), c/o Jean-Paul Santoni, Av de la Praille 19, CH-1227 Carouge, T: +41 2 24 18 24 40, F: +41 2 44 18 24 51, *jean-paul.santoni@ope.ville-ge.ch*.

Ensemble Vocal et Instrumental de Carouge (EVIC), c/o Jean-Paul Santoni, Av de la Praille 19, CH-1227 Carouge, T: +41 2 24 18 24 40, F: +41 2 44 18 24 51, *jean-paul.santoni@ope.ville-ge.ch*.

Ensemble vocal et instrumental de Lausanne, Av du Grammont 11 bis, CH-1007 Lausanne, T: +41 2 16 17 47 07, F: +41 2 16 17 48 67, *ensemble.vocal@freenet.de*; *www.evl.ch*.

Ensemble vocal et instrumental de Lausanne, Av du Grammont 11 bis, CH-1007 Lausanne, T: +41 2 16 17 47 07, F: +41 2 16 17 48 67, *ensemble.vocal@freenet.de*; *www.evl.ch*.

Ensemble Wien, Nik. Heidstr 25, A-2000 Stockerau, T: +43 22 6 66 16 77, F: +43 22 6 66 16 77 33, *j.niederhammer@aon.at*. – Mitgl: Paul Guggenberger (V), Raimund Lissy (V), Peter Götzel (Va), Josef Niederhammer (Vcl).

Ensemble Wiener Collage (EWC), Piaristengasse 12–14, A-1080 Wien, T: +43 1 4 02 51 28, F: +43 1 4 02 51 28, *newmusic@ewc.at*; *www.ewc.at*. – Mitgl: 10–20, Günther Federsel (Fl), Stefan Neubauer (Klar), Peter Rohrsdorfer (Sax), Jeremy Day (Hn), Martin Angerer (Trp), Ian Bousfield (Pos), Ulrike Stadler-Fromme (Schlgz), Gabriela Mossyrsch, Xavier de Maistre (Hfe) ua.

Ensemble Wilde Rose Neue Musik und Kunstprojekte, Borgholzhausener Str 75, D-49324 Melle, T: +49 54 2 295 13 25, F: +49 54 2 295 13 27, *willemschulz@t-online.de*; *www.willemschulz.de*. – Mitgl: 7.

Ensemble WireWorks, Tornquiststr 8, D-20259 Hamburg, T: +49 40 23 51 76 10, F: +49 40 23 51 76 10, *ensemble@wireworks.de*; *www.wireworks.de*. – Mitgl: 6, Annette Kleine (Sop), Carin Levine (Fl), Christiane Steffens (Hf), Stephan Froleyks (Imp), Jennifer Hymer (Kl).

Ensemble Zwischentöne, c/o Peter Ablinger, Koloniestr 40, D-13359 Berlin, T: +49 30 4 92 60 68, F: +49 30 4 92 60 68, *organisation@ensemble-zwischentoene.de*; *www.ensemble-zwischentoene.de*. – Mitgl: 10.

Eos Guitar Quartet, c/o David Sautter, Guschstr 52, CH-8610 Uster, T: +41 4 49 42 20 68, F: +41 4 49 42 20 68, *dsautter@guitarquartet.ch*; *www.guitarquartet.ch*. – Mitgl: Marcel Ege, David Sautter, Martin Pirktl, Michael Winkler.

EOS-Quartett, c/o Andreas Pokorny, Martinstr 131, A-3400 Klosterneuburg, T: +43 22 4 32 88 48, *a.j.pokorny.eos@utanet.at*.

ERATO-Quartett, c/o Emilie Haudenschild, Schweizeraustr 11, CH-4132 Muttenz, T: +41 6 13 12 04 33, F: +41 6 13 12 04 33, *e.haudenschild@bluewin.ch*. – Mitgl: Emilie Haudenschild (V), Attila Adamka (V), Heinz Haudenschild (Va), Emeric Kostyák (Vcl).

Erzgebirgisches Sinfonieorchester Aue, Bambergstr 9, D-09456 Annaberg-Buchholz, T: +49 37 3 31 30 12 12, F: +49 37 3 31 30 12 26, *gmbh@winterstein-theater.de*; *www.winterstein-theater.de*. – Mitgl: 50.

Essener Philharmoniker, c/o Theater & Philharmonie Essen GmbH, Opernplatz 10, D-45128 Essen, T: +49 2 018 12 22 90, F: +49 2 018 12 22 99, *philharmonie.essen@tup-online.de*; *www.theater-essen.de*. – Mitgl: 100.

Estampie – Münchner Ens f frühe Musik, c/o Andreas Meck, Jakobsberg 20, D-96049 Bamberg, T: +49 9 519 68 26 39, F: +49 9 519 68 26 40, *meck@estampie.de*; *www.estampie.de*. – Mitgl: 5–10.

Esterházy-Quartett, c/o Jan Freiheit, Eichenallee 20, D-14641 Wansdorf, T: +49 33 0 420 37 00, +49 1 729 07 61 84, F: +49 33 0 420 37 01, *jan.freiheit@freenet.de*. – Mitgl: Jaap Schröder (V), Wim ten Have (Va), Wiel Peeters (Va), Wouter Möller (Vcl).

Euler Quartett Basel, c/o David Lauri, Benkenstr 21, CH-4054 Basel, T: +41 6 12 81 34 05, F: +41 6 12 81 34 05; *www.enter-quartett.ch*. – Mitgl: Mariann Häberli (V), Thomas Haas (V), Daniel Corti (Va), David Lauri (Vcl).

Europasymphony Philharmonisches Orchester Forum Europa, c/o Shooter Promotions & Classics GmbH, Gartenstr 6, D-60594 Frankfurt/Main, T: +49 69 6 10 93 90, F: +49 69 61 09 39 88, *shooter@shooter.de*; *www.shooter.de*.

European Baroque, c/o Richard Steuart, Hofstr 10, D-97070 Würzburg, T: +49 9 313 53 65 74, 01 71–3 60 97 35, F: +49 9 313 53 65 74, *la.tromba@planet-interkom.de*. – Mitgl: 18.

European Concerts Orchestra (E.C.O.), c/o Transartis, C.P. 51, CH-1202 Genève 21, POB 51, CH-1211 Genève 21, T: +41 2 27 31 79 52, F: +41 2 27 31 79 52, *transartis@noos.fr*. – Mitgl: 60.

EXVOCO – (EXpanded VOice COmpany) Stuttgart, c/o Dr Ewald Liska, Beutauklinge 11, D-73728 Esslingen, T: +49 7 1135 37 47, F: +49 7 113 50 82 64, *ewald.liska@exvoco.de*; *www.exvoco.de*. – Mitgl: 7, Ewald Liska (Bar), Monika Meier-Schmid (Sop), Hanna Aurbacher (Alt), Berthold Schmid (Ten), Theophil Maier (Sprecher), Otto Kränzler (Performance, Elektronik), Urs Liska (Kl).

Fagottissimo München, c/o La Vergne Verlag & Musikproduktion GmbH, Ulvenbergstr 16, D-64297 Darmstadt, T: +49 61 5 15 66 91, F: +49 61 5 159 43 32. – Mitgl: Dietrich Kallensee, Wolfgang Piesk, Michael Doeringer, Rainer Seidel, Thomas C. Wolf, Markus Steckeler.

Federspieler-Horvath, c/o Christian Horvath, Lützowgasse 8/3/22, A-1140 Wien, T: +43 1 9 67 02 76, F: +43 1 9 67 02 76, *christian.horvath@reflex.at*; *www.stoersender.at/fh/*.

Festival Strings Lucerne, Dreilindenstr 93, CH-6006 Luzern, T: +41 4 14 20 62 63, F: +41 4 14 20 62 73, *info@festivalstringslucerne.org*; *www.festivalstringslucerne.org*. – Mitgl: 15–30.

Fioretti Musicali, c/o Angelika Oertel-Beuse, Cimbernstr 4, D-65719 Hofheim, Taunus, T: +49 61 9 258 52, 01 79–6 92 37 79. – Mitgl: 2.

Flautando Köln, c/o Katharina Hess, Augustastr 7, D-51065 Köln, T: +49 2 217 52 28 12, *katharina.hess@flautando-koeln.de*; *www.flautando-koeln.de*. – Mitgl: 4.

Flautando Quartett, c/o Jean-Luc Reichel, Steinauweg 27, CH-3007 Bern, T: +41 3 13 71 98 36, F: +41 3 13 71 98 34, *reichelbern@acces.ch*; *www.acces.ch/private-users/reichelbern*. – Mitgl: Jean-Luc Reichel (Fl), Johanna Richard (V), Anna Pfister (Va), Erich Plüss (Vcl).

Flauto Magico Flötenduo, c/o Verena Fischer, Lange Gasse 6, D-97286 Winterhausen, T: +49 93 3 3447, 01 74–3 14 08 31, 01 70–2 84 56 23, F: +49 89 45 02 84 42, 09 33 34 48, *kontakt@flautomagico.org*; *www.flautomagico.org*. – Mitgl: 2, Verena Fischer u Dorothea Seel (Traversofl, Klappenfl).

Flieder-Trio, c/o Raphael Flieder, Währinger Str 157–159, A-1180 Wien, T: +43 1 4 79 16 99. – Mitgl: Klara Flieder (V), Johannes Flieder (Va), Raphael Flieder (Vcl).

Folkwang Kammerorchester Essen e. V., Hollestr 1g, D-45127 Essen, T: +49 2 0123 00 34, F: +49 2 0120 06 96, *fko.essen@web.de*; *www.folkwang-kammerorchester.de*. – Mitgl: 16.

Fontana di Trevi, c/o Leila Schoeneich, Jägerstr 17, D-12209 Berlin, T: +49 30 7 72 43 15, F: +49 30 7 72 47 18, *leilaschoeneich@t-online.de*. – Mitgl: 3–4.

Fränkisches Kammerorchester e. V. Dehnberger Hof Theater, Dehnberg 14, D-91207 Lauf/Pegnitz, T: +49 91 2 395 44 91, F: +49 91 2 39 54 49 30, *WolfgangRiedelbauch@t-online.de*. – Mitgl: 21.

Frankfurter Bachorchester, c/o Konzertdirektion Fritz Dietrich GmbH, Sigmund-Freud-Str 1, D-60435 Frankfurt/Main, T: +49 69 54 45 04, 54 56 58, F: +49 69 5 48 41 07, *info@konzertdirektion-dietrich.de*; *www.konzertdirektion-dietrich.de*.

Frankfurter Museumsorchester, c/o Städtische Bühnen – Oper Frankfurt, Untermainanlage 11, D-60311 Frankfurt/Main, T: +49 69 21 23 73 82, F: +49 69 21 23 72 33, *orchesterbuero.amt46@stadt-frankfurt.de*; *www.oper-frankfurt.de*. – Mitgl: 115.

Freiburger Barock-Solisten, c/o Günter Theis, Sulzburger Str 76, D-79114 Freiburg/Breisgau, T: +49 7 6144 58 40, F: +49 7 614 68 45. – Mitgl: 15, Gesa Maatz (Querfl), Felix Borel (V), Gottfried Bach (Cemb), Matthias Maria Bach (Fag).

Freiburger Barockorchester, c/o Hans-Georg Kaiser, Bertholdstr 45, D-79098 Freiburg/Breisgau, T: +49 7 6170 57 60, F: +49 7 617 05 76 50, *info@barockorchester.de*; *www.barockorchester.de*. – Mitgl: 5–45.

Freie Kammersinfonie Baden-Württemberg, c/o Andreas Groll, Boeckhstr 25, D-76137 Karlsruhe, T: +49 7 2181 11 94, F: +49 7 2181 11 94, *info@kammersinfonie.de*; *www.kammersinfonie.de*. – Mitgl: 30.

Die Freitagsakademie, c/o LINKultur GmbH, Kramgasse 5, CH-3011 Bern, T: +41 3 19 71 75 43. – Mitgl: variabel, Louis Dupras (Fl), Katharina Maria Suske (Barock Ob), Bernhard Maurer (Vcl).

Friedrich Puetz Ensemble, c/o Friedrich Pütz, Am Schmidtgrund 66, D-50765 Köln, T: +49 2 215 90 59 10, F: +49 2 215 90 59 10, *verlag@friedrichpuetz-edition.de*; *www.friedrichpuetz-edition.de*.

fünf plus eins, c/o Frauke Pietsch, Marchlewskistr 16, D-10243 Berlin, T: +49 30 29 00 90 93, F: +49 30 29 00 90 95, *FraukePietsch@t-online.de*. – Mitgl: 6.

Fürstbischöfliches Bläserconsortium zu Würzburg, c/o wfm-KulturAgentur Wolfram Mergard, Blutenburgstr 48, D-80636 München, T: +49 89 18 32 42, F: +49 89 12 16 20 80, *wfm-kultur@t-online.de*. – Mitgl: 12.

Gaede Trio, c/o Konzertdirektion Andrea Hampl, Karl-Schrader-Str 6, D-10781 Berlin, T: +49 30 4 78 26 99, F: +49 30 4 78 37 92, *hampl@konzertdirektion.de*; *www.konzertdirektion.de*. – Mitgl: Daniel Gaede (V), Thomas Selditz (Va), Andreas Greger (Vcl).

La Gamba, Wälderstr 25, D-79341 Bombach, T: +49 76 44 91 31 33, F: +49 76 44 91 31 35, *ekkehard_weber@t-online.de*; *www.lagamba-freiburg.de*. – Mitgl: 3–15.

gelberklang – zeitgenössische Musik im Kontext, c/o Albrecht Imbescheid, Urbanstr 139, D-73730 Esslingen, T: +49 7 113 40 48 12, 3 18 07 04, F: +49 7 113 40 48 40, 9 31 98 07, *info@gelberklang.de*; *www.gelberklang.de*. – Mitgl: variabel, Albrecht Imbescheid (Fl), Thomas Reil (Klar), Maria Stange (Hfe), Michael Kiedaisch (Schlgz), Jürgen Kruse, Martin Stortz (Kl), Ulrike Stortz, Gareth Lubbe (V), Axel Porath (Va), Scott Roller (Vcl).

Gelsenkirchener Barock-Solisten e. V. Kammer und Orchestermusik des Barock und der Klassik, Wandelsweg 185, D-45894 Gelsenkirchen, T: +49 2 09 37 84 51, F: +49 2 09 37 84 51, *info@barock-solisten.de*; *marcellus.menke@barock-solisten.de*; *www.barock-solisten.de*. – Mitgl: 30.

Georgisches Kammerorchester Ingolstadt GmbH, c/o Jürgen Köhler, Unterer Graben 2, D-85049 Ingolstadt, T: +49 8 413 05 18 02, F: +49 8 413 05 18 03, *Juergen.Koehler@Ingolstadt.de*; *georgisches.kammerorchester@ingolstadt.de*; *www.georgischeskammerorchester.de*. – Mitgl: 19.

German Brass, c/o Manfred Hertlein Veranstaltungs- & Kartenkiosk GmbH, Friedenstr 5A, D-97072 Würzburg, T: +49 9 318 80 64 0, F: +49 9 318 80 64 64, *hertlein.konzerte@t-online.de*; *www.hertlein-veranstaltungen.de*. – Mitgl: 10.

Gewandhaus-Bläserquintett, c/o CONTOUR GmbH Büro für Concert- und Gastspieltourneen, Postfach 250152, D-40093 Düsseldorf, T: +49 2 119 34 84 86, F: +49 2 11 34 52 35, *info@contour-concert.de*; *www.contour-concert.de*.

Gewandhaus-Kammerchor, Augustusplatz 8, D-04109 Leipzig, T: +49 3 411 27 03 25, F: +49 3 411 27 03 80, *chor@gewandhaus.de*; *www.gewandhauschor.de*.

Gewandhaus-Quartett Leipzig, c/o Konzertdirektion Dr Rudolf Goette GmbH, Alsterterrasse 10, D-20354 Hamburg, T: +49 40 45 01 18 55, F: +49 40 45 01 18 60, *info@goette.de*; *www.goette.de*, *www.gewandhaus-quartett.de*. – Mitgl: Frank-Michael Erben (V), Conrad Suske (V), Volker Metz (Va), Jürnjakob Timm (Vcl).

Gewandhauschor Gewandhaus zu Leipzig, Augustusplatz 8, D-04109 Leipzig, T: +49 3 411 27 03 25, F: +49 3 411 27 03 8, *chor@gewandhaus.de*; *www.gewandhauschor.de*.

Gewandhausorchester Gewandhaus zu Leipzig, Augustusplatz 8, D-04109 Leipzig, Postfach 100853, D-04008 Leipzig, T: +49 3 411 27 00, F: +49 3 411 27 02 00, *gwhdir@gewandhaus.de*; *www.gewandhaus.de*. – Mitgl: 185.

Glarner Kammerorchester, c/o Annekäthi van den Broek, Hauptstr 35, CH-8756 Mitlödi, T: +41 5 56 44 24 59, F: +41 5 56 44 24 59, *broek@swissmailer.ch*. – Mitgl: 18–20.

Glasotronik-Ensemble, c/o Andreas H H Suberg, Schwarzwaldstr 30, D-79102 Freiburg/Breisgau, T: +49 7 617 05 97 89, F: +49 7 617 05 97 91, *klangart-studio@t-online.de*. – Mitgl: 8.

Go Guitars – Electric Guitar Music, c/o Harald Lillmeyer, Nibelungenstr 23, D-86152 Augsburg, T: +49 8 21 15 24 47, *h.lillmeyer@gmx.de*; *www.goguitars.de*. – Mitgl: 5, Christian Bergmann (Git, E-Git), Gregor Holzapfel (Git, E-Git, Banjo, Mand), Gunnar Geisse (E-Git), Adrian Pereyra (Git, E-Git), Harald Lillmeyer (Git, E-Git).

Göttinger Kammerorchester e. V., c/o Johann-Sebastian Sommer, Enrico-Fermi-Eck 24, D-37077 Göttingen, Postfach 1919, D-37009 Göttingen, T: +49 5 513 69 53, F: +49 5 513 79 48 06, *johannsebastian@t-online.de*; *www.goettinger-kammerorchester.de*. – Mitgl: 12, Rusné Mataityté (V).

Göttinger Symphonie-Orchester, Godehardstr 19–21, D-37081 Göttingen, T: +49 5 51 30 54 40, F: +49 5 513 05 44 20, *info@gso.de*; *www.gso-online.de*. – Mitgl: 54.

Goldberg Quartett, c/o Edith Diemer, Kahlenbergerstr 61, A-1190 Wien, T: +43 1 3 70 47 18, F: +43 1 3 70 47 18, *edith.diemer@aon.at*.

La Gran Partita Zürcher Bläseroktett, c/o Hans Martin Ulbrich, Feldimoosstr 9, CH-8803 Rüschlikon, T: +41 17 24 08 03, F: +41 17 24 08 09, *h.m.ulbrich@swissonline.ch*. – Mitgl: Simon Fuchs (Ob), Kaspar Zimmermann (Ob), Michael Reid (Klar), Heinz Hofer (Klar), Jakob Hefti (Hn), Charly Fässler (Hn), David Schneebeli (Fag), Urs Dengler (Fag).

Grazer Philharmonisches Orchester Vereinigte Bühnen Graz, c/o Opernhaus Graz, Kaiser-Josef-Pl 10, A-8010 Graz, T: +43 3 16 80 08 10 00, F: +43 3 16 80 08 15 90, *info@theater-graz.com*; *www.theater-graz.com*. – Mitgl: 94.

Grazer Saxophonquartett, c/o Fritz Kriebernegg, Alter Sportplatz 6, A-8430 Leibnitz, T: +43 34 5 27 13 23, *fritz.kriebernegg@aon.at*; *www.musiker.at/grazer.saxophonquartett/*.

Grazer Symphonisches Orchester (GSO) Steirische Gesellschaft der Musikfreunde, Albrechtgasse 3/4, A-8010 Graz, T: +43 3 168 22 18 4, F: +43 3 168 22 18 420, *musikfreunde@grazer-symphoniker.at*; *www.grazer-symphoniker.at*. – Mitgl: 70.

Die Gruppe für Alte Musik München, c/o Martin Zöbeley, Rosental 9, D-80331 München, T: +49 89 2 60 89 96, F: +49 89 2 60 61 86. – Mitgl: 6.

gruppe neue musik witten, c/o Prof Jürgen Löchter, Haarstranghöhe 5, D-58454 Witten, T: +49 23 02 80 85 9, F: +49 23 02 80 85 9. – Mitgl: 10.

Gruppo Pacolini, c/o Beate Dittmann, Finckensteinallee 28, D-12205 Berlin, T: +49 30 8 33 41 96, *HorstAbstein@compuserve.com*. – Mitgl: 3.

Gürzenich-Orchester Köln, Bischofsgartenstr 1, D-50667 Köln, T: +49 2 21 22 12 24 31, F: +49 2 21 22 12 38 00, *kontakt@guerzenich-orchester.de*; *info@guerzenich-orchester.de*; *www.guerzenich-orchester.de*. – Mitgl: 130.

Hagen Quartett, c/o Konzertbüro Nikolaus Schmidt, Kirchenallee 22, D-20099 Hamburg, T: +49 40 28 05 66 17, F: +49 40 28 05 66 18, *schmidtkonzert@aol.com*. – Mitgl: Lukas Hagen (V), Rainer Schmidt (V), Veronika Hagen (Va), Clemens Hagen (Vcl).

Hallesches Consort, c/o Rüdiger Hulsch, Presslersberg 14, D-06110 Halle/Saale, T: +49 3 452 83 37 30. – Mitgl: 7.

Hamburger Camerata, c/o Meike Thiessen, Abendrothsweg 37, D-20251 Hamburg, Postfach 310265, D-27538 Bremerhaven, T: +49 40 4 20 64 64, F: +49 40 4 20 64 25, *HamburgerCamerata@t-online.de*; *www.hamburgercamerata.com*. – Mitgl: 35.

Hamburger Ratsmusik, c/o Simone Eckert, Lohkamp 13, D-25373 Ellerhoop, T: +49 41 2 01 31 3, F: +49 41 2 01 31 3, *ratsmusik@aol.com*; *www.hamburger-ratsmusik.de*. – Mitgl: 3.

Hamburger Symphoniker, Dammtorwall 46, D-20355 Hamburg, T: +49 40 34 48 51, F: +49 40 35 37 88, *Hamburger-Symphoniker@t-online.de*; *www.hamburgersymphoniker.de*. – Mitgl: 67.

Hannoversche Hofkapelle, c/o Dorothee Palm, Kestnerstr 11, D-30159 Hannover, T: +49 5 112 35 31 10, 01 72–6 01 68 03(mobile), F: +49 5 112 35 31 15, *kontakt@hannoversche-hofkapelle.de*; *www.hannoversche-hofkapelle.de*. – Mitgl: 21.

Harmonie Universelle Gambenconsort und Stimme(n), c/o Bernhardt van Kampen, Heinrich-Krapoth-Str 4, D-51647 Gummersbach-Hülsenbusch, T: +49 22 6 12 80 67, F: +49 22 6 12 80 67. – Mitgl: 6, Bernhardt v Kampen.

Hassler-Consort, c/o Franz Raml, St Annahof 3 a, D-88416 Ochsenhausen, T: +49 73 5 24 21 6, F: +49 73 5 27 13 2, *gerhoelzle@hotmail.com*; *www.hassler-consort.de*. – Mitgl: 20.

Les haulz et les bas alfa-capella, c/o Gesine Bänfer, Harriet-Straub-Str 39, D-79100 Freiburg/Breisgau, T: +49 7 612 92 31 10, F: +49 7 612 92 31 09, *gesine@alta-capella.com*; *www.les-haulz-et-les-bas.com*. – Mitgl: Ian Harrison, Gesine Bänfer (Schalmei, Pommer, Dudelsack), Cas Gevers (Zugtrp, Pos), Ann Allan (Schalmei, Pommer), Michael Netzler (Perc).

les hautboistes prusses Ensemble für historische Bläsermusik, c/o Georg Corall, Hegnacher Str 14, D-70736 Fellbach, T: +49 7 115 20 32 53, *Jordi1st@t-online.de*. – Mitgl: 8.

Haydn Sinfonietta Wien, Bossigasse 76, A-1130 Wien, T: +43 1 8 77 52 08, F: +43 1 8 77 52 08 17, *sinfonietta@haydn.or.at*; *www.haydn.or.at*. – Mitgl: 10–45, Simon Standage (V), Reszö Pertorini (Vcl).

Heinichen-Ensemble Leipzig, c/o Dietmar Schaffer, Lindenstr 1, D-04420 Altranstädt, T: +49 3 42 05 87 46 3, F: +49 3 42 05 87 40 1, *info@heinichen-ensemble.de*; *www.heinichen-ensemble.de*. – Mitgl: 4–6.

Henschel Quartett, c/o MAM Management (Mayler Artist Management), Längenfeldgasse 26/7/33, A-1120 Wien, T: +43 1 8 15 37 33, F: +43 1 8 12 71 67, *mam-vienna@utanet.at*; *www.maylerartistmanagement.at*. – Mitgl: Christoph Henschel (V), Markus Henschel (V), Monika Henschel-Schwind (Va), Matthias D Beyer-Karlshoj (Vcl).

Henze-Kammerensemble, c/o Bernd Hänschke, Andreasstr 73, D-47441 Moers, T: +49 28 4 15 88 70, F: +49 28 4 15 07 51 4, *b.haenschke@t-online.de*; *www.musikerportrait.com/Bernd-Haenschke*. – Mitgl: 15.

Hofer Symphoniker, Klosterstr 9–11, D-95028 Hof/Saale, T: +49 92 8 17 20 00, F: +49 92 8 17 20 07 2, *info@hofer-symphoniker.de*; *www.hofer-symphoniker.de*. – Mitgl: 60.

Hofkapelle, c/o Michael Procter, Rintheimer Str 50, D-76131 Karlsruhe, T: +49 7 216 16 45 0, F: +49 7 216 23 89 53 0, *info@Hofkapelle.de*; *www.Hofkapelle.de*. – Mitgl: 6.

Holst-Sinfonietta e. V., c/o Klaus Simon, Gerberau 24, D-79098 Freiburg/Breisgau, T: +49 7 616 96 35 73, F: +49 7 611 37 57 58, *KSO@holst-sinfonietta.de*; *www.holst-sinfonietta.de*. – Mitgl: 15.

hr brass – die Blechbläser des Radio-Sinfonieorchesters Frankfurt, c/o Konzertdirektion Andrea Hampl, Karl-Schrader-Str 6, D-10781 Berlin, T: +49 30 4 78 26 99, F: +49 30 4 78 37 92, *hampl@konzertdirektion.de*; *www.konzertdirektion.de*. – Mitgl: 10–20.

Hugo Wolf Quartett, c/o Künstlermanagement Till Dönch, Rögergasse 24–26/G2, A-1190 Wien, T: +43 1 4 70 80 83, F: +43 1 4 79 69 71, *till@doench.at*, *office@hugowolfquartett.com*; *www.doench.at*, *www.hugowolfquartett.com*. – Mitgl: Sebastian Gürtler (V), Régis Bringolf (V), Florian Berner (Vcl), Wladimir Kossjanenko (Va).

in process, c/o Dr Ulli Götte, Bodelschwinghstr 1, D-34260 Kaufungen, T: +49 56 0 592 65 15, F: +49 56 0 592 65 15, *ugoette@freenet.de*; *www.minimal-music.com*. – Mitgl: 12, Ulli Götte, Michael Mantel (Kl, Keyboard), Constance Betzl, Anne Vigier

(Fl), Judith Gerdes (Ob), Sören Gehrke (V), Elisabeth Jetter (Va), Regine Brunke (Vcl), Jörg Müller-Fest (Vibraphon, Perc), Tilman Scheer, Peter Arens (Xylophon), Sabine Schmitz (Kl).

The Inter City Flute Players, c/o Pierre-André Bovey, Monbijoustr 37, CH-3011 Bern, T: +41 3 13 81 57 23. – Mitgl: 12–16.

International New Symphony Orchestra Lemberg, St Peter-Str 1, CH-8001 Zürich, Reussgasse 5, CH-5620 Bremgarten, T: +41 5 66 31 58 08, F: +41 5 66 31 58 10, *info@inso.ch*. – Mitgl: Maya Schaufelbühl (Fl), Gunhard Mattes (Ob), Naoki Kitaya (Kl,Cemb,Org).

Internationales Barockorchester in Württemberg, c/o Akademie für Alte Musik in Württemberg, Ahornweg 33, D-71155 Altdorf, T: +49 70 3 160 66 44, F: +49 70 3 160 43 24, *U.Engelke@t-online.de*; *www.aamol.online.de*. – Mitgl: 13, Simon Standage (BarockV), Ulrike Engelke (Travers-Blockfl), Mark Caudle (Gambe, BarockVcl).

Janus-Duo, c/o Kristian Nyquist, Soonwaldstr 27, D-55566 Bad Sobernheim, T: +49 67 5 165 77, F: +49 67 5 165 77, *kristian.nyquist@arcor.de*. – Mitgl: 2, Helena Bondarenko (V), Kristian Nyquist (Cemb, Fortepiano).

Jenaer Philharmonie JenaKultur, Carl-Zeiß-Platz 15, D-07743 Jena, T: +49 36 4 149 81 01, F: +49 36 4 149 81 05, *philharmonie@jena.de*; *www.jenaer-philharmonie.de*. – Mitgl: 85.

Jess-Trio Wien, Leystr 20/C/8, A-1200 Wien, T: +43 1 3 32 01 58, F: +43 1 3 32 01 58, *jess-trio-vienna@aon.at*; *members.aon.at/jess-trio-wien*. – Mitgl: Johannes Jess-Kropfitsch (Kl), Elisabeth Jess-Kropfitsch (V), Stefan Jess-Kropfitsch (Vcl).

Johann Friedrich Fasch-Ensemble Halle, c/o Matthias Erben, Paracelsusstr 7, D-06114 Halle/Saale, T: +49 3 455 23 13 13, F: +49 3 455 23 13 13, *Matthias.Erben@web.de*; *www.matthias-erben.de*. – Mitgl: 10–25.

Johann Rosenmüller Ensemble Leipzig Ensemble für Alte Musik, c/o Arno Paduch, Theodor-Storm-Str 8, D-31515 Wunstorf, T: +49 50 3 112 08 35, F: +49 50 3 112 08 36, *A.Paduch@gmx.de*. – Mitgl: 12, Ghislaine Wauters (V), Arno Paduch (Hn), Sebastian Krause (Tr), Kristina Filthaut (Fag), Ullrich Wedemeier (Lt), Jan Katschke (Org).

Johann Strauss Ensemble, c/o Erich Buchmann, Hauserstr 2b, A-4040 Linz, T: +43 7 3271 32 00, *office@johannstraussensemble.at*; *www.johannstraussensemble.at*. – Mitgl: 32.

Johann-Strauss-Orchester Hannover, Kircher Vorfeld 22, D-30916 Isernhagen; *www.strauss-orchester.de*.

Joueurs de Flûte, c/o Dominique Hunziker, Milchgasse 25, CH-5000 Aarau, T: +41 6 28 24 32 64, F: +41 6 28 24 32 64, *hunzigawa@dplanet.ch*; *www.joueurs.ch*. – Mitgl: Dominique Hunziker, Anne Utagawa, Anna-Katharina Graf, Flavio Puntin, Walter Feldmann, Matthias Ebner, Dominique Thomet, Daniel Pfister.

Kärntner Symphonieorchester / Orchester des Stadttheaters Klagenfurt, Theaterpl 4, A-9020 Klagenfurt, T: +43 4 635 52 66, F: +43 4 6355 26 67 24, *s.zoltan@stadttheater-klagenfurt.at*; *www.stadttheater-klagenfurt.at*. – Mitgl: 60.

Kairos Quartett, c/o Simone Heilgendorff, Jagowstr 16, D-10555 Berlin, T: +49 30 39 10 10 39, F: +49 30 39 10 10 40, *info@kairosquartett.de*; *www.kairosquartett.de*. – Mitgl: Wolfgang Bender (V), Chatschatur Kanajan (V), Simone Heilgendorff (Va), Claudius v Wrochem (Vcl).

Kammer-Solisten Zug, c/o Stefan Buri, Postfach 4408, CH-6304 Zug, T: +41 4 17 11 50 13, F: +41 4 17 11 50 13. – Mitgl: Silvia Zabarella (Ob), Xaver Fässler (Kl), Stefan Buri (Fag), Glen Borling (Hn), Ada Pesch (V), Marianne Borling (V), Judit Horvath (Va), Luzius Gartmann (Vcl), Maria Goldschmidt (Fl), Gabriel Bürgin (Kl).

Kammerakademie Potsdam, Wilhelm-Stab-Str 11, D-14467 Potsdam, T: +49 3 312 37 05 27, F: +49 3 312 37 01 30, *info@kammerakademie-potsdam.de*; *www.kammerakademie-potsdam.de*. – Mitgl: 28, Ariadne Daskalakis (V), Florian Donderer (V), Peter Rainer (V).

Kammerchor Stuttgart, c/o Musik Podium Stuttgart, Postfach 102630, D-70022 Stuttgart, T: +49 7 112 39 13 90, F: +49 7 112 39 13 99, *info@MusikPodium.com*; *www.MusikPodium.com*.

Kammerensemble Ars Amata Zürich, c/o Rudolf und Elisabeth Weber-Erb, Zollikerstr 3, CH-8702 Zollikon, T: +41 13 91 56 49, F: +41 13 92 02 14, *weber-erb@bluewin.ch*, *info@arsamata.ch*; *www.arsamata.ch*. – Mitgl: variabel, Elisabeth Weber-Erb (V), Cornelia Messerli-Ott (V), Rudolf Weber (Va), Maja Weber (Vcl), Andreas Wahlbrink (KB), Kathrin Oplatka (Fl), Madeleine Burkhalter (2. Va), Jonas Iten (2. Vcl), Per Lundberg (Kl).

Kammerensemble der Akademie für Alte Musik in Württemberg, c/o Akademie für Alte Musik in Württemberg, Ahornweg 33, D-71155 Altdorf, T: +49 70 3 160 66 44, F: +49 70 3 160 43 24, *U.Engelke@t-online.de*; *www.aamol.online. de*. – Mitgl: 5–8, Simon Standage (BarockV), Ulrike Engelke (Travers-Blockfl), Helmut Engelke (Barock-Va), Mark Caudle (Gambe, BarockVcl).

Kammerensemble musica nova Bremen, c/o Prof. Klaus Bernbacher, Schwachhauser Ring 12, D-28209 Bremen, T: +49 4 2134 34 39, F: +49 4 213 47 74 43.

Kammerensemble Neue Musik Berlin, c/o Metrix production, Dunckerstr 84, D-10437 Berlin, T: +49 30 44 35 97 73, F: +49 30 44 35 97 77, *production@kammerensemble.de*; *www.kammerensemble.de*. – Mitgl: 11.

Kammerorchester arcata Stuttgart e. V., c/o Patrick Strub, Elsterweg 5, D-71686 Remseck, T: +49 71 4 681 00 85, F: +49 71 4 681 00 87, *PatStrube@t-online.de*; *www.arcata.de*. – Mitgl: 19, Stefan Knote (V), Barbara Woeldeke (Vcl).

Kammerorchester Basel, Kanonengasse 37, CH-4051 Basel, T: +41 6 12 73 52 52, F: +41 6 12 73 52 53, *mail@kammerorchesterbasel.ch*; *www.kammerorchesterbasel.ch*. – Mitgl: 35.

Kammerorchester Berlin, Charlottenstr 56, D-10117 Berlin, T: +49 30 34 90 20 32, F: +49 30 34 90 20 33, *info@KOBerlin.de*; *www.KOBerlin.de*. – Mitgl: 25.

Kammerorchester Carl Philipp Emanuel Bach, c/o Susanne Schergaut, Postfach 080546, D-10005 Berlin, T: +49 30 6 05 19 30, F: +49 30 6 05 19 30, *info@cpebach-berlin.de*; *www.cpebach-berlin.de*. – Mitgl: 16–22.

Kammerorchester „fonte di musica“, c/o Wolfgang Kohlhaußen, Dorfstr 1, D-82234 Hochstadt, T: +49 81 5 390 84 00, +49 51 5 12 52 74, mobil: 01 72–5 16 44 53, *Fonte77@aol.com*; *www.fonte-di-musica.de*. – Mitgl: 11.

Kammerorchester I Musici Giovani (IMG), Postfach 3046, CH-5001 Aarau, T: +41 6 28 97 51 21, F: +41 6 28 97 17 59, *daschmid@swissonline.ch*; *www.aarau-city.ch/img/*. – Mitgl: 20–40.

Kammerorchester Jenaer Solisten e. V., c/o Marius Sima, Tautenburger Str 4, D-07778 Dorndorf-Steudnitz, T: +49 3 64 2 77 16 48, F: +49 3 64 2 77 16 48, *piano@aol.com*. – Mitgl: 15.

Kammerorchester Joseph Haydn Eisenstadt, Weißpriachstr 6, A-7000 Eisenstadt, T: +43 6 765 19 45 70, F: +43 26 2 22 92 46, *info@haydnorchester.at*; *www.haydnorchester.at*. – Mitgl: 60.

Kammerorchester „Kleines Europa“, c/o Musikforum Kleines Europa, Merksteiner Str 24, D-52531 Übach-Palenberg, T: +49 24 5 14 39 26, F: +49 24 5 14 39 26. – Mitgl: 21.

Kammerorchester 'Pro Musica' Darmstadt, c/o Horst Gehann, Lamperter Flur 2, D-55481 Kludenbach, T: +49 67 6 321 95, F: +49 67 6 321 75, *Gehann-Musik@freenet.de*; *www.darmstadt-online.de/promusica*. – Mitgl: 10.

Kammerorchester Unter den Linden, c/o Andreas Peer Kähler, Kastanienweg 37, D-14532 Stahnsdorf bei Berlin, T: +49 33 2 969 03 07, F: +49 33 2 969 03 43, *info@kudl-berlin.de*; *www.kudl-berlin.de*.

Kammerorchester Virtuosi Saxoniae, c/o Prof Ludwig Güttler, Weltestr 16, D-01157 Dresden, T: +49 3 514 21 20 30, F: +49 3 514 21 04 01, *ludwig.guettler@t-online.de*; *www.guettler.com*. – Mitgl: 21, Ludwig Güttler (Lt u Sol).

Kammerphilharmonie Amadé, Von-Vincke-Str 14, D-48143 Münster, T: +49 2 518 49 34 43, F: +49 2 514 82 80 53, *info@kp-amade.de*; *www.kp-amade.de*. – Mitgl: 25.

Kammerphilharmonie Bodensee-Oberschwaben, c/o Markus Schweizer, Kaltenberger Str 24, D-88069 Tettnang, T: +49 75 4 25 41 76, F: +49 75 4 295 31 19, *SchweizerTT@t-online.de*; *www.KammerphilharmonieBO.de*. – Mitgl: 100.

Kammerphilharmonie Graubünden, Masanserstr 14, Schweiz, Postfach 519, CH-7002 Chur, T: +41 8 12 58 47 09, F: +41 8 12 58 47 07, *info@kammerphilharmonie.ch*; *www.kammerphilharmonie.ch*. – Mitgl: 30.

Kammersolisten Zürich, c/o Arthur Heinz Lilienthal, Cholibuck 13, CH-8121 Benglen, T: +41 18 25 39 38, F: +41 18 25 39 38. – Mitgl: 13.

Kammersymphonie Berlin, c/o Hannes Neubert, Liselotte-Hermann-Str 7, D-14057 Berlin, T: +49 30 42 80 92 12, F: +49 30 42 80 92 12, *info@kammersymphonie-berlin.de*; *www.kammersymphonie-berlin.de*. – Mitgl: 30.

Kammertrio Linz-Wien (KTLW), Zanaschkagasse 14/43/39, A-1120 Wien, T: +43 1 8 92 93 32, F: +43 1 8 92 93 32, *info@kammertriolinzwien.com*; *www.kammertriolinzwien.com*.

Kammervereinigung Berlin, c/o Mathias Baier, Müritz-Str 5, D-10318 Berlin, T: +49 30 2 91 65 91, F: +49 30 2 91 65 91, *mathbaier@aol.com*; *members.aol.com/quintettkvb/*. – Mitgl: Iris Jess (Fl), Gudrun Reschke (Ob), Mathias Baier (Fag), Bodo Werner (Hn), Alexander Roske (Klar).

Kandinsky Streichtrio, c/o Hartmut Rohde, Eislebener Str 15, D-10789 Berlin, T: +49 30 2 11 03 65, F: +49 30 2 196 95 48, *info@hartmutrohde.de*; *www.kandinsky-streichtrio.de*. – Mitgl: Kathrin Rabus (V), Hartmut Rohde (Va), Nikolai Schneider (Vcl).

Karl-Forster-Chor Berlin, c/o Gundolf Barenthin, Yorckstr 88d, D-10965 Berlin, T: +49 7 0036 77 83 72, F: +49 30 40 63 25 36, *k-f.-c@gmx.de*; *www.karl-forster-chor.de*. – Mitgl: variabel.

Keller Quartett, c/o Sonia Simmenauer Impresariat, Angelika Knipping, Bornstr 12, D-20 Hamburg, T: +49 40 42 31 31 15, F: +49 40 42 31 31 13, *angelika.knipping@impresariat-simmenauer.de*.

Kieler Kammerorchester, Seegang 4, D-24363 Holtsee, T: +49 43 5 7490, F: +49 43 5 7682, *erhard.meisner@t-online.de*; *www.kielerkammerorchester.de*.

King Übü Örchestrü, c/o Wolfgang Fuchs, Knesebeckstr 97, D-10623 Berlin, T: +49 30 3 13 75 52, F: +49 30 3 13 75 52, *wolf.fuchs@gmx.net*; *www.free-music-production.de*. – Mitgl: 10.

klagenfurter ensemble, Postfach 134, A-9021 Klagenfurt, T: +43 4 6331 03 00, F: +43 4 6331 03 00 12, *theater@klagenfurterensemble.at*; *www.klagenfurterensemble.at*.

Klangforum Wien, Diehlgasse 51, A-1050 Wien, T: +43 1 521 670, F: +43 1 5 21 67 30, *info@klangforum.at*; *www.klangforum.at*. – Mitgl: 24, Annette Bik (V), Jef Brothwell (Trp), Markus Deuter (Ob), Lorelei Dowling (Fag), Andreas Eberle (Pos), Vera Fischer (Fl), Marino Formenti (Kl), Eva Furrer (Fl), Uli Fussenegger (KB) ua.

klangwerkstatt weimar, c/o Christina Meißner, Schubertstr 28, D-99423 Weimar, T: +49 36 4 340 02 72, F: +49 36 4 377 01 05, *christoph.ritter@hfm.uni-weimar.de*. – Mitgl: 4+, Christina Meißner (Vcl), Christoph Ritter (Kl), Matthias Schröder (Schlgz), Klaus Wegener (Klar, Sax) ua.

Klarinetten-Ensemble Amadé, c/o Ueli Gautschi, Eschenmoserstr 35, CH-8184 Bachenbülach, T: +41 18 60 59 49, F: +41 18 60 32 80. – Mitgl: Harald Strebel, Stefan Erl, Ueli Gautschi, Fritz Gloor, Christian Hertel, Hanspeter Muri, Christian Stalder, Reto Wildeisen.

Klassik Philharmonie Hamburg, Postfach 131025, D-20110 Hamburg, T: +49 41 0 38 90 78, F: +49 41 0 38 54 46, *info@klassikphilharmonie.de*; *www.klassikphilharmonie.de*. – Mitgl: 60.

Klassische Philharmonie Bonn, Belderberg 24, D-53113 Bonn, T: +49 2 2865 49 65, F: +49 2 2863 48 50, *info@klassische-philharmonie-bonn.de*; *www.klassische-philharmonie-bonn.de*. – Mitgl: 58.

Klavierduo Genova & Dimitrov, c/o Konzertdirektion Andrea Hampl, Karl-Schrader-Str 6, D-10781 Berlin, T: +49 30 4 78 26 99, F: +49 30 4 78 37 92, *hampl@konzertdirektion.de*; *www.konzertdirektion.de*. – Mitgl: Aglika Genova (Kl), Liuben Dimitrov (Kl).

Knabenkantorei Basel, c/o Regula Bässler, Schlossgasse 5, CH-4142 Münchenstein, T: +41 6 14 11 04 77, F: +41 6 14 11 04 77, *sekretariat@knabenkantorei.ch*; *www.knabenkantorei.ch*.

Kölner Kammerorchester, c/o Künstlerisches Betriebsbüro – Beate Brenig, Erlengrund 8A, D-50321 Brühl, T: +49 22 3 221 08 40, F: +49 22 3 221 08 39, *beate.Brenig@t-online.de*; *www.koelnerkammerorchester.de*. – Mitgl: 35.

Kölner Violen-Consort, c/o Prof Heiner Spicker, Herrenweg 21, D-41541 Dormagen-Zons, T: +49 21 3 34 22 56, F: +49 21 3 353 94 80; *www.violenconsort.de*. – Mitgl: 4, Heiner Spicker, Eva Heydasch, Marieluise Becker, Lutz Heiwolt (alle Va da Gamba).

Kontra-Trio, c/o Leo Bachmann, Flurstr 87, CH-8047 Zürich, T: +41 4 44 01 29 19, *leobachmann@email.com*; *www.bachman.ch*. – Mitgl: 3, Madeleine Bischof (KBFl), Thomas K.J. Mejer (KBSax), Leo Bachmann (Tb).

Konzertensemble Salzburg, c/o Prof Franz Königer, Waldburgergasse 23, A-5026 Salzburg, T: +43 6 6263 53 09.

Kornmarktchor Bregenz Musikhauptschule Bregenz-Stadt, Belruptstr. 37, A-6900 Bregenz, T: +43 55 7 44 32 40, F: +43 6 766 29 80 78, *alex.seidl.hsbst@schulen.vol.at*; *members.vol.at/musik.inherzjesu/content/info_kornmarktchor.html*.

Kottmann-Streicher, c/o Boris Kottmann, Ostpreußenstr 28, D-65719 Hofheim, Taunus, T: +49 61 9 235 47, F: +49 61 9 23 92 60. – Mitgl: 15.

Krahnenbaum Company Köln, c/o Hans W. Koch, Im Krahnenhof 11, D-50668 Köln, T: +49 2 219 52 54 83, F: +49 2 219 52 54 84, *krahnenbaum@haraldmuenz.de*. – Mitgl: 14.

Küchen-Quartett, c/o Olaf Pyras, Schulstr 12a, D-34281 Deute, T: +49 56 0 392 39 00, F: +49 56 0 392 39 00, *Pyras@deute.de*. – Mitgl: 4.

Küchl-Quartett, Reisnerstr 17/11, A-1130 Wien, T: +43 1 7 13 18 46, F: +43 1 7 13 18 47, *kuechl@chello.at*.

Kurpfälzisches Kammerorchester Ludwigshafen-Mannheim e.V., C4, 9b, D-68159 Mannheim, T: +49 6 211 45 54, F: +49 6 211 56 12 88, *orchester@kko.de*; *www.kko.de*. – Mitgl: 15.

Landeskapelle Eisenach, Theaterplatz 4–7, D-99817 Eisenach, Postfach 1449, D-99804 Eisenach, T: +49 36 9 125 60, F: +49 36 9 125 61 59, *dramaturgie-esa@thueringerlandestheater.de*; *www.thueringerlandestheater.de*. – Mitgl: 51.

Lausanne Bach Ensemble, c/o Dominique Lengacher, Chemin Cocagne 46, CH-1030 Bussigny, T: +41 2 17 01 01 30, F: +41 2 16 34 37 74, *clengach@worldcom.ch*. – Mitgl: 3, Pierre-Bernard Sudan, Catherine-Marie Tunnell.

Lautten Compagney Berlin, c/o Wolfgang Katschner, Schwedter Str 34a, D-10435 Berlin, T: +49 30 4 42 87 61, F: +49 30 4 42 87 62, *lautten.compagney@t-online.de*; *www.lauttencompagney.com*. – Mitgl: 2.

Leipziger Bach-Collegium, c/o Prof Ludwig Güttler, Weltestr 16, D-01157 Dresden, T: +49 3 514 21 20 30, F: +49 3 514 21 04 01, *ludwig.guettler@t-online.de*; *www.guettler.com*. – Mitgl: 7.

Die Leipziger Bachsolisten, c/o CONTOUR GmbH Büro für Concert- und Gastspieltourneen, Postfach 250152, D-40093 Düsseldorf, T: +49 2 119 34 84 86, F: +49 2 1134 52 35, *info@contour-concert.de*; *www.contour-concert.de*. – Mitgl: Mitgl d Gewandhausorchesters.

Leipziger Kammerorchester tobitonconcert, c/o Tobias Leißner, Prager Str 35, D-04317 Frohburg/Schönau, T: +49 3 412 28 33 80, 01 79 48 12 68 9(mob), F: +49 3 419 76 92 83, *buero@tobiton-concert.de*; *www.leipzigerkammerorchester.de*. – Mitgl: 40.

Leipziger Schlagzeug Ensemble, c/o Gerd Schenker, Topasstr 42, D-04319 Leipzig, T: +49 3 416 51 67 51, 01 79–4 94 27 99, F: +49 3 416 51 67 51, *gerd.schenker@gmx.de*; *www.musik-zeit.de/schlagzeugensemble.htm*. – Mitgl: 4–7.

Leipziger Streichquartett, c/o Tobias Rosenthal Musikmanagement, Landsberger Str 1, D-04157 Leipzig, T: +49 3 419 10 22 44, F: +49 3 419 10 22 45, *office@leipzigquartet.com*; *www.LSQ.de*.

Leopoldinum-Orchester, c/o Konzert-Agentur Dagmar Körner, Bergstr 15, D-85120 Hepberg, T: +49 84 5 615 30, F: +49 84 5 621 09, *Koerner.Konzerte@t-online.de*; *www.konzertdirektion.de*. – Mitgl: 14.

Liechtensteiner Kammerorchester, Am Bach 5, FL-9495 Triesen, T: +4 233 92 32 11.

Linde-Consort, Leonhardstr 51, CH-4051 Basel, T: +41 6 12 71 88 35, F: +41 6 12 73 95 54, *hansmartinlinde@freesurf.ch*. – Mitgl: Hans-Martin Linde (Bfl u barocke Qufl), Herbert Hoever und Christine Brodbeck (Barock-V), Dorothea Jappe (Barock-Va), Michael Jappe (Barock-Vcl), Gottfried Bach (Cemb).

Linos-Ensemble, c/o Cornelia Rothkegel-Hartke, Dinklager Str 33, D-48393 Lohne, T: +49 44 4 27 33 67, F: +49 44 4 27 31 74, *Rothkegel-Hartke@t-online.de*; *www.linos-ensemble.de/index.html*. – Mitgl: Konstanze Eickhorst (Kl), Winfried Rademacher (V), Sidsel Garm Nielsen (V), Matthias Buchholz (Va), Mario Blaumer (Vcl), Jörg Linowitzki (Kb), Kersten McCall (Fl), Klaus Becker (Ob), Rainer Müller-van Recum (Klar), Eberhard Marschall (Hn).

Linos Saxophon Quartett, c/o Gregor Pottmeier, Pfalzstr 8, D-40477 Düsseldorf, T: +49 2 114 95 56 31, F: +49 2 114 95 56 32, *info@linos-quartett.de*; *www.linos-quartett.de*. – Mitgl: Andreas Hilner (S-Sax), Martin Hilner (A-Sax), Roland Lichters (T-Sax), Sebastian Pottmeier (B-Sax).

Linzer Kammerorchester, c/o Dr. Ewald Greslehner, Eisenhandstr 20, A-4020 Linz, T: +43 6 644 92 70 48. – Mitgl: 20.

Loh-Orchester Sondershausen Max-Bruch-Philharmonie, Im Loh 1c, D-99706 Sondershausen, T: +49 36 3 277 00 00, F: +49 36 3 277 00 01, *theater@nordhausen.de*; *www.theater-nordhausen.de/*. – Mitgl: 59.

Lou-Lou, c/o Stephanie Haas, Bönnigheimer Str 27, D-70435 Stuttgart, T: +49 7 1187 16 64, F: +49 7 118 70 18 41, *nikola.lutz@jazz-network.com*. – Mitgl: 2.

Ludus Venti, c/o Dr Ulrich Bartels, Radeckweg 3, D-51789 Lindlar, T: +49 22 6 610 55, F: +49 22 6 64 58 97; *www.ludus-venti.de*. – Mitgl: 4.

Ludwigsburger BlechBläserQuintett, c/o pavlik concerts & consulting, Alte Dorfstr 21, D-25992 List / Sylt, T: +49 46 5 195 76 34, F: +49 46 5 195 76 65, *info@pavlikconcerts.com*; *www.blechblaeserquintett.de*. – Mitgl: Klaus-Ulrich Dann (Trp), Hubertus von Stackelberg (Trp), Harald Domes (Hn), Matthias Jauß (Pos), Stefan Ambrosius (Tb).

Lüneburger Sinfoniker, An den Reeperbahnen 3, D-21335 Lüneburg, Postfach 2829, D-21318 Lüneburg, T: +49 41 3 175 20, F: +49 41 3 140 42 10, *dramaturgie@theater-lueneburg.de*; *www.theater-lueneburg.de*. – Mitgl: 27.

Lukas-Consort, c/o Prof Viktor Lukas, Ludwigstr 26, D-95444 Bayreuth, T: +49 9 213 32 00, F: +49 9 213 32 00, *lukas@musica-bayreuth.de*; *www.musica-bayreuth.de*. – Mitgl: 28, Prof Viktor Lukas (Org, Cemb).

Luzerner Sinfonieorchester, Pilatusstr 18, CH-6003 Luzern, T: +41 4 12 10 50 50, F: +41 4 12 26 05 20, *info@sinfonieorchester.ch*; *www.sinfonieorchester.ch*. – Mitgl: 50.

Ma'alot Quintett, c/o Konzertdirektion Andrea Hampl, Karl-Schrader-Str 6, D-10781 Berlin, T: +49 30 4 78 26 99, F: +49 30 4 78 37 92, *hampl@konzertdirektion.de*; *www.konzertdirektion.de*. – Mitgl: Kornelia Brandkamp (Fl), Christian Wetzel (Ob), Ulf-Guido Schäfer (Klar), Volker Grewel (Hn), Volker Tessmann (Fag).

Magdeburgische Philharmonie, c/o Theater der Landeshauptstadt Magdeburg, Universitätspl 9, D-39104 Magdeburg, Postfach 1240, D-39002 Magdeburg, T: +49 3 915 40 65 00, F: +49 3 915 40 65 99, *info@theater.magdeburg.de*; *www.theater-magdeburg.de*. – Mitgl: 90.

Mahler Kammerorchester, Heinrich-Roller-Str 16–17, D-10405 Berlin, T: +49 30 4 17 17 90, F: +49 30 41 71 79 29, *mco@mahler-chamber.de*; *www.mahler-chamber.de*. – Mitgl: 49.

Mainzer Barockensemble, c/o Claudia von Lewinski, Donnersbergstr 3a, D-55129 Mainz, T: +49 61 3 15 99 83, F: +49 61 3 15 99 83, *cvonlewinski@t-online.de*. – Mitgl: 5.

Mainzer Kammerorchester e.V., Friedrich-Naumann-Str 9, D-55131 Mainz, T: +49 61 3 183 91 98, F: +49 61 3 183 41 28, *volkermllr@aol.com*; *www.mainzer-kammerorchester.de*. – Mitgl: 17.

Maluma Takete, c/o Katja Reiser, Stühlinger Str 28, D-79106 Freiburg/Breisgau, T: +49 7 612 17 18 00, *Katjareiser@aol.com*. – Mitgl: 3.

Mandelring Quartett, c/o Künstlersekretariat Rolf Sudbrack, Gösselkoppel 54a, D-22339 Hamburg, T: +49 40 5 38 21 65, F: +49 40 5 38 72 20, *Rolf.Sudbrack@t-online.de*; *www.sudbrackmusik.de*, *www.mandelringquartett.de*. – Mitgl: Sebastian Schmidt (V), Nanette Schmidt (V), Bernhard Schmidt (Vcl), Roland Glassl (Va).

Mannheimer Streichquartett, c/o Künstlersekretariat Rolf Sudbrack, Gösselkoppel 54a, D-22339 Hamburg, T: +49 40 5 38 21 65, F: +49 40 5 38 72 20, *Rolf.Sudbrack@t-online.de*; *www.sudbrackmusik.de*, *www.msq.de*. – Mitgl: Andreas Krecher (V), Shinkyung Kim (V), Armin Fromm (Vcl), Niklas Schwarz (Va).

Manon Quartett, c/o Musikproduktion Jürgen Höflich, Enhuberstr 6–8, D-80333 München, T: +49 89 52 54 11, F: +49 89 52 54 11, *hoeflich@musikmph.de*; *www.musikmph.de/seiten/quartett/manon.html*. – Mitgl: 4, Ariadne Daskalakis (V), Bernhard Forck (V), Sebastian Gottschick (Va), Anna Carewe (Vcl).

Marais Consort, Ensemble für Alte Musik, c/o Villa Anny, Holmer Str 73, D-22880 Wedel, T: +49 41 0 38 49 05, F: +49 41 0 38 49 05, *hgk@maraisconsort.de*; *www.maraisconsort.de/main.htm*. – Mitgl: 7, Rebeka Rusó (Va da Gamba), Hans-Georg Kramer, Brian Franklin, Hermann Hickethier, Heike Johanna Lindner (Bratsche), Ingelore Schubert (Cemb), Dorothee Mields-Blotzki (Sop).

MDR Kinderchor Mitteldeutscher Rundfunk, Augustusplatz 9a, D-04109 Leipzig, PF, D-04360 Leipzig, T: +49 3 413 00 86 56, F: +49 3 413 00 86 55.

MDR Rundfunkchor, c/o Mitteldeutscher Rundfunk, Augustuspl 9a, D-04109 Leipzig, PF, D-04360 Leipzig, T: +49 3413008705, F: +49 3413008701. – Mitgl: 73.

MDR-Sinfonieorchester Leipzig, c/o Mitteldeutscher Rundfunk, Augustusplatz 9a, D-04109 Leipzig, T: +49 3413008705, F: +49 3413008701, *mario.plath@mdr.de*; *www.mdr.de/klangkoerper*. – Mitgl: 121.

Mecklenburger Kammersolisten, c/o Silke Vogler, Elmenhorster Weg 25, D-18109 Rostock, T: +49 3817698148, F: +49 3817697917, *SilkeVogler@gmx.de*; *www.mecklenburger-kammersolisten.de*. – Mitgl: 32.

Mecklenburgische Staatskapelle, Alter Garten 2, D-19055 Schwerin, T: +49 3855300152, F: +49 3855300200, *PRESSE@theater-schwerin.de*; *www.theater-schwerin.de*. – Mitgl: 88.

Melos Ensemble Wien, Salesianergasse 12/11, A-1030 Wien, T: +43 1714 9196, F: +43 1714 9191, *info@melos.at*; *www.melos.at*. – Mitgl: 19–25.

Les Menestrels ensemble für alte musik, c/o Dr. Michel u. Klaus Walter, Laudongasse 25/6, A-1080 Wien, T: +43 1 408274414, F: +43 1 408274422, *music@menestrels.at*; *www.menestrels.at*. – Mitgl: 4–12, Birgit Kurtz, Ingrid Haselberger, Lea Vitkova, Florian Mayr, Markus Resch, Erich Klug, Klaus Walter, Michel Walter, Helge Stiegler, Gebhard Chalupsky, Khosro Soltani, Eva Brunner, Marcy Jean Boelli.

Menuhin Festival Piano Quartet, c/o Hermes Konzerte, Herr Hermann Rieger, Hermann-Hesse-Str 37, D-72793 Pfullingen, T: +49 71217 4793, F: +49 712179 8007, *info@MenuhinFestivalPianoQuartet.de*; *www.menuhinfestivalpianoquartet.com*. – Mitgl: Friedemann Rieger (Kl), Nota Chastain (V), Silvia Simonescu (Va), Troels Svane (Vcl).

Metropolis Ensemble, c/o Konzert-Direktion Hans Adler, Auguste-Viktoria-Str 64, D-14199 Berlin, T: +49 30 8959920, F: +49 30 8263520, *info@musikadler.de*; *www.musikadler.de*. – Mitgl: Baschkirowa, Caruzzo, Fuchs, Schwalke.

Mitteldeutsche Kammerphilharmonie Schönebeck, Tischlerstr 13a, D-39218 Schönebeck, T: +49 392 8400429, 400597, F: +49 392 8400429, *mkp-sbk@t-online.de*; *www.mitteldeutsche-kammerphilharmonie.de*. – Mitgl: 29.

Mittelsächsische Philharmonie Mittelsächsische Theater und Philharmonie gGmbH, Borngasse 1, D-09599 Freiberg/Sachsen, T: +49 373 135 82–0, F: +49 373 123406; *www.mittelsaechsisches-theater.de*. – Mitgl: 60.

Modern Art Sextett, c/o Klaus Schöpp, Curtiusstr 77, D-12205 Berlin, T: +49 30 3956326, F: +49 30 3956326, *schoeppklaus@gmx.de*; *www.modern-art-sextett.de*. – Mitgl: 6.

Mondial Philharmonic Orchestra, c/o Betin Günes, Hofstr 2–4, D-51061 Köln, T: +49 22166 4131, F: +49 2216901686, *info@betingunes.de*; *www.betingunes.de*. – Mitgl: 80.

La Morra – Ensemble für Alte Musik, c/o Dirk Hangstein, Fürst-Gottfried-Str 14, D-97990 Weikersheim, Postfach 43, D-97984 Weikersheim, T: +49 793 41436, F: +49 793 43859, *dirk.hangstein@mail.uni-wuerzburg.de*. – Mitgl: 5.

Moser-Quartett Bern, c/o Rachèle Moser-Schiffmann, Drosselweg 5, CH-3012 Bern, T: +41 313013219, F: +41 313013219, *moser.quartett@schweiz.org*. – Mitgl: Paul Moser (V), Rachèle Moser-Schiffmann (V), Michael Schwendimann (Va), Matthias Walpen (Vcl).

Movimento Chamber Ensemble, c/o Nele Gramß, Walburer Weg 10, D-96476 Bad Rodach, T: +49 95 644761, *gramss.mark@t-online.de*. – Mitgl: 4, Nele Gramß (Sop), Veronika Skuplik (V), Hille Perl (Va), Christoph Lehmann (Org).

Mozart Company, Haidgasse 14/15, A-1020 Wien, T: +43 1 2129846, *meinhardruedenauer@aon.at*. – Mitgl: Mitgl Wiener Orch u Musikth, Studierende M-Uni u Kons Wien.

Mozart Piano Quartett, c/o Peter Hörr, Kettelburgstr 23, D-59759 Arnsberg, T: +49 17227230 60(mobile), F: +49 29 3254545, *info@mozart-piano-quartet.com*; *www.mozart-piano-quartet.com*. – Mitgl: Natalie Chee (V), Tamara Cislowska (Kl), Hartmut Rohde (Va), Peter Hoerr (Vcl).

Mozart Quartett Salzburg, c/o Matthias Michael Beckmann, Friedrich-Inhauser-Str 4, A-5020 Salzburg, T: +43 66284 6642, 6764 040602(mobile), F: +43 66284 6642, *salzburg@mozartquartett.com*; *www.mozartquartett.com*. – Mitgl: Claire Dolby (1. V), N.N. (2. V), Eve Wickert (Va), Matthias Michael Beckmann (Vcl).

Mozart-Serenaden Ensemble, Salzburg, Lieferinger Hauptstr 130, A-5013 Salzburg, T: +43 66243 6870, F: +43 66243 6970, *mozart@salzburg.co.at*. – Mitgl: 3–8, Grundbesetzung: Streicher d Trios 'Amadé' Salzburg, bei Bedarf Sol v MozarteumOrch u Camerata Salzburg sowie int Sol.

Mozarteum Orchester Salzburg, Erzbischof-Gebhard-Str 10, A-5020 Salzburg, T: +43 66284 3571, F: +43 66284 357123, *info@mozarteum.orchester.at*; *www.mozarteum.orchester.at*. – Mitgl: 91.

Mozarteum-Quartett, c/o Mag Herbert Lindsberger, Faistauergasse 1, A-5020 Salzburg, T: +43 66262 2321, F: +43 66262 2321, *h.lindsberger@utanet.at*.

Münchener Kammerorchester e. V., c/o Nicole Braun (Konzertplanung), Wittelsbacherplatz 2, D-80333 München, T: +49 89 63635970, F: +49 89 280171, *info@muenchener-kammerorchester.de*; *www.muenchener-kammerorchester.de*. – Mitgl: 21.

Münchner Flötenensemble Münchner Flötenduo/ Münchner Flötentrio, c/o Edmund Wächter, Magdalenenstr 36, D-80638 München, T: +49 89 155492, F: +49 89 1575497, *weinzierl-waechter@t-online.de*; *www.weinzierl-waechter.de*. – Mitgl: 10.

Münchner Klaviertrio, c/o Konzertveranstaltungen Andreas Schessl GmbH, Postfach 810952, D-81909 München, T: +49 89 936093, F: +49 89 9306494, *info@muenchenmusik.de*. – Mitgl: Koeckert, Zank, Lechler.

Münchner Philharmoniker Orchester der Landeshauptstadt München, Kellerstr 4/H III, Gasteig Kulturzentrum, D-81667 München, T: +49 89 480985100, F: +49 89 480985130, *philharmoniker@muenchen.de*; *www.mphil.de*. – Mitgl: 120.

Münchner Rundfunkorchester Rundfunkorchester des Bayerischen Rundfunks, c/o Bayerischer Rundfunk, Rundfunkplatz 1, D-80335 München, T: +49 89 59002355, F: +49 89 59003279, *rundfunkorchester@brnet.de*; *www.br-klassik.de/rundfunkorchester*. – Mitgl: 71.

Münchner Symphoniker e. V., Drächslstr 14, D-81541 München, T: +49 89 4411960, F: +49 89 44119615, *info@muenchner-symphoniker.de*; *www.muenchner-symphoniker.de*. – Mitgl: 60.

Munich Brass, c/o wfm-KulturAgentur Wolfram Mergard, Blutenburgstr 48, D-80636 München, T: +49 89 183242, F: +49 89 183242, *wfm-kultur@t-online.de*.

Musagetes-Quintett Berlin, c/o Stephan Landgrebe, Karmeliterweg 11, D-13465 Berlin, T: +49 30 4013935, F: +49 30 36287110, *Stephan.Landgrebe@web.de*. – Mitgl: Yazuko Imanaga Fuchs (Fl), Maike Wegener (Ob), Stephan Landgrebe (Klar), Elisabeth Böhm-Christl (Fag), Arturo Pantaleon Mendoza-Jaensch (Hn).

Musica Alta Ripa Ensemble für Musik des 17. und 18. Jh, c/o Konzertagentur Heide Stock, Mesmerweg 2, D-30655 Hannover, T: +49 5113943114, F: +49 5113943115, *heide.stock@gmx.de*; *www.heidestockagentur.de*. – Mitgl: 5, Bernward Lohr (Cemb), Danya Segal (Blockfl), Anne Röhrig (V), Ursula Bundies (V), Juris Teichmanis (Vcl).

Musica Antiqua Köln Ensemble für Alte Musik, Brüsseler Str 94, D-50672 Köln, T: +49 22192320–35/-30, F: +49 2219232031, *management@musica-antiqua-koeln.de*, *hans.otto@musica-antiqua-koeln.de*; *www.musica-antiqua-koeln.de*. – Mitgl: 25.

Musica Chorda, c/o Hartwig Groth, Andersenstr 6, D-90482 Nürnberg, T: +49 91150 1883, F: +49 91150 1891, *vdggroth@aol.com*. – Mitgl: 6.

Musica Fiata Köln, c/o Roland Wilson, Emilstr 35, D-50827 Köln, T: +49 2215303180, F: +49 2215303191, *musicafiata@t-online.de*. – Mitgl: 10.

musica-viva – ensemble dresden, c/o Europäisches Zentrum der Künste Hellerau, Karl-Liebknecht-Str 56, D-01109 Dresden, T: +49 351264 6215/-218/-220, F: +49 3512646223, *uhlmann@KunstForumHellerau.de*; *www.KunstForumHellerau.de*. – Mitgl: 20.

Musici Volanti, c/o Bruno Leuschner, Thunstr 3, CH-3112 Allmendingen, T: +41 3195271 02, *bruno.leuschner@mac.com*; *www.musicivolanti.ch*. – Mitgl: variabel.

musikFabrik / Landesensemble NRW e. V., Maarweg 149–161, D-50825 Köln, Postfach 450745, D-50882 Köln, T: +49 22171947194–0, F: +49 22171947194–7, *musikFabrik@musikFabriknrw.de*; *www.musikFabriknrw.de*. – Mitgl: 15.

Musik/Film/Dia/Licht-Galerie, c/o Josef Anton Riedl, Sandstr 49, D-80335 München, T: +49 89 528152. – Mitgl: 9.

Mutare Ensemble, c/o Gerhard Müller-Hornbach, Taunusblick 3, D-61118 Bad Vilbel, T: +49 6101448 99, F: +49 61014 9089, *webmaster@mutare.de*; *www.mutare.de*. – Mitgl: 29, Thaddeus Watson (Fl), Nora Gudrun Spitz (Ob), Ulrich Mehlhart (Klar), Magaret Dudley (Fag), Thomas Bernstein (Hn), German Marstatt (Trp), Norbert Hardegen (Pos), Walter Reiter (Schlgz), Karin Franke (Hfe) ua.

nachHall, c/o Udo Agnesens – Klangbrücken, Saarstr 3, D-12161 Berlin, T: +49 30 22190574, F: +49 30 22190575, *info@nachhall.de*; *www.nachhall.de*. – Mitgl: 9.

Nationaltheater-Orchester Mannheim, Mozartstr 911, D-68161 Mannheim, T: +49 6212 6044, F: +49 6212 3182, *christina.bringmeier@mannheim.de*. – Mitgl: 81.

Nay Trio, c/o Stefan Nohn, Linienstr 30, D-40227 Düsseldorf, T: +49 2117802625, F: +49 2117802625, *stefan@nohn.net*; *kultur.nettrade.de/musik/nay-trio/frameset.html*. – Mitgl: Stefan Nohn (Fl), László Fogarassy (V), Johannes Prappacher (Va).

NDR Chor, c/o Norddeutscher Rundfunk, Rothenbaumchaussee 132, D-20149 Hamburg, T: +49 40 41563231, F: +49 40 41563529, *a.piront@ndr.de*; *www.ndr.de/chor*. – Mitgl: 38.

NDR Radiophilharmonie, Rudolf-von-Bennigsen-Ufer 22, D-30169 Hannover, Postfach 4560, D-30045 Hannover, T: +49 5119882341, F: +49 5119882349; *www.ndr.de/philharmonie*. – Mitgl: 85.

NDR Sinfonieorchester, c/o Norddeutscher Rundfunk Hamburg, Rothenbaumchaussee 132, D-20149 Hamburg, T: +49 40 41563545, F: +49 40 41567569, *sinfonie@ndr.de*; *www.ndrsinfonieorchester.de*. – Mitgl: 114.

Neptune Trio Ensemble für Alte Musik, Neptunstr 33, D-50823 Köln, T: +49 2219524479, *neptune.trio@gmx.net*. – Mitgl: Stevens (V), Rietman (Vcl), Weidanz (Hammerkl).

Neubrandenburger Philharmonie, c/o Theater und Orchester GmbH Neubrandenburg-Neustrelitz, Pfaffenstr 22, D-17033 Neubrandenburg, T: +49 3955699811, F: +49 3955826179, *philharmonie.nb@t-online.de*; *www.philharmonie-online.de*. – Mitgl: 76, Albrecht Rau (V), Misae Kaneko-Schirrmacher (V), Reinhard Bellmann (Vcl), Annette Werner-Wildenhain (Fl), Andreas Markowski (Ob) ua.

Neue Capelle d Fuerstbischofs zu Muenster, Am Schlautbach 145, D-48329 Havixbeck, T: +49 25 0 757 12 20, F: +49 25 0 757 12 30. – Mitgl: 4.

Neue Capelle d Fuerstbischofs zu Muenster, Am Schlautbach 145, D-48329 Havixbeck, T: +49 25 0 757 12 20, F: +49 25 0 757 12 30. – Mitgl: 4.

Neue Düsseldorfer Hofmusik, Haus-Endt-Str 201, D-40593 Düsseldorf, T: +49 2 117 1 49 86, F: +49 2 117 11 99 57, *ndh@hofmusik.de*; *www.hofmusik.de*. – Mitgl: 12.

Neue Elbland Philharmonie, c/o NOVUM – Neue Orchesterverwaltungs- und Marketing-Gesellschaft mbH, Kirchstr 3, D-01591 Riesa, Postfach 400102, D-01579 Riesa, T: +49 35 2 57 22 60, F: +49 35 2 572 26 49, *novum_eps@t-online.de, info@neue-elbland-philharmonie.de*; *www.novum-gmbh.de, www.neue-elbland-philharmonie.de*. – Mitgl: 60.

Neue Flötentöne, c/o Dörte Nienstedt, Treptower Str 5, D-28717 Bremen, T: +49 4 2163 46 19, F: +49 4 2163 46 19, *THDNLesum@aol.com*; *www.neue-floetentoene.de*. – Mitgl: 2.

Neue Lausitzer Philharmonie, c/o Musiktheater Oberlausitz/Niederschlesien GmbH, Promenadenstr 60, D-02827 Görlitz, T: +49 35 8 14 78 30, F: +49 35 8 147 83 15, *nlp@theater-goerlitz.de*; *www.neue-lausitzer-philharmonie.de*. – Mitgl: 57.

Neue Philharmonie Westfalen Landesorchester Nordrhein-Westfalen, Castroper Str 12c, D-45665 Recklinghausen, T: +49 23 6 14 88 60, F: +49 23 6 148 86 66, *info@neue-philharmonie-westfalen.de*; *www.neue-philharmonie-westfalen.de*. – Mitgl: 126, GMD Dr Johannes Wildner, Stephan Popp (Intend).

Neue Ruhr Kammerphilharmonie, c/o Emil-Silviu Ciobota, Eichsfeldstr 21a, D-46147 Oberhausen, T: +49 2 0867 78 47, F: +49 2 0867 91 46, *Sil-violCiobota@t-online.de*; *www.ciobota.de*. – Mitgl: 16–30.

Neue Vocalsolisten Stuttgart, c/o Musik der Jahrhunderte Stuttgart eV, Siemensstr. 13, D-70469 Stuttgart, T: +49 7 116 29 05 10, F: +49 7 116 29 05 16, *office@mdjstuttgart.de*; *www.mdjstuttgart.de*. – Mitgl: 8, Angelika Luz (Kol-Sop), Susanne Leitz-Lorey (lyr Sop), Stephanie Field (Mezzosop), Barbara Stein (Alt), Daniel Gloger (Counterten), Martin Nagy (Ten), Guillermo Auzorena (Bar), Andreas Fischer (Bass).

Neues Berliner Kammerorchester, c/o Regina Süßmuth, Körnerstr 30, D-15366 Neuenhagen, T: +49 33 4 220 66 00, F: +49 33 4 220 66 09, *reginasuessmuth@aol.com*; *www.nbko.de*. – Mitgl: 24+, Gernot Süßmuth (V), Matthias Wollong (V).

Neues Orchester Basel, c/o Dr. Lukas Faesch, Gerbergasse 1, CH-4001 Basel, T: +41 6 17 21 46 11, F: +41 6 17 21 46 11. – Mitgl: 20–40.

Neues Rheinisches Kammerorchester Köln, c/o Gerhard Anders, Lövenicher Str 17, D-50321 Brühl, T: +49 22 3 22 32 59, F: +49 22 3 22 32 59, *nrko-anders@t-online.de*. – Mitgl: 15.

Neues Sächsisches Posaunenquartett, c/o CONTOUR GmbH Büro für Concert- und Gastspieltourneen, Postfach 250152, D-40093 Düsseldorf, T: +49 2 119 34 84 86, F: +49 2 1134 52 35, *info@contour-concert.de*; *www.contour-concert.de*.

Neues Zürcher Orchester, Muldenweg 7, CH-3075 Rüfenacht, T: +41 3 18 39 93 33, F: +41 3 18 39 93 34, *nzo@gmx.ch*; *www.nzo.ch*. – Mitgl: 40–45.

Niederbayerische Philharmonie, Gottfried-Schäffler-Str 2+4, D-94032 Passau, T: +49 8 519 29 19 30, F: +49 8 519 29 19 33, *theater@passau.de*; *www.suedostbayerisches-staedtetheater.de*. – Mitgl: 37.

Niederösterreichisches Tonkünstlerorchester NTO, Franz-Schubert-Platz 2, A-3109 St. Pölten, T: +43 27 4 290 80 70, F: +43 27 4 290 80 71, *office@tonkuenstler.at*; *www.tonkuenstler.at*. – Mitgl: 100.

Niederrheinische Sinfoniker Orchester der Vereinigten Bühnen Krefeld / Mönchengladbach, Opernhaus, Odenkirchener Str 78, D-41236 Mönchengladbach, T: +49 21 6 66 15 10, F: +49 21 6 642 01 10, *orchester@theater-kr-mg.de*; *www.theater-krefeld-moenchengladbach.de*. – Mitgl: 87.

Niedersächsisches Staatsorchester, Opernplatz 1, D-30159 Hannover, T: +49 5 1199 99 10 31, F: +49 5 1199 99 19 30, *Orchesterbuero@oper-hannover.de*; *www.staatstheater-hannover.de*. – Mitgl: 111.

NOEM – nonorchestrallyengagedmusicians – Ensemble für Neue Musik Berlin, c/o Gabriele Bultmann, Steinmetzstr 21, D-10783 Berlin, T: +49 30 21 75 62 83, F: +49 30 21 75 62 83. – Mitgl: 5.

NOMOS – Das Berliner Posaunenquartett, c/o music and arts Organisations GmbH & Co KG, Corsicaskamp 13, D-49076 Osnabrück, T: +49 5 419 62 96 00, F: +49 5 4196 29 60 50, *info@music-and-arts.de*; *www.music-and-arts.de*. – Mitgl: Andreas Klein, Rainer Vogt, Tim Raschke, Stefan Schulz.

Il Nonetto svizzero Das Schweizer Nonett – Le Nonette suisse, c/o Gabor Mezaros, Via Ponte Tresa 4a, CH-6924 Soregno. – Mitgl: Igor Karsko (V), Alexander Besa (Va), Catherine Sdrynck (Vcl), Viorel Alexandru (KB), Bruno Grossi (Fl), Silvia Zabarella (Ob), Fabio di Casola (Klar), Gabor Meszaros (Fag), David Johnson (Hn).

Norddeutsche Philharmonie Rostock, c/o Volkstheater Rostock, Patriotischer Weg 33, D-18057 Rostock, Postfach 102215, D-18004 Rostock, T: +49 3 813 81 46 50, F: +49 3 813 81 46 59, *norddeutsche.philharmonie@rostock.de*; *www.volkstheater-rostock.de*. – Mitgl: 99.

Nordwestdeutsche Philharmonie Landesorchester Nordrhein-Westfalen, Stiftbergstr 2, D-32049 Herford, T: +49 52 2 19 83 80, F: +49 52 2 198 38 21, *info@nwd-philharmonie.de*; *www.nwd-philharmonie.de*. – Mitgl: 78.

notabu.ensemble neue musik, c/o Thomas Brezinka, Nagelsweg 70, D-40474 Düsseldorf, T: +49 2 1151 62 91 39, F: +49 2 1151 62 91 39, *brezinka@notabu-ensemble.de; info@notabu-ensemble.de*; *www.notabu-ensemble.de*. – Mitgl: 25.

Nouvel Ensemble Contemporain, c/o Jean-François Lehmann, Rue du Parc 9ter, CH-2300 La Chaux-de-Fonds, T: +41 3 29 68 23 08.

Le Nouvel Ensemble de Cuivres, c/o Didier Métrailler, av Communes-Réunies 76, CH-1212 Grand-Lancy, T: +41 2 23 44 49 28. – Mitgl: Didier Métrailler ua.

Nova Stravaganza, Kirchstr 36, D-41569 Rommerskirchen, T: +49 2 2193 72 95 30, F: +49 2 213 77 72 15, *novastravaganza@t-online.de*; *www.novastravaganza.de*. – Mitgl: 30.

Now! – Ensemble für Neue Musik und Improvisation, c/o Klang & Körper, Am See 1, D-17440 Klein Jasedow, T: +49 3 83 7 47 52 28, F: +49 3 83 7 47 52 23, *kk@humantouch.de*; *www.klangundkoerper.de*. – Mitgl: 7, Beata Seemann (Cemb), Christine Simon (StrInstr), Claus Holsten (Fl), Tilmann Holsten (Sax), Johannes Heimrath (Gongs, Perc).

Die Nürnberger Philharmoniker Philharmonisches Orchester der Stadt Nürnberg, Richard-Wagner-Platz 2–10, D-90443 Nürnberg, T: +49 9 112 31 54 12, F: +49 9 112 31 35 10, *konzert_nuernberg@stadt.nuernberg.de*; *www.staatstheater-nuernberg.de*. – Mitgl: 86.

Nürnberger Symphoniker, Bayernstr 100, D-90471 Nürnberg, Postfach 440252, D-90207 Nürnberg, T: +49 9 1147 40 10, F: +49 9 114 74 01 50, *info@nuernbergersymphoniker.de*; *www.nuernbergersymphoniker.de*. – Mitgl: 56.

Octomania Bläseroktett, c/o Matthias Arter, Agnesstr 47, CH-8004 Zürich, T: +41 4 44 92 50 69, *actomarion@dplanet.ch*; *www.marterart.ch*. – Mitgl: Matthias Arter (Ob), Judith Buchmann (Ob), Curzio Petraglio (Klar), Armon Stecher (Klar), Lorenz Raths (Hn), Beda Dillier (Hn), Nathalie Blaser (Fag), Matthias Bühlmann (Fag), Moritz Baltzer (KB).

ODHECATON – Ensemble für alte Musik Köln, c/o Dr Berthold Neumann, Ottostr 46, D-50823 Köln, T: +49 2 2155 27 70, F: +49 2 2155 27 70, *berthold.neumann@uni-koeln.de*. – Mitgl: 6.

Österreichische Kammersymphoniker, Goldschmiedgasse 10/3/3, A-1010 Wien, T: +43 1 5 34 62 87, F: +43 1 5 34 62 67, *ernst.theis@chello.at*; *www.proartservice.at*. – Mitgl: 40.

Österreichisches Ensemble für Neue Musik ÖENM, Josef-Preis-Allee 16, A-5020 Salzburg, T: +43 6 6289 03 10, F: +43 6 6289 03 10 15, *office@oenm.at*; *www.oenm.at*.

Offenburger Ensemble, c/o Gerhard Möhringer-Gross, Am Rittweg 2 a, D-77654 Offenburg, T: +49 7 813 57 85, *uschi.gross@epost.de*. – Mitgl: 15–55.

Offenburger Streichtrio, c/o Martin Merker, Feierabendstr 15, CH-4051 Basel, T: +41 7 65 85 56 54, F: +41 6 12 72 01 21, *offenburgstringtrio@hotmail.com*. – Mitgl: 3–6, Frank Schilli (V), Rolf Schilli (Va), Martin Merker (Vcl), Cornelia Lenzin (Kl), Siegbert Remberger (Git), Stefan Schilli (Ob).

oh ton-ensemble, c/o oh ton, Förderung aktueller Musik eV, Katharinenstr 1, D-26121 Oldenburg, T: +49 4 4177 67 36, F: +49 4 4177 74 28, *info@ohton.de*; *www.ohton.de*. – Mitgl: 20.

Oistrach Barock-Trio, c/o Jork Huizinga, Fritz-Reuter-Str 3, D-49525 Lengerich, T: +49 1 725 24 80 44(mobile), F: +49 54 8 151 70, *Huizinga@klassik-events.de*; *www.klassik-events.de*.

Oldenburgisches Staatsorchester, Theaterwall 28, D-26122 Oldenburg, T: +49 4 412 22 50, F: +49 4 412 22 52 32; *www.oldenburg.staatstheater.de*. – Mitgl: 68.

Opernchor der Städtischen Bühnen Osnabrück, Domhof 10–11, D-49074 Osnabrück, T: +49 5 413 23 33 14/-2 90, F: +49 5 413 23 27 08, *info@theaterosnabrueck.de*; *www.theaterosnabrueck.de*.

Opernchor des Bremer Theaters, Am Goethepl 1–3, D-28010 Bremen, Postfach 101046, D-28010 Bremen, T: +49 4 213 65 30, F: +49 4 213 65 32 02, *info@bremertheater.com*; *www.bremertheater.com*.

Opernchor des Pfalztheaters Kaiserslautern, Willy-Brandt-Pl 4–5, D-67655 Kaiserslautern, T: +49 6 313 67 50, F: +49 6 3136 75 16.

Opernchor des Staatstheaters Braunschweig, Am Theater, D-38100 Braunschweig, Postfach 4539, D-38035 Braunschweig, T: +49 5 311 23 40, F: +49 5 311 23 41 03, *service@staatstheater-braunschweig.de*; *www.staatstheater-braunschweig.de*.

Opernchor des Theaters Freiburg, Bertoldstr 46, D-79098 Freiburg/Breisgau, Postfach 1569, D-79015 Freiburg/Breisgau, T: +49 7 612 01 28 07, F: +49 7 612 01 29 99; *www.theaterfreiburg.de*.

Opernchor des Theaters Hof, Kulmbacher Str 5, D-95030 Hof/Saale, T: +49 92 8 17 07 00, F: +49 92 8 17 07 02 99, *info@theater-hof.de*; *www.theater-hof.de*.

Opernchor des Theaters Vorpommern, Olof-Palme-Platz, D-18439 Stralsund, Postfach 1351, D-18403 Stralsund, T: +49 38 3 12 64 60, F: +49 38 3 12 64 61 05, *thomasriefle@gmx.de*; *www.theater-vorpommern.de*.

Opernchor Zürich Opernhaus Zürich, Falkenstr 1, CH-8008 Zürich, T: +41 4 42 68 64 00, F: +41 4 42 68 64 01.

Opus PräSenS Ensemble für zeitgenössische Musik, c/o Frank Kistner, Vockerte-Busch 35, D-42657 Solingen, T: +49 2 128 05 99, *Kistner@kulturserver.de*. – Mitgl: 8.

Orchester der Berliner Bach Akademie, c/o Hedwig Breuer, Straße zum Löwen 2a, D-14109 Berlin, T: +49 30 8 05 10 73, F: +49 30 8 05 10 73, *berliner.bachakademie@t-online.de*; *www.berlinerbachakademie.de*. – Mitgl: 25.

Orchester der Deutschen Oper Berlin, Richard-Wagner-Str 10, D-10585 Berlin, T: +49 30 34 38 43 10, F: +49 30 34 38 44 75, *info@deutscheoperberlin.de*; *www.deutscheoperberlin.de/orchester/*. – Mitgl: 135.

Orchester der Gesellschaft der Musikfreunde Bregenz, Adolf-Rhomberg-Str 4, A-6850 Dornbirn, T: +43 55 7 22 81 66.

Orchester der Kleinen Komödie Nürnberg, Helmpl 1, D-90762 Fürth, T: +49 9 117 49 34 27, F: +49 9 117 49 34 33, *info@comoedie.de*; *www.komoedie.de*.

Orchester der Komischen Oper Berlin, Behrenstr 55–57, D-10117 Berlin, T: +49 30 20 26 02 41, F: +49 30 20 26 03 50, *u.range@komische-oper-berlin.de*; *www.komische-oper-berlin.de*. – Mitgl: 117.

Orchester der Landesbühnen Sachsen, Meißner Str 152, D-01445 Radebeul, T: +49 3 518 95 40, F: +49 3 518 95 42 01, *info@dresden-theater.de*, *landesbuehnen@dresden-theater.de*; *www.dresden-theater.de*. – Mitgl: 68.

Orchester der Musikalischen Komödie, Dreilindenstr 30, D-04177 Leipzig, T: +49 3 411 26 11 14, F: +49 3 411 26 11 51, *oper@leipzig-online.de*; *www.leipzig-online.de/oper*. – Mitgl: 47.

Orchester der Neuköllner Oper, Karl-Marx-Str 131–133, D-12043 Berlin, T: +49 30 6 88 90 70, F: +49 30 68 89 07 89, *info@neukoellneroper.de*; *www.neukoellneroper.de*.

Orchester der Oper Zürich, c/o Opernhaus Zürich, Falkenstr 1, CH-8008 Zürich, T: +41 4 42 68 64 00/-50, F: +41 4 42 57 64 01, *info@opernhaus.ch*; *www.opernhaus.ch*. – Mitgl: 112.

Orchester der Staatsoperette, Pirnaer Landstr 131, D-01257 Dresden, T: +49 3 5120 79 90, F: +49 3 512 07 99 22; *www.staatsoperette-dresden.de*. – Mitgl: 58.

Orchester der Vereinigten Bühnen Wien, Linke Wienzeile 6, A-1060 Wien, T: +43 1 58 83 02 66, F: +43 1 5 88 30 34/ -13, *dieter.hnatek@vbw.at*; *www.musicalvienna.at*. – Mitgl: 80, MD Caspar Richter; Johann Pichler (Fl), Peter Ewald Kovar (Ob), Gustav Bauer (Reeds), Thomas Bieber (Hn), Thorsten Benkenstein (Trp), Robert Dodge (Ten-Pos), Thomas Bartosch (Keyboards), Hans Gattringer (Bass), Martin Breinschmid (Perc) ua.

Orchester des Allee Theaters Hamburg Hamburger Kammeroper, Max-Brauer-Allee 76, D-22765 Hamburg, T: +49 40 38 29 59, F: +49 40 3 89 29 21, *alleetheater@t-online.de*; *www.alleetheater.de*.

Orchester des Friedrichstadtpalastes Berlin, c/o Friedrichstadtpalast Berlin, Friedrichstr 107, D-10117 Berlin, T: +49 30 23 26 20, F: +49 30 2 82 45 78, *info@friedrichstadtpalast.de*; *www.friedrichstadtpalast.de*. – Mitgl: 30.

Orchester des Hessischen Staatstheaters, Christian-Zais-Str 3–5, D-65189 Wiesbaden, T: +49 6 1113 21, F: +49 6 1113 23 37, *info@staatstheater-wiesbaden.de*; *www.staatstheater-wiesbaden.de*. – Mitgl: 78.

Orchester des Landestheaters Coburg, c/o Coburger Landestheater, Schloßplatz 6, D-96450 Coburg, T: +49 95 6 188 50, F: +49 95 6 19 94 47, *info@landestheater.coburg.de*; *www.landestheater.coburg.de*. – Mitgl: 56.

Orchester des Landestheaters Detmold, c/o Landestheater Detmold, Theaterplatz 1, D-32756 Detmold, Postfach 2121, D-32711 Detmold, T: +49 52 3 19 74 60, F: +49 52 3 197 47 45, *LandestheaterDetmold@owl-online.de*; *www.landestheater-detmold.de*. – Mitgl: 52.

Orchester des Meininger Theaters Südthüringisches Staatstheater, Bernhardstr 5, D-98617 Meiningen, T: +49 36 9 345 12 66, F: +49 36 9 345 13 00, *presse@das-meininger-theater.de*; *www.das-meininger-theater.de*. – Mitgl: 68.

Orchester des Musiktheaters Vorarlberg, Hans Berchtold-Str 44, A-6840 Götzis, T: +43 55 2 35 34 92, F: +43 55 2 362 01 63, *user3.dorubiru@conino.at*; *www.conino.at/Klas.Karin/*. – Mitgl: 50.

Orchester des Nordharzer Städtebundtheaters Halberstadt-Quedlinburg, Spiegelstr 20 a, D-38820 Halberstadt, Postfach 1145, D-38820 Halberstadt, T: +49 39 4 16 96 50, F: +49 39 4 144 26 52, *Nordharzer-Misgaiski@t-online.de*; *www.nordharzer-staedtebundtheater.de*. – Mitgl: 45.

Orchester des Opernhauses Halle, Universitätsring 24, D-06108 Halle/Saale, Postfach 110554, D-06019 Halle/Saale, T: +49 3 455 11 00, F: +49 3 455 11 03 03, *kontakt@opernhaus-halle.de*; *www.opernhaus.halle.de*. – Mitgl: 104.

Orchester des Orffeo Studio, Q 7,6, D-68161 Mannheim, T: +49 6 213 06 70 29, F: +49 6 211 56 43 20, *orffeostudio@aol.com*.

Orchester des Pfalztheaters Kaiserslautern, Willy-Brandt-Pl 4–5, D-67655 Kaiserslautern, T: +49 6 313 67 50, F: +49 6 313 67 52 35. – Mitgl: 66.

Orchester des Sorbischen National-Ensembles, Äußere Lauenstr 2, D-02625 Bautzen, T: +49 35 9 135 81 01, F: +49 35 9 14 30 96, *info@sne-gmbh.com*; *www.sne-bautzen.de*. – Mitgl: 31.

Orchester des Staatstheaters am Gärtnerplatz, Gärtnerplatz 3, D-80469 München, Postfach 140569, D-80455 München, T: +49 89 20 24 11, F: +49 89 20 24 12 37, *presse@st-gaertner.bayern.de*; *www.staatstheater-am-gaertnerplatz.de*. – Mitgl: 77.

Orchester des Staatstheaters Darmstadt, Georg-Büchner-Platz 1, D-64283 Darmstadt, Postfach 111432, D-64229 Darmstadt, T: +49 61 5 12 81 13 22, F: +49 61 5 12 81 14 92, *schwarz@staatstheater-darmstadt.de*; *www.staatstheater-darmstadt.de*. – Mitgl: 78.

Orchester des Staatstheaters Kassel, Friedrichsplatz 15, D-34117 Kassel, T: +49 5 611 09 40, F: +49 5 611 09 42 04, *haake@staatstheater.kassel.de*; *www.staatstheater.de*. – Mitgl: 78.

Orchester des Stadttheaters Hildesheim GmbH, Theaterstr 6, D-31141 Hildesheim, T: +49 51 2 11 69 30, F: +49 51 2 116 93 93, *pr@stadttheater-hildesheim.de*; *www.stadttheater-hildesheim.de*. – Mitgl: 30.

Orchester des Theaters der Landeshauptstadt St. Pölten, Rathauspl 11, A-3100 St. Pölten, T: +43 27 4 235 20 26, F: +43 27 4 235 20 26 52, *u.leonhartsberger@stadttheater.info*; *www.stadttheater.info*. – Mitgl: 25.

Orchester des Theaters Zeitz e. V., Judenstr 3–4, D-06712 Zeitz, T: +49 34 4 122 66 55, *mail@theaterzeitz.de*; *www.theaterzeitz.de*.

Orchester Musikkollegium Winterthur, Rychenbergstr 94, CH-8400 Winterthur, T: +41 5 22 68 15 60, F: +41 5 22 68 15 70, *musikkollegium@musikkollegium.ch*; *www.musikkollegium.ch*. – Mitgl: 45.

Orchester Oberhausen e. V., Im Heidefeld 38, D-46049 Oberhausen, T: +49 2 0880 30 11, F: +49 2 084 37 35 74. – Mitgl: 45.

Orchester Pro Musica International, Praterstr 76/8, A-1020 Wien, T: +43 1 2 16 73 33, F: +43 1 2 12 15 55, *gerhard.track@chello.at*. – Mitgl: 52.

Orchesterakademie des Schleswig-Holstein Musik Festivals, Jerusalemsberg 7, D-23568 Lübeck, T: +49 4 513 89 57 18, F: +49 4 513 89 57 16, *orchesterakademie@shmf.de*; *www.shmf.de/oa*.

Orchestra della Svizzera Italiana, Via Canevascini 3, CH-6903 Lugano, T: +41 9 18 03 93 19, F: +41 9 19 68 27 73, *fosi@rtsi.ch*; *www.orchestradellasvizzeraitaliana.ch*. – Mitgl: 41.

L'Orchestre de Chambre de Genève L'OCG, rue Gourgas 1, CH-1205 Genève, T: +41 2 28 07 17 96, F: +41 2 28 07 17 99, *info@locg.ch*; *www.locg.ch*. – Mitgl: 42.

Orchestre de Chambre de Lausanne, rue St-Laurent 19, CH-1003 Lausanne, T: +41 2 13 40 00 20, F: +41 2 13 40 00 21, *ocl@vtxnet.ch*; *www.ocl.ch*. – Mitgl: 44, Gyula Stuller, Stefan Muhmenthaler (1. Sol-V), Julie Lafontaine (2. St 1. V), Eli Karanfilova (1. Sol-Va), Pablo Loerkens (1. Sol-Vcl), Marc-Antoine Bonanomi (1. Sol-KB), José-Daniel Castellon (Sol-Fl), Jean-Paul Goy (Sol-Ob), Thomas Friedli (Sol-Klar)ua.

Orchestre de Chambre de Neuchâtel, Chemin des Vignes 19, CH-2014 Bôle 2, T: +41 3 28 42 12 88, *guy.quenot@bluewin.ch*. – Mitgl: variabel.

Orchestre de chambre romand de Berne, c/o Heinz Aellen, Freiburgstr 25, CH-3174 Thörishaus, T: +41 3 18 89 11 37, F: +41 3 18 89 12 05, *h.aellen@bluewin.ch*. – Mitgl: 25.

Orchestre de la Suisse Romande, Rue Bovy-Lysberg 2, CH-1204 Genève 11, CP 5255, CH-1211 Genève 11, T: +41 2 28 07 00 17, F: +41 2 28 07 00 18, *music@osr.ch*; *www.osr.ch*. – Mitgl: 112.

Orchestre Philharmonique Suisse Philharmonische Werkstatt, c/o Roland Müllener, Au-Wila, CH-8493 Saland, T: +41 5 23 86 11 46, F: +41 5 23 86 13 50, *orphis@oplanet.ch*. – Mitgl: 90.

Orchestre Symphonique Neuchâtelois, c/o Théo Loosli, 10, ch du Petit-Catéchisme, CH-2000 Neuchâtel, T: +41 3 27 24 30 63, F: +41 3 27 24 30 63. – Mitgl: 45–70.

Orches'trio Zürich, c/o Walther Giger, Mühlebachstr 59, CH-8008 Zürich, T: +41 4 42 61 23 07, F: +41 4 42 61 23 32. – Mitgl: Noriko Kawamura (V), Walther Giger (Git), Fumio Shirato (KB).

L'Orfeo Barockorchester, c/o Michi Gaigg, Verschönerungsweg 4, A-4861 Schörfling, T: +43 7 67 22 00 05, F: +43 7 67 22 00 05, *debains@lorfeo.com*; *www.lorfeo.com*. – Mitgl: 24–30, C v Heerden (Ob, Blockfl), Johannes M Bogner (Cemb), Julia Huber-Wazecha (V), Nils Wieboldt (Vcl).

Orion Trio, c/o Georges Martin, Brunnwiesenstr 37, CH-8049 Zürich, T: +41 4 43 42 41 30, F: +41 4 43 42 41 30, *martingeorges@hotmail.com*. – Mitgl: Georges Martin (Kl), Eiko Furusawa (V), N. N. (Vcl).

Orpheon Consort, c/o Orpheon Foundation, Praterstr 13/1/3, A-1020 Wien, T: +43 1 2 14 30 21, F: +43 1 2 14 30 21, *orpheon@orpheon.org*; *www.orpheon.org*.

Orpheus Trio, c/o Marion Ammann, Efringerweg 13, CH-4143 Dornach, T: +41 6 17 02 25 11, F: +41 6 17 02 25 11, *m.ammann@tele2.ch*. – Mitgl: Marion Ammann (Sop), Ruth Michael (V), Bruno Haueter (Org).

Orpheus-Trio Wien, c/o Mag Maria Theisen, Stolberggasse 44/10, A-1050 Wien, T: +43 1 9 13 52 92, F: +43 1 4 08 92 76, *theisen@teleweb.at*; *members.teleweb.at/theisen/orpheus*.

Orsolino Quintett Wind Quintet, c/o Jan Wessely, Thomasiusstr 13, D-04109 Leipzig, T: +49 3 419 93 94 88, F: +49 3 419 93 94 89, *post@orsolino.de*; *www.orsolino.de*. – Mitgl: 5, Jochen Tschabrunn (Klar), Jan Wessely (Hn), Marion Reinhard (Fag), Anne Marckardt (Ob), Walter Auer (Fl).

Osnabrücker Symphonieorchester Städtische Bühnen Osnabrück GmbH, Musikbüro, c/o Städtische Bühnen, Domhof 10/11, D-49074 Osnabrück, Postfach 4104, D-49031 Osnabrück, T: +49 5 417 60 02 00, F: +49 5 417 60 02 09, *musikbuero@theater.osnabrueck.de*; *www.theater.osnabrueck.de*. – Mitgl: 59.

panta rhei Blockflötenquintett für Musik der Renaissance Berlin, c/o Gabriele Bultmann, Steinmetzstr 21, D-10783 Berlin, T: +49 30 21 75 62 83, F: +49 30 21 75 62 83, *gb@gaby-bultmann.de*.

Partita Radicale Ensemble für neue und improvisierte Musik, c/o Ute Völker / Thomas Beimel, Hedwigstr 23, D-42105 Wuppertal, T: +49 2 0231 68 51, F: +49 2 023 17 62 37, *info@partitaradicale.de*; *www.partitaradicale.de*. – Mitgl: 5.

Pathia Musica, c/o Susanne Ehrhardt, Rogauer Weg 12, D-12621 Berlin, T: +49 30 5 67 50 82, F: +49 30 5 67 50 82. – Mitgl: 3.

Paul Hofhaimer-Consort, c/o Michael Seywald, Kendlerstr 27, A-5020 Salzburg, T: +43 6 6287 50 62, 6 643 33 98 75, *natigal@hotmail.com*, *natalie.gal@musikum-salzburg.at*; *www.members.aom.at/hofhaimer-consort*.

Pellegrini Quartett, c/o Thomas Hofer, Lammstr. 27, D-79312 Emmendingen, T: +49 76 4 19 54 33 96, *info@pellegrini-quartett.de*; *www.pellegrini-quartett.de.*

Percussion Project Rostock, c/o Frank Petrak, An'n Pauhl 4, D-18195 Cammin, T: +49 3 82 05 66 2 07, F: +49 3 82 05 1 518, *petrak.rostockpercussion@t-online.de*; *www.percussionproject.de.* – Mitgl: Frank Petrak (Pk), Wolfgang Morbitzer (Pk, Schlgz), Holger Kirstoff (Schlgz).

Philharmonic Brass Dresden, c/o CONTOUR GmbH Büro für Concert- und Gastspieltourneen, Postfach 250152, D-40093 Düsseldorf, T: +49 2 119 34 84 86, F: +49 2 1134 52 35, *info@contour-concert.de*; *www.contour-concert.de.*

Philharmonica Hungarica in der Bundesrepublik Deutschland e. V., Lord-Menuhin-Haus, Hochstr 34, D-45768 Marl, T: +49 23 6 51 30 31, F: +49 23 6 51 58 77, *philharmonia-hungarica@t-online.de*; *www.philharmonia-hungarica.com.* – Mitgl: 80.

Philharmonie der Nationen, c/o Gemeinnützige PN ORchester VerwaltungsGmbH, Osterbekstr 90B, D-22083 Hamburg, T: +49 40 27 16 60 11, F: +49 40 27 16 60 20, *marie.wellmann@philharmoniedernationen.de*; *www.philharmoniedernationen.de.*

Philharmonie Merck, c/o Stefan Reinhardt (Management), Frankfurter Str 250, D-64293 Darmstadt, T: +49 61 5 172 71 98, F: +49 61 5 172 79 32, *stefan.reinhardt@merck.de*; *www.philharmonie-merck.de.* – Mitgl: 60.

Philharmonie Südwestfalen Landesorchester Nordrhein-Westfalen, Im Langen Feld 2, D-57271 Hilchenbach, Postfach 1320, D-57261 Hilchenbach, T: +49 27 3 344 97, F: +49 27 3 337 26, *sekretariat@philharmonie-suedwestfalen.de*; *www.philsw.de.*

Philharmonische Cellisten, c/o Norddeutsche Konzertdirektion Melsine Grevesmühl GmbH, Twischlehe 5, D-27580 Bremerhaven, T: +49 4 719 82 49 82, F: +49 4 719 82 49 80, *grevesmuehl.ballett@t-online.de*; *www.grevesmuehl.de.* – Mitgl: Werner Thomas-Mifune, Chu I-Bing, Yves Savary,Hanno Simons, Jochen Ameln, Wulf Schaeffer.

Philharmonische Virtuosen Berlin, c/o Stiftung Berliner Philharmoniker, Herbert-von-Karajan-Str 1, D-10785 Berlin, T: +49 30 2 54 88–0, F: +49 30 2 61 48 87, *presse@berliner-philharmoniker.de*; *www.berliner-philharmoniker.de.* – Mitgl: 13.

Philharmonischer Chor Berlin, Bayreuther Str 8, D-10787 Berlin, T: +49 30 23 62 96 63, F: +49 30 23 62 96 64, *info@philharmonischer-chor.de*; *www.philharmonischer-chor.de.*

Philharmonischer Chor Dresden, c/o Dresdener Philharmonie, Postfach 120424, D-01005 Dresden, T: +49 3 514 86 63 65, F: +49 3 514 86 62 83, *ticket@dresdnerphilharmonie.de*; *www.dresdnerphilharmonie.de.*

Philharmonischer Chor München, c/o Münchner Philharmoniker, Kellerstr 4, D-81667 München, T: +49 89 48 09 85 22, *andreas_herrmann@magicvillage.de*; *www.philharmonischerchormuenchen.de.*

Philharmonischer Jugendchor Dresden, Postfach 120424, D-01005 Dresden, T: +49 3 514 86 63 47, F: +49 3 514 86 62 83, *phil.kiju.chor@dresdnerphilharmonie.de*; *www.DresdnerPhilharmonie.de.*

Philharmonischer Kammerchor Dresden, c/o Dresdener Philharmonie, Postfach 120424, D-01005 Dresden, T: +49 3 514 86 63 65, F: +49 3 514 86 63 65, *tickets@dresdnerphilharmonie.de*; *www.dresdnerphilharmonie.de.*

Philharmonisches Kammerorchester Dresden, c/o CONTOUR GmbH Büro für Concert- und Gastspieltourneen, Postfach 250152, D-40093 Düsseldorf, T: +49 2 119 34 84 86, F: +49 2 1134 52 35, *info@contour-concert.de*; *www.contour-concert.de.*

Philharmonisches Kammerorchester Hamburg e. V., c/o Prof Wilfried Laatz, Am Schierenberg 22, D-21227 Bendestorf, T: +49 41 8 368 86. – Mitgl: 14.

Philharmonisches Kammerorchester Kiel e. V., c/o Ulf Riechert, Voorder Winkel 18, D-24220 Flintbek, T: +49 43 4 770 84 94, F: +49 43 4 770 84 95. – Mitgl: 16.

Philharmonisches Kammerorchester Wernigerode gGmbH, Bahnhofstr 16, D-38855 Wernigerode, T: +49 39 4 39 49 50, F: +49 39 4 394 95 29, *info@kammerorchester-wr.de*; *www.kammerorchester-wr.de.* – Mitgl: 24.

Philharmonisches Orchester Cottbus, Lausitzer Str 33, D-03046 Cottbus, T: +49 3 557 82 40, F: +49 3 5538 01 34 56, *philh.orchester@staatstheater-cottbus.de*; *www.staatstheater-cottbus.de.* – Mitgl: 74.

Philharmonisches Orchester der Hansestadt Lübeck Theater Lübeck GmbH, Beckergrube 16, D-23552 Lübeck, T: +49 4 517 08 80, F: +49 4 517 08 81 02, *theater@luebeck.de*; *www.theaterluebeck.de.* – Mitgl: 66.

Philharmonisches Orchester der Landeshauptstadt Kiel, Rathausplatz 4, D-24103 Kiel, T: +49 4 319 01 28 56, F: +49 4 319 01 28 89, 90 16 28 89; *www.kiel.de/buehnen.* – Mitgl: 76.

Philharmonisches Orchester der Stadt Augsburg, Kasernstr 4–6, D-86152 Augsburg, Postfach 111949, D-86044 Augsburg, T: +49 8 213 24 49 35, F: +49 8 213 24 49 09, *orchester.theater@augsburg.de*; *www.theater.augsburg.de.* – Mitgl: 70.

Philharmonisches Orchester der Stadt Freiburg, Bertoldstr 46, D-79098 Freiburg/Breisgau, Postfach 1569, D-79015 Freiburg/Breisgau, T: +49 7 612 01 28 07, F: +49 7 612 01 28 97, *CahnPa@stadt.freiburg.de*; *www.freiburgertheater.de.* – Mitgl: 66.

Philharmonisches Orchester der Stadt Ulm, c/o Ulmer Theater, Herbert-von-Karajan-Pl 1, D-89073 Ulm, T: +49 7 311 61 44 50, F: +49 7 311 61 16 19, *philharmonieulm@gmx.de*; *www.theater.ulm.de.* – Mitgl: 56, Tamás Füzes (1. V), Karl-Heinz Gudat (Sol-Vcl).

Philharmonisches Orchester des Staatstheaters Mainz GmbH, Gutenbergplatz 7, D-55116 Mainz, T: +49 61 3 12 85 11 61, F: +49 61 3 12 85 11 69, *wschaetz@staatstheater-mainz.de*; *www.staatstheater-mainz.de.* – Mitgl: 79.

Philharmonisches Orchester Erfurt, c/o Theater Erfurt, Placidus-Muth-Str 1, D-99084 Erfurt, Postfach 100554, D-99005 Erfurt, T: +49 3 612 23 32 08, F: +49 3 612 23 32 38, *info@theater-erfurt.de*; *www.theater-erfurt.de.* – Mitgl: 59.

Philharmonisches Orchester Gera Theater Altenburg-Gera GmbH, Küchengartenallee 2, D-07548 Gera, T: +49 3 658 27 90, F: +49 3 658 27 91 35, *Dr.Kneipel@theater.altenburg.gera.de*; *www.theater.altenburg.gera.de.* – Mitgl: 91.

Philharmonisches Orchester Gießen, Berliner Pl, D-35390 Gießen, Postfach 111128, D-35356 Gießen, T: +49 6 4179 57 44, F: +49 6 4179 57 80, *dialog@stadttheatergiessen.de*; *www.stadttheatergiessen.de.* – Mitgl: 40.

Philharmonisches Orchester Plauen-Zwickau, Gewandhausstr 7, D-08056 Zwickau, Postfach 201039, D-08012 Zwickau, T: +49 3 7583 46 00, F: +49 3 7583 46 09, *info@theater-plauen-zwickau.de*; *www.theater-plauen-zwickau.de.* – Mitgl: 90.

Philharmonisches Orchester Regensburg, Bismarckpl 7, D-93047 Regensburg, T: +49 9 415 07 14 25, F: +49 9 415 07 44 29, *kontakt@theaterregensburg.de; presse@theater-regensburg.de*; *www.theater-regensburg.de.* – Mitgl: 66.

Philharmonisches Orchester Südwestfalen Philharmonisches Orchester Hagen, Elberfelder Str 65, D-58095 Hagen, T: +49 23 3 12 07 32 10, F: +49 23 3 12 07 20 42, *Theater@Stadt-Hagen.de*; *www.theater.hagen.de.* – Mitgl: 54.

Philharmonisches Orchester Vorpommern, Anklamer Str 106, D-17489 Greifswald, Postfach 179, D-17461 Greifswald, T: +49 38 3 45 72 22 16, F: +49 38 3 45 72 22 19, *orchesterbuero@theater-vorpommern.de*; *www.theater-vorpommern.de.* – Mitgl: 68.

Philharmonisches Orchester Würzburg, Theaterstr 21, D-97070 Würzburg, T: +49 9 313 90 80, F: +49 9 313 90 81 00, *info@theaterwuerzburg.de*; *www.theaterwuerzburg.de; www.wuerzburger-philharmoniker.de.* – Mitgl: 66.

Philharmonisches Staatsorchester Halle, Christian-Wolff-Str 2, D-06108 Halle/Saale, T: +49 3 452 21 30 01, F: +49 3 452 21 30 10, *philharmonie@halle.de*; *www.philharmonie.halle.de.* – Mitgl: 93.

Philharmonisches Staatsorchester Hamburg, Große Theaterstr 34, D-20354 Hamburg, Postfach 302448, D-20308 Hamburg, T: +49 40 3 56 83 61, F: +49 40 3 56 84 64, *info@philharmonisches-staatsorchester-hamburg.de*; *www.philharmonisches-staatsorchester-hamburg.de.* – Mitgl: 134.

Piano Inside-Out, c/o Michael Iber, Kaiser-Friedrich-Str 46, D-10627 Berlin, T: +49 30 3 24 91 04, F: +49 30 3 24 91 04, *mail@piano-inside-out.de*; *www.piano-inside-out.de.* – Mitgl: 3.

piano possibile Ensemble für Neue Musik, Heimeranstr 26, D-81339 München, T: +49 89 50 08 04 06, F: +49 89 50 08 04 07, *pianopossibile@web.de*; *www.pianopossibile.de.* – Mitgl: 20, Christian Günther (DgT), Carl Christian Bettendorf (Komp), Klaus Schedl (Komp).

Piccolo Concerto – Wien, c/o Roberto Sensi, Knöllgasse 53/17, A-1100 Wien, T: +43 1 6 06 56 98, F: +43 1 6 06 56 98, *office@piccoloconcerto.at*; *www.piccoloconcerto.at.* – Mitgl: 3–9.

Pierrot Lunaire Ensemble Wien, c/o Gustavo Balanesco, Bindergasse 11, A-1090 Wien, T: +43 1 3 17 91 66, F: +43 1 3 17 91 66, *office@pierrotlunaire.at*; *www.pierrotlunaire.at.* – Mitgl: 12, Gustavo Balanesco, (Kl u Künstl Lt), Silvia Gelos (Fl), Barbara Schuch (Klar), Florian Wilscher (V), Elisaveta Staneva (Va), Alexander Timotic (Vcl).

points of contact – Duo für zeitgenössische Musik Berlin-Venedig, c/o Gabriele Bultmann, Steinmetzstr 21, D-10783 Berlin, T: +49 30 21 75 62 83, F: +49 30 21 75 62 83, *gb@gaby-bultmann.de.* – Mitgl: 2.

„Prattica di musica" Suhl, c/o Friedemann Neef, Fischer-von-Erlach-Str 45, D-06114 Halle/Saale, T: +49 3 455 25 02 05, F: +49 3 455 25 02 05, *friedemann.neef@gmx.de.* – Mitgl: 8.

Preußisches Kammerorchester, Grabowstr 6, D-17291 Prenzlau, Postfach 30, D-17281 Prenzlau, T: +49 39 8 483 39 74, F: +49 39 8 483 39 75, *uckermaerkische-ka-pko@t-online.de*; *www.umkulturagenturpreussen.de.* – Mitgl: 23.

Pro Arte Quartett Salzburg, c/o Barbara Lübke, Stainachstr 58, A-5102 Anthering, T: +43 62 2 328 54, F: +43 62 2 328 54.

Pro & Contrabass, c/o Roland Müllener, Au-Wila, CH-8493 Saland, T: +41 5 23 86 11 46, F: +41 5 23 86 13 50, *muellener@dplanet.ch.* – Mitgl: Andreas Cincera u Gäste (Musiker, ev. Schauspieler).

Pro Musica Antiqua Bern, c/o Christian Lange, PF, CH-3000 Bern 7, T: +41 3 13 51 52 95, F: +41 3 13 51 32 63. – Mitgl: Christian Lange (Barock-Ob, Qufl, Blfl), Ulrich Lange (Vcl, Va, KB), Christine Stäubli (V, Va).

profectio-Initiative Ensemble für Neue und elektronische Musik, c/o Roland Breitenfeld, Moosgrund 8, D-79110 Freiburg/Breisgau, T: +49 7 6113 51 24, F: +49 7 6113 51 24, *BreitenfeldFR@t-online.de*; *www.breitenfeld-net.de.* – Mitgl: variabel, KlangObjekt-Studio Freiburg in Zus-Arbeit mit Mesias Maiguashca (elektron Realisation).

Pythagoras Strings, c/o Thilo Krigar, Lützenstr 2, D-10711 Berlin, T: +49 30 78 71 50 73,

Thilo.Krigar@t-online.de; *www.PYTHAGORAS-STRINGS.de*. – Mitgl: 12.

qUAdRUM – Schlagzeugquartett, c/o Claudia Sgarbi, Herbertstr 7, D-10827 Berlin, T: +49 30 78 71 01 39, *sgarerbj@linux.zrz.TU-berlin.de*.

Quartett Avance, c/o Cornelius Hummel, Odenwaldstr 8, D-65232 Taunusstein, T: +49 61 2 84 24 74; *www.quartett-avance.de*. – Mitgl: 4.

Quartetto di Milano, c/o Frag-Art, Postfach 520, CH-4502 Solothurn, F: +41 3 26 81 00 03. – Mitgl: 4, Alessandra Fusaro (V), Claudio Pavolini (Va), Thomas Wicky-Borner (V), Grazio Beluffi (Vcl).

Quartetto Sereno, c/o Stephan Landgrebe, Karmeliterweg 11, D-13465 Berlin, T: +49 30 4 01 39 35, F: +49 30 36 28 71 10, *Stephan.Landgrebe@web.de*. – Mitgl: 4, Stephan Landgrebe (Klar), Darius Blaskiwitz (V), Martin Bräutigam (Va), Uwe Müller (Vcl).

Quartetto Tedesco, c/o Eugene u Barbara Hölzer, Lehenweg 1, D-97332 Volkach, T: +49 7 111 63 53 11, F: +49 7 111 63 53 30, *info@sksruss.de*; *www.sksruss.de*.

Quatuor Athena, c/o Julie Lafontaine, chemin du Bois-Gentil 56B, CH-1018 Lausanne, T: +41 2 13 20 95 41. – Mitgl: Julie Lafontaine (V), Rebecca Aeschbach (V), Amélie Theurillat (Va), Pascal Michel (Vcl).

Quatuor Attaque Moderne Musik für Klavier und Schlagzeug, c/o Carsten Langer, Heidestr 91a, D-58239 Schwerte, T: +49 2 014 08 76 12, F: +49 12 1 25 26 91 35 74, *quatuorattaque@msn.com*; *www.quatuorattaque.com/*.

Quatuor de Saxophones de Genève, c/o François Pidoud, CP 113, CH-1705 Fribourg, T: +41 7 94 25 41 11, F: +41 2 64 65 23 51. – Mitgl: Philippe Collet (SopSax), Patrick Erard (ASax), Gérard Zihlmann (TSax), François Pidoud (BarSax).

Quatuor Mosaiques, c/o Kurt Kohler, Cumberlandstr 61a, A-1140 Wien, T: +43 1 8 94 63 35, F: +43 1 8 94 63 35, *kurt.kohler@aon.at*. – Mitgl: Erich Hobarth (V), Andrea Bischof (V), Anita Mitterer (Va), Christophe Coin (Vcl).

Quatuor Schumann, c/o Barbara Golan, Stettbachstr 131 h, CH-8051 Zürich, T: +41 4 43 22 07 04, F: +41 4 43 22 07 24, *golan@bluewin.ch*. – Mitgl: 4, Tedi Papavrami (V), Dorin Matea (Va), François Guye (Vcl), Christian Favre (Kl).

Quatuor Sine Nomine, c/o Patrick Genet, Sur les Vignes, CH-1128 Reverolle, T: +41 2 18 00 05 13, F: +41 2 18 00 05 14. – Mitgl: Patrick Genet (V), François Gottraux (V), Nicolas Pache (Va), Marc Jaermann (Vcl).

Quintetto strumenti a fiato RTSI Fondazione per l'Orchestra della Svizzera italiana, CP, CH-6903 Lugano, T: +41 9 18 03 91 91, F: +41 9 19 66 42 47. – Mitgl: Alfred Rutz (Fl), Miklós Barta (Ob), Eric Schmid (Klar), Georges Alvarez (Hn), Martin Wunderle (Fag).

Radio-Sinfonie-Orchester Frankfurt hr-Sinfonieorchester, c/o Hessischer Rundfunk, Bertramstr 8, D-60320 Frankfurt/Main, T: +49 69 1 55 23 71, F: +49 69 1 55 27 20, *sinfonieorchester@hr-online.de*; *www.hr-sinfonieorchester.de*. – Mitgl: 119.

Radio-Sinfonieorchester Stuttgart des SWR, Neckarstr 230, D-70190 Stuttgart, T: +49 7 119 29 25 85, F: +49 7 119 29 40 53, *faszination-musik@swr.de*; *www.swr.de/faszination-musik*. – Mitgl: 106.

Radio Symphonieorchester Wien, Argentinier Str 30a, A-1040 Wien, T: +43 1 50 10 11 87 47, F: +43 1 50 10 11 83 58, *rso-wien@orf.at*; *www.rso-wien.orf.at*. – Mitgl: 97.

Radiokammerorchester Hamburg, c/o Karl Henke, Zum Forellenbach 11, D-22113 Oststeinbek, T: +49 40 7 12 37 01, 01 6 096 51 10 34, F: +49 40 7 13 85 25. – Mitgl: bis 30, Gerda Angermann (Vcl), Sol NDR-SinfOrch.

Regensburger Domspatzen, c/o Chormanagement, Reichstr 22, D-93055 Regensburg, T: +49 9 417 96 20, F: +49 9 417 96 22 63, *chormanagement@domspatzen.de*; *www.domspatzen.de*.

Rekkenze Brass, Ogdenstr 23, D-95030 Hof/Saale, T: +49 92 8 162 82 38, F: +49 92 8 162 83 41, *info@rekkenze.de*; *www.rekkenze.de*. – Mitgl: Peter Knudsvig (Trp), Benjamin Sebald (Trp), Debra Knudsvig (Hn), René Jampen (Pos), Rainer Streit (Tb).

Rent a Nightingale Duo für Musik von Mittelalter bis Rokoko, c/o Gabriele Bultmann, Steinmetzstr 21, D-10783 Berlin, T: +49 30 21 75 62 83, F: +49 30 21 75 62 83, *gb@gaby-bultmann.de*; *www.rent-a-nightingale.de*. – Mitgl: 2.

Reußisches Kammerorchester e. V. Gera, c/o Günter Gäbler, Am Höllenberg 31, D-07589 Bocka, T: +49 3 66 048 13 05, F: +49 3 66 048 13 07, *Johanna.Gaebler@web.de*. – Mitgl: 25.

Rheinische Kantorei, c/o Geschäftsstelle Kirchenmusik, Ostpreußenallee 5, D-41539 Dormagen, T: +49 21 3 321 09 92, F: +49 21 3 347 79 05, *altemusik@t-online.de*; *www.rheinischekantorei.de*. – Mitgl: variabel.

RIAS Kammerchor, Charlottenstr 56, D-10117 Berlin, T: +49 30 20 29 87 30, F: +49 30 20 29 87 40, *info@rias-kammerchor.de*; *www.rias-kammerchor.de*. – Mitgl: 35.

Robert-Schumann-Philharmonie, c/o Städtische Theater Chemnitz, Käthe-Kollwitz-Str 7, D-09111 Chemnitz, Postfach 756, D-09007 Chemnitz, T: +49 3 716 96 98 07, F: +49 3 716 96 98 97, *philharmonie@theater-chemnitz.de*; *www.theater-chemnitz.de*. – Mitgl: 108.

Rosamunde Quartett, c/o Konzertdirektion Hörtnagel Berlin, Oranienburger Str 50, D-10117 Berlin, T: +49 30 3 08 87 70, F: +49 30 0 88 77 33, *agentur@hoertnagel.com*; *www.hoertnagel.com*. – Mitgl: Andreas Reiner (V), Simon Fordham (V), Helmut Nicolai (Va), Anja Lechner (Vcl).

Roseau-Quintett, c/o Dr Jörg Krämer, Eichenschlag 18, D-91080 Rathsberg, T: +49 91 3 12 88 68, F: +49 91 3 12 88 68, *ea204@fen-net.de*. – Mitgl: 5, Jörg Krämer (Fl), Josef Blank (Ob), Norbert Nagel (Klar), Karsten Nagel (Fag), Karl Reitmayer (Hn).

Rubin Quartett, c/o Infocom Music Gmbh, Klaus Wingensiefen, Bayenstr 28, D-50678 Köln, T: +49 2 213 10 87 93, F: +49 2 2131 08 79 50, *mail@infocom-music.de*; *www.infocommusic.de*. – Mitgl: Ulrike Zavelberg (Vcl), Tinta Schmidt von Altenstadt (V), Irmagard Zavelberg (V), Sylvie Altenburger (Va).

Rundfunk-Sinfonieorchester Berlin (RSB), Charlottenstr 56, D-10117 Berlin, T: +49 30 2 02 98 75 10, F: +49 30 2 02 98 75 19, *info@rsb-online.de*; *www.rsb.online.de*. – Mitgl: 114.

Rundfunk-Sinfonieorchester Saarbrücken, Funkhaus Halberg, D-66100 Saarbrücken, PF, D-66100 Saarbrücken, T: +49 6 816 02 22 11, F: +49 6 816 02 22 43, *rso@sr-online.de*; *www.sr-online.de/rso*. – Mitgl: 84.

Rundfunkchor Berlin in der Rundfunk-Orchester und Chöre GmbH, Charlottenstr 56, D-10117 Berlin, T: +49 30 2 02 98 75 60, F: +49 30 2 02 98 75 69, *info@rundfunkchor-berlin.de*; *www.rundfunkchor-berlin.de*. – Mitgl: 64.

Saarländisches Staatsorchester, Schillerpl 1, D-66111 Saarbrücken, T: +49 6 813 09 22 00, F: +49 6 813 09 22 73, *drama@theater-saarbruecken.de*; *www.theater-saarbruecken.de*. – Mitgl: 80.

Sabeth Trio Basel, c/o Matthias Ebner, Bachmattenstr 2, CH-4102 Binningen, T: +41 6 13 01 72 34, *ebner.sabeth@smile.ch*. – Mitgl: Matthias Ebner (Fl), Markus Wieser (Va), Sarah O'Brien (Hfe).

Sächsische Barocksolisten, c/o Susanne Ehrhardt, Rogauer Weg 12, D-12621 Berlin, T: +49 30 5 67 50 82, F: +49 30 5 67 50 82; *www.staatsoper-berlin.org/staatskapelle/index.html*. – Mitgl: 135.

Sächsische Kammerphilharmonie e. V., c/o Horst Zakowsky, Thomas-Müntzer-Str 14B, D-09241 Mühlau, T: +49 37 2 281 58 43, F: +49 37 2 281 58 43, *zakowsky@t-online.de*. – Mitgl: 16, Horst Zakowsky (1. Solo-Vcl), Katarzyna Radomska (1. Konzm), Matthias Worm (Va), Jörg Scholz (KB).

Sächsische Staatskapelle Dresden, Theaterplatz 2, D-01067 Dresden, T: +49 3 514 91 13 40, F: +49 3 514 91 16 33, *kapelle@semperoper.de*; *www.semperoper.de*. – Mitgl: 159, Bernhard Haitink (ChefDgt); Jan Wast (OrchDir).

Sakrales Blechbläserensemble, c/o Hans-Jürgen Von der Wöste, Käthe-Kollwitz-Weg 29/1, D-89081 Ulm, T: +49 7 313 85 180, F: +49 7 313 79 91 72, *info@edition-von-der-woeste.de*; *www.sakrales-blechblaeserensemble.de*.

I Salonisti, c/o Lorenz Hasler, Schwarzenburgstr 287, CH-3098 Köniz, T: +41 3 19 72 22 52, F: +41 3 19 72 19 29, *info@isalonisti.ch*; *www.isalonisti.ch*. – Mitgl: Daniel Zisman (V), Lorenz Hasler (V), Ferenc Szedlak (Vcl), Bela Szedlak (KB), James Alexander (Kl).

Salzburg Chamber Soloists, c/o Konzertveranstaltungen Andreas Schessl GmbH, Postfach 810952, D-81909 München, T: +49 89 93 93 29 22, F: +49 89 9 30 64 94, 93 93 11 23, *info@muenchenmusik.de*.

Salzburger Barockensemble, c/o Clemens Nussbaumer, Moosstr 41, A-5020 Salzburg, T: +43 6 6283 39 94. – Mitgl: 5, Anita Mitterer (V), Gerold Klaus (V), Clemens Nussbaumer (Va), Luzia Sulz (Va), Dorothea Kukelka (Vcl), Dane Roberts, Uli Fussengger.

Salzburger Hofmusik, c/o Wolfgang Brunner, Lebenaustr 8A, A-5020 Salzburg, T: +43 6 6242 08 09, F: +43 6 6242 08 09, *salzburger@hofmusik.at*; *www.hofmusik.at*. – Mitgl: variabel.

Salzburger Kammerorchester, Lieferinger Hauptstr 130, A-5013 Salzburg, T: +43 6 6243 68 70, F: +43 6 6243 69 70, *mozart@salzburg.co.at*. – Mitgl: 15–30.

Salzburger Kammerphilharmonie, Marener Str 5, A-5020 Salzburg, T: +43 6 6245 41 64, F: +43 6 6284 32 27, *sbg.kammerphil@nextra.at*; *www.polzer.net/kammerphilharmonie.htm*.

Salzburger Mozartsolisten, c/o Josef Schneider, Hans Pfitzner-Str 17, A-5020 Salzburg, T: +43 6 628 29 33 76, *mozartsalz@aol.com*; *members.aol.com/mozartsalz/c.html*.

saxofuorte, c/o Konzertdirektion Franz Günther Büscher, Postfach 101424, D-69004 Heidelberg, T: +49 62 2 340 69 05, F: +49 62 2 347 71 35, *Kd_buescher@t-online.de*. – Mitgl: Thomas Sälzle (S-Sax), Dieter Kraus (A-Sax), Guntram Bumiller (T-Sax), Ralf Ritscher (B-Sax).

Saxophonquartett Basel, c/o Martin Neher, Weilstr 14, CH-4125 Riehen, T: +41 6 164 13 461, *madimuusig@freesurf.ch*. – Mitgl: Jean-Georges Koerper (SopSax), Harry Gamb (ASax), Lukas Burri (TSax), Martin Neher (BarSax).

Scala Köln, c/o Michael Dücker, Nerotal 47, D-65193 Wiesbaden, T: +49 6 115 99 03 11. – Mitgl: 4–11, Susanne Kaiser (Qufl), Monika Nielen (Ob), Christoph Mayer (V), Claudia Steeb (Va), Ulrike Schaar (Vcl), Michael Dücker (Lt).

Schaffrath-Kammerorchester Berlin, c/o Hilmar Schmalenberg, Klaustaler Str 2, D-13187 Berlin, T: +49 30 47 53 75 70, F: +49 30 47 54 02 51, *SchoG.HS@t-online.de*; *www.schostakowitsch.de*. – Mitgl: 13–18.

Scharoun Ensemble Berlin, c/o Karsten Witt Musik Management / Maike Charlotte Fuchs, Leuschnerdamm 13, D-10999 Berlin, T: +49 30 6 16 92 19 22, F: +49 30 6 16 92 11 01, *mf@karstenwitt.com*; *www.scharounensemble.de*. – Mitgl: Guy Braunstein (V), Wolfram Brandl (V), Ulrich Knörzer (Va), Richard Duven (Vcl), Peter Riegelbauer (Kb), Stefan Jezierski (Hn), Stefan Schweigert (Fag), Karl-Heinz Steffens (Klar).

Schlagquartett Köln, c/o Thomas Meixner, Xantener Str 19, D-50733 Köln, T: +49 2 217 65 398,

F: +49 2 217 52 29 39, *meixner@schlagquartett.de*; *www.schlagquartett.de*. – Mitgl: 4, Thomas Meixner, Boris, Müller, Dirk Rothbrust, Achim Seyler.

Schleswig-Holsteinisches Sinfonieorchester, Nordergraben 2–8, D-24937 Flensburg, T: +49 4 61 14 10 00, F: +49 4 611 41 00 83, *kontakt@sh-landestheater.de*; *www.sh-landestheater.de*. – Mitgl: 59.

Schlierbacher Kammerorchester, c/o classic arts gmbh, Weberstr. 12, D-69120 Heidelberg, T: +49 62 2 140 40 16, F: +49 62 2 140 40 17, *Heidelberger.Sinfoniker@t-online.de*; *www.heidelberger-sinfoniker.de*. – Mitgl: 30.

Schola Heidelberg ensemble aisthesis, c/o KlangForum Heidelberg e. V., Kaiserstr 25, D-69115 Heidelberg, T: +49 62 2 137 55 60, F: +49 62 2 161 65 03, *KlangForum.Heidelberg@web.de*; *www.klanghd.de*. – Mitgl: 16/17.

Schola Heidelberg ensemble aisthesis, c/o KlangForum Heidelberg e. V., Kaiserstr 25, D-69115 Heidelberg, T: +49 62 2 137 55 60, F: +49 62 2 161 65 03, *KlangForum.Heidelberg@web.de*; *www.klanghd.de*. – Mitgl: 16/17.

Schweizer Kammerchor, Bodmerstr 12, CH-8002 Zürich, T: +41 4 42 01 02 32, F: +41 4 42 01 27 94, *admin@skbm.ch*; *www.skbm.ch*.

Schweizer Philharmonie, Muldenweg 7, CH-3075 Rüfenacht, T: +41 3 18 39 80 28, F: +41 3 18 39 93 34, *ch-phil@gmx.ch*; *www.philharmonicorch.ch*. – Mitgl: 40–60.

Schweizer Schlagzeug Ensemble, c/o Konzertdirektion Franz Günther Büscher, Postfach 101424, D-69004 Heidelberg, T: +49 62 2 340 69 05, F: +49 62 2 34 71 35, *Kd_buescher@t-online.de*; *www.swisspercussiongroup.com*. – Mitgl: Stephan Diethelm, Matthias Eser, Lorenz Haas, Andreas Zihler.

Selva della Musica Köln Ens Pastourelle, c/o Ursula Schmidt-Laukamp, Wahlscheider Str 12, D-51766 Engelskirchen, T: +49 22 6 395 14 05, F: +49 22 6 300 07, *U.Schmidt-Laukamp@t-online.de*; *www.schmidt-laukamp.de/*. – Mitgl: 3, Ursula Schmidt-Laukamp (Blockfl, Traversfl), Ilka Wagner (Barock-Fag), Harald Hoeren (Cemb).

Serapion Ensemble, c/o Konzertbüro Nikolaus Schmidt, Kirchenallee 22, D-20099 Hamburg, T: +49 40 28 05 66 17, F: +49 40 28 05 66 18, *schmidtkonzert@aol.com*. – Mitgl: Lukas Hagen (V), Iris Juda (V, Va), Ib Hausmann (Klar), Natasha Brofsky (Vcl).

Sinfonie Orchester Aachen Städtische Musikdirektion, c/o Theater Aachen, Hubertusstr 2–8, D-52062 Aachen, T: +49 2 41 47 84 1, F: +49 2 414 78 44 32, *theater@mail.aachen.de*; *www.theater-aachen.de*. – Mitgl: 66.

Sinfonieorchester Basel Stiftung Basler Orchester, Birsigstr 50, CH-4054 Basel, T: +41 6 12 05 00 95, F: +41 6 12 05 00 99, *info@sinfonieorchesterbasel.ch*; *www.sinfonieorchesterbasel.ch*. – Mitgl: 126.

Sinfonieorchester Pirna, c/o NOVUM – Neue Orchesterverwaltungs- und Marketing-Gesellschaft mbH, Kirchstr 3, D-01591 Riesa, T: +49 35 2 57 22 60, F: +49 35 2 572 26 49, *novum_sp@t-online.de*, *info@neue-elbland-philharmonie.de*.

Sinfonieorchester St Gallen, c/o Konzert und Theater St Gallen, Museumstr 1, CH-9004 St Gallen, T: +41 7 12 42 05 05, F: +41 7 12 42 07 08, *info@sinfonieorchestersg.ch*; *www.sinfonieorchestersg.ch*. – Mitgl: 64.

Sinfonieorchester Wuppertal, Bundesallee 260, D-42103 Wuppertal, T: +49 2 025 63 62 30, F: +49 2 025 63 80 97, *info@sinfonieorchester-wuppertal.de*; *www.sinfonieorchester-wuppertal.de*. – Mitgl: 88.

Sinfonietta Bern, c/o Theo Loosli, 10, ch du Petit-Catéchisme, CH-2000 Neuchâtel, T: +41 3 27 24 30 63. – Mitgl: 40–55.

Sinfonietta de Lausanne, 11 bis, av de Grammont, CH-1007 Lausanne, T: +41 2 16 16 71 35, F: +41 2 16 16 71 36, *sinfonietta@freesurf.ch*; *www.regart.ch/sinfonietta*. – Mitgl: 80.

Sinfonietta Dresden e. V., c/o Olaf Georgi, Kamenzer Str 45, D-01099 Dresden, T: +49 3 518 01 22 83, F: +49 3 518 01 22 83, *sinfonietta@t-online.de*; *www.t-online.de/home/sinfonietta*. – Mitgl: 35.

Sinfonietta Köln, c/o Cornelius Frowein, Auf der Kuhle 11, D-51766 Engelskirchen, T: +49 22 6 36 00 82, F: +49 22 6 395 29 59, *Sinfonietta.Koeln@t-online.de*; *www.SinfoniettaKoeln.de*. – Mitgl: 20.

Sinfonisches Orchester Liechtenstein, c/o Dr Ernst Walch, Zollstr 9, FL-9490 Vaduz, T: +4 2323 72 00, F: +4 232 37 21 00.

Sinfonova Frankfurt, c/o Concertbüro Taunus, Grüner Weg 3, D-61462 Königstein/Taunus, T: +49 61 7 475 18, F: +49 61 7 475 18. – Mitgl: 32.

Singer Pur, c/o Konzertagentur Erika Esslinger, Spittlerstr 6, D-70190 Stuttgart, T: +49 7 1128 32 67(agency), 94 8 495 16 03, F: +49 7 1126 14 21(agency), 94 8 495 16 04, *contact@singerpur.de*, *esslinger@konzertagentur.de*; *www.singerpur.de*, *www.konzertagentur.de*.

Solisten der Kammerphilharmonie Berlin (SKB), c/o Joris Bartsch Buhle, Bleibtreustr 4, D-10623 Berlin, T: +49 30 8 92 16 44, F: +49 30 89 54 33 21, *SKB@SKB-Berlin.de*. – Mitgl: 15.

Les Solistes de Genève, CP 49, CH-1267 Vich, T: +41 2 23 64 79 49, F: +41 2 23 64 00 71.

Solothurner Kammerorchester (SKO), c/o Ueli Lips, Rigistr 56, CH-8006 Zürich, T: +41 4 43 61 33 15; *www.urs-joseph-flury.ch*. – Mitgl: 27.

Sonatori-Ensemble, c/o Berthold Fritz, Friedrichstr 36, D-76229 Karlsruhe, T: +49 7 219 48 31 54, F: +49 7 219 48 31 55, *btmfritz@web.de*. – Mitgl: 4.

Song Company, c/o MAM Management, Längenfeldgasse 26/7/33, A-1120 Wien, T: +43 1 8 15 37 33, F: +43 1 8 12 71 67, *mam-vienna@utanet.net*.

Sonus Brass Ensemble, c/o Christoph Thoma, Steingasse 23/2/5, A-1030 Wien, T: +43 6 644 00 57 44, *sonus.brass@chello.at*; *www.sonusbrassensemble.at*. – Mitgl: Stefan Dünser (Trp), Michael Wachter (Trp), Silke Allmayer (Hn), Wolfgang Bilgeri (Hn), Harald Schele (Tb).

Spielleyt – Early Music Freiburg, c/o Jutta u Albrecht Haaf, Paula-Hollenweger-Str 9, D-79379 Müllheim, T: +49 76 3 11 23 64, F: +49 76 3 117 05 55, *info@freiburger-spielleyt.de*; *www.freiburger-spielleyt.de*. – Mitgl: 6, Regina Kabis (Sop), Murat Coskun (Rahmentrommeln), Marc Lewon (Lt), Jutta Haaf (Hfe), Albrecht Haaf (Fl, Fidel, Schalmei), Bernd Maier (Drehleier, Dudelsack).

Staatskapelle Berlin Orchester der Deutschen Staatsoper, Unter den Linden 7, D-10117 Berlin, T: +49 30 20 35 42 30, F: +49 30 20 35 42 31. – Mitgl: 132.

Staatskapelle Weimar, Theaterpl 2, D-99423 Weimar, Postfach 2003 u 2005, D-99401 Weimar, T: +49 36 4 375 53 46, 36 4 375 50, F: +49 36 4 375 52 86, *julia.miehe@nationaltheater-weimar.de*; *www.nationaltheater-weimar.de*. – Mitgl: 100, Gernot Süßmuth (V, 1. Konzm), Wally Hase (Fl), Frank Sonnabend (Ob), Brigitte Horlitz (Ob), Ralf Ludwig (Hn), Z Nagy-Maja (Trp), Thomas Schneider (Pos).

Staatsopernchor Kassel, Friedrichspl 15, D-34117 Kassel, T: +49 5 611 09 40, F: +49 5 611 09 42 04.

Staatsorchester Braunschweig, c/o Staatstheater Braunschweig, Am Theater, D-38100 Braunschweig, Postfach 4539, D-38035 Braunschweig, T: +49 5 311 23 41 30, F: +49 5 311 23 41 23, *service@staatstheater-braunschweig.de*; *www.staatstheater-braunschweig.de*. – Mitgl: 85.

Staatsorchester Rheinische Philharmonie, Görreshaus, Eltzerhofstr 6 a, D-56068 Koblenz, T: +49 2 613 01 22 72, F: +49 2 613 01 22 77, *info@rheinische-philharmonie.de*; *www.rheinische-philharmonie.de*. – Mitgl: 78.

Staatsphilharmonie Rheinland-Pfalz, Heinigstr 40, D-67059 Ludwigshafen, T: +49 6 2159 90 90, F: +49 6 215 99 09 50, *info@staatsphilharmonie.de*; *www.staatsphilharmonie.de*. – Mitgl: 93.

Städtisches Orchester Bludenz, Postfach 120, A-6700 Bludenz, T: +43 55 5 23 24 14, F: +43 55 5 232 41 42, *ghutter@bludenz.at*; *www.bludenz.at/musikschule*. – Mitgl: 50.

Städtisches Orchester Bremerhaven, Theodor-Heuss-Pl, D-27568 Bremerhaven, Postfach 120541, D-27519 Bremerhaven, T: +49 4 7148 20 60, F: +49 4 7148 20 64 82, *stadttheater@bremerhaven.de*; *www.stadttheaterbremerhaven.de*. – Mitgl: 55.

Städtisches Orchester Pforzheim, c/o Stadttheater, Am Waisenhauspl 5, D-75172 Pforzheim, T: +49 72 3 139 27 19, F: +49 72 3 139 14 85, *theater@stadt-pforzheim.de*; *www.pforzheim.de/theater*. – Mitgl: 42.

Städtisches Orchester Trier, Am Augustinerhof, D-54290 Trier, PF, D-54224 Trier, T: +49 6 517 18 34 64, F: +49 6 517 18 14 68, *Petra.Hessel@trier.de*; *www.theater-trier.de*. – Mitgl: 56.

La Stagione Frankfurt, c/o Monika Hart-Hönig, Goethestr 57, D-61462 Königstein/Ts., T: +49 61 7 496 88 11, F: +49 61 7 496 88 13, *management@la-stagione-frankfurt.de*, *kontakt@la-stagione-frankfurt.de*; *www.la-stagione-frankfurt.de*. – Mitgl: bis zu 57.

Stockhausen-Ensemble, c/o Karlheinz Stockhausen, Kettenberg 15, D-51515 Kürten, T: +49 22 6 818 13; *www.stockhausen.org*. – Mitgl: variabel.

Strauss Festival Orchester Wien, c/o Künstlersekretariat Buchmann GmbH, Schachnerstr. 27, A-1220 Wien, T: +43 1 2 03 63 57, F: +43 1 2 03 74 83, *office@buchmann.at*; *www.buchmann.at*. – Mitgl: 30.

La Stravaganza Köln, c/o Christoph Lehmann, Ludwigshafener Str 35c, D-40229 Düsseldorf, T: +49 2 1121 88 26, F: +49 2 1121 88 52, *ch.leh@t-online.de*; *www.LaStravaganza.de*. – Mitgl: 15, Veronika Skuplik (Konzm).

Streichseptett Heiligenberg, c/o Bernhard Rißmann, Riedhalde 8, D-88662 Überlingen, T: +49 75 5 135 22, F: +49 75 5 135 15, *heiligenberger-musikwoche@web.de*; *www.streichseptett-heiligenberg.de*. – Mitgl: Patrick Steullet, Gabriele Stiehler, Christian Ginat, Hauko Wessel, Wim Viersen, Bernhard Rißmann, Wilhelm Gromes.

La Strimpellata Bern, c/o Evelyne Voumard, Marzilistr 10b, CH-3005 Bern, T: +41 3 13 11 13 03, *ubinggeli@sm-philhist.unibe.ch*. – Mitgl: 10, Regula Küffer (Fl), Evelyne Voumard (Ob), Christoph Ogg (Klar), Ueli Binggeli (Fag), Philippe Bach (Hn), Marianne Aeschbacher (V), Regula Schwaar (V), Renée Straub (Va), David Inniger (Vcl), Käthi Steuri (KB).

Strings of Zurich, c/o Frank Gassmann, Fröhlichstr 42, CH-8008 Zürich, T: +41 4 44 22 57 28, Mobil 07 94 03 06 27. – Mitgl: 12–25.

Stuttgarter Bläserquintett, c/o Willy Freivogel, Berliner Str 15, D-71083 Herrenberg, T: +49 7 111 63 53 11, F: +49 7 111 63 53 30, *info@sksruss.de*; *www.sksruss.de*.

Stuttgarter Kammerorchester e. V., Johann-Sebastian-Bach-Pl, D-70178 Stuttgart, T: +49 7 116 19 21 21, F: +49 7 116 19 21 22, *info@stuttgarter-kammerorchester.com*; *www.stuttgarter-kammerorchester.com*. – Mitgl: 17, Ben Hudson (Konzm).

Stuttgarter Philharmoniker, Leonhardsplatz 28, D-70182 Stuttgart, T: +49 7 112 16 71 10, F: +49 7 112 16 36 40, *philharmoniker@stuttgart.de*; *www.stuttgart.de/philharmoniker*. – Mitgl: 86.

Stuttgarter Solisten, c/o Blue Orchid Artists Management Wolfgang Condin, Kirchstr 33, D-73342 Bad Ditzenbach, T: +49 73 3 439 88, F: +49 73 3 438 40, *office@blueorchid.de*; *www.blueorchid.de/de/s-solisten/index.php*.

Süddeutscher Madrigalchor Stuttgart Ludwigsburger Schloßfestspiele, c/o Stiftung Internationaler Kulturdialog gGmbH, Schloss Schöckingen, D-71254 Stuttgart-Ditzingen, T: +49 71 4 15 05 29 39, F: +49 71 4 192 78 35.

Südwestdeutsche Philharmonie Konstanz, Fischmarkt 2, D-78462 Konstanz, T: +49 75 3 190 08 10, F: +49 75 3 190 08 20, *philharmonie@stadt.konstanz.de*; *www.konstanz.de/philharmonie*. – Mitgl: 57.

Südwestdeutsches Kammerorchester Pforzheim GmbH, Westliche Karl-Friedrich-Str 257 a, D-75172 Pforzheim, T: +49 72 3 146 46 44, F: +49 72 3 146 46 43, *info@swdko-pforzheim.de*; *www.swdko-pforzheim.de*. – Mitgl: 14.

il suono, c/o Sandra Koppensteiner, Burgenlandstr 4, A-8052 Graz, *ilsuono@1012surfnet.at*; *members.1012surfnet.at/ilsuono/*.

Suono Mobile, c/o Christof Löser, Olgastr 133b, D-70180 Stuttgart, T: +49 7 116 74 46 17, F: +49 7 116 74 46 17; *www.suono-mobile.de*.

Suono Mobile – Initiative für Neue Musik, c/o Christof M. Löser, Olgastr 133b, D-70180 Stuttgart, T: +49 7 116 74 46 17, F: +49 7 116 74 46 17, *kontakt@suono-mobile.de*; *www.suono-mobile.de*. – Mitgl: 5, Christof M. Löser (Cgt), Christian Kemper (Ob), Jürgen Faller (KB), Lee Ferguson (Schlgz), Urs Liska (Kl).

SurPlus – ensemble für neue musik, c/o James Avery, Kaiserstuhlweg 2, D-79346 Endingen, T: +49 76 4 237 88, F: +95 76 4 292 77 55, *info@javery.de*; *www.ensemble-surplus.de*. – Mitgl: 20.

Swietly-Klaviertrio, c/o Hermann Swietly, Kreitnergasse 23/9, A-1160 Wien, T: +43 1 4 92 13 10, 6 643 82 32 35, F: +43 1 4 92 13 10, 6 647 73 82 32 35, *swietly-klaviertrio@chello.at*; *come.to/swietly-klaviertrio*. – Mitgl: 3, Hermann Swietly (V), Michaela Eyberg (Vcl), Gereon Kleiner (Kl).

Swiss Chamber Soloists, c/o TonART, Postfach, CH-8033 Zürich, T: +41 13 63 18 18, F: +41 5 22 22 80 63, *tonart.jd@bluewin.ch*; *www.scc-concerts.ch*.

Swiss Clarinet Players, c/o Markus Niederhauser, Schützengasse 71d, CH-2502 Biel, T: +41 3 23 41 73 30. – Mitgl: Christoph Ogg, Regula Schneider, Markus Niederhauser, Andreas Ramseier.

Swiss Winds, c/o Hanspeter Mosimann, Tiergarten 29, CH-3400 Burgdorf, T: +41 3 44 22 20 77, F: +41 3 44 22 20 77. – Mitgl: Jean-Luc Reichel (Fl), Christophe Gindraux (Ob), Pierre-Yves Dubois (Klar), Dorothy Mosher (Fag), Jennifer Clark (Hn), Hanspeter Mosimann (Sax).

SWR Rundfunkorchester Kaiserslautern, Fliegerstr 36, D-67657 Kaiserslautern, T: +49 6 313 62 28 53, F: +49 6 313 62 28 29, *rundfunkorchester@swr.de*; *www.swr-rundfunkorchester.de*. – Mitgl: 45.

SWR Sinfonieorchester Baden-Baden und Freiburg, Konzerthaus, Konrad-Adenauer-Pl 1, D-79098 Freiburg/Breisgau, T: +49 7 613 88 12 05, F: +49 7 613 88 12 13, *sinfonieorchester.freiburg@swr.de*; *www.swr-sinfonieorchester.de*. – Mitgl: 99.

SWR Vokalensemble Stuttgart, c/o Südwestrundfunk, Funkstudio Berg, Neckarstr 230, D-70190 Stuttgart, T: +49 7 119 29 25 70, F: +49 7 119 29 36 36, *swr-vokalensemble@swr.de*; *www.swr-vokalensemble.de*. – Mitgl: 36.

Symphonieorchester der Stadt Münster, Neubrückenstr 63, D-48143 Münster, T: +49 2 515 90 91 09, F: +49 2 515 90 92 08, *sinfonieorchester@stadt-muenster.de*; *www.sinfonieorchester-muenster.de*. – Mitgl: 67, GMD Will Humburg.

Symphonieorchester des Bayerischen Rundfunks, Arnulfstr 42, D-80335 München, T: +49 89 59 00 22 30, F: +49 89 59 00 33 77, *symphonieorchester@brnet.de*; *www.br-klassik.de*. – Mitgl: 115.

Symphonieorchester Vorarlberg – Camerata Bregenz, Römerstr 15, A-6900 Bregenz, T: +43 55 7 44 34 47, F: +43 55 7 44 34 48, *ml.sov@utanet.at*; *www.symphonieorchester-vorarlberg.at*. – Mitgl: 75.

Symphonischer Chor Hamburg, Grotenbleken 37a, D-22391 Hamburg, T: +49 40 60 67 98 84, F: +49 40 60 67 98 85, *webmaster@symphonischer-chor.de*; *www.symphonischer-chor.de*.

Symphonisches Orchester Zürich, Eichenweg 7, CH-8802 Kilchberg, Postfach 1923, CH-8021 Zürich, T: +41 14 62 44 40, F: +41 14 62 44 42, *info@s-o-z.ch*; *www.s-o-z.ch*. – Mitgl: 66.

Telemann-Kammerorchester Michaelstein, Postfach 16, D-38881 Blankenburg, T: +49 39 4 46 55 52, 33 66, F: +49 39 4 46 55 52, 33 66, *telemann-kammerorchester@web.de*; *telemann-kammerorchester.org*.

Telemannisches Collegium Michaelstein, Kreuzstr 19, D-38889 Blankenburg, T: +49 39 4 490 30 26, 01 72–3 56 81 44, F: +49 39 4 46 40 00, *post@telemann-michaelstein.de*; *www.telemann-michaelstein.de*. – Mitgl: 7–40.

Theater und Philharmonisches Orchester der Stadt Heidelberg, Friedrichstr 5, D-69117 Heidelberg, T: +49 62 2 15 83 59 10, F: +49 62 2 15 83 59 90, *info@heidfelberger-philharmoniker.de*; *www.heidelberger-philharmoniker.de*. – Mitgl: 61.

Theaterchor St. Pölten Theater der Landeshauptstadt, Rathausplatz 11, A-3100 St. Pölten, T: +43 27 4 235 20 26, F: +43 27 4 235 20 26 52, *a.leonhartsberger@theater-stpoelten.at*; *www.theater-stpoelten.at*.

Thomanerchor Leipzig, Hillerstr 8, D-04109 Leipzig, T: +49 3 4198 44 20, F: +49 3 419 84 42 41, *info@thomanerchor.de*; *www.thomanerchor.de*.

Thüringen Philharmonie Gotha-Suhl, Reinhardsbrunner Str 23, D-99867 Gotha, T: +49 36 2 175 17 76, F: +49 36 2 175 17 75, *info@thueringen-philharmonie.de*; *www.thueringen-philharmonie.de*. – Mitgl: 84.

Thüringer Symphoniker Saalfeld-Rudolstadt, c/o Thüringer Landestheater GmbH, Anger 1, D-07407 Rudolstadt, T: +49 36 7 245 23 01, F: +49 36 7 24 50 23 11, *tlt@thueringerlandestheater.de*; *www.thueringerlandestheater.de*. – Mitgl: 39.

Thüringisches Kammerorchester Weimar, c/o Julia Mühe, Wilhelm-Külz-Str 18, D-99423 Weimar, T: +49 1 774 22 54 80, F: +49 36 4 375 52 86, *julia.miehe@nationaltheater-weimar.de*. – Mitgl: 16.

Thürmchen Ensemble, c/o Carola Bauckholt und Caspar Johannes Walter, Münstererstr 37, D-51063 Köln, T: +49 2 216 40 11 63, F: +49 2 216 40 50 96, *thuermchen@netcologne.de*. – Mitgl: 8, Eric Oña (Lt); Evelin Degen (Fl), Diego Montes (Klar), Irmgard Zavelberg (V), Almut Steinhausen (Va), Caspar Johannes Walter (Vcl), Miriam Shalinsky (KB), Dorothea Eppendorf (Kl), Thomas Meixner (Schlgz).

Thuner Stadtorchester, Postfach 4029, CH-3604 Thun 4 Strättligenmarkt, T: +41 3 33 36 42 46, F: +41 3 33 36 42 46; *www.aogt.ch*. – Mitgl: 45.

Tippett Ensemble Köln, c/o Celso Antunes, Türnicher Str 1, D-50969 Köln, T: +49 2 213 60 36 22, F: +49 2 219 36 70 44, *Antunes.Alonso@t-online.de*. – Mitgl: variabel.

Tiroler Symphonieorchester-Innsbruck, Universitätsstr 1, A-6020 Innsbruck, T: +43 5 1258 31 17, F: +43 5 1258 64 52 26, *w.leithmayer@magibk.at*; *www.innsbruck.at*. – Mitgl: 68.

Tölzer Knabenchor, Kaminskistr 13, D-83671 Benediktbeuern, T: +49 88 5 790 61, F: +49 88 5 714 70, *toelzerknabenchor@t-online.de*, *info@knabenchor.de*; *www.knabenchor.de*. – Mitgl: 60.

Tonhalle-Orchester Zürich, c/o Tonhalle-Gesellschaft, Gotthardstr 5, CH-8002 Zürich, T: +41 4 42 06 34 40, F: +41 4 42 06 34 36, *info@tonhalle.ch*; *www.tonhalle.ch*. – Mitgl: 100.

Tonkünstler Ensemble, Durchlaufstr 5/33, A-1200 Wien, T: +43 1 3 33 81 88, 6 643 33 81 88, F: +43 1 3 33 81 88, *TonkuenstlerEnsemble@music.at*; *www.music.at/tonkuenstler.ensemble*.

Tonkünstler-Orchester Niederösterreich, c/o Museumsquartier Wien, Museumsplatz 1/e, Box office, A-1070 Wien, T: +43 1 5 86 83 83, F: +43 1 5 87 64 92, *office@tonkuenstler.at*; *www.tonkuenstler.at*.

Tonkünstler-Trio, c/o Ursula Erhart-Schwertmann, Schönbrunner Str 143/30, A-1050 Wien, T: +43 1 5 44 63 83, F: +43 1 5 44 63 83, *erhart@music.at*; *www.music.at/tonkuenstler-trio*. – Mitgl: Peter Erhart (V), Gerhard Fechner (V), Ursula Erhart-Schwertmann (Vcl).

Torresquartet, Circolo Musicale, Vignon, CH-6558 Lostallo, T: +41 9 18 30 12 88, F: +41 9 18 30 15 55, *etonolla@ticino.com*; *www.torresquartet.net*, *www.circolomusicale.net*. – Mitgl: Gabriele Cavadini, Claudio Farinone, Aldo Martinoni, Mimmo Prisco.

TRIAGE modern music, c/o Uwe Martin, Am Kehlerpark 18, A-6850 Dornbirn, T: +43 55 7 22 01 49, 83 8 18 18 30, *Uwe.martin@newsclub.at*. – Mitgl: 3.

Trio 1790, c/o Harald Hoeren, Neue Kempener Str 300, D-50739 Köln, T: +49 2 2174 19 33, F: +49 2 2174 61 35, *Harald.Hoeren@t-online.de*. – Mitgl: 3.

Trio 335, c/o Heike Storm, Erich-Ollenhauer-Str 17h, D-85221 Dachau, T: +49 81 3 137 16 55, F: +49 81 3 137 16 56, *heike-storm@web.de*. – Mitgl: 3.

Trio 96, c/o Anja Hufnagel, Motzstr 19, D-10777 Berlin, T: +49 30 2 11 74 62, F: +49 30 2 11 74 62.

Trio Apollon, c/o Konzertdirektion Andrea Hampl, Karl-Schrader-Str 6, D-10781 Berlin, T: +49 30 4 78 26 99, F: +49 30 4 78 37 92, *hampl@konzertdirektion.de*; *www.konzertdirektion.de*. – Mitgl: Matthias Glander (Klar), Felix Schwartz (Va), Wolfgang Kühnl (Kl).

Trio Arcangelo Corelli, c/o Anke Vogelsänger, Collenbachstr 10, D-40476 Düsseldorf, T: +49 2 1148 68 07, F: +49 2 1148 68 07, *jo_vo@t-online.de*. – Mitgl: 3.

Trio ARUNDO, c/o Franco Tosi, Hauptstr 65, CH-4102 Binningen, T: +41 6 14 21 63 85, F: +41 6 14 23 89 08, *trio.arundo@tiscali.ch*. – Mitgl: Judith Wenziker (Ob), Franco Tosi (Klar), Michael Roser (Fag).

Trio Bamberg, c/o Berliner Konzertagentur 3-Klang Horst Gutteck, Krautstr 53, D-10243 Berlin, T: +49 30 9 33 20 14, F: +49 30 9 33 18 21, *agentur3klang@t-online.de*; *www.triobamberg.com*. – Mitgl: Robert Benz (Kl), Jewgeni Schuk (V), Stephan Gerlinghaus(Vcl).

trio basso, c/o Othello Liesmann, Finkenplatz 6, D-50735 Köln, T: +49 2 217 12 20 80, F: +49 2 217 12 50 54, *info@trio-basso.de; othello@trio-basso.de*; *www.trio-basso.de*. – Mitgl: 3.

Trio Christ/Schulz/Süss, c/o Konzert-Direktion Hans Adler, Auguste-Viktoria-Str 64, D-14199 Berlin, T: +49 30 8 95 99 20, F: +49 30 8 26 35 20, *info@musikadler.de*; *www.musikadler.de*. – Mitgl: Christ (Va), Schulz (Fl), Süss (Hf).

Trio Contraste Berlin, c/o Konzertagentur Ingrid Hellmann, Birnenweg 12, D-06112 Halle/Saale, T: +49 3 455 60 30 41, F: +49 3 455 60 36 54, *KAHellmann@aol.com*. – Mitgl: Arens (Kl), Benda (Klar), Kimstedt (Va, V).

Trio da Saló, c/o Astrid Schoerke Künstlersekretariat, Grazer Str 30, D-30519 Hannover, T: +49 5 1140 10 48/49, F: +49 5 1140 74 35, *astrid_schoerke@t-online.de*. – Mitgl: Ani Kavafian (V), Barbara Westphal (Va), Gustav Rivinius (Vcl).

Trio di Clarone, c/o Konzertdirektion Hans Ulrich Schmid, Schmiedestr 8, D-30159 Hannover, T: +49 5 113 66 07 60/27, F: +49 5 113 66 07 34, *Mail@KDSchmid.de*. – Mitgl: Sabine Meyer (Klar), Wolfgang Meyer (Klar), Reiner Wehle (Klar.

Trio Diritto, c/o Jeremias Schwarzer, Petzoldstr 6, D-90443 Nürnberg, T: +49 9 1177 77 50, F: +49 9 1177 77 50, *JeremSchwarzer@aol.com*. – Mitgl: 3.

trio e-vent, c/o Kirsten Reese, Kurfürstenstr 9, D-10785 Berlin, T: +49 30 25 70 01 57, F: +49 30 25 70 01 57, *kirsten.reese@gmx.net*; *www.trio-e-vent.kulturserver-berlin.de*. – Mitgl: 3, Kirsten Reese (Fl), Birgit Schmieder (Ob), Erich Wagner (Klar).

Trio Echnaton, c/o Frank-Michael Guthmann, Oberer Stephansberg 16, D-96049 Bamberg, T: +49 9 512 97 49 59, F: +49 9 512 97 49 59, *fmguthmann @aol.com*; *www.musikado.com*. – Mitgl: 3, Wolfram Brandl (V), Sebastian Krunnies (Va), Frank-Michael Guthmann (Vcl).

Trio Elvetico, c/o Hans Walter Stucki, Weingartenstr 22, CH-3652 Hilterfingen, T: +41 3 32 43 27 55, F: +41 3 32 43 27 55, *marianne.keller.stucki@freesurf.ch*. – Mitgl: 3, Marianne Keller Stucki (Fl), Lubomír Malý (Va), Hans Walter Stucki (Kl).

Trio Fehlandt-Hausmann-Zichner, c/o Claudia Fehlandt-Köster, Künstleragentur Vivace, Eintrachtstr 3, D-16515 Zuehlsdorf, T: +49 3 33 9 72 99 47, F: +49 3 33 9 72 99 48, *agenturvivace@aol.com*; *www.viva-ce.de*. – Mitgl: Fehlandt (Va), Hausmann (Klar), Zichner (Kl).

Trio Jean Paul, c/o Astrid Schoerke Künstlersekretariat, Grazer Str 30, D-30519 Hannover, T: +49 5 1140 10 48/49, F: +49 5 1140 74 35, *astrid_schoerke@t-online.de*; *www.Triojeanpaul.de*. – Mitgl: Eckart Heiligers (Kl), Ulf Schneider (V), Martin Löhr (Vcl).

Trio MAP – Markus Stockhausen, Arild Andersen, Patrice Héral mit Sinfonie Orchester, c/o Managementagentur Rolf Zavelberg, Volksgartenstr 1, D-50677 Köln, T: +49 2 219 34 81 18, F: +49 2 219 34 81 17, *info@aktivraum.de*; *www.aktivraum.de*. – Mitgl: 2.

Trio – Markus Stockhausen, Angelo Comisso, Christian Thomé, c/o Managementagentur Rolf Zavelberg, Volksgartenstr 1, D-50677 Köln, T: +49 2 219 34 81 18, F: +49 2 219 34 81 17, *info@aktivraum.de*; *www.aktivraum.de*. – Mitgl: 2.

Trio Musiviva, c/o Patrick Genet, Sur les Vignes, CH-1128 Reverolle, T: +41 2 18 00 05 13, F: +41 2 18 00 05 14. – Mitgl: Philippe Dinkel (Kl), Patrick Genet (V), Marc Jaermann (Vcl).

Trio O'Henry, c/o Claudia Gerauer, Ort 3, D-94032 Passau, T: +49 8 519 66 46 63, F: +49 8 519 66 46 65. – Mitgl: 3.

Trio Parnassus, c/o Markus Bröhl artists & concerts, Urb. Carrio Alto 3A, E-03710 Calp (A), T: +34 9 65 83 22 78, F: +34 9 65 83 22 78, *inge.willekens@infonegocio.com*; *www.trioparnassus.com*. – Mitgl: Wolfgang Schröder (V), Michael Groß (Vcl) und Chia Chou (Kl).

Trio 'pianOVo' Weimar, c/o Prof Reinhard Wolschina, Am Weinberg 5, D-99441 Kromsdorf, T: +49 36 4 342 73 31, 55 51 89, F: +49 36 4 355 51 87, *lmr.thueringen@t-online.de*. – Mitgl: 3, Axel Schmidt (Ob), Marie-Luise Leihenseder-Ewald (Vcl), Reinhard Wolschina (Kl).

Trio Soli Sono, c/o Natalie Becker, Rütscher Str 68, D-52072 Aachen, T: +49 2 413 74 51, F: +49 2 413 74 51, *Futyma-Daske@t-online.de*; *www.triosolisono.de*. – Mitgl: 3.

Trio Sorop, c/o Marianne Keller Stucki, Weingartenstr 22, CH-3652 Hilterfingen, T: +41 3 32 43 27 55, F: +41 3 32 43 27 55. – Mitgl: 3, Marianne Keller (Fl), Sylvia Schwarzenbach (Klar), Agathe Rytz-Jaggi (Kl).

Trio Vançin-Leclerc-Slatkine de Genève, c/o Ayser Vançin, Rue de l'Athénée 38, CH-1206 Genève, T: +41 2 23 47 94 31, F: +41 2 23 47 94 31. – Mitgl: Ayser Vançin (Ob), Gérard Leclerc (Vcl), Muriel Slatkine (Kl).

Trio Voccord, c/o Eckhard Finckh, Schellingstr 53, D-72622 Nürtingen, T: +49 70 2 23 32 40, F: +49 70 2 23 32 40, *voccord@nuertingen.net*; *www.voccord.nuertingen.net*. – Mitgl: 3, Susann Finckh-Bucher (Sop), Wolfgang Daiß (Lt, Erz-Lt), Franziska Finckh (Va da Gamba).

Trio Weinmeister, c/o Konzertbüro Nikolaus Schmidt, Kirchenallee 22, D-20099 Hamburg, T: +49 40 28 05 66 17, F: +49 40 28 05 66 18, *schmidtkonzert@aol.com*. – Mitgl: Hanna Weinmeister (V), Gertrud Weinmeister (Va), Bruno Weinmeister (Vcl).

les trois en bloc, c/o Susanne Köszeghy, Uhlandstr 51, D-13156 Berlin, T: +49 30 2 94 06 86, *kylkhor @gmx.net*; *www.lestroisenbloc.de*.

Trompeten Consort Friedemann Immer, c/o Konzertagentur Heide Stock, Messmerweg 2, D-30655 Hannover, T: +49 5 113 94 31 14, F: +49 5 113 94 31 15, *heide.stock@gmx.de*; *www.heidestockagentur.de*. – Mitgl: 8, Friedemann Immer (Trp); Klaus H. Osterloh, Hans-Jörg Packeiser, François Petit-Laurent, Thibaud Robinne, NN (Trp); NN (Pk), Matthias Nager (Org).

Trompetenensemble Jürgen Hartmann Leipzig Ens 'musica laetitia' Leipzig, c/o Büro Jürgen Hartmann, Mühlenviertel 58, D-04509 Selben, T: +49 3 42 0 29 30 94, F: +49 3 42 0 29 35 71, *BueroJuergenHartmann@t-online.de*; *www.trompeterjuergenhartmann.de*. – Mitgl: 8.

Umbach & Consorten ensemble für alte musik, c/o Elke Martha Umbach, Büllenkothenweg 19, D-40229 Düsseldorf, T: +49 1 778 11 47 87(mobile), *elke.umbach@aon.at*; *www.umbach-consorten.de*. – Mitgl: Mimi Nilsdotter (Sop), Elke Martha Umbach (Fl), Klaus Westermann (Cemb), Axel Weidenfeld (Lt), Christian Zincke (Va).

un' anima cantava, c/o Heide Stock Konzert- u Theateragentur, Messmerweg 2, D-30655 Hannover, T: +49 5 113 94 31 14, F: +49 5 113 94 31 15, *heide.stock@gmx.de*. – Mitgl: Beate Röllecke (Cemb), Detlef Reimers, Stefan Schrader (Fl, Fag).

UnitedBerlin – Ensemble für Neue Musik, c/o Andreas Bräutigam, Schröderstr 10, D-10115 Berlin, T: +49 30 2 81 19 79, F: +49 30 2 81 19 79, *ensemble.united@berlin.de*; *www.unitedberlin.de*. – Mitgl: 15.

Universal Ensemble Berlin, c/o Karl Heinz Wahren, Jenaer Str 12, D-10770 Berlin, T: +49 30 8 54 42 60. – Mitgl: 8.

Uroboros Ensemble, c/o Andreas H H Suberg, Schwarzwaldstr 30, D-79102 Freiburg/Breisgau, T: +49 7 617 05 97 89, F: +49 7 617 05 97 91, *klangart-studio@t-online.de*. – Mitgl: 3.

Varius-Ensemble Hamburg, c/o Fortbildungszentrum f Neue Musik, An der Münze 7, D-21335 Lüneburg, T: +49 41 3 130 93 90, F: +49 41 3 130 93 90, *erdmann@uni-lueneburg.de*. – Mitgl: 5.

Vienna Clarinet Connection, Strohgasse 12/1, A-1030 Wien, T: +43 1 7 13 40 21, 6 764 23 52 22, F: +43 1 7 13 40 21, *office@viennaclarinetconnection.com*; *www.viennaclarinetconnection.com*. – Mitgl: 4, Helmut Hödl, Rupert Fankhauser (Klar), Hubert Salmhofer (BassettHn), Wolfgang Kornberger (Bassklar).

Vienna Flautists, c/o Werner Tomasi, Neulinggasse 20, A-1030 Wien, T: +43 1 7 12 35 66, F: +43 1 7 12 07 28. – Mitgl: 8.

Vienna Vocal Consort, c/o Künstleragentur Dr Raab & Dr Böhm, Plankengasse 7, A-1010 Wien, T: +43 1 5 12 05 01, F: +43 1 5 12 77 43, *office@rbartists.at*.

Virtuosi Saxoniae, Weltestr 16, D-01157 Dresden, T: +49 3 514 21 20 30, F: +49 3 514 21 04 01, *ludwig.guettler@t-online.de*; *www.guettler.com*.

Vocalensemble Kassel, Mauerstr 15, D-34117 Kassel, T: +49 5 612 87 60 13, F: +49 5 612 87 60 15, *kantorei-st.martin@ekkw.de*; *www.ekkw.de/kassel/nmk*. – Mitgl: 30.

Vogler Quartett, c/o Künstleragentur Vivace, Claudia Fehlandt-Köster, Eintrachtstr 3, D-16515 Zühlsdorf, T: +49 3 33 9 72 99 47, F: +49 3 33 9 72 99 48, *agenturvivace@aol.com*; *www.voglerquartet.com*. – Mitgl: Tim Vogler (V), Frank Reinecke (V), Stefan Fehlandt (Va), Stephan Forck (Vcl).

Vogtland Philharmonie Greiz/Reichenbach, Stavenhagenstr 3–4, D-07973 Greiz, T: +49 36 6 145 23 08, F: +49 36 6 145 55 44, *info @vogtland-philharmonie.de*; *www.Vogtland-Philharmonie.com*. – Mitgl: 65.

Volksoper Symphonieorchester Wien, Währingerstr 78, A-1090 Wien, T: +43 1 3 15 19 33, F: +43 1 3 15 19 33, *vorstand@volksoper-so-wien.at*; *www.vsow.at*. – Mitgl: 95.

Waiblinger Kammerorchester e. V., c/o Friedemann Enssle, Lindauer Str 40, D-71522 Backnang, T: +49 71 9 16 14 20, F: +49 71 9 197 05 76, *F.Enssle@bigfoot.de*. – Mitgl: 26.

Waldstein-Trio, c/o Gerhard Schulz, Meytensgasse 18, A-1130 Wien, T: +43 1 8 79 21 54, F: +43 1 8 77 05 21. – Mitgl: Gerhard Schulz (V), Lilia Schulz-Bayrova (Vcl), Christoph Berner (Kl).

Wandelweiser Komponisten Ensemble, c/o Antoine Beuger, Am Sandbach 24, D-42781 Haan, T: +49 21 2 949 54, F: +49 21 2 949 54, *abeuger @aol.com*, *timescraper@onlinehome.de*; *www.timescraper.de*. – Mitgl: 13.

WDR, D-50600 Köln, T: +49 2 212 20 42 40, F: +49 2 212 20 23 52, *orchester@wdr.de*; *www.wdr-orchester.de*. – Mitgl: 58.

WDR Rundfunkchor Köln, c/o Westdeutscher Rundfunk, D-50600 Köln, T: +49 2 212 20 21 91, F: +49 2 212 20 49 40, *orchester@wdr.de*; *www.wdr-orchester.de*. – Mitgl: 48.

WDR Rundfunkorchester, c/o Westdeutscher Rundfunk, D-50600 Köln, T: +49 2 212 20 42 40, F: +49 2 212 20 23 52, *orchester@wdr.de*; *www.wdr-orchester.de*.

WDR Sinfonieorchester Köln, Appellhofplatz 1, D-50667 Köln, D-50600 Köln, T: +49 2 212 20 21 46, F: +49 2 212 20 29 45, *orchester@wdr.de*; *www.wdr-orchester.de*. – Mitgl: 118.

Weser-Renaissance Bremen, c/o Prof. Dr. Manfred Cordes, Mittelstr 12, D-28203 Bremen, T: +49 4 213 27 454, F: +49 4 213 39 83 38, *info@weser-renaissance-bremen.de*; *www.weser-renaissance-bremen.de*. – Mitgl: 6–30.

Westdeutsche Sinfonia, c/o Artists International, Citadellstr 12, D-40213 Düsseldorf, T: +49 2 118 36 81 55, F: +49 2 118 36 85 88, *abberton@artists-international.de*; *www.artists-international.de*. – Mitgl: 70.

Westfälische Kammerphilharmonie Gütersloh, Kurfürstenstr 7, D-33330 Gütersloh, T: +49 52 4 13 00 69 49, F: +49 52 4 13 00 69 59, *info@kammerphil.de*; *www.kammerphil.de*. – Mitgl: 32.

Westsächsisches Symphonieorchester, c/o Kulturraumorchester Leipzig Raum gGmbH, Leipziger Str 40, D-04564 Böhlen, T: +49 3 42 0 65 40 80, F: +49 3 42 0 65 40 83, *wso@dibomedia.de*; *www.westsaechsisches-symphonieorchester.de*. – Mitgl: 40.

Wiener Akademie, Praterstr 25/11, A-1020 Wien, T: +43 1 7 13 60 82, F: +43 1 7 13 60 82 35, *office @wienerakademie.at*; *www.wienerakademie.at*. – Mitgl: 13–50.

Wiener Bachsolisten, c/o Musica Novantiqua Austria, Zehenthofgasse 25, A-1190 Wien, T: +43 1 3 28 69 79, F: +43 1 3 28 69 79, *office@mna.at*; *www.mna.at*, *www.wiener-bachsolisten.at*. – Mitgl: 12–30, Cornelia Löscher, Sergij Bolotny, Bojidara Kouzmanova (V), Ute Groh (Vcl), Anton Gansberger (Cemb), Katharina Kröpfl (Fl).

Wiener Bläserensemble, Hyrtlallee 28, A-2380 Perchtoldsdorf, T: +43 1 8 65 49 47, F: +43 1 8 65 49 47, *ottensamer@hotmail.com*.

Wiener Bläsersolisten, c/o Wiener Philharmoniker, Bösendorfer Str 12, A-1010 Wien, *philoffice@wienerphilharmoniker.at*. – Mitgl: Mitgl d Wiener Philharmoniker.

Wiener Bohème-Quartett, c/o Ursula Erhart-Schwertmann, Schönbrunner Str 143/30, A-1050 Wien, T: +43 1 5 44 63 83, F: +43 1 5 44 63 83, *erhart@music.at*; *www.music.at/wienerboheme-*

quartett. – Mitgl: Jacqueline Roschek-Morard (V), Heidemarie Halbritter (V), Ursula Erhart-Schwertmann (Vcl), Halina Piskorski (Kl).

Wiener Brahms Trio, c/o Künstleragentur Dr Raab & Dr Böhm, Plankengasse 7, A-1010 Wien, T: +43 1 5 12 05 01, F: +43 1 5 12 77 43, *office@rbartists.at*.

Wiener Concert-Verein Kammerorchester der Wiener Symphoniker, c/o Christian Roscheck, Vogelsanggasse 35, A-2102 Bisamberg, T: +43 22 6 26 34 24, F: +43 22 6 26 32 98, *wienerconcertverein@utanet.at*. – Mitgl: 35.

Wiener Hofburg-Orchester, Margaretenstr 3, A-1040 Wien, T: +43 1 5 87 25 52, F: +43 1 5 87 43 97, *konzerte@hofburgorchester.at*; *www.hofburgorchester.at*. – Mitgl: 45.

Wiener Hornquartett, In der Hagenau 3, A-1130 Wien, T: +43 1 8 79 63 75, F: +43 1 8 79 63 75, *clemens.gottfried@utanet.at*. – Mitgl: 4.

Wiener Internationales Solisten-Ensemble, Florianigasse 60, A-1080 Wien, T: +43 1 4 05 31 10.

Wiener Johann Strauß-Orchester, Lothringerstr 20, A-1030 Wien, T: +43 1 7 13 92 60, F: +43 1 7 13 60 71, *strauss@magnet.at*; *www.members.magnet.at/strauss/*. – Mitgl: 43.

Wiener Kammerorchester, c/o Christian Buchmann, Schachnerstr 27, A-1220 Wien, T: +43 1 2 03 63 57 22, F: +43 1 2 04 37 50, *wiener@kammerorchester.com*; *www.kammerorchester.com*. – Mitgl: 40.

Wiener Kammerphilharmonie, Schlösselgasse 24/18, A-1080 Wien, T: +43 1 4 02 19 60, F: +43 1 4 02 19 60, *office@kammerphilharmonie.at*; *www.kammerphilharmonie.at*. – Mitgl: 24–32.

Wiener Klaviertrio, c/o Konzertdirektion Andrea Hampl, Karl-Schrader-Str 6, D-10781 Berlin, T: +49 30 4 78 26 99, F: +49 30 4 78 37 92, *hampl@konzertdirektion.de*; *www.konzertdirektion.de*. – Mitgl: Stefan Mendl (Kl), Wolfgang Redik (V), Matthias Gredler (Vcl).

Wiener Konzertchor, Herbststr 19/26, A-1060 Wien, T: +43 1 4 94 84 83, F: +43 1 4 94 84 83, *martin.thoma@wiener-konzertchor.at*; *www.wiener-konzertchor.at*.

Wiener Mozart Orchester, Brucknerstr 4, A-1040 Wien, T: +43 1 50 57 76 60, F: +43 1 5 05 97 20, *concerts@mozart.co.at*; *www.mozart.co.at*. – Mitgl: 30.

Wiener Mozart-Trio, Postfach 12, A-2345 Brunn am Gebirge, T: +43 22 3 63 63 27, F: +43 22 3 636 32 74, *mozart3@utanet.at*; *web.utanet.at/aunerdie*. – Mitgl: Irina Belanskaja Auner (Kl), Leonid Sorokow (V), Diethard Auner (Vcl).

Wiener Philharmoniker, Bösendorferstr 12, A-1010 Wien, T: +43 1 5 05 65 25, *philoffice@wienerphilharmoniker.at*; *www.wienerphilharmoniker.at*. – Mitgl: 149.

Wiener Philharmonisches Frauenorchester, c/o Mag Izabella Shareyko, Argentinierstr 42/10, A-1040 Wien, T: +43 1 5 03 93 83, F: +43 1 5 03 93 83, *philharmonic-women@gmx.at*.

Wiener Sängerknaben, Augartenpalais, Obere Augartenstr. 1c, A-1020 Wien, T: +43 1 2 16 39 42, F: +43 1 2 16 39 42 53, *office@wsk.at*; *www.wsk.at*.

Wiener Serenaden Orchester, Praterstr 76/8, A-1020 Wien, T: +43 1 2 16 73 33, F: +43 1 2 12 15 55, *gerhard.track@surfeu.at*.

Wiener Sinfonietta, c/o Peter Mayrhofer, Paracelsusgasse 13, A-3003 Gablitz, T: +43 6 9914 14 77 77, *wienersinfonietta@tplus.at*; *www.wienersinfonietta.at*. – Mitgl: 15–28.

Wiener Streichersolisten, c/o Konzertdirektion Kempf GmbH, Schöne Aussicht 34, D-65193 Wiesbaden, T: +49 6 1152 50 91/92, F: +49 6 1152 50 93. – Mitgl: 11.

Wiener Streichsextett, c/o Konzertdirektion Hans Ulrich Schmid, Schmiedestr 8, D-30159 Hannover, T: +49 5 113 66 07 60/27, F: +49 5 113 66 07 34, *Mail@KDSchmid.de*. – Mitgl: Erich Höbarth (V), Peter Matzka (V), Thomas Riebl (Va), Siegfried Führlinger (Va), Rudolf Leopold (Vcl), Susanne Ehn (Vcl).

Wiener Symphoniker, Lehárgasse 11/2, A-1060 Wien, T: +43 1 58 97 90, F: +43 1 5 89 79 54, *office@wienersymphoniker.at*; *www.wienersymphoniker.at*. – Mitgl: 127.

Wiener Thalia-Quartett, Stinglgasse 4, A-1140 Wien, T: +43 1 9 79 48 55, F: +43 1 9 79 48 55, *thalia@vienna.at*; *members.vienna.at/thalia/*.

Wiener Virtuosen, c/o Art Productions, Marbachstr 19A, D-81369 München, T: +49 89 7 91 65 62, F: +49 89 7 91 65 82, *artproductions@yahoo.com*. – Mitgl: Rudolf Buchbinder (Kl), Julian Rachlin (V), Elmar Landerer (Va), Franz Bartolomey (Vcl), Josef Niederhammer (KB).

Winterthurer Streichquartett, c/o Musikkollegium Winterthur, Rychenbergstr 94, CH-8400 Winterthur, T: +41 5 22 68 15 60, F: +41 5 22 68 15 70, *musikkollegium@musikkollegium.ch*; *www.musikkollegium.ch*. – Mitgl: Willi Zimmermann (V), Pär Näsbom (V), Jürg Dähler (Va), Cäcilia Chmel (Vcl).

Wolfgang Bauer Consort, In den Gälesgärten 15, D-71729 Erdmannshausen, T: +49 71 4 489 86 71, *wolfgangbauertrompete@t-online.de*. – Mitgl: Wolfgang Bauer (Trp), Clemens Weigel (Vcl), Thomas Strauß (Cemb), Ingrid Albert (Va), Verena Sommer (V), Christian Ostertag (V).

Wolpe Trio, c/o Susanne Achilles, Steinbeck 33, D-45239 Essen, T: +49 2 0140 91 55, F: +49 2 0140 91 55, *s.achilles@folkwang-hochschule.de*; *www.wolpetrio.de*. – Mitgl: 3, Susanne Achilles (Kl), Lesley Olson (Fl), Scott Roller (Vcl).

work in progress – Berlin, Goßlerstr 11, D-12161 Berlin, T: +49 30 8 22 72 83, F: +49 30 8 22 42 07, *wipberlin@hotmail.com*. – Mitgl: 18.

The World Percussion OrcheXtra, c/o Omri Hason, Helvetiastr 29, CH-3005 Bern, T: +41 3 13 51 40 24, F: +41 3 13 51 30 44, *omrihason@hotmail.com*; *www.omrihason.ch*.

Wünnespil Ensemble für Musik des Mittelalters und der Renaissance, c/o Jutta und Klaus Peill GbR, Neuhofenerstr 76, D-67165 Waldsee, T: +49 62 3 641 54 12, F: +49 62 3 641 54 11, *info@wuennespil.de*; *www.wuennespil.de*. – Mitgl: variabel.

Württembergische Philharmonie Reutlingen, Marie-Curie-Str 8, D-72760 Reutlingen, T: +49 71 2 182 01 20, F: +49 71 2 18 20 12 28, *info@wuerttembergische-philharmonie.de*; *www.wuerttembergische-philharmonie.de*. – Mitgl: 67.

Württembergisches Kammerorchester Heilbronn, Moltkestr 11, D-74072 Heilbronn, Postfach 3830, D-74028 Heilbronn, T: +49 71 3 18 72 72, F: +49 71 3 162 74 39, *wko-heilbronn@t-online.de*; *www.wko-heilbronn.de*. – Mitgl: 20.

Württembergisches Staatsorchester – Staatsorchester Stuttgart, Oberer Schloßgarten 6, D-70173 Stuttgart, T: +49 7 112 03 22 21, 2 03 24 66, F: +49 7 112 03 24 45, *Thomas.Baeute@staatstheater-stuttgart.de*, *Thomas.Koch@staatstheater-stuttgart.de*; *www.staatstheater-stuttgart.de*. – Mitgl: 131.

Würzburger Kammerorchester, c/o Wolfgang Kurz, Athener Ring 9, D-97084 Würzburg, T: +49 9 3166 18 54, F: +49 9 3166 24 85, *mail@Wolfgang-Kurz.de*; *www.Wuerzburger-Kammerorchester.de*. – Mitgl: 7.

Xsemble München, c/o Harald Lillmeyer, Nibelungenstr 23, D-86152 Augsburg, T: +49 8 2115 24 47, *h.lillmeyer@gmx.de*. – Mitgl: 5, Nicolaus Richter de Vroe (V), Frank Reinecke (Dgt, KB), Harald Lillmeyer (Git), Stefan Schilli (Ob) ua.

Zehetmair-Quartett, c/o Astrid Schoerke Künstlersekretariat, Grazer Str 30, D-30519 Hannover, T: +49 5 1140 10 48/49, F: +49 5 1140 74 35, *astrid_schoerke@t-online.de*. – Mitgl: Thomas Zehetmair (V), Matthias Metzger (V), Ruth Killius (Va), Françoise Groben (Vcl).

Zeitkratzer Ensemble, c/o Reinhold Friedl, Graefestr 5, D-10947 Berlin, *info@zeitkratzer.de*; *www.zeitkratzer.de*. – Mitgl: 10.

Zemlinsky Quintett Wien, c/o Heidrun Lanzendörfer, Schützengasse 5/1, A-1030 Wien, T: +43 1 7 14 00 98, F: +43 1 7 14 00 98, *heidrunlanz@tele2.at*; *www.zemlinsky-quintett.at*. – Mitgl: 5, H Lanzendörfer (Fl), A Krauk (Ob), K-F Schmid (Klar), M Gasciarino (Hn), G Pokorny (Fag).

Zemlinsky-Trio, c/o Konzertbüro Andreas Braun, Sülzgürtel 86, D-50937 Köln, T: +49 2 219 42 04 30, F: +49 2 2194 20 43 19, *braun@angel.de*. – Mitgl: Meyer (Klar), Berger (Vcl), Chen (Kl).

Zürcher Kammerorchester (ZKO), Seefeldstr 305, CH-8034 Zürich, Postfach 1284, CH-8034 Zürich, T: +41 4 43 88 36 00, F: +41 4 43 88 36 10, *betriebsbuero@zko.ch*; *www.zko.ch*. – Mitgl: 25.

Zürcher Sängerknaben, c/o Alphons von Aarburg, Claridenstr 16, CH-8810 Horgen, T: +41 17 70 15 45, F: +41 17 70 15 46, *chorleiter@zsk.ch*; *www.zsk.ch*. – Mitgl: 150.

Zürcher Trio Appassionato, c/o Elisabeth Ganter, Krönleinstr 14, CH-8044 Zürich, T: +41 4 43 62 54 26, *elisabeth.ganter@bluewin.ch*. – Mitgl: Elisabeth Ganter (Klar), Regula Ganter (V), Stanislaw Bogunia (Kl).

Zürcher VokalQuartett, c/o Bernhard Hunziker, Kirchgasse 15, CH-8001 Zürich, T: +41 4 42 52 58 02, F: +41 4 42 52 58 02, *hunziker.bretscher@bluewin.ch*. – Mitgl: Barbara Fuchs (Sop), Anna Schaffner (A), Bernhard Hunziker (T), Fabrice Raviola (B).

Abbildungsverzeichnis